FISIOLOGIA

O GEN | Grupo Editorial Nacional – maior plataforma editorial brasileira no segmento científico, técnico e profissional – publica conteúdos nas áreas de ciências da saúde, exatas, humanas, jurídicas e sociais aplicadas, além de prover serviços direcionados à educação continuada e à preparação para concursos.

As editoras que integram o GEN, das mais respeitadas no mercado editorial, construíram catálogos inigualáveis, com obras decisivas para a formação acadêmica e o aperfeiçoamento de várias gerações de profissionais e estudantes, tendo se tornado sinônimo de qualidade e seriedade.

A missão do GEN e dos núcleos de conteúdo que o compõem é prover a melhor informação científica e distribuí-la de maneira flexível e conveniente, a preços justos, gerando benefícios e servindo a autores, docentes, livreiros, funcionários, colaboradores e acionistas.

Nosso comportamento ético incondicional e nossa responsabilidade social e ambiental são reforçados pela natureza educacional de nossa atividade e dão sustentabilidade ao crescimento contínuo e à rentabilidade do grupo.

FISIOLOGIA

Margarida de Mello Aires
Professora Titular do Departamento de Fisiologia e Biofísica do
Instituto de Ciências Biomédicas da Universidade de São Paulo.

Quinta edição

- A autora deste livro e a EDITORA GUANABARA KOOGAN LTDA. empenharam seus melhores esforços para assegurar que as informações e os procedimentos apresentados no texto estejam em acordo com os padrões aceitos à época da publicação, *e todos os dados foram atualizados pela autora até a data da entrega dos originais à editora.* Entretanto, tendo em conta a evolução das ciências da saúde, as mudanças regulamentares governamentais e o constante fluxo de novas informações sobre terapêutica medicamentosa e reações adversas a fármacos, recomendamos enfaticamente que os leitores consultem sempre outras fontes fidedignas, de modo a se certificarem de que as informações contidas neste livro estão corretas e de que não houve alterações nas dosagens recomendadas ou na legislação regulamentadora.

- A autora e a editora se empenharam para citar adequadamente e dar o devido crédito a todos os detentores de direitos autorais de qualquer material utilizado neste livro, dispondo-se a possíveis acertos posteriores caso, inadvertida e involuntariamente, a identificação de algum deles tenha sido omitida.

- **Atendimento ao cliente: (11) 5080-0751 | faleconosco@grupogen.com.br**

- Direitos exclusivos para a língua portuguesa
  Copyright © 2018 by
  EDITORA GUANABARA KOOGAN LTDA.
  Uma editora integrante do GEN | Grupo Editorial Nacional
  Travessa do Ouvidor, 11 – Rio de Janeiro – RJ – CEP 20040-040
  www.grupogen.com.br

- Reservados todos os direitos. É proibida a duplicação ou reprodução deste volume, no todo ou em parte, em quaisquer formas ou por quaisquer meios (eletrônico, mecânico, gravação, fotocópia, distribuição pela Internet ou outros), sem permissão, por escrito, da EDITORA GUANABARA KOOGAN LTDA.

- Capa: Editorial Saúde

- Editoração eletrônica: Diretriz

- Ficha catalográfica

A255f
5. ed.

    Aires, Margarida de Mello
        Fisiologia / Margarida de Mello Aires. - 5. ed. - [Reimpr.]. - Rio de Janeiro :
Guanabara Koogan, 2023.
        : il.

      ISBN 978-85-277-3333-5

      1. Fisiologia humana. I. Título.

18-49076   CDD: 612
                                                                                    CDU: 612

Meri Gleice Rodrigues de Souza - Bibliotecária CRB-7/6439

Editores Convidados

Fernando Abdulkader
Professor Doutor do Departamento de Fisiologia e Biofísica do Instituto de Ciências Biomédicas da Universidade de São Paulo.

Luciana Venturini Rossoni
Professora Associada do Departamento de Fisiologia e Biofísica do Instituto de Ciências Biomédicas da Universidade de São Paulo.

Marcus Vinícius C. Baldo
Professor Associado do Departamento de Fisiologia e Biofísica do Instituto de Ciências Biomédicas da Universidade de São Paulo.

Maria Oliveira de Souza
Professora Associada do Departamento de Fisiologia e Biofísica do Instituto de Ciências Biomédicas da Universidade de São Paulo.

Maria Tereza Nunes
Professora Titular do Departamento de Fisiologia e Biofísica do Instituto de Ciências Biomédicas da Universidade de São Paulo.

Sonia Malheiros Lopes Sanioto
Professora Livre-Docente do Departamento de Fisiologia e Biofísica do Instituto de Ciências Biomédicas da Universidade de São Paulo.

Thiago S. Moreira
Professor Associado do Departamento de Fisiologia e Biofísica do Instituto de Ciências Biomédicas da Universidade de São Paulo.

Colaboradores

Adalberto Vieyra
Instituto de Biofísica Carlos Chagas Filho da Universidade Federal do Rio de Janeiro. Centro Nacional de Biologia Estrutural e Bioimagem (Cenabio/UFRJ). Programa de Pós-Graduação em Biomedicina Translacional da Unigranrio/Inmetro/UEZO.

Adriana Castello Costa Girardi
Professora Associada do Departamento de Cardiopneumologia da Faculdade de Medicina da Universidade de São Paulo.

Ana C. Takakura
Cirurgiã-Dentista. Mestre e Doutora em Farmacologia pela Universidade Federal de São Paulo. Professora Doutora do Departamento de Farmacologia do Instituto de Ciências Biomédicas da Universidade de São Paulo.

Ana Maria de Lauro Castrucci
Professora Titular (Sênior) do Departamento de Fisiologia do Instituto de Biociências da Universidade de São Paulo.

Ana Paula Davel
Professora Doutora do Departamento de Biologia Estrutural e Funcional do Instituto de Biologia da Universidade Estadual de Campinas.

André L. Araujo-dos-Santos
Instituto de Bioquímica Médica Leopoldo de Meis da Universidade Federal do Rio de Janeiro. Centro Nacional de Biologia Estrutural e Bioimagem (Cenabio/UFRJ).

Andréa S. Torrão
Professora Associada do Departamento de Fisiologia e Biofísica do Instituto de Ciências Biomédicas da Universidade de São Paulo.

Angelo Rafael Carpinelli
Professor Titular do Departamento de Fisiologia e Biofísica do Instituto de Ciências Biomédicas da Universidade de São Paulo.

Aníbal Gil Lopes
Professor Titular aposentado do Instituto de Biofísica Carlos Chagas Filho da Universidade Federal do Rio de Janeiro.

Antonio Carlos Bianco
Professor of Medicine – Division of Endocrinology, Diabetes and Metabolism – Rush University Medical Center, Chicago, IL.

Antonio Carlos Campos de Carvalho
Professor Titular do Instituto de Biofísica Carlos Chagas Filho da Universidade Federal do Rio de Janeiro.

Antonio Carlos Cassola
Professor Associado do Departamento de Fisiologia e Biofísica do Instituto de Ciências Biomédicas da Universidade de São Paulo.

Antonio J. Magaldi
Médico Assistente Doutor do Hospital das Clínicas da Faculdade de Medicina da Universidade de São Paulo (FMUSP) – Laboratório de Investigação Médica (LIM 12). Departamento de Clínica Médica – Disciplina Nefrologia da FMUSP.

Beatriz de Carvalho Borges Del Grande
Jovem Pesquisadora do Departamento de Fisiologia da Faculdade de Medicina de Ribeirão Preto da Universidade de São Paulo.

Caroline Serrano do Nascimento
Pesquisadora do Instituto Israelita de Ensino e Pesquisa Albert Einstein, do Hospital Albert Einstein. Doutora em Fisiologia pelo Departamento de Fisiologia e Biofísica da Universidade de São Paulo.

Celso Rodrigues Franci
Professor Titular do Departamento de Fisiologia da Faculdade de Medicina de Ribeirão Preto da Universidade de São Paulo.

Cesar Timo-Iaria (*in memoriam*)
Professor Titular de Fisiologia, Laboratório de Neurocirurgia Funcional da Faculdade de Medicina da Universidade de São Paulo.

Christina Joselevitch
Professora Doutora do Departamento de Psicologia Experimental do Instituto de Psicologia da Universidade de São Paulo.

Claudia F. Dick
Instituto de Biofísica Carlos Chagas Filho da Universidade Federal do Rio de Janeiro (UFRJ). Instituto de Bioquímica Médica Leopoldo de Meis da UFRJ. Centro Nacional de Biologia Estrutural e Bioimagem (Cenabio/UFRJ).

Cláudio A. B. Toledo (*in memoriam*)
Professor Associado Doutor do Núcleo de Pesquisa em Neurociências da Universidade Cidade de São Paulo.

Clineu de Mello Almada Filho
Professor Afiliado da disciplina Geriatria e Gerontologia da Escola Paulista de Medicina da Universidade Federal de São Paulo.

Dalton Valentim Vassallo
Doutor em Biofísica pela Universidade Federal do Rio de Janeiro. Professor Emérito da Universidade Federal do Espírito Santo. Titular de Fisiologia do Departamento de Ciências Fisiológicas da Escola Superior de Ciências da Santa Casa de Misericórdia de Vitória.

Dayane Aparecida Gomes
Professora Adjunta do Departamento de Fisiologia e Farmacologia da Universidade Federal de Pernambuco.

Débora Souza Faffe
Professora Associada de Fisiologia do Instituto de Biofísica Carlos Chagas Filho da Universidade Federal do Rio de Janeiro.

Deise Carla A. Leite Dellova
Professora Doutora do Departamento de Medicina Veterinária da Faculdade de Zootecnia e Engenharia de Alimentos da Universidade de São Paulo.

Dora F. Ventura
Professora Titular do Departamento de Psicologia Experimental do Instituto de Psicologia da Universidade de São Paulo.

Edna T. Kimura
Professora Titular do Departamento de Biologia Celular e do Desenvolvimento do Instituto de Ciências Biomédicas da Universidade de São Paulo.

Eduardo Rebelato
Professor Adjunto do Departamento de Biofísica da Escola Paulista de Medicina da Universidade Federal de São Paulo.

Elisardo Corral Vasquez
Doutor em Fisiologia pela Faculdade de Medicina de Ribeirão Preto da Universidade de São Paulo. Professor Emérito pela Universidade Federal do Espírito Santo. Professor Titular nível 3 da Universidade Vila Velha.

Emiliano Horacio Medei
Professor Associado do Instituto de Biofísica Carlos Chagas Filho da Universidade Federal do Rio de Janeiro.

Fábio Bessa Lima
Professor Titular do Departamento de Fisiologia e Biofísica do Instituto de Ciências Biomédicas da Universidade de São Paulo.

Fabio Fernandes Rosa
Pesquisador Associado do Paris Centre de Recherche Cardiovasculaire, Institut National de la Santé et de la Recherche Médicale, Paris, França.

Fernando Marcos dos Reis
Professor Associado do Departamento de Ginecologia e Obstetrícia da Faculdade de Medicina da Universidade Federal de Minas Gerais. Doutor em Medicina pela Universidade Federal do Rio Grande do Sul.

Frida Zaladek Gil
Professora Associada do Departamento de Fisiologia da Escola Paulista de Medicina da Universidade Federal de São Paulo.

Fulgencio Proverbio
Philosophus Scientiarum en Fisiología y Biofísica. Investigador Titular Emérito del Instituto Venezolano de Investigaciones Científicas. Miembro de la Academia de Ciencias de la América Latina.

Gerhard Malnic
Professor Emérito do Instituto de Ciências Biomédicas da Universidade de São Paulo. Professor Titular do Departamento de Fisiologia e Biofísica do Instituto de Ciências Biomédicas da Universidade de São Paulo.

Giovanne Baroni Diniz
Bacharel em Ciências Moleculares pela Universidade de São Paulo. Doutorando em Ciências pelo Programa de Ciências Morfofuncionais do Instituto de Ciências Biomédicas da Universidade de São Paulo.

Glaucia Helena Fortes
Doutora em Fisiologia pela Faculdade de Medicina de Ribeirão Preto da Universidade de São Paulo. Professora Associada do Departamento de Fisiologia da Universidade de Uberaba.

Guiomar Nascimento Gomes
Professora Associada do Departamento de Fisiologia da Escola Paulista de Medicina da Universidade Federal de São Paulo.

Hamilton Haddad Junior
Professor Assistente Doutor do Departamento de Fisiologia do Instituto de Biociências da Universidade de São Paulo.

Helio Cesar Salgado
Professor Titular do Departamento de Fisiologia da Faculdade de Medicina de Ribeirão Preto da Universidade de São Paulo.

Hilton Pina
Professor Titular de Ginecologia da Universidade Federal da Bahia.

Humberto Muzi-Filho
Instituto de Biofísica Carlos Chagas Filho da Universidade Federal do Rio de Janeiro. Centro Nacional de Biologia Estrutural e Bioimagem (Cenabio/UFRJ).

Isis do Carmo Kettelhut
Professora Titular do Departamento de Bioquímica da Faculdade de Medicina de Ribeirão Preto da Universidade de São Paulo.

Ivanita Stefanon
Professora Titular de Fisiologia do Departamento de Ciências Fisiológicas do Centro de Ciências da Saúde da Universidade Federal do Espírito Santo.

Jackson Cioni Bittencourt
Professor Titular do Departamento de Anatomia do Instituto de Ciências Biomédicas da Universidade de São Paulo.

Janete Aparecida Anselmo-Franci
Professora Associada do Departamento de Morfologia, Fisiologia e Patologia Básica da Faculdade de Odontologia de Ribeirão Preto da Universidade de São Paulo.

Jennifer Lowe
Instituto de Biofísica Carlos Chagas Filho da Universidade Federal do Rio de Janeiro. Centro Nacional de Biologia Estrutural e Bioimagem (Cenabio/UFRJ).

Joaquim Procopio
Professor Associado do Departamento de Fisiologia e Biofísica do Instituto de Ciências Biomédicas da Universidade de São Paulo.

José Antunes-Rodrigues
Professor Emérito do Departamento de Fisiologia da Faculdade de Medicina de Ribeirão Preto da Universidade de São Paulo.

José Cipolla-Neto
Professor Titular do Departamento de Fisiologia e Biofísica do Instituto de Ciências Biomédicas da Universidade de São Paulo.

José Geraldo Mill
Professor Titular do Departamento de Ciências Fisiológicas da Universidade Federal do Espírito Santo.

José Hamilton Matheus Nascimento
Professor Associado do Instituto de Biofísica Carlos Chagas Filho da Universidade Federal do Rio de Janeiro.

José Vanderlei Menani
Professor Titular do Departamento de Fisiologia da Faculdade de Odontologia de Araraquara da Universidade Estadual Paulista.

Juliana Dias
Instituto de Biofísica Carlos Chagas Filho da Universidade Federal do Rio de Janeiro. Centro de Transplante de Medula Óssea do Instituto Nacional do Câncer José Alencar Gomes da Silva. Centro Nacional de Biologia Estrutural e Bioimagem (Cenabio/UFRJ).

Juliano Zequini Polidoro
Mestre em Fisiologia Humana pelo Instituto de Ciências Biomédicas da Universidade de São Paulo. Doutorando em Ciências Médicas pela Faculdade de Medicina da Universidade de São Paulo.

Karina Thieme
Pós-Doutoranda na Faculdade de Medicina da Universidade de São Paulo. Doutora em Fisiologia Humana pelo Instituto de Ciências Biomédicas da Universidade de São Paulo.

Kleber Gomes Franchini
Professor Titular do Departamento de Clínica Médica da Universidade Estadual de Campinas.

Laura M. Vivas
Pesquisadora Principal do Consejo Nacional de Investigaciones Científicas y Técnicas. Instituto de Investigación Médica Mercedes y Martín Ferreyra (INIMEC/CONICET/Universidad Nacional de Córdoba). Professora da Facultad de Ciencias Exactas Físicas y Naturales da Universidad Nacional de Córdoba, Argentina.

Laurival Antonio De Luca Junior
Professor Titular de Fisiologia do Departamento de Fisiologia e Patologia da Faculdade de Odontologia de Araraquara da Universidade Estadual Paulista.

Lisete Compagno Michelini
Professora Titular do Departamento de Fisiologia e Biofísica do Instituto de Ciências Biomédicas da Universidade de São Paulo.

Lucienne S. Lara
Instituto de Ciências Biomédicas da Universidade Federal do Rio de Janeiro. Centro Nacional de Biologia Estrutural e Bioimagem (Cenabio/UFRJ).

Lucila Leico Kagohara Elias
Professora Associada do Departamento de Fisiologia da Faculdade de Medicina de Ribeirão Preto da Universidade de São Paulo.

Lucília Maria Abreu Lessa Leite Lima
Professora Adjunta de Fisiologia Humana do Curso de Medicina da Universidade Estadual do Ceará. Pesquisadora do Instituto Superior de Ciências Biomédicas da Universidade Estadual do Ceará.

Luiz Carlos Carvalho Navegantes
Professor Associado do Departamento de Fisiologia da Faculdade de Medicina de Ribeirão Preto da Universidade de São Paulo.

Luiz R. G. Britto
Professor Titular do Departamento de Fisiologia e Biofísica do Instituto de Ciências Biomédicas da Universidade de São Paulo.

Manassés Claudino Fonteles
Pesquisador do CNPq. Ex-Reitor da Universidade Estadual do Ceará. Ex-Reitor da Universidade Presbiteriana Mackenzie. Professor Emérito da Universidade Estadual do Ceará.

Marcio Josbete Prado
Doutor em Urologia pela Universidade de São Paulo. Professor Associado do Departamento de Ginecologia, Obstetrícia e Reprodução Humana da Universidade Federal da Bahia.

Margaret de Castro
Professora Titular do Departamento de Clínica Médica da Faculdade de Medicina de Ribeirão Preto da Universidade de São Paulo.

Maria Cláudia Irigoyen
Professora Livre-Docente do Departamento de Cardiopneumologia da Faculdade de Medicina da Universidade de São Paulo. Médica Pesquisadora da Unidade de Hipertensão do Instituto do Coração do Hospital das Clínicas da Universidade de São Paulo.

Maria Jose Campagnole dos Santos
Professora Titular do Departamento de Fisiologia e Biofísica do Instituto de Ciências Biológicas da Universidade Federal de Minas Gerais.

Maria Luiza Morais Barreto-Chaves
Professora Associada do Departamento de Anatomia do Instituto de Ciências Biomédicas da Universidade de São Paulo.

Mariana Souza da Silveira
Professora Adjunta do Instituto de Biofísica Carlos Chagas Filho da Universidade Federal do Rio de Janeiro.

Mário José Abdalla Saad
Professor Titular do Departamento de Clínica Médica da Faculdade de Ciências Médicas da Universidade Estadual de Campinas.

Marise Lazaretti-Castro
Livre-Docente. Professora Adjunta de Endocrinologia. Chefe do Setor de Doenças Osteometabólicas da Escola Paulista de Medicina da Universidade Federal de São Paulo.

Masako Oya Masuda
Professora Adjunta IV aposentada do Instituto de Biofísica Carlos Chagas Filho da Universidade Federal do Rio de Janeiro.

Mauro César Isoldi
Professor Associado Doutor do Departamento de Ciências Biológicas da Universidade Federal de Ouro Preto.

Maysa Seabra Cendoroglo
Professora Adjunta da disciplina Geriatria e Gerontologia da Escola Paulista de Medicina da Universidade Federal de São Paulo.

Newton Sabino Canteras
Professor Titular do Departamento de Anatomia do Instituto de Ciências Biomédicas da Universidade de São Paulo.

Patrícia Chakur Brum
Professora Associada do Departamento de Biodinâmica do Movimento do Corpo Humano da Escola de Educação Física e Esporte da Universidade de São Paulo.

Patrícia de Oliveira Prada
Professora Associada do Curso de Nutrição da Faculdade de Ciências Aplicadas da Universidade Estadual de Campinas.

Patricia Rieken Macedo Rocco
Professora Titular de Fisiologia do Instituto de Biofísica Carlos Chagas Filho da Universidade Federal do Rio de Janeiro. Chefe do Laboratório de Investigação Pulmonar. Membro Titular da Academia Nacional de Medicina. Membro Titular da Academia Brasileira de Ciências.

Poli Mara Spritzer
Professora Titular do Departamento de Fisiologia do Instituto de Ciências Básicas da Saúde da Universidade Federal do Rio Grande do Sul. Coordenadora da Unidade de Endocrinologia Ginecológica do Serviço de Endocrinologia do Hospital das Clínicas de Porto Alegre.

Priscilla Morethson
Cirurgiã-Dentista pela Faculdade de Odontologia da Universidade de São Paulo. Doutora em Fisiologia Humana com Pós-Doutorado em Morfofisiologia Óssea pelo Instituto de Ciências Biomédicas da Universidade de São Paulo. Professora da Universidade Nove de Julho. Editora em Ciências Médicas e Odontológicas.

Rafael Linden
Professor Titular do Instituto de Biofísica Carlos Chagas Filho da Universidade Federal do Rio de Janeiro.

Reinaldo Marín
Philosophus Scientiarum en Fisiología y Biofísica. Investigador Titular Emérito del Instituto Venezolano de Investigaciones Científicas. Miembro de la Academia de Ciencias de la América Latina (ACAL).

Renata Gorjão
Professora Adjunta do Programa de Pós-Graduação Interdisciplinar em Ciências da Saúde da Universidade Cruzeiro do Sul.

Renato de Oliveira Crajoinas
Doutor em Ciências pela Faculdade de Medicina da Universidade de São Paulo.

Renato Hélios Migliorini (*in memoriam*)
Professor Titular do Departamento de Bioquímica da Faculdade de Medicina de Ribeirão Preto da Universidade de São Paulo.

Robson Augusto Souza dos Santos
Professor Emérito do Departamento de Fisiologia e Biofísica do Instituto de Ciências Biológicas da Universidade Federal de Minas Gerais.

Rubens Fazan Júnior
Professor Associado do Departamento de Fisiologia da Faculdade de Medicina de Ribeirão Preto da Universidade de São Paulo.

Rui Curi
Farmacêutico-Bioquímico pela Universidade Estadual de Maringá. Professor Titular do Departamento de Fisiologia e Biofísica do Instituto de Ciências Biomédicas da Universidade de São Paulo. Professor Titular da Universidade Cruzeiro do Sul.

Sergio Luiz Cravo
Professor Associado do Departamento de Fisiologia da Escola Paulista de Medicina da Universidade Federal de São Paulo.

Silvia Lacchini
Professora Doutora do Departamento de Anatomia do Instituto de Ciências Biomédicas da Universidade de São Paulo. Affiliate Professor, Institute of Cardiovascular and Medical Sciences, University of Glasgow.

Silvia Passos Andrade
Professora Titular do Departamento de Fisiologia e Biofísica do Instituto de Ciências Biológicas da Universidade Federal de Minas Gerais.

Solange Castro Afeche
Doutora em Fisiologia Humana pelo Instituto de Ciências Biomédicas da Universidade de São Paulo. Pesquisadora nível VI do Laboratório de Farmacologia do Instituto Butantan.

Ubiratan Fabres Machado
Professor Titular do Departamento de Fisiologia e Biofísica do Instituto de Ciências Biomédicas da Universidade de São Paulo.

Valdo José Dias da Silva
Doutor em Fisiologia pela Faculdade de Medicina de Ribeirão Preto da Universidade de São Paulo. Professor Titular de Fisiologia do Instituto de Ciências Biológicas e Naturais da Universidade Federal do Triângulo Mineiro.

Wagner Ricardo Montor
Professor Adjunto do Departamento de Ciências Fisiológicas da Faculdade de Ciências Médicas da Santa Casa de São Paulo.

Walter Araujo Zin
Professor Titular de Fisiologia do Instituto de Biofísica Carlos Chagas Filho da Universidade Federal do Rio de Janeiro. Chefe do Laboratório de Fisiologia da Respiração.

Wamberto Antonio Varanda
Professor Titular aposentado do Departamento de Fisiologia da Faculdade de Medicina de Ribeirão Preto da Universidade de São Paulo.

Prefácio

É uma grande satisfação lançar a quinta edição de *Fisiologia*. Temos orgulho de, neste período, termos colaborado para a sólida formação básica de nossos estudantes de graduação e pós-graduação, ensinando-lhes o raciocínio e o julgamento científico exato a partir de dados experimentais criteriosos para que sejam profissionais relevantes em seu meio de ação.

O texto de *Fisiologia* é didático e objetivo, porém não superficial. Visa fornecer um ensino mais formativo que informativo, em que os mecanismos fisiológicos são apresentados e discutidos para serem realmente entendidos e aplicados na futura vida profissional dos estudantes. Entretanto, a abrangência do texto tenta ser adequada ao tempo que os alunos dispõem para o estudo.

No mundo contemporâneo, o capital moderno é o conhecimento – base para uma diferença de tecnologia que ajudará nosso país a alcançar a tão desejada maturidade científica, cultural e social. Como tudo o que acontece hoje é rápido e intenso, a tarefa de elaborar um conteúdo atual tem-se mostrado cada vez mais árdua, e por isso decidimos convidar novos editores responsáveis, escolhidos pela competência científica e didática em vários sistemas fisiológicos, que se empenharão para que nossos alunos sempre recebam informações imediatas sobre as importantes descobertas que surgem em seu campo de conhecimento.

Além disso, capítulos e seções foram inteiramente revisados, atualizados ou reescritos, como é o caso de *Excitabilidade Celular e Potencial de Ação*; *ATPases de Transporte*; *Controle da Ventilação*; *Contratilidade Miocárdica*; *Visão Contemporânea do Sistema Renina-Angiotensina II e Angiotensina-(1-7)*; *Fisiologia do Metabolismo Osteomineral | Dentes*; *Circulação Arterial e Hemodinâmica | Física dos Vasos Sanguíneos e da Circulação*; e *Desreguladores Endócrinos*.

Para que os alunos se entusiasmem ao descobrir o empenho e a dedicação de alguns de nossos mais importantes fisiologistas, também apresentamos nesta edição os currículos dos mais destacados fisiologistas brasileiros contemporâneos.

Agradecemos a todos os que colaboraram para a elaboração desta obra e, em especial, aos autores convidados, à Guanabara Koogan, integrante do GEN | Grupo Editorial Nacional, representada por Juliana Affonso, Tatiane Carreiro e Priscila Cerqueira no Rio de Janeiro, e por Dirce Laplaca e Renata Giacon em São Paulo, e aos estudantes e professores que contribuíram com novas ideias e sugestões. Críticas e novas informações serão bem acolhidas e tornarão possível o aprimoramento de futuras edições.

Manifesto também profunda gratidão ao meu querido esposo, Fernando da Cruz Lopes, pela compreensão, carinho e ajuda que vem me oferecendo durante a quimioterapia para recuperação do linfoma que me acometeu nos últimos quatro anos.

Agradeço igualmente aos componentes do Laboratório de Oncologia do Hospital Sírio-Libanês, liderado pela Dra. Yana Augusta Novis Zogbi, e à sua competente e dedicada equipe: Dra. Mariana Gomes Serpa, Dr. Erick Menezes Xavier, Dra. Michelly Kerly Sampaio de Melo e Dr. Guilherme Brasil Amarante.

*Tudo o que fizerdes, fazei-o de coração,
como para o Senhor, e não para os homens.*
(Colossenses 3:23)

Margarida de Mello Aires

Material Suplementar

Este livro conta com o seguinte material suplementar:

- Ilustrações da obra em formato de apresentação (restrito a docentes).

O acesso ao material suplementar é gratuito. Basta que o leitor se cadastre, faça seu *login* em nosso *site* (www.grupogen.com.br) e, após, clique em Ambiente de aprendizagem.

O acesso ao material suplementar online fica disponível até seis meses após a edição do livro ser retirada do mercado.

Caso haja alguma mudança no sistema ou dificuldade de acesso, entre em contato conosco (gendigital@grupogen.com.br).

Sumário

Uma Breve História da Fisiologia, *1*
 Coordenador: *Marcus Vinícius C. Baldo*

 História Geral da Fisiologia, *2*
 Hamilton Haddad Junior

 As Origens da Fisiologia no Brasil, *28*
 Marcus Vinícius C. Baldo | Cesar Timo-Iaria (in memoriam) | Margarida de Mello Aires

Seção 1 Meio Interno e Homeostase, *39*
 Coordenadora: *Maria Oliveira de Souza*

1. Homeostase, Regulação e Controle em Fisiologia, *41*
 Gerhard Malnic

2. Compartimentalização dos Líquidos do Organismo, *51*
 Gerhard Malnic

3. Sinalização Celular, *59*
 Mauro César Isoldi | Ana Maria de Lauro Castrucci

4. Fisiologia dos Compartimentos Intracelulares | Via Secretora, *93*
 Karina Thieme

5. Ritmos Biológicos, *105*
 Solange Castro Afeche | José Cipolla-Neto

6. Fisiologia do Músculo Esquelético, *111*
 Andréa S. Torrão | Luiz R. G. Britto

Seção 2 Transporte Através da Membrana, *123*
 Coordenador: *Fernando Abdulkader*

7. Membrana Celular, *125*
 Wamberto Antonio Varanda

8. Difusão, Permeabilidade e Osmose, *135*
 Fulgencio Proverbio | Reinaldo Marín

9. Gênese do Potencial de Membrana, Excitabilidade Celular e Potencial de Ação, *157*
 Gênese do Potencial de Membrana, *158*
 Joaquim Procopio
 Excitabilidade Celular e Potencial de Ação, *176*
 Fernando Abdulkader

10. Canais para Íons nas Membranas Celulares, *205*
 Antonio Carlos Cassola

11. Transportadores de Membrana, *219*
 Maria Oliveira de Souza

12. ATPases de Transporte, *233*
 Adalberto Vieyra | Jennifer Lowe | Lucienne S. Lara | Humberto Muzi-Filho | Claudia F. Dick | André L. Araujo-dos-Santos | Juliana Dias

Seção 3 Equilíbrio Acidobásico, *257*
 Coordenador: *Fernando Abdulkader*

13. Regulação do pH do Meio Interno, *261*
 Gerhard Malnic | Wagner Ricardo Montor

Seção 4 Neurofisiologia, *277*
 Coordenador: *Marcus Vinícius C. Baldo*

14. Sinalização Neuronal, *279*
 Rafael Linden

15. Transmissão Sináptica, *289*
 Rafael Linden | Mariana Souza da Silveira

16. Organização Geral dos Sistemas Sensoriais, *301*
 Marcus Vinícius C. Baldo

17. Somestesia, *309*
 Marcus Vinícius C. Baldo

18. Propriocepção, *325*
 Marcus Vinicius C. Baldo

19. Audição, *333*
 Marcus Vinícius C. Baldo

20. Gustação e Olfação, *345*
 Marcus Vinícius C. Baldo

21. Visão, *355*
 Marcus Vinícius C. Baldo | Dora F. Ventura | Christina Joselevitch

22. Sistemas Geradores de Movimento, *379*
 Luiz R. G. Britto

23. Cerebelo, Núcleos da Base e Movimento Voluntário, *385*
 Cláudio A. B. Toledo (in memoriam) | Luiz R. G. Britto

24. Sistemas Neurovegetativos, *393*
 Sergio Luiz Cravo

25. Bases Neurais dos Comportamentos Motivados e das Emoções, *401*
 Newton Sabino Canteras

26. Controle Neuroendócrino do Comportamento Alimentar, *409*
 Beatriz de Carvalho Borges Del Grande | Giovanne Baroni Diniz | Jackson Cioni Bittencourt

Seção 5 Fisiologia Cardiovascular, *427*
 Coordenadora: *Luciana Venturini Rossoni*

27. Estrutura e Função do Sistema Cardiovascular, *431*
 Silvia Lacchini | Maria Cláudia Irigoyen | Luciana Venturini Rossoni

28 Eletrofisiologia do Coração, *439*
José Hamilton Matheus Nascimento | Emiliano Horacio Medei | Antonio Carlos Campos de Carvalho | Masako Oya Masuda

29 Bases Fisiológicas da Eletrocardiografia, *455*
José Geraldo Mill

30 Contratilidade Miocárdica, *473*
Dalton Valentim Vassallo | Ivanita Stefanon

31 O Coração como Bomba, *501*
José Geraldo Mill | Elisardo Corral Vasquez

32 Circulação Arterial e Hemodinâmica | Física dos Vasos Sanguíneos e da Circulação, *511*
Eduardo Rebelato | Ana Paula Davel | Helio Cesar Salgado

33 Vasomotricidade e Regulação Local de Fluxo, *529*
Lisete Compagno Michelini | Luciana Venturini Rossoni | Ana Paula Davel

34 Aspectos Morfofuncionais da Microcirculação, *547*
Robson Augusto Souza dos Santos | Maria Jose Campagnole dos Santos | Silvia Passos Andrade

35 Veias e Retorno Venoso, *563*
Helio Cesar Salgado | Rubens Fazan Júnior | Valdo José Dias da Silva

36 Circulações Regionais, *575*

    Circulação Coronariana, *577*
    Kleber Gomes Franchini | Luciana Venturini Rossoni

    Circulação Renal, *581*
    Renato de Oliveira Crajoinas | Adriana Castello Costa Girardi | Juliano Zequini Polidoro

    Circulação para a Musculatura Esquelética, *586*
    Patrícia Chakur Brum

    Circulação Esplâncnica, *589*
    Patrícia Chakur Brum

    Circulação Cerebral, *593*
    Glaucia Helena Fortes | Valdo José Dias da Silva

    Circulação Cutânea, *597*
    Valdo José Dias da Silva | Glaucia Helena Fortes

    Circulação Pulmonar, *600*
    Margarida de Mello Aires

    Circulação Fetal, *602*
    Luciana Venturini Rossoni

37 Regulação da Pressão Arterial | Mecanismos Neuro-Hormonais, *609*
Lisete Compagno Michelini

38 Regulação a Longo Prazo da Pressão Arterial, *631*
Lisete Compagno Michelini | Kleber Gomes Franchini

Seção 6 Fisiologia da Respiração, *641*
Coordenador: *Thiago S. Moreira*

39 Organização Morfofuncional do Sistema Respiratório, *643*
Walter Araujo Zin | Patricia Rieken Macedo Rocco | Débora Souza Faffe

40 Movimentos Respiratórios, *647*
Walter Araujo Zin | Patricia Rieken Macedo Rocco | Débora Souza Faffe

41 Volumes e Capacidades Pulmonares | Espirometria, *653*
Walter Araujo Zin | Patricia Rieken Macedo Rocco | Débora Souza Faffe

42 Mecânica Respiratória, *661*
Walter Araujo Zin | Patricia Rieken Macedo Rocco | Débora Souza Faffe

43 Ventilação Alveolar, Distribuição da Ventilação, da Perfusão e da Relação Ventilação-Perfusão, *673*
Walter Araujo Zin | Patricia Rieken Macedo Rocco | Débora Souza Faffe

44 Difusão e Transporte de Gases no Organismo, *681*
Walter Araujo Zin | Patricia Rieken Macedo Rocco | Débora Souza Faffe

45 Controle da Ventilação, *691*
Thiago S. Moreira | Ana C. Takakura

46 Regulação Respiratória do Equilíbrio Acidobásico, *705*
Walter Araujo Zin | Patricia Rieken Macedo Rocco | Débora Souza Faffe

47 Mecanismos de Defesa das Vias Respiratórias, *711*
Walter Araujo Zin | Patricia Rieken Macedo Rocco | Débora Souza Faffe

48 Fisiologia Respiratória em Ambientes Especiais, *717*
Walter Araujo Zin | Patricia Rieken Macedo Rocco | Débora Souza Faffe

Seção 7 Fisiologia Renal, *725*
Coordenadora: *Maria Oliveira de Souza*

49 Visão Morfofuncional do Rim, *727*
Margarida de Mello Aires

50 Hemodinâmica Renal, *741*
Margarida de Mello Aires

51 Função Tubular, *757*
Margarida de Mello Aires

52 Excreção Renal de Solutos, *779*
Margarida de Mello Aires

53 Papel do Rim na Regulação do Volume e da Tonicidade do Líquido Extracelular, *797*
Margarida de Mello Aires

54 Papel do Rim na Regulação do pH do Líquido Extracelular, *817*
Margarida de Mello Aires

55 Rim e Hormônios, *831*

    Sistema Renina-Angiotensina, *832*
    Maria Luiza Morais Barreto-Chaves | Margarida de Mello Aires

    Aldosterona | Ações Renais Genômicas e Não Genômicas, *842*
    Deise Carla A. Leite Dellova

    Peptídios Natriuréticos, *846*
    Maria Luiza Morais Barreto-Chaves | Dayane Aparecida Gomes

    Outras Substâncias Vasodilatadoras com Ação Renal | Óxido Nítrico, Prostaglandinas e Bradicinina, *852*
    Guiomar Nascimento Gomes

    Hormônio Antidiurético (ADH), *855*
    Antonio J. Magaldi

    Hormônio Paratireoidiano (PTH), *864*
    Frida Zaladek Gil

    Eritropoetina, *868*
    Aníbal Gil Lopes

    Uroguanilina, *879*
    Lucília Maria Abreu Lessa Leite Lima | Manassés Claudino Fonteles

    Endotelinas, *882*
    Maria Oliveira de Souza

56 Distúrbios Hereditários e Transporte Tubular de Íons, *889*
Aníbal Gil Lopes

57 Fisiologia da Micção, *903*
Marcio Josbete Prado | Hilton Pina

Seção 8 Fisiologia do Sistema Digestório, *917*
Coordenadora: *Sonia Malheiros Lopes Sanioto*

58 Visão Geral do Sistema Digestório, *919*
Sonia Malheiros Lopes Sanioto

59 Regulação Neuro-Hormonal do Sistema Digestório, *923*
Sonia Malheiros Lopes Sanioto

60 Motilidade do Sistema Digestório, *933*
Sonia Malheiros Lopes Sanioto

61 Secreções do Sistema Digestório, *953*
Sonia Malheiros Lopes Sanioto

62 Digestão e Absorção de Nutrientes Orgânicos, *997*
Sonia Malheiros Lopes Sanioto

63 Absorção Intestinal de Água e Eletrólitos, *1023*
Maria Oliveira de Souza | Sonia Malheiros Lopes Sanioto

Seção 9 Fisiologia Endócrina, *1037*
Coordenadora: *Maria Tereza Nunes*

64 Introdução à Fisiologia Endócrina, *1041*
Ubiratan Fabres Machado | Maria Tereza Nunes

65 Hipotálamo Endócrino, *1053*
Maria Tereza Nunes

66 Glândula Hipófise, *1075*
Maria Tereza Nunes

67 Glândula Pineal, *1103*
José Cipolla-Neto | Solange Castro Afeche

68 Glândula Tireoide, *1113*
Edna T. Kimura

69 Glândula Suprarrenal, *1137*
Lucila Leico Kagohara Elias | Fabio Fernandes Rosa | José Antunes-Rodrigues | Margaret de Castro

70 Pâncreas Endócrino, *1157*
Angelo Rafael Carpinelli | Patrícia de Oliveira Prada | Mário José Abdalla Saad

71 Gônadas, *1171*
Sistema Genital Masculino, *1172*
Poli Mara Spritzer | Fernando Marcos dos Reis
Sistema Genital Feminino, *1177*
Celso Rodrigues Franci | Janete Aparecida Anselmo-Franci

72 Moléculas Ativas Produzidas por Órgãos Não Endócrinos, *1199*
Fábio Bessa Lima | Renata Gorjão | Rui Curi

73 Crescimento e Desenvolvimento, *1219*
Maria Tereza Nunes

74 Controle Hormonal e Neural do Metabolismo Energético, *1229*
Isis do Carmo Kettelhut | Luiz Carlos Carvalho Navegantes | Renato Hélios Migliorini (in memoriam)

75 Controle Neuroendócrino do Balanço Hidreletrolítico, *1243*
José Antunes-Rodrigues | Lucila Leico Kagohara Elias | Margaret de Castro | Laurival Antonio De Luca Junior | Laura M. Vivas | José Vanderlei Menani

76 Fisiologia do Metabolismo Osteomineral, *1263*
Marise Lazaretti-Castro | Antonio Carlos Bianco | Priscilla Morethson
Os Dentes, *1285*
Priscilla Morethson

77 Fisiologia da Reprodução, *1293*
Janete Aparecida Anselmo-Franci | Poli Mara Spritzer | Celso Rodrigues Franci

78 Desreguladores Endócrinos, *1305*
Caroline Serrano do Nascimento | Maria Tereza Nunes

Seção 10 Fisiologia do Desenvolvimento Humano, *1327*
Coordenadora: *Margarida de Mello Aires*

79 Fisiologia do Neonato, *1329*
Frida Zaladek Gil

80 Fisiologia do Envelhecimento Humano, *1349*
Clineu de Mello Almada Filho | Maysa Seabra Cendoroglo

Índice Alfabético, *1361*

Homenagem a Fisiologistas Brasileiros Contemporâneos

Prof. Pedro Gaspar Guertzenstein (*in memoriam*) *32*
Prof.ª Maria Marques *37*
Prof. Gerhard Malnic *259*
Prof. Eduardo Moacyr Krieger *429*
Prof. Robson Augusto dos Santos *832*
Prof. José Antunes-Rodrigues.. *1039*

Uma Breve História da Fisiologia

Coordenador:
Marcus Vinícius C. Baldo

História Geral da Fisiologia

Hamilton Haddad Junior

As Origens da Fisiologia no Brasil

Marcus Vinícius C. Baldo
Cesar Timo-Iaria (*in memoriam*)
Margarida de Mello Aires

História Geral da Fisiologia

Hamilton Haddad Junior

INTRODUÇÃO

▶ Por que estudar a história da fisiologia?

Todos conhecemos ou pelo menos já ouvimos falar de cientistas como Galileu, Newton ou Einstein. Aprendemos na escola as contribuições para a química de Boyle e Lavoisier. Mas será que nomes de grandes fisiologistas, tais como William Harvey ou Claude Bernard, nos são também tão familiares? Será que levamos em conta que Boyle e Lavoisier também realizaram importantes descobertas para a fisiologia? Provavelmente não. Estas comparações simples refletem uma enorme discrepância entre o valor que normalmente damos à história da física e da química em relação à história de outras ciências naturais, como a fisiologia. Na verdade, a história da fisiologia tem sofrido uma sistemática negligência tanto por parte dos historiadores quanto por parte dos que a praticam: os próprios fisiologistas. Essa negligência não se justifica por vários motivos. Primeiro, porque a fisiologia ocidental é tão antiga quanto a física e a química – todas com origem nos primeiros pensadores gregos. Segundo, porque essas disciplinas provavelmente tinham e têm equivalente relevância para a sociedade ao longo da história. Por fim, a história da fisiologia é tão interessante e instigante que, ao nos debruçarmos sobre ela, nos deparamos com uma aventura digna de qualquer romance épico. Este, por si só, seria um motivo para estudá-la.

O que fazemos hoje dentro dos laboratórios de pesquisa foi e é determinado historicamente, estando inexoravelmente inserido em uma tradição de pesquisa que possui suas raízes em épocas remotas. Olhando para o passado, podemos aguçar a visão crítica sobre a pesquisa atual, procurando sempre evitar cometer os erros de nossos predecessores. Estudar a história de qualquer ciência é dar a ela uma dimensão temporal; é inseri-la dentro da história da sociedade, abrindo as portas para uma compreensão mais ampla de suas práticas atuais. Além disso, ao contrastar essa imagem dinâmica do projeto científico contra a imagem de uma ciência estática e a-histórica, nos damos conta de que nossas descobertas e contribuições serão também um dia substituídas por outras, em um processo que provavelmente nunca findará.

Antes de iniciarmos nossa jornada, convém alguns esclarecimentos. Não se pretende aqui contar *a* história da fisiologia (considerando-se que isso fosse possível), mas *uma* história da fisiologia. Para tanto, uma angustiante seleção de fatos, personagens e teorias teve de ser realizada, de modo que o que será apresentado constitui uma fina fatia do imenso bolo de acontecimentos dessa disciplina. Procurou-se dar relevância às ideias e teorias por trás dos cientistas e suas descobertas, em vez de uma simples cronologia de fatos e datas. Procurou-se também, na medida do possível, relacionar as principais descobertas fisiológicas com o contexto social e cultural da época, bem como sua relação com as descobertas ocorridas em outras ciências e em outros ramos do saber, tais como a filosofia e a arte. Obviamente, a intenção do presente texto não é, de longe, esgotar o assunto em questão, mas incentivar o gosto e a pesquisa dessa fascinante área, na esperança de que no futuro possamos corrigir a dívida que temos para com a história da disciplina.

▶ Antiguidade clássica

Primeiros pensadores: os physiologói

"A água é o princípio de tudo", teria dito o primeiro filósofo da história ocidental: Tales de Mileto. Outros o seguiram, como Anaxímenes, que identificou o princípio de todas as coisas no ar, ou Heráclito, que disse que tudo vinha do fogo. Esses primeiros pensadores são alguns dos chamados filósofos pré-socráticos, que viveram na Grécia entre os séculos VII e IV antes de Cristo. O centro de suas investigações foi a natureza. A busca por uma explicação racional para os fenômenos naturais os levou a tentar descobrir a origem, o princípio absoluto do qual tudo deriva; em grego, o *arkhé*. Sabemos atualmente que água, ar e fogo não são a origem de tudo o que existe. Entretanto, longe de serem soluções ingênuas, a ideia de que pode ser possível explicar a complexidade dos fenômenos naturais com base em princípios simples e universais é um objetivo incansavelmente buscado pela ciência até os dias atuais. Quando utilizamos um conjunto de equações que descreve a queda de um lápis e, ao mesmo tempo, é capaz de colocar um satélite em órbita, estamos, de certa maneira, fazendo isso. Esses primeiros investigadores estavam, portanto, imbuídos do mais puro espírito científico, de modo que podemos considerá-los tanto os primeiros filósofos quanto os primeiros cientistas. A palavra grega *phýsis* designa a totalidade da natureza, isto é, tudo o que existe (incluindo o ser humano). Ela deu origem tanto à palavra *física* quanto à *fisiologia*. No entanto, a distinção entre essas duas disciplinas, uma relacionada com o funcionamento do universo e a outra relacionada com o funcionamento do organismo, só foi realizada séculos mais tarde. Dessa maneira, os filósofos pré-socráticos, interessados no estudo da natureza como um todo, podem ser considerados os primeiros *physiologói*, ou fisiólogos: os "estudantes da natureza".

Citamos alguns filósofos que conceberam *a phýsis* como unitária, isto é, propuseram um princípio único para a natureza. Entretanto, outros pensadores pré-socráticos adotaram soluções pluralistas, como foi o caso do filósofo e médico Empédocles. Para ele, tudo o que existe seria composto por uma mistura de quatro elementos: ar, água, terra e fogo, as "raízes de todas as coisas". Estas quatro essências fundamentais seriam unidas e separadas por duas forças opostas, o amor (*philía*) e o ódio (*neikos*), atração e repulsão. Outros filósofos, como Leucipo e Demócrito, sugeriram a ideia, tão ousada quanto fabulosa, de que tudo seria constituído de espaço vazio, no qual se movimentariam partículas sólidas indivisíveis: os átomos (do grego *tomo*, que significa divisão; *a-tomo*: aquilo que não se divide). A teoria atômica era uma teoria materialista e mecanicista, pois tentava explicar a complexidade dos fenômenos naturais em termos de matéria e movimento. O perpétuo movimento inerente aos átomos no vácuo era concebido como o resultado de um mecanismo de causa e efeito, resultado das colisões entre eles. A mecanicidade, esse aspecto fundamental da proposta atomista, presente também na teoria de Empédocles, provocou uma grande reação nos pensadores que o sucederam.

▶ Medicina grega

A medicina grega floresceu na mesma época dos pré-socráticos. Além da escola de Empédocles, outras duas importantes escolas médicas surgiram nesse período. A primeira foi fundada por Alcmeão, nativo de Crotona, uma colônia grega situada no litoral da Itália. Consta que Alcmeão realizou algumas dissecções em animais e que concebia a saúde como um equilíbrio de forças dentro do organismo. Essa ideia de balanço, ou igualdade de potências (*isonomia*), também presente no pensamento de Empédocles, representa provavelmente uma influência do pré-socrático Pitágoras, que identificava a natureza com números, em um sistema ordenado e harmonioso de proporções.

A fundação da medicina como uma disciplina racional e científica está associada, no entanto, principalmente à figura de Hipócrates (Figura 1). Pouco se sabe a seu respeito; provavelmente nasceu na ilha de Cós, onde fundou uma escola, e viveu entre os anos 460 e 370 a.C. O conjunto de sua extensa obra forma o *Corpus Hippocraticus*, embora se admita que grande parte dela tenha sido escrita por seus colegas e seguidores. Na famosa obra *Sobre a Natureza dos Homens*, é exposto o pensamento fisiológico da escola hipocrática. Ele se baseava na doutrina dos "quatro humores" ou sucos (*khymós*). Segundo essa teoria, o corpo humano seria constituído por uma mistura de quatro fluidos, ou humores: o sangue, a fleuma, a bile amarela e a bile negra. Cada um desses humores estaria associado a um dos elementos essenciais (fogo, água, ar e terra, respectivamente) e possuiria um par dentre quatro características: quente, frio, seco e úmido. Assim, o sangue seria quente e úmido; a fleuma, fria e úmida; a bile amarela, quente e seca, e a bile negra, fria e seca (Figura 2). Em um organismo saudável esses quatro humores estariam misturados de maneira equilibrada; já a doença seria o excesso ou a falta de um desses fluidos, ou seja, um desequilíbrio. Na saúde, o organismo estaria, portanto, em *eukrasia* (*eu*: boa, *krásis*:

Figura 1 • Hipócrates, representado por um artista bizantino. Nas mãos, o médico grego carrega um livro contendo um de seus mais famosos aforismos: "A vida é curta, a arte é longa." (Adaptada de Inglis, 1968.)

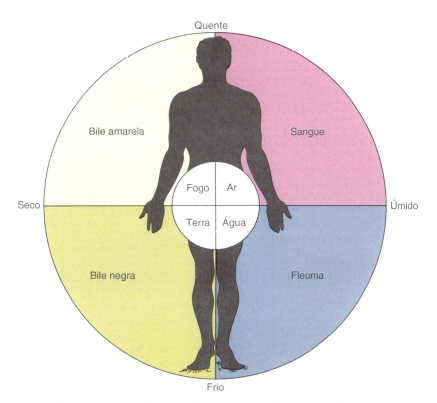

Figura 2 • Esquema da doutrina humoral, ponto central na fisiologia hipocrática.

fusão, mistura); na doença, em *dyskrasia*. Posteriormente, essa doutrina deu origem à ideia dos quatro temperamentos, de acordo com a predominância de um desses humores no organismo. Uma pessoa poderia ter um temperamento sanguíneo, fleumático, colérico (em caso de excesso de bile amarela, ou *kholé*) ou melancólico (excesso de bile negra, a atrabílis, chamada em grego de *mélaina kholé*). Hipócrates e a doutrina dos quatro humores exerceram enorme influência na medicina ocidental – mesmo após a Renascença – avançando até meados do século XVIII. Podemos ainda hoje observar seus ecos em nossa linguagem cotidiana, quando dizemos, por exemplo, que alguém está bem-humorado ou de mau humor.

▶ Platão e Aristóteles

Antes de continuarmos nossa jornada, é imprescindível examinarmos de maneira mais detida as ideias de dois filósofos que, juntos, representam o apogeu e a síntese do pensamento grego: Platão e Aristóteles. Ambos devotaram suas pesquisas a praticamente todos os ramos do conhecimento, incluindo a cosmologia, a física, a teologia, a lógica, a matemática, a política, a ética e a estética. Apesar de ambos terem escrito sobre o assunto, a fisiologia não foi o foco principal de suas investigações. Entretanto, suas ideias teóricas e metodológicas praticamente dominaram o panorama científico e filosófico dos dois milênios seguintes, consequentemente influenciando de maneira marcante a prática fisiológica desse período.

Platão (427-347 a.C.) viveu em Atenas, principal polo político e cultural da época, e foi discípulo de Sócrates.[1] Praticamente toda sua obra é constituída por diálogos, nos quais Sócrates é, quase sempre, o personagem principal. O diálogo em que Platão apresenta sua física e sua fisiologia é o *Timeu*, escrito já na sua maturidade. A primeira coisa que nos chama a atenção nesse diálogo, no qual Timeu expõe a Sócrates sua cosmologia, é o paralelismo entre o macrocosmo (universo) e o microcosmo (ser humano). O organismo seria um pequeno universo; este, por sua vez, é concebido como um grande organismo vivo, um "animal dotado de alma e de razão". Segundo Platão, o ser humano e o universo seriam cópias moldadas por um artífice divino, um demiurgo que utilizou como molde formas ideais e eternas. Tanto o mundo quanto o ser humano teriam uma alma que comandaria a matéria, esta formada pelos quatro elementos: terra, fogo, água e ar.

A fisiologia contida no *Timeu* é baseada em uma divisão tripartida da alma humana, que teria uma porção imortal e outra mortal. A porção imortal seria divina e a mais nobre, uma reprodução microcósmica da alma do mundo; estaria situada na cabeça, resultando daí seu formato esférico. Essa parte da alma seria racional e capaz de aquisição de conhecimento, além de ser responsável por comandar a porção mortal. Situada no tronco, a alma mortal seria dividida em duas partes. Uma porção irascível, ou colérica, situada acima do diafragma, em torno do coração e dos pulmões; ela seria capaz de sentir ira, participando, assim, da coragem do ser humano para enfrentar seus inimigos. A outra porção da alma mortal seria a apetitiva, situada entre o diafragma e o umbigo (distante da porção racional), e buscaria alimentos e bebidas, cuidando das funções nutricionais do corpo. O estômago, o intestino, o fígado e o baço seriam comandados por essa parte da alma. Utilizando esse esquema, Platão construirá sua fisiologia, na qual a respiração desempenha um papel central. O ar inspirado servirá para resfriar o coração, que possui um calor inato e ferve em momentos de cólera. Os movimentos de inspiração e expiração seriam responsáveis pela circulação do sangue nas artérias e veias. Esses movimentos seriam o resultado de um complexo processo mecânico causado por correntes dos elementos fogo e ar. O sangue seria produzido no estômago, pela transformação (digestão) dos alimentos por meio da ação do fogo, e subiria em direção à cabeça em dois grandes vasos. É interessante notarmos que Platão, como seus contemporâneos, não fazia distinção entre artérias e veias, e não conhecia a contração muscular do coração como propulsora do movimento sanguíneo.

A medula espinal desempenha um papel fundamental no esquema platônico. É a partir dela, que contém as três espécies de alma, que seriam formadas as outras partes do organismo humano. Ela seria o elemento primordial, a ligação da alma com o corpo, a "semente universal de toda espécie sujeita à morte". Platão indica a existência de um canal, ligando a medula aos órgãos sexuais, por onde passariam as sementes (o sêmen) do homem. Essa ideia ganhou adeptos até na Renascença, como podemos observar em alguns desenhos de Leonardo da Vinci (ver Figura 6, adiante).

Aristóteles (384-321 a.C.) nasceu na cidade de Estagira, situada na península da Calcídica, território macedônico. Aos dezoito anos, foi para Atenas estudar na Academia de Platão, tornando-se seu discípulo por vinte anos. Após a morte do mestre, deixa a Academia e realiza algumas viagens. Em uma delas, aceita a tarefa de ir à Macedônia ser preceptor do jovem Alexandre, futuro imperador. De volta a Atenas, o estagirita funda sua própria escola, o Liceu. Sem dúvida alguma, Aristóteles foi o maior biólogo da Antiguidade. O fato de seu pai ter sido médico na corte macedônica certamente contribuiu para que esse assunto se tornasse um de seus principais interesses. Sua obra contém a descrição de centenas de espécies animais, nalgumas das quais ele provavelmente realizou dissecções. Também foi pioneiro na realização de uma extensa e detalhada classificação dos seres vivos, formando uma *scala naturae* (escala natural). Assim como nos pré-socráticos, o estudo da *phýsis* foi uma preocupação central em suas investigações. A Terra ocupa o centro de seu universo, que é dividido em duas grandes regiões: supralunar e sublunar. Tudo que está acima da Lua seria composto por uma quinta-essência: o éter. Nessa região, caracterizada pela perfeição, os corpos celestes estariam em eterno movimento circular, formando esferas concêntricas em torno da Terra. Já abaixo da Lua, tudo seria composto por uma mistura dos quatro elementos (terra, fogo, água e ar), e estaria sujeito à geração e à destruição, a um começo e um fim. No mundo sublunar, o movimento natural do fogo e do ar tenderia para o alto. Já os corpos pesados, que conteriam os elementos terra e água, tenderiam a ir para o centro do universo, que coincidiria com o centro da Terra.

Uma característica central da filosofia natural aristotélica é o problema do movimento e da mudança. Por que as coisas mudam de lugar, de qualidade ou de quantidade? Por que as coisas aparecem e desaparecem, nascem e perecem? Na principal obra em que trata desse tema, a *Física*, Aristóteles afirma que só podemos conhecer a natureza quando conhecermos as causas da permanência e da mudança: "conhecer é conhecer as causas". Aristóteles admitia a existência de quatro tipos de causas. A causa *material* seria responsável pela matéria da qual um ser é constituído, isto é, aquilo de que uma coisa é feita. A causa *formal* corresponderia à essência, ou natureza do ser. A causa *eficiente* seria responsável pela presença de uma forma em uma determinada matéria, ou seja, uma causa mecânica, origem imediata de um movimento ou repouso. Finalmente, causa *final* representaria o motivo, a finalidade da existência de alguma coisa. Essas quatro causas apresentariam uma hierarquia de

---

[1] Sócrates, que viveu em Atenas provavelmente entre os anos 470 e 399 a.C., é considerado o fundador da filosofia ocidental.

importância, sendo o conhecimento das causas finais e formais superior e mais valioso do que o das causas materiais e eficientes. No caso dos animais, por exemplo, Aristóteles considera que a presença de uma determinada forma na matéria deve-se a uma causa mecânica imediata (eficiente), mas que obedece a uma finalidade última presente na natureza (Quadro 1).

A teleologia está, assim, no centro de sua fisiologia. Na obra *As Partes dos Animais*, Aristóteles marca posição contra explicações fisiológicas mecanicistas, como as de Empédocles e Demócrito, afirmando categoricamente que, para o fisiólogo, as causas finais são mais importantes que as eficientes. Ao estudar uma parte de um animal – um órgão, por exemplo – o fisiólogo deve buscar explicar "em vista de que" aquele órgão existe, ou seja, qual a sua finalidade, qual a sua *função*. Como exemplo, ele nos diz que quando analisamos o trabalho de um carpinteiro, não estamos interessados na força e no ângulo com o qual ele desfere seus golpes na madeira (causa eficiente), mas sim na razão, no objetivo final pelo qual ele está esculpindo. Para Aristóteles, a reprodução tem importância fundamental, visto que ela garante a perpetuação da forma, da essência da espécie, consistindo em uma das evidências mais claras a favor da existência da finalidade na natureza. Dessa maneira, ele investigou arduamente o problema da reprodução e do crescimento, analisando o desenvolvimento de diversas espécies de embriões. Em sua teoria, o calor vital – inato ao organismo – desempenhava uma função central, sendo o instrumento do desenvolvimento. No macho, o calor vital transformaria o excesso de sangue em sêmen; na fêmea, que possuiria um calor vital inferior, o excesso de sangue seria escoado na menstruação. Não ocorreria, segundo ele, transferência de matéria do macho para a fêmea. O esperma conteria apenas a forma do animal, e seu papel seria o de produzir movimento, imprimindo essa forma na matéria fornecida pela fêmea; assim, o sêmen agiria como causa formal e eficiente. No organismo adulto, o calor vital teria sua sede no coração, considerado por Aristóteles o principal órgão do organismo, uma vez que era o primeiro órgão a ser observado funcionando no crescimento embrionário e o último a parar de funcionar na morte. O coração seria também a sede da sensibilidade e do pensamento; a função do cérebro seria simplesmente a de resfriar o excesso de calor vital.

Em 338 a.C., Felipe da Macedônia conquista a Grécia, que perde sua autonomia. Dois anos depois, seu filho Alexandre, ex-discípulo de Aristóteles, assume o trono. Alexandre, o Grande, conquistará um imenso império, que fundirá a cultura grega com as culturas egípcia e orientais. Com isso, ocorre uma difusão da cultura helênica. Atenas deixa de ser o centro científico e cultural do mundo antigo, que se transfere para uma cidade fundada no Egito pelo jovem imperador: Alexandria, o "empório do mundo".

▶ Escola de Alexandria

Com a morte prematura de Alexandre, aos 33 anos, seu império é desmembrado, e o controle do Egito fica a cargo de um de seus generais, Ptolomeu I Sóter, dando origem à dinastia ptolomaica. O rei Ptolomeu I constrói em Alexandria um centro de estudos de proporções fabulosas. Dotado de um museu e uma vasta biblioteca, que chegou a contar com mais de 500 mil obras, o centro se transforma no grande ponto de confluência científica do mundo antigo. Homens como Euclides e Arquimedes lá trabalharam. Foi lá também que Cláudio Ptolomeu (que não era parente dos reis ptolomaicos) realizou suas observações astronômicas, sintetizadas na obra *Almagesto*. Esta obra consolidará a visão geocêntrica aristotélica do universo, até ser contestada na Renascença por Copérnico e Galileu. Alexandria contava também com uma importante escola médica, que fundiu o pensamento médico hipocrático com os conhecimentos da medicina egípcia. O clima de liberdade científica que dominava a cidade possibilitou que a dissecção de cadáveres humanos fosse prática comum entre seus integrantes, e é provável que até algumas vivissecções humanas tenham sido por eles realizadas! Essa escola foi responsável por enormes avanços no conhecimento anatômico e fisiológico; nela, destacam-se os nomes de Heródilo e de Erasístrato.

Considerado por alguns como o pai da anatomia, Heródilo viveu por volta de 300 a.C. Foi um dos primeiros professores a realizar dissecções em público, e sua fama atraía para Alexandria estudantes de várias regiões. Foi pioneiro no estudo sistemático da anatomia do sistema nervoso humano. Discordando de Aristóteles, ele identificou o cérebro como a sede das sensações e da inteligência, além de diferenciá-lo do cerebelo. Descreveu as meninges, o quarto ventrículo e vários nervos cranianos; de acordo com Erasístrato, foi também o primeiro a distinguir os nervos sensoriais dos motores. Heródilo descreveu diversos órgãos, tais como o fígado e o intestino (devemos a ele o termo "duodeno"), além de redigir detalhadas descrições dos órgãos genitais masculino e feminino. Já no sistema cardiovascular, sua contribuição foi extraordinária: foi o primeiro a diferenciar claramente as artérias das veias. Utilizando uma clepsidra (relógio d'água), mediu o pulso de diversos pacientes. Embora considerasse a pulsação como um processo ativo das próprias artérias, procurou exaustivamente uma explicação racional para as medidas encontradas, tentando relacioná-las com a saúde e a doença.

Contemporâneo um pouco mais jovem que Heródilo, Erasístrato tinha uma inclinação mais fisiológica do que anatômica, sendo, por isso, considerado um dos pais da fisiologia. Foi o primeiro a realizar necropsias para estudar as causas da morte. Não aceitou a doutrina hipocrática dos quatro humores, como havia feito Heródilo; em vez disso, adotou uma maneira modificada do atomismo de Demócrito. Considerou os tecidos como uma malha formada por veias, artérias e nervos, que continuavam a se subdividir além dos limites da visão; uma dedução genial, em uma época em que o microscópio havia sequer sido cogitado. Erasístrato foi também o primeiro a propor de maneira clara que a ação dos músculos era responsável pela produção de movimento. Dessa maneira, abandonou a crença, adotada até então, de que a digestão era uma espécie de cozimento, ou fermentação dos alimentos, e propôs que ela se

---

Quadro 1 ▪ Teleologia.

Em grego, o termo *télos* significa fim, finalidade, pleno desenvolvimento. A palavra *teleologia*, inicialmente o "estudo dos fins", acabou por designar qualquer doutrina que identifica a presença de metas, fins ou objetivos últimos guiando a natureza e a humanidade, considerando a finalidade como princípio explicativo fundamental na organização e nas transformações de todos os seres. A teleologia pode ser transcendente, quando os propósitos e os fins estão na mente de Deus, como é o caso do demiurgo em Platão, ou imanente, quando essa finalidade é inerente a todos os seres da natureza, como em Aristóteles. O *télos* pode também estar presente na consciência humana, quando agimos deliberadamente. Talvez devido à imensa presença aristotélica na biologia, a explicação teleológica tem sido identificada como típica da fisiologia, caracterizando a busca da finalidade, ou da função de um determinado órgão, estrutura ou sistema. A moderna fisiologia, entretanto, na medida em que a teoria darwiniana fornece um algoritmo pelo qual os seres vivos e suas partes evoluíram, tende a considerar a função como a atividade exercida por uma estrutura na manutenção de estados de equilíbrio, chamados estados *homeostáticos*. Uma vez que esses estados foram selecionados ao longo do processo evolutivo, a função de uma estrutura pode ser definida como uma atividade selecionada pelo processo evolutivo. No século XX, o termo *teleonomia* foi criado para denominar processos guiados por um programa preestabelecido, como é o caso do controle genético dos mecanismos fisiológicos.

devia à ação dos músculos do estômago. Depois de digeridos, os alimentos dariam origem ao sangue, no fígado, que seria distribuído pelas veias para o resto do organismo. Por meio de passagens minúsculas, o sangue passaria das veias para as artérias; Erasístrato, assim, antecipa a existência dos capilares. O ar (*pneûma*) absorvido nos pulmões atingiria o coração, onde seria transformado em um espírito vital, distribuído pelas artérias para o resto do organismo. O coração foi reconhecido por Erasístrato como responsável pelo bombeamento do sangue: o lado direito bombearia o sangue produzido no fígado e o esquerdo, o sangue misturado com o ar proveniente dos pulmões. A ideia de que as artérias conduziam ar, crença comum na época, foi posteriormente derrubada por Galeno.

Assim como Heróflo, Erasístrato realizou pesquisas detalhadas sobre o sistema nervoso. Supôs, por exemplo, que a inteligência superior do ser humano devia-se ao maior número de circunvoluções observadas, quando comparado ao cérebro de outros animais. Seguindo sua teoria pneumática, concluiu que, ao chegar no cérebro, o espírito vital contido no sangue era transformado no espírito animal. Isso ocorreria dentro dos ventrículos; daí, esse espírito seria transportado pelos nervos para o resto do organismo.

Apesar de esses dois homens lançarem as bases da anatomia e da fisiologia ocidentais, Heróflo e Erasístrato não deixaram discípulos imediatos importantes, e, com suas mortes, a escola de medicina de Alexandria entrou em declínio. Na verdade, pouco saberíamos a respeito de suas realizações, não fosse a visita ilustre de Galeno a Alexandria no século II d.C. Nessa ocasião, Galeno teve a oportunidade de registrar os incríveis feitos dessa escola, antes que sucessivos incêndios e saques destruíssem definitivamente o museu e a biblioteca, em uma das maiores perdas culturais que a humanidade conheceu.[2] Outras informações sobre a ciência da Antiguidade, incluindo o período alexandrino, devemos a dois grandes enciclopedistas latinos: Celso (século I a.C.) e Plínio, o Velho (século I d.C.).

▶ Galeno e o legado da Antiguidade

Cláudio Galeno (129-200 d.C.) foi uma das mais influentes figuras médicas da Antiguidade (Figura 3), equiparável somente a Hipócrates. Nascido em Pérgamo, cidade grega situada na Ásia Menor, estudou filosofia e medicina na juventude, alcançando o importante posto de médico de gladiadores. Posteriormente, transferiu-se para Roma, onde obteve fama, tornando-se médico do imperador e filósofo romano Marco Aurélio. Escritor incansável, Galeno nos legou uma obra incrivelmente volumosa, em que trata de uma vasta gama de assuntos, tais como anatomia, fisiologia, patologia e terapêutica. A autoridade que os séculos posteriores lhe atribuíram fez com que suas opiniões sobre essas disciplinas chegassem praticamente inquestionadas até a Renascença. Seu pensamento incorpora as filosofias platônica e, principalmente, aristotélica; sua medicina julga-se herdeira de Hipócrates. Complementando essa tradição teórica, Galeno dissecou vários animais e realizou inúmeros experimentos, motivo pelo qual alguns o consideram o pai da fisiologia experimental.

Assim como em Aristóteles, a teleologia perfaz toda a anatomia e a fisiologia galênica. A natureza não faria nada em vão, e agiria sempre com um propósito em vista, determinando a morfologia das várias estruturas do organismo; estas possuiriam sempre a forma ideal para que melhor executassem a função a

Figura 3 • Cláudio Galeno (129-200 d.C.). (Adaptada de www.uaemex.mx/fmedicina/Galeno.html.)

que foram destinadas. Seguindo esse princípio, Galeno realizou uma detalhada descrição do corpo humano, sobretudo no que diz respeito aos ossos e aos músculos, de onde derivam alguns dos nomes que utilizamos ainda hoje, como, por exemplo, o do músculo masseter. Investigou também o sistema nervoso, descrevendo sete dos doze pares de nervos cranianos. Em experimentos sobre a fisiologia da coluna vertebral, relacionou a altura de lesões com os déficits por elas produzidos.

A fisiologia de Galeno baseia-se na doutrina humoral hipocrática, e, apesar de ser um grande crítico de Erasístrato, adota um sistema parecido com o do mestre alexandrino. Esse sistema baseia-se em três centros, sede das três partes da alma humana conforme Platão: o fígado, o coração e o cérebro. A estes centros, estariam relacionados três tipos de pneuma, ou espíritos, respectivamente: o *pneûma physicón* (espírito natural), o *pneûma zoticón* (espírito vital) e o *pneûma phychicón* (espírito animal). Assim como Platão, Galeno acreditava que o corpo era apenas um instrumento da alma; o pneuma seria a essência da vida, o espírito do mundo, incorporado ao homem no ato da respiração.[3] Pela *trachea arteria*, o ar inspirado chegaria aos pulmões e, dali, pelas veias pulmonares, o ventrículo esquerdo do coração, onde seria misturado ao sangue. O sangue seria produzido no fígado – os alimentos absorvidos no intestino seriam transportados para lá pela veia porta. Também no fígado, o sangue venoso recém-produzido seria impregnado com o espírito natural, e daí distribuído para todo o organismo. O lado direito do coração era considerado um importante ramo do sistema venoso. No ventrículo direito, uma pequena parte do sangue atravessaria o septo interventricular através de minúsculos canais, penetrando o ventrículo esquerdo. A esse sangue seria incorporado o espírito vital, proveniente do ar absorvido nos pulmões. Ao alcançar o cérebro,

---

[2] Um esforço internacional liderado pela UNESCO possibilitou a construção da Nova Biblioteca de Alexandria, inaugurada em 2002. Ver www.bibalex.org.

[3] De origem pré-socrática, a doutrina pneumática é uma das teses centrais do estoicismo, corrente filosófica muito influente no Império Romano. Fundada por Zenão de Cício (século III a.C.), teve no imperador Marco Aurélio um de seus principais representantes.

o sangue receberia o terceiro tipo de pneuma, o espírito animal, distribuído para o restante do organismo pelos nervos, que seriam ocos. Esse esquema (Figura 4) dominou a fisiologia cardiovascular até o Renascimento, quando Vesálio contestou a existência das passagens no septo interventricular e William Harvey propôs sua teoria da circulação sanguínea.

A teleologia galênica possibilitou realizações extraordinárias na anatomia e na fisiologia. Ao mesmo tempo, tornou-se uma barreira para o avanço dessas disciplinas, uma vez que ela desmotivava a busca de causas eficientes, centrando o problema na determinação de causas finais; cada estrutura do organismo possibilitaria desvendar a mente do Criador. Apesar de não ser judeu nem cristão, Galeno acreditava, como Platão, que o mundo era obra divina. Não é difícil, por esse motivo, entendermos a ampla aceitação e o enorme prestígio que sua obra alcançou na Idade Média, período em que a cultura ocidental foi dominada pelo pensamento cristão. Com o desmoronamento do Império Romano, por volta do século V d.C., a Europa mergulha na chamada "Idade das Trevas". Durante esse período, marcado por um exacerbado sentimento místico e religioso, a cultura ocidental será confinada nos mosteiros medievais. O estudo do corpo humano dá lugar ao estudo da alma, no intuito de obter sua salvação. A teologia passa a ocupar o lugar da ciência, que emigra para o mundo árabe.

RENASCIMENTO CULTURAL

▶ Os precursores: a medicina árabe e o surgimento das universidades

Enquanto a Europa encontrava-se devastada por guerras, pela miséria e pela fome, o mundo assistia ao florescer de uma civilização exuberante. Entre os séculos VII e XIII d.C., os árabes chegaram a dominar um território que ia das fronteiras da Índia e China ao Cáucaso, ocupando todo o norte da África e o sul da Espanha. Graças ao mecenato proporcionado pelas dinastias dos Abássidas, em Bagdá, e dos Omíadas, em Córdoba, a ciência e a filosofia encontraram solo fértil para continuar os trabalhos dos mestres gregos. As figuras de Aristóteles, Hipócrates e Galeno foram sem dúvida o norte da filosofia e da medicina islâmica. Os árabes não apenas traduziram para seu idioma as obras gregas, mas também realizaram comentários e análises rigorosas a partir delas. Dentre os primeiros nomes da medicina árabe, podemos destacar Al-Razi, conhecido no ocidente como Rhazes (865-925), médico de origem persa que viveu em Bagdá e realizou importantes avanços a partir da obra de Galeno, sobretudo nos estudos sobre a varíola. Durante os séculos XI, XII e XIII, um importante centro de estudos funcionou em Córdoba, situada na Andaluzia (Al-Andaluz), sul da Espanha. Ali trabalharam Abu'l-Qasim, famoso cirurgião conhecido como Abulcasis (936-1013), e Ibn Rushd, médico e filósofo aristotélico conhecido como Averróis (1126-1198), cujo pensamento exerceu forte influência em toda a Europa. No entanto, a maior autoridade médica árabe foi Ibn Sina, que o Ocidente conheceu como Avicena (980-1037). Sua principal obra, o *Cânon*, pode ser vista como uma tentativa de articulação dos sistemas de Hipócrates e Galeno com a filosofia biológica aristotélica. É uma obra dogmática, apoiada na brilhante exposição de uma cultura extremamente vasta. A lógica e a eloquência de seu estilo conferiram-lhe autoridade praticamente indiscutível dentro das ciências médicas medievais e renascentistas. O *Cânon* de Avicena foi traduzido para o latim por Gerardo de Cremona, que, junto com Constantino, o Africano, foram os principais tradutores das obras da ciência árabe para o Ocidente. Podemos, assim, traçar um tortuoso caminho, no qual as obras gregas foram traduzidas para o árabe e depois para o latim. No entanto, apesar da fundamental importância árabe para o renascimento científico europeu, não devemos nos esquecer de que muitas obras dos antigos foram preservadas por padres nos mosteiros medievais, vindo à tona por ocasião do Renascimento.

Nos primeiros séculos desse segundo milênio, outro fenômeno capital para o futuro das ciências ocorreu no continente europeu: o nascimento das universidades. Fruto do crescimento da vida urbana, as universidades têm sua origem nas escolas que existiam junto às catedrais. O direito de lecionar, a princípio nas mãos do clero, foi entregue posteriormente aos mestres leigos. Entretanto, a vigilância sobre o ensino dentro das universidades permaneceu sob intenso controle do Papa. Na maioria das vezes, o ensino básico era constituído das sete artes liberais: o *trivium* (gramática, retórica e dialética) e o *quadrivium* (aritmética, geometria, astronomia e música). Além dessas disciplinas, lecionava-se medicina, direito e teologia. Das principais universidades fundadas entre os séculos XII e XIII, estão as de Oxford e Cambridge, na Inglaterra; as de Paris e Montpellier, na França; e as de Bolonha e Pádua, na Itália. As duas últimas, como veremos, desempenharam

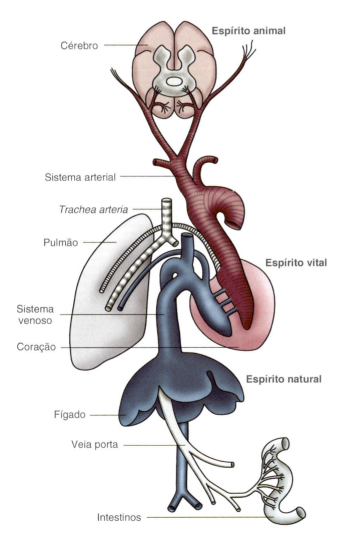

Figura 4 ▪ Esquema geral da fisiologia galênica. (Adaptada de Singer, 1996.)

um papel fundamental no desenvolvimento da anatomia e da fisiologia na Renascença. Na universidade de Bolonha, funcionou uma importante escola cirúrgica, que está ligada aos primórdios da prática da dissecção no fim da Idade Média. Dessa escola, destaca-se Mondino de Luzzi (1270-1326).

O nome de Mondino está ligado à consolidação da anatomia como uma disciplina independente no quadro universitário nascente. Sua principal obra, o *Anathomia*, um manual de dissecção escrito em 1316, sintetiza o estado da arte dos conhecimentos anatômicos de sua época, e tornou-se referência obrigatória entre os professores que o sucederam; foi amplamente utilizado até o século XVI. Embora essa obra seja fruto de várias dissecções, Mondino não possuía o espírito científico crítico e contestador que encontraremos em seus colegas do Renascimento. Em vez disso, suas observações e comentários procuravam, sobretudo, confirmar as autoridades árabes. Sua fisiologia baseava-se quase inteiramente na de Galeno. De acordo com uma crença comum da época, ele descrevia o cérebro com três ventrículos (Figura 5): o anterior, para onde confluíam todos os sentidos (por isso recebia o nome de *sensus communis*, ou senso comum); o médio, onde se localizava a imaginação, e o posterior, sede da memória.

▸ Origem da era moderna

Durante os séculos XV, XVI e XVII, a Europa assistiu a uma quantidade de mudanças sociais, econômicas e culturais sem paralelo na história até então. Essas mudanças representaram o rompimento com a Idade Média, dando início ao que se convencionou chamar de Idade Moderna. A intensificação do comércio deslocou o centro da vida cotidiana dos campos para as cidades, fazendo surgir uma nova classe de artesãos e comerciantes: a burguesia. As cidades-estados italianas, tais como Florença, Gênova e Veneza, desfrutavam as riquezas proporcionadas pela retomada do comércio. O ciclo das grandes navegações – incentivado pela busca de novas rotas comerciais para o Oriente, sobretudo após a tomada de Constantinopla pelos turcos otomanos, em 1453 – ampliou o horizonte do homem europeu de um modo antes inimaginável, além de incentivar pesquisas técnicas e astronômicas. Em 1492, Cristóvão Colombo descobria um novo continente, a América, fonte de mistério e riquezas inesgotáveis. As artes e as ciências revisitaram os gregos, mas de uma maneira crítica, o que culminou com um rompimento com a tradição antiga, dando origem a uma nova arte e a uma nova ciência. A difusão desses saberes contava agora com a imprensa de tipos móveis, inventada por Gutenberg, que possibilitava a reprodução de livros em grande escala, popularizando o conhecimento e tirando sua exclusividade das mãos da Igreja. Fruto desse ambiente efervescente, um novo ser humano nasceu na Europa, especialmente na Itália, epicentro desse fenômeno.

▸ A ciência nos estúdios

No Renascimento, talvez mais do que em qualquer outra época, observamos a sinérgica união da arte com a ciência. Estudos sobre a óptica foram incorporados à pintura, em um movimento iniciado por Giotto (1266-1337), que começou a utilizar a perspectiva em seus quadros. Esse movimento culminou no naturalismo: a tentativa de recriar o mundo em uma tela da maneira mais fiel possível. Não demorou até que os artistas percebessem o quanto o estudo do corpo humano poderia favorecer sua arte. Os grandes gênios da arte renascentista, como Michelangelo, Rafael, Dürer e Leonardo da Vinci, estudaram anatomia e acompanharam dissecções humanas junto aos médicos-cirurgiões da época. Alguns, como Michelangelo e da Vinci, fizeram mais do que isso, realizando, eles próprios, dissecções em seus estúdios. Os estudos concentravam-se na anatomia superficial, especialmente dos ossos e músculos, uma vez que o interesse principal era estético. Leonardo da Vinci (1452-1519), contudo, foi um caso à parte. Seus interesses iam muito além da arte, e seu incrível gênio dedicou-se a diversos ramos da ciência. Até hoje ele é considerado um dos maiores anatomistas da história; seus desenhos anatômicos e suas especulações fisiológicas (Figura 6) têm uma riqueza de detalhes e uma precisão que estavam muito à frente de sua época. É difícil calcular qual teria sido o futuro da anatomia e da fisiologia se Marcantonio della Torre (1481-1512), professor de anatomia de Pávia com o qual da Vinci pretendia publicar um tratado, não tivesse morrido prematuramente.

Foi um pequeno passo para que a arte renascentista deixasse os estúdios e fosse aproveitada pelos professores acadêmicos, o que ocorreu sobretudo na Universidade de Pádua, o grande centro de ensino médico da Itália na época. A primeira grande figura paduana foi o holandês Andreas Vesalius (1514-1564). Sua obra-prima, o *De Humani Corporis Fabrica* (1543), é considerada por muitos como a maior contribuição isolada para a medicina de todos os tempos, assim como são os *Principia*, de Newton, para a física. Para entender a revolução instaurada por Vesalius, devemos analisar as características do ensino anatomofisiológico realizado em Pádua e na maioria das universidades europeias da época.

Pelo menos desde o século XIV, uma aula universitária de anatomia consistia na leitura do manual de Mondino (o *Anathomia*), seguida geralmente da leitura de um texto de Galeno. Enquanto o professor, do alto de sua cátedra, realizava a leitura do texto em latim, um cirurgião-barbeiro – inculto e iletrado – dissecava um cadáver, apontando as estruturas anatômicas aos alunos (Figura 7). Não é difícil imaginarmos as confusões decorrentes dessa prática, uma vez que o professor não se aproximava do cadáver e seu assistente não entendia latim. Além disso, essas demonstrações, assim como a maioria das dissecções realizadas nas Universidades, tinham como principal

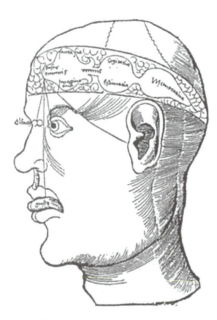

Figura 5 ▪ Ilustração do século XV, atribuída a Gregor Reisch. Biblioteca Nazionale Centrale, Florence. (Adaptada de Bennett, 1999.)

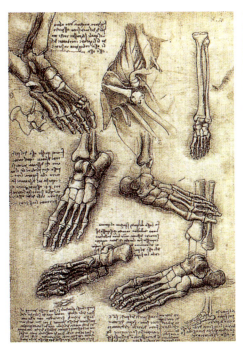
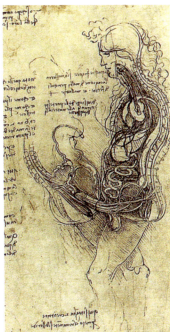

Figura 6 ▪ Desenhos de Leonardo da Vinci (1452-1519). *À direita*, em uma representação do coito, da Vinci indica a existência de um canal ligando a medula aos órgãos sexuais masculinos, por onde passaria o sêmen – de acordo com uma teoria platônica. (Adaptada de Crispino, 2000.)

objetivo confirmar as descrições de Galeno. A autoridade galênica era tamanha que Iacobus Sylvius (1478-1553), professor de Vesalius, chegou a dizer que "qualquer estrutura encontrada no ser humano contemporâneo cuja descrição divergisse daquela feita por Galeno seria apenas o resultado de posterior decadência e degeneração da espécie humana" (Saunders e O'Malley, 2003). Vesalius, por sua vez, já tinha experiência em dissecção quando se tornou professor de anatomia e cirurgia em Pádua. Suas aulas passaram a ser extremamente concorridas, pois todos queriam assistir ao novo mestre, que inusitadamente descia de sua cátedra para demonstrar diretamente no cadáver as estruturas descritas nos textos (Figura 8). Não tardou para que Vesalius, inicialmente grande seguidor da anatomia e fisiologia galênica, encontrasse discordâncias entre os textos e o cadáver – isso graças à sua nova arma metodológica: a observação direta dos fenômenos.

Em suas aulas, Vesalius desenhava em um quadro grandes esquemas anatômicos, fato que agradou muito aos alunos, e a cópia desses desenhos passou a circular entre os estudantes. Temendo que desenhos de qualidade inferior fossem utilizados nos estudos, Vesalius publica, em 1538, as *Tabulae Anatomicae Sex* (Seis Pranchas de Anatomia), que se tornaram sucesso imediato. As três primeiras pranchas são diagramas da anatomia e da fisiologia de Galeno. As três últimas são esqueletos desenhados por um pintor da época. O sucesso dessa obra serviu como estímulo para que, 5 anos mais tarde, ele publicasse o *De Humani Corporis Fabrica* (A Estrutura do Corpo Humano). Essa obra, ricamente ilustrada (Figura 9), marca o início da anatomia e fisiologia modernas. Com ela, foi quebrada a longa tradição que supunha que a transmissão do conhecimento estaria ligada exclusivamente ao texto escrito. Até a publicação do *De Humani*, todo o ensino científico era realizado com base nos textos clássicos, que não apresentavam figuras. Dessa maneira, o uso de ilustrações era visto com desconfiança pelos professores europeus, uma vez que "a figura degradaria a erudição do texto". Vesalius transfere a cultura visual ligada ao naturalismo desenvolvido nos ateliês renascentistas para os livros de anatomia. O uso da ilustração na transmissão do conhecimento, juntamente com a observação direta dos fenômenos naturais, colocam Andreas Vesalius e o *De Humani Corporis Fabrica* nos pilares da nova ciência nascente. Contudo, a Revolução Científica iniciada no Renascimento agregaria ainda a quebra de muitas outras tradições clássicas e medievais.

▸ A nova ciência

A ciência moderna surgiu ao longo dos séculos XVI e XVII, no que se convencionou chamar de Revolução Científica. A grande marca dessa revolução é a ruptura com a visão de mundo e com a ciência de Aristóteles, que, como vimos, havia dominado o panorama científico até então. A Revolução Científica engloba duas revoluções: uma *astronômica* (física celeste), em que o geocentrismo aristotélico-ptolomaico é substituído pelo heliocentrismo copernicano, e outra *mecânica* (física terrestre), na qual a mecânica aristotélica dá lugar à mecânica galilaico-newtoniana. Essas mudanças ocorreram concomitantemente a uma virada metodológica: o *método experimental* foi definitivamente incorporado às ciências naturais.

Em 1543, mesmo ano em que Vesalius publicou sua principal obra, um astrônomo polonês chamado Nicolau Copérnico (1473-1543) publicou a *De Revolucionibus Orbium Coelestium* (As Revoluções da Órbita Celeste), na qual expunha a tese de que os planetas girariam em órbita em torno do Sol. Para termos uma ideia do impacto da proposta heliocêntrica, devemos recordar que a concepção geocêntrica de Aristóteles e Ptolomeu era adotada pela ciência e pela Igreja há mais de mil anos. Se recordarmos também algumas características da física aristotélica, veremos que ela é incompatível com o heliocentrismo. Essas incompatibilidades foram exploradas pelo italiano Galileu Galilei (1564-1642). Utilizando o recém-descoberto telescópio, Galileu realizou uma série de observações, como as luas de Júpiter e as fases de Vênus. Essas observações concordavam com o sistema copernicano, que ele passou a defender (Figura 10). Do movimento dos corpos celestes, Galileu passa a estudar o movimento dos corpos na superfície da Terra, introduzindo o conceito de *inércia*. Suas investigações sobre o movimento o levaram a romper definitivamente com a física aristotélica, em um processo que culminou com o surgimento da nova física. Nessa nova física, que é a que utilizamos hoje, os fenômenos naturais são explicados segundo suas causas imediatas, ou mecânicas (que corresponderiam à causa eficiente de Aristóteles). O finalismo, ou a busca de causas finais na natureza, passa a ser evitado; com o tempo, as ciências biológicas também adotariam essa postura, principalmente após Darwin. Outra característica da nova física iniciada com Galileu é o uso da matemática:[4] os fenômenos naturais, que antes eram estudados de maneira essencialmente qualitativa, passam a ser analisados de maneira quantitativa.

---

[4]Em uma famosa passagem da obra *O Ensaiador*, Galileu escreve: "O livro da natureza está escrito na linguagem matemática."

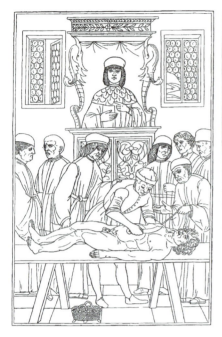

Figura 7 ▪ Gravuras do final do século XV, indicando como era uma aula de anatomia no começo da renascença: enquanto o professor lia um texto clássico, seu assistente apontava as estruturas anatômicas aos alunos. *À esquerda*, uma ilustração do *Fasciculus Medicinae*, de Johannes de Kethan (Veneza, 1495). *À direita*, a página-título de uma edição de Mondino, realizada por Martin von Mellerstadt (Leipzg, 1493). (Adaptadas de Kickhöfel, 2003.)

Figura 8 ▪ Página de rosto da primeira edição do *De Humani Corporis Fabrica*, de 1543. Podemos observar Vesalius no centro da gravura, junto ao cadáver. (Adaptada de Saunders e O'Malley, 2003.)

Uma Breve História da Fisiologia   11

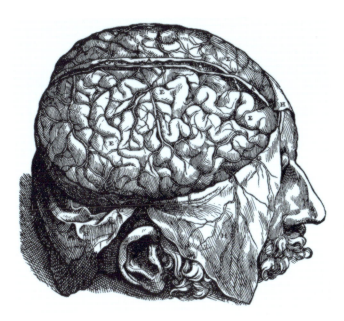

Figura 9 • Gravuras do livro de Andreas Vesalius *De Humani Corporis Fabrica*, de 1543. (Adaptada de Saunders e O'Malley, 2003.)

Outro traço fundamental marca a nova ciência nascente: a experimentação, o recurso que, nos dias de hoje, imediatamente associamos às ciências naturais. A atitude experimental foi veementemente enfatizada pelo filósofo britânico Francis Bacon (1561-1626), que defendia a ideia de que a aquisição de conhecimento deve necessariamente partir de *observações empíricas*. Na sua obra mais famosa, o *Novo Organon*, publicada em 1620, Bacon critica o método aristotélico, que dava um grande valor às deduções de conclusões científicas a partir de princípios axiomáticos (o *Organon* é uma das obras em que Aristóteles expõe a lógica e o método científico). Bacon propõe "trocar os livros pelas coisas, a biblioteca pelo laboratório, o mundo teórico pelo universo prático" (Zaterka, 2004); ou seja, substituir a ênfase que os gregos davam ao raciocínio puramente teórico e dedutivo pela experimentação prática.

Não devemos, no entanto, descartar completamente a *observação* da agenda científica dos antigos. O próprio Aristóteles insiste, em várias passagens de sua obra, na necessidade da observação cuidadosa para a confirmação de novos fatos e teorias. Entretanto, devemos distinguir *observação* de *experimentação*. Entre os antigos, a observação tinha um caráter essencialmente contemplativo – era um processo passivo diante da natureza. Ao longo da Idade Média, o papel da observação passa a ser o de confirmar as teorias e descrições realizadas na Antiguidade, e não o de possibilitar a descoberta de novos fatos.[5] Já os adeptos da proposta baconiana não estavam, todavia, interessados em confirmar o que já era conhecido, mas de ver como a natureza se comportaria em condições ainda não observadas. Essa investigação baseada em experiências empíricas deveria ser realizada de acordo com um método sistemático e controlado. Esse traço experimental da Revolução Científica, juntamente com a virada explanatória (a mudança em direção da busca de causas eficientes) iniciada por Galileu, constituirá as bases da ciência moderna. Antes de investigarmos como a fisiologia incorporou essas novas ideias, convém analisarmos ainda dois outros aspectos da nova ciência: o *materialismo* e o *mecanicismo*.

▶ **A constituição da matéria**

Um traço marcante da Revolução Científica foi a retomada da antiga teoria atomista de Leucipo e Demócrito. Essa ideia havia sido desenvolvida por pensadores greco-romanos posteriores, com Epicuro e Lucrécio. Porém, a adoção do paradigma platônico-aristotélico ofuscou completamente as ideias desses pensadores. Como vimos, o atomismo era uma proposta materialista, isto é, o mundo poderia ser explicado em termos de matéria e movimento. Durante o século XVII, diversas teorias oriundas do atomismo grego surgiram na Europa, principalmente na Inglaterra e na França; chamaremos essas teorias de corpusculares porque as versões dessa ideia mudam de pensador para pensador. Galileu e Bacon eram corpuscularistas, mas podemos apontar o químico Robert Boyle (1627-1691) e o filósofo Pierre Gassendi (1592-1655) como os principais divulgadores dessa ideia. O corpuscularismo tem uma importância fundamental dentro da formação da ciência moderna, pois, além de alinhar-se à tradição experimental, ele abre caminho para a explicação dos fenômenos naturais em termos

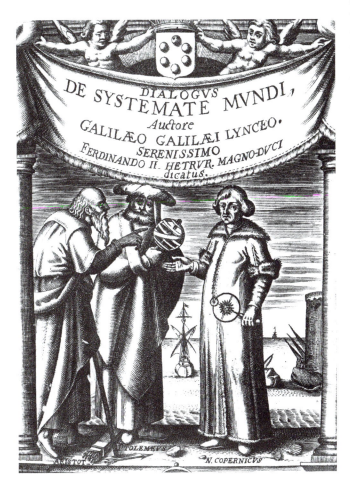

Figura 10 • Capa da obra de Galileu Galilei *Diálogos Sobre os Dois Sistemas de Mundo*, de 1632. Nela, observamos um diálogo imaginário entre Copérnico (*à direita*), Ptolomeu e Aristóteles, os dois últimos defensores do sistema geocêntrico. Por defender o sistema heliocêntrico copernicano, Galileu sofreu um grave processo imposto pela Igreja, sendo levado a renunciar publicamente a suas posições. (Adaptada de Ronan, 1987.)

---

[5]Podemos ter uma ideia da autoridade que Aristóteles tinha nas universidades renascentistas quando lemos no estatuto da Universidade de Oxford na época de Bacon: "Aqueles Bacharéis e Mestres que não seguirem Aristóteles fielmente estão sujeitos a uma multa de cinco xelins para cada ponto de divergência, e para cada falta cometida contra a Lógica do Organon." (Zaterka, 2004).

mecânicos. Resumindo: a mudança na natureza seria resultado dos choques entre esses microscópicos corpúsculos em movimento. A filosofia mecânica foi um dos pilares na Revolução Científica e foi desenvolvida por diversos pensadores do século XVII; dentre eles, o filósofo francês René Descartes (1596-1650).

▶ O universo mecânico de Descartes

Ao contrário de Bacon, Descartes afirmava que a gênese do conhecimento estava na razão e não na experiência. De acordo com ele, o raciocínio dedutivo matemático forneceria um substrato seguro para a ciência. Contrastando Bacon e Descartes, observamos a formação de duas tendências epistemológicas:[6] uma *empirista* e outra *racionalista*. A oposição entre essas duas tradições diz respeito ao papel que tanto a experiência quanto a razão ocupam na formação do conhecimento científico. Para o empirista, o conhecimento origina-se na experiência e é organizado e confirmado pela razão. Para o racionalista, o conhecimento funda-se na razão, mas é confirmado pelos resultados obtidos pela experiência.

Para Descartes, o universo seria uma grande máquina em movimento. Essa visão contrastava com a de Platão e Aristóteles, que concebiam o universo como um organismo vivo. Na verdade, a analogia cartesiana caminha no sentido oposto: os seres vivos (homens e animais) são concebidos como máquinas. Para explicar um fenômeno natural, portanto, é necessário desvendar os mecanismos dessa máquina, substituir o fenômeno real pelo modelo mecânico subjacente. A realidade última das coisas não é identificada com o que é observável, com a experiência imediata, mas sim com a matéria e o movimento das partículas que constituem a matéria; ambos devem ser, na medida do possível, medidos e quantificados. Segundo o historiador da ciência Paolo Rossi (2001), a "filosofia mecânica", da qual Descartes era um dos expoentes, partia de alguns pressupostos:

> (1) a natureza não é a manifestação de um princípio vivo, mas é um sistema de matéria em movimento governado por leis; (2) tais leis podem ser determinadas com exatidão pela matemática; (3) um número muito reduzido dessas leis é suficiente para explicar o universo; (4) a explicação dos comportamentos da natureza exclui em princípio qualquer referência às causas vitais ou às causas finais.

Entre as várias áreas da ciência a que Descartes se dedicou, estava a fisiologia, que foi totalmente determinada pela sua concepção materialista e mecanicista da natureza. A organização e a estrutura dos órgãos determinariam sua função, de maneira que o organismo agiria de forma mecânica. Ao tomar conhecimento dos trabalhos de Harvey sobre a circulação sanguínea, Descartes vê uma confirmação de suas ideias. No entanto, ele rejeita a ideia de que o coração funcionaria como uma bomba; em vez disso, propõe que o coração funcionaria como um forno, produzindo calor que fermentaria e dilataria o sangue, provocando o batimento cardíaco e sua expulsão pelas artérias. Descartes propôs também uma teoria dualista para dar conta da relação entre a substância material e a substância do pensamento. Nessa teoria, a glândula pineal tem uma importância fundamental, servindo como interface entre o mundo físico e o mundo psíquico, entre o corpo e a alma, entre a *res extensa* e a *res cogitans*. Os nervos conduziriam as informações sensoriais até a pineal, sede das sensações (Figura 11).

---

[6]A epistemologia é o estudo da aquisição e da justificação lógica do conhecimento pelo ser humano.

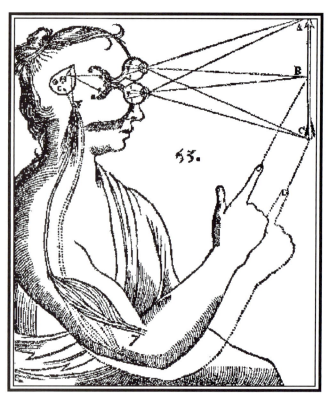

Figura 11 • Figura do livro de Descartes *O Tratado do Homem*, de 1664. (Adaptada de Rothschuh, 1973.)

O italiano Giovanni Alfonso Borelli (1608-1679) tentou levar às últimas consequências a aplicação da filosofia mecânica ao mundo da vida. Fiel seguidor de Galileu e Descartes, Borelli considerou a respiração, a circulação e todos os demais movimentos do corpo humano como resultado de ações determinadas por leis mecânicas. Isso o levou ao sistemático estudo dos músculos, ossos e articulações envolvidos no movimento, publicado no tratado *De Motu Animalium* (Sobre o Movimento dos Animais), em 1681. Esse estudo está repleto de cálculos matemáticos a respeito da força muscular, além da explicação do movimento em termos de alavancas (Figura 12). Os músculos seriam comandados pelos nervos, que conteriam um fluido nervoso e funcionariam de maneira hidráulica – como os freios de um automóvel. Dentre várias observações importantes, Borelli ressaltou a participação do diafragma e dos músculos intercostais na mecânica da respiração.

▶ William Harvey e a circulação do sangue

A Revolução Científica não poupou Galeno. Ao longo do século XVII, uma sucessão de descobertas, que culminou com a teoria da circulação sanguínea proposta por William Harvey (1578-1657), derrubou o núcleo central da fisiologia galênica. Lembremos que esta baseava-se na tríade fígado-coração-cérebro. O lado direito do coração transportaria sangue venoso produzido no fígado a partir dos alimentos vindos dos intestinos. A porção esquerda do coração, juntamente com as artérias, seria responsável por transmitir o espírito vital – absorvido nos pulmões – para todo o organismo. Uma fração do sangue venoso atravessaria o septo interventricular em direção ao ventrículo esquerdo para tornar-se arterial.

A grande descoberta de Harvey está diretamente ligada à fantástica escola anatomofisiológica deixada por Vesalius após

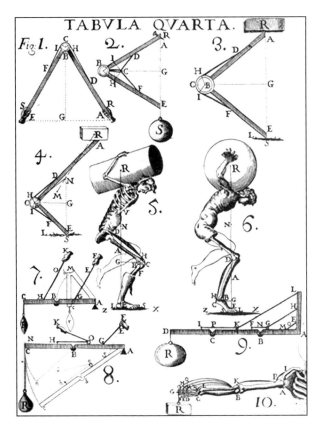

Figura 12 ▪ Figura do livro de Borelli *Sobre os Movimentos dos Animais*, de 1681. (Adaptada de Hankins, 1985.)

sua saída de Pádua. Dela participaram grandes nomes, tais como Realdo Matteo Colombo (1516-1559), Gabriel Fallopio (1523-1562) e Girolamo Fabrici d'Aquapendente (1533-1619). Colombo foi discípulo e sucessor de Vesalius na cadeira de anatomia de Pádua. A principal descoberta atribuída a ele é a da pequena circulação (circulação pulmonar), embora conste que ela tenha sido descrita anteriormente pelo médico espanhol Miguel Servet (1511-1553). Servet, no entanto, a descreve ao longo de poucas páginas inseridas dentro de um tratado teológico. Esse tratado foi queimado na fogueira, juntamente com seu autor, por conter ideias heréticas – como a negação da Santíssima Trindade. Colombo, no entanto, demonstrou experimentalmente que o sangue passava do ventrículo direito para os pulmões e, daí, através das veias pulmonares, de volta para o coração. Como Vesalius e Servet, Colombo não acreditava que o sangue atravessava o septo interventricular. Colombo foi sucedido por Fallopio, que, além de outras descobertas importantes, descreveu o canal auditivo e a trompa feminina que durante muito tempo levaram seu nome. O principal discípulo de Fallopio foi Fabrici d'Aquapendente, que foi professor de Harvey. Embora já houvessem sido descritas por diversos anatomistas, as válvulas venosas foram extensa e sistematicamente estudadas por d'Aquapendente. Dessa maneira, percebemos que já havia em Pádua um intenso clima intelectual em torno das pesquisas acerca da circulação sanguínea na época em que Harvey inicia suas investigações.

Vindo da Inglaterra, William Harvey passa os anos de 1599-1602 em Pádua sob a supervisão de d'Aquapendente, a fim de obter seu doutoramento em medicina. De volta à sua terra natal, Harvey continua suas pesquisas como membro do *London College of Physicians*. Durante mais de duas décadas, ele realiza uma série de observações e experimentos com pacientes e com animais, que são publicados no pequeno tratado *Exercitatio Anatomica de Motu Cordis et Sanguinis in Animalibus* (Estudo Anatômico sobre o Movimento do Coração e do Sangue nos Animais), em 1628. Harvey observou que quando seguramos um coração com as mãos, sentimos que ele enrijece ao funcionar, do mesmo modo que acontece quando um músculo, como o bíceps, por exemplo, se contrai – razão para se considerar a ação do coração como a de qualquer músculo. Também observou que a expansão das artérias, sentida na pulsação, se dá concomitantemente à contração ventricular, descartando a ideia de que a dilatação das artérias fosse um processo ativo independente do coração. Além disso, viu que quando o sangue penetra em uma das grandes artérias (pulmonar ou aorta), ele é impedido de voltar pelas válvulas arteriais, fato que já era conhecido por Galeno, da Vinci e Colombo, entre outros. Seguindo a escola paduana, Harvey insistiu na impossibilidade de o sangue atravessar o septo cardíaco; não só por sua espessura, mas pelo fato de os dois ventrículos contraírem-se ao mesmo tempo, o que não provoca pressão suficiente para movimentar o sangue de um ventrículo ao outro. Harvey também levou a cabo alguns experimentos cruciais. Em um deles, comprimiu a veia cava de serpentes com um fórceps, observando que o coração não se enchia mais de sangue e tornava-se pálido. Já se a compressão fosse feita na aorta, a região entre a compressão e o coração dilatava-se a ponto de quase explodir, além de adquirir uma cor profundamente avermelhada. Em outro experimento, ele utilizou o conhecimento de que as artérias situam-se em profundidade em relação às veias, que ficam mais próximas à superfície da pele. Se um garrote colocado acima do cotovelo de um ser humano fosse muito apertado, o sangue arterial não conseguia chegar até a mão, que perdia a pulsação e esfriava, enquanto a região acima do torniquete inchava. Já se o garrote fosse levemente apertado, era o sangue venoso que não conseguia retornar da extremidade do braço, que inchava (Figura 13). Esses experimentos foram seguidos de astuciosas análises quantitativas. Multiplicando a quantidade de sangue ejetada do ventrículo esquerdo a cada contração pelo número de batimentos cardíacos por minuto, percebeu que a quantidade de sangue que passa pelo coração em uma hora excede muito o peso de um ser humano.[7] Como, então, poderia todo esse sangue ser continuamente produzido a partir dos alimentos? A única conclusão a que se pode chegar é que o sangue circula em vez de ser continuamente produzido no fígado.

Com base em todas essas evidências, Harvey propôs a teoria de que o sangue circula pelo organismo, impulsionado pelos movimentos de contração muscular do coração. Essa ideia coadunava-se com a nova filosofia mecânica, uma vez que atribuía o movimento do sangue a causas mecânicas. É interessante notarmos que, apesar disso, Harvey era um aristotélico convicto, o que o levou a buscar incessantemente a finalidade para o movimento circular do sangue. Lembremos que o movimento circular, de acordo com Aristóteles, era privilégio do mundo supralunar, ou seja, do mundo celeste. Possivelmente, a fidelidade à cosmologia do grande mestre grego impediu Galeno e seus sucessores de procurar movimentos circulares na esfera terrestre. Desse modo, o movimento sanguíneo no sistema galênico apresentava, como os demais movimentos sublunares, início e fim. Harvey utiliza a velha

---

[7] Harvey calculou o que hoje chamamos de débito cardíaco. Tomando o volume sistólico como 75 mℓ e a frequência cardíaca como 75 bpm, 5,6 ℓ de sangue passarão pelo ventrículo esquerdo por minuto. Em 1 h, passarão 337,5 ℓ de sangue, ou seja, várias vezes o volume de um homem médio!

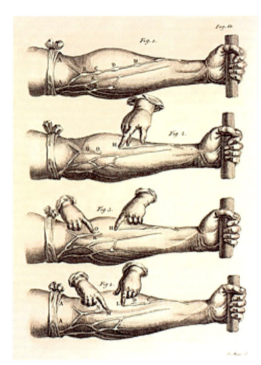

Figura 13 • Experimentos com o uso de torniquete realizados por Harvey, descritos na obra *Exercitatio Anatomica de Motu Cordis et Sanguinis in Animalibus*, de 1628. (Adaptada de Singer, 1996.)

analogia entre macrocosmo e microcosmo para resolver o problema. Assim como o movimento circular dos astros celestes garantiria coesão ao universo, o movimento circular do sangue seria responsável pela manutenção do organismo. O centro do microcosmo humano seria o coração, que é identificado com o Sol – refletindo provavelmente a nova concepção heliocêntrica de Copérnico. Isso é colocado de maneira clara na dedicatória do *De Motu Cordis* ao rei Charles da Inglaterra. "Sereníssimo Rei", escreve ele:

> O coração dos animais é o fundamento de suas vidas, o soberano de todos os seus órgãos, o sol do microcosmo, fonte a partir da qual todo crescimento depende, todo poder e força emanam. O Rei, da mesma maneira, é o fundamento do seu reino, o sol do seu microcosmo e o coração do seu Estado, dele todo o poder emana e toda graça provém […]

Esse fragmento reflete também o clima político na época das monarquias absolutistas, em que o rei detinha poderes quase ilimitados. Alguns anos mais tarde, na França, Luís XIV seria conhecido como o "Rei Sol".

A partir dos trabalhos de Harvey, a concepção do funcionamento do corpo animal foi radicalmente alterada. O *De Motu Cordis* foi o primeiro tratado da era moderna dedicado a um tema estritamente fisiológico, o que não acontecia desde a Antiguidade. Nele estão presentes vários dos métodos utilizados pela fisiologia moderna, como, por exemplo, a extrapolação de conclusões tiradas a partir de animais para os seres humanos. Podemos nos arriscar a dizer que, a partir de Harvey, a fisiologia começou a tomar a forma que conhecemos hoje.

▶ A época de ouro da microscopia

Havia ainda um elo a ser completado na teoria da circulação: Harvey havia teorizado a existência de passagens microscópicas entre as artérias e as veias, mas foi apenas em 1661 que um discípulo de Borelli conseguiu observá-las. Esse homem foi o italiano Marcello Malpighi (1628-1694). Utilizando o microscópio, ele observou a existência dos capilares nos pulmões de uma rã. Malpighi pertenceu a uma geração de grandes microscopistas que revolucionou vários ramos da biologia, como a zoologia, a botânica, a anatomia, a fisiologia e a embriologia. Essa geração, que contou com nomes como Robert Hooke (1635-1703), Antoni van Leeuwenhoeck (1632-1723) e Jan Swammerdan (1637-1680), praticamente fundou a histologia e a microbiologia.

O início do uso do microscópio está ligado à *Academia de Lincei* (Quadro 2), em que o termo *microscopia* aparece pela primeira vez, em 1625. Ao longo do século XVII, o instrumento foi aperfeiçoado e novos usos foram incorporados. Um dos primeiros a realizar observações sistemáticas ao microscópio foi o holandês van Leeuwenhoeck, que, entre outras coisas, mediu o diâmetro dos glóbulos vermelhos no sangue e observou as fibras musculares em contração. O inglês Robert Hooke foi o primeiro a observar pequenos poros presentes no tecido da cortiça, que ele chamou de células. No entanto, de maneira alguma se pode atribuir a Hooke a descoberta da célula, ainda que tenha sido ele o primeiro a observá-la, pois o fundamento conceitual do que chamamos hoje de célula só será construído no século XIX. A importância de Hooke, porém, está na publicação de sua principal obra: a *Micrographia*, de 1665, em que ele descreve uma série de observações realizadas com o auxílio do microscópio (Figura 14). As ilustrações contidas nessa obra são riquíssimas e, a exemplo do que aconteceu com a obra de Vesalius, serviram como padrão para obras posteriores. O uso do microscópio foi um dos avanços tecnológicos de maior impacto na fisiologia e na anatomia. Com ele, um novo mundo se mostrou aos pesquisadores, e a expansão do conhecimento proporcionada por ele dificilmente encontra paralelo na história dessas disciplinas.

SÉCULO DAS LUZES

▶ Ousar saber

A Revolução Científica iniciada nos séculos XVI e XVII foi levada a cabo no século XVIII. A física de Galileu e a cosmologia de Copérnico culminaram nos trabalhos de Isaac Newton (1642-1727), expostos no *Philosophiae Naturalis Principia Mathematica* (Princípios Matemáticos de Filosofia Natural), de 1687. A teoria exposta nos *Principia* era baseada em princípios relativamente simples, como os de inércia, de ação e reação e de gravitação, e fornecia uma explicação precisa e unificada para os fenômenos naturais. Não bastasse isso, Newton desenvolveu um poderoso método matemático: o cálculo diferencial – que também foi desenvolvido, de maneira independente, pelo filósofo alemão Gottfried Leibniz (1646-1716). O sucesso da teoria newtoniana foi enorme e ela exerceu hegemonia na física até o início do século XX, quando foi questionada por Einstein. Pela primeira vez depois de Aristóteles, um sistema teórico completo era capaz de explicar, com precisão matemática, tanto os fenômenos celestes quanto os terrestres. E o século XVIII soube prestar as devidas homenagens ao trabalho de Newton, como lemos nos versos do poeta Alexander Pope:

> Nature and Nature's law lay hid in night,
> God said: "Let Newton be" and all was light […][8]

---

[8] A Natureza e as leis da Natureza permaneciam ocultas na noite, Deus disse: "Faça-se Newton", e tudo foi luz…

Quadro 2 ▪ As academias científicas.

O surgimento das Academias de Ciência, ao longo do século XVII, foi um dos frutos da Revolução Científica. Não encontrando espaço nas conservadoras universidades europeias, a nova ciência alojou-se em torno dessas organizações. Livres da autoridade e do dogmatismo teológico da universidade, os cientistas ali trocavam informações e apresentavam suas novas descobertas. Além disso, experimentos eram realizados, cujos resultados eram analisados e discutidos em conjunto. Desse modo, as Academias constituíram um esforço coletivo para o avanço das ciências naturais. A submissão dos novos resultados experimentais obtidos por esses pesquisadores à crítica de seus pares mostrou-se um rigoroso instrumento de controle, imprescindível à ciência nascente.

As primeiras sociedades científicas surgiram na Itália. A *Accademia dei Lincei* foi fundada em 1603 pelo nobre e amante das ciências Federico Cesi. O nome da Academia faz alusão à aguçada visão do lince, e esse espírito marcou seus integrantes: olhar e entender o mundo como ele realmente é. Para esse fim, não foi poupado o uso de instrumentos como o microscópio e o telescópio, aperfeiçoados por um de seus mais ilustres sócios: Galileu Galilei. Outra associação italiana de destaque foi a *Accademia del Cimento* (*Academia do Experimento*), fundada pelos irmãos Medici, Leopoldo e Ferdinando II, em 1657. Grande divulgadora da nova ciência galilaica, ela contou, entre outros, com integrantes do porte de Torricelli e Borelli. O fim das reuniões dessa sociedade aconteceu após a nomeação de Leopoldo de Medici para cardeal, em 1667.

Na Inglaterra, a *Royal Society* (*Sociedade Real*) de Londres foi fundada em 1662, pelo Rei Carlos II. Assim como suas irmãs italianas, uma forte tendência experimentalista marcou suas atividades. Inspirada nas ideias de Francis Bacon (Figura 15) sobre a instauração de uma nova ciência, a sociedade tinha como moto a afirmação "*Nullius in verba*" – contração de uma citação de Horácio, "*nullius addictus iurare in verba magistri*", isto é, não prestar juramento às palavras dos antigos mestres, como Aristóteles. As disciplinas tratadas nas reuniões da sociedade incluíam a física, a química e a fisiologia. O químico Robert Boyle foi um dos mais proeminentes dentre os primeiros membros da sociedade. Ele e Robert Hooke, o primeiro secretário, realizavam experimentos e demonstrações semanais aos demais integrantes. Dentre eles, destaca-se a utilização de uma bomba de vácuo em investigações sobre a constituição do ar atmosférico e da fisiologia respiratória. Ao contrário do que sugere seu nome, a Royal Society exercia suas atividades com independência do governo, pois não recebia subvenção da coroa; esse fato garantiu uma grande autonomia a seus membros. Os avanços científicos obtidos pela sociedade eram divulgados no *Philosophical Transactions* (*Negócios Filosóficos*), jornal que, assim como a Royal Society, existe até hoje.

Criada em 1666 por Colbert – ministro da economia de Luís XIV – a *Académie Royale des Sciences* (*Academia Real de Ciências*), sediada em Paris, logo se tornou o ponto de convergência da ciência francesa. Buffon, d'Alembert, Laplace e Lavoisier são alguns dos homens que integraram seus quadros. Ao contrário da Royal Society, a Academia de Paris era financiada diretamente pela monarquia francesa. Durante a Revolução, foi considerada um símbolo do *Ancient Régime*, sendo fechada pela Convenção em 1793. A Académie des Sciences serviu de modelo para outras sociedades científicas europeias, como a Academia de Berlim, criada por Frederico I em 1700. Reorganizada por Frederico II em 1711, ela passou a se chamar *Königliche Preussische Akademie der Wissenschaften* (*Academia Real Prussiana de Ciências*).

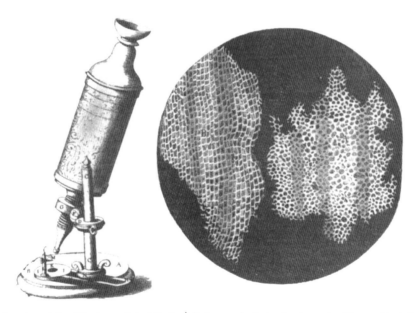

Figura 14 ▪ *À esquerda*, um dos microscópios utilizados por Robert Hooke. *À direita*, uma das ilustrações de sua obra *Micrographia*, de 1665. (Adaptada de Harris, 1999.)

Assim, lançado da escuridão para a luz, nasceu o século XVIII: o *siècle des lumières*. O Iluminismo, como ficou conhecido o movimento científico-filosófico associado a esse século, pretendia esclarecer, iluminar, clarear o pensamento humano; e a ferramenta escolhida para essa tarefa foi o uso da razão. Somente a razão poderia libertar o ser humano da ignorância. Ela seria o ponto de amarração das diversas propostas científicas e filosóficas do século XVIII. Os métodos racionais utilizados na lógica formal foram transferidos às ciências naturais, e o uso da razão foi definitivamente incorporado pela ciência experimental. O filósofo alemão Immanuel Kant (1724-1804), ao tentar responder à pergunta sobre o que foi o Iluminismo, nos descreve o lema que motivou os homens desse período: *sapere aude!* – ousar saber!

A filosofia mecânica e o materialismo invadiram o século XVIII. Os trabalhos fisiológicos de Descartes e Borelli incentivaram a busca de compreensão do funcionamento da máquina humana. Os seres vivos, considerados agora parte integral do universo físico, estavam sujeitos às mesmas leis que regiam o mundo newtoniano. Os trabalhos sobre a química da respiração realizados por Lavoisier e a descoberta da eletricidade animal executada por Galvani são exemplos da tentativa de integração do mundo vivo ao domínio físico-químico. Em 1749, um filósofo e médico francês chamado Julien Offray de la Mettrie (1709-1751) publicou um livro chamado *L'homme machine* (O Homem-máquina), em que expunha uma visão puramente materialista e ateísta do mundo. La Mettrie reduzia a fisiologia humana a seus componentes mecânicos, negando

Figura 15 • Frontispício da *History of the Royal Society of London* de Thomas Sprat, 1667. Do lado direito do busto do Rei Charles II, patrono da academia, está Francis Bacon, pai da nova filosofia experimental. A referência ao caráter experimental da sociedade está também nos diversos instrumentos científicos espalhados ao fundo. (Adaptada de Ronan, 1987.)

inclusive o dualismo corpo-alma cartesiano: mesmo as funções mentais como o livre-arbítrio e a moral seriam resultados de interações da matéria. Essa obra tornou-se muito popular e provocou escândalo entre seus contemporâneos. Na verdade, apesar de racionais, materialistas e mecanicistas, os homens do século XVIII buscavam incessantemente uma maneira de conciliar ciência e religião. Negar a existência de Deus e da alma humana era uma atitude que tendia a provocar repulsa na maioria dos fisiologistas da época. Fenômenos fisiológicos tais como o crescimento, a nutrição e a atividade mental revelaram-se mais difíceis de explicar em termos puramente mecânicos e materiais do que supuseram mesmo os mais entusiasmados mecanicistas. A matéria tornou-se um conceito extremamente abrangente e variável. Como veremos a seguir, ela poderia, por exemplo, ter qualidades especiais, como sensibilidade e irritabilidade.

▶ O grande Albrecht von Haller

O maior e mais influente fisiologista do século XVIII foi o suíço Albrecht von Haller (1708-1777). Escritor profícuo, publicou uma obra volumosa, na qual destacam-se os oito volumes dos *Elementa Physiologiae Corporis Humani* (Elementos de Fisiologia do Corpo Humano), lançados entre 1757 e 1766. Nessa obra, Haller sintetiza o "estado da arte" da fisiologia de sua época, coordenando em bases científicas as várias teorias e observações realizadas por ele e por seu pares, com os quais mantinha intensa correspondência. Dois conceitos centrais da fisiologia de Haller eram os de *irritabilidade* e *sensibilidade*. No século anterior, o francês Francis Glisson (1597-1677), ao estudar a liberação de bile pela vesícula biliar, havia proposto que as fibras que a compunham teriam a capacidade de sofrer irritação frente a um estímulo externo. A irritabilidade, de acordo com Glisson, seria a capacidade da matéria orgânica de reagir a uma perturbação, sendo a geradora dos movimentos no organismo e a grande responsável pela possibilidade da vida. Haller continuou os experimentos de Glisson, sendo um dos primeiros a determinar a função da bile na digestão de gorduras. Além disso, ele estudou a propriedade de irritabilidade e a distinguiu de outra propriedade da matéria orgânica: a sensibilidade. Para Haller, o organismo seria composto de elementos básicos, as fibras, que foram divididas em três classes. A primeira seria a *tela cellulosa* (tecido celular), que formaria o tecido conectivo e de sustentação do corpo. A segunda seria a *fibra muscularis*, que formaria os músculos, e teria a propriedade intrínseca de irritabilidade: contrair-se em resposta a um estímulo. Por fim, a *fibra nervosa*, capaz de sentir e de transmitir essas sensações para outras partes do organismo. As noções de irritabilidade e de sensibilidade obtiveram grande adesão nos anos que se seguiram às publicações de Haller, como observaremos, por exemplo, nos trabalhos de Galvani.

A ideia de que o organismo fosse constituído, em última instância, por tipos diferentes de fibras com propriedades especiais culminou na elaboração da influente "doutrina do tecido", que emergiu dos trabalhos do francês Xavier Bichat (1771-1802). Esse médico – que foi a principal figura na fisiologia francesa da virada do século – identificou vinte e um tipos de tecidos, que seriam formadores dos órgãos humanos. Sua classificação foi tanto anatômica quanto fisiológica; cada tecido desempenharia uma função no organismo, consequência do tipo de "propriedade vital" presente em cada um deles (como a sensibilidade, por exemplo). Segundo Bichat, essas propriedades vitais seriam um impedimento para que a fisiologia fosse explicada em termos puramente físico-químicos. Com base nesse tipo de raciocínio, diversas propostas vitalistas surgiram nos séculos XVIII e XIX. O vitalismo introduzia a existência de uma "força vital" (também chamada de *vis vitalis* ou *élan vital*), responsável pelas peculiaridades observadas nos processos orgânicos.

▶ Origem da eletrofisiologia: Galvani e Volta

As pesquisas sobre os fenômenos elétricos avançaram muito no século XVIII, graças aos trabalhos de homens como Benjamin Franklin, Henry Cavendish e vários outros pesquisadores. Os artefatos desenvolvidos nessa época, tais como a garrafa de Leyden (capaz de armazenar energia elétrica), propiciaram as pesquisas sobre a presença da eletricidade nos seres vivos. Em 1791, o professor de anatomia da Universidade de Bolonha, Luigi Galvani (1737-1798), publicou a primeira obra sobre esse assunto, o *De Viribus Electricitatis in Motu Musculari Commentarius* (Comentário Sobre o Poder da Eletricidade no Movimento Muscular). Nessa obra, fruto de mais de dez anos de experimentação, Galvani propõe a existência da "eletricidade animal". Utilizando vários tipos de preparações experimentais, ele estimulou eletricamente nervos de rãs e observou a contração muscular que ocorria em suas patas (Figura 16). Sua conclusão foi que o corpo desses animais era capaz de produzir e armazenar um tipo de fluido elétrico que era responsável pela contração muscular. O *Commentarius* obteve enorme sucesso quando foi publicado, mas também gerou críticas intensas. A principal delas veio de um professor de física da Universidade de Pavia: Alessandro Volta

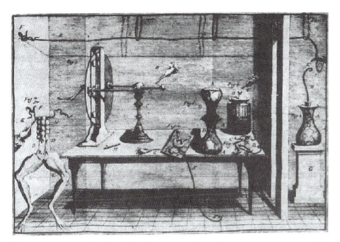

Figura 16 ■ Figura da obra de Galvani *De Viribus Electricitatis in Motu Musculari Commentarius*, de 1791. (Adaptada de Piccolino, 1998.)

▶ A combustão e a química da vida

Como vimos, a relação entre vida e calor, assim como a dependência do ar nos fenômenos vitais, foi estabelecida desde a Antiguidade. Durante os séculos XVIII e XIX, a determinação dos processos químicos por trás dessas observações ocupou a mente de grande parte da comunidade fisiológica. Esses pesquisadores procuraram relações quantitativas entre o consumo de oxigênio e nutrientes pelo organismo e a produção de calor e subprodutos de suas atividades metabólicas. Podemos, entretanto, encontrar precursores desse tipo de investigação ainda na Renascença. O italiano Santorio Santorio (1561-1636) foi um dos pioneiros no estudo do metabolismo. Ao longo de mais de trinta anos de pesquisas, utilizando diversos instrumentos – como termômetros e balanças – Santorio introduziu uma série de medidas quantitativas sobre o funcionamento do corpo humano (Figura 17).

A descoberta do oxigênio e sua participação na combustão provocaram uma revolução na química durante o século XVIII, formando as bases modernas dessa disciplina. A aplicação da nova química à fisiologia deu-se pelas mesmas mãos do líder dessa revolução: o francês Antoine Lavoisier (1743-1794). A estreita relação do processo de combustão com a respiração animal logo foi estabelecida por Lavoisier, que percebeu que os seres vivos absorvem oxigênio e liberam gás carbônico, da mesma maneira que faz uma substância quando em combustão. Ele percebeu, também, que ambos os processos produziam calor. Utilizando o calorímetro de gelo (Figura 18), instrumento que desenvolveu em parceria com o físico Pierre Simon de Laplace (1749-1827), realizou diversas medidas sobre a produção de calor animal. A partir dessas experiências, e de muitas outras (Figura 19), Lavoisier concluiu que a respiração era um lento processo de combustão que ocorria

(1745-1827). Lendo atentamente a obra de Galvani e repetindo alguns de seus experimentos, ele concluiu que, apesar de reagir à eletricidade externa, as rãs não eram capazes de produzir eletricidade intrinsecamente. De acordo com Volta, os resultados encontrados por Galvani deviam-se à eletricidade provocada pelos metais utilizados para conectar os nervos e músculos da rã. A disputa entre esses dois brilhantes cientistas tornou-se um dos grandes debates da história da ciência, e gerou experimentos valiosos de ambos os lados. Os experimentos de Volta, por exemplo, culminaram na invenção da pilha voltaica, isto é, da bateria elétrica.

Com o sucesso obtido por Volta e a morte de Galvani em 1798, os anos posteriores atribuíram a Volta o fato de haver interpretado corretamente os resultados dos trabalhos experimentais iniciados por Galvani. No entanto, uma análise mais detida revela a importância dos trabalhos do bolonhês na fundação e no desenvolvimento posterior da eletrofisiologia. A teoria de Galvani (que, ao contrário de Volta, tinha sólida formação médica) sobre a eletricidade animal estava diretamente ligada à tradição fisiológica de sua época. Essa tradição derivava dos trabalhos de Haller, sobretudo de suas teorias sobre a irritabilidade do tecido muscular, sendo um dos arcabouços conceituais utilizados por Galvani na concepção de seus experimentos. O fato de utilizar rãs recentemente sacrificadas, em vez de animais vivos, por exemplo, evitava qualquer possível interferência da alma ou de forças vitais em suas preparações. A irritabilidade era uma propriedade intrínseca do músculo, assim como era a eletricidade animal. A reação do organismo a um agente externo dependia de sua organização interna. O fenômeno da contração não era, dessa maneira, diretamente causado pelo estímulo elétrico externo; a noção de irritabilidade supunha que o organismo já estava previamente preparado para reagir de uma maneira específica, com um tipo de energia que já possuía dentro de si. Atualmente, poderíamos associar esse tipo de raciocínio a diversos fenômenos fisiológicos, como, por exemplo, aqueles mecanismos que envolvem "cascatas bioquímicas". A perturbação causada por um estímulo, nessas situações, é amplificada muitas vezes, e a resposta final depende apenas muito indiretamente do estímulo inicial. São impressionantes, portanto, as conclusões a que chegou Galvani, em uma época em que nem a célula nem sua membrana – local onde sabemos atualmente ser provocada e armazenada a energia elétrica do organismo – haviam sido descobertas.

Figura 17 ■ Balança metabólica utilizada por Santorio Santorio. (Adaptada de Rothschuh, 1973.)

Figura 18 • Calorímetro de gelo de Lavoisier e Laplace. O espaço entre as duas paredes (isolante térmico), assim como o espaço entre a parede interna e a cesta experimental, eram preenchidos com gelo. Um animal experimental era então colocado dentro da cesta. O calor produzido pelo animal derretia o gelo da parte interna, e a água produzida era captada pelo vaso inferior. A quantidade de água servia como um índice do calor produzido pelo animal, que era verificado em diversas situações experimentais. O calor animal era também comparado ao calor produzido pela chama de uma vela colocada dentro da cesta. (Adaptada de Coleman, 1971.)

dentro dos pulmões logo era contestada. As observações eram simples: os pulmões não apresentavam qualquer indício de conter um processo de queima. Sua temperatura não era superior à de qualquer outra parte do corpo, e nenhum sinal de lesão tecidual, como se poderia esperar, foi encontrado. Foi proposto, então, que o sangue passava pelos pulmões simplesmente para absorver o oxigênio do ar; o sangue, então, passou a ser o local da combustão. A primazia do sangue nos processos vitais já contava com muitos adeptos desde os trabalhos de Harvey. O influente John Hunter, por exemplo, criou a noção de "vitalidade do sangue" – ele acreditava que o sangue continha a essência da vida, sendo o componente mais importante do organismo. A hegemonia do sangue nos processos fisiológicos durou até a segunda metade do século XIX, apesar de vários trabalhos indicarem a importância da atividade tissular, como a do músculo, por exemplo, no consumo de oxigênio. Mas foi a partir de 1870, com a publicação dos trabalhos de Eduard Pflüger (1829-1910), que ficou estabelecido que o consumo de oxigênio pelo organismo dependia da atividade metabólica dos tecidos.

▶ Fisiologia *versus* anatomia

Olhamos para o passado com as lentes do presente. É inevitável a tentação de analisar fatos ocorridos em outras épocas do ponto de vista atual. Isso é especialmente flagrante quando olhamos para a história das ciências: intuitivamente temos o impulso de aplicar nosso ponto de vista privilegiado ao pensamento dos nossos predecessores científicos. Afinal, supostamente somos mais esclarecidos, visto que dispomos de teorias e tecnologias mais avançadas. Contudo, se o nosso objetivo é o de entender as reais motivações dessas pessoas, devemos observá-las sob o prisma da época em que elas viveram. Devemos nos colocar na posição das personagens que investigamos e tentar enxergar uma época como a viam os homens desse período.

A fisiologia como a praticamos hoje, isto é, a *fisiologia experimental*, tem data e locais de nascimento: século XIX, na França e, posteriormente, na Alemanha. Entre os anos de 1500 e 1800, no entanto, a fisiologia possuía uma identidade um tanto distinta da atual. A coleta de dados empíricos e a realização de experimentos nesse período eram feitas pelos anatomistas. Segundo o historiador Andrew Cunningham,

dentro dos pulmões. Ao propor esse primeiro esquema da fisiologia respiratória, Lavoisier dava um imenso passo em direção da inserção dos organismos vivos no reino físico-químico, jornada que continuou no século XIX, com a descoberta dos princípios da conservação de energia.

A revolução francesa, iniciada em 1789, pôs fim à era moderna e inaugurou a era contemporânea. Pôs fim também à vida de Lavoisier, guilhotinado pelos revolucionários em 1794. Sua proposta de que a respiração fosse um processo de combustão

Figura 19 • Investigações sobre a respiração realizadas no laboratório de Lavoisier. Enquanto seu marido realizava os experimentos, Madame Lavoisier tomava as notas; devemos a ela este desenho. (Adaptada de Hankins, 1985.)

enquanto a anatomia lidava com a prática (como etimologicamente pode-se deduzir do termo *anatomia*: dividir em partes, dissecar, ou seja, uma *prática*), a fisiologia lidava exclusivamente com a teoria. O fisiologista era um filósofo natural; ele teorizava *a partir* dos dados da anatomia, mas também poderia utilizar dados de outras disciplinas, como fez Lavoisier com a química. Um fisiologista nunca realizava um experimento; o anatomista o fazia. O anatomista preocupava-se com os *o quês?* e *comos?* do organismo, isto é, com suas causas materiais e eficientes. O fisiologista estava interessado nas causas últimas (finais), nos *por quês?* – inacessíveis aos anatomistas. A anatomia criava fatos, a fisiologia tirava conclusões. A diferença entre essas duas disciplinas remonta à distinção, na Antiguidade, entre ciência e arte. Os antigos não valorizavam o trabalho manual (técnico ou artístico) tanto quanto o conhecimento teórico e contemplativo. O filósofo natural estava, assim, distante e acima do artesão. Aristóteles, por exemplo, distinguia as chamadas ciências *teoréticas* das ciências *produtivas*. Enquanto as primeiras visavam o conhecimento teórico, com um fim em si mesmo, as últimas lidavam com a produção de algo útil ou belo. Essa dicotomia chegou até os modernos, alocando a anatomia no campo das artes e a fisiologia no campo das ciências. Podemos ilustrar isso analisando a obra dos cientistas desse período.

O médico francês Jean Fernel (1497-1558) foi o primeiro moderno a utilizar o termo Fisiologia no sentido antes descrito. Em 1554, o termo *Physiologia* aparece como título de um dos livros que compunha sua obra *Universa Medicina*. Segundo Fernel, a fisiologia era parte da *filosofia* e deveria buscar as causas dos fenômenos naturais com base na demonstração lógica e não na demonstração experimental ou visual. De acordo com essa concepção, a fisiologia deveria dar conta de três classes de coisas, com as quais a anatomia não conseguiria lidar: (1) das menores unidades que constituiriam o corpo humano, e de como essas porções minúsculas e invisíveis estariam relacionadas com as porções visíveis; (2) das causas últimas do movimento e da mudança no organismo; (3) da explicação das grandes funções do organismo, tais como a nutrição, o crescimento e a geração. O conceito fisiológico de Fernel foi seguido por Haller, que ao longo de sua vida executou uma enorme quantidade de experimentos com animais vivos e mortos, além de seres humanos. Todavia, quando estava realizando esses experimentos, Haller usava seu "chapéu" de anatomista e não de fisiologista (Figura 20). Segundo ele, "*physiologia est animata anatome*" (fisiologia é anatomia animada). A fisiologia deveria ir além das evidências fornecidas pelos sentidos; deveria incorporar a busca pelo propósito, ou finalidade da existência da estrutura estudada. É a teleologia biológica de Aristóteles, acrescida da ideia cristã de um criador infinitamente sábio e benevolente. A anatomia seria uma espécie de serva da fisiologia; a forma de um órgão seria consequência da função para qual aquela estrutura foi criada por Deus. Com base nessa noção, o francês Georges Curvier (1769-1832) criaria mais tarde o termo *anatomia funcional*. Por fim, o exemplo mais marcante dessa dicotomia anatomia/fisiologia vem de William Harvey. A obra em que expõe sua teoria da circulação do sangue, o *Exercitatio Anatomica de Motu Cordis et Sanguinis in Animalibus*, é, como o título indica, um exercício, um estudo anatômico, não fisiológico. Todos os experimentos descritos nessa obra são, na concepção de Harvey, experimentos anatômicos. A despeito de considerarmos hoje uma obra tipicamente fisiológica, seu autor considerava-se praticando uma *anatomia analítica*.

Como veremos, a criação da fisiologia experimental alterou a identidade da fisiologia, incorporando definitivamente a investigação empírica aos seus objetivos e métodos. Não devemos, entretanto, utilizar os conceitos da nova fisiologia ao olharmos para a velha fisiologia e para a velha anatomia se quisermos ter uma visão fiel do que constituíam essas disciplinas no passado.

SÉCULO XIX

▶ Sob a luz da evolução

Foi graças aos enormes desenvolvimentos ocorridos na Alemanha e na França durante o século XIX que a fisiologia adquiriu os contornos atuais. Mas antes de analisarmos as peculiaridades das tradições de pesquisa fisiológica nesses dois países, devemos nos voltar para a Inglaterra, onde viveu Charles Darwin (1809-1882). Em 1859, Darwin publicou a obra *Origin of Species* (Origem das Espécies), que contém sua teoria da evolução por meio da seleção natural. Essa teoria – segundo a qual os seres vivos se modificam por meio de pequenas mutações aleatórias que são selecionadas pelo ambiente – revolucionou e unificou todos os campos da biologia. A seleção natural forneceu, enfim, o mecanismo pelo qual os organismos e suas partes se modificam, o que possibilitou aos cientistas entenderem o porquê de uma determinada estrutura ser do jeito que ela é. Foi o golpe letal na presença da teleologia aristotélica e um grande passo para a expulsão das explicações finalísticas na biologia (ver Quadro 1). Não

Figura 20 • O frontispício do Volume II dos *Elementa Physiologiae Corporis Humani* (1757-1766), de Albrecht von Haller, nos dá uma ideia da diferença entre a anatomia e a fisiologia nessa época. *À esquerda*, observamos o anatomista exercendo sua *prática*; com a ajuda de instrumentos, ele realiza seus experimentos, sua *arte*. *À direita*, o fisiologista, em reflexão, escreve. Ao lado de outras ciências, como a astronomia e a geometria (representadas pelos anjos à sua direita), ele alinha-se com os filósofos naturais. Enquanto o anatomista lida com os meios, o fisiologista interessa-se pelos fins, pelas causas últimas. (Adaptada de Cunningham, 2002.)

devemos, no entanto, imaginar que a teoria darwinista desfrutou de vida fácil nos primeiros anos de sua existência. A Inglaterra e o restante da Europa foram palco de fervorosos debates na segunda metade do século XIX. Foi apenas na primeira metade do século XX, quando um movimento que ficou conhecido como "síntese" uniu a teoria evolutiva à genética mendeliana, que os conceitos darwinistas foram plenamente aceitos na biologia – a ponto de um dos líderes desse movimento, o russo Theodosius Dobzhansky (1900-1975), dizer: "Nada faz sentido na biologia, a não ser sob a luz da evolução."

▸ Três concepções da fisiologia

Ao analisarmos a fisiologia do século XIX, devemos ter em mente que três pontos de vista sobre o que era a vida, e de como a ciência poderia ter acesso a esse fenômeno, permeavam as pesquisas dentro dos laboratórios. O primeiro deles era a perspectiva *vitalista*. Existiram diversos tipos de vitalismo ao longo do desenvolvimento da fisiologia, de maneira que esse termo está longe de delimitar um conceito preciso. De uma maneira geral, os adeptos dessa posição concebiam a matéria orgânica como possuidora de um tipo de "força vital", responsável pela presença da vida na matéria. Os dois fisiologistas mais influentes do começo do século – Xavier Bichat, na França, e Johannes Müller, na Alemanha – eram vitalistas. Entretanto, com o passar dos anos e com o desenvolvimento científico que ocorreu ao longo do século, a interferência de uma força externa não física – uma "mão estranha" – na corrente causal das explicações fisiológicas passou a ser vista com desconfiança pelas gerações seguintes.

O entusiasmo causado pelos avanços da física e da química no século XIX impulsionou a retomada de um projeto iniciado por Descartes, Borelli e La Mettrie: o *reducionismo materialista*. O objetivo era reduzir os fenômenos fisiológicos em termos de matéria e movimento, seguindo os preceitos da mecânica. A descoberta dos princípios de conservação de energia e da presença de fenômenos elétricos nos seres vivos proporcionaram novas e promissoras perspectivas aos reducionistas. Como veremos, um influente grupo de fisiologistas adotou essa visão na Alemanha a partir da segunda metade do século. Esses cientistas representaram uma reação aos *Naturphilosophen* (filósofos da natureza) germânicos (Quadro 3), assim como aos vitalistas. Desse grupo reducionista, conhecido como "grupo de Berlim", participaram homens tais como Emil du Bois-Reymond, Hermann von Helmholtz e Carl Ludwig.

Uma terceira concepção da fisiologia, mais cética e cautelosa do que a reducionista, ficou conhecida como *positivista*. Ela concentrava-se nos fenômenos fisiológicos e nas suas relações entre si, considerando como metafísica a busca pelas causas últimas desses fenômenos. Para esses homens, a análise físico-química do organismo poderia fornecer uma valiosa ferramenta para a fisiologia. No entanto, o fisiologista deveria concentrar-se nos fenômenos fisiológicos, em vez de preocupar-se com suas causas últimas; ou com a essência do que era, afinal, a vida. Essa concepção está ligada ao nascimento da fisiologia experimental na França, a partir dos trabalhos de François Magendie e Claude Bernard.

▸ A fisiologia experimental dá seus primeiros passos

O que presenciaremos ao longo do século XIX é o nascimento de uma nova disciplina: a *fisiologia experimental*. Isso aconteceu primeiro na França, e, logo depois, na Alemanha. Em seguida, os discípulos dos grandes mestres franceses e germânicos incumbiram-se de espalhar essa nova disciplina para o restante do mundo. Os primeiros praticantes dessa nova visão constituem uma reação contra: (1) a concepção de que a fisiologia era uma ciência puramente teórica, ou um ramo da filosofia; (2) a presença de "forças vitais" no funcionamento dos organismos vivos, ou seja, a recusa de explicações vitalistas.

Um dos primeiros defensores da fisiologia experimental foi François Magendie (1783-1855). Sua obra *Précis Élémentaire de Physiologie* (Compêndio Elementar de Fisiologia), de 1816-1817, é uma espécie de manifesto a favor da nova disciplina. Nela, Magendie defende entusiasticamente a adoção do "método baconiano da indução nas ciências fisiológicas". Segundo ele, ao contrário de outras ciências naturais – tais como a física e a química – a fisiologia, até aquele momento, teria sido "um longo e enfadonho romance". Para alcançar o sucesso daquelas disciplinas, a fisiologia deveria, assim como elas, ser reduzida "inteiramente ao experimento". Além disso, ele critica severamente as concepções vitalistas de seu professor, Xavier Bichat – na época, a figura mais influente na fisiologia francesa. Magendie observou que certas propriedades e fenômenos fisiológicos não eram explicáveis de acordo com as leis da física e da química; ele as denominou atividades *vitais*. No entanto, essas propriedades vitais seriam mais fruto da ignorância dos cientistas, que lançavam mão delas quando não conseguiam reduzir um fenômeno biológico a termos físico-químicos, do que propriedades intrínsecas aos seres vivos. Ele assumia, dessa maneira, uma posição agnóstica com relação às causas vitais – e anuncia, em tom quase profético:

> A fisiologia está, no momento, precisamente no ponto em que estavam as ciências físicas antes de Newton: ela espera apenas que um gênio de primeira ordem venha para descobrir as leis da força vital do mesmo modo que Newton desvendou as leis da atração.

Quadro 3 ▪ A *naturphilosophie* alemã.

A visão materialista e mecanicista do mundo desenvolvida pelos franceses encontrou forte resistência em alguns segmentos do pensamento alemão. Esses teóricos estavam alinhados a outra concepção do universo, que ficou conhecida como *Naturphilosophie*, ou Filosofia da Natureza. Associada ao movimento romântico, a *Naturphilosophie* possuiu diversas formulações entre os séculos XVIII e XIX. No entanto, sua forma mais acabada pode ser encontrada nos escritos do filósofo Friedrich Schelling (1775-1854). Os *Naturphilosophen* concebiam o mundo como um organismo vivo em evolução, e não como uma máquina, como queria Descartes e a tradição mecanicista. Mesmo as leis da física e da química estariam sujeitas às leis desse processo evolutivo, que seriam leis de caráter biológico, tais como as que regulam o desenvolvimento ontogenético de um organismo vivo. A meta desse processo contínuo e dinâmico de transformação da natureza seria a realização da autoconsciência. A evolução do universo seria orientada na direção da formação do ser humano, que seria capaz de tomar consciência do processo. Dessa maneira, no ser humano a natureza alcançaria a consciência de si mesma.

Apesar da postura idealista e um tanto especulativa, a *Naturphilosophie* exerceu grande influência na filosofia e na ciência alemã e de países vizinhos. Entre seus principais representantes estavam o zoologista Lorenz Oken (1779-1851) e o poeta Wolfgang Goethe (1749-1832). Ambos realizaram várias descobertas anatômicas guiados pelos princípios dessa filosofia natural. Na física, Hans Oersted (1777-1851), discípulo de Schelling, descobriu a conexão fundamental entre eletricidade e magnetismo baseado na ideia de unidade na natureza e na existência de uma "força universal", das quais as demais forças físicas seriam apenas manifestações.

Uma Breve História da Fisiologia

▶ Claude Bernard: o fundador da fisiologia moderna

A possibilidade da existência de um Newton nas ciências da vida era questão frequente entre os pensadores do início do século XIX. A expectativa era de que um sucesso equivalente ao que a teoria newtoniana havia alcançado nas ciências exatas acontecesse nas ciências biológicas. Alguns chegavam a duvidar que isso fosse possível, como foi o caso de Kant. Em sua obra *Crítica do Juízo*, de 1790, ele assegura a impossibilidade de o ser humano vir a conhecer suficientemente os seres vivos a ponto de explicá-los segundo "simples princípios mecânicos da natureza":

> [...] e isso é tão certo que podemos ter a ousadia de dizer que é absurdo para os homens se entregarem a tal projeto, ou esperar que possa nascer um dia algum Newton que faça compreender a simples produção de um ramo de erva [...]

Por trás dessa afirmação está a convicção de que as possibilidades do mundo vivo são tais que, ainda que os homens venham a conhecer todas as suas condições físicas e materiais de existência, algo ainda escapará. Isso significa dizer que as leis da física nunca explicariam totalmente os organismos vivos. O "Newton do ramo de erva" teria, assim, a tarefa de vencer o abismo entre o reino físico e o reino biológico. Foi esse o desafio que o fisiologista francês Claude Bernard (1813-1878) aceitou enfrentar; ao fazer isso, ele lançou as pedras fundamentais da fisiologia moderna (Figura 21).

A primeira constatação de Bernard foi a de que realmente existem fenômenos que ocorrem nos organismos vivos que não ocorrem nos corpos inanimados. Assim, são as leis que regem esses fenômenos que o fisiologista deve tentar desvendar; essas leis não são físicas nem químicas, mas leis *fisiológicas*. Não se trata de negar que a vida depende de fenômenos físico-químicos, mas de dizer que ela não se reduz a esses fenômenos. Bernard não era, portanto, um reducionista ou um materialista: ele tentava limitar o escopo da fisiologia ao estudo dos fenômenos fisiológicos. Ao buscar o que é próprio da fisiologia, Bernard acaba propondo uma virada na concepção da disciplina. A fisiologia, segundo ele, deveria constituir-se em uma ciência *autônoma*. Uma vez que Bernard busca afirmar essa nova visão da fisiologia como disciplina independente, ele não podia, de modo algum, admitir que esta fosse reduzida à física e à química. Além disso, ele busca separar a nova fisiologia das outras ciências da vida, em um rompimento com a história da antiga fisiologia e de sua relação com a anatomia. Bernard não concebe mais a fisiologia como uma continuação da anatomia (uma *animata anatome*). Ao contrário, ele afirma que "em vez de proceder do órgão para a função", o fisiologista deve "começar a partir do fenômeno fisiológico e procurar sua explicação no organismo".

Apesar de distinguir-se das ciências físico-químicas, a fisiologia deve, no entanto, nelas se espelhar no que concerne ao método experimental. Discípulo de Megendie, Bernard exalta a fisiologia experimental defendida por seu professor. Segundo ele, o objetivo da investigação experimental não é a essência, a natureza da vida, mas a determinação experimental dos fenômenos vitais. Por meio de experimentos cuidadosamente controlados, o fisiologista deve buscar as "*condições do fenômeno*", isto é, as condições experimentais em que um determinado fenômeno fisiológico é observado. A experimentação fisiológica deve, ainda, ser um processo ativo; o pesquisador deve *provocar* a ocorrência do fenômeno que deseja investigar: "*experimentação é observação provocada*", ensina ele. É interessante notarmos a importância que Bernard (1872) concede à distinção entre *observação* e *experimentação*. O "*observador*", segundo ele,

> aceita os fenômenos apenas da maneira como a natureza os coloca diante dele; o experimentador os faz aparecerem sob condições nas quais ele é o mestre.

Como consequência dessa visão, o santuário do fisiologista não deve ser o hospital. De acordo com Bernard, o clínico e o patologista apenas observam os fenômenos vitais. Essas observações podem, é claro, servir como ponto de partida, mas apenas isso. A partir daí, o verdadeiro fisiologista deve entrar em seu reino: o laboratório. E foi no laboratório que Bernard realizou muitas descobertas fundamentais para a fisiologia; dentre elas estão a participação do pâncreas na digestão e a função glicogênica do fígado.

Certo dia, Bernard trabalhava em seu laboratório examinando fígados de coelho. Seu objetivo era descobrir qual ou quais seriam os órgãos responsáveis pela digestão do açúcar ingerido na alimentação. De acordo com a teoria de seu professor Jean-Baptiste Dumas (1800-1884) – aceita na época –, plantas e animais apresentariam fisiologias distintas: os vegetais seriam produtores de nutrientes, enquanto os animais seriam apenas consumidores. Portanto, a glicose encontrada no sangue de animais teria origem direta nos alimentos por eles ingeridos. Tendo observado, entretanto, a presença de glicose no sangue de animais que não a ingeriram (em jejum), Bernard pôs-se a examinar diversos órgãos, incluindo fígados de coelho, dosando o nível dessa substância em várias situações experimentais. Estando apressado, por algum motivo, nesse dia ele dosou o nível de glicose logo após o sacrifício do animal, e guardou o órgão para terminar suas análises no dia seguinte. Surpreendentemente, o nível de glicose encontrado no dia seguinte foi muito superior ao encontrado logo após o sacrifício, a despeito do fato de o animal já estar morto há várias horas. Essa observação deu origem ao famoso experimento do "fígado lavado". Bernard, após sacrificar o animal, lavava cuidadosamente o fígado para remover toda a glicose presente, e o armazenava em condições adequadas. Algumas horas depois, ele dosava o nível de glicose, encontrando uma grande quantidade dessa substância, que só poderia ter sido produzida

Figura 21 ▪ Claude Bernard (1813-1878), aos 53 anos, Bibliothèque de l'Académie Nationale de Médicine, Paris. (Adaptada de Fulton, 1966.)

desde a lavagem. Outros órgãos, quando submetidos a essa operação, não apresentavam esse comportamento. Bernard havia, assim, descoberto a função glicogênica do fígado. Os animais, assim como as plantas, eram capazes de produzir glicose. Mais ainda, a digestão não era um processo simples e direto como se supunha, em que o organismo simplesmente utiliza os alimentos que ingere. Antes, é um processo indireto e complexo, em que o organismo é capaz de armazenar, modificar e fabricar seus próprios nutrientes.

Outro conceito importante deduzido desses experimentos – e de vários outros – é o de *secreção interna*. O fígado, além de secretar bile, é capaz de secretar glicose diretamente no sangue. A descoberta da capacidade de um órgão ou glândula secretar, no ambiente interno, substâncias essenciais para seu funcionamento lançou as bases para a fundação da endocrinologia. A noção de secreção interna também levou Bernard (1978) à sua teoria que unificaria definitivamente a fisiologia moderna: a teoria do *meio interno*. Vamos ouvi-lo:

> Creio ter sido o primeiro a insistir nessa ideia de que para o animal há realmente dois meios: um meio externo no qual está colocado o organismo e um meio interno (*milieu intérieur*), no qual vivem os elementos dos tecidos. A existência do ser se dá não no meio externo, o ar atmosférico para o ser aéreo, a água doce ou salgada para os animais aquáticos, mas no meio líquido interno formado pelo líquido orgânico circulante que envolve e banha todos os elementos anatômicos dos tecidos. [...]
>
> A conservação do meio interno é a condição de vida livre, independente: o mecanismo que a possibilita é aquele que assegura no meio interno a manutenção de todas as condições necessárias para a vida dos elementos.

Podemos notar que Bernard compara o organismo a uma sociedade, em que os vários elementos, vivendo no meio interno, trabalham conjuntamente para a manutenção do todo. Para ele, "*o organismo forma, por si próprio, uma unidade harmônica, um pequeno mundo (microcosmo) contido em um grande mundo (um macrocosmo)*". A explicação dos fenômenos que governam o meio interno passa, então, a ser o objetivo do fisiologista. Em 1929, Walter B. Cannon (1871-1945) retomará essa teoria ao propor a ideia de *homeostase*. Os elementos citados por Bernard correspondem às células, e um de seus objetivos será unir sua teoria do meio interno a uma teoria proposta na Alemanha algumas décadas antes, a *teoria celular*.

▶ A teoria celular

Enquanto a teoria da evolução de Darwin fornecia o arcabouço explicativo sobre a formação das estruturas presentes nos seres vivos, e a teoria do meio interno de Bernard unificava a fisiologia, outra teoria terminou de unir a biologia vegetal e animal, e tornou-se também um dos pilares da fisiologia moderna. A *teoria celular*, como ficou conhecida, surgiu na Alemanha, com os trabalhos de Matthias Schleiden (1804-1881) e Theodor Schwann (1810-1882). O desenvolvimento dessa ideia, porém, tem início quase duzentos anos antes, com as primeiras observações com o auxílio do microscópio feitas por Hooke, Leeuwenhoeck, Malphigi e vários outros. Esses pesquisadores, e os que os seguiram, observaram que tanto os tecidos vegetais quanto os tecidos animais apresentavam uma grande variedade de glóbulos e corpúsculos. Dessa maneira, no início do século XIX a existência das "células" era fato conhecido da comunidade europeia de microscopistas. Qual foi, então, a grande novidade introduzida por Schleiden e Schwann? Como veremos, mais do que acrescentar novas descrições às já muitas existentes na época, foi a insistência na ideia de que a célula é a unidade fundamental de todos os organismos vivos que os colocou no centro dessa importante descoberta. Isto é, a grande mudança foi *conceitual* e não metodológica.

Dentre os muitos precursores da teoria celular, podemos citar os franceses Henri Dutrochet (1776-1847) e François Raspail (1794-1878), o tcheco Jan Evangelista Purkinje (1787-1869) e seus discípulos, e o alemão Lorenz Oken (1779-1851). Purkinje liderou um importante centro de pesquisas microanatômicas e fisiológicas em Breslau e posteriormente em Praga. Suas investigações lhe renderam diversas descobertas, tais como as grandes células observadas no cerebelo que hoje levam seu nome, sendo considerado um dos principais pioneiros da teoria celular. De acordo com alguns historiadores, os trabalhos de Purkinje e seu grupo – muitos deles publicados em tcheco – foram eclipsados por rivalizarem com o grupo dominante na fisiologia germânica liderado por Johannes Müller. Já o caso de Lorenz Oken representa um capítulo interessante no desenvolvimento da doutrina da célula. Oken era adepto da *Naturphilosophie*, um movimento científico-filosófico que exerceu grande influência no ambiente cultural alemão no final do século XVIII e começo do século XIX (ver Quadro 3). Na obra *Die Zeugung* (Sobre a Geração), de 1805, Oken propõe que todas as formas vivas, das mais simples às mais complexas, seriam constituídas de "infusorianos": pequenas vesículas que se formariam a partir de um fluido original amorfo e indiferenciado. As afirmações de Oken baseavam-se excessivamente em argumentos metafísicos e não em observações diligentes e sistemáticas ao microscópio, o que lhe rendeu inúmeras críticas por parte dos seus contemporâneos. No entanto, para muitos, sua importância na formação da teoria celular residiu na sua insistência de que os organismos vivos eram formados por minúsculas unidades funcionais.

Em 1833, Johannes Müller (1801-1858) assumiu a cadeira de anatomia e fisiologia da Universidade de Berlim, formando em torno de si um importante grupo de pesquisas. Entre os primeiros alunos de Müller estavam dois exímios microscopistas: Schleiden, um ex-advogado que virou botânico, e Schwann, um microanatomista. Ao investigar o tecido embrionário de plantas, Schleiden concluiu que o tecido vegetal era constituído de uma "sociedade" de células, que, juntas, formavam a base estrutural das plantas. Além disso, concluiu que todas as células eram causadas pelo mesmo mecanismo. Suas descobertas foram publicadas na monografia *Beiträge zur Phytogenesis* (Contribuições para a Fitogênese), em 1838. Durante um jantar, Schleiden compartilhou suas ideias com Schwann, que ficou muito entusiasmado, pois viu grande semelhança com o trabalho que ele mesmo desenvolvia com tecidos cartilaginosos e de notocorda. Em 1839, Schwann publicou suas conclusões sob o título *Mikroskopische Untersuchunger über die Uebereinstimmung in der Struktur und dem Wachstum der Thiere und Pflanzen* (Pesquisas Microscópicas sobre a Conformidade na Estrutura e Crescimento entre Plantas e Animais). Essa obra, que incorporou os trabalhos de Schleiden, obteve grande sucesso e marca, enfim, o nascimento da teoria celular (Figura 22). Nela, Schwann propõe, de forma coesa e baseada em diversas e sólidas evidências empíricas, a teoria de que as células constituiriam as unidades fundamentais dos animais e dos vegetais. Elas seriam a sede das atividades metabólicas do organismo.

Tanto Schleiden quanto Schwann não reconheceram o processo de divisão celular, e acreditavam que as novas células se formavam a partir de um fluido nutritivo, em um processo análogo ao de cristalização. Esses erros, no entanto, não impediram que a teoria celular, aliada à teoria do meio interno,

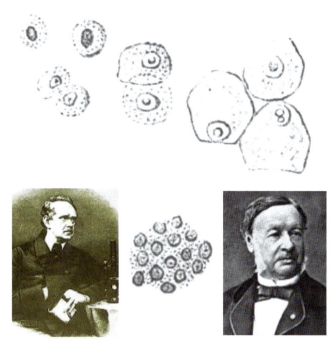

Figura 22 • Desenhos de células feitos por Schwann. *À esquerda*, um retrato de Matthias Schleiden (1804-1881); *à direita*, de Theodor Schwann (1810-1882). (Adaptada de Coleman, 1971; e de http://vlp.mpiwg-berlin.mpg.de.)

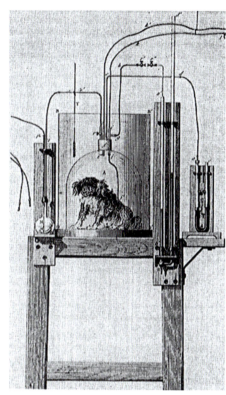

Figura 23 • Calorímetro respiratório. (Adaptada de Coleman, 1971.)

funcionasse como grande ponto de convergência para a fisiologia, assim como para diversas outras disciplinas biológicas. Rudolf Virchow (1821-1902), por exemplo, transferiu para a fisiologia da célula a sede das doenças, fundando a patologia celular.

▶ A conservação de energia aplicada ao mundo da vida

O projeto de inserir os seres vivos no universo físico-químico foi a motivação que levou Lavoisier a investigações sobre a química da respiração, no século XVIII. Esse mesmo espírito norteou grande parte da pesquisa fisiológica do século XIX. O trabalho do químico Justus Liebig (1803-1873) sobre a química animal foi um dos principais responsáveis por isso. Sua proposta era oferecer à fisiologia as novas descobertas da química, de modo que podemos considerá-lo um dos precursores da bioquímica – esta, uma disciplina do século XX. Liebig propunha que era possível descobrir que tipo de transformações químicas aconteciam dentro do organismo, analisando quimicamente o que entrava e o que saía do corpo. Além disso, a descoberta do princípio da conservação de energia – sistematizado de maneira independente por Robert Mayer (1814-1878), James Joule (1818-1889) e Hermann von Helmholtz (1821-1894) – criava o conceito de *energia* como moeda de troca entre diversos processos físicos. O intercâmbio de energia era observado em diversos fenômenos durante o século XIX, como, por exemplo, nas baterias voltaicas, que transformavam energia química em elétrica, e nas máquinas a vapor, que convertiam calor em energia mecânica. Não demorou até esse raciocínio ser aplicado ao mundo vivo, já que os organismos poderiam ser encarados como uma máquina química produtora de calor e movimento. Dessa maneira, diversos cientistas procuraram a confirmação de que o princípio de conservação de energia aplicava-se também ao reino biológico.

Um aperfeiçoamento dos calorímetros de gelo, os calorímetros respiratórios (Figura 23) tornaram-se um clássico nesses estudos. Com a ajuda desses aparelhos, buscava-se medir a quantidade total de substâncias e gases ingeridos e excretados por um animal, assim como a quantidade de calor produzido. Em Munique, Carl Voit (1831-1908) e Max von Pettenkofer (1818-1901) realizaram uma série de experimentos utilizando esse tipo de aparato, verificando, entre outras coisas, que a quantidade de oxigênio consumido variava em função do tipo de alimento ingerido. Max Rubner (1854-1932), um discípulo de Voit e Pettenkofer, continuou essa investigação, realizando uma longa série de experimentos que se tornaram muito famosos. Graças a eles, Rubner verificou definitivamente que a conservação de energia estava presente nos seres vivos.

▶ O grupo de Berlim

Dois alunos de Johannes Müller promoveram uma revolução nas pesquisas eletrofisiológicas iniciadas por Galvani. Esses alunos, junto com alguns outros, formaram o que ficou conhecido como *o grupo de Berlim*: um grupo de fisiologistas de sólida formação em física e matemática, e também com forte tendência reducionista e materialista. O primeiro deles foi Emil du Bois-Reymond (1818-1896), que começou suas pesquisas após ler o tratado do físico Carlo Matteucci (1811-1865) sobre eletricidade animal. Du Bois-Reymond começou replicando os resultados do italiano. Convencido de que os seres vivos estavam sujeitos às leis da física e da química, ele realizou uma série de experimentos utilizando o galvanômetro, um instrumento capaz de medir pequenas alterações elétricas. Graças à sua grande paciência e habilidade experimental, du Bois-Reymond aperfeiçoou muito a sensibilidade desse instrumento, além de desenvolver vários outros aparatos para aferição elétrica. Esses equipamentos possibilitaram a descoberta da "corrente de repouso", um fluxo de cargas presente nas fibras nervosas e musculares mesmo na ausência de estímulos elétricos. Além disso, du Bois-Reymond observou que essa corrente diminuía, e era até revertida, quando um estímulo era aplicado a essas fibras. Ele chamou esse fenômeno de "variação negativa". O próximo passo na descoberta da transmissão do impulso nervoso foi dado por seu grande amigo: o médico e físico Hermann von Helmholtz (1821-1894) (Figura 24), provavelmente o mais brilhante dentre os alunos de Müller.

Johannes Müller, assim como a maioria da comunidade fisiológica da época, acreditava que o "princípio nervoso" fosse um "fluido imponderável". Por ter velocidade infinita, ou imensamente grande, qualquer tentativa de se medir a velocidade de transmissão do sinal neural estaria fadada ao fracasso. Utilizando uma preparação relativamente simples, porém engenhosa (Figura 25), Helmholtz foi capaz, em 1850, de medir a velocidade de um potencial de ação em uma fibra nervosa. Ela era de algumas dezenas de metros por segundo. A importância desses experimentos vai muito além do campo da eletrofisiologia, pois, pela primeira vez, um fenômeno imaterial e etéreo como a transmissão nervosa – normalmente tratada como manifestações do espírito ou da alma – foi medida com precisão por meio de instrumentos físicos. Dessa maneira, foi dado um grande passo para explicar em termos materialistas o funcionamento do organismo, expurgando a presença de espíritos e forças vitais operando dentro dos seres vivos. Coube a um aluno de Helmholtz e du Bois-Reymond, Julius Bernstein (1839-1917), desvendar os mecanismos de polarização, despolarização e propagação do potencial elétrico na membrana das células excitáveis, graças ao excesso de íons positivos no exterior e negativos no interior dessas células. Os trabalhos de Bernstein culminaram no modelo proposto por Hodgkin e Huxley no século XX.

A importância de Helmholtz para a ciência ultrapassa os limites da fisiologia, alcançando os campos da matemática, física, psicologia e filosofia. Ao lado de Leonardo da Vinci, ele foi uma das grandes mentes científicas da história. Na psicofi-

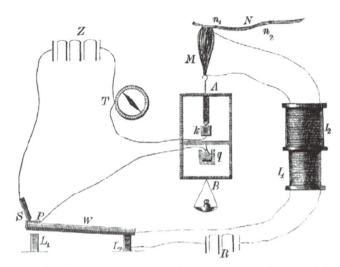

Figura 25 • Reconstrução atual do aparato experimental utilizado por Helmholtz para medir a velocidade de condução de um estímulo elétrico em um nervo. Para mais detalhes sobre este experimento, consulte: http://blog.sbnec.org.br/2008/10/na-velocidade-do-pensamento. (Adaptada de Schimidgen, 2002.)

siologia, por exemplo, Helmholtz fez importantes descobertas sobre a percepção auditiva e visual (dentre elas, a percepção de cores), relatadas no *Estudo das Sensações de Tom como uma Base Fisiológica para a Teoria da Música (1863)* e no *Tratado sobre Ótica Fisiológica (1857-1866)*.

▸ Carl Ludwig e o Instituto de Leipzig

Se a fisiologia francesa contou com Claude Bernard, a alemã contou com um cientista de qualidade similar: Carl Ludwig (1816-1895). Vimos que na primeira metade do século, Johannes Müller formou em Berlim uma grande quantidade de alunos, como Schwann, Henle, du Bois-Reymond e Helmholtz. Na segunda metade do século, contudo, a fisiologia germânica foi associada à figura de Ludwig. Após lecionar em Marburg, Zurique e Viena, Carl Ludwig se estabeleceu em Leipzig, onde fundou um Instituto de Fisiologia (Figura 26). O Instituto logo se tornou o grande centro de referência da nova fisiologia experimental europeia, atraindo estudantes do mundo todo. O efeito disso foi que grande parte dos fundadores da fisiologia experimental em outros países, tais como a Inglaterra, EUA e Canadá, passaram pelas mãos de Ludwig. Sua capacidade de lecionar e sua dedicação junto aos alunos se tornaram famosas. Consta que muitas de suas descobertas foram publicadas apenas com o nome dos estudantes junto aos quais elas foram realizadas, apesar da participação direta de Ludwig nos trabalhos.

A orientação teórica do Instituto, assim como a de seu idealizador, era antivitalista, e seus métodos experimentais eram físico-químicos. Essa tendência fisicista norteou os grandes avanços metodológicos levados a cabo por Ludwig. O principal deles provavelmente foi a invenção do quimógrafo, instrumento que virou um dos símbolos da pesquisa fisiológica durante várias décadas (Figura 27). Capaz de medir diversas variáveis fisiológicas ao longo do tempo, o quimógrafo foi um dos responsáveis por tornar a fisiologia uma disciplina dinâmica, possibilitando pensar os fenômenos da vida em termos de processos que variam com o tempo. Outra inovação introduzida por Ludwig foi a técnica de manter um órgão isoladamente vivo, por meio da perfusão de uma solução nutriente. Essa técnica possibilitou o estudo do funcionamento do coração.

Figura 24 • Hermann von Helmholtz (1821-1894). (Adaptada de http://vnl.cps.utexas.edu/timeline.html.)

Figura 26 • Instituto de Fisiologia de Carl Ludwig, em Leipzig. O prédio foi destruído na Segunda Guerra Mundial. (Adaptada de Zimmer, 1997.)

discípulos puderam realizar diversas observações sobre a saturação de oxigênio e gás carbônico no sangue.

Além do sistema cardiovascular, a fisiologia renal foi alvo de intensas pesquisas no Instituto. À época de Ludwig, muitas descobertas acerca da anatomia e da fisiologia dos rins já haviam sido realizadas por homens como Jacob Henle (1809-1885) e William Bowman (1816-1892). Em suas primeiras investigações, Ludwig dedicou-se aos princípios que governam a formação da urina: a filtração glomerular e a reabsorção tubular. Enquanto a pressão hidrostática nas arteríolas aferente e eferente foi reconhecida como a força responsável pela filtração, a força química responsável pela reabsorção foi sugerida, mas não totalmente esclarecida por Ludwig. Essa proposta, que buscava explicar os fenômenos de formação da urina em termos físico-químicos, ia de encontro às ideias de Johannes Müller, que defendia uma visão vitalista do funcionamento renal. De acordo com os partidários de Müller, os rins agiriam como uma glândula secretora, sendo que forças vitais seriam responsáveis pela secreção de urina nos túbulos renais. Em 1874, Rudolph Heidenhain (1834-1926) propôs uma teoria da secreção renal, que ficou conhecida como teoria de Bowman-Heidenhain. Essa disputa entre a "teoria da filtração", de orientação mecanicista, e a "teoria da secreção", de orientação vitalista, só seria resolvida no século XX, quando os mecanismos da formação da urina foram desvendados.

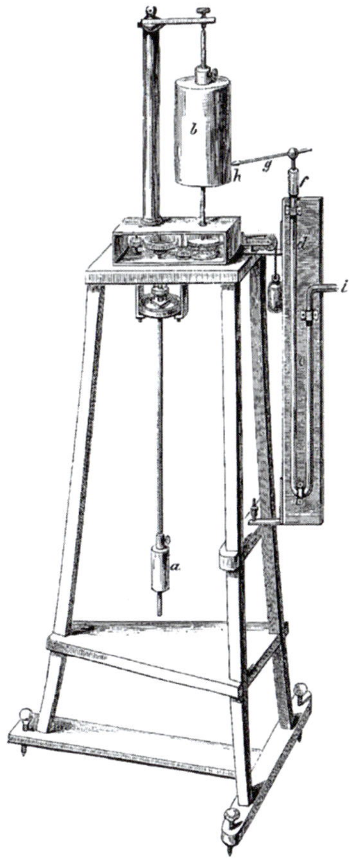

Em preparações com rãs, Ludwig e seus estudantes Adolf Fick, Elias Cyon, Joseph Coats e Henry Bowditch começaram a descobrir as leis que regem a contração cardíaca, trabalho que seu outro aluno, Otto Frank, continuou em Munique. A fisiologia cardiovascular foi a área mais conspícua à qual se dedicou Carl Ludwig. Dentre suas principais descobertas estão a do centro vasomotor bulbar, a da permeabilidade capilar e a lei do "tudo ou nada" e a do período refratário cardíaco. Além disso, graças à invenção da bomba de gás sanguínea, Ludwig e seus

SÉCULO XX

▶ Os grandes grupos de pesquisa

Em 4 anos sucessivos, o fisiologista russo Ivan Pavlov (1849-1936) foi indicado para o prêmio Nobel por suas pesquisas sobre a fisiologia da digestão (Figura 28). No entanto, sua indicação suscitava sempre a mesma pergunta: as descobertas de Pavlov eram frutos originais de seu próprio trabalho, ou representavam uma espécie de compilação dos trabalhos realizados no grande laboratório que ele liderava? Pavlov comandava, desde 1891, a divisão de fisiologia do Instituto Imperial de Medicina Experimental, e possuía, de longe, o mais bem equipado laboratório de fisiologia da Rússia. Assim como o Instituto de Leipzig, liderado por Carl Ludwig (com quem Pavlov estudou entre 1884 e 1886), seu laboratório possuía várias salas e muitos ajudantes e colaboradores. Essa nova forma de praticar a fisiologia contrastava diretamente com a maioria das pesquisas até então. Claude Bernard, por exemplo, por quem Pavlov nutria grande respeito e de quem se declarava discípulo intelectual, trabalhava geralmente sozinho, ou com um ajudante ou colaborador, e sempre em um pequeno laboratório. A fisiologia praticada por Ludwig e Pavlov constituiu-se em uma tendência nos principais centros de pesquisa nos anos seguintes. Grandes laboratórios, com muitas pessoas trabalhando (o que envolve divisão de trabalho) e grandes investimentos financeiros, caracterizarão a maneira como a fisiologia será praticada no século XX. Dentro dessa nova organização social da ciência, os fisiologistas, além das

Figura 27 • Quimógrafo utilizado por Carl Ludwig. (Adaptada de http://vlp.mpiwg-berlin.mpg.de. Originais: Cyon E. *Atlas zur Methodik der Physiologischen Experimente und Vivisectionen*, 1876.)

Figura 28 ■ Ivan Pavlov (1849-1936), em 1904. (Adaptada de Todes, 1997.)

Figura 29 ■ *Da esquerda para a direita*, Camillo Golgi (1843-1926), Santiago Ramón y Cajal (1852-1934) e Charles Sherrington (1857-1952). (Adaptada de http://nobelprize.org.)

atividades científicas, passaram a lidar também com atividades de administração e gerenciamento de recursos. A obtenção desses recursos passou, ao longo do tempo, a depender da publicação dos trabalhos executados no laboratório.

▶ Um século de descobertas

A proximidade no tempo torna qualquer tentativa de síntese do século XX uma tarefa extremamente perigosa. Somente os desdobramentos e as consequências decorrentes das descobertas e teorias atuais tornarão possível uma avaliação criteriosa. Além disso, a quantidade de informação adicionada ao corpo da fisiologia nesse século provavelmente supera em muito a soma de todos os anteriores. A lista dos laureados com o prêmio Nobel em Fisiologia e Medicina (ver http://nobelprize.org) pode nos fornecer uma vaga ideia desse fato. A simples tentativa de listar essas descobertas ocuparia um espaço muito superior ao do presente capítulo, fugindo às nossas reais intenções. Podemos tentar destacar alguns poucos eventos que marcaram as diversas áreas da fisiologia no século que passou, sabendo, no entanto, que uma enorme injustiça estará inevitavelmente sendo cometida.

A partir de um novo método de corar tecidos com prata, desenvolvido pelo histologista italiano Camillo Golgi (1843-1926), o espanhol Santiago Ramón y Cajal (1852-1934) propôs que o sistema nervoso era composto por células ligadas entre si, não sendo uma rede contínua como alguns propunham (Figura 29). Essa ideia deu origem à *doutrina do neurônio*, o pilar sobre o qual se ergueu a moderna neurofisiologia. Em 1906, o neurologista inglês Charles Sherrington (1857-1952) publicou sua famosa monografia *The Integrative Action of the Nervous System* (A Ação Integrativa do Sistema Nervoso), fundada sobre o conceito de *sinapse*, criado por ele. Esses três cientistas foram laureados com o prêmio Nobel, assim como o neurofisiologista australiano John Eccles (1903-1997) – premiado em 1963, por suas pesquisas sobre o mecanismo de transmissão na sinapse química. Nesse mesmo ano, dois eletrofisiologistas dividiram o prêmio com Eccles, por desvendarem os processos responsáveis pela bioeletrogênese na membrana de células excitáveis: Alan Hodgkin (1914-1998) e Andrew Huxley (1917-). Utilizando técnicas de fixação de voltagem, eles deram continuidade às pesquisas iniciadas por Galvani no século XVIII, propondo um modelo que revolucionou a neurofisiologia e a eletrofisiologia. Diversas técnicas recentemente desenvolvidas, como o *"patch-clamp"*, a imuno-histoquímica e a neuroimagem, estão atualmente alargando esses dois campos de maneira espetacular.

Vimos que o século XIX termina com uma intensa disputa na fisiologia renal entre adeptos da "teoria da filtração" e da "teoria da secreção". Em 1916, o inglês Arthur Cushny (1866-1926) propôs sua "teoria moderna" sobre o assunto. Segundo ele, a urina seria formada por ultrafiltração glomerular, sendo sua composição posteriormente modificada pela reabsorção seletiva no túbulo renal. Nos anos que se seguiram, duas técnicas experimentais contribuíram para desvendar os mecanismos por trás dos processos de filtração e reabsorção. A primeira foi a micropunção tubular, criada por Alfred Richards (1876-1966). A segunda foi a medida da taxa de filtração glomerular por meio da determinação do *clearance* (depuração) renal de uma substância, como a creatinina ou a inulina. Em 1935, James Shannon e Holmer Smith determinaram o *clearance* da inulina em animais e em humanos, inaugurando um enorme campo de investigação nessa área. Já o mecanismo de contracorrente, entre os ramos ascendente e descendente da alça de Henle, foi proposto pelo físico-químico Werner Kuhn (1899-1968), sendo que o primeiro a encontrar evidências a favor dessa "estranha" ideia foi o suíço Heinrich Wiz (1914-1993).

A endocrinologia pode ser considerada uma ciência essencialmente do século XX. Fundada a partir das noções de meio interno e de secreção interna formuladas por Claude Bernard, essa disciplina conheceu um avanço extraordinário ao longo do século. Em 1902, William Bayliss (1880-1924) e Ernest H. Starling (1866-1927) demonstraram que a secretina era capaz de estimular a secreção pancreática. A partir desses resultados, eles introduziram o conceito de *hormônio* como um fator químico capaz de controlar a ação de um órgão a distância. Embora os efeitos da extirpação do pâncreas na produção de diabetes já fossem conhecidos desde 1889, com os trabalhos de Mering e Minkowski, foi apenas em 1920 que os canadenses John Macleod (1873-1935), Frederick Banting (1891-1941) e Charles Best (1899-1978) conseguiram isolar a insulina. Já a interação do sistema endócrino com o sistema nervoso foi estabelecida a partir dos trabalhos de Herbert Evans (1882-1971) sobre a glândula hipófise.

A fisiologia cardiovascular adentrou o século XX já em estágio avançado de conhecimento, graças, em grande parte, aos progressos do grupo de Carl Ludwig em Leipzig. Em 1913, Willem Einthoven (1860-1927) desenvolveu um novo tipo de galvanômetro, capaz de registrar pequenos sinais elétricos projetados pelo coração na superfície do corpo. Era a origem do eletrocardiograma, método de crucial importância clínica e fisiológica ao longo do século XX. As estruturas de condução dos potenciais elétricos no coração foram descobertas por His e Purkinje ainda no século XIX. Já os nós sinoatrial e atrioventricular foram descritos nos primeiros anos do novo século. Em 1914, o já citado Ernest Starling, utilizando uma preparação de coração e pulmão isolados de cachorro, observou que a força de contração sistólica era diretamente proporcional ao grau de estiramento do músculo cardíaco no final da diástole. Como esse fenômeno já havia sido observado antes por Otto Frank em corações de rãs, esse mecanismo recebeu o nome de *lei de Frank-Starling*. Antes disso, Starling já havia realizado importantes descobertas sobre a permeabilidade capilar, determinando as forças (hidrostática e coloidosmótica) que agem na passagem de líquido através da parede capilar – razão pela qual essas pressões passaram a ser conhecidas como "forças de Starling". A interação da regulação do fluxo capilar local com a atividade metabólica tecidual foi intensamente estudada por August Krogh nas primeiras décadas do século XX. No início desse século, o também já citado William Bayliss observou que os vasos sanguíneos respondiam à distensão contraindo-se. Era o início das teorias miogênicas de controle local de fluxo. Na década de 1980, Robert Furchgott demonstrou a capacidade modulatória do endotélio. Já os mecanismos subjacentes a esse fenômeno – que conta com a participação do óxido nítrico – foram descobertos apenas mais recentemente.

A incorporação da química à fisiologia, formando a química fisiológica ou bioquímica, foi um longo processo que ocorreu desde o final do século XIX. Durante o século XX, sobretudo a partir da segunda metade, o centro de gravidade da fisiologia deslocou-se para a bioquímica celular e molecular. As novas descobertas teóricas e metodológicas proporcionadas pelos avanços desses campos revolucionaram praticamente todos os ramos da fisiologia. O horizonte investigativo da disciplina ampliou-se e atravessou a membrana citoplasmática, alcançando o interior do núcleo celular. Nesse contexto, devemos destacar a que provavelmente foi a maior descoberta das ciências biológicas do século XX: a elucidação da estrutura do DNA, por James Watson (1928-) e Francis Crick (1916-2004) (Figura 30), baseada nos trabalhos de cristalografia de Rosalind Franklin (1925-1955) e Maurice Wilkins (1916-2004). A partir dessa descoberta, os mecanismos genômicos responsáveis pelos processos fisiológicos puderam começar a ser desvendados. Mais um importante passo foi dado para explicar as bases físicas e químicas dos processos envolvidos no que chamamos de vida.

CONCLUSÃO

Assistimos às várias mudanças teóricas e metodológicas que a fisiologia sofreu ao longo desses mais de dois milênios de história. Vimos também as relações que ela, assim como outras ciências, travou com as concepções filosóficas vigentes em uma determinada época. Acompanhamos o caminho percorrido pela fisiologia, desde seu desmembramento como um ramo da filosofia natural, até seu estabelecimento como uma ciência autônoma e, sobretudo, experimental. Assim, aceitamos hoje que toda ideia científica deve ser posta em confronto com a experiência, isto é, somente depois de confirmada por fatos experimentais uma teoria deve ser aceita. Após essa longa jornada, algumas perguntas imediatamente saltam à nossa frente: podemos aprender algo olhando para o passado de uma disciplina científica? Em caso afirmativo, que "lição de moral" podemos tirar da história da fisiologia?

Ao defender a fisiologia experimental nascente, vimos François Magendie proclamar que a fisiologia deveria ser reduzida "inteiramente ao experimento". Aparentemente, esse conselho tem sido seguido nos dias de hoje. No entanto, devemos ficar atentos para que o "fetiche do experimento" não seduza nossas mentes, e que, no afã da produtividade e obtenção de recursos, a realização ansiosa de experimentos e a obtenção de novos fatos, de maneira quase obsessiva, não se torne praxe. Muitas vezes, a importante pergunta "qual a ideia por trás da pesquisa?", que deveria anteceder a experimentação, está esquecida. Do mesmo modo, a análise criteriosa e o embasamento teórico dos dados experimentais também são tratados com um perigoso desdém. A ciência não é feita com fatos, mas com *ideias* moldadas pelos fatos cuidadosamente analisados. Esta é uma das lições que Claude Bernard, o fundador da fisiologia moderna, nos ensina. Em sua principal obra metodológica, *Introduction à l'Étude de la Médicine Expérimentale* (Introdução ao Estudo da Medicina Experimental), lemos: "*A simples verificação de fatos nunca poderá chegar a constituir uma ciência.*" Mais adiante, "*toda a iniciativa experimental reside na ideia, porque é ela que provoca a experiência*". E finalmente: "*O homem que perdeu a razão, o alienado, não se instrui pela experiência, já não raciocina experimentalmente.*" Nunca é tarde para aprendermos com os grandes mestres.

Abordagens reducionistas e integrativas têm formado um pêndulo sob o qual oscilou a fisiologia ao longo dos anos. Aparentemente, períodos de grandes avanços em outras áreas da ciência, tal como a física e a química, suscitam a esperança dos fisiologistas de que os fenômenos responsáveis pela vida serão enfim resolvidos em conceitos como matéria, movimento, força e energia. Já períodos de maior ceticismo estão associados a concepções mais holísticas, em que a fisiologia é tratada de maneira mais fenomenológica ou positivista. Testemunhamos que Carl Ludwig e Claude Bernard representaram a coexistência dessas duas visões dentro de um mesmo período. Recentemente, os avanços promovidos pela biologia molecular e pela genômica novamente colocam o reducionismo materialista na pauta do dia. Será que um dia a

Figura 30 • *Da esquerda para a direita*, Francis Crick (1916-2004) e James Watson (1928-). (Adaptada de http://nobelprize.org.)

fisiologia será reduzida à bioquímica? Quando os homens tiverem conhecimento suficiente da genômica e da proteômica, serão dispensáveis os conceitos fisiológicos sobre a vida? É inegável que entender o funcionamento das partes é fundamental para a compreensão do todo. Todavia, ao percorrer o tortuoso caminho até as partes, até os mecanismos íntimos responsáveis pelos fenômenos estudados, pensamos que o fisiologista não deve nunca esquecer o caminho de volta. Estudar as árvores não deve impedir que se tente compreender a floresta.

Qual seria, então, a verdadeira identidade da fisiologia? Qual seria seu real escopo e quais seriam seus métodos? As respostas a essas inquietações provavelmente só virão com o tempo. Enquanto isso, podemos tentar buscar alguma luz na história. Há mais de um século, o grande neurofisiologista Charles Sherrington (1906) dizia a uma atenta plateia em Oxford, a respeito da fisiologia:

> Pode-se dizer dela que ela não possui métodos próprios, ou que todos os métodos são seus: ambas as expressões são verdadeiras. O que é dela, e apenas dela, é o escopo do seu problema, a saber, a decifração de como os organismos vivos vivem.

As Origens da Fisiologia no Brasil

Marcus Vinícius C. Baldo | Cesar Timo-Iaria (*in memoriam*) | Margarida de Mello Aires

Aperto sua mão, que sente a minha, mas não pode retribuir a força. Já são várias as visitas que lhe tenho feito, nas tardes de sábado, em que a conversa flui à deriva. Mas nesta tarde trago um gravador que saberá guardar, sem a neblina da memória, o fio que vai nos conduzir por muitas histórias. A voz que fala sem muito fôlego é de alguém que não apenas sabe essas histórias, ou que apenas participou delas, mas de alguém que ajudou a escrevê-las. Essa personagem, testemunha e cúmplice da construção de nossa Fisiologia, é Cesar Timo-Iaria, um dos últimos dos poucos eruditos da ciência brasileira. Pouco tempo depois dessas conversas ele nos deixaria, órfãos atônitos, mas que reconhecem estampado em suas próprias ideias, em seus argumentos e atos, o reflexo de um pai que caminha invisível e sólido em nossas vidas. Sua voz apenas nos ilude, parecendo hesitante e entrecortada nas gravações que ainda guardo, mas é forte e cristalina nas ideias que carrega. Dessas conversas surgiu este texto. Desembaraçado o novelo que guarda quase um século de memórias, retificados os rumos e ordenadas as datas, sua voz vai se desdobrando em uma nítida linha do tempo, sobre a qual se desvenda a história de nossa Fisiologia.

Cesar contava essa história como quem fala da própria família: dos pais científicos que amou, dos muitos filhos acadêmicos que criou, e de antepassados com os quais agora convive, em uma enorme casa assombrada por almas iluminadas. Casa que, ainda hoje, poderia pairar evanescente em uma tranquila esquina de uma cidade encantada, talvez no insólito cruzamento das ruas Almirante Tamandaré e Machado de Assis. Vamos, pois, entrar e percorrer juntos esta casa iluminada, em nada silenciosa e vazia, para que possamos saudar seus habitantes e ouvir suas histórias.

Foi junto ao Museu Nacional, no Rio de Janeiro, que nasceu o primeiro laboratório brasileiro de Fisiologia Experimental. Impressionado com o que ouvira de Claude Bernard (1813-1878) e Du Bois-Reymond (1818-1896) em suas visitas à Europa, D. Pedro II planejara a criação de um Instituto de Fisiologia. Embora jamais criado, o plano de D. Pedro II já prenunciava o germe que, possivelmente, contribuiria para dar origem ao *Laboratório de Fisiologia Experimental do Museu Nacional*. Primitivo e improvisado, foi inicialmente montado na segunda metade da década de 1870, com parcos recursos, e oficialmente inaugurado em 1880, por João Batista de Lacerda (1846-1915) (Figura 31). Lacerda, formado pela Faculdade de

Figura 31 • João Batista de Lacerda (1846-1915). (Adaptada de http://pt.wikipedia.org/wiki.)

Medicina do Rio de Janeiro, carecia, no entanto, de uma sólida formação em fisiologia. Louis Couty (1854-1884) (Figura 32), um jovem pesquisador francês, foi assim convidado pelo Governo Imperial para assumir, como primeiro diretor, em 1880, o *Laboratório de Fisiologia Experimental*, tendo Lacerda como subdiretor. Sob os olhos entusiasmados do Imperador, a intensa motivação de Lacerda e Couty fez do Laboratório o berço da Fisiologia em nosso país.

Embora reconhecido internacionalmente, o Laboratório iniciou sua decadência com a morte precoce de Couty, em 1884, e com a ausência de um fisiologista na cátedra da Faculdade de Medicina do Rio de Janeiro, já que Lacerda fora preterido em um concurso para aquela disciplina. A dispersão dos discípulos, a inexistência de um verdadeiro ensino de fisiologia e um cenário acadêmico nada favorável foram os principais elementos que definiram o fim dessa etapa.

O renascimento da fisiologia brasileira teria de aguardar a iniciativa de Álvaro Ozório de Almeida (1882-1952), considerado por muitos o nosso verdadeiro "patriarca" (Figura 33). Recém-formado pela Faculdade de Medicina do Rio de Janeiro, parte em 1906 para Paris, indo estagiar no *Institut Pasteur* e no *Collège de France*. De volta ao Brasil, já professor da Faculdade de Medicina do Rio de Janeiro, não encontraria as condições

Figura 32 ■ Louis Couty (1854-1884). (Adaptada de www.bbk.ac.uk/ibamuseum/texts/Andermann01E.htm.)

Figura 34 ■ Miguel Ozório de Almeida (1890-1953). (Adaptada de www.ioc.fiocruz.br/personalidades/MiguelOzorioDeAlmeida.htm.)

que desejava para a pesquisa fisiológica, instalando no porão da residência dos pais, na rua Almirante Tamandaré, o seu próprio laboratório. Fez assim surgir no Brasil, nas primeiras décadas do século XX, um tempo heroico das ciências fisiológicas. Modesto, um tanto improvisado, o laboratório ganharia logo a colaboração de um discípulo, Miguel Ozório de Almeida (1890-1953) (Figura 34), irmão de Álvaro. Em 1915, o laboratório mudou-se para a residência da rua Machado de Assis, onde a irmã de ambos, Branca de Almeida Fialho, dividia-se como laboratorista e dona de casa. Pelo laboratório dos irmãos Ozório passaram alguns dos que se tornariam importantes semeadores da fisiologia brasileira, como Thales Martins (1896-1979) e Paulo Galvão (1902-1968). Passaram também turistas curiosos, em rápidas visitas, anônimos ou majestosos, tais como Albert Einstein e Madame Curie.

Álvaro dedicava-se, na fase inicial de seu laboratório, a estudos sobre metabolismo e calorimetria, e à ação de fármacos, como o curare, sobre a regulação metabólica tanto do ser humano quanto de animais silvestres. Posteriormente, concentrou-se nos efeitos do oxigênio sob alta pressão como terapia do câncer. Já Miguel Ozório, com sólida formação em física e matemática, tinha grande inclinação para a abordagem biofísica, tendo se dedicado à fisiologia de tecidos excitáveis, crioepilepsia, reflexos labirínticos e tônus muscular. Vários neurofisiologistas, ao longo dos anos 30 e 40 do século passado, formaram-se direta ou indiretamente sob a influência de Miguel Ozório, notadamente Hayti Moussatché (1910-1998), Mário Vianna Dias (1914-2001), Tito Cavalcanti (1905-1990) e Carlos Chagas Filho (1910-2000) (Figura 35).

Chagas Filho criaria, em 1937, o Laboratório de Biofísica da Universidade do Brasil, anexo à disciplina de Física Médica. Em 1945, este Laboratório transforma-se no Instituto de Biofísica, hoje Instituto de Biofísica Carlos Chagas Filho (IBCCF), integrante da Universidade Federal do Rio de Janeiro (UFRJ). Além de Carlos Chagas Filho, o IBCCF contou e tem contado com outros também brilhantes cientistas, como Aristides Azevedo Pacheco Leão (1914-1993), Hiss Martins Ferreira (1920-2009), Antonio Paes de Carvalho, Eduardo Oswaldo-Cruz Filho e Carlos Eduardo Guinle da Rocha-Miranda. Hoje, a herança deste grupo espalha-se por muitos outros estados do Brasil, incluindo Pará, Espírito Santo, Distrito Federal, São Paulo, Minas Gerais, Pernambuco, Sergipe e Rio Grande do Sul.

O sucesso científico obtido pelo laboratório dos irmãos Ozório (que encerraria suas atividades somente em 1932) motivara Carlos Ribeiro Justiniano das Chagas (1879-1934) (Figura 36), então diretor do Instituto Oswaldo Cruz, a criar, em 1919, uma Seção de Fisiologia em Manguinhos (Figura 37), convidando Miguel Ozório para chefiá-la. Ali, em 1926, também ingressaria Thales César de Pádua Martins (1896-1979), formado pela Faculdade de Medicina da Universidade do Brasil (atual UFRJ).

Figura 33 ■ **A.** Álvaro Ozório de Almeida (1882-1952). **B.** Álvaro Ozório em sua posse como conselheiro do CNPq, em 1951. (Adaptada de http://centrodememoria.cnpq.br/fotogaleria51.html.)

Figura 35 ▪ Carlos Chagas Filho (1910-2000). (Adaptada de www.abc.org.br/sjbic/curriculo.asp?consulta=ccf.)

Figura 36 ▪ Carlos Ribeiro Justiniano das Chagas (1879-1934). (Adaptada de www.ioc.fiocruz.br/personalidades/CarlosChagas.htm.)

Thales Martins (Figura 38), tendo estudado inicialmente aspectos da fisiologia muscular, em colaboração com Miguel Ozório, em Manguinhos, volta-se para questões de fisiologia endócrina (alguns de seus importantes experimentos nesta área estão descritos no Capítulo 64, item "Sistemas hormonais clássicos"). Em 1934, ao se mudar para São Paulo, estabeleceu novos núcleos de estudos fisiológicos, com ênfase em endocrinologia experimental, em uma faculdade então privada, a recém-criada Escola Paulista de Medicina (atualmente integrante da Universidade Federal de São Paulo, Unifesp), e no Instituto Butantã. Em meados da década de 1950 fundou, ao lado de outros importantes fisiologistas brasileiros, a Sociedade Brasileira de Fisiologia (SBFis). No Instituto Butantã, Thales Martins contou com a colaboração daquele que viria a ser um de nossos mais importantes farmacologistas, José Ribeiro do Valle (1908-2000) (Figura 40), posteriormente Professor Emérito da Escola Paulista de Medicina. Thales Martins assumiu, então, a cadeira de Fisiologia da Escola Paulista de Medicina, sendo sucedido por Paulo Enéas Galvão (1902-1968), após retornar ao Rio de Janeiro. Galvão, também discípulo de Álvaro Ozório, estabeleceu-se inicialmente no Instituto Biológico de São Paulo, criado em meados de 1920. Ao longo dos anos 1930 e 1940, o Instituto Biológico atrairia, além de Galvão, uma grande leva de cientistas, dentre eles Wilson Teixeira Beraldo (1917-1998) (Figura 41) e Maurício Oscar da Rocha e Silva (1910-1983) (Figura 42), que, com a colaboração de Gastão Rosenfeld (1912-1990), foram os

> O Instituto Oswaldo Cruz foi fundado em 1900, originalmente como "Instituto Soroterápico Municipal". Já sob a direção de Oswaldo Gonçalves Cruz (1872-1917) (Figura 39), torna-se, em 1901, uma instituição federal, passando a denominar-se, em 1907, "Instituto de Medicina Experimental de Manguinhos" e recebendo, no ano seguinte, o nome de seu efetivo criador. Com a morte de Oswaldo Cruz, o Instituto passa, então, a ser dirigido por Carlos Chagas. Chagas e seu mestre Oswaldo Cruz, de quem foi brilhante discípulo, protagonizaram alguns dos mais importantes momentos da história científica brasileira. Com eles, e com os herdeiros científicos que formaram, as ciências médicas, no Brasil, deixam a "fase escolar" e ingressam em sua "fase científica", que hoje testemunhamos.

> O "Instituto Butantã", tal como o "Instituto Manguinhos" (atual Instituto Oswaldo Cruz), surgiu como reação dos dirigentes públicos a graves epidemias que irromperam na transição do século XIX ao XX. O Instituto Butantã foi dirigido, de 1901-1919, por Vital Brasil Mineiro da Campanha (1865-1950), contemporâneo e colaborador de Adolfo Lutz (1855-1940), diretor, de 1893-1908, do Instituto Bacteriológico de São Paulo (hoje Instituto Adolfo Lutz).

Figura 37 ▪ Manguinhos e arredores, no Rio de Janeiro, em 1927. (Adaptada de www.coc.fiocruz.br/manguinhos.)

Uma Breve História da Fisiologia

Figura 38 ▪ Thales César de Pádua Martins (1896-1979). (Adaptada de Ribeiro-do-Valle, 1979.)

Figura 39 ▪ Oswaldo Gonçalves Cruz (1872-1917). (Adaptada de www.ioc.fiocruz.br/personalidades/OswaldoGoncalvesCruz.htm.)

Figura 40 ▪ José Ribeiro do Valle (1908-2000). (Adaptada de www.sbhm.org.br/index.asp?p=medicos_view&codigo=151.)

Figura 41 ▪ Wilson Teixeira Beraldo (1917-1998). (Adaptada de http://en.wikipedia.org/wiki.)

Figura 42 ▪ Maurício Oscar da Rocha e Silva (1910-1983). (Adaptada de www.fmrp.usp.br/rfa/Depto.htm.)

descobridores da *bradicinina*. Rocha e Silva iria estabelecer-se, posteriormente, em Ribeirão Preto, e Wilson Beraldo iria alavancar, em Belo Horizonte, a fisiologia mineira.

Octávio Coelho Magalhães (1890-1972), doutor em Fisiologia pela Faculdade de Medicina do Rio de Janeiro, estagiara em Manguinhos, sendo influenciado por cientistas da estatura de Oswaldo Cruz e Carlos Chagas. Aceitou, em 1913, o cargo de professor de fisiologia na recém-criada Faculdade de Medicina, em Belo Horizonte, introduzindo a medicina experimental em Minas Gerais. Em razão de sua aposentadoria compulsória, em 1960, Magalhães seria substituído por um de seus antigos alunos, Wilson Beraldo. Para retornar a Belo Horizonte e assumir a cátedra de fisiologia da Universidade Federal de Minas Gerais, Beraldo seria obrigado a interromper sua carreira no Departamento de Fisiologia da Faculdade de Medicina da USP, em São Paulo, onde era livre-docente e membro de um grupo de fisiologistas liderado por Franklin Augusto de Moura Campos (1896-1962) (Figura 43).

A Faculdade de Medicina de São Paulo fora fundada em 19 de dezembro de 1912, e teve como primeiro diretor Arnaldo Vieira de Carvalho (1867-1920). Em 1929, Moura Campos, que estagiou em Harvard sob a influência de Walter Cannon (1871-1945), tornou-se catedrático de Fisiologia, e iniciou as pesquisas fisiológicas na Faculdade de Medicina. Moura Campos teve como notável discípulo, além de Beraldo, o fisiologista Alberto Carvalho da Silva (1916-2002) (Figura 44), seu legítimo sucessor na Faculdade de Medicina da USP.

Figura 43 ▪ Franklin Augusto de Moura Campos (1896-1962). (Adaptada de Ribeiro-do-Valle, 1979.)

Figura 44 ▪ Alberto Carvalho da Silva (1916-2002). (Adaptada de www.iea.usp.br/iea/contato/contato31.html.)

Alberto Carvalho da Silva, assumindo a cátedra do Departamento de Fisiologia da Faculdade de Medicina, em 1964, reestruturou e diversificou suas linhas de pesquisa. Foi o responsável, direto ou indireto, pela formação de uma grande e importante geração de fisiologistas brasileiros que se fixaram na própria USP ou se estabeleceram em outros centros, irradiando o ensino e a pesquisa de fisiologia para diversas universidades brasileiras. Dentre esses fisiologistas, egressos do Departamento de Fisiologia da USP e responsáveis pela disseminação da fisiologia, podemos citar Gerhard Malnic, Thomas Maack, Maurício da Rocha e Silva Jr., Margarida de Mello Aires, Francisco Lacaz Vieira, Rebeca de Angelis (1925-2007), Núbio Negrão, Oswaldo Ubríaco Lopes, Sônia Lopes Sanioto, Massako Kadekaro, Pedro Guertzenstein (1938-1994) (Quadro 4) e

---

Quadro 4 ▪ Pedro Gaspar Guertzenstein (1938-1994).

A disciplina de Fisiologia Cardiovascular e Respiratória da Unifesp/EPM (atual Centro de Pesquisas Prof. Dr. Pedro Gaspar Guertzenstein) se iniciou em 1987, com a ida para a Escola Paulista de Medicina do Prof. Pedro Guertzenstein, aprovado em concurso público para o provimento de uma vaga para Professor Titular no Departamento de Fisiologia. Formado na EPM, o Prof. Guertzenstein inicialmente foi docente do Departamento de Fisiologia e Biofísica do ICB/USP, no grupo de Fisiologia Cardiovascular, e tinha como linha de pesquisa o controle central do sistema cardiovascular, particularmente o estudo dos mecanismos responsáveis pela manutenção do tônus vasomotor. Numerosas evidências experimentais obtidas nas quatro últimas décadas demonstravam que a medula oblonga contém os principais circuitos responsáveis pela geração e manutenção do tônus vasomotor e a regulação da pressão arterial. A visão atual que possuímos desses circuitos deriva, em grande parte, dos estudos pioneiros do Prof. Guertzenstein.

Em 1970, o jovem cientista chegou aos laboratórios do Prof. Feldberg, renomado pesquisador inglês, para bolsa de pós-doutorado, permanecendo por 3 anos. Segundo as próprias palavras de Feldberg: "Nós, isto é, Guertzenstein e eu, tropeçamos na superfície ventral do cérebro até 1972. Nossa história começou com um experimento simples, com queda na pressão arterial após a injeção de alguns miligramas de pentobarbitônio sódico (Nembutal®) no ventrículo cerebral lateral" (Feldberg, 1982).

Durante esses 3 anos, sozinho ou em colaboração com muitos colegas, Guertzenstein produziu o número impressionante de quatro comunicações para a *Physiological Society* (Guertzenstein, janeiro de 1971; Feldberg e Guertzenstein, janeiro de 1972; Guertzenstein, abril de 1972; Guertzenstein e Silver, junho de 1973) e cinco artigos completos publicados no *Journal of Physiology* ou no *British Journal of Pharmacology* (Feldberg e Guertzenstein, 1972; Guertzenstein, 1973; Bousquet e Guertzenstein, 1973; Guertzenstein e Silver, 1974; Edery e Guertzenstein, 1974). Juntamente com seus trabalhos publicados muito mais tarde, após seu retorno ao Brasil, e incluindo alguns desenvolvidos durante seus últimos anos na Unifesp, esses experimentos estabeleceram os alicerces da visão atual dos núcleos vasomotores medulares ventriculares e seu papel na regulação da pressão arterial. Suas publicações foram citadas em média 33 vezes/ano, em um total de quase 1.300 citações. A publicação mais citada e reconhecida como um documento clássico é aquela que ele publicou com a colaboração de Ann Silver (Guertzenstein e Silver, 1974). Nesse artigo, definiram, pela primeira vez, a localização precisa do que é claramente reconhecido, até hoje em dia, como a *medula ventrolateral rostral* (RVLM), a fonte mais importante de excitação tônica para os neurônios simpáticos pré-ganglionares na coluna celular intermediária da medula espinal. Seus resultados demonstraram inequivocamente que, após uma destruição eletrolítica bilateral de uma área pequena, não maior que 1 mm^2 na medula ventrolateral, a pressão arterial não é mantida e permanece baixa durante pelo menos 6 horas. Em 1976, Feldberg e Guertzenstein publicaram outro documento fundamental que mostrava a existência de uma área diferente, caudal à já descrita, sobre a qual a aplicação tópica de nicotina produz queda acentuada da pressão arterial devido à inibição do tônus vasoconstritor. Supondo que a nicotina atuasse como uma substância excitadora, eles propuseram: "Com a evidência até agora disponível [...] existem pelo menos duas regiões separadas: uma mais rostral e outra mais caudal, e também a ação em si é, provavelmente, de um centro excitatório que se exerce sobre neurônios inibitórios que formam conexões com a via vasomotora." Com essas sugestões, eles descreveram o que conheceríamos como a *medula ventrolateral caudal* (CVLM) e avançaram nas principais propriedades dessa região: seu papel vasodepressor, por meio da inibição tônica e reflexa do RVLM. Uma caracterização adicional dessa área, na regulação das funções cardiovasculares, e particularmente nos reflexos cardiovasculares modulantes, foi desenvolvida após o retorno de Guertzenstein ao Brasil, apresentada pioneiramente em uma comunicação à Sociedade de Fisiologia e posteriormente publicada (Guertzenstein e Lopes, 1980, 1984). Assim, a rota para a compreensão do CVLM e suas implicações na regulação do tônus simpático e nos reflexos cardiovasculares estava totalmente aberta e pronta para ser entendida. Alguns anos mais tarde, com base em um conjunto de observações experimentais, Guertzenstein e Feldberg passaram a propor a existência de uma área vasomotora na terceira vascular da medula ventrolateral. Mais uma vez, sua visão estava muito à frente de seu tempo. O desenvolvimento e a caracterização da área que previram levaram mais 10 anos. Essa foi também a sua empreitada final, por causa de sua morte prematura, em 1994. No entanto, em seus últimos trabalhos, ele e seus colegas do Departamento de Fisiologia da Unifesp puderam mostrar que a terceira área, a *área pressora caudal* (CPA), contém células com uma atividade pressora tônica que contribuiu para a manutenção dos níveis basais de pressão arterial e, além disso, que as respostas cardiovasculares induzidas por CPA são mediadas pelo CVLM, com o envolvimento de sinapses glutamatérgicas e GABAérgicas (Possas *et al.*, 1994; Campos *et al.*, 1994).

Margarida de Mello Aires
Informações dadas pelo Prof. Sérgio Cravo, Departamento de Fisiologia da Unifesp

Cesar Timo-Iaria (1924-2005). Com a reforma universitária, o Departamento de Fisiologia da Faculdade de Medicina fundese, em 1970, com departamentos de fisiologia e farmacologia de outras faculdades da USP, culminando com a formação do atual Departamento de Fisiologia e Biofísica do Instituto de Ciências Biomédicas da Universidade de São Paulo, instalado na Cidade Universitária.

A Universidade de São Paulo, criada em janeiro de 1934, teve a Faculdade de Filosofia, Ciências e Letras como sua verdadeira primogênita, elemento de integração das diversas áreas da atividade universitária. Em 1939, Paulo Sawaya (1903-1995) (Figura 45), formado pela Faculdade de Medicina de São Paulo, tornou-se catedrático da disciplina de Fisiologia Geral e Animal, destinada ao ensino e pesquisa de fisiologia animal comparativa. Além da herança científica e intelectual deixada ao atual Instituto de Biociências da USP, o antigo Departamento de Fisiologia Geral e Animal da Faculdade de Filosofia, Ciências e Letras da USP ajudou a semear a fisiologia comparativa em outros centros brasileiros. Pelas mãos de discípulos de Sawaya, como Erasmo Garcia Mendes (1916-2001) e Maria Marques, a fisiologia comparativa irradiou-se, por exemplo, para o interior de São Paulo e também para Porto Alegre, no Rio Grande do Sul.

A cátedra de Fisiologia da Faculdade de Medicina de Porto Alegre foi exercida, intermitentemente, por Raul Pilla (1892-1973). Engajado na militância política, Pilla encontrou em seu assistente, Pery Riet Correa, a dedicação necessária à criação da pesquisa em fisiologia no Rio Grande do Sul. Por intermédio de Riet Correa, estabeleceu-se fecunda colaboração com o *Instituto de Biología y Medicina Experimental*, em Buenos Aires, criado pelo grupo de Bernardo Houssay (1887-1971, Prêmio Nobel de Medicina e Fisiologia em 1947) (Figura 46). Em meados de 1950, a experiência de ensino e pesquisa de Houssay e seus colaboradores foi trazida para o recém-criado Instituto de Fisiologia Experimental, em Porto Alegre. A influência argentina fez com que os estudos de fisiologia endócrina e cardiovascular se tornassem, a partir de então, o foco da atenção na pesquisa fisiológica gaúcha. Neste grupo formou-se Eduardo Moacyr Krieger, logo se transferindo para a recém-criada Faculdade de Medicina de Ribeirão Preto.

Miguel Rolando Covian (1913-1992), assistente de Houssay, estabeleceu-se em Ribeirão Preto, em 1955, como chefe do Departamento de Fisiologia e Biofísica da Faculdade de Medicina, criada em 1952. Foi mestre, dentre outros, de Cesar Timo-Iaria (Quadro 5), um de nossos neurocientistas mais importantes e prolíferos. Covian contribuiu para a formação e disseminação de uma importante geração de fisiologistas por todo o Brasil. Ilustres fisiologistas do grupo de Ribeirão incluem Eduardo Krieger (atualmente no Instituto do Coração, em São Paulo), José Antunes-Rodrigues e Renato Hélios Migliorini (1926-2008) (Quadro 6) – ambos permaneceram

Figura 45 ▪ Paulo Sawaya (1903-1995). (Adaptada de www.abc.org.br/sjbic/curriculo.asp?consulta=PS.)

Figura 46 ▪ Bernardo Houssay (1887-1971). (Adaptada de www.biblioteca.anm.edu.ar/houssay.htm.)

Quadro 5 ▪ Cesar Timo-Iaria (1924-2005).

É com profunda emoção que externo meus agradecimentos ao Prof. Dr. Cesar Timo-Iaria, um dos maiores incentivadores para que eu publicasse este livro e autor-colaborador nas suas três primeiras edições. Em sua homenagem, transcrevo a seguir o texto escrito pelos Profs. Drs. José Antunes-Rodrigues, Renato Hélios Migliorini e Eduardo Moacyr Krieger, publicado em junho de 2005, na Newsletter da Sociedade Brasileira de Fisiologia (SBFis). – Margarida de Mello Aires

A família dos fisiologistas brasileiros perde um dos seus mais ilustres Mestres: Professor Cesar Timo-Iaria.

Cesar graduou-se pela Escola Paulista de Medicina em 1952. Iniciou a sua carreira acadêmica no Departamento de Fisiologia de Ribeirão Preto, onde exerceu as funções de Instrutor (1953), Doutor (1961) e Livre-Docente da FMRP/USP (1962). Transferiu-se para São Paulo em 1964; primeiro para a Faculdade de Medicina/USP e, depois, com a reforma universitária (1970), foi para o departamento de Fisiologia e Farmacologia do Instituto de Ciências Biomédicas/USP), onde continuou sua intensa atividade científica e formadora de inúmeros discípulos, tornando-se, logo em seguida, Professor Titular de Fisiologia do ICB/USP. Exerceu também função docente na State University of New York, onde ministrou aulas no Departamento de Fisiologia.

Mais do que um neurofisiologista (área mais específica de suas atividades de pesquisa), foi um dos maiores *fisiologistas* do país, tendo contribuído decisivamente para o avanço científico e tecnológico nesta área do conhecimento. Foi um dos principais responsáveis pela criação dos laboratórios de Neurofisiologia do Departamento de Fisiologia da FMRP/USP, do ICB/USP e da Faculdade de Medicina/USP.

Exerceu na FMRP/USP uma grande liderança político-universitária desde os pioneiros anos da criação desta Escola, trabalhando em problemas básicos e aplicados. Sempre defendeu uma universidade de alto nível, a nossa contribuição para o desenvolvimento de ciência e tecnologia no país, bem como a qualidade dos nossos pesquisadores. Orientou mais de 120 estudantes estagiários e pós-graduandos, além de pós-doutores brasileiros, argentinos e americanos, dos quais dois são professores titulares nos EUA e um na Alemanha.

Foi um dos primeiros eletrencefalografistas do Brasil, e em seu laboratório em Ribeirão Preto foram feitos os primeiros registros de sono experimental em gatos na América Latina.

(continua)

Quadro 5 — Cesar Timo-Iaria (1924-2005). *(continuação)*

Sua produção científica é de mais de 80 artigos em revistas e livros internacionais, da qual resultaram algumas descobertas relevantes, devendo-se destacar:

- A primeira demonstração experimental de uma substância, ativada por estimulação da área septal, que produz vasodilatação e hipotensão, mais tarde identificada como fator natriurético atrial
- A região do sistema nervoso central em que é gerado o sono, campo investigado por muitos laboratórios no Brasil e no exterior
- Os mecanismos neurais de regulação da glicemia, originados em três sistemas de glicorreceptores sensíveis à citoglicopenia, situados no fígado, nos núcleos do trato solitário e no fascículo prosencefálico do hipotálamo médio e anterior
- O mecanismo de desencadeamento da fome, que demonstrou ser devido não à hipoglicemia de jejum, que não ocorre de fato, e sim ao trabalho metabólico do fígado, acionado pelos glicorreceptores sensíveis à citoglicopenia. Essas pesquisas permitiram-lhe enunciar a teoria de que os comportamentos se caracterizam, sob o aspecto de expressão, por componentes motores e por componentes vegetativos
- Introdução definitiva do rato como objeto de estudo do sono, hoje preferencial, após descrever minuciosamente em 1970 os estados e as fases do sono desse animal, tema que pesquisava, abordando as manifestações e a gênese da atividade onírica desse animal
- Descoberta de uma região localizada na borda medial do fascículo prosencefálico medial do hipotálamo médio e posterior do rato, que regula rigidamente o sistema imunológico.

Ministrou quase cem conferências no Brasil e vinte no exterior, e organizou dois congressos internacionais, um simpósio internacional e quinze de âmbito nacional. Foi membro de numerosas sociedades e academias nacionais e internacionais. Recebeu várias homenagens como reconhecimento dos relevantes trabalhos prestados para a ciência brasileira: Membro da Academia Brasileira de Ciências, Comendador (1995) e Grã-Cruz da Ordem Nacional do Mérito Científico (1998). Prêmio Paulino Longo (1970) e Prêmio R. Hernandez-Peón (1990) pelos seus trabalhos sobre o sono.

O Prof. Cesar foi um modelo de cientista para todos nós, particularmente para um de nós (José Antunes-Rodrigues), que teve o privilégio de ser o seu primeiro aluno de iniciação científica nos idos de 1955. Foi um dos principais responsáveis pelo direcionamento de sua vida universitária.

Como líder da nossa comunidade científica, sempre questionou a especialização precoce dos nossos jovens pesquisadores, bem como a *desastrosa divisão de nossa ciência*. Assim ele dirigiu um apelo aos novos membros da Academia Brasileira de Ciência em 3 de junho de 2002:

> [...] para que almejem tornar-se linces, como eram considerados os membros da primeira academia do mundo. Que enxerguem muito longe, abrangendo um ângulo acadêmico de saber muito amplo e passando essa atitude para seus alunos. Precisamos deixar de ser formiguinhas, treinadas para carregar pedacinhos de folhas de um lugar a outro quase que cegamente, e voltar a formar linces.

Tinha uma vasta cultura e era portador de uma capacidade intelectual invejável. Gostava de discutir física, astronomia, música, fisiologia e demais especialidades da medicina, bem como humanidades.

O Prof. Cesar Timo-Iaria será sempre lembrado como um dos pioneiros da Neurofisiologia brasileira e um ser humano de inestimável valor. Sua sabedoria, cultura e visão humanística da ciência fizeram dele um modelo a ser seguido por todos nós.

José Antunes-Rodrigues, Renato Hélios Migliorini, Eduardo Moacyr Krieger
Colegas que trabalharam com o Prof. Cesar no
Departamento de Fisiologia da FMRP/USP

Quadro 6 — Renato Hélios Migliorini (1926-2008).

Uma brevíssima notícia, divulgada *online* pela Universidade de São Paulo, comunicou o falecimento, em 16 de janeiro de 2008, de Renato Hélios Migliorini, sepultado em Ribeirão Preto, onde viveu a maior parte de seus 82 anos.

Nascido em Jaú em 1926, graduou-se pela Faculdade de Medicina da USP em 1949 e obteve seu doutoramento com a tese *Efeito de estrógenos no diabetes produzido por pancreatectomia total em ratos*, que prenunciava sua sistemática futura atividade. Em 1953, foi o primeiro contratado em dedicação exclusiva pelo Departamento de Fisiologia da Faculdade de Medicina de Ribeirão Preto. Fez pós-doutorado na Universidade da Califórnia, como bolsista da Fundação Rockefeller em 1959/1960, uma distinção só outorgada por inquestionável mérito na era pré-FAPESP (Fundação de Amparo à Pesquisa do Estado de São Paulo) a talentos muito especiais.

Dizer que foi vice-diretor e diretor da Faculdade de Filosofia, Ciências e Letras de Ribeirão Preto (FFCLRP) da USP; que produziu mais de uma centena de trabalhos em revistas internacionais de destaque, principalmente no *American Journal of Physiology*; que foi citado mais de mil vezes e homenageado em vários fóruns — prêmio SBEM de 1996, comendador da Ordem Nacional do Mérito Científico do governo brasileiro e membro titular da Academia Brasileira de Ciências —, entre outras distinções; ou que formou considerável número de mestres e doutores é pouco por não traduzir o caráter, o âmago do homem, seu devotado amor à ciência e à sua Faculdade que o mantiveram ativo por mais de dez anos como professor emérito, período em que publicou parte substancial de sua obra científica.

Parar, não podia! Impensável para este homem que se inquietava com o que produzia, eterno insatisfeito, crítico mais severo de sua própria obra — como confessava sem cerimônia, com a mais natural simplicidade —, não por insegurança pessoal ou timidez, mas por sentir que pesquisa, principalmente biológica, é repleta de incertezas inerentes e sempre sujeitas às armadilhas experimentais. Percebê-las era privilégio de mentes agudamente alertas, como a do Migliorini que conhecemos. Crítico de si próprio, também não tolerava a mediocridade; foi assim que o ouvi comentar, como de costume, a voz baixa, após uma conferência científica à qual havíamos assistido de um clínico de fama, também professor: "Teria sido uma palestra compreensível se ousasse fazer perguntas com clareza." Isso, como tudo o mais, dizia em frases lúcidas precedidas por um fugaz instante de silêncio, como se hesitante, pausado, calmo, despretensiosamente carregando seu meio sorriso suave em uma fisionomia austera e tranquila.

O legado de Migliorini para a ciência foi o caminhar coerente, metódico, buscando elucidar cada processo fisiológico, etapa por etapa, dos mecanismos neurais de regulação do metabolismo plasmático e tissular de ácidos graxos e glicose, o papel dos estados de jejum e alimentar nessa regulação, seu controle no tecido adiposo marrom, além do metabolismo de proteínas no tecido muscular, as interações da proteína e da glicose alimentar na glicólise no tecido adiposo, as ações metabólicas nesse tecido por exposição ao frio e fármacos, e muitas mais variações sobre o tema. Quem pensaria, senão uma mente incontrolavelmente curiosa, em usar tantas espécies animais distintas — ratos, codornas, peixes, sapos, serpentes — como modelos experimentais úteis para compreensão da fisiologia/bioquímica humana, incluindo investigar a neoglicogênese em um animal estritamente carnívoro, como os abutres? Migliorini mostrou-nos que isso só é possível com uma equipe coesa, unida em propósitos e ideais, edificada sobre mútuo respeito, na qual se contavam muitos e leais companheiros, como Isis do Carmo Kettelhut, José Antunes-Rodrigues, José Ernesto dos Santos, Itamar Vugman, Cecílio Linder, Jorge Gross, Ingrid Dick de Paula, Vera Lúcia Teixeira, além dos já falecidos Cesar Timo-Iaria, André Ricciardi Cruz, Cássio Botura e Miguel Rolando Covian, apenas para citar alguns de meu limitado conhecimento, claro que sob o risco de ter omitido tantos outros igualmente cruciais ao seu trabalho.

Essa obra ímpar foi coroada pela vida afetiva familiar. Casado desde 1953 com Emília Blat Migliorini, viveu inconsolável viuvez depois de 40 anos, tendo gerado quatro filhos: Renato, Maria Cecília, Vera Lúcia e Valéria, e destes, seis netos. Vera Lúcia confidenciou-me que Renato aprendeu a amar a música com o piano de Emília Blat, colaborou na Fundação Pró-Música de Ribeirão Preto para a realização de concertos com músicos consagrados e dedicou-se com afinco à vinda da Escola de Música da USP para Ribeirão Preto, no topo de ser ouvinte assíduo. Soubessem dessas outras qualificações, seus amigos e admiradores, ainda que distantes de Ribeirão Preto, teriam usufruído melhor ainda de seu convívio. Por tudo isso, inimaginável passar despercebida a passagem deste exemplar e dedicado operário da ciência.

Eder C. R. Quintão
Professor Emérito de Clínica Médica da Faculdade de Medicina da Universidade de São Paulo (FMUSP), ex-titular da Disciplina de Endocrinologia da FMUSP

Relembro, comovida, quando conversei com o professor Migliorini pela última vez, em uma palestra da Federação de Sociedades de Biologia Experimental (FeSBE), e ele, emocionado, me apresentou os originais de seu texto para a quarta edição deste livro, comentando, com lágrimas nos olhos, que ele e seus assistentes (Isis do Carmo Kettelhut e Luiz Carlos Carvalho Navegantes) tinham se dedicado muito na redação do texto, e que ele tinha a certeza de que a visão que eles deram sobre o Controle Hormonal e Neural do Metabolismo Energético não será encontrada em outro livro didático. Meu agradecimento a todos. — Margarida de Mello Aires

em Ribeirão Preto –, e Carlos Eduardo Negreiros de Paiva, que, em 1964, transferiu-se para Campinas para montar o Departamento de Fisiologia da Faculdade de Medicina da Unicamp. Antes da chegada de Covian a Ribeirão Preto, o único fisiologista da Faculdade de Medicina era José Venâncio de Pereira Leite (1920-1980), cuja formação fisiológica fora adquirida no Rio de Janeiro, ao lado de Álvaro Ozório e Thales Martins. Autodidata em eletrônica, Venâncio incumbiu-se, nos primeiros anos, de preparar os demais professores recém-chegados a Ribeirão, os quais possuíam majoritariamente experiência clínica.

Tendo a fisiologia brasileira enraizado-se, inicialmente no Rio de Janeiro e sucessivamente em São Paulo, Porto Alegre, Belo Horizonte e Ribeirão Preto, consolidou-se uma rede fecunda de pesquisa e ensino de fisiologia que, além do intenso intercâmbio mútuo, promoveria uma importante irradiação do conhecimento fisiológico para outros centros do país. Contando com a dedicação de fisiologistas utópicos, e com a experiência dos centros de pesquisa já existentes no sul e sudeste, assistimos à Fisiologia multiplicar-se pelo país pelas mãos de pioneiros como, dentre outros, Wilson Beraldo, Nelson Chaves e Azor Oliveira e Cruz. Beraldo, como vimos, deixou a Faculdade de Medicina da USP em 1960, tomando as rédeas do Departamento de Fisiologia, em Belo Horizonte, e moldando o que se constituiu em um centro de excelência em pesquisa e ensino de fisiologia.

Nelson Chaves (1906-1982), médico da Faculdade de Medicina do Recife, assumiu, em 1943, a cátedra de Fisiologia, aprimorando-se como fisiologista sob a orientação de Álvaro Ozório, no Rio de Janeiro. Chaves aglutinou um produtivo grupo dedicado à pesquisa e ao ensino de fisiologia, focalizando particularmente a fisiologia da nutrição e contando com a colaboração de importantes fisiologistas, tais como a médica Naíde Teodósio (1915-2005) (Figura 47). A partir de 1970, no entanto, o grupo pernambucano sofreria duros golpes, sob os efeitos da reforma universitária, empreendida em todo o país, recuperando-se posteriormente a partir dos esforços de uma nova geração de fisiologistas, com destaque para as atuações de Waldemar Ladosky e Carlos Peres da Costa.

Foi com Azor Oliveira e Cruz que a pesquisa em fisiologia iniciou-se, verdadeiramente, em Curitiba. Oliveira e Cruz se torna, em 1937, regente em Fisiologia da então Universidade do Paraná, passando a manter intenso contato com centros de pesquisa cariocas e paulistas, e se caracterizando como um pioneiro da fisiologia paranaense.

É assim que, em função de um íntimo contato de jovens pesquisadores com núcleos já estabelecidos, e da experiência herdada dos grupos pioneiros, a fisiologia brasileira tem-se disseminado, ainda que de maneira lenta e irregular, pela maior parte de nosso território. Em Vitória, a pesquisa em fisiologia floresceu na Universidade Federal do Espírito Santo, tendo em Dalton Valentim Vassallo um de seus pioneiros. Outros pioneiros, que perdoarão a nossa provisória omissão, incumbiram-se de semear a fisiologia nos que são, hoje, expressivos grupos de pesquisa e ensino em Belém, Brasília, Florianópolis, Salvador e ainda outros centros que deveriam ser lembrados.[9]

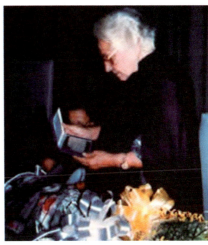

Figura 47 ▪ Naíde Teodósio (1915-2005). (Adaptada de http://revista.cremepe.org.br/01/somepe1.php.)

Devemos manter em nossas mentes que a história da Fisiologia, não só no Brasil mas em todo o mundo, está visceralmente ligada à história da medicina e da biologia, e das demais disciplinas que as compõem. É assim que as mesmas personagens que protagonizaram as aventuras da fisiologia poderão ser encontradas nas aventuras da farmacologia, microbiologia, zoologia e epidemiologia, citando algumas. Vemos, portanto, a história da fisiologia fundir-se com as vidas de cientistas tais como Oswaldo Cruz, Carlos Chagas, Álvaro e Miguel Ozório, personagens que não podem ser definidas por um rótulo único e óbvio. Percebemos, então, que o germe da curiosidade científica não se divide em disciplinas estanques, e não é barrado pelas paredes que dividem os departamentos. Uma única pergunta científica, se relevante e bem posta, sempre envolve múltiplos métodos de abordagem, diferentes níveis de interpretação, variadas consequências teóricas e inusitadas aplicações. Jamais poderemos entender a história da fisiologia olhando-a em isolamento, sem ponderar não só a trajetória percorrida pelas outras disciplinas com as quais se relaciona, mas também o caminho pessoal traçado pelos indivíduos que a constroem. E saibamos que o caminho a ser tomado é sempre incerto e tortuoso, porém ungido por cruzes e chagas.

É chegada a hora de deixarmos esta casa iluminada. Vamos sair em silêncio, ouvindo ao longe a animada conversa de seus habitantes, deixando-a ecoar livre pelos cantos da casa. Assim, quando uma voz incógnita soprar em nossos ouvidos uma súbita e luminosa ideia ou, entrecortada, murmurar a solução óbvia que não víamos, saberemos de onde ela vem.

BIBLIOGRAFIA

História geral da fisiologia

BARNES J. *Filósofos Pré-socráticos*. Martins Fontes, São Paulo, 1997.
BENNETT MR. The early history of the synapse: from Plato to Sherrington. *Brain Res Bull*, 50(2), 1999.
BERNARD C. *De la Physiologie Générale*. Hachette, Paris, 1872.
BERNARD C. *Introdução à Medicina Experimental*. Guimarães e Cia. Editores, Lisboa, 1962.
BERNARD C. *Leçons sur les Phénomènes de la Vie Communs aux Animaux et aux Végétaux*. Paris, 1878.
CADET R. *L'invention de la Physiologie: 100 expériences Historiques*. Belin, Paris, 2008.
CASTIGLIONI A. *História da Medicina* (2 volumes). Companhia Editora Nacional, São Paulo, 1947.

---

[9]Nessa breve história da fisiologia brasileira, deixamos voluntariamente de incluir seu desenvolvimento mais recente, focalizando, de maneira incompleta e fragmentária, eventos e personagens cuja relevância é anterior aos anos 1970.

CLARKE E, O'MALLEY CD. *The Human Brain and Spinal Cord: A Historical Study Illustrated by Writings from Antiquity to the Twentieth Century*. Norman Publishing, San Francisco, 1996.

COLEMAN W. *The Biology in the Nineteenth Century: Problems of Form, Function, and Transformation*. Cambridge University Press, 1971.

CRISPINO E (Ed.). *Leonardo: Art and Science*. Giunti Editore, Firenze-Milano, 2000.

CUNNINGHAM A. *The Pen and Sword: Recovering the Disciplinary Identity of Physiology and Anatomy Before 1800. I: Old Physiology – the Pen*. Studies in History and Philosophy of Biological Sciences, 33, 2002.

CUNNINGHAM A. *The Pen and Sword: Recovering the Disciplinary Identity of Physiology and Anatomy Before 1800. II: Old Anatomy – the Sword*. Studies in History and Philosophy of Biological Sciences, 34, 2003.

FULTON JF. *Selected Readings in the History of Physiology*. Charles C Thomas Publisher, Springfield, 1966.

HALL TH. *History of General Physiology: 600 B.C. to A.D. 1900* (2 volumes). The University of Chicago Press, Chicago, 1969.

HANKINS TL. *Science and the Enlightenment*, Cambridge University Press, Cambridge, 1985.

HARRIS H. *The Birth of the Cell*. Yale University Press, New Haven, 1999.

HARVEY W. *Estudo Anatômico Sobre o Movimento do Coração e do Sangue nos Animais*. In: Cadernos de Tradução, número 5. Universidade de São Paulo, São Paulo, 1628/1999.

INGLIS B. *Historia de la Medicina*. Ediciones Grijalbo, Barcelona, 1968.

KICKHÖFEL EHP. *A Lição de Anatomia de Andreas Vesalius e a Ciência Moderna*. Scientia Studia, vol. 1, n. 3, 2003.

MAGENDIE F. *Précis Élémentaire de Physiologie*. Paris, 1816-1817.

MARILENA C. *Introdução à História da Filosofia: Dos Pré-socráticos a Aristóteles*. Companhia das Letras, São Paulo, 2002.

PICCOLINO M. Animal electricity and the birth of eletrophysiology: the legacy of Luigi Galvani. *Brain Res Bull*, 46(5), 1998.

RONAN CA. *História Ilustrada da Ciência*, vol. III. Círculo do Livro/Jorge Zahar, São Paulo, 1987.

ROSSI P. *O Nascimento da Ciência Moderna na Europa*. EDUSC, 2001.

ROTHSCHUH KE. *History of Physiology*. Robert E Krieger Publishing Company, Huntington, New York, 1973.

SAUNDERS JBCM, O'MALLEY CD. *Andreas Vesalius de Bruxelas, De Humani Corporis Fabrica, Epítome, Tabula Sex*. Ateliê Editorial/Ed. Unicamp/Imprensa Oficial, 2003.

SCHIMIDGEN H. Of frogs and men: the origins of psychophysiological time experiments, 1850-1865. *Endevour*, 26(4), 2002.

SHERRINGTON C. *Physiology: Its Scope and Method*. In: Strong TB (Ed.). *Lectures on the Method of Science*. Clarendon Press, Oxford, 1906.

SINGER C. *Uma Breve História da Anatomia e Fisiologia desde os Gregos até Harvey*. Editora da Unicamp, Campinas, 1996.

TODES DP. Pavlov's physiology factory. *Isis*, 88(2):204-46, 1997.

ZATERKA L. *A Filosofia Experimental na Inglaterra do Século XVII: Francis Bacon e Robert Boyle*. Associação Editorial Humanitas, Fapesp, 2004.

ZIMMER HG. Carl Ludwig, the Leipzig Physiological Institute, and introduction to the focused issue: growth factors and cardiac hypertrophy. *J Mol Cell Cardiol*, 29 (11):2859-64, 1997.

As origens da fisiologia no Brasil

AZEVEDO F. *As Ciências no Brasil*. Melhoramentos, São Paulo, 1956.

RIBEIRO-DO-VALLE J. Alguns aspectos da evolução da Fisiologia no Brasil. In: FERRI MG, MOTOYAMA S (Eds.). *História das Ciências no Brasil*. EDUSP, São Paulo, 1979.

RIBEIRO-DO-VALLE J. A farmacologia no Brasil. In: FERRI MG, MOTOYAMA S (Eds.). *História das Ciências no Brasil*. EDUSP, São Paulo, 1979.

www.ioc.fiocruz.br
www.coc.fiocruz.br/manguinhos
www.biologico.sp.gov.br/historico/historico.htm

Maria Marques.

Nascida em 1924, Maria Marques vive atualmente em Porto Alegre, na companhia de sua sobrinha, Maria Flávia. Natural de Jaguarão, cidade de fronteira com o Uruguai, recebeu desde cedo de seu pai, engenheiro agrônomo com especialização em universidades americana e europeia, fundamental incentivo para seus estudos. Fez o curso científico em Porto Alegre, onde teve o privilégio de ser aluna de Biologia do Prof. Pery Riet Corrêa, também docente de Fisiologia na Faculdade de Medicina da UFRGS e de Biologia na Faculdade de Filosofia da PUCRS. Como sempre sonhou ser professora, optou por inscrever-se no bacharelado em História Natural na PUCRS. Voltou, assim, a ser aluna do Prof. Riet Corrêa, que a convidou para ser assistente ao término do curso, em 1950. Decorridos 3 anos, a cátedra de Fisiologia da Faculdade de Medicina foi transformada em Instituto de Fisiologia Experimental, voltado ao ensino e à pesquisa, e Maria Marques foi logo convidada para nele ingressar como auxiliar de pesquisa. Nesse instituto, teve a oportunidade ímpar de trabalhar diretamente com o Prof. Bernardo A. Houssay, renomado cientista argentino, Prêmio Nobel de Fisiologia e Medicina, e com vários de seus discípulos, os quais muito contribuíram em sua formação e entusiasmo pela Fisiologia e dedicação à pesquisa. Em 1965, concluiu o doutorado em Ciências na Faculdade de Filosofia, Ciências e Letras da USP, sob a orientação do Prof. Paulo Sawaya, introdutor da Fisiologia Comparada na USP. Em sua longa carreira universitária na UFRGS, onde se tornou Professora Titular de Fisiologia em 1983, orientou alunos de iniciação científica, mestrado e doutorado. Com seu perseverante trabalho e incansável dedicação, ajudou a criar e consolidar o Curso de Pós-Graduação em Fisiologia, tornando-o um dos três no país que ofereciam programas de doutorado específicos na área de Fisiologia credenciados pelo CFE. O conselho que ela dava aos alunos era *trabalhe, trabalhe, trabalhe*. Para ela, passar o fim de semana debruçada sobre um trabalho científico era *uma delícia*. Mas deixar para amanhã o que pode ser feito hoje era *um horror*. Portanto, não foi sem motivos que ganhou entre os colegas o apelido de *Maria Pé de Boi*. Quando se aposentou, as pessoas lhe diziam: *Estás aposentada, agora aproveita a vida*. E ela respondia: *Mas eu sempre aproveitei a vida*.

Aposentada em 1994, continuou pesquisando e orientando estudantes como bolsista IA do CNPq. Muitos de seus discípulos são hoje docentes e ativos pesquisadores no Departamento de Fisiologia da UFRGS e em outras universidades de seu estado. Suas linhas de pesquisa envolvem: aspectos comparativos da ação da insulina; receptores e ação da insulina em glândulas endócrinas; e insulina extrapancreática em vertebrados e invertebrados. Sua produção científica no campo da Fisiologia Endócrina, em especial sobre aspectos comparativos da produção e ação da insulina, inclui dois capítulos em livros editados no exterior, numerosos artigos publicados em periódicos internacionais, alguns em revistas locais e uma centena de comunicações em congressos nacionais e internacionais. Em suas pesquisas em tartaruga, identificou receptores para insulina em glândulas endócrinas, o que confirmou em ratos, e demonstrou que esse hormônio atua diretamente sobre as glândulas adrenais e tireoide. Investigou a produção de insulina na mucosa gastrintestinal da tartaruga e sua possível função, e a ação desse hormônio em invertebrados.

Desempenhou várias funções de liderança na UFRGS e em sociedades científicas. Foi presidente da Sociedade de Fisiologia do Rio Grande do Sul (1976-1980), secretária regional da SBPC (1977-1978) e presidente da Sociedade Brasileira de Fisiologia (1991-1994). Em reconhecimento à sua contribuição como cientista e professora, a Sociedade de Fisiologia do Rio Grande do Sul instituiu um prêmio a jovens pesquisadores, denominado *Prêmio Maria Marques*. Na década de 1970, esteve no Canadá, tendo a honra de ser recebida por Charles Best, descobridor da insulina e ganhador do Prêmio Nobel da Ciência em 1921, junto com seu colega Banting, do Instituto Beste & Banting.

Margarida de Mello Aires
Fonte: *Jornal da Universidade*, 12 de setembro de 1997;
Ademar Vargas de Freitas (jornalista)

Seção 1

Meio Interno e Homeostase

Coordenadora:
Maria Oliveira de Souza

1. Homeostase, Regulação e Controle em Fisiologia, *41*
2. Compartimentalização dos Líquidos do Organismo, *51*
3. Sinalização Celular, *59*
4. Fisiologia dos Compartimentos Intracelulares | Via Secretora, *93*
5. Ritmos Biológicos, *105*
6. Fisiologia do Músculo Esquelético, *111*

Capítulo 1

Homeostase, Regulação e Controle em Fisiologia

Gerhard Malnic

- Introdução, *42*
- Classificação dos sistemas, *43*
- Níveis de regulação, *44*
- Bibliografia, *50*

INTRODUÇÃO

O organismo vivo depende de um grande número de processos regulatórios para manter constantes as condições de seu meio interno, o *milieu intérieur* de Claude Bernard. Este meio interno, no qual estão imersas todas as células do organismo, corresponde, no mamífero, ao líquido extracelular, basicamente uma solução de cloreto de sódio com concentrações menores de outros íons, como bicarbonato, potássio e cálcio. Uma série de propriedades deste líquido, incluindo pressão, volume, osmolalidade, pH, concentrações iônicas e de outros componentes, devem ser mantidas dentro de faixas estreitas de variação para permitir que as células sobrevivam em condições normais de funcionamento. Essas propriedades, em seu conjunto, são denominadas homeostase e definem as condições normais de vida de determinado organismo.

Os processos encarregados de sustentar essa homeostase são mecanismos de regulação, e seu estudo constitui um dos principais objetivos da Fisiologia. Grande parte dos sistemas de órgãos de um organismo está destinada a conservar sua homeostase. Assim, o sistema digestório mantém a constituição do meio interno por meio da ingestão, digestão e absorção de alimentos como hidratos de carbono, proteínas e gorduras, importantes para a constância dos níveis extracelulares de glicose, aminoácidos e ácidos graxos, por exemplo. O sistema endócrino contribui para a manutenção da disponibilidade de substratos energéticos (p. ex., glicose, ácidos graxos) e do equilíbrio hidreletrolítico, entre muitas outras funções. O sistema respiratório mantém a homeostase do gás oxigênio e do gás carbônico no meio interno. O rim é um órgão homeostático por excelência, mantendo o nível interno de grande número de componentes, incluindo concentração dos íons, osmolalidade, pH etc.

Antes de entrar na discussão de aspectos mais relacionados com os mecanismos dos quais os organismos biológicos lançam mão para regular as suas funções e manter sua homeostase, vamos discutir alguns princípios gerais de mecanismos de regulação com base em um método de estudo denominado *análise de sistemas*, que, mesmo aplicado ao nosso caso de maneira muito elementar, pode trazer uma visão mais clara e sistematizada dos processos que nos propomos a investigar (Stolwijk e Hardy, 1974).

Um processo regulatório pode ser representado por um mecanismo básico chamado de *sistema*, consistindo em um grupo de componentes interconectados que interagem, sistema este que apresenta, para uma dada entrada (*input*), uma saída (*output*) previsível. Os componentes do sistema podem ser mecânicos, elétricos, eletrônicos, químicos ou biológicos. No último caso, que é o que nos interessa, esses componentes podem ser constituídos por: (1) células nervosas interligadas por dendritos e axônios; (2) células capazes de produzir substâncias (humores ou hormônios) que atuam sobre outras células a distância; (3) células que detectam modificações da homeostase diretamente ou por meio de outras, especializadas em receptores específicos, e que, por sua vez, ativam mecanismos neurais que levam a determinadas respostas mecânicas (ação muscular) ou químicas (secreção). As possibilidades relativas à constituição de sistemas em um organismo são muito amplas, e, frequentemente, não se conhecem bem os componentes de um dado sistema, mas, apesar disso, existe a possibilidade de estudar, de algum modo, suas características. Por isso, às vezes convém tratar esses sistemas como "caixa-preta", analisando suas características, isto é, a relação entre entrada e saída (ou estímulo e reação do sistema) independentemente, ou mesmo antes, de um conhecimento mais aprofundado de sua constituição. Esse tipo de análise está esquematizado na Figura 1.1.

Nota-se que cada sistema tem determinadas propriedades ou segue determinadas leis. Tais propriedades ou leis nada mais são que relações fixas de entrada e saída do sistema, determinadas empiricamente. Frequentemente, é difícil, ou mesmo impossível, atingir o ideal de conhecer com detalhes todos os componentes e seus mecanismos de interação em um sistema, para deduzir daí suas propriedades. Por isso, é muito utilizada, especialmente em processos biológicos, a técnica empírica de analisar um dado sistema observando as relações entre sua entrada e respectiva saída.

Há diversas técnicas de estudo apropriadas que permitem conhecer melhor as características de dado sistema. A primeira delas seria a análise detalhada dos componentes do sistema, deduzindo-se daí seu conhecimento e seu funcionamento. Pelos motivos já indicados, tal técnica é, especialmente no caso de sistemas mais complexos, um ideal de realização bastante longínqua.

Outra técnica, já mais indireta, é a que visa a um diagnóstico, ou seja, com base em um dado de saída do sistema, tirar conclusões a respeito da entrada e do funcionamento do próprio sistema.

Tomemos, por exemplo, o caso de um organismo que esteja apresentando hiperglicemia. Trata-se de uma saída de um sistema encarregado da manutenção da homeostase quanto à concentração de glicose no sangue, saída esta que, no caso, estaria desregulada. O que se quer saber é: por que o sistema não está regulando o nível de glicose de maneira correta? Tratar-se-ia de uma alteração na sua entrada, ou do próprio mecanismo de regulação? Para obtermos uma resposta a essas perguntas, podemos submeter o sistema a uma entrada alterada (p. ex., um teste de sobrecarga de glicose), fornecendo ao sistema uma entrada conhecida e diferente da normal, verificando o que acontece com a saída nessas condições. Trata-se de um teste do sistema, que pode levar a conclusões, isto é, a um diagnóstico. Para obtermos sucesso nesse diagnóstico, temos que ter conhecimento das leis e propriedades do sistema. Para obtermos essas leis, temos que lançar mão de métodos de pesquisa, ou seja, estudar o sistema propondo a ele entradas diferentes, porém conhecidas, e observando as saídas consequentes. Mesmo com um conhecimento deficiente dos componentes do sistema, podemos obter as relações entre entrada e saída que definem o funcionamento do sistema, pelo menos nas condições que foram testadas.

Com base nessas observações, pode-se tentar generalizar o comportamento do sistema, estabelecendo suas leis. No caso da pesquisa biológica, o estabelecimento dessas leis apresenta problemas muito grandes, devido à dificuldade de isolar os sistemas estudados, que estão intimamente ligados a outros, formando supersistemas que utilizam componentes comuns e que funcionam de maneira encadeada. A dificuldade, pois, consiste em isolar dado sistema e manter os demais sem alteração durante o período de pesquisa.

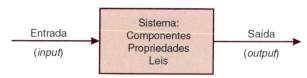

Figura 1.1 ▪ Análise de sistemas: representação esquemática.

CLASSIFICAÇÃO DOS SISTEMAS

▸ Sistemas passivos

Tomemos como exemplo uma situação em que a energia (calor) dirigida para o sistema não é regulada por ele próprio, ou seja, a entrada não é modulada pelo sistema. O crescimento de microrganismos como função da temperatura do meio constitui um sistema desse tipo, isto é, um sistema passivo, pois a sua saída (ritmo de crescimento) depende da entrada (calor fornecido), mas os microrganismos não dispõem de meios de limitar ou controlar o calor que é fornecido a eles, ao contrário de organismos mais complexos, que podem manter uma temperatura interna controlada na vigência de considerável variação de entrada, ou seja, do calor fornecido.

▸ Sistemas controlados

O exemplo mais simples seria um banho (recipiente de água) aquecido por uma resistência regulada por termostato. Nesse caso, o sistema tem um mecanismo capaz de regular a quantidade de energia que é fornecida a ele e que constitui sua entrada, de modo a manter a saída, no caso, a temperatura do banho, em níveis desejados. Um sistema passivo seria um banho com resistência aquecedora, mas sem termostato: qualquer fornecimento de energia se traduz em saída elevada, ou melhor, em um aumento da temperatura do banho.

Esses sistemas podem também ser classificados da maneira a seguir.

Sistemas de alça aberta (open loop)

São sistemas em que a saída não tem efeito sobre a entrada. Um sistema de medida de pressão arterial, por exemplo, é deste tipo: a entrada é a pressão arterial, o sistema consiste em um transdutor, sistema de detecção, de amplificação e de registro, e a saída é o registro da pressão. Nesse sistema, obviamente, a saída deverá espelhar a entrada, sem ter influência sobre ela. No caso, podemos definir uma função de transferência ou acoplamento do sistema do seguinte modo:

$$\text{Saída/entrada} = K \tag{1.1}$$

em que o valor numérico de K equivale ao ganho do sistema, quando a relação entre saída (S) e entrada (E) é linear. Podemos exemplificar essa relação com o sistema de detecção de variações de pressão arterial (PA) do bulbo carotídeo, que relaciona PA com frequência de estímulo dos nervos do seio carotídeo (Fr):

$$\text{Fr/PA} = K, \text{ou PA} = 1/K \cdot \text{Fr} \tag{1.2}$$

Nesse caso, temos uma função de acoplamento que permite calcular o nível de PA desde que seja conhecida a frequência de impulsos nervosos nos nervos carotídeos, ou vice-versa. Como nesse sistema não é só a frequência que afeta isoladamente a PA, trata-se de sistema aberto. Esse sistema, no entanto, está inserido em outro mais amplo, de regulação de pressão arterial, em que essa frequência, através dos centros nervosos bulbares, vai atuar sobre a pressão arterial, ou seja, a entrada do próprio sistema, constituindo um sistema de alça fechada.

Sistemas de alça fechada

São também chamados de sistemas com realimentação (*feedback*), nos quais há um controle da saída sobre a entrada. Um exemplo típico é a produção de hormônios por glândulas

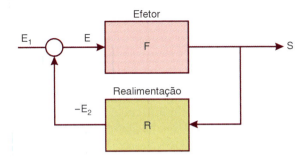

Figura 1.2 ▪ Sistema de alça fechada, com realimentação. S, saída; E_1, entrada; E_2, entrada por realimentação; E, entrada resultante; F, efetor; R, sistema de realimentação.

endócrinas. Consideremos a glândula tireoide. A entrada seria o hormônio tireotrófico (TSH), produzido pela hipófise sob controle hipotalâmico. O sistema seria a glândula tireoide, e a saída, seu hormônio, a tiroxina (T4). Nesse caso, a saída vai afetar a entrada, ou melhor, o nível de tiroxina vai regular a liberação de TSH pela hipófise, de modo que uma elevação do nível de tiroxina reduzirá o de TSH. Trata-se aqui de uma realimentação negativa, isto é, a uma elevação da saída corresponde um efeito de redução da entrada. O sistema de alça fechada pode ser esquematizado pelo diagrama da Figura 1.2. De acordo com essa figura, F é o sistema efetor, cuja função de transferência é S/E, e R é o subsistema de realimentação, cuja função de transferência é E_2/S.

Temos, pois,

$$F = S/E \text{ e } R = E_2/S, \text{ sendo } E = E_1 - E_2 \tag{1.3}$$

Daí obtemos a relação entre a saída (S) e a entrada (E_1) do sistema todo, que é dada por:

$$S/E_1 = \frac{F}{1 + F \cdot R} \tag{1.4}$$

Note que FR = E_2/E indica a efetividade do controle de realimentação, pois, quanto maior for FR, tanto maior o efeito de S sobre E_1.

▸ Sistemas de controle

Os sistemas anteriormente descritos podem ter a função de regular ou controlar determinados parâmetros da constituição do meio interno. Um sistema com realimentação, especialmente negativa, é um sistema de controle, pois se regula sua saída pelo próprio nível dessa saída. Quanto maior a saída, maior a redução da entrada, o que vai diminuir a saída; quando a saída se reduz, a entrada é menos afetada, tendendo a elevar novamente a saída. O sistema impede, portanto, que a sua saída se desvie de um determinado nível, característico do balanço entre o sistema efetor e o subsistema de realimentação. É costume classificar os sistemas de controle de acordo com sua maneira de responder a desvios do parâmetro controlado. A relação entre a saída produzida pelo sistema e o desvio do parâmetro controlado de seu valor normal, que deve ser mantido, é que vai distinguir os diferentes tipos de sistemas de controle.

Controle contínuo proporcional

Trata-se de sistema de controle em que há uma relação constante e contínua entre o desvio (D) do parâmetro controlado e a saída do sistema (S):

$$S/D = K \text{ ou } S = K \cdot D \tag{1.5}$$

Quanto maior o desvio, maior a resposta do sistema. Esse sistema pode levar a uma regulação bastante estável de um dado parâmetro, mas necessita de certo erro ou desvio para ativar o mecanismo de correção. Detectado o desvio, estabelecer-se-á uma resposta constante e proporcional a este, que vai diminuindo continuamente à medida que o próprio desvio for reduzido. Podemos exemplificar esse tipo de controle com um aspecto, embora muito parcial, do mecanismo de regulação da glicemia, que é a perda de glicose pelo rim. Esse órgão tem uma capacidade máxima de reabsorver glicose (T_m) e, quando esta é ultrapassada, há perda de glicose na urina. O rim seria, então, um sistema cuja função é a manutenção da glicose sanguínea abaixo de um dado máximo, o limiar renal de glicose. A eliminação da glicose filtrada em excesso ao T_m representaria a resposta, S, do sistema de controle. Essa eliminação é proporcional ao desvio (da glicemia do valor normal), pois, quanto maior o desvio, maior a quantidade filtrada e excretada e, portanto, maior a resposta do sistema. Em contraposição, poderíamos citar um sistema de controle não proporcional, como, por exemplo, o sistema de aquecimento de um banho com termostato. Nesse caso, sendo o desvio detectado, o sistema de aquecimento é ligado por um relé, havendo aquecimento do banho pela resistência do sistema até a temperatura voltar à faixa desejada. Aqui, a intensidade do aquecimento não é proporcional ao desvio, mas constante, embora aplicada por tempo variável.

Controle integral

É um sistema de controle que permite manter um dado parâmetro em seu nível desejado, com erro ou desvio praticamente nulo. Aqui, o ritmo de saída será proporcional ao desvio:

$$dS/dt = -\beta \cdot D \quad (1.6)$$

em que:
β = constante
D = desvio.

Neste caso, na ausência do desvio, a saída do sistema não será zero, mas permanecerá constante. Além disso, não há relação fixa entre o desvio e a ação efetora, como existia no caso anterior.

Esse sistema é capaz de manter uma situação estacionária (*steady-state*), como, por exemplo, a glicemia (nível de glicose no sangue). Esta é mantida por um sistema extremamente complexo, em que a adição de glicose ao meio interno é balanceada pela retirada dessa substância por todos os tecidos. O ritmo de produção de glicose ou de sua retirada do meio é proporcional ao desvio em relação à glicemia normal. Esse desvio tende a ser infinitesimal, próximo à situação de *steady-state*.

Controle de ritmo (rate control)

Neste caso, a ação efetora (saída do sistema) é proporcional ao ritmo de variação da variável controlada, e não à sua magnitude:

$$S - S_o = -\gamma \cdot dv/dt \quad (1.7)$$

em que:
$S - S_o$ = magnitude da resposta do sistema
γ = constante
dv/dt = velocidade de variação da variável controlada.

Esse sistema aumenta a velocidade de resposta a alterações da variável controlada. No entanto, não chega a regular o nível da variável controlada em termos absolutos, mas só atua enquanto esta varia. Por outro lado, tal sistema pode ser utilizado juntamente com outros sistemas que controlam o valor absoluto da variável, tendo então a vantagem de ser um elemento estabilizador, impedindo desvios de um nível estável. Um exemplo desse tipo de controle é o fenômeno da acomodação observado em células nervosas. Na presença de um estímulo, que é uma alteração brusca da entrada do sistema, ocorre um incremento da saída. Entretanto, com a continuação do estímulo, a resposta da célula se atenua, voltando com o tempo ao nível normal, apesar da manutenção do estímulo. Trata-se, pois, de um sistema em que a saída só se eleva com dD/dt e não com D, o valor absoluto do desvio da variável controlada.

Outros sistemas de controle

Em organismos biológicos, frequentemente são encontrados sistemas mais complexos que os até aqui descritos. Trata-se principalmente de sistemas não lineares, isto é, a relação entre causa e efeito ou o ganho do sistema não são lineares. Neste caso, as constantes K, β ou γ não são constantes, mas proporcionais, em alguns casos, à entrada do sistema.

Qual o valor de uma análise de sistemas em geral e de sistemas de controle em particular? Podemos, com essas técnicas, levantar questões mais objetivas quanto aos mecanismos de regulação que desejamos estudar. Tais questões permitirão a realização de pesquisas mais precisas e quantitativas a respeito da relação entre as causas e efeitos envolvidos em processos de regulação, permitindo ainda avaliar, de um ponto de vista mais quantitativo, a importância dos diversos fatores reguladores.

NÍVEIS DE REGULAÇÃO

Em sistemas biológicos, podemos encontrar mecanismos de regulação ou (adotando a terminologia da análise de sistemas) sistemas de controle, em praticamente todos os níveis, incluindo o molecular, o celular, o dos órgãos e, finalmente, o correspondente ao organismo como um todo.

▶ Regulação ao nível molecular

Podemos considerar que, em qualquer reação química reversível, o acúmulo de produtos inibe a reação, de acordo com a lei da ação das massas:

$$A + B \leftrightarrow C + D$$

e

$$K = \frac{[C] \cdot [D]}{[A] \cdot [B]} \quad (1.8)$$

Do ponto de vista da análise de sistemas, uma reação reversível corresponde a um sistema com realimentação negativa. Como a razão entre o produto das substâncias resultantes da reação (C e D) e o dos reagentes (A e B) é constante, um acúmulo de resultantes vai elevar também a concentração dos reagentes, e isso vai inibir a reação.

Enzimas reguladoras

Uma série de características contribui para o comportamento regulador de reações catalisadas por enzimas (Koshland, 1973). Podemos incluir neste tópico características reguladoras gerais de enzimas, como, por exemplo, sua sensibilidade ao pH do meio, à concentração de substrato, à presença de determinados íons, como Mg^{2+} e K^+, e outras que contribuem para regular determinadas reações com base em características gerais do meio no qual essas reações estão ocorrendo (Holzer e Duntze, 1971; Brown e Stow, 1996; Lehninger *et al.*, 1993). Quando se fala em enzimas reguladoras, no entanto, é costume ter em mente essencialmente três formas de participação de processos enzimáticos nos mecanismos reguladores em nível molecular. Esses três modos de participação dos processos enzimáticos são descritos a seguir.

Enzimas alostéricas

Em certos sistemas multienzimáticos, isto é, em sequências de reações do metabolismo celular dependentes da catálise por uma série de enzimas, ocorre frequentemente que o produto terminal dessa sequência é inibidor da enzima no início da sequência. Um exemplo desse tipo de mecanismo é a cadeia de enzimas que catalisa a conversão de *l*-treonina em *l*-isoleucina, um passo do metabolismo de aminoácidos (Monod *et al.*, 1965; Lang *et al.*, 1998):

$$l\text{-treonina}$$
$$\downarrow \leftarrow l\text{-treonina desidratase } (E_1)$$
$$\text{alfacetobutirato}$$
$$\downarrow \leftarrow E_2, \text{ acetaldeído}$$
$$\text{alfa-aceto-hidroxibutirato}$$
$$\downarrow \leftarrow E_3$$
$$....$$
$$....$$
$$\downarrow \leftarrow E_n$$
$$l\text{-isoleucina}$$

A primeira reação dessa sequência, catalisada pela *l*-treonina desidratase, é inibida pelo produto final, a *l*-isoleucina. Trata-se, pois, de uma enzima que tem, além do local ativo para seu substrato normal, a *l*-treonina, um local ativo adicional para outra substância denominada moduladora. Daí o nome de enzima alostérica, isto é, portadora de outro local ativo. A ligação com o modulador altera a conformação da molécula, modificando a sua atividade catalisadora para com a sua reação original. Dessa maneira, a concentração do modulador, no caso a *l*-isoleucina, regula toda a sequência de reações, incluindo toda a série de enzimas $E_1, E_2, E_3 \ldots E_n$. Note que a enzima alostérica é especificamente sensível ao produto final da série, e não aos produtos intermediários. A ligação entre enzima e modulador não é covalente, e sim reversível. Podemos ter moduladores negativos, como no exemplo precedente, que inibem a atividade enzimática da enzima alostérica, mas também ocorrem moduladores positivos. Por outro lado, enzimas alostéricas com um único modulador são chamadas de monovalentes; com mais de um modulador, são designadas polivalentes. A mesma enzima pode ter moduladores positivos ou negativos. Um bom exemplo de enzima alostérica polivalente e com moduladores tanto positivos como negativos é o da fosfofrutoquinase. Essa enzima catalisa um ponto-chave da glicólise:

$$\text{ATP} + \text{D-frutose-6-fosfato} \rightarrow \text{ADP} + \text{D-frutose-1,6-difosfato}$$

É este o ponto de controle mais importante de toda a sequência. Tem diversos moduladores alostéricos:

- Negativos (inibidores): concentração alta de trifosfato de adenosina (ATP), citrato, ácidos graxos
- Positivos (estimuladores): difosfato de adenosina (ADP), monofosfato de adenosina (AMP).

Por meio dessa reação, a glicólise pode ser praticamente desligada perante uma geração de elevadas concentrações de ATP ou da disponibilidade de outras fontes energéticas que não glicose, como citrato e ácidos graxos: é o substrato bioquímico do efeito Pasteur, ou seja, a redução do consumo de glicose e da formação de lactato quando o meio é oxigenado, permitindo o funcionamento do metabolismo oxidativo. A reação catalisada pela fosfofrutoquinase é irreversível; aliás, a maior parte das enzimas reguladoras catalisa reações irreversíveis.

Enzimas regulatórias de modulação covalente

Certos mecanismos de regulação em nível enzimático se processam pela conversão da forma ativa em inativa, ou vice-versa, por modificações estruturais que envolvem ligações covalentes. Tais alterações de estrutura são, em geral, catalisadas pela ação de outras enzimas. Um bom exemplo desse tipo de regulação enzimática é o controle da degradação do glicogênio:

$$\text{Glicogênio} = (\text{glicose})_n + \text{Pi} \leftrightarrow (\text{glicose})_{n-1} + \text{glicose-1-fosfato}$$

Essa reação é catalisada pela glicogênio-fosforilase, enzima que tem duas formas: a fosforilase *a*, ativa, e a *b*, inativa.

A Figura 1.3 mostra que a fosforilase *a* consta de quatro subunidades, cada qual ligada a um radical fosfato no resíduo serina-14. A hidrólise dessa enzima, catalisada pela fosforilase, leva à sua desfosforilação e à quebra em duas moléculas de fosforilase *b* e quatro íons fosfato inorgânicos (Pi):

$$\text{Fosforilase } a + 4\, H_2O \leftrightarrow 2 \text{ fosforilase } b + 4\, \text{Pi}$$

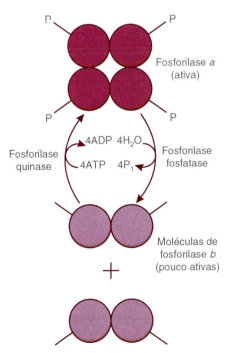

Figura 1.3 ▪ Esquema da transformação de fosforilase *a* em *b* pela fosforilase fosfatase, e da conversão inversa pela fosforilase quinase. (Adaptada de Lehninger *et al.*, 1993.)

Essa reação é reversível e sua reversão é feita com a ajuda de outra enzima, a fosforilase quinase, e de ATP, que fornece os radicais fosfato. Trata-se, pois, de uma transformação completa da estrutura da enzima, o que não acontece no caso de enzimas alostéricas. Como será visto adiante, essa reação está inserida no mecanismo de ação de epinefrina sobre a célula hepática, correspondendo à ação glicogenolítica desse hormônio, processo no qual o AMP cíclico funciona como intermediário, induzindo a formação de fosforilase quinase. Essas enzimas, por outro lado, também apresentam regulação alostérica: em sua forma muscular, a fosforilase *b* é inativa em repouso, com ATP elevado. A enzima tem local alostérico, que é inibido por ATP e ativado por AMP, o que acontece durante o exercício. A fosforilase *a*, no entanto, é ativa independentemente do nível de ATP ou AMP. Já no fígado, o local alostérico da fosforilase *b* não é sensível a ATP ou AMP.

Processos enzimáticos são, de maneira geral, processos amplificadores, pois uma molécula enzimática é capaz de catalisar a transformação de muitas moléculas de substrato. O mecanismo anteriormente descrito representa, no entanto, um sistema de amplificação adicional. Poucas moléculas de fosforilase quinase podem transformar muitas de fosforilase *b* em *a*, e esta, por sua vez, age na transformação de muitas moléculas de substrato.

Outro processo de interesse fisiológico que se baseia em mecanismo semelhante é a ativação covalente de zimogênios. Precursores inativos de enzimas, denominados zimogênios, são ativados por mecanismo covalente, isto é, por mudança de estrutura, por ação de outras enzimas. Importante exemplo são as enzimas digestivas:

$$\text{pepsinogênio} \xrightarrow{\text{pepsina}/H^+} \text{pepsina} + \text{peptídios}$$

$$\text{tripsinogênio} \xrightarrow{\text{enteroquinase}} \text{tripsina} + \text{hexapeptídio}$$

Trata-se de remoção de sequências de aminoácidos da estrutura de zimogênios em uma reação de natureza irreversível. Dessa maneira, impede-se a ação proteolítica dessas enzimas até ocorrer a necessidade de seu uso.

Regulação genética de enzimas

A ocorrência de diversas formas de uma dada enzima pode também funcionar com finalidade regulatória. Neste caso, trata-se de uma regulação com base genética, pois a indução de uma ou outra das isoenzimas de um grupo enzimático pode levar a funções diferentes, de acordo com as situações biológicas das células em que atuam. Apesar de terem estrutura muito semelhante, diferindo apenas quanto à presença de alguns aminoácidos ou pH isoelétrico, isoenzimas diferentes têm propriedades cinéticas diferentes, isto é, podem ter k_m (constante de Michaelis) e $V_{máx}$ (velocidade máxima), parâmetros da cinética de Michaelis-Menten, diferentes. Exemplifica esse tipo de regulação a reação seguinte (Fine *et al.*, 1963; Philp *et al.*, 2005):

$$\text{lactato} + \text{NAD} \xleftrightarrow{\text{desidrogenase láctica}} \text{piruvato} + \text{NADH} + H^+$$

Há cinco isoenzimas da desidrogenase láctica, um tetrâmero de 140 kD. Em músculo esquelético, predomina a forma M_4, mais ativa, com k_m mais baixa e $V_{máx}$ mais alta para piruvato, seu substrato, permitindo então o uso eficiente da glicólise nesse tecido, com formação de lactato. Por outro lado, o músculo cardíaco, um tecido que normalmente não forma lactato, mas oxida piruvato a CO_2 e água pelo ciclo aeróbio dos ácidos tricarboxílicos, apresenta predominância da desidrogenase láctica de forma H_4, menos ativa, com k_m mais elevada, e $V_{máx}$ mais baixa. O músculo cardíaco, dessa maneira, tem capacidade de converter piruvato a lactato só a elevadas concentrações do primeiro. Verifica-se que a síntese de determinada isoenzima mais apropriada para dado tecido vai regular o metabolismo dessas células e depende de premissas genéticas, por meio das quais cada célula sintetiza as isoenzimas que são peculiares a ela.

▶ Regulação do *pool* energético celular

As diversas reações do metabolismo energético celular levam a um acúmulo de ATP ou de outros reservatórios energéticos, como fosfocreatina. Por outro lado, o consumo de energia por parte dos diversos processos vitais da célula, como síntese, secreção, transporte etc., vai depletar esses reservatórios de energia, e os componentes do sistema adenilato estarão presentes de preferência na forma de AMP e ADP. Já vimos que a situação do *pool* energético celular, isto é, a predominância de ATP ou de AMP/ADP, é um importante fator regulador do metabolismo celular, regulando alostericamente a enzima fosfofrutoquinase e, através dela, toda a via glicolítica. De forma semelhante, os níveis dos componentes do sistema adenilato afetam a atividade de diversas enzimas na sequência de reações do metabolismo de carboidratos, como é demonstrado na Figura 1.4. Temos aqui um sistema de realimentação negativa, representado pela ação inibitória de níveis elevados de ATP sobre os passos fundamentais dessa sequência de reações que leva a uma elevação do teor energético celular. Por outro lado, ocorre também um processo de sinalização positiva, representado pela ação estimulante de AMP e ADP sobre alguns dos mesmos passos. A análise dessa figura demonstra que o estado do sistema adenilato em termos energéticos, ou o *pool* energético celular, exerce importante função reguladora de todo o metabolismo celular. Por esse motivo, tem-se tentado exprimir o grau de depleção ou preenchimento deste *pool* por meio da avaliação quantitativa dos componentes desse sistema.

De acordo com Atkinson (1977), é possível avaliar a carga energética do sistema adenilato por intermédio da determinação das concentrações de AMP, ADP e ATP. Considera este autor que a carga energética máxima (CE = 1) ocorre quando todo o sistema está na forma de ATP. Por outro lado, a carga energética mínima, CE = 0, ocorre quando todo o sistema adenilato está na forma de AMP. Finalmente, se o sistema está todo na forma de ADP ou sob a forma de quantidades equimolares de AMP e ATP, teríamos uma carga energética de 0,5. Consequentemente, pode-se exprimir esta carga da seguinte maneira:

$$\text{CE} = \frac{[\text{ATP}] + 1/2[\text{ADP}]}{[\text{AMP}] + [\text{ADP}] + [\text{ATP}]} \qquad (1.9)$$

Com base no valor obtido para essa carga energética do sistema adenilato, pode-se prever o funcionamento dos sistemas de geração de ATP e de utilização de ATP. Essa relação está esquematizada na Figura 1.5, que demonstra que, na presença de uma CE = 1, a geração de ATP atinge um mínimo, enquanto o seu consumo, um máximo. A interseção das linhas que definem as velocidades dos processos de geração e de utilização de ATP, isto é, o equilíbrio entre esses processos, encontra-se a uma CE de 0,85, que, em consequência, é a situação de muitos tipos de células em condições normais,

Homeostase, Regulação e Controle em Fisiologia

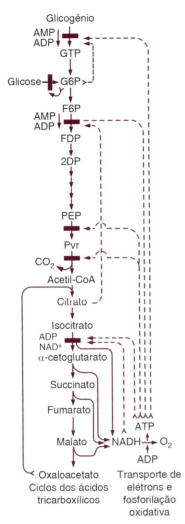

Figura 1.4 • Locais de regulação no metabolismo de carboidratos. São indicados os locais de inibição por ATP e de estimulação por AMP, ADP e dinucleotídio de nicotinamida e adenina (NAD). São demonstrados também os locais de realimentação negativa por parte de glicose-6-fosfato, citrato e NAD reduzido (NADH).

e de jejum e em repouso. Esse nível corresponde a um *steady-state* ótimo. Abaixo do valor de 0,85, haverá incremento de geração de ATP e redução de sua utilização, mas a tendência para cada tecido será dirigir-se para o estado de equilíbrio descrito, resistindo a qualquer tendência de se desviar desse nível.

Com base na reação:

$$ADP + Pi \leftrightarrow ATP + H_2O$$

podemos definir ainda o potencial de fosforilação de uma célula, que é equivalente à constante de equilíbrio, Γ, desta reação:

$$\Gamma = \frac{[ATP]}{[ADP][Pi]} \quad (1.10)$$

Essa é uma medida termodinamicamente mais adequada e bem mais sensível do balanço energético da célula, diretamente relacionada com a energia livre disponível a partir de ATP, indicando a sua capacidade de fornecer radicais fosfato ricos em energia. Sobre a carga energética de Atkinson, tem ainda a vantagem de incluir a concentração de fosfato inorgânico (Pi) do meio, componente importante desse processo.

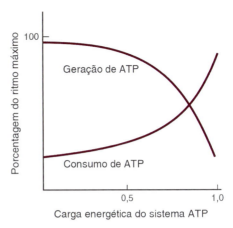

Figura 1.5 • Variação da carga energética do sistema AMP/ADP/ATP com o ritmo de produção e consumo de ATP.

Na ausência de qualquer fonte de energia, o potencial de fosforilação é extremamente baixo, apresentando um valor de 5 μM^{-1} a 25°C. Nas células vivas, o valor desse potencial é normalmente da ordem de 200 a 800 μM^{-1}. Enquanto a carga energética costuma variar pouco ao redor do valor de equilíbrio de 0,85, o potencial de fosforilação, uma medida do nível energético da célula, varia consideravelmente de acordo com o estado metabólico da célula.

▶ Regulação a distância em organismos pluricelulares

Regulação nervosa

Organismos multicelulares têm a necessidade de reagir como um todo a estímulos e a mudanças provenientes do meio em que vivem. Para isso, necessitam de mecanismos de integração, ou seja, daqueles que permitam a atividade de um determinado número de células em conjunto. O mesmo tipo de atividade conjugada pode ser necessário não como resposta a estímulos externos ao organismo, mas também para garantir um funcionamento em conjunto, harmonioso, das células desse organismo. Para permitir tal tipo de funcionamento, torna-se necessária a existência de sistemas de controle mais amplos, supracelulares, que conjuguem o funcionamento de certo grupo de células diferentes ou iguais e, mesmo, de um conjunto de órgãos cuja função se torna necessária para atingir determinado objetivo. Essa integração funcional de órgãos e células pode ser obtida, em linhas gerais, essencialmente por dois tipos de sistemas. O primeiro é o sistema nervoso, conjunto de células distribuído por todo o organismo, mas apresentando aglomerações regionais e centrais de extrema complexidade, capaz de analisar e armazenar informações e de elaborar as respostas adequadas a estímulos externos e internos, a fim de, por meio dessas respostas, manter a homeostase desse organismo. O segundo sistema é o humoral ou endócrino, constituído de glândulas produtoras de substâncias denominadas hormônios, que atuarão a distância, sem continuidade física, e que será analisado adiante. O primeiro sistema, o sistema nervoso, tem mecanismos ou subsistemas de detecção de estímulos externos e de alterações das condições do meio interno, chamados de receptores, que enviam as informações colhidas a centros que integram e elaboram essas informações e, por sua vez, mandam ordens a subsistemas efetores, por intermédio dos quais se efetuam as alterações necessárias para responder aos estímulos do meio exterior ou às alterações do meio interno. O conjunto de receptores, vias aferentes, centros nervosos e vias eferentes é denominado arco reflexo, que pode apresentar vários graus de complexidade. O sistema nervoso funciona com base em continuidade física entre seus componentes, que é garantida por prolongamentos celulares, as fibras nervosas, que, por meio de diferentes processos, transmitem informações entre os subsistemas já esquematizados aqui. Por tratar-se de estudo extremamente amplo e complexo, não iremos abordar em nossas explanações a importância do sistema nervoso para a regulação do meio interno. Podemos somente exemplificar, pela descrição sumária do processo da regulação nervosa da pressão arterial. Os receptores de pressão estão localizados no bulbo carotídeo e na crossa da aorta, que darão origem às fibras nervosas aferentes, que transitarão, por nervos específicos ou junto com o nervo vago, para os centros vasomotores do bulbo. As vias efetoras seguem pelos sistemas simpático e parassimpático até os efetores, as células musculares lisas da parede de arteríolas, e aumentarão sua tensão sob estímulo das vias simpáticas e a reduzirão quando as vias parassimpáticas forem estimuladas.

É interessante notar que as vias aferentes levam suas mensagens aos centros por meio de uma codificação de frequência de descargas nervosas, como é demonstrado na Figura 1.6. Quando a pressão no bulbo carotídeo ou na crossa da aorta se eleva, os receptores locais são estimulados, elevando-se a frequência dos potenciais de ação nas fibras aferentes, acontecendo o oposto quando cai a pressão nesses locais.

A elevação de frequência dos potenciais de ação nas fibras aferentes vai estimular os centros vasodepressores do bulbo, e, em consequência, aumentar a frequência de descargas nas vias eferentes parassimpáticas.

Uma redução das descargas nas vias aferentes irá, por sua vez, inibir os centros vasodepressores, elevando a frequência de descarga das fibras do sistema nervoso simpático com a consequente vasoconstrição sistêmica, com elevação da pressão arterial. É necessário acentuar que essa descrição da regulação nervosa da pressão arterial é bastante esquemática. Há outros receptores que participam desse sistema; por outro lado, os centros relacionados com a regulação cardiovascular têm amplas conexões com outros setores do sistema nervoso central, em particular com o hipotálamo, que é um centro de integração e regulação neurovegetativa,

ou seja, de processos relacionados com a manutenção das funções responsáveis pela higidez funcional do organismo, das quais a regulação da constituição do meio interno é uma das mais importantes.

Regulação humoral

Uma parte importante dos sistemas de controle de um organismo multicelular é composta por mecanismos humorais, dos quais participam substâncias produzidas por células especializadas e por estas transferidas à corrente circulatória. Tais substâncias, dessa maneira, atingem as células (células-alvo), nas quais desencadeiam a mensagem regulatória. Esse tipo de substância é denominado hormônio. Não trataremos aqui da descrição de todos os sistemas de controle que funcionam à base de hormônios, mas apenas de alguns princípios básicos comuns a todos eles.

Regulação da produção de hormônios

É um processo que varia muito de acordo com o tipo de hormônio considerado. Há, no entanto, um grupo de hormônios que apresentam certas características comuns, as quais serão aqui discutidas. Trata-se dos hormônios liberados pela hipófise, glândula que depende, em sua função, da atividade hipotalâmica. Na porção ventral do hipotálamo, existe uma série de núcleos nervosos cujos neurônios produzem neurossecreções que são transferidas à hipófise. Nos núcleos paraventriculares e supraópticos do hipotálamo, originam-se neurossecreções que se dirigem, pelos axônios dessas células, à hipófise posterior ou neuro-hipófise, onde essas neurossecreções (a vasopressina ou hormônio antidiurético e a ocitocina) são armazenadas nas terminações dos neurônios hipotalâmicos. A liberação desses hormônios depende da atividade dos neurônios dos citados núcleos. Por outro lado, os hormônios produzidos nas células da hipófise anterior ou adeno-hipófise estão igualmente sob dependência do hipotálamo, mas por mecanismo diferente. Os neurônios de diversos núcleos hipotalâmicos produzem, por um processo de neurossecreção, fatores liberadores dos hormônios produzidos na hipófise anterior. Tais fatores são liberados pelo axônio desses neurônios na eminência média, a região hipotalâmica mais próxima à hipófise. Nesse local se encontra um sistema porta, isto é, uma capilarização dupla, responsável pela transferência dos fatores liberadores à hipófise. A primeira capilarização desses vasos está localizada na eminência média, formando-se, a partir desses capilares, vasos de tipo portal que se dirigem à adeno-hipófise e aí se capilarizam novamente. Dessa maneira indireta, os fatores liberadores atingem as células produtoras dos hormônios pituitários anteriores. Assim, por exemplo, o fator liberador de tireotrofina, um tripeptídio originado no núcleo paraventricular do hipotálamo e liberado na eminência média, atua sobre a liberação de hormônio tireotrófico produzido por células basófilas da adeno-hipófise. Esse hormônio, por sua vez, atua sobre a glândula tireoide, constituindo-se em seu fator trófico, isto é, um fator que estimula seu crescimento e funcionamento. Sua ação, a longo prazo, determina hipertrofia (excesso de hormônio) e, a curto prazo, regula a produção diária dos hormônios dessa glândula, as iodotironinas (tri- e tetraiodotironina [tixorina], T3 e T4, ver Capítulo 68, *Glândula Tireoide*). O nível de T4 (tiroxina) circulante, mas também do T3, por um processo de realimentação negativa, vai reduzir a produção de hormônio tireotrófico, bem como do fator liberador hipotalâmico correspondente. Assim, temos um sistema de controle da produção de iodotironinas

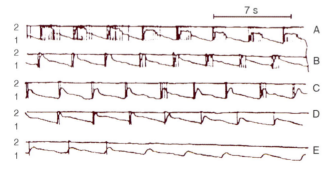

Figura 1.6 ▪ Atividade de impulsos nervosos medidos em fibra isolada de nervo aórtico (*2*), sendo o gráfico de pressão arterial na carótida comum esquerda (*1*) sobreposto ao registro anterior. Pressões médias: (**A**) 125 mmHg; (**B**) 80 mmHg; (**C**) 62 mmHg; (**D**) 55 mmHg; (**E**) 42 mmHg. (Adaptada de Neil, 1954.)

caracterizado por realimentação negativa, capaz de manter níveis constantes e adequados desses hormônios. Além disso, a interface com o sistema nervoso central por meio do fator liberador produzido no hipotálamo permite manter influências centrais sobre a produção desses hormônios; por exemplo, em pequenos mamíferos, incluindo o recém-nascido da espécie humana, o mecanismo de termorregulação sediado no próprio hipotálamo pode lançar mão de variações dos níveis desses hormônios, responsáveis pelo nível do metabolismo energético celular e, portanto, também pela liberação de calor a partir das reações metabólicas.

Outro aspecto de interesse geral é a maneira pela qual os hormônios atuam ao nível das células-alvo. Certo número de hormônios, especialmente os lipossolúveis, atravessa com facilidade a membrana celular, dirigindo-se diretamente ao seu local de ação intracelular. É o caso, por exemplo, da tiroxina, a que já nos referimos, e dos hormônios esteroides, como a aldosterona. Esses hormônios, de maneira geral, são transportados tanto no plasma sanguíneo como no citosol por ligação a moléculas proteicas ou lipoproteicas que formam um complexo hidrossolúvel. A aldosterona se liga a um receptor citoplasmático nas células-alvo, uma proteína de 107 kD. O complexo aldosterona-receptor se dirige ao núcleo celular, onde se liga ao promotor de alguns genes. Essa ligação causa o recrutamento de maquinaria que ativa a ação hormonal. Tem sido demonstrado que essa ligação nuclear é específica, por meio do deslocamento da aldosterona (marcada com ^3H) por outros esteroides que atuam em transporte de sódio e competem com a aldosterona, como a desoxicorticosterona (DOCA – um esteroide de ação semelhante à da aldosterona) e as espironolactonas (compostos que competem com a aldosterona), e, dessa maneira, impedem sua ação. Por outro lado, esteroides que não têm ação do tipo mineralocorticoide não deslocam a aldosterona de receptores nucleares. A formação de RNA mensageiro induz a síntese de proteínas específicas, responsáveis pela elevação do transporte de sódio.

Existem três hipóteses relativas ao mecanismo da elevação do transporte de sódio. Em primeiro lugar, Edelman e Fimognari (1968) sugeriram a possibilidade do estímulo da síntese de enzimas do metabolismo energético, ocorrendo a elevação do transporte de sódio devido ao maior fornecimento de energia na forma de ATP. Outra possibilidade seria a síntese e/ou incorporação de canais iônicos na membrana apical, particularmente de células principais do ducto coletor renal; estes canais (designados ENaC, *epithelial Na channels*) são moléculas proteicas responsáveis pela elevação da permeabilidade da membrana luminal (ou apical) da célula epitelial ao sódio. Finalmente, há estímulo da atividade da Na^+/K^+-ATPase, que pode ocorrer por elevação do teor de sódio na célula ou por estímulo da biossíntese deste transportador. Atualmente, sabe-se que a aldosterona pode atuar por vários mecanismos, alguns mais rápidos, outros em mais longo prazo. Entre os mecanismos que agem a curto prazo (minutos a horas), denominados não genômicos, estão a fosforilação reversível da subunidade catalítica da Na^+/K^+-ATPase e a redistribuição subcelular e inserção na membrana celular, das bombas Na^+/K^+-ATPase e H^+-ATPase, do trocador Na^+/H^+ e dos canais de Na^+ e K^+. Em mais longo prazo (dias e semanas), ocorrem os efeitos genômicos, devidos a alterações da expressão gênica que regulam a biossíntese desses elementos (Bastl e Hayslett, 1992).

Mecanismos de sinalização celular

Hormônios hidrossolúveis, como vasopressina (ou hormônio antidiurético), epinefrina, paratormônio, insulina, glucagon e a maioria dos hormônios tróficos (ACTH, tireotrófico, foliculestimulante etc.), em sua maior parte polipeptídios, não penetram diretamente na célula para exercer sua ação, mas têm mecanismos comuns, pelos quais as células-alvo são informadas de sua presença. Estes são designados mecanismos de sinalização celular, que estão discutidos em maior detalhe no Capítulo 3, *Sinalização Celular*. Esses sistemas são constituídos por um primeiro mensageiro (extracelular), por receptores deles (inseridos na membrana celular) e por um ou mais segundos mensageiros, como o AMP cíclico.

Como exemplo, apresentaremos a seguir o *sistema adenilatociclase/AMP cíclico*, o primeiro a ser descoberto. O primeiro mensageiro, que é o hormônio em questão, interage na membrana celular da célula-alvo com um receptor específico para esse hormônio, exemplificado na Figura 1.7 pelo receptor beta-adrenérgico. Esse receptor é uma proteína de 64 kD, inserida na membrana por meio de sete segmentos hidrofóbicos que, devido a essa característica, têm disposição transmembranal. A sua extremidade C-terminal, citoplasmática, ativa outra molécula incluída na membrana celular, a adenilatociclase. Essa ativação se dá por meio de uma proteína G (proteína que se liga a guanilnucleotídios). Na forma inativa, essa proteína está ligada ao difosfato de guanosina (GDP). Sua ativação se dá quando o hormônio se une ao receptor. Nessas condições, a proteína G perde imediatamente sua afinidade pelo GDP e se liga a uma molécula de trifosfato de guanosina (GTP). Em seguida, essa proteína se dissocia em duas subunidades, sendo a forma Gsα responsável pela ativação da adenilatociclase. Esta, por sua vez, catalisa a transformação de ATP em monofosfato de adenosina cíclico (cAMP), responsável pela ativação de uma série de processos intracelulares que, por fim, levarão à ação do hormônio. Esse nucleotídio cíclico, comum à via de sinalização intracelular de diversos hormônios hidrossolúveis, é, por essa razão, denominado segundo mensageiro. O cAMP formado nesse processo irá ativar uma proteinoquinase A, que, por sua vez, ativará os efetores do processo. Como exemplo, podemos citar: (1) a incorporação de vesículas (contendo canais de água em sua parede) à membrana apical da célula tubular renal, sensível ao hormônio antidiurético, e (2) a separação de moléculas de glicose do glicogênio na célula hepática ou muscular, por ação da epinefrina (Abramow et al., 1987). Um exemplo da ação de uma substância não hormonal sobre esse sistema, causando sua disfunção, é o da toxina da cólera, agente causador de modificação irreversível da proteína Gs. Sua ação implica formação exagerada de cAMP e ativação dos canais de cloreto da mucosa intestinal, levando a prolongada elevação da secreção de líquido por essa mucosa, provocando grave diarreia e consequente desidratação do organismo.

Vários outros sistemas de sinalização foram descobertos mais recentemente, dentre os quais a cascata de fosfoinositídios é de grande importância. Outros sistemas relevantes incluem: o guanilato ciclase/monofosfato de guanosina cíclico (que atua no processo da visão e do peptídio atrial natriurético), o sistema das tirosinoquinases (ativadoras de processos de crescimento e da ação da insulina) e o íon cálcio (um dos mediadores mais onipresentes, de papel central na contração muscular). No Capítulo 3, esses sistemas são descritos em maiores detalhes.

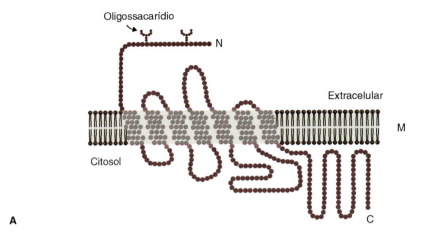

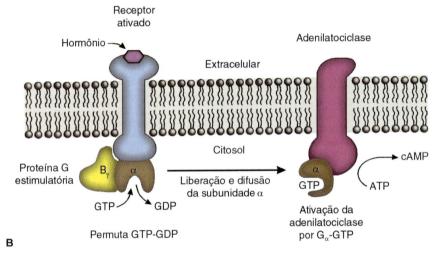

Figura 1.7 • Componentes do sistema adenilatociclase e sua interação. **A.** Receptor beta-adrenérgico e sua estrutura de sete hélices transmembrana. O hormônio se liga às unidades de oligossacarídio e ativa o receptor. Essa ativação corresponde a uma mudança conformacional das alças citoplasmáticas, particularmente da terceira a partir da extremidade N-terminal da molécula do receptor, interagindo então com a proteína G. A extremidade C-terminal é moduladora, e sua fosforilação inativa o complexo. **B.** Ativação da adenilatociclase por meio da proteína G, através de sua subunidade α. *M*, membrana celular. (Adaptada de Berg *et al.*, 2002.)

BIBLIOGRAFIA

ABRAMOW M, BEAUWENS R, COGAN E. Cellular events in vasopressin action. *Kidney Int*, 32(Suppl 21):S56-66, 1987.
ATKINSON DE. *Cellular Energy Metabolism and Its Regulation*. Academic Press, New York, 1977.
BASTL CP, HAYSLETT JP. The cellular action of aldosterone in target epithelia. *Kidney Int*, 42:250-64, 1992.
BERG JH, TYMOCZKO JL, STRYER L. *Biochemistry*. 5. ed. Freeman, NY, Regulatory Strategies, 261-94, 2002.
BERRIDGE MJ. Calcium oscillations. *J Biol Chem*, 265:9583-6, 1990.
BERRIDGE MJ. Inositol triphosphate and calcium signaling. *Nature*, 361:315-25, 1993.
BROWN D, STOW JL. Protein trafficking and polarity in kidney epithelium: From cell biology to physiology. *Physiol Rev*, 76:245-97, 1996.
EDELMAN IS, FIMOGNARI GM. On the biochemical mechanism of action of aldosterone. *Recent Progr Hormone Res*, 24:1-44, 1968.
FINE IH, KAPLAN NO, KUFFINEC P. Developmental changes of mammalian lactic dehydrogenases. *Biochemistry*, 2:116-21, 1963.
FULLER PJ, YOUNG MJ. Mechanisms of mineralocorticoid action. *Hypertension*, 46(6):1227-35, 2005.
GOLDBERG ND. Cyclic nucleotides and cell function. In: WEISSMANN G, CLAIBORNE R (Eds.). *Cell Membranes. Biochemistry, Cell Biology and Pathology*. Hospital Practice Publ, New York, 1975.
HOLZER H, DUNTZE W. Metabolic regulation by chemical modification of enzymes. *Ann Rev Biochem*, 40:345-74, 1971.
KOSHLAND DE. Protein shape and biological control. *Sci Am*, 229:52-64, 1973.
KURTZ A, DELLA BRUNA R, PFEILSCHIFTER J *et al*. Role of cGMP as second messenger of adenosine in the inhibition of renin release. *Kidney Int*, 33:798-803, 1988.
LANG F, BUSCH GL, VOLKL H. The diversity of volume regulatory mechanisms. *Cell Physiol Biochem*, 8:1-45, 1998.
LEHNINGER AL, NELSON DL, COX MM. *Principles of Biochemistry*. 2. ed. Worth, New York, 1993.
MONOD J, WYMAN J, CHANGEUX JP. On the nature of allosteric transitions: a plausible model. *J Mol Biol*, 12:88-118, 1965.
NEIL E. The carotid and aortic vasosensory areas; their contribution to circulatory and respiratory adjustments occurring after haemorrhage. *Arch Middx Hosp*, 4:16-27, 1954.
PHILP A, MACDONALD AL, WATT PW. Lactate – a signal coordinating cell and systemic function. *J Exp Biol*, 208:4561-75, 2005.
RAYMOND JR. Multiple mechanisms of receptor-G protein signaling specificity. *Am J Physiol*, 269:F141-58, 1995.
STOLWIJK JAJ, HARDY JD. Regulation and control in physiology. In: MOUNTCASTLE VB (Ed.). *Medical Physiology*. Mosby, St. Louis, 1974.
SUTHERLAND EW, ROBINSON GA. The role of cyclic AMP in the control of carbohydrate metabolism. *Diabetes*, 18:797-819, 1969.
WILLIAMS JS, WILLIAMS GH. 50th anniversary of aldosterone. *J Clin Endocrinol Metab*, 88(6):2364-72, 2003.

Capítulo 2

Compartimentalização dos Líquidos do Organismo

Gerhard Malnic

- Introdução, *52*
- Propriedades estruturais da água, *52*
- Distribuição da água no organismo, *52*
- Compartimentos de distribuição da água no organismo, *53*
- Constituição iônica dos compartimentos do organismo, *56*
- Bibliografia, *58*

INTRODUÇÃO

A água é o solvente biológico por excelência e, portanto, constitui a maior parte, em peso, de praticamente todas as estruturas biológicas, à exceção de estruturas esqueléticas. Assim, cerca de 45 a 75% do peso corporal humano são formados de água, dependendo da quantidade de gordura do indivíduo e de sua idade. Por conseguinte, indivíduos mais jovens e mais magros têm maior teor hídrico. Os demais componentes do organismo estão dissolvidos neste meio, ou então representam fases separadas, como as gorduras, que estão presentes em células especializadas sob forma de gotículas imiscíveis com a água celular, e como as próprias membranas celulares, que são compostas de lipídios e, portanto, também constituem uma fase insolúvel em água.

A água é um componente muito particular do meio interno. E não apenas do ponto de vista quantitativo, mas também devido a várias de suas propriedades, que a tornam um meio fundamental para a manutenção da vida. É sabido que a vida se originou nos oceanos, dependendo essencialmente da presença de água na Terra. A constituição iônica atual das células é um reflexo da constituição dos oceanos primevos. Apesar de ser considerada a mais comum das moléculas que ocorrem em estado líquido, e realmente um paradigma de líquido, a água é o líquido mais anômalo que existe sob o ponto de vista químico. Tem, de longe, os pontos de fusão (do gelo) e de ebulição mais elevados em comparação com os de outros líquidos, como a amônia (NH_3), o ácido fluorídrico (HF), o ácido clorídrico (HCl) e o ácido sulfídrico (H_2S). Ela tem rigidez e densidade menores que as de outros líquidos, por exemplo, gases nobres em estado líquido, considerados líquidos ideais, que apresentam maior proximidade entre suas moléculas. Isso porque a água dispõe de uma estrutura relativamente aberta, com poucas (4 a 5) moléculas de água em volta de cada uma delas, e com pouca rigidez, por ausência de regularidade em sua estrutura. Aplicando pressão a este líquido, haverá fluxo de líquido, pois o movimento de moléculas não resiste ao estresse aplicado.

PROPRIEDADES ESTRUTURAIS DA ÁGUA

A molécula de água é polarizada, ou seja, ela tem um *momento de dipolo*, pois parte da molécula é levemente positiva e parte, levemente negativa. Isso decorre da distribuição assimétrica de carga elétrica. O ângulo entre os dois átomos de hidrogênio é de 104,5°, de modo que estes dois átomos estão de um lado da molécula, dando a ela carga positiva, enquanto o átomo de oxigênio está do outro lado, fornecendo carga negativa. A polaridade da água permite a formação de *ligações de hidrogênio* (*hydrogen bonds*) com outras moléculas hídricas e com outras moléculas vizinhas. A energia da ligação hidrogeniônica é de somente 5% da ligação covalente, por exemplo, da ligação H-O da própria molécula de água. Apesar disso, determina de forma importante as interações e orientações de outras moléculas dissolvidas na água, bem como da própria água.

Este líquido tem uma *condutividade elétrica* mensurável. Mesmo em gelo, tal condutividade é significante, o que levou à suposição da possibilidade de dissociação da água com liberação de íons H^+. No entanto, estes íons H^+ não estão livres em solução, mas formam íons mais complexos, por sua ligação a outras moléculas hídricas, constituindo íons *hidroxônio* e *hidroxila*. Ou seja:

$$H_2O + H_2O \leftrightarrow H_3O^+ + OH^-$$

O íon H^+ pode ligar-se a moléculas de água diferentes em curto espaço de tempo, podendo haver, portanto, um movimento *em saltos* de íons H^+ de uma molécula de água a outra. Esta é também uma maneira importante de movimento de ácido não só em meio aquoso, mas também ao longo de moléculas proteicas, que funcionariam como condutores elétricos para H^+. Do mesmo modo, os íons H^+ dissociados quando da dissolução de ácidos (como HCl em água) estariam na forma de H_3O^+ e não de H^+.

DISTRIBUIÇÃO DA ÁGUA NO ORGANISMO

A água, uma vez ingerida, atinge as regiões mais distantes do ponto de ingestão por meio de dois mecanismos: convecção e difusão. Na convecção, esse líquido se move em bloco, juntamente com os outros constituintes do sangue, impulsionado pela bomba cardíaca, isto é, há um movimento de volume.

Em regiões mais periféricas do organismo, a água deve atravessar diferentes tipos de membranas. Incluem-se aqui tanto aquelas que envolvem as células (formadas por bicamadas lipídicas), como as paredes de capilares (constituídas de uma membrana basal e endotélio capilar) e as epiteliais (que são membranas compostas por camadas unicelulares de células polarizadas). A estrutura básica das membranas celulares é a bicamada lipídica. Constitui-se de duas camadas de moléculas lipídicas apostas, com sua cabeça hidrofílica (a molécula de glicerol) dirigida para fora, isto é, para o meio aquoso, e sua cauda, formada por longas cadeias hidrofóbicas (ácidos graxos), direcionada para o centro da bicamada (Figura 2.1). Moléculas proteicas, correspondentes a canais para a passagem de íons ou transportadores de membrana, estendem-se por toda a espessura da membrana; outras dessas moléculas, por exemplo, enzimas, podem estar parcialmente inseridas ou apostas externamente à bicamada lipídica (mais detalhes a respeito desse assunto estão no Capítulo 7, *Membrana Celular*).

De maneira geral, em todos os tipos de membranas estudados não foi detectado nenhum movimento de *transporte ativo* da água, isto é, diretamente ligado ao metabolismo celular. Ao nível dos capilares, ocorrem ultrafiltração e difusão. A ultrafiltração é um processo que permite passagem de água e solutos de tamanho molecular pequeno por estruturas microscópicas, descontinuidades, canais ou *poros*; a água e

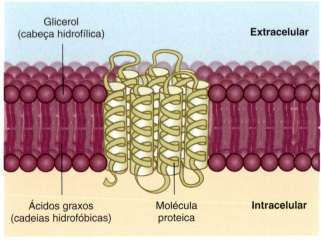

Figura 2.1 • Esquema da membrana celular: bicamada lipídica e molécula proteica.

os solutos são movidos por diferença de pressão hidrostática entre a luz capilar e o espaço entre as células, o interstício tecidual. Estes poros não deixam passar macromoléculas (proteínas) nem elementos figurados do sangue (glóbulos brancos e vermelhos e plaquetas). Já ao nível das células, a água se move por difusão, tanto através da bicamada lipídica como através de poros bem menores que os dos capilares, os canais de água (aquaporinas).

Os mecanismos mais importantes responsáveis pela distribuição da água nos vários setores do organismo são: *difusão, osmose* e/ou *pressão hidrostática*; esses mecanismos são capazes de mover água através de membranas de qualquer espécie. A *difusão* depende da diferença de concentração de uma substância entre dois pontos de uma solução ou através de uma membrana; nesse tipo de mecanismo, ocorre movimento da substância do local onde sua concentração é maior para o local em que ela é menor. *Osmose* é um movimento particular de difusão para a água, que depende de uma diferença de osmolalidade entre dois compartimentos separados por uma membrana. Osmolalidade (concentração de solutos por kg de água) consiste no somatório das concentrações de todas as moléculas e íons independentes que existe em uma solução aquosa. A osmose é também um movimento de água do local de sua maior concentração para o de menor, usando-se o termo osmolalidade simplesmente porque a água é enorme maioria em qualquer solução aquosa. A concentração de NaCl em uma solução como o plasma sanguíneo é de cerca de 0,15 mol por litro, enquanto a de água de aproximadamente 55,5 moles por litro (1.000 g divididos pelo peso molecular da água, 18).

O movimento de água devido à osmose pode ser contrabalançado por uma pressão hidrostática. A *pressão hidrostática* que contrabalança determinada osmolalidade através de uma membrana é chamada de *pressão osmótica* (letra grega pi, π), dada pela *equação de Van t'Hoff*:

$$\pi = RT \cdot \Sigma C \qquad (2.1)$$

em que R é a constante dos gases; T, a temperatura absoluta; e ΣC, o somatório das concentrações das substâncias (moléculas e íons independentes) dissolvidas na solução, somatório esse denominado osmolalidade. A equação 2.1 é válida para uma situação em que a(s) substância(s) dissolvida(s) não possa(m) atravessar a membrana, isto é, em que a membrana seja impermeável a ela(s), o que é chamado de *membrana semipermeável*.

Como foi dito, a diferença de osmolalidade entre duas soluções corresponde a uma diferença de concentração de água entre elas. O movimento hídrico se dá, então, como no caso dos solutos, de um compartimento de concentração de água maior para outro de concentração de água menor, ou de um compartimento de osmolalidade ou pressão osmótica menor para outro com osmolalidade ou pressão osmótica maior.

O balanço destas forças através da parede dos capilares sanguíneos é responsável pela nutrição tecidual. As forças descritas são denominadas *forças de Starling*, famoso fisiologista inglês do século XIX; elas mantêm o equilíbrio do líquido que passa pelos capilares com o líquido que se encontra fora dos capilares e entre as células (líquido intersticial). Este balanço depende do equilíbrio entre a pressão hidrostática interna aos capilares (que impele o líquido para fora destes) e a força osmótica das moléculas que constituem o líquido capilar (que impulsiona o líquido de volta aos capilares). Do lado arterial dos capilares, predomina a pressão hidrostática capilar, levando à *ultrafiltração* de líquido. Do lado venoso, com a pressão hidrostática capilar já mais baixa, predomina a pressão osmótica, conduzindo parte do líquido de volta para o capilar. Com isso, há trocas de líquido entre capilar e interstício, que permitem a nutrição tecidual. Dois aspectos adicionais devem ser discutidos aqui. Em primeiro lugar, boa parte das trocas entre capilares e interstício é decorrente de substâncias sem movimento de líquido, difusão de nutrientes dos capilares ao interstício e difusão de produtos do metabolismo celular do interstício aos capilares.

A *pressão osmótica efetiva* é característica de uma solução e das substâncias nela dissolvidas, bem como da membrana que separa as soluções. No caso da parede capilar, sua permeabilidade a íons e pequenas moléculas (glicose, aminoácidos) é muito alta, de modo a impedir que esta parede distinga entre estas substâncias e a própria água. Só as moléculas que não podem passar pela parede capilar exercem pressão osmótica, e são principalmente as proteínas do plasma, como a albumina e a globulina. A pressão osmótica devida a elas é chamada de *pressão coloidosmótica* ou *oncótica*; é ela que determina uma das forças de Starling, aquela que retém líquido dentro dos capilares. Por isso, a equação de Van t'Hoff precisa ser ampliada para a situação mais complexa da maioria das membranas biológicas, incluindo-se o termo σ (sigma), que corresponde ao *coeficiente de reflexão*. Ou seja:

$$\pi_{efetiva} = \sigma \cdot RTC \qquad (2.2)$$

O coeficiente de reflexão varia de 0 a 1. O coeficiente 0 corresponde à situação em que existe alta permeabilidade da membrana em relação ao soluto, isto é, apesar de haver determinada concentração de soluto, a pressão osmótica é 0, ou seja, a membrana não distingue entre a água e o soluto. O coeficiente de reflexão 1 corresponde à situação em que ocorre impermeabilidade total da membrana ao soluto, situação na qual a pressão osmótica é máxima. No caso da parede do capilar, o coeficiente de reflexão é próximo a 1 para proteínas do plasma e próximo a zero para íons como Na^+ e Cl^-.

Uma solução é chamada de *solução hipertônica* quando apresenta pressão osmótica efetiva maior que aquela de uma célula viva, por exemplo, o glóbulo vermelho; a célula imersa nessa solução sofre retração (ou diminuição de volume). Uma *solução hipotônica* tem pressão osmótica efetiva menor que a célula; a célula imersa nessa solução incha (ou aumenta de volume).

Os aspectos biofísicos a respeito dessa matéria estão no Capítulo 8, *Difusão, Permeabilidade e Osmose*.

COMPARTIMENTOS DE DISTRIBUIÇÃO DA ÁGUA NO ORGANISMO

A água está subdividida em uma série de compartimentos, em geral separados por membranas celulares ou epiteliais que são, em grande parte, responsáveis pelas diferentes características dos compartimentos que limitam. A Figura 2.2 mostra, esquematicamente, a magnitude dos principais compartimentos onde se distribui esse líquido no organismo humano.

A determinação dos volumes e da constituição desses compartimentos tem considerável importância, tanto do ponto de vista fisiológico como do patológico. Por exemplo, o aumento do volume extracelular levará a situações como hipertensão (subida da pressão hidrostática do sangue) e edema (elevação do volume de líquido intersticial).

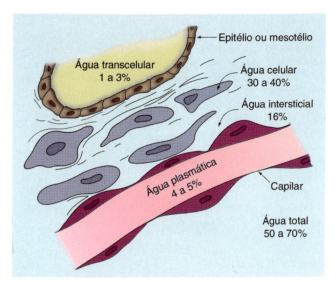

Figura 2.2 ▪ Representação esquemática dos principais compartimentos do organismo, indicando seu volume relativo.

▶ Determinação do volume dos compartimentos

O método mais utilizado para esta finalidade é o *método da diluição*, que corresponde à medida dos espaços de distribuição de certas substâncias. De maneira geral, um volume pode ser medido a partir da definição de concentração, isto é:

Concentração = massa/volume, C = M/V

e daí:

$$V = M/C \qquad (2.3)$$

em que:
V = volume do compartimento a ser medido
M = massa de uma substância que foi adicionada a este volume
C = concentração resultante desta substância após sua distribuição homogênea pelo volume a ser medido.

É claro que este método se baseia, essencialmente, no uso de substâncias que se distribuam pelo compartimento que se deseja avaliar, e só nele.

Como exemplo, vamos descrever a medida do volume do sangue contido no espaço vascular, denominado volemia, delimitado pela parede dos vasos sanguíneos; esse espaço corresponde ao volume do plasma sanguíneo (parte aquosa do sangue, subtraído o volume dos elementos figurados do sangue, os glóbulos vermelhos e brancos, que fazem parte do volume intracelular). No caso da medida do volume plasmático, devemos utilizar uma substância que não possa atravessar os limites deste compartimento, isto é, as paredes dos capilares sanguíneos. Para preencher estas condições, a substância em questão deverá ter peso molecular bastante grande, a fim de não ser perdida através dos poros dos capilares, que têm um diâmetro equivalente de cerca de 40 Å em capilares musculares e por volta de 100 Å em capilares do glomérulo renal. As substâncias que têm sido utilizadas são: (1) albuminas plasmáticas (macromoléculas de peso molecular da ordem de 66.000) marcadas com ^{131}I, um átomo radioativo (RISA, radioiodo-soroalbumina) ou (2) azul de Evans (T 1824), um corante que se liga às albuminas plasmáticas e, portanto, se comporta como macromolécula. A determinação da concentração destas substâncias não apresenta problemas. Porém, deve-se levar em conta a possibilidade de perda lenta das substâncias do compartimento, por certo vazamento através da parede capilar, e mesmo por destruição das substâncias ou desacoplamento do marcador (^{131}I ou azul de Evans). A perda das substâncias, de maneira geral, ocorre de modo exponencial. Assim, inicialmente, injetamos neste espaço conhecida quantidade da substância escolhida (ou seja, em uma veia) e esperamos algum tempo para haver distribuição homogênea dela no líquido deste compartimento. A seguir, são retiradas várias amostras de sangue, em um período de cerca de 1 h. Projetando, em escala logarítmica, os valores de concentração da substância obtidos nas diferentes amostras de sangue contra o tempo de coleta da amostra após a injeção, é possível extrapolar a curva obtida de volta ao tempo zero, quando se tem presente no compartimento a totalidade da substância injetada e, portanto, uma concentração mais perfeitamente representativa do volume a ser estimado. Por outro lado, quando as perdas desta substância forem pequenas e não se necessitar de grande precisão nas medidas, pode-se fazer somente uma determinação da concentração sanguínea desta substância, após um período de 10 a 20 min, necessário para sua completa distribuição pelo compartimento.

Pode-se também medir o volume do sangue total usando-se glóbulos vermelhos marcados com ^{32}P ou ^{51}Cr e daí calcular o volume de plasma, conhecendo a proporção de glóbulos em uma amostra de sangue (ou o hematócrito). Este método dá valores um pouco menores que o anterior, devido à distribuição diferente de glóbulos e plasma nos pequenos vasos e capilares. Os glóbulos têm distribuição axial nos vasos, e a camada estacionária de plasma (sem glóbulos), situada junto às paredes dos vasos, apresenta praticamente a mesma espessura nos grandes e pequenos vasos; em consequência, no sangue em pequenos vasos se encontra maior proporção de plasma que no sangue em grandes vasos em que são coletadas as amostras.

A *água total do organismo*, que corresponde à soma hídrica de todos os compartimentos, pode ser medida por metodologia semelhante. Usam-se, neste caso, substâncias de peso molecular pequeno que se espalham por todo o organismo, isto é, que, uma vez injetadas, deixam o espaço vascular, distribuem-se pelo líquido intersticial e penetram nas células. Uma das substâncias utilizadas há mais tempo para esta finalidade é a antipirina. Mais recentemente, deu-se preferência ao uso de água marcada com isótopos, como o D_2O (à base de deutério, D) ou HTO (com trítio, T), que têm uma cinética de distribuição muito semelhante à da água comum. Foi visto que esta proporção hídrica corresponde a 45 a 75% do peso corporal. A considerável variabilidade desta proporção está ligada essencialmente ao diferente teor de gordura de determinado organismo ou tecido, uma parcela praticamente isenta de água. É costume, pois, com frequência expressar concentrações de água e outros componentes de tecidos em termos de peso magro (*lean body mass* ou *lean tissue mass*), após extração dos lipídios. Com base no peso corporal de um organismo vivo e admitindo-se que a proporção média de água no peso magro é de 0,73 (73%) desse valor, pode-se calcular seu peso magro pela seguinte relação:

$$\text{Peso magro} = \frac{\text{água total}}{0,73} \qquad (2.4)$$

O *volume extracelular* corresponde à água do organismo que se encontra fora das células, a cerca de 20% do peso corporal. Inclui o líquido intersticial e a água plasmática. O líquido intersticial banha todas as células do organismo, correspondendo ao chamado *milieu intérieur* (meio interno) de Claude Bernard, isto é, ao meio em que estas células vivem.

O *compartimento extracelular* se compõe de dois outros: o *vascular*, contendo a água plasmática, cuja medida já foi discutida, com um volume de 4 a 5% do peso corporal, e o *intersticial*, correspondendo a 15 a 16% deste peso. O compartimento extracelular pode ser medido injetando-se em uma veia alguma substância que atravesse a parede capilar, mas que não possa penetrar na célula. Várias substâncias são usadas com esta finalidade, porém não levam a volumes iguais quando se aplica o método da diluição. Este fato se deve às suas características particulares, pois são utilizadas desde substâncias que penetram nas células em pequena proporção até substâncias que, por terem diâmetro molecular considerável, não se distribuem por todos os recantos do extracelular. As usadas com mais frequência, na ordem da magnitude do volume medido, ou seja, de seu volume de distribuição, são as seguintes: $^{24}Na > ^{36}Cl > SO_4 >$ tiossulfato > manitol > sacarose > inulina. Em tecidos isolados *in vitro*, são muito empregados manitol, sacarose e inulina marcados com ^{14}C. Para organismos *in vivo*, estas substâncias são perdidas bem rapidamente por filtração glomerular, preferindo-se utilizar substâncias reabsorvidas pelos túbulos renais, como o SO_4^{-2} e Cl^- marcados, apesar de penetrarem, ainda que em pequena proporção, no interior das células. O volume do líquido intersticial é medido por diferença entre volumes extracelular e vascular (plasmático).

Pertencem ainda ao espaço extracelular os chamados *compartimentos transcelulares*, que estão em cavidades delimitadas por epitélios, como as mucosas digestivas, ou por mesotélio, como os que revestem as cavidades pleural e peritoneal. O volume destes líquidos é pequeno, correspondendo a 1 a 3% do peso corporal; sua constituição, de maneira geral, assemelha-se à do líquido extracelular, modificado pela ação das camadas celulares que os delimitam.

O *volume do líquido intracelular* corresponde a 30 a 40% do peso corporal, constituindo assim o maior dos compartimentos do organismo. Não é um compartimento homogêneo, pois, de um lado, corresponde à soma de grande número de células que podem variar de constituição de órgão para órgão ou de tecido para tecido, e, de outro lado, uma dada célula é formada de grande variedade de estruturas subcelulares, de ultraestrutura e constituição bastante diferentes. Assim, este compartimento é, na realidade, uma abstração, correspondendo à média de grande número de estruturas bastante heterogêneas. A sua magnitude pode ser determinada pela diferença entre água total e volume extracelular, por meio da metodologia anteriormente descrita. O Quadro 2.1 mostra o volume relativo dos subcompartimentos de uma célula representativa de mamífero, a célula hepática, indicando que quase a metade de seu volume é composta de compartimentos subcelulares delimitados por membranas (Alberts *et al.*, 2002). Nestas células, o maior volume após o citosol é o de mitocôndria, das quais há cerca de 1.700 por célula. No Quadro 2.1, há também a distribuição das membranas da mesma célula, em termos de superfície. É claro que estas proporções variam em células de tecidos diferentes. Por exemplo, em células exócrinas de pâncreas, capazes de secretar volumes consideráveis de líquido contendo enzimas e sais, a área de membrana predominante é a do retículo endoplasmático rugoso, que corresponde a 60% da área total de membrana.

▶ Regulação do volume celular

O *volume celular* depende não só do conteúdo de água, sais, proteínas e outras substâncias intracelulares, como também do equilíbrio osmótico entre a célula e o meio extracelular.

Quadro 2.1 ▪ Volumes relativos de compartimentos intracelulares e áreas relativas de membranas em célula hepática de mamífero.

Compartimento (estrutura)	Volume total (%)	Membrana total (%)
Membrana plasmática	–	2
Citosol	54	–
Mitocôndria	22	–
Membrana externa	–	7
Membrana interna	–	32
RE rugoso	9	35
RE liso e Golgi	6	23
Núcleo	6	0,2
Peroxissomos	1	0,4
Lisossomos	1	0,4
Endossomos	1	0,4

RE, retículo endoplasmático. *Fonte*: Alberts *et al.*, 2002.

Se colocarmos a célula em meio hipotônico, ela inchará, por entrada de água, e poderá mesmo romper-se caso a *hipotonicidade* externa seja exagerada (p. ex., água destilada). Em *meio hipertônico*, a célula reduzirá seu volume. No entanto, mantendo-a por algum tempo nestes meios modificados, ela retornará gradativamente ao seu volume original, o que é denominado, no caso de soluções hipotônicas, *redução regulatória de volume* (RRV). Isto é claramente demonstrado na Figura 2.3, que mostra ainda que, continuando em meio hipotônico, a célula mantém seu volume até o retorno a meio extracelular normal. Com a volta à situação normal, a variação de volume se inverte, ou seja, a célula sente a solução normal como hipertônica, reduzindo seu volume, e depois volta gradativamente ao seu volume original. Estudos com inibidores de transporte iônico mostraram que em meio hipotônico vários mecanismos de transporte são ativados, de modo a transportar solutos para fora da célula. Este é o caso do cotransportador K^+/Cl^-, que elimina KCl da célula reduzindo a osmolalidade dela; desta forma, permite a saída de água, reduzindo o volume celular. Mecanismos em direção oposta são ativados quando se retorna ao meio extracelular normal (que consiste essencialmente em NaCl). Quando a célula é colocada em meio hipertônico, ocorrem saída de água e redução rápida de volume, seguida de entrada de água com retorno ao volume normal (ARV, *aumento regulatório de volume*). Neste caso, o movimento de água (e sal) se dá em direção ao interior da célula. Para isso, são ativados mecanismos como o cotransporte $Na^+:K^+:2Cl^-$, que transporta NaCl e KCl para dentro da célula. Assim, percebe-se que as células têm mecanismos de detecção de modificações de seu volume, bem como mecanismos capazes de manter esse volume na faixa normal. Entretanto, no caso do meio hipertônico, nem sempre acontece uma regulação de volume perfeita, sendo a variação de volume muito retardada ou inexistente em alguns tipos celulares.

Esses dados permitem deduzir o que acontecerá quando são *infundidas certas soluções* na veia de um indivíduo normal. Injetando-se *água destilada*, o que pode acarretar hemólise (ruptura das hemácias) se isso for realizado de maneira muito rápida, ela se distribuirá tanto no meio extra como no intracelular, já que as membranas celulares e a parede capilar são permeáveis à água. No caso da infusão de *solução de NaCl (solução fisiológica)*, esta permanecerá no líquido extracelular, causando expansão de seu volume, já que o sódio é, em sua maioria, mantido fora das células. Por outro lado, infundindo-se

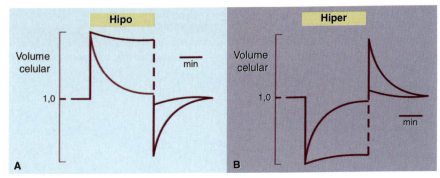

Figura 2.3 • Regulação do volume celular. **A.** Quando a célula é colocada em meio hipotônico, aumenta rapidamente de volume e, em seguida, volta, mais lentamente, ao volume normal (redução regulatória de volume); posteriormente, quando ela retorna à solução isotônica, as variações de volume se invertem. **B.** Quando a célula é colocada em meio hipertônico, inicialmente sofre redução rápida de volume e, em seguida, apresenta aumento regulatório de volume. Há células em que este aumento não é observado.

KCl, desde que não ultrapasse uma concentração sanguínea da ordem de 8 mM, tóxica, deverá haver principalmente aumento do líquido intracelular, apesar de ocorrer grande excreção renal deste sal. Se infundirmos uma solução que contém *proteínas* ou então sangue total, estas soluções permanecerão, em boa parte, dentro dos vasos sanguíneos, já que seu soluto não poderá sair dos vasos, constituindo o melhor meio de recuperar a situação fisiológica após uma *hemorragia* (perda de sangue).

CONSTITUIÇÃO IÔNICA DOS COMPARTIMENTOS DO ORGANISMO

Os líquidos que constituem os diferentes compartimentos do organismo se caracterizam por diferentes concentrações iônicas. Neste ponto, é apropriado falar de algumas das medidas de concentração mais usadas.

Vamos partir da definição do conceito de *concentração*: é a relação entre quantidade de soluto por volume de solvente, que no caso biológico é a água.

$$\text{Concentração} = \text{massa/volume}$$

Essa relação pode ser dada como gramas por litro ou gramas por 100 mℓ. A *molalidade* é uma medida mais ligada à função da molécula dissolvida e é definida como o número de moléculas-grama do soluto por quilograma de água. *Molécula grama (mol)* consiste no peso molecular de uma substância em gramas. Por exemplo, o cloreto de sódio, NaCl, tem peso molecular de 58,44 (a soma do peso atômico do Na$^+$ = 23,0 e do Cl$^-$ = 35,44). Uma solução 1 M (molar) de NaCl apresenta então 58,44 gramas por litro. Um mol de qualquer substância dispõe sempre do mesmo número de moléculas (ou átomos), o *número de Avogadro* ($6,0 \times 10^{23}$), e pesa mais ou menos somente em função de seu peso molecular e não do número de moléculas presente. O sal NaCl é composto por dois íons, Na$^+$ e Cl$^-$, e o peso atômico de Na$^+$, em gramas (23,0 gramas), é chamado de *equivalente*. Uma solução 1 M de NaCl contém então um equivalente de Na$^+$ (1 Eq) e outro de Cl$^-$. A concentração de Na$^+$ do plasma sanguíneo é de 140 miliequivalentes por litro (140 mEq/ℓ). No caso do cloreto de cálcio, CaCl$_2$, um mol deste sal contém um equivalente de Ca^{2+} (bivalente) e dois de Cl$^-$ (monovalente); assim, um mol de CaCl$_2$ é composto de três equivalentes iônicos, um de Ca^{2+} e dois de Cl$^-$.

A composição do meio intracelular é, em essência, diferente daquela do meio extracelular. Esta diferença pode ser verificada na Figura 2.4, em que são comparados os líquidos plasmático e intracelular. Nota-se que o líquido intracelular é rico em potássio (cerca de 150 mEq/ℓ) e pobre em sódio e cloreto. Por outro lado, o líquido extracelular se constitui predominantemente de Na$^+$ (140 mEq/ℓ) e Cl$^-$ (100 mEq/ℓ), contendo uma concentração baixa de potássio (4 mEq/ℓ).

O segundo ânion do líquido extracelular em importância é o bicarbonato, presente na concentração de cerca de 25 mEq/ℓ. O líquido intersticial difere do plasmático praticamente pela presença de concentração relativamente elevada de proteínas no plasma (cerca de 70 g por litro ou 16 mEq/ℓ), além de pequenas diferenças de concentrações iônicas devidas ao efeito Donnan através das paredes dos capilares (relacionadas com a presença de proteínas apenas do lado plasmático). Desta maneira, haverá concentrações cerca de 5% mais elevadas de ânions difusíveis do lado intersticial, com nível baixo de proteínas, enquanto os cátions difusíveis terão concentração mais elevada, na mesma proporção, do lado plasmático (para maiores detalhes, consulte o Capítulo 9, *Gênese do Potencial de Membrana, Excitabilidade Celular e Potencial de Ação*).

Quando se trata da composição iônica dos compartimentos do organismo, dois problemas fundamentais devem ser considerados. O primeiro diz respeito aos métodos utilizados para a medida destas concentrações, e o segundo, relacionado com

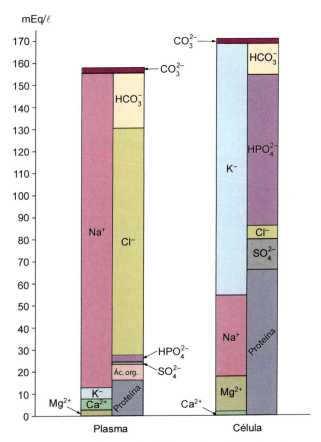

Figura 2.4 • Composição iônica do meio interno de mamífero: plasma (representando o meio extracelular) e célula. *Ác. org.*, ácido orgânico.

o primeiro, é relativo à atividade dos íons presentes nos vários compartimentos. Como o meio extracelular é uma solução relativamente diluída e de acesso bastante fácil, já que amostras de plasma são obtidas diretamente por punção venosa e amostras de líquido intersticial podem ser obtidas pela coleta de linfa em linfáticos de calibre maior ou menor (o sistema linfático é uma rede de delicados vasos que drenam o líquido intersticial), estes problemas dizem respeito, principalmente, às características do meio intracelular. Para determinar as concentrações iônicas em dado tipo de célula, será necessário analisar amostras de tecido que, além de conterem as células em questão, ainda incluem uma determinada proporção de líquido extracelular, isto é, de líquido intersticial que se encontra entre as células deste tecido. Na análise química deste tecido, será preciso levar em conta esta contaminação, já que serão medidos também os íons deste espaço. A fim de avaliar esta contaminação, necessitamos conhecer a massa de dado íon encontrada no interstício de uma amostra de tecido. Para isso, precisamos conhecer o volume de líquido extracelular presente na amostra e a concentração do íon neste volume. O volume de líquido extracelular será dado por:

$$Ve = \frac{\text{massa de inulina}}{\text{conc. de inulina}} \quad (2.5)$$

em que inulina, no caso, foi usada para avaliação do espaço extracelular. Para tanto, será necessário determinar a massa de inulina contida na amostra, bem como a concentração no líquido intersticial, que será igual à do plasma em experimentos *in vivo*, ou do banho em que foi incubada a amostra em experimentos *in vitro*. A quantidade de íon X proveniente do extracelular será dada então por:

$$Xe = Ve \, (\text{conc. de X no extracelular}) \quad (2.6)$$

Por outro lado, a quantidade de íon na célula será dada por:

$$Xc = Xt - Xe \quad (2.7)$$

em que Xt é a quantidade total do íon determinada quimicamente na amostra de tecido. De (2.6) e (2.7), obtém-se facilmente a concentração do íon na célula, representada por [Xc]:

$$[Xc] = \frac{Xc}{(Vt - Ve)} \quad (2.8)$$

em que Vt = volume total da amostra.

Nota-se que os íons com concentração elevada na célula e baixa no líquido intersticial (como o potássio) serão determinados com maior precisão que aqueles com concentrações intracelular baixa e intersticial alta (como Na^+ e Cl^-), já que, neste caso, os erros na avaliação da contaminação extracelular são mais importantes, reduzindo-se obviamente aqueles quando a concentração extracelular for baixa.

Essa discussão se refere à determinação química das concentrações intracelulares de íons. É possível, no entanto, determinar as *atividades* (concentração efetiva do íon na solução do ponto de vista termodinâmico) intracelulares por meio de microeletrodos sensíveis a determinados íons. Estes microeletrodos podem ser construídos de vidro, com propriedades de permeabilidade específica a determinado íon (como H^+, Na^+, K^+), ou podem conter em sua ponta quantidade pequena de resina de troca iônica íon-específica. Há resinas específicas para um grande número de íons, incluindo Na^+, K^+, H^+, Cl^-, HCO_3^- etc. Poder-se-iam esperar valores de atividade, medidos por meio destes eletrodos, diferentes da concentração estabelecida quimicamente, quando a água celular não estiver toda disponível como solvente, ou quando os íons em questão não tiverem propriedades semelhantes às encontradas em solução livre e diluída. Já a partir de concentrações da ordem de 0,1 M para cima, começa a haver interações entre os íons em solução que alteram suas características, reduzindo sua liberdade, o que equivale a uma atividade inferior à sua concentração. No meio intracelular, podem existir interações adicionais com as macromoléculas (proteínas) aí presentes, ou seja, poderia haver ligação mais ou menos firme da água ou dos íons com cargas elétricas destas macromoléculas. O grau destas interações tem sido objeto de considerável controvérsia, existindo, de um lado, os pesquisadores partidários de uma situação intracelular semelhante às condições de solução livre, em que se baseia grande parte da teoria iônica dos fenômenos de membrana (Hodgkin, 1951). Segundo esta teoria, os fenômenos elétricos observados em membranas de células excitáveis ou não excitáveis dependem de movimentos iônicos através da membrana celular, baseando-se na capacidade de estes íons se moverem com considerável liberdade de ambos os lados desta membrana. Por outro lado, outro grupo de pesquisadores é favorável à ideia de ligação bastante rígida dos íons às macromoléculas intracelulares, explicando inclusive a distribuição característica de íons entre compartimentos intra e extracelulares desta maneira (Ling, 1965). Estudos mais recentes com técnicas de ressonância magnética (RM), condutividade iônica e medidas de coeficiente de difusão no meio intracelular mostraram que a maior parte do potássio intracelular se comporta, do ponto de vista de sua atividade, como se estivesse em solução livre; seu coeficiente de difusão intracelular é cerca de metade daquele em solução, o que pode estar ligado ao grande número de "obstáculos" intracelulares, como mitocôndria, vesículas subcelulares e vários tipos de macromoléculas (Edzes e Berendsen, 1975).

De maneira geral, íons monovalentes apresentam comportamento semelhante ao potássio. O sódio, no entanto, mostra na célula atividade 20 a 50% inferior àquela em solução de concentração igual. Já íons bivalentes, como o cálcio, têm mobilidade acentuadamente menor no meio intracelular, sendo seu coeficiente de difusão, em músculo de anfíbio e axônio gigante de lula, 50 vezes menor que o observado em solução aquosa; provavelmente, essa diferença se deve a seu sequestramento pelo retículo endoplasmático, uma estrutura subcelular membranosa tubular que transporta íons cálcio para seu interior. A concentração intracelular de cálcio é muito mais baixa (100 nanomolar, 100×10^{-9} M) que a extracelular (1 a 2 mM), permitindo que este íon funcione como mensageiro da sinalização celular.

Do ponto de vista da heterogeneidade de distribuição de íons no meio intracelular, demonstrou-se que o nível de cálcio é consideravelmente mais elevado (da ordem de 20% maior) na região do aparelho de Golgi que no citoplasma e no núcleo (Chandra *et al.*, 1991). Por outro lado, o cálcio nuclear de uma maneira geral não é diferente do citoplasmático, o que também ocorre com os íons Na^+ e K^+. Somente quando ocorre sobrecarga celular por cálcio há limitação da entrada deste íon no núcleo (Al-Mohanna *et al.*, 1994).

É bem conhecido que mitocôndrias apresentam pH mais alcalino que o citoplasma, que tem pH da ordem de 6,9 a 7 em células musculares (que podem produzir ácido láctico em seu metabolismo) e de 7,2 a 7,4 em células epiteliais (que muitas vezes transportam H^+ para o exterior, por exemplo, no caso das células da mucosa gástrica). Em mitocôndria, o pH alcalino é devido à extrusão de íons H^+ através da sua membrana interna. Esta extrusão é consequência da fosforilação oxidativa mitocondrial. O gradiente de íons H^+ (criado pelo metabolismo mitocondrial por meio da extrusão destes íons do interior da matriz mitocondrial pela cadeia de citocromos) é o responsável pela criação do gradiente eletroquímico que irá gerar ATP pelas H^+-ATPases mitocondriais. Entretanto, a concentração iônica celular não é necessariamente constante com o tempo no caso de todos os íons. Em tecido muscular, bem como em outros tecidos-alvo de ação nervosa ou hormonal, a concentração de cálcio varia amplamente, funcionando como mensageiro da ação nervosa ou humoral. O mesmo acontece com a concentração celular de sódio em nervo e músculo; ela se eleva transitoriamente com a estimulação nervosa, devido ao aumento da permeabilidade da membrana celular a este íon.

Além das variações da atividade intracelular de cálcio que descrevemos, ocorrem oscilações ou ondas nesta atividade em grande número de células, como as musculares cardíacas, as da musculatura lisa de vasos e as secretoras e epiteliais (Berridge, 1990). Estas oscilações podem ser bastante regulares e percorrer as células em um sentido constante, sendo inicialmente desencadeadas por agentes externos, como vasopressina ou acetilcolina, mas sua manutenção intracelular depende de *trifosfato de inositol* (IP_3), que faz parte de um dos sistemas sinalizadores intracelulares, como será visto no Capítulo 3, *Sinalização Celular*. Estas ondas de cálcio podem também depender do próprio nível intracelular de cálcio (ondas de cálcio dependentes de cálcio) (Blatter e Wier, 1992). Tais ondas têm importante papel na excitabilidade celular e na regulação de processos secretórios.

Em conclusão, pode-se dizer, com bastante confiança, que a distribuição iônica característica dos seres vivos não é devida à ligação específica a macromoléculas, mas deve ser causada por fenômenos de transporte ao nível da membrana celular, bem como em membranas de estruturas subcelulares. Por outro lado, os íons intracelulares não deixam de sofrer certa ação de seu meio, embora esta ação não seja capaz de alterar decisivamente suas características físico-químicas.

BIBLIOGRAFIA

ADROGUÉ HJ, WESSON DE. *Salt & Water*. Libra & Gemini, Houston, 1993.

AL-MOHANNA FA, CADDY KW, BOLSOVER SR. The nucleus is insulated from large cytosolic calcium ion changes. *Nature*, 367:745-50, 1994.

ALBERTS B, JOHNSON A, LEWIS J et al. Compartimentos intracelulares e endereçamento de proteínas. In: *Biologia Molecular da Célula*. 4. ed. Artmed, Porto Alegre, 2002.

BERRIDGE MJ. Calcium oscillations. *J Biol Chem*, 265:9583-6, 1990.

BLATTER LA, WIER WG. Agonist-induced [Ca] waves and Ca^{2+}-induced Ca^{2+} release in mammalian vascular smooth muscle cells. *Am J Physiol*, 263:H576-86, 1992.

BRINI M, MARSAULT R, BASTIANUTTO C et al. Nuclear targeting of aequorin. A new approach for measuring nuclear Ca^{2+} concentration in intact cells. *Cell Calcium*, 16:259-68, 1994.

CHANDRA S, KABLE EP, MORRISON GH et al. Calcium sequestration in the Golgi apparatus of cultured mammalian cells revealed by laser scanning confocal microscopy and ion microscopy. *J Cell Sci*, 100:747-52, 1991.

EDZES T, BERENDSEN HJC. The physical state of diffusible ions in cells. *Ann Rev Biophys Bioeng*, 4:265-85, 1975.

GARY-BOBO CM, SOLOMON AK. Properties of hemoglobin solutions in red cells. *J Gen Physiol*, 52:825-53, 1968.

HODGKIN AL. The ionic basis of electrical activity in nerve and muscle. *Biol Reviews*, 26:339-409, 1951.

HOUSE CR. *Water Transport in Cells and Tissues*. Arnold, London, 1974.

LING GN. The physical state of water in living cell and model systems. *Annals N Y Acad Sci*, 125:401-17, 1965.

NELSON DL, COX MM. Water. In: *Lehninger Principles of Biochemistry*, Worth Publishers, New York, 2009.

Capítulo 3

Sinalização Celular

Mauro César Isoldi | Ana Maria de Lauro Castrucci

- Unicelularidade/multicelularidade e homeostase, *60*
- Comunicação intercelular | Células "conversando" com células, *60*
- Receptores de membrana, *66*
- Receptores intracelulares, *83*
- Modulação de sinal, *87*
- Finalização de sinal, *88*
- Bibliografia, *90*

UNICELULARIDADE/MULTICELULARIDADE E HOMEOSTASE

A vida na Terra é cercada de mistérios que vêm motivando descobertas desde os primórdios das civilizações. O próprio aparecimento de vida em nosso planeta, provavelmente, seja o maior mistério de todos. Questões do tipo quando e, principalmente, como ela surgiu permanecem ainda cobertas de dúvidas e especulações.

Neste cenário, a ciência tenta retroceder ao máximo, usando muitas vezes ferramentas sofisticadas, como a análise comparativa de sequências de aminoácidos em proteínas de diferentes grupos, para tentar traçar perfis evolutivos compatíveis com o que podemos ter nos dias atuais. Hoje conseguimos, pelo menos em teoria, vislumbrar o mundo imediatamente antes do aparecimento da primeira célula. Nele, moléculas com capacidade replicativa, provavelmente RNA, já ensaiavam os primeiros passos do que denominaríamos vida em uma distância de aproximadamente 3,8 bilhões de anos. Este então chamado mundo do RNA perdurou por cerca de 200 milhões de anos, quando provavelmente apareceram as primeiras unidades de vida separadas por membranas e, portanto, mantendo um meio intracelular próprio, o que viríamos a conhecer por célula. Neste ponto, a vida recém-surgida tinha grande desafio: perceber variações do meio externo e promover ajustes internos, de modo a adaptar-se às novas condições ambientais. Percepção, hierarquização das informações, integração e ajuste homeostático eram exercidos pela mesma entidade.

O agrupamento de células, fazendo com que a vida saísse da situação de mono para a de pluricelularidade, apresentou desafios de tão grande complexidade quanto os que fizeram moléculas comuns tornarem-se tão complexas como os ácidos ribonucleicos, capazes de se multiplicarem. O agrupamento de células em um novo organismo exigia que essas células pudessem comunicar-se entre si, a fim de que os ajustes homeostáticos ocorressem de modo integrado, conduzindo o organismo em um único sentido de resposta.

A sinalização inter e intracelular foi a base que permitiu às diferentes células de um mesmo organismo comunicarem-se, integrando assim funções e coordenando eventos.

COMUNICAÇÃO INTERCELULAR | CÉLULAS "CONVERSANDO" COM CÉLULAS

Como os seres unicelulares, certamente os primeiros a comporem o cenário biológico da Terra primitiva, agregaram-se em direção a uma maior complexidade?

Evidentemente, relações harmônicas cooperativas trouxeram grandes benefícios às células anteriormente isoladas, como, por exemplo, economia de energia nos ajustes osmóticos, na busca de alimentos etc. Provavelmente, a união de células com características distintas possibilitou, no início, divisão de tarefas para o bem comum, dando a estas "uniões" maior capacidade adaptativa.

Porém, estas "uniões" de diferentes células necessitariam coordenar funções. Sem esta coordenação, seria totalmente impossível sincronizar tarefas, e a evolução teria fatalmente atingido no máximo seres formados por poucas células, pouco diferenciadas, que continuariam se dividindo independentemente e se agregando ou não, dependendo de vários fatores ambientais. Para que essa coordenação se efetivasse, foi necessária a especialização de (1) células para percepção do meio ambiente (receptores sensoriais), (2) centro(s) integrador(es) dessas informações, onde a hierarquização e coordenação central (sistema nervoso) fossem realizadas, e (3) efetuadores de respostas de ajuste homeostático (sistemas muscular, exócrino e endócrino). Adicionalmente, para que essas funções fossem eficientemente realizadas, surgiram moléculas de sinalização entre as células e, nas membranas celulares, apareceram moléculas capazes de seletivamente perceberem um desses sinais químicos e passarem essa informação para dentro das células.

Uma das transições iniciais de organismos unicelulares para pluricelulares foi a evolução de uma única molécula de superfície celular, essencial para a interação de células vizinhas. Neste sentido, o aparecimento de estruturas de ligação e, principalmente, de comunicação entre as diferentes células deste "organismo primitivo" foi decisivo para o sucesso e a diversificação da vida. Entre estas estruturas, tiveram grande importância as junções comunicantes (*gap*). Além desses canais de comunicação entre células adjacentes, a conversa entre duas células pode ser estabelecida por moléculas presas às membranas de ambas as células, a sinalização dependendo de contato entre essas moléculas. E, finalmente, por mensageiros extracelulares produzidos por uma célula, que vão atuar em células-alvo que os possam reconhecer e que, para tanto, têm moléculas de superfície ou intracelulares (os receptores), aos quais esses sinalizadores se ligam especificamente (Figura 3.1).

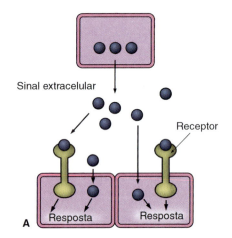

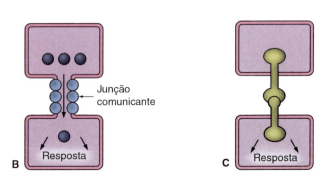

Figura 3.1 ▪ As principais estratégias de comunicação entre células se dão por: (**A**) *mensageiros intercelulares*: o mensageiro é secretado por uma célula e vai atuar em células que o reconheçam. Essas células são denominadas *células-alvo* e o reconhecimento é feito por meio de receptores específicos para os mensageiros; (**B**) *comunicação por junções comunicantes*: são canais nas membranas de duas células adjacentes, que permitem a passagem de pequenas moléculas, de maneira não seletiva; e (**C**) *comunicação por contato*: estabelece-se entre proteínas de células adjacentes ou entre proteínas celulares e proteínas da matriz intercelular. (Adaptada de Krauss, 2003.)

▶ Junções comunicantes

A primeira imagem de microscopia eletrônica de junções comunicantes, feita em meados da década de 1960, sugeria uma simples estrutura formada por duas membranas justapostas, que continham um arranjo uniforme de conexões (*conexons*) posicionadas de cada lado das membranas. Este arranjo entre as membranas forma um poro, sendo o conjunto estrutural denominado junção comunicante (*gap*). Esse tipo de junção permite a passagem de íons e pequenas moléculas, como 3',5'-monofosfato de adenosina cíclico (cAMP), Ca^{2+}, Na^+, trifosfato de inositol (IP_3) etc., entre células adjacentes. Os *conexons* são formados por proteínas transmembrânicas chamadas de *conexinas*. O arranjo de seis destas moléculas forma na membrana o hemicanal (*conexon*). O encontro destas estruturas na membrana celular de ambas as células comunicantes constitui o canal ou junção comunicante (Figura 3.2). Esses canais não estão constantemente abertos como se imaginava a princípio. Muitos deles apresentam a capacidade de fechamento, o que pode ocorrer, por exemplo, com a variação da voltagem da membrana plasmática, com extremos de pH, Ca^{2+} ou por fosforilações. Porém, existem evidências de que nem todos os tipos de junções comunicantes são formados por conexinas. Outras moléculas com o mesmo perfil químico das conexinas, ou seja, possuidoras de quatro domínios transmembrânicos, aparecem como formadoras das junções comunicantes em invertebrados. A proposta vigente é que a *inexina*, uma molécula distinta da conexina, seja a formadora de junções comunicantes nesta classe de animais.

Nos invertebrados, as inexinas (proteínas bifuncionais de membrana) podem formar tanto as junções comunicantes (*gap*) como os canais de membrana (*inexons*). A estrutura análoga dos vertebrados, panexina, perdeu a capacidade para organizar junções *gap*, formando apenas os canais de membrana não juncionais conhecidos como *panexons*. Tanto *inexons* quanto *panexons* são permeáveis ao ATP, liberando ATP ao meio extracelular, o que originou uma nova forma de comunicação intracelular, independente de uma comunicação citoplasmática direta. Essa comunicação intercelular foi descoberta com as chamadas "ondas" de Ca^{2+}. Notou-se que essas variações de Ca^{2+} podiam "saltar" entre as células, ou mesmo entre tecidos, sem a necessidade de serem transmitidas de célula a célula. Esses "saltos" eram possíveis pela liberação de ATP do citoplasma para o meio extracelular, o que ocasionava a abertura de hemicanais de conexina dispostos na membrana de outras células teciduais. Hemicanais são estruturas formadas apenas pelo arranjo das conexinas na membrana sem estarem acopladas a outra conexina da célula adjacente, o que a princípio formaria o *conexon*.

Propriedades químicas e físicas dos *inexons* e dos *panexons* assemelham-se às da conexina, demonstrando que os primeiros foram provavelmente a base evolutiva para as conexinas.

Independentemente da composição química que tenham, os *conexons* são importantes na comunicação entre células adjacentes. A passagem de íons pode iniciar-se em qualquer dos lados da junção, ou seja, a comunicação é bidirecional. Este fluxo de íons tem importância vital, por exemplo, na ritmicidade da contração do músculo cardíaco, na transmissão da mensagem nervosa pelos neurônios e no movimento peristáltico intestinal encontrado nos vertebrados. Junções comunicantes neuronais são também denominadas *sinapses elétricas*, pela função específica que desempenham na propagação da corrente elétrica entre células nervosas. Na embriogênese, estas comunicações têm papel fundamental, não só para a transmissão da informação necessária à diferenciação celular, mas também para a distribuição de metabólitos, antes da formação do sistema circulatório.

Estas passagens também apresentam a capacidade de se fecharem em determinadas condições, por exemplo, em altas concentrações de Ca^{2+} ou em extremos de pH. Esta propriedade protege as células que estão se comunicando por junções comunicantes dos danos causados pela morte de alguma das células pertencentes ao circuito.

▶ Sinalizadores dependentes de contato

Dentro desse conceito, enquadram-se as *integrinas*, proteínas transmembrânicas heterodiméricas que se conectam, via proteínas de ancoragem, ao citoesqueleto cortical de actina. A afinidade que elas apresentam por ligantes extracelulares como fibronectina, fibrinogênio e colágeno é regulada por sinalização intracelular, resultando em uma peculiar ativação das integrinas de "dentro para fora". Essa ativação controla a força de adesão e migração celular. Mas as integrinas também se comportam como receptores tradicionais, respondendo a ligantes extracelulares com cascatas intracelulares que modulam a polaridade celular, citoesqueleto, expressão gênica e proliferação.

As integrinas são encontradas por toda a história evolutiva dos metazoários, sendo essenciais para o desenvolvimento de, possivelmente, todos os organismos multicelulares. As regiões extracelulares das *porções alfa* e *beta* das integrinas se unem não covalentemente para formarem uma "*cabeça*" *globular*, com capacidade para ligar-se em domínios específicos da matriz extracelular (Figura 3.3 A). Enquanto somente poucas integrinas existem nos invertebrados, até o momento são conhecidas, por sequenciamento em humanos, 24 subunidades alfa e nove beta. Cada combinação alfa/beta tem seu próprio ligante com características exclusivas de sinalização.

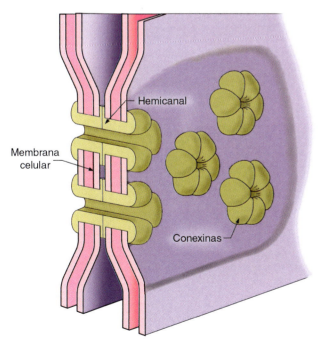

Figura 3.2 ▪ *Junções comunicantes:* seis moléculas de conexinas constituem um hemicanal; a união de dois hemicanais de duas células adjacentes forma a junção comunicante, que permite a passagem de íons e nucleotídios cíclicos. (Adaptada de www.academic.brooklyn.cuny.edu.)

Uma das funções das integrinas é estrutural. Elas são a ponte de ligação entre a matriz extracelular e o citoesqueleto. A maioria das integrinas reconhece muitas proteínas da matriz extracelular; e proteínas individuais dessa matriz podem ligar-se a muitas integrinas. Este reconhecimento das proteínas da matriz extracelular, por parte das integrinas, possibilita a percepção do meio extracelular e consequente ajuste a sinais externos.

A importância destas moléculas no desenvolvimento se dá não só pelo fato de promoverem adesão celular, mas também por terem capacidade de modular a cascata de transdução de sinais, regulando grande número de atividades celulares, incluindo a expressão de genes. A adesão celular mediada por integrinas pode envolver: (1) influxo de Ca^{2+}, (2) ativação de enzimas que adicionam grupos fosfato a tirosinas, serinas e treoninas (tirosina e serina/treoninoquinases), como PKC e Akt, (3) ativação da família das Rho e Ras (pequenas GTPase monoméricas, ver "Receptores tirosinoquinases") e (4) mobilização de fosfoinositídios, pela ativação de fosfolipases (Figura 3.3 B). A resultante ativação de fatores de transcrição como ERK, JNK e p38 induz proliferação celular. Na ausência de sinalização por integrinas, caspases ativas levam a célula à apoptose. A capacidade de as células crescerem e proliferarem na ausência de adesão mediada por integrina (ancoramento independente) está fortemente relacionada com tumorigênese, podendo capacitar células tumorais a metástase e a crescimento em regiões inapropriadas do organismo.

▶ Mensageiros extracelulares

Os mensageiros químicos intercelulares devem atingir células, denominadas *células-alvo*, que possam interpretar esses sinais. Para reconhecer esses mensageiros, essas células-alvo precisam ter elementos, os chamados *receptores*, que mudam de configuração quando o mensageiro a eles se liga. Em alguns casos, a célula-alvo modifica quimicamente o ligante, transformando-o em um composto para o qual ela dispõe de receptores. Clássico exemplo é a testosterona, que, enquanto atua como tal em tecidos da genitália interna masculina, é transformada em estradiol por outros tecidos-alvo (no hipotálamo masculino, graças à enzima aromatase) ou em di-hidrotestosterona (na genitália externa masculina), para então sinalizar por intermédio desses receptores.

Outro bom exemplo é o receptor de aldosterona, denominado de mineralocorticoide ou simplesmente MR, que apresenta afinidade similar aos glicocorticoides. Além disso, a concentração plasmática dos glicocorticoides é de pelo menos 100 vezes a concentração plasmática da aldosterona. Tecidos nos quais a aldosterona evoca resposta biológica sintetizam a enzima 11-beta-hidroxiesteroide desidrogenase do tipo II, capaz de degradar cortisol (forma ativa) em cortisona (forma inativa), protegendo assim a ligação da aldosterona ao seu receptor. Nesses tecidos, portanto, a aldosterona pode se ligar a seu receptor, uma vez que não haverá a competição com glicocorticoides pelo seu receptor MR.

Os sistemas ligante/receptor são específicos, ao mesmo tempo que apresentam flexibilidade e são altamente conservados. A mesma molécula sinalizadora pode ligar-se a muitos tipos de receptores na mesma célula ou em diferentes tecidos, além de ativá-los; por exemplo, epinefrina produzida pela glândula suprarrenal é ligante para, no mínimo, nove tipos de receptores (Figura 3.4), acetilcolina para cinco e serotonina para 15. As vias de sinalização podem ser distintas e a resposta celular será um balanço entre esses *inputs* (Figura 3.5). Por outro lado, diferentes ligantes podem ativar diversos receptores específicos; ainda assim, a via de sinalização estimulada pode ser a mesma (ver Figura 3.5).

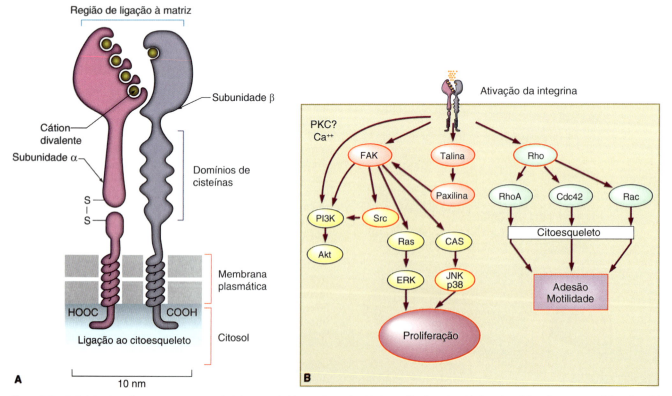

Figura 3.3 ▪ **A.** As integrinas são receptores transmembrânicos constituídos por duas subunidades α e β, cujas extremidades extracelulares ligam-se a proteínas da matriz ou de células vizinhas. **B.** A porção citoplasmática das integrinas pode acoplar-se a quinases (FAK), resultando na ativação de uma variedade de moléculas promotoras de proliferação, incluindo: PI3K, ERK, JNK e p38, ou pode interagir com proteínas do citoesqueleto, modulando a adesão e a motilidade celular. (Adaptada de Alberts *et al.*, 2002.)

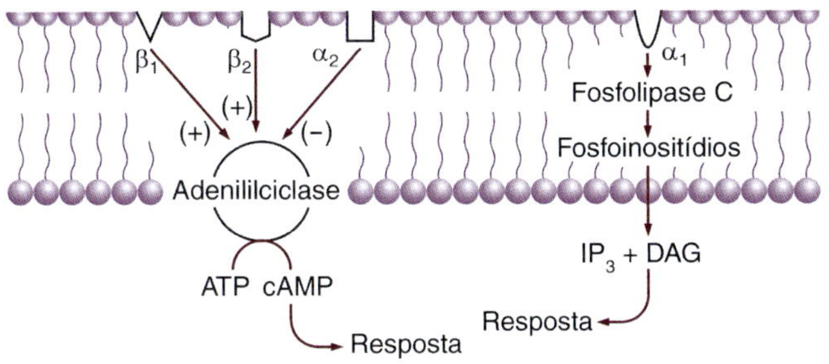

Sinalização Celular 63

Figura 3.4 ▪ Quatro diferentes subtipos de adrenorreceptor reconhecem a epinefrina como mensageiro extracelular. A ligação de epinefrina a dois deles, β_1 e β_2, ativa a mesma via de sinalização (*adenililciclase/AMP cíclico*); a ligação ao terceiro, α_2, inibe essa mesma via, e ao quarto, α_1, ativa uma via diversa (*fosfolipase C/IP$_3$/DAG*). IP_3, trifosfato de inositol; *DAG*, diacilglicerol. (Adaptada de Hadley, 2000.)

Então, o que confere especificidade da resposta de determinado tipo celular a um ligante? Durante a diferenciação de uma célula embrionária em um tecido específico, certos genes são silenciados e outros ativados, de maneira específica, para aquele tipo celular, que então expressará proteínas específicas. Desse modo, esse tipo celular terá, por exemplo, proteínas X participando de eventos terminais da sinalização, enquanto um outro terá proteínas Y; isso levará a respostas muito distintas a um mesmo ligante ativando um mesmo tipo de receptor.

Os mensageiros químicos intercelulares podem ser classificados de acordo com a distância que percorrerão do local de sua síntese para a célula-alvo da mensagem, bem como do tipo de inter-relação da célula produtora com a célula-alvo (Figura 3.6).

Provavelmente, os primeiros mensageiros químicos comunicavam células adjacentes; eram sinalizadores presos à membrana de uma célula atuando em receptores da membrana da célula adjacente, ou presos às proteínas da matriz intercelular, como as integrinas. Quando esses sinalizadores passam a ser secretados pela célula produtora e a atuar em células adjacentes próximas, são denominados *parácrinos*. Caso atuem na própria célula produtora, são chamados de *autócrinos*. Sinalizadores parácrinos produzidos por células nervosas são nomeados *neurotransmissores*. Estes são lançados na região entre neurônios, entre neurônio e fibra muscular ou entre neurônio e glândula exócrina ou endócrina; essa região é designada *fenda sináptica*. Sinalizadores lançados na corrente sanguínea, cuja célula-alvo encontra-se distante, são conhecidos como *hormônios* (em senso estrito).

Os ligantes podem ainda ser classificados, quanto à sua solubilidade, em hidrossolúveis e lipossolúveis. Mensageiros intercelulares hidrossolúveis são incapazes de atravessar o meio altamente hidrofóbico formado pelos lipídios que constituem a membrana celular; devem, assim, ser reconhecidos por receptores que estejam na membrana. Por outro lado, compostos lipossolúveis apresentam alta afinidade química por membranas biológicas; portanto, podem atravessar a membrana e atuar dentro das células, chegando muitas vezes até o núcleo. Seus receptores são, assim, intracelulares.

> A complexidade de sinais que chegam a uma célula, com múltiplas vias intracelulares sendo ativadas, é extraordinária. Não está claro como as células discriminam e hierarquizam os sinais, emitindo respostas específicas. Aparentemente, proteínas denominadas *ancoradoras* organizam os elementos sinalizadores em complexos, guiando a sucessão de eventos e evitando que outras vias sejam ativadas. Uma das proteínas ancoradoras mais bem estudadas é a AKAP, proteína ancoradora da PKA (ver "Receptores acoplados a proteínas Gs e Gi, cAMP e PKA").

Dentre os mensageiros hidrossolúveis, podemos citar as aminas e os derivados de aminoácidos, peptídios e proteínas; e, quanto aos lipossolúveis, os esteroides, os hormônios da tireoide, a vitamina D, os eicosanoides e o óxido nítrico (Quadro 3.1).

Apresentamos, a seguir, alguns exemplos das vias de síntese desses mensageiros. Como exemplo de aminas, a via de produção das catecolaminas é notável. A partir do aminoácido tirosina, são produzidos os mensageiros dopamina, norepinefrina ou epinefrina (Figura 3.7). A definição de qual desses compostos é o produto final dessa via depende do tipo celular em que ela ocorre e do microambiente onde essa célula se diferenciou. Ou seja, tecido nervoso produtor de catecolaminas, que permaneceu no sistema nervoso, terá como produto final, dependendo da região, dopamina, norepinefrina ou epinefrina. Já células de mesma origem, mas que, ao longo da ontogênese migraram para outra região extranervosa (como a glândula suprarrenal), por estímulos locais (p. ex., a presença de cortisol) passam a ter a enzima feniletanolamina N-metil transferase funcional; portanto, têm a capacidade de transformar norepinefrina em epinefrina. Assim, a natureza, com uma única proposta biossintética, é capaz de propiciar a produção de três mensageiros químicos.

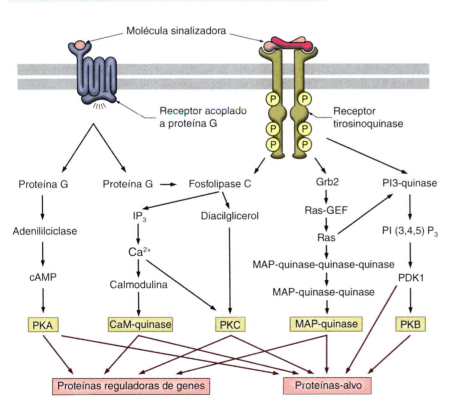

Figura 3.5 ▪ Esquema da multiplicidade de sinais recebidos por uma célula por meio de diferentes receptores, evocando a ativação de uma variedade de vias intracelulares, enquanto outras vias são inibidas. A resposta homeostática celular será o balanço de todos esses eventos. *PKA*, proteinoquinase A (dependente de AMP cíclico); IP_3, trifosfato de inositol; *PKC*, proteinoquinase C (dependente de cálcio); *Ras*, proteína G monomérica; *PKB*, proteinoquinase B (Akt). (Adaptada de Alberts *et al.*, 2002.)

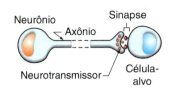
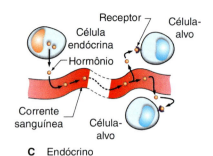

A Parácrino **B** Neuronal **C** Endócrino

Figura 3.6 ▪ Tipos de sinalizadores. **A.** *Parácrino*: o mensageiro químico atua localmente, em células-alvo vizinhas à célula secretora. **B.** *Neuronal*: o parácrino é produzido por um neurônio e secretado na fenda sináptica, de onde atinge a célula-alvo. **C.** *Endócrino*: o hormônio é secretado na corrente sanguínea, indo atuar em célula-alvo distante da célula produtora. (Adaptada de Alberts *et al.*, 2002.)

Quadro 3.1 ▪ Exemplos de mensageiros extracelulares.

Aminas e derivados
Dopamina, epinefrina, norepinefrina, glutamato, ácido gama-aminobutírico (GABA), melatonina, serotonina, tiroxina (T4) e tri-iodotironina (T3)

Peptídios e proteínas
Hormônio estimulante de melanócitos (MSH), hormônio adrenocorticotrófico (ACTH), endorfinas, tireotrofinas, gonadotrofinas, hormônio do crescimento (GH), insulina

Esteroides
Progesterona, estradiol, testosterona, cortisol, aldosterona, vitamina D

Eicosanoides
Tromboxano, leucotrieno, prostaglandina, prostaciclina

Gases
Óxido nítrico (NO)

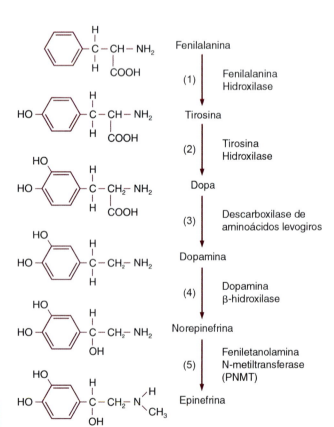

Figura 3.7 ▪ Via de síntese de catecolaminas. A última etapa depende da expressão da enzima PNMT, cujo gene é desreprimido na presença de cortisol, nas células da medula da glândula suprarrenal. (Adaptada de Hadley, 2000.)

Peptídios e proteínas sinalizadores, geralmente, se originam da clivagem de grande proteína sintetizada em uma variedade de tipos celulares; entretanto, novamente, dependendo da maquinaria enzimática expressa, a grande proteína será clivada, de preferência, neste ou naquele produto. Por exemplo, a partir da POMC (pró-opiomelanocortina) podem ser produzidos mensageiros químicos peptídicos como ACTH (hormônio adrenocorticotrófico), MSH (hormônio estimulante de melanócitos) ou endorfinas (Figura 3.8). Se a POMC for expressa na *pars distalis* da glândula endócrina hipófise, os produtos finais são ACTH e endorfinas. Estes sinalizadores são secretados em condições de estresse crônico, preparando o organismo para enfrentá-lo: o ACTH estimula a produção e a secreção do hormônio do estresse ou cortisol (pelo córtex da glândula suprarrenal), ao passo que as endorfinas promovem analgesia e sensação de bem-estar (pois são opioides endógenos). Entretanto, se a expressão de POMC se dá na *pars intermedia* da hipófise do embrião humano ou na pele de adultos, o ACTH também é produzido, mas imediatamente clivado, dele resultando α-MSH, estimulador do crescimento neural (durante a embriogênese) e da produção de melanina pela pele (em resposta à radiação ultravioleta).

Quanto aos mensageiros lipossolúveis, a maioria é constituída de esteroides, que derivam estruturalmente do colesterol (Figura 3.9), sendo sua síntese restrita a poucos tecidos esteroidogênicos. Neste caso, mais uma vez, a natureza encontrou soluções econômicas para a produção de vários mensageiros químicos, com alvos e ações extremamente diferentes. A partir do colesterol, é sintetizada a pregnenolona, que sai da mitocôndria em que é formada e é transformada em diferentes compostos, dependendo do tecido no qual está ocorrendo a síntese. Se a síntese se der no córtex da glândula suprarrenal, os produtos finais serão aldosterona ou cortisol. Caso ela aconteça nos testículos, a via é desviada para a produção de testosterona, hormônio sexual masculino. Se a síntese se der nos ovários, é expressa uma nova enzima, a aromatase, sendo toda testosterona formada imediatamente convertida em estradiol, o hormônio sexual feminino, ou, dependendo do momento do ciclo ovariano, a via termina em progesterona.

Os eicosanoides são sinalizadores de natureza lipídica, derivados do ácido araquidônico, formado a partir da quebra de fosfolipídios de membrana por fosfolipases, principalmente a fosfolipase A2. Esse ácido é um ácido graxo de 20 carbonos, que pode ser oxidado não só pela ação catalítica de ciclo-oxigenases a prostaglandinas, prostaciclinas e tromboxanos, como também, alternativamente, por lipo-oxigenases a leucotrienos e lipoxinas (Figura 3.10).

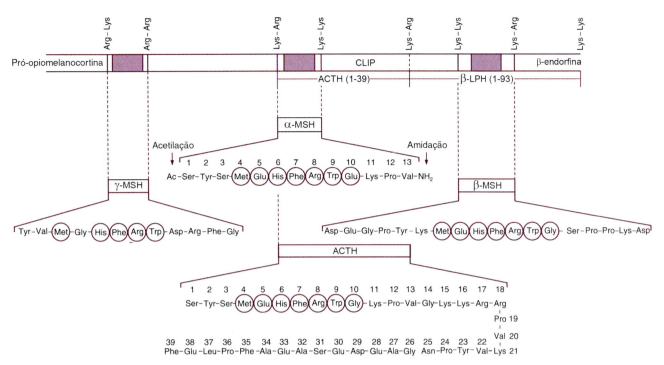

Figura 3.8 ▪ Via de produção de hormônios peptídicos derivados da pró-opiomelanocortina (POMC), encontrada na *pars intermedia* e *pars distalis* da adeno-hipófise, no hipotálamo e na pele. Os produtos finais dependem do local de produção. *CLIP*, peptídio semelhante à corticotrofina; *ACTH*, hormônio adrenocorticotrófico; *β-LPH*, β-lipotrofina; *γ-MSH*, hormônio estimulante de melanócito γ; *α-MSH*, hormônio estimulante de melanócito α; *β-MSH*, hormônio estimulante de melanócito β. (Adaptada de Hadley, 2000.)

Esses eicosanoides são secretados e atuam paracrinamente, muitas vezes em respostas locais de inflamação, causando constrição das vias respiratórias, vasodilatação, agregação plaquetária e migração de leucócitos. O uso de ácido acetilsalicílico como agente anti-inflamatório decorre de sua ação inibitória das ciclo-oxigenases, enquanto a utilização terapêutica de corticosteroides para o mesmo fim deve-se à inibição desses hormônios sobre as fosfolipases A2. Alguns receptores de eicosanoides foram clonados; eles pertencem à família dos receptores de membrana acoplados à proteína G.

Hoje se sabe que gases, como o óxido nítrico (NO), podem ser mensageiros intercelulares. A capacidade de difusão desse gás é imensa, mas ele age apenas localmente, pois sua meia-vida é de somente alguns segundos. O NO é sintetizado a partir do aminoácido arginina, pela atividade de NO sintase; a atividade desta enzima é aumentada em alguns tecidos, em resposta a estímulos provenientes do sistema nervoso. Sabe-se que o NO está presente já em plantas; é o responsável pelo relaxamento da musculatura lisa de vasos sanguíneos, levando à vasodilatação observada em muitas respostas fisiológicas (Figura 3.11), inclusive na ereção peniana. Além disso, muitos tipos neuronais secretam NO para sinalizar para neurônios vizinhos. Foram identificadas três isoformas de sintase de óxido nítrico (NOS). Todas têm locais de ligação para: (1) resíduo heme na porção N-terminal, (2) NADPH na C-terminal e (3) calmodulina entre essas duas regiões. A NOS catalisa a conversão de arginina para citrulina e NO. O óxido nítrico produzido nas células endoteliais está envolvido no relaxamento de vasos, na agregação de plaquetas e na homeostase cardiovascular. A sintase de óxido nítrico endotelial (eNOS, cNOS, tipo III) é constitutivamente expressa em células endoteliais e alguns outros tipos celulares. A miristoilação e a palmitoilação mantêm a eNOS restritamente localizada nas cavéolas da membrana plasmática, ligada à caveolina, o que deixa a eNOS inativa. A ativação de receptores de acetilcolina no endotélio estimula a fosfolipase C (PLC); esta enzima catalisa a produção de 1,4,5-trifosfato de inositol (IP_3) e diacilglicerol (DAG), a partir de 4,5-bifosfato de fosfatidilinositol (PIP_2). O aumento de Ca^{2+} induzido por IP_3 ativa a calmodulina, que se liga à eNOS, a qual se dissocia da caveolina e transloca-se para o citoplasma. A fosforilação da eNOS por proteinoquinase A (PKA) inativa a enzima, que então se realoca nos cavéolos da membrana plasmática.

Sintase de óxido nítrico do tipo II (iNOS, macNOS) pode ser induzida em macrófagos, após exposição a certas citocinas, como a interferona γ (IFN-γ). Os macrófagos são importantes para a resposta imunitária a curto prazo a microrganismos invasores, e a geração de NO é central nessa função. O receptor de IFN-γ sinaliza por meio das quinases Janus (JAK) e de proteínas transdutoras de sinal e ativadoras de transcrição (STAT). A ocupação do receptor e sua dimerização induzem a fosforilação das STAT associadas. As STAT ativadas dimerizam-se e translocam-se para o núcleo, onde aumentam a expressão do fator de transcrição, IRF-1; este, por sua vez, liga-se a elementos específicos do DNA no promotor do gene da iNOS, elevando sua expressão. iNOS é uma enzima solúvel que, diferentemente da eNOS e nNOS, não requer crescimento intracelular de Ca^{2+} para sua ativação.

A sintase de NO neuronal (nNOS, bNOS, cNOS, tipo I) está associada à proteína de densidade pós-sináptica (PSD-95) na membrana neuronal. Em resposta ao aumento intracelular de Ca^{2+}, a nNOS interage com a CaM. O complexo Ca^{2+}-CaM, em combinação com a biotetrapterina (BH_4), liga-se à nNOS e induz sua translocação da membrana para o citoplasma. A desfosforilação da nNOS pela calcineurina inicia a produção de NO. A nNOS é inativada por fosforilação pela proteinoquinase A (PKA) ou proteinoquinase C (PKC).

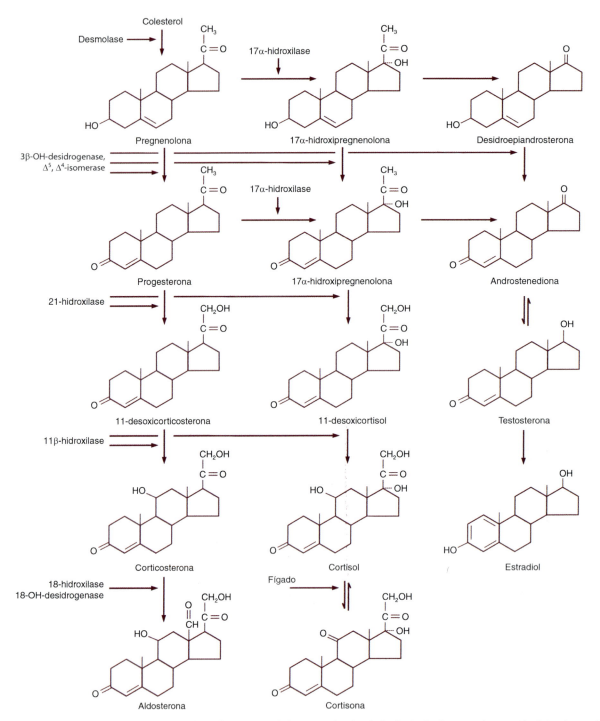

Figura 3.9 ▪ Via de síntese de hormônios esteroides. O colesterol, proveniente da dieta ou produzido pelo fígado, é utilizado por tecidos esteroidogênicos (como gônadas e córtex da glândula suprarrenal) para a produção de hormônios sexuais masculino (testosterona) e femininos (progesterona e estradiol), aldosterona e cortisol. A primeira etapa da via, a produção de pregnenolona, acontece dentro da mitocôndria, compartimento em que se encontra a enzima responsável por essa conversão, a desmolase; as etapas seguintes ocorrem no retículo endoplasmático liso. (Adaptada de Hadley, 2000.)

RECEPTORES DE MEMBRANA

Conforme já mencionado, a passagem da condição de mono para a de pluricelularidade envolveu uma série de adaptações que possibilitaram que as células se comunicassem e, com isso, regulassem suas funções em uma divisão sincronizada de tarefas. Entre estas adaptações, o aparecimento de receptores de membrana foi o passo decisivo para o sucesso do estabelecimento da condição de pluricelularidade. Esta condição teve origem temporal independente em cada um dos reinos da natureza, apresentando-se repetidas vezes dentro de alguns filos; consequentemente, no curso da evolução, receptores de superfície celular são únicos em animais, plantas e fungos, apesar de compartilharem alguns domínios proteicos em comum.

Sinalização Celular

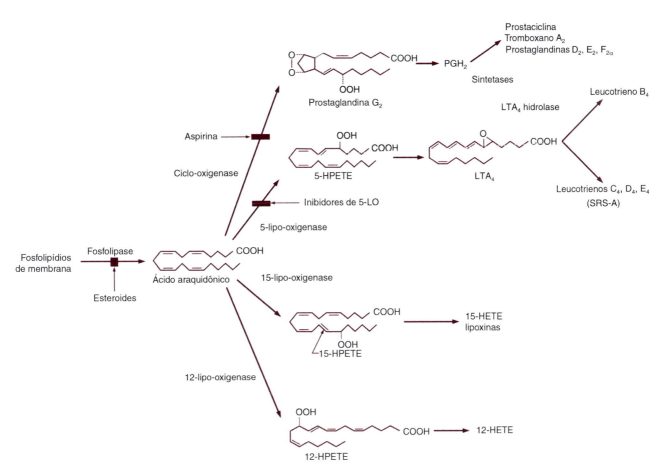

Figura 3.10 • Via de síntese de eicosanoides. O ácido araquidônico, derivado da clivagem de fosfolipídios de membrana, pode tomar duas rotas bioquímicas: (1) pela ação de ciclo-oxigenases pode converter-se em prostaglandinas, prostaciclinas e tromboxanos, ou (2) pela ação de lipo-oxigenases pode originar leucotrienos e lipoxinas. (Adaptada de Hadley, 2000.)

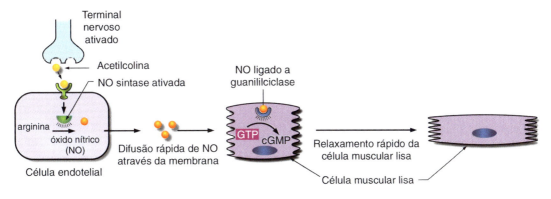

Figura 3.11 • Síntese de óxido nítrico (NO) em uma célula endotelial, a partir de arginina, pela ação catalítica da enzima *NO sintase*, estimulada por acetilcolina liberada por terminais nervosos nos vasos sanguíneos. A rápida difusão desse gás causa relaxamento da fibra muscular que reveste os vasos, levando à sua dilatação. (Adaptada de Alberts *et al.*, 2002.)

A necessidade de comunicação intercelular em metazoários coincide com o aparecimento evolutivo de múltiplos receptores de membrana (Figura 3.12). Esses receptores contêm regiões intracelulares com propriedades únicas, que podem ser: enzimáticas, de recrutamento ou de translocação nuclear.

Provavelmente, no processo evolutivo, os receptores de membrana surgiram após as junções comunicantes. Eles são glicoproteínas integrantes da membrana, cujo domínio extracelular reconhece um ligante; assim, percebem mudanças nas características do ambiente. O resultado dessa interação com o ligante é o desencadear de reações intracelulares, responsáveis pela transmissão dessa informação para o meio intracelular, possibilitando respostas de ajuste celulares. A maioria dos receptores de membrana plasmática transmite sinais extracelulares para o interior das células, permitindo o reconhecimento de células e estruturas extracelulares, bem como de condições físicas e químicas do ambiente.

Na tentativa de explicar o fenômeno da sinalização, foram surgindo múltiplas definições, para facilitar o entendimento

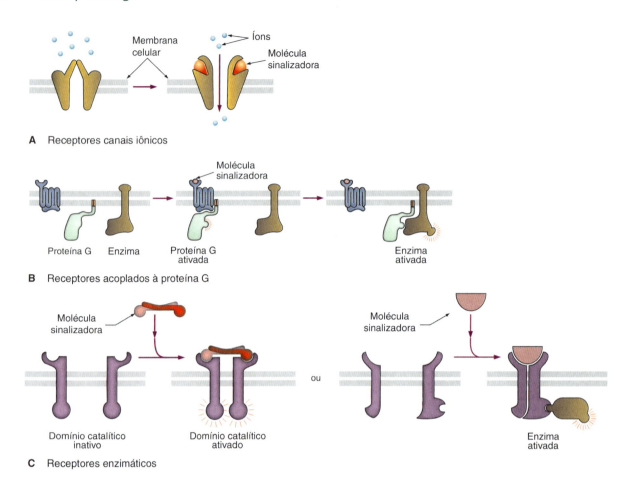

Figura 3.12 ▪ Principais classes de receptores de membrana. **A.** *Receptores canais iônicos*, que se abrem quando o mensageiro extracelular se liga a eles, permitindo a passagem de íons, com uma certa seletividade. **B.** *Receptores acoplados à proteína G*, enzima trimérica com atividade GTPásica (daí seu nome), que desencadeia uma cascata de sinalização ao ser ativada pela mudança de conformação do receptor, quando o mensageiro extracelular se liga a ele. **C.** *Receptores enzimáticos*, que têm atividade quinásica ou fosfatásica em seu domínio citoplasmático, ou que se associam diretamente a enzimas citoplasmáticas. (Adaptada de Alberts *et al.*, 2002.)

das várias etapas do processo. A transmissão do sinal inicia-se quando um mensageiro ou ligante extracelular, chamado de *primeiro mensageiro* (podendo ser hormônio, neurotransmissor ou um parácrino), liga-se a seu receptor específico, promovendo neste uma *mudança conformacional*. Com esta mudança, o receptor passa de sua condição inativa à ativa e inicia a *transdução do sinal*, desencadeando a denominada *cascata de sinalização*. Esta ativação do receptor levará, dependendo do tipo de receptor em questão, à formação de *segundos mensageiros intracelulares* (como AMP cíclico [cAMP], GMP cíclico [cGMP] ou óxido nítrico [NO]) ou à liberação do íon Ca^{2+} (proveniente de estoques intracelulares ou do meio extracelular, entrando na célula graças à abertura de canais da membrana plasmática). A presença de segundos mensageiros no meio intracelular irá, por sua vez, ativar vias bioquímicas específicas. Eles amplificam o sinal vindo do meio externo, pois a ativação de um único receptor gera a formação de grande número de moléculas do segundo mensageiro que ativarão, na maioria das vezes, quinases que fosforilarão um número ainda maior de *moléculas-alvo*, antes de serem inativadas.

A amplificação do sinal recebido pelo receptor, pelas vias de sinalização aos quais está acoplado, ocorre em vários níveis da cascata de sinalização (Figura 3.13) e é uma importante característica da transmissão de sinais entre células.

▶ Receptores canais

Proteínas de canal formam poros nas membranas que, diferentemente das junções comunicantes que são permissivas, podem ser abertos ou fechados, sendo seletivos para determinados íons. Há quatro tipos básicos de canais nas células dos organismos atuais: aqueles modulados por voltagem, os canais receptores modulados por ligante extracelular (mensageiro intercelular), os modulados por ligante intracelular (segundo mensageiro) e os operados mecanicamente (Figura 3.14).

Canais receptores abertos por ligante extracelular

Este sistema de comunicação celular é largamente empregado pelo sistema nervoso; ocorre entre duas células nervosas ou entre um neurônio e uma célula efetuadora (como a muscular ou glandular exócrina ou endócrina). A região de transmissão, denominada *sinapse química*, é onde os neurotransmissores são liberados, indo atuar em receptores de membrana na célula pós-sináptica. Canais receptores modulados por ligante extracelular são especializados para, rapidamente, converterem um sinal químico em mudança no potencial de membrana da célula pós-sináptica, a qual é eletricamente excitável. Dependendo do íon para o qual o canal é seletivo, essa alteração no potencial de repouso da célula poderá: (1) levar à despolarização celular, como é o caso de alguns subtipos de receptores de acetilcolina e glutamato, que são canais de Na^+

Sinalização Celular 69

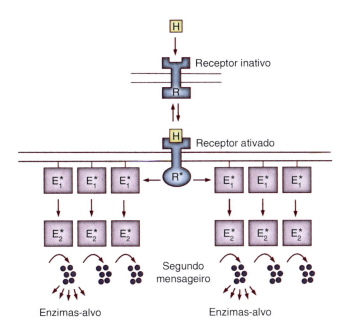

Figura 3.13 ▪ Esquema dos mecanismos de amplificação do sinal (H) nas vias intracelulares. Para cada receptor ativado (R*), muitas moléculas (E$_1$) podem ser recrutadas na etapa seguinte da cascata. Adicionalmente, para cada molécula de enzima catalisadora (E$_2$) da produção do segundo mensageiro, muitas moléculas do segundo mensageiro podem ser produzidas. (Adaptada de Krauss, 2003.)

ou Ca^{2+}, ou (2) dificultar eventual resposta de despolarização a um estímulo excitatório, como é o caso dos receptores do ácido gama-aminobutírico (GABA) e de glicina, que são canais de Cl$^-$. Neurotransmissores que despolarizam as células-alvo são denominados *excitatórios* (p. ex., acetilcolina e glutamato), ao passo que aqueles que aumentam o limiar para a excitação, *inibitórios* (p. ex., glicina e GABA).

O *canal receptor de acetilcolina* está presente na membrana da fibra muscular esquelética; ele é aberto por esse neurotransmissor, o qual é liberado por terminais axônicos de fibras nervosas motoras. Esse receptor tem cinco subunidades que se dispõem em anel rodeando o poro do canal (Figura 3.15)

e dispõe de dois locais de ligação para acetilcolina. Quando esses locais são ocupados pelo neurotransmissor, o canal se abre, permitindo grande influxo de Na$^+$, que despolariza a fibra muscular e, em última instância, leva à sua contração (para mais detalhes, consulte a Figura 6.5). Relaxantes musculares, amplamente utilizados durante cirurgias, baseiam-se na estrutura do curare (veneno extraído de plantas, usado por índios brasileiros para paralisar a caça). O curare liga-se ao receptor de acetilcolina, alterando-o para uma conformação inapropriada à ligação do neurotransmissor.

Os *canais receptores de glutamato* são responsáveis pelo fenômeno conhecido como potenciação de longo termo, que resulta em formação de memória e aprendizado (Figura 3.16). O glutamato liberado pelo neurônio pré-sináptico liga-se aos dois receptores canais, o não NMDA e o NMDA, que se abrem. O não NMDA permite influxo de Na$^+$, o que despolariza a membrana do neurônio pós-sináptico. Essa mudança de voltagem da membrana expele íons Mg^{2+} que bloqueavam o canal NMDA, fazendo com que este agora permita o influxo de íons Ca^{2+}. Esse aumento de Ca^{2+} citoplasmático causa a inserção de mais receptores não NMDA na membrana e ativa a síntese de óxido nítrico no neurônio pós-sináptico, que retroalimenta positivamente o neurônio pré-sináptico, estimulando a liberação de mais glutamato.

Alguns tranquilizantes, como, por exemplo, diazepam, ligam-se aos *canais de Cl$^-$ receptores de GABA*, colocando-os em conformação mais favorável à sua ativação pelo neurotransmissor.

▶ Receptores acoplados à proteína G

Os receptores acoplados à proteína G (GPCR) são de origem remota; provavelmente, evoluíram de receptores sensoriais de organismos unicelulares. Têm, tipicamente, sete domínios transmembrânicos, discretas e previsíveis alças transmembrânicas, consistindo em domínios hidrofóbicos. Os estímulos extracelulares capazes de ativar os receptores dos sete domínios incluem: fótons (opsinas), íons, odorantes, aminoácidos, peptídios etc. Um exemplo interessante é o que ocorre no

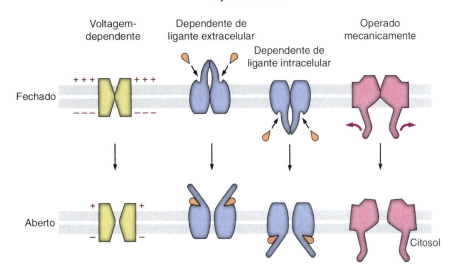

Figura 3.14 ▪ Tipos de canais iônicos: *canais abertos por mudança de voltagem da membrana* – são típicos de células eletricamente excitáveis, como neurônios e fibras musculares; *canais abertos por ligante extracelular* – são receptores de membrana; *canais abertos por ligante intracelular*, como AMP cíclico (cAMP) e GMP cíclico (cGMP) e *canais abertos mecanicamente*. (Adaptada de Alberts *et al.*, 2002.)

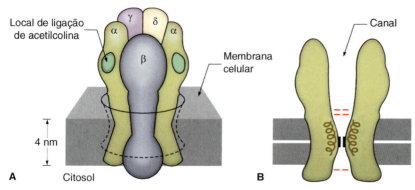

Figura 3.15 ▪ O receptor canal para acetilcolina. **A.** O receptor é constituído de duas subunidades α, uma subunidade β, uma subunidade γ e uma subunidade δ; há dois locais de ligação para acetilcolina nas duas subunidades α do receptor. **B.** Quando o neurotransmissor está ligado a seu receptor, as subunidades se movem abrindo o canal para o íon Na⁺, que penetra na fibra muscular esquelética, despolarizando a membrana e causando a contração muscular. (Adaptada de Alberts et al., 2002.)

Dictyostelium discoideum, que pode existir como um simples organismo ou como uma colônia social de amebas. Neste eucarioto, a percepção de folato e de AMP cíclico é mediada por dois diferentes receptores de sete domínios transmembrânicos. Esta dicotomia pode representar a primeira divergência entre detecção de ligantes de origem externa (folato) e ligantes produzidos pelo próprio organismo multicelular (cAMP). As classes de GPCR dispõem de sequências únicas nas regiões transmembrânicas; por isso, não podem ser consideradas com única origem evolutiva.

Os mensageiros extracelulares ligantes de GPCR induzem mudanças conformacionais no receptor, que recruta e ativa diferentes proteínas G; estas são assim chamadas por ligarem-se a nucleotídios de guanina, GDP e GTP. As *proteínas G são heterotrímeros*, constituídos por *subunidades* α, β e γ. Há pelo menos 20 subtipos de subunidade α, pois é ela que confere especificidade à cascata de reações subsequentes. No estado inativo, Gα está acoplada a GDP, do lado interno da membrana plasmática; quando o ligante liga-se ao receptor, este sofre mudança conformacional (alostérica), promovendo uma alteração alostérica também na proteína G. Esta libera GDP e liga-se a GTP, o que faz com que Gα seja ativada e desligue-se do dímero βγ. Agora, Gα liga-se a uma enzima, podendo acarretar estimulação ou inibição de sua atividade catalítica (Figura 3.17). Essas enzimas catalisam a geração de mensageiros intracelulares, como: 3',5'-monofosfato de adenosina cíclico (cAMP), fosfoinositídios, diacilglicerol e outros segundos mensageiros. Estes segundos mensageiros, por sua vez, ativam cascatas quinásicas e fosforilam fatores citosólicos e de transcrição nuclear. O dímero βγ também é capaz de modular a atividade de enzimas, de canais e de receptores de membrana.

Conforme dito, a estimulação do receptor acoplado à proteína G (GPCR) promove a translocação da proteína Gα à membrana plasmática, seguida por uma rápida dessensibilização mediada por beta-arrestina, levando à internalização do receptor em endossomos. No entanto, foi demonstrado que alguns GPCR apresentam a capacidade de ativar as proteínas Gα no interior desses endossomos, resultando em uma sinalização positiva sustentada,

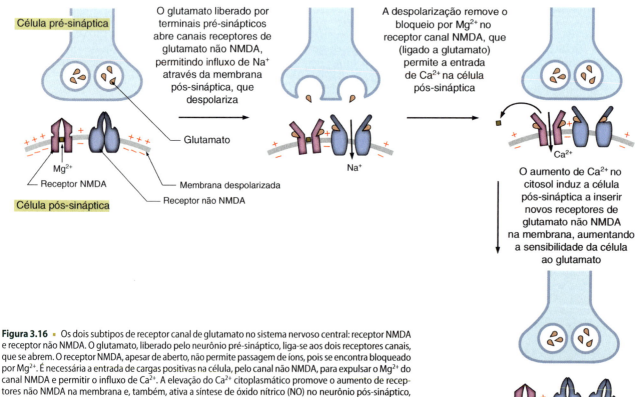

Figura 3.16 ▪ Os dois subtipos de receptor canal de glutamato no sistema nervoso central: receptor NMDA e receptor não NMDA. O glutamato, liberado pelo neurônio pré-sináptico, liga-se aos dois receptores canais, que se abrem. O receptor NMDA, apesar de aberto, não permite passagem de íons, pois se encontra bloqueado por Mg²⁺. É necessária a entrada de cargas positivas na célula, pelo canal não NMDA, para expulsar o Mg²⁺ do canal NMDA e permitir o influxo de Ca²⁺. A elevação do Ca²⁺ citoplasmático promove o aumento de receptores não NMDA na membrana e, também, ativa a síntese de óxido nítrico (NO) no neurônio pós-sináptico, que retroalimenta, positivamente, o neurônio pré-sináptico, estimulando a liberação de mais glutamato. Ambos os eventos reforçam essa sinapse positivamente, favorecendo seu estabelecimento. (Adaptada de Alberts et al., 2002.)

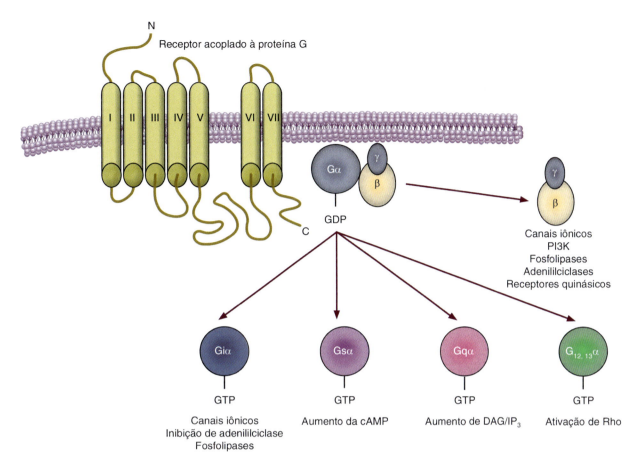

Figura 3.17 ▪ Receptores acoplados à proteína G. São receptores com sete domínios transmembrânicos (I a VII), cuja mudança conformacional (causada pela ligação do mensageiro extracelular) ativa a proteína G trimérica, que dissocia sua subunidade α (com atividade GTPásica) do dímero formado pelas subunidades βγ. As subunidades α podem ser dramaticamente diferentes e específicas, para a ativação ou inibição de determinadas enzimas, enquanto o dímero βγ, muito semelhante nas várias proteínas G, pode também modular canais e enzimas. (Adaptada de www.sigma-aldrich.com.)

descoberta que colocou em cheque o modelo clássico para ativação de receptores.

O modelo clássico assumia que a ligação de um agonista ao receptor GPCR promoveria ativação por meio de um único mecanismo, o que implicaria uma única conformação ativa para este receptor após ligação ao agonista. Trabalhos recentes vêm evidenciando que receptores GPCR podem apresentar espontaneamente conformações múltiplas antes de sua ligação ao primeiro mensageiro. Seletividade funcional refere-se então à capacidade de um primeiro mensageiro de ativar apenas um determinado subconjunto de conformações de um determinado receptor perante todo o conjunto de conformações possíveis. Entre as várias moléculas intracelulares capazes de se ligar a um receptor acoplado ou não a proteínas G, induzindo assim mudanças conformacionais do mesmo, as beta-arrestinas têm sido as mais estudadas. Arrestinas apresentam quatro isoformas, duas das quais referidas como arrestinas visuais por se limitarem principalmente ao sistema visual. As outras duas isoformas, beta-arrestinas 1 e 2, são altamente expressas em praticamente todos os tecidos e desempenham papéis importantes na função e regulação dos receptores GPCR.

GPCR ativados também recrutam quinases de receptores (GRK), que fosforilam os próprios receptores, facilitando, assim, o término do sinal. A finalização do sinal será discutida com maiores detalhes ao final deste capítulo.

Receptores acoplados a proteínas Gs e Gi, cAMP e PKA

O papel do cAMP como segundo mensageiro começou a ser elucidado já no final da década de 1950. Nessa data, foi verificado, em homogeneizados de fígado de camundongo, um aumento da concentração da enzima fosforilase na sua forma ativa (fosforilada), quando o tecido era tratado com catecolaminas, na presença de ATP. Enquanto em bactérias a variação da concentração de cAMP está relacionada com a regulação da expressão gênica, em células eucarióticas este segundo mensageiro é capaz de mediar uma grande variedade de respostas rápidas de ajuste, que independem de alteração da expressão de genes.

Após a ativação do receptor, a adenililciclase é ativada pela subunidade α da proteína trimérica Gs e passa a sintetizar cAMP a partir de ATP. A interação do receptor com a proteína G, e desta com a ciclase, assim como a produção de cAMP, ocorrem muito próximo à superfície interna da membrana plasmática (Figura 3.18). Depois da estimulação da Gαs, os níveis de cAMP podem aumentar em até 20 vezes o nível basal.

Existem dez tipos conhecidos de *adenililciclases* em mamíferos, algumas ativadas pelo complexo Ca^{2+}/calmodulina, outras inibidas por baixas concentrações de Ca^{2+} e ainda outras que são inibidas por calcineurina (uma proteína fosfatase dependente de Ca^{2+}) ou pela fosforilação da proteinoquinase II dependente do complexo Ca^{2+}/calmodulina (CAMK II).

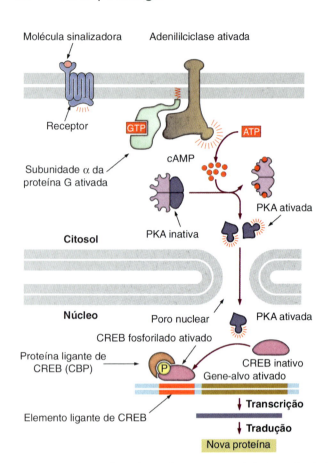

Figura 3.18 ▪ Cascata de sinalização de receptores acoplados à proteína Gs. A subunidade αs ativa a adenililciclase, que catalisa a conversão de ATP em AMP cíclico. Este se liga a quatro locais nas duas subunidades reguladoras da proteinoquinase dependente de AMP cíclico (PKA). Isto faz com que as duas subunidades catalíticas desliguem-se uma da outra e do dímero regulatório e fosforilem substratos específicos, inclusive o fator de transcrição CREB (elemento responsivo a cAMP), no núcleo da célula. O CREB fosforilado une-se à *proteína ligante* de CREB; então, o complexo formado ativa genes específicos, causando sua transcrição. (Adaptada de Alberts et al., 2002.)

Alguns tipos de adenililciclase também podem ser ativados após fosforilação por proteinoquinases C. Esses dez tipos estão sendo agrupados em duas classes distintas: nove deles ligados à membrana plasmática (TmAC1 a TmAC9) e um solúvel (ACs). Logo após a descoberta da ACs, verificou-se que sua localização não se restringia apenas ao citoplasma, mas podia ser encontrada também no núcleo e nas mitocôndrias.

Em alguns casos, a subunidade α da proteína G é inibitória de adenililciclase, e o resultado da ativação de um receptor acoplado a Gi é a diminuição de cAMP; na maioria dos casos, Gi liga-se a canais e os modula e não regula a adenililciclase. Em receptores de acetilcolina do tipo muscarínico, a subunidade αi inibe a adenililciclase, diminuindo o nível de cAMP, enquanto a subunidade βγ liga-se a canais de K⁺ (ver Figura 3.17), abrindo-os, hiperpolarizando a fibra muscular cardíaca e inibindo sua contração.

É interessante mencionar que duas toxinas de bactérias, bem conhecidas, exercem seus efeitos orgânicos por atuarem sobre proteínas G. Gαs é o alvo da toxina liberada pela bactéria *Vibrio cholerae*, que causa a cólera. A toxina de cólera adiciona riboses à subunidade α da proteína Gs, que fica impedida de hidrolisar GTP, permanecendo constantemente ativa, o que mantém a adenililciclase também ativa e os níveis de cAMP elevados. No epitélio intestinal, isso provoca aumento de efluxo de cloro e água, sob forma de diarreia, que pode levar à morte. A outra toxina é a toxina de pertússis, ou da popularmente conhecida coqueluche. Sua ligação à proteína Gi impede a dissociação da subunidade αi, prevenindo a continuação da cascata de sinalização que se seguiria.

O cAMP liga-se e ativa as proteinoquinases dependentes de cAMP (PKA), as primeiras quinases a serem descobertas. Em sua forma inativa (na ausência de cAMP), a PKA é uma holoenzima tetramérica formada por duas subunidades reguladoras R e duas subunidades catalíticas C. Sua ativação dá-se quando duas moléculas de cAMP se ligam de forma cooperativa a cada uma das duas subunidades R, causando um decréscimo de afinidade entre as porções catalíticas (C) e reguladoras (R) da molécula da quinase. Esta perda de afinidade leva à dissociação das partes, com a formação de um dímero da subunidade R e de dois monômeros das subunidades C, agora ativos, cada um pela ligação a duas moléculas de cAMP (ver Figura 3.18). A subunidade C ativa catalisa a transferência de gamafosfato (P) do complexo Mg^{2+}-trifosfato de adenosina (ATP) para resíduos de serina e treonina de substratos proteicos específicos, especificidade essa conferida por sequências particulares de aminoácidos. A PKA, preferencialmente, fosforila locais onde haja uma sequência dibásica separada do aminoácido fosforilável (serina ou treonina), por um aminoácido qualquer e um resíduo hidrofóbico adjacente ao carboxiterminal.

Foram descritas até o momento em mamíferos duas classes de isoformas de PKA, denominadas *PKA tipos I e II*. Além disso, as subunidades C e R têm grande heterogeneidade. Cinco isoformas são conhecidas para a subunidade R (*RI alfa, RI beta, RII alfa, RII beta*) e três para a C (*C alfa, C beta* e *C gama*), todas codificadas por genes distintos. Estas diferentes isoformas apresentam padrões próprios de distribuição entre os tecidos, o que explicaria a grande diversidade de respostas mediadas por cAMP.

Uma vez ativada, a PKA, dependendo do tipo celular, pode atuar em diferentes substratos e eliciar enorme variedade de respostas. As subunidades C livres podem migrar para o núcleo, onde são capazes de fosforilar o fator de transcrição CREB, levando a célula a um aumento de transcrição de genes específicos, que têm a sequência CRE em seus promotores (ver Figura 3.18).

Um importante ponto de controle da ação catalítica da PKA é exercido pelos inibidores termoestáveis de proteinoquinases (PKI). Estas proteínas ligam-se, com alta especificidade, ao local catalítico da subunidade C, por disporem de uma sequência de aminoácidos semelhante à sequência reconhecida pela subunidade C em seus substratos.

Proteínas ancoradoras de PKA ou AKAP já eram conhecidas desde a década de 1970. Inicialmente, achava-se que elas eram contaminantes que apareciam durante o processo de purificação da quinase. Só na década de 1990 é que foi descoberto que tais moléculas são, muitas vezes, essenciais para a atividade da enzima. As AKAP ligam-se às subunidades reguladoras das PKA e à membrana ou citoesqueleto, fixando a quinase a locais específicos da membrana celular. Esta distribuição especial faz com que a enzima exerça sua função catalítica junto a seu substrato específico, ou mesmo direcionando e modulando a resposta. Estas proteínas adaptadoras formam grandes complexos moleculares, em que não somente existem locais de ligação para PKA, mas também para proteinoquinases C e fosfatases (Figura 3.19), como a PP2A e a calcineurina (PP2B), por exemplo.

Sinalização Celular

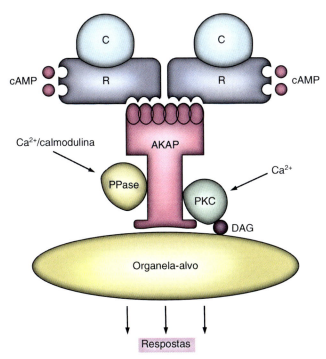

Figura 3.19 • Esquema do complexo sinalizador organizado pela proteína ancoradora dependente de PKA (AKAP). O complexo organiza elementos como PKA, PKC e fosfatase (no exemplo, dependente de Ca^{2+}/calmodulina), de modo a integrá-los, em termos de localização e de funcionalidade, para evocar a resposta celular. *C*, subunidade catalítica da PKA; *R*, subunidade reguladora da PKA; *PPase*, fosfatase; *PKC*, proteinoquinase C; *DAG*, diacilglicerol. (Adaptada de Krauss, 2003.)

É comum que, dependendo do tipo celular, o cAMP, em vez de ativar a PKA, ligue-se diretamente a canais iônicos, abrindo-os.

Ao catalisar a fosforilação (ativação ou desativação) de enzimas intracelulares, as quinases dependentes de cAMP eliciam uma ampla variedade de processos celulares. A regulação negativa da via ocorre quando as fosfodiesterases (PDE) catalisam a hidrólise de cAMP a 5'-monofosfato de adenosina (5'-AMP). Várias famílias de fosfodiesterases (PDE I a VI) atuam como reguladores: a PDE II pode clivar tanto cAMP como cGMP, a PDE III é inibida por cGMP e está envolvida na regulação da musculatura lisa e do músculo cardíaco, e a PDE IV é altamente seletiva para cAMP, sendo a fosfodiesterase mais comum. Atualmente são conhecidas oito famílias de PDE, cada uma podendo apresentar genes múltiplos e uma grande variedade de *splices*, o que aumenta em muito a quantidade possível de isoformas.

Receptores acoplados a proteínas Gq, fosfoinositídios, Ca^{2+} e PKC

A família das *proteínas Gq* é uma das mais bem caracterizadas entre as proteínas G. Quando a proteína Gq é estimulada

> É cada vez mais evidente que a via de sinalização por cAMP utiliza a compartimentalização como uma estratégia para a coordenação de um grande número de funções celulares. O confinamento espacial permite a formação de "pontos quentes" de sinalização de cAMP em discretas regiões do domínio subcelular em resposta a estímulos específicos. Essas regiões, primeiramente, permitem que diferentes vias que utilizam cAMP como segundo mensageiro possam atuar simultaneamente. Em segundo, essas microrregiões agrupam uma série de enzimas e proteínas relacionadas à via de transdução do sinal em questão, otimizando assim a resposta. O conhecimento cada vez maior dos componentes dessas microrregiões aumenta as possibilidades de exploração terapêutica das mesmas.

(normalmente, por mensageiros extracelulares mobilizadores de Ca^{2+}), promove a ativação da enzima fosfolipase C_β (PLC_β). Uma vez ativada, a PLC_β promove a catálise do fosfolipídio de membrana 4,5-bifosfato de fosfatidilinositol, gerando 1,4,5-trifosfato de inositol (IP_3) e diacilglicerol (DAG) (Figura 3.20).

As isoformas da fosfolipase C (PLC) que catalisam a quebra de polifosfoinositídios (PI) em trifosfato de inositol (IP_3), com subsequente liberação de Ca^{2+} de estoques intracelulares, e diacilglicerol (DAG), foram caracterizadas e classificadas em três tipos: β, ϒ e δ.

As isoformas β são conhecidas por mediarem a hidrólise de PI após ativação de receptores acoplados a proteínas G por certos hormônios, neurotransmissores e agonistas relacionados. Em contraste, as isoformas ϒ medeiam a hidrólise de PI induzida por atividade intrínseca de receptores tirosinoquinases ligados a fatores de crescimento (ver "Receptores tirosinoquinases", adiante) ou tirosinoquinases citoplasmáticas solúveis que são elementos de vias de sinalização de certos receptores. Finalmente, as isoformas do tipo δ catalisam a hidrólise de fosfatídios da esfingomielina (SM) e da fosfatidiletanolamina (PE), fazendo parte das vias da fosfolipase C fosfatidilcolina-específica (PC-PLC).

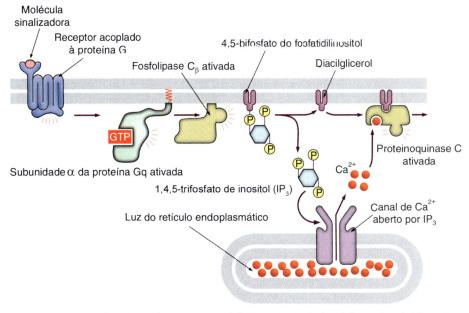

Figura 3.20 • Cascata de sinalização de receptores acoplados à proteína Gq. A subunidade αq ativa a fosfolipase C, que catalisa a clivagem de fosfolipídios de membrana, como 4,5-bifosfato de fosfatidilinositol em trifosfato de inositol (IP_3) e diacilglicerol (DAG). O IP_3 liga-se a (e abre) canais de Ca^{2+} modulados por ligante intracelular, localizados no retículo endoplasmático liso, permitindo a saída de íons Ca^{2+} para o citosol. O DAG liga-se a um local na proteinoquinase dependente de Ca^{2+} (PKC) já ligada a Ca^{2+}, ativando-a e permitindo que fosforile substratos específicos, inclusive *MAP-quinases*. Então, inicia-se uma cascata de fosforilações por MAP-quinases que, em última instância, induz a fosforilação do fator de transcrição Elk-1, que se liga ao elemento responsivo a soro (SRE), em genes específicos, causando sua transcrição (esta última cascata de eventos não está indicada na figura). (Adaptada de Alberts *et al.*, 2002.)

IP$_3$ é hidrossolúvel, difundindo-se da membrana para o interior da célula, onde se ligará aos chamados receptores de IP$_3$ (IP$_3$R); estes são canais de Ca^{2+} existentes na membrana do retículo endoplasmático/retículo sarcoplasmático (RE/RS). Esta ligação levará à abertura desses canais de Ca^{2+}, liberando os estoques deste íon do RE/RS para o citoplasma.

Além do citado receptor de IP$_3$ utilizado para a liberação de Ca^{2+} do retículo, outro tipo de receptor, conhecido como rianodina (RyR), pode ser ativado para este fim. Estes dois tipos de canais intracelulares (IP$_3$R e RyR) apresentam grande homologia em seus domínios de formação de canais transmembrânicos, e ao menos três isoformas distintas de ambos são conhecidas.

Em muitos tipos celulares, a liberação do Ca^{2+} de estoques intracelulares (promovida por IP$_3$) induz a abertura de canais de Ca^{2+} da membrana celular, promovendo assim um influxo de Ca^{2+} do meio extracelular para o interior da célula. Esse influxo iônico pode também ser estabelecido pela abertura de canais de Ca^{2+} de membrana dependentes de voltagem, que se abrem quando células eletricamente excitáveis (como as células endócrinas, exócrinas, musculares ou nervosas) se despolarizam. Em células excitáveis, o principal meio para influxo de Ca^{2+} é a via do canal de Ca^{2+} voltagem-seletivo (VGCC). Indiretamente, a voltagem também modula a quantidade de Ca^{2+} que passa através de todos os canais de Ca^{2+} voltagem-independentes, pela modificação da direção da força para o influxo de Ca^{2+}. Os canais permeáveis a Ca^{2+} independentes de voltagem compreendem as mais numerosas e variadas rotas de influxo celular de Ca^{2+}. Com poucas exceções (canais modulados por ligantes e canais mecanossensitivos), as rotas independentes de voltagem são em geral ativadas por cascatas de sinalização. A mais comum envolve a já mencionada ativação de PLC$_\beta$, com geração de IP$_3$ e diacilglicerol.

A mudança da concentração de Ca^{2+} citosólico é um sinal versátil que pode regular muitos processos celulares. Esta variação pode se dar também em outros compartimentos celulares, como nas mitocôndrias ou mesmo no núcleo. O Ca^{2+} é, tradicionalmente, descrito como um segundo mensageiro liberado de estoques intracelulares. Entretanto, ele mesmo pode liberar mais Ca^{2+} desses estoques, adicionando assim um passo a mais na cascata de sinalização.

Dentro das organelas que estocam Ca^{2+}, estes íons encontram-se ligados a proteínas tamponantes especiais. Entre estas, incluem-se *calsequestrinas*, *calreticulinas* e *calnexinas*. Já no citosol, existem proteínas tamponantes móveis que, ao se ligarem a Ca^{2+}, impedem aumentos bruscos deste, além de auxiliarem na redistribuição deste íon e de transmitirem o sinal adiante na cascata. São exemplos destas proteínas citosólicas: *calbindinas*, *paravalbuminas*, *troponinas*, *calmodulinas* e proteínas da *família S100*. A troponina C é a molécula sinalizadora de Ca^{2+} na célula muscular esquelética, enquanto a calmodulina é a mais comum nos vários tipos celulares.

Ambas têm quatro locais de ligação para cálcio. A calmodulina, uma vez ligada a cálcio, muda de conformação, podendo então ligar-se a enzimas e a proteínas de membrana de transporte, ativando-as. A mais conhecida é a proteinoquinase dependente de Ca^{2+}/calmodulina, a *CAM-quinase*, uma Ser/Tre-quinase que se autofosforila e fosforila outros substratos. Na interação Ca^{2+}/calmodulina, a enzima apresenta sua conformação alterada, liberando sua porção catalítica quinásica da inibição. Sua autofosforilação permite que a enzima continue ativa, mesmo depois de os níveis intracelulares de Ca^{2+} caírem e de o complexo Ca^{2+}/calmodulina se dissociar da quinase (Figura 3.21). Essa propriedade, na CAM-quinase II cerebral, constitui a base da memória e do aprendizado.

Ao contrário da grande variedade de mecanismos encontrados para o influxo de Ca^{2+}, a perda de Ca^{2+} para o espaço extracelular é limitada à ação de duas famílias de proteínas da membrana plasmática: Ca^{2+}-ATPase (PMCA) e o trocador Na$^+$/Ca^{2+}. As concentrações de Ca^{2+} também são controladas no interior das organelas celulares, por uma variedade de *bombas* e transportadores específicos para cada organela. No RE, a captação de Ca^{2+} é controlada por uma família de Ca^{2+}-ATPase de retículo sarco/endoplasmático (a SERCA), enquanto na mitocôndria isso é feito por um transportador de Ca^{2+} mitocondrial.

O outro produto da hidrólise de fosfolipídios de membrana pela PLC$_\beta$, o DAG, permanece na membrana, podendo: (1) promover ativação de proteinoquinase C (PKC) (desencadeando, assim, uma cascata de fosforilação) ou (2) ser clivado, gerando ácido araquidônico (que dará início à via de síntese dos eicosanoides).

A PKC é uma quinase que fosforila resíduos serina e treonina em proteínas substratos, resultando em modulação

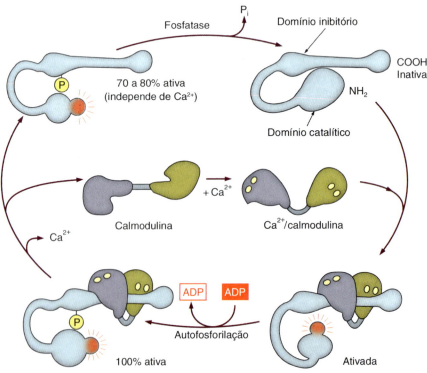

Figura 3.21 ▪ A calmodulina, molécula citosólica, ao ligar-se a quatro átomos de Ca^{2+} muda de conformação, interagindo com uma quinase dependente de Ca^{2+}/calmodulina (a *CAM-quinase*), que se autofosforila e passa a exercer sua atividade catalítica quinásica sobre substratos específicos. Com o retorno dos íons Ca^{2+} para o retículo endoplasmático, a quinase desliga-se da calmodulina, mas ainda retém cerca de 70 a 80% de sua plena atividade, prolongando, assim, sua permanência no estado ativo. No cérebro, essa sinalização é essencial para o mecanismo de memória e aprendizado. (Adaptada de Alberts *et al.*, 2002.)

funcional destas. A existência dessas quinases foi evidenciada, pela primeira vez, no final da década de 1970, quando a PKC foi identificada como uma proenzima que requer concentrações milimolares de cálcio para sua atividade, daí seu nome.

A PKC é uma enzima amplamente distribuída no organismo, tendo sido encontrada em praticamente todos os tecidos de mamíferos testados. É particularmente abundante no sistema nervoso (SN), desempenhando importante papel no controle da atividade do SN e da propagação do sinal neural. Sua ampla distribuição nos diferentes tecidos, tanto de vertebrados quanto de invertebrados, evidencia seu papel crucial no controle ou modulação de vários outros processos biológicos. Entre os mais conhecidos, podemos citar: regulação de secreções celulares, liberação de neurotransmissores, condutância de membrana e contração muscular.

Atualmente, sabe-se que a PKC faz parte de uma grande família de proteínas, com várias isoformas que apresentam características enzimológicas sutilmente individuais. Alguns membros da família apresentam padrões distintos de expressão tecidual e localização intracelular. A família PKC é classificada em quatro grupos:

- *Convencionais* ou *cPKC*: α, β$_I$, β$_{II}$ e γ, as quais são ativadas por Ca^{2+}, fosfatidilserina (PS), diacilglicerol (DAG) ou éster de forbol
- *Novas* ou *nPKC*: δ, ε, η, μ e θ, as quais são ativadas por PS e DAG ou éster de forbol, mas independentes de Ca^{2+}
- *Atípicas* ou *aPKC*: ξ, ι e λ, as quais são Ca^{2+}-independentes e insensíveis a DAG e a éster de forbol, porém são ativadas por PS
- *PRK*: semelhantemente às atípicas, são insensíveis a Ca^{2+}, a DAG e a éster de forbol, sendo ativadas pelas proteínas G monoméricas, Rho.

As isoformas de PKC consistem em um domínio catalítico (carboxiterminal) e um domínio regulatório (aminoterminal). O domínio catalítico contém sequências incluindo o local de ligação para ATP, que são homólogas a outras proteinoquinases. Os domínios regulatórios de algumas isoformas apresentam locais para ligação de cálcio. Todas as isoformas apresentam no seu domínio regulatório um motivo denominado *pseudossubstrato*, que pode interagir com o local ativo da enzima, inativando-a na ausência de fatores ativadores.

O fato de a ativação de PKC ser uma resposta comum a quase todos os mitógenos, e de promotores tumorais serem mitogênicos para certos tipos celulares, levou a uma intensiva busca de seus substratos ao longo das últimas duas décadas.

Ao contrário da proteinoquinase A (PKA), não foi ainda determinada uma sequência consenso para a fosforilação pela PKC. Todas as PKC requerem resíduos básicos, mas há uma variação considerável na justaposição e escolha de arginina ou lisina ao redor do local de fosforilação. Além da fosforilação de serina ou treonina, a isoforma δ de PKC também tem capacidade de fosforilar tirosina. PKC também é capaz de se autofosforilar em três regiões diferentes de sua sequência primária, o que provavelmente implica uma autorregulação de sua função biológica.

A ativação da PKC, frequentemente, resulta em sua translocação para a membrana citoplasmática, não sendo pois surpreendente que vários de seus substratos sejam proteínas associadas à membrana. Na realidade, diferentes isoformas de PKC podem translocar-se para locais celulares distintos, o que explica a variedade de respostas celulares por elas controladas.

Há vários substratos de PKC localizados no citoesqueleto; estes podem servir de instrumento para as rápidas modificações morfológicas documentadas em células tratadas com fatores de crescimento ou ésteres de forbol. Uma proteína ácida foi identificada como um dos substratos majoritários para a PKC. Esta proteína foi denominada MARCKS (*myristoylated, alanine-rich C-kinase substrate*). MARCKS é uma proteína ligante de actina e de calmodulina, cuja ligação à membrana plasmática durante a adesão a substrato é regulada pela PKC. Sendo assim, representa uma molécula candidata ideal através da qual a PKC poderia regular a associação reversível do citoesqueleto de actina com a membrana plasmática, que é um pré-requisito para a locomoção, assim como para outras alterações morfológicas celulares.

A cascata desencadeada por Gq, através de PKC, também parece regular muitas isoformas de fosfolipase D (PLD), podendo ativar o fator transcricional NF-κB. PLD é uma enzima de ubiquitinação (ver adiante, "Receptores de TNF" e "Finalização de sinal") que hidrolisa fosfatidilcolina a ácido fosfático e colina. O fator transcricional NF-κB, uma vez ativado no citoplasma, migra para o núcleo da célula, onde poderá ativar a transcrição de grande número de genes, como, por exemplo, os relacionados com processos inflamatórios e estresse.

Receptores acoplados a proteínas Gt e Go

Como já tivemos a oportunidade de ver, os estímulos externos geram uma resposta intracelular por alterarem os níveis dos chamados segundos mensageiros. Entre estes estímulos,

---

A organização espacial e temporal da transdução de sinal é fundamental para direcionar diferentes estímulos extracelulares para distintas respostas celulares. Um exemplo clássico é a interação que ocorre entre hormônios e fatores de crescimento, com a grande família de serinas/treoninoquinases conhecidas como proteinoquinases C (PKC). Os requisitos moleculares para promover a translocação da PKC a específicos domínios da membrana plasmática envolvem sua ativação por diacilglicerol (DAG) e cálcio (Ca^{2+}). A interação de isoformas de PKC com proteínas como receptores para quinases C ativadas (RACKS), AKAP, proteína 14-3-3, proteínas de choque térmico (HSP) e importinas transloca o complexo para localizações celulares específicas, aproximando a PKC a seus substratos. Várias anexinas (Anx), incluindo AnxA1, A2, A5 e A6, também interagem e conduzem PKC para a membrana, possibilitando a fosforilação de substratos específicos.

Auroras quinases

As auroras formam uma conservada família de serina/treoninoquinases, que apresentam funções essenciais na divisão celular. As auroras quinases são quinases mitóticas, frequentemente associadas a cromossomos e complexadas a outras proteínas. Elas interagem com componentes do citoesqueleto, na divisão celular. Existem três tipos em mamíferos: *auroras quinases A, B e C*, cada qual apresentando uma localização específica durante a mitose celular. A aurora quinase A, também conhecida como "*quinase polar*", está primariamente associada à separação dos centrossomos, enquanto a B, chamada de "*quinase equatorial*", é uma proteína cromossômica passageira. A C aparece localizada no centrossomo, desde a anáfase até a telófase; é altamente expressa nos testículos.

Os três tipos de auroras quinases têm forte associação a câncer. A aurora A vem sendo mapeada em regiões do cromossomo humano que estão amplificadas em células cancerosas e tumores primários. Os níveis de expressão das auroras B e C apresentam-se também elevados em algumas linhagens celulares tumorais. A aurora C se localiza em uma porção cromossômica associada a câncer ovariano e pancreático.

podemos ter os mensageiros químicos (p. ex., odores) e, além destes, a luz. Ambas as vias de transdução do sinal luminoso e do odorífero estão baseadas em um tipo especial de canal catiônico, aberto por nucleotídios cíclicos, conhecido por *CNG* (*cyclic nucleotide gated*). Mais de 10.000 odores são detectados por receptores olfatórios celulares localizados na cavidade nasal. Estes receptores estão acoplados a uma *proteína Golf*, cuja ativação leva ao crescimento da atividade de adenililciclase, promovendo assim um aumento intracelular de cAMP. O cAMP produzido promove a despolarização destas células, ao ligar-se a um tipo específico de canal altamente permeável ao íon Ca^{2+}. A abertura destes canais pelo cAMP conduz a uma grande elevação da concentração de cálcio no citoplasma que promove, por sua vez, uma despolarização celular por saída de Cl^- (a qual é Ca^{2+}-dependente), amplificando assim a corrente gerada pelo cAMP (Figura 3.22). Por experiência própria, sabemos que o sistema olfatório, bem como todos os nossos sistemas sensoriais, adapta-se rápida e eficientemente a estímulos persistentes. Esta adaptação, parcialmente, realiza-se por um mecanismo interessante de retroalimentação no neurônio olfatório. Quando a célula é estimulada e os canais CNG se abrem, ocorre grande influxo celular de íons Ca^{2+}, que se ligam à calmodulina (CaM). O complexo Ca^{2+}/CaM liga-se a locais nos canais CNG, que reduzem sua afinidade por cAMP e se fecham, novamente. Além disso, o complexo Ca^{2+}/CaM ativa a fosfodiesterase (PDE), que destrói o cAMP. Assim, embora a substância odorífera ainda esteja presente, a sensibilidade da célula é altamente reduzida. Outros mecanismos adicionais de adaptação existem no cérebro, durante as várias etapas do processamento da informação olfatória.

Curiosamente, a fototransdução promovida por cones e bastonetes, da retina dos vertebrados, também utiliza canais CNG para gerarem uma resposta eletrofisiológica. Nestas células receptoras, no entanto, o cGMP está ligado ao canal de Na^+, mantendo-o aberto no escuro (o que provoca despolarização da membrana); sob iluminação, a proteína Gt (ou *transducina*), ativada pelo receptor de fótons (agora em nova configuração), estimula uma fosfodiesterase que degrada cGMP, baixando os níveis desse nucleotídio, que se desliga dos canais de Na^+, que se fecham (causando hiperpolarização da membrana) (Figura 3.23). Além disso, a adaptação de fotorreceptores, como ocorre nos receptores olfatórios, é causada pelas mudanças nas concentrações intracelulares de Ca^{2+} que acompanham a resposta ao estímulo, dependentes de calmodulina e da afinidade de cGMP pelos canais CNG. Entretanto, os efeitos dos nucleotídios cíclicos e do Ca^{2+} são opostos: nas células olfatórias, cAMP e Ca^{2+} aumentam com o estímulo, ao passo que nos fotorreceptores dos cones e bastonetes o cGMP e o Ca^{2+} diminuem em resposta à luz. Nos fotorreceptores, a ativação pela luz promove diminuição da ação do Ca^{2+} pela sua ligação à calmodulina, restaurando assim o estado aberto dos canais CNG. Os baixos níveis intracelulares de Ca^{2+} também contribuem para a ativação da guanililciclase, o que novamente resulta no aumento da abertura dos canais CNG.

Receptores frizzled e a sinalização por β-catenina

Semelhantemente aos receptores acoplados à proteína G, os receptores *frizzled* também têm sete domínios transmembrânicos; mas, embora possam sinalizar através de proteínas Gq, na sua maioria atuam independentemente de proteínas G, utilizando a proteína citoplasmática *dishevelled*. Seu ligante, *Wnt*, é proteico e foi inicialmente descrito em *Drosophila*. Hoje, sabe-se que o *sistema Wnt/receptor frizzled* existe em todos os animais estudados e está relacionado com muitos aspectos de desenvolvimento. O genoma dos mamíferos codifica 19 proteínas Wnt e 10 receptores transmembrânicos *frizzled*, os quais, em teoria, poderiam perfazer 190 combinações, cada uma evocando uma diferente resposta biológica. Esses genes

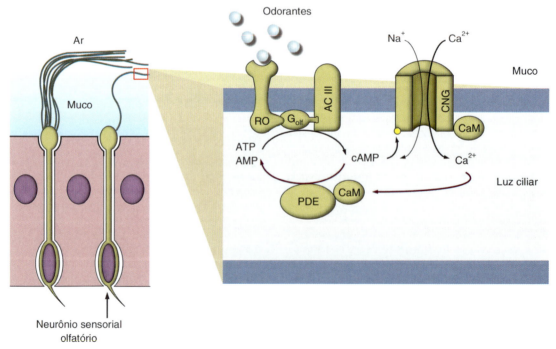

Figura 3.22 • Cascata de sinalização de receptores (RO) acoplados à *proteína Golf*, em neurônios olfatórios. A subunidade αolf ativa a *adenililciclase tipo III*, que catalisa a conversão de ATP em AMP cíclico. Este se liga a um canal catiônico operado por nucleotídio (o CNG) na membrana citoplasmática, que se abre, permitindo a entrada de íons Na^+ (que despolarizam a membrana, transformando o sinal químico em elétrico) e íons Ca^{2+} (que se ligam à calmodulina). A Ca^{2+}/calmodulina (CaM) ativa uma fosfodiesterase (PDE), que catalisa a transformação de AMP cíclico (cAMP) em não cíclico (AMP), atenuando o sinal, fenômeno conhecido como adaptação sensorial. (Adaptada de www.utdallas.edu.)

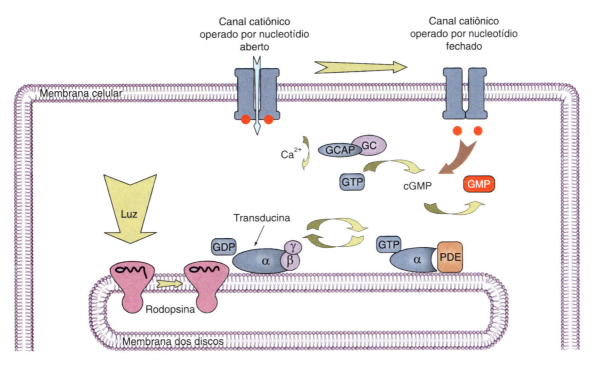

Figura 3.23 ▪ Cascata de sinalização de receptores acoplados à proteína Gt (*transducina*) nos bastonetes da retina. A luz fotoisomeriza a rodopsina, cuja mudança conformacional ativa a proteína Gt. A subunidade αt ativa a fosfodiesterase (PDE), que catalisa a conversão de GMP cíclico (cGMP) em não cíclico (GMP). No escuro, o cGMP encontra-se ligado a canais catiônicos operados por nucleotídio (CNG) na membrana citoplasmática, mantendo os canais abertos e a célula despolarizada. Na luz, com a diminuição dos níveis de cGMP, os canais se fecham e a célula se hiperpolariza. *GC*, guanililciclase. (Adaptada de www.utdallas.edu.)

são altamente conservados com genes *Wnt* ortólogos encontrados em várias espécies de poríferos, cnidários, insetos e vertebrados, abrangendo 600 milhões de anos de evolução. Nesses organismos, o gene *Wnt* é a principal via de controle da proliferação e morte celular, diferenciação durante o desenvolvimento embrionário e homeostase na fase adulta.

Estudos iniciais direcionaram para a existência das chamadas rotas Wnt canônicas (incluindo Wnt1, Wnt3a e Wnt8) e não canônicas (incluindo Wnt5a e Wnt11), que ativariam vias de sinalização canônicas e não canônicas, respectivamente. No entanto, as inúmeras possibilidades teóricas e vias de sinalização encontradas nos últimos anos sugerem que a subdivisão de Wnt extrapolaria em muito essas duas categorias inicialmente propostas. Em vez disso, o postulado de que os Wnt são capazes de ativar múltiplos caminhos determinados por conjuntos distintos de receptores parece hoje o mais correto.

Ligantes Wnt são únicos, na medida em que podem ativar diferentes receptores, mediando assim inúmeras vias de transdução de sinal. Essa diversificação torna-se ainda maior, pois Wnt ativa distintas cascatas, que por sua vez apresentam intersecções com outros sinais no meio intracelular. A ativação de algumas dessas sinalizações depende de correceptores, como lipoproteínas de baixa densidade, por exemplo.

Uma vez ligado ao seu receptor, o Wnt ativa pelo menos cinco cascatas de sinalização intracelulares diferentes, já conhecidas (Figura 3.24): Wnt/β-catenina (rota canônica), rota canônica divergente ou não canônica, Wnt/polaridade celular planar (Wnt/PCP via), Wnt/Ca^{2+} e rota da translocação nuclear do receptor *frizzled*. Nas primeiras quatro cascatas, a mudança conformacional do receptor *frizzled* conduz à ativação da proteína *dishevelled*, o que modula componentes seguintes da via. Outros sistemas, ainda pouco estudados em mamíferos, também relacionados com embriogênese e diferenciação, são os receptores *notch* e *hedgehog*.

Receptores notch

A cascata de sinalização por receptor *notch*, inicialmente descrita em *Drosophila*, é altamente conservada. Mamíferos têm quatro receptores *nocth* que podem ser ativados por cinco ligantes diferentes: *Delta 1, 3* e *4* e *Jagged 1* e *2*. O receptor é um heterodímero, consistindo em uma subunidade extracelular covalentemente ligada a uma segunda subunidade que contém o domínio de heterodimerização extracelular, o domínio transmembrânico e a região citoplasmática. Uma estrutura comum a todos os ligantes de *notch* é o domínio aminoterminal denominado DSL (*Delta, Serrate* e *Lag*-2), envolvido na ligação ao receptor. A sinalização é iniciada pela ligação ligante-receptor entre células vizinhas, o que leva a duas clivagens proteolíticas sucessivas do receptor. Dessa forma, é liberado o domínio intracelular do receptor, que trafega para o núcleo e heterodimeriza com fatores de transcrição, conduzindo à indução de expressão de genes-alvo (Figura 3.25). Há evidências de que *notch* pode conversar ou cooperar com outras vias de sinalização, como NF-κB e TGF-β, ampliando o espectro de genes-alvo.

Nos seres humanos, o anormal ganho ou a perda de componentes da sinalização *notch* provoca um grande número de patologias, entre elas a síndrome de Alagille (displasia artériohepática que pode atingir o fígado e o coração), doenças da válvula aórtica e cânceres.

Receptores de hedgehog

A via de *hedgehog*, também descoberta em *Drosophila*, é um regulador importante de diferenciação celular, polaridade tecidual e proliferação. No início da década de 1990, foram identificados em vertebrados três homólogos de *hedgehog*, *Sonic*, *Indian* e *Desert*, que são secretados e atuam em tecidos em desenvolvimento, tanto em células próximas como distantes. Recentemente, foi demonstrado que ocorre a ativação desta via em uma variedade de cânceres humanos, incluindo carcinomas,

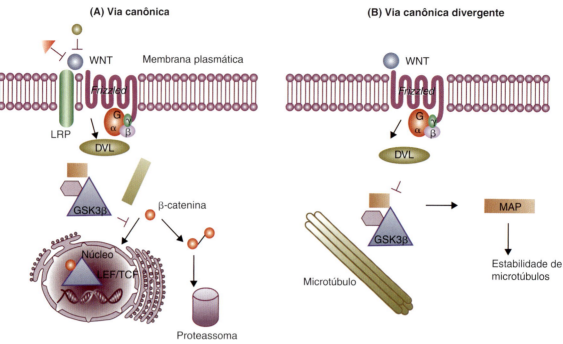
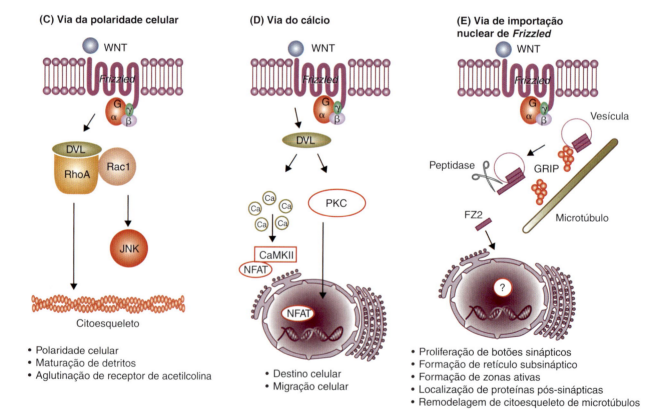

Figura 3.24 ▪ Cascata de sinalização de *receptores frizzled*. **A.** *Via canônica* é a cascata de sinalização mais bem estudada. A ligação de Wnt aos receptores *frizzled* ativa a proteína ancoradora *dishevelled* (DVL), resultando na estabilização de β-catenina e seu transporte para o núcleo, onde regula expressão gênica por meio de sua associação ao fator de transcrição LEF/TCF. **B.** *Via canônica divergente*: DVL liga-se a microtúbulos e regula a fosforilação de proteínas associadas a microtúbulos (MAP). **C.** *Via da polaridade celular*: nesta sinalização, DVL ativada estimula as pequenas GTPases RhoA e Rac1, que por sua vez ativam a quinase JNK para a regulação dos citoesqueletos de actina e de microtúbulos. **D.** *Via de cálcio*: nesta via, a ativação de DVL induz um aumento nos níveis intracelulares de Ca^{2+} e a ativação de proteinoquinase C (PKC) e quinase dependente de Ca^{2+}/calmodulina II (CaMKII), resultando na migração do fator de transcrição de células T (NFAT) para o núcleo. **E.** *Via de importação nuclear de frizzled*: nesta via alternativa, os receptores de Wnt são internalizados, clivados e levados ao núcleo. Este tráfego depende da ligação do fragmento do receptor *frizzled* 2 (FZ2) à proteína ligante do receptor de glutamato (GRIP). (Adaptada de Korkut e Budnik, 2009.)

Sinalização Celular   79

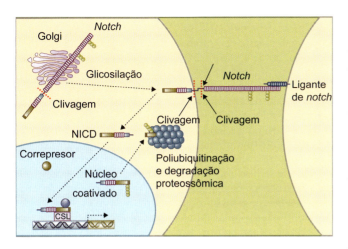

meduloblastomas, leucemia e tumores de próstata, mamas, ovários e pulmões. A sinalização por *hedgehog* também é altamente conservada. Na ausência de ligantes *hedgehog*, a proteína *smoothened* (de sete domínios transmembrânicos) encontra-se inibida por outra proteína transmembrânica *patched*. A ligação de *hedgehog* ao seu receptor *patched* remove essa inibição, permitindo que *smoothened* inicie a cascata de sinalização que leva à ativação de fatores de transcrição.

Receptores de TNF (fator de necrose tumoral)

Esses fatores são massivamente liberados por mastócitos; atuam em tecidos envolvidos em resposta inflamatória, estimulando-os a produzirem mais TNF, em uma retroalimentação positiva que, rápida e eficientemente, amplifica a resposta. Os *receptores de TNF* são homotrímeros de proteínas transmembrânicas que reconhecem TNF-α e TNF-β. A ligação de TNF a seu receptor desencadeia a fosforilação de uma proteína IκB, que é ubiquitinada e destruída por proteassomos (ver adiante, "Finalização de sinal"). A proteína IκB normalmente inibe o fator de transcrição NF-κB, que agora, desinibido, move-se para o núcleo, onde atua como fator de transcrição (Figura 3.26), ligando-se ao promotor de mais de

Figura 3.25 ▪ Sinalização por *notch*. Proteínas *notch* são sintetizadas como precursores que, após clivagem, geram um heterodímero cujas subunidades se ligam não covalentemente. A sinalização é iniciada pela interação ligante-receptor, que induz duas outras clivagens. A última proteólise libera o domínio citoplasmático do receptor *Notch*, que se transloca para o núcleo, onde se liga ao fator de transcrição CSL, que se converte de repressor em ativador transcricional. (Adaptada de Radtke *et al.*, 2010.)

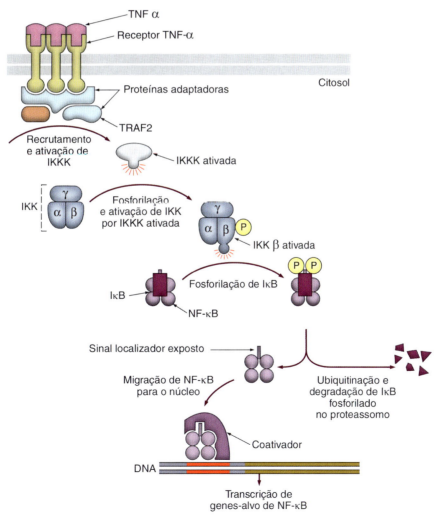

Figura 3.26 ▪ Cascata de sinalização de receptores de fator de necrose tumoral α (TNF-α). Após a ativação por TNF-α, proteínas adaptadoras associam o receptor trímero à ativação de uma quinase que fosforila IKK β que, por sua vez, fosforila o elemento IκB. Esta proteína, na ausência dessa sinalização, encontra-se associada ao fator de transcrição NF-κB, inibindo-o. Depois da fosforilação de IκB, ele se dissocia de NF-κB, que migra para o núcleo, onde ativa genes-alvo, enquanto seu inibidor é ubiquitinado e degradado no proteassomo. (Adaptada de Alberts *et al.*, 2002.)

60 genes, como os que produzem interleucinas e outras citocinas promotoras de inflamação. A ação anti-inflamatória de glicocorticoides deve-se à sua atividade estimuladora da produção de IκB, além de eles inibirem a via de síntese dos eicosanoides.

▶ Receptores com atividade enzimática intrínseca

Quatro tipos de domínios enzimáticos (tirosinoquinase, serina/treoninoquinase, tirosinofosfatase e guanililciclase) são encontrados como receptores de membrana (Figura 3.27), a maioria deles ativada após dimerização.

Os receptores tirosinoquinases, os receptores semelhantes a tirosinofosfatase e os receptores guanililciclase do peptídio atrial natriurético formam homodímeros, ao passo que os receptores serina/treoninoquinases e a única classe de receptores de fatores de crescimento epidérmico (EGF) formam heterodímeros.

Receptores tirosinoquinases

Os mensageiros extracelulares (geralmente fatores de crescimento, como a insulina e o fator de crescimento de fibroblasto), ao ligarem-se ao receptor tirosinoquinase, ativam sua autofosforilação sobre um resíduo Cys; então, o receptor se dimeriza, desencadeando uma cascata de fosforilação de proteínas, muitas delas tirosinoquinases citosólicas. Algumas delas entram no núcleo e fosforilam fatores de transcrição. Os receptores tirosinoquinases podem ter sido vitais no estabelecimento do primeiro metazoário. Embora estes receptores estejam ausentes em leveduras ou plantas (fosforilação em tirosinas ocorre em plantas e leveduras, mas não por meio da ação de uma tirosinoquinase de membrana), eles estão presentes nas esponjas. Muitos ortólogos para as cinco maiores classes de receptores tirosinoquinases humanos [receptores de FGF, EGF, *insulina*, fator de crescimento endotelial vascular (VEGF) e fator de crescimento derivado de plaquetas (PDGF)] já estão presentes em *Caenorhabditis elegans* e *Drosophila melanogaster*.

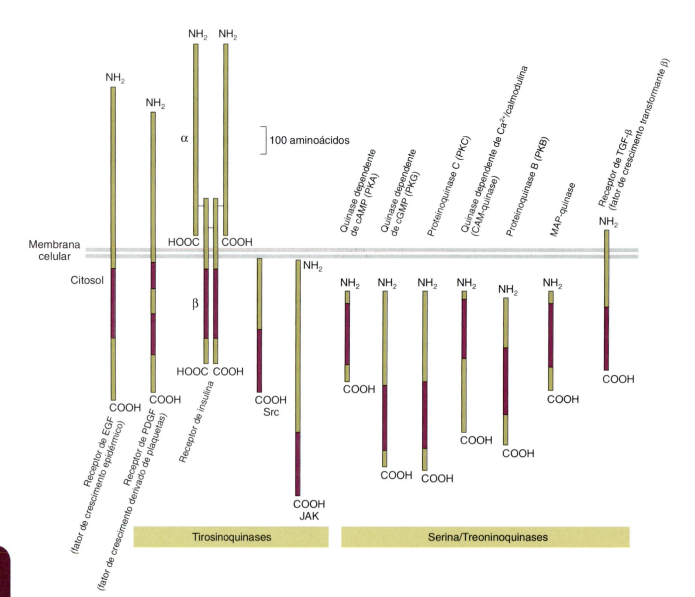

Figura 3.27 ▪ Representação esquemática de receptores de membrana cuja porção N-terminal tem atividade quinásica ou fosfatásica, comparados com enzimas equivalentes citoplasmáticas. (Adaptada de Alberts *et al.*, 2002.)

A ativação do receptor pelo ligante leva à ativação da porção quinásica do receptor, resultando em autofosforilação e fosforilação de *substratos SHC*, o que culmina com a ativação da proteína G *Ras*. A Ras é uma proteína G monomérica, com capacidade de ligar-se a GTP e GDP, tendo atividade GTPásica; essas propriedades são semelhantes às da subunidade α das proteínas G triméricas. O interesse despertado por essa pequena proteína, de 21 kDa, deve-se a seu papel central, multifuncional, na sinalização do crescimento e da proliferação celular, na diferenciação e na apoptose.

As proteínas Ras processam os sinais – advindos de: (1) receptores tirosinoquinases, (2) receptores associados a enzimas quinases e (3) receptores acoplados a proteínas G – para o interior das células, afetando a transcrição gênica. Para tanto, os componentes comumente ativados pelas Ras são as quinases Ser/Tre, Raf, MEK e PI3K, ocasionando uma cascata de fosforilações que culmina em fatores de transcrição, principalmente ERK e JNK.

Nas vias de sinalização de receptores monoméricos, a cascata de MAP-quinases (MAPK) é recrutada, resultando na ativação de fatores de transcrição como CREB, c-Fos e Elk-1, envolvidos na transcrição de genes relacionados com a proliferação celular (Figura 3.28). Os receptores de fatores de crescimento, por exemplo a insulina, podem muitas vezes dimerizar-se, como início da sinalização. Nesse caso, é ativada a fosfoinositídio 3-quinase (PI3K), aumentando a concentração intracelular de PIP2 e PIP. Este, por sua vez, ativa a quinase dependente de fosfato de fosfatidilinositol (PDK-1), que subsequentemente ativa a Akt/PKB.

A PI3K pode ser ativada por receptores de fatores de crescimento, diretamente ou através da proteína G monomérica Ras; a *subunidade* βγ (liberada das proteínas G após a estimulação de receptores acoplados à proteína G) também constitui um outro mecanismo de ativação de PI3K.

Pequenas GTPases formam uma família de proteínas de ligação ao GTP, com um peso molecular de aproximadamente 21 kDa. Entre elas podemos destacar Ras, Rho, Rab e Arf. Essas GTPases estão envolvidas em relevantes processos celulares, como a síntese e o tráfico de proteínas, a transdução de sinais da membrana plasmática em resposta a estímulos externos e a regulação do citoesqueleto, entre outros. Ras GTPases, expressas por três genes, regulam proliferação, apoptose, senescência e diferenciação. Uma das principais vias de sinalização ativadas por Ras é a Raf-MEK-ERK (cascata de MAP-quinases, MAPK), capaz de sinalizar alvos no citosol, bem como no núcleo. A família das Rho GTPases é constituída por mais de 20 membros que funcionam como reguladores-chave do citoesqueleto, modulando assim a migração de células, o tráfego de vesículas e a citocinese. Os três principais grupos dentro da família são Rho, Rac e Cdc42. A maior família de proteínas relacionadas a Ras é a das Rab GTPases com 11 componentes em levedura e, pelo menos, 60 em mamíferos. Rab GTPases desempenham papel-chave na regulação do tráfego de membrana em diferentes locais do sistema de membranas internas. Enquanto Arf GTPases controlam a biogênese de vesículas, Rab GTPases são importantes para o transporte dirigido a membranas específicas. Arf GTPases estão implicadas no controle do tráfego por membrana e arquitetura de organelas. Em mamíferos, existem seis ARFs divididas em três classes: classe I, composta por Arf 1 e 3; classe II, composta por Arf 4 e 5; e classe III, composta pela ARF6, a proteína mais divergente deste grupo. Em seres humanos, Arf2 e Arf4 são idênticas. A família inclui também Arf Sar1 e mais de 20 proteínas *Arf-like* (ARL).

A Akt/PKB é uma serina/treoninoquinase que, em mamíferos, se apresenta sob três isoformas conhecidas: Akt1, Akt2 e Akt3. A Akt ativada promove a sobrevivência celular através de duas vias distintas, descritas a seguir. *Por uma das vias* – inibe a apoptose ao fosforilar o componente Bad do complexo Bad/Bcl-XL. O Bad fosforilado liga-se a 14-3-3, causando a dissociação do complexo Bad/Bcl-XL, o que permite a sobrevivência celular. *Pela outra via* – ativa a IKK-α que, em última instância, conduz à ativação de NF-κB e à sobrevivência celular (Figura 3.29).

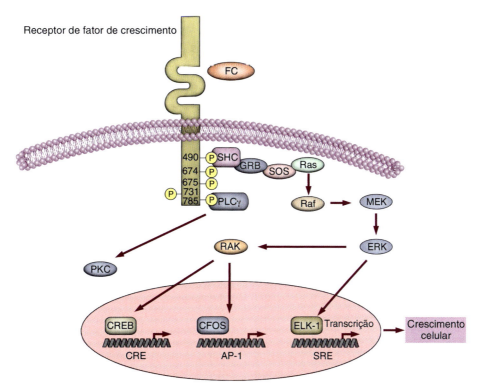

Figura 3.28 ▪ Cascata de sinalização de receptores tirosinoquinases monoméricos. A ativação de receptores monoméricos por fatores de crescimento (FC) leva à autofosforilação do receptor e à fosforilação de substratos específicos (SHC, PLCγ). Isso resulta na ativação da proteína G monomérica Ras, desencadeando fosforilações em cascata de MAP-quinases (MEK) e ativação dos fatores de transcrição ELK-1, CREB ou c-FOS. (Adaptada de www.sigma-aldrich.com).

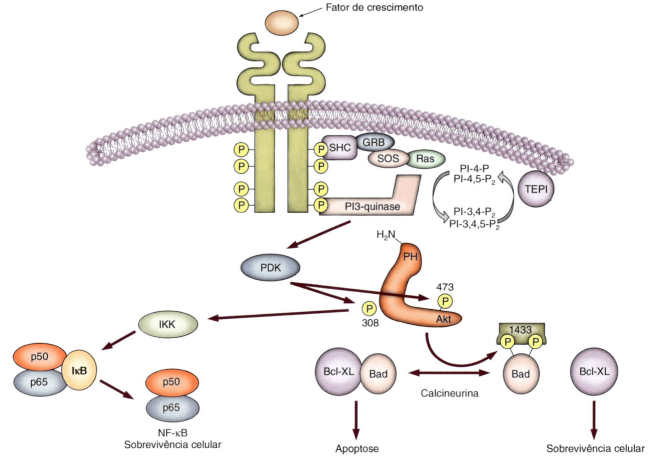

Figura 3.29 • Cascata de sinalização de receptores tirosinoquinases diméricos. A ativação de receptores tirosinoquinases por fatores como a insulina, por exemplo, pode induzir sua dimerização. Nessa sinalização, a fosfoinositídio 3-quinase (PI3K) é ativada, geralmente através da proteína G monomérica Ras, causando a ativação da quinase dependente de fosfato de fosfatidilinositol. A Akt inibe a apoptose, ao fosforilar o componente Bad do complexo Bad/Bcl-XL. O Bad fosforilado liga-se a 14-3-3, provocando a dissociação do complexo Bad/Bcl-XL, o que permite a sobrevivência celular. A Akt também ativa a quinase IKK, que fosforila o *fator inibidor de NF-κB*, o qual, liberado da inibição, estimula transcrições de genes relacionados com a sobrevivência celular. (Adaptada de www.sigma-aldrich.com.)

Receptores serina/treoninoquinases

O ligante conhecido para receptores serina/treoninoquinases é o fator de crescimento transformante beta (*TGF-β*), cuja ligação ativa a capacidade quinásica do receptor que fosforila *proteínas Smad* citoplasmáticas. Estas se movem para o núcleo, onde formam dímeros com outra proteína Smad, os quais agora se ligam ao DNA, reprimindo ou estimulando a transcrição do gene-alvo (Figura 3.30). Essa via de sinalização inibe o ciclo celular; portanto, não é de estranhar que mutações nos genes do receptor ou das proteínas Smad estejam associadas a câncer (p. ex., de pâncreas e de cólon).

Receptores tirosinofosfatases

Em contrapartida, os receptores semelhantes a tirosinofosfatases, quando ativados por ligantes, desfosforilam proteínas celulares. Seu domínio catalítico na porção citoplasmática da molécula é muitas vezes duplo. Só recentemente, foram identificados uns poucos ligantes para esses receptores. Por exemplo, no tecido nervoso, a contactina parece ser o parácrino responsável pela ativação de um subtipo de receptor tirosinofosfatase. Esses receptores vêm sendo implicados na angiogênese e na adesão celular.

Receptores guanililciclases

O hormônio peptídico denominado peptídio atrial natriurético (ANP), produzido preferencialmente pelas células musculares cardíacas atriais e ventriculares, é lançado na circulação e vai ativar receptores de membrana que são guanililciclases (GC) de membrana. A ativação da GC leva à conversão de trifosfato de guanosina (GTP) em 3',5'-monofosfato de guanosina cíclico (cGMP). Existem outros dois hormônios análogos ao ANP: o BNP, produzido também no coração (cardiomiócitos ventriculares, principalmente), e o CNP, formado nas células endoteliais dos vasos. Os três hormônios exibem atividade vasodilatadora e abaixam a pressão arterial por aumentar a excreção renal de sódio e água.

Os receptores NPR-A/B e NPR-NPR-C são os principais tipos de receptores para os peptídios atriais natriuréticos. NPR-A e B são receptores guanililciclase de membrana, ao passo que o receptor NPR-C não apresenta essa atividade. A ligação do ANP ao receptor NPR-A leva à conversão de GTP a cGMP, um segundo mensageiro intracelular. O receptor NPR-A ativo é um homodímero; cada monômero contém um domínio extracelular de ligação ao ANP na sua porção aminoterminal e um domínio intracelular guanililciclase na sua porção carboxiterminal. Como dito, o cGMP recém-sintetizado pode se ligar a proteinoquinases dependentes de cGMP (PKG I ou II), além de atuar sobre canais iônicos dependentes de nucleotídios cíclicos (CNG). Até o momento, dois subtipos diferentes de NPR-C foram identificados que podem se ligar a uma ampla gama de agonistas, incluindo ANP, BNP e CNP.

Sinalização Celular 83

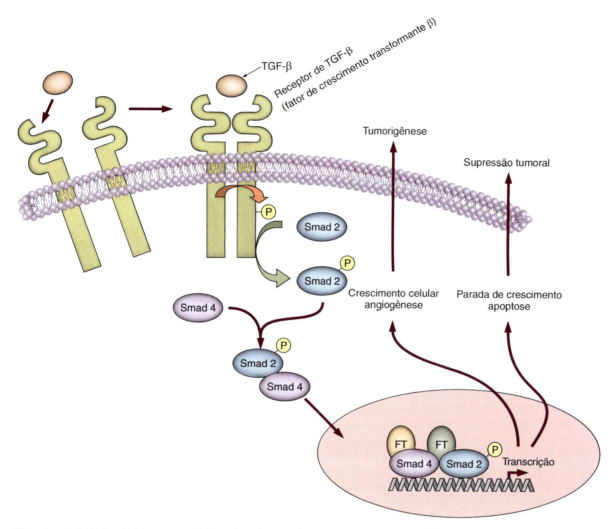

Figura 3.30 ▪ Cascata de sinalização de receptores serina/treoninoquinases. Ao ligarem-se ao mensageiro extracelular, esses receptores dimerizam-se, desencadeando uma sequência de fosforilações e ativações de *proteínas Smad*. Essas proteínas são ancoradouros de fatores de transcrição que podem, então, exercer ativação gênica, resultando em inibição da proliferação e apoptose. (Adaptada de www.sigma-aldrich.com.)

O cGMP serve como um segundo mensageiro (Figura 3.31), de uma forma similar àquela observada com o cAMP; ele pode ser constituído pela ação da GC, que é a porção intracelular do receptor de membrana, ou de GC solúveis citosólicas.

RECEPTORES INTRACELULARES

Os receptores intracelulares regulam a expressão gênica de modo direto, pois são fatores de transcrição ativados por ligantes, situados no citoplasma ou no núcleo. Incluem os receptores de: hormônios esteroides (cortisol, hormônios sexuais), hormônio da tireoide (T3), vitamina D e os receptores órfãos. Estes últimos são receptores nucleares para os quais nenhum ligante foi, até o momento, identificado.

▶ Receptores de esteroides

Receptores de esteroides são proteínas com afinidade por determinado esteroide que, uma vez complexados com o ligante, irão se dimerizar e se ligar a elementos responsivos localizados no promotor do gene-alvo. Essa família de receptores tem em comum três domínios funcionais: o domínio em dedo de zinco (Figura 3.32) (necessário para ligação ao DNA), a região N-terminal de ligação ao promotor e a região C-terminal (responsável pela ligação ao hormônio e à segunda unidade do dímero) (Figura 3.33). O domínio em dedo de zinco é assim chamado por dispor quatro átomos de zinco, cada um preso a quatro cisteínas (ver Figura 3.32). É característico de muitos fatores de transcrição; entre eles, os receptores de esteroides.

Alguns receptores de esteroides estão no núcleo, associados a desacetilases, mantendo a expressão do gene reprimida, a ele ligados mesmo na ausência do hormônio. Após a ligação do hormônio ao seu receptor, o complexo se separa da desacetilase; então, recruta acetilases e liga-se a regiões específicas responsivas a esteroides, ativando a expressão gênica. Em outros casos, a ligação do complexo ao promotor pode reprimir o gene.

Outros receptores, como os de glicocorticoides, estão no citoplasma. O cortisol, por exemplo, atravessa a membrana plasmática e liga-se ao seu receptor. O complexo resultante tem o domínio de ligação ao DNA comprometido por ligação a proteínas, como o dímero *heat shock protein 90* (hsp 90), o *heat shock protein 70* (hsp 70) e o FKB P52 (Figura 3.34). A dissociação do complexo libera a subunidade receptor/cortisol, agora na forma ligante ao DNA. O receptor ativado forma um homodímero e se transloca para o núcleo, onde se liga a

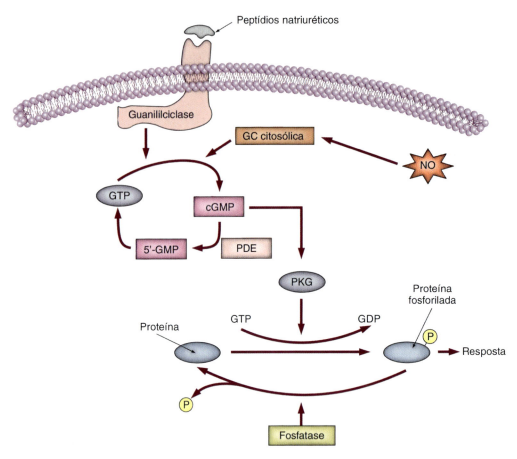

Figura 3.31 ▪ Cascata de sinalização de receptores guanililciclases. Os ligantes conhecidos para esse subtipo de receptor enzimático pertencem à família do peptídio natriurético atrial. Com o aumento de cGMP intracelular, causado pela ação catalítica da guanililciclase sobre o GTP, uma proteinoquinase dependente de cGMP (a PKG) é ativada, desencadeando fosforilações que evocam a resposta biológica final. *GC*, guanililciclase; *NO*, óxido nítrico; *PDE*, fosfodiesterase. (Adaptada de www.sigma-aldrich.com.)

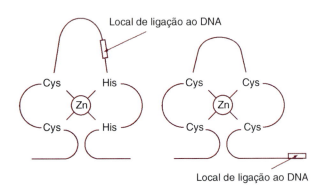

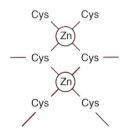

Figura 3.32 ▪ Domínio de ligação ao DNA, presente nos receptores de esteroides, com a característica estrutura em dedos de zinco, na qual o Zn^{4+} pode estar ligado a quatro cisteínas (Cys) ou a duas cisteínas e duas histidinas (His). (Adaptada de Krauss, 2003.)

elementos responsivos específicos ao cortisol (GRE) no DNA, para ativar a transcrição gênica. As respostas rápidas (em cerca de alguns minutos), chamadas de respostas primárias, são consequentes do aumento da expressão de genes comuns, como cfos, independente do tipo de célula-alvo. As respostas tardias (de longo termo), denominadas secundárias, são específicas ao tecido-alvo.

▶ Óxido nítrico, guanililciclases, cGMP e proteinoquinases dependentes de cGMP (PKG)

O óxido nítrico (NO) é uma das mais importantes moléculas sinalizadoras, em neurônios e no sistema imunológico, seja atuando dentro das células onde é produzido ou penetrando as membranas plasmáticas de células adjacentes.

Por ser um gás, o NO difunde-se livremente através de membranas celulares. No entanto, sua meia-vida é muito curta, transformando-se rapidamente em nitratos e nitritos. Por isso, ele, geralmente, atua próximo de onde é sintetizado, de modo parácrino, ou mesmo autócrino. A sinalização evocada por NO depende de sua ligação a proteínas intracelulares receptoras, que tenham um íon metálico (p. ex., ferro) ou um átomo de enxofre (p. ex., cisteínas). Mudanças alostéricas nessa proteína levam à formação de um segundo mensageiro, que desencadeia uma cascata de reações. O receptor de NO mais conhecido é a *guanililciclase*; a estimulação das enzimas guanililciclases, solúveis no citosol ou ligadas à membrana plasmática, leva à formação de GMP cíclico (Figura 3.35).

Sinalização Celular 85

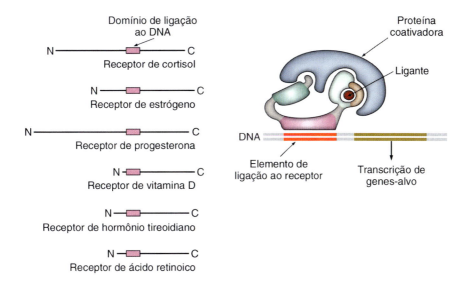

Figura 3.33 • Os receptores dos esteroides e do hormônio tireoidiano possuem três domínios: a porção mais próxima do terminal carboxílico (de reconhecimento do ligante), a intermediária (de ligação ao DNA) e a mais perto do terminal amina (ativadora de transcrição). (Adaptada de Alberts et al., 2002.)

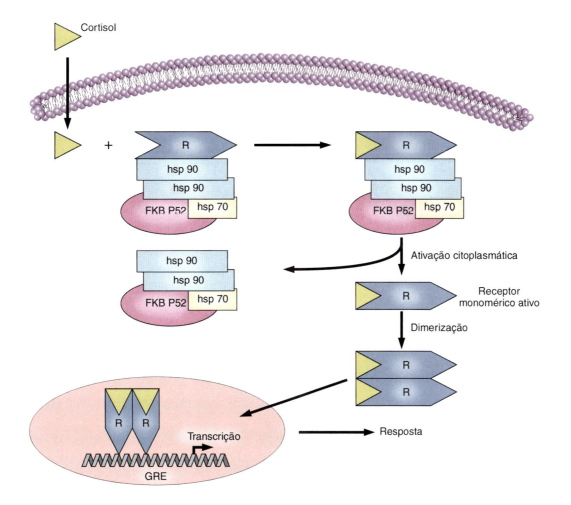

Figura 3.34 • Cascata de sinalização do receptor de glicocorticoides. Este receptor (R) encontra-se no citoplasma; ao ligar-se ao cortisol, o domínio de ligação ao DNA, que estava comprometido por ligação a proteínas (como o dímero *heat shock protein 90* [hsp 90], o *heat shock protein 70* [hsp 70] e o FKB P52), fica livre. O complexo receptor/cortisol forma um homodímero, que se transloca para o núcleo, onde se liga a elementos responsivos ao cortisol (GRE) no DNA, para ativar a transcrição gênica. (Adaptada de www.sigma-aldrich.com.)

O cGMP pode, por sua vez, atuar de três maneiras diferentes, dependendo do ambiente celular em questão. Uma destas atividades conhecidas é a da modulação da concentração de cAMP, ativando ou inibindo uma fosfodiesterase específica para cAMP. Na retina, ou no sistema olfatório, o cGMP abre canais catiônicos modulados por nucleotídios cíclicos, os quais são essenciais para a geração de sinal nestes sistemas sensoriais. Finalmente, o cGMP ativa proteinoquinases dependentes de cGMP (PKG), eliciando uma grande gama de respostas celulares (ver Figura 3.35).

Várias famílias de fosfodiesterases (PDE I a VI) agem como *switches* reguladores, ao catalisar a degradação de cGMP a 5'-monofosfato de guanosina (5'-GMP). Dentre elas, a PDE II é estimulada por cGMP e a PDE III, inibida por cGMP; a PDE V liga-se a cGMP e é importante na regulação da contração de músculo liso, e a PDE VI é altamente seletiva para cGMP, localizando-se nos fotorreceptores. Em mamíferos, as PDE são classificadas em 11 superfamílias, resultantes da expressão de 21 genes.

As proteinoquinases dependentes de cGMP emergiram como importantes quinases componentes de cascatas de sinalização. A possibilidade da existência desta enzima já era cogitada na década de 1960, porém a referida enzima só foi descoberta na década seguinte, em músculo de cauda de lagosta. Ela está largamente difundida nas células eucarióticas, tendo sido altamente conservada durante a evolução, desde organismos unicelulares (como o protozoário *Paramecium*) até o homem.

Em mamíferos, sua expressão é controlada por dois genes, originando os subtipos PKGII e PKGI; este último, por sua vez, por *splice* gênico, pode originar duas isoformas (PKGI alfa e PKGI beta).

As PKG pertencem à família de proteinoquinases que fosforilam, preferencialmente, resíduos de serina/treonina, dispondo de três domínios funcionais:

- Um domínio N-terminal
- Um domínio regulatório R, contendo dois locais para ligação do cGMP
- Um domínio catalítico C, apresentando dois domínios: um para a ligação do complexo Mg^{2+}-ATP e outro de ligação a peptídios. Este último catalisa a transferência da ligação do fosfato gama do ATP para o resíduo de serina/treonina da proteína-alvo.

A ligação de cGMP em ambos os locais da subunidade C leva a mudanças conformacionais, que revertem a inibição do centro catalítico pela porção N-terminal, e resulta na fosforilação do substrato proteico. Em baixas concentrações de cGMP, a ativação da heterofosforilação pode ser precedida pela autofosforilação da porção N-terminal. A PKG é direcionada a locais específicos subcelulares de atuação, orientada por esta porção.

Em neurônios, os canais de Ca^{2+} receptores de glutamato abrem-se após a ligação ao neurotransmissor, aumentando os níveis de Ca^{2+} citosólico por influxo celular. A Ca^{2+}/calmodulina ativa a sintase de óxido nítrico, que catalisa a produção de NO. Este estimula a guanililciclase, tanto no neurônio onde foi produzido como no pré-sináptico, elevando os níveis de GMP cíclico; isso acarreta, respectivamente, o aumento de receptores de glutamato e de secreção de mais neurotransmissor (ver Figura 3.35). O NO apresenta efeitos no sistema nervoso central, tanto sobre a transmissão neuronal como sobre a plasticidade sináptica.

Outra das funções mais bem estudadas da PKG é o controle do tônus da musculatura lisa. As células dessa musculatura são o componente principal dos vasos sanguíneos; elas controlam seu tônus e detêm papel central na patogênese da aterosclerose e de outras doenças vasculares. Há pouco mais de duas décadas, tornou-se evidente que o nitroprussiato de sódio e outros nitratos orgânicos, usados como vasodilatadores há mais de um século, relaxavam a musculatura lisa por aumentarem os níveis de cGMP. A descoberta seguinte foi que este efeito está associado à produção local de óxido nítrico por estes nitratos, o que aumenta os níveis de cGMP por ativar uma guanililciclase e, em última instância, uma PKGI. O NO reage com o íon ferro do local ativo da enzima guanililciclase (GC), estimulando-a a produzir GMP cíclico (cGMP), resultando no relaxamento da musculatura lisa que reveste os vasos e na vasodilatação.

A ereção do pênis é mediada por NO liberado pelo endotélio dos vasos sanguíneos penianos, depois de estimulação dos terminais nervosos que controlam esses vasos. Os fármacos modernos (como Viagra®, Levitra® e Cialis®) aumentam essa resposta, por inibirem a fosfodiesterase que degrada o cGMP, mantendo alto o nível desse nucleotídio, o que faz os vasos ficarem relaxados e o pênis túrgido de sangue.

Camundongos, com deleção do gene para PKGI, tornam-se hipertensos entre quatro e seis semanas de vida. A geração de ondas peristálticas no sistema digestório é controlada por neurônios noradrenérgicos, os quais liberam NO após estimulação, relaxando o músculo liso intestinal. Os camundongos com deleção de PKGI apresentam o chamado *pylorus stenosis*, quadro que mostra grave distensão do estômago e peristaltismo irregular, com retardo da passagem do conteúdo intestinal.

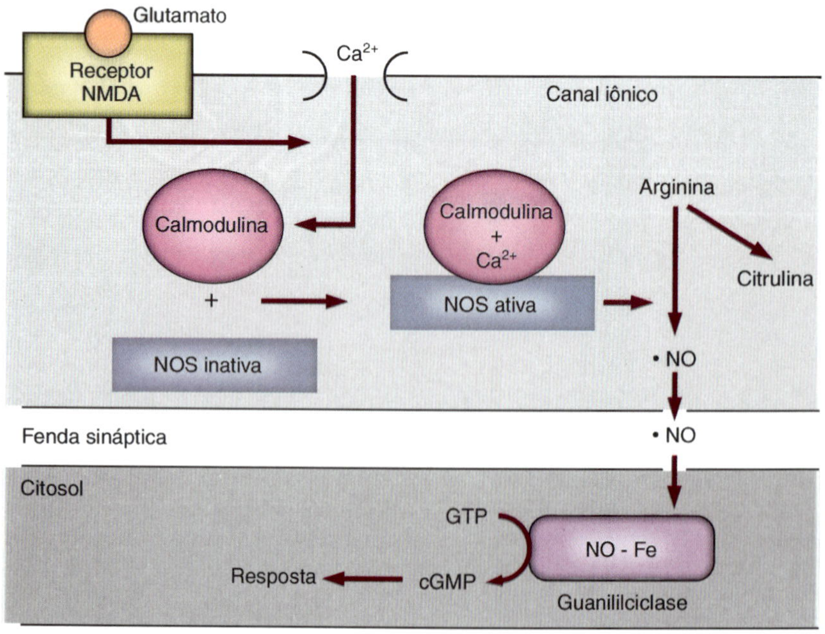

Figura 3.35 ▪ Mecanismo proposto para potenciação de longo termo. Os receptores NMDA (canais de cálcio presentes na membrana do neurônio pós-sináptico) são abertos por glutamato (secretado pelo neurônio pré-sináptico), permitindo grande influxo de íons Ca^{2+}. O complexo Ca^{2+}/calmodulina, então formado, ativa a enzima sintase de óxido nítrico (NOS), que catalisa a conversão de arginina em citrulina e óxido nítrico (NO). Este liga-se ao átomo de ferro da enzima guanililciclase, ativando-a e aumentando os níveis de cGMP e a atividade de PKG, tanto no neurônio pós-sináptico como no pré-sináptico. Em resposta, há aumento da secreção de glutamato e dos receptores NMDA, fortalecendo a relação sináptica entre esses neurônios. (Adaptada de Hadley, 2000.)

MODULAÇÃO DE SINAL

▶ Regulações negativa e positiva do receptor

Os receptores são elementos dinâmicos da membrana e seu número pode mudar em função do ciclo celular, do estágio de diferenciação celular e das condições fisiológicas. Assim, uma célula pode tornar-se menos ou mais responsiva a um mensageiro extracelular, em função da flutuação de sua quantidade de receptores. O número de um dado receptor pode ser modulado, de modo negativo ou positivo, diretamente por seu ligante extracelular (regulação homoespecífica) ou por mensageiros seletivos para outros receptores (regulação heteroespecífica). Por exemplo, o hormônio da tireoide (T3) é indispensável para a manutenção do número de adrenorreceptores (receptores de epinefrina e norepinefrina) no músculo cardíaco (regulação heteroespecífica); quando existe T3 em excesso (em indivíduos hipertireóideos), ocorre a taquicardia típica dessa patologia. Opostamente, quando a insulina é secretada em excesso (em obesos), há diminuição do número de seus receptores, na maioria dos tecidos (regulação homoespecífica).

A afinidade com que um mensageiro extracelular liga-se a seu receptor também pode ser alterada positivamente; assim, quando a ligação inicial de uma molécula do ligante a um receptor facilita a união das moléculas seguintes aos outros receptores, diz-se que o cooperativismo é positivo. Porém, quando a afinidade é reduzida pela ligação inicial, diz-se que o cooperativismo é negativo (p. ex., a insulina).

▶ Proteinoquinases e fosfatases

Quase todas as grandes rotas intracelulares são reguladas, de alguma maneira, por fosforilação. A adição ou subtração de grupos fosfato em substratos proteicos representa a maneira mais comum utilizada pela maioria das células dos eucariotos para regularem suas atividades, pelo delicado balanço entre fosfatases e quinases. Estas modificações pós-traducionais de proteínas apresentam a propriedade de serem transientes e reversíveis. Elas viabilizam a propagação do sinal vindo do meio extracelular (p. ex., na forma de um hormônio que ativa um específico receptor de membrana), desencadeando, por sua vez, uma cascata de transdução intracelular. O caráter rápido e reversível desta reação possibilita à célula ajustar-se aos inúmeros sinais que se propagam a todo momento nas suas diversas cadeias bioquímicas. Esta rede de sinais, ao mesmo tempo caótica e altamente organizada, regula praticamente todas as funções celulares: desde mitogênese, diferenciação, secreção, síntese, até morte celular.

Neste contexto, as enzimas responsáveis pela fosforilação, em conjunto representadas pela grande família das proteinoquinases, são as mais diversificadas conhecidas. As responsáveis pela subtração de grupos fosfato, ou seja, as da família das fosfatases, geralmente sinalizam o término da resposta.

Há três grandes famílias de fosfatases: as tirosinofosfatases, as serina/treoninofosfatases e aquelas que atuam em resíduos tirosina, serina e treonina. Ao contrário das quinases (que são inúmeras e diferem na estrutura de seus locais catalíticos), as fosfatases são poucas e adquirem especificidade por se ligarem a cofatores proteicos, que facilitam sua translocação e sua ligação seletiva a proteínas fosforiladas.

As proteínas serina/treoninofosfatases compreendem duas famílias de genes denominados PPP e PPM. As fosfatases que catalisam a remoção de grupos fosfato de serinas ou treoninas podem ser classificadas em seis subtipos: PP1, PP2A, PP2B (fosfatase dependente de Ca^{2+}/calmodulina conhecida como calcineurina), PP4, PP5, PP6 e PP2C (fosfatase dependente de ATP/Mg^{2+}), cada uma com múltiplas isoformas. Os três primeiros subtipos apresentam alto grau de homologia, enquanto PP2C é estruturalmente distinta, além de ser a única representante pertencente à família PPM. PP1 e PP2A são importantes reguladores negativos do ciclo celular. PP1 desfosforila substratos de PKA, como o CREB; PP2A consiste em uma fosfatase genérica para substratos fosforilados por quinases de Ser/Tre. PP2B é ativada por cálcio, tem alta atividade em tecido cerebral e parece estar envolvida em mecanismos de memória. Algumas das anormalidades neurofisiológicas encontradas em portadores da *síndrome de Down* (trissomia do cromossomo 21) parecem decorrer da expressão aumentada de proteínas codificadas por genes situados no cromossomo 21, que inibem a calcineurina. PP2B também desempenha importante papel na inflamação e na imunossupressão; tanto que a ciclosporina, substância inibidora de PP2B, é amplamente utilizada para prevenir a rejeição do órgão transplantado. PP4 é um membro da subfamília PP2A, encontrada no citoplasma, centrômero e núcleo, possuindo diferentes funções, dentre as quais duplicação do centrômero. PP5, encontrada praticamente em todos os tecidos, é uma serina/treoninofosfatase que possui homologia catalítica com a calcineurina (PP2B) e com as fosfatases PP1A e PP2A. PP6 é encontrada principalmente no núcleo, onde participa da regulação da transcrição. PP2C é abundante nos músculos cardíaco e esquelético, participando de vias de MAP-quinases.

As enzimas tirosinofosfatases (PTP) hidrolisam resíduos de fosfato ligados à tirosina e estão envolvidas em várias vias de sinalização. Nos últimos anos, mais de 112 PTP foram isoladas e sequenciadas a partir de diversos organismos, incluindo bactérias, leveduras, nematoides, insetos e vertebrados. Essa família é subdividida em dois grupos: proteínas tirosinofosfatases ligadas à membrana (tipo receptor) e citoplasmáticas.

As PTP são enzimas ligadas à membrana (CD45, PTPα e PTPγ), que consistem em um segmento extracelular, semelhante àqueles presentes em domínios de moléculas de adesão, como a fibronectina, seguido de um segmento transmembranar simples, com um ou dois domínios catalíticos intracelulares.

As PTP citosólicas (PTP1B, VH1 e SHP) frequentemente contêm domínios extracatalíticos, que podem estar envolvidos diretamente na regulação da atividade catalítica ou no direcionamento e reconhecimento do substrato. Como exemplo, podemos citar um par de domínios SH2 que conferem alta capacidade de ligação com proteínas contendo tirosina fosforilada.

▶ Conversas cruzadas

As vias de sinalização interferem umas com as outras, de modo que a resposta final do ajuste homeostático de uma célula a sinais extracelulares dependerá do balanço das estimulações e inibições que determinada enzima, fator de transcrição ou, em última instância, o promotor gênico recebe. Por exemplo, existem adenililciclases que são inibidas por Ca^{2+}; assim, um ligante que estimul um receptor acoplado à proteína Gs evocará uma resposta maior se a célula não estiver, ao mesmo tempo, sendo estimulada por um outro ligante que evoca aumento intracelular de Ca^{2+} (Figura 3.36). Outro exemplo interessante é o de receptores nucleares que são fosforilados por PKA ou por MAP-quinases, acoplando a sinalização por receptor nuclear a outras vias de sinalização.

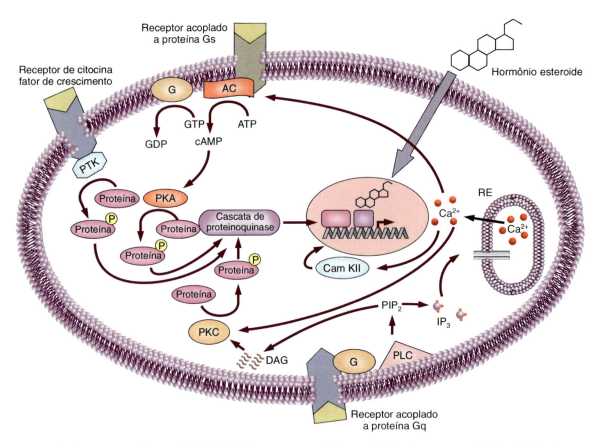

Figura 3.36 • Exemplo de *conversas cruzadas* entre vias de sinalização de receptores acoplados a proteínas Gs e Gq, receptores enzimáticos tirosinoquinase e receptores nucleares. *AC*, adenililciclase; *PKA*, proteinoquinase A; *PKC*, proteinoquinase C; *Cam KII*, proteinoquinase dependente de cálcio/calmodulina; *DAG*, diacilglicerol; *PLC*, fosfolipase C; *PIP₂*, fosfatidilinositol; *IP₃*, trifosfato de inositol; *RE*, retículo endoplasmático; *PTK*, receptor tirosinoquinase. (Adaptada de www.sigma-aldrich.com.)

FINALIZAÇÃO DE SINAL

Tão importante quanto iniciar uma "conversa" química é saber terminá-la. Principalmente, quando lembramos que inúmeros sinais estão sendo recebidos pela mesma célula, simultaneamente; e, portanto, centenas de mensagens estão sendo processadas pelas células em um dado momento. Os processos mais conhecidos de finalização de sinal incluem: fosforilação/desfosforilação proteica, dessensibilização do sistema receptor/via de sinalização, ubiquitinação e inibição por proteínas reguladoras de proteínas G.

▶ Fosforilação/desfosforilação de proteínas

A fosforilação de substratos por proteinoquinases é terminada pela retirada do grupo fosfato, por fosfatases. Como já discutido anteriormente, trata-se de um mecanismo fisiológico ágil, na medida em que a regulação da resposta é feita com rapidez e refinamento.

▶ Dessensibilização

Consiste em um processo de atenuação do sinal, desencadeado, sob condições de estimulação longa, por muitos hormônios e neurotransmissores. Mesmo com a continuidade do sinal extracelular, este não é mais passado para dentro da célula. A dessensibilização pode ocorrer ao nível do receptor ou de componentes da via de sinalização. Ao nível do receptor, geralmente envolve internalização do complexo receptor/ligante, por *endocitose*; ou pode englobar mudança conformacional do receptor, por sua fosforilação ou pela ligação a uma proteína citoplasmática. Esta mudança conformacional coloca o receptor em uma conformação inadequada para ele se ligar novamente ao ligante ou ativar a proteína G. Em ambas as situações, participam, como elemento central, as β-*arrestinas* (Figura 3.37).

β-arrestinas são importantes para a sinalização da degradação de receptores acoplados à proteína G (GPCR). Isso ocorre devido ao fato de as β-arrestinas aproximarem esses receptores de segundos mensageiros, como cAMP e diacilglicerol (DAG), fazendo então com que estes entrem em contato com fosfodiesterases ou enzimas dependentes de DAG. A ativação dessas enzimas promoveria a degradação desses receptores.

Outra maneira de participação da β-arrestina no processo de inativação desses receptores é a seguinte: a ativação de receptores GPCR geralmente resulta em sua rápida fosforilação por quinases específicas (GRK), normalmente sobre resíduos de serina ou treonina localizados no seu domínio intracelular. Essa fosforilação proporciona uma superfície de ligação para proteínas adaptadoras, como as β-arrestinas que são recrutados a partir do citoplasma para o receptor fosforilado na membrana plasmática. Essa ligação desacopla o receptor da proteína G associada por meio de um processo que envolve o impedimento estereoquímico, encerrando assim a ativação da proteína G pelo receptor e culminando no processo conhecido como dessensibilização.

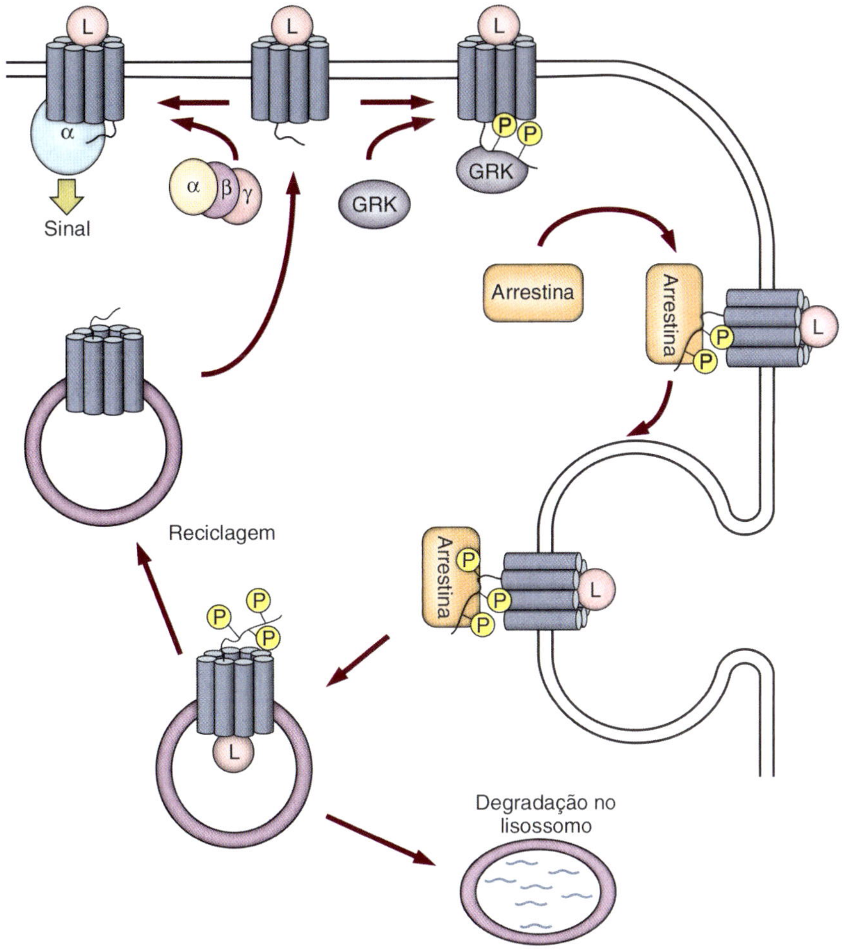

Figura 3.37 ▪ Papel das arrestinas na dessensibilização e finalização do sinal. As arrestinas ligam-se ao receptor de membrana fosforilado por uma quinase específica, modificando sua conformação e, dessa forma, impedem sua ativação pelo mensageiro extracelular. Em uma segunda instância, o complexo ligante/receptor/arrestina é internalizado por endocitose; o receptor pode, então, ser reciclado de volta à membrana celular ou ser degradado dentro de lisossomos. *L*, ligante; *GRK*, quinase de receptor acoplado à proteína G. (Adaptada de Krauss, 2003.)

Muitos tipos de receptores acoplados à proteína G são alvos de fosforilações por GRK, uma família de serina/treonina proteinoquinases que, especialmente, fosforilam estes receptores após sua ativação por ligantes. Essa fosforilação possibilita, então, a ligação da arrestina à porção citoplasmática do receptor fosforilado. É possível duas rotas serem seguidas a partir desse evento: (1) o receptor pode ter sua conformação modificada, o que impede a ativação da proteína G ou (2) ele, agora, está apto a associar-se a componentes da maquinaria endocitótica e ser internalizado (ver Figura 3.37). Neste caso, a arrestina atua como uma proteína adaptadora, por ligar os receptores aos componentes da maquinaria de transporte, como as *clatrinas* e as *proteínas adaptadoras AP-2*. Em mamíferos, são conhecidos quatro membros desta família. As *arrestinas 1 e 4*, visuais, são encontradas apenas em células fotorreceptoras visuais, os cones e bastonetes da retina; ao passo que as *2 e 3*, em praticamente todos os tecidos.

O resultado final do processo acaba sendo a internalização destes receptores em vesículas, denominadas *endossomos*. Duas rotas podem ocorrer a seguir: a reciclagem do receptor à membrana ou a degradação do receptor (ver Figura 3.37). Ainda é pouco conhecido o que faz a célula escolher uma das duas rotas bioquímicas possíveis, mas, aparentemente, processos que envolvem ubiquitinação estão nessa decisão.

▶ **Ubiquitinação**

Os sistemas proteolíticos intracelulares reconhecem e destroem as proteínas danificadas ou com erros de configuração, as cadeias peptídicas incompletas e as proteínas regulatórias. Há vários mecanismos para a degradação proteica dentro das células. Os dois mais importantes, em resposta a estresse celular, são: as proteases da *família das calpaínas* e a *via ubiquitina-proteassomo*. Proteassomos consistem em grandes complexos com múltiplas subunidades, localizados no núcleo e no citosol. Têm atividade peptidásica e funcionam como uma máquina catalítica que, seletivamente, degrada proteínas intracelulares. A via ubiquitina-proteassomo atua, amplamente, na reciclagem de proteínas. Ela desempenha um papel central na degradação de proteínas regulatórias importantes, em uma variedade de processos de sinalização celular, incluindo: ciclo celular, transcrição, modulação de receptores de membrana e de canais iônicos, ou processamento e apresentação de antígenos. A via emprega uma cascata enzimática, pela qual múltiplas moléculas de ubiquitina são covalentemente acopladas ao substrato proteico (Figura 3.38). A *poliubiquitinação* marca a proteína para a destruição e a direciona ao *complexo 26S*, a fim de sua degradação.

A *ubiquitina* é uma proteína de 76 aminoácidos, altamente conservada ao longo da evolução, encontrada em todos os organismos. A ubiquitinação e a desubiquitinação estão

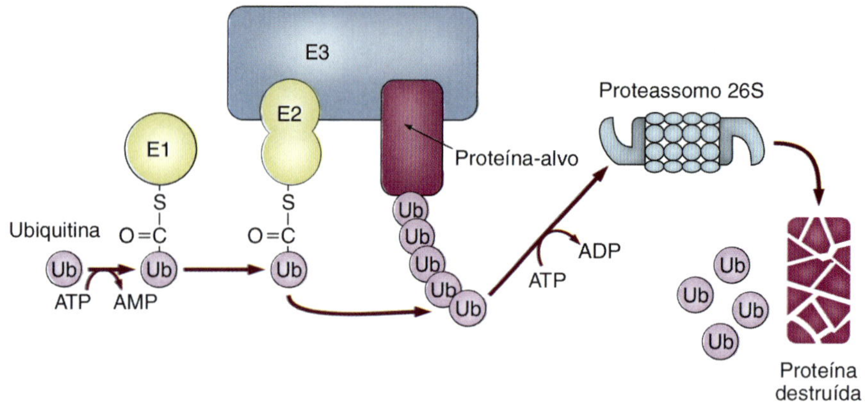

Figura 3.38 • A ubiquitinação de proteínas as transforma em alvo de destruição nos proteassomos 26S. Esse mecanismo é de extrema importância na modulação da sinalização celular. *E1*, enzima ativadora de ubiquitinas; *E2*, enzima conjugadora de ubiquitinas; *E3*, ligase de ubiquitinas. (Adaptada de Krauss, 2003.)

envolvidas na modulação da atividade de quinases e no reparo de DNA. Por exemplo, o NF-κB, normalmente em células não estimuladas, está sequestrado no citoplasma, por estar associado a seu inibidor, o IκB. Após a estimulação por mensageiros extracelulares, o IκB é fosforilado por uma quinase, transformando-se em alvo para a ubiquitinação e subsequente degradação pelo proteassomo 26S. Como resultado, o NF-κB está liberado para entrar no núcleo e atuar como fator de transcrição em muitos genes-alvo. Assim, a ubiquitinação proteica emergiu como importante modificação que não só marca certas proteínas para serem degradadas pelos proteassomos, mas, também, regula funções de outras proteínas de maneira independente da proteólise, tendo participação ativa na sinalização celular.

▶ Proteínas reguladoras de proteínas G

O sinal evocado por proteínas G pode ainda ser finalizado pela ação das proteínas reguladoras de proteínas G (RGS). Essa família de mais de 30 proteínas intracelulares modula negativamente a cascata intracelular sinalizada pela ativação de receptores acoplados a proteínas G. Embora a atividade GTPásica endógena da proteína Gα seja lenta, sua taxa é acelerada dramaticamente pelas proteínas RGS, que se ligam à subunidade Gα acoplada a GTP, aumentando sua atividade GTPásica. Com isso, as subunidades Gα retornam ao estado inativo ligado a GDP, reassociando-se aos dímeros Gβγ. Ao acelerar o retorno da proteína G ao estado inativo de heterotrímero, as RGS terminam a ativação dos efetores pelas subunidades Gα e Gβγ, regulando dessa maneira a cinética e a amplitude do sinal.

RGS e dependência química

Sabe-se hoje que a dependência química é um resultado de adaptações na sinalização dos receptores acoplados a proteínas G no cérebro. Na maioria dos casos, não há alterações significantes nos níveis do neurotransmissor ou na quantidade de seus receptores, o que sugere que as mudanças devem estar ocorrendo na cascata intracelular de sinalização. Algumas dessas modificações incluem superativação do sistema do cAMP, alterações na taxa de fosforilação de ERK, de reciclagem do receptor ou da função de canais iônicos. Por exemplo, a dependência de morfina tem sido associada à atividade aumentada da via do cAMP, resultando em atividade de disparo elevada nos neurônios do *locus coeruleus*. Como se sabe que o receptor de opioides atua via Gi/o, portanto diminuindo a produção de cAMP, essa ação da morfina deve se dar além da ativação da proteína G pelo receptor. De fato, ativação de adrenorreceptores α2, que medeiam inibição da produção de cAMP, aliviam os sintomas de retirada da morfina do dependente químico. Uma possibilidade interessante é que drogas que causam dependência podem estar controlando a expressão das proteínas RGS, que constituem, assim, potenciais alvos na terapêutica do dependente químico.

BIBLIOGRAFIA

ADIBHATLA RM, HATCHER JF, GUSAIN A. Tricyclodecan-9-yl-xanthogenate (D609) mechanism of actions: a mini-review of literature. *Neurochem Res*, 37:671-9, 2012.
ALBERTS B, JOHNSON A, LEWIS MR et al. *Molecular Biology of the Cell*. 4. ed. Garland Science, New York, 2002.
BACHMANN VA, RIML A, HUBER RG et al. Reciprocal regulation of PKA and Rac signaling. *Proc Natl Acad Sci USA*, 110:8531-6, 2013.
BARCZYK M, CARRACEDO S, GULLBERG D. Integrins. *Cell Tissue Res*, 339(1):269-80, 2010.
BASCHIERI F, FARHAN H. Crosstalk of small GTPases at the Golgi apparatus. *Small GTPases*, 3:80-90, 2012.
BENDRIS N, SCHMID SL. Endocytosis, metastasis and beyond: multiple facets of SNX9. *Trends Cell Biol*, 27(3):189-200, 2017.
BOLOGNA Z, TEOH JP, BAYOUMI AS et al. Biased G protein-coupled receptor signaling: new player in modulating physiology and pathology. *Biomol Ther*, 25:12-25, 2017.
BURKHARDT P. The origin and evolution of synaptic proteins – choanoflagellates lead the way. *J Exp Biol*, 218:506-14, 2015.
CALZADA E, ONGUKA O, CLAYPOOL SM. Phosphatidylethanolamine metabolism in health and disease. *Int Rev Cell Mol Biol*, 321:29-88, 2016.
COCCO L, FOLLO M, MANZOLI L et al. Phosphoinositide-specific phospholipase C in health and disease. *J Lipid Res*, 56:1853-60, 2015.
DAHL G, MULLER KJ. Innexin and pannexin channels and their signaling. *FEBS Letters*, 588:1396-402, 2014.
DEMA A, PERETS E, SCHULZ MS et al. Pharmacological targeting of AKAP-directed compartmentalized cAMP signaling. *Cell Signal*, 27:2474-87, 2015.
FISCHER MJ, MCNAUGHTON PA. How anchoring proteins shape pain. *Pharmacol Ther*, 143(3):316-22, 2014.
FOOT N, HENSHALL T, KUMAR S. Ubiquitination and the regulation of membrane proteins. *Physiol Rev*, 97(1):253-81, 2017.
FUSHIKI D, HAMADA Y, YOSHIMURA R et al. Phylogenetic and bioinformatic analysis of gap junction-related proteins, innexins, pannexins and connexins. *Biomed Res*, 31:133-42, 2010.
HADLEY ME. *Endocrinology*. 5. ed. Prentice Hall, Upper Saddle River, 2000.
HANDLY LN, PILKO A, WOLLMAN R. Paracrine communication maximizes cellular response fidelity in wound signaling. *Elife*, 4:e09652, 2015.
HENGGE AC. Kinetic isotope effects in the characterization of catalysis by protein tyrosine phosphatases. *Biochim Biophys Acta*, 1854:1768-75, 2015.
HILLENBRAND M, SCHORI C, SCHÖPPE J et al. Comprehensive analysis of heterotrimeric G-protein complex diversity and their interactions with GPCRs in solution. *Proc Natl Acad Sci USA*, 112:E1181-90, 2015.
HOQUE M, RENTERO C, CAIRNS R et al. Annexins – Scaffolds modulating PKC localization and signaling. *Cell Signal*, 26:1213-25, 2014.

HUANG H, WANG H, FIGUEIREDO-PEREIRA ME. Regulating the ubiquitin/proteasome pathway via cAMP-signaling: neuroprotective potential. *Cell Biochem Biophys*, 67:55-66, 2013.

INSERTE J, GARCIA-DORADO D. The cGMP/PKG pathway as a common mediator of cardioprotection: translatability and mechanism. *Br J Pharmacol*, 172:1996-2009, 2015.

KAWAMURA K. A hypothesis: life initiated from two genes, as deduced from the RNA world hypothesis and the characteristics of life-like systems. *Life*, 6(3). pii: E29, 2016.

KENNEDY JE, MARCHESE A. Regulation of GPCR trafficking by ubiquitin. *Prog Mol Biol Transl Sci*, 132:15-38, 2015.

KITAGAWA M. Notch signalling in the nucleus: roles of Mastermind-like (MAML) transcriptional coactivators. *J Biochem*, 159(3):287-94, 2015.

KITZEN JJ, de JONGE MJ, VERWEIJ J. Aurora kinase inhibitors. *Crit Rev Oncol Hematol*, 73:99-110, 2010.

KORKUT C, BUDNIK V. WNTs tune up the neuromuscular junction. *Nature Rev Neuroscience*, 10:627-34, 2009.

KRAUSS G. *Biochemistry of Signal Transduction and Regulation*. 3. ed. Wiley-VCH Gmbh & Co., Weinheim, 2003.

LABAT-ROBERT J. Cell-matrix interactions, the role of fibronectin and integrins. A survey. *Pathol Biol*, 60:15-9, 2012.

LEFKIMMIATIS K, ZACCOLO M. cAMP signaling in subcellular compartments. *Pharmacol Ther*, 143:295-304, 2014.

LITOSCH I. Decoding Gαq signaling. *Life Sci*, 152:99-106, 2016.

LORENZ R, BERTINETTI D, HERBERG FW. cAMP-dependent protein kinase and cGMP-dependent protein kinase as cyclic nucleotide effector. *Handb Exp Pharmacol*, 238:105-22, 2017.

MAGIEROWSKI M, MAGIEROWSKA K, KWIECIEN S et al. Gaseous mediators nitric oxide and hydrogen sulfide in the mechanism of gastrointestinal integrity, protection and ulcer healing. *Molecules*, 20:9099-123, 2015.

MOKRYA J, Mokra D. Immunological aspects of phosphodiesterase inhibition in the respiratory system. *Respir Physiol Neurobiol*, 187:11-7, 2013.

OSHIMA A. Structure and closure of connexin gap junction channels. *FEBS Letters*. 588:1230-7, 2014.

RADTKE F, FASNACHT N, MACDONALD HR. Notch signaling in the immune system. *Immunity*, 32(1):14-27, 2010.

RIAZ A, HUANG Y, JOHANSSON S. G-Protein-coupled lysophosphatidic acid receptors and their regulation of AKT signaling. *Int J Mol Sci*, 17(2):215, 2016.

RINALDI L, SEPE M, DONNE RD et al. A dynamic interface between ubiquitylation and cAMP signaling. *Front Pharmacol*, 6:177, 2015.

SAEKI Y. Ubiquitin recognition by the proteasome. *J Biochem*, 161(2):113-24, 2017.

SHATTI SJ, KIM C, GINSBERG MH. The final steps of integrin activation: the end game. *Nat Rev Mol Cell Biol*, 11(4):288-300, 2010.

SKERRETT IM, WILLIAMS JB. A structural and functional comparison of gap junction channels composed of connexins and innexins. *Dev Neurobiol*, 77(5):522-47, 2017.

SYROVATKINA V, ALEGRE KO, DEY R et al. Regulation, signaling, and physiological functions of G-proteins. *J Mol Biol*, 428(19):3850-68, 2016.

THEILIG F, WU Q. ANP-induced signaling cascade and its implications in renal pathophysiology. *Am J Physiol Renal Physiol*, 308:F1047-55, 2015.

THOMSEN AR, PLOUFFE B, SHUKLA AK et al. GPCR-G protein-b-arrestin super-complex mediates sustained G protein signaling. *Cell*, 166:907-19, 2016.

TIAN X, KANG DS, BENOVIC JL. β-arrestins and G protein-coupled receptor trafficking. *Handb Exp Pharmacol*, 219:173-86, 2014.

TRAYNOR J. Regulator of G protein-signaling proteins and addictive drugs. *Ann NY Acad Sci*, 1187:341-52, 2010.

VOLLE DH. Nuclear receptors as pharmacological targets, where are we now? *Cell Mol Life Sci*, 73(20):3777-80, 2016.

YEN MR, SAIER Jr. MH. Gap junctional proteins of animals: the innexin/pannexin superfamily. *Prog Biophys Mol Biol*, 94(1-2):5-14, 2007.

ZHANG F, ZHANG L, QI Y et al. Mitochondrial cAMP signaling. *Cell Mol Life Sci*, 73(24):4577-90, 2016.

ZHOU L, BOHN LM. Functional selectivity of GPCR signaling in animals. *Curr Opin Cell Biol*, 27:102-8, 2014.

Capítulo 4

Fisiologia dos Compartimentos Intracelulares | Via Secretora

Karina Thieme

- Introdução, 94
- Endereçamento de novas proteínas para a via secretora, 94
- Transporte e localização de proteínas na via secretora, 94
- Transporte de proteínas na rede *trans*-Golgi, 97
- Papel do cálcio na via secretora, 98
- Importância do pH na via secretora, 100
- Considerações finais, 101
- Bibliografia, 101

INTRODUÇÃO

Para o correto funcionamento do organismo, as células precisam comunicar-se umas com as outras e ser capazes de responder rapidamente às mudanças no ambiente em que vivem. A membrana plasmática, composta por uma bicamada lipídica e proteínas acessórias, é de suma importância para que a célula seja capaz de responder a diferentes estímulos. Além da membrana plasmática, as células possuem um complexo sistema de membranas internas, que formam diversos compartimentos intracelulares funcionais, as organelas. Cada organela é envolta por membrana e possui um conjunto de proteínas que lhe confere propriedades funcionais e estruturais características. A compartimentalização das células permite a separação de espaços do citosol, o que aumenta a capacidade da célula de ter locais específicos para a realização de diferentes processos. No entanto, apesar dessa compartimentalização, as organelas possuem ampla comunicação entre si e com a membrana plasmática, por meio de vesículas de transporte. Assim, por meio de um processo denominado exocitose, a via biossintético-secretora faz a entrega de proteínas, carboidratos e lipídios recém-sintetizados na célula para a membrana plasmática ou para o meio extracelular. Já por meio do processo denominado endocitose, as células fazem a remoção de componentes da membrana plasmática ou então capturam moléculas do compartimento extracelular e as entregam aos endossomos, organelas responsáveis pela reciclagem e/ou degradação. O transporte dessas moléculas é feito por meio de vesículas transportadoras, que brotam de uma membrana e se fundem a outra, em um processo regulado, equilibrado e organizado. As vesículas transportadoras devem ser capazes de direcionar corretamente as moléculas a serem transportadas, fusionando-se apenas às membranas-alvo adequadas. Neste capítulo serão discutidos os mecanismos de organização, função, regulação e interação das diferentes organelas da via biossintético-secretora.

ENDEREÇAMENTO DE NOVAS PROTEÍNAS PARA A VIA SECRETORA

A maioria das proteínas é sintetizada nos ribossomos citoplasmáticos e então translocadas para o retículo endoplasmático (RE), onde a cadeia polipeptídica será corretamente dobrada. Quando uma proteína se dobra, forma uma estrutura compacta, com a maioria dos resíduos hidrofóbicos voltados para a região central. Além disso, as ligações não covalentes entre as diversas partes da molécula participam do dobramento final da cadeia polipeptídica, e assim a proteína adquire a sua conformação tridimensional característica e funcional. O destino final de cada proteína dependerá da sua sequência de aminoácidos e dos sinais de endereçamento que possui. As proteínas secretadas e as proteínas de membrana plasmática são coletadas por vesículas no RE e enviadas ao aparelho de Golgi inicial, também denominado *cis*-Golgi (Brandizzi e Barlowe, 2013). As proteínas podem então permanecer no aparelho de Golgi como residentes permanentes ou ser distribuídas na rede *trans*-Golgi (TGN), de onde serão direcionadas para os endossomos, lisossomos ou membrana plasmática (Glick e Luini, 2011; Papanikou e Glick, 2014) (Figura 4.1).

O transporte entre os diferentes compartimentos é bidirecional – simultaneamente ao transporte do RE para o aparelho de Golgi (transporte anterógrado), há o transporte no sentido contrário, ou seja, de proteínas do aparelho de Golgi para o RE (transporte retrógrado) (Spang, 2013). Portanto, o transporte intracelular de proteínas envolve um sensível equilíbrio entre as vias anterógradas e retrógradas, isto é, existem vesículas de transporte que levam as proteínas para o próximo compartimento, enquanto outras fazem o recolhimento de proteínas perdidas, levando-as para o compartimento anterior (Spang, 2013).

TRANSPORTE E LOCALIZAÇÃO DE PROTEÍNAS NA VIA SECRETORA

▸ Transporte anterógrado entre o RE e o aparelho de Golgi

A via secretora é essencial para as atividades celulares e envolve a síntese, a modificação, a seleção e a secreção de proteínas para outros locais, como as organelas e a membrana plasmática, bem como para o meio extracelular. Alterações na regulação dessa via estão implicadas em uma ampla gama de doenças, como doenças neurodegenerativas (Milosevic *et al.*, 2011) e neuromusculares (Gonzalez-Jamett *et al.*, 2014), entre outras, e por isso têm ganhado mais atenção (Otomo *et al.*, 2015).

Durante o transporte do RE para o aparelho de Golgi e deste para a superfície celular, as proteínas passam por diferentes compartimentos, onde serão maturadas e processadas (Benham, 2012). As proteínas são primeiramente sintetizadas nos ribossomos e então translocadas para o lúmen do RE, onde são dobradas e modificadas pós-traducionalmente, por exemplo, por glicosilação (Braakman e Bulleid, 2011). As proteínas recém-sintetizadas atravessam a membrana do RE e são direcionadas para regiões especializadas denominadas regiões de transição do RE ou sítios de saída do RE (ERES) (Bevis *et al.*, 2002; Shindiapina e Barlowe, 2010; Barlowe e Miller, 2013). Os ERES fazem parte de uma grande estrutura denominada complexos de exportação (Bannykh *et al.*, 1996), que compreendem um ou mais elementos de ERES, que emitem brotos voltados para uma cavidade central contendo várias vesículas e túbulos, conhecidos como agregados tubulovesiculares (VTC, *tubulovesicular clusters*) (Schweizer *et al.*, 1991; Balch *et al.*, 1994). Em células de mamíferos, os ERES estão distribuídos ao longo de todo o citoplasma; no entanto, estão mais concentrados próximo ao aparelho de Golgi (Watson e Stephens, 2005). Nesses locais brotam as chamadas vesículas revestidas com proteína COPII (vesículas COPII) (Johnson *et al.*, 2015; Ujike e Taguchi, 2015), que farão o empacotamento das proteínas recém-sintetizadas e processadas e as direcionarão para o compartimento intermediário entre o RE e o aparelho de Golgi, também conhecido como ERGIC (Schweizer *et al.*, 1991; Hauri *et al.*, 2000; Appenzeller-Herzog e Hauri, 2006) (ver Figura 4.1).

O RE é uma rede interconectada de túbulos e cisternas que se estendem por todo o citoplasma (Voeltz *et al.*, 2002). Já o aparelho de Golgi consiste em uma gama de subcompartimentos achatados, denominados cisternas, que variam em composição (Papanikou e Glick, 2009; 2014). Basicamente, o aparelho de Golgi é formado por três tipos de subcompartimentos, denominados *cis*-Golgi, Golgi intermediário e *trans*-Golgi (Schoberer e Strasser, 2011). As proteínas provenientes do RE/ERGIC entram pela face *cis*-Golgi, por um processo que envolve o direcionamento e a fusão das vesículas COPII (Hauri *et al.*, 2000; Appenzeller-Herzog e Hauri, 2006;

Fisiologia dos Compartimentos Intracelulares | Via Secretora

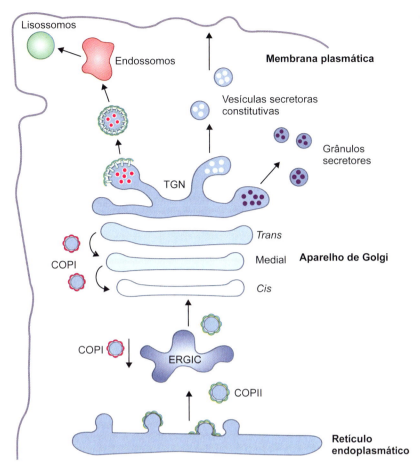

Figura 4.1 ▪ Via secretora biossintética. As proteínas e lipídios sintetizados no retículo endoplasmático (RE) são transportados em vesículas COPII para o compartimento intermediário entre o RE e o aparelho de Golgi, denominado ERGIC. Seguem, então, para a porção *cis* do aparelho de Golgi, e depois são transportadas ao longo das porções medial e *trans*, até alcançarem a rede *trans*-Golgi (TGN), onde serão selecionados para seu destino: lisossomos, membrana plasmática ou meio extracelular. O transporte retrógrado entre o aparelho de Golgi e o RE é mediado pelas vesículas COPI. (Adaptada de Kienzle e Von Blume, 2014.)

Barlowe e Miller, 2013). De fato, COPII participa do processo de deformação da membrana e geração das vesículas transportadoras (Barlowe *et al.*, 1994; Bonifacino e Glick, 2004).

A subsequente passagem pelo aparelho de Golgi expõe as proteínas a maturação e processamento, até a sua saída pela face *trans*-Golgi. O direcionamento final da proteína ocorre na rede *trans*-Golgi (TGN), e as proteínas podem então seguir para outras organelas, para a membrana plasmática ou para o meio extracelular (Rodriguez-Boulan e Musch, 2005; Papanikou e Glick, 2014). Na TGN ocorre a separação de duas vias secretoras: a constitutiva e a regulada. Todas as células realizam a secreção constitutiva, também denominada secreção-padrão, que ocorre continuamente e faz o aporte de proteínas e lipídios para a membrana plasmática. Essa via não parece depender de um sinal definido e, assim, as proteínas são automaticamente carregadas do lúmen do aparelho de Golgi para a superfície celular e secretadas por exocitose (Zhang *et al.*, 2010). As células secretoras especializadas, além da secreção constitutiva, fazem uma secreção mais complexa e específica, denominada secreção regulada. Na TGN, proteínas que serão secretadas são selecionadas por meio de sinais específicos e então distribuídas para vesículas secretoras, onde serão concentradas e armazenadas até que um estímulo extracelular estimule a fusão das vesículas à membrana e a secreção de seu conteúdo (Otte e Barlowe, 2004).

Formação das vesículas COPII

O transporte de proteínas-carga do RE para o aparelho de Golgi é feito por meio de vesículas COPII (Figura 4.2). As vesículas COPII são compostas de cinco proteínas, Sar1, Sec23, Sec24, Sec13 e Sec31, que formam a maquinaria mínima para a sua formação (Barlowe e Miller, 2013). A montagem das vesículas COPII na membrana do RE ocorre em diferentes estágios, começando pelo recrutamento da Sar1. A Sar1 é uma GTPase da família das proteínas Arf e desempenha um papel central no recrutamento da proteína-carga e na formação das vesículas COPII (Budnik e Stephens, 2009). A montagem do revestimento COPII (*COPII-coat*) depende da ativação da GTPase Sar1 por Sec12 (GEF, fator de troca nucleotídio guanina). Essa ativação causa a exposição, na região N-terminal de Sar1, de uma alfa-hélice anfifática que leva à inserção da Sar1 na membrana do RE (Bi *et al.*, 2002; Bielli *et al.*, 2005; Lee *et al.*, 2005). Essa inserção gera a curvatura inicial da membrana, crucial na formação da vesícula. Logo em seguida, a Sar1, que se encontra ligada ao trifosfato de guanosina (GTP), recruta o heterodímero Sec23/24 para a região interna da vesícula em formação (Matsuoka *et al.*, 1998; 2001; Bi *et al.*, 2002). A Sec24 é a principal proteína adaptadora para o revestimento COPII (Miller *et al.*, 2003). Já a Sec23 possui um resíduo de arginina que leva à sua inserção no sítio catalítico de Sar1 (Bi *et al.*, 2002), resultando na estimulação da atividade

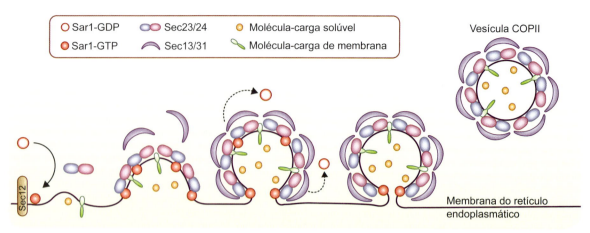

Figura 4.2 ▪ Formação de vesículas COPII. A montagem das vesículas COPII na membrana do retículo endoplasmático inicia-se com a ativação da GTPase Sar1, por meio de Sec12, um fator de troca de nucleotídio guanina. A Sar1 ativada interage com o heterodímero Sec23/24. O complexo Sec13/Sec31 também é recrutado, favorecendo a estrutura rígida da vesícula. A fissão da vesícula é mediada pela habilidade da hélice anfipática N-terminal de Sar1 de se inserir na membrana e induzir uma assimetria entre as camadas interna e externa, promovendo a curvatura da membrana e criando agregados de lipídios que resultam na fissão e no brotamento da vesícula COPII. (Adaptada de Venditti *et al.*, 2014.)

GTPase de Sar1, por meio da estabilização de grupos fosfato. Após o recrutamento de todos os elementos, forma-se uma vesícula pré-brotamento. Outro complexo, o Sec13/Sec31 é posteriormente recrutado, agora para a região externa da vesícula. A ligação de Sec31 a Sec23/Sar1 reorienta o resíduo de arginina de Sec23 e aumenta a atividade GTPase de Sar1 em 4 a 10 vezes (Antonny *et al.*, 2001; Bi *et al.*, 2007). Além disso, o complexo Sec13/Sec31 forma a camada externa da vesícula COPII (Matsuoka *et al.*, 2001), direciona ainda mais a curvatura da membrana para a formação da vesícula e auxilia a formação de uma estrutura rígida, que facilita o próximo passo na formação das vesículas COPII, ou seja, a fissão da membrana. Esse processo é mediado pela habilidade da hélice anfipática N-terminal de Sar1 de se inserir na membrana e induzir uma assimetria entre as camadas internas e externas, promovendo a curvatura e criando agregados de lipídios que resultam em fissão e brotamento da vesícula COPII (Brown *et al.*, 2008; Long *et al.*, 2010). Logo após o brotamento, as vesículas COPII perdem o seu revestimento, em razão da hidrólise de GTP mediada por Sar1 (Oka e Nakano, 1994).

Apesar de as proteínas descritas representarem a maquinaria mínima necessária para o transporte das vesículas COPII, há diversos complexos e proteínas adicionais e acessórias responsáveis por modular o recrutamento do revestimento das vesículas e o seu transporte. Dentre esses fatores, destaca-se a Sec16, que se localiza nos sítios de saída do RE (os ERES), sendo importante para a manutenção destes (Watson *et al.*, 2006; Hughes *et al.*, 2009). A Sec16 interage fisicamente com todas as proteínas das vesículas COPII, bem como com proteínas da membrana do RE (Whittle e Schwartz, 2010; Montegna *et al.*, 2012; Yorimitsu e Sato, 2012).

Algumas proteínas do RE também participam ativamente do processo de formação das vesículas COPII. Um exemplo é a proteína transmembrana TANGO1 (Budnik e Stephens, 2009). Tem sido sugerido que TANGO1, complexado ao seu par cTAGE5, interage com o colágeno no lúmen do RE e com o complexo Sec23/24, favorecendo assim o recrutamento de Sec31, a hidrólise de GTP por Sar1 e a excisão da vesícula (Saito *et al.*, 2009) (ver Figura 4.2).

Além disso, as proteínas que serão carregadas pelas vesículas também influenciam diretamente na sua biogênese. As proteínas podem, assim, influenciar a formação das vesículas por meio de vários fatores, como quantidade e tamanho das proteínas-carga a serem transportadas; ligação de peptídios sinais às proteínas formadoras da vesícula COPII; estabilização das vesículas; regulação da atividade de GTPase da Sar1; e geometria (tamanho e forma) das vesículas (Sato e Nakano, 2007; Quintero *et al.*, 2010; Dong *et al.*, 2012; Venditti *et al.*, 2014).

Os sinais que direcionam a saída das proteínas solúveis para fora do RE em direção ao aparelho de Golgi não foram completamente elucidados. Sabe-se, no entanto, que algumas proteínas transmembrana de RE servem como receptores de carga para empacotar algumas proteínas de secreção nas vesículas revestidas de COPII. Os principais receptores são lectinas que se ligam a oligossacarídios. Um dos principais, denominado ERGIC-53, faz a ligação das proteínas-carga a serem transportadas com a maquinaria da vesícula, assegurando o correto endereçamento dessas moléculas para as vesículas nascentes e então para o ERGIC. ERGIC-53 é uma lectina ligada à manose, necessária para a exportação de várias proteínas de carga do RE (Nichols *et al.*, 1998; Appenzeller *et al.*, 1999). O seu recrutamento para as vesículas COPII é realizado por meio da ligação a Sec23 (Kappeler *et al.*, 1997); em seguida, são reciclados de volta ao RE quando a vesícula chega ao ERGIC (Schindler *et al.*, 1993).

As vesículas nascentes perdem seus revestimentos e se fundem para formar o compartimento intermediário entre o RE e o Golgi, ou seja, o ERGIC ou agregados tubulovesiculares (VTC). Há muito tempo discute-se na literatura se o ERGIC e o VTC são dois compartimentos diferentes ou apenas variantes de um mesmo compartimento. De fato, há evidências da existência de ambos coexistindo em células de mamíferos, com diferentes dinâmicas, porém funções semelhantes (Verissimo e Pepperkok, 2013). Desse modo, formam-se os chamados *agrupamentos tubulares de vesículas*, que perduram por um curto período de tempo e se movem ao longo de microtúbulos em direção ao aparelho de Golgi, onde se fusionarão para entregar as proteínas-carga.

Após o ancoramento da vesícula contendo as proteínas-carga à membrana-alvo no ERGIC ou VTC, ocorrerão aproximação e fusão das membranas, permitindo assim o descarregamento do conteúdo das vesículas. Para que esse processo ocorra de maneira adequada, proteínas de ligação do NSF sináptico alfassolúvel (SNARE) catalisam a reação. SNARE são proteínas transmembrana e existem como conjuntos complementares, ou seja, t-SNARE encontram-se na membrana-alvo enquanto v-SNARE encontram-se na membrana das vesículas (Bonifacino e Glick, 2004; Spang, 2013; Verissimo e Pepperkok, 2013).

▶ Transporte retrógrado entre o RE e o aparelho de Golgi

Como mencionado anteriormente, o tráfego entre o RE e o aparelho de Golgi também pode ocorrer no sentido inverso, ou seja, as proteínas podem fazer o caminho retrógrado e serem devolvidas para o compartimento anterior. O transporte retrógrado é responsável pela manutenção das proteínas residentes do aparelho Golgi. Neste caso, as proteínas residentes do aparelho de Golgi se reciclam, permanecendo na organela, enquanto as proteínas sintetizadas se movem anterogradamente (Glick e Luini, 2011; Morriswood e Warren, 2013; Papanikou e Glick, 2014). Esse transporte também é mediado por vesículas, porém agora revestidas de outra proteína, a COPI (Watson e Stephens, 2005).

Formação das vesículas COPI

Assim que os agrupamentos tubulares de vesículas se formam, vesículas derivadas deles próprios também começam a brotar, porém estas são revestidas de COPI em vez de COPII. Essas vesículas fazem o transporte retrógrado de proteínas residentes, bem como de proteínas que participaram da própria reação de brotamento de vesículas do RE. De fato, a montagem do revestimento COPI dessas vesículas inicia-se logo após a remoção de COPII. Como ocorre com COPII, o heptâmero COPI é recrutado para a membrana do aparelho de Golgi por uma GTPase, a Arf1, e tem a dupla função de favorecer a curvatura da membrana e ligar-se a proteínas-carga ou receptores por meio do reconhecimento de sinais em suas alças citoplasmática (Dancourt e Barlowe, 2010).

Apesar de o transporte anterógrado do RE para o aparelho de Golgi ser mediado sempre por vesículas COPII, há mais de um mecanismo envolvido no transporte retrógrado. Além do transporte dependente de vesículas cobertas com o complexo proteico COPI, há outros mecanismos que envolvem transporte independente de COPI. As vias independentes de COPI têm sido muito menos estudadas e caracterizadas. Estudos indicam ser uma via envolvida na reciclagem constitutiva de enzimas do aparelho de Golgi, bem como no transporte retrógrado de proteínas de membrana. Essa via é regulada por uma pequena GTPase pertencente à família Rab, a Rab6A, e parece envolver estruturas tubulares e não vesículas carregadoras (Pfeffer, 2013).

Essa via retrógrada, de recuperação de proteínas, depende de sinais de recuperação do RE para acelerar o processo. Para as proteínas de membrana do RE, o sinal mais bem caracterizado chama-se sequência KKXX. Ele consiste em duas Lys (lisina, letra K do código de aminoácidos), seguidas por outros dois aminoácidos quaisquer, e encontra-se na extremidade C-terminal das proteínas. Já para as proteínas solúveis do RE, a sequência mais conhecida é a KDEL, que consiste em uma sequência de Lys-Asp-Glu-Leu (lisina, aspartato, glutamato e leucina). Algumas proteínas, porém, não dependem desses sinais e entram aleatoriamente nas vesículas COPI. No entanto, a sua taxa de recuperação é muito mais lenta (Spang, 2013).

TRANSPORTE DE PROTEÍNAS NA REDE *TRANS*-GOLGI

Por muito tempo se acreditou que o aparelho de Golgi, juntamente com RE, lisossomos, endossomos, vesículas de transporte e membranas nucleares e plasmática, formava um complexo integrado, de compartimentos estáveis, denominado sistema endomembranas (Mollenhauer e Morre, 1974). Atualmente, esse conceito tem sido substituído pelo tráfego através da via secretora/endossomal (Lippincott-Schwartz *et al.*, 2000; Lowe e Barr, 2007; Glick e Nakano, 2009).

Ao longo da passagem pelas diferentes cisternas do aparelho de Golgi, as moléculas carregadas sofrem sucessivas modificações covalentes. Cada cisterna possui um aparato próprio e complexo de enzimas de processamento. Assim, cada etapa é importante, e a molécula somente evoluirá em seu processamento se tiver sido adequadamente processada na etapa anterior. Hoje se sabe que as etapas de processamento ocorrem em uma sequência tanto bioquímica como espacial – ou seja, as enzimas que fazem o processamento inicial das moléculas encontram-se na face *cis*, enquanto as envolvidas no processamento final encontram-se próximas à face *trans* das cisternas.

Existem dois modelos que tentam explicar o transporte através do aparelho de Golgi: modelo de transporte vesicular e modelo de maturação de cisternas (Figura 4.3). De acordo com o modelo de transporte vesicular, o aparelho de Golgi seria uma estrutura relativamente estática. As suas enzimas seriam mantidas no lugar, enquanto as moléculas-carga seriam transportadas nas vesículas de transporte. O fluxo retrógrado

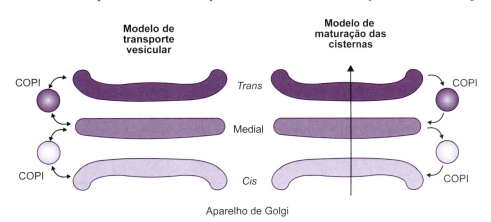

Figura 4.3 ▪ Transporte através do aparelho de Golgi. De acordo com o modelo de transporte vesicular (*à esquerda*), o aparelho de Golgi seria uma estrutura relativamente estática e as suas enzimas seriam mantidas no lugar, enquanto as moléculas-cargo seriam transportas nas vesículas de transporte COPI. Já de acordo com o modelo de maturação de cisternas, mais aceito na atualidade, o aparelho de Golgi teria uma estrutura dinâmica e, assim, as suas próprias cisternas se moveriam. Neste modelo, o tráfego anterógrado no aparelho de Golgi, da face *cis* para a face *trans*, ocorreria pela síntese *de novo* de cisternas, que sofreriam progressiva maturação. O fluxo retrógrado seria mediado pelas vesículas COPI, encarregadas de trazer de volta as enzimas das cisternas finais para as iniciais. (Adaptada de McDermott e Mousley, 2016.)

recuperaria proteínas que tivessem escapado do aparelho de Golgi e do RE.

Já no segundo modelo, mais aceito na atualidade, o aparelho de Golgi teria uma estrutura dinâmica e, assim, as suas próprias cisternas se moveriam. Nesse modelo, o tráfego no aparelho de Golgi, da face *cis* para a face *trans*, ocorreria pela síntese *de novo* de cisternas, que sofreriam progressiva maturação (Day *et al.*, 2013). O fluxo retrógrado, mediado pelas vesículas COPI, carregaria de volta as enzimas das cisternas iniciais.

Após a sua passagem pelo aparelho de Golgi, as moléculas são direcionadas para a TGN, onde terão seu destino final definido. Dependendo do tipo de célula, os destinos incluem: membranas apical e basolateral, endossomos, lisossomos, grânulos de secreção, dentre outros (Traub e Kornfeld, 1997).

Na maioria das células, a TGN apresenta-se como uma estrutura que emerge das duas últimas cisternas *trans* (De Matteis e Luini, 2008) (Figura 4.4). Em contraste com a exportação do RE, que ocorre em domínios estáveis, os ERES, a exportação da TGN parece ser bem mais complexa. Estudos têm demonstrado a existência de *domínios de saída*, compostos por diversos tipos de lipídios, vesículas e agrupamentos tubulares, enriquecidos com moléculas-carga e maquinaria de brotamento, porém desprovidas de proteínas residentes do aparelho de Golgi (Gleeson *et al.*, 2004). Esses domínios de saída são formados por microambientes únicos, sendo sua formação altamente dinâmica e dependente de influxo das moléculas-carga (De Matteis e Luini, 2008).

Os principais atuantes nesse processo de distribuição das moléculas da TGN incluem adaptadores citosólicos que são recrutados até a membrana da TGN para, direta ou indiretamente, ligarem-se às moléculas-carga. Algumas proteínas, em particular as luminais, associam-se aos adaptadores indiretamente por meio de receptores transmembrana (ver Figura 4.4). A saída da TGN ocorre principalmente por vesículas revestidas por clatrina, a mesma proteína que faz o revestimento de vesículas endocíticas. Em geral, a clatrina não se associa diretamente às moléculas-carga, por isso a importância dos adaptadores (Ladinsky *et al.*, 2002). A polimerização da clatrina associada aos adaptadores forma regiões cobertas na membrana, que facilitam então a sua deformação e a formação das vesículas (Guo *et al.*, 2014). Uma vez que as vesículas cobertas de clatrina são liberadas, as proteínas ancoradas à membrana da vesícula se dissociam para participar de novos ciclos de distribuição de proteínas na TGN. Dentre as proteínas adaptadoras, as mais conhecidas são os complexos heterotetraméricos de proteínas adaptadoras (AP), fosfatidilinositóis (PIP), fator de ribosilação do ADP (ARF), proteínas ligadoras de ARF (GGA) e as proteínas *epsin* (Guo *et al.*, 2014). A família dos complexos AP, que incluem AP-1, AP-2, AP-3, AP-4 e AP-5, participa do tráfego intracelular, incluindo as vias de transporte para os endossomos, bem como para a membrana basolateral de células epiteliais (Hirst *et al.*, 2013). Apesar da importância dos PIP para o processo de distribuição, eles sozinhos não fornecem especificidade sem as GTPases da família ARF (Yorimitsu *et al.*, 2014). Já as GGA contribuem para o recrutamento da clatrina pela interação com a região N-terminal da cadeia pesada da clatrina (Puertollano *et al.*, 2001; Stahlschmidt *et al.*, 2014).

PAPEL DO CÁLCIO NA VIA SECRETORA

Diversos aspectos da vida celular são afetados e dependem do cálcio (Ca^{2+}), que é considerado uma molécula sinalizadora evolutivamente conservada. Esse íon possui funções na transmissão sináptica, contração muscular, secreção de grânulos, expressão gênica, reparo da membrana celular, autofagia, entre outros (Parys *et al.*, 2012). O Ca^{2+} adiciona carga às proteínas ligadoras de Ca^{2+} e, assim, leva à mudança conformacional destas e torna-as sensores de Ca^{2+}. Existem centenas de proteínas que atuam como sensores de Ca^{2+} com propriedades de afinidade de ligação ao íon variando de nanomolar (nM) a milimolar (mM) (Distelhorst e Bootman, 2011; Parys *et al.*, 2012).

O citosol apresenta concentrações de Ca^{2+} na ordem de 100 nM, enquanto no espaço extracelular chega a 2 mM e, nos compartimentos intracelulares, varia entre 0,5 e 1 mM. Portanto, existem elevados gradientes de Ca^{2+} entre esses locais (Distelhorst e Bootman, 2011; Van Petegem, 2015), que são estabelecidos por transportadores de Ca^{2+} localizados na membrana plasmática e nas membranas das organelas (Decuypere *et al.*, 2015). Assim, após um estímulo celular,

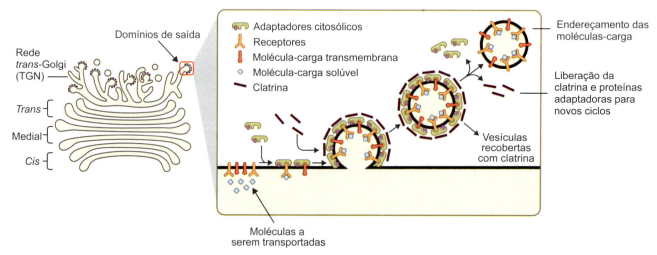

Figura 4.4 • Endereçamento de proteínas na rede *trans*-Golgi (TGN). As moléculas-carga a serem transportadas são inicialmente reconhecidas por receptores presentes nos domínios de saída do aparelho de Golgi. Adaptadores citosólicos são, então, recrutados para auxiliar na associação da clatrina e formação das vesículas secretoras. Após a fissura das vesículas da membrana do aparelho de Golgi, as proteínas ancoradas se dissociam para participar de novos ciclos de distribuição de proteínas na TGN. (Adaptada de Guo *et al.*, 2014.)

ocorre o aumento do Ca^{2+} citosólico tanto pela sua entrada através dos transportadores de membrana plasmática, como pela sua liberação dos estoques intracelulares (ou seja, das organelas) (Decuypere et al., 2015).

O RE é a principal organela de estoque de Ca^{2+} e, assim, desempenha um papel central na sinalização intracelular de Ca^{2+}. O conteúdo de Ca^{2+} no RE depende essencialmente: da sua entrada na organela, via uma ATPase denominada SERCA (Vandecaetsbeek et al., 2011); da expressão de proteínas ligadoras de Ca^{2+} no lúmen da organela (Prins e Michalak, 2011); e da natureza e atividade de proteínas liberadoras de Ca^{2+}, como o receptor para 1,4,5-trifosfato de inositol (IP_3R) e o receptor de rianodina (RyR) (Lanner, 2012; Van Petegem, 2015).

Além do RE, estudos recentes têm demonstrado a importância dos estoques intracelulares no Golgi, na mitocôndria e nos lisossomos (Clapham, 2007). Estudos utilizando sondas de Ca^{2+} sugerem que o aparelho de Golgi contém 2,5 a 5% do Ca^{2+} celular, sendo que a concentração do íon nessa organela pode chegar a 300 micromolar (μM) (Pinton et al., 1998). Apesar de menos importante que o RE, o aparelho de Golgi também contribui para a sinalização do Ca^{2+}, pela sua liberação via IP_3R. Tem sido também proposto que, devido à sua proximidade com o núcleo da célula, o aparelho de Golgi deva participar da sinalização nuclear do Ca^{2+} (Vanoevelen et al., 2005b). Além disso, a manutenção de altas concentrações luminais de Ca^{2+} no aparelho de Golgi é necessária para o processamento das proteínas (Kienzle e Von Blume, 2014).

▶ Transportadores de Ca^{2+}

O sensível balanço da concentração de Ca^{2+} intracelular é mantido pela refinada atividade de transportadores de Ca^{2+} presentes nas membranas celulares, que permitem o movimento desse íon para dentro e para fora da célula e/ou das organelas que fazem o seu estoque (Brini e Carafoli, 2000).

As bombas de Ca^{2+} pertencentes à superfamília das ATPases do tipo P (originalmente denominadas do tipo E1E2) movem íons através das membranas, contra o seu gradiente eletroquímico, utilizando a energia da hidrólise de ATP (Palmgren e Axelsen, 1998; Palmgren e Nissen, 2011). Apesar de relacionadas pela similaridade de sequência, homologia estrutural e mecanismo de transporte, existem três subtipos de bombas de Ca^{2+} que são filogeneticamente distintas e que possuem localizações subcelulares características: Ca^{2+}-ATPase de membrana plasmática (PMCA, presente na membrana plasmática); Ca^{2+}-ATPase do retículo sarcoplasmático (SERCA, presente no RE); e a Ca^{2+}-ATPase da via secretora (SPCA, presente nas vesículas secretoras derivadas do aparelho de Golgi).

▶ Ca^{2+}-ATPases de membrana plasmática (PMCA)

Há quatro ATPases de membrana plasmática descritas, denominadas PMCA1-4 e codificadas pelos genes ATP2B1-4 (Krebs, 2015). A isoforma PMCA1 apresenta distribuição ubíqua pelos diversos tecidos e possui cinco variantes (PMCA1a-e). A isoforma PMCA2 possui seis variantes, enquanto PMCA3 possui três variantes, todas expressas no sistema nervoso central e em tecidos intimamente conectados ao sistema nervoso (Chicka e Strehler, 2003; Strehler, 2015). PMCA2 é expressa na membrana apical de células acinares de glândula mamária, podendo ser substancialmente induzida durante a lactação. Estudos em camundongos *knockout* para PMCA2 demonstraram redução de 60% nos níveis de Ca^{2+} no leite, o que sugere um importante papel de PMCA2 na secreção de Ca^{2+} no leite materno. Similarmente à PMCA1, a isoforma PMCA4 também é ubiquamente expressa e possui oito variantes (Chicka e Strehler, 2003; Strehler, 2015).

▶ Ca^{2+}-ATPases de retículo sarco/endoplasmático (SERCA)

A Ca^{2+}-ATPase de retículo sarco/endoplasmático (SERCA) é altamente expressa na membrana do RE e é a principal responsável por sequestrar e estocar o Ca^{2+} intracelular. Há três genes (ATP2A1-3) que codificam os três subtipos de bomba de Ca^{2+} (SERCA1-3), e a expressão destes é diferente nos diversos tecidos. A SERCA1 é predominantemente expressa na musculatura esquelética, enquanto SERCA2 apresenta distribuição ubíqua. A variante SERCA2b possui uma função essencial de manutenção das concentrações de Ca^{2+} intracelular. Já a variante SERCA2a é exclusivamente expressa em células musculares e neuronais, enquanto as variantes SERCA2c-d são expressas no coração. Esses tecidos necessitam de um minucioso controle do Ca^{2+} para exercer as suas funções específicas, como a contração muscular e a propagação de potenciais de ação no sistema nervoso (Baba-Aissa et al., 1998; Vangheluwe et al., 2005). A SERCA3 foi a última isoforma a ser caracterizada, sendo expressa em células derivadas do sistema hematopoético e imune, bem como em outros tipos celulares. Há diversas variantes de SERCA3, o que sugere que esta deve exercer um papel importante na homeostase do Ca^{2+} celular, porém este ainda não foi completamente elucidado (Periasamy e Kalyanasundaram, 2016).

Apesar de o ciclo catalítico da SERCA ainda não ter sido completamente elucidado, a maioria dos modelos baseia-se na transformação entre dois estados conformacionais principais, designados E1 e E2. Na conformação E1, os dois sítios de ligação ao Ca^{2+} estão voltados para o citoplasma e possuem alta afinidade pelo íon. Já no estado E2, os sítios estão voltados para o lúmen do RE e possuem baixa afinidade pelo íon. O ciclo inicia-se pela ligação de dois íons Ca^{2+} e um ATP, pelo lado citoplasmático, determinando a forma $2Ca^{2+}$-E1-ATP, que é então fosforilada, formando $2Ca^{2+}$-E1-P, um intermediário de alta energia, sensível a ADP, no qual os íons Ca^{2+} ligados ficam oclusos. A conversão para um intermediário de baixa energia é acompanhada por uma mudança conformacional para a forma $2Ca^{2+}$-E2-P (insensível a ADP), na qual a afinidade pelo Ca^{2+} é baixa e que se orienta para o lúmen do RE. O ciclo se completa com a liberação dos íons Ca^{2+} e do fosfato no lúmen do RE e a mudança conformacional do estado E2 para o estado E1 (Wuytack et al., 2002).

▶ ATPases transportadoras de Ca^{2+} na via secretora associada ao Golgi (SPCA)

Recentemente, uma nova classe de bombas de Ca^{2+} tem sido demonstrada, sendo que o primeiro membro foi descoberto em levedura *S. cerevisiae* e nomeado Pmrf1 (Rudolph et al., 1989). Os homólogos em mamíferos, denominados SPCA1 e SPCA2, são codificados pelos genes ATP2C1 e ATP2C2, respectivamente (Shull, 2000). A SPCA1 é expressa de forma ubíqua em todos os tecidos, enquanto SPCA2 está restrita a epitélios absortivos (epitélio intestinal) e secretores (pâncreas, glândulas salivares e glândulas mamárias) (Vanoevelen et al., 2005a; Dode et al., 2006). Já foram descritas cinco variantes de SPCA1, que diferem na sua região C-terminal (Fairclough et al., 2003), enquanto nenhuma variante foi descrita para SPCA2 (Pestov et al., 2012). Ambas, SPCA1 e SPCA2, apresentam 65% de identidade, diferindo prioritariamente na região N-terminal. Além disso, ambas apresentam propriedades cinéticas semelhantes (Xiang et al., 2005; Dode et al., 2006).

Em leveduras, as proteínas SPCA estão localizadas no aparelho de Golgi intermediário, onde têm papel fundamental na via secretora (Antebi e Fink, 1992; Dürr et al., 1998). O Ca^{2+} no lúmen do aparelho de Golgi controla importantes funções, incluindo o tráfego de proteínas luminais e de membrana, a condensação das cargas e o processamento de precursores (Chanat e Huttner, 1991; Oda, 1992; Carnell e Moore, 1994). De fato, a maior fração do Ca^{2+} no lúmen do aparelho de Golgi não fica livre, e sim ligada a proteínas como a CALNUC, a Cab45 e a GRP94 (Scherer et al., 1996; Lin et al., 1998; Vorum et al., 1999; Brunati et al., 2000).

Além das SPCA, as SERCA também participam da captação de Ca^{2+} para o aparelho de Golgi (Van Baelen et al., 2003). A contribuição relativa das bombas SPCA e SERCA para a captação total de Ca^{2+} pelo Golgi depende do tipo celular, e as porcentagens variam em cada descrição experimental (Van Baelen et al., 2004).

Vale ressaltar ainda que as SPCA participam não apenas do aporte de Ca^{2+}, mas também de Mn^{2+} (Lapinskas et al., 1995) e podem fazer isso com a mesma eficiência (Van Baelen et al., 2004). O Mn^{2+} presente no lúmen do aparelho de Golgi é necessário para o processo de glicosilação de proteínas (Kaufman et al., 1994; Varki, 1998) e para a atividade da caseína quinase, abundantemente expressa em glândulas mamárias (West e Clegg, 1984; Lasa et al., 1997).

▶ Efeitos do cálcio citosólico na secreção

Douglas e Rubin, em 1961, foram os primeiros a propor que o Ca^{2+} intracelular controla o acoplamento estímulo-secreção em células endócrinas (Douglas e Rubin, 1961). Mais tarde, Katz e Miledi sugeriram que o Ca^{2+} intracelular controla a rápida liberação de neurotransmissores nas sinapses (Katz e Miledi, 1965; 1967). Portanto, esses foram os primeiros indícios da participação e da dependência do Ca^{2+} no processo de exocitose/secreção regulada.

A elevação da concentração de Ca^{2+} livre no citosol desencadeia diretamente a exocitose regulada, por meio da estimulação da fusão completa das vesículas secretoras à membrana plasmática ou a fusão transitória do tipo *kiss-and-run*, na qual a integridade da vesícula é mantida e apenas o seu conteúdo é liberado (Alabi e Tsien, 2013).

Apesar de estudos demonstrarem que os mesmos complexos proteicos parecem participar da fusão de vesículas em todas as células exocíticas, os complexos participantes das sinapses são os mais caracterizados. Assim, sabe-se que o complexo denominado SNARE de quatro hélices é formado pela união de três proteínas de ligação do NSF sináptico alfassolúvel (SNARE), sintaxina, proteína da membrana associada à vesícula (VAMP) e proteína de 25 kDa associada ao sinaptossomo (SNAP25) (Sutton et al., 1998). A formação desse complexo é desencadeada por concentrações micromolares de Ca^{2+} (Hu et al., 2002). As três SNARE parecem ser a maquinaria mínima para a exocitose (Brini e Carafoli, 2000; Brini et al., 2012), porém as proteínas acessórias aumentam a precisão espacial e temporal da exocitose. Durante elevados níveis de atividade, o que é comum no sistema nervoso, a estimulação repetitiva leva ao aumento cumulativo na concentração de Ca^{2+} intracelular pré-sináptica, favorecendo a exocitose.

Na sinapse, uma grande maioria de proteínas ligadoras de Ca^{2+} liga-se a ele por meio de motivos de domínio C2, que são estruturalmente semelhantes ao presente na proteinoquinase C (PKC). Em adição à ligação ao Ca^{2+}, as proteínas ligam-se também a fosfolipídios de membrana e às proteínas SNARE (direta ou indiretamente) (Barclay et al., 2005), modulando o processo de exocitose. Dentre as proteínas ligadoras de Ca^{2+}, as mais importantes são: sinaptotagmina, Munc13, RIM, Piccolo, Rabphilin e Doc2 (Barclay et al., 2005).

A sinaptotagmina parece atuar como sensor para ativar a rápida exocitose (Verkhratsky, 2005; Bergner e Huber, 2008; Periasamy e Kalyanasundaram, 2016), enquanto Munc13 regula, além da exocitose, a plasticidade sináptica (Ashery et al., 2000; Junge et al., 2004). Já RIM está envolvida na probabilidade de liberação do conteúdo das vesículas (Schoch et al., 2002), e Piccolo participa da organização da maquinaria exocítica (Garner et al., 2000). Outras proteínas, como a calmodulina e o sensor neuronal de cálcio (NCS), também se ligam ao Ca^{2+} na sinapse.

A calmodulina pode exercer seus efeitos de maneira dependente e independente de Ca^{2+}. No processo de exocitose, a calmodulina tem um papel Ca^{2+}-dependente bem estabelecido. A ligação Ca^{2+}-calmodulina leva à ativação da proteinoquinase II dependente de cálcio-calmodulina (CaMKII), que então promove a fosforilação de sinapsinas. Estas promovem o recrutamento das vesículas sinápticas que terão seu conteúdo secretado (Hilfiker et al., 1999). Além disso, a calmodulina também se liga a sinaptotagmina, complexo SNARE, Rab3 (Burgoyne e Clague, 2003) e Munc13 (Junge et al., 2004).

IMPORTÂNCIA DO pH NA VIA SECRETORA

A manutenção do pH luminal em organelas da via secretora é outro elemento necessário para o apropriado direcionamento e processamento proteolítico nesses locais. Mesmo pequenas diferenças de pH entre as organelas podem ser críticas para diferenciar eventos celulares. Além disso, até mesmo o direcionamento entre a via secretora constitutiva e regulada parece depender do pH luminal das organelas (Yoo e Albanesi, 1990; Chanat e Huttner, 1991; Colomer et al., 1996).

Há diversos fatores que cooperativamente regulam o pH das organelas. As bombas de prótons vacuolares, também denominadas V-ATPases, são determinantes nesse processo. Elas realizam a transferência de prótons do citosol para o lúmen das organelas, sendo esse processo dependente de ATP. Uma vez que são eletrogênicas, a atividade dessas bombas é afetada pelo potencial transmembrana, que em contrapartida depende da permeabilidade de outros íons. Além disso, a homeostase do pH na organela também é alterada pela taxa de "vazamento" de H^+ e seus equivalentes (OH^-, HCO_3^-) em direção ao citosol (Paroutis et al., 2004).

Estudos de diversos grupos, usando diferentes técnicas experimentais, demonstraram que as organelas da via secretora tornam-se mais acídicas do RE para o Golgi (Figura 4.5). O pH luminal do RE varia entre 7,1 e 7,2, sendo similar ao pH citosólico, enquanto o pH luminal no aparelho de Golgi é de 6,2 a 6,5 (Kim et al., 1996; Llopis et al., 1998; Wu et al., 2000), e, nos grânulos secretores, pode ser de apenas 5,2 (Urbe et al., 1997; Wu et al., 2000). Essa acidificação das organelas ao longo da via secretora é determinada pelo aumento da atividade de proteínas V-ATPases e pela menor perda de prótons para o citosol (Wu et al., 2001).

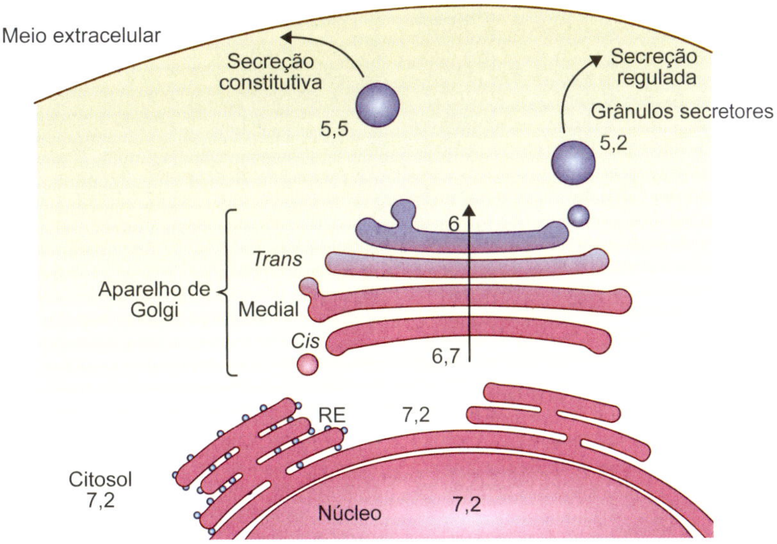

Figura 4.5 ▪ Diferenças de pH entre as organelas. As organelas da via secretora tornam-se mais ácidas do retículo endoplasmático (RE) para o aparelho de Golgi. O pH luminal do RE varia entre 7,1 e 7,2, sendo similar ao pH citosólico, enquanto o pH luminal no aparelho de Golgi é de 6,2 a 6,5 e nos grânulos secretores pode ser de apenas 5,2. (Adaptada de Casey *et al*., 2010.)

▶ V-ATPases

A V-ATPase é composta por 14 subunidades organizadas em dois domínios: V_0, um complexo integral da membrana que é constituído por seis subunidades, e V_1, um complexo citosólico composto de oito diferentes tipos de subunidades. O domínio V_0 é responsável pela translocação de prótons H^+ através da bicamada, enquanto o domínio V_1 está envolvido na conversão da energia derivada da hidrólise do ATP em força mecânica necessária para a translocação de prótons (Forgac, 2007). A regulação da atividade da V-ATPase é realizada de diversas maneiras, incluindo dissociação reversível dos complexos V_1V_0, controle da localização celular e alterações na eficiência do acoplamento entre o transporte de prótons e a hidrólise de ATP (Cotter *et al*., 2015).

As V-ATPases desempenham um importante papel na acidificação dos endossomos, o que possibilita a dissociação do complexo internalizado, permitindo a reciclagem dos receptores para a superfície celular e a degradação da molécula internalizada. Além disso, a atividade das enzimas de degradação também depende de pH ácido. Por último, em vesículas secretoras, o gradiente de prótons e o potencial de membrana estabelecido pelas V-ATPases são utilizados para favorecer o *uptake* de pequenas moléculas como os neurotransmissores (Forgac, 2007).

Alguns patógenos se beneficiam desse papel acidificador das V-ATPases. O pH ácido facilita a entrada de RNA mensageiro (mRNA) de vírus e porções de toxinas por poros que são formados em membranas endossomais (Gruenbergj e van Der Goot, 2006). Além disso, a atividade das V-ATPases tem sido relacionada a diversas patologias, como osteoporose e câncer (Cotter *et al*., 2015).

CONSIDERAÇÕES FINAIS

Neste capítulo buscamos entender o processo de exocitose/secreção desempenhado pelas células. Foram estudadas as principais organelas participantes desse processo, com ênfase no RE e no aparelho de Golgi. Além disso, as principais proteínas envolvidas na formação, translocação e fusão das vesículas secretoras também foram descritas. Por fim, foram enfatizados o papel do Ca^{2+} e do pH das organelas na regulação de todo esse processo.

BIBLIOGRAFIA

ALABI AA, TSIEN RW. Perspectives on kiss-and-run: role in exocytosis, endocytosis, and neurotransmission. *Annu Rev Physiol*, 75:393-422, 2013.

ANTEBI A, FINK GR. The yeast Ca(2+)-ATPase homologue, PMR1, is required for normal Golgi function and localizes in a novel Golgi-like distribution. *Mol Biol Cell*, 3(6):633-54, 1992.

ANTONNY B, MADDEN D, HAMAMOTO S *et al*. Dynamics of the COPII coat with GTP and stable analogues. *Nat Cell Biol*, 3(6):531-7, 2001.

APPENZELLER C, ANDERSSON H, KAPPELER F *et al*. The lectin ERGIC-53 is a cargo transport receptor for glycoproteins. *Nat Cell Biol*, 1(6):330-4, 1999.

APPENZELLER-HERZOG C, HAURI HP. The ER-Golgi intermediate compartment (ERGIC): in search of its identity and function. *J Cell Sci*, 119(Pt 11):2173-83, 2006.

ASHERY U, VAROQUEAUX F, VOETS T *et al*. Munc13-1 acts as a priming factor for large dense-core vesicles in bovine chromaffin cells. *Embo J*, 19(14):3586-96, 2000.

BABA-AISSA F, RAEYMAEKERS L, WUYTACK F *et al*. Distribution and isoform diversity of the organellar Ca2+ pumps in the brain. *Mol Chem Neuropathol*, 33(3):199-208, 1998.

BALCH WE, MCCAFFERY JM, PLUTNER H *et al*. Vesicular stomatitis virus glycoprotein is sorted and concentrated during export from the endoplasmic reticulum. *Cell*, 76(5):841-52, 1994.

BANNYKH SI, ROWE T, BALCH WE. The organization of endoplasmic reticulum export complexes. *J Cell Biol*, 135(1):19-35, 1996.

BARCLAY JW, MORGAN A, BURGOYNE RD. Calcium-dependent regulation of exocytosis. *Cell Calcium*, 38(3-4):343-53, 2005.

BARLOWE C, ORCI L, YEUNG T *et al*. COPII: a membrane coat formed by Sec proteins that drive vesicle budding from the endoplasmic reticulum. *Cell*, 77(6):895-907, 1994.

BARLOWE CK, MILLER EA. Secretory protein biogenesis and traffic in the early secretory pathway. *Genetics*, 193(2):383-410, 2013.

BENHAM AM. Protein secretion and the endoplasmic reticulum. *Cold Spring Harb Perspect Biol*, 4(8):a012872, 2012.

BERGNER A, HUBER RM. Regulation of the endoplasmic reticulum Ca(2+)-store in cancer. *Anticancer Agents Med Chem*, 8(7):705-9, 2008.

BEVIS BJ, HAMMOND AT, REINKE CA et al. De novo formation of transitional ER sites and Golgi structures in Pichia pastoris. *Nat Cell Biol*, 4(10):750-6, 2002.

BI X, CORPINA RA, GOLDBERG J. Structure of the Sec23/24-Sar1 pre-budding complex of the COPII vesicle coat. *Nature*, 419(6904):271-7, 2002.

BI X, MANCIAS JD. GOLDBERG J. Insights into COPII coat nucleation from the structure of Sec23.Sar1 complexed with the active fragment of Sec31. *Dev Cell*, 13(5):635-45, 2007.

BIELLI A, HANEY CJ, GABRESKI G et al. Regulation of Sar1 NH2 terminus by GTP binding and hydrolysis promotes membrane deformation to control COPII vesicle fission. *J Cell Biol*, 171(6):919-24, 2005.

BONIFACINO JS, GLICK BS. The mechanisms of vesicle budding and fusion. *Cell*, 116(2):153-66, 2004.

BRAAKMAN I, BULLEID NJ. Protein folding and modification in the mammalian endoplasmic reticulum. *Annu Rev Biochem*, 80:71-99, 2011.

BRANDIZZI F, BARLOWE C. Organization of the ER–Golgi interface for membrane traffic control. *Nat Rev Mol Cell Biol*, 14(6):382-92, 2013.

BRINI M, CALÌ T, OTTOLINI D et al. Calcium pumps: why so many? *Compr Physiol*, 2(2):1045-60, 2012.

BRINI M, CARAFOLI E. Calcium signalling: a historical account, recent developments and future perspectives. *Cell Mol Life Sci*, 57(3):354-70, 2000.

BROWN WJ, PLUTNER H, DRECKTRAH D et al. The lysophospholipid acyltransferase antagonist CI-976 inhibits a late step in COPII vesicle budding. *Traffic*, 9(5):786-97, 2008.

BRUNATI AM, CONTRI A, MUENCHBACH M et al. GRP94 (endoplasmin) co-purifies with and is phosphorylated by Golgi apparatus casein kinase. *FEBS Lett*, 471(2-3):151-5, 2000.

BUDNIK A, STEPHENS DJ. ER exit sites – localization and control of COPII vesicle formation. *FEBS Lett*, 583(23):3796-803, 2009.

BURGOYNE RD, CLAGUE MJ. Calcium and calmodulin in membrane fusion. *Biochim Biophys Acta*, 1641(2-3):137-43, 2003.

CARNELL L, MOORE HP. Transport via the regulated secretory pathway in semi-intact PC12 cells: role of intra-cisternal calcium and pH in the transport and sorting of secretogranin II. *J Cell Biol*, 127(3):693-705, 1994.

CASEY JR, GRINSTEIN S, ORLOWSKI J. Sensors and regulators of intracellular pH. *Nat Rev Mol Cell Biol*, 11(1):50-61, 2010.

CHANAT E, HUTTNER WB. Milieu-induced, selective aggregation of regulated secretory proteins in the trans-Golgi network. *J Cell Biol*, 115(6):1505-19, 1991.

CHICKA MC, STREHLER EE. Alternative splicing of the first intracellular loop of plasma membrane Ca2+-ATPase isoform 2 alters its membrane targeting. *J Biol Chem*, 278(20):18464-70, 2003.

CLAPHAM DE. Calcium signaling. *Cell*, 131(6):1047-58, 2007.

COLOMER V, KICSKA GA, RINDLER MJ. Secretory granule content proteins and the luminal domains of granule membrane proteins aggregate in vitro at mildly acidic pH. *J Biol Chem*, 271(1):48-55, 1996.

COTTER K, STRANSKY L, MCGUIRE C et al. Recent insights into the structure, regulation, and function of the V-ATPases. *Trends Biochem Sci*, 40(10):611-22, 2015.

DANCOURT J, BARLOWE C. Protein sorting receptors in the early secretory pathway. *Annu Rev Biochem*, 79:777-802, 2010.

DAY KJ, STAEHELIN LA, GLICK BS. A three-stage model of Golgi structure and function. *Histochem Cell Biol*, 140(3):239-49, 2013.

DE MATTEIS MA, LUINI A. Exiting the Golgi complex. *Nat Rev Mol Cell Biol*, 9(4):273-84, 2008.

DECUYPERE JP, PARYS JB, BULTYNCK G. ITPRs/inositol 1,4,5-trisphosphate receptors in autophagy: from enemy to ally. *Autophagy*, 11(10):1944-8, 2015.

DISTELHORST CW, BOOTMAN MD. Bcl-2 interaction with the inositol 1,4,5-trisphosphate receptor: role in Ca(2+) signaling and disease. *Cell Calcium*, 50(3):234-41, 2011. ISSN 0143-4160.

DODE L, ANDERSEN JP, VANOEVELEN J et al. Dissection of the functional differences between human secretory pathway Ca2+/Mn2+-ATPase (SPCA) 1 and 2 isoenzymes by steady-state and transient kinetic analyses. *J Biol Chem*, 281(6):3182-9, 2006.

DONG C, NICHOLS CD, GUO J et al. A triple arg motif mediates alpha(2B)-adrenergic receptor interaction with Sec24C/D and export. *Traffic*, 13(6):857-68, 2012.

DOUGLAS WW, RUBIN RP. The role of calcium in the secretory response of the adrenal medulla to acetylcholine. *J Physiol*, 159:40-57, 1961.

DÜRR G, STRAYLE J, PLEMPER R et al. The medial-Golgi ion pump Pmr1 supplies the yeast secretory pathway with Ca2+ and Mn2+ required for glycosylation, sorting, and endoplasmic reticulum-associated protein degradation. *Mol Biol Cell*, 9(5):1149-62, 1998.

FAIRCLOUGH RJ, DODE L, VANOEVELEN J et al. Effect of Hailey-Hailey Disease mutations on the function of a new variant of human secretory pathway Ca2+/Mn2+-ATPase (hSPCA1). *J Biol Chem*, 278(27):24721-30, 2003.

FORGAC M. Vacuolar ATPases: rotary proton pumps in physiology and pathophysiology. *Nat Rev Mol Cell Biol*, 8(11):917-29, 2007.

GARNER CC, KINDLER S, GUNDELFINGER ED. Molecular determinants of presynaptic active zones. *Curr Opin Neurobiol*, 10(3):321-7, 2000.

GLEESON PA, LOCK JG, LUKE MR et al. Domains of the TGN: coats, tethers and G proteins. *Traffic*, 5(5):315-26, 2004.

GLICK BS, LUINI A. Models for Golgi traffic: a critical assessment. *Cold Spring Harb Perspect Biol*, 3(11):a005215, 2011.

GLICK BS, NAKANO A. Membrane traffic within the Golgi apparatus. *Annu Rev Cell Dev Biol*, 25:113-32, 2009.

GONZÁLEZ-JAMETT AM, HARO-ACUÑA V, MOMBOISSE F et al. Dynamin-2 in nervous system disorders. *J Neurochem*, 128(2):210-23, 2014.

GRUENBERG J, VAN DER GOOT FG. Mechanisms of pathogen entry through the endosomal compartments. *Nat Rev Mol Cell Biol*, 7(7):495-504, 2006.

GUO Y, SIRKIS DW, SCHEKMAN R. Protein sorting at the trans-Golgi network. *Annu Rev Cell Dev Biol*, 30:169-206, 2014.

HAURI HP, KAPPELER F, ANDERSSON H et al. ERGIC-53 and traffic in the secretory pathway. *J Cell Sci*, 113(Pt 4):587-96, 2000.

HILFIKER S, PIERIBONE VA, CZERNIK AJ et al. Synapsins as regulators of neurotransmitter release. *Philos Trans R Soc Lond B Biol Sci*, 354(1381):269-79, 1999.

HIRST J, IRVING C, BORNER GH. Adaptor protein complexes AP-4 and AP-5: new players in endosomal trafficking and progressive spastic paraplegia. *Traffic*, 14(2):153-64, 2013.

HU K, CARROLL J, FEDOROVICH S et al. Vesicular restriction of synaptobrevin suggests a role for calcium in membrane fusion. *Nature*, 415(6872):646-50, 2002.

HUGHES H, BUDNIK A, SCHMIDT K et al. Organisation of human ER-exit sites: requirements for the localisation of Sec16 to transitional ER. *J Cell Sci*, 122(Pt 16):2924-34, 2009.

JOHNSON A, BHATTACHARYA N, HANNA M et al. TFG clusters COPII-coated transport carriers and promotes early secretory pathway organization. *Embo J*, 34(6):811-27, 2015.

JUNGE HJ, RHEE JS, JAHN O et al. Calmodulin and Munc13 form a Ca2+ sensor/effector complex that controls short-term synaptic plasticity. *Cell*, 118(3):389-401, 2004.

KAPPELER F, KLOPFENSTEIN DR, FOGUET M et al. The recycling of ERGIC-53 in the early secretory pathway. ERGIC-53 carries a cytosolic endoplasmic reticulum-exit determinant interacting with COPII. *J Biol Chem*, 272(50):31801-8, 1997.

KATZ B, MILEDI R. The effect of calcium on acetylcholine release from motor nerve terminals. *Proc R Soc Lond B Biol Sci*, 161:496-503, 1965.

KATZ B, MILEDI R. The timing of calcium action during neuromuscular transmission. *J Physiol*, 189(3):535-44, 1967.

KAUFMAN RJ, SWAROOP M, MURTHA-RIEL P. Depletion of manganese within the secretory pathway inhibits O-linked glycosylation in mammalian cells. *Biochemistry*, 33(33):9813-9, 1994.

KIENZLE C, VON BLUME J. Secretory cargo sorting at the trans-Golgi network. *Trends Cell Biol*, 24(10):584-93, 2014.

KIM JH, LINGWOOD CA, WILLIAMS DB et al. Dynamic measurement of the pH of the Golgi complex in living cells using retrograde transport of the verotoxin receptor. *J Cell Biol*, 134(6):1387-99, 1996.

KREBS J. The plethora of PMCA isoforms: alternative splicing and differential expression. *Biochim Biophys Acta*, 1853(9):2018-24, 2015.

LADINSKY MS, WU CC, MCINTOSH S et al. Structure of the Golgi and distribution of reporter molecules at 20 degrees C reveals the complexity of the exit compartments. *Mol Biol Cell*, 13(8):2810-25, 2002.

LANNER JT. Ryanodine receptor physiology and its role in disease. *Adv Exp Med Biol*, 740:217-34, 2012.

LAPINSKAS PJ, CUNNINGHAM KW, LIU XF et al. Mutations in PMR1 suppress oxidative damage in yeast cells lacking superoxide dismutase. *Mol Cell Biol*, 15(3):1382-8, 1995.

LASA M, MARIN O, PINNA LA. Rat liver Golgi apparatus contains a protein kinase similar to the casein kinase of lactating mammary gland. *Eur J Biochem*, 243(3):719-25, 1997.

LEE MC, ORCI L, HAMAMOTO S et al. Sar1 p N-terminal helix initiates membrane curvature and completes the fission of a COPII vesicle. *Cell*, 122(4):605-17, 2005.

LIN P, LE-NICULESCU H, HOFMEISTER R et al. The mammalian calcium-binding protein, nucleobindin (CALNUC), is a Golgi resident protein. *J Cell Biol*, 141(7):1515-27, 1998.

LIPPINCOTT-SCHWARTZ J, ROBERTS TH, HIRSCHBERG K. Secretory protein trafficking and organelle dynamics in living cells. *Annu Rev Cell Dev Biol*, 16:557-89, 2000.

LLOPIS J, MCCAFFERY JM, MIYAWAKI A et al. Measurement of cytosolic, mitochondrial, and Golgi pH in single living cells with green fluorescent proteins. *Proc Natl Acad Sci U S A*, 95(12):6803-8, 1998.

LONG KR, YAMAMOTO Y, BAKER AL et al. Sar1 assembly regulates membrane constriction and ER export. *J Cell Biol*, 190(1):115-28, 2010.

LOWE M, BARR FA. Inheritance and biogenesis of organelles in the secretory pathway. *Nat Rev Mol Cell Biol*, 8(6):429-39, 2007.

MATSUOKA K, ORCI L, AMHERDT M et al. COPII-coated vesicle formation reconstituted with purified coat proteins and chemically defined liposomes. *Cell*, 93(2):263-75, 1998.

MATSUOKA K, SCHEKMAN R, ORCI L. Surface structure of the COPII-coated vesicle. *Proc Natl Acad Sci U S A*, 98(24):13705-9, 2001.

McDERMOTT MI, MOUSLEY CJ. Lipid transfer proteins and the tuning of compartmental identity in the Golgi apparatus. *Chem Phys Lipids*, 200:42-61, 2016.

MILLER EA, BEILHARZ TH, MALKUS PN et al. Multiple cargo binding sites on the COPII subunit Sec24 p ensure capture of diverse membrane proteins into transport vesicles. *Cell*, 114(4):497-509, 2003.

MILOSEVIC I, GIOVEDI S, LOU X et al. Recruitment of endophilin to clathrin coated pit necks is required for efficient vesicle uncoating after fission. *Neuron*, 72(4):587-601, 2011.

MOLLENHAUER HH, MORRE DJ. Polyribosomes associated with the Golgi apparatus. *Protoplasma*, 79(3):333-6, 1974.

MONTEGNA EA, BHAVE M, LIU Y et al. Sec12 binds to Sec16 at transitional ER sites. *PLoS One*, 7(2):e31156, 2012.

MORRISWOOD B, WARREN G. Cell biology. Stalemate in the Golgi battle. *Science*, 341(6153):1465-6, 2013.

NICHOLS WC, SELIGSOHN U, ZIVELIN A et al. Mutations in the ER-Golgi intermediate compartment protein ERGIC-53 cause combined deficiency of coagulation factors V and VIII. *Cell*, 93(1):61-70, 1998.

ODA K. Calcium depletion blocks proteolytic cleavages of plasma protein precursors which occur at the Golgi and/or trans-Golgi network. Possible involvement of Ca(2+)-dependent Golgi endoproteases. *J Biol Chem*, 267(24):17465-71, 1992.

OKA T, NAKANO A. Inhibition of GTP hydrolysis by Sar1 p causes accumulation of vesicles that are a functional intermediate of the ER-to-Golgi transport in yeast. *J Cell Biol*, 124(4):425-34, 1994.

OTOMO T, SCHWEIZER M, KOLLMANN K et al. Mannose 6 phosphorylation of lysosomal enzymes controls B cell functions. *J Cell Biol*, 208(2):171-80, 2015.

OTTE S, BARLOWE C. Sorting signals can direct receptor-mediated export of soluble proteins into COPII vesicles. *Nat Cell Biol*, 6(12):1189-94, 2004.

PALMGREN MG, AXELSEN KB. Evolution of P-type ATPases. *Biochim Biophys Acta*, 1365(1-2):37-45, 1998.

PALMGREN MG, NISSEN P. P-type ATPases. *Annu Rev Biophys*, 40:243-66, 2011.

PAPANIKOU E, GLICK BS. The yeast Golgi apparatus: insights and mysteries. *FEBS Lett*, 583(23):3746-51, 2009.

PAPANIKOU E, GLICK BS. Golgi Compartmentation and Identity. *Curr Opin Cell Biol*, 29:74-81, 2014.

PAROUTIS P, TOURET N, GRINSTEIN S. The pH of the secretory pathway: measurement, determinants, and regulation. *Physiology (Bethesda)*, 19:207-15, 2004.

PARYS JB, DECUYPERE JP, BULTYNCK G. Role of the inositol 1,4,5-trisphosphate receptor/Ca2+-release channel in autophagy. *Cell Commun Signal*, 10(1):17, 2012.

PERIASAMY M, KALYANASUNDARAM A. SERCA pump isoforms: their role in calcium transport and disease. *Muscle Nerve*, 35(4):430-42, 2016.

PESTOV NB, DMITRIEV RI, KOSTINA MB et al. Structural evolution and tissue-specific expression of tetrapod-specific second isoform of secretory pathway Ca2+-ATPase. *Biochem Biophys Res Commun*, 417(4):1298-303, 2012.

PFEFFER SR. Rab GTPase regulation of membrane identity. *Curr Opin Cell Biol*, 25(4):414-9, 2013.

PINTON P, POZZAN T, RIZZUTO R. The Golgi apparatus is an inositol 1,4,5-trisphosphate-sensitive Ca2+ store, with functional properties distinct from those of the endoplasmic reticulum. *Embo J*, 17(18):5298-308, 1998.

PRINS D, MICHALAK M. Organellar calcium buffers. *Cold Spring Harb Perspect Biol*, 3(3), 2011.

PUERTOLLANO R, RANDAZZO PA, PRESLEY JF et al. The GGAs promote ARF-dependent recruitment of clathrin to the TGN. *Cell*, 105(1):93-102, 2001.

QUINTERO CA, GIRAUDO CG, VILLARREAL M et al. Identification of a site in Sar1 involved in the interaction with the cytoplasmic tail of glycolipid glycosyltransferases. *J Biol Chem*, 285(39):30340-6, 2010.

RODRIGUEZ-BOULAN E, MUSCH A. Protein sorting in the Golgi complex: shifting paradigms. *Biochim Biophys Acta*, 1744(3):455-64, 2005.

RUDOLPH HK, ANTEBI A, FINK GR et al. The yeast secretory pathway is perturbed by mutations in PMR1, a member of a Ca2+ ATPase family. *Cell*, 58(1):133-45, 1989.

SAITO K, CHEN M, BARD F et al. TANGO1 facilitates cargo loading at endoplasmic reticulum exit sites. *Cell*, 136(5):891-902, 2009.

SATO K, NAKANO A. Mechanisms of COPII vesicle formation and protein sorting. *FEBS Lett*, 581(11):2076-82, 2007.

SCHERER PE, LEDERKREMER GZ, WILLIAMS S et al. Cab45, a novel (Ca2+)-binding protein localized to the Golgi lumen. *J Cell Biol*, 133(2):257-68, 1996.

SCHINDLER R, ITIN C, ZERIAL M et al. ERGIC-53, a membrane protein of the ER-Golgi intermediate compartment, carries an ER retention motif. *Eur J Cell Biol*, 61(1):1-9, 1993.

SCHOBERER J, STRASSER R. Sub-compartmental organization of Golgi-resident N-glycan processing enzymes in plants. *Mol Plant*, 4(2):220-8, 2011.

SCHOCH S, CASTILLO PE, JO T et al. RIM1alpha forms a protein scaffold for regulating neurotransmitter release at the active zone. *Nature*, 415(6869):321-6, 2002.

SCHWEIZER A, MATTER K, KETCHAM CM et al. The isolated ER-Golgi intermediate compartment exhibits properties that are different from ER and cis-Golgi. *J Cell Biol*, 113(1):45-54, 1991.

SHINDIAPINA P, BARLOWE C. Requirements for transitional endoplasmic reticulum site structure and function in Saccharomyces cerevisiae. *Mol Biol Cell*, 21(9):1530-45, 2010.

SHULL GE. Gene knockout studies of Ca2+-transporting ATPases. *Eur J Biochem*, 267(17):5284-90, 2000.

SPANG A. Retrograde traffic from the Golgi to the endoplasmic reticulum. *Cold Spring Harb Perspect Biol*, 5(6), 2013.

STAHLSCHMIDT W, ROBERTSON MJ, ROBINSON PJ et al. Clathrin terminal domain-ligand interactions regulate sorting of mannose 6-phosphate receptors mediated by AP-1 and GGA adaptors. *J Biol Chem*, 289(8):4906-18, 2014.

STREHLER EE. Plasma membrane calcium ATPases: From generic Ca(2+) sump pumps to versatile systems for fine-tuning cellular Ca(2.). *Biochem Biophys Res Commun*, 460(1):26-33, 2015.

SUTTON RB, FASSHAUER D, JAHN R et al. Crystal structure of a SNARE complex involved in synaptic exocytosis at 2.4 A resolution. *Nature*, 395(6700):347-53, 1998.

TRAUB LM, KORNFELD S. The trans-Golgi network: a late secretory sorting station. *Curr Opin Cell Biol*, 9(4):527-33, 1997.

UJIKE M, TAGUCHI F. Incorporation of spike and membrane glycoproteins into coronavirus virions. *Viruses*, 7(4):1700-25, 2015.

URBE S, DITTIE AS, TOOZE SA. pH-dependent processing of secretogranin II by the endopeptidase PC2 in isolated immature secretory granules. *Biochem J*, 321(Pt 1):65-74, 1997.

VAN BAELEN K, DODE L, VANOEVELEN J et al. The Ca2+/Mn2+ pumps in the Golgi apparatus. *Biochim Biophys Acta*, 1742(1-3):103-12, 2004.

VAN BAELEN K, VANOEVELEN J, CALLEWAERT G et al. The contribution of the SPCA1 Ca2+ pump to the Ca2+ accumulation in the Golgi apparatus of HeLa cells assessed via RNA-mediated interference. *Biochem Biophys Res Commun*, 306(2):430-6, 2003.

VAN PETEGEM F. Ryanodine receptors: allosteric ion channel giants. *J Mol Biol*, 427(1):31-53, 2015.

VANDECAETSBEEK I, VANGHELUWE P, RAEYMAEKERS L et al. The Ca2+ pumps of the endoplasmic reticulum and Golgi apparatus. *Cold Spring Harb Perspect Biol*, 3(5):a004184, 2011.

VANGHELUWE P, RAEYMAEKERS L, DODE L et al. Modulating sarco(endo)plasmic reticulum Ca2+ ATPase 2 (SERCA2) activity: cell biological implications. *Cell Calcium*, 38(3-4):291-302, 2005.

VANOEVELEN J, DODE L, VAN BAELEN K et al. The secretory pathway Ca2+/Mn2+-ATPase 2 is a Golgi-localized pump with high affinity for Ca2+ ions. *J Biol Chem*, 280(24):22800-8, 2005a.

VANOEVELEN J, RAEYMAEKERS L, DODE L et al. Cytosolic Ca2+ signals depending on the functional state of the Golgi in HeLa cells. *Cell Calcium*, 38(5):489-95, 2005b.

VARKI A. Factors controlling the glycosylation potential of the Golgi apparatus. *Trends Cell Biol*, 8(1):34-40, 1998.

VENDITTI R, WILSON C, DE MATTEIS MA. Exiting the ER: what we know and what we don't. *Trends Cell Biol*, *24*(1):9-18, 2014.

VERISSIMO F, PEPPERKOK R. Imaging ER-to-Golgi transport: towards a systems view. *J Cell Sci*, *126*(Pt 22):5091-100, 2013.

VERKHRATSKY A. Physiology and pathophysiology of the calcium store in the endoplasmic reticulum of neurons. *Physiol Rev*, *85*(1):201-79, 2005.

VOELTZ GK, ROLLS MM, RAPOPORT TA. Structural organization of the endoplasmic reticulum. *EMBO Rep*, *3*(10):944-50, 2002.

VORUM H, HAGER H, CHRISTENSEN BM et al. Human calumenin localizes to the secretory pathway and is secreted to the medium. *Exp Cell Res*, *248*(2):473-81, 1999.

WATSON P, STEPHENS DJ. ER-to-Golgi transport: form and formation of vesicular and tubular carriers. *Biochim Biophys Acta*, *1744*(3):304-15, 2005.

WATSON P, TOWNLEY AK, KOKA P et al. Sec16 defines endoplasmic reticulum exit sites and is required for secretory cargo export in mammalian cells. *Traffic*, *7*(12):1678-87, 2006.

WEST DW, CLEGG RA. Casein kinase activity in rat mammary gland Golgi vesicles. Demonstration of latency and requirement for a transmembrane ATP carrier. *Biochem J*, *219*(1):181-7, 1984.

WHITTLE JR, SCHWARTZ TU. Structure of the Sec13-Sec16 edge element, a template for assembly of the COPII vesicle coat. *J Cell Biol*, *190*(3):347-61, 2010.

WU MM, GRABE M, ADAMS S et al. Mechanisms of pH regulation in the regulated secretory pathway. *J Biol Chem*, *276*(35):33027-35, 2001.

WU MM, LLOPIS J, ADAMS S et al. Organelle pH studies using targeted avidin and fluorescein-biotin. *Chem Biol*, *7*(3):197-209, 2000.

WUYTACK F, RAEYMAEKERS L, MISSIAEN L. Molecular physiology of the SERCA and SPCA pumps. *Cell Calcium*, *32*(5-6):279-305, 2002.

XIANG M, MOHAMALAWARI D, RAO R. A novel isoform of the secretory pathway Ca2+,Mn(2+)-ATPase, hSPCA2, has unusual properties and is expressed in the brain. *J Biol Chem*, *280*(12):11608-14, 2005.

YOO SH, ALBANESI JP. Ca2(+)-induced conformational change and aggregation of chromogranin A. *J Biol Chem*, *265*(24):14414-21, 1990.

YORIMITSU T, SATO K. Insights into structural and regulatory roles of Sec16 in COPII vesicle formation at ER exit sites. *Mol Biol Cell*, *23*(15):2930-42, 2012.

YORIMITSU T, SATO K, TAKEUCHI M. Molecular mechanisms of Sar/Arf GTPases in vesicular trafficking in yeast and plants. *Front Plant Sci*, *5*:411, 2014.

ZHANG X, BAO L, MA GQ. Sorting of neuropeptides and neuropeptide receptors into secretory pathways. *Prog Neurobiol*, *90*(2):276-83, 2010.

Capítulo 5

Ritmos Biológicos

Solange Castro Afeche | José Cipolla-Neto

- Cronobiologia e ritmos biológicos, *106*
- Classificação dos ritmos biológicos, *106*
- Origem e evolução da ritmicidade circadiana, *106*
- Características gerais da ritmicidade circadiana, *106*
- Organização celular e multicelular do sistema circadiano de temporização, *107*
- Núcleos supraquiasmáticos, *107*
- Ritmos circadianos nos diversos sistemas fisiológicos e conceito de homeostase, *108*
- Ritmos das secreções hormonais, *108*
- Ritmos da função renal, *108*
- Termorregulação, *109*
- Ritmos dos elementos figurados do sangue, *109*
- Ritmos no sistema cardiovascular, *109*
- Ritmos no sistema respiratório, *109*
- Variação circadiana na ação de medicamentos | Cronofarmacologia e cronoterapêutica, *109*
- Bibliografia, *109*

CRONOBIOLOGIA E RITMOS BIOLÓGICOS

A cronobiologia é um ramo das ciências biológicas contemporâneas que tem como objeto de estudo a organização temporal dos seres vivos.

Um dos pressupostos básicos dos estudos cronobiológicos é que tenham ocorrido, ao longo do processo evolutivo, fenômenos adaptativos nos seres vivos em resposta à pressão seletiva exercida pela organização temporal de fenômenos geofísicos ambientais. Supõe-se, ainda, que as sequências de eventos ambientais, recorrentes e periódicos, como a alternância entre o dia e a noite, os ciclos de gravitação, as estações do ano e os fenômenos físico-químicos a elas associados (luminosidade, temperatura, tensão de oxigênio), possam ter sido fatores poderosos de pressão seletiva desde o momento da própria organização original do material biológico.

Assim, como uma maneira de adaptação aos fatores cíclicos ambientais, os seres vivos teriam desenvolvido, ao longo da evolução, uma distribuição temporal de suas funções ao longo do dia e da noite, do mês ou do ano. Os eventos biológicos que apresentam uma repetição periódica recebem o nome de *ritmos biológicos*. Ao fenômeno de recorrência sistemática, regular e periódica de eventos biológicos, dá-se o nome de *ritmicidade biológica*.

CLASSIFICAÇÃO DOS RITMOS BIOLÓGICOS

Os ritmos biológicos podem ser classificados em 3 grandes grupos, de acordo com o período de recorrência do evento considerado:

- *Ritmos circadianos*: cujas flutuações se completam a cada 24 h aproximadamente (período de 24 ± 4 h). Praticamente todas as variáveis fisiológicas e comportamentais de um mamífero apresentam ritmicidade circadiana
- *Ritmos ultradianos*: que apresentam mais de um ciclo completo a cada 24 h (período menor do que 20 h). Muitas variáveis fisiológicas apresentam ritmicidade ultradiana, como, por exemplo, as secreções hormonais
- *Ritmos infradianos*: cujo período de repetição é maior do que 28 h. O ciclo menstrual feminino, assim como outros processos reprodutivos, na maioria das espécies, apresenta uma flutuação anual ou sazonal.

ORIGEM E EVOLUÇÃO DA RITMICIDADE CIRCADIANA

Várias teorias discutem a origem e a evolução dos processos rítmicos biológicos, postulando que a ritmicidade circadiana tenha sido resultante de:

- Um processo de acoplamento entre ritmos ultradianos e/ou alteração gradativa de seus períodos, originariamente sincronizados aos ciclos geofísicos da Terra primitiva
- Organização de uma ordenação temporal, internamente referenciada, de processos metabólicos e de divisão da célula e de organelas primitivas, dentro da hipótese de surgimento dos eucariotos por endossimbiose
- Um processo de temporização de fenômenos vitais, necessário para adaptar os organismos primitivos ao ciclo de iluminação ambiental diário e à alta tensão de oxigênio presente na atmosfera terrestre. Esta hipótese está baseada no fato de, tanto em procariotos como em eucariotos, a irradiação solar na faixa do visível e do ultravioleta poder afetar, diretamente ou por meio de reações foto-oxidativas, processos como: a replicação do DNA e a indução gênica, os fenômenos de membrana responsáveis pela respiração mitocondrial e as funções metabólicas celulares.

Não importando qual a teoria que melhor explica a origem dos ritmos biológicos, o fato é que, hoje em dia, para a maioria das espécies conhecidas, os ritmos biológicos são gerados pelos próprios organismos e são determinados geneticamente.

CARACTERÍSTICAS GERAIS DA RITMICIDADE CIRCADIANA

As estruturas biológicas capazes de gerar os períodos dos diversos ritmos observados são denominadas osciladores endógenos, marca-passos ou relógios biológicos.

Os osciladores endógenos circadianos têm a propriedade de poderem ser sincronizados por fatores cíclicos ambientais, fenômeno chamado de *sincronização* ou *arrastamento*. Estes fatores ambientais capazes de ajustar o período e a fase dos osciladores endógenos são denominados agentes sincronizadores, agentes arrastadores ou *zeitgebers* (um neologismo alemão que significa doador de tempo). O sincronizador ambiental mais poderoso para a maioria dos seres vivos é a alternância entre o claro e o escuro, o dia e a noite.

Mesmo em condições especiais, em que não ocorram flutuações cíclicas dos possíveis agentes sincronizadores ambientais, os ritmos circadianos continuam a se expressar. Esta situação é conhecida por *livre-curso*, e, nela, os ritmos expressam, de modo relativamente fiel, as características endógenas dos osciladores. Os períodos dos ritmos circadianos em livre-curso tornam-se ligeiramente diferentes do período expresso em condições de arrastamento (que é de exatamente 24 h).

Tanto em condições de arrastamento quanto em determinadas situações de livre-curso, os ritmos endógenos mantêm entre si relações temporais constantes. Essa relação temporal estável entre todas as funções de um organismo é chamada de *ordem temporal interna*. Há muitas evidências na literatura indicando que a sincronização dos ritmos endógenos com o meio ambiente e a manutenção da ordem temporal interna são necessárias para a expressão funcional normal de qualquer organismo, seja unicelular ou pluricelular. No caso do ser humano, a ordenação temporal interna dos fenômenos fisiológicos é pré-condição para a manutenção da saúde de qualquer indivíduo. A ruptura desses padrões (como em situações de trabalho noturno ou em turnos alternantes ou em voos transmeridiânicos frequentes) resulta em ameaça para a saúde e, possivelmente, em redução na expectativa de vida do indivíduo.

Os ritmos biológicos se caracterizam por alguns parâmetros básicos:

- *Período*: intervalo de tempo entre repetições (ciclos) do evento considerado
- *Amplitude*: diferença entre o valor médio da variável e seus valores de máxima ou mínima
- *Ciclo*: todos os valores de uma variável biológica assumidos ao longo de um período
- *Fase* ou *ângulo de fase*: qualquer instante ao longo de um ciclo.

Dependendo dos modelos matemáticos utilizados para representar o ritmo biológico, alguns outros parâmetros são empregados para caracterizá-lo. Se o modelo utilizado for o de ajuste de uma curva cosseno aos dados reais (método do Cosinor), denomina-se *mesor* ao valor médio da curva ajustada e *acrofase* ao instante de ocorrência do valor máximo da curva ajustada.

ORGANIZAÇÃO CELULAR E MULTICELULAR DO SISTEMA CIRCADIANO DE TEMPORIZAÇÃO

Quando se discute a organização do sistema circadiano de temporização e, eventualmente, os seus aspectos bioquímicos e moleculares, devem-se ter em mente as distinções existentes entre organismos unicelulares, organismos pluricelulares e células isoladas de seres pluricelulares.

No primeiro caso, a célula é o maior nível de organização biológica do ser vivo considerado. Desta maneira, é, ao nível da organização intrinsecamente celular, bioquímica e molecular, que podem ser entendidos os fenômenos típicos das expressões rítmicas circadianas: os mecanismos geradores de tempo (os relógios circadianos), as estruturas e vias que garantem os efeitos sincronizadores de agentes físicos ambientais sobre os osciladores celulares, assim como as vias bioquímicas que acoplam esses osciladores aos diferentes sistemas funcionais da célula, garantindo sua temporização circadiana.

No caso de seres multicelulares, deve-se considerar que o nível de organização celular está, necessariamente, subordinado aos níveis de organização hierarquicamente superiores, como os tecidos e os sistemas fisiológicos. Assim, apesar de as células isoladas poderem apresentar expressões rítmicas circadianas, comandadas pelos *clock genes* (p. ex., quanto a atividade enzimática, divisão celular, crescimento, respiração, síntese e secreção etc.), no conjunto do organismo, estas não são autônomas, pois dependem de agentes moleculares extracelulares, neurais e/ou humorais, que trazem a informação dos osciladores mestres do organismo.

As únicas células de seres pluricelulares que, com algumas restrições, apresentam similaridades com os seres unicelulares, quanto à sua organização rítmica, são as células dos marca-passos centrais. Os osciladores centrais de vertebrados e invertebrados, enquanto estruturas multicelulares, têm a capacidade de gerar tempo, de sincronizar-se, direta ou indiretamente, com agentes cíclicos ambientais e de temporizar os sistemas fisiológicos e comportamentais do organismo. Em alguns casos, a capacidade de relógio circadiano é intrínseca a cada célula do oscilador mestre, como parece ser o caso da pineal de aves, do núcleo supraquiasmático de mamíferos e das células dos olhos de alguns moluscos, como *Aplysia* e *Bulla*. No entanto, a sincronização e a geração final do período de aproximadamente 24 h pelos osciladores mestres de seres pluricelulares podem estar, também, na dependência de uma relação funcional entre um conjunto de células, como parece ser o caso dos núcleos supraquiasmáticos de mamíferos. Além disso, em alguns organismos, as células do marca-passo central são diretamente sensíveis aos *zeitgebers*, como é o caso da maioria dos relógios de invertebrados e da pineal de vertebrados não mamíferos. Em outros, no entanto, a ação sincronizadora dos *zeitgebers* se dá por meio de sistemas sensoriais organizados, como é o caso do sistema visual de mamíferos, cujo órgão receptor e vias e estruturas centrais podem comunicar-se com os núcleos supraquiasmáticos, levando a eles a informação sobre o ciclo de iluminação ambiental. Finalmente, uma outra diferença está no fato de o relógio circadiano de um ser unicelular temporizar, diretamente, por intermédio de vias bioquímicas, as funções celulares, enquanto as células de um oscilador central de seres multicelulares têm que lançar mão de transformações bioquímicas e moleculares que coloquem em ação sistemas neurais e/ou endócrinos de modo a comandar funções a distância distribuídas por todo o organismo.

NÚCLEOS SUPRAQUIASMÁTICOS

Na década de 1970, demonstrou-se a importância dos núcleos supraquiasmáticos (NSQ) hipotalâmicos na geração da ritmicidade circadiana em mamíferos. A partir de estudos de lesões desses núcleos, verificou-se a perda da ritmicidade circadiana em muitas variáveis fisiológicas e comportamentais. O passo seguinte para a confirmação do papel dos NSQ como marca-passo central foi a demonstração da presença de atividade elétrica multiunitária rítmica nesses núcleos e a sua persistência mesmo quando os núcleos eram isolados de suas conexões com o restante do sistema nervoso central, utilizando uma preparação chamada de "ilha hipotalâmica". Ainda, com relação às oscilações *in vivo* dos NSQ, foi demonstrado um ritmo circadiano de atividade metabólica na captação de 2-desoxiglicose marcada, com atividade metabólica elevada durante o dia, e que persiste mesmo na ausência do ciclo de iluminação ambiental.

Estudos *in vitro* da atividade elétrica dos NSQ evidenciaram a autonomia desses núcleos como marca-passos circadianos.

Mais recentemente, as abordagens para estudar os processos de geração da ritmicidade circadiana têm incluído métodos de biologia molecular e genética molecular. Foram identificados *hamsters* mutantes em que o período endógeno de seus ritmos difere do período encontrado nos animais "selvagens" ou normais. Esses animais mutantes, denominados *mutantes tau*, apresentam um período em livre-curso menor (22 h para os heterozigotos *tau/+* e 20 h para os homozigotos *tau/tau*) do que o dos animais normais (período de 24 h). Transplantes de tecidos dos NSQ desses mutantes em *hamsters* selvagens com seus núcleos supraquiasmáticos lesados restauram a ritmicidade no hospedeiro com o período do ritmo do doador. Mutações induzidas que afetam a função do relógio têm sido identificadas em outros mamíferos (camundongos – mutante *clock*) e não mamíferos (*Drosophila melanogaster*, *Neurospora crassa*, *Cyanobacteria*).

Nessa perspectiva de compreensão dos mecanismos do relógio biológico ao nível celular, a demonstração da presença de ritmicidade circadiana na atividade elétrica de neurônios isolados dos NSQ, com períodos diferentes, reforçou a busca por mecanismos geradores da ritmicidade circadiana ao nível molecular. Alças regulatórias da transcrição e tradução gênicas dos chamados genes do relógio (*clock genes*) têm sido postuladas como modelo para a geração dos ritmos circadianos.

Assim, a ritmicidade circadiana, em nível celular, parece depender de ciclos bioquímicos que envolvem processos de transcrição, tradução, interação proteica, processos de fosforilação, degradação proteica, translocação para o núcleo e interação com o material genômico, fechando alças de regulação positiva ou negativa da expressão gênica. Esses processos estão organizados temporalmente de tal modo que são capazes de gerar ciclos de aproximadamente 24 h.

Muitos são os denominados genes do relógio, dentre os quais se destacam os genes *clock*, *bmal1*, *período per1*, *per2*, *per3*), *criptocromo* (*cry1*, *cry2*), *tim*. Como produto da transcrição de cada um desses genes e da tradução dos respectivos RNA mensageiros, geram-se as proteínas correspondentes CLOCK, BMAL1, PER1, PER2, PER3, CRY1, CRY2 e TIM.

O gene *clock* expressa-se continuamente, enquanto o *bmal1* apresenta uma expressão rítmica circadiana. As proteínas CLOCK e BMAL1 dimerizam-se no citoplasma e se translocam para o núcleo, onde, agindo sobre os elementos reguladores do DNA responsáveis pela expressão dos genes *per* e *criptocromos*, estimulam esse processo de transcrição, resultando, assim, em um aumento das proteínas correspondentes no citoplasma. As proteínas PER e CRY, por sua vez, formam complexos heterodiméricos que se translocam para o núcleo e vão inibir a ação estimulatória do complexo proteico CLOCK:BMAL1, fechando-se um ciclo que dura aproximadamente 24 h.

O ciclo descrito anteriormente é o *ciclo básico da expressão circadiana dos genes do relógio*. No entanto, deve-se ter em conta que a realidade é mais complexa, uma vez que outros genes, proteínas e processos bioquímicos celulares estão envolvidos. Assim, as proteínas PER1 e PER2, por exemplo, podem ser fosforiladas por uma caseína-quinase (CKI_ε) e, nessa forma fosforilada, são rapidamente degradadas. Dessa maneira, processos de fosforilação podem controlar as concentrações das proteínas e, consequentemente, a formação dos complexos ativadores e negativadores da expressão gênica dos genes do relógio.

Recentemente, foram descobertas proteínas secundárias que interferem com esse ciclo, podendo regular o período e a amplitude do ritmo, que são as proteínas REV-ERBα e β, PAR (proteínas ricas em aminoácido prolina), incluindo a HLF (fator leucocitário hepático), a TEF (fator tireotrófico embrionário) e a DBP (proteína ligante do elemento D albumina).

RITMOS CIRCADIANOS NOS DIVERSOS SISTEMAS FISIOLÓGICOS E CONCEITO DE HOMEOSTASE

Os estudos cronobiológicos demonstram que praticamente todas as variáveis fisiológicas apresentam flutuações regulares e periódicas em sua intensidade ao longo das 24 h do dia. Demonstram, também, que, além dessa variação quantitativa, os diversos sistemas fisiológicos respondem de forma diferente a um mesmo estímulo de acordo com a hora do dia. Essa ritmicidade circadiana, filogeneticamente incorporada e endogenamente gerada, teria a finalidade de preparar, antecipadamente, os organismos para enfrentar as alterações e estimulações ambientais estreitamente vinculadas às flutuações do dia e da noite. A essa capacidade regulatória, cuja qualidade e intensidade são ritmicamente moduladas, dá-se o nome de *homeostase preditiva*. Já o fenômeno homeostático clássico, isto é, a capacidade que os sistemas fisiológicos têm de ajustar uma determinada variável em torno de um certo valor médio, é denominado *homeostase reativa*.

A vantagem da complementação do conceito de homeostase com a chamada homeostase preditiva é entender que o "valor médio", em torno do qual se dá a regulação fisiológica clássica, varia de modo rítmico ao longo das 24 h do dia. Da mesma maneira, varia também a própria capacidade regulatória dos diversos sistemas fisiológicos.

RITMOS DAS SECREÇÕES HORMONAIS

Ao se fazerem várias dosagens plasmáticas dos diversos hormônios humanos, intervaladas ao longo das 24 h, nota-se uma variação considerável entre os seus valores mínimos e máximos. Mesmo quando os fatores habituais, como sexo, idade, estado nutricional e alimentar etc., são controlados, grande parte dessa variabilidade permanece e demonstra ser devida a uma variação rítmica circadiana endógena.

Cada um dos hormônios circulantes apresenta seu pico de máxima produção e secreção em momentos diferentes do dia, de acordo com as necessidades típicas da espécie. Assim, para a espécie humana, tipicamente de atividade diurna, os corticosteroides suprarrenais, que no conjunto de suas funções preparam o organismo para a vigília e a interação ativa com o meio ambiente, têm seu pico máximo de produção e secreção no fim da noite de sono, precedendo o despertar. Da mesma maneira, a insulina é produzida e liberada em maior quantidade, além de agir mais intensamente, de manhã e no começo da tarde, quando as necessidades energéticas na espécie humana são maiores.

Além da variação circadiana na produção e secreção desses hormônios, demonstra-se, também, que a reatividade de seus sistemas funcionais é diferente em distintos momentos do dia. Assim, estímulos estressantes produzem seu máximo efeito nos momentos circadianos de menor produção de corticosteroides e efeitos mínimos nos instantes de sua máxima produção e secreção. Da mesma maneira, a quantidade de insulina liberada por uma carga oral de glicose é máxima de manhã e mínima à noite, de que se pode inferir que a glicemia resultante será maior e mais duradoura à tarde e à noite do que de manhã.

Outra secreção hormonal que apresenta uma distribuição circadiana bem evidente é a do hormônio de crescimento. Seu pico de máxima para os seres humanos se dá no primeiro terço da noite de sono, coincidentemente com a maior incidência de sono sincronizado de ondas lentas (fases 3 e 4), momento este em que o metabolismo proteico cerebral é máximo. Vale ressaltar que, da mesma maneira que para os corticosteroides suprarrenais, as relações entre os ciclos circadianos de vigília-sono e a concentração plasmática de hormônio de crescimento são principalmente temporais e não causais.

Também, para várias outras secreções hormonais, está demonstrada a existência de ritmicidade circadiana: tireotropina, prolactina, aldosterona, renina e testosterona.

Quanto aos hormônios foliculestimulante (FSH) e luteinizante (LH), nota-se, igualmente, uma tendência circadiana na sua concentração plasmática. No entanto, para o LH e o hormônio liberador de LH (LHRH), são muito mais evidentes e fisiologicamente importantes as suas produções e secreções infradianas (obedecendo aos ciclos estrais) e pulsátil (obedecendo a um ritmo ultradiano que, no ser humano, tem um período entre 1 e 2 h).

RITMOS DA FUNÇÃO RENAL

A excreção renal de água e eletrólitos apresenta nítidas flutuações circadianas. Nos seres humanos, a excreção urinária de água, potássio, cálcio e hidrogênio é máxima de manhã e no começo da tarde, enquanto a excreção de sódio é maior à tarde. Da mesma maneira, as regulações do volume de líquido extracelular e da concentração de eletrólitos plasmáticos pelos mecanismos renais variam de acordo com a hora do dia. É possível demonstrar que, quando todos os outros fatores interferentes estão controlados, a resposta diurética humana à ingestão de água é consideravelmente maior de manhã do que à tarde. Demonstra-se, em seres humanos, que o aumento do retorno venoso provocado pela passagem da posição ereta para a posição deitada causa, de dia, um aumento imediato da diurese e da natriurese e, de madrugada, uma resposta quase 5 vezes menor. Mostra-se, ainda, que o organismo humano tem uma capacidade maior de livrar-se de uma sobrecarga de potássio de dia do que de noite.

TERMORREGULAÇÃO

A temperatura corpórea apresenta um dos mais conspícuos ritmos circadianos em mamíferos, e no ser humano em particular.

Em indivíduos adequadamente sincronizados a um esquema social de trabalho diurno e repouso noturno, a temperatura corpórea central apresenta seu valor máximo por volta das 17 a 18 h e seu valor mínimo por volta do segundo terço do sono noturno. Esse valor mínimo da temperatura corpórea aparece após o período de maior incidência de sono sincronizado com ondas lentas e de máxima secreção do hormônio de crescimento e precede os momentos de maior incidência de sono com movimentos oculares rápidos e de máxima secreção de corticosteroides suprarrenais.

Nas mulheres, a ritmicidade circadiana da temperatura corporal está modulada por um ritmo infradiano de aproximadamente 1 mês, que atinge o seu valor máximo concomitantemente com a ovulação.

RITMOS DOS ELEMENTOS FIGURADOS DO SANGUE

Em seres humanos, vários parâmetros hematológicos, quando medidos ao longo das 24 h, mostram uma variação considerável que pode, quando excluídos os outros fatores, ser atribuída ao fenômeno da ritmicidade circadiana. Assim, a título de exemplo, o momento de máxima no número de hemácias, na quantidade de hemoglobina e no hematócrito ocorre por volta das 12 h. Já o número total de glóbulos brancos tem seu maior valor imediatamente antes ou mesmo no início do período de repouso (aproximadamente das 23 às 24 h). Essa curva circadiana dos leucócitos pode ser decomposta para cada um de seus componentes: neutrófilos têm sua maior ocorrência por volta das 18 às 19 h, e linfócitos totais, em torno das 24 h (e linfócitos do tipo B têm seu valor máximo no fim da noite de sono). Por outro lado, as plaquetas têm seu número máximo perto das 18 h.

RITMOS NO SISTEMA CARDIOVASCULAR

Praticamente todos os parâmetros cardiovasculares humanos apresentam uma flutuação circadiana regular. Assim, a frequência cardíaca, o débito cardíaco, o volume sistólico e as pressões arteriais sistólica e diastólica, além do volume circulante, apresentam valores máximos por volta das 17 às 18 h. Já o tempo de ejeção ventricular, o intervalo entre sístoles, a resistência capilar e a viscosidade sanguínea ou plasmática apresentam seus valores máximos entre 5 e 8 h da manhã. Por meio de uma análise dessas flutuações circadianas, podem-se inferir os momentos de maior risco para acidentes vasculares do tipo isquêmico (de madrugada e início da manhã) e do tipo hemorrágico (fim da tarde e noite).

RITMOS NO SISTEMA RESPIRATÓRIO

Os valores das variáveis ligadas à função respiratória apresentam uma flutuação circadiana, em seres humanos, de tal forma que a capacidade respiratória é mínima à noite e de madrugada e máxima durante o dia. Além do mais, demonstra-se que a responsividade máxima da árvore brônquica a agentes parassimpaticomiméticos ocorre à noite, e a agentes simpaticomiméticos, durante o dia. Este fato, associado à maior resposta alergênica, menor resposta anti-inflamatória, além de um maior contato com o antígeno, explicaria a maior incidência de crises de asma alérgica à noite.

VARIAÇÃO CIRCADIANA NA AÇÃO DE MEDICAMENTOS | CRONOFARMACOLOGIA E CRONOTERAPÊUTICA

Como a fisiologia do organismo humano oscila de modo qualitativo e quantitativo nas 24 h do dia, é de se esperar que a interação do organismo com fármacos a ele administrados também apresente a mesma variação. O fato de um medicamento apresentar efeito diferente em razão do horário da sua administração deve-se a diversos fatores que variam de acordo com o ciclo circadiano, tipo: absorção, capacidade de metabolização, armazenamento, excreção, bem como número e afinidade de receptores em órgãos-alvo.

BIBLIOGRAFIA

CIPOLLA-NETO J, MARQUES N, MENNA-BARRETO LS (Eds.). *Introdução ao Estudo da Cronobiologia*. Ícone-Edusp, São Paulo, 1988.
EDMUNDS, Jr LN. *Cellular and Molecular Bases of Biological Clocks*. Springer-Verlag, New York, 1988.
HASTINGS MH. Central clocking. *Trends Neurosci*, 20:459-64, 1997.
LOWREY PL, TAKAHASHI JS. Mammalian circadian biology: elucidating genome-wide levels of temporal organization. *Annu Rev Genomics Hum Genet*, 5:407-41, 2004.
MOORE-EDE MC. Physiology of the circadian time system: predictive versus reactive homeostasis. *Am J Physiol*, 250(5 Pt 2):R737-52, 1986.
MOORE-EDE MC, SULZMAN FM, FULLER CA. *The Clocks that Time Us*. Harvard University Press, Cambridge, 1982.
PAULY JE, SCHEVING LE. *Advances in Chronobiology*. Alan R Liss, New York, 1987.
REINBERG A, SMOLENSKY MH (Eds.). *Biological Rhythms and Medicine: Cellular, Metabolic, Physiopathologic and Pharmacologic Aspects*. Springer-Verlag, New York, 1983.
WEAVER DR. The suprachiasmatic nucleus: a 25-year experience. *J Biol Rhythms*, 13:100-12, 1998.

Capítulo 6

Fisiologia do Músculo Esquelético

Andréa S. Torrão | Luiz R. G. Britto

- Introdução, *112*
- Estrutura geral da célula muscular esquelética, *112*
- Junção neuromuscular, *113*
- Transmissão sináptica na junção neuromuscular, *115*
- Acoplamento excitação-contração, *116*
- Regulação da atividade muscular, *117*
- Tipos de fibras musculares, *118*
- "Plasticidade" muscular, *119*
- Doenças neuromusculares, *120*
- Bibliografia, *121*

INTRODUÇÃO

Uma das grandes conquistas evolutivas dos animais, principalmente no que diz respeito aos vertebrados, foi a possibilidade de se locomover e assim explorar territórios novos e cada vez maiores. Essa aquisição possibilitou, entre outras vantagens, maior interação dos indivíduos de uma mesma espécie, busca por abrigos seguros, fuga de predadores e repertório mais variado no comportamento alimentar. A espécie humana, em particular, adquiriu com a postura bípede a possibilidade de utilizar as mãos nas mais diversas atividades, como confeccionar utensílios para as tarefas diárias. Além disso, os movimentos precisos das mãos permitiram o desenvolvimento da escrita e, juntamente com os da face, criaram todo um repertório sofisticado de comunicação que é um dos exemplos mais complexos de interação social. A execução de movimentos, comportamentos que podem ser dos mais simples (como o reflexo miotático patelar gerado quando se percute o tendão do joelho) aos mais complexos (p. ex., o de tocar uma peça ao piano, que exige movimentos coordenados e precisos), é vista como a principal resposta do sistema nervoso a uma série de sinais neurais, periféricos e centrais, sendo discutida neste capítulo em termos de contração muscular.

O sistema motor somático apresenta, além do próprio músculo esquelético, vários elementos neurais que controlam e planejam as diversas etapas do processo que culmina com a contração muscular. Esses elementos, que têm características e funções específicas, podem ser classificados como efetuadores (músculos esqueléticos), ordenadores (motoneurônios da medula espinal e do tronco encefálico), controladores (cerebelo e núcleos da base) e planejadores (córtex motor).

Neste capítulo, trataremos mais especificamente do elemento efetuador, o músculo estriado esquelético, que dispõe em sua estrutura, de uma organização de proteínas contráteis capazes de deslizar umas sobre as outras, promovendo o encurtamento (contração) da fibra muscular e gerando o movimento. É importante mencionar que a contração muscular pode servir a outros propósitos, como os calafrios, que podem aumentar por até cinco vezes a produção de calor muscular, sendo assim fundamental na homeostase térmica.

A contração muscular resulta de uma sequência de sinalização molecular, iniciada por potenciais de ação em um motoneurônio, que conduz à liberação de um neuromediador na região de contato entre o neurônio e o músculo. Esse neuromediador interage então com receptores específicos presentes na membrana da célula muscular, o que leva posteriormente à ativação de proteínas do citoesqueleto. Assim, dizemos que a célula muscular é excitável como os neurônios, ou seja, sofre variações de suas propriedades elétricas promovidas pelo potencial de ação.

Porém, antes de descrevermos os eventos moleculares da contração muscular esquelética (que se inicia com um impulso nervoso gerado em um motoneurônio que estabelece sinapse com uma fibra muscular), precisamos entender as características morfofuncionais das células musculares em geral, considerando, no entanto, as especificidades do tecido muscular seja ele liso ou estriado. Em seguida, trataremos da região de contato entre neurônio e músculo, uma estrutura denominada *junção neuromuscular*.

ESTRUTURA GERAL DA CÉLULA MUSCULAR ESQUELÉTICA

Tanto as células musculares, como as nervosas, apresentam a característica de serem excitáveis e especializadas em converter sinais químicos e elétricos em energia mecânica (ou trabalho). Essa conversão pode resultar, por exemplo, em movimentos peristálticos, como ocorre nos órgãos do sistema digestório que contêm grande quantidade de músculo liso. Pode, também, levar à contração sincronizada de um sincício, como no músculo cardíaco, responsável pela ejeção do sangue no sistema vascular. Ou, ainda, causar movimentos complexos e voluntários, como em sequências específicas de encurtamento e relaxamento de fibras musculares esqueléticas que resultam nos atos de caminhar e falar. Nessa conversão de sinais, as células musculares usam o ATP como fonte de energia para a realização de trabalho, por terem uma série de proteínas relacionadas ao citoesqueleto, com filamentos finos e grossos, cuja complexa organização, que inclui proteínas sensíveis ao íon Ca^{2+}, permite a contração muscular.

Os músculos estriados esqueléticos são conjuntos de centenas ou milhares de células alongadas, multinucleadas, também chamadas de *fibras musculares* agrupadas em feixes e envoltas por uma cápsula de tecido conjuntivo. Esse tecido é mais rígido nas extremidades e forma os tendões que ligam os músculos aos ossos. Cada fibra muscular apresenta sua própria membrana celular (*sarcolema*), sendo formada por unidades menores denominadas *miofibrilas*, em que estão as moléculas contráteis. As miofibrilas são cilíndricas, têm 1 a 2 mm de diâmetro e são organizadas longitudinalmente dentro da fibra muscular (Figura 6.1). Cada uma delas é envolta por uma especialização do retículo endoplasmático liso (*retículo sarcoplasmático*), que apresenta, como principal função, armazenar íons Ca^{2+}, que serão liberados no citosol durante o processo de contração muscular. Muito próximo ao retículo sarcoplasmático, existem estruturas tubulares formadas pela invaginação do sarcolema, designadas *túbulos transversos* ou *túbulos T*, que contêm canais de Ca^{2+} dependentes de voltagem (ver Figura 6.1). O conjunto constituído pelo túbulo T e os dois lados do retículo forma uma estrutura conhecida por *tríade*. É justamente na região da tríade que ocorre o acoplamento entre a excitação da membrana e os sinais químicos necessários à contração muscular.

Cada miofibrila é formada por conjuntos longitudinais de *filamentos finos* e *grossos* delimitados por bandas perpendiculares chamadas de *linhas Z*, que aparecem organizados em unidades repetidas ditas *sarcômeros* (Figura 6.2). É essa organização morfológica que confere ao músculo o aspecto estriado ao microscópio. Os filamentos finos e grossos dos sarcômeros são justamente as proteínas contráteis, responsáveis pela contração muscular; portanto, poderíamos dizer que os sarcômeros são as unidades morfofuncionais do músculo esquelético. Os filamentos grossos contêm principalmente moléculas de *miosina*, e os finos, *actina*, *tropomiosina* e *troponina*. A miosina e a actina, juntas, representam aproximadamente 55% das proteínas do músculo. Os filamentos grossos e finos são também dispostos longitudinalmente nas miofibrilas, com uma distribuição simétrica e paralela. A molécula de miosina é grande e complexa, sendo formada por dois peptídeos enrolados em hélice. Em uma de suas extremidades, mais próxima da linha Z, a miosina apresenta uma saliência globular ou *cabeça* que dispõe de enzimas ATPase, locais específicos de ligação com moléculas de ATP, tendo, portanto, atividade ATPásica (Figura 6.3). É nessa porção da molécula que também se encontra o local de combinação com a molécula de actina. A molécula de actina é longa e formada por duas cadeias de monômeros globulares torcidos uma sobre a outra, em hélice dupla (ver Figura 6.3). Cada monômero de actina globular tem uma região de combinação com a molécula de miosina. Os filamentos finos contêm ainda moléculas de *tropomiosina*

Fisiologia do Músculo Esquelético 113

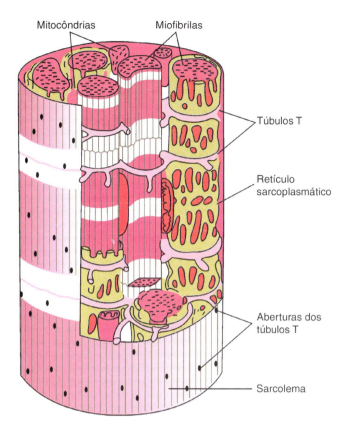

Figura 6.1 ▪ Estrutura de uma fibra muscular. Descrição no texto. Note que os túbulos T conduzem a atividade elétrica a partir da superfície da membrana para o interior da fibra muscular. (Adaptada de Bear et al., 2001.)

Adicionalmente, outras proteínas participam da organização dos filamentos miofibrilares, como, por exemplo, filamentos de *desmina*, que unem as miofibrilas umas às outras. O conjunto de miofibrilas é, ainda, ancorado ao sarcolema por outras proteínas, como a *distrofina*, que liga os filamentos de actina às proteínas integrais da membrana plasmática. Tem sido dada muita importância também a duas proteínas de elevado peso molecular: a *titina* (conhecida também por *conectina*) e a *nebulina* (antes denominada *proteína da banda 3*), que parecem ter papel fundamental na manutenção da estrutura e controle da elasticidade do sarcômero. Além disso, é sabido que mutações nos genes que codificam essas proteínas também estão envolvidas em doenças neuromusculares, como as alterações dos genes que codificam as chamadas "*proteínas contráteis*".

JUNÇÃO NEUROMUSCULAR

A *junção neuromuscular*, como o próprio nome diz, é a região de contato entre o terminal axônico de um neurônio motor pré-sináptico (motoneurônio) que se divide em vários ramos e uma região especializada da fibra muscular pós-sináptica chamada de *placa motora* (Figura 6.4). Em geral, cada fibra muscular é inervada por apenas um axônio, o que faz dessa sinapse exemplo simples e muito útil no entendimento da transmissão sináptica química, mas um mesmo motoneurônio pode inervar grande número de fibras musculares. A fibra nervosa e a(s) fibra(s) muscular(es) por ela inervada(s) formam uma *unidade motora*. Cada ramo desse axônio motor, que não é mielinizado na região próxima à fibra muscular, apresenta diversas varicosidades conhecidas como *botões sinápticos*, que contêm os componentes relacionados com a liberação do neuromediador. Esses componentes incluem grande número de vesículas cheias do neuromediador acetilcolina (ACh), mitocôndrias, canais de Ca^{2+} dependentes de voltagem (fundamentais para

e *troponina* associadas aos de actina (ver Figura 6.3). A molécula de tropomiosina é longa e fina; contém duas cadeias polipeptídicas em α-hélice enroladas uma na outra e que se unem pelas extremidades para formar filamentos longos, que se enrolam ao longo dos dois filamentos globulares de actina. Cada molécula de tropomiosina contém um local específico onde se localiza uma molécula de troponina associada; esse local é na verdade um complexo de três polipeptídios globosos chamados de *subunidades TnT*, *TnC* e *TnI*. A TnT se liga fortemente à tropomiosina, a TnC apresenta alta afinidade por íons Ca^{2+} e a TnI inibe a interação entre actina e miosina.

Os sarcômeros apresentam (ver Figura 6.2), em uma das extremidades delimitada pelas linhas Z, bandas claras constituídas de moléculas de actina, seguidas por faixas escuras que contêm sobreposições de moléculas de actina e de miosina, uma região central contendo principalmente miosina (*banda H*), novamente faixas escuras seguidas de bandas claras e finalmente, na outra extremidade, linhas Z. Vale lembrar que, durante o processo de contração muscular, os filamentos grossos e finos mantêm seus comprimentos originais; portanto, a contração (ou encurtamento) de um músculo é resultado de aumento da zona de sobreposição entre os filamentos.

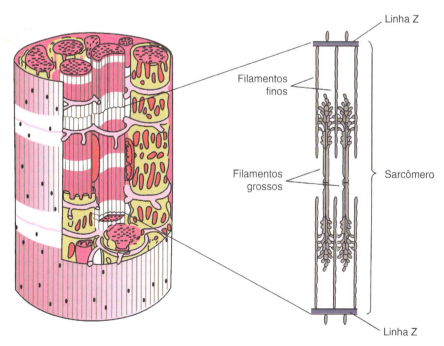

Figura 6.2 ▪ Miofibrila: uma visão mais detalhada. Descrição no texto. (Adaptada de Bear et al., 2001.)

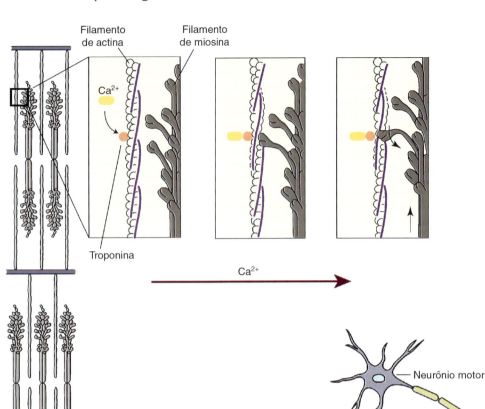

Figura 6.3 ▪ Bases moleculares da contração muscular. A ligação do Ca^{2+} à troponina permite que a cabeça da miosina ligue-se ao filamento de actina. Daí, as cabeças de miosina fazem um movimento de rotação, induzindo o deslizamento dos filamentos um em direção ao outro. (Adaptada de Bear *et al.*, 2001.)

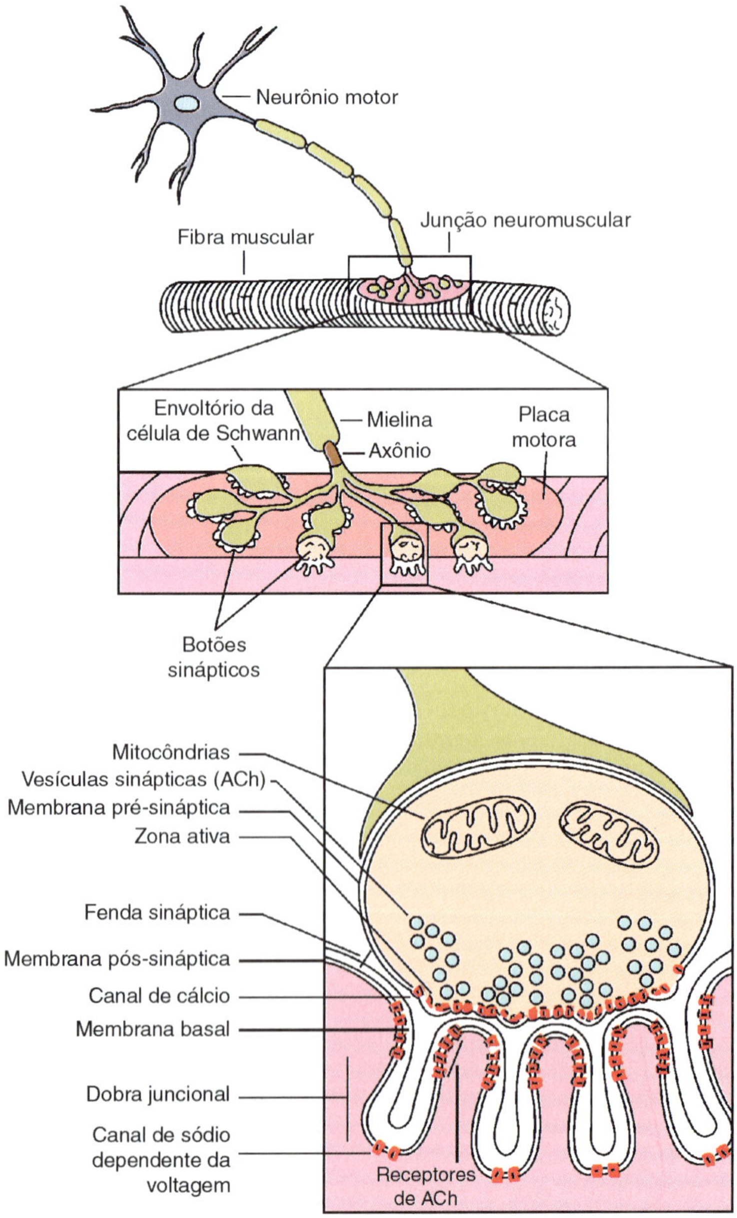

Figura 6.4 ▪ Junção neuromuscular. No músculo, o axônio motor divide-se em vários ramos finos de aproximadamente 2 mm de espessura. Cada ramo forma múltiplas dilatações chamadas de botões sinápticos, que são cobertos por fina camada de células de Schwann. Os botões ficam sobre uma região especializada da membrana da fibra muscular, a placa motora, e são separados dela por uma fenda sináptica de 100 nm. Cada botão sináptico contém mitocôndrias e vesículas sinápticas agrupadas ao redor das zonas ativas, onde o transmissor acetilcolina (ACh) é liberado. Sob cada botão na placa motora, estão várias dobras juncionais, que contêm alta densidade de receptores de ACh em suas cristas. A fibra muscular é coberta por uma camada de tecido conjuntivo, a membrana basal, que consiste em colágeno e glicoproteínas. Tanto o terminal pré-sináptico como a fibra muscular secretam proteínas na membrana basal, incluindo a enzima acetilcolinesterase, que torna inativa a ACh liberada pelo terminal pré-sináptico, quebrando-a em acetato e colina. A membrana basal também organiza a sinapse, alinhando os botões sinápticos com as dobras juncionais pós-sinápticas. (Adaptada de Kandel *et al.*, 2000.)

os processos de fusão das vesículas com a membrana pré-sináptica e liberação do neuromediador) e regiões especializadas da membrana (*zona ativa*) relacionadas com a liberação vesicular do neuromediador.

A fenda sináptica existente entre as membranas pré-sináptica (do axônio motor) e pós-sináptica (da fibra muscular) tem aproximadamente 100 nm, uma distância muito maior quando comparada àquela das sinapses do sistema nervoso central (de 20 a 40 nm). Na fenda existe uma membrana basal composta por várias proteínas da matriz extracelular que contém ancorada às suas fibrilas de colágeno a enzima de degradação da ACh, a acetilcolinesterase, que é sintetizada tanto pelo terminal axônico pré-sináptico como pela fibra muscular pós-sináptica e que hidrolisa rapidamente o neuromediador.

Os botões sinápticos do axônio motor, por sua vez, estabelecem contato com a região da placa motora que apresenta invaginações profundas da membrana, as *dobras juncionais*. A crista dessas dobras tem grande quantidade de receptores de acetilcolina do tipo nicotínico (cerca de 10.000 receptores/μm^2!), e as regiões mais profundas das dobras são ricas em canais de Na^+ dependentes de voltagem (ver Figura 6.4). Os receptores de acetilcolina do tipo nicotínico (AChR) são macromoléculas constituídas de cinco proteínas organizadas ao redor de um canal iônico que atravessa a membrana celular e que contém os locais de ligação da ACh, ou seja, o próprio receptor é o canal iônico (Figura 6.5).

TRANSMISSÃO SINÁPTICA NA JUNÇÃO NEUROMUSCULAR

O potencial de ação que atinge o terminal axônico motor promove a abertura dos canais de Ca^{2+} dependentes de voltagem, presentes nos botões sinápticos; o influxo desse íon inicia uma sequência de eventos bioquímicos que leva à fusão das vesículas contendo ACh com a membrana pré-sináptica e liberação do neuromediador na fenda sináptica. Quando liberada na fenda sináptica, a ACh se difunde rapidamente em direção aos receptores da membrana pós-sináptica. Porém, nem todas as moléculas de ACh se ligam aos receptores, porque dois processos de remoção do neuromediador da fenda atuam rapidamente. Uma parte desse contingente de moléculas de ACh se difunde para fora da fenda e outra é rapidamente hidrolisada pela acetilcolinesterase. As moléculas de ACh que alcançam a membrana pós-sináptica se ligam aos receptores, e a ligação desse neuromediador com os receptores nicotínicos na membrana pós-sináptica muscular promove uma movimentação coordenada de cada uma das proteínas que constituem esses receptores. Uma vez que o receptor contém dois locais de ligação do neuromediador, acredita-se que sejam necessárias duas moléculas de ACh para promover a abertura do canal do receptor (ver Figura 6.5 A). Essa mudança conformacional da macromolécula receptora resulta na abertura do canal formado em sua região central, permitindo o influxo de íons

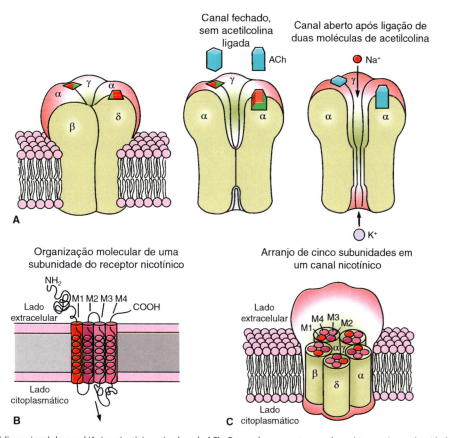

Figura 6.5 • **A.** Modelo tridimensional do canal iônico nicotínico ativado pela ACh. O complexo receptor-canal consiste em cinco subunidades (2α, 1β, 1δ e 1γ), todas contribuindo para formar o poro do canal. Quando duas moléculas de ACh se ligam às porções das subunidades α expostas na superfície da membrana, o canal do receptor muda de conformação. Isso abre um poro na parte do canal embutida na bicamada lipídica; então, tanto o K^+ como o Na^+ fluem através do canal aberto, a favor de seus gradientes eletroquímicos (havendo influxo de Na^+ e efluxo de K^+). **B.** Modelo molecular das subunidades transmembrânicas do receptor-canal nicotínico da ACh. Cada subunidade é composta de quatro domínios transmembrânicos em α-hélices (denominados M1 a M4). **C.** As cinco subunidades são arranjadas de tal modo que formam um canal aquoso, com o segmento M2 de cada subunidade voltado para dentro e constituindo a parede do poro. Note que a subunidade γ fica entre as duas subunidades α. (Adaptada de Kandel *et al.*, 2000.)

Na⁺ e o efluxo de íons K⁺, levando a uma despolarização da membrana da placa motora. Esse potencial pós-sináptico excitatório na célula muscular é chamado de *potencial da placa motora*. O potencial da placa motora gerado pela abertura dos receptores de ACh é o resultado do fluxo de íons Na⁺ e K⁺ através do mesmo canal, diferente do observado para canais iônicos dependentes de voltagem, que apresentam uma seletividade a íons. Isso talvez se explique pelo fato de o diâmetro do canal do receptor nicotínico da ACh ser muito maior que o de canais iônicos dependentes de voltagem, formando um ambiente repleto de água que permite, assim, o fluxo dos dois cátions. Adicionalmente, estudos eletrofisiológicos realizados na placa motora mostraram que o potencial da membrana no qual a corrente iônica é zero (ou seja, no qual se estabelece um equilíbrio entre os fluxos iônicos) difere daquele esperado para o íon Na⁺. O valor encontrado para o potencial da placa motora parece mais refletir uma combinação dos potenciais de equilíbrio dos íons Na⁺ e K⁺.

Na década de 1950, o potencial da placa motora foi estudado em detalhes por Paul Fatt e Bernard Katz, que realizaram registros intracelulares de voltagem. Esse potencial apresenta uma amplitude de cerca de 70 mV (passando de –90 mV, no potencial de repouso, para –20 mV com a despolarização) com a estimulação de uma única fibra e é restrito à região da placa motora, decaindo progressivamente com a distância (Figura 6.6). Essa amplitude é muito grande, quando comparada à de menos de 1 mV dos potenciais pós-sinápticos gerados na maioria dos neurônios no sistema nervoso central. O potencial pós-sináptico excita então as regiões vizinhas da placa motora, mas ainda não é um potencial de ação. Porém, nas regiões mais internas das dobras juncionais, a membrana muscular é rica em canais de Na⁺ dependentes de voltagem, que, quando ativados pela despolarização, geram mais influxo de Na⁺, suficiente para ultrapassar o limiar da célula muscular, convertendo assim o potencial da placa motora em um potencial de ação no músculo, que se espalha por toda a membrana da célula muscular.

ACOPLAMENTO EXCITAÇÃO-CONTRAÇÃO

Conhecendo as estruturas da junção neuromuscular e do músculo esquelético propriamente dito, descritas previamente, podemos descrever a sequência de eventos que conduzem à contração do músculo esquelético. Seja para um movimento reflexo ou para um movimento mais elaborado que dependa de comandos superiores do encéfalo, como os movimentos voluntários, os eventos que vamos descrever são os mesmos.

A sequência inicia-se com um potencial de ação no motoneurônio que acaba por liberar grandes quantidades de acetilcolina na fenda sináptica, entre o neurônio e o músculo. A acetilcolina, então, se liga aos AChR presentes nas dobras juncionais, resultando na abertura do canal formado pelos próprios receptores. Essa abertura permite o influxo de íons Na⁺ e Ca²⁺ e o efluxo de íons K⁺, provocando uma alteração no potencial da membrana da célula muscular, levando a uma hipopolarização. Esse *potencial excitatório pós-sináptico* na célula muscular, o *potencial da placa motora*, é suficiente para ativar rapidamente canais de Na⁺ dependentes de voltagem, presentes nas porções mais profundas das dobras juncionais, gerando mais entrada de íons Na⁺; isso causa uma despolarização ainda maior que, quando atinge o limiar da célula muscular, gera um potencial de ação que se propaga ao longo da fibra muscular. A propagação desse potencial de ação na fibra muscular chega, então, ao interior dos túbulos T. Assim, a despolarização alcança os túbulos T, que contêm canais de Ca²⁺ dependentes de voltagem do tipo L (de longa duração) que, desse modo, se abrem e permitem o influxo de íons Ca²⁺. Esses canais, por sua vez, estão muito próximos a outro tipo de canais de Ca²⁺ presentes na membrana do retículo sarcoplasmático, que são sensíveis à abertura dos canais de Ca²⁺ do tipo L. A abertura desse outro tipo de canal de Ca²⁺ causa a liberação no citosol de mais íons Ca²⁺ provenientes agora do retículo sarcoplasmático. Esse contingente extra de Ca²⁺ citosólico atinge então as moléculas contráteis das miofibrilas. Em seguida, o Ca²⁺ citosólico se liga à subunidade TnC da molécula de troponina, o que conduz a

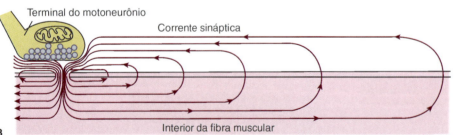

Figura 6.6 ▪ **A.** O potencial sináptico no músculo é maior na região da placa motora e se propaga passivamente a partir deste ponto. A amplitude do potencial sináptico decai e sua evolução temporal diminui com a distância do local de seu início na placa motora. **B.** O decaimento resulta do vazamento da membrana da fibra muscular. Como o fluxo de corrente deve completar um circuito, na placa motora a corrente sináptica para dentro gera um fluxo de retorno da corrente para fora através dos canais de repouso e da membrana (o capacitor). É esse fluxo de retorno da corrente para fora que produz a despolarização. Como a corrente vaza para fora ao longo de toda a membrana, o fluxo de corrente diminui com a distância da placa motora. Assim, diferentemente do potencial de ação regenerativo, a despolarização local produzida pelo potencial sináptico da membrana se reduz com a distância. (Adaptada de Kandel *et al.*, 2000.)

uma mudança conformacional do complexo troponina-tropomiosina, expondo os locais de ligação da actina e possibilitando assim o seu ancoramento com a região da cabeça da molécula de miosina e formando pontes transversas entre os filamentos (ver Figura 6.3). Esse acoplamento leva ao deslizamento dos filamentos finos e grossos entre si, aproximando as linhas Z e encurtando o sarcômero, resultando na contração das fibras musculares. Antes de a contração ocorrer, a atividade ATPásica da cabeça da molécula de miosina cliva ATP em ADP + Pi, que é utilizado como fonte de energia para puxar os filamentos acoplados depois que o Ca^{2+} expõe os locais de ligação da actina. Assim, podemos dizer que há uma transformação de energia química em energia mecânica, que provoca um tracionamento entre as moléculas de filamentos. Ao final do processo de contração, as condições iniciais se restabelecem: o Ca^{2+} é bombeado de volta para o retículo sarcoplasmático, o efeito inibitório do complexo troponina-tropomiosina sobre a molécula de actina volta a existir, ocorre o desacoplamento da miosina com a actina e nova molécula de ATP se liga à cabeça da molécula de miosina.

É interessante mencionar que a concentração de cálcio no citosol das células musculares é baixa em condições de repouso (menor que 10^{-7} M), o que garante o estado de relaxamento muscular. Por outro lado, após a ativação pelos motoneurônios, que desencadeia a sequência de reações anteriores, a concentração de cálcio citosólico pode chegar a 2×10^{-4} M. A redução dessa concentração a níveis de repouso é fundamental para o relaxamento muscular, o que se obtém pela atividade intensa da bomba de cálcio na parede do retículo sarcoplasmático (que possibilita o bombeamento de cálcio de volta para o retículo) e ligação do cálcio a proteínas como a *sequestrina*. Uma informação interessante neste ponto é a persistência de uma *contratura* pós-morte (o *rigor mortis*), resultante da perda da fonte energética necessária para o relaxamento muscular. Assim, até 25 h pós-morte a musculatura pode permanecer contraída, já que o relaxamento só vai acontecer depois da degradação das proteínas musculares por autólise. Em temperaturas mais altas, a autólise é mais rápida, e a contratura pode ceder em 10 a 15 h após a morte.

Deste modo, a contração muscular resulta do acoplamento excitação-contração, que é o conjunto de alterações eletroquímicas que explicam o vínculo entre o potencial de ação na membrana da célula muscular e o encurtamento do músculo. Na realidade, o mecanismo contrátil do músculo esquelético é essencialmente o mesmo quando não existe encurtamento, na denominada *contração isométrica*. Esse tipo de contração ocorre, por exemplo, quando o músculo está fixado em suas extremidades. Neste caso, os elementos não contráteis são estirados, gerando tensão. A chamada *contração isotônica* acontece quando há encurtamento real do músculo, contra uma carga constante.

REGULAÇÃO DA ATIVIDADE MUSCULAR

A força de contração muscular é um fenômeno que deve ser analisado como sendo a ação de diversas fibras musculares que se contraem praticamente ao mesmo tempo, todas estimuladas pelo mesmo motoneurônio, que por sua vez irá regular a frequência e a intensidade de contração das fibras musculares. Durante a contração, nem todas as fibras de um músculo contraem-se ao mesmo tempo: enquanto alguns grupos de fibras musculares estão contraídas, outras ficam relaxadas.

A Figura 6.7 ilustra os principais mecanismos de regulação da força contrátil.

A força de contração depende de alguns parâmetros, como os apresentados a seguir.

▶ **Comprimento inicial do músculo.** A explicação para esse efeito depende em grande parte da organização muscular esquelética. Para que a força seja máxima, a contração deve iniciar-se com o músculo em um comprimento inicial característico, o *comprimento ideal*. Em geral, este comprimento é o mantido pelo músculo em questão na postura normal da espécie. Quando a contração inicia-se em comprimentos maiores ou menores que o comprimento ideal, existe perda na força resultante. A curva tensão-comprimento resultante (ver Figura 6.7 A) revela claramente o *comprimento ideal*, para a maior efetividade da contração muscular, e sugere uma dependência estrita da situação mecânica do sarcômero em cada situação como fator preponderante na gênese desses efeitos.

▶ **Somação de contrações musculares.** A somação de abalos musculares isolados ocorre a fim de determinar movimentos musculares fortes e combinados. Em geral, isto acontece de duas maneiras diferentes (ver Figura 6.7 B):

- *Pelo aumento do número de unidades motoras que se contraem simultaneamente (somação espacial).* O crescimento do número de unidades motoras recrutadas é proporcional ao do número de motoneurônios que estão ativados. Este mecanismo é conhecido como *recrutamento*.

  Uma célula muscular individualizada não é capaz de graduar de maneira significativa sua contração, por causa da natureza *tudo ou nada* do potencial de ação. As variações na força de contração de um músculo podem ser, então, variações do número de fibras musculares que se contraem em determinado momento. Como os músculos são constituídos por unidades motoras, a força ou intensidade de contração de um deles pode ser proporcional ao número de fibras musculares inervadas por uma fibra nervosa; ou seja, pode depender do tamanho da unidade motora estimulada e/ou do número de unidades motoras estimuladas em determinado momento.

  O tamanho da unidade motora, que reflete o nível de divergência da fibra nervosa sobre o músculo, também se relaciona com a delicadeza e a precisão de movimentos. Por exemplo, uma única fibra nervosa se ramifica muitas vezes e inerva várias fibras musculares de grandes músculos, como os músculos apendiculares da perna utilizados na execução de movimentos pouco precisos. Por outro lado, uma fibra nervosa inerva somente uma fibra muscular ou se ramifica pouco e inerva apenas algumas fibras musculares em músculos que executam movimentos mais precisos e delicados, como os dos dedos da mão ou os músculos oculares

- *Pelo aumento da eficiência de contração de unidades motoras (somação temporal), gerado pela elevação da frequência de potenciais de ação.* Se a frequência crescer, contrações sucessivas irão se fundir, deixando de ser distinguidas umas das outras (ocorrendo o fenômeno denominado *tetania*). Os potenciais de ação sucessivos atingem o músculo antes de o relaxamento alcançar um percentual importante do relaxamento total, e assim a contração subsequente será maior, até chegar a um platô para cada frequência. Possivelmente, um acúmulo de cálcio citosólico (remanescente da estimulação anterior) tem um papel na contração aumentada que é induzida pela alta frequência de potenciais, mas claramente também estão envolvidos fenômenos mecano-elásticos. Na estimulação com frequências médias ou altas

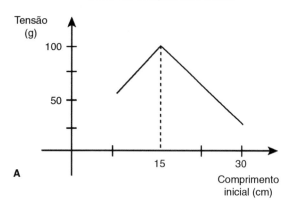

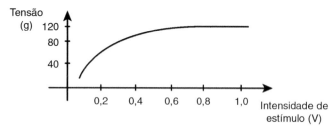

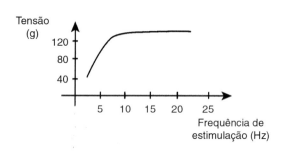

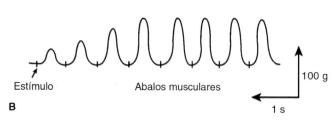

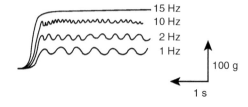

Figura 6.7 ▪ Regulação da força de contração do músculo esquelético. **A.** Relação tensão-comprimento, mostrando que há um comprimento inicial ótimo para desenvolvimento máximo de tensão. Esse comprimento corresponde ao comprimento de repouso na postura típica da espécie. **B.** Efeito da somação espacial (recrutamento por estímulos de intensidades crescentes) e temporal (somação por frequências de estimulação crescentes) sobre a força de contração.

suficientes para produzir essa somação temporal, os números de fibras musculares que estão se contraindo serão sempre os mesmos, mas a força resultante será progressivamente maior, em função da frequência, até um valor máximo, característico de cada músculo. É importante mencionar que essa somação é possível porque o período refratário das células musculares está na dependência de suas propriedades elétricas (especificamente, do potencial de ação), sendo, portanto, muito mais curto que o componente mecânico.

TIPOS DE FIBRAS MUSCULARES

Os músculos não são tecidos homogêneos, mas sim, em sua imensa maioria, constituídos por vários tipos de fibras musculares. Essas fibras podem ser agrupadas em dois tipos principais: as do *tipo 1*, especializadas para movimentos lentos, tônicos e aeróbicos, com metabolismo predominantemente oxidativo, e as do *tipo 2*, especializadas para contrações rápidas, com metabolismo glicolítico. As fibras do tipo 1, ou *vermelhas*, têm irrigação abundante, muitas mitocôndrias e níveis de mioglobina altos. As características metabólicas dessas fibras limitam a sua velocidade de contração e relaxamento, mas propiciam condições ideais para um trabalho muscular sustentado. As do tipo 2 incluem, na realidade, dois subtipos de fibras musculares, as *fibras 2a* e *2b*, sendo estas últimas conhecidas como *fibras brancas*, que contêm poucas mitocôndrias e uma irrigação limitada. Todavia, suas características metabólicas, incluindo influxos grandes de cálcio e alta atividade ATPásica, propiciam condições de alta velocidade, ainda que por tempos reduzidos. As fibras do subtipo 2a, por outro lado, têm características intermediárias entre os tipos 1 e 2b, representando, de certa maneira, fibras mistas, com propriedades metabólicas que garantem velocidade e resistência à fadiga.

As propriedades metabólicas e contráteis das diferentes fibras musculares implicam propriedades particulares de suas unidades motoras, como a sua frequência de fusão. Quando uma unidade motora recebe impulsos em frequências tais, que o intervalo entre eles é menor que o tempo de relaxamento, ocorre uma *somação*, e as contrações podem fundir-se (*contração tetânica*). Assim, como as contrações das fibras do tipo 1 são mais lentas, é possível elas fundirem-se em frequências mais baixas, entre 12 e 15 Hz. As fibras do tipo 2 têm frequências de fusão acima de 40 Hz.

É importante comentar que as diferentes propriedades metabólicas das várias fibras musculares dependem da expressão de uma família de genes que codificam distintas isoformas de miosina, cálcio-ATPase e troponina, por exemplo, e que a regulação da expressão desses genes tem estrita dependência de interações tróficas dos motoneurônios com as células musculares. De fato, os motoneurônios que inervam as diversas fibras musculares apresentam propriedades particulares, além das que determinam as propriedades das fibras musculares. Os motoneurônios que controlam as fibras do tipo 1 têm, de modo geral, diâmetros pequenos e excitabilidade alta, possivelmente em função do maior impacto que os potenciais sinápticos podem ter sobre sua atividade elétrica (ver Capítulo 15, *Transmissão Sináptica*). Os motoneurônios que inervam as fibras do tipo 2, opostamente, apresentam diâmetros grandes e excitabilidade mais baixa. Nos dois tipos de motoneurônios, há altas velocidades de condução dos impulsos nervosos, mas a velocidade de condução dos motoneurônios que inervam as fibras do tipo 2 é sistematicamente mais elevada, coerente com a maior velocidade de contração dessas fibras.

"PLASTICIDADE" MUSCULAR

O músculo estriado esquelético está sujeito a uma série de forças que impõem mudanças plásticas, adaptativas, em sua estrutura e função. Essas mudanças envolvem o diâmetro, o comprimento, a irrigação e os tipos de fibras musculares, determinando a força contrátil. As mudanças que surgem em função do treinamento físico ou da denervação podem ilustrar esses fenômenos. A *hipertrofia muscular* se caracteriza pelo aumento dos filamentos de actina e miosina em cada fibra muscular, com crescimento do número de miofibrilas, produzindo, assim, uma elevação do tamanho das células musculares. Esse fenômeno, em geral, é produzido por algum regime de

Adaptabilidade das fibras musculares esqueléticas

As fibras musculares esqueléticas podem se adaptar a novas necessidades, mudando suas características metabólicas e contráteis no sentido de manter a homeostase. Por exemplo, quando um músculo é submetido à imobilização por períodos prolongados (procedimento frequente em indivíduos que sofreram fraturas), existe uma conversão de fibras do tipo I em tipo II. Isso ocorre porque as fibras do tipo I têm metabolismo mais "caro", em função de este ser predominantemente aeróbio (com muitas enzimas oxidativas e grande quantidade de mitocôndrias, entre outros fatores). A exposição a elevadas quantidades de certos hormônios também pode modular a composição das fibras dos músculos esqueléticos. Por exemplo, o hormônio tireoidiano converte fibras do tipo I para tipo II; em indivíduos hipertireóideos, esse fenômeno contribui para a sensação de cansaço excessivo, normalmente relatado pelo paciente antes do tratamento adequado. O exercício físico também pode levar à conversão de fibras musculares, tanto para tipo I quanto para II. Exercícios resistidos (aqueles em que o indivíduo levanta pesos) provocam alguma conversão para fibras do tipo II, enquanto exercícios aeróbios (os que envolvem atividades de longa duração) causam certa conversão para fibras do tipo I. É interessante notar que essa conversão trazida pelo exercício é limitada e o componente genético parece ser muito importante. Em atletas de alto nível de desempenho, pode haver união do componente genético favorável para determinada atividade física com o efeito do treinamento. Na Figura 6.8 A, há a fotografia de um nadador de elite, especializado em provas de 50 m (atividade que exige "explosão"). A análise da composição das fibras musculares de seu quadríceps (Figura 6.8 C) apresenta predominância de fibras do tipo II (claras). É difícil demonstrar, com precisão, o efeito do treinamento nesse indivíduo na conversão para fibras do tipo II, mas estima-se que seja da ordem de 10%. Pode parecer pouco, mas esse efeito do treinamento específico é capaz de ser um importante diferencial competitivo. Entretanto, já está estabelecido que o componente genético é fundamental para determinar grande aptidão a certas atividades físicas. Na Figura 6.8 B, aparece um ciclista de alto nível, especializado em longas distâncias. A análise do seu músculo quadríceps (Figura 6.8 D) mostra uma composição de fibras radicalmente diferente daquela do atleta anterior: quase a totalidade das suas fibras musculares são do tipo I (escuras), garantindo a esse atleta altíssima capacidade de contração por longos períodos sem fadiga significativa. Atualmente, não se sabe quais são os genes envolvidos nessa determinação de tipos de fibra muscular e, possivelmente, algumas moléculas estão envolvidas, como PGC-1. Essa proteína faz parte da biogênese mitocondrial e da estimulação da síntese de enzimas oxidativas. Camundongos transgênicos para PGC-1 têm músculos com proporção muito aumentada de fibras do tipo I e mostram maior desempenho em atividades de longa duração, quando comparados com animais selvagens.

Anselmo Sigari Moriscot. Prof. Associado do Departamento de Biologia Celular e do Desenvolvimento do Instituto de Ciências Biomédicas – USP.

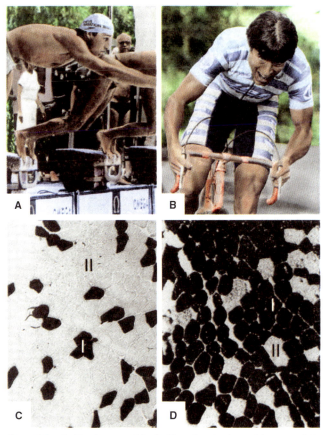

Figura 6.8 • Análise da composição das fibras do músculo quadríceps em atletas de alto nível de desempenho. Em nadador de elite especializado em natação de curta distância (**A**), há predominância de fibras do tipo II, claras (**C**). Em ciclista de elite especializado em provas de longa distância (**B**), predominam fibras do tipo I, escuras (**D**). (Adaptada de Billeter e Hoppeler, 2003.)

contrações máximas ou submáximas, como o exigido durante o treinamento físico. A hipertrofia muscular pode também ocorrer por estiramento pronunciado, o que produz a adição de novos sarcômeros na extremidade das células musculares. Os mecanismos exatos pelos quais a hipertrofia muscular é produzida não são totalmente conhecidos, mas eles envolvem neurotrofinas de origem nos motoneurônios e alterações de expressão gênica na célula muscular.

Do mesmo modo, a *atrofia muscular*, que surge por denervação ou por uso diminuído da massa muscular, depende da menor oferta de neurotrofinas, o que impõe reduzida produção de proteínas contráteis.

Em algumas poucas situações, pode ocorrer *hiperplasia muscular*, com crescimento do número de células musculares e não só de seu tamanho. Esse mecanismo não parece muito importante quanto à hipertrofia descrita anteriormente, em termos do aumento da força contrátil resultante.

DOENÇAS NEUROMUSCULARES

Uma série de doenças que afetam a unidade motora, como aquelas que envolvem o corpo celular do neurônio motor ou os axônios periféricos (*neurogênicas*), ou as que englobam a junção neuromuscular e as fibras musculares (*miopatias*), têm sido extensivamente estudadas e caracterizadas. Em geral, essas doenças da unidade motora causam fraqueza e

O controle da massa muscular

Como mencionado, o músculo esquelético pode sofrer hipertrofia por crescimento em diâmetro ou em comprimento. O primeiro é conhecido como *hipertrofia radial* enquanto o segundo, como *hipertrofia longitudinal*. Essas respostas hipertróficas são disparadas por estresse mecânico, de naturezas diferentes. Na *hipertrofia radial*, o estímulo mecânico envolve contração muscular contra resistência; portanto, com gasto de ATP. Nesse tipo de hipertrofia, existe aumento de sarcômeros em paralelo, principalmente formando novas miofibrilas e também, em menor grau, elevando o diâmetro das miofibrilas preexistentes. Estas adaptações provocam mais capacidade contrátil e, consequentemente, maior geração de força pela fibra muscular. O grau da hipertrofia radial varia consideravelmente em função de vários fatores. Estudos que envolvem treinamento resistido, em humanos, demonstram que a área de secção transversal pode crescer: (1) cerca de 30% em pessoas sedentárias que se engajaram em programa de treinamento com exercícios resistidos ou (2) perto de 60% em fisiculturistas de elite quando comparados com indivíduos destreinados com igual idade. Além do aumento por estresse mecânico provocado pela contração com gasto de ATP, também se pode estimular mecanicamente o músculo simplesmente estirando-o de modo passivo. Neste caso, é necessário que o estiramento persista por certo tempo (minutos), não seja lesivo e tenha determinada frequência (em torno de três seções semanais, por período de 2 semanas, já é possível observar ganhos de comprimento muscular e, portanto, de amplitude articular). Na *hipertrofia longitudinal*, existe também acréscimo de novos sarcômeros na fibra muscular, como na hipertrofia radial; no entanto, esses sarcômeros são adicionados nas extremidades das miofibrilas preexistentes. Esse fenômeno implica miofibrilas mais longas e, portanto, também fibras musculares mais longas, que têm como consequência aumento da amplitude articular sem ganho de força. Existem modalidades esportivas em que a hipertrofia longitudinal é um componente extremamente importante, como, por exemplo, a ginástica olímpica.

Quando pensamos em hipertrofia, devemos levar em consideração a quantidade de proteínas presentes em determinado músculo; esta é controlada pelo balanço entre sua síntese e sua degradação. No processo hipertrófico, o nível de proteína na fibra muscular se eleva, o que pode ser fruto do aumento da síntese ou diminuição da degradação proteica. Apesar de os mecanismos envolvidos na degradação de proteínas terem grande importância na atrofia muscular (ver adiante), na hipertrofia não existe importante mudança da taxa de degradação de proteínas, pelo menos na hipertrofia induzida por exercícios resistidos. Porém, a taxa de síntese proteica sofre grandes alterações em resposta ao exercício resistido; mesmo certos nutrientes, especialmente aminoácidos, são capazes de aumentar a síntese proteica no músculo esquelético.

Embora ainda não esteja claro como o estímulo mecânico aumentado, provocado pela contração muscular (em um programa de treino com exercícios de força), pode resultar na ativação de moléculas sinalizadoras no interior da fibra muscular esquelética, é consenso que microlesões na fibra muscular desempenham importante papel. Essas microlesões, decorrentes da sobrecarga mecânica, podem acometer a membrana plasmática e a estrutura sarcomérica, sinalizando para *células-satélite* que estão na proximidade. Estas são pequenas células mononucleadas, localizadas sob a lâmina basal da fibra muscular e em íntimo contato com ela. As células-satélite ativadas proliferam gerando células-filhas; então, a minoria delas continua proliferando e a maioria se funde à fibra muscular, contribuindo com um novo núcleo. A adição deste novo núcleo proporciona maior capacidade de produção de RNA mensageiros de proteínas contráteis e, assim, novos sarcômeros são construídos. Um fator de crescimento, chamado de MGF (*mechano growth factor*) é produzido e liberado pela fibra muscular em resposta ao estímulo mecânico, tendo efeito estimulador sobre as células-satélite. Mais recentemente, foi descoberto outro fator, a *miostatina*, que parece ser bastante importante para o controle da massa muscular, sendo forte inibidor dessa massa. Mutações naturais dessa proteína ocorrem em certas raças de gado, como, por exemplo, no azul belga; nestes animais, a miostatina é funcionalmente deficiente, ocorrendo crescimento extremo da musculatura. Atualmente, descobriu-se que seres humanos também podem ter mutações no gene da miostatina, em hetero ou homozigose. Indivíduos que apresentam essa mutação, em homozigose, manifestam massa muscular mais elevada que a média da população. A miostatina é secretada pela fibra muscular esquelética e se liga a receptores da própria membrana plasmática dessa fibra; portanto, é um efeito predominantemente parácrino/autócrino. Além da miostatina, a fibra muscular secreta um fator denominado *folistatina*, que se une a essa proteína, inibindo a capacidade de ligação dela ao seu receptor. Ainda não são bem conhecidos os mecanismos celulares pelos quais a miostatina inibe o crescimento da fibra muscular; até o momento, sabe-se que tal proteína é capaz de antagonizar a ação de MGF, um importante fator hipertrófico. Além disso, ela aciona processos de proteólise na fibra muscular. Outro aspecto importante no controle negativo da massa muscular é o sistema proteassomal, principal controlador da proteólise no músculo esquelético. Quando esse músculo é imobilizado por curto período de tempo, a expressão de certas enzimas (*atrogenes*) chave desse sistema é aumentada, induzindo proteólise e, portanto, perda de sarcômeros. Em roedores, que apresentam alta taxa metabólica, em apenas 12 h após imobilização de uma pata, a expressão dos atrogenes aumenta de 5 a 10 vezes o normal.

É bem conhecido que a testosterona tem efeito anabólico, elevando a síntese proteica em fibras musculares esqueléticas. As células-satélite dispõem de receptores para testosterona cuja atividade é aumentada com níveis suprafisiológicos do hormônio. Esse efeito contribui, sobremaneira, para o crescimento do número de núcleos nas fibras musculares de indivíduos submetidos a treinamento de força, pois este tipo de treinamento promove elevação transitória dos níveis séricos de testosterona. Além disso, esse hormônio é importante para o desenvolvimento muscular durante a fase de crescimento rápido na adolescência, em que os músculos esqueléticos precisam acompanhar o aumento dos ossos longos.

Anselmo Sigari Moriscot. Prof. Associado do Departamento de Biologia Celular e do Desenvolvimento do Instituto de Ciências Biomédicas – USP.

atrofia dos músculos esqueléticos, mas as características de cada patologia dependem de qual componente da unidade motora é diretamente afetado. Entre as muitas doenças relacionadas com a unidade motora, discutiremos, de início, uma que atinge a transmissão sináptica da junção neuromuscular (miastenia *gravis*) e, posteriormente, falaremos sobre outra que afeta diretamente as fibras musculares (distrofia muscular de Duchenne), lembrando que há inúmeras outras doenças nessas categorias, algumas das quais têm a sua etiologia totalmente desconhecida.

▶ Miastenia *gravis*

Das doenças que afetam a transmissão sináptica, a miastenia *gravis* (*myasthenia gravis*) é a mais bem estudada. Caracteriza-se por uma disfunção da transmissão sináptica química entre os motoneurônios e os músculos esqueléticos. A miastenia *gravis* se tornou também o modelo de doença autoimune (o tipo mais comum da doença), em que anticorpos são produzidos contra os AChR presentes no músculo, reduzindo o número de receptores funcionais ou impedindo a interação do neuromediador acetilcolina com esses receptores. Há também outras formas, congênitas e hereditárias, de miastenia que não apresentam o caráter autoimune e que parecem ser heterogêneas em suas características, já que incluem deficiência de acetilcolinesterase, diminuição da capacidade ligante dos AChR e mesmo número reduzido de AChR. A característica principal desta doença é a fraqueza muscular que quase sempre afeta os músculos cranianos (pálpebras, músculos do olho e orofaríngeos) e que pode ser revertida, em alguns casos, com o uso de fármacos inibidores da acetilcolinesterase (a enzima de degradação da ACh), como a neostigmina.

Duas observações importantes ajudaram a definir o caráter autoimune da miastenia *gravis*. Uma delas foi a de que a remoção do timo, ou de timomas, provocava uma redução dos sintomas em pacientes com miastenia *gravis*, o que ficou mais claro, posteriormente, com o advento dos conhecimentos acerca do papel imunológico do timo. A outra descoberta relevante emergiu com a caracterização e localização dos AChR do músculo, a partir do uso de ferramentas farmacológicas, que possibilitou a observação de que em pacientes miastênicos há diminuição de AChR (resultado indireto de alterações dos mecanismos de reciclagem e degradação) e presença de anticorpos no soro.

Como já citado (ver Figura 6.5), os AChR são macromoléculas constituídas de cinco proteínas organizadas ao redor de um canal iônico que atravessa a membrana celular e que contém os locais de ligação da ACh. O local de interação da ACh com o complexo receptor está presente na *subunidade* α, e, no caso da miastenia *gravis*, os autoanticorpos parecem ser dirigidos contra a região imunogênica principal presente na porção extracelular dessa subunidade.

O tratamento de pacientes com miastenia *gravis* do tipo autoimune se baseia no uso de agentes anticolinesterásicos que prolongam a disponibilidade de ACh na fenda sináptica da junção neuromuscular, gerando um alívio sintomático pelo menos parcial. Além disso, as terapias imunossupressivas que inibem a síntese de anticorpos, a timectomia e a plasmaférese (que removem do sangue os anticorpos contra o receptor) também são tratamentos utilizados. O tratamento para o tipo congênito da miastenia *gravis* também tem como base o uso de agentes anticolinesterásicos.

▶ Distrofia muscular de Duchenne

Esta distrofia é uma miopatia hereditária que se manifesta apenas em indivíduos do sexo masculino (transmite-se como fator recessivo ligado ao cromossomo X). Tem início com fraqueza muscular nas pernas e progride relativamente rápido, levando à morte por volta de 30 anos de idade.

Os indivíduos portadores da distrofia muscular de Duchenne não têm a proteína *distrofina* ou a apresentam em quantidade muito pequena. Como citado, a distrofina desempenha um papel fundamental na manutenção da integridade da membrana plasmática muscular, já que ela ancora os filamentos de actina às proteínas integrais da membrana plasmática.

BIBLIOGRAFIA

BEAR MF, CONNORS BW, PARADISO MA. *Neuroscience: Exploring the Brain*. 2. ed. Lippincott Williams & Wilkins, Philadelphia, 2001.

BERNE RM, LEVY MN, KOEPPEN BM *et al*. *Physiology*. Elsevier, Philadelphia, 2004.

BILLETER R, HOPPELER H. Muscular basis of strength. In: *Strength and Power in Sport*. Blackwell Science, Oxford, 2003.

COSTANZO LS. *Physiology*. Elsevier, Philadelphia, 2002.

KANDEL ER, SCHWARTZ JH, JESSELL TM. *Principles of Neural Science*. 4. ed. McGraw-Hill, New York, 2000.

LENT R. *Cem Bilhões de Neurônios – Conceitos Fundamentais de Neurociência*. Atheneu, São Paulo, 2004.

Seção 2

Transporte Através da Membrana

Coordenador:
Fernando Abdulkader

- **7** Membrana Celular, *125*
- **8** Difusão, Permeabilidade e Osmose, *135*
- **9** Gênese do Potencial de Membrana, Excitabilidade Celular e Potencial de Ação, *157*
- **10** Canais para Íons nas Membranas Celulares, *205*
- **11** Transportadores de Membrana, *219*
- **12** ATPases de Transporte, *233*

Capítulo 7

Membrana Celular

Wamberto Antonio Varanda

- Introdução, *126*
- Lipídios estão presentes na membrana celular, *126*
- Proteínas na membrana, *131*
- Bibliografia, *133*

INTRODUÇÃO

Um dos pressupostos básicos para o aparecimento da vida, como a conhecemos hoje, é, sem dúvida, a possibilidade de individualizar-se um certo volume que mantivesse características físico-químicas distintas do ambiente. A *compartimentalização* desse volume aquoso, dentro de um ambiente também francamente aquoso, é que permitiu a ocorrência de reações químicas diversas, de forma ordenada, características dos seres vivos. Nesse processo, as *membranas* surgem como primeira estrutura no estabelecimento de uma *interface* entre dois meios que necessariamente devem ter características próprias, tanto do ponto de vista de composição, como termodinâmico. Na verdade, as membranas biológicas definem não só compartimentos macroscópicos e celulares, mas também aqueles subcelulares, representados pelas organelas. Como interfaces, as membranas biológicas geram e mantêm gradientes químicos e elétricos, suportam reações químicas vetoriais, geram e transmitem informações elétricas em células excitáveis, servem como substrato para reconhecimento imunológico, funcionam como arcabouço para receptores para hormônios e fármacos etc. Embora tenham funções múltiplas e algumas de grande complexidade, todas as membranas biológicas apresentam várias características comuns, como flexibilidade, composição e estrutura supramolecular. A presença de uma membrana delimitando o citoplasma de células pode ser evidenciada por meio de experimentos muito simples, como a observação de plasmólise em células vegetais, detecção de resistência e capacitância elétrica entre intra e extracelular e visualização através de microscopia eletrônica. A imagem microeletrônica revela um arranjo bastante característico com duas linhas eletrodensas separadas por uma região mais transparente, com espessura ao redor de 60 a 70 Å (6 a 7 nm). Esse arranjo trilamelar é encontrado em todas as membranas biológicas, sejam elas plasmáticas ou de organelas. A Figura 7.1 mostra uma microfotografia eletrônica de duas membranas plasmáticas separadas pelo espaço intercelular. Como se pode observar, o aspecto de bicamada é claramente definido, e as regiões mais eletrodensas devem refletir as regiões polares das moléculas de fosfolipídios.

Neste capítulo, a membrana biológica será abordada do ponto de vista de composição e estrutura básica, e nos seguintes serão descritos os sistemas funcionais mais específicos.

LIPÍDIOS ESTÃO PRESENTES NA MEMBRANA CELULAR

A observação de que células podem ser lisadas quando na presença de detergentes e/ou solventes orgânicos (éter, hexano, pentano, decano etc.) permite postular a presença de lipídios na membrana plasmática. Além disso, está bem estabelecido que as membranas celulares são mais permeáveis a substâncias lipossolúveis e neutras que àquelas com carga elétrica e hidrossolúveis, como sugerido desde longa data por Ernest Overton (1899). Adicionalmente, sabe-se que os detergentes funcionam como agentes antissépticos devido à capacidade de interação com gorduras. Em certos organismos, as gorduras servem como moléculas para estocagem intracelular de energia, isolamento térmico, proteção de superfície ou, ainda, podem servir como hormônios, regulando processos metabólicos, como é o caso dos esteroides.

O que torna os lipídios interessantes enquanto agentes formadores de membranas? Para responder a esta questão, passaremos a analisar o problema do ponto de vista bioquímico. O arranjo molecular da membrana plasmática é assunto que tem intrigado os cientistas há muito tempo, e uma das demonstrações mais engenhosas da estruturação da membrana como uma bicamada lipídica é, seguramente, a de *Gorter e Grendel*, datada de 1925. Esses pesquisadores extraíram de glóbulos vermelhos as membranas e as trataram com um *solvente orgânico volátil* para extrair os lipídios. Essa solução de lipídios foi, então, colocada sobre a superfície de uma solução *aquosa*, tendo se dado tempo suficiente para a evaporação do solvente orgânico. Como será detalhado mais adiante, os lipídios são moléculas anfipáticas e, portanto, na superfície aquosa distribuem-se com suas regiões hidrofóbicas voltadas para o ar. Assim, por meio de manipulação experimental adequada, é possível fazer com que as moléculas lipídicas se disponham lado a lado, formando uma camada molecular simples (*monocamada*) sobre a superfície da água. Foi o que Gorter e Grendel fizeram, medindo a área (**A**) ocupada pelos lipídios nessa monocamada. Em seguida, como conheciam a área de membrana em cada glóbulo vermelho e o número de glóbulos que haviam utilizado no experimento, calcularam a área total de membrana (**S**) dos glóbulos vermelhos. Comparando essas duas áreas, Gorter e Grendel verificaram que:

$$A = 2S \qquad (7.1)$$

Embora os experimentos de Gorter e Grendel possam ser hoje criticados, entre outras coisas, por não terem levado em conta que parte da área das membranas é ocupada por proteínas, seus resultados levaram à conclusão de que os lipídios em uma membrana plasmática assumem um arranjo de *bicamada*.

Desde então, vários modelos foram propostos para descrever as propriedades das membranas biológicas. O de Singer e Nicolson (1972), conhecido como modelo do *mosaico fluido*, é um ponto de referência. Baseado em dados funcionais e termodinâmicos, o modelo incorpora o papel das proteínas, como elementos essenciais nos processos de transdução de sinais e de transporte através das membranas.

Para entendermos as propriedades de estabilidade e a forma das bicamadas lipídicas, basta entendermos o chamado *caráter anfipático* das moléculas lipídicas que, em última instância, determina suas propriedades de agregação, quando em um ambiente aquoso.

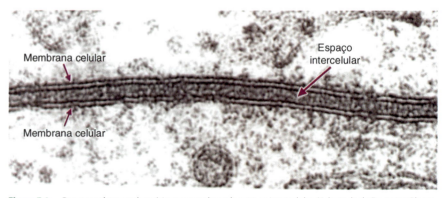

Figura 7.1 • Duas membranas plasmáticas separadas pelo espaço intercelular. (Adaptada de Fawcett e Bloom, 1994.)

▶ Ácidos graxos são componentes importantes dos lipídios

Como veremos adiante, os lipídios podem ser agrupados em diferentes classes. Porém, preservam várias propriedades comuns que são derivadas, essencialmente, da presença de um *esqueleto hidrocarbônico* em suas moléculas, o que lhes confere propriedades de isolantes elétricos com uma constante dielétrica a cerca de 2. Essa característica é contrária à da água, cuja molécula é polarizável e apresenta uma constante dielétrica de 80. O interessante é que os lipídios da bicamada conferem às membranas celulares uma propriedade de capacitor. Ou seja, as membranas conseguem armazenar cargas entre os lados intra e extracelular, e essa propriedade confere uma dependência intrínseca do tempo aos fenômenos elétricos (p. ex., despolarizações) que aí ocorrem. A Figura 7.2 ilustra essa propriedade da membrana.

Como se pode observar na Figura 7.2, ao ser ligado o pulso de voltagem, a corrente apresenta um transiente direcionado para baixo, que decai com o tempo, mesmo mantendo-se a voltagem constante. A área sob a curva de corrente é diretamente proporcional à quantidade de cargas armazenadas entre os 2 lados da bicamada. Outro fato interessante é que, devido à pouca variabilidade na espessura da bicamada de célula para célula (ou mesmo de organelas), o valor da capacitância é praticamente o mesmo para todas as membranas e igual a 1 $\mu F/cm^2$. Portanto, medidas de capacitância podem ser utilizadas para a avaliação da área da membrana celular. Esse experimento ainda traz uma outra informação: a membrana (bicamada) apresenta uma resistência relativamente alta (da ordem de $10^8 \Omega \cdot cm^2$), já que a resposta mantida de corrente é muito pequena frente ao pulso de voltagem (observe a diferença entre o traçado de corrente estacionária e a linha pontilhada que representa corrente igual a zero).

De modo geral, os lipídios complexos (aqueles que podem sofrer saponificação) são derivados de *ácidos graxos*. Estes, por sua vez, são compostos quimicamente simples, formados por *cadeias hidrocarbônicas* de extensão variável e terminadas por uma carboxila, existindo uma centena de tipos diferentes de ácidos graxos. Tais cadeias podem ser *saturadas*, isto é, apresentam somente ligações simples entre seus carbonos, ou *insaturadas*, caso em que existem uma ou mais duplas ligações ao longo da cadeia. A maioria dos ácidos graxos tem um pK ao redor de 4,5, estando, portanto, ionizados em pH fisiológico. Do ponto de vista de nomenclatura, os ácidos graxos recebem seus nomes baseados no número de carbonos na cadeia e na presença ou ausência de insaturações. Rotineiramente, no entanto, os seus nomes populares são mais utilizados. O Quadro 7.1 enumera alguns deles, com o nome científico e o popular.

Os dados do Quadro 7.1 mostram que a presença de insaturações do tipo *cis* na cadeia hidrocarbônica de um ácido graxo faz com que seu ponto de fusão se desloque para temperaturas mais baixas, atingindo inclusive valores abaixo de zero, como no caso dos ácidos linoleico e linolênico. Ou seja, à temperatura ambiente, enquanto os ácidos graxos *cis*-saturados comportam-se como ceras, os insaturados encontram-se no estado líquido. Isso se deve ao fato de as cadeias saturadas serem flexíveis, permitindo um maior alinhamento e empacotamento entre cadeias vizinhas, já que rotações podem ocorrer ao nível de cada carbono. Por outro lado, a presença de duplas ligações *cis* torna a cadeia angulada naqueles pontos onde elas ocorrem. Com isso, diminui a possibilidade de interações do tipo van der Waals entre as cadeias vizinhas, impedindo um empacotamento maior das moléculas. Poucos são os exemplos de ácidos graxos *trans*-saturados na natureza, mas, como esse tipo de dupla ligação não insere ângulos na cadeia hidrocarbônica, suas propriedades físico-químicas assemelham-se às dos ácidos graxos saturados de mesmo tamanho. A geração de ácidos graxos saturados *trans* era comum em processos industriais para a solidificação de gorduras vegetais a partir de óleos ricos em ácidos graxos saturados *cis*, cujas insaturações eram hidrogenadas para formação de ácidos saturados, portanto, com maior temperatura de fusão. Porém, o restrito arsenal metabólico das células para metabolizar os ácidos graxos *trans* parece estar associado a doenças metabólicas, motivo pelo qual a indústria alimentícia tem procurado processos diferentes de hidrogenação de gorduras vegetais que não levem à formação de ácidos graxos trans como subprodutos.

Em animais, os ácidos graxos mais comuns são o *oleico* (18 carbonos e uma insaturação, ou seja, um ácido graxo 18:1), o *palmítico* (16 carbonos) e o *esteárico* (18 carbonos). Os mamíferos requerem na dieta a presença de alguns ácidos graxos poli-insaturados, como o ácido *linoleico* (18:2) e o α-*linolênico* (18:3), encontrados somente em plantas e peixes. Esses ácidos graxos são denominados *essenciais*. Dependendo de onde ocorre a primeira insaturação a partir do carbono mais distante da carboxila do ácido graxo insaturado (carbono ω),

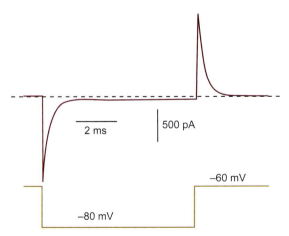

Figura 7.2 ▪ Resposta de corrente (*traçado superior, em roxo*) de uma célula CHO (*chinese hamster ovary*) a um pulso de voltagem hiperpolarizante (de –60 para –80 mV, *em amarelo*). Note que: (1) a resposta de corrente não acompanha temporalmente o pulso de voltagem, que se instala instantaneamente, e (2) os transientes da corrente têm sentidos contrários ao ligamento ou desligamento do pulso de voltagem.

Quadro 7.1 ▪ Nomenclatura de alguns ácidos graxos.

Número de carbonos	Ligações insaturadas	Nome científico	Nome comum	Ponto de fusão, °C
12	0	n-dodecanoico	Láurico	44,2
14	0	n-tetradecanoico	Mirístico	53,9
16	0	n-hexadecanoico	Palmítico	63,1
18	0	n-octadecanoico	Esteárico	69,6
20	0	n-eicosanoico	Araquídico	76,5
16	1		Palmitoleico	–0,5
18	1		Oleico	13,4
18	2		Linoleico	–5,0
18	3		Linolênico	–11,0

os ácidos graxos poli-insaturados são classificados como pertencentes à família ω-9 (p. ex., oleico), ω-7 (palmitoleico), ω-6 (linoleico) e ω-3 (α-linolênico).

A Figura 7.3 exemplifica a estrutura química de dois desses ácidos graxos. Você pode dizer qual deles é saturado ou insaturado? Por quê?

▶ Lipídios são derivados de ácidos graxos com glicerol

Os ácidos graxos podem combinar-se com o *glicerol* para formar uma classe de compostos chamada de *acilgliceróis* ou glicerídios. A reação faz-se por esterificação de uma ou mais hidroxilas originando moléculas conhecidas como monoglicerídio, diglicerídio ou *triglicerídio* (na dependência do número de hidroxilas esterificadas). Esta última classe de compostos constitui a forma mais comum de armazenagem de gorduras em animais. A Figura 7.4 ilustra a estrutura química desses compostos.

▶ Fosfolipídios têm uma das hidroxilas esterificada por um grupamento fosfato

Suponha agora que, em vez de 3, apenas 2 ácidos graxos se ligam ao glicerol e que na hidroxila terminal se ligue um grupamento *fosfato*, como exemplificado na Figura 7.5. Haverá então a formação de uma nova molécula, um *fosfolipídio*, que, no exemplo dado, é um ácido – *ácido fosfatídico*. Note que esta última molécula apresenta duas cargas resultantes negativas, decorrentes do grupamento fosfato. Uma dessas cargas, por sua vez, pode ser neutralizada por uma outra esterificação através de grupos hidroxila provenientes de pequenos alcoóis, resultando em diferentes fosfolipídios. Assim, se for ligada uma colina ao fosfato, teremos a formação de *fosfatidilcolina*; caso seja ligado um grupamento serina, se formará a *fosfatidilserina*; se for ligada a etanolamina, vai ser formada a *fosfatidiletanolamina*, e assim por diante. A estrutura química desses lipídios pode ser vista na Figura 7.5. As moléculas resultantes podem ter *carga total neutra ou negativa*, dependendo do álcool esterificado com o fosfato.

Existem outros fosfolipídios, além dos citados, que se distinguem não só pelos ácidos graxos que os compõem, mas também pelos grupamentos ligados ao fosfato. Um exemplo é a *cardiolipina*, um fosfolipídio típico da membrana interna de mitocôndrias que, por possuir apenas 2 hidroxilas esterificadas por fosfatos, constitui-se em um *difosfatidilglicerol*. Em razão de os grupos fosfato terem, cada, uma carga negativa livre, a molécula apresenta 2 cargas negativas resultantes.

Como dito no início do capítulo, as moléculas de lipídios (gorduras) são insolúveis em água, porém dissolvem-se facilmente em solventes orgânicos, como éter, hexano, benzeno etc. Esta propriedade pode ser mais bem entendida se olharmos para a estrutura química das moléculas anteriormente descritas: em todas, é possível encontrar uma extensa região *apolar*, formada pelas cadeias hidrocarbônicas dos ácidos graxos. No entanto, os fosfolipídios têm uma região (hidroxila esterificada pelo fosfato) onde predominam grupamentos com cargas, ou seja, o que se convencionou chamar de *cabeça polar*, cuja interação preferencial se faz com a água. Esta região é, portanto, *hidrofílica*. Desse modo, as moléculas de lipídios são denominadas *anfipáticas*, já que parte da molécula é altamente hidrofóbica e parte, altamente hidrofílica. Como consequência, quando moléculas anfipáticas são colocadas em água tendem a se estruturar de modo a minimizarem as interações das cadeias carbônicas com a água, possibilitando o aparecimento de estruturas distintas, como exemplificado na Figura 7.6: (1) *micelas*, preferencialmente formadas por moléculas que têm uma única cadeia hidrocarbônica, resultando em um arranjo em que as cadeias apolares ficam voltadas para o centro de estruturas tubulares ou esféricas e protegidas do ambiente aquoso. Isto é, o centro da micela é francamente hidrofóbico, ou (2) *bicamadas*, situação em que 2 moléculas lipídicas, com cadeias hidrocarbônicas duplas, tendem a associar-se espontaneamente, de modo a ter suas regiões apolares protegidas pelos grupos polares, que estão voltados

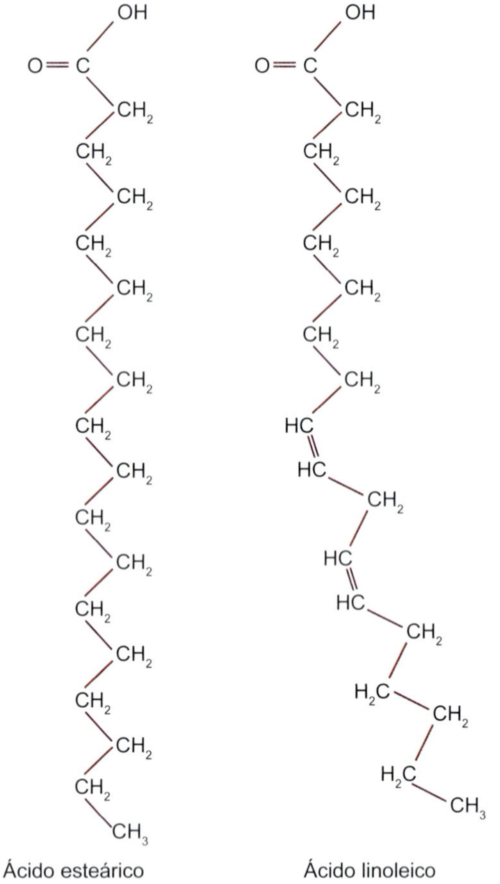

Figura 7.3 ▪ Estrutura química de dois ácidos graxos. A título de ilustração, um deles tem insaturações na cadeia carbônica. Observe que a ocorrência de ligações duplas tende a angular a cadeia, dificultando o acoplamento de outras moléculas de ácido graxo.

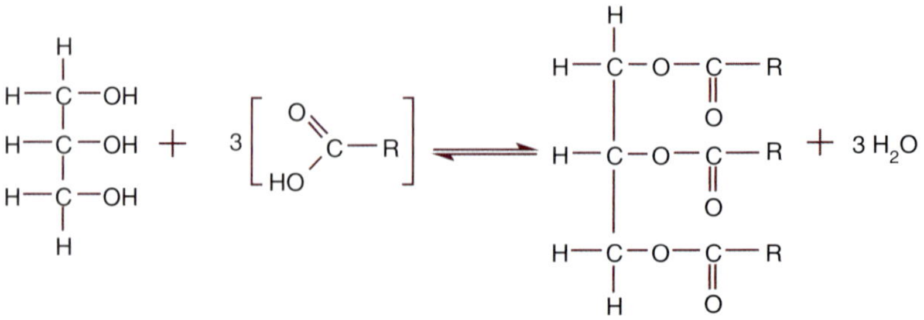

Figura 7.4 ▪ Formação de um triglicerídio. A esterificação das hidroxilas do glicerol, por um ácido graxo, resulta na formação de mono, di ou triglicerídios. Em cada posição, os ácidos graxos podem ser iguais ou diferentes. *R* indica as cadeias carbônicas dos ácidos graxos.

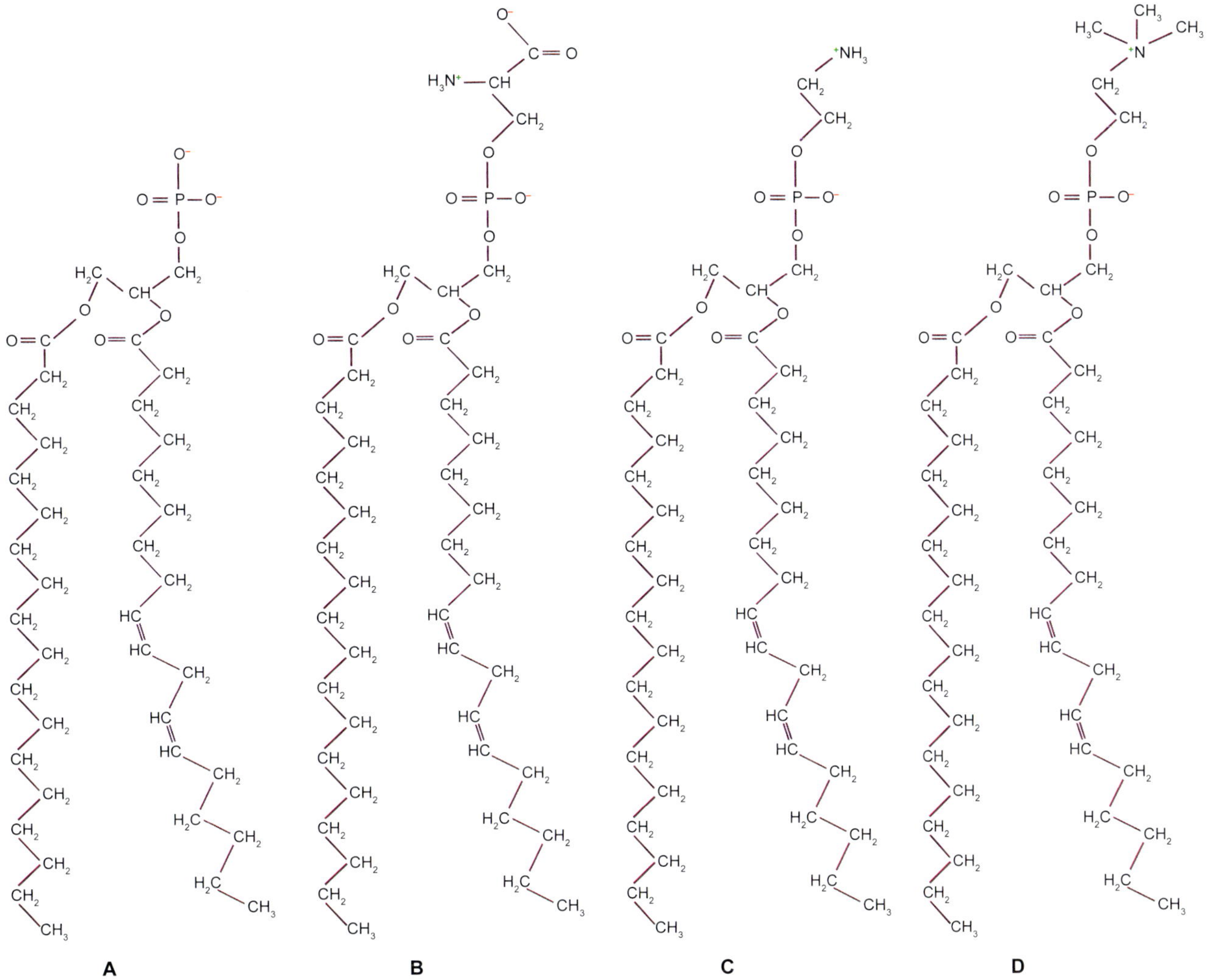

Figura 7.5 ▪ Fosfolipídios. A ligação de um grupamento fosfato a um dos carbonos do glicerol origina um ácido fosfatídico (**A**) com carga resultante negativa. A ligação subsequente de outros grupamentos ao fosfato pode originar diversos fosfolipídios, aqui exemplificados por fosfatidilserina (**B**), fosfatidiletanolamina (**C**) e fosfatidilcolina (**D**), com carga resultante negativa ou neutra.

para o ambiente hidrofílico. Um grande número de lipídios tende a se estruturar em uma bicamada, quando colocado em contato com água. Para minimizar ao máximo a interação das cadeias hidrocarbônicas com a água, tais bicamadas fecham-se, formando pequenas esferas que contêm solução aquosa em seu interior, conhecidas como *lipossomos* ou *vesículas*, e podem ser delimitadas por uma única bicamada ou apresentar várias bicamadas arranjadas concentricamente. Dependendo do método utilizado na sua preparação, os lipossomos podem ter diâmetros que variam desde alguns poucos angstroms até micrômetros. Em laboratório, é também possível produzir *bicamadas planas*, com área da ordem de milímetros quadrados. Estas bicamadas constituem material de fundamental importância para o estudo de sistemas transportadores, particularmente canais iônicos, por técnicas eletrofisiológicas, já que é possível ter-se acesso aos dois lados das bicamadas.

A bicamada lipídica pode ser considerada como um protótipo simples da membrana celular que, no entanto, guarda uma de suas propriedades básicas, a fluidez. Os lipídios, em uma bicamada, podem sofrer vários tipos de movimentos, desde rotação ao redor de seu próprio eixo, até movimentar-se lateralmente no plano da bicamada; podem, também, trocar de monocamada, indo de uma a outra, movimento este conhecido com o nome de *flip-flop*. Nos últimos anos, a movimentação de moléculas lipídicas em uma membrana tem sido estudada por uma técnica em que marcadores moleculares são acoplados à cabeça polar e seus movimentos seguidos por espectroscopia de ressonância eletrônica.

▶ O colesterol é um lipídio que influencia as propriedades físico-químicas da membrana

Como descrito, a fluidez de uma membrana é dependente do tipo de fosfolipídio que a compõe (saturado ou insaturado). Além disso, essa propriedade também é tremendamente influenciada pelo seu conteúdo de *colesterol* (Figura 7.7), um lipídio simples da classe dos *esteroides* que está presente na maioria das membranas de animais e plantas.

O colesterol é responsável por cerca de 20% do total de lipídios presentes em glóbulos vermelhos de várias espécies animais e, também, na mielina. Como a molécula de colesterol é composta por vários anéis hidrocarbônicos interligados e apenas uma curta cadeia hidrocarbônica linear, ela se apresenta com uma estrutura bastante rígida, interpondo-se entre as moléculas de fosfolipídios e interagindo com as cabeças destes, através de sua única hidroxila. Esta interação resulta em uma relativa imobilização e "empacotamento" dos

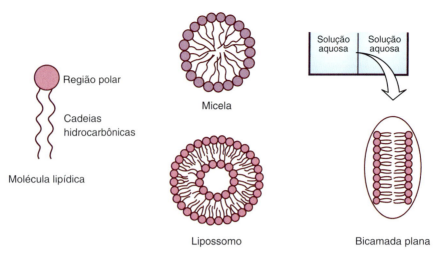

Figura 7.6 ▪ Principais arranjos estruturais assumidos por moléculas anfipáticas em ambiente aquoso. Devido, essencialmente, ao chamado efeito hidrofóbico, essas moléculas tendem a formar estruturas em que as cabeças polares estão voltadas para o ambiente aquoso, e as cadeias hidrocarbônicas, protegidas desse ambiente.

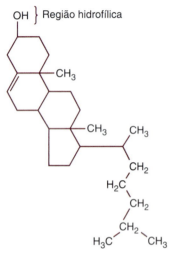

Figura 7.7 ▪ Estrutura química do colesterol. A região do anel esteroide forma uma estrutura com pouca mobilidade, e sua interação com os fosfolipídios tende a tornar a bicamada mais "empacotada".

fosfolipídios, formando uma bicamada com reduzida permeabilidade à água e a não eletrólitos de baixo peso molecular. Obviamente, a *temperatura* também é importante na determinação do estado de fluidez de uma bicamada. Isto é devido a uma propriedade chamada de *transição de fase* dos lipídios, que podem assumir um estado cristalino rígido (gel) ou um estado cristalino líquido, dependendo da temperatura. Como regra, os lipídios com ácido graxo de cadeia mais curta, ou possuidora de ligações duplas, formam estruturas rígidas em temperaturas mais baixas que as requeridas por lipídios com cadeias mais longas e totalmente saturadas (ver Quadro 7.1). O ácido graxo de cadeia curta tem reduzida chance de interação com o seu vizinho, o que pode ser mais acentuado se também possuir duplas ligações, já que nestes pontos a cadeia estará angulada.

Interessantemente, o colesterol, apesar de aumentar a rigidez da bicamada por aumentar o empacotamento dos lipídios, abaixa a temperatura de transição de fase ao dificultar que fosfolipídios saturados empacotem entre si, garantindo assim que a membrana encontre-se em estado líquido cristalino nas temperaturas usuais em que vive o organismo. O fato de o colesterol aumentar o empacotamento e deixar a membrana em um estado mais fluido pode parecer um contrassenso à primeira vista. Todavia, ao manter a membrana como um líquido cristalino, impede que essa estrutura tão delgada torne-se "quebradiça" em estado sólido-gel (uma analogia pode ser aqui feita com a casca de um ovo), ao mesmo tempo que se torna mais coesa (graças ao maior empacotamento e à rigidez consequente).

▶ Os lipídios são assimetricamente distribuídos entre as duas faces de uma bicamada

Em 1972, Bretscher formulou a hipótese (hoje amplamente confirmada) de que os lipídios distribuem-se de modo diferencial entre as duas monocamadas componentes da bicamada. Este pesquisador observou que certas substâncias químicas, que reagem especificamente com os grupos amino da fosfatidilserina e da fosfatidiletanolamina, não apresentavam efeito quando em contato com glóbulos vermelhos intactos, mas sim, quando em contato com fragmentos de membranas desses glóbulos. Estudos posteriores, e em várias outras células, demonstraram que a fosfatidilserina e a fosfatidiletanolamina (possuidoras de grupos amino primários) tendem a localizar-se preferencialmente na monocamada voltada para o intracelular, enquanto a fosfatidilcolina e a esfingomielina localizam-se, preferencialmente, na monocamada cujos grupos polares estão voltados para o extracelular. Como a fosfatidilserina possui carga resultante negativa, a bicamada apresenta uma diferença significativa de cargas entre suas faces intra e extracelular (não confunda com diferença de potencial entre as soluções intra e extracelular, assunto que será estudado em vários outros capítulos). Outra consequência é que algumas enzimas ligadas à membrana requerem fosfatidilserina e sua negatividade para funcionarem adequadamente, como é o caso da *proteinoquinase C*, importante na fosforilação de proteínas presentes nas células. Interessante notar que, devido à movimentação das moléculas de lipídios entre as monocamadas (*flip-flop*), já referida, não seria de esperar tal assimetria lipídica na bicamada; no entanto, há que se considerar que tais movimentos são muito lentos, processando-se na escala de horas a dias. Já o colesterol pode mudar de monocamada em uma escala de tempo de segundos. De qualquer forma, há evidências de que a distribuição assimétrica dos lipídios encontra-se sobre controle metabólico, já que células espoliadas de ATP tendem a perder essa assimetria, que é refeita quando os estoques de ATP são repostos. Com efeito, existem enzimas ATPases presentes na membrana das células que medeiam o rápido transporte vetorial de fosfolipídios de um folheto da bicamada para o outro, denominadas de *flipases*. Curiosamente, mais recentemente foram descritas outras proteínas de membrana independentes de ATP que simplesmente aceleram o *flip-flop* de fosfolipídios indistintamente, dissipando a assimetria usual dos fosfolipídios nas membranas. Tais proteínas, conhecidas como *scramblases* (do inglês *scramble*, desorganizar), são ativadas por sinais intracelulares de sofrimento celular, como, por exemplo, o aumento da concentração intracelular de cálcio. Esse é provavelmente um dos mecanismos que levam células em sofrimento em certas situações a exteriorizar fosfatidilserina (que normalmente é encontrada no folheto intracelular da membrana plasmática), o que, por sua vez, recruta células do sistema imunológico que, em última análise, ativam um processo de morte celular programada.

Uma consequência interessante da distribuição assimétrica de lipídios carregados na membrana celular é a alteração de excitabilidade muscular verificada, por exemplo, no hipoparatireoidismo. Nessa situação de concentração de cálcio plasmática anormalmente baixa, observa-se um estado de hiperexcitabilidade muscular que leva a contrações involuntárias. Esse estado tem a ver com a excitabilidade intrínseca dos canais para sódio presentes na membrana plasmática das células musculares. Como já conhecido, esses canais abrem-se com as despolarizações do potencial de repouso da célula e são responsáveis pela gênese do potencial de ação que se propaga pela célula toda, condição inicial indispensável para que se inicie o processo de contração muscular. A explanação para o fenômeno baseia-se no fato de que o íon cálcio forma uma camada difusa na face externa da membrana celular, afetando desta forma o campo elétrico existente através da membrana. Este mecanismo pode ser mais bem entendido analisando-se a Figura 7.8.

Como descrito no Capítulo 9, *Gênese do Potencial de Membrana, Excitabilidade Celular e Potencial de Ação*, todas as células apresentam uma diferença de potencial elétrico entre os meios intra e extracelular, dada pela eletrodifusão de íons. Essa diferença de potencial pode ser medida com microeletrodos colocados nas soluções. No entanto, devido a presença de lipídios com carga negativa (p. ex., esfingomielina) no folheto de lipídios voltado para a face extracelular da membrana, essa região adquire um potencial negativo que, em condições de cálcio normal, está indicado por ψ_1 na Figura 7.8. Note que nesta situação este potencial é bastante reduzido, já que o cálcio funciona como uma blindagem, anulando a carga resultante que ali existe. No entanto, quando a concentração de cálcio diminui, as cargas negativas dos lipídios ficam mais evidentes e o potencial na face extracelular da membrana tende a ficar mais negativo, indo para ψ_2. Como o canal para sódio encontra-se embutido na membrana, ele "percebe" esse potencial de interface e o "interpreta" como uma despolarização, que o leva a se abrir. Desse modo, a célula fica com sua excitabilidade automaticamente aumentada, levando o músculo a contrair-se involuntariamente.

▶ Outros lipídios presentes em membranas celulares

Embora os fosfolipídios derivados do glicerol sejam os mais frequentemente encontrados, tanto em animais como em plantas, existe uma segunda classe que corresponde aos *esfingolipídios*, cujo representante mais conhecido é a *esfingomielina*, abundante em células do sistema nervoso central de mamíferos. São primordialmente derivados da serina (em vez do glicerol), à qual se liga uma cadeia de ácido graxo para formar a *esfingosina*. A ligação de uma segunda molécula de ácido graxo ao grupamento amino da serina leva à formação de *ceramida* e, finalmente, a ligação de um fosfato com a colina à hidroxila C-1 originará a *esfingomielina* (Figura 7.9). Se, em vez do fosfato com a colina, tivermos a ligação de um oligossacarídio, originar-se-á um *glicoesfingolipídio*. Destes, os melhores exemplos são os galactocerebrosídios, em que o açúcar é a galactose, abundantes na mielina e aparentemente envolvidos na interação entre a célula nervosa e a célula mielinizante.

PROTEÍNAS NA MEMBRANA

Como descrito até aqui, a membrana celular mostra-se efetivamente como uma barreira lipídica de alta resistência, separando dois meios aquosos: o intracelular e o extracelular. Sabemos, no entanto, que a célula troca substâncias com o meio que a circunda e, em alguns casos, essa taxa de trocas é relativamente alta, o que nos obriga a assumir a presença de regiões hidrofílicas imersas na bicamada, responsáveis por essa movimentação.

O reconhecimento de que a membrana é um *mosaico de regiões hidrofílicas e hidrofóbicas* é devido a Collander e Bärlund, em 1933. No entanto, somente em 1972 é que Singer e Nicolson associaram, de forma definitiva, as proteínas presentes na membrana aos lipídios que a compõem. O modelo de membrana formulado por esses autores, conhecido como modelo do *mosaico fluido*, pressupõe a presença de proteínas imersas na fase lipídica, sugerindo que elas atravessam a bicamada lipídica, efetivamente conectando o intra e o extracelular. Atualmente, esse modelo é aceito em termos gerais, a ele tendo sido incorporados outros achados. Presentemente, sabemos que tanto as proteínas como os lipídios não estão homogeneamente distribuídos na bicamada, existindo domínios

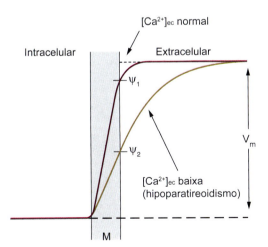

Figura 7.8 • Efeito da carga de lipídios sobre a excitabilidade do canal para sódio. V_m é diferença de potencial de repouso da célula, medida com microeletrodos nas soluções banhantes intra e extracelular. A curva em roxo indica o perfil de potencial à medida que o microeletrodo se aproxima da face externa da membrana. Note que, na situação controle, junto à membrana existe uma negatividade dada pelos lipídios carregados negativamente, dada por ψ_1. Perceba que, quando a concentração de cálcio cai na solução externa, o potencial na face da membrana torna-se ψ_2. M é a fase da membrana. O desenho não está em escala. Mais explicações no texto.

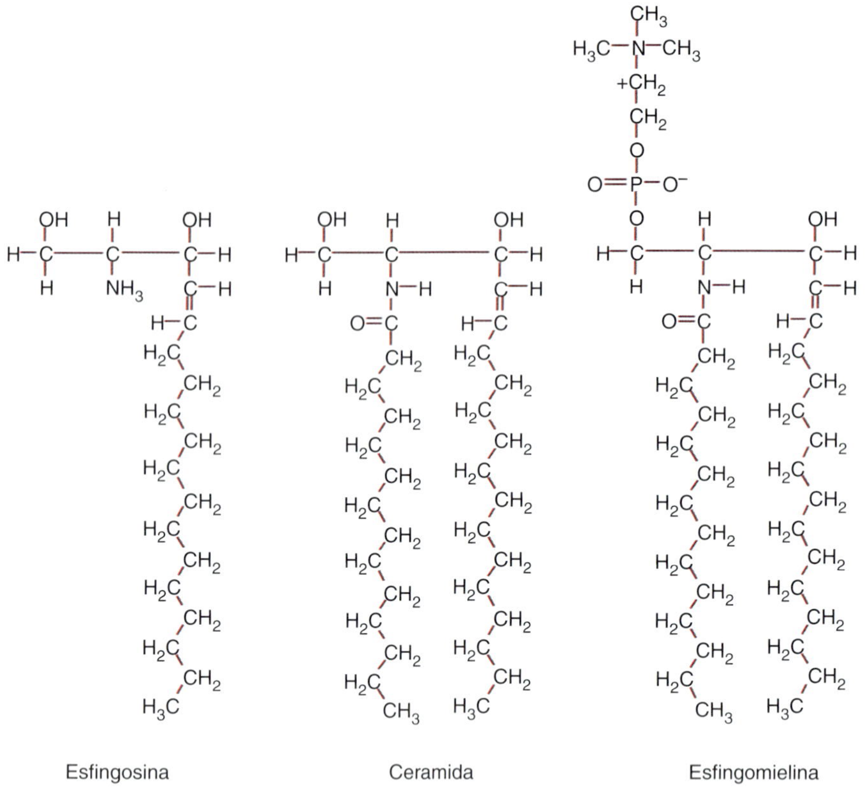

Figura 7.9 ▪ Estrutura dos esfingolipídios. Em vez do glicerol, os esfingolipídios têm um esqueleto básico de serina, à qual se ligam dois ácidos graxos. A ligação subsequente do fosfato e colina ao carbono C-1 resulta na esfingomielina. Note a semelhança estrutural entre a esfingomielina e a fosfatidilcolina (Figura 7.5). Ambas possuem carga total neutra, porém são zwiteriônicos.

lipídicos e proteicos distintos. Algumas membranas têm uma abundância tão grande de proteínas que estas formam arranjos quase cristalinos. É o caso, por exemplo, da bacteriorrodopsina presente na membrana de halobactérias. Em outras palavras, tanto os lipídios como as proteínas particionam-se diferentemente entre as monocamadas e, dentro destas, podem ainda segregar-se em regiões distintas, formando ilhas (ou *rafts*) com estrutura e composição diferentes. Essa distribuição não homogênea dos componentes da membrana celular é uma justificativa para a dependência de lipídios específicos que certas proteínas têm para funcionar adequadamente. Com efeito, os chamados *lipid rafts* são estruturas nanoscópicas ricas em colesterol e lipídios saturados, que organizam e restringem nesse domínio lipídico proteínas de membrana, que participam de vias de sinalização relacionadas, potencializando a eficiência e localização específica dessas vias em regiões distintas das células em que ocorrem.

As proteínas de membrana são classificadas, de acordo com sua localização na bicamada, em três grupos essenciais, mencionados a seguir:

- *Proteínas periféricas* (extrínsecas) – compreendem aquelas que não chegam a interagir fortemente com as cadeias hidrocarbônicas dos lipídios, situando-se essencialmente na região dos grupos polares, com os quais interagem através de pontes de hidrogênio ou eletrostaticamente. Em consequência, podem ser removidas da membrana com tratamentos pouco agressivos, como mudança do pH ou da força iônica do meio.

Tais manobras interferem, quase que exclusivamente, nas interações proteína-proteína, não introduzindo modificações nos lipídios.

- *Proteínas ancoradas* – normalmente, encontram-se covalentemente ancoradas através de moléculas lipídicas
- *Proteínas integrais* (intrínsecas) – são aquelas inseridas de tal modo na membrana celular que interagem não só em nível de cabeças polares, mas também com as regiões hidrofóbicas dos fosfolipídios. Por essa razão, podem ser vistas também como substâncias anfipáticas, já que devem ter domínios francamente polares e outros apolares para interação com os lipídios. Sua remoção da membrana requer tratamentos mais drásticos, com substâncias que destroem a membrana, como é o caso de detergentes (triton, octilglucosídio, dodecilsulfato de sódio etc.). As proteínas integrais, por transpassarem completamente a bicamada, servem à conexão entre o intra e o extracelular, prestando-se à passagem de substâncias (como é o caso de carregadores transmembranais e canais iônicos) ou à transmissão de mensagens ao intracelular (como é o caso de receptores). A Figura 7.10 apresenta uma visão atual da ultraestrutura da membrana.

Uma proteína intrínseca pode atravessar a membrana uma única vez (como, por exemplo, a glicoforina) ou ter regiões que atravessam a bicamada múltiplas vezes (como é o caso do complexo receptor/canal colinérgico). Em qualquer situação, tem que ser admitido que a região mergulhada no interior da bicamada deve ser constituída por aminoácidos hidrofóbicos. Tomando a glicoforina como exemplo, há uma única região com cerca de 20 aminoácidos que têm unicamente cadeias laterais hidrofóbicas (ILE, HTR, ILE, VAL, PHE, GLY, VAL, MET, ALA, GLY, VAL, ILE, GLY, THR, ILE, LEU, LEU, ILE, SER). O *número 20 não é casual*; este é o tamanho esperado

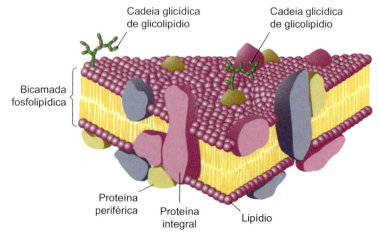

Figura 7.10 ▪ Esquema da ultraestrutura da membrana plasmática. Note cadeias de hidratos de carbono ligadas a lipídios e a proteínas. (Adaptada de Junqueira e Carneiro, 2008.)

para uma sequência de aminoácidos em α-hélice que consiga atravessar uma membrana com espessura aproximada equivalente a 2 moléculas de fosfolipídios. A glicoforina é uma glicoproteína e foi a primeira proteína a ter sua sequência de aminoácidos determinada. Seu terminal carboxílico situa-se na face citoplasmática, enquanto o terminal amino, juntamente com os carboidratos, na face extracelular da membrana. De modo semelhante ao da glicoforina, alguns receptores de membrana são constituídos por proteínas que têm uma única α-hélice que atravessa a bicamada lipídica. Vários desses receptores levam sinais do meio extracelular para dentro da célula, por ativação das proteínas G. Outros, como, por exemplo, o receptor de insulina, atuam fosforilando resíduos de tirosina na proteína-alvo, como resposta à ligação do hormônio ao receptor.

Este achado não se restringe às proteínas que atravessam a bicamada uma única vez. As que o fazem múltiplas vezes apresentam várias regiões com sequências de aproximadamente 20 aminoácidos hidrofóbicos, repetidas ao longo da cadeia polipeptídica. Tais proteínas formam canais iônicos ou transportadores na membrana. Por exemplo, a molécula formadora do complexo receptor/canal colinérgico tem mais de 20 alças hidrofóbicas que atravessam a membrana múltiplas vezes.

Como consequência da interação específica estabelecida entre lipídios e proteínas em uma membrana, é de se esperar que as proteínas assumam conformações predefinidas e dependentes do tipo de lipídio que compõe a bicamada. Na verdade, o funcionamento adequado da proteína dependerá dessa conformação. A definição desses fatores é feita quando da síntese da proteína nos polirribossomos ligados ao retículo endoplasmático, onde as várias subunidades da molécula se unem formando a estruturação necessária ao seu funcionamento. Muitas proteínas de membrana dirigem-se dessa região para o aparelho de Golgi, onde são incorporadas em vesículas. Estas últimas podem fundir-se, então, à membrana plasmática, transferindo a ela a proteína com seu suporte lipídico. Tal direcionamento é mediado pelo reconhecimento de sequências consenso de aminoácidos nessas proteínas que, ao serem detectadas pela maquinaria celular, direciona-as para seus sítios de endereçamento.

BIBLIOGRAFIA

ALBERTS B, JOHNSON A, LEWIS J et al. *Molecular Biology of the Cell*. 4. ed. Garland Publishing, New York, 2002.

BRETSCHER MS. Asymmetrical lipid bilayer structure for biological membranes. *Nature New Biol*, 236:11-2, 1972.

BRETSCHER MS. Membrane structure: some general principles. *Science*, 181:622-9, 1973.

DAVENPORT L, KNUTSON JR, BRAND L. Fluorescence studies of membrane dynamics and heterogeneity. In: HARRIS JR, ETÉMADI AH (Eds.). *Subcellular Biochemistry*, Plenum, New York, 1989.

EDIDIN M. Patches, posts and fences: proteins and plasma membrane domains. *Trends Cell Biol*, 2:376-80, 1992.

FASMAN GD, GILBERT WA. The prediction of transmembrane protein sequences and their conformations: an evaluation. *Trends Biochem Sci*, 15:89-92, 1990.

FAWCETT DW, BLOOM W. *Bloom and Fawcett, a Textbook of Histology*. 12. ed. Chapman & Hall, New York, 1994.

JUNQUEIRA LC, CARNEIRO J. *Histologia Básica*. 11. ed. Guanabara Koogan, Rio de Janeiro, 2008.

MONTIGNY C, LYONS J, CHAMPEIL P et al. On the molecular mechanism of flippase- and scramblase-mediated phospholipid transport. *Biochim Biophys Acta*, 1861:767-83, 2016.

OVERTON E. Ueber die allgemeinen osmotischen Eigenschaften der Zelle, ihre vermutlichen Ursachen und ihre Bedeutung fur die Physiologie (The Probable origin and physiological significance of cellular osmotic properties). *Vierteljahrsschr Naturforsch Ges Zuerich*, 44:88-135, 1899.

SINGER SS, NICOLSON GL. The fluid mosaic model of the structure of membranes. *Science*, 175:120-31, 1972.

TANFORD C. *The Hydrophobic Effect*. John Wiley & Sons, Chichester, 1973.

Os sites indicados a seguir trazem informações sobre a membrana celular e podem ser consultados como material complementar:

http://employees.csbsju.edu/hjakubowski/classes/ch331/bcintro/default.html
http://www.whatislife.com/education/fact/history.htm
http://cellbio.utmb.edu/cellbio/membrane_intro.htm
http://cellbio.utmb.edu/cellbio/membran3.htm

Capítulo 8

Difusão, Permeabilidade e Osmose

Fulgencio Proverbio | Reinaldo Marín

- Membrana plasmática e sua permeabilidade seletiva, *136*
- Difusão simples, *136*
- Potencial químico, *137*
- Prévias considerações para o estudo do transporte de substâncias através de membranas, *138*
- Fluxo difusional de íons através de membranas biológicas | Equação de Goldman-Hodgkin-Katz, *144*
- Forças envolvidas no transporte de líquidos através da membrana celular, *145*
- Conceitos básicos, *154*
- Bibliografia, *156*

MEMBRANA PLASMÁTICA E SUA PERMEABILIDADE SELETIVA

A água, os gases oxigênio e dióxido de carbono, os nutrientes e os sais minerais são elementos essenciais à matéria viva:

- O oxigênio é necessário para que as células aeróbicas possam realizar a respiração celular e com isso obter a energia química de que necessitam para desempenhar suas funções vitais
- O dióxido de carbono é necessário para que as células de organismos autotróficos possam produzir alimentos e liberar oxigênio pelo processo de fotossíntese
- A água tanto é responsável por muitos dos fenômenos da natureza como absolutamente essencial para a matéria viva. De fato, um grande número de reações bioquímicas que acontecem nas células ocorrem no citoplasma (meio intracelular), o qual é de natureza aquosa. Além disso, o meio que banha as células, ou seja, o extracelular, é também da mesma natureza, nos organismos uni e pluricelulares
- Substâncias como glicose, aminoácidos e ácidos graxos, são essenciais à nutrição das células. Do mesmo modo, íons (p. ex., Na^+, K^+, Cl^-, Ca^{2+} e Mg^{2+}) são necessários para a realização de muitas das funções celulares
- As células devem ter a capacidade de eliminar os produtos de refugo do seu metabolismo, como o ácido úrico, a ureia e o dióxido de carbono.

A membrana plasmática celular separa os mencionados meios aquosos, intra e extracelulares, cada um dos quais contém, em solução ou suspensão, grande variedade de substâncias, em geral com diferentes concentrações entre os dois meios. As características de permeabilidade seletiva da membrana celular permitem que as células possam manter ótimas concentrações dessas substâncias em seu interior. Assim, são diversas as substâncias que podem atravessar a membrana celular; por exemplo:

- Moléculas necessárias para a vida das células, como ácidos graxos, glicose e aminoácidos do meio extracelular
- Substâncias de refugo, como a ureia e o ácido úrico, que devem ser eliminadas
- Moléculas hidrofóbicas pequenas, gases como oxigênio e dióxido de carbono, água, cátions (p. ex., H^+, Na^+, K^+, Mg^{2+}, Ca^{2+}) e ânions (p. ex., Cl^- e HCO_3^-).

Do mesmo modo, a permeabilidade seletiva da membrana plasmática impede que moléculas, como o ATP, saiam do interior celular com facilidade.

Embora algumas substâncias como os gases, diversos íons e o etanol possam atravessar a membrana celular sem grande dificuldade, devido à membrana ter maior ou menor grau de permeabilidade para essas substâncias, existem outras que não podem atravessar a membrana por si próprias e precisam de ajuda para poderem ir de um lado a outro da célula. Neste processo, intervêm uma série de proteínas, conhecidas como *proteínas transportadoras*. Elas se encontram nas membranas e ajudam uma específica substância a atravessar a membrana celular. As proteínas de transporte das membranas plasmáticas podem ser agrupadas em três grandes tipos: *canais*; *cotransportadores*; *contratransportadores e bombas* (ou *ATPases*).

No presente capítulo, será considerada a passagem de substâncias através de barreiras ou membranas ideais, sem a participação das proteínas transportadoras. Assim sendo, aqui serão apresentados os princípios fundamentais para, mais adiante, poderem ser analisados os mecanismos que permitem o desenvolvimento do *potencial de repouso* da membrana celular.

DIFUSÃO SIMPLES

Do ponto de vista intuitivo, é muito fácil ter uma noção do que seja a difusão simples. Basta colocar uma gota de detergente líquido em um recipiente com água e observar como o detergente se move na massa deste fluido e, em pouco tempo, está completamente diluído nela. O deslocamento das moléculas do detergente na água é devido a um processo de *difusão simples*.

Suponhamos um recipiente com água dividido em dois compartimentos, I e II, separados por um plano vertical, totalmente permeável a substâncias (Figura 8.1). Adicionemos ao compartimento I várias moléculas de uma substância qualquer, que, no exemplo inicial, era o detergente. É sabido que, a nível molecular e atômico, os átomos e as moléculas nunca estão em repouso, movimentando-se contínua e aleatoriamente em qualquer direção, a menos que se encontrem no chamado *zero absoluto* (0°K ou −278°C; em que °K = graus Kelvin e °C = graus Celsius); nessa condição, teoricamente, nem as moléculas nem os átomos estão em movimento. No presente exemplo, as moléculas de detergente situadas no compartimento I irão se deslocar, saltando de um ponto a outro, sempre do local onde estão mais concentradas para os lugares em que se encontram menos concentradas. Ao alcançarem a membrana que separa os dois compartimentos, em vista de a membrana ser permeável a elas, as moléculas vão passando para o compartimento II, movidas pela diferença de sua concentração entre ambos os compartimentos. É evidente que, à medida que as moléculas se acumulam no compartimento II, algumas destas que estão próximas da membrana que separa os dois compartimentos, em seu movimento aleatório, podem ir do compartimento II para o I. Nos momentos iniciais, a ida de I para II é muito maior que a de II para I. Contudo, com o passar do tempo, a concentração das moléculas, em I, irá diminuindo e, ao contrário, em II, aumentando. Em consequência, a passagem de I para II irá se reduzindo, ao passo que a de II para I, crescendo, até que, quando se igualarem as concentrações da substância nos dois lados da membrana, o sistema estará em *equilíbrio*, e o número de moléculas que cruzam a membrana de I para II será igual ao de moléculas que o fazem em sentido contrário, ou seja, de II para I. Desta maneira, as moléculas ocuparam o máximo espaço disponível, resultando que em pouco tempo a distribuição delas ficará relativamente uniforme em todo recipiente. A diferença de concentração das moléculas de detergente estabelecida entre ambos os compartimentos nas condições iniciais produziu um movimento difusivo resultante de I para II. Cada movimento de moléculas de I para II ou de II para I é denominado fluxo unidirecional, e representado como $J_{I \to II}$ e $J_{II \to I}$, respectivamente (Figura 8.2). A diferença de $J_{I \to II}$ menos $J_{II \to I}$ é chamada de *fluxo resultante* ($J_{resultante}$):

$$J_{resultante} = J_{I \to II} - J_{II \to I} \qquad (8.1)$$

Outro aspecto a se considerar é o número de moléculas que atravessam o plano entre I e II e vice-versa, entre II

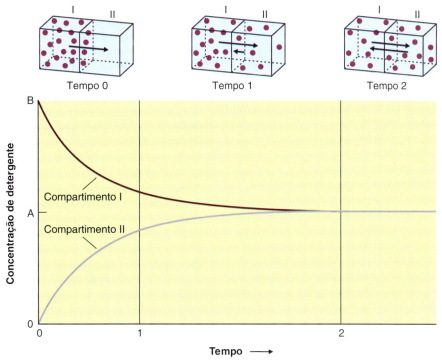

Figura 8.1 ▪ Difusão de uma gota de detergente entre dois compartimentos, separados por um plano vertical permeável ao detergente. No momento inicial (tempo zero), o compartimento I tem elevada concentração do detergente (concentração B), enquanto o II não tem detergente (concentração zero). Com o passar do tempo, as moléculas de detergente, em seu movimento contínuo ao acaso, alcançam e atravessam o plano que separa ambos os compartimentos, passando do I para o II. Desse modo, vão se acumulando moléculas de detergente no II, e também passagem de moléculas de detergente de II para I, porém em quantidade bem menor (tempo 1). O resultado desse processo é, como vemos para o tempo 2, as concentrações de detergente se igualarem nos dois compartimentos, alcançando-se o equilíbrio. A partir deste momento, o movimento de moléculas de detergente de I para II é igual ao de moléculas que passam de II para I. Em outras palavras, no equilíbrio o fluxo de I para II ($J_{I \to II}$) é igual ao de II para I ($J_{II \to I}$). No gráfico, a *linha roxa* representa a concentração de detergente no compartimento I, e a *azul*, no compartimento II. (Adaptada de Vander *et al.*, 2003.)

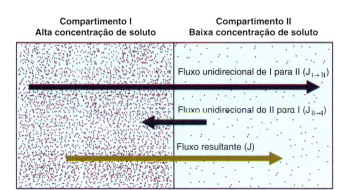

Figura 8.2 ▪ Fluxos unidirecionais de um soluto entre os compartimentos I e II. O fluxo resultante (J) é a diferença dos fluxos unidirecionais do compartimento I ao II ($J_{I \to II}$) e do II ao I ($J_{II \to I}$). (Adaptada de Vander *et al.*, 2003.)

e I, não ser somente proporcional às suas concentrações nos compartimentos I (C_I) e II (C_{II}), mas também à área de secção transversal (A) do referido plano. Consequentemente, o fluxo resultante das moléculas de detergente no exemplo citado será proporcional à diferença de concentração do detergente em ambos os compartimentos I e II, assim como à área de secção transversal (A) do plano que os separa.

$$J_{resultante} \propto (C_I - C_{II}) \times A \qquad (8.2)$$

Quando as concentrações de detergente se igualam nos dois compartimentos I e II, os fluxos unidirecionais $J_{I \to II}$ e $J_{II \to I}$ ficam iguais, e, portanto, o fluxo resultante J será igual a zero. Esta condição é designada *equilíbrio*.

A proporção descrita para a equação 8.2 pode ser transformada em uma igualdade correspondente à relação matemática que descreve o fluxo resultante das moléculas em situações como a ilustrada no exemplo da Figura 8.1, por meio do uso de uma constante de proporcionalidade (K), ficando:

$$J_{resultante} = K \times (C_I - C_{II}) \times A \qquad (8.3)$$

Do ponto de vista prático, podemos considerar que a diferença de concentração entre os compartimentos I e II ($C_I - C_{II}$) representa a força indispensável necessária para que ocorra o processo de difusão simples entre dois compartimentos, resultante da agitação térmica das moléculas e que, teoricamente, não acontece no zero absoluto.

POTENCIAL QUÍMICO

Do ponto de vista físico, o trabalho que uma substância *m* pode realizar depende dos seguintes parâmetros:

- Concentração (C_m)
- Carga elétrica (Z_m)
- Volume parcial molar ($\bar{V}_m$)
- Massa (m_m)
- Estrutura química.

A somatória de todos os parâmetros que permitem a uma substância *m* realizar um trabalho é conhecida como seu *potencial químico* (μ_m). O potencial químico de uma substância *m* pode ser calculado pela seguinte equação:

$$\mu_m = \mu_m^0 + RT \ln C_m + Z_m F \psi + \bar{V}_m P + m_m gh \qquad (8.4)$$

em que:

R = constante dos gases [8,314472 joules/(mol · °K)]

T = temperatura absoluta
C_m = concentração da substância
Z_m = valência da substância
F = constante de Faraday (96.487 coulombs/equivalente)
ψ = potencial elétrico
$\bar{V}_m$ = volume parcial molar de m (aumento do volume da solução após adição de 1 mol de m)
P = pressão exercida acima da pressão atmosférica
m_m = massa da substância m
g = aceleração da gravidade padrão (9,80665 m/s²)
h = altitude acima do nível do mar.

O potencial químico padrão (μ_m^0) corresponde ao potencial químico da substância m quando sua concentração (C_m) é 1 molar ($\ln C_m = 0$), o potencial elétrico é zero ($\psi = 0$), a temperatura é padrão ($T = 298°K = 25°C$), em condições isobáricas (P é igual em todos os pontos do meio onde se encontra a substância) e a substância está ao nível do mar ($h = 0$).

Em vista de, para grande parte dos solutos, $\bar{V}_m$ ter um valor muito pequeno, o termo $\bar{V}_m P$ contribui bem pouco no valor de μ_m na equação 8.4, podendo ser ignorado, particularmente nos sistemas biológicos. Logo, ao nível do mar, com a eliminação dos últimos termos, a equação 8.4 referente ao potencial químico passa a ser:

$$\mu_m = \mu_m^0 + RT \ln C_m + Z_m F \psi \qquad (8.5)$$

Cada termo da equação 8.5, da esquerda para a direita, representa o trabalho químico, osmótico e elétrico que a substância m pode realizar. O potencial químico é expresso em unidades de trabalho, como joules/mol ou calorias/mol.

No caso do exemplo anterior, em que uma substância m colocada no compartimento I difunde para o compartimento II, o equilíbrio alcançado pode ser expresso em termos do potencial químico. Assim, o equilíbrio é alcançado quando μ_m é igual em qualquer parte do sistema e não varia com o passar do tempo.

PRÉVIAS CONSIDERAÇÕES PARA O ESTUDO DO TRANSPORTE DE SUBSTÂNCIAS ATRAVÉS DE MEMBRANAS

Quando uma membrana é interposta entre duas regiões de uma solução, ela cria uma barreira ao movimento das moléculas, e o fluxo de substâncias passa então a depender da sua eficiência em atravessar a membrana. Para a avaliação do transporte de substâncias através de membranas, várias considerações essenciais devem ser feitas:

- Solubilidade da substância na membrana
- Carga elétrica da substância
- Diferença do gradiente de potencial químico (μ_m) que possa existir entre os dois compartimentos separados pela membrana
- Permeabilidade da membrana para a substância.

▶ Solubilidade da substância na membrana | Coeficiente de partição

Como as membranas biológicas têm componentes lipídicos de natureza hidrofóbica, a passagem de qualquer substância através deste ambiente vai depender diretamente da natureza química da substância, podendo ou não se dissolver no ambiente lipídico da membrana. O coeficiente de partição de uma substância X em dois meios imiscíveis (p. ex., água e óleo) pode ser calculado dividindo as concentrações da substância X em ambos os meios. Para termos uma noção operacional do coeficiente de partição, imaginemos dentro de um funil de separação: óleo vegetal, água e glicerol (Figura 8.3).

O glicerol é um álcool com três grupos hidroxila; estes constituem centros hidrofílicos, que estabelecem pontes de hidrogênio com as moléculas de água, fazendo com que o glicerol se encontre em um estado energeticamente mais favorável na água que no óleo.

$$\begin{array}{c} CH_2OH \\ H - \!\!\!\!-\!\!\!\!-\!\!\!\!- OH \\ CH_2OH \end{array}$$

Estrutura molecular do glicerol

Por conseguinte, o glicerol tem uma solubilidade maior em água que em lipídios. Isso pode ser apreciado ao misturarmos no funil o glicerol com óleo e água e os deixarmos em repouso para que alcancem o equilíbrio. De acordo com a definição de equilíbrio, o potencial químico do glicerol no óleo ($\mu_{glicerol(óleo)}$) é igual ao do glicerol na água ($\mu_{glicerol(água)}$). Assim:

$$\mu_{glicerol(óleo)} = \mu_{glicerol(água)} \qquad (8.6)$$

Como o glicerol não tem carga, o componente elétrico (ψ) da fórmula do potencial químico (equação 8.5) pode ser eliminado. Substituindo os μ da equação 8.6 por seus respectivos componentes:

$$\mu_{glicerol(óleo)}^0 + RT \ln C_{glicerol(óleo)} = \mu_{glicerol(água)}^0 + RT \ln C_{glicerol(água)} \qquad (8.7)$$

Ordenando,

$$\mu_{glicerol(água)}^0 - \mu_{glicerol(óleo)}^0 = RT(\ln C_{glicerol(óleo)} - \ln C_{glicerol(água)}) \qquad (8.8)$$

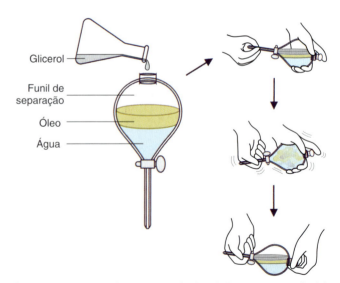

Figura 8.3 ▪ Preparação de uma mistura de glicerol, óleo e água em um funil de separação. Após misturar bem glicerol com óleo e água, a mistura é deixada em repouso para que alcance o equilíbrio. Pela definição de equilíbrio, o potencial químico do glicerol no óleo será igual ao do glicerol na água. A relação da concentração do glicerol em cada meio $C_{glicerol(óleo)}/C_{glicerol(água)}$ é conhecida como o *coeficiente de partição* para a distribuição do glicerol em uma mistura de óleo e água. O coeficiente de partição dessa mistura é simbolizado como $k_{óleo/água}$ (lembre que glicerol e água são transparentes).

Pela regra de logaritmos,

$$\mu^0_{glicerol(água)} - \mu^0_{glicerol(óleo)} = RT \ln[C_{glicerol(óleo)} / C_{glicerol(água)}] \quad (8.9)$$

$$\frac{\mu^0_{glicerol(água)} - \mu^0_{glicerol(óleo)}}{RT} = \ln[C_{glicerol(óleo)} / C_{glicerol(água)}] \quad (8.10)$$

$$\frac{C_{glicerol(óleo)}}{C_{glicerol(água)}} = e^{\left[\frac{\mu^0_{glicerol(água)} - \mu^0_{glicerol(óleo)}}{RT}\right]} \quad (8.11)$$

A relação $C_{glicerol(óleo)}/C_{glicerol(água)}$ é conhecida como o *coeficiente de partição* para a distribuição do glicerol em uma mistura de óleo e água no equilíbrio. O coeficiente de partição nesta mistura é simbolizado por $k_{óleo/água}$ e, segundo a equação 8.11, para o exemplo do glicerol, será igual a:

$$k_{óleo/água} = e^{\left[\frac{\mu^0_{glicerol(água)} - \mu^0_{glicerol(óleo)}}{RT}\right]} \quad (8.12)$$

Portanto, o coeficiente de partição de uma molécula entre um ambiente lipídico e um aquoso depende diretamente da diferença entre o potencial químico padrão da molécula considerada, em água e em lipídios. No caso do glicerol, considerando que sua solubilidade é maior em água que em lipídios (pela presença dos três grupos hidroxila nesta molécula), seu coeficiente de partição será menor que 1 (lembre que o exponencial de um número negativo é sempre inferior a 1), pois $\mu^0_{glicerol(óleo)} < \mu^0_{glicerol(água)}$. Então, podemos afirmar que as moléculas que têm um $k_{óleo/água}$ superior a 1 passam com mais facilidade pelo ambiente lipídico das membranas biológicas que aquelas moléculas com um $k_{óleo/água}$ inferior a 1.

▶ Carga elétrica da substância | Potencial de Nernst

Voltemos ao exemplo do recipiente com água, dividido em dois compartimentos I e II, separados por um plano vertical imaginário. No compartimento I, dissolvamos um sal, como, por exemplo, cloreto de sódio (NaCl), e consideremos que o plano vertical que o limita é permeável ao cátion Na$^+$, mas não ao ânion Cl$^-$ (Figura 8.4).

À medida que o tempo passa, os cátions se movem livremente através do plano imaginário e se distribuem entre os compartimentos I e II. A difusão dos cátions, da solução mais concentrada do compartimento I para a menos concentrada do II, origina um excesso de cargas negativas no primeiro compartimento e um excesso de positivas no segundo. A diferença de potencial elétrico ($\Delta\psi$) que se estabelece entre os dois compartimentos impede que se iguale a concentração de cátions entre eles. Contudo, o sistema chegará a um estado de equilíbrio no qual, embora o gradiente de concentração continue favorecendo o transporte de cátions do compartimento I para o II, a diferença de potencial elétrico positiva no II em relação ao I, estabelecida pelo fluxo de cargas positivas (do cátion Na$^+$) de I a II, favorece a passagem dos cátions em sentido contrário, ou seja, de II para I. Em outras palavras, no equilíbrio desenvolvido pelo sistema há duas forças iguais e opostas: a *força difusional* e a *força elétrica*, determinando que o fluxo resultante de cátions nestas condições seja zero. A soma de ambas as forças é denominada *força eletrodifusional*, a qual, no equilíbrio, é igual a zero. Neste ponto, o potencial químico para o cátion i é igual entre os dois compartimentos ($\mu_i^I = \mu_i^{II}$). Em vista de o potencial químico padrão do cátion i

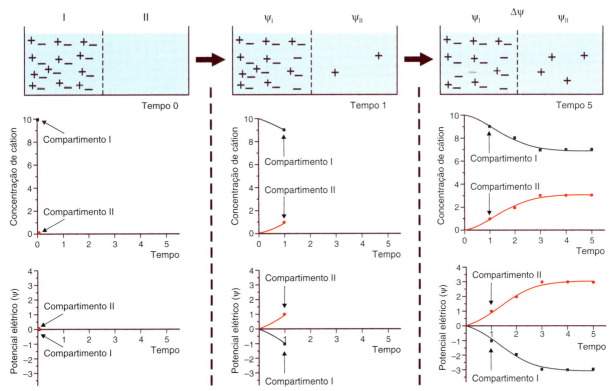

Figura 8.4 ▪ No tempo zero, no compartimento I há uma solução aquosa de um sal (os cátions são representados com símbolos + e os ânions, com –), e no compartimento II existe apenas água. A barreira que separa os dois compartimentos só deixa passar os cátions, sendo totalmente impermeável aos ânions. A impermeabilidade da barreira para os ânions faz com que a difusão dos cátions, da solução mais concentrada do compartimento I para a menos concentrada do II, não permita que sejam alcançadas as mesmas concentrações de cátions em ambos os compartimentos (tempo 5), estabelecendo-se uma diferença de potencial elétrico ($\Delta\psi$) entre eles.

(μ_i^0) ser o mesmo tanto em I como em II, podemos eliminar μ_i^0 da igualdade, e teremos:

$$RT \ln C_i^I + Z_i F \psi^I = RT \ln C_i^{II} + Z_i F \psi^{II} \quad (8.13)$$

Ordenando,

$$Z_i F \psi^{II} - Z_i F \psi^I = -RT \ln C_i^{II} + RT \ln C_i^I \quad (8.14)$$

$$Z_i F (\psi^{II} - \psi^I) = -RT (\ln C_i^{II} - \ln C_i^I) \quad (8.15)$$

Pela propriedade dos logaritmos:

$$Z_i F (\psi^{II} - \psi^I) = -RT \ln \left(\frac{C_i^{II}}{C_i^I}\right) \quad (8.16)$$

$$\Delta \psi^{II-I} = -\frac{RT}{Z_i F} \ln(C_i^{II}/C_i^I) \quad (8.17)$$

A equação 8.17 é chamada de *equação de Nernst* e a diferença de potencial elétrico ($\Delta \psi^{II-I}$), de *potencial de Nernst*, ou potencial de equilíbrio. Este potencial pode ser simbolizado como $\Delta \psi_N$ e representa a diferença de potencial elétrico que deve estabelecer-se entre os compartimentos I e II para que esse sistema (dadas as concentrações do eletrólito considerado, tanto em II como em I) encontre-se em equilíbrio. Como os valores de R e F são constantes, a equação de Nernst, a 37°C (ou 310°K), pode ser transformada em:[1]

$$\Delta \psi_N = -\frac{61,5}{Z_i} \log(C_i^{II}/C_i^I) \text{ em } mV \quad (8.18)$$

Assim, se o cátion é o Na$^+$ ($Z_{Na} = 1$) e suas concentrações nos compartimentos I e II são, respectivamente, [Na$^+$]$_I$ = 130 mmol/kg H$_2$O e [Na$^+$]$_{II}$ = 20 mmol/kg H$_2$O, o potencial de equilíbrio calculado pela equação de Nernst será:

$$\Delta \psi_N = -\frac{61,5}{1} \log\left(\frac{20}{130}\right) = +50 \ mV$$

A equação 8.18 pode ser descrita do seguinte modo:

$$-\frac{Z_i \Delta \psi_N}{61,5} = \log\left(\frac{C_i^{II}}{C_i^I}\right) \quad (8.19)$$

E, pelas propriedades dos logaritmos:

$$\frac{C_i^{II}}{C_i^I} = 10^{-\left(\frac{Z_i \Delta \psi_N}{61,5}\right)} \quad (8.20)$$

A diferença de potencial elétrico entre os compartimentos II e I ($\Delta \psi_N$) pode ser positiva ou negativa, dependendo da relação de concentração do cátion entre os compartimentos II e I, respectivamente. A equação 8.20 indica que [para um cátion *i* monovalente ($Z_i = 1$), temperatura de 37°C e diferença de potencial de –61,5 mV ($\Delta \psi_N$) entre os compartimentos II e I] o sistema estará em equilíbrio quando o cátion *i* estiver 10 vezes mais concentrado no II que no I, pois:

$$C_i^{II}/C_i^I = 10^{-\left(\frac{-61,5}{61,5}\right)} = 10$$

---

[1] O valor 61,5 é resultante do cálculo de $\left[\frac{RT}{F} \cdot 2{,}303\right]$, em que: R = 8,314472 joules/(mol $\times$ °K); T = 310°K, F = 96.487 coulombs/equivalente e 2,303 = fator de conversão de ln em log. Portanto,

$$\frac{8{,}314472 \frac{\text{joules}}{(\text{mol} \times °K)} \cdot 310°K}{1 \times 96.487 \text{ coulombs/equivalente}} \cdot 2{,}303 =$$

$$0{,}0615 \frac{\text{joules}}{\text{coulombs}} = 0{,}0615 \ V = 61{,}5 \ mV$$

Evidentemente, caso se trate de um cátion divalente ($Z_i = 2$), havendo uma diferença de potencial de –61,5 mV ($\Delta \psi_N$) entre os compartimentos II e I, o sistema estará em equilíbrio se o cátion *i* estiver 100 vezes mais concentrado no compartimento II que no I (10^2). Caso se trate de ânions, o parâmetro Z_i é negativo e, portanto, a relação de concentração entre um compartimento e outro (C_i^{II}/C_i^I), para um dado $\Delta \psi_N$, terá valores recíprocos aos dos cátions com a mesma valência.

Pela equação 8.20, podemos também deduzir que determinado íon que, estando distribuído em dois compartimentos ideais entre os quais não há uma diferença de potencial, não obedece à relação de concentração indicada pela equação, não se encontra em equilíbrio.

Termodinâmica e difusão

A *primeira lei da termodinâmica*, também conhecida como *lei da conservação da energia*, estabelece que a troca da energia total interna (*E*) de um sistema fechado – que não troca matéria, e sim energia com o meio que o envolve – é a diferença entre o calor absorvido (*Q*) e o trabalho (*W*) desenvolvido pelo sistema. Para uma mudança infinitesimal no estado:

$$dE = dQ - dW$$

Sendo *dQ* positiva quando o sistema ganha calor e *dW* positiva quando ele realiza um trabalho em seu entorno. Para um sistema capaz de trocar matéria com seu entorno, além de energia, o cálculo do trabalho (*dW*) pode ser expresso como:

$$dW = PdV - Z_i F \psi dN_m - \sum_m \mu_m dN_m$$

em que *PdV* é positivo quando o sistema realiza trabalho aumentando seu volume (*dV*) contra uma pressão externa (*P*); $Z_i F \psi dN_m$ é positivo quando a quantidade de carga ($Z_i F dN_m$) é transferida ao sistema cujo potencial elétrico é ψ e $\mu_m dN_m$ é positivo quando uma quantidade de moles de matéria (*dN$_m$*) é transferida ao sistema em que o potencial químico é μ_m, sendo *m* a matéria presente no sistema.

Substituindo *dW* na equação de *dE*, teremos:

$$dE = dQ - PdV + Z_i F \psi dN_m + \sum_m \mu_m dN_m$$

A *segunda lei da termodinâmica* afirma que todos os processos espontâneos ou naturais ocorrem exclusivamente até alcançar o equilíbrio. Assim, um sistema em equilíbrio requer realização de trabalho para poder deslocar do equilíbrio. Como este deslocamento não se dá de modo espontâneo, os processos espontâneos são chamados de *irreversíveis*.

Para processos *reversíveis*, a *segunda lei da termodinâmica* define a troca de *entropia* (*dS*) de um sistema, em termos do calor ganho (*dQ*) e temperatura absoluta (*T*), de maneira que:

$$dS = dQ/T \rightarrow dQ = TdS$$

Combinando a primeira e a segunda lei da termodinâmica, verifica-se:

$$dE = TdS - PdV + Z_i F \psi dN_m$$

Para um sistema com um soluto *m*, a *energia livre* (*G*), por definição, é:

$$G = H - TS$$

em que:
H = entalpia ($H = E + PV$)
T = temperatura
S = entropia
μ_m = potencial químico de *m*
N_m = número de moles de *m*.

Diferenciando, resulta:

$$dG = dE + PdV + VdP - TdS - SdT$$

Substituindo dE, obtemos:

$$dG = -SdT + VdP + Z_m F\psi dN_m + \sum_m \mu_m dN_m$$

Esta é a chamada *equação de Gibbs*.

A equação de Gibbs estabelece que a energia livre de um sistema de composição química variável é uma função da temperatura, da pressão e do número de moles de cada componente na mistura. No caso de processos a temperatura e pressão constantes ($dT = dP = 0$), a equação de Gibbs se simplifica em:

$$dG = Z_m F\psi dN_m + \sum_m \mu_m dN_m$$

Esta equação estabelece que o incremento de energia livre de um sistema é igual à soma do trabalho elétrico realizado mais a troca de energia livre devida a mudanças na composição química.

Vamos considerar um processo irreversível em um sistema fechado, como a difusão de um soluto de uma zona em que está em alta concentração para uma zona em que sua concentração é menor. Neste processo, não há troca nem de matéria nem de energia com o meio, pois estamos falando de um processo que ocorre em um sistema fechado. Assim, dQ e dW são iguais a zero. De acordo com as leis da termodinâmica, o processo de difusão se dará espontaneamente só se $dG < 0$. Quando o sistema alcançar o equilíbrio, dG será igual a zero. Quando um soluto se mover de uma região a outra por difusão, esse movimento implicará uma troca de energia livre (dG) no sistema. A troca de energia livre será negativa para todos os processos espontâneos.

Termodinâmica de processos irreversíveis

A termodinâmica clássica indica que se um ciclo de um processo reversível se realiza, dentro de um sistema, não acontece aumento da entropia nele. Assim, é proposto que um processo reversível ocorre de modo infinitamente lento. De maneira que o movimento para a continuidade do processo sempre é oposto por uma força contrária ligeiramente insuficiente para se opor ao movimento, de tal modo que um incremento infinitesimal da força contrária é suficiente para reverter o processo.

A termodinâmica clássica estuda os processos termodinâmicos em que:

- Só existem os estados inicial e final, ambos de equilíbrio
- É eliminado qualquer tipo de união entre os estados inicial e final
- O tempo empregado para ir do estado inicial ao final não tem significado termodinâmico
- Não dá nenhuma informação sobre a velocidade em que se desenvolvem os fluxos irreversíveis.

Isso não é compatível com o que sucede nos processos naturais. Por exemplo, quando houver ocorrido a difusão de um soluto em determinada solução, é altamente improvável que, espontaneamente, o processo se reverta e o soluto volte a ser concentrado. Em outras palavras, os processos naturais, como a difusão, do ponto de vista termodinâmico são processos irreversíveis. Portanto, a termodinâmica dos processos irreversíveis estuda e caracteriza as etapas intermediárias entre os estados inicial e final, sendo o tempo uma variável importante.

Nos processos em que ocorrem fluxos de massa, calor, energia etc., a velocidade desses fluxos é, igualmente, um parâmetro relevante.

▶ Fluxo de substâncias como consequência do gradiente de potencial químico

A velocidade na qual uma substância qualquer possa atravessar, por difusão, uma barreira que separa dois compartimentos e que não oferece nenhuma resistência a essa passagem depende diretamente da diferença de potencial químico que existe para essa substância entre os dois compartimentos. Essa diferença constitui a força que move, de um ponto de vista físico, a passagem da substância de um compartimento a outro, a qual é denominada *força difusional*. O fluxo da substância depende da magnitude da diferença do seu potencial químico. Em outras palavras, considerando outros parâmetros constantes, para uma pequena diferença de potencial químico, o fluxo será também pequeno e, ao contrário, para uma elevada diferença de potencial químico, o fluxo da substância igualmente será elevado. A diferença de potencial químico entre dois compartimentos, para uma determinada substância, é conhecida como *gradiente químico*.

▶ Permeabilidade de uma barreira a uma substância

É necessário considerar que a passagem de uma substância química de um compartimento a outro, através de uma barreira, depende não apenas de seu gradiente químico, mas também da facilidade com que a substância pode atravessar a barreira. Dada uma força determinada que impulsione a substância X em direção para atravessar uma barreira, o fluxo de X através da barreira será maior quanto menor for a dificuldade que a barreira oferece à passagem da substância. A maior ou menor facilidade com que uma substância pode atravessar uma determinada barreira, dá a noção da *permeabilidade* da barreira para essa substância.

Para uma ideia mais precisa do conceito de permeabilidade, iremos considerar o caso de uma substância m, de tal modo que todos os termos referidos a essa substância terão como subíndice m. Assim, o símbolo do fluxo unidirecional da substância m será J_m.

Primeiro caso | Partículas com carga elétrica em presença de um gradiente de concentração ($d\bar{C}_m/dx$) e de um gradiente de potencial elétrico ($d\bar{\psi}/dx$)

Considerando o movimento infinitesimal de partículas m ao longo do eixo X (Figura 8.5), vemos que o fluxo unidirecional ocorre em direção da diminuição do gradiente de potencial químico. Este último pode ser deduzido pela queda do potencial químico de m que há ao longo do eixo X. Por conseguinte, o fluxo unidirecional de m (J_m) será proporcional ao gradiente de potencial químico ao longo do eixo X ($-\dfrac{d\mu_m}{dx}$) e à concentração de m em qualquer ponto (C_m):

$$J_m \propto C_m \times \left(-\frac{d\mu_m}{dx}\right) \qquad (8.21)$$

Para igualar os termos da equação 8.21, utilizaremos como coeficiente de proporcionalidade a mobilidade de m através de uma barreira determinada (u_m). Assim, se obtém:

$$J_m = u_m C_m \left(-\frac{d\mu_m}{dx}\right) = -u_m C_m \left(\frac{d\mu_m}{dx}\right) \qquad (8.22)$$

A equação 8.22 também é conhecida como *equação de Nernst-Planck*.

Diferenciando μ_m (equação 8.5) como ($d\mu_m/dx$) e substituindo:

- C_m por $\bar{C}_m$, para indicar a concentração de m em qualquer ponto da barreira, e

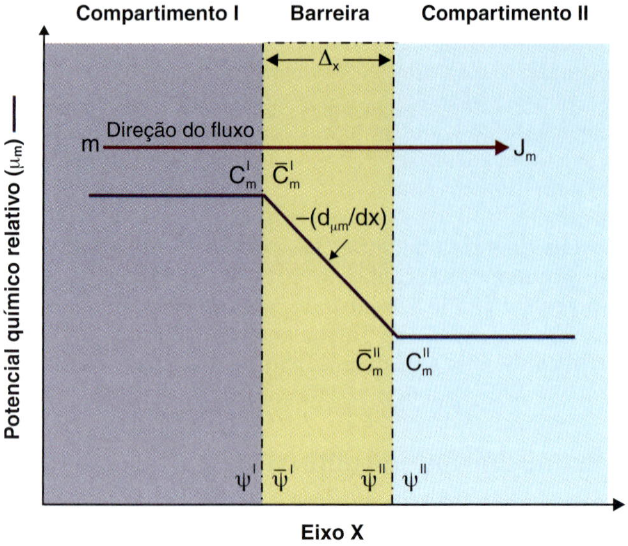

Figura 8.5 ■ Variação do potencial químico relativo de uma substância m (μ_m) entre o compartimento I e o II. A barreira que separa ambos os compartimentos está representada em amarelo com linhas segmentadas. C_m^I e C_m^{II} indicam as concentrações de m nos compartimentos I e II, respectivamente. $\bar{C}_m^I$ e $\bar{C}_m^{II}$ representam as concentrações de m nos lados I e II da barreira. ψ^I e ψ^{II} se referem ao potencial elétrico nos compartimentos I e II, respectivamente. $\bar{\psi}^I$ e $\bar{\psi}^{II}$ correspondem ao potencial elétrico nos lados I e II da barreira. (Adaptada de Schultz, 1980.)

- ψ por $\bar{\psi}$, para indicar o perfil do potencial elétrico na barreira, temos:

$$\frac{d\mu_m}{dx} = \frac{d(\mu_m^0 + RT \ln \bar{C}_m + Z_m F \bar{\psi})}{dx} \quad (8.23)$$

$$\frac{d\mu_m}{dx} = \frac{d\mu_m^0 + RT\, d(\ln \bar{C}_m) + Z_m F d\bar{\psi}}{dx} \quad (8.24)$$

Considerando que a diferencial de $d\mu_m^0$ é zero (pois μ_m^0 é constante) e que $\dfrac{d(\ln \bar{C}_m)}{dx} = \dfrac{\frac{1}{\bar{C}_m} d\bar{C}_m}{dx}$, a equação 8.24 resulta em:

$$\frac{d\mu_m}{dx} = \frac{RT}{\bar{C}_m}\frac{d\bar{C}_m}{dx} + Z_m F \frac{d\bar{\psi}}{dx} \quad (8.25)$$

Substituindo a equação 8.25 na 8.22, fica:

$$J_m = -u_m RT \frac{d\bar{C}_m}{dx} - u_m \bar{C}_m Z_m F \frac{d\bar{\psi}}{dx} \quad (8.26)$$

A equação 8.26 indica que J_m depende diretamente do gradiente de concentração ($d\bar{C}_m/dx$) e do gradiente de potencial elétrico ($d\bar{\psi}/dx$) na barreira.

Segundo caso | Partículas eletroneutras em presença de um gradiente de concentração na barreira ($d\bar{C}_m/dx$)

Caso a substância m seja eletroneutra, o segundo termo da equação 8.26 se anula e o fluxo de m é:

$$J_m = -u_m RT \frac{d\bar{C}_m}{dx} \quad (8.27)$$

A equação 8.27 constitui a chamada *primeira lei de difusão de Fick*, em que o termo $u_m RT$ corresponde ao *coeficiente de difusão* (D_m), resultando:

$$J_m = -D_m \frac{d\bar{C}_m}{dx} \quad (8.28)$$

cujos termos são expressos nas seguintes unidades:

- $D_m = cm^2/s$
- $\bar{C}_m = moles/cm^3$
- $x = cm$.

Como se assume que o meio no qual se dá a difusão da substância m é uniforme no eixo X, na equação 8.28 o termo $d\bar{C}_m/dx$ pode ser substituído ao integrá-lo entre os limites da barreira, obtendo-se $\Delta\bar{C}_m/\Delta x$, em que:

$\Delta\bar{C}_m$ = diferença de concentração da substância m entre o extremo da barreira próximo ao compartimento II e o próximo ao compartimento I ($\bar{C}_m^{II} - \bar{C}_m^I$) e

Δx = espessura da barreira.

$$J_m = -\frac{D_m \Delta\bar{C}_m}{\Delta x} \quad (8.29)$$

Como o coeficiente de difusão envolve a mobilidade da substância m através da barreira que separa os dois compartimentos (u_m), ele pode ser tomado como base para calcular o *coeficiente de permeabilidade da barreira* (P'_m). Este último coeficiente é a relação do coeficiente de difusão e a espessura da barreira:

$$P'_m = \frac{D_m}{\Delta x} \quad (8.30)$$

Substituindo a equação 8.30 na 8.29, obtemos:

$$J_m = -P'_m \Delta\bar{C}_m \quad (8.31)$$

Assumindo que:

- O coeficiente de partição da barreira para a substância m (k_m) é igual para qualquer lado da barreira e
- k_m é independente da concentração de m,

podemos relacionar as concentrações de m na barreira ($\bar{C}_m^I$ e $\bar{C}_m^{II}$) com as dos meios I e II (C_m^I e C_m^{II})

$$k_m = \frac{\bar{C}_m^I}{C_m^I} = \frac{\bar{C}_m^{II}}{C_m^{II}} \quad (8.32)$$

de tal modo que $k_m C_m^I = \bar{C}_m^I$ e $k_m C_m^{II} = \bar{C}_m^{II}$.

Pelo exposto, a equação 8.31 pode ser expressa em termos das concentrações de m nos compartimentos I e II:

$$J_m = -P'_m k_m \Delta C_m \quad (8.33)$$

Isso nos permite calcular um novo *coeficiente de permeabilidade* (P_m), multiplicando o coeficiente de permeabilidade da barreira P'_m pelo coeficiente de partição k_m:[2]

$$P_m = P'_m k_m = \frac{D_m k_m}{\Delta x} \quad (8.34)$$

Substituindo a equação 8.34 na 8.33, considerando que estamos realizando a análise entre os compartimentos II e I, resulta:

$$J_m = -P_m \Delta C_m = -P_m (C_{II} - C_I) \quad (8.35)$$

Ordenando, obtemos:

$$J_m = P_m (C_I - C_{II}) \quad (8.36)$$

---

[2] O cálculo de P_m também pode ser expresso como o resultado de $\Omega_m RT/\Delta x$, em que Ω_m é definido como o coeficiente de mobilidade modificada do soluto m através de uma barreira específica, sendo $\Omega_m = u_m k_m$, ou seja, a mobilidade de m através de uma barreira determinada multiplicada pelo coeficiente de partição de m na dita barreira (k_m).

Terceiro caso | Partículas carregadas em presença de um gradiente de potencial elétrico (d$\bar{\psi}$/dx) na barreira, em concentrações constantes de m

Vejamos agora o caso de um íon m difundindo em meio uniforme, a uma concentração C_m constante em qualquer lugar de ambos os compartimentos e ao longo da barreira, em presença de um gradiente de potencial elétrico ($d\bar{\psi}/dx$). Isso nos permite eliminar o primeiro termo do lado direito da equação 8.26.

Trabalharemos o segundo termo do lado direito da equação 8.26, considerando que:

- C_m é constante
- Em seu trabalho original (de 1943), Goldman assumiu que $\bar{\psi}$ é função linear de x, pelo que $d\bar{\psi}/dx = \Delta\bar{\psi}/\Delta x$
- Se consideramos que $(\psi^{II} - \psi^{I}) = (\bar{\psi}^{II} - \bar{\psi}^{I}) = \Delta\psi$, podemos substituir $\Delta\bar{\psi}$ por $\Delta\psi$.

Logo, o fluxo do íon m (J_m) dependerá diretamente do gradiente de potencial elétrico ($\Delta\psi/\Delta x$):

$$J_m = -u_m \bar{C}_m Z_m F \frac{\Delta\psi}{\Delta x} \quad (8.37)$$

Multiplicando J_m pela constante de Faraday (F) e por Z_m, obtemos a corrente I_m associada ao fluxo de íons por unidade de área $\left(\frac{\text{coulombs}}{\text{s} \cdot \text{cm}^2}\right)$:

$$I_m = \frac{-u_m \bar{C}_m Z_m^2 F^2 \Delta\psi}{\Delta x} \quad (8.38)$$

Aplicando a lei de Ohm[3] e substituindo $\bar{C}_m$ por C_m, segundo o indicado na equação 8.32, resulta que o inverso da resistência (1/R) é igual a:

$$\frac{1}{R} = \frac{-u_m \bar{C}_m Z_m^2 F^2}{\Delta x} = \frac{-u_m k_m C_m Z_m^2 F^2}{\Delta x} \quad (8.39)$$

O inverso da resistência é conhecido como condutância (G) e, se na equação 8.39 considerarmos o coeficiente de difusão ($D_m = u_m RT$), obtemos:

$$G = -\frac{D_m k_m C_m Z_m^2 F^2}{\Delta x \, RT} \quad (8.40)$$

Considerando o indicado na equação 8.34, a equação anterior resulta em:

$$G = \frac{P_m C_m Z_m^2 F^2}{RT} \quad (8.41)$$

É importante ressaltar que a condutância elétrica da barreira ao fluxo do íon m é inversamente relacionada com a espessura da barreira e diretamente com a quantidade de m por unidade de área. A equação 8.41 indica que G e P_m não são iguais.

▶ Difusão de uma substância através da barreira lipídica

Como já mencionado, a difusão de qualquer substância através de uma barreira que separa dois compartimentos depende do gradiente de potencial químico (μ_m) que possa existir entre ambos, de seu coeficiente de partição na barreira e de sua carga elétrica. As membranas biológicas são formadas, basicamente, por uma bicamada lipídica, na qual se encontram ancoradas proteínas de superfície e integrais. A presença ou não de proteínas transportadoras vai influenciar o coeficiente de permeabilidade de uma membrana biológica, já que essas proteínas facilitam a passagem de substâncias de um lado a outro da membrana. Por conseguinte, para avaliar somente a permeabilidade da bicamada lipídica de uma membrana biológica a determinada substância, é necessário utilizar um modelo experimental de bicamada lipídica. Para tal, foram criados vários modelos de bicamadas lipídicas, com a finalidade de estudar suas propriedades físicas e estruturais, e assim ter um melhor conhecimento da membrana biológica. Estas bicamadas são feitas com lipídios naturais ou sintéticos. Em geral, quando misturados com água os fosfolipídios se arranjam formando uma bicamada, de modo que as cabeças polares deles fiquem em contato direto com a água e os resíduos hidrofóbicos dos ácidos graxos se situem no interior da bicamada. As membranas lipídicas *pretas* e os lipossomos são alguns dos modelos experimentais de bicamada lipídica mais utilizados (Figura 8.6). Com estes modelos, é possível estudar o coeficiente de permeabilidade dos lipídios de uma membrana a uma determinada substância.

A 37°C, os lipídios são quase sempre fluidos. Embora as cabeças polares dos fosfolipídios estejam bem presas na

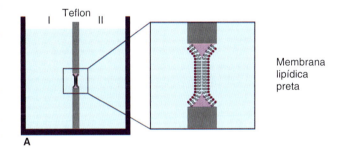

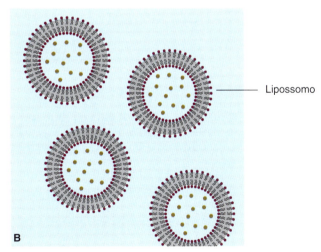

Figura 8.6 • **A.** Modelo de *membrana lipídica preta* feito pela adição de pequena quantidade de lipídios, dissolvidos em solvente orgânico, em uma abertura de uma barreira de teflon, que separa dois compartimentos com meios aquosos. Na abertura, forma-se uma bicamada lipídica. O termo *preto* refere-se ao fato de essas membranas lipídicas serem pretas, sob luz refletida. **B.** Os lipossomos são bicamadas lipídicas fechadas em forma de vesículas, que aprisionam em seu interior certa quantidade de meio aquoso. As cabeças polares dos fosfolipídios se orientam para o interior e o exterior do lipossomo. Os lipossomos podem ser formados com uma suspensão lipídica com água e sais, à qual se fornece energia, em geral, através de ultrassom (sonicação).

---

[3] A *lei de Ohm* estabelece que a intensidade da corrente elétrica que circula por um condutor elétrico é diretamente proporcional à diferença de potencial aplicada e inversamente à resistência do condutor, podendo ser expressa matematicamente como $I = \frac{V}{R}$, em que I = intensidade da corrente, V = diferença de potencial (neste capítulo simbolizada como $\Delta\psi$) e R = resistência.

bicamada lipídica, as cadeias hidrocarbonadas dos resíduos de ácidos graxos, a essa temperatura, são bastante flexíveis. Para atravessar a bicamada lipídica, uma molécula deve, primeiramente, passar pela zona das cabeças polares dos fosfolipídios e, depois, pelo meio hidrofóbico, onde se encontram as cadeias hidrocarbonadas.

Portanto, para que a molécula possa atravessar o meio hidrofóbico, deve ser rompido qualquer tipo de interação que ela tenha com a água do meio. Em geral, qualquer substância pode difundir através de uma bicamada lipídica, com maior ou menor velocidade. Quanto menores forem as moléculas da substância e maior seu coeficiente de partição na bicamada lipídica, maior será sua velocidade de difusão através da mesma. Por exemplo, os gases compostos por pequenas moléculas não polares, como o oxigênio [32 Da (dáltons)] e o dióxido de carbono (44 Da), difundem rapidamente pela bicamada lipídica. Outras moléculas, como as do etanol (46 Da) e as da ureia (60 Da), também difundem rapidamente através da bicamada. Por outro lado, há outras moléculas, como as da glicose (180 Da), que dificilmente atravessam esta barreira. As partículas carregadas eletricamente, como os íons, sofrem sérios problemas energéticos para poder atravessar o meio hidrofóbico da bicamada lipídica, independentemente do pequeno tamanho que possam ter. O mesmo acontece para grande número de metabólitos celulares, os quais quase sempre têm cargas ou vários grupos hidrofílicos que formam pontes de hidrogênio com a água. Esses metabólitos não podem atravessar a bicamada lipídica.

É necessário esclarecer que, no caso das membranas biológicas, fala-se em permeabilidade iônica e em fluxo difusional de íons através de membranas, já que estas têm poros ou canais iônicos, de natureza proteica, por onde passam os íons.

FLUXO DIFUSIONAL DE ÍONS ATRAVÉS DE MEMBRANAS BIOLÓGICAS | EQUAÇÃO DE GOLDMAN-HODGKIN-KATZ

Para considerar o movimento difusional de íons através de membranas biológicas, consideremos que elas separam dois meios aquosos. O movimento de um íon através do limite entre o meio aquoso e a membrana introduz uma descontinuidade no perfil de concentração do íon. As concentrações do íon i na membrana ($\overline{C}_i^I$ e $\overline{C}_i^{II}$) se relacionam com as concentrações dos meios de cada lado da membrana, identificados como I e II (C_i^I e C_i^{II}), através do coeficiente de partição ($k_{membrana/água}$) (equação 8.32). O coeficiente de permeabilidade da membrana ao íon (P_i) vai depender de sua mobilidade dentro da membrana (u_i), do coeficiente de partição e da espessura da membrana (equação 8.34).[4] Multiplicando e dividindo o segundo termo da direita da equação 8.26 por RT, obtemos:

$$J_i = -u_i RT \frac{d\overline{C}_i}{dx} - \frac{u_i RT \overline{C}_i\, Z_i F}{RT} \frac{d\overline{\psi}}{dx} \qquad (8.42)$$

Substituindo $u_i RT$ por D_i (coeficiente de difusão), em ambos os termos da equação 8.42, temos:

$$J_i = -D_i \frac{d\overline{C}_i}{dx} - D_i \frac{\overline{C}_i\, Z_i F}{RT} \frac{d\overline{\psi}}{dx} \qquad (8.43)$$

$$J_i = -D_i \left(\frac{d\overline{C}_i}{dx} + \frac{\overline{C}_i\, Z_i F}{RT} \cdot \frac{d\overline{\psi}}{dx} \right) \qquad (8.44)$$

Em 1943, *David E. Goldman*,[5] trabalhando com a equação 8.44 e admitindo como premissa que o campo é constante, deduziu a *equação de campo constante* ou *equação de Goldman*:

$$J_i = -\frac{D_i Z_i F \Delta \overline{\psi}}{RT\, \Delta x} \left[\frac{\overline{C}_i^{II} e^{(Z_i F \Delta \overline{\psi}/RT)} - \overline{C}_i^{I}}{e^{(Z_i F \Delta \overline{\psi}/RT)} - 1} \right] \qquad (8.45)$$

David E. Goldman
1910–1988

Posteriormente, em 1949, *Alan Lloyd Hodgkin*,[6] da Cambridge University e *Bernard Katz*,[7] da University College London, deram contribuições importantes à equação de Goldman, com a finalidade de relacionar J_i com as concentrações do íon i nas soluções que banham as membranas e com o coeficiente de permeabilidade (equação 8.34). Além disso, assumiram que $(\psi^{II} - \psi^{I}) = (\overline{\psi}^{II} - \overline{\psi}^{I}) = \Delta \psi$ (ver Figura 8.5), e que $\overline{C}_m^I = k_m C_m^I$ e $\overline{C}_m^{II} = k_m C_m^{II}$, tendo como resultado:

$$J_i = -\frac{P_i Z_i F \Delta \psi}{RT} \left[\frac{C_i^I - C_i^{II} e^{(Z_i F \Delta \psi/RT)}}{1 - e^{(Z_i F \Delta \psi/RT)}} \right] \qquad (8.46)$$

Alan Lloyd Hodgkin
1914–1998

Bernard Katz
1911–2003

A aplicação desta equação se complica ao ser considerada uma membrana biológica exposta a meios aquosos contendo mais de um tipo de cátion e de ânion. Para tal condição,

---

[4]É necessário esclarecer que a mobilidade iônica em uma membrana biológica depende diretamente da presença de proteínas transportadoras, específicas ou não, que permitem o transporte de íons através da porção hidrofóbica da bicamada lipídica.

[5]Biofísico norte-americano que derivou a equação de campo constante, durante seu doutorado na *Columbia University*.
[6]Prêmio Nobel de Fisiologia ou Medicina em 1963.
[7]Prêmio Nobel de Fisiologia ou Medicina em 1970.

Goldman, *Hodgkin* e *Katz* consideraram: (1) ânions e cátions monovalentes, (2) um coeficiente de permeabilidade para cada íon, constante e independente da concentração iônica na membrana e (3) um campo elétrico constante através da membrana. Com estas considerações, calcularam os fluxos de cada cátion (equação 8.47) e de cada ânion (equação 8.48), utilizando a equação 8.46, em que os símbolos (+) e (–) representam o cátion e o ânion, respectivamente.

$$J_+ = -\frac{P_+ F\Delta\psi}{RT}\left[\frac{C_+^I - C_+^{II} e^{(F\Delta\psi/RT)}}{1 - e^{(F\Delta\psi/RT)}}\right] \quad (8.47)$$

$$J_- = \frac{P_- F\Delta\psi}{RT}\left[\frac{C_-^I - C_-^{II} e^{(F\Delta\psi/RT)}}{1 - e^{(F\Delta\psi/RT)}}\right] \quad (8.48)$$

Utilizando estas equações para obter a diferença de potencial ($\Delta\Psi$), resulta a *equação de Goldman-Hodgkin-Katz (GHK)*:[8]

$$\Delta\psi = \frac{RT}{F}\ln\left(\frac{\sum_c P_+ C_+^I + \sum_a P_- C_-^{II}}{\sum_c P_+ C_+^{II} + \sum_a P_- C_-^I}\right) \quad (8.49)$$

em que $\Sigma_c P_+ C_+$ e $\Sigma_a P_- C_-$ representam a somatória dos produtos da permeabilidade pela concentração de cátions (c) e de ânions (a), respectivamente. Considerando que os cátions e ânions que predominam na matéria viva são Na^+, K^+ e Cl^- e que a membrana plasmática é permeável a eles, a equação 8.49 resulta em:

$$\Delta\psi = \frac{RT}{F}\ln\left(\frac{P_{Na}C_{Na}^e + P_k C_k^e + P_{Cl}C_{Cl}^i}{P_{Na}C_{Na}^i + P_k C_k^i + P_{Cl}C_{Cl}^e}\right) \quad (8.50)$$

em que os supraíndices *i* e *e* se referem aos meios interno e externo à membrana plasmática, respectivamente.[9] Para se ter ideia da utilidade da equação 8.50, consideremos as concentrações intra e extracelulares de K^+, Na^+ e Cl^- em uma fibra de músculo esquelético de sapo, assim como suas respectivas permeabilidades nessa fibra (Quadro 8.1) e apliquemos a equação 8.50 para uma temperatura de 20°C. A diferença de potencial ($\Delta\Psi$) obtida pela equação de GHK é de –94,8 mV; este valor está muito próximo dos valores de $\Delta\Psi$ medidos experimentalmente na fibra de músculo esquelético de sapo a 20°C.

FORÇAS ENVOLVIDAS NO TRANSPORTE DE LÍQUIDOS ATRAVÉS DA MEMBRANA CELULAR

As membranas plasmáticas são barreiras que separam dois compartimentos: o espaço intracelular, ocupado pelo citoplasma, e o extracelular, pelo líquido extracelular. O citoplasma e o líquido extracelular constituem duas soluções aquosas com diferentes composições. Enquanto líquidos apolares, hidrofóbicos,[10] de baixo peso molecular, como o etanol e o éter, podem permear facilmente as membranas celulares, o mais importante dos líquidos para o ser vivo, a água, requer a presença de canais de natureza proteica, nomeados *aquaporinas* (Figura 8.7), para atravessar eficientemente de um lado a outro das membranas,

Quadro 8.1 ▪ Concentrações intra e extracelulares de K^+, Na^+ e Cl^- em uma fibra de músculo esquelético de sapo (Weiss, 1996), com suas respectivas permeabilidades (calculadas por Hodgkin e Horowicz, 1959).

Íon	Meio intracelular (mM)	Meio extracelular (mM)	Permeabilidade (cm/s)
K^+	124,00	2,25	$1,60 \times 10^{-6}$
Na^+	10,40	109,00	$1,60 \times 10^{-8}$
Cl^-	1,50	77,50	$2,24 \times 10^{-6}$

Fontes: Hodgkin e Horowicz, 1959; Weiss, 1996.

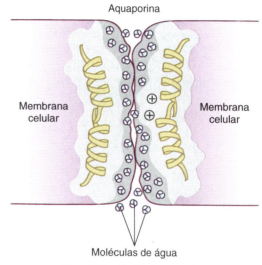

Figura 8.7 ▪ Modelo da aquaporina.

sem ter que passar pelo meio hidrofóbico que há na metade da bicamada lipídica. Em qualquer caso, o movimento hídrico é sempre passivo e ocorre de um lado a outro da membrana celular, seguindo seu gradiente de concentração.

▶ Osmose

Quando duas soluções aquosas com diferentes concentrações de soluto estão separadas por uma membrana que só é permeável às moléculas de água, mas não às de soluto, as moléculas hídricas difundem da solução com menor concentração de soluto, para aquela com maior concentração. Em outras palavras, as moléculas de água difundem da solução em que este fluido está mais concentrado, para aquela na qual ele se encontra menos concentrado (Figura 8.8). Este fenômeno, muito importante para os seres vivos, é conhecido por *osmose*.[11]

▶ Pressão osmótica

Em 1748, *Jean Antoine Nollet*, físico francês, utilizou uma bexiga de porco para separar dois compartimentos – um contendo água e outro, vinho. Em seus experimentos, Nollet observou que no compartimento com vinho o volume aumentava e que, quando fechava esse compartimento para evitar que seu volume aumentasse, era produzida uma certa pressão em seu interior. Este fato foi a primeira observação experimental de osmose e a demonstração da existência de membranas biológicas semipermeáveis.

---

[8] A equação 8.46 também é conhecida como equação de GHK; porém, para efeitos práticos, neste texto a 8.49 será identificada como de GHK.
[9] Neste caso, os compartimentos I e II, mencionados anteriormente, equivalem aos meios externo e interno à membrana, respectivamente.
[10] Também chamados lipofílicos, por sua capacidade de dissolução em solventes orgânicos, como os lipídios.
[11] Do grego ὠσμός (osmos), ação de empurrar, impulso.

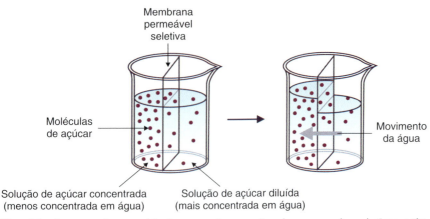

Figura 8.8 • Representação esquemática do processo de osmose. Quando se separam duas soluções, que têm diferentes concentrações de soluto, com uma membrana permeável ao solvente, porém impermeável ao soluto (ou membrana semipermeável), haverá um fluxo de solvente da solução menos concentrada para a mais concentrada.

Jean Antoine Nollet
1700–1770

Henri Dutrochet
1776–1847

Wilhelm Pfeffer
1845–1920

Em 1828, *Henri Dutrochet*, fisiólogo francês, trabalhando com uma membrana semipermeável, verificou o mesmo fenômeno, ao colocar duas soluções de diferentes concentrações de um mesmo soluto de cada lado da membrana, a qual era impermeável ao soluto. Dutrochet observou que havia difusão do solvente, da solução com menor concentração de soluto para aquela com maior concentração. Este fisiólogo foi quem construiu o primeiro dispositivo experimental para demonstrar a presença de pressão osmótica, denominado *osmômetro* (Figura 8.9). Esse aparelho é relativamente simples. Compõe-se de dois recipientes, um maior que o outro. O maior contém água ou solução aquosa bem diluída. O menor, em forma de garrafa sem fundo, em sua parte mais larga tem uma membrana semipermeável (que só deixa passar o solvente), e sua parte mais fina está conectada a um tubo fino e longo. Após ter sido colocada uma solução concentrada em seu interior, o recipiente menor é introduzido no maior, de modo que a membrana semipermeável separe as soluções de ambos os recipientes. Como resultado do fluxo osmótico, a água passa da solução do recipiente maior para a solução contida no menor, o que ocasiona um crescimento de volume de fluido neste recipiente, determinando que o excesso de líquido se mova para o tubo delgado. O aumento da altura da coluna de líquido no tubo delgado é devido à *pressão osmótica* (π).

Na situação de equilíbrio, quando não há mais variação dos volumes, temos:

$$\pi = h \times k \quad (8.51)$$

em que h é a variação da altura da coluna e k, uma constante de proporcionalidade para uma dada temperatura e concentração. Tem importância destacar que o peso da coluna de líquido, no osmômetro, ocasiona uma elevação de pressão em sentido contrário ao da pressão osmótica, chamada de *pressão hidrostática*.

Quando a pressão hidrostática se iguala à osmótica, cessa o fluxo osmótico. Por isso, esta última pode ser definida como sendo a pressão hidrostática necessária para deter o fluxo osmótico em um osmômetro ideal.

Em 1877, *Wilhelm Pfeffer*, botânico alemão, aperfeiçoou o osmômetro de Dutrochet, utilizando uma membrana semipermeável de vidro poroso com paredes recobertas por uma camada de ferrocianeto de cobre. Pfeffer foi o primeiro pesquisador a realizar experimentos de precisão, determinando a pressão osmótica exercida por soluções de sacarose com diferentes concentrações. Ele verificou que existe uma relação constante entre a pressão osmótica exercida e a concentração da solução hipertônica. Esses resultados permitiram que Pfeffer postulasse que a pressão osmótica exercida por uma solução é diretamente proporcional à concentração do seu soluto.

▶ Pressão osmótica *versus* pressão hidrostática

Em geral, a pressão osmótica é definida em função da hidrostática necessária para deter o fluxo osmótico através de uma barreira impermeável ao soluto e livremente permeável ao solvente (Figura 8.10).

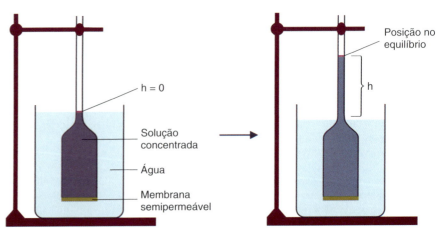

Figura 8.9 • Representação esquemática do osmômetro de Dutrochet. A entrada de solvente da solução externa (mais diluída) para a interna (mais concentrada) contida na garrafa aumenta o volume de líquido dentro desse recipiente. Tal líquido sobe pela parte delgada da garrafa, ou pipeta do osmômetro. O valor da pressão osmótica desenvolvida (π) pode ser obtido pela multiplicação da diferença da altura do líquido nessa parte antes e depois de ocorrer a osmose (h) pela constante de proporcionalidade para uma dada temperatura e concentração (k). A constante k pode ser substituída pela densidade da solução (ρ) multiplicada pela aceleração da gravidade padrão (g).

Difusão, Permeabilidade e Osmose

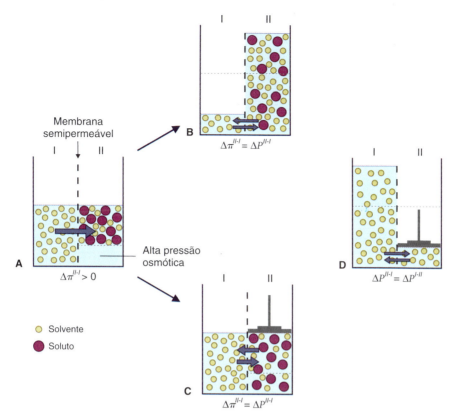

Figura 8.10 • Representação esquemática da relação entre a pressão osmótica e a hidrostática. **A.** Recipiente separado em dois compartimentos (I e II) por uma membrana semipermeável que deixa passar livremente o solvente (água) e é totalmente impermeável ao soluto. Nessa condição, há certa diferença de pressão osmótica entre os compartimentos II e I ($\Delta\pi^{II-I} > 0$). Essa diferença produzirá um fluxo de água de I para II. **B.** Com o passar do tempo, em consequência do fluxo osmótico de água de I para II, o aumento de volume no compartimento II ocasionará elevação da pressão hidrostática nesse compartimento. Quando é atingido o equilíbrio, a pressão hidrostática se torna igual à pressão osmótica, porém em sentido contrário ($\Delta\pi^{II-I} = \Delta P^{II-I}$). Nesse momento, o fluxo resultante de água entre os dois compartimentos será igual a zero. **C.** No início da condição **A**, coloca-se um pistão no compartimento II, que exerce uma pressão que impede a variação de volume nesse compartimento. A pressão exercida pelo pistão é igual à hidrostática desenvolvida na condição **B** ($\Delta\pi^{II-I} = \Delta P^{II-I}$). **D.** No início desta condição, são colocados volumes iguais de água em ambos os compartimentos. Com o pistão, é exercida uma pressão de mesma magnitude da aplicada no caso anterior. Isso ocasiona um fluxo hídrico de II para I. No equilíbrio, a pressão exercida pelo pistão no compartimento II (ΔP^{II-I}) é igual à causada pela coluna de água no compartimento I, porém em sentido contrário (ΔP^{I-II}).

Consideremos novamente um recipiente separado em dois compartimentos (I e II) por uma membrana semipermeável ideal, isto é, que deixa passar livremente o solvente e tem total impermeabilidade ao soluto. Em I, é colocado determinado volume de solvente, que pode ser água; em II, igual volume de uma solução com determinada concentração do soluto impermeável. Nesta condição (A), haverá uma certa diferença de pressão osmótica entre os compartimentos II e I ($\Delta\pi^{II-I} > 0$). Essa diferença produzirá fluxo de solvente de I para II.

Com o passar do tempo, condição (B), o aumento de volume no compartimento II ocasionará elevação da pressão hidrostática nesse compartimento, a qual se oporá ao fluxo de água de I para II. Eventualmente, a pressão hidrostática se tornará igual à osmótica, porém em sentido contrário, alcançando-se um estado de equilíbrio, no qual o fluxo resultante de água entre os dois compartimentos será igual a zero. Consequentemente, podemos dizer que no equilíbrio $\Delta\pi^{II-I} = \Delta P^{II-I}$.

As conclusões anteriores podem ser comprovadas nas próximas condições experimentais. Consideremos o início do próximo experimento na mesma situação de (A).

Na condição seguinte, representada em (C), é colocado um pistão no compartimento II, que exercerá uma pressão não permitindo variação do volume nesse compartimento. A pressão exercida pelo pistão é igual à hidrostática desenvolvida em (B), sendo igual, porém em sentido contrário, à pressão osmótica desempenhada em (B) ($\Delta\pi^{II-I} = \Delta P^{II-I}$).

Na próxima condição, são colocados iguais volumes de água em ambos os compartimentos. Evidentemente, não haverá fluxo hídrico para nenhum dos compartimentos; porém, se por meio do pistão for exercida uma pressão igual à aplicada na condição anterior (C), existirá fluxo de II para I, até que a coluna de água do compartimento I atinja uma altura semelhante à alcançada pela água do II em (B). Esta condição está representada em (D). No equilíbrio, a pressão exercida pelo pistão no compartimento II (ΔP^{II-I}) é igual à desenvolvida pela coluna de água no I, mas em sentido contrário (ΔP^{I-II}). O fluxo hídrico do compartimento II para o I é semelhante ao produzido pela diferença de pressão osmótica ($\Delta\pi^{II-I}$) dos compartimentos I e II na condição (B).

▶ A equação de van't Hoff

*Jacobus Henricus van't Hoff
1852–1911*

Em 1855, *Jacobus Henricus van't Hoff*,[12] físico-químico holandês, formula uma expressão que relaciona a pressão osmótica com a concentração de soluto para soluções diluídas, semelhante à *equação dos gases ideais*, e propõe a primeira teoria para explicar

---
[12] Primeiro prêmio Nobel de Química, em 1901.

a pressão osmótica. Ele propôs que a pressão osmótica é o resultado do choque das moléculas do soluto com a membrana semipermeável que separa as duas soluções, assumindo que as moléculas do solvente não contribuem para essa pressão. Por conseguinte, na proposta de van't Hoff, a pressão osmótica de uma solução é a mesma pressão que exerceria um gás ideal que ocupasse o mesmo volume da solução.

Assim, a lei dos gases ideais estabelece que:

$$PV = nRT \rightarrow P = \frac{n}{V}RT \quad (8.52)$$

em que:

P = pressão em atmosferas
V = volume em litros
n = número de moles
R = constante universal dos gases
T = temperatura absoluta (°K).

Sendo n o número de moles do gás, ou de soluto no caso de soluções, e V o volume da solução em litros, a relação n/V é igual à concentração molar do soluto (C). Por conseguinte, van't Hoff trocou P da equação 8.52 por π (pressão osmótica), ficando a equação de van't Hoff para o cálculo da pressão osmótica do seguinte modo:

$$\pi = CRT \quad (8.53)$$

Logo, um mol de uma substância não eletrolítica de comportamento ideal, à temperatura de 0°C (273°K), exercerá uma pressão osmótica de:

$$\pi = 1\frac{mol}{litro} \times 0{,}08205746 \frac{atm \cdot litro}{mol \cdot °K} \times 273°K = 22{,}4 \text{ atmosferas}$$

Deve ser destacado que 22,4 atm é a pressão de 1 mol de um gás ideal comprimido em um volume de 1 ℓ, em condições de 0°C (273°K). Esta coincidência foi utilizada como critério para validar o cálculo da pressão osmótica pela equação de van't Hoff (equação 8.53). Não obstante, deve ser mencionado que a lei dos gases foi estabelecida para gases ideais, cujas moléculas não apresentem atrações entre si e careçam de volume. Portanto, o uso desta equação é menos exato para os líquidos que para os gases. Sua aplicação seria válida para soluções bem diluídas.

▶ Diferença de pressão osmótica entre duas soluções

Vamos considerar dois compartimentos separados por uma membrana semipermeável ideal. No compartimento I, é colocada solução de sacarose 0,1 molar e, no II, de sacarose 0,2 molar. A membrana deixa passar o solvente, que é água, porém não a sacarose. Nestas condições, haverá fluxo hídrico do compartimento com solução de sacarose mais diluída (I) para o compartimento com solução mais concentrada (II), impulsionado pelo desenvolvimento de maior pressão osmótica no compartimento II.

O cálculo da pressão osmótica resultante, responsável pelo fluxo de solvente, é feito da seguinte maneira:

$$\pi^I = C^I_{sacarose}RT \text{ e } \pi^{II} = C^{II}_{sacarose}RT \quad (8.54)$$

Logo,

$$\pi^{II} - \pi^I = \Delta\pi^{II-I} = RT(C^{II}_{sacarose} - C^I_{sacarose}) \quad (8.55)$$

▶ Osmolaridade e osmolalidade

Para expressar a concentração osmótica de uma solução, são utilizados os termos *osmolaridade* ou *osmolalidade*. A osmolaridade é definida como: concentração das partículas osmoticamente ativas, expressas em osmoles/litro. Quando é dito partículas de soluto osmoticamente ativas, faz-se referência às partículas que estão efetivamente dissolvidas no solvente e, em consequência, podem gerar pressão osmótica. É calculada pela seguinte equação:

$$Osmolaridade_{ideal} = \sum_i n_i C_i \quad (8.56)$$

em que:

i = cada tipo de soluto presente na solução
n_i = constante de dissociação ideal do soluto
C_i = concentração química do soluto.

Caso seja preparada uma solução aquosa com um soluto não ionizável, como glicose ou sacarose, a osmolaridade da solução dependerá diretamente da concentração química da solução, já que o soluto não se dissocia. Por exemplo, se forem dissolvidos 34,23 g de sacarose[13] em água, até um volume final de 1 ℓ de solução, a concentração química (molaridade) da solução será igual à osmolaridade ideal:

$$Molaridade = \frac{0{,}1 \, mol}{1 \, litro} = 0{,}1 \, molar$$

$$Osmolaridade_{ideal} = 1 \times 0{,}1 \, molar = 0{,}1 \, osmolar$$

Se for feita uma solução aquosa com eletrólitos (ácido, base ou sal), suas moléculas vão se dissociar individualmente em dois ou mais íons. Cada íon será uma partícula osmoticamente ativa, e, por conseguinte, a osmolaridade dessa solução eletrolítica será maior que sua concentração química. Assim, a constante de dissociação ideal de NaCl ou KCl é 2: os cátions Na$^+$ ou K$^+$ e os correspondentes ânions Cl$^-$. Caso se utilize CaCl$_2$, a constante de dissociação ideal para este sal é 3: o cátion Ca^{2+} e dois ânions Cl$^-$.

Por exemplo, se dissolvermos 7,46 g de KCl[14] em água até um volume final de 1 ℓ de solução, a osmolaridade da solução (assumindo um comportamento ideal) será o dobro de sua concentração química:

$$Molaridade = \frac{0{,}1 \, mol}{1 \, litro} = 0{,}1 \, molar$$

$$Osmolaridade_{ideal} = 2 \times 0{,}1 \, molar = 0{,}2 \, osmolar$$

Contudo, na realidade, os eletrólitos não apresentam um comportamento ideal. Mesmo no caso dos eletrólitos fortes,[15] a dissociação iônica não é completa, pois, quando os ânions e cátions estão dissolvidos, tendem a se atrair, fazendo a solução se comportar como se houvesse uma concentração de partículas osmoticamente ativas menor que a calculada quando é assumido um comportamento ideal. A equação 8.56 requer um fator que corrija a dissociação real dos eletrólitos:

$$Osmolaridade = \sum_i \varphi_i C_i \quad (8.57)$$

em que φ_i é o *coeficiente osmótico*. O coeficiente osmótico indica a dissociação iônica real para um determinado eletrólito.

---

[13]Peso molecular 342,30.
[14]Peso molecular 74,60.
[15]Um eletrólito é definido como forte quando, em solução, alta proporção dele se dissocia para formar íons livres. Ao contrário, se a maior parte do soluto não se dissocia, o eletrólito é considerado fraco.

No Quadro 8.2, há o valor do coeficiente osmótico de vários eletrólitos. Este fator permite corrigir o cálculo da pressão osmótica por meio da equação de *van't Hoff* (equação 8.53) no caso de eletrólitos. A *equação de van't Hoff corrigida* fica:

$$\pi = \varphi_i C_i RT \qquad (8.58)$$

A molaridade e a osmolaridade são valores que dependem da temperatura, pois a água muda seu volume com a temperatura. Apesar de em Fisiologia, comumente, ser utilizado o termo osmolaridade, necessita-se esclarecer que, do ponto de vista químico, é mais correto usar o termo *osmolalidade*. A osmolalidade consiste na medida do número de osmoles de soluto por quilograma de solvente (osmol/kg); é calculada pela mesma equação 8.57, porém a concentração química (C_i) é expressa em molalidade.[16] Quando a concentração dos solutos é muito baixa, os termos osmolaridade e osmolalidade são praticamente equivalentes.

▶ Propriedades coligativas das soluções

As propriedades das soluções que dependem do número de partículas efetivamente dissolvidas, sem considerar a natureza química dessas partículas, são denominadas *propriedades coligativas das soluções*. O aumento da concentração de partículas osmoticamente ativas de uma solução tende a modificar qualquer mudança do estado físico do seu solvente. As soluções apresentam quatro propriedades coligativas:

▶ **Aumento da pressão osmótica.** Ao ser adicionado mais soluto em uma solução, ocorre aumento da sua osmolalidade, que indica, claramente, que a solução pode exercer uma pressão osmótica maior que a exercida anteriormente.

▶ **Diminuição da pressão de vapor.** As partículas de um solvente puro estão unidas por forças intermoleculares. Na superfície do líquido, as partículas do líquido interagem com as moléculas que se encontram sob elas, mas na parte superior se encontram com o ar (ou outra fase gasosa). Assim, as partículas do solvente na superfície do líquido podem passar para a fase de vapor, sendo este processo reversível. Em uma solução aquosa que contém um soluto não volátil, as partículas desse soluto estão ocupando um certo espaço, que originalmente estava ocupado só pelo solvente. Por conseguinte, as partículas não voláteis de soluto diminuem o número de partículas de solvente disponíveis na interfase entre a solução e o ar, e, com isso, ocorre uma diminuição da pressão de vapor da solução (Figura 8.11). A lei de Raoult[17] estabelece que a pressão do

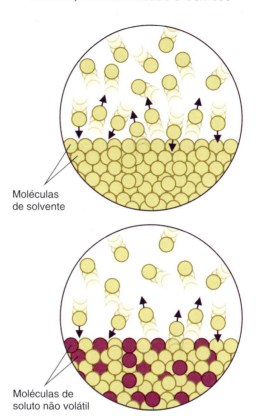

Figura 8.11 ▪ A presença de partículas de soluto não volátil em uma solução diminui a pressão de vapor da solução. A pressão de vapor de uma solução, $P_{solução}$, é igual à fração molar do solvente X_W multiplicada pela pressão do vapor do solvente puro, P_W^0.

vapor de uma solução, $P_{solução}$, é igual à fração molar do solvente X_W multiplicada pela pressão do vapor do solvente puro, P_W^0:

$$P_{solução} = X_W P_w^o \qquad (8.59)$$

A fração molar do solvente (X_W) é definida como a relação entre o número de moles do solvente (n_W) e o número total de moles presentes na solução (n_T), ou seja, o número de moles do solvente mais os do soluto:

$$X_W = \frac{n_W}{n_T} = \frac{n_W}{n_S + n_W} \qquad (8.60)$$

▶ **Aumento do ponto de ebulição.** As partículas de um soluto não volátil interferem na passagem massiva das moléculas do solvente para o ar e alcançam o ponto de ebulição do solvente. Isso faz com que o ponto de ebulição da solução seja mais elevado que o do solvente puro. O aumento do ponto de ebulição de uma solução aquosa (ΔT_B) corresponde ao quanto ele difere de 100°C (o ponto de ebulição da água):

$$\Delta T_B = T_B - T_B^0 \qquad (8.61)$$

Em que: T_B é o ponto de ebulição da solução aquosa e T_B^0, o ponto de ebulição do solvente, neste caso a água (100°C). Admitindo que o ponto de ebulição de uma solução aquosa 1 molal de um não eletrólito ideal seja 100,51°C,[18] a equação 8.61 permite calcular o ΔT_B dessa solução ideal:

$$\Delta T_B = 100{,}51°C - 100°C = 0{,}51°C$$

Com este valor de referência, é possível calcular a osmolalidade de uma solução aquosa diluída, determinando apenas sua ΔT_B:

$$Osmolalidade = \frac{\Delta T_B}{0{,}51°C} \ osmolal \qquad (8.62)$$

Quadro 8.2 ▪ Valores do coeficiente osmótico (φ_i) para alguns eletrólitos em solução.

Eletrólito	Concentração molal (m)		
	0,02 (φ_i)	0,10 (φ_i)	0,10 (φ_i)
CaCl₂	2,673*	2,601	2,573
KCl	1,919	1,857	1,827
KNO₃	1,904	1,784	1,698
LiCl	1,928	1,895	1,884
MgCl₂	2,708*	2,658	2,679
MgSO₄	1,393*	1,212	1,125
NaCl	1,921	1,872	1,843

*0,025 molal. *Fonte*: Heilbrunn, 1952.

---

[16] A molalidade de uma solução é o quociente entre o número de moles presentes na solução e a massa do solvente em quilogramas.
[17] François-Marie Raoult, químico francês, estudou o fenômeno da queda do ponto de congelamento e da pressão de vapor nas soluções.
[18] O valor de 0,51°C também é conhecido como constante ebulioscópica (K_B).

▶ **Diminuição do ponto de congelamento.** As partículas do soluto presentes na solução interferem no processo de aproximação mínima necessária para que as moléculas do solvente possam congelar e alcançar o estado sólido. Em consequência, para a solução congelar, é necessário que a temperatura diminua mais. Em outras palavras, se aumenta a concentração de partículas, é preciso que a temperatura seja mais baixa para que o solvente passe do estado líquido ao sólido, havendo uma queda do ponto de congelamento. A diminuição desse ponto de uma solução aquosa (ΔT_F) é o quanto ele difere de 0°C (o ponto de congelamento da água):

$$\Delta T_F = T_F^0 - T_F \quad (8.63)$$

Em que: T_F^0 é o ponto de congelamento do solvente, que neste caso é água (0°C), e T_F, o ponto de congelamento da solução aquosa. O ponto de congelamento de uma solução aquosa 1 molal de um não eletrólito ideal é −1,86°C.[19] Assim, o ΔT_F dessa solução 1 osmol ideal (aplicando a equação 8.63) é:

$$\Delta T_F = 0°C - (-1,86°C) = 1,86°C$$

Com este valor de referência, é possível calcular a osmolalidade de uma solução aquosa diluída:

$$Osmolalidade = \frac{\Delta T_F}{1,86°C} \text{ osmolal} \quad (8.64)$$

Quando é modificada a concentração de partículas osmoticamente ativas de uma solução, suas quatro propriedades coligativas variam entre si, de forma conhecida. Por conseguinte, se em uma solução for medida uma de suas propriedades coligativas, facilmente, será possível calcular as demais.

Um dos métodos experimentais usados para determinar a osmolalidade de uma solução é a medida da diminuição do seu ponto de congelamento ou de sua pressão de vapor. Este é o princípio utilizado nos osmômetros modernos.

Considerando que 1 mol de uma substância não eletrolítica de comportamento ideal, na temperatura de 0°C (273°K), exerce uma pressão osmótica de 22,4 atm, podemos determinar a pressão osmótica de qualquer solução não eletrolítica, pela seguinte equação:

$$\pi_{0°C} = 22,4 \text{ atm} \times \frac{\Delta T_F}{1,86°C} \quad (8.65)$$

Por exemplo, uma solução de um não eletrólito com ΔT_F de 2,79°C tem 1,5 osmol e pode exercer uma pressão osmótica de 33,6 atm, a 0°C.

O coeficiente osmótico de uma solução eletrolítica pode ser calculado pela divisão da diminuição do seu ponto de congelamento a uma dada molalidade ($\Delta T_{F\{ionizável, molalidade\}}$) pela diminuição do ponto de congelamento para um soluto não ionizável com a mesma molalidade ($\Delta T_{F\{não\ ionizável, molalidade\}}$).

A fórmula para determinar o coeficiente osmótico de uma solução eletrolítica é:

$$\varphi_i = \frac{\Delta T_{F(ionizável, molalidade)}}{\Delta T_{F(não\ ionizável, molalidade)}} \quad (8.66)$$

▶ **Coeficiente de reflexão**

Para as deduções e conclusões feitas até aqui, foram utilizadas membranas semipermeáveis ideais, que deixam passar sem restrições o solvente, mas não deixam passar o soluto. Contudo, este não é o caso das membranas biológicas e de outras membranas, que não são ideais, pois apresentam permeabilidade seletiva, ou seja, não só permitem a passagem do solvente, como também podem permitir a passagem de solutos, com maior ou menor facilidade.

Suponhamos uma membrana M que separa dois compartimentos, I e II, com diferentes graus de permeabilidade a um soluto S e livremente permeável à água (Figura 8.12). No início, há água no compartimento I e uma solução aquosa do soluto S no II.

Caso A: A membrana é impermeável ao soluto. Ocorre um fluxo de água de I para II ($J_{água\ (I \to II)}$) e não há fluxo de soluto.

Caso B: A membrana tem certa permeabilidade ao soluto. Além do fluxo de água de I para II ($J_{água\ (I \to II)}$), há fluxo de soluto de II para I ($J_{S(II \to I)}$), cuja magnitude dependerá, diretamente, do coeficiente de permeabilidade da membrana ao soluto S. Como a diferença de concentração de S entre os compartimentos I e II diminui, a diferença de pressão osmótica entre II e I ($\Delta \pi_{(II-I)}$) será menor que a observada no caso A e, portanto, o $J_{resultante}$ de água também será menor que o do caso A.

Caso C: Quando a membrana é livremente permeável ao soluto, as soluções em ambos os compartimentos se equilibram e não existe diferença de pressão osmótica entre I e II ($\Delta \pi_{(II-I)} = 0$).

Estudos semelhantes realizados por *Albert Jan Staverman*,[20] em 1951, fizeram com que ele chegasse à conclusão de que a capacidade da membrana, que separa dois compartimentos, para discriminar entre o soluto e a água pode ser descrita por um fator que denominou *coeficiente de reflexão* (σ).[21] Este nome foi escolhido para indicar a capacidade da membrana de *refletir* partículas do soluto que tentam atravessá-la com maior ou menor facilidade, em relação à passagem do solvente.

Albert Jan Staverman
1912–1993

O coeficiente de reflexão pode ser determinado experimentalmente, pela relação entre a pressão osmótica real determinada e a pressão osmótica calculada pela equação de van't Hoff. Ou seja:

$$\sigma = \frac{\pi_{real}}{\pi_{calculada}} \quad (8.67)$$

Na condição A (ver Figura 8.12), há uma membrana ideal, ou seja, que deixa passar apenas o solvente, a pressão osmótica real (π_{real}) é igual à calculada ($\pi_{calculada}$), sendo o coeficiente de reflexão (σ) igual a 1.

Na condição C, em que a membrana deixa passar livremente tanto o solvente como o soluto S, não se desenvolve nenhuma pressão osmótica, sendo σ igual a 0, já que $\pi_{real} = 0$.

Na condição B, em que a membrana deixa passar livremente o solvente e tem certa restrição para a passagem do soluto S, o coeficiente de reflexão estará entre os valores extremos de 1 (caso A) e 0 (caso C).

---

[19] O valor de −1,86°C também é conhecido como constante crioscópica (K_F).
[20] Eminente físico-químico holandês, que deu contribuições muito importantes para o estudo do movimento de água e solutos através de membranas.
[21] Este coeficiente também é denominado coeficiente de reflexão de Staverman ou coeficiente sigma de reflexão.

Difusão, Permeabilidade e Osmose

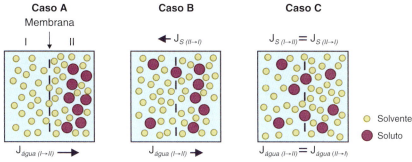

Figura 8.12 • Fluxo de água ($J_{água}$) e de solutos entre dois compartimentos (I e II), separados por uma membrana. Esta membrana é completamente permeável à água. Inicialmente, há água no compartimento I e solução aquosa do soluto (S) no II. No caso **A**, a membrana é impermeável ao soluto. Portanto, não ocorre $J_{S\,(II \to I)}$, mas é produzido um $J_{água\,(I \to II)}$. No caso **B**, a membrana tem certa permeabilidade ao soluto. Dependendo da sua permeabilidade ao soluto, é produzido um certo $J_{S\,(II \to I)}$ e um certo $J_{água\,(I \to II)}$. Porém, o $J_{água\,(I \to II)}$ é menor que o produzido no caso A. No caso **C**, a membrana deixa passar livremente tanto as moléculas de água, como as de soluto. Assim, no equilíbrio $J_{S\,(II \to I)} = J_{S\,(I \to II)}$ e o $J_{S\,resultante}$ é igual a zero. O $J_{água\,(I \to II)}$ = $J_{água\,(II \to I)}$ e não há diferença de pressão osmótica entre os dois compartimentos ($\Delta\pi_{(II-I)} = 0$).

É necessário enfatizar que o coeficiente de reflexão se refere, especificamente, a uma membrana M e a um soluto S; assim sendo, seu símbolo deve ser representado por σ_S^M.

Staverman demonstrou que o cálculo da pressão osmótica deve incluir a correção para σ_S^M, de modo que:

$$\pi_{efet} = \sigma_S^M \pi \quad (8.68)$$

sendo π_{efet} a pressão osmótica efetiva através de uma membrana não ideal. Substituindo a equação 8.68 na 8.58 ($\pi = \varphi_i C_i RT$), o cálculo de π_{efet} será:

$$\pi_{efet} = \sigma_S^M \varphi_i C_i RT \quad (8.69)$$

▶ Osmolaridade e tonicidade

A osmolaridade de uma solução, segundo descrito na seção Osmolaridade e osmolalidade, refere-se à concentração de suas partículas osmoticamente ativas. Portanto, se duas soluções de diferentes solutos com a mesma osmolaridade, isto é, isosmolares, fossem colocadas em cada lado de uma membrana ideal para ambas as soluções, a pressão osmótica exercida por cada uma delas seria a mesma, e o sistema estaria, osmoticamente, em equilíbrio.

Entretanto, segundo discutido na seção anterior, Coeficiente de reflexão, as membranas não são necessariamente ideais, podendo apresentar graus distintos de permeabilidade para os vários solutos. Deste modo, caso sejam colocadas duas soluções isosmolares de diferentes solutos em cada lado de uma membrana, sendo esta membrana impermeável ao soluto da solução I, porém tendo certo grau de permeabilidade ao da II, a pressão osmótica exercida pela solução I será maior que a exercida pela II, o que determinará um fluxo de solvente de II para I.

Tal descoberta levou ao conceito de *tonicidade* de uma solução. A tonicidade é definida como a pressão osmótica efetiva (π_{efet}) de uma solução, em relação a uma determinada membrana.

Para definir a tonicidade de uma solução, é necessário sempre considerar uma membrana ou célula específica. Assim, as soluções podem ser classificadas como (Figura 8.13):

- *Isotônicas*: quando uma célula é suspensa em uma solução isosmolar determinada e não ocorre nenhuma variação do volume intracelular, esta solução é isotônica para essa célula. Neste caso, a π_{efet} da solução é igual à π_{efet} do líquido intracelular
- *Hipotônicas*: caso a célula seja suspensa em uma solução isosmolar e haja aumento do volume intracelular, a solução utilizada é hipotônica em relação ao líquido intracelular.

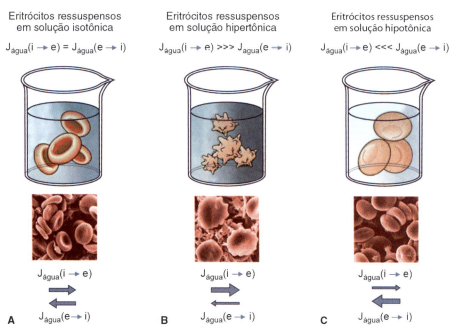

Figura 8.13 • Fluxo de água ($J_{água}$) em eritrócitos humanos ressuspensos em soluções com diferentes tonicidades. No caso **A**, os eritrócitos foram ressuspensos em solução isotônica de 150 mM NaCl. O fluxo de água do interior para o exterior do eritrócito ($J_{água\,(i \to e)}$) é igual ao produzido do seu exterior para o seu interior ($J_{água\,(e \to i)}$). Não há variação do volume intracelular dos eritrócitos. No caso **B**, os eritrócitos foram ressuspensos em solução hipertônica de 300 mM NaCl. O fluxo de água do interior para o exterior do eritrócito ($J_{água\,(i \to e)}$) é significativamente maior que o produzido do seu exterior para o seu interior ($J_{água\,(e \to i)}$). Há diminuição do volume intracelular dos eritrócitos. No caso **C**, os eritrócitos foram ressuspensos em solução hipotônica de 90 mM NaCl. O fluxo de água do interior para o exterior do eritrócito ($J_{água\,(i \to e)}$) é significativamente menor que o produzido do seu exterior para o seu interior ($J_{água\,(e \to i)}$). Há aumento do volume intracelular dos eritrócitos, o qual pode ocasionar sua ruptura (ou hemólise).

A π_{efet} da solução é substancialmente menor que a π_{efet} do líquido intracelular

- *Hipertônicas*: se a célula for suspensa em uma solução isosmolar e ocorrer uma diminuição do volume intracelular, esta solução é hipertônica para essa célula. A π_{efet} da solução é substancialmente maior que a π_{efet} do líquido intracelular.

Esse critério também é aplicado quando cada face de uma membrana não ideal é banhada por soluções não isosmóticas de um mesmo soluto que atravessa com certa dificuldade a membrana. Neste caso, o número de partículas osmoticamente efetivas em cada solução será diferente devido à diferença de concentração de soluto nas duas soluções, pois a solução menos concentrada será hipotônica em relação à mais concentrada, que será hipertônica.

▶ Potencial químico de um solvente

Quando se adiciona certa quantidade de substância solúvel em um solvente, é evidente que a concentração do solvente em determinado volume dessa solução será menor que aquela existente no mesmo volume de solvente puro. Uma forma de expressar a concentração de um solvente é pela sua fração molar (X_W), indicada anteriormente (equação 8.60).

Quando se trata de um solvente puro, o valor de X_W será 1, já que $n_W = n_T$. À medida que o soluto é adicionado, o valor de X_W vai diminuindo.

Utilizando a fórmula do potencial químico (equação 8.4), agora expressa para um solvente, temos:

$$\mu_W = \mu_W^0 + RT \ln X_W + \overline{V}_W P \quad (8.70)$$

Quando há solvente puro $X_W = 1$, $\ln X_W = 0$ e $\overline{V}_W = 0$. Portanto,

$$\mu_W = \mu_W^0 \quad (8.71)$$

É evidente que, de um ponto de vista rigoroso, em vez da fração molar, deveria ser usada a atividade do solvente, ou seja, sua concentração efetiva, parâmetro que considera as interações moleculares.

Para a água, principal componente dos meios intra e extracelulares, o potencial químico total, aplicando a equação 8.70, é dado por:

$$\mu_{água\,total} = \mu_{água}^0 + RT \ln X_{água} + \overline{V}_{água} P \quad (8.72)$$

▶ Diferença de potencial químico total do solvente entre duas soluções

Na situação indicada no caso A da Figura 8.12, o cálculo da diferença do potencial químico total do solvente, que nesse caso é água, entre as duas soluções será:

Segundo a equação 8.72,

$$\mu_{água}^I = \mu_{água}^0 + RT \ln X_{água}^I + \overline{V}_{água} P^I \quad (8.73)$$

e

$$\mu_{água}^{II} = \mu_{água}^0 + RT \ln X_{água}^{II} + \overline{V}_{água} P^{II} \quad (8.74)$$

Nesta situação, a diferença de potencial químico entre as duas soluções (II e I) é fornecida pela resultante da equação 8.74 menos a equação 8.73. Assim, obtemos:

$$\Delta\mu_{água\,total}^{II-I} = (RT \ln X_{água}^{II} + \overline{V}_{água} P^{II}) - (RT \ln X_{água}^I + \overline{V}_{água} P^I) \quad (8.75)$$

Rearranjando os termos da equação 8.75, temos:

$$\Delta\mu_{água\,total}^{II-I} = RT \ln X_{água}^{II} - RT \ln X_{água}^I + \overline{V}_{água} P^{II} - \overline{V}_{água} P^I \quad (8.76)$$

$$\Delta\mu_{água\,total}^{II-I} = RT (\ln X_{água}^{II} - \ln X_{água}^I) + \overline{V}_{água}(P^{II} - P^I) \quad (8.77)$$

Resolvendo o primeiro termo da direita da equação 8.77:

$$RT (\ln X_{água}^{II} - \ln X_{água}^I) = RT \left(\ln \frac{X_{água}^{II}}{X_{água}^I}\right) \quad (8.78)$$

Substituindo $X_{água}$ no primeiro termo da equação 8.78 pelo indicado na equação 8.60, fica:

$$RT \ln \left(\frac{\dfrac{n_{água}^{II}}{n_s^{II} + n_{água}^{II}}}{\dfrac{n_{água}^I}{n_S^I + n_{água}^I}} \right) \quad (8.79)$$

$$RT \ln \left(\frac{n_{água}^{II} n_s^I + n_{água}^I n_{água}^{II}}{n_{água}^I n_s^{II} + n_{água}^I n_{água}^{II}} \right) \quad (8.80)$$

Ordenando esta equação:

$$RT \ln \left(\frac{n_{água}^{II} n_s^I + n_{água}^I n_{água}^{II}}{n_{água}^I n_s^{II} + n_{água}^I n_{água}^{II}} \right) \quad (8.81)$$

$$RT \left[\ln\left(1 + \frac{n_s^I}{n_{água}^I}\right) - \ln\left(1 + \frac{n_s^{II}}{n_{água}^{II}}\right) \right] \quad (8.82)$$

Como em soluções aquosas diluídas $n_{água} \gg n_s$ e considerando que $ln(1 + x)$ se aproxima de x na medida em que x se aproxima de zero, na equação 8.82 podemos substituir $ln(1 + x)$ por x, ficando:

$$RT \left(\frac{n_s^I}{n_{água}^I} - \frac{n_s^{II}}{n_{água}^{II}} \right) \quad (8.83)$$

Substituindo a equação 8.83 na 8.77, resulta:

$$\Delta\mu_{água\,total}^{II-I} = RT \left(\frac{n_s^I}{n_{água}^I} - \frac{n_s^{II}}{n_{água}^{II}} \right) + \overline{V}_{água} \Delta P^{II-I} \quad (8.84)$$

Dividindo ambos os termos por $\overline{V}_{água}$, obtemos:

$$\frac{\Delta\mu_{água\,total}^{II-I}}{\overline{V}_{água}} = \frac{RT}{\overline{V}_{água}} \left(\frac{n_s^I}{n_{água}^I} - \frac{n_s^{II}}{n_{água}^{II}} \right) + \frac{\overline{V}_{água} \Delta P^{II-I}}{\overline{V}_{água}} \quad (8.85)$$

$$\frac{\Delta\mu_{água\,total}^{II-I}}{\overline{V}_{água}} = \frac{RT}{\overline{V}_{água}} \left(\frac{n_s^I}{n_{água}^I} - \frac{n_s^{II}}{n_{água}^{II}} \right) + \Delta P^{II-I} \quad (8.86)$$

Considerando que $\overline{V}_{água} n_{água}^{II} \cong V^{II}$ e $\overline{V}_{água} n_{água}^I \cong V^I$, em que V^{II} e V^I representam os volumes dos compartimentos II e I, respectivamente, a equação 8.86 fica:

$$\frac{\Delta\mu_{água\,total}^{II-I}}{\overline{V}_{água}} = RT \left(\frac{n_s^I}{V^I} - \frac{n_s^{II}}{V^{II}} \right) + \Delta P^{II-I} \quad (8.87)$$

$$\frac{\Delta\mu_{água\,total}^{II-I}}{\overline{V}_{água}} = RT (C^I - C^{II}) + \Delta P^{II-I} \quad (8.88)$$

$$\frac{\Delta\mu_{água\,total}^{II-I}}{\overline{V}_{água}} = RT \, \Delta C^{I-II} + \Delta P^{II-I} \quad (8.89)$$

Como na equação de *van't Hoff* (8.53), a diferença de pressão osmótica é fornecida por $\Delta\pi = RT \cdot \Delta C$, em que ΔC é a diferença de concentração de solutos, aos quais a membrana é impermeável, entre os compartimentos II e I, a equação 8.89 pode ser expressa como:

$$\frac{\Delta\mu_{\text{água total}}^{II-I}}{\overline{V}_{\text{água}}} = \Delta\pi^{I-II} + \Delta P^{II-I} \quad (8.90)$$

Na situação de equilíbrio, quando $u_{\text{água}}^{I} = u_{\text{água}}^{II}$, $\Delta\mu_{\text{água total}}^{II-I} = 0$. Portanto, a equação 8.90 resulta em:

$$\Delta\pi^{I-II} + \Delta P^{II-I} = 0 \quad (8.91)$$

$$\Delta\pi^{I-II} = -\Delta P^{II-I} \quad (8.92)$$

Em outras palavras, no equilíbrio, quando já não há fluxo de volume entre os dois compartimentos, a diferença de pressão osmótica entre os compartimentos I e II é igual à diferença de pressão hidrostática entre os compartimentos II e I, mas com sinal oposto.

▶ Movimento de água através da membrana celular

Consideremos, novamente, uma membrana semipermeável ideal, que separa duas soluções, a qual deixa passar sem restrição o solvente, neste caso água, impedindo a passagem do soluto. A força envolvida no movimento hídrico através da membrana ($F_{\text{água}}$)[22] deriva da diferença da pressão hidrostática (ΔP^{II-I}) e da diferença de pressão osmótica ($RT \cdot \Delta C_S^{II-I} = \Delta\pi^{II-I}$) entre as duas soluções que banham cada lado da membrana. Assim, podemos escrever:

$$F_{\text{água}} = -\frac{\Delta\mu_{\text{água total}}^{II-I}}{\Delta x} \quad (8.93)$$

Resolvendo $\Delta\mu_{\text{água total}}^{II-I}$ pela equação 8.90, $F_{\text{água}}$ resulta em:

$$F_{\text{água}} = -\frac{\overline{V}_{\text{água total}}}{\Delta x}\left(\Delta\pi^{I-II} + \Delta P^{II-I}\right) \quad (8.94)$$

Essa força imprime um movimento às moléculas de água, cuja velocidade média é dada por:

$$v_{\text{água}} = F_{\text{água}} \cdot \Omega_m \quad (8.95)$$

em que:

$v_{\text{água}}$ = velocidade média das moléculas de água
$F_{\text{água}}$ = força definida na equação 8.94
Ω_m = coeficiente de mobilidade modificada da água através de uma membrana específica = $u_{\text{água}}k$
k = coeficiente de distribuição da água entre a solução e a membrana.

O fluxo de água por unidade de área ($J_{\text{água}}$) será igual à velocidade média das moléculas de água ($v_{\text{água}}$) multiplicada pela concentração da água ($C_{\text{água}}$):

$$J_{\text{água}} = v_{\text{água}} \cdot C_{\text{água}} \quad (8.96)$$

o qual é expresso em $\frac{\text{cm}}{s} \cdot \frac{\text{moles}}{\text{cm}^3} = \frac{\text{moles}}{\text{cm}^2 \cdot s}$, ou seja, o $J_{\text{água}}$ é dado em moles $\cdot$ cm$^{-2} \cdot s^{-1}$.

Substituindo a equação 8.95 na 8.96, temos:

$$J_{\text{água}} = F_{\text{água}} \cdot \Omega_m \cdot C_{\text{água}} \quad (8.97)$$

Considerando a equação 8.94, resulta:

$$J_{\text{água}} = -\Omega_m \cdot C_{\text{água}} \cdot \frac{\overline{V}_{\text{água}}}{\Delta x}\left(\Delta\pi^{I-II} + \Delta P^{II-I}\right) \quad (8.98)$$

Em soluções diluídas, o produto da concentração da água pelo volume parcial molar desse fluido é próximo de 1 ($C_{\text{água}} \cdot \overline{V}_{\text{água}} \cong 1$). Assim,

$$J_{\text{água}} = -\frac{\Omega_m}{\Delta x} \cdot 1 \cdot \left(\Delta\pi^{I-II} + \Delta P^{II-I}\right) \quad (8.99)$$

O coeficiente de permeabilidade para a água é definido por

$$p_{\text{água}} = \frac{\Omega_m}{\Delta x} \quad (8.100)$$

Substituindo a equação 8.100 na 8.99, temos:

$$J_{\text{água}} = -p_{\text{água}}\left(\Delta\pi^{I-II} + \Delta P^{II-I}\right) \quad (8.101)$$

Para expressar a pressão osmótica de II a I, podemos escrever:

$$\Delta\pi^{I-II} = -\Delta\pi^{II-I} \quad (8.102)$$

Então, a equação 8.101 resulta em:

$$J_{\text{água}} = -p_{\text{água}}\left(\Delta P^{II-I} - \Delta\pi^{II-I}\right) \quad (8.103)$$

Com base na equação 8.103, podemos tirar as seguintes conclusões:

1. Se o coeficiente de permeabilidade para a água for zero ($p_{\text{água}} = 0$), não há fluxo resultante desse líquido.
2. Se o coeficiente de permeabilidade para a água for diferente de zero ($p_{\text{água}} \neq 0$), haverá fluxo resultante desse fluido sempre e quando $\Delta P^{II-I} \neq \Delta\pi^{II-I}$, indicando que o fluxo resultante de água através da membrana depende da diferença de pressão mecânica e da diferença de concentração de soluto nos dois lados da membrana.
3. Se o coeficiente de permeabilidade para a água for diferente de zero ($p_{\text{água}} \neq 0$) e a diferença da pressão hidrostática entre II e I, igual à diferença de pressão osmótica entre II e I ($\Delta P^{II-I} = \Delta\pi^{II-I}$), não haverá fluxo resultante de água, indicando que, no equilíbrio, a pressão hidrostática é igual à pressão osmótica.

Entretanto, se a membrana não se comportar de um modo ideal, isto é, se for permeável ao solvente e, também, em maior ou menor grau, ao soluto, a situação será totalmente diferente. Neste caso, existirão fluxos cruzados de soluto e solvente, interatuando. Esta situação foi analisada por *Ora Kedem*[23] e *Aharon-Katzir Katchalsky*,[24] em 1958, utilizando critérios da termodinâmica de processos irreversíveis.

Ora Kedem
1924–

Aharon-Katzir Katchalsky
1914–1972

---

[22] A difusão das moléculas de um soluto é causada pela força difusional que atua sobre elas. Logo, essa força é expressa como $\Delta\mu/\Delta x$.

[23] Professora emérita do Weizmann Institute of Science e discípula do Professor Aharon-Katzir Katchalsky. Dedicou-se ao estudo dos processos tecnológicos de dessalinização da água do mar.

[24] Cientista israelense, pioneiro no estudo da eletroquímica de biopolímeros no Weizmann Institute of Science.

Equações de Kedem e Katchalsky

Existe grande número de *leis fenomenológicas* que descrevem os processos irreversíveis em forma de proporcionalidade. Por exemplo, a *lei de Fick* – entre o fluxo de matéria de um componente de uma mistura e seu gradiente de concentração, e a *lei de Ohm* – entre a corrente elétrica e o gradiente de potencial aplicado. Quando dois ou mais destes fenômenos ocorrem simultaneamente, eles interferem e dão lugar a novos efeitos. Entre estes *fenômenos cruzados*, pode ser citado, por exemplo, o caso de uma membrana não ideal, permeável à água e com certa permeabilidade ao soluto m, que separa dois compartimentos (I e II) que contêm soluções aquosas com diferentes concentrações de m, como seja, $C_m^{II} > C_m^{I}$. Nesta condição, haverá fluxo de água de I para II ($J_{água}^{I \to II}$) e de soluto de II para I ($J_s^{II \to I}$). Em 1931, ao estudar a diferença entre os efeitos cruzados, L. Onsager estabeleceu sua reciprocidade; isto é, a possibilidade de que tais efeitos possam intercambiar. No caso das membranas, tem particular importância a correspondência recíproca dos efeitos causados por diferenças de concentrações e de pressões. Entre 1951 e 1952, *Albert Jan Staverman* estabeleceu a primeira teoria para explicar o fluxo osmótico, propôs o coeficiente de reflexão σ e indicou as causas termodinâmicas daquele fluxo. Entre 1957 e 1966, *Ora Kedem e Aharon-Katzir Katchalsky* completaram a aplicação da teoria da termodinâmica de processos irreversíveis a estes processos de transporte. As equações básicas que resultaram desta aplicação em membranas em que há duas forças termodinâmicas, dadas por ΔC_s e ΔP, serão discutidas a seguir.

Kedem e Katchalsky, estudando o transporte de solvente e soluto através de uma membrana banhada por duas soluções, consideraram os seguintes fluxos, proporcionais à pressão hidrostática e à osmótica, respectivamente:

$$J_v \propto \Delta P \text{ e } J_D \propto RT\Delta C_S$$

em que:

J_v = fluxo total de volume (soluto mais solvente)
J_D = fluxo de soluto em relação ao solvente (fluxo de intercâmbio).

Para transformar as proporções anteriores em igualdades, esses pesquisadores propuseram o uso dos coeficientes L_P e L_D, isto é, o coeficiente de pressão-filtração (para uma diferença de concentração igual a zero) e o coeficiente difusional (para uma diferença de pressão igual a zero), respectivamente. Deste modo, os fluxos em cada caso são fornecidos pelas expressões:

$$J_v = L_p \Delta P$$

$$J_D = L_D RT \Delta C_S$$

Considerando a equação de van't Hoff ($RT\Delta C_S = \Delta \pi$), a equação anterior fica:

$$J_D = L_D \Delta \pi$$

Ou seja, quando ambas as forças atuam, ΔP produz variação na velocidade relativa soluto-solvente e $\Delta \pi$, variação no fluxo de volume, ambas devendo ser colocadas nas equações, sendo seus coeficientes de proporcionalidade – o coeficiente osmótico (L_{pD}) e o de ultrafiltração (L_{Dp}), respectivamente.

Então, as equações dos fluxos, chamadas de equações fenomenológicas de Kedem e Katchalsky, ficam da seguinte maneira:

$$J_v = L_p \Delta P + L_{pD} \Delta \pi$$

$$J_D = L_{Dp} \Delta P + L_D \Delta \pi$$

O teorema de Onsager demonstra que, nas condições expressas, os dois coeficientes cruzados são iguais, isto é, $L_{pD} = L_{Dp}$.

Suponhamos, agora, que a membrana que separa as duas soluções se comporta como uma membrana ideal, que deixa passar livremente o solvente, porém tem total impermeabilidade ao soluto. Neste caso, J_v é apenas fluxo de solvente (impulsionado pela pressão hidrostática) e J_D, também apenas fluxo de solvente, porém, como é impulsionado pela pressão osmótica, apresenta sinal contrário. Logo, se o sistema se encontra próximo do equilíbrio, pode-se considerar que $J_v = - J_D$. Assim, ambas as equações se igualam, ficando:

$$L_p \Delta P + L_{pD} \Delta \pi = -L_{Dp} \Delta P - L_D \Delta \pi$$

$$L_p \Delta P + L_{pD} \Delta \pi + L_{Dp} \Delta P + L_D \Delta \pi = 0$$

$$\Delta P \left(L_p + L_{Dp} \right) + \Delta \pi \left(L_D + L_{pD} \right) = 0$$

Para que a equação anterior seja igual a zero, é necessário que os valores em parênteses sejam zero; para tanto, L_p deve ser igual a $-L_{Dp}$ e L_D, a $-L_{pD}$. Além disso, como, segundo o teorema de Onsager, $L_{pD} = L_{Dp}$, teremos:

$$L_p = L_D = -L_{pD} = -L_{Dp}$$

Com as equações de Kedem e Katchalsky, é possível avaliar, de modo experimental, o valor dos coeficientes de pressão-filtração (L_p), difusional (L_D), ultrafiltração (L_{Dp}) e osmótico (L_{pD}) para uma dada membrana. Por exemplo, se $\Delta \pi = 0$, a equação de J_v ficará $J_v = L_p \Delta P$, bastando determinar J_v e ΔP para se ter o valor de L_p, ou seja:

$$L_p = \left(\frac{J_v}{\Delta P} \right)_{\Delta \pi = 0}$$

Staverman definiu o coeficiente de reflexão (σ) como a relação entre $-L_{pD}$ (coeficiente osmótico) e L_p (coeficiente de pressão-filtração), logo:

$$\sigma = \frac{-L_{pD}}{L_p}$$

Vamos considerar $\Delta \pi = 0$. Portanto, as equações iniciais de J_v e J_D serão:

$$J_v = L_p \Delta P$$

$$J_D = L_{Dp} \Delta P$$

Rearranjando, fica:

$$\frac{-L_{Dp}}{L_p} = \frac{-J_D}{J_v}, \text{ quando } \Delta \pi = 0$$

1. Se a membrana se comporta como uma membrana ideal, impermeável ao soluto, então $-L_{Dp} = L_p$ ou, $-J_D = J_v$, de modo que $\sigma = 1$.
2. Se a membrana é livremente permeável ao solvente e ao soluto, então não há fluxo relativo, de modo que $\sigma = 0$.
3. Se a membrana é livremente permeável ao solvente e oferece certo grau de dificuldade para a passagem do soluto, σ terá um valor entre 0 e 1.

CONCEITOS BÁSICOS

▶ **Difusão.** Processo físico em que partículas materiais passam do meio onde se encontram, para outro meio onde estão ausentes ou em menor concentração, aumentando a entropia ou desordem molecular do sistema constituído pelas partículas que difundem e o meio no qual difundem. Este processo não requer um aporte energético. A *difusão* de substâncias através das membranas celulares pode ser *simples*, quando só intervêm atores responsáveis pela mesma, como pode ser *facilitada* ou *mediada*, quando intervêm, além de proteínas de membrana como canais, cotransportadores e contratransportadores, que reconhecem especificamente as substâncias e facilitam a passagem das mesmas.

▶ **Potencial químico (µm).** Somatória de todos os parâmetros que permitem que uma substância m realize um trabalho. Nos sistemas biológicos, ao nível do mar, podemos calcular o potencial químico de uma substância, isto é, a capacidade de realizar um trabalho químico, osmótico ou elétrico, com a seguinte equação:

$$\mu_m = \mu_m^0 + RT \ln C_m + Z_m F \psi$$

em que R é a constante de gás, T é a temperatura absoluta, C_m é a concentração da substância, Z_m é a valência da substância, F é a constante de Faraday, e ψ é o potencial elétrico. O potencial químico padrão (μ_m^0) corresponde ao potencial químico da substância m quando a concentração (C_m) é 1 molal ($\ln C_m = 0$), o potencial elétrico é zero ($\psi = 0$), temperatura ($T = 298$ K $= 25$ °C), em condições isobáricas (P igual em todos os pontos do meio onde a substância é encontrada) e a substância está ao nível do mar ($h = 0$).

▶ **Coeficiente de partição de uma substância *m* em meios hidrofóbicos e hidrofílicos.** Parâmetro que representa o quociente entre as concentrações de uma substância *m* em uma mistura bifásica formada por dois solventes imiscíveis em equilíbrio, tais como um meio lipídico e um meio aquoso. Com este parâmetro, se pode saber com que facilidade a substância se dissolve em cada um dos meios.

▶ **Potencial de Nernst.** A passagem de uma substância com carga elétrica, de um meio *I* para um meio *II* através de uma membrana, cria uma diferença de potencial elétrico entre os dois lados da membrana, conhecido como potencial de Nernst. Este pode ser calculado, para uma substância carregada *i*, com a equação de Nernst:

$$\Delta \psi^{II-I} = -\frac{RT}{Z_i F} \ln(C_i^{II}/C_i^I)$$

▶ **Gradiente químico.** Diferença de potencial químico de uma substância *m* entre dois compartimentos separados por uma membrana.

▶ **Permeabilidade de uma barreira a uma substância *m*.** De modo geral, refere-se à capacidade de uma barreira, como uma membrana, de permitir a passagem de uma substância sem alterar sua estrutura interna. Como existem substâncias com carga elétrica, e que podem se apresentar diferentes condições nos compartimentos, são gerados diferentes casos, a saber:

- *Primeiro caso*: partículas carregadas na presença de um gradiente de concentração (dC_m/dx) e um gradiente de potencial elétrico ($d\psi/dx$)
- *Segundo caso*: partículas eletroneutras na presença de um gradiente de concentração na barreira (dC_m/dx)
- *Terceiro caso*: partículas carregadas na presença de um gradiente de potencial elétrico ($d\psi/dx$) na barreira, a concentrações constantes de *m*.

▶ **Osmose.** Fluxo de água produzido colocando-se duas soluções aquosas de diferentes concentrações de soluto separadas por uma membrana que é apenas permeável às moléculas de água, mas não às do soluto: a água difunde da solução com menor concentração de soluto, para a solução com a maior concentração do mesmo.

▶ **Pressão osmótica.** Uma das quatro propriedades desenvolvidas pelas soluções, conhecidas como propriedades coligativas porque dependem do número de partículas dissolvidas nelas, e que podem ser definidas como a pressão que deveria ser aplicada a uma solução *I*, separada por uma membrana semipermeável de outra solução *II*, com menor quantidade de soluto dissolvido, para deter o fluxo resultante de solvente que é produzido a partir da solução *II* para a *I*, através da membrana que os separa.

▶ **Osmolaridade e osmolalidade.** A concentração osmótica de uma solução é definida pela sua *osmolaridade* ou *osmolalidade*, conforme se expresse a concentração de partículas osmoticamente ativas em osmoles/litro de solução, ou osmoles/quilo de solvente, respectivamente. Quando se fala de partículas de soluto osmoticamente ativas, é feita referência àquelas que estão efetivamente dissolvidas no solvente e, consequentemente, podem gerar pressão osmótica. Esta propriedade é calculada através da seguinte equação

$$Osmolaridade = \sum_i n_i C_i$$

em que o termo *i* refere-se a cada tipo de soluto presente na solução, n_i à constante de dissociação ideal do soluto e C_i à sua concentração química. Se prepararmos uma solução aquosa com um soluto não ionizável, como glicose ou sacarose, a osmolaridade da solução dependerá diretamente da concentração. Se, em vez disso, a solução é um eletrólito (ácido, base ou sal), suas moléculas vão se dissociar individualmente em dois ou mais íons. Cada íon será uma partícula osmoticamente ativa e, portanto, a osmolaridade de uma solução de eletrólitos será maior que a da sua concentração química. Como os eletrólitos não se dissociam completamente, é necessário um fator que corrija sua dissociação real; esse fator é conhecido como o coeficiente osmótico (φ). A equação da osmolaridade seria, então:

$$Osmolaridade = \sum_i \varphi_i C_i$$

▶ **Propriedades coligativas das soluções.** São as propriedades que uma solução desenvolve devido ao número de partículas dissolvidas nela. As propriedades coligativas são quatro:

- *Aumento da pressão osmótica*: ao adicionar mais soluto a uma solução, há um aumento na osmolalidade da referida solução
- *Diminuição da pressão de vapor*: as partículas não voláteis de soluto diminuem o número de partículas de solvente disponíveis na interface entre a solução e o ar e, assim, ocorre uma diminuição da pressão de vapor da solução
- *Aumento do ponto de ebulição*: as partículas de um soluto não volátil interferem para que as moléculas do solvente possam passar maciçamente para o ar ao alcançar o ponto de ebulição do solvente. Isso faz com que o ponto de ebulição da solução seja mais alto que o do solvente sozinho
- *Diminuição no ponto de congelamento*: as partículas de um soluto presente na solução interferem no processo de aproximação mínima necessário para que as moléculas do solvente congelem e atinjam o estado sólido. Isso resulta na necessidade de reduzir ainda mais a temperatura da solução para que esta possa se congelar.

▶ **Coeficiente de reflexão (σ).** Também chamado de *coeficiente de reflexão de Staverman*, indica a capacidade de uma membrana para "refletir" partículas de soluto que tentam atravessá-la. Este coeficiente toma valores que vão de *0*, quando a membrana permite passar livremente o solvente e o soluto, para *1*, quando a membrana permite passar apenas o solvente.

▶ **Tonicidade.** Pressão osmótica efetiva (Π_{efet}) que exerce uma solução em relação a certa membrana. De acordo com a sua tonicidade, as soluções podem ser:

- *Isotônicas*: quando o (Π_{efet}) de duas soluções são iguais
- *Hipotônicas*: refere-se à solução que tem menor (Π_{efet}) do que a outra solução com a qual está em contato através da membrana
- *Hipertônicas*: refere-se à solução que possui maior (Π_{efet}) do que a outra solução com a qual está em contato através da membrana.

BIBLIOGRAFIA

BORON WF, BOULPAEP EL. *Medical Physiology*. W.B. Saunders, 2008.

HEILBRUNN LV. An Outline of General Physiology. W.B. Saunders, Philadelphia, 1952.

HODGKIN AL, HOROWICZ P. The influence of potassium and chloride ions on the membrane potential of single muscle fibres. *J Physiol*, *148*:127-60, 1959.

SCHULTZ SG. *Basic Principles of Membrane Transport*. Cambridge University Press, New York, 1980.

SNELL FM, SHULMAN S, SPENCER RP *et al*. *Biophysical Principles of Structure and Function*. Addison-Wesley Publishing Co, 1965.

SPERELAKIS N. *Cell Physiology*. Academic Press, San Diego, CA, 1998.

STEIN WD. *Transport and Diffusion Across Cell Membranes*. Academic Press, Orlando, FL, 1986.

STEN-KNUDSEN O. Passive transport processes. In: GIEBISH G, TOSTESON DC, USSING HH (Ed.). *Membrane Transport in Biology*. Vol. 1, chapter 2, 5-113. Springer-Verlag, Berlin, Heildelberg, 1978.

VANDER AJ, SHERMAN JH, LUCIANO DS. *Human Physiology: the mechanisms of body function*. 9. ed. McGraw-Hill, Boston, 2003.

WEISS TF. *Cellular Biophysics*. Vol. 1, Transport. The MIT Press, Cambridge, 1996.

Capítulo 9

Gênese do Potencial de Membrana, Excitabilidade Celular e Potencial de Ação

- **Gênese do Potencial de Membrana,** *158*
  Joaquim Procopio
  - Introdução, *158*
  - Relação entre carga e potencial elétrico, *158*
  - Origem das cargas elétricas, *159*
  - Papel dos canais iônicos na geração de excessos de carga, *160*
  - Geração de voltagem na membrana, *160*
  - Aproximação da célula real, *162*
  - Potencial de membrana, *163*
  - Cálculo das forças moventes para o Na^+ e para o K^+ no potencial de repouso, *164*
  - Perturbações do potencial de repouso, *164*
  - Modelo hidráulico do sistema célula/membrana, *166*
  - Perturbações do potencial de membrana produzidas pela abertura de canais iônicos, *168*
  - Despolarização maciça da membrana | Potencial de ação, *169*
  - Papel das bombas de sódio-potássio na gênese do potencial de membrana, *169*
  - Gênese da diferença de potencial elétrico (DP) transepitelial, *170*
  - Técnica de *voltage-clamp*, *172*
  - Corrente de curto-circuito, *173*

- **Excitabilidade Celular e Potencial de Ação,** *176*
  Fernando Abdulkader
  - Variações do potencial de membrana, *176*
  - Alterações do potencial de membrana em células excitáveis, *180*
  - Importância dos potenciais de ação em células endócrinas pequenas, *202*
  - Bibliografia, *203*

Gênese do Potencial de Membrana

Joaquim Procopio

INTRODUÇÃO

Ao longo do processo de evolução, os seres vivos desenvolveram diferentes estratégias para obtenção, armazenamento e uso da energia. Os tipos básicos de energia utilizados pelos seres vivos estão armazenados em ligações químicas (p. ex., trifosfato de adenosina [ATP], glicose), gradientes químicos (p. ex., força próton-motiva), potencial redox (p. ex., cadeia respiratória, dinucleotídio de nicotinamida e adenina reduzido [NADH]) e, finalmente, a energia armazenada no campo elétrico. Entre as mais importantes formas de armazenamento e processamento da energia e da informação está a energia elétrica. O objetivo deste capítulo é introduzir ao estudante as bases necessárias para compreender os fenômenos elétricos no âmbito da fisiologia celular.

A percepção da bioeletricidade na ciência teve origem nos anos 1700, com os estudos de Luigi Galvani. Entre outros, Michael Faraday deu continuidade a esses estudos e iniciou a fase mais científica da Eletricidade. Curiosamente, o desenvolvimento da Bioeletricidade e o da Eletricidade Clássica ocorreram de modo mais ou menos paralelo no tempo. O grande impulso da eletricidade clássica, unificando eletricidade e magnetismo, no entanto, ocorreu já no final dos anos 1800, principalmente com os trabalhos de James Clerk Maxwell. A bioeletricidade, por sua vez, teve de esperar até meados dos anos 1900 para sofrer uma unificação importante, com os estudos de Hodgkin e Huxley (ver boxe na p. 195), entre outros.

Contudo, desde o início dos anos 1900, já estava bem clara a percepção de que os seres vivos podiam ser considerados "máquinas" eletrobioquímicas, no sentido de que o armazenamento, a interconversão e a sincronização dessas formas de energia ocorriam como um processo geral, indissociável, nas células vivas. Uma percepção não muito agradável, mas bastante convincente da existência da bioeletricidade, é levar um choque de 400 volts de uma enguia elétrica, cujo nome científico, bastante adequado, é *Electrophorus electricus*.

RELAÇÃO ENTRE CARGA E POTENCIAL ELÉTRICO

Provavelmente, uma das mais interessantes estratégias evolutivas no que se refere à bioeletricidade ocorreu no aproveitamento de uma propriedade dos objetos, que é a relação entre carga livre armazenada e o potencial elétrico. Existe uma enorme desproporção entre a quantidade de carga livre em um dado objeto e seu potencial elétrico.

Para se ter uma ideia dessa desproporção, basta dizer que a carga elétrica de uma bateria de telefone celular, se distribuída em uma esfera metálica do tamanho da Terra, levaria o potencial elétrico da esfera a 10 milhões de volts, como demonstra o exercício de Aplicação 1.

Aplicação 1

Em um experimento hipotético, toda a carga elétrica armazenada em uma bateria de telefone celular (2.000 miliamperes/hora) é transferida para a superfície interna de uma esfera metálica gigante, oca e perfeitamente lisa, com o tamanho da Terra (12.800 quilômetros de diâmetro). Calcule a voltagem atingida pela esfera.

Solução:
Carga = 2 amperes × hora = (2 coulombs/segundo) × (3.600 segundos) = 7.200 coulombs

$$\text{Potencial} = \frac{1}{4\pi\varepsilon_0} \frac{\text{Carga}}{\text{Raio}} = \frac{1}{4\pi \times (8{,}85 \times 10^{-12})} \times \frac{7.200}{6{,}4 \times 10^6} = 10.121.000 \text{ volts} = 10 \text{ milhões de volts} \quad (9.1)$$

Claramente, observando o resultado da Aplicação 1, deduz-se que a desproporção mencionada anteriormente advém do valor extremamente pequeno da constante $\varepsilon_0 = 8{,}85 \times 10^{-12}$ farads/metro (permitividade elétrica do vácuo) no denominador e da enorme quantidade de elétrons em 1 coulomb.

Graças a essa propriedade, a transferência de cargas extremamente pequenas aos objetos em geral leva à geração e à modificação de grandes valores de potenciais elétricos.

Conclui-se que os objetos de modo geral são péssimos acumuladores de cargas elétricas. No entanto, é possível aumentar enormemente a capacidade de armazenamento de cargas, conforme descrito na Aplicação 2.

Aplicação 2

Se revestirmos a esfera gigante da Aplicação 1 com uma folha de plástico isolante e constante dielétrica (ε) igual a 2, com a espessura de uma sacola plástica de supermercado (0,1 mm), e cobrirmos tudo com uma folha metálica bem ajustada, a mesma quantidade de carga contida na bateria do celular (7.200 coulombs), depositada nesse novo sistema, criará agora uma voltagem de:

$$C = \varepsilon\varepsilon_0 \frac{\text{Área}}{\text{Espessura}} = \varepsilon\varepsilon_0 \frac{4\pi R^2}{d} = 2 \times (8{,}85 \times 10^{-12}) \times \left(\frac{5{,}14 \times 10^{14}}{0{,}1 \times 10^{-3}}\right) = 9{,}1 \times 10^7 \text{ farads} \quad (9.2)$$

$$V = \frac{\text{Carga}}{\text{Capacitância}} = \frac{7.200}{9{,}1 \times 10^7} = 7{,}9 \times 10^{-5} \text{ volts} \quad (9.3)$$

A diferença nos dois exemplos (Aplicações 1 e 2) é que a esfera metálica simples é um condutor esférico simples, e a esfera metálica revestida por uma membrana com uma placa por fora é um *capacitor elétrico* (Figura 9.1).

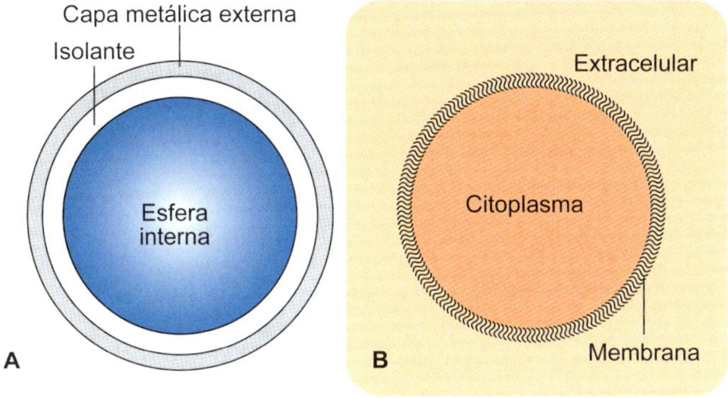

Gênese do Potencial de Membrana, Excitabilidade Celular e Potencial de Ação

Figura 9.1 ▪ Comparação entre um capacitor elétrico clássico (**A**) e o sistema celular citoplasma/membrana/meio extracelular (**B**). O núcleo metálico do capacitor corresponde ao citoplasma, o isolante do capacitor corresponde à membrana, e a carcaça externa do capacitor corresponde ao meio extracelular.

Dois fatos se tornam evidentes nos exemplos anteriores. Uma mesma quantidade de carga na esfera simples gerou uma voltagem absurdamente alta, enquanto no capacitor de mesmo tamanho gerou uma voltagem desprezível. O segundo fato indica que, no capacitor, é possível adicionar uma grande quantidade de carga com uma relativamente pequena variação de voltagem. O capacitor é, portanto, um dispositivo adequado para armazenar ou acumular cargas.

A analogia do capacitor gigante com a célula viva é direta. No capacitor (ver Figura 9.1 A), os dois condutores metálicos correspondem ao citoplasma (a esfera interna) e ao extracelular (a capa metálica externa), enquanto o isolante entre os dois condutores corresponde à membrana celular (a célula está representada na Figura 9.1 B).

As células vivas são, portanto, pequeníssimos capacitores elétricos. Dessa forma, outra estratégia desenvolvida pela natureza foi a capacidade das células em armazenarem carga elétrica, de modo a permitir sua utilização em ocasiões convenientes e impedir variações indesejáveis de voltagem na vigência de variadas perturbações elétricas. Essa propriedade de armazenamento deriva da *capacitância elétrica* das células, vista anteriormente, resultado da geometria particular do sistema citoplasma/membrana/extracelular, e da espessura extremamente delgada da membrana celular. Por sua vez, as cargas elétricas armazenadas na célula servem a muitas funções, entre elas: sinalização, armazenamento de energia eletroquímica, transporte através da membrana e modulação de canais iônicos.

Portanto, graças à capacitância elétrica relativamente grande da célula, a carga elétrica, na forma de íons, pode ser armazenada e manipulada, concomitantemente à geração de potenciais e variações de potencial dentro dos limites fisiológicos, ou seja, inferiores a 100 mV.

Para que as células animais funcionem utilizando adequadamente os fenômenos elétricos em associação aos fenômenos químicos/bioquímicos, é necessário que a célula possa:

- Responder de modo significativo a quantidades extremamente pequenas de carga elétrica veiculadas ao citoplasma por abertura de canais, por exemplo. Com isso, o organismo consegue sinalizar com mínimo gasto de energia ou movimentação de cargas ou, de modo equivalente, de íons. Além disso, a pequena quantidade de carga necessária para esses processos permite a rapidez de respostas, necessária à sobrevivência do indivíduo
- Responder a essas pequenas injeções de carga com alterações de potencial de membrana suficientemente altas para sinalização e controle de outros processos, porém suficientemente baixas para não lesionarem a delicada estrutura da membrana celular
- Armazenar a carga elétrica recebida durante tempo suficiente para interagir com outras injeções de carga (p. ex., somação de potenciais). Em condições de repouso, armazenar a carga elétrica como forma de energia potencial elétrica (ou potencial eletroquímico)
- Permitir que as voltagens através da membrana representem diferenças de potencial elétrico da mesma ordem que as diferenças de potencial químico decorrentes dos gradientes de concentração. Dessa forma, a célula permite que a energia elétrica possa somar-se à energia química com grande eficiência, fato que é rotina.

Das informações anteriores fica claro que o mecanismo básico de geração de voltagens através da membrana celular é a criação de um excesso de cargas elétricas no citoplasma. Excesso de cargas positivas polariza a membrana com citoplasma positivo, enquanto um excesso de cargas negativas gera um potencial de membrana negativo.

Dessa maneira, o potencial de membrana (V_M) é gerado, essencialmente, por um excesso de cargas elétricas no citoplasma. A relação entre o excesso de carga (ΔQ) e o potencial elétrico do citoplasma (V_M) é muito simples:

$$V_M = \frac{\Delta Q}{C_M} \qquad (9.4)$$

A maior parte deste capítulo visa explicar ao estudante de que modo é gerado e mantido esse excesso de cargas elétricas no citoplasma, de modo a manter a maioria das células com potenciais de membrana relativamente estáveis no tempo. Também estudaremos os processos que alteram a carga elétrica na célula e o potencial de membrana e levam ao fenômeno da excitabilidade elétrica das células. Ao final do capítulo, discutiremos também como os processos de manejo de cargas elétricas em membranas podem gerar, em epitélios, diferenças de potencial elétrico entre o meio externo e o meio interno.

Aplicação 3

Calcule a capacitância elétrica de uma célula com 10 micrômetros de diâmetro, membrana de 5 nanômetros de espessura e constante dielétrica relativa igual a 2.

Solução:

$$C = \varepsilon \varepsilon_0 \frac{\text{Área}}{\text{Espessura}} = 2 \times (8{,}85 \times 10^{-12}) \frac{4\pi R^2}{d} =$$

$$= (2 \times 8{,}85 \times 10^{-12}) \times \frac{3{,}14 \times 10^{-10}}{5 \times 10^{-9}} = 1{,}11 \times 10^{-12} \text{ farads} \qquad (9.5)$$

ORIGEM DAS CARGAS ELÉTRICAS

Nos objetos em geral existe uma igualdade quase total entre a quantidade de cargas positivas e negativas. Dessa forma, os objetos são, em condições normais, eletricamente neutros. Entretanto, dada a enorme mobilidade dos elétrons livres que permeiam todos os sólidos, essa igualdade pode ser, e é, facilmente rompida. Por exemplo, ao andar descalço sobre um tapete em um dia seco, o corpo humano pode ganhar ou perder elétrons (dependendo do tipo de tapete), adquirindo facilmente um potencial de milhares de volts. Ao tocar uma maçaneta metálica, uma faísca pode ocorrer, descarregando rapidamente esse excesso de carga. A faísca elétrica que resulta dessa descarga veicula uma corrente elétrica tão baixa que não produz qualquer efeito nocivo ou doloroso (além de um susto), demonstrando que a quantidade de carga em excesso é muito pequena. Esse é o fenômeno da eletrização por atrito.

No entanto, na água e nas soluções eletrolíticas, ou seja, nos fluidos biológicos, essa eletrização por atrito é muito menos significativa, pelo fato de que a água e as soluções iônicas, sendo condutores, não permitem o desenvolvimento de diferenças de potencial elétrico significativas. A membrana celular, com sua propriedade de isolamento elétrico, permite, no entanto, a existência de diferenças de voltagem entre o citoplasma e o meio extracelular. Essa é a base para a geração e a manutenção do potencial de membrana.

Outra diferença entre a geração de potenciais nas células vivas e nos objetos inanimados é que, nas células, os potenciais elétricos não se devem a um excesso ou déficit de elétrons livres, e sim a um desequilíbrio entre as concentrações de cátions e ânions no citoplasma.

PAPEL DOS CANAIS IÔNICOS NA GERAÇÃO DE EXCESSOS DE CARGA

Como veremos a seguir, a abertura de um ou poucos canais iônicos, veiculando um fluxo iônico associado a uma corrente elétrica diminuta ao citoplasma, pode provocar, na célula, variações de potencial citoplasmático na faixa fisiológica. No entanto, o que move essa entrada ou saída de cátions ou ânions, e o que permite ser esse fluxo, em muitos casos, exclusivamente de cátions ou de ânions desacompanhados de seus pares?

Aqui, entra em cena uma propriedade dos canais iônicos: a sua *seletividade iônica*. A seletividade iônica é a propriedade que permite a um dado canal iônico selecionar o sinal da carga do íon que passará por ele: cátion (+) ou ânion (−). A seletividade pode ser ainda mais restrita, permitindo ao canal selecionar entre diferentes espécies de cátions ou de ânions. É a *seletividade intercatiônica* ou *interaniônica*. Os detalhes da origem da seletividade iônica por canais serão descritos no Capítulo 10, *Canais para Íons nas Membranas Celulares*.

GERAÇÃO DE VOLTAGEM NA MEMBRANA

Para entender como os canais iônicos podem gerar voltagem no citoplasma, consideremos uma célula hipotética (esférica e com diâmetro de 10 micrômetros), banhada em um meio aquoso contendo NaCl 140 mmol/ℓ. Vamos supor que, no citoplasma, temos NaCl 10 mmol/ℓ. Não nos preocupemos com o mecanismo de manutenção dessa diferença de concentração entre os meios intracelular (IC) e extracelular (EC). Uma bomba iônica hipotética poderia manter indefinidamente essas concentrações, a despeito de entradas ou saídas de Na+. Vamos supor que o potencial intracelular é inicialmente igual ao potencial no EC. Ou seja, não há, inicialmente, uma diferença de potencial elétrico (DP) através da membrana.

Abrindo, na membrana, um canal seletivo ao Na+, os íons Na tenderão a entrar na célula por estarem mais concentrados no meio EC (Figura 9.2 A). Como vimos no Capítulo 8, *Difusão, Permeabilidade e Osmose*, agirá então nos íons Na uma *força difusional* que impulsiona a entrada de Na+. Essa força, como vimos, é numericamente igual ao potencial de equilíbrio do Na+ (E_{Na}).

Como o canal para Na+ impede a passagem de Cl−, para cada íon Na que penetra no citoplasma, um íon Cl permanece, despareado, no meio EC. Como os íons Cl− não conseguem fluir pelo canal acompanhando o Na+, a entrada de íons Na, *desacompanhados de íons Cl*, gera, no citoplasma, um pequeno excesso de cargas positivas. Ao mesmo tempo, o meio EC adquire um excesso de cargas negativas, porém esse fato não é relevante para a presente discussão. À medida que mais íons Na vão entrando, o citoplasma vai se tornando cada vez mais positivo, como mostra a Figura 9.2 C.

A consequência do aumento da positividade do citoplasma é o aparecimento de uma força elétrica orientada do citoplasma para o meio EC, que freia progressivamente a

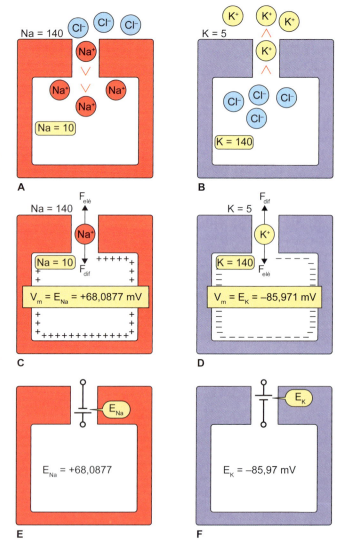

Figura 9.2 ▪ Representação esquemática de células hipotéticas permeáveis somente a Na+ (*vermelho*) ou a K+ (*azul*). **A** e **B**. A entrada de Na+ desacompanhada de Cl− e a saída de K+ desacompanhada de Cl− geram separação de cargas entre o citoplasma e o meio extracelular. **C** e **D**. Os íons Na e K atingem o equilíbrio nos respectivos canais, gerando uma voltagem no citoplasma, os potenciais de equilíbrio E_{Na} e E_K, respectivamente. **E** e **F**. O canal para Na+ em equilíbrio pode ser representado por uma bateria com o polo positivo orientado em direção ao citoplasma e com uma força eletromotriz (FEM) = E_{Na}. O canal para K+ em equilíbrio pode ser representado por uma bateria com o polo positivo orientado em direção ao meio extracelular e com uma FEM = E_K.

entrada de Na⁺. Até quando os íons Na continuarão a entrar? Quando a força elétrica repulsiva, orientada para fora da célula, iguala-se à força difusional para dentro, o fluxo de Na⁺ anula-se. Nessa voltagem, o íon Na atinge o *equilíbrio* no interior do canal.

A voltagem que anula a entrada de Na⁺ movida pela diferença de concentração (força difusional) e *equilibra* o íon Na no interior do canal nada mais é do que o *potencial de equilíbrio do Na⁺*, dado pela equação de Nernst, e designado por E_{Na}. Neste caso, temos:

$$E_{Na} = \left(\frac{RT}{zF}\right) \ln\left(\frac{140}{10}\right) = +68,0877 \text{ mV} \quad (9.6)$$

A Figura 9.2 C mostra a situação de equilíbrio, na qual a força difusional e a força elétrica se anulam. Nesta condição, o potencial de membrana (V_M) é igual a E_{Na}:

Na condição de equilíbrio, $V_M = E_{Na} = +68,0877$ mV

Como indica a Figura 9.2 C, as forças difusional e elétrica são iguais e opostas. A condição de equilíbrio pode manter-se indefinidamente. O resultado desse processo pode ser visto como sendo uma transformação de energia potencial química em energia potencial elétrica. Esse é também o princípio de operação das baterias.

Ao ser atingido o potencial de equilíbrio do Na⁺, a voltagem através da membrana estabiliza-se. O excesso de cargas positivas (ΔQ) (neste caso, um excesso de íons Na) associado ao potencial V_M (+68,0877 mV) pode ser calculado usando a equação do capacitor e o valor da capacitância calculado na Aplicação 1. Esse valor corresponde a 1 Na⁺ despareado para cada 6.680 Na⁺ pareados com ânions Cl. Esse cálculo é demonstrado na Aplicação 4.

Aplicação 4

Calcule a fração de carga despareada em uma célula com 10 micrômetros de diâmetro e potencial citoplasmático de +68,0877 mV, contendo NaCl 10 mmol/ℓ.

Solução:

$\Delta Q = C \times \Delta V = (1,11 \times 10^{-12}$ farads$) \times (68 \times 10^{-3}$ volts$) = 7,55 \times 10^{-14}$ coulombs

Esse excesso de carga corresponde a um excesso do número de íons Na em relação a íons Cl, dado por:

$\Delta Q/q = (7,55 \times 10^{-14}$ coulombs$)/(1,602 \times 10^{-19}$ coulombs/íon$) = 4,7 \times 10^5$ íons Na, em excesso no citoplasma.

O número de íons Na⁺ (ou Cl⁻), $N_{Na/Cl}$, inicialmente presentes na célula antes da abertura do canal para Na⁺, era:

$N_{Na/Cl} = [Na^+] \times$ (volume da célula) $\times N_{Avogadro}$
$N_{Na/Cl} = (10$ moles/m³$) \times (5,23 \times 10^{-16}$ m³$) \times (6,02 \times 10^{23}$ íons/mol$) = 3,14 \times 10^9$ íons Na (ou Cl)

Isso significa que a quantidade de íons Na que entrou é apenas $(3,14 \times 10^9)/(4,7 \times 10^5) = 6.680$, ou seja, 1/6.680 avos da quantidade inicial de Na⁺ presente na célula. Esse cálculo reforça nossa afirmação anterior de que um mínimo desequilíbrio (neste caso, 1 íon Na desbalanceado, para 6.680 íons Na pareados com ânions Cl) entre o número de cargas positivas e negativas causa variações importantes do potencial de membrana e suficientes, neste exemplo, para interromper a entrada de íons Na no citoplasma.

O canal para Na⁺, na sua condição de equilíbrio, pode ser representado eletricamente por meio de uma bateria com o polo positivo voltado para o citoplasma, como mostra a Figura 9.2 E. A força eletromotriz (FEM) da bateria é igual a E_{Na}.

Da mesma forma como fizemos para o íon Na, podemos agora inserir, em outra célula hipotética, de mesmo volume que a anterior, um canal seletivo aos íons K. O meio EC é agora KCl 5 mmol/ℓ, e o citoplasma contém KCl 140 mmol/ℓ (Figura 9.2 B). O efeito da abertura do canal para K⁺ é permitir a saída de íons K, mais concentrados no citoplasma que no EC, e movidos pela sua diferença de concentração. Os íons Cl, acompanhantes do K⁺, não podem sair da célula e começam a se acumular no citoplasma, gerando, nesse local, um excesso de cargas negativas que vai progressivamente aumentando à medida que mais íons K, despareados, vão saindo do citoplasma em direção ao meio EC. Analogamente (mas opostamente) ao que ocorre com o canal para Na⁺, o efeito da abertura do canal para K⁺ é tornar o citoplasma progressivamente mais negativo, até que a força elétrica agente no K⁺, e que atrai o K⁺ para dentro da célula, anule a força difusional que tende a mover o K⁺ para fora da célula. Ao ser atingido o estado de equilíbrio do K⁺ no interior do seu canal, as forças difusional e elétrica serão iguais e de sentidos opostos. Como mostra a Figura 9.2 D, a força difusional é orientada para fora, e a força elétrica, para dentro da célula.

Nesta condição de equilíbrio, o potencial de membrana (V_M) iguala-se ao potencial de equilíbrio do potássio (E_K):

$$V_M = E_K = \left(\frac{RT}{zF}\right) \ln\left(\frac{K_{ic}}{K_{ec}}\right) = 0,0258 \times \ln\left(\frac{140}{5}\right) = -85,97 \text{ mV} \quad (9.7)$$

Assim como no caso do Na⁺, o canal para K⁺ pode ser representado eletricamente por uma bateria voltada para fora da célula, com FEM = E_K (Figura 9.2 F).

Além disso, da mesma forma como foi feito para o canal para Na⁺, o excesso de cargas negativas, causado pela saída de íons K, pode ser calculado.

Aplicação 5

Uma célula hipotética, esférica, tem diâmetro de 10 micrômetros. A célula contém inicialmente KCl 140 mmol/ℓ e está em um meio contendo KCl 5 mmol/ℓ. Calcule quantos íons K devem sair da célula (desacompanhados de Cl) para que o potencial de membrana atinja o valor de −85,97 mV. Compare com a quantidade de íons K inicialmente presentes na célula e determine a proporção entre íons K livres e íons K pareados com Cl⁻.

Solução:

$\Delta Q = C_M \times \Delta V = (1,11 \times 10^{-12}$ farads$) \times (0,08597$ volts$) = 9,54 \times 10^{-14}$ coulombs

Número de íons K que devem sair $= \Delta Q/q = (9,54 \times 10^{-14}$ coulombs$)/(1,6 \times 10^{-19}$ coulombs/íon$) = 596.250$ íons

$N_K = [K^+] \times$ (volume celular) $\times (N_{avogadro}) = (5$ moles/m³$) \times (5,23 \times 10^{-16}$ m³$) \times (6,02 \times 10^{23}) = 1,57 \times 10^9$ íons K

A relação é $(1,57 \times 10^9)/(596.250) = 2.633$ íons Na pareados para cada íon Na despareado.

APROXIMAÇÃO DA CÉLULA REAL

As células vivas contêm, nas suas membranas, muitos tipos de canais iônicos, além de transportadores, bombas etc. Para tornar nosso modelo um pouco mais realista, vamos analisar o que acontece quando, na membrana celular, existem canais para Na⁺ e para K⁺ simultaneamente.

Em uma primeira etapa, vamos colocar as células contendo canais para Na⁺ e canais para K⁺ em um mesmo meio, uma mistura de: NaCl = 140 mmol/ℓ + KCl = 5 mmol/ℓ. As concentrações e composições iônicas no citoplasma são idênticas aos modelos anteriores. Cada célula, contendo seu canal para Na⁺ ou de K⁺ respectivamente, está em equilíbrio, no seu respectivo potencial de equilíbrio: $V_{M(Na)} = E_{Na}$ e $V_{M(K)} = E_K$.

A segunda etapa em direção ao modelo mais realista consiste em unir as duas células, ou fundi-las, permitindo uma comunicação livre entre seus citoplasmas. Com a fusão, as duas células passam a compartilhar um mesmo citoplasma e, necessariamente, deverão ter o mesmo potencial elétrico intracelular (Figura 9.3 A).

Determinar o valor desse potencial comum é a nossa tarefa a seguir. Imediatamente ao ocorrer a fusão, as duas células (com canais para Na⁺ e com canais para K⁺) ainda têm polaridades elétricas opostas e composição química original. A célula do Na⁺ é positiva, enquanto a do K⁺ é negativa. Dessa forma, ao dar-se a fusão, uma movimentação intensa de cargas ocorrerá entre os dois citoplasmas. Os cátions em excesso fluirão da célula do Na⁺ para a célula do K⁺, e ânions em excesso fluirão da célula de K⁺ para a célula do Na⁺. Em um intervalo de tempo muito curto (possivelmente microssegundos), ocorre nova estabilização de voltagem. A voltagem comum de estabilização, ou seja, o novo potencial de membrana (V_M) é menos positivo do que a E_{Na} e menos negativa do que E_K, tendo, portanto, um valor intermediário entre E_{Na} e E_K (+68 > V_M > –85), por exemplo, –70, –60, –50 mV, como mostra a Figura 9.3 A.

O balanço de forças em cada canal é também profundamente alterado com a fusão das duas células. No canal de Na⁺ onde havia equilíbrio entre a força elétrica ($F_{elétrica}$ = DP) e a força difusional ($F_{difusional} = E_{Na}$), a força elétrica agente no Na⁺ agora é menor que a força difusional (E_{Na}) e, portanto, insuficiente para equilibrar os íons Na no interior do canal. O resultado é que a força difusional, que continua sendo numericamente igual a E_{Na}, supera a força elétrica. Como consequência, os íons Na passam a ter fluxo resultante penetrando no citoplasma, movidos agora por sua força movente (FM_{Na}):

$$FM_{Na} = V_M - E_{Na} \quad \text{(para dentro)} \quad (9.8)$$

Um processo análogo, porém oposto, ocorre no canal para K⁺. A força elétrica, agente no K⁺, agora é menos negativa que E_K.

O resultado é que a força difusional que age no potássio, orientada para fora da célula, vence a força elétrica que foi diminuída pela fusão das células. O equilíbrio de forças nos íons K é rompido, e o K⁺ passa a "sentir" uma força movente (FM_K), orientada para fora da célula e dada por:

$$FM_K = V_M - E_K \quad \text{(para fora)} \quad (9.9)$$

A nova célula, resultante da fusão, contém agora dois tipos de canais na sua membrana: um canal para Na⁺ e um canal para K⁺, e um potencial elétrico citoplasmático a ser determinado (ver Figura 9.3 A).

A célula tem agora um potencial citoplasmático estável, mas, nos canais, os íons não estão mais em equilíbrio. No canal

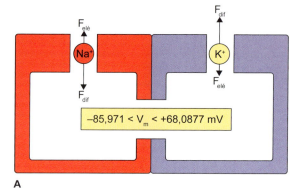

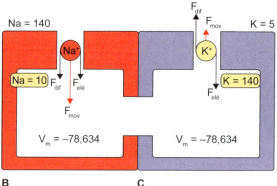

Figura 9.3 ▪ **A.** Etapa intermediária entre a fusão das células Na⁺ e K⁺, mostrando o novo esquema de forças difusional e elétrica nos íons Na e K. O potencial de membrana adquire um valor intermediário entre E_{Na} e E_K e, em cada canal, a força difusional vence a respectiva força elétrica. A consequência é um desbalanço de forças, com entrada de íons Na e saída de íons K. **B** e **C.** Após adquirido o potencial de membrana estável (V_M), as forças difusional e elétrica em cada canal somam-se, originando as forças moventes respectivas.

para Na⁺ ocorre um fluxo de íons Na para dentro da célula, e no canal para K⁺, um fluxo de íons K para fora. Esses fluxos iônicos veiculam correntes elétricas, respectivamente, i_{Na} e i_K. Como o potencial do citoplasma é estável, a quantidade de carga no citoplasma é constante, e, consequentemente, a corrente i_{Na} entrando tem, necessariamente, de ser igual e de sentido contrário à corrente i_K, saindo da célula:

$$i_{Na} = -i_K$$

Essa é uma situação *estacionária* (que não se altera no tempo), porém não mais de *equilíbrio*. A entrada de íons Na na célula pode continuar indefinidamente, porque a bomba Na⁺/K⁺ ejeta continuamente íons Na para fora. O mesmo raciocínio vale para a saída de íons potássio, que são continuamente repostos no citoplasma pela bomba Na⁺/K⁺. Cada corrente iônica é movida pela sua respectiva força movente e é dada pelas seguintes equações (Figura 9.4 A):

$$i_{Na} = G_{Na}(V_M - E_{Na}) \quad (9.10)$$

$$i_K = G_K(V_M - E_K)$$

Observe que, agora, usamos um mesmo valor de V_M no cálculo tanto das correntes de Na⁺ como nas de K⁺. Isso decorre do fato de que a nova célula contendo os dois tipos de canais tem um único citoplasma e, portanto, um único potencial de membrana. Como as correntes i_{Na} e i_K são iguais e opostas, podemos igualar os lados direitos das equações anteriores:

$$G_{Na}(V_M - E_{Na}) = -G_K(V_M - E_K) \quad (9.11)$$

Gênese do Potencial de Membrana, Excitabilidade Celular e Potencial de Ação 163

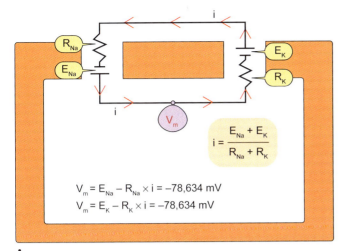

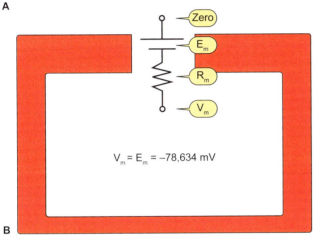

Figura 9.4 ▪ **A.** Circuito elétrico equivalente da célula, contendo na membrana canais para Na⁺ e para K⁺. **B.** Redução do circuito elétrico de **A**. O circuito reduzido em **B** equivale ao circuito de **A**.

Rearranjando os termos, obtemos:

$$V_M = \frac{E_{Na}G_{Na} + E_K G_K}{G_{Na} + G_K} \qquad (9.12)$$

Aplicação 6

Calcule o potencial de membrana de uma célula contendo canais para Na⁺ e para K⁺ na sua membrana e banhada em um meio contendo Na⁺ = 140, K⁺ = 5 e Cl⁻ = 145 mmol/ℓ. As concentrações intracelulares de Na⁺, K⁺ e Cl⁻ são, em milimol/ℓ: Na = 10, K = 140 e Cl = 150. Sabe-se que nessa célula a condutância da membrana ao K⁺ é 20 vezes maior que a condutância ao Na⁺.

Solução:

$$E_{Na} = 0{,}0258 \ln(140/10) = +68{,}0877 \text{ mV}$$

$$E_K = 0{,}0258 \ln(140/5) = -85{,}97 \text{ mV}$$

$$G_{Na} = 1,\ G_K = 20$$

$$V_M = \frac{68{,}0877 \times 1 + (-85{,}97 \times 20)}{1 + 20} = -78{,}634 \text{ mV}$$

Como as condutâncias aparecem no numerador e no denominador, seus valores reais não influenciam o resultado. Apenas é necessário colocar seus valores relativos; neste exercício, $G_K/G_{Na} = 20$.

Nas células nervosas, usadas comumente como exemplo, efetivamente a relação entre as condutâncias G_{Na} e G_K em repouso é próxima de $G_K/G_{Na} = 20$. Essa grande diferença deve-se não ao fato de a condutância unitária dos canais para K⁺ ser 20 vezes maior que dos canais para Na⁺, e sim ao fato de haver um número maior de canais para K⁺ ativados, na condição de repouso.

O potencial de membrana (V_M) calculado na equação 9.12 e na Aplicação 6 é um potencial estacionário, ou seja, não varia com o tempo, indicando que não está ocorrendo uma variação temporal da quantidade de cargas livres no citoplasma. É o chamado *potencial de repouso* da membrana (E_M). Muitos estudantes têm dificuldade em entender a diferença entre potencial de repouso (E_M) e potencial de membrana (V_M).

V_M é o potencial elétrico do citoplasma, medido com referência ao meio extracelular, ou seja, $V_M = V_{citoplasma} - V_{extracelular}$. V_M é o potencial citoplasmático (potencial de membrana) em qualquer condição, esteja a célula em repouso ou durante um potencial de ação, ou durante uma perturbação artificial do potencial de membrana. Por outro lado, E_M é um caso particular de V_M, quando a célula encontra-se em estado estacionário elétrico, ou seja, quando a célula está em *repouso elétrico*. No repouso elétrico, o potencial intracelular não está variando no tempo, e a célula não está sendo perturbada eletricamente. Assim, E_M é sempre igual a V_M, porém V_M nem sempre é igual a E_M. Dessa forma, o potencial de membrana definido e calculado pela equação 9.12 é, na realidade, E_M, uma vez que é válido apenas na condição de estado estacionário (ou repouso), quando a corrente de Na⁺ entrando é igual e oposta à corrente de K⁺ saindo, e, consequentemente, o potencial V_M não varia no tempo. Por essa razão, costuma-se colocar a equação na seguinte forma:

$$V_M = E_M = \frac{E_{Na}G_{Na} + E_K G_K}{G_{Na} + G_K} \qquad (9.13)$$

POTENCIAL DE MEMBRANA

O potencial de membrana é em geral definido como sendo o potencial do citoplasma tomado como referência ao potencial do EC ($V_M = V_{ic} - V_{ec}$). Normalmente, o potencial do EC é tomado como zero; dessa forma, $V_M = V_{ic}$. Nem sempre, no entanto, o potencial do EC é zero. No caso da pessoa andando sobre o tapete, o potencial do EC pode ser milhares de volts. Assim como no caso de um pássaro pousado sobre um fio de alta tensão. Desde que o pássaro não toque outro condutor, ele não será afetado. Em alguns países existem proteções especiais impedindo que um pássaro, pousado no fio, possa tocar com o bico qualquer outra região condutora.

Aplicação 7

Um pássaro está pousado em um fio de +10.000 volts. Sabendo que suas células nervosas têm uma DP transmembrana de 90 mV com o citoplasma negativo em relação ao EC, determine qual o potencial citoplasmático absoluto nessas células e nessa condição. Qual o potencial de membrana V_M?

Solução:
O potencial citoplasmático absoluto é 10.000 − 0,090 = +9999,91 volts.
O potencial de membrana é: $V_M = V_{ic} - V_{ec} = 9.999{,}91 - 10.000 = -0{,}09$ volts.

O citoplasma, sendo um meio condutor, permite a livre acomodação das cargas livres em busca da configuração de menor energia. Como as cargas se repelem e não podem atravessar livremente a membrana, elas se localizam nas bordas do citoplasma.

Na superfície interna da célula, há uma camada de cargas negativas que atrai cargas positivas do meio extracelular. Dessa maneira, junto à face externa da membrana, há uma camada de cargas positivas. Isso ocorre mesmo que o potencial do meio EC seja zero.

CÁLCULO DAS FORÇAS MOVENTES PARA O Na+ E PARA O K+ NO POTENCIAL DE REPOUSO

A obtenção de um valor numérico para o potencial de repouso da célula, no exemplo anterior, nos permite calcular também as forças moventes para os íons sódio e potássio, através da membrana.

$$FM_{Na} = (-78{,}634 - E_{Na}) = [-78{,}634 - (+68{,}0878)] =$$
$$= -146{,}7218 \text{ mV } (IN)$$

$$FM_K = (-78{,}634 - E_K) = [-78{,}634 - (-85{,}97)] =$$
$$= +7{,}336 \text{ mV } (OUT)$$

Fazendo a razão entre as forças moventes para o sódio e para o potássio, obtemos:

$$FM_{Na}/FM_K = (146{,}7218/7{,}336) = 20{,}0002$$

Isso mostra ser 20 essa razão. Sabemos que, no exemplo analisado, as correntes de Na+ e de K+ têm o mesmo valor numérico. No entanto, como a condutância da membrana ao Na+ é 20 vezes menor que ao K+, a força movente deve ser 20 vezes maior no Na+ do que no K+.

PERTURBAÇÕES DO POTENCIAL DE REPOUSO

Tão importante como entender a origem do potencial de repouso da célula é compreender de que modo as células reagem às perturbações do potencial de membrana. As células vivas estão constantemente sujeitas a processos que modificam suas características elétricas. Bombas e transportadores eletrogênicos criam desequilíbrios de carga no citoplasma. Canais iônicos podem gerar, e normalmente geram, correntes despolarizantes ou hiperpolarizantes. Nos receptores sensoriais, processos físicos oriundos do meio ambiente são transformados em perturbações elétricas (potenciais geradores) que dão origem a sinais elétricos propagados (potenciais de ação) que veiculam e processam uma infinidade de informações. Dessa forma, os seres vivos podem interagir com o ambiente de modo a garantir sua sobrevivência e a perpetuação de sua espécie.

Em muitos tecidos, as células encontram-se quase sempre em estado de repouso elétrico, ou seja, seus potenciais de membrana flutuam pouco em torno de um valor médio. Exemplos são as células epiteliais da pele. Contudo, em outros tecidos, a rotina da célula é uma constante modificação do potencial de membrana. Nas células do nodo sinoatrial do coração, o potencial de membrana oscila ritmicamente, determinando a frequência de contração do coração. Cada vez mais estão sendo reconhecidos, como excitáveis, tecidos supostos anteriormente como não excitáveis. Existe atualmente um consenso de que praticamente todos os tipos de células possuem certo grau de excitabilidade. Assim, as células beta do pâncreas atualmente são consideradas excitáveis, demonstrando claramente potenciais de ação relacionados à secreção de insulina. De modo geral, uma célula é dita excitável quando responde de modo adequado e consistente a perturbações de seu potencial de membrana. Além disso, a resposta de uma célula excitável, a determinadas perturbações, ativa uma determinada função.

Apesar de todas as células terem maior ou menor grau de excitabilidade, as células musculares e as células nervosas fazem da excitabilidade a sua "rotina", ou seja, são os protótipos das células excitáveis.

Dessa forma, tão importante quanto compreender a origem do potencial de repouso é entender como as células respondem às perturbações de seu potencial de membrana, sejam elas naturais ou fisiológicas, ou perturbações artificiais usadas na investigação científica, usando ferramentas da eletrofisiologia.

Para entender como uma célula reage a estímulos elétricos, é muito útil representar a membrana por meio de um circuito elétrico convencional. Dessa forma, a maioria dos estímulos e respostas podem ser descritos usando o formalismo da eletricidade clássica. Quando a célula é representada por um circuito elétrico, diz-se que esse é o *circuito elétrico equivalente* da célula.

Na Figura 9.4 A está o circuito elétrico equivalente da célula contendo os canais para Na+ e K+. Como existe um fluxo de cargas entrando pelos canais para Na+ e saindo pelos canais para K+, é fundamental colocar resistências elétricas (R_{Na} e R_K) em série com as forças eletromotrizes (FEM) de cada canal. Usando o circuito elétrico equivalente da Figura 9.4 A, podemos calcular o potencial de membrana por um processo independente daquele usado no modelo biológico. No modelo biológico usamos o conceito de forças moventes. Aqui, no entanto, não podemos lançar mão dos conceitos usados no modelo biológico e temos de nos ater ao circuito elétrico convencional. Ou seja, não se podem "misturar" os dois modelos. A corrente circulante, no sentido anti-horário, é:

$$i = \frac{E_{Na} + E_K}{R_{Na} + R_K} \qquad (9.14)$$

Essa corrente pode ser estimada a partir dos valores calculados para E_{Na} e E_K e da relação entre as resistências R_{Na} e R_K. Como vimos, nesse cálculo interessa apenas a relação entre as resistências (ou entre as condutâncias). Assim, podemos fazer $R_{Na} = 20$ e $R_K = 1$, mantendo a relação 20:1.

$$i = \frac{E_{Na} + E_K}{R_{Na} + R_K} = \frac{68{,}0877 + 85{,}971}{20 + 1} = 7{,}336 \text{ u.a.c.}$$

Vamos então verificar que a corrente circulante vale 7,336 unidades arbitrárias de corrente (u.a.c.). O potencial na parte inferior de cada ramo do circuito corresponde a V_M e é igual, em cada canal, à soma da voltagem da bateria (E_{Na} ou E_K) com a queda ôhmica em cada resistência ($R_{Na} \times i$ ou $R_K \times i$).

$$V_M = E_{Na} + R_{Na} \times 7{,}336 = 68{,}0877 - (20 \times 7{,}336) = -78{,}632$$

$$V_M = E_K + R_K \times 7{,}336 = -85{,}971 + (7{,}336 \times 1) = -78{,}635 \qquad (9.15)$$

Na Figura 9.4 B temos o que se denomina uma *redução* do circuito elétrico da Figura 9.4 A. Isso significa que o circuito da Figura 9.4 B tem as mesmas propriedades que o circuito da Figura 9.4 A. A vantagem é que o circuito reduzido é mais simples.

No circuito elétrico equivalente reduzido, representado na Figura 9.4, a FEM da bateria é numericamente igual ao potencial de repouso E_M. A resistência elétrica (R_M) engloba todas as vias condutivas da membrana. Na célula-modelo contendo apenas canais para Na^+ e para K^+, a resistência R_M é a soma *em paralelo* de R_{Na} e R_K. Por sua vez, a capacitância elétrica da membrana (C_M) no circuito equivalente é a própria capacitância elétrica da membrana. Dessa forma, os componentes do circuito equivalente reduzido (Figura 9.4 B) podem ser resumidos como:

Bateria: FEM = E_M com polo positivo voltado para fora

Resistência: R_M = soma em paralelo de R_{Na} e $R_K = (R_{Na}R_K)/(R_{Na} + R_K)$

A resistência R_M é considerada como sendo a resistência interna ou intrínseca da bateria E_M

Capacitância: $C_M = \varepsilon\varepsilon_o$(área da membrana)/(espessura da membrana)

Como está indicado na Figura 9.4 B, na célula em repouso elétrico, a bateria E_M e sua resistência em série (R_M) estão em circuito aberto. Ou seja, não há corrente fluindo pelo ramo E_M–R_M. A DP através do ramo E_M–R_M é igual a E_M, ou seja, o próprio potencial de repouso. O capacitor, em paralelo com o ramo E_M–R_M, está carregado com uma voltagem igual a E_M sendo o polo interno negativo. O sistema, como mostrado na Figura 9.4 B, pode permanecer indefinidamente nesse estado.

É na representação da Figura 9.4 B que temos condições de descrever as respostas da membrana aos diferentes tipos de perturbações elétricas.

Em condições fisiológicas, embora existam muitas formas diferentes de perturbação elétrica da célula, todas elas convergem, essencialmente, para a produção de uma corrente transmembrana e/ou uma despolarização da membrana. Por exemplo, na abertura de canais sinápticos excitatórios, ativados por um mediador químico, o evento final é a despolarização da membrana por entrada de cátions no citoplasma, o que será mais discutido no item sobre variações no potencial de membrana em células excitáveis.

Portanto, é importante compreender de que maneira a aplicação de uma corrente elétrica perturba a célula. Primeiramente, no entanto, é necessário entender como pode ser aplicada uma corrente elétrica na célula e qual o tipo de corrente que pode, efetivamente, perturbar uma célula. Essencialmente, uma corrente aplicada através da membrana vai injetar ou retirar cargas positivas no citoplasma, produzindo, respectivamente, uma despolarização ou hiperpolarização da membrana celular.

O esquema usual para representar uma perturbação por corrente é mostrado na Figura 9.5 A. Uma micropipeta, conectada a uma fonte de corrente, é inserida no citoplasma da célula, impalando a célula. O equivalente fisiológico da micropipeta injetando carga é um canal iônico aberto na membrana, permitindo a entrada de cátions no citoplasma.

Aplicando uma corrente que injeta cargas positivas no citoplasma, ocorrerá uma diminuição da negatividade intracelular, produzindo uma "desnegativação" ou, mais corretamente, uma *despolarização* da membrana. A membrana, que estava inicialmente *polarizada* com uma voltagem igual a E_M, passa a ter agora uma voltagem menos negativa que E_M. No circuito elétrico equivalente, esse processo corresponde a unir os dois polos da perna E_M–R_M com a fonte de corrente, como indica a Figura 9.5 B.

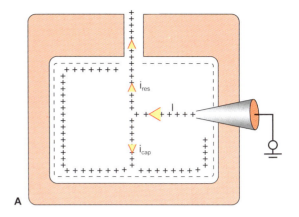

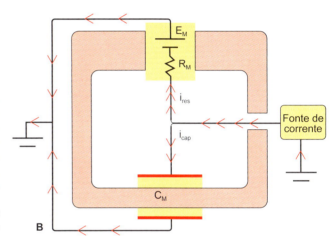

Figura 9.5 ▪ Injeção de corrente através de uma micropipeta, despolarizando a membrana. **A.** Modelo biológico. **B.** Circuito elétrico equivalente da célula/membrana. Após atingido o estado estacionário, o novo potencial de membrana será dado por: $V_M = E_M - R_M \times I_{inj}$.

Existem duas maneiras usuais de entender por que a injeção de cargas positivas no citoplasma despolariza a membrana. Uma delas usa o modelo biológico, e a outra, o modelo elétrico. No modelo biológico, no qual desenhamos a célula, a membrana e a pipeta injetora de cargas, o potencial de repouso depende, em última análise, do excesso de cargas negativas no citoplasma. Não existem aqui baterias, resistências elétricas ou capacitores.

Um fato que deve ser lembrado é que todos os tipos de potencial elétrico intracelular dependem de um excesso de cargas positivas ou negativas no citoplasma.

Portanto, se a célula tem um potencial de membrana negativo no repouso, isso significa que há um excesso de cargas negativas no citoplasma. Ao injetarmos, com a pipeta, cargas positivas no citoplasma, uma parte do excesso de cargas negativas será anulada e, portanto, o excesso de cargas negativas será menor. O resultado é uma diminuição da negatividade do citoplasma e a despolarização da membrana. No modelo biológico, esse processo é intuitivo. Porém, não nos permite quantificar adequadamente os efeitos da corrente injetada. Quando uma fonte de corrente é ligada, passando a injetar uma corrente constante no citoplasma, observa-se que a célula não se despolariza instantaneamente, e sim vai, lentamente, diminuindo sua negatividade, para finalmente se estabilizar em outro valor de potencial, menos negativo (p. ex., passa de –80 mV para –60 mV). A partir desse momento, enquanto perdurar a corrente injetada, o potencial de membrana mantém-se constante. Ao ser desligada a corrente, o potencial de membrana não volta instantaneamente ao valor original, mas volta lentamente seguindo uma curva inversa àquela da despolarização.

Outro ponto importante é o destino da corrente injetada pela pipeta. Uma parte das cargas positivas injetadas na célula permanece no citoplasma, enquanto outra parte vaza para fora da célula, através das vias disponíveis na membrana. No entanto, por que uma parte das cargas vaza para fora? Qual a fração das cargas injetadas que se acumula na célula e qual fração vaza para fora?

Vamos usar o modelo elétrico (Figura 9.5 B), paralelamente ao modelo biológico, (ver Figura 9.5 A), para tentar entender o que acontece na vigência de uma injeção de cargas no citoplasma da célula. O excesso de cargas negativas que existe, inicialmente, na célula em repouso está localizado no citoplasma e, portanto, no capacitor. Ao ser ligada a fonte de corrente, uma parte da corrente injetada no citoplasma (ou no circuito) anulará uma fração do excesso de cargas negativas acumuladas anteriormente no citoplasma (ou no capacitor), diminuindo a sua negatividade. Porém, outra parte das cargas injetadas não permanece no citoplasma (ou no capacitor) e vaza pelas vias de vazamento disponíveis na membrana (ou vaza através do ramo $E_M - R_M$ do circuito). À medida que passa o tempo, o citoplasma (ou capacitor) vai ficando menos negativo, a diferença entre V_M e E_M vai aumentando, e, devido a esse fato, o ritmo de vazamento de cargas para fora da célula vai aumentando também. Com isso, a fração da corrente que se acumula no citoplasma (ou no capacitor) diminui, e a fração que vaza pelos canais da membrana (pelo ramo $E_M - R_M$), consequentemente, aumenta. Quando a corrente de vazamento iguala-se à corrente injetada, a quantidade de carga entrando na célula (ou no circuito), a cada segundo, iguala-se à quantidade saindo por vazamento. Não há mais acumulação de carga no citoplasma (ou no capacitor), e sua voltagem permanece constante (não há mais variação de V_M). A partir desse momento, enquanto a fonte estiver injetando uma corrente constante, V_M se manterá constante, indefinidamente (Figura 9.6).

A porção da corrente injetada que se acumula no citoplasma (ou no capacitor) recebe o nome de *corrente capacitiva*, enquanto a parte da corrente injetada que vaza pela membrana (ou pelo ramo $E_M - R_M$) é a *corrente resistiva*. No início da injeção de cargas, a corrente resistiva é nula (não há diferença entre V_M e E_M), e a corrente capacitiva é máxima. No estado estacionário, quando V_M atinge seu valor constante, a corrente capacitiva é nula, e a corrente resistiva é máxima.

O modelo elétrico, no entanto, permite-nos avançar ainda um pouco mais. Se a corrente injetada for I, a despolarização final da membrana, quando toda a corrente I estiver vazando para fora da célula, será $\Delta V = I \times R_M$, e o novo potencial de membrana, nesse estado estacionário, será $V_M = (E_M - \Delta V) = (E_M - R_M I)$. A corrente capacitiva (i_C) entre o início e o fim do processo não é constante e é dada, a cada instante, pelo ritmo de variação do excesso de carga no citoplasma:

$$i_C = \frac{dQ}{dt} = C_M \frac{dV_M}{dt} \qquad (9.16)$$

Ou seja, enquanto V_M estiver variando, haverá corrente capacitiva. A corrente resistiva (i_R) também varia ao longo do processo de despolarização e é dada por $i_R = (V_M - E_M)/R_M$.

Então, sempre que o potencial de membrana V_M for diferente de E_M, existirá corrente resistiva.

> **Aplicação 8**
>
> Deseja-se manter o potencial de membrana de uma célula no valor de -95 mV. O potencial de repouso é -60 mV, e a resistência global da membrana é 15 megaohm. Qual deverá ser a corrente injetada no citoplasma e qual o seu sentido?
> **Solução:**
>
> $\Delta V = I \times R_M$, em que $I = \Delta V/R_M = (0,035 \text{ V})/(15 \times 10^9 \text{ ohms}) = 2,33 \times 10^{-9}$ amperes = 2,33 nanoamperes, com cargas positivas saindo do citoplasma para o extracelular.

MODELO HIDRÁULICO DO SISTEMA CÉLULA/MEMBRANA

Para facilitar a compreensão dos fenômenos descritos anteriormente, um modelo hidráulico do sistema célula/membrana é bastante eficiente. Na Figura 9.7 está representado o modelo hidráulico de uma célula com sua membrana.

O modelo hidráulico consiste em dois reservatórios cilíndricos, conectados por um tubo. O reservatório E_M tem seu nível fixado automaticamente no valor de E_M. O nível de água em E_M é numericamente igual ao potencial de repouso da célula e não varia. No reservatório V_M, o nível de água é sempre igual ao potencial de membrana V_M e pode variar de acordo com as perturbações ou outros fatores. As perturbações são sempre feitas no reservatório V_M. No modelo hidráulico podemos ter dois tipos de perturbações: injeções de água e retiradas (ou aspirações) de água. Os dois reservatórios são unidos por um tubo (R_M) cuja resistência hidráulica é R_M. Como dito anteriormente, o nível E_M é mantido fixo, automaticamente, em um valor *abaixo* do nível zero. É importante notar que a nomenclatura vale tanto para

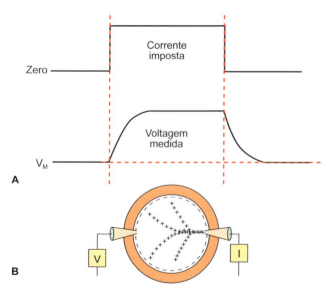

Figura 9.6 ▪ A imposição de uma corrente em degrau (a corrente ou é zero ou passa, instantaneamente, a um valor constante diferente de zero) através de uma micropipeta, injetando cargas positivas no citoplasma a um ritmo constante (**A**), resulta em uma resposta de voltagem (**B**) do tipo exponencial. A interrupção da corrente também resulta em uma resposta exponencial, aproximadamente inversa.

Gênese do Potencial de Membrana, Excitabilidade Celular e Potencial de Ação

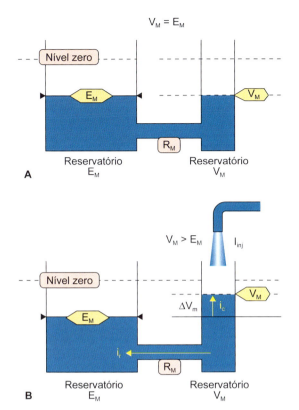

Figura 9.7 • Modelo hidráulico do sistema membrana/citoplasma. **A.** Modelo hidráulico da célula sem perturbações, em que o potencial de membrana (V_M) é igual ao potencial de repouso (E_M). **B.** Modelo hidráulico da célula perturbada por uma injeção de corrente constante.

a identificação do reservatório como para o valor numérico do parâmetro representado. O *nome* do reservatório está em negrito. As correspondências são as seguintes:

- V_M = valor numérico do nível de água no reservatório **V_M**
- E_M = valor numérico do nível de água no reservatório **E_M**
- R_M = valor numérico da resistência hidráulica do tubo **R_M**.

As analogias com a célula/membrana são as seguintes:

- Nível de água E_M (fixo) no reservatório **E_M** corresponde ao potencial de repouso da membrana E_M (fixo)
- Nível de água V_M (variável) no reservatório **V_M** corresponde ao potencial de membrana V_M (variável)
- Resistência hidráulica (R_M) do tubo de ligação corresponde à resistência elétrica (R_M) da membrana
- Quantidade de água (Q) em excesso (ou déficit) no reservatório **V_M**, acima (ou abaixo) do nível E_M, corresponde à quantidade de carga positiva (ou negativa) em excesso no citoplasma
- Área da base (A) do reservatório **V_M** corresponde à capacitância elétrica da membrana (C_M)
- Fluxo de água (I) lançado sobre **V_M** corresponde à corrente elétrica (I) injetada no citoplasma por uma micropipeta ou por um canal iônico
- Fluxo de água (i_R) através do tubo de ligação entre **V_M** e **E_M** corresponde à corrente de vazamento através da membrana ou corrente resistiva (i_R)
- Ritmo de acúmulo de água em **V_M**($A[dV_M/dt]$) corresponde ao ritmo de acúmulo de carga no citoplasma ou corrente capacitiva, $i_C = C_M(dV_M/dt)$
- Elevação do nível de água em **V_M** corresponde à despolarização da membrana (o nível aproxima-se do nível zero)

- Descida do nível de água em **V_M** corresponde à hiperpolarização da membrana (o nível afasta-se do nível zero).

No modelo hidráulico da Figura 9.7, é fácil perceber que, sempre que o sistema é deixado em repouso (isso equivale ao repouso elétrico da célula), o nível V_M é igual ao nível E_M. Quem se encarrega de igualar os níveis, no estado de repouso, é o tubo de ligação (**R_M**) entre os dois reservatórios.

Vamos agora descrever o que acontece quando um fluxo de água constante, designado por *I*, é lançado sobre o reservatório **V_M**. (Esse fluxo de água corresponde à corrente elétrica I.) Vamos impor a condição de que o fluxo *I* pode ter apenas dois valores: ou é zero ou passa, instantaneamente, para um valor constante igual a I.

Ao ser iniciado o fluxo de água sobre o reservatório **V_M**, ocorrerá uma elevação do nível da água (V_M), aproximando o nível ao valor zero e, portanto, tornando o nível *menos* negativo. A elevação do nível de água em V_M corresponde a uma despolarização da membrana. Tão logo o nível V_M suba acima do valor E_M, ocorrerá um *desnível* de água entre os reservatórios **V_M** e **E_M** e, como consequência, ocorrerá um fluxo de água de **V_M** para **E_M** através do tubo de ligação **R_M**. Na célula, isso equivale a haver uma diferença entre o potencial de membrana (V_M) e o potencial de repouso (E_M). Essa diferença não é fácil de visualizar no modelo biológico ou no circuito elétrico equivalente da célula. No modelo hidráulico, no entanto, ela é evidente.

O fluxo de água (i_R) através do tubo de ligação (**R_M**), que corresponde à corrente de vazamento na célula, decorre da diferença de pressão causada pelo desnível entre V_M e E_M e é diretamente proporcional a esse desnível de água e inversamente proporcional à resistência hidráulica do tubo de ligação:

$$i_R = \frac{V_M - E_M}{R_M} \qquad (9.17)$$

Percebe-se claramente na equação 9.17 que, quando $V_M = E_M$, o fluxo i_R é igual a zero.

Mantendo-se constante o fluxo de água sobre o reservatório V_M, o nível continua a subir, porém cada vez mais lentamente (ver também Figura 9.6). Por que a velocidade de elevação do nível cai com o tempo? À medida que o nível V_M sobe, aumenta o desnível ($V_M - E_M$) entre os dois reservatórios, e o ritmo de vazamento (fluxo i_R) aumenta. Como o fluxo I da torneira é constante, à medida que o vazamento aumenta, sobra menos água para encher o reservatório **V_M**. Assim, cada vez mais água vaza de **V_M** para **E_M**, e cada vez menos água sobra para encher **V_M**. A taxa de subida do nível em V_M é igual a dV_M/dt a cada instante. A variação da quantidade de água (Q) acumulada no reservatório **V_M** é $dQ/dt = A(dV_M/dt)$. A correspondência entre o que ocorre no modelo hidráulico e na célula é:

$$\frac{dQ}{dt} = A \times \frac{dV_M}{dt} \quad \Leftrightarrow \quad \frac{dQ}{dt} = C_M \times \frac{dV_M}{dt} \qquad (9.18)$$

modelo hidráulico　　　célula

Como vimos, o fluxo da torneira é mantido constante e igual a I. Pelo princípio da conservação (da água ou das cargas elétricas), o *ritmo de variação* da quantidade de água em **V_M** ou do excesso de carga elétrica no citoplasma é sempre igual a um fluxo que entra (corrente ou fluxo de água) menos um fluxo que sai:

$$A\frac{dV_M}{dt} = I - \frac{V_M - E_M}{R_M} \qquad C_M\frac{dV_M}{dt} = I - \frac{V_M - E_M}{R_M} \qquad (9.19)$$

modelo hidráulico　　　célula/membrana

Na equação 9.19, o ritmo de subida da água em V_M é dV_M/dt. Contudo, à medida que V_M sobe, a diferença $(V_M - E_M)$ aumenta e, portanto, subtrai mais valor de I, que tem valor fixo. O resultado é uma diminuição progressiva de (dV_M/dt). As equações anteriores são equações diferenciais, cuja solução é equivalente tanto para o modelo hidráulico como para a membrana celular:

$$\Delta V_M(t) = I \times R_M \left[1 - \exp\left(-\frac{t}{R_M A}\right)\right]$$

modelo hidráulico (9.20)

$$\Delta V_M(t) = I \times R_M \left[1 - \exp\left(-\frac{t}{R_M C_M}\right)\right]$$

membrana celular

O produto $R_M A$ é a *constante de tempo* do sistema hidráulico, e o produto $R_M C_M$ é a *constante de tempo* da membrana celular.

Aplicação 9

Explique o significado da constante de tempo: qual o valor de ΔV_M quando $t = R_M C_M$?

Solução:

Quando $t = R_M C_M$, o termo dentro da exponencial é -1. O valor de "e" é 2,718. Sabe-se que $e^{-1} = 1/e = 1/(2,718) = 0,37$. Por outro lado, $1 - 0,37 = 0,63$. Assim, quando $t = R_M C_M$, $\Delta V_M = I \times R_M \times 0,63$, ou 63% da corrente máxima final.

Aplicação 10

Em uma célula hipotética com diâmetro de 10 micrômetros, capacitância $= 1,11 \times 10^{-12}$ F e $R_M = 10$ gigaohms, abre-se na membrana um canal iônico veiculando ao citoplasma uma corrente de 5 picoamperes. O canal permanece aberto. O potencial de repouso da célula é -70 mV. Qual deverá ser o potencial de membrana após 5 e após 15 milissegundos?

Solução:

A constante de tempo dessa célula é: $R_M C_M = (10 \times 10^9)(1,11 \times 10^{-12}) = 11,1$ ms. Colocando os valores numéricos na equação 9.20, temos: $\Delta V_M = (5 \times 10^{-12} \text{ amperes})(10 \times 10^9 \text{ ohms})(1 - e^{-K})$, em que $K = t/RC$.

Calculando o valor de K em $t = 5$ e 15 ms:

$K_5 = t/RC = (5 \times 10^{-3})/(11,1 \times 10^{-3}) = 0,45$;
portanto, $e^{-K} = e^{-0,45} = 0,64$

$K_{15} = t/RC = (15 \times 10^{-3})/(11,1 \times 10^{-3}) = 1,35$;
portanto, $e^{-K} = e^{-1,35} = 0,26$

Calculando o valor dentro do colchete da equação 9.20:

$(1 - K_5) = 0,36$ e $(1 - K_{15}) = 0,74$

$\Delta V_5 = (I \times R_M)(0,36) = (5 \times 10^{-12})(10 \times 10^9)(0,36) = 18 \times 10^{-3}$ V $= 18$ mV

$\Delta V_{15} = (I \times R_M)(0,74) = (5 \times 10^{-12})(10 \times 10^9)(0,74) = 37 \times 10^{-3}$ V $= 37$ mV

$V_{M5} = -70 - (-18) = -52$ mV

$V_{M15} = -70 - (-37) = -33$ mV

Examinando a equação 9.20, vemos que, em $t = 0$, $\Delta V_M = 0$, e em $t = $ infinito, $\Delta V_M = I \times R_M$. Entre $t = 0$ e $t = $ infinito, podemos descrever, rigorosamente, a evolução de V_M no tempo usando a equação 9.20. Porém, mesmo qualitativamente, ou seja, sem muito rigor, podemos ter uma ideia razoavelmente boa do tipo de curva que descreve a evolução de V_M. Observando a equação 9.19, podemos afirmar que o maior valor de dV_M/dt é quando $V_M = E_M$, ou seja, no instante $t = $ zero. Nesse caso, $dV_M/dt = I/A$. A partir do instante zero, dV_M/dt vai diminuindo gradativamente, pois o seu valor é a subtração de I por um termo que aumenta com V_M, ou seja, $(V_M - E_M)/R_M$. Em $t = $ infinito, o termo exponencial vai para zero, e o fluxo de vazamento iguala-se ao fluxo constante (I) injetado no reservatório V_M. Ou seja, o sistema entra em estado estacionário, e o nível V_M mantém-se constante no tempo, enquanto o fluxo de água I para o reservatório V_M for mantido constante. Portanto, a curva entre os pontos $t = 0$ e $t = $ infinito tem uma máxima inclinação em $t = 0$ e uma inclinação zero em $t = $ infinito. A curva de evolução de V_M em função do tempo tem, na realidade, a forma de uma função exponencial.

Esse tipo de comportamento exponencial da voltagem citoplasmática, em resposta a uma corrente de início súbito, é muito importante para a interação elétrica entre células nervosas. Vemos facilmente, no modelo hidráulico, que, quando o fluxo de água é interrompido bruscamente, após a estabilização do sistema, o nível V_M não cai instantaneamente ao valor do repouso, e sim de forma lenta, seguindo também uma curva exponencial, que é uma imagem "especular" vertical da curva anterior. Essa "lentidão" da resposta decorre do fato de que leva certo tempo para o reservatório V_M se esvaziar, após interrompida a entrada de água. Esse comportamento permite a uma célula nervosa guardar uma memória elementar do estímulo, durante poucos milissegundos. Essa é base da *somação temporal* dos potenciais sinápticos.

PERTURBAÇÕES DO POTENCIAL DE MEMBRANA PRODUZIDAS PELA ABERTURA DE CANAIS IÔNICOS

Como mencionado anteriormente, a injeção de cargas elétricas no citoplasma (positivas ou negativas) ocorre, em condições fisiológicas, através da abertura de canais iônicos na membrana. Existem, essencialmente, as seguintes possibilidades:

- Condição 1: canal catiônico com força movente do cátion para dentro. Resultado é entrada de cargas (+) e despolarização da membrana. Exemplo: canais para Na^+ dependentes de voltagem, do neurônio
- Condição 2: canal catiônico com força movente para o cátion orientada para fora. Resultado: saída de cargas (+) e hiperpolarização da membrana. Exemplo: canais para K^+, dependentes de voltagem, do neurônio
- Condição 3: canal aniônico com força movente do ânion para dentro. Resultado: entrada de cargas (−) e hiperpolarização da membrana. Exemplo: canal para Cl^- em desequilíbrio eletroquímico através da membrana
- Condição 4: canal de ânion com força movente para fora. Resultado: saída de cargas (−) e despolarização da membrana. Exemplo: canal para Cl^- em desequilíbrio eletroquímico através da membrana.

Aplicação 11

Em uma célula temos K_{ic} = 145 e K_{ec} = 5 milimols/ℓ. A célula está, inicialmente, em repouso elétrico com um potencial de membrana espontâneo igual a –90 mV. A abertura de canais para K⁺ na membrana produzirá uma corrente de K orientada para dentro ou para fora da célula? Irá despolarizar ou hiperpolarizar a membrana?

Solução:

E_K = –86 mV. A força elétrica é para dentro e igual a 90 mV. A força difusional é para fora e igual a 86 mV. A força elétrica vence a força difusional, e o K⁺ vai entrar na célula, despolarizando a membrana.

Aplicação 12

Em uma célula temos Cl_{ic} = 10 e Cl_{ec} = 120 milimols/ℓ. A célula está, inicialmente, em repouso elétrico com um potencial de membrana espontâneo igual a –90 mV. A abertura de canais para Cl⁻ na membrana produzirá uma corrente de Cl⁻ orientada para dentro ou para fora da célula? Irá despolarizar ou hiperpolarizar a membrana?

Solução:

E_{Cl} = –64 mV. Força elétrica para fora = 90 mV. Força difusional para dentro = 64 mV. A força para fora vence a força para dentro, e o Cl⁻ sai da célula, despolarizando a membrana.

No entanto, em alguns casos, particularmente com o ânion Cl, a abertura de canais para Cl⁻ não gera fluxo de Cl⁻ porque o Cl⁻ encontra-se em equilíbrio através da membrana (ver Figura 9.15, mais adiante). Esse caso é muito interessante. Ocorre, aqui, uma diminuição de R_M, por efeito da abertura dos canais para Cl⁻. Se, ao mesmo tempo, são abertos canais para Na⁺ despolarizantes, o efeito despolarizante será menor, porque uma fração grande das cargas positivas que iriam despolarizar o citoplasma vaza para fora da célula, através dos canais para Cl⁻. Esse efeito diminui a eficiência da despolarização e, portanto, do processo excitatório, corresponde a uma *inibição da excitação* e denomina-se *efeito de shunt* da inibição.

Para termos uma ideia de como a abertura de canais iônicos pode afetar o potencial de membrana, vamos resolver a Aplicação 13.

Aplicação 13

Suponha que na membrana de uma dada célula abre-se, durante 10 milissegundos, um canal para Na⁺ com condutância de 1 pS, sendo que Na_{ec} = 140 e Na_{ic} = 10 milimols/ℓ, respectivamente. A célula está inicialmente em um potencial de repouso de –70 mV, e sua capacitância é 1,11 × 10⁻¹² farads. Qual será a variação de V_M?

Solução:

A força movente nos íons Na é:

$$FM_{Na} = V_M - E_{Na} = -70 - (+68,0877) = -138,0877 \text{ mV}$$

A corrente unitária de Na⁺ (i_{Na}) é:

$$i_{Na} = g_{Na}(V_M - E_{Na}) = (1 \times 10^{-12}) \text{ mho} \times 0,1381 \text{ volts} = 1,381 \times 10^{-13}$$
$$\text{amperes} = 0,1381 \text{ picoamperes}$$

Se esse canal permanecer aberto por 10 milissegundos, a carga que vai entrar no citoplasma é:

$$\Delta Q = (0,1381 \times 10^{-12} \text{ coulombs/segundo}) \times (0,01 \text{ segundo}) =$$
$$1,381 \times 10^{-15} \text{ coulombs}$$

A variação do potencial de membrana será:

$$\Delta V = \Delta Q / C_M = (1,381 \times 10^{-15} \text{ coulombs})/(1,11 \times 10^{-12} \text{ farads}) = 1,244 \text{ mV}$$

O que se depreende da Aplicação 13 é que a abertura de um único canal iônico durante um tempo muito pequeno influencia muito pouco V_M. No entanto, tipicamente, em condições fisiológicas, ocorrem centenas ou mesmo milhares de aberturas de canais, intercaladamente no tempo. O efeito coletivo pode ser uma despolarização suficientemente intensa para causar um potencial de ação.

Além da questão da pequena corrente veiculada por um único canal, existe ainda o fato do vazamento de cargas, que ocorre *simultaneamente* ao processo de despolarização. Como vimos, uma parte das cargas injetadas no citoplasma, pela abertura do canal, começa imediatamente a vazar para fora. Quanto menor for R_M, maior será o vazamento e mais tempo a corrente excitatória levará para despolarizar a membrana em certa extensão. Os mecanismos biológicos para que essas variações no V_M ocorram serão discutidos a seguir, no item sobre excitabilidade e potencial de ação.

DESPOLARIZAÇÃO MACIÇA DA MEMBRANA | POTENCIAL DE AÇÃO

Como vimos no item anterior, a abertura de canais despolarizantes pode alterar o potencial de membrana em alguns milivolts. No entanto, em certas condições, ocorre abertura de um número muito grande de canais na membrana celular. Isso ocorre particularmente nas células excitáveis. O neurônio é um exemplo de célula excitável na qual canais para Na⁺ e para K⁺, do tipo dependente de voltagem, desempenham papel fundamental no fenômeno da excitabilidade. Os canais para Na⁺ e para K⁺, dependentes de voltagem, são estudados no Capítulo 6, *Fisiologia do Músculo Esquelético*. Aqui usaremos esses canais apenas como uma aplicação da equação 9.12.

Como veremos na segunda parte deste capítulo, no potencial de ação (PA) ocorre a ativação maciça de canais para Na⁺ dependentes de voltagem, seguida pela ativação de canais para K⁺ também dependentes de voltagem. Durante a fase do pico do PA, o potencial de membrana permanece constante durante um período muito pequeno, mas suficiente para aplicarmos a equação 9.12, que é válida apenas quando o potencial de membrana não varia no tempo. No pico do potencial de ação, as correntes de Na⁺ entrando e de K⁺ saindo são iguais e opostas, e dV_M/dt = 0, o que nos permite empregar a equação 9.12 para calcular o valor do potencial de membrana. Apenas para ilustrar, vamos supor que nessa fase de pico G_{Na} = 20 G_K, que é uma relação real para algumas células excitáveis. Colocando na equação os valores numéricos nessa condição, temos:

$$V_M = \frac{E_{Na}G_{Na} + E_K G_K}{G_{Na} + G_K} = \frac{68,0877 \times 20 + (-85,97 \times 1)}{1 + 20} =$$
$$= +60,751 \text{ mV}$$

Percebemos que, no pico do PA dessa célula hipotética, o potencial de membrana não somente se despolariza completamente, mas ainda inverte de valor. Na realidade, esse valor não chega a ser alcançado, porque entram em jogo vários mecanismos de recuperação da voltagem ou de repolarização da membrana. Esses mecanismos serão estudados na segunda parte deste capítulo.

PAPEL DAS BOMBAS DE SÓDIO-POTÁSSIO NA GÊNESE DO POTENCIAL DE MEMBRANA

A partir de toda a discussão anterior, fica claro que o valor da diferença de potencial elétrico através de membranas biológicas é função da existência de vias passivas de permeabilidade seletiva a íons, proporcionadas por canais iônicos, e da força movente atuante sobre esses íons. A força movente, por sua vez, é um balanço entre a energia elétrica (derivada do próprio V_M) e a energia química (derivada da diferença de concentração do íon através da membrana ou, de forma equivalente, de seu potencial de equilíbrio). Ainda, se o potencial de membrana permanece constante (i. e., no potencial de repouso E_M), a quantidade de cargas negativas em excesso sobre as positivas também é constante, a despeito de poderem fluir pelos canais iônicos. Ou seja, a corrente iônica total através da membrana é zero.

Isso, porém, não quer dizer que as correntes de cada íon pelos canais sejam também zero, mas que todas, somadas, anulam-se. Dado que cada íon tem uma força movente atuando sobre si se não estiver em equilíbrio eletroquímico, a corrente desses íons individuais não será zero. O problema é que, mesmo que sejam relativamente pequenas, se essas correntes por canais forem mantidas sem serem contrabalanceadas, eventualmente levarão, em uma janela de tempo de vários minutos (um tempo que é extremamente grande na escala de vida de uma célula), a uma alteração das concentrações intracelulares desses íons. Com isso, o potencial de equilíbrio e, portanto, o E_M, se alteraria (ver equação 9.12).

O que impede que isso ocorra é o trabalho conjunto das bombas de sódio e potássio, que ativamente bombeiam sódio para fora da célula e potássio para dentro. Assim, as bombas têm uma importância *indireta* fundamental para a manutenção do potencial de repouso, pois mantêm constantes os potenciais de equilíbrio para o sódio e o potássio através da membrana, enquanto esses íons passivamente vazam por canais.

Considerando a estequiometria de trabalho dessas bombas, que transportam três íons sódio do meio intracelular para o extracelular e dois íons potássio a cada ATP consumido, vê-se que elas mesmas, por si sós, geram uma separação de cargas através da membrana. A cada ciclo de trabalho, o saldo é de uma carga positiva sendo bombeada do meio IC para o EC. Ou seja, além de contribuírem indiretamente para o E_M, pois mantêm constantes os potenciais de equilíbrio para o sódio e o potássio, as bombas também contribuem diretamente para a negatividade do meio IC. No entanto, para a maior parte das células, essa contribuição direta das bombas para o E_M é mínima (algo entre 5 e 15 mV), ressaltando mais uma vez a importância primordial dos canais para o estabelecimento do E_M. Há, no entanto, células em que a proporção entre bombas e canais é alta, nas quais a corrente hiperpolarizante gerada pelas bombas pode responder por quase metade do valor do E_M, como é o caso da musculatura lisa vascular.

GÊNESE DA DIFERENÇA DE POTENCIAL ELÉTRICO (DP) TRANSEPITELIAL

Os epitélios transportadores fornecem excelentes exemplos do jogo de correntes e potenciais elétricos em um tecido vivo. A estrutura fundamental de um epitélio transportador está esquematizada na Figura 9.8. Aqui temos um epitélio bastante simplificado, no qual são omitidos diversos aspectos estruturais e funcionais. Essencialmente, esse epitélio-modelo é constituído por uma única camada de células, unidas entre si por junções do tipo *tight junctions*. Vamos usar como exemplo o epitélio tubular renal, dada sua simplicidade geométrica e sua importância na fisiologia de mamíferos. O segmento discutido pode ser uma região genérica do túbulo. A discussão pode ser estendida a outros epitélios transportadores.

A célula de um epitélio transportador típico é assimétrica, histologicamente e funcionalmente. A membrana apical, voltada para o lúmen tubular, é sede de sistemas de transporte bastante diversos dos transportadores presentes na membrana basolateral (MBL), voltada para o interstício. Na membrana apical de nosso exemplo, vamos supor a existência de canais seletivos ao Na^+ e/ou transportadores eletrogênicos de Na^+ (p. ex., SGLT). Ou seja, a membrana apical é capaz de gerar uma voltagem dependente da diferença de concentração de Na^+. Na MBL, por sua vez, existem canais seletivos ao K^+, além de uma bomba de Na^+/K^+ que vamos supor ser eletroneutra e,

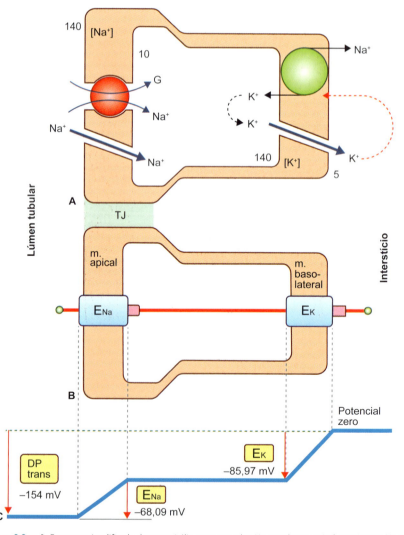

Figura 9.8 ▪ **A.** Esquema simplificado de um epitélio transportador. Na membrana apical, canais para Na e transportador Na/glicose. Na membrana basolateral, canais para K e bomba Na/K. **B.** Circuito elétrico equivalente do epitélio. Na membrana apical, E_{Na} é o potencial de equilíbrio do Na. Na membrana basolateral, E_K é o potencial de equilíbrio do K^+. **C.** Perfil de potencial elétrico através do epitélio. Os números são as variações de voltagem através de cada rampa, medidas em milivolts. *TJ*, tight junction.

portanto, não geradora de voltagem. O líquido tubular contém NaCl 140 mmol/ℓ e outras substâncias não relevantes para a nossa análise. O interstício contém o íon K a uma concentração de 5 mmol/ℓ e também NaCl a uma concentração idêntica à do líquido tubular. Graças ao trabalho da bomba, as concentrações intracelulares de Na⁺ e K⁺ são mantidas em 10 e 140 mmol/ℓ, respectivamente.

Vamos considerar, inicialmente, que as *tight junctions* têm uma resistência elétrica infinita. Nesse caso, o epitélio pode ser representado eletricamente por um circuito como o da Figura 9.8. Na membrana apical, temos uma bateria com força eletromotriz (FEM) igual ao potencial de equilíbrio do Na⁺, ou FEM$_{apical}$ = E$_{Na}$, com o polo positivo voltado para o citoplasma. Na MBL temos uma bateria cuja FEM é igual ao potencial de equilíbrio do K⁺, ou FEM$_{basolateral}$ = E$_K$, com o polo positivo voltado para o interstício. De acordo com a equação de Nernst, as forças eletromotrizes nas membranas apical e basolateral e os respectivos potenciais de equilíbrio do Na⁺ e K⁺ são dados por:

$$FEM_{apical} = E_{Na} = RT/zF \ln(140/10) = 68,0876 \text{ mV}$$

$$FEM_{basolateral} = E_K = RT/zF \ln(140/5) = 85,971 \text{ mV}$$

As baterias se somam em série, e a DP transepitelial (DP$_{trans}$) será igual a:

$$DP_{trans} = E_{Na} + E_K = 68,0876 + 85,971 = 154,0586 \text{ mV}$$

Esse exemplo, embora interessante, é raramente observado na prática, uma vez que a via paracelular tem sempre certo grau de vazamento.

Na Figura 9.8 observa-se que o citoplasma é positivo em relação ao lúmen tubular e negativo em relação ao interstício. Essa situação é aparentemente paradoxal, sendo comum a seguinte pergunta: afinal, qual é o potencial elétrico do citoplasma? +68,09 ou –85,97 mV? O interstício é normalmente ligado eletricamente à Terra no arranjo experimental, e, portanto, o potencial do interstício é considerado como zero. Portanto, considera-se o potencial do citoplasma como sendo –85,97 mV. Essa situação, no entanto, não é encontrada nos epitélios transportadores de mamíferos, como o epitélio tubular renal, ou o epitélio intestinal, mas pode ser encontrada nos epitélios da pele de certos anfíbios, em condições experimentais restritas. No epitélio tubular renal e no intestino de mamíferos, as *tight junctions* (TJ) têm resistências elétricas relativamente pequenas. No túbulo proximal, por exemplo, a resistência elétrica das TJ é muito pequena, e, à medida que o túbulo se distaliza, ocorre um aumento gradual da resistência elétrica das TJ, culminando no ducto coletor papilar. De qualquer modo, porém, ocorre sempre um vazamento substancial de corrente elétrica através das TJ, o que diminui consideravelmente a DP transtubular, como veremos em seguida.

Na Figura 9.9 está representado o mesmo epitélio tubular padrão da Figura 9.8. Entretanto, nesse caso, as TJ permitem certo grau de vazamento. Assim, a soma das FEM das duas baterias, E$_{Na}$ e E$_K$, gera uma corrente que circula em sentido anti-horário. A corrente atravessa o epitélio, entrando na célula pela membrana apical e saindo da célula pela MBL. Na membrana apical a corrente é carreada pelos íons Na, e na MBL a corrente é carreada pelos íons K. Na TJ a corrente é carreada por todos os íons presentes no meio, uma vez que essa estrutura não possui seletividade iônica normalmente. As TJ constituem, portanto, uma via de curto-circuito (ou de *shunt*) da corrente que flui por dentro da célula através de suas membranas apical e basolateral. A presença de uma corrente circulante requer a inclusão, no circuito, de resistências elétricas.

Para podermos descrever quantitativamente as correntes e voltagens nesse epitélio-modelo, não há necessidade de usarmos valores de resistências semelhantes aos reais. Vamos

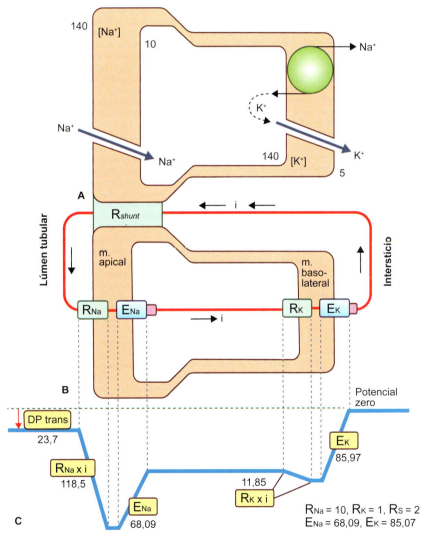

Figura 9.9 ▪ **A.** Esquema simplificado de um epitélio transportador. Na membrana apical, os canais para Na⁺ e o transportador Na/glicose foram incluídos em um único sistema gerador de voltagem. Na membrana basolateral, canais para K⁺ e bomba Na/K. **B.** Circuito elétrico equivalente do epitélio. Na membrana apical, E$_{Na}$ e R$_{Na}$ são respectivamente o potencial de equilíbrio e a resistência elétrica ao Na⁺. Na membrana basolateral, E$_K$ e R$_K$ são o potencial de equilíbrio do K⁺ e a resistência da membrana ao K⁺. R$_{shunt}$ é a resistência elétrica da via de *shunt*. **C.** Perfil de potencial elétrico através do epitélio. Os números são as variações de voltagem através de cada rampa, medidas em milivolts.

atribuir apenas valores relativos às resistências, o que não afetará os cálculos finais das diferenças de potencial:

$$R_{Na} = 10, R_K = 1 \text{ e } R_{shunt} = 2$$

A corrente circulante (i) será dada por:

$$i = \frac{E_{Na} + E_K}{R_{Na} + R_K + R_{shunt}} = \frac{68,087 + 85,971}{10 + 1 + 2} = 11,8506 \ u.a.c. \quad (9.21)$$

A DP transtubular pode ser facilmente calculada como sendo o produto da corrente circulante pela resistência da via de *shunt*:

$$DP_{transtubular} = i \times R_{shunt} = 11,8506 \times 2 = -23,701 \text{ mV} \quad (9.22)$$

Como a corrente atravessa a TJ no sentido do interstício para o lúmen tubular, ela polariza a TJ de tal modo que o lúmen tubular fique negativo em relação ao interstício.

No entanto, é bastante instrutivo calcular a DP transtubular examinando as variações de voltagem através da via transcelular. Para tal, examinemos o *perfil de voltagem do epitélio* no quadro C da Figura 9.9. Partindo do potencial zero no interstício, e caminhando em direção ao lúmen tubular, vamos encontrar uma queda de voltagem na bateria E_K, igual a 85,971 mV. A passagem da corrente através da resistência R_K gera uma subida de voltagem igual a $(R_K \times i) = 11,8506$ mV. Então se chega ao citoplasma com uma voltagem igual a $V_{cito.} = -85,971 + 11,8506 = -74,1204$ mV. A passagem através da bateria E_{Na}, na membrana apical, decai a voltagem em 68,087 mV. Porém, no nível da resistência R_{Na}, ocorre uma elevação de voltagem dada por $(R_{Na} \times i) = 118,506$ mV. Assim, a passagem pela membrana apical corresponde a uma variação total de voltagem igual a:

$$E_{Na} - (R_{Na} \times i) = -68,087 + 118,506 = +50,419 \text{ mV}$$

Dessa forma, ao passar do citoplasma para o lúmen tubular, a voltagem no citoplasma (−74,1204 mV) soma-se à elevação de voltagem na membrana apical (+50,419 mV), chegando-se ao túbulo com uma voltagem $V_{tub} = -74,1204 + 50,419 = -23,701$ mV. Observa-se que essa DP é exatamente igual àquela através da TJ. A sequência total de variações de voltagem entre o interstício e o túbulo pode ser resumida da seguinte maneira:

$$V_{interstício} - E_K + (R_K \times i) - E_{Na} + (R_{Na} \times i) = V_{túbulo}$$

$$0 - 85,971 + (1 \times 11,8506) - 68,087 + (10 \times 11,8506) = -23,701$$

$$0 - 85,971 + 11,8506 - 68,087 + 118,506 = -23,701$$

TÉCNICA DE *VOLTAGE-CLAMP*

A eletrofisiologia avançou consideravelmente após a introdução da técnica de *voltage-clamp*, principalmente por Cole, na década de 1930. Essa técnica permite manter fixo o potencial de membrana e medir as correntes associadas à movimentação de íons através da membrana. O melhor arranjo experimental para compreender essa técnica consiste no *voltage-clamp* de quatro eletrodos, de ajuste manual, esquematizado na Figura 9.10. Um par de eletrodos serve para medir o potencial de membrana, e um segundo par de eletrodos serve para injetar uma corrente elétrica no citoplasma. Nesse experimento, o experimentador ajusta o valor da corrente injetada de modo a manter o potencial de membrana no valor desejado, denominado V_{clamp}.

Vamos supor que o potencial de repouso da célula seja E_M e o experimentador deseje fixar o potencial de membrana (V_M) em um valor (V_{clamp}) diferente de E_M. Como vimos anteriormente, sabe-se que:

$$V_M = E_M - (R_M \times i)$$

Assim,

$$V_{clamp} = E_M - (R_M \times i_{clamp}) \quad (9.23)$$

Nesse caso, a corrente i_{clamp} (*i* na figura) corresponde à corrente injetada pelo pesquisador, por meio de uma micropipeta conectada a uma fonte de corrente. Como mostra a Equação 9.23, ajustando o valor de i_{clamp}, o pesquisador consegue manter o potencial de membrana no valor V_{clamp} desejado. Um valor de V_{clamp} comumente usado é o valor zero. Vamos supor que, em uma determinada célula, $E_M = -70$ mV e a resistência da membrana seja $R_M = 2$ megaohm. A corrente necessária para fixar o potencial de membrana no valor zero pode ser determinada por:

$$0 = E_M - R_M \times i_0$$

Portanto,

$$i_0 = E_M/R_M = 0,070/(2 \times 10^6) = 3,5 \times 10^{-8} \text{ amperes}$$

Raciocinando de modo inverso, a medida da corrente no potencial zero serve para determinar a resistência elétrica da membrana.

Aplicação 14

Parte 1: Usando os valores do epitélio fornecidos anteriormente e trocando a R_{shunt} de 2 para 0,5, calcule o valor da DP transtubular. Considere os valores: $R_{Na} = 10$, $R_K = 1$ e $R_{shunt} = 0,5$.

Solução:

$$i = (68,087 + 85,971)/(10 + 1 + 0,5) = 13,396$$

$$DP_{trans} = R \times i = 0,5 \times 13,396 = 6,698 \text{ mV},$$
lúmen tubular negativo

Parte 2: Admitindo que a condutância da membrana apical ao Na^+ dobrou de valor, calcule a $DP_{transtubular}$, considerando os seguintes valores relativos das resistências e a DP através das membranas apical e basolateral: $R_{Na} = 5$, $R_K = 1$ e $R_{shunt} = 0,5$.

Solução:

$$i = (68,087 + 85,971)/(5 + 1 + 0,5) = 23,701 \text{ u.a.c.}$$

$$DP_{trans} = R_{shunt} \times i = 0,5 \times 23,701 = 11,8506 \text{ mV, lúmen tubular negativo ao interstício}$$

$$DP_{apical} = E_{Na} - R_{Na} \times i = +68,087 - (5 \times 23,701) = -50,418 \text{ mV (citoplasma negativo ao lúmen)}$$

$$DP_{basolateral} = E_K - R_K \times i = -85,971 + (1 \times 23,701) = -62,27 \text{ mV (citoplasma negativo ao interstício)}$$

$$V_{lúmen \ tubular} = 0 - 85,971 + 23,701 - 68,087 + 118,505 = -11,852 \text{ mV (lúmen tubular relativo ao interstício)}$$

Parte 3 (teste sem solução): No mesmo epitélio das partes anteriores, bloqueando com amilorida a condutância da membrana apical ao sódio, leva-se R_{Na} para 20. Os valores das resistências são agora: $R_{Na} = 20$, $R_K = 1$ e $R_{shunt} = 0,5$.
Qual a DP transtubular e qual a DP apical? Qual foi o efeito de bloquear parcialmente os canais para Na^+ apicais?

Gênese do Potencial de Membrana, Excitabilidade Celular e Potencial de Ação

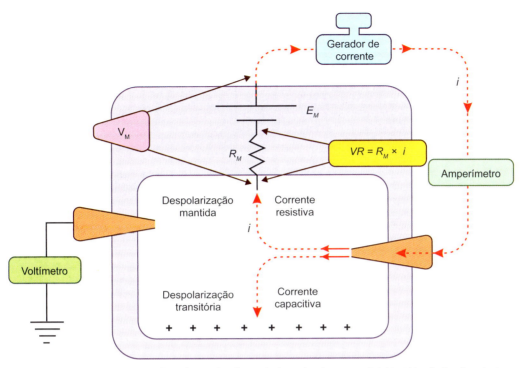

Figura 9.10 ▪ Arranjo experimental para fixação de voltagem (*voltage-clamp*) em uma célula hipotética. Explicação no texto.

No entanto, ao ser iniciada a injeção de corrente, a voltagem não vai instantaneamente ao seu valor final, mas segue um decurso exponencial como visto anteriormente neste capítulo. Podemos dizer que, no início da aplicação da corrente, uma parte das cargas é usada para levar o potencial de membrana de E_M para V_{clamp}. Após atingido V_{clamp}, toda a corrente injetada na célula vaza para fora, mantendo constante a despolarização da membrana.

No *voltage-clamp* manual, embora útil do ponto de vista didático, o ajuste de voltagem é limitado pelo tempo de resposta do experimentador e pela baixa rapidez dos instrumentos. Portanto, essa técnica manual não serve para estudar fenômenos rápidos, como o potencial de ação no nervo, que se processam na escala temporal de milissegundos.

Nesses casos é preciso usar o *voltage-clamp automático*, uma técnica poderosa que permitiu desvendar os fenômenos elétricos subjacentes ao potencial de ação na década de 1950. Dessa forma, como veremos a seguir, o *voltage-clamp* automático permite medir correntes iônicas, com resolução temporal de microssegundos.

O *voltage-clamp* automático contém um *sensor de voltagem* acoplado eletronicamente a um dispositivo que gera corrente. O sensor de voltagem é muito sensível e rápido e compara, continuamente, a voltagem da membrana com a voltagem de clampeamento (V_{clamp}) desejada pelo pesquisador. Se o sensor de voltagem detecta uma diferença entre o potencial de membrana (V_M) e V_{clamp}, ele "comanda" rapidamente (em microssegundos) o "gerador de corrente" a injetar cargas elétricas no citoplasma, de modo a anular a diferença entre V_M e V_{clamp}. Na realidade, tanto o sensor de voltagem quando o sistema de geração de corrente fazem parte de um conjunto de dispositivos eletrônicos denominados *amplificadores operacionais*, acoplados em um circuito eletrônico com diferentes graus de complexidade.

O uso dessa técnica, utilizada por Hodgkin e Huxley na década de 1950, permitiu um avanço considerável no entendimento do fenômeno do potencial de ação no nervo, permitindo identificar as correntes de Na^+ e de K^+ associadas a esse fenômeno.

CORRENTE DE CURTO-CIRCUITO

A corrente de curto-circuito (CCC) é um dos parâmetros elétricos obtidos pela técnica de *voltage-clamp*, na qual a voltagem da membrana é fixada no valor zero. Para compreender o uso dessa estratégia, é conveniente descrevê-la no contexto de um caso prático.

Na Figura 9.11, uma membrana seletiva ao íon Na é interposta entre duas soluções, 1 e 2, contendo NaCl. A solução 1 contém NaCl 100 mmol/ℓ, e a solução 2, NaCl 10 mmol/ℓ. A membrana tem uma área de 4 cm². A câmara especial, que contém a membrana e as soluções, permite a medida simultânea da DP e da corrente transmembrana, que é fornecida e pode ser modificada, por um gerador de corrente. Essa configuração é um *voltage-clamp* de quatro eletrodos. Quando a corrente transmembrana é nula, a DP espontânea é dada pelo potencial de Nernst para o Na^+:

$$DP = (RT/zF) \ln(100/10) = 0,0258 \times 2,302 = 0,0594 \text{ V} = 59,4 \text{ mV}$$

Nessa situação, ou seja, no potencial de equilíbrio do Na^+, a corrente através da membrana é igual a zero. Não há, portanto, fluxo de Na^+. Isso significa que as duas forças agentes nos íons Na, a força elétrica e a força difusional, são iguais e opostas. Injetando cargas positivas no lado 1 por meio do gerador de corrente, a DP através da membrana cai, e os íons Na se desequilibram no interior da membrana, passando a mover-se no sentido 1 para 2. À medida que se aumenta a corrente, o lado 1 vai ficando progressivamente menos negativo, e os íons Na vão "liberando-se" gradualmente da força elétrica freadora, aumentando progressivamente seu fluxo no sentido 1 para 2.

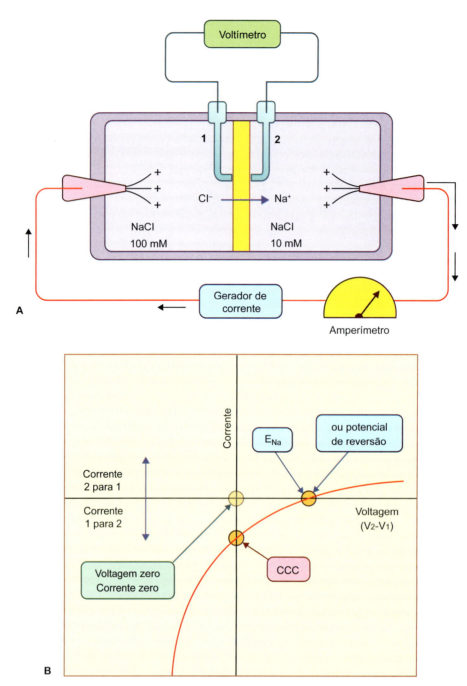

Figura 9.11 ▪ Arranjo experimental para estudo da relação corrente *versus* voltagem em uma membrana cátion-seletiva. Explicação no texto. *CCC*, corrente de curto-circuito.

A melhor forma de descrever o efeito da aplicação da corrente sobre o movimento do Na⁺ é por meio da chamada *curva corrente versus voltagem* (curva I *vs.* V).

Continuando a aumentar a corrente no sentido 1 para 2, mais cargas negativas em excesso no lado 1 vão sendo neutralizadas, e a DP vai caindo progressivamente até atingir o valor zero.

Na DP zero, a corrente transmembrana e, portanto, o fluxo de Na⁺ são movidos exclusivamente pela força difusional agente nos íons Na. Essa é a *corrente de curto-circuito* (CCC). Sabemos que, de modo geral, a corrente de Na⁺ através dessa membrana íon-seletiva é dada por:

$$i_{Na} = G_{Na}(V_M - E_{Na})$$

Em que G_{Na} é a condutância da membrana ao Na⁺. Como $V_M = 0$, podemos escrever que:

$$i_{Na} = G_{Na} \times E_{Na} \qquad (9.24)$$

Como essa é a corrente de curto-circuito, escrevemos:

$$i_{Na} = CCC = G_{Na} \times E_{Na} \qquad (9.25)$$

Portanto, a medida da CCC nessa preparação permite medir a corrente carreada pelo fluxo do íon Na através da membrana.

O poder dessa técnica pode ser constatado ao transformar a corrente medida em fluxo de Na⁺:

$$J_{Na} = P_{Na}(C_1 - C_2)$$

Finalmente, a permeabilidade da membrana ao íon Na pode ser determinada lembrando que:

$$P_{Na} = J_{Na}/(C_1 - C_2)$$

A inclinação ou coeficiente angular da curva I versus V (ΔI/ΔV) mede a condutância da membrana ao Na^+.

Por que a curva tem uma inclinação diferente nas diferentes voltagens? Isso se deve ao fato de que, na preparação mostrada na Figura 9.11, a condutância da membrana ao Na^+ depende da voltagem. É a chamada *retificação de Goldmann*. A retificação de Goldmann resulta do fato de que a concentração dos íons Na no interior da membrana modifica-se com a voltagem aplicada e com o sentido da passagem da corrente. Quando a corrente vai de 1 para 2, a membrana é preenchida por uma população de íons Na em maior concentração, vindos do lado 1. Quando a corrente vai de 2 para 1, a membrana é preenchida por íons Na em menor concentração, vindos do lado 2. Por outro lado, a condutância da membrana ao sódio depende da concentração de Na^+ *no interior da membrana*. Essa concentração não é a mesma em todas as camadas da membrana e, portanto, é a concentração média de Na^+ que constitui o parâmetro relevante para a condutância. Assim, a membrana conduz "melhor" quando a corrente passa de 1 para 2 do que quando a corrente passa do lado 2 para o lado 1.

Aplicação 15

Uma membrana seletiva ao íon Na, com área de 4 cm^2, separa duas soluções de NaCl. Lado 1: NaCl 100 mmol/ℓ. Lado 2: NaCl 10 mmol/ℓ.

Calcule o potencial de equilíbrio do Na^+.

Sabe-se que, no experimento em questão, mediu-se na DP zero uma corrente de $5,94 \times 10^{-8}$ amperes = 59,4 nanoamperes, ou 14,85 nanoamperes/cm^2. Calcule a condutância da membrana ao íon Na.

Solução:

$$E_{Na} = RT/zF \ln(Na_1/Na_2) = 0,0258 \ln(10) = 0,0594 \text{ V}$$

$$CCC = G_{Na}(V_M - E_{Na})$$

Como $V_M = 0$, $CCC = G_{Na} \times E_{Na}$

$$G_{Na} = CCC/(V_M - E_{Na}) = (14,85 \times 10^{-9})/(0,0594) = 2,5 \times 10^{-7} \text{ mho}/cm^2$$

Calcule o fluxo de Na^+ na condição de curto-circuito.

Solução:

$$J_{Na} = i_{Na}/F = (1.485 \times 10^{-8} \text{ coulombs} \times seg^{-1} cm^{-2})/(96.460 \text{ coulombs/mol}) = 1,54 \times 10^{-13} \text{ mol}/(seg \cdot cm^2)$$

Um fluxo tão pequeno como esse não pode ser determinado por meios químicos.

Calcule a permeabilidade da membrana ao íon Na lembrando que:

$$J_{Na} = P_{Na}(C_1 - C_2)$$

Solução:

$$P_{Na} = J_{Na}/(C_1 - C_2) = (1,54 \times 10^{-13} \text{ mol} \times seg \times cm^{-2})/(90 \times 10^{-6} \text{ mol} \times cm^{-3}) = 1,71 \times 10^{-9} \text{ cm} \cdot seg^{-1}$$

▶ Corrente de curto-circuito e transporte transepitelial de sódio

A técnica de *voltage-clamp* tornou-se, a partir da década de 1950, uma poderosa ferramenta eletrofisiológica para o estudo do transporte iônico transepitelial. Os trabalhos pivotais de Koefoed-Johnsen e Ussing pavimentaram o caminho para um grande número de estudos. Uma das mais importantes vertentes desses estudos foi correlacionar o transporte transepitelial de Na^+ com a CCC transepitelial. Montados nas famosas "câmaras de Ussing", epitélios transportadores como a pele e a bexiga urinária de anfíbios e o intestino de mamíferos foram extensamente estudados utilizando a técnica de *voltage-clamp* em curto-circuito.

Um dos achados importantes da técnica de curto-circuito foi a descoberta de que vários tipos de epitélios transportadores eram capazes de gerar uma corrente elétrica na ausência de uma DP transepitelial e de qualquer diferença de concentração iônica. Evidentemente, tal corrente somente poderia ser explicada pela existência de um transporte ativo. Logo no início desses estudos, essa corrente foi identificada (na maioria dos casos) com o fluxo transepitelial de Na^+ e a origem do transporte ativo de Na^+ foi correlacionada à atividade da bomba de Na^+/K^+ localizada na membrana basolateral.

Para entender a ideia geral em que se baseia essa técnica, consideremos o epitélio modelo esquematizado na Figura 9.12. Na condição de curto-circuito, a DP transepitelial é zero e não há corrente circulante nas TJ. Portanto, toda a corrente que passa através do epitélio flui pela via transcelular, entrando pelo lado apical e saindo pelo lado basolateral. Essa corrente, por sua vez, é idêntica (e de sentido oposto) à corrente gerada pelo aparelho de *voltage-clamp*. Ou seja, o *voltage-clamp* gera continuamente uma corrente, que retira as cargas positivas que vão chegando ao lado intersticial (nesse caso, íons Na^+),

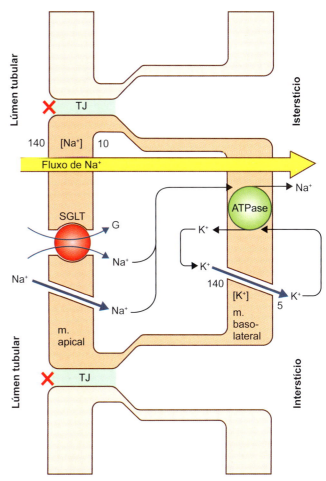

Figura 9.12 • Origem da corrente de curto-circuito em um epitélio transportador mantido em curto-circuito elétrico. Os símbolos são idênticos aos das Figuras 9.10 e 9.11. Explicação no texto. *TJ, tight junction.*

impedindo, assim, o acúmulo de cargas positivas no lado intersticial. Dessa forma, a DP transepitelial mantém-se nula. A corrente gerada pelo aparelho é, portanto, idêntica numericamente àquela gerada pelo epitélio. Na membrana apical, a corrente, indo do lado apical para o citoplasma, é transportada pelo movimento de Na^+, que penetra na célula através de canais ou de transportadores. Na MBL, a corrente é mediada pelo fluxo de Na^+ transportado do citoplasma para o interstício, através da bomba de Na^+/K^+. O potássio, por sua vez, é transportado do interstício para o citoplasma, acoplado ao Na^+, na bomba de Na^+/K^+. Porém, ao mesmo tempo, o potássio sai da célula para o interstício, através de canais na MBL. Dessa forma, o potássio gera apenas um ciclo de corrente elétrica na MBL e não contribui para a corrente transepitelial.

Portanto, nos epitélios transportadores que obedecem a esse padrão, é possível demonstrar que a corrente de curto-circuito deve-se, essencialmente, ao transporte transepitelial de Na^+:

$$CCC = J_{Na} \times F \quad (9.26)$$

Dimensionalmente, temos:

$$\text{Coulomb s}^{-1} \text{ cm}^{-2} = (\text{mol s}^{-1} \text{ cm}^{-2}) \times (\text{coulomb mol}^{-1})$$

Assim, a técnica de curto-circuito é uma poderosa ferramenta para medir o fluxo transepitelial de Na^+. Por meio dessa técnica, pode-se estudar, por exemplo, o efeito de bloqueadores de canais para Na^+ sobre o transporte epitelial, o efeito da presença de glicose no lúmen, os bloqueadores do SGLT, os bloqueadores da fosforilação oxidativa, a ausência (ou requisito) de O_2 e outras manobras.

Aplicação 16

Em um epitélio isolado, com área de 10 cm², obtém-se uma corrente de curto-circuito (CCC) igual a 20 microampères. Sabendo que, nessa preparação, essa corrente é totalmente gerada pelo fluxo ativo de Na^+, calcule o fluxo de Na^+ através do epitélio.

Solução:

$$CCC = J_{Na} \times F, \text{ e } J_{Na} = CCC/F$$

$$\text{Unidades: } CCC = \text{coulomb} \times \text{seg}^{-1} \times \text{cm}^{-2}, \text{ e}$$
$$F = \text{coulomb} \times \text{mol}^{-1}$$

$$J_{Na} = (\text{coulomb} \times \text{seg}^{-1} \times \text{cm}^{-2})/(\text{coulomb} \times \text{mol}^{-1}) = \text{mol} \times \text{seg}^{-1} \times \text{cm}^{-2}$$

Portanto, $J_{Na} = CCC/F = (20 \times 10^{-6}/10)/96.485 =$
$2,073 \times 10^{-11} \text{ mol} \times \text{seg}^{-1} \times \text{cm}^{-2}$

Excitabilidade Celular e Potencial de Ação

Fernando Abdulkader

Uma característica distintiva da vida celular é o fato de que, por mais primitivo que seja o ser vivo, as células são dotadas de mecanismos para sensoriar o ambiente em que se encontram. Esses mecanismos levam a alterações no funcionamento das células que podem lhes permitir ajustar-se às novas condições. Como discutido no Capítulo 3, *Sinalização Celular*, a maior parte dos mecanismos de sensoriamento extracelular envolve proteínas da membrana plasmática, por ser a membrana a interface entre os meios intra e extracelular.

Uma das formas mais ancestrais de sensoriamento extracelular e consequente modulação intracelular é a variação da diferença de potencial de membrana frente a estímulos externos. A capacidade de uma célula alterar seu potencial de membrana por um dado estímulo é denominada *excitabilidade celular*, e, portanto, as células que respondem a um estímulo na forma de variações reguladas do seu potencial de membrana são ditas *excitáveis eletricamente* ou, simplesmente, *excitáveis*.

Algumas células excitáveis (no caso dos seres humanos, neurônios, fibras musculares e certas células endócrinas) evoluíram no sentido de codificar essas variações do potencial de membrana com um evento elétrico de membrana característico e, geralmente, muito rápido (duração de poucos milissegundos), denominado *potencial de ação*.[1] No caso de células grandes, ramificadas e extensas, como fibras (células) musculares e neurônios, a geração de potenciais de ação permite que esse sinal elétrico seja regenerado ao longo de seu comprimento, sendo a base da transmissão rápida de informação ao longo de grandes distâncias no nosso organismo.

As bases biofísicas da excitabilidade celular, do potencial de ação e de sua propagação ao longo de uma célula de formato complexo serão os assuntos tratados neste capítulo.

VARIAÇÕES DO POTENCIAL DE MEMBRANA

Antes de entendermos como podem ocorrer variações do potencial de membrana, é preciso definir alguns termos relacionados. Considerando que nas células a diferença de potencial estacionária através da membrana, o chamado *potencial de repouso* (ver "Gênese do Potencial de Membrana"), tem valores negativos no citoplasma em referência ao extracelular, há uma *polarização* elétrica da membrana em que a face intracelular é negativa em relação à extracelular.

A partir do valor do potencial de repouso, portanto, se o valor da diferença de potencial de membrana torna-se menos negativo, dizemos que houve uma *despolarização*. Analogamente, se o potencial de membrana torna-se mais negativo do que o potencial de repouso, isso corresponde a uma *hiperpolarização*. Aqui é importante tomar cuidado com o uso de expressões como "o potencial de membrana aumentou" ou "diminuiu", pois podem levar a falta de clareza sobre o conceito que se quer expressar. Isso porque dizer que "houve um

---

[1] É frequentemente utilizada em textos de fisiologia em português a abreviatura PA para "potencial de ação". Porém, a mesma abreviatura é também empregada para significar "pressão arterial".

aumento no potencial de membrana" pode ser interpretado tanto como o potencial ter passado de um valor mais negativo para um menos negativo (p. ex., de –60 para –55 mV), quanto haver aumentado a intensidade da diferença de potencial (o que corresponderia ao potencial ficar mais intensamente negativo, por exemplo, de –60 para –70 mV). Os biofísicos entendem um aumento no potencial de membrana como a segunda interpretação, ou seja, uma hiperpolarização. De qualquer forma, o uso dos termos "despolarização" e "hiperpolarização", ou "mais negativo" e "menos negativo", dirime qualquer possibilidade de mal-entendido.

Outro termo importante para descrevermos as possíveis variações no potencial de membrana é a *repolarização*, que nada mais é do que o retorno do potencial de membrana ao valor de repouso E_M, seja após uma despolarização – caso em que o potencial vai ficando mais negativo até igualar-se ao valor de repouso –, seja após uma hiperpolarização – quando a repolarização corresponde ao potencial de membrana ficar menos negativo, retornando ao potencial de repouso (Figura 9.13).

É possível também que uma despolarização seja tão intensa que a diferença de potencial inverta sua polaridade, ou seja, o citoplasma fique positivo em relação ao extracelular. Nos casos em que isso ocorre, rigorosamente, não devemos falar de uma despolarização, pois a polaridade elétrica foi invertida. Assim, pode-se denominar essas variações do potencial de membrana a valores positivos, acima do valor de 0 mV, simplesmente de *inversão de polaridade* ou, usando o termo consagrado em inglês, *overshoot* (em tradução semântica livre, algo como "passar do ponto").

▸ Como os diferentes íons variam o potencial de membrana

Tendo entendido o jargão da excitabilidade, precisamos entender como essas variações na diferença de potencial elétrico podem ser causadas. Para tanto, é preciso lembrar do que foi discutido na primeira parte deste capítulo, de que o potencial de membrana é um balanço dos potenciais de equilíbrio dos íons ponderados pelas condutâncias da membrana a cada um dos íons (ver equação 9.12).

Recordando que a condutância a um dado íon é reflexo do número de vias condutivas abertas na membrana (principalmente canais) em um dado instante para aquele íon, se o estímulo extracelular causar, por exemplo, a abertura de canais para sódio, o peso do potencial de equilíbrio para o sódio sobre o valor do potencial de membrana aumentará em relação aos dos outros íons (Figura 9.14 A). Como o potencial de equilíbrio para o sódio, graças à atividade da bomba de Na^+/K^+, é positivo no citosol em relação ao extracelular e o potencial de repouso das células é negativo (graças à maior condutância de repouso ao potássio), a abertura desses canais para sódio causará uma despolarização. Despolarizações também podem ser induzidas pela abertura de canais para cálcio (Figura 9.14 B), já que esse íon tem a maior diferença de potencial eletroquímico através da membrana plasmática das células (o potencial de equilíbrio para o cálcio é da ordem de +120 mV, positivo no citoplasma).

Por outro lado, se o estímulo causar abertura de canais para potássio, considerando que o seu potencial de equilíbrio é mais negativo do que o potencial de repouso, aumentará o efluxo de íons potássio do meio intra para o extracelular, havendo, portanto, uma hiperpolarização (Figura 9.14 C superior). No entanto, há também canais para potássio que, na presença de seu estímulo específico, em lugar de se abrirem, fecham-se. Dessa forma, o efluxo de potássio (e, portanto, de cargas positivas) do citoplasma para o meio extracelular diminui, despolarizando a célula (Figura 9.14 C inferior).

Os canais para cloreto regulados por estímulos constituem um caso especial de modulação do potencial de membrana. Isso porque o potencial de equilíbrio para o cloreto tem valores distintos entre os diferentes tipos celulares, podendo ser mais negativo, menos negativo, ou igual ao potencial de repouso da célula (Figura 9.15).

Em grande parte dos fenótipos celulares, o íon cloreto não é alvo de transporte ativo secundário, o que faz com que sua concentração intracelular seja determinada pela diferença de potencial de membrana que é definida pela condutância (ou permeabilidade) da membrana aos íons mantidos, por transporte ativo, fora do equilíbrio eletroquímico. Ou seja, o cloreto está em equilíbrio nessas células, obedecendo, em sua distribuição através da membrana plasmática, ao potencial de repouso, determinado principalmente pelo potássio e pelo sódio, através de suas diferenças de potencial eletroquímico ($\Delta\bar{\mu}$) e a condutância relativa da membrana a eles.

Esse exemplo em que o cloreto está em equilíbrio no potencial de repouso pode parecer desimportante para a ocorrência de fenômenos elétricos nas células, já que seu potencial de equilíbrio não difere do potencial de repouso. Entretanto, quanto maior for a condutância da membrana de uma célula ao cloreto, menos excitável será a célula – isto é, mais difícil será um estímulo despolarizá-la ou hiperpolarizá-la.

Por que isso ocorre? Temos de considerar que nesses casos o cloreto está em equilíbrio (*i. e.*, sem fluxo resultante através da membrana) somente no potencial de repouso. Ou seja, se qualquer excurso no potencial de membrana ocorrer em relação ao repouso – seja uma despolarização ou uma hiperpolarização –, os íons cloreto não estarão mais em equilíbrio e fluirão através da membrana no sentido que restaure o seu equilíbrio termodinâmico, que se dá, como dito anteriormente, somente no potencial de repouso. Dessa forma, o cloreto acaba funcionando como um "tampão elétrico" do potencial de membrana, o que faz com que, quanto maior for a condutância a cloreto de uma célula que não expresse transportador ativo para esse íon, menos excitável seja a célula (mais difícil seja para um estímulo despolarizante ou hiperpolarizante alterar significativamente o potencial de membrana da célula). Com efeito, há tipos celulares em que a condutância da membrana em repouso ao cloreto é maior do que a condutância ao

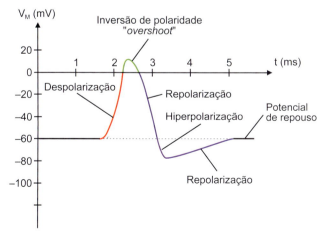

Figura 9.13 • Uso dos termos "despolarização", "hiperpolarização", "repolarização" e "inversão de polaridade" (*overshoot*) tendo um potencial de ação como exemplo.

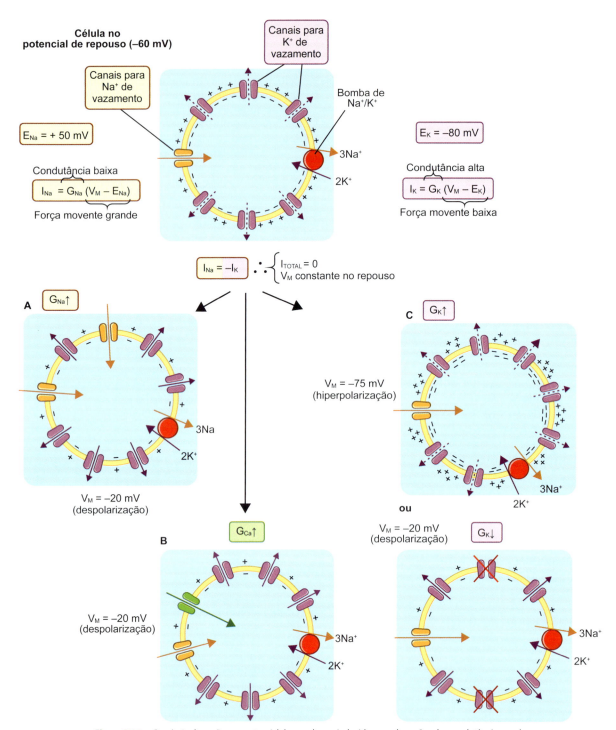

Figura 9.14 • Possíveis alterações no potencial de membrana induzidas por alterações das condutâncias aos íons.

potássio. Exemplo disso são as fibras musculares esqueléticas. Isso garante que essas células não sejam excitadas por estímulos indevidos, mas estejam sob controle estrito do sistema nervoso, já que somente com a ativação da sinapse entre motoneurônio e fibra muscular – a junção neuromuscular (discutida no Capítulo 15, *Transmissão Sináptica*) – alcança-se uma despolarização intensa e localizada o bastante que vença o efeito estabilizador da condutância a cloreto nessas fibras.

No entanto, como já se pode inferir dessa discussão, há tipos celulares igualmente relevantes que apresentam sistemas de transporte ativo, basicamente secundário, para cloreto. Com isso, nessas células os íons cloreto não estão em equilíbrio através da membrana plasmática, e variações na condutância a esses íons diretamente alteram o valor do potencial de membrana. No exemplo mais comum desses casos, as células expressam majoritariamente o cotransportador potássio-cloreto (KCC) que, utilizando a diferença de potencial químico para o potássio, move íons cloreto do meio intra para o extracelular. Assim, se a condutância a cloreto aumentar, gera-se uma diferença de potencial eletroquímico para o cloreto através da membrana que promove fluxo resultante de cloreto para o citoplasma, deslocando o potencial de membrana para valores mais negativos do que o potencial de repouso, em direção ao potencial de equilíbrio do cloreto – que, neste caso, é

Gênese do Potencial de Membrana, Excitabilidade Celular e Potencial de Ação

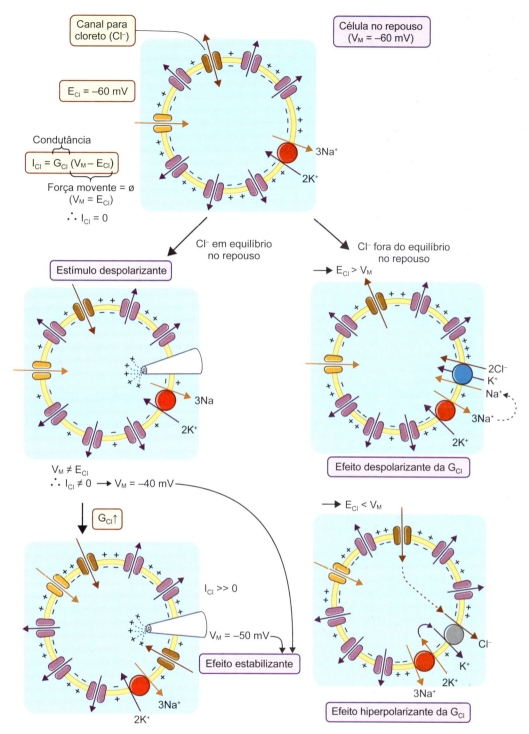

Figura 9.15 • Possíveis efeitos dos canais para cloreto sobre o potencial de membrana.

mais negativo do que o de repouso. Assim, no caso discutido, a abertura de canais para cloreto promove hiperpolarização.

Por outro lado, há células em que, quanto aos transportadores de cloreto, prevalece a atividade dos cotransportadores sódio-potássio-2 cloretos (NKCC), nos quais a diferença de potencial químico para o sódio move íons potássio e cloretos (2 cloretos para cada sódio e potássio) contra o sentido de seus potenciais químicos, para o meio intracelular. No caso dessas células, como há transporte ativo secundário de cloreto para o citoplasma, sua tendência termodinâmica é de saída da célula, e, como o cloreto porta uma carga negativa, sua saída promove despolarização. Interessantemente, observa-se que durante o desenvolvimento do sistema nervoso, neurotransmissores como o ácido gama-aminobutírico (GABA), que ativam canais para cloreto nas células pós-sinápticas, inicialmente têm ação despolarizante e depois adquirem atividade hiperpolarizante. O que ocorre é uma mudança no padrão de expressão gênica desses neurônios pós-sinápticos, em que no começo do desenvolvimento a atividade de NKCC prevalece, mas ao longo da ontogênese a atividade de KCC passa a predominar de tal forma que, no cérebro adulto, a resposta hiperpolarizante a esse neurotransmissor é a mais expressiva. Há fortes evidências de que essas sinapses precoces despolarizantes são fundamentais para a correta formação da circuitaria neural.

No caso de células excitáveis que apresentam potenciais de ação, todas as possibilidades discutidas anteriormente de variações do potencial de repouso ou de excitabilidade geralmente recebem denominações alternativas para os termos "despolarizante", "hiperpolarizante" e/ou "estabilizante". Isso porque se considera que a expressão da excitabilidade dessas células é justamente o surgimento nelas de potenciais de ação. Assim, estímulos sobre essas células que aumentam a probabilidade de disparo de potenciais de ação, ou aumentam a frequência com que os potenciais de ação são disparados, são ditos *estímulos excitatórios*. Por outro lado, se um estímulo diminui a frequência de potenciais de ação ou a probabilidade de disparo destes na célula, trata-se de um *estímulo inibitório*. Como discutiremos adiante, sabe-se que a geração de potenciais de ação é em geral promovida por despolarizações, enquanto inibições da excitabilidade são causadas ou por hiperpolarização ou por estabilização do potencial de repouso. Considerando os exemplos discutidos de modulação da condutância da membrana a íons inorgânicos, podemos resumir os efeitos e classificações no Quadro 9.1.

Tendo entendido de que modo variações das condutâncias aos íons podem afetar o potencial de membrana, resta compreender qual seria o significado adaptativo dessas variações e quais são os mecanismos moleculares desencadeados pelos diferentes estímulos que acabam por promover as alterações a eles associadas na condutância de canais iônicos específicos.

ALTERAÇÕES DO POTENCIAL DE MEMBRANA EM CÉLULAS EXCITÁVEIS

Esta parte do capítulo começou com a afirmação de que um fator fundamental para a manutenção da vida no nível das células – e, portanto, no de qualquer organismo vivo – é a capacidade de sensoriar o meio extracelular e traduzir esse sensoriamento em respostas adaptativas intracelulares, sendo alterações do potencial de membrana, a excitabilidade, uma das mais antigas formas de sensoriamento e consequente sinalização intracelular. Até aqui discutimos como são os mecanismos de sinalização elétrica por trás da excitabilidade. Isto é, havendo alterações na condutância de canais, em que sentido elas podem alterar o potencial de membrana e a excitabilidade. Todavia, para termos um quadro mais completo dessa importante propriedade celular que é a excitabilidade, ainda nos falta entender como são geradas as alterações de condutância desses canais.

De forma geral, podemos entender esses canais iônicos responsáveis pela excitabilidade celular como máquinas moleculares conversoras de energia (Figura 9.16). Cada tipo de canal excitável é especializado em captar mais ou menos energia em uma ou mais das formas em que ela pode ser encontrada (mecânica, térmica, elétrica ou química)[2] e investi-la no trabalho mecânico de alteração conformacional do canal. Essas variações da energia presente constituem aquilo que antes chamamos genericamente de *estímulo*. Assim, um estímulo térmico pode ser um aumento da temperatura; um mecânico, um aumento de pressão sobre a célula; um elétrico, uma variação do potencial de membrana;[3] e um químico, um aumento na concentração de um neurotransmissor na fenda sináptica, por exemplo. Para que um desses estímulos module um dado canal, basta que ele tenha algum requisito estrutural que lhe permita captar/sensoriar/responder a esse estímulo.

Por exemplo, no caso do neurotransmissor na fenda sináptica, se na membrana da célula pós-sináptica houver um canal com uma região extracelular que se ligue especificamente ao neurotransmissor e essa ligação promover uma alteração conformacional importante no canal, quanto maior for a concentração do neurotransmissor na fenda (em outras palavras, quanto maior for o seu potencial químico), maior será a probabilidade de uma molécula de neurotransmissor, em seu movimento térmico, encontrar o seu sítio de ligação específico no canal (Figura 9.17). Dessa forma, quanto maior é a concentração do neurotransmissor, maior é a fração do tempo em que o canal permanece ligado a moléculas do neurotransmissor, e, portanto, maior o tempo em que o canal permanece com sua estrutura modificada pela interação com o neurotransmissor.

O trabalho mecânico de alteração conformacional do canal frente ao seu estímulo específico, por sua vez, redunda em alteração de a probabilidade do canal encontrar-se em um estado condutivo ou não condutivo, através da abertura ou fechamento das comportas (ou *gates*) do canal (ver Capítulo 10). Por fim, a alteração da condutância do canal promove alteração (aumento ou diminuição) do fluxo do íon através da membrana para o qual é seletivo, no sentido determinado pela $\Delta\bar{\mu}$ do íon. Assim, essas mudanças no fluxo iônico alteram o potencial de membrana, e ambos – fluxo iônico e ΔV_M – constituem um trabalho eletroquímico, consumindo $\Delta\bar{\mu}$ do íon transportado.

---

[2] A sensibilidade à luz na nossa espécie não se deve a canais iônicos dependentes de luz, e sim a transducinas: proteínas de membrana da família dos receptores acoplados à proteína G, que têm em sua estrutura uma derivada da vitamina A, o retinal. Este tem em sua estrutura múltiplas ligações duplas conjugadas, o que lhe permite absorver fótons de luz e, com isso, mudar a orientação de sua cadeia hidrocarbônica. É essa alteração na orientação da cadeia do retinal que altera a conformação da transducina. Daí, inicia-se a cascata de sinalização intracelular mediada pelas proteínas G associadas às transducinas nos fotoceptores.

[3] Uma variação de potencial de membrana gerando outra variação de potencial de membrana diferente? Sim, isso é possível e na verdade é essencial para que ocorra o potencial de ação, como veremos adiante.

Quadro 9.1 • Efeitos de alterações das condutâncias iônicas em células excitáveis que geram potenciais de ação.

Íon permeante	Variação de condutância	Sentido do fluxo dado por $\Delta\bar{\mu}_{ion}$ no repouso	Efeito sobre V_M	Probabilidade/frequência de potenciais de ação
Na⁺	↑	Influxo	Despolarização	Excitatório
Ca²⁺	↑	Influxo	Despolarização	Excitatório
K⁺	↑	Efluxo	Hiperpolarização	Inibitório
	↓		Despolarização	Excitatório
Cl⁻	↑	Influxo	Hiperpolarização	Inibitório
		Nenhum	Estabilização	Inibitório
		Efluxo	Despolarização	Excitatório

Gênese do Potencial de Membrana, Excitabilidade Celular e Potencial de Ação

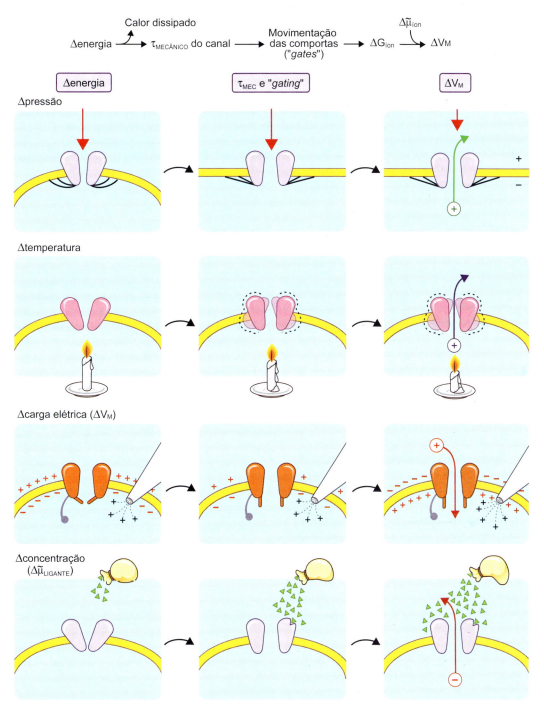

Figura 9.16 ▪ Transdução de energia em variações do potencial de membrana por canais dependentes de pressão, temperatura, voltagem ou ligante.

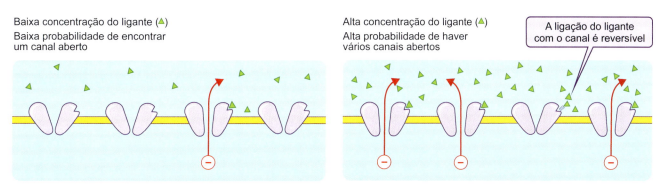

Figura 9.17 ▪ Dependência da concentração de ligante sobre a resposta de uma população de canais dependentes do ligante. As moléculas de ligante estão representadas por *triângulos verdes*.

Porém, estando a célula viva, com mecanismos de transporte ativo para o íon funcionando, alimentados pelo metabolismo celular, a $\Delta\bar{\mu}$ do íon mantém-se constante e, consequentemente, o estado estacionário característico dos fenômenos biológicos também. Ou seja, é possível transformar a informação de que ocorreu um estímulo em algo (a ΔV_M) com que a célula excitável "sabe lidar", como um todo. Entretanto, nessa "tradução" da informação (estímulo) para essa "linguagem" que a célula entende (ΔV_M), há gasto de energia.

Toda essa sequência de eventos de conversão de energia, desde o surgimento do estímulo até a alteração do potencial de membrana em resposta ao estímulo, constitui um exemplo do importante conceito em biologia denominado *transdução de sinal*. Outros mecanismos de transdução de sinal são discutidos no Capítulo 3 e na Seção 4, *Neurofisiologia*. Com efeito, os fenômenos de transdução de sinal são particularmente importantes no funcionamento do sistema nervoso. Por exemplo, se a transdução de sinal ocorre em uma célula especializada em expressar os canais que detectam um dado estímulo, e essa célula constitui uma porta de entrada para o sistema nervoso da informação portada pelo estímulo, essa célula inteira é denominada *receptor sensorial*. Dependendo da natureza do estímulo que o receptor sensorial reconhece, este será chamado de termoceptor, mecanoceptor ou quimioceptor.

Continuando a discussão sobre a nomenclatura, mas retornando aos canais especializados em reconhecer os diferentes estímulos, como esses canais mudam sua atividade na dependência de haver ou não estímulo, eles podem ser chamados de canais sensíveis, ou dependentes, ou regulados ou operados pelo estímulo. Todos esses termos são sinônimos, mas diferentes textos podem usar uma ou outra denominação. Aqui preferimos usar o termo *canal dependente*. Assim, podemos ter *canais dependentes de temperatura*, *dependentes de pressão* ou *tensão mecânica*, *dependentes de voltagem* ou *dependentes de ligante* (ver Figura 9.16). Estes últimos podem ser exemplificados pelo caso discutido anteriormente, em que o neurotransmissor se liga a um canal especializado em reconhecê-lo, através de um sítio de ligação específico (ver Figura 9.17).

Algo que já deve ter sido intuído até aqui é que quanto mais intenso é o estímulo, maior é a fração do tempo em que o canal dependente dele permanece no estado de condutância determinado pela sua interação com o estímulo. Considerando que uma dada célula excitável deve expressar mais de um desses canais, quanto mais intenso é o estímulo, analogamente maior é o efeito resultante sobre o potencial de membrana da célula. Assim, a resposta sobre o potencial de membrana é proporcional à intensidade do estímulo e é chamada de *potencial graduado*, independentemente de ele causar despolarização, hiperpolarização ou estabilização do potencial de membrana.

Os potenciais graduados podem receber nomes diferentes dependendo da célula em que ocorrem. Por exemplo, em uma célula pós-sináptica de uma sinapse química (Figura 9.18), se o neurotransmissor ligar-se ao seu canal dependente específico e com isso surgir um potencial graduado despolarizante, tal potencial graduado será chamado de *potencial excitatório pós-sináptico* (PEPS). Por outro lado, se o efeito da ligação do neurotransmissor ao seu canal dependente for de estabilização do potencial de membrana ou de hiperpolarização, o potencial graduado registrado será denominado *potencial inibitório pós-sináptico* (PIPS). Além desses exemplos na sinapse, se o potencial graduado ocorre em um receptor sensorial e em resposta ao seu estímulo sensorial específico, ele pode ser chamado de *potencial receptor*, ou *potencial de receptor*.[4]

E o que um potencial graduado causa na célula em que ele ocorre? Essa pergunta não tem uma resposta única, pois o que acontecerá depende do fenótipo celular. Ao longo dos capítulos seguintes serão explicadas algumas das consequências celulares do surgimento de um potencial graduado, nos diferentes sistemas orgânicos em que podem ocorrer. Neste capítulo discutiremos uma das possíveis consequências dos potenciais graduados que é observada em vários desses sistemas: o potencial de ação.

▶ **O potencial de ação é um evento elétrico desencadeado por canais dependentes de voltagem e que se propaga no espaço.** Você já se perguntou como consegue, ao pisar em uma tachinha com o dedão descalço, perceber a dor e retirar o pé em uma rápida fração de segundo? Então você examina o pé e vê que nem chegou a se machucar mesmo. Na verdade o que ocorreu é que o seu sistema nervoso, nesse ínfimo intervalo, conseguiu:

- Sentir o contato com o objeto pontiagudo (através da geração de um potencial de receptor)
- De alguma forma – que discutiremos nesta seção – conduzir essa sensação para a sua medula espinal
- Processar ali, rapidamente, a sensação de pressão localizada, por neurônios medulares, que geraram um comando sobre outros neurônios ditos motores – ou motoneurônios
- Da mesma forma, por enquanto obscura, com que a sensação de contato com a tachinha "subiu" para a medula, "descer" esse comando pelos motoneurônios, que infor-

---

Receptores na Fisiologia e na Farmacologia | Mesma palavra, mas diferentes significados

Os canais dependentes de ligante podem causar alguma confusão para o estudante, considerando outros nomes que também podem receber. A Farmacologia, por exemplo, enxerga a interação entre uma molécula e o canal dependente dela, do ponto de vista dessa molécula que se liga especificamente ao canal. Assim, esse mesmo canal que chamamos, na Fisiologia Celular, de "canal dependente de ligante" é, para a Farmacologia, um "receptor para a molécula", que, no caso, funciona como um canal que passa a estar aberto ou fechado na presença da molécula. Note-se, portanto, que o mesmo termo "receptor" é empregado em dois contextos bem distintos. Para a Farmacologia, receptor é uma proteína que se liga a uma molécula de forma específica, ou seja, é um *receptor molecular*. Além disso, para a Farmacologia, se o receptor molecular é um canal modulado pela sua ligação específica à molécula em questão, este pertence a uma classe de receptores denominada *receptores ionotrópicos*, já que sua ativação envolve alteração nos fluxos iônicos através da membrana. Já para a Fisiologia, um receptor, se for sensorial, é uma célula.

Se os usos do termo "receptor" nesses diferentes contextos não ficam claros, podemos chegar a considerações que, apesar de corretas, podem parecer extremamente confusas para um leigo. Por exemplo, é correto afirmar que um receptor para o gosto amargo (*i. e.*, uma célula quimioceptora) tem receptores específicos para algumas aminas (ou seja, um receptor molecular que reconhece padrões moleculares específicos, associados à percepção de amargo).

---

[4] Em termoceptores e alguns quimioceptores foi descoberta uma família de canais dependentes responsáveis por um potencial de receptor que não se mantinha por longo tempo frente ao estímulo térmico ou químico. Hoje se sabe que essa família de canais tem inúmeras funções no organismo, não só em receptores sensoriais. No entanto, dado que foram inicialmente caracterizados fenomenologicamente como responsáveis por esse tipo característico de resposta celular, tais canais são coletivamente conhecidos como TRP – do inglês *transient receptor potential* (potencial de receptor transiente).

Gênese do Potencial de Membrana, Excitabilidade Celular e Potencial de Ação

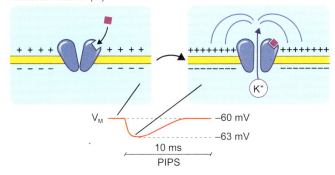

Figura 9.18 ■ Potenciais pós-sinápticos que podem ser induzidos pela ligação de neurotransmissores a diferentes receptores que sejam canais dependentes do neurotransmissor. Exemplos de potenciais excitatórios pós-sinápticos (PEPS) e potenciais inibitórios pós-sinápticos (PIPS).

maram seus terminais pré-sinápticos para que liberassem uma grande quantidade de neurotransmissor que causa PEPS muito intensos em fibras esqueléticas de vários grupos musculares.

Considerando que as fibras musculares esqueléticas são células muito grossas e compridas (algumas com vários centímetros de comprimento), mesmo a informação de que o PEPS ocorreu deve caminhar por distâncias enormes na escala celular para a resposta de contração muscular de retirada do pé ser tão rápida a ponto de você nem se ferir com a tachinha. E, como dito, tudo isso pode acontecer um pouco antes mesmo de você perceber a dor associada à pressão sobre a tachinha.[5]

Como essa sequência de eventos assim complexa pode ocorrer tão rapidamente, sendo que, em um adulto de 1,80 m, a distância entre a ponta do dedão do pé e o local na medula em que a sensação de pressão é processada é de 1,30 m aproximadamente? Considerando esse arco de eventos sequenciais e automáticos (chamado de arco reflexo) – em que a informação sensorial "sobe" do dedão do pé até a medula, é ali processada, e um comando de retirada do dedão "desce" a mesma distância –, é possível estimar a velocidade com que esse trajeto todo é percorrido? Medidas em voluntários mostraram que o tempo entre o estímulo de pressão pontiaguda no pé e a resposta muscular de retirada está por volta de 0,1 s, o que corresponde a uma velocidade de 26 m/s (aproximadamente 94 km/h). Para efeito de comparação, a maior velocidade já atingida por um corredor humano até 2017 (Usain Bolt, o recordista nos 100 m rasos) é de 44,72 km/h, uma velocidade bem menor do que aquela estimada aqui para a velocidade de transmissão e processamento neural da informação.

Esse exemplo simples serve para mostrar que há soluções biológicas extremamente eficientes que garantem uma enorme capacidade de transmissão rápida de informação pelo sistema nervoso e nos músculos do nosso corpo. No entanto, fica claro que essa transmissão não pode ser decorrente da difusão de moléculas de neurotransmissor ao longo de todo o trajeto, como é discutido no Capítulo 8. Com efeito, se considerássemos que são só moléculas do neurotransmissor acetilcolina que carregam a informação desde o receptor sensorial até a sinapse motora, por difusão em uma única dimensão (o que já acelera bastante a velocidade de difusão em relação à nossa realidade 3D), como seu coeficiente de difusão D é de $4,0 \times 10^{-4} \, \mu m^2 \cdot \mu s^{-1}$, a distância percorrida é de 2,6 m ($\equiv 2.600.000$ μm) e o tempo aumenta com o quadrado da distância, uma molécula de acetilcolina conseguiria realizar esse percurso em 1.333.739 anos![6]

Porém, se a mesma molécula de acetilcolina tivesse de se difundir por uma distância igual à espessura da membrana plasmática (cerca de 10 nm), ela o faria dentro de 0,6 ms. Íons Na^+ e K^+ são bem menores do que a acetilcolina, tendo coeficientes de difusão maiores em uma ordem de grandeza do que o do neurotransmissor ($1,334 \times 10^{-3}$ e $1,957 \times 10^{-3}$ $\mu m^2 \cdot \mu s^{-1}$, respectivamente). Assim, podem atravessar a membrana em intervalos menores do que 0,03 ms. Isso sem considerar o efeito da diferença de potencial elétrico através da membrana. Nisso reside a resposta para a charada de como a informação pode ser transmitida tão rapidamente por células excitáveis, cobrindo longas distâncias: ela está baseada na rapidíssima movimentação de cargas iônicas através da membrana da célula excitável que perturbam instantaneamente os outros íons que já estavam no citoplasma da célula (Figura 9.19 A). Imaginando que essa célula seja aproximadamente cilíndrica e tenha um comprimento de mais de 1 metro[7] e uma membrana perfeitamente impermeável aos íons, a única possibilidade que os íons citoplasmáticos têm de responder à perturbação elétrica causada pelas cargas iônicas entrantes é se repelirem ou se atraírem, dependendo de sua polaridade, ao longo do eixo da célula. Em outras palavras, uma corrente elétrica de natureza iônica seria conduzida ao longo do citoplasma da célula.

Nesse exemplo hipotético de uma membrana com resistência elétrica infinita, um íon sódio faria, portanto, com que outro íon positivo monovalente qualquer presente em um dos extremos da célula se afastasse instantaneamente do íon sódio inicial, contanto que houvesse outros íons entre ambos, que seriam influenciados pelo campo elétrico do íon sódio e se influenciariam sequencialmente, através de seus próprios campos elétricos, até que o íon positivo na extremidade

---

[5]Esse ligeiro atraso da percepção de dor em relação à resposta reflexa de retirada se dá porque a sensação do pisão deve ascender para além da medula até o córtex cerebral, para ali ser processada pelas sinapses de circuitos neuronais compostos por centenas de neurônios, até que a sensação do pisão seja veiculada à sua consciência. As informações sensoriais que chegam ao nível consciente compõem aquilo que chamamos de percepção. Ou seja, o seu sistema nervoso detecta o estímulo e sente a pressão. No entanto, você não sente essa pressão, e sim a percebe como dor. Outro exemplo dessa distinção entre sensação e percepção é que o seu sistema nervoso está o tempo todo sentindo a intensidade da sua pressão arterial, mas você não percebe a sua pressão arterial.

[6]Para efeito de comparação, acredita-se que os primeiros *Homo sapiens* surgiram entre 300.000 e 200.000 anos atrás.

[7]Células compridas assim existem? Sim! No arco reflexo que discutimos, os neurônios sensoriais e os motores são células únicas, aproximadamente cilíndricas, e com um comprimento que excede em centenas de milhares de vezes o seu diâmetro.

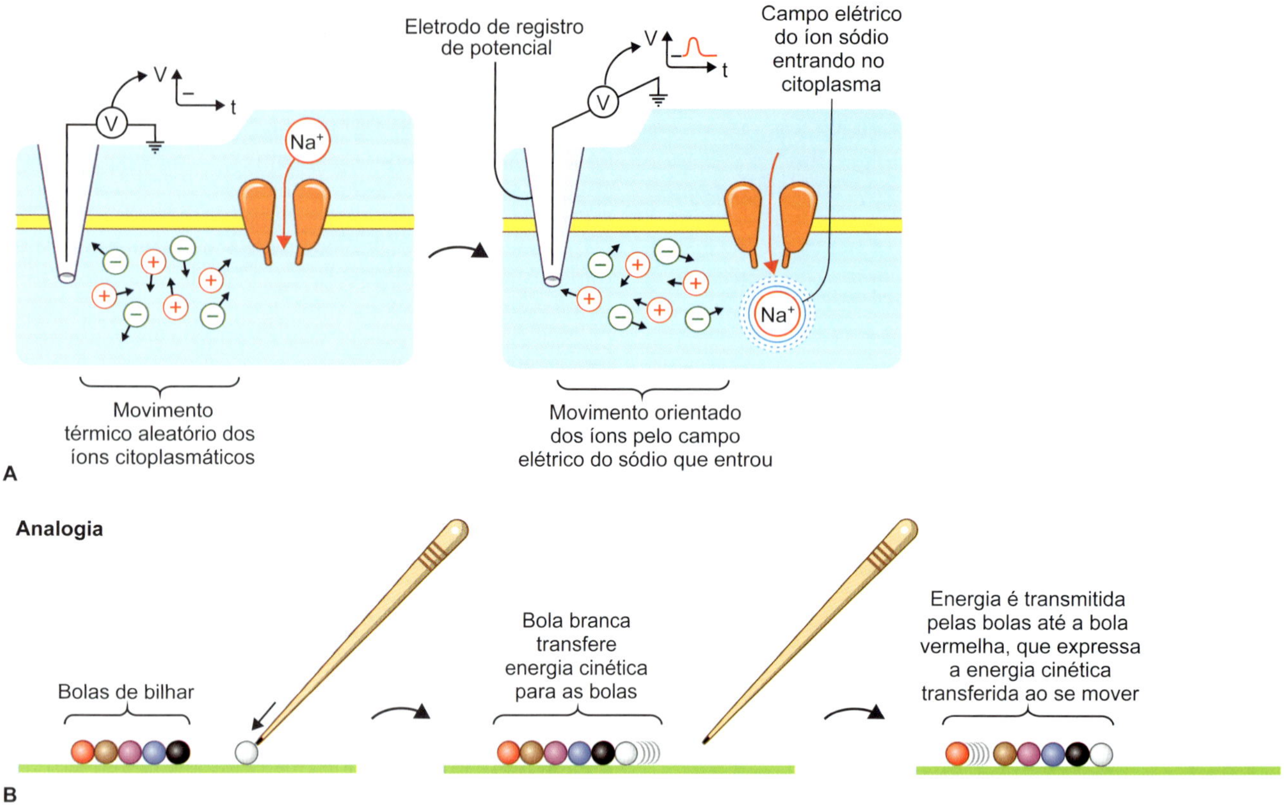

Figura 9.19 • **A.** Repulsão/atração entre íons citoplasmáticos como origem da corrente eletrotônica. **B.** Analogia do bilhar para a corrente eletrônica: a bola branca representa o íon Na que entrou no citoplasma, e as bolas coloridas, os íons citoplasmáticos com que o Na⁺ interage.

celular fosse alcançado. Uma analogia que cabe aqui é a de várias bolas de bilhar orientadas lado a lado em uma reta (Figura 9.19 B). Se o jogador acertar, em uma tacada, uma nova bola naquela que está em uma das pontas desse arranjo, o impulso se propagará pelas bolas intermediárias, sem estas se moverem, e somente a última bola, na outra extremidade, efetivamente se moverá. Ou seja, o movimento da bola que foi tacada pelo jogador *equivale* ao movimento da última bola na ponta oposta, mas o movimento inicial e o final, apesar de serem equivalentes, foram realizados por bolas de cores diferentes – mas, ainda assim, por bolas de bilhar. Fazendo aqui as correspondências dessa analogia com o fenômeno biológico, a bola tacada pelo jogador seria o íon sódio que atravessou a membrana, as bolas intermediárias seriam os íons citoplasmáticos que conduzem a corrente elétrica gerada pela entrada do íon sódio, e a última bola representa o cátion monovalente que se move no extremo distal, no sentido do eixo central dessa célula excitável cilíndrica. Esse tipo de condução de corrente elétrica por íons dentro do citoplasma de uma célula que é gerada pela movimentação de cargas através da membrana plasmática é chamada de *condução (ou corrente) eletrotônica*.

▶ **A capacitância e a resistência da membrana limitam a velocidade e o alcance da transmissão elétrica de informação em uma célula excitável.** Uma transmissão rápida de sinal elétrico ao longo de uma célula seria conseguida facilmente se: (1) o sinal em si se estabelecesse muito rapidamente, e (2) tivesse um grande alcance no espaço – isto é, com perda pequena de intensidade ao se afastar do ponto em que foi inicialmente gerado.

Porém, como não existe perfeição na Biologia, não há célula com uma membrana perfeitamente impermeável às cargas elétricas dos íons. Muito pelo contrário, a membrana plasmática é um isolante bastante ineficiente, se comparada com outros materiais como plástico ou borracha. Mesmo assim, as membranas celulares são um isolante eficiente o bastante para permitir a separação de cargas iônicas entre os meios intra e extracelular, sendo por isso a região em que ocorre a diferença de potencial elétrico que chamamos de potencial de membrana e, portanto, sendo um capacitor (ver "Gênese do Potencial de Membrana"). Nesse sentido, é um capacitor muito eficiente, pois, por ser muito delgada, a membrana permite que a energia potencial elétrica associada à separação das cargas seja relativamente baixa. Isso porque as cargas em um lado e no outro da membrana estão muito próximas e seus campos elétricos praticamente se anulam, reduzindo o custo energético associado à perda da eletroneutralidade nos meios intra e extracelular (Figura 9.20). Assim, a membrana consegue armazenar uma quantidade muito grande de cargas sem que isso gere uma grande diferença de potencial elétrico. Em outras palavras, a variação da quantidade de cargas separadas pela membrana tem um efeito relativamente pequeno sobre o potencial de membrana. Essa característica tem um efeito positivo, por exemplo, em transportadores que realizam transporte acoplado, pois grandes quantidades de substância podem ser movidas sem que o potencial de membrana varie muito e, portanto, sem repercussões importantes sobre o "combustível" desse transporte, o $\Delta\bar{\mu}$ do íon movente. Por outro lado, essa mesma *característica capacitiva da membrana* faz com que uma quantidade relativamente grande de cargas tenha de ser transportada através da membrana para que o potencial de membrana seja variado, o que impõe um intervalo de tempo para esse carregamento da membrana, limitando assim a velocidade com que uma variação de potencial elétrico (um potencial graduado) ocorre em dado ponto da membrana de uma célula (ver Aplicação 10). Ou seja, quanto

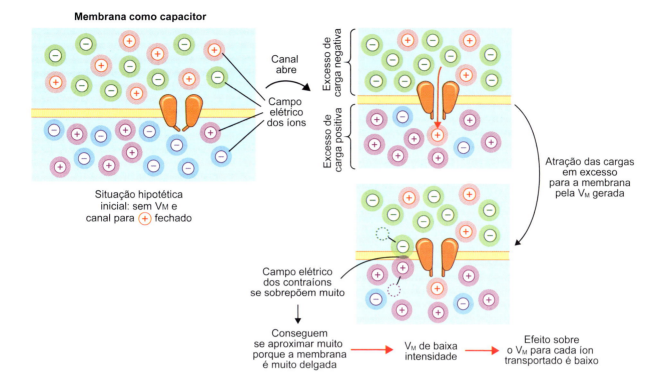

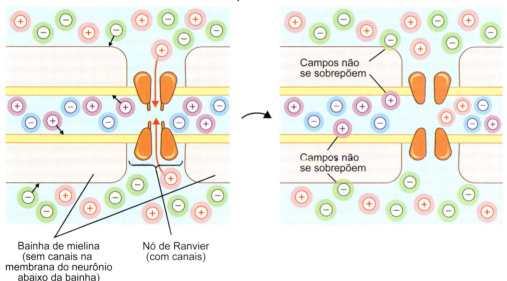

Figura 9.20 • Capacitância elétrica da membrana e o efeito da bainha de mielina sobre ela.

maior a capacitância da membrana, maior o tempo para que seu potencial de membrana possa ser variado.

Como a capacitância é diretamente proporcional à área da membrana e inversamente proporcional à sua espessura (ver equação 9.4), células pequenas têm um tempo de carregamento relativamente curto. Nos vertebrados e em alguns invertebrados – como minhocas, camarões e algumas espécies de zooplâncton –, surgiu uma adaptação exclusiva do sistema nervoso que diminui a capacitância efetiva dos neurônios ao aumentar a espessura do isolante que separa os meios intra e extracelular e, portanto, diminui o efeito de neutralização mútua dos campos elétricos dos íons que constituem as cargas opostas entre os meios. Essa adaptação é a *bainha de mielina*

(ver Figura 9.20), que é formada por células acessórias aos neurônios[8] que apresentam regiões com citoplasma praticamente inexistente, delimitadas por uma membrana muito pobre em proteínas, mas rica no lipídio de membrana esfingomielina. Essas regiões se enrolam em torno de axônios (e, raramente, de dendritos), compondo assim um revestimento lipídico dos segmentos axonais, semelhante à bainha de uma espada – daí o nome dessa estrutura. Assim, a membrana do neurônio em contato com a bainha de mielina fica "encapada" por uma grossa camada de material isolante, o que, além de diminuir

---

[8]Oligodendrócitos no sistema nervoso central e células de Schwann no sistema nervoso periférico.

a capacitância efetiva da membrana, afastando os meios intra e extracelular entre si, também aumenta a resistência efetiva de sua membrana, o que também tem repercussões sobre a transmissão elétrica nessas células, como veremos a seguir. Entre uma célula formadora de bainha e outra ao longo da fibra, há uma pequena área de membrana do axônio que fica exposta ao meio extracelular. Essas regiões são chamadas de *nós de Ranvier*, onde são encontrados com grande densidade canais para sódio e potássio dependentes de voltagem e canais de vazamento.

Voltando à questão da ineficiência da membrana como isolante, fica claro que a resistência elétrica da membrana não pode ser infinita, pois ela contém canais que conduzem íons entre os meios intra e extracelular. Assim, comparando ao exemplo da célula cilíndrica hipotética, com membrana impermeável aos íons e sua analogia com o bilhar (ver Figura 9.19), os íons citoplasmáticos em uma célula real não estão restritos a se movimentarem somente dentro do citoplasma conduzindo corrente quando perturbados pelo influxo do sódio. Também podem movimentar-se pelos canais de vazamento da membrana e saírem do citoplasma (ou íons extracelulares entrarem pelos mesmos canais), o que dissipa, ao longo do eixo da célula, a transmissão do efeito do campo elétrico do íon sódio entrante (Figura 9.21 A). Ou seja, a existência de uma resistência elétrica de membrana finita (*i. e.*, de uma condutância de membrana mensurável) limita o alcance de um potencial graduado ao longo de uma célula excitável alongada. Todavia, quanto maior for a resistência da membrana, maior o alcance espacial da ΔV_M, deflagrada pelo estímulo, na célula. Uma estratégia evolutiva que aumenta a resistência elétrica entre os meios intra e extracelular é a bainha de mielina, que, dessa forma, não só acelera a velocidade do sinal elétrico em um ponto da membrana, mas também seu alcance à distância.

Entretanto, ao determinarem a resistência da membrana, os canais de vazamento não afetam somente o alcance espacial do potencial graduado. Quanto maior é a densidade de canais de vazamento no sítio de geração do potencial graduado, menor a intensidade máxima do potencial que é registrada e também menos tempo dura esse evento. Considerando que o potencial graduado é uma variação de voltagem sobre o potencial de repouso – que é uma situação estacionária, na qual a soma das correntes dos diferentes íons através da membrana é nula –, as forças moventes dos íons pelos seus canais de vazamento seletivos ($V_M - E_{íon}$) são alteradas pela mudança do V_M constituída pelo potencial graduado.

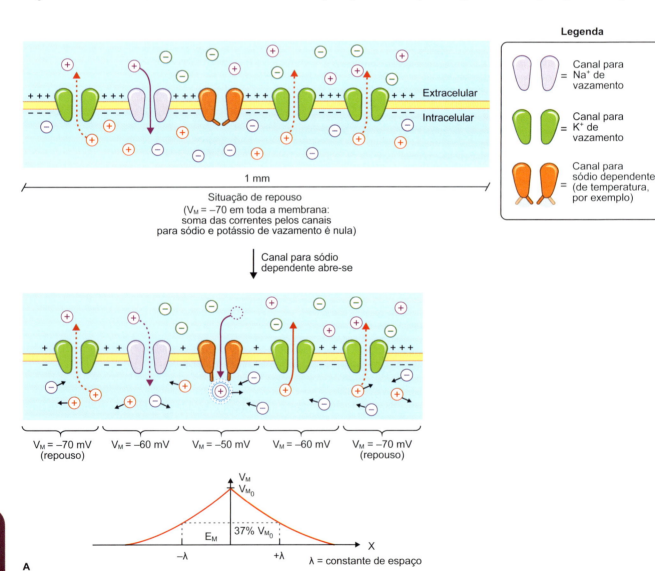

Figura 9.21 • **A.** Efeito da resistência da membrana sobre o alcance de variações do potencial de membrana no espaço. (*continua*)

Gênese do Potencial de Membrana, Excitabilidade Celular e Potencial de Ação 187

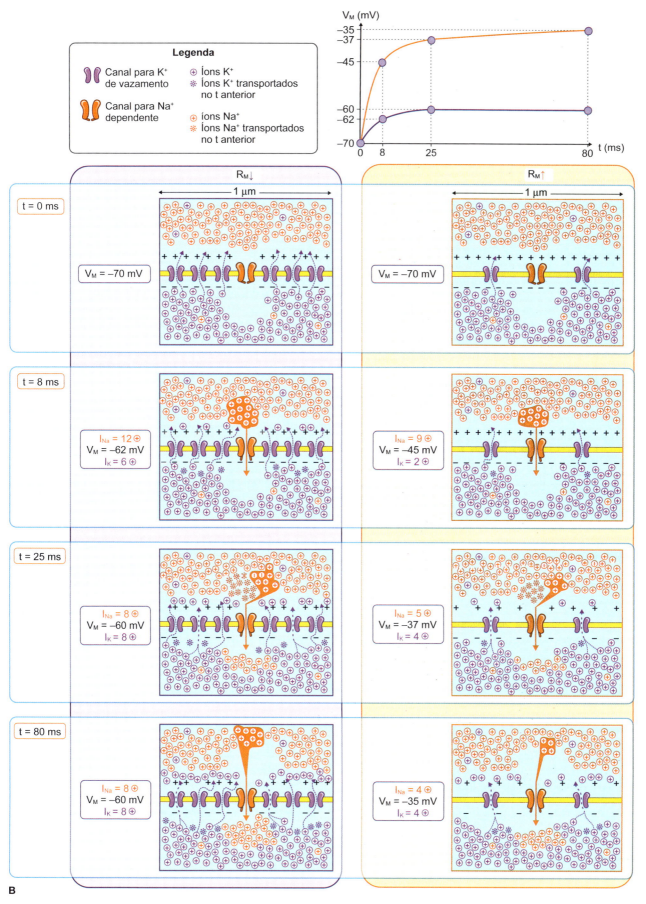

Figura 9.21 ▪ (*continuação*) **B.** Efeito da resistência da membrana sobre o intervalo de tempo para o estabelecimento de um novo patamar de potencial de membrana frente a injeções de corrente. Os esquemas em fundo laranja e a curva laranja no gráfico correspondente à situação de alta R_M. Os esquemas em fundo roxo e a curva roxa no gráfico, à de baixa R_M.

Assim, as correntes iônicas veiculadas pelos canais de vazamento são alteradas, sem haver, no entanto, alteração da condutância intrínseca dos canais, pois:

$$I_{ion} = \overrightarrow{G_{ion}} \times (V_M - E_{ion}) \uparrow\downarrow \quad (9.27)$$

Como ilustra a Figura 9.21 B, essas correntes de vazamento se contrapõem às mediadas pelos canais dependentes do estímulo. Além disso, repolarizam a membrana quando o estímulo cessa e os canais dependentes retornam para seu estado de repouso. Portanto, quanto maior for a densidade de canais de vazamento, maiores serão as correntes que tendem a trazer o potencial de membrana ao seu valor de repouso, o que limita a intensidade do potencial graduado e o repolariza ao potencial de repouso mais rapidamente, restringindo a duração do sinal elétrico.

Além de afetar o alcance espacial do sinal elétrico, a resistência da membrana, como a capacitância, também afeta a velocidade de propagação do sinal na célula (ver Figura 9.21 B). Aqui, entender o que ocorre é um pouco mais complicado do que o que foi discutido para a capacitância, pois a relação entre o tempo de carregamento da membrana e a resistência de membrana é mais complexa. Com efeito, a equação que descreve quanto tempo o carregamento da membrana demora para atingir uma dada ΔV_M, em função da corrente injetada e da capacitância e resistência da membrana, mostra que o tempo de carregamento depende da resistência em dois pontos:[9]

$$t = R_M C_M \ln\left(1 - \frac{\Delta V_M}{i_{inj} R_M}\right) \quad (9.28)$$

Inicialmente podemos pensar que, já que o potencial graduado é devido à injeção de íons através dos canais dependentes do estímulo, se houver ao redor desses canais dependentes também canais de vazamento, os íons injetados poderiam "escapar", pelos canais de vazamento, de conduzir corrente eletrotônica. Assim, em um primeiro momento, uma membrana com menor densidade de canais de vazamento (ou revestida por bainha de mielina) retém mais eficientemente no citoplasma as cargas injetadas em decorrência do estímulo do que uma membrana com grande densidade de canais de vazamento (ou sem bainha de mielina). Isso implicaria que uma célula com poucos canais (alta resistência) tivesse uma velocidade maior de variação do seu potencial de membrana do que uma com muitos canais (alta condutância).

No começo isso de fato acontece. No entanto, como a facilidade de retenção de cargas na célula com poucos canais é maior, mais tempo demora para que, ao final, a célula atinja um novo potencial de membrana estável, mais intenso do que aquele que se atinge na célula vazada. Em ambos os casos, um novo estado estacionário é alcançado nas duas células, no qual a corrente iônica que vaza pelos canais de vazamento se iguala em intensidade, mas não em sentido, àquela injetada pelos canais dependentes. Na célula com alta resistência de membrana, essa corrente é atingida à custa de mais força movente ($I = V_M\uparrow/R_M\uparrow$), enquanto na com baixa resistência o mesmo valor de corrente é atingido em uma força movente menor, pois a facilidade que os íons encontram para cruzar a membrana é maior ($I = V_M\downarrow/R_M\downarrow$). Assim, se o efeito biológico do potencial graduado depender da velocidade inicial de variação do potencial de membrana, ou de uma variação final de potencial mais intensa (ainda que mais demorada), isso será conseguido em células que tenham baixa densidade de canais de vazamento ou tenham bainha de mielina. O tempo característico para que um dado ponto da membrana se carregue até certo valor de V_M é produto, portanto, tanto de R_M quanto de C_M (ver Aplicação 9), sendo descrito pela constante de tempo da membrana (τ):

$$\tau = R_M \times C_M \quad (9.29)$$

Até aqui vimos que há dois fatores que afetam a velocidade com que um sinal elétrico (uma variação no V_M) se desenvolve – a capacitância e a resistência elétricas da membrana – e um fator que afeta o alcance desse sinal no espaço – novamente a resistência da membrana. Há ainda outro fator do qual o alcance do sinal elétrico depende: a dificuldade que a corrente eletrotônica encontra para ser conduzida pelo citoplasma, o que é denominado *resistência elétrica axial* (Figura 9.22). Se a resistência axial (R_A) for alta, naturalmente será dificultado o fluxo de íons pelo citoplasma quando eles são perturbados pela entrada de cargas promovida pelos canais dependentes na presença de seus estímulos específicos. Assim, se a condução é dificultada no citoplasma, maior é a chance de os íons também "escaparem" pelos canais de vazamento na membrana. Uma analogia seria o fluxo de água por duas mangueiras com vários furos (ver Figura 9.22): se houver um entupimento em algum ponto de uma das mangueiras, maior altura a saída de água pelos furos alcançará antes do entupimento e menor essa altura nos furos que se seguem à região entupida. Isso significa que o perfil de pressão cai mais intensamente ao longo do comprimento da mangueira entupida, e justo ao redor da região entupida, em relação à mangueira desobstruída, cujo perfil de pressão cai homogeneamente ao longo de seu comprimento. Nesse exemplo hidráulico, a mangueira é análoga à membrana; o fluxo de água, à corrente eletrotônica; os furos, aos canais de vazamento; o entupimento, à resistência axial; e a altura alcançada pela água nos furos, ao potencial de membrana em cada ponto.

Entretanto, do que depende a resistência axial? Como ela pode ser reduzida, aumentando o alcance da ΔV_M? O citoplasma na realidade não é um meio homogêneo, pois nele há um grande amontoamento de proteínas solúveis e insolúveis (p. ex., citoesqueleto) e de organelas que restringem em maior ou menor grau a movimentação dos íons. Se o segmento celular que estivermos considerando for muito fino, por exemplo, há grande probabilidade de os íons, em seu movimento térmico, chocarem-se com o meio não condutor da membrana, dissipando parte da sua energia cinética orientada no sentido axial, que por sua vez deriva da energia potencial elétrica adquirida com o fluxo de íons na membrana através dos canais ativados pelo estímulo. Se, porém, o raio desse segmento for dobrado, a área de citoplasma por onde os íons podem conduzir corrente eletrotônica será quadruplicada, pois, lembrando que Área = $\pi \cdot (raio)^2$, tem-se que Área$_{inicial} = \pi r^2$ e Área$_{final} = \pi(2r)^2 = 4(\pi r^2) = 4($Área$_{inicial})$. Ou seja, a facilidade que os íons encontram em conduzir corrente pelo citoplasma quadruplica. Ao mesmo tempo, a área de membrana que poderia atrapalhar a condução eletrotônica é somente dobrada, pois o perímetro do segmento correspondente à membrana é função direta do raio (Perímetro = $2\pi r$) e a área de membrana do segmento fica sendo Área de membrana = (Perímetro) · (Comprimento do segmento). Assim, o saldo de se ter um segmento de célula com diâmetro de citoplasma dobrado claramente favorece a redução da resistência axial, aumentando o alcance do potencial graduado no espaço.

---

[9] A intenção aqui não é assustar com mais uma equação complicada, que nada mais é do que um rearranjo da equação 9.20, e sim mostrar que a resistência da membrana pode afetar de duas formas o seu tempo de carregamento, que são explicadas nos dois parágrafos seguintes.

Gênese do Potencial de Membrana, Excitabilidade Celular e Potencial de Ação

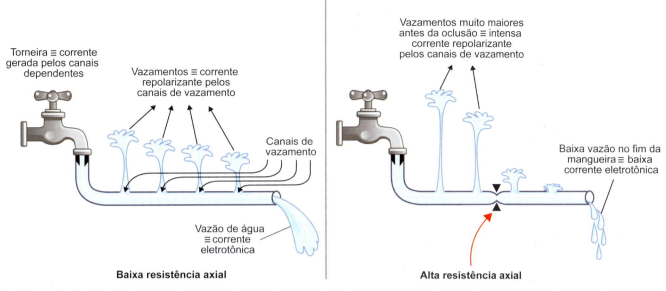

Figura 9.22 • Analogia hidráulica para o efeito da condutância axial citoplasmática sobre a condução eletrotônica e o alcance de variações do potencial de membrana no espaço.

Como a resistência de membrana (R_M) e a resistência axial (R_A) afetam o alcance espacial de uma ΔV_M, mas com efeitos inversos, o decaimento do V_M em função do espaço pode ser descrito quantitativamente pela seguinte equação:

$$V_M(x) = V_M(0) \times e^{-x/\lambda} \quad (9.30)$$

em que $V_M(x)$ é o valor do potencial de membrana em função do espaço (x), $V_M(0)$ é o valor do potencial de membrana no ponto $x = 0$ (p. ex., onde se localiza o canal dependente de estímulo que deu início à perturbação do V_M), e λ é a chamada constante de espaço da membrana, sendo a distância em que V_M perdeu 63% de seu valor em relação àquele no ponto $x = 0$ (ver Figura 9.21 A). A constante de espaço descreve os efeitos combinados de R_M e R_A sobre o alcance de um sinal elétrico correspondente a uma variação de V_M, por ser:

$$\lambda = \sqrt{\frac{R_M}{R_A}} \quad (9.31)$$

Voltando agora aos dois requisitos para a rápida transmissão elétrica em células excitáveis longas com que iniciamos este tópico, podemos resumir, no Quadro 9.2, os fatores físicos e seus correspondentes biológicos que favorecem o cumprimento desses dois requisitos.

Da análise do Quadro 9.2, fica a pergunta: todas as nossas células excitáveis conseguem preencher esses requisitos, garantindo que a informação portada pelos potenciais graduados alcance rápida e amplamente todas as suas regiões, através de condução eletrotônica, e sem perdas importantes de sinal no trajeto?

Alguns neurônios, como os da retina, são suficientemente curtos para que possam conduzir rapidamente, em si mesmos, informação exclusivamente na forma de potenciais graduados e correntes eletrotônicas. Isso é possível porque suas dimensões limitadas são bem menores do que a constante de espaço calculada com base nos seus valores para os fatores físicos listados no Quadro 9.2. Ademais, também porque suas dimensões são pequenas, a área de membrana é pequena, o que implica baixa capacitância e poucos canais de vazamento (alta resistência), contribuindo para uma velocidade de variação do V_M em resposta ao estímulo rápida.

Quadro 9.2 • Requisitos para transmissão rápida, fatores físicos e seus correspondentes biológicos.

Requisitos para transmissão rápida	Fatores físicos	Estruturas biológicas
Velocidade rápida de desenvolvimento do sinal elétrico em um ponto da membrana	Baixa capacitância de membrana	Célula pequena
	Alta resistência de membrana (no início do sinal)	Poucos canais de vazamento Bainha de mielina
	Baixa resistência de membrana (para atingir o pico do sinal, que terá baixa amplitude)	Muitos canais de vazamento
Longo alcance do sinal ao longo do comprimento da membrana, sem perda detectável de sua intensidade conforme a distância se afasta do ponto de origem do sinal na membrana (i. e., alta λ.)	Alta resistência de membrana	Poucos canais de vazamento Bainha de mielina
	Baixa resistência axial	Aumento do diâmetro celular

Porém, a imensa maioria dos neurônios e das fibras musculares tem dimensões muito maiores do que suas constantes de espaço e, pelo mesmo motivo, tem capacitância muito grande. Como no caso dos neurônios e fibras musculares discutidas no arco reflexo de retirada, a informação mediada por potenciais graduados não pode ser transmitida exclusivamente por condução eletrotônica ao longo dessas células, isto é, contando somente com eventos elétricos na membrana mediados por canais geradores do potencial graduado e canais de vazamento. Como a atividade dos canais de vazamento está sempre disponível na membrana e não é, em princípio, modificada pela ocorrência dos potenciais graduados, a condução eletrotônica de sinal é considerada uma *condução passiva*.

De qualquer forma, não se pode escapar do fato de que o potencial graduado é o sinal elétrico que imediatamente porta, de forma analógica, a informação sobre a identidade, a intensidade e a duração do estímulo. Por outro lado, fica evidente que o potencial graduado, por si só, não consegue ter a velocidade e o alcance observados no arco reflexo aqui discutido. Disso se conclui que outras estruturas de membrana e outras formas de condução têm de estar envolvidas nessa transmissão rápida e ampla de informação, além dos canais dependentes desses estímulos.

De fato isso realmente ocorre e, no caso dessas células musculares e neuronais que participam do arco reflexo, por exemplo, o potencial graduado constitui um estímulo gerado na membrana que modifica o funcionamento dessas segundas estruturas de membrana que participam da transmissão de sinal em seguida aos canais que geraram o potencial graduado. Tais estruturas também são canais dependentes, mas o que os modula é uma variação do potencial de membrana (no caso, o potencial graduado). São os *canais dependentes de voltagem* (ver Capítulo 10), dos quais trataremos daqui até o final deste capítulo. Porém, como canais iônicos são os principais determinantes da intensidade do potencial de membrana momento a momento, os canais dependentes de voltagem também podem alterar o potencial de membrana, dependendo de estarem ou não conduzindo corrente iônica.

Note-se aqui que, com os canais dependentes de voltagem, temos uma situação de retroalimentação: uma variação de potencial de membrana modula a atividade de canais dependente de voltagem que, por isso, podem variar o potencial de membrana, modulando a atividade de outros canais dependentes de voltagem ao lado... e assim por diante, resolvendo o requisito não cumprido pela condução puramente eletrotônica de garantir um amplo alcance espacial do sinal. Pode-se perceber aqui que, se houver canais dependentes de voltagem relativamente próximos (*i. e.*, em uma distância menor do que a constante de espaço λ) e distribuídos por toda a membrana da célula, essa ativação de canais dependentes de voltagem passará a ser, ao mesmo tempo, sua própria causa e efeito: o sinal elétrico agora gerado por esses canais vai sendo reproduzido (regenerado) em cada ponto onde houver outros canais dependentes de voltagem, como em uma avalanche. Ou seja, a partir do momento em que canais dependentes de voltagem ativados pelo potencial graduado conseguem ativar outros canais dependentes de voltagem, vencendo o efeito de repolarização dos canais de vazamento (ver Figura 9.21 B), o sinal elétrico gerado por eles é inevitavelmente *refeito* em todos os pontos que contenham canais semelhantes. Ou seja, esse sinal ou acontece, ou não acontece, sendo por isso chamado de um evento "tudo ou nada" (Figura 9.23 A). Como o sinal é refeito ponto a ponto, as $\Delta\tilde{\mu}$ dos íons através da membrana são consumidas um pouco mais em todos os pontos da membrana pelos fluxos iônicos adicionais que surgem através dos canais dependentes de voltagem, o que demanda maior consumo de energia livre por mecanismos de transporte ativo – principalmente pela Na/K-ATPase – no sentido de manter essas $\Delta\tilde{\mu}$. Há aqui, portanto, uma *condução ativa de sinal*, e não passiva, como na condução eletrotônica do potencial graduado. Assim, esse sinal de voltagem criado ativamente pelos canais dependentes de voltagem é chamado de *potencial de ação*.

Não só o potencial de ação cumpre o requisito do alcance de sinal para a rápida transmissão da informação, mas também resolve o problema da velocidade de geração do sinal a cada ponto, o que emana do fato de ser um evento baseado na retroalimentação entre as atividades dos canais dependentes de voltagem. No entanto, como se trata de um evento "tudo ou nada", a intensidade do potencial de ação não tem como relatar a intensidade do estímulo inicial analogicamente, como faz o potencial graduado de que depende para ser deflagrado. Em outras palavras, sendo algo que ou ocorre ("1") ou não ("0"), o potencial de ação não é um sinal analógico como o potencial graduado, e sim um sinal digital. Há aí uma conversão da forma de codificação com que a informação do estímulo é veiculada por sinais elétricos de variação do V_M. Como veremos adiante, inicialmente acontece a transdução analógica do estímulo em potencial graduado, pelos canais dependentes do estímulo, que a seguir leva à codificação digital do potencial graduado na forma da frequência com que ocorrem potenciais de ação, disparados pelos canais dependentes de voltagem (ver Figura 9.31, mais adiante).

Tendo entendido aqui os papéis que os potenciais graduados e os potenciais de ação têm na transdução e codificação dos estímulos, veremos a seguir os mecanismos moleculares e celulares pelos quais os canais dependentes de voltagem codificam e propagam essa informação dos estímulos pelos neurônios e fibras musculares.

▶ **O potencial de ação origina-se da retroalimentação positiva entre canais dependentes de voltagem despolarizantes para sódio ou cálcio e é terminado pela repolarização promovida por canais para potássio dependentes de voltagem.** Até aqui chegamos à conclusão de que a transmissão de informação por longas distâncias em uma célula excitável depende de canais dependentes de voltagem que mediam uma variação "tudo ou nada" do V_M que é ativamente conduzida pelas regiões da membrana que têm canais dependentes de voltagem. Esses canais são seletivos ou a sódio, ou a cálcio – que, como vimos, são íons cujo aumento da condutância causará despolarização –, ou ainda a potássio, íon cujo aumento de condutância tenderá a uma hiperpolarização em relação ao potencial de repouso. Ao evento "tudo ou nada" mediado por esses canais dependentes de voltagem demos o nome de potencial de ação, mas ainda não explicamos como é um potencial de ação, ou seja, qual é o seu perfil no tempo quando ocorre em dado ponto da membrana.

Na verdade, não há um único perfil temporal de potencial de ação que seja comum a todas as células excitáveis (para alguns exemplos, ver Figura 9.24). No entanto, há, sim, algumas características comuns a todos os tipos de potencial de ação (ver Figura 9.24), a saber:

- O início de todo potencial de ação é uma despolarização muito intensa (muitas vezes com *overshoot* do V_M) e extremamente rápida (comumente na faixa dos μs). Como sabemos que o potencial de ação é uma consequência da atividade de canais dependentes de voltagem, chega-se à conclusão de que nessa fase inicial do potencial de ação *prevalece* a atividade de canais para sódio e/ou cálcio dependentes de voltagem.[10] Em geral são os canais para sódio dependentes de voltagem (ou Na_v) que respondem por essa rápida despolarização

- A despolarização rápida desacelera e atinge um valor máximo (o pico do potencial de ação), para logo ser sucedida por repolarização. Esse pico é um momento de duração praticamente indetectável, mas, como nesse instante a variação do V_M muda de sentido (de despolarização para repolarização), no pico do potencial de ação o V_M é momentaneamente estável – ou seja, não há

---

[10]Esse ponto é bem importante. Muitas pessoas se confundem aqui, assumindo que só pode haver canais para sódio dependentes de voltagem participando nessa fase de despolarização rápida e intensa do potencial de ação. Isso não é verdade, pois há também canais para potássio dependentes de voltagem sendo ativados, embora, como veremos a seguir, a corrente iônica passando pelos canais para sódio seja ainda maior do que aquela que já está ocorrendo nos canais para potássio dependentes de voltagem.

Gênese do Potencial de Membrana, Excitabilidade Celular e Potencial de Ação

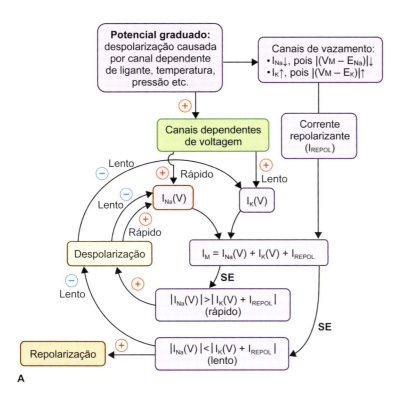

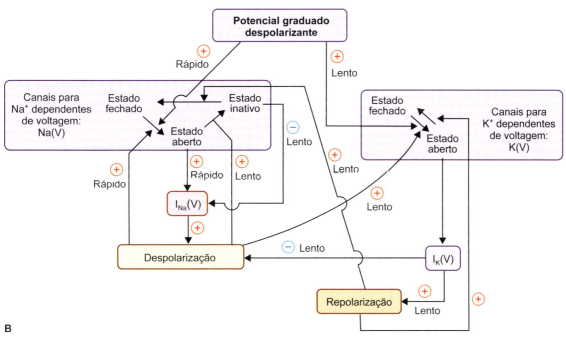

Figura 9.23 ▪ Diagramas de blocos para os fenômenos subjacentes ao potencial de ação. **A.** Descrição do potencial de ação com base nas correntes iônicas envolvidas. **B.** Descrição do potencial de ação com base nos canais dependentes de voltagem e seus estados de condutividade.

ΔV_M ocorrendo no pico do potencial de ação. Isso só é possível se, nesse brevíssimo intervalo, a soma de todas as correntes iônicas fluindo naquele ponto da membrana for nula
- A partir do pico do potencial de ação, o "cabo de guerra" entre as correntes iônicas passa a ser vencido, mais cedo ou mais tarde, por uma corrente repolarizante catiônica ativada por voltagem, que só pode ser de potássio. Ou seja, na repolarização passa a prevalecer a atividade dos canais para potássio dependentes de voltagem (os K_v).

Porém, qual é o gatilho para que toda essa sequência de eventos que compõem o potencial de ação ocorra? Os potenciais de ação iniciam-se com uma despolarização da membrana, geralmente um potencial graduado, mas nem toda despolarização consegue deflagrar um potencial de ação. Em experimentos em que a despolarização é induzida artificialmente por injeção de corrente no citoplasma, observa-se que somente a partir de certo nível de despolarização do potencial de membrana surge o potencial de ação no ponto de injeção da corrente (Figura 9.25). A partir desse potencial, outros estímulos

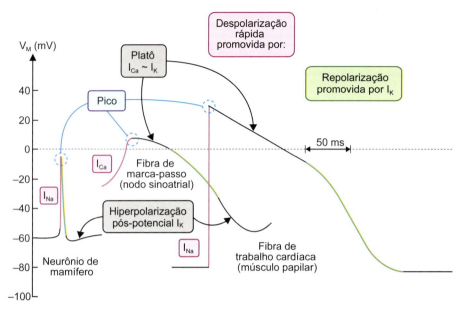

Figura 9.24 ▪ Exemplos de potenciais de ação registrados em diferentes células excitáveis e suas fases típicas: despolarização (*rosa*), pico (*azul*), platô (*preto*) e repolarização (*verde*). Note as diferenças marcantes no formato, amplitude e duração desses eventos.

elétricos que causem despolarizações ainda mais intensas também deflagrarão potenciais de ação similares. Esse potencial é, portanto, um ponto muito instável, sendo o limite a partir do qual despolarizações maiores inevitavelmente gerarão um potencial de ação e despolarizações menores não terão como deflagrar potenciais de ação. Por isso é chamado de *potencial limiar* de deflagração do potencial de ação.

O que ocorre no potencial limiar para que ele seja esse divisor de águas para a ocorrência ou não do potencial de ação? Ele é justamente o potencial de membrana que consegue abrir um número suficiente de canais para sódio[11] que conseguem gerar uma corrente igual em intensidade, mas oposta em sentido, àquela repolarizante gerada concomitantemente pelos canais para potássio de vazamento e pelos eventuais canais para potássio dependentes de voltagem que já se abram em resposta à despolarização. Despolarizações maiores do que o potencial limiar, portanto, abrirão ainda mais canais para sódio dependentes de voltagem, e assim a corrente de sódio será maior, em módulo, do que as correntes de potássio simultâneas repolarizantes. Com esse saldo positivo das correntes despolarizantes mediadas por sódio, mais despolarizado se tornará o potencial de membrana, o que recrutará mais canais para sódio a saírem do estado fechado para o aberto, e assim sucessivamente, em um efeito de *retroalimentação positiva de despolarização* que explica a primeira característica comum a todos os potenciais de ação discutida anteriormente (ver Figuras 9.23 B e 9.25).

No nível molecular, como surge a dependência de voltagem apresentada tanto pelos canais para sódio quanto pelos canais para cálcio e pelos canais para potássio dependentes de voltagem? Para que qualquer estrutura possa sofrer a influência de diferenças de potencial elétrico, ela deve ter cargas elétricas. Como os canais dependentes de voltagem são proteínas de membrana e a diferença de potencial elétrico ocorre *através* da membrana, a dependência de, ou sensibilidade a, voltagem desses canais necessariamente depende de terem cargas elétricas em algum de seus segmentos transmembrânicos. Como discutido no Capítulo 10, a estrutura básica dos canais dependentes de voltagem é formada por quatro arranjos (domínios) de seis segmentos proteicos transmembrânicos em alfa-hélice (S1 a S6) (Figura 9.26).

Dentro de cada domínio, entre os segmentos S5 e S6 há uma alça reentrante na membrana sem estrutura secundária

---

[11] A partir daqui, para efeito de simplificação, trataremos os canais dependentes de voltagem que causam despolarização como se fossem somente compostos por canais para sódio, mas o tipo de raciocínio aqui feito é completamente transponível para o caso de potenciais de ação iniciados por canais para cálcio dependentes de voltagem.

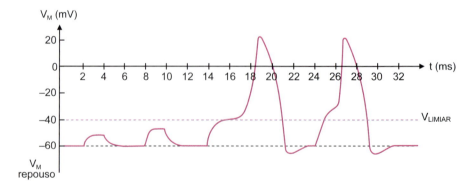

Figura 9.25 ▪ Limiar de deflagração do evento e natureza "tudo ou nada" dos potenciais de ação.

Gênese do Potencial de Membrana, Excitabilidade Celular e Potencial de Ação

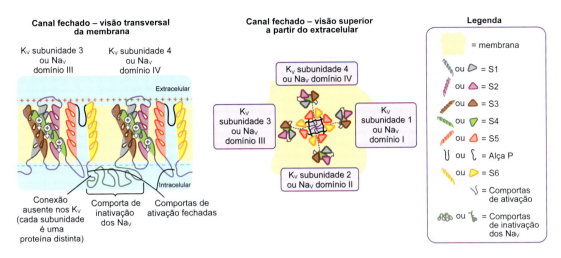
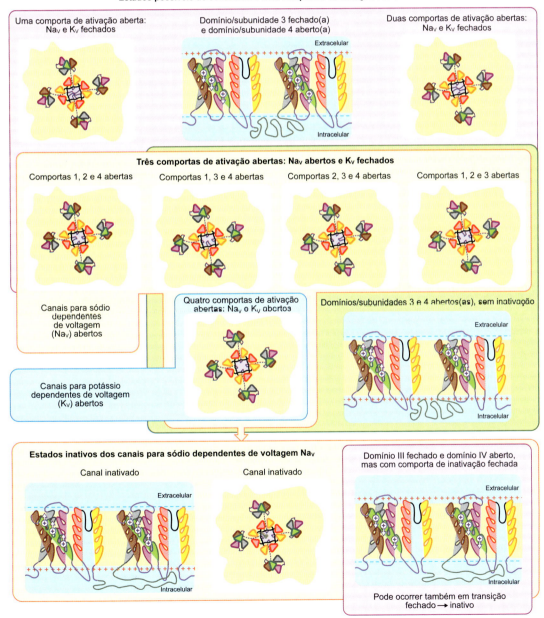

Figura 9.26 ▪ Correlação entre a estrutura molecular e a atividade de canais dependentes de voltagem para sódio (Na$_V$) e potássio (K$_V$). São apresentados esquemas representativos com visões superiores de um canal dependente de voltagem qualquer e seus quatro domínios formadores do canal funcional, cada um com seis segmentos transmembrânicos (S4 sensor de voltagem, S5 e S6 compondo as paredes da via condutiva do canal). Em visão lateral, apresenta-se esquema de dois dos quatro domínios que compõem um Na$_V$. Sobrepostas ao *fundo amarelo* estão representadas combinações possíveis para o estado aberto e inativo dos Na$_V$ e, *em azul*, a configuração aberta dos K$_V$.

definida, o segmento P. Os quatro segmentos P dos quatro domínios formam o filtro de seletividade do canal para o seu íon permeante específico. No segmento S4 encontram-se resíduos de aminoácidos polares básicos que, portanto, têm carga positiva, fazendo com que o segmento S4 seja o sensor de voltagem de todos os canais dependentes de voltagem conhecidos nos animais. A função dos segmentos S1 a S3 ainda é bastante debatida, mas há evidências de que, ao envolverem o segmento S4, funcionam tanto como um "escudo" estabilizante das cargas do sensor frente ao efeito hidrofóbico do interior apolar da membrana, quanto "guias" para a movimentação orientada desses sensores dentro do campo elétrico da membrana que permite que as *comportas (gates) intracelulares de ativação*, que ocluem a passagem de íons pelo vestíbulo interno do canal, desloquem-se, liberando passagem para os íons permeantes.

Note que, para termos um canal funcional, precisamos ter quatro domínios interagindo entre si, cada um deles com uma comporta formada por S5 e S6 sob o controle dependente de voltagem de S4. No caso dos Na_v, se quaisquer três dessas quatro comportas se abrirem, em princípio o canal passará de um estado não condutivo, denominado *estado fechado*, para um estado condutivo, ou *estado aberto* (ou, em nomenclatura mais antiga, mas às vezes usada, estado ativo). Já no caso dos K_v, estes só se abrem se suas quatro comportas de ativação estiverem abertas. Essa diferença, aparentemente banal, é o que explica o fato de que a população de canais para sódio de uma célula excitável responda mais rapidamente a uma despolarização do que a de canais para potássio, pois a probabilidade de quaisquer três de quatro comportas de ativação estarem abertas em um mesmo instante é maior do que todas as quatro estarem abertas no mesmo instante, no caso dos K_v, frente à mesma despolarização. Se não fosse assim, não haveria como o potencial de ação se iniciar com o predomínio da atividade dos Na_v sobre a dos K_v, pois o mecanismo de sensoriamento de voltagem para os dois tipos de canais é o mesmo. Por outro lado, é importante lembrar que essas transições de conformação das comportas de ativação serão tão mais prováveis quanto maior for o seu estado intrínseco de agitação molecular; em outras palavras, quanto maior for a temperatura. Isso faz com que, quanto maior for a temperatura, menor seja a diferença no tempo de resposta a uma despolarização supralimiar entre os K_v e os Na_v, o que altera significativamente o perfil do potencial de ação em um dado ponto de uma célula excitável, que vai se tornando cada vez mais curto e com menor amplitude, dado que a velocidade de ativação dos K_v é acelerada (Figura 9.27).

Até aqui explicamos as bases moleculares e funcionais responsáveis pela primeira característica comum a todos os potenciais de ação listada anteriormente: a de se iniciar com uma rápida despolarização promovida por canais Na_v que se sustenta por estes canais serem mais rápidos do que os K_v para responderem à despolarização supralimiar. Entretanto, ainda não conseguimos explicar as bases moleculares para que, a partir de certo ponto – o pico do potencial de ação –, a atividade dos K_v passe a prevalecer sobre a dos Na_v (*i. e.*, $|I_K| > |I_{Na}|$), gerando repolarização. Poder-se-ia imaginar que a densidade e/ou condutância máxima dos K_v na membrana fosse maior do que a dos Na_v. Assim, mesmo que inicialmente mais lentos, a corrente mediada pelo conjunto dos K_v superaria aquela ainda ativa pelos Na_v. Estudos realizados por Alan Hodgkin e Andrew Huxley entre o fim dos anos 1940 e início dos 1950, todavia, mostraram que também a *corrente de sódio dependente de voltagem* (que hoje se sabe ser mediada pelos canais Na_v), independentemente da atividade dos K_v, diminui (*i. e.*, se inativa) se a membrana for mantida despolarizada pelo experimentador (Figura 9.28 A). Pelo contrário, se a mesma manobra é realizada em uma preparação em que se meça somente a corrente de potássio, esta não se inativa, e permanece ativa enquanto perdurar o estímulo despolarizante.

Ao longo dos anos, vários pesquisadores após o trabalho seminal de Hodgkin e Huxley (ver Quadro 9.2) demonstraram a existência dos canais iônicos e seu papel como mediadores das correntes ativadas por voltagem registradas por esses dois pesquisadores ingleses. Ademais, hoje se tem conhecimento no nível atômico da estrutura básica dos canais dependentes de voltagem e até mesmo de algumas conformações moleculares possíveis associadas aos diferentes estados dos canais. Ou seja, como discutimos anteriormente o funcionamento das comportas de ativação e dos domínios e segmentos transmembrânicos, já temos conhecimento dos eventos moleculares que explicam os fenômenos elétricos empíricos subjacentes aos potenciais de ação que foram registrados por Hodgkin e Huxley. Dessa forma, considera-se que, enquanto os K_v possam transitar somente entre dois estados – um não condutivo (fechado, predominante no potencial de repouso) e outro condutivo (aberto, mais provável quanto mais a membrana está despolarizada) –, os Na_v apresentam três tipos de estados – um condutivo (aberto, desencadeado por despolarização), e dois não condutivos: o estado fechado, que, como no caso dos K_v, predomina no potencial de repouso; e o *estado inativo*, que corresponde à situação detectada por Hodgkin e Huxley em que a corrente de sódio ativada por despolarização vai se inativando (se desligando) ainda na presença de despolarização. Em outras palavras, os Na_v têm dois estados igualmente não condutivos, mas cujas causas são diametralmente opostas: o estado fechado, associado a potenciais intracelulares negativos, e o estado inativo, associado a despolarizações mantidas.

Novamente, como no caso da cinética de resposta a despolarizações, são diferenças entre as estruturas dos K_v e dos Na_v que explicam a ocorrência do estado inativo nos Na_v e, em uma primeira análise, sua ausência nos K_v. No caso dos K_v, os quatro domínios formadores do canal ativo não fazem parte de uma única proteína, constituindo, cada um, uma subunidade diferente. Assim, os canais para potássio dependentes de voltagem podem ser formados por múltiplas combinações possíveis de quaisquer quatro dentre várias subunidades de K_v. Isso empresta a esses canais uma variedade funcional muito grande.

Já no caso de cada Na_v, os quatro domínios fazem parte de uma única proteína, de um único gene. Assim, nos Na_v, os quatro domínios estão conectados entre si por alças intracelulares da proteína (ver Figura 9.26). A alça intracelular entre os domínios III e IV dos Na_v constitui uma estrutura globular, mas com certa mobilidade térmica e que apresenta alguns aminoácidos apolares em sua superfície. Isso confere afinidade pela abertura intracelular do vestíbulo do canal, que, por ser uma região transmembrana, também tem características apolares. Com isso, essa região intracelular constitui também uma comporta adicional do canal, ausente nos K_v: a *comporta de inativação*.[12] Dada sua morfologia e mobilidade, como se fosse uma bola atada a um barbante (semelhante a um

---

[12]Na verdade, apesar de em geral os K_v não apresentarem inativação, há alguns exemplos de K_v que se inativam, havendo neles uma "bola de inativação" formada por um longo segmento N-terminal citoplasmático que precede o segmento S1. Essa região também tem domínios que interagem com subunidades acessórias, não formadoras da via condutiva do canal, mas que podem modular as propriedades de ativação e inativação desses canais.

Gênese do Potencial de Membrana, Excitabilidade Celular e Potencial de Ação

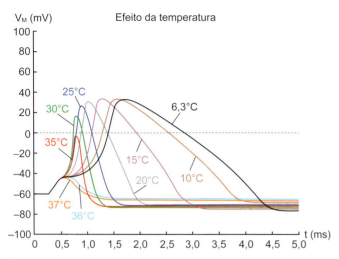

Figura 9.27 ▪ Efeito da temperatura sobre o formato do potencial de ação no axônio gigante de lula. (Traçados gerados a partir do programa NERVE, desenvolvido pelo Prof. Francisco Bezanilla, da Universidade de Chicago, e disponível em http://nerve.bsd.uchicago.edu.)

bilboquê), essa comporta também é conhecida como bola de inativação (mecanismo de *ball-and-chain* – bola e corrente). Note que essa comporta, ao ter seu acesso à boca do vestíbulo facilitado pela movimentação das comportas de ativação, que são diretamente controladas pelo V_M, é indiretamente também dependente de voltagem. Entretanto, à diferença das comportas de ativação, cuja probabilidade de estarem abertas aumenta quanto maior for a intensidade da despolarização, a comporta de inativação funciona ao contrário.

Quanto mais despolarizado o V_M, maior a probabilidade de a comporta de inativação transitar de uma conformação que deixa livre a boca do vestíbulo do canal para a outra, em que a oclui.[13] A essa conformação corresponde o estado inativo dos Na_v.

Como o fechamento da comporta de inativação é dependente em parte de sua afinidade hidrofóbica natural pelo vestíbulo do canal, e por outra parte pela facilitação de seu acesso ao vestíbulo pelo movimento das comportas de ativação, duas consequências importantes decorrem daí para o funcionamento dos Na_v e, portanto, para as propriedades do potencial de ação.

Em primeiro lugar, a cinética da resposta de inativação frente a uma despolarização é mais lenta do que da de ativação (Figura 9.28 B). Assim, ainda que seja possível, é menos provável que a comporta de inativação se feche antes que todas as comportas de ativação estejam abertas. Se a inativação fosse mais rápida do que a ativação, o ciclo de retroalimentação positiva entre os Na_v, em que quanto mais canais se ativam, maior a despolarização e mais canais são ativados, seria impossível.

Por outro lado, o fato de as comportas de ativação estarem todas fechadas no potencial de repouso, e isso dificultar o fechamento da comporta de ativação, não significa que nenhuma comporta de inativação esteja fechada no repouso. Com efeito, no axônio gigante da lula estima-se que no repouso aproximadamente 40% dos Na_v estejam inativos (ver Figura 9.28 B). Isso não implica que no caso dos Na_v o repouso seja uma situação estática na qual um dado Na_v esteja sempre inativo. Pelo contrário, essa é uma situação dinâmica: um canal que em dado instante estava inativo pode passar a estar fechado por mera oscilação térmica no instante seguinte. No entanto, momento a momento, 40% da população dos Na_v naquela região de membrana se encontram no estado inativo, e o restante, no estado fechado durante todo o tempo em que o V_M estiver em seu valor de repouso. Assim, os Na_v que podem dar início ao potencial de ação são aqueles que estejam naquele instante no estado fechado, o que, no caso do potencial de repouso do axônio gigante da lula, corresponde a somente 60% dos canais para sódio dependentes de voltagem dessa célula. Em linguagem corriqueira, o estado fechado dos Na_v é o seu único estado

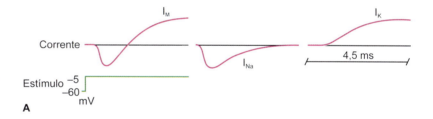

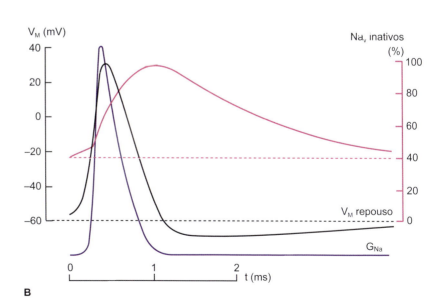

Figura 9.28 ▪ **A.** Ilustração dos experimentos de Hodgkin e Huxley em um axônio gigante de lula. O potencial de membrana foi mantido por 4,5 ms em −4 mV (56 mV mais despolarizado que o potencial de membrana de −60 mV). À *esquerda*, registro da corrente iônica total da membrana (I_M) durante o estímulo. Desse registro foram separados os componentes da corrente de sódio (I_{Na} – *centro*) e de potássio (I_K – *direita*). Note-se que a I_{Na} se ativa mais rapidamente do que a I_K, mas logo se inativa, enquanto a I_K, não. **B.** Percentual de canais para sódio inativos (*roxo*) e a condutância a sódio (*azul*) durante um potencial de ação em axônio gigante de lula. (Traçados gerados a partir do programa NERVE, desenvolvido pelo Prof. Francisco Bezanilla, da Universidade de Chicago, e disponível em http://nerve.bsd.uchicago.edu.)

---

[13]Cuidado para não confundir: o fechamento da comporta de inativação corresponde ao estado inativo do canal, não ao estado fechado. O estado fechado do canal é dado, sim, pelo fechamento das comportas de ativação do canal.

"abrível" e, por isso, é o único estado a partir do qual se pode iniciar um potencial de ação.

Agora que já vimos como funcionam os canais dependentes de voltagem, suas semelhanças e diferenças em relação aos estados associados ao transporte, ou não, dos íons, e as velocidades com que transitam entre esses estados, podemos fazer um sumário dos eventos que caracterizam um potencial de ação durante o seu decurso em dado ponto da membrana de uma célula excitável. Os itens numerados a seguir fazem referência aos pontos numerados do mesmo modo na Figura 9.29.

O fluxograma apresentado na Figura 9.23 B também pode ser acompanhado nesse resumo.

A rápida (1) despolarização (2) que corresponde à primeira fase do potencial de ação é causada por um maciço influxo de cargas positivas (3) na célula ativado por voltagem. Essa corrente de influxo decorre principalmente da rápida abertura de canais para sódio dependentes de voltagem, que mediam uma robusta corrente de íons sódio (4) que supera o paralelo aumento do efluxo de potássio (5) mediado por canais para potássio dependentes de voltagem. A maciça corrente despolarizante de sódio se deve ao aumento explosivo da condutância da membrana ao sódio (6) associada à abertura dos canais para sódio dependentes de voltagem e à grande força movente inicial para o sódio (7), que é igual a ($V_{repouso} - E_{Na}$). Conforme a despolarização progride, ela desacelera (8), pois a corrente de sódio tende a diminuir de intensidade (9), já que sua força movente diminui (10) com o potencial de membrana aproximando-se do seu potencial de equilíbrio. Essa desaceleração da despolarização também se deve ao aumento paralelo da corrente de potássio dependente de voltagem (11), movido, por sua vez, pelo lento aumento da condutância a potássio (12) e pelo aumento da força movente ($V_M - E_K$) para esse íon (13). Um pouco antes de o potencial de ação atingir seu pico de despolarização, observa-se que, apesar da velocidade ainda positiva de despolarização (8), a taxa de abertura de canais para sódio dependentes de voltagem é superada pela taxa de inativação, pois a condutância a sódio começa a cair (14). A partir daí, a condutância a sódio só cairá (15), devido à progressiva inativação dos Na$_v$. O pico do potencial de ação (16), por sua vez, é um instante brevíssimo em que o potencial de membrana fica estável novamente, isto é, a velocidade de variação do potencial de membrana torna-se nula (17). Sendo o pico uma situação de estabilidade do V_M, ele só pode se dever ao fato de que a soma das correntes iônicas através da membrana nesse instante torna-se zero (18). Com efeito, no pico do potencial de ação as correntes de sódio (19) e de potássio (20) dependentes de voltagem igualam-se em intensidade, mas têm sentidos opostos (sódio, de influxo; e potássio, de efluxo). A partir do pico, ocorre a repolarização (21), o que corresponde a uma velocidade negativa de variação do V_M (22). A repolarização é movida por uma inversão no sentido do fluxo total de cátions através da membrana (23), isso porque a corrente de potássio passa, do pico em diante, a sempre ter maior intensidade (24) do que a de sódio (25). Mesmo com a redução da condutância a sódio (15) causada pela inativação dos Na$_v$, a corrente de sódio mantém-se relativamente grande durante o início da repolarização (25), pois o outro determinante de sua intensidade, a força movente para o sódio ($V_M - E_{Na}$), aumenta muito (26) durante a repolarização. Já a corrente para potássio vai caindo ao longo da repolarização (24), pois sua força movente ($V_M - E_K$) vai se reduzindo (27) conforme o V_M fica mais negativo, o que também ajuda indiretamente a reduzir esse efluxo de potássio, pois promove fechamento progressivo dos K$_v$ e, portanto, da condutância a potássio (28). No caso do potencial de ação do axônio gigante de lula aqui apresentado – bem como em muitos potenciais de ação registrados em nosso tecido nervoso –, observa-se o fenômeno da *hiperpolarização pós-potencial* (29). Esse fenômeno se deve ao fato de que, dada a cinética mais lenta dos K$_v$ nas suas transições entre os estados aberto e fechado, a condutância a potássio permanece maior do que o seu valor de repouso (30) por algum tempo ainda depois de o V_M "passar" pelo seu valor de repouso. A repolarização que se segue à hiperpolarização (31) deve-se ao

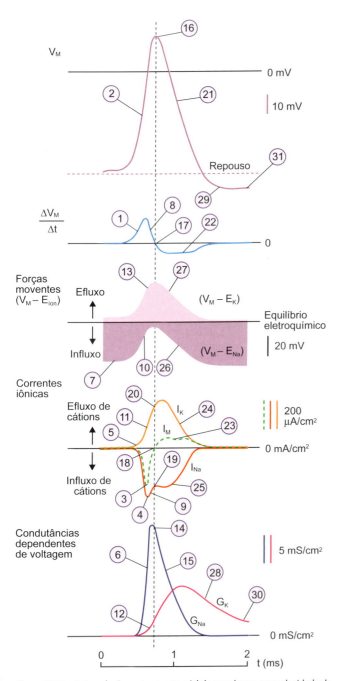

Figura 9.29 ▪ Inter-relações entre o potencial de membrana, sua velocidade de variação, forças moventes para os íons e as correntes e condutâncias durante um potencial de ação em axônio gigante de lula. Explicações dos rótulos numerados estão no texto. (Traçados gerados a partir do programa NERVE, desenvolvido pelo Prof. Francisco Bezanilla, da Universidade de Chicago, e disponível em http://nerve.bsd.uchicago.edu/.)

fato de que a membrana volta às suas condutâncias iônicas de repouso, determinada pelos canais para sódio e potássio de vazamento.[14]

▶ **A inativação dos canais para sódio dependentes de voltagem determina a existência de um período após o potencial de ação em que a membrana fica refratária à geração de novos potenciais de ação.** Revendo a Figura 9.28 B, observamos que a recuperação dos Na_v a partir do estado inativado é lenta, bem mais lenta do que o fim do potencial de ação e do intervalo em que se pode detectar condutância a sódio dependente de voltagem. Isso significa que a ausência de condutância a sódio ao fim do potencial de ação não decorre do fato de 60% dos Na_v encontrarem-se fechados e os outros 40% inativos, como originalmente no potencial de repouso. Há, sim, uma porcentagem significativamente maior desses canais ainda inativada, reduzindo, portanto, o número de canais Na_v no estado fechado. Lembrando que é a partir do estado fechado que os canais podem abrir e gerar a despolarização adicional que se retroalimenta positivamente deflagrando o potencial de ação, se o mesmo estímulo elétrico que deflagrou o potencial de ação for novamente aplicado nesse período, a corrente total de sódio que ele conseguirá ativar pela abertura dos poucos Na_v já no estado fechado será menor do que a que gerou no potencial de ação original. Essa corrente menor de sódio pode não ser suficiente para superar a corrente de potássio dependente de voltagem paralelamente ativada. Assim, não se atinge mais um potencial limiar, em que a corrente de sódio se iguala à corrente de potássio. É como se a membrana tivesse perdido sua responsividade original ao mesmo estímulo. Diz-se, pois, que a membrana entra em um período refratário ao disparo de potenciais de ação (Figura 9.30).

No período refratário, como a densidade de canais Na_v no estado fechado é menor do que no repouso pleno, somente estímulos que levem o V_M a valores menos negativos do que o potencial limiar original (ou seja, estímulos mais intensos) poderão disparar um novo potencial de ação. Em outras palavras, o potencial limiar é variável e é tão mais despolarizado quanto mais próximo do início do potencial de ação original for aplicado um novo estímulo. Por isso, no período refratário, os Na_v fechados precisam de um bônus de despolarização a mais, provindo do estímulo, para conseguir deflagrar um novo potencial de ação. Outra consequência é que esse novo potencial de ação terá um pico de menor amplitude (Figura 9.31), pois será atingido com um número menor de canais Na_v abertos, já que se parte de um número menor de canais "abríveis", isto é, aqueles canais que já se encontram no estado fechado.

Na verdade, o período refratário pode ser subdividido em *período refratário relativo*, em que um estímulo mais intenso do que o limiar original ainda consegue disparar um potencial de ação, e o período refratário absoluto, quando a porcentagem de canais no estado inativo é tão grande que há muito

---

[14]Muitos textos, erradamente, atribuem às Na/K-ATPases a ocorrência da repolarização lenta após a hiperpolarização. Isso porque se interpreta que o influxo de sódio e o efluxo de potássio aumentados durante o potencial de ação teriam alterado significativamente as concentrações intracelulares desses íons. Entretanto, como mostrado na primeira parte deste capítulo, as alterações de concentração intracelular associadas a fenômenos elétricos celulares são da ordem de décimos de micromolar, enquanto as concentrações de sódio e potássio têm magnitudes de dezenas e centenas de milimolares, respectivamente. Além disso, se a atividade das Na/K-ATPases aumentasse nessa situação, esperar-se-ia uma intensificação da hiperpolarização, dada a sua estequiometria de 3 Na^+ bombeados para o extracelular contra 2 K^+ bombeados para o intracelular.

No entanto, a intensa atividade elétrica e de transmissão sináptica química do nosso cérebro faz com que este seja um órgão com elevadíssimo consumo de nutrientes, que é empregado de diversas formas, como na recaptação de neuromediadores através de transporte ativo e também no ônus energético combinado de bilhões de potenciais de ação ocorrendo a cada segundo – cada um deles com um custo energético ínfimo, mas que em seu conjunto pode ser bastante elevado. Ainda assim, os potenciais de ação nos mamíferos são energeticamente bem mais econômicos do que o do axônio gigante de lula, que usamos aqui como paradigma. Na lula, observa-se que há uma razoável sobreposição no tempo em que as condutâncias a sódio e potássio estão ativas. Ou seja, parte do efeito de despolarização promovido pelo sódio é neutralizado pelo efluxo concomitante de potássio, fazendo com que mais da $\Delta\tilde{\mu}$ do sódio seja dissipada para se atingir um mesmo nível de despolarização se não houvesse sobreposição entre as duas correntes. Nos mamíferos seus Na_v e K_v têm propriedades cinéticas bastante distintas, fazendo com que durante um potencial de ação a sobreposição entre as correntes de sódio e potássio seja bem menor do que na lula.

De qualquer forma, estejamos pensando nas lulas ou em nós mesmos, um único potencial de ação não "salga" a célula, nem as bombas de Na^+/K^+ estão trabalhando desesperadamente para "arrumar a casa" depois que ele passou.

Hodgkin, Huxley e a lula | Molusco tímido, cientistas audazes

Alan Hodgkin e Andrew Huxley foram dois cientistas ingleses que, por meio de seus experimentos no axônio gigante da lula (uma fibra nervosa muito calibrosa, com um diâmetro que pode alcançar 1 mm) elucidaram como as condutâncias e correntes dependentes de voltagem interagem entre si na geração do potencial de ação. Nesse animal, o grande diâmetro desse neurônio garante uma rápida propagação do potencial de ação, pois sua constante de espaço é grande, devido à resistência axial baixa (as lulas não tiveram o desenvolvimento de bainha de mielina ao longo de sua evolução). Essa grande velocidade de propagação permite ao animal realizar uma contração rápida e vigorosa do seu manto, permitindo sua fuga de predadores através do jateamento retrógrado de água pelo seu sifão e liberação de tinta.

Em um brilhante esforço intelectual e de computação, em uma época em que não havia computador disponível, Hodgkin e Huxley elegantemente construíram um modelo matemático cujos resultados reproduziam fidedignamente suas observações experimentais. Nesse modelo, elaborado antes mesmo de que a existência dos canais fosse comprovada, propuseram que as condutâncias a sódio e a potássio seriam regidas pela movimentação de "partículas", movimentação cuja probabilidade seria dependente da voltagem através da membrana. Tais partículas poderiam alternar entre estados condutivos e não condutivos. No caso da condutância a sódio, esta seria ativada se três partículas de ativação (cuja probabilidade de estarem, cada uma, em estado condutivo – variando de 0 a 1 – foi denominada por Hodgkin e Huxley como "*m*") se encontrassem ao mesmo tempo no estado condutivo (ou seja, a probabilidade de ativação da condutância a sódio seria dada por m^3) e que outra partícula ("*h*"), responsável pela inativação, estivesse também em um estado condutivo. Para a condutância a potássio, a mesma estratégia de modelagem foi seguida, mas, no caso desses íons, o modelo não predizia uma partícula de inativação da corrente (já que efetivamente não observaram inativação das correntes de potássio), e sua ativação seria dependente da probabilidade de que quatro partículas de ativação da condutância (denominadas por eles como "*n*") estivessem todas em um estado condutivo (ou seja, n^4). Ademais, o modelo se ajustava aos dados experimentais se as constantes de velocidade de transição entre os estados condutivo e não condutivo para *m* fossem maiores do que para *h* e *n*.

É impressionante como tal modelo concorda com o que hoje sabemos sobre o funcionamento dos canais: três comportas de ativação precisam se abrir para que um canal para sódio saia do estado fechado para o aberto (correspondendo a m^3), mas o canal pode se inativar pela movimentação da bola de inativação entre os domínios III e IV (ou seja, *h*). No caso dos canais para potássio, sua resposta à voltagem é mais lenta à despolarização, em parte porque é preciso que todas as quatro comportas de ativação estejam abertas (n^4) para o canal se abrir. Por essas contribuições, Hodgkin e Huxley ganharam o Prêmio Nobel de Medicina ou Fisiologia em 1964.

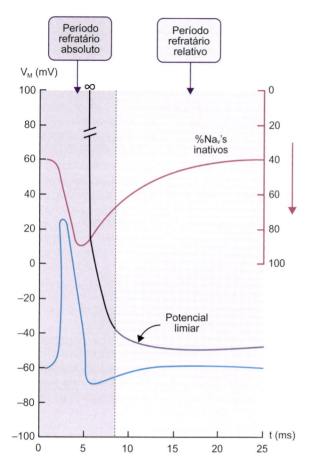

Figura 9.30 ▪ Períodos refratários relativo e absoluto e sua relação com a variação do potencial limiar no tempo e com o número de canais para sódio dependentes de voltagem inativos. (Traçados gerados a partir do programa NERVE, desenvolvido pelo Prof. Francisco Bezanilla, da Universidade de Chicago, e disponível em http://nerve.bsd.uchicago.edu.)

poucos canais no estado fechado disponíveis para se abrir e iniciar um novo potencial de ação.

O "bônus de despolarização" disponibilizado pelo estímulo para que a membrana vença o período refratário relativo é particularmente importante no caso de estímulos longos – com duração muito maior do que a duração de um único potencial de ação –, pois possibilita a codificação da intensidade e da duração do estímulo pela frequência e duração das salvas de potenciais de ação deflagradas pelo estímulo, como mostra a Figura 9.31. Isso porque, com um estímulo mais intenso, consegue-se desenvolver mais cedo uma corrente despolarizante que supere a corrente de potássio. Ou seja, apesar de o valor do potencial limiar variar após um potencial de ação, mais cedo um valor limiar é atingido pela soma da despolarização promovida pelo estímulo com a corrente de sódio dependente de voltagem mediada pelos poucos canais já no estado fechado que se abrem em resposta ao estímulo despolarizante.[15]

---

[15] A codificação de informação pela frequência de potenciais de ação também pode se dar de forma invertida, como pode ocorrer em células que espontaneamente geram potenciais de ação, com uma frequência intrínseca. Nessas células, estímulos hiperpolarizantes ou estabilizantes do potencial de repouso podem reduzir essa frequência. Assim, a duração do intervalo em que a frequência dos potenciais de ação fica reduzida e o quanto a frequência de disparo cai também são formas de codificar a duração e a intensidade desses estímulos.

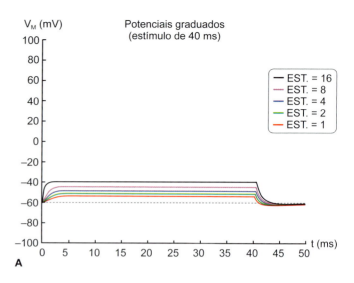

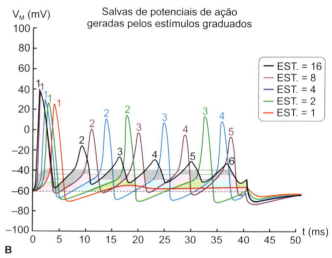

Figura 9.31 ▪ Codificação da intensidade e duração de potenciais graduados supralimiares pela frequência gerada de potenciais de ação. **A.** Resposta graduada de um axônio de lula frente a estímulos de corrente dispolarizante (EST.) crescentes. **B.** Resposta do mesmo segmento aos estímulos em **A**, agora considerando também a atividade dos Na_V e K_V. Note que o número de potenciais de ação contados no intervalo de tempo aumenta com a intensidade de EST., mas a amplitude diminui. (Traçados gerados a partir do programa NERVE, desenvolvido pelo Prof. Francisco Bezanilla, da Universidade de Chicago, e disponível em http://nerve.bsd.uchicago.edu.)

Se o período refratário relativo é fundamental para a codificação da intensidade dos estímulos por potenciais de ação, o período refratário absoluto é crucial para a propagação do potencial de ação ao longo da célula excitável, como veremos a seguir.

▶ **A existência do período refratário absoluto determina o sentido de propagação autorregenerativa do potencial de ação no espaço ao impedir que um potencial de ação deflagre um novo potencial de ação por onde já passou.** Até aqui, abordamos como o potencial de ação ocorre em uma única região da membrana ao longo do tempo. Como discutimos anteriormente, o potencial de ação, uma vez deflagrado, é inevitavelmente refeito em todos os pontos da membrana que contenham canais dependentes de voltagem Na_V. Já vimos antes também que o alcance espacial (dependente da constante de espaço λ) e a velocidade de variação do potencial de membrana promovida pelos canais dependentes de voltagem em cada ponto da membrana (dependente da constante de tempo τ) afetam a velocidade de propagação de sinais elétricos em uma célula. No caso dos neurônios geradores de potenciais de ação nos seres humanos, são observadas diferentes morfologias que implicam diferentes velocidades de propagação, como resume o Quadro 9.3.

Como se pode ver nesse quadro, quanto maior o diâmetro da fibra (maior λ), maior a velocidade de condução do potencial de ação. Também, a presença de bainha de mielina tem efeito ainda mais pronunciado sobre a velocidade de condução (maior λ e menor τ). Como a bainha também aumenta a eficiência das cargas que se movimentam, através dos canais dependentes de voltagem, em promover variação do V_M, por diminuir a capacitância e as correntes de vazamento (alta R_M), a duração do potencial de ação, e por consequência a do seu período refratário, é reduzida. Isso permite que a faixa de frequências com que os potenciais de ação possam ser gerados e transmitidos nessas fibras seja grande, aumentando o poder e a sensibilidade da codificação de informação nas fibras mielínicas em relação às amielínicas.

A diferença na velocidade entre as formas de condução (regeneração) do potencial de ação entre as fibras mielinizadas e aquelas sem mielinas é tão grande que a condução nas fibras com bainha de mielina recebeu o nome de *condução saltatória*, enquanto nas fibras não mielinizadas (fibras C, células musculares e no axônio gigante da lula) sua condução é pontual, ou *condução ponto a ponto*. Esses nomes distintos podem sugerir que há mecanismos fundamentalmente diferentes na propagação dos potenciais de ação entre esses dois tipos de fibra, mas isso não é verdade. Como ilustra a Figura 9.32, é o alcance espacial instantâneo (ou seja, λ) do potencial de ação a outra área de membrana que permitirá que nessa área de membrana seguinte os Na_v dali sejam ativados e o sinal seja refeito pelos canais dessa região, desde que chegue com amplitude tal que a despolarização que promova ainda seja superior ao potencial limiar naquela região.

Esse mecanismo tem de acontecer tanto na condução ponto a ponto quanto na condução saltatória para que o potencial de ação seja propagado. A diferença entre as duas conduções é que, sem bainha de mielina, a constante de espaço decai intensamente, tendo um alcance de poucos micrômetros. Por outro lado, com a bainha de mielina, o decaimento da constante de espaço é muito menos intenso, o que faz com que potenciais de ação possam ser transmitidos eletrotonicamente entre dois nós de Ranvier que podem estar afastados entre si por até um milímetro! De qualquer forma, no segundo nó, da mesma forma que na condução ponto a ponto, empenha-se tempo em regenerar o potencial de ação com os canais dependentes de voltagem dali para que, assim regenerado, o potencial de ação alcance o nó de Ranvier seguinte. Portanto, enquanto na condução ponto a ponto um potencial de ação gasta 10 ms para se propagar (*i. e.*, ir se autorregenerando) por uma distância de 10 μm, um potencial de ação trafegando por uma fibra mielínica terá percorrido 1.000 μm (1 mm) nos mesmos 10 ms. No entanto, essa eficiência das fibras revestidas com mielina pode custar caro em doenças em que haja perda da bainha de mielina, como é o caso da esclerose múltipla e da síndrome de Guillain-Barré. Isso porque, como praticamente não há canais dependentes de voltagem nas regiões de membrana da fibra envolvidas pela bainha, a perda da mielina não pode ser compensada por condução ponto a ponto. Como a mielinização é muito importante nos motoneurônios α que controlam a musculatura esquelética, essas doenças se caracterizam pela perda dos movimentos voluntários e, eventualmente, dos movimentos respiratórios.

Tendo entendido como os potenciais de ação podem ser propagados por todas as regiões da membrana da célula que sejam contíguas e contenham Na_v e K_v, uma questão pode surgir: será que um potencial de ação não pode voltar por onde veio e ficar reverberando em um eterno vaivém? Mais uma vez a existência de períodos refratários, neste caso do período refratário absoluto, é fundamental (Figura 9.33).

Quando o potencial de ação está se desenvolvendo em certo ponto da membrana, o outro ponto que imediatamente o precedeu (e onde no milissegundo anterior estava ocorrendo o potencial de ação que levou ao desenvolvimento deste novo e mesmo potencial de ação no ponto da membrana considerado) está no seu período refratário absoluto – isto é, não há canais Na_v fechados e disponíveis para serem abertos e gerarem um novo potencial de ação, pois a maioria desses canais, senão todos, estão no estado inativo. Ou seja, nesse ponto anterior da membrana neste momento não é possível que um potencial de ação seja gerado, por mais que justamente na região adjacente esteja agora acontecendo uma despolarização muito intensa – um potencial de ação.

▶ **O potencial limiar também varia no espaço em função da densidade de canais para sódio dependentes de voltagem ao longo da membrana da célula, delimitando regiões mais prováveis para o início do disparo e propagação de um potencial de ação.** Sabendo como o potencial de ação se propaga pelas células excitáveis longas e se extingue ao alcançar os terminais de um neurônio (ou o fundo dos túbulos T em uma fibra muscular esquelética), resta

Quadro 9.3 ▪ Diferentes morfologias que implicam diferentes velocidades de propagação de sinais elétricos em fibras nervosas.

Tipo de fibra	Subtipo	Função	Diâmetro (μm)	Bainha de mielina	Velocidade de condução (m/s)	Duração do PA (ms)	Período refratário absoluto (ms)
A	α	Propriocepção, motoneurônios α	12 a 20	Sim	70 a 120	0,4 a 0,5	0,4 a 1
	β	Tato, pressão	5 a 12	(Espessa)	30 a 70		
	γ	Motoneurônios γ	3 a 6	Sim	15 a 30		
	δ	Dor localizada, frio, tato	2 a 5	Sim	12 a 30		
B		Neurônio pré-ganglionar autonômico	< 3	Sim	3 a 15	1,2	1,2
C	Sensorial	Dor visceral, temperatura, formas de mecanocepção	0,4 a 1,2	Não	0,5 a 2	2	2
	Simpática	Neurônio pós-ganglionar simpático	0,3 a 1,3	Não	0,7 a 2,3	2	2

PA, potencial de ação.

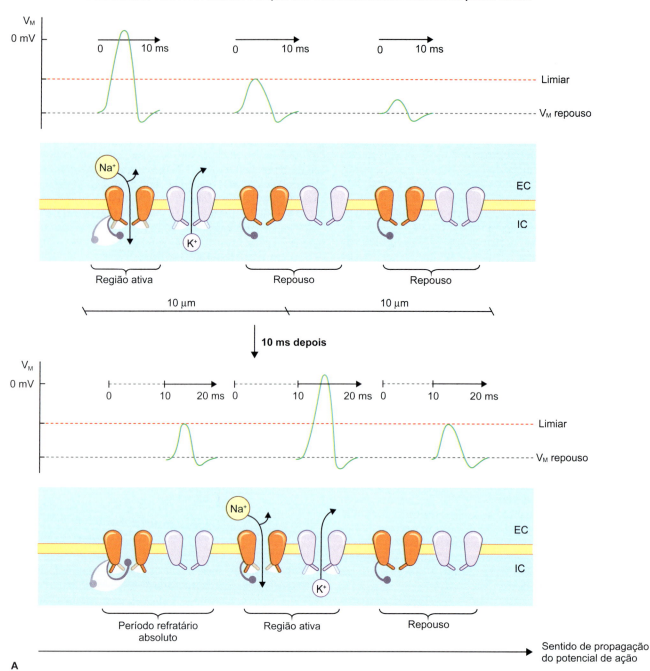

Figura 9.32 • Mecanismos de propagação do potencial de ação em neurônios. **A.** Propagação "ponto a ponto". (*continua*)

somente uma pergunta a ser respondida: onde na célula é mais provável que surjam os potenciais de ação?

No caso das fibras esqueléticas, a resposta é direta: como o potencial graduado que as excita a deflagrar potencial de ação se deve à abertura de canais dependentes de ligante (ativados pelo neuromediador acetilcolina) na única sinapse motora que há nessa célula, é ali que surgem os potenciais de ação que dali se propagam para todas as regiões da membrana plasmática da fibra muscular.

Já nos neurônios, a resposta é um pouco mais complexa, mas em geral os potenciais de ação se iniciam no segmento inicial do axônio, onde este se insere no corpo celular do neurônio (ver Figura 9.33).

Nessa região ocorre a maior densidade de canais Na_v em todo o neurônio. Com isso, mesmo despolarizações pouco intensas, associadas a uma baixa probabilidade do estado aberto nesses canais, geram uma corrente de sódio despolarizante suficientemente grande que supera a corrente de potássio. Percentualmente o número de canais Na_v que se abrem pode ser bem pequeno, mas em números absolutos a corrente de sódio mediada por esse pequeno percentual é significativa, porque há muitos canais para sódio dependentes de voltagem concentrados nessa região. Isso corresponde a dizer que o segmento inicial do axônio é o ponto do neurônio que apresenta o potencial limiar mais negativo para a deflagração do potencial de ação.

Gênese do Potencial de Membrana, Excitabilidade Celular e Potencial de Ação 201

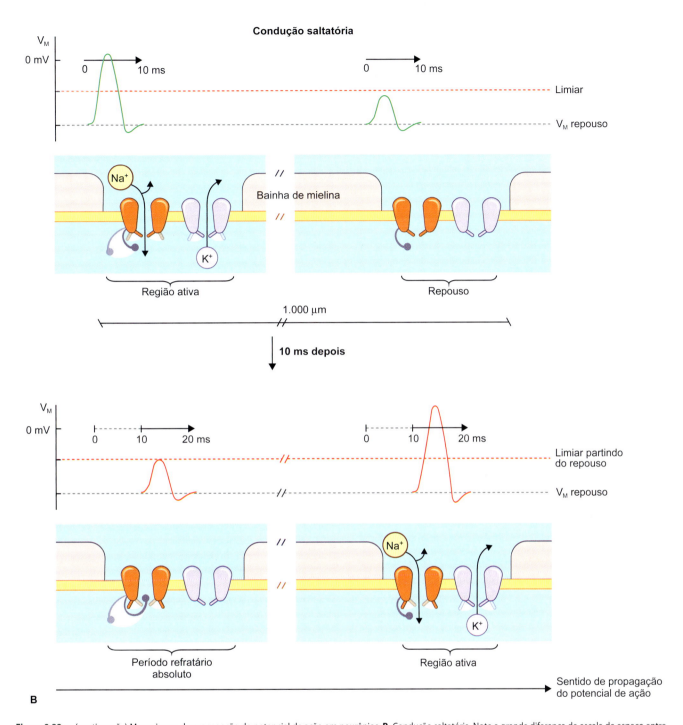

Figura 9.32 ▪ (*continuação*) Mecanismos de propagação do potencial de ação em neurônios. **B.** Condução saltatória. Note a grande diferença de escala de espaço entre **A** (dezenas de micrômetros) e **B** (milhares de micrômetros).

O segmento inicial do axônio é considerado o "ponto de soma e processamento" das informações sinápticas veiculadas em cada instante ao neurônio sob a forma de PEPS e PIPS. Um neurônio do sistema nervoso central pode ser a célula pós-sináptica de milhares de terminais pré-sinápticos. Centenas desses terminais podem estar ativos em dado momento. Além disso, como os PIPS e PEPS são conduzidos ao segmento inicial do axônio, através de condução passiva eletrotônica, a influência de cada sinapse sobre o valor do V_M nessa região será maior quanto mais próximas dali estiverem as sinapses.

Ou seja, além de a cada instante o segmento inicial do axônio estar somando os PEPS e PIPS, essas informações sinápticas também são alvo de uma computação espacial. E a saída desse computador analógico, altamente sofisticado, é, de certa forma, "contar" para as outras células com quem estabelece sinapses que "agora fui excitado o bastante para que em mim fosse disparado um potencial de ação". A interpretação dessa informação pelas suas células pós-sinápticas dependerá de como agirão nelas os neuromediadores que porventura o neurônio libere. Em última análise, de quais são seus receptores.

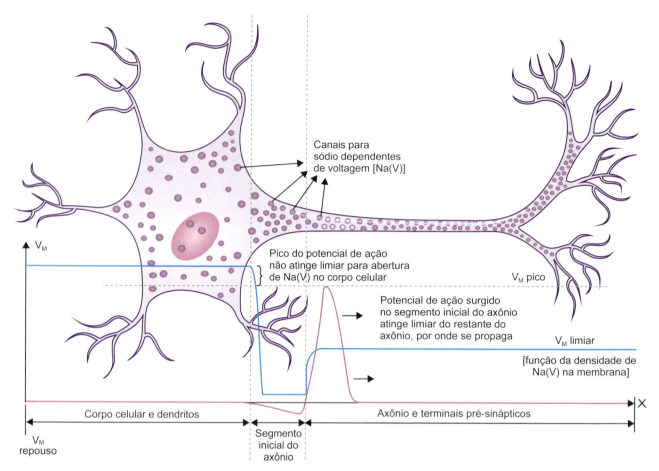

Figura 9.33 ▪ Relação entre o potencial limiar, a densidade de canais para sódio dependentes de voltagem e o sentido da propagação do potencial de ação em um neurônio.

IMPORTÂNCIA DOS POTENCIAIS DE AÇÃO EM CÉLULAS ENDÓCRINAS PEQUENAS

O grande avanço sobre a relação entre a estrutura e o funcionamento dos canais iônicos veio de estudos de difração de raios X que permitiram identificar a conformação dessas proteínas no nível atômico, e em diferentes estados conformacionais.[16] É necessária uma grande quantidade de proteínas para a formação dos cristais que são usados nesses estudos, e uma forma de se obter tais quantidades é produzi-las em organismos unicelulares que têm uma grande taxa de multiplicação, como bactérias e leveduras. Mesmo sem qualquer manipulação genética para introdução de genes de canais dependentes de voltagem, é encontrada uma grande variedade de canais dependentes de voltagem próprios desses microrganismos. Que função eles cumprem ali, se até aqui discutimos como esses canais são importantes para a geração de sinais elétricos que se propaguem por distâncias enormes no nível celular, ao longo de células igualmente gigantescas em comparação a esses microrganismos? Certamente a excitabilidade celular e os canais dependentes de voltagem precedem a vida pluricelular. É muito provável que desde então os canais dependentes de voltagem já tivessem uma função de sinalização celular. Com efeito, canais para cálcio dependentes de voltagem estão presentes nesses organismos, os quais também mantêm concentrações intracelulares extremamente baixas para esse íon. Todavia, isso não é privilégio dos Ca_v, pois tanto Na_v quanto K_v são encontrados nesses microrganismos.

Mesmo em organismos pluricelulares complexos, como os humanos, encontram-se células tão pequenas que para elas não faz sentido determinarem-se constantes de espaço, mas nas quais canais dependentes de voltagem também estão presentes e onde geram potenciais de ação. Um exemplo importante dessas células pequenas que têm canais dependentes de voltagem e geram potenciais de ação é encontrado em algumas glândulas endócrinas, como a hipófise anterior, a medula adrenal e as ilhotas pancreáticas. Nelas, os canais para cálcio dependentes de voltagem, os Ca_v, também participam do potencial de ação. Os Ca_v podem eles próprios iniciar a despolarização rápida no lugar dos Na_v, ou serem abertos na sequência dos Na_v em decorrência da intensa despolarização promovida por estes. Já que pode haver, portanto, mais de um tipo de íon permeante mediando a despolarização da membrana, em geral os potenciais de ação registrados tendem a apresentar durações maiores do que aqueles em neurônios e fibras esqueléticas. A função dos potenciais de ação nessas células depende fundamentalmente do influxo de cálcio, pois esse íon é o principal sinal que ativa a maquinaria de secreção hormonal regulada. A variação da concentração intracelular de cálcio promovida por esses potenciais de ação não difere muito, em números absolutos, das variações observadas para as concentrações de sódio e potássio, girando ao redor de décimos de micromolar a alguns micromolares. Variações

---

[16] A primeira estrutura molecular tridimensional de um canal que foi determinada foi a de um canal para potássio de bactéria, o KcsA, em 1998. Esse estudo rendeu o prêmio Nobel de Química de 2003 a Roderick MacKinnon.

de concentração nessa faixa são insignificantes frente às concentrações intracelulares desses cátions monovalentes, como já discutimos. Entretanto, no caso do cálcio, a mesma variação de concentração significa um aumento de várias vezes na sua concentração intracelular, que na ausência de potenciais de ação é ativamente mantida muito baixa, por volta de 0,1 micromolar ou menos. Essa importante variação relativa na concentração de cálcio, associada às propriedades físico-químicas do íon (intenso campo elétrico e mobilidade em solução relativamente alta, permitindo interagir fortemente com cargas das cadeias laterais de aminoácidos, alterando a estrutura e, portanto, a função de proteínas), faz com que se tenha um mecanismo muito eficiente – e filogeneticamente muito antigo – de sinalização intracelular.

Deste modo, terminamos esta parte do capítulo com o mesmo assunto que a iniciou: o papel da sinalização elétrica mesmo nos sistemas celulares mais simples. Fecha-se, assim, mais uma alça de retroalimentação.

BIBLIOGRAFIA

Gênese do potencial de membrana

BORON W, BOULPAEP E. *Medical Physiology*. Saunders, Philadelphia, 2004.

EINSTEIN A. *Investigations on the Theory of Brownian Movement*. Dover Publications, New York, 1956. [Coletânea de trabalhos do início do século XX.]

KANDEL ER, SCHWARTZ JH, JESSEL TM. *Principles of Neural Science*. 4. ed. McGraw-Hill, New York, 2000.

PROCOPIO J. Hydraulic analogs as teaching tools for bioelectric potentials. *Am J Physiol*, 267(6 Pt 3):S65-76, 1994.

SHULTZ SG. *Basic Principles of Membrane Transport*. University Press, Cambridge, 1980.

Excitabilidade celular e potencial de ação

bEZANILLA F. *Electrophysiology and the molecular basis of excitability – Nerve* (software) & *The Nerve Impulse* (textbook). Disponível em: http://nerve.bsd.uchicago.edu. Atualizado em: mar. 2014. Acesso em: 2 nov. 2017.

GOODSELL DS. *The Machinery of Life*. 2. ed. Copernicus, New York, 2010.

HARTLINE DK. *Myelin evolution*. Békésy Laboratory of Neurobiology. Disponível em: www.pbrc.hawaii.edu/~danh/MyelinEvolution. Atualizado em: 26 jul. 2015. Acesso em: 2 nov. 2017.

HODGKIN AL, HUXLEY AF. A quantitative description of membrane current and its application to conduction and excitation in nerve. *J Physiol*, 117(4):500-44, 1952.

HODGKIN AL, HUXLEY AF. Currents carried by sodium and potassium through the membrane of the giant axon of Loligo. *J Physiol*, 116(4):449-72, 1952.

SAMSON E, MARCHAND J, SNYDER KA. Calculation of ionic diffusion coefficients on the basis of migration test results. *Mater Struct*, 36:156-65, 2003.

SCHWIENING CJ. A brief historical perspective: Hodgkin and Huxley. *J Physiol*, 590(11):2571-5, 2012.

SENGUPTA B, STEMMLER M, LAUGHLIN SB *et al.* Action potential energy efficiency varies among neuron types in vertebrates and invertebrates. *PLoS Comput Biol*, 6:e1000840, 2010.

SPAICH EG, ARENDT-NIELSEN L, ANDERSEN OK. Modulation of lower limb withdrawal reflexes during gait: a topographical study. *J Neurophysiol*, 91(1):258-66, 2004.

TAI K, BOND SD, MACMILLAN HR *et al.* Finite element simulations of acetylcholine diffusion in neuromuscular junctions. *Biophys J*, 84(4):2234-41, 2003.

Capítulo 10

Canais para Íons nas Membranas Celulares

Antonio Carlos Cassola

- Introdução, *206*
- Poros e canais, *206*
- Tipos de canais, *209*
- Canais VGL, *209*
- Canais para Cl⁻, *215*
- Canais de sinapses químicas ionotrópicas, *216*
- Bibliografia, *218*

INTRODUÇÃO

A camada dupla anisotrópica de lipídios que forma a matriz das membranas celulares é constituída, na região central, pelas caudas de hidrocarbonetos dos ácidos graxos que, incapazes de interação eletrostática ou por pontes de hidrogênio, são hidrofóbicas. A partição de qualquer soluto hidrofílico entre esta região e as soluções aquosas de ambos os lados da membrana é muito baixa; portanto, espécies químicas com características hidrofílicas existem nesta região em concentrações desprezíveis e, como consequência, não permeiam a membrana celular em quantidades significativas. É o caso da glicose, de alguns aminoácidos, entre outros solutos orgânicos, e dos íons inorgânicos. A transferência através da membrana, destes e de outros solutos hidrofílicos, que interessam à fisiologia das células, dá-se por carregadores e canais ou poros, formados por proteínas geneticamente codificadas. Neste capítulo, são discutidos poros, brevemente, e canais de um modo geral.

Os carregadores são apresentados no Capítulo 11, *Transportadores de Membrana*, e no Capítulo 12, *ATPases de Transporte*. Especificamente, no Capítulo 15, *Transmissão Sináptica*, são discutidos os canais responsáveis pela sinalização neural, e, no Capítulo 29, *Bases Fisiológicas do Eletrocardiografia*, os canais envolvidos na eletrofisiologia do coração.

POROS E CANAIS

Poros são túneis hidrofílicos, estáticos, formados por proteínas na bicamada lipídica. Muitos têm diâmetros amplos e, portanto, não são seletivos, permitindo a passagem de uma variedade de moléculas, abaixo de determinado peso molecular. A característica distintiva dos poros, todavia, é a sua estrutura estática, de modo que o tunel está permanentemente aberto, ou seja, sem alternância entre estados abertos ou fechados, correspondentes a conformações da proteína. Na literatura inglesa as oscilações entre esses estados são chamadas *gating*; logo, os poros não têm mecanismos de *gating*. São exemplos os poros das membranas externas das mitocôndrias, formados por proteínas denominadas *porinas*, e, provavelmente, as vias para a passagem de água na membrana celular, formadas por proteínas chamadas *aquaporinas*. Estas, diferentemente das porinas, formam canais com razoável seletividade para a água e, ainda, não foi demonstrado que apresentam oscilações entre estados abertos e fechados. Como dito, a estrutura estática é a característica que distingue os poros; nestes, a modulação da permeabilidade à espécie química que os atravessa, na membrana em que estão contidos, dá-se por remoção das proteínas, em processos de endocitose de áreas da membrana, formando vesículas, e da inserção destas vesículas, no processo de exocitose, que insere os poros na membrana celular plasmática.

Canais são vias razoavelmente hidrofílicas através das bicamadas lipídicas, formadas por proteínas, com seletividade às vezes bastante estrita aos íons inorgânicos, e que podem assumir conformações distintas. Algumas dessas conformações não permitem a passagem dos íons, correspondendo a estados fechados, de repouso, ou inativados do canal; outras são permeáveis, e correspondem aos estados abertos ou condutivos. Os canais, portanto, na nomenclatura inglesa, têm mecanismos de *gating*. Em português, poder-se-ia dizer que os canais são vias seletivas com comportas que os fecham ou abrem (Figura 10.1).

As transições entre as conformações do canal no estado fechado ou aberto são muito rápidas, e os períodos de permanência em cada estado se distribuem aleatoriamente no tempo. O termo *modulação do canal* significa modificar o tempo de sua permanência em cada estado; em outras palavras, modificar a probabilidade do seu estado. Os canais operam, portanto, aleatoriamente.

▶ Fluxos de íons pelos canais | Forças

Nas condições fisiológicas das células, o fluxo resultante de íons pelos canais é movido pela diferença de potencial eletroquímico ($\Delta\bar{\mu}_i$) entre os compartimentos intra e extracelular, ou seja, pela diferença de concentração iônica e pela diferença de potencial elétrico entre os dois compartimentos:

$$\Delta\bar{\mu}_i = RT \ln \frac{c_i^{ic}}{c_i^{ex}} + z_i F V_m \quad (10.1)$$

Na equação 10.1, R é a constante dos gases (8,3 J/mol.°K), T é a temperatura absoluta, em graus Kelvin (°K), ln é o logaritmo em base e, z é a carga do íon i, F é a *constante de Faraday* (96.485 coulombs/mol), c é a concentração de i nos lados intra e extracelular (ic e ex) e Vm é a diferença de potencial elétrico na membrana. A força movente do fluxo de íons é a diferença de potencial eletroquímico dividido pela espessura da membrana. Considerada a membrana celular, o processo é de eletrodifusão por volumes restritos. O transporte por canais é, portanto, *passivo* e dissipa em calor a diferença de potencial eletroquímico para o íon, estabelecida por outros mecanismos de transporte na membrana, ditos *ativos*.

O fluxo de um íon por um canal implica transferência de carga de um compartimento para outro. A multiplicação do fluxo do íon, J_i, em moles/s, pela carga de um mol de íon [que para um íon monovalente é de um Faraday ou 96.500 coulombs/mol] resulta no fluxo de íon como corrente elétrica (I), em ampere/s (A):

$$I_i = J_i F$$

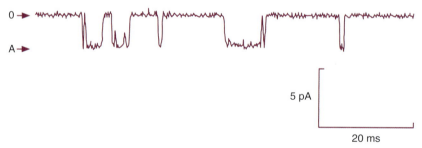

Figura 10.1 ▪ Correntes de íons passando por um canal. A diferença de potencial entre os dois compartimentos separados pela membrana que contém o canal é mantida fixa, e as concentrações do íon nas soluções dos dois compartimentos são as mesmas. A força movente do íon é a diferença de potencial. Quando as comportas do canal estão fechadas, não há fluxo do íon (*0*). Quando a abertura da comporta é elevada, instantaneamente o canal se abre. Pelo canal aberto, há corrente do íon (*A*).

Pela lei de Ohm:

$$I = \frac{V}{Re} = GV \quad (10.2)$$

Na equação 10.2, G é a condutância, com unidades de siemens (S), e Re, a resistência elétrica, em ohms (Ω). Portanto, para os canais é possível definir condutâncias, que, embora variáveis com as condições fisiológicas, pois dependem das concentrações dos íons, são úteis nas caracterizações dos subtipos de canais. Como nas condições fisiológicas as correntes dos íons pelos canais variam de poucos pA (picoamperes, ou 10^{-12} A) a umas poucas centenas de pA, as condutâncias dos canais são medidas em pS (picossiemens, ou 10^{-12} S).

Com o fluxo passivo resultante de íons através dos canais há transferência de carga elétrica de um compartimento para outro. Como a bicamada lipídica é um isolante elétrico, as cargas elétricas dos íons transferidos estabelecem uma diferença de potencial elétrico entre os compartimentos. Para uma determinada carga elétrica (Q), a diferença de potencial (V_m) depende da capacitância da membrana (C_m):

$$V_m = \frac{Q}{C_m}$$

Embora a constante dielétrica da bicamada lipídica seja baixa (da ordem de 2), a espessura diminuta da membrana produz uma capacitância considerável, de 1 $\mu f/cm^2$, típica para as membranas das células. Esta capacitância determinará uma constante de tempo para qualquer oscilação da diferença de potencial elétrico.

Técnicas de observação dos canais | Fixação de voltagem (voltage-clamp)

Em 1981 foi publicado um trabalho, por vários autores, dentre eles Sakmann e Neher, que culminava investigações destes dois pesquisadores com o objetivo de desenvolver uma técnica que permitisse, além de outras, a observação dos fluxos de íons por canais individuais. A técnica, que se consagrou com o nome de *patch clamping*, consiste em manter fixa a diferença de potencial elétrico em uma área pequena da membrana celular, enquanto são medidas as correntes elétricas, expressão dos fluxos dos íons, por esta área de membrana. Pelo desenvolvimento dessa técnica, Sakmann e Neher receberam o prêmio Nobel de Fisiologia e Medicina, em 1991.

Quando se fixa a diferença de potencial elétrico em uma área restrita de membrana celular com apenas um canal, correntes significativas passam apenas pelo canal, pois a área restante da membrana, formada pela bicamada lipídica, tem permeabilidade a íons muito baixa; em termos elétricos, é dito que a bicamada lipídica tem resistência elétrica muito elevada. Então, na maioria dos canais, a observação da corrente revela dois níveis discretos de corrente, um de corrente zero, correspondente ao estado fechado, não condutivo do canal, e outro de determinado valor, que corresponde ao estado aberto do canal (ver Figura 10.1); em termos elétricos, quando o canal se fecha, a resistência elétrica da área de membrana se eleva, e, quando o canal se abre, a resistência elétrica decai. Como a diferença de potencial está fixada, pela lei de Ohm a corrente varia com a resistência. Assim, a proteína oscila entre estados estáveis em escala de tempo de ms, um ou mais correspondentes ao canal fechado e outros correspondentes ao canal aberto. Supondo-se um canal oscilando de maneira estacionária entre dois estados, não se observam valores intermediários entre os dois níveis discretos de corrente. Portanto, a transição entre as duas conformações é instantânea, para a resolução temporal do equipamento atual. A análise do tempo de permanência em um ou em outro estado revela que os valores se distribuem aleatoriamente. Para um tempo definido de observação, somando-se as durações do estado aberto, pode-se calcular, pela razão, a probabilidade do estado aberto.

▶ Canais para íons formados por proteínas

Os canais são formados por proteínas integrais de membrana, nas quais segmentos na cadeia linear residem na fase hidrofóbica da bicamada lipídica. Os segmentos residentes na bicamada lipídica são formados por aminoácidos cujos radicais são hidrofóbicos (p. ex., glicina, alanina, valina, leucina e isoleucina). Esses segmentos hidrofóbicos se alternam com sequências predominantemente hidrofílicas, que formam as alças localizadas nos ambientes polares das soluções intra e extracelulares. Os radicais laterais dos domínios hidrofóbicos se estabilizam energeticamente no ambiente apolar dos lipídios que formam a matriz da membrana. A cadeia com as ligações peptídicas, contudo, pelo caráter hidrofílico das carbonilas, tem de ser isolada do ambiente hidrofóbico. A estrutura secundária mais estável, energeticamente, para os domínios da proteína na membrana é a de α-hélice (Figura 10.2). O arranjo adequado das hélices e de outras conformações secundárias cria o poro hidrofílico para o movimento dos íons. Em geral, os canais são formados por diferentes proteínas. Uma delas, como monômero ou em combinações poliméricas, forma o canal propriamente dito; outras se associam, com funções reguladoras, formando um arranjo quaternário.

Seletividade

Os canais são seletivos a um ou outro íon em graus variáveis, o que significa fluxos diferentes dos distintos íons, para forças iguais. A seletividade decorre da interação do íon, no seu movimento de travessia, com regiões da proteína que delineiam o canal. A interação mais simples que se pode supor é de ordem *geométrica*: o diâmetro mínimo do canal é maior que o do íon. Há que se ter sempre em conta que a forma estável dos íons em solução aquosa é a hidratada, em que cada íon orienta uma corte de moléculas de água,

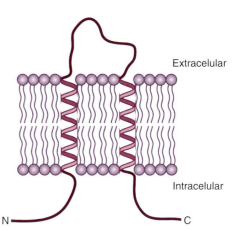

Figura 10.2 ▪ Topologia de proteínas de membrana, como as que formam canais. Os vários domínios da proteína que atravessam a membrana celular contêm aminoácidos predominantemente hidrofóbicos. A estrutura secundária mais estável para esses domínios é a de uma α-hélice e é, portanto, a mais frequente. Os domínios mais hidrofílicos da proteína, situados nas soluções intra ou extracelular, podem assumir estruturas secundárias diversas. No caso dos canais, o arranjo tridimensional dos domínios intramembranais, que pode envolver regiões pouco estruturadas, resulta em um túnel, relativamente hidrofílico, que forma o poro do canal. *N*, grupamento aminoterminal; *C*, grupamento carboxiterminal.

com as quais interage eletrostaticamente, dado o caráter de dipolo das moléculas de água. Todos os íons de diâmetro menor que o do canal podem atravessá-lo. Outra maneira de interação do íon com a proteína formadora é a *eletrostática*. Em algum ponto, na extensão do canal, cargas elétricas dos radicais dos resíduos de aminoácido criam, no espaço do poro, um campo elétrico. Neste volume, os íons sofrem forças de atração, se de carga oposta à dos radicais, ou de repulsão se as cargas coincidem. Na cadeia da proteína, as cargas elétricas são de carboxilas (–COOH) dissociadas, ou de grupos amino (–NH_2) protonados. Os canais cuja seletividade está determinada por interações eletrostáticas discriminam entre cátions e ânions. Entre íons de mesma carga, a discriminação se faz por geometria. Nos canais mais seletivos, a interação do íon com proteínas se dá por *energia de hidratação*. Quando cristais de íons são dissolvidos em água, as interações eletrostáticas da estrutura cristalina são reduzidas pela interação dos íons com água. Os íons, com suas cargas elétricas, são estabilizados na solução pela orientação dos dipolos das moléculas de água no campo elétrico do íon. Em termos simples, a interação eletrostática com íons de polaridade oposta no cristal é substituída por interação eletrostática com moléculas de água que, móveis, acomodam-se no campo elétrico do íon, formando *camadas de hidratação*. O fornecimento de energia térmica à solução pode desfazer a interação, o que se revela como desorientação das moléculas de água no volume próximo ao íon. A energia necessária para a extinção das camadas é a *energia de hidratação do íon*. Em alguns canais para K^+ certamente e, provavelmente em outros, o canal é composto por dois vestíbulos intra e extracelulares tão amplos que acomodam os íons com as suas camadas de hidratação. A restrição ao movimento é dada por uma região pouco extensa, no eixo do canal, estruturalmente rígida, com diâmetro definido, na qual carbonilas do esqueleto da proteína estão expostas ao volume do canal. Para o íon ao qual o canal é permeável, e só para ele, a representação energética dos oxigênios das carbonilas é equivalente ao dos oxigênios das moléculas de água, na sua camada de hidratação. Assim, o íon não encontra barreira energética significativa para entrar no volume do *filtro de seletividade*, deixando para trás as moléculas de água; também não encontra barreira energética para deixar o filtro e restabelecer as interações estabilizadoras com as moléculas de água. Os íons que encontram no filtro uma cavidade equivalente à que formam ao seu redor com as moléculas de água atravessam a região do filtro sem restrição; outros, embora possam atravessar a região, deparam-se, ali, com barreiras energéticas que obstam seus movimentos.

As interações dos íons com as proteínas, associadas à seletividade, significam algum *tempo de residência* na travessia do canal. Atrasam, portanto, os movimentos dos íons, reduzindo seus fluxos se estes são comparados aos seus movimentos em volume equivalente de solução. Não obstante, há estratégias físico-químicas que permitem a alguns canais muito seletivos a transferência de íons a taxas equivalentes às das soluções não confinadas em espaços restritos.

Transições entre estados nos canais (gating)

A função biológica das proteínas depende da estrutura tridimensional (3D). As possíveis estruturas estão previstas na estrutura primária (sequência de aminoácidos), mas não apenas. Dependem das características dos meios nos quais as proteínas estão imersas (constante dielétrica, hidrofilicidade/hidrofobicidade), da interação das proteínas, nas estruturas quaternárias, e da moldagem inicial, assistida por outras proteínas (*chaperonas*).

Para qualquer que seja a proteína, não há uma única estrutura absolutamente estática. Como os átomos que as formam estão vibrando, por energia térmica, há miríade de conformações energeticamente possíveis, entre as quais a proteína oscila aleatoriamente. Algumas dessas conformações correspondem a níveis de energia mais baixos (*vales*), e, portanto, a probabilidade de ocorrência dessas conformações é maior. O tempo de residências nelas também tende a ser maior.

No caso das proteínas que formam canais iônicos, ocorrem alterações conformacionais, decorrentes de oscilações térmicas dos átomos. Algumas conformações são estáveis em escalas de tempo de ms e correspondem aos estados fisiologicamente significativos dos canais; equivalem, por exemplo, ao estado de repouso (fechado ou não condutivo) ou ao estado aberto do canal (condutivo). Nas observações em voltagens fixas, as transições entre o estado condutivo e não condutivo são muito rápidas, de modo que não se observam níveis intermediários de correntes do íon, entre o máximo, passando pelo canal aberto e o nulo, quando o canal está fechado (ver Figura 10.1). Quando são observadas as correntes por um único canal em um dado intervalo de tempo suficientemente longo, ocorrem várias transições entre os estados aberto e fechado. Assim, como já dito, a soma dos tempos de residência no estado aberto dividida pelo tempo total de observação resulta na probabilidade do estado aberto.

A técnica de *patch clamp* permite manter a voltagem e medir correntes que passam, em uma voltagem fixa, por áreas pequenas de membrana celular, nas quais pode haver um único canal. Nessas circunstâncias o comportamento binário, da Figura 10.1, pode ser observado. Quando áreas maiores de membrana são observadas, com muitos canais, o que se nota é um valor de corrente passando por um número médio de canais, simultaneamente abertos. Como este número flutua probabilisticamente, a análise minuciosa da corrente revela variância associada à variação no número de canais coincidentemente abertos.

A probabilidade da conformação da proteína correspondente ao estado aberto é, para a vasta maioria dos canais conhecidos, modulável. A modulação pode ser dada por variáveis físicas ou químicas. Há um numeroso grupo de canais cujos estados são modulados pela diferença de potencial elétrico na membrana, mais precisamente pelo campo elétrico na membrana. São os canais dependentes de voltagem, para os quais a probabilidade do estado aberto aumenta com a despolarização da membrana, isto é, com a redução na diferença de potencial. Nestes, há domínios da proteína, inseridos na membrana, dotados de carga elétrica, que se deslocam quando o campo elétrico é modificado. O deslocamento relativo dos domínios aumenta a probabilidade da transição para a conformação correspondente ao estado aberto. Em outros canais, a probabilidade de abertura é modificada por ligação de espécies químicas sinalizadoras, como os neurotransmissores extracelulares ou as oscilações das concentrações intracelulares de Ca^{2+}.

Dessas considerações, pode-se concluir que as transições entre os estados estáveis em escala de tempo de ms, aberto e fechado, ocorrem por oscilações térmicas em toda a molécula de proteína. Se uma dessas conformações é favorecida energeticamente, a probabilidade do estado correspondente aumenta; assim, a probabilidade de abertura de um canal pode ser modulada.

TIPOS DE CANAIS

▶ Nomenclatura

Quando seletivo a um íon, o canal é nomeado pelo íon ao qual é seletivo; por exemplo, canal para Na^+, canal para Cl^- etc. Como há vários tipos de canais seletivos a um mesmo íon, os tipos são nomeados, frequentemente, segundo uma das suas propriedades distintivas; por exemplo, há canais para K^+ retificadores para dentro, canais para K^+ dependentes de voltagem, canais para Na^+ epiteliais ou sensíveis a amilorida, canais para Na^+ dependentes de voltagem. Quando há vários subtipos de canais seletivos a um dado íon, que compartilham uma característica distintiva, a nomeação é um tanto arbitrária; como exemplo, há os canais para Ca^{2+} dependentes de voltagem, de tipo L, N, P/Q ou R.

Muitos dos canais modulados por um ligante extracelular, como os canais das sinapses químicas controlados por neurotransmissores, são distinguidos por adjetivos derivados do nome do neurotransmissor; por exemplo, o canal colinérgico ou glutamatérgico.

Antigamente, as regras para nomenclatura não eram rígidas, possibilitando arbitrariedades e obscurecimento das relações funcionais ou filogenéticas entre os vários tipos de canais. Uma tentativa de sistematização dos nomes e das relações filogenéticas para uma superfamília de canais ocorreu em 2004 (Yu e Catterall), com a proposição de nova nomenclatura para as grandes famílias de canais iônicos, para os quais já se acumulara grande quantidade de informações. Assim, o canal deve ser identificado pelo símbolo do elemento químico ao qual o canal é seletivo. A seguir, como índice, uma ou mais letras devem indicar uma propriedade biofísica distintiva do canal (v, para canais modulados por voltagem; ir para os retificadores para influxo ou *inward rectifier* etc.). Dois números, separados por ponto, completam a identificação: o primeiro indica a família filogenética da proteína, e o segundo designa especificamente o canal. Em geral, este segundo número é atribuído em ordem referente à época da descrição: menores números para os conhecidos há mais tempo.

CANAIS VGL

Em 2004, Yu e Catterall, mencionados anteriormente, propuseram, com base em semelhanças na topologia e em exaustiva análise e comparação das sequências primárias, uma superfamília de canais, por eles denominada canais VGL ou canais *semelhantes aos dependentes de voltagem* (VGL, *voltage-gated like*). A proposta sintetiza a vasta quantidade de informações, acumuladas em décadas, sobre canais modulados por voltagens e outros. Essa superfamília inclui 143 proteínas. O comum entre os canais incluídos na superfamília é a estrutura do poro do canal. Este é uma estrutura tetramérica em que cada unidade é formada por duas α-hélices cujos terminais extracelulares estão unidos por uma alça reentrante (Figura 10.3). As alças reentrantes formam o filtro de seletividade; mas não se estendem axialmente pela extensão toda do poro. O vestíbulo interno é formado em larga extensão por uma das duas α-hélices que sustentam a alça reentrante. Este vestíbulo é amplo para acomodar íons estabilizados pelas moléculas de água orientadas. As paredes, sendo α-hélices, não são propriamente hidrofílicas, de maneira que o volume não é energeticamente favorável à permanência dos íons. Como já afirmado, a estrutura é tetramérica e pode ser formada por subunidades polimerizadas após a síntese da proteína, como no caso dos K_{ir}, ou um arranjo topológico nas moléculas maiores dos canais Na_V e Ca_V. Além dos domínios formadores do poro, as proteínas podem conter módulos adicionais que conferem sensibilidade a diferentes variáveis que, fenomenologicamente, modulam a probabilidade dos estados do canal. A superfamília VGL inclui oito famílias de canais: os canais dependentes de voltagem para Na^+, Ca^{2+} e K^+, os canais para K^+ dependentes de Ca^{2+}, os canais modulados por nucleotídios cíclicos, os canais de potencial transiente de receptor, os canais para K^+ retificadores para dentro e os canais para K^+ de dois poros.

▶ Canais para Na^+ dependentes de voltagem (Na_V)

Os canais para Na^+ dependentes de voltagem estão envolvidos no fenômeno do potencial de ação em células excitáveis. Como a concentração do íon Na^+ no volume extracelular é maior que a sua concentração intracelular, diferença esta que é mantida pela bomba de Na^+/K^+, e como no repouso a célula é eletricamente negativa em relação ao compartimento extracelular, a diferença de potencial eletroquímico move o Na^+ para dentro da célula. O movimento das cargas positivas despolariza e reverte a polaridade elétrica da membrana celular.

Esses canais são ativados por despolarização. Em outras palavras, a probabilidade do estado aberto do canal aumenta com variações despolarizantes do potencial de membrana, o que se denomina *ativação* dos canais. Como a cinética da ativação dos canais para Na^+ é, em geral, mais rápida que a dos demais canais, entre eles os canais para K^+ dependentes de voltagem, o influxo de Na^+, pelos canais, despolariza ainda mais a membrana e rapidamente. Em algumas células ocorre a reversão do potencial, isto é, a célula se torna eletricamente positiva em relação ao meio extracelular. Outra propriedade desses canais, relevante para o fenômeno do potencial de ação, é o processo da *inativação* (Figura 10.4). Uma vez aberto, o

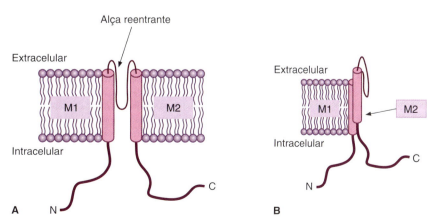

Figura 10.3 • Domínio formador do poro nos canais semelhantes aos dependentes de voltagem (VGL). Para a formação do poro é necessário um tetrâmero da estrutura mostrada em **A**. A alça reentrante forra a parte externa da cavidade e contém o filtro de seletividade. O vestíbulo interno do canal é delimitado pela α-hélice M2. Em **B** se observa a topologia da subunidade no poro. *N*, grupamento aminoterminal; *C*, grupamento carboxiterminal.

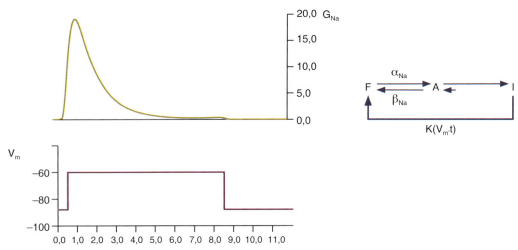

Figura 10.4 ▪ Condutância a Na⁺ (G_{Na}) por canais dependentes de voltagem, avaliada em um experimento em fixação de voltagem. A membrana é despolarizada por um pulso retangular de corrente. A despolarização ativa a condutância a Na⁺ rapidamente. No início forma-se um pico, pois a condutância decai mesmo com a despolarização mantida. Então, os canais se inativam. À direita, o cinético descreve o que ocorre. Em voltagens negativas os canais estão no estado de repouso (*F*), não condutivo. A despolarização modifica as constantes de velocidade (α_{Na} e β_{Na}) instantaneamente, com o que o equilíbrio se desloca para *A*; é a ativação. Porém, canais ativados inexoravelmente caem no estado *I*, inativo, não condutivo. A recuperação da inativação dá-se com a repolarização da membrana, por um processo lento (indicado pela constante *K*, função de V_m e de *t*).

canal pode passar a um estado inativado em que não permite a passagem do íon, mas que corresponde a uma conformação da proteína diferente daquela do estado fechado inicial (*de repouso*). A probabilidade de conversão do estado aberto para o inativado é elevada e não é conspicuamente dependente do potencial de membrana. A inativação dos canais para Na⁺ abrevia a corrente despolarizante do íon, permitindo a rápida repolarização por correntes de K⁺. Em muitos neurônios, a oscilação do potencial de membrana dura poucos milissegundos.

Em potenciais de membrana despolarizados, o estado inativado dos canais Na_V é bastante estável. Em potenciais negativos, equivalentes aos potenciais de repouso das células, o equilíbrio entre o estado inativo e o estado de repouso, ambos não condutivos, mas correspondentes a conformações diferentes, favorece o estado de repouso. A relaxação para o novo equilíbrio é lenta. A cinética da recuperação determina, de modo preponderante, o período refratário das membranas das células excitáveis.

Os canais para Na⁺ são formados por proteínas α e β. A subunidade α forma o poro e contém os elementos para a ativação e inativação do canal. A subunidade β tem função reguladora. A subunidade α é formada por 4 repetições, nomeadas I, II, III e IV, cada uma delas com 6 α-hélices na membrana (Figura 10.5). Estas são os segmentos de S1-S6. Entre os segmentos S5 e S6 há uma alça, que contém parte do filtro de seletividade. O arranjo espacial das regiões S5-S6, das 4 repetições, forma o poro, característico dos canais de tipo VGL. Os segmentos de S1-S4 de cada repetição constituem o sensor de voltagem. Nestas α-hélices há cargas elétricas, as positivas concentradas em S4 e as negativas, que estabilizam a estrutura, estão distribuídas em S1, S2 e S3. Quando o campo elétrico na membrana se modifica, a densidade de cargas de S4 determina movimentos do segmento.

Em humanos, nove genes codificam proteínas diferentes, porém com grau elevado de identidade, que formam canais para Na⁺. Os canais formados por diferentes proteínas diferem nas cinéticas de ativação e inativação e na farmacologia. Por exemplo, há canais muito sensíveis à tetrodotoxina (TTX – toxina extraída do peixe baiacu), enquanto outros são resistentes. A expressão dos canais varia entre os diversos fenótipos celulares, e as consequências fisiológicas de canais formados por uma ou outra proteína nem sempre são conhecidas.

Vários compostos químicos modificam a atividade dos canais para Na⁺. Um grupo destes é largamente utilizado: o

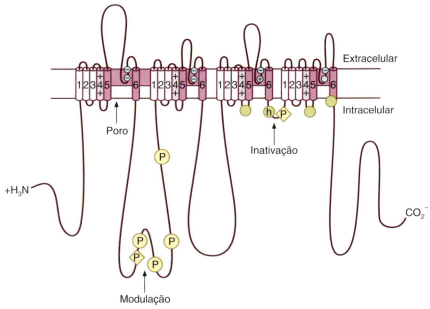

Figura 10.5 ▪ Subunidade α, que forma o canal Na_V. O gene codifica uma proteína com quatro repetições homólogas, interligadas por alças citoplasmáticas. Cada uma das repetições contém seis segmentos que atravessam a membrana em α-hélices. O quinto e o sexto segmentos formam o poro, característico da superfamília VGL. Os quatro primeiros segmentos que cruzam a membrana formam o módulo sensor de voltagem; no quarto segmento estão indicadas as cargas positivas de argininas. A longa alça que liga as repetições *I* e *II* contém vários resíduos que podem ser fosforilados (*P*), associados à modulação do canal. A alça curta que liga as repetições *III* e *IV* contém alguns resíduos (isoleucina, fenilalanina e metionina) que formam a comporta de inativação.

dos anestésicos locais. Estes são inibidores dos canais para Na⁺. Aplicados sobre um axônio, localmente impedem a ocorrência de potenciais de ação e bloqueiam a condução do impulso nervoso, impedindo que informações provindas de vários receptores, em particular dos receptores para dor, atinjam o sistema nervoso central.

▸ Canais para Ca^{2+} dependentes de voltagem (Ca_v)

Pelos canais seletivos a Ca^{2+} da membrana celular plasmática, quando abertos, dá-se influxo do íon Ca^{2+}, pois, no potencial de repouso, o citoplasma é eletricamente negativo e a concentração intracelular de Ca^{2+}, da ordem de 100 nM, é cerca de dez mil vezes menor que a extracelular, entre 1 e 2 mM. O influxo do Ca^{2+} pelos canais, juntamente com o de outros íons, modela as oscilações da diferença de potencial. Como as concentrações de Ca^{2+} livre no citosol são muito baixas, a entrada pelos canais eleva significativamente a concentração desse íon em volumes restritos, adjacentes. Como mensageiro que é, a elevação local da concentração de Ca^{2+} provoca vários efeitos fisiológicos relevantes: liberação de neurotransmissor nas sinapses, liberação de hormônios em células endócrinas e sinalização para a contração nas células musculares.

A existência das correntes de Ca^{2+} dependentes de voltagem é reconhecida desde os anos 1950. Com base nas propriedades biofísicas e farmacológicas dos canais para Ca^{2+}, foram reconhecidos vários tipos de canais para esse cátion. Comportamentos distintos da ativação desses canais levaram à sua classificação em dois grandes grupos: o dos canais ativados por despolarizações grandes a voltagens próximas do zero e o grupo dos canais ativados em valores mais negativos dos potenciais de membrana. Os do primeiro grupo foram denominados *HVA* (*high voltage-activated*) e os do segundo foram identificados como *LVA* (*low voltage-activated*). Para sua ativação, os HVA dependem de despolarizações grandes da membrana celular e, em geral, ativam-se em potenciais de ação nos quais há despolarização inicial por canais para Na⁺ dependentes de voltagem ou de canais para Ca^{2+} do tipo LVA. Enquanto os canais LVA, por se ativarem em voltagens mais negativas, podem provocar, nas células que os expressam, o disparo do potencial de ação a partir de despolarizações limiares.

Um único membro conhecido da família LVA é o *canal de tipo T*. O nome deriva do fato de as correntes pelos canais serem pequenas (*tiny*), pois a condutância do canal é baixa. A expressão mais conspícua destes canais dá-se em células do marca-passo cardíaco, no nó sinusal. Não se dispõe de bloqueadores específicos para este tipo de canal, e ele, como já dito, é o único membro conhecido da família dos LVA.

O grupo HVA contém vários tipos de canais que se distinguem pela farmacologia e são diferencialmente expressos pelos vários tipos de células. Os *canais de tipo L*, assim denominados por suas condutâncias mais elevadas (*large*), ocorrem em vários tipos celulares, entre eles o das células cardíacas e o das musculares lisas. Há bons inibidores para canais deste tipo, alguns com aplicações terapêuticas, como o grupo das di-hidropiridinas, o diltiazem (um benzodiazepínico) e o verapamil (uma fenilalquilamina). No grupo HVA estão ainda os *canais de tipo N e P/Q*. Os canais de tipo N, de neurônios em várias áreas do sistema nervoso, caracterizam-se pela alta afinidade ao ω-conotoxina GVIA, um peptídio de veneno do molusco marinho do gênero *Conus*, que bloqueia o fluxo do íon Ca^{2+} pelo canal. Os canais de tipo P/Q e R, também de neurônios, são distinguidos farmacologicamente pela sensibilidade ao bloqueio por toxinas da aranha do gênero *Agelenopsis*.

Os *canais Ca_v* (pela nova nomenclatura identificados como canais para Ca^{2+} dependentes de voltagem) são formados por proteínas que, na membrana, assumem topologia semelhante à dos canais para Na⁺ dependentes de voltagem. São quatro repetições, cada uma delas com seis α-hélices. A quarta α-hélice contém resíduos de aminoácidos com cargas positivas e, entre a quinta e a sexta, há o segmento que forma a parte mais extracelular do canal e o filtro de seletividade.

Com uso das técnicas de biologia molecular, foram descobertos 10 genes diferentes codificantes de canais para Ca^{2+} (Figura 10.6), distribuídos em três famílias. A *família de genes Ca_v1* forma canais de tipo L. São quatro proteínas diferentes, expressas diferentemente pelos fenótipos. A *família de genes Ca_v2*, com três genes, codifica as proteínas dos canais N, P/Q e R. A *família dos genes Ca_v3*, com três genes diferentes, codifica canais para T. Atualmente, há mais proteínas do que padrões biofísicos reconhecidos de canais.

▸ Canais para K⁺ dependentes de voltagem (K_v)

Os canais para K⁺ deste grupo são dependentes de voltagem, isto é, a probabilidade de o canal estar no estado aberto aumenta com a despolarização elétrica da membrana. O termo *despolarização* é entendido como: a redução da negatividade elétrica relativa do compartimento intracelular. Esses canais são estratégicos para o restabelecimento da diferença de potencial elétrico na membrana celular quando esta é despolarizada, como ocorre no fenômeno do potencial de ação. A probabilidade do estado aberto é uma função contínua da diferença de potencial. Para uma variação brusca da diferença de potencial, a probabilidade do estado aberto aumenta. A condutância conferida à membrana pela população desses canais aumenta para o novo valor com uma cinética bem mais lenta que a dos canais para Na⁺ coexpressos em áreas de membrana que têm de disparar potenciais de ação. Pelo fato de se observarem correntes de K⁺ apenas quando a membrana é despolarizada e como as correntes aumentam com cinética

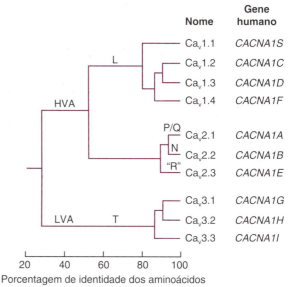

Figura 10.6 ▪ Filogenia dos canais para Ca^{2+}, em humanos. São 10 genes com o código de três famílias de proteínas. A identidade entre a família $Ca_v1.x$ e $Ca_v3.x$ é da ordem de 25%. Mais detalhes no texto.

relativamente lenta, esses canais foram denominados, na aurora da eletrofisiologia, de *retificadores tardios*.

O processo de aumento da probabilidade do estado aberto do canal, ou o de aumento das correntes de K⁺ na despolarização, é denominado ativação do canal ou da corrente de K⁺. Quando se dá a repolarização, a probabilidade do estado aberto e, portanto, a condutância, decaem e o processo se denomina desativação. Muitas das isoformas dos canais para K⁺ sensíveis a voltagem não passam por processo de inativação, característico dos canais para Na⁺. Os canais para K⁺ desprovidos de inativação mantêm-se ativados se a membrana permanecer despolarizada. Os canais deste tipo desativam-se – isto é, a probabilidade do estado aberto decai – quando a membrana celular recupera o potencial de repouso; outros se inativam, ou seja, mesmo que a membrana permaneça despolarizada a probabilidade do estado aberto reduz-se, pois o canal entra em um estado não condutivo, mas diferente daquele fechado, em que estava antes de se abrir. Quando há repolarização da membrana, o canal inativado passa ao estado fechado com cinética relativamente lenta. Essas características dos canais determinam propriedades diferenciadas para as células excitáveis.

Diferentes proteínas constituem a subunidade α dos vários subtipos de canais para K⁺ sensíveis a voltagem. Há, porém, profundas semelhanças estruturais entre elas. Todas têm seis segmentos na membrana com estrutura secundária de α-hélices. As terminações N e C são citoplasmáticas. O canal para K⁺ é formado por um tetrâmero destas subunidades (Figura 10.7), diferentemente do que ocorre com os canais para Na⁺ e Ca²⁺, nos quais a proteína geneticamente codificada contém as quatro repetições necessárias para a formação do poro. Com a tetramerização, nos K$_v$, a estrutura quaternária formada é em tudo semelhante às dos canais para Na⁺ e Ca²⁺. Pelo menos 40 genes codificam subunidades α dos canais para K⁺, divididas em 12 subfamílias.

▶ Canais para K⁺ com retificação para dentro (K$_{ir}$)

Estruturalmente, os canais de família K$_{ir}$ são formados por proteínas com dois segmentos na membrana, interligados por um domínio que faz parte do poro e que contém o filtro de seletividade. Para formar o canal, quatro subunidades dessas proteínas se ligam covalentemente; assim, o canal para K⁺ é um tetrâmero das proteínas K$_{ir}$ (Figura 10.8). Esses canais não

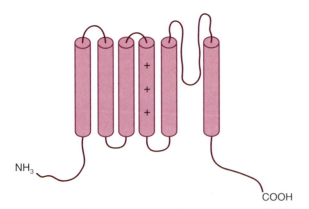

Figura 10.7 ▪ Subunidade α dos canais para K⁺ sensíveis a voltagem (K$_v$). O canal forma-se por tetramerização dessa subunidade e, na forma final, assemelha-se, na topologia, aos canais para Na⁺ e para Ca²⁺ sensíveis a voltagem. A quarta α-hélice, a partir da terminação NH₃, contém diversos resíduos de arginina que, protonados, têm carga elétrica positiva. O domínio faz parte do módulo sensor de voltagem, como descrito no texto.

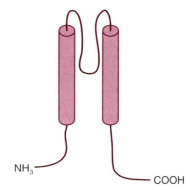

Figura 10.8 ▪ Topologia das subunidades α dos canais retificadores para dentro (K$_{ir}$). A proteína contém dois domínios, predominantemente hidrofóbicos, que assumem a conformação de α-hélices na membrana. Entre elas, a alça contém o filtro de seletividade e forma o vestíbulo do canal voltado para o compartimento extracelular. O canal é um tetrâmero dessas subunidades.

são controlados por voltagem, pois lhes falta o módulo sensor de voltagem, constituído pelas quatro α-hélices da terminação N. A modulação deles é variada, conforme o subtipo. Podem ser modulados por concentração intracelular do trifosfato de adenosina (ATP), pH, fosforilação pelas quinases e desfosforilação pela fosfatase etc. São canais deste tipo que conferem à membrana sua permeabilidade a K⁺, superior à permeabilidade aos outros íons, que determina o potencial de repouso.

Os canais deste grupo apresentam retificação, semelhante a certos elementos de circuitos elétricos cuja resistência à passagem de corrente depende da direção desta. Tal propriedade indica que o canal conduz, para força igual em módulo, mais íon K⁺ para dentro do que para fora da célula, o que é um aparente contrassenso, pois de um canal para K⁺ espera-se fluxo de K⁺ para fora da célula (lembrar que a concentração intracelular de K⁺ é maior que sua concentração extracelular). É o que de fato ocorre, embora a resistência ao fluxo seja maior. A permeabilidade maior aos fluxos para dentro é, para muitos dos canais, um dado de laboratório, sem significado fisiológico; por outro lado, a resistência crescente para potenciais de membrana mais despolarizados tem interessantes consequências eletrofisiológicas, como ocorre no platô do potencial de ação de células cardíacas. A retificação se dá por bloqueio parcial do canal dependente de voltagem. No vestíbulo intracelular do canal pode haver, variando com a isoforma, sítio para a ligação do Mg²⁺ ou das poliaminas, que são policátions intracelulares, como a espermina ou a espermidina. A ocupação do sítio se dá pelo lado intracelular e a probabilidade de o cátion chegar ao sítio depende do campo elétrico na membrana. A hiperpolarização da membrana reduz a ocupação do sítio. Se o sítio for ocupado pelo cátion, a carga elétrica dele criará um campo elétrico no canal. A força eletrostática resultante reduz o fluxo do K⁺. Portanto, o canal retificará para dentro, isto é, quando a membrana estiver hiperpolarizada, em potenciais mais negativos que o potencial de equilíbrio do K⁺, circunstância em que o K⁺ se move para dentro e em que é reduzida a probabilidade de o cátion (Mg²⁺ ou poliaminas) que interage com o canal estar no sítio.

As proteínas que formam o canal do tipo K$_{ir}$ foram as primeiras que tiveram a estrutura tridimensional (3D) determinada, por difração de raios X, pelo grupo de pesquisadores liderados por MacKinnon, valendo-se da existência, em células procarióticas, de proteína homóloga às de células eucarióticas, a *proteína KcsA*. Usando quantidades consideráveis desta proteína, o grupo conseguiu, por estratégias especiais, sua cristalização. A difração de raios X no cristal permitiu a determinação da estrutura 3D, com resolução de 2 angstrons. Por esta contribuição à ciência, MacKinnon compartilhou o prêmio Nobel de Química em 2003.

▸ Canais para K⁺ de dois poros (K$_{2P}$)

O apelido dado a este canal não deve induzir ao erro de supor que se trate de um canal com dois poros. A subunidade de proteína que forma o canal é composta por duas repetições, ou seja, quatro segmentos na membrana e duas alças reentrantes, formadoras do vestíbulo externo e do filtro de seletividade (Figura 10.9). O canal, propriamente, é um dímero destas subunidades. Provavelmente, na evolução molecular, ocorreu uma duplicação do gene codificador das subunidades α dos canais da família K$_{ir}$.

Canais deste tipo, juntamente com os de tipo K$_{ir}$, conferem à membrana uma permeabilidade predominante a K⁺ que, nas células em geral, predomina na determinação da diferença do potencial elétrico de repouso.

▸ Canais para K⁺ dependentes de Ca^{2+} (K$_{Ca}$)

Canais para K⁺ dependentes de Ca^{2+} têm imensa importância na fisiologia das células, pelo fato de serem duplamente modulados: pela diferença de potencial elétrico na membrana celular e pela concentração citosólica de Ca^{2+}. Para uma mesma voltagem de membrana, a probabilidade do estado aberto se altera com os níveis citosólicos do Ca^{2+}. Se a concentração deste íon se eleva, a probabilidade de abertura em um dado potencial aumenta. Como nas condições normais das células os canais para K⁺ tendem a modificar o potencial de membrana no sentido da hiperpolarização, estes canais tendem a tirar as células de surtos de atividade que se acompanham na sinalização intracelular pelo Ca^{2+}, principalmente em células excitáveis.

Os canais da família são tetrâmeros de subunidades α assemelhadas na topologia às subunidades do K$_v$, com uma notável diferença: no módulo sensor de voltagem há uma alça adicional na membrana (Figura 10.10), a S$_0$, de maneira que a terminação N da proteína fica no lado extracelular.

Há três subfamílias de canais K$_{Ca}$: os *maxicanais* – às vezes chamados de BK$_{Ca}$ – têm condutâncias elevadas, da ordem de 100 pS ou maior; as outras duas subfamílias – IK$_{Ca}$ e SK$_{Ca}$ – têm condutância intermediária e baixa, respectivamente.

Canais desta família são alvos específicos de algumas toxinas animais, como a charibdotoxina, do escorpião, e a apamina, das abelhas.

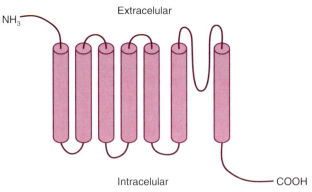

Figura 10.10 ▪ Topologia da subunidade α dos canais para K⁺ modulados pela concentração intracelular do Ca^{2+} (K$_{Ca}$). Essa proteína forma sete hélices na membrana, e a terminação N fica voltada para o lado extracelular. O canal, como outros para K⁺, é um tetrâmero dessa proteína.

▸ Canais CNG e canais HCN

Estas duas famílias de proteínas contêm isoformas muito semelhantes às que formam os canais para K⁺, dependentes de voltagem. As subunidades α das proteínas que formam o canal têm seis segmentos na forma de α-hélices, atravessando a membrana (Figura 10.11). O canal é um tetrâmero destas subunidades. A característica comum e identificadora destas proteínas é que o domínio da proteína na terminação N, intracelular, contém um sítio ligante de nucleotídios, de cAMP ou de cGMP.

CNG é o acrônimo para a expressão em inglês – *cyclic nucleotide-gated* – que designa estes canais. Mantém-se aqui a sigla: os canais são modulados por nucleotídios cíclicos. Estes canais são expressos em fotorreceptores e receptores do bulbo olfatório. Nestes receptores sensoriais, passam por estes canais correntes de Na⁺ e de Ca^{2+} que, nas condições fisiológicas das células, são correntes para dentro, despolarizantes. Embora a quarta α-hélice na membrana tenha alguns resíduos com carga negativa, os canais não são modulados pela diferença de potencial elétrico na membrana. A ligação dos nucleotídios cíclicos aos sítios na terminação N induz alterações conformacionais que favorecem o estado aberto dos canais. Há no genoma humano seis genes que codificam proteínas homólogas, formadoras de canais CNG.

Os canais da família HCN (*hyperpolarization-activated cyclic-gated*), são formados por proteínas codificadas por quatro genes, no genoma humano. São canais permeáveis a Na⁺ e

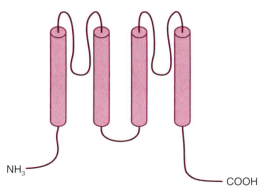

Figura 10.9 ▪ Topologia das subunidades α dos canais K$_{2P}$. O canal é um dímero da proteína.

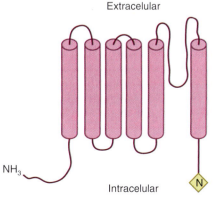

Figura 10.11 ▪ Subunidade α formadora dos canais CNG e HCN. Na terminação COOH há domínios da proteína para a ligação de nucleotídios cíclicos, monofosfato de adenosina cíclico (cAMP) e monofosfato de guanosina cíclico (cGMP). O canal forma-se por tetramerização dessa proteína.

K⁺, sendo que pouco discriminam entre estes dois cátions. A característica extraordinária destes canais é que se *ativam por hiperpolarização*. Na repolarização de um potencial de ação, na medida em que as células recobram a diferença de potencial elétrico de repouso, a probabilidade de abertura destes canais se eleva. A corrente predominantemente de Na⁺, para dentro, força a despolarização. Estes canais são característicos de células com propriedades de marca-passo. Nestas, a despolarização progressiva imposta pelos canais HCN leva a célula até o limiar de disparo de novo potencial de ação. A rampa despolarizante é denominada *pré-potencial*, e as correntes que a provocam foram denominadas corrente *f* ou *h*. Na ativação dos canais, o cAMP tem ação sinérgica à da voltagem; ou seja, para um valor do potencial de membrana, a concentração de cAMP modula positivamente a probabilidade de abertura do canal. Não se conhece o mecanismo pelo qual a probabilidade de abertura do canal é aumentada pela hiperpolarização, ao contrário do que ocorre com os demais canais para cátions dependentes de voltagem, para os quais a despolarização é que aumenta a probabilidade do estado aberto. Nas proteínas dos canais HCN, o segmento S4 tem também cargas positivas, em número de 10. O número dessas cargas positivas nos canais K_v varia de 5 a 7.

▶ Canais de potencial transiente de receptor (TRP)

Os canais que formam essa família são ainda mal conhecidos. Foram descritos pela primeira vez no sistema de fotorrecepção de *Drosophila*. No genoma humano, são mais de 30 os genes que codificam proteínas da família, dividida em seis subfamílias. Estes canais estão associados a receptores sensoriais. A topologia de membrana das proteínas dos TRP é a de 6TM, a mesma dos canais para K⁺ sensíveis a voltagem (ver Figura 10.7). Porém, há menor conservação nos domínios do segmento S4 e na alça do poro. Embora alguns canais tenham permeabilidade mais seletiva a Ca²⁺, a maioria deles forma vias para cátions, pouco discriminando entre os de significado fisiológico.

O conhecimento da modulação fisiológica desses canais é incompleto. Ainda mais incompleta é a descrição que se segue. A subfamília dos *TRPV* inclui canais que são modulados por capsaicina (composto que confere o ardor às pimentas), osmolalidade, baixo pH e calor. É quase aceito como certo que estes canais equipam os receptores para dor e para temperatura.

Já a subfamília *TRPM* inclui canais modulados por temperaturas baixas e devem ocorrer nos receptores para o frio. As proteínas que formam os canais dessas subfamílias têm segmentos S4 com cargas positivas. Contudo, é incerta a relação da probabilidade de abertura com a diferença de potencial elétrico na membrana.

As subfamílias *TRPP* e *TRPML* abrangem canais ainda mal caracterizados, pois não se conseguiu a expressão deles em sistemas heterólogos. O gene da subunidade *TRPP1* codifica a proteína *PKD2*, sendo que a mutação dele produz a doença do *rim policístico*. Há evidências de que a proteína forma um canal para Ca²⁺, associado aos vilos de células epiteliais do túbulo renal. Os canais são ativados por encurvamento do vilo e o conjunto opera como um sensor de fluxo do líquido luminal.

As proteínas dos canais *TPC* são formadas por dois domínios, cada um equivalente ao dos TRP e, provavelmente, resultam de uma duplicação do gene destes (Figura 10.12).

Enfim, em futuro próximo, a investigação dos canais da família TRP deverá preencher lacunas no conhecimento da operação dos receptores sensoriais e da regulação de funções celulares.

▶ Canais para Na⁺ epiteliais (ENaC)/Degenerinas

Canais para Na⁺ em epitélios, caracterizados farmacologicamente pela inibição por amilorida, são conhecidos há tempos. São expressos por células de epitélios de elevada resistência elétrica (ou *tight*) que fazem absorção do Na⁺ regulada por aldosterona. Foram estudados em membranas apicais das células epiteliais do ducto coletor de rins, da bexiga urinária de répteis, do intestino grosso de mamíferos e da pele de anfíbios. Embora fossem reconhecidos desde a década de 1960, informações sobre sua estrutura molecular surgiram na literatura bem mais recentemente, quando a subunidade α foi clonada pela estratégia de clonagem funcional. Na época, início dos anos 1990, foram identificados genes dos mecanorreceptores de *Caenorhabditis elegans* (um nematódeo hermafrodita) que codificam proteínas apelidadas de *degenerinas*, pois mutações nesses genes, em particular no deg-1, resultam em degeneração de neurônios sensoriais para o tato. Logo em seguida, foi visto que as degenerinas e as proteínas do ENaC apresentam identidades substanciais, passando, então, a constituir a família de proteínas denominada de *ENaC/Degenerinas*.

A clonagem por homologia revelou vários outros membros da família. Homólogos da degenerina foram encontrados em tecido nervoso de mamíferos, tendo sido nomeados *MDeg*. Como se tratava de canais para Na⁺ cerebrais, receberam o nome de BNaC (*brain Na channel*). O interessante dessa subfamília é que forma canais cuja probabilidade de abertura é modulada pela concentração extracelular de H⁺, razão pela qual passaram a ser conhecidos como canais para íons sensíveis a ácidos, ou ASIC (*acid sensing ion channel*).

A família dos ENaC/Degenerinas é codificada por genes exclusivos do Reino Animalia (Metazoa). São expressos em órgãos especializados. As informações disponíveis indicam que a atividade dos canais formados por estas proteínas é constitutiva, ou seja, são ativados por estímulos mecânicos ou por prótons.

As proteínas dos canais ENaC/Degenerinas têm de 530 a 740 aminoácidos. Sua topologia na membrana celular é a de dois segmentos membranais, portanto com as terminações N e C no citoplasma e, o que é peculiar dos canais da família, uma longa alça extracelular que perfaz mais de 50% da extensão da proteína (Figura 10.13). Na longa alça extracelular, há vários domínios associados a peculiaridades do canal. A

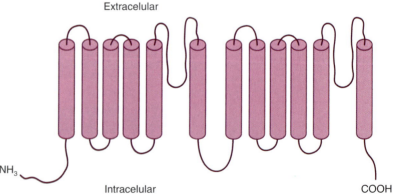

Figura 10.12 ▪ Subunidade formadora do poro em canais TPC da família TRP. A proteína contém duas repetições, e o canal é um dímero dessa proteína.

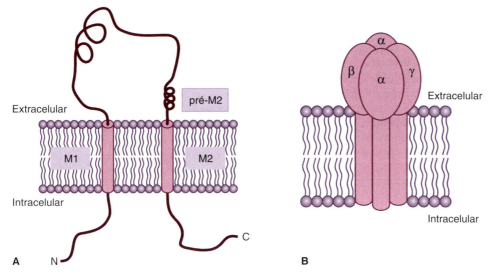

Figura 10.13 • **A.** Topografia das proteínas ENaC/Degenerinas – há dois domínios da proteína na membrana, *M1* e *M2*, mais um domínio extracelular longo, perfazendo cerca de metade dos aminoácidos da proteína, com vários sítios que caracterizam funcionalmente o canal. A sequência *pré-M2* é muito conservada nas várias proteínas da família, e há razoável consenso de que é formadora do poro. **B.** Estequiometria das subunidades que formam o canal ENaC: o canal é um heterotetrâmero das subunidades α, β e γ, em estequiometria de 2:1:1.

sequência *pré-M2*, bem preservada nas várias isoformas da família, parece formar o poro do canal.

Nos mamíferos, os canais ENaC são tetraméricos, formados por três subunidades distintas, α, β e γ, na estequiometria de 2:1:1 (ver Figura 10.13).

▶ Canais para Ca²⁺ em organelas intracelulares

Os canais para Ca^{2+} dos retículos endoplasmático e sarcoplasmático são modulados quimicamente. No retículo sarcoplasmático de células cardíacas há canais que foram denominados *receptores de rianodina* e que são modulados pelo nível do Ca^{2+} livre no citosol. O retículo sarcoplasmático de músculo liso e o endoplasmático de outros fenótipos celulares contêm *canais para Ca^{2+} que ligam IP3* (trifosfato de inositol), um sinalizador intracelular. A ligação aumenta a probabilidade de abertura do canal, e, pelo canal aberto, o Ca^{2+} é transferido da organela para o citosol. Em músculos esqueléticos os canais para Ca^{2+} do retículo sarcoplasmático estão covalentemente ligados a canais de tipo L, sensíveis a voltagem, na membrana dos túbulos T. São da mesma classe dos receptores de rianodina das células cardíacas. As alterações conformacionais que ocorrem em resposta a alterações no potencial de membrana plasmática se transmitem ao receptor de rianodina que, assim, tem a probabilidade de abertura aumentada.

Canais ativados por glutamato, de *tipo NMDA*, de sinapses excitatórias, são canais para cátions, pelos quais o Ca^{2+} pode passar. Serão discutidos adiante.

CANAIS PARA Cl⁻

O cloreto, quantitativamente, o mais importante ânion do meio extracelular, existe no compartimento intracelular em concentrações bem mais baixas, em distribuição muito próxima daquela do equilíbrio eletroquímico, considerado a diferença de potencial elétrico na membrana celular. Em outras palavras, a diferença de potencial elétrico de equilíbrio para o cloreto é muito próxima da diferença de potencial elétrico de membrana, indicando que há vias condutivas, tipo canais, para esse ânion. Portanto, o cloreto interfere na diferença de potencial elétrico de membrana, tendendo a mantê-lo em valores estáveis. Como muitas das células do organismo dos vertebrados têm um trocador Cl^-/HCO_3^-, a diferença de concentração para o cloreto é uma das variáveis que intervêm na regulação do pH intracelular. Ainda, canais para cloreto participam da regulação do volume intracelular, como será visto adiante.

O conhecimento dos canais para Cl⁻ é bem inferior ao dos canais para cátions. Menos esforços foram devotados para o conhecimento deles. A discussão que se segue reúne parte das informações fragmentadas da literatura, pospondo para o item seguinte os canais para Cl⁻ modulados por ligantes, das sinapses inibitórias.

Canais para Cl⁻ são pouco seletivos quanto aos ânions. São permeáveis a vários deles, como NO_3^-, Br^-, I^-, HCO_3^- e ao próprio Cl⁻. Melhor seria chamá-los de *canais para ânions*.

▶ Canais para Cl⁻ em células de músculo esquelético

Desde meados do século passado, é conhecido que as membranas de células de músculo esquelético de vertebrados têm, no repouso, condutância a Cl⁻ predominante sobre as dos demais íons. De fato, no potencial de repouso as membranas são de 3 a 10 vezes mais permeáveis a Cl⁻ do que a K⁺. Como a distribuição de Cl⁻ entre o citoplasma e o meio extracelular é a de equilíbrio, o ânion estabiliza o potencial de repouso, opondo-se a variações despolarizantes, e, quando estas ocorrem nos potenciais de ação, a condutância a Cl⁻ contribui para a repolarização. A hiperexcitabilidade da miotonia congênita é devida à redução na condutância da membrana a Cl⁻.

Estes canais para Cl⁻ são inibidos por Zn e pelo pH baixo. Compostos orgânicos da classe dos ácidos aromáticos monocarboxílicos bloqueiam o canal, como: o ácido niflúmico, o ácido 5-nitro-2-(fenilpropilamino) benzoico (NPPB), o ácido antraceno-9-carboxílico (9-AC) e outros. Estes inibidores provocam hiperexcitabilidade, com repetidos disparos de potenciais de ação, em fibras musculares isoladas.

A estrutura primária do canal para Cl⁻ das células musculares esqueléticas foi determinada por clonagem e, desde então, ele passou a ser denominado *ClC-1*. A topologia proposta para a proteína na membrana, que não se parece com a dos canais para cátions dependentes de voltagem, é de 11 segmentos transmembranais, vários deles contribuindo para a formação do poro. A transição de estados dos canais ClC-1 é fracamente dependente de potencial, mas entre os segmentos que atravessam a membrana não há nenhum com carga, à semelhança do segmento S4 dos canais para cátions dependentes de voltagem.

▶ Canais para Cl⁻ dependentes de Ca^{2+} | Cl(Ca)

Como outros canais para Cl⁻, os canais de *tipo Cl(Ca)* pouco discriminam entre ânions inorgânicos, com permeabilidade maior a I⁻, a NO_3^- e a Br⁻ do que a Cl⁻. Este fato é de pouco ou nenhum significado fisiológico, pois os outros ânions, além do Cl⁻, existem nas soluções biológicas em concentrações muito baixas. Os canais Cl(Ca) ocorrem em muitos tipos celulares, entre eles neurônios, miócitos e até em células de algas. Estes canais são sensíveis a despolarização, isto é, a probabilidade do estado aberto aumenta com a despolarização. O aumento na concentração citosólica de Ca^{2+} reduz a amplitude da despolarização necessária para um dado aumento na probabilidade de abertura do canal.

Em neurônios, estes canais devem contribuir para a estabilização do potencial de membrana, reduzindo a excitabilidade. Em epitélios, como o de glândulas salivares, os canais para Cl⁻ situados na membrana apical são a via para a secreção deste ânion para o lúmen da glândula.

▶ Canais para Cl⁻ e redução regulatória do volume celular

Mecanismos de regulação do volume celular em resposta a choques osmóticos parecem ser universais nas células eucarióticas. Vários tipos de células, quando expostos a soluções hipotônicas, sofrem um inchamento inicial para, em seguida, recuperar o volume original com cinética bem mais lenta que a do aumento de volume. Para perder água, estas células têm de perder soluto. Um dos mecanismos para esta perda é a ativação de canais para Cl⁻. Se a concentração intracelular do Cl⁻ for maior que a prevista para o equilíbrio eletroquímico, haverá efluxo do ânion, com tendência a despolarização da diferença de potencial elétrico de membrana, o que aumenta o efluxo de K⁺. Portanto, a célula perde KCl, e, assim, é reduzida a osmolalidade do compartimento intracelular com consequente movimento de água para fora da célula e recuperação do volume celular original.

▶ CFTR, um canal para Cl⁻

A secreção de Cl⁻ por muitos epitélios depende de canais para Cl⁻ na membrana apical das células. Em muitos epitélios – de revestimento da árvore respiratória, do sistema digestório e dos ductos no pâncreas exócrino –, o canal para Cl⁻ é do *tipo CFTR* (*cystic fibrosis transmembrane conductance regulator*) ou regulador da condutância de membrana da fibrose cística, uma doença grave. A proteína que forma o canal é um membro da família das proteínas *ABC*, ligantes de ATP. Essa proteína é formada por duas repetições, cada uma com seis segmentos na membrana, um domínio citoplasmático regulador e dois domínios citoplasmáticos que ligam nucleotídio. A ativação completa do canal requer a fosforilação por uma quinase de proteína dependente de cAMP (quinase A). A fibrose cística decorre de uma mutação no canal, que o torna não funcional. Os epitélios que dependem desse canal para a secreção passam a não secretar líquido, com consequências fatais, como infecções pulmonares graves, pancreatite e outras alterações fisiopatológicas características da doença.

CANAIS DE SINAPSES QUÍMICAS IONOTRÓPICAS

Sinapses químicas são os locais nas superfícies celulares diferenciados para a transmissão de informação de um neurônio pré-sináptico a um neurônio pós-sináptico ou a uma célula efetora (muscular, secretora etc.). Essa transmissão é feita por meio de um neurotransmissor, ou mediador, que é uma molécula orgânica, geralmente pequena, liberada pela célula pré-sináptica para agir sobre a célula pós-sináptica. No caso das sinapses ionotrópicas, o neurotransmissor se liga a um receptor na própria proteína que forma o canal iônico. A ligação do neurotransmissor favorece a conformação da proteína que corresponde ao canal aberto. Em outras palavras, enquanto o mediador permanecer ligado ao canal, a probabilidade do estado aberto estará aumentada. A abertura do canal, ao permitir fluxos iônicos, altera a diferença de potencial elétrico de membrana localmente. Se a sinapse for excitatória, ocorrerá na membrana pós-sináptica uma despolarização. Se a sinapse for inibitória, poderá ocorrer hiperpolarização ou apenas redução nas despolarizações provocadas por sinapses excitatórias.

O neurotransmissor é armazenado na terminação nervosa pré-sináptica, em vesículas. Estas são de tamanho pouco variável e contêm um número médio de moléculas do neurotransmissor com pouca variação. Por isso, diz-se que a liberação do neurotransmissor ocorre de forma quântica, um *quantum* correspondendo ao número médio de moléculas de uma vesícula. Quando o potencial de ação invade a terminação sináptica, canais para Ca^{2+} reunidos nas zonas ativas tendem ao estado aberto. O influxo de Ca^{2+} por esses canais eleva localmente a concentração do íon, o que provoca, por complexos processos moleculares, a exocitose das vesículas. Em algumas sinapses, a transmissão de informação cessa pela difusão do mediador para fora da fenda sináptica, pela hidrólise do neurotransmissor por enzima extracelular e, em outras sinapses, pela recaptura do neurotransmissor pela terminação pré-sináptica.

Nas membranas pós-sinápticas, os canais que se ligam ao neurotransmissor e são por ele controlados são chamados também de receptores, principalmente pelos farmacologistas. O canal ou receptor é identificado por um adjetivo, derivado do nome do neurotransmissor, e por expressões associadas a uma propriedade que o caracteriza quando há mais de uma proteína que se liga a um mesmo neurotransmissor; por exemplo, há canais ou receptores colinérgicos nicotínicos, glutamatérgicos de tipo NMDA etc.

▶ Canais colinérgicos nicotínicos

Canais colinérgicos nicotínicos aparecem nas sinapses do sistema nervoso central, em sinapses dos gânglios periféricos do sistema nervoso neurovegetativo e nas membranas das células musculares esqueléticas (nas junções neuromusculares, também chamadas de placa motora terminal). O neurotransmissor é a acetilcolina. Diferentes proteínas – há 17 genes codificantes – formam os canais colinérgicos nicotínicos, resultando em canais com peculiaridades.

O canal, ou receptor, é denominado nicotínico, pois nestas sinapses a nicotina do tabaco é um agonista da acetilcolina. Os canais colinérgicos nicotínicos mais bem estudados são os da junção neuromuscular, pelo fato de esta ser uma sinapse gigante, o que facilita sua análise eletrofisiológica, relativamente. Pela extensão dessas sinapses excitatórias, o potencial excitatório pós-sináptico, deflagrado por um potencial de ação no neurônio motor, é de vários mV, o suficiente para despolarizar a membrana da célula muscular até o limiar de disparo de um potencial de ação. Nas sinapses neurônio-neurônio, o potencial excitatório pós-sináptico é de centenas de μV. Por estas características da placa motora, os estudos desse canal sináptico – referentes a: observação do canal unitário, purificação da proteína do canal, determinação da sequência da proteína, reconstituição do canal em membranas artificiais, expressão em sistemas heterólogos e determinação da estrutura 3D da proteína – antecederam e são mais completos que os estudos equivalentes dos demais canais sinápticos. Particularmente útil aos estudos do canal foi o conhecimento de bloqueadores da transmissão neuromuscular, cuja ação ocorre por bloqueio do canal colinérgico nicotínico, como a d-tubocurarina (curare), um alcaloide de origem vegetal, e a α-bungarotoxina, encontrada no veneno de serpentes, de ação praticamente irreversível, que se liga à proteína do canal com tamanha afinidade que pode ser usada para a contagem, extração e detecção do canal. Os agentes bloqueadores reversíveis da placa motora, denominados curarizantes, têm ampla aplicação na clínica cirúrgica como indutores do relaxamento muscular.

O canal colinérgico nicotínico é um canal para cátions monovalentes, pouco discriminando entre eles. Dada a baixa seletividade e as distribuições dos vários cátions – principalmente Na^+ e K^+ –, o potencial de reversão para o canal, isto é, o valor para o qual tende a diferença de potencial elétrico de membrana quando o canal se abre, está próximo de 0 mV.

Foi realizada extensa análise da cinética do canal. Por canal, há dois sítios para o agonista. A mudança conformacional que leva ao estado aberto se dá após a ocupação desses dois sítios. A ocupação, com formação do complexo, é um processo reversível, rápido, determinado por ação de massas, ou seja, pela concentração do ligante nas imediações do canal. Na medida em que a concentração da acetilcolina decai, por difusão para fora da fenda sináptica ou por hidrólise pela acetilcolinesterase na fenda, o complexo se desfaz. O canal tende a se fechar, e as correntes por uma população numerosa de canais decaem com velocidade que depende da constante de tempo de fechamento do canal, que é muito mais lenta que a dissociação do complexo receptor-neurotransmissor. Quando exposto prolongadamente ao neurotransmissor, um número apreciável de canais pode passar ao estado dessensibilizado, que não é condutivo. Como a saída desse estado é lenta, a transmissão sináptica é negativamente afetada.

O canal colinérgico nicotínico é um pentâmero. As subunidades são homólogas, com estruturas semelhantes. O canal é formado por duas subunidades α, e uma de cada das subunidades β, γ e Δ. As subunidades α contêm o sítio ligante do neurotransmissor. Essas subunidades têm quatro segmentos, α-hélices, atravessando a membrana, e as terminações N e C da proteína estão no lado extracelular. A terminação N, até a primeira alça na membrana, é muito longa, e, no caso das subunidades α, contém os sítios que se ligam ao neurotransmissor; portanto, os canais se projetam extensamente no lado extracelular da membrana.

▶ Canais glutamatérgicos

As sinapses excitatórias no sistema nervoso central, predominantemente, utilizam o glutamato, ou, às vezes, o aspartato, como neurotransmissor; ambos são aminoácidos. Fora do sistema nervoso central, nos gânglios e nas junções neurônio-efetor, não há sinapses glutamatérgicas. Como já estudado, nesses locais as sinapses excitatórias usam a acetilcolina como neurotransmissor.

Os receptores sinápticos para o glutamato são os *ionotrópicos*, em que o sítio de ligação é parte de um canal, ou os *metabotrópicos*, nos quais o receptor, depois de ligar o neurotransmissor, interage com uma proteína G, para iniciar uma sequência de eventos que levam a modificações bioquímicas na célula pós-sináptica. A discussão que se segue está devotada aos *receptores ionotrópicos das sinapses químicas rápidas*.

Há dois subtipos de receptores para o glutamato, com propriedades muito diferentes, entre elas a de responder ou não ao N-metil-D-aspartato (NMDA), que é de onde vêm os nomes, NMDA ou não NMDA.

Os receptores *não NMDA* têm em comum o canal para cátions, que não discrimina entre os vários cátions. Esses canais, quando se abrem, e o fazem com probabilidade aumentada após a ligação do neurotransmissor, tendem a despolarizar a membrana para valores próximos de 0 mV. Como as regiões de contato sináptico são restritas, o efeito é um potencial excitatório pós-sináptico inferior a 1 mV. A resposta do canal é rápida e também é rápida a dessensibilização se o canal for exposto prolongadamente ao neurotransmissor. São deste tipo os canais para a transmissão estrita de sinais elétricos entre neurônios. A transmissão cessa com a redução na concentração do neurotransmissor na fenda sináptica, por sua difusão ou por sua recaptação pela célula pré-sináptica.

Os canais do tipo *NMDA* são cinco vezes mais permeáveis ao Ca^{2+} que ao Na^+ ou ao K^+. Os receptores têm elevada sensibilidade ao glutamato, e os canais entram em salvas de aberturas e fechamentos prolongadas quando o neurotransmissor se liga ao sítio receptor. Após a ligação do neurotransmissor, a abertura do canal é dependente da diferença de potencial elétrico de membrana. Neste caso, não se trata de uma dependência de voltagem, como acontece nos canais dependentes de voltagem, mas de bloqueio do canal por Mg^{2+}, quando este se liga a um sítio do canal, já no campo elétrico de membrana. Assim a ligação do Mg^{2+}, bloqueadora do canal, pelo lado extracelular, depende da diferença de potencial elétrico na membrana. A –80 mV há ligação do Mg^{2+} ao seu sítio, bloqueando o canal aberto pelo neurotransmissor. Se a membrana for despolarizada a –50 mV, diminui a ligação do Mg^{2+} ao sítio, o que permitirá ao canal aberto conduzir. Portanto, o canal NMDA funciona como um detector de coincidência: caso sinapses excitatórias estejam ativas em coincidência temporal, a ativação do canal NMDA resulta em mais corrente excitatória e, sobretudo, permite o influxo do Ca^{2+}, elevação da sua concentração citosólica e sinalização celular característica do fenótipo em questão.

É interessante que, para a ativação, além do glutamato, os receptores NMDA requerem a presença de glicina e de D-serina.

Estruturalmente, os receptores glutamatérgicos são tetrâmeros de uma proteína com três segmentos na membrana. A extremidade N fica no lado extracelular e a C no intracelular. As estruturas e as sequências das proteínas dos receptores glutamatérgicos e colinérgicos são completamente diferentes, indicando que passaram por processos evolutivos distintos. As identidades das proteínas evidenciam que o receptor glutamatérgico e o canal para K^+ controlado por glutamato nos seres procarióticos têm ancestral comum.

▶ Canais em sinapses inibitórias | Gabaérgicos e glicinérgicos

No sistema nervoso central de vertebrados, as sinapses inibitórias ionotrópicas, rápidas, utilizam dois mediadores, ácido gama-aminobutírico (*GABA*) e *glicina*, que ativam canais para Cl^- na membrana pós-sináptica. Como canais para Cl^- de outros tipos, estes também não são seletivos. Além do íon Cl^-, por eles passam: I^-, SCN^-, NO_3^- e Br^-. Se a concentração intracelular do Cl^- no neurônio pós-sináptico for mais alta que a de equilíbrio, a atividade na sinapse resultará em hiperpolarização da membrana pós-sináptica (potencial inibitório pós-sináptico). Caso o Cl^- esteja em equilíbrio de potencial eletroquímico nos dois compartimentos, a ativação da sinapse inibitória estabiliza a diferença de potencial elétrico na membrana, reduzindo o efeito despolarizante de sinapses excitatórias coincidentemente ativas.

Dos neurotransmissores, a glicina é o mais utilizado na medula espinal, enquanto o GABA é o mediador dos neurônios inibidores encefálicos. Os receptores para o GABA associados aos canais para Cl^- se incluem no grupo *$GABA_A$*. A farmacologia desses receptores é variada, havendo inibidores e potencializadores. Entre o inibidores estão a picrotoxina e a biculina; estas provocam convulsões. Entre os potencializadores estão álcool, barbitúricos, benzodiazepínicos e esteroides. Barbitúricos e benzodiazepínicos são utilizados na clínica como ansiolíticos e como pré-anestésicos.

Canais ativados por GABA ou glicina têm múltiplos estados condutivos. O canal pode passar de um estado aberto para outro, de condutância diferente. Portanto, há subníveis de corrente por um mesmo canal.

Em mamíferos, estão descritos 20 genes codificantes de proteínas do receptor para o GABA e quatro para o receptor da glicina. Há identidades entre estas proteínas. Quanto à estrutura, todas as proteínas estão na superfamília dos receptores pentaméricos, que inclui, também, os receptores colinérgicos nicotínicos e os receptores para a 5-hidroxitriptamina ($5\ HT_3R$).

▶ Canais em sinapses purinérgicas

Mais recentemente, foram descritos canais que são ativados por purinas, como a adenosina e o ATP. Esses canais são seletivos a cátions e compõem sinapses excitatórias. Estruturalmente, suas proteínas são distintas das dos demais canais. A análise topográfica indica que a proteína forma dois segmentos na membrana; ainda é discutido se o canal funcional é um dímero ou um trímero desta proteína.

BIBLIOGRAFIA

HILLE B. *Ion Channels of Excitable Membranes.* 3. ed. Sinauer Associates, Sunderland, 2001.
LEVITAN IB, KACZMAREK LK. *The Neuron: Cell and Molecular Biology.* 3. ed. Oxford University Press, New York, 2002.
YU FH, CATTERALL WA. The VGL-chanome: a protein superfamily specialized for electrical signaling and ionic homeostasis. *Sci STKE, 253*:1-17, 2004.
KELLENBERGER S, SCHILD L. Epithelial sodium channel/degenerin family of ion channels: a variety of functions for a shared structure. *Physiol Rev, 82*:735-67, 2002.
NORTH RA. Molecular physiology of P2X receptors. *Physiol Rev, 82*:1013-67, 2002.

Capítulo 11

Transportadores de Membrana

Maria Oliveira de Souza

- Introdução, *220*
- Transporte passivo não mediado (difusão simples), *220*
- Transporte passivo mediado (difusão facilitada), *220*
- Transporte ativo, *223*
- Bibliografia, *232*

INTRODUÇÃO

A membrana plasmática dispõe, em sua estrutura, de proteínas intrínsecas que reconhecem e transportam uma variedade de substâncias. Essas proteínas são chamadas de *transportadores* (também conhecidas como *carregadores*) ou *canais* (Figura 11.1). Estes sistemas de transporte são importantes para múltiplas funções celulares, como: regular o volume da célula, manter a composição iônica e o pH dos meios intra e extracelular, captar nutrientes e compostos biologicamente importantes, eliminar produtos finais do metabolismo para o meio extracelular, gerar gradientes iônicos transcelulares e acoplá-los a outros transportes etc.

Os sistemas de transporte podem ser classificados em transporte não mediado (denominado difusão simples ou *transporte passivo não mediado*) e transporte mediado (que engloba a difusão facilitada ou *transporte passivo mediado* e o *transporte ativo* primário e secundário).

A grande diferença entre o transporte *passivo* e o *ativo* é a variação de energia livre (ΔG) da espécie transportada. O passivo se dá espontaneamente e, portanto, da maior para a menor energia livre. Neste tipo de transporte, o soluto é transportado a favor de seu gradiente de potencial eletroquímico. Já no ativo, o soluto é transportado contra seu gradiente de potencial eletroquímico, e há necessidade de fornecimento de energia livre para que ele ocorra (ΔG é superior a zero). No ativo, o trifosfato de adenosina (ATP) é hidrolisado em difosfato de adenosina (ADP) e fosfato inorgânico (P_i), liberando energia da ligação fosfato terminal de alta energia do ATP. O fosfato terminal liberado transfere-se para a proteína transportadora, a fim de iniciar um ciclo de fosforilação e desfosforilação. No Quadro 11.1, estão indicados os diferentes tipos de transporte em membranas celulares e suas características principais.

TRANSPORTE PASSIVO NÃO MEDIADO (DIFUSÃO SIMPLES)

É o movimento da substância de uma região de alta para uma de baixa concentração; ocorre na mesma direção (a favor) do gradiente de concentração da substância (no meio intra e extracelular) e não há gasto energético por parte da célula. Pequenas moléculas, como o oxigênio e o dióxido de carbono, podem passar diretamente pela membrana plasmática, mas moléculas maiores (principalmente as polares) requerem transportadores especiais. Vários tipos de forças podem impulsionar esses processos de transporte não mediado, como, por exemplo: as diferenças de concentração, pressão hidrostática ou potencial elétrico. Outro fator que regula a difusão é a solubilidade da substância na membrana plasmática. Entretanto, esse tipo de transporte não será tratado neste capítulo, mas está detalhadamente descrito no Capítulo 8, *Difusão, Permeabilidade e Osmose*.

TRANSPORTE PASSIVO MEDIADO (DIFUSÃO FACILITADA)

Muitos nutrientes essenciais para as células (como açúcares, aminoácidos, nucleotídios e bases orgânicas) são constituídos por moléculas hidrofílicas e, por isso, não conseguem atravessar a membrana celular por difusão simples. Sendo assim, muitas membranas dispõem de sistemas especiais de transporte que permitem a translocação dessas moléculas entre os meios extracelular (EC) e intracelular (IC). Existem vários tipos de transporte mediado e diferentes formas de classificá-los. No entanto, podemos definir duas grandes categorias: mediados por carregadores e por canais (ver Figura 11.1).

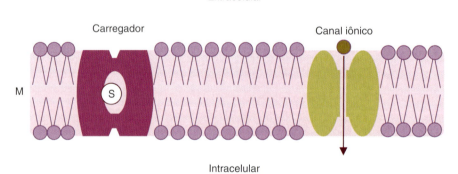

Figura 11.1 ▪ Distinção entre carregadores e canais iônicos. *M*, membrana; *S*, soluto. Descrição da figura no texto.

Quadro 11.1 ▪ Resumo dos tipos de transportes em membranas celulares.

Tipo de transporte	Mediado por carregador	Transporte contra gradiente	Utiliza energia metabólica	Depende de gradiente	Exemplo
Difusão simples (não mediado)	Não	Não	Não	Não	Hormônios esteroides através da membrana plasmática
Difusão facilitada (mediado)	Sim	Não	Não	Não	Captação de glicose por eritrócitos
Transporte ativo primário	Sim	Sim	Sim; direto	Pode depender	Na^+/K^+-ATPase Ca^{2+}-ATPase
Transporte ativo secundário	Sim	Sim*	Sim; indireto	Sim	Cotransporte de sódio e glicose no intestino e no rim

*O Na^+ é transportado a favor do seu gradiente, e um ou mais solutos é(são) transportado(s) contra o(s) seu(s) gradiente(s).

Uma das diferenças entre canais e carregadores é que os primeiros formam vias permanentes de comunicação entre os dois lados da membrana, enquanto os segundos expõem, alternadamente, locais de ligação para o substrato, de um ou outro lado da membrana. Outra diferença é o fato de os canais apresentarem taxas de transporte maiores que os carregadores.

No transporte mediado por carregadores, o soluto a ser transportado liga-se a uma proteína carregadora em um lado da membrana, e então o carregador sofre mudanças conformacionais que permitem ao soluto ser liberado no outro lado da membrana. O transporte, limitado pela velocidade com que o carregador sofre as alterações conformacionais necessárias, é de 10^2 a 10^4 moléculas do soluto/segundo. Se o carregador não tiver ligação com energia metabólica, o soluto transportado irá fluir do lado da membrana onde é mais concentrado para aquele em que tem menos concentração, constituindo o denominado *transporte facilitado*. Uma das características deste transporte é a ligação do carregador à molécula transportada, por meio de ligações fracas não covalentes.

Os canais são responsáveis pela passagem de certos íons através da membrana celular. Um canal pode estar aberto ou fechado. Uma parte da proteína do canal funciona como comporta (tradução da palavra inglesa *gate*). Mudanças conformacionais aleatórias da proteína resultam em alternância da comporta entre as posições aberta e fechada. Quando o canal está aberto, há uma via direta para o íon fluir através do canal. A magnitude de transporte de íons através de um canal aberto é de 10^7 a 10^8 íons/segundo. Neste capítulo, será descrito o transporte de soluto por carregadores. O transporte por canais é analisado no Capítulo 10, *Canais para Íons nas Membranas Celulares*.

▶ Propriedades da difusão facilitada

A difusão facilitada apresenta como características: cinética de saturação, especificidade e inibição.

Saturação

A saturação baseia-se no conceito de o número limitado de moléculas do carregador não permitir que ocorra uma relação linear entre o fluxo da substância e a sua concentração. Quando a concentração do substrato aumenta, a disponibilidade de sítios nos carregadores não o faz na mesma proporção, o que leva à saturação dos sítios. O fluxo tende a saturar quando, aproximadamente, todos os carregadores ficam ocupados por moléculas de solutos. Neste tipo de transporte, o fluxo do substrato segue a cinética de Michaelis-Menten (assim como acontece na interação enzima-substrato). A Figura 11.2 A mostra um típico exemplo de saturação, em que o fluxo de um substrato S para o interior da célula é medido em função de sua concentração no meio extracelular; nota-se que o fluxo do substrato cresce com o aumento de sua concentração no meio, mas gradualmente atinge um valor máximo a partir do qual não se eleva mais, apesar de a concentração do substrato no meio continuar aumentando. Essa condição indica que ocorreu o fenômeno de saturação. Isso se deve ao fato de, em concentrações baixas de substrato, muitos sítios de interação estarem disponíveis e a velocidade de transporte aumentar na mesma taxa do crescimento da concentração. À medida que a concentração se eleva, os sítios disponíveis tornam-se gradativamente escassos e a velocidade de transporte não acompanha o aumento da concentração. A saturação do transporte se dá quando todos os sítios estão ocupados pelas moléculas do substrato, no ponto em que é atingida a *velocidade máxima de transporte* ($V_{máx}$) ou *fluxo máximo* ($J_{máx}$).

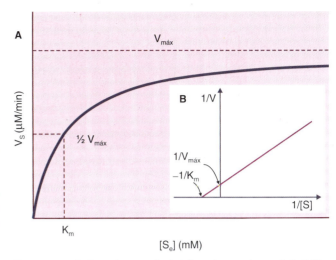

Figura 11.2 ▪ **A.** Curva de saturação do influxo de um substrato S. **B.** Gráfico linearizado pelo método de Lineweaver-Burk (1/V *versus* 1/[S]), mostrando o significado de K_m e $V_{máx}$. [S_e], concentração do substrato no meio extracelular. Descrição da figura no texto.

A concentração do substrato que corresponde à metade da velocidade máxima (ou do fluxo máximo) de transporte é conhecida por *constante de Michaelis* (K_m), como definiu há mais de um século o pioneiro da cinética enzimática, Leonor Michaelis. A taxa de transporte de um substrato em função de sua concentração é dada pela equação 11.1:

$$V_S = \frac{[S]\,V_{máx}}{K_m + [S]} \qquad (11.1)$$

em que:

V_S = velocidade da reação (mMs^{-1})
[S] = concentração do substrato (mM)
$V_{máx}$ = velocidade máxima de transporte do substrato (mMs^{-1})
K_m = concentração do substrato na qual a velocidade é a metade de $V_{máx}$ (mM).

Em 1913, Maude Menten contribuiu para a definição dos parâmetros desta equação. Por isso, ela passou a ser denominada *equação de Michaelis-Menten*.

Experimentalmente, não é possível determinar o valor exato de $V_{máx}$; consequentemente, o K_m também não é determinado de maneira precisa. Por isso, esse parâmetro é chamado de K_m *aparente*. Sendo assim, a *equação de Michaelis-Menten* pode ser linearizada pelo *método de Lineweaver-Burk* e reescrita, a fim de se obterem valores mais precisos para esses parâmetros (equação 11.2 e Figura 11.2 B).

$$\frac{1}{V_S} = \frac{K_m}{V_{máx} \times [S]} + \frac{1}{V_{máx}} \qquad (11.2)$$

em que:

$1/V_S$ (no eixo Y) e $1/[S]$ (no eixo X) são variáveis
$1/V_{máx}$ = *slope* (coeficiente angular da reta)
$-1/K_m$ = intercepto sobre o eixo X

Em um processo de transporte, o K_m corresponde à concentração de substrato na qual metade dos sítios do transportador está ocupada por moléculas do substrato. Por isso, o K_m é conhecido como uma *constante de afinidade*. Portanto, quanto menor o valor de K_m, maior a afinidade do carregador pelo substrato; o inverso também pode ser considerado.

Especificidade

O transporte de determinado soluto por uma proteína carregadora depende da interação desse soluto com sítios específicos da proteína. Por exemplo, o transportador para glicose no túbulo proximal renal reconhece e transporta o isômero D-glicose, mas não reconhece nem transporta o isômero sintético L-glicose; isso caracteriza sua especificidade. Ao contrário, a difusão simples não distingue entre os dois isômeros de glicose, pois não há envolvimento de carregador proteico.

Inibição

A inibição é a melhor evidência de que um sistema está envolvido com um processo particular de transporte mediado. Os inibidores são substâncias que diminuem a eficiência da proteína transportadora. A inibição pode dar-se por três formas, descritas a seguir. (1) *Inibição competitiva:* quando o inibidor interage com o carregador, por competir com o substrato pelo mesmo sítio (livre) do carregador, mas não o faz com o complexo carregador-substrato. Por exemplo, o transportador de glicose (específico para a D-glicose) pode reconhecer e transportar a D-galactose. Portanto, a presença de D-galactose inibe o transporte de D-glicose, por ocupar muitos dos sítios de interação, tornando-os indisponíveis para a glicose. Nessa condição, ocorre aumento do K_m aparente, mas a $V_{máx}$ permanece constante (Figura 11.3 A e B). (2) *Inibição não competitiva:* o inibidor interage com um sítio livre do carregador, diferente do sítio para o substrato. Por exemplo, a citocalasina B (substância obtida de fungos) inibe o transportador de glicose do eritrócito, não por competir diretamente com a glicose pelo mesmo sítio do carregador, mas sim pela interação com outro sítio livre do carregador. Nessa condição, a capacidade funcional do sistema é reduzida, devido à diminuição da $V_{máx}$ de transporte. Porém, o K_m mantém-se constante (Figura 11.3 C e D). (3) *Forma rara de inibição não competitiva:* na qual um inibidor liga-se apenas com o complexo substrato-carregador, alterando tanto $V_{máx}$ como K_m.

O transporte mediado por carregadores pode ser passivo ou ativo, em função de o substrato mover-se, respectivamente, a favor do seu gradiente de potencial eletroquímico ou contra ele. É comum classificar o transporte mediado por transportadores nas seguintes categorias:

- *Uniporte:* o transportador movimenta apenas um tipo de substrato. Exemplo: o transportador de glicose (GLUT1) da membrana do eritrócito
- *Simporte* (ou *cotransporte*): o transportador movimenta dois tipos (em alguns casos três) de substrato em cada ciclo, acoplando seus fluxos no mesmo sentido. Exemplo: transportador Na^+-glicose (SGLT1) do epitélio intestinal
- *Antiporte* (ou *contratransporte*, também conhecido como *trocador*): o transportador movimenta dois tipos de substratos em cada ciclo, acopladamente (ligação de dois substratos na mesma proteína transportadora), porém em sentidos opostos. Exemplo: trocadores Na^+/H^+ e Cl^-/HCO_3^-.

Uniporte

A entrada de glicose no eritrócito (célula não epitelial) é um típico exemplo de transporte mediado do tipo *passivo-uniporte*, em que a glicose é transportada através da membrana por difusão facilitada e, portanto, a favor de um gradiente eletroquímico. Neste processo, ela é transportada através da membrana por um transportador específico, denominado GLUT1, uma glicoproteína com cerca de 55 kDa que constitui cerca de 2% das proteínas na membrana do eritrócito (Figura 11.4). O GLUT1 apresenta três grandes domínios: (1) um feixe de 12 alfa-hélices, que atravessam a membrana, formando uma estrutura cilíndrica na qual, principalmente, os segmentos transmembrânicos 7, 8 e 11 (assim como outras porções da proteína) contribuem para a definição do canal hidrofílico por onde passa a glicose; (2) um domínio citoplasmático grande, carregado eletricamente, e (3) um domínio extracelular pequeno.

O transportador de glicose (GLUT1) apresenta quatro configurações que se alternam, indicadas na Figura 11.5. O painel (1) dessa figura indica que o transportador está acessível à glicose do lado extracelular, mas inacessível à glicose citoplasmática. A parte (2) dessa figura mostra que, no momento em que a glicose interage com o sítio específico, o transportador fecha-se tanto para o lado extracelular como para o citoplasmático. Na parte (3), há indicação de o transportador abrir-se para o lado intracelular, liberando a glicose para o citoplasma. No painel (4), é mostrado que, após liberar a glicose no

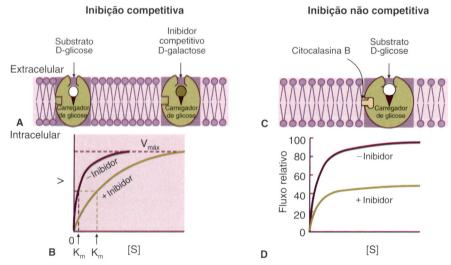

Figura 11.3 ▪ Inibição do transporte mediado de glicose no eritrócito humano. **A** e **B.** Inibição competitiva. **C** e **D.** Inibição não competitiva.

Transportadores de Membrana   223

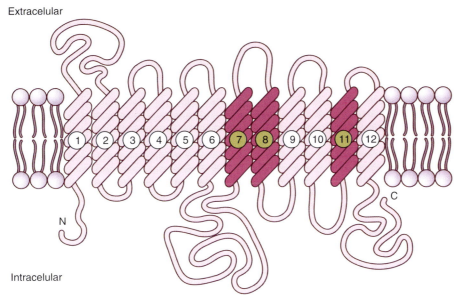

Figura 11.4 • Estrutura proposta para o transportador de glicose GLUT1 no eritrócito. Os domínios 7, 8 e 11 determinam a constituição do canal. Descrição da figura no texto. (Adaptada de Boron e Boulpaep, 2005.)

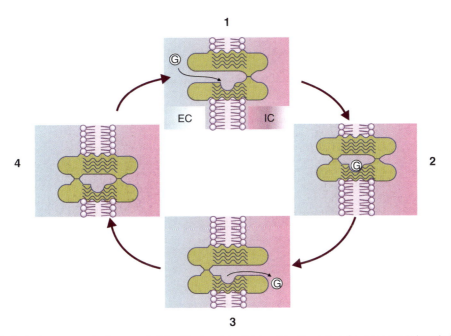

Figura 11.5 • Esquema idealizado do transporte de glicose no eritrócito. *EC*, extracelular; *IC*, intracelular. Descrição da figura no texto. (Adaptada de Boron e Boulpaep, 2005.)

citoplasma, o transportador fecha-se também para o lado citoplasmático, mantendo-se nesta condição até o início de um novo ciclo, em que o transportador torna-se disponível para a ligação de outra molécula de glicose.

TRANSPORTE ATIVO

O transporte ativo consiste no movimento de substâncias contra um gradiente de potencial eletroquímico. É termodinamicamente desfavorável e ocorre apenas quando acoplado a um processo exergônico, em geral a hidrólise do ATP. Assim, de acordo com a fonte de energia, o transporte ativo pode ser subdividido em três grupos. (1) *Transporte ativo primário*, cuja energia liberada da hidrólise do ATP é diretamente acoplada ao sistema de transporte, como acontece com as ATPases transportadoras de modo geral. (2) *Transporte ativo secundário*, cujo processo envolve o movimento de uma substância contra seu próprio gradiente de concentração, mas acoplado ao fluxo de uma segunda substância que se move a favor de seu gradiente eletroquímico. Por exemplo, o cotransporte Na^+-glicose (presente nas células epiteliais do intestino ou túbulo proximal renal), que utiliza a energia proveniente do gradiente eletroquímico do Na^+, estabelecido pela Na^+/K^+-ATPase da membrana basolateral, para movimentar a glicose. (3) *Transporte ativo terciário*, consequente de um transporte ativo secundário. Por exemplo, o cotransporte Na^+-monocarboxilato, que promove o influxo celular de monocarboxilato, e o cotransporte H^+-monocarboxilato, que utiliza a energia proveniente do gradiente de monocarboxilato para realizar o efluxo celular de H⁺.

O transporte ativo pode ainda ser classificado em eletrogênico e eletroneutro (ou não eletrogênico), conforme gere ou não separação de cargas elétricas através da membrana. Por exemplo, a Na⁺/K⁺-ATPase (que troca três íons Na⁺ por dois íons K⁺) é eletrogênica, enquanto a H⁺/K⁺-ATPase (que troca um íon H⁺ por um íon K⁺) é eletroneutra.

▶ Transporte ativo primário

O transporte ativo primário de K⁺, Na⁺, Ca²⁺ e H⁺ resulta da ação de ATPases, conhecidas como *bombas*, as quais utilizam energia livre liberada da hidrólise do ATP. Estudos moleculares mostram que essas ATPases podem ser agrupadas em três classes, descritas a seguir (Figura 11.6 e Quadro 11.2): (1) ATPases de membrana do *tipo P*, incluindo Na⁺/K⁺-ATPase, H⁺/K⁺-ATPase e Ca²⁺-ATPase, (2) ATPases, vacuolares ou do *tipo V*, englobando as múltiplas isoformas da H⁺-ATPase e (3) ATPases mitocondrial ou do *tipo F*, que abrange a ATPase F₀F₁ das mitocôndrias.

ATPases do tipo P

Na⁺/K⁺-ATPase (ou bomba de sódio e potássio)

Um dos exemplos de transporte ativo mais extensamente estudado é o da *bomba de sódio e potássio* (Na⁺/K⁺-ATPase), que transporta íons Na⁺ para fora e íons K⁺ para dentro da célula, em uma proporção de três íons Na⁺ para dois íons K⁺. Sendo assim, a bomba tende a depletar a célula de íons Na⁺ e a acumular íons K⁺ no citoplasma. No entanto, graças à presença de canais de Na⁺ e de K⁺ inseridos na membrana celular, os íons K⁺ vazam para o meio extracelular (EC) e os Na⁺ para o meio intracelular (IC), mantendo-se no citoplasma, um estado estacionário em que as concentrações de Na⁺ e K⁺ permanecem constantes (detalhes desses canais iônicos foram fornecidos no Capítulo 10). Em situações normais, a concentração de K⁺ no IC é maior que no EC, e com a concentração de Na⁺ ocorre o oposto. A energia necessária para mover o Na⁺ e o K⁺ contra seus gradientes de concentração vem da hidrólise do ATP. A Na⁺/K⁺-ATPase é uma proteína integral de membrana, altamente conservada e expressa na membrana plasmática de todas as células. Dependendo do tipo celular, a Na⁺/K⁺-ATPase pode estar distribuída uniformemente pela superfície celular ou agrupada em certos domínios membranais (como nas membranas basolaterais de células polarizadas do rim ou intestino).

A Na⁺/K⁺-ATPase é composta, basicamente, por duas subunidades (Figura 11.7). A *subunidade alfa* (α), com aproximadamente 113 kDa, tem 10 domínios transmembrânicos e locais para interação com o ATP e com os íons Na⁺ e K⁺, além de conter o local de fosforilação. A *subunidade beta* (β) é pequena, com cerca de 35 kDa e apenas um domínio transmembrânico, sendo essencial para a atividade do complexo proteico. A bomba funcional requer a presença de ambas as subunidades. Foram identificadas várias isoformas das duas subunidades, mas, considerando sua importância fisiológica, pouco se conhece a respeito da caracterização cinética e distribuição tecidual dessas isoformas. Adicionalmente, ao lado das subunidades α e β, outros pequenos polipeptídios, que atravessam a membrana apenas uma vez, interagem com a Na⁺/K⁺-ATPase. O primeiro deles a ser identificado, denominado *subunidade gama* (γ), é um polipeptídio hidrofóbico de cerca de 7 kDa que, no rim, copurifica e colocaliza-se com a subunidade α.

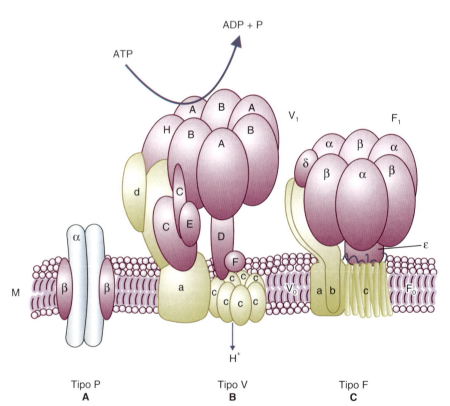

Figura 11.6 ▪ Esquema que indica a estrutura dos três tipos de ATPases. **A.** *ATPase do tipo P*, com duas subunidades: α (de transporte) e β (regulatória). **B.** *ATPase do tipo V*, com os domínios V₁ (citoplasmático) e V₀ (transmembranal). **C.** *ATPase do tipo F*, semelhante à expressa na mitocôndria. *M*, membrana. (Adaptada de Nelson e Cox, 2000.)

Quadro 11.2 ▪ Classificação das ATPases.

ATPases	Organismo ou tecido	Tipo de membrana	Função da ATPase
Tipo P			
Na^+/K^+	Tecidos animais	Plasmática	Mantém baixa a $[Na^+]_{int}$ e alta a $[K^+]_{int}$ e cria a DP_{el} transmembranal
H^+/K^+	Célula parietal (secreta ácido)	Plasmática	Acidifica o conteúdo estomacal
Ca^{2+}	Tecidos animais	Plasmática	Mantém baixa a $[Ca^{2+}]_{citosol}$
		Reticulares	Sequestra Ca^{2+} nos retículos
Tipo V			
H^+	Animais	Lisossomal, endossomal e vesículas secretoras	Cria baixos pH nos compartimentos, ativando proteases e outras enzimas hidrolíticas
H^+	Fungos		
Tipo F			
H^+	Eucariontes	Mitocondrial	Catalisa a formação de ATP a partir de ADP + P
H^+	Procariontes	Plasmática	

$[Na^+]_{int}$ ou $[K^+]_{int}$, concentração intracelular de Na^+ ou K^+; DP_{el}, diferença de potencial elétrico; $[Ca^{2+}]_{citosol}$, concentração de Ca^{2+} no citosol.

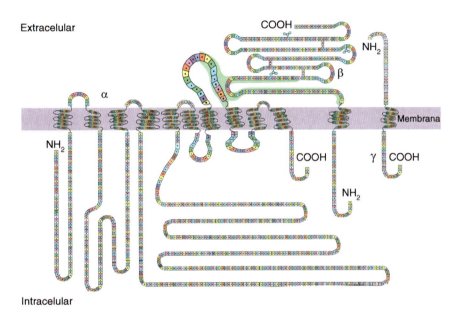

Figura 11.7 ▪ Modelo estrutural da Na^+/K^+-ATPase, indicando as subunidades α, β e γ com seus grupamentos aminoterminal (NH_2) e carboxiterminal (COOH). A subunidade α é formada por 10 domínios transmembrânicos, e seus grupamentos aminoterminal e carboxiterminal estão no citosol; entre os domínios 4 e 5, há uma longa alça citoplasmática que contém o sítio de fosforilação catalítica e os sítios para interação com o ATP. A subunidade β dispõe apenas de um domínio transmembrânico e longo domínio extracelular com três sítios de glicosilação (*em azul*), três pontes dissulfeto (*em rosa*) e o grupamento carboxiterminal; seu domínio intracelular é curto e contém o grupamento aminoterminal. A área sombreada indica o domínio de associação entre as subunidades α e β. A subunidade γ tem um domínio transmembrânico, curto domínio extracelular com grupamento aminoterminal e pequeno domínio intracelular com grupamento carboxiterminal. (Adaptada de Blanco, 2005.)

▶ **Ciclo enzimático da Na^+/K^+-ATPase.** Uma única proteína parece servir, ao mesmo tempo, como enzima que hidrolisa o ATP (uma ATPase) e como proteína transportadora. Os substratos e os produtos da hidrólise (ATP, ADP e Pi) permanecem dentro da célula, e o fosfato liga-se covalentemente à proteína transportadora, como parte do processo. A bomba de sódio-potássio opera em várias etapas, conforme o modelo proposto na Figura 11.8. (1) A subunidade α da proteína hidrolisa o ATP (somente em presença de Na^+ e Mg^{2+}) e transfere o grupamento fosfato para uma cadeia lateral de um aspartato, na subunidade β. Simultaneamente, ocorre a ligação de três íons Na^+ no interior da proteína. (2) A primeira fosforilação causa mudança conformacional na proteína que abre o canal através do qual os três íons Na^+ são liberados no líquido extracelular. (3) Fora da célula, dois íons K^+ ligam-se à bomba que ainda está fosforilada. (4) Uma segunda alteração conformacional acontece quando a ligação entre a enzima e o grupamento fosfato é hidrolisada. (5) Esta segunda alteração conformacional regenera a forma original da enzima e permite que os dois íons K^+ entrem na célula. O processo de bombeamento transporta três íons Na^+ para fora da célula e, no mesmo ciclo, transporta dois íons K^+ para o interior dela. Assim, a bomba de Na^+K^+ é eletrogênica, ou seja, gera corrente elétrica e DP através da membrana plasmática. Para que a fosforilação e a desfosforilação da ATPase resultem em transporte de Na^+ e de K^+ através da membrana, é necessário que a bomba apresente as seguintes características: tenha um sítio de ligação para moléculas pequenas, seja capaz de assumir duas conformações (de acordo com o íon a ser transportado) e tenha diferentes afinidades para o substrato, dependendo da conformação assumida.

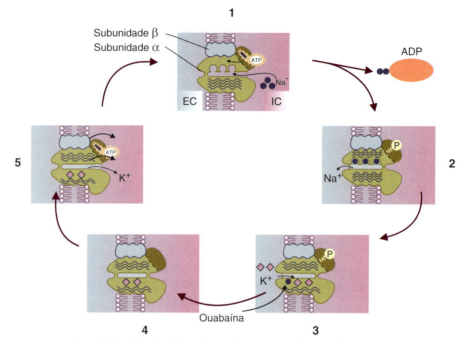

Figura 11.8 ▪ Modelo proposto para o ciclo enzimático da Na⁺/K⁺-ATPase. Estão indicadas as subunidades α e β, bem como os estágios em que os três íons Na⁺ movem-se para fora da célula e os dois íons K⁺ para dentro dela. *EC*, extracelular; *IC*, intracelular; *ADP*, difosfato de adenosina; *ATP*, trifosfato de adenosina. (Adaptada de Boron e Boulpaep, 2005.)

▶ **Controle hormonal da Na⁺/K⁺-ATPase.** Em muitos tecidos, vários hormônios que estimulam quinases ou fosforilases intracelulares também modulam a atividade da Na⁺/K⁺-ATPase. Um exemplo é a aldosterona, hormônio esteroide que participa da homeostase do Na⁺, principalmente por estimular a inserção de Na⁺/K⁺-ATPase na membrana basolateral. Outro é a insulina, importante regulador da homeostase de K⁺, que tem múltiplos efeitos sobre a atividade dessa bomba. A elevada secreção de insulina ativa as subunidades alfa 1 e alfa 2 da bomba, aumentando sua afinidade por Na⁺. Além disso, em músculo esquelético, a insulina pode recrutar bombas estocadas no citoplasma ou ativar bombas latentes já existentes na membrana. O efeito da insulina, neste caso, é intensificar a captação de K⁺ pelas células, promovendo queda da concentração extracelular de K⁺.

▶ **Inibidores da Na⁺/K⁺-ATPase.** Os glicosídios cardíacos (como ouabaína e digoxina) inibem a Na⁺/K⁺-ATPase por se ligarem à subunidade α, próximo ao local de interação da ATPase com o K⁺ no lado extracelular (ver Figura 11.8); isso interrompe o ciclo de fosforilação-desfosforilação, inviabilizando, portanto, o ciclo enzimático inteiro e suas funções de transporte. Nessa condição, a concentração intracelular de Na⁺ se eleva e a de K⁺ diminui.

Uma importante aplicação dos glicosídios cardíacos é na insuficiência cardíaca. Eles inibem a Na⁺/K⁺-ATPase, aumentando a concentração intracelular de Na⁺ e reduzindo a taxa de transporte do trocador Na⁺/Ca²⁺. Assim, há crescimento da concentração intracelular de Ca²⁺, tendo como consequência um aumento da contratilidade do miocárdio.

Outras informações a respeito da Na⁺/K⁺-ATPase são fornecidas no Capítulo 12, *ATPases de Transporte*.

H⁺/K⁺-ATPase

A H⁺/K⁺-ATPase, assim como a Na⁺/K⁺-ATPase, é uma proteína que pertence à família de ATPase de membrana cuja atividade depende da hidrólise de ATP. Geralmente, as bombas de prótons encontram-se inseridas em vesículas intracelulares, e, em resposta a um sinal de transdução, essas vesículas fundem-se com a membrana plasmática da célula para liberar seu conteúdo no meio extracelular. São conhecidas duas isoformas da H⁺/K⁺-ATPase: isoforma *gástrica* (que atua, preferencialmente, na membrana luminal de células parietais do estômago e de células intercalares do tipo α do ducto coletor renal) e isoforma *não gástrica* (ou colônica, comum em células do cólon e células epiteliais renais). Quando inserida na membrana luminal das células parietais do estômago, a H⁺/K⁺-ATPase gástrica permite, simultaneamente, a secreção de H⁺ no lúmen (no qual acidifica o conteúdo gástrico) e a absorção de K⁺ do lúmen para o interior da célula. O K⁺, então, difunde-se das células em direção ao sangue, através dos canais de K⁺ da membrana basolateral. Nas células epiteliais do ducto coletor renal, a secreção de H⁺ e a reabsorção luminal de K⁺ são mediadas pelas duas isoformas de H⁺/K⁺-ATPases, a gástrica e a não gástrica. Assim, vários estudos indicam que a isoforma gástrica é constitutivamente expressa na membrana apical das células epiteliais renais e modula a secreção de prótons em troca por K⁺ (Figura 11.9). Já a isoforma não gástrica parece estar envolvida com a manutenção da homeostase do íon K⁺, em resposta à depleção sistêmica de Na⁺ ou K⁺. Entretanto, a função exata da isoforma não gástrica ainda não é muito clara. A H⁺/K⁺-ATPase se constitui por uma *subunidade alfa* (α), que é catalítica e tem aproximadamente 112 kDa, e uma *subunidade regulatória beta* (β), com cerca de 35 kDa.

▶ **Inibidores da H⁺/K⁺-ATPase.** A isoforma gástrica da H⁺/K⁺-ATPase é inibida por vários compostos, incluindo o omeprazol ou a cimetidina (antagonista do receptor histamínico H₂). Essas substâncias podem ser utilizadas terapeuticamente, para reduzir a secreção de H⁺ no tratamento de alguns tipos de úlceras. Além disso, a H⁺/K⁺-ATPase gástrica é também sensível ao composto *SCH 28080*, um potente e reversível inibidor, que se liga ao sítio de alta afinidade para o íon K⁺ na bomba.

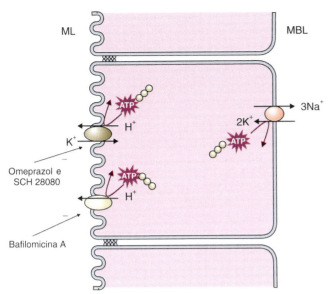

Figura 11.9 • Células intercalares tipo α do túbulo coletor cortical. Esquema dos mecanismos de secreção de H+ pela H+/K+-ATPase (inibida pelo omeprazol e pelo composto SCH 28080) e pela H+-ATPase (inibida pela bafilomicina A). *ML*, membrana luminal; *MBL*, membrana basolateral.

A isoforma não gástrica da H+/K+-ATPase, assim como a Na+/K+-ATPase, tem sensibilidade à ouabaína.

No Capítulo 12, há também algumas informações a respeito da H+/K+-ATPase.

Ca²⁺-ATPase (ou bomba de cálcio)

As células eucarióticas mantêm baixas concentrações de Ca²⁺ livre no citosol (100 a 200 nM) a despeito de altos níveis de Ca²⁺ no meio extracelular (1 a 2 mM). Como o *pool* de Ca²⁺ livre no citosol é baixo, um pequeno influxo celular de Ca²⁺ aumenta significativamente a concentração de Ca²⁺ livre no citosol. A manutenção do baixo nível de Ca²⁺ citoplasmático é de grande importância para a célula, sendo, em parte, mantido pela Ca²⁺-ATPase, que se encontra nos vários tipos celulares. A Ca²⁺-ATPase da membrana plasmática (PMCA, *plasma membrane Ca²⁺-ATPase*) transporta Ca²⁺ para fora da célula, ativamente. Além da PMCA, outras Ca²⁺-ATPase também são expressas nas membranas dos retículos sarcoplasmático (RS) e endoplasmático (RE). Estas ATPases são chamadas de SERCA (*sarcoplasmic and endoplasmic reticulum calcium ATPases*), tendo a função de sequestrar Ca²⁺ citosólico para os retículos. Entretanto, durante um sinal de transdução, o Ca²⁺ pode deixar o retículo e retornar ao citosol, em resposta a uma despolarização da membrana ou a agentes humorais. Por exemplo, os mecanismos de contração e relaxamento musculares, que são controlados pelos níveis de cálcio citosólico. Em resposta a um sinal transmitido para o sistema tubular do músculo, o cálcio é rapidamente liberado do retículo sarcoplasmático, resultando em aumento de sua concentração no citosol. Nessa condição, o cálcio liga-se à troponina nos filamentos finos, causando alterações conformacionais no complexo de troponina, evento que inicia a contração muscular. O relaxamento ocorre quando o cálcio é sequestrado pelo retículo sarcoplasmático, via Ca²⁺-ATPase localizada em sua membrana. Quando a concentração citosólica de cálcio diminui para menos que 10^{-7} M, não há cálcio suficiente para ligar-se à troponina e portanto o músculo permanece relaxado. Não só a Ca²⁺-ATPase da membrana plasmática como também a do retículo sarcoplasmático são inibidas por vanadato.

Informações detalhadas a respeito das Ca²⁺-ATPases são fornecidas no Capítulo 12.

ATPases do tipo V

H⁺-ATPase (ou bomba de prótons)

As H⁺-ATPases do tipo vacuolar (ou tipo V) são proteínas expressas nas membranas intracelulares das células eucarióticas e na membrana plasmática de algumas células em condições especiais. Sabe-se que, embora o pH intracelular seja regulado principalmente pelos trocadores Na⁺/H⁺ e Cl⁻/HCO₃⁻, o pH de muitos compartimentos intracelulares (tais como lisossomos, complexo de Golgi, vesículas secretoras e endossomos) é regulado por H⁺-ATPases do tipo vacuolar, as quais acidificam esses compartimentos, criando condição favorável à função de várias enzimas. Por outro lado, as H⁺-ATPases do tipo vacuolar, quando expressas na membrana plasmática, mediam a extrusão celular de prótons, participando, portanto, do controle do pH intracelular.

Nas células eucarióticas, a H⁺-ATPase do tipo vacuolar é eletrogênica e consiste em dois domínios: um periférico, denominado V_1, catalítico, com cerca de 640 kDa, e outro transmembrânico, chamado de V_0, com aproximadamente 240 kDa. Juntos, esses domínios formam uma estrutura em torno de 900 kDa (ver Figura 11.6). O principal componente estrutural do *domínio V_0 é constituído por seis subunidades* (cada uma com cerca de 17 kDa) que formam o canal transmembrânico transportador de H⁺. Porém, em alguns casos, associados ao domínio V_0 aparecem outros polipeptídios transmembrânicos (com cerca de 19, 38 e 100 kDa). O *domínio V_1* contém uma *cabeça catalítica* composta por *três subunidades A* (cada uma com 73 kDa) e *três subunidades B* (cada uma com 58 kDa), arranjadas como um hexágono. A subunidade A contém o local de hidrólise do ATP, liberando energia para o transporte de H⁺, e a subunidade B parece ser regulatória. Fazem parte ainda do domínio V_1 várias *pequenas subunidades* que formam uma haste que liga o domínio catalítico à membrana. No rim, a H⁺-ATPase do tipo vacuolar é um importante mecanismo de extrusão celular de H⁺. Sua distribuição ocorre, preferencialmente, na membrana apical das células do túbulo proximal e das células intercalares do ducto coletor (ver Figura 11.9).

▶ **Regulação da H⁺-ATPase do tipo vacuolar.** A H⁺-ATPase do tipo vacuolar é modulada tanto pelo pH como por vários hormônios. Em camundongos, em uma condição de acidose metabólica, foi demonstrado aumento da expressão da H⁺-ATPase na membrana luminal das células intercalares do tipo α no néfron distal, por mecanismo de translocação e inserção das bombas na membrana. Porém, os mecanismos moleculares responsáveis pela inserção ou atividade da H⁺-ATPase na acidose metabólica ainda não foram elucidados. Sabe-se também que a angiotensina II e a aldosterona modulam a atividade da H⁺-ATPase vacuolar.

▶ **Inibição.** A H⁺-ATPase do tipo vacuolar é resistente ao vanadato ou à ouabaína, porém é bloqueada por *bafilomicina A1* ou *concanamicina A*, por interação dessas substâncias com as subunidades proteolíticas que formam o canal para H⁺ (ver Figura 11.9).

▶ Transporte ativo secundário

É um processo em que o transporte do soluto A, que se efetua contra seu gradiente eletroquímico, está acoplado ao do soluto B, que ocorre a favor de seu gradiente eletroquímico.

Por exemplo, o íon Na$^+$ (transportado para o interior celular a favor do seu gradiente de potencial eletroquímico) fornece energia para o movimento acoplado de outro soluto que passa a ser transportado contra seu potencial eletroquímico. Nessa condição, a energia metabólica proveniente da hidrólise do ATP não é utilizada diretamente para o transporte de soluto, mas é fornecida, de modo indireto, pelo gradiente de concentração do Na$^+$ através da membrana celular. A Na$^+$/K$^+$-ATPase, transporte ativo primário que utiliza o ATP, gera e mantém o gradiente transmembranal de Na$^+$. Sendo assim, a inibição da Na$^+$/K$^+$-ATPase (p. ex., com ouabaína) diminui a extrusão celular de Na$^+$, elevando sua concentração intracelular. Consequentemente, diminui o gradiente transmembranal de Na$^+$ e cai o seu influxo celular; portanto, indiretamente, também diminui o transporte do soluto acoplado ao influxo de Na$^+$. Há dois tipos de transporte ativo secundário: *cotransporte* ou *simporte*, quando o soluto move-se na mesma direção que o Na$^+$, e *contratransporte* ou *antiporte*, quando o soluto move-se na direção oposta ao Na$^+$.

▶ Cotransporte (ou simporte)

Os cotransportadores são proteínas que movem vários solutos na mesma direção através da membrana celular. Durante esse processo, o Na$^+$ move-se para dentro da célula via transportador, de acordo com o seu gradiente eletroquímico; os solutos cotransportados com o Na$^+$ também se movem para o interior da célula, mesmo contra o gradiente eletroquímico. O cotransporte está envolvido em vários processos críticos, principalmente nos epitélios absortivos do túbulo proximal renal e do intestino delgado. Os cotransportadores mais estudados são: os acoplados ao Na$^+$ (Na$^+$-glicose, Na$^+$-aminoácidos, Na$^+$:K$^+$:2Cl$^-$, Na$^+$-Cl$^-$, Na$^+$-fosfato e Na$^+$-HCO$_3^-$) e aqueles acoplados ao H$^+$ (H$^+$-oligopeptídios e H$^+$-monocarboxilato). Um exemplo importante de cotransporte é o de sódio e glicose; ele ocorre na membrana luminal de células epiteliais do túbulo proximal renal e do intestino delgado. Um outro exemplo de cotransporte é o que se dá pelo cotransportador Na$^+$:K$^+$:2Cl$^-$, presente na membrana luminal das células epiteliais do ramo ascendente espesso da alça de Henle ou na membrana basolateral de células das criptas intestinais.

Cotransportador Na$^+$-glicose

Os cotransportadores Na$^+$-glicose são proteínas integrais de membrana, denominadas SGLT (*sodium glucose transporters*), compostos por única subunidade, com cerca 12 segmentos transmembrânicos. São subdivididos em três isoformas: SGLT1, com alta afinidade e baixa capacidade de transporte, transportando dois íons Na$^+$ para cada molécula de glicose (estequiometria de 2:1); SGLT2, com alta capacidade de transporte e baixa afinidade, transportando um íon Na$^+$ para cada glicose (estequiometria de 1:1); e SGLT3, que, assim como o SGLT2, transporta Na$^+$ e glicose com estequiometria de 1:1. Cada cotransportador dispõe de dois sítios específicos, um para a interação com o íon Na$^+$ e outro com a glicose.

Nas células epiteliais do túbulo proximal renal (segmento S3) e nas células epiteliais da mucosa intestinal, a captação inicial de glicose ou galactose ocorre na membrana apical, por transporte ativo secundário, utilizando o cotransportador Na$^+$-glicose (SGLT1, *sodium glucose transporter 1*), contra um gradiente eletroquímico. A energia para essa etapa não provém diretamente do ATP, mas sim do gradiente do Na$^+$ através da membrana apical; esse gradiente é gerado e mantido pela Na$^+$/K$^+$-ATPase da membrana basolateral. A glicose e a galactose deixam a célula (indo para o sangue do capilar peritubular) pela membrana basolateral, por difusão facilitada via um transportador GLUT 1 (*glucose transporter 1*, no segmento S3) ou GLUT 2 (*glucose transporter 2*, no intestino) (Figura 11.10).

Cotransportador Na$^+$-aminoácidos

Os aminoácidos livres são absorvidos no intestino, através da borda em escova do enterócito, e, no rim, através da membrana luminal (principalmente, do túbulo proximal inicial). Entretanto, devido à sua complexidade (em virtude do grande número de aminoácidos e das diferentes técnicas de estudo), este assunto não será discutido aqui, e os detalhes desse mecanismo nos epitélios renal e intestinal estarão descritos, respectivamente, no Capítulo 52, *Excreção Renal de Solutos*, e no Capítulo 62, *Digestão e Absorção de Nutrientes Orgânicos*. Porém, de modo geral, pode ser dito que os aminoácidos entram na célula por cotransporte com sódio na membrana luminal e que deixam a célula, por difusão, através da membrana basolateral, conforme indicado na Figura 11.11. Outros cotransportadores Na$^+$-solutos orgânicos (como monocarboxilatos e dicarboxilatos) também estão representados nessa figura.

Cotransportador Na$^+$:K$^+$:2Cl$^-$

Os cotransportadores Na$^+$:K$^+$:2Cl$^-$ medeiam a passagem dos íons Na$^+$, Cl$^-$ e K$^+$ através da membrana celular (apical ou basolateral). O cotransportador Na$^+$:K$^+$:2Cl$^-$ tipo C1 (NKCC1) está presente em muitas células não epiteliais e na membrana basolateral de algumas células epiteliais. O cotransportador Na$^+$:K$^+$:2Cl$^-$ tipo C2 (NKCC2) está presente na membrana apical de células do segmento espesso da alça de Henle (Figura 11.12 A); os transportadores desse grupo são inibidos por furosemida e bumetanida, conhecidos diuréticos de alça. Essas substâncias aumentam a diurese e a natriurese por inibirem a reabsorção de sódio nesse segmento. Estudos recentes relatam a presença do cotransportador NKCC1 na membrana basolateral de células intestinais, bem como sua participação nos mecanismos de secreção de K$^+$ no cólon e de Cl$^-$ nas células das criptas intestinais (nestas, a secreção de Cl$^-$ é mediada por cálcio e cAMP) (Figura 11.12 B).

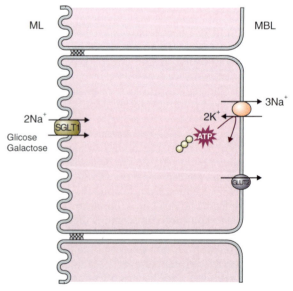

Figura 11.10 ▪ Cotransporte Na$^+$-glicose ou Na$^+$-galactose na membrana luminal de células epiteliais do intestino delgado. *SGLT1, sodium glucose transporter 1; GLUT2, glucose transporter 2; ML,* membrana luminal; *MBL,* membrana basolateral.

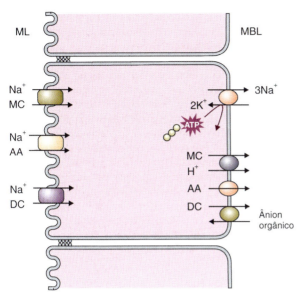

Figura 11.11 ▪ Esquema geral representativo do cotransporte de Na⁺-aminoácidos e Na⁺-carboxilatos. *AA*, aminoácidos; *MC*, monocarboxilato; *DC*, dicarboxilato; *ML*, membrana luminal; *MBL*, membrana basolateral.

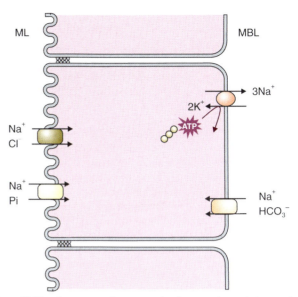

Figura 11.13 ▪ Esquema geral, representativo dos mecanismos de transporte de Na⁺ acoplado a ânions. *ML*, membrana luminal; *MBL*, membrana basolateral.

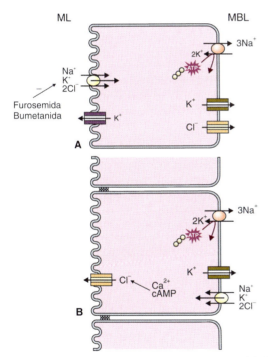

Figura 11.12 ▪ Cotransporte Na⁺:K⁺:2Cl⁻ na alça de Henle (**A**) e na célula da cripta intestinal (**B**). Descrição da figura no texto. *ML*, membrana luminal; *MBL*, membrana basolateral.

Cotransporte Na⁺-ânions

Esse transporte é efetuado, principalmente, pelos cotransportadores Na-Cl⁻, Na⁺-HCO₃⁻ e Na⁺-fosfato (Figura 11.13). O cotransportador Na⁺-HCO₃⁻ está envolvido com o equilíbrio acidobásico, apresentando múltiplas isoformas, com diferentes estequiometrias. A isoforma com estequiometria de 1Na⁺:3HCO₃⁻ é eletrogênica e medeia o efluxo celular de HCO₃⁻. As isoformas com estequiometrias de 1Na⁺:2HCO₃⁻ (eletrogênica) ou de 1Na⁺:1HCO₃⁻ (eletroneutra) medeiam o influxo celular de HCO₃⁻.

▶ Contratransporte (ou antiporte)

É um modo de transporte ativo secundário no qual os trocadores, que são proteínas integrais de membrana, acoplam o transporte do soluto A ao transporte do soluto B, em direções opostas. Os mecanismos de contratransporte mais estudados são os efetuados pelos trocadores: Na⁺/Ca²⁺, Na⁺/H⁺ e Cl⁻/HCO₃⁻ (Figura 11.14).

Trocador Na⁺/Ca²⁺

O trocador Na⁺/Ca²⁺ é ubíquo (ou seja, encontrado em todas as células) e, em conjunto com a Ca²⁺-ATPase, contribui para manter a concentração citosólica de Ca²⁺ em valores baixos (100 a 200 nM). A troca Na⁺/Ca²⁺ pode variar entre diferentes tipos celulares ou, até mesmo, em diversas condições, em uma única célula. Entretanto, nesse processo três íons Na⁺ entram na célula para cada íon Ca²⁺ que a deixa. Sendo assim, o trocador é eletrogênico com estequiometria de 3Na⁺:1Ca²⁺. Em algumas células eletricamente excitáveis (como as cardíacas), a diminuição da concentração de Ca²⁺ intracelular (que ocorre em cada diástole) é causada (em parte) pelo trocador Na⁺/Ca²⁺ situado na membrana plasmática; o trocador utiliza a energia do gradiente de Na⁺ para a extrusão celular do Ca²⁺ (a Ca²⁺-ATPase do retículo sarcoplasmático também retira cálcio do citosol para o retículo). O trocador Na⁺/Ca²⁺ é estimulado por níveis micromolares de Ca²⁺, pela ligação do complexo Ca²⁺-calmodulina a um local específico da proteína transportadora. Detalhes desse assunto são fornecidos no Capítulo 30, *Contratilidade Miocárdica*.

Trocador Na⁺/H⁺

O trocador Na⁺/H⁺ (ou NHE, *sodium-hydrogen exchanger*) medeia a troca de Na⁺ extracelular por H⁺ intracelular na membrana plasmática. Nesse processo, o Na⁺ flui para dentro da célula, a favor de seu gradiente de potencial eletroquímico, gerado pela Na⁺/K⁺-ATPase (transporte ativo primário), em troca por H⁺ que deixa a célula. Assim, o trocador Na⁺/H⁺ é um tipo de transporte ativo secundário que previne a acidificação do citosol, além de regular o volume e a divisão celular. Quando o pH intracelular (pHi) está próximo do valor

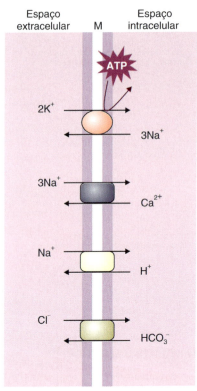

Figura 11.14 ▪ Esquema geral, representativo dos trocadores Na$^+$/K$^+$, Na$^+$/Ca^{2+}, Na$^+$/H$^+$ e Cl$^-$/HCO$_3^-$. *M*, membrana.

neutro, o trocador tem baixa afinidade pelo H$^+$, funcionando em um ritmo basal, com atividade de transporte reduzida e apenas adequada à manutenção do pHi. No entanto, ocorrendo grande produção metabólica de ácidos ou aumento da concentração intracelular de H$^+$, o trocador é rapidamente ativado, alcançando sua taxa máxima de transporte quando o pHi é por volta de uma unidade de pH menor que o pH do meio extracelular. Esta sensibilidade ao H$^+$ citosólico determina o ponto de ativação, bem como a taxa de efluxo de prótons do trocador, a qual varia entre as suas diferentes isoformas. Em mamíferos, já foram identificadas 10 isoformas do trocador Na$^+$/H$^+$ (NHE1–NHE10), sendo subdivididas em:

(1) as que têm atividade primariamente na membrana celular (NHE1 até NHE5); (2) as que estão presentes primariamente em organelas intracelulares (NHE6 a NHE9); e (3) a que se encontra em osteoclastos. Existe similaridade entre as várias isoformas, pois todas apresentam um longo *domínio N-terminal*, *10 a 12 segmentos transmembrânicos* e *um domínio C-terminal* (Figura 11.15). O domínio N-terminal é altamente conservado (40 a 70%) entre as diversas isoformas e compõe o núcleo catalítico da proteína. A porção que compreende o domínio C-terminal é menos conservada (10 a 20%); participa na modulação do transporte iônico por diversos agentes (p. ex., fatores de crescimento, hormônios e alterações osmóticas) e dispõe de sítios de fosforilação capazes de interagir com diferentes proteinoquinases [como as proteinoquinases A (PKA) e C (PKC) e o complexo Ca^{2+}-calmodulina]. Estas quinases modulam o trocador por interação com sítios específicos. O complexo Ca^{2+}-calmodulina parece ter importante papel na estimulação ou inibição do trocador por hormônios tipo: angiotensina II, arginina vasopressina (ou hormônio antidiurético), aldosterona e peptídio atrial natriurético. Em mamíferos, todas as isoformas são eletroneutras, com estequiometria de 1Na$^+$/1H$^+$ (portanto, não geram diferença de potencial transmembranal). Porém, foram identificadas algumas diferenças entre as várias isoformas, tais como: resposta aos segundos mensageiros, sensibilidade à amilorida e distribuição tecidual. A isoforma NHE1, primeira a ser clonada, corresponde a uma glicoproteína de 110 kDa, cujo domínio N-terminal, denominado unidade de transporte, é altamente sensível à amilorida; seu domínio C-terminal, ou regulatório, apresenta grande sensibilidade a vários sinais extracelulares. Acredita-se que essa isoforma esteja presente, principalmente, na membrana basolateral de células epiteliais (tipo epitélio renal) e que seja a responsável, preponderantemente, pela regulação do pH intracelular. A NHE2 existe no intestino, no rim e nas glândulas suprarrenais e é, relativamente, sensível à amilorida. A NHE3 está descrita na membrana apical de várias células epiteliais, principalmente daquelas que realizam reabsorção de bicarbonato via secreção de hidrogênio. Em túbulos proximais renais, este mecanismo de transporte é importante na reabsorção de NaHCO$_3$ e de NaCl e na secreção de amônia. A NHE4 está presente, em níveis variáveis, no estômago, intestinos delgado e grosso, rim, cérebro, útero, músculo esquelético,

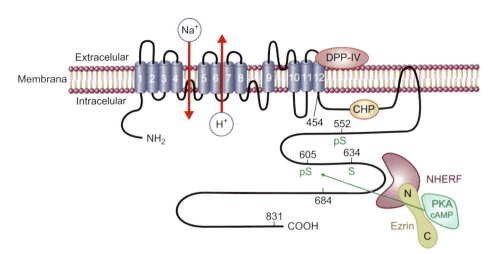

Figura 11.15 ▪ Modelo estrutural do trocador Na$^+$/H$^+$ (isoforma NHE3). O trocador apresenta 831 aminoácidos, 12 domínios transmembrânicos e algumas alças intra e extracelulares. Seus grupamentos aminoterminal (NH2, transportador e relativamente curto) e carboxiterminal (COOH, regulador e longo – com os aminoácidos 454 a 831) estão localizados no citosol. *DPP-IV*, dipeptidil peptidase IV; *CHP, calcineurin homologus protein; Ezrin*, composto ezrina, radixina e moesina – envolvido na migração e formação de complexos de sinalização e resistência à apoptose; *NHERF*, fatores reguladores do trocador NHE. (Adaptada de Orlowski e Grinstein, 2004.)

baço e testículo. A NHE5 é, particularmente, abundante no cérebro e está ausente em epitélios. Estudos recentes demonstram que a NHE6, identificada na membrana interna de mitocôndrias, é ubiquamente expressa, porém tem maior abundância em tecidos ricos desta organela, tais como cérebro, músculo esquelético e coração. A NHE7 se expressa principalmente na membrana de organelas, estando presente em trans-Golgi, onde desempenha importante papel no controle da composição catiônica luminal. Estudos mais atuais indicam que a NHE8 está expressa na membrana apical do túbulo proximal e a NHE9 em endossomos. A NHE10 parece ser uma família específica de osteoclastos, regulando sua diferenciação e sobrevivência.

Trocador Cl⁻/HCO₃⁻

Essencialmente, todas as células têm *proteínas trocadoras de ânions* em suas membranas plasmáticas. Três membros da família dessas proteínas ou AE (*anions exchangers*) foram encontrados em células animais. A proteína mais bem caracterizada é a isoforma 1 (AE1), conhecida como *proteína da banda 3*, de eritrócitos humanos, também chamada de trocador Cl⁻/HCO₃⁻. Seu mecanismo de transporte está envolvido na regulação do pH e do volume celular. Sua função é trocar 1 Cl⁻ por 1 HCO₃⁻ (de forma eletroneutra), independentemente do íon Na⁺. AE1 é uma proteína com cerca de 848 a 929 aminoácidos, cuja estrutura se compõe de *14 α-hélices transmembrânicas* ligadas a dois domínios funcionais. O domínio *N-terminal*, com função basicamente estrutural, permite a interação das proteínas do citoesqueleto com as da membrana plasmática. O *C-terminal* catalisa a troca de ânions através da membrana; essa troca é, irreversivelmente, inibida pelo composto ácido 4,4'-di-isotiociano-2,2''-estilbenedissulfônico (*DIDS*), um derivado do estilbene. Estudos que utilizam técnicas de síntese peptídica *in vitro* sugerem que os resíduos de aminoácidos 549 a 594, 804 a 839 e 869 a 883, situados no domínio C-terminal, são os responsáveis pela troca aniônica e pela inibição por DIDS.

O efluxo celular de HCO₃⁻, bem como o ganho celular de Cl⁻, via trocador Cl⁻/HCO₃⁻, são importantes na regulação do pH e volume celular, conforme já citado. Porém, essa troca iônica está também envolvida com certas patologias (como a fibrose cística) e determinados tipos de diarreias. Assim, iremos introduzir algumas informações sobre a participação desse mecanismo nessas anomalias.

Fibrose cística (FC)

Trata-se de uma doença monogênica autossômica que afeta sobretudo a população caucasiana. É fatal e, até há pouco tempo, a média de vida dos pacientes não chegava a 20 anos. O gene responsável pela doença, clonado em 1989, encontra-se na porção q31 do cromossomo 7; ele codifica uma proteína com 1.480 resíduos de aminoácidos, designada CFTR (*cystic fibrosis transmembrane conductance regulator*), que funciona como canal de cloreto (Cl⁻) na membrana apical das células epiteliais de pulmões, pâncreas, intestinos, sistema genital e pele. A CFTR faz parte da família de proteínas classificadas como *transportador ABC* (*ATP-binding cassette* ou *traffic ATPase*). Estas proteínas transportam pela membrana celular moléculas como glicídios, peptídios, fosfato inorgânico, cloreto e determinados cátions. Desde a clonagem do gene, já foram identificadas mais de 1.000 mutações, mas uma delas, a deleção do resíduo de fenilalanina na posição 508, está presente em cerca de 70% dos cromossomos da FC. A proteína CFTR é sintetizada em ribossomos ligados ao retículo endoplasmático e introduzida, cotraducionalmente, na membrana desta organela, onde é modificada pela adição de 14 resíduos glicídicos. Daí, a proteína é exportada para o Golgi, onde as suas regiões glicídicas são modificadas, para finalmente chegar à membrana plasmática.

A fisiopatologia da FC foi caracterizada em estudos eletrofisiológicos, que analisaram as alterações ocorridas nos canais para Cl⁻ do tipo CFTR das vias respiratórias e glândulas sudoríparas; essas alterações estão descritas no Capítulo 10. Foi também estudado o efeito da FC no mecanismo de secreção pancreática. *Em condições normais*, o componente aquoso da secreção pancreática, liberado pelas células centroacinares e ductais, é uma solução isotônica que contém Na⁺, Cl⁻, K⁺ e HCO₃⁻ (além de enzimas). Essa secreção inicial se modifica a seguir, por processos de transporte nas células epiteliais ductais. A membrana luminal das células ductais contém o trocador Cl⁻/HCO₃⁻; a membrana basolateral, a Na⁺/K⁺-ATPase e o trocador Na⁺/H⁺ (Figura 11.16). O H⁺ é transportado para o sangue pelo trocador Na⁺/H⁺, e o HCO₃⁻; secretado no lúmen do ducto pelo trocador Cl⁻/HCO₃⁻. O Cl⁻ acumulado no interior da célula, devido à troca com HCO₃⁻, é reciclado para o lúmen tubular através de canais presentes na membrana luminal, que são conhecidos como canais de cloreto retificadores para fora ou ORCC (*outwardly rectifying Cl⁻ channel*) e canais de cloreto do tipo CFTR. Ambos os tipos de canais podem ser modulados por cAMP e cálcio citosólico. Na *fibrose cística*, o canal tipo CFTR (com mutação na fenilalanina 508) deixa de atuar no transporte de cloreto, resultando no bloqueio parcial da secreção desse íon, no seu acúmulo intracelular e na queda da secreção de HCO₃⁻ (pela depressão do trocador Cl⁻/HCO₃⁻). Consequentemente, há movimento passivo de sódio e água para o compartimento intracelular, deixando o conteúdo ductal mais viscoso e concentrado em enzimas pancreáticas proteolíticas. A longo prazo, há destruição do parênquima pancreático, alterações digestivas e absortivas, diarreia e desnutrição. Outros comentários a respeito desse assunto são feitos no Capítulo 10 e no Capítulo 61, *Secreções do Sistema Digestório*.

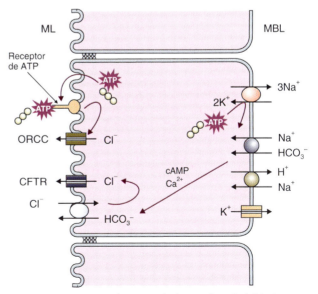

Figura 11.16 ▪ Mecanismos de secreção de cloreto e absorção de bicarbonato nas células dos ductos pancreáticos. *CFTR, cystic fibrosis transmembrane conductance regulator; ORCC, outwardly rectifying Cl⁻ channel; ML, membrana luminal; MBL, membrana basolateral.*

Diarreia

É uma das causas principais de morte na população mundial e se caracteriza, principalmente, por perda rápida de grande volume de líquido pelo sistema gastrintestinal. Adicionalmente, provoca perda de eletrólitos, inclusive de HCO_3^-. O líquido diarreico apresenta alta concentração de HCO_3^-, pois os líquidos secretados no sistema gastrintestinal [pelas secreções salivar, pancreática (ver Figura 11.16) e intestinal] têm alto conteúdo desse ânion. A perda gastrintestinal de HCO_3^- acarreta acidose metabólica hiperclorêmica (pois cai o pH do sangue e aumenta a concentração plasmática de Cl^-). São várias as causas de diarreia, incluindo: diminuição da área absortiva (por inflamação), presença de solutos não absorvíveis no lúmen do intestino (diarreia osmótica) e crescimento excessivo de bactérias patogênicas (diarreia secretora, como a causada pelo *Vibrio cholerae* ou *Escherichia coli*, discutida no Capítulo 63, *Absorção Intestinal de Água e Eletrólitos*).

BIBLIOGRAFIA

ARONSON PS, BORON WF, BOULPAEP EL. Physiology of membranes. In: BORON WF, BOULPAEP EL (Eds.). *Medical Physiology*. W.B. Saunders, Philadelphia, 2005.

BLANCO G. Na,K-ATPase subunit heterogeneity as a mechanism for tissue-specific ion regulation. *Semin Nephrol*, 25(5):292-303, 2005.

BORON WF, BOULPAEP EL (Eds.). *Medical Physiology*. W.B. Saunders, Philadelphia, 2005.

GOYAL S, VANDER H, ARONSON PS. Renal expression of novel exchanger isoform NHE8. *Am J Renal Physiol*, 284:F467-73, 2003.

NELSON DL, COX MM. Biological membranes and transport. In: LEHNINGER AL (Ed.). *Principles of Biochemistry*. 3. ed. Worth Publishers, 2000.

ORLOWSKI J, GRINSTEIN S. Diversity of the mammalian sodium/proton exchanger SLC9 gene family. *Plingers Arch*, 447:549-65, 2004.

STEIN WD. Channels, carriers and pumps: an introduction to membrane transport. Academic Press, San Diego, 1990.

WAGNER AC, FINBERG KE, BRETON S *et al.* Renal vacuolar H^+-ATPase. *Physiol Rev*, 84:1263-314, 2004.

WAKABAYASHI S, PANG T, SU X *et al.* A novel topology model of the human Na^+/H^+ exchanger isoform 1. *J Biol Chem*, 275:7942-9, 2000.

Capítulo 12

ATPases de Transporte

Adalberto Vieyra | Jennifer Lowe | Lucienne S. Lara | Humberto Muzi-Filho | Claudia F. Dick | André L. Araujo-dos-Santos | Juliana Dias

- Prefácio ao capítulo, *234*
- Contexto e relevância, *234*
- Fluxo, difusão e permeabilidade, *235*
- Trabalho de concentração, *239*
- Trabalho elétrico, *239*
- Trabalho eletroquímico e potencial eletroquímico, *240*
- Tipos de transporte através da membrana, *241*
- Integração entre os transportadores de membrana, *242*
- Transporte ativo, *244*
- Mecanismos de transporte de glicose através de membranas epiteliais, *244*
- ATPases transportadoras, *246*
- Bibliografia, *255*

PREFÁCIO AO CAPÍTULO

A história gloriosa da Fisiologia no Brasil tem seus marcos fundacionais com Álvaro e Miguel Ozório de Almeida na primeira década do século XX, quando, em um casarão perto da praça São Salvador, no Rio de Janeiro, iniciaram atividades de pesquisa que se projetaram pelo mundo e contribuíram para o povoamento de universidades e institutos de pesquisa durante décadas seguidas. Os núcleos de fisiologistas se espalharam por todo o País, com descobertas que marcaram a ciência do século XX em todos os campos. Porto Alegre, São Paulo, Ribeirão Preto, Belo Horizonte, Recife, Fortaleza e Belém começaram a construção de um legado que cada vez mais se consolida e se amplia, atraindo, frequentemente, destacadas figuras de outros países que encontraram, na Fisiologia brasileira, fonte de inspiração e lugar de acolhimento. O exemplo mais marcante foi o de Rita Levi Montalcini (Prêmio Nobel de Fisiologia ou Medicina em 1986), que, nos idos de novembro de 1952, no Instituto de Biofísica da Universidade Federal do Rio de Janeiro, extasiou seus colegas com a frase: *O ainda desconhecido fator revelou-se de maneira tão glamourosa que deixou a todos sem ar, como se tivéssemos presenciado uma aparição milagrosa. [...] Em poucas horas de cultivo, surgiu um magnífico halo de fibras nervosas em torno do gânglio.* Uma das mais fascinantes descobertas da Fisiologia do século XX, a do fator de crescimento do nervo (NGF), surgira na rica atmosfera da ciência brasileira alimentada por fisiologistas e estudiosos de outros saberes.

Chegaram, com o passar do tempo, os anos de 1990. Os anos em que, em quase todo o mundo, foi decretada a "morte da Fisiologia". O DNA (e a biologia molecular) encarnou a supremacia do saber nas ciências da vida. Até se pensava no fechamento ou na transformação de Departamentos de Fisiologia em diferentes países do mundo. A "função", no sentido mais tradicional e denso, já não mais parecia necessária para explicar e entender os fenômenos daquilo que chamamos "vida". Em pouco menos de duas décadas, o crescimento vertiginoso do que conhecemos como "medicina translacional" e o advento da "medicina regenerativa" mostraram, de novo, como era imperioso conhecer o funcionamento de órgãos e sistemas: desde a natureza do fenômeno em si até o mistério de seus mecanismos moleculares subjacentes... para que a recuperação da vida e o afastamento da morte se tornassem possíveis!

O 37º Congresso Mundial da International Union of Physiological Sciences – IUPS (União Internacional de Ciências Fisiológicas), realizado em 2013 em Birmingham, no Reino Unido, resume o ápice dessa ressurreição da Fisiologia no mundo: *Function is the key. That is what physiology is about. The word means the logic of living systems. Working that out is what we do,*[1] nas palavras de Paul Nurse, Prêmio Nobel de Fisiologia ou Medicina em 2001. Uma Fisiologia que passou a ser comparada a uma *matrioska* russa: cada estudo de função em determinado plano leva a outro mais profundo e, assim por diante, como uma boneca dentro de outra, levando em seu interior outras tantas.

O espírito de Birmingham projetado para o mundo reverberou no 38º Congresso Mundial da IUPS realizado no Rio de Janeiro no inverno de 2017. O título da conferência de abertura por Denis Noble, então presidente da IUPS, "Dance to the Rhythms of Life: Physiology Returns to Centre Stage",[2] transformou-se no alegre canto de milhares de participantes – principalmente jovens – que deixavam o Riocentro depois de reencontrar, a cada dia, a "Nova Fisiologia" do século XXI. A Fisiologia dos *Rhythms of Life*, o lema do Congresso.

Disse Denis Noble: *During the first years of the twenty-first century we learnt something very important indeed. That logic is not to be found in genomes, or at least not in genomes alone. To say that life is DNA would be as meaningless as saying that knowing the letters of an alphabet is sufficient to read and understand great literature. Meaning and function depend on context. Organisms can be seen therefore rather like those Russian dolls, hiding one inside another. As we drill down from one level to another, we encounter the same problem. Whether dealing with molecular networks, organelles, cells, tissues, organs, systems or the whole organism, each level acts as the container – the context – within which the inner "doll" can be understood. Work at all levels, and particularly work that spans the levels, is essential to unravel the logic of living systems.*[3] Essas palavras, esses conceitos, ecoam neste livro e inspiraram este capítulo.

O encontro no Brasil desta nova Fisiologia, desses novos "ritmos da vida", com o legado de Álvaro e Miguel Ozório de Almeida somente está sendo possível graças à visão, à dedicação e ao talento de muitos fisiologistas. Com seu rigor conceitual e a riqueza de suas abordagens experimentais, quatro deles marcaram profundamente várias gerações: Doris Rosenthal, Gerhard Malnic, José Antunes Rodrigues e Margarida de Mello Aires. Neste conjunto geracional de discípulos se incluem os autores deste capítulo que o dedicam, com admiração e gratidão, a esses quatro Grandes Mestres.

CONTEXTO E RELEVÂNCIA

Os seres vivos – inclusive os unicelulares – estão caracterizados por apresentar *compartimentos líquidos* de diferente composição, separados por *membranas*, entre os quais existem permanentes e variados processos de troca de pequenas moléculas orgânicas (carregadas ou não) e íons inorgânicos, incluindo nesse conjunto a água. Dentre essas membranas, a membrana celular ou membrana plasmática, centro deste capítulo, deve ser vista como uma barreira de seletividade – de espessura entre 80 e 100 Å – capaz de garantir, por meio da existência de refinados mecanismos de regulação que se estabeleceram ao longo da evolução, diferenças de composição entre o interior da célula e o exterior que a circunda. O conceito de seletividade se associa também ao de membrana como barreira que torna mais lenta a transferência e o transporte de substâncias entre esses compartimentos. Por isso, a

---

[1] A Função é a chave. É disso que trata a Fisiologia. Tal palavra significa a lógica dos sistemas vivos. Elucidá-la é o que fazemos.

[2] "Dance nos ritmos da vida: a Fisiologia retorna ao palco central."
[3] Durante os primeiros anos do século XXI aprendemos algo realmente importante. [Aprendemos] que a lógica [dos sistemas vivos] não pode ser encontrada nos genomas, ao menos não exclusivamente nos genomas. Dizer que a vida é o DNA seria tão sem sentido quanto dizer que, sabendo [somente] as letras do alfabeto, seria suficiente para ler e entender as grandes obras da literatura. Significado e função dependem do contexto. Os organismos podem ser vistos como aquelas bonecas russas [*matrioskas*] que se escondem umas dentro das outras. Conforme mergulhamos de um nível ao outro, encontramos sempre o mesmo problema. Quer sejam redes moleculares, organelas, células, tecidos, órgãos, sistemas ou o organismo como um todo o que consideremos, cada nível atua como o continente – o contexto – dentro do qual a "boneca" interior pode ser compreendida. Trabalhar em todos os níveis, e particularmente em uma abordagem que permeie todos os níveis, é essencial para elucidar a lógica dos sistemas viventes.

membrana deve ser vista como barreira seletiva para a *difusão de moléculas e íons*, processo que será definido conceitual e formalmente um pouco adiante. Por fim, nos seres vivos pluricelulares, especialmente os de organização mais complexa, o transporte de substâncias através de membranas deve ser considerado em um contexto mais amplo. Referimo-nos aos *epitélios transportadores* – como os encontrados nos rins, nos diferentes segmentos do tubo digestivo e nos pulmões, dentre outros –, nos quais a barreira não é representada por uma membrana bilipídica, e sim por uma camada de células de funções diferentes inclusive em um mesmo segmento, como é o caso notável dos túbulos renais distais.

As diferenças de composição são sempre quantitativas em relação a todas as diferentes espécies químicas transportadas que compõem os seres vivos: não há constituintes dos seres vivos, sejam eles íons ou moléculas não iônicas ausentes em um compartimento e presentes em outro, embora em alguns casos eles se encontrem em traços ou ligados a estruturas mais complexas, como é o caso do íon cobre. E, em muitos casos, é na distribuição assimétrica através da membrana celular de mais de uma espécie transportada que se assentam importantes fenômenos, como a geração de diferenças de potencial elétrico e suas variações espaço-temporais.

Comparando a composição do líquido presente no citoplasma de células de organismos pluricelulares com a do líquido intersticial vizinho, ignorando os compartimentos representados pelas organelas, encontraremos duas diferenças que justificam a centralidade em que, no campo das *ATPases transportadoras de íons*, destaca-se uma enzima denominada Na^+/K^+-ATPase, transportadora de íons Na^+ e K^+. A primeira dessas diferenças refere-se às composições de Na^+ e K^+. Embora a composição do líquido intracelular seja variável dependendo da célula, há uma constante: a concentração de K^+ é sempre maior que a de Na^+, ocorrendo o oposto no meio extracelular. A segunda diferença pode ser constatada introduzindo um microeletrodo dentro de uma célula e colocando outro eletrodo no meio extracelular: observa-se uma diferença de potencial elétrico entre os dois compartimentos – que pode chegar até 100 mV –, sendo sempre o interior negativo em relação ao exterior. Na geração e na manutenção dessas assimetrias de composição química e de potencial elétrico – que desaparecem com a morte – a Na^+/K^+-ATPase desempenha um papel central, como descreveremos mais adiante.

A menção do desaparecimento dessas diferenças com a morte ajuda a introduzir dois conceitos: o de *equilíbrio* e o de *estado estacionário*. A situação de equilíbrio se refere a um estado espontaneamente atingido, no qual as concentrações de uma substância se igualam a ambos os lados da membrana e as diferenças de potencial desaparecem desde que a membrana não constitua uma barreira intransponível para a migração de alguma espécie iônica determinada. O caso do Na^+ é novamente útil para exemplificar que a velocidade com que uma espécie difunde através dela depende da seletividade da barreira representada pela membrana plasmática, propriedade que também possuem membranas de organelas. Velocidade esta associada a uma propriedade fisiológica dessas membranas, denominada *permeabilidade*, que definiremos formalmente mais adiante. A permeabilidade é própria para cada substância em determinada membrana (*permeabilidade seletiva*) e que, em se tratando de membranas biológicas, pode mudar de maneira reversível pela ação de um hormônio, por exemplo. Ao contrário, o estado estacionário, caracterizado pela manutenção de diferenças de concentração e potencial elétrico, não se estabelece e se mantém de maneira espontânea.

Invariável no tempo, embora com flutuações de grande significado fisiológico em vários casos, especialmente em células de epitélios transportadores, o estado estacionário requer um gasto contínuo de energia que, no caso dos seres vivos, é derivado do metabolismo.

FLUXO, DIFUSÃO E PERMEABILIDADE

Relembrando o que foi discutido no Capítulo 8, *Difusão, Permeabilidade e Osmose*, o *fluxo* (J) de uma substância "i" (J_i) através de uma membrana que separa dois compartimentos se define como a quantidade dessa substância que atravessa a membrana na unidade de tempo e, dependendo da possibilidade de obter essa informação, por unidade de superfície. As unidades de J_i terão sempre uma unidade de massa no numerador e uma de tempo no denominador e elas dependerão da magnitude do fluxo, variando, por exemplo, de picomoles por segundo (pmol × s^{-1}) até micromoles por hora (μmol × h^{-1}) – preferencialmente escolhendo as combinações que permitam trabalhar com números de poucos dígitos e poucas casas decimais e, eventualmente, acompanhados de potências positivas ou negativas de 10. Algumas convenções devem ser estabelecidas em relação a abreviações de fluxos quando se trata de identificar a natureza da substância transportada e o sentido do seu movimento. Por exemplo, a notação $J_{Na\ 1\rightarrow2}$ nos indica que se trata de fluxo de íon Na^+ do compartimento 1 para o compartimento 2. Por exemplo, em experimentos *in vitro* nos quais se usam células, estas costumam corresponder, por convenção, ao compartimento 2, enquanto o compartimento 1 geralmente representa a solução na qual elas se encontram imersas; e, como o volume deste último é sempre muito maior que o volume celular na maioria dos experimentos, a quantidade da substância em estudo nessa solução é suficientemente grande para assumir que sua concentração permanece constante ao longo do tempo em 1, apesar de sua entrada na célula. A Figura 12.1 representa, de maneira esquemática, como variam as concentrações de uma substância "i" em uma célula (compartimento 2) e na solução que a circunda

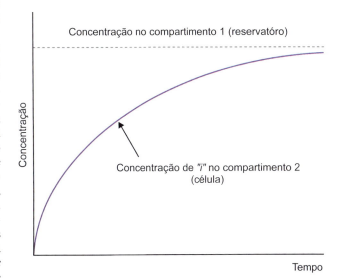

Figura 12.1 ▪ Evolução temporal da concentração de uma substância "i" dentro de uma célula hipotética imersa em um meio (reservatório) de grande volume contendo essa substância. A curva mostra que a concentração intracelular de "i" aumenta com o tempo até se tornar igual à do meio. A linha tracejada indica que a concentração de "i" neste último se manteve constante, uma vez que Volume$_{meio}$ >> Volume$_{célula}$.

(compartimento 1) em função do tempo, podendo-se apreciar que a do segundo permanece sem modificação perceptível – o que permite atribuir-lhe a condição de *reservatório constante* –, enquanto a da célula foi gradualmente aumentando até atingir a do reservatório. É importante frisar que o fluxo pode ocorrer nas duas direções: da solução para a célula ($J_{i\,1\to2}$) e vice-versa ($J_{i\,2\to1}$), sendo que este último é obviamente zero no tempo $t = 0$ porque a concentração de "i" ($[i]$) é zero; aumenta depois e alcança um máximo ($J_{máx\,i\,2\to1}$) quando as duas concentrações se igualam. Neste momento, é importante frisar que em situações como essas – e naquelas semelhantes às que encontramos nos seres vivos – os fluxos não cessam ao se atingir $J_{máx\,i\,2\to1}$. O que ocorre nessa situação de equilíbrio como a mencionada anteriormente é que $J_{máx\,i\,2\to1} = J_{máx\,i\,1\to2}$ e, portanto, o fluxo líquido *resultante* é $J_{líq\,i} = 0$.

O processo associado a um J_i – e outros semelhantes que envolvem gases em lugar de partículas diluídas – recebe o nome de *difusão*. A difusão pode ser definida como o movimento de um componente de um dado compartimento para outro, que se realiza espontaneamente no sentido de igualar sua concentração ou, de uma perspectiva termodinâmica, de igualar seu *potencial químico*. Por acontecer espontaneamente, a difusão é considerada um *transporte passivo*. Uma vez que o termo "compartimento" implica certa quantidade de substância que se comporta de maneira homogênea, admite-se de imediato que a difusão, para igualar o potencial químico de determinada espécie, deve ocorrer através de uma membrana que o separa de outro no qual o potencial químico dessa espécie seja menor. Nesse ponto, o fenômeno da difusão deve ser conceitualmente diferenciado do movimento constante dos componentes que ocorre dentro de um compartimento como resultado da agitação térmica.

A expressão *potencial químico de uma substância "i"* (μ_i) requer sua definição. Trata-se da medida da capacidade dessa substância de provocar uma troca física ou química, de modo que uma substância com alto potencial químico tem uma grande capacidade de tornar possíveis essas trocas, inclusive o de sua própria concentração! No caso específico deste capítulo, quanto maior o potencial químico de uma substância "i" dissolvida em um compartimento, maior será sua tendência espontânea de fluir – através de uma membrana – para outro compartimento vizinho onde seu potencial químico seja mais baixo. A partir dessa definição, torna-se claro que, quanto maior a *concentração* de uma espécie química, maior o seu potencial químico. De maneira análoga, quanto maior a *pressão parcial* de um gás (uma medida de sua concentração em uma mistura), maiores seu potencial químico e sua tendência a fluir para outro compartimento: é o que ocorre no epitélio alveolar, como apresentado no Capítulo 44, *Difusão e Transporte de Gases no Organismo*.

Quando nos referimos à *difusão simples* (veremos logo a diferença com relação à *difusão facilitada*), essa tendência de migrar espontaneamente é dada pelo potencial químico de uma substância e é a única que intervém. Não intervém o transporte do líquido onde essa substância se encontra (água nos sistemas biológicos), embora exista o fenômeno de *arraste pelo solvente*, importante em alguns segmentos dos túbulos renais; assim como não intervêm na difusão simples os campos elétricos ou gravitacionais. Há mais de um século foi proposto – e demonstrado 50 anos depois – que a entrada de uma substância em uma célula é mais rápida quanto mais facilmente ela se dissolve em lipídios, do que a entrada daquelas que têm menor solubilidade nestes; e, de modo geral, quanto menor for seu tamanho. O experimento apresentado na Figura 12.2 demonstra que a velocidade de entrada de diferentes substâncias não eletrolíticas nas células da alga verde *Chara* é maior quanto maior for seu *coeficiente de partição* "κ" entre azeite de oliva e água, sendo κ = solubilidade em azeite de oliva/solubilidade em água. Esse experimento não apenas ajuda a entender por que pequenas moléculas não carregadas (incluindo gases) penetram com facilidade dentro das células ou as atravessam: ele deu uma contribuição essencial para a formulação da teoria da membrana e do modelo da bicamada lipídica. Para além do seu simples particionamento na membrana e de sua transferência para o compartimento, onde o potencial químico da substância seja menor, a difusão simples pode ocorrer através de poros, como é o caso da água, por exemplo. Os fluxos de água, que exemplificam também como a passagem de uma substância pode ser influenciada por hormônios, serão abordados no Capítulo 55, *Rim e Hormônios*.

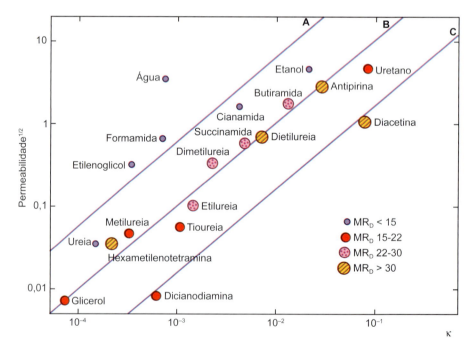

Figura 12.2 ▪ A velocidade de entrada de diferentes substâncias não eletrolíticas nas células da alga verde *Chara ceratophylla* (ordenada) é maior quanto maior for o seu coeficiente de partição azeite de oliva/água κ (abscissa). MR_D é uma função da massa molecular, e os símbolos usados indicam as faixas de valores para essa função. Os valores mostrados na ordenada para velocidade de entrada (permeabilidade da membrana para cada substância; ver equações 12.2 a 12.6 no texto) correspondem à raiz quadrada daqueles determinados experimentalmente. A linha B se ajusta à maioria dos valores de P obtidos para diferentes substâncias, enquanto as linhas A e C se ajustam, respectivamente, a um número menor de valores de P, que são aproximadamente 5 vezes superiores e inferiores aos encontrados ao longo da trajetória B. No artigo original, o autor discute ainda que a solubilidade em lipídios é o fator mais importante que governa a permeação de uma substância através de uma membrana (note que há símbolos diferentes ao longo de toda a linha B), mas reconhece que "há uma influência do tamanho molecular maior do que aquela assumida em outro trabalho". (Adaptada de Collander, 1949.)

Uma vez que já temos a definição de J_i, resta-nos compreender qual seu significado fisiológico para além da diferença de potencial químico/concentração. A conhecida *primeira lei de Fick* de 1885 estabelece que "a quantidade de uma substância '*i*' em solução que atravessa uma barreira (p. ex., uma membrana) na unidade de tempo (ou seja J_i) é proporcional à área de superfície da barreira e ao *gradiente de concentração* de '*i*' entre ambos os lados da barreira e ao coeficiente de difusão 'D_i'". Note-se que a lei menciona gradiente de concentração $\Delta c_i/\Delta x$ – a *força acoplada* (no sentido de *causadora*) responsável pela ocorrência desse fluxo –, no qual Δx corresponde à espessura da barreira, assumindo que a passagem é perpendicular a ela, e não apenas Δc_i. Essa diferença conceitual, aparentemente sutil, é essencial para compreender como a velocidade de passagem para dentro ou para fora de uma célula depende da espessura da membrana. Uma analogia pode ser encontrada no deslizamento de água do alto de uma montanha: se a diferença de altura entre o topo e a base for estabelecida abruptamente, a água desliza mais rapidamente do que se essa mesma diferença for estabelecida suavemente ao longo de uma grande distância. Note-se ainda que a lei de Fick não se refere à "membrana". Sua existência ainda era negada por muitos àquela época. Essa lei, assim formulada, pressupõe que a substância não é carregada e que não existem diferenças de pressão hidrostática que, ao provocar fluxo do líquido da solução, poderiam gerar um fluxo adicional de "*i*". Em símbolos, podemos escrever:

$$J_i = -D_i \times \Delta c_i/\Delta x \qquad (12.1)$$

em que J_i e $\Delta c_i/\Delta x$ têm os significados definidos anteriormente. Note-se que tanto J_i quanto $\Delta c_i/\Delta x$ são magnitudes (quantidades) *vetoriais* porque têm direção e sentido. O sinal negativo da equação (vindo de $\Delta c_i/\Delta x$) indica que J_i implica a diminuição da Δc_i porque, como definido anteriormente, um fluxo espontâneo ocorre da maior para a menor concentração para que estas se igualem. O coeficiente de difusão D – uma constante de proporcionalidade – é definido como o número de moles (ou múltiplos/submúltiplos) que fluem em 1 segundo através de uma barreira com uma área de superfície de 1 cm², quando existe uma diferença de concentração de 1 mol por cm³ estabelecida ao longo de uma distância de 1 cm entre um lado e outro dessa barreira. O coeficiente D depende da natureza química da substância que difunde, de sua massa molecular, da temperatura e de propriedades do meio como a viscosidade.

Quais são as unidades em que se expressa D no sistema CGS, o sistema de unidades baseado no centímetro, na grama e no segundo?

Pela definição anterior:

$$D = 1 \text{ mol}/\{(1 \text{ cm}^2 \times 1 \text{ s}) \times [(1 \text{ mol/cm}^3)/1 \text{ cm}]\}$$

Disso resulta que as unidades de D são $cm^2 \times s^{-1}$. No sistema internacional (SI) baseado no metro, no quilograma e no segundo, as unidades de D são $m^2 \times s^{-1}$.

Se à época de sua formulação a lei de Fick não requeria conceitualmente uma membrana, ela existe e o fluxo de substâncias através dela constitui o objeto do presente capítulo. Nos seres vivos encontramos a membrana sendo a estrutura através da qual os gradientes se estabelecem e os fluxos ocorrem, de modo que, assumindo (i) que a diferença de concentração através da membrana é homogênea e (ii) que a difusão é linear e perpendicular ao plano da membrana, a distância que separa os dois compartimentos (interstício e célula no caso da membrana plasmática) é a espessura da membrana "*l*", de modo que a equação 12.1 pode ser escrita como:

$$J_{i\,1\to 2} = -D_i \times (c_{i1} - c_{i2})/l \qquad (12.2)$$

sendo a relação $-D_i/l$ denominada *coeficiente de permeabilidade* P_i. Assim, a equação 12.2 pode ser inicialmente escrita como:

$$J_{i\,1\to 2} = P_i \times (c_{i1} - c_{i2}) \qquad (12.3)$$

Todavia, as concentrações c_{i1} e c_{i2} no interior das soluções dos respectivos compartimentos não são as mesmas que as existentes nas faces (e no interior) da membrana que se encontram em contato imediato com as soluções; estas são estabelecidas dependendo do coeficiente de partição β_i = solubilidade da substância "*i*" na membrana/solubilidade da substância "*i*" no líquido dos compartimentos, que no caso dos sistemas biológicos é a água, de modo que a equação 12.2 pode ser escrita como:

$$J_{i\,1\to 2} = -D_i \times (\beta_i c_{i1} - \beta_i c_{i2})/l \qquad (12.4)$$

ou:

$$J_{i\,1\to 2} = -D_i \beta_i \times (c_{i1} - c_{i2})/l \qquad (12.5)$$

em que $-D_i\beta_i/l \equiv P_i$ conforme definido anteriormente.

Essa equação nos permite ampliar o conceito de "propriedades do meio dos quais depende D" anteriormente apresentado: D_i depende também do coeficiente de partição de "*i*" na membrana. Portanto, a equação 12.3 pode ser escrita como:

$$J_{i\,1\to 2} = P_i \times \Delta c_i \qquad (12.6)$$

Embora D e P sejam propriedades relacionadas, como o mostra o sinal de identidade ($\equiv$), o coeficiente D_i é referido como sendo uma propriedade da substância "*i*" que flui, enquanto o coeficiente P_i é referido como uma propriedade da membrana da qual depende a maior ou menor facilidade de passagem da substância "*i*". É interessante destacar que a unidade de P no sistema CGS – como podemos ver a partir de sua relação com D e *l* – é $cm \times s^{-1}$, ou seja, uma unidade de velocidade, o que de maneira muito apropriada caracteriza a facilidade ou não com que uma substância atravessa uma membrana biológica. A Figura 12.3 ilustra, de maneira esquemática, o que as equações anteriores descrevem.

A equação 12.5 descreve de forma adequada o transporte passivo de muitas substâncias não carregadas através da membrana plasmática das células. Todavia, em muitos casos, os fluxos são subestimados usando essa equação, indicando que a membrana é mais permeável do que o previsto. Entretanto, a permeabilidade aumenta para algumas substâncias e não para outras e, quando o aumento ocorre, ele é distinto para diferentes substâncias, o que permite concluir que o transporte é mediado por *carreadores específicos* através de processos denominados *difusão facilitada*. Ver mais adiante, em detalhe, "Tipos de transporte através da membrana".

Para uma substância "*i*" ser carreada em um processo de difusão facilitada, esta precisa inicialmente se ligar ao seu carreador específico "*C*" na superfície da membrana voltada para o compartimento a partir do qual será transportada, formando o complexo "*iC*" que se dissocia do outro lado em "*i*" e "*C*". Podemos, então, representar um equilíbrio (para cada temperatura) da forma:

$$iC \Leftrightarrow i + C$$

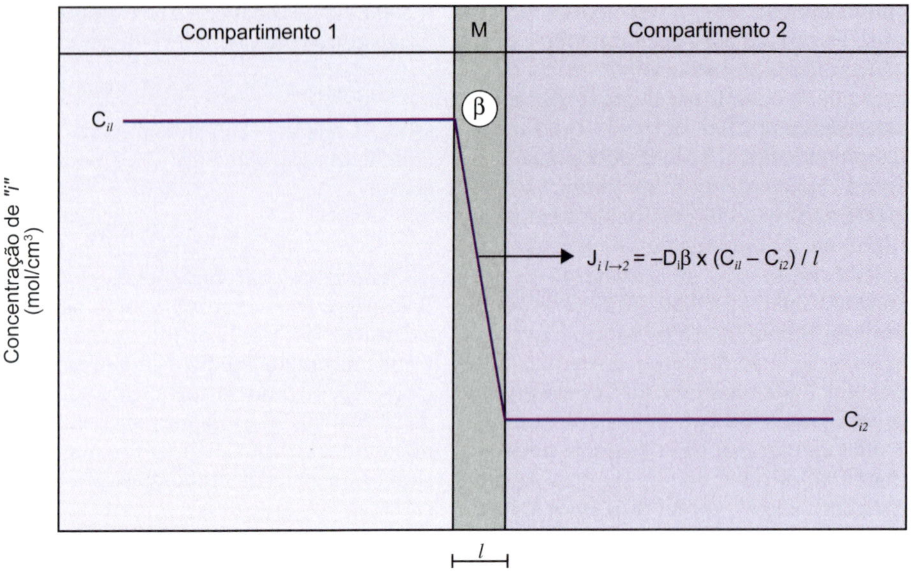

Figura 12.3 ▪ Representação gráfica do fluxo passivo da substância "i" ($J_{i\,1\to2}$) através de uma membrana de espessura "l" que separa os compartimentos 1 e 2. A figura apresenta à esquerda o compartimento 1 e à direita o compartimento 2, sendo $c_{i1} > c_{i2}$. A barreira cinza que separa ambos os compartimentos representa a membrana, na qual β é o coeficiente de partição de "i". O sentido do fluxo $J_{i\,1\to2}$ espontâneo (seta) é determinado pelo fato de $c_1 > c_2$. Sua velocidade depende da magnitude da diferença entre ambas, pelos valores de D e de β (diretamente proporcional a ambos), bem como de "l" (inversamente proporcional). O sinal negativo indica, pela convenção dos sinais em termodinâmica, que o processo é espontâneo. As linhas horizontais em ambos os compartimentos traçadas em nível de c_{i1} e c_{i2} indicam que as concentrações são iguais em qualquer parte dos compartimentos. A reta dentro da membrana indica que a concentração de "i" decresce linearmente dentro da membrana desde sua entrada pela face voltada para o compartimento 1 até sua saída pela face voltada para o compartimento 2. Para outras diferentes circunstâncias específicas, ver texto.

e escrever a constante K que descreve (quantifica) a relação de concentrações de iC, i e C neste equilíbrio:

$$K = [i]\,[C]/[iC] \quad (12.7)$$

Como a concentração total de C ($[C]_t$) pode ser expressa como:

$$[C]_t = [C]_{livre} + [iC] \quad (12.8)$$

teremos:

$$[iC] = [i]\,[C]_t/([i] + K) \quad (12.9)$$

Retornando às equações de fluxo, como "i" é transportado nessa classe de processo na forma do complexo "iC" e assumindo – para simplificar – que "i" é consumido imediatamente após sua passagem para o compartimento 2 (portanto $c_{i2} = 0$), podemos escrever a equação 12.5 como:

$$J_{i\,1\to2} = -D_i\beta_i \times c_{i1}/l \quad (12.10)$$

e ainda:

$$J_{i\,1\to2} = J_{iC\,1\to2} = -D_{iC}\beta_{iC}/l \times [iC] \quad (12.11)$$

Substituindo a [iC] na equação 12.11 pelo seu igual conforme a equação 12.9, chegamos a:

$$J_{i\,1\to2} = -D_{iC}\beta_{iC}/l \times [i]\,[C]_t/([i] + K) \quad (12.12)$$

em que [i] é a concentração de "i" no compartimento a partir do qual o fluxo se origina (neste caso, o compartimento 1).

Conforme definido anteriormente:

$$-D_{iC}\beta_{iC}/l \equiv P_{iC}$$

Assim, podemos escrever, reagrupando:

$$J_{i\,1\to2} = P_{iC} \times [i]\,[C]_t/([i] + K) \quad (12.13)$$

Torna-se evidente que, quando todos os carreadores "C" estiverem ocupados por "i" (ou seja, quando $[iC] = [C]_t$), o fluxo de "i" será máximo ($J_{máx\,i}$), e a equação 12.13 poderá ser finalmente escrita:

$$J_{i\,1\to2} = J_{máx\,i}\,\frac{[i]}{[i] + K} \quad (12.14)$$

cuja representação gráfica é mostrada na Figura 12.4. Essa figura e a equação 12.14 (uma hipérbole retangular) nos indicam que os fenômenos de transporte mediados por carreadores podem ser tratados formalmente, em grande parte

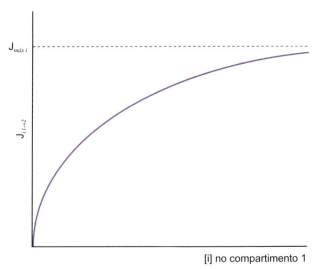

Figura 12.4 ▪ Representação gráfica da magnitude do fluxo por difusão facilitada de uma substância "i" ($J_{i\,1\to2}$) através de uma membrana, em função da concentração de "i" [i] no compartimento a partir do qual o fluxo se origina (neste caso, o compartimento denominado "1"). Quando os carreadores encontram-se saturados por "i" (i. e., todos ocupados por "i"), o fluxo J_i alcança seu valor máximo ($J_{máx}$) indicado pela linha tracejada. Note que quanto menor for o valor da constante K, o $J_{máx}$ será alcançado com menor [i], conforme se depreende da equação 12.7. Quanto maior a afinidade do carreador pela substância "i", maior será a concentração do complexo substância:carreador [iC] para um dado valor de [i].

dos casos, como reações enzimáticas que seguem a cinética de Michaelis-Menten. Exibem, por isso, *saturação* (existe uma velocidade máxima de transporte para cada temperatura) e, em muitos casos, *estereoespecificidade* (isômeros ópticos L e D podem ter carreadores diferentes). Por isso, também podem sofrer inibição – competitiva e não competitiva ou mista – por substâncias que interferem na ligação da espécie transportada com seu carreador e que, muitas vezes, são usadas como fármacos.

O seguinte exemplo nos mostra agora como a P de uma mesma membrana biológica é diferente para substâncias distintas, tanto no caso de uma difusão simples quanto no de um transporte mediado por carreador. Esse exemplo antecipa também como os fluxos entre compartimentos são de magnitudes diferentes, dependendo da espécie transportada, e como a distribuição de espécies moleculares (ou iônicas) distintas varia quando se comparam o interior celular, os compartimentos extracelulares e o interstício. A permeabilidade da membrana plasmática para o K^+ (P_K) tem um valor que oscila, dependendo do tipo de célula, em torno de 10^{-6} cm $\times$ s^{-1} a 37°C, enquanto a permeabilidade para o Na^+ (P_{Na}) da membrana de uma célula em repouso oscila em torno de 10^{-8} cm $\times$ s^{-1} à mesma temperatura. As concentrações extracelulares e intracelulares de K^+ são 5 e 150 mM, respectivamente. As correspondentes para Na^+ são 150 e 20 mM, também dependendo do tipo de célula. Qual seria a grandeza dos respectivos fluxos espontâneos – enquanto essas concentrações se mantiverem – e seu sentido, assumindo que não há diferenças de potencial elétrico? Antes de apresentar os cálculos, mencionamos, exemplificando o funcionamento da membrana como barreira para a difusão, que a P_K de uma camada de água é de 10 cm $\times$ s^{-1}, ou seja 10^7 vezes maior.

No caso do K^+, a tendência termodinâmica espontânea é a de sair do citoplasma (compartimento 2 por convenção; 150 mM = $150 \times 10^{-6} \times$ mol $\times$ cm^{-3}) para o meio extracelular (compartimento 1; 5 mM = $5 \times 10^{-6} \times$ mol $\times$ cm^{-3}). Aplicando a equação 12.4:

$$J_{K\,2\to1} = -P_K \times (c_{K\,2} - c_{K\,1}) = -P_K \times \Delta c_K =$$
$$-(10^{-6} \text{ cm} \times \text{s}^{-1}) \times (145 \times 10^{-6} \times \text{mol} \times \text{cm}^{-3})$$

$$J_{K\,2\to1} = -1{,}45 \times 10^{-10} \text{ mol} \times \text{cm}^{-2} \times \text{s}^{-1}$$

ou seja, $1{,}45 \times 10^{-10}$ mol de K^+ haverão de fluir por cm^2 de área de membrana por segundo. Aplicando o mesmo raciocínio, encontraremos $J_{Na\,1\to2} = -1{,}30 \times 10^{-12}$ mol $\times$ cm^{-2} $\times$ s^{-1} (*i. e.*, fluindo espontaneamente do interstício para o citoplasma).

Esse exemplo nos ajuda a compreender em parte o porquê da distribuição dos íons K^+ e Na^+ nos seres vivos. A concentração intracelular de Na^+ é, em uma condição de estado estacionário, muito menor do que a do interstício circundante, apesar da tendência termodinâmica de suas concentrações se igualarem (inclusive favorecida pela diferença de potencial elétrico, interior negativo em relação ao exterior). Isso se explica em parte pela baixa permeabilidade (P_{Na}) da membrana plasmática e, como veremos ainda neste capítulo, pela existência de poderosas maquinarias moleculares que transportam o Na^+ para fora da célula: as ATPases transportadoras de Na^+.

Embora as equações anteriores sejam úteis para descrever o fluxo de uma única substância, devemos levar em consideração que as membranas das células são permanentemente atravessadas por um grande número de substâncias ao mesmo tempo e que isso ocorre nas duas direções. Sobretudo, é importante destacar que muitas das espécies químicas que permeiam as membranas biológicas são carregadas e o potencial elétrico gerado pela difusão de uma delas pode favorecer ou restringir a passagem de outra(s). Por outro lado, além da carga elétrica, pressões hidrostáticas, osmóticas e oncóticas podem participar de fluxos de diferentes espécies, apesar de, por simplificação, as deixarmos de lado, como mencionado anteriormente. Um exemplo pode ser visto nos túbulos contornados proximais renais (ver Capítulo 51, *Função Tubular*).

TRABALHO DE CONCENTRAÇÃO

Do ponto de vista energético, a difusão implica, enquanto processo espontâneo, uma variação negativa – pela convenção de sinais que se adota – de uma propriedade termodinâmica denominada *energia de Gibbs* (energia livre, na notação antiga). Quando isso ocorre, o processo, neste caso o fluxo através de uma membrana, é chamado de *exergônico*, que em grego significa "realizando trabalho". Antecipar esse conceito é relevante porque em grande número de processos de transporte, como descreveremos mais adiante, ocorre o acoplamento molecular e termodinâmico de fluxos exergônicos com *endergônicos* (estes últimos "requerendo trabalho" para ocorrer).

A menção anterior ao fato de que o gradiente de concentração $\Delta c_i / \Delta x$ é a força responsável pela ocorrência de um fluxo passivo e que os fluxos implicam a realização de trabalho nos permite facilmente associar o fluxo de "*i*" do compartimento 1 para o compartimento 2 devido à existência de uma Δc_i, com a realização de um *trabalho de concentração* $w_{c\,i}$ que pode ser definido formalmente como:

$$w_{c\,i\,1\to2} = -RT \times \ln(c_{i1}/c_{i2}) \qquad (12.15)$$

em que o trabalho realizado (em joule $\times$ mol^{-1}), ou variação de energia de Gibbs quando a substância "*i*" flui espontaneamente do compartimento 1 para o compartimento 2, é igual ao produto da constante geral dos gases R (8,31 joules $\times$ K^{-1} $\times$ mol^{-1}), da temperatura absoluta T (em Kelvin, K) e do logaritmo natural da relação entre as concentrações de "*i*" nos compartimentos 1 e 2. O sinal negativo indica que a variação de energia de Gibbs será negativa (ela se "libera"), como corresponde quando ocorre um fluxo espontâneo ($c_{i1} > c_{i2}$). Isso significa que nunca poderá ser definido um $w_{c\,1\to2}$ quando $c_{i1} < c_{i2}$? Não. Porém, neste caso o fluxo não será espontâneo, a variação de energia de Gibbs será positiva e o processo irá requerer o acoplamento com outro no qual a variação de energia de Gibbs seja negativa e, pelo menos, da mesma grandeza. A conclusão desse raciocínio é a de que, embora o conceito de trabalho de concentração tenha sido apresentado neste capítulo a partir de fenômeno de difusão passiva de uma substância não carregada, ele se aplica a qualquer substância – inclusive aquelas com carga elétrica – e pode ser calculado também quando o fluxo ocorre contra um gradiente de concentração.

TRABALHO ELÉTRICO

Até aqui analisamos os fluxos espontâneos de substâncias não carregadas. Se o potencial químico de uma substância "*i*" não carregada em compartimentos diferentes separados por uma membrana pode ser conceitualmente identificado com a concentração de "*i*", e se o gradiente $\Delta c / \Delta x$ é a única força responsável pelo fluxo de "*i*" na direção e no sentido que permitam igualar esse potencial (concentração de ambos os lados da membrana), isto não é suficiente para espécies químicas que possuem carga, como é o caso dos íons Na⁺, K⁺, Cl⁻, Ca²⁺ e Mg²⁺, para citar apenas algumas espécies encontradas em grandes concentrações nos seres vivos. No caso de íons, há duas forças acopladas que podem ser responsáveis pela geração de fluxos: além do gradiente $\Delta c/\Delta x$, existe a força representada pelo gradiente de *potencial elétrico* $\Delta v/\Delta x$ ou – dependendo da análise – simplesmente a diferença Δv.

O *trabalho elétrico* que se realiza (ou que pode ser aproveitado se ele for espontâneo) para o transporte de uma espécie iônica "*i*" do compartimento 1 para o compartimento 2 – considerando-se apenas Δv, sem incluir neste momento a possível existência de uma Δc – se define formalmente como:

$$w_{e\,i\,1\to 2} = -zF\Delta v \qquad (12.16)$$

em que z corresponde à valência do íon "*i*" com seu sinal correspondente; F é a constante de Faraday, carga de um mol de elétrons ou, generalizando, de um mol de íons monovalentes: 96.485 coulombs × mol⁻¹; e Δv corresponde à diferença de potencial elétrico entre os compartimentos 1 e 2 ($\Delta v = v_1 - v_2$). As unidades serão também joule × mol⁻¹, resultado do produto (coulombs × mol⁻¹) × volt. Novamente, o sinal negativo da equação tem o mesmo significado que se explicitou no caso de w_c, mas de maneira um pouco menos simples, uma vez que o sinal final de w_e dependerá também do sinal de z (positivo no caso de cátions, negativo no caso de ânions).

E em relação aos fluxos $J_{i\,1\to 2}$ e $J_{i\,2\to 1}$? Se $v_1 > v_2$, a Δv será positiva, e se, ao mesmo tempo, o íon "*i*" transportado for um cátion, z terá sinal positivo e zF também. Neste caso, o $J_{i\,1\to 2}$ terá sinal negativo e ocorrerá espontaneamente. Se $v_1 < v_2$, teremos uma Δv negativa, e o sinal de $J_{i\,1\to 2}$ será positivo, requerendo energia para ocorrer. Em se tratando de um ânion, z será negativo e $J_{i\,1\to 2}$ será espontâneo quando $v_1 < v_2$, e não espontâneo quando $v_1 > v_2$. Este raciocínio simples mostra que, nas quatro situações exemplificadas, os sinais serão invertidos quando se considerar o fluxo em sentido oposto $J_{i\,2\to 1}$. Esses exemplos serão úteis ao analisar o ponto seguinte acerca de trabalho eletroquímico.

Antes, porém, mostraremos que o fluxo de um íon "*i*" (J_i) através de uma membrana, tendo como força acoplada uma Δv, pode ser visto como uma *corrente elétrica* cujas *intensidade* I_i e densidade (I_i por unidade de *área de superfície da membrana A*, $I_i \times A^{-1}$) têm as unidades de ampere e ampere/m², respectivamente. Em símbolos:

$$I \times A^{-1} = zF\, q_i \times A^{-1} \qquad (12.17)$$

em que z e F têm os significados já definidos e q_i corresponde à *quantidade de cargas* (número de cargas) portadas por "*i*", não tendo assim unidades.

Finalmente, podemos relacionar I/A com a diferença de potencial elétrico Δv, da forma:

$$I \times A^{-1} = (\Delta v/R) \times A^{-1} \qquad (12.18)$$

em que R é a *resistência elétrica* da membrana à passagem das cargas, cuja unidade é o ohm (Ω). Ou também:

$$I \times A^{-1} = \Delta v \times G \times A^{-1} \qquad (12.19)$$

em que G é a *condutância* da membrana, definida como a recíproca da resistência (G = 1/R), cuja unidade no SI é o siemens (S), representado por Ω^{-1}. Comparando a equação 12.19 com a equação anterior, podemos perceber a analogia existente entre as leis de Fick e de Ohm aplicadas a compartimentos separados por membranas, embora as forças acopladas sejam diferentes (Δc e Δv). Esta é uma analogia formal que se estende nos sistemas fisiológicos – exemplificadora de leis comuns para processos diferentes – para outros fluxos, como veremos nos capítulos respectivos deste livro: como para o fluxo de calor através da pele (que pode ser descrito pela lei de Fourier, em que a diferença de temperatura ΔT é a força acoplada responsável); e para o fluxo de líquido no sistema vascular (lei de Poiseuille, em que a diferença de pressão ΔP é a força acoplada).

TRABALHO ELETROQUÍMICO E POTENCIAL ELETROQUÍMICO

As magnitudes físicas *trabalho eletroquímico* e *potencial eletroquímico*, e os conceitos por trás delas, são especialmente úteis para analisar fluxos de espécies carregadas (especialmente íons) em compartimentos biológicos, considerando simultaneamente as forças acopladas a diferenças de concentração e a diferenças de potencial elétrico (Δv). Por isso, em lugar de nos referirmos a "compartimentos" de uma maneira geral, nos referiremos a "interstício" e "célula" nas diferentes situações.

Ao deduzir a equação de Nernst (ver Capítulo 8), foi considerada uma situação de equilíbrio, caso em que a soma dos w_c e w_e para o transporte de uma espécie iônica entre uma célula e o interstício é zero ($w_c + w_e = 0$). Analisando-a na perspectiva de seus fluxos, o fluxo líquido (J_{liq}) é também zero, uma vez que a quantidade de íons de uma determinada espécie (que novamente generalizamos chamando-a de "*i*") que são transportados da célula para o interstício é igual àquela que migra em sentido contrário. E, em se tratando de uma condição de equilíbrio, não há nem gasto nem liberação de energia.

Considerando agora a situação mais geral e real nos seres vivos, em que $w_c + w_e \neq 0$, a soma do trabalho requerido (ou realizado) para transportar um mol de íons "*i*" desde o interstício para o interior de uma célula (sentido de fluxo adotado por convenção), levando em consideração a diferença de concentração Δc_i e a diferença de potencial elétrico Δv, se chama *trabalho eletroquímico* (w_{elq}). Em símbolos:

$$w_{elq} = w_c + w_e \neq 0 \qquad (12.20)$$

e, introduzindo as notações das equações 12.15 e 12.16:

$$w_{elq} = -RT \times \ln(c_{i1}/c_{i2}) + zF\Delta E_m \qquad (12.21)$$

em que os símbolos correspondem às variáveis anteriormente definidas e E_m é o potencial de membrana medido experimentalmente (interior da célula negativo em relação ao interstício, cujo potencial – de referência – é considerado igual a zero). Sua unidade no SI é joule × mol⁻¹. Deve ser notado que os sinais finais de cada termo à direita aparecerão quando se substituírem c_{i1} e c_{i2} pelos seus respectivos valores, com a simultânea definição do sinal de z. O w_{elq} pode ter sinal negativo e, neste caso, o fluxo ocorre espontaneamente (se realiza trabalho), como no caso da entrada de Na⁺ na célula: $c_{i1} > c_{i2}$, o sinal de z é positivo e o sinal de E_m é negativo. O contrário ocorre com a entrada de K⁺ em uma célula: $c_{i1} < c_{i2}$, o que torna positivo o primeiro termo do segundo membro da equação 12.20; como este é numericamente maior que o negativo $zF\Delta E_m$, a entrada de K⁺ na célula requer energia – ver mais adiante Na⁺/K⁺-ATPase.

O *potencial eletroquímico* (μ_i) é o trabalho requerido (ou realizado) para transportar a quantidade de íons "*i*" que possuem a carga de 1 coulomb (1 C) do interstício para o interior de uma célula. Definindo w_{elq} como o trabalho necessário para transportar um mol de íons "*i*", isso representa o trabalho requerido (ou realizado) para transportar a quantidade de "*i*" que carregue um número de cargas igual a zF ($z \times 96.500$ C). Assim, podemos escrever:

$$\mu_i = w_{elq}/zF \qquad (12.22)$$

Combinando as equações 12.20 e 12.21, teremos:

$$\mu_i = -(RT/zF) \times \ln(c_{i1}/c_{i2}) + E_m \qquad (12.23)$$

Mas como:

$$-(RT/zF) \times \ln(c_{i1}/c_{i2}) = -\Delta\psi_{Ni} \qquad (12.24)$$

em que $\Delta\psi_N$ é o potencial de equilíbrio para "*i*" calculado pela equação de Nernst [$\Delta\psi_{Ni} = RT/zF \times \ln(c_{i1}/c_{i2})$], chega-se a:

$$\mu_i = -\Delta\psi_{Ni} + E_m \qquad (12.25)$$

Esta equação nos permite calcular μ_i para qualquer espécie iônica. Sendo μ_i a força acoplada que atua sobre "*i*" provocando sua entrada se seu sinal for negativo e fazendo-o sair se o sinal for positivo, podemos verificar que, no caso do Na^+: (i) assumindo $c_{Na\ interstício} = c_{Na\ 1} = 140$ mM, $c_{Na\ citosol} = c_{Na\ 2} = 20$ mM e uma temperatura de 37°C, teremos $\Delta\psi_{NNa} = +53$ mV e, consequentemente, $-\Delta\psi_{NNa} = -53$ mV; (ii) encontrando experimentalmente que $E_m = -90$ mV, chegaremos a $\mu_i = -143$ mV. Essa é a magnitude da força que tende a provocar a *entrada espontânea* do Na^+ dentro das células, permitindo compreender também – a partir de uma propriedade termodinâmica – por que se requer a energia do trifosfato de adenosina (ATP) para provocar sua saída para o interstício e uma enzima, a Na^+/K^+-ATPase, para acoplar a utilização da energia contida na molécula de ATP com o transporte de Na^+ do citosol para o interstício (ver mais adiante "ATPases transportadoras").

TIPOS DE TRANSPORTE ATRAVÉS DA MEMBRANA

Como mencionamos antes, manter e regular as diferenças nas concentrações de solutos e os volumes de água dentro e fora da célula é essencial para garantir as funções fisiológicas de órgãos, sistemas e de cada célula individualmente. Poucas moléculas atravessam a membrana por difusão simples, ou seja, sem a necessidade de uma proteína integral (carreadora) de membrana. Mesmo o transporte de moléculas como a água e a ureia, que podem difundir-se com relativa facilidade através da bicamada lipídica (ver Figura 12.2), é frequentemente acelerado por proteínas transportadoras presentes na membrana plasmática e organelas (ver anteriormente o tratamento formal da difusão facilitada). A classificação dos tipos de transportadores varia de acordo com o número de espécies de solutos a ser transportado em cada ciclo, o sentido vetorial do transporte ou ainda se o transporte é a favor ou contra o gradiente de potencial químico e/ou eletroquímico da espécie química em questão.

Em relação ao número de espécies, pode ser *uniportador*, no qual somente uma espécie de soluto é transportada; ou *cotransportador*, no qual dois ou mais solutos são transportados através da membrana e os fluxos são molecularmente acoplados (ver mais adiante as definições de acoplamento), e no mesmo sentido a cada ciclo (seja para dentro ou para fora da célula). Porém, quando o transportador movimenta dois ou mais tipos de solutos a cada ciclo de forma acoplada, mas em sentidos opostos, é considerado *contratransportador*, e o processo recebe o nome de *contratransporte*. Vale ressaltar que essas denominações não levam em consideração se o transporte ocorre a favor ou contra o gradiente de concentração e/ou eletroquímico da substância de que se trata (com ou sem gasto de energia), como já descrito formalmente.

A compreensão da importância desses tipos de transportadores na fisiologia humana abre horizontes que vão além da descrição de processos e mecanismos. Vários desses transportadores estão envolvidos em mecanismos fisiopatológicos de doenças muitas vezes de alta prevalência no mundo, sendo – de maneira crescente – alvos farmacológicos para o tratamento. Ilustraremos com alguns exemplos.

▶ Uniportadores

O transportador de glicose, da família *GLUT*, é o principal representante de transporte passivo mediado por uniportador, sendo uma proteína-chave na fisiopatologia do diabetes melito tipo 2. Outro exemplo, agora do tipo uniportador que media um *transporte ativo primário*, é o da H^+-*ATPase* presente em membrana plasmática de procariotos e em lisossomos de células de eucariotos. Tem importância em processos de acidificação de compartimentos celulares e até mesmo no remodelamento ósseo e na progressão de metástases em câncer.

▶ Cotransportadores

Na membrana interna mitocondrial de todas as células encontramos uma translocase de fosfato e H^+ ($H^+:P_i$), que transporta esses solutos para o interior da organela, sendo importante para o fornecimento do P_i requerido na síntese de ATP. Esse cotransportador exemplifica um *transporte ativo secundário*, cuja força acoplada responsável pelos fluxos não é a dissipação de gradiente de Na^+: trata-se de um transporte ativo secundário impulsionado pela $\Delta\psi$ estabelecida através da membrana mitocondrial interna (matriz negativa). Já na membrana plasmática das células de túbulos renais temos, como exemplos de cotransportadores que mediam transporte ativo secundário, os cotransportadores Na^+:glicose, Na^+:aminoácidos e $Na^+:P_i$ no túbulo proximal. O transportador tríplice $Na^+:K^+:2Cl^-$ (NKCC do tipo 2) do ramo espesso da alça de Henle serve aqui também como exemplo de alvo farmacológico de diuréticos, como a furosemida, usada no tratamento da hipertensão e da insuficiência cardíaca. Ainda no túbulo distal renal temos o cotransportador $Na^+:Cl^-$, transportador ativo secundário localizado na membrana luminal que opera como resultado da dissipação do gradiente de Na^+ estabelecido pela Na^+/K^+-ATPase da membrana basolateral. Os diuréticos da família das tiazidas têm como alvo esse cotransportador.

▶ Contratransportadores

Destacados representantes desse tipo de transporte são as ATPases que transportam íons contra o seu respectivo gradiente de potencial eletroquímico, usando a energia do ATP (para maiores detalhes, ver "ATPases transportadoras"). A Na^+/K^+-ATPase é alvo farmacológico da digoxina para o tratamento da insuficiência cardíaca, e a H^+/K^+-ATPase é o alvo de fármacos derivados da família do omeprazol, de primeira escolha para o tratamento de gastrite e úlcera. Dentre os contratransportadores passivos, os trocadores HCO_3^-/Cl^- encontrados no final do túbulo distal e coletor renais – cujo funcionamento é chave na regulação do equilíbrio acidobásico – constituem ainda exemplos de localização seletiva em diferentes membranas, dependendo da célula, dentro da mesma estrutura tubular. Nas células intercalares do tipo α (CI-α), o permutador se localiza na membrana basolateral, enquanto nas intercalares do tipo β (CI-β) ele se encontra na membrana luminal. Independentemente da localização, o somatório vetorial dos fluxos mediados pelo permutador nos dois tipos celulares (CI-α e CI-β) resulta na reabsorção de HCO_3^- e na secreção de Cl^-. É interessante destacar que a proporção de cada tipo de célula – e, portanto, da localização do contratransportador – varia em resposta a mudanças no *status* acidobásico: CI-α predominam nos casos de acidose, contribuindo para fornecer HCO_3^- para o meio interno, e o contrário ocorre em alcalose. Neste ponto cabem as seguintes perguntas: trata-se de transporte passivo ou ativo? Qual seria a força acoplada responsável pelo transporte? Há um gradiente de potencial eletroquímico (de HCO_3^- ou Cl^-) envolvido? Levando em consideração o papel central da anidrase carbônica catalisando a reação $CO_2 + H_2O \rightarrow H_2CO_3$ com a subsequente desprotonação espontânea $H_2CO_3 \rightarrow HCO_3^- + H^+$, surge claramente que se trata de um transporte ativo secundário porque depende do metabolismo (ver características do transporte ativo, mais adiante), sendo também impulsionado pela dissipação do gradiente eletroquímico do HCO_3^-: concentração alta de HCO_3^- em um compartimento (citoplasma) de potencial elétrico negativo em relação tanto ao lúmen quanto ao interstício. Em relação a esses transportadores, veja os detalhes de seu papel fisiológico no Capítulo 51.

É importante ressaltar que, evolutivamente, adaptações que aumentaram a eficiência energética do transporte de solutos na célula garantiram a sobrevivência de organismos complexos. Com essa finalidade, muitos desses transportadores trabalham em conjunto para acoplar uma reação energeticamente desfavorável a uma favorável, como será discutido a seguir.

INTEGRAÇÃO ENTRE OS TRANSPORTADORES DE MEMBRANA

Nos organismos pluricelulares, o transporte de íons e de pequenas espécies não carregadas através da membrana plasmática garante: (1) a manutenção do volume e da composição do líquido intracelular, através de fluxos entre o ambiente citosólico e o externo, sendo esse processo denominado *transporte homocelular*; e (2) a manutenção do volume e da composição do líquido extracelular que ocorre por meio do transporte através de membranas epiteliais ou endoteliais, constituindo o chamado *transporte heterocelular*. Além disso, nas membranas intracelulares – do núcleo e de organelas citoplasmáticas – o transporte iônico é fundamental na geração ou manutenção dos gradientes de concentração iônica e de potencial elétrico entre as organelas e o citosol.

Vamos destacar o transporte heterocelular que ocorre nas barreiras epiteliais como o modelo de integração entre os diferentes tipos de transportadores, alguns a serem descritos como exemplo neste capítulo e, com mais detalhes, nos dedicados a órgãos como intestino, rins e pulmões. Como o próprio nome diz, o transporte integrado denota o acoplamento do transporte de, pelo menos, duas espécies que podem ser íons ou moléculas não carregadas. Existem dois modelos de transporte integrado, os que se estabelecem através de *acoplamento molecular* e de *acoplamento termodinâmico*, descritos a seguir.

▶ Acoplamento molecular

Existe acoplamento molecular quando a mesma estrutura carreadora presente em uma membrana realiza o transporte de duas ou mais espécies diferentes. A Figura 12.5 mostra o acoplamento molecular do transporte de glicose ou aminoácidos com o transporte de Na^+ através da membrana luminal das células epiteliais que, por exemplo, revestem o intestino. O carreador, um cotransportador, apresenta sítios específicos (distintos) de ligação de glicose e de Na^+, e o fluxo da primeira através da membrana luminal tem como força responsável o gradiente eletroquímico de Na^+ ($[Na^+]_{citosol} < [Na^+]_{lúmen}$), e interior da célula proximal negativo em relação ao lúmen gerado e mantido pela Na^+/K^+-ATPase presente na membrana basolateral. A glicose – e isso ocorre também com os aminoácidos – se acumula no interior da célula para depois ser transportada a favor do gradiente de concentração através da membrana basolateral utilizando um uniportador. Nesse tipo de acoplamento, se o gradiente eletroquímico de Na^+ for abolido pela inibição da Na^+/K^+-ATPase, por exemplo, não haverá absorção de glicose/aminoácidos nem de Na^+.

▶ Acoplamento termodinâmico

Ocorre quando os fluxos de duas ou mais espécies químicas são mediados por moléculas transportadoras diferentes, mas associadas umas às outras através da diferença de potencial eletroquímico transepitelial, estabelecido para uma delas. Novamente, os epitélios nos oferecem exemplos para esse tipo de acoplamento (Figura 12.6). Nas células principais dos túbulos distais renais, o Na^+ entra no citosol através da membrana luminal permeando por um canal (canal epitelial de Na^+, ENaC na abreviação inglesa; transporte passivo) e atravessa a membrana basolateral transportado pela Na^+/K^+-ATPase. A difusão do Na^+ através da membrana luminal a despolariza parcialmente e, dessa forma, se estabelece uma diferença de potencial elétrico $\Delta\Psi_{TE}$ entre o lúmen e o interstício entre –20 e –60 mV (lúmen tubular negativa em relação ao interstício). Essa $\Delta\Psi_{TE}$ constitui a força responsável (acoplamento termodinâmico) pelo fluxo passivo de Cl^- através da via paracelular. Nesse caso, o acoplamento dos respectivos fluxos de Na^+ e Cl^- não é obrigatório. Empregando-se túbulos isolados, pode se abolir a $\Delta\Psi_{TE}$ repolarizando o epitélio: o transporte de Cl^- cessa enquanto o transporte de Na^+ continua.

Em ambos os casos, a integração dos transportadores permite e determina o sentido do *transporte transcelular* (que atravessa as células) através das barreiras epiteliais e do endotélio. O mecanismo do transporte integrado sempre será dependente de um transporte ativo primário (p. ex., o de Na^+) funcionalmente associado a transportadores ativos secundários e terciários e, em alguns casos, com um canal iônico como o ENaC, mencionado anteriormente. Assim, a polarização das células epiteliais reside não apenas em aspectos morfológicos e estruturais: a localização de transportadores específicos na membrana basolateral ou na membrana luminal constitui o elemento funcional central da polaridade que garante o transporte vetorial de uma ou mais espécies moleculares.

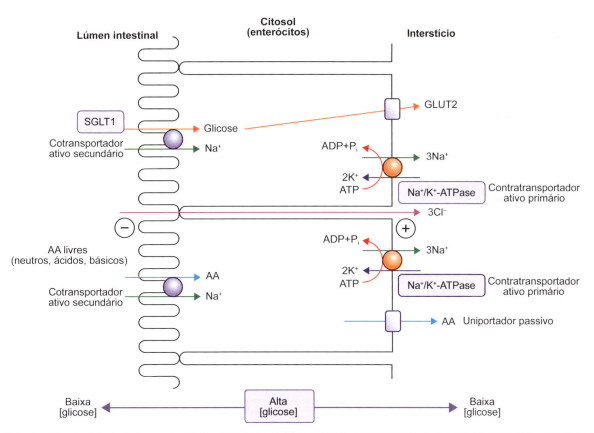

Figura 12.5 ▪ Acoplamento molecular. A absorção de glicose e aminoácidos em células epiteliais, aqui representadas por enterócitos, ocorre através de acoplamento molecular, no qual uma proteína carreadora possui sítios de ligação distintos para dois ou mais solutos. Na membrana luminal há a presença de transportadores ativos secundários, que realizam o cotransporte de íon Na^+ (a favor do gradiente de potencial eletroquímico) acoplado ao de outros solutos, como glicose e aminoácidos (contra os respectivos gradientes de concentração e de potencial eletroquímico). O gradiente de potencial eletroquímico mantido pela Na^+/K^+-ATPase é a força propulsora para o transporte ativo secundário de glicose e aminoácidos. *SGLT1*, cotransportador de Na^+ e glicose; *GLUT2*, transportador passivo de glicose; *[glicose]*, concentração de glicose; *AA*, aminoácido.

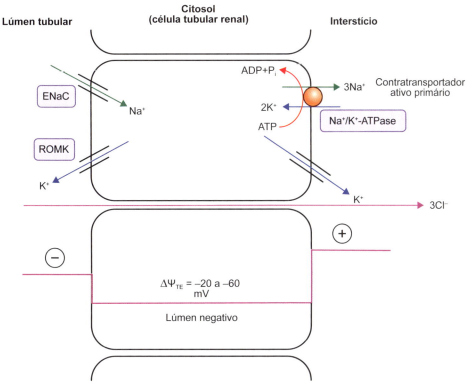

Figura 12.6 ▪ Acoplamento termodinâmico entre os fluxos dos íons Na^+ e Cl^-. A reabsorção paracelular de Cl^- que ocorre nas células principais do túbulo distal e ducto coletor renal ocorre graças à diferença de potencial elétrico gerado pelo transporte transcelular de Na^+, mediado pelos canais de Na^+ na membrana luminal e a Na^+/K^+-ATPase na membrana basolateral. *ENaC*, canais de Na^+; *ROMK*, canais de K^+; $\Delta\Psi_{TE}$, diferença de potencial elétrico transepitelial.

TRANSPORTE ATIVO

Antes de abordar a integração dos processos de transporte ativo, definiremos as principais características do *transporte ativo* de modo geral:

- *Dependência de substratos metabólicos*, tais como glicose, aminoácidos e ácidos graxos (incluindo os corpos cetônicos, derivados destes), cuja oxidação, com predomínio distinto em diferentes tecidos, permite a formação do ATP usado pelos transportadores ativos
- *Sensibilidade a inibidores* das vias metabólicas que culminam na síntese de ATP, como inibidores e desacopladores da respiração mitocondrial ou inibidores da glicólise, por exemplo
- *Influência da temperatura*: os processos de transporte ativo podem ser diferenciados dos fluxos passivos através da influência da temperatura na sua velocidade. Embora essa influência seja de maneira geral muito complexa, o coeficiente Q_{10} (coeficiente de Arrhenius) permite uma estimação grosseira da natureza ativa (dependente da formação e utilização de ATP) de um processo de transporte. O aumento da velocidade de um fluxo em mais de duas vezes para cada aumento de 10°C na temperatura ($Q_{10} > 2$) – evidentemente na faixa em que as enzimas preservam sua estrutura e função – indica a existência de reações químicas envolvidas e, portanto, de transporte ativo. Um $Q_{10} < 2$ aponta para um processo de transporte passivo, ou seja, um fenômeno puramente físico como a difusão simples, anteriormente descrita
- *Saturação*: esta característica não é exclusiva do transporte ativo, uma vez que se observa em todos os transportes mediados por carreadores. Todavia, quando a saturação se associa às características anteriores, contribui para identificar um processo de transporte ativo
- Participação na formação e preservação de *estados estacionários* (como definido anteriormente), apesar da existência de fluxos passivos que tendem espontaneamente a dissipá-los.

▶ Transporte ativo primário

Transporte ativo primário é aquele em que a molécula carreadora usa diretamente energia metabólica, acoplando o transporte de solutos – na ausência ou contra gradientes de potencial eletroquímicos – à hidrólise de ATP. Em função do papel central da hidrólise de ATP nesses processos, os transportadores são denominados coletivamente de ATPases, encontrando-se na membrana plasmática e de organelas. As ATPases transportadoras – que se encontram entre as mais antigas aquisições evolutivas, como veremos um pouco mais adiante – e especialmente as ATPases do tipo P2 serão descritas com mais detalhe na seção correspondente deste capítulo. Embora algumas delas participem do transporte integrado através de membranas epiteliais, acoplando seu funcionamento ao de outros transportadores, todas desempenham um papel central na manutenção da composição química de todas as células, sejam elas polarizadas ou não (células polarizadas são aquelas que têm duas regiões distintas de sua membrana plasmática, voltadas para dois compartimentos – ou meios – diferentes). Deve ser frisado que as ATPases transportadoras mais conhecidas e estudadas em detalhe nos últimos 70 anos são aquelas envolvidas nos fluxos de íons metálicos. Todavia, em anos recentes, foram descritas muitas outras famílias de ATPases responsáveis pelo transporte das mais diversas moléculas, como será mostrado na seção específica.

▶ Transporte ativo secundário

O *transporte ativo secundário* usa a energia proveniente da dissipação do gradiente de potencial eletroquímico de uma espécie (tipicamente Na^+), gerado por um transportador ativo primário, como fonte de energia para mover o(s) outro(s) soluto(s). Estes últimos podem ser assim transportados contra o seu gradiente de concentração ou eletroquímico. São exemplos de transportadores ativos secundários os cotransportadores de Na^+:glicose e Na^+:aminoácidos (ver Figura 12.5), bem como os contratransportadores Na^+/Ca^{2+} e Na^+/H^+, para citar aqui apenas alguns que serão estudados em detalhe em outros capítulos deste livro. São características desses cotransportadores: (1) o acoplamento entre dois fluxos que ocorrem na mesma proteína transportadora (acoplamento molecular); (2) os fluxos podem ocorrer no mesmo sentido (cotransportador, Na^+:glicose) ou em direções opostas (contratransportador, Na^+/H^+); e (3) podem transportar mais de duas espécies, como o cotransportador $Na^+:K^+:2Cl^-$ presente no epitélio da alça de Henle ascendente. Em células polarizadas, a maioria dos transportadores ativos secundários se encontra no lado oposto da membrana na qual se localiza o transportador ativo primário, uma configuração apropriada para que o transporte transcelular possa ocorrer. Este não é o caso das células não polarizadas, e existem importantes exceções em células polarizadas, como veremos no exemplo a seguir.

▶ Transporte ativo terciário

A energia oriunda da dissipação do gradiente eletroquímico de uma espécie, gerado por um transportador ativo secundário, pode ser utilizada para o *transporte ativo terciário* de outra(s). A nomenclatura desses transportadores, portanto, segue a ordem de acoplamento dos eventos. Exemplo de transporte ativo terciário – para além de sua importante função na eliminação de xenobióticos – é o de secreção de cátions e ânions orgânicos por epitélios, como poderá ser visto em detalhe na secreção tubular renal, sendo agora apenas esquematizado na Figura 12.7. Em epitélios, os transportadores ativos terciários podem ou não estar do mesmo lado da membrana, podendo ser do tipo cotransportador ou contratransportador. O exemplo aqui mostrado permitiria definir ainda um *transporte ativo quaternário*: o da permuta de ânions na membrana luminal.

MECANISMOS DE TRANSPORTE DE GLICOSE ATRAVÉS DE MEMBRANAS EPITELIAIS

O transporte de glicose, um soluto hidrofílico, só pode ser realizado com a participação de proteínas integrais de membrana que permitem a sua passagem através da bicamada lipídica, ou seja, através do que anteriormente definimos como *transporte mediado*. Dependendo do tipo de transportador e do gradiente de concentração – a favor ou contra o qual o seu fluxo ocorre –, a glicose pode ser transportada passiva ou ativamente. Embora o transporte de glicose tenha sido

ATPases de Transporte   245

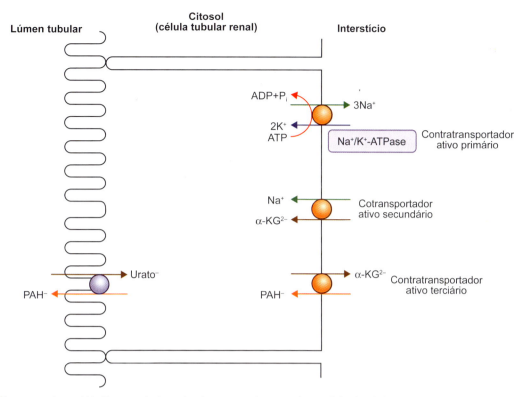

Figura 12.7 ▪ Transporte ativo terciário. Um exemplo desse tipo de transporte é encontrado em células do túbulo proximal renal, onde há acoplamento de diferentes transportadores para que haja secreção de cátions orgânicos como o para-amino-hipurato (PAH$^-$). Aqui os transportadores ativos estão dispostos na membrana basolateral, a saber: primário (Na$^+$/K$^+$-ATPase), secundário (*simporter* de Na$^+$ e α-cetoglutarato) e terciário (antiporte de α-cetoglutarato e PAH$^-$). α-KG^{2-}, α-cetoglutarato.

extensivamente estudado em adipócitos em função do seu significado bioquímico, esta seção focará os processos de transporte em células epiteliais, que possuem os dois tipos de transportadores, e que são responsáveis: (i) pela enorme capacidade do intestino de absorver a glicose derivada dos alimentos e (ii) pela total reabsorção, nos túbulos proximais, da glicose filtrada no glomérulo. Esses dois transportadores pertencem à família de carreadores de solutos codificados pelos genes da família *SLC* (do inglês *solute carrier*).

A glicose entra ativamente na célula através de *transportadores ativos secundários*, cotransportadores Na$^+$:glicose (SGLT) que usam a energia resultante da dissipação do gradiente eletroquímico de Na$^+$ gerado pela Na$^+$/K$^+$-ATPase (*transportador ativo primário*). São conhecidas até o momento 6 isoformas do gene *SGLT*, que podem atuar no transporte de glicose e galactose e mesmo como um sensor de glicose, além de outras funções ainda desconhecidas. A isoforma SGLT1 (estequiometria 2 Na$^+$:1 glicose) está presente na membrana da borda em escova do intestino e de todo o túbulo proximal renal, enquanto a isoforma SGLT2 (1 Na$^+$:1 glicose) está localizada no segmento inicial do túbulo renal, sendo que essas diferenças de estequiometria podem ser responsáveis pelas diferenças recíprocas em capacidade de transporte e afinidade pela glicose que garantem a quase completa reabsorção de glicose no túbulo proximal inicial.

Como resultado desse transporte ativo secundário, a glicose se acumula dentro dessas células epiteliais, permitindo que a segunda etapa do seu transporte transepitelial ocorra a favor do seu gradiente de concentração (transporte passivo). Como usa uma proteína carreadora, a transferência da glicose através da membrana basolateral é um exemplo de *transporte passivo mediado* ou *difusão facilitada* (discutido anteriormente). Esse transporte é mediado por uma família de transportadores de glicose chamados *GLUT*, que possuem mais de 10 isoformas descritas em humanos, classificadas de acordo com sua função, especificidade de substrato e regulação. O estudo dessas isoformas permitiu identificar recentemente outros substratos fisiológicos além da glicose, como o urato e o mioinositol, uma relação que parece estar ainda incompleta. Os transportadores de glicose (uniportador e cotransportador) dispostos em série nos epitélios intestinal e renal estão esquematicamente representados na Figura 12.5.

Os mecanismos envolvidos no transporte mediado de solutos através da membrana só podem ser completamente desvendados quando se conhece a estrutura tridimensional da proteína carreadora nos seus diferentes estados conformacionais, como será visto mais adiante para algumas ATPases. Todavia, mesmo não se conhecendo a estrutura tridimensional, alguns modelos por homologia acompanhados por predição computacional podem ajudar na elucidação desses mecanismos de transporte ou, ao menos, propor modelos que ajudem a compreender quais são as principais etapas do processo. As estruturas preditas dos transportadores GLUT e SGLT são apresentadas na Figura 12.8, mostrando como uma mesma molécula, no caso a de glicose, pode usar transportadores oriundos de uma mesma família com domínios estrutural e funcionalmente adaptados em mediar ou uma difusão facilitada (GLUT) ou um transporte ativo secundário (SGLT).

A importância médica desses transportadores se evidencia quando há alteração na abundância da respectiva proteína, geralmente causada por mutação no gene que a codifica, como no caso da síndrome de Fanconi-Bickel (defeito no GLUT2 renal, que impede a passagem de glicose através da membrana basolateral em túbulos renais e enterócitos) e da

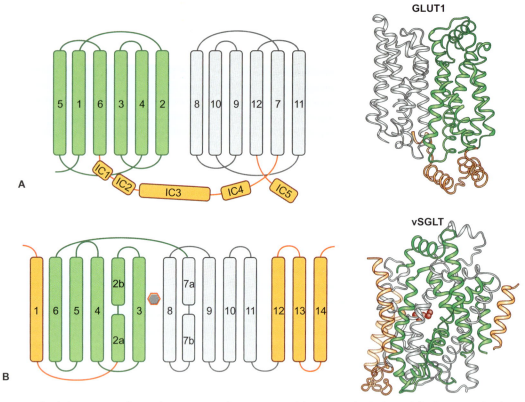

Figura 12.8 ▪ Estrutura predita de GLUT e SGLT. **A.** À esquerda está representada a estrutura geral do transportador de glicose da família GLUT e a distribuição dos diferentes domínios proteicos na membrana da célula; à direita, a representação da estrutura 3D da isoforma GLUT1 humana. **B.** Estrutura do SGLT, proteína responsável pelo simporte de Na⁺ e glicose. À direita está representada a estrutura de vSGLT, em que o substrato está ocluído dentro da estrutura. (Adaptada de Deng e Yan, 2016.)

hipouricemia renal do tipo 2 (que altera a permuta de urato por outros ânions orgânicos na membrana luminal de túbulos proximais). Alterações na regulação das vias de sinalização que envolvem GLUT – que levam à redução na migração de GLUT4 para a membrana plasmática – são características do diabetes melito tipo 2.

Neste momento, podemos nos perguntar sobre o que acontece quando o acoplamento entre os transportadores (ou pelo menos entre alguns) não funciona adequadamente. Algumas doenças já foram descritas tendo como mecanismo fisiopatológico chave o desacoplamento de transportadores, seja por alterações na barreira epitelial, seja no próprio transportador. Dentre as primeiras podemos destacar as que ocorrem na doença congênita do rim policístico, caracterizada pela formação de grandes e numerosos cistos contendo líquido tubular que progressivamente destroem grandes extensões do parênquima renal. Essa doença exemplifica como mutações em proteínas de adesão presentes no epitélio renal (as policistinas 1 e 2) podem levar à localização errônea da Na⁺/K⁺-ATPase funcional na membrana apical da célula epitelial (Figura 12.9 B), em vez da membrana basolateral, e o resultante transporte de Na⁺ no sentido interstício→lúmen provoca o acúmulo de líquido luminal, formando cistos (Figura 12.9 A). Ao mesmo tempo, o não estabelecimento do gradiente normalmente orientado de Na⁺ desacopla todo o conjunto de cotransportadores.

No que foi apresentado até agora, as ATPases transportadoras – e a hidrólise de ATP que elas catalisam – se destacam no acoplamento de fluxos iônicos essenciais para os seres vivos. Portanto, sua importância requer uma seção especial neste capítulo, que trata de transporte através de membranas.

ATPases TRANSPORTADORAS

A importância da molécula de *trifosfato de adenosina* (ATP) para os seres vivos pode ser comprovada quando discutimos o uso diário de ATP em humanos. Estima-se que a massa de ATP usada diariamente por um indivíduo de 70 kg seja algo em torno de 60 kg, ou seja, são quase equivalentes. Porém, a quantidade existente de ATP no corpo humano não chega a 300 g, uma diferença que se explica graças a um sistema de reciclagem (síntese e utilização) altamente efetivo que todos os organismos vivos possuem. A energia liberada (processo *exergônico*, ver definição etimológica apresentada anteriormente) durante a oxidação dos alimentos ou das reservas corporais de glicídios e lipídios é armazenada temporariamente na ligação fosfoanidrido β–γ da molécula de ATP (Figura 12.10), sintetizada a partir do difosfato de adenosina (ADP) e do fosfato inorgânico (P$_i$) liberados nas reações *endergônicas* (ver também definição) que requerem (hidrolisam) ATP. Quando a energia do ATP é usada para permitir que ocorram as mais variadas funções do organismo, liberam-se ADP e P$_i$, reciclados durante a síntese de novas moléculas de ATP em reações aeróbicas (nas mitocôndrias) e anaeróbicas (glicólise). Essa reutilização é tão intensa que se estima que cada molécula de ATP do organismo humano seja reciclada mais de 1.000 vezes ao dia por meio de processos de *hidrólise* e *síntese* mediados em sua grande maioria, exceto na glicólise, por enzimas respectivamente denominadas *ATPases* e *ATP-sintase* (esta última mitocondrial, ou ATPase *mestre*). Objeto de intensos estudos há mais de 60 anos, os mecanismos de catálise, pelos quais a energia liberada na hidrólise de ATP é usada pelas diferentes ATPases, ainda não estão totalmente elucidados.

ATPases de Transporte 247

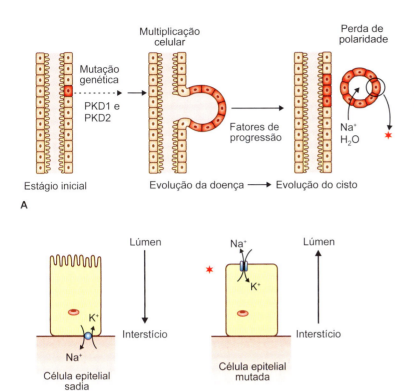

Figura 12.9 ▪ Estágio inicial e progressão da doença renal policística. **A.** A mutação dos genes das policistinas 1 e 2 (PKD1 e PKD2) inicia o processo da doença. Fatores de progressão hormonal estimulam a proliferação celular. **B.** No processo fisiopatológico, as células epiteliais renais perdem a polaridade, e a Na$^+$/K$^+$-ATPase passa a se localizar na membrana apical da célula renal. Ocorre o desacoplamento entre os transportadores primário e secundário, de forma que o transporte de Na$^+$ e água muda de sentido (setas grandes) e, com isso, aumenta o volume do cisto.

O termo ATPase se refere a enzimas que hidrolisam ATP. Porém, dependendo do processo em que essas enzimas se envolvem, podemos separá-las em duas grandes classes: *ATPases não transportadoras* e *ATPases transportadoras*. As proteínas pertencentes ao grupo das ATPases não transportadoras são aquelas capazes de hidrolisar a molécula de ATP (e inclusive, dependendo da família, outros substratos fosforilados de ocorrência natural ou sintéticos), sem usar a energia liberada durante essa hidrólise para transportar substâncias através das membranas biológicas. A energia fornecida pela hidrólise da molécula de ATP é usada para diferentes eventos não relacionados com o transporte de solutos. Os vários tipos dessas enzimas são objetos de diferentes nomenclaturas, adotando-se aqui:

- C-ATPases, que se referem às ATPases do tipo miosina, proteína que hidrolisa ATP, desempenhando função essencial nos processos de contração muscular
- N-ATPases, proteínas envolvidas em modificações de ácidos nucleicos
- HS-ATPases, referentes à família das proteínas de choque térmico (*heat-shock*), que usam a energia proveniente da hidrólise do ATP para o correto enovelamento de proteínas recém-sintetizadas na célula
- E-ATPases, que se referem às ecto-ATPases, glicoproteínas integrais de membrana cujos sítios ativos estão voltados para o lado extracelular. Elas são enzimas de baixa especificidade, podendo hidrolisar qualquer nucleotídeo (ATP, GTP e UTP) além de ADP e outros substratos fosforilados de ocorrência natural ou não.

Provavelmente essa lista de ATPases não transportadoras ainda esteja incompleta, e não podemos descartar a possibilidade de que outros tipos ainda poderão ser descritos no futuro. A Figura 12.11 apresenta um quadro com diferentes tipos/famílias de ATPases, indicando ainda as espécies químicas transportadas.

O *transporte ativo primário* anteriormente descrito é realizado por ATPases que acoplam o fluxo de solutos, através de uma membrana, contra seu respectivo gradiente de potencial eletroquímico (portanto *endergônico*), à hidrólise *exergônica* de uma molécula de ATP. Por isso, essas proteínas integrais de membrana são denominadas *ATPases transportadoras*, encontradas em todo o reino animal, nas plantas e nas bactérias e divididas em diferentes famílias, de acordo com sua estrutura, mecanismo de ação e localização. São classificadas em quatro grandes famílias, a saber: *F-ATPases*, *P-ATPases*, *V-ATPases* e *ABC-ATPases*. Todas as ATPases transportadoras possuem três características marcantes: são encontradas em membranas biológicas (seja citoplasmática ou de organelas intracelulares), hidrolisam ATP e usam a energia dessa hidrólise para transportar pelo menos um soluto através da membrana.

Resumidamente, as F-ATPases são na verdade as ATP-sintases, responsáveis por sintetizar ATP nas mitocôndrias e nos cloroplastos, acoplando esse processo à catálise de fluxos de H$^+$, mas que em condições específicas também podem hidrolisar ATP *in vitro*. As P-ATPases estão envolvidas no transporte vetorial de diferentes cátions contra seu gradiente de potencial eletroquímico. As V-ATPases são transportadoras de H$^+$ encontradas em vacúolos intracelulares – sendo assim essenciais para a acidificação da organela – e também na membrana plasmática de protozoários, como será visto mais adiante. Finalmente, as ABC-ATPases, que são mais comumente referidas como transportadores ABC, constituem a maior – e talvez menos conhecida – família de ATPases transportadoras presentes em todos os organismos, desde a bactéria até o homem.

Apesar da evidente importância das ATPases não transportadoras para o funcionamento dos organismos celulares, neste

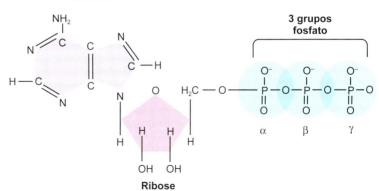

Figura 12.10 ▪ Estrutura do trifosfato de adenosina (ATP), formado a partir da união de uma base nitrogenada purínica (adenina), com uma molécula de açúcar (ribose) e três grupos fosfato, ligados entre si por ligações fosfoanidrido. (Adaptada de www.socratic.org.)

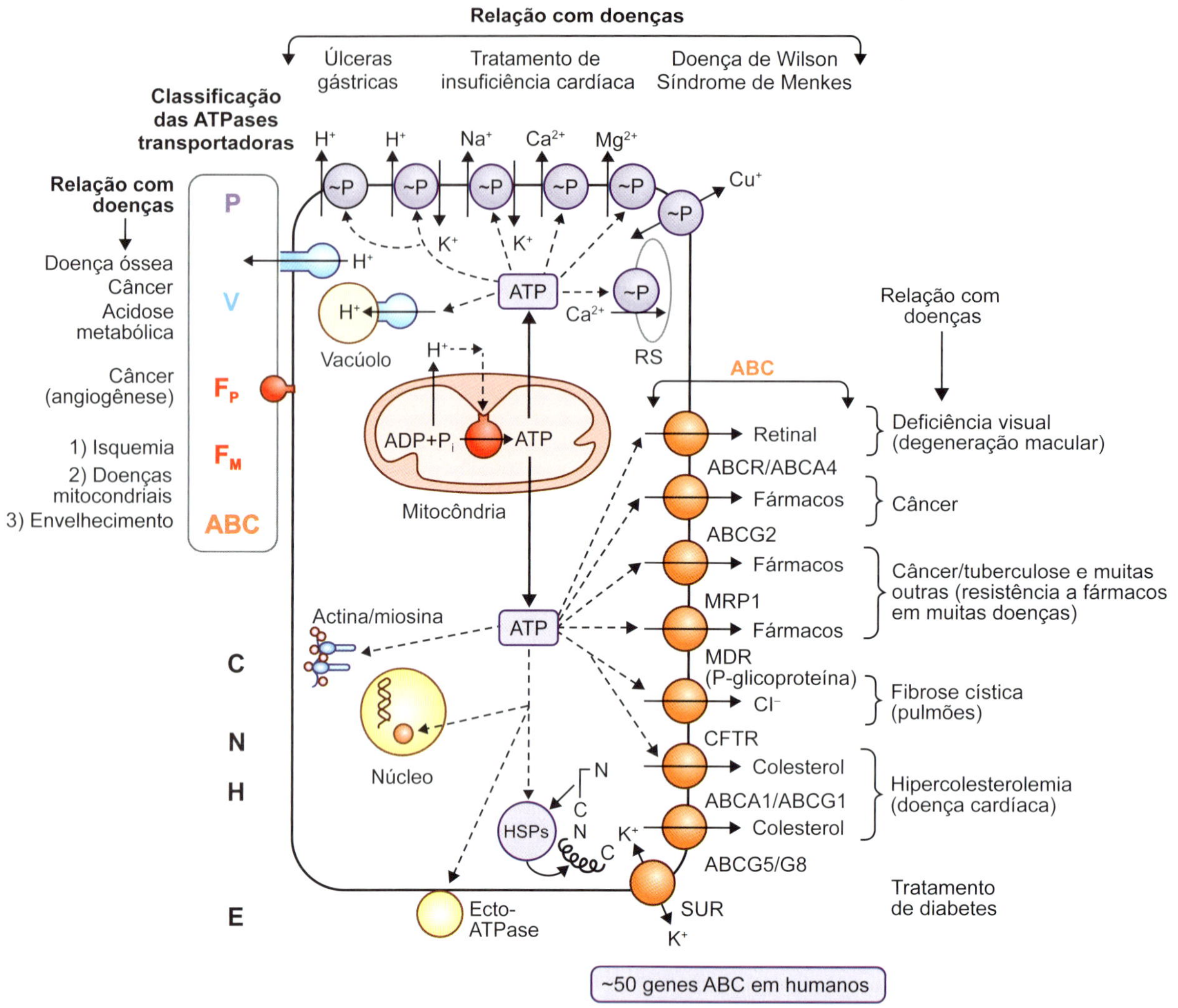

Figura 12.11 ■ Esquema com as diferentes famílias de ATPases e algumas das doenças às quais estão associadas. As ATPases transportadoras se enquadram em quatro categorias principais, ou seja, os tipos *P*, *V*, *F* e *ABC*, que significam, respectivamente, aquelas que passam por um caminho de reação envolvendo um intermediário fosforilado covalente, aquelas que aparecem em vacúolos, aquelas que foram originalmente chamadas de "F₀F₁" e aquelas que se tornaram conhecidas como "transportadores ABC". A figura lista também algumas doenças ou estados patológicos que resultam de problemas relacionados com determinada ATPase transportadora. Também são mostradas nesta figura outras ATPases bem conhecidas que se enquadram em outras categorias e que não são discutidas neste capítulo. Especificamente, *C* representa ATPases envolvidas em contração ou movimento celular; *N*, ATPases envolvidas em eventos nucleares; *H*, proteínas de choque térmico e *E*, ecto-ATPases que aparecem na superfície de alguns tipos celulares. (Adaptada de Pedersen, 2007.)

capítulo iremos nos ater somente às ATPases transportadoras, descrevendo com detalhe a estrutura e os mecanismos comuns de catálise a partir de informações obtidas nas duas mais estudadas nos últimos 70 anos: (i) a Na⁺/K⁺-ATPase que transporta 3 Na⁺ do citosol para o meio extracelular em troca de 2 K⁺ transferidos para o citosol, com simultânea hidrólise de 1 molécula de ATP; (ii) a Ca²⁺-ATPase do retículo endo(sarco)plasmático, cuja estequiometria de transporte:hidrólise é 2 Ca²⁺:1 ATP, com evidências de que H⁺ é o cátion contratransportado. Ao longo deste capítulo, serão apresentados aspectos centrais da estrutura e da função de ATPases representativas, associando-as a diferentes processos celulares, com uma seção introdutória que mostra como as ATPases transportadoras são aquisições evolutivas antigas.

▶ Uma aquisição evolutiva antiga acoplada a transportadores ativos secundários

Um importante papel para o sistema de transportadores ativos primários e secundários em procariontes e eucariontes unicelulares – e este parece ser um legado de organismos primitivos – é o de permitir a entrada de todos os nutrientes essenciais no compartimento citoplasmático e, subsequentemente, nas organelas. Essa entrada de nutrientes é fundamental para o metabolismo celular, dependente de fontes exógenas de carbono, nitrogênio, enxofre e fósforo. O P_i, fonte de fósforo para todas as células, incluindo os organismos unicelulares, é um nutriente essencial requerido para um grande número de funções celulares, inclusive para a síntese de ATP. Em organismos unicelulares, a baixa disponibilidade de P_i no ambiente é um fator limitante para sua proliferação, e, por isso, o desenvolvimento de eficazes mecanismos de captura e transporte para o citosol pode ter sido o resultado de essencial pressão evolutiva. Assim, o transporte ativo de P_i através da membrana plasmática é fundamental para a manutenção da homeostase de P_i, sendo o ponto inicial para a utilização desse ânion. Assim como descrito anteriormente para as células de mamíferos, o transporte e a acumulação de P_i em parasitos e fungos, por exemplo, ocorrem contra seu gradiente de potencial eletroquímico e são mediados por transportadores ativos secundários, que catalisam a dissipação de gradientes de potencial eletroquímico de Na^+ ou H^+, criados e mantidos por ATPases transportadoras dessas espécies.

Em *Saccharomyces cerevisiae*, foram detectados dois sistemas de transporte de P_i que evoluíram há mais de 1,5 milhão de anos. Um é de baixa afinidade, compreendendo os transportadores constitutivos de P_i, e o outro é o sistema da alta afinidade, que consiste em dois transportadores, PHO84 e PHO89. O primeiro é um cotransportador $H^+:P_i$ pertencente à família PHS (*phosphate H^+ symporter*), enquanto o PHO89 é um cotransportador $Na^+:P_i$, pertencente à família PiT (*inorganic phosphate transporter*), mostrando com essa redundância o significado da incorporação de P_i mediada por sistemas capazes de funcionar em ambientes com diferentes ofertas do ânion. Em relação ao PHO89, foi demonstrado que esse transportador ativo secundário usa o gradiente de potencial eletroquímico de Na^+ como a força responsável pela captação de P_i. Esta parece ser ainda de natureza eletrogênica, uma vez que a espécie transportada é um complexo com carga positiva resultante de uma estequiometria $2\ Na^+:1\ H_2PO_4^-$. Resulta evidente, em termos de eficiência do transporte, que a diferença de potencial elétrico através da membrana – interior negativo – favorece o transporte de P_i formando um complexo de carga positiva com Na^+, especialmente quando as concentrações extracelulares deste, e também o gradiente de concentração através da membrana, são pequenos.

Recentemente, tem sido demonstrado que estímulos específicos levam ao aumento sincrônico do transportador PHO89 e de uma Na^+-ATPase não acoplada a K^+ (conhecida como 2ª bomba de Na^+) (ENA1) em leveduras. A privação de P_i e mudanças do pH induzem coordenadamente a ativação transcricional de vias complexas que culminam na suprarregulação de ambos os transportadores. Além da Na^+/K^+-ATPase, a Na^+-ATPase pode também energizar o transporte ativo secundário de solutos; essas observações dão suporte à ideia de que o acoplamento funcional de diferentes cotransportadores, com as ATPases transportadoras de Na^+, depende de uma regulação também fortemente acoplada de mecanismos de expressão. E este é o caso também dos transportadores encontrados em mamíferos, como o SGLT, anteriormente descrito.

Esse importante papel da 2ª bomba de Na^+ na energização de transportadores ativos secundários também foi encontrado em parasitas unicelulares. Em tripanossomatídeos, o influxo de P_i está também acoplado à Na^+-ATPase. Formas epimastigotas de *Trypanosoma rangeli* e *Trypanosoma cruzi* possuem mecanismos de transporte de P_i dependentes e independentes de Na^+, sendo o primeiro dependente do gradiente de Na^+ gerado e mantido pela Na^+-ATPase que é utilizado pelo cotransportador (Figura 12.12 A). De forma geral, tanto PHO89 quanto Na^+-ATPase são proteínas amplamente conservadas, apresentando homólogos em vários organismos. Assim, o acoplamento funcional e regulatório entre essas proteínas pode também ser conservado durante o processo evolutivo.

Esses exemplos de ancestralidade das ATPases transportadoras e de transporte ativo secundário se completam com o proveniente de um organismo que, obrigatoriamente, se abriga permanentemente em uma célula hospedeira em todo o seu ciclo de vida. O parasita intraeritrocítico *Plasmodium falciparum*, parasita da malária, depende de um suprimento externo de P_i vindo do citosol da célula hospedeira para manter seu crescimento normal. Foi demonstrada a presença de um transportador de P_i na membrana plasmática (PfPIT) de *P. falciparum*, sendo essa proteína um membro da família PiT. Esse transportador permite que o parasita intracelular capte ativamente P_i em acoplamento molecular com Na^+, exibindo uma estequiometria $2\ Na^+:1\ P_i$, e usando a energia proveniente da dissipação do gradiente eletroquímico de Na^+, mais uma vez criado e mantido por uma Na^+-ATPase. De maneira interessante, essa ATPase é inibida pelo fármaco antimalárico (+)-SJ733, em mais um exemplo promissor da utilização de inibidores de transportadores para o tratamento de doenças: o Na^+ aumenta dentro do eritrócito como resultado da inibição da Na^+-ATPase, a motilidade do parasita cessa e sua replicação é interrompida.

▸ Diferentes famílias

F-ATPases

As F-ATPases, também comumente denominadas F_0F_1-ATPases, funcionam em condições fisiológicas como ATP-sintases, ou seja, sintetizam ATP e são encontradas na membrana interna de mitocôndrias, nas membranas citoplasmáticas de bactérias e nos tilacoides de cloroplastos. Pouco mais de uma década atrás, foi descrita a presença de F-ATPases na superfície de células endoteliais e tumorais, onde sintetizam ATP. Embora seu papel não

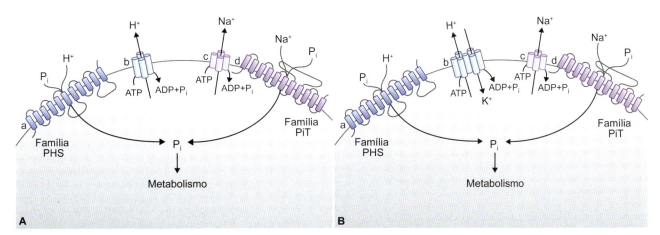

Figura 12.12 ▪ Modelo proposto para o mecanismo de captação de P_i em tripanossomatídeos. **A.** *Trypanosoma cruzi*. **B.** *Trypanosoma rangeli*. Em ambos os painéis, "a" corresponde ao modelo topográfico predito do transportador PHS derivado do perfil de hidropaticidade da sequência predita dos transportadores TcPHO84 de *Trypanosoma cruzi* e TrPHO84 de *T. rangeli*. Esses transportadores requerem uma força próton-motriz fornecida pela H^+-ATPase em *T. rangeli* ("b", no painel **A**) ou a H^+/K^+-ATPase em *T. cruzi* ("b", no painel **B**). Em ambos os painéis, "c" representa a Na^+-ATPase resistente à ouabaína responsável por estabelecer e manter a força sódio-motriz requerida para a captação de P_i acoplada a Na^+ pelos cotransportadores da família PiT, cujo modelo topográfico ("d") foi predito a partir do perfil de hidropaticidade do TcPHO89 de *T. cruzi* e TrPHO89 de *T. rangeli*. (Adaptada de Dick et al., 2014.)

esteja totalmente definido, essas F-ATPases parecem desempenhar um papel-chave na suficiência metabólica de células tumorais e, no caso do endotélio, funções ateroprotetoras. As F_0F_1-ATPases sintetizam ATP a partir de ADP e P_i, usando a energia resultante da dissipação do gradiente eletroquímico de H^+ através delas. Na mitocôndria, esse gradiente (matriz alcalina e negativa em relação ao espaço intermembranar) é gerado quando os elétrons são transportados ao longo dos complexos transportadores a favor de uma diferença de *potencial redox*. Pelo fato de sintetizar ATP, é considerada a ATPase *mestre* – que fornece a energia para as outras ATPases transportadoras realizarem suas funções associadas ao transporte de solutos. Sua estrutura é bastante complexa e conservada entre as espécies. Composta por inúmeras subunidades (16 a 18 tipos de subunidades em mamíferos), estas formam os dois domínios do complexo proteico, incluindo subunidades catalíticas e reguladoras: em que F_0 se refere ao domínio inserido na membrana, que forma o canal para H^+, e F_1 é o domínio solúvel da proteína, local da síntese de 3 moléculas de ATP durante o ciclo de rotação das 3 subunidades β do domínio F_1.

Extensos estudos sobre a estrutura e função das F-ATPases demonstraram que esses domínios têm a capacidade de acoplar a síntese de ATP ao movimento de giro da estrutura proteica, devido às mudanças conformacionais causadas pela passagem de H^+. Funcionando como transdutores de energia mecanoquímica, também denominados de motores rotatórios moleculares, as 3 subunidades β transitam por sucessivos estados conformacionais que permitem a síntese espontânea de 3 moléculas ATP em cada ciclo de rotação a partir do ADP e do P_i que entraram no sítio catalítico em uma etapa anterior. Esse ATP de "baixa energia" no momento de sua síntese em um ambiente hidrofóbico, isto é, com baixa atividade da água, se torna um composto de "alta energia" na etapa seguinte de liberação para o espaço extramitocondrial. Neste terceiro passo, o ATP é exposto a um meio com alta atividade da água (Figura 12.13). A elucidação desse mecanismo de catálise contribuiu para dar apoio à ideia – uma das grandes mudanças de paradigma na bioenergética na segunda metade do século XX – de que os compostos fosforilados, notadamente o ATP, podem ser sintetizados espontaneamente em ambientes nos quais a baixa atividade da água favorece esse processo, tornando-se de "alta energia" e, portanto, capazes de sustentar processos endergônicos, em ambientes nos quais a atividade da água estiver aumentada. A terceira etapa do giro da subunidade β é a que restaura o acesso à água e confere ao ATP a condição de composto de alta energia.

P-ATPases

As P-ATPases são assim chamadas porque são capazes de formar um *intermediário fosforilado*, que também transita do estado de "alta energia" para o de "baixa energia" durante o *ciclo de catálise*, acoplando essas transições ao movimento vetorial de cátions através de membranas biológicas. Esse intermediário fosforilado resulta da fosforilação reversível de um resíduo de ácido aspártico (D) presente na sequência invariável de aminoácidos – DKTGT – e constitui a característica principal dessas ATPases. É uma superfamília ubiquitária envolvida no transporte de substratos carregados através das membranas biológicas, incluindo Na^+, K^+, Ca^{2+}, H^+, Mg^{2+}, Mn^{2+}, Cu^+, Zn^{2+}, Cd^{2+}, Pb^{2+} e fosfolipídios. A maioria dessas ATPases é dotada de uma única subunidade, mas algumas delas constituem complexos formados por duas ou mais subunidades. Podem ser encontradas nas membranas citoplasmáticas de células eucarióticas (animais e vegetais), procarióticas e em membranas de organelas intracelulares, como o retículo endo(sarco)plasmático e o complexo de Golgi, a fim de manter as condições iônicas adequadas nas diferentes organelas celulares, assim como na própria célula. Atualmente, muitas P-ATPases de diferentes espécies já foram identificadas, e as sequências primárias e seus alinhamentos podem ser consultados no banco de dados http://traplabs.dk/patbase. A estrutura de algumas P-ATPases já foi definida por cristalografia de raios X com resolução de 2 Å e estas, por homologia, permitiram propor estruturas tridimensionais para muitas outras (Figura 12.14).

O ciclo catalítico dessa família de ATPases vem sendo estudado há várias décadas, assim como o modelo E_1E_2 associado às transições de "alta" e "baixa energia" para o intermediário fosforilado e para os passos que também envolvem intermediários não fosforilados. Ele é amplamente aceito na literatura e contribui também para explicar, em termos de estrutura terciária, as modificações conformacionais que ocorrem na proteína durante seu ciclo catalítico. Na Figura 12.15 apresenta-se, de maneira simplificada, a sequência de etapas do transporte de íons e de fosforilação/desfosforilação da enzima a partir do ATP que podem ser associadas às mudanças sequenciais na conformação da proteína e movimento de domínios funcionais (Figura 12.16).

Atualmente, as P-ATPases são subdivididas em 5 subfamílias, que representam, cada uma, um ramo evolutivo diferente. As primeiras a surgirem no planeta provavelmente foram as K^+-ATPases bacterianas e as ATPases de metais pesados, também denominadas *P1-ATPases*. Estudos realizados no final da década de 1980 comprovaram a resistência de *Staphylococcus aureus* ao íon Cd^{2+}, um metal pesado altamente tóxico. Observou-se que essa resistência provém do transporte de Cd^{2+} para fora da célula, graças a uma ATPase do tipo P, denominada CadA, e estudos de transporte *in vitro*

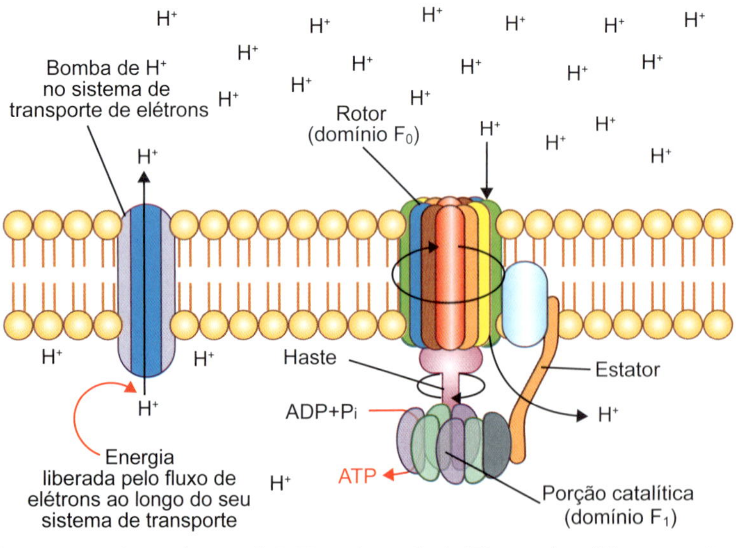

Figura 12.13 ▪ Síntese de ATP pela F-ATPase. A geração de ATP ocorre à medida que os prótons atravessam a membrana através dos complexos proteicos que formam a ATP-sintase, enviando-os para o citoplasma bacteriano ou para a matriz das mitocôndrias. À medida que os prótons são transportados a favor do gradiente eletroquímico através da ATP-sintase, a energia liberada faz com que o rotor (domínio F_0) e a haste da ATP-sintase girem em torno do próprio eixo. A energia mecânica dessa rotação é convertida em energia química, pois o fosfato é adicionado ao ADP para formar ATP na porção catalítica (domínio F_1). (Adaptada de Gary Kaiser, http://faculty.ccbcmd.edu.)

ATPases de Transporte 251

Figura 12.14 ■ Estrutura tridimensional das P-ATPases e modelos por homologia. A partir da estrutura da Ca^{2+}-ATPase de retículo endo(sarco)plasmático obtidas em diferentes formas conformacionais da enzima, conformações E$_1$ (**A**) e E$_2$ (**B**) servem de base para obter modelos de estrutura por homologia de outras P-ATPases, como a H$^+$-ATPase de membrana plasmática (**C**) e Na$^+$/K$^+$-ATPase (**D**). (Adaptada de Kühlbrandt, 2004.)

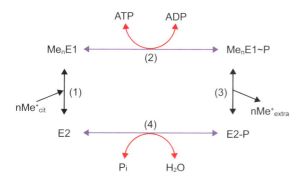

Figura 12.15 ■ Esquema representativo do ciclo de catálise das P-ATPases. Os eventos de transporte do cátion (passos 1 e 3) e os eventos químicos (passos 2 e 4) de fosforilação e desfosforilação estão interligados e ocorrem em sequência. As mudanças conformacionais da ATPase (E1 → E2) são necessárias para que haja ligação do cátion de um lado da membrana e liberação do metal do outro da membrana. O número de cátions (Me$^+$) transportados à custa da hidrólise de uma molécula de ATP varia de acordo com a especificidade de cada ATPase, por isso está representado pela letra "n". As etapas do mecanismo de transporte do íon durante o ciclo catalítico dessas ATPases ainda é uma questão em aberto e, por isso, diferentes grupos de pesquisa desenvolvem métodos para a determinação da atividade enzimática e o estudo de reações parciais, com o objetivo de decifrar essas etapas. É importante mencionar que todos os eventos químicos de fosforilação e desfosforilação ocorrem do lado citosólico em todas as P-ATPases, estejam elas na membrana plasmática ou em uma organela. *cit*, citosol; *extra*, extracelular; *E1~P*, intermediário fosforilado de alta energia; *E2-P*, intermediário fosforilado de baixa energia.

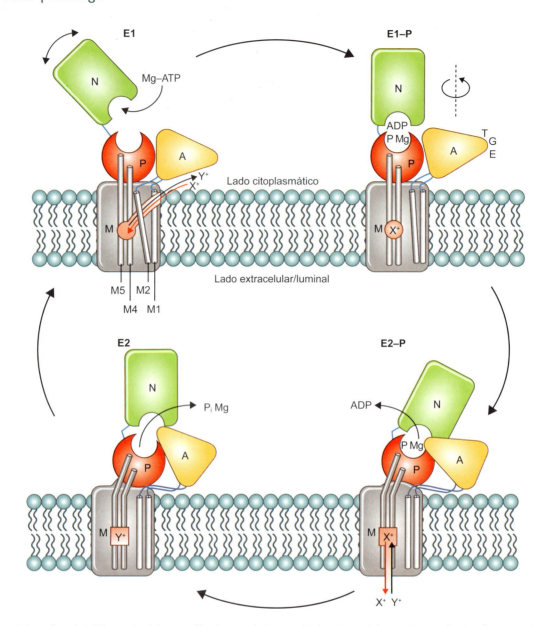

Figura 12.16 • Ciclo catalítico de P-ATPases e simultâneas modificações nas relações espaciais (movimentos) de seus principais domínios funcionais. No estado E1, o íon presente no lado citoplasmático (representado por X$^+$) se liga ao seu sítio de alta afinidade localizado no domínio transmembrana M, promovendo a ligação do Mg-ATP no domínio N que roda e se aproxima ao domínio P, permitindo a fosforilação do resíduo de ácido aspártico altamente conservado entre as P-ATPases, formando E1~P. A etapa seguinte é considerada a de mudança da conformação E1~P (de alta energia) para E2-P (de baixa energia), quando ocorre uma rotação do domínio A para que a região TGE (aminoácidos treonina-glicina-ácido glutâmico) se posicione em contato com o resíduo fosforilado e os domínios N e P se reclinem permitindo a liberação do ADP para o lado citoplasmático. Essa movimentação dos três domínios se translada por meio de uma comunicação intramolecular de longo alcance para o domínio M, impedindo o retorno de X$^+$ para o citosol e levando-o a escapar na direção extracelular – ou luminal no caso do retículo sarco(endo)plasmático – ao diminuir sua afinidade. Depois desse evento, o domínio M passa a adquirir alta afinidade para o segundo íon (Y$^+$), que se liga chegando pelo lado extracelular ou luminal. A ligação de Y$^+$ promove a hidrólise de E2-P, com liberação de P$_i$ e Mg^{2+} desde o domínio P para o citosol, retornando a ATPase para o estado E1, permitindo a liberação de Y$^+$ para o citosol e o início de um novo ciclo catalítico. (Adaptada de Kühlbrandt, 2004.)

confirmam que esses transportadores possuem propriedades bioquímicas específicas das P-ATPases, tais como formação de um intermediário fosforilado e transporte ativo do íon Cd^{2+}. A existência de ATPases do tipo P responsáveis pelo transporte de metais pesados revelaram à época um papel fundamentalmente diferente das ATPases clássicas, pois estão envolvidas nos processos de destoxificação celular. Porém, mais tarde, observou-se que esse conceito não era totalmente correto, pois a descoberta de duas ATPases dependentes de cobre, denominadas Cu(I)-ATPases, são essenciais para diferentes organismos, inclusive em humanos, demonstrando que as P1-ATPases não servem somente para destoxificação celular. Ambas as Cu(I)-ATPases foram descritas concomitantemente por diferentes grupos, e atualmente sabemos que ATP7A distribui o cobre para todos os tecidos, fornecendo-o às proteínas que necessitam dele na sua estrutura para funcionarem corretamente (p. ex., citocromo c oxidase e superóxido dismutase). Já a ATP7B, a segunda Cu(I)-ATPase humana, é responsável por eliminar o excesso de cobre do organismo via bile. Mutações nos genes que codificam essas proteínas levam a doenças da homeostasia do cobre, relativamente raras, porém graves: síndrome de Menkes e doença de Wilson, respectivamente. Além de Cd^{2+} e Cu$^{+/2+}$, os íons Hg^{2+}, Co^{2+}, Pb^{2+} e Zn^{2+} também são transportados especificamente por P-ATPases da subfamília P.

As P-ATPases mais estudadas e, por isso, consideradas ATPases clássicas compõem a subfamília *P2*, que transportam cátions não pesados essenciais à vida, como Ca^{2+}, H^+, K^+ e Na^+. A primeira P-ATPase a ser descrita foi a Na^+/K^+-ATPase, obtida em nervos de caranguejo, pelo médico dinamarquês Jens Skou em 1957, que procurava entender as ações de anestésicos que controlavam a dor. Os intensos estudos ao longo dos anos sobre essa enzima fez com que a Na^+/K^+-ATPase servisse de modelo para todas as outras P-ATPases. Estudos da estrutura da proteína e sua correlação com a função celular permitiu grandes avanços na compreensão do papel dessas ATPases, tanto em condições fisiológicas quanto patológicas. Como visto no Capítulo 9, *Gênese do Potencial de Membrana, Excitabilidade Celular e Potencial de Ação*, a Na^+/K^+-ATPase é uma enzima-chave no restabelecimento do potencial de membrana de células excitáveis, por manter os gradientes de potencial eletroquímico de Na^+ e K^+ através da membrana da célula, controlando assim também o volume celular. Ela é usada como alvo farmacológico de alguns fármacos, como os digitálicos cardiotônicos no tratamento da insuficiência cardíaca. Além da Na^+/K^+-ATPase de membrana citoplasmática, a subfamília P2-ATPase compreende também as H^+/K^+-ATPases da mucosa gástrica e as Ca^{2+}-ATPases, presentes no retículo endo(sarco)plasmático (SERCA), na membrana plasmática (PMCA) e nas vias secretórias (SPCA). Essas Ca^{2+}-ATPases têm como função primordial controlar a concentração de Ca^{2+} intracelular, exportando-o para o meio extracelular ou estocando-o em compartimentos subcelulares. A Na^+-ATPase resistente à ouabaína (2ª bomba de Na^+) – uma aquisição evolutiva antiga, como descrito anteriormente –, cujo papel como responsável pela regulação fina do transporte de Na^+ em epitélios foi se consolidando nos últimos anos, apresenta um ciclo de catálise semelhante e, assim como as Ca^{2+}-ATPases, parece ter o H^+ como cátion contratransportado. A mutação dos genes que codificam algumas dessas ATPases leva a doenças genéticas bem descritas, detalhadas no Quadro 12.1.

As *P3-ATPases* são representadas pelas K^+-ATPases bacterianas, sendo responsáveis pelo transporte de pequenos íons essenciais, considerados metais não pesados em procariotos. A subfamília das *P4-ATPases* é formada pelas *flipases*, proteínas especiais presentes na membrana citoplasmática que transladam ativamente lipídios de uma monocamada para a outra monocamada da membrana. Esse transporte é importante para gerar a assimetria de lipídios nas membranas das células. Estão presentes em diferentes espécies, como fungos, plantas e animais.

Com a facilidade da automatização no sequenciamento genômico de diferentes espécies e a descoberta de várias proteínas em eucariontes contendo os domínios específicos para as P-ATPases, porém sem conhecimento evidente sobre os substratos que elas transportam, houve a necessidade de que essas proteínas fossem agrupadas em outra subfamília de P-ATPases, denominadas *P5-ATPases*. Embora vários membros dessa subfamília estejam envolvidos em doenças humanas, a especificidade de substrato das P5-ATPases ainda continua obscura.

A existência de regiões homólogas altamente conservadas entre as P-ATPases torna mais fácil a identificação e classificação de novas proteínas. As regiões que estão presentes em todas as ATPases do tipo P podem ser resumidas em quatro características estruturais: (1) presença de duas alças citoplasmáticas, denominadas pequena e grande alça; (2) presença da sequência DKTGT, que corresponde ao sítio de fosforilação já mencionado anteriormente, e denominado domínio P; (3) TGES/A, sequência envolvida na atividade fosfatásica do domínio A, situada na pequena alça; e (4) o domínio de ligação de ATP (GDGXNDXP, denominado domínio N). A análise da localização de segmentos transmembrana em relação às sequências descritas anteriormente informa que a topologia da membrana é muito semelhante em determinada região, denominada *core* ou centro da proteína, que compreende 3 pares de segmentos transmembrana: um antes da sequência TGES/A, outro antes do sítio de fosforilação DKTGT e o terceiro imediatamente após o domínio de ligação de ATP (GDGXNDXP). Todas essas características estão resumidas na Figura 12.17, representando o esquema da topologia das P-ATPases, que destaca as semelhanças e diferenças existentes nas subfamílias P1, P2 e P3 das P-ATPases. A diferença marcante entre esses modelos é o número de segmentos transmembrana atribuídos a cada subfamília. As ATPases clássicas apresentam 10 hélices transmembrana: (i) a predição para P3-ATPases é de 8 a 10 segmentos e (ii) as predições realizadas para as P1-ATPases convergem para a existência de 8 hélices, nas quais certamente encontram-se resíduos específicos para a ligação e passagem do metal pesado através da membrana. Quando comparadas, a distribuição dos segmentos transmembrana em relação ao *core* da proteína se mostra diferente entre as subfamílias das P-ATPases.

V-ATPases

Esta família de ATPases é assim denominada porque as primeiras proteínas a serem descritas foram em vacúolos intracelulares, sendo responsáveis pela acidificação dessas organelas, já que se trata de H^+-ATPases. Pelo aspecto evolutivo e estrutural, essas ATPases possuem grande semelhança com as F-ATPases, por serem também complexos enzimáticos que possuem grande número de subunidades e têm grande similaridade nas sequências de aminoácidos. São proteínas com peso molecular de ~900 kDa, cujas subunidades são distribuídas em dois domínios denominados V_1 (domínio periférico, no citosol da célula) e V_0 (domínio transmembrana). Além do seu papel na acidificação de vacúolos, essas enzimas participam de uma variedade de outros processos celulares, que incluem endocitose, transporte intracelular, reabsorção óssea e equilíbrio acidobásico.

A importância dessas ATPases para o corpo humano é evidenciada pela mutação dos genes que as codificam, sendo responsáveis por diversas doenças, como a osteoporose (a reabsorção óssea não é realizada de maneira correta) e a acidose metabólica (quebra da manutenção do balanço acidobásico renal). Mais recentemente, vem se observando um importante papel dessas ATPases no desenvolvimento de certos tipos de tumores.

ABC-ATPases

As ABC-ATPases, também denominadas transportadores do tipo ABC, compõem a mais ampla família de ATPases transportadoras, por possuir o maior número de diferentes

Quadro 12.1 • Doenças genéticas relacionadas com a mutação no gene de P2-ATPases.

Doença	Gene	Proteína	Sintomas e/ou sinais
Brody	ATP2A1	Ca^{2+}-ATPase de retículo sarcoplasmático (SERCA1)	Miopatia, cãibras
Darier	ATP2A2	SERCA2	Doença dermatológica
Hailey-Hailey	ATP2C1	Ca^{2+}-ATPase do Golgi (SPCA)	Doença dermatológica

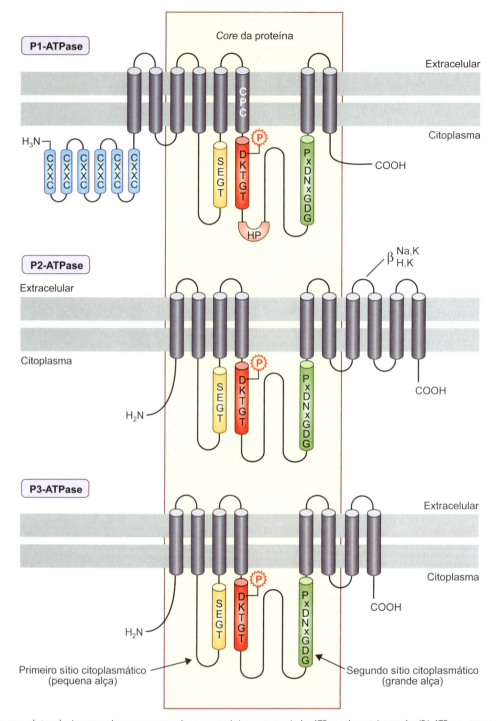

Figura 12.17 • Esquema da topologia na membrana apresentando as características estruturais das ATPases de metais pesados (P1-ATPase – representada pela ATPase de cobre humana), metais não pesados (P2-ATPase) e as Kdp-ATPases de procariotos (P3-ATPase). Regiões específicas e altamente conservadas em todas as P-ATPases, estão aqui representados os seguintes domínios: de ligação de ATP (N, *em verde*), de fosforilação do resíduo de ácido aspártico (P, *em vermelho*) e fosfatase (A, *em amarelo*), este último envolvido na desfosforilação da enzima. Todos localizados no *core* da proteína = região central da proteína, onde está a maior parte dos domínios transmembrana e os domínios conservados das P-ATPases. (Adaptada de Lutsenko e Kaplan, 1995; Solioz e Vulpe, 1996; Lowe, 2002.)

enzimas. São encontradas em todos os organismos, desde bactérias até seres humanos. Em células saudáveis, as ABC-ATPases possuem diferentes funções, como transporte de sais biliares, colesterol, diferentes íons e ânions. Contudo, também estão relacionadas com a resistência de células cancerígenas aos tratamentos quimioterápicos e também em parasitas. O nome ABC vem do inglês *ATP binding cassette*, por possuírem um sítio de ligação de ATP. Estruturalmente, as ABC-ATPases humanas consistem em uma única cadeia polipeptídica, contendo quatro domínios funcionais característicos, dois domínios transmembrana que formam a via de passagem para o transporte de solutos através da membrana e dois domínios de ligação a nucleotídios (NBD), que se ligam e hidrolisam a molécula de ATP para facilitar o efluxo do soluto através da membrana. Em todas as sequências de ABC-ATPases, os domínios NBD estão altamente conservados entre as espécies. Essa família de ATPases possui grande importância na medicina, pois existem mutações congênitas em alguns membros dessa família que provocam enfermidades graves. A proteína do tipo ABC mais conhecida é o CFTR (*cystic fibrosis transmembrane conductance regulator*), um canal de cloreto presente na membrana citoplasmática de diferentes tecidos, como pulmão e intestino.

Mutações no gene que codifica essa proteína são responsáveis pela fibrose cística, também conhecida como mucoviscidose. É a doença genética grave recessiva mais comum da infância e é uma das doenças detectadas pelo "teste do pezinho" em recém-nascidos. Ainda sem cura, essa doença afeta mais de 70.000 pessoas no mundo, e aproximadamente 1.000 novos casos são diagnosticados por ano, com altos índices de morbidade e mortalidade. Como mencionado anteriormente, algumas ABC-ATPases humanas são responsáveis por multirresistência a fármacos, que, por serem capazes de transportar um grande número de substâncias diferentes, podem transportar também um fármaco para o exterior da célula, diminuindo sua função ou eliminando o seu efeito. Essa característica pode ser deletéria no tratamento do câncer, pois aumenta a resistência das células cancerígenas. Dessa forma, a busca por fármacos capazes de inibir a função desses transportadores será um grande avanço para o tratamento de determinados tipos de câncer.

BIBLIOGRAFIA

ATKINS P, DE PAULA J. *Physical Chemistry for the Life Sciences*. Oxford University Press, New York, 2006.

AXELSEN KB, PALMGREN MB. Evolution of substrate specificities in the P-type ATPase superfamily. *J Mol Evol*, 46:84-101, 1998.

BARMAN J, WEINSCHELBAUM DE JAIRALA S, CASANOVES JL et al. *Temas de Biofísica Médica*. v. 8. Editorial Estudiantil, Universidad Nacional de Rosario (Argentina), 1970.

BOYER PD. Energy, life, and ATP. Nobel Lecture 1997. *Biosci Rep*, 18:97-117, 1998.

CEREIJIDO M, ROTUNNO CA. *Introduction to the Study of Biological Membranes*. Gordon and Breach, Science Publishers, New York, 1970.

CHANG R. *Physical Chemistry for the Chemical and Biological Sciences*. 3. ed. University Science Books, Sausalito, 2000.

COLLANDER R. The permeability of plant protoplasts to small molecules. *Physiol Plantar*, 2:300-11, 1949.

DE MEIS L. How enzymes handle the energy derived from the cleavage of high-energy phosphate compounds. *J Biol Chem*, 287:16987-7005, 2012.

DENG D, YAN N. GLUT, SGLT, and SWEET: structural and mechanistic investigations of the glucose transporters. *Protein Sci*, 25:546-58, 2016.

DICK CF, DOS-SANTOS AL, MEYER-FERNANDES JR. Inorganic phosphate uptake in unicellular eukaryotes. *Biochim Biophys Acta*, 1840:2123-7, 2014.

KÜHLBRANDT W. Biology, structure and mechanism of P-type ATPases. *Nat Rev Mol Cell Biol*, 5:282-95, 2004.

LOWE J. Caracterização dos domínios transmembrana essenciais para o transporte de Cu^+ pela Cu^+-ATPase de S. cerevisiae: relevância no estudo da homeostasia do cobre em eucariontes. Tese de Doutorado. Programa de Pós-Graduação em Ciências Biológicas (Biofísica). UFRJ, 2002.

LUTSENKO S, KAPLAN JH. Organization of P-type ATPases: significance of structural diversity. *Biochemistry*, 34:15607-13, 1995.

MITCHELL P. Nobel Lecture: David Keilin's respiratory chain concept and its chemiosomotic consequences. Nobel Media AB 2014. Disponível em: www.nobelprize.org/nobel_prizes/chemistry/laureates/1978/mitchell-lecture.html.

MOSER TL, Kenan DJ, Ashley TA et al. Endothelial cell surface F1-0 ATP synthase is active in ATP synthesis and is inhibited by angiostatin. *PNAS USA*, 98:6656-61, 2001.

NISHI T, Forgac M. The vacuolar (H^+)-ATPases – nature's most versatile proton pumps. *Nat Rev Mol Cell Biol*, 3:94-103, 2002.

PEDERSEN PL. Transport ATPases in biological systems and relationship to human disease: a brief overview. *J Bioenerg Biomembr*, 34:327-32, 2002.

PEDERSEN PL. Transport ATPases into the year 2008: a brief overview related to types, structures, functions and roles in health and disease. *J Bioenerg Biomembr*, 39:349-55, 2007.

POST RL, SEN AK. An enzymatic mechanism of active sodium and potassium transport. *J Histochem Cytochem*, 13:105-12, 1965.

ROCAFULL MA, ROMERO FJ, THOMAS LE et al. Isolation and cloning of the K^+-independent, ouabain-insensitive Na^+-ATPase. *Biochim Biophys Acta*, 1808:1684-700, 2011.

SKOU JC. The influence of some cations on an adenosine triphosphatase from peripheral nerves. *Biochim Biophys Acta*, 23:394-401, 1957.

SKOU JC. The identification of the sodium pump. Nobel Lecture. *Biosci Rep*, 18:155-69, 1998.

SOLIOZ M, VULPE C. CP_x-type ATPases: a class of P-type ATPases that pump heavy metals. *Trends Biochem Sci*, 21:237-41, 1996.

VIEYRA A, SILVA PA, MUZI-FILHO H et al. The role of the second Na^+ pump in mammals and parasites. In: CHAKRABORTI S, DAHLLA NS (Eds.). *Regulation of Membrane Na^+-K^+ ATPase*. Advances in Biochemistry in Health and Disease 15. Springer, Cham, 2016.

WALLACE DP. Cyclic AMP-mediated cyst expansion. *Biochim Biophys Acta*, 1812:1291-300, 2011.

WHITTEMBURY G, PROVERBIO F. Two modes of Na extrusion in cells from guinea pig kidney cortex slices. *Pflügers Arch*, 316:1-25, 1970.

WILSON PD, DEVUYST O, Li X et al. Apical plasma membrane mispolarization of NaK ATPase in polycystic kidney disease epithelia is associated with aberrant expression of the beta2 isoform. *Am J Pathol*, 156:253-68, 2000.

Seção 3

Equilíbrio Acidobásico

Coordenador:
Fernando Abdulkader

13 Regulação do pH do Meio Interno, *261*

Gerhard Malnic.

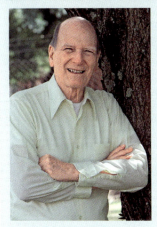

Dr. Gerhard Malnic. Professor Titular Sênior do Departamento de Fisiologia e Biofísica do Instituto de Ciências Biomédicas da Universidade de São Paulo, aos 83 anos, em maio de 2017.

O Prof. Gerhard Malnic e eu atuamos no Instituto de Ciências Biomédicas (ICB) desde sua fundação, em 1971, como docentes do Departamento de Fisiologia e Biofísica, o qual teve como origem a cadeira de Fisiologia da Faculdade de Medicina e das demais Faculdades da Área Biomédica da Universidade de São Paulo (USP). Um dos primeiros fisiologistas da Faculdade de Medicina foi o Prof. Franklin de Moura Campos, que, na década de 1930, iniciou a linha de pesquisa sobre Fisiologia da Nutrição e do Metabolismo, a qual foi continuada pelo emérito Prof. Alberto Carvalho da Silva. O Prof. Alberto, no início da década de 1960, modernizou o departamento, em especial o ensino prático de Fisiologia, contratando um núcleo de jovens docentes, entre eles Tomaz Maack (que posteriormente, nos EUA, veio a ser destacado fisiologista), Cesar Timo-Iaria (importante neurofisiologista, Professor Titular do ICB, falecido), Maurício Rocha e Silva (ex-Professor Titular do ICB e pesquisador da Faculdade de Medicina), Francisco Lacaz Vieira (Professor Titular do ICB, aposentado), Gerhard Malnic (Professor Titular Sênior do ICB, desde 2003) e eu (Professora Titular Sênior do ICB, desde 2005). Com a implantação do Governo Militar no Brasil em 1964, Tomaz Maack precisou deixar nosso país por problemas políticos, assim como o Prof. Alberto em 1969. Com isso, o núcleo de jovens docentes liderados por Malnic e Timo-Iaria passou a conduzir o Departamento de Fisiologia da Faculdade de Medicina até sua mudança para a Cidade Universitária, na criação do ICB.

O Prof. Gerhard Malnic, de ascendência austríaca, nasceu em Milão em 1933 e veio para o Brasil aos 4 anos de idade, naturalizando-se brasileiro aos 23. Seu desempenho estudantil sempre foi exemplar desde os bancos escolares. Primeiro aluno no Colégio Porto Seguro, notabilizou-se tanto que até hoje faz parte do Conselho desse colégio. Passou em primeiro lugar no vestibular e foi primeiro aluno durante todo o seu curso de Medicina na USP.

Em 1960, terminou o doutorado sob orientação do Prof. Alberto Carvalho da Silva, iniciando seus estudos no exterior, na Cornell University Medical College, em Nova York, com o Prof. Gerhard Giebisch, eminente cientista com quem até hoje colabora cientificamente e de quem é amigo pessoal. A atuação de Malnic no seu pós-doutorado foi tão relevante que, ao terminá-lo, recebeu convite para ser Professor de Fisiologia na Universidade de Medicina de Chicago, preferindo, porém, voltar ao Brasil, pois, segundo me revelou posteriormente, achou que poderia ser "mais útil para a Universidade brasileira do que para a americana".

Foi Malnic quem iniciou, ao mesmo tempo que Guillermo Whittembury na Venezuela, a pesquisa científica em Fisiologia Renal na América do Sul, desenvolvendo, em meados da década de 1960, no Departamento de Fisiologia da Faculdade de Medicina da USP, diferentes técnicas de micropunção tubular renal e de biofísica de epitélios. Os primeiros pós-graduandos de Malnic, ainda na Faculdade de Medicina, foram Francisco Lacaz Vieira e eu. Seu Laboratório foi sempre se atualizando, e Malnic continuou sempre a realizar seus estudos também por microperfusão tubular renal in vivo, técnica que muitos laboratórios internacionais abandonaram após o surgimento da biologia molecular. Agora, com o amplo desenvolvimento dessa valiosa técnica que permite a compreensão do processo fisiológico a nível molecular, o Laboratório de Malnic passa a ser citado internacionalmente como um dos poucos centros onde se realiza a difícil e poderosa técnica de micropunção tubular aliada à técnica de biologia molecular, pois atualmente Malnic faz também estudos de micropunção tubular em camundongos knock-out de canais de potássio.

Desde a implantação, seu Laboratório é referência nacional e sul-americana para a formação de pesquisadores nas áreas de Equilíbrio Acidobásico e Fisiologia Renal, e seus ex-alunos estão atuando em destacados centros no Brasil e no exterior. Suas principais linhas de pesquisa têm sido o manejo renal de potássio e a acidificação tubular renal. Os trabalhos sobre potássio desenvolvidos nas décadas de 1960 e 1970, pelo grupo de pesquisadores liderados por Malnic e Giebisch, foram de tal relevância que a American Society of Nephrology os designou como Milestone (marco histórico) in Nephrology, englobando-os em uma publicação especial em comemoração ao final do século[1] (ver Figura 52.3). Em 1986, Malnic foi convidado para dar a Conferência Magna no 30º Congresso Internacional de Fisiologia, em Vancouver, em homenagem ao Prof. Robert Pitts, um dos pioneiros da Fisiologia Renal. No Congresso Internacional de Nefrologia, realizado em 2003 em Berlim, seu trabalho com o pós-graduando José Benedito Amorim sobre o efeito do hormônio antidiurético na secreção tubular de potássio foi premiado e classificado entre os mais importantes. Seus estudos sobre a cinética da secreção tubular de hidrogênio são clássicos na literatura, e os livros de Fisiologia mais conceituados internacionalmente mencionam seus trabalhos nesse assunto. Lembro que surgiu certa polêmica quando o primeiro trabalho sobre esse tema foi publicado,[2] pois calculávamos o fluxo reabsortivo de HCO_3^- ($JHCO_3^-$) pela equação de Henderson-Hasselbach, supondo que a P_{CO_2} tubular cortical fosse igual à plasmática; entretanto, nessa época um grupo de pesquisadores americanos liderados por DuBose e Bidani[3] publicou alguns trabalhos indicando que a P_{CO_2} no córtex renal é mais elevada que a do sangue sistêmico peritubular, o que invalidaria nossos dados sobre a cinética de reabsorção proximal de bicarbonato. Todavia, considerando que a permeabilidade do epitélio tubular renal ao CO_2 é elevada, não sendo, pois, esperados tais gradientes de CO_2 nesse epitélio, decidi elaborar o microeletródio de P_{CO_2} (microeletródio de Severinghaus) contendo no seu interior anidrase carbônica, enzima que facilita a difusão do CO_2 pela membrana do microeletródio. A confecção desse microeletródio foi muito difícil, levando cerca de 5 anos para obtermos medidas estáveis ("o microeletrodo se comportando como uma rocha", nas palavras de Malnic). Assim, conseguimos demonstrar que, em diferentes condições experimentais, a P_{CO_2} em todas as estruturas renais corticais, incluindo o capilar peritubular, é igual à do sangue sistêmico, podendo afirmar que a metodologia que aplicamos para medir a cinética de HCO_3^- é correta. A polêmica criada em torno desse assunto foi tão grande que o American Journal of Physiology convidou Malnic para escrever sobre esse tema em seu editorial.[4] Temos usado essa metodologia em diferentes projetos com nossos pós-graduandos, e recentemente acabo de escrever uma revisão de trabalhos que fiz com meus pós-graduandos usando essa metodologia no estudo do papel do cálcio citosólico na ação de vários hormônios sobre as diferentes isoformas do trocador Na^+/H^+ do epitélio renal proximal.[5] Nos principais tratados internacionais de Fisiologia Renal, Malnic é autor ou colaborador nos capítulos sobre o papel do rim no equilíbrio acidobásico do organismo. Tem vários trabalhos publicados em revistas internacionais de alto nível, sendo membro do corpo editorial das mais importantes revistas internacionais de Fisiologia Renal e de relevantes Academias e Sociedades Científicas. No Brasil, a Ordem Nacional do Mérito Científico lhe outorgou o Título de Comendador em 1995 e o de Grã-Cruz em 2000, tendo recebido em 2001 a Medalha Capes e, em 2015, o título de Pesquisador Emérito do CNPq. Adicionalmente, é Membro Titular da Academia Brasileira de Ciências e Membro Fundador da Academia de Ciências do Estado de São Paulo.

A atuação de Malnic como docente também é admirável. Em colaboração com Marcelo Marcondes, editou o livro Fisiologia Renal e, com Francisco Lacaz Vieira, o Biofísica, obras importantes na formação de nossos alunos de graduação e pós-graduação nas décadas de 1980 e 1990. Mais recentemente, tem escrito vários capítulos em outros livros didáticos. Malnic sempre deu aulas na graduação, mesmo enquanto Chefe do Departamento de Fisiologia e Biofísica (por duas gestões), Diretor do Instituto de Ciências Biomédicas e Diretor do Instituto de Estudos Avançados. Nas suas muitas viagens ao exterior para estudos ou participação em reuniões científicas, soube sempre acertar sua agenda de tal modo que cumpriu, todos os anos, sua carga didática na graduação, sempre igual à dos demais docentes do departamento. Ainda hoje, há 16 anos na compulsória, ministra aulas para os alunos de graduação de Medicina. Quando diretor do ICB, Malnic foi o idealizador (junto comigo) do curso de bacharelado de Ciências Fundamentais da Saúde, implantado com sucesso no ICB já há 10 anos.

Para além de suas atividades científicas e didáticas, quero também lembrar outros aspectos de sua pessoa. Na década de 1960, momento conturbado para nosso país, em especial para a Faculdade de Medicina da USP (quando, como mencionei, docentes de nosso departamento foram cassados), Malnic e Timo-Iaria souberam conduzir a situação internamente, garantindo a liberdade necessária para que fizéssemos ciência com tranquilidade. A agitação se encontrava fora do ambiente de trabalho; no Laboratório, tudo seguia em paz. Lembro que, em 1968, quando reencontrei Tomaz Maack em

---

[1] MALNIC G, KLOSE RM, GIEBISCH G et al. Micropuncture study of renal potassium excretion in the rat. 1964. J Am Soc Nephrol, 11(7):1354-69, 2000.
[2] MALNIC G, MELLO-AIRES M. Kinetic study of bicarbonate reabsorption in proximal tubule of the rat. Am J Physiol, 220(6):1759-67, 1971.
[3] DuBOSE TD Jr, BIDANI A. Determinants of CO2 generation and maintenance in the renal cortex: role of metabolic CO2 production and diffusive CO2 transfer. Miner Electrolyte Metab, 11(4):223-9, 1985.
[4] MALNIC G. CO2 equilibria in renal tissue. Am J Physiol, 239(4):F307-18, 1980.
[5] MELLO-AIRES M, LEITE-DELLOVA DCA, CASTELO-BRANCO RC et al. ANG II, ANG-(1-7), ALDO and AVP biphasic effects on Na+/H+ transport: the role of cellular calcium. Nephrol Renal Dis, 2, 2017.

(continua)

Gerhard Malnic. (*continuação*)

Syracuse (no estado de Nova York), ele, muito emocionado, comentou comigo que um colega da Faculdade de Medicina havia se comportado muito dignamente em todo o episódio de sua prisão e posterior exílio; tratava-se de Malnic, que, nas palavras de Maack, "não falhou no seu comportamento e amizade". Lembro também que, por volta de 1974, enquanto o Brasil ainda estava sob regime militar (e nosso Laboratório já estava no ICB), Malnic, pelo seu prestígio, foi procurado para dar seu depoimento ao general responsável pela Organização Bandeirantes, no 2º Exército, em favor de um estudante, hoje brilhante Professor Titular da Faculdade de Medicina (Malnic foi lembrado por ser um jovem cientista de reputação ilibada). Por vários anos, Malnic participou, como 2º Violinista, da Orquestra Amadora Universitária da USP. No início da década de 1980, foi vice-presidente da Associação dos Docentes da USP (ADUSP). Além disso, teve participação efetiva na greve dos docentes em 2001, fazendo parte da Comissão de Notáveis, juntamente com Aziz Ab'Saber, Dalmo Dalari, Antônio Cândido, Milton Santos e Alfredo Bosi, para negociar uma conciliação entre reitoria e docentes. Em 2003, Malnic recebeu várias homenagens por ocasião dos seus 70 anos: da Sociedade Internacional de Nefrologia, da Academia Brasileira de Ciências, do Instituto de Biofísica Carlos Chagas, da Sociedade Brasileira e Paulista de Nefrologia, da Universidade Federal de São Paulo, do Instituto de Estudos Avançados e da Congregação do Instituto de Ciências Biomédicas. Na homenagem da Sociedade Internacional de Nefrologia, declarei o que agora repito: aprendi com Malnic a importância dos dados experimentais coletados criteriosamente (como creio que assim aconteceu com os demais alunos que ele orientou). Aprendi também que todo experimento, quando realizado adequadamente, sempre revela a verdade biológica, e que nenhum dado experimental deve ser desconsiderado.

Há 4 anos, por problemas de saúde, precisei me ausentar do nosso departamento, e quando agora voltei constatei que Malnic havia reformado todo o nosso Laboratório. Ao chegar, elogiei as instalações e afirmei que tinha muita vontade de continuar trabalhando ali, ao que ele respondeu: "eu também tenho." Aos 83 anos, Malnic vai ao Laboratório todos os dias e acaba de enviar para a FAPESP seu quarto pedido de projeto temático (do qual sou colaboradora-responsável, pois continuei a orientar e a escrever trabalhos mesmo durante minha recuperação em casa).[6] Ele me disse que resolveu reformar nosso Laboratório na minha ausência porque sabia que eu era contrária à ideia (eu pensava assim, por achar que os próximos professores que assumissem nossos cargos é que deveriam fazê-lo, segundo suas vontades). Porém, afirmou: "Quando vierem já encontrarão um Laboratório de Fisiologia Renal plenamente equipado para micropunção e microperfusão *in vivo* e estudos em túbulos isolados, com as metodologias mais modernas que usam técnicas de sondas intracelulares fluorescentes e microscopia confocal para medidas de H^+ e Ca^{2+} e moderno sistema de análise da pressão arterial." Em acréscimo, foi organizada pela pós-doutoranda Thaissa Dantas Pessoa uma vasta lista das substâncias contidas em nossos armários, geladeiras, congeladores e dissecadores, além do material cirúrgico e dos vários tipos de capilares de vidro para a manufatura das nossas micropipetas e microeletródios.

Para encerrar, quero revelar três depoimentos que ouvi e que resumem o que Malnic representa para nossa comunidade. Uma colega me disse: "Estive conversando com o Malnic, procurando uma orientação para a minha pesquisa, pois, quando se conversa com ele, nunca se sai de mãos vazias."

Outro colega, mais novo, fez o seguinte comentário: "Como o Dr. Malnic é dedicado aos alunos! Participa de todos os nossos congressos, sempre visita os pôsteres e os discute detalhadamente com os pós-graduandos."

Por fim, uma doutoranda escreveu na introdução de sua tese, referindo-se a ele: "Muitos Mestres ensinam com palavras, mas poucos com o exemplo."

Margarida de Mello Aires
Foto: Eduardo Cesar

---

[6]CASTELO-BRANCO RC, LEITE-DELLOVA DCA, FERNANDES FB *et al*. The effects of angiotensin-(1-7) on the exchanger NHE3 and on [Ca2+]i in the proximal tubules of spontaneously hypertensive rats. *Am J Physiol Renal Physiol*, *313*(2):F450-60, 2017.

Capítulo 13

Regulação do pH do Meio Interno

Gerhard Malnic | Wagner Ricardo Montor

- Introdução, *262*
- Aspectos gerais | pH, ácidos, bases e tampões, *262*
- Soluções-tampão, *262*
- Principais tampões do organismo | Tampão bicarbonato, *263*
- O diagrama pH/HCO_3^- (diagrama de Davenport), *265*
- Tampões intracelulares | Hemácias, *266*
- pH intracelular e sua regulação, *267*
- Avaliação do estado do equilíbrio acidobásico, *269*
- Papel dos pulmões na regulação do equilíbrio acidobásico, *270*
- Papel dos rins na regulação do equilíbrio acidobásico, *271*
- Fisiopatologia do equilíbrio acidobásico, *271*
- Bibliografia, *275*

INTRODUÇÃO

A fisiologia do equilíbrio acidobásico do meio interno é essencialmente a fisiologia do íon H^+, apesar da baixa concentração deste íon nos líquidos biológicos. A manutenção da concentração hidrogeniônica nesse meio é de fundamental importância fisiológica, pois do nível normal deste íon dependerá uma série de reações enzimáticas intracelulares. Do ponto de vista bioquímico, a concentração hidrogeniônica vai afetar esses processos por intermédio de sua atuação sobre o estado das proteínas do organismo; estas são anfólitos, isto é, de acordo com o pH do meio podem funcionar como ânions, cátions ou moléculas neutras. Este estado molecular será de considerável importância quanto ao funcionamento destas moléculas; em consequência, elas terão sua função normal somente em uma faixa de pH bastante estreita, denominada *pH ótimo* para seu funcionamento, que deverá ser mantida pelo organismo tanto dentro como fora das células. Analisaremos inicialmente alguns aspectos gerais relativos à definição e às características fundamentais de ácidos, bases e tampões, a fim de, em seguida, estudar os diversos processos de que o organismo lança mão para regular seu equilíbrio acidobásico, dos quais a excreção renal de radicais ácidos é um dos mais importantes.

ASPECTOS GERAIS | pH, ÁCIDOS, BASES E TAMPÕES

A concentração de íons hidrogênio no meio interno é muito reduzida, da ordem de 10^{-7} M. Apesar disso, a manutenção dessa concentração dentro de limites bastante estreitos é crítica para o adequado funcionamento dos processos bioquímicos celulares.

Devido à baixa concentração em íons H^+ das soluções costumeiramente estudadas, e em especial dos líquidos biológicos, costuma-se exprimir sua concentração hidrogeniônica em termos de seu logaritmo decimal negativo, denominado pH:

$$pH = -\log a_H \quad (13.1)$$

em que a_H é a atividade hidrogeniônica da solução, que em soluções diluídas equivale à concentração em íons H^+.

Assim, a concentração hidrogeniônica de 10^{-7} M corresponde a um pH 7; a concentração de 10^{-6} M, a um pH 6; a de 4×10^{-8} M, a um pH 7,4, e assim por diante.

Neste ponto, é de interesse relembrar a definição de ácidos e bases. Para tanto, usaremos o conceito de Brönsted-Lowry, segundo o qual um ácido é uma substância capaz de doar prótons a outra, enquanto uma base é um aceptor de prótons. Ou seja, na reação a seguir ocorre transferência de um próton de um doador, o HCl (portanto, um ácido), para o íon OH^- (portanto, uma base), formando água:

$$HCl + NaOH \rightarrow NaCl + H_2O \quad (13.2)$$

Considera-se aqui tanto o composto NaOH como o ânion OH^- como base. Na reação seguinte existiu transferência de um próton para uma molécula de água, que funciona como base nesta reação:

$$HCl + H_2O \rightarrow H_3O^+ + Cl^- \quad (13.3)$$

Houve, pois, a dissociação do ácido clorídrico em solução aquosa, com a formação de um íon hidroxônio (H_3O^+). Em uma solução aquosa ácida, praticamente não há íons H^+ livres, mas a maior parte se encontra na forma de íons hidroxônio, o que pode ser verificado com apoio em evidências de natureza físico-química (Bockris e Reddy, 1970). Por exemplo, a técnica da espectrometria de massa pode ser usada para estudar a natureza de íons em solução. Esta medida depende essencialmente da contagem de íons defletidos por um campo magnético; quanto maior a massa da partícula, maior será sua deflexão, podendo-se calcular a sua massa a partir do ângulo de deflexão. Bombardeando-se vapor d'água com elétrons, e desta maneira ionizando-se as moléculas de água em H^+ e OH^-, e determinando-se em seguida por espectrometria de massa o peso e, portanto, a natureza dos íons resultantes, verifica-se que a espécie iônica mais abundante é o íon H_3O^+. Apesar disso, usaremos a notação H^+ para designar o íon hidrogênio em solução, subentendendo que em realidade o *íon hidrogênio em solução está presente na forma de H_3O^+*.

Do ponto de vista fisiológico, o conceito de ácido e base (segundo Brønsted-Lowry) deve ser limitado em parte, pois o funcionamento de uma substância ou íon como doador ou receptor de prótons depende do pH do meio. Assim, o íon $H_2PO_4^-$ é um ácido, pois ao pH fisiológico (7,4) é capaz de fornecer um próton a uma base, transformando-se em HPO_4^{2-}. A um pH bem mais baixo, no entanto, poderia funcionar como base, recebendo um próton e transformando-se em H_3PO_4. Da mesma maneira, Cl^- e SO_4^{2-} não funcionam como bases em meio biológico, pois não recebem íons H^+ nele, ao contrário dos ânions HCO_3^- e HPO_4^{2-}, que aceitam prótons ao pH do meio. Do ponto de vista fisiológico, podemos ainda usar o termo *ácido volátil*, por exemplo, para o caso do ácido carbônico que está em equilíbrio com o gás CO_2 presente nos alvéolos pulmonares, de onde é facilmente eliminado pela ventilação alveolar:

$$H_2CO_3 \leftrightarrow H_2O + CO_2 \quad (13.4)$$

Podemos usar o termo *ácido fixo* para os demais tipos de ácidos (láctico, fosfórico, fosfato ácido) que não estão em equilíbrio com uma forma gasosa.

O pH da água pura tem o valor 7, indicando que a dissociação de moléculas de água leva a uma concentração hidrogeniônica (e consequentemente também de OH^-) de 10^{-7} M. Assim, na água e também em outras soluções, teremos:

$$pH + pOH = 14$$

SOLUÇÕES-TAMPÃO

Em soluções mais complexas, o pH é determinado essencialmente pelas concentrações de ácidos, bases e sais presentes. A proporção desses compostos é que vai determinar a concentração final de íons hidrogênio da solução. A combinação de um ácido fraco e seu sal de base forte (ou então de base fraca e seu sal de ácido forte) é chamada de *sistema-tampão*, pois reduzirá a modificação do pH de uma solução frente à adição de um ácido forte ou de uma base forte. No primeiro caso, teríamos a seguinte reação:

$$HF + BA \rightarrow BF + HA \quad (13.5)$$

em que HF é um ácido forte, B um cátion de base forte e A um ânion de ácido fraco. Nesta reação, o ácido forte é neutralizado pelo sal de base forte e ânion fraco (um sal alcalino). Há produção de um sal neutro, BF, e um ácido fraco, HA; este é pouco dissociado, o que evita a queda excessiva do pH do meio. No segundo caso, teríamos:

$$BOH + HA \rightarrow BA + H_2O \quad (13.6)$$

em que a base forte, BOH, é neutralizada pelo ácido fraco, formando-se um sal alcalino, BA, e água.

A consequência destas reações pode ser verificada pela análise das curvas de titulação de sistemas base/ácido, que mostram a variação de pH do sistema à medida que se adiciona base ao ácido ou vice-versa. Nota-se que, no caso de um ácido forte, a adição de base forte não eleva praticamente o pH até a titulação quase total do ácido, quando então o pH passa rapidamente pelo nível de neutralização (pH 7). No caso de ácido fraco/base forte, por outro lado, há logo elevação do pH, que varia relativamente pouco na faixa em que as concentrações de ácido e base são semelhantes, tendendo mais rapidamente ao pH 7 quando a neutralização se completa.

As curvas de neutralização da Figura 13.1 mostram que a cada pH temos uma proporção fixa de ácido livre e seu sal. Esta relação entre o pH e as concentrações de sal e ácido pode ser determinada com apoio na lei da ação das massas.

Consideremos a reação de dissociação do ácido HA:

$$HA \leftrightarrow H^+ + A^-$$

A constante de dissociação do ácido (K) é dada por:

$$\frac{[H^+] \cdot [A^-]}{[HA]} = K \quad (13.7)$$

No caso de um sistema-tampão de ácido fraco com seu sal de base forte, teremos também:

$$BA \leftrightarrow B^+ + A^-$$

Como o ácido é fraco, dissocia-se pouco; além disso, na solução resultante da combinação de ácido fraco e sal, a maior parte do ânion dissociado provém do sal. Desta forma, podemos colocar, com pequeno erro:

$$[A^-] = [BA] \text{ e, portanto, } K = \frac{[H^+] \cdot [BA]}{[HA]} \quad (13.8)$$

Daí,

$$[H^+] = K \cdot \frac{[HA]}{[BA]}$$

e, em forma logarítmica,

$$\log [H^+] = \log K + \log \frac{[HA]}{[BA]}$$

Trocando o sinal, teremos:

$$-\log [H^+] = -\log K + \log \frac{[BA]}{[HA]} \quad (13.9)$$

ou

$$pH = pK + \log \frac{[BA]}{[HA]}$$

em que pK é o logaritmo negativo da constante de dissociação do ácido, em analogia à terminologia usada para a concentração hidrogeniônica. Esta é a *equação de Henderson-Hasselbalch*, amplamente usada para calcular relações entre concentração de componentes de um tampão e o pH correspondente.

Em uma dada solução que contenha vários tampões, a proporção de sal e ácido de cada um deles se ajustará ao pH comum, dependendo, ainda, do respectivo pK; este é o *princípio iso-hídrico* (ver adiante). Modificando os componentes de um dos tampões, haverá alteração do pH da solução e das razões sal/ácido de todos os demais tampões.

Um parâmetro importante para ser estudado é a *capacidade tamponante* dos tampões (designada de β). Esta capacidade é definida como a quantidade, em moles por litro, de base forte (p. ex., NaOH) que deve ser adicionada a uma solução do tampão para elevar seu pH de uma unidade; ou, da mesma forma, a quantidade, em moles por litro, de ácido forte (p. ex., HCl) necessária para reduzir o pH da solução de uma unidade:

$$\beta = \frac{\Delta [\text{base forte}]}{\Delta pH} = \frac{-\Delta [\text{ácido forte}]}{\Delta pH} \quad (13.10)$$

A capacidade β se refere a um volume (litro) de solução ou de célula e depende da concentração do tampão ou tampões existentes neste volume.

PRINCIPAIS TAMPÕES DO ORGANISMO | TAMPÃO BICARBONATO

O sistema-tampão mais importante do organismo é o sistema bicarbonato/ácido carbônico/CO_2, responsável por cerca de 75% da capacidade tamponante do plasma sanguíneo e de 30% da capacidade tamponante do glóbulo vermelho. As proteínas plasmáticas correspondem à maior parte da capacidade tamponante remanescente do plasma, e a hemoglobina, a 60% da capacidade tamponante do glóbulo vermelho, sendo o tampão fosfato responsável por uma parte relativamente pequena do tamponamento do plasma e dos glóbulos.

O tampão bicarbonato deve ser estudado em particular, pois apresenta algumas características, tanto físico-químicas como biológicas, que o distinguem dos demais (Kern, 1960; Maren, 1967). Elas se referem essencialmente ao equilíbrio do ácido carbônico com o CO_2, o qual é um produto final do metabolismo celular e que, portanto, ocorre em concentrações significantes em toda célula viva. Os seguintes equilíbrios químicos são importantes no estudo do tampão bicarbonato:

$$CO_2 + H_2O \underset{k_{-1}}{\overset{k_1}{\leftrightarrow}} H_2CO_3 \leftrightarrow H^+ + HCO_3^- \quad (13.11)$$

A reação de hidratação de CO_2 e de desidratação do ácido carbônico é o passo limitante desta sequência, enquanto a dissociação do ácido carbônico é praticamente instantânea. As

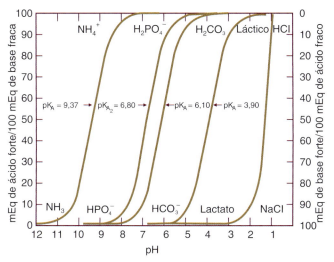

Figura 13.1 ▪ Curvas de titulação de diferentes tampões com HCl (*da esquerda para a direita*) ou com NaOH (*da direita para a esquerda*).

características cinéticas do passo limitante têm sido muito estudadas *in vitro*, fornecendo subsídios importantes para a compreensão do funcionamento deste sistema-tampão. A reação 13.11 predomina a um pH abaixo de 8; mas, acima de pH 10, praticamente a única reação que ocorre é a seguinte:

$$CO_2 + OH^- \overset{k_2}{\leftrightarrow} HCO_3^- \quad (13.12)$$

cuja magnitude, é claro, depende de uma concentração significante de OH^-.

A velocidade de formação de H_2CO_3 a partir da hidratação de CO_2 é dada por:

$$d\,CO_2/dt = k_1\,[CO_2] \quad (13.13)$$

A velocidade de desidratação de ácido carbônico é dada por:

$$-d\,H_2CO_3/dt = k_{-1}\,[H_2CO_3] \quad (13.14)$$

A velocidade de formação de bicarbonato em meio alcalino é:

$$d\,HCO_3^-/dt = k_2\,[CO_2]\,[OH^-] \quad (13.15)$$

A última reação é de segunda ordem, por depender de concentrações de dois reagentes.

Os seguintes valores para estas *constantes de velocidade* foram obtidos para uma temperatura de 37°C (Garg e Maren, 1972):

k_1: 0,15 s^{-1}
k_{-1}: 50 s^{-1}
k_2: $2 \times 10^4\ M^{-1} \cdot s^{-1}$

Conhecendo-se a concentração dos reagentes, torna-se fácil calcular a velocidade destas reações. Por exemplo, em um meio (solução fisiológica) cuja pressão parcial de CO_2 é 40 mmHg de CO_2, qual será a velocidade de hidratação de CO_2 a 37°C? Em primeiro lugar, temos de calcular a concentração de CO_2 no meio, em termos de mM, multiplicando a pressão parcial pelo *coeficiente de solubilidade de CO_2 a 37°C em solução fisiológica, que tem o valor de 0,03*. A concentração em CO_2 será, portanto, de $40 \times 0,03 = 1,2$ mM. A velocidade da reação será:

$$d\,CO_2/dt = 0,15 \times 1,2 = 0,18\ \text{milimol} \cdot \text{litro}^{-1} \cdot s^{-1}$$

i. e., em cada litro de solução haverá a formação de 0,18 milimol de ácido carbônico por segundo. Cálculos dessa natureza podem ser utilizados para avaliar a possível velocidade de hidratação de CO_2 e, portanto, de geração de íons H^+ em tecidos biológicos.

Com base nesses dados, é possível calcular as concentrações de CO_2 e de ácido carbônico em equilíbrio. Nessas condições, as velocidades de hidratação de CO_2 e de desidratação de ácido carbônico devem ser iguais. Então, igualando as equações 13.13 e 13.14, temos:

$$\frac{[CO_2]}{[H_2CO_3]}\,eq = \frac{k_{-1}}{k_1} = K \quad (13.16)$$

em que K é a constante de equilíbrio desta reação.

O valor de K é de aproximadamente 330, indicando que, *em condições de equilíbrio, a concentração de CO_2 é 330 vezes maior que a de H_2CO_3*.

A reação de hidratação e desidratação anteriormente descrita é catalisada pela enzima *anidrase carbônica*, encontrada em um considerável número de tecidos, em especial nas hemácias, na mucosa gástrica e no túbulo renal (Maren, 1967). Esta enzima é uma proteína com PM de aproximadamente 30.000, contendo um átomo de Zn por molécula. Nesses tecidos, são encontradas diversas isoenzimas. Assim, na hemácia humana, a anidrase carbônica é encontrada em três formas, A, B e C. A mais prevalente é a B, correspondendo a cerca de 80% do total, seguindo-se a C (15%) e a A (5%). Estas isoenzimas diferem quanto aos componentes de sua cadeia polipeptídica, sendo a atividade específica (atividade enzimática por mol) maior para a C. Em tecido renal, foi isolada uma anidrase carbônica no citoplasma (CAII), outra ligada a microssomos (partículas de membrana e retículo endoplásmico) e outra ligada à borda em escova da membrana apical das células tubulares (Wistrand e Kinne, 1977; Boron e Boulpaep, 2009).

A anidrase carbônica acelera as reações 13.13 e 13.14 em aproximadamente 10.000 vezes, mas, como toda enzima, não altera a constante de equilíbrio K. Sua ação é inibida por substâncias derivadas de sulfas, entre as quais as mais importantes são acetazolamida, benzolamida, metazolamida, diclorfenamida e etoxzolamida (Maren, 1967). Como a enzima é muito ativa, torna-se necessário inibir pelo menos 99,5% de sua atividade para que haja um efeito biológico detectável. Tal grau de inibição é obtido com doses de 5 a 20 mg de acetazolamida/kg de peso do animal, reduzindo-se as velocidades das reações de hidratação e desidratação aos níveis não catalisados, anteriormente indicados. A secreção de ácido pela mucosa gástrica e pelo túbulo renal depende da anidrase carbônica, pois seu ritmo é muito superior ao permitido pelas reações não catalisadas. Sua inibição leva, por exemplo, a uma redução da acidificação urinária, com elevação do pH da urina e eliminação de bicarbonato na urina.

A equação de Henderson-Hasselbalch pode ser aplicada ao tampão bicarbonato, de duas maneiras. Em primeiro lugar, podemos usar o modo:

$$pH = pK + \log\,[HCO_3^-/H_2CO_3] \quad (13.17)$$

em que o pK do ácido carbônico é de 3,57. Do ponto de vista prático, no entanto, não é fácil determinar a concentração de H_2CO_3 nem a soma de HCO_3^- e H_2CO_3. Por outro lado, é possível determinar o CO_2 total de uma amostra de líquido (plasma, sangue ou urina) por técnicas manométricas (aparelho de Van Slyke), em que se extrai o CO_2 de uma amostra acidificada a vácuo, obtendo-se a soma dos componentes do sistema. Por meio do uso de eletrodos apropriados (ver adiante), também se pode determinar a pressão parcial de CO_2 do sangue ou plasma. A partir desta e do coeficiente de solubilidade de CO_2 em água (0,03 mM $\cdot$ litro^{-1} $\cdot$ mmHg^{-1}), podemos calcular a concentração de CO_2 no plasma ou sangue. É, portanto, de interesse introduzir na equação 13.17 a concentração de CO_2 dissolvida, em mM, o que pode ser feito considerando como ácido o $[CO_2]$ (denominador da equação de Henderson-Hasselbalch).

Neste caso, a constante de dissociação do ácido H_2CO_3 seria:

$$K_a' = \frac{[H^+] \cdot [HCO_3^-]}{[CO_2]};\ e\ pK' = 6,1 \quad (13.18)$$

Este artifício é válido, pois a relação entre CO_2 e H_2CO_3 em equilíbrio é fixa, tendo um valor de 330, de modo que $[CO_2]/330 = H_2CO_3$. A diferença entre os valores de pK é o log de $330 = 2,52$. Teremos então:

$$pH = 6,1 + \log \frac{[HCO_3^-]}{0,03 \cdot pCO_2} \quad (13.19)$$

Esta relação inclui a pressão parcial de CO_2 da solução analisada (pCO_2, em mmHg), que quanto ao sangue é de considerável importância clínica, pois permite verificar o estado funcional das trocas de gases no nível do pulmão, com elevação da pCO_2 em caso de insuficiência respiratória e sua queda durante hiperventilação pulmonar.

É importante lembrar, por outro lado, que o uso da equação 13.19 subentende condições de equilíbrio do sistema-tampão bicarbonato, pois só nestas condições teremos a relação de 330 entre concentrações de CO_2 e H_2CO_3. Em estruturas biológicas, podemos, no entanto, encontrar situações de desequilíbrio em que esta relação não mais é válida. Como exemplo de uma situação destas, temos o assim chamado pH de desequilíbrio, encontrado no túbulo renal na ausência ou inibição da anidrase carbônica. Quando ocorre secreção de íons H^+ para o lúmen do túbulo renal, que contém bicarbonato filtrado, a reação entre estes componentes vai levar à formação local de ácido carbônico, que em seguida se decompõe em CO_2 e H_2O. Na presença de anidrase carbônica, a formação e a desidratação do ácido carbônico nem chegam a ocorrer, pois a enzima oferece um mecanismo alternativo semelhante ao apresentado na reação 13.12, atingindo-se instantaneamente uma situação de equilíbrio que corresponde à equação de Henderson-Hasselbalch, isto é, o pH medido corresponde às concentrações de bicarbonato e CO_2 existentes no lúmen tubular. Na falta de anidrase carbônica, no entanto, a transformação de H_2CO_3 em CO_2 e H_2O é mais lenta, seguindo os valores das constantes de velocidade (k_i) não catalisadas, apresentadas anteriormente. Teremos então, durante a manutenção da secreção de H^+, um pH luminal mais ácido que a condição de equilíbrio. A diferença entre este pH e o pH de equilíbrio é denominada pH de desequilíbrio. Este ocorre no túbulo proximal somente após inibição da anidrase carbônica por substâncias como a acetazolamida, pois sem esta inibição a enzima existente na borda em escova do túbulo proximal acelera a desidratação do ácido carbônico em 10.000 vezes. Por outro lado, no túbulo distal este pH de desequilíbrio é sempre observado, pois na superfície apical das células distais não existe borda em escova e, portanto, também não há anidrase carbônica luminal.

O DIAGRAMA pH/HCO_3^- (DIAGRAMA DE DAVENPORT)

O diagrama da Figura 13.2, que correlaciona o pH de uma solução ou líquido biológico com a sua concentração em bicarbonato, é muito instrutivo para a compreensão do funcionamento deste sistema-tampão. A uma dada pCO_2, há uma relação curvilínea entre o pH e a concentração de bicarbonato, aproximadamente paralela a outras curvas correspondentes a outros níveis de pCO_2. Analisemos em primeiro lugar o que ocorre com uma solução pura de bicarbonato equilibrada a diferentes pCO_2. Qualquer que seja a pCO_2 ou o pH da solução, a concentração de bicarbonato será a mesma, isto é, variando a pCO_2, estaremos nos movendo sobre uma linha horizontal (pontilhada, A). Com base na equação 13.11, esperaríamos que, com o aumento da concentração de CO_2, houvesse hidratação de uma parcela dele, elevando-se por conseguinte o nível de H_2CO_3 e também de HCO_3^-. No entanto, se analisarmos o que ocorre durante a elevação da pCO_2 de 40 para 80 mmHg, por exemplo, do ponto de vista quantitativo, veremos que esta elevação da pCO_2 corresponde a um aumento de concentração de CO_2 de pouco mais de 1 mM, e de H_2CO_3 de 1/330 disso,

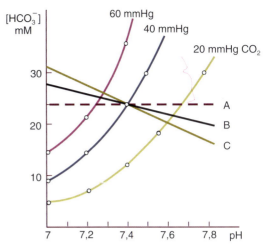

Figura 13.2 ▪ Diagrama pH/bicarbonato. As curvas correspondem a valores de pH e bicarbonato obtidos com determinada pCO_2. (A) Linha correspondente a titulação de solução pura de bicarbonato com CO_2. (B) Linha-tampão de plasma separado. (C) Linha-tampão de plasma verdadeiro (em contato com glóbulos, isto é, sangue total).

isto é, de cerca de 0,003 mM. Uma parcela deste último valor é que se encontrará na forma dissociada de HCO_3^-. Em termos da concentração de bicarbonato encontrada no plasma sanguíneo, da ordem de 25 mM, esta modificação de concentração não será detectável.

Vejamos agora o que acontece na presença de outros tampões, como seria o caso se estivéssemos equilibrando sangue a diferentes pCO_2. Neste exemplo, o ácido carbônico formado pela hidratação de CO_2 reagirá com os sais alcalinos destes tampões, de acordo com a seguinte reação:

$$H_2CO_3 + Na_2HPO_4 \leftrightarrow NaHCO_3 + NaH_2PO_4 \quad (13.20)$$

Pela reação de ácido carbônico com outros tampões, gera-se bicarbonato, por meio da formação contínua de novas moléculas de ácido carbônico a partir do CO_2 dissolvido, que serão removidas do meio enquanto os sistemas-tampão não chegarem à sua nova situação de equilíbrio dada pelo *princípio iso-hídrico*:

$$pH = 6{,}1 + \log \frac{[HCO_3^-]}{[CO_2]} = pK_1 + \log \frac{A_1^-}{HA_1} =$$
$$= pK_2 + \log \frac{A_2^-}{HA_2} = \ldots = pK_n + \log \frac{A_n^-}{HA_n} \quad (13.21)$$

Portanto, em uma solução a um dado pH, a proporção de sal/ácido de cada tampão se ajusta ao pH comum do meio, de acordo com o pK de cada sistema-tampão.

Por este motivo, quanto maior a concentração de tampão não bicarbonato no meio, mais bicarbonato será formado durante esta titulação por CO_2 da solução, e tanto mais inclinada em relação à horizontal é a *linha-tampão* da solução. Nota-se que esta maior inclinação da linha-tampão vai corresponder a uma variação de pH para uma dada adição de ácido (CO_2). Esta variação será maior do que no caso do tampão bicarbonato puro, equivalente à participação dos demais tampões no tamponamento do ácido carbônico. Um exemplo interessante desses processos é representado pela titulação de plasma sanguíneo e de sangue total com CO_2. A linha-tampão de plasma (plasma separado) é bem mais horizontal que a do sangue total (também chamado de plasma verdadeiro, por se encontrar em contato com as hemácias). Isso acontece porque o plasma verdadeiro, além dos tampões do próprio plasma, pode contar com a capacidade tamponante dos tampões contidos nas hemácias, cujo componente mais importante é a hemoglobina (Davenport, 1973).

TAMPÕES INTRACELULARES | HEMÁCIAS

O principal tampão das hemácias é a hemoglobina, a proteína em maior concentração no citoplasma dessas células. Como qualquer proteína, ela tem capacidade tamponante ligada à presença de radicais de ácidos fracos (R-COOH) e de bases fracas (R-NH$_2$):

$$R\text{-COOH} \leftrightarrow R\text{-COO}^- + H^+$$
$$R\text{-NH}_2 + H^+ \leftrightarrow R\text{-NH}_3^+ \quad (13.22)$$

Dependendo do pH do meio, essas proteínas podem funcionar como ânions (predominância de cargas negativas) ou cátions (predominância de cargas positivas). Ao pH normal de células (ao redor de 7,0), geralmente funcionam como ânions. Outros resíduos de aminoácidos também podem ter função de tampão. No caso da hemoglobina, a maior parte de sua capacidade tamponante se deve aos radicais imidazólicos da histidina (Figura 13.3).

A capacidade tamponante da hemoglobina é influenciada pelo estado do átomo de ferro contido em sua molécula: se ligado a oxigênio ou se está reduzido. Este estado vai causar uma distribuição característica de elétrons em grupos adjacentes, em especial no radical imidazólico da histidina, de modo que a remoção do oxigênio da molécula transforma este grupo em um ácido mais fraco, isto é, reduz o grau de dissociação do íon H$^+$ do grupo. Dessa maneira, estes grupos (que em meio oxigenado estão dissociados, funcionando como ânions ligados predominantemente a potássio – o principal cátion intracelular) vão, no nível dos tecidos (após a dissociação do oxigênio da hemoglobina), ser transformados em ácido não dissociado, ligando (e, portanto, tamponando) íons H$^+$. Este efeito é a recíproca do *efeito Bohr*, caracterizado pela elevação da afinidade da molécula de hemoglobina por oxigênio em meio alcalino (ou pCO$_2$ baixa) e redução desta afinidade a pH baixo (ou pCO$_2$ alta).

As características anteriormente descritas têm importante papel no tamponamento do sangue, tanto no nível dos tecidos como do pulmão. Em nível tecidual, o CO$_2$ produzido pelo metabolismo celular difunde-se para o sangue (ver esquema da Figura 13.4); então, será hidratado no plasma (pela reação não catalisada) e dentro do glóbulo (com catálise pela anidrase carbônica, aí presente em altas concentrações). A maior parte do CO$_2$ transferido pelo sangue dos tecidos aos pulmões é transportada na forma de bicarbonato (tanto plasmático como globular – cerca de 65%), CO$_2$ carbamínico ligado a resíduos de aminoácidos positivos da hemoglobina (26%) e CO$_2$ dissolvido (9%). A maior quantidade do bicarbonato é transportada no plasma (57%) e só os 8% restantes nas hemácias; apesar disso, a maior parte deste bicarbonato é formada nas hemácias, por hidratação de CO$_2$ pela anidrase carbônica. Portanto, o CO$_2$ difunde-se às hemácias, e o bicarbonato aí formado é transferido de volta ao plasma, a favor de um gradiente de potencial eletroquímico.

De acordo com o *efeito Donnan*, a razão de ânions intra e extracelulares é fixa e depende do número de ânions fixos dentro da célula:

$$\frac{(A_1)e}{(A_1)i} = \frac{(A_2)e}{(A_2)i} = \ldots = \quad (13.23)$$

em que A = ânions fixos, e = extracelular, i = intracelular.

No nível dos tecidos, há uma redistribuição de ânions por dois motivos: primeiro, diminui o número de ânions fixos, pois a hemoglobina se transforma em ácido mais fraco (menos dissociado); segundo, existe formação intracelular de ácido carbônico. O íon hidrogênio é tamponado pela hemoglobina, formando-se bicarbonato de potássio (íon que estava ligado à hemoglobina). Havendo elevação da concentração de ânions bicarbonato nas hemácias, estes ânions se redistribuirão, difundindo para fora das mesmas, mantendo a relação correspondente ao *equilíbrio de Donnan*. Como deverá ser mantida a eletroneutralidade do sistema, íons cloreto penetrarão nas hemácias, compensando os íons bicarbonato que saíram. Assim, a razão ânion extracelular/ânion celular nas hemácias cairá, mas será igual para bicarbonato e cloreto. A troca de bicarbonato por cloreto é devida a um processo de permuta, em que os dois ânions se ligam a um *transportador* na membrana da hemácia. Este processo ocorre em sentido inverso no nível dos pulmões. Aqui, a hemoglobina se oxigenará, dissociando os íons H$^+$ a ela ligados. Estes reagirão com bicarbonato, formando ácido carbônico, que se desidratará em processo catalisado por anidrase carbônica, formando CO$_2$, que se difundirá aos alvéolos pulmonares. A redução da concentração de bicarbonato e a dissociação de hemoglobina modificarão novamente o equilíbrio entre ânions fixos e difusíveis. O bicarbonato entrará na hemácia a favor de seu gradiente de concentração, e cloretos deixarão as hemácias, por permuta eletroneutra com bicarbonato. Este movimento de cloretos em sentidos opostos em tecidos e pulmões foi descrito por Hamburger, sendo denominado *chloride shift* (permuta de cloreto); este processo é inibido por inibidores da anidrase carbônica, como a acetazolamida, que atuam diretamente sobre o *transportador* responsável pela permuta de Cl$^-$ por HCO$_3^-$ (Tanner, 1997; Kopito, 1990; Davenport, 1972). O permutador Cl$^-$/HCO$_3^-$ tem sua estrutura bem conhecida, tendo sido inicialmente chamado de *banda 3*, devido à sua posição em eletroforese das proteínas dos glóbulos. Conhecem-se várias isoformas deste permutador, sendo a dos glóbulos a primeira isolada, denominando-se AE1. O transportador ocorre também em membrana basolateral de células tubulares renais, principalmente de células intercaladas de ducto coletor.

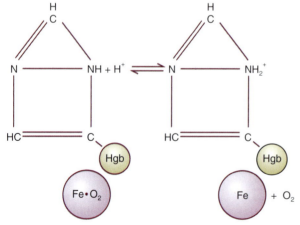

Figura 13.3 • Grupos imidazólicos de hemoglobina que funcionam como tampão. A hemoglobina ligada a O$_2$ é um ácido mais forte (mais dissociado) que a hemoglobina reduzida.

Regulação do pH do Meio Interno

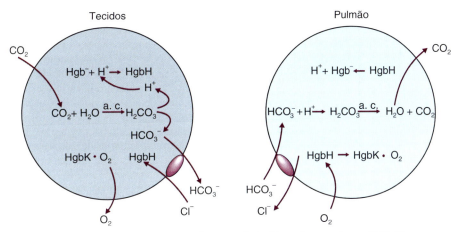

Figura 13.4 ▪ Trocas de CO_2, HCO_3^- e Cl^- entre plasma e glóbulos nos tecidos e no pulmão. Há acoplamento da troca HCO_3^-/Cl^- por *transportador*. *Hgb*, hemoglobina; *a. c.*, anidrase carbônica.

Bicarbonato, fosfato e proteínas celulares constituem, além da hemoglobina, os mais importantes tampões intracelulares de outros tipos celulares que não os glóbulos vermelhos. As proteínas são anfólitos, que podem funcionar como ácidos ou bases fracos. Ao pH intracelular, comportam-se, em sua maioria, como ácidos fracos, cuja base forte é, em geral, o íon potássio.

Quando um organismo é submetido a uma sobrecarga de ácido ou base, tanto o líquido extracelular como o intracelular participam de seu tamponamento (Figura 13.5). Swan e Pitts (1955) mostraram que, em cães nefrectomizados, uma proporção considerável destas sobrecargas pode ser tamponada pelos tampões intracelulares, por meio de trocas de H^+ por Na^+ ou K^+, bem como de HCO_3^- por Cl^-. Em acidose metabólica por infusão de ácido, 57% da capacidade tamponante do meio interno eram devidos a tampões intracelulares, e deste total 36% correspondiam a trocas H^+/Na^+, 15% a trocas H^+/K^+ e 6% à transferência de HCl. Em alcalose metabólica, 32% do tamponamento eram intracelulares. Por outro lado, em acidose e alcalose respiratórias, 97 a 99% do tamponamento eram intracelulares, devido em 29 a 37% dos casos a trocas Cl^-/HCO_3^-, além das trocas entre cátions.

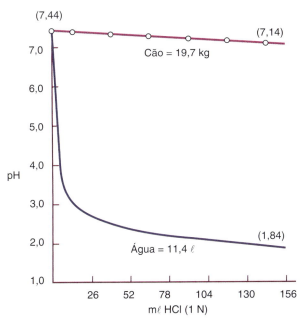

Figura 13.5 ▪ Efeito da adição de HCl (1 N) a um cão e a um volume correspondente de água em termos de pH. (Adaptada de Pitts e Swan, 1952; Swan e Pitts, 1953.)

pH INTRACELULAR E SUA REGULAÇÃO

Para o estudo do equilíbrio acidobásico da célula, é importante medir o pH intracelular. Isso apresenta dificuldades consideravelmente maiores do que na medida em líquidos extracelulares. Podem ser usados, para tanto, métodos diretos ou indiretos. Os *métodos diretos* baseiam-se na utilização de microeletrodos sensíveis a pH, que tenham ponta suficientemente delgada, de modo a não lesar as células em que o pH é medido, mas que também apresentem sensibilidade a pH somente na ponta introduzida na célula. Vários têm sido os eletrodos utilizados com esta finalidade, a maioria baseada no uso de vidro sensível a pH. Os primeiros eletrodos deste tipo foram construídos por Caldwell (1954), que mediu o pH de axônios gigantes de lula e de outras células de invertebrados. Estes eletrodos, de maneira geral, distinguem-se quanto ao tamanho e à técnica de isolamento do vidro sensível ao pH, variando desde aqueles construídos por Carter (1967), isolados por uma capa cerâmica, aos de Thomas (1974), nos quais o vidro sensível a pH está incluído em um microeletrodo comum, de vidro não sensível a pH. Por fim, há microeletrodos que funcionam à base de resina de troca iônica sensível a pH incluída em um fino microeletrodo de vidro de ponta de menos de 1 μm (Malnic, 1998).

Os *métodos indiretos* baseiam-se na distribuição de componentes de um sistema-tampão entre os espaços intra e extracelulares. Um dos primeiros sistemas usados é o DMO (5,5-dimetil-2,4-oxazolidinedione), um ácido fraco, pouco dissociado, que na forma não dissociada é lipossolúvel e se equilibra rapidamente através de membranas celulares em

$$\text{DMO-H} \leftrightarrow \text{DMO}^- + H^+ \tag{13.24}$$

Injetando-se uma quantidade conhecida desta substância em um organismo, e depois determinando-se a concentração de DMO^- e de DMO-H no extracelular a partir do DMO total e pH do meio, é possível calcular ou medir a quantidade total de DMO que penetrou nas células. Admitindo-se que a concentração de DMO-H intra e extracelular seja igual, obtém-se o DMO^-, e daí o pH intracelular:

$$pH = 6{,}13 + \log(DMO^-/DMO\text{-}H) \tag{13.25}$$

Um método muito utilizado atualmente está baseado em microscopia de fluorescência, com o uso de fluoróforos sensíveis ao pH, como o BCECF, um derivado da fluoresceína.

Incuba-se o tecido ou as células em cultura com uma forma éster do BCECF (BCECF-AM), que torna o fluoróforo lipossolúvel e permite sua entrada na célula. Uma vez dentro desta, sofre a ação de esterases celulares e se transforma na forma aniônica, que fluoresce na dependência do pH celular e é retida pelas membranas celulares.

A maioria dos valores de pH intracelular medidos por estas técnicas está na faixa de 6,8 a 7. Em tecidos que acidificam, como o epitélio tubular renal e a bexiga de tartaruga, o pH celular é mais alcalino (entre 7,3 e 7,4); este valor indica que estas células transportam o íon H^+, de seu interior para o meio extracelular, contra um gradiente de potencial eletroquímico, provavelmente por um processo de transporte ativo. Como o metabolismo celular produz em sua maioria moléculas ácidas, principalmente o CO_2, o pH celular tende a ser mais ácido que o extracelular. Isso também é devido à diferença de potencial através da membrana celular, que é de –60 a –80 mV, o interior das células negativo. Este potencial atrai prótons para o interior das células. Em equilíbrio, o pH celular seria acima de uma unidade de pH mais ácido que o meio extracelular, da ordem de 6,0. O pH intracelular mais elevado indica, pois, que a concentração hidrogeniônica celular é bem mais baixa que a situação de equilíbrio. Vários transportadores de prótons são responsáveis por esta situação. O transportador de H^+ de distribuição ubíqua (que se encontra em todas as células) é o permutador Na^+/H^+; trata-se de um transportador secundariamente ativo, que acopla a energia liberada pela entrada de Na^+ na célula (a favor de gradiente químico mantido pela Na^+/K^+-ATPase) ao transporte de H^+ para fora da célula. Há várias isoformas deste permutador, e a isoforma NHE1 existe em quase todas as células e tem como função principal regular o pH intracelular, razão pela qual é denominada isoforma *housekeeping* (limpadora). Outras isoformas importantes são a NHE2 e a NHE3, ligadas principalmente ao transporte transepitelial de Na^+ e H^+ em epitélio intestinal e renal. São conhecidas cerca de 10 isoformas deste permutador (Malnic, 2000; Wakabayashi et al., 1997). Outros transportadores que podem eliminar íons H^+ de células são a H^+-ATPase e a H^+/K^+-ATPase, transportadores ativos destes íons. Como foi dito, permutadores Cl^-/HCO_3^-, como o AE1, também contribuem para a regulação do pH celular, podendo introduzir íons HCO_3^- nas células ou eliminá-los delas. Mais detalhes a respeito desses transportadores são fornecidos no Capítulo 11, *Transportadores de Membrana*.

Para a verificação da natureza dos transportadores de H^+ presentes em um dado tipo de célula, costuma-se carregá-la com ácido e depois seguir o ritmo de extrusão de ácido pela célula. Por exemplo, em uma camada de células em cultura isso pode ser feito por meio da superfusão por uma solução que contém NH_4Cl (além de NaCl). A Figura 13.6 mostra o que acontece nesta situação. Inicialmente, observa-se o nível de pH basal da célula; quando começa a superfusão com a solução de NH_4Cl, ocorre uma alcalinização intensa e rápida (gráfico A). Isso porque a solução de NH_4Cl contém tanto NH_4^+, um cátion hidrossolúvel, como o gás NH_3, que é lipossolúvel e portanto atravessa facilmente a membrana celular. Dentro da célula, este gás reage com íons H^+ intracelulares, formando NH_4^+; portanto, neutraliza os íons H^+, alcalinizando o meio intracelular. Quando há equilíbrio entre as concentrações de NH_3 intra e extracelulares, o pH alcalino tende a se estabilizar (gráfico B). Neste ponto, começa a entrar NH_4^+ na célula, um processo mais lento devido à pouca permeabilidade da membrana celular a este cátion, o que leva à lenta acidificação da célula (gráfico C). Substitui-se então a solução contendo NH_4Cl por Ringer NaCl, o NH_4^+ intracelular se transformará em NH_3, que sai da célula, deixando o H^+ na célula. Assim, esta se acidifica rapidamente devido ao seu maior teor de H^+ que de NH_4^+ (gráfico D). Essa técnica de acidificação intracelular é denominada *pulso ácido de NH_4*. Em seguida, os processos de extrusão de H^+ existentes na membrana celular conduzirão o pH celular de volta a um nível próximo ao pH-controle.

A Figura 13.7 mostra exemplos experimentais da ação de diferentes transportadores na recuperação do pH celular após o pulso ácido de NH_4. Nos exemplos apresentados, foram utilizadas culturas de células renais do tipo MDCK, que têm características morfofuncionais semelhantes às do epitélio do túbulo distal final e coletor. No *gráfico A*, é mostrada a curva de recuperação do pH observada em um meio de NaCl (com 145 mEq de Na^+); nota-se que ocorre rápida e quase completa recuperação do pH celular ao seu valor basal inicial. Esta recuperação se deve em sua maior parte ao permutador Na^+/H^+, que troca sódio que entra na célula por hidrogênio que sai dela (como já dito, esse processo é movido, através da membrana celular, pelo gradiente de sódio, que é produzido pela extrusão ativa de sódio da célula pela Na^+/K^+-ATPase da membrana). O *gráfico B* indica que, se após o pulso ácido as células forem colocadas em meio com solução livre de sódio (substituído por outro cátion), a recuperação do pH será muito mais lenta, mas ainda maior que zero; porém, não atingirá o pH basal inicial. É possível mostrar que esta recuperação mais lenta é devida a uma H^+-ATPase, um transportador que utiliza ATP para transportar íons H^+; este é um mecanismo de transporte ativo primário por usar ATP diretamente, contribuindo de maneira minoritária para a recuperação do pH celular. O gráfico mostra também que, se então forem adicionados ao meio 145 mEq de Na^+, passa a ocorrer rápida e quase completa recuperação do pH celular ao valor basal, pois agora está sendo novamente estimulado o trocador Na^+/H^+. O *gráfico C* indica que quando for adicionado ao meio isento de Na^+ arginina-vasopressina (AVP, hormônio antidiurético humano), a velocidade de extrusão aumenta, demonstrando que a AVP é capaz de estimular a H^+-ATPase. Desta maneira, pode-se não

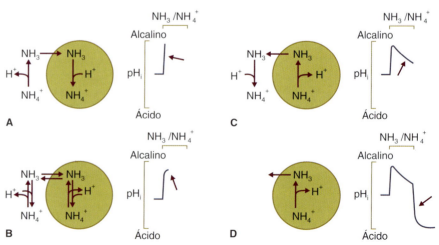

Figura 13.6 ▪ Aplicação de um pulso ácido na célula, por meio de superfusão com Ringer NH_4Cl. Mais detalhes no texto. (Adaptada de Bevensee et al., 2000.)

Regulação do pH do Meio Interno   269

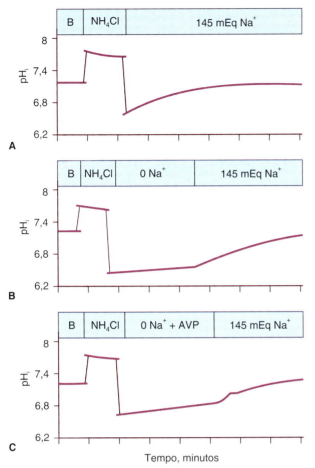

Figura 13.7 ▪ Extrusão de íons H+ de células renais MDCK, após pulso de NH₄Cl, em meio que contém Na+ (**A**), sem Na+ (**B**) ou sem Na+ + AVP (10⁻⁹M) (**C**), mostrando o papel do trocador Na+/H+ e da H+-ATPase na regulação do pH celular. Explicação da figura no texto. (Adaptada de Oliveira-Souza et al., 2004.)

só avaliar o papel de diferentes transportadores de íons H+ na manutenção do pH celular, medindo-se a inclinação das curvas de recuperação, como também estudar a ação de diferentes hormônios sobre esses transportadores.

AVALIAÇÃO DO ESTADO DO EQUILÍBRIO ACIDOBÁSICO

Para investigar o estado do equilíbrio acidobásico de um organismo ou de um meio biológico, é interessante, em primeiro lugar, verificar como estão os componentes da equação de Henderson-Hasselbalch:

$$pH = 6,1 + \log (HCO_3^-)/(CO_2) \quad (13.26)$$

Para isso, é necessário determinar duas das três incógnitas. Costuma-se medir o pH do meio, sem perda de CO_2, ou seja, por meio de técnicas anaeróbicas. Para tal, são utilizados eletrodos apropriados, como os eletrodos capilares de vidro, em que a amostra é aspirada para dentro de um capilar de vidro sensível à atividade de íons H+; nesta situação, não ocorre perda de CO_2 por a amostra estar confinada em uma câmara fechada. Além disso, necessita-se medir o pH à temperatura normal em que é mantida a solução biológica, a 37°C no caso do sangue humano, já que a temperatura afeta tanto as leituras pelo eletrodo como o grau de dissociação dos ácidos envolvidos.

Além do pH, precisa-se realizar uma medida do teor de bicarbonato ou do CO_2 da amostra. Um método clássico baseia-se na extração a vácuo do CO_2 de uma amostra de plasma ou sangue, após acidificação desta para conversão do bicarbonato em CO_2; é feita a medida do volume extraído a pressão constante, ou da pressão de um volume constante de gás (*método de Van Slyke*). A partir do CO_2 total de uma amostra, podem-se calcular os componentes do sistema da seguinte maneira:

$$pH = 6,1 + \log HCO_3^-/(T - A) \quad (13.27)$$

em que T = CO_2 total e A = CO_2 (ou ácido).

Outra técnica de medição, muito difundida atualmente, é a medida direta da pCO_2 do sangue por um *eletrodo do tipo Severinghaus*, cujo esquema está representado na Figura 13.8. Essencialmente, mede-se o pH de uma fina camada de líquido situada entre a superfície de um eletrodo de vidro e uma membrana de teflon impermeável a água e solutos, mas permeável a CO_2. O líquido nesta camada tem concentração fixa de bicarbonato, de modo que seu pH dependerá somente da sua pCO_2. A amostra cuja pCO_2 será medida encontra-se em uma pequena câmara limitada pela membrana de teflon, equilibrando-se sua pCO_2 com a da fina camada de líquido entre a membrana de teflon e a superfície de vidro. Calibrando-se o sistema com gases de concentração conhecida de CO_2, pode-se calcular a pCO_2 da amostra a partir do pH medido.

Estas medidas permitem a avaliação completa do estado do sistema bicarbonato em uma amostra de líquido biológico. No entanto, às vezes pode ser interessante medir também a capacidade tamponante dos sistemas não bicarbonato. Para isso, pode ser realizada uma titulação da amostra (p. ex., de sangue), com CO_2 ou outro ácido, de acordo com um gráfico do tipo do existente na Figura 13.2, que dará a inclinação da linha-tampão do líquido estudado. Do ponto de vista prático, em vez de realizar esta titulação, pode ser utilizado o *nomograma de Siggaard-Andersen* (Figura 13.9). Este nomograma, com base no conhecimento do pH e da pCO_2 (ou do bicarbonato), além do teor de hemoglobina do sangue (o tampão não bicarbonato mais importante), indica o *déficit* ou *excesso de base*[1] da amostra (em mEq/ℓ), quanto a um valor considerado padrão. Assim, no caso de uma acidose, há *déficit de base* e, em uma alcalose, *excesso de base*. A vantagem deste procedimento é que, apesar de ser aproximado pelo fato de não se basear em titulação da amostra estudada, permite obter uma estimativa do déficit total de base da amostra ou do organismo; isso pode ser então compensado por administração de base (p. ex., bicarbonato ou lactato de sódio), desde que seja conhecido o volume efetivo do sistema ou organismo estudado. Desse modo, no caso de um déficit de base detectado em amostra de sangue de um indivíduo, a quantidade Q de base a ser administrada para a normalização de seu meio interno é dada por:

$$Q = 0,3 \cdot P \cdot B$$

em que B é o déficit de base (em mEq/ℓ) e P, o peso corpóreo do indivíduo. O fator 0,3 é a fração do peso corpóreo correspondente ao volume de líquido extra e intracelular que participa dos processos de tamponamento anteriormente descritos. Nota-se que, neste procedimento, várias aproximações são utilizadas: o próprio uso do nomograma é uma delas, já que envolve interpolação gráfica pouco precisa. Por outro lado, usa-se o sangue

---

[1] Déficit ou excesso de base correspondem à quantidade (em mEq) de base (no caso de déficit) ou ácido (no caso do excesso) que deveriam ser adicionados a 1 ℓ da amostra de sangue para que o seu pH retornasse a 7,4.

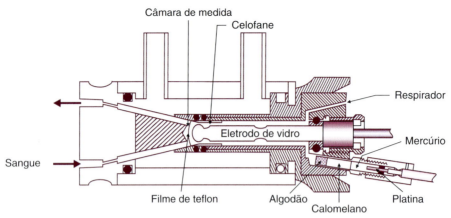

Figura 13.8 • Corte esquemático de eletrodo de pCO₂ tipo Severinghaus. A ponta do eletrodo de vidro sensível a pH, coberta com filme de teflon, situa-se em câmara termostatizada para medida de pequenos volumes de líquido (sangue). Entre o filme e o vidro do eletrodo, há solução-tampão que contém concentração constante de HCO₃⁻.

como base de avaliação dos demais líquidos do organismo; o fator 0,3, como fração ideal dos líquidos do meio interno que participam da regulação do equilíbrio acidobásico, também é avaliação bastante aproximada. Esta técnica, portanto, tem valor como avaliação aproximada do estado do equilíbrio acidobásico em clínica e, como tal, certamente, tem sua utilidade.

PAPEL DOS PULMÕES NA REGULAÇÃO DO EQUILÍBRIO ACIDOBÁSICO

O componente ácido do sistema-tampão mais importante do organismo, o ácido carbônico, é um ácido volátil, pois se transforma facilmente em CO_2, gás que pode desprender-se da solução na qual está contido. Desta maneira, o nível de CO_2 do organismo depende do processo de ventilação pulmonar, isto é, das trocas entre o ar atmosférico e o alveolar. Estas trocas são reguladas por um mecanismo bastante complexo e delicado, que envolve vários centros e vias nervosas, capazes de manter a constância do nível sanguíneo de CO_2. Adicionalmente, sendo os centros respiratórios sensíveis ao nível de CO_2 e ao pH do meio, permitem a regulação do pH do meio interno por intermédio do ajuste da concentração de CO_2 do sangue. Assim, em um estado de acidose metabólica, ou seja, de redução do pH do sangue por excesso de ácidos fixos (não voláteis), o centro respiratório é estimulado, ocorrendo hiperventilação pulmonar e redução da concentração de CO_2 nos alvéolos pulmonares. Estando o nível de CO_2 dos alvéolos em equilíbrio com o do sangue arterial, haverá queda da concentração de CO_2 no sangue, o que equivale a uma *compensação respiratória da acidose metabólica*. O oposto acontece em uma alcalose metabólica, em que a ventilação é deprimida devido à alcalinização do meio interno, havendo elevação da concentração sanguínea de CO_2 e, em consequência, ocorrendo redução do pH do sangue, o que se denomina *compensação respiratória da alcalose metabólica*.

Por outro lado, modificações primárias da ventilação pulmonar vão refletir-se sobre o equilíbrio acidobásico do meio interno. Assim, existindo dificuldades de respiração, por exemplo, por obstrução brônquica ou presença de exsudatos nos alvéolos pulmonares (pneumonia), a transferência de CO_2 do sangue aos alvéolos será dificultada, elevando-se a concentração de CO_2 no sangue e estabelecendo-se uma *acidose respiratória*. Da mesma maneira, durante um processo de hiperventilação o nível alveolar e sanguíneo de CO_2 decresce, acarretando *alcalose respiratória*. Como veremos adiante, as alterações respiratórias do equilíbrio acidobásico podem ser compensadas por meio de ajustes da função renal, essencialmente por intermédio de variações na reabsorção renal de bicarbonato. Os mecanismos pulmonares envolvidos nestes processos estão discutidos em detalhe no Capítulo 46, *Regulação Respiratória do Equilíbrio Acidobásico*.

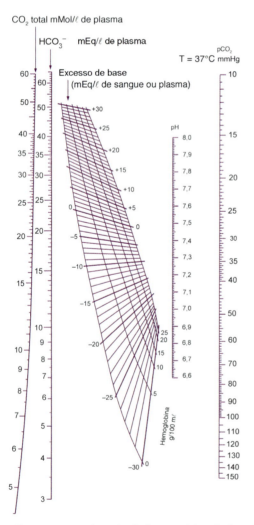

Figura 13.9 • Nomograma para a determinação do *excesso de base*. Conhecendo-se o pH e a pCO₂ ou o CO₂ total, bem como a concentração de hemoglobina, obtém-se o excesso ou déficit de base, por interpolação. (Adaptada de Andersen, 1963.)

PAPEL DOS RINS NA REGULAÇÃO DO EQUILÍBRIO ACIDOBÁSICO

Já foi visto que o principal ácido formado no metabolismo celular consiste no sistema CO_2/H_2CO_3, que, por ser volátil, é eliminado pelos pulmões. O metabolismo celular, no entanto, produz uma série de outros radicais ácidos, não voláteis, e, por isso, chamados de ácidos fixos. Entre estes, podemos citar os ácidos orgânicos, em geral fracos (como o ácido láctico e o ácido β-hidroxibutírico), derivados do metabolismo de hidratos de carbono e de gorduras. Ácidos minerais e sais ácidos em geral originam-se de lipídios e de proteínas, moléculas com enxofre e fósforo, que dão origem a sulfatos e fosfatos, radicais de ácidos fortes que sempre se encontram na forma de sal no organismo. Estes, denominados ácidos fixos, deverão ser eliminados pelo rim, por filtração e subsequente acidificação da urina. Em certas condições, pode haver também no organismo um excesso de bases fixas, como, por exemplo, em situações em que ocorrem vômitos repetidos com perda de ácido clorídrico, ou após a ingestão excessiva de substâncias alcalinas, como bicarbonato de sódio. Nestas condições, o rim excreta urina alcalina, eliminando-se o excesso de bases.

Esse órgão é capaz de eliminar urina ácida, com um pH mínimo da ordem de 4,4. A acidificação urinária baseia-se em alguns processos que envolvem acidificação de tampões em geral, reabsorção de bicarbonato e excreção de íon amônio na forma de sais ácidos, como cloreto de amônio.

A excreção destes ácidos e a acidificação urinária dão-se essencialmente por três mecanismos: eliminação de ácidos livres ou de sais ácidos (que se denomina acidez titulável), reabsorção de bicarbonato e excreção de sais de amônio. Os mecanismos envolvidos nestes processos estão apresentados no Capítulo 54, *Papel do Rim na Regulação do pH do Líquido Extracelular*.

FISIOPATOLOGIA DO EQUILÍBRIO ACIDOBÁSICO

As modificações patológicas do equilíbrio acidobásico podem ser classificadas como modificações do pH do meio interno (avaliado por intermédio do sangue) na direção ácida (acidose) ou alcalina (alcalose).

▶ Acidoses

Uma acidose pode ser atingida quando há um excesso de ácidos no meio interno, o que representa a situação patológica mais comum, pois o metabolismo celular normalmente produz um excesso de ácidos, que devem ser eliminados. O ácido prevalente no meio interno é o CO_2 (equivalente ao H_2CO_3), que é eliminado pelos pulmões, o que pode ser impedido quando existe alguma obstrução das vias respiratórias ou inundação dos alvéolos pulmonares por um transudato de plasma. Isso acontece, por exemplo, no caso de edema agudo de pulmão, situação na qual a pressão nos capilares pulmonares se eleva devido a condições de insuficiência cardíaca grave; ou por um exsudato inflamatório, o que ocorre, por exemplo, na pneumonia. Nestas condições, aumenta a pCO_2 do sangue, o que, de acordo com a equação de Henderson-Hasselbalch (equação 13.26), causa queda do pH do sangue ou plasma, acarretando *acidose respiratória*. Além do CO_2, há outros ácidos produzidos pelo metabolismo celular, que, ao contrário do CO_2, que é volátil, são chamados de *ácidos fixos* e devem ser eliminados predominantemente pelo rim. Incluem-se aí ácidos minerais e seus sais, como o fosfato ácido de sódio, e também ácidos orgânicos, como o láctico. O acúmulo deles leva à *acidose metabólica*, que pode ser devida a falência renal com déficit da excreção renal de ácidos e radicais ácidos. Essa anomalia pode também ocorrer por causas metabólicas, como o diabetes, em que se dá acúmulo de ácidos provenientes do metabolismo das gorduras, incluindo os assim chamados corpos cetônicos; desses ácidos, fazem parte os ácidos acetoacético e beta-hidroxibutírico, que normalmente são metabolizados a CO_2 e água pelo ciclo de Krebs, cujo funcionamento depende do metabolismo da glicose, que não funciona adequadamente no diabetes. Nestas condições, o excesso de ácidos fixos é neutralizado pelo tampão bicarbonato, e os ácidos reagem com o bicarbonato, que assim se transforma em água e CO_2, este último eliminado pelos pulmões. A consequência é uma pCO_2 normal, mas uma queda da concentração de bicarbonato, o que conduz a uma queda do pH, segundo a equação 13.26. As consequências destas alterações podem ser analisadas por meio do diagrama pH-bicarbonato (ou diagrama de Davenport), apresentado na Figura 13.10.

Nesta figura, observa-se a linha-tampão do plasma, a reta A-B, que correlaciona o pH do plasma com sua concentração de bicarbonato. Além disso, temos curvas que correspondem a pH e bicarbonato a diferentes valores de pCO_2 (20, 40 e 80 mmHg). O ponto de início deste gráfico é o valor normal para o plasma (pH = 7,4, HCO_3^- = 25 mM e pCO_2 = 40 mmHg). No caso de uma acidose respiratória, por exemplo, a pCO_2 se deslocaria primariamente de 40 a 80 mmHg, o pH de 7,4 para 7,2 e o bicarbonato de 25 para 30 mM. Nota-se que o pH se reduz menos do que se fosse o caso de uma solução pura de HCO_3^- e CO_2, em que a linha-tampão seria paralela ao eixo dos x. Devido à presença de outros tampões no plasma (fosfato, hemoglobina das hemácias etc.), a linha-tampão é inclinada, e em consequência varia menos o pH com a pCO_2, enquanto se eleva a concentração de bicarbonato. Isso se deve a reações como a seguinte:

$$Na_2HPO_4 + H_2CO_3 \rightarrow NaHCO_3 + NaH_2PO_4$$

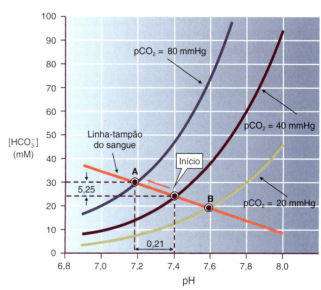

Figura 13.10 ▪ Diagrama pH-bicarbonato, mostrando as curvas a pCO_2 20, 40 e 80 mmHg e a linha-tampão do sangue (*em vermelho*). O ponto A indica acidose respiratória, e o B, alcalose respiratória. (Adaptada de Boron e Boulpaep, 2009.)

Nota-se que o fosfato alcalino se transformou em fosfato ácido, retendo um íon H⁺ e gerando bicarbonato de sódio, razão da elevação da concentração de bicarbonato do plasma. O tampão que atua nesta situação é o fosfato, cuja equação de Henderson-Hasselbalch é descrita a seguir:

$$pH = 6,8 + \log [HPO_4^{2-}]/[H_2PO_4^-]$$

em que a base é o sal alcalino e o ácido, o sal ácido.

O pK deste sistema tem o valor de 6,8, próximo ao pH normal do sangue; esta é a razão pela qual é um sistema-tampão de grande importância fisiológica, ou seja, de grande capacidade tamponante. O pK do sistema $H_2PO_4^-/H_3PO_4$, por outro lado, é 2,15; portanto, este seria um sistema-tampão totalmente fora da faixa fisiológica.

Um dos ácidos fixos mais facilmente acumulados em nosso organismo, em diversas situações fisiológicas e patológicas, é o ácido láctico. Este é um ácido relativamente forte no caso dos sistemas biológicos, pois seu pK é de 3,85, e em uma primeira análise se poderia pensar que ele em nada contribuiria para o equilíbrio acidobásico do organismo. Com efeito, em pH 7,4, o ácido láctico encontra-se predominantemente na forma de lactato, pois neste pH, para cada ácido láctico em solução, há mais de 3.500 lactatos. No entanto, a contribuição do ácido láctico/lactato (que podem ser referidos como sinônimos, um sendo a forma protonada do outro) se dá por meio do metabolismo, ilustrando como a regulação acidobásica do organismo é um exemplo claro de interface entre a Fisiologia e a Bioquímica.

Relembrando conceitos bioquímicos, o lactato ou ácido láctico são o produto final da respiração anaeróbica, que predomina quando há limitação de realização da respiração aeróbica, por insuficiência de oxigênio ou de mitocôndria. O processo mais eficiente de produção de energia, na forma de ATP, é a respiração aeróbica, por meio da qual cerca de 38 moléculas de ATP são produzidas por molécula de glicose, enquanto na respiração anaeróbica apenas duas moléculas de ATP são produzidas. Nesses dois tipos de respiração, coenzimas são reduzidas, ou seja, NAD⁺ é convertido em NADH, por exemplo, e, como há redução de coenzimas, há dependência de coenzimas oxidadas para sua ocorrência.

Coenzimas são oxidadas por meio de um processo de reciclagem que ocorre na membrana interna da mitocôndria, a cadeia respiratória, mediante consumo de oxigênio, no caso da respiração aeróbica, ou em uma reação citoplasmática de conversão de piruvato em lactato, na respiração anaeróbica. Coenzimas oxidadas, portanto, são necessárias para a manutenção do potencial de produção de energia nas células, tanto por via aeróbica quanto anaeróbica.

A respiração anaeróbica, por produzir menor quantidade de ATP por molécula de glicose, acelera o consumo de glicose para compensar o déficit energético.

Havendo oxigênio e mitocôndria disponível, a respiração aeróbica sempre será o mecanismo de escolha para a produção celular de energia, o que depende do tipo de tecido e da capacidade de irrigação sanguínea deste.

Em células como as hemácias, naturalmente desprovidas de mitocôndrias, a produção de lactato é a única forma de oxidação de coenzimas. Da mesma forma, o tecido cartilaginoso, embora tenha mitocôndrias, apresenta baixa vascularização e, consequentemente, baixa irrigação sanguínea, ocasionando pobre oxigenação e se restringindo à respiração anaeróbica. Esses exemplos mostram que a respiração anaeróbica tem importante papel fisiológico, gerando uma produção basal e constante de lactato em nosso organismo.

O lactato assim produzido é transportado à corrente sanguínea e pode ser utilizado por outros tecidos, como o muscular, para produção de energia via aeróbica, quando é reconvertido em piruvato e encaminhado à mitocôndria, ou então é utilizado no fígado, como um dos principais substratos da gliconeogênese, a síntese endógena de glicose utilizada para manutenção da glicemia em períodos de jejum mais prolongado.

Essa relação entre tecidos produtores de lactato por respiração anaeróbica e a captação hepática do lactato para gliconeogênese fecha um ciclo chamado de *Ciclo de Cori* (Figura 13.11).

É verdade que a atividade física intensa, além do limite do nosso condicionamento, quando a produção de lactato passa a ser maior do que a capacidade de captação pelos tecidos, promove aumento temporário de lactato, não por haver falta de oxigênio nos músculos, mas por promover saturação das mitocôndrias. O excesso de piruvato proveniente da intensa quebra da glicose, acima da capacidade mitocondrial de conversão de piruvato em acetil-CoA, proporciona acúmulo de piruvato no citoplasma, onde é convertido em lactato. O próprio músculo é capaz de consumir esse lactato que é convertido de volta em piruvato, conforme a intensidade da atividade física diminui, e a maneira como o lactato se acumula ao longo da atividade é um indicador de condicionamento físico. No entanto, aqui trataremos do acúmulo de lactato de maneira sustentada, e não espontaneamente reversível a curto prazo, como ocorre em uma série de condições patológicas.

Diversas condições patológicas levam a alterações do ciclo de Cori, podendo ocorrer o acúmulo de lactato/ácido láctico e consequente acidose metabólica, como as descritas a seguir:

- Distúrbios circulatórios que dificultam a irrigação de tecidos específicos, como em eventos tromboembólicos, quando a livre circulação de sangue é dificultada, podem fazer com que menos oxigênio chegue a um determinado tecido, fazendo com que este passe a produzir energia a partir da respiração anaeróbica. Isso aumenta a concentração de lactato, que pode ultrapassar a capacidade hepática de captação e conversão em glicose

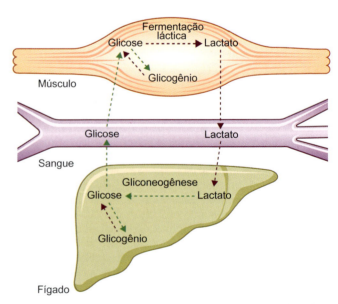

Figura 13.11 • Ciclo de Cori. O lactato proveniente dos músculos é liberado na corrente sanguínea e captado pelo fígado, onde é usado para síntese de glicose na gliconeogênese. Essa glicose é então liberada na corrente sanguínea, podendo ser captada por outros tecidos, como os músculos, por exemplo, fechando o ciclo.

- Choques de naturezas diversas – como cardiogênicos, hipovolêmicos, anafiláticos e sépticos, que são caracterizados por queda brusca da pressão sanguínea, com consequente diminuição da circulação periférica levando à hipoperfusão de diferentes tecidos – também promovem maior taxa de respiração anaeróbica por esses tecidos. Assim, hemorragias graves e insuficiência cardíaca podem ser responsáveis por acidose metabólica, porque diminuem o volume de sangue bombeado e sua pressão. Eventos sistêmicos de natureza infecciosa, inflamatória ou alérgica – que promovem aumento da permeabilidade vascular, por liberação de mediadores como a histamina, por exemplo, e consequente extravasamento de plasma para o interstício – diminuem o volume de sangue circulante, contribuindo também para o acúmulo de lactato
- Seguindo essa mesma lógica, procedimentos médicos em que há desvio do fluxo sanguíneo para equipamentos que substituem o coração e pulmões – em casos de cirurgias destes, nas quais se utiliza circulação extracorpórea – podem gerar acidose metabólica momentânea, caso fluxo, volume e oxigenação não estejam adequadamente ajustados. O mesmo pode acontecer durante hemodiálise, quando o volume sanguíneo passa a ser distribuído também pelo equipamento, podendo levar a hipotensão. Mesmo que a hipotensão seja corrigida por aumento de volume circulante com soro fisiológico e medicamentos vasoativos intravenosos, o soro, quando em grande volume, dependendo das condições e necessidades do paciente, pode promover hemodiluição, diminuindo a quantidade de oxigênio distribuído. Medicamentos vasoativos podem contribuir para acidose da mesma maneira, por dificultar a perfusão periférica, causando vasoconstrição. No entanto, são situações temporárias, controláveis e reversíveis
- Anemias graves que comprometem a quantidade e funcionalidade das hemácias, prejudicando a distribuição do oxigênio aos tecidos, também são responsáveis pelo mesmo fenômeno de acúmulo de lactato em diferentes graus. Neste caso, doenças infecciosas como a malária, que diminui o número de hemácias circulantes, geram também produção exacerbada de lactato
- Doenças hepáticas que comprometem o parênquima deste órgão e sua função – como cirrose, hepatites agudas graves de natureza viral ou medicamentosa e quaisquer situações que levem à insuficiência hepática – inibem a via de gliconeogênese e o ramo hepático do ciclo de Cori, promovendo o acúmulo de lactato, já que o fígado é o principal órgão responsável por esse processo – rins e intestino tendo um papel bem pouco significativo a curto prazo
- Doenças genéticas que se manifestam na forma de erros inatos do metabolismo – como a doença de von Gierke, caracterizada por deficiência da enzima glicose 6-fosfatase, uma das enzimas-chave da gliconeogênese – também apresentam como um de seus sintomas a acidose metabólica crônica
- Doenças pulmonares graves – como pneumonia, asma, doença pulmonar obstrutiva crônica (DPOC), tromboembolismo pulmonar (TEP) e outras – podem comprometer a capacidade de oxigenação do sangue, diminuindo a oferta desse gás aos tecidos que passam a produzir lactato. Algumas doenças pulmonares podem ainda dificultar a eliminação de CO_2, que, acumulado no sangue, é responsável pela acidose respiratória. Dessa forma, doenças pulmonares frequentemente são responsáveis por quadros de acidoses mistas mais graves, por oxigenação sanguínea deficiente e dificuldade de eliminação de gás carbônico.

Maiores detalhes sobre o papel dos pulmões e também dos rins na regulação do equilíbrio acidobásico serão abordados nos Capítulos 46 e 54.

▶ Alcaloses

Com base na Figura 13.10, pode-se observar o que acontece na *alcalose respiratória*, quando a pCO_2 passa de 40 para 20 mmHg, o pH de 7,4 para 7,6 e o bicarbonato de 25 para 20 mM; isto é, as modificações do equilíbrio acidobásico são opostas àquelas existentes na acidose respiratória. Uma alcalose respiratória pode ser encontrada durante hiperventilação pulmonar, o que pode ocorrer durante anestesia ou por alterações psiquiátricas. A situação contrária à acidose metabólica é a *alcalose metabólica*. Esta pode ser causada por perda excessiva de ácido fixo, como, por exemplo, em casos de vômitos prolongados (devido a obstrução intestinal ou gravidez). Nos vômitos, pela perda de HCl, o paciente entrará em alcalose hipoclorêmica.

▶ Compensações das modificações do equilíbrio acidobásico

A Figura 13.12 mostra a possibilidade de compensação de uma acidose respiratória. Esta compensação só pode ser metabólica, já que a alteração respiratória é a modificação primária, e pode ser efetivada por meio de modificações metabólicas; no caso, elevação da reabsorção renal de bicarbonato. A acidose respiratória estimula a secreção renal de H^+ que leva à reabsorção de bicarbonato; o aumento da concentração plasmática de bicarbonato eleva o pH, agindo pois em sentido oposto ao da acidose respiratória. Do mesmo modo, é possível a compensação metabólica da alcalose respiratória, por intermédio do crescimento da excreção renal de bicarbonato.

A Figura 13.13 indica como se dá a compensação de uma acidose metabólica. Primariamente, ocorre elevação dos ácidos fixos do meio interno, que conduz à queda da concentração plasmática de bicarbonato a pCO_2 constante. Em consequência, cai o pH do sangue. É uma situação que pode surgir, como visto, em falência renal ou no diabetes. Adicionalmente, existe uma série de doenças, em sua maioria de causa genética,

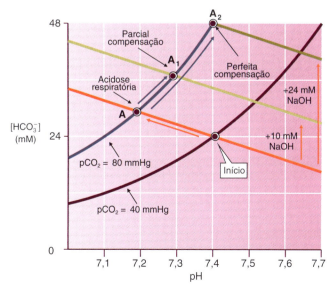

Figura 13.12 ▸ Diagrama pH-bicarbonato e mecanismos de compensação de uma acidose respiratória. (Adaptada de Boron e Boulpaep, 2009.)

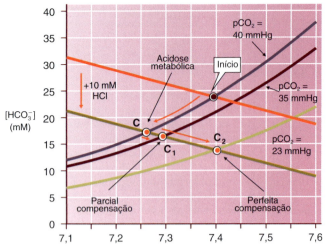

Figura 13.13 • Diagrama pH-bicarbonato de uma acidose metabólica e sua compensação. (Adaptada de Boron e Boulpaep, 2009.)

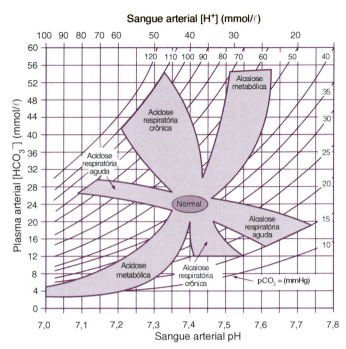

Figura 13.14 • Limites dos mecanismos de compensação de alterações acidobásicas. Explicação da figura no texto. (Adaptada de DuBose Jr., 2004.)

que levam à deficiência da reabsorção renal de bicarbonato, por alterações dos mecanismos de secreção de íons H^+ nos túbulos renais. São condições denominadas *acidose tubular renal*, que pode ser proximal ou distal, isto é, devida a alterações da acidificação em túbulos proximais ou distais. Acarretam perda urinária de bicarbonato, provocando acidose metabólica. Foram descritas várias causas de acidose tubular renal, desde afecções decorrentes de substâncias, como o maleato (que impede a secreção de H^+ em túbulo proximal, por alterar o metabolismo celular – Rebouças et al., 1984), até deleção de genes de transportadores importantes para a manutenção de mecanismos de acidificação urinária. Estas alterações genéticas incluem deficiência de um ou mais transportadores distais, como o permutador Cl^-/HCO_3^- (AE1), a H^+/K^+-ATPase, o cotransportador Na^+/HCO_3^+ e canais de Cl^- (ClC5) que colocalizam com a H^+-ATPase (esta situação corresponde à doença de Dent – Gunther et al., 2003, descrita em detalhes no Capítulo 56, *Distúrbios Hereditários e Transporte Tubular de Íons*). Estes tipos de acidose podem ser compensados por alcalose respiratória, isto é, por hiperventilação, como resultado de estimulação dos centros respiratórios do bulbo e ponte pelo pH ácido do sangue. Neste caso, a situação do plasma segue ao longo da linha tampão de pCO_2, 40 mmHg, para um valor menor, por exemplo, 20 mmHg, o que eleva o pH do sangue (ver Figura 13.13).

Na alcalose metabólica, pode-se ter compensação parcial por hipoventilação pulmonar, causando elevação da pCO_2 devido à ação do pH sanguíneo nos centros respiratórios.

Um esquema dos limites dos mecanismos de compensação das alterações acidobásicas é fornecido na Figura 13.14. As faixas indicadas mostram os limites de confiança para 95% dos casos em que compensações respiratórias e metabólicas podem compensar alterações primárias (simples) de equilíbrio acidobásico. Quando os pontos referentes ao equilíbrio acidobásico caem fora das faixas indicadas, a alteração, muito provavelmente, deixará de ser considerada como simples e passará a complexa, isto é, mais de uma modificação do equilíbrio acidobásico estará presente.

A Figura 13.15 resume o tempo que se leva para instalação dos principais mecanismos de compensação do equilíbrio acidobásico. Como é esperado, os mecanismos de tamponamento são os mais rápidos, seguindo-se os respiratórios e, finalmente os processos renais. Os mecanismos renais compensatórios de acidoses são particularmente lentos, pois dependem de processos de transporte celulares. No caso de alcalose, a compensação renal depende principalmente da filtração glomerular de bases.

▶ Diferença de ânions (*anion gap*)

Os principais íons medidos rotineiramente na clínica são: Na^+, K^+, Cl^- e HCO_3^-. No plasma, a diferença entre cátions e ânions (DA) não é igual a zero.

Ou seja:

$$DA = (Na^+ + K^+) - (Cl^- + HCO_3^-)$$

Esta diferença pode dever-se a ânions como as proteínas plasmáticas, particularmente albumina, bem como lactato – como vimos anteriormente – e corpos cetônicos. Outros cátions seriam NH_4^+ e globulinas. O valor normal desta diferença é da ordem de 9 mEq/ℓ. Em acidoses metabólicas, pode-se encontrar DA elevada, quando aumentam os ânions não normalmente determinados, isto é, na acidose láctica (em que o lactato se torna maior) e na acidose diabética (em que há aumento dos corpos cetônicos). Pode haver também DA na urina. Nesta, temos um cátion de concentração ampliada, o amônio, NH_4^+, particularmente em acidose metabólica. Neste caso, a DA da urina será negativa. Quando a excreção de amônio se mostra reduzida, como em acidoses tubulares distais, a DA da urina é positiva.

Permuta K^+/H^+

Em muitos casos de acidose e alcalose, existe uma aparente permuta entre K^+ e H^+, que, no entanto, não se deve a uma molécula permutadora destas espécies iônicas. Em acidose, com elevação do H^+ extracelular, ocorre entrada de H^+ para as células do organismo e saída de K^+, levando a uma hiperpotassemia (aumento de K^+ no plasma); em um quadro geral, esta situação é denominada *acidose hiperpotassêmica*. Por outro lado, em alcalose, com nível baixo de H^+ extracelular, há saída de H^+ das

Regulação do pH do Meio Interno

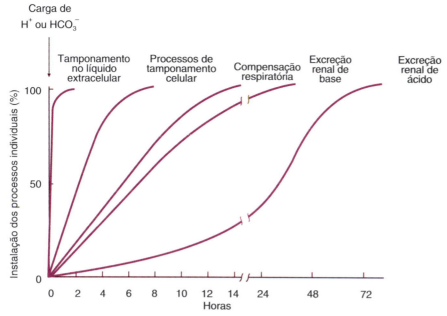

Figura 13.15 ▪ Duração para a instalação dos principais mecanismos de compensação do equilíbrio acidobásico. Abscissa, horas. Ordenada, tempo de compensação. Tempo 0, aplicação da carga ácida ou alcalina. Sequência dos processos: tamponamento no líquido extracelular, processos de tamponamento intracelular, compensação respiratória, excreção renal de base e excreção renal de ácido. (Adaptada de DuBose Jr., 2004.)

células e entrada de K^+, conduzindo a uma *alcalose hipopotassêmica*. Estas modificações têm sido explicadas pelas reações das proteínas intracelulares com H^+ e K^+, da seguinte forma:

$$R\text{-}COOH + K^+ \leftrightarrow R\text{-}COO^- K^+ + H^+$$

Ou seja, quando o pH celular está baixo (e o H^+, alto), o radical ácido das proteínas intracelulares está na forma não dissociada (R-COOH); quando o pH celular está alto (e o H^+, baixo), esse radical está na forma dissociada (R-COO$^-$), ficando na forma de sal de potássio, por ser este o principal cátion intracelular. Quando H^+ entra na célula, os radicais R-COO$^-$ se tornam não dissociados (R-COOH), liberando K^+, cuja atividade intracelular se eleva; isso provoca a saída de K^+ da célula, a favor de seu gradiente de concentração. Com H^+ celular baixo, o radical R-COOH se transforma em um aceptor de potássio (R-COO$^-$), causando a entrada de K^+ na célula. Por outro lado, em muitas membranas celulares existe uma H^+/K^+-ATPase, molécula responsável pela secreção de ácido no estômago, mas que também contribui para a secreção de ácido em troca por reabsorção de potássio, em células tubulares renais, o que ocorre particularmente em condições de carência de potássio (hipopotassemia). No entanto, este não parece ser um mecanismo de distribuição tão onipresente que explique a troca de K^+ por H^+ discutida anteriormente. Mais detalhes desse assunto são fornecidos no Capítulo 52, *Excreção Renal de Solutos*, no item "Potássio".

BIBLIOGRAFIA

ANDERSEN OS. Blood acid-base alignment nomogram. Scales for pH, pCO2 base excess of whole blood of different hemoglobin concentrations, plasma bicarbonate, and plasma total-CO2. *Scand J Clin Lab Invest*, 15:211-7, 1963.
BEVENSEE MO, SCHMITT BM, CHOI I et al. An electrogenic Na$^+$-HCO$_3^-$ cotransporter (NBC) with a novel COOH-terminus, cloned from rat brain. *Am J Physiol Cell Physiol*, 278(6):C1200-11, 2000.
BOROKIS JOM, REDDY AKN. *Modern Electrochemistry: an introduction to an interdisciplinary area*. Springer Science, New York, 1970.
BORON W, BOULPAEP E. *Medical Physiology*. Saunders, Philadelphia, 2009.
CALDWELL PC. An investigation of the intracellular pH of crab muscle fibres by means of micro-glass and micro-tungsten electrodes. *J Physiol*, 126:169-80, 1954.
CARTER NW. Intracellular pH determination by means of pH glass micro-electrodes. *MCV Quaterly*, 3(4):197-205, 1967.
DAVENPORT HW. *O ABC da Química Ácido-básica do Sangue*. 5. ed. Atheneu, São Paulo, 1973.
DuBOSE Jr TD. Acid-base disorders. In: Brenner BM (Ed.). *The Kidney*. Saunders, Philadelphia, 2004.
GARG LC, MAREN TH. The rates of hydration of carbon dioxide and dehydration of carbonic acid, at 37°. *Biochim Biophys Acta*, 261:70, 1972.
GUNTHER W, PIWON N, JENTSCH TJ. The ClC-5 chloride channel knock-out mouse – an animal model for Dent's disease. *Pflugers Arch*, 445:456-62, 2003.
HAMM LL. Renal acidification mechanisms. In: Brenner BM (Ed.) *The Kidney*. Saunders, Philadelphia, 2004.
KERN DM. The hydration of carbon dioxide. *J Chem Educ*, 87:14, 1960.
KOPITO RR. Molecular biology of the anion exchanger gene family. *Int Rev Cytology*, 123:177-99, 1990.
MALNIC G. Cell biology of H$^+$ transport in epithelia. *ARBS Ann Rev Biomed Sci*, 2:5-37, 2000.
MALNIC G. Combined *in vivo* and *in vitro* approaches to analysis of renal tubule function. *Exp Nephrol*, 6:454-61, 1998.
MAREN TH. Carbonic anhydrase: chemistry, physiology and inhibition. *Physiol Rev*, 47:595-781, 1967.
OLIVEIRA-SOUZA M, MUSA-AZIZ R, MALNIC G et al. Arginine vasopressin stimulates H+-ATPase in MDCK cells via V1 (cell Ca2+) and V2 (cAMP) receptors. *Am J Physiol Renal Physiol*, 286:F402-8, 2004.
PITTS RF, SWAN RC. Fourth Conference on Renal Function. In: BRADLEY SE (Ed.). Josiah Macy Jr. Foundation, Now York, 1952.
REBOUÇAS NA, FERNANDES DT, ELIAS MM et al. Proximal tubular HCO$_3^-$, H$^+$ and fluid transport during maleate induced acidification defect. *Pfluegers Arch*, 401:266-71, 1984.
SWAN RC, PITTS RF. Neutralization of infuse acid by nephrectomized dog. *Federation Proc*, 12:140, 1653.
SWAN RC, PITTS RF. Neutralization of infuse acid by nephrectomized dog. *J Clin Invest*, 34(2):205-12, 1955.
TANNER MJ. The structure and function of band 3 (AE1): recent developments (review). *Mol Membr Biol*, 14:155-65, 1997.
THOMAS RC. Intracellular pH of snail neurones measured with a new pH-sensitive glass micro-electrode. *J Physiol*, 238(1):159-80, 1974.
WAKABAYASHI S, SHIGEKAWA M, POUYSSEGUR J. Molecular physiology of vertebrate Na/H exchangers. *Physiol Rev*, 77:51-74, 1997.
WISTRAND PJ, KINNE R. Cabonic anhydrase activity of isolated brush border and basal-lateral membranes of renal tubular cells. *Pflügers Archiv*, 370(2):121-6, 1977.

Seção 4

Neurofisiologia

Coordenador:
Marcus Vinícius C. Baldo

14 Sinalização Neuronal, *279*

15 Transmissão Sináptica, *289*

16 Organização Geral dos Sistemas Sensoriais, *301*

17 Somestesia, *309*

18 Propriocepção, *325*

19 Audição, *333*

20 Gustação e Olfação, *345*

21 Visão, *355*

22 Sistemas Geradores de Movimento, *379*

23 Cerebelo, Núcleos da Base e Movimento Voluntário, *385*

24 Sistemas Neurovegetativos, *393*

25 Bases Neurais dos Comportamentos Motivados e das Emoções, *401*

26 Controle Neuroendócrino do Comportamento Alimentar, *409*

Capítulo 14

Sinalização Neuronal

Rafael Linden

- Características gerais da sinalização celular no sistema nervoso, *280*
- Sinais elétricos no sistema nervoso, *280*
- Mecanismos iônicos e metabólicos do potencial de ação, *283*
- Bibliografia, *287*

CARACTERÍSTICAS GERAIS DA SINALIZAÇÃO CELULAR NO SISTEMA NERVOSO

As funções do sistema nervoso baseiam-se na atividade coordenada de dezenas de bilhões de neurônios, mediando desde funções primitivas, como reações reflexas a estímulos simples do ambiente, até a complexa percepção do meio externo, mecanismos de atenção e controle de movimentos delicados e precisos.

Os neurônios dispõem-se em cadeias celulares de transmissão e processamento de informações (Figura 14.1). Um ato motor relativamente simples, como o movimento de uma criança em direção à mãe, atendendo ao chamado do próprio nome, ilustra a magnitude do trabalho de coordenação de atividades pelo sistema nervoso. O reconhecimento do próprio nome, da voz e da figura humana familiar inclui desde a recepção e codificação da informação contida nas ondas sonoras e na luz formadora da imagem até o processamento dessas informações transmitidas, respectivamente, da orelha interna e da retina para várias áreas do córtex cerebral, assim permitindo a discriminação e percepção sensoriais. A distribuição dessas informações em circuitos celulares específicos permite a tomada de uma decisão (entre afastar-se ou aproximar-se da mãe) e a gênese de comandos motores coordenados que propiciam o movimento adequado.

Percebe-se nesta descrição uma série de requisitos para as funções do sistema nervoso. Os neurônios não são capazes de transmitir ondas sonoras nem radiações eletromagnéticas (luz). São necessárias, portanto, estruturas especializadas na transformação dessas formas de energia em sinais neurais, por meio da codificação das informações em uma linguagem comum ao sistema nervoso. As membranas neuronais são especializadas na geração de sinais elétricos. Assim, as informações veiculadas por todas as formas de energia devem ser *transduzidas* em sinais elétricos. Essa tarefa é cumprida pelos *receptores sensoriais*, terminações nervosas ou células particularmente diferenciadas, frequentemente associadas a envoltórios de tecido conjuntivo ou outras estruturas de suporte.

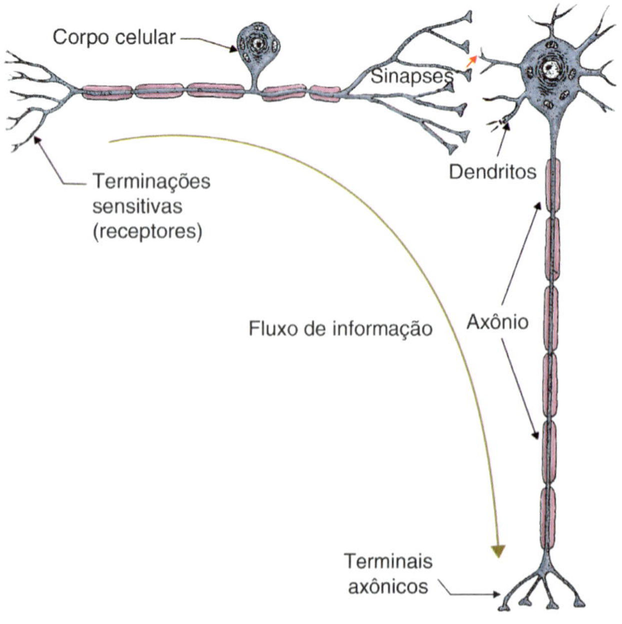

A transmissão da informação ao longo das cadeias celulares envolve problemas adicionais. As distâncias que devem ser percorridas pelos sinais neurais entre o ouvido e o córtex cerebral, ou entre este e os músculos das extremidades inferiores, são suficientes para perdas consideráveis de energia na transmissão de corrente elétrica, tal como ocorre em fios condutores comuns. O sistema nervoso lança mão de uma maneira particular de alterações eletroquímicas de membrana, os *impulsos nervosos*, ou *potenciais de ação*, causados por variações de permeabilidade iônica da membrana, e capazes de se propagarem sem perda ao longo dos prolongamentos dos neurônios.

A decisão de afastar-se ou aproximar-se envolve a comparação entre a atividade neural gerada pela estimulação momentânea (a imagem da mãe) e a atividade em circuitos neuronais de armazenamento de memória; a seleção dos comandos motores adequados à realização do movimento depende da comparação entre o movimento pretendido e o movimento efetivamente realizado, e da correção dos comandos motores em função, por exemplo, de obstáculos no caminho. Comparações e integração de informações nos circuitos neuronais dependem da atividade das *sinapses*, estruturas especializadas na transmissão de informação de uma célula para outra. A atividade de várias sinapses é integrada pelo neurônio por meio do somatório das alterações eletroquímicas geradas em cada sítio sináptico. Eventualmente, o organismo produz as respostas motoras pela ativação de efetores como as células musculares.

A sinalização neural envolve, por um lado, variações contínuas de potencial elétrico de membrana, cuja amplitude reflete a intensidade do sinal gerador. Neste caso, típico de potenciais sinápticos, a informação é codificada por meio de variações de amplitude e de forma das ondas transmitidas. Por outro lado, a sinalização à distância envolve sinais discretos que transmitem informações com base na distinção entre estados ativo e inativo. Este é o caso dos potenciais de ação, que, portanto, codificam a informação por meio de variações de frequência ou ritmo. Os dois tipos de sinais constituem o que se pode chamar de *código neural*, isto é, o modo pelo qual o sistema nervoso codifica informações por meio de sinais inteligíveis para os neurônios.

SINAIS ELÉTRICOS NO SISTEMA NERVOSO

As propriedades passivas da membrana neuronal podem ser compreendidas pela aplicação de um circuito elétrico equivalente de membrana. Esse circuito é composto por uma resistência elétrica, representando o conjunto de vias de passagem de corrente (p. ex., os canais iônicos), em paralelo com uma capacitância, que deriva do armazenamento de carga elétrica pela membrana. Este tipo de circuito elétrico é conhecido como circuito RC. Um axônio longo pode ser representado por uma sucessão de circuitos equivalentes de membrana unidos por uma resistência longitudinal, representando a resistência interna do axoplasma, e um curto-circuito representando a resistência elétrica do meio extracelular, que é muito baixa em relação a todas as demais, e pode, portanto, ser desprezada para quase todos os efeitos.

Uma montagem experimental simples empregando um axônio gigante de lula pode ser utilizada para examinar a

Figura 14.1 ● Esquema de uma cadeia de dois neurônios, indicando estruturas relevantes para a sinalização neural.

relação entre corrente e voltagem. Os axônios gigantes da lula, com quase 1 mm de diâmetro, são muito utilizados no estudo experimental da bioeletrogênese pela facilidade de manipulação experimental. É possível introduzir, com certa facilidade, vários microeletródios para estimulação e registro de atividade elétrica da membrana, e ainda substituir o conteúdo axoplasmático para estudar o papel de componentes do líquido intracelular. Um eletródio intracelular é utilizado para aplicar pulsos de corrente elétrica através da membrana em circuito com um eletródio extracelular, e um segundo par de eletródios é utilizado para registrar o potencial de membrana (Figura 14.2). Na ausência de estimulação, o par de eletródios de registro detecta um potencial de repouso, de cerca de −70 mV (interior negativo), que pode ser modulado pela aplicação dos pulsos de corrente. Pulsos de baixa intensidade produzem variações de potencial proporcionais à intensidade da corrente, e cuja polaridade depende do sinal da corrente aplicada. Um aumento da diferença de potencial, tornando o interior de célula mais negativo, é denominado *hiperpolarização*, enquanto uma diminuição do potencial de membrana, tornando o interior da célula menos negativo, é denominado *despolarização*. A variação de potencial de membrana é, no entanto, mais lenta que o pulso de corrente. A relação linear entre a amplitude máxima da diferença de potencial e a intensidade da corrente aplicada indica a resistência elétrica da membrana, e o retardo na variação de potencial é consequência do componente capacitivo do circuito equivalente de membrana.

No caso de pulsos de corrente despolarizantes, o aumento da intensidade da corrente aplicada pode, eventualmente, dar origem a uma resposta distinta. Em lugar da variação de potencial típica do circuito RC, a membrana responde com uma variação de potencial rápida, de grande amplitude, cerca de 120 mV no total, e duração curta, tipicamente da ordem de 1 a 2 ms, que constitui um *impulso nervoso* ou *potencial de ação*. Durante o potencial de ação, o potencial de membrana atinge cerca de +50 mV (interior positivo), ocorrendo assim uma inversão na polaridade da membrana. Esta resposta só aparece para pulsos despolarizantes e, ao contrário das respostas a correntes baixas, pode ser registrada por outro par de eletródios localizado à distância. A variação de potencial registrada pelo segundo par de eletródios de registro é idêntica à do primeiro par.

Os registros mencionados ilustram os dois tipos de sinais elétricos que a membrana neuronal é capaz de produzir. *Sinais locais* são variações passivas de potencial causadas por correntes de baixa intensidade, que tendem a se dissipar ao longo de distâncias curtas, e cuja amplitude é proporcional à intensidade do estímulo. Os *sinais propagados*, veiculados pelos potenciais de ação, diferem dos primeiros por várias propriedades. Em primeiro lugar, só aparecem a partir da estimulação da membrana com correntes despolarizantes a partir de uma determinada intensidade. Esta propriedade é denominada *limiar de excitabilidade*. Correntes que produzem apenas sinais locais são ditas *subliminares*, e correntes suficientes para disparar um potencial de ação são chamadas *supraliminares*. Em segundo lugar, uma vez atingido o limiar, os impulsos não guardam proporcionalidade com a corrente de estimulação, e se propagam sem alterações apreciáveis de forma e amplitude. Esta propriedade é decorrente da geração de um novo potencial de ação a cada ponto, sucessivamente ao longo da membrana.

A constância de amplitude e forma do potencial de ação para qualquer estímulo de intensidade supraliminar é conhecida como *lei do tudo ou nada*. Ao contrário dos sinais locais, a transmissão da informação sob a forma de impulsos a longa distância restringe a utilização da amplitude do sinal como parâmetro de codificação. Em seu modo mais simples, o aumento da intensidade de um estímulo elétrico sobre um axônio resulta na elevação não da amplitude, mas da frequência de potenciais de ação propagados. Esta mesma relação entre intensidade de estímulo e frequência de potencial de ação é encontrada no sistema nervoso *in vivo*, no qual os estímulos naturais para geração de potenciais de ação são correntes sinápticas ou potenciais geradores derivados da estimulação de receptores sensoriais. Assim, para efeito de transmissão das informações, o código neural é essencialmente um código de frequências.

A estimulação repetitiva revela uma propriedade adicional dos potenciais de ação. Para frequências de estimulação baixas, a membrana é capaz de gerar um potencial de ação para cada pulso de corrente, e o limiar de excitabilidade é constante. Contudo, quando o intervalo entre dois pulsos

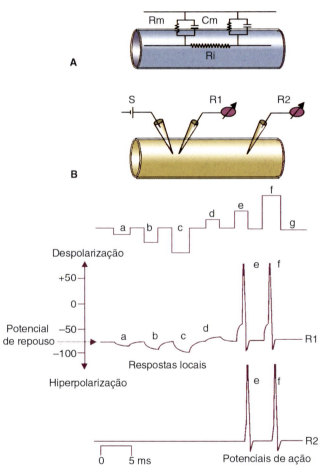

Figura 14.2 • **A.** As características elétricas da membrana podem ser representadas por uma resistência (*Rm*) em paralelo com uma capacitância (*Cm*), e a resistência ao fluxo de corrente ao longo do axoplasma é representada por *Ri*. **B.** O diagrama representa uma montagem experimental destinada a verificar o resultado de estimulação elétrica de um axônio. Os três gráficos representam, respectivamente, os pulsos de corrente de estimulação produzidos pelo eletródio *S*, e as variações de potencial de membrana próximo (*R1*) e a distância (*R2*) do eletródio de estimulação. Pulsos de corrente hiperpolarizante (*a-c*) produzem apenas respostas locais proporcionais à intensidade do estímulo, com formato resultante dos componentes resistivo e capacitivo da membrana (*Rm* e *Cm* em **A**). Um pulso despolarizante subliminar (*d*) também dá origem apenas a uma resposta local. Pulsos despolarizantes que atingem ou ultrapassam o limiar de excitabilidade do axônio (*e-f*) dão origem a potenciais de ação propagados. (Adaptada de Katz, 1966.)

sucessivos é reduzido, o limiar de excitabilidade para geração do segundo potencial de ação aumenta progressivamente até que, para intervalos muito curtos, é impossível gerar um segundo potencial de ação, independentemente da intensidade de estimulação (Figura 14.3). O período após a geração de um potencial de ação no qual a membrana é resistente à estimulação elétrica é denominado *período refratário* e se divide em um período refratário *absoluto*, no qual a membrana é inexcitável, e um período refratário *relativo*, durante o qual a membrana recupera gradativamente sua excitabilidade. O período refratário tem uma consequência funcional importante, que é a limitação da frequência máxima de potenciais de ação que um neurônio é capaz de transmitir.

Em um segmento da membrana no qual foi gerado um impulso nervoso, a polaridade é invertida e geram-se correntes locais que tendem a despolarizar o segmento vizinho. Essas correntes têm um efeito análogo ao das correntes elétricas aplicadas através de um eletródio de estimulação. Caso sejam de amplitude suficiente para atingir o limiar de excitabilidade, gera-se um potencial de ação com características idênticas, e o ciclo de correntes locais e a geração de impulso se repetem ao longo da membrana. Um potencial de ação poderia se propagar nos dois sentidos a partir de um ponto central de um axônio estimulado artificialmente; no entanto, nos neurônios intactos *in vivo*, os potenciais de ação são gerados no segmento inicial (ou cone de implantação) do axônio e, à medida que o impulso nervoso caminha ao longo do axônio, seu retorno é impedido pelo período refratário absoluto no segmento por onde o potencial de ação acabou de passar (Figura 14.4).

A compreensão da propagação dos potenciais de ação também é facilitada por consideração do circuito equivalente do axônio. Como o espalhamento das correntes locais depende da resistência longitudinal do axoplasma, o diâmetro do axônio influencia a velocidade de condução dos impulsos nervosos. Em qualquer condutor de eletricidade, a resistência elétrica é inversamente proporcional à área de seção transversa. Assim, quanto maior o diâmetro do axônio, maior a velocidade de propagação. Entretanto, a capacidade do sistema nervoso de lidar com transmissão de impulsos a longas distâncias é limitada por questões de espaço. O aumento simples do diâmetro dos axônios seria uma maneira muito ineficiente para produzir altas velocidades de condução de impulsos em vertebrados de grandes dimensões. Por exemplo, o nervo óptico humano, que é composto por cerca de 1 milhão de axônios e transmite informações a altas velocidades compatíveis com a importância do sistema visual para a sobrevivência dos primatas, teria quase 1 m de diâmetro caso fosse composto por axônios gigantes de lula. A solução para este problema veio da evolução da mielina.

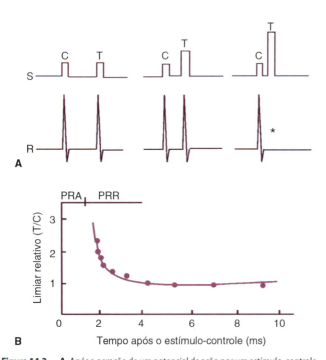

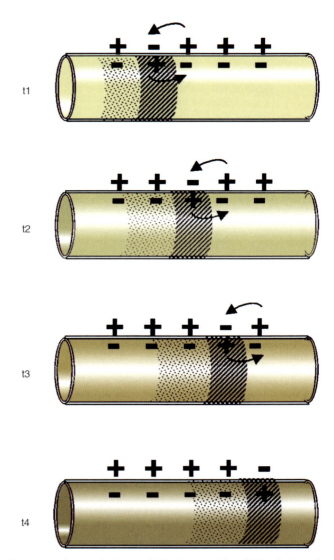

Figura 14.3 ▪ **A.** Após a geração de um potencial de ação por um estímulo-controle (*C*), a intensidade de um estímulo-teste (*T*) necessário para gerar um segundo potencial de ação aumenta quando o intervalo entre *C* e *T* diminui. Para intervalos muito curtos, mesmo estímulos de grande intensidade são incapazes de gerar o segundo potencial de ação (*). **B.** O gráfico apresenta o limiar relativo para geração de um segundo potencial de ação em função do intervalo de tempo entre o primeiro (*C*) e o segundo estímulo (*T*) aplicado a um axônio mielinizado de rã. O valor 1 significa que o limiar para o segundo estímulo é idêntico ao do primeiro. O intervalo após o primeiro estímulo em que o axônio é inexcitável é o período refratário absoluto (*PRA*), e a recuperação da excitabilidade ocorre durante o período refratário relativo (*PRR*). (Adaptada de Tasaki e Takeuchi, 1942.)

Figura 14.4 ▪ Propagação de potencial de ação em axônio amielínico. A gênese de um potencial de ação em um ponto da membrana produz inversão da polaridade da membrana. O potencial de ação ocupa a área *hachurada*. Ao longo do tempo (*t1-t4*), correntes locais geradas a partir da região da membrana com polaridade invertida despolarizam regiões vizinhas, gerando um novo potencial de ação sucessivamente ao longo do axônio. A região ocupada pelo potencial de ação é seguida por uma região em período refratário (*pontilhada*).

A bainha de mielina, formada pela justaposição de numerosas camadas de membrana das células de Schwann (no sistema nervoso periférico) ou oligodendrócitos (no sistema nervoso central), aumenta a resistência e diminui a capacitância através da membrana do axônio. Como a maior parte da corrente elétrica flui sempre ao longo de vias de menor resistência elétrica, o aumento da resistência transversal da membrana direciona maior quantidade de corrente ao longo do axoplasma. Por sua vez, a diminuição da capacitância diminui o retardo da variação de potencial da membrana. Assim, a eficiência com que as correntes locais despolarizam os segmentos de membrana adiante de um impulso nervoso se torna maior, aumentando a velocidade de condução dos potenciais de ação (Figura 14.5). A bainha de mielina é interrompida regularmente pelos nós de Ranvier, que não contam com as várias camadas justapostas de membrana. Nessas regiões, a resistência transversal da membrana é baixa, e a corrente tende a fluir através desses segmentos. Registros de atividade elétrica com eletródios extracelulares ao longo de axônios mielinizados demonstram que os potenciais de ação são gerados nos nós de Ranvier, sucessivamente ao longo do axônio, resultando na chamada *condução saltatória*. A mielinização é uma forma extremamente eficaz de aumentar a velocidade de condução de impulsos nervosos poupando espaço. De fato, os axônios mielinizados de menor calibre conduzem impulsos nervosos com velocidade bem mais alta que axônios amielínicos de calibre consideravelmente maior.

A importância da mielina para o funcionamento do sistema nervoso é ilustrada pelo resultado dramático de uma doença desmielinizante chamada esclerose múltipla, uma patologia autoimune com forte componente genético. Na esclerose múltipla, reações inflamatórias focais destroem a mielina em vários sítios no sistema nervoso central e periférico, resultando em redução da velocidade de condução de impulsos nervosos, que pode ser detectada por diversos testes eletrofisiológicos clínicos, como o registro de potenciais evocados ou medidas de latência de respostas periféricas à estimulação elétrica percutânea. A patologia afeta indistintamente sistemas sensoriais, motores e cognitivos, produzindo múltiplos sinais e sintomas neurológicos.

MECANISMOS IÔNICOS E METABÓLICOS DO POTENCIAL DE AÇÃO

A primeira pista para a elucidação dos mecanismos do potencial de ação foi a demonstração, em 1938, por Kenneth Cole e Howard Curtis, de que a condutância elétrica (o inverso da resistência elétrica) da membrana aumenta simultaneamente com a ocorrência de um potencial de ação. Essa observação indicou que movimentos de íons através da membrana plasmática poderiam estar envolvidos na gênese dos impulsos nervosos.

Pouco depois, em 1939, Alan Hodgkin, Andrew Huxley e Bernard Katz demonstraram experimentalmente a natureza dos impulsos nervosos. Inicialmente, foi demonstrado que a remoção do sódio do meio extracelular reduz a amplitude do potencial de ação. Foi postulado que um aumento transitório da permeabilidade da membrana ao íon sódio dava origem à despolarização da membrana.

Progresso adicional na compreensão dos mecanismos de geração do potencial de ação foi obtido graças ao desenvolvimento da técnica de fixação de voltagem (*voltage-clamp*), inventada por Kenneth Cole, por volta de 1947. Este método consiste na utilização de um circuito eletrônico capaz de medir uma corrente elétrica igual à corrente iônica gerada durante um impulso nervoso. Com o uso da técnica de fixação de voltagem, Hodgkin *et al.* demonstraram que o potencial de ação é acompanhado por uma corrente inicial para dentro da célula, seguida por uma corrente para fora da célula (por convenção, o sentido da corrente corresponde ao movimento de cargas positivas). Valendo-se de uma série de artifícios de substituição de íons nas soluções utilizadas nos experimentos, e de bloqueio seletivo de condutância iônica utilizando toxinas, Hodgkin e outros foram capazes de isolar os principais componentes das alterações de condutância iônica que acompanham o potencial de ação. Por exemplo, a substituição do sódio do meio extracelular pelo cátion não permeante colina eliminou a corrente inicial que foi, portanto, atribuída à entrada de sódio. A adição de tetrodotoxina bloqueia seletivamente a corrente de sódio do potencial de ação, enquanto o tetraetilamônio bloqueia seletivamente a corrente tardia para fora da célula, carreada pela saída de potássio (Figura 14.6).

A interpretação do mecanismo iônico do potencial de ação, derivada desses experimentos e descrita a seguir, é baseada no princípio de que o fluxo iônico através da membrana é função do gradiente eletroquímico. Cada íon tende a fluir do lado mais concentrado para o menos concentrado, e no sentido do polo oposto à sua carga elétrica. A combinação desses gradientes químico e elétrico, respectivamente, determina o chamado gradiente eletroquímico. No entanto, a cada instante o movimento iônico é estritamente dependente da condutância da membrana ao íon.

Inicialmente, com a membrana em repouso, o potencial de membrana de cerca de –70 mV (interior negativo), e o gradiente de concentração de sódio de 9:1 (mais concentrado no meio extracelular) constituem um gradiente eletroquímico

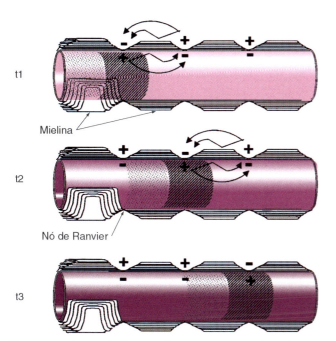

Figura 14.5 ▪ Propagação de potencial de ação em axônio mielinizado. A situação é análoga à da Figura 14.4. No entanto, em razão da alta resistência e da baixa capacitância das regiões mielinizadas, as correntes locais tendem a fluir predominantemente na direção dos nós de Ranvier, nos quais estão concentrados os canais para sódio dependentes de voltagem. Os potenciais de ação são gerados somente nos nós de Ranvier, sucessivamente ao longo do tempo (*t1-t3*), caracterizando a chamada *condução saltatória*.

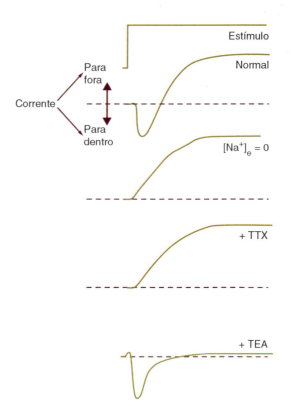

Figura 14.6 ▪ Representação das correntes identificadas com o emprego da técnica de fixação de voltagem (*voltage-clamp*) em axônio gigante de lula. Um pulso de corrente supraliminar usado como estímulo é representado no traçado superior. Em condição normal, esse estímulo produz uma corrente transitória para dentro do axônio, seguida por uma corrente para fora, de duração mais longa. A remoção do sódio extracelular abole a corrente inicial para dentro. A aplicação de tetrodotoxina (TTX) tem o mesmo efeito bloqueador sobre a corrente inicial de sódio. A aplicação de tetraetilamônio (TEA), por sua vez, bloqueia a corrente tardia de potássio para fora do axônio. (Adaptada de Hodgkin e Huxley, 1952; Hille, 1970.)

altamente favorável à entrada de sódio na célula. Esse influxo não ocorre porque a permeabilidade da membrana ao sódio é extremamente baixa em repouso. A geração do potencial de ação depende de um estímulo supraliminar produzir um súbito aumento da condutância ao sódio, provocando assim uma intensa passagem deste íon para dentro do neurônio. A tendência do potencial de membrana é de, nessas circunstâncias, atingir valores próximos ao potencial de equilíbrio do sódio, de cerca de +55 mM (interior positivo). Por esta razão, ocorre a despolarização e a inversão de polaridade da membrana, passando o interior da célula a ser positivo. O aumento de condutância ao sódio é, no entanto, transitório. Em menos de 1 ms, a permeabilidade da membrana ao sódio volta a valores muito baixos. Em repouso, a permeabilidade ao íon potássio é cerca de 25 vezes maior que a permeabilidade ao sódio, e o gradiente de concentração para o potássio é de 20:1 (mais concentrado no meio intracelular). Este gradiente de concentração é, no entanto, contrabalançado quase totalmente pelo potencial de repouso de –70 mV (interior negativo). Durante o potencial de ação, no entanto, a inversão de polaridade da membrana causada pela entrada de sódio cria um gradiente eletroquímico favorável à saída de potássio. Um aumento tardio da condutância para este íon provoca saída de potássio suficiente para repolarizar a membrana. A condutância ao potássio permanece por algum tempo mais alta que na condição de repouso, produzindo, em muitos axônios,

uma hiperpolarização transitória. Em poucos milissegundos, a membrana volta ao potencial de repouso, com o restabelecimento das condutâncias iônicas basais para o sódio e potássio (Figura 14.7).

O conceito de condutância iônica foi ampliado com o desenvolvimento da técnica de *patch-clamp*, que permite o registro da atividade de um fragmento minúsculo de membrana contendo um único ou poucos canais iônicos, e com a clonagem molecular e sequenciamento das proteínas que formam esses canais. Registros de canais isolados confirmam que a despolarização rápida do potencial de ação está associada à abertura de canais para sódio, enquanto a repolarização está associada à abertura de canais para potássio (Figura 14.8). As propriedades destes canais estão sendo elucidadas em aspectos mecanísticos e fundamentos moleculares.

Os canais para sódio que geram o potencial de ação fazem parte de um conjunto de canais dependentes de voltagem, que incluem vários tipos de canais seletivos de sódio, potássio e cálcio. A propriedade unificadora destas estruturas é de que a variação de condutância para o íon seleto depende do campo elétrico aplicado ao complexo proteico que forma o canal.

O canal para sódio pode existir em três conformações: fechada, aberta e inativada (Figura 14.9). A despolarização da membrana aumenta a probabilidade de passagem dos canais para sódio do estado fechado ao estado aberto. Cada canal permanece aberto por um curto período de tempo, e fecha-se espontaneamente. Em princípio, a própria entrada das cargas positivas associadas ao íon sódio deveria produzir despolarização adicional, levando à abertura progressiva de mais canais, em um processo autorregenerativo. Despolarizações de pequena amplitude, no entanto, aumentam ligeiramente a probabilidade de abertura dos canais para sódio. Como esta abertura não é sincronizada, a maioria dos canais se fecha sem que a despolarização adicional pela entrada de sódio seja suficiente para vencer a corrente de potássio para fora da célula, que é também favorecida pela despolarização. A abertura autorregenerativa de toda a população de canais para sódio ocorre quando a despolarização é suficiente para vencer a contraposição do efluxo de potássio. Assim, é necessária uma quantidade mínima de corrente para que a abertura de canais

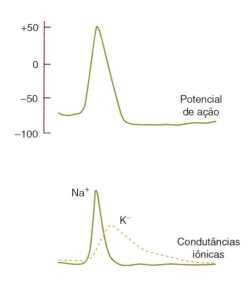

Figura 14.7 ▪ Representação do potencial de ação e das condutâncias iônicas ao sódio e ao potássio responsáveis por sua gênese. (Adaptada de Hodgkin, 1964.)

Sinalização Neuronal   285

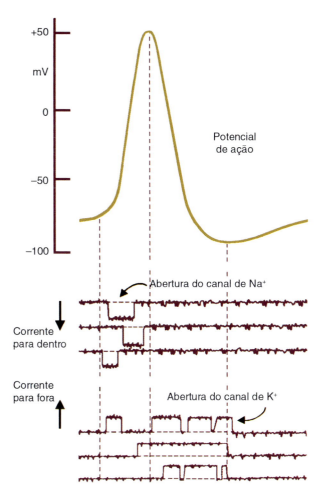

Figura 14.8 ▪ Correntes iônicas unitárias subjacentes ao potencial de ação registradas pelo método de *patch-clamp*. A fase de despolarização inicial do potencial de ação é decorrente da abertura de canais para sódio, enquanto a fase de repolarização decorre da abertura de canais para potássio. (Adaptada de Purves, 1997.)

produza um potencial de ação. Esta propriedade dá origem ao limiar de excitabilidade.

Imediatamente após uma abertura provocada pela despolarização, cada canal para sódio passa a um estado inativado, no qual permanece por alguns milissegundos. Nesse estado inativado, o canal para sódio não somente impede a passagem do íon, mas se torna insensível à despolarização, diferindo assim do estado fechado de repouso. A inativação de canais para sódio dá origem ao período refratário. O período refratário absoluto dura enquanto toda a população de canais para sódio está no estado inativado. Paulatinamente, a população de canais retorna ao estado fechado de repouso e volta a ser sensível à despolarização. Durante o período refratário relativo, à medida que a proporção de canais para sódio sensíveis aumenta e a condutância do potássio diminui a níveis basais, o limiar de excitabilidade retorna progressivamente ao nível de repouso.

Neurônios no sistema nervoso central e periférico são capazes de gerar e conduzir potenciais de ação somente ao longo de segmentos de membrana contendo canais para sódio dependentes de voltagem. A distribuição desses canais pode ser detectada com o emprego de tetrodotoxina radioativa. Nos axônios mielinizados, este tipo de canal é encontrado em densidade elevada, compatível com a geração de potencial de ação, somente nos nós de Ranvier. Esta distribuição justifica o comportamento saltatório dos potenciais de ação nas fibras mielinizadas.

Estudo do canal para potássio envolvido no potencial de ação, empregando a técnica de *patch-clamp*, confirmou as evidências de que a probabilidade de abertura deste canal também é dependente de voltagem, aumentando com a despolarização da membrana. Difere do canal para sódio por duas propriedades básicas. Em primeiro lugar, sua ativação por despolarização é lenta em relação ao canal para sódio, dando origem à denominação de *retificador tardio*. Em segundo lugar, o canal para potássio não sofre a inativação rápida típica do canal para sódio, e sua probabilidade de abertura permanece alta durante períodos relativamente longos de despolarização da membrana.

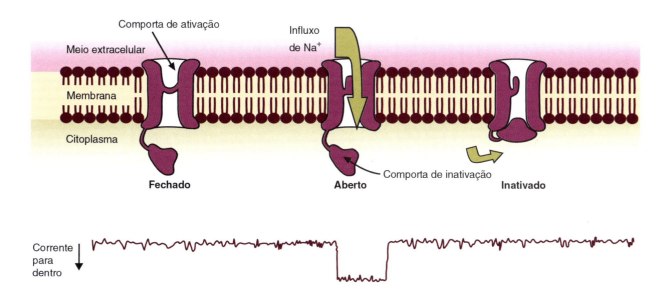

Figura 14.9 ▪ Representação esquemática dos três estados do canal para sódio dependente de voltagem. A despolarização da membrana leva o canal do estado fechado ao estado aberto, com abertura de uma comporta (*gate*) de ativação e consequente influxo de sódio para o citoplasma. O canal se fecha rapidamente, passando a um estado transitório inativado, no qual fica inexcitável em virtude do bloqueio por uma comporta de inativação. (Adaptada de Hall, 1992.)

O canal para sódio dependente de voltagem subjacente aos potenciais de ação é composto por três subunidades: a subunidade α, uma glicoproteína de 250 kDa que apresenta as propriedades fundamentais do canal, e duas subunidades reguladoras menores, denominadas β1 e β2. A subunidade α apresenta quatro sequências repetidas de aminoácidos (I-IV), contendo cada uma seis domínios hidrofóbicos (S1-S6) que atravessam a membrana e formam um poro aquoso, ao longo do qual o íon sódio passa quando o canal está aberto. Um sétimo domínio anfipático (P), que liga os domínios 5 e 6, atravessa duas vezes a membrana plasmática, e seus resíduos hidrofílicos formam a parede do poro. O domínio S4 contém um número elevado de resíduos de arginina carregados positivamente, e acredita-se funcionar como um sensor de voltagem. A despolarização da membrana produz modificação do campo elétrico através da membrana plasmática, capaz de provocar a abertura do canal por alteração de conformação da glicoproteína α em consequência de movimento do domínio S4 (Figura 14.10).

Outros canais dependentes de voltagem para cálcio e potássio apresentam estruturas moleculares semelhantes. São comuns a todos estes canais a sequência altamente conservada do domínio S4, que parece funcionar como sensor de voltagem, e a existência de uma região P anfipática que parece constituir a parede do poro aquoso.

As características dos íons em solução são importantes para a seletividade dos canais. Por exemplo, acredita-se que a existência de resíduos de glutamato carregados negativamente em 2 dos 4 domínios da parede do poro seja fundamental para atração do cátion sódio em contraposição a ânions. O raio cristalino do íon também é relevante. Por exemplo, os canais para sódio permitem a passagem de íons pequenos como o lítio, enquanto a permeabilidade aos íons potássio e rubídio, de raio cristalino maior, é baixa. No entanto, o raio cristalino não é suficiente para explicar a seletividade iônica. Os canais para cálcio e de potássio são muito pouco permeáveis ao sódio, apesar da semelhança no raio cristalino dos íons sódio e cálcio, ambos cerca de um terço menores que o do íon potássio. Mutações sítio-dirigidas da região P indicam que a seletividade iônica e a sensibilidade a fármacos bloqueadores dos canais dependem da sequência de aminoácidos deste domínio. Por exemplo, a mutação de resíduos de lisina e alanina em 2 dos 4 domínios que compõem a parede do poro do canal para sódio transforma-o em um canal permeável a cálcio. É provável que a seletividade conferida por estes aminoácidos seja devida ao deslocamento das camadas de hidratação dos íons em solução, assim facilitando sua passagem através da membrana.

Acredita-se, ainda, que o estado de inativação do canal para sódio se deva à obstrução do canal pelo domínio citoplasmático que conecta as sequências transmembrana III e IV, visto que tanto anticorpos dirigidos a este domínio quanto sua clivagem afetam a taxa de inativação do canal.

O canal para potássio (*retificador tardio*) tem estrutura básica semelhante à do canal para sódio dependente de voltagem. Na sua estrutura são encontrados 6 domínios transmembrana que formam um poro aquoso, um domínio anfipático (P), que forma a parede do poro, e um domínio S4, que provavelmente funciona como sensor de voltagem. Quatro subunidades com a referida estrutura se associam para formar o canal completo.

A determinação da relação estrutura-função dos canais para sódio e potássio, bem como de outros canais iônicos, tem grande importância para a compreensão de seu funcionamento em condições normais e da patogênese de várias doenças, bem como para o desenvolvimento de novos medicamentos capazes de controlar alterações eletrofisiológicas em condições patológicas.

Assim, o potencial de ação resulta essencialmente da entrada de sódio, causando despolarização, seguida da saída de potássio, produzindo a repolarização da membrana. A quantidade de íons que atravessam a membrana a cada impulso é muito pequena, e não modifica significativamente as concentrações iônicas dos dois lados da membrana. No entanto, a atividade repetitiva a longo prazo sem um mecanismo de recuperação levaria ao esgotamento dos gradientes de concentração iônica.

A manutenção dos gradientes de concentração destes íons depende da atividade da Na⁺/K⁺-ATPase, comumente chamada de *bomba de sódio e potássio* (Figura 14.11). As principais características funcionais do mecanismo de extrusão de sódio foram identificadas por Richard Keynes nos anos 1950. Ao introduzir sódio radioativo em um axônio gigante de lula, Keynes demonstrou que o efluxo (saída) de sódio era reduzido pela remoção do potássio extracelular, e abolido pela adição de dinitrofenol, um inibidor metabólico que bloqueia a síntese mitocondrial de ATP. Estes resultados mostraram que a remoção celular de sódio é acoplada à recuperação celular de potássio e depende de energia. A Na⁺/K⁺-ATPase, como é hoje denominada a bomba de sódio e potássio, é uma proteína integral de membrana que, à custa da hidrólise de ATP, troca 3 íons sódio do meio intracelular por 2 íons potássio do meio extracelular, contrapondo-se aos fluxos iônicos que geram potenciais de ação. Adicionalmente, a estequiometria eletrogênica da ação dessa ATPase, ao lado do gradiente eletroquímico para o potássio, é parcialmente

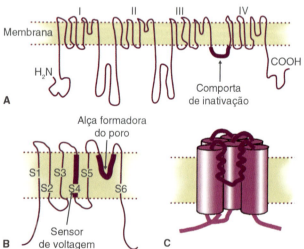

Figura 14.10 • **A.** Esquema do canal para sódio dependente de voltagem. Acima da membrana é o meio extracelular e, abaixo, o intracelular. Os quatro domínios hidrofóbicos transmembrana (*I-IV*) e as alças intra e extracelulares são mostrados no esquema. A alça citoplasmática entre os domínios *III* e *IV*, que parece conter a comporta de inativação, está delineada com *traço espesso*. **B.** Esquema de um dos domínios hidrofóbicos, indicando os seis segmentos transmembrana (*S1-S6*) e a alça entre os segmentos *S5* e *S6* que forma a parede do poro. O segmento *S4*, delineado em *traço espesso*, é tido como o sensor de voltagem do canal. **C.** Esquema de um dos quatro domínios *I-IV* como seria visto de dentro do poro. Cada segmento transmembrana é representado por um cilindro. A alça espiralada à frente encontra-se entre os segmentos *S5* e *S6*. Os demais três domínios transmembrana estariam fechando o canal em contato entre si à direita, à esquerda e atrás. (Adaptada de Purves, 1997.)

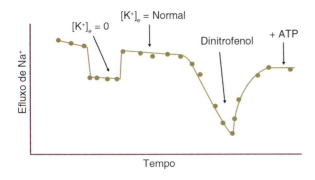

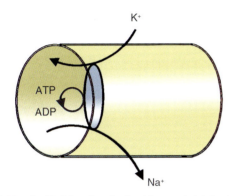

Figura 14.11 • Na⁺/K⁺-ATPase (bomba de sódio e potássio). O gráfico superior representa medidas do efluxo (saída) de sódio radioativo de um axônio gigante de lula. A remoção do potássio extracelular reduz, e o desacoplamento da cadeia respiratória (por dinitrofenol) bloqueia o efluxo de sódio, mostrando que o efluxo de sódio depende de potássio extracelular e ATP. O desenho inferior representa a função da bomba de sódio e potássio, removendo sódio da célula e recuperando potássio para a célula contra seus respectivos gradientes de concentração, à custa de energia. (Adaptada de Purves, 1997.)

responsável pela manutenção do potencial de repouso. Mais detalhes dessa bomba são dados no Capítulo 11, *Transportadores de Membrana*, e no Capítulo 12, *ATPases de Transporte*.

Os mecanismos de geração de potenciais de ação já descritos são responsáveis por transformar sinais analógicos (correntes elétricas ou iônicas) nos sinais digitais (impulsos nervosos) capazes de transmitir informação à distância no sistema nervoso. A chegada dos impulsos às terminações dos axônios dispara neste local os mecanismos sinápticos, responsáveis pela transmissão da informação de cada neurônio à célula seguinte da cadeia, que pode ser outro neurônio ou uma célula efetora muscular ou glandular.

BIBLIOGRAFIA

HALL Z. *An Introduction to Molecular Neuroscience*. Sinauer, Sunderland, 1992.
HILLE B. Ionic channels in nerve membranes. *Prog Biophys Mol Biol*, 21:1-32, 1970.
HILLE B. *Ionic Channels of Excitable Membranes*. 2. ed. Sinauer, Sunderland, 1992.
HODGKIN AL. *The Conduction of the Nerve Impulse*. Charles C Thomas, Springfield, 1964.
HODGKIN AL, HUXLEY AF. Currents carried by sodium and potassium ions through the membrane of the giant axon of Loligo. *J Physiol*, 116(4):449-72, 1952.
KANDEL ER (Ed.). *Principles of Neural Science*. McGraw-Hill Medical, New York, 2012.
KATZ B. *Nerve, Muscle and Synapse*. McGraw-Hill, New York, 1966.
PURVES D (Ed.). *Neuroscience*. Sinauer, Sunderland, 1997.
STUART G, SPRUSTON N, SAKMANN B *et al*. Action potential initiation and backpropagation in neurons of the mammalian CNS. *Trends Neurosci*, 20(3):125-31, 1997.
TASAKI I, TAKEUCHI T. *Pfluegers Arch*, 245:764, 1942.

Capítulo 15

Transmissão Sináptica

Rafael Linden | Mariana Souza da Silveira

- Sinapses elétricas e químicas, *290*
- Fisiologia da junção neuromuscular, *291*
- Sinapses centrais, *293*
- Neuroquímica sináptica, *295*
- Bibliografia, *300*

SINAPSES ELÉTRICAS E QUÍMICAS

A sinalização ao longo de cadeias multicelulares no sistema nervoso tem características peculiares, com consequências funcionais importantes. Até o final do século XIX, acreditava-se na chamada teoria reticularista, segundo a qual a informação no sistema nervoso seria distribuída ao longo de uma rede contínua de prolongamentos celulares. Ao contrário, em 1894, o neuroanatomista espanhol Santiago Ramón y Cajal descreveu, com base em dados histológicos, que as células nervosas individuais têm terminações que, na realidade, mediam as interações celulares no sistema nervoso, apoiando a hipótese de que a comunicação neuronal se faz entre células separadas. O termo *sinapse* foi proposto mais tarde pelo neurofisiologista inglês Charles Sherrington, para designar as zonas de comunicação entre uma célula nervosa e a célula seguinte em uma cadeia funcional.

São reconhecidos dois tipos básicos de sinapses: elétricas e químicas. Nas sinapses elétricas, a comunicação se dá pela passagem direta de corrente elétrica de uma célula para outra. Nas sinapses químicas, a transmissão da informação depende da liberação de um mediador químico que age sobre a célula seguinte da cadeia.

As sinapses elétricas são regiões de aposição da membrana celular de duas células contíguas, em regiões especializadas denominadas *junções comunicantes* ou *gap junctions*. A transmissão de informação por junções comunicantes se dá por propagação direta de correntes iônicas, permitindo a passagem instantânea de informação entre as duas células. Em geral, a corrente elétrica flui livremente nos dois sentidos por meio das junções comunicantes. Em alguns casos, no entanto, as junções apresentam propriedades *retificadoras*, isto é, permitem a passagem de corrente predominante ou exclusivamente em um dos dois sentidos.

As junções comunicantes são compostas por canais coincidentes na membrana das duas células (Figura 15.1 A). Cada canal é formado por um conjunto, denominado *connexon*, de 6 subunidades proteicas, as *conexinas*, delimitando um poro de aproximadamente 1,5 nm de diâmetro. As conexinas contêm 4 domínios hidrofóbicos que ancoram a proteína na membrana, e domínios hidrofílicos intra e extracelulares. Os domínios extracelulares medeiam interações homofílicas que servem para alinhar os poros dos *connexons* das duas células. Os domínios intracelulares são sítios de regulação da condutância dos canais, provavelmente pelas mudanças de conformação das conexinas induzidas por variações de voltagem, de pH ou da concentração intracelular de cálcio.

As sinapses elétricas transmitem informação instantaneamente de uma célula para outra. São particularmente úteis em respostas rápidas de natureza protetora e na sincronização da atividade de grupamentos celulares. Além disso, a comunicação através dos canais permite a passagem de moléculas como AMP cíclico (cAMP) e trifosfato de inositol, que são importantes segundos mensageiros envolvidos em diversos mecanismos de regulação celular. Junções comunicantes foram documentadas em vários locais no sistema nervoso embrionário, e podem estar envolvidas em interações celulares fundamentais para os mecanismos de desenvolvimento. Estão também presentes no sistema nervoso de vertebrados adultos em certas estruturas envolvidas em respostas rápidas, como os núcleos oculomotores, e seu papel nos diversos mecanismos neurais ainda não está totalmente esclarecido, porém há demonstrações de participação na geração das chamadas oscilações gama

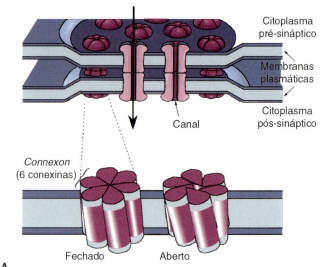

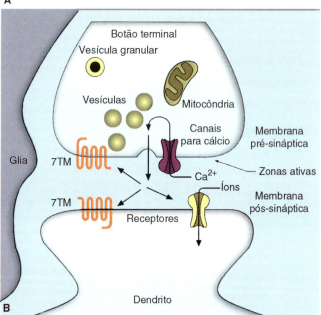

Figura 15.1 • Estrutura de sinapses elétricas e químicas. **A.** Junções comunicantes são formadas por hemicanais congruentes nas membranas de duas células, que permitem a passagem da corrente iônica (*seta*). Cada hemicanal (*connexon*) é formado por um conjunto de 6 subunidades (conexinas), cujo arranjo pode ser modificado por pH, cálcio intracelular ou outros agentes, assumindo conformação aberta ou fechada. **B.** As sinapses químicas são formadas por um terminal pré-sináptico contendo numerosas vesículas e mitocôndrias e um perfil pós-sináptico, que contém os receptores para os neurotransmissores. A estrutura é, em geral, envolta por prolongamentos de células da glia. As zonas ativas contêm canais para cálcio importantes para a liberação, por exocitose, do neurotransmissor nas zonas ativas. As estruturas marcadas com 7TM são receptores acoplados a vias metabólicas que envolvem segundos mensageiros. (Adaptada de Kandel *et al.*, 1995; Nicholls, 1994.)

do eletroencefalograma, bem como em aspectos cognitivos da percepção de dor.

A transmissão de informação por sinapses elétricas tem limitações para o sistema nervoso dos vertebrados; por exemplo, a despolarização provocada pela passagem de corrente elétrica de uma célula para outra depende do tamanho relativo das células. No caso da junção neuromuscular, em que uma terminação nervosa relativamente pequena inerva uma célula muscular muito maior, a corrente seria insuficiente para produzir uma despolarização eficaz na célula muscular, pois a resistência elétrica desta é muito mais baixa que a da terminação nervosa. Além disso, a transmissão elétrica é limitada pela relativa inespecificidade dos canais formados pelas conexinas, comparado à versatilidade e à capacidade de amplificação de sinais da transmissão química.

A primeira evidência de transmissão química de informação pelo sistema nervoso foi fornecida por um experimento de Otto Loewi, utilizando duas preparações separadas de coração isolado de rã. Estimulando eletricamente a inervação vagal de um dos corações, Loewi produziu redução da frequência de batimentos cardíacos. Ao transferir o líquido que banhava esta preparação para o segundo coração isolado, Loewi verificou que este também sofria redução da frequência de batimentos. Os resultados indicaram a presença de substâncias químicas liberadas pela inervação do primeiro coração, capazes de mediar o efeito da estimulação neural.

Ao contrário das junções comunicantes, a estrutura das sinapses químicas é caracterizada pela preservação da individualidade das células (Figura 15.1 B). As estruturas pré e pós-sinápticas são separadas por um espaço de 20 a 40 nm, maior que o espaço habitual entre duas células vizinhas no sistema nervoso central. A terminação pré-sináptica apresenta numerosos perfis mitocondriais, indicando intensa atividade metabólica, e vesículas que contêm os mediadores químicos, ou *neurotransmissores*, responsáveis pela transmissão da informação para a célula pós-sináptica. De modo típico, as membranas pré e pós-sinápticas apresentam zonas de espessamentos elétron-densos que indicam, respectivamente, áreas de ancoragem de vesículas pré-sinápticas para liberação dos mediadores químicos (as *zonas ativas*), e áreas enriquecidas em complexos proteicos que constituem os receptores pós-sinápticos para os neurotransmissores.

A sequência básica de eventos na transmissão sináptica química se inicia com a despolarização da terminação pré-sináptica causada pela atividade neuronal. Essa despolarização promove a liberação dos neurotransmissores na fenda sináptica. Os receptores pós-sinápticos têm a propriedade de reconhecer seletivamente um neurotransmissor e produzir uma resposta eletroquímica ou metabólica específica na segunda célula, levando a mudanças no seu estado de ativação. Assim, a informação é transmitida apesar da descontinuidade entre as duas células. A restauração das condições de repouso depende da reciclagem de vesículas e ressíntese de neurotransmissores na terminação pré-sináptica, e da remoção ou degradação química dos neurotransmissores liberados. Sinapses distintas apresentam mecanismos variados de restauração funcional, dependendo do neurotransmissor.

Apesar do retardo na transmissão da informação produzido pela necessidade de abertura de canais iônicos pré-sinápticos, das reações químicas envolvidas na liberação de neurotransmissores, de sua difusão pela fenda sináptica e da geração das respostas pós-sinápticas, a natureza dos mecanismos de transmissão sináptica química implica vantagens em relação às sinapses elétricas: (1) o processo químico não é prejudicado por diferenças nas dimensões dos elementos pré e pós-sinápticos, como no caso das sinapses elétricas; (2) a liberação de grande quantidade de moléculas de neurotransmissores, a consequente abertura de vários canais iônicos na membrana pós-sináptica e a cascata metabólica pela ação de segundos mensageiros intracelulares produzem amplificação dos sinais transmitidos ao longo da cadeia neural; finalmente, (3) a transmissão química apresenta múltiplos estágios passíveis de regulação, tornando este modo de neurotransmissão mais versátil e plástico como requerido, por exemplo, pelos mecanismos de aprendizado e memória.

FISIOLOGIA DA JUNÇÃO NEUROMUSCULAR

A junção neuromuscular foi o primeiro modelo bem-sucedido de sinapse química, em virtude da grande dimensão da fibra muscular esquelética que facilita a abordagem experimental. O estudo das propriedades funcionais de junções neuromusculares de rã, feito particularmente por Bernard Katz *et al.* na Inglaterra, produziu as bases do conhecimento atual sobre a transmissão sináptica química.

A morfologia da junção neuromuscular é revista na Figura 15.2 A. Consiste na terminação de um axônio contendo vesículas e mitocôndrias, justaposta a uma área especializada da membrana da fibra muscular esquelética denominada *placa motora*, que apresenta numerosas invaginações. A terminação axônica é amielínica, já que a bainha de mielina termina antes da extremidade do axônio. A fibra muscular é ainda recoberta por uma membrana basal. A terminação nervosa constitui a estrutura *pré-sináptica*, enquanto a membrana da placa motora constitui a estrutura *pós-sináptica*. As vesículas pré-sinápticas contêm acetilcolina. Concentrações crescentes de acetilcolina aplicadas a uma placa motora desnervada produzem uma despolarização de amplitude progressivamente crescente, até que, eventualmente, é atingido o limiar de disparo de um potencial de ação na fibra muscular (Figura 15.2 B). O potencial de ação muscular é necessário para iniciar o mecanismo de contração da fibra muscular; é causado por correntes iônicas semelhantes ao potencial de ação de um axônio e propaga-se ao longo da membrana por um mecanismo semelhante ao da condução em axônios amielínicos. Já a despolarização progressiva causada por concentrações baixas de acetilcolina não se propaga, tendo assim as características de uma resposta local. Essa despolarização local, causada diretamente pela acetilcolina aplicada à membrana pós-sináptica, é denominada *potencial de placa motora* (p.p.m.). A membrana pós-sináptica da placa motora contém uma grande quantidade de *receptores colinérgicos*, isto é, as estruturas com as quais a acetilcolina se combina para produzir o p.p.m. Canais para sódio dependentes de voltagem, necessários para a gênese do potencial de ação muscular, são encontrados nas vizinhanças da placa motora. O fluxo de correntes locais derivadas do potencial de placa motora ativa os canais para sódio e dá origem ao potencial de ação muscular, por um mecanismo semelhante ao do axônio.

A estimulação elétrica do axônio pré-sináptico tem resultado análogo ao da aplicação de concentrações relativamente altas de acetilcolina. Em condições normais, um potencial de ação no axônio que inerva uma fibra muscular esquelética resulta em um potencial de placa motora com amplitude suficientemente alta para atingir o limiar de disparo de um potencial de ação propagado na fibra muscular. Assim, a transmissão neuromuscular tem grande eficiência. O p.p.m. é o resultado da liberação de uma quantidade elevada de acetilcolina pela terminação pré-sináptica, quando esta é despolarizada em virtude da chegada do potencial de ação à extremidade do axônio.

Na ausência de estimulação, observam-se flutuações espontâneas de potencial de membrana na fibra muscular. Essas flutuações têm forma semelhante, porém, amplitude muito menor do que o potencial de placa motora e são, por essas razões, denominadas *potenciais em miniatura de placa motora* (Figura 15.2 C). A amplitude desses potenciais em miniatura é praticamente constante, e uma fração desses

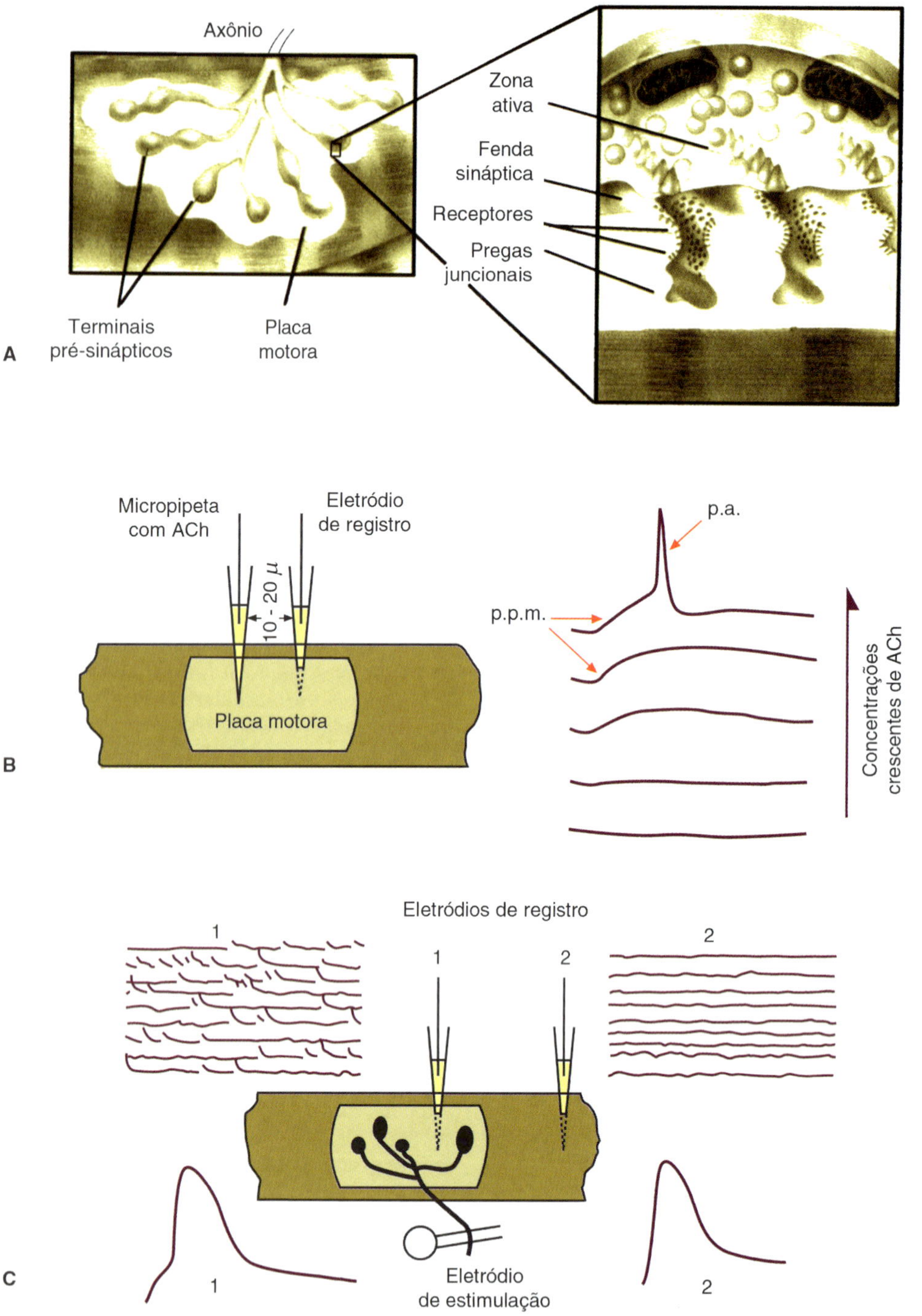

Figura 15.2 ▪ Junções neuromusculares. **A.** Estrutura da junção neuromuscular, na placa motora. A morfologia geral é semelhante à das sinapses químicas em geral, mas as pregas juncionais na membrana pós-sináptica aumentam a área de superfície pós-sináptica, contendo receptores e canais iônicos. **B.** Efeito da aplicação de acetilcolina sobre uma placa motora. O arranjo experimental é representado *à esquerda* e mostra uma pipeta usada para ejeção de acetilcolina (ACh) e um microeletródio para registro intracelular de potencial de membrana. *À direita*, de baixo para cima, são representadas as respostas (*p.p.m.*, potenciais de placa motora) crescentes, obtidas com concentrações crescentes de acetilcolina, até que no registro superior foi disparado um potencial de ação (*p.a.*). **C.** Potenciais em miniatura de placa motora e potenciais de ação musculares. Os registros foram obtidos por meio de dois microeletródios intracelulares, um deles (*1*) situado na placa motora, e o outro (*2*), a distância. *Em cima*, estão representados registros contínuos através dos dois microeletródios na ausência de estimulação. Observe as flutuações espontâneas de potencial de membrana registradas exclusivamente pelo eletródio *1*, que são os potenciais em miniatura de placa motora; *embaixo*, o registro de um potencial de ação propagado produzido por estimulação elétrica da terminação nervosa, que foi registrado por ambos os eletródios. (Adaptada de Bear *et al.*, 1996; Mountcastle, 1974.)

eventos apresenta uma amplitude múltipla inteira da amplitude de um potencial em miniatura individual. Foi demonstrado que a amplitude de potenciais de placa motora produzidos por estimulação elétrica pré-sináptica é também sempre próxima de múltiplos inteiros da amplitude dos potenciais em miniatura. Essas observações levaram à conceituação de que a transmissão neuromuscular tem natureza *quântica*, isto é, ocorre com base na liberação de pacotes unitários de neurotransmissor. Tal conceito é compatível com evidências de que a acetilcolina é liberada por exocitose de vesículas sinápticas, cada uma contendo um *quantum*, ou pacote do mediador químico. A transmissão neuromuscular é, no entanto, dependente da composição iônica do meio extracelular. A amplitude do p.p.m. diminui quando há redução da concentração de cálcio e aumento da concentração de magnésio extracelular.

A membrana das vesículas sinápticas é reciclada a partir da formação de vesículas endocíticas cobertas com uma camada proteica. O ciclo foi acompanhado a partir da identificação da enzima peroxidase endocitada nessas vesículas, após forte estimulação da junção neuromuscular na rã. As vesículas fundem-se com endossomas, a partir dos quais novas vesículas sinápticas são formadas e retornam ao *pool* disponível para a exocitose de neurotransmissor. Na junção neuromuscular da rã, o ciclo dura cerca de 1 h após a estimulação.

As vias bioquímicas de síntese e degradação do neurotransmissor da junção neuromuscular são bem conhecidas (Figura 15.3 A). A acetilcolina é sintetizada a partir de dois precursores: a acetilcoenzima A, produto do metabolismo oxidativo, e a colina, que é captada do meio extracelular por meio de um transportador de membrana dependente de sódio. A enzima colina-acetiltransferase catalisa a síntese de acetilcolina no citoplasma das terminações axônicas, e o neurotransmissor é carreado para o interior das vesículas por um transportador específico.

A acetilcolina liberada na fenda sináptica é destruída por hidrólise catalisada pela enzima acetilcolinesterase (AChE), resultando em colina e acetato. A colina é recaptada pelo terminal axônico e reutilizada na síntese do neurotransmissor.

A AChE parece ser sintetizada pelas células musculares e depositada na matriz extracelular ancorada a proteoglicanos. A cada instante, a concentração de acetilcolina na fenda sináptica depende de um balanço entre a liberação e a hidrólise do neurotransmissor.

O potencial de placa motora resulta da interação da acetilcolina com um receptor pós-sináptico específico, chamado *receptor nicotínico* (Figura 15.3 B). Essa denominação provém do fato de que este receptor é sensível à aplicação de nicotina, que mimetiza o efeito do neurotransmissor. O receptor nicotínico é um pentâmero de subunidades proteicas que formam um canal central. Nas fibras musculares, o receptor é formado por 2 subunidades α e 1 subunidade cada do tipo β, γ e δ. As subunidades α contêm os sítios de ligação da acetilcolina. A ligação de 2 moléculas de acetilcolina ao receptor causa a abertura do canal, que é permeável a cátions. A entrada de sódio a favor de seu gradiente eletroquímico causa uma corrente despolarizante que produz o potencial de placa motora.

As características funcionais da junção neuromuscular são particularmente relevantes para a patogênese e tratamento de uma doença autoimune denominada *miastenia gravis*. Na *miastenia gravis*, anticorpos circulantes contra o receptor nicotínico reduzem a concentração deste receptor nas placas motoras, resultando em deficiência na transmissão neuromuscular, com consequente fraqueza e fatigabilidade muscular. O tratamento mais comum para esses pacientes consiste na administração de bloqueadores da ação da acetilcolinesterase, como a neostigmina. O emprego criterioso de inibidores da AChE aumenta a concentração de acetilcolina na fenda sináptica e compensa a deficiência de receptores. Há também outras síndromes miastênicas, com sintomas semelhantes, porém devidas a defeitos nos mecanismos de liberação ou nos receptores colinérgicos, sem a presença de anticorpos contra os receptores nicotínicos.

A interpretação já descrita dos mecanismos de transmissão neuromuscular ilustra as principais características de funcionamento das sinapses químicas. A análise da transmissão sináptica no sistema nervoso central é, em sua maior parte, baseada na identificação: (1) dos neurotransmissores contidos nas vesículas sinápticas; (2) dos receptores agrupados na membrana pós-sináptica; (3) dos mecanismos de síntese e de degradação dos neurotransmissores; e (4) de seus efeitos eletrofisiológicos na membrana do neurônio pós-sináptico, análogos aos demonstrados na junção neuromuscular.

SINAPSES CENTRAIS

Cada neurônio no sistema nervoso central recebe sobre seus dendritos ou soma (corpo celular) uma quantidade elevada de sinapses, que pode atingir várias centenas. Denomina-se *convergência* a coincidência de várias vias neurais, ou vários axônios, sobre uma única célula. Do mesmo modo, o axônio da maioria dos neurônios se ramifica, e suas terminações formam sinapses com um grande número de neurônios pós-sinápticos. Este modo de distribuição se chama *divergência*. Assim, a organização funcional do sistema nervoso central repousa sobre a capacidade de cada neurônio integrar informações convergentes provenientes de várias fontes e distribuí-las a uma grande quantidade de alvos divergentes em cadeias neuronais complexas.

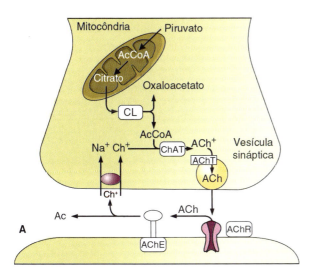

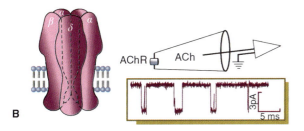

Figura 15.3 • **A.** Vias de síntese, transporte e degradação de acetilcolina. **B.** Receptor nicotínico para acetilcolina: *à esquerda*, a estrutura do pentâmero de subunidades proteicas; *à direita*, o registro de aberturas unitárias do canal do receptor nicotínico, registrado por método de *patch-clamp* com uma pipeta contendo acetilcolina. *AcCoA*, acetilcoenzima A; *CL*, citrato liase; *Ch⁺*, colina; *ChAT*, colina-acetiltransferase; *ACh⁺*, acetilcolina; *AChT*, transportador vesicular de acetilcolina; *AChR*, receptor nicotínico para acetilcolina; *AChE*, acetilcolinesterase; *Ac*, acetato. (Adaptada de Nicholls, 1994; Hall, 1992.)

A transmissão da informação no sistema nervoso central se dá, em geral, através de sinapses químicas análogas às junções neuromusculares. Diferentemente das terminações periféricas, no entanto, a ação dos neurotransmissores centrais pode ter efeitos ativador ou inibidor, isto é, aumentar ou diminuir a probabilidade de disparo de um potencial de ação pelo neurônio pós-sináptico.

Os efeitos da ativação de sinapses no sistema nervoso central foram estudados de maneira sistemática por John Eccles *et al.* por registro, por meio de microeletródios, de potenciais de membrana em neurônios motores (*motoneurônios*) da medula espinal de gatos. Estes neurônios têm, distribuídos pela superfície de seu soma e dendritos, milhares de botões terminais de axônios provenientes de várias fontes, dentre eles axônios de neurônios situados no gânglio da raiz dorsal da medula, que podem ser estimulados eletricamente com eletródios metálicos.

Utilizando esta preparação, Eccles demonstrou que a estimulação elétrica de diferentes filetes nervosos das raízes dorsais produzia variações de potencial de membrana de pequena amplitude, que podiam ser despolarizantes ou hiperpolarizantes. Essas variações foram denominadas potenciais pós-sinápticos (*p.p.s.*) e, de acordo com o sentido da variação, classificados como potenciais pós-sinápticos excitadores (p.p.s.e., despolarizantes) ou inibidores (p.p.s.i., hiperpolarizantes). Assim como os potenciais de placa motora, os p.p.s. são respostas locais, ou seja, as correntes tendem a se dissipar com a distância. No caso dos p.p.s.e., a despolarização da membrana tende a levar o potencial de membrana para um nível mais próximo do limiar de excitabilidade do neurônio pós-sináptico (Figura 15.4 A). No entanto, a amplitude dos p.p.s.e. é muito baixa, da ordem de uma fração ou poucos milivolts, e é, assim, apenas uma pequena parte da despolarização necessária para disparar um potencial de ação. Os p.p.s.i., hiperpolarizantes, tendem a manter o potencial de membrana distante do limiar, dificultando a geração de potenciais de ação (Figura 15.4 B). Esses efeitos eletrofisiológicos são consequência da abertura de canais iônicos que se segue à combinação dos neurotransmissores com seus receptores da membrana pós-sináptica.

Mecanismos iônicos de gênese dos p.p.s. foram identificados experimentalmente para sinapses na medula espinal e outras sinapses centrais. A ativação de sinapses excitadoras é consequência da abertura de canais iônicos permeáveis a sódio e a potássio (com maior permeabilidade a sódio) ou de canais para cálcio. Em condições normais, o gradiente eletroquímico resulta em uma corrente de sódio e cálcio para o interior da célula através dos canais, produzindo a despolarização característica do p.p.s.e. Em sinapses inibidoras, o efeito da neurotransmissão é a abertura de canais para cloreto, cujo influxo a favor do seu gradiente eletroquímico resulta na hiperpolarização característica do p.p.s.i., ou de canais para potássio, cujo efluxo também resulta em hiperpolarização. Há ainda mecanismos adicionais que influenciam o potencial de membrana em diversos tipos de sinapses, e que serão considerados mais adiante.

De modo simplificado, pode-se dizer que a membrana integra as informações provenientes das sinapses excitadoras e inibidoras, somando algebricamente suas influências sobre o potencial de membrana. São reconhecidas duas maneiras de somação de efeitos sinápticos: nos domínios temporal e espacial (Figura 15.5). A chamada *somação temporal* é definida como a soma de potenciais pós-sinápticos sucessivos gerados pela estimulação repetitiva de uma única sinapse. Assim, dois pulsos de estimulação de uma terminação excitadora produzem p.p.s.e. na membrana pós-sináptica que se somam, desde que o segundo p.p.s.e. seja gerado antes do término do primeiro. Isso ocorre porque os p.p.s.e. são respostas locais de natureza semelhante aos potenciais de placa motora e, assim, são passíveis de somação, diferentemente dos potenciais de ação que obedecem à lei do tudo ou nada. A chamada *somação espacial* é definida como a soma de efeitos de duas ou mais sinapses distintas ativadas simultaneamente; por exemplo, se duas sinapses excitadoras são ativadas ao mesmo tempo, a despolarização resultante da membrana do neurônio pós-sináptico é de maior amplitude que aquela observada após ativação de cada sinapse isoladamente. Já os efeitos da estimulação simultânea de uma sinapse excitadora e uma inibidora tendem a se anular, dependendo da eficiência de cada sinapse.

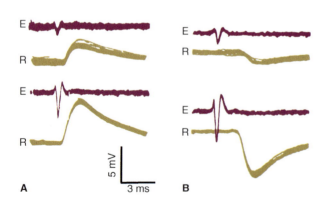

Figura 15.4 ▪ Potenciais pós-sinápticos em motoneurônios da medula de gato. Cada par de registros corresponde à atividade de axônios contidos nas raízes dorsais da medula produzida por estimulação elétrica (*E*), e o registro intracelular da variação de potencial de membrana (*R*) em um motoneurônio que é ativado (**A**) ou inibido (**B**). Os registros em **A** correspondem a potenciais pós-sinápticos excitadores e, em **B**, a potenciais pós-sinápticos inibidores. (Adaptada de Eccles, 1964.)

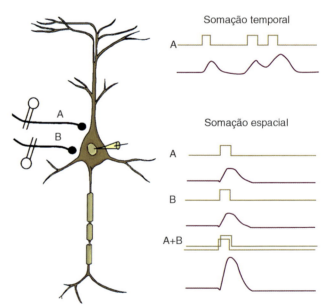

Figura 15.5 ▪ Somação de atividade sináptica. Os gráficos *à direita* representam o resultado de diferentes modos de estimulação elétrica das terminações pré-sinápticas *A* e *B* no esquema da *esquerda*. Estímulos em rápida sucessão em um mesmo terminal produzem somação temporal, enquanto estímulos simultâneos em dois terminais distintos produzem somação espacial.

Na realidade, os mecanismos de integração da atividade de múltiplas sinapses são mais complexos que a mera soma algébrica de variações de potencial de membrana. Entretanto, os princípios básicos de integração sináptica podem ser compreendidos a partir dessa noção. A transmissão da informação ao longo de uma cadeia de neurônios depende da geração de potenciais de ação, particularmente no caso de neurônios com axônios longos (os chamados neurônios do *tipo I de Golgi*). Respostas locais geradas em dendritos, ou no soma, não são capazes de atingir as terminações destes axônios por causa da dissipação eletrotônica. Assim, a estrutura decisiva para a transmissão da informação ao longo do axônio de um neurônio reside na área da membrana de menor limiar para a gênese de potenciais de ação. Esta tem sido localizada no cone de implantação, ou segmento inicial do axônio, que, nos axônios mielinizados, corresponde à porção do eixo cilíndrico situada entre o soma e o início da bainha de mielina. Aí existe uma elevada concentração de canais para sódio dependentes de voltagem, o que torna seu limiar de excitabilidade mais baixo para a geração de um potencial de ação.

Como consequência da dissipação eletrotônica dos p.p.s., uma sinapse excitadora localizada na extremidade distal de um dendrito tem influência menor sobre o cone de implantação do axônio do que uma sinapse situada no soma, mais próxima do segmento inicial (Figura 15.6). Por conseguinte, a gênese de um potencial de ação depende não apenas de um balanço favorecendo as sinapses excitadoras, mas também da distribuição das sinapses ativas em relação ao cone de implantação; por exemplo, uma pequena quantidade de sinapses inibidoras localizadas sobre o soma tem influência maior sobre a excitabilidade neuronal do que uma quantidade maior de sinapses excitadoras localizadas em dendritos distais. De fato, em determinados tipos de neurônios, as sinapses inibidoras são estrategicamente concentradas sobre o soma neuronal, assumindo grande importância no controle da transmissão da informação.

Em resumo, o cone de implantação de cada neurônio do tipo I de Golgi integra a informação transmitida para o neurônio, pelo conjunto de sinapses excitadoras e inibidoras ativas, e gera (ou não) potenciais de ação em frequência e ritmo que refletem o conteúdo da informação recebida das várias vias convergentes (Figura 15.7). A geração de cada potencial de ação e sua transmissão pela membrana até as terminações axônicas produz a liberação de neurotransmissores, ativando sinapses sobre a célula pós-sináptica e reiniciando o ciclo de integração sináptica, agora uma célula adiante na cadeia neuronal.

Em neurônios de circuito local, isto é, neurônios que têm axônios curtos (os chamados neurônios do *tipo II de Golgi*) ou não têm axônios (p. ex., as células *amácrinas* da retina), a integração e a transmissão da informação podem ocorrer sem a geração de potenciais de ação. Neste caso, as distâncias são suficientemente curtas de modo que a dissipação eletrotônica não causa perda total da informação contida nos p.p.s. Os mecanismos de somação espacial e temporal e a distribuição pela membrana de correntes derivadas da ativação sináptica são análogos. Quando há predomínio da atividade de sinapses excitadoras, o espalhamento eletrotônico da corrente despolarizante resulta em liberação de neurotransmissores de modo similar à dos axônios que geram potenciais de ação.

NEUROQUÍMICA SINÁPTICA

A neuroquímica das sinapses centrais é muito mais complexa do que a das junções neuromusculares. Além de acetilcolina, outras moléculas pequenas foram identificadas como

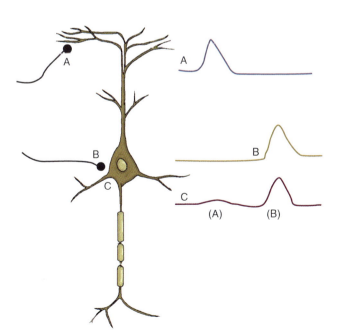

Figura 15.6 ▪ Dissipação eletrotônica dos potenciais pós-sinápticos. Os registros *à direita* representam as variações de potencial de membrana nos locais A, B e C, que resultam da estimulação dos terminais A ou B. Observe que a estimulação de B produz uma despolarização de maior amplitude em C do que a estimulação de A.

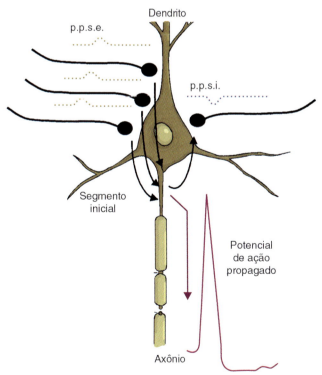

Figura 15.7 ▪ Geração de potencial de ação no segmento inicial do axônio. Quando a atividade de sinapses excitadoras (*à esquerda*) é mais intensa que a atividade de sinapses inibidoras (*à direita*), a soma das correntes geradas por todas as sinapses ativas resulta, após decaimento eletrotônico, em um potencial de ação que é gerado no segmento inicial por causa da alta concentração neste local de canais para sódio dependentes de voltagem.

neurotransmissores em diversos tipos de sinapses centrais, em várias espécies de vertebrados. Estes neurotransmissores são os responsáveis pelos efeitos eletrofisiológicos descritos antes para sinapses excitadoras e inibidoras. Além disso, uma variedade de peptídios neuroativos foi encontrada com efeito modulador importante da atividade neural, assim como neurotransmissores descritos como atípicos (Quadro 15.1).

Além da acetilcolina, cuja biossíntese e degradação no sistema nervoso central são semelhantes às da junção neuromuscular, os neurotransmissores clássicos compreendem um grupo de aminas biogênicas, determinados aminoácidos e algumas purinas. As aminas biogênicas são as catecolaminas dopamina, norepinefrina e epinefrina, a serotonina e a histamina. Os aminoácidos compreendem o glutamato, o aspartato, a glicina e o ácido gama-aminobutírico (GABA). As purinas incluem ao menos o ATP e a adenosina. Entre os neurotransmissores atípicos, podemos destacar os canabinoides endógenos (mensageiros lipídicos) e os gases óxido nítrico e monóxido de carbono.

As aminas biogênicas são sintetizadas a partir de aminoácidos. As catecolaminas derivam de tirosina, em uma via sequencial catalisada sucessivamente pelas enzimas tirosina-hidroxilase, descarboxilase de aminoácidos aromáticos (gerando dopamina), dopamina-β-hidroxilase (gerando norepinefrina) e feniletanolamina-N-metiltransferase (gerando epinefrina). O conteúdo de cada uma destas enzimas em neurônios determina o tipo de catecolamina sintetizado e utilizado como neurotransmissor. A serotonina é sintetizada em duas etapas a partir de triptofano, e a histamina deriva da descarboxilação de histidina. Os aminoácidos glutamato e glicina são derivados de *pools* metabólicos, enquanto o GABA é derivado do glutamato, por ação da enzima descarboxilase do ácido glutâmico.

Peptídios neuroativos são sintetizados no retículo endoplásmico rugoso, sob a forma de precursores proteicos, contendo frequentemente a sequência de mais de um peptídio ativo, às vezes em múltiplas cópias. Os peptídios ativos são liberados por proteólise limitada e seletiva do precursor dentro das vesículas secretoras. O controle da produção de peptídios neuroativos é complexo. Além da expressão seletiva de genes para os precursores, a seleção dos peptídios produzidos por cada neurônio depende da expressão diferencial das proteases que clivam os precursores, e de modificações pós-traducionais da proteína precursora, protegendo seletivamente determinadas porções da molécula contra a proteólise.

De modo geral, os neurotransmissores clássicos são armazenados em vesículas pequenas e relativamente transparentes à microscopia eletrônica, localizadas próximo às zonas ativas das terminações pré-sinápticas. Os peptídios neuroativos são encontrados, por seu turno, em vesículas granulares, elétron-densas e de maiores dimensões, dispersas nos botões terminais a certa distância das zonas ativas. São descritos numerosos exemplos de coexistência de neurotransmissores clássicos e peptídios neuroativos nas mesmas terminações pré-sinápticas, como, por exemplo, acetilcolina e VIP ou CGRP, glutamato e dinorfina, e outros. Além disso, ATP é também liberado em conjunto com neurotransmissores clássicos e neuropeptídios. As várias substâncias neuroativas, quando liberadas simultaneamente, agem de forma sinergística nas células pós-sinápticas.

Mecanismos de liberação de neurotransmissores começaram a ser desvendados a partir do trabalho de Katz *et al.*, na Inglaterra, na década de 1960. Este e outros trabalhos mais recentes demonstraram que a despolarização da terminação pré-sináptica produz um influxo de cálcio, através de canais dependentes de voltagem, que é necessário para a transmissão sináptica. Na presença de tetrodotoxina e tetraetilamônio, que bloqueiam, respectivamente, os canais para sódio e potássio do potencial de ação, a despolarização artificial de terminações pré-sinápticas produz um influxo de cálcio, que leva à liberação de neurotransmissor e consequentes potenciais pós-sinápticos de amplitude proporcional ao pulso despolarizante (Figura 15.8). Estas respostas são abolidas quando o cálcio do meio extracelular é substituído por magnésio.

As vesículas sinápticas existem na terminação em dois *pools*: (1) uma quantidade limitada encontra-se vizinha às zonas ativas, (2) enquanto a maior parte das vesículas encontra-se ancorada a filamentos de actina. O processo de liberação de neurotransmissor envolve, assim, uma série de etapas que consistem na mobilização das vesículas libertas da ancoragem no citoesqueleto, seguida pela fusão com a membrana plasmática e exocitose do conteúdo vesicular. As várias etapas são mediadas por numerosas proteínas, localizadas na membrana das vesículas ou na membrana plasmática das zonas ativas, além dos canais para cálcio dependentes de voltagem, localizados nas zonas ativas. O cálcio parece ter múltiplas funções no processo. Foi demonstrado, por exemplo, que proteínas componentes do complexo de vesículas e das zonas ativas possuem um sítio de fosforilação para proteinoquinase dependente de cálcio/calmodulina (como no caso da sinapsina I, que parece participar do ancoramento das vesículas à actina), ou um sítio de ligação para o cálcio que controla a interação com fosfolipídios (como no caso da sinaptotagmina). Por meio dessas proteínas, o influxo de cálcio provavelmente regula, respectivamente, a mobilização e a fusão da vesícula com a membrana plasmática.

O processo de liberação de neurotransmissor e geração de uma resposta elétrica pós-sináptica pode, por conseguinte, ser resumido da seguinte maneira: a chegada de um potencial de ação às vizinhanças da terminação pré-sináptica produz uma despolarização que abre canais para cálcio dependentes de voltagem, situados nas zonas ativas. O influxo resultante de cálcio mobiliza as vesículas contendo neurotransmissor, que é, então, liberado por exocitose e atravessa a fenda sináptica, combinando-se com receptores pós-sinápticos. No caso de uma sinapse excitadora, a membrana é despolarizada por um p.p.s.e. que, por somação com outros p.p.s.e.s, pode atingir o limiar e gerar um potencial de ação no neurônio pós-sináptico.

Quadro 15.1 ▪ Neurotransmissores.

Moléculas pequenas

Acetilcolina
Aminas biogênicas – catecolaminas (dopamina, norepinefrina, epinefrina), serotonina, histamina
Aminoácidos – glutamato, aspartato, GABA, glicina
Purinas – adenosina, ATP

Peptídios

Substância P, somatostatina-14, TRH, LHRH, angiotensina-II, vasopressina, ocitocina, colecistocinina, VIP, PACAP, neuropeptídio Y, neurotensina, bombesina, leu-encefalina, met-encefalina, α- endorfina, β-endorfina

Neurotransmissores atípicos

Canabinoides endógenos, óxido nítrico, monóxido de carbono

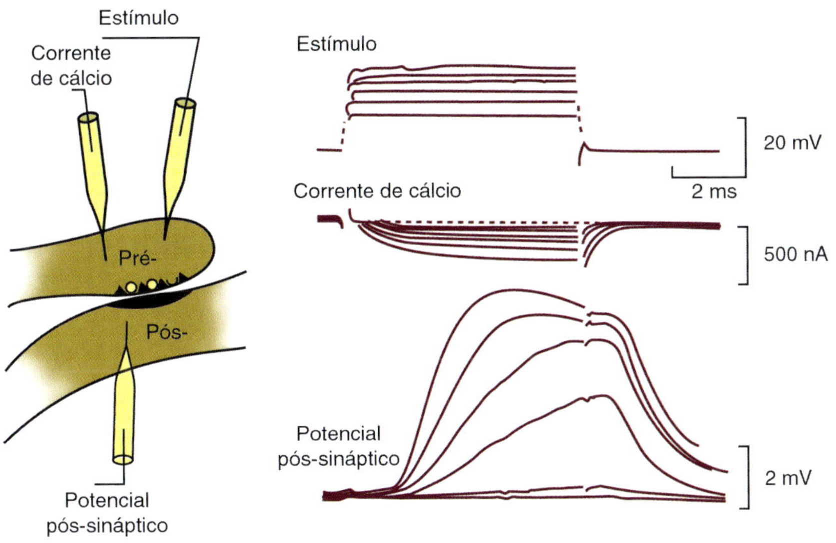

Figura 15.8 ▪ Dependência de cálcio na transmissão sináptica. Os gráficos à direita representam o resultado de cinco estímulos de intensidade crescente aplicados a uma terminação pré-sináptica em uma preparação de sinapse gigante em invertebrado, na presença de tetrodotoxina e tetraetilamônio. Note que os estímulos crescentes produzem uma corrente de cálcio crescente e resultam em potenciais pós-sinápticos também crescentes. A substituição do cálcio do meio extracelular por magnésio abole tanto as correntes de cálcio quanto os potenciais pós-sinápticos (não mostrados). (Adaptada de Kandel et al., 1995.)

A sequência de etapas necessária para a transmissão química resulta no chamado *retardo sináptico*, em geral da ordem de 0,4 a 0,8 ms, entre a chegada do potencial de ação à terminação pré-sináptica e a excitação do neurônio pós-sináptico (Figura 15.9).

O mecanismo de liberação de peptídios neuroativos é provavelmente semelhante ao processo já descrito para neurotransmissores clássicos. No entanto, a localização das vesículas secretoras que contêm os peptídios implica algumas particularidades na liberação. Enquanto os neurotransmissores clássicos são descarregados nas zonas ativas, diretamente opostos aos receptores na membrana pós-sináptica, os neuropeptídios são liberados de modo mais difuso em torno dos botões terminais. Isso resulta em menor focalização da ação dos peptídios quando comparados aos neurotransmissores clássicos. Além disso, o cálcio que entra pelos canais dependentes de voltagem é rapidamente tamponado pelos sistemas intracelulares de armazenamento, particularmente as abundantes mitocôndrias das terminações pré-sinápticas. Por conseguinte, após um potencial de ação, em geral a concentração de cálcio no botão terminal retorna a níveis basais com muita rapidez, e o gradiente de cálcio, a partir dos canais das zonas ativas, diminui rapidamente no sentido das porções mais internas do botão terminal, onde se localizam as vesículas granulares. Assim, para a liberação de neuropeptídios, é necessário um influxo mais acentuado de cálcio do que no caso dos neurotransmissores clássicos. De fato, foi demonstrado que determinados peptídios somente são liberados com estimulação mais intensa, ou de frequência mais elevada, da terminação pré-sináptica do que o neurotransmissor clássico coexistente na mesma terminação. Assim, o conjunto de moléculas neuroativas liberadas por terminações pré-sinápticas e, por conseguinte, as características farmacológicas da transmissão sináptica dependem da atividade nos axônios.

A complexidade dos sistemas neuro-químicos centrais é aumentada com a multiplicidade de tipos de receptores encontrados para cada neurotransmissor. Inicialmente caracterizados por respostas diferenciais a substâncias naturais ou sintéticas, múltiplas famílias de receptores vêm agora sendo definidas a partir de métodos de clonagem molecular. Alguns desses receptores, conhecidos como *ionotrópicos*, apresentam canais iônicos associados cuja abertura resulta diretamente nos potenciais pós-sinápticos, assim como nos receptores nicotínicos periféricos. Outra classe de receptores, conhecidos como *metabotrópicos*, está associada a segundos mensageiros e vias de transdução de sinais que podem resultar tanto na modulação indireta de canais iônicos quanto em outros tipos de ativação metabólica, incluindo expressão gênica específica.

A descoberta de que vários tipos de receptores podem ser formados por combinações de subunidades implica a provável existência de dezenas de receptores funcionalmente distintos para alguns neurotransmissores. Variações na combinação de uma quantidade finita de subunidades podem afetar significativamente a seletividade ou afinidade para moléculas exógenas, a cinética de ativação do receptor e as respostas iônicas ou metabólicas. Atualmente, as indústrias farmacêuticas e de biotecnologia se dedicam a definir fármacos capazes de atuar seletivamente sobre distintos tipos de receptores, na expectativa de modular sistemas de neurotransmissores em regiões específicas do sistema nervoso central, sem os efeitos colaterais de substâncias com ação genérica.

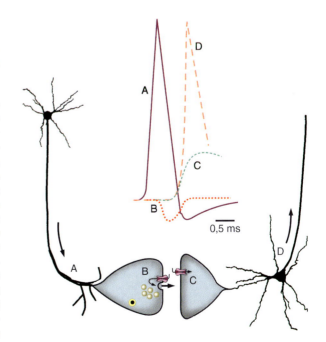

Figura 15.9 ▪ Sequência de eventos na transmissão sináptica. Um potencial de ação (A) chega à terminação pré-sináptica, produz uma corrente de cálcio (B), que resulta na liberação dos neurotransmissores. A combinação deste com seus receptores produz um potencial pós-sináptico excitador (C), que, se atingir o limiar, resulta em um potencial de ação (D). Observe o retardo na transmissão (de cerca de 1 ms) da estrutura pré-sináptica para a estrutura pós-sináptica. (Adaptada de Kandel et al., 1995.)

Os receptores ionotrópicos têm várias propriedades em comum. De modo geral, são formados por pentâmeros de subunidades proteicas semelhantes às encontradas no receptor nicotínico da junção neuromuscular (Quadro 15.2), com 3 a 5 segmentos transmembrana, uma porção extracelular que reconhece seletivamente o neurotransmissor e sequências de aminoácidos capazes de formar canais seletivos para determinados íons (p. ex., Na^+/K^+ ou Na^+/Ca^{2+}). A combinação do neurotransmissor com o domínio extracelular do receptor provoca uma mudança de conformação neste, abrindo o canal iônico central. O mecanismo molecular é análogo ao que produz a abertura do canal para sódio dependente de voltagem, mas o controle do estado do canal é, no caso das sinapses, realizado pelo neurotransmissor.

O glutamato é considerado o principal neurotransmissor excitador no sistema nervoso central. Existem 2 grupos principais de receptores ionotrópicos para o glutamato, caracterizados por responder seletivamente a determinados agonistas, isto é, agentes que produzem efeitos semelhantes aos do glutamato. Um grupo é formado pelos receptores do tipo NMDA, que respondem seletivamente ao N-metil-D-aspartato, e o outro grupo é formado pelos receptores do tipo "não NMDA", ou AMPA/cainato, que respondem seletivamente aos agonistas α-amino-3-hidroxila-5-metil-4-isoxazolpropionato (AMPA) e ao ácido caínico, respectivamente.

Os receptores AMPA/cainato são associados a canais permeáveis a sódio e potássio, e sua ativação pelo glutamato ou pelos agonistas leva a um potencial pós-sináptico excitador por influxo de sódio, semelhante ao receptor nicotínico. Os canais associados ao receptor NMDA também são permeáveis ao sódio, mas têm duas particularidades muito importantes (Figura 15.10): são permeáveis a cálcio e sua condutância ao cálcio depende de voltagem. Assim, em condições de repouso, a permeabilidade ao cálcio é baixa, devido a um bloqueio do canal por íons magnésio. Quando a membrana é despolarizada, como, por exemplo, pela ativação de receptores AMPA, o magnésio é deslocado e o glutamato produz, por meio do receptor NMDA, uma despolarização adicional pelo influxo de sódio e de cálcio. O cálcio, por sua vez, ativa diversos sistemas de segundos mensageiros, enzimas e proteases, afetando numerosas vias metabólicas e modulando, inclusive, a expressão gênica. Assim, o receptor NMDA tem a propriedade de requerer para sua ativação tanto o ligante (glutamato) quanto a coativação de outros receptores (em geral do tipo AMPA), e sua função tem consequências tanto para a transmissão imediata de informação quanto para fenômenos a longo prazo.

Receptores ionotrópicos para GABA, o principal neurotransmissor inibidor central, assim como receptores para glicina, contêm canais permeáveis a íons cloreto, cujo influxo produz potenciais pós-sinápticos inibidores, hiperpolarizantes.

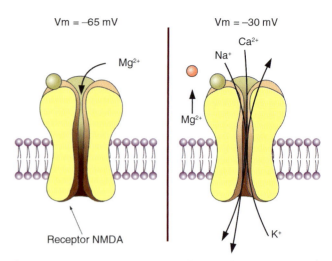

Figura 15.10 ▪ Receptor ionotrópico para glutamato, do tipo NMDA. Quando a membrana está em repouso (potencial de membrana Vm = –65 mV), íons magnésio bloqueiam o canal do receptor, que não responde mesmo na presença de glutamato. A despolarização da membrana (Vm = –30 mV, por exemplo, por ativação de outro receptor ionotrópico) desloca o magnésio; nessa circunstância, o glutamato provoca a abertura do canal, permitindo a passagem de cátions e provocando uma despolarização adicional acompanhada de influxo de cálcio. (Adaptada de Bear et al., 1996.)

Subunidades distintas do receptor ionotrópico $GABA_A$ contêm ainda sítios específicos de ligação para barbitúricos e benzodiazepínicos que incrementam as correntes de cloro através do canal, potenciando a ação do GABA. A potenciação dos efeitos inibidores do GABA no sistema nervoso central é a base fisiológica para os efeitos anestésicos e tranquilizantes, respectivamente, daqueles medicamentos.

Outros neurotransmissores também exercem seus efeitos por meio de receptores ionotrópicos associados a canais para cátions que incluem o cálcio, como é o caso de um subtipo de receptor para serotonina e determinados receptores para purinas (receptores *purinérgicos*).

Os vários receptores metabotrópicos para distintos neurotransmissores têm uma estrutura comum, que consiste em um polipeptídio contendo 7 domínios transmembrana, um sítio de ligação para o neurotransmissor e um domínio intracelular capaz de ligar e ativar proteínas reguladoras, conhecidas como proteínas G (Figura 15.11). As proteínas G são complexos proteicos triméricos com atividade GTPásica, isto é, capazes de ligar e hidrolisar GTP, e cujos componentes têm múltiplas funções reguladoras. A ativação dos receptores metabotrópicos promove a dissociação dos componentes da proteína G, e estes se ligam a diversas proteínas efetoras.

A família de proteínas G contém uma variedade de subtipos, capazes de se ligar a efetores distintos, ativar ou inibir um mesmo efetor e disparar cascatas metabólicas que modulam e amplificam os sinais transmitidos pelos neurotransmissores. A ação dos receptores metabotrópicos em geral se faz através da modulação da concentração de segundos mensageiros (Quadro 15.3), que podem, por exemplo, ativar proteínas quinases, levando à fosforilação de proteínas em diversas vias metabólicas. A fosforilação de receptores ou de canais dependentes de voltagem por quinases dependentes de segundos mensageiros modifica as propriedades funcionais dos receptores ou canais, levando a alterações de excitabilidade celular. Em alguns casos, os segundos mensageiros ou as próprias proteínas G podem agir diretamente sobre receptores ou canais, modificando suas

Quadro 15.2 ▪ Subunidades conhecidas de receptores ionotrópicos.*

N-AChR	α, β, γ, δ, ε
AMPA/cainato	Glu R1-Glu R7, KA-1, KA-2
NMDA	NR1, NR2A-NR2D
GABA	$α_{1-6}, β_{1-4}, γ_{1-3}, δ, ρ$
Glicina	$α_{1-4}$

*Os receptores são formados por uma combinação de 5 subunidades dentre estas.

Quadro 15.3 ▪ Exemplos de receptores metabotrópicos.

Neurotransmissor	Receptor	Efeito (via proteína G)
Acetilcolina	M2/M4*	Inibição de adenililciclase
	M2/M4*	Regulação de canais iônicos
	M1/M3/M5	Ativação de fosfolipase C
Glutamato	MGluR1/R5	Ativação de fosfolipase C
	MGluR2/R3/R4/R6/R7/R8	Inibição de adenililciclase
Dopamina	D1/D5	Ativação de adenililciclase
	D2-D4	Inibição de adenililciclase

*Receptores muscarínicos.

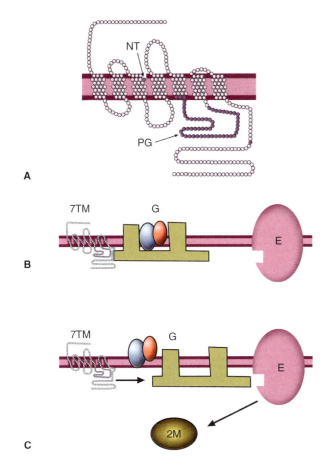

Figura 15.11 ▪ Exemplo de receptor metabotrópico e de ação mediada por proteína G. **A.** Estrutura do receptor β-adrenérgico, indicando (*círculos cheios*) a posição dos aminoácidos componentes do sítio de ligação do neurotransmissor (*NT*) e do sítio de reconhecimento de proteína G (*PG*). **B.** O receptor metabotrópico (*7TM*, abreviatura usada para 7 domínios transmembrana) ativado se liga a uma proteína G trimérica. **C.** Esta ligação ativa a proteína G, que, então, dissocia-se, e sua subunidade α ativa uma proteína efetora (*E*), que, por sua vez, produz um segundo mensageiro intracelular (*2M*). (Adaptada de Kandel *et al.*, 1995.)

propriedades. As alterações de excitabilidade incluem desde potenciais pós-sinápticos até dessensibilização de receptores.

Os próprios sistemas de neurotransmissores são regulados através de receptores metabotrópicos. Por exemplo, em alguns sistemas, a atividade da tirosina-hidroxilase, enzima limitante da síntese de catecolaminas, é regulada por fosforilação dependente da atividade pré-sináptica. Além disso, as vias metabólicas ativadas por segundos mensageiros podem levar a efeitos permanentes na célula, com a fosforilação de fatores de transcrição e modulação da expressão gênica. Novamente, a enzima tirosina-hidroxilase é um exemplo de proteína cuja síntese é regulada por atividade pré-sináptica. Efeitos de neurotransmissores sobre a expressão gênica têm duração prolongada, e podem estar associados a mecanismos de desenvolvimento embrionário ou de memória no sistema nervoso maduro.

Receptores para neurotransmissores são encontrados não apenas nas células pós-sinápticas, mas também nas próprias terminações pré-sinápticas (ver Figura 15.1 B), nas quais servem a funções de regulação da liberação de neurotransmissores. Em determinados sistemas, sinapses localizadas sobre terminações de axônios regulam a liberação de neurotransmissores destas terminações através da modulação de canais para cálcio, potássio e cloreto, e de sistemas de segundos mensageiros. Recentemente, foi demonstrada a presença de receptores vizinhos às sinapses (extrassinápticos) com papéis distintos dos receptores sinápticos. Por exemplo, receptores extrassinápticos de glutamato do tipo NMDA foram associados à degeneração em distúrbios neurológicos agudos e crônicos, tais como acidente vascular encefálico, doenças de Huntington e Alzheimer, por meio da sinalização por vias distintas das ativadas pelos receptores sinápticos. No caso de receptores extrassinápticos de GABA, foi demonstrado um papel importante no controle da excitabilidade e funcionamento de redes neuronais. Esses receptores extrassinápticos seriam alvos preferenciais de anestésicos, hipnóticos, álcool e neuroesteroides, e suas alterações também vêm sendo associadas a doenças neurológicas, tais como transtornos do sono e epilepsia.

Enquanto o neurotransmissor se encontra disponível na fenda sináptica, uma sucessão de eventos de ativação dos receptores pós-sinápticos resulta em persistência da transmissão. Esta só cessa com a remoção do neurotransmissor por 1 ou mais de 3 mecanismos: difusão pelo espaço extracelular, degradação enzimática e recaptação. A difusão reduz invariavelmente a concentração de todos os neurotransmissores, mas os demais mecanismos dependem de enzimas ou dos transportadores específicos para cada neurotransmissor.

O principal exemplo de degradação enzimática é o da hidrólise da acetilcolina pela acetilcolinesterase presente nas sinapses colinérgicas. As catecolaminas, por sua vez, sofrem degradação enzimática, por exemplo, por uma enzima intracelular denominada catecol-O-metiltransferase, após recaptação pelos terminais pré-sinápticos. Sistemas de recaptação de alta afinidade foram descritos para aminas biogênicas, para aminoácidos e para a colina resultante da hidrólise da acetilcolina, indicando ser este o mecanismo mais geral de remoção de neurotransmissores. Os diversos sistemas de terminação da atividade sináptica são de grande importância clínica. Foi mencionado anteriormente o emprego de inibidores de acetilcolinesterase no tratamento da *miastenia gravis*. Por outro lado, medicamentos e substâncias diversas afetam os sistemas de transporte, como o bloqueio da recaptação de norepinefrina ou serotonina por antidepressivos como a imipramina e a fluoxetina (Prozac®), respectivamente, ou o bloqueio de captação de catecolaminas pela cocaína. Interferência com os mecanismos de terminação da atividade de neurotransmissores pode levar tanto à hiperatividade de sinapses quanto à dessensibilização de receptores, com consequente bloqueio da transmissão de informação pelas sinapses afetadas.

Conforme mencionado anteriormente, neurotransmissores atípicos são importantes moduladores da função sináptica. Os endocanabinoides (cujos principais representantes são anandamida e 2-aracdonoilglicerol) têm como importante mecanismo de ação a sinalização retrógrada, na qual esses mediadores lipídicos agem em receptores localizados na membrana pré-sináptica, inibindo a liberação de neurotransmissores tanto em sinapses excitatórias como inibitórias. Suas ações são diversas, podendo regular cognição, função motora, comportamento alimentar, dor, assim como plasticidade sináptica. Receptores para endocanabinoides (receptores CB1) são expressos também em astrócitos, e essa sinalização é um elemento-chave do conceito de sinapse tripartite. Esse conceito atribui aos astrócitos papel fundamental na função sináptica, além dos elementos pré- e pós-sinápticos, por meio de captação, liberação e resposta a diversos fatores secretados. Outros sistemas de neurotransmissores também participam de sinapses tripartites, como os de glutamato e adenosina. Recentemente, foram descritos indícios de que a micróglia, um tipo de célula glial de origem hematopoética, também regula a função e plasticidade sináptica, o que levou à proposta do conceito de sinapse quadripartite.

A atividade sináptica tem um alto grau de plasticidade. Desde a quantidade de neurotransmissor liberada por um impulso nervoso na terminação pré-sináptica até a amplitude da resposta pós-sináptica são moduladas permanentemente, alterando a eficiência das sinapses em diversas circunstâncias. Fenômenos como redução ou aumento da eficiência de sinapses (habituação e facilitação, respectivamente) são facilmente observados em diferentes preparações experimentais sujeitas a estimulação repetitiva. As alterações de eficácia na transmissão sináptica podem ter curta duração ou persistir por longos períodos, como na potenciação ou depressão a longo prazo, e, provavelmente, estão associadas a mecanismos de memória.

BIBLIOGRAFIA

BEAR MF, CONNORS BW, PARADISO MA. *Neuroscience: Exploring the Brain.* Williams & Wilkins, Baltimore, 1996.
BRADY ST, SIEGEL GJ, ALBERS RW *et al.* *Basic Neurochemistry.* Elsevier Academic Press, Boston, 2012.
BRICKLEY SG, MODY I. Extrasynaptic GABA(A) receptors: their function in the CNS and implications for disease. *Neuron,* 73(1):23-34, 2012.
CASTILLO PE, YOUNTS TJ, CHÁVEZ AE *et al.* Endocannabinoid signaling and synaptic function. *Neuron,* 76(1):70-81, 2012.
COOPER JR, BLOOM FE, ROTH RH. *The Biochemical Basis of Neuropharmacology.* 8. ed. Oxford University Press, New York, 2002.
ECCLES JC. *The Physiology of Synapses.* Springer, Berlin, 1964.
HALL Z. *An Introduction to Molecular Neuroscience.* Sinauer, Sunderland, 1992.
KANDEL ER (Ed.). *Principles of Neural Science.* McGraw-Hill Medical, New York, 2012.
KANDEL ER, SCHWARTZ JH, JESSEL TM. *Essentials of Neural Science and Behavior.* Prentice Hall, Englewood Cliffs, 1995.
MIYAMOTO A, WAKE H, MOORHOUSE AJ *et al.* Microglia and synapse interactions: fine tuning neural circuits and candidate molecules. *Front Cell Neurosci,* 15:7-70, 2013.
MOUNTCASTLE VB. *Medical Physiology.* Mosby, Baltimore, 1974.
NICHOLLS DG. *Proteins, Transmitters and Synapses.* Blackwell, Boston, 1994.
PARSONS MP, RAYMOND LA. Extrasynaptic NMDA receptor involvement in central nervous system disorders. *Neuron,* 82:279-83, 2014.
SANTELLO M, CALÌ C, BEZZI P. Gliotransmission and the tripartite synapse. *Adv Exp Med Biol,* 970:307-31, 2012.

Capítulo 16

Organização Geral dos Sistemas Sensoriais

Marcus Vinícius C. Baldo

- Introdução, *302*
- Receptores sensoriais, *302*
- Circuitos sensoriais, *304*
- Centros superiores de integração, *306*
- Classificação do sistema sensorial, *307*
- Bibliografia, *308*

INTRODUÇÃO

O principal desafio de um organismo, em qualquer ponto da escala filogenética, é adaptar-se continuamente ao ambiente em que vive. Em organismos mais complexos, essa tarefa exige desde a realização de reflexos motores isolados, ou ajustes vegetativos específicos, até a emissão de comportamentos elaborados, nos quais múltiplas ações são planejadas e executadas simultaneamente. A organização de tais respostas exige um fluxo de informações que se inicia tanto no interior do próprio organismo quanto no ambiente que o circunda. O conjunto constituído pelos sensores capazes de detectar esses diferentes tipos de informação, pelas vias por onde trafegarão essas informações e pelos circuitos neurais responsáveis por seu processamento é, didaticamente, denominado *sistema sensorial*. O sistema sensorial representa a porção do sistema nervoso diretamente relacionada com a recepção, transdução, transmissão e processamento inicial das informações originadas no próprio organismo ou no ambiente, e que serão utilizadas na organização dos mais variados tipos de resposta.

Neste contínuo desafio de nos adaptarmos ao ambiente em que vivemos, precisamos, quase ininterruptamente, agir sobre o mundo, tanto o exterior, que nos circunda, quanto o interior, que abriga o conjunto de processos fisiológicos que nos mantêm vivos. Portanto, a razão de percebermos o mundo é a necessidade que temos de agir sobre ele: percebemos para agir. Desse modo, uma compreensão adequada dos processos que levam o sistema sensorial de um organismo a funcionar da maneira como funciona só será alcançada se levarmos em consideração o processo de coevolução dos sistemas sensorial e motor. Sem darmos a devida importância à interação percepção-ação, ou seja, a função pragmática que nossas percepções desempenham no planejamento, elaboração e emissão de nossas ações, não poderemos compreender os mecanismos sensoriais que conduzem às percepções que construímos.

Remonta a Aristóteles o reconhecimento de que utilizamos cinco sentidos para explorar o mundo que nos rodeia: visão, audição, tato, olfação e gustação. Em termos mais rigorosos, esses são exemplos que, no entanto, não esgotam todas as modalidades que compõem nosso sistema sensorial (Figura 16.1). Existem diferentes classificações para o sistema sensorial, algumas separando as sensibilidades em *interoceptiva* e *exteroceptiva*, envolvidas na detecção de informação originada, respectivamente, no interior do organismo e no meio ambiente. Existem diferenças entre espécies da própria classe de mamíferos, com diferentes modalidades sensoriais servindo finalidades específicas ao longo da escala filogenética. Neste capítulo, vamos abordar os princípios gerais que definem o funcionamento do sistema sensorial, assinalando os aspectos comuns às várias modalidades. Cada modalidade sensorial destina-se à detecção de um determinado tipo de estímulo, caracterizado por sua natureza física. Algumas substâncias químicas são detectadas por um conjunto de receptores, enquanto ondas eletromagnéticas, em uma dada faixa de frequências, são detectadas por outro conjunto. Substâncias químicas ou ondas eletromagnéticas representam, portanto, diferentes classes de estímulos, que são detectadas por diferentes tipos de receptores sensoriais, morfológica e funcionalmente ajustados àquela finalidade. O surgimento de uma dada modalidade sensorial e suas subsequentes modificações evolutivas são determinados por pressões adaptativas impostas ao organismo pelo meio ambiente.

Dentre as várias modalidades que compõem nosso sistema sensorial, algumas possibilitam a percepção consciente de um estímulo, por exemplo, a sensibilidade visual ou auditiva ou a sensibilidade térmica ou dolorosa. Em outras modalidades, a informação sensorial é recebida e processada sem que tenhamos qualquer sensação consciente, como, por exemplo, aquelas envolvidas na mensuração da pressão arterial, da osmolalidade do plasma ou da pressão parcial de oxigênio do sangue. É importante ressaltar que, mesmo nas modalidades em que o estímulo pode tornar-se consciente, grande parte do processamento neural independe da percepção consciente das informações sensoriais, que são analisadas paralelamente por diversos circuitos ao mesmo tempo. Dessa maneira, podemos distinguir diferentes níveis de organização no processamento da informação sensorial: os *receptores sensoriais* representam a interface que vincula os estímulos sensoriais ao sistema nervoso; as *vias* e os *circuitos sensoriais* transmitem e iniciam o processamento dessa informação; e *centros superiores de integração*, responsáveis pela construção perceptiva.

RECEPTORES SENSORIAIS

Para que um estímulo possa ser detectado e discriminado pelo organismo, precisa ser convertido em uma "linguagem" compreendida pelo sistema nervoso. Essa conversão é denominada *transdução*, e as estruturas responsáveis por ela são os *receptores sensoriais*. Diferentes tipos de células, em estruturas especializadas, desempenham o papel de receptores sensoriais. Características morfológicas e funcionais distintas conferem uma grande diversidade ao conjunto de receptores sensoriais conhecidos, o que obviamente se relaciona à especialização na detecção de estímulos de diferentes naturezas. A especificidade de um receptor para um determinado tipo de estímulo encontra-se, basicamente, nos mecanismos moleculares envolvidos no processo de transdução. Assim, enquanto a condutância elétrica da membrana de um mecanorreceptor depende da deformação mecânica da célula, a membrana de um fotorreceptor tem sua condutância alterada pela incidência de luz (Figura 16.2). Mecanismos moleculares semelhantes são, no entanto, compartilhados por diversos tipos de receptores e em diferentes espécies animais, o que sugere princípios unificadores e justifica um estudo comparativo.

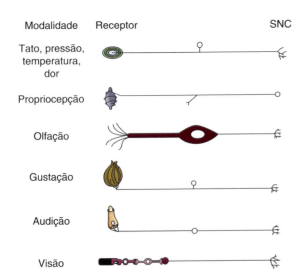

Figura 16.1 ▪ Diferentes modalidades sensoriais e os respectivos receptores, exibindo diferentes morfologias, envolvidos no processo de transdução. *SNC*, sistema nervoso central. (Adaptada de Kandel *et al.*, 2002.)

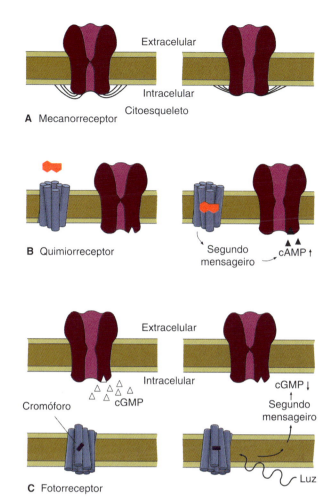

Figura 16.2 ▪ Mecanismos envolvidos no processo de transdução sensorial, no qual diferentes tipos de estímulo – por exemplo, mecânicos (**A**), químicos (**B**) ou eletromagnéticos (**C**) –, são transformados em sinais elétricos na célula receptora. O estímulo pode causar um efeito direto sobre o canal (**A**) ou depender da ação de um segundo mensageiro (**B** e **C**). Qualquer que seja o mecanismo envolvido, o resultado final é a abertura ou o fechamento de canais iônicos presentes na membrana celular. cAMP, monofosfato de adenosina cíclico; cGMP, monofosfato de guanosina cíclico. (Adaptada de Kandel et al., 2002.)

O processo de transdução começa pela *detecção* de um dado estímulo pelo receptor sensorial. O mecanismo comum a todo receptor é a geração de um *potencial gerador* (ou *potencial receptor*), caracterizado por uma alteração do potencial elétrico de membrana da célula receptora (Figura 16.3). A alteração do potencial de membrana é, nesse caso, sempre uma consequência de modificações na condutância de canais iônicos, essas resultantes da presença do estímulo sensorial. O potencial gerador compartilha, portanto, mecanismos semelhantes àqueles envolvidos no potencial sináptico. O local de geração de um potencial gerador e o local de geração do respectivo potencial de ação são, geralmente, separados, podendo ser diferentes regiões em uma mesma célula, ou até mesmo diferentes células sensoriais. O sinal elétrico que caracteriza o potencial gerador (o qual se constitui em um potencial eletrotônico) alcança as regiões do receptor em que um impulso nervoso poderá ser iniciado, propagando-se então em direção ao sistema nervoso central (SNC). O potencial gerador é, portanto, um potencial *local* e *graduado*, ou seja, restrito à célula receptora, que apresenta uma amplitude variável e reflete a intensidade do estímulo sensorial aplicado. Em receptores destinados à sensibilidade dolorosa, por exemplo, o potencial gerador é produzido nas ramificações axônicas, propagando-se eletrotonicamente à porção inicial do axônio e aí podendo dar origem a um potencial de ação. Nos botões gustativos, a estimulação química leva a flutuações do potencial de membrana das células receptoras, sendo que um contato sináptico entre essas células e as terminações nervosas aferentes é necessário para que um potencial de ação possa ser produzido. Particularidades do processo de transdução em cada modalidade sensorial serão descritas oportunamente ao longo do texto.

O passo final no processo de transdução é a geração de um impulso nervoso na fibra nervosa aferente, que irá conduzir a informação sensorial para o interior do SNC. Enquanto o potencial gerador é local e graduado, o potencial de ação que se propaga na fibra aferente apresenta uma característica *tudo ou nada*, que se manifesta por uma amplitude aproximadamente constante. A recepção sensorial envolve a transformação de estímulos sensoriais, cuja amplitude varia continuamente, em um conjunto de impulsos tudo ou nada, semelhante à conversão analógico-digital bastante conhecida na engenharia. Uma consequência imediata e muito importante desse tipo de conversão está relacionada com a codificação da intensidade, pelo sistema nervoso, de um estímulo sensorial. Já que apenas uma sequência de potenciais de ação estará à disposição para ser processada pelos circuitos sensoriais, as características de um estímulo estarão codificadas no padrão temporal dos impulsos que chegam a esses circuitos. Mais especificamente, a *frequência* dos impulsos em um "trem de potenciais de ação" é que codifica a intensidade do estímulo sensorial associado àquela descarga. Intermediando esse processo temos, como vimos, a geração do potencial receptor, cuja amplitude é proporcional à intensidade do estímulo. Na fibra nervosa aferente, a descarga de potenciais de ação terá uma frequência que será, por sua vez, proporcional à amplitude do potencial gerador. A intensidade de um dado estímulo também é codificada pela quantidade de receptores sensoriais recrutados naquela estimulação. Por exemplo, a intensidade de uma pressão na pele é codificada não só pela frequência de potenciais de ação nas fibras aferentes que compõem as vias somestésicas, mas

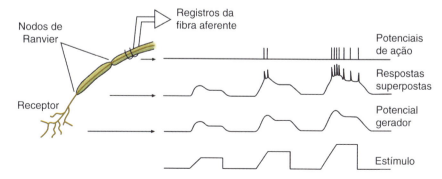

Figura 16.3 ▪ Esquema ilustrando os processos que ocorrem, em função da aplicação de um estímulo sensorial genérico, nas diferentes estruturas envolvidas na recepção e condução daquela informação sensorial. Nas terminações axônicas, o estímulo produz uma alteração graduada e local do potencial de membrana, denominada potencial gerador ou potencial receptor. O potencial gerador é conduzido eletrotonicamente até o primeiro nodo de Ranvier, em que potenciais de ação podem ser gerados, produzindo, nesse local, uma superposição desses processos. Os potenciais de ação, uma vez deflagrados, propagam-se pela fibra aferente até o interior do sistema nervoso central. (Adaptada de Kandel et al., 2002.)

também pela quantidade de receptores sensoriais ativados por aquela estimulação e, portanto, pela quantidade de fibras aferentes que vão conduzir simultaneamente aquela informação ao SNC.

Uma característica fundamental de todo receptor sensorial é o perfil temporal do potencial gerador. Um receptor pode apresentar um potencial gerador cuja amplitude declina com o tempo, mesmo na presença de um estímulo sensorial contínuo e de intensidade constante. Esse declínio é denominado *adaptação sensorial*, e está intimamente relacionado com a função particular de cada receptor. Assim, receptores denominados *tônicos*, ou de *adaptação lenta*, sinalizam estímulos prolongados, enquanto os denominados *fásicos*, ou de *adaptação rápida*, servem à detecção de transientes ou à sinalização de estímulos que variam rapidamente no tempo. Deixar de sentir um odor, claramente perceptível alguns minutos antes, é um típico exemplo de adaptação dos receptores olfatórios.

CIRCUITOS SENSORIAIS

A informação que parte de um conjunto de receptores sensoriais, conduzida por potenciais de ação, será transmitida por meio de uma série de "estações sensoriais", as quais terão o papel de processar esses sinais em estágios mais elaborados de integração. Dessa maneira, uma via sensorial constitui-se em uma série de neurônios conectados sinapticamente e relacionados com uma mesma modalidade sensorial. Define-se *unidade sensorial* como o conjunto formado por uma única fibra aferente e todos os receptores sensoriais que ela inerva. A razão por trás dessa definição é que a estimulação de qualquer um dos receptores de uma mesma unidade sensorial ativará a mesma fibra aferente, de maneira indistinguível para o sistema nervoso. Pela mesma razão, o conjunto de receptores pertencentes à mesma unidade sensorial compõe o que se denomina *campo receptivo* daquela unidade (Figura 16.4). O conceito de campo receptivo pode ser aplicado a qualquer neurônio pertencente a um circuito sensorial. Por exemplo, um neurônio localizado no córtex visual primário será ativado pela estimulação de uma região circunscrita do campo visual. O campo receptivo desse neurônio corresponde, portanto, ao conjunto de fotorreceptores associados àquela porção do campo visual. Como veremos, o conceito de campo receptivo é essencial para que possamos compreender o processamento da informação nos vários sistemas sensoriais.

O *neurônio sensorial primário*, que é diretamente associado ao receptor sensorial, pode projetar-se sobre vários outros neurônios, em um processo denominado *divergência*. Por outro lado, um mesmo neurônio pertencente a um circuito sensorial recebe a projeção de diferentes unidades sensoriais, em um processo de *convergência* neural. Um mecanismo neural possibilitado por esse substrato anatômico é o de *inibição lateral*, descoberto originalmente no sistema visual do *Limulus*. A inibição lateral é um mecanismo comum aos sistemas sensoriais de muitas espécies, e está basicamente envolvida na modulação do contraste de um estímulo sensorial. O mecanismo de inibição lateral recebe esse nome já que um neurônio de um dado circuito sensorial pode ser excitado por projeções que partem da região central de seu campo receptivo, enquanto recebe projeções inibitórias (produzidas por interneurônios inibitórios) originadas na periferia desse mesmo campo receptivo (Figura 16.5). O mecanismo de inibição lateral é encontrado em circuitos de diferentes modalidades

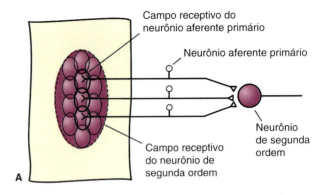

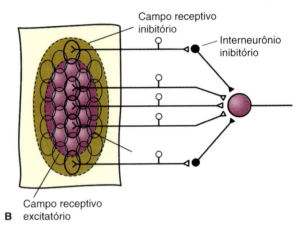

Figura 16.4 • Organização genérica de um campo receptivo. Em **A**, os campos receptivos de neurônios primários se organizam na composição do campo receptivo de um neurônio de segunda ordem. Em muitas situações, um campo receptivo tem uma organização "centro-periferia" com efeitos antagônicos sobre o neurônio de segunda ordem (p. ex., um centro excitatório cercado por uma periferia inibitória, como exemplificado em **B**). (Adaptada de Kandel *et al.*, 2002.)

sensoriais, desempenhando um papel muito importante na "focalização" sensorial de um estímulo, o que contribui para aumentar o "poder de resolução" do sistema.

Essa maior acuidade pode ser mais bem entendida considerando-se dois estímulos aplicados em regiões vizinhas como, por exemplo, duas pontas de lápis pressionando regiões próximas da pele. A inibição lateral atenua a superposição das respostas a esses dois estímulos, tornando possível que sejam identificados como dois estímulos distintos. O mecanismo de inibição lateral está intimamente relacionado, portanto, ao *poder de resolução* de um sistema sensorial (detalhado mais adiante), que é a capacidade de esse sistema distinguir dois estímulos quanto a alguma de suas características (no caso do exemplo anterior, essa característica é a localização das pontas dos lápis).

Os exemplos citados anteriormente já ilustram possíveis relações quantitativas entre os estímulos sensoriais e a percepção que deles resulta. Dependendo do sistema sensorial em estudo, um estímulo é caracterizado por sua intensidade, localização, frequência, composição química, dentre muitas outras. Essas características podem ser quantificadas de maneira objetiva, e o estudo das relações entre as variáveis físicas que caracterizam um estímulo e a percepção provocada a partir dele compõe uma disciplina denominada *psicofísica*. A fisiologia sensorial busca ainda compreender os mecanismos neurais básicos que fundamentam essas relações, identificando os elementos neurofisiológicos que utilizamos para construir uma representação do mundo que nos cerca.

Organização Geral dos Sistemas Sensoriais   305

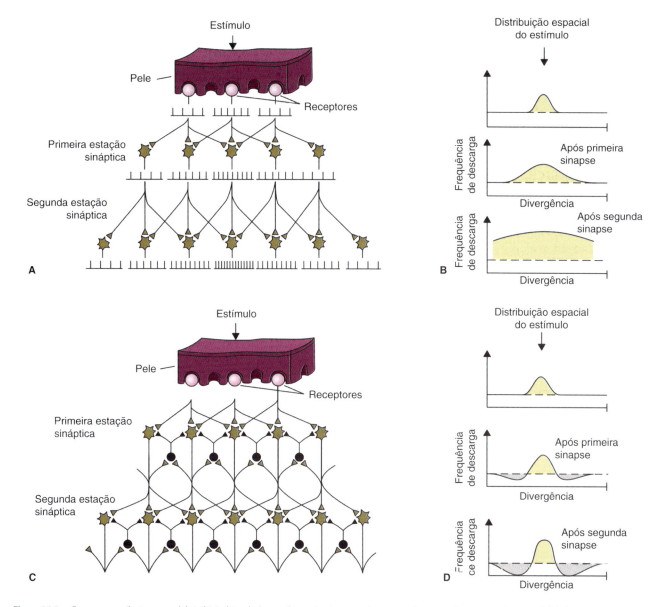

Figura 16.5 ▪ Esquema que ilustra o papel da inibição lateral, observada em circuitos neurais encontrados em praticamente todas as modalidades sensoriais. Em **A** temos um circuito hipotético em que as conexões sinápticas são excitatórias; **B** mostra as respostas produzidas nos diferentes estágios de processamento. Podemos observar que um estímulo espacialmente bem localizado produz, nesse caso, uma resposta que se difunde por várias células do circuito (devido ao processo de "divergência", típico dos circuitos neurais). Na presença de inibição lateral (**C**), executada por interneurônios inibitórios, a resposta torna-se mais restrita (**D**), conduzindo a maior contraste entre a área estimulada e a área circunjacente, evidenciado por uma inibição (frequências menores que a frequência basal) observada nos neurônios mais laterais à aplicação do estímulo. (Adaptada de Kandel et al., 2002.)

As propriedades da percepção são estreitamente relacionadas com os mecanismos neurais envolvidos na codificação da informação sensorial, alguns já discutidos anteriormente. Algumas dessas propriedades serão apresentadas a seguir.

▶ Detecção

O aspecto mais simples da percepção é a habilidade de detectar se um estímulo ocorreu ou não. A menor intensidade de um estímulo requerida para que ele seja detectado é denominada *limiar absoluto*. Esse limiar, que poderíamos chamar de *perceptivo* ou *comportamental*, difere daquele associado ao receptor sensorial e respectiva fibra aferente. Como regra geral, as respostas de vários receptores devem ser somadas para que a detecção ocorra em uma dada via sensorial. Por exemplo, um único fóton é suficiente para ativar um fotorreceptor na retina humana, mas é necessária a ativação simultânea de alguns fotorreceptores para que aquela estimulação seja percebida. Sendo assim, o limiar perceptivo é, em geral, mais elevado que aquele de receptores e fibras aferentes individuais.

Outro aspecto relevante é que o limiar absoluto de um dado estímulo é dependente de um conjunto amplo de fatores, dentre os quais se incluem desde processos biofísicos (tais como flutuações aleatórias do potencial de membrana) até mecanismos cognitivos e motivacionais (tais como atenção e contexto afetivo). Por isso, a definição e a quantificação de um limiar baseiam-se em considerações probabilísticas expressas por medidas estatísticas. Por exemplo, suponha que um voluntário seja submetido a uma série de estímulos sonoros, pela qual todas as características do estímulo (tais como duração, frequência fundamental, timbre, localização etc.) sejam mantidas constantes, e só a intensidade seja variada, de muito baixa a alta. Sendo a tarefa do voluntário apenas relatar se ouviu ou não o som apresentado, pode-se definir o limiar absoluto, sob essas circunstâncias, como a intensidade do estímulo que o voluntário reportou ter ouvido em 50% das tentativas.

▶ Mensuração

Em muitas situações, além de um estímulo ser detectado por um sistema sensorial, torna-se importante que sua intensidade seja medida ou quantificada. O estudo dessa quantificação envolve a comparação entre a intensidade de um estímulo sensorial e a magnitude, medida em algum tipo de escala, de respostas fisiológicas, perceptivas ou comportamentais. Essa abordagem foi introduzida e formalizada por Gustav Fechner, em 1860, e Ernst Weber, em 1934, fundamentando a psicofísica como um ramo legítimo da ciência. Foram propostas relações quantitativas entre as magnitudes de um estímulo sensorial e da resposta perceptiva correspondente, como, por exemplo, a "lei" de Weber-Fechner, que estabelece a intensidade percebida (S) como uma função logarítmica da intensidade física (I) do estímulo, em que k é um parâmetro que depende da modalidade sensorial e do contexto de estimulação: $S = k \times \log(I)$. Nos anos 1960, Stanley Stevens (1906-1973) propôs uma relação alternativa entre S e I descrita por uma função-potência: $S = k \times I^n$.

Além de respostas comportamentais ou perceptivas, parâmetros fisiológicos também podem ser correlacionados, de maneira objetiva, à intensidade de estímulos sensoriais. Por exemplo, registros eletrofisiológicos podem investigar a relação entre a magnitude de potenciais elétricos, ou a frequência de potenciais de ação, e a intensidade de um estímulo aplicado àquela via sensorial. A quantificação de respostas comportamentais ou perceptivas, por meio de métodos psicofísicos, pode encontrar, assim, um substrato nos mecanismos neurais que medeiam aquela resposta, abordados por técnicas fisiológicas e mensurados de maneira objetiva.

Dois estímulos podem ser comparados quanto às suas intensidades, e uma diferença mínima entre essas intensidades é requerida para que sejam identificados como estímulos distintos. A essa diferença mínima nas intensidades é dado o nome de *limiar diferencial* (também definido em termos estatísticos), em contraposição ao *limiar absoluto*, descrito anteriormente, relativo à detecção de um estímulo único. Por exemplo, percebemos que dois objetos têm pesos diferentes somente se esses pesos diferirem por uma quantidade mínima. Além disso, essa diferença depende dos próprios pesos em questão, já que talvez possamos distinguir facilmente dois objetos que tenham massas de 10 e 30 gramas, respectivamente, mas não consigamos perceber como distintos dois objetos cujas massas são, respectivamente, 5.000 e 5.020 gramas. Repare que, embora a diferença seja a mesma nos dois casos (20 gramas), a primeira situação corresponde a uma relação de 1 para 3, enquanto a segunda corresponde a uma relação de 1 para 1,004. Esse exemplo nos ajuda a ganhar uma compreensão mais clara das leis de Weber-Fechner e Stevens, mencionadas anteriormente, e que postulam uma relação não linear entre as magnitudes de um estímulo e da resposta correspondente.

▶ Resolução

A distinção de dois estímulos sensoriais quanto às suas intensidades depende, como vimos, do limiar diferencial. Quando essa distinção se refere a alguma outra característica dos estímulos, tal como a frequência de dois estímulos sonoros ou a localização espacial de dois estímulos visuais, empregamos o conceito de *poder de resolução*, como já definido anteriormente. Em vários sistemas sensoriais, as *localizações* de dois estímulos são características importantes a serem distinguidas como, por exemplo, dois estímulos aplicados na pele, ou dois pontos próximos vistos de uma dada distância. Já no sistema auditivo, o conceito de poder de resolução pode ser aplicado à capacidade de se distinguirem dois sons com frequências próximas. Vários aspectos na organização morfológica e funcional de uma via sensorial contribuem para o seu poder de resolução. Os campos receptivos dos neurônios sensoriais primários responsáveis pela sensibilidade somestésica das mãos são menores que aqueles associados à sensibilidade somestésica de outras regiões do corpo. Na polpa de um dedo, mesmo estímulos separados por uma pequena distância ativarão, na maioria das vezes, diferentes campos receptivos, e, portanto, diferentes fibras aferentes. A informação sensorial que flui por fibras aferentes distintas é condição essencial para que o sistema nervoso possa identificá-la como estímulos separados espacialmente. Em uma região da pele com campos receptivos maiores, dois estímulos necessitam de uma maior separação espacial para que possam ativar campos receptivos diferentes, e assim serem percebidos como distintos.

Um aspecto já observado é que, em baixas intensidades de estimulação, o poder de resolução é pequeno, tornando-se apreciável somente com intensidades suficientemente acima do limiar absoluto. Uma interpretação para esse fato é a de que em baixas intensidades a informação flui pela via sensorial sem submeter-se a um processamento mais elaborado, mas privilegiando a detecção daquele estímulo. Intensidades maiores conduzem a uma maior integração da informação sensorial, possibilitando, por exemplo, que o mecanismo de inibição lateral contribua de modo significativo, elevando a acuidade daquele sistema sensorial.

CENTROS SUPERIORES DE INTEGRAÇÃO

Embora seja mais fácil estudar, compreender e explicar o funcionamento dos sistemas sensoriais em termos de estímulos elementares, como pontos de luz e tons puros, o sistema nervoso enfrenta a tarefa de processar um emaranhado de informações provenientes das diferentes vias sensoriais, refletindo a natureza complexa do mundo exterior (e interior!). Essas informações precisam ser integradas em um processo semelhante ao de uma criança brincando com um amontoado de diferentes peças de montar, como em um grande "lego" perceptual. Diferentes aspectos do conjunto de possíveis estímulos que nos cercam são processados independentemente por subsistemas sensoriais separados, fornecendo as peças elementares que deverão ser escolhidas e reunidas no objeto perceptual a ser montado. De uma maneira análoga à criança, que pode escolher um conjunto arbitrário de peças e montar o que quiser com elas, o sistema nervoso poderia detectar um conjunto arbitrário de estímulos sensoriais, os quais poderiam ser reunidos de diversas maneiras na construção de diferentes perceptos. No entanto, existe uma diferença fundamental entre os dois lados dessa analogia: enquanto o objeto montado pela criança, seja ele qual for, servirá apenas para satisfazer suas necessidades lúdicas, o processamento sensorial realizado pelo sistema nervoso, culminando com a geração de um percepto, poderá ter consequências decisivas para a sobrevivência do indivíduo. Assim, tanto a escolha de quais estímulos detectar, quanto a construção perceptual resultante de seu processamento, embora arbitrárias em princípio, são condicionadas por seu valor adaptativo, ou seja, pelas consequências que seu uso trará ao indivíduo. Em suma, ao longo do processo evolutivo, os mecanismos neurais responsáveis por nossa percepção do mundo (exterior e interior) foram determinados, fundamentalmente, pelo resultado das ações que essas percepções produziram. A conclusão é que, do mesmo modo que nossas percepções são fundamentais no planejamento e elaboração de nossas ações, é o valor adaptativo de nossas ações o critério mais importante que determinará a construção, a partir de um conjunto arbitrário, das percepções que terão o impacto mais benéfico ao organismo.

Como veremos no Capítulo 21, *Visão*, uma imagem tem seus vários aspectos analisados por diferentes "canais" visuais: informações relacionadas com a forma de um objeto fluirão por subsistemas visuais específicos, enquanto as informações relativas às cores ou movimentos trafegarão por outros. Esse processo é obviamente condicionado à organização do sistema sensorial em questão, e às suas limitações. Serão detectados, e eventualmente percebidos, apenas os aspectos de um estímulo os quais o sistema sensorial é capaz de identificar e processar. Por exemplo, nosso sistema visual não é capaz de detectar e utilizar informações contidas em ondas eletromagnéticas cuja frequência está fora da faixa de sensibilidade de nossos fotorreceptores, tais como ondas nas faixas do infravermelho ou do ultravioleta. Depois de adequadamente detectados e conduzidos ao SNC, os vários componentes da atividade neural produzida em múltiplos sistemas e subsistemas sensoriais devem ser reunidos de tal modo a tornar possível a *construção* de um "percepto" que, de alguma maneira, está relacionado com o "objeto" (ou "objetos") que gerou aquela respectiva estimulação sensorial. Deve ficar claro que nossa percepção não realiza *a* construção, e sim *uma* construção do mundo sensorial que nos cerca. É importante termos em mente que nossa percepção não é uma reprodução fiel da realidade, mas um processo ativo de construção dessa realidade, causado e continuamente modulado por fatores físicos, fisiológicos, afetivos e culturais determinados por nossas trajetórias filogenéticas e ontogenéticas.

Esse processo de "construção" perceptiva depende da operação sequencial e paralela de diversos circuitos neurais ao longo do sistema sensorial. Depois dos processos de recepção e transdução, realizados pelas células receptoras, a informação sensorial se propaga por uma fibra nervosa aferente primária para o interior do SNC, onde tem início uma primeira etapa de processamento neural. Desse circuito inicial, a informação é transferida para outros estágios de processamento, e assim sucessivamente, dando origem tanto à gradual construção de percepções, como já mencionamos, como também podendo, desde os estágios iniciais de processamento, dar origem a respostas de natureza motora ou vegetativa. Respostas motoras ou vegetativas deflagradas pelo processamento mais precoce de informações sensoriais são, em geral, mais simples e estereotipadas, muitas das quais podem justamente ser chamadas de simples "reflexos". No entanto, à medida que o processamento sensorial vai envolvendo vias e circuitos hierarquicamente mais complexos, aumenta-se muito a diversidade e a complexidade do repertório de possíveis respostas do organismo, tornando quase indissociáveis os múltiplos componentes sensoriais, motores e vegetativos que compõem um conjunto de ações elaboradas emitidas pelo organismo, e que caracterizam determinado comportamento.

Por exemplo, o simples reconhecimento de um carro em movimento, ou do rosto de um amigo, depende da operação de diversos circuitos neurais que vão da retina ao córtex cerebral, e que fazem parte de vias paralelas cujo funcionamento é distribuído espacialmente por diferentes áreas corticais. No entanto, a sincronização temporal dessas redes neurais distribuídas faz, de alguma maneira ainda não compreendida, emergir o percepto associado ao estímulo em questão. Nesse processo tomam parte não só o fluxo de informação ascendente, que caminha dos receptores sensoriais aos centros superiores de integração, mas também um fluxo descendente, que se origina em circuitos hierarquicamente superiores e retroalimenta circuitos mais precoces da via, modulando, filtrando e refinando sua atividade. A geração de um percepto a partir desse fluxo e refluxo da informação sensorial também será muito dependente de vários outros fatores, dentre os quais podemos destacar:

- O contexto sensorial em que ocorre (ou seja, da eventual interferência de outros estímulos presentes no ambiente)
- As memórias disponíveis pelo indivíduo (o que, por sua vez, depende de um aprendizado prévio adquirido ao longo da vida)
- A maior ou menor alocação atencional destinada à tarefa em execução
- Os componentes motivacional e afetivo que caracterizam o momento em que ocorre aquela particular construção perceptiva.

Todos esses fatores, dentre outros, contribuem para que, a partir de um emaranhado de estímulos sensoriais que bombardeiam nosso sistema nervoso, possamos construir percepções relevantes para as nossas ações. Aliás, é graças à multiplicidade de aferências sensoriais simultâneas que podemos resolver as ambiguidades sempre presentes em um particular estímulo sensorial. Por exemplo, um rosto visto de um ângulo que provoca uma percepção ambígua, impossibilitando seu pleno reconhecimento, poderá ser identificado pelo processamento auditivo proporcionado pela voz da mesma pessoa. Esse processamento multimodal (que associa diferentes modalidades sensoriais) é iniciado por áreas associativas do córtex cerebral, culminando com a fusão de múltiplas informações sensoriais em um percepto unitário, para a construção do qual podem ter contribuído diferentes modalidades sensoriais. Essa construção é provavelmente dependente da atividade sincrônica de vários circuitos neurais, cada qual composto por conjuntos de neurônios que cooperam em redes neurais e codificam uma dada característica do estímulo por meio de um "código de população". Ou seja, uma dada informação neural, qualquer que seja, jamais dependerá da atividade de um único neurônio específico, mas da atividade coletiva de toda uma cadeia neuronal, a qual é, em geral, apenas parte de um circuito ainda mais amplo.

CLASSIFICAÇÃO DO SISTEMA SENSORIAL

Diferentes classificações podem ser adotadas no estudo do sistema sensorial, e que são, em geral, equivalentes. Nos capítulos que virão a seguir será adotada a seguinte classificação:

- Visão
- Audição
- Olfação
- Gustação

- Somestesia
  - Sensibilidade tátil e pressórica
  - Sensibilidade térmica
  - Sensibilidade dolorosa
- Propriocepção
  - Sensibilidade muscular
  - Sensibilidade articular
  - Sensibilidade vestibular
- Interocepção.

Visão e audição são modalidades sensoriais sensíveis a estímulos constituídos, respectivamente, por ondas eletromagnéticas e ondas mecânicas, cujas frequências, em ambos os casos, situam-se em uma faixa adequada, que torna possível a detecção pelos receptores sensoriais. Essas duas modalidades compartilham, entre si e com outras modalidades sensoriais que serão discutidas, um amplo conjunto de características funcionais (você deveria ser capaz de identificar essas características, comuns às várias modalidades, ao longo da leitura dos capítulos correspondentes).

Olfação e gustação, modalidades muito semelhantes em relação aos processos de transdução e codificação sensorial, serão tratadas em um mesmo capítulo. Ambas são modalidades sensíveis a substâncias químicas presentes, respectivamente, nas cavidades nasal e oral, sendo extremamente relevantes na organização de diversos comportamentos, tais como o alimentar e o sexual.

A somestesia refere-se a um conjunto de submodalidades (tátil, térmica e dolorosa) presentes na pele, mucosas e tecidos profundos. Funcional e anatomicamente, a sensibilidade somestésica relaciona-se estreitamente com as submodalidades muscular e articular da sensibilidade proprioceptiva, responsável por prover o sistema nervoso com informações relativas à posição e aos movimentos do corpo no espaço. No entanto, somestesia e propriocepção serão aqui tratadas de modo independente.

A interocepção compreende um conjunto de submodalidades responsáveis por detectar um grande número de variáveis relacionadas com os processos que ocorrem em nosso meio interior (daí o nome dessa modalidade sensorial). Fazem parte desta modalidade, por exemplo, as operações de mecanorreceptores que detectam a pressão arterial, de quimiorreceptores que detectam a acidez e o conteúdo de oxigênio e gás carbônico do plasma, e de osmorreceptores e termorreceptores que detectam, respectivamente, a osmolalidade e a temperatura plasmáticas. A sensibilidade interoceptiva fornece informações relevantes para que o sistema nervoso organize respostas vegetativas adequadas, sendo majoritariamente processada fora da esfera consciente. No entanto, a estimulação interoceptiva pode, em um contexto adequado, levar à percepção consciente de sensações relacionadas com estados fisiológicos (ou fisiopatológicos) viscerais, tais como, por exemplo, os representados por sede, fome ou dispneia. O detalhamento das submodalidades que compõem a interocepção será realizado ao longo de vários capítulos deste livro, cujos conteúdos, abordando diferentes sistemas fisiológicos (cardiovascular, renal, respiratório etc.), estarão diretamente relacionados com as respectivas submodalidades interoceptivas e ao papel funcional que representam na regulação neural desses sistemas.

As várias modalidades sensoriais, como vimos, são processadas em paralelo, frequentemente de maneira simultânea, cooperando e competindo pela geração de um percepto. Devemos ter em mente que a construção de um percepto representa um fenômeno hierarquicamente complexo do processamento sensorial, e que várias respostas motoras e vegetativas podem ser causadas a partir do processamento precoce de estímulos sensoriais, sem que tenham alcançado níveis de integração que possibilitam a sua percepção consciente. Exemplo trivial é a resposta motora por meio da qual afastamos a mão de um estímulo doloroso, a qual não espera pela percepção de dor para ser deflagrada e é provocada por circuitos espinais; ou também o fenômeno vegetativo de constrição pupilar, em resposta à luz incidente nos olhos, e que independe da percepção visual consciente do respectivo estímulo luminoso, sendo organizado por circuitos mesencefálicos. No entanto, respostas adaptativas mais complexas, as quais constituem os comportamentos elaborados emitidos por um organismo (tais como os comportamentos alimentar, sexual ou de defesa, por exemplo), requerem a integração de informações sensoriais multimodais (p. ex., estímulos visuais, olfatórios e somestésicos). Esses elaborados comportamentos, por sua vez, dependem muito mais da plasticidade do sistema nervoso (ou seja, de sua capacidade de aprendizado e memória), em comparação a respostas mais simples e estereotipadas, muitas das quais já estão implementadas, de modo inato, na arquitetura anatomofuncional do sistema nervoso que um organismo desenvolve a partir de sua herança genética.

Podemos, então, conceber a percepção como um dos estágios mais elaborados do processamento sensorial, cuja função adaptativa é, possivelmente, produzir um elevado grau de integração sensorial que torne possível a emissão de comportamentos cada vez mais complexos. Ações antecipatórias, integradas e flexíveis podem colocar um organismo em grande vantagem em relação àqueles que precisam aguardar um evento desencadeante para ainda assim emitir respostas isoladas e estereotipadas. Provavelmente, a pressão adaptativa tem levado os animais (o que, obviamente, inclui a nós mesmos!) a emitirem comportamentos cada vez mais complexos, o que, por sua vez, tem exigido um grau cada vez maior de integração sensorial, e que é a origem fisiológica da percepção.

BIBLIOGRAFIA

BEAR MF, CONNORS BW, PARADISO MA. *Neurociências: Desvendando o Sistema Nervoso*. 4. ed. Artmed, Porto Alegre, 2017.
DAMASIO A, CARVALHO GB. The nature of feelings: evolutionary and neurobiological origins. *Nat Rev Neurosci*, 14:143-52, 2013.
KANDEL ER, SCHWARTZ JH, JESSELL TM. *Princípios da Neurociência*. Manole, São Paulo, 2002.
KANDEL ER, SCHWARTZ JH, JESSELL TM et al. *Princípios de Neurociências*. 5. ed. AMGH, Porto Alegre, 2014.
KONISH M. Similar algorithms in different sensory systems and animals. *Cold Spring Harb Symp Quant Biol*, IV:575-84, 1990.
STEVENS SS. The psychophysics of sensory function. In: ROSENBLITH A (Ed.). *Sensory Communication*. MIT Press, Cambridge, 1961.

Capítulo 17

Somestesia

Marcus Vinícius C. Baldo

- Introdução, *310*
- Organização geral da sensibilidade somática, *310*
- Sensibilidade tátil, *313*
- Sensibilidade térmica, *316*
- Sensibilidade dolorosa, *318*
- Sistema trigeminal, *321*
- Bibliografia, *323*

INTRODUÇÃO

A pele que recobre nosso corpo, assim como na maioria dos animais, é uma estrutura complexa que exerce várias funções. Sem dúvida, a proteção do organismo contra perturbações do meio ambiente é a primeira dessas funções que nos ocorre. Esse papel protetor é amplo e inclui a defesa contra agentes físicos, químicos e infecciosos, e contra a perda ou ganho excessivos de água e calor. A pele também desempenha um papel importante na interação do organismo com elementos da mesma espécie e de espécies diferentes, por exemplo, eventuais predadores. Assim, a pele pode camuflar um organismo evitando que seja uma presa mais fácil, ou torná-lo mais atrativo para o acasalamento.

Os exemplos anteriores não esgotam as muitas funções da pele, mas são suficientes para ressaltar sua importância no processo de adaptação de cada organismo ao seu meio ambiente. Para que essa adaptação pudesse ocorrer de maneira ainda mais otimizada, o processo evolutivo forneceu à pele uma função sensorial, que vai nos ocupar ao longo deste capítulo. Essa modalidade sensorial é denominada *somestesia*, ou, de modo equivalente, *sensibilidade somática*. A palavra grega *soma* significa corpo, o que explica o nome dado a essa modalidade sensorial. Deve-se ressaltar que a sensibilidade somestésica não se restringe, no entanto, à superfície externa do corpo, existindo também em locais como algumas mucosas, músculos e tendões, periósteo e algumas vísceras. Além disso, a modalidade somestésica não representa um tipo único de sensibilidade, mas divide-se em algumas submodalidades.

Usaremos uma classificação que divide a sensibilidade somestésica em três submodalidades: tátil, térmica e dolorosa. A sensibilidade proprioceptiva, muitas vezes incluída na somestesia, será tratada separadamente, em um capítulo específico. As submodalidades somestésicas, embora compartilhem algumas características comuns, diferem quanto à natureza do estímulo específico, da estrutura morfológica e funcional dos receptores sensoriais, e também das vias e circuitos neurais por quais trafegam. A Figura 17.1 esquematiza a estrutura da pele de primatas, com os principais tipos de receptores sensoriais nela encontrados e as vias aferentes que alcançam a medula espinal.

ORGANIZAÇÃO GERAL DA SENSIBILIDADE SOMÁTICA

A informação sensorial originada na periferia é conduzida à medula espinal ou tronco cerebral por intermédio de fibras aferentes que fazem parte dos nervos periféricos espinais ou cranianos (ver Figura 17.1). A sensibilidade somática veiculada por nevos cranianos será estudada mais adiante, quando abordarmos o sistema trigeminal. No caso dos nervos que se dirigem à medula espinal, as fibras aferentes chegam à medula pelas raízes dorsais. Uma área cutânea inervada por uma raiz dorsal é denominada *dermátomo*, sendo que dermátomos adjacentes superpõem-se parcialmente. Os dermátomos seguem um padrão topográfico bastante regular; porém, seus limites não são tão bem definidos como esquematizado na Figura 17.2 A, devido à sua superposição.

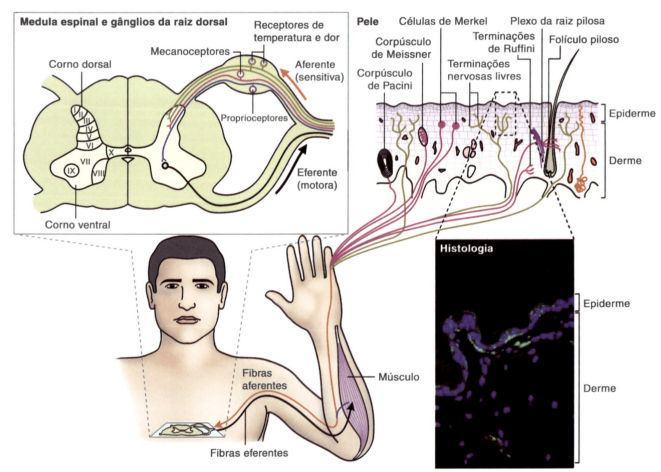

Figura 17.1 • Representação da pele de primatas exibindo a diversidade e localização de seus receptores sensoriais, bem como as vias aferentes que alcançam a medula espinal. (Adaptada de Patapoutian *et al.*, 2003.)

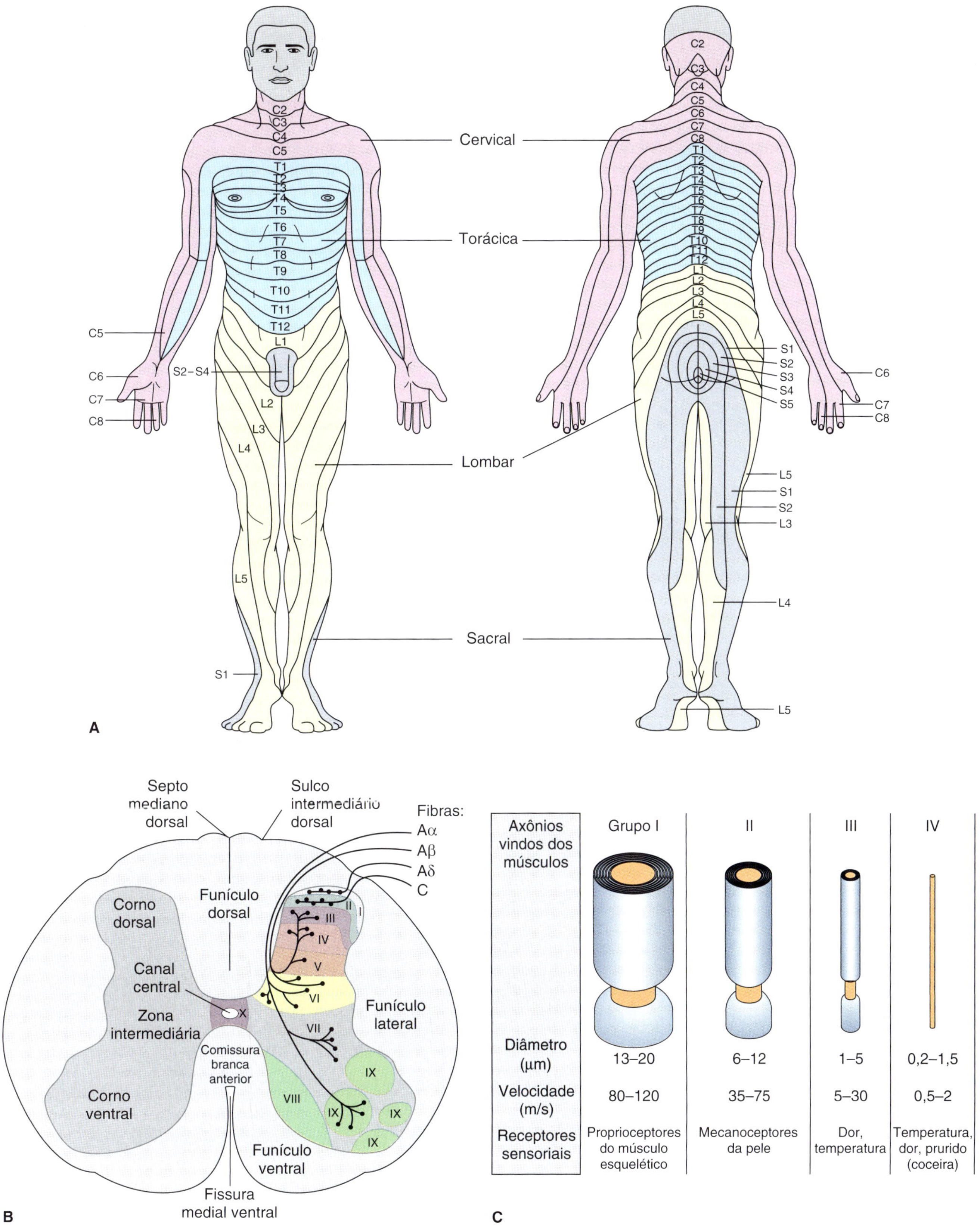

Somestesia   311

Figura 17.2 • Fibras aferentes somestésicas e suas projeções espinais. **A.** Distribuição dos dermátomos na superfície do corpo: cervical (C), torácica (T), lombar (L), sacral (S). **B.** Projeções das fibras Aα, Aβ, Aδ e C sobre a substância cinzenta da medula espinal, subdividida nas lâminas de Rexed. **C.** Classificação das fibras nervosas e suas principais características. (Adaptada de Bear et al., 2006.)

As fibras que compõem as raízes dorsais têm seus corpos celulares localizados no gânglio da raiz dorsal, e penetram na medula pela sua margem dorsolateral (Figura 17.2 B). Enquanto fibras grossas conduzem sensibilidade tátil e proprioceptiva, fibras finas conduzem as sensibilidades térmica e dolorosa. O calibre de um axônio e a presença ou ausência da bainha de mielina estão intimamente relacionados com a velocidade de propagação de um potencial de ação. Diferentes nomenclaturas são utilizadas na classificação de fibras nervosas, sempre com base na velocidade de condução. A classificação numérica é geralmente utilizada para as fibras aferentes originadas nos músculos, enquanto uma classificação alfabética é em geral aplicada aos nervos cutâneos (Figura 17.2 C). A velocidade de condução do impulso em uma fibra nervosa é um aspecto importante da integração neural, já que o sistema nervoso, recebendo mais rapidamente uma informação sensorial, pode também agir mais rapidamente em resposta àquele estímulo.

Depois de entrarem na medula espinal, as fibras aferentes primárias ramificam-se na substância branca, além de emitirem colaterais cujas terminações estabelecem conexões sinápticas na substância cinzenta. Axônios que conduzem diferentes submodalidades somestésicas projetam-se sobre diferentes regiões da medula espinal, exibindo um padrão diferenciado de conexões e trajetórias ascendentes ou descendentes. Fibras que conduzem à sensibilidade térmica ou dolorosa não se projetam sobre a substância cinzenta logo que chegam à medula, mas trafegam, por meio do trato de Lissauer, para alguns segmentos acima e abaixo do nível de entrada, terminando então nas porções do corno posterior da medula que constituem as lâminas I e II de Rexed (ver Figura 17.2 B). Fibras grossas que conduzem à sensibilidade tátil e também a sensibilidade proprioceptiva muscular e articular ascendem diretamente para o bulbo por meio da coluna dorsal, além de emitirem colaterais que penetram no corno posterior da medula e terminam nas lâminas mais profundas da substância cinzenta. Na medula espinal, as informações somestésicas são conduzidas por meio de dois grandes sistemas ascendentes: o sistema lemniscal e o sistema anterolateral. O sistema lemniscal, que ascende inicialmente pela coluna dorsal da medula espinal, está envolvido na condução de informações relativas à sensibilidade tátil e proprioceptiva. Já o sistema anterolateral conduz informações primariamente relacionadas com as sensibilidades dolorosa e térmica, além de alguma sensibilidade tátil. A Figura 17.3 resume as principais características desses dois sistemas ascendentes.

A coluna dorsal é constituída essencialmente pelos prolongamentos centrais de neurônios localizados nos gânglios das raízes dorsais, que ascendem em direção ao bulbo. Também estão presentes na coluna dorsal fibras ascendentes originadas em neurônios de segunda ordem localizados no corno posterior da medula espinal. Em sua porção mais superior podem-se distinguir dois componentes fazendo parte da coluna dorsal: os fascículos grácil e cuneiforme. O primeiro, localizado medialmente, contém fibras dos segmentos sacral, lombar e torácico, enquanto o fascículo cuneiforme ascende lateralmente composto por fibras provenientes de segmentos torácicos altos e cervicais. Esses fascículos terminam em núcleos homônimos localizados na porção caudal do bulbo. Os núcleos grácil e cuneiforme são denominados, em conjunto, núcleos da coluna dorsal. Fibras originadas nesses núcleos irão formar, após cruzarem a linha mediana, o lemnisco medial (por isso o nome "lemniscal" para este sistema ascendente), projetando-se então para o tálamo.

O sistema anterolateral está basicamente envolvido na condução das sensibilidades térmica e dolorosa, e em menor extensão também contribui na condução das sensibilidades tátil e proprioceptiva. Apresenta três principais componentes: os tratos espinotalâmico, espinorreticular e espinomesencefálico. As sensibilidades térmica e dolorosa, trazidas da periferia por fibras Aδ e C, são conduzidas pelos tratos espinotalâmico e espinorreticular. Este último termina em neurônios da formação reticular bulbar e pontina, a qual processa e retransmite essa informação ao tálamo e outros núcleos diencefálicos. O trato espinomesencefálico projeta-se ao tecto do mesencéfalo, com terminações nos colículos superiores, e também à substância cinzenta periaquedutal mesencefálica, região envolvida no controle eferente da sensibilidade dolorosa, como veremos mais adiante.

As principais diferenças entre os sistemas anterolateral e lemniscal são as seguintes: (1) o sistema anterolateral origina-se de neurônios localizados na medula espinal, pós-sinápticos às fibras aferentes primárias, enquanto a maioria dos axônios que constituem a coluna dorsal (sistema lemniscal) é formada por fibras aferentes primárias; (2) o trajeto medular do sistema anterolateral é contralateral à entrada das fibras aferentes primárias, cruzando a linha mediana ainda na medula, enquanto as fibras provenientes dos núcleos da coluna dorsal decussam no bulbo, sendo aí chamadas de *fibras arqueadas internas*; (3) ao contrário das lemniscais, as projeções do sistema anterolateral não são predominantemente talâmicas, mas terminam em várias regiões do tronco cerebral e também no hipotálamo; (4) enquanto o lemnisco medial termina principalmente no núcleo ventral posterior do tálamo, as fibras do sistema anterolateral projetam-se sobre três regiões talâmicas distintas: o núcleo ventroposterolateral, os núcleos intralaminares e os núcleos posteriores. Neurônios do núcleo

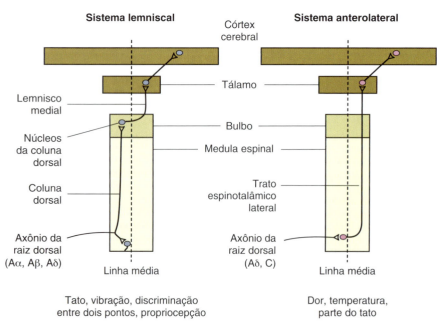

Figura 17.3 ▪ Diagrama das duas principais vias ascendentes somatossensoriais, evidenciando os sistemas lemniscal e anterolateral. (Adaptada de Bear *et al.*, 2006.)

ventroposterolateral projetam-se exclusivamente às áreas corticais somatossensoriais. Os núcleos intralaminares apresentam projeções mais difusas, incluindo áreas corticais e núcleos da base, enquanto os núcleos posteriores projetam-se a regiões do lobo parietal externas à área somatossensorial primária. O sistema lemniscal e partes do sistema anterolateral têm contribuição decisiva para a percepção consciente de estímulos somestésicos, enquanto outros componentes das vias somatossensoriais ascendentes participam do controle motor, da manutenção do estado de alerta e da regulação de processos autônomos.

O córtex somatossensorial (ou somestésico), situado na porção anterior do lobo parietal, constitui-se de áreas citoarquitetonicamente distintas. O *córtex somatossensorial primário* (SI) localiza-se no giro pós-central, apresentando quatro áreas funcionais: as áreas 1, 2, 3a e 3b de Brodmann (Figura 17.4). As projeções talâmicas para SI são organizadas somatotopicamente, e se originam principalmente do núcleo ventral posterior. O *córtex somatossensorial secundário* (SII), localizado na borda superior do sulco lateral, recebe projeções de SI e projeta-se sobre outras regiões corticais somatossensoriais da região insular. A porção posterior do lobo parietal, que também recebe aferências somestésicas, participa da integração de diferentes submodalidades somatossensoriais e também de outras modalidades além da somestésica, integração que é necessária a processos que levam à percepção e também à organização da motricidade.

SENSIBILIDADE TÁTIL

Esta submodalidade sensorial é mediada por mecanoceptores que se dividem em duas classes funcionais: mecanoceptores de adaptação rápida e de adaptação lenta. Os de adaptação rápida respondem apenas ao início de uma estimulação e frequentemente também ao seu término, mas não respondem a uma estimulação contínua. Os de adaptação lenta podem responder continuamente a uma estimulação persistente. Os dois principais tipos de mecanoceptores na superfície da pele glabra são os corpúsculos de Meissner e de Merkel, exemplos, respectivamente, de receptores de adaptação rápida e lenta. Ambos estão associados a estruturas acessórias que lhes conferem suas características funcionais. O tecido subcutâneo, por sua vez, também contém dois tipos de mecanoceptores: o corpúsculo de Pacini, um receptor de adaptação rápida, e o corpúsculo de Ruffini, de adaptação lenta. Enquanto os receptores mais superficiais (Meissner e Merkel) se organizam em campos receptivos pequenos, os campos receptivos proporcionados pelos corpúsculos de Pacini e Ruffini são relativamente maiores. As características funcionais e morfológicas desses conjuntos de receptores vão definir suas especificidades quanto à resolução espacial e temporal dos estímulos táteis. Enquanto a resolução espacial está principalmente associada ao tamanho de campos receptivos, a resolução temporal associa-se ao curso temporal de adaptação do receptor. Os corpúsculos de Meissner e Pacini são mais sensíveis a estímulos mecânicos vibratórios, fato que está associado a um tempo de adaptação mais curto para esses receptores. O receptor de Meissner, no entanto, possibilita melhor localização do estímulo, enquanto o segundo medeia uma sensação mais difusa, originada em tecidos mais profundos. Essa diferença na resolução espacial está vinculada ao tamanho dos campos receptivos constituídos por esses receptores. A Figura 17.5 resume as principais características dos diferentes tipos de mecanoceptores encontrados na pele. Estímulos naturais ativam, em geral, mais de uma classe de mecanoceptores, em diferentes combinações, e as qualidades desses estímulos serão reconstruídas a partir da ativação simultânea e diferenciada desses tipos distintos de "canais" sensoriais.

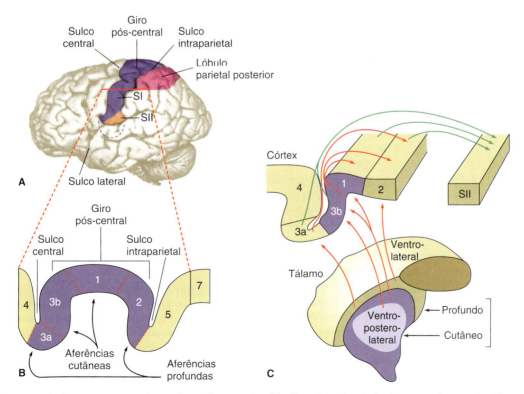

Figura 17.4 ▪ Organização das áreas corticais somestésicas e do complexo ventrobasal do tálamo. **A.** Localização do córtex somestésico primário (SI) no giro pós-central do lobo parietal. **B.** Corte sagital do giro pós-central evidenciando suas subáreas (3a, 3b, 1 e 2) e respectivas aferências. **C.** Principais projeções do tálamo ventroposterolateral para SI e deste para SII.

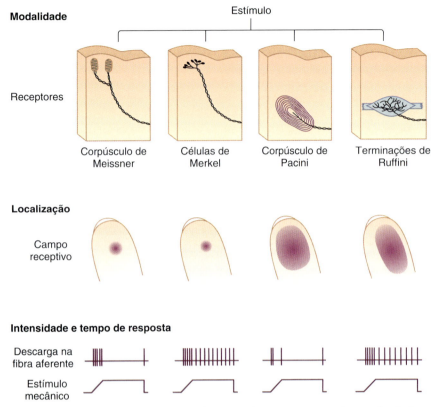

Figura 17.5 ▪ Sumário dos quatro principais tipos de respostas dos mecanoceptores cutâneos em função de sua adaptação e tamanho do campo receptivo. Em cada combinação, o traçado superior mostra a descarga na fibra aferente causada por um estímulo mecânico, representado no traçado inferior. (Adaptada de Kandel *et al.*, 2002.)

Esses quatro tipos de receptores são inervados por axônios de neurônios localizados nos gânglios das raízes dorsais. Os prolongamentos centrais desses neurônios ascendem pela coluna dorsal projetando-se aos neurônios de segunda ordem localizados nos núcleos da coluna dorsal (núcleos grácil e cuneiforme). Axônios desses núcleos cruzam então a linha mediana e projetam-se ao tálamo, de onde neurônios de terceira ordem irão partir em direção ao córtex somatossensorial primário (SI). A informação sensorial é processada e transformada em cada uma dessas estações retransmissoras, constituídas por microcircuitos que modulam, de uma forma extremamente elaborada, a atividade dos neurônios de projeção. Interneurônios inibitórios desempenham, no interior desses microcircuitos, um papel extremamente importante, exemplificado pelos processos de inibição recíproca e recorrente, e pelo controle eferente da sensibilidade. Esses processos possibilitam controlar o fluxo de informação em um dado núcleo, limitando a atividade de certos grupos neuronais ou amplificando o contraste na atividade de populações neuronais vizinhas. Esse processamento neuronal básico torna possível uma compreensão inicial de aspectos mais elaborados da percepção como, por exemplo, a focalização seletiva da atenção a um dado estímulo sensorial.

▶ Limiares

O limiar para a detecção perceptiva de um estímulo somestésico (*limiar psicofísico*) tem sido determinado e comparado com o limiar associado à ativação de uma fibra aferente (*limiar biofísico*). Devemos entender essa distinção, pois enquanto a ativação de uma fibra sensorial é uma condição *necessária*, não se constitui em uma condição *suficiente* para que possamos perceber aquele estímulo conscientemente, ou esboçarmos alguma resposta comportamental a ele. Observou-se, no entanto, que em regiões de maior sensibilidade, tais como as pontas dos dedos, um único impulso provocado em uma fibra sensorial pode induzir a uma sensação consciente. Entretanto, em regiões de menor sensibilidade, o limiar psicofísico é mais elevado que o limiar biofísico.

▶ Intensidade de uma sensação

A magnitude que atribuímos a uma dada sensação está relacionada com a intensidade do respectivo estímulo sensorial. Essa relação pode ser descrita matematicamente, por exemplo, por meio de uma função-potência ou logarítmica. Embora a magnitude da sensação cresça com a frequência de descarga de potenciais de ação na fibra aferente, essa relação não é linear, ou seja, a intensidade psicofísica não é meramente proporcional à frequência da descarga. A intensidade de um estímulo é codificada pela frequência de potenciais de ações em uma dada população de neurônios, e também pelo tamanho dessa população ativa. Assim, um estímulo mais intenso aplicado à pele produzirá tanto um aumento na frequência de descarga de neurônios já ativos, como também o recrutamento de outros neurônios antes inativos, aumentando a população ativa.

▶ Localização de um estímulo

A localização de um estímulo aplicado à superfície do corpo requer que a informação detectada e transmitida pelos neurônios de primeira ordem não se perca ao longo das várias estações de retransmissão. Isso é garantido por uma organização topográfica das vias somestésicas, que torna possível que um mapa do corpo seja preservado ao longo das projeções ascendentes.

Na década de 1940, Wilder Penfield, um neurocirurgião canadense, estudou as respostas de pacientes a estimulações elétricas aplicadas ao córtex cerebral, durante cirurgias nas quais esses pacientes permaneciam conscientes. A estimulação de áreas restritas do córtex somestésico produzia sensações referidas, por exemplo, como pressão, prurido, formigamento, em áreas correspondentes da superfície corpórea. Esse procedimento resultou em um mapeamento do córtex, produzindo uma figura distorcida, por essa razão denominada *homúnculo* (Figura 17.6). O significado desse mapa distorcido é que áreas corticais maiores refletem maior sensibilidade e maior poder de resolução naquelas partes do corpo às quais correspondem. Podemos avaliar a resolução espacial somestésica testando nossa própria habilidade em discriminar dois diferentes pontos de estimulação aplicados sobre a pele. Ou seja, qual a distância mínima entre dois estímulos para que possamos percebê-los como estímulos distintos, separados espacialmente. Podemos constatar que dois estímulos bem definidos (p. ex., duas pontas finas de lápis pressionadas sobre a pele) precisam estar separados por apenas alguns milímetros ou menos para

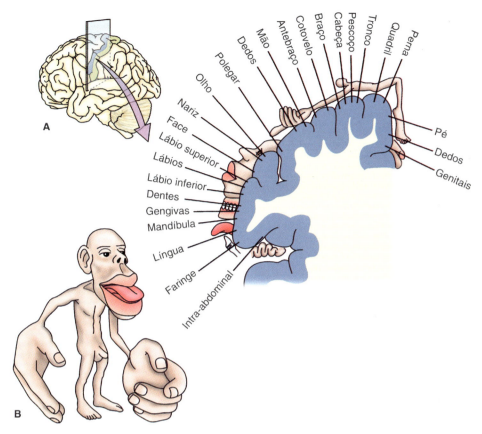

Figura 17.6 • O "homúnculo" somatossensorial, representando o mapeamento da superfície corporal sobre o giro pós-central do córtex humano, mostrado aqui em um corte frontal (**A**) e em uma versão caricata (**B**). (Adaptada de Bear *et al.*, 2006.)

que possamos distingui-los, se forem aplicados na ponta de um dedo. Essa distância mínima aumenta para vários milímetros, ou mesmo centímetros, se o local do estímulo for a pele do braço ou, ainda mais, a pele do dorso (Figura 17.7 A). A Figura 17.7 B mostra a distância mínima, em média, para que dois pontos sejam discriminados em diferentes regiões do corpo. No entanto, não é surpreendente que as pontas dos dedos apresentem o maior poder de discriminação, seguidas por regiões da face como, por exemplo, os lábios.

▶ **Colunas corticais**

A maioria dos neurônios somestésicos responde a apenas uma modalidade (tato, pressão, temperatura ou dor). Não foi encontrada correlação entre as projeções corticais dessas diferentes modalidades e as várias camadas do córtex somatossensorial. O que foi verificado, por Vernon Mountcastle e seus colaboradores, é que o córtex somestésico apresenta uma organização colunar, em que a mesma coluna de córtex, com algumas centenas de micrômetros de largura e contendo as seis camadas corticais, responde a uma classe específica de receptores sensoriais. Por exemplo, enquanto algumas colunas são ativadas por receptores de adaptação rápida de Meissner, outras respondem à ativação de receptores de adaptação lenta de Merkel, sendo que as células da mesma coluna recebem projeções da mesma região da pele. A coluna cortical pode ser vista, portanto, como um módulo funcional básico do córtex cerebral. Essa organização colunar não se restringe, no entanto, ao córtex somestésico, existindo também, por exemplo, no córtex visual. O papel das diferentes camadas corticais é estabelecer conexões com diferentes partes do encéfalo. Enquanto a camada 4 recebe projeções talâmicas, a camada 6 projeta-se de volta ao tálamo, e as camadas 2, 3 e 5 projetam-se a outras regiões corticais e subcorticais. Assim, a mesma modalidade, representada em uma única coluna, pode ser conectada a diferentes regiões do encéfalo.

▶ **Processamento cortical**

Embora todas as áreas do córtex somatossensorial primário recebam projeções de todas as áreas da superfície corpórea foi verificado que as diferentes modalidades somestésicas tendem a se projetar predominantemente para certas áreas corticais. A área 3a, por exemplo, recebe predominantemente projeções de receptores localizados nos fusos neuromusculares, enquanto receptores cutâneos projetam-se para a área 3b. A área 2 recebe projeções de receptores profundos de pressão, e receptores cutâneos de adaptação rápida projetam-se predominantemente para a área 1.

As propriedades dinâmicas de um receptor sensorial são relativamente mantidas pelos neurônios centrais ao longo daquela via ascendente. Por exemplo, receptores de adaptação rápida conectam-se a neurônios talâmicos também de adaptação rápida, que por sua vez se projetam sobre neurônios com características semelhantes localizados nas áreas 3b e 3a, em SI. Dessa maneira, um sinal recebido pelo córtex, embora não seja uma mera repetição do padrão de descarga das fibras aferentes primárias, reproduz com certa fidelidade as características do estímulo, codificadas pelos receptores cutâneos. O processamento da informação somestésica ao longo dos

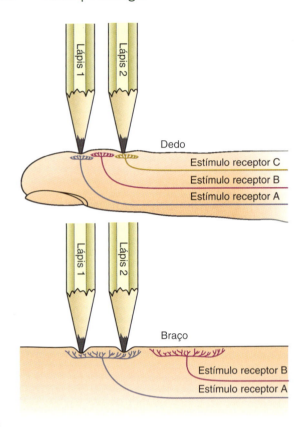

A percepção de movimento, forma e textura de um estímulo requer a integração de informações diversas, originadas em diferentes receptores sensíveis às diferentes modalidades somestésicas. Essa integração é obtida por meio de uma elaboração da atividade neuronal nos sucessivos estágios de processamento neural, em que as diferentes submodalidades podem convergir para um mesmo grupo de células, tornando maiores os campos receptivos e alterando o padrão de descarga desses neurônios. A detecção de movimento e de características mais complexas de um estímulo é propriedade de neurônios corticais, ainda não presente nos núcleos da coluna dorsal, no tálamo, ou mesmo nas áreas 3a e 3b. Neurônios associados à discriminação da direção de um movimento e à estereognosia, que é a percepção da forma tridimensional dos objetos, são encontrados nas áreas 1 e 2, que também respondem a outras características complexas, como a detecção da orientação de bordas.

O aumento na complexidade da resposta neuronal não está apenas associado à percepção, mas também à utilização da informação sensorial na execução de movimentos finos. As áreas corticais somestésicas enviam, por exemplo, informações sensoriais de toda a superfície corpórea para o córtex motor primário e para o córtex parietal posterior, que integra projeções de várias modalidades sensoriais e também é relacionado à organização de movimentos.

SENSIBILIDADE TÉRMICA

Uma definição de "temperatura", embora intuitiva, implica complicações conceituais às vezes muito sérias. Adotemos essa ideia mais intuitiva, na qual entendemos temperatura como uma medida indireta do grau de agitação das moléculas que compõem um objeto. Essa medida varia continuamente em uma escala que vai do zero absoluto (0 Kelvin, equivalente a aproximadamente −273° Celsius) a valores teoricamente ilimitados. Somos sensíveis a uma faixa extremamente estreita de temperaturas, compreendida entre 10°C e 45°C. Abaixo de 10°C os processos biofísicos responsáveis pela transdução sensorial e propagação dos potenciais de ação são deprimidos, impedindo a geração e condução adequadas do estímulo térmico. Por isso, o frio pode funcionar como um bom anestésico local. Por outro lado, temperaturas acima de 45°C são lesivas aos tecidos e incompatíveis com a vida da maioria dos organismos pluricelulares.

▶ Termoceptores

Um único tipo de sensor, cuja atividade variasse proporcionalmente à temperatura, poderia servir à finalidade de codificar a temperatura ambiente. No entanto, nossa sensibilidade térmica é fundamentada na existência de duas classes de termoceptores. Uma classe engloba os receptores de frio, e a outra os receptores de calor. A distinção entre essas duas classes é a faixa de temperatura mais eficiente na ativação de cada uma delas (Figura 17.8). Os receptores de frio, embora respondam a uma faixa ampla de temperaturas (entre 10°C e 40°C), exibem uma atividade máxima para temperaturas situadas em torno dos 25°C. Já os receptores de calor apresentam uma atividade máxima para temperaturas ao redor dos 40°C, embora respondam a temperaturas situadas entre 30°C e 45°C. Algumas terminações nervosas associadas a receptores de frio começam a descarregar novamente quando a temperatura

Figura 17.7 ▪ Resolução espacial, evidenciada pela discriminação de dois estímulos pontuais aplicados à pele de um dedo e do braço (**A**), e como função da localização na superfície do corpo (**B**). (Adaptada de Shepherd, 1994.)

vários estágios corticais vai se tornando cada vez mais elaborado. Assim, neurônios envolvidos nos primeiros estágios de processamento respondem a estímulos mais simples, como pressões pontuais sobre a pele, enquanto aqueles neurônios envolvidos nos estágios seguintes do processamento exibem respostas mais complexas, por exemplo, movimentos sobre a pele. Alguns grupos de neurônios são responsivos a direções particulares do movimento, não respondendo a movimentos em outras direções.

Somestesia

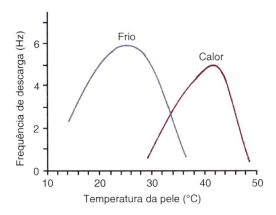

Figura 17.8 • Frequência da descarga, em função da temperatura da pele, em fibras aferentes associadas a diferentes populações de termoceptores. (Adaptada de Patton e Howell, 1989.)

ultrapassa os 40°C, aumentando a frequência dessa descarga em paralelo ao aumento da temperatura. Esse fenômeno é denominado *resposta paradoxal*, e é responsável por uma eventual sensação de frio provocada por temperaturas altas e potencialmente lesivas.

O processo de transdução, mediado pelos termoceptores, é iniciado por canais iônicos presentes na membrana de terminações nervosas livres. Foi clonada uma família de proteínas, denominada "termoTRP", que compõe canais iônicos sensíveis à temperatura (a sigla origina-se do inglês e significa "receptor de potencial transiente"). A ampla família de proteínas TRP está envolvida tanto em vertebrados quanto em invertebrados, em uma grande variedade de processos de transdução, além da termocepção. Enquanto alguns membros da família termoTRP são ativados por temperaturas baixas (receptores de frio), outros são ativados por temperaturas mais altas (receptores de calor). Em torno de 43°C ocorre a transição de uma sensação inócua de calor para uma sensação dolorosa de queimação. Essa transição coincide, aproximadamente, com o comportamento de diferentes subgrupos de proteínas termoTRP, que respondem a diferentes faixas de temperatura, acima ou abaixo de 43°C. Alguns tipos de proteínas termoTRP (sensíveis ao calor) também são ativados por substâncias vaniloides, tais como a capsaicina e a piperina, presentes em vários tipos de pimentas (e que também ativam nociceptores). Essa é a razão pela qual uma sensação de calor é atribuída ao sabor de muitas pimentas e por isso pratos apimentados também são chamados de "quentes". Já outros representantes da família TRP, ativados por temperaturas mais baixas, em torno de 25°C a 28°C, são também sensíveis ao mentol e ao eucaliptol, o que explica a sensação de frescor que essas substâncias podem induzir.

Os termoceptores estão distribuídos sobre toda a superfície corpórea, e também, menos densamente, nas cavidades oral e nasal. A pele glabra das mãos e dedos apresenta uma grande sensibilidade térmica, contendo de 50 a 70 fibras/cm² do tipo Aδ associadas a receptores de frio, e uma densidade semelhante para fibras C associadas a receptores de calor. A frequência de descarga dessas fibras não depende apenas da temperatura de estimulação, mas também da taxa de variação dessa temperatura. Assim, uma variação rápida da temperatura pode ocasionar um aumento transitório na frequência de descarga de uma fibra, seguido por um gradual retorno a um novo patamar de descarga. Enquanto receptores de frio aumentam transitoriamente sua atividade em função de bruscas diminuições da temperatura, receptores de calor respondem a bruscos aumentos da temperatura. Por isso, uma pequena, porém rápida, variação da temperatura é percebida mais prontamente do que lentas variações térmicas, as quais requerem maiores aumentos ou diminuições da temperatura até serem percebidas conscientemente.

▶ Intensidade de um estímulo térmico

A sensação térmica é o resultado da atividade conjunta das duas classes de termoceptores. Uma sensação de conforto térmico é obtida para temperaturas próximas a 32°C ou 33°C, nas quais os receptores de frio e calor apresentam aproximadamente a mesma atividade. Um aumento da temperatura causará a sensação de calor não só pelo aumento da atividade dos receptores de calor, mas também pela concomitante redução na atividade dos receptores de frio, o inverso acontecendo no caso de reduções da temperatura. A intensidade de um estímulo térmico não depende, porém, apenas da magnitude da temperatura, mas também do número de receptores recrutados, que por sua vez depende da área sob estimulação. Dessa maneira, um estímulo térmico aplicado a maior superfície do corpo produz uma sensação mais intensa se comparada àquela provocada por um estímulo de igual temperatura aplicado a menor superfície.

Nos extremos de nossa sensibilidade térmica, o julgamento da magnitude da temperatura fica bastante comprometido. Em temperaturas acima de 43°C, a ativação de receptores de dor, e também de receptores de frio envolvidos na resposta paradoxal, torna bastante confusa a informação aferente. Já em temperaturas inferiores a 15°C, receptores de dor também são ativados, podendo causar, para estímulos suficientemente frios, uma sensação às vezes semelhante à de uma queimadura. A atividade nas fibras aferentes cessa nas temperaturas ainda mais baixas.

▶ Localização de um estímulo térmico

A identificação do local em que um estímulo térmico é aplicado depende, em sua maior parte, da estimulação concomitante de mecanoceptores responsáveis pela sensibilidade tátil e pressórica. A estimulação isolada de termoceptores, por exemplo, por meio de radiações, não possibilita uma identificação precisa do local do estímulo.

▶ Fatores determinantes da sensação térmica

Os termoceptores localizam-se um pouco abaixo da superfície da pele, e a temperatura por eles sinalizada reflete, na verdade, um conjunto de fatores. Dentre esses se incluem a temperatura da pele, que resulta da condução do calor e da incidência de energia radiante, o calor trazido pela circulação sanguínea e que expressa a temperatura central do organismo, e também a dissipação de calor promovida pela transpiração. Dada a relativa constância da temperatura do organismo, a sensação térmica reflete principalmente a temperatura ambiente, embora o estado vasomotor cutâneo contribua decisivamente para esse balanço. Assim, a vasodilatação cutânea torna-se uma influência dominante, e a temperatura da pele se aproxima da temperatura central do organismo. Por outro lado, durante a vasoconstrição, a pele tende a se equilibrar termicamente com o ambiente.

Além da existência de termoceptores cutâneos, receptores sensíveis à temperatura são encontrados em outras regiões do organismo, como hipotálamo e medula espinal. Ainda que esses termoceptores sejam de grande importância na organização de respostas reflexas e comportamentais envolvidas na termorregulação do organismo, parecem não contribuir para a percepção consciente da temperatura, fazendo parte de uma modalidade sensorial denominada *interoceptiva*.

SENSIBILIDADE DOLOROSA

Embora a sensação de dor seja uma das mais primitivas modalidades sensoriais, ela pode ser modulada por um conjunto de fatores, em que se incluem, por exemplo, as experiências anteriores do indivíduo e seu estado emocional em um dado momento. A dor pode ser produzida por uma variedade de estímulos, tais como pressões mecânicas intensas, extremos de temperatura, pH ácido, soluções hipertônicas, luz intensa, e certos mediadores químicos. Em relação à sensibilidade dolorosa podemos distinguir dois estágios distintos. Um deles denomina-se *nocicepção* e se refere à transdução, por receptores especializados (nociceptores), de estímulos realmente ou potencialmente lesivos aos tecidos. No entanto, a sensação de dor requer, em um segundo estágio, o processamento elaborado dessa informação nociceptiva, conduzindo à percepção consciente de uma sensação aversiva. A natureza subjetiva da sensibilidade dolorosa torna complexa a sua investigação experimental, e também sua abordagem clínica.

▶ Nociceptores

Nociceptores são terminações livres, sem estruturas acessórias destinadas à transdução do estímulo, o que faz desse tipo de receptor um dos menos diferenciados dentre os receptores sensoriais. As terminações nervosas nociceptivas têm seu corpo celular nos gânglios das raízes dorsais espinais ou no gânglio trigeminal, compõem diferentes classes de fibras aferentes, e são encontradas na pele e também em tecidos profundos. Fibras mielínicas do tipo Aδ estão associadas a nociceptores térmicos e mecânicos. Há duas classes distintas de nociceptores associados a fibras Aδ. Enquanto ambas respondem a estímulos mecânicos intensos, elas diferem entre si pela capacidade em responder ao calor intenso. Outro conjunto de nociceptores, denominado polimodal, está associado a fibras C, amielínicas, e é ativado por estímulos mecânicos, químicos e térmicos de alta intensidade. A transdução de estímulos térmicos nocivos (temperaturas acima de 43°C) é mediada por canais iônicos vaniloides da família TRP, que são diretamente ativados por calor. Já os mecanismos envolvidos na transdução de estímulos nocivos promovidos por baixas temperaturas ou deformações mecânicas permanecem obscuros.

A lesão de um tecido intensifica a experiência dolorosa por aumentar a sensibilidade dos nociceptores a estímulos térmicos e mecânicos (hiperalgesia). Este fenômeno resulta, em parte, da liberação de mediadores químicos das próprias terminações nervosas livres e também de células não neurais, intimamente relacionadas com o processo inflamatório, tais como mastócitos, neutrófilos e plaquetas. Algumas substâncias presentes nessa "sopa inflamatória" (prótons, ATP e serotonina, por exemplo) alteram a excitabilidade neuronal por interagirem diretamente com canais iônicos na membrana dos nociceptores, enquanto outras [bradicinina e fator de crescimento neural (NGF)], ligam-se a receptores metabotrópicos e exercem seus efeitos por meio de uma cascata intracelular mediada por segundos mensageiros.

Ao entrarem na medula espinal as fibras nociceptivas Aδ e C bifurcam-se ascendendo e descendendo alguns segmentos por meio do trato de Lissauer. Projetam-se, então, às lâminas I, II e V da substância cinzenta, estabelecendo conexões com neurônios envolvidos na retransmissão da informação dolorosa para outras regiões do sistema nervoso, na regulação desse fluxo de informação, e na integração de respostas motoras e vegetativas organizadas por circuitos locais da medula espinal. O glutamato é um importante neurotransmissor liberado por terminais de fibras nociceptivas, e está envolvido na geração de potenciais sinápticos rápidos observados em neurônios do corno posterior da medula. Potenciais sinápticos lentos são provocados pela liberação de outra classe de neurotransmissores, provavelmente peptídios, dos quais a substância P é uma das mais estudadas.

▶ Projeções ascendentes

O trato espinotalâmico constitui-se em uma importante via nociceptiva ascendente (Figura 17.9, *à esquerda*). Os axônios de neurônios espinais de segunda ordem, cruzando a linha mediana ainda na medula, ascendem pelo quadrante anterolateral da substância branca projetando-se ao tálamo. Projeções espinorreticulares são compostas por axônios que também ascendem pelo quadrante anterolateral, tanto contra quanto ipsilateralmente, terminando no tálamo e na formação reticular bulbopontina (Figura 17.9, *ao centro*). Outra projeção nociceptiva importante é a representada pelo trato espinomesencefálico, que termina em algumas regiões do mesencéfalo em que se incluem a formação reticular mesencefálica e a substância cinzenta periaquedutal (Figura 17.9, *à direita*). Essa última região mantém conexões recíprocas com o sistema límbico por intermédio do hipotálamo.

As projeções espinorreticulares são filogeneticamente mais antigas que as projeções espinotalâmicas. Projeções espinotalâmicas para o grupo nuclear medial do tálamo também precederam, filogeneticamente, projeções espinotalâmicas para o grupo nuclear lateral, o qual inclui o núcleo ventrobasal e os núcleos posteriores do tálamo. Enquanto muitos neurônios do tálamo medial respondem a estímulos nociceptivos, as projeções difusas desses neurônios para diferentes áreas corticais e núcleos da base sugerem que essa região talâmica faça parte de um sistema de alerta não específico. Já os neurônios do tálamo lateral projetam-se diretamente ao córtex somatossensorial primário. No entanto, não se observa, em relação às projeções nociceptivas corticais, uma organização topográfica semelhante àquela encontrada na sensibilidade tátil. Mesmo lesões extensas de áreas somatossensoriais não comprometem criticamente a sensibilidade dolorosa. Isso aponta para um processamento paralelo da informação nociceptiva, realizado por diferentes regiões do córtex cerebral, como observado em outras modalidades sensoriais.

▶ Modulação da sensibilidade dolorosa

Uma dor pode ser percebida mais ou menos intensamente em função de vários fatores fisiológicos. Sua modulação está, na verdade, integrada a outros circuitos neurais, particularmente aqueles envolvidos na elaboração de reflexos motores, respostas vegetativas, alerta, atenção e emoções. A atividade de neurônios, na medula espinal, que retransmitem informações nociceptivas pode ser alterada por aferências não dolorosas, indicando que o sistema nervoso possui sistemas envolvidos no controle eferente (descendente) da sensibilidade dolorosa.

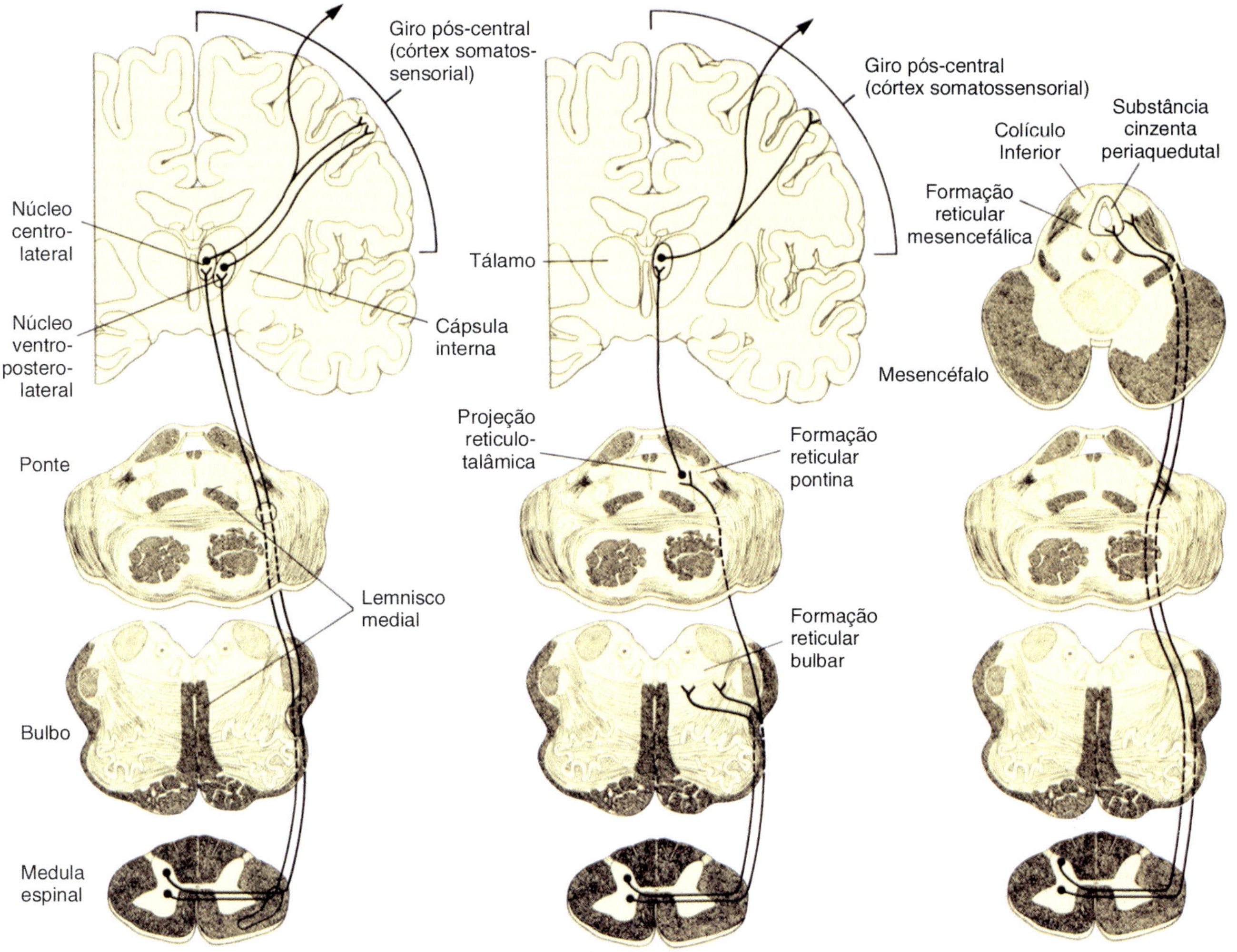

Figura 17.9 • Principais vias ascendentes que conduzem a informação nociceptiva. Mais detalhes no texto. (Adaptada de Kandel et al., 2002.)

Uma das primeiras hipóteses sobre tal sistema modulatório foi proposta por Melzack e Wall nos anos 1960, e denominada *teoria da comporta*. De acordo com essa teoria, a atividade de neurônios nociceptivos do corno posterior da medula seria modulada, por intermédio de interneurônios inibitórios, pelo balanço entre as aferências nociceptivas veiculadas por fibras C e outras aferências, não nociceptivas, transmitidas por fibras mielínicas Aα e Aβ (Figura 17.10). Embora a teoria possa não ser correta em seus detalhes, a ideia de circuitos neurais envolvidos especificamente na modulação da dor despertou um grande interesse na investigação experimental desse sistema e na sua possível utilização terapêutica.

A informação nociceptiva pode também ser modulada em outros pontos das vias centrais de projeção dolorosa. Desse modo, uma redução parcial ou total da dor (analgesia) pode ser induzida por estimulação elétrica adequada da substância cinzenta periaquedutal, e também de regiões do tálamo e da cápsula interna. Essa analgesia depende de projeções descendentes que alcançam neurônios nociceptivos na medula espinal. Neurônios localizados na substância cinzenta periventricular e periaquedutal do mesencéfalo fazem conexões excitatórias com a região rostroventral do bulbo, a qual inclui o núcleo magno da rafe e o núcleo reticular paragigantocelular. Dessa região partem projeções inibitórias em direção às lâminas I, II e V do corno posterior da medula, que recebe as terminações de aferentes nociceptivos (Figura 17.11). Tanto a substância cinzenta periaquedutal quanto o bulbo rostroventral são sensíveis à ação da morfina, indicando que o mecanismo envolvido na analgesia induzida por opiáceos está relacionado com a ativação de vias modulatórias descendentes. Além da substância cinzenta periaquedutal, que integra aferências autonômicas,

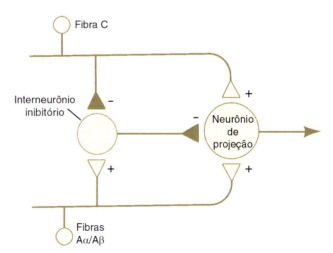

Figura 17.10 • Esquema de um circuito neural no corno posterior da medula espinal que ilustra a teoria da comporta, segundo a qual a transmissão da dor, conduzida por fibras amielínicas a neurônios de projeção, seria inibida por estímulos não nociceptivos conduzidos por fibras mielínicas Aα e Aβ. (Adaptada de Kandel et al., 2002.)

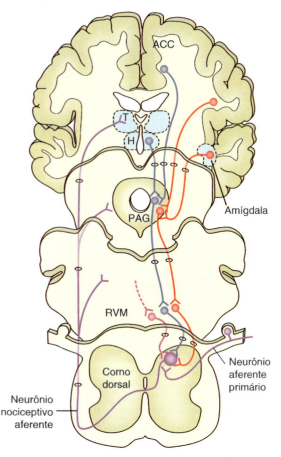

Figura 17.11 ▪ Algumas estruturas, e suas projeções, envolvidas no controle eferente da sensibilidade dolorosa. Essas projeções descendentes inibem neurônios nociceptivos da medula espinal tanto diretamente quanto por meio de interneurônios localizados nas camadas superficiais do corno posterior. *ACC*, córtex cingulado anterior; *T*, tálamo; *H*, hipotálamo; *PAG*, substância cinzenta periaquedutal; *RVM*, bulbo ventrolateral. (Adaptada de Fields, 2004.)

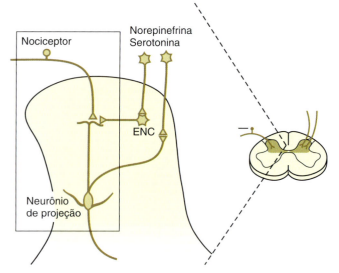

Figura 17.12 ▪ Projeções serotoninérgicas descendentes ativam interneurônios que utilizam encefalina (*ENC*) como neurotransmissor, que inibem a transmissão da informação nociceptiva em sinapses aferentes primárias no corno posterior da medula espinal. Essa inibição pode ocorrer também diretamente sobre os neurônios de projeção que partem da medula. (Adaptada de Kandel *et al.*, 2002.)

límbicas, sensoriais e motoras, outras regiões do sistema nervoso também estão vinculadas ao processamento da sensibilidade dolorosa. Por exemplo, conexões com os núcleos da rafe, já mencionadas, e com o núcleo do trato solitário (NTS) e hipotálamo, tornam possível a integração da sensibilidade dolorosa com respostas vegetativas e neuroendócrinas.

Os circuitos neurais do corno posterior da medula também desempenham um papel importante na modulação da aferência nociceptiva. As projeções descendentes serotoninérgicas e adrenérgicas fazem contato com dendritos tanto de neurônios de projeção espinotalâmicos como também de interneurônios inibitórios (Figura 17.12). Opiáceos também apresentam uma ação analgésica direta sobre a medula espinal. A morfina, por exemplo, inibe diretamente a atividade de neurônios do corno posterior da medula, região que tem uma alta densidade de interneurônios que utilizam peptídios opioides como neurotransmissores, tais como as encefalinas e dinorfinas.

▶ Reflexos induzidos pela dor

Além da eventual percepção consciente de dor, uma variedade de reflexos pode ser provocada por um estímulo doloroso. Esses reflexos podem não depender da sensação de dor, podendo ser causados mesmo em indivíduos com níveis rebaixados de consciência. A natureza do reflexo depende das características do estímulo doloroso tais como sua natureza, intensidade, duração e localização. Esses reflexos podem compreender tanto eferências motoras quanto vegetativas. O reflexo de retirada é um exemplo no qual um estímulo nocivo, aplicado à superfície do corpo, provoca a contração da musculatura responsável por afastar tal parte do corpo do estímulo lesivo. Esse reflexo, involuntário e mediado por conexões polissinápticas, é modulado por influências descendentes. O reflexo de retirada de um membro, por exemplo, pode ser acompanhado de outras ações reflexas que visam a uma resposta motora mais elaborada e, portanto, mais adaptativa. Exemplos dessas respostas motoras mais amplas, como o reflexo de extensão cruzada, serão vistos nos Capítulos 22 e 23, destinados à organização dos sistemas motores. Dores localizadas em estruturas mais profundas, como as vísceras, podem dar origem à contração da musculatura adjacente, e mesmo induzir a adoção de posturas específicas, cujo intuito é a imobilização e proteção da região afetada, produzindo, às vezes, posições antálgicas bastante características.

Uma dor aguda e intensa geralmente provoca uma resposta vegetativa predominantemente simpática, incluindo, por exemplo, taquicardia, midríase, sudorese, vasoconstrição periférica. Uma dor em aperto, grave e contínua pode produzir bradicardia e vasodilatação, frequentemente acompanhadas de náuseas e podendo resultar em hipotensão.

▶ Significado da dor

O processamento da informação causada por estímulos nocivos ou potencialmente lesivos é obviamente adaptativo. Além de reflexos protetores que minimizam a exposição do organismo a danos maiores, o componente afetivo associado à sensibilidade dolorosa contribui para o aprendizado de comportamentos de esquiva, diminuindo a probabilidade de novos encontros com os mesmos estímulos nocivos. A contribuição da sensibilidade dolorosa pode ocorrer, às vezes, de maneira quase imperceptível. Por exemplo, uma postura mantida por um tempo prolongado, e de maneira frequente, pode levar cronicamente a processos degenerativos do sistema musculoesquelético. A atividade de nociceptores, mesmo em níveis subliminares para a percepção consciente, participa da organização de respostas motoras que evitam a utilização prolongada e potencialmente nociva dessas estruturas de sustentação.

A dor, como outras modalidades sensoriais, apresenta um conjunto de características que devem ser consideradas, sobretudo em procedimentos diagnósticos realizados por dentistas, médicos e outros profissionais da saúde. A investigação de uma queixa dolorosa inclui a determinação dessas características, dentre as quais se destacam: qualidade ou tipo de dor, localização, intensidade, início e evolução temporal, fatores de melhora e piora, e locais para onde se irradia. Alguns exemplos podem ilustrar a importância desses aspectos. A qualidade de uma sensação dolorosa é muitas vezes descrita em termos do principal estímulo que a causa, como dor em "pontada", em "queimação" ou "aperto". Determinar se uma dor retroesternal é em queimação ou em aperto pode ajudar no diagnóstico diferencial entre uma esofagite e um infarto do miocárdio. Obviamente, um diagnóstico como esse não é avaliado apenas por um critério único, mas amplo conjunto de sintomas, sinais e informações subsidiárias poderá levar a uma conclusão segura.

Uma dor é localizada pelos mesmos mecanismos descritos em relação às demais sensibilidades somestésicas. A localização de uma dor é, na verdade, auxiliada pela ativação simultânea de outras submodalidades com melhor resolução espacial. Em função de nosso aprendizado, a ativação de uma via dolorosa em qualquer ponto de sua projeção ascendente leva à localização do estímulo como se estivesse aplicado à região naturalmente inervada por aquela via. Por exemplo, a compressão de uma raiz espinal dorsal projeta a dor ao dermátomo inervado por ela, e a atividade espontânea de terminações nervosas deixadas pela amputação de um membro pode levar a sensações dolorosas ou parestésicas como se o membro removido ainda estivesse presente (dor do membro fantasma). Um aspecto particularmente associado à localização de uma dor, e também de grande interesse clínico, é o que se denomina *dor referida*. Esse termo refere-se à dor causada pela atividade de nociceptores em uma dada estrutura, frequentemente uma víscera, mas percebida como se estivesse se originando em outra localização, em geral superficial ou cutânea. O exemplo clássico é a dor do infarto agudo do miocárdio sendo percebida como localizada no braço esquerdo, ou a dor cutânea periumbilical provocada por uma apendicite. Cefaleias ou outras dores craniofaciais podem ter uma origem dentária e, nesses casos, também são exemplos de dor referida, e um conhecimento sobre a organização do sistema trigeminal é essencial para sua compreensão. Não existe ainda uma explicação consensual para o fenômeno da dor referida. Uma das principais teorias propõe que fibras transmitindo informações nociceptivas, originadas em estruturas profundas e superficiais, convirjam sobre um mesmo neurônio de segunda ordem ou de ordem superior. Assim, uma dor provocada em uma estrutura profunda teria sua localização atribuída à estrutura superficial que, devido ao aprendizado, é aquela mais provavelmente exposta a uma lesão. Outra possibilidade é que a mesma fibra aferente apresente uma ramificação, inervando simultaneamente estruturas superficiais e profundas, e conduzindo, pelas mesmas razões que na proposta anterior, a um equívoco em relação à localização de um estímulo doloroso.

A intensidade de uma sensação dolorosa está, em princípio, associada à intensidade do estímulo e à frequência de descarga nas fibras aferentes. No entanto, conforme exposto, o controle eferente da sensibilidade dolorosa torna bastante complexa essa relação, em função das circunstâncias fisiológicas e emocionais nas quais o indivíduo estiver envolvido. A intensidade de uma dor relatada por uma pessoa deve ser considerada cuidadosamente, pois tanto fatores circunstanciais quanto culturais e aprendidos são determinantes da real manifestação da percepção dolorosa.

As condições nas quais uma dor teve início, sua evolução temporal e os fatores que propiciam seu alívio ou intensificação são elementos preciosos no procedimento diagnóstico que envolve uma queixa dolorosa. A própria observação de atitudes ou posturas antálgicas adotadas por uma pessoa pode fornecer dados a respeito da origem do processo doloroso, e os aspectos aqui discutidos devem, em conjunto, ser investigados e cuidadosamente avaliados.

SISTEMA TRIGEMINAL

O nervo trigêmeo, V par craniano, conduz a maior parte das informações somestésicas e proprioceptivas originadas na face, cavidade oral, conjuntiva e dura-máter, como também a inervação motora destinada à musculatura mastigatória. O nome "trigêmeo" deriva de sua ramificação em três ramos principais: oftálmico, maxilar e mandibular. Os dois primeiros são exclusivamente sensoriais, enquanto o ramo mandibular conduz ambos os tipos de fibras, sensoriais e motoras. Os corpos celulares da maioria das fibras trigeminais encontram-se em um gânglio, localizado em uma cavidade do crânio, ventralmente à ponte, e denominado *gânglio trigeminal, semilunar*, ou de *Gasser*. Como exceção importante, os neurônios trigeminais que conduzem informação proprioceptiva estão localizados no interior do sistema nervoso central, constituindo um núcleo denominado *núcleo mesencefálico do trigêmeo*. O nervo trigêmeo conduz informações aferentes detectadas por mecanoceptores, termoceptores e nociceptores localizados na pele da face. Também é responsável pela condução das aferências somestésicas originadas na mucosa oral, dois terços anteriores da língua, parte da dura-máter, periodonto, polpa dentária e gengiva circundante.

O complexo trigeminal é composto por quatro núcleos: o *principal, mesencefálico* e *espinal* são responsáveis pelo processamento de informações somestésicas e proprioceptivas, enquanto o *núcleo motor do trigêmeo* é responsável pela inervação motora da musculatura mastigatória (Figura 17.13). O núcleo espinal do trigêmeo apresenta três divisões (oral, interpolar e caudal), sendo contíguo, rostralmente, com o núcleo principal, e estendendo-se caudalmente até a medula cervical alta. Fibras trigeminais aferentes que conduzem a sensibilidade térmica e dolorosa descem pelo trato espinal do trigêmeo e terminam ipsilateralmente no núcleo espinal. Sua subdivisão mais caudal recebe fibras nociceptivas provenientes da face, sendo essa uma projeção análoga à via espinotalâmica. A importante aferência nociceptiva originada na polpa dentária projeta-se bilateralmente ao núcleo espinal do trigêmeo.

O núcleo principal do trigêmeo recebe projeções ipsilaterais de mecanoceptores da face e cavidade oral, sendo considerado o análogo trigeminal dos núcleos da coluna dorsal. Essas projeções conduzem informações táteis da face ao núcleo principal ipsilateral, dando origem também a uma ramificação descendente que alcança o núcleo espinal do trigêmeo, também ipsilateralmente.

As informações proprioceptivas que partem da musculatura mastigatória, e mecanoceptivas originadas nas gengivas,

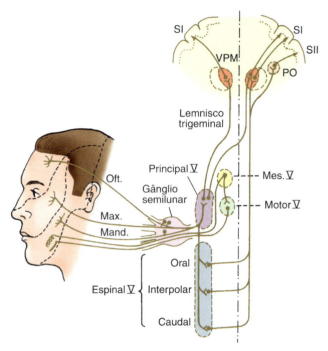

Figura 17.13 ▪ Organização do sistema trigeminal. Informações somestésicas são conduzidas por três ramos do nervo trigêmeo, V par craniano – oftálmico (*Oft.*), maxilar (*Max.*) e mandibular (*Mand.*) – aos núcleos principal e espinal do trigêmeo. Projeções ipsi- e contralaterais partem desses núcleos com destino ao núcleo ventroposteromedial (*VPM*) e núcleos posteriores (*PO*) do tálamo, partindo daí projeções para as áreas somatossensoriais primárias (*SI*) e secundárias (*SII*) do córtex cerebral. Aferências proprioceptivas da musculatura mastigatória projetam-se ao núcleo mesencefálico do trigêmeo (*Mes. V*), conectando-se monossinapticamente a motoneurônios mastigatórios localizados no núcleo motor do trigêmeo (*Motor V*). (Adaptada de Patton e Howell, 1989.)

projetam-se ao núcleo mesencefálico do trigêmeo majoritariamente por meio do ramo mandibular. Essas fibras aferentes primárias projetam-se, por sua vez, ao núcleo motor do trigêmeo, estabelecendo uma via que torna possível a realização de um reflexo similar ao reflexo de estiramento. O reflexo trigeminal constitui-se na contração da musculatura mastigatória em resposta à pressão nos dentes mandibulares ou abaixamento da mandíbula. Os motoneurônios trigeminais, localizados no núcleo motor do trigêmeo, inervam os músculos mastigatórios, essencialmente o masseter, o temporal e os pterigoides. Esse núcleo motor, além dos reflexos mediados por suas conexões com o núcleo mesencefálico, recebe projeções corticobulbares, tanto diretamente quanto por meio de interneurônios da formação reticular.

Dos núcleos trigeminais, a informação sensorial alcança o tálamo por meio do lemnisco trigeminal, projetando-se ao núcleo ventroposteromedial (VPM) e núcleos talâmicos posteriores. Essa projeção talâmica das aferências trigeminais é somatotopicamente organizada, completando assim uma representação da superfície corporal sobre todo o tálamo ventral posterior. As projeções talâmicas são retransmitidas ao córtex somatossensorial (SI e SII), que apresenta uma extensa representação da face, dada a densa inervação dessa importante região.

▶ Inervação dos dentes

Considera-se que os dentes sejam inervados exclusivamente por nociceptores, de tal maneira que sua estimulação resulte em uma aferência nociceptiva pura, não confundida com outras modalidades sensoriais. A sensibilidade pressórica é fornecida por mecanoceptores localizados na membrana periodontal, externamente ao dente. Os dentes são inervados por axônios principalmente das divisões maxilar e mandibular do trigêmeo. Esses axônios, que incluem fibras amielínicas C e mielínicas do tipo $A\delta$ e $A\beta$, penetram no dente pelo forame apical ramificando-se na polpa dentária (Figura 17.14). Algumas dessas ramificações penetram em túbulos existentes na dentina, prosseguindo até aproximadamente 1/3 da distância entre a polpa e a interface que separa a dentina do esmalte (limite amelodentinário). Enquanto o esmalte e o cemento são desprovidos de inervação, a dentina é sensível a diversos estímulos tais como frio, calor, pressão mecânica, pH ácido e processos inflamatórios, causando sempre uma sensação de dor. Em dentes cariados, nos quais a lesão expõe o limite amelodentinário, a sensação dolorosa pode ser também produzida por estímulos osmóticos durante a ingestão de certos alimentos. A razão para a grande sensibilidade do limite amelodentinário é ainda pouco clara. Uma possibilidade é que fluidos possam percorrer os túbulos dentinários, excitando as terminações nervosas da polpa. Essa hipótese explicaria a dor associada à ingestão de determinados alimentos quando uma cárie expõe essa interface, em que a pressão osmótica aumentada causaria o movimento desses fluidos. De modo semelhante, um jato de ar aplicado a essa interface exposta causaria forças capilares que moveriam o fluido ao longo dos túbulos, ativando os nociceptores. O papel do fluido que preenche os túbulos dentinários na intermediação do processo de transdução nociceptiva, unificando os efeitos de estímulos mecânicos, osmóticos e térmicos, é conhecido como *teoria hidrodinâmica da dor dentária*.

O frio produz dor provavelmente por induzir à contração térmica do esmalte, elevando a pressão transmitida à dentina e à polpa, ativando os nociceptores. Temperaturas altas causam dor se transmitidas à polpa dentária, o que acontece principalmente quando a dentina está exposta a próteses metálicas que possibilitam uma condução mais eficiente do calor do exterior à polpa. Um processo inflamatório, envolvendo uma variedade de mediadores químicos, aumenta também a excitabilidade dos nociceptores, tornando-os mais sensíveis ao calor. Além disso,

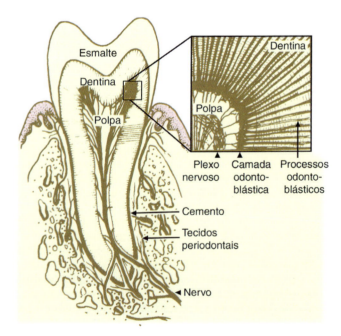

Figura 17.14 ▪ Corte transversal de um dente, mostrando os principais elementos de sua estrutura, particularmente sua inervação. (Adaptada de Patton e Howell, 1989.)

uma inflamação é acompanhada de vasodilatação das arteríolas que suprem a polpa, aumentando a pressão hidrostática no interior de uma câmara fechada. Além de a pressão intrapulpar aumentada causar dor, a compressão dos vasos que drenam a polpa pode comprometer a irrigação sanguínea do dente.

BIBLIOGRAFIA

BEAR MF, CONNORS BW, PARADISO MA. *Neurociências: Desvendando o Sistema Nervoso*. 4. ed. Artmed, Porto Alegre, 2017.

BEAR MF, CONNORS BW, PARADISO MA. *Neuroscience: Exploring the Brain*. 3. ed. Lippincott Williams & Wilkins, Philadelphia, 2006.

BUSHNELL MC, ČEKO M, LOW L. Cognitive and emotional control of pain and its disruption in chronic pain. *Nat Rev Neurosci, 14*:502-11, 2013

DELMAS P, HAO J, RODAT-DESPOIX L. Molecular mechanisms of mechanotransduction in mammalian sensory neurons. *Nat Rev Neurosci, 12*:139-53, 2011.

FIELDS H. State-dependent opioid control of pain. *Nat Rev Neurosci, 5*:565-75, 2004.

JULIUS D, BASBAUM AI. Molecular mechanisms of nociception. *Nature, 413*:203-10, 2001.

KANDEL ER, SCHWARTZ JH, JESSELL TM. *Princípios da Neurociência*. Manole, São Paulo, 2002.

KANDEL ER, SCHWARTZ JH, JESSELL TM *et al. Princípios de Neurociências*. 5. ed. AMGH, Porto Alegre, 2014.

PATAPOUTIAN A, PEIER AM, STORY GM *et al.* ThermoTRP channels and beyond: mechanisms of temperature sensation. Nat Rev Neurosci, *4*:529-39, 2003.

PATTON HD, HOWELL WH. *Textbook of Physiology*. 21. ed. Saunders, Philadelphia, 1989.

SHEPHERD GM. *Neurobiology*. 3. ed. Oxford University Press, New York, 1994.

Capítulo 18

Propriocepção

Marcus Vinícius C. Baldo

- Introdução, *326*
- Sensibilidade muscular, *326*
- Sensibilidade articular, *329*
- Sensibilidade vestibular, *329*
- Bibliografia, *332*

INTRODUÇÃO

A execução de movimentos precisos, principalmente em organismos mais complexos como os vertebrados e, particularmente, os mamíferos, depende de um conjunto muito amplo de fatores que incluem, por exemplo, aspectos puramente mecânicos, limitados tanto por condições genéticas quanto ambientais, como alimentação e treinamento. A mecânica dos movimentos é, por sua vez, controlada por circuitos neurais, em que o aprendizado desempenha um papel fundamental. No entanto, mesmo na elaboração e execução de movimentos simples e automatizados, o sistema nervoso precisa ser informado tanto a respeito dos movimentos propriamente ditos, em cada instante de sua execução, quanto da posição do corpo sobre o qual eles vão agir. Essas informações são utilizadas na correção, momento a momento, do plano motor envolvido na elaboração e execução do movimento. Várias modalidades sensoriais são utilizadas pelo sistema nervoso como fonte para essas informações. Um exemplo trivial é aquele em que tentamos andar pela casa com os olhos fechados. Além da óbvia insegurança que essa tarefa pode causar, certamente não a executaríamos da maneira mais eficiente. Embora esse exemplo nos mostre a importância da sensibilidade visual na elaboração e execução dos movimentos, a modalidade sensorial não será assunto deste capítulo. Outras modalidades têm um vínculo muito mais íntimo com a detecção e identificação dos movimentos, informando o sistema nervoso sobre aspectos mais diretamente relacionados com a motricidade. Essas modalidades incluem a sensibilidade muscular e articular, que detectam tanto a força realizada por uma contração, o comprimento de um músculo e suas variações, como também a posição e os movimentos de uma articulação. Neste capítulo também será discutida a sensibilidade vestibular, responsável por detectar a posição e os movimentos da cabeça, fornecendo informações essenciais para o equilíbrio e a movimentação de tronco e membros.

O termo *propriocepção* foi concebido por Charles Sherrington (1857-1952) para designar a modalidade sensorial que nos informa acerca da posição e dos movimentos de nosso próprio corpo. Parte dessa informação é utilizada pelo sistema nervoso central sem que tomemos consciência, organizando reflexos e ajustes automáticos, enquanto outra parte é utilizada para nos fornecer uma percepção consciente de nosso corpo no espaço, em geral chamada de *cinestesia*. Embora outras modalidades sensoriais sejam fundamentais na elaboração e correção de estratégias motoras, tais como as sensibilidades visual e somestésica, vamos nos concentrar aqui na chamada *sensibilidade proprioceptiva*, em que incluímos as sensibilidades muscular, articular e vestibular. Essas modalidades proprioceptivas, em conjunto, são responsáveis por detectar, nos diversos segmentos de nosso corpo, tanto as grandezas cinemáticas (posições, velocidades e acelerações) quanto as grandezas dinâmicas (forças) envolvidas no comportamento motor.

SENSIBILIDADE MUSCULAR

Duas estruturas serão aqui discutidas: os *fusos neuromusculares*, responsáveis pela detecção do comprimento de um músculo e suas respectivas variações no tempo, e os *órgãos tendíneos de Golgi*, envolvidos na sinalização da força de contração realizada pelo músculo (Figura 18.1). Os fusos neuromusculares, arranjados em paralelo com as fibras musculares, são estirados ou encurtados simultaneamente ao estiramento ou encurtamento do músculo, podendo então detectar essas alterações de comprimento. Os órgãos tendíneos de Golgi localizam-se na inserção tendinosa das fibras musculares, situando-se, portanto, em série com o músculo, o que os torna apropriados para a detecção da força contrátil.

Os fusos são constituídos por fibras musculares modificadas, denominadas intrafusais (em contraposição às fibras extrafusais que compõem o músculo propriamente dito), agrupadas em feixes e envoltas por uma cápsula de tecido conjuntivo (Figura 18.2).

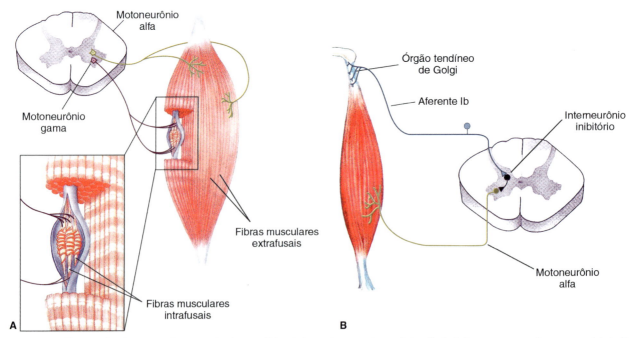

Figura 18.1 • As fibras extrafusais que compõem um músculo esquelético são inervadas por motoneurônios alfa. **A.** Os fusos neuromusculares, em paralelo às fibras extrafusais, apresentam tanto inervação sensorial quanto motora, esta última destinada às fibras intrafusais. **B.** Os órgãos tendíneos de Golgi, em série com o músculo, são inervados por um axônio aferente único. (Adaptada de Bear *et al.*, 2002.)

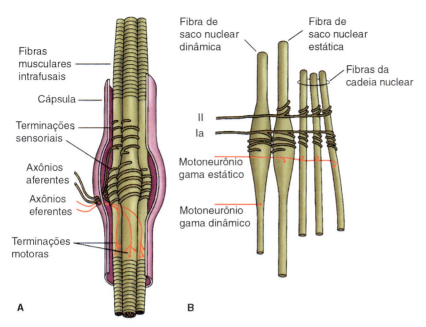

Figura 18.2 ▪ Esquema dos componentes de um fuso neuromuscular (**A**) e dos diferentes tipos de fibras intrafusais com suas respectivas inervações sensoriais e motoras (**B**). (Adaptada de Kandel et al., 2002.)

Dois tipos de fibras sensoriais inervam as fibras intrafusais: uma única fibra nervosa do grupo Ia forma as terminações primárias, que se espiralam em torno da região central de todas as fibras musculares intrafusais de um mesmo fuso; já um número variável de fibras nervosas do grupo II forma as terminações secundárias, que se localizam próximo à região central das fibras musculares de cadeia nuclear e das fibras de saco nuclear *estáticas* (distintas, funcionalmente, das fibras de saco nuclear *dinâmicas*, inervadas pelas fibras nervosas do tipo Ia).

Esses dois diferentes padrões de inervação sensorial estão associados às diferentes propriedades mecânicas das fibras intrafusais, de tal maneira que as fibras Ia são muito sensíveis à velocidade de variação do comprimento de um músculo (componente dinâmico). Já a descarga nas fibras II (e também nas fibras Ia) aumenta gradual e paralelamente ao estiramento do músculo, refletindo essencialmente o comprimento do músculo (componente estático).

Cada fuso, cujo tamanho situa-se entre 5 e 10 mm, é inervado por fibras sensoriais e motoras, sendo essa última inervação mediada por fibras γ (gama); já as fibras musculares extrafusais recebem inervação de motoneurônios α (alfa). Uma terminação periférica da fibra sensorial, enrolando-se em torno da região central de uma fibra intrafusal, forma uma estrutura denominada *receptor anuloespiral*, cuja ativação se dá pelo estiramento da fibra intrafusal. Isso acontece pois o estiramento das fibras intrafusais deforma os receptores anuloespirais, ativando canais iônicos responsáveis pela gênese de um potencial receptor. A amplitude do potencial receptor, que aumenta com o grau de estiramento, é codificada pela frequência de descarga dos potenciais de ação na fibra sensorial aferente. A sensibilidade das terminações sensoriais ao estiramento pode ser modulada (aumentada ou diminuída) pelo grau de atividade dos motoneurônios γ. Esses motoneurônios, inervando as extremidades de uma fibra intrafusal, promovem sua contração deformando a região central da fibra e aumentando a sensibilidade das terminações sensoriais. Em mamíferos, a maioria dos músculos têm fusos neuromusculares, e alguns músculos os apresentam em maior densidade como, por exemplo, os músculos das mãos e pés, pescoço, e musculatura extrínseca do olho (alguns mamíferos, como cães e gatos, não têm fusos neuromusculares nos músculos oculares extrínsecos).

Os fusos neuromusculares têm variados tipos de fibras musculares intrafusais, cujas diferenças morfológicas conduzem a diversas propriedades mecânicas. As fibras musculares intrafusais podem ser divididas, basicamente, em dois grupos: fibras com saco nuclear e fibras com cadeia nuclear, o que depende da distribuição dos núcleos celulares ao longo da fibra. Essa diferente morfologia leva a desigualdades funcionais, e os dois tipos de fibras divergem quanto às suas propriedades mecânicas (p. ex., seu comportamento viscoelástico). No entanto, ambos os tipos são encontrados em um mesmo fuso neuromuscular, que geralmente contém de 2 a 3 fibras de saco nuclear e em torno de meia dúzia de fibras de cadeia nuclear.

Os órgãos tendíneos de Golgi são estruturas encapsuladas com aproximadamente 1 mm de comprimento e localizados na junção entre tendão e músculo. São inervados por fibras sensoriais do grupo Ib, cujas terminações se ramificam em meio às fibras colágenas que compõem a estrutura (Figura 18.3). O estiramento do órgão tendíneo deforma as terminações nervosas entremeadas em suas fibras colágenas, conduzindo à sua ativação. Uma contração do músculo é muito mais eficaz como causa de um estiramento do órgão tendíneo do que um estiramento passivo do músculo. A razão

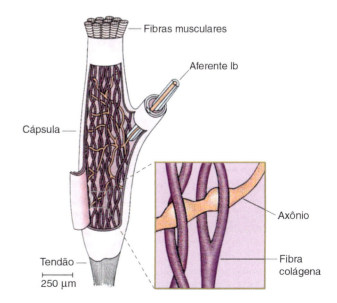

Figura 18.3 ▪ Morfologia de um órgão tendíneo de Golgi, que se localiza na junção entre músculo e tendão. O estiramento dessa estrutura receptora, produzido principalmente pela contração do músculo, leva à compressão, pelas fibras colágenas, das ramificações da fibra aferente Ib, aumentando sua frequência de descarga. (Adaptada de Kandel et al., 2002.)

para isso é que a tensão provocada por um estiramento passivo é absorvida quase completamente pelo músculo, mais complacente que a estrutura conjuntiva do órgão tendíneo. Durante uma contração muscular, a tensão desenvolvida é diretamente transmitida ao órgão tendíneo de Golgi, conduzindo ao processo de transdução.

Vemos, portanto, que o conjunto formado pelos fusos neuromusculares e órgãos tendíneos de Golgi possibilita que o sistema nervoso seja continuamente suprido com informações sobre o comprimento de um músculo, as variações desse comprimento, e a tensão produzida pela contração muscular. A Figura 18.4 resume os principais aspectos envolvidos na detecção e codificação dessas variáveis, tanto na situação de estiramento quanto na de contração de um músculo. Uma característica fundamental da fisiologia do fuso neuromuscular é o controle eferente mediado pelos motoneurônios γ. Uma das consequências mais óbvias desse controle é a manutenção da sensibilidade do fuso durante a contração muscular. Quando um músculo se contrai, seu encurtamento leva a uma diminuição da tensão à qual o fuso está submetido, já que este se encontra em paralelo com as fibras extrafusais. Portanto, durante uma contração a atividade do fuso estaria diminuída, senão totalmente abolida. No entanto, a ativação dos motoneurônios γ leva à contração das fibras intrafusais, estirando a região central dessas fibras e aumentando, portanto, a sensibilidade dos receptores anuloespirais. Enquanto em vertebrados inferiores são os próprios motoneurônios α que inervam as fibras intrafusais, em mamíferos tem-se um controle independente, mediado pelos motoneurônios γ, que representam cerca de 30% das fibras de uma raiz espinal ventral.

Dois tipos de motoneurônios γ alteram seletivamente a sensibilidade estática e dinâmica dos fusos neuromusculares: os motoneurônios γ *dinâmicos* e os motoneurônios γ *estáticos*. Enquanto os primeiros influenciam as terminações primárias sem qualquer efeito sobre as secundárias, os motoneurônios γ estáticos influenciam ambos os tipos de fibras aferentes, primárias e secundárias. Dessa maneira, o sistema nervoso central pode modular, seletivamente, a sensibilidade da propriocepção muscular tanto ao estado tônico relativo ao comprimento estático do músculo ao longo do tempo, quanto aos estados fásicos relativos à variação dinâmica do comprimento do músculo, ou seja, suas velocidades e acelerações. Dessa maneira, uma coativação γ-α garante que a detecção pelos fusos das variáveis cinemáticas de um músculo seja mantida em uma larga faixa de seu comprimento, mesmo durante o processo de contração. Sendo assim, os fusos neuromusculares fornecem informações que contribuem para a execução de ajustes rápidos e dinâmicos do tônus muscular.

As informações fornecidas pelos fusos neuromusculares e órgãos tendíneos de Golgi são utilizadas na organização da motricidade, a qual depende da atividade integrada de diversas regiões do sistema nervoso, desde respostas estereotipadas emitidas pela medula espinal, até o complexo processamento de informações sensoriais e motoras pelo córtex cerebral. Informações trazidas dos músculos por aferentes Ia, por exemplo, alcançam, além de regiões subcorticais e cerebelares, também o córtex somestésico. No entanto, parte dessa organização motora é elaborada na própria medula espinal, na qual tem origem uma série de respostas reflexas à ativação dessas vias sensoriais. Fibras Ia fazem conexões monossinápticas excitatórias com motoneurônios α que se destinam ao músculo de origem dessas fibras sensoriais. Excitam também motoneurônios que inervam os músculos agonistas e interneurônios que inibem os antagonistas. Essas conexões fornecem

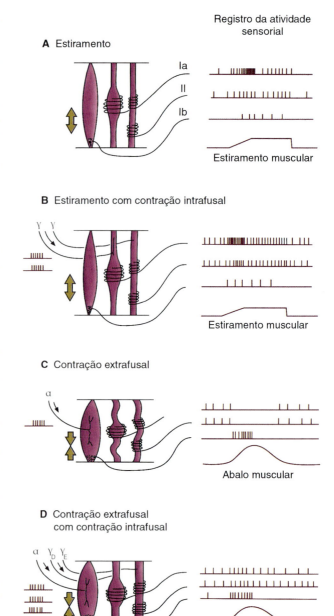

Figura 18.4 • Respostas de fusos neuromusculares e órgãos tendíneos de Golgi a diferentes combinações de contração, estiramento muscular passivo e ativação gama. Em **A** observamos um estiramento passivo do músculo, em que a principal resposta é exibida pela atividade das fibras Ia e II, que inervam os fusos neuromusculares. A ativação concomitante do motoneurônio γ aumenta a atividade basal das fibras que inervam os fusos, e também sua sensibilidade a um estiramento do músculo, como evidenciado em **B**. Em **C** observamos que uma contração das fibras extrafusais, produzindo um abalo muscular, pode silenciar a atividade dos fusos, porém se refletindo na maior atividade dos órgãos tendíneos de Golgi. Se, como observamos em **D**, a contração do músculo for acompanhada de uma ativação dos motoneurônios γ e, portanto, de uma contração concomitante das fibras intrafusais, a atividade dos fusos não será anulada, e ainda poderão sinalizar o grau de estiramento do músculo. (Adaptada de Shepherd, 1994.)

a base anatômica para os aspectos funcionais envolvidos no reflexo miotático, descrito no Capítulo 22, *Sistemas Geradores de Movimento*. Em resumo, o reflexo miotático corresponde à contração de um músculo em resposta ao seu estiramento, constituindo-se no único reflexo monossináptico conhecido em mamíferos. A contração de músculos agonistas e o relaxamento de antagonistas do músculo estirado pode ser explicada pelas conexões anatômicas descritas anteriormente, denominadas *inervação recíproca*. As fibras II, que partem também dos fusos neuromusculares, fazem conexões polissinápticas com motoneurônios associados ao músculo de origem, estando mais envolvidas no componente tônico do reflexo miotático. As fibras Ib, que se originam nos órgãos tendíneos de Golgi, projetam-se polissinapticamente sobre motoneurônios que inervam agonistas e antagonistas de seu músculo de origem. Essa inervação, no entanto, é funcionalmente inversa daquela promovida pelas fibras Ia, sendo inibitória sobre os agonistas e excitatória sobre os antagonistas.

SENSIBILIDADE ARTICULAR

Diferentes tipos de mecanoceptores estão localizados nas cápsulas das articulações. Esses receptores, além de sua morfologia, diferem quanto a aspectos funcionais, como limiares e velocidades de adaptação. Receptores de adaptação lenta são propícios para a detecção de posições da articulação, enquanto os de adaptação rápida são mais sensíveis à velocidade e à aceleração dos movimentos articulares.

A percepção consciente que temos da posição e dos movimentos de nossos membros é denominada *cinestesia*. Durante muito tempo acreditou-se que as informações originadas nas articulações fossem as principais responsáveis pela percepção cinestésica. Evidências anatômicas e fisiológicas têm indicado, entretanto, que a sensibilidade muscular também contribui para a percepção cinestésica. Por exemplo, é verificado que os receptores articulares não são sensíveis aos ângulos intermediários de uma articulação, mas apenas aos ângulos mais extremos. Além disso, indivíduos submetidos à colocação de uma prótese, em substituição a uma articulação, são ainda capazes de perceber as posições do respectivo membro. Enquanto foi demonstrada a contribuição da sensibilidade muscular para a cinestesia, uma percepção cinestésica plena depende da integração de informações musculares, articulares e também somestésicas.

As fibras aferentes articulares também pertencem aos grupos I e II. De maneira semelhante às aferências de origem muscular, essas fibras vão integrar o lemnisco medial e alcançar os núcleos posteriores do tálamo e daí o córtex somestésico. Essas projeções, do mesmo modo que as projeções de origem cutânea, são topograficamente organizadas. Além de as projeções articulares contribuírem, ao menos parcialmente, na elaboração da percepção cinestésica, a ativação de receptores articulares pode modular a atividade de neurônios motores espinais e corticais, modificando, por exemplo, os limiares de reflexos miotáticos.

SENSIBILIDADE VESTIBULAR

Como mencionamos anteriormente, o termo *propriocepção* foi proposto por Sherrington para designar as aferências sensoriais originadas em músculos e articulações. Essas aferências fornecem informações sobre a posição e os movimentos dos membros, tornando possível que o sistema nervoso tenha uma "imagem" do corpo no espaço. Consideramos também como proprioceptivas as informações fornecidas pelo sistema vestibular. A inclusão da sensibilidade vestibular como uma modalidade proprioceptiva deve-se à importante inter-relação dessa aferência sensorial com aquelas originadas em músculos e articulações quanto à organização da motricidade. Aferências vestibulares, como veremos adiante, fornecem informações sobre a posição, movimentos lineares e movimentos angulares da cabeça. Essas informações deverão integrar-se àquelas fornecidas por músculos e articulações para que posturas adequadas e movimentos harmoniosos possam ser executados. Além disso, movimentos oculares compensatórios são produzidos a partir de informações vestibulares, constituindo uma série de reflexos denominados *reflexos vestíbulo-oculares*.

O labirinto ósseo é um conjunto de cavidades localizadas na porção petrosa do osso temporal, que abriga as estruturas auditivas e vestibulares. No interior do labirinto ósseo encontra-se o labirinto membranoso, constituído de uma monocamada epitelial, e preenchido com endolinfa. O labirinto vestibular membranoso é composto por dois conjuntos de estruturas: os órgãos otolíticos (*sáculo* e *utrículo*) e os *canais semicirculares*. Os primeiros são responsáveis pela detecção da posição estática e de movimentos lineares, enquanto os últimos têm uma estrutura destinada à detecção de movimentos rotacionais da cabeça.

Os canais semicirculares são toros que se comunicam entre si por meio de uma câmara, o utrículo. Antes de cada canal penetrar no utrículo, seu diâmetro se duplica formando a ampola, estrutura que abriga o epitélio sensorial. Há um conjunto de três canais semicirculares em cada lado do crânio (denominados *anterior*, *posterior* e *horizontal*), e esses três canais formam, aproximadamente, ângulos retos entre si (Figura 18.5). O utrículo e o sáculo localizam-se na porção ventromedial do labirinto, e o epitélio sensorial (mácula) do utrículo situa-se horizontalmente, enquanto o sáculo tem a mácula localizada em um plano sagital.

Dois tipos de células ciliadas (tipo I e tipo II) são responsáveis pelo processo de transdução sensorial na periferia vestibular. No entanto, essas células são semelhantes quanto à organização morfológica desses cílios e ao seu papel funcional. Toda célula ciliada vestibular apresenta um cílio único denominado *cinocílio* e uma fileira de até 50 outros *estereocílios* (Figura 18.6). Esse conjunto de cílios é polarizado, e o cinocílio situa-se em um dos lados do conjunto, enquanto os estereocílios tornam-se progressivamente menores à medida que se afastam do cinocílio. Em geral, os cílios estão imersos em algum tipo de substrato, que fornece um meio cuja inércia favorece a sua deflexão que, como veremos, é o início do processo de transdução. As células tipos I e II são distintas quanto à sua morfologia, localização preferencial nos epitélios sensoriais e também quanto ao seu padrão de inervação. As células do tipo I são exclusivas de aves e mamíferos, e mais sensíveis ao estímulo sensorial que as células do tipo II. O tipo I é inervado por fibras que apresentam um padrão de descarga mais irregular, apresentando adaptação mais rápida a estímulos contínuos e, por isso, mais adequadas à detecção de velocidades e taxas de variação. As células do tipo II, características em outras classes de vertebrados, além de aves e mamíferos, são inervadas por fibras que exibem um padrão mais regular de descarga, respondendo preferencialmente a estímulos tônicos.

Nos órgãos otolíticos, os cílios das células ciliadas estão envolvidos por uma capa gelatinosa. No utrículo, o epitélio sensorial situa-se sobre o assoalho da câmara com os cílios direcionados verticalmente. No sáculo, o epitélio sensorial situa-se na parede vertical, com os cílios direcionados horizontalmente. A capa gelatinosa que envolve os cílios do epitélio do sáculo e utrículo está impregnada de pequenos cristais de carbonato de cálcio, mais densos que a endolinfa circundante. A mera ação da força gravitacional, agindo sobre esses

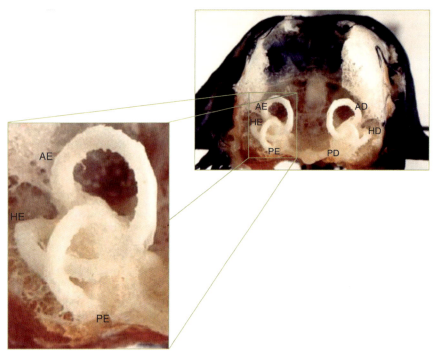

Figura 18.5 ▪ Visão posterior do crânio de um pombo após dissecção de seu labirinto ósseo, expondo bilateralmente os canais semicirculares. No detalhe, ampliação do labirinto ósseo do lado esquerdo. *AE*, anterior esquerdo; *AD*, anterior direito; *PE*, posterior esquerdo; *PD*, posterior direito; *HE*, horizontal esquerdo; *HD*, horizontal direito. (Adaptada de Baldo, 1990.)

cristais, será suficiente para defletir os cílios do epitélio sensorial. Além da aceleração da gravidade, que acontece devido a mudanças da posição estática da cabeça, os cílios serão também defletidos, devido à inércia dos cristais de cálcio, por acelerações lineares. A deflexão do conjunto de cílios em direção ao cinocílio causa hipopolarização da célula ciliada, enquanto essa célula é hiperpolarizada por deflexões no sentido contrário. A hipopolarização das células ciliadas leva à liberação de um neurotransmissor excitatório, que age sobre a fibra nervosa aferente causando um aumento em sua frequência de descarga (ver Figura 18.6). A disposição dos epitélios sensoriais no sáculo e utrículo faz com que o primeiro seja sensível a movimentos com componentes no plano sagital, enquanto o segundo possa detectar movimentos no plano horizontal. Portanto, qualquer movimento linear complexo poderá ser descrito por meio de seus componentes vetoriais, detectados separadamente pelos órgãos otolíticos.

Nos canais semicirculares, a ampola abriga uma estrutura gelatinosa, a cúpula, que obstrui o canal na região ampular, e na qual os cílios das células ciliadas estão fixados. A rotação de um canal semicircular no sentido horário faz com que a endolinfa que o preenche tenha um movimento relativo no sentido anti-horário, deformando a cúpula e defletindo os cílios aí imersos. Se a rotação, com velocidade angular constante, continuar por tempo suficiente, a fricção da endolinfa com as paredes do canal semicircular levará ao desaparecimento do movimento relativo entre eles, e à cessação do processo de ativação sensorial. Vemos, portanto, que é a aceleração angular a grandeza detectada pelos canais semicirculares. O processo de transdução sensorial no epitélio dos canais semicirculares é semelhante àquele descrito anteriormente para os órgãos otolíticos. A rotação de um canal em um determinado sentido provoca a deflexão do conjunto de cílios no sentido correspondente, levando, por exemplo, à hipopolarização da célula ciliada. Essa hipopolarização tem como consequência a liberação de um neurotransmissor excitatório

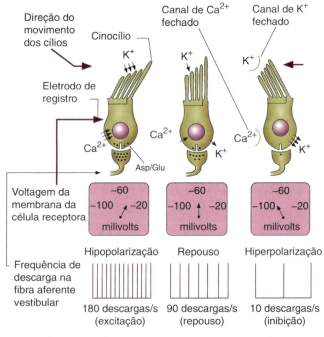

Figura 18.6 ▪ Estrutura e inervação das células ciliadas vestibulares. A descarga de uma fibra aferente vestibular é função da direção em que os cílios da célula receptora são deslocados: o deslocamento na direção do cinocílio leva a hipopolarização da célula ciliada e consequente aumento da frequência de descarga da fibra aferente; o oposto se observa com o deslocamento dos cílios na direção contrária. (Adaptada de Kandel *et al.*, 2002.)

sobre os terminais da fibra aferente, causando um aumento na frequência de descarga dessa fibra. A rotação do mesmo canal no sentido contrário levará à hiperpolarização da célula ciliada, e à diminuição da frequência de descarga de potenciais de ação na fibra aferente (Figura 18.7).

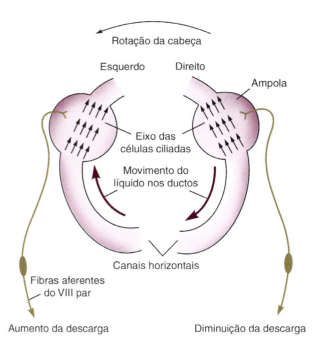

Figura 18.7 • Esquema da ativação e inibição de um par de canais semicirculares sinérgicos. Nesse caso, uma rotação da cabeça ativa o canal horizontal esquerdo enquanto inibe o canal contralateral. Tanto a ativação quanto a inibição ocorrem devido ao deslocamento relativo da endolinfa contida nos ductos que compõem os canais e ao consequente deslocamento dos estereocílios das células receptoras. (Adaptada de Kandel et al., 2002.)

O fato de haver três canais semicirculares, localizados em planos aproximadamente ortogonais entre si, garante que qualquer rotação da cabeça, em torno de qualquer possível eixo, seja detectada por uma combinação adequada de ativação dos canais. Além disso, as atividades dos dois conjuntos de canais estão vinculadas entre si: o canal anterior de um lado está localizado em um plano aproximadamente paralelo ao canal posterior contralateral, formando o que chamamos de um par sinérgico de canais semicirculares. Também se localizam em um mesmo plano os canais horizontais de ambos os lados. Temos, portanto, três pares de canais sinérgicos: dois pares do tipo *anterior-posterior* e um par *horizontal-horizontal*. Assim, uma rotação da cabeça em um plano paralelo a um único canal semicircular ativará aquele canal em um dos lados da cabeça e inibirá o canal sinérgico contralateral, sem produzir qualquer ativação ou inibição dos demais canais semicirculares.[1] A ativação de um dado canal (e a inibição do canal sinérgico contralateral) será interpretada como uma rotação da cabeça naquele respectivo plano. Em um caso mais complexo, a ativação e a inibição do conjunto de canais, com uma dada combinação de intensidades, serão integradas e interpretadas, possibilitando a determinação tanto do plano de rotação da cabeça quanto da magnitude e do sentido da aceleração angular.

As acelerações angulares que compõem os movimentos da cabeça duram, na maioria das vezes, apenas alguns segundos, ou mesmo frações de segundos. Nesse regime, a frequência de descarga nas fibras aferentes que inervam os canais semicirculares reflete, mais de perto, não a aceleração, mas a velocidade angular de rotação da cabeça. Esse fato decorre das características biofísicas dos canais semicirculares, cuja ativação pode ser descrita, em uma primeira aproximação, por um modelo de pêndulo de torção. Esse modelo matemático descreve o deslocamento da cúpula em resposta a um movimento angular da cabeça. Como o sistema canal-cúpula-endolinfa se comporta, semelhantemente a um pêndulo de torção fortemente amortecido, a solução da equação diferencial que o descreve resulta em uma relação aproximadamente linear, para rotações de curta duração, entre a frequência de descarga na fibra aferente e a velocidade angular da cabeça.

A presença de uma frequência basal de descarga nas fibras vestibulares, que pode ser finamente modulada, faz com que o aparelho vestibular seja muito sensível aos respectivos estímulos. Por essa razão, o limiar para a detecção, pelos canais semicirculares, de uma aceleração angular é da ordem de $0,1°/s^2$, enquanto os órgãos otolíticos podem detectar acelerações lineares da ordem de alguns décimo-milésimos da aceleração da gravidade.

▸ Hodologia do sistema vestibular

Os corpos celulares das fibras aferentes que inervam o aparelho vestibular localizam-se no gânglio de Scarpa. Os prolongamentos centrais desses neurônios bipolares, cujos prolongamentos periféricos inervam as estruturas vestibulares do labirinto, juntam-se aos axônios que se originam no gânglio espiral da cóclea, constituindo o nervo vestibulococlear, VIII par craniano. Entretanto, a porção vestibular do VIII par projeta-se aos núcleos vestibulares que ocupam uma extensa porção do tronco cerebral. Esse conjunto de núcleos é composto pelos núcleos vestibulares lateral, inferior, medial e superior. Esses núcleos diferem quanto à sua estrutura citoarquitetônica e também quanto às relações hodológicas que mantêm com outras regiões do sistema nervoso, particularmente a medula espinal, os núcleos oculomotores e o cerebelo (Figura 18.8). Dentre as conexões vestibulares destacam-se dois sistemas de grande relevância para a integração sensorimotora: os circuitos *vestíbulo-oculares* e os *circuitos vestibulospinais*.

▸ Circuitos vestíbulo-oculares

Os núcleos vestibulares medial e superior recebem aferências principalmente dos canais semicirculares, projetando-se, por intermédio do fascículo longitudinal medial, aos núcleos oculomotores, cujos motoneurônios inervam os músculos extrínsecos do olho. Movimentos oculares podem ser iniciados e controlados por diferentes subsistemas neurais, dependendo de sua natureza, voluntária ou reflexa. Por exemplo, os movimentos denominados sacádicos são desencadeados por projeções descendentes aos motoneurônios oculomotores, originadas no campo ocular frontal do córtex cerebral. No entanto, o processamento adequado da informação visual exige uma estabilidade mínima da imagem que é projetada sobre a retina. Dentre os reflexos que se destinam a manter essa estabilidade destacam-se os reflexos vestíbulo-oculares. Esse conjunto de reflexos é desencadeado por movimentos da cabeça que tenderiam a deslocar a imagem projetada na retina. Movimentos oculares compensatórios são assim deflagrados a partir da informação vestibular, sendo que os olhos tendem a se mover, tornando nulo o deslocamento da imagem que seria

---

[1] Esse exemplo representa uma situação ideal na qual os canais estão localizados em planos perfeitamente ortogonais entre si, sendo que essa ortogonalidade não é observada nas espécies conhecidas. A não ortogonalidade do conjunto de canais torna impossível que apenas um par de canais sinérgicos seja ativado ou inibido, sem ativar ou inibir os demais pares. Essa não ortogonalidade, embora torne mais complexo o processamento da informação vestibular e sua utilização na organização de reflexos motores, não altera em nada o fato de os canais semicirculares atuarem como uma *base vetorial* capaz de detectar rotações arbitrárias da cabeça.

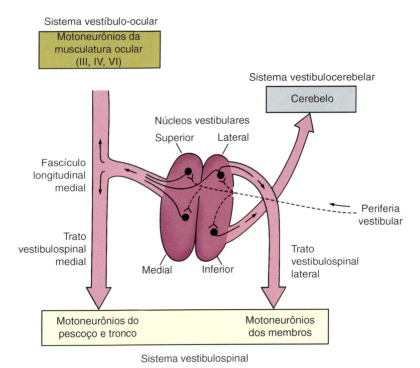

Figura 18.8 ▪ Divisões dos núcleos vestibulares e suas principais relações hodológicas. (Adaptada de Shepherd, 1994.)

provocado pelo movimento da cabeça. Por exemplo, um movimento de rotação da cabeça para a direita provoca um movimento reflexo dos olhos para a esquerda, com a mesma velocidade angular, de tal maneira que, idealmente, a imagem projetada sobre a retina permanece imóvel. Assim, rotações da cabeça detectadas pelos canais semicirculares darão origem a reflexos vestíbulo-oculares, cuja função é organizar os movimentos compensatórios dos olhos, mantendo a estabilidade das imagens retinianas. O núcleo medial envia também projeções bilaterais aos níveis cervicais da medula espinal, por intermédio do trato vestibulospinal medial. Essas projeções influenciam os motoneurônios medulares que inervam músculos cervicais, participando de reflexos que controlam movimentos do pescoço de maneira correlacionada e sinérgica aos movimentos oculares. É interessante notar que movimentos reflexos do pescoço deflagrados por estimulação vestibular (denominados reflexos vestibulocólicos) terão influência sobre o próprio sistema vestibular, já que esses movimentos do pescoço serão detectados pelas estruturas labirínticas. Esse sistema de controle é, por isso, denominado um sistema de retroalimentação em alça fechada, que se distingue de um sistema em alça aberta representado pelos circuitos vestíbulo-oculares. Nesses últimos, a ação vestibular sobre os movimentos oculares não será realimentada ao sistema vestibular, caracterizando, assim, um sistema em alça aberta.

▶ Circuitos vestibulospinais

A porção ventral do núcleo vestibular lateral recebe aferências do utrículo e dos canais semicirculares, contribuindo também para os circuitos vestíbulo-oculares. A porção dorsal desse núcleo, recebendo aferências do cerebelo e da medula espinal, envia projeções ipsilaterais ao corno anterior da medula espinal, por intermédio do trato vestibulospinal lateral. Essas projeções têm o efeito de facilitar os motoneurônios alfa e gama que inervam os músculos dos membros, exercendo uma excitação tônica sobre músculos extensores dos membros inferiores que contribuem na manutenção da postura fundamental.

O núcleo vestibular inferior recebe aferências tanto dos canais semicirculares quanto do sáculo e utrículo, além de projeções cerebelares. Suas projeções incluem circuitos vestibulospinais, integrando aferências vestibulares e cerebelares.

Existem evidências de que as conexões nesses circuitos aqui descritos apresentem um elevado grau de plasticidade, que envolve rearranjos dos circuitos sinápticos e organizam os reflexos vestibulares. Essa plasticidade participa, por exemplo, na recuperação de patologias que envolvem o sistema vestibular, e também na adaptação a ambientes distintos do habitual, por exemplo, como aquele encontrado por astronautas na ausência de campos gravitacionais.

Uma pequena porcentagem de aferências vestibulares alcança o núcleo ventral posterior do tálamo, projetando-se daí para o córtex somatossensorial. Essa projeção pode estar envolvida na percepção consciente de determinados aspectos da posição e dos movimentos do corpo processados pelo sistema vestibular.

BIBLIOGRAFIA

BALDO MVC. Uma abordagem física de interações entre os sistemas visual e vestibular. [Tese]. ICB-USP, São Paulo, 1990.
BEAR MF, CONNORS BW, PARADISO MA. *Neurociências: Desvendando o Sistema Nervoso*. 2. ed. Artmed, Porto Alegre, 2002.
DIETZ V. Proprioception and locomotor disorders. *Nat Rev Neurosci*, 3:781-90, 2002.
KANDEL ER, SCHWARTZ JH, JESSELL TM. *Princípios da Neurociência*. Manole, São Paulo, 2002.
KANDEL ER, SCHWARTZ JH, JESSELL TM et al. *Princípios de Neurociências*. 5. ed. AMGH, Porto Alegre, 2014.
SHEPHERD GM. *Neurobiology*. 3. ed. Oxford University Press, New York, 1994.

Capítulo 19

Audição

Marcus Vinícius C. Baldo

- Introdução, *334*
- Ondas, *334*
- Periferia auditiva, *336*
- Decomposição e codificação de um som complexo, *337*
- Localização espacial de sons, *340*
- Projeções ascendentes, *340*
- Função auditiva, *342*
- Bibliografia, *343*

INTRODUÇÃO

O que chamamos de "som" é na verdade um atributo de nossa percepção a uma classe particular de oscilações mecânicas. Em outras palavras, um conjunto específico de vibrações mecânicas, caracterizado pela sua faixa de frequências, tem a capacidade de estimular adequadamente o nosso sistema sensorial, dando início à percepção auditiva. Embora seja uma modalidade sensorial limitada a insetos e vertebrados, a audição tem tido um papel fundamental no processo evolutivo, auxiliando em inúmeros comportamentos adaptativos como, por exemplo, fuga, acasalamento e comunicação social. Particularmente na espécie humana, a audição tem participação essencial no desenvolvimento da linguagem, talvez a mais importante aquisição evolutiva de nossa espécie. Além disso, participa também na expressão de comportamentos fundamentais de nossa cultura como, por exemplo, a criação e a apreciação da música.

ONDAS

Antes de entrarmos na fisiologia da audição, vamos apresentar os principais aspectos envolvidos na física das oscilações em geral e na natureza das ondas sonoras em particular. De maneira genérica, e ainda imprecisa, podemos dizer que uma oscilação é a alternância, entre dois extremos, de uma grandeza física. Um pêndulo é sempre um exemplo clássico de fenômenos oscilatórios. Duas das principais características de um processo oscilatório são a *amplitude* e a *frequência* de oscilação, ambas facilmente visualizadas no exemplo do pêndulo. Uma unidade usual de frequência (*f*) é o *hertz* (Hz), que equivale ao número de oscilações contadas ao longo de um segundo. A unidade em que se mede a amplitude de uma oscilação depende da grandeza física em questão, e no caso do pêndulo poderia ser medida em centímetros. Enquanto um pêndulo simples representa a oscilação de um único corpo suspenso por um fio, podemos conceber a possibilidade de que muitos corpos ligados entre si tenham a capacidade de oscilar. É o que acontece com uma corda, em que podemos imaginá-la como composta por uma sequência de "pontos" que podem ser colocados em oscilação. Nesse caso, consequentemente, os pontos não são independentes uns dos outros, mas estão vinculados fisicamente aos seus vizinhos. Um resultado importante é que a oscilação de alguns vai provocar a oscilação de outros, levando à propagação por toda a corda de uma oscilação inicialmente restrita a uma parte localizada (Figura 19.1). A essa propagação denomina-se *onda*, porém nesse exemplo temos uma onda mecânica, pois necessita de um meio mecânico (a corda) para se propagar. Como veremos mais adiante, o som também se origina de oscilações que se propagam em um meio mecânico e fluido (um gás, como o ar, ou um líquido, como a água) e também se classifica como uma onda mecânica. Entretanto, uma classe muito importante de fenômenos ondulatórios caracteriza-se por descrever ondas que não necessitam de um meio físico para se propagar. São essas as ondas eletromagnéticas, que voltaremos a mencionar no Capítulo 21, sobre sensibilidade visual. O que chamamos de luz, de modo semelhante ao que foi mencionado anteriormente sobre o som, corresponde à percepção provocada por ondas eletromagnéticas confinadas a uma estreita faixa de frequências.

A velocidade de propagação de uma onda (*v*) é uma característica específica do meio em que se propaga, não dependendo da frequência ou da amplitude com que as ondas são geradas. A distância entre ondas sucessivas denomina-se

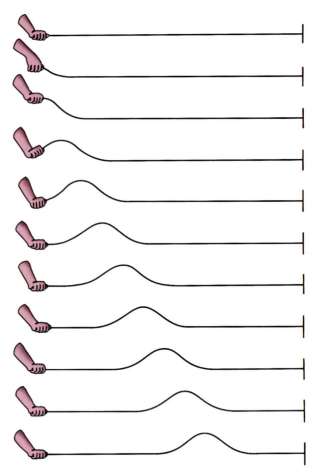

Figura 19.1 ▪ Um pulso de onda sendo produzido em uma corda esticada. Os diagramas sucessivos, separados pelo mesmo intervalo temporal, mostram que uma perturbação aplicada a uma extremidade da corda propaga-se por toda a sua extensão. (Adaptada de Eisberg e Lerner, 1983.)

comprimento de onda, em geral simbolizado pela letra grega lambda (λ). Como a velocidade de propagação é uma característica inerente ao meio, o comprimento de onda está inversamente relacionado com a frequência (*f*) de oscilação (Figura 19.2):

$$v = \lambda f \qquad (19.1)$$

Por essa razão podemos caracterizar uma onda particular por sua frequência ou por seu comprimento de onda, já que, em geral, nos referimos ao mesmo meio de propagação.

As moléculas de um fluido (gás ou líquido) também podem ser perturbadas mecanicamente, e essa perturbação poderá se propagar por compressões e descompressões sucessivas (Figura 19.3). Como mencionado anteriormente, a velocidade de propagação depende apenas da natureza e das condições físicas do meio, nesse caso o gás contido no tubo. Se essa compressão for executada de maneira rítmica, teremos então o surgimento de ondas mecânicas, cuja frequência, velocidade e comprimento de onda relacionam-se entre si de acordo com a equação 19.1. Se essas ondas tiverem uma frequência situada, aproximadamente, entre 20 e 20.000 Hz, poderão ser percebidas pelo sistema auditivo humano, podendo, portanto, ser chamadas de *som*. A faixa de frequências de ondas mecânicas que torna possível sua detecção auditiva varia entre as espécies, obviamente dependendo de seu papel adaptativo.

Para podermos entender o processo da audição, precisamos compreender como as várias características físicas de

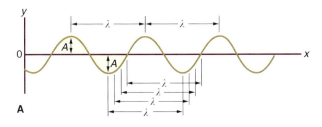

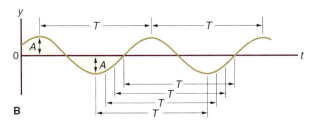

Figura 19.2 ▪ Duas possíveis representações da propagação de uma onda em uma corda. Em **A** temos a coordenada y, que representa a amplitude de oscilação (A), como função da coordenada x, que representa os pontos ao longo da corda. Nesse caso, a figura corresponderia a uma fotografia da corda inteira em um único instante. O comprimento de onda é definido pela distância dada por λ. Em **B** temos a oscilação de um único ponto da corda, escolhido arbitrariamente, em função do tempo (T). A amplitude de oscilação (A) é a mesma que em **A**, mas a distância entre pontos em fase (p. ex., duas cristas sucessivas) representa agora um intervalo de tempo, definindo o período de oscilação (T). O período T é o tempo para que um ponto da corda complete uma oscilação inteira e retorne à sua posição inicial. (Adaptada de Eisberg e Lerner, 1983.)

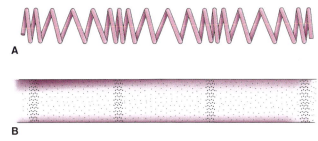

Figura 19.3 ▪ Ao contrário das Figuras 19.1 e 19.2, que representam uma onda transversal, aqui temos exemplos de ondas longitudinais. Em **A** observamos uma onda propagando-se longitudinalmente ao longo de uma mola. Em **B** podemos observar uma onda longitudinal propagando-se em um tubo cheio de gás, que exibe regiões mais comprimidas e outras mais rarefeitas que se alternam periodicamente. (Adaptada de Eisberg e Lerner, 1983.)

uma onda sonora se relacionam com as qualidades do som que ouvimos. A intensidade de um som associa-se à amplitude das ondas sonoras, e nesse caso a amplitude da onda identifica-se à pressão do fluido (p. ex., o ar) em um dado ponto. Portanto, quanto mais intensa for a variação de pressão que se propaga, mais intenso será o som ouvido. Uma escala muito utilizada na medida da intensidade sonora tem o decibel (dB) como unidade. Essa é uma escala logarítmica, proposta por Alexander Graham Bell e inspirada na lei de Weber-Fechner.

Define-se a intensidade (I) de um som, em decibéis, como:[1]

$$I = 20 \log_{10}(P_t/P_r) \qquad (19.2)$$

em que P_t é a pressão da onda medida, e P_r é a pressão requerida para que um som, com uma frequência entre 1.000 e 3.000 Hz, atinja o limiar auditivo (aproximadamente 2×10^{-4} dinas/cm^2). Sons com intensidade superior a 100 dB, dependendo de sua frequência e duração, podem lesionar estruturas cocleares. Como referência, seguem as intensidades aproximadas, em decibéis, de alguns sons típicos:

- 0 – limiar de audibilidade
- 65 – pessoas conversando
- 90 – tráfego intenso
- 120 – motor de um avião a jato

A frequência de uma onda sonora determina a *altura* de um som, ou seja, quão grave ou agudo esse som será. Frequências baixas caracterizam sons graves, e frequências altas caracterizam sons agudos. Se a frequência de uma onda sonora elevar-se acima de 20.000 Hz (20 kHz) ou cair abaixo de 20 Hz, o som simplesmente deixará de existir (mas não a onda mecânica!). Na realidade, a intensidade percebida de um som não depende apenas da amplitude da onda sonora correspondente, mas também de sua frequência. Além de intensidade e altura, os sons têm outra qualidade fundamental: o seu *timbre*. É o timbre que nos possibilita distinguir dois instrumentos que podem estar tocando a mesma nota musical, com frequências e amplitudes idênticas. Ou seja, uma nota *mi* tocada em um piano é facilmente percebida como distinta de um *mi* tocado em um violino ou em um saxofone, mesmo que essas notas correspondam a ondas sonoras com a mesma frequência e mesma amplitude. A Figura 19.4 esquematiza o princípio físico envolvido na geração de diferentes timbres.

Se, por exemplo, somarmos três ondas senoidais (como aquelas produzidas em uma corda vibrante), teremos uma onda de aparência mais complexa, mas que ainda representa um fenômeno ondulatório genuíno. No entanto, se variarmos apenas as amplitudes das ondas senoidais que compõem a onda complexa, obteremos diferentes resultados, mesmo que as frequências das ondas componentes sejam mantidas constantes. Podemos também observar na Figura 19.4 que a onda resultante exibe uma periodicidade que reflete a frequência das ondas componentes, e a menor das frequências componentes, a chamada *frequência fundamental*, é bem evidente na onda resultante. O timbre de uma onda sonora é, portanto, o resultado de uma combinação particular de ondas senoidais com diferentes frequências e amplitudes. Quando uma corda de piano é percutida pelo martelo, é

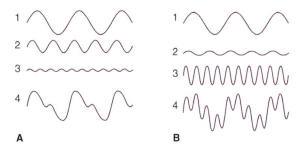

Figura 19.4 ▪ Exemplos da composição espectral de uma oscilação mais complexa. A oscilação 4 representa a soma das três oscilações precedentes, cujas frequências são múltiplos inteiros da frequência apresentada pela oscilação 1. A diferença entre as partes **A** e **B** reside apenas na amplitude de cada componente, e não na sua frequência. A oscilação resultante é, no entanto, bastante distinta em cada caso, evidenciando o efeito da contribuição de cada harmônico no resultado final de uma oscilação mais complexa.

---

[1] O fator 20 que multiplica o logaritmo corresponde ao produto 2 × 10; o fator 10 decorre do fato de medirmos a escala em decibéis, e não em béis; ou seja, o resultado de multiplicarmos o logaritmo por 10 é compensado por nos referirmos àquele valor em décimos de bel. A intensidade de um som é proporcional ao quadrado da pressão gerada pela onda sonora, dando origem ao fator 2 que também aparece na definição.

causada uma oscilação com a frequência fundamental (que depende do material e da tensão na corda), mas também são provocadas oscilações com frequências que são múltiplos inteiros da fundamental, porém com diferentes amplitudes. Essa combinação determina uma configuração para a onda resultante e, portanto, o timbre do som associado a essa onda sonora. Devem-se somar a isso outros efeitos produzidos, por exemplo, pela caixa do piano, o que depende de muitos fatores, tais como sua geometria e o tipo de madeira. O resultado final é que a mesma nota, tocada em diferentes instrumentos, poderá ter a mesma frequência fundamental e a mesma amplitude, mas resultarão sons com timbres distintos. Isto porque as várias frequências componentes de uma onda sonora não terão necessariamente as mesmas amplitudes que as componentes da outra, causando, portanto, diferentes ondas resultantes (Figura 19.5). Como veremos mais adiante, o sistema auditivo é capaz de perceber diferenças na composição de ondas complexas, associando a essas diferenças os diversos timbres de um som.

PERIFERIA AUDITIVA

A audição alcança o máximo de seu desenvolvimento em aves e mamíferos. Os órgãos auditivos nesses animais estão entre os mais complexos órgãos sensoriais. A seguir serão descritas as estruturas envolvidas na recepção dos sons e nas vias neurais responsáveis pelo seu processamento.

O ouvido de mamíferos é subdividido em três partes: o *ouvido externo*, que auxilia na coleta das ondas sonoras e na sua condução até a membrana timpânica; o *ouvido médio* contém um sistema de pequenos ossos (bigorna, estribo e martelo) que transmitem as vibrações timpânicas até o *ouvido interno*; este último composto pela cóclea, um tubo espiralado sobre si mesmo e preenchido por fluidos (Figura 19.6). As oscilações mecânicas produzidas no tímpano por uma onda sonora são transmitidas a uma abertura na cóclea, a janela oval, por meio dos ossículos localizados no ouvido médio. Esses ossículos detêm o importante papel de tornarem possível a transferência dessas oscilações entre dois meios com diferentes características acústicas: o ar e a perilinfa, o líquido que preenche a rampa vestibular. Na ausência dos ossículos, as ondas sonoras que alcançassem a janela oval seriam, em sua maior parte, refletidas de volta. Esse sistema de alavancas contribui para o que se denomina "casamento de impedâncias" entre os diferentes meios. Outro fator importante na realização desse processo é a relação entre as áreas da membrana timpânica e da janela oval: a energia sonora absorvida pela membrana timpânica, de maior superfície, é concentrada na menor superfície representada pela janela oval, aumentando a pressão transmitida.

A cóclea, uma espiral de duas voltas e meia em torno do *modíolo*, é dividida em três compartimentos: a rampa vestibular, que continua a partir da janela oval; a rampa timpânica, que se comunica com a rampa vestibular por meio do helicotrema, terminando na janela redonda; e a rampa média, ou ducto coclear, localizada entre os dois outros compartimentos (ver Figura 19.6). As oscilações transmitidas da membrana timpânica à janela oval, pelo sistema de ossículos, produz ondas de pressão que se propagam na perilinfa que preenche a rampa vestibular. Essas ondas de pressão causam oscilações correspondentes na perilinfa que preenche a rampa timpânica, sendo também transmitidas à rampa média que, por sua vez, contém em seu assoalho (a membrana basilar) o órgão de Corti, a estrutura responsável pelo processo de transdução sensorial (Figura 19.7).

A cóclea, portanto, converte a pressão diferencial que se estabelece entre as rampas vestibular e timpânica em movimentos oscilatórios da membrana basilar, culminando com processos excitatórios e inibitórios das células sensoriais do órgão de Corti. Essas células sensoriais, denominadas células ciliadas, são assim chamadas por exibirem um conjunto de cílios em sua superfície apical, os *estereocílios*. Os estereocílios projetam-se, por sua vez, em direção à membrana tectória, fixando-se a ela. O movimento da membrana basilar provoca, então, uma força de cisalhamento que age sobre os estereocílios, promovendo um deslocamento angular desses últimos (Figuras 19.8 e 19.9). O deslocamento angular dos estereocílios, também oscilatório, provoca a abertura e o fechamento de canais iônicos das células ciliadas, resultando em oscilações de seu potencial de membrana que reproduzem as características ondulatórias das ondas sonoras originais. As células ciliadas, em resposta à oscilação de seu potencial de membrana, liberam moléculas de neurotransmissor que vão agir sobre as terminações periféricas de neurônios cujos corpos celulares localizam-se no gânglio espiral. Os prolongamentos centrais desses neurônios constituirão a porção auditiva do nervo vestibulococlear, conduzindo a informação sensorial ao interior do sistema nervoso central.

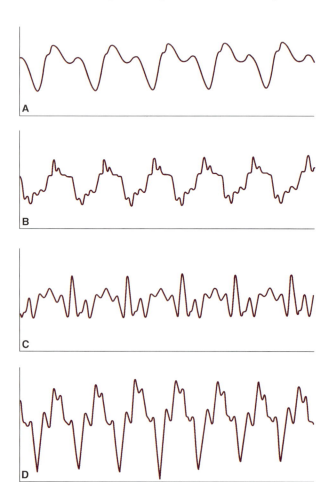

Figura 19.5 ▪ Ondas sonoras provocadas pela mesma nota musical, tocada em diferentes instrumentos: flauta (**A**); clarineta (**B**); oboé (**C**); saxofone (**D**). Embora a frequência fundamental seja a mesma, os componentes harmônicos são diferentes, dando início, por isso, a diferentes timbres. (Adaptada de Eisberg e Lerner, 1983.)

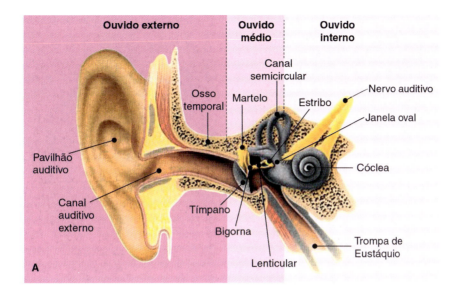

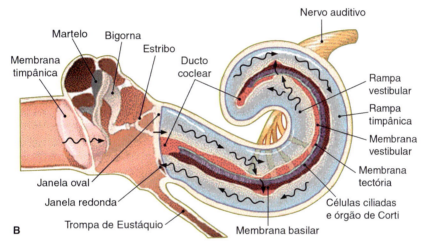

Figura 19.6 ▪ **A.** Componentes do ouvido humano: o ouvido externo inclui o meato auditivo externo e é limitado pela membrana timpânica; o ouvido médio contém o conjunto de ossículos (martelo, bigorna e estribo) que transmitem as oscilações timpânicas à janela oval; o ouvido interno é constituído pela cóclea e pelo aparelho vestibular (não incluído na figura). **B.** Representação esquemática do ouvido humano em que a cóclea é exibida de maneira estendida; ela é, na verdade, uma espiral composta por duas voltas e meia em torno do modíolo e dividida em três compartimentos: rampas vestibular, média e timpânica.

DECOMPOSIÇÃO E CODIFICAÇÃO DE UM SOM COMPLEXO

Uma questão que começou a ser respondida ainda no século XIX, por Herman von Helmholtz, refere-se ao mecanismo pelo qual se codificam as diferentes frequências que compõem um som complexo. Em razão da existência do período refratário, o limite máximo para a frequência de descarga de um neurônio é em torno de 1 kHz. Portanto, frequências sonoras não podem ser codificadas exclusivamente pela frequência dos potenciais de ação nas fibras auditivas. Na realidade, a frequência de descarga nessas fibras está primariamente envolvida na codificação da intensidade de um estímulo. A codificação do conteúdo de frequências de um som utiliza um elaborado mecanismo, descrito a seguir.

A membrana basilar aumenta em largura à medida que se estende da base ao ápice da cóclea. Esse aspecto morfológico é um dos principais fatores que contribuem para que a porção da membrana basilar próxima à base entre em ressonância com frequências mais altas (sons mais agudos). Já a porção da membrana basilar mais próxima ao ápice da cóclea entra em ressonância em resposta a frequências mais baixas. Na verdade, mesmo uma frequência única e bem definida provoca uma onda que se propaga por toda a cóclea, fazendo com que uma larga porção da membrana basilar entre em ressonância. No entanto, a amplitude das oscilações será diferente em diversas regiões da membrana basilar, conduzindo a uma ativação diferenciada das células ciliadas (Figura 19.10). Em resumo, frequências mais altas levarão a oscilações mais amplas da membrana em sua porção basal, enquanto frequências mais baixas terão um efeito mais intenso sobre sua porção apical. Esse princípio vale para as regiões intermediárias da membrana basilar, que respondem de maneira mais ampla a frequências intermediárias, possibilitando que todo o espectro sonoro possa ser codificado de maneira adequada.

Outros fatores, descobertos mais recentemente, também contribuem para a discriminação coclear de frequências, e incluem as características mecânicas dos estereocílios e as características mecânicas e elétricas das células ciliadas. Essas últimas não constituem um conjunto homogêneo de células, mas se diferenciam umas das outras ao longo da membrana basilar. Assim, ressonâncias mecânicas e elétricas produzidas pelas células ciliadas e estereocílios vão se juntar àquelas anteriormente descritas,

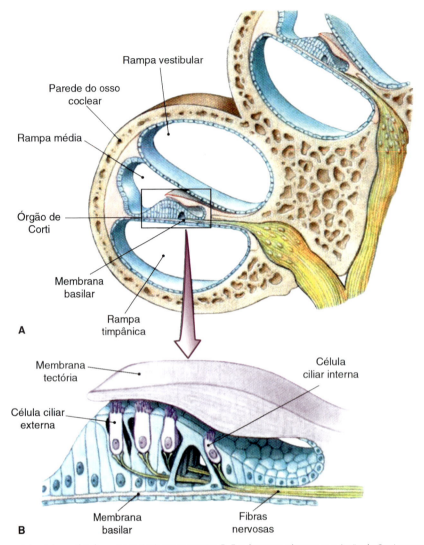

Figura 19.7 ▪ **A.** Corte transversal da cóclea, exibindo seus principais componentes. **B.** Em destaque, observa-se o órgão de Corti compreendido entre as membranas tectória e basilar, no interior da rampa média. (Adaptada de Patton e Howell, 1989.)

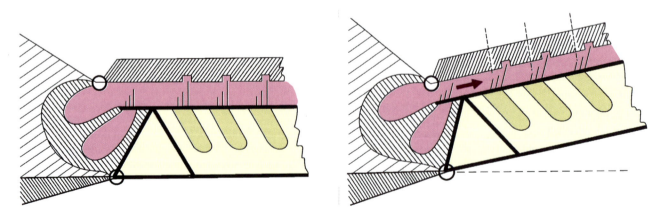

Figura 19.8 ▪ Diagrama mostrando de que forma o deslocamento do órgão de Corti produz uma deflexão dos esterocílios, compreendidos entre as células ciliadas e a membrana tectória. (Adaptada de Patton e Howell, 1989.)

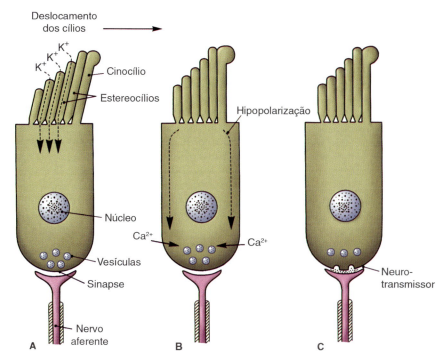

Figura 19.9 ▪ A deflexão dos estereocílios em direção ao cinocílio produz uma hipopolarização da célula ciliada (**A**). Canais de Ca²⁺ dependentes de voltagem então se abrem (**B**), tendo o Ca²⁺ o papel de induzir a liberação de neurotransmissor pela célula ciliada (**C**), o qual ativará a fibra aferente. (Adaptada de Patton e Howell, 1989.)

contribuindo de maneira decisiva para o processo de codificação de frequências. Em resumo, os processos mecânicos e sensoriais observados na cóclea realizam uma operação inversa à descrita na Figura 19.4. Esta figura mostra que ondas senoidais simples, quando somadas, dão origem a ondas mais complexas, mas que ainda representam oscilações periódicas. Os sons que são relevantes para nós (as vocalizações animais, a fala humana, a música, dentre outros exemplos) são mediados por ondas mecânicas complexas que, no entanto, podem ser consideradas como uma soma de muitas parcelas (às vezes, infinitas). Essas parcelas são ondas senoidais puras, com diferentes frequências e amplitudes, e, quando somadas, restituem a complexa onda original. Os processos cocleares realizam, portanto, uma decomposição espectral (de frequências), semelhante àquilo que os físicos e engenheiros chamam de *análise de Fourier*. Nesse tipo de operação, a cóclea separa as diversas frequências "puras" (senoidais) que compõem um som complexo; cada uma dessas frequências é transmitida por diferentes conjuntos de fibras do nervo auditivo, que se projetam de maneira relativamente segregada sobre as diferentes estações neurais da via auditiva. A segregação hodológica das projeções ascendentes das diferentes frequências é denominada *tonotopia*, que é preservada ao longo de múltiplas áreas do sistema auditivo.

Embora cada fibra auditiva responda a uma banda de frequências, existe uma frequência característica (FC) à qual ela é mais sensível. A frequência característica de uma fibra é obtida determinando-se a menor amplitude de um som necessária para produzir atividade na fibra, em uma dada frequência (Figura 19.11). A curva causada por esse procedimento apresentará uma amplitude mínima em uma frequência particular, que corresponderá à FC da fibra em questão. A curva amplitude-frequência de uma dada fibra corresponde àquela produzida pela resposta de uma célula ciliada inervada pela fibra em questão. Assim, fibras inervando células ciliadas da base da cóclea apresentam uma FC alta, enquanto aquelas inervando células da porção apical têm uma FC mais baixa. As frequências características de um conjunto de fibras auditivas estão intimamente relacionadas, portanto, à decomposição espectral (de Fourier) realizada pelos mecanismos cocleares responsáveis pela transdução auditiva.

A partir dos mecanismos de transdução, a informação auditiva, em toda a sua complexidade, é transmitida ao sistema nervoso por apenas 30.000 fibras, aproximadamente. Os prolongamentos centrais da porção auditiva do VIII par projetam-se ao tronco cerebral alcançando os neurônios do núcleo coclear. Nesse núcleo, composto por uma porção

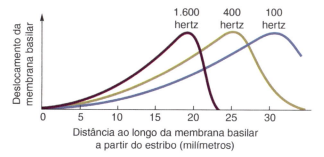

Figura 19.10 ▪ Representação da amplitude máxima de deslocamento da membrana basilar, ao longo de sua extensão a contar do estribo, para oscilações produzidas por diferentes frequências. Observa-se que a base da cóclea responde mais intensamente a frequências altas, enquanto frequências baixas excitam porções mais próximas do ápice.

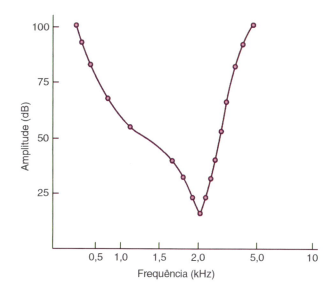

Figura 19.11 ▪ Cada fibra aferente auditiva apresenta uma frequência característica, que corresponde àquela da célula ciliada a qual inerva. Nesta figura, temos a menor amplitude de um estímulo sonoro (em decibéis), em função da frequência necessária para produzir resposta em uma fibra auditiva cuja frequência característica, nesse exemplo, é 2 kHz. Ou seja, estímulos nessa frequência produzem resposta nessa fibra mesmo em pequenas amplitudes, enquanto, para frequências mais altas ou mais baixas, amplitudes maiores são requeridas. (Adaptada de Kandel *et al.*, 1991.)

ventral e outra dorsal, as fibras ramificam-se e projetam-se sobre várias regiões terminais, preservando, porém, a organização tonotópica iniciada na cóclea.

Um aspecto importante no processo de recepção sensorial auditiva, e também observado em outros sistemas sensoriais, é a possibilidade de um controle eferente da sensibilidade. Fibras nervosas eferentes, ou seja, que se originam no sistema nervoso central, inervam uma subpopulação de células ciliadas, as células ciliadas externas. Essas, por sua vez, têm a capacidade de alterar o tamanho de seus corpos celulares, conduzindo a alterações nas propriedades mecânicas do órgão de Corti e, portanto, na sensibilidade auditiva. Outra subpopulação de células, as ciliadas internas, é responsável pela detecção dos sons e excitação da maior parte das fibras auditivas. Aproximadamente 90% das fibras auditivas inervam as células ciliadas internas, em uma proporção de 10 fibras para cada célula ciliada. O acoplamento funcional dessas duas subpopulações celulares faz a função coclear ser modulada eferentemente pelo sistema nervoso central, tornando possíveis os ajustes da sensibilidade auditiva.

LOCALIZAÇÃO ESPACIAL DE SONS

Partindo dos núcleos cocleares, projeções ascendentes exibem extenso cruzamento, sendo que essas interações bilaterais estão estreitamente vinculadas à localização dos sons no espaço. Essa localização é obtida por meio da comparação de diferenças nas intensidades, fases e tempos de chegada dos sons que alcançam cada um dos ouvidos. Essas pistas diferem, no entanto, quanto à sua capacidade de possibilitar a localização de uma fonte sonora dependendo do posicionamento dessa fonte no plano vertical ou no plano horizontal.

No caso de uma fonte sonora cuja localização varia no plano horizontal (à esquerda, à frente ou à direita do observador), um som de breve duração pode ser localizado pela diferença entre os tempos de chegada em cada ouvido (denominado "atraso interaural"), o que depende da distância entre os ouvidos, da velocidade de propagação do som e da localização do som em questão. Por exemplo, se a fonte sonora estiver equidistante dos ouvidos (p. ex., à frente do observador), o atraso interaural detectado será nulo. Se a fonte estiver localizada mais próximo de um dos ouvidos ao longo da linha imaginária que os conecta, o atraso interaural será máximo.

Um som contínuo de baixa frequência pode ser localizado pela diferença nas fases das ondas que alcançam os ouvidos, desde que o comprimento de onda seja maior que a distância entre os ouvidos (aproximadamente 20 cm). Vejamos como: imagine que uma fonte sonora esteja emitindo, continuamente, uma onda de 440 Hz (uma nota *lá*). Lembrando que uma onda mecânica se propaga no ar a uma velocidade de aproximadamente 340 m/s, seu comprimento de onda pode ser calculado utilizando-se a equação 19.1:

$$v = \lambda f \rightarrow 340 \text{ m/s} = \lambda \times 440 \text{ Hz} \rightarrow \lambda \approx 77 \text{ cm}$$

Como o comprimento de onda é suficientemente maior que a distância entre os ouvidos, a onda que chegar, digamos, ao ouvido direito, terá uma fase (ponto do ciclo em que se encontra) suficientemente distinta da fase da onda que alcança, naquele mesmo instante, o ouvido esquerdo. Circuitos neurais ao longo das vias auditivas são organizados de tal modo a possibilitarem a detecção dessas diferenças de fases (processo que se inicia já nos núcleos olivares superiores), tornando possível a localização de um som contínuo, desde que tenha uma frequência relativamente baixa (com um comprimento de onda maior que a distância entre os ouvidos).

Para sons de frequências maiores que 1.800 Hz, o comprimento de onda torna-se menor que a distância entre os ouvidos, notando que mais de um ciclo ou mesmo múltiplos ciclos da onda cabem nessa distância. Esse fato torna ambígua a detecção de sua fase. No entanto, o espalhamento de ondas de maior frequência pela cabeça, que passa a refletir e absorver as ondas sonoras de frequência mais alta, possibilita que diferenças na intensidade dos sons que alcançam cada ouvido sejam detectadas. Em outras palavras, ondas de alta frequência são detectadas com diferentes intensidades pelos dois ouvidos, dependendo da localização dessas ondas no plano horizontal. Essa discriminação de intensidades já não é eficiente para ondas de baixa frequência, que sofrem difração e contornam a nossa cabeça, sendo que nossos ouvidos não distinguem suas intensidades. Neurônios das vias auditivas são capazes de detectar essas sutis diferenças interaurais de intensidade, produzidas pela localização, no plano horizontal, de fontes sonoras de frequências mais altas.

Em resumo, a localização de um som no plano horizontal depende da detecção de diferenças de fase para frequências entre 20 e 1.800 Hz, e da detecção de diferenças de intensidade para frequências maiores que 1.800 Hz. Ambos os processos dependem de circuitos neurais que recebem projeções binaurais, ou seja, de ambos os ouvidos, tornando possível a comparação de características, tais como fase ou intensidade, das ondas que alcançam cada lado da cabeça. Exceto pelos núcleos cocleares, cujos neurônios são monoaurais (recebem suas projeções de um só ouvido), todos os demais estágios de processamento ao longo das vias auditivas têm neurônios binaurais (Figura 19.12). Embora os mecanismos de localização sonora tenham um início precoce nas vias auditivas (começando já nos núcleos olivares superiores), eles dependem de vários outros circuitos neurais ao longo das projeções ascendentes, os quais incluem o colículo superior e áreas do córtex auditivo.

Mas o que acontece quando uma fonte sonora, localizada exatamente à nossa frente, move-se de cima para baixo, ou de baixo para cima, em um plano vertical? Nesse caso, não haverá diferenças de fase ou intensidade passíveis de serem detectadas pelos dois ouvidos. É aí que entra em cena a geometria de nossas orelhas. As reentrâncias e as saliências próprias de nossas orelhas, as quais exibem uma nítida assimetria ao longo de seus eixos superoinferior e anteroposterior, possibilitam reflexões das ondas sonoras que incidem sobre elas, introduzindo diferentes retardos temporais entre as ondas incidentes e as refletidas. Esse complexo padrão temporal, no entanto, altera-se quando a fonte sonora se desloca verticalmente, contribuindo para a localização espacial de um som no plano vertical. Muitas espécies animais, para as quais as informações sonoras são ainda mais decisivas para a sua adaptação ao ambiente, têm a capacidade de orientar espacialmente suas orelhas, em um processo análogo ao movimento dos olhos. O movimento das conchas auriculares possibilita, dessa maneira, maior precisão na localização de sons tanto no plano vertical quanto no horizontal.

PROJEÇÕES ASCENDENTES

As eferências dos núcleos cocleares são conduzidas por três vias principais: a estria acústica dorsal, a estria acústica intermédia e, mais importante, o corpo trapezoide (ver

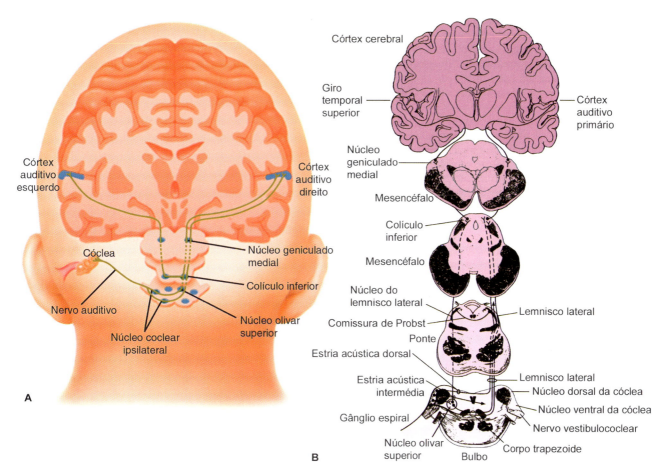

Figura 19.12 • Projeções auditivas ascendentes, exibindo as várias estações neurais de processamento. **A.** Visão topográfica, porém simplificada, das projeções auditivas ascendentes. **B.** Projeções auditivas com maior detalhamento hodológico. (Adaptada de Kandel et al., 1991.)

Figura 19.12). Do corpo trapezoide partem projeções ipsilaterais e contralaterais para os núcleos olivares superiores, dos quais o superior medial está envolvido principalmente na localização espacial de sons por meio de comparações temporais. Neurônios presentes nesse núcleo recebem projeções cocleares bilaterais, e são sensíveis a diferenças na fase de sons contínuos apresentados a ambos os ouvidos simultaneamente. Já o núcleo olivar superior lateral está associado a diferenças na intensidade dos sons que alcançam os ouvidos (participando da localização de sons de frequência mais alta). Projeções dos núcleos cocleares e olivares superiores, por intermédio do lemnisco lateral, alcançam o colículo inferior, o qual recebe aferências binaurais, preservando a organização tonotópica. Do colículo, partem axônios em direção ao tálamo ipsilateral. O principal núcleo talâmico envolvido no processamento da informação auditiva é o núcleo geniculado medial, que retransmite essa informação ao córtex auditivo ipsilateral, localizado no giro temporal superior (áreas 41 e 42). A aferência talamocortical não se constitui em uma projeção única e homogênea, mas apresenta múltiplas subdivisões, funcional e filogeneticamente distintas. Demonstrou-se, no entanto, que o córtex auditivo também se organiza tonotopicamente, apresentando vários mapas detalhados em que diferentes bandas de frequências são representadas ao longo de regiões corticais distintas. Em diferentes espécies, os tamanhos dessas regiões estão relacionados com a significância biológica (importância adaptativa) das frequências que representam, e não com a largura de banda das frequências em questão, em semelhança à representação cortical de outras modalidades sensoriais (tais como a representação somatotópica, no córtex somestésico, ou a retinotópica, no córtex visual).

As diferentes camadas do córtex auditivo apresentam conexões com outras partes do sistema nervoso, obedecendo a um padrão semelhante, mas não idêntico, ao que se observa em córtices primários de outras modalidades sensoriais. Por exemplo, as projeções talâmicas ao córtex auditivo destinam-se às camadas III e IV, enquanto as camadas V e VI projetam-se, respectivamente, ao corpo geniculado medial e ao colículo inferior. Portanto, em adição às vias de processamento paralelo, o sistema auditivo tem extensas vias de retroalimentação, que devem ser importantes na focalização da atenção sobre características particulares de um determinado estímulo sonoro.

Devido à representação bilateral das informações auditivas ao longo das vias ascendentes, e também em cada hemisfério cerebral, lesões unilaterais dessas vias ou do próprio córtex auditivo em geral não produzem déficits auditivos de muita gravidade. Outras áreas corticais localizadas nos lobos frontal e temporal também estão envolvidas no processamento de sons, particularmente aqueles estreitamente relacionados com a compreensão e a elaboração da fala, cujo desenvolvimento depende de maneira fundamental da sensibilidade auditiva.

O córtex auditivo de primatas é organizado em um centro cortical primário, localizado no giro de Heschl (aferente das projeções talamocorticais provenientes do núcleo geniculado medial), e de uma região periférica, a qual recebe projeções da área central.[2] Essas duas regiões, central e periférica, apresentam um padrão estritamente hierárquico em suas conexões, sugerindo certa segregação do processamento auditivo em diferentes módulos ou mesmo vias. Imagens obtidas por meio de ressonância magnética funcional (fMRI) sugerem que a região central do córtex auditivo humano responde mais intensamente a sons simples, como tons puros (senoidais), enquanto as regiões periféricas são ativadas preferencialmente por estímulos sonoros de maior complexidade espectral.

Estudos anatômicos e eletrofisiológicos em primatas não humanos, como também estudos de neuroimagem em humanos, sugerem a existência de vias paralelas de processamento no sistema auditivo, análogas às vias ventral e dorsal descritas no sistema visual (ver Capítulo 21, *Visão*). Uma via *"o quê"*, associada ao reconhecimento e à identificação de estímulos auditivos (incluindo o reconhecimento de voz), envolveria áreas anteriores e ventrais dos córtices auditivos, processando características temporais e espectrais dos sons. Já uma via *"onde"*, envolvendo áreas posteriores e dorsais, estaria relacionada com a localização de uma fonte sonora, a discriminação de diferentes fontes sonoras simultâneas e a detecção de seu movimento. Alguns autores postulam que a via auditiva dorsal participaria do processamento de "movimento espectral" de um som, ou seja, de suas variações em frequência. Variações na frequência de um estímulo complexo corresponderiam, assim, não a movimentos no espaço físico real, mas em um "espaço tonal". Aplicadas à percepção da fala, essas ideias assumem que a via auditiva dorsal extraia a mensagem verbal contida em uma sentença falada, enquanto a via ventral seja responsável pela identificação de quem fala.

A segregação dessas vias auditivas continua em suas projeções a outras áreas corticais, tais como regiões do córtex frontal. Uma área relativamente circunscrita do córtex pré-frontal contém neurônios predominantemente auditivos, responsivos a sons mais complexos, e recebe projeções separadas das regiões dorsal e ventral do córtex auditivo. Do mesmo modo que no sistema visual, essa segregação das vias auditivas não deve ser tomada como absoluta. Outras vias paralelas, processando aspectos particulares da cena auditiva, possivelmente coexistem com as vias principais atualmente descritas, e extensas interações dessas vias devem ocorrer ao longo do processamento auditivo.

FUNÇÃO AUDITIVA

Toda a informação auditiva penetra nossos ouvidos como um conjunto único de oscilações mecânicas. Em linguagem um pouco mais técnica, as aferências auditivas são combinadas, em sua totalidade, em uma única *dimensão*. No entanto, nosso sistema auditivo é capaz de realizar um conjunto amplo de operações que conduzem a uma rica experiência perceptiva. Esse conjunto inclui:

- A discriminação e a identificação das diferentes frequências que compõem um som complexo
- A localização espacial de uma fonte sonora
- O reconhecimento da identidade de uma fonte sonora

- O agrupamento de sons apresentados de maneira truncada em uma mesma sequência, e que podem ser reunidos pelo sistema auditivo, formando um todo contínuo
- A identificação e a separação de diferentes sequências sonoras, tais como aquelas produzidas por pessoas falando ao mesmo tempo em uma festa, por exemplo
- A escolha de uma sequência específica a qual voltamos nossa atenção, mesmo que não seja a mais próxima de nós, ou a mais intensa.

Essas habilidades do sistema auditivo não são, do ponto de vista computacional, uma tarefa trivial. Da mesma maneira que no sistema visual, essa tarefa é desempenhada por circuitos neurais que se organizam de modo hierárquico e especializado. A hierarquia é evidente nas projeções ascendentes da via auditiva que, desde a cóclea e núcleos do tronco encefálico até áreas corticais auditivas e associativas, vão adicionando uma crescente complexidade à construção da percepção auditiva. Essa organização hierárquica coexiste e complementa a especialização exibida por circuitos dedicados, por exemplo, à localização de uma fonte sonora independentemente de sua natureza, ou à identificação de sua natureza, independentemente de sua localização. O sistema auditivo torna-se, assim, capaz de realizar aquilo que se denomina *"análise da cena auditiva"*, ou seja, capaz de implementar a detecção, identificação, discriminação e localização (análise) dos vários componentes que se combinam em um complexo estímulo sonoro (cena auditiva).

Uma questão muito importante, e ainda não completamente respondida, diz respeito ao papel da atenção. Será a análise da cena auditiva realizada automaticamente, de modo pré-atencional, fornecendo aos circuitos atencionais um conjunto de características previamente segregadas para que possam ser, só então, selecionadas para um processamento mais elaborado? Ou terá a atenção um papel essencial na implementação daqueles processos que conduzem à análise da cena auditiva? Essa questão é, ainda hoje, objeto de muito debate. Em parte porque ainda faltam subsídios experimentais, e em parte porque ainda temos problemas conceituais relativos a uma concepção precisa dos processos atencionais. Uma alternativa é postular que circuitos precoces da via auditiva são responsáveis por aspectos cruciais da análise da cena auditiva, sendo essa análise uma condição necessária, mas não suficiente, para que o desfecho resulte em uma percepção auditiva consciente. É relativamente óbvio que mesmo áreas complexas do córtex cerebral não seriam capazes de localizar uma fonte sonora, por exemplo, se nenhuma informação elementar sobre essa localização estivesse disponível em circuitos do tronco encefálico. Por outro lado, o fato de circuitos do tronco encefálico fornecerem as informações necessárias para que áreas corticais efetuem a localização de uma fonte sonora não garante que essa localização seja realizada. Por exemplo, se o indivíduo estiver fortemente engajado em uma tarefa perceptiva que não requeira a localização espacial da fonte, mas sim a identificação de algum outro atributo. Mecanismos atencionais entrariam em jogo, influenciando até mesmo o processamento em circuitos precoces da via auditiva, sempre que esses e outros circuitos estivessem envolvidos no processamento dos aspectos da cena visual que interessam à tarefa em curso.

Acredita-se que áreas associativas, tais como aquelas encontradas nos córtices parietal e frontal, participem dos aspectos mais elaborados da integração auditiva, incluindo-se aí a alocação da atenção a aspectos específicos de um estímulo sonoro. Evidências clínicas mostram que lesões

---

[2] Com bases neuroanatômicas, o córtex auditivo tem sido parcelado em várias regiões, agrupadas por sua características citoarquitetônicas e hodológicas. Essa classificação divide o córtex auditivo em regiões que se arranjam de maneira concêntrica no lobo temporal e que, na literatura especializada, são denominadas, do centro para a periferia, *core*, *belt* e *parabelt*.

do lobo parietal direito, além dos déficits de atenção visual classicamente descritos (tais como a heminegligência, em que o paciente atende com dificuldade a estímulos visuais no hemicampo esquerdo), levam também a déficits auditivos análogos, como a dificuldade apresentada pelos pacientes em agrupar, em uma mesma sequência, sons apresentados ao ouvido esquerdo. Estudos de neuroimagem também revelam que regiões corticais em torno do sulco intraparietal (IPS), envolvidas na segregação de cenas visuais, têm sua atividade correlacionada também à discriminação atenta de sequências auditivas, exibindo assim um papel supramodal na organização perceptiva.

Um aspecto relevante a respeito da função auditiva é o fato de poder ser entendida a partir dos mesmos princípios conceituais utilizados na compreensão de outras modalidades sensoriais. Sua organização em duas vias principais, anteroventral e posterodorsal, associadas, respectivamente, à identificação e às relações espaciais de objetos da cena auditiva, é um princípio compartilhado por outros sistemas sensoriais, como o visual e o somestésico, além de possivelmente outros. Na verdade, essa aparente dicotomia anatômica e funcional pode ser mais bem compreendida se buscarmos entender suas interações nos processos que levam, a partir das informações sensoriais disponíveis, à geração de ações adaptativas (o que se denomina *ciclo percepção-ação*). Ou seja, essas duas vias, utilizando diferentes elementos do conjunto de informações sensoriais e operando em escalas temporais diferentes, complementam-se mutuamente na organização de ações que podem, assim, abranger um amplo espectro de complexidade. Esse espectro inclui desde as ações guiadas por pistas externas e que são executadas em tempo real, até as ações que requerem a formação de perceptos e sua disponibilidade mnemônica, cujos planejamento e execução podem exigir intervalos de tempo mais longos.

Sendo assim, à semelhança do que se observa em outras modalidades sensoriais, áreas dos córtices auditivos, tais como algumas localizadas ao longo da via posterodorsal, são responsivas não só a estímulos auditivos, mas, também, a projeções provenientes de áreas somestésicas e de córtices multissensoriais. Desse modo, as transformações espaciais que são realizadas nos circuitos posterodorsais, necessárias à contínua elaboração de um refinado ciclo percepção-ação, podem ser realizadas em um sistema de referência multissensorial, o que confere mais riqueza e flexibilidade ao repertório de comportamentos a serem emitidos.

BIBLIOGRAFIA

BEAR MF, CONNORS BW, PARADISO MA. *Neurociências: Desvendando o Sistema Nervoso*. 4. ed. Artmed, Porto Alegre, 2017.

EISBERG RM, LERNER LS. *Física: Fundamentos e Aplicações*. Vol. 2. McGraw-Hill do Brasil, São Paulo, 1983.

KANDEL ER, SCHWARTZ JH, JASSELL TM (Eds.). *Principles of neural science*. 3. ed. Appleton & Lange, Norwalk, 1991.

KANDEL ER, SCHWARTZ JH, JASSELL TM *et al*. *Princípios de Neurociências*. 5. ed. AMGH, Porto Alegre, 2014.

PATTON HD, HOWELL WH. *Textbook of Physiology*. 21. ed. Saunders, Philadelphia, 1989.

RAUSCHECKER JP, SCOTT SK. Maps and streams in the auditory cortex: nonhuman primates illuminate human speech processing. *Nat Neurosci*, 6:718-24, 2009.

READ HL, WINER JA, SCHREINER CE. Functional architecture of auditory cortex. *Curr Opin Neurobiol*, *12*:433-40, 2002.

Capítulo 20

Gustação e Olfação

Marcus Vinícius C. Baldo

- Introdução, *346*
- Sensibilidade gustativa, *346*
- Vias gustativas, *348*
- Sensibilidade olfatória, *350*
- Vias olfatórias, *352*
- Integração olfação-gustação e o sabor dos alimentos, *353*
- Bibliografia, *354*

INTRODUÇÃO

A sensibilidade química corresponde, genericamente, à capacidade de uma célula responder a uma substância química específica ou a um conjunto de substâncias químicas estruturalmente relacionadas, e está situada entre as modalidades sensoriais filogeneticamente mais antigas, remontando aos procariotas. A adaptação de um organismo primitivo ao seu meio ambiente certamente dependeu, a princípio, da identificação de substâncias presentes nesse meio e da elaboração de algum tipo de resposta, mesmo que rudimentar. Na verdade, a resposta de uma célula à presença de um agente químico é um aspecto compartilhado por vários sistemas neurobiológicos, em particular, e fisiológicos, em geral. São exemplos notáveis a transmissão sináptica por meio de neurotransmissores e os complexos sistemas de comunicação hormonal. O próprio estabelecimento de conexões neurais durante a ontogênese depende criticamente de uma comunicação química. Neste capítulo, trataremos de um conjunto particular de quimiocepção envolvendo modalidades responsáveis pela identificação de substâncias presentes nos alimentos ingeridos e no ar inspirado, respectivamente denominadas *gustação* e *olfação*. Essas modalidades sensoriais são fundamentais na elaboração de vários comportamentos, destacando-se os comportamentos alimentar e sexual, que são, obviamente, imprescindíveis para a preservação do indivíduo e da espécie.

A sensibilidade química não se restringe às duas modalidades mencionadas anteriormente, e inclui ainda a capacidade de certas células de responder, por exemplo, à concentração plasmática de glicose ou hidrogênio, ou ainda à pressão parcial de oxigênio e gás carbônico dissolvidos no sangue. Essas modalidades de sensibilidade química, que fazem parte da *interocepção* (ver Capítulo 16, *Organização Geral dos Sistemas Sensoriais*), participam de alças fisiológicas de realimentação que organizam ajustes vegetativos, respiratórios e neuroendócrinos, visando manter a estabilidade do meio interno. Ao contrário da gustação e olfação, essas modalidades não promovem, diretamente, a percepção consciente do estímulo sensorial. Essa diferença ressalta o papel relevante da estimulação gustativa e olfatória na elaboração de comportamentos mais integrados e plásticos.

SENSIBILIDADE GUSTATIVA

Nessa modalidade sensorial, os receptores são células sensíveis a íons e moléculas presentes principalmente, mas não exclusivamente, nos alimentos ingeridos. Em seres humanos, receptores gustativos são encontrados na língua, faringe, epiglote, porção superior do esôfago e palato, e são agrupados em botões gustativos, que por sua vez agrupam-se em papilas gustativas. Há diversos tipos de papilas, diferentemente distribuídas na superfície da língua (Figura 20.1). O botão gustativo também tem diferentes tipos celulares, que fornecem sustentação às células receptoras e promovem sua contínua renovação.

Embora um determinado sabor seja uma complexa mistura de diferentes qualidades, a sensibilidade gustativa pode ser agrupada em cinco qualidades fundamentais: *doce, salgado, azedo, amargo* e *umami*. A razão para a existência desses gostos primários está relacionada com os seus significados adaptativos: enquanto muitos alimentos são doces (p. ex., a maioria das frutas), a ingestão de sal é essencial para o balanço hidreletrolítico; já os gostos azedo e amargo estão associados a substâncias que podem ser nocivas quando ingeridas em excesso ou mesmo em pequenas quantidades, como venenos contidos em muitas plantas. A quinta qualidade gustativa, umami (que significa "delicioso" em japonês), está associada à detecção de certos aminoácidos, sobretudo o glutamato monossódico.

Técnicas atuais de registro eletrofisiológico permitiram caracterizar, em termos celulares, os mecanismos de transdução envolvidos na sensibilidade desses cinco gostos primários. A Figura 20.2 esquematiza os mecanismos básicos que se acredita estarem envolvidos na transdução das submodalidades gustativas.

▶ Azedo e salgado

Prótons parecem ser o estímulo primário na sensação de gostos azedos, já que a concentração ácida de um estímulo gustativo e a intensidade do gosto azedo produzido são, aproximadamente, proporcionais entre si. O processo de transdução induzido pela ação de íons H⁺ extracelulares sobre os receptores

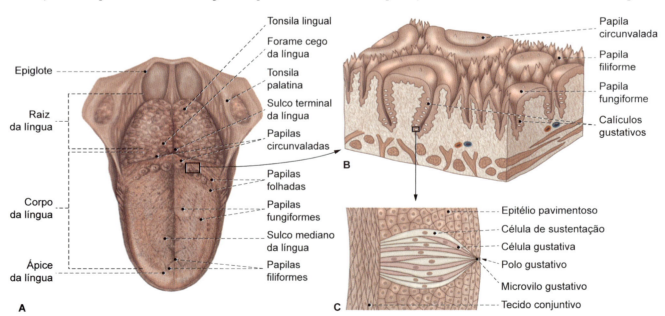

Figura 20.1 ▪ Organização esquemática da língua humana. Em **A**, observamos a distribuição dos botões gustativos e a inervação gustativa da língua. Os principais tipos de papilas gustativas são vistos em **B**, enquanto em **C** temos, em maior detalhe, a estrutura de um botão gustativo.

Gustação e Olfação 347

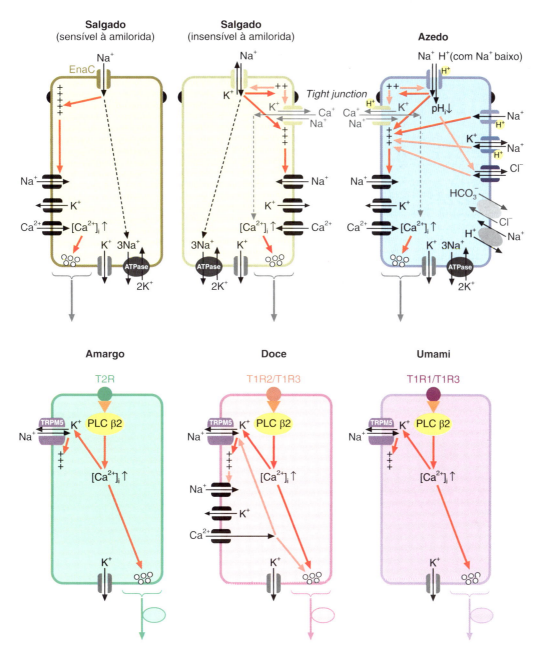

Figura 20.2 ▪ Possíveis mecanismos de transdução gustativa. Substâncias agindo sobre a membrana da célula receptora podem alterar seu potencial transmembrana pela ação direta sobre canais iônicos ou, então, pela mediação de segundos mensageiros. *T1R1, T1R2, T1R3* e *T2R*, famílias de receptores metabotrópicos que pertencem à superfamília dos receptores acoplados à proteína G. *TRPM5* (*transient receptor potential cation channel subfamily M member 5*), canal pertencente à família de proteínas TRP que exibem diferentes características estruturais típicas de canais iônicos; desempenha um papel importante nos receptores de sabor, embora seu mecanismo de ativação ainda seja controverso e sua função na transdução de sinal, desconhecida. Mais detalhes no texto. (Adaptada de Sugita, 2006.)

gustativos parece envolver diferentes mecanismos biofísicos, tais como: (1) canais iônicos dedicados à condução de íons H^+, (2) canais iônicos modulados pela concentração extracelular de H^+ ou mesmo (3) proteínas de membranas, transportadoras de íons, moduladas pelo pH extracelular. Por exemplo, íons H^+ presentes em uma substância ácida podem, na membrana de um receptor gustativo, bloquear seletivamente canais de K^+ ou, alternativamente, abrir canais de Na^+, permitindo que a corrente elétrica resultante hipopolarize a célula, dando início ao potencial receptor. A entrada direta de H^+ na célula também pode contribuir para uma hipopolarização que estará associada ao gosto azedo. No entanto, devemos lembrar que o pH intracelular é uma variável mantida entre estreitas faixas de controle homeostático, o que diminui a importância desse influxo de H^+ como mecanismo de transdução.

No caso da ingestão de uma substância salgada, íons Na^+ entram na célula gustativa a favor de seu gradiente eletroquímico, através de canais iônicos específicos (um tipo de canal de sódio que permanece sempre aberto). O influxo de sódio hipopolariza a célula receptora, originando o potencial receptor. A amilorida, um bloqueador desse tipo de canal de Na^+, abole a resposta de fibras gustativas à estimulação por cloreto de sódio, bloqueando também, ao menos parcialmente, a sensação de salgado. A participação, nesse processo de transdução, de outro tipo de canal de sódio não sensível à amilorida também tem sido relatada recentemente. Canais de sódio não sensíveis à amilorida podem ser também ativados por outros sais, que não o cloreto de sódio, tais como o cloreto de potássio. No entanto, o significado funcional desses diferentes mecanismos para a sensibilidade ao salgado ainda permanece obscuro.

▶ Doce, amargo e umami

Mecanismos celulares mais elaborados estão envolvidos na transdução de substâncias doces, amargas e também aminoácidos, já que suas estruturas moleculares são mais complexas que as associadas a íons H^+ e Na^+. Duas famílias de receptores metabotrópicos, T1R e T2R, que pertencem à superfamília dos *receptores acoplados à proteína G* (GPCR, na sigla em inglês), estão envolvidas no processo de transdução do doce, do amargo e do umami. A ativação de um receptor metabotrópico pertencente às famílias T1R ou T2R leva à geração de uma cascata metabólica que envolve a ativação da fosfolipase C (PLC), que induz a produção intracelular de diacilglicerol (DAG) e trifosfato de inositol (IP_3). Esses segundos mensageiros são responsáveis pela liberação citoplasmática de íons Ca^{2+}, que deflagra a abertura de canais iônicos seletivos a Na^+, conduzindo à hipopolarização da célula gustativa (potencial gerador).

A transdução de substâncias doces, normalmente presentes em frutas e outros tipos de alimentos, e também de diversos edulcorantes, depende de receptores heterodiméricos (formados por duas diferentes subunidades) pertencentes à família T1R (T1R2 e T1R3). Compostos amargos ativam receptores homodiméricos da família T2R. O gosto amargo, em geral, se associa a substâncias potencialmente danosas ao organismo. Como muitas substâncias diferentes podem produzir um gosto amargo, incluindo sais, ácidos, e alguns açúcares, não surpreende o fato de que a família de proteínas T2R, responsáveis pela iniciação desse gosto, contenha cerca de 30 membros distintos.

A maior parte dos alimentos contém, em sua composição, a presença de aminoácidos, cuja ingestão é essencial ao organismo. A detecção gustativa de aminoácidos depende da presença de receptores GPCR também formados por duas subunidades proteicas distintas, T1R1 e T1R3. Enquanto em algumas espécies, como camundongos, por exemplo, os receptores T1R1/T1R3 são ativados por uma classe relativamente ampla de L-aminoácidos, em seres humanos sua resposta está mais sintonizada à ativação por glutamato.

Um mesmo grupo de células gustativas pode coexpressar diversos receptores da família T2R, significando que essas células podem iniciar o processo de detecção de uma ampla classe de substâncias amargas sem, no entanto, poder discriminá-las finamente. Além disso, embora um mesmo botão gustativo tenha células que expressam receptores de ambas as famílias T1R e T2R, a mesma célula gustativa não produz, simultaneamente, proteínas pertencentes a essas duas diferentes famílias. Da mesma maneira, ainda não foi observada a coexpressão, por uma mesma célula, dos genes que codificam a síntese dos receptores T1R1 e T1R2. Em conjunto, essas observações indicam que as modalidades gustativas associadas ao doce, amargo e umami são codificadas separadamente por meio da ativação de diferentes tipos celulares.

VIAS GUSTATIVAS

A célula receptora gustativa, desprovida de axônio, transmite a informação sinapticamente aos terminais de fibras aferentes que compõem os VII e IX pares de nervos cranianos, respectivamente facial e glossofaríngeo. Um ramo do nervo vago (X par) também inerva botões gustativos presentes na epiglote e porção superior do esôfago. O principal neurotransmissor responsável pela comunicação entre a célula receptora e fibra aferente primária é o trifosfato de adenosina (ATP) que, liberado na fenda sináptica, alcança receptores purinérgicos do tipo P2X2/P2X3 na membrana pós-sináptica do neurônio sensorial primário.

Uma única fibra gustativa, embora possa responder preferencialmente a um dos cinco estímulos básicos, responde com diferentes graus de intensidade a outros estímulos gustativos. Uma fibra gustativa recebe, portanto, a influência de células receptoras com diferentes especificidades. A qualidade sensorial de um estímulo gustativo não deve depender apenas da ativação de um grupo isolado de fibras, mas de um elaborado padrão na atividade dos diferentes tipos de fibras sensoriais primárias e dos neurônios aos quais se projetam. Em outras palavras, acredita-se que a informação gustativa seja codificada por meio de interações das diferentes submodalidades gustativas, de maneira análoga àquela observada em outras modalidades sensoriais. Esse tipo de codificação é uma "linguagem" comum utilizada pelo sistema nervoso em muitas outras instâncias da atividade neural, não restritas ao processamento sensorial. Sendo assim, o "código" (aqui, código refere-se à detecção e identificação de um dado gosto) depende não da atividade de um neurônio específico ou de um pequeno e particular conjunto de neurônios, mas da atividade combinada de um grupo neuronal, o que se denomina "código de população". Essa "linguagem" neural permite uma expansão combinatória da quantidade de padrões que podem ser identificados, quantidade essa que vai muito além do número de tipos de neurônios envolvidos.

As informações gustativas, assim codificadas, projetam-se ao núcleo do trato solitário (NTS), localizado no bulbo (Figura 20.3), o qual preserva, similarmente ao que ocorre nas projeções talâmicas e corticais, uma segregação espacial das submodalidades gustativas observadas na língua. As projeções gustativas ao NTS terminam em sua porção rostrolateral, denominada núcleo gustatório. O NTS também está envolvido na recepção de outras aferências viscerais, incluindo informações cardiovasculares, respiratórias e digestivas.

Em primatas, projeções da porção gustativa do NTS cursam diretamente ao núcleo ventroposteromedial do tálamo, em que neurônios recebendo as aferências gustativas encontram-se segregados em relação àqueles associados a outras modalidades sensoriais originadas da língua. Essas informações continuam por uma via gustativa específica que alcança o córtex gustativo primário, localizado no córtex insular anterior. Projeções do córtex gustativo primário partem para o núcleo central da amígdala e de lá para o hipotálamo e áreas dopaminérgicas do mesencéfalo. Ainda do córtex gustativo primário partem projeções diretas para uma área do córtex orbitofrontal, por isso denominada córtex gustativo secundário. O córtex orbitofrontal recebe projeções de outras modalidades sensoriais, tais como olfação, visão, somestesia e interocepção, podendo contribuir para a integração multimodal que constitui o sabor de um alimento. Adicionalmente, o córtex gustativo também envia projeções descendentes para núcleos do tronco encefálico, tais como o NTS, oferecendo mais um importante exemplo de controle eferente da sensibilidade. Embora a percepção consciente de um estímulo gustativo seja um componente fundamental dessa modalidade sensorial, as vias gustativas são importantes na organização de muitos outros tipos de resposta. Há um conjunto de reflexos envolvidos no controle de ações motoras e vegetativas durante a ingestão de alimentos, incluindo-se reflexos de proteção contra a ingestão de substâncias irritantes ou tóxicas e também

Gustação e Olfação   349

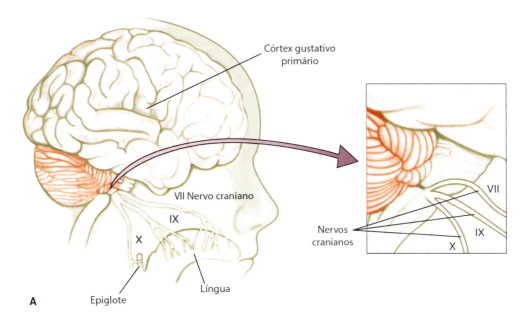

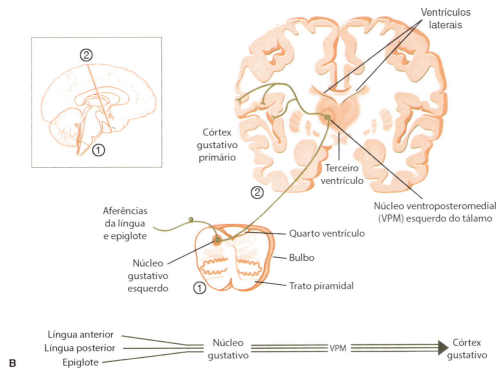

Figura 20.3 ▪ Vias gustativas. **A.** Inervação da língua e epiglote pelos pares de nervos cranianos. **B.** Projeções gustativas ascendentes. (Adaptada de Bear *et al.*, 2002.)

reflexos salivatórios. Esses reflexos são também essenciais para a adaptação adequada de um organismo ao seu ambiente, e são organizados por circuitos neurais localizados principalmente no tronco encefálico. Um exemplo que ilustra a complexidade e a sutileza desses reflexos é o aumento no fluxo de uma saliva mais fluida produzido por estímulos azedos, mediado por uma ação parassimpática, enquanto estímulos doces produzem menor aumento no fluxo salivar, mas incrementam o conteúdo salivar de amilase, o que reflete uma ação simpática. Esse exemplo ilustra a fina integração da sensibilidade gustativa com respostas autonômicas, envolvendo circuitos que se estendem do tronco encefálico à medula espinal, além de sua coordenação superior por circuitos hipotalâmicos e telencefálicos.

Além da ação que a estimulação gustativa pode ter sobre a salivação, devemos ter em mente que a saliva é um componente fundamental da sensibilidade gustativa. Todos nós já experimentamos a dificuldade em saborear um alimento quando a cavidade oral está muito seca. A saliva não só age como um solvente, permitindo a dissolução das substâncias gustativas em um meio líquido, como transporta essas substâncias, possibilitando seu contato intermitente com os receptores gustativos. Além disso, proteínas presentes na composição salivar podem ligar-se a substâncias gustativas, favorecendo seu contato com receptores ou removendo-as deles. Assim, podemos considerar a saliva como um importante elemento do processo de transdução gustativa.

SENSIBILIDADE OLFATÓRIA

O sistema olfatório de vertebrados é especializado em discriminar uma enorme variedade de moléculas, com diferentes formas e tamanhos, presentes no ambiente mesmo em diminutas quantidades. A capacidade de discriminar essas diferentes substâncias depende de uma série de etapas de processamento que ocorrem em diferentes estruturas ao longo do sistema olfatório: epitélio olfatório no nariz, bulbo olfatório e estruturas hierarquicamente superiores, tais como o córtex piriforme, que recebe a informação proveniente do bulbo olfatório e a distribui para outras regiões do sistema nervoso.

O primeiro passo envolvido na sensibilidade olfatória ocorre nos neurônios sensoriais que compõem o epitélio olfatório, presente, em mamíferos, na cavidade nasal posterior (Figura 20.4). Os neurônios olfatórios, que são células nervosas bipolares, têm uma vida média de 30 a 60 dias, sendo continuamente substituídos a partir de células-tronco localizadas no epitélio olfatório. De seu polo apical origina-se um dendrito único que se estende à superfície epitelial. Numerosos cílios projetam-se desse dendrito, compondo uma extensa superfície receptora. Do polo oposto da célula receptora parte um axônio único em direção ao bulbo olfatório. Substâncias presentes na cavidade nasal se ligam a receptores específicos nos cílios dos neurônios olfatórios e dão origem a uma cascata de eventos que culminam na geração de potenciais de ação nos axônios dessas células, transmitindo essa informação ao bulbo olfatório.

Há muito tempo se reconhece a habilidade de mamíferos em identificar e distinguir uma imensa variedade de odores. Essa habilidade, no entanto, varia entre as diferentes ordens de mamíferos, sendo menor nos primatas em comparação, por exemplo, aos roedores, considerados *macrosmáticos* por disporem de uma refinada sensibilidade olfatória. Há indícios filogenéticos de que a redução no poder de resolução olfatória, em nossos ancestrais primatas, tenha coincidido com o desenvolvimento da visão tricromática. Primatas, em geral, e seres humanos, em particular, são animais *microsmáticos*, para os quais a visão representa a principal fonte de informação sensorial sobre o meio circundante.

Na década de 1960, Amoore propôs que deficiências seletivas no reconhecimento de certos odores pudessem ser causadas por defeitos genéticos associados a proteínas que funcionassem como receptores odoríferos (RO). Posteriormente foram obtidas evidências experimentais que suportavam a existência de tais proteínas. Mais recentemente, foi identificada, em ratos, uma grande família de genes que codificam centenas de diferentes RO expressos por neurônios olfatórios, e que pertencem a uma superfamília de receptores que funcionam acoplados à proteína G, de modo semelhante ao observado nos receptores gustativos e em outras vias de sinalização neurais e hormonais. Famílias homólogas dos genes de RO foram identificadas em várias outras espécies, incluindo a humana. As características desse grupo de receptores odoríferos são consistentes com a habilidade de interagir com uma grande variedade de ligantes estruturalmente diversos: a família de RO é extremamente grande, compreendendo, em humanos e roedores, de 500 a 1.000 genes, aproximadamente. No entanto, muitos dos genes que codificam essa família de receptores odoríferos são, na verdade, pseudogenes, ou seja, deixaram de ser funcionais durante o processo evolutivo. A fração de pseudogenes varia entre as espécies, chegando, em seres humanos, a cerca de 52% dos genes RO. Apesar de sua

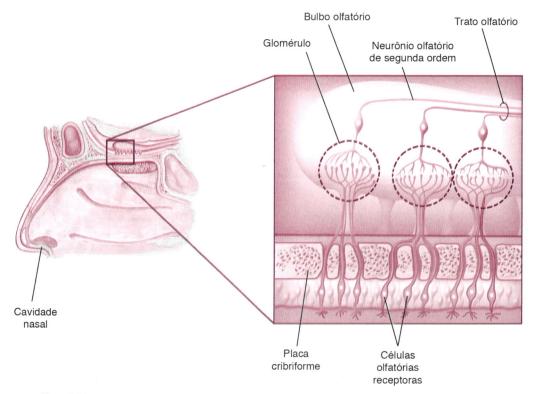

Figura 20.4 • Corte sagital exibindo a cavidade nasal e detalhe do epitélio olfatório. (Adaptada de Bear *et al.*, 2002.)

diversidade, os genes associados aos RO podem ser agrupados em subfamílias, com base na similaridade de sequências de nucleotídios e a consequente habilidade desses subconjuntos de hibridizarem mutuamente. Membros da mesma subfamília codificam receptores que se assemelham quanto à sequência de aminoácidos, e, portanto, capazes de reconhecer ligantes estruturalmente semelhantes.

Como mencionado anteriormente, a ligação de uma substância a um RO induz uma cascata de transdução que culmina com a geração de um potencial de ação no axônio do neurônio olfatório. Essa cascata bioquímica não só promove o processo de transdução e amplificação do estímulo olfatório, mas é também responsável pelo término desse processo de ativação. A Figura 20.5 mostra um modelo dos eventos bioquímicos envolvidos no processo de transdução olfatória conhecido até o presente. A ligação de uma substância odorífera a um receptor acoplado a uma proteína G leva à liberação de subunidades dessa proteína. A subunidade α estimula uma adenilciclase, causando um aumento na concentração de monofosfato de adenosina cíclico (cAMP). O cAMP, além de poder induzir efeitos a longo prazo (tais como os que envolvem a modulação da expressão gênica), é responsável pela abertura de canais de cátions modulados por nucleotídios cíclicos, sendo que íons Na^+ e Ca^{2+} fluindo por esses canais hipopolarizam o neurônio olfatório, causando um potencial de ação. É possível que outras vias de sinalização intracelular também contribuam para a transdução olfatória, tais como as que envolvem o IP_3 ou o monofosfato de guanosina cíclico (cGMP), embora o exato significado fisiológico dessa contribuição ainda precise ser esclarecido. Deve ficar claro que esse modelo de interações bioquímicas envolvidas na transdução olfatória é ainda incompleto e, às vezes, especulativo. Novos resultados irão, futuramente, alterar e complementar o conhecimento a respeito desses processos sensoriais básicos.

▶ Codificação da informação no epitélio olfatório

A exposição de neurônios olfatórios a substâncias odoríferas geralmente provoca uma resposta hipopolarizante, embora hiperpolarizações também possam ser observadas. A frequência de potenciais de ação provocados no neurônio aumenta em função da concentração da substância odorífera, fornecendo mais um exemplo do mecanismo utilizado pelo sistema nervoso na codificação da intensidade de um estímulo sensorial. Vários estudos eletrofisiológicos têm mostrado que um mesmo neurônio olfatório pode responder a uma variedade de substâncias, mas que diferentes conjuntos de neurônios respondem a conjuntos distintos de substâncias. Portanto, diferentes substâncias são codificadas por populações neuronais funcionalmente superpostas, a exemplo da sensibilidade gustativa e ainda outras modalidades sensoriais. Especula-se, também, que o padrão temporal na descarga de um único neurônio em resposta a um conjunto de substâncias possa contribuir para a codificação desses estímulos.

Estudos de hibridização *in situ* mostraram que cada gene responsável por um receptor odorífero (RO) é expresso em uma reduzida fração dos neurônios olfatórios. A partir daí, análises quantitativas indicaram que cada neurônio expressa apenas o gene responsável por um único RO e que, portanto, a informação transmitida ao bulbo olfatório por um neurônio reflita diretamente a especificidade de um único tipo de RO. Embora a resposta máxima a diferentes substâncias ocorra em regiões diversas do epitélio olfatório, a resposta a uma determinada substância é obtida em muitas regiões do epitélio. Essa é uma evidência adicional de que o gene associado a um RO não se encontra localizado em pequenas áreas do epitélio, mas sim disperso sobre regiões maiores da superfície epitelial. Em camundongos e ratos, essas regiões formam, pelo menos, quatro zonas distintas nas quais diferentes conjuntos de genes RO são expressos. Neurônios que expressam o mesmo gene (e, portanto, são ativados pelas mesmas substâncias), ou que expressam genes membros da mesma subfamília (e, portanto, são ativados por substâncias semelhantes), estão confinados à mesma zona. Estudos neuroanatômicos mostram que essa organização topográfica encontrada no epitélio olfatório é preservada em suas projeções ao bulbo olfatório, semelhantemente à organização topográfica (retinotópica, somatotópica, tonotópica) encontrada em outras modalidades sensoriais.

Os axônios dos neurônios olfatórios, em cada cavidade nasal, projetam-se ao bulbo olfatório ipsilateral, que se localiza acima e posteriormente à cavidade (ver Figura 20.4). No bulbo olfatório, os axônios das células receptoras fazem

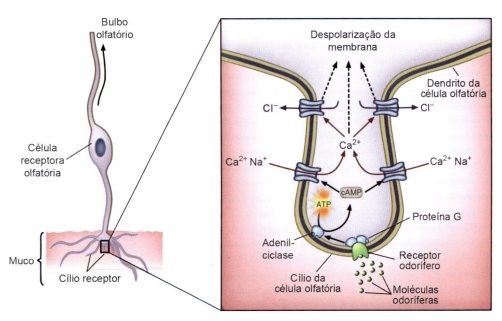

Figura 20.5 ▪ Possíveis mecanismos da transdução olfatória. Mais detalhes no texto. (Adaptada de Bear *et al.*, 2002.)

contato sináptico em estruturas denominadas glomérulos, com dendritos de interneurônios e com dendritos de neurônios secundários (células mitral e em tufo) que levam a informação ao córtex olfatório. Glomérulos individuais recebem projeções convergentes originadas em diferentes regiões do epitélio olfatório, e respondem a diferentes substâncias odoríferas (Figura 20.6). Estudos relativamente recentes também mostram que cada substância, individualmente, induz atividade em vários glomérulos diferentes. Acredita-se que cada glomérulo receba a projeção de neurônios que expressam um mesmo RO, e que vários glomérulos ativados por uma única substância recebam projeções de diferentes RO, em vez de um único RO que se projeta sobre vários glomérulos. Por sua vez, a habilidade de um único glomérulo em responder a diferentes substâncias deriva não da inervação daquele glomérulo por neurônios expressando diversos RO, mas sim da capacidade de um único RO de reconhecer substâncias distintas. Em suma, cada substância é reconhecida por diferentes RO, e cada RO reconhece diferentes substâncias. Este fato é consistente com a capacidade de células receptoras individuais, as quais expressam um único RO, de responder a diversas substâncias. Diferentes RO que interagem com uma mesma substância odorífera devem reconhecer diversas características estruturais dessa substância, e substâncias distintas devem compartilhar algumas dessas características, mas diferir em outras.

Como consequência das considerações feitas, uma substância odorífera seria representada espacialmente no bulbo olfatório por meio de uma combinação única de glomérulos. Cada glomérulo, por sua vez, serviria como parte de um código para muitas substâncias diferentes. Algumas vantagens emergem desse mecanismo de codificação neural, como já vimos denominado "código de população": (1) a capacidade de discriminar muito mais substâncias do que o número de receptores odoríferos existentes, já que essa capacidade dependeria do número possível de combinações entre eles; (2) e também a capacidade de reconhecer padrões olfatórios jamais encontrados anteriormente, ou não encontrados por longos períodos de tempo. A manutenção de uma sinapse funcionalmente íntegra muitas vezes exige a atividade, mesmo que ocasional, desse circuito neural. Se um RO (ou um glomérulo) fosse específico para uma dada substância, a ausência da estimulação olfatória por essa substância levaria a uma degradação na capacidade do sistema olfatório em reconhecer esse referido estímulo. Porém, como os glomérulos são compartilhados, em diferentes combinações, na identificação de muitos odores, um odor específico pode manter-se efetivo por um longo tempo, ainda que raramente encontrado pelo animal, já que os processos sinápticos que propiciam sua identificação continuam sendo constantemente utilizados por outros estímulos, mais frequentes, cuja codificação inclui muitas das mesmas sinapses.

VIAS OLFATÓRIAS

Registros eletrofisiológicos de células mitrais e em tufo revelam que as células granulares e periglomerulares organizam circuitos locais inibitórios. O bulbo olfatório, por meio desses circuitos, processa e refina a informação sensorial antes de enviá-la ao córtex olfatório pelo trato olfatório lateral. O córtex olfatório é subdividido em cinco áreas principais (Figura 20.7): *núcleo olfatório anterior*, que parece mediar, por meio da comissura anterior, a comunicação entre regiões bilateralmente simétricas dos dois bulbos olfatórios; *córtex piriforme*, que se constitui na principal área envolvida na discriminação olfatória; *tubérculo olfatório*, que envia projeções ao núcleo mediodorsal do tálamo que, por sua vez, se projeta ao córtex orbitofrontal, envolvido na percepção olfatória consciente; *núcleo cortical da amígdala* e *córtex entorrinal*, os quais se projetam para o hipotálamo e o hipocampo e parecem estar envolvidos nos atributos afetivos que acompanham um estímulo olfatório.

Projeções convergentes ao bulbo olfatório partem de várias regiões do sistema nervoso, incluindo áreas corticais olfatórias, prosencéfalo basal, *locus ceruleus* e núcleos da rafe. Por meio desse controle eferente, o bulbo olfatório pode ser modulado por essas diversas áreas, permitindo a atribuição de diferentes significados a um mesmo odor, dependendo das

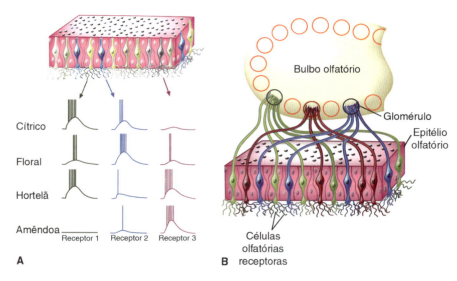

Figura 20.6 • Codificação olfatória. **A.** Neste exemplo, neurônios expressando três tipos diferentes de receptores odoríferos (RO) são estimulados por quatro diferentes odores: cítrico, floral, hortelã e amêndoa. **B.** Observa-se que neurônios expressando o mesmo RO projetam-se para um mesmo glomérulo no bulbo olfatório. (Adaptada de Bear *et al.*, 2002.)

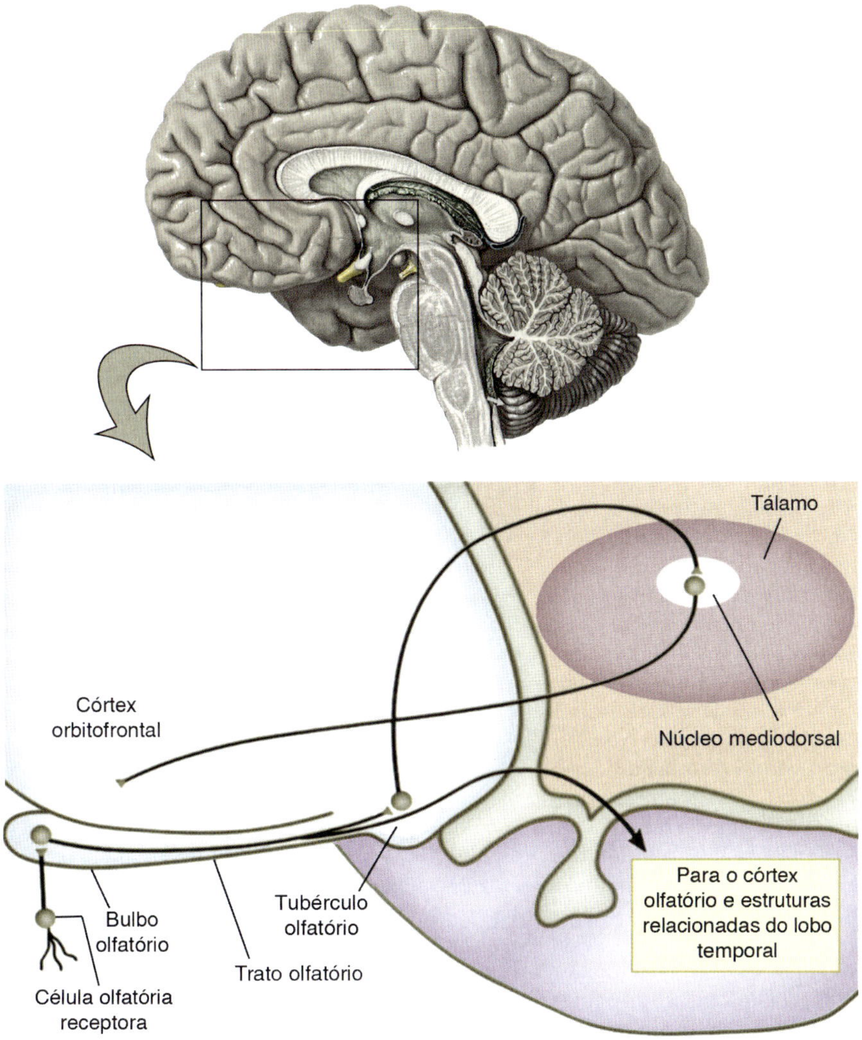

Figura 20.7 • Projeções ascendentes da via olfatória. O córtex piriforme e o tubérculo olfatório (que envia projeções ao núcleo mediodorsal do tálamo e daí para o córtex orbitofrontal) parecem estar envolvidos na percepção olfatória consciente. O núcleo cortical da amígdala e o córtex entorrinal estão envolvidos nos componentes afetivos da sensibilidade olfatória. (Adaptada de Bear et al., 2002.)

circunstâncias fisiológicas e comportamentais do organismo. A importância dessa modulação da percepção olfatória torna-se evidente se considerarmos a relevância da olfação em comportamentos decisivos à adaptação do indivíduo, tais como a ingestão alimentar e o acasalamento.

O conjunto de áreas corticais envolvidas no processamento olfatório é denominado, por vários autores, de *rinencéfalo*, e não exibe as seis camadas celulares encontradas em áreas corticais filogeneticamente mais recentes (neocórtex). O rinencéfalo é composto pelo alocórtex, filogeneticamente mais antigo, e mais diretamente relacionado com circuitos corticais envolvidos em estados afetivos e respostas emocionais. Portanto, não é surpreendente que odores (e também estímulos gustativos) possam deflagrar intensas reações emocionais, tanto em humanos quanto em outros animais. Essa característica define a valência afetiva atribuída aos odores, ou seja, sua capacidade em nos despertar sensações agradáveis (valor hedônico positivo) ou desagradáveis (valor hedônico negativo). Estímulos visuais e auditivos, cujo processamento cortical inicial é realizado por circuitos neocorticais, são menos potentes que os estímulos olfatórios em sua capacidade de ativar os circuitos responsáveis por respostas emocionais.

INTEGRAÇÃO OLFAÇÃO-GUSTAÇÃO E O SABOR DOS ALIMENTOS

No século XVIII, Haller definia *sabor* como a soma de gostos e odores. Na verdade, mais do que a soma das ativações gustativa e olfatória, o sabor de algo que ingerimos depende de uma complexa interação dessas e de outras modalidades sensoriais. Sabemos a diferença entre beber um copo de refrigerante, quando bem gelado, e beber o mesmo refrigerante se estiver à temperatura ambiente. Da mesma maneira, o pão fresquinho que acaba de chegar da padaria não terá o mesmo sabor no dia seguinte. Percebemos, portanto, que, ao lado das qualidades gustativas e olfatórias que caracterizam um alimento, outras qualidades são igualmente importantes para construir a percepção de seu sabor, tais como a sua temperatura, consistência e textura. Essas outras qualidades são percebidas por meio da estimulação de receptores que constituem a sensibilidade somestésica da cavidade oral (mecanoceptores e termoceptores). Mesmo nociceptores (que também fazem parte da sensibilidade somestésica) contribuem para o sabor de um alimento, por serem ativados por substâncias, como a capsaicina, encontrada em algumas pimentas, e que tanto contribuem para a riqueza de nosso paladar.

Um aspecto ainda controvertido é o mecanismo responsável pelo sabor produzido pelas gorduras presentes em um alimento. Alguns autores acreditam que a viscosidade e a textura dos alimentos gordurosos sejam os únicos atributos que compõem seu sabor, mediado, portanto, pela sensibilidade somestésica, tal como acontece como a sensação adstringente produzida por polifenóis presentes em algumas frutas, chás e vinhos (e que decorre da precipitação, na saliva, de aminoácidos ricos em prolina). No entanto, foram encontrados, recentemente, receptores/transportadores de ácidos graxos na membrana de células gustativas, que podem se ligar a ácidos graxos de cadeia longa e facilitar seu transporte para o interior da célula. A inativação do gene que codifica a síntese desses receptores/transportadores diminui o apetite de camundongos por alimentos enriquecidos com ácidos graxos, o que dá força à proposta, defendida por alguns autores, de que um mecanismo gustativo primário deva ser associado a estímulos gordurosos.

O que podemos afirmar, com certeza, é que estímulos gustativos, olfatórios, mecânicos, térmicos e mesmo nociceptivos contribuem para compor o sabor de um alimento.

Podemos ir além e incluir os proprioceptores dos músculos mastigatórios e da articulação temporomandibular, além de mecanoceptores periodontais, como uma fonte de informações sensoriais que contribui para um dado sabor. Afinal, a maciez de um alimento é também percebida e avaliada a partir da contribuição de informações proprioceptivas.

Dados obtidos por métodos de neuroimagem dão suporte a essa ideia de composição multisensorial do sabor dos alimentos. Imagens de ressonância magnética funcional mostraram que estímulos gustativos, olfatórios e somestésicos, provenientes da cavidade oral, causam ativações neurais que se superpõem em várias áreas corticais, tais como ínsula, córtex orbitofrontal e giro do cíngulo (Figura 20.8). Tais evidências sugerem que essas estruturas corticais têm um papel central na integração de informações sensoriais distintas, mas que

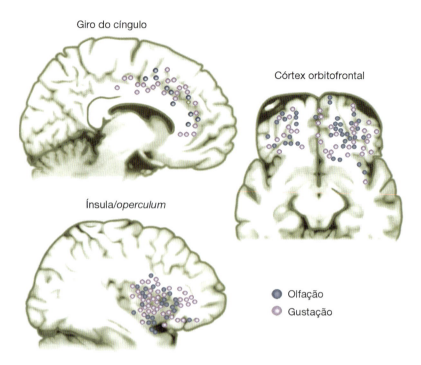

Figura 20.8 ▪ Integração olfação-gustação. Por meio de métodos de neuroimagem, é possível evidenciar que estímulos gustativos e olfatórios produzem ativações neurais que se superpõem em várias áreas corticais, tais como ínsula, córtex orbitofrontal e giro do cíngulo. (Adaptada de Small e Prescott, 2005.)

cooperam para a percepção de um sabor. O sabor de um alimento, portanto, é apenas mais um exemplo de uma integração sensorial multimodal, sujeito a modulações impostas pelo aprendizado, por processos de retroalimentação sensorial e também pela atenção que prestamos àquilo que ingerimos.

BIBLIOGRAFIA

AXEL R. Scents and sensibility: a molecular logic of olfactory perception (Nobel lecture). *Angew Chem Int Ed*, 44:6110-40, 2005.
BEAR MF, CONNORS BW, PARADISO MA. *Neurociências: Desvendando o Sistema Nervoso*. 2. ed. Artmed, Porto Alegre, 2002.
CARLETON A, ACCOLLA R, SIMON SA. Coding in the mammalian gustatory system. *Trends Neurosci*, 33:326-34, 2010.
SMALL DM, PRESCOTT J. Odor/taste integration and the perception of flavor. *Exp Brain Res*, 166:345-57, 2005.
SUGITA M. Taste perception and coding in the periphery. *Cell Mol Life Sci*, 63:2000-15, 2006.

Capítulo 21

Visão

Marcus Vinícius C. Baldo | Dora F. Ventura | Christina Joselevitch

- Introdução, *356*
- Olho e movimentos oculares, *356*
- Formação da imagem visual, *357*
- Fototransdução e fisiologia da retina, *359*
- Vias visuais, *369*
- Construção da percepção visual, *372*
- Bibliografia, *377*

INTRODUÇÃO

O trânsito de energia em nosso universo ocorre, essencialmente, por meio de radiações eletromagnéticas. Essas ondas são constituídas por campos elétricos e magnéticos que se alternam, de maneira oscilatória, tanto no tempo quanto no espaço. A Figura 21.1 mostra um esquema da propagação de uma onda eletromagnética, em que podemos observar a alternância dos campos elétrico e magnético que oscilam perpendicularmente à direção de propagação.

A radiação eletromagnética, ao contrário de ondas mecânicas (p. ex., ondas sonoras), não necessita de um meio material para se propagar. No vácuo, as ondas eletromagnéticas propagam-se a uma velocidade de 300.000 km/s, independentemente do referencial utilizado na medida. Além de sua velocidade de propagação em um determinado meio, uma onda eletromagnética também é caracterizada por sua amplitude e frequência (ou, complementarmente, seu comprimento de onda). A Figura 21.2 mostra uma parte do espectro eletromagnético, em que determinadas faixas de comprimento de onda recebem nomes particulares como, por exemplo, *raios gama*, *infravermelho*, ou *luz visível*. Radiações eletromagnéticas com comprimentos de onda muito curtos transportam mais energia, podendo, entre outros fenômenos, romper ligações químicas. Embora esse tipo de radiação seja deletério aos processos biológicos, ondas muito curtas são bloqueadas pela camada de ozônio, o que tornou possível a existência de vida em nosso planeta. Radiações com comprimento de onda muito grande não têm a energia suficiente para uma interação com a matéria, necessária ao processo de transdução sensorial. Animais e plantas foram capazes, no entanto, de desenvolver mecanismos apropriados à utilização, como fonte de informação, de radiações eletromagnéticas situadas em uma faixa intermediária de frequências. Esse tipo de radiação, cujo comprimento de onda situa-se, aproximadamente, entre 400 e 800 nm, pode ser absorvido por pigmentos carotenoides existentes em estruturas biológicas especializadas à detecção da luz. Aliás, o que chamamos de *luz* é exatamente essa estreita banda de frequências da radiação eletromagnética capaz de excitar nosso sistema visual.

A utilização da luz como fonte de informação sobre o meio externo exibe uma complexidade crescente ao longo da escala filogenética. O tipo mais simples de sensibilidade à luz é a habilidade de perceber diferentes intensidades da radiação difusa incidente. Essa habilidade, denominada *fotossensibilidade*, está presente em inúmeras espécies de plantas, em organismos unicelulares, na pele de muitos animais e, obviamente, em estruturas visuais especializadas. Por *visão* entendemos a detecção de fenômenos que vão além de diferenças na intensidade da luz difusa, e que inclui alterações dessa intensidade mais rápidas e mais restritas no espaço. A detecção de movimento, embora seja um processo visual ainda muito simples, requer uma organização muito mais complexa das estruturas destinadas à recepção sensorial. O processo evolutivo forneceu complexidade suficiente às estruturas visuais de certas espécies animais a ponto de várias características poderem ser extraídas da informação luminosa, tais como a discriminação de forma, detecção da polarização da luz, percepção de profundidade, e visão cromática (discriminação de cores). Essas características não são extraídas individualmente, e em série, da radiação luminosa incidente, mas são processadas simultaneamente e em paralelo por subsistemas visuais, analogamente ao que ocorre nos demais sistemas sensoriais. As características de um estímulo visual (p. ex., movimento, forma, profundidade e cor) foram importantes o suficiente para que uma pressão seletiva conduzisse à possibilidade de serem detectadas e adequadamente processadas pelo sistema nervoso. A informação visual tornou-se, assim, cada vez mais importante na elaboração de comportamentos exibidos por inúmeras classes animais. Neste capítulo, vamos abordar a fisiologia do processamento visual apresentado caracteristicamente pelos mamíferos, e, particularmente, a observada em primatas.

OLHO E MOVIMENTOS OCULARES

As principais estruturas oculares são mostradas na Figura 21.3. A *esclera*, camada externa que protege o globo ocular, torna-se transparente em sua porção anterior, formando a córnea. Internamente à esclera localiza-se a *coroide*, camada que contém vasos sanguíneos e é responsável pela nutrição das estruturas oculares. Sobre os dois terços posteriores da coroide repousa a *retina*, camada complexa que contém os receptores sensoriais sensíveis à luz (fotorreceptores) e circuitos neurais envolvidos no processamento inicial da informação visual, e que será tratada em detalhe mais adiante.

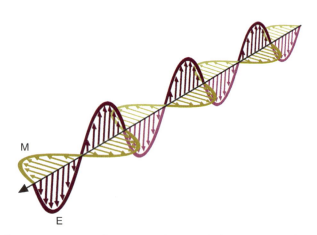

Figura 21.1 ▪ Esquema da propagação de uma onda eletromagnética. Podemos observar que os campos elétrico (*E*) e magnético (*M*) oscilam perpendicularmente entre si. A direção de propagação, por sua vez, é perpendicular a ambos, o que caracteriza a natureza transversal dessas ondas.

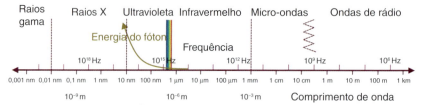

Figura 21.2 ▪ O espectro eletromagnético. (Adaptada de Shepherd, 1994.)

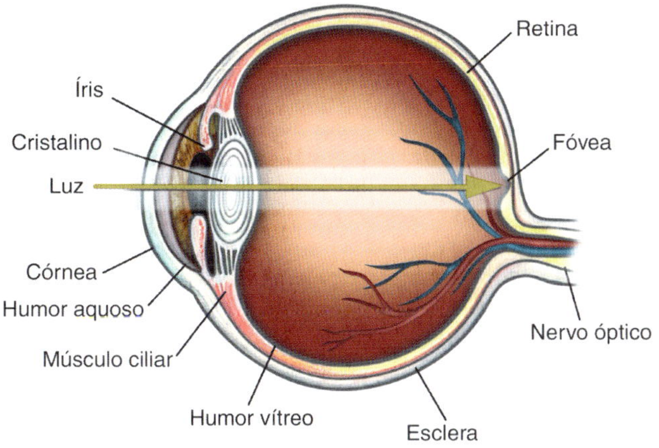

Figura 21.3 ▪ Secção sagital do globo ocular, mostrando suas principais estruturas. (Adaptada de Goss, 1977.)

A saída do nervo óptico e a entrada dos vasos sanguíneos no olho ocorrem um pouco medial e superiormente ao seu polo posterior, em uma região denominada *disco óptico*. Como não existem fotorreceptores nessa região, a porção de imagem projetada sobre ela não é detectada e processada, e por isso é denominada *ponto cego*. A *mácula lútea*, localizada no polo posterior do globo ocular, delimita a *fóvea central*, caracterizada pela presença exclusiva de cones, um dos dois tipos de fotorreceptores existentes na retina. A fóvea é a região de maior acuidade visual, e os movimentos oculares são organizados de maneira complexa com o objetivo de projetar as imagens de interesse sobre essa região da retina.

Os movimentos do globo ocular são executados por um conjunto de seis músculos (Figura 21.4). O músculo oblíquo superior é inervado pelo nervo troclear, IV par craniano, enquanto o reto lateral é inervado pelo abducente, VI par. Os demais músculos oculares extrínsecos são inervados pelo oculomotor, III par de nervos cranianos, responsável também pela inervação do músculo levantador da pálpebra superior. O Quadro 21.1 resume os principais movimentos executados por esses músculos oculares.

Há cinco classes básicas de movimentos oculares, servindo a diferentes propósitos, e organizados por diferentes sistemas neurais que compartilham os mesmos motoneurônios que inervam os músculos extrínsecos do olho. O Quadro 21.2 resume as principais funções dessas classes de movimentos oculares.

FORMAÇÃO DA IMAGEM VISUAL

▸ Olho como sistema óptico

Além da retina, que codifica a informação visual em um padrão de descarga neuronal, o olho necessita de um componente óptico que torne possível a projeção adequada de uma imagem sobre aquela camada fotorreceptora. Essa imagem é focalizada pela córnea e pelo cristalino, ambos exemplos de lentes convexas e convergentes. Dois fatores básicos definem a capacidade dessas estruturas de refratar a luz incidente. Em primeiro lugar, um raio de luz muda a direção de sua trajetória quando, propagando-se com uma dada velocidade em um determinado meio (p. ex., o ar), incide obliquamente na interface com outro meio no qual se propaga com uma velocidade diferente (p. ex., a córnea e o cristalino). Além disso, se essa interface é curva, o ângulo entre as trajetórias em um meio e no outro será tanto maior quanto maior for a curvatura da interface. Os índices de refração de dois meios justapostos, que definem a velocidade de propagação da luz nesses respectivos meios, e a curvatura da interface entre eles, determinam o poder de refração desse sistema óptico, cuja unidade é a dioptria (D), definida como o inverso da distância focal, medida em metros.

A superfície anterior da córnea apresenta o maior poder refrator do sistema óptico do olho, situado em torno de +48 dioptrias. O cristalino é o responsável pelo processo de

Quadro 21.1 ▪ Ações primárias dos músculos oculares extrínsecos.

Músculo	Ação primária	Movimento ocular
Reto lateral	Abdução	Rotação em torno do eixo vertical com a pupila se afastando do nariz
Reto medial	Adução	Rotação em torno do eixo vertical com a pupila se aproximando do nariz
Reto superior	Elevação	Rotação em torno do eixo horizontal com a pupila se movendo para cima
Reto inferior	Depressão	Rotação em torno do eixo horizontal com a pupila se movendo para baixo
Oblíquo superior	Intorsão	Rotação em torno do eixo anteroposterior com o polo superior do olho se aproximando do nariz
Oblíquo inferior	Extorsão	Rotação em torno do eixo anteroposterior com o polo superior do olho se afastando do nariz

Quadro 21.2 ▪ Classificação dos movimentos oculares.

Movimento ocular	Função
Sacádico	Posiciona o olho de tal forma a projetar uma imagem de interesse sobre a fóvea
Perseguição contínua	Mantém a imagem de um objeto em movimento sobre a fóvea
Vergência	Ajusta o ângulo entre os eixos anteroposteriores de ambos os olhos em função da distância de uma imagem
Vestíbulo-ocular	Utiliza informações vestibulares para compensar movimentos da cabeça com movimentos opostos dos olhos
Optocinético	Utiliza informações visuais também para estabilizar a imagem sobre a retina durante movimentos da cabeça

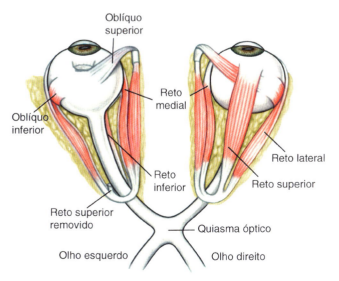

Figura 21.4 ▪ Músculos oculares extrínsecos. (Adaptada de Gregory, 1998.)

acomodação, por meio do qual um objeto pode ter sua imagem focalizada sobre a retina independentemente de sua distância ao olho. Como a distância entre a pupila e a retina é constante, a acomodação é obtida por meio de alterações da distância focal desse sistema óptico. A distância focal pode ser alterada por intermédio de ajustes na espessura do cristalino efetuados pela contração ou relaxamento dos músculos ciliares. Esses músculos encontram-se sob controle autônomo originado no *núcleo de Edinger-Westphal*, no mesencéfalo, cujos neurônios pré-ganglionares fazem parte do nervo oculomotor, III par craniano. Para objetos localizados muito próximos ao olho, mesmo uma intensa contração dos músculos ciliares não é suficiente para possibilitar uma acomodação adequada. Essa distância mínima é denominada *ponto próximo* e situa-se, em adultos jovens, em torno de 10 cm. A perda gradual da elasticidade do cristalino, ao longo dos anos, conduz a um aumento da distância que define o ponto próximo, e constitui-se em uma condição denominada *presbiopia*. Pequenas alterações no diâmetro anteroposterior do globo ocular ou no raio de curvatura da córnea são suficientes para produzir vários tipos de erros de refração, em que o processo de acomodação não se realiza de maneira satisfatória. A Figura 21.5 ilustra os principais tipos de erros de refração e suas respectivas correções.

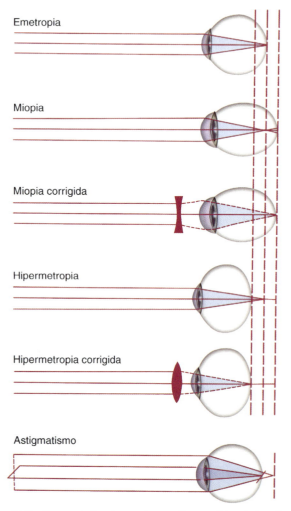

Figura 21.5 • Esquema indicando o estado normal (emetropia), e três tipos de erro de refração. A miopia é corrigida pela utilização de uma lente côncava, portanto divergente, que afasta o plano focal. Já a hipermetropia é corrigida por meio de uma lente convexa, convergente, que aproxima o plano focal. (Adaptada de Patton e Howell, 1989.)

▶ Adaptações a claro e escuro

Todos já passamos pela experiência de estar em uma rua iluminada pela luz do dia e, de repente, passar para uma sala escura como, por exemplo, o interior de um cinema. São necessários vários minutos para que nos acostumemos ao novo ambiente, e um tempo equivalente é necessário para a adaptação no caso contrário, em que passamos de um ambiente escuro para outro iluminado. Esses ajustes na sensibilidade visual são denominados, respectivamente, de *adaptação ao escuro* e *adaptação ao claro*. A intensidade da luz que incide sobre os olhos varia em uma faixa extremamente grande, desde, por exemplo, a luminosidade apresentada por uma estrela distante até intensidades 10 bilhões de vezes maiores observadas em um dia claro. O sistema visual utiliza um conjunto de mecanismos capazes de lidar com essa ampla faixa de intensidades, que inclui recursos puramente ópticos, além de processos neuronais e fotoquímicos. A quantidade de luz que atinge a retina é controlada pela íris que, devido à quantidade de pigmento que possui, é impermeável à luz. O diâmetro da pupila humana, variando, aproximadamente, entre 2 e 8 mm, possibilita uma variação de 16 vezes na intensidade luminosa que atinge a retina, já que essa intensidade é proporcional à área atravessada pela luz. O controle do diâmetro pupilar é exercido pela inervação simpática e parassimpática, essa última responsável pela alça eferente dos reflexos pupilares direto (constrição da pupila em resposta à iluminação do mesmo olho) e consensual (constrição da pupila em resposta à iluminação do olho contralateral). O ajuste promovido por alterações no diâmetro pupilar é, no entanto, obviamente insuficiente para lidar com variações de luminosidade cuja ordem de grandeza é de bilhões de vezes.

Como veremos mais adiante, mecanismos neurais e fotoquímicos operando nos circuitos retinianos devem promover a maior parte desse controle, embora mais lentamente em comparação aos rápidos ajustes pupilares. Tanto o curso temporal quanto a magnitude desses processos de adaptação podem ser determinados experimentalmente. É necessário um intervalo de aproximadamente 30 min para que o processo de adaptação ao escuro atinja seu máximo. Esses mecanismos, em conjunto, podem promover adaptações que representam variações da ordem de 1 milhão de vezes no limiar absoluto de detecção visual.

▶ Resoluções espacial e temporal

O sistema visual é capaz de discriminar estímulos que ocorrem temporalmente próximos, desde que um intervalo de tempo mínimo os separe. Para intervalos menores que esse mínimo, os dois estímulos irão aparentemente se fundir em um único estímulo contínuo. A frequência mínima na qual ocorre essa fusão aparente é denominada *frequência crítica de fusão* (FCF). Essa frequência crítica depende, dentre outros possíveis fatores, tanto da intensidade do estímulo quanto da excentricidade em que é apresentado no campo visual. A Figura 21.6 mostra o efeito da intensidade do estímulo sobre a FCF para três diferentes excentricidades. É a fusão de imagens apresentadas com uma frequência acima da FCF que nos possibilita ter a impressão de uma imagem contínua e em movimento durante a projeção de um filme, a despeito do fato de que os fotogramas (quadros) que constituem um filme, além de conter uma imagem estática, são projetados individualmente sobre a tela.

Além da característica visual discutida no parágrafo anterior, e que se denomina *resolução temporal*, o sistema visual

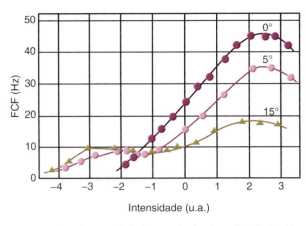

Figura 21.6 ▪ Efeito da intensidade de um estímulo sobre a frequência crítica de fusão (FCF) em três diferentes excentricidades: na fóvea (0°) e também a 5° e 15° abaixo da fóvea. (Adaptada de Moses e Hart, 1987.)

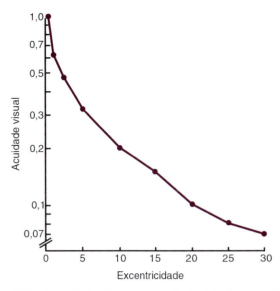

Figura 21.7 ▪ Acuidade visual (expressa como fração de Snellen, em unidades arbitrárias) em função da excentricidade visual do estímulo (distância da fóvea, em graus). (Adaptada de Moses e Hart, 1987.)

pode ser caracterizado por sua capacidade em discriminar estímulos separados espacialmente, ou seja, sua *resolução espacial*. Para uma imagem projetada na região da fóvea, a menor distância entre dois estímulos necessária para que eles possam ser vistos como distintos é da ordem de 1 min de arco. Vamos entender melhor essa medida. Em primeiro lugar, 1 min de arco corresponde a 1/60 de grau (°), lembrando que o arco completo de uma circunferência compreende 360°. A razão de se definirem distâncias por meio de ângulos visuais decorre do fato de que um objeto grande observado de uma distância maior pode compreender o mesmo ângulo visual que um objeto menor visto de uma distância menor. Portanto, o que importa ao sistema visual em relação à sua capacidade de resolução espacial é a relação entre o tamanho e a distância de um objeto, o que é fornecido pelo ângulo visual compreendido por ele. Por meio de um cálculo trigonométrico trivial podemos obter alguns exemplos em que o ângulo visual de um objeto corresponde a 1 min de arco. A uma distância de 1 metro, dois pontos ou duas linhas, por exemplo, precisam estar separados por 0,29 mm para que possam ser percebidos como objetos distintos. Essa separação de 0,29 mm a 1 m de distância é equivalente a uma separação de 2,9 mm a uma distância de 10 m, ambas fornecendo uma separação visual de 1 min de arco.

A resolução espacial do sistema visual depende de inúmeros fatores relacionados tanto às características do estímulo (p. ex., sua intensidade), quanto às características do próprio sistema visual. A organização morfofuncional da retina tem um papel fundamental no que se refere à acuidade visual, principalmente em função da distribuição espacial de cones e bastonetes, de suas diferenças fisiológicas e das interações neurais ao longo da circuitaria retiniana. A Figura 21.7 exemplifica a variação da acuidade visual, em função da excentricidade retiniana, para estímulos com diferentes intensidades.

FOTOTRANSDUÇÃO E FISIOLOGIA DA RETINA

▶ Estrutura da retina e fotorreceptores

A retina contém três tipos de fotorreceptores: os cones e os bastonetes, ou fotorreceptores clássicos, situados na sua camada mais externa, e as células ganglionares intrinsecamente fotossensíveis, situadas na camada de células ganglionares. Os dois primeiros processam imagens e nos permitem ver a cena visual, enquanto o terceiro pertence ao chamado sistema não formador de imagem. Esse sistema tem várias funções, dentre as quais as principais são o reflexo pupilar à luz e a sincronização do ritmo circadiano com o ciclo dia/noite. Este capítulo se estenderá sobre o sistema formador de imagem, apresentando também um resumo do sistema não formador de imagens, descoberto no início deste século.

Sistema formador de imagem

A formação de uma imagem nítida na superfície da retina é crucial para a percepção da cena visual. A luz refletida pelos objetos é focalizada sobre a retina por um sistema de lentes – a córnea e a lente – e atravessa os humores aquoso e vítreo antes de atingir a retina. Os cones e bastonetes, dispostos na camada mais externa da retina, junto ao epitélio pigmentado, convertem a imagem em sinais elétricos que são transmitidos às células bipolares e, por intermédio destas, às células ganglionares (Figuras 21.8 e 21.9). O epitélio pigmentado é formado por células repletas de melanina, que absorvem a luz excedente e impedem que haja reflexão dos raios luminosos, o que prejudicaria a nitidez da imagem. São os axônios das células ganglionares que veiculam a informação visual pelas fibras do nervo óptico para regiões visuais centrais, nas quais ocorrerá posterior processamento. Além dessa via direta, a informação visual sofre a ação de interações laterais feitas por células horizontais na retina externa e por células amácrinas na retina interna.

Cones e bastonetes, envolvidos no processamento de imagens visuais, transformam o estímulo luminoso em sinal elétrico. Apesar de terem o mesmo neurotransmissor – o aminoácido glutamato – algumas diferenças morfo- e fisiológicas entre os cones e bastonetes fazem com que eles tenham também propriedades funcionais distintas. Os cones e a rede neural de conexões que neles se inicia estão adaptados para a visão diurna, de cores e detalhes de forma, enquanto os bastonetes e sua rede neural servem à visão crepuscular e noturna, de alta sensibilidade à luz, mas sem a capacidade de discriminar cores e com baixa visão de detalhes.

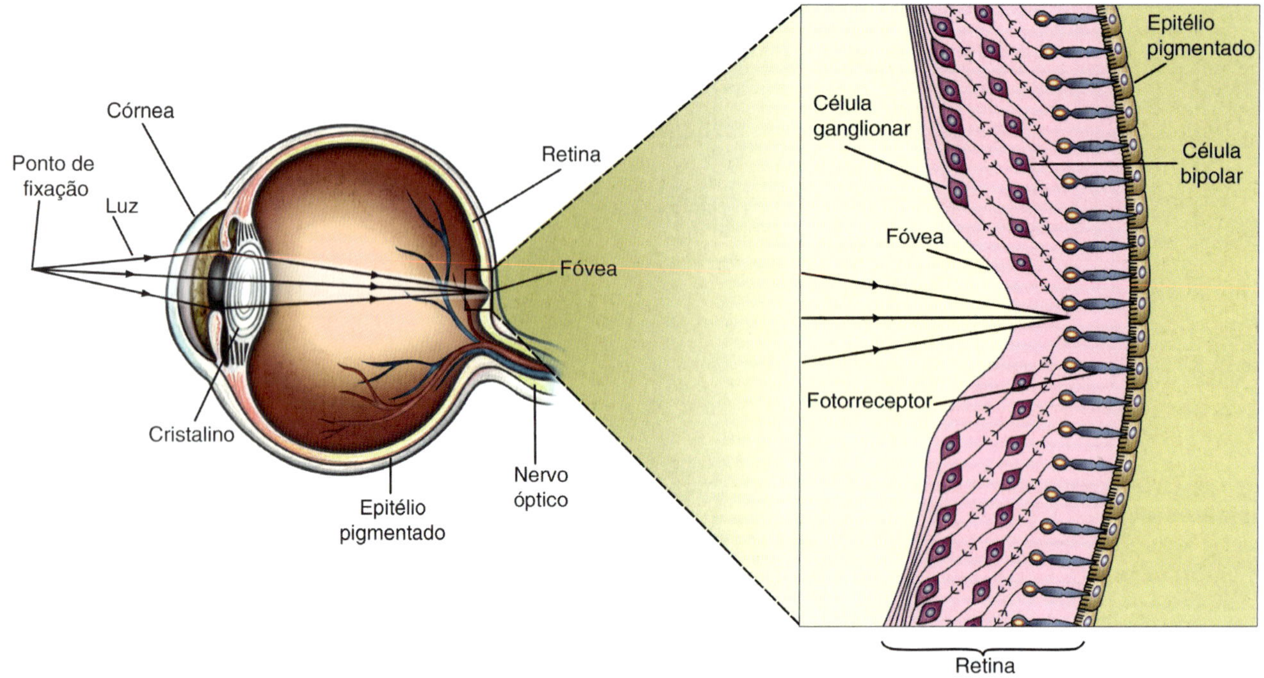

360 Aires | Fisiologia

Figura 21.8 ▪ Esquema ilustrando a localização da retina na parte posterior do globo ocular. A luz atravessa várias estruturas antes de chegar à retina propriamente dita. Uma simplificação da região da fóvea, apenas com os fotorreceptores, células bipolares e ganglionares, é mostrada em detalhes. (Adaptada de Kandel *et al.*, 2014.)

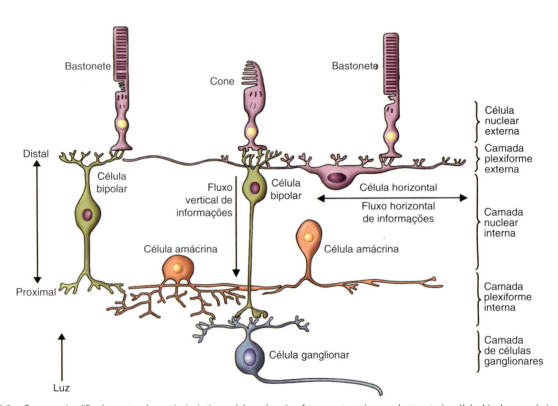

Figura 21.9 ▪ Esquema simplificado mostrando os principais tipos celulares da retina: fotorreceptores (cones e bastonetes) e células bipolares, amácrinas, horizontais e ganglionares. Após atingir os fotorreceptores, as informações são transmitidas para células bipolares e daí para células ganglionares (fluxo vertical). Células horizontais e células amácrinas modificam essas informações via fluxo lateral. As sinapses ocorrem nas camadas plexiformes externa e interna. (Adaptada de Kandel *et al.*, 2014.)

Na maioria dos mamíferos, os bastonetes são mais numerosos que os cones. Os cones parecem ter sido os primeiros fotorreceptores a surgir durante a evolução e sua arquitetura funcional é mais complexa que a dos bastonetes. A maioria dos mamíferos tem dois tipos de cones e apenas os primatas apresentam três, em contraste com apenas um tipo de bastonete. Os cones estão concentrados na fóvea, região central da retina na qual a imagem visual sofre menos distorção óptica do que na periferia e a convergência neural é pequena, ou seja, poucos cones fazem sinapse com uma mesma célula bipolar. Essas características tornam possível uma acuidade maior no sistema de cones do que no de bastonetes, cuja convergência é bem maior.

Nos primatas do Velho Mundo e em humanos existem três tipos de cones, com pigmentos visuais sensíveis a diferentes partes do espectro visível. O sistema de cones, formado pelos fotorreceptores e rede neural associada, é responsável pela discriminação perceptual de cores. Esta resulta do fato de existirem três tipos de cones com pigmentos visuais sensíveis a diferentes partes do espectro visível, e da comparação das respostas de cada um dos tipos de cones e suas conexões neurais a estímulos de composição espectral distinta. Isto não ocorre com os bastonetes em mamíferos, uma vez que nesta classe animal há apenas um tipo de bastonete, o que resulta em um sistema de visão acromático.

Os bastonetes, por sua vez, são mais sensíveis à detecção de luz do que os cones, visto que têm maior quantidade de pigmento visual (captação de mais luz) e maior amplificação interna de sinais luminosos (a absorção de um único fóton pode provocar uma resposta detectável em um bastonete). Entretanto, a resposta dos bastonetes é mais lenta do que a dos cones e o seu maior grau de convergência sobre as células ganglionares resulta no sacrifício da acuidade visual em ambientes de baixa luminosidade.

Os fotorreceptores compreendem: (1) segmento externo, responsável pela primeira etapa da fototransdução, produzida pela interação da luz com as moléculas de pigmento visual; (2) segmento interno, onde estão todas as organelas; e (3) terminal sináptico, que faz os contatos sinápticos com outros neurônios e é responsável pela transmissão do resultado da transdução visual (Figura 21.10). Os segmentos interno e externo estão conectados por meio de uma região que contém microtúbulos, denominada *cilium*.

Os segmentos externos dos fotorreceptores estão organizados em discos membranosos empilhados originados de invaginações da membrana que se destacam (bastonetes) ou são contínuos à membrana celular (cones). Essas invaginações aumentam sobremaneira a área superficial de membrana dessas células. A distribuição densa desses discos empilhados e dos pigmentos visuais nesses discos possibilita uma absorção maximizada dos fótons que atravessam o segmento externo. Sugere-se que a diferença na morfologia dos segmentos externos dos dois tipos de fotorreceptores pode explicar em parte a maior sensibilidade dos bastonetes, visto que apenas um fóton pode atingir uma região com muitos discos membranosos.

Os pigmentos visuais são formados por uma proteína, a opsina, acoplada a um cromóforo, 11-*cis*-retinal. Diferenças entre as opsinas de cada um dos tipos de cones e dos bastonetes são responsáveis pelas diferenças de absorbância espectral (capacidade de absorver luz em diferentes regiões do espectro eletromagnético) desses pigmentos visuais. Os discos no segmento externo dos fotorreceptores são constantemente renovados e migram em direção ao ápice do segmento, onde são descartados e removidos por atividade fagocitária das células do epitélio pigmentado.

Sistema não formador de imagem

Um subgrupo de células ganglionares são intrinsecamente fotossensíveis (CGR$_{if}$), ou seja, são ativadas diretamente pela luz. São células grandes comparadas às demais células ganglionares e se ramificam intensamente, formando um tapete fotossensível. Como a retina é invertida com relação à direção por onde entra a luz, a primeira camada celular a ser ativada pela luz é a das CGR$_{if}$, e a última, a dos cones e bastonetes. O sistema das

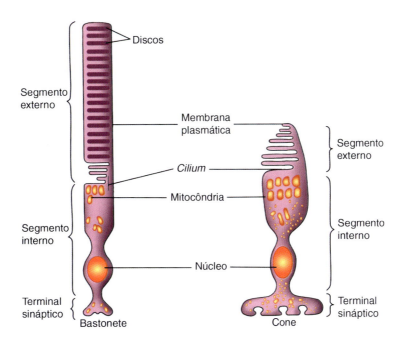

Figura 21.10 • Cones e bastonetes são divididos em: segmento externo (responsável pela fototransdução), segmento interno (onde se encontra a maquinaria biossintética da célula) e terminal sináptico. (Adaptada de Kandel et al., 2014.)

CGR$_{if}$ é bem mais complexo do que suposto inicialmente. Hoje, aproximadamente 15 anos após seu descobrimento, a intensa atividade de pesquisa sobre esse novo sistema mostrou que existem diversos subtipos de CGR$_{if}$, com diferentes funções.

Fototransdução

Sistema formador de imagem

A primeira etapa na fototransdução efetuada pelos fotorreceptores clássicos, ou conversão da energia luminosa em alteração no potencial de membrana, ocorre no segmento externo dos fotorreceptores. O pigmento visual dos fotorreceptores cones e bastonetes (rodopsina nos bastonetes, opsina de cones nos cones) é constituído pela forma aldeído da vitamina A (retinal), ligada a uma proteína (opsina). A absorção de luz provoca uma alteração na configuração do retinal, de 11-*cis*-retinal para transretinal, e a molécula de rodopsina se modifica até chegar a metarrodopsina II, que é crucial para a transdução. A metarrodopsina II é rapidamente dissociada em opsina e transretinal, que é reduzido a transretinol e capturado pelo epitélio pigmentar (e células gliais de Müller, no caso dos cones) para ser reisomerizado à forma 11-*cis*-retinal e conjugado à opsina, originando rodopsina novamente (Figura 21.11).

O pigmento visual dos bastonetes está situado nas membranas dos discos do segmento externo. Sendo assim, um mensageiro citoplasmático (o monofosfato de guanosina cíclico, cGMP) é necessário para levar a informação sobre a absorção de luz para a membrana celular, onde os fluxos iônicos são controlados. Apesar de as membranas dos discos e a membrana plasmática serem contínuas nos cones, o cGMP é também o mensageiro citoplasmático nesse tipo de fotorreceptor. Para entender como a metarrodopsina II e o cGMP estão envolvidos na fototransdução veremos o que acontece com os fotorreceptores na ausência e na presença de luz (Figura 21.12).

Sistema não formador de imagem

No caso das CGR$_{if}$, o fotopigmento é a melanopsina, distribuído difusamente na membrana de toda a célula – soma, árvores dendríticas e axônios. A melanopsina é semelhante às opsinas de cones e bastonetes pelo fato de ser um fotopigmento derivado da vitamina A cujo cromóforo é o 11-*cis*-retinal. Entretanto, o mecanismo de reisomerização do retinal nas CGR$_{if}$ é diferente. Existe crescente evidência de que o cromóforo isomerizado (transretinal) permanece ligado à

> **Os pigmentos visuais**
>
> **Sistema formador de imagem**
>
> Por meio de microespectrofotometria é possível obter medidas espectrais de absorbância de luz dos segmentos externos dos fotorreceptores. Esta técnica tornou possível descrever a curva de absorbância espectral dos bastonetes e detectar a existência de três tipos de cones em primatas, que diferem na localização do pico de absorbância espectral: em um dos tipos esse pico situa-se em torno de 440 nm (região que percebemos como "azul"), em outro em torno de 530 nm (região que percebemos como "verde") e no terceiro, em torno de 560 nm (região que denominamos "amarela"). Esses cones são denominados cones sensíveis a comprimentos de onda curtos (C), médios (M) e longos (L), respectivamente. O cone L, que aparece apenas nos primatas, deriva de uma duplicação do cone M. Mamíferos não primatas têm apenas os cones M e C.
>
> A partir dos anos 1970, descobriu-se que aves como o pombo, o periquito, o beija-flor e outras apresentam um quarto tipo de cone, maximamente sensível ao ultravioleta, chamado de cone de comprimento de onda muito curto (MC). Cones MC estão presentes também em peixes, répteis e anfíbios. Em alguns roedores, como o camundongo, os cones MC substituem os do tipo C.
>
> Os genes dos pigmentos visuais ou opsinas (genes Opn1, expresso em cones, e Opn2, em bastonetes) estão em diferentes cromossomos. No homem, os genes dos cones M e L estão no cromossomo X, o do cone C no cromossomo 7 e o da rodopsina dos bastonetes está no cromossomo 8. As anomalias congênitas na visão de cores (popularmente conhecidas como "daltonismo") são causadas pela anomalia na expressão, por modificações ou pela ausência dos genes dos pigmentos fotossensíveis dos cones. As mais frequentes – quase 10% da população masculina – são as do cromossomo X, onde se localizam os genes das opsinas dos cones M e L.
>
> **Sistema não formador de imagem**
>
> As CGR$_{if}$ possuem uma opsina que recebeu o nome de melanopsina (gene Opn4) por ter sido descoberta em melanóforos, células fotossensíveis da pele de sapos. O gene da melanopsina na espécie humana, Opn4 m, é expresso nas CGR$_{if}$ e situa-se no cromossomo 10. Seu pico de sensibilidade na espécie humana é no azul, em 483 nm.

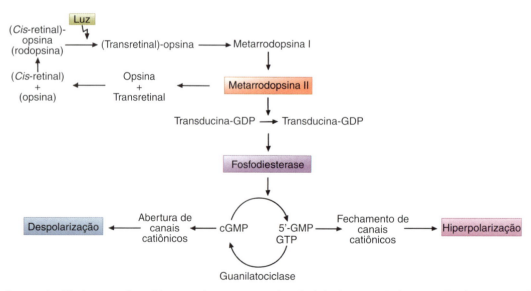

Figura 21.11 ▪ Esquema simplificado mostrando as várias etapas do processamento do estímulo luminoso a partir da ativação da rodopsina. Ver explicação no texto. (Adaptada de Kandel et al., 2014.)

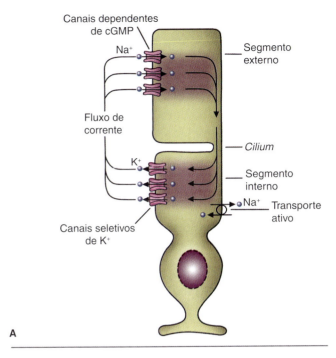

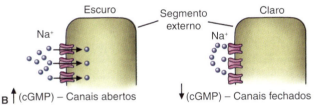

Figura 21.12 ▪ **A.** Os canais dependentes de monofosfato de guanosina cíclico (cGMP) estão abertos no escuro, de maneira que existe influxo de sódio no segmento externo do fotorreceptor, causando uma despolarização. Os íons potássio fluem para fora do segmento interno através de canais seletivos de potássio. As concentrações desses íons nos fotorreceptores são mantidas por bombas de sódio/potássio. **B.** A estimulação luminosa provoca uma queda na concentração de cGMP intracelular, os canais catiônicos se fecham, a corrente de sódio para dentro é diminuída e ocorre uma hiperpolarização. (Adaptada de Kandel et al., 2014.)

opsina (metamelanopsina, estado M), não havendo a dissociação que ocorre nas opsinas de cones e bastonetes, e de que a regeneração ocorra por estimulação subsequente por luz para retornar ao 11-*cis*-retinal (melanopsina em estado de repouso, estado R). Portanto, assim como nos fotopigmentos da retina de invertebrados, a melanopsina é um fotopigmento no qual tanto a ativação quanto a regeneração são efetuadas por luz.

▶ Funcionamento dos fotorreceptores no escuro

Sistema formador de imagem

No escuro, os potenciais de membrana dos fotorreceptores cones e bastonetes estão ao redor de –40 mV, pois uma corrente iônica carreada principalmente por sódio e cálcio flui constantemente para dentro do segmento externo. Esse potencial de repouso é mais despolarizado do que o da maioria dos neurônios, geralmente ao redor de –70 mV, o potencial de equilíbrio do potássio. Nessa fase, os canais catiônicos diretamente dependentes de cGMP localizados na membrana celular do segmento externo dos fotorreceptores estão abertos. Isso possibilita que íons sódio e cálcio se movimentem a favor de seu gradiente eletroquímico, para dentro do segmento externo, causando despolarização e consequente liberação do neurotransmissor glutamato. Por sua vez, os íons potássio fluem para fora do segmento interno através de canais seletivos de potássio existentes nessa região. As concentrações de sódio, cálcio e potássio nos fotorreceptores são mantidas por uma grande quantidade de carreadores de membrana: (1) trocadores de sódio/cálcio, potássio localizados no segmento externo, que bombeiam cálcio e potássio para fora à custa do transporte passivo de sódio para dentro da célula, e (2) bombas de sódio/potássio localizadas no segmento interno, que bombeiam sódio para fora e potássio para dentro às custas de ATP.

▶ Resposta do fotorreceptor à luz

Sistema formador de imagem

Cones e bastonetes respondem à luz com hiperpolarização a partir do seu potencial de membrana no escuro (–40 mV). Amplitudes de resposta cada vez maiores e latências mais curtas são obtidas com intensidades de luz crescentes em ambos os tipos de fotorreceptor. A diferença entre eles está principalmente na duração da resposta e em sua latência, menores para os cones, e na maior adaptabilidade destes últimos.

A estimulação luminosa provoca uma queda na concentração de cGMP intracelular e os canais catiônicos se fecham; o influxo de sódio e cálcio diminui, causando hiperpolarização (ver Figura 21.12). Essa queda na concentração de cGMP intracelular é devido à metarrodopsina II, que é enzimaticamente ativa e age sobre uma proteína G de membrana, a transducina. A transducina é formada por 3 subunidades denominadas α, β e γ. Sob ação da metarrodopsina II, o GDP ligado à subunidade α é trocado por GTP; essa subunidade α ativada se separa das subunidades β e γ e ativa uma fosfodiesterase. A fosfodiesterase é uma enzima que hidrolisa cGMP e, portanto, a concentração de cGMP diminui, os canais catiônicos na membrana plasmática se fecham, levando a uma hiperpolarização do fotorreceptor e diminuição da liberação de glutamato. Os mecanismos implicados no término da resposta à luz parecem envolver a fosforilação da rodopsina ativada (metarrodopsina II) por uma rodopsina quinase e posterior interação com uma proteína denominada arrestina, levando à sua inativação. A inativação da cascata de fototransdução também envolve a quebra da ligação entre a subunidade α da transducina e a fosfodiesterase, mediada por uma proteína denominada RGS (do inglês *regulator of G protein signaling*).

Essa cascata de cGMP fornece um alto grau de amplificação das respostas à luz. Uma única molécula de metarrodopsina II pode interagir com cerca de 500 moléculas de transducina, que por sua vez podem ativar moléculas de fosfodiesterase e cada uma delas pode levar à hidrólise de aproximadamente 2.000 moléculas de cGMP/segundo, fechando muitos canais catiônicos.

Sistema não formador de imagem

As CGR$_{if}$ diferem dos cones e bastonetes na resposta elétrica à luz. Assim como nas demais células ganglionares e na maioria dos demais neurônios do sistema nervoso central, o potencial de membrana no escuro é de –70 mV e a resposta eletrofisiológica à luz provoca despolarização, e não a hiperpolarização constatada nos fotorreceptores clássicos. Uma diferença adicional da maior importância é que essa despolarização gera potenciais de ação que permanecem enquanto a luz de estimulação permanece e se mantém por longo tempo após cessar a estimulação luminosa. Despolarização em resposta à luz é característica do funcionamento dos fotorreceptores de invertebrados. Essa identidade tem sido interpretada como indicativa de uma origem evolucionária mais antiga para a melanopsina, comparada à das opsinas dos fotorreceptores clássicos.

▶ Adaptação à luz

A exposição prolongada à luz provoca redução na resposta elétrica do fotorreceptor. O mecanismo responsável por essa alteração é principalmente ligado aos íons cálcio, que atuam na cascata de transdução modulando a eficiência de várias etapas desta cascata, além da sensibilidade dos canais iônicos ao cGMP e da própria síntese de cGMP pela enzima guanilatociclase. Os íons cálcio inibem a guanilatociclase, responsável pela síntese de cGMP a partir de GTP. Dessa maneira, a concentração de cGMP nos fotorreceptores é modulada pela luz e também pela concentração citoplasmática de cálcio. Esse efeito modulatório do cálcio sobre o cGMP tem influência na adaptação à luz.

Além de outras alterações que ocorrem durante esse processo, uma forte iluminação (p. ex., sair de uma sala escura para uma sala bastante iluminada) provoca fechamento dos canais catiônicos nos fotorreceptores e, consequentemente, hiperpolarização. Se a iluminação é mantida, os fotorreceptores despolarizam lentamente, para poderem hiperpolarizar novamente em resposta a aumentos posteriores na intensidade luminosa. Essa despolarização lenta envolve uma queda do cálcio intracelular por (1) fechamento dos canais catiônicos dependentes de cGMP do segmento externo, reduzindo a entrada de cálcio, e (2) bombeamento ativo de cálcio para fora da célula pela atividade concomitante dos trocadores de sódio/cálcio, potássio no segmento externo.

Com a redução da concentração de cálcio, a atividade da guanilatociclase aumenta progressivamente, assim como a síntese de cGMP, possibilitando a reabertura dos canais e a despolarização lenta do fotorreceptor. É importante enfatizar que o efeito modulatório do cálcio também é importante no escuro. Nesse caso, a inibição da guanilatociclase impede que qualquer flutuação espontânea dos níveis de cGMP ocorra, aumentando a eficiência da detecção luminosa e evitando o influxo excessivo de sódio por meio de um número maior de canais abertos, o que seria deletério para a célula.

Além da capacidade de adaptação intrínseca dos fotorreceptores discutida acima, a versatilidade do sistema visual depende de mecanismos de transdução e adaptação inerentes à circuitaria pós-receptoral, que veremos a seguir.

▶ Células bipolares

As células bipolares podem ser ligadas a bastonetes ou a cones. Ambas têm uma árvore dendrítica característica na camada plexiforme externa, na qual recebem sinais de bastonetes e cones, e um axônio na camada plexiforme interna, que fornece sinais para células amácrinas e ganglionares. Na retina humana existem mais de dez tipos de células bipolares, dos quais apenas um é ligado exclusivamente a bastonetes, enquanto os demais tipos conectam-se predominantemente a cones. Como foi visto anteriormente, as células bipolares ligadas a bastonetes recebem contatos sinápticos de um maior número de fotorreceptores (de 15 a 50 bastonetes, dependendo da espécie e da excentricidade retiniana) do que as células bipolares da via dos cones (de 3 a 20 cones, podendo chegar a apenas um na região central da fóvea).

As células bipolares ligadas a cones exibem uma dicotomia fisiológica em todas as retinas de vertebrados: existe um tipo que responde à luz com despolarização, chamado tipo *ON*, e outro que responde à luz com hiperpolarização, chamado tipo *OFF* (Figura 21.13). Já as células bipolares ligadas a bastonetes parecem apresentar, predominantemente, respostas despolarizantes à luz. As respostas hiperpolarizantes ou despolarizantes observadas em células bipolares dependem da presença de dois tipos distintos de receptores de glutamato: (1) receptores ionotrópicos do tipo AMPA ou KA (receptor ácido alfa-amino-3-hidróxi-5-metilisoxazol-4-propiônico e receptor cainato, respectivamente) e (2) receptor metabotrópico (mGluR6, um receptor metabotrópico do tipo III), respectivamente. Receptores ionotrópicos são canais integrais de membrana diretamente controlados por neurotransmissor, enquanto os receptores metabotrópicos controlam canais de membrana localizados em outras localidades da célula através de cascatas bioquímicas. A rodopsina contida nos bastonetes é um exemplo de receptor metabotrópico.

Os fotorreceptores liberam glutamato no escuro, mantendo despolarizadas as células bipolares *OFF* que contêm receptores ionotrópicos e hiperpolarizando as células bipolares *ON* que contêm receptores metabotrópicos. A estimulação luminosa provoca uma hiperpolarização dos fotorreceptores, o que diminui a liberação de glutamato, hiperpolarizando as células bipolares *OFF* e despolarizando as células bipolares *ON*. O glutamato despolariza as células bipolares *OFF* por abertura de canais catiônicos não específicos, que levam predominantemente a influxo de sódio e efluxo de potássio. A hiperpolarização causada pelo glutamato em células bipolares *ON* ocorre por fechamento de canais catiônicos não específicos nos dendritos denominados TRPM1 (do inglês *transient receptor potencial, type melastatin 1*). Estes canais são permeáveis a sódio, cálcio e potássio e pertencem a uma superfamília de canais iônicos identificada inicialmente nos fotorreceptores de insetos. Na ausência de glutamato, esses canais permanecem abertos; a presença de glutamato ativa os receptores metabotrópicos e sua proteína G, G_o. Há evidências experimentais de

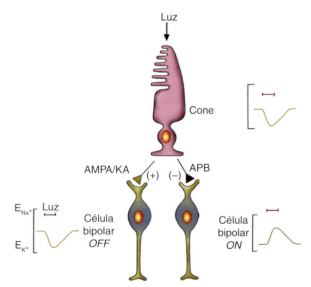

Figura 21.13 ▪ Segregação da informação visual. O mesmo cone faz contatos sinápticos com duas células bipolares distintas. Quando o cone é hiperpolarizado pela luz, ocorre diminuição da liberação do neurotransmissor glutamato e as células bipolares respondem diferentemente. A célula bipolar do tipo *OFF* é hiperpolarizada e a do tipo *ON* é despolarizada, em função da presença de receptores de glutamato do tipo AMPA/KA (*OFF*) e APB (*ON*). (Adaptada de Kandel *et al.*, 2014.)

que tanto a subunidade α quanto a subunidade β de G₀ podem inibir diretamente o canal TRPM1 em células bipolares ON.

Em mamíferos, as células bipolares ligadas a bastonetes conectam-se indiretamente a células ganglionares por intermédio de certas células amácrinas (denominadas AII) que conectam-se a células bipolares ON ligadas a cones por intermédio de junções comunicantes (transmissão elétrica) e a células bipolares OFF ligadas a cones por intermédio de sinapses glicinérgicas. Essas células bipolares, por sua vez, comunicam-se com células ganglionares do tipo ON ou OFF através de sinapses glutamatérgicas. Tendo em vista que na evolução os bastonetes surgiram depois dos cones, parece que essas células utilizaram a via dos cones já existente.

▶ Células horizontais

Os sinais visuais podem ser modificados por células horizontais na primeira sinapse entre os fotorreceptores e as células bipolares. As células horizontais estão localizadas na margem externa da camada nuclear interna; esses neurônios possuem um campo de ramificações dendríticas ao redor do pericário, que se estende em direção ao terminal sináptico dos fotorreceptores. Seus dendritos e axônios formam uma densa rede na camada plexiforme externa.

O número de subtipos de células horizontais e seu padrão de conectividade com fotorreceptores variam com a espécie. Em humanos, há três tipos de células horizontais, H1, H2 e H3. No tipo H1 existe um longo axônio que termina em uma árvore telodendrítica que contata bastonetes; no tipo H2, os terminais axônicos contatam cones. O tipo H3 também possui axônio, mas suas terminações ainda não foram identificadas.

Assim como os fotorreceptores, as células horizontais respondem à luz com respostas hiperpolarizantes sustentadas, que acompanham a duração da estimulação e aumentam ou diminuem de amplitude acompanhando variações na intensidade da luz. Isso ocorre porque esses neurônios expressam receptores ionotrópicos do tipo AMPA em seus terminais dendríticos. Registros eletrofisiológicos da resposta dessas células à luz mostram que estão acopladas eletricamente em extensas redes. Em função desse acoplamento, há acréscimo da amplitude da resposta à luz com aumento do tamanho do estímulo luminoso até o limite do campo receptor.

A principal função das células horizontais é regular a sinapse entre fotorreceptores e células bipolares. Células horizontais recebem sinais dos fotorreceptores e, por sua vez, enviam sinais de volta a eles através de múltiplos mecanismos de retroalimentação, controlando sua liberação de glutamato. Por causa de seu acoplamento elétrico, o campo receptivo das células horizontais é mais extenso do que o de um único fotorreceptor ou célula bipolar. Dessa forma, o grau de atividade da rede de células horizontais fornece ao sistema visual uma estimativa da intensidade média e composição espectral média da luz ambiente. Essa estimativa é, então, subtraída por retroalimentação negativa do sinal que os fotorreceptores enviam para as células bipolares, funcionando como um sistema de balanço de branco em uma câmera fotográfica digital.

Como na retina as distâncias são relativamente reduzidas, apesar de o processamento neural ser muito complexo, a comunicação entre as células da retina externa (fotorreceptores, células bipolares e células horizontais) não precisa acontecer por meio de potenciais de ação, que constituem um mecanismo desenvolvido para transmitir informação por longas distâncias. Já na retina interna, começa a haver uma transição na direção de potenciais de ação nas células amácrinas, cujas respostas são transitórias e não sustentadas como as da retina externa. Nas células ganglionares a codificação é feita completamente por meio de potenciais de ação. Essa transição analógico-digital ocorre porque células ganglionares têm axônios longos para enviar as informações da retina às demais regiões do sistema nervoso central; potenciais graduados sofreriam atenuação considerável ao longo desses axônios antes de alcançarem o terminal sináptico, comprometendo a transmissão de sinais visuais.

▶ Células amácrinas

Uma grande variedade de células amácrinas foi descrita na retina de vertebrados; este é o tipo celular com maior número de subtipos morfológicos. Seus corpos celulares são encontrados na margem interna da camada nuclear interna e enviam processos para a camada plexiforme interna. São neurônios que não possuem axônios; seu nome vem da junção das palavras gregas "a-" (sem), "makr-" (longa) e "in-" (fibra). Células amácrinas têm morfologias variadas e podem ser classificadas morfologicamente em tipos difuso ou local, de acordo com o padrão de distribuição lateral de seus processos na camada plexiforme interna, ou ainda em mono-, bi- ou triestratificadas, de acordo com a estratificação de seus processos na mesma camada.

Tem-se pouco conhecimento sobre as células amácrinas, talvez porque elas sejam extremamente diversificadas em termos de morfologia, resposta elétrica, conectividade e conteúdo de neuromediadores e neurotransmissores. A maior parte destes neurônios é inibitória. GABA e glicina estão presentes em um grande número dessas células, juntamente com outros mediadores como acetilcolina, dopamina e neuropeptídios em geral.

A resposta das células amácrinas à luz, assim como sua morfologia, é assaz variada. Há tipos celulares que respondem à estimulação luminosa com potenciais graduados e tipos que possuem respostas transientes. Em ambos os casos, encontram-se células ON e OFF. Há ainda tipos de células amácrinas transientes que podem responder tanto a incrementos quanto a decrementos da intensidade de estimulação luminosa; estes neurônios são chamados de ON-OFF.

A principal função destes neurônios é modificar os sinais visuais na segunda sinapse, entre as células bipolares e as células ganglionares, como as células horizontais fazem na retina externa. A única exceção conhecida é a célula amácrina AII, que participa da transmissão anterógrada de sinais na via de bastonetes, como mencionado anteriormente.

▶ Células ganglionares

As células ganglionares, os neurônios mais internos na retina, liberam glutamato e constituem a via de saída para os núcleos visuais do sistema nervoso central (SNC). Os axônios de todas as células ganglionares convergem para um só local na retina, de onde saem juntos do globo ocular, formando o nervo óptico. Estes axônios enviam informações retinianas às áreas visuais centrais.

Em primatas, os tipos mais abundantes de células ganglionares são células com pericário grande e árvore dendrítica extensa ou pericário pequeno e árvore dendrítica diminuta, denominadas, respectivamente, M (magnocelular) e P (parvocelular). Tanto células M quanto células P possuem subtipos ON e OFF, com dendritos estratificando em níveis distintos da camada plexiforme interna e respostas eletrofisiológicas distintas.

Os axônios das células ganglionares M e P terminam em camadas diferentes do núcleo geniculado lateral (NGL), uma estrutura que recebe os axônios das células de cada olho de forma segregada em seis camadas alternadas. As células ganglionares M terminam em camadas que contêm células grandes, as P em camadas com células pequenas. Há ainda uma terceira via, chamada de coniocelular (ou *via K*), constituída por vários tipos multiestratificados de células ganglionares, que fazem sinapse com células diminutas do NGL, situadas entre as lâminas descritas nessa estrutura. Apesar de contatarem células pequenas no NGL, as células ganglionares da via K mais conhecidas têm tamanho semelhante ao das M. Foram descritos vários tipos de células dessa via, a maior parte dos quais com funções ainda desconhecidas e com respostas oponentes (*ON* ou *OFF*, dependendo da composição espectral do estímulo).

Cada um dos tipos descritos de células ganglionares forma arranjos em mosaicos regulares na retina inteira. As propriedades de resposta características desses neurônios são mantidas em vias separadas, cada uma aparentemente especializada para transmissão de parte do contínuo espaço-espectro-temporal. A via P ou *parvocelular* possui pequenos campos receptivos (alta resolução espacial), respostas sustentadas (baixa resolução temporal) e polaridade de resposta diferente (*ON* ou *OFF*) para estímulos de comprimentos de onda médios ou longos (alta resolução espectral, baixa sensibilidade a contraste). A via M ou *magnocelular* possui grandes campos receptivos (baixa resolução espacial), respostas transientes (alta resolução temporal) e polaridade de resposta independente da composição espectral do estímulo (baixa resolução espectral, alta sensibilidade a contraste). A via K ou *coniocelular*, por sua vez, possui neurônios com respostas oponentes (*ON* ou *OFF*) para estímulos de comprimentos de onda curtos ou médio-longos. Juntas, estas três vias comunicam a regiões mais centrais do sistema nervoso toda a riqueza contida na resposta graduada do fotorreceptor.

Essa divisão da transmissão em canais específicos decorre da necessidade de conversão analógico-digital que ocorre na retina interna. Potenciais graduados, como as respostas de fotorreceptores e células bipolares, são muito ricos em informação, mas sua amplitude reduzida (10 a 20 mV) é problemática quando há necessidade de transmissão por longas distâncias. A conversão desses potenciais graduados em potenciais de ação gera outro problema para o sistema visual: embora potenciais de ação sejam respostas grandes (100 a 150 mV), elas são também estereotipadas. É necessário um grande número dessas respostas para comunicar uma mensagem simples; podemos usar como analogia a linguagem binária de um computador, que necessita de uma sequência de quatro algarismos "0" e "1" para codificar números reais como 2 ou 9.

Assim, para não aumentar demais o tempo de transmissão ao longo do nervo óptico e permitir ao sistema visual codificar e decodificar rapidamente as imagens retinianas, a informação visual contida na resposta graduada dos fotorreceptores foi dividida em canais paralelos ao nível das células bipolares e ganglionares. Na retina humana, há cerca de 20 canais (ou subtipos de células ganglionares) projetando para núcleos visuais e não visuais do sistema nervoso central, mas sabe-se pouco sobre a maioria deles. Em algumas espécies de mamíferos, já foram encontradas células ganglionares de comportamento extremamente complexo, como as que respondem seletivamente à direção de movimento, com excitação em uma direção (direção preferida), inibição na direção oposta (direção de nulidade), e respostas intermediárias entre as duas direções.

Sistema não formador de imagem

Descrevemos anteriormente as células ganglionares intrinsecamente fotossensíveis (CGR_{if}). Esse subtipo de célula ganglionar, representado por não mais que 10% das células ganglionares da retina, expressa o pigmento visual melanopsina (Opn4) e é diretamente ativado por luz, mas também recebe entradas do sistema de cones e bastonetes, via células bipolares e amácrinas, como as demais CGR. A ativação das CGR_{if} pela via dos cones e bastonetes gera uma resposta rápida, transitória, enquanto a ativação direta pela luz gera uma resposta sustentada. A resposta elétrica é uma despolarização seguida de potenciais de ação que se mantêm enquanto a iluminação permanece, e cuja frequência é proporcional à intensidade da luz. Sugere-se que essa resposta tem a função de codificar o nível médio de iluminação presente. Em animais em que há ablação genética de cones e bastonetes, as CGR_{if} permanecem ativas e permitem a sincronização do ritmo circadiano com o período dia/noite.

As CGR_{if} projetam seus axônios para diversas estruturas do sistema nervoso central, envolvidas com ritmo circadiano, reflexo pupilar à luz, indução do sono, regulação da melatonina pineal pela luz e outras funções não visuais. Suas principais projeções vão para o núcleo supraquiasmático, o folheto intergeniculado do tálamo, o núcleo pré-tectal olivar, relacionados com ritmo circadiano e com o reflexo pupilar à luz, e também vão para o núcleo ventrolateral pré-óptico e para a área ventral subparaventricular. As projeções incluem ainda o corpo geniculado lateral do tálamo, parte do sistema visual formador de imagem, o que mostra que o sistema das CGR_{if} também deve ter alguma participação no processamento da visão.

▶ Campo receptivo

A visão é um sentido eminentemente espacial, dedicado à aquisição e interpretação da imagem que cai sobre a retina. As células bipolares são o primeiro neurônio da cadeia retina-encéfalo que codifica relações espaciais. Elas são classificadas como do tipo *ON* ou do tipo *OFF*, segundo sua polaridade de resposta a estímulos luminosos apresentados no centro do seu campo receptivo. Campo receptivo é a área do campo visual cuja projeção na retina, e consequente estimulação de fotorreceptores pela luz, causa um aumento ou um decréscimo da atividade espontânea de neurônios da via visual.

Campos receptivos podem ser determinados para qualquer célula da via visual. A principal característica fisiológica das células bipolares é o fato de haver oponência espacial em seu campo receptivo. Isto significa que uma célula do tipo *ON* responde com despolarização a estímulos projetados sobre o centro de seu campo receptivo (fotorreceptores projetando diretamente para ela) e com hiperpolarização a estímulos apresentados na periferia do seu campo receptivo, como em um anel em torno do centro. Existe também o tipo oposto, a célula do tipo *OFF*, que responde com hiperpolarização no centro e despolarização na periferia do campo receptivo. Os campos receptivos das células bipolares são circulares e a área central, que recebe projeção direta dos fotorreceptores, está circundada por uma periferia antagonista, formada pela projeção das células horizontais para os fotorreceptores (Figura 21.14).

As conexões das células bipolares com as células ganglionares na camada plexiforme interna determinam basicamente a mesma organização de campos receptivos nos dois tipos celulares, embora as células amácrinas também contribuam para a elaboração dessas propriedades em células ganglionares

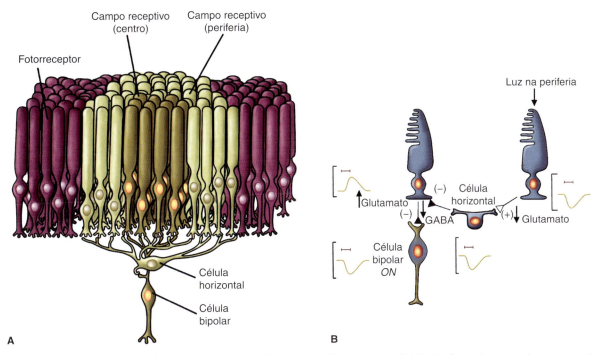

Figura 21.14 ▪ Campos receptivos de células bipolares. **A.** Fotorreceptores fazem sinapses diretas com uma célula bipolar, formando o centro do campo receptivo dessa célula, ou sinapses indiretas via células horizontais (periferia do campo receptivo). **B.** A estimulação de fotorreceptores no centro do campo receptivo de uma célula bipolar é antagonizada pela estimulação de fotorreceptores na periferia do campo receptivo. Quando a luz hiperpolariza cones da periferia dessa mesma célula bipolar, hiperpolariza também as células horizontais, e cones centrais que recebem projeções dessas células se despolarizam, pois ocorre remoção da influência inibitória de GABA. Isso hiperpolariza a célula bipolar de centro (*ON*), antagonizando o efeito de iluminação do centro do campo receptivo. (Adaptada de Kandel *et al.*, 2002; Bear *et al.*, 2017.)

(Figura 21.15). Da mesma forma que nas células bipolares, os campos receptivos das células ganglionares são em sua maioria circulares, com centro e periferia antagônicos. Assim, uma célula ganglionar do tipo *OFF* é despolarizada e responde com uma alta frequência de potenciais de ação quando um círculo escuro for projetado no centro do seu campo receptivo, mas essa resposta diminui muito quando o estímulo abranger também a periferia do campo receptivo (Figura 21.16).

Na fóvea, onde a acuidade visual é melhor, os campos receptivos são pequenos, contrastando com o que ocorre na retina periférica. Isso ocorre por três razões principais

- A convergência entre fotorreceptores e células ganglionares é menor na fóvea: uma célula ganglionar foveal computa a resposta de um a três fotorreceptores, enquanto uma célula ganglionar periférica de mesmo tipo computa a resposta de um número muito maior de fotorreceptores
- Os próprios fotorreceptores são menores na retina central. Como a óptica do olho evoluiu para focalizar na fóvea, é ali que a imagem projetada sobre a retina possui maior nitidez e, portanto, é na fóvea que se torna crucial a compactação do maior número possível de fotorreceptores. Na periferia da retina, a qualidade da imagem projetada diminui e, portanto, os fotorreceptores são maiores e mais espaçados entre si
- A existência de cones e bastonetes criou a necessidade de regionalização da distribuição de fotorreceptores. Na fóvea, encontramos apenas cones, mas, na periferia da retina, estes estão intercalados com bastonetes, tornando maior o espaçamento entre cones e menor a resolução espacial da informação que estes passam adiante.

As células ganglionares parecem responder mais ao contraste do que à intensidade luminosa absoluta, princípio este que pode ser estendido ao sistema visual como um todo.

Assim, se um objeto escuro atravessar o campo receptivo de uma célula de centro *OFF*, a célula responderá de modo diferente, dependendo de onde o estímulo estiver a cada instante. Ao entrar na periferia do campo receptivo, o objeto provocará uma diminuição da frequência de potenciais de ação, e ao chegar ao centro, um aumento desses potenciais. No entanto, se o objeto escuro for suficientemente grande para abranger todo o campo receptivo, a resposta no centro será cancelada (Figura 21.17). Isso decorre de uma inibição da resposta do centro causada pela estimulação simultânea da periferia.

Células amácrinas glicinérgicas e via de bastonetes

Células amácrinas glicinérgicas são essenciais para a via de bastonetes, visto que não existe uma conexão direta entre as células bipolares ligadas a bastonetes com células ganglionares. Existe apenas uma conexão indireta via células amácrinas glicinérgicas (AII), que fazem sinapses químicas inibitórias com células bipolares da via *OFF* e sinapses elétricas com células bipolares da via *ON* (Figura 21.18).

Dessa maneira, o sistema de bastonetes utiliza a circuitaria preexistente dos cones, em vez de criar uma nova. A iluminação de bastonetes causa hiperpolarização e diminuição da liberação de glutamato. As células bipolares dessa via se tornam menos inibidas, despolarizam e secretam glutamato.

Assim como as células bipolares do tipo *OFF* do sistema de cones, as amácrinas AII também apresentam receptores de glutamato do tipo AMPA. Estas células, portanto, mantêm a polaridade do sinal recebido das células bipolares *ON* de bastonetes e despolarizam em resposta à luz. Ao fazê-lo, elas excitam diretamente células bipolares *ON* do sistema de cones, por intermédio de junções comunicantes (elétricas), e liberam o neurotransmissor inibitório glicina para células bipolares de cones do tipo *OFF*. Assim, através desta célula amácrina, o sinal dos bastonetes alcança tanto células ganglionares *ON* quanto *OFF*.

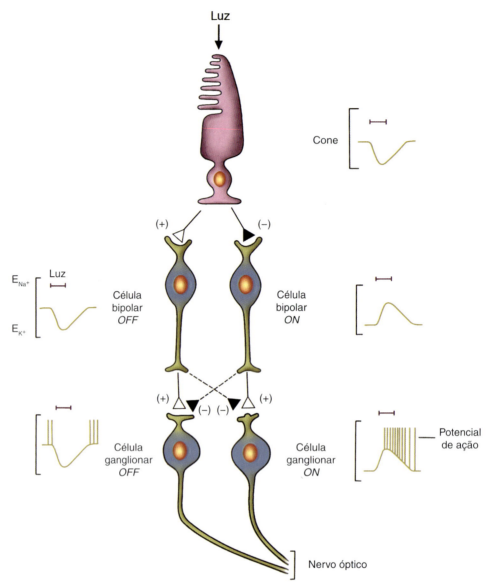

Figura 21.15 ▪ Células bipolares de centro *ON* fazem sinapses excitatórias com células ganglionares de centro *ON* e células bipolares de centro *OFF* com células ganglionares de centro *OFF*, embora existam evidências de que sinapses inibitórias possam existir entre classes diferentes, indicadas em linhas tracejadas. (Adaptada de Kandel et al., 2014.)

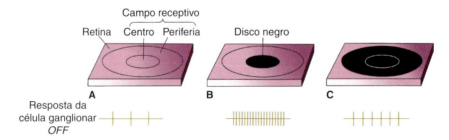

Figura 21.16 ▪ Campo receptivo de uma célula ganglionar de centro *OFF*. **A** e **B.** Uma célula ganglionar de centro *OFF* responde com uma alta frequência de potenciais de ação quando um círculo escuro é projetado no centro do seu campo receptivo. **C.** Se o mesmo tipo de estímulo é projetado no centro e na periferia do campo receptivo da mesma célula, a frequência de potenciais de ação diminui significativamente. (Adaptada de Bear et al., 2017.)

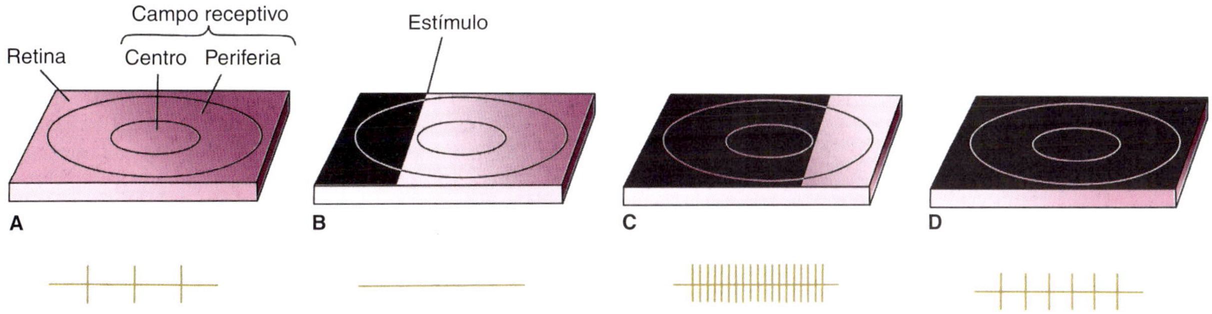

Figura 21.17 ■ Respostas de uma célula ganglionar de centro *OFF* quando a imagem de um objeto escuro atravessa seu campo receptivo. **A** e **B.** Quando o estímulo entra no campo receptivo da célula e atinge somente a periferia, que é antagônica (*ON*), a célula é hiperpolarizada. **C.** Ao entrar no centro do campo receptivo, a frequência de disparo da célula aumenta em contraposição à inibição pela periferia do campo. **D.** Ao atingir o campo receptivo inteiro, o estímulo provoca apenas uma frequência de disparo fraca, visto que os efeitos no centro e na periferia são opostos. (Adaptada de Bear *et al.*, 2017.)

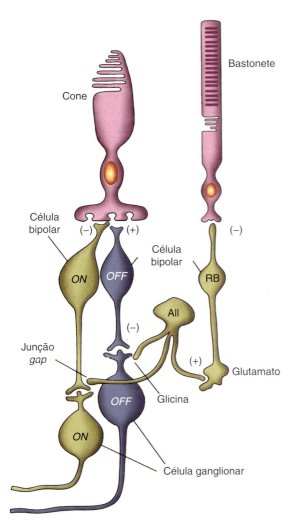

Figura 21.18 ■ Vias de cones e bastonetes na retina de mamíferos. As células bipolares da via de bastonetes não fazem sinapses diretas com células ganglionares, mas apenas indiretas, via células amácrinas do tipo AII; estas fazem sinapses químicas inibitórias com células da via *OFF* e sinapses elétricas com células da via *ON* do sistema de cones. (Adaptada de Nicholls *et al.*, 1992.)

VIAS VISUAIS

Uma característica bem conhecida a respeito do funcionamento do sistema nervoso é a existência de vias paralelas que processam a informação neural de forma simultânea. Sinais representando cores, movimento, forma e localização, por exemplo, são processados simultaneamente em diferentes regiões do encéfalo. Esse paralelismo já começa na retina, de onde partem diferentes vias neurais com destino a diferentes alvos subcorticais.

Os axônios das células ganglionares correm ao longo da superfície interna da retina e juntam-se para formar o nervo óptico, segundo par de nervos cranianos. Em mamíferos, o nervo óptico projeta-se primariamente ao núcleo geniculado lateral (*NGL*), no tálamo, e daí para o córtex visual primário, no lobo occipital (Figura 21.19). Outras projeções do nervo óptico incluem a área pré-tectal do mesencéfalo, envolvida na organização de reflexos pupilares, e o colículo superior, responsável pela elaboração de uma classe de movimentos oculares. Além dessas projeções mesencefálicas, o nervo óptico alcança o hipotálamo, aferência envolvida no controle de ritmos circadianos.

Em várias espécies de vertebrados, os dois nervos ópticos decussam completamente, projetando-se para o tálamo contralateral. Na maioria desses animais, os olhos situam-se em cada lado da cabeça, com pouca superposição dos dois campos visuais. Por outro lado, em muitas espécies de mamíferos os olhos situam-se frontalmente, e os dois campos visuais superpõem-se parcialmente. Em função desse fato, há uma decussação apenas parcial dos nervos ópticos. As fibras ipsilaterais são originadas na porção temporal da retina que recebe imagens presentes na porção nasal do campo visual. Esse arranjo torna possível que a metade direita do campo visual tenha uma representação predominante no hemisfério cerebral esquerdo, enquanto o oposto ocorre para a metade contralateral do campo visual. No NGL as projeções dos dois olhos permanecem segregadas em uma série de camadas antes de serem retransmitidas ao córtex cerebral. O NGL é constituído, em primatas, por seis camadas (Figura 21.20), e as projeções da retina ipsilateral são transmitidas às camadas 2, 3 e 5, enquanto as projeções contralaterais alcançam as camadas 1, 4 e 6. O NGL, por sua vez, envia projeções ipsilaterais para o córtex visual primário (*V1*), na área 17 de Brodmann, também denominado córtex estriado. Como resultado dessa projeção ordenada das aferências retinianas e talâmicas, o córtex estriado apresenta um mapa completo da retina, preservando aquilo que se denomina organização *retinotópica*. A fóvea, região retiniana de maior acuidade visual, ocupa uma grande parte desse mapa retinotópico, de maneira semelhante à organização de outras modalidades sensoriais em que as regiões de maior acuidade têm uma representação cortical majoritária (p. ex., a representação da face e das mãos no córtex somestésico).

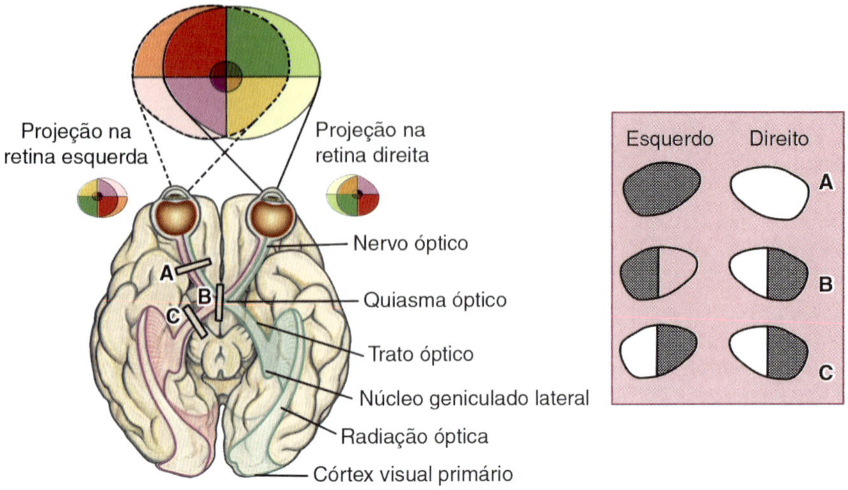

Figura 21.19 ▪ Esquema das vias visuais. *À esquerda*, projeção do campo visual binocular nas retinas direita e esquerda, e as vias visuais que seguem daí até o córtex visual primário. A transecção da via em diferentes pontos de seu trajeto (**A**, **B** e **C**) causa déficits visuais. *À direita*, esquema dos campos visuais indicando, em escuro, os déficits causados pelas diferentes transecções. (Adaptada de Purves *et al.*, 2011.)

Admitindo-se certa simplificação, podemos dizer que dois tipos celulares básicos constituem o córtex visual primário. As células piramidais, grandes e com longos espinhos dendríticos, enviam projeções glutamatérgicas excitatórias para outras regiões corticais e subcorticais. Neurônios não piramidais são menores e em formato de estrela. Algumas dessas células têm inúmeros espinhos dendríticos e estabelecem sinapses glutamatérgicas excitatórias; outras não têm espinhos dendríticos e são inibitórias, utilizando o ácido gama-aminobutírico (GABA) como neurotransmissor. Ambos os tipos de neurônios não piramidais são interneurônios que compõem a circuitaria local, não enviando projeções para estruturas externas a V1.

Uma característica fundamental do processamento realizado pelo sistema nervoso central é o seu paralelismo, em que diferentes vias e circuitos neurais compartilham, de maneira simultânea e distribuída, a responsabilidade de realizar uma dada tarefa. No caso do sistema visual, a segregação da informação inicia-se já na retina, que contém diferentes classes de células ganglionares. Uma delas, de menor tamanho, denominada por isso parvocelular (*tipo P*), responde por mais de 90% da população total de células ganglionares. Outra classe, composta por células ganglionares maiores, é denominada magnocelular (*tipo M*), correspondendo a cerca de 8% da população. O restante é composto por células que não se enquadram sob esses rótulos, por isso chamadas por alguns autores de células *não M, não P*. Esses diferentes conjuntos de células ganglionares transportam diferentes tipos de informação visual, projetando-se a diferentes regiões do núcleo geniculado lateral (NGL). As células ganglionares do tipo M projetam-se às camadas magnocelulares do NGL (camadas 1 e 2, mais ventrais). Dispõem de campos receptivos maiores, conduzem potenciais de ação com maior velocidade, e são mais sensíveis a estímulos de baixo contraste. Já as células P alcançam as camadas parvocelulares do NGL (camadas 3, 4, 5 e 6, mais dorsais), apresentando campos receptivos menores. Os neurônios pertencentes ao terceiro grupo de células ganglionares da retina (células *não M, não P*) projetam-se sobre neurônios do NGL que se intercalam entre as camadas magno- e parvocelulares desse núcleo talâmico (essas camadas intercaladas são também denominadas *coniocelulares*). Esses conjuntos de camadas do NGL dão origem a três principais vias visuais, as vias magno, parvo e coniocelular (Figura 21.21), que alcançam o córtex visual primário (V1) por meio de projeções denominadas *geniculocorticais*. Indo além do córtex estriado, a informação visual projeta-se às áreas extraestriadas, um conjunto de áreas onde ocorrem processamentos cada vez mais elaborados dessa informação, e que também contêm representações preservadas da retina (representações retinotópicas). Existem mais de 30 representações da retina nas áreas extraestriadas, ocupando mais da metade do córtex cerebral. Essas regiões diferem, no entanto, quanto à precisão de sua organização retinotópica e à seletividade de seus neurônios a diferentes características do estímulo visual. Por exemplo, como veremos, a área V5 está primariamente envolvida com o processamento de movimento no campo visual, enquanto a área V4 está relacionada com a discriminação de cores e orientação de bordas.

Ambos os córtices visuais primário (V1) e secundário (V2) têm subdivisões baseadas na coloração obtida pela reação histoquímica com a enzima mitocondrial *citocromo oxidase*. Em V1, as regiões densamente marcadas são chamadas de *blobs*,[1] exibindo um padrão pontilhado de aproximadamente 0,2 mm de diâmetro, separadas por regiões de coloração pálida denominadas *interblobs*. Em V2, as regiões mais densamente marcadas formam faixas escuras, divididas em espessas e finas, separadas por regiões não marcadas (pálidas). Em seres humanos, V1 é uma estrutura com aproximadamente 2 mm

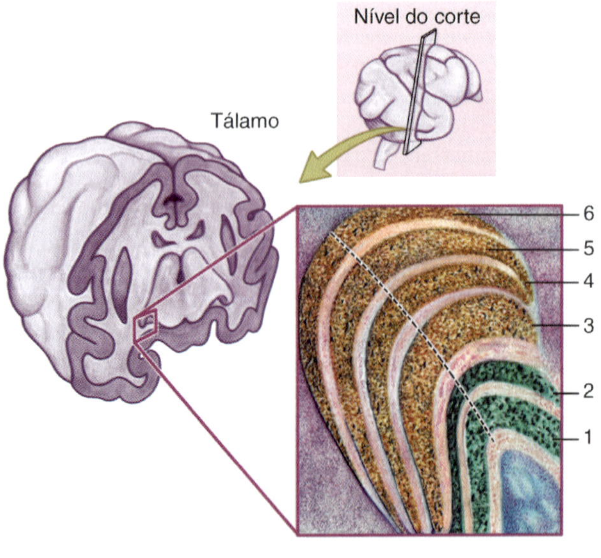

Figura 21.20 ▪ Visão anatômica do núcleo geniculado lateral exibindo suas camadas citoarquitetônicas: magnocelular (*1* e *2*), parvocelular (*4* a *6*) e coniocelular (intercalada às outras duas). (Adaptada de Bear *et al.*, 2017.)

---

[1] *Blob*, do inglês, significa "bolha", "gota", "glóbulo". Em vez de uma tradução arbitrária dessa palavra, consagrada na literatura científica, optamos por utilizá-la em sua língua original.

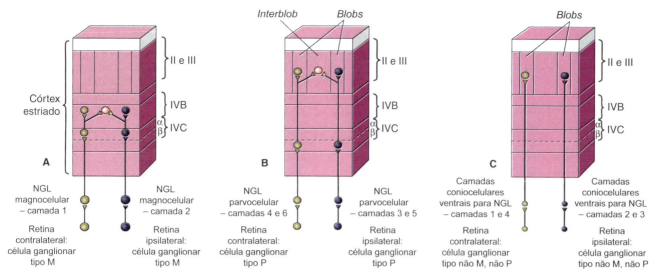

Figura 21.21 ■ As três vias paralelas, da retina ao córtex visual primário: via magnocelular (**A**), via parvocelular (**B**) e via coniocelular (**C**). *NGL*, núcleo geniculado lateral. (Adaptada de Bear *et al.*, 2017.)

de espessura, dividida em seis camadas celulares. A camada IV, principal alvo de projeções do NGL, é subdividida em 4 outras subcamadas: IVA, IVB, IVCα e IVCβ.

A porção superior da camada IVC (IVCα) recebe axônios da maioria das células magnocelulares do NGL, as quais compõem a *via magnocelular*. Da camada IVCα, a via magnocelular projeta-se à camada IVB, ainda em V1, e de lá às regiões de faixas escuras espessas, em V2. De V2, projeta-se, dentre outras, à área V5 (homóloga à área MT, em macacos), envolvida no processamento de movimento, relações espaciais e profundidade, além de alcançar outras áreas do córtex parietal associadas a funções visuoespaciais. Por isso é que se atribui a esse sistema ser primariamente responsável por estabelecer "onde" um objeto é visto (e não "o que" é o objeto em questão, papel de outra via visual discutida a seguir). Os neurônios da via magnocelular são, no entanto, pouco responsivos a estímulos estacionários e cromáticos.

Outra importante projeção geniculocortical origina-se nas camadas parvocelulares do NGL. Denominada *via parvocelular*, projeta-se às camadas profundas de V1 (principalmente para a camada IVCβ). Trafegando pelas regiões de *blobs* e *interblobs*, ainda em V1, a via parvocelular parte para as regiões pálidas e de faixas escuras finas, em V2, alcançando finalmente, depois de outras estações sinápticas, V4 e IT (córtex temporal inferior). A via parvocelular é responsiva à orientação do estímulo, elemento essencial na percepção de forma, contribuindo também com elementos fundamentais da percepção de cores. Resume-se o papel dessa via dizendo-se que ela se relaciona com "o que" é visto, ou seja, a identidade de um dado objeto.

Das células coniocelulares do NGL origina-se a via coniocelular, uma terceira e também importante projeção geniculocortical. Alcançando as regiões de *blobs* das camadas II e III, em V1, projeta-se às faixas escuras finas de V2. A partir daí, projeta-se a V4 (uma área cortical que tem muitos neurônios responsivos a estímulos cromáticos), finalmente alcançando o córtex temporal inferior (IT, uma área envolvida na percepção de cor e forma).

A segregação das vias magno-, parvo- e coniocelular, como acabamos de descrever (ver Figura 21.21), não é absoluta, sendo observadas interações e superposições funcionais entre elas em muitas instâncias ao longo do processamento visual. Essa segregação, mesmo que parcial, exemplifica de maneira muito clara o intenso processamento distribuído e paralelo executado pelo sistema nervoso. Também ilustra como informações visuais contidas em um único estímulo são primeiramente detectadas e analisadas por diferentes circuitos neurais, tornando possível a posterior síntese dessa informação em um ativo processo de construção perceptiva.

O sistema visual compõe-se por duas grandes vias corticais de processamento. Uma via partiria do córtex estriado (V1) em direção ao lobo parietal, estando fundamentalmente vinculada ao processamento de movimento (via *dorsal*, responsável por codificar "onde" está um objeto, ou "como" responder a ele; ou seja, esta via participaria na codificação da "ação" que o indivíduo poderá realizar, guiado por uma dada informação visual). Outra via, também se originando em V1, rumaria ventralmente em direção ao lobo temporal, estando associada ao reconhecimento de objetos (via *ventral*, responsável por codificar "o que" é um objeto). Embora os substratos fisiológicos dessa dicotomia anatomofuncional derivem, majoritariamente, de experimentos realizados em macacos, evidências obtidas por métodos psicofísicos, eletrofisiológicos e de neuroimagem indicam propriedades análogas no sistema visual humano (Figura 21.22).

As áreas corticais que compõem as vias dorsal e ventral não se organizam em uma hierarquia estritamente serial, embora pareça existir uma progressão em que áreas sucessivas são responsáveis por representações mais complexas ou especializadas de um dado estímulo. Projeções de V1 alcançam as áreas V2 e V3, e desses córtices projetam-se, por exemplo, para as áreas MT (V5) e MST, no caso da via dorsal, ou para as áreas V4 e IT, no caso da via ventral. Desses circuitos extraestriados, por exemplo, V4, V5 e IT (Figura 21.23), partem projeções para áreas dos lobos frontal e parietal envolvidas na alocação da atenção e no planejamento motor, e que participam decisivamente na construção da percepção visual. Essa multiplicidade de vias e áreas, operando de maneira distribuída e paralela, tem sugerido dois princípios básicos para a organização do sistema visual, e muito provavelmente de outros sistemas sensoriais e mesmo motores: os princípios de *especialização funcional* e de *processamento hierárquico*. O primeiro propõe

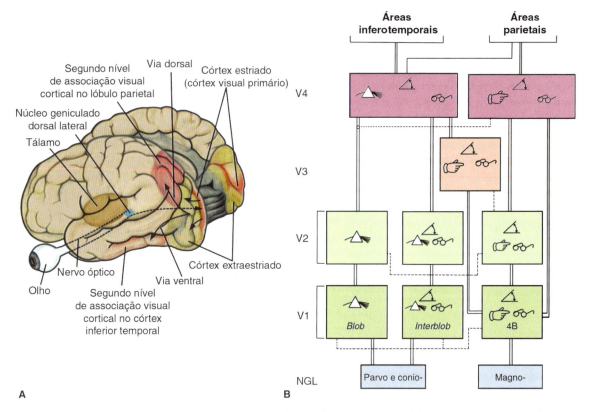

Figura 21.22 • Organização das principais vias visuais. **A.** Originando-se na retina, duas grandes vias, ventral e dorsal, divergem a partir do córtex visual primário. **B.** Esquema simplificado da segregação funcional realizada em paralelo pelas vias parvocelular, coniocelular e magnocelular. As três vias não são completamente segregadas, havendo instâncias em que há possibilidade de interação. *Linhas duplas* indicam conexões robustas, *linhas simples* indicam interações mais fracas e *linhas tracejadas* representam possíveis conexões ainda pouco conhecidas. Significado dos símbolos: *mão*, movimento; *prisma*, cor; *óculos*, profundidade; *ângulo*, forma. (Adaptada de Shepherd, 1994.)

que, inicialmente, vias neurais especializadas processam informação relativa a diferentes aspectos da cena visual. O segundo princípio estabelece que a percepção visual é construída ao longo de um processo gradual, no qual a informação visual vai progressivamente sendo transformada de estágios mais simples e localizados para estágios mais abstratos, completos e mesmo multimodais (ou seja, envolvendo a associação de mais de uma modalidade sensorial). Entretanto, é muito importante ressaltar que essa construção sequencial e hierárquica da construção visual corre por uma estrada de mão dupla: tão importantes quanto as rotas ascendentes de informação (p. ex., retina → NGL → V1 → V2 → ... → V5) são as vias de retroalimentação, que partem de áreas hierarquicamente superiores (localizadas, por exemplo, nos córtices parietal e temporal) e se projetam de volta a áreas visuais primárias e secundárias, em que os primeiros estágios de processamento visual poderão ser modulados a partir do processamento já realizado em áreas associativas.

Algumas características funcionais das áreas visuais estriadas e extraestriadas serão apresentadas a seguir. Discutiremos também os aspectos fundamentais envolvidos no processamento visual de forma, cor e movimento.

CONSTRUÇÃO DA PERCEPÇÃO VISUAL

▶ Processamento visual de forma

Na década de 1960, David Hubel e Torsten Wiesel abordaram a questão da percepção de forma e movimento por meio do estudo eletrofisiológico de neurônios visuais de primatas. Um dos principais achados desses pesquisadores foi a observação de que, ao contrário de neurônios retinianos e talâmicos, a maioria dos neurônios corticais visuais não responde intensamente a estímulos luminosos circulares. Células na maior parte de V1 respondem melhor a estímulos lineares, tais como linhas e barras. Por meio do registro eletrofisiológico dessas células, e baseando-se em suas respostas a estímulos lineares, esses autores classificaram as células corticais em dois grupos principais: *simples* e *complexas*. Acredita-se que as células simples recebam suas aferências de um subgrupo de células corticais estreladas, convergindo, por sua vez, sobre as células complexas.

As células simples são neurônios piramidais, e têm campos receptivos organizados de uma maneira mais elaborada que aqueles associados aos neurônios retinianos e talâmicos, cujos neurônios apresentam campos receptivos circulares. Os campos receptivos das células simples são maiores e alongados, onde uma região linear central excitatória (ou inibitória)

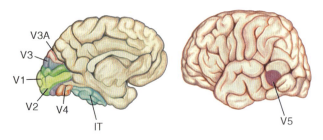

Figura 21.23 • Localização anatômica aproximada, no córtex cerebral, das principais áreas envolvidas no processamento visual. No texto estão os detalhes sobre o papel funcional de cada uma dessas áreas corticais. (Adaptada de Zeki, 2003.)

é flanqueada por regiões paralelas inibitórias (ou excitatórias). Exatamente por essa organização linear, esses campos receptivos apresentam uma dada orientação, de tal modo que um estímulo visual vai produzir a máxima excitação (ou máxima inibição) se obedecer a duas condições: primeiramente, se preencher a porção central do campo receptivo, mas sem se estender às porções laterais antagônicas; em segundo lugar, se estiver posicionado na mesma orientação do campo receptivo em questão. A Figura 21.24 ilustra, na porção superior, o processo pelo qual os campos receptivos circulares de neurônios talâmicos podem dar origem a campos receptivos lineares apresentados pelas células corticais simples. A Figura 21.24 mostra também, no centro, a resposta desse campo receptivo linear a estímulos também lineares, mas com diferentes orientações no espaço. Diferentes células corticais que recebem projeções da mesma região da retina têm campos receptivos lineares que diferem entre si em relação à sua orientação. Dessa maneira, todos os eixos de orientação podem ser representados em cada uma das regiões retinianas.

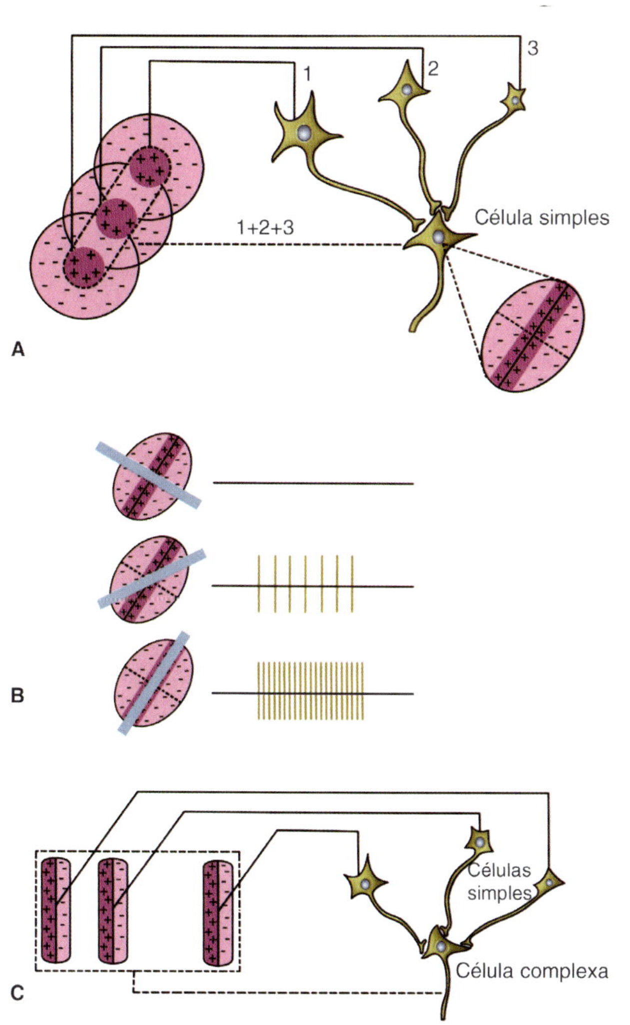

As células complexas, também piramidais, apresentam campos receptivos igualmente lineares e com um eixo definido de orientação. Esses campos receptivos são, no entanto, maiores que os observados para as células simples, e não apresentam regiões excitatórias e inibitórias claramente definidas. Dessa maneira, a posição que precisa do estímulo no interior do campo receptivo tem um peso menor, em comparação à organização dos campos receptivos das células simples. A Figura 21.24 esquematiza, na parte inferior, como as respostas de células simples participam na elaboração das propriedades do campo receptivo de uma célula complexa.

Podemos agora discutir, em conjunto, a função das células simples e complexas, buscando um entendimento de seus papéis na percepção da forma. Essas células, como vimos, não respondem a pequenos estímulos circulares, mas sim a estímulos lineares com uma orientação específica. São, portanto, apropriadas para a detecção de bordas, ou seja, dos limites que definem uma dada imagem visual. A detecção dos limites, ou bordas, de uma imagem é o primeiro passo, e talvez o mais fundamental, na percepção de sua forma. Veja o exemplo a seguir: um quadrado negro, sobre um fundo branco, é apresentado a um indivíduo. As bordas definidas pelas fronteiras entre o quadrado e o fundo vão excitar conjuntos de células simples, cada um desses conjuntos associado à orientação e localização no campo visual de cada borda, respectivamente. Células complexas, com a mesma orientação, serão também consequentemente ativadas. Se o indivíduo mover ligeiramente seus olhos, o quadrado aparentemente se moverá em relação ao fundo, e também sua imagem se moverá sobre a retina. Outro conjunto de células simples será ativado, já que a ativação dessas células depende da exata localização do estímulo. No entanto, a posição exata no campo visual tem, como vimos, um peso menor na ativação das células complexas, e para pequenos deslocamentos a mesma população de células complexas continuará ativada. Esse mecanismo é denominado *invariância de posição*, e decorre das características dos campos receptivos das células complexas, que são grandes e não têm regiões excitatórias e inibitórias claramente delimitadas.

As células simples e complexas são, portanto, responsivas aos contornos, bordas e contrastes de um objeto, mas não às características ópticas do interior da imagem ou do fundo. Na verdade, a constância das características do interior da imagem e de seu fundo não apresenta informação visual. As informações essenciais e que são utilizadas pelo sistema visual encontram-se, fundamentalmente, nas fronteiras que separam duas imagens. A percepção que temos do interior de uma imagem uniforme depende da ativação de neurônios em cujos campos receptivos projetam-se as bordas da imagem, e da ausência de ativação de neurônios cujos campos receptivos sinalizam o interior da mesma, processo denominado *preenchimento*. A ativação desses últimos indicaria a presença de contraste entre duas regiões no interior da imagem, ou seja, outra borda, supostamente inexistente nesse exemplo. Em outras palavras, a percepção que temos de uma imagem uniforme, independentemente da cor que tem, não se origina daquelas células cujos campos receptivos estão associados ao interior da imagem. A informação contida nas bordas e contornos é a única coisa que precisamos saber. Esse mecanismo garante uma enorme economia para o sistema visual, que deve processar a informação contida nas bordas de uma imagem, e simplesmente preencher, com a informação obtida, a superfície uniforme do interior, quando destituída de qualquer textura ou contraste.

Figura 21.24 • Organização dos campos receptivos de células simples e complexas do córtex visual primário. **A.** Observe que a reunião de campos receptivos circulares de neurônios talâmicos pode construir um campo receptivo linear típico de uma célula simples, exibindo uma área central excitatória flanqueada por áreas inibitórias. **B.** A geometria do campo receptivo exibido pela célula simples conduz a uma natural seletividade para a orientação de um estímulo: dependendo da orientação do estímulo em relação ao campo receptivo (*esquerda*), a célula simples poderá apresentar uma descarga de potenciais de ação com maior ou menor frequência (*direita*). **C.** Construção do campo receptivo de uma célula complexa a partir da combinação dos campos receptivos de células simples. (Adaptada de Kandel et al., 2014.)

Indo além do córtex estriado (V1), uma das mais estudadas áreas extraestriadas é a área V4, pertencente à via ventral. A área V4 recebe projeções das regiões de *blobs* e *interblobs* do córtex estriado, por intermédio das correspondentes regiões de V2. Como regra geral que vale para muitas das outras vias sensoriais, os campos receptivos vão aumentando em tamanho à medida que a via ascende em hierarquia (p. ex., V1 → V2 → V4). A área V4 parece ser um elo muito importante nas vias visuais que conduzem à percepção de forma e cor. Seguindo pela via ventral, além de V4, encontramos neurônios com campos receptivos ainda maiores e mais complexos (Figura 21.25). Uma das principais aferências de V4 é uma região do lobo temporal inferior conhecida como área IT. Alguns autores subdividem a área IT em áreas TE (localizada mais anteriormente), e TEO (mais posterior). Neurônios na área IT são responsivos a diferentes padrões de cores e de formas abstratas, sendo alguns particularmente responsivos a imagens de faces. Circuitos dedicados à percepção de faces podem fornecer o substrato fisiológico para patologias em que, depois de um acidente vascular encefálico, por exemplo, a lesão de certas áreas extraestriadas conduz a uma deficiência seletiva em reconhecer faces, mesmo de pessoas familiares (esse déficit neurológico é conhecido como *prosopagnosia*).

▶ Processamento visual de cores

Como mencionamos no início deste capítulo, uma onda eletromagnética é caracterizada por sua amplitude e por sua frequência de oscilação (ou, de maneira equivalente, seu comprimento de onda). A amplitude de uma onda eletromagnética, na faixa da luz visível, está associada à nossa percepção de intensidade luminosa. Mas analogamente à percepção auditiva, podemos também discriminar diferentes comprimentos de onda da luz visível. Aquilo que chamamos de *percepção de cores* está intimamente relacionado com a capacidade de distinguirmos radiações eletromagnéticas que diferem apenas pelo seu comprimento de onda, e não por qualquer outra característica ondulatória. Não é difícil imaginarmos alguns exemplos que ilustrem a importância adaptativa que a discriminação de cores deve ter tido ao longo do processo evolutivo. A diferenciação entre alimentos nutritivos e venenosos, o reconhecimento preciso de presas e predadores e a atração por parceiros no acasalamento são alguns dos exemplos mais óbvios, e certamente devem ter contribuído como fatores na pressão evolutiva sobre o desenvolvimento da percepção cromática.

No entanto, a composição espectral da luz refletida por um objeto não é determinada apenas por sua cor, mas também pela composição espectral da luz ambiente. Nosso sistema visual é sensível a comprimentos de onda situados, aproximadamente, entre 400 e 800 nm. Nessa faixa, a cor de uma luz monocromática varia do azul (comprimentos de onda mais curtos), passando pelo verde e chegando ao vermelho (comprimentos mais longos). No início do século passado, Thomas Young propôs que a visão de cores pudesse ser baseada na existência de três classes de fotorreceptores, cada uma responsiva a um diferente comprimento de onda. Nos anos 1960 o espectro de absorção de pigmentos visuais contidos nos cones pôde ser determinado experimentalmente. Por espectro de absorção de um pigmento entendemos a quantidade de luz que ele absorve em função do comprimento de onda da luz incidente. Essas medidas confirmaram a existência de três classes distintas de fotorreceptores (cones), sendo que um único cone contém apenas um dentre três tipos de pigmentos distintos quanto ao seu espectro de absorção (Figura 21.26).

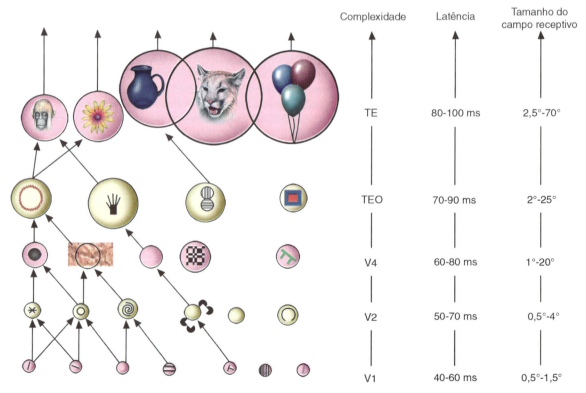

Figura 21.25 • Concepção esquemática dos estágios envolvidos na percepção de forma. A partir da simples detecção de bordas por neurônios de V1, aspectos cada vez mais complexos vão sendo construídos ao longo das vias visuais, dando início a um percepto unitário e complexo, tal como objetos e faces. Observe que, ao longo desse processo, os campos receptivos tendem a se tornar maiores, e as latências de ativação, mais longas. (Adaptada de Rousselet *et al.*, 2004.)

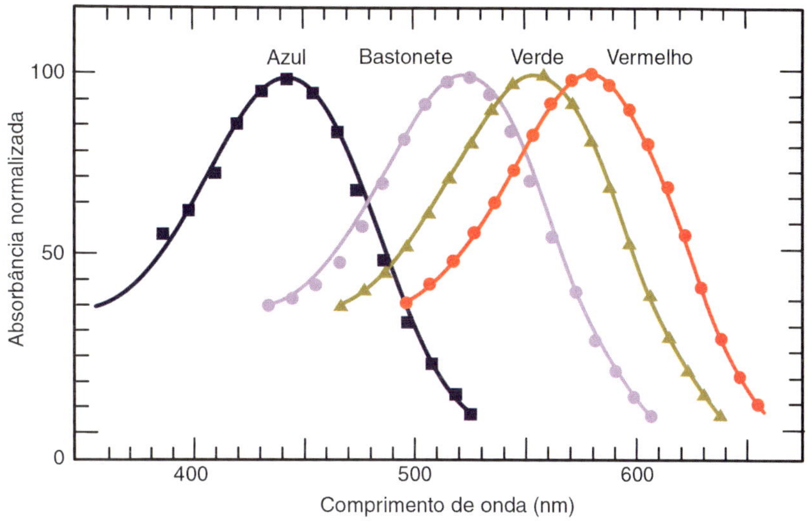

Figura 21.26 ▪ Absorbância relativa do bastonete e dos três tipos de cones, comumente também designados, de maneira um tanto incorreta, de cones "vermelhos", "verdes" e "azuis", sensíveis a comprimentos de onda longo, médio e curto, respectivamente. (Adaptada de Patton e Howell, 1989.)

Quando um cone absorve um fóton,[2] exibe uma resposta elétrica que tem sempre as mesmas características, independentemente do comprimento de onda do fóton incidente. A resposta elétrica é a mesma, pois depende da isomerização do retinal, que é uma alteração molecular que ou ocorre (se um fóton é absorvido) ou não ocorre (se não ocorrer absorção do fóton). Ou seja, a resposta de um cone não apresenta qualquer tipo de gradação que seja função do comprimento de onda do fóton que deflagra aquela resposta. O que define a resposta de um cone, em diferentes faixas do espectro, é a *probabilidade* de os pigmentos absorverem um fóton com aquele dado comprimento de onda.

É possível entendermos agora a razão pela qual não poderíamos ter visão de cores se dispuséssemos de apenas uma classe de fotorreceptores. Pelo menos duas classes de fotorreceptores, diferindo quanto à sua sensibilidade espectral, são necessárias para que tenhamos a capacidade de distinguir cores distintas. Suponha que dispuséssemos de apenas uma classe de fotorreceptores, constituída, por exemplo, de cones mais sensíveis ao vermelho. Como mencionamos anteriormente, a sensibilidade espectral desses cones, apresentada na Figura 21.26, representa a probabilidade de absorver um fóton naquela região do espectro. Mas se aumentarmos o número de fótons que incidem sobre um cone por unidade de tempo, mesmo com uma probabilidade baixa de absorvê-los, o número absoluto de fótons absorvidos por unidade de tempo poderá ser grande, e, consequentemente, será grande a atividade daquele cone. Ou seja, o sistema visual não teria como distinguir entre essas duas possíveis situações: a) um conjunto de cones sensíveis ao vermelho, sendo iluminado por luz vermelha de baixa intensidade (fato compensado pela alta probabilidade de absorção de fótons nesse comprimento de onda), ou b) um conjunto de cones sensíveis ao vermelho, iluminado por luz azul de alta intensidade, compensando assim a baixa probabilidade de os cones absorverem fótons nesse comprimento de onda. A descarga das células ganglionares em resposta à ativação desses cones seria a mesma em ambas as situações descritas, sem que houvesse possibilidade de distinção entre o estímulo azul e o vermelho. Tal ambiguidade seria minimizada em um sistema dicromático e totalmente abolida em um sistema tricromático, que são sistemas que se baseiam, respectivamente, em duas e três classes de fotorreceptores distintos quanto à sua sensibilidade espectral (Figura 21.27).

Em um ambiente pouco iluminado, a visão depende basicamente da atividade dos bastonetes, já que os cones exigem mais intensidades luminosas para o seu adequado funcionamento. Nessas circunstâncias, portanto, a visão é acromática, não por depender particularmente dos bastonetes, mas por depender de uma única classe de fotorreceptores. A visão de cores tem ainda outras limitações, não sendo muito útil na discriminação de detalhes visuais finos. Por exemplo, a fovéola (a região mais central da fóvea, com 0,5° de diâmetro), em que observamos a máxima acuidade visual, é destituída de cones sensíveis a comprimentos de ondas curtos (cones S ou "azuis"). Uma possível razão para a ausência de cones "azuis" na fovéola é a minimização da aberração cromática, que consiste na impossibilidade de um sistema óptico focalizar, simultaneamente, os raios de luz com comprimento de onda mais longo (verdes e vermelhos) e com comprimento de onda curto (azuis) sobre um mesmo plano focal. A organização dicromática da fóvea torna a visão de cores menos eficiente como um critério para a discriminação espacial mais fina.

Embora a teoria tricromática possa explicar a maior parte das características da visão de cores, o sistema visual se organiza de uma maneira um pouco mais complexa. Como vimos anteriormente, células ganglionares na retina, e também neurônios do NGL, apresentam campos receptivos que se organizam em regiões circulares contendo um centro e uma periferia que se antagonizam mutuamente. Um subconjunto dessas células codifica informação relativa à intensidade luminosa (luminância), em que a luz branca, incidindo no centro do campo receptivo, excita (ou inibe) a célula, enquanto a incidência de luz na periferia causa um efeito

---

[2]Na verdade, estamos aqui discutindo a interação da luz com fotorreceptores em termos da teoria corpuscular da luz, já que estamos falando de "fótons", em oposição aos conceitos eletromagnéticos que vínhamos utilizando até agora. Essa dualidade partícula/onda é uma das questões centrais da Física, ainda não resolvida de maneira satisfatória, e da qual não nos ocuparemos. É suficiente dizer que a luz, ou qualquer radiação eletromagnética, comporta-se, em certas circunstâncias, como se fosse composta de partículas (os conhecidos "fótons"). Em contrapartida, aquilo que concebemos como "partícula" pode também se comportar como uma onda típica, sendo o microscópio eletrônico uma aplicação prática e bem conhecida de um genuíno comportamento ondulatório exibido por elétrons.

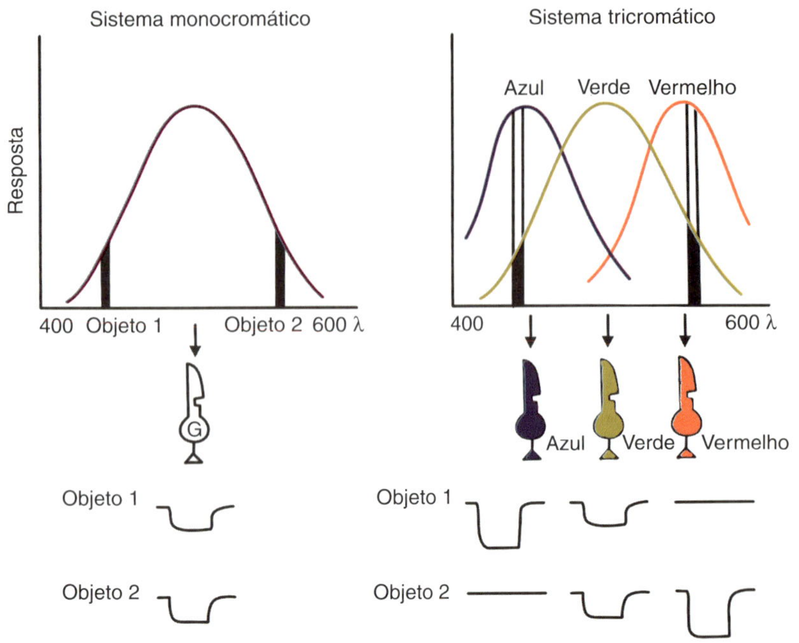

Figura 21.27 ▪ Esquema ilustrando a detecção de estímulos com diferentes comprimentos de onda por dois sistemas, um monocromático e outro tricromático. No sistema monocromático, os dois estímulos produzem uma resposta similar nos fotorreceptores. Já em um sistema tricromático, com fotorreceptores distintos quanto à sua sensibilidade espectral, as respostas serão diferenciadas. O estímulo apresentando o menor comprimento de onda estimula intensamente os cones "azuis", moderadamente os cones "verdes", sendo nula a resposta dos cones "vermelhos". O oposto ocorre para o estímulo com comprimento de onda mais longo. Por meio dessas respostas diferenciadas, o sistema visual é capaz de perceber esses estímulos como diferentes (atribuindo-lhes cores), mesmo que a intensidade luminosa de ambos seja a mesma. (Adaptada de Shepherd, 1994.)

contrário. Essas células respondem, portanto, à diferença de luminâncias (contraste), o que representa uma importante contribuição para a percepção final de cor (Figura 21.28). Essa via, codificando o contraste sem discriminação cromática, origina-se nas células ganglionares magnocelulares da retina, como vimos anteriormente, e recebe a contribuição simultânea e aditiva da atividade provocada em cones L (vermelhos) e M (verdes). Outra via, que se origina nas células ganglionares parvocelulares, exibe campos receptivos apresentando *oponência cromática* verde-vermelho, ou seja, as células ganglionares parvocelulares que dão origem a essa via são excitadas por cones L (vermelhos) e inibidas por cones M (verdes) ou, ao contrário, excitadas por cones M (verdes) e inibidas por cones L (vermelhos). Portanto, essa via realiza uma discriminação cromática entre os comprimentos de onda longo (vermelho) e médio (verde). A informação originada em cones S (azuis) é transmitida por uma terceira via (a via coniocelular), cujos campos receptivos apresentam oponência cromática do tipo azul-amarelo, em que a aferência de cones S (azuis) se opõe às aferências combinadas dos cones L e M (vermelhos e verdes). Essa via, portanto, realiza uma discriminação cromática entre comprimentos de onda curtos (azul) e a soma dos comprimentos médios (verde) e longos (vermelho), combinação que resulta em amarelo.

Vemos, portanto, que a percepção de cores é provavelmente dependente das três vias originadas na retina (magno-, parvo- e coniocelular), que diferem não só por suas características cromáticas (sensibilidade aos diferentes comprimentos de onda), mas, também, por seus substratos morfofuncionais (p. ex., organização de seus campos receptivos, a sua resolução espacial, ou ainda os alvos corticais a que se destinam). Uma rara patologia, conhecida como "*acromatopsia*", consiste na perda parcial ou total da visão de cores, mas sem o comprometimento dos estágios iniciais do processamento cromático, como os que têm lugar na retina, NGL ou V1. Essa síndrome, frequentemente associada também a déficits na percepção de forma, indica haver circuitos dedicados ao processamento cromático ao longo da via ventral. Embora ainda sob intenso debate, alguns autores indicam a área V4, que apresenta neurônios responsivos tanto à orientação espacial quanto ao conteúdo cromático de estímulos visuais, como a principal área cortical responsável pela percepção visual de cores.

▶ Processamento visual de movimento

A detecção de movimento é um aspecto tão importante do comportamento adaptativo da maioria dos animais que muitas espécies são incapazes de responder a objetos que não se movam. Um movimento no campo visual pode ser detectado por meio da comparação entre as posições, em diferentes instantes, de uma mesma imagem projetada sobre a retina. A principal origem da informação sobre movimentos no campo visual é o conjunto de células ganglionares magnocelulares da retina. As projeções dessas células, retransmitidas pelas camadas magnocelulares do NGL, alcançam as camadas corticais de V1, em que são processadas por células simples e complexas que respondem seletivamente à direção de um movimento. O processamento dessas células é adicionalmente elaborado em áreas extraestriadas localizadas no lobo temporal (V5), e então transmitidas a áreas visuomotoras do lobo parietal, em que o padrão de descarga dos neurônios ali presentes codifica a direção e a velocidade de objetos em movimento no campo visual.

A área V5 contém neurônios que apresentam uma forte seletividade direcional para estímulos em movimento, o que não se observa em áreas mais iniciais da via dorsal ou em qualquer parte da via ventral. Analogamente ao que observamos em outras áreas extraestriadas, os neurônios de V5 têm campos receptivos maiores, em comparação aos campos receptivos de neurônios localizados mais precocemente na via dorsal. Em V5 observamos uma organização colunar na qual as colunas se arranjam de acordo com a seletividade direcional dos neurônios, analogamente à seletividade de orientação observada em V1. Indo além de V5 (MT), circuitos localizados em áreas parietais (MST) são seletivos a movimentos lineares, circulares e radiais. Além disso, alguns estudos, tanto em humanos quanto em primatas não humanos, têm demonstrado que lesões em algumas áreas extraestriadas específicas podem conduzir a déficits seletivos de percepção de movimento. Um famoso caso clínico descreve a incapacidade de uma paciente que, depois de sofrer uma lesão bilateral de áreas do lobo occipital, era incapaz de perceber o café jorrando do bule para a xícara, até se dar conta de que o líquido já transbordara. Ao andar nas ruas, ela não percebia o movimento dos carros, reconhecendo seu deslocamento apenas como uma sequência de quadros instantâneos e estáticos.

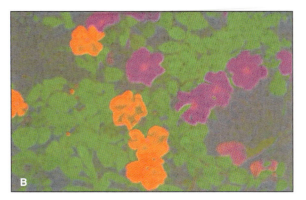

Figura 21.28 ■ Contribuição da luminância e da cor para uma plena percepção cromática. A riqueza cromática de uma imagem (**A**) depende também das vias e circuitos responsáveis pelo processamento de luminância. Esse fato torna-se evidente quando observamos uma modificação da imagem original em que o conteúdo de cores é preservado (**B**), mas é retirada a informação de luminância (imagem cuja luminância é homogênea em toda a sua extensão). O oposto, ou seja, uma imagem em que as diferenças de luminância são preservadas, mas a informação cromática é retirada (**C**), produz uma familiar imagem em preto e branco, também menos rica que a original. (Adaptada de Gegenfurtner e Kiper, 2003.)

▶ Organização colunar do córtex visual

Como vimos, os neurônios do córtex visual primário são responsivos a estímulos com uma posição e uma orientação específicas no campo visual. Células com propriedades semelhantes são agrupadas em colunas, com diâmetro entre 30 e 100 μm, que se orientam da superfície pial à substância branca e contêm as seis camadas corticais. Neurônios em uma mesma coluna respondem ao mesmo eixo de orientação de um estímulo. Em áreas corticais extraestriadas, neurônios responsivos a formas complexas ou movimento também se agrupam em colunas funcionais. Em V1, colunas adjacentes exibem um desvio sistemático no eixo de orientação que as caracterizam, com uma variação de aproximadamente 10° de uma coluna a outra. As colunas são regularmente interrompidas pelas regiões dos *blobs*, as quais são relacionadas com o processamento de cor e não são sensíveis a um eixo preferencial de orientação. Além desses, o córtex estriado tem um terceiro componente, em que colunas caracterizadas por uma dominância ocular estão envolvidas na visão binocular, importante para a percepção de profundidade. Cada coluna de dominância ocular recebe aferências de um ou outro olho, sendo que colunas para o olho esquerdo e direito alternam-se regularmente. Um par de sequências completas de colunas de orientação (cobrindo os 360°), em que cada sequência é composta por colunas de dominância ocular representando um diferente olho, contendo ainda um conjunto de *blobs*, ocupa uma área de aproximadamente 1 mm² e denomina-se *hipercoluna*. As hipercolunas repetem-se regularmente sobre a superfície do córtex visual primário, e representam o módulo neural básico necessário para analisar um ponto da retina (ver Figura 21.21).

As colunas do córtex visual primário comunicam-se entre si por meio de conexões horizontais existentes em cada camada. Assim, células em diferentes colunas, pertencentes a hipercolunas contíguas, mas caracterizadas pelo mesmo eixo de orientação, podem ser ativadas simultaneamente por estímulos com uma dada orientação e direção de movimento. Situação semelhante acontece para células responsivas a cores, pertencentes a *blobs* com características similares. Essas conexões integram, portanto, a informação visual distribuída por vários milímetros da superfície cortical.

BIBLIOGRAFIA

BALDO MVC, HADDAD H. Ilusões: o olho mágico da percepção. *Revista Brasileira de Psiquiatria*, 25(Supl 2):6-11, 2003.
BEAR MF, CONNORS BW, PARADISO MA. *Neurociências: Desvendando o Sistema Nervoso*. 4. ed. Artmed, Porto Alegre, 2017.
BENAROCH EE. The melanopsin system. *Neurology*, 76:1422-7, 2011.
DÍAZ MN, MORERA LP, GUIDO ME. Melanopsin and the non-visual photochemistry in the inner retina of vertebrates. *Photochem Photobiol*, 92:29-44, 2016.
EULER T, HAVERKAMP S, SCHUBERT T et al. Retinal bipolar cells: elementary building blocks of vision. *Nat Rev Neurosci*, 15(8):507-19, 2014.
GEGENFURTNER KR, KIPER DC. Color vision. *Annu Rev Neurosci*, 26:181-206, 2003.
GOLLISCH T, MEISTER M. Eye smarter than scientists believed: neural computations in circuits of the retina. *Neuron*, 65(2):150-64, 2010.
GOODALE M, MILNER D. *Sight Unseen*. Oxford University Press, Oxford, 2004.
GOSS CM (Ed.). *Gray Anatomia*. 29. ed. Guanabara Koogan, Rio de Janeiro, 1977.
GREGORY RL. *Eye and Brain: the Psychology of Seeing*. 5. ed. Oxford University Press, New York, 1998.
INGRAM NT, SAMPATH AP, FAIN GL. Why are rods more sensitive than cones? *J Physiol*, 594(19):5415-26, 2016.
JOSELEVITCH C. Human retinal circuitry and physiology. *Psychology & Neuroscience*, 1:145-65, 2008.
KANDEL ER, SCHWARTZ JH, JESSELL TM et al. *Princípios de Neurociências*. 5. ed. AMGH, Porto Alegre, 2014.
LEOPOLD DA. Primary visual cortex: awareness and blindsight. *Annu Rev Neurosci*, 35:91-109, 2012.
MOSES RA, HART WM (Eds.). *Adler's Physiology of the Eye. Clinical Application*. C. V. Mosby, St. Louis, 1987.
NICHOLLS JG, MARTIN AR, WALLACE BG. *From Neuron to Brain*. 3. ed. Sinauer, Massachusetts, 1992.
PATTON HD, HOWELL WH. *Textbook of Physiology*. 21. ed. Saunders, Philadelphia, 1989.
PURVES D, AUGUSTINE GJ, FITZPATRICK D et al. *Neuroscience*. 5. ed. Sinauer, Massachusetts, 2011.
ROUSSELET GA, THORPE SJ, FABRE-THORPE M. How parallel is visual processing in the ventral pathway. *Trends Cogn Sci*, 8:363-70, 2004.
SANES JR, MASLAND RH. The types of retinal ganglion cells: current status and implications for neuronal classification. *Annu Rev Neurosci*, 38:221-46, 2015.
SHEPHERD GM. *Neurobiology*. 3. ed. Oxford University Press, New York, 1994.
WERNER JS, CHALUPA LM. *The New Visual Neurosciences*. The MIT Press, Cambridge, 2014.
ZEKI S. Localization and globalization in conscious vision. *Annu Rev Neurosci*, 24:57-86, 2001.
ZEKI S. The disunity of consciousness. *Trends Cogn Sci*, 7:214-8, 2003.

Capítulo 22

Sistemas Geradores de Movimento

Luiz R. G. Britto

- Introdução aos sistemas motores, *380*
- Controle motor espinal, *380*
- Controle motor supraspinal, *382*
- Bibliografia, *383*

INTRODUÇÃO AOS SISTEMAS MOTORES

Os músculos esqueléticos são capazes de, sob comando do sistema nervoso, realizar fundamentalmente três tipos de movimentos: movimentos reflexos, rítmicos/automáticos, e voluntários. Como exemplos dos primeiros, podem ser citados o reflexo patelar, o de retirada pela dor e o corneopalpebral. Estes movimentos são claramente os mais simples, dependem diretamente da informação sensorial e muito pouco do controle motor voluntário. Os rítmicos/automáticos têm maior complexidade, dependendo em geral de atos voluntários para seu início e término (p. ex., caminhar, mastigar e respirar). Os voluntários são os mais complexos, sendo bem diversificados e altamente dependentes de aprendizado, como os movimentos de escrever e de falar.

No sistema nervoso, três diferentes níveis de organização são também identificáveis: medula espinal, tronco encefálico e córtex motor. De modo geral, a medula espinal contém a maquinaria necessária para os movimentos reflexos e rítmicos/automáticos, ao passo que as vias finais, para os voluntários. No tronco encefálico, diversos sistemas motores podem ser identificados, incluindo genericamente um sistema medial e outro lateral, envolvidos, respectivamente, no controle postural e da musculatura distal. Os tratos descendentes que garantem esse controle englobam o trato tetospinal, os tratos vestibulospinais, além dos tratos reticulospinais (sistema medial) e rubrospinal (sistema lateral). No tronco encefálico, encontra-se a representação de inúmeros movimentos rítmicos/automáticos. O córtex cerebral representa o mais alto nível da hierarquia do controle motor e é onde os movimentos voluntários são organizados. Este controle voluntário é exercido pelo trato corticospinal (o componente principal do sistema lateral) e, indiretamente, por conexões com o tronco encefálico, que garantem o acesso aos mecanismos motores troncoencefálicos. Em todos os níveis de controle motor, as aferências sensoriais proveem informações fundamentais para a elaboração dos movimentos, em forma de uma organização somatotópica. Além desses três componentes, que fornecem a estrutura básica para a realização dos três tipos de movimentos já descritos, o sistema motor inclui os gânglios da base e o cerebelo. Os gânglios da base recebem conexões de todo o córtex e se projetam para as áreas do córtex envolvidas com o planejamento da ação motora. O cerebelo, por sua vez, atua no movimento pela comparação das informações originárias do córtex motor com as geradas por receptores sensoriais ligados à atividade muscular. A Figura 22.1 esquematiza a organização geral dos sistemas motores de mamíferos e procura ilustrar o conceito de áreas hierarquicamente organizadas de controle motor, onde as áreas motoras corticais e os núcleos da base representam os níveis mais altos e a medula espinal, o mais elementar. Neste capítulo, discutiremos os três níveis centrais que respondem pela gênese dos movimentos (medula espinal, tronco encefálico e córtex motor), e, no Capítulo 23, serão mostradas as duas grandes estruturas envolvidas nos ajustes motores (cerebelo e núcleos da base).

CONTROLE MOTOR ESPINAL

▶ Receptores musculares

A medula espinal contém os elementos mínimos necessários para a execução de tarefas motoras simples, como os reflexos. Esses movimentos requerem para sua execução um arco reflexo, incluindo receptores sensoriais, vias aferentes, interneurônios em número variável e os motoneurônios, que representam as vias eferentes que propiciarão o movimento. O arco reflexo mais simples possível é o chamado arco reflexo miotático (ou de estiramento), que se inicia em receptores de estiramento muscular (os fusos musculares) e tem como função básica a manutenção do tônus muscular esquelético, por meio de contração mantida, produzida pelo estiramento das fibras musculares gerado, por exemplo, pela gravidade.

Os fusos musculares são receptores mecânicos, descritos no Capítulo 18, que trata da propriocepção, e cujos aferentes tipos Ia e II vão estabelecer contatos sinápticos na medula espinal com os motoneurônios A-alfa, direta ou indiretamente. Os aferentes sensoriais são ativados pelo aumento do comprimento das fibras musculares, o que promove abertura de canais iônicos sensíveis ao estiramento e gera potenciais de ação nesses aferentes. Quando o comprimento das fibras se reduz, os potenciais de ação diminuem ou desaparecem (Figura 22.2). O comportamento das fibras Ia e II é diverso. As Ia, que constituem os receptores primários do fuso neuromuscular, são mais sensíveis ao estiramento que as II, que compõem os receptores secundários, e, além disso, têm maior sensibilidade à velocidade de alteração do comprimento muscular.

Um aspecto fundamental da fisiologia dos fusos neuromusculares é seu controle pelo sistema nervoso central, por meio dos motoneurônios A-gama. As fibras intrafusais são inervadas por esses motoneurônios de pequeno diâmetro, especificamente em suas extremidades. Assim, quando o neurônio gama está ativo, as extremidades das fibras intrafusais se contraem, o que estira sua porção central, aumentando a atividade dos aferentes Ia. Este sistema é fundamental para manter a atividade das fibras Ia durante a contração (e consequente encurtamento) muscular, pois essas fibras tendem a silenciarem no decorrer da contração (ver Figura 22.2). A manutenção da atividade das fibras Ia pelas fibras gama durante a contração permite ao sistema nervoso central a avaliação de pequenos desvios de

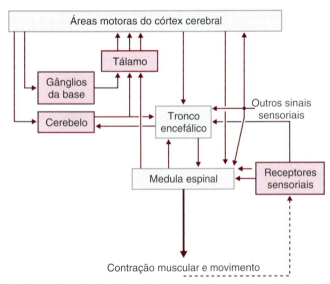

Figura 22.1 ▪ Organização geral dos sistemas motores. As três regiões consideradas como geradoras de movimento estão em cinza e ilustram a organização hierárquica do sistema motor. Nos três níveis, há aferências sensoriais reguladoras do movimento. Estão também incluídas no esquema as duas estruturas reguladoras do movimento, os gânglios da base e o cerebelo, que atuam no córtex motor por meio de sinapses em núcleos talâmicos ou no tronco encefálico e na medula espinal, direta ou indiretamente. (Adaptada de Kandel et al., 1995.)

Sistemas Geradores de Movimento   381

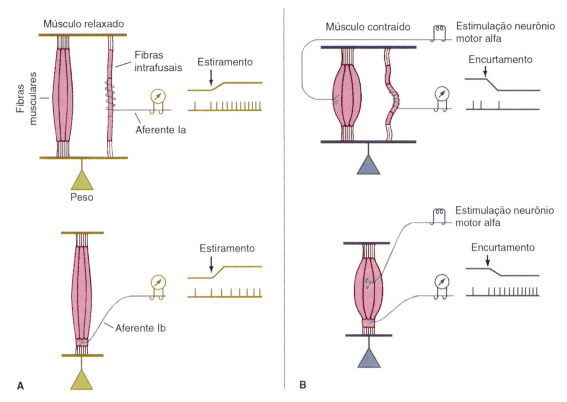

Figura 22.2 • **A.** Efeito do estiramento muscular sobre os aferentes Ia (do fuso neuromuscular) e Ib (dos tendões). O estiramento provoca maior atividade nos fusos e apenas alguns impulsos nos receptores tendinosos. **B.** Efeito da contração muscular sobre os aferentes Ia e Ib. O encurtamento muscular pela contração silencia os fusos, enquanto a maior tensão nos tendões neste caso aumenta a frequência de disparo nos aferentes Ib. (Adaptada de Kandel et al., 1995.)

comprimento e trajetória musculares ao longo da contração, e sua consequente correção. Do mesmo modo que há receptores mais ou menos sensíveis ao estiramento, e mais ou menos sensíveis à velocidade de estiramento, existem fibras gama mais ou menos rápidas, e atuantes em fases mais estáticas ou dinâmicas do movimento. Há ao menos duas populações de fibras gama, classificadas como fibras gamadinâmicas e fibras gamaestáticas, que terminam nos receptores primários e secundários dos fusos neuromusculares, respectivamente. Sendo assim, essas fibras gama podem exercer controle diferencial sobre as fases mais dinâmicas e sustentadas do movimento em geral. Os neurônios gama são controlados, essencialmente, pelos sistemas descendentes de origem troncoencefálica e cortical, além de, em geral, se ativarem conjuntamente com os neurônios alfa.

Outro conjunto fundamental de receptores sensoriais importantes no controle muscular inclui os receptores tendinosos de Golgi, que são inervados pelos aferentes Ib. O estiramento das fibras colágenas tendinosas pela contração muscular produz abertura de canais iônicos nos aferentes Ib, fazendo-os disparar (ver Figura 22.2). Os receptores de Golgi dos tendões medem, portanto, o grau de tensão muscular, enviando essas informações ao sistema nervoso central pelas fibras Ib, e isso é complementar à informação fornecida pelos fusos neuromusculares.

▶ Reflexos medulares

O reflexo miotático ou de estiramento é iniciado com estiramento muscular e consequente ativação dos fusos neuromusculares. As fibras Ia veiculam a informação dos fusos ao sistema nervoso central, entrando na medula espinal pelas raízes dorsais e separando-se aí em diversos ramos. Alguns ramos fazem contatos sinápticos excitatórios com os motoneurônios que inervam o mesmo músculo de origem das fibras Ia (homônimo) e com motoneurônios que inervam os músculos sinergistas, enquanto outros ramos, por meio de interneurônios, vão propiciar a inibição dos motoneurônios dos músculos antagonistas. Dessa maneira, o arco reflexo miotático age como um mecanismo de retroalimentação negativa para oposição a mudanças do comprimento muscular, representando assim mecanismo fundamental à regulação do tônus muscular (Figura 22.3). O reflexo patelar constitui um exemplo de reflexo miotático, representando uma estimulação exagerada de receptores musculares do quadríceps e consequente contração dele, além de ser útil ferramenta de diagnóstico clínico, assim como outros reflexos semelhantes que podem informar sobre deficiências motoras centrais e periféricas.

O reflexo tendinoso, originado nos receptores de Golgi nos tendões, envolve a ativação desses receptores pela contração muscular e ativação das fibras Ib, que, por sua vez, estimulam interneurônios inibitórios ligados aos motoneurônios homônimos, reduzindo a tensão muscular. As fibras Ib, por meio de interneurônios, ativam a musculatura antagonista (Figura 22.4). Tanto os interneurônios inibitórios como os excitatórios têm um papel fundamental na organização do movimento, pois recebem também conexões de aferentes cutâneos, articulares e de regiões motoras supraspinais que controlam sua excitabilidade. Esse mecanismo gera um controle mais preciso do tônus muscular e dos movimentos.

Outros reflexos, como os flexores e os extensores, são mais complexos quanto a sua circuitaria intraspinal, envolvendo grande número de interneurônios e vários músculos que operam em conjunto. O reflexo de flexão para retirada, por exemplo, é um mecanismo defensivo contra uma estimulação

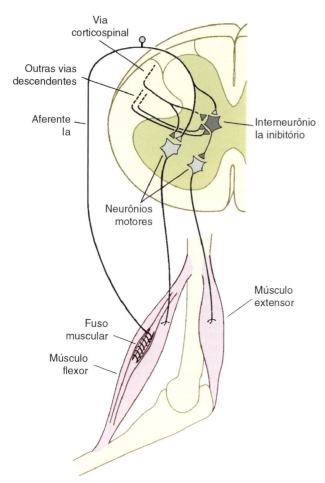

Figura 22.3 ▪ Circuitos estabelecidos pelos aferentes Ia (dos fusos neuromusculares) no sistema nervoso central. As fibras Ia ativam diretamente os motoneurônios do músculo homônimo e, por intermédio de interneurônios inibitórios, podem levar à inibição do músculo antagonista. Esses interneurônios recebem sinais de sistemas descendentes, que podem regular seu nível de excitabilidade. (Adaptada de Kandel et al., 1995.)

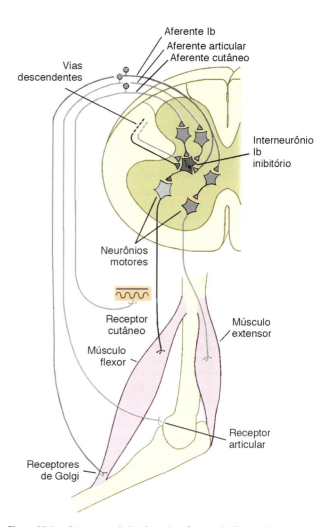

Figura 22.4 ▪ Circuitos estabelecidos pelos aferentes Ib (dos tendões) no sistema nervoso central. As fibras Ib agem por intermédio não só de interneurônios inibitórios nos músculos homônimos, como também de excitatórios nos antagonistas. Os interneurônios recebem ainda influências descendentes e periféricas que regulam seu nível de excitabilidade. (Adaptada de Kandel et al., 1995.)

nociceptiva e geralmente ocorre associado ao reflexo extensor cruzado, que tem por finalidade estabilizar a postura. Os interneurônios que integram esses arcos reflexos fazem parte também dos circuitos que controlam movimentos de maior complexidade, como a locomoção e o chamado "reflexo de coçar". Tais movimentos rítmicos dependem primariamente de geradores espinais, compostos de inúmeros interneurônios organizados em cadeias neuronais que permitem contrações organizadas, e cuja atividade é regulada por áreas supraspinais e por aferentes sensoriais, determinando um fino controle dos movimentos automáticos e voluntários.

Desse modo, a medula espinal contém circuitos integrativos básicos para a organização do movimento; os sinais sensoriais e originários de sistemas supraspinais no tronco encefálico e no córtex motor modulam os circuitos fundamentais para gerar movimentos complexos e ajustados às demandas de cada espécie.

CONTROLE MOTOR SUPRASPINAL

▶ Tronco encefálico e córtex motor

Os sistemas motores de controle supraspinal têm acesso à medula espinal por meio de duas principais vias, que constituem os sistemas lateral e ventromedial. O lateral está envolvido no controle voluntário da musculatura distal pelo córtex, ao passo que o ventromedial, principalmente, no controle da postura e locomoção pelo tronco cerebral.

O sistema lateral é composto principalmente pelo trato corticospinal, que se origina de várias áreas neocorticais, sobretudo daquelas designadas de modo clássico como córtex motor. O outro componente, pequeno, do sistema lateral é o trato rubrospinal, oriundo do núcleo rubro no mesencéfalo. Essas fibras decussam na ponte e se unem às do trato corticospinal em seu trajeto lateral na medula espinal. O núcleo rubro recebe sua maior fonte de aferências do córtex motor, representando, assim, uma indireta via de acesso de regiões corticais aos mecanismos mais caudais de controle motor, que parece ter um papel diminuído ao longo da escala filogenética.

O córtex motor, origem do trato corticospinal, constitui-se de várias áreas, das quais as mais importantes são as denominadas córtex primário, pré-motor e área suplementar, mas que inclui também áreas associativas do córtex frontal e parietal (Figura 22.5). Os neurônios da camada V cortical representam a via de saída do córtex em direção aos motoneurônios. As células dessa camada recebem sinais sobretudo de outras áreas corticais e do tálamo, especificamente do núcleo ventral lateral, que veicula informações provindas do cerebelo e dos núcleos da base.

Sistemas Geradores de Movimento

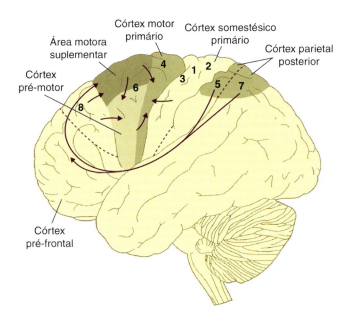

Figura 22.5 • Áreas motoras do córtex cerebral (os números indicam sua classificação na nomenclatura de Brodmann) e algumas conexões entre elas. (Adaptada de Kandel et al., 1995.)

Embora as áreas de Brodmann 4 e 6 sejam classicamente consideradas as áreas motoras, o movimento voluntário envolve muitas outras regiões, tanto corticais como subcorticais. A área 4 no giro pré-central tem sido também chamada de área motora primária, em função de conter um mapa somatotópico preciso e pelo fato de sua estimulação produzir movimentos localizados em uma região particular do corpo, contralateralmente. A área 6, por outro lado, constitui parte do denominado córtex pré-motor, ou córtex motor secundário, cuja estimulação elétrica provoca movimentos mais complexos, bilateralmente. A área suplementar, situada medialmente, engloba também parte da 6 e está envolvida no controle da musculatura distal, enquanto o córtex pré-motor clássico está principalmente conectado com neurônios reticulospinais que inervam a musculatura proximal. As áreas pré-frontais e as associativas parietais representam os mais altos níveis hierárquicos do controle motor, em que as decisões mais elaboradas ocorrem, assim como a maior parte do planejamento motor. Essas conclusões derivam de estudos modernos, tais quais os que se utilizam de tomografia por emissão de pósitrons para avaliar fluxo sanguíneo cerebral. Durante tarefas simples, o fluxo de sangue cresce marcadamente na área motora primária e no córtex sensorial primário, enquanto, em movimentos complexos, esse fluxo aumenta também na área suplementar. Quando indivíduos tiveram apenas que relembrar sequências motoras, o fluxo sanguíneo se elevou somente na área suplementar, pré-frontal e associativa. Os dados obtidos por avaliação de lesões conduzem às mesmas conclusões. Lesões experimentais da via lateral, incluindo os tratos corticospinal e rubrospinal, dificultam a realização de movimentos localizados de membros, apesar de os animais poderem manter a postura praticamente normal. Lesões restritas aos tratos corticospinais produzem o mesmo quadro, mas com uma recuperação parcial que parece depender de mecanismos compensatórios envolvendo o trato rubrospinal. Lesões de áreas pré-motoras prejudicam o desenvolvimento global do movimento, abrangendo dificuldades na precisão de movimentos mais complexos, semelhante ao que acontece nas apraxias em humanos, em que há comprometimento da área suplementar ou parietal associativa.

O sistema medial inclui vários tratos descendentes originários do tronco encefálico, que são os tratos vestibulospinal, tetospinal e reticulospinais. Os tratos vestibulospinal e tetospinal têm a ver principalmente com a musculatura da cabeça e do pescoço, ao passo que os reticulospinais controlam os músculos do tronco e os proximais de membros. O trato vestibulospinal está basicamente relacionado com a função do aparelho vestibular, que inclui os receptores vestibulares e os núcleos vestibulares bulbares, e suas projeções descendentes fundamentalmente influenciam os motoneurônios espinais a fim de ajustar sua atividade quanto à movimentação da cabeça. O trato tetospinal se origina no colículo superior do mesencéfalo, uma região que recebe projeções diretas da retina e de outras modalidades sensoriais. Esse colículo, assim, constrói um mapa do espaço utilizado para reflexos de orientação da cabeça e dos olhos.

Os tratos reticulospinais, por sua vez, são oriundos de porções da formação reticular do tronco encefálico que recebem projeções de várias estruturas e têm participação em diversas funções. Dentro da esfera motora, a função básica desses tratos tem relação com o controle do tônus e postura, estando a porção pontina desse sistema envolvida na facilitação da musculatura antigravitacional, e a porção bulbar, no bloqueio do controle reflexo dos músculos antigravitacionais. A atividade em ambos os tratos reticulospinais está sob controle direto do córtex motor. Desse modo, o sistema medial está basicamente associado a manutenção da postura e algumas atividades motoras que têm importantes componentes reflexos, como automatismos e movimentos rítmicos.

BIBLIOGRAFIA

FIEZ JA, PETERSEN SE. Neuroimaging studies of word reading. *Proc Natl Acad Sci USA*, 95:914-21, 1998.

INGLIS WL, WINN P. The pedunculopontine tegmental nucleus – where the striatum meets the reticular formation. *Prog Neurobiol*, 47:1-29, 1995.

KANDEL ER, SCHWARTZ JH, JESSELL TM. *Essentials of Neural Science and Behavior*. Appleton and Lange, New York, 1995.

KANDEL ER, SCHWARTZ JH, JESSELL TM. *Principles of Neural Science*. Prentice Hall, Englewood Cliffs, 1991.

LEMON RN. Mechanisms of cortical control of hand function. *Neuroscientist*, 3:389-98, 1997.

Capítulo 23

Cerebelo, Núcleos da Base e Movimento Voluntário

Cláudio A. B. Toledo (*in memoriam*) | Luiz R. G. Britto

- Introdução, *386*
- Cerebelo, *386*
- Núcleos da base, *387*
- Bibliografia, *391*

INTRODUÇÃO

Cabe ao córtex cerebral planejar e à medula e aos sistemas troncoencefálicos executar o movimento voluntário, mas é fundamental a participação de estruturas que regulem o movimento, por meio de informações provenientes do córtex cerebral e/ou dos receptores periféricos, e que são basicamente o cerebelo e os chamados núcleos da base. Ao primeiro, compete aperfeiçoar e ajustar padrões motores, principalmente *durante* o movimento; aos núcleos da base, atuar no *planejamento* deste movimento.

CEREBELO

O cerebelo está encarregado de fazer ajustes nos movimentos por meio de conexões com o córtex e os núcleos motores do tronco encefálico. As lesões cerebelares, assim, não produzem bloqueio motor, mas comprometem a execução da maioria dos movimentos, tanto voluntários como rítmicos/automáticos. A dissinergia, ou decomposição dos movimentos, e a dismetria, ou erro nas distâncias na execução motora, são sinais característicos de comprometimento cerebelar. Esta estrutura funciona, de modo geral, como um comparador entre os comandos corticais e os sinais periféricos, sendo também importante nos processos de plasticidade motora. A depressão de longa duração (ver Capítulo 15, *Transmissão Sináptica*) é um exemplo de processo de plasticidade sináptica cerebelar importante nos processos de modificação funcional pela atividade prévia.

O cerebelo contém três grandes divisões filogeneticamente definidas: (1) cerebelo vestibular, (2) cerebelo espinal e (3) cerebelo "cerebral". O primeiro representa o componente mais antigo e basicamente se relaciona com os núcleos vestibulares, de modo fundamental para o controle dos movimentos oculares e equilíbrio. As principais conexões aferentes e eferentes desse cerebelo envolvem os núcleos vestibulares. O segundo se conecta com os núcleos cerebelares fastigial e interpósito, recebe boa parte das informações sensoriais periféricas, além de atuar no controle dos movimentos em execução. Duas subdivisões são discerníveis nesse segundo cerebelo: uma parte medial (o verme cerebelar) e outra mais lateral, que é parte dos hemisférios cerebelares, estando as duas subdivisões em relação com os sistemas de controle motor descendente medial e lateral, respectivamente. O terceiro cerebelo está relacionado com o núcleo denteado e, por meio deste, com regiões corticais envolvidas no planejamento e iniciação motoras, sendo parte do circuito envolvido nessa função compartilhada com os núcleos da base. Essa região do cerebelo recebe projeções exclusivamente de núcleos pontinos, que são relés para vias de origem cortical que aportam ao cerebelo. A Figura 23.1 representa a organização geral do cerebelo e suas conexões principais.

A organização interna do cerebelo é bastante conhecida e consiste em três camadas: a molecular, mais externa; a de células de Purkinje; e a granular, mais interna. A camada molecular contém os axônios das células granulares, que são as fibras paralelas, e das células estreladas e em cesto, que funcionam como interneurônios. Os dendritos das células de Purkinje invadem a camada molecular, e seus axônios descem atravessando a camada granular em direção à substância branca. Essa camada, por sua vez, contém um número enorme de células granulares, além das células de Golgi, em muito menor quantidade. Os neurônios do córtex cerebelar recebem sinais oriundos de dois tipos de fibras, trepadeiras e musgosas, que provêm de regiões diferentes. As trepadeiras se originam do núcleo olivar inferior e se arborizam extensamente no pericário e dendritos proximais da célula de Purkinje, representando uma das sinapses mais eficientes no sistema nervoso central, em que um único potencial de ação pré-sináptico produz um surto de espículas de alta frequência naquela célula. As musgosas têm origem não só em vários núcleos do tronco encefálico, como também em neurônios da medula espinal, e terminam nas células granulares, as quais ativam. Essas células estão sob o controle de células de Golgi, que são interneurônios inibitórios na mesma camada, por meio de circuitos de retroalimentação e anteroalimentação negativas. De fato, tanto colaterais das fibras paralelas como das próprias fibras musgosas ativam as células de Golgi, que, por sua vez, fazem sinapses inibitórias com as células granulares.

As fibras musgosas e as trepadeiras ativam, em seu trajeto ao córtex cerebelar, os núcleos cerebelares profundos, antes de produzirem ativação das células de Purkinje, das células granulares e de outros interneurônios cerebelares. As células de Purkinje, por sua vez, controlam a atividade dos neurônios dos núcleos cerebelares profundos, que representam a saída do cerebelo em direção aos geradores de movimentos, por intermédio de sinapses inibitórias (Figura 23.2 A). A atividade das fibras trepadeiras aumenta transientemente o efeito das fibras paralelas sobre as células de Purkinje, por elevar sua excitabilidade, mas, dependendo da coincidência temporal da atividade dos dois tipos de fibras, pode causar depressão prolongada da eficácia das fibras paralelas pelo mecanismo da depressão de longa duração. Esse processo de plasticidade sináptica envolve receptores de glutamato do tipo ácido aminometilpropiônico (AMPA) e metabotrópicos, além do óxido nítrico, e está associado a um aumento de cálcio intracelular nos dendritos das células de Purkinje. O resultado final desse processo parece ser uma dessensibilização e internalização dos receptores AMPA nas sinapses das fibras paralelas com as células de Purkinje, o que reduz os potenciais sinápticos produzidos

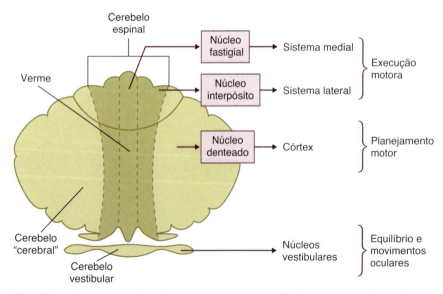

Figura 23.1 ▪ Organização geral dos três maiores componentes do cerebelo, suas conexões eferentes e funções gerais. (Adaptada de Kandel et al., 1995.)

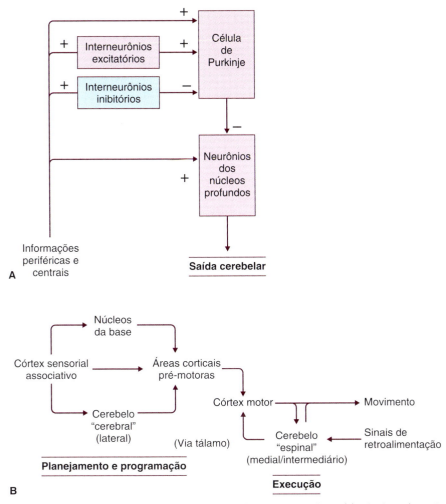

Figura 23.2 • **A.** Organização geral dos circuitos intracerebelares. **B.** Organização geral dos circuitos pelos quais o cerebelo intervém no movimento. (Adaptada de Kandel et al., 1995.)

pelas fibras paralelas nos dendritos dessas células. Essa depressão da atividade das fibras paralelas, que ocorre durante e após o aprendizado motor, produz uma diminuição na frequência de disparo das células de Purkinje e, portanto, um crescimento de atividade dos núcleos cerebelares profundos, devido a um processo de desinibição (remoção da inibição das células de Purkinje sobre os neurônios dos núcleos cerebelares profundos). Essas interações representam o substrato celular para a ação cerebelar na correção de movimentos, que envolve a detecção de diferenças entre a atividade produzida pelos geradores de movimento ("intenção") e o resultado dessa atividade em músculos, tendões e articulações ("ação"). Os circuitos cerebelares parecem especialmente adequados para a detecção dessas diferenças, e a saída cerebelar, por meio de um relé no núcleo ventrolateral do tálamo, pode executar as correções necessárias nos neurônios corticais. Esse circuito de retroalimentação cerebelocortical é fundamental na execução correta dos movimentos, ajustando a sua direção, força e velocidade (Figura 23.2 B).

NÚCLEOS DA BASE

Esses núcleos integram informações sensorimotoras corticais, via múltiplos canais que atuam em paralelo. Seus componentes recebem aferências de praticamente todo o córtex cerebral, mas, através de núcleos talâmicos, apenas enviam projeções ao córtex frontal. Como tanto a origem primária de suas aferências quanto seu alvo final de projeção são corticais, a informação dentro de cada canal em particular transita de forma circular, tal qual um arco fechado de circuitos retroalimentadores. É interessante notar que esses "canais" são e formam distintas vias de tráfego, além de conectarem delimitadas estruturas basais a regiões específicas do lobo frontal. Seus efeitos no movimento podem se dar por meio de uma atuação direta, sobre os centros subcorticais que influenciam os movimentos, ou indireta, via um circuito de retroalimentação cortical. Lesões nos diferentes núcleos que compõem os núcleos da base podem produzir, além de déficits motores, sensíveis alterações de cunho cognitivo, o que sugere que essas estruturas processam informações motoras vinculadas a algum tipo de significado motivacional.

Os núcleos da base são compostos por uma série de núcleos subcorticais que, sob a luz de recentes abordagens funcionais, têm sido subagrupados na divisão *dorsal* ou *somática*, relacionada com funções sensorimotoras, e na *ventral* ou *visceral/límbica*, à qual são atribuídas funções límbicas. Em mamíferos mais complexos como primatas, o grupo dorsal compreende dois grandes aglomerados nucleares: caudado e putame (formando o neostriado) e globo pálido (constituindo o paleostriado), associados a outros menores como núcleo subtalâmico, *substantia nigra*, e a formação reticular pontina parabraquial. O grupo ventral inclui *substantia innominata* (também conhecida como pálido ventral e que inclui o núcleo basal de Meynert), *nucleus accumbens* e tubérculo olfatório. A divisão ventral dos núcleos da base constitui circuitos integradores de informações associativas cognitivas, por intermédio das alças pré-frontal dorsolateral e orbitofrontal lateral.

▶ Complexo estriatal

Esse complexo é composto principalmente pelo *neostriado* e seus dois constituintes (caudado e putame) que, além de terem a mesma origem embrionária, apresentam basicamente as mesmas conexões. Durante o crescimento ontogenético, eles são gradualmente separados pelas fibras que irão formar a cápsula interna. Porções do *tubérculo olfatório* e *nucleus accumbens* também são consideradas integrantes do complexo estriado. Entretanto, por participarem da alça límbica dos núcleos da base, suas funções serão discutidas oportunamente. A maior e mais extensa fonte de aferências neostriatais vem do córtex, via feixe corticostriatal, muito embora essa região também sofra influência talâmica (feixe talamostriatal) da *substantia nigra* (feixe nigrostriatal) e da formação pontina parabraquial (feixe pedunculopontinostriatal). Dois são os principais alvos da inervação estriatal: o globo pálido (conhecido por complexo palidal), via feixe estriadopalidal, e a *substantia nigra*, pelo feixe estriatonigral. Existem evidências de que o putame também envia algumas fibras ao núcleo subtalâmico (Figura 23.3).

Assim como muitas estruturas neurais, o neostriado é composto por dois tipos básicos de neurônios: de projeção e de circuitos intrínsecos. Por serem de tamanho médio e apresentarem muitos espinhos dendríticos, os de projeção são chamados de mediospinais. Esses neurônios contêm receptores para glutamato (as vias corticostriatal e talamostriatal são glutamatérgicas) além do neurotransmissor inibitório GABA. Também podem conter peptídios como substância P, encefalina e dinorfina agindo como neuromoduladores. Deste modo, mediante estímulo cortical, os alvos de projeção neostriatal (globo pálido e *substantia nigra*) recebem aferências inibitórias. O segundo tipo de células encontrado em elevado número no neostriado são grandes interneurônios, todos colinérgicos. Esse último grupo parece modular a atividade neostriatal local, mediante estímulos do tipo excitatório aos neurônios mediospinais de projeção. A perda dos neurônios mediospinais produz um decréscimo da projeção estriatal GABAérgica. Existem indícios de que a população de neurônios estriatais reduzida seja aquela que também contém encefalinas. Essa perda é autossômica (ligada ao cromossomo 4) e acarreta a chamada doença de Huntington. Nesse caso, os indivíduos desenvolvem lentidão nos movimentos (atetose) e, como produzem coreia (movimentos randômicos e involuntários), essa doença é dita hipercinética. A administração de antagonistas dopaminérgicos, que bloqueiam a inibição dos neurônios remanescentes estriatais pelas fibras dopaminérgicas, tem sido realizada com sucesso, reduzindo a coreia.

▶ Complexo palidal

Também conhecido por paleostriado, o *globo pálido* é o maior componente do chamado complexo palidal, o qual inclui ainda a *substantia innominata* (pálido ventral). A característica mais marcante deste sistema é a presença de neurônios de projeção GABAérgicos que mantêm uma atividade espontânea com altas taxas de disparo. Isso significa que as regiões aferentadas por este sistema são mantidas tonicamente inibidas. Do mesmo modo que no complexo estriatal, muitos interneurônios palidais são colinérgicos. O globo pálido é dividido pela lâmina medular em duas porções distintas:

medial (interna) e *lateral* (externa). A medial projeta-se para o tálamo através de dois ramos independentes: a ansa lenticular e o fascículo lenticular. Ambos emergem do pálido medial atravessando a cápsula interna, contornam a zona incerta e, passando pelo campo H de Forel, terminam nos núcleos ventroanterior, ventrolateral e centromediano talâmicos. A lateral projeta-se para o núcleo subtalâmico (feixe palidossubtalâmico) e *substantia nigra* (feixe palidonigral), e estas últimas estruturas, por sua vez, projetam-se ao tálamo. As duas divisões palidais (medial e lateral) também são interconectadas (feixe palidopalidal). Assim sendo, é importante ressaltar que o complexo palidal modula a atividade talâmica por dois trajetos diferentes: um direto, via porção medial, e outro indireto, via núcleo subtalâmico e *substantia nigra* (Figura 23.4). Ambas as aferências estriatais para as porções medial e lateral do globo pálido são GABAérgicas. Contudo, é digno de nota saber que os neurônios mediospinais contendo GABA, formadores das projeções para a porção medial, também contêm substância P, e as células estriatais que se projetam para a lateral também contêm encefalinas.

O chamado pálido ventral (*substantia innominata*) é considerado parte do complexo palidal, mas, assim como o tubérculo olfatório e o *nucleus accumbens* (do complexo estriatal), participa da alça límbica da divisão ventral (ou visceral) e não serão agora considerados. Só a título de curiosidade, o *núcleo basal de Meynert* (da *substantia innominata*) contém inúmeros neurônios colinérgicos que estão destruídos em indivíduos com doença de Alzheimer. Entretanto, ela não é um mal tipicamente motor nem relacionado com os núcleos da base, porque a perda de células colinérgicas não fica restrita apenas a esse núcleo. Pacientes com Alzheimer também têm perda de neurônios colinérgicos no hipocampo, no córtex cerebral e no septo, dentre outros. Este dado reforça o papel dos núcleos da base como potencial estação relé no processamento de informações límbicas enquanto moduladoras de respostas motoras.

▶ Complexo nigral

A *área tegmental ventral* e a *substantia nigra* formam o complexo nigral, um dos alvos principais das projeções estriatais (feixe estriatonigral) e palidais (feixe palidonigral). Já sabemos que as aferências oriundas do neostriado são GABAérgicas e, assim como no segmento medial do globo pálido,

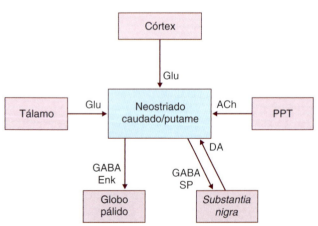

Figura 23.3 ▪ Principais conexões neostriatais. O neostriado recebe projeções do córtex cerebral, tálamo, núcleo pedunculopontino tegmental (PPT) e *substantia nigra*. Ele, por sua vez, envia projeções para o globo pálido e *substantia nigra*. *ACh*, acetilcolina; *DA*, dopamina; *Enk*, encefalina; *GABA*, ácido gama-aminobutírico; *Glu*, glutamato; *SP*, substância P.

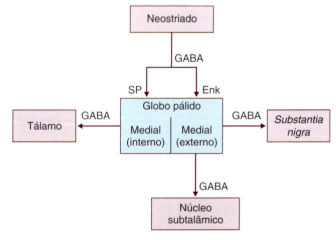

Figura 23.4 ▪ Principais conexões do globo pálido. Essa área recebe projeções do neostriado e projeta-se para o tálamo, *substantia nigra* e núcleo subtalâmico. *Enk*, encefalina; *GABA*, ácido gama-aminobutírico; *SP*, substância P.

essas fibras contêm substância P. Este complexo ainda recebe aferências corticais (feixe corticonigral), subtalâmicas (feixe subtalamonigral) e do núcleo pedunculopontino tegmental (feixe pedunculopontinonigral) que é parte da formação parabraquial pontina. A *substantia nigra* pode ser dividida em duas porções de características citológicas distintas: uma zona especialmente densa, chamada de *parte compacta* (*pars compacta*), e outra denominada *parte reticulada* (*pars reticulata*). A *substantia nigra* deve seu nome à parte compacta, pois as células desta região, assim como as da área tegmental ventral, são ricas em neuromelanina, o polímero do precursor catecolaminérgico di-hidroxifenilalanina. Neurônios da parte compacta e da área tegmental ventral contêm dopamina e projetam-se ao neostriado (feixe nigrostriatal). A natureza dessa projeção dependerá do tipo de receptor dopaminérgico presente na membrana pós-sináptica da célula-alvo. No território estriatal, ela parece ser predominantemente inibitória. Os grandes neurônios dopaminérgicos da área tegmental ventral ainda se conectam a estruturas límbicas, como a amígdala e o septo. A porção reticulada contém conjuntos isolados de neurônios, dispostos em forma de rede como o nome sugere, compostos de células grandes e médias. Todas são GABAérgicas e, também à semelhança das encontradas na porção medial do globo pálido, sustentam altas taxas de descarga basal. Por suas similaridades, o segmento interno (medial) do globo pálido e a porção reticulada da *substantia nigra* parecem ser partes de uma mesma unidade separadas pela cápsula interna. As regiões-alvo dessas projeções inibitórias são: neostriado (feixe nigrostriatal), tálamo (feixe nigrotalâmico), colículo superior (feixe nigrotectal) e formação pontina parabraquial (Figura 23.5).

As porções compacta e reticulada são interconectadas e os dendritos dopaminérgicos da compacta liberam dopamina não contida em vesículas (livre), fazendo com que flutue o potencial de repouso das células da parte reticulada. Esse fato implica que, dependendo do tipo de receptor de que disponham, aquelas células podem disparar mais ou menos. Do mesmo modo, axônios colaterais de células GABAérgicas da parte reticulada inibem descargas dos neurônios dopaminérgicos da compacta. O significado funcional desta estreita inter-relação ainda não é totalmente claro.

O complexo nigral consiste em importante via de saída do arco motor basal. Uma clássica doença atribuída a uma ruptura do tráfego de informações pelos núcleos da base é o Parkinson, que produz sensíveis e característicos déficits motores. O indivíduo portador dessa doença apresenta bradicinesia (movimentos lentos), rigidez (proporcionada por crescimento da resistência ao movimento passivo), distúrbios posturais (flexões involuntárias de tronco, braços e cabeça ao levantar e dificuldade em ajustar posturas), além de tremor muscular quando em repouso. No território neostriatal, a dopamina liberada pelas projeções nigrais exerce efeito inibitório nas células daquele núcleo. Quando esse transmissor não se encontra presente, os neurônios GABAérgicos mediospinais elevam sua taxa de descarga, pois permanecem apenas sob o comando dos grandes interneurônios excitatórios colinérgicos. Isso aumenta consideravelmente a inibição do globo pálido e da própria *substantia nigra*, o que gera essas anormalidades motoras. Pacientes com Parkinson têm dificuldade em iniciar o movimento (acinesia), e a velocidade e a extensão desse movimento também apresentam-se reduzidas (bradicinesia). Estes sintomas são chamados de sinais hipocinéticos. Agonistas dopaminérgicos ou medicamentos anticolinérgicos são capazes de restaurar o balanço entre ambos os neurotransmissores, revertendo o típico quadro clínico.

▶ Núcleo subtalâmico

O *núcleo subtalâmico* contém grande quantidade de neurônios glutamatérgicos que se projetam para ambas as porções do globo pálido (medial e lateral, via feixe subtalamopalidal) e para a *substantia nigra* (feixe subtalamonigral). Como o núcleo subtalâmico é mantido sob a constante descarga inibitória basal provida pela porção lateral do globo pálido, esse núcleo permanece silente no repouso. Desde que removida essa inibição, ele passa a disparar com alta frequência de potenciais. Esse núcleo recebe ainda projeções do córtex cerebral (feixe corticossubtalâmico) e conexões recíprocas vindas da *substantia nigra* (feixe nigrossubtalâmico) (Figura 23.6). Lesões em tal núcleo produzem hemibalismo contralateral (bruscos movimentos relacionados com músculos proximais). Aparentemente, quando a lesão se consolida, a porção medial (interna) do globo pálido deixa de inibir o tálamo, o que intensifica a descarga da projeção talamocortical.

▶ Formação reticular pontina parabraquial

Apesar de apenas mais recentemente essa região ter sido relacionada com a motricidade, ela vem sendo apontada como tendo importante papel no controle motor voluntário. Seu principal componente é o núcleo *pedunculopontino tegmental*, constituído por vasto número de células de projeção contendo acetilcolina. Seu alvo primário é o território neostriatal; mas este núcleo também recebe aferências GABAérgicas da parte

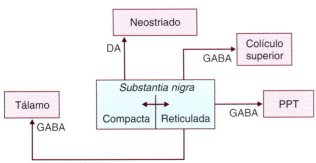

Figura 23.5 ▪ Principais conexões da *substantia nigra*. A parte compacta desta região projeta-se para o neostriado, enquanto a reticulada envia projeções para o colículo superior, o núcleo pedunculopontino tegmental (PPT) e o tálamo. Existem, ainda, conexões recíprocas entre as duas partes. *DA*, dopamina; *GABA*, ácido gama-aminobutírico.

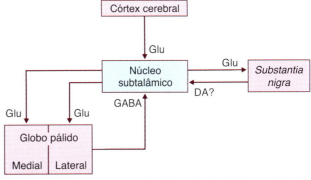

Figura 23.6 ▪ Principais conexões do núcleo subtalâmico. Essa região recebe projeções do córtex cerebral, da *substantia nigra* e da divisão lateral do globo pálido. Por outro lado, envia projeções a ambas as divisões do globo pálido e à *substantia nigra*. *DA*, dopamina; *GABA*, ácido gama-aminobutírico; *Glu*, glutamato.

reticulada da *substantia nigra* e, por sua vez, aferenta reciprocamente a parte compacta, mediante exuberante projeção colinérgica. Além disso, essa região também parece ser uma via alternativa da saída motora, pois modula núcleos troncoencefálicos relacionados com as vias descendentes da medula espinal (Figura 23.7). A ruptura deste circuito tem a ver com tremores e coreia observados em pacientes portadores de distúrbios motores. Por vezes, essa coreia é tão forte que chega a interromper o próprio movimento intencional.

▸ Fluxo de informações nos núcleos da base | Implicações funcionais

Ao menos em primatas, o córtex motor tem papel decisivo não só na realização, mas também na própria elaboração de um movimento dito voluntário. Nessa tarefa, antes e durante a liberação das descargas neurais que recrutarão as unidades motoras implicadas na contração muscular pretendida, ele integra informações vindas de áreas associativas diversas com as entradas sensoriais primárias (córtex somestésico, que informa onde e como o corpo do indivíduo está). Todavia, é imprescindível um sistema adicional que alie a vontade de executar esse movimento (reforçando o caráter intencional) com os ajustes motores para tanto (alterações de tônus de musculatura distal em primeira instância, mas também a postural em menor escala). Isso é feito pelos núcleos da base, por meio de suas divisões visceral/límbica e somática. Desse modo, caberia ao complexo estriatal armazenar os padrões de programas motores necessários ao movimento e, quando requerido, iniciar sua execução através do complexo palidal, a via de saída desse sistema pelos núcleos subtalâmico e ventroanterior talâmico. Do tálamo, essa informação retornaria ao córtex, mais precisamente à área pré-motora, região que programa movimentos complexos. De maneira geral, os núcleos da base fariam isso, liberando a descarga de motoneurônios da área motora dos grupos musculares agonistas ao movimento pretendido, e sustentando eventual inibição tônica ao grupo antagonista.

Uma falha qualquer desse sistema produziria distúrbios na programação destes movimentos, os quais se traduziriam por uma descoordenação motora típica, que, no seu conjunto, difere daquela gerada por lesões cerebelares. Não é por acaso que neuropatologias decorrentes da ruptura funcional de uma ou várias vias deste complexo nuclear se traduzem em descontrole no início e no fim do movimento intencional, bem como em movimentos sincrônicos recorrentes, tais como balismos e atetose no repouso. Ao auxiliar o córtex no recrutamento das unidades motoras implicadas na execução do movimento pretendido, cabe aos núcleos da base também quantificar o grau de inibição/desinibição dessas unidades necessárias ao deslocamento, fazendo com que a variação do tônus muscular seja suave, conferindo, assim, precisão e fluidez ao movimento executado. Tremores seriam a expressão deste desbalanço temporal entre desinibição da musculatura agonista e inibição da antagonista, promovendo (ou causando) perda do controle fino entre os componentes fásicos e tônicos presentes em qualquer contração. A

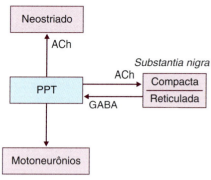

Figura 23.7 ▪ Principais conexões do núcleo pedunculopontino tegmental (PPT). O PPT recebe aferências da parte reticulada da *substantia nigra* e projeta-se para a parte compacta desta. Além desse circuito, o PPT projeta-se também para o neostriado e motoneurônios espinais. *ACh*, acetilcolina; *GABA*, ácido gama-aminobutírico.

resultante desta perda de controle muitas vezes culmina com a abolição do movimento (acinesia). Segundo essa mesma óptica, movimentos do tipo balismo seriam então fruto de cíclicas ondas contráteis de baixa amplitude e frequência (produto da liberação de trens de descargas de motoneurônios, uma espécie de "escape basal"), o que geraria sucessivos "arranques" musculares. Em seguida, estes seriam freados de um modo passivo, pela queda do tônus destes músculos (gerada simplesmente pelo silêncio neuronal entre os trens de potenciais), ou ativamente, via excitação da musculatura antagonista, em infrutífera tentativa do organismo de retomar o controle, pois o sistema nervoso subitamente detecta a inutilidade e o despropósito dessa contração em particular.

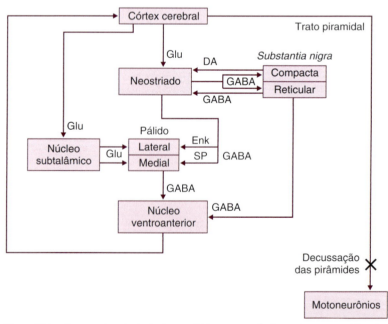

Figura 23.8 ▪ Resumo das principais vias envolvidas no controle do movimento exercido pelos núcleos da base. O córtex envia impulsos excitatórios ao neostriado (e, possivelmente, ao núcleo subtalâmico), os quais seriam modulados por dois circuitos inibitórios que atuam em paralelo (neostriado–*substantia nigra* e neostriado–globo pálido). Esses circuitos seriam responsáveis pelo ajuste final da qualidade e frequência da taxa de descarga neural das células corticais aos motoneurônios espinais. O correto funcionamento desse sistema implica o perfeito balanço entre a excitação dos motoneurônios dos músculos agonistas e a inibição dos motoneurônios dos músculos antagonistas na via motora final, antes e no decorrer da execução do movimento pretendido. *DA*, dopamina; *Enk*, encefalina; *GABA*, ácido gama-aminobutírico; *Glu*, glutamato; *SP*, substância P. (Adaptada de Young e Young, 1997.)

As conexões entre os núcleos da base são extraordinariamente complexas e o conhecimento sobre elas e suas atribuições ainda é precário. Contudo, um olhar mais atento permite formalizar e resumir algumas propriedades básicas desses circuitos (Figura 23.8):

- A principal porta de entrada de informações aos núcleos da base vem do córtex cerebral, sendo essas informações direcionadas para o estriado
- As interconexões mais importantes entre as estruturas que compõem esse complexo nuclear são: (a) conexões recíprocas entre o estriado e a *substantia nigra*; (b) conexões recíprocas entre o pálido e o núcleo subtalâmico; e (c) a grande projeção estriatopalidal
- A porta de saída dos núcleos da base é pelo pálido ao tálamo e deste ao córtex
- Funcionalmente, os núcleos da base trabalham por desinibição (freando a inibição que é, na maioria das vezes, tônica).

BIBLIOGRAFIA

ALBIN RL, YOUNG AB, PENNEY JB. The functional anatomy of basal ganglia disorders. *Trends Neurosci*, 12:366-75, 1989.
GARWICZ M, EKEROT CF, JORNTELL H. Organizational principles of cerebellar neuronal circuitry. *News Physiol Sci*, 13:26-32, 1998.
GRAYBIEL AM. Neurosciences and neurotransmitters in the basal ganglia. *Trends Neurosci*, 13:244-54, 1990.
HERRUP K, KUEMERLE B. The compartmentalization of the cerebellum. *Ann Rev Neurosci*, 20:61-90, 1997.
KANDEL ER, SCHWARTZ JH, JESSELL TM. *Essentials of Neural Science and Behavior*. Appleton and Lange, New York, 1995.
PARENT A, HAZRATI LN. Functional anatomy of the basal ganglia. I. The corticobasal ganglia-thalamo-cortical loop. *Brain Res Brain Res Rev*, 20:91-127, 1995.
WILSON CJ. Basal ganglia. In: SHEPER GM (Ed.). *The Synaptic Organization of the Brain*. Oxford University Press, New York, 1990.
YOUNG PA, YOUNG PH. *Basic Clinic Neuroanatomy*. Williams & Wilkins, Baltimore, 1997.

Capítulo 24

Sistemas Neurovegetativos

Sergio Luiz Cravo

- Introdução, 394
- Sistema nervoso autônomo, 395
- Sistema simpático, 395
- Sistema parassimpático, 397
- Efeitos da mobilização e controle dos órgãos pelo sistema nervoso autônomo, 398
- Bibliografia, 400

INTRODUÇÃO

A manutenção da função celular e da vida depende do meio interno. Como discutido em capítulos anteriores, a manutenção do meio interno, ou homeostase, é um conceito fundamental da fisiologia. Para que este objetivo seja mantido, os diversos sistemas do organismo devem atuar em conjunto para conservar as condições ideais do meio interno. Uma das funções precípuas do sistema nervoso é a coordenação da função dos diversos sistemas funcionais entre si. Sendo assim, funções como o ritmo cardíaco e respiratório, o nível e o perfil metabólico, a função renal etc., são ajustadas continuamente pelo sistema nervoso de modo a manter constante o meio interno.

Todavia, a manutenção do meio interno em animais apresenta uma complicação adicional, uma vez que o nível de atividade e, por conseguinte, as necessidades do meio interno, não são estáveis, mas sofrem oscilações ao longo do tempo. Isto se aplica desde as variações ao longo das horas de um dia (circadianas) como também ao longo de dias, semanas, meses ou anos. Desta maneira, quando observamos um determinado ajuste vegetativo, por exemplo, o fluxo sanguíneo em um órgão ou tecido, podemos considerar que o fluxo de sangue que perfunde o tecido está sendo ajustado para suprir as necessidades metabólicas desse tecido em especial, ou está sendo modificado para garantir a estabilidade do meio interno como um todo. O fluxo sanguíneo cutâneo é um bom exemplo deste mecanismo. Embora a atividade metabólica da pele seja relativamente constante, o fluxo sanguíneo cutâneo pode variar em até 400 vezes devido às variações da perfusão sanguínea da pele para regular as trocas de calor com o meio ambiente e manter a temperatura interna constante.

Uma melhor compreensão dessa questão pode ser obtida por meio de um modelo teórico simples e elegante proposto por Cesar Timo-Iaria (Timo-Iaria, 1977). Esse modelo propõe que todas as funções do sistema nervoso central (SNC) podem ser agrupadas em duas grandes classes: a regulação homeostática e a emissão de comportamentos. Para a execução destas funções, o sistema nervoso mobiliza sistemas efetores que compreendem: os *sistemas motores* – envolvidos com a ativação da musculatura esquelética para a realização de movimentos e posturas – e os *sistemas neurovegetativos* – referentes à ativação da musculatura lisa visceral, da musculatura cardíaca, do tecido glandular exócrino e do sistema endócrino para a sustentação metabólica.

Da mobilização dos sistemas neurovegetativos resultariam ajustes cardiovasculares, respiratórios, endócrinos, digestórios etc. Os ajustes vegetativos dos comportamentos podem ser subdivididos em ajustes homeostáticos (ou de suporte metabólico) e ajustes específicos. São exemplos de ajustes vegetativos de suporte metabólico: a hiperventilação, a hipertensão e o aumento do fluxo sanguíneo muscular que se observa em comportamentos que envolvem ativação de grandes grupos musculares tais como correr, lutar ou fugir. Conceitualmente, esses ajustes visam suprir a atividade metabólica aumentada nos tecidos envolvidos nesses comportamentos.

Além dos ajustes de suporte metabólico, numerosos comportamentos demandam ajustes específicos como, por exemplo: a ejeção de leite durante o comportamento de amamentação, o aumento do peristaltismo e a secreção gástrica que acompanham o comportamento de ingestão alimentar etc. Observe-se que, nesses casos, a mobilização da via vegetativa é dirigida para produzir um componente específico do comportamento.

O modelo proposto por Timo-Iaria auxilia a compreensão da integração das funções dos sistemas neurovegetativos em um mecanismo homeostático. Durante a emissão de comportamentos, a regulação homeostática é inibida ou modificada. Assim, se uma pessoa está em repouso, basta que a sua pressão arterial sofra uma pequena modificação (aumento ou diminuição) para que, imediatamente, reflexos homeostáticos sejam ativados, restabelecendo os valores anteriores. Todavia, durante a emissão de comportamentos, como o exercício físico intenso, os valores da pressão arterial e da frequência cardíaca e respiratória são muito maiores dos que os observados em situações de repouso. Isso ocorre através de vias específicas que podem inibir ou modificar os *set points* dos reflexos homeostáticos envolvidos; neste caso, os reflexos dos baroceptores. É importante notar que essa mudança de *set point* é ativa e pode inclusive preceder (antecipar) a ativação plena do sistema cardiovascular.

A capacidade de emitir comportamentos em intervalos regulares, ou em antecipação a mudanças no meio ambiente é, sem dúvida, uma aquisição valiosa dos processos evolutivos. Assim, é clássica a observação de que o peristaltismo gastrintestinal aumenta mesmo antes que ocorra a ingestão alimentar. De modo semelhante, o aumento do fluxo sanguíneo muscular durante a marcha precede o aumento da atividade metabólica muscular. Em ambos os casos parece vantajoso para o organismo proceder ao ajuste vegetativo antes mesmo que a necessidade metabólica ocorra. Do mesmo modo, é de nossa experiência diária que pode ocorrer aprendizagem na emissão dos comportamentos, e esta envolve os ajustes vegetativos específicos que os acompanham. Em pessoas com hábitos alimentares regulares, é comum a observação de que o peristaltismo gastrintestinal aumenta no horário habitual de uma refeição (mesmo que ela não ocorra ou se atrase).

Finalmente, é importante ressaltar que, como proposto originalmente, as funções de regulação homeostáticas e de emissão de comportamentos não constituem categorias estanques, mas um contínuo de funções. Assim, por exemplo, se um animal se encontra em uma situação de privação hídrica, observa-se inicialmente uma série de ajustes vegetativos (cardiovasculares, renais e endócrinos) que visam manter a osmolalidade e as concentrações de eletrólitos em suas faixas fisiológicas. Todavia, estes ajustes, ainda que muito eficientes, são, por sua própria natureza, limitados, uma vez que não podem modificar a causa básica do problema, ou seja, a menor disponibilidade de água no meio interno. Portanto, se a privação hídrica se mantiver por um tempo prolongado, além dos ajustes homeostáticos, o SNC passa a emitir um conjunto de comportamentos tais como: locomoção, exploração do meio ambiente e finalmente ingestão de líquidos (beber). Como fica aparente, a emissão destes comportamentos é uma extensão natural e lógica da própria homeostase, a ela se integrando de tal maneira que não se pode (ou deve) distinguir onde uma termina e começa a outra função.

Os sistemas neurovegetativos agem por meio da ativação da musculatura lisa visceral, da musculatura cardíaca, do tecido glandular, do tecido linfoide e, no caso da musculatura respiratória, da musculatura esquelética. Esta ativação envolve mecanismos complexos executados por três sistemas efetores: *sistema nervoso autônomo* (*simpático, parassimpático e sistema mioentérico*), *sistema neuroendócrino* e *sistema respiratório*. A inclusão do sistema respiratório como parte dos sistemas neurovegetativos não é tradicional, mas aqui ela visa ilustrar a observação de que, em diversas situações (fisiológicas ou mórbidas), o ritmo respiratório observado deriva da ativação dos sistemas neurovegetativos para a regulação homeostática (comportamental ou de suporte), como explicado anteriormente, e não unicamente para as trocas gasosas. Como exemplo, o sistema respiratório pode ser mobilizado para a termorregulação; ou seja, por meio da respiração rápida e ofegante (denominada arfar), animais com pelo podem aumentar a perda de calor para o meio ambiente. Em humanos em estados de acidose metabólica (mórbida ou durante exercício intenso), o sistema respiratório é mobilizado para aumentar a excreção de gás carbônico, o que contribui para a manutenção do equilíbrio acidobásico.

Neste capítulo nos concentraremos nas características anatômicas e funcionais do sistema nervoso autônomo e a sua integração. As características dos demais sistemas serão abordadas em capítulos específicos.

SISTEMA NERVOSO AUTÔNOMO

A origem do termo sistema nervoso autônomo para descrever os sistemas simpático e parassimpático remonta ao século XIX. Com base em sua ampla distribuição anatômica, os anatomistas acreditavam que o sistema simpático estabelecesse a harmonia (*sympatheia*, em grego antigo) entre os órgãos. Atribui-se ao fisiologista americano Walter B. Cannon (1871-1945) as primeiras descrições dos efeitos da ativação simpática e parassimpática no organismo. Cannon propôs que o sistema nervoso simpático seria o sistema acionado pelo SNC durante as reações de alerta (fuga e luta). Por oposição, durante condições de repouso, o sistema parassimpático teria atuação predominante. Estas observações iniciais levaram a algumas generalizações simplistas que até hoje continuam sendo utilizadas, como, por exemplo, o conceito de antagonismo e independência entre a atuação dos sistemas simpático e parassimpático em diversos órgãos. Como veremos, embora determinados órgãos sejam inervados exclusivamente por uma dessas divisões e, em vários órgãos ou tecidos, os efeitos (excitação/inibição) do simpático e parassimpático sejam opostos, o SNC utiliza claramente estas duas vias sinergicamente para um controle mais eficiente das funções vegetativas.

De maneira semelhante, o termo autônomo, igualmente antigo, foi proposto primordialmente devido à observação (correta) que, ao contrário do que se observava na ativação da musculatura esquelética, a ativação ou a inativação da musculatura visceral ou do sistema endócrino não era sujeita ao controle voluntário imediato. Desta maneira, de modo a contrapor o que se observava no sistema motor voluntário, este sistema passou a ser denominado autônomo. Todavia, o termo autônomo tem um contexto muito mais amplo: independente, livre, capaz de administrar a si mesmo, sem interferência externa. É claro que estas características não se aplicam aos sistemas simpático e parassimpático. Assim como os componentes motores dos comportamentos, os ajustes vegetativos são passíveis de aprendizado e treinamento. Por exemplo, é bem conhecido o fato de que a secreção de saliva pode ser aprendida, como demonstrado por Ivan Pavlov (ver Figura 28, na parte inicial deste livro) em seus experimentos de reflexos condicionados. É bem conhecido, também, que, em mulheres lactantes, a ejeção de leite, induzida pela secreção de ocitocina, pode ser condicionada pelos horários de amamentação e/ou pela presença do filho. Adicionalmente, estudos em humanos indicam que é possível reduzir a frequência cardíaca e a pressão arterial com treinamento.

▶ Características gerais

As divisões do sistema nervoso autônomo, simpática e parassimpática, apresentam características gerais comuns, que podem ser descritas em conjunto (Figura 24.1):

- Em ambos os sistemas a inervação é feita por meio de uma via de dois neurônios. Os neurônios efetores finais situam-se em gânglios, sendo por isto denominados *neurônios ganglionares*. Os gânglios autônomos podem ser isolados, localizados próximos ou na própria parede dos órgãos-alvo, ou em cadeias interconectadas (cadeias ganglionares). Os neurônios ganglionares originam as *fibras pós-ganglionares* que estabelecem as sinapses com os órgãos-alvo. Os neurônios ganglionares são ativados por conexões diretas de neurônios situados no SNC. Estes neurônios são denominados neurônios *pré-ganglionares* e, por conseguinte, seus axônios denominados *fibras pré-ganglionares*. Frequentemente, a designação *neurônio pós-ganglionar* indica o neurônio que origina a fibra pós-ganglionar. No entanto, trata-se de um erro lógico óbvio, que deve ser evitado. Uma vez que o corpo celular encontra-se no gânglio, o termo *neurônio ganglionar* é mais indicado
- As sinapses autonômicas têm características peculiares. As terminações das fibras pós-ganglionares apresentam, nos seus ramos finais, numerosas dilatações (denominadas varicosidades) que têm vesículas sinápticas contendo o neurotransmissor. Durante a ativação destas fibras, o neurotransmissor é liberado por numerosas varicosidades e difunde-se no interstício até encontrar seus receptores específicos.

Os órgãos-alvo do sistema nervoso autônomo – as fibras musculares lisas viscerais, as fibras cardíacas e as células glandulares apresentam atividade espontânea, que é independente da inervação autonômica. Assim, a inervação autonômica (simpática e parassimpática) apresenta um efeito *modulador* sobre esta atividade espontânea. Este efeito pode ser *excitatório*, quando a inervação autonômica aumenta a atividade espontânea, ou *inibitório*, quando ela a reduz. A inervação autonômica pode ainda apresentar *atividade tônica*, ou seja, as fibras pós-ganglionares apresentam potenciais de ação regularmente, com liberação contínua de neurotransmissores. Desta maneira, os efeitos excitatórios ou inibitórios são mantidos continuamente, caracterizando o que se convencionou chamar de *tônus*. Como veremos adiante, determinados órgãos-alvo recebem inervação dupla (simpática e parassimpática) e ambas têm atividade tônica. Esta organização confere grande plasticidade à regulação autonômica. A atividade de um órgão-alvo pode ser incrementada pelo aumento do tônus excitatório, pela redução do tônus inibitório ou por uma combinação de ambas as ações.

SISTEMA SIMPÁTICO

Nos mamíferos, os neurônios simpáticos pré-ganglionares encontram-se distribuídos na substância cinzenta da medula espinal, entre os segmentos C8-T1 até os primeiros segmentos lombares (L1-L2). Por isso, algumas vezes, o sistema simpático é referido como *sistema toracolombar*. Os neurônios pré-ganglionares simpáticos localizam-se em três regiões definidas da substância cinzenta: a) o núcleo intermediolateral; b) o núcleo comissural dorsal e c) o núcleo intercalado. Em geral,

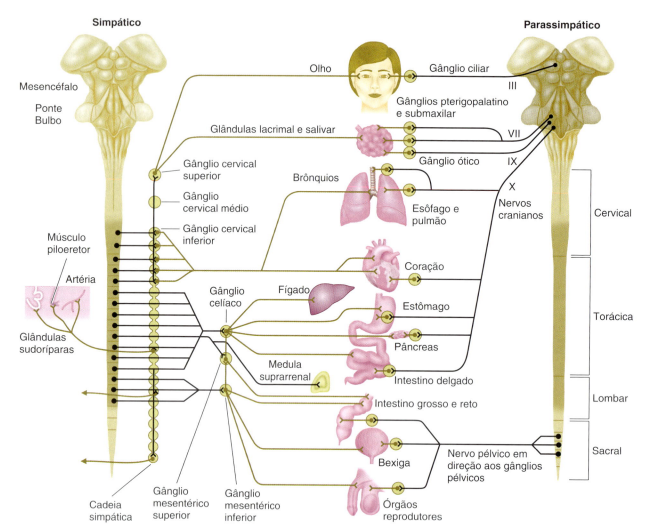

Figura 24.1 ▪ Características gerais dos sistemas nervosos simpático e parassimpático.

a grande maioria dos neurônios simpáticos pré-ganglionares encontram-se no núcleo intermediolateral. Por se tratar de uma coluna longitudinal, se estendendo desde a junção cervicotorácica até os primeiros segmentos lombares, este conjunto de neurônios simpáticos é também denominado *coluna intermediolateral*. Os axônios dos neurônios simpáticos pré-ganglionares saem da medula espinal pela raiz ventral, juntamente com os axônios dos motoneurônios espinais. Imediatamente após sua emergência pela raiz ventral, eles se desgarram dos axônios motores e formam um pequeno feixe em direção aos gânglios simpáticos. Como a maioria dos axônios das fibras pré-ganglionares é mielínica, este feixe é denominado *ramo comunicante branco*.

Os gânglios do sistema simpático, em sua maioria, encontram-se conectados entre si formando uma longa cadeia longitudinal que se estende ao longo da coluna vertebral, formando a *cadeia paravertebral*. Outros gânglios simpáticos são separados da cadeia paravertebral e encontram-se mais medialmente. Estes são denominados *gânglios pré-vertebrais*. Os axônios dos neurônios ganglionares deixam os gânglios e se incorporam aos nervos mistos, com eles se dirigindo até seus territórios de inervação. Portanto, nos nervos mistos podemos encontrar fibras aferentes, associadas a receptores sensoriais e fibras eferentes associadas a motoneurônios (inervando musculatura esquelética), mas também fibras eferentes simpáticas (inervando músculo liso vascular, glândulas sudoríparas etc.).

Fibras pós-ganglionares dirigidas a um órgão-alvo podem constituir um nervo individualizado. Este é o caso, por exemplo, do coração, que recebe a inervação simpática através do nervo cardíaco. Como a maioria das fibras pós-ganglionares é amielínica, o feixe destas fibras, que liga o gânglio simpático ao nervo misto, é denominado *ramo comunicante cinzento*.

Após emergir da raiz ventral cada fibra pré-ganglionar adentra a cadeia paravertebral estabelecendo sinapse com neurônios ganglionares. Em geral, se admite que cada neurônio pré-ganglionar pode se conectar com cerca de 10 neurônios ganglionares. Embora a maioria destas conexões seja estabelecida com gânglios situados no mesmo nível longitudinal que o neurônio pré-ganglionar, existem fibras pré-ganglionares que estabelecem conexões com neurônios ganglionares situados vários níveis acima ou abaixo de sua origem. Estas duas características anatômicas possibilitam que a ativação simpática ocorra de maneira ampla e maciça, garantindo a aceleração simpática simultânea de órgãos-alvo amplamente distribuídos no organismo. Esta ativação em massa é importante na ativação simpática durante os comportamentos de luta ou fuga.

A distribuição das fibras pós-ganglionares simpáticas é ampla. Embora a cadeia simpática paravertebral esteja situada entre os níveis torácicos e os primeiros níveis lombares, as longas fibras pós-ganglionares dos primeiros gânglios paravertebrais superiores inervam estruturas cervicais cefálicas. De maneira semelhante, a inervação dos membros inferiores e estruturas pélvicas é garantida por fibras pós-ganglionares emanentes dos gânglios mais inferiores da cadeia paravertebral.

A inervação da medula da glândula suprarrenal constitui uma exceção importante no esquema geral da inervação simpática. As células cromafins da medula da glândula suprarrenal recebem inervação de fibras simpáticas pré-ganglionares diretamente. De fato, a origem embriológica das células cromafins é semelhante à dos neurônios ganglionares simpáticos. Esta característica tem implicações funcionais importantes que serão vistas posteriormente.

A ativação dos neurônios simpáticos pré-ganglionares ocorre a partir de aferências oriundas de todos os níveis do SNC. Uma vez ativados, os neurônios simpáticos pré-ganglionares estimulam os neurônios ganglionares (ou as células cromafins da medula da suprarrenal), que por sua vez enviam impulsos através das fibras pós-ganglionares aos órgãos-alvo, provocando efeitos de excitação ou inibição das suas atividades.

A excitação dos neurônios ganglionares é obtida por meio da liberação de acetilcolina (ACh) pelas fibras pré-ganglionares simpáticas. A ACh provoca potenciais pós-sinápticos excitatórios (PEPS) mediados por receptores colinérgicos do subtipo nicotínico. Os PEPS provocados pela ACh podem ter amplitude suficiente para causar potenciais de ação nos neurônios ganglionares. Por esta razão, a transmissão colinérgica rápida é considerada a principal via de excitação ganglionar. No entanto, sabemos que a sinapse ganglionar, tanto no sistema simpático como no parassimpático, não é apenas uma estação retransmissora de sinais. Numerosos estudos demonstraram que, além da rápida ação excitatória, a ACh pode estimular os neurônios ganglionares por meio de PEPS lentos (com duração de até 500 ms). Além disso, numerosos outros neurotransmissores foram identificados nos gânglios simpáticos. Admite-se que estes neurotransmissores podem modificar (aumentando ou diminuindo) a excitabilidade dos neurônios ganglionares, facilitando ou inibindo a transmissão colinérgica. Finalmente, ao contrário do inicialmente postulado, além das fibras pré-ganglionares, os gânglios (e os neurônios ganglionares) podem receber aferências de receptores periféricos. Desta maneira, os gânglios autônomos constituem um ponto de integração e modulação da transmissão no sistema.

De modo geral, podemos dizer que os axônios pós-ganglionares efetuam a transmissão periférica por meio da liberação de norepinefrina. A partir da sua liberação pelos botões terminais, a norepinefrina se liga a diferentes tipos de receptores pós-sinápticos que resultarão em excitação ou inibição das células-alvo. Como mencionado anteriormente, a medula da suprarrenal se assemelha a um gânglio simpático. Assim, suas células são estimuladas por fibras pré-ganglionares simpáticas e uma vez ativadas liberam norepinefrina e epinefrina. No entanto, ao contrário de fibras pós-ganglionares convencionais, estes neurotransmissores não são liberados em um órgão-alvo, mas atingem a corrente sanguínea. A partir da circulação, eles podem atingir receptores adrenérgicos localizados em órgãos-alvo em todo o organismo. O papel desse mecanismo em condições fisiológicas é ainda controverso.

Embora a norepinefrina seja o principal neurotransmissor das fibras pós-ganglionares simpáticas, isto não significa que a transmissão simpática seja feita exclusivamente por meio de receptores noradrenérgicos. Além da norepinefrina, outros neurotransmissores como a dopamina, o óxido nítrico e o ATP já foram identificados nas terminações simpáticas pós-ganglionares. É interessante observar que a proporção entre a secreção de norepinefrina e de ATP, por exemplo, pode variar em diferentes situações e em diferentes órgãos-alvo. A presença de outros neurotransmissores nas terminações simpáticas contribui para a compreensão das diferenças sobre os efeitos da ativação simpática nos diversos órgãos-alvo.

SISTEMA PARASSIMPÁTICO

Os neurônios parassimpáticos pré-ganglionares podem ser encontrados em duas localizações distintas no SNC: no *tronco encefálico*, associados a núcleos de nervos cranianos, e nos *segmentos sacrais* (S2 e S3) da medula espinal. Por esta razão, o sistema parassimpático é frequentemente referido como *sistema craniossacral*. Diferentemente do descrito para o sistema simpático, os gânglios do sistema parassimpático não se encontram reunidos em uma cadeia, mas estão isolados, situados muito próximos aos órgãos-alvo ou mesmo imiscuídos em sua parede.

Os neurônios pré-ganglionares parassimpáticos no tronco encefálico encontram-se nos núcleos dos seguintes nervos cranianos: oculomotor, facial, glossofaríngeo e vago (III, VII, IX e X pares cranianos, respectivamente). As fibras pré-ganglionares parassimpáticas emergem do tronco encefálico associadas às fibras destes nervos. No nervo oculomotor (III par craniano), as fibras parassimpáticas pré-ganglionares emergem do núcleo de *Edinger-Westphal* e terminam no gânglio ciliar, dando origem à inervação do esfíncter pupilar. Nos nervos facial (VII) e glossofaríngeo (IX), as fibras parassimpáticas pré-ganglionares originam-se dos núcleos salivatórios superior e inferior e, após sinapse ganglionar, as fibras pós-ganglionares inervam as glândulas salivares e lacrimais. Os eferentes parassimpáticos presentes no nervo vago (X) originam-se, primordialmente, no núcleo dorsal do vago e no núcleo ambíguo. A inervação vagal constitui o principal ramo eferente do parassimpático, inervando a maioria das vísceras torácicas e abdominais.

Nos segmentos sacrais da medula espinal, os neurônios parassimpáticos pré-ganglionares ocupam uma posição semelhante à coluna intermediolateral. Os seus axônios emergem da medula espinal pela raiz ventral e projetam-se, pelo nervo pélvico, para a inervação de seus órgãos-alvo.

Assim como no sistema simpático, os neurônios parassimpáticos pré-ganglionares podem ser ativados a partir de numerosas aferências centrais ou periféricas. Após ativação, os neurônios pré-ganglionares excitam os neurônios ganglionares por meio de sinapses colinérgicas. Ao contrário do que se observa no sistema simpático, a divergência parassimpática é comparativamente menor, ou seja, cada fibra pré-ganglionar parassimpática faz contato com um número muito mais restrito de neurônios ganglionares (1:1 ou 1:2).

Todos os neurônios ganglionares parassimpáticos são colinérgicos, ou seja, capazes de sintetizar acetilcolina, a qual é o neurotransmissor reconhecido em numerosos efeitos da estimulação parassimpática através da ativação de receptores colinérgicos muscarínicos. No entanto, neurônios ganglionares são capazes ainda de síntese de outros neurotransmissores, como o óxido nítrico (NO) e o peptídio intestinal vasoativo (VIP). Os mecanismos associados à liberação conjunta desses neurotransmissores em órgãos específicos, todavia, permanecem obscuros em muitos casos.

EFEITOS DA MOBILIZAÇÃO E CONTROLE DOS ÓRGÃOS PELO SISTEMA NERVOSO AUTÔNOMO

Neste item, descreveremos os efeitos da ativação do sistema nervoso autônomo na regulação de diversos órgãos e em determinadas funções e comportamentos. Com isso, buscaremos ilustrar o papel do sistema nervoso autônomo como sistema efetor do SNC. O Quadro 24.1 contém um sumário dos efeitos, e o texto procura ilustrar aspectos da regulação integrada.

▶ Sistema circulatório

A modulação autonômica da função cardíaca e dos vasos é de fundamental importância para a regulação de aspectos relevantes da função circulatória, como, por exemplo, a regulação da pressão arterial, da resistência periférica e do débito cardíaco.

O coração é um órgão de inervação dupla, isto é, ele recebe inervação simpática e parassimpática. Como comentado anteriormente, é importante notar que a contração cardíaca não depende da inervação autonômica, uma vez que ela deriva das propriedades intrínsecas e da autorritmicidade das células cardíacas. Os efeitos autônomos, portanto, são de modulação sobre esta atividade intrínseca. A inervação simpática aumenta a excitabilidade cardíaca, e a força de contração cardíaca. Os efeitos do simpático sobre a musculatura cardíaca são mediados por receptores adrenérgicos do subtipo β1. O aumento de excitabilidade se manifesta tanto como aumento da frequência cardíaca quanto como aumento na velocidade de condução de potenciais de ação.

A inervação parassimpática atua diminuindo a frequência, a velocidade de condução e a excitabilidade cardíacas. Os efeitos do parassimpático sobre a força de contração são discretos. O parassimpático age sobre o coração por intermédio de receptores muscarínicos. Desta maneira, em diversas situações podemos observar regulação diferenciada da frequência e da força de contração cardíaca. No coração, ambos os sistemas (simpático e parassimpático) têm atividade tônica, isto é, as fibras pós-ganglionares apresentam potenciais de ação continuamente, com liberação contínua de seus respectivos neurotransmissores. Assim, podemos dizer que a frequência cardíaca de um indivíduo a cada instante é o resultado da frequência intrínseca do coração, somada ao efeito excitatório simpático e ao efeito inibitório parassimpático. O SNC pode aumentar a frequência cardíaca por várias combinações: aumento da estimulação simpática, redução da estimulação parassimpática ou ambos mecanismos. As intensidades do tônus vagal e do tônus simpático podem variar independentemente. Indivíduos submetidos a treinamento aeróbico apresentam redução da frequência cardíaca de repouso. Este efeito é mediado pelo aumento do tônus vagal sobre o coração.

Como regra geral, os vasos recebem apenas inervação simpática, mas em alguns territórios recebem inervação dupla. A inervação simpática do sistema arterial é fundamental para a manutenção da resistência periférica e a regulação da pressão arterial. A inervação simpática das arteríolas estimula a contração do músculo liso arteriolar por meio de receptores adrenérgicos do subtipo α1. O aumento da atividade simpática sobre as arteríolas provoca vasoconstrição e, inversamente, a sua redução provoca vasodilatação. No coração, a estimulação simpática provoca vasoconstrição das artérias coronárias. No entanto, o aumento do metabolismo cardíaco provocado pela estimulação simpática induz vasodilatação metabólica que se sobrepõe ao efeito vasoconstritor. Vasos sanguíneos de alguns territórios, como os vasos que irrigam a musculatura esquelética e as coronárias, podem conter receptores adrenérgicos do subtipo β2. A ligação da epinefrina com estes receptores induz o relaxamento da musculatura lisa arteriolar destes territórios (vasodilatação).

▶ Sistema respiratório

Os efeitos da modulação autonômica sobre o sistema respiratório são complexos, pois podem ocorrer, diretamente, sobre o músculo liso bronquiolar e as glândulas mucosas, ou, indiretamente, devido a modificações do fluxo sanguíneo. A estimulação parassimpática excita a produção de muco em todo o sistema respiratório e provoca constrição dos bronquíolos. A estimulação simpática provoca broncodilatação, induzindo relaxamento do músculo liso bronquiolar por meio de receptores adrenérgicos do subtipo β2. A estimulação simpática produz vasoconstrição das mucosas. Admite-se que esta é a causa do efeito descongestionante de simpaticomiméticos, utilizados para aliviar sintomas de resfriado ou rinite alérgica.

▶ Sistema digestório

A modulação autonômica no sistema digestório é especialmente complexa: como mencionado, nas mucosas intestinais encontramos o sistema mioentérico, presente nos plexos mucoso e submucoso. Estes plexos têm circuitos neuronais completos, contendo neurônios sensoriais, interneurônios e neurônios motores. Sobre os mecanismos reflexos mediados por estes circuitos locais ocorre a modulação simpática e parassimpática.

Geralmente os vasos do sistema digestório são inervados pelo simpático, que é predominantemente vasoconstritor. A

Quadro 24.1 • Efeitos da ativação do sistema nervoso autônomo na regulação de diversos órgãos e em determinadas funções e comportamentos.

Órgão ou tecido-alvo	Efeito simpático	Efeito parassimpático
Coração	↑ da frequência cardíaca ↑ da força de contração ↑ da velocidade de condução	↓ da frequência cardíaca ↓ da velocidade de condução
Artérias (arteríolas em geral)	Vasoconstrição	–
Veias	Venoconstrição	–
Sistema digestório	↓ do peristaltismo Contração de esfíncteres	↑ do peristaltismo Relaxamento de esfíncteres ↑ da secreção das glândulas digestivas
Rins	↑ da secreção de renina Vasoconstrição ↑ da reabsorção tubular de Na$^+$	–
Olhos	Contração do músculo dilatador (midríase)	Contração do músculo do esfíncter pupilar (miose)
Sistema respiratório	Broncodilatação	Broncoconstrição ↑ da secreção de muco
Bexiga	Relaxamento da musculatura lisa Contração do esfíncter interno	Contração da musculatura lisa Relaxamento do esfíncter interno

redução do fluxo sanguíneo produzida pela vasoconstrição simpática pode reduzir a secreção de glândulas digestivas.

De maneira geral, o parassimpático ativa a secreção das glândulas salivares e do estômago, pâncreas exócrino, intestino e fígado. A estimulação parassimpática estimula, ainda, a motilidade intestinal e a contração da vesícula biliar.

▶ Sistema urogenital

A inervação autonômica dos genitais representa um bom exemplo da função integrada simpático/parassimpático. Em machos, o sistema simpático estimula a contração do músculo liso visceral ao longo das vias seminíferas, induzindo a contração do epidídimo, canal deferente, vesículas seminais e próstata, provocando o transporte dos gametas até a uretra. Todavia, a ejaculação propriamente dita é obtida por ativação muscular de fibras esqueléticas. O parassimpático sacral provoca vasodilatação das artérias cavernosas, aumentando o influxo arterial com rapidez e simultaneidade, fibras simpáticas provocam venoconstrição, reduzindo o efluxo venoso. A combinação do aumento do influxo arterial e redução do efluxo venoso resulta em aumento do volume de sangue contido nos corpos cavernosos e promove a ereção peniana. Como se pode observar, a concatenação da ativação simpática, parassimpática e da musculatura esquelética é fundamental para promover: ereção peniana, transporte dos gametas e ejaculação. Nas fêmeas, o parassimpático provoca vasodilatação no clitóris e nos lábios vaginais, ocasionando seu ingurgitamento e aumento da secreção mucosa.

▶ Olhos e anexos

A regulação do diâmetro pupilar é essencial para o ajuste da imagem retiniana. A regulação do diâmetro pupilar provocada por variações da luminosidade do ambiente é controlada pela inervação parassimpática. A ativação parassimpática causa contração das fibras circulares do esfíncter pupilar, reduzindo o diâmetro pupilar (*miose*) e a quantidade de luz na retina. Em ambientes escuros ou com baixa iluminação, a inibição da atividade parassimpática provoca relaxamento destas fibras musculares e aumento do diâmetro pupilar (*midríase*). A estimulação simpática promove a contração de fibras radiais presentes no esfíncter pupilar e consequente midríase, mesmo sem alterações da luminosidade ambiente. Admite-se que a midríase promovida pela estimulação simpática constitua um ajuste específico de comportamentos de alerta, enquanto a regulação parassimpática contribua para ajustes homeostáticos.

▶ Níveis de integração

De maneira semelhante à que se faz nos sistemas motores, é possível distinguir na organização dos sistemas neurovegetativos níveis de integração que, grosso modo, correspondem a níveis anatômicos do SNC.

Os neurônios pré-ganglionares correspondem, nessa analogia, aos motoneurônios espinais. Como descrevemos anteriormente, os neurônios pré-ganglionares das divisões simpática e parassimpática encontram-se nos segmentos toracolombares e sacrais da medula espinal e nos níveis inferiores (ponte e bulbo) do tronco cerebral. Nesses níveis são integrados reflexos vegetativos. A imersão de um membro em água fria, por exemplo, provoca vasoconstrição. Esse reflexo é mediado via inervação simpática e integrada na medula espinal. Arcos reflexos vegetativos podem ser mapeados na medula espinal e no tronco cerebral.

Além de arcos reflexos envolvendo os nervos espinais, o tronco cerebral contém circuitos essenciais para a regulação da pressão arterial, da respiração e da atividade digestiva. Esses circuitos representam um nível hierárquico superior, uma vez que circuitos neurais mais complexos integram múltiplas aferências que resultam em eferência controlada aos neurônios pré-ganglionares. Assim, por exemplo, grupos de neurônios na superfície ventrolateral do bulbo integram aferências de baroceptores, quimioceptores e de sinais oriundos de outras regiões do SNC. Da integração desses sinais, os circuitos no bulbo enviam eferências excitatórias aos neurônios simpáticos pré-ganglionares na medula espinal que determinam os níveis basais do tônus vasomotor e, por conseguinte, da resistência periférica e da pressão arterial.

A regulação vegetativa no diencéfalo é ricamente ilustrada pela participação do hipotálamo na regulação homeostática e comportamental. No hipotálamo estão presentes circuitos envolvidos na regulação da temperatura e do equilíbrio hidreletrolítico, por exemplo. Essa regulação envolve a mobilização das divisões simpática e parassimpática não só por meio de ativação de circuitos vegetativos presentes no tronco cerebral, mas também pelas conexões diretas com neurônios pré-ganglionares. Outra interface fundamental na regulação neurovegetativa é aquela exercida entre o hipotálamo e a hipófise por meio de circuitos de regulação hipotálamo-hipofisários, um nível essencial para a mobilização do sistema neuroendócrino.

A estimulação de diversas regiões do prosencéfalo provoca efeitos vegetativos. Admite-se que esses efeitos representam os componentes vegetativos de comportamentos que poderiam ser eliciados pela estimulação cortical, por exemplo. No nível prosencefálico, estariam organizados também ajustes vegetativos dos comportamentos motivados (sistema límbico) e ajustes vegetativos associados a experiências anteriores (processos mnemônicos).

▶ Reações de alerta

Como dito no início deste capítulo, as primeiras descrições das características funcionais do sistema nervoso autônomo foram relacionadas com as observações dos ajustes vegetativos verificados durante reações de luta e/ou fuga. As reações de defesa e alerta constituem uma ampla classe de comportamentos encontrados em numerosas espécies. Embora, em geral, estas reações sejam descritas como comportamentos de emergência ou, mais exclusivamente, luta e/ou fuga, é fácil demonstrar que elas constituem, realmente, parte de um contínuo repertório comportamental exibido pelos animais. A emissão do comportamento de alerta é obtida por meio de ajustes motores e vegetativos extremamente variados. Em alguns casos, os componentes motores podem ser muito exuberantes e intensos, como os que se observam durante a luta com um oponente. Em outras situações, esses componentes motores podem estar ausentes ou muito reduzidos, como podemos observar em humanos, durante discussão acalorada ou agressões verbais (sem contato físico). É interessante que, a despeito da ampla variedade dos repertórios motores, existe grande similaridade nos ajustes vegetativos que acompanham as reações de alerta.

Quanto aos ajustes vegetativos, as reações de alerta/defesa caracterizam-se por graus variados de midríase, aumento da sudorese palmar, hipertensão, taquicardia, aumento do débito cardíaco, vasodilatação muscular, vasoconstrição visceral, hiperventilação (devida ao aumento da frequência e do volume respiratório), redução da motilidade e peristaltismo intestinal e contração de esfíncteres. Este perfil é compatível com o esperado para situações que precedem ou envolvem intensa ativação muscular. Esses ajustes circulatórios convergem para aumentar o fluxo sanguíneo e, por conseguinte, a quantidade de O_2 transportado para o território muscular, mesmo que às expensas de menor perfusão sanguínea do sistema digestório (que se encontra inibido). Alguns autores sugerem que a dilatação pupilar (midríase) aumentaria o campo visual (algo desejável em uma situação de investigação do meio ambiente).

Como mencionado, este perfil de ajustes vegetativos pode ser observado em reações de alerta intenso (luta ou fuga), mas também em outras formas destas reações. A exposição de um indivíduo a uma foto com conteúdos emocionais (agradáveis ou não) pode provocar dilatação pupilar e taquicardia. Do mesmo modo, admite-se que quando um indivíduo conta uma mentira, ele apresenta uma reação de alerta; de maneira que, se suas variáveis vegetativas, tais como: frequência cardíaca, respiração ou sudorese palmar, por exemplo, puderem ser registradas, será possível determinar a presença de suas reações de alerta e, eventualmente, sua mentira. É claro que estes testem podem ser falhos, pois o próprio estresse originado pelo registro dessas variáveis vegetativas poderá lhe evocar respostas de alerta quase imediatas, originando resultados falsos. Adicionalmente, admite-se que pessoas suficientemente treinadas podem contar mentiras sem eliciar reações de alerta, o que também contribuiria para a falibilidade destes testes.

BIBLIOGRAFIA

BEAR MF, CONNORS BW, PARADISO MA. *Neurociências: Desvendando o Sistema Nervoso*. Artmed, Porto Alegre, 2007.

JÄNIG W. *The Integrative Action of the Autonomic Nervous System*. Cambridge University Press, Cambridge, 2006.

KANDEL ER, SCHWARTZ JH, JESSELL TM. *Princípios da Neurociência*. Manole, São Paulo, 2002.

PURVES D, AUGUSTINE GJ, FITZPATRICK D et al. *Neurociências*. Artmed, Porto Alegre, 2005.

TIMO-IARIA C, KADEKARO M, VICENTINI MLM. Control of gastric secretion by the central nervous system. In: BROOKS FR, EVERS P. *Nerves and the Gut*. Slack, Thorofare, 1977.

Capítulo 25

Bases Neurais dos Comportamentos Motivados e das Emoções

Newton Sabino Canteras

- Introdução, *402*
- Hipotálamo e homeostase comportamental, *403*
- Amígdala e interface cognição/emoção, *406*
- Núcleo *accumbens* e interface motivação/ação, *407*
- Bibliografia, *408*

INTRODUÇÃO

Tradicionalmente, fazemos distinção entre expressão e experiência emocional. A experiência emocional refere-se a estados subjetivos, frutos da introspecção consciente. Por outro lado, a expressão emocional pode ser medida objetivamente e envolve respostas comportamentais, bem como alterações endócrinas e autonômicas. Assim, como esperado, muito mais é conhecido sobre os substratos neurais da expressão emocional do que os da experiência emocional.

No final do século XIX, sabia-se que a expressão emocional não dependia do córtex cerebral, tendo Goltz demonstrado que o estado comportamental de ira podia ser plenamente expresso após a ablação cirúrgica do manto cortical. Assim, mesmo estímulos triviais podiam evocar comportamento de ataque em cães, os quais pareciam estar reagindo a uma situação profundamente ameaçadora. Walter Bradford Cannon, da Universidade de Harvard, denominou esse quadro de hiperexcitabilidade dos animais decorticados de *ira fictícia*. Philip Bard, que na ocasião trabalhava no laboratório de Cannon, localizou as regiões subcorticais necessárias para a expressão dessa ira fictícia. Em uma série de experimentos com transecções seriadas do encéfalo de gatos, Bard demonstrou que a região criticamente envolvida na geração do quadro de ira fictícia estava localizada na metade caudal do hipotálamo. Esses achados foram então integrados aos estudos de Karplus e Kreidl, que haviam demonstrado que estimulações elétricas do hipotálamo eram capazes de produzir uma excitação simpática comparável àquela vista nos quadros de ira fictícia, e propuseram que a expressão emocional fosse mediada por descargas do hipotálamo. Canon e Bard ainda propuseram que a estimulação do tálamo dorsal influenciava a experiência emocional.

Em 1937, James Papez, inspirado no trabalho de Cannon e Bard, sugeriu que um circuito interligando o hipocampo, os corpos mamilares, os núcleos talâmicos anteriores e o giro do cíngulo formaria o substrato neural para a expressão e a experiência emocional. No mesmo ano em que Papez publicou a sua teoria, Klüver e Bucy relataram um quadro comportamental dramático após a ablação do lobo temporal em macacos. Desse modo, macacos inicialmente selvagens, após essas lesões, ficavam bastante dóceis, apresentavam quadro de hipersexualidade e levavam toda a sorte de objetos para a boca, inclusive aqueles ameaçadores, como serpentes. Além disso, esses animais apresentavam *agnosia visual* (incapacidade de reconhecer objetos ou pessoas familiares) e *déficit de memória*. Na ocasião, Klüver e Bucy sugeriram como responsável por essa síndrome (também conhecida como *síndrome de Klüver-Bucy*) a destruição do hipocampo, tido como um dos componentes corticais do circuito de Papez. Todavia, hoje sabemos que a destruição da amígdala seria responsável pelos sintomas afetivos dessa síndrome (hipersexualidade, hiperoralidade e diminuição da agressividade).

As hipóteses de Papez, o trabalho de Klüver e Bucy, bem como diversas observações clínicas levaram Paul MacLean, em 1952, a sugerir que uma ampla região do córtex cerebral, composta pelos giros orbitofrontal, do cíngulo e para-hipocampal, que, em conjunto, compõem o que fora denominado por Paul Broca *o grande lobo límbico*, associados aos diversos sítios subcorticais interligados com essas regiões, em especial a amígdala, o *septum* e o hipotálamo, estaria envolvida na elaboração da experiência e da expressão emocional. Para se referir a esse complexo de estruturas, MacLean propôs o termo *sistema límbico*. Atualmente está claro que esse sistema interage essencialmente com todos os sistemas funcionais do cérebro, sendo, dessa forma, praticamente impossível definirmos com exatidão quais seriam os seus limites.

Como esquematizado na Figura 25.1, o hipotálamo ocupa uma posição central no sistema límbico, fornecendo um elo de ligação entre as estruturas límbicas telencefálicas (os giros orbitofrontal, do cíngulo e para-hipocampal, o hipocampo, a amígdala e a área septal) e os sítios límbicos mesencefálicos, em especial a substância cinzenta periaquedutal.

De modo geral, poderíamos dizer que as estruturas límbicas telencefálicas têm um papel modulador nos sítios hipotalâmicos e mesencefálicos límbicos. O hipotálamo desempenha um papel fundamental para orquestrar diversos ajustes homeostáticos e comportamentais relacionados com respostas vitais para a manutenção da espécie ou do indivíduo, enquanto as estruturas límbicas mesencefálicas estão mais diretamente

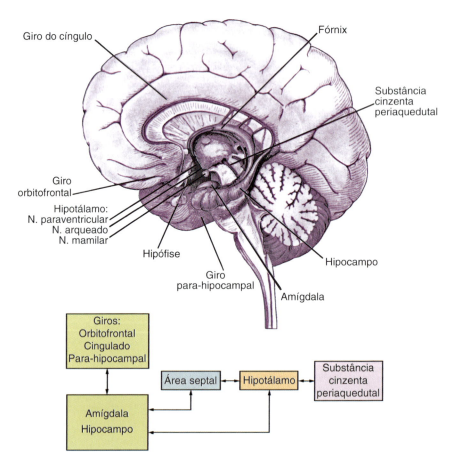

Figura 25.1 • Esquema ilustrando as relações anatômicas dos principais sítios neurais que formam o sistema límbico.

relacionadas à execução das respostas vegetativas e comportamentais específicas.

Por outro lado, é plausível pensarmos que o hipotálamo e o polo límbico mesencefálico possam também influenciar as estruturas límbicas telencefálicas e, dessa forma, modular a elaboração cognitiva das diversas emoções. Nesse contexto é interessante lembrarmos a teoria das emoções de William James e Karl Lange, do início do século XX, que propunha que a experiência consciente daquilo que chamamos emoção ocorre depois que o córtex recebe sinais sobre as mudanças do estado fisiológico do indivíduo. Com base nessa teoria, nos anos 1960 demonstrou-se que o córtex cerebral cria a resposta cognitiva às informações do meio interno do indivíduo, levando em conta a sua expectativa e o seu contexto social. Essa hipótese pôde ser comprovada a partir da administração de norepinefrina a dois grupos de voluntários, sendo que somente um dos grupos foi informado a respeito dos efeitos da substância. Esses grupos foram expostos a situações agradáveis e desagradáveis. Interessantemente, o grupo de pessoas que fora informado sobre os efeitos da norepinefrina exibiu menos raiva ou euforia, atribuindo parte dos efeitos neurovegetativos à substância, enquanto os indivíduos do outro grupo experimental percebiam tais efeitos integralmente, como parte da resposta emocional.

HIPOTÁLAMO E HOMEOSTASE COMPORTAMENTAL

Diversas evidências clínicas e experimentais apontam o hipotálamo como responsável pela integração de diversas respostas endócrinas, autonômicas e comportamentais essenciais para a sobrevivência do indivíduo e da espécie.

Desse modo, o hipotálamo é uma peça fundamental no controle da homeostase do meio interno, bem como está criticamente envolvido no controle neural de comportamentos que garantem a preservação do indivíduo ou da espécie (homeostase comportamental) e que são, portanto, cercados de alto teor emocional.

O hipotálamo está localizado acima da hipófise e ocupa a posição ventral do diencéfalo ao redor do terceiro ventrículo. Pode ser dividido em três zonas longitudinais (periventricular, medial e lateral) e quatro regiões distintas no sentido rostrocaudal (pré-óptica, anterior, tuberal e mamilar) (Figura 25.2).

A zona periventricular do hipotálamo, que contém os núcleos periventricular, paraventricular e arqueado ilustrados na Figura 25.2, exerce papel fundamental no controle do sistema endócrino, tanto através da secreção de hormônios que são liberados para a circulação sistêmica na neuro-hipófise, quanto pela secreção de hormônios reguladores liberados ao nível da eminência mediana, que controlam a síntese e a liberação hormonal na adeno-hipófise. Na zona periventricular, ainda encontramos grupos celulares diretamente envolvidos no controle de neurônios pré-ganglionares das divisões simpática e parassimpática.

A zona medial do hipotálamo, que contém os núcleos pré-óptico medial, anterior, ventromedial e dorsomedial ilustrados na Figura 25.2, por outro lado, recebe grande contingente de aferências oriundas das regiões límbicas do telencéfalo e está intimamente envolvida na organização de respostas comportamentais críticas para a sobrevivência do indivíduo no meio em que habita (comportamento de defesa), bem como da espécie (comportamentos reprodutores).

A zona lateral do hipotálamo, localizada lateralmente às colunas do fórnix ilustradas na Figura 25.2, por sua vez, é composta por neurônios dispersos entre as fibras do fascículo prosencefálico medial. Do ponto de vista funcional, a zona lateral parece integrar respostas de alerta generalizado, particularmente evidentes quando da execução de comportamentos motivados.

A homeostase comportamental é um paralelo que fazemos em relação ao conceito da *preservação* do meio interno e se refere a uma série de respostas comportamentais que garantem a preservação do indivíduo ou da espécie, tais como a ingestão hídrica e os comportamentos alimentar, de defesa e reprodutor.

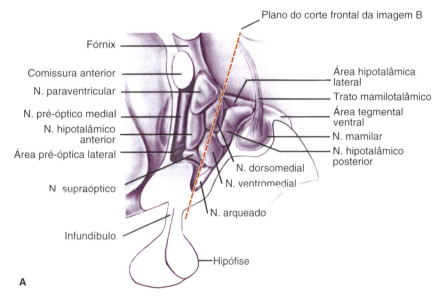

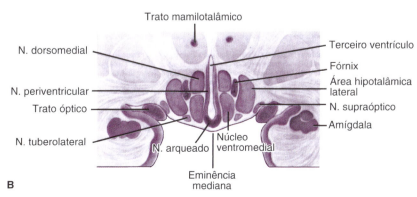

Figura 25.2 • **A.** Vista lateral, mostrando a posição dos principais núcleos hipotalâmicos. **B.** Vista de corte frontal (conforme indicado em **A**) ao nível tuberal do hipotálamo. (Adaptada de Kupfermann, 1991.)

Ingestão hídrica

A composição do líquido corporal é defendida em detrimento de praticamente todas as outras funções do organismo. Dois parâmetros são utilizados para sinalizar mudanças na composição do líquido corporal: a osmolalidade do plasma (cuja importância é dada pelo íon sódio) e o volume de líquido extracelular (VEC). Os aumentos na osmolalidade são detectados diretamente por osmorreceptores localizados no órgão subfornical (SFO) e na extremidade rostral do terceiro ventrículo, que inclui o órgão vascular da lâmina terminal e o núcleo pré-óptico mediano (Figura 25.3).

Reduções no VEC são detectadas por dois mecanismos. O primeiro envolve as células justaglomerulares renais. A hipovolemia leva a aumento da secreção da renina pelo rim, uma enzima proteolítica que transforma o angiotensinogênio em angiotensina I, a qual é então hidrolisada em angiotensina II nos pulmões. A angiotensina II, por sua vez, induz a liberação de aldosterona no córtex da suprarrenal, atuando na musculatura lisa dos vasos, promovendo vasoconstrição, além de ter efeito fundamental no sistema nervoso central via órgão subfornical (ver Figura 25.3). O segundo mecanismo envolve barorreceptores do sistema cardiovascular, os quais via nervo vago mandam informações do VEC ao núcleo do trato solitário no tronco encefálico. Importante notar que as informações dos receptores de volume cardiovascular e dos osmorreceptores do fígado e da boca seca são transmitidas via nervo vago e glossofaríngeo, as quais são enviadas ao hipotálamo, via grupamentos catecolaminérgicos do tronco cerebral, como o núcleo do trato solitário (ver Figura 25.3).

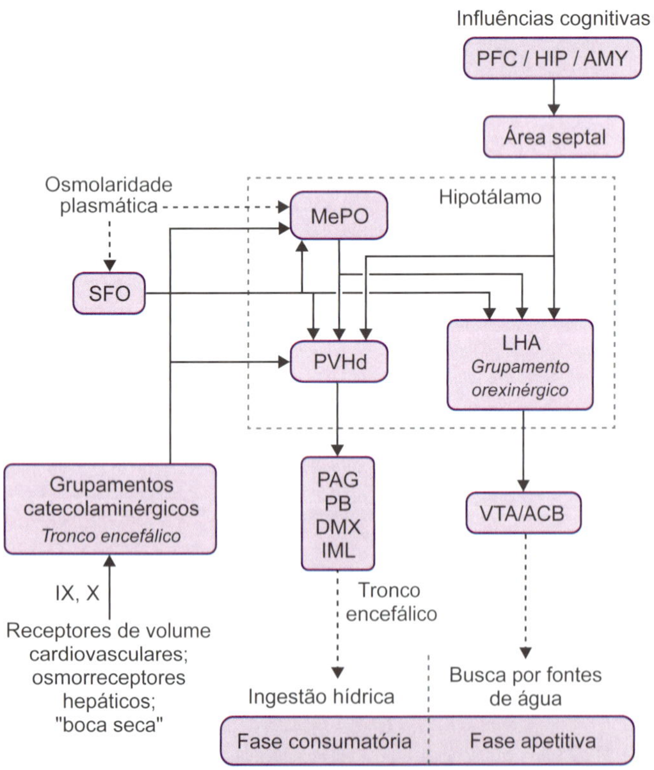

Esses mecanismos sensoriais levam a uma série de respostas neuroendócrinas, autonômicas e comportamentais. Destacamos o núcleo pré-óptico mediano (MePO), o qual desempenha papel central na organização de comportamento de ingestão hídrica (ver Figura 25.3). Além de conter osmorreceptores, o MePO recebe projeções de grupos celulares catecolaminérgicos no tronco cerebral, os quais veiculam informações relacionadas aos receptores de volume cardiovasculares, e também do SFO. A comunicação entre o SFO e o MePO é mediada por projeções angiotensinérgicas que por si sós são capazes de provocar o comportamento de ingestão hídrica. O controle do MePO no comportamento de beber é mediado por suas projeções para a área hipotalâmica lateral e para a divisão descendente do núcleo hipotalâmico paraventricular (PVHd) (ver Figura 25.3). Na área hipotalâmica lateral, o MePO se projeta para a região contendo uma população de neurônios que expressam orexina, grupamento que também recebe projeções angiotensinérgicas do SFO. O grupamento orexinérgico do hipotálamo lateral influencia regiões cerebrais envolvidas com recompensa, que serão discutidas no final deste capítulo, incluindo a área tegmental ventral e o núcleo *accumbens*. Desse modo, está envolvido na mediação da fase apetitiva do comportamento de ingestão hídrica, quando o indivíduo está ativamente buscando uma fonte de água (fase apetitiva do comportamento de ingestão hídrica) (ver Figura 25.3).

A PVHd, o outro alvo do MePO, está relacionada à fase consumatória do comportamento de ingestão hídrica. A PVHd medeia o comportamento de ingestão hídrica por meio de suas projeções descendentes para diversos sítios do tronco encefálico (tais como a matéria cinzenta periaquedutal, o núcleo parabraquial e o núcleo dorsal do vago) e neurônios pré-ganglionares simpáticos da medula espinal. A PVHd controla uma série de funções relacionadas à homeostase dos líquidos corporais, incluindo motilidade gástrica, funções cardiovasculares e ingestão hídrica. Desse modo, foi mostrado que lesões da substância cinzenta periaquedutal atenuam a polidipsia, que é eliciada pela injeção de norepinefrina na PVHd. Assim como o MePO, a PVHd também recebe projeções de grupos do tronco cerebral que veiculam informação dos receptores cardiovasculares de volume, bem como projeções angiotensinérgicas do SFO. Interessantemente, as projeções dos grupos do tronco cerebral para a PVHd contêm diversos neurotransmissores, tais como norepinefrina, epinefrina, galanina e neuropeptídio Y, os quais, quando aplicados à PVHd, provocam polidipsia.

Como ilustrado na Figura 25.3, tanto a PVHd como a região orexinérgica da área hipotalâmica lateral podem ser influenciadas por estruturas telencefálicas, tais como córtex cerebral, amígdala e formação hipocampal, que podem estar envolvidas no processamento cognitivo e no ato volitivo do comportamento de ingestão hídrica. Mais informações a respeito desse assunto podem ser encontradas no Capítulo 75, *Controle Neuroendócrino do Balanço Hidreletrolítico*.

Figura 25.3 • Diagrama esquemático ilustrando os sistemas neurais envolvidos no comportamento de ingestão hídrica. Mais detalhes no texto. *PFC*, córtex pré-frontal; *HIP*, hipocampo; *AMY*, amígdala; *MePO*, núcleo pré-óptico mediano; *SFO*, órgão subfornical; *PVHd*, divisão descendente do núcleo hipotalâmico paraventricular; *LHA*, área hipotalâmica lateral; *IX*, nervo glossofaríngeo; *X*, nervo vago; *PAG*, substância cinzenta periaquedutal; *PB*, núcleo parabraquial; *DMX*, núcleo motor dorsal do vago; *IML*, coluna intermediolateral; *VTA*, área tegmental ventral; *ACB*, núcleo *accumbens*. (Adaptada de Canteras, 2012.)

Comportamento alimentar

O papel do hipotálamo na regulação do comportamento alimentar foi estabelecido nos anos 1940, com os experimentos clássicos de A. W. Hetherington e S. W. Ranson. Eles mostraram que lesões eletrolíticas bilaterais na região do hipotálamo medial, incluindo os núcleos dorsomedial, ventromedial, arqueado e pré-mamilar ventral, produziam hiperfagia e obesidade. Entretanto, lesões na região do hipotálamo lateral resultavam em extrema perda de peso corporal e anorexia. Essas observações levaram à proposição de que a área hipotalâmica lateral serviria como o *centro da fome* e a região ventromedial, como o *centro da saciedade*. Essa hipótese foi testada por Gold, que relatou que pequenas lesões confinadas ao núcleo ventromedial não eram efetivas para produzirem hiperfagia e obesidade.

Atualmente, as observações originais de Hetherington e Ranson podem ser entendidas a partir da linhagem de camundongos obesos (camundongo *OB*), na qual o desenvolvimento de obesidade é correlacionado à falta de um gene específico, chamado de *OB*, que produz uma proteína definida – a leptina (do grego *leptos*, magro). A deficiência de leptina leva a um quadro muito semelhante à síndrome da lesão da região ventromedial do hipotálamo, e, curiosamente, os sítios hipotalâmicos que possuem altos níveis da forma longa do receptor de leptina incluem as regiões do hipotálamo ventromedial acometidas nas lesões descritas por Hetherington e Ranson.

A identificação de hormônios que sinalizam o metabolismo energético e o consumo alimentar foi crítica para o entendimento dos sistemas neurais que controlam o comportamento de ingestão alimentar. A descoberta da leptina em 1994 por Friedman e colaboradores foi o ponto de partida para a construção dos novos conceitos sobre a integração neural do consumo alimentar. A leptina, produto do gene *OB* secretado no tecido adiposo branco, apresenta níveis aumentados quando o animal se alimenta e cai quando o animal está privado de comida, funcionando como um potente inibidor do comportamento alimentar. Além disso, a grelina, que é produzida pela mucosa do estômago, também emergiu como importante reguladora do balanço energético. Estudos relataram elevação pré-prandial e declínio pós-prandial dos níveis plasmáticos de grelina, sugerindo que esse hormônio tem um papel fisiológico no controle da fome e do comportamento alimentar. A grelina também aumenta após o jejum.

Como ilustrado na Figura 25.4, o núcleo arqueado é um sítio crítico para mediar as ações da leptina. O núcleo arqueado tem pelo menos duas populações de neurônios responsivos à leptina. A primeira possui neurônios que expressam pró-opiomelanocortina (POMC) e o transcrito regulado por cocaína e anfetamina (CART). Esses neurônios parecem inibir a ingestão alimentar e promovem a perda de peso. A segunda população de neurônios coexpressa o neuropeptídio Y (NPY) e o peptídio relacionado ao Agouti (AgRP), e é tida como promotora da ingestão alimentar e do ganho de peso. Assim, a leptina ativa os neurônios que coexpressam POMC/CART e inibe os neurônios NPY/AgRP. Neurônios do núcleo arqueado também são responsivos à grelina (ver Figura 25.4). Os neurônios que coexpressam NPY/AgRP possuem receptores para grelina e são ativados por esse hormônio. O peptídio YY (PYY) também foi reconhecido como outro hormônio produzido pelo sistema digestório que controla a ingestão alimentar. O PYY é produzido e liberado por células enteroendócrinas do intestino delgado e inibe a ingestão alimentar. Esse hormônio inibe os neurônios do núcleo arqueado que coexpressam NPY/AgRP via receptores Y2 e, desse modo, parece servir como fator de saciedade após a ingestão alimentar.

Tanto os neurônios POMC/CART como os NPY/AgRP do núcleo arqueado se projetam para a PVHd e para a região do hipotálamo lateral que contém neurônios orexinérgicos (ver Figura 25.4). Assim como na ingestão hídrica, a PVHd também medeia as respostas de consumo alimentar através de suas projeções descendentes para o tronco cerebral. Infusões locais de NPY e norepinefrina no núcleo hipotalâmico paraventricular induzem ingestão alimentar, que pode estar associada à fase consumatória do comportamento alimentar. Além de receber projeções dos neurônios do núcleo arqueado que veiculam informações sobre leptina, grelina e PYY circulantes, a PVHd recebe projeções ascendentes de neurônios catecolaminérgicos que retransmitem informações, da área postrema e do nervo vago, sobre o estado das vísceras envolvidas no processamento alimentar (ver Figura 25.4). A área postrema é um dos órgãos circunventriculares, situada imediatamente dorsal ao núcleo do trato solitário. Neurônios da área postrema (situados fora da barreira hematencefálica) respondem à colecistoquinina, que parece mediar respostas de saciedade. Por outro lado, o nervo vago pode veicular informações relativas à distensão da parede gástrica, bem como informações relativas ao nível de glicose e de lipídios do fígado.

A região orexinérgica do hipotálamo lateral também influencia o comportamento alimentar. Estudos relativamente recentes mostraram que a orexina aumenta o comportamento

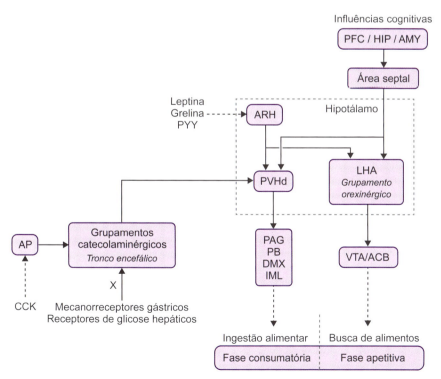

Figura 25.4 • Diagrama esquemático ilustrando os sistemas neurais envolvidos no comportamento alimentar. Mais detalhes no texto. *PFC*, córtex pré-frontal; *HIP*, hipocampo; *AMY*, amígdala; *ARH*, núcleo arqueado; *PVHd*, divisão descendente do núcleo hipotalâmico paraventricular; *LHA*, área hipotalâmica lateral; *AP*, área postrema; *CCK*, colecistoquinina; *X*, nervo vago; *PAG*, substância cinzenta periaquedutal; *PB*, núcleo parabraquial; *DMX*, núcleo motor dorsal do vago; *IML*, coluna intermediolateral; *VTA*, área tegmental ventral; *ACB*, núcleo *accumbens*. (Adaptada de Canteras, 2012.)

alimentar. Uma hipótese atrativa para explicar tal mecanismo é proposta pelo estudo de Harris e Aston-Jones, segundo a qual o grupamento orexinérgico do hipotálamo lateral se projetaria para regiões dopaminérgicas associadas à recompensa do tronco cerebral – a área tegmental ventral (como será descrito no último item deste capítulo) – e para o núcleo *accumbens*, influenciando assim a motivação para a busca alimentar. Portanto, é lícito pensarmos que os neurônios orexinérgicos do hipotálamo lateral seriam particularmente críticos para a fase apetitiva do comportamento alimentar, quando o animal busca ativamente os alimentos.

Como previamente discutido, tanto a PVHd como a região orexinérgica da área hipotalâmica lateral podem ser influenciadas por estruturas telencefálicas, tais como córtex cerebral, amígdala e formação hipocampal, que devem estar envolvidas no processamento cognitivo do comportamento de ingestão hídrica, o que sugere que essas regiões estejam envolvidas em processos volitivos do consumo alimentar.

▶ Comportamento de defesa

Como vimos na introdução, Bard localizou as regiões subcorticais necessárias para a expressão da ira fictícia na metade caudal do hipotálamo, sendo que esses achados foram, à época, integrados aos achados de Karplus e Kreidl, que haviam demonstrado que estimulações elétricas do hipotálamo eram capazes de produzir uma excitação simpática comparável àquela vista nos quadros da ira fictícia. Posteriormente, uma série de trabalhos demonstrou que a estimulação ao longo de um contínuo formado por amígdala, área septal, zona medial e região perifornical do hipotálamo, e pela substância cinzenta periaquedutal, poderia produzir comportamentos de defesa. Para a organização de tal comportamento, esse conjunto de estruturas está organizado hierarquicamente, uma vez que as respostas comportamentais de defesa induzidas pela estimulação amigdaliana, septal ou hipotalâmica são completamente abolidas após a lesão da substância cinzenta periaquedutal. Entretanto, mesmo após a lesão da amígdala, do septo ou do hipotálamo, consegue-se deflagrar o comportamento de defesa a partir da estimulação da substância cinzenta periaquedutal.

Dessa forma, acredita-se que, durante a execução do comportamento de defesa, as estruturas límbicas telencefálicas modulariam setores hipotalâmicos e a substância cinzenta periaquedutal. Recentemente, foi demonstrada a presença de um circuito específico na zona medial do hipotálamo, particularmente responsivo à ameaça predatória, sendo que a sua integridade parece ser crítica para expressão das respostas de defesa a predadores naturais.

▶ Comportamento reprodutor

Os circuitos que integram os comportamentos reprodutores em roedores (o grupo de animais mais estudado) apresentam diferenças anatômicas e neuroquímicas entre machos e fêmeas, sendo o padrão básico o feminino, enquanto o masculino se estabelece durante o período crítico perinatal, que pode se estender até o sexto dia pós-natal e depende da presença de testosterona. Desse modo, a ovariectomia perinatal em fêmeas terá pouca influência no comportamento sexual e maternal do animal adulto, tratado com hormônios gonadais femininos. Por outro lado, a castração perinatal do macho alterará permanentemente a execução de tais comportamentos na fase adulta, mesmo que repostos os hormônios gonadais masculinos. Assim, durante um período crítico do desenvolvimento, a exposição do sistema nervoso central a hormônios gonadais determina mudanças irreversíveis na organização morfológica dos circuitos neurais envolvidos na organização dos comportamentos reprodutores, enquanto no adulto, como veremos a seguir, tais hormônios parecem modular esses circuitos de forma transitória.

Diversos sítios da zona medial do hipotálamo são fundamentais para a iniciação do comportamento sexual de machos e fêmeas. A administração de andrógenos, hormônios sexuais masculinos, na área pré-óptica medial restaura o comportamento sexual em machos castrados na idade adulta, enquanto lesões dessa região hipotalâmica abolem permanentemente o comportamento de acasalamento nos machos. Na área pré-óptica medial, são encontradas estruturas neurais que concentram hormônios gonadais e apresentam dimorfismo sexual. À semelhança dos machos, o comportamento de acasalamento das fêmeas também depende das concentrações de hormônios gonadais circulantes; assim, foi mostrado, em ratas, que esse comportamento pode ser induzido durante o proestro, quando ocorre elevação das concentrações plasmáticas de hormônios ovarianos, e, em contraste, no diestro as fêmeas tendem a evitar os machos. Para a expressão do comportamento de acasalamento das fêmeas, é necessária a integridade do núcleo ventromedial do hipotálamo, e, à semelhança do que descrevemos para a área pré-óptica medial, esse sítio neural também é sexualmente dimórfico e concentra hormônios gonadais.

O comportamento parental é em geral observado em fêmeas e, portanto, é mais conhecido como comportamento maternal. No momento, parece claro que a área pré-óptica medial tem papel fundamental na organização do comportamento parental, uma vez que este pode ser estimulado por implantes de hormônios gonadais nessa região e, por outro lado, pode ser abolido quando se lesa esse sítio hipotalâmico.

À semelhança dos circuitos neurais relacionados com a organização do comportamento de defesa, estruturas localizadas no mesencéfalo são essenciais para a expressão dos comportamentos sexual e parental. Assim, de um lado, a substância cinzenta periaquedutal parece ser fundamental para a expressão da lordose na fêmea durante o acasalamento, enquanto a área tegmental ventral, bem como sítios da formação reticular, parecem críticos para a execução do comportamento de monta durante o acasalamento nos machos. Da mesma forma, a substância cinzenta periaquedutal está também envolvida na organização da cifose das fêmeas durante a amamentação dos filhotes.

Com isso, fica claro que o hipotálamo e os sítios mesencefálicos estão envolvidos, respectivamente, na integração e na execução dos comportamentos reprodutores. Além disso, é importante destacarmos que a expressão de tais comportamentos sofre a modulação de diversos sítios neurais do polo límbico telencefálico, em particular da amígdala e da área septal, de forma semelhante ao que descrevemos para os outros comportamentos motivados.

AMÍGDALA E INTERFACE COGNIÇÃO/EMOÇÃO

Como visto no início deste capítulo, a lesão da amígdala é responsável pelos componentes emocionais da síndrome de Klüver-Bucy. Em seres humanos, foi mostrado que a estimulação da amígdala produz ansiedade e um sentimento de medo, enquanto animais que sofreram lesão amigdaliana ficam extremamente dóceis e apresentam quadro de hipersexualidade.

Para podermos entender o papel da amígdala como interface entre cognição e emoção, bem como o seu papel na modulação dos comportamentos motivados, é necessário o conhecimento básico do conjunto de suas ligações com os outros distritos do sistema nervoso central, como ilustrado na Figura 25.5.

A amígdala recebe informações olfatórias do bulbo olfatório, bem como de outras modalidades sensoriais, através de áreas neocorticais associativas polimodais. Além disso, recebe diretamente informações, extero- e interoceptivas, respectivamente, do tálamo e das vias aferentes viscerais. Na amígdala, essas informações são integradas e recebem um cunho afetivo.

Do ponto de vista das eferências, a amígdala se projeta diretamente para o hipocampo e para diversas áreas neocorticais associativas polimodais, podendo, desse modo, influenciar tanto os processos mnemônicos (ligados à memória) como os cognitivos. Em consonância com essa hipótese, as lesões amigdalianas resultam em aparente perda dos aspectos emocionais que possam estar ligados à experiência cognitiva (tanto no sentido de recompensa como de punição), gerando um quadro que recebe o nome de *cegueira psíquica*.

Conforme exposto anteriormente, a amígdala também se comunica com o hipotálamo e com sítios do polo límbico mesencefálico, podendo, assim, modular diretamente as respostas autonômicas, neuroendócrinas e comportamentais associadas aos comportamentos motivados. Desse modo, sabe-se que, após a lesão amigdaliana, os animais deixam de apresentar as respostas vegetativas e comportamentais normalmente associadas a estímulos ameaçadores, tal como foi anteriormente descrito para a síndrome de Klüver-Bucy. Além disso, a amígdala é também sítio neural crítico para as manifestações autonômicas e comportamentais que ocorrem no paradigma do medo condicionado. Nesse paradigma, um estímulo neutro (p. ex., um som em determinada frequência ou um *flash de luz*) é inicialmente pareado com um estímulo aversivo (p. ex., choque elétrico nas patas). Após algumas associações, o animal começa a apresentar um comportamento de medo (p. ex., congelamento motor e ativação simpática) em resposta apenas ao estímulo neutro. Tal comportamento depende de associações feitas nos componentes basolaterais da amígdala que são transmitidas para o núcleo central, que organiza as respostas autonômicas e comportamentais do medo condicionado.

Portanto, a amígdala fornece essencialmente um elo entre os processamentos cognitivo e emocional – ligados provavelmente à experiência emocional. Por outro lado, a amígdala modula sítios hipotalâmicos e mesencefálicos responsáveis, respectivamente, pela orquestração e expressão de diversos comportamentos motivados – ligados, portanto, à expressão emocional.

NÚCLEO *ACCUMBENS* E INTERFACE MOTIVAÇÃO/AÇÃO

O *núcleo accumbens*, também conhecido como *striatum ventral* (Figura 25.6), é um elemento-chave na integração dos processamentos afetivos e das ações motoras voluntárias. O núcleo *accumbens* recebe uma convergência de informações de diversas regiões cerebrais envolvidas no processamento emocional, aprendizado e memória, tais como amígdala, hipocampo e córtex pré-frontal. Ademais, os neurônios do

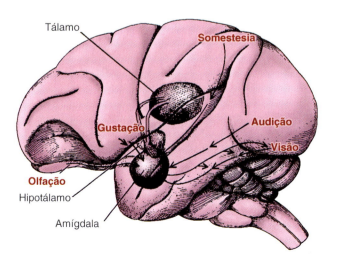

Figura 25.5 ▪ Esquema do fluxo de informações corticais e talâmicas para a amígdala. (Adaptada de Mishkin e Appenzeller, 1987.)

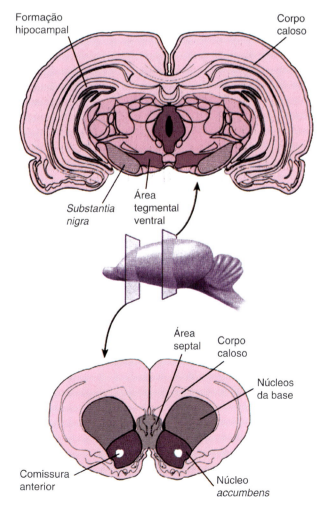

Figura 25.6 ▪ Cortes de um cérebro de rato mostrando os locais da área tegmental ventral e do núcleo *accumbens*. (Adaptada de Swanson, 1992.)

núcleo *accumbens*, via projeções para a região palidal ventral, podem controlar movimentos voluntários. Sabe-se que o núcleo *accumbens* tem papel-chave nos comportamentos relacionados a reforçadores naturais, tais como as diversas modalidades de condicionamento operante, em que o animal realiza tarefas em troca de recompensa. A inervação dopaminérgica desse núcleo, que se origina em grande parte na área tegmental ventral (ver Figura 25.6), está intimamente envolvida nessa função reforçadora. Nesse sentido, lembramos os achados de James Olds e Peter Milner (1954), que mostraram que estimulação elétrica do hipotálamo lateral (por onde passam as fibras dopaminérgicas que se originam na área tegmental ventral e se projetam para o núcleo *accumbens*) poderia por si só funcionar como um estímulo reforçador. Atualmente, está bem estabelecida a importância do núcleo *accumbens* e de sua inervação dopaminérgica no contexto das propriedades reforçadoras das diversas drogas de abuso.

BIBLIOGRAFIA

CANNON WB. The James-Lang theory of emotion: a critical examination and alternative theory. *Am Psychol*, *39*:106-24, 1927.
CANTERAS NS. Hypothalamic goal-directed behavior – ingestive, reproductive and defensive. In: WATSON C, PAXINOS G, PUELLES L (Eds.). *The Mouse Nervous System*. Elsevier, Sydney, 2012.
DAVIS M. The role of amygdale in fear and anxiety. *Annu Rev Neurosci*, *15*:353-75, 1992.
KELLEY AE. Ventral striatal control of appetitive motivation: role in ingestive behavior and reward-related learning. *Neurosci Biobehav Rev*; *27*:765-76, 2004.
KUPFERMANN I. Hypothalamus and limbic system: peptidergic neurons, homeostasis, and emotional behavior. In: KANDEL ER, SCHWARTZ JH, JESSELL TM (Eds.). *Principles of Neural Science*. 3. ed. Elsevier, New York, 1991.
LEDOUX JE. Emotion, memory and the brain. *Sci Am*, *270*(6):50-7, 1994.
MISHKIN M, APPENZELLER T. The anatomy of memory. *Sci Am*, *256*(6):80-9, 1987.
SWANSON LW. *Brain Maps: Structure of the Rat Brain*. Elsevier, New York, 1992.
SWANSON LW. The hypothalamus. In: HÖKFELT T, BJÖRKLUND A, SWANSON LW (Eds.). *Handbook of Chemical Neuroanatomy*. Vol. 5. Integrated Systems. Elsevier, Amsterdam, 1987.

Capítulo 26

Controle Neuroendócrino do Comportamento Alimentar

Beatriz de Carvalho Borges Del Grande | Giovanne Baroni Diniz | Jackson Cioni Bittencourt

- Introdução, *410*
- Controle da ingestão de alimentos, *410*
- Fluxo autonômico, *424*
- Conclusão, *425*
- Bibliografia, *425*

INTRODUÇÃO[1]

O ato de comer é um comportamento complexo, que envolve a participação de diversos órgãos, tecidos e sistemas, sendo que vários aspectos relacionados ao consumo de alimentos apresentam níveis distintos de organização. Assim, o comportamento alimentar pode ser iniciado pela necessidade de manutenção da homeostase, na qual as informações acerca do estado nutricional chegam ao sistema nervoso central (SNC) provenientes de diversos tecidos periféricos, como o tecido adiposo, o plasma, o estômago, os intestinos delgado e grosso, o pâncreas e o fígado. Tal comportamento pode, ainda, ser guiado por seu aspecto hedônico, no qual o SNC avalia informações sensoriais oriundas de outras áreas encefálicas, como informações visuais, olfatórias, gustativas, orais e de sensibilidade somática (lingual) e visceral gerais. Esses dois sistemas, homeostático e hedônico, apresentam uma série de pontos de convergência, de modo que vários aspectos de um alimento são avaliados durante o comportamento alimentar, como fatores nutricionais, palatabilidade e prazer em consumi-lo.

▶ Comportamento alimentar como comportamento motivado

Dada a importância da manutenção do equilíbrio energético (uma vez que tanto o déficit como o excesso de calorias podem levar a condições desfavoráveis para o animal), é fácil imaginarmos que aqueles animais com melhores instrumentos para manter um equilíbrio dinâmico do meio interno (frente a constantes desafios apresentados pelas necessidades metabólicas ou por estímulos do meio externo) possuíam uma vantagem em relação aos seus pares, de forma que, ao longo da evolução, mecanismos de controle homeostático mais complexos e eficientes tenderam a ser selecionados. Em muitos casos, a manutenção desse equilíbrio dinâmico ocorre através dos comportamentos motivados, e disto deriva sua complexidade.

O termo "motivação" costuma ser explicado como "estado de déficit" porque, classicamente, um estado motivacional é desencadeado quando um componente do meio interno que precisa ser suprido por elementos externos se encontra deficitário, o que pode ser prejudicial à preservação do próprio indivíduo e/ou de sua espécie, o que é facilmente observável no comportamento de ingestão de alimentos. No entanto, não raramente, incentivos externos sobrepujam os mecanismos homeostáticos da motivação, como ocorre quando um indivíduo continua consumindo um alimento saboroso além do seu ponto de saciedade, ou no vício por agentes químicos. Esses comportamentos são explicados, mais frequentemente, pela poderosa ação de recompensa ou de realização de desejo que algumas substâncias exercem no sistema nervoso e que se refletem no comportamento.

Em várias situações, os objetivos da motivação – o alimento, no presente caso – não estão disponíveis, e o animal precisa ir à sua procura. Essa fase inicial, chamada de "apetitiva", é fortemente influenciada pela motivação do animal em suprir suas necessidades homeostáticas e é caracterizada por formas adaptativas e flexíveis de comportamentos instintivos (como a procura por alimento), que variam de simples respostas locomotoras para chegar ao objetivo (comportamento exploratório) até sequências de respostas complexas. Em paralelo, respostas autonômicas e endócrinas (p. ex., secreção de saliva e de insulina) prepararam eficientemente o animal na interação com o objetivo a ser alcançado. Uma vez que o animal encontra o objeto de sua motivação, ele passa a executar as sequências terminais dos comportamentos motivados (tais como comer e beber), na fase chamada de "consumatória". O comportamento consumatório tende a ser estereotipado, ou reflexo, e é adquirido em estágios precoces da vida do indivíduo.

Além da flexibilidade do componente instintivo, o comportamento motivado também é modulado pelo aprendizado, de tal modo que um animal geralmente usa a experiência passada para predizer a possibilidade de ocorrência futura. Esse aprendizado pode envolver os comportamentos clássicos de reflexo condicionado (pavloviano) e operante, nos quais o aumento da ocorrência de um evento transforma-se no "reforço positivo". Esse termo é usado frequentemente com o mesmo significado de recompensa, o qual denota "prazer".

A complexidade de um comportamento motivado, desde a seleção voluntária de ações baseadas na experiência passada até o controle reflexo do comportamento consumatório, envolve a coordenação entre vários níveis de controles neurais, a saber: o neocórtex, o "sistema límbico", centros integradores e efetores (como os encontrados no hipotálamo), e os centros básicos de execução (como o tronco encefálico). No próximo item descreveremos os principais componentes desse controle neural, com especial atenção às estruturas hipotalâmicas e do tronco encefálico que desempenham essa função.

CONTROLE DA INGESTÃO DE ALIMENTOS

Para a maioria dos mamíferos, e particularmente para o homem, a composição nutricional e a quantidade de alimentos consumidos variam de uma refeição para outra, bem como de um dia para outro. Fatores sociais, emocionais, financeiros e de conveniência são componentes não biológicos que interferem na variação da ingestão de alimentos entre as refeições, e de indivíduo para indivíduo. Como consequência, o consumo diário de alimentos não é constante e raramente é equiparado ao gasto energético (Quadro 26.1). Ainda que a ingestão calórica anormal seja cada vez mais visível na sociedade, tanto em casos de excesso, como de subalimentação, não é difícil encontrar indivíduos que mantêm o peso corporal estável no decorrer da maior parte de sua vida, uma vez que o controle da composição e do peso corpóreos se dão de maneira regulada em períodos variáveis de tempo. O aumento do consumo de alimentos observado após períodos de jejum é um exemplo simples desse sistema de regulação.

Nesse sentido, sabemos hoje que conexões neurais periféricas informam o SNC sobre o estado nutricional imediato e sobre a quantidade de alimento consumida por meio de peptídios secretados pelo sistema digestório, levando à finalização da refeição. Em contrapartida, fatores circulantes (hormônios) servem de indicadores ao SNC sobre a disponibilidade energética a médio e longo prazo, carregando informações sobre a quantidade de glicose circulante e estoque energético disponível na forma de tecido adiposo. Dessa forma, o controle do comportamento alimentar envolve sinais que são produzidos

---

[1] Agradecemos à Profª Drª Luciane V. Sita, que colaborou na elaboração das figuras, e também à Profª Drª Patrícia Castelucci, por ter cedido excelentes imagens dos plexos submucoso e mientérico, ambas do Departamento de Anatomia do ICB/USP. Agradecemos também às agências de fomento FAPESP, CNPq e CAPES pelo apoio financeiro na produção dos trabalhos realizados pelos autores deste capítulo. J.C.B. é pesquisador do CNPq.

Controle Neuroendócrino do Comportamento Alimentar

Quadro 26.1 • Transtornos do comportamento alimentar.

Obesidade (do latim *obesu*, abdome rotundo): refere-se ao excesso de gordura corporal. Embora esse transtorno seja, ocasionalmente, decorrente de outro distúrbio primário (p. ex., síndrome de Cushing), a maioria dos casos de obesidade desenvolve-se na ausência de algum processo patológico identificável. De um lado, a causa da obesidade é conhecida e quase sempre está relacionada com o desequilíbrio entre a energia consumida (demais) e a gasta (de menos). Entretanto, o mistério no conhecimento da origem desse distúrbio ainda se encontra na causa do desequilíbrio energético crônico.

Anorexia nervosa (do grego *an*, privar, e *órexis*, apetite) e **bulimia nervosa** (do grego *boulimía*; *bous*, boi, e *limos*, fome; comer em excesso, "fome de boi"): essas síndromes são caracterizadas por um comportamento alimentar bizarro. As mulheres jovens são as mais atingidas, na maioria dos casos indo a óbito. Embora algumas das manifestações clínicas e consequências das duas síndromes sejam diversas, alguns aspectos de sobreposição são encontrados e indicam uma raiz comum para um mesmo transtorno: medo obsessivo de ser obeso. Enquanto na anorexia o mecanismo primário de reação é a rígida restrição da ingestão alimentar, na bulimia a perda do controle para comer é compensada com o vômito induzido e o uso excessivo de laxativos.

Diabetes melito (do grego *diabétes*, poliúria, polidipsia e polifagia; *mellitus*, sacarino ou açucarado): engloba um conjunto heterogêneo de distúrbios hiperglicêmicos. A hiperglicemia é a consequência de uma relativa, ou absoluta, deficiência de insulina e um relativo, ou absoluto, aumento de glucagon. Quando de expressão precoce, é frequentemente ligada à obesidade. É associada a complicações tardias, tais como cegueira, insuficiência renal, neuropatia periférica e vasculites.

Quadro 26.2 • Relação de peptídios e hormônios com influência sobre o comportamento alimentar.

Neuropeptídios e hormônios	Ingestão alimentar	Localização no sistema nervoso central	Localização em tecidos periféricos
α-MSH	↓	Arq	Células endócrinas intestinais, hipófise
β-endorfina	↑	Arq	Plexo mientérico e submucoso do duodeno, hipófise
CART	↓	Arq, PVH, DMH, AHL	Plexo mientérico do íleo
TRH	↓	PVH, AHL, medula espinal (n. pré-ganglionares)	Células β do pâncreas, miocárdio, próstata e testículos
Neurotensina	↓	Arq, PVH, DMH	Sistema digestório
CCK	↓	PVH, tálamo, NTS, NPB	Intestino delgado
GLP-1	↓	NTS, formação reticular	Intestinos delgado e grosso
Insulina	↓	?	Células β do pâncreas
Leptina	↓	?	Tecido adiposo, placenta
Ocitocina	↓	PVH, núcleo supraóptico	–
Vasopressina	↓	PVH, núcleo supraóptico	–
Somatostatina	↓	N. periventricular do hipotálamo	Gânglios pré-vertebrais (simpático)
AgRP	↑	Arq	Córtex ou medula suprarrenal
NPY	↑	Arq, tronco encefálico	Por todo o sistema digestório
PYY	↓	Hipotálamo, NTS, medula espinal	Íleo, glândula suprarrenal, hipófise
MCH	↑	AHL e IHy	Duodeno e cólon
Orexina	↑	AHL e área periforncial	Estômago, fígado e coração
Galanina	↑	Arq, DMH, AHL, PVH	Gânglio submucoso
Grelina	↑	Arq (?)	Estômago, pâncreas, rins e hipófise
Dinorfina	↑	PVH, AHL, NPB e NTS	–
Corticosterona	↑	–	Córtex, glândula suprarrenal
GHRH	↑	Arq	?
CGRP	↓	AHL, NPB	Células ganglionares entéricas
Enterostatina	↓	–	Estômago e duodeno
CRF	↓	PVH e CeA	?
Urocortina-1	↓	EW, LSO, SO	Estômago e cólon
Urocortina-2	↓	Arq, PVH, LC	?

α-MSH, hormônio estimulante de melanócito α; CART, transcrito regulado por cocaína e anfetamina; TRH, hormônio liberador de tireotrofina; CCK, colecistocinina; GLP-1, peptídio semelhante ao glucagon; AgRP, peptídio relacionado ao Agouti; NPY, neuropeptídio Y; PYY, peptídio YY; MCH, hormônio concentrador de melanina; GHRH, hormônio liberador de hormônio do crescimento; CGRP, peptídio relacionado ao gene da calcitonina; CRF, fator liberador de corticotrofina; Arq, núcleo arqueado; PVH, núcleo hipotalâmico paraventricular; DMH, núcleo hipotalâmico dorsomedial; AHL, área hipotalâmica lateral; NTS, núcleo do trato solitário; NPB, núcleo parabraquial; IHy, área incerto-hipotalâmica; CeA, núcleo central da amígdala; EW, núcleo de Edinger-Westphal; LSO, núcleo lateral superior da oliva; SO, núcleo supraóptico; LC, locus coeruleus.

em diferentes escalas de tempo, permitindo a regulação em diferentes escalas de tempo, como discutido no parágrafo anterior. Nesta parte do capítulo abordaremos as estruturas centrais e periféricas do sistema nervoso, incluindo as substâncias neuroativas e seus respectivos receptores (Quadro 26.2), assim como as estruturas dos sistemas digestório e endócrino envolvidas no controle da ingestão alimentar.

▶ Controle a partir da periferia

Controle neural

No controle do tamanho da refeição, assim como na finalização do comportamento alimentar, mecanismos de sinalização neural periférica eliciados a partir da presença de "alimento" no tubo gastrintestinal desempenham um importante papel. Dessa maneira, temos o eixo intestino-encefálico de controle, composto por alças de retroalimentação entre a porção superior do sistema digestório, seus campos de projeção neural e respectivos neurônios-alvo no SNC (Figura 26.1). O uso do termo "intestino-encefálico", em vez de "encéfalo-intestinal", enfatiza a direção do fluxo da informação ao longo da via neural, onde sinais aferentes, eliciados pelo contato do tubo gastrintestinal com nutrientes ingeridos, partem desses locais e chegam a regiões do SNC que intermedeiam o comportamento alimentar.

O componente neural do eixo intestino-encefálico é formado por um aspecto extrínseco e outro intrínseco. O componente extrínseco é formado pelas vias aferentes neurais, que são constituídas pelos nervos vago e esplâncnicos e que, juntos, inervam o sistema digestório. Já o componente intrínseco é formado pelos plexos nervosos mientérico (plexo de Auerbach) e submucoso (plexo de Meissner), que se localizam na parede de todo o tubo gastrintestinal (Figura 26.2). Enquanto o plexo mientérico é o responsável pelo controle dos movimentos gastrintestinais, o submucoso está principalmente implicado na secreção de substâncias no interior do sistema digestório ou da corrente sanguínea. Juntas, as porções extrínsecas e intrínsecas coordenam eventos musculares e da mucosa do sistema digestório e, consequentemente, a sinalização ao SNC. Os neurônios sensoriais do nervo vago, responsáveis pela inervação visceral aferente do sistema digestório, agrupam-se no gânglio superior do nervo vago. As ramificações periféricas desses neurônios atingem os órgãos do sistema digestório, e as projeções centrais terminam em regiões específicas do núcleo do trato solitário (NTS).

As fibras aferentes vagais que se originam do estômago são sensíveis à distensão mecânica do lúmen ou à constrição do tubo gastrintestinal. Desse modo, o "preenchimento" gástrico excita e aumenta a frequência de disparo de fibras vagais

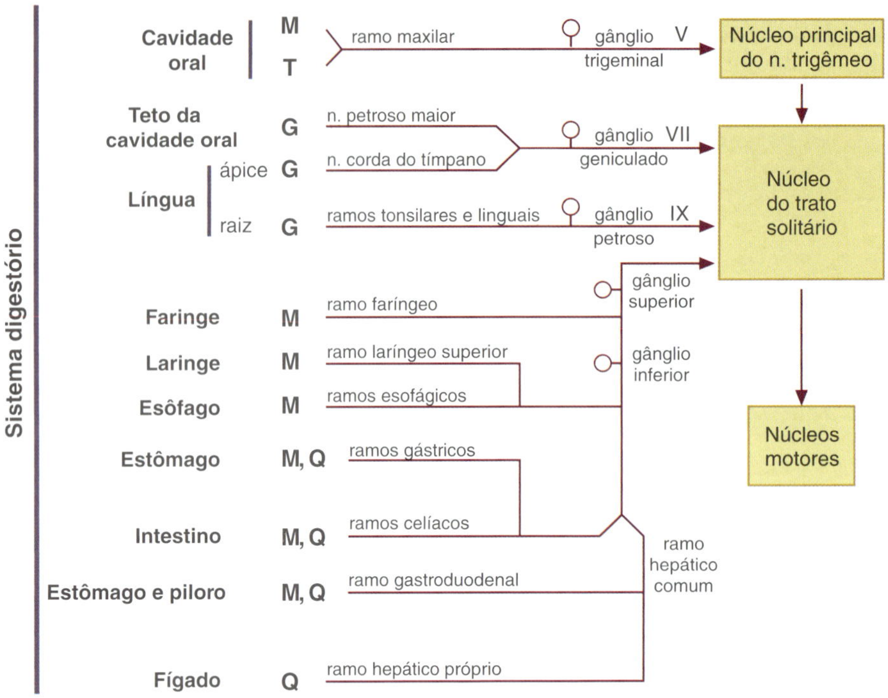

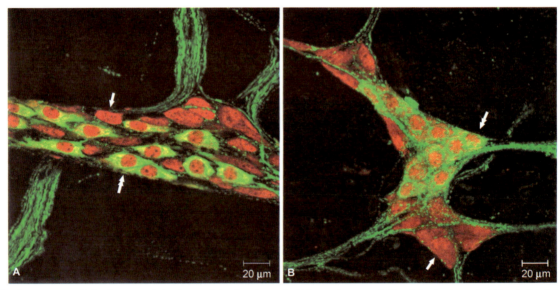

Figura 26.1 ▪ Esquema das aferências viscerais aos núcleos do tronco encefálico, relevantes ao controle do comportamento alimentar. Receptores neurais estão localizados ao longo do sistema digestório, sendo responsáveis pela transformação de informações mecânicas (*M*, decorrentes da distensão do tubo gastrintestinal) e químicas (*Q*, fornecidas pelos componentes químicos dos alimentos) em sinais nervosos. Na cavidade oral encontram-se receptores de gustação (*G*) e de temperatura (*T*), que também participam dessa via. Os sinais neurais são transmitidos pelos seguintes pares de nervos cranianos: *V*, trigêmeo; *VII*, facial; *IX*, glossofaríngeo; e *X*, vago. Os corpos dos neurônios encontram-se em gânglios, apresentados na figura. (Adaptada de Berthoud, 2002.)

Figura 26.2 ▪ Estrutura e caracterização neuroquímica dos neurônios dos plexos mientérico e submucoso. **A.** Neurônios do plexo mientérico do íleo de cobaia (*Cavia porcellus*), imunorreativos ao anticorpo anti-NOS (óxido nítrico sintase, em verde), e ao anticorpo antipan-neuronal (anti-HuC/D, em vermelho). *Seta simples*, neurônio imunorreativo ao anti-HuC/D; *seta dupla*, colocalização em neurônios da imunorreatividade ao anti-NOS e ao anti-HuC/D. **B.** Neurônios do plexo submucoso do íleo de cobaia imunorreativos ao anticorpo anti-VIP (peptídio vasoativo intestinal, em verde) e ao anticorpo antipan-neuronal (anti-HuC/D, em vermelho). *Seta simples*, neurônio imunorreativo ao anti-HuC/D; *seta dupla*, colocalização em neurônios da imunorreatividade ao anti-VIP e ao anti-HuC/D. A barra branca equivale a 20 μm em **A** e **B**.

mecanossensoriais. A quantidade de fibras excitadas depende do volume de alimento ingerido, mas aparentemente independe da composição desse alimento (quer contenha sais, carboidratos, proteínas ou gorduras). Portanto, o "preenchimento" gástrico confinado ao estômago diminui a ingestão de alimentos independentemente do conteúdo nutricional.

Por outro lado, o intestino delgado recebe aferências vagais responsivas não só a estímulos mecânicos, mas também a estímulos químicos oriundos dos nutrientes. Dois exemplos ilustram bem essa quimiossensibilidade:

- Soluções de aminoácidos induzem padrões distintos de motilidade duodenal em comparação com soluções de carboidratos
- Infusões duodenais de peptona (proteína extraída do plasma e estimulante da secreção de colecistocinina [CCK]) produzem contrações duodenais mais potentes do

que aquelas produzidas por infusão de solução equimolar de glicose, e induzem também maiores respostas vagais do que as preditas somente pela resposta contrátil. Além disso, as unidades aferentes vagais do jejuno e do íleo são excitadas por lipídios, também potentes estimulantes da secreção de CCK, resultando na redução da ingestão de alimentos e aumento da sensação de plenitude gástrica.

Um aspecto importante dos exemplos citados é que tanto a peptona como lipídios são estimulantes da secreção do hormônio entérico CCK. A CCK endógena é liberada por células "enteroendócrinas" do duodeno, provavelmente por um mecanismo de ação parácrina, em resposta à presença de nutrientes em seu lúmen, apresentando uma forte ação supressora do comportamento alimentar. Essa ação é confirmada experimentalmente, uma vez que a administração exógena de CCK intraperitoneal induz uma potente inibição da ingestão de alimentos, reduzindo o tamanho da "refeição". Dado que nas vilosidades do duodeno fibras nervosas vagais encontram-se muito próximas de células produtoras de CCK, e que neurônios vagais sensoriais do gânglio superior do vago apresentam o receptor para CCK subtipo A (receptor responsável pela ação de saciedade da CCK, tanto endógena quanto exógena), podemos concluir que as fibras nervosas vagais estão localizadas de maneira ótima para detectar a CCK liberada por células duodenais e veicular sinais eliciados pela presença de nutrientes no duodeno para o NTS. Em resumo, pode-se dizer que:

- As respostas duodenais contráteis são nutriente-específicas
- Ambas as aferências vagais mecanossensoriais, gástricas e duodenais, induzem padrões de motilidade específicos em relação aos nutrientes
- Diferentes nutrientes induzem a produção de CCK, podendo amplificar a resposta para contrações a partir das aferências vagais do tubo gastrintestinal.

A presença de nutrientes no interior do sistema digestório e a distensão gástrica estimulam a produção de CCK, que, uma vez liberada, atinge seus receptores localizados nas terminações nervosas sensoriais dos ramos vagais. Essas informações chegam a regiões específicas do NTS, de onde serão redirecionadas, no interior do SNC, a sítios relacionados com o controle reflexo (como o núcleo do nervo vago) e à integração de várias facetas do comportamento alimentar, descritos adiante.

Controle endócrino

O eixo intestino-encéfalo tem também uma alça humoral constituída por neuropeptídios sintetizados e liberados por células do tubo gastrintestinal em resposta à ingestão de nutrientes. Esses peptídios ganham a corrente sanguínea e chegam a regiões do SNC responsáveis pelo controle da ingestão de alimentos por meio de informações hormonais (Figura 26.3). Vários são os peptídios secretados (ver Quadro 26.2), tanto com função orexígena (que aumentam o consumo de alimentos), como a grelina, bem como anorexígena (que diminuem o consumo de alimentos), como a CCK, o peptídio semelhante ao glucagon [GLP-1] e o peptídio tirosina-tirosina [PYY3-36]. Note que, nesse caso, a CCK apresenta dois mecanismos distintos: ao mesmo tempo que estimula localmente as fibras aferentes vagais, a CCK livre na corrente sanguínea pode chegar diretamente ao SNC para veicular sinais de saciedade.

A produção de fatores circulantes, que informam o SNC acerca do estado nutricional do indivíduo e seu estoque energético, não está restrita apenas ao tubo gastrintestinal, uma vez que outros órgãos e tecidos também produzem mensageiros químicos, como o fígado, o pâncreas e o tecido adiposo (Quadro 26.3). Ainda que a maior parte desses fatores interaja perifericamente, eles podem também alcançar o SNC. Em função da barreira hematencefálica, no entanto, que bloqueia a livre passagem de moléculas do sangue para o parênquima encefálico, o acesso desses fatores ocorre apenas em decorrência de um transporte ativo através dos vasos ou por meio dos órgãos circunventriculares (OCV, onde ocorre a ausência da barreira hematencefálica), regiões apelidadas de "janelas do encéfalo" (ver Figura 26.3). Os OCV são áreas fundamentais para a manutenção da homeostase, uma vez que a presença de capilares fenestrados nessa região permite a relativa passagem de moléculas grandes do lúmen vascular para o meio extracelular. Dessa maneira, os neurônios associados aos OCV são suscetíveis às moléculas transportadas pelo plasma sanguíneo, que tem pouco ou nenhum acesso a outras regiões do SNC. A ausência de barreira hematencefálica permite que os OCV usem os mecanismos neuro-humorais (neuropeptídios e/ou hormônios) para receber informações e influenciar funções periféricas.

Ao todo há oito OCV, que se localizam no prosencéfalo, no tronco encefálico e em glândulas endócrinas de origem neural, sendo eles: órgão subfornicial, órgão vascular da lâmina terminal, eminência mediana, parte intermédia e lobo posterior da hipófise, glândula pineal, órgão subcomissural, área postrema e plexo coroide do quarto ventrículo (ver Figura 26.3). Duas dessas regiões estão localizadas no hipotálamo (órgão vascular da lâmina terminal e eminência mediana), e duas outras (órgão subfornicial e área postrema) têm conexões com núcleos hipotalâmicos envolvidos em funções neuroendócrinas e homeostáticas.

▶ Controle a partir do sistema nervoso central

Neste item discutiremos as regiões e sistemas neuroquímicos do SNC relacionados com o controle da ingestão alimentar, com especial atenção às suas conexões e assinaturas químicas. Para tanto, as regiões foram divididas, didaticamente, de acordo com sua localização anatômica: tronco encefálico e prosencéfalo.

Tronco encefálico

O tronco encefálico abriga um conjunto de centros nervosos de suma importância para as aferências viscerais e eferências motoras implicadas direta ou indiretamente no controle do comportamento alimentar. A porção caudal do tronco encefálico é capaz de organizar e comandar de forma autônoma aspectos da ingestão de alimentos na ausência de informações provenientes do hipotálamo e do telencéfalo. Ao mesmo tempo, informações neuroquímicas e comportamentais também são processadas no tronco encefálico, o que sugere uma ação integrativa de tais informações. As regiões relacionadas diretamente ao controle da ingestão de alimentos serão descritas a seguir.

Núcleo do trato solitário, área postrema e núcleo dorsal do vago

O NTS é uma estrutura complexa formada por vários subnúcleos, organizados em forma de um Y (no eixo rostrocaudal) e localizados na porção posterior ou dorsal do bulbo (Figura 26.4). Já a área postrema, por sua vez, é um OCV e está localizada dorsalmente ao NTS, circunscrevendo o limite caudal do quarto ventrículo. O NTS e a área postrema formam uma unidade morfofuncional, dado que neurônios da área postrema emitem axônios para o NTS, e dendritos de neurônios

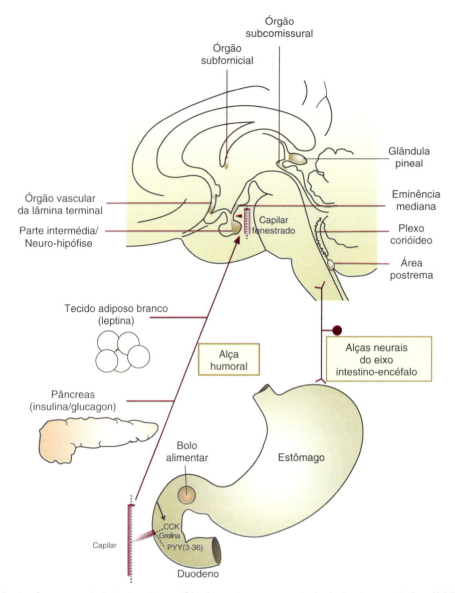

Figura 26.3 • Esquema das vias aferentes neurais do eixo intestino-encéfalo e humorais, e representação dos órgãos circunventriculares (OCV). A passagem do alimento pelo tubo gastrintestinal, ou sua ausência, induz a liberação de hormônios que caem na corrente sanguínea e chegam ao encéfalo, via vasos fenestrados dos OCV. Substâncias neuroativas produzidas por outros órgãos e tecidos também utilizam a via aferente humoral.

do NTS estendem-se à área postrema, criando íntimas relações anatômicas e hodológicas entre essas duas áreas. Essa unidade morfofuncional está envolvida com o controle de várias funções autonômicas, como a cardiovascular e, de especial relevância para este capítulo, com o controle do comportamento ingestivo de água e comida, além da indução do vômito.

Se o NTS e a área postrema representam a região de recepção e integração sensorial desse sistema, o núcleo dorsal do vago pode ser interpretado como o responsável pela parte motora da alça eferente do eixo encéfalo-intestino. O núcleo do nervo vago localiza-se ventralmente ao NTS, na porção caudal do tronco encefálico, contendo os corpos de neurônios que dão origem à inervação motora das vísceras abdominais. Esses neurônios estão organizados em colunas longitudinais, separadas de acordo com suas conexões e funções, que acompanham a organização viscerotópica e a distribuição específica dos ramos vagais aferentes. Dessa forma, os ramos eferentes gástricos inervam sítios gástricos e duodenais, os ramos eferentes hepáticos inervam a porção distal do estômago e proximal do duodeno, e os ramos do plexo celíaco inervam sítios duodenais, jejunais, cecais e colônicos. Com isso, a organização colunar dos neurônios vagais eferentes, combinada à distribuição das terminações sensoriais de ramos vagais específicos no interior do NTS, forma uma rede idealmente preparada para mediar reflexos cefálicos (mastigação, deglutição), gástricos, hepáticos e intestinais, que acompanham a ingestão de alimentos.

Apesar de o núcleo dorsal do vago ser a origem principal por meio da qual é feita o controle motor vagal, é incorreto assumir que o NTS não é capaz de exercer funções executoras. O NTS tem acesso direto aos neurônios pré-ganglionares do nervo vago, permitindo, dessa maneira, uma modulação da assimilação de nutrientes no canal alimentar, e da secreção de substâncias pelo fígado e pâncreas. O NTS tem também uma conexão direta com os núcleos salivatórios motores e com os núcleos motores orofaciais do tronco encefálico. Assim, permite que animais cujo tronco encefálico tenha sido isolado do restante do encéfalo (processo denominado descerebração) ingiram alimentos quase que normalmente, se estes forem colocados diretamente na cavidade oral.

Quadro 26.3 • Alguns fatores circulantes que modulam o balanço energético.

Leptina
A leptina é uma proteína secretada pelo tecido adiposo branco, altamente conservada entre os vertebrados, com identidade de 84% entre os homólogos de camundongos e humanos (Zhang et al., 1994). A ausência da leptina, assim como de seu receptor, é associada a obesidade, diabetes, diminuição na termogênese, infertilidade, disfunções das glândulas suprarrenal e tireoide, assim como a uma ampla gama de anormalidades bioquímicas. O complexo fenótipo observado em camundongos com ausência de leptina (ob/ob), ou de seu receptor (db/db), reflete a existência de disfunções na atividade do sistema nervoso visceral, com baixa atividade do sistema nervoso simpático, e alta do parassimpático. Esses animais desenvolvem obesidade grave e precoce como consequência de alto consumo calórico e diminuído gasto energético. Com o passar do tempo, a progressão da obesidade se torna inevitável, mesmo em animais ob/ob alimentados com a mesma quantidade calórica que os animais normais, aparecendo ainda baixíssima tolerância à exposição ao frio.

Os receptores do tipo OBRb são encontrados, principalmente, em núcleos do hipotálamo medial e, uma vez acionados, desencadeiam uma cascata de eventos bioquímicos intracelulares que, em última análise, promovem a transcrição de novos genes. Desses, as vias JAK/STAT e MAPK/ERK já são relativamente bem conhecidas.

A leptina foi inicialmente considerada um hormônio antiobesidade: supunha-se que, com o aumento de tecido adiposo, ocorreria um aumento nos níveis de leptina circulante, que sinalizaria para regiões cerebrais (onde se encontram os receptores de leptina de forma longa) acerca da quantidade de tecido adiposo estocada, induzindo uma diminuição no consumo de alimentos e um aumento no gasto energético. Essa hipótese explicaria a relativa estabilidade de peso observada no decorrer da vida de muitos animais.

Insulina
A insulina é um hormônio produzido pelas células beta das ilhotas pancreáticas e tem como principal função a diminuição da concentração de glicose plasmática, por meio da diminuição de sua produção e aumento de sua utilização. Ela atua no fígado, inibindo a glicogenólise e a gliconeogênese, favorecendo a captação de glicose e convertendo-a em formas de estocagem energética, ou seja, glicogênio e triglicerídios. Em diversos tecidos periféricos, principalmente músculo esquelético e tecido adiposo, a insulina também estimula a captação, estocagem e utilização de glicose. A diminuição na concentração de insulina induz aumento na produção de glicose, mas diminuição de sua utilização por órgãos sensíveis a ela. Seus níveis circulantes são, primariamente, regulados pelas concentrações de glicose plasmática: a diminuição da glicose induz a imediata inibição da produção de insulina.

A administração intracerebroventricular de insulina provoca diminuição do comportamento alimentar. A diminuição da sensibilidade à insulina (déficits na sinalização) resulta em aumento do comportamento alimentar, o que leva, na maioria das vezes, à obesidade. Alguns estudos sugerem a existência de receptores para a insulina, assim como da proteína substrato do receptor de insulina (IRS) em núcleos hipotalâmicos, particularmente no núcleo arqueado.

Glicose
Modificações dos níveis de glicose plasmática podem interferir na modulação do comportamento alimentar de tal modo que a diminuição brusca desses níveis induz a sensação de fome, enquanto o aumento leva à sensação de saciedade. Uma queda temporária da concentração de glicose é observada pouco antes das "refeições", sendo que a manutenção de seus níveis impede, ou posterga, o início da ingestão de alimentos.

A glicose pode atuar sobre o comportamento alimentar via sinalização ao SNC. Neurônios localizados em núcleos do hipotálamo medial e na área hipotalâmica lateral respondem diferencialmente à administração de glicose. A destruição dos neurônios responsivos à glicose de regiões hipotalâmicas, por meio da administração de *gold*-tioglicose, resulta em hiperfagia e suprime a capacidade da glicose em diminuir a ingestão alimentar.

Vários outros fatores podem interferir no metabolismo da glicose, seja atuando diretamente sobre ela, seja sobre a insulina, tendo, com isso, participação indireta no controle do comportamento alimentar. Dentre esses fatores podemos citar o glucagon, a epinefrina, o cortisol, o hormônio do crescimento e o fator de crescimento semelhante à insulina (IGF).

Grelina
A grelina é um hormônio secretado por células estomacais e está relacionado com o controle da ingestão de alimentos. A grelina é secretada também por células do testículo, da placenta, dos rins, da hipófise, do intestino delgado, do pâncreas e, possivelmente, por neurônios localizados no hipotálamo medial.

A secreção de grelina é aumentada em consequência da perda de peso, da restrição calórica e da hipoglicemia causada por administração de insulina. Estados positivos de balanço energético (após ingestão de alimentos ou obesidade) diminuem sua expressão e secreção. A administração de grelina induz a sensação de fome, promovendo o aumento do consumo de alimentos e menor utilização das reservas de gordura. Estudos recentes, em condições de estresse crônico, sugerem que a grelina tem uma ação antidepressiva e atua em aspectos hedônicos do ato de comer; por exemplo, a administração de grelina em humanos induz um aumento da atividade cerebral de regiões relacionadas com o prazer quando são apresentadas imagens de comidas palatáveis. Seus receptores estão localizados em várias áreas do SNC, principalmente no núcleo arqueado, na área tegmental ventral e no hipocampo.

GLP-1 | Peptídio semelhante ao glucagon
O GLP-1 é um hormônio circulante produzido por células intestinais e por neurônios do NTS; seus receptores se encontram em várias regiões do SNC, muitas delas próximas aos órgãos circunventriculares. A administração desse peptídio diminui o consumo de alimentos e estimula células da região da área postrema e de circuitos neurais relacionados com o controle da saciedade via aferência vagal. No entanto, trabalhos mais recentes demonstraram que o GLP-1 pode estimular um sistema de aversão, pois, quando roedores recebem certo alimento e são concomitantemente tratados com GLP-1, passam a evitar tal alimento a partir de então. Com isso, alguns autores sugerem que esse peptídio diminui o comportamento alimentar, provavelmente em razão da sensação de mal-estar, e não da de saciedade.

Esteroides gonadais
O desenvolvimento da obesidade, assim como os seus riscos relacionados, são distintos em homens e mulheres. Isso se deve à distribuição diferenciada do tecido adiposo nos compartimentos corporais, conforme o sexo. Homens apresentam maior deposição de gordura na região visceral, enquanto nas mulheres o tecido adiposo se acumula principalmente na região subcutânea. Essa característica é governada pelos níveis de esteroides sexuais. É interessante notar que mulheres na menopausa (condição em que ocorre diminuição dos níveis de estrogênio) e aquelas com síndrome do ovário policístico (elevação dos níveis circulantes de testosterona) apresentam aumento do acúmulo de tecido adiposo no compartimento visceral. O excesso de adiposidade abdominal (padrão masculino) está correlacionado com maior probabilidade de ocorrência de morbidades como diabetes, hipertensão e aterosclerose, enquanto o aumento da adiposidade subcutânea (padrão feminino) é menos prejudicial. Os mecanismos pelos quais os esteroides sexuais atuam direcionando a deposição do tecido adiposo ainda não são bem compreendidos.

Os neurônios do NTS apresentam diversas assinaturas neuroquímicas, incluindo populações de neurônios que sintetizam calbindina, ácido gama-aminobutírico (GABA), dopamina (DA), acetilcolina (ACh) e pró-opiomelanocortina (POMC). De especial importância para o comportamento alimentar é a população POMC, um pré-pró-hormônio que, depois de clivado, origina diversos neuropeptídios com capacidade de sinalização. Dentre esses neuropeptídios originados da POMC está o hormônio estimulante de melanócitos tipo alfa (α-MSH), que tem sido extensivamente relacionado ao controle do comportamento alimentar, mais especificamente à diminuição da ingestão de alimentos (ação anorexígena). O NTS e o núcleo do nervo vago também exibem uma das mais altas concentrações de um dos receptores do α-MSH, o receptor de melanocortina tipo 4 (MC-4), apresentando-se como possíveis locais de ação do α-MSH. A ação anorexígena do α-MSH apresenta forte embasamento experimental, uma vez que a injeção de um agonista do MC-4 (MTII) no quarto ventrículo, ou diretamente no NTS, reduz a ingestão alimentar e o peso corporal; enquanto a administração de um antagonista de MC-4 (SHU9119) aumenta a ingestão de alimentos e o peso corporal.

Neurônios do NTS, no entanto, não são responsivos apenas ao α-MSH. A injeção de urocortina-1 no quarto ventrículo, ou no NTS, reduz drasticamente a ingestão alimentar. A urocortina-1 é encontrada em células parietais do estômago, nos plexos mientérico e submucoso do trato intestinal e em neurônios do SNC, podendo, portanto, atuar tanto como neuropeptídio sinalizador central como fator circulante. Somando-se

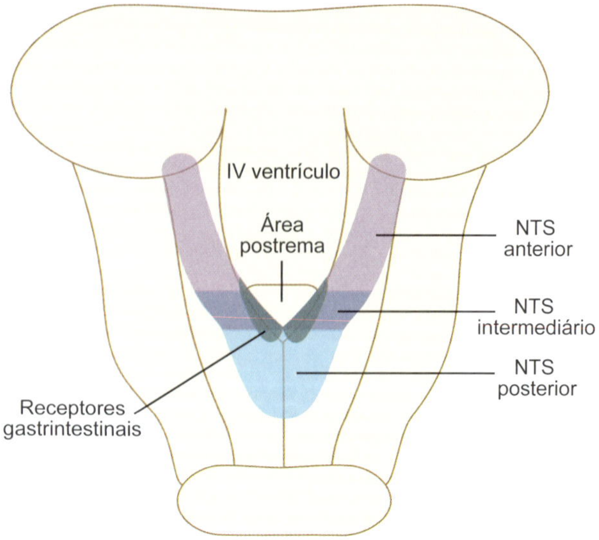

Figura 26.4 ■ Representação esquemática das subdivisões do núcleo do trato solitário (NTS) visto por transparência na porção dorsal (ou posterior) do bulbo. Nos níveis anteriores, localizam-se neurônios que participam da via da gustação; nos níveis intermediários e caudais, localizam-se os neurônios que conduzem informações trazidas por receptores gastrintestinais.

a isso, neurônios do NTS também são responsivos à glicose sanguínea e, ao menos em camundongos, apresentam uma concentração expressiva do mRNA do receptor de leptina, hormônio secretado pelo tecido adiposo branco (ver Quadro 26.2). Além desses fatores neuroquímicos e da informação visceral que chega ao NTS através das vias aferentes vagais, esse núcleo também recebe informações de sensibilidade gustativa, veiculadas por meio de nervos cranianos (ver Figura 26.1), como o próprio nervo vago (X par), o glossofaríngeo (IX par), o facial (VII par) e o trigêmeo (V par).

Finalmente, o NTS é interconectado a outros importantes participantes da regulação da ingestão alimentar e do controle do balanço energético. De especial interesse são suas conexões diretas e recíprocas com as porções magnocelular posterior, e parvocelulares lateral e medial do núcleo hipotalâmico paraventricular (PVH), um núcleo essencialmente efetor do hipotálamo, que será discutido adiante. Neurônios do NTS não se projetam diretamente para o córtex cerebral, mas chegam até ele por meio de projeções polissinápticas via núcleo parabraquial, tálamo e amígdala em roedores, ou apenas via tálamo, em primatas. Existem ainda projeções diretas de áreas motoras viscerais do córtex pré-límbico (córtex pré-frontal medial) para o NTS, e muitas conexões indiretas via núcleo central da amígdala, hipotálamo e núcleo parabraquial. Fica evidente, portanto, que o NTS e as áreas adjacentes no tronco encefálico são mais do que estações sinápticas e/ou de passagem de informações de sensibilidade visceral e gustação, atuando ativamente na integração de estímulos de diversas origens e organizando as respostas apropriadas. Veremos, nos próximos itens deste capítulo, o papel das outras estruturas que se coordenam com o NTS.

Núcleo parabraquial

O núcleo parabraquial (NPB) está localizado dorsalmente na ponte; é geralmente considerado como um complexo de subnúcleos integradores de modalidades sensoriais (como a gustação), e de mecano- e quimiossensibilidade. O NPB mantém conexões recíprocas com vários centros do tronco encefálico e do prosencéfalo, ocupando posição chave na rede autonômica central, como uma interface entre o controle reflexo bulbar e os sistemas de controle comportamental do prosencéfalo e a regulação autonômica.

As partes mais relevantes do NPB para o controle da ingestão de alimentos e homeostase energética são as subdivisões medial (que recebe aferências gustativas das porções rostrais do NTS) e lateral (que recebe aferências viscerais das porções intermediárias e caudais do NTS). Essas áreas do NPB enviam, por sua vez, projeções ascendentes para vários núcleos hipotalâmicos, como o PVH, o arqueado (Arq), o ventromedial (VMH) e a área hipotalâmica lateral (AHL). Os neurônios localizados no subnúcleo superior lateral da subdivisão lateral do NPB são particularmente importantes para o controle da ingestão de alimentos, pois enviam densas projeções para o VMH, fortemente implicado no controle da saciedade. O subnúcleo superior lateral apresenta grande concentração de neurônios que sintetizam CCK, os quais estão relacionados com a indução de saciedade e são ativados pela leptina circulante. As outras projeções do NPB, importantes para o controle do comportamento alimentar, são os neurônios de terceira ordem da gustação, direcionados para a parte caudal do núcleo mediodorsal do tálamo, e daí para o córtex gustativo da ínsula.

Já as projeções descendentes do NPB originam-se, principalmente, de suas porções laterais e são dirigidas para a porção rostroventrolateral do bulbo, para aspectos laterais do NTS e para a coluna intermediolateral da medula espinal. Com base em suas posições estratégicas e conexões, o NTS e o NPB devem ser incluídos no circuito central de controle homeostático e hedônico (relativo à gustação) da ingestão de alimentos.

Prosencéfalo

Em mamíferos, o hipotálamo é essencial para o controle da temperatura, do sistema cardiovascular, das vísceras abdominais, assim como do comportamento de ingestão de nutrientes e líquidos para manutenção do indivíduo vivo, e dos comportamentos sexual e parental, que asseguram a sobrevivência da espécie.

Uma vez que várias das subdivisões do hipotálamo estão implicadas em funções intensamente imbricadas, tentaremos, neste capítulo, destacar aquelas estruturas que mais têm sido relacionadas com o controle do balanço energético. Começaremos descrevendo os núcleos arqueado e hipotalâmico ventromedial, dando ênfase às suas funções na captação da informação endócrina veiculada por hormônios circulantes e conexões neurais. A partir deles, discutiremos como essas informações chegam a centros integradores do hipotálamo, incluindo aqui o núcleo dorsomedial e a área hipotalâmica lateral, e, finalmente, ao núcleo hipotalâmico paraventricular, região essencialmente efetora no que diz respeito ao controle do comportamento alimentar.

Núcleo arqueado (Arq)

O Arq, também chamado de núcleo infundibular em primatas, está localizado na base do hipotálamo imediatamente adjacente à eminência mediana, dorsal à glândula hipófise (Figura 26.5). Como já apresentado, a eminência mediana, sendo um dos OCV do encéfalo, apresenta vasos sanguíneos fenestrados, permitindo a passagem de substâncias neuroativas a regiões adjacentes. Já a glândula hipófise, por sua vez, atua como portão de saída para as informações endócrinas veiculadas pelo hipotálamo. Com isso, o Arq ocupa uma posição anatômica extraordinária para atuar como recipiente das informações metabólicas e endócrinas conduzidas pela corrente sanguínea, estando apto ainda a realizar ajustes rápidos quando necessário.

Controle Neuroendócrino do Comportamento Alimentar

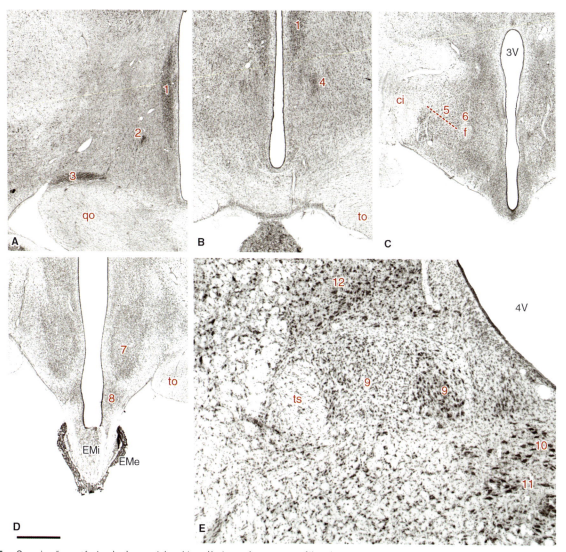

Figura 26.5 • Organização anatômica de alguns núcleos hipotalâmicos e do tronco encefálico de primata não humano (*Sapajus spp.* – macaco-prego) relacionados com o comportamento alimentar. Fotomicrografias de campo claro de cortes frontais de encéfalo submetidos à coloração de Nissl. **A.** *1*, núcleo hipotalâmico paraventricular; *2*, coleção de células magnocelulares (produtoras, principalmente, de vasopressina e ocitocina; no rato, esse núcleo é chamado de núcleo circular); *3*, núcleo supraóptico; *qo*, quiasma óptico. **B.** *1*, núcleo hipotalâmico paraventricular; *4*, parte central do núcleo hipotalâmico dorsomedial; *to*, trato óptico. **C.** *5*, linha tracejada mostrando o intervalo entre o fórnix e a cápsula interna, região conhecida como área hipotalâmica lateral; *6*, área perifornicial; *ci*, cápsula interna; *f*, fórnix; *3V*, terceiro ventrículo. **D.** *7*, observam-se células mais intensamente coradas pela coloração de Nissl, evidenciando uma estrutura ovoide, o núcleo hipotalâmico ventromedial; *8*, núcleo arqueado do hipotálamo (ou infundibular); *to*, trato óptico; *EMi*, lâmina interna da eminência mediana; *EMe*, lâmina externa da eminência mediana. **E.** *9*, núcleo do trato solitário; *10*, núcleo do nervo hipoglosso; *11*, núcleo de Roller (conhecido em humano como núcleo sub-hipoglossal); *12*, núcleo vestibular medial; *ts*, trato solitário; *4V*, quarto ventrículo. A barra preta para **A**, **C** e **D** equivale a 1.500 μm; para **B**, equivale a 1.000 μm; para **E**, equivale a 200 μm.

No sentido anteroposterior, o Arq é uma estrutura extensa em diversos mamíferos, apresentando-se especialmente verticalizado em primatas, inclusive no homem. Sua porção mais rostral aparece imediatamente posterior ao quiasma óptico, quando os tratos ópticos iniciam sua lateralização. Essa região, no extremo anterior do Arq, é chamada de área retroquiasmática, sendo formada exclusivamente por tecido nervoso. Com o aparecimento da eminência mediana no soalho do terceiro ventrículo, a área retroquiasmática se divide em duas partes, direita e esquerda, originando o Arq propriamente dito e conformando a base do hipotálamo, nos níveis tuberal e início do posterior ou mamilar.

O Arq possui duas populações neuronais distintas implicadas no comportamento alimentar muito bem caracterizadas em relação aos neuropeptídios que sintetizam. A primeira população sintetiza o neuropeptídio Y (NPY) e o peptídio relacionado ao Agouti (AgRP), sendo que alguns desses neurônios também cossintetizam GABA. A outra população sintetiza POMC e, consequentemente, seu neuropeptídio derivado α-MSH, além do transcrito regulado por cocaína e anfetamina (CART). A importância de cada uma dessas populações será discutida nos próximos parágrafos.

O grupo de neurônios que sintetiza NPY/AgRP localiza-se na porção medial do Arq. O NPY é considerado um dos mais importantes reguladores do comportamento alimentar, o que é facilmente observado em animais mantidos em jejum ou geneticamente obesos (ob/ob e db/db), nos quais ocorre aumento expressivo na quantidade de RNA mensageiro (mRNA) que codifica o NPY no Arq. Esses neurônios projetam-se para o PVH e para a AHL, locais nos quais a injeção de NPY induz aumento substancial do consumo de alimentos. Assim, uma vez elevado, o NPY sinaliza em favor de um aumento do comportamento alimentar e, por isso, se diz que é um peptídio orexigênico. Os receptores utilizados pelo NPY para regular o comportamento alimentar ainda não estão totalmente estabelecidos. Até o momento, acredita-se que principalmente o Y1 e o Y5, localizados em regiões estratégicas do hipotálamo (como o PVH e a AHL), podem exercer alguma função no controle de tal comportamento.

Da mesma forma que o NPY, os neurônios AgRP também são orexigênicos, de modo que a fotoestimulação seletiva de neurônios AgRP do Arq induz uma rápida e robusta motivação da ingestão em camundongos caloricamente repletos, ao passo que o silenciamento genético desses neurônios atenua a ingestão, mesmo em camundongos com déficit energético. Diferente do NPY, no entanto, que atua em sua própria classe de receptores, o AgRP é um antagonista dos receptores de melanocortina MC-3 e MC-4, que também são responsivos ao α-MSH, produzido pela segunda população majoritária de neurônios implicados no comportamento alimentar do Arq.

A população POMC/CART localiza-se lateralmente no Arq. A partir da clivagem da POMC, o α-MSH liga-se aos receptores MC-3 e MC-4 para promover uma redução no consumo de alimentos, tendo, portanto, um papel anorexígeno. Experimentalmente, a injeção intracerebroventricular de α-MSH diminui o consumo de alimentos em animais normais, enquanto animais obesos (ob/ob) ou mantidos em jejum apresentam diminuição na expressão do mRNA que codifica a POMC e, consequentemente, redução no α-MSH, o que pode ser revertido através da aplicação exógena de leptina (indicador hormonal de balanço energético positivo). Tanto em humanos como em roedores, mutações nos receptores MC-3 e MC-4 provocam obesidade, sendo notável que a mutação do gene que codifica a POMC provoca obesidade mórbida, disfunções da glândula suprarrenal e pigmentação avermelhada na coloração dos cabelos.

O peptídio CART é produzido pelos neurônios que sintetizam POMC e, do mesmo modo que este, sua produção é reduzida em estados de jejum e em animais ob/ob, sugerindo que este também apresenta papel anorexígeno. A síntese do CART não se limita ao Arq, contudo, sendo produzido por neurônios em diversas regiões, como o núcleo *accumbens* (Acb), o PVH, a AHL, dentre outras. Como seu nome sugere, sua produção é estimulada em tratamentos agudos com cocaína e anfetamina, e o CART pode estar relacionado na modulação dos circuitos de recompensa relacionados a essas substâncias. Seu mecanismo de ação, no entanto, permanece desconhecido, mas sugere-se que sua atividade ocorre através de complexas interações com receptores de melanocortina e receptores dopaminérgicos.

Tanto as populações NPY/AgRP como POMC/CART são capazes de responder a estímulos periféricos sobre o estado nutricional do indivíduo que são recebidos através da eminência mediana. Diversos hormônios circulantes, como a leptina, a grelina, a insulina e o peptídio tirosina-tirosina [PYY(3-36)] são capazes de alterar a síntese de NPY no Arq, uma vez que esses neurônios apresentam receptores para esses hormônios: a administração de leptina ou insulina em animais ob/ob ou mantidos em jejum (quando os níveis circulantes de leptina estão diminuídos e os níveis de NPY estão aumentados) normaliza a quantidade do mRNA do NPY no Arq, enquanto a grelina parece agir no sentido inverso do da leptina, aumentando a expressão do mRNA de NPY e induzindo, em última instância, o aumento do consumo de alimentos. Já os neurônios POMC/CART respondem especialmente à leptina e à insulina, através de receptores específicos para esses hormônios, apresentando comportamento inverso ao dos neurônios NPY/AgRP em relação a esses fatores circulantes.

O PYY(3-36) constitui um caso particular na modulação das células NPY, uma vez que este não atua diretamente na síntese de NPY. Esse peptídio apresenta alta afinidade (agonista) a receptores Y2, localizados no terminal pré-sináptico dos neurônios que contêm NPY. Esses receptores agem como sinalizadores de retroalimentação, inibindo a liberação de NPY na fenda sináptica. Como o PYY(3-36) é liberado na corrente sanguínea por células do sistema digestório após as "refeições", em uma proporção correspondente à quantidade de alimentos ingerida, ele é capaz de reduzir a liberação sináptica de NPY e, com isso, atenuar sua ação orexígena.

Com relação aos sítios de ação dos neurônios do Arq, os principais candidatos são o PVH e a AHL, uma vez que essas regiões apresentam quantidades expressivas dos receptores Y1 e Y5 (para o NPY) e MC-4 (que é capaz de interagir com o α-MSH, a AgRP e, potencialmente, o CART), bem como numerosas fibras que contêm esses peptídios. É notável, portanto, que o Arq contém duas populações de neurônios: uma POMC e uma AgRP, que atuam sobre o mesmo sistema neural, nas mesmas regiões, sobre os mesmos receptores, mas com funções diametralmente opostas, sendo o α-MSH um agonista anorexígeno e o AgRP, um antagonista orexígeno.

Em resumo, já é bem estabelecido que o Arq apresenta duas populações de neurônios, ambas responsivas a hormônios circulantes e com funções opostas (Figura 26.6).[2] O grupo medial, que expressa NPY e AgRP, agiria no aumento do consumo de alimentos; o grupo lateral, que expressa POMC e CART, induziria diminuição do comportamento alimentar e aumento do gasto energético. Somando-se a isso, vários outros neuropeptídios, também encontrados no Arq, parecem agir sobre o controle do balanço energético, tais como galanina e neurotensina, dentre outros. Esses neuropeptídios, no entanto, são ainda foco de estudo e discussões. Além disso, outros fatores que não apenas os níveis de leptina, insulina ou grelina podem modular a ação dos neurônios aí localizados, como os níveis de glicose sanguínea e de inibidores da síntese de ácidos graxos.

Núcleo hipotalâmico ventromedial

O VMH está localizado dorsalmente ao núcleo arqueado, no nível tuberal do hipotálamo (ver Figura 26.5). Apresenta uma forma ovalada e pode ser dividido em três porções: a dorsomedial e a ventrolateral, compostas por agrupamentos densos de neurônios, divididas por uma região com células esparsas, a porção central. Estudos de mapeamento neural demonstraram que essas porções contam com conexões distintas, participando, muito provavelmente, também de funções diferentes.

Durante muitas décadas o VMH foi considerado o centro do controle da saciedade, pois sua destruição por lesões eletro-

---

[2]Enquanto este capítulo estava sendo escrito, foi publicado o artigo de Fenselau et al. (2017) sobre o núcleo arqueado. Esse artigo relata a descoberta de um mecanismo entre neurotransmissores para tornar as duas populações de neurônios do Arq (Arq^{AgRP} e Arq^{POMC}) respectivamente responsivas temporalmente a estímulos pelo jejum e para diminuir a fome. Os neurônios Arq^{AgRP} são muito rápidos na resposta (levam minutos), enquanto os neurônios Arq^{POMC} são muito lentos (levam horas). Dessa maneira, uma contraparte aos neurônios rápidos para estimular a fome não era encontrada. A descoberta diz respeito a essa contraparte, ou seja, um conjunto de neurônios do Arq que são glutamatérgicos e expressam o receptor de ocitocina e que, quando estimulados, rapidamente causam saciedade, através de uma projeção para os neurônios gabaérgicos Arq^{AgRP}, e daí para o PVH sobre neurônios que expressam o receptor melanocortina 4 (PVH^{MC-4}). Assim, um circuito excitatório entre Arq e PVH, e sua modulação pelo α-MSH, fornece uma possibilidade de regulação rápida, tanto para aumentar a fome como para diminuí-la.

Controle Neuroendócrino do Comportamento Alimentar

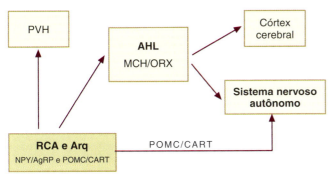

Figura 26.6 • Esquema das projeções de neurônios da área retroquiasmática (RCA) e do núcleo arqueado (Arq), e da área hipotalâmica lateral (AHL), relacionadas com o controle do comportamento alimentar. Um grupo de neurônios que coexpressam transcrito regulado por cocaína e anfetamina (CART) e pró-opiomelanocortina (POMC), localizados na RCA e nas porções rostrais do Arq, projeta-se para a coluna intermediolateral dos níveis torácicos rostrais da medula espinal (T1-T4). Grupos distintos de neurônios que expressam neuropeptídio Y (NPY) ou POMC projetam-se para a AHL, onde se localizam corpos neuronais que expressam o hormônio concentrador de melanina (MCH) ou orexina (ORX). Os neurônios da AHL, por sua vez, projetam-se para centros corticais e autonômicos responsáveis pela regulação dos comportamentos motivados e das respostas viscerais. *PVH*, núcleo hipotalâmico paraventricular.

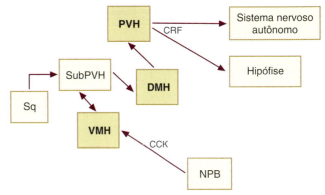

Figura 26.7 • Esquema das projeções de neurônios, relacionados com o controle do comportamento alimentar, localizados no núcleo hipotalâmico ventromedial (VMH), no núcleo hipotalâmico dorsomedial (DMH) e no núcleo hipotalâmico paraventricular (PVH). Os neurônios do VMH projetam-se para a zona subparaventricular (SubPVH), que projeta-se para o DMH. O DMH, por sua vez, projeta-se para as porções parvocelulares do PVH que inervam núcleos do sistema nervoso visceral, como o núcleo do trato solitário e a coluna intermediolateral dos níveis torácicos da medula espinal. Neurônios do PVH também inervam a eminência mediana, chegando à adeno-hipófise em última instância. *Sq*, núcleo supraquiasmático; *CRF*, fator liberador de corticotrofina; *CCK*, colecistocinina; *NPB*, núcleo parabraquial.

líticas induzia hiperfagia e causava obesidade mórbida. Essas características sugeriam que o VMH tinha um papel central no controle do consumo de alimentos, dando origem ao termo "síndrome do núcleo ventromedial", que perdurou por muito tempo no meio científico. Atualmente, estudos com lesões mais específicas e limitadas, e aqueles com técnicas mais avançadas de mapeamento neural e de neuroquímica, sugerem que esse núcleo participa de várias funções complexas, que não são exclusivamente relacionadas com o controle do comportamento alimentar; por exemplo, lesão ou inibição do VMH altera o ritmo diurno de produção de corticosterona. Picos de corticosterona ou glicocorticoides são acompanhados por diminuição expressiva de leptina, em momentos do dia que coincidem com a procura ou a ingestão de alimentos. A restrição alimentar em períodos de escuro resulta em modificação do ritmo circadiano da corticosterona em roedores (animais que se alimentam durante a noite), demonstrando direta relação entre o estado nutricional e a secreção desse hormônio. A concentração de leptina também é modificada, sendo mantida a relação inversa entre os níveis circulantes de leptina e corticosterona.

Uma grande concentração de receptores de leptina é encontrada na porção dorsomedial do VMH. Além disso, muitos dos neurônios aí localizados são responsivos à glicose. Essa região projeta-se densamente para a área hipotalâmica anterior e para a zona subparaventricular, que, como o nome diz, está localizada ventralmente ao PVH. A zona subparaventricular, por sua vez, recebe densa projeção do núcleo supraquiasmático, considerado o relógio biológico dos mamíferos, sendo responsável pelo controle de várias funções que dependem de oscilações diárias (como sono e vigília) e de níveis hormonais. Grande parte dos neurônios do VMH que se projetam para a zona subparaventricular é responsiva à leptina circulante, proporcionando, assim, um substrato anatômico por meio do qual a leptina pode controlar os níveis de hormônios circulantes e, talvez, a variação circadiana dos períodos de alimentação (Figura 26.7).

Informações periféricas chegam ao VMH também via conexões neurais. Assim, como exposto anteriormente, informações sobre o estado de preenchimento das vísceras do sistema digestório são levadas ao NTS, via ramos do nervo vago,

e são repassadas ao núcleo parabraquial, situado no tronco encefálico. Essas informações chegam a vários núcleos prosencefálicos, mais especificamente ao VMH, que apresenta uma densa inervação por fibras que contêm CCK. O VMH pode ainda participar do controle de sistemas endócrinos e autônomos, de maneira indireta, modulando as informações que partem de neurônios situados na zona subparaventricular e têm como alvo o núcleo hipotalâmico dorsomedial. Como será discutido nas próximas seções, o núcleo dorsomedial é uma região essencialmente integradora, que, em última instância, projeta-se para o PVH, modulando respostas endócrinas e viscerais.

Núcleo hipotalâmico dorsomedial

O DMH está localizado lateralmente ao terceiro ventrículo, posteriormente ao PVH e dorsalmente ao VMH, nas porções intermediária e posterior do nível tuberal do hipotálamo (ver Figura 26.5). Ele pode ser dividido, basicamente, em três partes: uma dorsal e outra ventral, ambas com células esparsas, e uma terceira, formada por células densamente agrupadas, chamada de formação compacta.

O DMH participa do controle da ingestão de água e alimentos, assim como do crescimento e da composição corpórea. A estimulação do DMH resulta em modificações da atividade do nervo pancreático, e sua lesão induz hiperglicemia, o que sugere a participação do DMH na regulação da secreção de insulina, possivelmente via projeções para centros autônomos do sistema nervoso central.

Alguns pesquisadores propuseram, mais recentemente, que o DMH é um dos principais componentes de um sistema hipotalâmico gerador de padrão visceromotor. No sistema nervoso central, os sistemas geradores de padrão coordenam as informações que chegam aos motoneurônios envolvidos, em última instância, com o controle muscular esquelético, visceral e endócrino, para produzir comportamentos complexos como o de se locomover, mastigar e engolir. O DMH, nesse sentido, apresenta excelente localização para modular neurônios relacionados com o controle visceral e endócrino, uma vez que se apresenta circundado pelos grupamentos endócrinos dos núcleos periventricular, PVH e Arq. Além disso, o DMH conta com conexões recíprocas com outros núcleos que também participam da modulação neuroendócrina. Adicionalmente, o DMH tem uma densa projeção para o PVH que, como será discutido mais adiante, apresenta projeções que controlam o sistema nervoso autônomo ou visceral.

Vários neuropeptídios podem ser observados no DMH, dentre eles o CART e a neurotensina, ambos relacionados com o controle do comportamento alimentar. Em animais com obesidade causada pela expressão ectópica da proteína agouti (Ay) ou pela deleção do gene que codifica o receptor MC-4, o mRNA do NPY também é observado na porção ventral do DMH. Vale ressaltar a densa concentração de mRNA do receptor de leptina de forma longa, principalmente nos níveis caudais da porção ventral do núcleo. Grande parte dos neurônios do DMH responsivos a leptina se projeta maciçamente para o PVH, podendo atuar sobre vias endócrinas e autonômicas.

O DMH recebe também informações importantes sobre o estado nutricional do indivíduo via projeções neurais. Uma densa quantidade de fibras NPY e AgRP está localizada na sua porção ventral, sendo oriunda provavelmente de neurônios do núcleo arqueado, uma vez que a AgRP é produzida apenas nesse núcleo. Terminais nervosos que expressam α-MSH, assim como o mRNA de receptores do tipo MC-4, estão localizados em grande quantidade no DMH. O DMH também recebe densa inervação da zona subparaventricular do hipotálamo que, como descrito no item anterior, recebe projeções do núcleo supraquiasmático (ver Figura 26.7).

Com isso, chegam ao DMH informações sobre o estado nutricional do indivíduo (diretamente através da leptina ou indiretamente através do núcleo arqueado), informações endócrinas (através das projeções de outras regiões encefálicas) e informações sobre os ritmos biológicos (através da zona subparaventricular). Esses dados são integrados e repassados parcialmente à região perifornicial e, densamente, ao PVH (ver Figura 26.7).

Área hipotalâmica lateral

A AHL, incluindo também a área perifornicial (ver Figura 26.5), é uma ampla região do diencéfalo, compreendendo todo o hipotálamo entre o fórnix e a cápsula interna e entre o quiasma óptico e os corpos mamilares. A AHL também é chamada de zona lateral do hipotálamo ou núcleo intersticial do feixe prosencefálico medial. Através do feixe prosencefálico medial, a AHL projeta-se para numerosas regiões do sistema nervoso e recebe projeções recíprocas de muitas dessas regiões, fazendo da AHL a área de maior interconectividade do hipotálamo. Essas propriedades permitem que a AHL atue na modulação de diversas funções cognitivas e autonômicas. Também é notável que a AHL é uma das regiões do SNC com maior heterogeneidade celular, sendo detentora de uma das maiores diversidades neuroquímicas, com a expressão de vários neurotransmissores e/ou neuropeptídios, assim como de vários receptores. Todas essas características fazem da AHL uma área muito distinta em termos morfofuncionais, devendo ser interpretada como uma região essencialmente de integração sensorimotora (ver Figura 26.5).

A AHL tem uma vasta projeção para todo o córtex cerebral (incluindo a formação hipocampal), a amígdala, os núcleos da base, o tálamo, o tronco encefálico e a medula espinal, assim como para outros núcleos do próprio hipotálamo, notavelmente os núcleos dorsomedial (DMH), VMH e hipotalâmico anterior. Aferências da AHL originam-se de várias regiões corticais e/ou límbicas, tais como: córtex pré-frontal, orbitofrontal, insular, olfatório, amígdala, formação hipocampal, *striatum* ventral/núcleo *accumbens*, outros núcleos hipotalâmicos (especialmente o Arq e o PVH) e diversos núcleos do tronco encefálico. Fica claro, dessa forma, que a maioria das conexões prosencefálicas e do tronco encefálico são recíprocas.

Dentre os diversos neuropeptídios produzidos na AHL estão o hormônio concentrador de melanina (MCH), o neuropeptídio E-I (NEI), o neuropeptídio G-E (NGE), CART, as orexinas (ORXA e ORXB, também chamadas de hipocretinas), os peptídios opioides dinorfina A (DIN) e encefalina (ENK), galanina, amilina e o hormônio liberador de tireotrofina (TRH). De especial importância para a compreensão da AHL são o MCH e as orexinas, uma vez que esses peptídios são produzidos quase que exclusivamente na AHL e seu estudo permitiu um melhor entendimento das áreas-alvo de neurônios localizados na AHL.

Os neurônios da AHL que sintetizam o MCH projetam-se para várias regiões do SNC de roedores, dentre elas estruturas telencefálicas, como os córtex infralímbico, pré-límbico e anterior do giro do cíngulo (que correspondem, aproximadamente, ao córtex pré-frontal de primatas), formação hipocampal e núcleo septal medial; diversos núcleos do tálamo e do hipotálamo; além de diversos núcleos e estruturas do tronco encefálico e da medula espinal. Essas regiões também apresentam o receptor para o MCH (MCHR1), sugerindo de fato uma ação para esse peptídio nessas regiões. Os neurônios MCH são influenciados por uma série de sinais neuroquímicos, incluindo GABA, Glu, as ORX, TRH, NPY, adenosina, dopamina, norepinefrina, ocitocina, dinorfina e encefalina, bem como glicose e sinais indiretos de células sensíveis à leptina, permitindo que esses neurônios integrem sinais das mais diferentes origens.

Apesar de o MCH estar implicado em mais de doze famílias de funções diferentes, sua ação mais bem estabelecida é sobre o comportamento alimentar. Experimentalmente, a injeção de MCH nos ventrículos laterais e em diversos núcleos encefálicos, como o núcleo *accumbens* e o PVH, induz aumento na ingestão de alimentos. Além disso, o aumento da expressão do mRNA do MCH está relacionado com a obesidade e a resistência à insulina. Em função dessas observações, considera-se que o MCH age como um peptídio orexígeno, provocando aumento no consumo alimentar. Sabemos atualmente, no entanto, que o MCH tem um papel muito mais amplo na homeostase energética, diminuindo a atividade motora, controlando a função autonômica do organismo, regulando a geração de calor pelo tecido adiposo marrom, modulando os circuitos de recompensa, participando da integração sensorial e da busca pelo alimento. Dessa forma, o MCH deve ser considerado um integrador de vários aspectos da homeostase energética e do comportamento alimentar, o que é reforçado pelas inúmeras projeções de neurônios MCH para regiões que também têm caráter integrador.

A outra população característica da AHL é de neurônios que sintetizam as orexinas ORXA e ORXB, que se projetam de maneira ampla, porém mais restrita do que o MCH. Dessa forma, as principais regiões que recebem fibras que contêm ORX são os núcleos septais, o núcleo paraventricular do tálamo, diversos núcleos hipotalâmicos e regiões do tronco encefálico, sendo que regiões corticais, incluindo o hipocampo, recebem quantidades pequenas e/ou desprezíveis de fibras. De especial importância para as ações das ORX são suas projeções para o núcleo ventrolateral pré-óptico do hipotálamo e para o *locus coeruleus*, ambas estruturas importantes para a manutenção do estado de vigília e para o núcleo do nervo vago, através do qual as ORX são capazes de influenciar funções autonômicas ligadas ao comportamento alimentar.

Há uma extensa base experimental para ação das ORX no comportamento alimentar e na arquitetura do sono. Quando as ORX são injetadas nos ventrículos cerebrais, provocam aumento da ingestão alimentar, enquanto antagonistas do receptor de ORX diminuem o consumo alimentar. Camundongos nos quais o gene que codifica o precursor das ORX foi suprimido exibem narcolepsia e hipofagia. É importante notar que os neurônios que expressam orexina também sintetizam outros neuropeptídios, como dinorfina e amilina, além de conter a maquinaria para transmissão glutamatérgica. Podemos dizer, portanto, que a função da orexina nem sempre é idêntica à função dos neurônios orexinérgicos, que mediam efeitos centrais via múltiplos neurotransmissores. A atividade dos neurônios orexinérgicos pode ser negativamente modulada pela leptina, de maneira indireta, ou positivamente modulada pela grelina, de maneira direta.

A região perifornicial da AHL (ver Figura 26.5) apresenta uma densa concentração de fibras que contêm NPY, e parte delas é originária de corpos celulares localizados no núcleo arqueado. Essa característica é bastante importante, pois a administração de NPY em regiões perifornciais causa uma potente estimulação do consumo de alimentos. Outras aferências relevantes ao comportamento alimentar originam-se do núcleo arqueado e colocalizam POMC e CART, como descrito anteriormente. Além de conexões neurais relacionadas com o controle do comportamento alimentar, a AHL também apresenta pequena quantidade de receptores de leptina e de neurônios responsivos à glicose circulante. Esses neurônios podem receber diretamente informações sobre o estoque energético, em forma de tecido adiposo, e das mudanças de glicemia.

Resumidamente, podemos dizer que a AHL apresenta eferências discretas para o sistema endócrino, mas tem expressiva conexão eferente com territórios telencefálicos, do tronco encefálico e da medula espinal, capacitando essa região do hipotálamo a se engajar em respostas viscerais e comportamentais (ver Figura 26.5). Pelo menos dois grupos específicos de neurônios peptidérgicos, MCH e ORX, são parte importante desse sistema eferente e participam, ativamente, do comportamento alimentar e do controle do balanço energético. Somando-se a isso, a AHL também recebe informações diretas de estruturas corticais/límbicas (referentes à visão e à olfação) e do tronco encefálico (relativas à gustação e à sensibilidade visceral). Dessa maneira, em razão de sua heterogeneidade citoarquitetônica, do número elevado de regiões do SNC para as quais ela se projeta e da diversidade de projeções que recebe, e também pela sua rica neuroquímica, é bastante provável que a AHL participe de várias funções relacionadas com o controle do comportamento alimentar.

Núcleo hipotalâmico paraventricular

O PVH localiza-se na zona periventricular do hipotálamo, formando duas estruturas triangulares ao lado do terceiro ventrículo. O PVH apresenta oito subdivisões, sendo três delas magnocelulares – anterior, medial e posterior – e cinco parvocelulares – periventricular, anterior, medial, dorsal e lateral. Essas subdivisões apresentam marcadores neuroquímicos e eferências para territórios específicos já bem determinados (ver Figuras 26.5 e 26.8). As regiões magnocelulares e parvocelulares são caracterizadas pela síntese de diferentes peptídios: as subdivisões magnocelulares contêm neurônios neurossecretores que sintetizam ocitocina e vasopressina, enquanto as subdivisões parvocelulares contêm neurônios capazes de sintetizar fator liberador de corticotrofina (CRF) e hormônio liberador de tireotrofina (TRH).

O PVH recebe uma enorme quantidade de aferências, especialmente de áreas hipotalâmicas e do tronco encefálico, conferindo a esse núcleo uma relevante capacidade integradora. Dentre as áreas hipotalâmicas, projetam-se ao PVH os núcleos pré-óptico mediano, anteroventral periventricular, arqueado e dorsomedial, além da região subparaventricular e da AHL. Do tronco encefálico, as projeções ao PVH encefálico incluem: a porção ventrolateral do bulbo (grupamento noradrenérgico A1/NPY/SP e grupamento adrenérgico C1-3/SP), o NTS (grupamento noradrenérgico A2/NPY), o *locus coeruleus* (grupamento noradrenérgico A6/NPY) e os núcleos da rafe (grupamentos serotoninérgicos). É importante registrar que as aferências obedecem a certo grau de especificidade às divisões do PVH. Assim, enquanto os neurônios A1 (e, em menor grau, os C1 e C2) da porção ventrolateral do bulbo projetam-se mais para as porções parvocelular e magnocelular vasopressinérgica do PVH, os neurônios do NTS projetam-se apenas para a divisão parvocelular, e os neurônios do *locus coeruleus* projetam-se somente para a porção mais medial da divisão parvocelular do PVH. Destas, as aferências catecolaminérgicas são essenciais para a consumação do comportamento alimentar.

Quanto às eferências, o PVH projeta-se para regiões relacionadas com o controle endócrino e autônomo, fazendo do PVH um núcleo essencialmente motor no que diz respeito ao controle endócrino e autonômico. Dessa forma, neurônios neurossecretores das subdivisões magnocelulares projetam-se

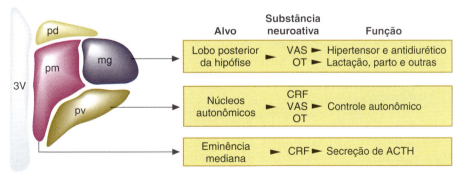

Figura 26.8 ▪ Esquema da organização funcional do núcleo hipotalâmico paraventricular (PVH) de roedores. A porção parvocelular medial (*pm*) projeta-se para a eminência mediana, atuando sobre neurônios hipofisários, e as porções parvocelulares dorsal (*pd*) e ventral (*pv*) projetam-se para regiões relacionadas com o controle do sistema nervoso autônomo. Todas elas estão envolvidas com o controle do comportamento visceral, via modulação endócrina ou autonômica. Além dessas, os neurônios da subdivisão magnocelular (*mg*) projetam-se para a neuro-hipófise, modulando outras respostas neuroendócrinas. *3V*, terceiro ventrículo; *VAS*, vasopressina; *OT*, ocitocina; *CRF*, fator liberador de corticotrofina; *ACTH*, hormônio adrenocorticotrófico.

para a porção posterior da hipófise (ou neuro-hipófise), onde suas fibras liberarão ocitocina e vasopressina diretamente na circulação. Os neurônios nas subdivisões parvocelulares, por outro lado, liberam CRF ou TRH no sistema porta-hipotálamo-hipofisário, através do qual alcançarão a porção anterior da hipófise (ou adeno-hipófise), para induzir a secreção de glicocorticoides (pelo córtex da suprarrenal) por meio da estimulação de corticotrofos e do hormônio tireoidiano (pela glândula tireoide) pelos tireotrofos. Com relação ao controle autônomo, o PVH é uma das poucas regiões do sistema nervoso central que têm projeções diretas para neurônios pré-ganglionares do sistema nervoso autônomo simpático e parassimpático, além de neurônios das subdivisões parvocelulares emitirem numerosas projeções para regiões relacionadas no tronco encefálico e na medula espinal, tais como: substância cinzenta periaquedutal, núcleo dorsal da rafe, *locus coeruleus*, núcleo pedunculopontino do tegmento, núcleo parabraquial, núcleo do nervo vago, porção ventrolateral do bulbo, NTS e coluna intermediolateral da medula espinal.

A ação do PVH sobre o comportamento alimentar ocorre principalmente com a coordenação das respostas autônomicas por meio das projeções discutidas anteriormente. Essa coordenação, no entanto, não é feita de maneira isolada, uma vez que o PVH recebe importantes sinais originados do Arq. Dessa forma, tanto terminais NPY/AgRP como α-MSH/CART inervam neurônios TRH e CRF da porção parvocelular, bem como neurônios ocitocina e vasopressina da porção magnocelular. Com isso, muitos eixos autônomos e neuroendócrinos, se não todos, são alvos do "sensor" metabólico no núcleo arqueado, enquanto o PVH trabalha como um centro coordenador para o metabolismo energético. Experimentalmente, a injeção de NPY no PVH aumenta o consumo de alimentos, o coeficiente respiratório e o estoque de tecido adiposo branco, enquanto diminui a termogênese do tecido adiposo marrom. A presença de receptores Y1 em neurônios que sintetizam o TRH aponta para uma ação supressora do NPY sobre o eixo hipotálamo-hipófise-tireoide, diminuindo a concentração sérica de hormônios tireoidianos (o que já foi confirmado experimentalmente), o que promoveria alterações do metabolismo e da termogênese.

Com as informações apresentadas aqui, podemos traçar alguns paralelos entre o PVH e a AHL. Essas duas estruturas projetam-se amplamente para outros núcleos do hipotálamo e do tronco encefálico, além de receber múltiplos sinais neuroquímicos originados de diversas regiões do SNC. Diferente da AHL, no entanto, o PVH apresenta uma escassa conexão direta (aferente e eferente) com estruturas corticolímbicas, uma vez que essas estruturas sinalizam indiretamente ao PVH através de projeções para a zona subparaventricular e para o DMH. Em compensação, o PVH influencia de maneira importante o sistema endócrino através da glândula hipófise, enquanto a AHL exibe mínimas conexões diretas com essa glândula.

Resumindo, o PVH parece estar em uma posição favorável à integração das informações interoceptivas, tais como: preenchimento gastrintestinal, substratos e metabólitos disponíveis (a curto prazo), e "estoque disponível" de tecido adiposo (a longo prazo); adicionalmente, apresenta organização apropriada para respostas endócrinas e autônomicas. O PVH tem, assim, uma função efetora relacionada com a ingestão de alimentos, diretamente, ou via mudanças nos processos de digestão, absorção e metabolismo. Ele ainda participa, ativamente, nas mudanças da ingestão alimentar durante situações de estresse.

Centros corticais

O ato de comer não é um simples comportamento estereotipado, mas requer um conjunto complexo de ações organizadas, efetuadas pelas porções centrais e periféricas do sistema nervoso, assim como de outros sistemas orgânicos, para coordenar o início e a finalização do ato de procurar e de consumir o alimento. A maioria dessas tarefas não é parte inata do comportamento alimentar, mas são comportamentos aprendidos após o nascimento. Apesar de o hipotálamo ter o papel de maior controlador do comportamento alimentar, essa região recebe aferências de diversos outros centros que, possivelmente, exercem modulação na sua função. Entre esses, o córtex cerebral é de particular interesse.

Por meio da utilização de métodos modernos de medição da atividade neuronal local, como a tomografia por emissão de pósitrons (PET), foram identificadas áreas corticais que apresentam aumento ou diminuição da atividade neural, em humanos de peso normal ou obesos, de ambos os sexos. Em indivíduos normais com fome, foi observada maior atividade do córtex pré-frontal e diminuição da atividade no hipotálamo, tálamo, córtex da ínsula, giro do cíngulo, córtex orbitofrontal, núcleos da base, córtex temporal e cerebelo. Entretanto, em indivíduos obesos e saciados, a ativação do córtex pré-frontal era maior do que a encontrada em indivíduos normais, assim como houve maior diminuição da atividade do córtex límbico e paralímbico, quando comparados aos de indivíduos normais, de ambos os sexos. Assim, para os indivíduos normais e famintos, a ativação do córtex pré-frontal é um importante componente da resposta central direcionada a promover a terminação do episódio de alimentação. Ainda mais, o hipotálamo, o tálamo, as áreas límbicas e paralímbicas e os núcleos da base conformariam uma rede central estimulante do comportamento alimentar. Em virtude de o córtex pré-frontal apresentar eferências inibitórias para essa rede orexígena (especialmente para a área hipotalâmica lateral), pode-se concluir que ele deve inibir os efeitos no comportamento alimentar pela supressão da atividade neural dessas regiões.

Para os indivíduos obesos que responderam à saciedade, o que ocorreu foi uma maior ativação do córtex pré-frontal em relação àquela apresentada pelos indivíduos normais, assim como uma maior "desativação" de algumas áreas límbicas e paralímbicas, quando comparadas às dos indivíduos magros. Somente em indivíduos do sexo masculino é que a ativação do hipotálamo, tálamo e córtex do giro do cíngulo anterior foi atenuada em sujeitos obesos. A mesma resposta foi encontrada quando da ingestão de glicose, em indivíduos normais e obesos.

▶ Controle simultâneo de sistemas centrais e periféricos

Além do controle originado da periferia e do sistema nervoso central, atualmente sabemos que alguns sistemas atuam simultaneamente nessas duas divisões, coordenando respostas que são centrais e periféricas. Trataremos, neste item, de dois sistemas cujos desenvolvimentos nos últimos anos contribuíram de maneira significativa para a compreensão da modulação do comportamento alimentar: o sistema endocanabinoide e o sistema imunológico.

Endocanabinoides e o controle da ingestão de alimentos

Um desenvolvimento importante para a compreensão do controle da ingestão de alimentos ocorreu com a descoberta do sistema endocanabinoide. O aumento do apetite provocado pela planta *Canabis sativa* é conhecido há séculos, porém apenas a partir da década de 1960 o composto químico responsável por seus efeitos psicoativos e orexigênicos, o 9-tetraidrocanabidiol (9-THC), foi descoberto. Estudos da década de 1980 permitiram a clonagem dos receptores endógenos aos quais o 9-THC se liga, os receptores CB-1 e CB-2, sendo o CB-1 um dos receptores acoplados à proteína G mais abundantes no SNC. Posteriormente, dois ligantes endógenos dos receptores canabinoides, a anandamida (AEA) e o 2-araquidonoilglicerol (2-AG), compostos derivados do ácido araquidônico, foram descritos. Os canabinoides endógenos, seus receptores e as enzimas envolvidas em sua síntese e degradação constituem o chamado sistema endocanabinoide.

Os endocanabinoides são produzidos no SNC a partir de lipídios das membranas pós-sinápticas e são liberados em resposta ao aumento intracelular de cálcio que acompanha eventos de despolarização neuronal, podendo também ser estocados intracelularmente em adipossomos. Essas moléculas atuam retrogradamente ao se ligarem a seus receptores presentes em terminais pré-sinápticos glutamatérgicos, inibindo a liberação de glutamato (Figura 26.9). Os endocanabinoides funcionam como sinais orexígenos, o que é confirmado pelo aumento da ingestão de alimentos após a injeção de antagonistas para o receptor CB-1 em diferentes núcleos do hipotálamo. Como esperado, a injeção de antagonistas promove o efeito contrário, reduzindo o consumo alimentar. Dentre os núcleos hipotalâmicos que contêm CB-1 e que são importantes para o controle da ingestão de alimento estão Arq, VMH, DMH, PVH e outros.

Como é possível perceber, os receptores canabinoides CB-1 estão presentes em áreas envolvidas nos diversos aspectos do controle alimentar, como o sensor metabólico Arq, as regiões integradoras do VMH e do DMH, assim como no núcleo motor dos eixos endócrinos e do sistema autônomo, o PVH, permitindo que as ações sobre o comportamento alimentar dos endocanabinoides sejam amplas e diversas. Suas ações não se restringem, contudo, aos núcleos hipotalâmicos relacionados ao comportamento alimentar, uma vez que a ativação do CB-1 em neurônios do sistema nervoso entérico e em terminais sensoriais de neurônios vagais e espinais do sistema digestório modula o processamento de nutrientes e o esvaziamento e a motilidade gástricos.

O sistema canabinoide também apresenta alta sensibilidade metabólica, uma vez que a leptina diminui as concentrações de AEA e 2-AG no hipotálamo, além de animais com deficiência na sinalização por leptina (ob/ob e db/db) apresentarem níveis elevados de endocanabinoides. Esse sistema, no entanto, não é apenas sensível a sinais periféricos, mas também é capaz de executar uma série de modulações fora do SNC, onde os endocanabinoides direcionam o metabolismo sistêmico de macronutrientes ao modular respostas do sistema digestório, músculo, fígado e tecido adiposo, além de modular os níveis plasmáticos de leptina e insulina. Diferentemente do SNC, no qual a presença do CB-1 é quase exclusiva, o CB-2 encontra-se em grandes quantidades em células do sistema imunológico e órgãos periféricos, como baço, timo e pâncreas, onde medeia esses efeitos.

A ação do sistema canabinoide na periferia não ocorre exclusivamente de maneira autônoma, envolvendo também interações com outros sinalizadores periféricos. Um exemplo didático é a interação entre o sistema canabinoide e o sistema da grelina que ocorre no estômago, órgão que expressa abundantemente os receptores de grelina GHSR e também CB-1. Assim, o bloqueio periférico de CB-1 atenua os efeitos orexigênicos centrais da grelina, sugerindo que esses dois sistemas apresentam ações sinergísticas. Além disso, o tratamento independente com antagonistas dos GHSR e CB-1 é capaz de diminuir a ingestão de alimentos e a adiposidade, sugerindo que é importante uma atividade tônica da grelina e do sistema canabinoide para a promoção da fase apetitiva do comportamento alimentar.

Para entender a interação entre a grelina e o sistema canabinoide, é importante compreender a participação da proteinoquinase ativada por monofosfato de adenosina (AMPK) na manutenção da homeostase energética. A ativação da AMPK altera a atividade celular para favorecer vias anabólicas de produção de trifosfato de adenosina (ATP), aumentando a oxidação e inibindo a síntese de ácidos graxos, bem como promovendo a glicólise e reduzindo a síntese de glicogênio. Dessa forma, quando os estoques energéticos estão altos, o que se reflete em níveis elevados de glicose, leptina e insulina, a atividade de AMPK hipotalâmica é inibida, enquanto níveis baixos desses fatores metabólicos, indicando estoques energéticos baixos, promovem a ativação da AMPK. Nessa via de ativação da AMPK, tanto a grelina como os endocanabinoides desempenham um papel, favorecendo sua atividade. É importante notar, contudo, que, além de modular a atividade celular, a ativação da AMPK atua no aumento do apetite e na redução do gasto energético por meio da expressão aumentada de NPY e AgRP no Arq.

Em síntese, o sistema endocanabinoide participa de diversos aspectos da modulação do comportamento alimentar, especialmente por meio do Arq (sensor metabólico), do VMH e do DMH (regiões de integração), e do PVH (executor endócrino e autonômico). Contudo, suas ações não são apenas centrais, dado que os receptores CB-1 estão presentes em neurônios do sistema nervoso entérico e em componentes vagais. Além disso, os receptores CB-2 são expressos em diversos tecidos periféricos, onde os endocanabinoides interagem com outros sistemas, como o da grelina e da leptina. Devido à ampla expressão da maquinaria endocanabinoide, no entanto, é importante registrar que esse sistema influencia inúmeros

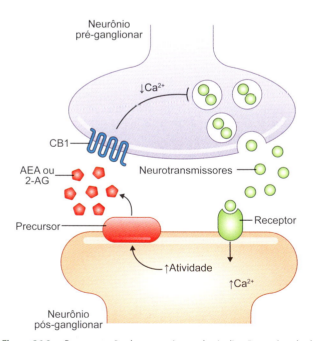

Figura 26.9 • Representação dos mecanismos de sinalização retrógrada dos endocanabinoides. Os endocanabinoides anandamida (AEA) e 2-aracdonoilglicerol (2-AG), produzidos a partir de precursores lipídicos presentes nas membranas de neurônios pós-sinápticos, são liberados em resposta ao aumento intracelular de cálcio após eventos de despolarização neuronal. Na fenda sináptica, os endocanabinoides se ligam aos receptores CB-1 presentes nas membranas dos neurônios pré-sinápticos glutamatérgicos, inibindo a liberação de glutamato e, assim, modulando a atividade dos neurônios pós-sinápticos.

outros processos fisiológicos, como desenvolvimento neural, funções imunes, plasticidade sináptica, aprendizado e dor. Por esse motivo, a elucidação dos mecanismos de ação desse sistema é de fundamental importância para a saúde humana.

Ingestão alimentar durante processos inflamatórios e infecciosos agudos

A sobrevivência dos organismos depende basicamente da habilidade de armazenar energia e defender-se contra infecções. Por essa razão, os sistemas metabólico e imunológico constituem elementos fundamentais para a sobrevivência das mais variadas espécies. Diversos hormônios, moléculas de sinalização intracelular, citocinas e fatores de transcrição atuam comumente em ambos os sistemas. Os estados inflamatórios agudos são frequentemente associados a perda de apetite e de peso corporal, devido a uma produção elevada de citocinas pró-inflamatórias. Citocinas como a interleucina (IL)-1β, IL-6 e o fator de necrose tumoral-α (TNF-α), secretadas por células mononucleares, são capazes de alterar a atividade do sistema endócrino e podem ser encontradas no SNC. Estudos utilizando injeção central ou periférica dessas moléculas em roedores demonstram inibição do consumo de alimento, enquanto injeções de seus antagonistas abolem o efeito hipofágico induzido por estímulos inflamatórios. Há evidências de que essas citocinas atuam nos adipócitos, induzindo a secreção de leptina, que por sua vez promove a diminuição do consumo de alimento.

Cascatas de sinalização inflamatórias também estão relacionadas com a alteração da secreção de insulina. Quando injetada centralmente, a insulina inibe o apetite. Modelos experimentais que utilizam o lipopolissacarídio (LPS) de parede celular de bactérias gram-negativas para estimular a atividade do sistema imunológico demonstram redução do apetite e aumento da secreção de insulina. De modo interessante, ratos com deficiência de insulina causada por tratamento com estreptozotocina, um agente nocivo às células betapancreáticas, não apresentam hipofagia induzida por LPS. Esses achados sugerem que a insulina também participa da inibição da ingestão durante estados de endotoxemia.

Os mecanismos precisos pelos quais as citocinas inflamatórias inibem o comportamento alimentar ainda estão sendo investigados. Acredita-se que as citocinas atuem em populações específicas de neurônios do Arq que expressam seus receptores, e também em células gliais. Os astrócitos, as células gliais mais abundantes no SNC, são ativados em resposta a estados de balanço energético positivo ou negativo, como durante a obesidade ou o jejum, e modulam a atividade neuronal ao alterar as funções sinápticas. Durante quadros de inflamação ou durante obesidade causada por ingestão excessiva de lipídios, os astrócitos apresentam alterações morfológicas e proliferativas e estimulam a secreção central de citocinas. Com a recente comprovação da presença de receptores para leptina e insulina nos astrócitos, seu papel coadjuvante na regulação central da homeostase energética frente a estados de inflamação/infecção foi reforçado.

FLUXO AUTONÔMICO

▸ Divisão parassimpática

Para entender o controle pré-motor do nervo vago, devemos primeiro rever o circuito neural do tronco encefálico, mais precisamente do bulbo. Quatro regiões interconectadas – o núcleo do nervo vago, o NTS, a formação reticular e a área postrema (AP) – podem ser vistas como o substrato básico para a atividade reflexa parassimpática. Os motoneurônios do nervo vago recebem densa inervação do NTS e da AP; portanto, a atividade desses neurônios pode ser influenciada não somente pela ação direta sobre os próprios motoneurônios, mas também pelos impulsos neurais que chegam ao NTS e/ou à AP.

Sobre os motoneurônios vagais chegam impulsos diretos originados de um número relativamente restrito de áreas encefálicas, que são: córtex infralímbico (pré-frontal ventral), PVH, área retroquiasmática/núcleo arqueado, núcleo hipotalâmico dorsomedial, AHL, grupo noradrenérgico A5 e núcleos obscuro e pálido da rafe. As vias indiretas para o núcleo do nervo vago originam-se de estruturas corticais e diencefálicas/hipotalâmicas, via outras estações sinápticas, como: núcleo parabraquial, grupamento A5, grupamento C1 no bulbo ventrolateral e núcleos da rafe.

Além do nervo vago, existem outros dois componentes parassimpáticos envolvidos na regulação do balanço energético: a produção de saliva durante a ingestão de alimentos sólidos e a digestão. Os neurônios pós-ganglionares localizados no gânglio ótico e nos ductos e glândulas salivares recebem impulsos de neurônios da formação reticular parvocelular. Os neurônios envolvidos direta ou indiretamente nessa via foram encontrados nas seguintes áreas: NTS, *locus coeruleus*, complexo parabraquial, AHL, área perifornicial, PVH, núcleo central da amígdala e núcleo intersticial da estria terminal.

A porção parassimpática sacral está envolvida na função de eliminação da massa fecal do tubo alimentar, podendo influenciar diretamente o balanço energético por meio de efeitos no trânsito do bolo alimentar e dos hormônios gastrintestinais.

▸ Divisão simpática

O fluxo simpático se faz por meio de várias vias, que podem ser comuns às do fluxo parassimpático. De maneira sucinta, temos que territórios prosencefálicos projetam-se para núcleos do tronco encefálico e esses, finalmente, chegam aos neurônios pré-ganglionares simpáticos da coluna intermediolateral da medula espinal. Essas vias podem ser diretas ou indiretas. Desse modo, os núcleos hipotalâmicos projetam-se diretamente para os neurônios pré-ganglionares, ou usam estações sinápticas, como o grupamento A5 (noradrenérgico), o complexo parabraquial, o NTS e o núcleo caudal da rafe (via serotoninérgica). O hipotálamo pode também utilizar uma via indireta, por meio da substância cinzenta periaquedutal, a qual se projeta para a porção ventrolateral do bulbo (adrenérgico), chegando esse, então, aos neurônios pré-ganglionares. Além desses, outros territórios prosencefálicos se projetam direta ou indiretamente aos neurônios pré-ganglionares. Dentre eles, o córtex da ínsula, o córtex infralímbico e os núcleos central da amígdala e intersticial da estria terminal projetam-se para o NTS e o complexo parabraquial, antes de chegarem aos neurônios pré-ganglionares.

As informações provenientes dos centros suprassegmentares acabam, então, chegando aos neurônios colinérgicos pré-ganglionares que se dirigem para os neurônios para- e pré-vertebrais; desses, vão para os seus respectivos alvos, incluindo o tecido adiposo marrom e branco, a medula da glândula suprarrenal, os hepatócitos e as células do pâncreas (responsáveis pela produção de insulina e glucagon). Essas projeções finais utilizam os neurotransmissores norepinefrina, NPY e galanina, entre outros.

Apesar do conhecimento dos locais, das vias e dos neurotransmissores envolvidos na função autonômica do controle do balanço energético, algumas questões importantes ainda permanecem não respondidas, como:

- Quais são os grupamentos neuronais, anteriormente citados, diretamente envolvidos no gasto energético? Quais os envolvidos no consumo energético?
- Qual é a via específica para os efetores no caso do gasto ou da assimilação energética?
- Qual é a área (ou áreas) do encéfalo que coordena uma ativação balanceada nas duas alças do controle (gasto e consumo)?
- Onde e como o fluxo autônomo é coordenado com o comportamento final da ingestão alimentar?

CONCLUSÃO

Pelo que pudemos observar, o comportamento alimentar em mamíferos é complexo e, como tal, necessita de diversas fontes de informação, controle, manutenção e efetuação. Os aspectos visuais, olfatórios e gustativos dos alimentos, juntamente com a necessidade de alimentação, a sensação de fome e de plenitude gástrica, e as informações sobre o "estoque" energético, são componentes desse complexo comportamento e estão todos intimamente relacionados. Assim, os sistemas nervoso, digestório e endócrino (incluindo o tecido adiposo) atuam juntos para determinar o início e o término do comportamento alimentar, de tal modo que não se instale a obesidade nem a caquexia. Ainda há muito a ser compreendido, mas deve ser reconhecido que, nas últimas duas décadas, houve contribuições importantíssimas e definitivas no que concerne à descoberta de vários neuropeptídios e/ou hormônios, bem como seus respectivos receptores. Essas descobertas contribuíram para a melhor compreensão das substâncias neuroativas, e das vias neurais, relacionadas com o controle do comportamento alimentar (Figura 26.10).

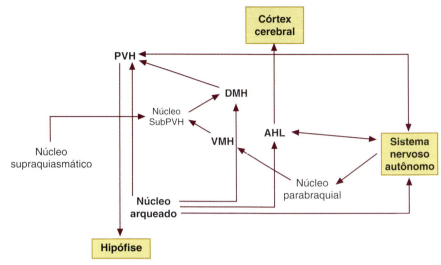

Figura 26.10 ▪ Esquema das vias neurais envolvidas com o controle do comportamento alimentar. As informações sobre o estado nutricional do indivíduo chegam ao sistema nervoso central por vias neurais (principalmente, por meio do núcleo do trato solitário/sistema nervoso autônomo) e por vias humorais (principalmente, por meio do núcleo arqueado/órgãos circunventriculares). Além dessas, informações acerca de ritmos biológicos são fornecidas a partir dos núcleos supraquiasmático e subparaventricular (subPVH). Essas informações são integradas em núcleos hipotalâmicos como o ventromedial (VMH), o dorsomedial (DMH) e a área hipotalâmica lateral (AHL). Posteriormente, são enviadas para regiões responsáveis pelo controle visceral (como o núcleo hipotalâmico paraventricular [PVH] e núcleo do trato solitário/sistema nervoso autônomo), endócrino (hipófise) e comportamental (regiões corticais).

BIBLIOGRAFIA

AHIMA RS, SAPER CB, FLIER JS et al. Leptin regulation of neuroendocrine systems. *Front Neuroendocrinol*, 21:263-307, 2000.
BERTHOUD HR. Multiple neural systems controlling food intake and body weight. *Neurosci Biobehav Rev*, 26:393-428, 2002.
BITTENCOURT JC, PRESSE F, ARIAS C et al. The melanin-concentrating hormone system of the rat brain: an immuno- and hybridization histochemical characterization. *J Comp Neurol*, 319:218-45, 1992.
BORGES BC, ELIAS CF, ELIAS LL. PI3 K signaling: a molecular pathway associated with acute hypophagic response during inflammatory challenges. *Mol Cell Endocrinol*, 438:36-41, 2016.
BURNETT CJ, LI C, WEBBER E et al. Hunger-driven motivational state competition. *Neuron*, 92(1):187-201, 2016.
DRUCKER DJ. Minireview: the glucagon-like peptides. *Endocrinol*, 142:521-7, 2001.
EDWARDS A, ABIZAID A. Driving the need to feed: Insight into the collaborative interaction between ghrelin and endocannabinoid systems in modulating brain reward systems. *Neurosci Biobehav Rev*, 66:33-53, 2016.
ELMQUIST JK, ELIAS CF, SAPER CB. From lesions to leptin: hypothalamic control of food intake and body weight. *Neuron*, 22:221-32, 1999.
FENSELAU H, CAMPBELL JN, VERSTEGEN AM et al. A rapidly acting glutamatergic ARC→PVH satiety circuit postsynaptically regulated by α-MSH. *Nat Neurosci*, 20(1):42-51, 2017.
FLIER JS. Clinical review 94: What's in a name? In search of leptin's physiologic role. *J Clin Endocrinol Metab*, 83:1407-13, 1998.
HILL JW, ELMQUIST JK, ELIAS CF. Hypothalamic pathways linking energy balance and reproduction. *Am J Physiol Endocrinol Metab*, 294:E827-32, 2008.
GOFORTH PB, MYERS MG JR. Roles for orexin/hypocretin in the control of energy balance and metabolism. *Curr Top Behav Neurosci*, 33:137-56, 2017.
HORVATH TL, DIANO S, SOTONYI P et al. Minireview: ghrelin and the regulation of energy balance – a hypothalamic perspective. *Endocrinology*, 142(10):4163-9, 2001.
KRUDE H, BIEBERMAN H, LUCK W et al. Severe early-onset obesity, adrenal insufficiency and red hair pigmentation caused by POMC mutations in humans. *Nat Genet*, 19:155-7, 1998.
LICINIO J, MANTZOROS C, NEGRAO AB et al. Human leptin levels are pulsatile and inversely related to pituitary-adrenal function. *Nature Med*, 3:575-9, 1997.
QU D, LUDWIG DS, GAMMELTOFT S et al. A role for melanin-concentrating hormone in the central regulation of feeding behaviour. *Nature*, 380:243-7, 1996.
SAPER CB, CHOU TC, ELMQUIST JK. The need to feed: homeostatic and hedonic control of eating. *Neuron*, 36:199-211, 2002.
SCHWARTZ MW, WOODS SC, PORTE DJ et al. Central nervous system control of food intake. *Nature*, 404:661-71, 2000.
SHI H, SEELEY RJ, CLEGG DJ. Sexual differences in the control of energy homeostasis. *Front Neuroendocrinol*, 30:396-404, 2009.
SPIEGELMAN BM, FLIER JS. Obesity and the regulation of energy balance. *Cell*, 104:531-43, 2001.
STELLAR E. The physiology of motivation. *Psychol Rev*, 101:301-11, 1954.
WATKINS BA, KIM J. The endocannabinoid system: directing eating behavior and macronutrient metabolism. *Front Psychol*, 5:1506, 2015.
ZHANG Y, PROENCA R, MAFFEI M et al. Positional cloning of the mouse obese gene and its human homologue. *Nature*, 372:425-32, 1994.

Seção 5

Fisiologia Cardiovascular

Coordenadora:
Luciana Venturini Rossoni

27 Estrutura e Função do Sistema Cardiovascular, *431*
28 Eletrofisiologia do Coração, *439*
29 Bases Fisiológicas da Eletrocardiografia, *455*
30 Contratilidade Miocárdica, *473*
31 O Coração como Bomba, *501*
32 Circulação Arterial e Hemodinâmica | Física dos Vasos Sanguíneos e da Circulação, *511*
33 Vasomotricidade e Regulação Local de Fluxo, *529*
34 Aspectos Morfofuncionais da Microcirculação, *547*
35 Veias e Retorno Venoso, *563*
36 Circulações Regionais, *575*
37 Regulação da Pressão Arterial | Mecanismos Neuro-Hormonais, *609*
38 Regulação a Longo Prazo da Pressão Arterial, *631*

Eduardo Moacyr Krieger.

Um dos nove filhos do comerciante de origem alemã radicado em Cerro Largo, na época parte do município de São Luiz Gonzaga, perto da fronteira do Rio Grande do Sul com a Argentina, e o único destinado pela família a cursar faculdade, em paralelo às suas atividades de professor e pesquisador, manteve sempre certo gosto pela política acadêmica. Nascido em 1928, em Cerro Lago, formou-se em Medicina na Faculdade de Medicina de Porto Alegre, em 1953. É Professor Emérito da Faculdade de Medicina de Ribeirão Preto/USP e Professor *honoris causa* pela Universidade Federal do Rio Grande do Sul. Por influência decisiva de dois eminentes argentinos, os fisiologistas Bernardo Houssay, Prêmio Nobel de Fisiologia e Medicina de 1947, e Eduardo Braun Menéndez, responsável pela descoberta da angiotensina, em 1940 se tornou fisiologista cardiovascular, dedicando-se especialmente à pesquisa da hipertensão.

Sua principal linha de pesquisa foi estudar, em modelos de hipertensão experimental, os mecanismos de regulação da pressão arterial, principalmente os mecanismos neurogênicos. Descreveu um método de desnervação sinoaórtica, no rato, que é empregado universalmente até hoje. É seu trabalho com mais citações – cerca de 600. Foi publicado em 1964 na *Circulation Research*, e seus estudos sobre a adaptação dos pressorreceptores na hipertensão e na hipotensão são amplamente conhecidos. Foi pioneiro no uso do rato como modelo para estudos de regulação da pressão arterial no sono e no exercício, bem como no registro da atividade simpática, em condições fisiológicas. Escreveu uma série de artigos em que mostra o funcionamento dos pressorreceptores. Com a Dra. Lisete Michelini, estudou o mecanismo pelo qual os pressorreceptores se adaptam, demonstrando que a sequência de adaptação é a mesma da dilatação da aorta na hipertensão, sendo que associaram a adaptação às alterações que ocorrem no vaso. Para além de suas contribuições diretas ao conhecimento dos mecanismos de controle da pressão arterial, foi o criador, ainda nos anos 1950, de um importante grupo de pesquisa na Faculdade de Medicina da USP, em Ribeirão Preto, e, em 1985, criador do mais respeitado grupo de pesquisa integrada em hipertensão do país, com considerável inserção internacional, o do Instituto do Coração (**InCor**) do Hospital das Clínicas da USP, em São Paulo. Atualmente, o Prof. Krieger diz ter dois projetos para completar: um temático, que deve durar mais 1 ano e pouco, com o qual está tentando obter biomarcadores da evolução terapêutica dos pacientes para saber se um paciente pode responder melhor ou pior a um tratamento, e um projeto do Ministério da Saúde e do CNPq sobre hipertensão resistente, do qual participam 26 centros e hospitais universitários. Neste último, pretende conhecer a porcentagem de brasileiros resistentes à terapêutica da hipertensão. Nos países avançados, 20 a 30% dos pacientes, mesmo recebendo um tratamento ótimo, continuam hipertensos. No Brasil não há trabalhos importantes sobre esse assunto. Em um primeiro momento, o paciente será submetido ao tratamento padrão, com doses ótimas e controladas. Serão feitos monitoramentos de pressão para descobrir essa porcentagem. Em seguida, irão randomizar os pacientes resistentes e ver qual é a melhor medicação para eles, uma que atue no sistema nervoso central ou uma que aja no sistema renina-angiotensina-aldosterona. Isso é *medicina translacional*, que tem dois aspectos. O primeiro é passar o conhecimento para a clínica. O segundo é transformar o que se vê na pesquisa clínica em medidas de saúde pública. Falta pouco mais de 1 ano para terminar, e já estão com 1.000 dos 2.000 pacientes de que precisam.

Segundo Krieger, o conceito de medicina translacional tem uns 10 anos. O termo é novo, mas a ideia de pesquisa translacional é antiga: remonta à década de 1940. Durante a guerra, premido pela necessidade de tecnologia militar, foi criado o Vale do Silício em parceria com a Universidade Stanford, simbolizando a rapidez com que o conhecimento ia da universidade para o setor privado. Ali começou um círculo virtuoso resultante da passagem rápida do conhecimento para a aplicação. A medicina tardou a fazer isso. Começou há 12 anos. Primeiro o Instituto de Medicina da National Academy of Sciences começou a discutir por que a investigação clínica no país não avançava como a pesquisa básica biomédica.

Os NIH (Institutos Nacionais de Saúde) começaram a se preocupar com isso, e o principal passo ocorreu quando Elias Zerhouni se tornou presidente dos NIH. Ele fez o chamado *road map* dos NIH para três grandes áreas: as áreas estratégicas que precisavam ser estudadas; a formação de equipes multidisciplinares; e a reengenharia da investigação clínica ou medicina translacional. Ele achava necessário um esforço para a investigação clínica beneficiar a saúde pública. Criaram o programa para financiar os núcleos de medicina translacional nas universidades. Começaram com 10 ou 12 universidades em 2007 e 2008, e hoje são 40 ou 50. Os NIH pretendem financiar a gestão da pesquisa universitária. Querem um núcleo de integração na universidade, principalmente na área da saúde, que faça o avanço do conhecimento básico com interação com as outras disciplinas (física, química, informática etc.), e que o conhecimento chegue rapidamente à clínica e à saúde pública. O Prof. Krieger visitou a Universidade da Pensilvânia, que tem um núcleo de medicina translacional muito bom, e então pensou em fazer algo semelhante no Brasil. Segundo ele, o InCor nasceu translacional, com a ideia de que o conhecimento precisa passar da bancada para o leito. A partir daí, achou que era hora de ter uma disciplina chamada **cardiologia translacional**, procurando auxiliar o pessoal a fazer projetos e a introduzir a inovação, elementos que permeiam esse tipo de medicina. Um simpósio sobre essa inovação, realizado no InCor, fez uma revisão da lei federal de inovação, a **Lei do Bem**, e da lei estadual, mostrando a importância de ter núcleos de inovação tecnológica em vários centros. Krieger também está auxiliando o diretor a internacionalizar as atividades da Faculdade de Medicina.

O Prof. Krieger sempre teve atividades na política acadêmica. Foi presidente da **Academia Brasileira de Ciências** (ABC) por 14 anos, desde 1993, e em 1998 a academia recebeu um convite para integrar uma espécie de federação das academias, a **InterAcademy Panel** (IAP), com quase uma centena de associados. Em 2000, fez uma reunião em Tóquio e o estatuto foi aprovado. Foi eleito presidente para representar os países em desenvolvimento, de 2000 a 2003. Também representou a ABC no InterAcademy Council, composto por 13 academias. Essas duas entidades proporcionaram à ABC inserção internacional. Conheceu a política científica, como as academias se auxiliam, os temas globais com que as academias e os pesquisadores devem se preocupar. Sua chegada à presidência da ABC coincidiu com uma oportunidade de participar da política nacional. José Israel Vargas foi nomeado ministro da Ciência e Tecnologia quando Krieger era vice-presidente da ABC. Ele promoveu a academia, que se tornou reconhecida em plano nacional. A **Sociedade Brasileira para o Progresso da Ciência** (SBPC) dominava o terreno, porém Krieger conseguiu equilibrar o jogo e hoje as duas são consideradas importantes, se entendem e colaboram entre si. Krieger também ajudou a criar o *Brazilian Journal of Medical and Biological Research*.

Segundo Krieger, de tudo que fez na política científica, o que lhe é mais caro e que teve mais repercussão foi: (i) sua atuação como presidente da ABC, pois conseguiu, na esfera nacional e internacional, projetar a ciência brasileira, e (ii) ter o reconhecimento da academia como um órgão de assessoramento do governo. Ele atua até hoje, como membro do Conselho Nacional de Ciência e Tecnologia, subordinado à presidência, e vive cobrando que funcione melhor. Também ajudou na fundação da **Federação das Sociedades de Biologia Experimental** (FeSBE) e na criação da **Sociedade Brasileira de Hipertensão**. Segundo Krieger, ele sempre fez parte dessas associações, porque estava trabalhando e continuou trabalhando na bancada. Krieger se define como professor, cientista e ativista, e considera que o cientista tem obrigação social de trabalhar para fazer com que a ciência reverta em benefício para a sociedade. O esforço que tem feito hoje é o de entender a medicina com foco na prevenção. E a prevenção é educação.

Krieger acha que sua relação com a medicina translacional mostra essa preocupação: atualmente, está programando na Faculdade de Medicina da USP uma conferência internacional sobre educação médica. *"Não podemos formar um médico que conheça todas as especialidades e não tenha noção daquilo com que vai trabalhar na atenção primária. É preciso ao mesmo tempo ensinar a curar o doente e prevenir a doença. Não temos recursos financeiros para dar tratamento a todos com a sofisticação tecnológica atual. Temos de trazer à cena a prevenção da doença; ela é muito mais barata e tem muito mais repercussão. Assim, as pessoas ficarão mais tempo gozando de boa saúde."*

Margarida de Mello Aires
Fonte: entrevista concedida a R. Zorzetto e M. Moura

Capítulo 27

Estrutura e Função do Sistema Cardiovascular

Silvia Lacchini | Maria Cláudia Irigoyen | Luciana Venturini Rossoni

- Introdução, *432*
- Sistema cardiovascular dos mamíferos, *433*
- Estrutura do coração, *433*
- Estrutura e classificação dos vasos sanguíneos, *435*
- Sistema arterial, *436*
- Capilares, *437*
- Anastomoses arteriovenosas, *437*
- Sistema venoso, *437*
- Circulação sistêmica e pulmonar, *438*
- Bibliografia, *438*

INTRODUÇÃO

Os mecanismos pelos quais os organismos trocam substâncias (quer nutrientes, quer gases) apresentam uma grande variação na dependência de suas necessidades metabólicas e adaptações ao meio ambiente. Os organismos unicelulares, independentemente do meio em que vivem, encontram o suporte para suas necessidades metabólicas no meio externo. Assim, os gases e outras substâncias são transportados para a célula através da membrana celular. Como visto anteriormente (ver Capítulo 8, *Difusão, Permeabilidade e Osmose*), substâncias são transportadas através da membrana predominantemente pelo mecanismo de difusão. A difusão é diretamente proporcional à diferença de concentração de uma determinada substância nos dois lados da membrana e inversamente proporcional à distância a ser percorrida. A velocidade do transporte de substâncias por difusão pode ser um fator crítico, uma vez que o tempo (t) que uma partícula necessita para se mover em determinada distância aumenta com o quadrado da distância.

Essa relação entre o tempo necessário para transportar uma substância faz com que o transporte seja extremamente lento quando se consideram grandes percursos. Dessa forma, quando as distâncias são curtas, como em uma fenda sináptica (20 a 60 nm), a difusão acontece em apenas 5 milionésimos de segundo, enquanto, através da parede do coração (cerca de 1 cm), ela se torna lenta, despendendo cerca da metade de um dia. Essa informação é muito importante em seres multicelulares. Embora uma única célula possa manter suas necessidades metabólicas por meio da difusão, uma célula que está rodeada de outras pode ter sérios problemas tanto devido a uma limitada superfície de troca quanto à distância relativa ao meio externo. Assim, o transporte de substâncias limita o tamanho dos tecidos ativos e a capacidade das células para formar agregados, órgãos ou grandes organismos. Essa ideia deve ser considerada tanto quando um pequeno organismo multicelular é avaliado como quando organismos complexos, como os mamíferos, são analisados. Nesse sentido, pequenos organismos unicelulares e pluricelulares apresentam facilidades quanto às suas trocas de nutrientes, mas têm seu tamanho e atividade metabólica limitados pela capacidade de transporte de substâncias pelos tecidos.

Ao longo da escala evolutiva, verifica-se um aumento da complexidade dos sistemas. Esse processo está relacionado com maior eficiência do processo de perfusão dos tecidos. Para melhorar a eficiência de perfusão tecidual conforme as demandas metabólicas, diferentes soluções foram encontradas, as quais maximizam as trocas entre as células e seu meio. Assim, alguns organismos modificaram a sua forma corporal, enquanto outros desenvolveram sistemas de transporte especializados, tornando possível a nutrição de todos os tecidos. Tais modificações estão relacionadas com a presença ou não de uma cavidade interna (celoma), cujos líquidos podem ser usados como transportadores de gases e substâncias.

Os poríferos são um bom exemplo da adaptação da forma de um organismo em que a área de difusão é aumentada. Nestes, a água entra através de canais revestidos por células flageladas e é excretada por uma abertura única (ósculo). O movimento dos flagelos provoca uma corrente que faz com que a água passe para a cavidade da esponja e entre em contato com células do lado interno, promovendo uma mistura contínua da água e aumentando a disponibilidade de oxigênio. Outro tipo de adaptação pode ser visto nos ctenóforos, em que uma cavidade interna ramificada do corpo serve para as funções digestiva e circulatória, aumentando a superfície e facilitando as trocas. Nos pseudocelomados, como os nematódeos, não há aparelho circulatório, e o tubo digestivo fornece nutrientes e gases que serão trocados com o fluido pseudocelômico, misturado pelos movimentos do animal (Figura 27.1).

Os celomados são considerados seres com cavidades internas verdadeiras, e neles surgem adaptações que tornam o sistema de transporte de substâncias mais eficiente. Essa característica é fundamental para o desenvolvimento desses organismos, permitindo o aumento no seu tamanho corporal e o incremento de sua atividade metabólica. Entre essas novas adaptações evolutivas destaca-se o desenvolvimento de estruturas com função de conduzir um fluido contendo substâncias, bem como de órgãos capazes de impulsionar esse fluido. Essas adaptações já são observadas nos anelídeos (com corações laterais) e nos crustáceos (com coração dorsal). Já em animais mais complexos, como os vertebrados, o coração funciona como uma bomba especializada capaz de gerar fluxo de sangue para a periferia (ver Figura 27.1).

O sistema circulatório fechado de vertebrados é derivado de um sistema ancestral comum, semelhante àquele de cefalocordados, com adição de um coração central, circulação hepática e capilares. O coração de vertebrados desenvolve-se

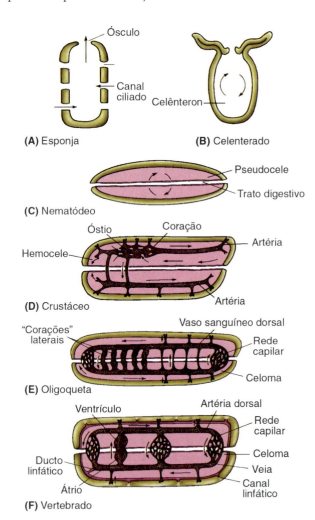

Figura 27.1 • Esquema representativo dos sistemas circulatórios com diferentes graus de complexidade. **A.** Circulação do meio externo para a cavidade gastrovascular de um porífero (esponja). **B.** Circulação do meio externo para a cavidade gastrovascular de um celenterado. **C.** Circulação do fluido pseudocelômico em um nematódeo. **D.** Circulação da hemolinfa em um sistema vascular aberto de um crustáceo. **E.** Circulação do fluido celômico e do sangue em sistemas separados de um oligoqueta. **F.** Circulação do sangue em um sistema vascular fechado de um vertebrado. (Adaptada de Withers, 1992.)

a partir de um vaso ventral mediano na região branquial. Já o sistema circulatório apresenta uma complexidade em que se divide em sistema linfático e sistema cardiovascular, contendo coração e vasos sanguíneos (com porções arterial, capilar e venosa) (ver Figura 27.1).

SISTEMA CARDIOVASCULAR DOS MAMÍFEROS

Nos mamíferos, o sistema cardiovascular é constituído por uma bomba geradora de fluxo (o coração), por uma série de vasos de distribuição e de coleta, e por um extenso sistema de finos vasos (capilares) que tornam possíveis as trocas de substâncias entre o sangue e os tecidos. O sistema circulatório, por sua vez, é composto por dois circuitos em série de vasos: um onde ocorrem as trocas gasosas com o ambiente externo (circulação pulmonar) e outro onde o sangue que sofreu as trocas gasosas com o ambiente e contém substâncias fundamentais na homeostase do organismo é disponibilizado para todos os outros tecidos (circulação sistêmica). Ao longo da vida do indivíduo, apenas alguns tecidos permanecem avasculares, como cartilagens hialinas, córnea, lentes e valvas cardíacas.

Mais tardiamente ao desenvolvimento da rede vascular no embrião, forma-se o sistema linfático, que é uma rede de vasos em fundo cego, que transportam linfa e desembocam no sistema venoso, completando o sistema circulatório. Tanto os vasos sanguíneos como os vasos linfáticos apresentam muitas similaridades relacionadas com o seu desenvolvimento, estrutura e função.

Assim, o sistema cardiovascular é o responsável por gerar fluxo adequado de sangue ao nosso organismo e, por meio dessa função, controla:

- *Transporte*: de gases (O_2 dos pulmões aos vários tecidos e de CO_2 destes de volta aos pulmões), nutrientes, metabólitos, vitaminas, hormônios e células
- *Homeostase*: regulação das concentrações internas de substâncias, da temperatura e do pH. É interessante considerar que no sistema nervoso central (SNC) desenvolve-se um endotélio especializado, que estabelece as barreiras sangue-encéfalo e sangue-retina
- *Defesa*: contra agentes patogênicos, que requer a interação de leucócitos com vasos tanto sanguíneos quanto linfáticos. Neste caso, a produção de quimiocinas e a indução de moléculas de adesão, integrinas e lectinas são de grande importância para a migração de leucócitos através da parede vascular
- *Volume do líquido extracelular*: os vasos sanguíneos e os linfáticos participam de mecanismos que levam a ajustes regionais de volume e produção de substâncias, por meio de modificações na permeabilidade capilar.

ESTRUTURA DO CORAÇÃO

O coração (Figura 27.2) pode ser descrito como uma bomba dupla, que move o sangue sequencialmente pela circulação pulmonar (coração direito) e pela circulação sistêmica (coração esquerdo). Para tal, o coração possui um sistema elétrico de gênese e condução de estímulos elétricos (ver Capítulo 28, *Eletrofisiologia do Coração*), os quais se propagam para o músculo atrial e ventricular, e disparam os mecanismos que levarão à contração e ao relaxamento do músculo cardíaco (ver Capítulo 30, *Contratilidade Miocárdica*). A parede cardíaca é composta, predominantemente, por fibrócitos e células musculares estriadas cardíacas, além de matriz extracelular. A espessura da parede de cada câmara cardíaca correlaciona-se com a sua função e habilidade de desenvolver gradientes de pressão. Os átrios, que desenvolvem baixas pressões, apresentam uma parede relativamente fina. Já os ventrículos, que desenvolvem pressões maiores, apresentam uma parede consideravelmente mais espessa. Neste caso, o ventrículo esquerdo, que desenvolve alta pressão para vencer a resistência vascular sistêmica e, assim, ejetar o seu volume (pressão sistólica do ventrículo esquerdo se encontra em valores próximos a 120 mmHg), tem parede mais espessa que a do ventrículo direito, que não necessita desenvolver pressão muito elevada para bombear o sangue, uma vez que trabalha contra a resistência imposta pela circulação pulmonar, a qual é baixa (pressão sistólica do ventrículo direito se encontra em valores próximos a 25 mmHg).

Cabe aqui ressaltar que o funcionamento correto do coração, como bomba, depende da eficiência das valvas cardíacas, responsáveis por separar suas câmaras, mantendo o fluxo de sangue unidirecional e garantindo maior eficiência em seu transporte, como será detalhado no Capítulo 31, *O Coração como Bomba*. Dessa forma, no coração encontram-se quatro valvas, sendo duas entre átrios e ventrículos (denominadas valvas atrioventriculares: mitral e tricúspide) e duas nas vias de saída dos ventrículos (denominadas valvas ventrículo-arteriais: aórtica e pulmonar).

A abertura das valvas atrioventriculares possibilita o fluxo de sangue dos átrios aos respectivos ventrículos, durante as fases que levam ao enchimento ventricular, em decorrência da queda dos valores de pressão ventricular devido à repolarização e ao relaxamento ventricular (diástole), enquanto o fechamento das valvas atrioventriculares ocorre devido ao desenvolvimento de pressão ventricular em virtude da despolarização e contração dessa cavidade (sístole). As valvas atrioventriculares são constituídas por folhetos fibrosos (denominados cúspides), sendo encontrados em número de dois folhetos na valva atrioventricular esquerda (mitral) e em número de três folhetos na direita (tricúspide). A eficiência do fechamento dessas valvas depende da aproximação das cúspides, e para tal se faz importante a presença de estruturas específicas na parede interna dos ventrículos: os músculos papilares e as cordas tendíneas. Os músculos papilares são projeções musculares da parede interna dos ventrículos para dentro da cavidade e têm em sua extremidade livre projeções fibrosas em formato de cordões, chamadas de cordas tendíneas. Essas cordas tendíneas, por sua vez, prendem-se às extremidades livres das cúspides. Funcionalmente, a ligação entre essas estruturas permite que, durante a contração ventricular, as cordas tendíneas tracionem as valvas, mantendo-as fechadas, impedindo sua eversão e o retorno do sangue para os átrios.

As vias de saída dos ventrículos para o sistema arterial, sistêmico e pulmonar apresentam valvas de nomes correspondentes (aórtica e pulmonar, respectivamente). Ambas são valvas constituídas por três folhetos denominados válvulas semilunares. As válvulas semilunares não apresentam a extremidade livre conectada a outras estruturas; o seu formato de meia-lua permite a formação de uma espécie de bolsa que impede seu dobramento de volta ao ventrículo durante o relaxamento ventricular. Assim, o sangue é impulsionado do

434 Aires | Fisiologia

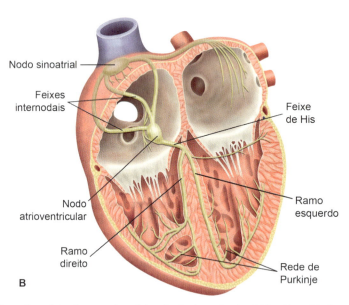

Figura 27.2 ▪ **A.** O coração e a irrigação coronariana. **B.** Localização dos nodos sinoatrial e atrioventricular e o sistema de condução cardíaca.

ventrículo para a artéria durante as fases que compõem a sístole e, durante as fases que compõem a diástole, parte do sangue que tenderia a voltar para o ventrículo, devido ao gradiente de pressão, enche essas bolsas, aproximando uma válvula da outra e, assim, fechando a estrutura como um todo. Essa conformação impede o refluxo de sangue de volta ao ventrículo. Além do mais, uma característica importante para o fluxo sanguíneo cardíaco é a presença de aberturas (óstios) das artérias coronárias (esquerda e direita) na valva aórtica, nos espaços entre a válvula e a parede aórtica (os denominados seios aórticos: esquerdo e direito). Essas aberturas garantem o fluxo de sangue adequado para as artérias coronárias esquerda e direita, principalmente, nas fases do relaxamento ventricular, no caso do ventrículo esquerdo, pois será o momento de maior gradiente de pressão para a menor resistência mecânica dos ramos coronarianos.

ESTRUTURA E CLASSIFICAÇÃO DOS VASOS SANGUÍNEOS

O sistema vascular é formado por uma rede de tubos, compreendendo uma extensão total de 50.000 km e transportando aproximadamente 10.000 ℓ de sangue por dia. Tanto artérias como veias seguem um modelo estrutural histológico comum, diferenciando-se umas das outras por características próprias desses componentes. O modelo estrutural comum é estabelecido pela presença de três camadas (também denominadas túnicas), que se correlacionam com a função do vaso.

A túnica mais externa do vaso é a adventícia; a de posição intermediária é a túnica média; e a mais interna é a túnica íntima. Outros componentes presentes na parede vascular são o tecido adiposo perivascular, fibras nervosas não mielinizadas (que participam do controle neural da função vascular) e células das linhagens de mastócitos e monócitos/macrófagos. Cabe aqui ressaltar que, em vasos de grande calibre, não é possível realizar a nutrição adequada das diversas camadas celulares por difusão. Dessa forma, existem vasos específicos (*vasa vasorum*) que realizam a nutrição vascular (são observados nas túnicas adventícia e média). Além disso, os vasos de grande calibre também são acompanhados de capilares linfáticos.

Estruturalmente, embora os vasos sanguíneos apresentem um padrão de túnicas e tipos celulares, sua composição irá mudar conforme a função vascular. As artérias que compõem a macrocirculação são encontradas a partir do coração a montante dos vasos de resistência e consistem tanto em artérias elásticas, próximas ao coração, como em artérias musculares, mais distais (Figura 27.3). As artérias elásticas, como a aorta e as artérias pulmonares, se dividem em ramos menores, que progressivamente se ramificam para formar artérias com diâmetro reduzido e que induzem alta resistência à passagem do fluxo sanguíneo, as chamadas artérias de resistência e arteríolas. A seguir, as arteríolas se ramificam em numerosos capilares, que apresentam essencialmente lâmina basal e uma monocamada de células endoteliais. Os capilares convergem e formam as vênulas e veias de pequeno calibre, que apresentam uma pequena camada de elastina, colágeno e músculo liso, quando comparada a uma artéria de mesmo calibre (Figura 27.4). Já as grandes veias ganham camadas de músculo liso e colágeno, quando comparadas a uma vênula, apresentando a importante função de armazenamento de sangue, controle da complacência venosa e, consequentemente, do retorno venoso de sangue aos átrios (ver Capítulo 35, *Veias e Retorno Venoso*). A espessura da parede vascular está relacionada com a pressão sanguínea que o vaso terá de suportar, caracterizando uma espessura tipicamente maior em artérias quando comparadas às veias adjacentes.

Anatomicamente desde uma grande artéria até os capilares, há aumento progressivo no número de vasos em paralelo; assim, a área de seção transversal do sistema vascular aumenta, a despeito da progressiva queda no diâmetro do vascular. O aumento da área de seção transversal ao longo do sistema, desde a aorta até os capilares, diminui a velocidade do sangue (cm/s), já que esta é expressa pela razão entre fluxo (cm³/s) e a área de seção transversal (cm²) (Figura 27.5). Assim, a velocidade do sangue é inversamente proporcional à área de seção transversal, chegando a cerca de 0,07 cm/s nos capilares. Em outras palavras, a velocidade de deslocamento do sangue no interior dos vasos depende da amplitude do leito vascular, diminuindo à medida que o sangue se distancia do coração, chegando a um mínimo nos capilares e aumentando novamente nas veias (para mais detalhes, ver Capítulo 32, *Circulação Arterial e Hemodinâmica | Física dos Vasos Sanguíneos e da Circulação*).

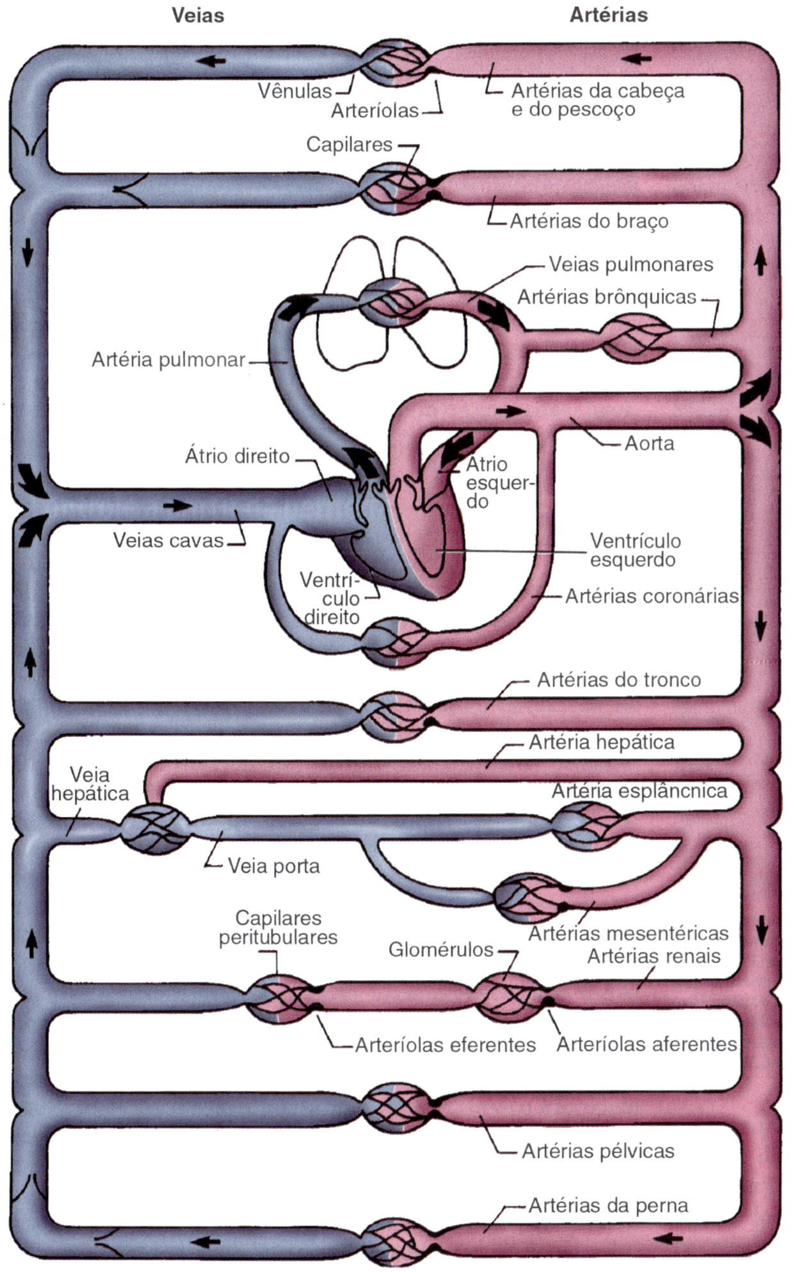

Figura 27.3 • Representação esquemática de uma rede circulatória. São apresentados o sistema cardiovascular e suas grandes vias, onde se podem observar dois circuitos em série: o sistêmico e o pulmonar. No circuito sistêmico, são evidenciadas diversas comunicações entre os lados arterial (*em rosa*) e venoso (*em azul*). (Adaptada de Withers, 1992.)

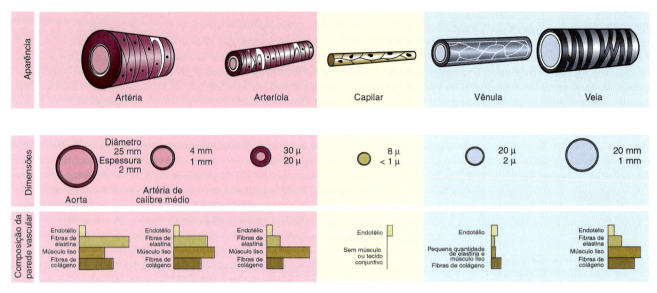

Figura 27.4 ▪ Estrutura dos vasos. Esta figura ilustra os diversos componentes da parede de cada segmento vascular. (Adaptada de Withers, 1992.)

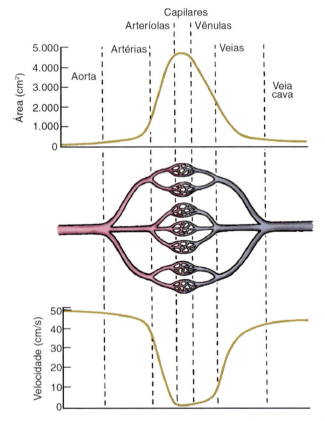

Figura 27.5 ▪ Figura indicando a relação inversa entre a área de seção transversal e a velocidade do fluxo na circulação sistêmica. Note que o sangue flui nos capilares em uma velocidade de 0,07 cm por segundo. (Adaptada de Eckert e Randall, 1983.)

SISTEMA ARTERIAL

As artérias possuem três camadas bem distintas: as túnicas íntima, média e adventícia. A túnica íntima, mais interna, é constituída por uma única camada de células endoteliais, que se distribuem em um plano longitudinal vascular, seguindo o sentido do fluxo sanguíneo, e uma lâmina subendotelial. Esta é separada fisicamente da túnica média por uma lâmina elástica interna. A estrutura da túnica média está associada à função, elástica ou contrátil, da artéria, sendo as células musculares lisas e as lâminas elásticas que entremeiam essas células seus dois principais constituintes. Além das lâminas elásticas, diversas outras proteínas constituem a matriz extracelular vascular, das quais se destacam as fibras de colágeno, especialmente dos tipos I e III. Externamente, a túnica média é delimitada pela lâmina elástica externa, que a separa da túnica adventícia, a qual é constituída por tecido conjuntivo, contendo grande quantidade de fibroblastos, fibras de colágeno, elastina e outras proteínas da matriz extracelular.

Desde uma grande artéria até as arteríolas, a espessura da parede arterial se reduz. Estruturalmente, a composição da parede arterial sofre transições graduais, caracterizando as artérias como elásticas, musculares e de resistência, o que influenciará diretamente em sua função.

As artérias classificadas como elásticas, as grandes artérias, possuem uma extensa camada de tecido elástico quando comparada à camada de células musculares lisas (ver Figura 27.4). Estas estão próximas ao coração, e sua capacidade elástica é de fundamental importância entre os períodos de sístole e diástole cardíaca. As artérias pulmonares, a aorta e seus ramos maiores (como as artérias ilíacas, as artérias carótidas e as artérias femorais) têm paredes muito distensíveis porque sua túnica média é particularmente rica em lâminas elásticas. Assim, a parede dessas grandes artérias se expande quando estas recebem o volume de sangue ejetado durante a sístole ventricular, retornando ao seu estado original quando o coração se encontra em diástole. O retorno ao estado inicial é garantido pelo recolhimento elástico, o qual converte a ejeção intermitente do sangue pelos ventrículos em um fluxo contínuo pelos vasos mais distais. Entre sucessivas ejeções ventriculares, a pressão arterial sistêmica decai de 120 mmHg para, aproximadamente, 80 mmHg, enquanto a pressão arterial pulmonar decai de 25 mmHg para 10 mmHg (Figura 27.6). Outra proteína da matriz extracelular, o colágeno, forma uma rede de fibras nas túnicas média e adventícia. É 100 vezes mais rígido do que a elastina, possuindo o papel de evitar uma distensão excessiva vascular; porém, uma deposição em excesso dessa proteína pode levar à rigidez vascular. Assim, as grandes artérias

Estrutura e Função do Sistema Cardiovascular

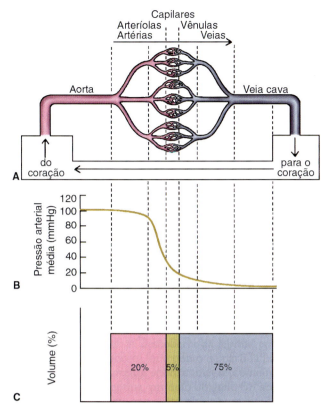

Figura 27.6 • Representação comparativa entre as diversas regiões da circulação sistêmica, seus respectivos valores de pressão sanguínea e o volume de sangue contido. **A.** Esquema de arborização da circulação. O deslocamento de volume na circulação sistêmica enfatiza o fato de que o volume de sangue fluindo através de cada segmento vertical (demarcado pelas linhas tracejadas na unidade de tempo) deve ser igual à quantidade de sangue que entra na região ou que a deixa, como se fosse um tubo único. **B.** Valores de pressão sanguínea relativos às diferentes regiões da circulação sistêmica. A pressão na rede arterial é elevada e pulsátil; a pressão arterial média declina gradualmente nos principais ramos da árvore arterial, reduzindo rapidamente nos segmentos de maior resistência. **C.** O volume de sangue nas artérias está em torno de 20% do total, enquanto nos capilares é de 5% e nas veias é de cerca de 75% (denotando sua função como reservatório de volume). (Adaptada de Rushmer, 1970; Eckert e Randall, 1983.)

elásticas, funcionalmente, transportam sangue, oxigênio e nutrientes para todos os órgãos (funcionando como vasos de condução), além de contribuírem para a manutenção do pulso de pressão arterial.

Nas artérias musculares, artérias de tamanho médio a pequeno (como as artérias radial, cerebrais e coronárias epicárdicas), a túnica média é mais espessa em relação ao diâmetro vascular e contém proporcionalmente mais músculo liso. As artérias musculares agem como condutos de baixa resistência, e suas paredes espessas ajudam a evitar o colapso em regiões com ângulos agudos, como na articulação do joelho.

As artérias de resistência e arteríolas têm túnica média com poucas camadas de células musculares e, somente, duas lâminas elásticas (interna e externa) (ver Figura 27.4); porém, apresentam a maior razão entre a túnica média e o diâmetro vascular, o que conferirá a essas artérias a maior resistência ao fluxo sanguíneo (ver Capítulo 33, *Vasomotricidade e Regulação Local de Fluxo*). As pequenas artérias ou artérias de resistência (com diâmetro entre 150 e 300 μm) e arteríolas (alguns autores usam o termo arteríola para vasos com uma única camada de músculo na túnica média, enquanto outros defendem que o termo deve ser usado para vasos com diâmetro inferior a 100 μm) transformam a pressão arterial de pulsátil para contínua e realizam a dissipação da energia potencial do sangue arterial, gerando uma intensa queda das cifras de pressão arterial (ver Figura 27.6). As arteríolas terminais ou metarteríolas (diâmetros entre 10 e 40 μm) são pouco inervadas e têm somente entre uma e três camadas de células musculares lisas. A camada muscular destas torna-se incompleta, mas é complementada pela presença de um forte esfíncter muscular pré-capilar. A alta resistência desses vasos resulta do seu diâmetro estreito e do seu limitado número. Assim, as artérias de resistência e arteríolas determinam a resistência ao fluxo, controlando o fluxo para territórios específicos, de acordo com as necessidades metabólicas locais.

CAPILARES

A microcirculação, representada por vasos terminais, consiste em pequenas artérias, arteríolas, capilares e vênulas. Como descrito anteriormente, a queda dos valores de pressão arterial observada ao nível das artérias de resistência e arteríolas garante que a pressão capilar seja mantida em condições muito restritas, de forma a permitir as trocas com o compartimento extravascular, bem como preservar a integridade estrutural da parede capilar (ver Figura 27.6). Os capilares são formados por uma única camada de células endoteliais e uma fina lâmina basal, o que facilita a rápida transferência de metabólitos entre o sangue e os tecidos, devido à sua reduzida espessura de parede (ver Capítulo 34, *Aspectos Morfofuncionais da Microcirculação*). Algumas trocas acontecem também por meio de vasos maiores, chamados vênulas pericíticas ou póscapilares (diâmetro de 15 a 50 μm). Essas são vênulas microscópicas que carecem de uma camada completa de músculo liso. Contudo, essa camada muscular é capaz de controlar a largura do vaso, atuando sobre o fluxo de sangue. Algumas trocas podem ocorrer também através das paredes de pequenas arteríolas, antes mesmo de o sangue alcançar os capilares. Dessa maneira, a categoria funcional de vasos de troca inclui, de fato, ambos os lados da rede capilar verdadeira. Embora os capilares tenham diâmetro muito pequeno, a superfície total de troca é muito ampla, calculando-se algo em torno de 6.000 a 10.000 m² em humanos, distribuídos em 8.000 capilares por milímetro cúbico. Essa grande quantidade de capilares não é permanentemente perfundida, e, dependendo da demanda metabólica, pode haver grande aumento do número de capilares perfundidos.

ANASTOMOSES ARTERIOVENOSAS

Em alguns tecidos, especialmente na pele e na mucosa nasal, existem vasos que conectam as arteríolas às vênulas diretamente, sem passar pelos capilares. Suas paredes musculares são ricamente inervadas pelos nervos simpáticos, e na pele eles estão envolvidos na regulação da temperatura. Porém, não estão presentes em todos os tecidos.

SISTEMA VENOSO

A parte venosa do sistema vascular transporta o sangue de volta ao coração. O sistema venoso se origina na parte venosa dos capilares, aumentando gradativamente em diâmetro e espessura das camadas média e adventícia (ver Figura 27.4) e reduzindo progressivamente a área de seção transversal (ver Figura 27.5). A túnica média do sistema venoso é formada por uma camada fina de células musculares lisas interrompida frequentemente por fibras colágenas, a qual apresenta-se relativamente mais espessa em veias dos membros inferiores e mais fina em veias dos membros superiores, cabeça e pescoço. Essa característica estrutural está diretamente relacionada com a diferente pressão hidrostática a que são submetidas, mais elevada nas regiões inferiores do corpo.

Além disso, as veias apresentam uma característica própria que as difere das artérias: nos membros, a túnica íntima tem pares de válvulas semilunares, que previnem o fluxo retrógrado do sangue, que, assim, flui em direção ao coração. Por sua vez, as grandes veias centrais e as veias da cabeça e do pescoço não têm válvulas. Devido a suas características estruturais, as veias contêm cerca de dois terços do volume sanguíneo total circulante em determinado instante, o qual está acondicionado sob baixa pressão (ver Figura 27.6). Por apresentar essa característica, o sistema venoso é denominado sistema de complacência. De paredes finas, elas são facilmente distendidas ou colapsadas, de modo que agem como reservatórios de volume (para maiores detalhes, ver Capítulo 35).

CIRCULAÇÃO SISTÊMICA E PULMONAR

Nos mamíferos, após o nascimento, o sistema circulatório é composto por dois circuitos em série: a circulação sistêmica e a circulação pulmonar.

▶ Circulação sistêmica

O sangue oxigenado proveniente dos pulmões, por meio das veias pulmonares, alcança o átrio esquerdo e, durante as fases que compõem a diástole, enche a cavidade ventricular esquerda, para posteriormente ser ejetado para a aorta. A partir da aorta, o sangue segue para um sistema de artérias de distribuição, com término nos diversos órgãos da circulação sistêmica. Em cada órgão, as artérias se dividem em ramos até formar numerosas arteríolas, cujo calibre pode ser alterado por vários mecanismos de regulação de fluxo (ver Capítulo 33). As alterações do calibre arteriolar regulam a resistência vascular e, consequentemente, a pressão e o fluxo no circuito sistêmico, levando a distribuição de fluxo para os órgãos e tecidos de acordo com as necessidades metabólicas (ver Capítulo 32). As arteríolas se dividem em capilares, nos quais o oxigênio e outros metabólitos fluem através da parede capilar para o espaço extracelular. Produtos do metabolismo celular, por outro lado, passam para o líquido extracelular e, daí, para o sangue, mecanismos estes que serão detalhados no Capítulo 34. A partir desse ponto, o sangue é coletado por um sistema de baixa pressão constituído por vênulas e veias, que transportam o sangue de volta ao coração. Essa rede venosa funciona como conduto de drenagem sanguínea e, principalmente, como um reservatório de volume (ver Capítulo 35). As grandes veias se unem para formar as veias cavas: superior e inferior. Delas, o sangue chega então ao átrio direito (ver Figura 27.3).

Tipicamente, as artérias sistêmicas apresentam paredes mais espessas que as artérias da circulação pulmonar. Além disso, as artérias que se encontram em posição espacial inferior à do coração têm parede mais espessa que as que se encontram acima deste, refletindo a maior pressão hidrostática suportada pelos vasos das regiões inferiores do corpo.

▶ Circulação pulmonar

O sangue venoso, proveniente da veia cava superior e inferior, flui para o átrio direito e deste para o ventrículo direito, que bombeia o sangue para o tronco pulmonar, artérias pulmonares, seus ramos de resistência e para os capilares pulmonares. Ao nível dos capilares, ocorrerão as trocas gasosas movidas pelo mecanismo de difusão na membrana alveolocapilar. A partir desse momento, o sangue oxigenado fluirá por uma série de vênulas e veias até desembocar nas veias pulmonares, retornando ao átrio esquerdo e, daí, ao ventrículo esquerdo (ver Figura 27.3). Uma série de mecanismos específicos irá controlar o fluxo para a circulação pulmonar, como será discutido no Capítulo 36, *Circulações Regionais*.

Nesse contexto, pode-se questionar: qual a força motriz que impulsiona o sangue ao longo dos vasos sanguíneos após sua ejeção pelos ventrículos? Trata-se do gradiente de pressão sanguínea. A ejeção ventricular eleva a pressão aórtica para cerca de 120 mmHg e a pressão arterial pulmonar para 25 mmHg acima da pressão atmosférica, enquanto a pressão nas grandes veias está próxima da pressão atmosférica. Dessa maneira, a pressão que o sangue exerce sobre as paredes vasculares depende do volume de sangue ejetado pelo coração e da resistência das pequenas artérias que se opõe à sua circulação. Como descrito anteriormente, essa pressão é máxima nas artérias, cai bruscamente nas artérias de resistência e continua caindo nos capilares, vênulas e veias, sendo mínima nos átrios (ver Figura 27.6). Assim, o entendimento dos mecanismos que mantém o fluxo sanguíneo adequado nas diversas situações fisiológicas e patológicas passa a ser essencial, e, para tal, é necessário o entendimento dos mecanismos de controle da pressão arterial (ver Capítulo 37, *Regulação da Pressão Arterial | Mecanismos Neuro-Hormonais*, e Capítulo 38, *Regulação a Longo Prazo da Pressão Arterial*).

BIBLIOGRAFIA

BROWN H, KOZLOWSKI R. *Physiology and Pharmacology of the Heart*. Blackwell Science, Oxford, 1997.
ECKERT R, RANDALL D. *Animal Physiology – Mechanisms and Adaptations*. Freeman and Company, New York, 1983.
JORDAN D, MARSHALL J. *Cardiovascular Regulation*. Portland Press, London, 1995.
LANZER P, TOPOL EJ. *Panvascular Medicine – Integrated Clinical Management*. Springer, Berlin, 2002.
LEVICK JR. *An Introduction to Cardiovascular Physiology*. 2. ed. Butterworth-Heinemann, Oxford, 1995.
RUSHMER RF. *Cardiovascular Dynamics*. 3. ed. Saunders, Philadelphia, 1970.
WITHERS PC. *Comparative Animal Physiology*. Saunders College Publishing, Philadelphia, 1992.

Capítulo 28

Eletrofisiologia do Coração

José Hamilton Matheus Nascimento | Emiliano Horacio Medei | Antonio Carlos Campos de Carvalho | Masako Oya Masuda

- Introdução, 440
- Potencial de repouso, 441
- Potenciais de ação cardíacos, 442
- Automatismo cardíaco, 446
- Propagação da atividade elétrica no coração, 450
- Sequência fisiológica de ativação cardíaca, 451
- Controle neurovegetativo (autonômico) da atividade elétrica cardíaca, 452
- Bibliografia, 454

INTRODUÇÃO

Como descrito no capítulo anterior, o coração dos mamíferos tem quatro câmaras, dois átrios e dois ventrículos, formados principalmente por células miocárdicas (cardiomiócitos) por meio das quais a atividade elétrica se propaga. Imersas nessa massa muscular contrátil, existem estruturas constituídas por tecido muscular modificado especializadas na gênese e condução da atividade elétrica.

No átrio direito, nas proximidades da desembocadura da veia cava superior, situa-se o nodo sinusal (ou sinoatrial, NSA), que no coração é o local de gênese da atividade elétrica cardíaca espontânea. Por isso, o NSA é considerado o marca-passo cardíaco. Também no átrio direito, próximo ao seio coronariano, na superfície endocárdica da porção inferior do septo interatrial, situa-se o nodo atrioventricular (NAV), que é de fundamental importância para o retardo da condução do potencial de ação entre o miocárdio atrial e ventricular. Outro tecido especializado em condução é o feixe de His, que parte do NAV e se estende para a musculatura ventricular, subsequentemente dividindo-se e formando uma extensa rede de condução intraventricular, as fibras de Purkinje. A Figura 28.1 mostra, esquematicamente, as quatro cavidades do coração, com ênfase no sistema de gênese e condução da atividade elétrica.

Os conceitos sobre mecanismos de transporte através da membrana, gênese do potencial de membrana e biofísica dos canais iônicos, apresentados na Seção 2, são inteiramente válidos para o cardiomiócito. Do mesmo modo, as propriedades passivas da membrana celular e os mecanismos básicos da excitabilidade e de propagação da atividade elétrica, discutidos no Capítulo 9, *Gênese do Potencial de Membrana, Excitabilidade Celular e Potencial de Ação*, para axônio, são aplicáveis ao miocárdio. Existem, no entanto, algumas peculiaridades do músculo cardíaco, tanto no que se refere aos mecanismos responsáveis pelo potencial de repouso quanto pelo potencial de ação.

O potencial transmembrana no miocárdio pode ser medido utilizando-se dois eletródios, *i* e *e*, como se pode acompanhar pela Figura 28.2. O eletródio *i* é um microeletródio suficientemente fino (diâmetro menor que 0,5 μm) que pode ser inserido em uma célula miocárdica sem lesá-la. O eletródio *e* é o eletródio de referência, que é mantido no meio onde se situa o tecido em estudo, cujo potencial é convencionado como zero. Quando ambos os eletródios estão mergulhados na solução fisiológica que banha o tecido (meio extracelular, parte *a* da Figura 28.2 A), não se detecta diferença de potencial entre eles. Ao se introduzir o microeletródio na célula ventricular (parte *b* da Figura 28.2 A), observa-se que o interior da célula é 90 mV, negativo em relação ao meio externo. Registra-se, portanto, –90 mV. Este é o potencial de repouso, também chamado de *fase 4* na eletrofisiologia do coração (ver Figura 28.2 B). A Figura 28.2 B mostra o registro obtido quando o miocárdio é estimulado, correspondente a um potencial de ação típico de célula miocárdica ventricular, na qual há uma fase inicial de despolarização rápida, denominada *fase 0*, seguida de uma repolarização transitória e rápida, *fase 1*, um platô, característico do miócito cardíaco, designado *fase 2*, e, finalmente, uma repolarização mais tardia, *fase 3*, que restaura o potencial de repouso, ou *fase 4*.

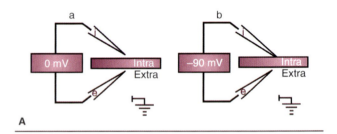

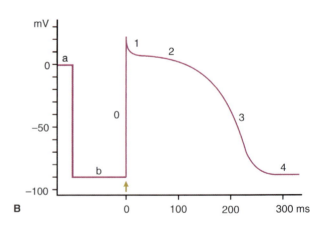

Figura 28.1 ▪ Esquema do arranjo das cavidades atriais e ventriculares, com destaque para os tecidos especializados de condução. *ASA*, feixe do anel sinoatrial; *BA*, feixe de Bachman; *H*, feixe de His; *NAV*, nodo atrioventricular; *NSA*, nodo sinusal; *SC*, seio coronariano; *VCI*, veia cava inferior; *VCS*, veia cava superior; *VD*, ventrículo direito; *VE*, ventrículo esquerdo; *VP*, veia pulmonar. (Adaptada de Paes de Carvalho e Fonseca Costa, 1983.)

Figura 28.2 ▪ Registro de potencial de ação de uma célula cardíaca. **A.** Em *a*, o microeletródio de registro (*i*) e o eletródio de referência (*e*) estão ambos no meio extracelular – note que não há diferença de potencial (0 mV) entre eles; em *b*, o microeletródio (*i*) foi introduzido na célula – note que é registrada uma diferença de potencial de –90 mV entre o eletródio *i* e o eletródio *e*, ou seja, o potencial de repouso da célula. **B.** Registro da variação do potencial transmembrana (mV) na situação descrita em **A**, condição "*a*" 0 mV e "*b*" –90 mV. A partir do momento em que a célula é estimulada (seta), note que se obtém uma variação do potencial transmembrana, o chamado potencial de ação, no qual se reconhecem as seguintes fases: fase 0 (despolarização rápida), fase 1 (repolarização rápida), fase 2 (platô), fase 3 (repolarização lenta) e fase 4 (potencial de repouso), características de um potencial de ação cardíaco.

POTENCIAL DE REPOUSO

▶ Gênese do potencial de repouso

Como foi visto na Seção 2, o potencial transmembrana de uma célula depende, basicamente, das concentrações dos vários íons nas duas faces da membrana plasmática (portanto, dos potenciais de equilíbrio desses íons) e das condutâncias da membrana a esses íons (ou seja, da facilidade com que a membrana plasmática se deixa permear por cada um desses íons) a cada momento. Desse modo, todos os íons presentes nos meios intra e extracelular podem contribuir para o potencial transmembrana de uma célula. O valor do potencial transmembrana a cada momento pode ser expresso pela equação do circuito elétrico equivalente da membrana, indicada a seguir, que leva em consideração exatamente estes dois parâmetros:

$$V_m = \frac{E_{Na}G_{Na} + E_K G_K + E_{Ca}G_{Ca} + \ldots}{G_{Na} + G_K + G_{Ca} + \ldots}$$

Em que: V_m representa o potencial transmembrana; G_{Na}, G_K e G_{Ca} são, respectivamente, as condutâncias da membrana ao sódio (Na^+), ao potássio (K^+) e ao cálcio (Ca^{2+}); e E_{Na}, E_K e E_{Ca}, os respectivos potenciais de equilíbrio desses íons (dados pela equação de Nernst).

No miocárdio, o íon mais importante na determinação do potencial de repouso é o K^+. A Figura 28.3 mostra o efeito da variação da concentração extracelular de K^+ ($[K^+]_e$) sobre o potencial de repouso da célula miocárdica (linha contínua). A linha tracejada indica o potencial de equilíbrio do K^+ para as diferentes $[K^+]_e$ utilizadas no experimento, calculado pela equação de Nernst. Observa-se que, para concentrações extracelulares acima de 7 mM de K^+, a linha do potencial de repouso e a do potencial de equilíbrio do K^+ se sobrepõem, significando que nessa faixa é como se o K^+ fosse o único íon permeante através da membrana celular e, portanto, o único responsável pela determinação do valor do potencial de repouso do miocárdio. Para concentrações de K^+ extracelular menores, observa-se uma diferença importante entre a linha contínua (curva experimental) e a tracejada (curva do potencial de equilíbrio do K^+). Isso significa que outros íons também permeiam a membrana celular nessas condições. Assim, nota-se que, no coração, diferentemente do axônio, ocorre despolarização (diminuição do potencial de repouso) tanto na condição de hiperpotassemia (aumento da concentração plasmática de K^+) como na condição de hipopotassemia (redução da concentração plasmática de K^+).

> É importante lembrar que o Na^+ é o principal cátion do meio extracelular, sua concentração é de aproximadamente 145 mM no meio extracelular e 10 mM no meio intracelular. Já a concentração do K^+, o principal cátion do meio intracelular, é de aproximadamente 4,5 mM no meio extracelular e 140 mM no meio intracelular. Essas concentrações são mantidas dentro de faixas muito estreitas pela atividade da bomba de sódio/potássio que transporta três íons Na^+ para o meio extracelular e dois íons K^+ para o meio intracelular, contra os gradientes eletroquímicos desses íons. Há, portanto, gradientes de concentração (opostos) entre esses dois meios para ambos os cátions.

Por convenção, em eletrofisiologia a expressão *corrente de influxo* se refere à entrada de carga positiva ou saída de carga negativa, enquanto *corrente de efluxo* é uma expressão usada para a saída de carga positiva ou entrada de carga negativa. Por definição, no potencial de repouso, o fluxo efetivo de corrente é zero; ou seja, o número de cargas positivas que entram na célula é exatamente igual ao de cargas positivas que saem da mesma, pois, caso contrário, o potencial de membrana não seria estável. Essa é a razão pela qual, durante a diástole, o potencial de repouso da membrana permanece estável ao longo do tempo em todas as células miocárdicas, exceto nas células marca-passo. Portanto, caso sejam considerados apenas os dois íons majoritários na composição dos meios extra e intracelular, Na^+ e K^+, pode-se escrever, como já descrito no Capítulo 9, a seguinte igualdade para a situação de repouso:

$$G_{Na}(V_m - E_{Na}) = -G_K(V_m - E_K)$$

em que: $G_{Na}(V_m - E_{Na})$ = corrente de influxo de Na^+ e $-G_K(V_m - E_K)$ = corrente de efluxo de K^+.

Dessa igualdade, pode ser obtido o potencial de repouso, V_r:

$$V_m = V_r = \frac{E_{Na}G_{Na} + E_K G_K}{G_{Na} + G_K}$$

No miocárdio, durante o repouso, $G_K \gg G_{Na}$ (cerca de 50 vezes). Isso significa que, na equação de potencial de membrana, os termos que contêm G_K são muito maiores que os que contêm G_{Na}. É por essa razão que o potencial de repouso depende muito mais da condutância ao K^+ que da ao Na^+ (conforme mostrado nos resultados experimentais da Figura 28.3) e possui um valor próximo ao potencial de equilíbrio do K^+. É importante ressaltar que as condutâncias para os outros íons não são nulas. Assim, o potencial de repouso do cardiomiócito não coincide exatamente com o potencial de equilíbrio do K^+ (que é da ordem de –92 mV), embora esteja próximo a ele; desse modo, tal potencial está muito distante do potencial de equilíbrio do sódio (E_{Na}), que é de +70 mV, e também do Ca^{2+} (E_{Ca}), ainda mais positivo. Dessa forma, fica fácil compreender que, durante o repouso, há fluxos de Na^+, K^+ e outros íons, pois existe uma força propulsora ($E_m - E_K$) para o K^+, ($E_m - E_{Na}$) para o Na^+, e assim por diante, desde que a membrana tenha permeabilidade a esses íons, isto é, que a condutância (G) para cada um deles não seja nula.

A condutância ao K^+ no miocárdio em repouso decorre da presença de um tipo de canal para K^+, da subfamília Kir2.x,

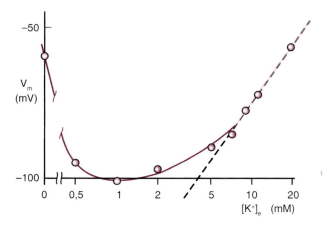

Figura 28.3 ▪ Relação entre o potencial de membrana V_m (mV) e a concentração de potássio do meio extracelular ($[K^+]_e$, em mM) de uma célula de átrio de coelho (linha contínua). A linha tracejada foi obtida pela aplicação da equação de Nernst para os mesmos valores de $[K^+]_e$. Note que, diferentemente do que foi observado para as variações das $[K^+]_e$ desde concentrações fisiológicas até suprafisiológicas, para baixas $[K^+]_e$ a curva experimental (linha contínua) não acompanha a curva teórica (linha tracejada). (Adaptada de Paes de Carvalho, 1976.)

que conduz a corrente de K+ retificadora de influxo, I_{K1}. Dentre as propriedades desse canal (I_{K1}), destaca-se a dependência de sua condutância à $[K^+]_e$ (ver Figura 28.3).

Até este ponto, consideraram-se apenas fluxos passivos de íons na determinação do potencial de repouso. No entanto, há uma contínua perda de K+ e ganho de Na+ pela célula, mesmo no repouso, existindo permanente reposição desses íons, o que permite manter as concentrações intracelulares dentro de uma faixa razoavelmente estreita de valores. Isso é feito pela bomba de Na+/K+. Devido à sua estequiometria, transportando em cada ciclo 3Na+ para fora da célula e 2 K+ para dentro dela, observa-se que há um efluxo efetivo de uma carga positiva a cada ciclo de atividade da bomba, resultando em uma bomba eletrogênica (ou geradora de potencial). A corrente de efluxo carreada pela bomba deve, portanto, ser incluída no cômputo das correntes que contribuem para o potencial de repouso, que, no caso do miocárdio, é significativa. Por meio da inibição seletiva da atividade da bomba de Na+/K+ por compostos denominados de glicosídios cardiotônicos, observa-se que, no coração, esse mecanismo de transporte é responsável diretamente por cerca de 5 a 10 mV do potencial de repouso. Portanto, no coração, a bomba de Na+/K+ contribui com esse potencial não só mantendo os gradientes de Na+ e K+, mas também transportando carga efetiva.

▶ Papel do potencial de repouso na excitação cardíaca

A manutenção do potencial de repouso dentro de certos valores é fundamental para a ativação normal do coração, uma vez que os principais canais iônicos responsáveis pela atividade elétrica cardíaca são dependentes de voltagem. Assim, para a ativação normal do miocárdio (excetuando-se as células marca-passo), é fundamental que tal potencial seja mantido na faixa de –80 a –90 mV. Isso porque o canal para Na+, responsável pela fase inicial do potencial de ação, apresenta inativação dependente de voltagem. Em –90 mV, a probabilidade de inativação do canal para Na+ é pequena; portanto, nessa faixa de potencial de membrana o miocárdio tem excitabilidade normal.

Na clínica médica e experimentalmente, a hiperpotassemia e a hipopotassemia, além da intoxicação digitálica (inibição da atividade da bomba de Na+/K+), são condições que comumente alteram o potencial de repouso. Caso o V_r se torne menos negativo, há um progressivo aumento da inativação dos canais para Na+, o que deixa o miocárdio progressivamente menos excitável, podendo ocorrer desde uma propagação lenta e deficiente, até a interrupção da propagação, pelo fato de o miocárdio passar a ser completamente inexcitável. Outra situação que igualmente compromete a excitação normal do coração é o aparecimento de uma dispersão espacial de potenciais de repouso, com algumas regiões mais e outras menos despolarizadas, em locais próximos. Isso leva ao aparecimento de correntes extracelulares entre essas regiões, bloqueios de condução, formação de circuitos de reentrada etc.; essas situações favorecem o surgimento de arritmias.

POTENCIAIS DE AÇÃO CARDÍACOS

Um aspecto que chama a atenção quando se fala em potencial de ação cardíaco é a grande diversidade de formas dependendo da região do coração, conforme pode ser observado na Figura 28.4. Os potenciais de ação do NSA e NAV de mamíferos dispõem de amplitudes bem menores que os de outras regiões do coração (sendo cerca de 60 mV nos nodos *versus* 120 mV no miocárdio atrial e ventricular). Além disso, as células do NSA e NAV de mamíferos não têm um potencial de repouso (fase 4) estável.

Outra característica marcante dos potenciais de ação cardíacos é a longa duração, quando comparados aos potenciais de ação do axônio. Conforme mostrado na Figura 28.2 B, a partir do potencial de repouso de cerca de –90 mV, percebe-se rápida despolarização que pode chegar a +40 mV em poucos milissegundos (*fase 0*). A seguir, diferentemente do observado no potencial de ação do axônio, em que a repolarização se processa em poucos milissegundos, no músculo ventricular a fase de repolarização rápida (*fase 1*) é interrompida por um platô de duração variável (100 a 500 ms). Durante o platô (*fase 2*), a célula fica despolarizada com um potencial próximo de zero mV, para só depois completar a repolarização (*fase 3*), voltando ao nível de repouso (*fase 4*).

Dentro desse contexto, pode-se perguntar: como é possível toda essa variabilidade? Para analisar essa questão, retorna-se à equação de circuito equivalente:

$$V_m = \frac{E_{Na}G_{Na} + E_K G_K + E_{Ca}G_{Ca} + \ldots}{G_{Na} + G_K + G_{Ca} + \ldots}$$

Segundo essa equação, o potencial transmembrana é determinado basicamente pela relação entre as várias condutâncias

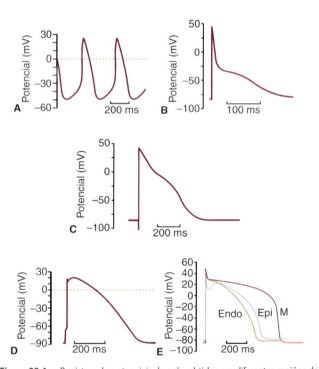

Figura 28.4 ▪ Registros de potenciais de ação obtidos em diferentes regiões do coração. Observe que cada figura tem uma escala de voltagem (vertical) e de tempo (horizontal) diferente, devido às diferenças nas amplitudes e durações dos potenciais de ação nos vários locais de registro. **A.** Ilustra a atividade marca-passo de uma célula do nodo sinusal de coelho. (Adaptada de Boyett *et al.*, 2000.) **B.** Indica o potencial de ação de um miócito atrial humano. (Adaptada de Li e Nattel, 1997.) **C.** Ilustra o potencial de ação de fibra de Purkinje humana. (Adaptada de Lee *et al.*, 2004.) **D.** O potencial de ação de um miócito isolado de ventrículo esquerdo humano. (Adaptada de Iost *et al.*, 1998.) **E.** Indica os potenciais de ação de miócitos isolados das camadas do ventrículo direito humano: subendocárdica (Endo), subepicárdica (Epi) e mesocárdica/endocárdica (M). (Adaptada de Li *et al.*, 1998.)

iônicas a cada momento, já que os potenciais de equilíbrio dos diferentes íons são mantidos razoavelmente constantes.

No repouso, como descrito anteriormente, uma vez que $G_K \gg G_{Na}$, o potencial de repouso do cardiomiócito tem valor próximo ao E_K. Se, em dado momento, G_{Na} ou G_{Ca} aumentarem e se tornarem muito maiores que o G_K, a situação se inverterá completamente, ficando o potencial transmembrana mais perto do E_{Na} ou do E_{Ca}. Assim, durante um potencial de ação, as condutâncias aos diversos íons estarão variando, e o potencial transmembrana terá, a cada momento, valores definidos pela relação entre as diferentes condutâncias, estando sempre mais próximos do potencial de equilíbrio do íon cuja condutância, naquele determinado momento, seja predominante. A seguir, será descrito como variam as condutâncias iônicas ao longo do potencial de ação e, assim, será possível compreender como é determinado o decurso temporal de um potencial de ação.

Fundamentando-se no potencial de repouso (fase 4 estável ou instável) e na velocidade de despolarização (fase 0 rápida ou lenta), os potenciais de ação cardíacos são classificados em dois tipos: rápido ou lento.

▶ Potencial de ação rápido

Na Figura 28.5 A é apresentado o esquema de um potencial de ação rápido, característico do miocárdio de trabalho atrial e ventricular, do feixe de His e das fibras de Purkinje, em paralelo com um esquema representando a intensidade das principais correntes iônicas envolvidas no mesmo. Registros experimentais de potenciais de ação do tipo rápido foram exemplificados na Figura 28.4 B a E.

Os mecanismos envolvidos na gênese do potencial de ação do tipo rápido serão descritos, a seguir, de acordo com cada fase.

▶ **Fase 0.** A principal corrente despolarizante, responsável pela *fase 0* do potencial de ação rápido, é a corrente de influxo de Na^+ (I_{Na}) que flui através de canais para Na^+ dependentes de voltagem (ver Capítulo 10, *Canais para Íons nas Membranas Celulares*). I_{Na} é ativada quando a membrana é despolarizada até o nível limiar, levando o canal para Na^+ dependente de voltagem do estado fechado para o estado aberto, tornando $G_{Na} \gg G_K$ e promovendo rápido e maciço influxo de Na^+. Esse influxo, por sua vez, promoverá despolarização adicional e, consequentemente, maior aumento de G_{Na}, pois um maior número de canais passará do estado fechado para o aberto, contribuindo com o maior influxo de Na^+; e assim por diante, em um processo de retroalimentação positiva, resultando em rápida e grande despolarização (dV/dt: 150 a 800 V/s), característica da *fase 0* deste tipo de potencial de ação, levando o potencial transmembrana em direção ao E_{Na}. Pela sua grande densidade, essa corrente é fundamental para a rápida propagação do potencial de ação (1 a 5 m/s), que atinge maior velocidade nas fibras de Purkinje (tecido especializado em condução) e menor no miocárdio atrial e ventricular. Porém, como descrito no Capítulo 10, esse canal possui uma comporta de inativação, também sensível a despolarização; assim, a progressiva despolarização da membrana plasmática levará o canal para Na^+ dependente de voltagem do estado aberto para o estado inativado, o que reduz a I_{Na}.

▶ **Fase 1.** Esta fase é marcada por uma rápida e transitória repolarização, que se segue à despolarização inicial, a qual está associada à abertura de canais para K^+ (Kv1.4, Kv4.2 e Kv4.3) ativados por despolarização, que geram a corrente transiente de efluxo de K^+ (I_{to1}). Nesta fase, portanto, há rápido e momentâneo aumento de G_K, fato que traz o potencial transmembrana em direção ao E_K, afastando-o do E_{Na}. As rápidas cinéticas de ativação e inativação desses canais explicam a pronta instalação desta fase de repolarização e o seu caráter transitório, que se reflete na presença de uma incisura entre o pico da *fase 0* e o platô (*fase 2*) do potencial de ação (ver Figura 28.5 A). Uma vez que a I_{to1} se distribui heterogeneamente na parede ventricular, a incisura será mais pronunciada nos cardiomiócitos das camadas epicárdica e miocárdica, que apresentam maior expressão desses canais em comparação com os miócitos endocárdicos, que apresentam incisura reduzida ou nula (ver Figura 28.4 E). A breve repolarização causada pela I_{to} modula a magnitude da corrente de Ca^{2+} ($I_{Ca,L}$), regulando o acoplamento excitação-contração (que será descrito no Capítulo 30, *Contratilidade Miocárdica*). Em alguns tecidos, como nas fibras de Purkinje, existem evidências de que também ocorre uma corrente repolarizante através do canal para Cl^- (I_{to2}), a qual também contribui com a *fase 1*. Devido ao seu potencial de equilíbrio (cerca de –50 mV), o Cl^- tende a entrar na célula durante quase todas as fases de repolarização.

▶ **Fase 2.** Durante a fase de platô (*fase 2*), tanto as correntes despolarizantes (influxo de Na^+ e Ca^{2+}) quanto as repolarizantes (efluxo de K^+ e influxo de Cl^-) são pequenas e de amplitudes praticamente iguais (a soma das condutâncias ao Na^+ e Ca^{2+} praticamente se iguala à soma das condutâncias ao K^+ e Cl^-). Assim, o fluxo efetivo de carga durante esta fase é muito

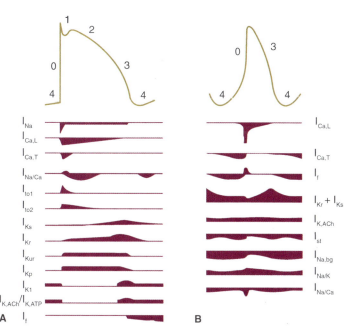

Figura 28.5 • Curso temporal dos potenciais de ação cardíacos rápido (**A**) e lento (**B**) e das principais correntes de influxo (deflexões negativas) e de efluxo (deflexões positivas) relacionadas com cada fase dos potenciais. I_{Na}, corrente de sódio dependente de voltagem; $I_{Ca,L}$, corrente de cálcio tipo L; $I_{Ca,T}$, corrente de cálcio tipo T; $I_{Na/Ca}$, corrente carreada pelo trocador sódio/cálcio; I_{K1}, corrente de potássio retificadora de influxo; I_{Ks}, corrente de potássio retificadora retardada lenta; I_{Kr}, corrente de potássio retificadora retardada rápida; I_{Kur}, corrente de potássio retificadora retardada ultrarrápida; I_{to}, corrente transiente de efluxo com os dois componentes, I_{to1} e I_{to2}; $I_{Na/K}$, corrente da bomba sódio/potássio; I_{Kp}, corrente de fuga de potássio; $I_{K,ACh}$, corrente de potássio ativada por acetilcolina; $I_{K,ATP}$, corrente de potássio inibida por ATP; I_f, corrente marca-passo; $I_{Na,bg}$, corrente de fuga de sódio; I_{st}, corrente sustentada de influxo. (**A**. Adaptada de Snyders, 1999. **B**. Adaptada de Kurata et al., 2002.)

pequeno, razão pela qual o potencial transmembrana permanece relativamente estável. As correntes despolarizantes presentes nesta fase incluem a corrente de Ca^{2+} do tipo L (em lenta e progressiva diminuição devido à inativação do canal para Ca^{2+} dependente de voltagem e do aumento da concentração intracelular de Ca^{2+}), o componente de inativação lenta de I_{Na}, além da corrente de influxo carreada pelo trocador Na^+/Ca^{2+}. Quanto às correntes repolarizantes, o canal para K^+ retificador de influxo, I_{K1}, que permanece aberto durante o repouso, fecha-se quase instantaneamente com a despolarização da *fase 0*. Assim, durante o platô, ele permanece fechado, contribuindo para diminuir a corrente de efluxo de K^+, mantendo a membrana despolarizada. Lembre-se também de que a bomba de Na^+/K^+, pela sua estequiometria (2 K^+ para dentro da célula e 3Na^+ para fora dela), é eletrogênica, carreando corrente repolarizante de baixa amplitude durante todo o ciclo cardíaco. Seus efeitos são mais proeminentes durante os dois períodos em que a intensidade das demais correntes é relativamente baixa, ou seja, durante o repouso e o platô. Finalmente, como a inativação de I_{to1}, embora seja rápida, não é completa (apresentando um componente de inativação lenta [$I_{to1,s}$]), ela pode contribuir para o platô, sendo, pois, também importante na determinação da duração do potencial de ação. Também está envolvida nessa fase a ativação dos canais para K^+ dependentes de voltagem, do tipo retificadores retardados (I_{Kr}, I_{Ks} e I_{Kur}). A abertura desses canais, de forma mais rápida ou mais lenta, é induzida pela despolarização da *fase 0*, a qual promove efluxo de K^+. O decaimento das correntes despolarizantes e a predominância das correntes repolarizantes marcam o fim da *fase 2* e a gênese da *fase 3*.

- **Fase 3.** A fase de repolarização rápida final caracteriza-se pela absoluta predominância de correntes de efluxo. Portanto, volta a predominar a G_K. Nesta fase, a condutância ao K^+ depende de canais iônicos diferentes daqueles que determinam o potencial de repouso. Ela está diretamente associada à ativação dos canais para K^+ dependentes de voltagem, retificadores retardados (I_{Kr}, I_{Ks} e I_{Kur}), induzida pela despolarização da *fase 0*, promovendo um grande efluxo de K^+, o que leva à rápida repolarização observada nesta fase. Esse processo de repolarização permite que o canal para K^+ retificador de influxo volte para o estado aberto, contribuindo com a I_{K1}, corrente que contribui para a finalização do processo de repolarização. Isso porque, com a repolarização, os canais para K^+ dependentes de voltagem retificadores retardados estão predominantemente no estado fechado, reduzindo I_{Kr}, I_{Ks} e I_{Kur}. Cabe ressaltar que as peculiaridades dos diversos tipos de canais para K^+ retificadores retardados, predominantes nas diferentes regiões do coração e também em distintas espécies animais, são uma das causas da grande variabilidade na morfologia do potencial de ação antes relatada. A *fase 3* é um dos determinantes da duração do potencial de ação e, portanto, de todas as propriedades que dependem desse parâmetro.

- **Fase 4.** Durante a fase 4, nas células com potencial de repouso estável, há novamente um balanço entre correntes de efluxo e influxo, de modo que o saldo é uma corrente efetiva nula. A corrente retificadora de influxo, I_{K1}, é responsável pela estabilização do potencial de repouso. I_{K1} "amortece" pequenas variações do potencial de membrana da célula em repouso. O deslocamento do potencial de membrana para valores mais negativos que o E_K gera uma corrente despolarizante, de influxo de K^+, que se contrapõe à hiperpolarização da membrana. Contudo, em potenciais mais positivos que o E_K, a baixa condutância dos canais de I_{K1} permite amortizar pequenas despolarizações, tornando-as sublimiares, mas impede esses canais de se contraporem à despolarização da membrana produzida pelo influxo de Na^+ durante a *fase 0* do potencial de ação. Essa propriedade do canal de I_{K1}, denominada retificação de influxo, é decorrente do bloqueio do poro desse canal pelo magnésio (Mg^{2+}) e poliaminas (putrescina, espermidina e espermina), que entram no poro pelo lado citoplasmático quando a membrana está despolarizada. Esse bloqueio pode ser revertido por repolarização da membrana, permitindo correntes de efluxo de K^+ por esse canal durante a *fase 3* do potencial de ação.

> No coração humano, a subunidade α do canal para Na^+, $hNa_V1.5$ (hH1), é codificada pelo gene *SCN5A*, que está localizado no cromossomo 3p21. A localização, a densidade e as propriedades biofísicas do $Na_V1.5$ são moduladas por subunidades β auxiliares (β1 a β4), codificadas por quatro genes (*SCN1B* a *SCN4B*). Como os genes que codificam as subunidades α e β são expressos diferencialmente nos tecidos corporais, pode haver distinções de propriedades entre os canais para Na^+ de diversos tecidos. Nesse sentido, por exemplo, os canais para Na^+ cardíacos são menos sensíveis à tetrodotoxina, bloqueador de canais para Na^+, quando comparados aos canais para Na^+ localizados no encéfalo.

▶ Potencial de ação lento

Nas células do NSA e NAV, a equação de circuito equivalente se reduziria aos termos dependentes de Ca^{2+} e K^+, uma vez que não há participação de canais para Na^+ dependentes de voltagem na gênese do potencial de ação nessas células. Nessas regiões, a principal corrente despolarizante e responsável pela *fase 0* é a corrente de Ca^{2+} do tipo L ($I_{Ca,L}$), através de canais para Ca^{2+} dependentes de voltagem, que se caracteriza por uma ativação mais lenta e uma densidade de corrente bem inferior à de I_{Na} (ver Figura 28.5 B). Disso resulta uma *fase 0* mais lenta (dV/dt: 2 a 20 V/s) quando comparada à registrada nos cardiomiócitos atriais e ventriculares. Como consequência, a propagação do potencial de ação nos nodos é também mais lenta (aproximadamente 0,05 m/s). Durante o potencial de ação lento, além da própria $I_{Ca,L}$, também a corrente carreada pelo trocador Na^+/Ca^{2+} contribui como corrente despolarizante, dado que sua estequiometria é de influxo de 3 íons Na^+ para cada íon Ca^{2+} transportado para fora da célula quando o potencial de membrana tem valores não muito despolarizados.

O potencial de ação nas células nodais não apresenta fase 1 nem propriamente uma fase 2, no sentido de um período de platô em que o potencial de membrana permanece praticamente estável. Como se pode observar nas Figuras 28.4 A e 28.5 B, após a *fase 0*, na qual $G_{Ca} \gg G_K$, segue-se uma repolarização contínua, *fase 3*, mais lenta no início e mais rápida no final, na qual a situação se inverte ($G_K \gg G_{Ca}$). Nessas células, os principais canais para K^+ dependentes de voltagem, retificadores retardados, estão representados por I_{Kr} e I_{Ks}, que constituem as principais vias de correntes repolarizantes.

Nas células com atividade marca-passo, NSA e NAV, a *fase 4* é determinada por outros componentes, como será detalhado quando da descrição do automatismo cardíaco (mais adiante).

▶ Período refratário do potencial de ação cardíaco

Do mesmo modo que outros tecidos excitáveis, o miocárdio apresenta o fenômeno da refratariedade, relacionada com a inativação dos canais iônicos responsáveis pela despolarização inicial do potencial de ação.

Uma vez estimulado um potencial de ação rápido no miocárdio, por maior que seja a intensidade do estímulo, um segundo potencial de ação só poderá ser disparado depois que tenham ocorrido ao menos 50% de repolarização. Este período é denominado de período refratário absoluto (PRA) (Figura 28.6). A partir daí, inicia-se o período refratário relativo (PRR), no qual um estímulo com intensidade supralimiar é capaz de disparar um segundo potencial de ação, o qual apresentará menor taxa de despolarização da *fase 0* e menor velocidade de propagação quando comparado ao potencial de ação fisiológico. O intervalo de tempo mínimo necessário para que dois potenciais de ação propagados, sucessivos, possam ser estimulados com estímulo de intensidade limiar é chamado de período refratário efetivo (PRE) (ver Figura 28.6). Uma vez que o potencial de ação no músculo cardíaco apresenta maior duração, os períodos refratários são muito mais longos quando comparados aos observados nos axônios. A consequência desse prolongamento é que no coração não se observa o fenômeno de somação temporal, o qual é observado nos neurônios e nos músculos esqueléticos, e é de fundamental importância para a função neuronal. Outra consequência desse fenômeno é a redução em cerca de três vezes da frequência máxima de ocorrência de potenciais de ação no coração quando comparada à do axônio, o que, do ponto de vista funcional, tem consequências interessantes. No axônio, a função básica do potencial de ação é transmitir rapidamente mensagens ao longo de grandes distâncias, sendo a modulação de frequência um fator importante para o conteúdo da mensagem transmitida; consequentemente, quanto mais ampla a faixa de frequência, maior a capacidade de transmissão de mensagem. Já no miocárdio, a função básica do potencial de ação é garantir uma propagação rápida e coordenada e, com isso, disparar o processo de contração e relaxamento sincronizados em todo o coração. Como cada ciclo de potencial de ação está associado a um ciclo de contração e relaxamento, frequências ventriculares muito altas reduziriam o tempo de enchimento ventricular durante a diástole, diminuindo a eficiência da bomba cardíaca.

Uma observação interessante em relação ao potencial de ação lento é o longo período refratário que, neste caso, ultrapassa a própria duração do potencial de ação. Isso é uma consequência do maior tempo requerido para que o canal para Ca^{2+} dependente de voltagem do tipo L saia do estado inativado e volte para o estado fechado. Um fenômeno relacionado a esse fato é a fadiga de transmissão através do NAV. Ela se manifesta como um bloqueio de condução pelo NAV à medida que a frequência cardíaca aumenta.

Potencial de ação cardíaco em situações especiais

Miócitos atriais, do NSA e do NAV, apresentam em seu sarcolema receptores muscarínicos que interagem com acetilcolina, o neurotransmissor pós-ganglionar do sistema nervoso parassimpático que inerva o coração pelo nervo vago. Dentre os vários efeitos produzidos pela interação da acetilcolina com o receptor muscarínico na célula miocárdica, destaca-se a ativação de um canal para K^+, conhecido como GIRK, que medeia a corrente $I_{K,ACh}$. A ativação desse canal provoca um aumento na intensidade do potencial de repouso (hiperpolarização), bem como um encurtamento da duração dos potenciais de ação atrial e nodais, já que adiciona uma via para efluxo de K^+, favorecendo e acelerando a repolarização (*fase 3*).

Nos locais em que existem potenciais de ação lentos, como nos NSA e NAV, a atuação de $I_{K,ACh}$ pode ser dramática. Assim, uma ativação parassimpática intensa pode acarretar um bloqueio de condução atrioventricular por depressão do potencial de ação no NAV, já que, no jogo entre correntes despolarizantes e hiperpolarizantes mostrado antes, a adição de um componente repolarizante, representado por $I_{K,ACh}$, provoca diminuição da inclinação da *fase 0* e da amplitude do potencial de ação, além de, consequentemente, maior dificuldade de propagação. O mesmo ocorre no NSA: neste, além deste efeito sobre a condução, há também uma depressão da despolarização diastólica (ver "Automatismo cardíaco", mais adiante), o que levará à redução da frequência de disparo nodal, ou seja, da frequência cardíaca.

Outra corrente de efluxo é a corrente de K^+ dependente de ATP, $I_{K,ATP}$. Trata-se de uma corrente de K^+ através de um canal mantido fechado em presença de concentrações fisiológicas de ATP citoplasmático. Quando esta diminui, cessa o bloqueio e o canal se abre, permitindo o efluxo de K^+, causando, portanto, encurtamento da duração do potencial de ação. Admite-se que, em condições de isquemia miocárdica, tal canal seja ativado e participe da gênese de arritmias.

Em algumas condições patológicas nas quais há aumento anormal da concentração citoplasmática de Ca^{2+} livre, como acontece durante intoxicação digitálica, há evidência da ativação de um canal catiônico, não seletivo, ativado por Ca^{2+} citoplasmático (I_{ti}). Nos níveis normais de potencial de repouso, esse canal carreia corrente de influxo (primordialmente, Na^+), gerando as oscilações de potencial de pequena amplitude, chamados pós-potenciais tardios, que sucedem um potencial de ação normal. Esses pós-potenciais têm sido associados à gênese de taquiarritmias.

Alterações de canais iônicos *versus* patologias cardíacas

As alterações funcionais dos canais iônicos constituem importantes mecanismos fisiopatológicos de várias doenças cardíacas congênitas. Já foram identificadas inúmeras mutações do gene *SCN5A* associadas a arritmias cardíacas, como a *síndrome do QT longo tipo 3* (*LQT3*). Muitas das mutações produzem ganho de função (aumento da corrente) do canal para Na^+ ao removerem a inativação rápida, causando maior persistência da corrente de Na^+ durante o platô do potencial de ação. O retardo na repolarização da membrana, caracterizado eletrocardiograficamente como um prolongamento do intervalo QT, predispõe o indivíduo a taquicardias ventriculares polimórficas, do tipo *torsade de pointes*. Outras mutações do gene *SCN5A* acarretam perda de função (redução da corrente) do canal para Na^+, tal como nas mutações associadas à *síndrome de Brugada*, à doença progressiva de condução e à síndrome do nodo sinusal.

Uma mutação do canal $Ca_V 1.2$ foi identificada como causa da *síndrome de Timothy*, uma doença multissistêmica que provoca, entre outros distúrbios, arritmias cardíacas e morte súbita. Essa mutação remove a inativação dependente de voltagem, produzindo corrente sustentada de influxo de Ca^{2+}, o que prolonga a duração do potencial de ação cardíaco e desencadeia pós-potenciais tardios (potenciais de ação anômalos, acoplados aos normais, que surgem no final ou logo depois da repolarização), fatores estes que aumentam o risco de arritmias cardíacas. Adicionalmente, mudanças na

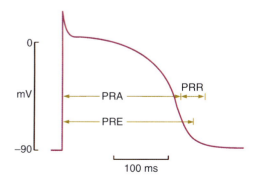

Figura 28.6 • Períodos refratários do potencial de ação cardíaco. O período refratário absoluto (PRA) se estende da fase 0 até, mais ou menos, a metade da fase 3. O período refratário relativo (PRR) vai do final do PRA ao início da fase 4. O período refratário efetivo (PRE) inclui o PRA e parte do PRR.

expressão, densidade e função dos canais para Ca^{2+} tipo L estão associadas a determinadas patologias cardiovasculares, tais como: cardiomiopatia hipertrófica, insuficiência cardíaca e fibrilação atrial.

Síndromes congênitas de QT longo associam-se também a defeitos nos canais K_V (LQT1, LQT2, LQT5 e LQT6). A *síndrome do QT longo tipo 2 (LQT2)* é causada por mutação no gene *HERG*, localizado no cromossomo 7, que codifica a subunidade α de I_{Kr}. A *tipo 6 (LQT6)* está ligada a mutações no gene MiRP1 (cromossomo 21), codificante da subunidade β de I_{Kr}. Já as *síndromes do QT longo tipos 1 (LQT1)* e *5 (LQT5)* estão associadas, respectivamente, a mutações nos genes K_VLQT1 (cromossomo 11) e *minK* (cromossomo 21), que codificam as subunidades α e β de I_{Ks}. O intervalo QT prolongado, seja ele congênito ou não, predispõe a uma arritmia ventricular característica denominada *torsade de pointes*. Mutação no gene *KCNJ2* que codifica Kir2.1 está associada à *síndrome de Andersen (LQT7)*, que no coração se manifesta como prolongamento do intervalo QT e arritmias ventriculares.

AUTOMATISMO CARDÍACO

As células cardíacas miocárdicas do NSA, NAV e fibras de Purkinje não necessitam, em condições fisiológicas, de estímulo externo para iniciar um potencial de ação, sendo capazes de espontaneamente gerar potenciais de ação. Essa propriedade é referida como automatismo. Nesses tecidos, não existe um potencial de repouso estável, sendo a repolarização ao final de um potencial de ação seguida de uma despolarização lenta da membrana denominada *despolarização diastólica lenta (DDL)* ou *fase 4* dos potenciais de ação automáticos (ou marca-passo). Esta fase prossegue até certo valor de potencial de membrana (potencial limiar), a partir do qual ocorrem a ativação dos canais para Ca^{2+} dependentes de voltagem do tipo L ($I_{Ca,L}$) ou dos canais para Na^+ dependentes de voltagem (I_{Na}) e consequente despolarização celular (*fase 0*). Enquanto nas células nodais a *fase 0* se dá por ativação de $I_{Ca,L}$, nas fibras de Purkinje essa acontece por meio da I_{Na} (Figura 28.7). Esse padrão difere completamente do que ocorre nos miócitos atriais e ventriculares, os quais não apresentam DDL e permanecem, após o final de um potencial de ação, em seu potencial de repouso estável (*fase 4*) até serem estimulados novamente.

Dentre os tecidos dotados de automatismo, as células do NSA são as que mostram *fase 4* mais inclinada (DDL mais rápida), o que se traduz em maior frequência de disparo, garantindo a essa estrutura a condição de *marca-passo cardíaco*, ou seja, o comando da frequência cardíaca. Na ativação cardíaca fisiológica, o estímulo sinusal alcança o NAV e as fibras de Purkinje antes que essas estruturas atinjam seu potencial limiar (ver Figura 28.7). Desse modo, a *fase 0* nessas células não é desencadeada pela despolarização diastólica própria, e sim por uma pequena despolarização supralimiar causada por correntes iônicas locais geradas em células vizinhas acopladas, durante a propagação do impulso elétrico (ver adiante).

Pelo exposto, depreende-se que, em condições fisiológicas, apenas o automatismo do NSA se manifesta. Entretanto, se o estímulo sinusal falhar, atrasar ou for bloqueado, outro tecido que possui automatismo poderá atingir seu potencial limiar, gerando um *batimento de escape* (ver Figura 28.7 B). Se a falha (ou bloqueio) no NSA persistir, a estrutura de frequência intrínseca imediatamente inferior à do NSA tende a assumir a função de marca-passo (normalmente nesta sequência: NSA > NAV > feixe de His > ramos do feixe de His, sendo os segmentos proximais mais rápidos que os distais). Por exemplo, na vigência de bloqueio do NAV, o controle dos batimentos ventriculares passa, geralmente, a ser desempenhado pelo feixe de His.

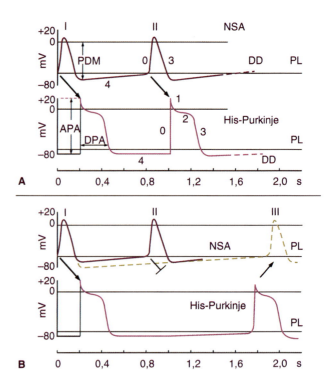

Figura 28.7 • **A.** Diagrama representativo de potenciais transmembrana do nodo sinoatrial (NSA) e de fibra de Purkinje. A inclinação da despolarização diastólica (DD) é mais acentuada, e o potencial limiar (PL) é atingido mais cedo no NSA do que na fibra de Purkinje. Assim, a fibra de Purkinje é despolarizada (fase 0) por impulsos propagados originados no NSA (*setas*) antes que alcance seu próprio PL. Observe as diferenças de amplitude (APA), de duração do potencial de ação (DPA) no curso temporal da repolarização (fases 1, 2 e 3) e de potencial diastólico máximo (PDM) entre os dois tipos celulares. **B.** Quando um segundo impulso sinusal (II) falha em alcançar o sistema His-Purkinje por bloqueio de condução (sinalizado por ⊥), ou quando a frequência sinusal é acentuadamente mais lenta (p. ex., por descarga vagal, *linha tracejada*), a DD da fibra de Purkinje pode então atingir seu PL e causar um batimento de escape. (Adaptada de Watanabe e Dreifus, 1968.)

A frequência de geração dos impulsos depende do tempo necessário para que a despolarização diastólica atinja o potencial limiar. Esse tempo, por sua vez, é função da diferença de voltagem entre o potencial diastólico máximo (*PDM*, potencial mais negativo alcançado no final da repolarização) e o potencial limiar e da inclinação da *fase 4* (Figura 28.8). Sendo assim, uma redução da frequência cardíaca pode ser causada tanto por aumento da diferença de voltagem entre o PDM e o potencial limiar, quanto por redução na inclinação da fase 4, ocasionando uma diminuição da taxa de despolarização diastólica lenta. O aumento da diferença PDM-potencial limiar, por sua parte, pode ocorrer por hiperpolarização da membrana e/ou deslocamento do potencial limiar para valores mais positivos. Ao contrário, a redução da diferença PDM-potencial limiar e/ou o aumento da inclinação da *fase 4* promovem aumento da frequência cardíaca. Esses ajustes serão discutidos quando da descrição dos efeitos do sistema neurovegetativo sobre a frequência cardíaca (ver adiante).

▶ Bases iônicas do automatismo cardíaco

Como todas as alterações do potencial de membrana, o potencial diastólico máximo (PDM) e a despolarização diastólica lenta (DDL) são consequências diretas do somatório de

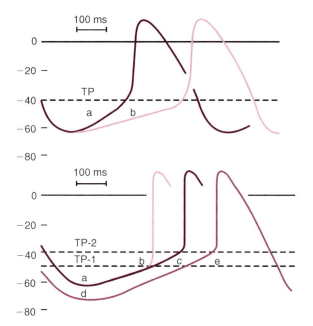

Figura 28.8 ▪ Fatores determinantes da frequência de disparo. A frequência de disparo dos tecidos automáticos é função do tempo gasto para a membrana se despolarizar do potencial diastólico máximo (PDM) até o potencial limiar (TP). Este tempo depende da inclinação da fase 4 (compare as letras *a* e *b*, gráfico superior), do nível do PDM (compare as letras *a* e *d*, gráfico inferior) e do nível do potencial limiar (compare as letras *b* e *c*, gráfico inferior). (Adaptada de Hoffman e Cranefield, 1960.)

correntes iônicas que atravessam a membrana nos dois sentidos ao longo do tempo. Assim sendo, as correntes de influxo tendem a despolarizar a membrana, acelerando o automatismo, ao passo que as de efluxo atuam em sentido oposto, favorecendo a hiperpolarização e a redução da frequência de disparo. Como principais correntes de influxo na *fase 4* das células com automatismo cardíaco, deve-se destacar: corrente marca-passo (I_f), correntes de cálcio ($I_{Ca,T}$) e a corrente gerada pela atividade do trocador Na$^+$/Ca^{2+} ($I_{Na/Ca}$) no modo normal (corrente despolarizante). No caso das correntes de efluxo, destacam-se as de K$^+$ de retificação retardada I_{Ks} e I_{Kr}. Nas fibras de Purkinje, participa também de forma decisiva a corrente de K$^+$ retificadora de influxo (I_{K1}), principal responsável pela condutância ao K$^+$ na fase diastólica destas células. Menos importantes e/ou menos estudadas, destacam-se a corrente de "vazamento" ou de fuga (*background*) carreada por Na$^+$ ($I_{Na,bg}$), e a corrente (hiperpolarizante) gerada pela bomba Na$^+$/K$^+$ ($I_{Na/K}$) (ver Figura 28.5 B).

A corrente ativada por hiperpolarização, I_f (do inglês, *funny*) ou corrente marca-passo, foi caracterizada pela primeira vez há cerca de 30 anos e, desde então, as informações acerca de sua participação no automatismo cardíaco apontam-na como uma das mais importantes na geração de atividade espontânea (*fase 4*) e no controle da frequência cardíaca. Os canais responsáveis pela I_f fazem parte da família de canais HCN (*hyperpolarization-activated cyclic nucleotide-gated*), existentes não só no coração, mas também em tecidos neurais dotados de automatismo. Do ponto de vista molecular, os canais HCN têm estrutura semelhante à dos canais para K$^+$ ativados por voltagem, sendo constituídos pela associação de quatro subunidades proteicas homólogas (isoformas), cada uma apresentando seis segmentos transmembrana e um sítio intracelular para ligação de cAMP, próximo à extremidade carboxiterminal. No coração, os canais HCN têm conformação heteromérica, composta pelas isoformas HCN1, HCN2 e HCN4. Contudo, HCN4 é a isoforma predominante nos nodos SA e AV.

Descrita em todos os tecidos cardíacos providos de atividade automática, a corrente marca-passo é catiônica carreada por Na$^+$ e K$^+$, e sua ativação ocorre por hiperpolarização da membrana, diferentemente de outros canais dependentes de voltagem, cujas ativações ocorrem por despolarização da membrana. A ativação da I_f é desencadeada a partir de voltagens mais negativas que –40 ou –45 mV, por um processo lento, e tem potencial de reversão entre –10 e –20 mV, o que se explica pelo fato de os canais HCN permitirem tanto a passagem de Na$^+$ quanto de K$^+$, sendo $P_K > P_{Na}$. Contudo, como em condições fisiológicas esses canais só se abrem no final da repolarização, ou seja, em potenciais próximos de E_K e afastados de E_{Na}, os íons Na$^+$ permeiam o canal em proporção bem maior que os íons K$^+$, causando, portanto, uma corrente despolarizante.

Como a corrente I_f é predominantemente de influxo e, portanto, leva à despolarização, a simples observação de que a faixa de voltagens de ativação da I_f se sobrepõe aos valores de potencial atingidos durante DDL (–40 a –65 mV no NSA) já nos sugere que I_f é forte candidata a ser a corrente geradora da DDL (*fase 4* do potencial de ação lento), agindo, portanto, como "corrente marca-passo". Em termos fisiológicos, está bem estabelecida a grande contribuição de I_f para a DDL das fibras de Purkinje. No que se refere ao NSA, a hipótese de I_f como principal geradora do automatismo básico tem sido alvo de debate há muitos anos.

Uma alternativa à hipótese do papel dominante de I_f no mecanismo do automatismo sinusal é que a DDL seja desencadeada essencialmente por desativação de correntes de efluxo de retificação retardada – no caso I_{Ks} ou I_{Kr} – concomitante à ocorrência de uma corrente de influxo, não necessariamente I_f. Essas correntes de K$^+$ apresentam, no NSA, as mesmas propriedades descritas em outras regiões do coração. Resumidamente, I_{Ks} caracteriza-se por uma ativação bastante lenta, retificação de efluxo, ausência de inativação e desativação lenta. Já a ativação da I_{Kr} é mais rápida e ocorre em voltagens mais positivas que –50 mV.

A comprovação da participação de I_{Ks} e I_{Kr} na gênese do automatismo é também tema de debate, embora dados sobre a cinética de desativação de I_{Ks} e I_{Kr} sugiram que essas correntes possam participar da *fase 4* do potencial de ação. A Figura 28.9 mostra a evolução de I_{Kr} durante um potencial de ação sinusal. Observa-se que essa corrente aumenta progressivamente após a *fase 0*, atinge o pico na repolarização final e decai ao longo de toda a despolarização diastólica, o que condiz com sua participação nesta fase.

Outra corrente envolvida na DDL foi descrita inicialmente em miócitos ventriculares e atriais, a corrente de Ca^{2+} do tipo T ($I_{Ca,T}$), a qual é considerada uma das principais correntes responsáveis pela gênese do automatismo no NSA e NAV. A designação "T" refere-se à pequena condutância unitária do canal (do inglês *tiny*) e à rápida (*transient*) velocidade de inativação da corrente macroscópica comparada ao descrito para $I_{Ca,L}$ (*large* e *long lasting*).

O envolvimento de $I_{Ca,T}$ no automatismo dos nodos justifica-se pela ativação da corrente em potenciais mais positivos a –60 mV, ou seja, dentro da faixa de voltagem da despolarização diastólica. Além disso, a densidade de canais $I_{Ca,T}$ no NSA revelou-se maior que em células atriais e ventriculares, o que favoreceria a hipótese de sua participação na gênese do automatismo do marca-passo sinusal. A participação de $I_{Ca,T}$

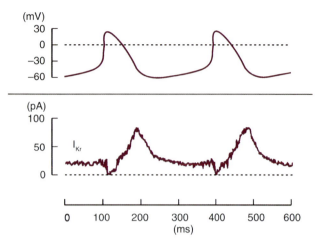

Figura 28.9 • Participação da corrente de potássio de retificação retardada rápida (I_{Kr}) na despolarização diastólica do nodo sinusal (NSA). A figura mostra um experimento com célula isolada do NSA de coelho que demonstra, por meio da técnica de *action potential clamp*, a participação de I_{Kr} na fase 4 do potencial de ação (PA). Na parte superior, observam-se pulsos-testes de voltagem que reproduzem exatamente o formato do PA da célula estudada. Na parte inferior, apresenta-se a corrente de compensação (equivalente à própria I_{Kr} e assim designada) durante o bloqueio de IKr pelo E-4031 (3 mM). Observe que I_{Kr} aumenta lentamente depois da fase 0 e atinge seu pico pouco antes do potencial diastólico máximo, para então decair durante toda a despolarização diastólica. A queda abrupta imediatamente após a fase 0, provavelmente, deve-se à retificação de influxo exibida pela corrente. (Adaptada de Ono e Ito, 1995.)

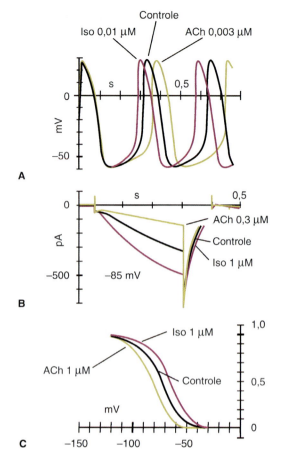

Figura 28.10 • Efeitos de agonistas muscarínico (acetilcolina, ACh) e beta-adrenérgico (isoproterenol, Iso) sobre o potencial de membrana e a corrente marca-passo (I_f) em miócitos isolados do nodo sinusal (NSA) de coelho. **A.** Potenciais de ação espontâneos registrados em condições-controle (Controle) ou na presença de ACh ou Iso nas concentrações indicadas. Observe que a aceleração (na presença de Iso) ou o alentecimento (na presença de ACh) da frequência se devem a alterações na inclinação da despolarização diastólica. **B.** Registro da I_f, corrente marca-passo, ativada por pulso hiperpolarizante a –85 mV aplicado a partir de um potencial fixado em –35 mV. A perfusão com ACh promove redução da corrente, e o oposto é verificado com o uso de Iso. **C.** Curvas de ativação de I_f, refletindo a porcentagem de canais abertos em função do potencial de membrana, em condição-controle ou na presença de ACh ou de Iso. ACh ou Iso deslocam a curva de ativação nos sentidos negativo e positivo, respectivamente, sem alterar a corrente total. As curvas foram calculadas dividindo-se as correntes obtidas por pulsos em rampa de –35 a –125 mV pelos valores teóricos máximos de corrente, admitindo-se uma condutância total em cada potencial. Todos os registros foram conseguidos com a técnica de *patch clamp*. (Adaptada de Accili *et al.*, 2002.)

no marca-passo sinusal é evidenciada pelo efeito do bloqueio farmacológico dessa corrente. Observa-se que, quando $I_{Ca,T}$ é abolida, a despolarização diastólica torna-se mais lenta (principalmente em sua metade final), levando a uma diminuição da frequência de disparo.

Em relação ao controle da frequência cardíaca pelo sistema nervoso simpático e parassimpático, o papel relevante desempenhado pela corrente marca-passo é bastante evidente. Como mostrado na Figura 28.10, a estimulação dos receptores β_1-adrenérgicos do NSA por catecolaminas (epinefrina e norepinefrina, também chamadas adrenalina e noradrenalina) ou agonistas β-adrenérgicos (isoproterenol) promove deslocamento da curva de ativação de I_f para valores menos negativos, sem alterar o valor máximo da corrente. Em consequência, ocorre aumento da corrente nos potenciais em geral atingidos na DDL, resultando em elevação da frequência de disparo (efeito cronotrópico positivo). O mesmo pode ser verificado para a estimulação adrenérgica das fibras de Purkinje. O mecanismo subjacente envolve a proteína G_s, ativação da adenilatociclase e a formação do cAMP que ativa PKA, a qual se liga ao local específico presente na porção intracelular do canal, alterando sua dependência de voltagem. Além disso, a ativação da corrente ainda é facilitada pela hiperpolarização (por aumento de I_{Ks}) resultante da estimulação adrenérgica.

Além do mais, no que diz respeito à regulação autonômica da frequência cardíaca, é bem conhecida a modulação simpática de I_{Ks}. A estimulação do receptor β_1-adrenérgico via cAMP/PKA induz a fosforilação desses canais para K$^+$, levando ao aumento da amplitude e desativação acelerada dessa corrente. Como resultado da elevação de I_{Ks}, o PDM torna-se mais negativo e a *fase 4*, mais inclinada, levando a um aumento da frequência de disparo. Este último efeito poderia decorrer diretamente pela desativação mais rápida de I_{Ks} ou, indiretamente, pela maior ativação da corrente marca-passo, I_f. Com relação à I_{Kr}, os dados são menos conclusivos, uma vez que têm sido descritos tanto aumento quanto diminuição da corrente pelo estímulo β-adrenérgico, dependendo da espécie ou tecido usado nos experimentos.

Por sua vez, mediante estimulação vagal, ocorre liberação de acetilcolina (ACh), e esta, ao interagir com receptores muscarínicos do tipo M_2 em células do NSA, promove um efeito cronotrópico negativo (diminuição da frequência cardíaca). Basicamente a interação acetilcolina-receptor muscarínico M_2 no NSA desloca a curva de ativação de I_f para potenciais mais hiperpolarizados, levando à diminuição da corrente, aumento da duração da DDL e, consequentemente, redução da frequência cardíaca (ver Figura 28.10). Acredita-se que os efeitos colinérgicos sejam consequência de três processos: (1) redução da concentração de cAMP por inibição, via proteína G_i, da adenilatociclase; (2) efeito inibitório direto da subunidade α de G_i (ou de outra proteína G) sobre os canais HCN, reduzindo a I_f; (3) a ativação do canal para K$^+$ ativado por acetilcolina, conhecido como $I_{K,Ach}$ (ver detalhes no boxe

"Potencial de ação cardíaco em situações especiais"). Em fibras de Purkinje, a acetilcolina é capaz de reverter o efeito dos agonistas β-adrenérgicos, sendo provavelmente destituída de ações diretas.

▶ **Outras correntes iônicas envolvidas com o automatismo cardíaco.** Mais recentemente, foi aventada a participação da corrente do trocador Na^+/Ca^{2+} ($I_{Na/Ca}$) como componente importante do mecanismo marca-passo no NSA. Essa hipótese teve origem na observação de aumentos transitórios da concentração intracelular de Ca^{2+} ("ondas de Ca^{2+}") durante a *fase 4* de potenciais sinusais. O tratamento com rianodina (substância bloqueadora dos canais de liberação de Ca^{2+} do retículo sarcoplasmático) aboliu as ondas de Ca^{2+} e, ao mesmo tempo, reduziu ou suprimiu a atividade automática. Nesse contexto, postula-se que, durante a *fase 4*, a entrada de Ca^{2+} via canais ativados por voltagem ($I_{Ca,T}$ e $I_{Ca,L}$) induza a liberação de Ca^{2+} do retículo sarcoplasmático pelo mecanismo de "liberação de Ca^{2+} induzida por Ca^{2+}" (mais informações no Capítulo 30), gerando as ondas de Ca^{2+}. Por sua vez, o aumento da concentração intracelular de Ca^{2+} promoveria maior ativação de $I_{Na/Ca}$, que, por carrear uma corrente de influxo durante a *fase 4* do potencial de ação, contribuiria para acelerar a DDL.

Do ponto de vista das correntes de efluxo, temos ainda $I_{Na/K}$ e I_{K1}. Uma evidência da participação da primeira vem do fato de que, quando a Na^+/K^+-ATPase é inibida pelos glicosídios cardiotônicos, a frequência de disparo tende a se elevar em função de uma redução do PDM e de uma aceleração da *fase 4*. Isso é bem estabelecido para fibras de Purkinje e observado em vários (mas não em todos) estudos que envolvem o NSA. A participação de $I_{Na/K}$ na despolarização diastólica do NSA foi avaliada diretamente, registrando-se a corrente em miócitos nodais de coelho, quando se verificou que a densidade de corrente era suficientemente grande para influir, de modo decisivo, na despolarização diastólica.

Considerando-se a visão clássica de que I_{K1} não está presente no NSA e NAV, essa corrente será discutida a seguir, juntamente com outros aspectos particulares do automatismo das fibras de Purkinje.

▶ ## Automatismo nas fibras de Purkinje

Em linhas gerais, os mecanismos discutidos para o automatismo sinusal aplicam-se também às fibras de Purkinje. As diferenças importantes devem-se à presença dos canais I_{K1} nessas fibras, o que determina uma permeabilidade bem maior ao K^+ e, consequentemente, um PDM mais hiperpolarizado (cerca de –90 mV). Assim, a despolarização diastólica desenvolve-se em voltagens mais negativas, a partir de –90 mV, até um potencial limiar em torno de –65 mV, quando tem lugar a despolarização rápida, com a ativação de I_{Na}. Estando submetidos a potenciais mais negativos, os canais envolvidos na geração do automatismo apresentam uma cinética alterada, em relação ao observado no NSA. Além disso, as propriedades de retificação de influxo e dependência do K^+ extracelular exibidas por I_{K1} conferem às fibras de Purkinje características peculiares quanto ao automatismo. Vale lembrar que, em condições normais, a *fase 0* nessas fibras não é desencadeada pela despolarização diastólica, e sim por correntes eletrotônicas geradas no processo de propagação.

Segundo o modelo *Noble-DiFrancesco*, no balanço das correntes iônicas fluindo na despolarização diastólica das células de Purkinje, destacam-se I_f, $I_{Na,bg}$ e $I_{Na/Ca}$, no sentido despolarizante, e I_{Ks}, I_{K1} e $I_{Na/K}$, no hiperpolarizante. Devido ao PDM mais negativo, a ativação de I_f é bastante significativa, não havendo dúvidas quanto à sua relevância no mecanismo marca-passo. É importante destacar também o maior gradiente eletroquímico para o Na^+, o que eleva a amplitude de I_f e $I_{Na,bg}$. Todavia, o aumento das correntes de influxo é contrabalançado pela alta condutância ao K^+ dada pelos canais I_{K1}, o que se reflete na lenta velocidade da despolarização diastólica.

Nas fibras de Purkinje, as propriedades básicas dos canais I_{K1} são essencialmente as mesmas descritas em células atriais e ventriculares: retificação de influxo (ativação por hiperpolarização), grande chance de abertura nos níveis do potencial de repouso, dependência da $[K^+]_e$ e rápida desativação (< 1 ms) quando a membrana é despolarizada na *fase 0*.

A importância de I_{K1} no automatismo de Purkinje torna-se bem evidente nas alterações da $[K^+]_e$, uma vez que a probabilidade de abertura desses canais é proporcional à raiz quadrada da $[K^+]_e$. Assim, quando a $[K^+]_e$ diminui, a corrente de efluxo carreada por I_{K1} é reduzida, promovendo aumento da inclinação da *fase 4* e da tendência à despolarização (*fase 0*) espontânea da fibra (Figura 28.11). Clinicamente, sabe-se que pacientes com hipopotassemia apresentam elevada incidência de batimentos ventriculares prematuros, o que se explica pelo automatismo exacerbado das fibras de Purkinje. Por outro lado, a elevação da $[K^+]_e$ promove abertura dos

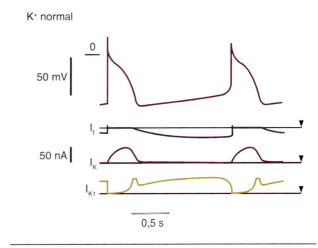

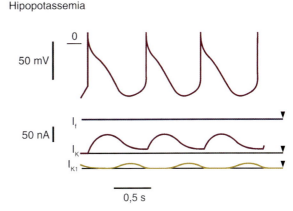

Figura 28.11 ▪ Potencial de ação e principais correntes iônicas envolvidas com a despolarização diastólica em fibras de Purkinje, em condição de potássio (K^+) extracelular fisiológico (normal) ou reduzido para 1,5 mM (hipopotassemia), segundo o modelo Noble-DiFrancesco. Na condição de (K^+) extracelular normal, observe a progressiva ativação da corrente marca-passo (I_f), a desativação da corrente de retificação retardada lenta (I_K) e a presença importante da corrente de retificação de influxo (I_{K1}) ao longo da fase 4. Na hipopotassemia, note que I_{K1} torna-se bastante reduzida, o que conduz a aumento da inclinação da fase 4 (apesar da redução concomitante de I_f devido ao curto tempo de ativação) e elevação da frequência de disparo. Os triângulos (▼) indicam o nível zero de corrente.

canais I_{K1} em potenciais menos negativos, resultando em aumento da corrente, o que leva a uma repolarização mais rápida e reduz a inclinação da *fase 4*, com diminuição do automatismo.

Quanto à $I_{Na/K}$, fortes evidências apoiam sua relevância no automatismo das fibras de Purkinje. Como mencionado anteriormente, a inibição da bomba Na^+/K^+ pela ouabaína (um glicosídeo cardiotônico) promove aumento na taxa de despolarização diastólica. Outro fenômeno bem conhecido nessas células e que favorece o papel de $I_{Na/K}$ no automatismo é a "supressão por superestimulação" (*overdrive supression*): quando um tecido automático recebe estímulo com frequência acima de sua frequência natural de descarga e, em seguida, o estimulador é desligado, observa-se que o tempo necessário para recuperação da atividade espontânea é maior que o esperado pela duração de sua despolarização diastólica sem o uso da ouabaína. Interpreta-se que, durante a superestimulação, ocorre uma entrada excessiva de Na^+ na célula marca-passo, causando acúmulo desse íon no citoplasma e consequente estímulo da bomba de Na^+/K^+, o que conduziria o PDM para valores mais negativos e, portanto, mais distantes do potencial limiar.

PROPAGAÇÃO DA ATIVIDADE ELÉTRICA NO CORAÇÃO

A propagação do potencial de ação no miocárdio possui, relativamente, maior complexidade quando comparado ao axônio; pois, enquanto neste pode-se admitir uma propagação em única dimensão (ao longo de um cabo), no miocárdio ela é em três dimensões.

Os princípios básicos, no entanto, são os mesmos descritos para o axônio, com a propagação ocorrendo através do fluxo de correntes locais entre a região ativa e as vizinhas, em repouso.

As correntes locais formam necessariamente um circuito fechado, percorrendo o espaço extracelular, atravessando a membrana celular (influxo), percorrendo o espaço intracelular e novamente atravessando a membrana (efluxo), para o meio extracelular (como descrito no Capítulo 9). Depreende-se, portanto, que, para poder haver fluxo adequado de corrente, os meios intra e extracelular devem apresentar resistências suficientemente baixas, o que é verdadeiro em condições fisiológicas.

Ao atravessar a membrana, determinada corrente iônica vai provocar uma ΔV maior na área em repouso quando comparada à área em atividade, pois a resistência da membrana em repouso é maior que na região ativa (já que esta é consequência de abertura de canais iônicos). Assim, uma região ativa consegue despolarizar regiões a ela contíguas. Se essa despolarização atingir o limiar, um potencial de ação será deflagrado. Essa nova região ativa irá, por sua vez, despolarizar outras regiões em repouso, e assim sucessivamente, propagando-se a atividade elétrica.

Nesse processo, a propagação da atividade elétrica através dos circuitos locais está restrita a uma única célula. De fato, assim é no neurônio e em fibra de músculo esquelético. No caso do músculo cardíaco, aparece uma particularidade. As células miocárdicas estão todas acopladas entre si por meio de estruturas especializadas de membrana, as junções comunicantes (*gap junctions*), que formam vias de baixa resistência entre células contíguas, possibilitando que o miocárdio se comporte como um sincício funcional. Portanto, ocorre fluxo de corrente entre os cardiomiócitos através dessas junções, de tal modo que, se determinada região do miocárdio for estimulada, ativando o potencial de ação, este se propagará por toda a massa muscular.

A eficiência da propagação da atividade elétrica depende de vários fatores, a saber:

- A densidade de corrente no local ativo, ou seja, a taxa de despolarização do potencial de ação, bem como a sua amplitude
- O limiar de excitabilidade da região em repouso: já que a propagação depende de correntes originárias de regiões ativas despolarizarem regiões em repouso até o limiar, para aí dispararem um potencial de ação, quanto menor o limiar, maior a velocidade de propagação
- Resistências extra e intracelulares: como a propagação depende de fluxo de correntes longitudinais por esses meios, quanto maior a resistência, menor a distância de espalhamento e, portanto, menor a velocidade de propagação
- Resistência juncional: no caso do miocárdio, esse fator se soma em série com as duas resistências já referidas, sendo a propagação comprometida em situações em que haja um aumento nessa resistência.

Assim, a velocidade e a margem de segurança para a propagação do potencial de ação rápido, com *fase 0* dependente de abertura de canal para Na^+, são bem maiores do que as com potencial de ação lento, cuja *fase 0* é dependente da abertura de canal para Ca^{2+}. Para ilustrar esse aspecto, pode-se comparar a velocidade de propagação na fibra de Purkinje, que tem densidade de I_{Na} e amplitude de potencial de ação grandes, com a velocidade de propagação no NSA e NAV, que apresentam potencial de ação lento, de pequena amplitude e dependente de I_{Ca}. Na fibra de Purkinje, a propagação pode alcançar até 5 m/s, ao passo que, nos nodos, a velocidade de propagação é da ordem de 0,05 m/s. Outro fator adicional que contribui para a pequena velocidade de propagação nos nodos é a baixa densidade de junções comunicantes entre suas células, o que leva a maior resistência juncional e, portanto, a menor fluxo de corrente entre células vizinhas.

▶ Junções comunicantes

O miocárdio apresenta, em pontos de contato entre células vizinhas, regiões especializadas denominadas discos intercalares, onde se encontram estruturas juncionais com várias funções. Algumas são junções de adesão mecânica, como os desmossomos, indispensáveis para o coração suportar as altas pressões desenvolvidas (particularmente, no ventrículo esquerdo) em condições fisiológicas, mas também em condições patológicas. Outras são junções especializadas em comunicação (troca de substâncias) entre células contíguas, como as junções comunicantes.

As junções comunicantes são constituídas por dois hemicanais justapostos, um em cada célula adjacente (Figura 28.12 A). Cada hemicanal é formado por um arranjo de seis subunidades em disposição hexagonal (Figura 28.12 C). Cada subunidade destas, por sua vez, é composta por uma proteína, chamada conexina, com quatro segmentos transmembrana, ligados por duas alças extracelulares e uma intracelular, estando as porções amino e carboxiterminais no domínio citoplasmático (Figura 28.12 B). A adesão entre ambos os hemicanais para formar um canal juncional é feita por interações não covalentes entre as alças extracelulares, formando o conéxon ou canal juncional.

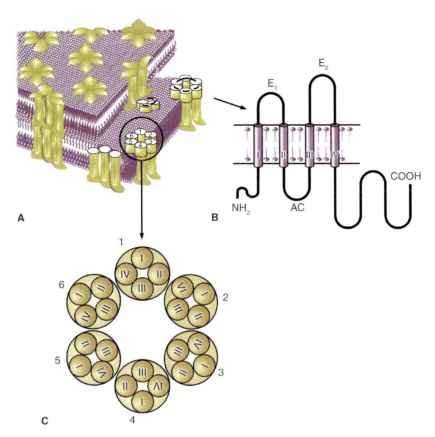

Figura 28.12 • Esquema da estrutura da junção comunicante. **A.** Cada célula do par contribui com um hemicanal, formado de seis monômeros (numerados de 1 a 6 na figura). O canal completo é um dodecâmero. **B.** Cada monômero tem quatro segmentos transmembrana (numerados de I a IV), duas alças extracelulares (E1 e E2), uma alça citoplasmática (AC), além das porções amino e carboxiterminais voltadas para o citoplasma da célula. O canal (conéxon) é constituído por interações não covalentes entre as alças extracelulares de cada hemicanal. **C.** Arranjo provável dos segmentos transmembrana do conéxon, formando a parede do poro com o segmento menos hidrofóbico, que seria o segmento III. Os outros estariam voltados para a bicamada lipídica. (Adaptada de Spray e Campos de Carvalho, 1994.)

No coração em condições fisiológicas, esses canais se encontram abertos, permitindo passagem de cátions, ânions e moléculas de até 1.000 dáltons. Isso equivale a dizer que a maior parte dos íons intracelulares, particularmente o K^+, que participam no processo de propagação da atividade elétrica tem livre passagem entre células adjacentes através de tais canais. Também passam várias moléculas sinalizadoras, como cAMP, ATP, Ca^{2+} e trifosfato de inositol (IP_3), o que torna esses canais fundamentais na interação metabólica entre células adjacentes. Admite-se que o fator preponderante na determinação da abertura desses canais, no estado fisiológico, seja o seu grau de fosforilação, dependente de quinases ativadas por cAMP ou diacilglicerol (PKA e PKC, respectivamente). De modo geral, pode-se afirmar que a fosforilação favorece a abertura do canal juncional no coração.

As concentrações de Ca^{2+} e de H^+ livres no citoplasma foram, por muito tempo, consideradas fatores essenciais na regulação da abertura e do fechamento de tais canais. Atualmente, no entanto, a participação desses dois fatores na regulação da condutância juncional, em condições fisiológicas, é questionada, já que as faixas de valores requeridas para que esses íons afetem a condutância juncional estão fora das faixas compatíveis com o estado fisiológico. Assim, o pH citoplasmático fisiológico nos mamíferos é de 7,1 a 7,2, mas o acoplamento celular só se reduz substancialmente no pH entre 6,5 e 6,3. Da mesma forma, as concentrações de Ca^{2+} necessárias para a contração não são suficientes para provocar o fechamento desses canais.

Em condições patológicas, no entanto, ambos os fatores podem tornar-se importantes na regulação da condutância juncional: quando há lesão no miocárdio, a região lesada fica eletricamente isolada do miocárdio saudável, devido ao fechamento dos canais juncionais, ocasionado pela exposição destes à concentração de Ca^{2+} do meio extracelular, a qual se encontra em concentrações mM. Trata-se de um mecanismo de proteção do miocárdio não lesado, impedindo que essa região seja despolarizada por perda de corrente para a parte lesada e seja levada à inexcitabilidade. Existem também evidências mostrando que as ações do pH e do Ca^{2+} sobre a condutância juncional são cooperativas: quanto menor o pH, maior a redução da condutância juncional para um dado aumento de Ca^{2+} citoplasmático.

Outros fatores que interferem na permeabilidade dos canais juncionais incluem substâncias lipofílicas, como anestésicos gerais voláteis (halotano) e alcoóis de cadeia curta (p. ex., heptanol e octanol), que diminuem a condutância juncional de modo reversível. O potencial transjuncional (*i. e.*, a diferença de potencial entre as células adjacentes acopladas pelo canal juncional) também influi na condutância juncional, sendo esta tanto menor quanto maior essa diferença.

SEQUÊNCIA FISIOLÓGICA DE ATIVAÇÃO CARDÍACA

A atividade elétrica no coração, que se inicia em pequeno grupo de células no NSA com a maior frequência intrínseca de disparo espontâneo, propaga-se para todo o nodo a uma velocidade de 0,05 m/s, atingindo o primeiro ponto no átrio cerca de 20 ms após. Esse ponto, em geral, situa-se entre a veia cava e o átrio direito. A partir desse ponto, ela se espalha pelos dois átrios como uma onda, em velocidade aproximada de 0,8 m/s, levando 80 a 90 ms para completar a ativação. Nesse percurso, a ativação alcança o NAV, situado próximo ao seio coronariano, aproximadamente 50 ms depois de iniciada a ativação atrial.

> É importante lembrar que a única via de comunicação elétrica entre a massa muscular atrial e a ventricular é o *sistema de condução atrioventricular*, que inclui o NAV, feixe de His com seus ramos, e fibras de Purkinje. Estas se ramificam extensamente na região subendocárdica da câmara ventricular. Esse sistema de condução, constituído por tecido muscular especializado, atravessa o esqueleto fibrocartilaginoso do anel atrioventricular, isolado por um envoltório de tecido conjuntivo, fazendo suas primeiras conexões com a massa muscular ventricular por meio de junções comunicantes ao nível das terminações das fibras de Purkinje.

Assim, após trafegar através do NAV com baixa velocidade (durante aproximadamente 60 ms), o estímulo elétrico alcança o feixe de His e, posteriormente, as fibras de Purkinje (ambos os tecidos de condução rápida, em que a velocidade pode alcançar até 5 m/s), levando outros 60 ms para atingir as primeiras regiões do ventrículo. A partir desse ponto, essa frente elétrica se propaga pela musculatura ventricular, também a velocidades razoavelmente altas (cerca de 1 m/s), levando cerca de 80 ms para completar a ativação ventricular. Esta se inicia na face endocárdica (onde a rede de fibras de Purkinje faz contato com a musculatura ventricular) das paredes livres dos dois ventrículos e na metade inferior do septo interventricular, propagando-se em direção ao epicárdio e à região posterossuperior do septo.

Devido à longa duração do potencial de ação ventricular (200 ms ou mais) e sua grande velocidade de propagação (80 ms são suficientes para completa despolarização dos dois ventrículos), existe um período em que não há nenhum fluxo de corrente longitudinal no coração, pois os átrios já repolarizaram (*fase 4*) e os ventrículos estão inteiramente despolarizados (*fase 2*). Esse período silente termina quando se inicia a repolarização ventricular (*fase 3*) a partir das regiões com potenciais de ação de menor duração.

A repolarização de uma região acelera a repolarização de regiões vizinhas (do mesmo modo que a despolarização), por meio do fluxo de correntes locais. Assim, pode-se dizer que há também uma propagação da repolarização a partir da região que primeiro repolariza, em direção às regiões vizinhas. No coração humano, a sequência de repolarização nos átrios é a mesma da despolarização. Nos ventrículos, no entanto, como é menor a duração do potencial de ação das células subepicárdicas em relação às subendocárdicas (ou seja, repolarizam antes), a onda de repolarização se propaga do epicárdio para o endocárdio, portanto em sentido inverso ao da despolarização.

A Figura 28.13 mostra a sequência de ativação do coração, com os potenciais de ação típicos de cada região, bem como os retardos observados ao longo desse processo. No traçado inferior, há o eletrocardiograma equivalente a essa sequência de eventos, que será analisado em detalhe no próximo capítulo.

CONTROLE NEUROVEGETATIVO (AUTONÔMICO) DA ATIVIDADE ELÉTRICA CARDÍACA

Embora o coração seja dotado de automatismo, a sua função é, de modo contínuo, ajustada às variáveis demandas do organismo em situações bem diferentes, como durante o sono, quando esses requerimentos diminuem muito, ou ao se participar de uma maratona, atividade com alto consumo metabólico.

Assim, o coração responde aos mecanismos gerais de controle nervoso e hormonal. A seguir, será abordado como a ativação do sistema nervoso neurovegetativo interfere na eletrofisiologia cardíaca e nos mecanismos básicos envolvidos nesse processo.

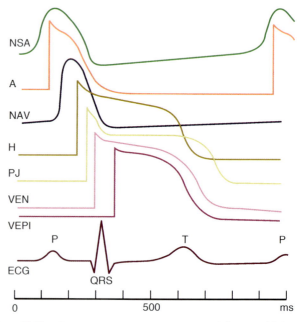

Figura 28.13 ▪ Esquema que mostra o curso temporal do potencial de ação obtido nas várias regiões do coração, em sequência temporal de ativação, iniciando no nodo sinusal. O traçado inferior representa o eletrocardiograma convencional (ECG). Observe a correspondência temporal com os potenciais transmembrana apresentados nos traçados superiores. Note a menor duração do potencial de ação ventricular na face subepicárdica. Os registros onda P, complexo QRS e onda T identificam no ECG, respectivamente, os eventos de propagação da despolarização atrial, despolarização ventricular e da repolarização ventricular. *NSA*, nodo sinusal; *A*, átrio; *NAV*, nodo atrioventricular; *H*, feixe de His; *PJ*, fibra de Purkinje; *VEN*, tecido ventricular subendocárdio; *VEPI*, tecido ventricular subepicárdio. (Adaptada de Paes de Carvalho e Fonseca Costa, 1983.)

Caso clínico

Uma senhora de 84 anos se queixou com seu vizinho de estar sentindo falta de ar e muito cansaço ao subir as escadas de casa e até mesmo ao dar poucos passos. O vizinho, estudante de medicina, aferiu o pulso da senhora e, para surpresa de ambos, observou frequência cardíaca de 40 bpm. A senhora foi aconselhada a procurar um cardiologista, que, após fazer o devido exame clínico e anamnese, realizou um eletrocardiograma. O estudo confirmou a baixa frequência cardíaca e identificou a ausência de ondas P. Sendo assim, foi concluído que o coração da senhora tinha perdido a função tanto do NSA quanto do NAV. Isso demonstra claramente como a sequência *NSA > NAV > feixe de His > ramos do feixe de His* funciona no dia a dia e como a estrutura de frequência intrínseca imediatamente inferior assume o papel de marca-passo cardíaco.

Este órgão recebe inervação do sistema nervoso tanto simpático como parassimpático. Os efeitos das ativações desses dois sistemas se fazem sentir sobre a frequência cardíaca, a condução atrioventricular, a força de contração e o relaxamento. Tais efeitos são também referidos como cronotrópico, dromotrópico, inotrópico e lusitrópico, respectivamente.

No coração de mamíferos, a inervação parassimpática, por intermédio do nervo vago, é muito abundante na musculatura atrial e nos nodos sinusal e atrioventricular, mas escassa nos ventrículos.

Já a inervação simpática se distribui extensamente pelas quatro câmaras: tanto nos nodos quanto nos tecidos especializados em condução e também no miocárdio de trabalho (atrial e ventricular).

▶ Sistema nervoso parassimpático

A ativação vagal libera acetilcolina nas terminações pósganglionares, de modo que seus efeitos são mediados pela ação desse neurotransmissor nos receptores muscarínicos que, no caso do coração, são do tipo M_2. A interação de acetilcolina com receptores M_2 cardíacos promove basicamente três eventos:

1. Abre, por um processo mediado por uma proteína G_i, o canal para K^+ responsável pela corrente I_{KACh}, descrito anteriormente.
2. Pela ativação de uma proteína G_i, inibe a adenilatociclase, reduzindo as concentrações de cAMP no citoplasma, o que leva à diminuição da fosforilação de canais para Ca^{2+} tipo L e, consequentemente, da corrente de Ca^{2+} por esses canais.
3. Ativa a guanilatociclase, elevando os níveis de cGMP no citoplasma, que pode inibir os canais de Ca^{2+} tipo L (via PKG – proteinoquinase dependente de cGMP) ou diminuir a concentração de cAMP (via estimulação de uma cAMP-fosfodiesterase ativada por cGMP).

Essas três ações acarretam efeitos importantes na ativação cardíaca, a saber: bradicardia, redução da força de contração atrial e bloqueio de condução atrioventricular. Esses distúrbios estão relacionados com os seguintes efeitos da acetilcolina:

- *Nodo sinusal*: (a) reduz a taxa de despolarização diastólica por diminuição de I_f e $I_{Ca,L}$ e também (como $I_{K,ACh}$ é uma corrente hiperpolarizante) se opõe à despolarização, resultando em queda de frequência sinusal ou até mesmo parada sinusal; (b) provoca redução da taxa de despolarização e da amplitude do potencial de ação sinusal, pois, além de ativar $I_{K,ACh}$, uma corrente hiperpolarizante, promove redução de $I_{Ca,L}$ (conforme foi descrito em "Automatismo cardíaco"). Ambos os fatores deprimem o potencial de ação do tipo lento do nodo sinusal, ocasionando um bloqueio de condução sinoatrial
- *Miocárdio atrial*: (a) aumenta o potencial de repouso (hiperpolarização), pois $I_{K,ACh}$ se somará a I_{K1}; (b) reduz a duração do potencial de ação atrial, pela presença de um componente repolarizante extra ($I_{K,ACh}$); e (c) diminui a força de contração da musculatura atrial, por redução de influxo de Ca^{2+} causado pela inibição de $I_{Ca,L}$
- *Nodo atrioventricular*: diminui a taxa de despolarização e a amplitude do potencial de ação, pelos mesmos motivos apontados para o potencial de ação no NSA, levando a um bloqueio de condução atrioventricular. (Nota importante: fala-se em bloqueio de condução sempre que há dificuldade na propagação do sinal elétrico. Isso acarreta diminuição de velocidade de condução e eventualmente interrupção da condução.)

▶ Sistema nervoso simpático

A ativação simpática, por outro lado, ocasiona a liberação de norepinefrina nas varicosidades dos terminais nervosos em íntimo contato com todo o miocárdio. A epinefrina circulante, liberada pela medula suprarrenal, ao atingir o coração, também irá interagir com receptores adrenérgicos aí presentes.

O principal receptor adrenérgico encontrado nas células cardíacas é do tipo β e, possivelmente, a grande maioria dos efeitos descritos para ativação simpática no coração são associados à interação com esse receptor. O coração possui os três subtipos de receptores β-adrenérgicos ($β_1$, $β_2$ e $β_3$). A interação das catecolaminas, principalmente com o receptor $β_1$ (como descrito anteriormente em "Automatismo cardíaco") leva à estimulação da adenilatociclase e, consequentemente, ao aumento das concentrações de cAMP no citoplasma, por meio da ativação de uma proteína G_s. Como consequência, ativa-se a PKA, aumentando, assim, a probabilidade de fosforilação de inúmeras proteínas.

São efeitos da ativação β-adrenérgica no coração a fosforilação de canais para Ca^{2+} dependentes de voltagem do tipo L e a de canais para K^+ dependentes de voltagem retificador retardado (I_{Ks}), o que provoca um aumento na densidade de corrente por esses canais, bem como a ligação do cAMP ao canal HCN (I_f), deslocando a sua curva de dependência de voltagem para valores mais positivos. Outros efeitos importantes, via PKA, incluem aumento da sensibilidade da maquinaria contrátil, possivelmente pela fosforilação de troponina I, e a estimulação da liberação e recaptação de Ca^{2+} pelo retículo sarcoplasmático (como será discutido no Capítulo 30).

Os principais efeitos da ativação simpática no coração são: taquicardia, facilitação da condução atrioventricular, aumento na força de contração atrial e ventricular, além de aceleração do relaxamento ventricular. Adicionalmente:

- *Nodo sinusal*: nota-se aumento na taxa de despolarização diastólica, por deslocamento da curva de dependência de voltagem do canal HCN (I_f) para valores mais despolarizados. Assim, essa corrente marca-passo é ativada mais precoce e rapidamente durante a diástole, em presença de ativação do subtipo $β_1$ do receptor adrenérgico, atingindo, portanto, o limiar para o potencial de ação de modo mais rápido, o que ocasiona aumento na frequência de disparo. Um aumento de $I_{Ca,L}$ reflete-se no potencial de ação lento do nodo sinusal, com *fase 0* mais rápida e maior amplitude do potencial de ação, resultando em melhora na condução sinoatrial. Também o aumento de I_{Ks} reduz a duração do potencial de ação do nodo sinusal
- *Nodo atrioventricular*: os efeitos observados são basicamente sobre o potencial de ação lento; potenciação da I_{CaL} conduz à aceleração da *fase 0* e a maior amplitude, tendo, como resultado, facilitação da condução atrioventricular. Outro aspecto importante é a diminuição da duração do potencial de ação lento, por ativação de I_{Ks}. Isso reduz o período refratário, contribuindo para que haja condução atrioventricular facilitada, mesmo em frequências cardíacas maiores
- A mesma diminuição do período refratário é percebida ao longo do tecido de condução ventricular (feixe de His e fibras de Purkinje), que são as estruturas com maiores durações dos potenciais de ação. Como esse período é mais longo nessas regiões, a redução deste parâmetro em condições de taquicardia é fundamental para garantir uma condução atrioventricular fisiológica

- *Miocárdio de trabalho atrial e ventricular*: ocorre o aumento da força de contração (efeito inotrópico positivo); esse efeito pode ser associado a aumento do influxo de Ca^{2+} pelos canais para Ca^{2+} do tipo L, maior liberação de Ca^{2+} pelos estoques intracelulares e maior sensibilidade da maquinaria contrátil ao Ca^{2+} (como será discutido no Capítulo 30). Observa-se também redução na duração do potencial de ação, como consequência de maior ativação de I_{Ks}, o que se reflete em uma repolarização mais rápida, com relaxamento mais precoce, associado a uma contração de maior rapidez. Isso garante um tempo de diástole ventricular adequado, fundamental para o enchimento ventricular, mesmo em presença de frequência cardíaca aumentada. Além disso, a PKA ativa a bomba de Ca^{2+} do retículo sarcoplasmático e fosforila a troponina I, levando ao efeito lusitrópico positivo (como também será discutido no Capítulo 30).

Em condições fisiológicas, os dois sistemas – simpático e parassimpático – atuam simultaneamente, com predominância de um ou outro no sentido de adequar, a cada instante, a atividade do coração à sua primordial função de bombear sangue, gerando fluxo sanguíneo adequado para a eficiente perfusão de todos os tecidos.

BIBLIOGRAFIA

ACCILI EA, PROENZA C, BARUSCOTTI M et al. From funny current to HCN channels: 20 years of excitation. *News Physiol Sci*, 17:32-7, 2002.
ASHCROFT FM. *Ion channels and disease*. San Diego: Academic Press; 2000.
BALSER JR. The cardiac sodium channel: gating, function and molecular pharmacology. *J Mol Cell Cardiol*, 33:599-613, 2001.
BARUSCOTTI M, DIFRANCESCO D. Pacemaker channels. *Ann N Y Acad Sci*, 1015:111-21, 2004.
BERS DM, PEREZ-REYES E. Ca channels in cardiac myocytes: structure and function in Ca influx and intracellular Ca release. *Cardiovasc Res*, 42:339-60, 1999.
BOYETT MR, HONJO H, KODAMA I. The sinoatrial node, a heterogeneous pacemaker structure. *Cardiovasc Res*, 47:658-87, 2000.
BRIOSCHI C, MICHELONI S, TELLEZ JO et al. Distribution of the pacemaker HCN4 channel mRNA and protein in the rabbit sinoatrial node. *J Mol Cell Cardiol*, 47:221-7, 2009.
BROWN HF, DIFRANCESCO D, NOBLE SJ. How does adrenaline accelerate the heart? *Nature*, 280:235-6, 1979.
CATTERALL WA, CHANDY KG, GUTMAN GA. *The IUPHAR compendium of voltage-gated ion channels*. Leeds: IUPHAR Media; 2002.
DHEIN S, VAN KOPPEN CJ, BRODDE OE. Muscarinic receptors in the mammalian heart. *Pharmacol Res*, 44:161-82, 2001.
DIFRANCESCO D. The contribution of the 'pacemaker' current (I_f) to generation of spontaneous activity in rabbit sino-atrial node myocytes. *J Physiol*, 434:23-40, 1991.
DIFRANCESCO D, CAMM JA. Heart rate lowering by specific and selective I_f current inhibition with ivabradine: a new therapeutic perspective in cardiovascular disease. *Drugs*, 64:1757-65, 2004.
DIFRANCESCO D, NOBLE D. A model of cardiac electrical activity incorporating ionic pumps and concentration changes. *Phylosoph Trans R Soc B*, 307:353-98, 1985.
DIFRANCESCO D, TROMBA C. Inhibition of the hyperpolarization-activated current (I_f) induced by acetylcholine in rabbit sino-atrial node myocytes. *J Physiol*, 405:477-91, 1988.
HAGIWARA N, IRISAWA H, KASANUKI H et al. Background current in sino-atrial node cells of the rabbit heart. *J Physiol*, 448:53-72, 1992.
HERING S, BERJUKOW S, SOKOLOV S et al. Molecular determinants of inactivation in voltage-gated Ca^{2+} channels. *J Physiol*, 528:237-49, 2000.
HERRING N, DANSON EJF, PATERSON DJ. Cholinergic control of heart rate by nitric oxide is site specific. *News Physiol Sci*, 17:202-6, 2002.
HOFFMAN BF, CRANEFIELD PF. *Electrophysiology of the Heart*. New York: McGraw-Hill; 1960.
IOST N, VIRÁG L, OPINCARIU M et al. Delayed rectifier potassium current in undiseased human ventricular myocytes. *Cardiovasc Res*, 40:508-15, 1998.
IRISAWA H, BROWN HF, GILES W. Cardiac pacemaking in the sinoatrial node. *Physiol Rev*, 73:197-227, 1993.
KURATA Y, HISATOME I, IMANISHI S et al. Dynamical description of sino-atrial node pacemaking: improved mathematical model for primary pacemaker cell. *Am J Physiol*, 283:2074-101, 2002.
LANGER GA. *The myocardium*. 2. ed. San Diego: Academic Press; 1997.
LEE FY, WEI J, WANG JJ et al. Electromechanical properties of Purkinje fibers strands isolated from human ventricular endocardium. *J Heart Lung Transplant*, 23:736-44, 2004.
LI GR, FENG J, YUE L et al. Transmural heterogeneity of action potentials and I_{TO1} in myocytes isolated from the human right ventricle. *Am J Physiol*, 275:H369-77, 1998.
LI GR, NATTEL S. Properties of human atrial I_{Ca} at physiological temperatures and relevance to action potential. *Am J Physiol*, 272:H227-35, 1997.
MARIONNEAU C, COUETTE B, LIU J et al. Specific pattern of ionic channel gene expression associated with pacemaker activity in the mouse heart. *J Physiol*, 562:223-34, 2005.
MATSUURA H, EHARA T, DING WG et al. Rapidly and slowly components of delayed rectifier K^+ curent in guinea-pig sino-atrial node pacemaker cells. *J Physiol*, 540:815-30, 2002.
MITCHESON JS, SANGUINETTI MC. Biophysical properties and molecular basis of cardiac rapid and slow delayed rectifier potassium channels. *Cell Physiol Biochem*, 9:201-16, 1999.
MITSUIYE T, SHINAGAWA Y, NOMA A. Sustained inward current during pacemaker depolarization in mammalian sinoatrial node cells. *Circ Res*, 87:88-91, 2000.
NERBONNE JM. Molecular basis of functional voltage-gated K^+ channel diversity in the mammalian myocardium. *J Physiol*, 525:285-98, 2000.
NICHOLS CG, LOPATIN AN. Inward rectifier potassium channels. *Annu Rev Physiol*, 59:171-91, 1997.
NOMA A, MORAD M, IRISAWA H. Does the "pacemaker current" generate the diastolic depolarization in the rabbit node cells? *Pflügers Arch*, 397:190-4, 1983.
ONO K, ITO H. Role of rapidly activating delayed rectifier K^+ current in sino-atrial node pacemaker activity. *Am J Physiol*, 269:H453-62, 1995.
PAES DE CARVALHO A. Excitação cardíaca. In: KRIEGER EM (Ed.). *Fisiologia Cardiovascular*. Rio de Janeiro: Byk-Procienx; 1976.
PAES DE CARVALHO A, FONSECA COSTA A. *Circulação e Respiração; Fundamentos de Biofísica e Fisiologia*. Rio de Janeiro: Cultura Médica; 1983.
PENNEFATHER P, COHEN IS. Molecular mechanisms of cardiac K^+-channel regulation. In: ZIPES DP, JALIFE J (Eds.). *Cardiac electrophysiology: from cell to bedside*. Philadelphia: WB Saunders; 1990.
SCHRAM G, POURRIER M, MELNYK P et al. Differential distribution of cardiac ion channel expression as a basis for regional specialization in electrical function. *Circ Res*, 90:939-50, 2002.
SHI W, WYMORE R, YU H et al. Distribution and prevalence of hyperpolarization-activated cation channel (HCN) mRNA expression in cardiac tissues. *Circ Res*, 85:1-6, 1999.
SHIH HT. Anatomy of the action potential in the heart. *Mol Cell Cardiol*, 21:30-41, 1994.
SINGH BN. An overview of slow channel blocking drugs: pharmacological basis for therapeutic applications. *Cardiology*, 69(Suppl. 1):2-25, 1982.
SNYDERS DJ. Structure and function of cardiac potassium channels. *Cardiovasc Res*, 42:377-90, 1999.
SPLAWSKI I, TIMOTHY KW, DECHER N et al. Severe arrhythmia disorder caused by cardiac L-type calcium channel mutations. *Proc Natl Acad Sci USA*, 102:8089-96, 2005.
SPRAY D, CAMPOS DE CARVALHO AC. Junções comunicantes. *Ciência Hoje*, 77:44-52, 1994.
STRIESSNIG J. Pharmacology, structure and function of cardiac L-type Ca^{2+} channels. *Cell Physiol Biochem*, 9:242-69, 1999.
TAMARGO J, CABALLERO R, GOMÉZ R et al. Pharmacology of cardiac potassium channels. *Cardiovasc Res*, 62:9-33, 2004.
WATANABE Y, DREIFUS LS. Newer concepts in the genesis of cardiac arrhythmias. *Am Heart J*, 76:114-35, 1968.
ZIPES DP, JALIFE J (Eds.). *Cardiac Electrophysiology: From Cell to Bedside*. 5. ed. Philadelphia: Saunders; 2009.

Capítulo 29

Bases Fisiológicas da Eletrocardiografia

José Geraldo Mill

- Bases do eletrocardiograma, *456*
- Princípios da eletrocardiografia, *457*
- Geração das ondas do eletrocardiograma, *457*
- Sistema de registro do eletrocardiograma, *464*
- Leitura e interpretação do eletrocardiograma, *468*
- Bibliografia, *471*

BASES DO ELETROCARDIOGRAMA

Como detalhado no capítulo anterior, o coração, a exemplo do que ocorre com outros tecidos musculares e o sistema nervoso, funciona com base em sinais elétricos. O desempenho adequado da bomba cardíaca exige perfeita sincronia entre o período em que músculo está relaxado, permitindo assim o enchimento das câmaras, e o período de contração, o que possibilita imprimir pressão (energia potencial) e velocidade (energia cinética) ao sangue, garantindo a circulação sanguínea (como será discutido no Capítulo 31, *O Coração como Bomba*). O sincronismo da atividade mecânica das câmaras cardíacas (contração e relaxamento) é garantido pela geração e propagação de potenciais elétricos (potenciais de ação) ao longo do sincício elétrico miocárdico, como discutido no Capítulo 28, *Eletrofisiologia do Coração*. Alterações na atividade elétrica do coração levam à perda de sincronia nos ciclos de relaxamento e contração, sendo deletérias para a função da bomba cardíaca. Em uma situação extrema em que a atividade elétrica nesse órgão cessa, ocorre parada cardíaca. O eletrocardiograma (ECG) constitui o exame-padrão para avaliar a geração e a propagação da atividade elétrica no coração. Trata-se de um exame de fácil execução, de baixo custo e potencialmente rico no fornecimento de informações sobre a atividade elétrica cardíaca e, consequentemente, o funcionamento do coração. Essa é a razão pela qual o ECG constitui elemento indispensável para a avaliação clínica de atletas, de indivíduos que vão se submeter a procedimentos cirúrgicos e, principalmente, de pacientes portadores de algum tipo de doença cardiovascular.

Como visto no capítulo anterior, os cardiomiócitos, em repouso, apresentam uma diferença de potencial entre os meios extra e intracelular. O valor desta diferença, que constitui o potencial de membrana ou potencial de repouso, é variável nos diferentes tipos de células do coração, sendo encontrados menores valores nos nodos (cerca de −50 a −55 mV) e maiores nas fibras subendocárdicas de Purkinje (cerca de −85 a −90 mV). Independentemente do valor do potencial de repouso, entretanto, este sempre é negativo no meio intracelular em relação ao meio extracelular. Como o meio extracelular tem baixa resistência elétrica e todas as células são envolvidas pelo mesmo meio condutor (a solução eletrolítica que envolve as células), a diferença de potencial entre dois pontos do meio extracelular é nula quando as células estão em repouso. Quando as fibras de uma região são estimuladas e entram em atividade (sofrem despolarização), há redução no valor do potencial elétrico do meio extracelular nas vizinhanças da região ativa (o qual fica mais negativo que o potencial elétrico do meio intracelular). Em consequência, surge uma diferença de potencial entre dois pontos do *meio extracelular*, como mostrado na Figura 29.1. Considerando-se que o meio extracelular é um fluido condutor de baixa resistência, existe deslocamento de cargas elétricas entre os dois pontos, ou seja, aparece uma corrente elétrica entre a região já despolarizada e as demais células que ainda se encontram em repouso elétrico (ver Figura 29.1 B). Se a *corrente despolarizante* (corrente d, Figura 29.1 B) tem intensidade suficiente para vencer a resistência das junções intercelulares, a despolarização propaga-se como uma onda da região ativa para as regiões ainda inativas (no presente exemplo da esquerda para a direita). No momento em que todas as células estão igualmente despolarizadas, os fluxos de corrente entre os dois pontos de registro novamente desaparecem (ver Figura 29.1 C). Uma vez que a célula da esquerda foi a primeira a se despolarizar, ela

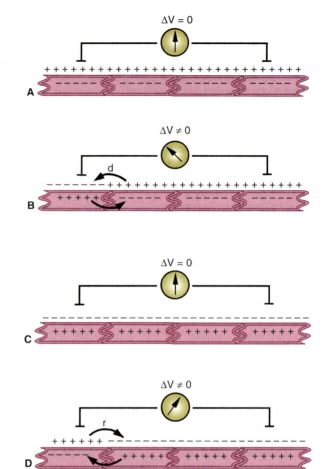

Figura 29.1 ▪ A figura representa quatro células do miocárdio, acopladas através das junções intercelulares. Em **A**, todas as células estão em repouso. Dois eletrodos situados no meio extracelular detectam diferença de potencial nula. Em **B**, a despolarização da célula à esquerda faz aparecer uma diferença de potencial entre os eletrodos de registro consequente ao aparecimento de uma corrente despolarizante (d). Em **C**, quando todas as células estiverem despolarizadas, novamente o galvanômetro registrará diferença de potencial igual a 0. Em **D**, como a célula à esquerda repolariza primeiro, outra vez aparecerá diferença de potencial entre os eletrodos de registro, só que a corrente extracelular (r) fluirá agora da região repolarizada para a região ativa. O galvanômetro irá registrar esta corrente com um sinal oposto ao da corrente despolarizante.

também deverá ser a primeira a se repolarizar. Novamente aparece uma diferença de potencial entre os dois pontos de registro, só que a corrente que flui no meio extracelular (corrente r, Figura 29.1 D) desloca-se da região ativa para a inativa. Tal corrente denomina-se *corrente repolarizante* porque tende a restabelecer a polaridade de repouso da membrana. Como o coração está imerso em um meio condutor, o campo elétrico gerado pelo deslocamento de correntes despolarizantes e repolarizantes no fluido extracelular propaga-se para todo o corpo. Desta maneira, eletrodos posicionados em diferentes regiões da superfície corporal, quando acoplados a um amplificador apropriado, podem registrar as variações do potencial elétrico. Este princípio constitui o fundamento de uma série de registros elétricos obtidos de diversos órgãos e tecidos que têm como base de seu funcionamento a geração de potenciais de ação.

Deve-se a Waller, em 1887, a primeira demonstração de que as flutuações do campo elétrico cardíaco podiam ser captadas por eletrodos posicionados na superfície do corpo. Estas flutuações correspondem ao ECG, e os princípios básicos de obtenção desse registro podem também ser aplicados a outros órgãos e tecidos que funcionam com base em potenciais de ação, originando outros tipos de registro, como o eletroencefalograma, o eletrorretinograma, o eletromiograma, dentre outros. Nestes registros, são captadas, por meio de eletrodos e sistemas especiais de filtragem e amplificação de sinais elétricos, as flutuações do potencial do meio extracelular. Por outro lado, os registros do potencial de ação (como visto no capítulo anterior) captam as mudanças do potencial transmembrana.

PRINCÍPIOS DA ELETROCARDIOGRAFIA

Grande parte do desenvolvimento da eletrocardiografia como exame fundamental para a análise da atividade elétrica cardíaca foi possível graças aos trabalhos desenvolvidos pelo médico holandês Willem Einthoven na primeira década do século XX; portanto, há mais de 100 anos. Naquela época, apesar de já se saber há mais de 25 anos que o funcionamento do coração produzia flutuações periódicas no potencial elétrico da superfície corporal, o grande problema era como obter um registro confiável e reprodutível destas flutuações. Deve-se a Einthoven o desenvolvimento de um sistema avançado (para a época) de captação de sinais elétricos de baixa amplitude, o galvanômetro de corda, que tinha sensibilidade suficiente para captar, na superfície corporal, as flutuações do campo elétrico cardíaco. Estas flutuações eram transformadas pelo galvanômetro nas ondas do ECG.

De posse deste instrumento de registro, e usando a teoria do dipolo, coube a Einthoven formular um conjunto de proposições que permitiram padronizar os registros. A *teoria do dipolo* estabelece que qualquer diferença de potencial existente em um meio condutor, também chamada de dipolo, pode ser representada por um vetor que aponta para o lado do potencial mais alto e cujo comprimento é proporcional à intensidade do dipolo. Desta maneira, as correntes 'd' e 'r' esquematizadas na Figura 29.1 poderiam ser representadas por dipolos, denominados, respectivamente, vetor de despolarização (Figura 29.2 A) e vetor de repolarização (Figura 29.2 B). Observa-se que as correntes 'd' e 'r' têm sentidos contrários, pois fluem em diferentes sentidos no meio extracelular. Se, no galvanômetro, a corrente 'd' for registrada como uma onda positiva, a corrente 'r' aparecerá como uma onda negativa. A junção das duas ondas indica as modificações elétricas do meio extracelular decorrentes da excitação das células, como ilustrado na Figura 29.2. Na verdade, o sentido das ondas depende apenas dos arranjos de entrada do sinal no galvanômetro. O que a teoria do dipolo garante, entretanto, é que as ondas tenham sinais contrários, pois representam vetores que se propagam em sentidos opostos. Além disso, a amplitude de cada onda será proporcional à intensidade do dipolo. Como o dipolo elétrico propaga-se no sincício miocárdico e essa propagação não é instantânea, a duração das ondas será proporcional à velocidade de ativação da propagação de cada dipolo.

Einthoven aplicou a teoria do dipolo na interpretação das correntes elétricas registradas na superfície corporal, formulando um conjunto de proposições que são, por vezes, chamadas de *princípios da eletrocardiografia* ou *Leis de Einthoven*. Resumidamente, estes podem ser assim enunciados:

- O meio condutor que envolve o coração é homogêneo. Como consequência, o dipolo elétrico gerado pela ativação cardíaca propaga-se igualmente por toda a superfície corporal
- O campo elétrico a cada instante é representado por um dipolo único, resultante da atividade sincronizada de um grande número de células no coração
- Os dipolos instantâneos têm um ponto de aplicação comum, representado pelo centro elétrico do coração
- Os pontos da superfície corporal (braço esquerdo, braço direito e perna esquerda) escolhidos para o registro do campo elétrico cardíaco formam um triângulo equilátero, cujo centro corresponde ao centro elétrico do coração.

Rigorosamente falando, nenhum destes princípios é válido, uma vez que o meio extracelular não é totalmente homogêneo, a ligação de eletrodos aos membros não forma um triângulo equilátero e nem tampouco o coração ocupa o centro deste triângulo imaginário. Apesar destas restrições, esses princípios têm sido aceitos desde então no uso clínico da eletrocardiografia. A montagem do sistema de registro eletrocardiográfico, bem como a interpretação das ondas do ECG, tem por base a aceitação da validade destes princípios.

GERAÇÃO DAS ONDAS DO ELETROCARDIOGRAMA

A ativação cardíaca normal se faz em uma sequência regular representada pelo ciclo da atividade elétrica do coração, como discutido no capítulo anterior. É importante ressaltar que a onda de excitação propaga-se no músculo cardíaco com diferentes velocidades, como mostrado no Quadro 29.1. A velocidade de propagação depende da intensidade dos circuitos locais de corrente em decorrência dos fluxos iônicos que geram o potencial de ação nos miócitos. As células que têm potencial de repouso mais negativo, como as fibras musculares dos ventrículos e as fibras de condução de Purkinje, vão apresentar correntes de influxo (entrada) de Na^+ de grande amplitude. Nestas condições, a velocidade com que ocorre despolarização, fase 0 do potencial de ação, também é grande. Isso se traduz, em termos de registro, por um valor grande de dV/dt máximo (velocidade máxima de despolarização). Nestas células, o potencial de ação se propaga com grande velocidade (ver Quadro 29.1). Nos tecidos nodais, ao contrário, as células apresentam potencial de repouso menos negativo (da ordem

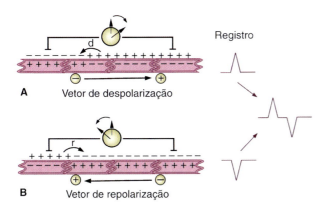

Figura 29.2 ▪ Considerando-se a mesma situação mostrada na Figura 29.1 (em que a onda de despolarização se propaga da esquerda para a direita e os campos elétricos gerados pelas correntes "d" e "r" passam a ser representados por vetores), o vetor de despolarização irá apontar para a direita. Assim, se o eletrodo da esquerda for ligado à referência do amplificador e o da direita for o ativo, a despolarização será registrada como uma onda positiva (**A**), e a repolarização, como uma onda negativa (**B**). A junção das duas ondas representará as flutuações do campo elétrico extracelular durante os processos de despolarização e repolarização celular.

Quadro 29.1 ▪ Características do potencial de ação e velocidade de propagação da onda de excitação nas diferentes regiões do coração.

Região do coração	Potencial de repouso (mV)	Amplitude de potencial de ação (mV)	Velocidade de propagação (m/s)
Nodo sinusal	−45 a −50	50 a 60	0,01
Átrios	−70 a −80	85 a 95	0,8 a 1,2
Nodo atrioventricular	−50 a −55	60 a 65	0,01 a 0,05
Sistema His-Purkinje	−85 a −90	110 a 130	2,0 a 5,0
Ventrículos	−80 a −85	105 a 110	1,0 a 1,5

Os números indicam valores típicos encontrados em células das diferentes regiões do coração.

atrial gera uma onda denominada *onda P*. A despolarização ventricular gera um conjunto de ondas pontiagudas e de rápida inscrição, chamado de *complexo QRS*. A *onda T* coincide com a fase 3 do potencial de ação ventricular, representando, portanto, a repolarização ventricular. A *onda U*, que às vezes aparece em um registro do ECG após a onda T, parece ser determinada pela repolarização tardia das fibras ventriculares com potenciais de ação mais longos.

Imaginando-se o coração em uma posição fixa, o ciclo elétrico da atividade cardíaca ocorreria sempre na mesma sequência e com velocidade de propagação uniforme em

de −50 mV). A despolarização destas células é feita por uma corrente lenta de influxo de Ca^{2+} através da membrana, originando um valor de dV/dt máximo de baixa amplitude. Como consequência, a amplitude dos circuitos locais de corrente é baixa e, portanto, a velocidade de propagação da onda de despolarização também é pequena quando comparada com a dos tecidos não nodais (miocárdio atrial e ventricular e sistema de His-Purkinje).

A Figura 29.3 mostra os diferentes tipos de potencial de ação gerados durante um ciclo cardíaco e as ondas eletrocardiográficas geradas na superfície do corpo. Observa-se que o ciclo cardíaco origina-se com a despolarização das células do nodo sinusal, propagando-se pelos átrios direito e esquerdo. Analisando-se a equivalência temporal entre os registros de potencial em diferentes regiões do coração e as ondas do ECG, verifica-se que a ativação (despolarização)

Nomenclatura das ondas e intervalos do eletrocardiograma

O ECG corresponde ao registro de variações de voltagem em função do tempo. Deste modo, a voltagem ou amplitude das ondas é indicada no eixo vertical e as durações dos processos elétricos, no eixo horizontal. Para a comparação de registros feitos em diversos momentos em um mesmo indivíduo, ou registros obtidos em indivíduos diferentes, há necessidade de se obter o ECG de modo padronizado. No ECG convencional, o paciente deve estar em repouso e deitado em decúbito dorsal. O registro é realizado na velocidade de 25 mm/s e a amplificação (ganho) é de 1 mV/cm. Como consequência, cada milímetro de registro corresponde à duração de 40 ms (ou 0,04 s) e à amplitude de 0,1 mV. Os principais elementos lidos no ECG podem ser vistos na Figura 29.4. Alguns parâmetros obtidos na leitura do ECG são importantes para entendimento do texto:

Intervalo PR: vai do início da onda P ao início do complexo QRS.
Segmento PR: vai do final da onda P ao início do complexo QRS.
Intervalo QT: vai do início do complexo QRS ao término da onda T.
Segmento ST: vai do final do complexo QRS (ponto J) ao começo da onda T.

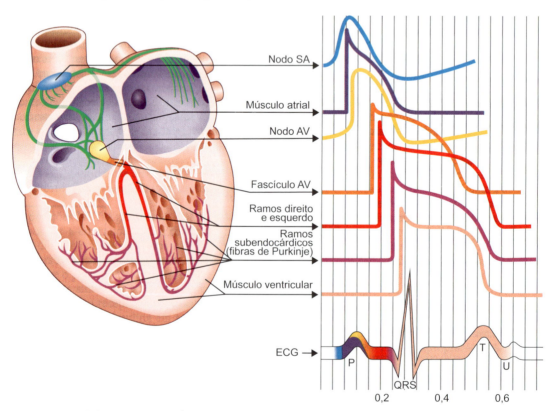

Figura 29.3 ▪ Propagação da atividade elétrica no coração. *À esquerda*, esquema do coração mostrando as câmaras cardíacas, os nodos e o sistema de condução intraventricular. *À direita*, potenciais de ação típicos encontrados em cada uma destas estruturas e a correlação temporal com as ondas e intervalos do eletrocardiograma (ECG). Observe que a *onda P* coincide com o espalhamento da excitação nos átrios, o *complexo QRS* coincide com a ativação ventricular e a *onda T* coincide temporalmente com a fase 3 da repolarização dos potenciais de ação do músculo ventricular. Observe, também, as diferenças de duração de potencial de ação nos vários componentes do sistema de condução intraventricular e no miocárdio de trabalho ventricular. SA, sinoatrial (ou sinusal); AV, atrioventricular. (Adaptada de Netter, 1969.)

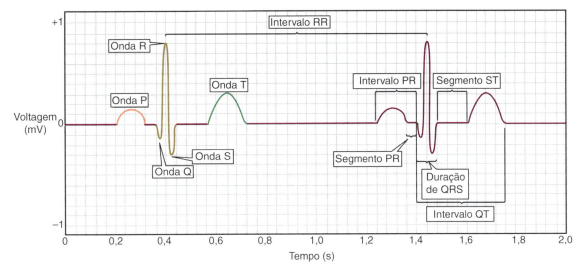

Figura 29.4 • Representação gráfica de um registro eletrocardiográfico padrão, mostrando a nomenclatura das ondas, intervalos e segmentos. Observe que, em condições-padrão, a velocidade do registro é de 0,04 s/mm (ou 25 mm/s) e de 0,1 mV/mm. (Adaptada de Netter, 1969.)

diferentes batimentos. Assim, as ondas do ECG captadas por eletrodos com posição fixa produzem sempre ondas com a mesma forma. Mudando-se a posição dos eletrodos, entretanto, há grande variação da morfologia destas ondas.

▶ Despolarização atrial e geração da onda P

Quando o coração está em repouso elétrico e prestes a iniciar um novo ciclo de atividade, a primeira região a disparar potenciais de ação será o nodo sinusal (ou nodo sinoatrial), que se localiza na região de conexão das veias cavas com o átrio direito. O nodo sinusal tem as células com o grau mais elevado de automatismo no coração. A atividade elétrica desse nodo é de baixa amplitude, pelo pequeno volume de células que o compõe. Em consequência, a atividade elétrica sinusal não é captada por eletrodos situados na superfície corporal usados na eletrocardiografia convencional. A atividade gerada no nodo sinusal se propaga inicialmente pelo átrio direito, tomando o caminho descendente da *crista terminalis*. Em seguida, são despolarizados o septo interatrial e o átrio esquerdo. Assim, a ativação das câmaras atriais pode ser representada por dois vetores (Figura 29.5). O primeiro é voltado ligeiramente para a esquerda, para baixo, e para a frente, e resulta da ativação do átrio direito. O segundo é virado para a esquerda e para trás e tem pequena inclinação para baixo. Esses dois vetores originam um vetor resultante, denominado *vetor P*, que na maior parte dos indivíduos orienta-se para a esquerda e para baixo no plano frontal, e para trás no plano horizontal. O vetor P é, portanto, o vetor resultante da ativação dos dois átrios e o responsável pela inscrição da onda P (ver Figura 29.4). A duração da onda P (Quadro 29.2) reflete o tempo gasto para que a onda de despolarização se espalhe pelos dois átrios, situando-se entre 80 e 100 ms nos indivíduos saudáveis.

Quadro 29.2 • Duração das ondas e intervalos do eletrocardiograma no coração de adultos saudáveis.

Parâmetro	Duração (ms)
Onda P	80 a 120
Intervalo PR	120 a 200
Segmento PR	80 a 100
Duração do QRS	70 a 110
Intervalo QT*	300 a 400
Segmento ST	100 a 150
Onda T	100 a 150

*O intervalo QT é fortemente influenciado pela frequência cardíaca.

Variabilidade da ativação atrial

A ativação atrial não segue um padrão com o mesmo grau de regularidade normalmente observado nos ventrículos. O caminho seguido pela onda de excitação (despolarização) pode ser modificado por alterações da frequência cardíaca e pelo grau de atividade autonômica direcionada para o coração. O músculo atrial é rico em receptores colinérgicos. A descarga vagal não só reduz a frequência de disparo do marca-passo sinusal como também diminui a velocidade de condução intra-atrial. Como tais efeitos não ocorrem uniformemente em toda a extensão dos átrios, o trajeto seguido pela onda de despolarização pode mudar de caminho nestas condições. Quando isso acontece, muda o padrão de inscrição da onda P.

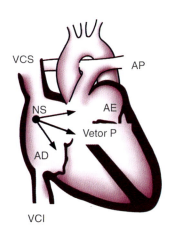

Figura 29.5 • Posição do vetor médio de ativação atrial (vetor P) no plano frontal. Observe que o vetor P é formado pela composição dos vetores de ativação do átrio direito (AD) e do átrio esquerdo (AE). O eixo de P situa-se, na maioria dos indivíduos sem alterações cardíacas, em torno de +60° no plano frontal.

Outro fator que interfere na geração da onda P é a presença de feixes de condução rápida do impulso elétrico na musculatura atrial. Entretanto, há controvérsias a este respeito, devido ao fato de tais vias serem definidas mais do ponto de vista funcional que anatômico. Os estudos eletrofisiológicos invasivos (eletrodos de estimulação e de registro posicionados dentro do coração) detectam em muitas situações a presença de vias rápidas de condução, mas a maioria dos estudos histológicos falha em demonstrar a presença de tais vias. Com base em estudos funcionais, foram descritas três vias de condução rápida. O *trato internodal anterior* divide-se em dois ramos: um comunica-se diretamente com o nodo atrioventricular (nodo AV) e o outro atravessa o septo interatrial e se espalha pelo átrio esquerdo. Os outros dois tratos, denominados *mediano* e *posterior*, comunicam diretamente o nodo sinusal ao nodo AV. Aparentemente, na maioria dos indivíduos os feixes internodais são muito finos, de modo que a propagação se faz através do próprio miocárdio atrial. Em situações especiais, entretanto, esses feixes podem ser funcionais, fazendo com que a excitação ventricular seja realizada de modo prematuro, isto é, sem o atraso nodal, em virtude da lenta propagação do potencial de ação ao longo do nodo AV.

▶ Condução atrioventricular

O anel de tecido conjuntivo que separa os átrios dos ventrículos funciona como isolante elétrico entre as câmaras atriais e ventriculares, de maneira que a única conexão elétrica entre as câmaras atriais e as ventriculares é por meio do nodo atrioventricular (AV). Existem situações em que remanescentes de tecido atrial permanecem no anel fibroso e, se forem de calibre adequado e apresentarem conexões com fibras atriais e ventriculares, podem funcionar como elementos adicionais de conexão elétrica entre os átrios e os ventrículos. Quando essas vias "anômalas" são funcionais, fazem com que os ventrículos se despolarizem e, consequentemente, se contraiam muito precocemente, isto é, quando ainda não estão totalmente cheios de sangue. O batimento ventricular precoce determina o aparecimento de baixo débito sistólico (volume sistólico) e queda de pressão arterial.

Do ponto de vista funcional, o nodo AV pode ser dividido em três regiões: atrionodal (AN), nodal propriamente dita (N) e nodal-ventricular (NV). O mapeamento funcional do nodo AV foi feito por Paes de Carvalho e colaboradores, no Instituto de Biofísica da UFRJ, no final dos anos 1950. Na região AN, são encontradas fibras que apresentam potenciais de ação de transição que ocorrem nas fibras atriais típicas (*i. e.*, que têm fase 0 com alta velocidade de despolarização) e fibras com potencial de ação do tipo nodal, como mostrado na Figura 29.3. Os potenciais de ação lentos, cuja fase de despolarização é dependente quase exclusivamente do influxo de Ca^{2+} nas células, são encontrados apenas na região N. A condução pelo nodo AV é bastante lenta (ver Quadro 29.1). A exemplo do nodo sinusal, o nodo AV também é uma região muito pequena, razão pela qual sua atividade elétrica não gera um campo elétrico com magnitude suficiente para ser registrado na superfície do corpo. Do ponto de vista temporal, a passagem do estímulo elétrico pelo nodo AV coincide com a fase inicial do segmento PR do ECG, ou seja, a linha isoelétrica que vai do final da onda P ao início do complexo QRS (ver Figura 29.3). Assim, no registro convencional do ECG, pode-se apenas verificar se a condução AV está normal, lentificada (aumento do segmento PR) ou acelerada (segmento PR curto). Entretanto, o funcionamento adequado do nodo AV é crítico para o coração. Bloqueios nessa região, ou condução acelerada, podem levar a sérios distúrbios do funcionamento cardíaco e até à morte. Como será visto mais adiante, a exploração da condução atrioventricular com eletrodos intracardíacos permite acompanhar a propagação da onda através do nodo (ver eletrograma do feixe de His, Figura 29.6), exame esse de grande valor para se determinar o local exato de distúrbios de condução na junção AV. Este tipo de análise é que o orienta a colocação de marca-passos para prevenir morte súbita no caso de interrupção brusca da condução atrioventricular.

Apesar de o segmento PR não conter nenhuma "onda" no ECG, durante o seu registro a onda de excitação está se propagando pelas diferentes regiões do nodo AV e pelos feixes do sistema de His-Purkinje. Como visto anteriormente, a região mais distal do nodo AV (região NH) corresponde à transição do tecido nodal propriamente dito com o tronco do feixe de His. Este percorre o trajeto na região alta do septo interventricular, dividindo-se em dois ramos: o direito, mais fino e longo, e o esquerdo, mais curto e grosso. O ramo direito do feixe de His caminha ao longo do septo em direção ao ápice do coração, pela parede livre do ventrículo direito. O ramo esquerdo apresenta as primeiras ramificações no terço médio do septo interventricular, distribuindo-se sob a forma de dois fascículos (um anterior e outro posterior) para a superfície endocárdica do ventrículo esquerdo. O registro da onda H no eletrograma do feixe de His (ver Figura 29.6) corresponde à ativação elétrica do feixe de His propriamente dito. A medida do tempo entre as ondas A (ativação atrial) e V (ativação ventricular) permite inferir o tempo necessário para que o estímulo elétrico proveniente dos átrios atravesse o nodo AV.

▶ Ativação ventricular e geração do complexo QRS

A rápida ativação das fibras miocárdicas ventriculares (geralmente referidas como *miocárdio de trabalho ventricular*) é garantida por uma complexa rede de fibras miocárdicas organizadas anatomicamente em feixes, denominada *sistema periférico de His-Purkinje*. Como as fibras de Purkinje têm diâmetro maior (em comparação com o miocárdio de trabalho atrial ou ventricular) e existe elevado grau de acoplamento intercelular no sentido longitudinal, a propagação do potencial de ação nestas fibras se faz com grande velocidade, podendo atingir até 5 m/s (nas regiões de melhor acoplamento celular) no sentido longitudinal dos feixes (ver Quadro 29.1). A rede de fibras de Purkinje

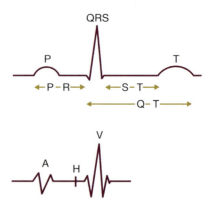

Figura 29.6 ▪ Equivalência entre as ondas do eletrocardiograma e os registros do eletrograma do feixe do His, obtido durante cateterismo cardíaco. O registro da passagem da onda de excitação pelo feixe de His é indicado pela espícula H. A onda A corresponde à excitação atrial e a V, à excitação ventricular.

se origina das ramificações periféricas dos ramos direito e esquerdo do feixe de His, distribuindo-se pelo endocárdio de ambos os ventrículos. Esta é a razão pela qual a excitação ventricular se propaga do endocárdio para o epicárdio, ou seja, o endocárdio se despolariza primeiro que o epicárdio, o contrário ocorrendo na repolarização, como será visto mais adiante.

A ativação ventricular começa no terço médio do septo interventricular, caminha rapidamente em direção ao ápice do coração e paredes livres ventriculares e termina com a excitação das regiões posterobasais de ambos os ventrículos. A duração de todo o processo de ativação dos ventrículos é dada pela duração do complexo QRS. No ECG de um indivíduo saudável, a duração do QRS não deve ultrapassar 110 ms. Quando maior que 120 ms, pode-se deduzir que ocorre retardo na propagação do impulso elétrico ao longo dos ventrículos. É interessante notar que a duração da onda P e do complexo QRS é praticamente a mesma, apesar de a massa dos ventrículos ser cerca de cinco vezes maior que a dos átrios. Isso significa que o tempo necessário para a onda de despolarização percorrer os átrios (tempo de ativação atrial) e os ventrículos (tempo de ativação ventricular) é praticamente o mesmo. O fator responsável pela maior eficiência dos processos de ativação e de propagação ventricular é a presença da rede subendocárdica de fibras Purkinje. Estas, como descrito anteriormente, possuem potencial de ação de grande amplitude e alta dV/dt máxima que se traduz em grande velocidade de propagação do potencial elétrico. Adicionalmente, o acoplamento celular no sentido fisiológico (que vai do feixe de His para a rede periférica de fibras de Purkinje) é muito grande, ou seja, a resistência longitudinal ao fluxo de corrente é baixa, facilitando a propagação da excitação. A ausência de uma rede semelhante de distribuição do estímulo nos átrios faz com que sua excitação seja feita mais lentamente. Por esta razão, a onda P apresenta-se mais arredondada, enquanto o complexo QRS é constituído por um conjunto de ondas apiculadas que traduzem a elevada velocidade de tráfego do estímulo nos ventrículos. A garantia de uma excitação ventricular rápida e uniforme é fator essencial para que os dois ventrículos se contraiam praticamente ao mesmo tempo, condição básica para a eficiência mecânica da contração e da ejeção de sangue pelos ventrículos.

> O alargamento do complexo QRS se dá pela redução na velocidade de propagação da onda ao longo dos ventrículos. Isso pode acontecer porque a velocidade de propagação no sistema de His-Purkinje é mais lenta, ou porque o estímulo não está se propagando no sentido fisiológico (geralmente, denominado *sentido anterógrado*). Sabe-se que a propagação do impulso elétrico no sincício miocárdico em *sentido retrógrado* é mais lenta.

Para fins de análise do ECG, a excitação ventricular pode ser representada por quatro vetores, assim denominados (Figura 29.8):

- Vetor septal (ou vetor 1)
- Vetor de parede livre de ventrículo direito (ou vetor 2)
- Vetor de parede anterolateral de ventrículo esquerdo (ou vetor 3)
- Vetor de parede basal (ou vetor 4).

A Figura 29.7 mostra um esquema da propagação da onda de excitação ventricular. A primeira região excitada é a região média esquerda do septo interventricular, gerando o vetor septal (ver Figura 29.7 A). Como a ativação das fibras musculares

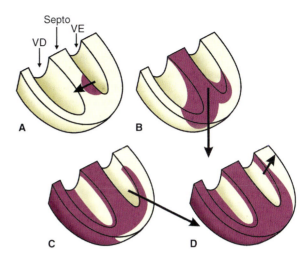

Figura 29.7 • Sequência temporal de ativação dos ventrículos. A propagação da onda de excitação é representada por coloração roxa. Em **A**, está indicado que a primeira região a sofrer despolarização é a parte média do septo interventricular. Em **B**, o vetor representa a excitação da parte baixa do septo e da ponta do coração; note que, rapidamente, o vetor se dirige para a direita na ativação da parede livre do ventrículo direito. Em **C**, está representada a ativação do ventrículo esquerdo. Em **D**, é indicado que as regiões posterobasais do ventrículo esquerdo são as últimas a serem excitadas.

do septo é feita por ramificações do ramo esquerdo do feixe de His, o vetor septal é, em geral, voltado para a direita, para baixo e para a frente. Após a ativação do septo, a onda de excitação propaga-se para baixo e para a frente, em direção ao ápice do coração. Em seguida, muda de direção e, caminhando pela superfície endocárdica dos ventrículos direito e esquerdo, percorre as paredes livres de ambos os ventrículos em direção à base (ver Figura 29.7 B e C). A excitação das paredes livres dos ventrículos direito e esquerdo ocorre quase simultaneamente. A excitação do ventrículo direito gera um vetor que aponta, no plano frontal, para a direita ou ligeiramente para a esquerda (na dependência de o coração ser mais horizontal ou vertical), enquanto a ativação do ventrículo esquerdo gera outro vetor sempre voltado para a esquerda (vetores 2 e 3, respectivamente, Figuras 29.7 e 29.8). Entretanto, a maior amplitude do campo elétrico gerado pela despolarização

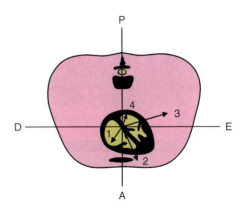

Figura 29.8 • Posição dos vetores de ativação ventricular, em corte transversal do tórax. O esquema mostra o esterno e uma vértebra, para servir de referência no eixo anteroposterior (A-P). *Vetor 1*: ativação septal; *vetor 2*: ativação da parede livre do ventrículo direito; *vetor 3*: ativação da parede anterolateral do ventrículo esquerdo; *vetor 4*: ativação das regiões posterobasais dos ventrículos. Como os vetores 2 e 3 são quase simultâneos, a ativação das paredes anteriores e laterais dos ventrículos é geralmente representada por um único vetor, resultante da composição dos vetores 2 e 3. (Adaptada de Garcia, 1998.)

ventricular esquerda (em vista da maior massa de células existente nessa câmara) faz com que o vetor médio de ativação das paredes ventriculares seja predominantemente gerado pelo vetor 3. Esta é a razão pela qual o vetor de parede livre ventricular é, em geral, orientado para a esquerda e para baixo (no plano frontal, Figura 29.7) e da frente para trás (no plano anteroposterior, Figura 29.8). Porém, é importante ressaltar que a exata posição destes vetores em um determinado indivíduo só pode ser determinada pelo ECG, uma vez que os ângulos de cada vetor variam em função do biotipo e da posição do coração no tórax. As últimas regiões dos ventrículos a serem ativadas situam-se inferiormente (em contato com o diafragma) e posteriormente (em contato com os vasos da base), gerando o vetor 4 ou vetor basal (ver Figuras 29.7 e 29.8). Normalmente, este está voltado para cima e para trás, sendo o responsável pela inscrição da última parte do complexo QRS. A Figura 29.8 mostra os vetores de ativação ventricular no plano anteroposterior, fazendo coincidir a origem de todos eles com o centro elétrico cardíaco, como preconizado pelas *Leis da Eletrocardiografia*.

▶ Segmento ST e onda T | Repolarização ventricular

Como descrito anteriormente, a ativação das paredes ventriculares ocorre no sentido transversal, isto é, do endocárdio para o epicárdio, gerando o complexo QRS. Quando o miocárdio ventricular está despolarizado, não há grandes diferenças de potencial entre regiões distintas dos ventrículos, pois o platô do potencial de ação situa-se em torno de 0 mV (ver Figura 29.3). Logo, não há fluxos de corrente no meio extracelular de uma região para outra do ventrículo, e o ECG volta para valores próximos à linha de base (ou linha isoelétrica), correspondendo ao segmento ST (ver Figura 29.4). Os fluxos de corrente gerados pela repolarização são de baixa magnitude quando comparados às correntes responsáveis pela excitação ventricular. Deste modo, a velocidade de propagação da onda de repolarização é bem mais lenta que a onda de despolarização. Essas diferenças ficam evidentes ao se compararem as morfologias do complexo QRS (ondas rápidas e apiculadas) e da onda T. Esta, por representar um fenômeno de propagação mais lento, é mais arredondada, como também acontece com a onda P.

Um fato importante na eletrofisiologia celular do coração é que as fibras do epicárdio ventricular têm duração de potencial de ação ligeiramente menor que as fibras de localização endocárdica (ver Figura 28.13, no capítulo anterior). Como consequência, o epicárdio (que foi o último a se despolarizar) é o primeiro a se repolarizar, ou seja, a desenvolver a fase 3 do potencial de ação. Assim, a repolarização, enquanto fenômeno elétrico, caminha do epicárdio para o endocárdio. Entretanto, o *vetor representativo da repolarização*, responsável pela inscrição da onda T, dirige-se do epicárdio para o endocárdio (Figura 29.9). Desta maneira, os vetores de despolarização e repolarização ventricular têm o mesmo sentido elétrico. Essa é a razão pela qual o sentido elétrico do complexo QRS é o mesmo da onda T. Este fato é consequência de os vetores elétricos representativos da despolarização (complexo QRS) e da repolarização (onda T) ventricular terem o mesmo sentido, como mostrado na Figura 29.10.

Os sentidos do complexo QRS e da onda T tornam-se divergentes (situação em que se diz que *a onda T está invertida*) quando os sentidos elétricos da despolarização e repolarização da parede ventricular são contrários. Isso ocorre, por exemplo, na vigência de extrassístole, como indicado na Figura 29.11. Assim, enquanto nos batimentos fisiológicos o complexo QRS e a onda T têm o mesmo sinal elétrico, indicando que a despolarização e a repolarização da parede ventricular ocorreram segundo o preconizado no esquema da Figura 29.9, na extrassístole a onda T é em sentido inverso ao complexo QRS, mostrando inversão na sequência da repolarização da parede. A inversão da onda T no batimento extrassistólico ocorre porque tanto a despolarização como a repolarização se iniciam no endocárdio, o que leva os vetores de despolarização e repolarização a adquirirem sentidos opostos. As diferenças de duração do potencial entre as fibras do endocárdio e do epicárdio, mostradas na Figura 28.13 (capítulo anterior), só ocorrem na vigência de ritmo cardíaco regular. Quebras no ritmo, como apresentado na Figura 29.11, alteram este comportamento eletrofisiológico peculiar das fibras ventriculares.

▶ Intervalo QT

Como visto na Figura 29.4, o intervalo QT vai do início da ativação ventricular (marcado pelo início da inscrição do complexo QRS) até o final da repolarização ventricular, que coincide com o final da onda T. Sendo assim, como apresentado na Figura 29.3, o intervalo QT expressa, aproximadamente, a duração do potencial de ação ventricular. Alargamentos ou diminuições da duração do potencial de ação em fibras ventriculares, notadamente nas fibras de Purkinje, determinam

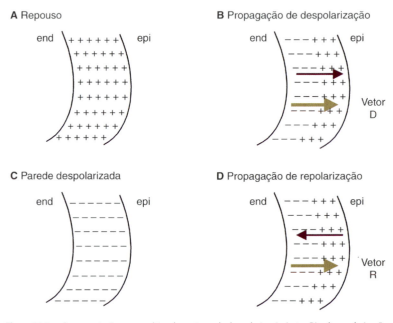

Figura 29.9 ▪ Representação esquemática dos vetores de despolarização (vetor D) e de repolarização (vetor R) ventricular. Cada painel representa uma secção da parede ventricular, mostrando o endocárdio (end) e o epicárdio (epi). As *setas estreitas* representam as ondas de despolarização (que vão do endocárdio para o epicárdio em **B**) e de repolarização (que vão do epicárdio para o endocárdio em **D**). O painel **A** mostra o estado de repouso, e o **C**, o momento em que toda a parede ventricular encontra-se despolarizada (fase de platô dos potenciais de ação). Observe que o sentido elétrico do vetor de despolarização (*seta ocre* em **B**), que gera o complexo QRS, é o mesmo do vetor de repolarização (*seta ocre* em **D**), que gera a onda T.

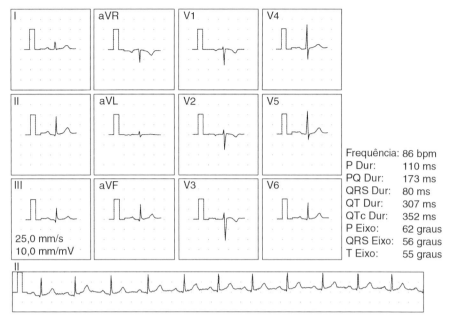

Figura 29.10 ▪ Eletrocardiograma convencional mostrando as seis derivações do plano frontal (I, II, III, aVR, aVL e aVF) e as seis do plano horizontal, também chamadas de derivações precordiais (V1 a V6). O registro inferior, feito em D2, é estendido para se analisar a ritmicidade cardíaca. Observe a concordância entre os sentidos do complexo QRS e da onda T. Os valores numéricos *à direita* correspondem à leitura automatizada de algumas variáveis eletrocardiográficas, realizada por computador (mostrada em mais detalhes na Figura 29.19). *bpm*, batimentos por minuto.

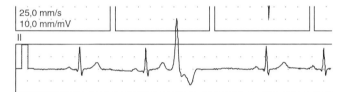

Figura 29.11 ▪ Registro eletrocardiográfico em D2, mostrando uma extrassístole ventricular. Nos batimentos normais, notar a sequência das ondas P, QRS e T e a regularidade dos segmentos e intervalos. Observe que a extrassístole não vem precedida de onda P (sugerindo sua origem ventricular) e é bastante alargada (indicando propagação intraventricular lenta). A onda T é invertida na extrassístole. Observe também a pausa compensatória pós-extrassistólica.

alterações na duração do intervalo QT. Um dos fatores que encurtam o platô do potencial de ação cardíaco é o aumento da frequência cardíaca. Portanto, a duração do intervalo QT é muito dependente da frequência cardíaca. Esta é a razão pela qual esse intervalo, em geral, é expresso sob a forma de *QT corrigido (QTc)*. Existem diversas fórmulas para se calcular o QT$_c$, sendo a fórmula de Bazett a mais utilizada em clínica:

$$QTc = \frac{QT}{\sqrt{R-R}}$$

O intervalo entre duas ondas R, expresso em segundos, fornece a frequência cardíaca. Logo, o QTc nada mais é que o ajuste da duração do intervalo QT para a frequência de 1 hertz (um batimento por segundo ou 60 batimentos por minuto).

Eletrograma do feixe de His | Detalhes da condução AV

A Figura 29.3 mostra a atividade elétrica registrada por meio da sequência temporal dos potenciais de ação e sua inscrição eletrocardiográfica durante um ciclo cardíaco. O segmento PR, que vai do final da onda P até o início do complexo QRS, corresponde ao período em que a atividade elétrica propaga-se pelo nodo AV e pelo feixe de His. O campo elétrico produzido pelos potenciais de ação gerados nesta área é de baixa amplitude, razão pela qual não são detectadas inscrições no ECG. Assim, o segmento P-R corresponde a uma linha isoelétrica (nível 0) no ECG. O aumento da duração do segmento P-R sempre sugere redução na velocidade de propagação da atividade elétrica no nodo AV, como ilustrado na Figura 29.12, em que o segmento P-R apresenta-se bastante alargado em paciente com doença de Chagas. Detalhes da propagação do estímulo pelo nodo AV, como visto anteriormente, podem ser analisados pelo eletrograma do feixe de His, feito durante cateterismo cardíaco. O exame é feito posicionando-se o eletrodo de registro no endocárdio, o mais próximo possível do feixe de His. O registro permite visualizar três espículas, denominadas A, H e V (Figura 29.13). A onda A equivale à propagação do estímulo pelas fibras atriais vizinhas à região nodal na transição atrionodal, o que pode ser deduzido pela correspondência com o final da onda P do ECG. A onda H se correlaciona com a espícula gerada pela ativação do feixe de His. Logo em seguida, aparecem as ondas V, correspondentes ao início da ativação do septo interventricular. Portanto, o segmento A-H representa o tempo necessário para o estímulo atravessar o nodo AV e excitar o feixe de His, correspondendo ao principal componente do retardo (atraso) nodal (segmento P-R) medido no ECG. O intervalo H-V, por sua vez, determina a velocidade de propagação do estímulo desde o feixe de His até as primeiras terminações de Purkinje geradas a partir do ramo esquerdo do feixe de His. Alterações neste intervalo são importantes para indicar mais precisamente o local onde há prejuízo na condução AV, ou ainda, para determinar o mecanismo de geração de algumas arritmias cardíacas com origem no nodo AV. O registro superior da Figura 29.13, obtido em indivíduo saudável, apresenta intervalo H-V de 36 ms. O registro inferior mostra condução praticamente normal no intervalo AH, indicando que a excitação do nodo AV pelos potenciais atriais é normal, mas o intervalo HV está muito aumentado (cerca de 130 ms), indicando bloqueio de condução abaixo do feixe de His. Indivíduos com distúrbios importantes da condução AV, notadamente quando o intervalo H-V encontra-se alargado, têm aumento de risco de morte súbita por bloqueio AV total, razão pela qual nestas situações a implantação de marca-passo artificial é muitas vezes indicada.

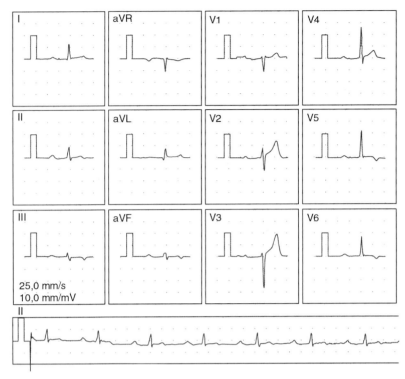

Figura 29.12 ■ Registro eletrocardiográfico que mostra ritmo regular, sinusal, com alargamento do intervalo e do segmento P-R. Observe que a onda P tem duração normal, indicando condução lenta na junção atrioventricular. Note que há inversão da onda T nas derivações precordiais esquerdas (V5 e V6), sugerindo alteração na repolarização da parede do ventrículo esquerdo.

SISTEMA DE REGISTRO DO ELETROCARDIOGRAMA

Como discutido no capítulo anterior, a ativação elétrica do coração é feita obedecendo a uma sequência, tanto temporal como espacial, que irá propiciar condições ótimas para o processo de ativação das câmaras cardíacas. O registro do ECG permite reconstruir os passos do processo de ativação das câmaras cardíacas, tanto no domínio do tempo (por medidas precisas de duração das ondas, dos intervalos e dos segmentos) como do espaço (pelo cálculo dos vetores médios de ativação das câmaras cardíacas). Para tanto, há necessidade de registrar a atividade elétrica cardíaca a partir de diversos pontos do corpo para se atingir o segundo objetivo. Usando uma linguagem figurada, pode-se dizer que cada eletrodo "enxerga" o coração de um ângulo diferente. A partir das "imagens" (ondas) assim obtidas, pode-se reconstruir a ativação elétrica do órgão em uma perspectiva tridimensional.

Denomina-se *derivação eletrocardiográfica* ao eixo elétrico que une os eletrodos usados para captar os sinais elétricos originados pelo coração. Inicialmente, Einthoven definiu três derivações, que ficaram conhecidas como as *derivações bipolares* (D1, D2 e D3), pois medem, a cada instante, a diferença de potencial entre dois eletrodos situados em membros diferentes. Os princípios da eletrocardiografia, vistos anteriormente neste capítulo, referem-se ao ECG registrado nessas três derivações. Posteriormente, foram propostas e padronizadas várias derivações unipolares, que medem a diferença de potencial entre um ponto da superfície corporal e outro ponto de potencial nulo. No ECG convencional, além das derivações bipolares, são registradas três derivações unipolares dos membros e seis derivações precordiais. Em registros

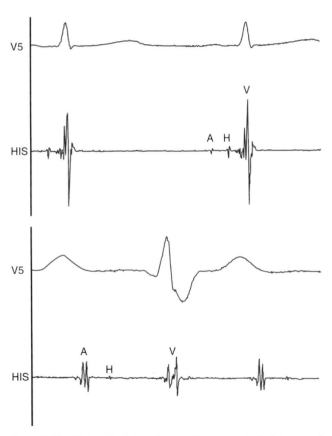

Figura 29.13 ■ Registro do eletrocardiograma (*traço superior*) e do eletrograma do feixe de His (*traço inferior*) em dois pacientes. Cada painel mostra o ECG (na derivação V5) e o eletrograma de His, onde a onda A corresponde à ativação atrial; a H, à ativação do feixe de His; e a V, ao complexo de ondas que indica a excitação ventricular. No *painel superior*, o intervalo H-V mede 36 ms, e no *inferior*, cerca de 130 ms, indicando dificuldade de propagação na porção baixa do feixe de His. (Cortesia de J. Elias.)

eletrocardiográficos especiais, como no mapeamento precordial, por exemplo, o número de derivações unipolares registradas pode ser bem maior.

▶ Derivações do plano frontal

São as derivações que captam as flutuações do campo elétrico no plano frontal, isto é, considerando apenas o eixo lateral (direita/esquerda) e vertical (superior/inferior) do coração. No plano frontal, são registradas as três derivações bipolares definidas por Einthoven e as três derivações unipolares dos membros.

Derivações bipolares

Para o registro das derivações D1, D2 e D3, os eletrodos são posicionados nos braços direito e esquerdo e na perna esquerda. O aterramento do sistema é feito por outro eletrodo situado na perna direita (Figura 29.14). A disposição dos eletrodos na entrada do amplificador é feita de tal modo que a amplitude de um vetor registrado em D2 seja igual à soma das amplitudes registradas em D1 e D3. Essa igualdade é conhecida como a *Lei de Einthoven*:

$$D2 = D1 + D3 \qquad (29.1)$$

É importante ressaltar que essa disposição foi proposta de maneira arbitrária, visando obter ondas positivas e de maior amplitude no complexo QRS registrados em indivíduos saudáveis. A validade desta relação é feita ao se analisar a Figura 29.15. A ativação ventricular pode ser representada pela resultante dos vetores 1, 2, 3 e 4, que formam o complexo QRS, mostrados na Figura 29.8. Na maioria dos indivíduos saudáveis, o vetor resultante da ativação ventricular aponta para a esquerda e ligeiramente para baixo no plano frontal (ver Figura 29.15). Sendo assim, esse vetor se projeta para o braço esquerdo em D1 e para a porção inferior (perna esquerda) das derivações D2 e D3. Observe que, para D2 ser igual à soma de D1 + D3, como preconizado na lei de Einthoven, a disposição dos eletrodos deve obedecer ao seguinte esquema:

$$D1 = VL - VR$$
$$D2 = VF - VR$$
$$D3 = VF - VL$$

em que:

VL = potencial do braço esquerdo (L vem de *left arm*)
VR = potencial do braço direito (R vem de *right arm*)
VF = potencial da perna esquerda (F vem de *foot*).

Então, de acordo com a equação 29.1, pode-se escrever:

$$VF - VR = (VL - VR) + (VF - VL) \qquad (29.2)$$

Esta é a origem da convenção de sinais no triângulo de Einthoven, apresentada na Figura 29.14, ou seja, para se registrar D1, a entrada negativa do amplificador deve ser ligada ao eletrodo situado no braço direito e a entrada positiva, ao braço esquerdo. A mesma regra deve ser seguida para se obterem os registros de D2 e D3, que deve seguir o preconizado na equação 29.2. Detalhes adicionais sobre a montagem e padronização de registros eletrocardiográficos devem ser vistos em textos mais específicos.

No esquema da Figura 29.15, o vetor médio de ativação ventricular origina um complexo QRS positivo e com a maior amplitude em D2, pois é praticamente paralelo a este plano de derivação. Esse mesmo vetor originaria um complexo QRS positivo em D1, pois se projeta em direção ao eletrodo explorador

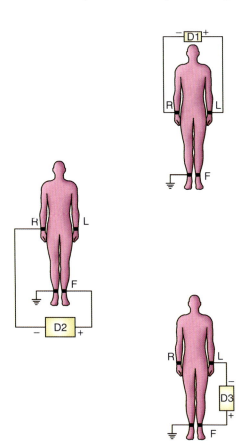

Figura 29.14 ▪ Esquema de ligação dos eletrodos no braço direito (R), braço esquerdo (L) e perna esquerda (F) para registro das derivações bipolares D1, D2 e D3. O aterramento é feito com o eletrodo posicionado na perna direita. (Adaptada de Garcia, 1998.)

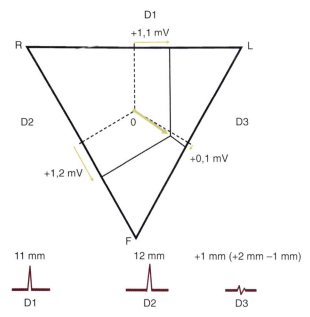

Figura 29.15 ▪ Projeções do vetor médio de ativação ventricular (cuja origem coincide com o centro elétrico do coração) sobre as derivações bipolares do triângulo de Einthoven. Na *parte inferior*, estão registrados os complexos QRS nas derivações D1, D2 e D3. Observe que a amplitude do QRS em D2 é igual à soma das amplitudes em D1 + D3, como preconizado pela lei de Einthoven. *R*, braço direito; *L*, braço esquerdo; *F*, perna esquerda. (Adaptada de Katz, 1992.)

posicionado no braço esquerdo. Em D3 seria registrada uma onda de amplitude bem pequena, uma vez que o vetor elétrico é praticamente perpendicular ao plano da derivação D3. Vale ressaltar que, quando uma onda eletrocardiográfica é nula ou isoelétrica (a parte positiva é igual à parte negativa), isso indica que o vetor original está a 90° do plano de derivação.

Derivações unipolares dos membros

Visando estabelecer o potencial elétrico absoluto de cada extremidade do corpo, Wilson, em 1934, desenvolveu um dispositivo, cujo potencial elétrico é nulo, que pode ser considerado um "terra virtual", denominado *central terminal de Wilson*. Portanto, registrando-se a diferença de potencial entre qualquer ponto da superfície corporal e a central terminal, consegue-se um registro unipolar, ou seja, o potencial captado pelo eletrodo explorador é igual à variação absoluta do potencial elétrico daquele local. O ponto de potencial nulo é conseguido pela ligação dos três eletrodos conectados aos membros em um nó comum do circuito elétrico, obtendo-se assim um sistema fechado. Pela segunda lei de Kirchoff, a soma de potenciais em circuito elétrico fechado é igual a zero. Então:

$$D1 + D2 + D3 = 0 \quad (29.3)$$

$$(VL - VR) + (VF - VR) + (VF - VL) = 0 \quad (29.4)$$

Tendo em vista que os potenciais registrados no braço direito, no braço esquerdo e na perna esquerda apresentam baixa amplitude, o que dificulta a interpretação das ondas do ECG, Goldberger propôs uma modificação no circuito construído por Wilson. Na configuração proposta por Goldberger, o registro do potencial unipolar de um membro (p. ex., perna esquerda) é feito conectando-se apenas os eletrodos dos outros dois membros ao ponto de potencial nulo, como mostrado na Figura 29.16. Com isso, os potenciais unipolares registrados nos membros têm maior amplitude, sendo mais fácil analisá-los. Essas novas derivações foram incorporadas definitivamente aos registros do ECG basal, sendo denominadas aVR, aVL e aVF (a letra *a* indica *augmented*). Os eixos elétricos das derivações unipolares dos membros são definidos por linhas imaginárias que ligam o membro onde se situa o eletrodo explorador e o coração, ou seja, o centro do *triângulo de Einthoven* (Figura 29.17 A).

Círculo de Einthoven | Plano frontal do eletrocardiograma

As seis derivações registradas no plano frontal são comumente representadas em um círculo, chamado de *círculo de Einthoven* (Figura 29.17 B). Os ângulos do círculo são divididos em positivos (parte inferior) e negativos (parte superior). O círculo é dividido em quatro quadrantes, sendo o primeiro quadrante (I) compreendido entre 0 e +90°, e o segundo quadrante (II), entre +90 e ± 180°. Os quadrantes III e IV localizam-se na parte superior do círculo, entre ± 180 e –90° e entre –90 e 0°, respectivamente. Como cada derivação está separada da outra por um ângulo de 30°, torna-se muito útil, na interpretação do ECG, a análise de derivações perpendiculares. Assim, se o QRS é positivo nas derivações D1 e aVF, isso indica que o eixo médio de ativação ventricular situa-se entre 0 e +90°, ou seja, o vetor médio de ativação dos ventrículos

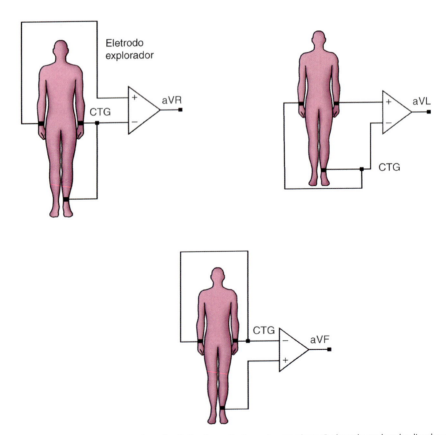

Figura 29.16 ▪ Esquema de ligação dos eletrodos para o registro das derivações unipolares dos membros. O eletrodo explorador, ligado ao braço direito (em aVR), ao braço esquerdo (em aVL) e à perna esquerda (em aVF), é sempre lido contra um ponto de potencial nulo, denominado Central Terminal de Goldberger (CTG). Observe que o amplificador é do tipo diferencial, pois a saída mede a diferença de potencial entre a entrada positiva (ligada ao eletrodo explorador) e a negativa (V = 0). (Adaptada de Garcia, 1998.)

Bases Fisiológicas da Eletrocardiografia

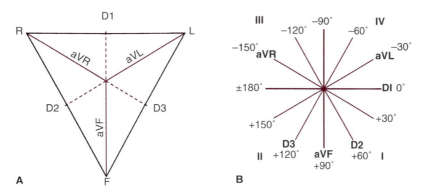

Figura 29.17 ▪ **A.** Triângulo de Einthoven, mostrando as relações angulares das seis derivações do plano frontal. O centro do triângulo corresponde ao centro elétrico cardíaco. Observe que cada derivação unipolar dos membros corta o ponto médio do plano de uma derivação bipolar. As derivações bipolares são positivas desde a origem até o centro elétrico cardíaco (*linhas contínuas*) e negativas nas projeções além desse ponto (*linhas tracejadas*). **B.** As relações angulares formadas pelas seis derivações do plano frontal.

está direcionado para a esquerda e para baixo. Se for positivo em D1 e negativo em aVF, deve estar entre 0 e –90° (quadrante IV), portanto direcionado para a esquerda e para cima.

▶ Derivações do plano horizontal

O ECG convencional é complementado pelo registro de seis outras derivações unipolares, em que a entrada negativa do amplificador é conectada a um ponto de potencial nulo e a positiva ao eletrodo explorador, o qual deve ser colocado em contato com seis pontos específicos da região precordial, conforme mostrado na Figura 29.18. Os registros assim obtidos denominam-se *derivações unipolares precordiais*, que são numeradas de V1 a V6. Desta maneira, quando uma onda de despolarização se aproxima do eletrodo explorador, este irá registrar uma onda positiva (deflexão para cima na linha de registro). Ao contrário, será registrada uma onda negativa quando a onda de despolarização se afasta da posição em que está localizado o eletrodo explorador. Os locais onde deve ser posicionado o eletrodo explorador são os seguintes:

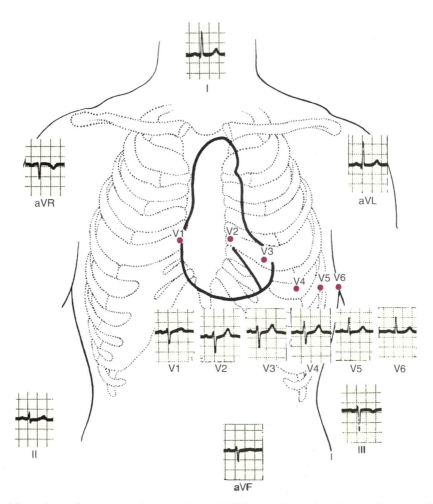

Figura 29.18 ▪ Esquema geral de um eletrocardiograma normal, com o registro das 12 derivações. Observe as posições de colocação dos eletrodos na região precordial para o registro das derivações unipolares precordiais (V1 a V6).

- V1 – quarto espaço intercostal, junto à borda direita do esterno
- V2 – quarto espaço intercostal, junto à borda esquerda do esterno
- V3 – no ponto médio entre V2 e V4
- V4 – quinto espaço intercostal, sobre a linha hemiclavicular esquerda
- V5 – quinto espaço intercostal, na altura da linha axilar anterior esquerda
- V6 – quinto espaço intercostal, na altura da linha axilar média esquerda.

Comparando-se a posição ocupada pelo coração na caixa torácica e o posicionamento dos eletrodos na mesma (ver Figura 29.18), observa-se que as derivações precordiais permitem visualizar a ativação cardíaca no eixo anteroposterior. Sendo assim, as derivações V1 e V2 são mais adequadas para identificar o processo de ativação do ventrículo direito, enquanto V5 e V6 refletem de modo mais seletivo a ativação do ventrículo esquerdo.

LEITURA E INTERPRETAÇÃO DO ELETROCARDIOGRAMA

A leitura cuidadosa do ECG permite a reconstrução dos processos de despolarização e repolarização das câmaras cardíacas. Para atingir este objetivo, entretanto, há necessidade de se verificarem, sistematicamente, os vários componentes do traçado. Atualmente são disponibilizados cada vez mais eletrocardiógrafos digitais acoplados a computadores com programas customizados para fazer a leitura automatizada de certos parâmetros do ECG (Figura 29.19). A leitura automatizada, entretanto, não prescinde da análise individual feita pelo médico, pois detalhes no padrão de ondas só podem ser detectados por meio da análise manual do registro. Para isso, há necessidade de registros de boa qualidade, sem interferência da rede elétrica (60 Hz) e sem a interferência do eletromiograma. Esta é a principal razão pela qual o ECG convencional é obtido com o paciente deitado, pois nessa condição a musculatura esquelética encontra-se relaxada. Caso o paciente esteja tenso, com a musculatura contraída, ou se fizer movimentos durante o registro, o traçado eletrocardiográfico capta o registro do eletromiograma, dificultando a visualização das ondas elétricas geradas pelo coração. A leitura e a interpretação do ECG dependem de conhecimento da eletrofisiologia cardíaca e de experiência clínica do médico. Não existe uma única maneira de se fazer essa leitura. Entretanto, alguns passos são essenciais na coleta de informações, como será visto a seguir.

▶ Determinação do ritmo

Apesar de a duração de cada ciclo cardíaco não ser exatamente a mesma, o intervalo entre as ondas do ECG é, aproximadamente, igual em distintos batimentos. A variação da frequência cardíaca em repouso depende de vários fatores, inclusive da respiração (aumento da frequência na inspiração e diminuição na expiração), como indicado no registro C da Figura 29.20. Quando há regularidade entre os intervalos das ondas, ocorre ritmo cardíaco regular. Se os intervalos entre as ondas variam de modo importante, ou seja, além daqueles valores esperados pela variação respiratória (que geralmente não ultrapassa 10 a 15 batimentos por minuto), tem-se ritmo irregular. Exemplos de ritmo cardíaco regular podem ser vistos nos registros eletrocardiográficos mostrados nas Figuras 29.10 e 29.12. A presença de extrassístoles determina irregularidade no ritmo que pode, muitas vezes, ser detectada apenas com a palpação do pulso arterial. É importante ressaltar que na ativação cardíaca normal as câmaras atriais são ativadas antes dos ventrículos. Portanto, no ECG a onda P deverá preceder o complexo QRS em todos os batimentos. Assim, no ritmo cardíaco fisiológico, também chamado de *ritmo sinusal*, a sequência onda P, complexo QRS e onda T é mantida em todos os ciclos cardíacos.

▶ Frequência cardíaca

No ECG convencional, o registro é realizado na velocidade de 25 mm/s. Desta maneira, em 1 min há registro de 1.500 mm. Portanto, se dividirmos o número 1.500 pelo intervalo entre duas ondas simétricas, teremos a frequência de

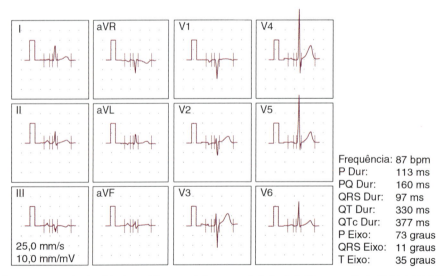

Figura 29.19 ▪ Eletrocardiograma convencional registrado em sistema para leitura computadorizada de algumas variáveis. Observe nos registros os pontos selecionados pelo programa, para realização da leitura das ondas e intervalos. *bpm*, batimentos por minuto.

Bases Fisiológicas da Eletrocardiografia

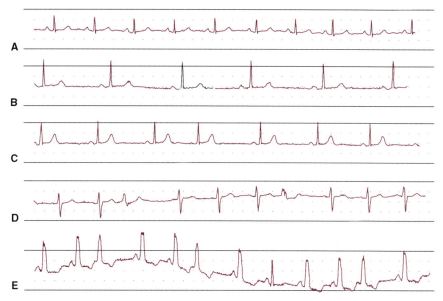

Figura 29.20 ■ Registros eletrocardiográficos obtidos em diferentes indivíduos. Observe a regularidade do ritmo em **A** e **B**. Em **B**, porém, há uma bradicardia sinusal (frequência cardíaca = 43 batimentos por minuto). Em **C**, ocorre um ritmo sinusal com grande variação da frequência cardíaca produzida pelo ciclo respiratório. Em **D** e **E**, aparecem ritmos irregulares causados pela presença de focos extrassistólicos.

aparecimento desta onda em particular. Quando ritmo cardíaco é regular, usa-se o intervalo entre os picos de duas ondas R como o intervalo entre os batimentos. Dividindo-se 1.500 pelo espaço em milímetros entre duas ondas R, tem-se a frequência cardíaca instantânea, em batimentos/min.

▸ Duração das ondas e dos intervalos

Como discutido anteriormente, em cada região do coração há uma velocidade de propagação específica, em função das características locais do potencial de ação, do acoplamento elétrico no tecido, além de outros fatores. O aumento de duração de uma onda (ou de um intervalo) indica diminuição da velocidade de propagação no segmento específico que o ECG representa. O Quadro 29.2 mostra as durações mínima e máxima das diversas ondas e intervalos no ECG registrado em repouso. Assim, por exemplo, o aumento de duração do segmento PR está associado à dificuldade de propagação do estímulo ao longo do nodo AV (ver Figura 29.13). A duração do complexo QRS reflete o tempo de ativação ventricular e, quando esta é feita em condições fisiológicas, a duração do complexo QRS não deve ultrapassar 110 ms. O aumento de duração deste complexo pode decorrer de duas situações: bloqueio no sistema de condução intraventricular (bloqueios nos ramos direito e/ou esquerdo etc.) ou propagação da ativação ventricular por vias não fisiológicas. Observe, por exemplo, o registro da Figura 29.11, em que os ciclos cardíacos são normais na maior parte do registro, pois obedecem à sequência onda P, complexo QRS e onda T. Nestes ciclos, as durações das ondas e intervalos também são normais e regulares, com a duração do complexo QRS de cerca de 100 ms. Entretanto, em determinado ponto há um complexo QRS fora da sequência, o que corresponde a uma extrassístole ventricular. O aparecimento dessa extrassístole indica que existe um foco anômalo (foco ectópico) no ventrículo, que dispara um estímulo que se propaga para a massa ventricular. O batimento ectópico propaga-se para os ventrículos por vias não fisiológicas que são, em sequência, o feixe de His, os ramos esquerdo e direito e o sistema periférico de Purkinje. Neste caso, a excitação das fibras do miocárdio ventricular se faz por vias retrógradas, nas quais a resistência à propagação do estímulo elétrico é mais elevada. Portanto, o tempo de ativação ventricular aumenta, e este fato é registrado no ECG como um aumento da duração do complexo QRS (alargamento do complexo QRS). No caso da extrassístole observada na Figura 29.11, a duração do QRS é de, aproximadamente, 160 ms. O simples fato de a morfologia do complexo QRS extrassistólico ser totalmente diferente da morfologia dos complexos QRS normais indica que a ativação ventricular ocorreu por caminhos diferentes nas duas situações.

▸ Determinação dos eixos médios de ativação das câmaras cardíacas

A excitação cardíaca pode ser representada por milhares de vetores elétricos. Para efeito prático, entretanto, a ativação atrial é representada por um único vetor, o vetor P, o qual em indivíduos saudáveis dirige-se para a esquerda e para baixo no plano frontal. Geralmente, situa-se em torno de +60°, sendo, portanto, paralelo a D2. Esta é a razão pela qual a onda P tem maior amplitude em D2, onde, em geral, ela é examinada com mais detalhes. Do mesmo modo, a ativação ventricular é fortemente influenciada pela posição do vetor 3 (ver Figuras 29.7 e 29.8), que representa a ativação da maior parte do ventrículo esquerdo. Assim, o eixo médio de ativação ventricular é em geral voltado para a esquerda e para baixo no plano frontal e para trás no horizontal. O cálculo dos vetores médios de ativação de átrios e ventrículos é parte importante da leitura e interpretação do ECG. Para tanto, são usados os diagramas mostrados na Figura 29.17 (plano frontal) e Figura 29.21 (plano horizontal). Para determinar a posição dos eixos médios de ativação no plano frontal, é mais prático usar duas derivações perpendiculares entre si, como D1 e aVF, por exemplo. Observe o ECG da Figura 29.10. A onda P é positiva em D1 e em aVF. Logo, ela se situa no quadrante I. Como a maior amplitude ocorre em D2 e a onda P não aparece em aVL, o vetor P deve situar-se em torno de +60°, o que foi confirmado pela leitura automatizada feita pelo computador

Figura 29.21 ▪ Projeções das derivações V1 a V6 no plano horizontal e a relação espacial com as câmaras ventriculares. O eixo médio de QRS projeta-se para trás, pois é negativo em V1 e positivo em V6.

(que indicou o eixo de P em +62°). O mesmo procedimento pode ser feito para se encontrar o eixo médio de ativação ventricular (ÂQRS). Nesse caso, o complexo QRS é isoelétrico (parte positiva igual à parte negativa) em aVL, indicando que o eixo está a 90° (perpendicular) desta derivação. De acordo com o diagrama da Figura 29.17 B, o vetor médio de ativação ventricular deve estar sobre D2. Como o QRS é positivo nessa derivação, o ÂQRS deve localizar-se também próximo a +60°.

É importante ressaltar que, quando há crescimento do ventrículo esquerdo, o eixo elétrico de QRS sofre rotação no sentido anti-horário, ou seja, desloca-se mais para a esquerda (indo em direção ao quadrante IV) e para trás. Isso pode ser visto no ECG da Figura 29.22, registrado em um paciente com hipertensão arterial. Observe que nesse caso a projeção do QRS sobre D1 é positiva e sobre aVF, negativa, indicando que o eixo médio da ativação ventricular encontra-se no quadrante IV do plano frontal. Ao contrário, quando há sobrecarga no ventrículo direito, o ângulo médio do complexo QRS (ÂQRS) irá desviar para a direita (ou no sentido horário).

Para determinar o eixo médio de ativação das câmaras cardíacas no plano horizontal, usam-se, rotineiramente, as projeções dos vetores de ativação em V1 e V6. O paciente cujo registro é mostrado na Figura 29.22 tem eixo elétrico de QRS voltado para trás e para a esquerda.

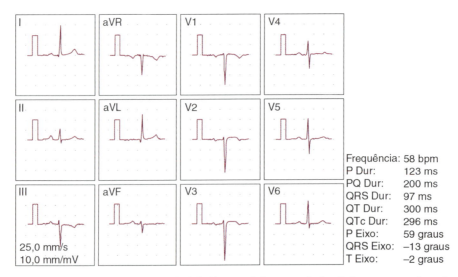

Figura 29.22 ▪ Eletrocardiograma registrado em homem com 53 anos de idade. Observe o deslocamento do eixo elétrico para a esquerda no plano frontal. *bpm*, batimentos por minuto.

▶ Análise da morfologia das ondas

Como descrito no presente capítulo, a ativação atrial é um processo relativamente lento quando comparado à ativação ventricular. Em consequência, a onda P é arredondada e, em geral, sem entalhes. Tem amplitude baixa (no máximo 0,25 mV quando paralela ao eixo de derivação) e é voltada para baixo e para a esquerda no plano frontal (com limites de normalidade entre 0° e +90°). Quando há crescimento do átrio esquerdo, a duração da onda P tende a aumentar. Por outro lado, o crescimento do átrio direito determina aumento de amplitude da onda P.

Um parâmetro importante na análise do QRS é sua morfologia em algumas derivações específicas. Em um ciclo cardíaco normal, a primeira região do ventrículo a se ativar é a região esquerda do septo interventricular. Tal vetor aparece como uma pequena onda R em V1, daí porque sua ausência, em associação com o aumento de duração total do QRS, pode indicar bloqueio do ramo esquerdo do feixe de His.

A onda T também tem inscrição lenta, com amplitude menor que o QRS e apresentando polaridade similar à do QRS. A onda T normal também é assimétrica, com uma fase de subida mais lenta e de queda mais rápida. A inversão da onda T (complexo QRS positivo e onda T negativa) pode indicar repolarização precoce em fibras localizadas no subendocárdio. Isso acontece, por exemplo, quando o endocárdio recebe quantidade insuficiente de oxigênio (isquemia) e as células musculares sofrem lesão. A inversão da onda T também pode ocorrer quando existe aumento de espessura da parede ventricular.

O segmento ST, que vai do final do complexo QRS ao pico da onda T, é fortemente influenciado pela duração média dos potenciais de ação nos ventrículos. O encurtamento deste tempo indica menor duração do platô, enquanto seu alargamento sugere aumento da duração do potencial de ação.

BIBLIOGRAFIA

BARBOSA ET. O registro do campo elétrico. In: *Fisiologia Cardiovascular*. Fundo Editorial Byk-Procienx, Rio de Janeiro, 1976.
BOINEAU JP, SCHUESSLER RB, MOONEY CR *et al*. Multicentric origin of the atrial depolarization wave: the pacemaker complex. Relation to dynamics of atrial conduction, P-wave changes and heart rate control. *Circulation*, 58:1036-48, 1978.
FISCH C. Electrocardiography. In: BRAUNWALD E (Ed.). *Heart Disease. A Textbook of Cardiovascular Medicine*. 5. ed. WB Saunders Co, Philadelphia, 1997.
GARCIA EAC. *Biofísica*. Sarvier, São Paulo, 1998.
KATZ AM. *Physiology of the Heart*. Raven Press, New York, 1992.
NETTER FH. *Ilustrações Médicas*. Vol. 5. Guanabara Koogan, Rio de Janeiro, 1969.
PAES DE CARVALHO A, ALMEIDA DF. Spread of activity through the atrioventricular node. *Circulation Research*, 8:801-9, 1960.
SCHERF L, JAMES TN. Fine structure of cells and their histologic organization within internodal pathways in the heart: clinical and electrocardiographic implications. *Am J Cardiol*, 44:345-69, 1979.

Capítulo 30

Contratilidade Miocárdica

Dalton Valentim Vassallo | Ivanita Stefanon

- Ultraestrutura da célula muscular cardíaca, *474*
- Bioquímica da contração, *479*
- Mecanismo da contração, *479*
- Acoplamento excitação-contração, *483*
- Mecanismos envolvidos na regulação da contratilidade miocárdica, *491*
- Aspectos moleculares da modulação da sensibilidade dos miofilamentos ao Ca^{2+}, *492*
- Intervenções que afetam a responsividade miofibrilar ao Ca^{2+}, *493*
- Métodos de estudo da contração, *497*
- Bibliografia, *499*

A contratilidade é uma das propriedades do músculo cardíaco. Para entender o mecanismo da contração, é necessário compreender os diversos componentes das células musculares, que, direta ou indiretamente, contribuem para o fenômeno mecânico, ou seja, a gênese de força ou encurtamento.

ULTRAESTRUTURA DA CÉLULA MUSCULAR CARDÍACA

As células miocárdicas são únicas, ramificadas e se comunicam umas com as outras. Nas regiões de contato entre células, existem inúmeras especializações, tais como: zônula aderens, desmossomos, regiões de ancoramento de miofilamentos e junções de baixa resistência elétrica, as junções comunicantes (ou *gap juctions*). Estas últimas permitem ao miocárdio comportar-se como um sincício funcional. A membrana plasmática é de natureza lipoproteica, sendo a fração lipídica composta por moléculas fosfolipídicas que contêm duas cadeias de ácidos graxos, na parte central, ligadas a porções globulares fosfatadas, nas regiões periféricas. As proteínas estão situadas na face interna ou externa da membrana, ou transpassando-a em toda a sua espessura. São geralmente de natureza glicoproteica, com funções diversas (p. ex., receptores de membrana, enzimas, trocadores e canais iônicos). Externamente, a membrana é revestida de mucopolissacarídios, ricos em sítios aniônicos que fixam cátions como Ca^{2+} e Na^+; e, internamente, também apresentam sítios de grande afinidade pelo Ca^{2+}, sensíveis às variações de potencial intracelular.

No interior das células musculares, encontram-se os sistemas tubulares. Um deles, o sistema transverso, penetra e percorre transversalmente as células e, ramificando-se, envolve os sarcômeros nos discos Z. Trata-se, portanto, de um sistema tubular que se abre na membrana plasmática, estando em contato com o meio extracelular. O outro, o retículo sarcoplasmático, tem localização estritamente intracelular. É composto por túbulos que correm longitudinalmente por entre as miofibrilas e, no disco Z, formam cisternas que entram em contato com o sistema transverso. A região do retículo sarcoplasmático que entra em contato com o sistema transverso, constituída por cisternas laterais, é denominada retículo juncional, e a região entre as cisternas é denominada retículo não juncional. A combinação entre um túbulo transverso e duas cisternas laterais do retículo sarcoplasmático recebe o nome de tríade (Figura 30.1). No miocárdio, também é comum a visualização de cisternas do retículo sarcoplasmático em contato com a membrana plasmática. Como será descrito mais adiante, estes sistemas tubulares desempenham papel fundamental na ativação do processo de acoplamento excitação-contração. O sistema transverso, por meio da excitação elétrica da célula (platô do potencial de ação), induz a liberação de Ca^{2+} armazenado no retículo sarcoplasmático, ativando assim a contração. O retículo sarcoplasmático também é fundamental para o processo de relaxamento cardíaco, ao recaptar Ca^{2+} ativamente, por meio da bomba de Ca^{2+} (SERCA), o que reduz sua concentração citoplasmática.

Das organelas celulares, cabe lembrar o papel das mitocôndrias. Estas funcionam como usinas geradoras de energia, sintetizando trifosfato de adenosina (ATP) a partir da atividade da cadeia respiratória. Essa energia provém da metabolização aeróbica de glicose e de ácidos graxos, sendo então utilizada para a contração. Mais recentemente, também, tem sido estudado o papel das mitocôndrias no controle da concentração de Ca^{2+} citoplasmático.

Além das especializações de membrana e das organelas, o material contrátil é de fundamental importância para a fisiologia da contração e do relaxamento muscular. Este se encontra organizado, formando o *sarcômero*, considerado como a unidade contrátil básica do músculo (Figura 30.2). O sarcômero é limitado por duas *linhas* ou *discos Z*. Entre eles, há regiões claras e escuras denominadas, respectivamente, *banda I* e *banda A*. A banda I é uma região isotrópica, não desvia a luz polarizada e é composta por filamentos finos que se ligam ao disco Z. Assim, de cada lado do disco Z, temos uma hemibanda I. A banda A é anisotrópica, ou seja, desvia a luz polarizada, daí sua aparência escura quando vista ao microscópio de polarização. É constituída por filamentos grossos. Nas porções laterais da banda A, existe uma região de superposição de filamentos grossos e finos e, entre estas, temos uma região central onde só se encontram filamentos grossos. Esta última região, localizada no centro da banda A, é denominada *banda H*. Na porção mediana dos sarcômeros, no meio da banda A, os filamentos grossos apresentam um

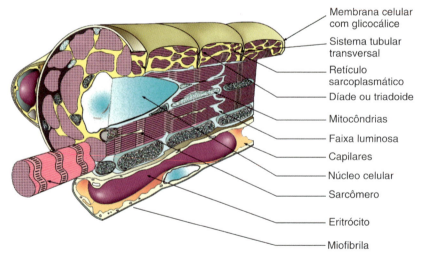

Figura 30.1 ▪ Esquema tridimensional da célula cardíaca e seus componentes: sarcômero, sistemas de túbulos transversos, retículo sarcoplasmático, sarcolema, disco Z que delimita o sarcômero, mitocôndria, núcleo e o detalhe de um capilar contendo um eritrócito. Observe que as tríades e díades ocorrem próximas do disco Z. (Adaptada de Lossnitzer *et al.*, 1984.)

espessamento que forma a *linha M* (ver Figura 30.2). Em condição de repouso, os sarcômeros medem cerca de 2,20 μm de comprimento. Os filamentos finos, medidos a partir do disco Z até a sua extremidade, têm 1,60 μm, enquanto os grossos, em média, 1,50 μm.

Nos filamentos finos e grossos encontram-se as proteínas que participam do processo de contração e relaxamento do músculo cardíaco. Para a compreensão adequada do processo contrátil, é necessária a análise da composição do sarcômero e seus diversos componentes.

▸ Disco Z

O disco Z é formado por um complexo de proteínas contendo, principalmente, α-actinina, Cap Z (antiga β-actinina), T-Cap e nebulete. No disco Z é feito o ancoramento das proteínas actina (filamento fino) e titina (une o filamento grosso ao disco Z) de cada hemissarcômero (ver Figura 30.2 B). Várias são as funções do disco Z: (a) transmissão de força produzida pelos miofilamentos; (b) esqueleto para fixação do filamento fino (actina com a α-actinina e a Cap-Z) e o filamento grosso (titina e nebulete com a α-actinina e T-Cap); (c) interface entre a maquinaria contrátil e o citoesqueleto com os receptores de integrina e costâmeros (região de comunicação de um complexo de proteínas que faz ancoramento e comunicação de proteínas do disco Z com a matriz extracelular); e (d) receptor de estiramento, sensor de tensão, em decorrência do complexo de proteínas ali ancoradas e sua mecanotransdução com a membrana plasmática, o que modula a expressão gênica, podendo promover, por exemplo, a hipertrofia cardíaca.

▸ Filamentos grossos

São formados pela associação de moléculas de *miosina* compostas de duas cadeias entrelaçadas que terminam em uma região globular (Figura 30.3). A hidrólise enzimática

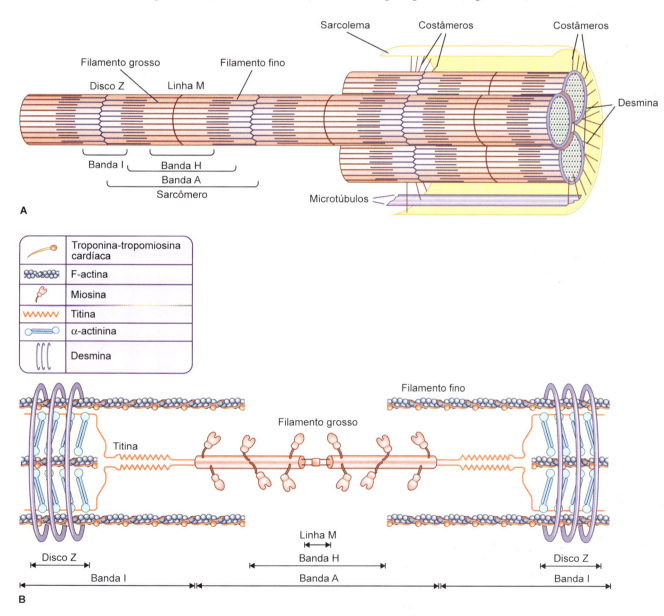

Figura 30.2 ▪ **A.** Esquema simplificado da estrutura do sarcômero. A linha M é criada pelo espessamento do filamento grosso. O filamento fino é composto principalmente de actina, troponina (C, T e I) e tropomiosina. O filamento grosso é constituído principalmente de miosina. Na ilustração, um grupo de miofibrilas está conectado ao sarcolema (membrana plasmática) por meio da rede de costâmeros. **B.** Esquema estrutural do sarcômero, com as suas bandas e discos, ilustrando o filamento de titina proteína estrutural que une as extremidades do filamento grosso ao disco Z. (Adaptada de Sequeira *et al.*, 2014.)

da miosina com tripsina a divide em duas partes: uma leve, formada por grande parte de sua cauda (denominada *meromiosina leve*), e outra mais pesada (*meromiosina pesada*), que contém a região globular. Com o prosseguimento da hidrólise, a meromiosina pesada subdivide-se em duas subunidades, S_1 e S_2 (ver Figura 30.3). A subunidade S_1 corresponde à região globular propriamente dita, tendo atividade ATPásica, sendo considerada a ATPase miosínica. Essa subunidade é composta por um par de estruturas globulares, cada uma contendo uma cadeia polipeptídica pesada e duas leves. A cadeia pesada constitui o corpo da enzima (ATPase miosínica), e as leves parecem modular a atividade dessa enzima, visto que sua remoção leva à perda da atividade de hidrólise de ATP. As cadeias pesadas existem sob duas isoformas, α e β. Como cada filamento de miosina tem duas cadeias pesadas, as associações podem ser $\alpha\alpha$, $\alpha\beta$ e $\beta\beta$.

A isoforma $\alpha\alpha$ é típica de músculos de contração rápida com grande velocidade de hidrólise de ATP. A isoforma $\beta\beta$ é típica de músculos lentos e com baixa velocidade de hidrólise de ATP, e a isoforma $\alpha\beta$ é intermediária às duas anteriores. Essas isoformas são denominadas V1, V2 e V3, respectivamente, de acordo com a velocidade de hidrólise de ATP. No miocárdio humano, predomina a isoforma lenta $\beta\beta$ (V3). A relação entre a atividade da ATPase miosínica e a função contrátil é bastante intrigante, e tem sido demonstrado que, no miocárdio, alterações na contratilidade estão associadas a mudanças nas isoformas da ATPase miosínica, levando a ajustes na atividade dessa enzima, ou seja:

Condições	Atividade ATPásica da miosina
Exercício físico	Aumenta
Hipertireoidismo	Aumenta
Envelhecimento	Diminui
Insuficiência corticoadrenal	Diminui
Insuficiência cardíaca	Diminui
Inatividade física	Diminui

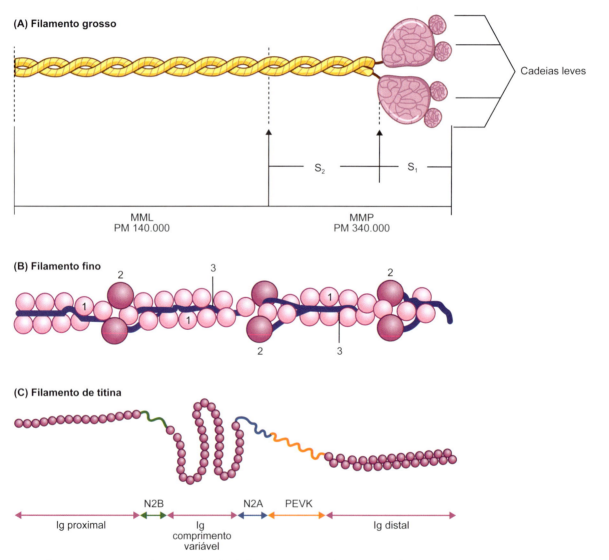

Figura 30.3 ▪ **A.** Filamento grosso. Esquema da estrutura da molécula de miosina. As *setas* indicam os pontos de clivagem por enzimas proteolíticas. *MML*, meromiosina leve; *MMP*, meromiosina pesada, com os seus respectivos pesos moleculares; S_1, subfragmento da MMP que contém a cabeça da miosina, com a indicação das cadeias leves que se prendem às cadeias pesadas; S_2, subfragmento da MMP que contém parte da cauda. Observe que em S_1 se localiza a ATPase miosínica. **B.** Estrutura esquemática do filamento fino. *1*, monômeros de G-actina, que, ao se polimerizarem, formam a F-actina; *2*, molécula de troponina; *3*, molécula de tropomiosina, situada no sulco entre os filamentos de F-actina e em cuja extremidade prende-se uma molécula de troponina. **C.** Filamento de titina. A região extensível da titina, localizada na banda I, consiste em três componentes elásticos que agem como uma mola: Ig, região do domínio tipo imunoglobulina, proximal ao disco Z e distal, próximo das bandas I e A; PEVK, região rica em prolina (P), ácido glutâmico (E), valina (V) e lisina (K); segmentos N2B e N2A. (Adaptada de Kobirumaki-Shimozawa *et al.*, 2014.)

Contratilidade Miocárdica

A associação de diversas moléculas de miosina forma o filamento grosso, estando as cabeças sempre localizadas na extremidade voltada para o disco Z e projetadas para fora do filamento. Estas correspondem às projeções dos filamentos grossos em direção aos filamentos finos. O filamento grosso tem na sua composição outras proteínas, como a proteína C, a titina, e as proteínas da linha M, algumas das quais ainda não possuem uma função perfeitamente definida. A proteína C promove a fixação das diversas moléculas de miosina entre si (na transição entre a meromiosina leve e o subfragmento S_2 da meromiosina pesada) e com a titina. A titina estende-se do disco Z à linha M, possuindo uma parte inextensível na banda A e outra extensível na banda I. A região extensível consiste em três componentes elásticos que agem como se fossem uma mola (ver Figura 30.3 C). A titina é a terceira proteína mais abundante nos miofilamentos, sendo uma "plataforma" para ajustar o tamanho da banda A e permitir a ligação da proteína C. Acredita-se ser essa proteína o fator responsável pelas características elásticas do sarcômero, regulando o estiramento do sarcômero durante o enchimento cardíaco e auxiliando seu retorno à posição de repouso, com a repolarização e, consequentemente, o relaxamento miocárdico. A titina também participa como um sensor de tensão juntamente com o disco Z (conecta-se ao disco Z por meio da interação com molécula de actina e α-actinina). A linha M é a região central do sarcômero, funcionando como uma central de conexão. Nessa área, a miosina e a titina se fixam e, para tal, duas proteínas desempenham papel fundamental, a miomesina (fixa as moléculas de miosina à linha M) e a obscurina (fixa as moléculas de titina à linha M).

▸ Filamentos finos

São compostos, basicamente, por quatro proteínas: actina, tropomiosina, troponina e nebulina. A actina tem como unidade básica a actina globular (G-actina), que, em presença de ATP, polimeriza-se formando cadeias fibrilares (F-actina). As duas cadeias fibrilares de F-actina associadas formam o filamento de actina presente no sarcômero. Compondo ainda o filamento fino, estão presentes a tropomiosina e a troponina, que se localizam no sulco entre as duas cadeias fibrilares de F-actina (ver Figura 30.3 B).

A actina apresenta sítios ativos de interação com a miosina, durante a qual ocorre a liberação do fosfato, o qual foi gerado por meio da hidrólise do ATP pela ação da ATPase miosínica, com consequente liberação da energia necessária à contração (Figura 30.4). Em repouso o sítio de interação da actina com a miosina é bloqueado pela tropomiosina, proteína alongada e dimérica, que, por sua vez, liga-se a troponina. A troponina é formada por três subunidades interconectadas: a subunidade C (TnC), que é o sítio de ligação do Ca^{2+}; a subunidade I (TnI) que modula a afinidade da TnC ao Ca^{2+} e, quando interage com a actina e a tropomiosina, provoca a inibição do sítio ativo da actina; e a subunidade T (TnT), que se liga à tropomiosina, tendo sua função modulada pela ligação do Ca^{2+} à TnC. Quando o Ca^{2+} se une à TnC, a tropomiosina desloca-se liberando os sítios ativos da actina, garantindo a perfeita interação actina-miosina.

A nebulina tem localização central ao longo do filamento fino, e, em torno dela, as F-actinas se enovelam. Liga-se ao disco Z e interage com a actina. Funciona como uma plataforma que serve de base para determinar o comprimento do filamento fino. Dados recentes sugerem que a nebulina age: na transdução de sinais; na regulação da contratilidade, por definir o comprimento ideal do filamento fino, otimizando a superposição deste com os filamentos grossos; e na regulação da geração de força, por aumentar a ativação dos filamentos finos e regular a cinética da ciclagem de interação actina-miosina.

Compreende-se aqui que as proteínas que realizam a atividade contrátil são a actina e a miosina, sendo denominadas proteínas contráteis, enquanto a tropomiosina e a troponina modulam a sua interação, daí a denominação de proteínas moduladoras da contração.

Além das proteínas contráteis e moduladoras da interação actina-miosina, existem as proteínas componentes do citoesqueleto, que sustentam a estrutura espacial do sarcômero e estão envolvidas em vários outros processos fundamentais do funcionamento celular, como: adesão celular, interações célula a célula, manutenção de especializações regionais das células e transferência de informação da superfície celular ao citoplasma (Figura 30.5).

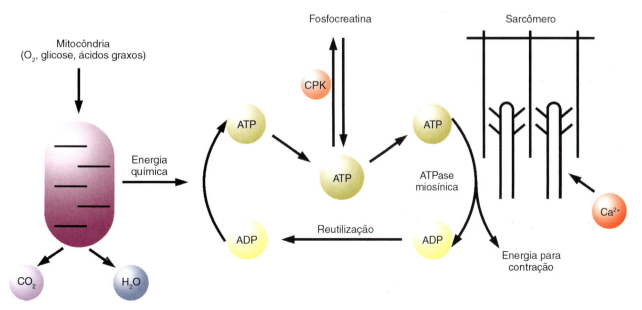

Figura 30.4 • Esquema simplificado, demonstrando o mecanismo de obtenção de energia química para a contração, por meio da metabolização aeróbica de glicose e ácidos graxos.

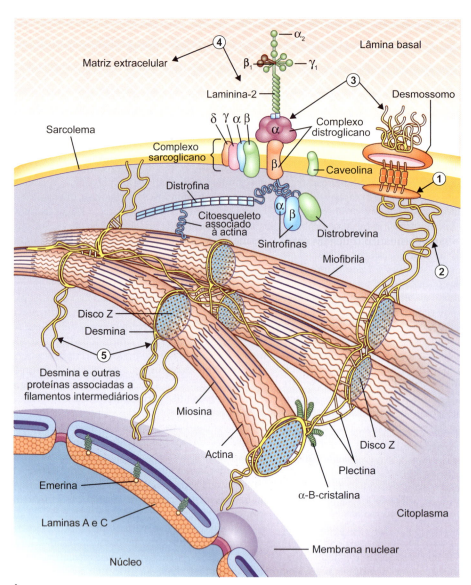
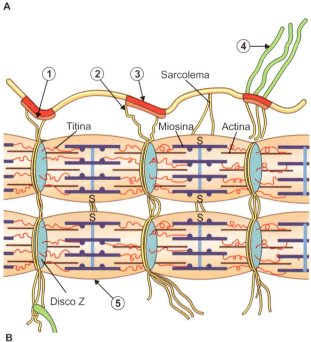

Figura 30.5 • **A** e **B.** Esquemas representativos dos componentes do citoesqueleto de uma célula muscular: *1*, costâmero, com FI, vinculina, talina, espectrina, anquirina, α-actinina; *2*, actina, vinculina, talina, espectrina e anquirina; *3*, desmossomos e receptores transmembrana: integrina, complexo distroglicano; *4*, matriz extracelular: colágeno, fibronectina, laminina; *5*, desmina, espectrina e anquirina, ancoradas no disco Z. (**A.** Adaptada de Aplin *et al.*, 1998. **B.** Adaptada de Morita *et al.*, 2005.)

Para exercer suas diversas funções, as proteínas do citoesqueleto precisam ancorar-se nas membranas (plasmática e de organelas). Os principais locais de ancoramento na membrana plasmática são os *desmossomos* e os *costâmeros*. Os costâmeros funcionam como ancoradouros de proteínas diversas (vinculina, talina, α-actinina e espectrina) no disco Z. Ligam-se ao glicocálice e à matriz extracelular, via receptores de integrina.

Outras proteínas que se ligam à membrana celular são as *anquirinas* e a *distrofina*. Estas parecem desempenhar papel na regulação da estabilidade sarcolemal e na sua permeabilidade. As anquirinas pertencem a uma família de proteínas que se unem à espectrina do citoesqueleto e às proteínas integrais de membrana. Dessa maneira, podem se fixar, em locais apropriados, às proteínas da membrana plasmática envolvidas em diferentes funções, como: canais para Na^+, canais para Ca^{2+} do retículo sarcoplasmático (que têm papel no acoplamento excitação-contração), trocador Na^+/Ca^{2+}, organização das tríades, dentre outras. Quanto às distrofinas, pode ser dito que o arranjo miofibrilar está ancorado a membrana plasmática por uma proteína que se liga à actina, chamada de distrofina. Sua falta, ou deficiência, resulta na *distrofia muscular de Duchenne*, causando fraqueza muscular progressiva e cardiomiopatia. Os receptores de adesão celular são proteínas integrais de membrana que interligam o sistema de filamentos intermediários da célula (citoesqueleto) e os elementos da matriz extracelular. Foi demonstrado que esses receptores podem ligar-se com *quinases intracelulares* e participar de processos de sinalização celular. No músculo, algumas proteínas compõem os receptores de adesão celular. Dentre elas, merecem destaque: *integrinas, caderinas, selectinas* e a superfamília das *immunoglobulin cell adhesion molecules* (ICAM).

BIOQUÍMICA DA CONTRAÇÃO

A contração muscular depende da hidrólise do ATP para fornecimento da energia necessária à geração do trabalho mecânico (Figura 30.6). Esse ATP é obtido, principalmente, por meio de mecanismos aeróbicos, que ocorrem nas mitocôndrias. As mitocôndrias, que existem em grande número nas células musculares, oxidam derivados de açúcares e ácidos graxos (acetato, obtido da glicose pelo processo de glicólise anaeróbica e dos ácidos graxos por meio dos ciclos de β-oxidação) via ciclo de Krebs. Em condições fisiológicas, para a obtenção de energia, o miocárdio metaboliza 40% de açúcares e 60% de ácidos graxos, mas também é capaz de utilizar ácido láctico. O ATP, assim formado, constitui a fonte de energia para a contração, ao ser hidrolisado pela ATPase miosínica.

Para subsistir aos pequenos períodos de falta de oxigênio, o músculo tem depósitos de glicogênio, que podem ser utilizados anaerobicamente, e de fosfocreatina. Esta última é composta pela combinação de um ATP + creatina, reação catalisada pela enzima creatinofosfoquinase, com formação de difosfato de adenosina (ADP), que é reutilizado. A creatinofosfoquinase catalisa a reação em ambas as direções e, tão logo a concentração mioplasmática de ATP diminua, ela reverte a reação, formando novamente ATP e liberando creatina. Cumpre lembrar que a creatinofosfoquinase é uma enzima intracelular e parece ser específica para cada tipo de músculo, existindo diversas isoenzimas. Portanto, qualquer lesão de células cardíacas libera a creatinofosfoquinase específica do miocárdio (CPK Mb) para o meio extracelular, ocorrendo a sua presença no plasma, o que traduz uma indicação direta de lesão das células miocárdicas. Estima-se que o estoque de ATP seja suficiente para cobrir as necessidades metabólicas da célula por apenas alguns segundos.

A regulação da produção de ATP depende, entre outros fatores, da concentração de Ca^{2+} que entra pelo transportador mitocondrial de Ca^{2+} (MCU, *mitochondrial calcium uniport*) e pode regular enzimas fundamentais do metabolismo mitocondrial (ver Figura 30.6). Para manter o estado de equilíbrio, o influxo de Ca^{2+} na mitocôndria precisa ser balanceado com sua extrusão equivalente. Uma fonte importante de efluxo de Ca^{2+} da mitocôndria é o trocador Na^+/Ca^{2+}, o qual trabalha na estequiometria de 1 Ca^{2+} por 3 Na^+. Um segundo mecanismo é dependente do poro de transição de permeabilidade (PTP), que é um canal de membrana não seletivo com alta permeabilidade. Existe uma terceira via de extrusão de Ca^{2+} que parece depender do trocador H^+/Ca^{2+}. A redução de Ca^{2+} da matriz mitocondrial depende, consequentemente, da recaptação do Ca^{2+} pelo retículo sarcoplasmático por meio da atividade da SERCA (ver Figura 30.6).

MECANISMO DA CONTRAÇÃO

O mecanismo de contração muscular envolve três aspectos: morfológico, bioquímico e funcional.

O *mecanismo morfológico* foi proposto ao mesmo tempo por H.E. Huxley e Hanson e por A.F. Huxley e Niedergerke, em 1954, ao se analisar o músculo com o auxílio do microscópio ótico e eletrônico. Quando comparado à condição de repouso, durante a contração muscular observava-se encurtamento dos sarcômeros, o que é demonstrado por observações diretas e, mais recentemente, por ultracinematografia ou difração de *laser* (Figura 30.7). A teoria morfológica prevê que o encurtamento se realiza porque os filamentos finos deslizam por entre os filamentos grossos e com isso é observado aproximação das linhas ou discos Z; diminuição da banda I; diminuição da banda H; e manutenção da banda A.

O *mecanismo bioquímico* já se conhecia desde há muito pela existência da actina e da miosina como proteínas contráteis e da necessidade de ATP, Ca^{2+} e Mg^{2+} para a contração. O avanço no conhecimento das reações químicas que estariam envolvidas no processo de gênese de força ou encurtamento levou Lymm e Taylor (1971) a proporem um modelo definindo a sequência de reações desse processo. Resumidamente, o modelo de Lymm e Taylor propõe as reações esquematizadas na Figura 30.8. Após uma contração, quando ainda estão interagindo a actina (A) e a miosina (M) (complexo AM), a disponibilidade de um ATP para a miosina desfaz o complexo AM formando a conformação miosina e ATP (M. ATP), e o sarcômero passa para o estado relaxado. A clivagem do ATP pela ATPase miosínica leva a uma segunda conformação ainda no estado relaxado, M. ADP. Pi, a qual se desfaz muito lentamente. Porém, o aumento das concentrações intracelulares de Ca^{2+} ($[Ca^{2+}]i$) expõe os sítios de ligação da miosina presentes na actina, ocorrendo a interação actina-miosina, formando-se o complexo AM.ADP. Pi. Em seguida, o ADP e o Pi são liberados e, neste momento, a interação entre a actina e a miosina move-se, ocorrendo o processo de contração, encurtamento, mantendo-se o complexo AM. Como descrito no início deste parágrafo, o complexo AM será desfeito com a associação de um novo ATP (complexo M.ATP) e o ciclo recomeça.

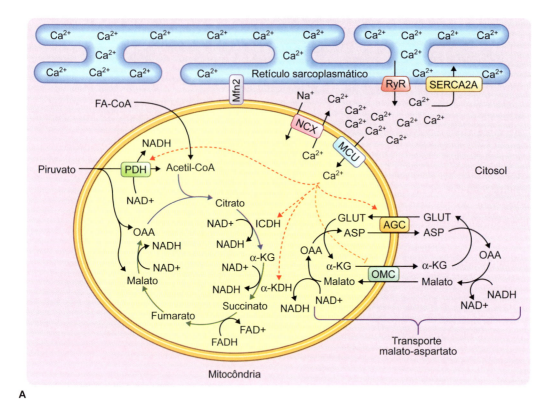

Figura 30.6 • Regulação do metabolismo mitocondrial. **A.** Observe que o cálcio liberado pelo retículo sarcoplasmático (RS) é captado pela mitocôndria, via transportador para cálcio mitocondrial (MCU, *mitochondrial calcium uniporter*). A mitocôndria encontra-se próximo ao receptor de rianodina (RyR2) no RS, criando um microdomínio de cálcio. A proteína Mfn2 (*Mitofusion2*) está envolvida com a comunicação entre o RS e a mitocôndria. É importante salientar a importância do cálcio aumentando a atividade de enzimas mitocondriais fundamentais para a produção de ATP. **B.** *Proteínas de influxo de cálcio mitocondrial*: o cálcio (Ca^{2+}) é captado através do MCU, localizado na membrana interna da mitocôndria, a qual é a principal via de entrada de Ca^{2+}. *Proteínas de efluxo de cálcio mitocondrial*: o efluxo de Ca^{2+} ocorre principalmente por meio do trocador Na^+/Ca^{2+} (NCX), do trocador Ca^{2+}/H^+ (HCX) e do poro de transição de permeabilidade mitocondrial (PTP). O PTP age como um canal reversível de Ca^{2+}. (**A.** Adaptada de Santo-Domingo *et al.*, 2015. **B.** Adaptada de Carley *et al.*, 2014.)

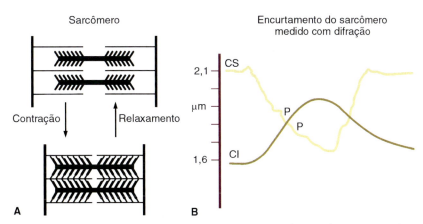

Figura 30.7 • **A.** Esquema simplificado do encurtamento dos sarcômeros, durante a contração. No estado contraído, nota-se que os filamentos finos deslizaram por sobre os grossos, efeito provocado pela formação das pontes entre a actina e a miosina. **B.** Registro fotográfico do encurtamento do sarcômero, medido com a técnica de difração com raios *laser*. Observe que o encurtamento do sarcômero é entremeado por pausas (P), indicando que, neste momento, cessou o encurtamento de toda a população de sarcômeros iluminados pelo *laser*. *CS*, comprimento de sarcômero; *CI*, contração isométrica.

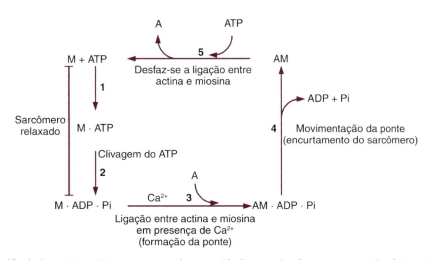

Figura 30.8 • Esquema simplificado das reações químicas que ocorrem durante o ciclo de contração-relaxamento, nas regiões de interação da actina e da miosina. *M*, miosina; *A*, actina; *ATP*, trifosfato de adenosina; *ADP*, difosfato de adenosina; *Pi*, fosfato inorgânico; Ca^{2+}, cálcio ionizado; *AM*, complexo actina-miosina; *1*, combinação entre ATP e miosina, seguindo-se da desfosforilação do ATP (*2*), mas sem liberação de energia. Os derivados da desfosforilação permanecem presos à miosina. *3*, sob ação do cálcio que se prende à troponina, ocorre a ligação entre actina e miosina (AM), a formação da ponte entre actina e miosina e, em seguida, a movimentação da cabeça da miosina (ponte) e a liberação do ADP e de Pi (*4*). Nesta fase, a energia é liberada para que se realize o encurtamento do sarcômero. *5*, na presença de ATP, o complexo AM se desfaz, e a actina separa-se da miosina, podendo ser iniciado um novo ciclo.

Outro modelo de interação entre as proteínas contráteis foi apresentado por Katz no início da década de 1970, quase ao mesmo tempo em que o modelo de Lymm e Taylor foi proposto. Entretanto, tal modelo não se preocupou com a cinética das reações de hidrólise do ATP. Este modelo surgiu com os conhecimentos resultantes da descrição das funções reguladoras da troponina e da tropomiosina, quando eram comparadas as propriedades dos filamentos naturais e sintéticos de actinamiosina (AM). Neste modelo já se considera o mecanismo de interação entre as proteínas musculares como sendo feito por meio de proteínas reguladoras (troponina e tropomiosina) e de proteínas contráteis (actina e miosina). O mecanismo básico proposto por Katz está esquematizado na Figura 30.9, no qual, em condição de repouso, a interação entre actina e miosina é bloqueada pela tropomiosina. Esta última está associada à troponina e ambas à actina, formando um complexo actina/tropomiosina/troponina. Com o aumento das $[Ca^{2+}]i$ nos cardiomiócitos, o Ca^{2+} se une à TnC, deslocando a tropomiosina, o que expõe o sítio ativo da actina. Esta passa a interagir com a miosina, e, por meio da hidrólise do ATP, obtém-se a energia para movimentação da interação entre actina e miosina. Após a movimentação, a interação actina-miosina se desfaz e pode passar a ocorrer com outro sítio ativo. A remoção do Ca^{2+} da TnC leva ao retorno da tropomiosina à sua posição inicial, inibindo a interação entre actina e miosina. Com isso cessa a gênese de força e ocorre o relaxamento.

Um fato que demonstra como os processos bioquímicos afetam a contração está relacionado à temperatura. O aumento da temperatura promove alterações típicas na contração cardíaca. A principal característica é a aceleração de todos os processos que contribuem para a contração. Verifica-se uma redução nos parâmetros temporais, tempo de ativação e de relaxamento, com aumento da velocidade de desenvolvimento da força, mas com redução da força máxima desenvolvida. (Figura 30.10).

As *teorias funcionais* que tentam explicar a geração de força e encurtamento da maquinaria contrátil são as teorias das pontes e a eletrostática. Ambas englobam a ideia de deslizamento e tentam explicá-lo por meio da interação entre actina e miosina.

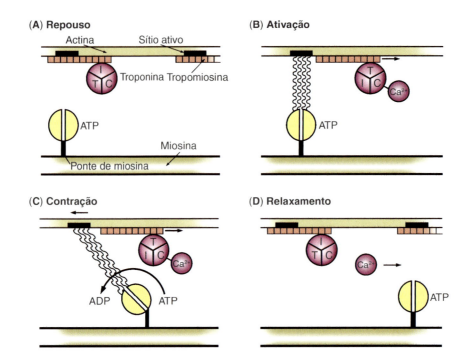

Figura 30.9 ▪ Esquema simplificado das diversas fases da contração. Observe os deslocamentos da tropomiosina e o reposicionamento da troponina entre as fases **A** e **B** e as fases **C** e **D**. Na fase **C**, ocorre o encurtamento, devido ao deslizamento dos filamentos finos sobre os grossos.

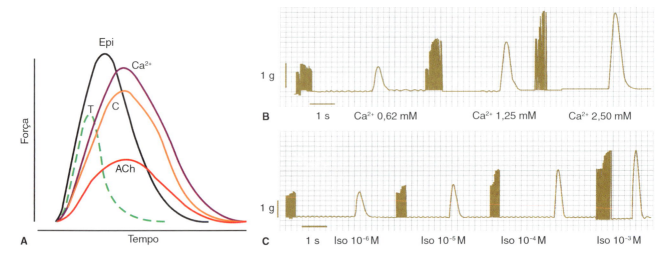

Figura 30.10 ▪ **A.** Representação esquemática das ações do cálcio (Ca^{2+}), da acetilcolina (ACh), agonista muscarínico, da epinefrina (adrenalina) (Epi), agonista de receptor β-adrenérgico, e da temperatura (T) sobre a força de contração isométrica do músculo papilar em função do tempo. Contração controle (C). **B.** Registros originais obtidos em músculo papilar de rato em contração isométrica, mostrando o efeito da variação das concentrações de cálcio no meio extracelular; *na vertical*, eixo de força; *na horizontal*, eixo de tempo. **C.** *Idem*, apresentando o efeito da variação das concentrações de isoproterenol (Iso), agonista de receptor β-adrenérgico. Observe as variações da força e as variações temporais da ativação e do relaxamento, produzidas por esses diversos fatores sobre a contração.

Considerando os aspectos funcionais, a teoria que primeiro foi descrita foi uma continuidade do pensamento de um dos autores da teoria do deslizamento, A.F. Huxley. Em 1957, Huxley propôs a teoria das pontes. Essa teoria prevê pontes entre actina e miosina, as quais são visualizadas nas fotomicrografias eletrônicas. Constituem-se das cabeças de miosina, que são móveis e capazes de interagir com a actina. Existem inúmeros dados de literatura demonstrando a existência das pontes e a capacidade de interação da cabeça de miosina com a actina. Para que as pontes induzam o deslizamento, elas devem ser móveis. Essa capacidade é garantida por regiões na molécula de miosina que são caracterizadas por serem mais sensíveis à ação da tripsina. Como detalhando no início deste capítulo, Szent-Gyorgyi, em 1953, demonstrou pela primeira vez que a molécula de miosina pode ser cindida em duas partes pela ação da tripsina: meromiosina leve (MML) e meromiosina pesada (MMP). Mais tarde, foi demonstrado que a tripsina pode cindir a miosina em três partes, pois a meromiosina pesada pode ser dividida em outras duas subunidades: S_1 e S_2 (ver Figura 30.3 A).

Como a formação das pontes só ocorre quando há superposição entre os miofilamentos e como estes têm comprimento considerado invariável, pode-se prever a morfologia da curva estiramento-tensão. A teoria prevê uma superposição ótima com sarcômeros com comprimentos de 2,0 a 2,25 μm. A tensão ativa deve cair a partir deste ponto, tornando-se nula com sarcômeros maiores do que 3,65 μm (Figura 30.11).

Recentemente, Pollack propôs um novo modelo de contração. Este surgiu com as técnicas que permitem a leitura contínua do comprimento dos sarcômeros durante a contração, como a técnica de difração com *laser*, utilizando sensores de alto poder de resolução temporal e espacial. Supõe-se, pela teoria das pontes, que o deslizamento é um ato contínuo, resultado do movimento contínuo dos filamentos finos superpostos aos filamentos grossos. Entretanto, a leitura do processo de encurtamento dos sarcômeros, durante a contração, mostrou a existência de pausas (ver Figura 30.7). A existência das pausas foi evidenciada inicialmente por Pollack e colaboradores (1977) e *a posteriori* demonstrado com o uso de outras técnicas. Como o campo atingido pelo *laser* envolve uma população de 10^9 sarcômeros, a existência das pausas prevê que todos os sarcômeros desse campo paralisam o seu encurtamento ao mesmo tempo e também reiniciam esse encurtamento ao mesmo tempo. Este é, portanto, um processo cooperativo e altamente organizado. Pollack (2004) sugere que a interação actina-miosina apresenta natureza quantal. Esse mecanismo seria o responsável pelas pausas existentes nos registros de encurtamento dos sarcômeros durante a contração. As pausas são iguais ou múltiplos de 2,7 nm, que é a metade da distância entre duas unidades de G-actina, que é da ordem de 5,4 nm. Como o filamento fino é formado por duas fitas de G-actina que se entrelaçam uma à outra, a repetição monomérica da G-actina é a metade dessa distância. Esses e outros resultados experimentais sugerem, então, que a interação actina-miosina, que ocorre como uma repetição em degraus, constitui o mecanismo central da contração muscular.

ACOPLAMENTO EXCITAÇÃO-CONTRAÇÃO

O acoplamento excitação-contração (AEC) é o conjunto de mecanismos que são desencadeados pela excitação elétrica gerada pelo potencial de ação e que vão promover a contração. Observa-se, então, que no coração a atividade mecânica é precedida e disparada pela atividade elétrica (o potencial de ação).

O acoplamento entre os processos de excitação e contração depende da sinalização do íon Ca^{2+}. O Ca^{2+} é um mensageiro que, em resposta à excitação elétrica, ativa o processo contrátil. Suas concentrações nos meios extra e intracelulares são definidas a seguir.

Distribuição do Ca^{2+} nas células

Cálcio extracelular	10^{-3} M
Cálcio intracelular	
Retículo sarcoplasmático	10^{-4} M
Citoplasma (músculo ativado)	10^{-5} M
Citoplasma (músculo repouso)	10^{-7} M

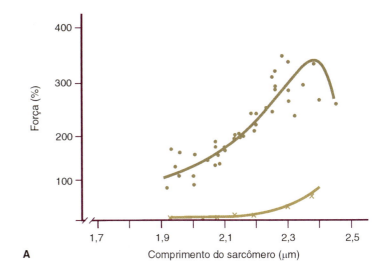

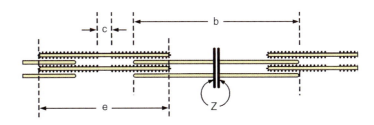

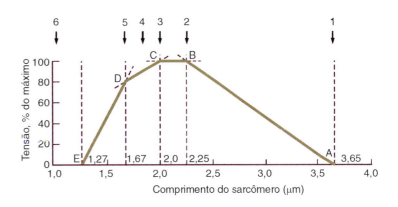

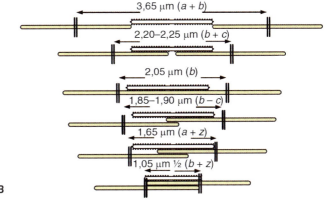

Figura 30.11 ▪ **A.** Curva estiramento-tensão, representada por valores percentuais de força e estiramento por comprimento dos sarcômeros, conseguidos em oito experiências com músculos papilares. O comprimento dos sarcômeros foi medido pela técnica de difração com raios *laser*. Cada ponto representa uma medida isolada. As medidas foram feitas em preparações em funcionamento e não após fixação para avaliações histológicas. A contração máxima ocorre com sarcômeros estirados a 2,40 μm. **B.** Curva comprimento-tensão do sarcômero, obtida em fibra muscular esquelética isolada. (Adaptada de Gordon *et al.*, 1966.)

O papel primordial do Ca^{2+} para a contração cardíaca foi inicialmente descrito por Ringer, em 1882. Esse autor demonstrou, utilizando preparações de coração isolado, que a ausência de Ca^{2+} na solução nutridora abolia a contração. A razão desse comportamento já está elucidada e será discutida a seguir, e permite a compreensão da dinâmica da contração muscular, a qual pode ser modulada, ou por modificações das $[Ca^{2+}]i$ ou por interferência na cinética dos fluxos de Ca^{2+} através da membrana plasmática.

Existem duas principais fontes de Ca^{2+} que podem ativar a contração do músculo cardíaco: (1) influxo de Ca^{2+} no cardiomiócito, proveniente do meio extracelular, durante o platô do potencial de ação, principalmente através dos canais para Ca^{2+} dependentes de voltagem do tipo L; e (2) Ca^{2+} liberado do retículo sarcoplasmático, através da abertura de canais para Ca^{2+} sensíveis a Ca^{2+} (receptores de rianodina).

O acoplamento excitação-contração inicia-se com a despolarização da membrana plasmática, que, quando alcança valores em torno de –55 a –35 mV, começa a aumentar a condutância de Ca^{2+} pelos canais para Ca^{2+} dependentes de voltagem (principalmente o canal para Ca^{2+} dependente de voltagem do tipo L), alcançando o máximo de corrente durante o platô do potencial de ação, o que levará ao proeminente influxo do Ca^{2+}. Esse influxo promove o aumento das $[Ca^{2+}]i$, de 10^{-7} M, na condição de repouso, para 10^{-5} M durante a contração (Figura 30.12). O aumento das $[Ca^{2+}]i$ atuará nos canais para Ca^{2+} sensíveis a Ca^{2+} do retículo sarcoplasmático (receptores de rianodina), aumentando a probabilidade de esse canal encontrar-se no estado aberto, o que levará a maior liberação de Ca^{2+} dessa organela.

A importância do influxo de Ca^{2+} durante o potencial de ação no miocárdio pode ser visualizada ao se observar que o aumento da duração do potencial de ação (aumento da duração do platô) eleva a contração miocárdica, e o seu encurtamento provoca o inverso. Esta também pode ser visualizada ao se manipular a corrente de influxo de Ca^{2+}, durante o platô do potencial de ação, uma vez que, quando essa corrente é abolida, a contração cessa, e, quando ela é amplificada, a contração aumenta. Esse aumento da $[Ca^{2+}]i$ irá, então, induzir a ligação do Ca^{2+} à TnC e disparar o mecanismo da contração.

Até o momento, pode-se deduzir a importância do Ca^{2+} para o acoplamento excitação-contração. O Ca^{2+} está compartimentalizado em uma série de locais dentro e fora do cardiomiócito. Modificações em sua concentração, nesses compartimentos, resultarão em alterações na contratilidade cardíaca. A partir desse momento, serão realizadas algumas considerações sobre os compartimentos de Ca^{2+} no cardiomiócito e intervenções passíveis de serem realizadas e que geram modificações da atividade mecânica (Figura 30.13).

▶ **Líquido extracelular.** O aumento ou a diminuição do Ca^{2+} sanguíneo (calcemia) e no líquido extracelular (ver Figura 30.13 A) provocam, respectivamente, elevação ou redução da força de contração do músculo cardíaco. No plasma, aproximadamente 25% do Ca^{2+} total encontra-se sob a forma livre, ionizada, disponível para a maioria das células no nosso organismo. Os 75% restantes estão ligados a proteínas plasmáticas ou na forma sal com ânions inorgânicos. A concentração de Ca^{2+} depende do pH plasmático e do conteúdo de proteínas. Em condições fisiológicas, o Ca^{2+} plasmático e o do líquido extracelular se mantêm relativamente constantes e estáveis, por meio do fino controle hormonal induzido, principalmente, pelo hormônio paratireoidiano (PTH), pela vitamina D e pela calcitonina. Entretanto, elevações no Ca^{2+} do líquido

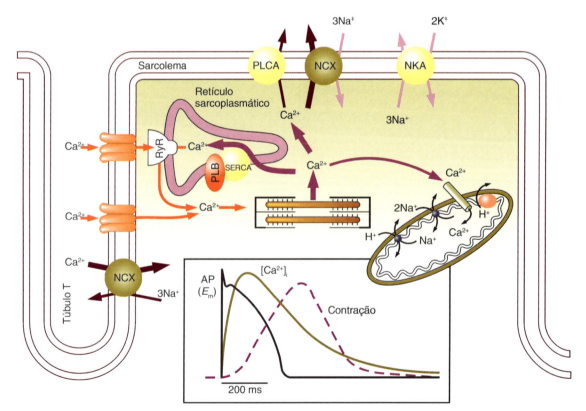

Figura 30.12 ▪ Transporte de cálcio em miócito ventricular. O *quadro inferior* relaciona o curso temporal do potencial de ação (AP, *linha preta*), a variação da concentração intracelular de cálcio ($[Ca^{2+}]i$, *linha ocre*) e a contração (*linha tracejada roxa*) medida em miócito ventricular de coelho. *RyR*, receptor de rianodina; *NCX*, trocador sódio/cálcio; *SERCA*, Ca^{2+}-ATPase do retículo sarcoplasmático; *PLB*, fosfolambam; *PLCA*, Ca^{2+}-ATPase da membrana plasmática; *NKA*, Na^+-K^+-ATPase. (Adaptada de Bers, 2002.)

Contratilidade Miocárdica   485

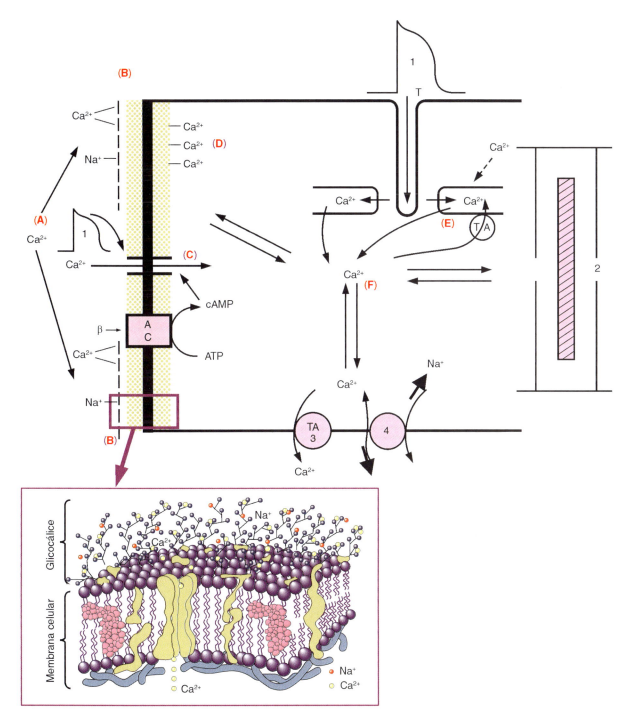

Figura 30.13 • Esquema simplificado dos diversos compartimentos e sítios de importância no mecanismo de acoplamento excitação-contração. **A.** Compartimento do líquido extracelular contendo cálcio ionizado (Ca^{2+}). **B.** Compartimento que corresponde aos sítios aniônicos do glicocálice da membrana, onde interagem Na^+ e Ca^{2+} (em detalhe no *quadro inferior*; adaptada de Lossnitzer *et al.*, 1984). **C.** Canal para cálcio dependente de voltagem na membrana plasmática, passível de fosforilação dependente da ativação pela via da adenilatociclase (AC), a qual pode ser ativada pela estimulação dos receptores β-adrenérgicos (β). **D.** Compartimento correspondente aos locais de alta afinidade pelo Ca^{2+}, que existem na face interna na membrana plasmática e são sensíveis às variações de potencial de ação. **E.** Compartimento que corresponde ao retículo sarcoplasmático; este libera o Ca^{2+} armazenado pelo transporte ativo (TA) induzido pela SERCA via ação da corrente despolarizante do potencial de ação (*1*), atuando por meio do mecanismo liberador de Ca^{2+}, cálcio-induzido (*seta tracejada*). **F.** Compartimento que corresponde ao Ca^{2+} mioplasmático, que pode atuar sobre as proteínas contráteis do sarcômero (*2*) quando a sua concentração aumenta, ou ser retirado ativamente através do sarcolema (*3*) ou da SERCA. Em (*4*), indicação de que o mecanismo transarcolemal de troca Na^+/Ca^{2+} pode ocorrer em ambos os sentidos.

extracelular podem ser observadas por meio da adição direta de sais de cálcio (cloreto de cálcio) ou no caso de um hiperparatireoidismo, e reduções do mesmo podem ocorrer com o uso de agentes quelantes de Ca^{2+}, como EDTA e EGTA, ou no caso de um hipoparatireoidismo.

▶ **Ca^{2+} ligado aos sítios aniônicos do glicocálice.** Durante a excitação da membrana celular, o influxo de Ca^{2+} pelos canais e trocadores iônicos ocorre preferencialmente pelos estoques de Ca^{2+} localizados na membrana plasmática, no glicocálice, e este se encontra em equilíbrio com o Ca^{2+} extracelular (ver Figura 30.13 B). O Ca^{2+} e o Na^+ competem pelos sítios aniônicos em uma razão: $1Ca^{2+}$ para $2Na^+$. Assim, o aumento das concentrações extracelulares do Na^+ ($[Na^+]e$) desloca Ca^{2+} desses sítios e, consequentemente, reduz a contração muscular. Por sua vez, manobras que reduzem as $[Na^+]e$ provocam respostas inversas. Outra forma de observar a importância do Ca^{2+} ligado aos sítios aniônicos para o acoplamento excitação-contração é por meio de uma série de manobras: (1) pela ação de outros cátions no meio extracelular, como La^{3+} ou Co^{2+}; (2) pelo aumento da concentração de ureia no meio extracelular; (3) com o uso de fármacos como o verapamil, bloqueador de canal para cálcio dependente de voltagem; e (4) durante a acidose. Essas manobras ou reduzem o número de sítios aniônicos da membrana plasmática ou a afinidade destes pelo Ca^{2+} e, consequentemente, reduzem a força de contração do miocárdio.

▶ **Influxo de Ca^{2+}.** Na Figura 30.6 C, é possível observar que o influxo de Ca^{2+} ocorre durante a excitação elétrica, principalmente, através dos canais para Ca^{2+} dependentes de voltagem. A condutância pelos canais para Ca^{2+} dependentes de voltagem está diretamente correlacionada com a concentração intracelular de AMP cíclico (cAMP) e a ativação da proteinoquinase ativada por cAMP (PKA). Assim, neurotransmissores e hormônios que elevam as concentrações de cAMP, como as catecolaminas (norepinefrina e epinefrina) (Figura 30.14), aumentam a corrente de Ca^{2+} e a contração. Por sua vez, a redução da liberação de catecolaminas ou a liberação de acetilcolina, essa principalmente no músculo atrial, por meio da ativação da proteína Gi, inibe a atividade da adenilatociclase (ver Figura 30.14), reduz as concentrações de cAMP e a contração. Além de uma ação direta no canal para Ca^{2+} dependente de voltagem, a acetilcolina encurta a duração do potencial de ação, devido ao aumento da condutância ao K^+ e, assim, acelera a repolarização e reduz a duração do platô, o que reduz também a probabilidade de o canal para Ca^{2+} dependente de voltagem encontrar-se no estado aberto, diminuindo o influxo de Ca^{2+}.

> Vale ressaltar que vários fármacos atuam sobre o influxo de Ca^{2+} reduzindo-o, ou diretamente, como as di-hidropiridinas (anlodipino e nifedipino), fenilalquilaminas (verapamil, D600) e benzodiazepinas (diltiazem), ou indiretamente, como os antagonistas β-adrenérgicos (propranolol), que, por antagonizarem as ações das catecolaminas, reduzem as concentrações intracelulares de cAMP.
>
> Outro efeito indireto sobre o influxo de Ca^{2+} é observado modificando o potencial de membrana, por meio de modificações na concentração de K^+ extracelular ($[K^+]e$). A redução excessiva ou o aumento discreto das $[K^+]e$ acarretam uma semidespolarização das células miocárdicas, a qual inibirá o componente rápido do potencial de ação, e as fibras se tornam inexcitáveis. Nesse caso, o músculo permanece relaxado (parada do coração em diástole). Caso as $[K^+]e$ aumentem o suficiente para despolarizar a membrana (hiperpotassemia ou hipercalemia) e atingir o limiar mecânico (aproximadamente –40 mV), será observado o aumento da condutância dos canais para Ca^{2+} dependentes de voltagem. Além disso, ocorrerá influxo de Ca^{2+} e, consequentemente, o músculo entrará em contratura (parada em sístole), uma vez que a repolarização do miocárdio, nessa condição, estará dificultada pela hiperpotassemia.

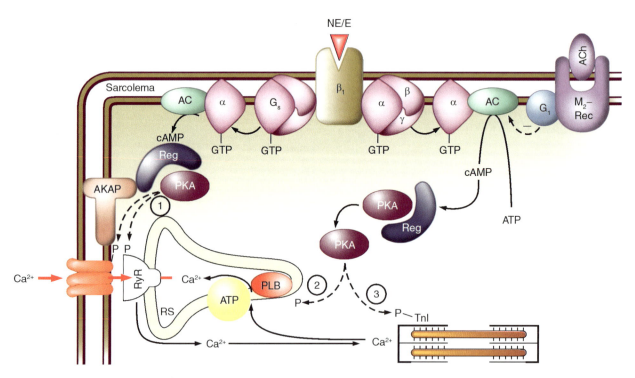

Figura 30.14 ▪ Os agonistas de receptores $β_1$-adrenérgicos, como a norepinefrina (NE) e a epinefrina (E), ativam a proteína Gs (estimulatória). Ao ser estimulada, a proteína Gs ativa a adenilatociclase (AC). O cAMP formado ativará a proteinoquinase A (PKA), que, resumidamente, via uma AKAP (*A-kinase anchoring protein*), induz os seguintes efeitos inotrópico e lusitrópico positivos: *1*, fosforilação (P) do canal para Ca^{2+} dependente de voltagem da membrana plasmática, do receptor de rianodina (RyR2); *2*, fosforilação do fosfolambam (PLB), proteína inibitória da bomba de Ca^{2+} do retículo sarcoplasmático (SERCA2a), aumentando a recaptação do Ca^{2+}; *3*, fosforilação da TnI, que causa redução da sensibilidade da TnC ao Ca^{2+}. O primeiro efeito provoca aumento do transiente de Ca^{2+} e, consequentemente, aumenta a força de contração. Por sua vez, a dessensibilização da TnC acelera a velocidade de relaxamento, reduzindo o tempo gasto em cada ciclo de contração e relaxamento cardíaco. A recaptação elevada de Ca^{2+} para o retículo sarcoplasmático (RS) também acelera o tempo de relaxamento e, concomitantemente, contribui para o aumento do conteúdo de cálcio do RS. A acetilcolina (ACh), via ligação em receptores muscarínicos (subtipo M_2), acoplados à proteína Gi, inibe a atividade da AC, dentre outros efeitos. (Adaptada de Bers, 2002.)

▶ **Ca²⁺ ligado à face interna da membrana celular.** Na face interna da membrana (ver Figura 30.13 D) existem sítios de grande afinidade pelo Ca²⁺, os quais são dependentes do estado de polarização da célula. A afinidade ao Ca²⁺ é grande quando a célula está repolarizada, em repouso, diminuindo durante a despolarização. Essa região, portanto, libera Ca²⁺ para o citoplasma durante o potencial de ação e enquanto a célula estiver despolarizada, favorecendo a contração. Em seguida à repolarização, parte do Ca²⁺ citoplasmático volta a se unir aos sítios intracelulares, propiciando o relaxamento cardíaco.

▶ **Ca²⁺ armazenado no retículo sarcoplasmático.** No miocárdio, o retículo sarcoplasmático é fundamental para o manuseio do Ca²⁺ intracelular (ver Figura 30.13 E) e participa de várias intervenções que alteram a força de contração (inotropismo).

O Ca²⁺ é transportado ativamente para o retículo sarcoplasmático por meio da ATPase Ca²⁺-Mg²⁺-dependente (ou bomba de Ca²⁺ do retículo sarcoplasmático – SERCA). A SERCA é um dos principais mecanismos responsáveis pela redução das concentrações de Ca²⁺ citoplasmático em cardiomiócitos, que levará ao processo de relaxamento. Com a ativação da SERCA, ocorre o aumento das concentrações de Ca²⁺ no retículo sarcoplasmático, o qual pode ser novamente liberado para o citoplasma durante a despolarização.

O microdomínio celular entre os túbulos transversos e a membrana do retículo sarcoplasmático, onde ocorre a interação entre os canais para Ca²⁺ dependentes de voltagem da membrana plasmática e os canais para Ca²⁺ sensíveis a Ca²⁺ do retículo sarcoplasmático (receptor de rianodina), é denominado *couplon*. No miocárdio, cada *couplon* congrega cerca de 100 receptores de rianodina para 10 a 25 canais para Ca²⁺ dependentes de voltagem (ver Figuras 30.12 e 30.15).

Esses microdomínios auxiliam no entendimento do processo de despolarização-contração e no processo de repolarização-relaxamento. Como já descrito no início deste capítulo, as cisternas do retículo sarcoplasmático formam junções com os túbulos transversos (retículo juncional), por meio de estruturas denominadas *feet* (ou pés), que se acredita serem os canais para Ca²⁺ (ver Figura 30.15). Essa região facilita a transdução do sinal elétrico de despolarização para a resposta iônica de influxo e liberação de Ca²⁺ do retículo sarcoplasmático. Mais recentemente foi demonstrado que os túbulos transversos apresentam "microdobras" em sua superfície. Nessa região foi descrita uma proteína denominada *bridging integrator 1* (BIN1), a qual possui mecanismos regulatórios multifuncionais no túbulo transverso participando da sinalização de Ca²⁺. A BIN1 organiza as "microdobras" de forma a conter os canais para Ca²⁺ dependentes de voltagem do tipo L e recrutam o receptor de rianodina do retículo juncional, ou seja, os componentes dos *couplons*, exercendo seu papel fundamental no mecanismo de acoplamento excitação-contração e na contratilidade miocárdica (ver Figura 30.15). Já na porção medial dos sarcômeros, o retículo sarcoplasmático apresenta-se sob a forma de túbulos de distribuição longitudinal (chamado de retículo não juncional), sendo este o provável local onde o Ca²⁺ é recaptado para o interior dessa organela por meio da atividade da SERCA (ver Figura 30.12).

A SERCA, fisiologicamente, tem a sua atividade inibida por um polipeptídio denominado fosfolambam ou fosfolambano (PLB). O efeito inibitório se dá por meio da associação física entre o fosfolambam e a SERCA. No entanto, quando o fosfolambam é fosforilado, perde sua função inibitória sobre a SERCA; assim, a fosforilação do fosfolambam resulta em ativação da SERCA e aumento da recaptação de Ca²⁺ para o retículo sarcoplasmático, o que aumenta a velocidade de relaxamento do músculo cardíaco. A fosforilação do fosfolambam é mediada, principalmente, pela quinase dependente de calmodulina (CaMKII) e pela PKA (ver Figura 30.14).

> A atividade da SERCA pode ser inibida pela ação de fármacos como a tapsigargina, e sua atividade pode encontrar-se reduzida em algumas doenças cardíacas, como a insuficiência cardíaca. Por outro lado, a ativação simpática ou o uso de agonistas β-adrenérgicos ativam a SERCA, assim como o treinamento físico.

A liberação do Ca²⁺ armazenado no retículo sarcoplasmático é feita por duas populações de canais para Ca²⁺ na membrana do retículo sarcoplasmático, os canais para Ca²⁺ sensíveis a Ca²⁺ (receptores de rianodina – RyR) e o canal para Ca²⁺ sensível a IP₃ (receptor para IP₃). Tanto a despolarização da membrana plasmática, com o influxo de Ca²⁺ pelos canais para Ca²⁺ dependentes de voltagem, como o aumento das concentrações intracelulares de IP₃ ativam canais iônicos na membrana do retículo sarcoplasmático que liberam Ca²⁺ para o citoplasma a favor do gradiente de concentração, uma vez que a concentração de Ca²⁺ no retículo sarcoplasmático é superior à observada no citoplasma do cardiomiócito.

O canal para Ca²⁺ sensível a Ca²⁺ (receptor de rianodina) (Figura 30.16) é o principal mecanismo de liberação de Ca²⁺ do retículo sarcoplasmático dos cardiomiócitos.

> Os receptores de rianodina são ativados por aumento das concentrações intracelulares de Ca²⁺ ou pela ação de fármacos como cafeína, heparina, doxorrubicina e rianodina (em concentração abaixo de 10 mM). Por sua vez, esses são inibidos por fármacos como vermelho de rutênio e rianodina (em concentração acima de 10 mM).

Existem dois subtipos de receptores de rianodina, designados RyR1 e RyR2, com predominância do subtipo 2 (RyR2) no miocárdio. O RyR2 é formado por um complexo macromolecular gigante contendo quatro monômeros de RyR2 onde podem se ancorar várias proteínas, dentre as quais calmodulina (CaM), PKA, CaMKII, fosfatases 1 e 2A (PP1 e PP2A), entre outras, as quais regulam a liberação de Ca²⁺ do retículo sarcoplasmático, por modificar a probabilidade de o canal para Ca²⁺ sensível a Ca²⁺ (receptor de rianodina) encontrar-se no estado aberto (ver Figura 30.16 A). Cabe ressaltar que a projeção citoplasmática desse receptor está voltada para a membrana dos túbulos transversos, dando origem ao *couplon*, já descrito anteriormente, ou para o sarcolema.

Como descrito, a modulação da atividade do receptor de rianodina é realizada por várias proteínas. A CaM liga-se ao receptor de rianodina e afeta a probabilidade de abertura do canal, diminuindo a sua sensibilidade ao Ca²⁺. Por sua vez, a PKA e a CaMKII fosforilam o receptor de rianodina e aumentam a liberação de Ca²⁺ do retículo sarcoplasmático. Essas proteínas são desfosforiladas por fosfatases. No coração, mais de 90% da atividade de fosfatase é atribuída a

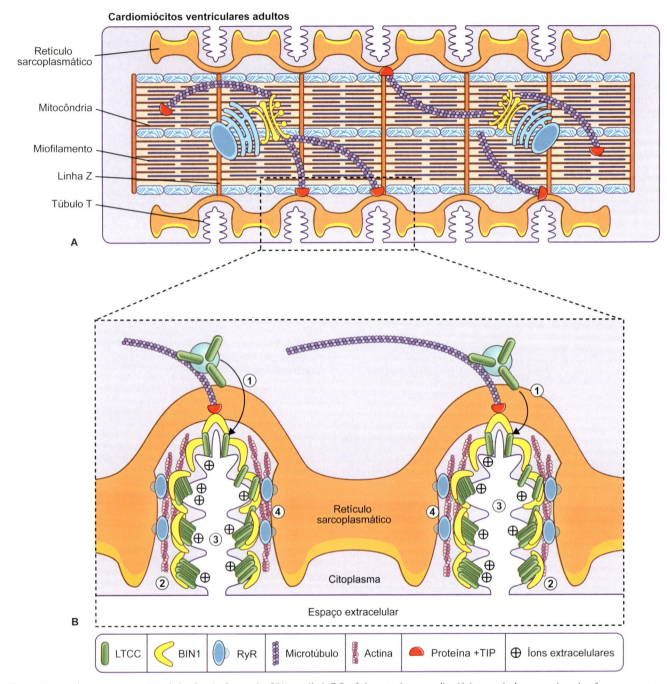

Figura 30.15 • Ilustração esquemática da localização da proteína BIN1 no túbulo T. Em **A** é mostrado um cardiomiócito ventricular com as invaginações que ocorrem periodicamente na altura da linha Z. Em **B** a organização dos microdomínios entre os túbulos T e o retículo sarcoplasmático juncional, onde se destaca *em amarelo* a proteína regulatória BIN1 próxima ao canal para cálcio dependente de voltagem do tipo L da membrana plasmática (LTCC), representado *em verde*, e o receptor de rianodina (RyR), representado *em azul*. (Adaptada de Fu e Hong, 2016.)

PP1 e PP2A, as quais desfosforilam o receptor de rianodina e inibem a liberação de Ca^{2+} do retículo sarcoplasmático. Em direção oposta, a redução da atividade dessas fosfatases aumenta a fosforilação do receptor de rianodina e, consequentemente, ocorre o vazamento de Ca^{2+} por essa organela (Ca^{2+} diastólico). Caso ocorra esse vazamento, haverá a redução das concentrações de Ca^{2+} no retículo sarcoplasmático ($[Ca^{2+}]_{RS}$) e, consequentemente, diminuição da liberação desse íon durante o platô do potencial de ação. Essa redução acarretará a redução da força de contração, contribuindo para a falha de bombeamento cardíaco durante a sístole (insuficiência sistólica). Também é importante salientar que a PP1 é a principal enzima que desfosforila o fosfolambam, levando a inibição da SERCA, o que reduz ainda mais os estoques de Ca^{2+} no retículo sarcoplasmático, amplificando a insuficiência sistólica e gerando uma insuficiência diastólica.

Uma propriedade importante do receptor de rianodina é sua ativação pelo influxo de Ca^{2+} na membrana dos túbulos transversos ou do sarcolema. A probabilidade de o canal para Ca^{2+} sensível a Ca^{2+} (RyR2) encontrar-se no estado aberto é dependente de fatores como: concentrações de Ca^{2+}, Mg^{2+}, ATP e pH no citosol, e da própria $[Ca^{2+}]_{RS}$ (Ca^{2+} luminal).

Contratilidade Miocárdica

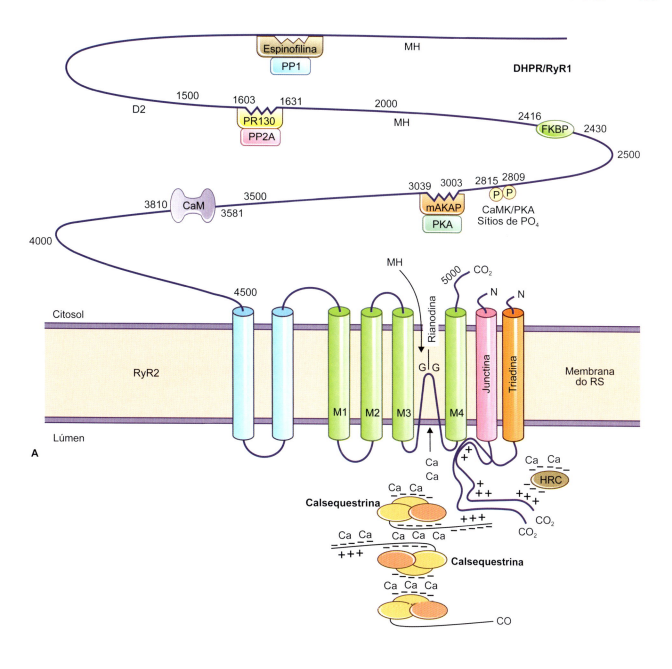

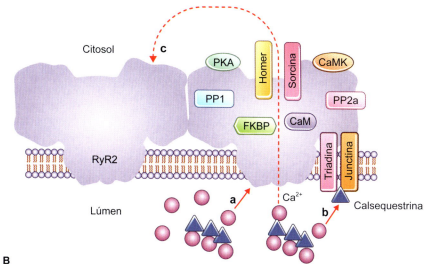

Figura 30.16 • **A.** Sítios de interação para o receptor de rianodina cardíaco (RYR2). *CaM*, calmodulina; *PKA*, proteinoquinase A; *CaMK*, calmodulina-quinase; *FKBP*, proteína de ligação FK506 ou calstabina; *PP1 e PP2A*, isoforma 1 e 2A das fosfatases Sorcina (*soluble resistance-related calcium binding protein*), a qual reduz a atividade do receptor de RyR2. MH indica regiões de analogia com o RyR1 nas quais as mutações genéticas estão associadas a hipertermia maligna. **B.** Regulação do receptor de rianodina (RyR2): do lado *citosólico*, o receptor de rianodina (RyR2) interage com CaM, FKBP, Homer, Sorcina, PKA, CaMKII, PP1 e PP2A. Do lado *luminal*, o Ca^{2+} regula a atividade desse receptor, ligando-se diretamente no canal (*a*). As proteínas triadina e junctina formam o sensor luminal de Ca^{2+} via sua interação com a proteína ligadora de Ca^{2+} a calsequestrina (*b*). O Ca^{2+} luminal também pode regular o receptor de rianodina de maneira indireta, ativando o sítio de ligação citosólico por um mecanismo de retroalimentação (*c*). (**A.** Adaptada de Bers, 2004. **B.** Adaptada de Zima e Mazurek, 2016.)

É interessante descrever que o canal para Ca^{2+} sensível a Ca^{2+} é ativado quando a concentração de Ca^{2+} luminal ($[Ca^{2+}]_{RS}$) é alta (10^{-5} M), e é inibido quando essa concentração se reduz. O mecanismo pelo qual a concentração de Ca^{2+} luminal regula a probabilidade de esse canal encontrar-se no estado aberto não está totalmente claro, mas parece depender de sua ligação com a proteína calsequestrina (proteína do retículo sarcoplasmático ligadora de Ca^{2+}) e/ou com um sensor no lado luminal, a proteína STIM1 (ver Figura 30.16).

Alterações na estabilidade do receptor de rianodina no coração podem ter como consequência o aumento no vazamento de Ca^{2+} do retículo sarcoplasmático, como acontece, por exemplo, na insuficiência cardíaca ou na taquicardia ventricular polimórfica catecolaminérgica. A taquicardia ventricular polimórfica catecolaminérgica é uma doença grave, que leva a taquiarritmias e está associada, principalmente, a mutações congênitas, tanto na isoforma RyR2 do receptor de rianodina quanto na calsequestrina. Manifesta-se com taquicardia, síncope e morte súbita em jovens, podendo ser deflagrada por estresse emocional ou mesmo atividade física. Outra condição clínica grave decorrente de modificação funcional do receptor de rianodina é a hipertermia maligna.

Além dos receptores de rianodina, como descrito anteriormente, o retículo sarcoplasmático também possui canais para Ca^{2+} sensíveis a IP_3, os chamados receptores de IP_3. Os receptores de IP_3 são ativados por IP_3 e inibidos por heparina e cafeína. Apesar de o IP_3 ser um dos principais ativadores da liberação de Ca^{2+} dos estoques intracelulares em células não musculares e no músculo liso vascular, no músculo cardíaco esse não é o principal mecanismo para o disparo do acoplamento excitação-contração. No coração foram descritos, até o momento, três subtipos de receptores para IP_3 (IP3R-1, IP3R-2 e IP3R-3) que estão associados com a regulação da hipertrofia cardíaca em resposta a neuro-hormônios (como a endotelina-1 e angiotensina II). O aumento das concentrações de IP_3 no citosol promove a liberação de Ca^{2+} do retículo sarcoplasmático, através da abertura de canais para Ca^{2+} sensíveis a IP_3, o que pode regular a contração e ativar vias de sinalização intracelulares capazes de modular a expressão gênica, como o fator de transcrição nuclear (NFAT) e de calcineurina (CnA).

Fagulhas (*sparks*) e ondas (*waves*) de cálcio

A liberação sincronizada de Ca^{2+} é fundamental para o funcionamento normal do cardiomiócito; no entanto, algumas vezes, há vazamento de Ca^{2+} pelo retículo sarcoplasmático, o que pode comprometer o processo de acoplamento excitação-contração. O fenômeno conhecido como *fagulha de Ca^{2+}* (*sparks*) refere-se à liberação de Ca^{2+} por um ou poucos canais para Ca^{2+} sensíveis a Ca^{2+} no retículo, no espaço entre a membrana dessa organela e a membrana dos túbulos transversos ou do sarcolema, durante a diástole. Esse pequeno aumento local da concentração de Ca^{2+} nem afeta a $[Ca^{2+}]i$ nem ativa a contração muscular. Recentemente, foi definido um papel fisiológico para esse fenômeno. Como o espaço entre as duas membranas é muito pequeno, a concentração local do Ca^{2+} aumenta para valores que promovem a abertura de canais para K^+ dependentes de Ca^{2+} e, assim, induzem hiperpolarização da membrana plasmática por induzir aumento do efluxo de K^+. Essa ação contribui para manter o potencial de repouso dos cardiomiócitos. Cumpre ressaltar que, quando grande número de canais de Ca^{2+} do retículo sarcoplasmático se ativa, pode ocorrer uma onda de Ca^{2+} (*calcium wave*). Essa onda pode ser deflagrada por somação temporal e espacial das fagulhas de Ca^{2+}, podendo induzir resposta arritmogênica e contribuir para a disfunção mecânica do cardiomiócito.

Assim, pode-se concluir que, interferindo na habilidade de o retículo sarcoplasmático armazenar e liberar Ca^{2+}, é possível modular o processo contrátil: ou agindo nos canais para Ca^{2+} sensíveis a Ca^{2+} (receptor de rianodina), elevando ou diminuindo a capacidade do retículo de liberar o Ca^{2+}; ou na interação SERCA/fosfolambam, aumentando ou reduzindo sua capacidade de receptação de Ca^{2+}.

▶ **Influência do trocador Na^+/Ca^{2+} e da Na^+/K^+-ATPase sobre a contratilidade cardíaca.** Esses dois componentes da membrana plasmática, a bomba de Na^+/K^+ e o trocador Na^+/Ca^{2+}, são proteínas importantes na regulação da atividade mecânica cardíaca.

O trocador Na^+/Ca^{2+} é uma proteína de membrana que realiza um contratransporte de Na^+ e Ca^{2+} com uma estequiometria de $3Na^+:1Ca^{2+}$, isto é, o influxo de 3 íons Na^+ fornece energia para o efluxo de um íon Ca^{2+}. Nas células miocárdicas, em repouso, a troca Na^+/Ca^{2+} pode gerar uma corrente despolarizante. Duas condições podem dificultar, ou mesmo inverter, o sentido dessa troca: a despolarização celular e o aumento da $[Na^+]i$ (ver Figura 30.12, o trocador Na^+/Ca^{2+} localizado no túbulo T). Já foi demonstrado que, durante a despolarização, o potencial de equilíbrio da troca Na^+/Ca^{2+} é ultrapassado e sua atividade inverte-se, ou seja, ocorrerá o efluxo de 3 íons Na^+ e o influxo de 1 íon Ca^{2+}, o que contribui para a elevação das $[Ca^{2+}]i$ no decorrer do potencial de ação, principalmente na fase inicial do platô. Em seguida, com a repolarização, esse mecanismo volta para a atividade basal, reduzindo as $[Ca^{2+}]i$ (ver Figura 30.12, observar o trocador Na^+/Ca^{2+} localizado no sarcolema). Esse é um dos mecanismos importantes para a redução das $[Ca^{2+}]i$ durante os eventos diastólicos. Desse modo, o trocador Na^+/Ca^{2+} pode participar tanto do processo contrátil como do relaxamento cardíaco. Por sua vez, a elevação das $[Na^+]i$ dificulta, rápida e intensamente, a troca Na^+/Ca^{2+} no estado de repouso, basicamente porque o aumento da $[Na^+]i$ reduz o gradiente difusional do Na^+ através da membrana. Além disso, o trocador dispõe de dois sítios intracelulares onde se ligam o Na^+ e o Ca^{2+}. A ligação do Na^+ provoca redução da atividade da troca, enquanto a ligação com o Ca^{2+} a estimula. Desse modo, manobras que promovem elevação das $[Na^+]i$, tais como os glicosídeos cardiotônicos e o aumento de frequência de estimulação, dificultam a extrusão do Ca^{2+} via troca Na^+/Ca^{2+}, elevando a força de contração.

A Na^+/K^+-ATPase é composta de 3 subunidades, α, β e γ. A subunidade α possui atividade ATPásica e, hidrolisando o ATP, obtém energia para o transporte de $3Na^+$ para fora e $2K^+$ para dentro da célula. São conhecidas 4 isoformas da subunidade α: α_1, α_2, α_3 e α_4. No coração já foram detectadas as isoformas α_1, α_2 e α_3. A isoforma α_1 se distribui por toda a extensão da membrana dos miócitos, sendo responsável pela manutenção das concentrações iônicas, necessárias para a atividade elétrica da célula, e da osmolaridade. As isoformas α_2 e α_3 normalmente se localizam em região de contato com o retículo sarcoplasmático, desempenhando função na atividade contrátil da célula. Normalmente sua expressão está, em um microdomínio de membrana, colocalizada com o trocador Na^+/Ca^{2+}. A subunidade β age como uma chaperona, necessária para a inserção da Na^+/K^+-ATPase na membrana e moduladora de sua atividade. Já a subunidade γ é uma proteína da família das fosfoleman (PLM) que também possui atividade moduladora sobre a atividade da Na^+/K^+-ATPase. A fosfoleman desfosforilada inibe a Na^+/K^+-ATPase, enquanto a fosforilada, tanto por PKA quanto PKC, estimula a atividade dessa enzima.

Já foi demonstrado que, no microdomínio celular entre a membrana plasmática e o retículo sarcoplasmático, estão presentes o trocador Na$^+$/Ca^{2+} e a isoforma α_2 da Na$^+$/K$^+$-ATPase, na membrana plasmática, e a SERCA, na membrana do retículo. Esse microdomínio celular foi denominado de *PlasmERsome*. Essa região auxilia no entendimento dos efeitos inotrópicos positivos dos glicosídeos cardiotônicos, como a ouabaína. Ao inibir a atividade da isoforma α_2 da Na$^+$/K$^+$-ATPase, a ouabaína promove aumento local da [Na$^+$]i sem, entretanto, afetar a concentração global desse íon no meio intracelular. Tal aumento inibe, parcialmente, a atividade do trocador Na$^+$/Ca^{2+}, elevando a [Ca^{2+}]i no microdomínio onde se colocaliza com a SERCA. Por sua vez, o Ca^{2+} será recaptado para o retículo e, perante uma despolarização do cardiomiócito, mais Ca^{2+} será liberado através dos canais para Ca^{2+} sensíveis a Ca^{2+} (receptores de rianodina), aumentando a força de contração. Esse mecanismo explica como funciona um efeito amplificador de contrações, sem ocorrer aumento generalizado das [Ca^{2+}]i, mas amplificando o estoque de Ca^{2+} no retículo sarcoplasmático.

Também se pode observar a ação fundamental da Na$^+$/K$^+$-ATPase no controle do inotropismo cardíaco, por meio de manobras que reduzam a [K$^+$]e. Em uma preparação de músculo papilar de cobaia, a redução da [K$^+$]e de 5,4 mM para 1 mM induziu aumento significativo da força de contração (Figura 30.17). Esse efeito é explicado pela inibição da atividade da bomba de Na$^+$/K$^+$. Como a atividade dessa bomba é dependente tanto das [K$^+$]e como das [Na$^+$]i, existindo sítios de ligação para o K$^+$, na face extracelular, e para o Na$^+$, na face intracelular, a redução da [K$^+$]e reduz a atividade da bomba, provocando aumento da [Na$^+$]i com consequente aumento das [Ca^{2+}]i, o que induz aumento da força de contração (efeito inotrópico positivo).

MECANISMOS ENVOLVIDOS NA REGULAÇÃO DA CONTRATILIDADE MIOCÁRDICA

Diferente do que ocorre no músculo esquelético, em que a força de contração é regulada por recrutamento de novas fibras ou mesmo somação das contrações, no músculo cardíaco a somação das contrações não é possível devido à longa duração do potencial de ação, o qual cursa, aproximadamente, com a contração muscular. Assim, no músculo cardíaco existem três maneiras pelas quais a força de contração pode ser modulada: (1) pela alteração da [Ca^{2+}]i, alcançada durante o potencial de ação; (2) pela mudança da sensibilidade dos miofilamentos contráteis ao Ca^{2+}; e (3) pela mudança na força máxima ativada por Ca^{2+} que pode ser alcançada pelos miofilamentos, o que corresponde à variação no número de pontes cruzadas. Esses três mecanismos podem ser ativados ao mesmo tempo ou isoladamente, por meio de estímulos diversos, muito embora nem sempre seja fácil distinguir entre os dois últimos.

Até pouco tempo, a maneira mais conhecida de promover intervenções inotrópicas era utilizar um mecanismo que aumentasse a [Ca^{2+}]i.

De fato, as mudanças na quantidade de Ca^{2+} que se liga às proteínas contráteis têm um papel central na regulação da contratilidade miocárdica. Um aspecto importante a ser esclarecido é por que a elevação da [Ca^{2+}]i, além de determinada concentração, pode trazer prejuízo funcional para a célula e, até mesmo, sua morte. Das consequências do aumento desse íon, pode-se citar a situação de sobrecarga de Ca^{2+} (*Ca^{2+}-overload*), que provoca sobrecarga do retículo sarcoplasmático, causando liberações espontâneas de Ca^{2+} no mioplasma (as ondas de Ca^{2+}) – ver boxe "Fagulhas (*sparks*) e ondas (*waves*) de cálcio" –, colaborando para o surgimento de correntes arritmogênicas.

Em condições fisiológicas, dificilmente a [Ca^{2+}]e altera-se a ponto de provocar modificações importantes na concentração de [Ca^{2+}]i. No entanto, a [Ca^{2+}]i pode se elevar no decorrer da ativação simpática, via ativação do receptor β_1-adrenérgico, como durante uma reação de luta ou fuga, ou em condições patológicas, como durante hipoxia (queda da PO$_2$) ou isquemia do músculo cardíaco (desbalanço entre a oferta e consumo de nutrientes e O$_2$ para o miocárdio). Se, por um lado, o aumento da [Ca^{2+}]i promove efeito inotrópico positivo (aumento da força de contração), por outro também é responsável pela elevação do consumo metabólico. A produção de mais força por meio do aumento da [Ca^{2+}]i eleva o consumo energético do miocárdio, basicamente, por duas razões: (1) por aumento da atividade ATPase miosínica; e (2) porque a energia requerida

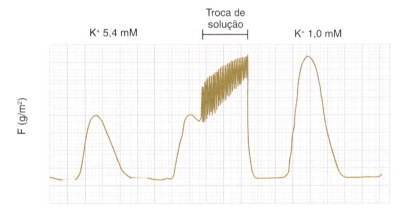

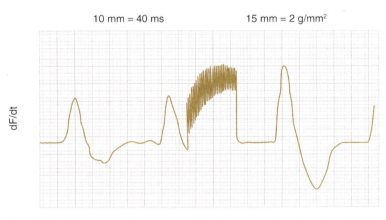

Figura 30.17 • Efeitos da redução da concentração de K$^+$ extracelular sobre a força de contração (F) e sua primeira derivada temporal (dF/dt). Observe que a diminuição da concentração de K$^+$ extracelular de 5,4 para 1,0 mM provoca aumento tanto da força de contração quanto da sua primeira derivada temporal positiva e negativa. Esse efeito pode ser explicado em decorrência da redução da atividade da Na$^+$/K$^+$-ATPase e do trocador Na$^+$/Ca^{2+}; consequentemente, elevam-se as concentrações de Na$^+$ e de Ca^{2+} intracelular, assim como a força desenvolvida. Experimentos realizados em músculo papilar isolado de rato em sistema de contração isométrica.

para reciclar o $Ca^{2+}i$ é maior (transporte ativo das bombas de Ca^{2+} do retículo sarcoplasmático e da membrana plasmática). Desse modo, considerando-se a energia metabólica consumida para dada contração, é mais vantajoso para a célula muscular cardíaca aliar maior produção de força a menores modificações na concentração livre de Ca^{2+} citoplasmático. Esse mecanismo pode ser possível por intermédio da alteração da *responsividade miofibrilar ao Ca^{2+}*. Pode-se depreender desse fato que, desde que mais força seja produzida na presença de um transiente de Ca^{2+} constante, os problemas de sobrecarga de Ca^{2+} citoplasmático poderiam ser minimizados, e um menor requerimento energético passaria a ser exigido pelo miócito. De fato, existem evidências de que algumas intervenções inotrópicas são capazes de melhorar a eficiência da maquinaria contrátil, de forma que o aumento de força de contração não requer necessariamente maior consumo relativo de energia, havendo então melhor eficiência energética para a célula. Entretanto, uma possível desvantagem dos agentes que aumentam a sensibilidade do sistema contrátil ao Ca^{2+} é o aumento da tensão passiva ou de repouso (tensão diastólica) e o retardo no processo de relaxamento, o que, isoladamente, poderia prejudicar o enchimento ventricular e, assim, o débito cardíaco.

Tentativas no sentido de minimizar esses problemas poderiam advir da combinação de agentes inotrópicos com mais de um mecanismo de ação. Como exemplo, pode ser citado o que ocorre com alguns compostos que, muito embora elevem a sensibilidade da maquinaria contrátil ao Ca^{2+} e, com isso, dificultem o relaxamento muscular, também inibem a fosfodiesterase (PDE, uma enzima que hidrolisa o cAMP), consequentemente aumentando o cAMP e a ativação da PKA. Essa via é capaz de desencadear mecanismos que culminam na redução da afinidade da maquinaria contrátil ao Ca^{2+}, fosforilando a TnI, e aceleram o processo de relaxamento muscular, por ativar a SERCA (aumentando a recepção de Ca^{2+} para o retículo sarcoplasmático). Os dois efeitos sobre o relaxamento potencializariam o relaxamento do músculo cardíaco (efeito lusitrópico positivo), enquanto, ao mesmo tempo, o aumento da biodisponibilidade do cAMP elevaria a condutância dos canais para Ca^{2+} dependentes de voltagem na membrana plasmática, aumentando a força de contração para dada concentração de Ca^{2+} citoplasmático (Figura 30.18).

ASPECTOS MOLECULARES DA MODULAÇÃO DA SENSIBILIDADE DOS MIOFILAMENTOS AO Ca^{2+}

A modulação da sensibilidade dos miofilamentos ao Ca^{2+} pode ocorrer de duas maneiras: (1) no filamento fino, pela modificação na afinidade da TnC; e (2) no filamento grosso, pela fosforilação da cadeia leve fosforilável da miosina (MPLC) ou da isoenzima da miosina (Figura 30.19).

Os filamentos finos estão envolvidos ativamente no controle, batimento a batimento, da função cardíaca por meio de mecanismos regulatórios neurais, hormonais e locais como o mecanismo de Frank-Starling. As proteínas com afinidade ao Ca^{2+}, como a calmodulina e a TnC, dispõem em comum de regiões para ligação ao Ca^{2+}, com afinidades variadas. A TnC cardíaca tem quatro dessas regiões. As regiões 1 e 2 (região N-terminal) são específicas para Ca^{2+}, enquanto as regiões 3 e 4 (C-terminal), em condições fisiológicas, ligam-se tanto ao Ca^{2+} quanto ao Mg^{2+}. A região 1 comumente não se liga ao Ca^{2+}; no entanto, parece que a atividade dessa região modifica as propriedades de ligação da TnC ao Ca^{2+}, presumivelmente via região 2. Isso é possível, já que as regiões 1 e 2 são de baixa afinidade, sendo a 2 ocupada apenas acima de determinada $[Ca^{2+}]i$. Para que se possa ter uma noção de como a sensibilidade do sistema contrátil ao Ca^{2+} pode ser alterada em condições fisiológicas, pode-se, por exemplo, citar o mecanismo de Frank-Starling como uma condição que aumenta a sensibilidade da maquinaria contrátil ao Ca^{2+}; adicionalmente, outras situações diminuem a sensibilidade, tais como: acidose, aumento do fosfato inorgânico intracelular, hipoxia, anoxia, elevação da atividade de quinases (PKC e PKA). Esses exemplos são úteis para demonstrar a ampla capacidade de determinadas intervenções, fisiológicas e patológicas, modularem a responsividade do sistema contrátil ao Ca^{2+}. Muito embora o Ca^{2+} seja o elo essencial no mecanismo de acoplamento excitação-contração, outros fatores, como sua ligação na TnC e a subsequente alteração conformacional nas miofibrilas, são essenciais para a produção de força. As mudanças na sensibilidade ao Ca^{2+} estão baseadas nas curvas obtidas mediante a variação da $[Ca^{2+}]e$ a geração da força de contração (ver Figura 30.19). Sendo assim, as intervenções que resultem em

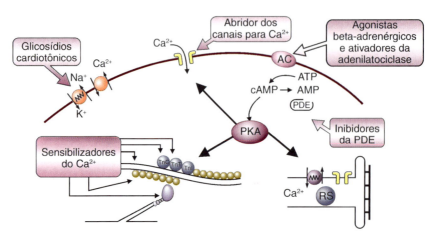

Figura 30.18 ▪ Esquema representativo dos mecanismos de ação de agentes inotrópicos que atuam no músculo cardíaco aumentando a força de contração. *RS*, retículo sarcoplasmático; *PKA*, proteinoquinase A; *AC*, adenilatociclase; *PDE*, fosfodiesterase. Os glicosídios cardiotônicos inibem a bomba de Na^+/K^+, induzindo a redução da troca Na^+/Ca^{2+}, o que eleva a $[Ca^{2+}]i$. Os abridores dos canais para Ca^{2+} aumentam a condutância ao cálcio. Os inibidores da PDE, os agonistas β-adrenérgicos e os ativadores da AC aumentam as concentrações de cAMP, que, entre outros efeitos, é capaz de elevar a $[Ca^{2+}]i$. (Adaptada de Lee e Allen, 1993.)

Contratilidade Miocárdica

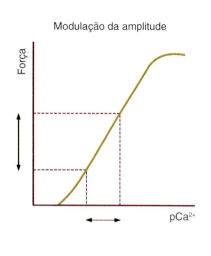
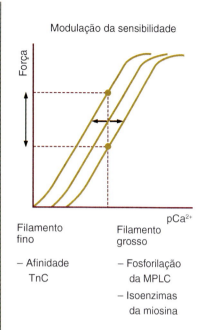

Figura 30.19 ▪ Modulação da amplitude da força de contração por variação da concentração de cálcio e da sensibilidade dos miofilamentos. O aumento da amplitude de força (*gráfico à esquerda*) decorre do aumento da [Ca^{2+}]i. Existe variação da sensibilidade (*gráfico à direita*) quando há deslocamento da curva de sensibilidade. Neste caso, a força é maior para a mesma [Ca^{2+}]i. O deslocamento para a esquerda significa aumento da sensibilidade ao cálcio e, para a direita, redução. Nestes gráficos, a pCa é calculada por: pCa^{2+} = –log [Ca^{2+}]i. (Adaptada de Lee e Allen, 1993.)

deslocamento dessa relação são referidas como mudanças na sensibilidade ao Ca^{2+}. Assim, é possível observar que:

- Aumentos na sensibilidade ao Ca^{2+} provocam maior força para dada [Ca^{2+}]i; consequentemente, o relaxamento fica prejudicado, pois para as menores [Ca^{2+}] a ligação à TnC é maior
- Reduções na sensibilidade ao Ca^{2+} diminuem a força para determinada [Ca^{2+}]i; ao mesmo tempo, aceleram a velocidade de relaxamento, justamente pelo mecanismo oposto, ou seja, para dada [Ca^{2+}] a ligação à TnC é menor.

A alteração na ocupação da TnC pelo Ca^{2+} parece ser o mecanismo mais conhecido, mas não o único, para alterar a sensibilidade a esse íon. Outra maneira pela qual a geração de força pode ser alterada é por intermédio da mudança na força máxima ativada pelo Ca^{2+}, que envolve os miofilamentos grossos. Tal efeito poderia ocorrer via mudança no número de pontes cruzadas, no número de pontes cruzadas ativadas ou mesmo por meio da força produzida por cada ponte (Figura 30.20).

Na prática, é difícil distinguir entre mudanças na sensibilidade e na força máxima ativada pelo Ca^{2+}, a menos que se usem concentrações saturantes de Ca^{2+}. O melhor termo a ser utilizado nessas circunstâncias seria, então, *responsividade miofibrilar ao Ca^{2+}*, o que englobaria os dois termos.

INTERVENÇÕES QUE AFETAM A RESPONSIVIDADE MIOFIBRILAR AO Ca^{2+}

Os principais agentes que afetam a responsividade miofibrilar ao Ca^{2+} são: (1) estimulação dos receptores α e β-adrenérgicos; (2) fosforilação da cadeia leve da miosina e mudança na isoenzima da miosina; (3) fosfato inorgânico (Pi); (4) pH intracelular; (5) hipoxia e isquemia; (6) sensibilizadores naturais e sintéticos; e (7) estiramento (mecanismo de Frank-Starling).

Alguns agentes farmacológicos aumentam tanto a sensibilidade quanto a força máxima, como, por exemplo, a molécula de pimobendana, enquanto outros causam elevação na sensibilidade e queda na força máxima, como a molécula de cafeína. Essas observações suportam a hipótese de que a sensibilidade e a força máxima ao Ca^{2+} podem ser consideradas mecanismos independentes, os quais podem ser manipulados em separado para regular a força de contração.

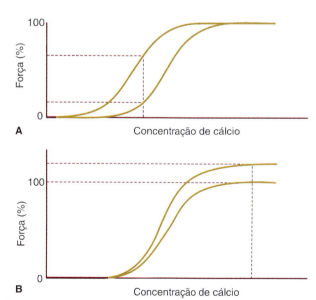

Figura 30.20 ▪ Esquemas representativos dos efeitos da (**A**) mudança na sensibilidade ao Ca^{2+} (p. ex., por alteração da afinidade da TnC ao Ca^{2+} extracelular) e (**B**) mudança na força máxima ativada por Ca^{2+} (p. ex., devido à mudança no comprimento do sarcômero, o qual altera o número de pontes cruzadas). (Adaptada de Lee e Allen, 1993.)

▸ Estimulação dos receptores adrenérgicos

O efeito inotrópico positivo mediado pela ativação simpática depende do aumento da [Ca^{2+}]i e também de sua ação sobre os miofilamentos finos. Como já descrito neste capítulo, alguns agentes inotrópicos, como os agonistas β-adrenérgicos, as catecolaminas, ativam a adenilatociclase, aumentando a produção do segundo mensageiro cAMP, que ativa PKA, causando fosforilação da TnI (ver Figura 30.14). Esse mecanismo envolve interações alostéricas entre as proteínas do filamento fino, culminando na redução da afinidade da TnC pelo Ca^{2+}. A TnI dispõe de seis regiões funcionalmente distintas. Uma delas contém o local de fosforilação dependente da PKA, nas posições Ser-23 e Ser-24.

Esse mecanismo, aparentemente contraditório, tem importante significado funcional. Considerando a ação da ativação simpática sobre o coração como uma bomba, fica fácil entender a importância fisiológica desse mecanismo. Deve ser lembrado que os agonistas de receptores β-adrenérgicos são capazes de promover efeito inotrópico positivo por meio do aumento do influxo de Ca^{2+}, o que acontece devido à fosforilação de canais para cálcio dependentes de voltagem localizados na membrana plasmática, associada ao aumento da liberação de Ca^{2+} do retículo, devido ao aumento da ativação dos canais para Ca^{2+} sensíveis a Ca^{2+} (receptores de rianodina). Associado a esse fato, também ocorre aumento da frequência cardíaca, efeito cronotrópico positivo, via regulação das células do nodo sinusal (ver Capítulo 28, *Eletrofisiologia do Coração*). Isso significa que mais Ca^{2+} entrará na célula durante o processo de acoplamento excitação-contração, porém mais Ca^{2+} terá que ser expulso em um menor período de tempo. A redução das [Ca^{2+}]i é favorecida, em parte, pela ativação da recaptação de Ca^{2+} pelo retículo sarcoplasmático, induzido pela fosforilação do fosfolambam e ativação da SERCA. Concomitantemente, a fosforilação da TnI reduz a afinidade das proteínas contráteis ao Ca^{2+}. Esses mecanismos auxiliam o relaxamento do músculo cardíaco. Como já descrito, o aumento do cAMP, mediado pela ativação β-adrenérgica, tem uma série de efeitos sobre o coração. Alguns desses efeitos levam ao aumento da força de contração (*efeito inotrópico positivo*), aceleram o relaxamento muscular (*efeito lusitrópico positivo*), aumentam a velocidade de condução do estímulo elétrico (*efeito dromotrópico positivo*) e elevam a frequência cardíaca (*efeito cronotrópico positivo*).

Apesar de não ser o principal receptor adrenérgico envolvido no efeito inotrópico positivo, os agonistas α-adrenérgicos, como, por exemplo, a *fenilefrina*, além de aumentarem a [Ca^{2+}]i, via ação do IP_3, também aumentam a afinidade do sistema contrátil ao Ca^{2+}.

▸ Fosforilação da cadeia leve da miosina e expressão da isoenzima

Os detalhes precisos dos mecanismos envolvidos nessa intervenção, assim como seu papel fisiológico para o músculo cardíaco, não estão totalmente elucidados. Entretanto, alguns aspectos moleculares a respeito da constituição da miosina são esclarecidos e já foram abordados neste capítulo. Relembre que a região pesada da molécula de miosina consiste em duas cadeias pesadas (MHC) e dois pares de cadeias leves (MLC). Nos ventrículos e átrios humanos, são encontradas duas variedades de MHC: α-MHC e β-MHC. Já as cadeias leves foram designadas como: álcali LC (LC-1) e regulatória LC (LC-2). Elas podem ser reversivelmente fosforiladas, sendo assim designadas MPLC (cadeia leve fosforilável da miosina). A existência de duas isoformas da MPLC no ventrículo humano sugere a possibilidade de ocorrerem três diferentes isoenzimas da miosina: LC-2/LC-2, LC-2/LC-2* e LC-2*/LC-2*.

LC-1 foi inicialmente denominada LC essencial. Atualmente, sabe-se que ela não é essencial para a atividade ATPase miosínica, podendo ser removida por tratamento alcalino sem qualquer alteração da função dessa enzima, daí o nome álcali LC. A função das outras três isoenzimas da cadeia leve da miosina continua obscura. A fosforilação da MPLC do músculo cardíaco aumenta a força de contração, mas não a velocidade de encurtamento. Em preparações *in vivo*, a fosforilação da MPLC não é alterada por catecolaminas, tampouco durante a sístole ou mesmo na diástole.

▸ Fosfato inorgânico (Pi)

Sob condições basais, o Pi é mantido em concentrações baixas (alguns milimoles/litro), apesar de o Pi estar sendo continuamente produzido pela hidrólise do ATP pelas ATPases celulares. Esse controle se deve ao fato de o Pi ser um dos maiores reguladores da produção de ATP mitocondrial por fosforilação oxidativa, de modo que, se o Pi aumenta (p. ex., durante o aumento do trabalho cardíaco), a produção de ATP a partir de ADP e Pi se acelera.

Normalmente, os sistemas reguladores internos mantêm certa constância nesses níveis; por exemplo, quando o trabalho cardíaco dobra, o Pi se eleva de cerca de 2 mM para 5 mM. Contudo, a eficiência do sistema circulatório torna-se falha durante a isquemia miocárdica, quando a fosforilação oxidativa é severamente inibida pela hipoxia tecidual. No início da hipoxia, a demanda de ATP é mantida pela reação da creatinoquinase, a qual usa a fosfocreatina para refosforilar o ADP para ATP, liberando Pi (de 2 para 20 mM). Esse aumento do Pi tem significante ação detrimental na produção de força miofibrilar. A hipótese proposta para explicar esse mecanismo é que, durante a formação das pontes cruzadas e geração de força muscular, a cabeça da miosina se liga ao monômero de actina, havendo liberação de Pi. A presença de mais Pi deslocaria o equilíbrio da reação para a esquerda, ou seja, no sentido contrário ao da produção de força (ver Figura 30.8). O resultado disso seria a redução do número de pontes cruzadas passíveis de gerar força muscular. Os efeitos da adição de Pi na produção de força são bastante similares àqueles observados durante a acidose.

▸ Mudança no pH intracelular

Normalmente, o transporte transmembranal de H^+ (trocador Na^+/H^+) regula o pH intracelular (pHi), de modo a mantê-lo próximo de 7; contudo, o pHi pode variar em certas condições designadas de acidose. A causa da acidose pode ser fisiológica (como ocorre no aumento da frequência cardíaca), farmacológica (pelo uso dos glicosídios cardiotônicos) ou mesmo patológica (tal como a acidose do infarto do miocárdio, quando o pHi pode cair até 6,2 devido à acidose láctica). Essas variações podem afetar muitos sistemas celulares, incluindo as bombas e os canais iônicos da membrana.

Parece que, durante a acidose, não apenas o número de pontes cruzadas está reduzido, como também existe diminuição na força média produzida pelas pontes que estão ligadas. Ou seja, a acidose reduz a eficiência da contração muscular em termos de força produzida por molécula de ATP consumida.

Apesar dessas evidências, o mecanismo exato pelo qual a acidose altera a resposta dos miofilamentos ao Ca^{2+} não está totalmente elucidado. Não parece que o simples fato de o íon H^+ competir com o Ca^{2+} pelo mesmo sítio na TnC seja a única resposta, de modo que outros mecanismos já estão sendo investigados.

▶ Efeitos da hipoxia e da isquemia

Embora as variações da $[Ca^{2+}]i$ e de força, em função de modificações do estado hipóxico, tragam resultados controversos, o efeito final, aparentemente, deve-se ao aumento da $[Ca^{2+}]i$ subsequente à acidose. Na tentativa de explicar os efeitos da acidose, decorrentes da hipoxia ou isquemia sobre a contração, é aceita a existência de duas etapas temporalmente distintas:

- Durante a primeira exposição à anoxia, a quebra dos estoques de glicogênio elevaria a produção de ácido láctico, e a acidose resultante aumentaria a $[Ca^{2+}]i$
- Nas exposições repetidas, os estoques de glicogênio diminuiriam, reduzindo também o ácido láctico, caindo a acidose e a $[Ca^{2+}]$. Além disso, a depleção do glicogênio reduz a duração do potencial de ação, e isso também diminui a $[Ca^{2+}]i$.

De tais efeitos, espera-se que haja alteração nas concentrações de Pi, fosfocreatina, ATP e ADP. As mudanças na concentração de qualquer desses metabólitos podem alterar a sensibilidade das proteínas contráteis ao Ca^{2+} e contribuir para os efeitos da acidose no desenvolvimento de força. Vale relembrar, como citado no item anterior, que a afinidade da TnC ao Ca^{2+} está diminuída na acidose.

▶ Sensibilizadores naturais e sintéticos

Considerando que a cafeína é um agente sensibilizador dos miofilamentos ao Ca^{2+}, foi sugerido que ela poderia mimetizar a ação de substâncias endógenas. Surgiram como candidatos os compostos que continham o grupo imidazol. Os dipeptídios da histidina, exemplificados pela carnosina, satisfazem essa exigência.

Compostos que aumentam a sensibilidade do sistema contrátil ao Ca^{2+} geralmente dispõem também de outras ações. O sulmazol, por exemplo, afeta tanto a $[Ca^{2+}]i$ quanto a responsividade dos miofilamentos a esse íon. Os inibidores da fosfodiesterase (PDE) também têm ação sobre a sensibilidade ao Ca^{2+}. A pimobendana, inibidora da PDE, aumenta a sensibilidade ao Ca^{2+} e prolonga a duração do potencial de ação, o que eleva o $[Ca^{2+}]_i$.

▶ Mecanismo de Frank-Starling

O coração desenvolve a função de uma bomba ejetora com capacidade de regular o seu débito cardíaco (o fluxo de sangue gerado pelo coração), de acordo com as exigências do organismo. Para tanto, necessita ser capaz de alterar seu estado contrátil dentro de uma larga escala. O débito cardíaco, que matematicamente é o produto da frequência cardíaca (minutos) pelo débito sistólico (volume sistólico, mℓ), pode ser regulado por mecanismos denominados intrínsecos e extrínsecos. Os intrínsecos, que determinam o desempenho do coração isolado, podem envolver a autorregulação heterométrica e homeométrica.

No coração, a autorregulação heterométrica é mais comumente conhecida como *Mecanismo de Frank-Starling*. O mecanismo de Frank-Starling se baseia na propriedade fundamental do músculo de variar sua capacidade de encurtar e desenvolver tensão em função de seu comprimento de repouso. Assim, o débito sistólico está relacionado com o volume diastólico final (volume existente nos ventrículos ao final da fase de enchimento ventricular), posto que o desenvolvimento da pressão sistólica ventricular se correlaciona com o comprimento das fibras musculares em repouso. Basicamente, esse conceito estabelece que, em condições fisiológicas (considerado o fato de que a circulação é um circuito fechado), o fluxo sanguíneo que entra para a cavidade ventricular (retorno venoso) será ejetado (bombeado), garantindo, batimento a batimento, que o retorno venoso seja igual ao débito cardíaco. Uma vez que o mecanismo básico implica mudança do comprimento de repouso das fibras cardíacas, ele é também designado autorregulação heterométrica.

O mecanismo de Frank-Starling pode então ser considerado como uma resposta adaptativa funcional a curto prazo, no qual o estiramento causado pelo aumento do retorno venoso eleva a contratilidade miocárdica para atender à demanda de ejeção de sangue batimento a batimento. Assim, uma questão que ainda não foi completamente elucidada sobre o mecanismo de Frank-Starling é como o estiramento do sarcômero aumenta a sensibilidade da maquinaria contrátil ao Ca^{2+}. Uma das hipóteses que tem muita aceitação é a de que o maior enchimento da cavidade ventricular induz estiramento do miócito, o que reduz a distância entre os miofilamentos, aumentando assim a formação de pontes actinomiosínicas sem haver necessariamente elevação da concentração de Ca^{2+} citoplasmático. Essa teoria é conhecida como *Efeito Lattice* e parece depender grandemente da titina. Como descrito anteriormente neste capítulo, essa proteína gigante possui propriedade elástica e, normalmente, está relacionada com a geração de força passiva no sarcômero (Figura 30.21).

O aumento da produção de força pelo estiramento resulta de dois efeitos, referidos como fatores físicos e efeitos da ativação.

▶ **Fatores físicos.** Resultam do fato de que o comprimento muscular governa o formato das fibras e a disposição das estruturas internas, notadamente o sistema de filamentos deslizantes. A redução da força contrátil, em pequenos comprimentos de sarcômero, parece ser decorrente das interações inadequadas entre os miofilamentos (dupla superposição ou compressão dos filamentos de actina); adicionalmente, parece também ser decorrente do surgimento de forças internas despertadas pelos conflitos entre os filamentos finos no centro do sarcômero, que se opõem à força que se estabelece no sentido da contração, constituindo-se no fator preponderante na redução da tensão ativa. Outro fato importante que ocorre durante o estiramento do músculo é a compressão lateral dos filamentos transversos, o que aumenta a interação actina-miosina.

▶ **Efeitos da ativação.** Os efeitos da ativação resultam do fato de que o grau de ativação do sistema contrátil depende do comprimento muscular em repouso. As evidências demonstradas até aqui sugerem então que os fatores que determinam a ativação, e desse modo a força de contração, podem ocorrer de duas maneiras principais. Sendo assim, são relacionados em duas categorias: (1) aqueles que modulam o aumento transiente da $[Ca^{2+}]i$ que ocorre subsequente à excitação (liberação de Ca^{2+} no mioplasma, dependente do estiramento); e (2) aqueles que modulam o grau de interação

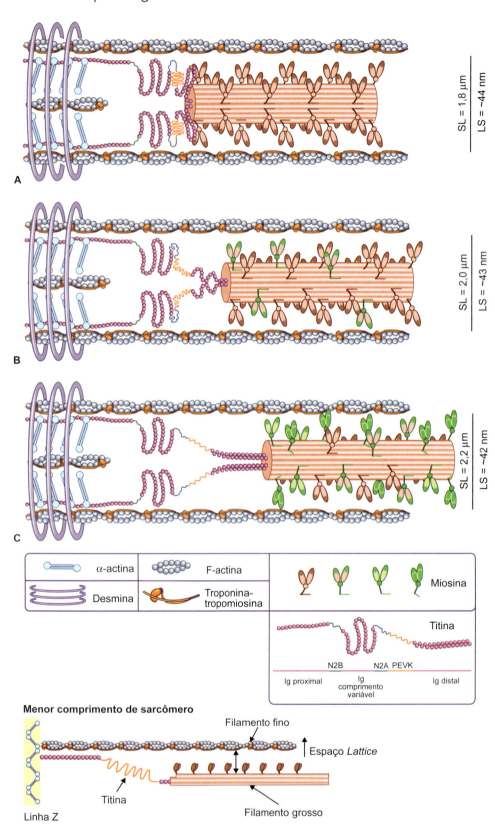

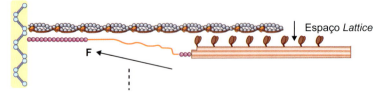

Figura 30.21 • Esquema ilustrativo demonstrando o papel da titina na modulação do espaço *Lattice* entre os filamentos grossos e finos. Em maiores comprimentos de sarcômero, ocorre redução da distância entre os filamentos grossos e finos, aumentando a probabilidade de formação de pontes actina-miosina para dada concentração de cálcio intracelular. Essa teoria é conhecida como *Efeito Lattice* e parece depender da titina. (Adaptada de Kobirumaki-Shimozawa F *et al.*, 2014.)

dos miofilamentos com o Ca^{2+}, resultando em alteração da produção de força para uma dada $[Ca^{2+}]$ (mudanças na sensibilidade dos miofilamentos).

Quanto à liberação citoplasmática de Ca^{2+} dependente do estiramento, uma proposta existente é a de que, com o estiramento, poderia ocorrer variação na magnitude do transiente rápido de Ca^{2+}, iniciando a contração muscular. Até o presente, existem poucas evidências de que a liberação de Ca^{2+}, dependente do estiramento, contribua para as alterações imediatas na contração. Considerando que o comprimento muscular afeta o mecanismo liberador de Ca^{2+}, é importante enfatizar que variações na geometria das organelas, tanto quanto na dos miofilamentos, podem acontecer durante o estiramento muscular. Desse modo, um possível mecanismo que explicaria as alterações dependentes de estiramento poderia ser devido ao efeito do estiramento nas propriedades físicas das estruturas da membrana sarcolemal. A presença de túbulos T (dobras) e de invaginações vesiculares (cavéolas), presentes no sarcolema, tem papel de ampliar a área de superfície de membrana na célula cardíaca. A deformação dessas estruturas foi obtida com o aumento do comprimento muscular, o que poderia levar a alterações no estado funcional de canais, bombas, trocadores e receptores contidos nas cavéolas, ativando mecanismos que poderiam mediar o efeito do estiramento sobre o fluxo iônico transarcolemal.

Quanto às mudanças na sensibilidade dos miofilamentos ao Ca^{2+}, indo de encontro ao que acabou de ser descrito a respeito das variações do gradiente de Ca^{2+} em função do estiramento, há evidências de que a redução da ativação das miofibrilas pelo Ca^{2+}, decorrente da diminuição do comprimento do sarcômero em repouso, deve-se à concomitante redução na sensibilidade das miofibrilas para esse íon. Tal fenômeno representa uma propriedade intrínseca da miofibrila cardíaca e é extremamente importante na relação comprimento-tensão do sarcômero. Deve ocorrer mudança no desenvolvimento de força em função da alteração dependente do estiramento, originada nas miofibrilas, para dada $[Ca^{2+}]$.

As evidências para a sensibilização dos miofilamentos ao Ca^{2+} na dependência do comprimento do sarcômero são mostradas em experimentos de músculo sem membrana plasmática (*skinned fiber*). Nestes, foram determinadas a relação entre a tensão isométrica e a $[Ca^{2+}]i$, em diferentes comprimentos de sarcômeros. Parece que a região-alvo para a sensibilização seja a TnC, considerada o transdutor dos miofilamentos que ajusta a sensibilidade ao Ca^{2+} em função do estiramento. A afinidade ao Ca^{2+} de cada molécula de TnC varia de acordo com sua localização no filamento fino. A afinidade aumenta progressivamente, no sentido do centro do sarcômero, sugerindo que a polaridade do filamento fino possa ser a base molecular para a transdução do comprimento no mecanismo de Frank-Starling. Tanto em preparações isoladas de músculo esquelético quanto de músculo cardíaco, a ativação dependente do estiramento pode ser demonstrada comparando-se curvas estiramento-tensão, normalizadas em relação ao desenvolvimento máximo de tensão. Caso a produção de tensão seja função apenas da superposição de miofilamentos (não ocorrendo mudanças no estado inotrópico), as curvas de função ventricular no coração isolado (obtidas sob diferentes intervenções inotrópicas) deveriam ser superponíveis quando normalizadas. Se essas curvas não se sobrepõem, pode-se concluir que a mudança no comprimento muscular afeta o estado inotrópico (Figura 30.22).

MÉTODOS DE ESTUDO DA CONTRAÇÃO

Para melhor entendimento dos métodos utilizados na análise da contração do músculo estriado, faz-se necessário considerar o músculo sob a forma de modelos musculares. Dois análogos mecânicos são comumente utilizados, os *modelos de Voight e de Maxwell*.

Entretanto, para os conceitos que se pretende abordar, será utilizado um modelo mais simplificado, o *modelo de Hill* (Figura 30.23). O músculo estriado, quando em repouso, comporta-se como uma estrutura viscoelástica, a qual está representada simplesmente como uma mola. Quando em atividade, seus sarcômeros são capazes de desenvolver tensão e gerar trabalho, o que está representado pelo componente contrátil (CC). O presente modelo dispõe de um componente contrátil ligado a um componente elástico em série (CES). A partir desse modelo, pode-se analisar melhor os métodos mais comuns de estudo da atividade mecânica, as contrações isométrica e isotônica.

▶ Contração isométrica

Esse tipo de contração se realiza quando uma preparação de músculo tem suas extremidades fixas e ao ser estimulado contrai-se, gerando força. Porém, o músculo não se encurta, daí o nome: iso = mesmo, métrico = comprimento. Nesse caso, de acordo com o modelo, os sarcômeros que compõem o componente contrátil encurtam-se estirando o componente elástico em série (ver Figura 30.23), sem haver encurtamento externo. Observa-se, assim, que nessa contração somente é registrada a força desenvolvida pelo músculo, posto que o encurtamento externo é nulo. Pode-se acrescentar que a força registrada se deriva da ação conjunta dos dois componentes,

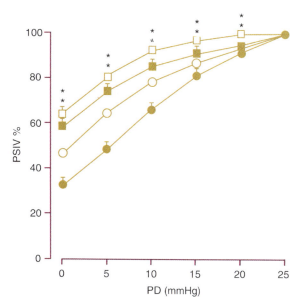

Figura 30.22 • Curvas estiramento-tensão, obtidas de ventrículo esquerdo isolado de rato, em diferentes concentrações de Ca^{2+} extracelular. Estão projetados os valores relativos de pressão sistólica isovolumétrica (PSIV, nas ordenadas) em função da variação de pressão diastólica (PD, nas abscissas). Os resultados foram normalizados para a PSIV máxima e PD desenvolvida em 25 mmHg, em concentrações extracelulares crescentes de Ca^{2+}: (●) 0,5; (○) 1,25; (■) 2,5; e (□) 3,75 mM. Os dados representam a média ± EPM. (**) Valores estatisticamente significativos (P > 0,01) comparados ao seu respectivo controle (Ca^{2+} 0,5 mM).

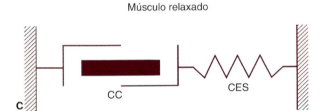

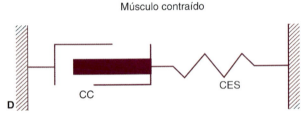

Figura 30.23 ▪ Esquema simplificado de uma contração isométrica, indicando as alterações dos componentes do modelo simplificado. **A.** Diagrama da preparação do músculo papilar isolado. *T*, transdutor mecanoelétrico; *V*, haste para fixação de uma das extremidades do músculo; *M*, músculo papilar; *P*, leito de parafina onde o músculo é fixado. **B.** Diagrama mostrando um potencial de ação (PA) que dispara uma contração isométrica (CI). **C.** Músculo na situação de repouso (relaxado). *CES*, componente elástico em série; *CC*, componente contrátil (sarcômero). **D.** Músculo contraído. Observe em **C** e **D** que o comprimento total do músculo não se altera com a contração, mas internamente o CES foi estirado devido ao encurtamento do CC.

o que nos impossibilita analisar, em separado, a atividade do componente contrátil. Entretanto, uma série de informações pode ser obtida desses registros isométricos, referentes às variações de amplitude da contração e de seus parâmetros temporais. A amplitude da contração traduz a quantidade de força desenvolvida pelo músculo. Esses parâmetros fornecem dados indiretos sobre a cinética de ativação e relaxamento do músculo, quais sejam:

- *Tempo de ativação*, medido do início da contração até o seu pico máximo, reflete a cinética dos processos envolvidos na ativação da contração (processos que aumentam o Ca^{2+} mioplasmático)
- *Tempo de relaxamento*, medido do pico da contração até o seu término, reflete a cinética dos processos envolvidos no relaxamento (processos que diminuem o Ca^{2+} mioplasmático). Com essas medidas, podemos interpretar os efeitos de intervenções que alteram a atividade mecânica muscular.

▶ Contração isotônica

Como o próprio nome indica, é uma contração que o músculo faz contra uma carga constante. Nesse caso, no momento em que a força gerada pelo componente contrátil (armazenada no componente elástico em série) torna-se igual à carga, o músculo encurta-se, movimentando a carga. Como representado na Figura 30.24, pode-se observar que, nessa condição, a mola (componente elástico em série) permanece com um estiramento constante e que o encurtamento é, agora, uma atividade exclusiva do componente contrátil. Assim, o encurtamento permite a avaliação isolada das propriedades do componente contrátil. Para o registro do encurtamento durante a contração muscular, uma das extremidades do músculo é fixada, enquanto a outra é ligada a uma alavanca. Nessa preparação, o comprimento diastólico do músculo é obtido pela variação da posição da alavanca com uma pré-carga. Impedindo-se, a partir daí, a variação da posição da alavanca, pode-se adicionar nova carga (pós-carga), que só será sentida pelo músculo durante a contração. Dessa maneira, o músculo inicia sua contração com um estiramento determinado pela pré-carga e só a partir desse momento exerce tensão sobre a pós-carga. Durante a contração, ele exerce tensão sobre a pré e a pós-carga, ou seja, sobre a carga total. Enquanto a tensão exercida pelo músculo é menor que a carga total, este se contrai isometricamente, encurtando-se (contração isotônica) quando a tensão é suficiente para deslocar a carga total. Nesse caso, a contração processa-se com tensão constante, igual àquela gerada pela carga total.

Uma das características importantes, obtida a partir das contrações isotônicas, é aquela que mostra que o encurtamento diminui com o aumento da carga suportada pelo músculo. Também se observa que a velocidade máxima de encurtamento se reduz com o aumento de carga. Essa velocidade é medida pela inclinação máxima da curva de encurtamento, já que essa inclinação corresponde a uma relação L/t (espaço/tempo). Plotando-se velocidade nas ordenadas contra carga nas abscissas, são construídas as curvas de velocidade-carga, que nos permitem avaliar as características do componente contrátil isoladamente. Na Figura 30.24 B, em que estão apresentadas três curvas de carga-velocidade, pode-se verificar que a curva B mostra um músculo capaz de mover uma carga com maior velocidade que o da curva A. Isso quer dizer que a "qualidade" do músculo avaliado na curva B é melhor que a do músculo avaliado na curva A. Tal condição é obtida sempre que o estado inotrópico do miocárdio melhora, podendo ser proporcionada por catecolaminas, aumento da $[Ca^{2+}]e$, elevação da frequência de estimulação e treinamento muscular. No último caso, a melhora do estado inotrópico é acompanhada de maior velocidade de hidrólise de ATP, pela atividade da ATPase miosínica. Considerando a curva C, observa-se uma situação oposta, em que a contratilidade, ou inotropismo, está diminuída. Tal situação é obtida por ação da acetilcolina ou em inúmeras condições clínicas que levam a uma deficiência contrátil do coração, como nas hipertrofias e na insuficiência cardíaca. Também nessas últimas situações, observa-se que a ATPase miosínica altera-se, passando a mostrar menor capacidade de hidrólise de ATP.

No miocárdio, a curva velocidade-carga apresenta característica hiperbólica, à semelhança daquela descrita por Hill para o músculo esquelético em 1938. Esse autor, utilizando resultados obtidos de contrações isotônicas e do calor produzido durante as contrações, definiu matematicamente esta curva pela equação de uma hipérbole:

$$(P + a) \cdot (V + b) = b(P_0 + a)$$

em que V = velocidade de encurtamento; P = tensão desenvolvida; P_0 = tensão tetânica; a = constante com dimensão de força; b = constante com dimensão de velocidade.

Contratilidade Miocárdica 499

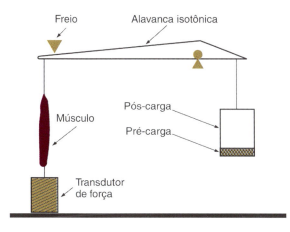

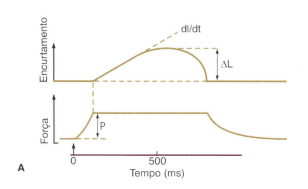

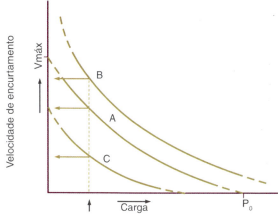

Figura 30.24 ▪ **A.** Arranjo experimental para estudo de contrações isotônicas com pré e pós-carga. *Parte superior*: por uma das extremidades, o músculo fica preso a um transdutor de força e, pela outra, a uma alavanca para medidas de encurtamento muscular. A pré-carga determina o estiramento muscular na condição de repouso. O uso do freio permite que a pré-carga determine o estiramento e que cargas adicionais (pós-carga) não o façam. A pós-carga somente será sentida pelo músculo depois do início da contração. A soma da pré com a pós-carga equivale à carga total suportada. *Parte inferior*: registro de contração isotônica com pós-carga, em função do tempo: acima, encurtamento (L); abaixo, força (P) que corresponde a uma tensão igual à carga total, iniciando o encurtamento. A tangente à curva de encurtamento (dl/dt) corresponde à velocidade máxima de encurtamento. (Adaptada de Sonnenblick, 1969). **B.** Curvas de carga-velocidade: nas ordenadas, velocidade de encurtamento; nas abscissas, carga. A velocidade máxima de encurtamento (Vmáx) é obtida pela extrapolação da curva até o cruzamento com o eixo das ordenadas; corresponde à velocidade de um músculo contraindo-se contra uma carga zero. P_0 é a tensão máxima desenvolvida pelo músculo quando a velocidade de encurtamento é zero. Observe as diferenças entre as curvas A, B e C, indicadas pela *seta*. O estado inotrópico é maior no músculo B que nos demais.

No miocárdio, essa curva é usada para a definição da velocidade máxima de encurtamento (Vmáx). A Vmáx tem sido considerada como um índice de estado inotrópico; é obtida por extrapolação da curva de velocidade-carga até o eixo das ordenadas. Assim, ela seria a velocidade obtida quando a carga suportada pelo músculo fosse igual a zero. Outro valor que pode ser definido pela curva é aquele determinado pela curva velocidade-carga, quando esta cruza o eixo das abscissas. Este valor, denominado P_0, corresponde à força máxima capaz de ser desenvolvida pelo músculo, quando a velocidade de encurtamento é zero. Significaria a condição em que o músculo tem capacidade de promover a máxima interação entre a actina e a miosina. No músculo esquelético, P_0 corresponde à tensão tetânica; mas, no miocárdio, devido à impossibilidade de obtenção de tétano, não se consegue medir este dado experimentalmente.

BIBLIOGRAFIA

ALLEN DG, JEWELL BR. Calcium transients in aequorin-injected frog cardiac muscle. *Nature*, 273:509-13, 1978.
ALLEN DJ. On the relationship between action potential duration and tension in cat papilary muscle. *Cardiovasc Res*, 11:210-8, 1977.
APLIN AE, HOWE A, ALAHARI SK *et al*. Signal transduction and signal modulation by cell adhesion receptors: the role of integrins, cadherins, immunoglobulin-cell adhesion molecules and selectins. *Pharmacol Rev*, 50:197-263, 1998.
ARNON A, HAMLYN JM, BLAUSTEIN MP. Ouabain augments Ca(21) transients in arterial smooth muscle without raising cytosolic Na(1). *Am J Physiol Heart Circ Physiol*, 279:H679-91, 2000.
BEELER Jr GH, REUTER H. Membrane calcium current in ventricular myocardial fibres. *J Physiol*, 207:191-209, 1970.
BEELER Jr GH, REUTER H. The relation between membrane potential, membrane currents and activation of contraction in ventricular myocardial fibres. *J Physiol*, 207:211-20, 1970.
BERS DM. Cardiac excitation-contraction coupling. *Nature*, 415:198-205, 2002.
BERS DM. Macromolecular complexes regulating cardiac ryanodine receptor function. *J Mol Cell Cardiol*, 37:417-29, 2004.
BERS DM. Cardiac sarcoplasmic reticulum calcium leak: basis and roles in cardiac dysfunction. *Annu Rev Physiol*, 76:107-27, 2014.
BLAUSTEIN MP, LEDERER WJ. Sodium/calcium exchange: its physiological implications. *Physiol Rev*, 79:763-854, 1999.
BLAUSTEIN MP, DIPOLO R, REEVES JP. Sodium-calcium exchange. Proceedings of the second international conference. Annals of the New York Academy of Sciences. vol. 639, 1991.
BLAUSTEIN MP, JUHASZOVA M, GOLOVINA VA *et al*. Na/Ca exchanger and PMCA localization in neurons and astrocytes: functional implications. *Ann N Y Acad Sci*, 976:356-66, 2002.
BRAVENY P, SUMBERA J. Electromechanical correlations in the mammalian heart muscle. *Pflugers Arch*, 319:36-48, 1970.
CARLEY AN, TAEGTMEYER H, LEWANDOWSKI ED. Matrix revisited: mechanisms linking energy substrate metabolism to the function of the heart. *Circ Res*, 114(4):717-29, 2014.
CIBA FOUNDATION SYMPOSIUM 24. *The Physiological Basis of Starling's Law of the Heart*. Amsterdam, Elsevier, 1974.
CLAPHAM DE. Calcium signaling. *Cell*, 80:259-68, 1995.
COLYERT J, WANG JW. Dependence of cardiac sarcoplamsic reticulum calcium pump activity on the phosphorylation status of phospholamban. *J Biol Chem*, 266:17486-93, 1991.
DAVIES MJ, HILL MA. Signaling mechanisms underlying the vascular myogenic response. *Physiol Rev*, 79:387-423, 1999.
DAVIES RE. A molecular theory of muscle contraction. Calcium dependent contractions with hydrogen bond formation plus ATP dependent extensions of part of the myosin-actin cross-bridge. *Nature*, 199:1068-74, 1963.
DULHUNTY AF, HAARMANN CS, GREEN D *et al*. Interactions between dihydropyridine receptors and ryanodine receptors in striated muscle. *Prog Biophys Mol Biol*, 79:45-75, 2002.
EISNER DA, LEDERER WJ. Na-Ca exchange stoichiometry and electrogenicity. *Am J Physiol*, 248:C185-202, 1985.
FABIATO A, FABIATO F. Calcium and cardiac excitation-contraction coupling. *Ann Rev Physiol*, 41:473-84, 1979.
FARRELL EF, ANTARAMIAN A, RUEDA A *et al*. Sorcin inhibits calcium release and modulates excitation-contraction coupling in the heart. *J Biol Chem*, 278:34660-6, 2003.

FILL M, COPELLO JA. Ryanodine receptor calcium release channels. *Physiol Rev*, 82:893-922, 2002.

FLIEGEL L, DYCK RB. Molecular biology of the cardiac sodium/hydrogen exchanger. *Cardiovasc Res*, 29:155-9, 1995.

FU Y, HONG T. BIN1 regulates dynamic t-tubule membrane. Biochim Biophys Acta. 2016; 1863(7 Pt B):1839-47.

GEERING K. FXYD proteins: new regulators of Na-K-ATPase. *Am J Physiol Renal Physiol*, 290:F241-50, 2006.

GORDON AM, HUXLEY AF, JULIAN FL. The variation in isometric tension with sarcomere length in vertebrate muscle fibers. *J Physiol*, 184:170-92, 1966.

HILL AV. The heat of shortening and the dynamic constants of muscle. *Proc Royal Soc B*, 126:136-95, 1938.

HOROWITZ A, MENICE CB, LAPORTE R et al. Mechanisms of smooth muscle contraction. *Physiol Rev*, 76:967-1003, 1996.

HUXLEY AF, SIMMONS RM. Proposed mechanism of force generation in striated muscle. *Nature*, 233:533-8, 1971.

HUXLEY HE. Electron microscope studies on the structure of natural and synthetic filaments from striated muscle. *J Mol Biol*, 7:281-308, 1963.

HUXLEY HE, HANSON J. The structural basis of the contraction mechanism in striated muscle. *Ann New York Acad Sci*, 81:403-8, 1959.

JAGGAR JH, PORTER VA, LEDERER WJ et al. Calcium sparks in smooth muscle. *Am J Physiol Cell Physiol*, 278:C235-56, 2000.

KATZ AM. Biochemical basis for cardiac contraction. In: MIRSKY JI, GHISTA DN, SANDLER H (Eds.). *Cardiac Mechanics: Physiological, Clinical and Mathematical Considerations*. New York. John Wiley and Sons, 1974.

KEURS HE. The interaction of Ca2+ with sarcomeric proteins: role in function and dysfunction of the heart. Am *J Physiol Heart Circ Physiol*, 302(1):H38-50, 2012.

KIMURA J, NOMA A, IRISAWA H. Na-Ca exchange current in mammalian heart cells. *Nature*, 319:596-7, 1986.

KOBIRUMAKI-SHIMOZAWA F, INOUE T, SHINTANI SA et al. Cardiac thin filament regulation and the Frank-Starling mechanism. *J Physiol Sci*, 64(4):221-32, 2014.

KUHN DC, KATUS HA, FREY N. The sarcomeric Z-disc: a nodal point in signalling and disease. *J Mol Med*, 84:446-68, 2006.

LABEIT S, KOLMERER B, LINKE WA. The giant protein titin. Emerging roles in physiology and pathophysiology. *Circ Res*, 80:290-4, 1997.

LEE JA, ALLEN DG. *Modulation of Calcium Sensitivity. A New Approach to Increasing the Strength of the Heart*. Oxford, Oxford University Press, 1993.

LIU X, POLLACK GH. Stepwise sliding of single actin and myosin filaments. *Biophys J*, 86:353-8, 2004.

LOSSNITZER K, PFENNIGSDORF G, BRAUER H. *Miocárdio, Vasos, Cálcio*. Ludwigshafen, Laboratório Knoll AG, 1984.

LUCCHESI PA, BERK BC. Regulation of sodium-hydrogen exchange in vascular smooth muscle. *Cardiovasc Res*, 29:172-7, 1995.

LULLMANN H, PETERS T, PREUNER J. Role of the plasmalemma for calcium homeostasis and for excitation-contraction coupling in cardiac muscle. In: DRAKE-HOLLAND AJ, NOBLE MIM (Eds.). *Cardiac Metabolism*. London, John Wiley and Sons, 1983.

LYMN RW, TAYLOR EW. Mechanism of adenosine triphosphate hydrolysis by actomyosin. *Byochemistry*, 10:4617-24, 1971.

LYMN RW, TAYLOR EW. Transient state phosphate production in the hydrolisis of nucleoside triphosphate by myosin. *Biochemistry*, 9:2975-83, 1970.

MAIER LS. CaMKIId overexpression in hypertrophy & heart failure: cellular consequences for excitation-contraction coupling. *Braz J Med Biol Res*, 38(9):1293-302, 2005.

MARX SO, GABURJAKOVA J, GABURJAKOVA M et al. Coupled gating between cardiac calcium release channels (Ryanodine Receptors). *Circ Res*, 88:1151-8, 2001.

MARX SO, REIKEN S, HISAMATSU Y et al. PKA phosphorylation dissociates FKBP12.6 from the calcium release channel (Ryanodine Receptor): defective regulation in failing hearts. *Cell*, 101:365-76, 2000.

MILL JG, LEITE CM, VASSALLO DV. Mechanisms underlying the genesis of post rest contractions in cardiac muscle. *Brazilian J Med Biol Res*, 25:399-408, 1992.

MILL JG, VASSALLO DV, LEITE CM et al. Influence of the sarcoplasmic reticulum on the inotropic responses of the rat myocardium resulting from changes in rate and rhythm. *Brazilian J Med Biol Res*, 27:1455-65, 1994.

MORITA H, SEIDMAN J, SEIDMAN CE. Genetic causes of human heart failure. *J Clin Invest*, 115(3):518-26, 2005.

NORDIN C. Abnormal Ca^{2+} handling and the generation of ventricular arrhythmias in congestive heart failure. *Heart Failure*, 5:143-54, 1989.

O'DONNEL ME, OWEN NE. Regulation of ion pumps and carriers in vascular smooth muscle. *Physiol Rev*, 74:683-721, 1994.

POLLACK GH. The cross-bridge theory. *Physiol Rev*, 63:1049-113, 1983.

POLLACK GH, IWAZUMI T, TER KEURS HEDJ et al. Sarcomere shortening in striated muscle occurs in stepwise fashion. *Nature*, 268:757-9, 1977.

POZZAN T, RIZZUTO R, VOLPE P et al. Molecular and cellular physiology of intracellular calcium stores. *Physiol Rev*, 74:595-636, 1994.

RIDGWAY EB, ASHLEY CC. On the relationship between membrane potential and calcium transient and tension in the single barnacle muscle fiber. *J Physiol*, 209:105-30, 1970.

SANTO-DOMINGO J, WIEDERKEHR A, De MARCHI U. Modulation of the matrix redox signaling by mitochondrial Ca(2.). *World J Biol Chem*, 6(4):310-23, 2015.

SCHEUER J, BHAN AK. Cardiac contractile proteins. Adenosine triphosphatase activity and physiological function. *Circ Res*, 45:1-12, 1979.

SCHIAFFINO S, REGGIANI C. Molecular diversity of myofibrillar proteins: gene regulation and functional significance. *Physiol Rev*, 76:371-423, 1996.

SEQUEIRA V, NIJENKAMP LL, REGAN JA et al. The physiological role of cardiac cytoskeleton and its alterations in heart failure. *Biochim Biophys Acta*, 1838(2):700-22, 2014.

SIMMERMAN HKB, JONE LR. Phospholamban: protein structure, mechanism of action and role in cardiac function. *Physiol Rev*, 78:921-47, 1998.

SIMMONS RM, JEWELL BR. Mechanics and models of muscular contraction. In: LINDEN RJ (Ed.). *Recent Advances Series*, 9, *Physiology*. London, Churchill Livingstone, 1974.

SOMMER JR, WAUGH RA. The ultrastructure of mammalian cardiac muscle cell with special emphasis on the tubular membrane systems. *Am J Pathol*, 82:192-217, 1976.

SONG J, ZHANG XQ, WANG J et al. Regulation of cardiac myocyte contractility by phospholemman: Na/Ca2 exchange versus Na-K-ATPase. *Am J Physiol Heart Circ Physiol*, 295:H1615-25, 2008.

SONNENBLICK EH. Structural and functional correlates of the myocardium. *Experientia Suppl*, 15:9, 1969.

STEFANON I, VASSALLO DV, MILL JG. Left ventricle length-dependent activation in the isovolumic rat heart. *Cardiovascular Research*, 24:254-6, 1990.

STENGER RJ, SPIRO D. The ultrastructure of mammalian cardiac muscle. *J Bioph Biochem Citol*, 9:325-51, 1961.

SUTKO JL, AIREY JA. Ryanodine receptor Ca^{21} release channels: does diversity in form equal diversity in function? *Physiol Rev*, 76:1027-71, 1996.

SZENT-GYORGI A. *Chemical Physiology of Contraction in Body and Heart Muscle*. New York, Academic Press, 1953.

SZENT-GYORGI A. Meromyosins, the subunits of myosin. *Arch Biochem Biophys*, 42:305-20, 1953.

TAGGART MJ. Smooth muscle excitation-contraction coupling: a role for caveola and caveolin? *News Physiol Sci*, 16:61-5, 2001.

VASSALLO DV. Acoplamento excitação-contração. Mecanismos e sua importância em medicina. *Revista AMRIGS*, 22:6-11, 1978.

VASSALLO DV, MILL JG. Length-dependent inotropic changes in cardiac muscle. *Brazilian J Med Biol Res*, 15:147-51, 1982.

VASSALLO DV, POLLACK GH. The force-velocity relation and stepwise shortening in cardiac muscle. *Circ Res*, 51:37-42, 1982.

VASSALLO DV, TUCCI PJF. Intensidade da ação de intervenções inotrópicas em diferentes graus de estiramento da miofibrila. Aparente inter-relação entre o mecanismo de Frank-Starling e o inotropismo cardíaco. *Arq Bras Cardiol*, 31:155-8, 1978.

VASSALLO DV, LIMA EQ, CAMPAGNARO P et al. Mechanisms underlying the genesis of post-extrasystolic potentiation in rat cardiac muscle. *Brazilian J Med Biol Res*, 28:377-83, 1995.

WANG DY, CHAE SW, GONG QY et al. Role of aiNa in positive force-frequency staircase in guinea-pig papillary muscle. *Am J Physiol*, 24:C798-807, 1988.

WINEGRAD S. Regulation of cardiac contractile proteins. Correlations between physiology and biochemistry. *Circ Res*, 55:565-74, 1984.

YOUNG P, FERGUSON C, BAÑUELOS S et al. Molecular structure of the sarcomeric Z-disk: two types of titin interactions lead to an asymetrical sorting of alpha-actinin. *EMBO J*, 17:1614-24, 1998.

ZIMA AV, MAZUREK S R. Functional impact of ryanodine receptor oxidation on intracellular calcium regulation in the heart. *Rev Physiol Biochem Pharmacol*, 171:39-62, 2016.

Capítulo 31

O Coração como Bomba

José Geraldo Mill | Elisardo Corral Vasquez

- Alça pressão-volume ventricular, *502*
- Ciclo cardíaco, *502*
- Débito cardíaco, *505*
- Bibliografia, *509*

ALÇA PRESSÃO-VOLUME VENTRICULAR

No início do século passado, os fisiologistas Frank e Starling demonstraram, em animais experimentais, que o volume de sangue ejetado pelo ventrículo (volume sistólico) depende do volume de sangue presente nessa câmara cardíaca no final da diástole (volume diastólico final), ou seja, o volume sistólico era diretamente relacionado ao volume diastólico final. Portanto, segundo essa relação, denominada *relação de Frank-Starling*, a cada ciclo cardíaco o volume ejetado pelo coração na aorta ou na artéria pulmonar durante a sístole é igual ao volume que o coração recebe pelo retorno venoso.

A Figura 31.1 mostra a curva pressão-volume do ventrículo esquerdo humano, mas a mesma poderia ser aplicada ao ventrículo direito, guardadas as diferenças de pressão ventricular. As curvas sistólica e diastólica representam as pressões ativa e passiva, respectivamente, do ventrículo em função do volume diastólico final. As setas, formando uma alça no sentido anti-horário, representam a relação pressão-volume no ventrículo durante as quatro fases de um ciclo cardíaco. O fim do enchimento ventricular determina o volume diastólico final, o qual ocorre sob pressão intraventricular bastante baixa, uma vez que o ventrículo encontra-se relaxado. O estiramento a que as paredes ventriculares são submetidas ao final da diástole é chamado de *pré-carga*. Como dito anteriormente, o estiramento do cardiomiócito (estiramento diastólico) tem papel fundamental na regulação do desempenho sistólico das câmaras cardíacas. No início da sístole, a pressão intraventricular aumenta acentuadamente, sem haver alteração do volume, pois a elevação da pressão dentro das câmaras determina o fechamento das valvas mitral e tricúspide. Como as valvas aórtica e pulmonar ainda estão fechadas, essa fase do ciclo cardíaco é denominada *contração isovolumétrica*. À medida que a contração ventricular progride, chega um ponto em que a pressão intraventricular ultrapassa a pressão na aorta e na artéria pulmonar. Nesse momento, as valvas aórtica e pulmonar se abrem, e o sangue é rapidamente ejetado para o sistema arterial. Essa é a *fase de ejeção*. Ao término da ejeção ventricular, a pressão dentro da câmara cai, havendo então tendência do sangue a refluir para o ventrículo, e isso determina o fechamento das valvas aórtica e pulmonar. Nunca a ejeção ventricular produz esvaziamento completo da câmara, sendo que sempre uma parte do sangue ainda permanece na cavidade ventricular (*volume residual*), determinando o volume sistólico final (ou *volume diastólico inicial*). Por fim, o ventrículo relaxa acentuadamente sem variação de volume, pois as quatro valvas cardíacas estão fechadas, determinando a fase de *relaxamento isovolumétrico*, a qual se segue da abertura das valvas mitral e tricúspide e, assim, o *enchimento ventricular*.

CICLO CARDÍACO

A ação bombeadora do coração reflete-se nas mudanças de volume e pressão que ocorrem em cada câmara cardíaca e nas grandes artérias à medida que o coração completa cada ciclo em decorrência da estimulação elétrica cardíaca. A Figura 31.2 mostra a relação temporal entre as pressões na aorta e nas cavidades atrial e ventricular esquerda, as variações do volume ventricular e as relações temporais com os registros do eletrocardiograma e o fonocardiograma. As alterações no lado direito (ou território pulmonar) são similares, exceto quanto à pressão desenvolvida na sístole, cujo valor situa-se em torno de 1/5 da pressão sistólica desenvolvida pelo ventrículo esquerdo. Também cabe ressaltar que a sístole atrial direita ocorre frações de segundo antes da esquerda, e, por outro lado, a contração ventricular esquerda inicia-se antes da direita, embora a ejeção ventricular direita anteceda à do ventrículo esquerdo.

As valvas cardíacas desempenham papel essencial no direcionamento do fluxo sanguíneo através das diferentes câmaras cardíacas e nas vias de saída dos ventrículos. Como descrito no Capítulo 27, *Estrutura e Função do Sistema Cardiovascular*, as valvas atrioventriculares estão fixas por anéis fibrosos na sua base e prendem-se aos músculos papilares por meio das cordoalhas tendíneas. A valva que separa o átrio direito do ventrículo direito é composta de três cúspides ou folhetos, e denomina-se valva tricúspide, enquanto aquela que separa o átrio esquerdo do ventrículo esquerdo é composta de dois folhetos e é chamada de valva mitral. As valvas atrioventriculares abrem-se quando a pressão ventricular é menor que a atrial e fecham-se quando as pressões se invertem. Além das valvas atrioventriculares, existem ainda as valvas semilunares, constituídas por três cúspides cada uma, inseridas no trato de saída da artéria pulmonar e da aorta. As valvas semilunares abrem-se quando a pressão ventricular ultrapassa a pressão arterial (pulmonar ou aórtica) e fecham-se quando ocorre o inverso.

Dentre os parâmetros analisados durante o ciclo cardíaco, destacam-se também os ruídos cardíacos, chamados de *bulhas*. A primeira e a segunda bulha são normalmente audíveis em todos os indivíduos. São ouvidas (auscultadas) e distinguidas por meio do estetoscópio ou mesmo colocando-se diretamente o ouvido sobre a região precordial. A primeira bulha caracteriza-se por ter maior duração e intensidade do que as demais e é auscultada mais facilmente na região do ápice cardíaco. Os sons da primeira bulha são gerados, principalmente, pelo fechamento das valvas atrioventriculares, possuindo, assim, um componente tricúspide (mais facilmente audível à esquerda do esterno, paraesternal, no quinto espaço intercostal) e outro mitral (audível sobre o ápice cardíaco). Além disso, o movimento do sangue dentro das câmaras cardíacas e a vibração das paredes das câmaras contribuem para gerar a primeira bulha. A segunda bulha é gerada pelo brusco fechamento das valvas semilunares

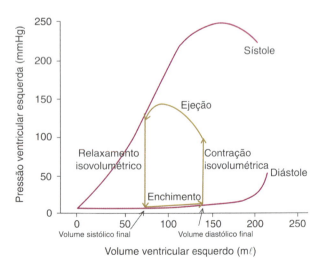

Figura 31.1 • Alça pressão-volume ventricular. Demonstração gráfica das quatro fases de variações da pressão e do volume intraventricular esquerdo, durante um ciclo cardíaco.

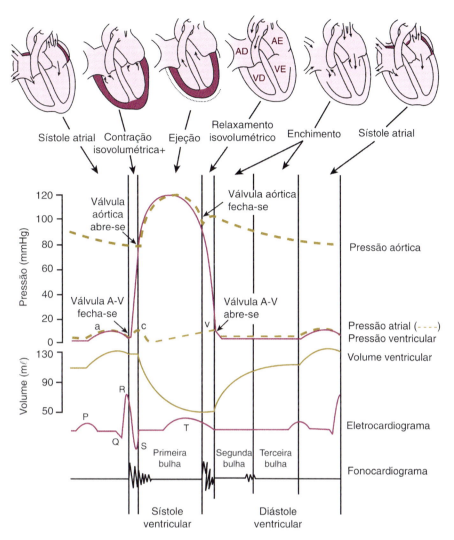

Figura 31.2 ▪ Ciclo cardíaco. Relação temporal entre as pressões atrial, ventricular e aórtica, o volume ventricular, o eletrocardiograma e o fonocardiograma. Os valores de pressão, fluxo e volume ventricular referem-se ao ventrículo esquerdo. (Adaptada de Guyton e Hall, 2000.)

pulmonar (audível no segundo espaço intercostal esquerdo) e aórtica (audível no segundo espaço intercostal direito). Assim, a segunda bulha, de modo similar ao da primeira, apresenta dois componentes distintos (aórtico e pulmonar). Na clínica médica também se pode auscultar a terceira e a quarta bulhas, as quais nem sempre são audíveis. A terceira bulha deve-se à vibração produzida nas paredes ventriculares pela alta velocidade do sangue durante a fase de enchimento rápido ventricular e é mais facilmente audível em jovens. A quarta bulha coincide com a última fase do enchimento ventricular, a sístole atrial, e é audível mais raramente.

A cada geração espontânea de um potencial de ação pelo nodo sinusal, inicia-se um ciclo cardíaco que corresponde ao período compreendido entre o início de um batimento cardíaco e o início do batimento seguinte. Didaticamente, podemos dividir o ciclo cardíaco em fases (ver Figura 31.2).

▶ Sístole atrial

O ciclo cardíaco inicia-se com a excitação atrial, cuja duração é de, aproximadamente, 0,11 segundo. A excitação da musculatura atrial é visualizada no eletrocardiograma pela onda P, representativa da despolarização atrial, e que levará à contração atrial. Nesse ponto, cabe ressaltar que a valva mitral já está aberta nesse instante (o que já ocorreu durante a diástole atrial), pois a mesma ocorre quando os valores de pressão no átrio ultrapassam os valores observados no ventrículo, fato esse observado ao final da fase de relaxamento isovolumétrico e início do enchimento ventricular (fases que serão descritas a seguir). A elevação da pressão atrial durante a contração origina a onda *a* (4 a 6 mmHg). Dessa forma, o enchimento ventricular será finalizado, porque nesse momento a valva aórtica permanece fechada e, por isso, nota-se a subida da curva do volume intraventricular. Enquanto o ventrículo está relaxado e se enchendo de volume, a pressão aórtica diminui progressivamente durante a diástole, porque nessa fase o sangue flui dos grandes vasos arteriais em direção à microcirculação. Em frequências cardíacas baixas, a contribuição da sístole atrial para o enchimento ventricular é pequena, uma vez que a maior parte do enchimento ocorre, de modo passivo, na parte inicial e média da diástole ventricular. Entretanto, quando a frequência cardíaca aumenta, ocorre um progressivo encurtamento da duração da diástole. Nessa condição, a contração atrial exerce um papel cada vez mais importante para o enchimento ventricular.

> Uma das arritmias cardíacas mais comuns, notadamente em idosos, é a fibrilação atrial. Nesse caso, a excitação atrial é totalmente desorganizada de modo que os átrios já não mais contribuem com a fase ativa do enchimento ventricular (sístole atrial). Nesses indivíduos em repouso, a fibrilação atrial é praticamente assintomática porque, como vimos, a contração dos átrios praticamente não contribui para o enchimento ventricular em frequências cardíacas baixas. Porém, quando há necessidade de frequência cardíaca mais alta, como ocorre durante exercício físico, a participação da contração atrial para o enchimento ventricular torna-se essencial. Em presença de fibrilação atrial, essa não ocorrerá efetivamente, e o primeiro sintoma a aparecer será a falta de ar (dispneia).

▶ Contração isovolumétrica ventricular

Quando a despolarização atinge o ventrículo esquerdo, indicado pela presença do complexo QRS no eletrocardiograma, inicia-se a contração ou sístole ventricular. Observa-se, nesse curto intervalo de tempo, um rápido aumento da pressão intraventricular, forçando o fechamento da valva mitral e produzindo a primeira bulha. A elevação da pressão atrial, nesse momento, produz a onda *c* no pulso venoso. Essa onda deve-se à elevação do assoalho atrial e a uma pequena protrusão das valvas atrioventriculares em direção à cavidade atrial. Caso uma valva atrioventricular seja insuficiente (não se fecha direito), haverá refluxo de sangue em direção ao átrio, aumentando a amplitude da onda *c*. No período em que as valvas mitral e aórtica permanecem fechadas, a contração ventricular processa-se sem haver alteração de volume na câmara, razão pela qual essa fase da sístole é denominada *contração isovolúmica ou isovolumétrica*. O aumento progressivo da tensão na parede ventricular, em decorrência da ativação do componente contrátil dos sarcômeros, produz rápido aumento da pressão na cavidade. No momento em que a pressão ventricular ultrapassa a pressão na aorta (aproximadamente 80 mmHg, ver Figura 31.2), a valva semilunar abre-se, começando a ejeção de sangue da cavidade ventricular para a aorta. A fase de contração isovolumétrica ventricular tem duração aproximada de 0,04 segundo.

▶ Ejeção ventricular

Essa fase inicia-se com a abertura das valvas semilunares (aórtica na circulação sistêmica e pulmonar na circulação pulmonar) e tem um componente inicial rápido (da ordem de 0,11 segundo) seguido por uma fase de ejeção mais lenta (0,13 segundo). No momento em que a pressão intraventricular esquerda ultrapassa a pressão aórtica, abre-se a valva semilunar aórtica e inicia-se a ejeção ventricular rápida, conforme se constata pelo aumento da pressão intraventricular e pelo declínio da curva de volume intraventricular (ver Figura 31.2). Como a entrada de sangue na aorta ocorre mais rapidamente do que a passagem deste para as artérias menores, a pressão aórtica, que antes estava em declínio, agora aumenta até atingir um valor máximo aproximadamente na metade do período de ejeção. Essa pressão máxima é referida como *pressão arterial sistólica*. Nesse momento, o miocárdio ventricular esquerdo começa a se repolarizar; observe a presença da onda T no eletrocardiograma. A pressão intraventricular torna-se inferior à pressão aórtica, mas a ejeção continua ainda que reduzida em relação à primeira fase. A ejeção nesse caso é decorrente da alta aceleração imprimida ao sangue pela contração ventricular na fase anterior. Em resposta à repolarização ventricular, ocorre o relaxamento ventricular, e, assim, a rápida queda da pressão na cavidade ventricular esquerda leva ao fechamento da valva aórtica, produzindo a incisura dicrótica na curva de pressão arterial aórtica, marcando assim o fim do período de sístole, ou seja, da ejeção ventricular. Cabe ressaltar que nem todo volume contido no ventrículo esquerdo é ejetado, ficando certa quantidade de sangue no interior da cavidade. Em uma sístole típica em indivíduos saudáveis em repouso, aproximadamente 80 mℓ de sangue são ejetados e cerca de 35 mℓ permanecem no ventrículo esquerdo, correspondendo a uma *fração de ejeção* da ordem de 0,7 ou 70%. Ao término da fase de contração ventricular, nota-se uma onda de pressão atrial, denominada *v*, causada pelo acúmulo de sangue nos átrios (em diástole) quando as valvas atrioventriculares estão fechadas ao longo de todo o período de contração ventricular (ver Figura 31.2).

▶ Relaxamento ventricular isovolumétrico

Nesta fase, ocorre a segunda bulha cardíaca, cujo som é provocado, em grande parte, pela vibração das valvas semilunares ao passarem do estado aberto para o fechado. No caso de a valva aórtica ou pulmonar ser insuficiente (não se fecha adequadamente), certa quantidade de sangue reflui para o interior do ventrículo durante essa fase. É interessante ressaltar que a quantidade de refluxo indica o grau de insuficiência da valva. A exemplo do que ocorre na contração isovolumétrica, as quatro valvas cardíacas estão fechadas, não havendo variação de volume ventricular por uma fração de tempo, período este chamado de relaxamento ventricular isovolumétrico, que marca o início da diástole. A pressão ventricular diminui rapidamente devido ao relaxamento e à consequente queda de tensão ativa na parede ventricular. A pressão arterial aórtica decai lentamente devido à elasticidade da parede arterial, mas depois diminui progressivamente durante toda a diástole à medida que o sangue escoa da aorta para os vasos mais periféricos. A pressão atrial continua aumentada, em decorrência do retorno venoso e do fato de as valvas mitral e tricúspide estarem fechadas, até o momento em que essa supera a pressão intraventricular. Nesse ponto, abrem-se as valvas mitral e tricúspide (as valvas aórtica e pulmonar continuam fechadas) e termina a fase de relaxamento ventricular isovolumétrico.

▶ Enchimento ventricular

No período em que a pressão atrial é superior à ventricular (devido ao retorno venoso), ocorrem a abertura das valvas mitral e tricúspide e, consequentemente, o enchimento ventricular (ou *diástole ventricular*), conforme pode ser observado pela rápida ascensão da curva de volume ventricular (ver Figura 31.2). O enchimento ventricular é inicialmente rápido, porque o gradiente pressórico é muito favorável à passagem do sangue da cavidade atrial para a ventricular. O enchimento rápido recebe grande influência da perda de tensão na parede do ventrículo no início da diástole. Essa perda de tensão depende tanto da eficiência do relaxamento muscular como da complacência da câmara. Assim, esse componente passivo de enchimento ocorre em menor proporção nas câmaras mais rígidas ou menos complacentes, caracterizando o quadro de *insuficiência diastólica*. À medida que o gradiente pressórico através da valva atrioventricular diminui na fase média da diástole (a chamada fase de enchimento ventricular lento), a velocidade de enchimento torna-se menor. Dependendo do turbilhonamento causado pela abertura das valvas atrioventriculares, pode ser audível nessa fase, embora raramente, a terceira bulha cardíaca. Simultaneamente, a pressão aórtica continua caindo lentamente até atingir um valor mínimo no final da diástole (*pressão diastólica*) e início da sístole (fase de contração isovolumétrica) (ver Figura 31.2). O enchimento ventricular termina com a contração atrial (primeira fase descrita nesta sessão). A fase diastólica ventricular, de duração de cerca de 0,41 segundo (compreendida pelo relaxamento ventricular isovolumétrico, o enchimento ventricular rápido e lento e a sístole atrial), termina com o fechamento das valvas mitral e tricúspide. O aparecimento da onda P no eletrocardiograma e a gênese da sístole atrial indicam o início de um novo ciclo cardíaco.

DÉBITO CARDÍACO

O *débito cardíaco* consiste na quantidade de sangue que cada ventrículo lança na circulação (pulmonar ou sistêmica) em uma unidade de tempo. Em geral, o débito cardíaco é expresso em litros de sangue/minuto, ou seja, o fluxo de sangue gerado pelo coração. É importante notar que o ventrículo direito, a circulação pulmonar, o ventrículo esquerdo e a circulação sistêmica constituem um sistema conectado em série. Dessa forma, o débito do ventrículo direito, ao longo de um tempo, é praticamente igual ao do ventrículo esquerdo. Ocorrem, normalmente, variações batimento a batimento devido ao fato de que o retorno venoso é fortemente influenciado pela respiração.

O volume de sangue ejetado pelo ventrículo a cada ejeção (fase sistólica) é chamado de *débito sistólico*. Em um indivíduo em repouso, o débito sistólico situa-se em torno de 70 a 80 mℓ por batimento. Dessa forma, o débito cardíaco pode ser calculado pelo produto do *débito sistólico (volume sistólico) × frequência cardíaca*. Se considerarmos, por exemplo, que um indivíduo em repouso apresenta 70 batimentos por minuto, com débito sistólico médio de 70 mℓ nesse intervalo, seu débito cardíaco será de 4.900 mℓ/min ou, aproximadamente, 5 ℓ/min. O débito cardíaco é uma variável que deve se ajustar de modo muito eficiente ao consumo de O_2 pelo organismo. Como a hemoglobina do sangue arterial tem saturação de O_2 próxima a 100%, é fácil compreender que, se o consumo de oxigênio aumentar (no exercício físico, por exemplo), uma oferta adequada de O_2 aos tecidos só poderá ser garantida se houver aumento do débito cardíaco. Ao contrário, em situações em que o consumo total de O_2 estiver diminuído, o coração poderá trabalhar em regime de débito menor. Como o consumo de O_2 no indivíduo em repouso depende da sua massa total de células, o débito cardíaco é, em muitos estudos comparativos, corrigido para a superfície corporal. Essa correção fornece outra variável chamada de *índice cardíaco*, que, nos indivíduos saudáveis em repouso, situa-se em torno de 3,2 ℓ/min/m^2 de superfície corporal. A superfície corporal pode ser calculada por fórmulas que levam em consideração o peso e a altura do indivíduo.

▶ Medida do débito cardíaco

O débito cardíaco, medido em repouso ou durante descarga do sistema nervoso simpático (como no exercício físico), constitui um parâmetro muito importante para avaliar o estado funcional do coração. Nos quadros de insuficiência cardíaca, por exemplo, é comum encontrar débito cardíaco baixo. Atletas, por outro lado, terão um desempenho aeróbico tanto melhor quanto maior o débito cardíaco que conseguirem atingir. Maior débito cardíaco, nesse caso, representa maior capacidade de ofertar O_2 aos tecidos, principalmente para os músculos em atividade. Consequentemente, maior será a capacidade do indivíduo de suportar cargas mais elevadas de trabalho aeróbico. Dessa forma, a medida do débito cardíaco constitui elemento importante de avaliação do desempenho da bomba cardíaca.

Em animais experimentais, o débito cardíaco pode ser medido por meio do uso de transdutores de fluxo colocados em torno da aorta ascendente. Esse método, entretanto, não se aplica à investigação em humanos.

A medida do débito cardíaco em humanos pode ser feita aplicando-se o princípio de Fick, ou por diluição de corante e por termodiluição, ou com o uso da ecocardiografia. Esse último é de uso cada vez mais corriqueiro, uma vez que não é invasivo e de mais fácil obtenção em relação aos outros dois métodos.

Método de Fick

O princípio de Fick estabelece que a quantidade de uma substância utilizada pelo corpo é proporcional à diferença arteriovenosa dessa substância (mede a remoção dessa substância da circulação) e ao fluxo sanguíneo (débito cardíaco). Em consequência, qualquer substância que seja removida da circulação no nível dos capilares poderá ser usada para o cálculo do débito cardíaco. Na prática, usa-se a diferença arteriovenosa de O_2. Para isso, deve-se coletar uma amostra de sangue venoso e outra de sangue arterial e medir, ao mesmo tempo, o consumo de O_2. Assim, é possível estabelecer que:

$$\text{Débito cardíaco} = \text{consumo } O_2/(O_{2arterial} - O_{2venoso})$$

Vejamos como essa fórmula pode ser aplicada. O consumo de O_2 em indivíduo adulto (com 70 kg) no estado de repouso é de cerca de 250 mℓ/min. A medida de O_2 no sangue arterial e venoso, nessas condições, fornece valores típicos da ordem de 190 mℓ/litro e 140 mℓ/litro, respectivamente. Logo, aplicando-se o princípio de Fick, teremos:

$$\text{Débito cardíaco} = 250 \text{ m}\ell/\text{min}/(190-140) \text{ m}\ell/\ell = 5.000 \text{ m}\ell/\text{min ou } 5 \ell/\text{min}$$

Diluição do corante ou termodiluição

Esse método pode ser usado para a medida do débito cardíaco ou para a avaliação do fluxo sanguíneo em determinado território vascular, como no membro inferior, por exemplo. Deve-se inicialmente fazer a cateterização do vaso ou da cavidade onde será promovida a injeção do corante. Uma quantidade conhecida de um corante ou de um isótopo radioativo é injetada *in bolus* no vaso ou cavidade. Amostras seriadas de sangue são coletadas em seguida. Se o corante for injetado no átrio direito, por exemplo, o débito cardíaco será igual à quantidade do corante injetado dividida pela concentração do corante na amostra coletada. Recentemente, passou-se a usar solução salina gelada como substituto do corante, o que originou o método da *termodiluição*. Utiliza-se para esse fim um cateter de duplo lúmen. Uma amostra de solução salina gelada é injetada através do tubo mais curto. Na ponta do tubo mais longo, situa-se um termistor que irá medir a temperatura do sangue adiante do ponto de injeção. O fluxo sanguíneo será inversamente proporcional à diferença de temperatura entre o local de injeção (que será de 37°C) e o local onde se localiza o termistor. Isto é, se o fluxo for grande, o frio da salina será *diluído* mais rapidamente, e o sangue que chega ao termistor estará com sua temperatura mais próxima a 37°C.

Ecocardiograma

Atualmente, o ecocardiograma vem substituindo os métodos anteriores na medida do débito cardíaco. As imagens do coração obtidas no ecocardiograma permitem as medidas dos volumes diastólico final e inicial em cada sístole. Essa diferença corresponde exatamente ao débito sistólico. Este, multiplicado pela frequência cardíaca, permite o cálculo numérico do débito cardíaco.

▸ Determinantes do débito cardíaco

O débito cardíaco representa o produto do débito sistólico (volume sistólico) e da frequência cardíaca. Assim, os valores assumidos por essas duas variáveis exercerão grande influência sobre o débito cardíaco.

À primeira vista, aumentos da *frequência cardíaca* determinarão aumento do débito cardíaco. Essa relação, entretanto, não é tão simples. Isso porque o débito sistólico não se mantém constante quando ocorrem grandes variações da frequência cardíaca. Quando há taquicardia, o intervalo entre os dois batimentos diminui, principalmente à custa de uma redução da duração da diástole. Como consequência, em frequências cardíacas muito elevadas, o tempo de enchimento ventricular diminui e, consequentemente, o volume diastólico final do ventrículo assume também valores mais baixos. Mantendo-se fixa a fração de ejeção, o volume ejetado em cada batimento (débito sistólico) também irá diminuir. Assim, os estudos hemodinâmicos mostram que o débito cardíaco aumenta inicialmente com o aumento da frequência cardíaca, até atingir um valor máximo. A partir desse ponto, aumentos adicionais da frequência cardíaca são acompanhados de queda progressiva do débito. A inter-relação de frequência cardíaca, débito sistólico e débito cardíaco pode ser melhor observada nos registros da Figura 31.3, obtidos em indivíduo bem treinado fisicamente e submetido a uma carga de trabalho aeróbico progressivo. Observa-se que, no início do exercício, tanto a frequência cardíaca como o débito sistólico aumentam. Logo, o produto das duas variáveis (que é o débito cardíaco) também irá aumentar. A partir de certo valor de frequência, o débito sistólico começa a cair. O débito cardíaco ainda continuará crescendo à custa do aumento da frequência cardíaca, até que essa variável atinja valor máximo. Aumentos adicionais da frequência cardíaca determinarão queda mais acentuada do débito sistólico e, consequentemente, do débito cardíaco.

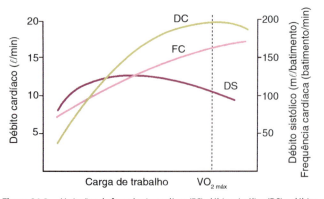

Figura 31.3 ▪ Variações da frequência cardíaca (FC), débito sistólico (DS) e débito cardíaco (DC) produzidas pelo aumento gradual da carga de espaço em indivíduo sadio e em condições aeróbicas. A linha tracejada representa o momento em que ocorre o máximo consumo de O_2 ($V_{O_2\,máx}$). Observe que cargas de trabalho acima desse ponto determinam aumento menos acentuado da FC e queda do DC, secundários à progressiva queda do DS.

O valor da frequência cardíaca em que o débito cardíaco atinge índices máximos é uma característica importante do aparelho cardiovascular e varia em função da idade e do grau de *performance* física do indivíduo. Essa frequência não tem um valor fixo e é bastante variável de indivíduo para indivíduo. Entretanto, pode ser calculada aproximadamente pela seguinte fórmula:

$$FC_{máxima} = 220 - idade\,(anos) \times K$$

Nessa fórmula, K pode assumir valores de 1 a 0,8, dependendo do grau de *performance* física do indivíduo. Em atleta de 20 anos, por exemplo, a $FC_{máxima}$ prevista estará próxima a 200 bpm. Em indivíduo de mesma idade e totalmente sedentário, será de cerca de 160 bpm. Valores calculados dessa maneira constituem referência para ajustes de intensidade de treinamento físico e para a avaliação da *performance* cardiovascular no teste de esforço em bicicleta ou esteira ergométrica.

O outro fator que exerce grande influência no débito cardíaco é o *débito sistólico*, ou seja, a quantidade de sangue ejetada pela câmara ventricular em cada batimento (volume sistólico). Grosso modo, o débito sistólico é determinado por três variáveis principais: o retorno venoso, a contratilidade miocárdica e a resistência à ejeção.

A Figura 31.4 ilustra graficamente como as variações da pré-carga (determinada pelo aumento do retorno venoso), da contratilidade miocárdica e da pós-carga (produzida pela elevação da resistência à ejeção) podem influenciar o formato da alça pressão-volume ventricular. É importante salientar que a área da curva pressão-volume representa o trabalho realizado pelo ventrículo para ejetar o sangue (também chamado de *trabalho sistólico*). Em uma condição de pós-carga aumentada, como ocorre quando existe alguma dificuldade adicional na passagem de sangue do ventrículo esquerdo para a aorta (p. ex., por estenose da valva aórtica), há aumento do trabalho total da câmara cardíaca em paralelo a uma diminuição do volume de sangue ejetado. Dessa forma, o gasto energético do músculo cardíaco para realizar a ejeção ventricular é sempre maior em condições de pós-carga aumentada. Assim, o aumento da pós-carga eleva o consumo de O_2 pelo miocárdio e determina um maior desgaste da câmara ventricular. A situação clínica mais comum de aumento da pós-carga é a hipertensão arterial. Nessa condição, o ventrículo esquerdo precisa elevar a pressão intracavitária até valores mais altos para vencer a pressão do sangue arterial (pressão arterial diastólica). Portanto, em um indivíduo com pressão elevada, o trabalho cardíaco e o gasto de trifosfato de adenosina (ATP) pelo miocárdio é mais alto.

▸ **Retorno venoso (pré-carga).** Uma das descobertas mais importantes para a compreensão da homeostase cardiocirculatória foi feita pelo fisiologista inglês E. Starling, em 1910. Trabalhando com uma preparação de coração-pulmão isolados, Starling observou que, quanto maior era a pressão de enchimento da câmara ventricular, maior era o volume de sangue ejetado em cada sístole. Ou seja, quanto maior a pressão de enchimento, maior o estiramento da câmara cardíaca. Essa descoberta serviu como base para o seguinte enunciado, que é conhecido como *lei do coração* ou *relação de Frank-Starling*: "A força desenvolvida por uma câmara cardíaca durante a contração é diretamente proporcional ao grau de estiramento a que as fibras miocárdicas estão submetidas no período imediatamente anterior ao início da contração." É importante observar que essa constatação foi feita no coração isolado, isto é, desconectado das influências excitatórias ou inibitórias do sistema nervoso autônomo. Do ponto de vista

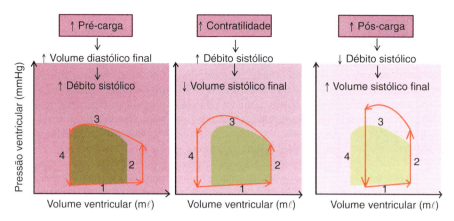

Figura 31.4 • Exemplos de fatores que influenciam a configuração da alça pressão-volume. O ciclo ventricular esquerdo basal é representado pela área ocre, e os efeitos das variações são representados pelas setas, indicando: (1) a fase de enchimento ventricular, (2) a contração isovolumétrica, (3) a ejeção ventricular e (4) o relaxamento isovolumétrico.

funcional, a existência da relação de Frank-Starling é fundamental para a homeostase cardiocirculatória, porque faz com que o coração seja capaz de ajustar seu débito, em cada batimento, em função do retorno venoso que ocorreu durante a diástole imediatamente anterior. Assim, por exemplo, os ajustes do débito sistólico em função da respiração são conseguidos apenas pela ativação da relação de Frank-Starling. Essa relação também pode ser observada no músculo cardíaco isolado. Nesse caso, a força desenvolvida durante a contração é proporcional ao estiramento das fibras no estado de relaxamento imediatamente precedente ao início da contração (para maiores detalhes, ver Capítulo 30, Contratilidade Miocárdica).

Nos experimentos realizados no coração isolado, a relação de Frank-Starling apresenta o aspecto mostrado na Figura 31.5, isto é, uma alça ascendente (ou de compensação) e uma alça descendente (ou de descompensação). Na fase ascendente, o aumento do estiramento do músculo em repouso aumenta a força de contração. Consequentemente, quanto maior o volume diastólico final, maior o débito sistólico. A Figura 31.4 (painel da esquerda) ilustra o efeito de aumento da pré-carga (pelo aumento do retorno venoso) sobre o débito sistólico. A partir de determinado ponto, entretanto, estiramentos adicionais levam a uma diminuição da força contrátil e, consequentemente, do volume de sangue ejetado pela câmara cardíaca.

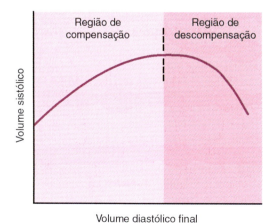

Figura 31.5 • Relação de Frank-Starling obtida em coração isolado. Na região de compensação, o aumento do volume diastólico final da câmara cardíaca determina melhoria do desempenho contrátil do miocárdio, com aumento do volume de sangue ejetado em cada sístole. A dilatação progressiva, entretanto, leva à descompensação mecânica e à falência da bomba cardíaca.

Do ponto de vista funcional, um coração que estivesse trabalhando na região da alça de descompensação estaria em estado de insuficiência, ou seja, quanto mais estivesse estirado, menos sangue ejetaria. Quanto menos sangue fosse ejetado na sístole, maior seria o volume residual sistólico. Esse círculo vicioso, se não interrompido, levaria à falência completa da bomba cardíaca e à morte do indivíduo.

Entretanto, experimentos realizados no coração in situ, isto é, em animais íntegros, não têm evidenciado a presença da alça descendente da relação de Frank-Starling, quando apenas a força de contração ventricular é analisada. Porém, quando o trabalho sistólico (débito sistólico × pressão média de ejeção) é relacionado com o volume diastólico final, a alça descendente da relação de Frank-Starling é evidente. Essas discrepâncias ocorrem porque, no indivíduo em repouso e em situação supina, o músculo ventricular funciona em um grau de estiramento próximo ao platô da curva de Frank-Starling (ver Figura 31.5). Maiores estiramentos determinados pelo aumento do volume diastólico final da câmara recaem, sobretudo, sobre o componente elástico do miocárdio, não levando, portanto, a estiramentos adicionais dos sarcômeros propriamente ditos. Em vista disso, as relações entre o enchimento ventricular e o débito cardíaco têm sido mais comumente expressas em função da curva de função ventricular, em que o trabalho sistólico ou o débito cardíaco é analisado em função da pressão diastólica final. Em condições basais, para uma pressão diastólica final próxima a 5 mmHg, o coração produz um débito cardíaco da ordem de 5 ℓ/min.

▶ **Contratilidade cardíaca (inotropismo).** A posição da curva de função ventricular não é fixa, como mostra a Figura 31.6. Na vigência de uma estimulação simpática, por exemplo, há deslocamento dessa curva para a esquerda e para cima. Isso quer dizer que, para igual valor de estiramento, o músculo cardíaco, ao se contrair, produz maior força. O deslocamento da curva de função ventricular reflete, portanto, alterações do componente contrátil próprias do coração, ou intrínsecas ao próprio músculo cardíaco. Dizemos, nesse caso, que ocorreu aumento ou melhora da contratilidade ou do inotropismo cardíaco.

As alterações da contratilidade miocárdica são determinadas por muitos fatores (como visto em detalhes no Capítulo 30). Grande parte deles atua interferindo na oferta de Ca^{2+} à maquinaria contrátil durante o acoplamento excitação-contração (ver Capítulo 30). As catecolaminas, por exemplo, atuam nos receptores β-adrenérgicos dos miócitos cardíacos, aumentando o influxo de Ca^{2+} para o citosol, durante o platô do potencial de ação, e a liberação de Ca^{2+} do retículo sarcoplasmático. O aumento do Ca^{2+} mioplasmático produz aumento da força de contração em cada célula individualmente. Esse efeito, se extensivo à câmara ventricular como um todo, determina o aumento do volume ejetado em cada sístole. Consequentemente, para um mesmo valor de estiramento (retorno venoso), o débito cardíaco é maior. O inverso ocorre no caso de redução da estimulação simpática. Consequentemente, para um mesmo valor de estiramento, a contração será menor, assim como o volume sistólico.

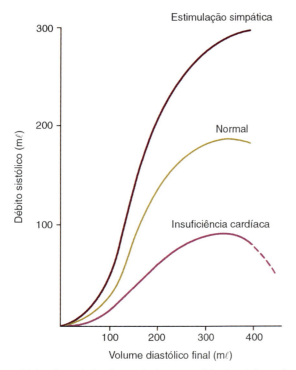

Figura 31.6 ▪ Curva da função ventricular em condições basais (normal), em presença de estímulo inotrópico positivo (por estimulação simpática) ou na vigência de falência contrátil (insuficiência cardíaca). Em caso de inotropismo positivo, para um mesmo volume (estiramento) da câmara ventricular, o rendimento da contração é maior, produzindo aumento do volume de sangue ejetado na sístole.

A determinação do estado inotrópico é um parâmetro importante na avaliação da eficiência do miocárdio em transformar a energia química resultante da hidrólise do ATP em trabalho mecânico. O deslocamento da curva de função ventricular para a esquerda e para cima (por estimulação simpática, catecolaminas exógenas, glicosídeos cardiotônicos, dentre outros) representa uma melhoria do inotropismo; ao passo que o deslocamento da curva para a direita e para baixo (por uso de bloqueadores dos canais para Ca^{2+}, inibidores da acetilcolinesterase e consequente aumento da biodisponibilidade de acetilcolina, antagonistas dos receptores β-adrenérgicos, dentre outros) traduz uma piora no estado inotrópico do miocárdio e uma diminuição da eficiência da bomba cardíaca. A avaliação do inotropismo pode ser realizada por meio da curva de função ventricular, em que são analisadas comumente: (1) a velocidade máxima de desenvolvimento de pressão durante a fase de contração isovolumétrica ($dP/dt_{máx}$) e (2) a velocidade máxima ($V_{máx}$) de encurtamento do miocárdio durante a fase de ejeção ventricular. A Figura 31.4 (painel do meio) ilustra o efeito do aumento da contratilidade miocárdica, aumentando o débito sistólico e reduzindo o volume sistólico final, o que ocorre com o aumento do trabalho ventricular.

▶ **Resistência à ejeção (pós-carga).** O terceiro determinante do débito sistólico é a resistência à ejeção, em geral referido como *pós-carga*, isto é, a carga pressórica contra a qual o ventrículo deve ejetar o sangue. Com o aumento da resistência à ejeção (devido ao aumento da resistência vascular periférica ou pulmonar e/ou um estreitamento das valvas aórtica ou pulmonar), ocorre aumento da força de contração ventricular, com o intuito de manter o débito cardíaco. No coração intacto, os efeitos do aumento da pós-carga são difíceis de serem separados do mecanismo de Frank-Starling, uma vez que o aumento súbito da pós-carga determina uma redução do volume sistólico e, consequentemente, aumento do volume diastólico inicial e/ou final nas sístoles subsequentes. A Figura 31.4 (painel da direita) ilustra o efeito do aumento da resistência arterial sobre o débito sistólico; o ventrículo desenvolverá maior pressão durante a fase de contração isovolumétrica para vencer a resistência e ejetará um volume sistólico reduzido, e consequentemente o volume sistólico final (ou volume diastólico inicial) será aumentado. Esse é outro exemplo no qual o trabalho ventricular aumenta, elevando o consumo de O_2 e ATP.

Em resumo, pode-se dizer que o volume sistólico está na dependência de três fatores básicos: o primeiro é intrínseco ao músculo cardíaco, ou seja, o grau de estiramento das fibras na diástole (pré-carga); o segundo, a contratilidade miocárdica, é dependente em grande parte do grau de ativação simpática, sendo, portanto, extrínseco ao coração; e o terceiro é puramente mecânico, sendo dependente da resistência hidráulica contra a qual a ejeção deve ser realizada (pós-carga). Em preparações isoladas, é relativamente fácil separar esses mecanismos. Em situações operacionais, entretanto, esses três fatores encontram-se relacionados de tal maneira que fica difícil, por vezes, quantificar a participação de cada um deles na regulação final do débito sistólico e do débito cardíaco. Isso pode ser observado, por exemplo, nos ajustes do débito cardíaco durante o exercício físico.

▶ **Regulação do débito cardíaco durante exercício físico**

Durante exercício físico, o aumento do consumo de O_2 é proporcional ao trabalho realizado. Portanto, o débito cardíaco se ajustará à maior demanda de O_2 pelo organismo decorrente do aumento do consumo de O_2 na musculatura em atividade. Ocorre aumento de atividade simpática dirigida para o coração. Consequentemente, aumentam a frequência cardíaca, a contratilidade e o relaxamento miocárdico. O aumento da frequência faz com que o tempo de enchimento ventricular fique mais curto, mas o aumento do relaxamento miocárdico permite um enchimento ventricular adequado, mesmo com o tempo mais curto entre as estimulações elétricas. Assim, as câmaras ventriculares passam a funcionar em um ponto mais baixo da curva de Frank-Starling. Entretanto, o débito sistólico aumenta, porque o aumento do inotropismo cardíaco (contratilidade miocárdica) faz com que o esvaziamento sistólico, traduzido pela fração de ejeção, seja aumentado. Em intensidades baixas de exercício (quando a frequência cardíaca ainda é menor que 120 bpm), o aumento do débito cardíaco é dependente tanto de um ligeiro aumento do débito sistólico como da elevação da frequência cardíaca. Em intensidades moderadas de exercício, o débito sistólico permanece aproximadamente constante à medida que a intensidade do exercício aumenta. Consequentemente, nessa condição, os aumentos do débito cardíaco são basicamente dependentes de aumento da frequência cardíaca. Em intensidades maiores de exercício, próximas ao ponto do consumo máximo de O_2, a frequência cardíaca tende a se estabilizar. Logo, aumentos adicionais da carga de trabalho determinam queda do débito cardíaco, ocorrendo o esgotamento físico, o qual é determinado pela incapacidade do aparelho cardiocirculatório em continuar aumentando a oferta de O_2 aos tecidos.

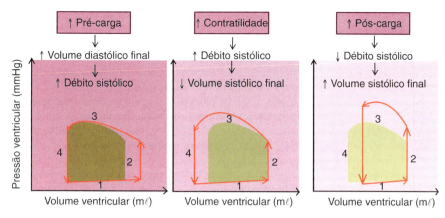

Figura 31.4 • Exemplos de fatores que influenciam a configuração da alça pressão-volume. O ciclo ventricular esquerdo basal é representado pela área ocre, e os efeitos das variações são representados pelas setas, indicando: (1) a fase de enchimento ventricular, (2) a contração isovolumétrica, (3) a ejeção ventricular e (4) o relaxamento isovolumétrico.

funcional, a existência da relação de Frank-Starling é fundamental para a homeostase cardiocirculatória, porque faz com que o coração seja capaz de ajustar seu débito, em cada batimento, em função do retorno venoso que ocorreu durante a diástole imediatamente anterior. Assim, por exemplo, os ajustes do débito sistólico em função da respiração são conseguidos apenas pela ativação da relação de Frank-Starling. Essa relação também pode ser observada no músculo cardíaco isolado. Nesse caso, a força desenvolvida durante a contração é proporcional ao estiramento das fibras no estado de relaxamento imediatamente precedente ao início da contração (para maiores detalhes, ver Capítulo 30, *Contratilidade Miocárdica*).

Nos experimentos realizados no coração isolado, a relação de Frank-Starling apresenta o aspecto mostrado na Figura 31.5, isto é, uma alça ascendente (ou de compensação) e uma alça descendente (ou de descompensação). Na fase ascendente, o aumento do estiramento do músculo em repouso aumenta a força de contração. Consequentemente, quanto maior o volume diastólico final, maior o débito sistólico. A Figura 31.4 (painel da esquerda) ilustra o efeito de aumento da pré-carga (pelo aumento do retorno venoso) sobre o débito sistólico. A partir de determinado ponto, entretanto, estiramentos adicionais levam a uma diminuição da força contrátil e, consequentemente, do volume de sangue ejetado pela câmara cardíaca.

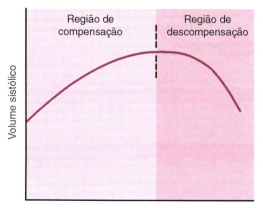

Figura 31.5 • Relação de Frank-Starling obtida em coração isolado. Na região de compensação, o aumento do volume diastólico final da câmara cardíaca determina melhoria do desempenho contrátil do miocárdio, com aumento do volume de sangue ejetado em cada sístole. A dilatação progressiva, entretanto, leva à descompensação mecânica e à falência da bomba cardíaca.

Do ponto de vista funcional, um coração que estivesse trabalhando na região da alça de descompensação estaria em estado de insuficiência, ou seja, quanto mais estivesse estirado, menos sangue ejetaria. Quanto menos sangue fosse ejetado na sístole, maior seria o volume residual sistólico. Esse círculo vicioso, se não interrompido, levaria à falência completa da bomba cardíaca e à morte do indivíduo.

Entretanto, experimentos realizados no coração *in situ*, isto é, em animais íntegros, não têm evidenciado a presença da alça descendente da relação de Frank-Starling, quando apenas a *força de contração ventricular* é analisada. Porém, quando o *trabalho sistólico* (débito sistólico × pressão média de ejeção) é relacionado com o volume diastólico final, a alça descendente da relação de Frank-Starling é evidente. Essas discrepâncias ocorrem porque, no indivíduo em repouso e em situação supina, o músculo ventricular funciona em um grau de estiramento próximo ao platô da curva de Frank-Starling (ver Figura 31.5). Maiores estiramentos determinados pelo aumento do volume diastólico final da câmara recaem, sobretudo, sobre o componente elástico do miocárdio, não levando, portanto, a estiramentos adicionais dos sarcômeros propriamente ditos. Em vista disso, as relações entre o enchimento ventricular e o débito cardíaco têm sido mais comumente expressas em função da *curva de função ventricular*, em que o trabalho sistólico ou o débito cardíaco é analisado em função da pressão diastólica final. Em condições basais, para uma pressão diastólica final próxima a 5 mmHg, o coração produz um débito cardíaco da ordem de 5 ℓ/min.

▶ **Contratilidade cardíaca (inotropismo).** A posição da curva de função ventricular não é fixa, como mostra a Figura 31.6. Na vigência de uma estimulação simpática, por exemplo, há deslocamento dessa curva para a esquerda e para cima. Isso quer dizer que, para igual valor de estiramento, o músculo cardíaco, ao se contrair, produz maior força. O deslocamento da curva de função ventricular reflete, portanto, alterações do componente contrátil próprias do coração, ou intrínsecas ao próprio músculo cardíaco. Dizemos, nesse caso, que ocorreu aumento ou melhora da contratilidade ou do inotropismo cardíaco.

As alterações da contratilidade miocárdica são determinadas por muitos fatores (como visto em detalhes no Capítulo 30). Grande parte deles atua interferindo na oferta de Ca^{2+} à maquinaria contrátil durante o acoplamento excitação-contração (ver Capítulo 30). As catecolaminas, por exemplo, atuam nos receptores β-adrenérgicos dos miócitos cardíacos, aumentando o influxo de Ca^{2+} para o citosol, durante o platô do potencial de ação, e a liberação de Ca^{2+} do retículo sarcoplasmático. O aumento do Ca^{2+} mioplasmático produz aumento da força de contração em cada célula individualmente. Esse efeito, se extensivo à câmara ventricular como um todo, determina o aumento do volume ejetado em cada sístole. Consequentemente, para um mesmo valor de estiramento (retorno venoso), o débito cardíaco é maior. O inverso ocorre no caso de redução da estimulação simpática. Consequentemente, para um mesmo valor de estiramento, a contração será menor, assim como o volume sistólico.

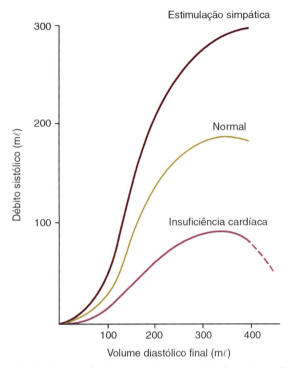

Figura 31.6 • Curva da função ventricular em condições basais (normal), em presença de estímulo inotrópico positivo (por estimulação simpática) ou na vigência de falência contrátil (insuficiência cardíaca). Em caso de inotropismo positivo, para um mesmo volume (estiramento) da câmara ventricular, o rendimento da contração é maior, produzindo aumento do volume de sangue ejetado na sístole.

A determinação do estado inotrópico é um parâmetro importante na avaliação da eficiência do miocárdio em transformar a energia química resultante da hidrólise do ATP em trabalho mecânico. O deslocamento da curva de função ventricular para a esquerda e para cima (por estimulação simpática, catecolaminas exógenas, glicosídeos cardiotônicos, dentre outros) representa uma melhoria do inotropismo; ao passo que o deslocamento da curva para a direita e para baixo (por uso de bloqueadores dos canais para Ca^{2+}, inibidores da acetilcolinesterase e consequente aumento da biodisponibilidade de acetilcolina, antagonistas dos receptores β-adrenérgicos, dentre outros) traduz uma piora no estado inotrópico do miocárdio e uma diminuição da eficiência da bomba cardíaca. A avaliação do inotropismo pode ser realizada por meio da curva de função ventricular, em que são analisadas comumente: (1) a velocidade máxima de desenvolvimento de pressão durante a fase de contração isovolumétrica ($dP/dt_{máx}$) e (2) a velocidade máxima ($V_{máx}$) de encurtamento do miocárdio durante a fase de ejeção ventricular. A Figura 31.4 (painel do meio) ilustra o efeito do aumento da contratilidade miocárdica, aumentando o débito sistólico e reduzindo o volume sistólico final, o que ocorre com o aumento do trabalho ventricular.

▶ **Resistência à ejeção (pós-carga).** O terceiro determinante do débito sistólico é a resistência à ejeção, em geral referido como *pós-carga*, isto é, a carga pressórica contra a qual o ventrículo deve ejetar o sangue. Com o aumento da resistência à ejeção (devido ao aumento da resistência vascular periférica ou pulmonar e/ou um estreitamento das valvas aórtica ou pulmonar), ocorre aumento da força de contração ventricular, com o intuito de manter o débito cardíaco. No coração intacto, os efeitos do aumento da pós-carga são difíceis de serem separados do mecanismo de Frank-Starling, uma vez que o aumento súbito da pós-carga determina uma redução do volume sistólico e, consequentemente, aumento do volume diastólico inicial e/ou final nas sístoles subsequentes. A Figura 31.4 (painel da direita) ilustra o efeito do aumento da resistência arterial sobre o débito sistólico; o ventrículo desenvolverá maior pressão durante a fase de contração isovolumétrica para vencer a resistência e ejetará um volume sistólico reduzido, e consequentemente o volume sistólico final (ou volume diastólico inicial) será aumentado. Esse é outro exemplo no qual o trabalho ventricular aumenta, elevando o consumo de O_2 e ATP.

Em resumo, pode-se dizer que o volume sistólico está na dependência de três fatores básicos: o primeiro é intrínseco ao músculo cardíaco, ou seja, o grau de estiramento das fibras na diástole (pré-carga); o segundo, a contratilidade miocárdica, é dependente em grande parte do grau de ativação simpática, sendo, portanto, extrínseco ao coração; e o terceiro é puramente mecânico, sendo dependente da resistência hidráulica contra a qual a ejeção deve ser realizada (pós-carga). Em preparações isoladas, é relativamente fácil separar esses mecanismos. Em situações operacionais, entretanto, esses três fatores encontram-se relacionados de tal maneira que fica difícil, por vezes, quantificar a participação de cada um deles na regulação final do débito sistólico e do débito cardíaco. Isso pode ser observado, por exemplo, nos ajustes do débito cardíaco durante o exercício físico.

▶ **Regulação do débito cardíaco durante exercício físico**

Durante exercício físico, o aumento do consumo de O_2 é proporcional ao trabalho realizado. Portanto, o débito cardíaco se ajustará à maior demanda de O_2 pelo organismo decorrente do aumento do consumo de O_2 na musculatura em atividade. Ocorre aumento de atividade simpática dirigida para o coração. Consequentemente, aumentam a frequência cardíaca, a contratilidade e o relaxamento miocárdico. O aumento da frequência faz com que o tempo de enchimento ventricular fique mais curto, mas o aumento do relaxamento miocárdico permite um enchimento ventricular adequado, mesmo com o tempo mais curto entre as estimulações elétricas. Assim, as câmaras ventriculares passam a funcionar em um ponto mais baixo da curva de Frank-Starling. Entretanto, o débito sistólico aumenta, porque o aumento do inotropismo cardíaco (contratilidade miocárdica) faz com que o esvaziamento sistólico, traduzido pela fração de ejeção, seja aumentado. Em intensidades baixas de exercício (quando a frequência cardíaca ainda é menor que 120 bpm), o aumento do débito cardíaco é dependente tanto de um ligeiro aumento do débito sistólico como da elevação da frequência cardíaca. Em intensidades moderadas de exercício, o débito sistólico permanece aproximadamente constante à medida que a intensidade do exercício aumenta. Consequentemente, nessa condição, os aumentos do débito cardíaco são basicamente dependentes de aumento da frequência cardíaca. Em intensidades maiores de exercício, próximas ao ponto do consumo máximo de O_2, a frequência cardíaca tende a se estabilizar. Logo, aumentos adicionais da carga de trabalho determinam queda do débito cardíaco, ocorrendo o esgotamento físico, o qual é determinado pela incapacidade do aparelho cardiocirculatório em continuar aumentando a oferta de O_2 aos tecidos.

▶ Contribuintes e determinantes da disfunção cardíaca

Múltiplos fatores podem levar à insuficiência cardíaca, a incapacidade do coração em manter fluxo adequado aos diversos órgãos e tecidos, o que se deve a um comprometimento da função bombeadora do sangue pelo coração. A insuficiência cardíaca é uma síndrome que pode ocorrer em múltiplas doenças, e sua fisiopatologia pode variar em função da doença básica que levou ao comprometimento da bomba cardíaca. Essa pode decorrer da presença de doença arterial coronariana (o músculo cardíaco não recebe oxigenação adequada), cardiomiopatias (lesões próprias do músculo cardíaco), lesões das valvas cardíacas, hipertensão arterial, diabetes, doenças pulmonares e renais, entre outras. A insuficiência cardíaca pode ser predominantemente sistólica (a capacidade ejetora do coração está comprometida), diastólica (o enchimento ventricular está prejudicado) ou mista. Em fases mais avançadas da síndrome, as alterações estruturais e funcionais do coração resultam em diminuição da fração de ejeção ventricular e do débito cardíaco, com consequente aumento das pressões diastólica inicial e/ou final ventricular. O coração sofrerá uma série de ajustes (ativação dos sistemas neuro-humorais, como o sistema nervoso simpático e sistema renina-angiotensina-aldosterona) que levarão ao remodelamento cardíaco na tentativa de manter o débito cardíaco. Caso esses ajustes não sejam efetivos e culminem com a queda do fluxo sanguíneo sistêmico, sinais e sintomas aparecerão, como edema pulmonar, falta de ar (dispneia), cianose, turgência jugular, hepatomegalia, ascite, edema de membros, redução da capacidade de realizar esforço físico, entre outros. A Figura 31.7 ilustra, simplificadamente, os vários mecanismos que progressivamente, e de modo isolado ou associado, contribuem para o desenvolvimento das alterações estruturais e funcionais do coração que caracterizam a insuficiência cardíaca.

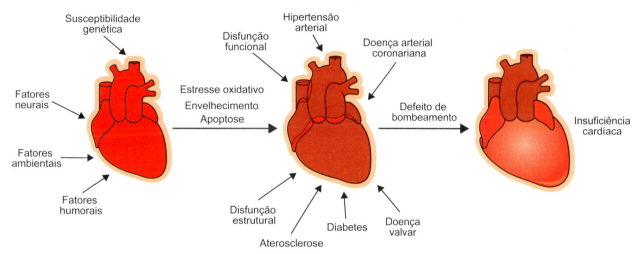

Figura 31.7 ▪ Principais mecanismos que podem favorecer ou determinar o desenvolvimento de alterações estruturais e funcionais no coração associadas ao desenvolvimento de insuficiência cardíaca.

BIBLIOGRAFIA

ALPER NR, HAMRELL BB, MULIERI LA. Heart muscle mechanics. *Annu Rev Physiol*, 41:521-9, 1979.
ARMOUR JA, RANDALL WC. Structural basis of cardiac function. *Am J Physiol*, 218:1517-25, 1970.
BERNE RM, LEVY MN. *Cardiovascular Physiology*. Mosby, St. Louis, 1981.
BRUTSAERT DL, SYS SU. Relaxation and diastole of the heart. *Physiol Rev*, 69:1228-315, 1989.
GUYTON AC, HALL JE. *Textbook of Medical Physiology*. 10. ed. Saunders, Philadelphia, 2000.
LAKATTA EG. Starling Law of the heart is explained by an intimate interaction of muscle length and myofilament calcium activation. *J Am Coll Cardiol*, 10:1157-64, 1987.
OPIE LH. Mechanisms of cardiac contraction and relaxation. In: BRAUNWALD E (Ed.). *Heart Disease: A Textbook of Cardiovascular Medicine*. 5. ed. Saunders, Philadelphia, 1997.
ROSS Jr J, SOBEL BE. Regulation of cardiac contraction. *Annu Rev Physiol*, 34:47-87, 1972.
ROWELL LB. *Human Cardiovascular Control*. Oxford University Press, New York, 1993.
SAGAWA K. The ventricular pressure-volume diagram revisited. *Circ Res*, 43:677-84, 1978.
SUGA H. Ventricular energetics. *Physiol Rev*, 70:247-326, 1990.

Capítulo 32

Circulação Arterial e Hemodinâmica | Física dos Vasos Sanguíneos e da Circulação

Eduardo Rebelato | Ana Paula Davel | Helio Cesar Salgado

- Introdução, *512*
- Pressão no sistema circulatório | Pressão arterial, *512*
- Pressão como unidade relativa de força, *512*
- A acomodação do volume ejetado na aorta ascendente do ponto de vista energético, *515*
- Pulso arterial, *515*
- Aspectos da rigidez arterial | Reflexão da onda de retorno, sua velocidade e intensidade, *518*
- Fluxo sanguíneo | Fluxo de um fluido real, *521*
- Determinantes da resistência vascular, *522*
- Tensão na parede dos vasos, *524*
- Bibliografia, *527*

INTRODUÇÃO

O sistema circulatório conecta os diversos sistemas do organismo por meio do contínuo fluxo de sangue distribuído para todos os órgãos do corpo. Estabelecendo uma analogia com um sistema elétrico, o sistema circulatório em mamíferos interliga os diferentes órgãos em paralelo entre si. Essa disposição, em paralelo, das resistências dos órgãos ao fluxo sanguíneo, permite que cada uma delas esteja conectada, em série, com o órgão responsável pela homeostase gasosa do sangue, o pulmão. Por sua vez, a conexão em série com o pulmão se dá por meio da bomba geradora de fluxo (débito cardíaco) no sistema cardiovascular, o coração (ver Figura 27.3 no Capítulo 27, *Estrutura e Função do Sistema Cardiovascular*).

Seguindo a mesma analogia elétrica, pode-se considerar o coração como o gerador de uma diferença de potencial, ou seja, por gerar fluxo em um sistema de tubos, o qual se opõe à passagem desse fluido, mantém uma diferença de pressão entre os segmentos iniciais e finais do sistema circulatório (para o sistema elétrico: $\Delta V = I \cdot R_E$; para o sistema hidráulico: $\Delta P = F \cdot R_H$, em que ΔV é a diferença de voltagem; I, corrente; R_E, resistência elétrica; ΔP, diferença de pressão, F, fluxo; R_H, resistência hidráulica). Assim, os ventrículos direito e esquerdo, ao ejetarem o volume sistólico no sistema de tubos, pulmonar e sistêmico, respectivamente, atuam no sentido de manter o sistema arterial pressurizado. Como a pressão se dissipa espontaneamente, conforme o sangue percorre o sistema circulatório, há sempre uma diferença de pressão entre um segmento anterior e um posterior desse sistema. Essa diferença de pressão é a força movente que impulsiona o sangue no sentido anterógrado, ou seja, saindo dos ventrículos e retornando para os átrios.

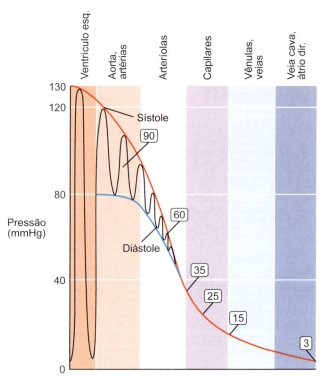

Figura 32.1 ▪ Perfil de pressão na circulação sistêmica. *Linha vermelha*, pressão sistólica; *linha azul*, pressão diastólica; *caixas*, valor médio da pressão arterial. (Adaptada de Boron e Boulpaep, 2012.)

PRESSÃO NO SISTEMA CIRCULATÓRIO | PRESSÃO ARTERIAL

Classicamente, a pressão sanguínea apresenta um caráter dissipativo conforme percorre o sistema circulatório. A Figura 32.1 ilustra com clareza a redução da pressão sanguínea conforme o sangue avança pelos vasos sanguíneos; bem como mostra a atenuação progressiva do perfil oscilatório da pressão sistólica e diastólica ao longo da árvore arterial. Essa atenuação faz com que o fluxo de sangue na microcirculação seja, praticamente, contínuo.

Assim, sob uma análise detalhada da variação da pressão arterial ao longo dos tubos que compõem o sistema circulatório pode-se observar que há um padrão oscilatório da pressão no lado arterial da circulação; o qual é, basicamente, composto por reestabelecimentos constantes da pressão arterial, devido à ejeção ventricular e pela característica elástica das grandes artérias, que receberão e acomodarão o volume sistólico ejetado. Isso se dá pela latência entre o coração receber (fases de enchimento ventricular) e devolver (ejeção) o sangue para a circulação arterial durante o ciclo cardíaco (ver Capítulo 31, *O Coração como Bomba*).

Em uma análise simplificada, o trabalho cardíaco mantém um nível constante da pressão arterial à custa de ejeções intermitentes de sangue no sistema circulatório. Assim, a fase de ejeção ventricular gera picos de pressão no sistema circulatório (sístole) seguidos por períodos latentes, nos quais ocorrem a dissipação da pressão (diástole). Dessa forma, a pressão gerada pelo trabalho cardíaco no sistema arterial pode ser vista de duas formas: (1) uma onda de pressão que percorre o sistema arterial (onda de pulso); (2) uma unidade relativa de força que está contida no sistema circulatório responsável por deslocar o sangue no sentido anterógrado (saindo dos ventrículos, por meio de vasos, e retornando aos átrios).

Tomando como base a circulação sistêmica, essa unidade relativa de força contida no sistema circulatório se inicia na raiz da aorta com valor médio, aproximado, de 90 mmHg, e é denominada de pressão arterial média (PAM). Conforme a massa de sangue avança anterogradamente, a pressão contida no sistema circulatório é dissipada. Assim, na veia cava observam-se valores em torno de 3 mmHg. Entretanto, apesar dessa enorme variação de pressão nos diferentes trechos do sistema circulatório, o volume que adentra o sistema arterial na raiz da aorta é, exatamente, o mesmo que deixa o sistema venoso e chega ao átrio direito. Ou seja, a variação da pressão no sistema circulatório se dá de maneira proporcional à dificuldade de passagem do sangue, o que se denomina de resistência dos vasos, ou resistência vascular (descrito mais adiante neste capítulo).

PRESSÃO COMO UNIDADE RELATIVA DE FORÇA

Em um indivíduo adulto o volume de sangue contido no sistema circulatório é de, aproximadamente, 5 ℓ. Caso o coração parasse e não ocorresse alteração no calibre dos vasos sanguíneos, a pressão interna em todo o sistema circulatório seria a mesma, e com um valor de aproximadamente 7 mmHg, o qual representa, segundo Guyton *et al.* (1954), a pressão média de enchimento circulatório. Assim, a pressão arterial não é gerada, simplesmente, pela restrição da massa de sangue no interior dos vasos sanguíneos, mas sim pela contração cíclica do coração, a qual injeta no sistema arterial, aproximadamente, 80 ml de sangue, a cada batimento. O tônus dos vasos arteriais, por sua vez, se opõe ao deslocamento do sangue da aorta para os vasos periféricos, o que contribui para a manutenção de valores mais elevados da pressão nas artérias ao longo de todo o ciclo cardíaco. Após a pressão arterial atingir o seu valor máximo no pico da sístole, ela vai decaindo progressivamente à medida que o sangue flui dos vasos arteriais para a microcirculação, atingindo seu valor mínimo ao final da diástole. Assim, a pressão arterial sistólica corresponde à pressão máxima do sangue no pico da sístole, e a pressão arterial diastólica corresponde à pressão mínima ao final da diástole (ou início de uma nova sístole).

A ejeção de sangue pelo ventrículo esquerdo para a aorta pressuriza o sistema circulatório. Como o sistema circulatório é fechado, todo sangue que sai do coração retorna ao mesmo; assim, pode-se olhar para o sistema circulatório como um tubo com duas extremidades, as quais conectam-se com as

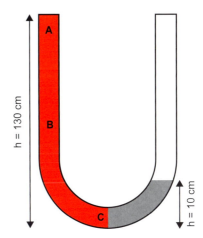

Figura 32.2 • Diagrama representando, *em vermelho*, a coluna de sangue de um indivíduo cujo coração se encontra a 130 cm acima do solo. *Em cinza* está representada a coluna de mercúrio correspondente ao peso da coluna de sangue.

câmaras cardíacas. Tomando-se como exemplo a circulação sistêmica, uma das extremidades encontra-se no lado arterial, a aorta ascendente conectada ao ventrículo esquerdo, e a outra extremidade encontra-se no lado venoso, cujos segmentos finais, as veias cavas, são conectadas ao átrio direito. Assim, como a ejeção de sangue para a circulação sistêmica ocorre na aorta, esse é o primeiro local onde a pressão se eleva após a saída do sangue do ventrículo esquerdo.

Como já discutido no capítulo anterior, a Figura 32.3 mostra a relação de pressão entre o ventrículo esquerdo e a aorta. A pressão da câmara ventricular se eleva durante a contração isovolumétrica, e no momento em que a pressão do ventrículo esquerdo ultrapassa a pressão arterial diastólica na aorta, a valva aórtica se abre e o sangue do ventrículo começa a ser ejetado para a circulação sistêmica. Percebe-se que o determinante para que ocorra fluxo de sangue entre essas duas regiões é a diferença de pressão (ΔP).

$$\Delta P = P_{origem} - P_{destino} \quad (32.3)$$

Dessa forma, considerando-se a equação 32.3, quando o ΔP é positivo observa-se um fluxo de sangue no sentido anterógrado, ou seja, do ventrículo esquerdo para a aorta. Entretanto, quando o ΔP for negativo ocorrerá um fluxo retrógrado da aorta para o ventrículo esquerdo, ou seja, no sentido contrário ao da circulação sanguínea. Porém, em indivíduos saudáveis esse fenômeno não ocorre, pois ele é impedido pelo fechamento da valva aórtica, o qual ocorre no início do relaxamento da câmara ventricular, impedindo que o sangue ejetado para a circulação sistêmica retorne ao ventrículo esquerdo. O mesmo ocorre no coração direito; só que nesse caso é a valva pulmonar que impede o refluxo do sangue para o ventrículo direito. Esse momento de ΔP negativo é marcado, na aorta, pelo que se denomina de incisura dicrótica (ver explicação mais adiante, na Figura 32.7). Assim, em decorrência do funcionamento fisiológico das valvas presentes no sistema circulatório (como discutido no capítulo anterior), só há movimentação da massa de sangue quando o valor de ΔP se torna positivo. Observando-se cuidadosamente a Figura 32.3, pode-se notar que, no momento em que o ΔP se torna positivo, e por consequência o sangue é ejetado do ventrículo, a pressão na aorta que era em torno de 80 mmHg no fim da diástole se eleva, acompanhando o perfil de subida da pressão intraventricular.

Quadro 32.1 • Pressão e sua equivalência em mmHg.

A pressão é a relação entre a força aplicada a uma unidade de área, ou seja,

$$P = \frac{\text{força (F)}}{\text{área (A)}} \quad (32.1)$$

Como F = massa (m) × aceleração (a),
Tem-se que:

$$P = \frac{\text{massa} \times \text{aceleração}}{\text{área}} \quad (32.2)$$

No sistema internacional a unidade de pressão é pascal (Pa), em que 1 pascal corresponde à força capaz de acelerar uma massa de 1 kg, em 1 metro por 1 segundo ao quadrado (kg · m/s²), sendo esta força aplicada a uma superfície de 1 m².

Entretanto, apesar de que do ponto de vista físico o conceito de pressão seja bastante claro, quando se trata de fluxo e medida de pressão pode-se ter diferentes formas de abordagem.

Em hemodinâmica expressa-se a pressão em unidade de milímetros de mercúrio (mmHg). Como já mencionado, em indivíduos adultos saudáveis, a pressão arterial média (PAM) é da ordem de 90 mmHg. Essa conversão se baseia nos instrumentos de aferir pressão, os manômetros, os quais contrapõem a pressão que será aferida em um determinado sistema contra uma coluna graduada de mercúrio, ou seja, contra a força (peso) exercida pelo volume de mercúrio.

O mercúrio tem densidade (ρ) de 13,6 g/ml. Considerando-se a equação 32.2, a massa necessária para cobrir uma área de 1 m², com 1 mm de altura, seria igual a 13,6 kg, os quais acelerados a 9,8 m/s² pela gravidade (g) corresponderiam a uma pressão de 133 Pa. Assim, 1 mmHg corresponde a 133 Pa.

Em termos práticos, utiliza-se o peso exercido por uma coluna de mercúrio para aferir uma força que contrabalança esse peso. Para ilustrar, considere um indivíduo com 1,80 m de altura, no qual o coração se encontra a 1,30 m de altura do solo (Figura 32.2). Quando analisada somente a pressão exercida pela coluna de sangue (ρ = 1,05 g/ml), sem a participação do coração ou do tônus vascular, ou seja, a pressão gravitacional (P_Grav), chega-se à conclusão a seguir.

Ao analisar a P_Grav no pico (ponto A), no meio (ponto B), e na base (ponto C) da coluna de sangue representada na Figura 32.2, as profundidades se constituem em: h = 0; h = 65 cm; e h = 130 cm, respectivamente.

Simplificando a equação 32.2, em ρ · h · g, tem-se:

Ponto A: 1.050 × 0 × 9,8 = 0 Pa, ou seja, 0 mmHg
Ponto B: 1.050 × 0,65 × 9,8 = 6.689 Pa, ou seja, 50 mmHg
Ponto C: 1.050 × 1,3 × 9,8 = 13.347 Pa, ou seja, 100 mmHg

Os cálculos mostram que a profundidade da coluna, por determinar a massa de sangue que se encontra sobre a mesma área, determina de modo diretamente proporcional a P_Grav; ou seja, quanto maior a coluna de sangue, maior a força (peso) exercida por ela; e, consequentemente, maior a P_Grav. Assim, a P_Grav exercida nos pés do indivíduo de 1,80 m de altura, pela coluna de sangue que vai do coração até seus pés (1,30 m), corresponde à mesma pressão exercida por 100 mmHg.

Essa relação mútua das pressões ventricular e aórtica durante a sístole se dá no exato momento em que há a transferência da massa de sangue entre esses compartimentos. Na diástole ventricular, o sangue acumulado na aorta durante a sístole flui para a circulação periférica, ou seja, no sentido anterógrado. Apesar de a sístole durar cerca de 250 ms, o tempo necessário para que o ventrículo esquerdo ejete a maior parte do sangue para a aorta é de aproximadamente 180 ms, como pode ser visto na variação do volume ventricular (ver Figura 32.3).

Considerando os cálculos realizados no Quadro 32.2, para que o sangue ejetado pelo ventrículo esquerdo ocupe seu lugar na aorta, ele precisaria deslocar, anterogradamente, toda a massa de sangue que se encontra na circulação sistêmica, por uma distância de 25,4 cm. Nesse ponto, deve-se considerar a incompressibilidade do fluido, e o fato de que as duas massas de sangue não podem ocupar o mesmo espaço ao mesmo tempo. Assim, tendo em vista que aproximadamente 80% do sangue corporal se encontra na circulação sistêmica, o coração deveria gerar, durante a sístole, uma força suficiente para deslocar 4 ℓ de sangue, o que corresponde a uma massa de 4,2 kg. Considerando-se a equação 32.4, a pressão necessária para realizar esse trabalho seria de 788 mmHg (ver Quadro 32.2). Porém, sabe-se que em indivíduos saudáveis, em repouso, o processo de ejeção ventricular resulta na geração de uma pressão em torno de 120 mmHg. Para que esse processo ocorra com a geração de pressões reativamente baixas, uma grande parte do sangue ejetado pelo ventrículo esquerdo é acomodada no sistema circulatório devido à distensão da aorta.

Assim, durante a ejeção, aproximadamente 50% do volume ventricular se acomodam na aorta, de modo concomitante com o escoamento anterógrado de um mesmo volume de sanguíneo. Os 50% de volume excedente acabam por se acomodar no sistema arterial, à custa da distensão da parede da aorta. Essa resposta ocorre em consequência da elevação da pressão arterial, a qual atuando sobre a parede da aorta, promove sua distensão, e permite que todo o volume ventricular seja, então, acomodado nesse vaso.

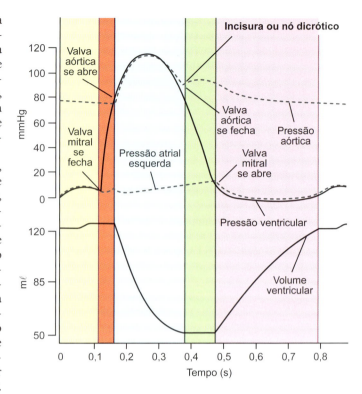

Figura 32.3 • Perfil pressórico das cavidades esquerdas do coração e da aorta durante um ciclo cardíaco. Variação do volume do ventrículo esquerdo durante o ciclo cardíaco. *Faixa amarela*, sístole atrial; *faixa laranja*, contração isovolumétrica; *faixa azul*, ejeção; *faixa verde*, relaxamento isovolumétrico; *faixa lilás*, enchimento ventricular.

Quadro 32.2 • Pressão necessária para ejetar 80 mℓ de sangue do ventrículo esquerdo para aorta ascendente.

Considerando que em humanos saudáveis a aorta ascendente possui um diâmetro médio aproximado de 2 cm (raio = 1 cm), sua área de secção transversal seria de 3,14 cm². Assim, sob uma análise simplista, e considerando a aorta como um tubo rígido, para acomodar o volume ejetado pelo ventrículo esquerdo seriam necessários 25,4 cm lineares da aorta, os quais seriam preenchidos em 180 ms (Figura 32.4). Entretanto, antes do início da fase de ejeção essa área da aorta já se encontra preenchida com sangue, e sob uma pressão aproximada de 80 mmHg, ou seja, a pressão arterial diastólica.

Baseado na equação 32.2 (P = m × a/A), temos que:

$$P = \frac{kg \times m/s^2}{m^2} \quad (32.4)$$

Assim, desconsiderando a resistência viscosa, a pressão necessária para ejetar 80 mℓ de sangue pelo ventrículo esquerdo, deslocando o sangue linearmente por 25,4 cm pela aorta, seria de:

$$P = \frac{4,2 \text{ kg} \times 0,255 \text{ m}/(0,18 \text{ s})^2}{0,000314 \text{ m}^2} = 104.859 \text{ Pa ou } 788 \text{ mmHg}$$

Entretanto, mesmo durante a fase de ejeção o fluxo de sangue não se interrompe, ou seja, o sangue contido nos vasos continua escoando. Levando-se em consideração que, em média, a velocidade do sangue no sistema circulatório é de 0,55 m/s, durante o período de ejeção (0,18 s) o sangue na aorta ascendente escoará, anterogradamente, cerca de 10 cm (ou seja, 31,4 mℓ de sangue), movido pela energia imposta pela sístole anterior. Assim, para acomodar os 80 mℓ que serão ejetados na aorta pela próxima sístole é necessário gerar uma pressão suficiente para deslocar a massa de sangue na aorta ascendente por adicionais 15,4 cm. Porém, mesmo essa menor distância de deslocamento do sangue exigiria ainda que o ventrículo esquerdo desenvolvesse uma pressão elevada. Dessa forma, considerando-se a equação 32.4, a pressão necessária para deslocar a massa sanguínea por 15,4 cm, em 180 ms, seria 63.576 Pa, ou seja, 478 mmHg.

Entretanto, sabe-se que, em indivíduos saudáveis, o pico de pressão sistólica no repouso é da ordem de 120 mmHg, a qual, durante os 620 ms restantes do ciclo cardíaco (70 ms do fim da sístole mais 550 ms da diástole), é dissipada até atingir 80 mmHg. Portanto, durante a ejeção do sangue na aorta, o sistema arterial é repressurizado em 40 mmHg. Pressão essa que será dissipada pelo sistema arterial para gerar trabalho mecânico e impulsionar o sangue anterogradamente.

Assim, considerando-se a equação 32.4, durante os 180 ms de ejeção, a adição de 40 mmHg no sistema arterial contribuirá, adicionalmente, para o deslocamento da massa de sangue em 1,3 cm; ou seja, 4 mℓ de sangue.

Dessa forma, durante a ejeção do volume sistólico (180 ms), a contínua movimentação da massa de sangue no sistema circulatório, impulsionada pelas sístoles anteriores, associada à elevação da pressão em 40 mmHg, favorece o deslocamento linear da massa sanguínea; permitindo, assim, que aproximadamente 35 mℓ, provenientes da ejeção ventricular, ocupem seu lugar na aorta, à custa do escoamento de um volume idêntico, o qual se encontrava, anteriormente, no sistema circulatório. Entretanto, sabe-se que a ejeção ventricular ocorre nos primeiros 180 ms da sístole, e nesse período o ventrículo ejeta 80 mℓ.

Para que ocorra a ejeção completa, uma parte do volume sistólico (aproximadamente 45 mℓ) irá distender a parede da aorta durante o estabelecimento da pressão máxima transferida do ventrículo esquerdo para o sistema arterial (120 mmHg). Assim, parte do volume ejetado, durante a sístole, será acomodado na aorta devido à sua distensão, conferindo a esse vaso uma energia potencial elástica (E_{PE}). A elasticidade da aorta é de vital importância para a manutenção do fluxo sanguíneo dos grandes vasos arteriais para a circulação periférica durante a diástole. O conceito de energia potencial elástica será explicado com mais detalhe adiante.

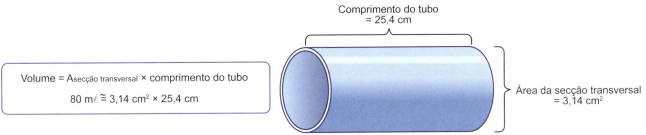

Figura 32.4 ▪ Diagrama representativo da aorta ascendente e suas dimensões para acomodar um volume de 80 mℓ.

A ACOMODAÇÃO DO VOLUME EJETADO NA AORTA ASCENDENTE DO PONTO DE VISTA ENERGÉTICO

Conforme descrito anteriormente, e levando-se em consideração os conceitos e cálculos apresentados no Quadro 32.2, até o momento, entende-se que a força que move o sangue pela circulação sistêmica deriva da contração do ventrículo esquerdo, o qual gera, em seu interior, uma força capaz de acelerar a massa de sangue em direção à aorta. Dessa forma, a contração isovolumétrica do ventrículo esquerdo comprime o sangue que é pressurizado em sua cavidade. Como descrito anteriormente, conforme a pressão sistólica ventricular ultrapassa a pressão arterial diastólica, a valva aórtica se abre e a massa de sangue que estava pressurizada é, então, acelerada em direção anterógrada (ver Figura 32.3). Nesse momento, o sangue passa de uma velocidade de 0 para cerca de 1 m/s.

Conforme a massa de sangue deixa o ventrículo, e adentra o segmento ascendente da aorta, ele é, imediatamente, desacelerado, pois a velocidade média do sangue no sistema circulatório é de 0,5 m/s. Essa perda da velocidade se dá pelo bloqueio do fluxo sanguíneo (fluxo = volume/tempo) devido à massa de sangue que já se encontra no sistema arterial, a qual precisa ser deslocada para que o volume ejetado, então, se acomode, bem como pela própria viscosidade do sangue ejetado. Como a velocidade de escoamento é menor do que a velocidade de entrada (fluxo de saída < fluxo de entrada), parte do volume ejetado pelo ventrículo acaba por distender a parede da aorta. Assim, a pressão gerada na aorta é correspondente à força que vai deslocar, anterogradamente, a massa de sangue que se encontra no sistema circulatório. Essa pressão advém da energia cinética do sangue que foi acelerado pela contração ventricular.

Essa correlação entre *energia de pressão e cinética* foi inicialmente descrita por Daniel Bernoulli (1700-1782), o qual propôs que em um sistema ideal, durante a movimentação de fluido, a energia total (E_T) do sistema não se altera; uma vez que suas energias internas (E_P – pressão, E_C – cinética e E_{PG} – potencial gravitacional) são interconvertidas (Quadro 32.3, equação 32.6). Assim, durante o fluxo de um determinado fluido ideal, não haveria alteração na E_T, mas, apenas, interconversões entre as diferentes formas de energia que constituem o sistema.

Assim, a ejeção ventricular ocorre, inicialmente, por meio de um aumento rápido na E_P do fluido, ainda na cavidade cardíaca. O aumento na E_P acaba por acelerar o sangue. Durante a ejeção propriamente dita, a E_P do fluido diminui e o sangue adquire E_C. Entretanto, no momento em que o sangue adentra a aorta ascendente, ele é desacelerado, ou seja, sua E_C diminui, e o fluido recupera a E_P, a qual é a pressão arterial sistólica (PAS). Porém, como observado anteriormente no Quadro 32.2, os 120 mmHg gerados pela contração ventricular não seriam capazes de ejetar todo o sangue de seu interior, se não fosse o aumento de volume da aorta. Portanto, no momento em que o sangue é ejetado pelo ventrículo e se acomoda na aorta, ele perde E_C, mas recupera E_P, e adquire uma Energia Potencial Elástica (E_{PE}). A elasticidade da aorta é essencial para que a E_C seja também transformada em E_{PE}. Havendo perda de elasticidade da aorta (o que ocorre no envelhecimento), o ventrículo esquerdo deverá gerar mais pressão para produzir o mesmo fluxo de sangue.

Lembrando-se da equação 32.6, a qual descreve o princípio de Bernoulli, a E_{PE} se assemelha à E_{PG}. Portanto, conforme ocorre o escoamento do sangue no segmento inicial da aorta movido pela E_P, a E_{PE} se reduz em favor da manutenção da E_P, e ambas são convertidas em E_C.

PULSO ARTERIAL

O pulso arterial é gerado pela distensão da aorta ascendente decorrente da ejeção ventricular (cerca de 80 mℓ em indivíduos saudáveis com peso e estatura mediana) que se propaga ao longo da parede das artérias. Ele representa a elevação da pressão na aorta quando a mesma se distende para acomodar, de imediato, um contingente significativo (50%) do volume sistólico ejetado pelo ventrículo esquerdo (ver Quadro 32.2). Assim, como ilustrado na Figura 32.7, o pulso arterial tem seu início a partir da pressão arterial mínima (pressão arterial diastólica) observada durante a fase diastólica do ciclo cardíaco, se elevando, em seguida, até alcançar um nível de pressão máximo (pressão arterial sistólica), caracterizando, então, a variação da pressão arterial em cada ciclo cardíaco. Em síntese, a diferença entre as pressões sistólica e diastólica caracteriza o pulso arterial.

Estão ilustrados na Figura 32.7 os níveis de pressão arterial, sistólica e diastólica, além da pressão arterial média (PAM) desenvolvida durante o ciclo cardíaco, a qual será objeto de estudo mais adiante. Observa-se, ainda, na Figura 32.7, a relação entre o pulso arterial e os períodos de sístole e diástole do ciclo cardíaco. Vale a pena ressaltar que o pulso arterial gerado na raiz da aorta (aorta ascendente) tem como característica a presença de uma incisura, o *nó dicrótico*. Como previamente descrito, esse nó representa a oscilação da pressão, decorrente do fechamento da valva aórtica, no término do período sistólico, e consequente início do período diastólico do ciclo cardíaco.

Do ponto de vista físico, a distensão da aorta durante a ejeção do ventrículo esquerdo representa a transformação da energia cinética em potencial elástica. Essa energia potencial é dissipada durante a diástole à medida que o sangue ejetado na aorta se desloca para a circulação periférica. Progressivamente a aorta retorna ao seu diâmetro original. Tendo em vista que

Quadro 32.3 • Princípio de Bernoulli.

O *princípio de Bernoulli* considera a mecânica de fluidos ditos ideais, os quais não apresentam viscosidade e nem resistência ao fluxo. A base de sua teoria é a de que a energia total (E_T) contida no sistema não se altera. Isso se dá devido à interdependência das diferentes energias que compõem a E_T. Em sua teoria, Bernoulli considera a energia total composta pela energia de pressão (E_P) somada à energia potencial gravitacional (E_{PG}) e à energia cinética (E_C), ou seja:

$$E_T = E_P + E_{PG} + E_C \qquad (32.5)$$

Em que:

$$E_T = P \cdot \Delta V + \rho \cdot h \cdot g \cdot \Delta V + \frac{\rho \cdot v^2}{2} \cdot \Delta V \qquad (32.6)$$

Para melhor entender os constituintes do princípio de Bernoulli, imagine a situação ilustrada a seguir. Na situação ilustrada pela Figura 32.5 A, há um recipiente com água onde não se observa fluxo resultante. Tomemos como referência dois pontos nessa coluna, o ponto α, o qual se encontra a 130 cm acima do solo, e o ponto β, o qual se encontra a 130 cm abaixo da superfície da água, e sabendo que a pressão no ponto β (100 mmHg) é maior que no ponto α (0 mmHg), conforme descrito no Quadro 32.1. Como já é conhecido, essa pressão determinada somente pelo peso da coluna de água é chamada de P_{Grav}.

De acordo com as Leis de Pascal: (i) em um determinado ponto do fluido a pressão é a mesma em todas as direções; (ii) as pressões são iguais em qualquer ponto de uma mesma superfície horizontal; (iii) a P_{Grav} aumenta quanto maior for a profundidade em relação à superfície do fluido. Assim, na Figura 32.5 A, todos os pontos na linha α têm a mesma pressão, assim como todos os pontos na linha β. Além disso, a P_{Grav} em β é maior que em α. Entretanto, mesmo considerando-se a prerrogativa de que o grande determinante para que ocorra fluxo é o ΔP, não se observa fluxo resultante na Figura 32.5 A.

Apesar de haver diferença de P_{Grav} entre as alturas α e β na Figura 32.5 A, o sistema se encontra estático, pois a E_T contida em cada uma das diferentes alturas é a mesma. Observe o sistema sob a perspectiva de Bernoulli (equação 32.6). Tendo em vista que não há fluxo no sistema, a E_C é nula; pode-se, então, pensar, apenas, na E_P e na E_{PG}. A E_P é determinada pela P_{Grav}, ou seja, quanto maior a profundidade da coluna, maior é a E_P. Já a E_{PG} é determinada pelo inverso da P_{Grav}, ou seja, quanto maior a altura da coluna, maior é a E_{PG}. Dessa forma, tanto a P_{Grav} quanto a E_{PG} são determinadas por ρ · h · g, mas em sentidos inversos. Em outras palavras, quando a altura (h) diminui, a massa aumenta (ρ · h). Dessa forma, E_{PG} diminui enquanto P_{Grav} aumenta. Por outro lado, quando a altura (h) aumenta, a massa diminui (ρ · h). Dessa forma, E_{PG} aumenta enquanto P_{Grav} diminui.

Para entender melhor a inter-relação de E_{PG} e E_P é importante relembrar a equação 32.6. A Figura 32.5 B ilustra uma situação em que um volume teste de 1 cm³ de água está suspenso a 130 cm do solo. Já a Figura 32.5 C ilustra uma situação em que um volume teste de 1 cm³ de água está sendo comprimido por uma coluna de 130 cm de água. Como já descrito, E_P e E_{PG} são energias potenciais, as quais, devidamente utilizadas, podem gerar trabalho, e nesse caso, o trabalho será acelerar 1 cm³ de água.

Assim, o volume teste da Figura 32.5 B possui uma E_{PG} proporcional à E_P do volume teste da Figura 32.5 C.

Considerando-se a equação de Torricelli descrita a seguir, quando o volume teste da Figura 32.5 B chegar ao solo ele terá uma velocidade de 5 m/s.

$$V^2_F = V^2_0 + 2a \cdot \Delta s \qquad (32.7)$$

Já o volume teste da Figura 32.5 C está sob uma força peso de 1,274 N. Assim, quando for aberto um orifício de 1 cm² na lateral do tubo, essa força vai acelerar o volume teste, o qual, ao se deslocar por 1 cm linear, deixará o recipiente. Aplicando-se a equação 32.7, a velocidade de saída do volume teste da Figura 32.5 C será de 5 m/s.

Dessa forma, quando os dois volumes testes forem acelerados, e atingirem a mesma altura, a energia cinética de ambos será a mesma, sendo proporcional às quedas tanto da E_P quanto da E_{PG}. (equação 32.6). Assim, mesmo havendo diferença de pressão, a energia total entre diferentes pontos de uma coluna de água é igual.

O conceito da constância na energia total é muito importante em hemodinâmica; especialmente associado ao princípio da continuidade, o qual determina que o fluxo (J) por uma sequência de tubos conectados em série é sempre constante, não importando o diâmetro dos mesmos.

A Figura 32.6 ilustra o princípio da continuidade em uma sequência, em série, de dois tubos (1 e 2) com diferentes diâmetros. Dessa forma, o princípio da continuidade determina que o fluxo no tubo 1 seja igual ao do tubo 2.

Sabe-se, então, que $J_1 = J_2$. Como fluxo é volume por tempo, pode-se, então, reescrever o conceito da seguinte maneira: fluxo é igual à área do tubo multiplicada pela velocidade de passagem do fluido.

$$J = \frac{cm^3}{s} \text{ ou } J = cm^2 \times \frac{cm}{s} \qquad (32.8)$$

Portanto, considerando-se o princípio da continuidade, quando há um fluxo por uma sequência de tubos em série, se o diâmetro dos tubos for diferente, a velocidade de passagem do fluido variará de forma inversamente proporcional à sua área.

Fazendo-se valer o princípio da continuidade para o fluxo de 0,5 ℓ/s, ilustrado na Figura 32.6, o fluido passará com uma velocidade de aproximadamente 500 e 1.000 cm/s nos tubos 1 e 2, respectivamente. Entretanto, conforme descrito na equação 32.6 a E_T em fluidos ideais, incompressíveis e não viscosos, não se altera. Dessa forma, considerando-se que a E_{PG} é inexistente, pois não há diferença de altura no caminho do fluido, o aumento da velocidade que ocorre no tubo 2 aumenta a energia cinética do fluido; e, consequentemente, reduz a pressão que o mesmo exerce sobre a parede do tubo (pressão transmural). Esse fenômeno pode ser observado pelas diferenças entre as alturas das colunas h1 e h2, as quais representam as pressões exercidas pelo fluido nas paredes dos tubos 1 e 2, respectivamente. Ou seja, conforme a velocidade do fluido aumenta, a pressão que este exerce sobre a parede do tubo que o conduz é reduzida. Essa pressão sobre a parede do tubo é chamada de pressão transmural, a qual é a responsável por impor tensões nas paredes dos vasos do sistema circulatório.

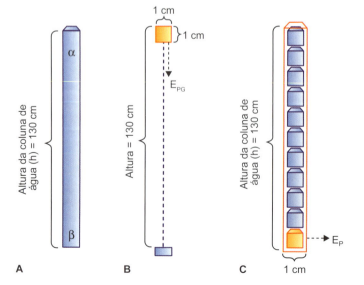

Figura 32.5 • **A.** Diagrama representativo de um recipiente contendo uma coluna de água de 130 cm de altura. O ponto α se encontra na superfície, enquanto o ponto β, a 130 cm de profundidade. **B.** Diagrama representativo de um volume teste de 1 cm³ de água (*quadrado amarelo*) suspenso a uma altura de 130 cm (ponto α). **C.** Diagrama representativo de uma coluna de água pressurizando um volume teste de 1 cm³ de água (*quadrado amarelo*) localizado à profundidade de 130 cm (ponto β).

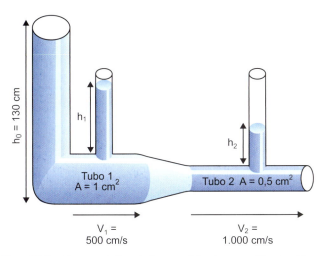

Figura 32.6 ▪ Diagrama do fluxo de água por dois tubos, com diferentes diâmetros, conectados em série. O tubo 1 tem uma área de secção transversal de 1 cm², enquanto o tubo 2 tem uma área de secção transversal de 0,5 cm², e ambos recebem um fluxo de 0,5 ℓ/s.

e frequências (Hertz). Assim, à medida que o pulso arterial – onda de pressão – caminha para a periferia, o seu perfil em um determinado território, por exemplo, o leito femoral, é o resultado da combinação de um pulso anterógrado (gerado na raiz da aorta decorrente da ejeção do ventrículo esquerdo) e múltiplos pulsos retrógrados gerados em diversos pontos de reflexão, a saber, bifurcações vasculares, e o mais importante deles, o território arteriolar. Este mecanismo consiste na reflexão de ondas no sistema arterial.

O ponto de reflexão do pulso arterial tem sido objeto de debate. Alguns autores sugerem que os principais pontos de reflexão seriam as emergências das artérias renais na aorta abdominal, ou a bifurcação aórtica; outros autores propõem que os pontos de reflexão não têm identidade física, anatômica, mas representam a combinação de reflexões em diversos pontos da periferia.

A Figura 32.8 representa, simplificadamente, o mecanismo de reflexão de ondas no sistema arterial. Nessa figura, destacam-se os pulsos anterógrado (linha contínua, denominada onda incidente) e retrógrado (linha tracejada, denominada onda refletida). Nota-se, também, a diminuição da amplitude do pulso anterógrado quando o mesmo ultrapassa a bifurcação vascular, simplesmente por não estar representada nenhuma composição com componentes retrógrados após a bifurcação. Nota-se, ainda, que a onda anterógrada se divide em dois componentes transmitidos. Com a reflexão gerada pela bifurcação, a onda retrógrada se compõe com a anterógrada, provocando distorções na mesma. Como será visto adiante, essa composição de ondas leva à amplificação da onda de pulso arterial.

Ou seja, há dois fenômenos importantes associados à reflexão de ondas, os quais são responsáveis pela alteração do perfil do pulso arterial à medida que o mesmo caminha para a periferia: o amortecimento e a dispersão harmônica, que serão detalhados a seguir.

A Figura 32.9 ilustra os fenômenos de amortecimento e a somatória das ondas refletidas no leito arterial. O pulso A representa aquele originado na aorta, enquanto o pulso B representa aquele que sofreu deformação durante a sua propagação; deformação essa devido ao mecanismo de amortecimento dos componentes harmônicos de alta frequência, decorrente das propriedades viscosas do sangue e da própria parede arterial. Além disso, a Figura 32.9 ilustra, ainda, as ondas refletidas na periferia, ou seja, o pulso C, com componentes positivos, e negativos, de diferentes amplitudes. A somatória dos pulsos B (amortecido) e C (refletido) resulta no pulso D, cujo perfil varia de acordo com o território de

a valva aórtica se encontra fechada, a retração aórtica (volta ao seu diâmetro basal) se encarregará de fazer com que aquele contingente sanguíneo, inicialmente ali armazenado, progrida para a periferia, completando, então, a fase diastólica do ciclo cardíaco (ver Quadro 32.2). A título de curiosidade, alguns pesquisadores até atribuem à aorta um papel de "*segundo coração/segunda bomba*", tal a importância deste mecanismo de transformação de energia potencial elástica em cinética para o deslocamento do sangue para a periferia durante a diástole. É importante ressaltar que a elasticidade da aorta determina o perfil do pulso aórtico representado na Figura 32.7. Como será visto adiante, alterações da elasticidade da aorta ocasionam modificações, significativas, deste perfil.

▶ Característica oscilatória do pulso arterial e reflexão de ondas no leito arterial

Como destacado, o pulso arterial está associado a uma dilatação da aorta determinada pela ejeção do ventrículo esquerdo em decorrência da característica elástica dessa artéria, o qual, ao se propagar ao longo da circulação arterial, apresenta alterações significativas em seu perfil, até desaparecer no território arteriolar. Portanto, o pulso arterial é um fenômeno oscilatório o qual, matematicamente, pode ser considerado, valendo-se da *Análise de Fourier*, como composto de inúmeras ondas senoidais (harmônicas) de várias amplitudes

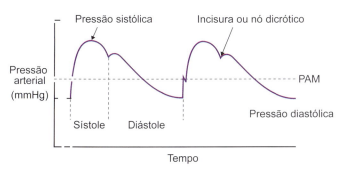

Figura 32.7 ▪ Diagrama ilustrativo do pulso arterial aórtico e sua relação com as fases do ciclo cardíaco. *PAM*, pressão arterial média. (Adaptada de Feigl, 1974.)

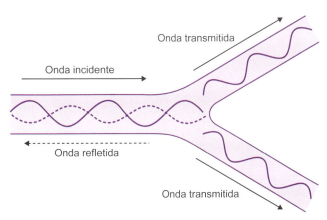

Figura 32.8 ▪ Representação da transmissão e reflexão de uma onda de pulso em uma bifurcação arterial. (Adaptada de Djelic *et al.*, 2013.)

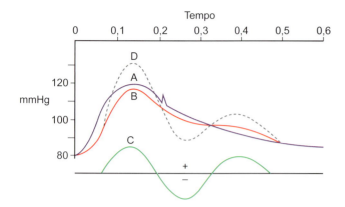

Figura 32.9 ▪ Diagrama ilustrativo dos conceitos de amortecimento (*damping*) e somação de ondas refletidas no sistema arterial. *A*. Pulso gerado na aorta. *B*. Pulso amortecido. *C*. Ondas refletidas. *D*. Somatória das curvas *B* e *C*. Nota-se, no pulso *A*, a incisura, ou nó dicrótico, característico do pulso aórtico. (Adaptada de Hamilton, 1944.)

análise, pois depende dos efeitos do amortecimento e das ondas refletidas. A título de observação, destaca-se que o pulso D apresenta grande semelhança com o pulso femoral ilustrado na Figura 32.11 (mais adiante), com destaque para o desaparecimento do nó dicrótico.

Como mencionado anteriormente, o pulso arterial é uma onda de pressão composta de inúmeras ondas senoidais (harmônicas) de várias amplitudes e frequências. Assim, a dispersão harmônica de um fenômeno oscilatório, no caso a onda de pressão, significa que os componentes harmônicos com menor frequência (Hertz) caminharão com maior velocidade no leito vascular, contribuindo, portanto, para a amplificação do pulso arterial. Por conseguinte, a alteração do pulso arterial, em termos de forma e amplitude, à medida que caminha no leito arterial, se deve: à reflexão de ondas, ao amortecimento, e à dispersão harmônica.

A Figura 32.10 ilustra o pulso aórtico anterógrado (combinação das linhas contínua e tracejada) e a amplitude e evolução temporal da onda de pressão arterial refletida na periferia, registrada em um indivíduo de meia-idade. Nessa figura, o ponto de inflexão (P_i) indica o início da elevação do pulso arterial, determinado pela onda refletida, o qual irá atingir o pico sistólico (P_s). Portanto, a onda refletida (retrógrada) soma-se ao pulso anterógrado pelo princípio da composição de ondas. O tempo despendido pelo pulso anterógrado para atingir o(s) ponto(s) de reflexão e retornar ao ponto de registro compondo-se com a(s) onda(s) refletida(s) está representado na Figura 32.10 por Δt_p, enquanto a duração sistólica da onda refletida está representada por Δt_r.

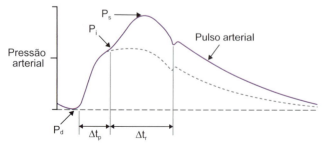

Figura 32.10 ▪ Amplitude e evolução temporal da onda refletida. P_d, pressão diastólica; P_i, ponto de inflexão; P_s, pressão sistólica; Δt_p, tempo de reflexão; Δt_r, duração sistólica da onda refletida; *linha tracejada*, pulso arterial sem influência da onda refletida. (Adaptada de Nichols e Singh, 2002.)

▸ Deformação do pulso ao longo da circulação arterial

Fundamentalmente, as alterações observadas no perfil do pulso aórtico, ao longo da circulação arterial, se constituem na amplificação do pulso, ou seja, elevação da pressão sistólica e diminuição da pressão diastólica, com discreta redução da pressão arterial média.

A discreta redução da PAM, especialmente nos leitos arteriais de condutância (aórtico, ilíaco e femoral), representa, do ponto de vista físico, a transformação de energia cinética em calor (Figura 32.11). Assim, como nesses territórios de condutância (p. ex., a aorta) o atrito entre as lâminas que compõem o fluxo sanguíneo (Quadro 32.4) é relativamente pequeno, a perda da energia cinética devido à sua conversão em calor é pequena, refletido pela discreta redução da PAM. A título de comparação, quando o fluxo sanguíneo alcança o território das artérias de resistência (artérias com o diâmetro menor que 300 μm) e as arteríolas – leito de resistência por excelência – a queda da PAM é bem maior, refletindo o maior atrito entre as lamelas de sangue circulante, e, consequentemente, maior transformação de energia cinética em calor, com maior redução da PAM.

A seguir, serão examinados os fatores que determinam a amplificação do pulso arterial à medida que o mesmo progride, a partir da raiz da aorta, em direção aos vasos periféricos.

ASPECTOS DA RIGIDEZ ARTERIAL | REFLEXÃO DA ONDA DE RETORNO, SUA VELOCIDADE E INTENSIDADE

A Figura 32.14 mostra que, em um indivíduo saudável, no qual a elasticidade arterial é fisiológica (normal), a onda refletida (retrógrada) na periferia se soma à onda incidente (anterógrada) durante a diástole, ou seja, resultará em somação destas ondas. Dessa maneira, o pulso arterial resultante na aorta terá uma amplitude basal – fisiológica – a qual não acarretará nenhuma sobrecarga adicional ao coração durante a ejeção (ver Figura 32.10). Em contrapartida, a Figura 32.14 também representa a onda de pulso de um indivíduo com rigidez arterial aumentada, onde a onda refletida se propagará com maior velocidade, interagindo com a onda incidente (anterógrada) durante a sístole, ou seja, as ondas se somam (interação construtiva entre as ondas). Essa interação irá resultar em um pulso arterial com maior amplitude na aorta, o que do ponto de vista hemodinâmico acarretará aumento de carga para o ventrículo esquerdo. Em outras palavras, o pulso arterial amplificado aumentará a pós-carga, ou seja, aumentará a impedância do sistema arterial, dificultando a ejeção ventricular. Do ponto de vista fisiopatológico o aumento da pós-carga para o ventrículo esquerdo determina hipertrofia cardíaca e maior gasto de energia durante a contração. Essa situação, a longo prazo, predispõe ao aparecimento de insuficiência cardíaca (uma síndrome na qual o ventrículo é incapaz de manter o débito cardíaco adequado para os diversos territórios do organismo).

Em pacientes com hipertensão arterial mista (elevação das cifras de pressão arterial sistólica e diastólica), forma clássica de hipertensão arterial primária (ou essencial) a qual afeta,

Circulação Arterial e Hemodinâmica | Física dos Vasos Sanguíneos e da Circulação

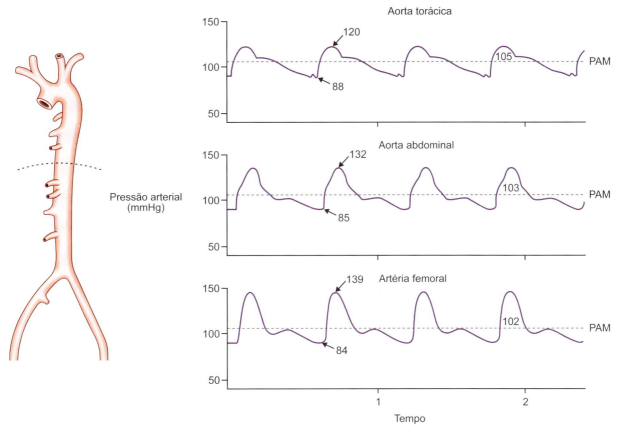

Figura 32.11 ▪ Registros simultâneos do pulso arterial na aorta torácica, aorta abdominal e artéria femoral em cão anestesiado. Nota-se a amplificação do pulso arterial (aumento da pressão arterial sistólica e redução da pressão arterial diastólica) à medida que o mesmo caminha para a periferia, combinada com discreta redução da pressão arterial média (PAM). (Adaptada de Feigl, 1974.)

Quadro 32.4 ▪ Rigidez arterial | Métodos de avaliação e fatores de risco.

O aumento da rigidez arterial está associado a vários fatores de risco tais como idade (jovem *vs.* idoso), gênero (masculino *vs.* feminino), tabagismo, hipertensão arterial, diabetes melito, hipercolesterolemia e arteriosclerose propriamente dita. Vale destacar que o aumento da rigidez vascular pode preceder o aparecimento clínico de doenças ateromatosas. Portanto, a detecção precoce de alteração da rigidez vascular pode contribuir para o diagnóstico precoce do risco cardiocirculatório, quando uma intervenção eficaz, preventiva, pode ser altamente benéfica para o indivíduo em risco. Contribuição significativa para o estudo da rigidez arterial foi dado pelo desenvolvimento da análise da velocidade da onda de pulso (VOP) carotídeo-femoral, a qual é considerada como "*padrão-ouro*" de medida da rigidez arterial dos grandes vasos arteriais. A VOP é um preditor, independente, de risco cardiocirculatório relacionado às propriedades elásticas das grandes artérias, principalmente da aorta, sendo inversamente relacionada à distensibilidade arterial, e diretamente relacionada ao Módulo Elástico de Young (Quadro 32.5). Ela é definida como o tempo necessário para que a onda de pulso percorra uma determinada distância.

A VOP pode ser determinada de forma não invasiva pelos registros dos pulsos femoral e carotídeo (Figura 32.12). O tempo de percurso do pulso arterial é, geralmente, calculado por meio do método "*pé a pé*" ("*foot to foot*"); enquanto a distância percorrida pelo pulso é medida ao longo da superfície corporal, entre os pontos de registros, por meio de instrumentos de medida adequados. Assim, a VOP é determinada com a colocação de transdutores de pressão sobre a carótida esquerda e a artéria femoral esquerda; e, de maneira geral, utiliza registradores computadorizados e programas de análise apropriados. A VOP é calculada, em m/s, pela divisão da distância entre os dois sensores pelo tempo que separa o aparecimento dos pulsos arteriais na carótida esquerda e na artéria femoral esquerda. A distância percorrida pelo pulso arterial é medida por uma fita métrica, colocada sobre a superfície corporal, de acordo com diretrizes preestabelecidas. Destaca-se que pelo menos 10 medidas são necessárias para a obtenção de uma média acurada da VOP (para maiores informações metodológicas, ver Asmar *et al.*, 1995). A propósito, recomenda-se que a medida da distância percorrida pelo pulso arterial seja feita de forma precisa, tendo em vista que qualquer erro pode alterar a precisão da medida da VOP. Sabe-se que, quanto menor a distância entre dois locais de registro, maior será a possibilidade de erro na medida da VOP.

Além da VOP, outro parâmetro, o índice de amplificação [ΔI_a (%)], também é considerado importante indicador da rigidez arterial. Vale ressaltar que o ΔI_a (%) depende de: (1) elasticidade do leito arterial; (2) velocidade das ondas anterógradas que se refletem; (3) distância do principal ponto de reflexão.

Embora a medida direta – invasiva – das pressões centrais (aórtica e carotídea, por exemplo) seja a ideal, diversos dispositivos foram desenvolvidos para o registro dessas pressões por meio da compressão dos pulsos carotídeo e radial; ou então, a partir das ondas de distensão das carótidas. Dentre estes diversos dispositivos (comerciais ou não), os mais utilizados, clinicamente, se valem do registro dos pulsos radial ou carotídeo combinado com um algoritmo para estimar as pressões centrais a partir dos pulsos periféricos (Figura 32.13).

Os índices de reflexão da pressão arterial e as pressões centrais acoplados à medida da VOP (medida direta da rigidez arterial) se constituem em abordagens minuciosas, e integradas, do estudo da função arterial. Estes métodos possuem diferentes capacidades de avaliação de riscos. Por exemplo, o índice de amplificação é mais adequado para ser aplicado em indivíduos jovens, enquanto a VOP o é para indivíduos mais maduros.

- **Significado fisiopatológico das pressões centrais.** As pressões centrais (aórtica e carotídea) são, do ponto de vista fisiopatológico, mais relevantes que as pressões periféricas (braquial e radial). Isso porque é a pressão existente na raiz da aorta que, efetivamente, o ventrículo esquerdo precisa vencer para que ocorra a ejeção. Ou seja, a pressão arterial central é mais representativa da pós-carga que a pressão arterial medida tradicionalmente em artérias periféricas, por exemplo, a artéria braquial. Vale ainda ressaltar que a pressão diastólica na aorta exerce papel fundamental na perfusão coronariana, uma vez que a nutrição do miocárdio ocorre, primordialmente, na diástole; isto é, quando o músculo cardíaco se encontra relaxado (para maiores detalhes, ver circulação coronariana no Capítulo 36, *Circulações Regionais*). Além disso, a pressão de distensão das artérias centrais (aorta e carótidas), vasos com características elásticas, é fator determinante de alterações degenerativas, as quais caracterizam o envelhecimento rápido e a hipertensão arterial. A propósito, as artérias periféricas (braquial e radial) são menos suscetíveis a essas alterações.

Quadro 32.5 ▪ Módulo de elasticidade ou módulo de Young (uniaxial).

Na fórmula anexa, *E* é uma grandeza (medida em unidade de pressão pascal: *Pa*) proporcional à rigidez de um material, quando este é submetido a uma tensão externa de tração ou compressão. Basicamente, é a razão entre a tensão aplicada e a deformação sofrida pelo material, quando o comportamento é linear, como mostra a equação abaixo:

$$E = \sigma/\varepsilon$$

Em que:
E = módulo de elasticidade ou módulo de Young (Pa)
σ = tensão aplicada (Pa)
ε = deformação elástica longitudinal do corpo de prova (adimensional).

Tomemos como exemplo uma barra de borracha e uma de metal. Se aplicarmos a mesma tensão em ambas, será verificada uma deformação elástica muito maior por parte da borracha comparada ao metal. Isso mostra que o módulo de Young do metal é mais alto que o da borracha; e, portanto, é necessário aplicar uma tensão maior para que ele sofra a mesma deformação verificada na borracha (caso isso seja possível).

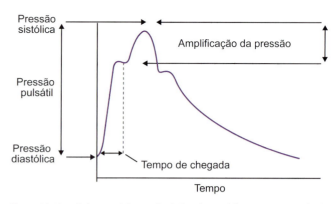

Figura 32.13 ▪ Pulso arterial central e índice de amplificação. A amplitude do segundo pico sistólico, acima do ponto de inflexão, define a amplificação da pressão central. A razão entre a amplificação da pressão e a pressão arterial pulsátil define o índice de amplificação [ΔI_a (%)] obtido em termos percentuais. (Adaptada de Agabiti-Rosei *et al.*, 2007.)

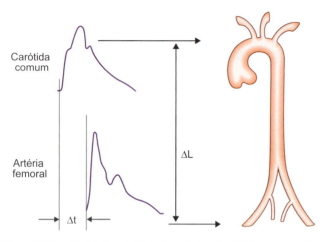

Figura 32.12 ▪ Medida da velocidade da onda de pulso (VOP) entre as artérias carótida comum e femoral pelo método "pé a pé" (*foot to foot*). A VOP é dada pela razão entre a distância percorrida pelo pulso arterial (ΔL), entre as duas artérias, e o tempo despendido (Δt) no percurso em tela; de acordo com a fórmula de Bramwell e Hill. (Adaptada de Bortolotto e Safar, 2006; Laurent *et al.*, 2006.)

principalmente, jovens e indivíduos de meia-idade, a principal anormalidade observada é o aumento da resistência periférica total (RPT). Por outro lado, na hipertensão arterial sistólica isolada, frequentemente observada em idosos, a anormalidade hemodinâmica, primária, é o aumento da rigidez arterial (RA). A Figura 32.15 ilustra os aspectos hemodinâmicos (pressão arterial média e pressão arterial pulsátil) observados nesses dois quadros de hipertensão arterial, comparando-as com um indivíduo saudável (normotenso), com destaque para as elevações da RPT e da RA. Na Figura 32.15, além da elevação da pressão arterial média (PAM), o pulso arterial (pressão arterial pulsátil) se encontra amplificado em ambas as hipertensões; todavia, na hipertensão arterial sistólica isolada essa amplificação é bem mais acentuada. A maior amplificação do pulso arterial na hipertensão arterial sistólica isolada se deve à maior RA presente nesses pacientes. Cabe destacar que a hipertensão arterial sistólica isolada é bem mais frequente em idosos, isso porque a idade é um dos principais fatores que contribuem para o aumento da rigidez da aorta em decorrência da perda de fibras elásticas.

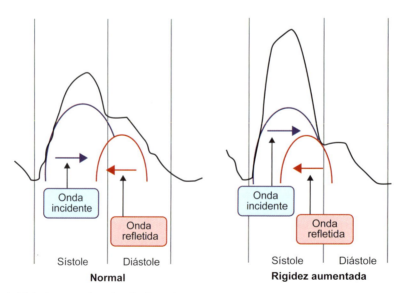

Figura 32.14 ▪ Ilustração da velocidade de retorno da onda refletida em direção à aorta, em situação fisiológica (normal) e patológica (rigidez arterial aumentada). (Adaptada de Tomiyama e Yamashina, 2010.)

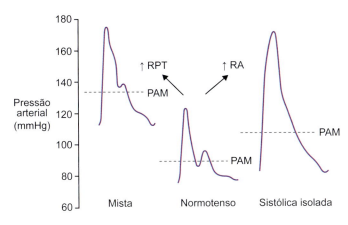

Figura 32.15 • Exemplos de pulsos arteriais de indivíduos normotenso, hipertenso com hipertensão mista (sistólica e diastólica), e com hipertensão sistólica isolada. PAM, pressão arterial média; RA, rigidez arterial; RPT, resistência periférica total. A *linha tracejada* representa a PAM. (Adaptada de McEniery et al., 2007.)

FLUXO SANGUÍNEO | FLUXO DE UM FLUIDO REAL

Como descrito até o momento, a energia responsável pela propulsão do sangue pelo sistema circulatório é a pressão; a qual, no sistema arterial, é caracterizada por variação intermitente à medida que ela percorre o sistema de tubos, ou seja, uma onda de pulso (ver Figura 32.1). Entretanto, apesar de toda discussão, até o momento, sobre a força que impulsiona o sangue, para que se entenda o fluxo sanguíneo deve-se levar em consideração as características do fluido propriamente dito, ou seja, do próprio sangue.

O princípio de Bernoulli (ver Quadro 32.3) para o sistema circulatório é um excelente preditor para o entendimento da relação entre pressão, energia potencial elástica e energia cinética. Entretanto, o sangue não é um fluido ideal. Apesar de ser incompressível ele tem viscosidade, a qual varia dependendo do diâmetro do vaso e da temperatura. Assim, a viscosidade do sangue impõe um novo parâmetro à hemodinâmica, o qual é excluído na abordagem de Bernoulli, ou seja, a resistência viscosa ao fluxo.

O sangue é um fluido complexo que contém diferentes tipos de células em suspensão no plasma. Dentre essas células, as hemácias constituem sua maioria, e seu transporte através dos vasos sanguíneos se dá de forma passiva, e dependente do fluxo de plasma. Sua complexidade lhe confere uma importante característica, ou seja, a viscosidade.

A Figura 32.16 mostra a variação na viscosidade (η) do sangue em relação ao hematócrito (*A*), à pressão (*B*), e ao calibre dos vasos (*C*). A viscosidade do sangue diminui com a queda do hematócrito, o que pode ocorrer em casos de anemia; e se eleva com o aumento do hematócrito, o que pode ocorrer em casos de policitemia (aumento do número de hemácias no sangue). Entretanto, alterações na viscosidade ocorrem fisiologicamente nos próprios vasos. O aumento na pressão à qual o sangue se encontra submetido, por aumentar a velocidade de fluxo, garante que as hemácias se concentrem na parte central do vaso (acúmulo axial das hemácias); deixando, assim, uma camada de plasma entre as células sanguíneas e a parede do vaso, reduzindo o atrito e facilitando o respectivo fluxo sanguíneo. Portanto, o acúmulo axial das hemácias diminui a viscosidade aparente, aproximando-se de um valor estável (ver Figura 32.16 B). Durante a passagem de sangue pelos vasos de grande calibre a sua viscosidade não se altera, e as hemácias são conduzidas de forma desordenada. Entretanto, à medida que o sangue flui por vasos de pequeno calibre, como os capilares, os quais possuem diâmetro aproximado de 8 µm, a viscosidade do sangue diminui significativamente. Esse fenômeno ocorre devido à organização das hemácias durante sua passagem pelo capilar, como mostrado no destaque da Figura 32.16 C. Pelo fato de as hemácias possuírem, em média, 8 µm de diâmetro, elas são transportadas de forma unitária, e orientadas de modo a evitar colisões. Essa organização que ocorre nos vasos de pequeno calibre reduz o coeficiente de atrito dinâmico do fluido, e facilita o fluxo do sangue.

Entretanto, conforme descrito no Quadro 32.6, ao mesmo tempo que a viscosidade tende a favorecer um padrão laminar de fluxo, ela acaba se opondo ao próprio fluxo, demandando uma energia maior, sob a forma de pressão. Recordando o princípio de Bernoulli (equação 32.5), para o fluxo de sangue, ou de qualquer fluido real, deve-se adicionar à equação 32.5 o termo da perda viscosa (P_η). A perda viscosa é a energia que é perdida devido ao atrito viscoso quando da conversão da energia potencial (pressão) para energia cinética (velocidade). Em outras palavras, a pressão necessária para se acelerar o sangue não depende só da massa do mesmo e de qual velocidade se pretende atingir; mas, depende, também, da viscosidade do sangue e do padrão de fluxo (laminar *vs.* turbulento). A essa dificuldade de passagem se dá o nome de resistência viscosa.

A principal lacuna do princípio de Bernoulli é que ele negligencia a viscosidade dos fluidos. Essa lacuna foi posteriormente preenchida pelos médicos (francês e alemão) Poiseuille e Hagen. Suas observações levaram à formulação da equação de Hagen-Poiseuille, a qual é mais conhecida como *equação de Poiseuille*. Esta equação prevê que o fluxo (*J*) de um fluido é diretamente dependente da diferença de pressão (ΔP) e do raio do tubo (*r*); mas, inversamente dependente do comprimento do tubo (*L*) e da viscosidade do fluido (η).

$$J = \frac{(P_1 - P_2) \times \pi r^4}{8 \times L \times \eta} \quad (32.9)$$

Com base na equação de Poiseuille pode-se, ainda, deduzir o componente resistivo (*R*) que se opõe ao fluxo. Entendendo a resistência ao fluxo como a relação da diferença de pressão pelo fluxo, pode-se descrever a resistência segundo a equação 32.10.

$$\frac{\Delta P}{J} = R = \frac{8 \times L \times \eta}{\pi r^4} \quad (32.10)$$

Assim, a equação 32.10 permite concluir que, se a resistência ao fluxo aumentar, a pressão, obrigatoriamente, aumentará para que se mantenha o mesmo fluxo. Dessa forma, embora a ejeção ventricular preencha o leito arterial com o volume sistólico, o valor da pressão resulta da associação entre o volume sistólico e a dificuldade de seu escoamento pela circulação sistêmica. Essa dificuldade é composta pela resistência viscosa do fluido e pela resistência vascular.

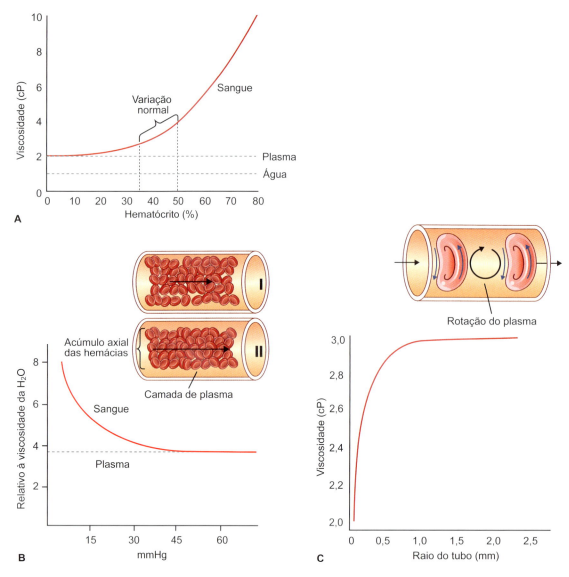

Figura 32.16 ▪ **A.** Variação da viscosidade do sangue em relação ao hematócrito. **B.** Variação da viscosidade do sangue em relação à velocidade de fluxo devido à pressão. Destaque em **B** mostrando a organização das hemácias sob pressões menores (I) e maiores (II) (as *setas* representam o grau de velocidade do fluxo). **C.** Variação da viscosidade do sangue em relação ao calibre do vaso. Destaque em **C** exemplificando o transporte de hemácias em capilares. (Adaptada de Boron e Boulpaep, 2012.)

DETERMINANTES DA RESISTÊNCIA VASCULAR

Para se entender a resistência ao escoamento de sangue na circulação sistêmica, ou seja, a resistência total periférica (*RTP*), primeiramente serão relembradas algumas características físicas do sistema vascular. De um vaso único (aorta) emergem ramos que se subdividem, progressivamente, em milhares de pequenas artérias, milhões de arteríolas, e bilhões de capilares; os quais convergem para as vênulas e veias, as quais, finalmente, se reagrupam em um único vaso, a veia cava. Estes vasos mencionados compõem a árvore vascular sistêmica, como descrito no Capítulo 27. Com a arborização da vasculatura há progressiva redução do raio e da área de secção transversal de cada vaso individual. Porém, em decorrência da ramificação vascular, a área de secção transversal total, de cada componente vascular da circulação, aumenta após cada bifurcação, desde a aorta até os capilares e vênulas pós-capilares. Assim, a maior área de seção transversal na circulação sistêmica ocorre com o agrupamento das áreas de secção transversais dos capilares e vênulas pós-capilares (ver Figura 27.5, no Capítulo 27).

Retornando à resistência ao escoamento de sangue, como visto na equação 32.10, segundo a Lei de Poiseuille, a resistência é inversamente proporcional ao raio elevado à quarta potência. Assim, para a mesma diferença de pressão (ΔP) entre dois pontos no sistema vascular, o fluxo dependerá, de modo crítico, do raio do vaso. Portanto, frente à redução no calibre dos vasos, para que se mantenha o fluxo sanguíneo será necessário o aumento da pressão arterial.

Entretanto, a grande variação no calibre dos vasos que controlam a resistência e a pressão de perfusão dos diferentes órgãos não ocorre naqueles que possuem o menor raio, ou seja, os capilares; ela ocorre, portanto, ao longo das arteríolas (ver Figura 33.1, no capítulo seguinte). Especificamente, sabe-se que pequenas artérias (diâmetro < 300 μm, denominadas artérias de resistência) e as arteríolas (diâmetro < 100 μm)

Quadro 32.6 ▪ Viscosidade e força de cisalhamento, implicações no padrão do fluxo: o número de Reynolds.

A viscosidade (η) de um fluido decorre do seu atrito interno, sendo determinada por interações intermoleculares. Por esse motivo, a viscosidade é função da temperatura, e com o aumento da mesma as moléculas que compõem o fluido ganham energia cinética (agitação térmica das moléculas), o que reduz o intervalo de proximidade entre essas moléculas, e, consequentemente, sua interação, reduzindo a viscosidade.

Dessa maneira, a viscosidade é a propriedade do fluido que determina sua resistência ao escoamento em uma dada temperatura. Essa resistência é exercida pela força viscosa (equação 32.11), a qual atua de forma contrária ao sentido do deslocamento do fluido.

$$f = \frac{\eta \times v_0 \times A}{d} \quad (32.11)$$

A força viscosa representa os efeitos friccionais do fluido, e é, diretamente, dependente da velocidade de deslocamento (v_0), da área de contato (A), e da viscosidade do fluido (η); e inversamente dependente da distância (d) em relação a uma superfície fixa.

Assim, a Figura 32.17 mostra o movimento da placa superior que é deslocada lateralmente para a direita, sobre um fluido que se encontra em contato com uma superfície fixa na parte inferior. No interior do fluido há um pequeno volume de tinta com formato circular, o qual adquire o formato de linha conforme a placa superior é deslocada. A linearização da gota de tinta na direção diagonal mostra que há uma gradação no deslocamento do fluido, o qual se desloca mais na parte superior do que na inferior. Pode-se observar que, conforme d se afasta da superfície fixa, a força viscosa que impede o fluxo é reduzida (equação 32.11). Essa gradação na velocidade do fluxo é determinada pela maior resistência observada na periferia do deslocamento, pois a força viscosa é maior. O fluxo de fluido por um tubo também apresenta essa característica, e a região que apresenta a menor força viscosa é o centro do tubo (no caso do sistema cardiovascular, o centro do vaso); ou seja, é no centro do tubo que o fluido tem maior velocidade. Isso gera a fragmentação do deslocamento do fluido em infinitas camadas de fluido com velocidades variadas, as quais são caracterizadas como pequenas lâminas de fluxo. Imediatamente encostado na parede do tubo, onde d é zero, forma-se a primeira lâmina de fluido, a qual se encontra imóvel em resposta à maior força viscosa. Conforme se afasta da parede do tubo em direção ao centro, d aumenta e a força viscosa diminui, favorecendo o aumento da velocidade de escoamento.

Dessa forma, analisando-se a equação 32.11 pode-se perceber que, quanto mais viscoso o fluido, maior será sua força viscosa, e, consequentemente, maior sua tendência para escoar em lâminas. Esse padrão de escoamento em lâminas é determinado pela força viscosa, ou força de cisalhamento, onde cada lâmina cisalha sobre a lâmina subsequente em função da viscosidade.

As lâminas distantes exercem uma força de arrasto (no sentido de v_0 representado na Figura 32.18) sobre as lâminas mais próximas à parede do tubo, as quais devolvem uma força igual e oposta sobre as primeiras, denominada força viscosa ou resistiva. Assim, visto lateralmente, o fluxo laminar apresenta uma frente parabólica de deslocamento (ver Figura 32.18 B).

Apesar de fluidos viscosos tenderem a apresentar fluxo laminar, isso nem sempre ocorre. Para que o fluxo se apresente de forma laminar, os efeitos friccionais, proporcionais à viscosidade, devem sobrepujar os efeitos inerciais, proporcionais à massa. Pode-se chamar essa relação como a força crítica (fcrít) sob a qual o fluxo laminar predomina (equação 32.12).

$$fcrít = \frac{\eta^2}{\rho m} \quad (32.12)$$

Vemos pois que a força crítica é uma relação entre viscosidade e densidade de massa (ρm), em que fluidos com elevada viscosidade e baixa densidade tendem a apresentar fluxo laminar, suportando forças maiores. Por outro lado, fluidos com baixa viscosidade e elevada densidade tendem a apresentar fluxo turbulento, já em forças menores.

O Quadro 32.7 mostra a força crítica de alguns fluidos, onde se pode notar que o xarope de milho é o menos suscetível a apresentar um fluxo turbulento. Do mesmo modo, o sangue tem maior probabilidade de apresentar fluxo laminar comparado com água pura, por possuir maior força crítica.

Dessa forma, entende-se que a disposição em lâminas durante o escoamento de um fluido é dependente da relação entre viscosidade e densidade. Entretanto, a força crítica não determinará se o fluxo será laminar ou turbulento; ela fornecerá uma ideia da característica de um determinado fluido. Para essa determinação precisa-se levar em consideração a velocidade. Um critério mais preciso que prediz o padrão do fluxo é o *número de Reynolds* (equação 32.13), o qual leva em consideração o mesmo conceito abordado anteriormente, entre viscosidade e densidade de massa. Porém, ele avalia esses termos em relação à velocidade de escoamento do fluido (v) e ao raio do tubo (r).

$$R = \frac{v \times r \times \rho m}{\eta} \quad (32.13)$$

Reynolds verificou que, de maneira geral, o padrão de fluxo é laminar com R igual ou inferior a 1.000, e que a transição para fluxo turbulento ocorre com valores de R superiores a 1.000. Assim, o coeficiente de Reynolds resulta em um número adimensional que indica o regime de escoamento dos fluidos.

O número de Reynolds é fundamental na prática clínica, por exemplo, durante a ausculta cardíaca. Como descrito no Capítulo 31, com o auxílio de um estetoscópio é possível auscultar, fisiologicamente, a primeira e a segunda bulha (fechamento da valva mitral e tricúspide, e da valva aórtica e pulmonar, respectivamente). Considerando-se o escoamento laminar do sangue não se ausculta nenhum ruído entre os fenômenos sistólicos e diastólicos, além da primeira e segunda bulhas. Porém, caso ocorra uma dilatação (insuficiência) ou estreitamento (estenose) das valvas cardíacas, ou caso o paciente seja anêmico, o regime de fluxo pode mudar de laminar para turbilhonado, e esse turbilhonamento gera o que se denomina de sopro cardíaco. Sendo assim, o sopro é o som gerado durante a passagem do fluxo turbilhonar pela(s) valva(s) acometida(s).

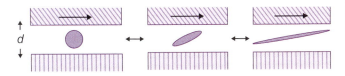

Figura 32.17 ▪ Movimento de cisalhamento de um fluido em fluxo laminar planar gerado por placas deslizantes. No diagrama, a placa inferior está fixa, enquanto a superior é deslocada para a direita com uma velocidade v_0. As placas estão separadas por uma distância d contendo um fluido com uma gota de tinta. (Adaptada de Nelson, 2006.)

Quadro 32.7 ▪ Densidade, viscosidade e força crítica viscosa para fluidos a 25°C.

Fluido	ρm (kg · m^{-3})	η (Pa · s)	fcrít (N)
Água	1.000	0,0009	8×10^{-10}
Sangue	1.050	0,003	$8,5 \times 10^{-9}$
Azeite	900	0,08	7×10^{-6}
Xarope de milho	1.000	5	0,03

ρm, densidade de massa; η, viscosidade; fcrít, força crítica.

constituem o principal sítio de resistência do sistema vascular sistêmico. Esse fenômeno ocorre, pois: (1) apesar de o raio dos capilares ser, individualmente, menor que o das arteríolas, a soma do número de capilares é, proporcionalmente, muito maior do que o de arteríolas, o que resulta em maior área de secção transversa, e, por consequência, menor resistência ao fluxo sanguíneo (Quadro 32.8); (2) as artérias de resistência e as arteríolas apresentam uma razão elevada entre a espessura de suas paredes e seu lúmen. Essa razão, denominada razão parede/lúmen (ver Figura 33.1, no capítulo seguinte), é calculada pela relação da espessura da parede vascular (EP)/diâmetro interno (D_l) do vaso (EP/D_l), e se encontra muito elevada nas arteríolas, especialmente as pré-capilares, em comparação aos capilares e às artérias de maior calibre (ver Quadro 32.8 e Figura 33.1).

A importância da razão parede/lúmen fica evidente na hipertensão arterial, onde o remodelamento da parede arterial, concomitante com a redução do diâmetro interno vascular, causa aumento dessa razão em artérias de resistência, e arteríolas, para valores acima do fisiológico; assim, há o

524 Aires | Fisiologia

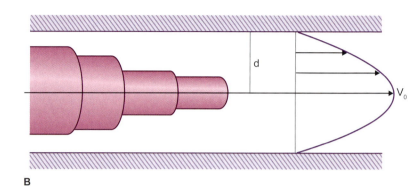

Figura 32.18 • **A.** Representação frontal das diversas lâminas de um fluido e a relação da velocidade com a distância da parede do tubo. **B.** Representação lateral das lâminas formadas durante o escoamento de um fluido. (Adaptada de Boron e Boulpaep, 2012.)

aumento da RPT com aumento da pressão arterial, e consequente prejuízo do controle do fluxo sanguíneo em diferentes órgãos. Cabe ressaltar que a razão parede/lúmen também é um importante preditor das doenças cardiovasculares; ou seja, quanto maior essa razão, maior a morbimortalidade dos pacientes hipertensos.

O Quadro 32.8 mostra as características físicas estruturais que tornam as arteríolas o principal sítio de controle da resistência no sistema vascular: (1) maior razão raio interno/número de vasos; (2) maior razão parede/lúmen em comparação aos outros vasos sanguíneos. Porém, além das características estruturais intrínsecas dos vasos, a resistência também é resultante da atividade das células do músculo liso vascular ao longo do tempo. Fatores locais, humorais e neurais controlam o grau de contratilidade vascular, denominado de tônus vascular. Fatores que aumentam o tônus vascular causam vasoconstrição com redução do raio vascular, e, consequentemente, aumento da resistência; ao contrário, fatores que reduzem os tônus causam vasodilatação com aumento do raio, e, consequentemente, reduzem a resistência (ver equação 32.10). A identificação dos fatores que controlam o tônus vascular será discutida no capítulo seguinte; porém, cabe ressaltar a importância da inervação simpática para a manutenção do tônus vascular nas artérias de resistência, sendo este um importante mecanismo de controle da RPT.

O tônus vascular também contribui para determinar a pressão crítica de fechamento do vaso. Por exemplo, em um vaso completamente dilatado, sem nenhum tônus ativo, um gradiente de pressão de aproximadamente 6 mmHg é capaz de abri-lo, e permitir o fluxo de sangue. Porém, sob excessiva vasoconstrição, a redução do raio aumenta a resistência, fazendo com que o fluxo cesse em gradiente de pressão menor que aproximadamente 40 mmHg, exigindo maior desenvolvimento de pressão na sístole ventricular para permitir a passagem do sangue e estabelecer o fluxo sanguíneo.

TENSÃO NA PAREDE DOS VASOS

Alterações na circunferência do vaso sanguíneo, ou seja, em seu raio, influenciam diretamente o estresse, ou a tensão sofrida pela parede deste vaso em resposta a uma determinada pressão. A tensão sobre a parede do vaso é o produto da pressão que atua sobre a parede do mesmo, ou seja, a pressão transmural (ΔPt = pressão intravascular – pressão extravascular) multiplicada pelo do raio do vaso (r). Essa fórmula segue a Lei de Laplace (equação 32.14).

$$\text{Tensão} = \Delta Pt \times r \quad (32.14)$$

Para vasos com parede espessa, exceto os capilares, a Lei de Laplace pode ser expressa na sua forma modificada:

$$\text{Tensão} = \frac{\Delta Pt \times r}{EP} \quad (32.15)$$

Em que: ΔPt, pressão transmural; r, raio; EP, espessura de parede. A tensão da parede é expressa em dinas/cm².

Portanto, a tensão sofrida pela parede é determinada, momento a momento, pela interação das fibras de colágeno e elastina, as quais se distendem em resposta às alterações de pressão, modificando o seu raio; assim como pela tensão gerada pelo próprio tônus vascular, as chamadas tensões passivas (propriedades passivas) e tensões ativas (propriedades ativas). Na Figura 32.19 pode-se observar, de forma isolada, a participação dos dois principais elementos responsáveis pela elasticidade da parede do vaso, no desenvolvimento de tensão de sua parede, ou seja, o colágeno e a elastina. Essa tensão de parede, ou *strain* ($\Delta D_I/D_E$), é gerada pelo vaso, e pode ser considerada como a tensão elástica que atua no sentido de impedir a distensão.

Quadro 32.8 • Estimativa das resistências em arteríolas e em capilares sistêmicos.

	Arteríolas	Capilares
Raio interno (r_i)	15 μm	4 μm
Resistência individual (R_i)	15×10^7	3.000×10^7
Número de unidades (N)	10^7	10^{10}
Resistência total ($R_t = R_i/N$)	15	3
Razão parede/lúmen	2	0,5

Os valores de resistência estão em dinas · s/cm⁵. *Fonte*: Boron e Boulpaep, 2012.

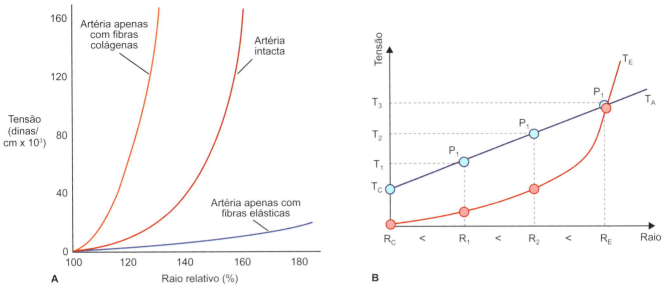

Figura 32.19 • **A.** Papel relativo das fibras colágenas e elásticas no desenvolvimento de tensão elástica. **B.** Relação entre tensão aplicada e tensão elástica na parede de um vaso frente a uma pressão fixa. R_C, raio crítico; R, raio; R_E, raio estável; T_C, tensão crítica; T, tensão; P_1, pressão fixa; T_A, tensão aplicada; T_E, tensão elástica. (Adaptada de Boron e Boulpaep, 2012.)

A tensão elástica ocorre em resposta a uma tensão aplicada contra a parede do vaso, a qual é o produto da pressão × raio.

Assim, conforme um vaso é submetido a uma pressão mínima capaz de estabelecer um raio, ou o lúmen do vaso, suas paredes estão submetidas a uma tensão aplicada pelo sangue, a qual aumenta à medida que se eleva a pressão ou se aumenta o raio (equação 32.14). Dessa forma, essa tensão aplicada acaba por gerar na parede do vaso a tensão elástica da parede. A tensão elástica da parede aumenta conforme o diâmetro interno aumenta, e a espessura da parede diminui (equação 32.15). À medida que a tensão elástica aumenta, aumentando a energia potencial elástica, ela vai se opondo à tensão aplicada, e quando essas duas tensões forem equivalentes há o estabelecimento do que se denomina raio estável.

A Figura 32.19 A mostra a participação da elastina e do colágeno, isoladamente, no estabelecimento da tensão elástica. Como o colágeno é mais rígido, um vaso que apresente somente este componente em sua parede teria maior oposição à distensão frente ao aumento da pressão (curva desviada à esquerda). A elastina, como é menos rígida, apresentaria menor resistência à distensão gerada pelo aumento da pressão, sendo responsável pela geração de uma curva desviada para a direita. Entretanto, como uma artéria real possui uma mistura de fibras elásticas e colágenas, o ajuste da tensão em resposta a variações em seu raio apresenta um perfil intermediário comparado a vasos que contenham somente colágeno ou fibra elástica (*linha vermelha* na Figura 32.19 A).

Essas diferenças no formato das curvas devem-se ao fato do colágeno ser cerca de 1.000 vezes mais rígido que as fibras elásticas. Em um vaso em condição fisiológica, com fibras elásticas e colágenas íntegras, um estiramento moderado do mesmo resulta, primeiro, em estiramento das fibras elásticas com o início da curva apresentando inclinação branda. Entretanto, conforme o estiramento progride, as fibras colágenas são recrutadas, e a curva torna-se íngreme, aumentando muito a tensão de parede e limitando o aumento circunferencial do vaso (ver Figura 32.19 B). A composição mista da parede vascular determina que a curva de tensão elástica não seja linear. Essa característica não linear de distensão impede a acomodação elástica do material, e sua subsequente ruptura.

A relação entre colágeno e elastina na parede dos vasos é de suma importância para sua capacidade de deformação frente a variações de pressão. Fatores como envelhecimento e hipertensão arterial afetam a elasticidade do vaso por alterar essa relação. Em ambos os casos há aumento da deposição das fibras de colágeno na parede do vaso (fibrose), e/ou redução do número e do diâmetro das fenestras da lâmina elástica interna, em artérias de resistência, resultando em maior rigidez. Esses dois fatores tornam o vaso menos suscetível ao estiramento frente a uma determinada pressão. A Figura 32.20 ilustra o comportamento de uma artéria de resistência de um animal hipertenso em comparação com um normotenso. Na artéria do hipertenso há necessidade de se aplicar uma tensão mais elevada para se produzir o mesmo grau de deformação da parede, ou seja, a artéria do animal hipertenso é mais rígida. Essa limitação da deformação, e, consequentemente, do aumento do raio vascular em artérias de resistência, contribui para o aumento da resistência vascular periférica e para a hipertensão arterial.

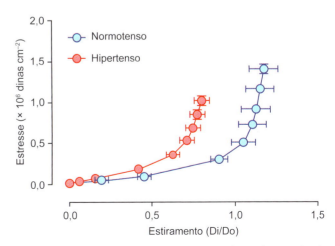

Figura 32.20 • Curvas de estiramento *versus* estresse de parede em artéria de resistência de animais normotensos e hipertensos. Observe a inclinação mais precoce da curva no animal hipertenso, sugerindo maior rigidez vascular. (Resultado do Laboratório de Fisiologia Vascular, Departamento de Fisiologia e Biofísica, ICB/USP.)

Medida indireta da pressão arterial pelo método esfigmomanométrico (auscultatório e palpatório): turbilhonamento sanguíneo e sons de Korotkoff

O registro da pressão arterial (PA) pode ser obtido de forma direta, por meio de um cateter inserido em uma artéria periférica e conectado a um transdutor de pressão; ou, de forma indireta, não invasiva, a qual é tradicionalmente utilizada nos hospitais, ambulatórios, consultórios ou mesmo domiciliarmente.

A 7ª Diretriz Brasileira de Hipertensão Arterial recomenda que a PA deve ser medida por profissionais da saúde devidamente capacitados, e que a sua medição pode ser feita com instrumentos denominados esfigmomanômetros, que podem ser manuais, semiautomáticos ou automáticos. Esses equipamentos devem ser validados e sua calibração verificada, anualmente, de acordo com as orientações do Inmetro (Instituto Nacional de Metrologia, Qualidade e Tecnologia).

A forma indireta baseia-se no método esfigmomanométrico, criado pelo médico italiano Scipione Riva-Rocci em 1896, inicialmente como forma palpatória, a qual foi posteriormente aprimorada pelo médico Russo Nicolai Korotkoff (1904), como forma auscultatória.

O *método esfigmomanométrico palpatório*, pelo qual o observador palpa a artéria radial, ou mesmo a braquial, informa, apenas, a PA sistólica. Isso porque, a palpação da artéria detectará o desaparecimento do pulso arterial quando a pressão do manguito suplanta a pressão arterial sistólica do indivíduo, colabando a artéria braquial e determinando o desaparecimento do pulso. Quando isso ocorre, o observador lê, então, no esfigmomanômetro aneroide (tradicionalmente se fazia no manômetro de mercúrio, mas por questões de segurança, o uso do mercúrio está proibido) a pressão arterial sistólica. Com este método a pressão arterial sistólica deve ser lida, novamente, com a desinsuflação do manguito, a qual determinará o retorno da pulsação, quando a pressão arterial sistólica do indivíduo se tornar ligeiramente superior à pressão do manguito. Caso haja uma pequena diferença entre os valores obtidos com a insuflação (desaparecimento do pulso) e com a desinsuflação (reaparecimento do pulso) do manguito, o observador deverá considerar a média dos dois valores obtidos. Esta técnica deve ser utilizada, sempre, precedendo o *método esfigmomanométrico auscultatório*, pois ela vai indicar ao observador o nível suficiente de pressão que, aplicado ao manguito, permitirá medir a PA sem causar desconforto ao indivíduo.

O *método esfigmomanométrico auscultatório* permite o registro das pressões arteriais sistólica e diastólica. Com o auxílio de um estetoscópio, este método utiliza a primeira (sons claros) e a quinta (silêncio) fases dos *sons de Korotkoff*.

A Figura 32.21 ilustra o método esfigmomanométrico auscultatório de medida da PA por meio de uma coluna de mercúrio. Com este método, assim como no método palpatório, a insuflação do manguito posicionado ao redor do braço colaba a artéria braquial, interrompendo o fluxo sanguíneo, assim que a pressão do manguito se torna maior que a pressão arterial sistólica do indivíduo.

Após a oclusão da artéria braquial, a desinsuflação gradual do manguito, e, consequentemente, a redução da pressão exercida pelo mesmo sobre a artéria braquial, permitirão o retorno do fluxo sanguíneo, quando a pressão do manguito for imediatamente menor que a PA sistólica, gerando, assim, um som claro (*1ª fase do som de Korotkoff*), auscultado por meio do estetoscópio, o qual permitirá ao observador ler, na coluna de mercúrio ou no esfigmomanômetro aneroide, o valor da pressão arterial sistólica. Vale destacar que este som que surge com o início da passagem do sangue pela artéria braquial, ainda parcialmente ocluída, se deve ao caráter turbilhonar do fluxo sanguíneo.

A seguir, com a redução da pressão do manguito, e a concomitante desoclusão da artéria braquial, o fluxo sanguíneo aumenta, gradualmente, assim como o turbilhonamento, produzindo ruídos mais altos, até o momento em que a artéria braquial retoma seu diâmetro original; então, o turbilhonamento cessa, e os ruídos se abafam e desaparecem em seguida. O *desaparecimento dos sons de Korotkoff (5ª fase representada pelo silêncio)* marca a transição do fluxo turbilhonar para laminar, indicando que a pressão exercida pelo manguito se igualou à pressão arterial diastólica, pois a artéria restabeleceu, completamente, seu diâmetro original.

Dessa forma, pelo método esfigmomanométrico auscultatório, ou seja, ouvindo-se os sons gerados pelo turbilhonamento sanguíneo em resposta à compressão e à descompressão da artéria braquial, pode-se determinar os valores da pressão arterial sistólica e diastólica.

Por outro lado, o *método oscilométrico* vem se constituindo em uma das abordagens mais utilizadas, ultimamente, para medida indireta da PA. O método oscilométrico é, de certa forma, análogo ao método auscultatório. Porém, em vez de utilizar as variações acústicas geradas pelo turbilhonamento sanguíneo, o método oscilométrico registra, e mensura, as vibrações (oscilações) das artérias. As oscilações arteriais apresentam uma curva bastante típica. Estas oscilações ocorrem, primeiro, quando o fluxo sanguíneo é interrompido; e, a seguir, quando o fluxo sanguíneo é reiniciado. Estas oscilações, de forma análoga aos sons de Korotkoff, se tornam cada vez mais fortes com a retomada do fluxo sanguíneo; e, a seguir, vão diminuindo, até desaparecer, com a volta do fluxo laminar. Vale ressaltar que no método oscilométrico as oscilações arteriais são detectadas por sensores eletrônicos de pressão, e os valores de PA, sistólica e diastólica, são calculados por meio de um algoritmo desenvolvido para tal finalidade.

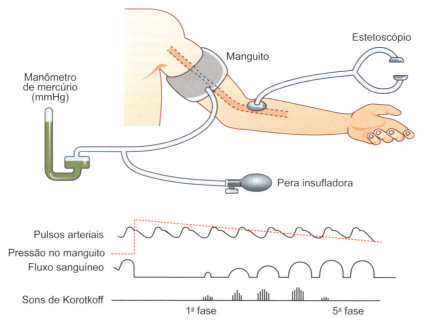

Figura 32.21 • Método esfigmomanométrico, auscultatório, de medida da pressão arterial. Destaca-se que, quando a pressão no interior do manguito (*linha tracejada vermelha*) suplanta a pressão arterial sistólica do indivíduo, a pulsação da artéria braquial cessa. Com a desinsuflação do manguito, a pulsação na artéria braquial reaparece, com o sangue fluindo em regime turbilhonar, gerando a 1ª fase dos sons de Korotkoff. Com a continuidade da desinsuflação do manguito, a pressão do mesmo se torna menor que a pressão diastólica do indivíduo, com o sangue voltando a fluir em regime laminar, sem geração dos sons de Korotkoff, caracterizando a 5ª fase. Vale destacar que a 1ª fase se relaciona à pressão sistólica, e a 5ª fase, à pressão diastólica. (Adaptada de Levick, 1991.)

BIBLIOGRAFIA

AGABITI-ROSEI E, MANCIA G, O'ROURKE MF et al. Central blood pressure measurements and antihypertensive therapy: a consensus document. *Hypertension*, 50(1):154-60, 2007.

ASMAR R, BENETOS A, TOPOUCHIAN J. Assessment of arterial distensibility by automatic pulse wave velocity measurement. Validation and clinical application studies. *Hypertension*, 26:485-90, 1995.

AVOLIO AP, CHEN SG, WANG RP et al. Effects of ageing on changing arterial compliance and left ventricular load in a northern Chinese urban community. *Circulation*, 68:50-8, 1983.

AVOLIO E, RODRIGUEZ-ARABAOLAZA I, SPENCER HL et al. Expansion and characterization of neonatal cardiac pericytes provides a novel cellular option for tissue engineering in congenital heart disease. *J Am Heart Assoc*, 4:e002043, 2015.

BORON WF, BOULPAEP EL. *Medical Physiology: a Cellular and Molecular Approach*. 2. ed. Saunders/Elsevier, Philadelphia, 2012.

BORTOLOTTO LA, SAFAR ME. Perfil da pressão arterial ao longo da árvore arterial e genética da hipertensão. *Arq Bras Cardiol*, 86(3):191-7, 2006.

BURTON AC. *Physiology and Biophysics of the Circulation*. 2. ed. Year Book Medical Publishers, Chicago, 1973.

COSSOLINO LC, PEREIRA AHA. Módulos elásticos: visão geral e métodos de caracterização. *Informativo Técnico-Científico ITC-ME/ATCP*. Disponível em: http://www.atcp.com.br/images/stories/products/RT03-ATCP.pdf.

DJELIC M, MAZIC S, ZIKIC D. A novel laboratory approach for the demonstration of hemodynamic principles: the arterial blood flow reflection. *Advan in Physiol Edu*, 37:321-6, 2013.

FEIGL EO. The arterial system. Physiology and biophysics; circulation, respiration and fluid balance. W.B. Saunders, Philadelphia, 1974.

GUYTON AC, POLIZO D, ARMSTRONG GG. Mean circulatory filling pressure measured immediately after cessation of heart pumping. *Am J Physiol*, 179(2):261-7, 1954.

HAMILTON WF. The patterns of the arterial pressure pulse. *Am J Physiol*, 141:235-41, 1944.

HICKSON SS, BUTLIN M, BROAD J et al. Validity and repeatability of the Vicorder apparatus: a comparison with the SphygmoCor device. *Hypertens Res*, 32(12):1079-85, 2009.

HOPE SA, TAY DB, MEREDITH IT et al. Waveform dispersion, not reflection, may be the major determinant of aortic pressure wave morphology. *Am J Physiol Heart Circ Physiol*, 289:H2497-502, 2005.

LAURENT S, COCKCROFT J, VAN BORTEL L et al. Expert consensus document on arterial stiffness: methodological issues and clinical applications. *Eur Heart J*, 27:2588-605, 2006.

LEVICK JR. Haemodynamics: pressure, flow and resistance. In: *An Introduction to Cardiovascular Physiology*. Butherworhts, London, 1991.

MALACHIAS MVB, SOUZA WKSB, PLAVNIK FL et al. 7ª Diretriz Brasileira de Hipertensão Arterial. *Arq Bras Cardiol*, 107(3 Supl 3), 2016.

McENIERY CM, WILKINSON IB, AVOLIO AP. Age, hypertension and arterial function. *Clin Exp Pharmacol Physiol*, 34:665-71, 2007.

NELSON P. *Física Biológica: Energia, Informação e Vida*. Guanabara Koogan, Rio de Janeiro, 2006.

NICHOLS WW, SINGH BM. Augmentation index as a measure of peripheral vascular disease state. *Curr Opin Cardiol*, 17:543-51, 2002.

RIZZONI D, MUIESAN ML, PORTERI E et al. Vascular remodeling, macro- and microvessels: therapeutic implications. *Blood Press*, 18(5):242-6, 2009.

TOMIYAMA H, YAMASHINA A. Non-invasive vascular function tests: their pathophysiological background and clinical application. *Circ J*, 74:24-33, 2010.

WILKINSON I, FUCHS SA, JANSEN IM et al. Reproducibility of pulse wave velocity and augmentation index measured by pulse wave analysis. *J Hypertens*, 16(12):2079-84, 1998.

Capítulo 33

Vasomotricidade e Regulação Local de Fluxo

Lisete Compagno Michelini | Luciana Venturini Rossoni | Ana Paula Davel

- Introdução, *530*
- Bases fisiológicas da contratilidade vascular, *530*
- Fatores que modulam a vasomotricidade, *532*
- Bibliografia, *545*

INTRODUÇÃO

Como apresentado no capítulo anterior, a resistência à circulação do sangue, genericamente designada como resistência periférica total (*RPT*), está diretamente relacionada com o comprimento do vaso e com a viscosidade do sangue e inversamente relacionada com a quarta potência do raio vascular (lei de Poiseuille). Embora todos os segmentos da circulação apresentem certa resistência à circulação do sangue, a principal fonte de resistência da circulação está localizada no segmento que corresponde às arteríolas e aos esfíncteres pré-capilares (Figura 33.1). Essa afirmativa fundamenta-se no fato de que esse segmento apresenta a maior resistência à circulação do sangue, uma vez que apresenta razão parede/lúmen bastante elevada quando comparada aos demais segmentos da circulação. Em um território qualquer, pequenas variações no tônus da musculatura lisa presente na parede das arteríolas e dos esfíncteres pré-capilares determinam aumento (ou diminuição) da razão parede/lúmen, ocasionando elevação (ou queda) da resistência local, com consequente redução (ou aumento) do fluxo sanguíneo àquele território. A somatória das resistências regionais ao fluxo sanguíneo nos diversos territórios do organismo determina a RPT.

A variação do calibre arteriolar constitui o principal mecanismo de ajuste momentâneo da resistência vascular e, consequentemente, do fluxo sanguíneo regional, da filtração capilar (ver Capítulo 34, *Aspectos Morfofuncionais da Microcirculação*), do retorno venoso (ver Capítulo 35, *Veias e Retorno Venoso*) e, em última análise, da pressão arterial (ver Capítulo 37, *Regulação da Pressão Arterial | Mecanismos Neuro-Hormonais*). Daí a importância que tem sido dada nos últimos anos ao estudo do funcionamento dos vasos de resistência ou, mais precisamente, à elucidação dos mecanismos envolvidos na contração e no relaxamento do músculo liso vascular e os fatores que ajustam esses mecanismos.

Neste capítulo serão abordados e discutidos a base da contração e relaxamento do músculo liso vascular, os principais fatores que podem alterar o tônus vascular, finalizando com a importância relativa dos diferentes fatores nas várias circulações frente à distribuição regional de fluxo (ou débito cardíaco). É relevante ressaltar que a importância relativa de um determinado fator na determinação da resistência vascular local pode variar dependendo da circulação regional avaliada (ver Capítulo 36, *Circulações Regionais*).

BASES FISIOLÓGICAS DA CONTRATILIDADE VASCULAR

As células musculares lisas presentes na camada média dos vasos sanguíneos apresentam, fisiologicamente, o fenótipo contrátil. E o grau de contratilidade ou tônus dos vasos de resistência regula o fluxo sanguíneo tecidual e, em última instância, a pressão arterial, via regulação da RPT.

▶ Contração do músculo liso vascular

Assim como os outros tipos de músculo, as células de músculo liso vascular dependem do cálcio (Ca^{2+}) como mecanismo de disparo da contração. A maior fonte de Ca^{2+} disponível para a contração do músculo liso vascular é proveniente do meio extracelular, e o influxo desse íon é mediado principalmente pela abertura de canais para Ca^{2+} do Tipo L (CCTL), dependentes de voltagem, em resposta à despolarização da membrana plasmática. O CCTL é bastante expresso nas células musculares lisas e, assim, contribui amplamente para a regulação do tônus e do diâmetro das artérias. Além do influxo global de Ca^{2+}, contribuem para a regulação do tônus vascular aumentos localizados da concentração intracelular de Ca^{2+} ($[Ca^{2+}]i$), que podem despolarizar a membrana e aumentar a probabilidade de o CCTL encontrar-se no estado aberto, além de regular a liberação de Ca^{2+} do retículo sarcoplasmático (RS). Esses aumentos localizados da $[Ca^{2+}]i$ são de 2 tipos:

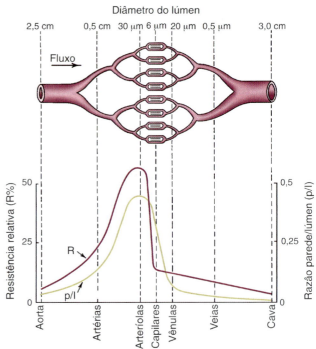

Figura 33.1 ▪ Alteração da razão parede/lúmen (p/l) e da resistência (R) ao fluxo sanguíneo ao longo da circulação sistêmica. A maior razão p/l nas arteríolas (que condiciona a elevada R) decorre da grande proporção de músculo liso relativo ao diâmetro; nos capilares e veias, a baixa p/l é decorrente da ausência da camada muscular e do grande diâmetro relativo à quantidade de músculo liso vascular, respectivamente. (Adaptada de Shepherd e Vanhoutte, 1980.)

- Fagulhas de Ca^{2+}: liberação de Ca^{2+} pontual iniciada pela atividade dos CCTL e de canais de cátions receptores de potencial transitório TRPV4 na membrana plasmática. O influxo de Ca^{2+} por esses canais resulta na liberação de Ca^{2+} induzida por Ca^{2+} pelos canais de rianodina (RyR) presentes no RS
- Ondas de Ca^{2+}: liberação de Ca^{2+} ao longo da membrana plasmática subsequente à abertura dos canais para Ca^{2+} ativados por trifosfato de inositol (IP_3) presentes no RS. Em arteríolas, as ondas de Ca^{2+} podem diretamente causar aumento da $[Ca^{2+}]i$ e vasoconstrição, efeito potencializado pela abertura dos CCTL.

O Ca^{2+} regula a contração vascular por influenciar a atividade da miosina do músculo liso, mecanismo que difere do músculo estriado. A atividade da miosina é modulada por sua fosforilação. Além disso, a contratilidade do músculo liso pode ser modulada pela remoção da inibição da actina, agora de modo análogo ao músculo estriado. Por fim, mecanismos que regulam a sensibilidade do aparato contrátil ao Ca^{2+} também controlam a vasomotricidade. Esses três mecanismos estão descritos com mais detalhes a seguir.

▶ **Fosforilação da miosina do músculo liso.** A miosina do músculo liso não apresenta atividade intrínseca da ATPase miosínica, o que a difere da miosina do músculo estriado. No músculo liso, a quinase da cadeia leve da miosina (CCLM) é a responsável pela fosforilação no resíduo de serina (Ser 19) da cadeia leve regulatória da miosina, proteína de 20 kDa também chamada de LC_{20}. E qual é o papel do Ca^{2+} nesse mecanismo? A CCLM é uma quinase dependente do complexo Ca^{2+}/calmodulina ($Ca^{2+}CaM$) e, por isso, é ativada quando há aumento da $[Ca^{2+}]i$ (via #1, Figura 33.2). Uma outra via que aumenta a fosforilação da LC_{20} é a inibição da fosfatase da miosina (PM), uma enzima que desfosforila a LC_{20} (inibindo o desenvolvimento de força e induzindo relaxamento). Por exemplo, a prostaglandina $F_{2\alpha}$, liberada pelo endotélio, além de aumentar a atividade da CCLM, ativa a quinase associada à proteína Rho (ROCK), o que inibe a atividade da PM e, assim, aumenta a contratilidade vascular, por impedir a desfosforilação da LC_{20} (via #2, Figura 33.2).

▶ **Disponibilidade da actina para interagir com a miosina.** Além de aumentar a produção de IP_3, a ativação da fosfolipase C (PLC) causa aumento das concentrações intracelulares de diacilglicerol (DAG), o que resulta na ativação da proteinoquinase C (PKC). Esta, por sua vez, ativa outras quinases, como a ERK, que causa a fosforilação da proteína caldesmon. O caldesmon é uma proteína análoga à troponina do músculo estriado e, assim, bloqueia o sítio de interação entre a actina e a miosina (actomiosina). A fosforilação do caldesmon pela ERK libera o sítio da actina que interage com a miosina (via #3, Figura 33.2).

▶ **Sensibilização das proteínas contráteis ao Ca^{2+}.** A observação de que células de músculo liso podem apresentar aumento da contração sem correspondente aumento da $[Ca^{2+}]i$ sugeriu que a vasomotricidade pode ser regulada por alterações da sensibilidade do aparato contrátil ao Ca^{2+}. Esse mecanismo dissocia a $[Ca^{2+}]i$ e a força desenvolvida, e é resultante de: (1) inibição da PM (via #2); (2) da fosforilação do caldesmon e liberação da actina (via #3); (3) mecanismos ainda não esclarecidos (como o rearranjo dos filamentos da actina). A fosforilação da subunidade MYPT1 da PM pela ROCK diminui a atividade dessa fosfatase e, assim, aumenta a força de contração em condições em que a $[Ca^{2+}]i$ apresenta-se constante, indicando uma sensibilização do aparato contrátil ao Ca^{2+}.

Como pode ser observado, os três mecanismos de contração do músculo liso levam ao efeito final de aumentar a interação actomiosina e ao desenvolvimento de força (contração). O desenvolvimento de força do músculo liso é similar ao do músculo estriado: ATP se liga ao complexo actina-miosina, resultando da dissociação dessas proteínas e hidrólise do ATP pela ATPase miosínica. Os produtos da hidrólise, ADP e Pi, quando liberados, aumentam a força de interação actina-miosina. Diferentemente da ATPase miosínica do músculo estriado que apresenta significativa atividade intrínseca, a hidrólise de ATP pela miosina no músculo liso é dependente da fosforilação da LC_{20}, o que aumenta a velocidade de hidrólise do ATP em cerca de 1.000 vezes.

A contração no músculo liso é controlada por fatores locais, humorais e neurais, que serão descritos nos próximos itens deste capítulo. A maioria dos fatores locais (à exceção de gases e forças mecânicas), hormonais e neurais disparam a contração da célula muscular lisa pelo mecanismo conhecido como acoplamento fármaco-mecânico, onde um agonista se liga ao seu receptor (em geral da membrana plasmática) e desencadeia a sinalização celular que culmina com a ativação das vias de contração (ver Figura 33.2). Como exemplo fisiológico relevante para ativação desse mecanismo, pode-se citar a liberação de norepinefrina (também chamada noradrenalina) dos terminais simpáticos em vasos de resistência ativando o receptor α_1-adrenérgico. O receptor α_1-adrenérgico na célula de músculo liso vascular está acoplado à proteína Gq, o que causa a ativação da PLC e consequente aumento de DAG e IP_3 no citoplasma da célula. O IP_3 atua nos canais para Ca^{2+} presentes no RS, denominados de receptores de IP_3, causando liberação de Ca^{2+}. Além disso, há abertura de canais para Ca^{2+}

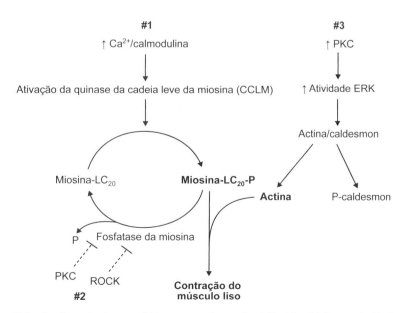

Figura 33.2 ▪ Eventos moleculares envolvidos na contração no músculo liso. *LC*, cadeia leve regulatória da miosina.

operados por receptor, o que causa o influxo de Ca^{2+} do meio extracelular e despolariza a membrana da célula, aumentando a probabilidade de o CCTL encontrar-se aberto, o que induzirá ao maior influxo de Ca^{2+}. Em conjunto, essa sinalização causa um aumento global da $[Ca^{2+}]i$ e da formação do complexo Ca^{2+}CaM, com consequente ativação da CCLM e fosforilação da LC_{20} (via #1). A via de sinalização α_1-adrenérgica leva ainda à ativação da ROCK e da PKC, inibindo a PM e aumentando a sensibilidade ao Ca^{2+} (vias #2 e #3). Logo, conclui-se a importância desse mecanismo para a manutenção do tônus vascular.

▸ Relaxamento do músculo liso vascular

Mecanismos fisiológicos se opõem à contração induzida no músculo liso vascular, limitando-a. Dada a importância do aumento da $[Ca^{2+}]i$ para a contração, o oposto, ou seja, redução da $[Ca^{2+}]i$ causa relaxamento vascular ou vasodilatação. A $[Ca^{2+}]i$ pode ser limitada na célula de músculo liso por redução na atividade dos canais para Ca^{2+} da membrana plasmática, pela recaptação de Ca^{2+} pelo RS e ainda pela extrusão do Ca^{2+} para o meio extracelular. Assim, há uma inativação da CCLM e relaxamento da célula de músculo liso. Além disso, mecanismos que ativem a PM e reduzam a sensibilidade do aparato ao Ca^{2+} podem limitar a contração e induzir vasodilatação.

Os nucleotídios cíclicos cAMP e cGMP são descritos como os principais segundos mensageiros que medeiam relaxamento vascular. A meia-vida desses nucleotídios é limitada pela ação das fosfodiesterases. Assim, substâncias que inibem as fosfodiesterases têm uso clínico para indução de vasodilatação. O cAMP é formado pela ação da adenilatociclase (AC) sobre o ATP. O cGMP é sintetizado pela guanilatociclase (GC). Os peptídios natriuréticos ativam a GC particulada (GCp), enquanto o óxido nítrico (NO) ativa a forma solúvel (GCs) (como será detalhado a seguir neste capítulo). A ação vasodilatadora do cGMP é principalmente mediada pela atividade da proteinoquinase G (PKG), enquanto a do cAMP é principalmente mediada pela atividade da proteinoquinase A (PKA).

Os principais mecanismos de vasodilatação induzidos por PKA e PKG são:

- Redução da $[Ca^{2+}]i$ via (a) aumento da recaptação de Ca^{2+} pelo RS via ativação da Ca^{2+}-ATPase do RS (SERCA); (b) aumento do efluxo de Ca^{2+} pela Ca^{2+}-ATPase da membrana plasmática (PMCA); (c) redução do influxo de Ca^{2+} por reduzir a probabilidade de o CCTL encontrar-se aberto; (d) redução da liberação de Ca^{2+} do RS pela inibição dos canais para Ca^{2+} sensíveis aos IP_3
- Hiperpolarização do músculo liso vascular pela ativação de canais para K^+ de larga condutância (BK), canais para K^+ sensíveis à voltagem (K_V), canais para K^+ sensíveis a ATP, canais para K^+ retificadores de entrada (Kir) e/ou da Na^+/K^+-ATPase, dependendo do vaso e do estímulo
- Ativação da PM e inibição da CCLM.

A indução de hiperpolarização é um importante mecanismo de vasodilatação, induzido por outros mediadores além do cGMP e cAMP, como o fator hiperpolarizante derivado do endotélio e concentrações moderadamente elevadas do K^+ no meio extracelular (10 a 15 mM). O potencial de membrana regula a atividade dos CCTL. Quando há hiperpolarização, ocorre redução da probabilidade de os CCTL encontrarem-se no estado aberto, reduzindo o influxo de Ca^{2+} e a $[Ca^{2+}]i$, causando redução do tônus vascular.

FATORES QUE MODULAM A VASOMOTRICIDADE

Vários são os fatores que modulam os mecanismos que induzem a contração e o relaxamento da musculatura lisa vascular, alterando assim o tônus vascular. Esses fatores podem ser didaticamente agrupados em duas grandes classes: fatores de ação local, produzidos nas próprias células vasculares ou ao redor dos vasos, e fatores produzidos a distância; ambas as classes serão detalhadas a seguir.

▸ Regulação local

O fluxo sanguíneo regional e a perfusão dos capilares são influenciados por vários fatores locais, a saber: a pressão de perfusão (que ao distender o vaso provoca a resposta miogênica, ou autorregulação), o metabolismo tecidual (que gera fatores metabólicos ou químicos), os fatores físicos e os mediadores de ação parácrina ou autócrina (fatores liberados pelas células endoteliais e, mais recentemente, os fatores liberados pelo tecido adiposo perivascular).

Fator miogênico

Foi Bayliss, em 1902, quem primeiro descreveu a existência de um tônus vascular intrínseco e variável em função da pressão de perfusão, caracterizando o que ficou conhecido como a *resposta miogênica*. A *teoria miogênica* estabelece que aumentos da pressão de perfusão, por induzir aumentos na tensão da parede vascular, determinam contração transitória do vaso. Essa teoria também estabelece que quedas da pressão de perfusão, ao reduzir a tensão da parede vascular, promovem relaxamento vascular. Deve-se ressaltar que a resposta miogênica não se propaga, sendo assim um fenômeno local.

O mecanismo que explica a gênese do tônus miogênico é a diferença de pressão transluminal (ou pressão intravascular – pressão extravascular) e baseia-se na lei de Laplace (tensão = pressão × raio). Como a pressão intersticial (extravascular) é muito próxima à pressão atmosférica (ou seja, zero mmHg), a pressão efetiva que aciona o mecanismo miogênico é a pressão intravascular. O mecanismo miogênico visa manter constante a tensão sob determinado vaso sanguíneo. Assim, na parede vascular a tensão é diretamente proporcional à intensidade da força pela área de superfície sobre a qual ela atua.

De maneira simplificada, todas as vezes que o fluxo sanguíneo para um determinado território aumentar como consequência de uma elevação da pressão arterial, ocorrerá aumento da tensão com consequente distensão da parede vascular. Na membrana das células de músculo liso vascular existem os chamados "sensores de estiramento", dentre os quais se pode citar as integrinas e canais não seletivos para cátions sensíveis a estiramento (Figura 33.3). A distensão da parede vascular determina a alteração conformacional de integrinas, via deformação da matriz extracelular. Sugere-se que a mecanotransdução via integrina (α5) cause ativação da ROCK, com consequente inibição da PM e manutenção da fosforilação da LC_{20}, aumentando a sensibilidade das proteínas contráteis ao Ca^{2+} durante a resposta miogênica. A abertura de canais de cátions, como os da família TRP, induz o influxo de Ca^{2+} e Na^+, despolarizando as células musculares lisas e levando os CCTL para o estado aberto. A abertura desses canais para Ca^{2+} gera uma corrente de influxo de Ca^{2+}, que, em conjunto com a liberação de Ca^{2+} do RS, dispara o

Vasomotricidade e Regulação Local de Fluxo

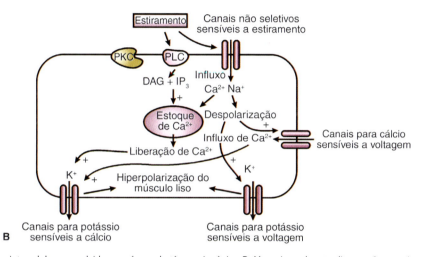

Figura 33.3 • **A.** Mecanismos intracelulares envolvidos na gênese do tônus miogênico. **B.** Mecanismo de retroalimentação negativa disparado pela elevação das concentrações intracelulares de cálcio e pela despolarização da membrana das células de músculo liso vascular. (Adaptada de Komaru et al., 2000.)

processo de contração do músculo liso vascular, como descrito anteriormente (ver Figura 33.3 A).

Contudo, como na maioria dos sistemas biológicos, os próprios mecanismos que geram a contração miogênica também ativam sistemas de retroalimentação negativa. A despolarização induzida pelo influxo de Ca^{2+} ativa a abertura de canais para K^+ sensíveis a voltagem, e o aumento da $[Ca^{2+}]i$ induz a abertura de canais para K^+ sensíveis a Ca^{2+} (ver Figura 33.3 B). Esses dois mecanismos hiperpolarizantes vão se contrapor ao processo de contração induzido pelo aumento de pressão. O resultado final será o somatório entre as forças contráteis (disparadas diretamente pelo aumento de pressão intravascular) e as forças de relaxamento (reflexamente ativadas).

Sabe-se que o mecanismo miogênico possibilita ajustes de resistência pré-capilar durante variações da pressão de perfusão, sendo o principal responsável pela constância do fluxo sanguíneo aos tecidos, em uma ampla faixa de variação da pressão ao redor de uma pressão controle ideal e, consequentemente, da pressão hidrostática nos capilares. Esse mecanismo determina a *autorregulação do fluxo sanguíneo*. A Figura 33.4 ilustra a autorregulação do fluxo na faixa fisiológica de variação da pressão (geralmente de 60-70 a 150-160 mmHg), o qual é mantido constante independentemente de variações para mais ou para menos da pressão de perfusão basal; ou seja, frente a elevações (ou quedas) instantâneas da pressão, há ativação (ou desativação) do mecanismo miogênico, com redução (ou aumento) do calibre vascular, o que compensa a variação da pressão de perfusão, contribuindo para a constância do fluxo sanguíneo para determinado território (ver Figura 33.4).

Embora o tônus miogênico seja um dos determinantes do tônus vascular *basal*, ele é também considerado um dos fatores de regulação local dos vasos de resistência, uma vez que variações de pressão de perfusão contribuem para variações do tônus vascular, propiciando o surgimento de vasoconstrição ou vasodilatação.

A capacidade de autorregular o fluxo sanguíneo é bastante desenvolvida nos territórios que apresentam elevado tônus basal, como é o caso dos territórios renal, esplâncnico, muscular esquelético, coronariano e encefálico. Nesses territórios, o mecanismo miogênico é preponderante, principalmente quando as necessidades metabólicas do tecido são reduzidas. A autorregulação miogênica não exclui a participação de outros fatores na regulação da vasomotricidade; pelo contrário, ela é complementar aos fatores metabólicos, endoteliais e mesmo aos fatores extrínsecos, como a ativação do sistema nervoso simpático.

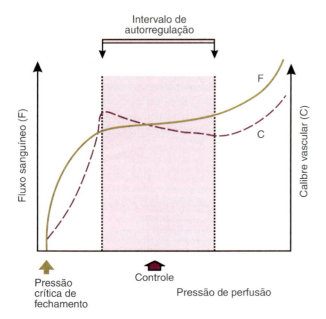

Figura 33.4 • Relação entre o fluxo sanguíneo e a pressão de perfusão no leito vascular sistêmico. Ao redor da pressão-controle (*seta roxa*), no intervalo de autorregulação, aumentos da pressão não se traduzem em aumentos de fluxo porque a musculatura lisa vascular se contrai (havendo redução do calibre vascular); o inverso ocorre durante quedas da pressão de perfusão. Em certos leitos vasculares, quando a pressão de perfusão se aproxima de 20 a 40 mmHg, ela cai abruptamente a zero, cessando o fluxo (sendo atingida a pressão crítica de fechamento). (Adaptada de Shepherd e Vanhoutte, 1980.)

Fatores metabólicos ou químicos

A perfusão tecidual depende do grau de atividade metabólica momentânea do tecido. A musculatura lisa dos vasos pré-capilares geralmente se encontra parcialmente contraída quando o tecido está em repouso (com tônus vascular basal elevado), sendo que o aumento do metabolismo tecidual é sempre acompanhado por queda acentuada da resistência local e por grande aumento do fluxo sanguíneo. Tanto esse efeito, conhecido como *hiperemia funcional* (ou ativa), quanto o da *hiperemia reativa* (por elevação acentuada de fluxo durante restabelecimento da circulação após oclusão temporária) determinam intensa vasodilatação arteriolar, que pode ser explicada pelo acúmulo de produtos derivados do metabolismo ou pela queda da concentração de nutrientes essenciais. Como ilustrado na Figura 33.5, são vários os fatores envolvidos no controle metabólico do fluxo sanguíneo.

Tensão de O_2 ou de CO_2

A queda da pressão parcial de O_2 (P_{O_2}, ou hipoxia) tem sido implicada, em numerosos estudos experimentais, como um dos principais fatores de regulação local determinante da vasodilatação durante hiperemia. Embora o mecanismo por meio do qual a P_{O_2} modifica o estado contrátil da musculatura lisa vascular não esteja ainda totalmente esclarecido, a vasodilatação em presença de quedas da P_{O_2} é um resultado experimental bastante reprodutível na musculatura esquelética (quando a P_{O_2} cai abaixo de 40 a 50 mmHg). Trabalhos, em que os tecidos eram perfundidos com P_{O_2} baixa e constante, mas com variação do fluxo e/ou da concentração de hemoglobina, mostraram diferentes intensidades de vasodilatação, sugerindo que não propriamente a P_{O_2}, mas o nível tissular de O_2 seria o fator determinante da vasodilatação. Mais recentemente, tem sido sugerida a existência de um mecanismo sensível à tensão parcial de O_2, possivelmente ligado à disponibilidade de ATP e à liberação local de nucleotídios de adenina e/ou à via da citocromo P-450, que seria ativada durante a hipoxia, promovendo a vasodilatação. Frente à queda da P_{O_2}, há redução das concentrações de ATP livre no tecido, acarretando a abertura de canais para potássio sensíveis a ATP. O aumento da probabilidade de esses canais estarem no estado aberto induz uma corrente efetiva de efluxo de K^+, causando hiperpolarização da musculatura lisa vascular, com consequente redução das $[Ca^{2+}]i$ e vasodilatação.

Também a P_{CO_2} e a concentração do íon H^+ (ou pH) são considerados fatores de regulação local de fluxo. Em situações em que há aumento do consumo de O_2, com consequente aumento da produção de CO_2, ocorre acidificação intersticial devido ao aumento da produção de íons H^+, uma vez que o CO_2 reage com a H_2O, reação essa facilitada pela anidrase carbônica, formando H_2CO_3, o qual se dissocia em $H^+ + HCO_3^-$. O músculo liso vascular responde à acidificação do meio intracelular, diminuindo a afinidade das proteínas contráteis ao Ca^{2+}, o que produz vasodilatação, queda da resistência vascular e aumento do fluxo sanguíneo para o tecido metabolicamente ativo. O aumento da perfusão será responsável por remover o CO_2 formado no tecido e, consequentemente, fornecer mais O_2.

Concentração extracelular de K^+

Durante aumento da atividade muscular, ciclos de despolarizações e repolarizações sucessivas da membrana plasmática levam ao efluxo de K^+ e, assim, aumentam a concentração extracelular de K^+ ($[K^+]e$) (ver Figura 33.5). Variação na $[K^+]e$ é um eficiente fator de regulação da vasomotricidade no território muscular esquelético. Foi demonstrado que, durante o aumento da atividade muscular, existe uma boa correlação entre a elevação da concentração de K^+ no efluente venoso e o aumento do fluxo sanguíneo. Observou-se também que, durante o exercício físico, a concentração de K^+ no sangue venoso se elevava, sendo que, na vigência de exercício intenso, era aproximadamente duas vezes maior que a observada durante o repouso. Além disso, foi verificado, no músculo esquelético em repouso, que a infusão intravenosa de concentrações de K^+ equivalentes àquelas detectadas durante o exercício causava por si 60 a 65% da vasodilatação arteriolar observada durante exercício. A variação das $[K^+]e$ explicaria, portanto, até 65% do aumento total de fluxo no território muscular esquelético durante a atividade física. O(s) mecanismo(s) pelo(s) qual(is) o K^+ promove vasodilatação não está(ão) totalmente esclarecido(s). Uma das hipóteses para explicar essa resposta é a de que a elevação moderada do K^+ extracelular (10 a 15 mM) ativa a Na^+/K^+-ATPase e canais iônicos retificadores de entrada (Kir) nas células musculares lisas das arteríolas. O fluxo iônico resultante gera uma corrente hiperpolarizante, a qual reduz a probabilidade de os canais para cálcio sensíveis a voltagem (CCTL) se encontrarem no estado aberto, com consequente vasodilatação.

Osmolalidade local

Durante a atividade muscular há acúmulo de partículas osmoticamente ativas (ver Figura 33.5). A hiperosmolalidade local determina vasodilatação e aumento do fluxo sanguíneo. Foi sugerido que o mecanismo determinante da vasodilatação seria dependente da redução da atividade espontânea da musculatura lisa vascular induzida pela hiperosmolalidade. A vasodilatação dependente de aumento da osmolalidade local tem sido observada na musculatura esquelética, coronárias, pulmões e em

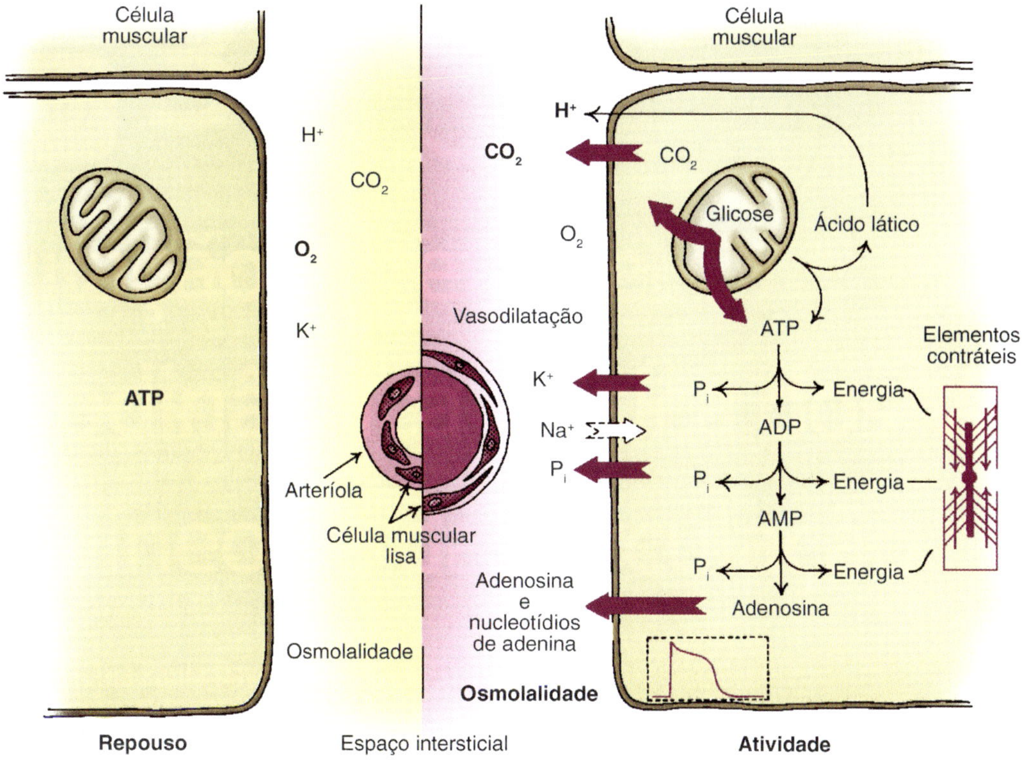

Figura 33.5 ▪ Principais alterações na composição do líquido intersticial quando a musculatura esquelética passa do estado de repouso (com vasoconstrição em presença de baixa concentração de CO_2 e de produtos do metabolismo e pequeno consumo de O_2) para atividade muscular (com vasodilatação concomitante à redução da disponibilidade de O_2, aumento de produtos do metabolismo, do K^+ extracelular e da osmolalidade). (Adaptada de Shepherd e Vanhoutte, 1980.)

menor proporção no território renal e encefálico. No músculo esquelético, sugeriu-se também que a hiperosmolalidade seria um importante determinante da vasodilatação do início do exercício, tendo menor importância em uma fase mais tardia.

Adenosina e nucleotídios de adenina

O aumento da atividade tecidual é também acompanhado de maior gasto energético, com aumento no consumo de ATP e consequente liberação de ADP, AMP, adenosina e fosfato inorgânico para o líquido intersticial (ver Figura 33.5). Aumentos na concentração desses compostos induzem vasodilatação local. Estudos recentes sugerem que a adenosina e os nucleotídios de adenina preenchem todos os critérios de classificação como fatores de ação local: quando infundidos, causam nos vasos de resistência dilatação de magnitude semelhante à observada no tecido em atividade; não escapam para a circulação em concentração suficiente para alterar o fluxo em qualquer outra região; e, quando injetados em artérias sistêmicas, reproduzem exatamente a vasodilatação observada na hiperemia. A partir dessas evidências experimentais, adenosina, AMP e ADP têm sido indicados como importantes fatores de regulação de fluxo, principalmente no miocárdio e no músculo esquelético.

A ação da adenosina está associada ao seu acoplamento com o receptor purinérgico (subtipo P_2) presente no músculo liso vascular de arteríolas. A ativação do receptor P_2 ativa a adenilatociclase que forma, como segundo mensageiro, o cAMP. Este, via ativação da PKA, como descrito anteriormente, reduz o influxo de Ca^{2+} no músculo liso vascular, diminui a sensibilidade de proteínas contráteis ao Ca^{2+} e hiperpolariza o músculo liso vascular, via abertura de canais para K^+ sensíveis a ATP. Esses mecanismos, atuando em conjunto, são responsáveis por induzir vasodilatação e aumentar o aporte sanguíneo para os tecidos metabolicamente ativos. A presença de receptores P_2 também foi demonstrada no endotélio vascular, em que o ADP age induzindo a liberação de óxido nítrico, um dos fatores de relaxamento derivado do endotélio, o qual medeia a vasodilatação da musculatura lisa vascular (para maiores detalhes, ver a seguir o item "Endotélio vascular").

Deve-se ainda ter presente que vários produtos do metabolismo celular, como adenosina/nucleotídios de adenina, K^+ extracelular, osmolalidade e o próprio pH causam vasodilatação das arteríolas, não somente por seu efeito inibitório direto sobre a atividade da célula muscular lisa, mas também porque, como ilustrado na Figura 33.6, inibem a ação vasoconstritora simpática sobre as arteríolas (ver, adiante, "Catecolaminas adrenais").

Endotélio vascular

Desde 1980, quando o grupo do professor Robert F. Furchgott demonstrou a importância das células endoteliais como um tecido capaz de sintetizar e liberar substâncias vasoativas, o endotélio deixou de ser apenas uma barreira entre o sangue e a parede vascular e passou a ser considerado um órgão endócrino, com capacidade de modular a motricidade vascular, a coagulação sanguínea, a peroxidação lipídica, a adesão de leucócitos e plaquetas, a permeabilidade capilar e o crescimento e proliferação vascular.

Como ilustrado na Figura 33.7, o endotélio vascular é capaz de sintetizar tanto substâncias vasodilatadoras (óxido nítrico, prostaciclina e fator hiperpolarizante derivado do endotélio ou EDHF), como também substâncias vasoconstritoras (endotelina, prostaglandinas, angiotensina II e espécies reativas derivadas do oxigênio).

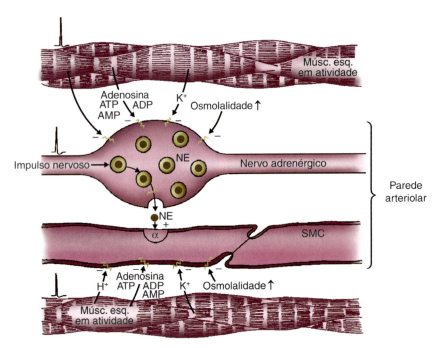

Figura 33.6 ■ Inibição do estímulo vasoconstritor simpático para a musculatura lisa vascular, por produtos do metabolismo local originados pelo músculo esquelético em atividade. A parede arteriolar é indicada como uma camada de células musculares lisas (SMC) com um terminal adrenérgico. *NE*, norepinefrina. (Adaptada de Shepherd e Vanhoutte, 1980.)

O principal fator vasodilatador de ação fisiológica liberado pelo endotélio é o *óxido nítrico* (NO). Este é liberado por um grande número de estímulos fisiológicos, como: tensão de cisalhamento (que depende da velocidade de fluxo e da viscosidade do sangue), hormônios (epinefrina, vasopressina e angiotensina II), constituintes do plasma (trombina), produtos derivados da plaqueta (serotonina e ADP) e autacoides (histamina, bradicinina e prostaglandina E_2). Nas células endoteliais existem sensores (citoesqueleto) e receptores de membrana capazes de responder aos estímulos fisiológicos, com posterior aumento da $[Ca^{2+}]i$, o qual formará o complexo cálcio/calmodulina ($Ca^{2+}CaM$) que ativará a enzima *sintase de óxido nítrico* (NOS), a qual é responsável pela clivagem do aminoácido L-arginina em L-citrulina (metabólito inativo) e NO (Figura 33.8).

Foram descritos dois subtipos de isoformas da NOS: a *constitutiva* (ou NOSc, que é dependente da $[Ca^{2+}]i$) e a *induzível* (NOSi ou tipo II, que é independente de Ca^{2+}, porém depende de ativação via citocinas). A NOSc apresenta duas isoformas: uma descrita primeiramente nas células endoteliais, sendo chamada de *isoforma endotelial* (NOSe ou tipo III), e outra descrita inicialmente em células neuronais, denominada *isoforma neuronal* (NOSn ou tipo I). Sabe-se que essas isoformas são constitutivas em vários tecidos do organismo, sendo que nos vasos sanguíneos há a expressão dessas três isoformas. A isoforma de maior atividade funcional nos vasos sanguíneos é a NOS III. Essa isoforma é um dímero que se localiza no sistema de Golgi e nas cavéolas (invaginações ricas em lipídios presentes na membrana plasmática) em colocalização com a proteína de membrana denominada caveolina.

Como ilustrado na Figura 33.8, além da tensão de cisalhamento, vários hormônios, peptídios e/ou neurotransmissores, ligando-se a receptores acoplados à proteína G (GPCR), específicos na membrana da célula endotelial, induzem aumento da $[Ca^{2+}]i$, sendo, portanto, capazes de ativar a NOSc e aumentar a produção de NO. As sintases de NO são enzimas de múltiplos domínios que se constituem em: um domínio N-terminal, oxigenase, que contém sítios para L-arginina (substrato da enzima) e para os cofatores heme e tetra-hidrobiopterina (BH_4), e um domínio C-terminal, redutase, com sítios de ligação para os cofatores: fosfato de nicotinamida adenina dinucleotídio (NADPH), flavina adenina dinucleotídio (FAD) e flavina mononucleotídio (FMN). Todos esses cofatores são necessários para a ativação da NOS e síntese de NO. Os domínios N- e C-terminal são unidos por uma sequência de ligação para a calmodulina, em que o complexo $Ca^{2+}CaM$ se unirá. Acredita-se que a função desse sítio de calmodulina seja facilitar o fluxo de elétrons do domínio redutase para o domínio oxigenase, assim como do FAD para o FMN.

A atividade da NOSc também pode ser modulada de forma pós-traducional por mecanismos como S-glutationilações, S-nitrosilações, palmitoilações, e fosforilações; por exemplo, a NOS III apresenta entre os sítios de fosforilação os resíduos de serina, que em geral resultam na ativação (em especial o resíduo de Ser[1177]), e os resíduos de tirosina (Tyr) e treonina (Thr), que negativamente regulam a atividade dessa enzima. Nesse sentido, alguns hormônios (insulina e epinefrina), fármacos (estatinas e metformina), bem como a tensão de cisalhamento, fosforilam a NOS III em resíduos de serina (Ser[1177] e Ser[615]), via ativação da via PI3 K/Akt (PKB), AMPK e PKA e, assim, aumentam a sensibilidade dessa enzima às $[Ca^{2+}]_i$ basais; porém, é importante ressaltar que, mesmo em situação em que a NOSc foi fosforilada em sítios de ativação, existe a necessidade do complexo $Ca^{2+}CaM$ para a ativação dessa enzima. Esse fato é importante, pois, em situações experimentais em que o Ca^{2+} intracelular é quelado, ocorre inibição das NOSc. Outra forma de regular a atividade da NOSc ocorre por interações proteína-proteína; por exemplo, as interações NOS III/caveolina-1 ou NOS I/caveolina-3 induzindo uma inativação dessas isoformas.

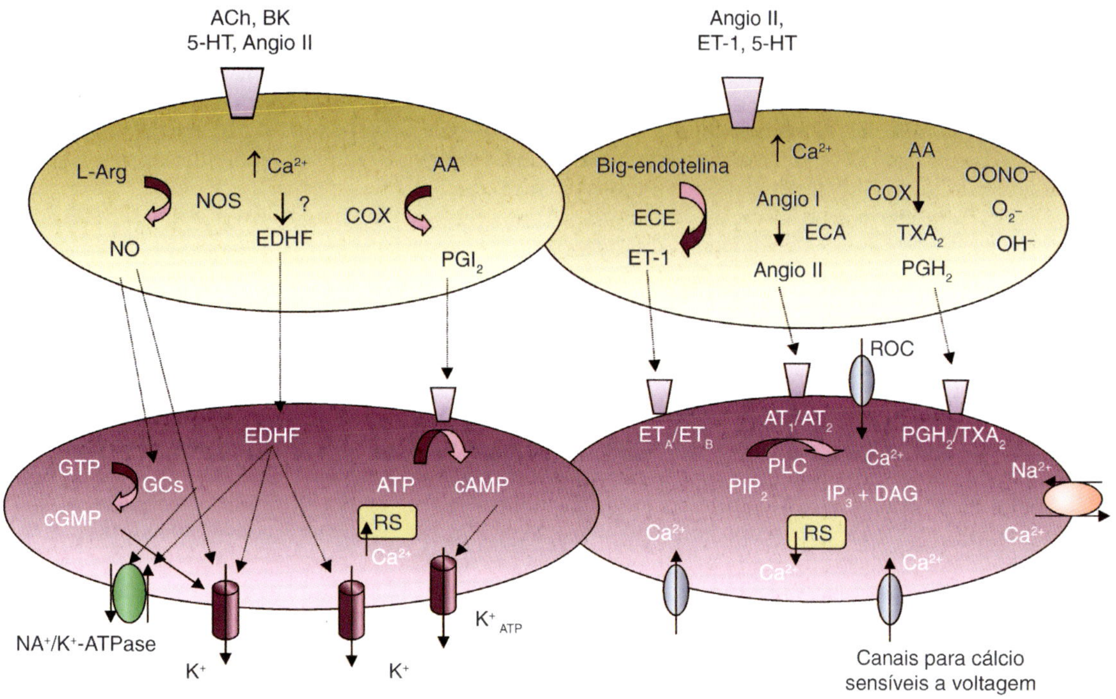

Vasomotricidade e Regulação Local de Fluxo

Figura 33.7 • Fatores vasodilatadores e vasoconstritores derivados do endotélio e sua ação no músculo liso vascular. Fatores vasodilatadores: óxido nítrico (NO), prostaciclina (PGI$_2$) e fator hiperpolarizante derivado do endotélio (EDHF). Fatores vasoconstritores: endotelina 1 (ET-1), angiotensina II (Angio II), tromboxano A$_2$ e prostaglandina H$_2$ (TXA$_2$ e PGH$_2$). Espécies reativas derivadas do oxigênio: ânion superóxido (O$_2^-$), peróxido nitrito (OONO$^-$) e radical hidroxila (OH$^-$). *L-Arg*, L-arginina; *COX*, ciclo-oxigenase; *ECE*, enzima conversora de endotelina; *ECA*, enzima conversora de angiotensina; *ROC*, canais para cálcio operados por receptor; *RS*, retículo sarcoplasmático; *PIP$_2$*, difosfato de fosfatidilinositol; *PLC*, fosfolipase C; *IP$_3$*, trifosfato de inositol; *DAG*, diacilglicerol.

O NO gerado nas células endoteliais se difunde para o músculo liso vascular, no qual age em vários níveis (ver Figura 33.8). Sua principal ação é ativar a enzima guanilatociclase solúvel (GCs), que medeia a formação do cGMP, o segundo mensageiro das ações do NO no músculo liso vascular. Via ativação da PKG ocorre redução das [Ca^{2+}]i, tanto pela recaptação de Ca^{2+} para o RS como pela sua extrusão para o meio extracelular, devido à ativação da Ca^{+2}-ATPase do retículo sarcoplasmático (SERCA) e da membrana plasmática, respectivamente. Também há redução do influxo de Ca^{2+}, por diminuição da probabilidade de os canais para Ca^{2+} encontrarem-se no estado aberto na membrana do músculo liso vascular. Há, ainda, diminuição da afinidade das proteínas contráteis pelo Ca^{2+}. Por outro lado, o NO (via ação direta ou via ativação da PKG) é também capaz de induzir hiperpolarização do músculo liso vascular, tanto por aumentar a probabilidade de os canais para K$^+$ estarem no estado aberto, como por ativar a Na$^+$/K$^+$-ATPase. Em conjunto, tanto a redução da [Ca^{+2}]i como a hiperpolarização das células musculares lisas vasculares são mecanismos responsáveis pela vasodilatação mediada pelo NO.

Um segundo fator vasodilatador liberado pelo endotélio é a *prostaciclina* (PGI$_2$) (ver Figura 33.7), uma prostaglandina derivada da clivagem do ácido araquidônico por ação da enzima ciclo-oxigenase (COX). São duas as isoformas da COX descritas até o presente momento, a COX-1 e a COX-2. A PGI$_2$ apresenta discreta ação fisiológica vasodilatadora, porém tem potente ação de antiagregante plaquetária. A PGI$_2$ age nas células do músculo liso vascular, em receptores específicos, ativando a adenilatociclase (AC). A ativação dessa enzima cliva o ATP em cAMP, o qual é o segundo mensageiro que medeia os efeitos da PGI$_2$. Como já descrito anteriormente, o aumento das concentrações intracelulares de cAMP no músculo liso vascular e, consequentemente, a ativação da PKA induzem redução da [Ca^{2+}]i e da afinidade das proteínas contráteis ao Ca^{2+}, assim como hiperpolarização da membrana plasmática, levando ao relaxamento vascular (ver Figura 33.7).

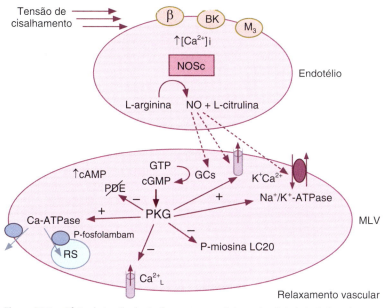

Figura 33.8 • Efeito da tensão de cisalhamento nas células endoteliais, induzindo a síntese e liberação de óxido nítrico (NO). Ação do óxido nítrico nas células musculares lisas vasculares (MLV), induzindo relaxamento vascular. Explicação no texto. *RS*, retículo sarcoplasmático; *β*, receptor β-adrenérgico; *BK*, receptor para bradicinina subtipo 2; *M$_3$*, receptor muscarínico; *K$^+$Ca^{2+}*; canal para K$^+$ dependente de Ca^{2+}.

O terceiro fator vasodilatador produzido pelo endotélio é o *fator hiperpolarizante derivado do endotélio* (EDHF) (ver Figura 33.7). Sua origem ainda é desconhecida e tem provocado controvérsias, pois parece depender do tipo de artéria e do modelo animal estudados. Como seu nome indica, o EDHF induz hiperpolarização das células do músculo liso vascular, via aumento da probabilidade de os canais para K^+ encontrarem-se no estado aberto e/ou ativação da Na^+/K^+-ATPase, entre outros mecanismos, dependendo do leito vascular estudado.

Esses três fatores relaxantes derivados do endotélio, ao agirem no músculo liso vascular, determinam vasodilatação com consequente aumento do raio e queda da resistência vascular, contribuindo para o aumento do fluxo a determinado tecido.

Adicionalmente, as células endoteliais também liberam fatores vasoconstritores (ver Figura 33.7). A *endotelina* (ET) (ver Figuras 33.7 e 33.9) é o mais potente fator vasoconstritor liberado pelo endotélio, sendo capaz de induzir contração lenta, porém sustentada. A ET é um peptídeo formado por 21 aminoácidos, produzido e liberado pelas células endoteliais quando estimuladas via tensão de cisalhamento, hipoxia, angiotensina II e espécies reativas do oxigênio, entre outros fatores. Existem três isoformas de ET (ET-1, ET-2 e ET-3), mas o endotélio vascular é capaz de sintetizar somente a ET-1. A ET é sintetizada a partir da pré-pró-endotelina, que é clivada por uma endopeptidase formando a pró-endotelina (ou big-endotelina), a qual sofre ação da enzima conversora de endotelina (ECE), formando a ET (ver Figura 33.9). A ET pode mediar efeitos vasodilatadores ou vasoconstritores, dependendo da localização de seus receptores na parede vascular. Por meio dos receptores ET_A e ET_B, localizados no músculo liso vascular, ela induz contração e proliferação celular; porém, esses mesmos receptores, quando localizados nas células endoteliais, determinam a produção de NO e prostaciclina, os quais induzem vasodilatação. O balanço das ações da ET em seus receptores endoteliais e na musculatura lisa vascular é que determina efeito contrátil de maior ou de menor magnitude (ver Figura 33.9).

Outro fator contrátil liberado pelo endotélio é também um peptídeo, a *angiotensina II* (Angio II) (ver Figuras 33.7 e 33.10), formada por oito aminoácidos. A Angio II, assim como a endotelina, é um potente vasoconstritor e induz crescimento e proliferação celular. Entre o final da década de 1980 e início da de 1990, o *sistema renina-angiotensina* (SRA), classicamente descrito como um sistema circulante (ver "Angiotensina II", adiante), passou também a ser considerado como um sistema de produção hormonal local em diferentes tecidos. Os vasos sanguíneos contam com os constituintes para a síntese local desse peptídeo. O angiotensinogênio, presente nas células endoteliais, sofre a ação da renina, formando a angiotensina I (um decapeptídeo); esta, por sua vez, sofre a ação da enzima conversora de angiotensina (ECA), presente na face luminal das células endoteliais, formando a Angio II (ver Figura 33.10).

As ações da Angio II são dependentes de sua ligação a receptores específicos na membrana plasmática. Por meio do receptor AT_1, localizado no músculo liso vascular, a Angio II induz contração e proliferação celular. Já por meio do receptor AT_2, localizado no endotélio, a Angio II exerce suas ações antiproliferativas e de vasodilatação, mediadas pela formação de NO (ver Figura 33.10). Além das ações vasoconstritoras diretas, a Angio II, via receptor AT_1, também ativa a síntese de endotelina, ativa a NADPH oxidase (aumentando a produção do ânion superóxido, o qual inativa o NO) e libera norepinefrina das terminações nervosas simpáticas. Além disso, como a enzima conversora de angiotensina está posicionada na superfície luminal da célula endotelial, ela também age sobre a bradicinina circulante (um potente vasodilatador endógeno, como será visto mais adiante), clivando esse peptídeo ativo em outro peptídeo sem atividade biológica. Assim, por meio de ação muscular direta, do aumento da produção e liberação de fatores vasoconstritores e da redução de mediadores vasodilatadores, a Angio II induz seu potente efeito contrátil (ver Figura 33.10).

Um terceiro fator contrátil liberado pelo endotélio vascular corresponde aos prostanoides vasoconstritores. Entre os principais prostanoides vasoconstritores estudados estão o *tromboxano A_2* (TXA_2) e a PGH_2 (ver Figura 33.7). Dos vários estímulos que liberam TXA_2 e PGH_2 a partir das células endoteliais, destacam-se a norepinefrina, a serotonina, a histamina, a trombina e a hipoxia. Esses prostanoides agem em receptores específicos de membrana do músculo liso vascular, ativando a contração (via receptor para tromboxano/endoperóxido [TP]) e, na membrana das plaquetas, ativando a agregação plaquetária. Cabe ressaltar que o papel desses prostanoides é potencializado em situações patológicas, como a hipertensão arterial e o diabetes melito.

Todos os três mediadores contráteis liberados pelas células endoteliais agem no músculo liso vascular em receptores específicos, que têm sete domínios transmembranais, sendo acoplados à proteína Gq. A ativação desses receptores ativa a fosfolipase C (PLC), que cliva o 4,5-bifosfato de fosfatidilinositol (PIP_2) em diacilglicerol (DAG) e trifosfato de inositol (IP_3). Como descrito anteriormente, nas bases fisiológicas da contratilidade, tanto o IP_3 como o DAG/PKC irão modular a $[Ca^{2+}]i$ e a sensibilidade do aparato contrátil ao Ca^{2+}. Esses mecanismos, atuando em conjunto, irão induzir a contração do músculo liso vascular, o que reduz o raio vascular e aumenta a resistência vascular, levando a redução do fluxo sanguíneo ao território em questão.

Cabe ressaltar que nenhum mecanismo funciona isoladamente, sendo que a contração da musculatura lisa induzida pela endotelina ou angiotensina II, por exemplo, será contraposta pela liberação de fatores vasodilatadores derivados do endotélio, como o NO. O resultado final, contração ou relaxamento vascular, será o balanço entre essas duas forças contrárias. Fisiologicamente, predomina a ação anticontrátil do

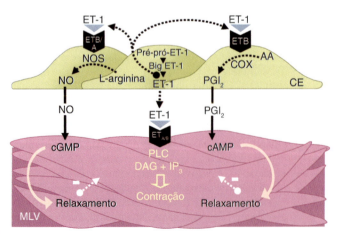

Figura 33.9 • Síntese da endotelina 1 (ET-1) nas células endoteliais (CE); sua ação nos receptores $ET_{A/B}$ se dá autocrinamente induzindo a síntese e liberação de óxido nítrico (NO) e prostaciclina (PGI_2) e paracrinamente induzindo contração nas células de músculo liso vascular (MLV). Explicação no texto. (Figura gentilmente cedida pela Dra. Rita de Cássia Tostes.)

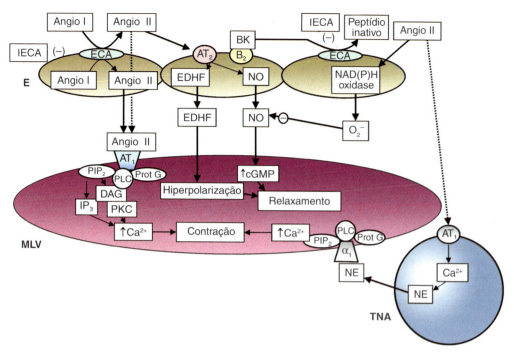

Figura 33.10 • Ações do sistema renina-angiotensina local nas células endoteliais (E) e de músculo liso vascular (MLV). Mais informações no texto. *BK*, bradicinina; B_2, receptor subtipo 2 para bradicinina; *IECA*, inibidores da enzima conversora de angiotensina; *NE*, norepinefrina; *TNA*, terminação nervosa adrenérgica.

endotélio, que libera mais substâncias vasodilatadoras do que vasoconstritoras, principalmente em resposta ao estresse de cisalhamento.

O endotélio vascular em situações fisiológicas, porém em maior magnitude em situações patológicas, também produz *espécies reativas derivadas do oxigênio*, como o ânion superóxido (O_2^-), o peróxido de hidrogênio (H_2O_2) e o peroxinitrito ($ONOO^-$). Cabe ressaltar que as espécies reativas derivadas do oxigênio são essenciais para as defesas imunológicas do organismo, pois, por exemplo, é por meio da liberação delas que os fagócitos podem induzir a lise e a morte dos agentes patógenos. No vaso sanguíneo, o ânion superóxido age principalmente como um *varredor* de NO; ou seja, a reação do ânion superóxido com o NO gera o peroxinitrito. Essa reação leva a uma redução da biodisponibilidade de NO, ao mesmo tempo que o peroxinitrito produz vasoconstrição em alguns tipos de vasos arteriais, podendo inclusive danificar a estrutura da parede celular. As espécies reativas derivadas do oxigênio são sintetizadas nos vasos sanguíneos, principalmente, pela ativação da NADPH oxidase, da ciclo-oxigenase, da xantina oxidase, da NOS III em sua forma desacoplada (quando faltam cofatores como a BH_4 ou o seu substrato, a L-arginina) e pela cadeia respiratória mitocondrial. Em situações fisiológicas existe um fino balanço entre a síntese de espécies reativas derivadas do oxigênio e sua degradação via defesas antioxidantes. Entre as principais defesas antioxidantes presentes nos vasos sanguíneos estão a superóxido dismutase (enzima que catalisa a dismutação do ânion superóxido em oxigênio e peróxido de hidrogênio), a catalase (enzima que catalisa a decomposição do peróxido de hidrogênio em água e oxigênio) e a glutationa peroxidase (que reduz o peróxido de hidrogênio em água ou hidroperóxidos de lipídios de membrana em água e álcool).

Assim, em situações em que há estresse oxidativo, um desbalanço entre a síntese e degradação das espécies reativas derivadas do oxigênio, como observado, por exemplo, na hipertensão arterial, no diabetes melito, no tabagismo, no envelhecimento, é possível observar redução da vasodilatação com predomínio da resposta contrátil, em razão de uma redução da biodisponibilidade de NO. Cabe ressaltar que a própria ET-1, a angiotensina II, o TXA_2 e a PGH_2 são fortes indutores da síntese de espécies reativas derivadas do oxigênio e, por meio dessa indução, têm seus efeitos contráteis potencializados.

Fatores de ação parácrina

Várias substâncias sintetizadas/liberadas localmente em diferentes tecidos têm ação sobre o tônus do músculo liso vascular; entre elas destacam-se: a histamina, a serotonina e a bradicinina. Mais recentemente inclui-se o papel do tecido adiposo perivascular (PVAT) no controle parácrino do tônus vascular.

Histamina

Os vasos sanguíneos contêm histamina, armazenada em mastócitos ou outros tipos celulares. Ela é secretada localmente nos tecidos, durante lesão tecidual, inflamação e reações alérgicas; determina intensa dilatação das arteríolas e aumento de fluxo local, com simultânea contração das vênulas, o que induz aumento da permeabilidade capilar e causa extravasamento de líquidos dos capilares para o interstício, provocando a formação de edema local (Figura 33.11) (para mais detalhes, ver Capítulo 34). Na pele, sua ação é facilmente detectada pelo rubor e edema local causados por aumento do fluxo subcutâneo e retenção de líquido extracelular. No tecido muscular esquelético, as células que contêm histamina são quiescentes, mas entram em atividade quando da retirada do tônus simpático, contribuindo com a vasodilatação local e, como ilustrado na Figura 33.11, com a própria inibição da transmissão adrenérgica.

Serotonina

A serotonina ou 5-hidroxitriptamina (5-HT) é uma substância vasoativa encontrada em muitos tecidos e, particularmente, nas plaquetas. É liberada durante a agregação plaquetária

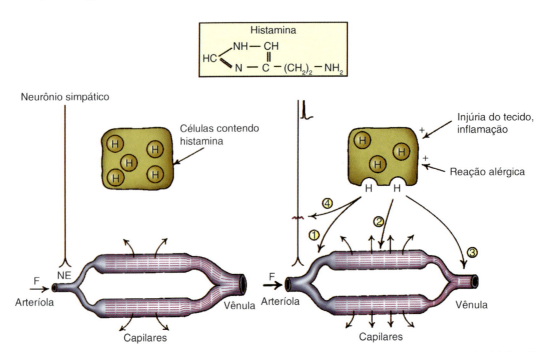

Figura 33.11 • Efeitos vasculares da histamina, liberada por lesão tecidual, inflamação ou reações alérgicas, que resultam em aumento local de fluxo (F) e exsudação de líquidos dos capilares para o interstício. (1) Dilatação arteriolar, (2) aumento da permeabilidade capilar, (3) venoconstrição, (4) inibição da neurotransmissão adrenérgica. NE, norepinefrina. (Adaptada de Shepherd e Vanhoutte, 1980.)

(na fase inicial da hemostasia), sendo importante para a vasoconstrição e redução do sangramento subsequente à lesão vascular. Sua ação é mediada por receptores (5-HT$_1$) localizados no endotélio, os quais desencadeiam a liberação de fatores contráteis (como ET-1 e Angio II), que induzem constrição do músculo liso vascular. No encéfalo, a liberação de serotonina tem sido associada a espasmos vasculares (nas cefaleias vasculares) e, nos pulmões, a reações alérgicas.

A serotonina é também liberada no território gastrintestinal, por células enterocromafins, durante estimulação colinérgica, compressão mecânica ou presença de hormônios gastrintestinais. Nessa situação, a serotonina determina (à semelhança da histamina) vasodilatação arteriolar (por ação direta e por interrupção da neurotransmissão adrenérgica) e venoconstrição com aumento da permeabilidade capilar, determinando aumento da filtração e maior disponibilidade de líquidos às glândulas exócrinas. As diferentes ações da serotonina sobre o tônus vascular dependem da ação nos subtipos de receptor 5-HT nos diferentes leitos vasculares.

Bradicinina

A calicreína é uma enzima sintetizada e liberada pelas glândulas exócrinas durante a estimulação colinérgica, agindo sobre o cininogênio presente no plasma/líquido intersticial para formar bradicinina localmente. A bradicinina tem ação potente, mas fugaz, induzindo vasodilatação arteriolar associada à venoconstrição e aumento da permeabilidade capilar, contribuindo para a vasodilatação colinérgica (Figura 33.12). É um importante fator de controle local de fluxo nas glândulas salivares e sudoríparas, sendo também importante para a secreção glandular. A bradicinina também tem sido apontada como um relevante regulador local de fluxo nas coronárias. Sua ação relaxante sobre os vasos sanguíneos se faz via ação em receptores B$_2$, localizados no endotélio, cuja ativação induz a síntese e liberação de NO o qual, como descrito anteriormente, induzirá vasodilatação. É importante ressaltar que o fato de a bradicinina ser clivada pela ECA (como descrito anteriormente nas ações da Angio II), presente no endotélio vascular, contribui para sua ação fugaz.

Fatores liberados pelo tecido adiposo perivascular

O tecido adiposo perivascular (PVAT) circunda a maioria das grandes e pequenas artérias e veias, e dos vasos de resistência, à exceção da vasculatura cerebral. A morfologia do PVAT é variável, sendo que em alguns vasos, como a aorta torácica, assemelha-se aos depósitos de tecido adiposo marrom, e em outros, como o leito mesentérico, aos depósitos de tecido adiposo branco. Porém, a origem embrionária dos adipócitos do PVAT é distinta dos clássicos depósitos de tecido adiposo branco e marrom. O PVAT é um novo tipo especializado de tecido adiposo e apresenta vascularização, inervação e perfil de secreção de adipocinas específicos, que também variam de acordo com o leito vascular.

O papel parácrino do PVAT nos vasos sanguíneos foi inicialmente observado em 1991, com a primeira demonstração da ação anticontrátil do PVAT por Soltis e Cassis. O PVAT atenua a resposta contrátil vascular a vários hormônios, neurotransmissores e fatores locais incluindo ET-1, Angio II, norepinefrina e serotonina. A ação parácrina do PVAT depende da liberação de fatores vasoativos por esse tecido, incluindo adipocinas (leptina, adiponectina, omentina, visfatina, resistina, apelina), moléculas gasosas (NO, sulfito de hidrogênio), prostaciclina, Angio II, angiotensina 1-7, ET-1 e espécies reativas derivadas do oxigênio. Em situação fisiológica, o PVAT libera majoritariamente fatores anticontráteis, como o NO, H$_2$O$_2$, angiotensina 1-7, adiponectina e sulfito de hidrogênio, além de um fator capaz de aumentar a probabilidade do canal para K$^+$ encontrar-se no estado aberto no músculo liso vascular de identidade ainda desconhecida. Esses fatores podem causar vasodilatação por uma ação direta nas células de músculo liso vascular, ou indiretamente via endotélio. Interessantemente, essa ação anticontrátil do PVAT pode

Vasomotricidade e Regulação Local de Fluxo 541

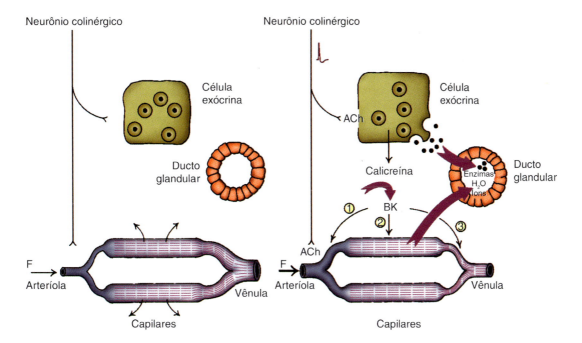

Figura 33.12 • Efeitos vasculares da estimulação colinérgica e da bradicinina nas glândulas exócrinas. A estimulação colinérgica causa vasodilatação arteriolar e estimula a secreção de calicreína pelas células glandulares, iniciando a formação de bradicinina (BK), a qual: (1) auxilia a vasodilatação arteriolar, (2) aumenta a permeabilidade capilar e (3) produz venoconstrição. Esses efeitos determinam aumento do fluxo sanguíneo (F) e exsudação de líquidos necessários à secreção exócrina nos ductos glandulares. ACh, acetilcolina. (Adaptada de Shepherd e Vanhoutte, 1980.)

estar prejudicada em doenças como a obesidade, diabetes tipo 2 e hipertensão arterial, contribuindo para a injúria do sistema vascular.

Temperatura

Além de seus efeitos centrais, mediados por receptores hipotalâmicos, a temperatura é também um fator físico de ação local. Sua ação local é importante para o equilíbrio térmico do organismo e se faz sentir especialmente no território cutâneo, no qual sua elevação determina vasodilatação e sua queda causa intensa vasoconstrição. Tem sido proposto que o resfriamento do sangue abaixo de 37°C deprime a atividade miogênica do músculo liso vascular, com consequente redução de sua responsividade a agentes vasoconstritores. Na circulação cutânea, no entanto, esse efeito depressor é suplantado pelo grande aumento da reatividade vascular às catecolaminas e da sensibilidade à estimulação simpática, resultando em vasoconstrição acentuada. De modo oposto, se os vasos cutâneos são aquecidos a 40°C, eles se tornam refratários à influência simpática e às catecolaminas circulantes, facilitando a vasodilatação. Desse modo, a temperatura local, além do efeito direto, serviria também como um modulador da atividade vasoconstritora adrenérgica.

▶ Regulação a distância (fatores extrínsecos)

Para propiciar suprimento sanguíneo adequado aos tecidos em atividade, a vasodilatação local, determinada pela demanda metabólica e por fatores físicos como a tensão de cisalhamento, e modulada pela ação anticontrátil do PVAT, deve estar associada à manutenção de uma pressão de perfusão adequada. Esse controle é efetuado pelo sistema nervoso central que modula o estado contrátil da musculatura lisa vascular (e a atividade cardíaca) via inervação e sistemas endócrinos. A regulação a distância da vasomotricidade se faz, portanto, por meio do sistema nervoso simpático, da inervação nitrérgica e de mecanismos hormonais descritos a seguir.

Regulação neural

Sistema nervoso simpático noradrenérgico

Os neurônios pós-ganglionares simpáticos, cujo mediador é a norepinefrina, inervam densamente os vasos de resistência e de capacitância, com grande densidade de inervação sendo observada nas arteríolas e esfíncteres pré-capilares (Figura 33.13). As terminações nervosas são difusas e distribuem-se densamente na borda medioadventicial do vaso. Nas grandes artérias e arteríolas de ordem superior, as camadas musculares mais internas não são diretamente inervadas pelo simpático vasoconstritor (ver Figura 33.13), sendo sua ativação efetuada pela condução do potencial de ação originado nas fibras mais próximas da adventícia (diretamente inervadas) e/ou pela difusão da norepinefrina pelas camadas musculares, o que pode ocorrer frente a altas frequências de estimulação, quando quantidades elevadas do mediador são liberadas. Recentemente, demonstrou-se que em alguns vasos de resistência a inervação simpática pode chegar a camadas musculares lisas mais internas. Deve-se ressaltar que as catecolaminas circulantes (ver item "Catecolaminas adrenais") também têm acesso ao vaso via endotélio (notar a marcação do endotélio na Figura 33.13) e determinam vasoconstrição por meio de sua ação em receptores de membrana localizados nas células musculares lisas da camada média. Ambos os efeitos (simpático noradrenérgico e catecolaminas plasmáticas) são aditivos na determinação da vasoconstrição simpática.

A ação da norepinefrina sobre os receptores α_1-adrenérgicos (receptor acoplado a proteína Gq) ativa a fosfolipase C (PLC) e forma os segundos mensageiros diacilglicerol (DAG)

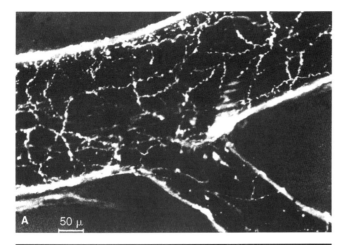
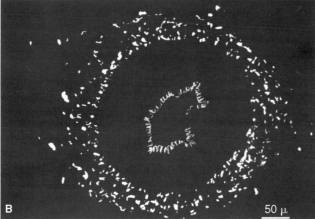

Figura 33.13 ▪ Padrão de inervação simpática em artérias de pequeno calibre. **A.** Porção distal da artéria cerebral média em visão longitudinal. **B.** Artéria da orelha de coelho em secção transversa. Os terminais simpáticos, evidenciados pela fluorescência a catecolaminas, estão principalmente confinados à adventícia, revestindo externamente toda a camada média; em muitos vasos os axônios penetram na camada média em profundidades variáveis. A fluorescência observada internamente no vaso corresponde à autofluorescência da lâmina elástica interna e à presença de catecolaminas originárias do plasma. (Adaptada de Bevan et al., 1980.)

e IP_3, que, como visto anteriormente, disparam o processo de contração do músculo liso vascular. Por sua vez, agindo nos receptores α_2-adrenérgicos e/ou α_1-adrenérgicos localizados no endotélio, a norepinefrina leva ao aumento das $[Ca^{2+}]i$ nas células endoteliais, induzindo a liberação de NO, que, como descrito anteriormente, levará à vasodilatação. Tanto o músculo liso vascular quanto o endotélio também possuem receptores β-adrenérgicos (subtipos β_1-, β_2- e β_3-adrenérgicos), cuja ativação causa ativação da adenilatociclase (receptores acoplados a proteína Gs), com aumento de cAMP e ativação da PKA, induzindo vasodilatação nas células de músculo liso e fosforilação da NOS III e síntese de NO nas células endoteliais. A sinalização via receptores α_2-adrenérgicos no endotélio e β-adrenérgicos tanto no músculo liso como no endotélio possui efeito antagônico sobre a resposta contrátil induzida pela própria norepinefrina via receptor α_1-adrenérgico, e o somatório dos efeitos determina a magnitude da vasoconstrição. Quando a atividade nervosa simpática basal é retirada e/ou reduzida, há o predomínio da vasodilatação.

O simpático vasoconstritor está presente em todos os territórios e constitui o elemento mais importante de que o sistema nervoso central dispõe para regular a resistência periférica e a perfusão tecidual (ver Capítulo 37). É por meio dele que são realizados os ajustes momentâneos do tônus dos vasos de resistência. Além do controle dos vasos de resistência, o simpático regula também o estado contrátil dos vasos de capacitância, determinando intensa venoconstrição, redução da capacitância venosa e grande aumento do retorno venoso (como será detalhado no Capítulo 35). Sabe-se, atualmente, que o simpático não age em bloco (a não ser em situações de emergência) e que seu tônus pode ser diferencialmente modulado nos vários territórios, havendo uma delicada regulação regional.

Sistema nervoso parassimpático

A inervação dos vasos de resistência pela divisão parassimpática é restrita apenas a algumas regiões: genitália externa, bexiga e reto (parassimpático sacral), glândulas salivares (nervo da corda do tímpano) e sudoríparas. Não há inervação aos vasos dos demais territórios, de modo que a inervação parassimpática colinérgica representa uma porcentagem mínima frente à inervação simpática, que é bastante densa nos vasos de todos os territórios. Além disso, nem toda vasodilatação observada quando da estimulação de fibras parassimpáticas decorre diretamente da ação colinérgica: na genitália externa, a dilatação vascular é resultante da estimulação colinérgica e nitrérgica (ver item "Inervação nitrérgica"); nas glândulas salivares e sudoríparas, a vasodilatação depende sobremaneira da formação local de bradicinina, induzida pela acetilcolina (como já descrito neste capítulo). O tônus parassimpático, portanto, não contribui significativamente para a manutenção da resistência periférica.

Entretanto, o fato de não haver inervação colinérgica funcional importante não significa que a acetilcolina não produza vasodilatação marcante quando administrada por via intravenosa: seu efeito é potente, de aparecimento rápido, mas fugaz. A vasodilatação colinérgica é mediada pela ação das acetilcolinas sobre os receptores muscarínicos (M3), presentes no endotélio, que ativam a NOSc com posterior síntese e liberação do NO, o qual, como descrito anteriormente, promove vasodilatação (ver Figura 33.8).

Inervação nitrérgica

A presença de uma inervação não adrenérgica e não colinérgica (NANC) foi descoberta na década de 1970, em músculo liso. Em alguns tecidos, a substância P, o peptídio intestinal vasoativo (VIP), o peptídio relacionado com o gene da calcitonina (CGRP) e outras substâncias endógenas vasodilatadoras foram descritas como neurotransmissores desse sistema. Os nervos vasodilatadores NANC foram primeiramente descritos em artérias cerebrais de cães, e, 15 anos após a sua descoberta, o NO foi descrito como o neurotransmissor desse sistema. Assim, desde então, grande importância tem sido dada para a ação de fibras nitrérgicas. Estudos histológicos demonstraram que o músculo liso vascular, além de muitos neurônios imunorreativos para tirosina hidroxilase (sistema simpático), é também inervado por neurônios imunorreativos para a sintase do NO (sistema nitrérgico), assim como para a colinesterase/acetiltransferase (sistema parassimpático). Funcionalmente, os nervos nitrérgicos para os vasos sanguíneos são mais importantes que a inervação colinérgica. Esta, conforme ilustrado na Figura 33.14, teria como único papel o de modular, em nível das terminações pré-juncionais (por meio de receptores M_2, localizados nos terminais nitrérgicos e adrenérgicos), os efeitos adrenérgicos e nitrérgicos. A liberação de acetilcolina pelo terminal colinérgico teria como efeito inibir a liberação de norepinefrina e de NO dos terminais adrenérgicos e nitrérgicos, respectivamente, reduzindo assim a ação desses sistemas.

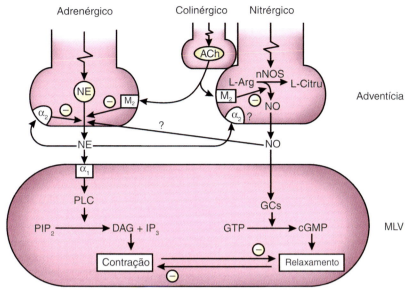

Figura 33.14 ▪ Interação das terminações nervosas adrenérgica, nitrérgica e colinérgica nos sítios pré e pós-juncional. (–), negativo; *NE*, norepinefrina; *L-Arg*, L-arginina; *L-Citru*, L-citrulina; M_2, receptor muscarínico subtipo 2; *GCs*, guanilato ciclase solúvel; *DAG*, diacilglicerol; *MLV*, músculo liso vascular. (Adaptada de Toda e Okamura, 2003.)

Nas terminações nervosas presentes na adventícia vascular, o NO é sintetizado via ativação da isoforma neuronal da NOS (NOS I), frente a aumento da $[Ca^{2+}]i$. Assim como o NO de origem endotelial, a sua liberação pela fibra nitrérgica induz vasodilatação no músculo liso vascular, via ação sobre a GCs e a formação do cGMP e ativação da PKG, como descrito anteriormente neste capítulo (ver Figuras 33.8 e 33.14). A inervação nitrérgica vasodilatadora está presente em muitos tecidos, como artérias cerebrais, vasculatura ocular, artéria lingual, vasculatura nasal, artérias coronárias, vasculatura do sistema digestório, artérias e veias penianas, arteríolas da musculatura esquelética, entre outros territórios. Em todos esses territórios, a inervação nitrérgica induz proeminente vasodilatação.

Regulação hormonal

Entre os hormônios circulantes que têm ação vasomotora, citam-se as catecolaminas adrenais, a angiotensina II, a vasopressina ou hormônio antidiurético e o peptídio atrial natriurético.

Catecolaminas adrenais

A epinefrina (em maior proporção) e a norepinefrina são sintetizadas na medula adrenal (por grupamento de neurônios simpáticos pós-ganglionares modificados) e lançadas à circulação. Pela circulação sanguínea, chegam a todos os vasos (ver imunorreatividade no lúmen vascular, Figura 33.13), em que, primordialmente, a epinefrina exerce sua ação vasodilatadora, enquanto a norepinefrina, como discutido anteriormente, exerce seu efeito vasoconstritor. Na situação basal, a concentração plasmática de catecolaminas é baixa (da ordem 1 a 2 ng/mℓ), flutuando durante as atividades circadianas. Em geral, a liberação das catecolaminas adrenais acompanha qualquer aumento do tônus simpático (pois a medula adrenal é inervada diretamente por fibras pré-ganglionares simpáticas), ocorrendo particularmente durante o exercício, o estresse mental, a hipoglicemia etc. Durante estimulação máxima do simpático, como, por exemplo, na hemorragia, a concentração plasmática pode se elevar em cerca de 12 a 25 vezes, contribuindo sobremaneira para a homeostase circulatória. As concentrações plasmáticas aumentadas de epinefrina e norepinefrina mantêm por tempo mais prolongado os efeitos do simpático, com grande economia de energia.

Esses neuro-hormônios agem em receptores específicos, tanto na membrana do músculo liso vascular, como na membrana das células endoteliais. Como descrito anteriormente ("Sistema nervoso simpático noradrenérgico"), sabe-se que as células endoteliais e musculares lisas possuem receptores α-adrenérgicos (subtipos α_1 e α_2) e β-adrenérgicos (subtipos β_1, β_2 e β_3). A norepinefrina e a epinefrina são potentes agonistas α-adrenérgicos; entretanto, a epinefrina é muito mais potente na ativação dos receptores β_2-adrenérgicos quando comparada à norepinefrina. A maioria dos vasos sanguíneos tem os dois tipos de receptores adrenérgicos, sendo que a resposta final dependerá do balanço entre as ações noradrenérgicas e adrenérgicas a cada momento. No entanto, alguns vasos (p. ex., as arteríolas que irrigam a musculatura estriada esquelética e coronárias) expressam predominantemente os receptores β-adrenérgicos.

A ação da norepinefrina circulante é similar à da norepinefrina liberada pelo terminal simpático (ver, anteriormente, o item "Sistema nervoso simpático noradrenérgico"). Por sua vez, a epinefrina exerce sua ação pela interação com receptores β-adrenérgicos localizados no músculo liso vascular bem como nas células endoteliais. Ao se ligar a receptores β_1- e β_2-adrenérgicos no músculo liso vascular, a epinefrina ativa a via adenilatociclase/cAMP/PKA, a qual reduz a afinidade das proteínas contráteis ao Ca^{2+} e hiperpolariza as células musculares lisas vasculares, induzindo vasodilatação por ação direta muscular. Mais recentemente, observou-se que uma parte significante da vasodilatação induzida pela epinefrina ocorre via ativação endotelial, uma vez que, agindo nos receptores β-adrenérgicos (subtipos β_1, β_2 e β_3), tanto via aumento das $[Ca^{2+}]i$ como por meio da fosforilação de sítios de ativação da NOSc (PKA e PKB), essa estimulação induz a síntese e liberação de NO. Assim, tanto por ação direta no músculo liso vascular, quanto via liberação de NO pelo endotélio, a epinefrina é capaz de induzir vasodilatação, a qual contribui para o aumento de fluxo sanguíneo àquele território.

Em situações nas quais ocorre liberação tanto de epinefrina como de norepinefrina, a resposta final do vaso fica condicionada à densidade de receptores adrenérgicos (α ou β) presentes no tecido em questão. Um exemplo dessa interação ocorre durante o exercício físico: a ativação do sistema nervoso simpático induz vasoconstrição renal (as arteríolas renais têm predomínio de receptores α-adrenérgicos) e vasodilatação das arteríolas que irrigam a musculatura esquelética (pois estas têm predomínio de receptores β-adrenérgicos). A norepinefrina plasmática determina vasoconstrição em todos os territórios, enquanto a epinefrina causa vasodilatação na musculatura esquelética, no território esplâncnico, no encéfalo e no coração.

Angiotensina II

A angiotensina II (Angio II) circulante (além da formada localmente no endotélio, ver item "Endotélio vascular") tem importante ação vasoconstritora sistêmica. Conforme ilustrado na Figura 37.7 do Capítulo 37, a renina (enzima proteolítica) atua sobre o angiotensinogênio (uma α_2-globulina plasmática), clivando-a no decapeptídio angiotensina I. Este sofre ação da enzima conversora de angiotensina (ECA), presente no plasma e na membrana luminal do endotélio vascular, a qual retira mais dois aminoácidos, formando o octapeptídio Angio II, o hormônio biologicamente ativo do sistema renina-angiotensina. Nos vasos pré-capilares, o aumento de resistência é devido à ação direta da Angio II sobre os receptores AT_1, causando contração da musculatura lisa, assim como devido à potencialização do efeito simpático vascular, como detalhado anteriormente (ver Figura 33.10). No terminal simpático, a Angio II estimula a síntese de norepinefrina, potencializa sua liberação pelo estímulo neural e bloqueia sua recaptação neuronal; tais ações propiciam maior disponibilidade de norepinefrina na fenda sináptica, com consequente aumento da resposta simpática (ver Figura 37.8, no Capítulo 37). A Angio II não somente é importante na manutenção do tônus vascular basal, como também é essencial à manutenção da homeostase circulatória durante situações de perda de volume plasmático/sanguíneo, como as que ocorrem durante quedas prolongadas da pressão arterial e em presença de restrição salina. A Angio II exibe ainda atividade mitogênica, efeito trófico sobre a musculatura lisa e induz a síntese de endotelina e a produção de espécies reativas derivadas do oxigênio (ânion superóxido) pelo endotélio.

É importante que se ressalte que o conceito atual sobre o sistema renina-angiotensina envolve toda uma família de angiotensinas biologicamente ativas, como a angiotensina III (responsável pela secreção de aldosterona), a angiotensina IV (com efeito antitrombolítico), a angiotensina 1-7 (com ações natriurética, vasodilatadora e antiproliferativa), a alamandina (vasodilatadora), além da própria angiotensina II (para mais informações, ver Capítulo 55, *Rim e Hormônios*, na seção "Sistema Renina-Angiotensina").

Vasopressina

A vasopressina circulante (ou hormônio antidiurético), produzida no hipotálamo e liberada pela neuro-hipófise, é um potente vasoconstritor em vasos de resistência, determinando aumento da resistência local com intensa redução de fluxo. A ação vasoconstritora da vasopressina ocorre via ativação de receptores V_1 localizados no músculo liso vascular, os quais também estão acoplados à proteína Gq e ativam a PLC. Assim, via geração de IP_3 e DAG, a vasopressina induz vasoconstrição em artérias de resistência. A vasopressina também induz vasoconstrição por diminuir a probabilidade de os canais para K^+ sensíveis a ATP encontrarem-se no estado aberto e por potencializar a vasoconstrição induzida pela norepinefrina. Agindo em receptores V_1 localizados no endotélio, a vasopressina induz a liberação de endotelina, que potencializa ainda mais a vasoconstrição. Adicionalmente, a vasopressina age em receptores V_2 (primariamente descritos como receptores renais para vasopressina, ou hormônio antidiurético) (ver Capítulo 55 e Capítulo 53, *Papel do Rim na Regulação do Volume e da Tonicidade do Líquido Extracelular*), que também estão presentes nas células endoteliais; por essa via ativa a síntese e liberação de fatores vasodilatadores derivados do endotélio, os quais agem como freios parciais de sua ação vasoconstritora. A concentração plasmática basal de vasopressina é da ordem de 1 a 3 pg/mℓ, mas pode ser bastante aumentada em situações de baixa volemia, como hipotensão hipovolêmica, hemorragias e desidratação. Nessas situações, o efeito vasoconstritor da vasopressina (ao lado do seu efeito renal de retenção hídrica) é essencial ao controle da pressão arterial, da volemia e da osmolalidade do organismo (para mais detalhes, ver Capítulos 53 e 55).

Peptídio atrial natriurético

Este hormônio, descrito pela primeira vez por De Bold, em 1981, é sintetizado e lançado à circulação pelos miócitos atriais, quando distendidos durante aumentos do retorno venoso ou da volemia. Em oposição aos hormônios citados anteriormente, sua ação resulta em vasodilatação, a qual determina queda da resistência e aumento do fluxo local, facilitando a filtração capilar e a transposição de líquidos para o espaço intersticial. O peptídio atrial natriurético é armazenado como um pró-hormônio (com 126 aminoácidos) que, ao ser clivado por uma serino protease, gera o fragmento ativo de 28 aminoácidos, o qual tem meia-vida de 2 a 5 min. Existem três tipos de receptores nos quais o peptídio atrial natriurético age: dois são biologicamente ativos, o A e o B, e o terceiro é o receptor C, que é um receptor de *clearance*. As faces intracelulares dos receptores A e B são acopladas à guanilatociclase particulada (GCp), sendo que a ligação do peptídio ao seu receptor específico leva a formação de cGMP e ativação da PKG. Por meio da ação da PKG, o peptídio atrial natriurético induz redução da $[Ca^{2+}]i$, redução da afinidade das proteínas contráteis ao Ca^{2+} e hiperpolarização do músculo liso vascular, levando ao relaxamento muscular. Além da sua ação direta vasodilatadora, o peptídio atrial natriurético inibe a síntese e liberação de endotelina, Angio II e norepinefrina, com acentuado predomínio do tônus vasodilatador. Esses efeitos, associados às suas ações natriurética e diurética, constituem importantes mecanismos de defesa do organismo frente ao aumento da volemia, situação em que as concentrações plasmáticas desse hormônio encontram-se bastante elevadas (para detalhes, ver Capítulos 37, 38, 53 e 55).

Em síntese, é o fino balanço entre os mecanismos atuantes aos níveis local, neural e hormonal que determinará o estado contrátil (tônus) do músculo liso vascular e o aporte sanguíneo momentâneo, regulando o fluxo local de acordo com as necessidades metabólicas do tecido. Como será sumarizado no item a seguir e detalhado no Capítulo 36, a importância relativa de cada um desses fatores varia de um território para outro e em função da situação momentânea.

▶ Importância relativa dos vários fatores nas diferentes circulações | Distribuição regional de fluxo

Considerando-se o fluxo sanguíneo basal (*i. e.*, o fluxo adequado à manutenção da função básica da circulação, qual seja: suprir aos tecidos os nutrientes necessários e retirar deles os produtos derivados do metabolismo) e o fluxo observado durante a vasodilatação máxima, os diferentes territórios podem ser agrupados em três classes:

- Aqueles em que o fluxo é apropriado às necessidades metabólicas (territórios encefálico e coronariano), também conhecidos como *regiões nobres*
- Aqueles em que o fluxo excede as necessidades metabólicas, mas é necessário para desempenhar outras funções vitais, como filtração do sangue (território renal), absorção de nutrientes (tubo gastrintestinal e território esplâncnico),

dissipação de calor (território cutâneo), secreções digestivas (glândulas salivares) e mobilização de energia acumulada (tecido adiposo)
- Aqueles em que o fluxo é bastante variável, dependendo do estado metabólico do tecido (musculatura esquelética).

Nos territórios da primeira classe, em que a manutenção de fluxo em níveis apropriados é preservada em qualquer situação, predominam os fatores locais metabólicos, além da autorregulação miogênica. No coração, por exemplo, são muito importantes as respostas a mudanças na tensão parcial de O_2 e nos níveis de adenosina/nucleotídios de adenina, além de fatores derivados do endotélio (como o NO); na circulação encefálica, destacam-se a autorregulação miogênica, a tensão de O_2 e CO_2 e o pH, além de fatores derivados do endotélio (como o NO). Naqueles territórios em que o fluxo é muito superior às necessidades metabólicas, são importantes o fator miogênico (responsável pela autorregulação do fluxo) e o simpático vasoconstritor, coadjuvados por fatores locais, como prostaglandinas e Angio II (nos rins) e serotonina e hormônios gastrintestinais (no território esplâncnico). Na circulação cutânea, o simpático vasoconstritor é coadjuvado pela temperatura e pela bradicinina formada localmente nas glândulas sudoríparas. Naqueles territórios em que o fluxo depende do estado metabólico do tecido, como é o caso da musculatura esquelética, a maior ou menor importância dos diferentes fatores é condicionada ao nível de atividade muscular: no repouso predomina o simpático vasoconstritor, mas durante o exercício tornam-se mais importantes os fatores metabólicos (como a concentração de K^+, a hiperosmolalidade, a tensão de O_2, a concentração de adenosina/nucleotídios de adenina etc.), o endotélio vascular e a inervação nitrérgica, que induzem vasodilatação.

O fluxo sanguíneo mobilizado pelo ventrículo esquerdo (ou débito cardíaco) é distribuído aos diferentes territórios segundo a maior e/ou menor vasodilatação/vasoconstrição em que estes se encontram. Na situação de repouso, o débito cardíaco, que é de aproximadamente 5 ℓ/min (100%) (Quadro 33.1), está distribuído preferencialmente aos vasos abdominais (nos territórios renal e esplâncnico) que apresentam maior vasodilatação quando comparados aos outros territórios. Cerca de 20% do débito cardíaco é adequado para manter as funções vitais do encéfalo e coração, e aproximadamente a mesma quantidade de sangue é direcionada à musculatura esquelética e pele (que juntos têm massa 17 a 18 vezes superior à do coração e encéfalo, mas se encontram em pronunciada vasoconstrição). O fluxo reduzido é, no entanto, adequado à manutenção do metabolismo basal do músculo esquelético e da pele. Cerca de 7 a 8% do débito cardíaco são direcionados a outros órgãos classificados como *inertes* para a homeostase circulatória, como, por exemplo, a massa óssea, o tecido adiposo etc.

Durante o exercício físico, esse padrão se altera. O débito cardíaco é aumentado para suprir as necessidades metabólicas, podendo chegar a 25 ℓ/min no indivíduo normal (não atleta) em exercício breve e intenso. Durante exercício intenso, o tônus simpático vasoconstritor para a musculatura esquelética é bastante reduzido, o que, juntamente com o acúmulo dos fatores metabólicos produzidos pela atividade muscular e a tensão de cisalhamento induzindo a liberação de NO, determina intensa vasodilatação. O fluxo sanguíneo para a musculatura esquelética durante exercício intenso é cerca de 20 a 21 ℓ/min. Nessa situação, os territórios que têm fluxo excedente às necessidades metabólicas apresentam intensa vasoconstrição (como o aumento do tônus simpático renal e esplâncnico) com acentuada redução de fluxo, sendo o fluxo excedente desviado para a musculatura em atividade. No exercício breve, o fluxo cutâneo absoluto aumenta pouco em relação ao repouso (o que representa, frente ao débito aumentado do exercício, uma menor proporção), mas é aumentado adicionalmente se o exercício for prolongado (por retirada do simpático vasoconstritor e por estímulos locais, como o aumento da temperatura), prestando-se à dissipação do calor produzido pela atividade muscular e à manutenção da temperatura corporal. Embora as variações percentuais sejam menores (uma vez que o débito cardíaco aumenta em até 5 vezes no exercício), é importante notar que as *regiões nobres* (coração e encéfalo) têm, durante o exercício físico breve e intenso, fluxo absoluto elevado (cerca de 4 vezes no coração e 1,3 vez no cérebro), possibilitando, respectivamente, o intenso aumento do débito cardíaco e o controle da homeostase do organismo durante a emissão desse complexo comportamento.

BIBLIOGRAFIA

BEVAN JA, BEVAN RD, DUCKLES SP. Adrenergic regulation of vascular smooth muscle. *In*: BOHR DF, SOMLYO AP, SPARKS Jr HV (Eds.). *Handbook of Physiology*, section 2: The Cardiovascular System, vol II: Vascular Smooth Muscle. Williams and Wilkins, Baltimore, 1980.

BROZOVICH FV, NICHOLSON CJ, DEGEN CV et al. Mechanisms of vascular smooth muscle contraction and the basis for pharmacologic treatment of smooth muscle disorders. *Pharmacol Rev*, 68(2):476-532, 2016.

DAVIS MJ, HILL MA. Signaling mechanisms underlying the vascular myogenic response. *Physiological Reviews*, 79(2):387-423, 1999.

DE BOLD AJ, BORENSTEIN HB, VERESS AJ et al. A rapid and potent natriuretic response to intravenous injection of atrial myocardial extract in rat. *Life Sci*, 28:89-94, 1981.

FÉLÉTOU M, KÖHLER R, VANHOUTTE PM. Endothelium-derived vasoactive factors and hypertension: possible roles in pathogenesis and as treatment targets. *Curr Hypertens Rep*, 12:267-75, 2010.

FERRARIO CM, BARNES KL, BLOCK CH et al. Pathways of angiotensin formation and function in the brain. *Hypertension*, 15(Suppl I):I.13-19, 1990.

FLEMING I. Molecular mechanisms underlying the activation of eNOS. *Pflügers Arch – European Journal of Physiology*, 459:793-806, 2010.

FÖRSTERMANN U. Nitric oxide and oxidative stress in vascular disease. *Pflügers Arch – European Journal of Physiology*, 459:923-39, 2010.

GUIMARÃES S, MOURA D. Vascular adrenoceptors: an update. *Pharmacological Reviews*, 53:319-56, 2001.

JOHNSON PC. The myogenic response. *In*: BOHR DF, SOMLYO AP, SPARKS JR HV (Eds.). *Handbook of Physiology*, section 2: The Cardiovascular System, vol II: Vascular Smooth Muscle. Williams and Wilkins, Baltimore, 1980.

KOMARU T, KANATSUKA H, SHIRATO K. Coronary microcirculation: physiology and pharmacology. *Pharmacol Ther*, 86(3):217-61.

KRIEGER EM. Regulação da vasomotricidade. In: *Fisiologia Cardiovascular*. Fundo Editorial Byk Procienx, Porto Alegre, 1976.

LUSCHER TF, DUBEY RK. Endothelium and platelet-derived vasoactive substances: Role in the regulation of vascular tone and growth. *In*: LARAGH

Quadro 33.1 • Valores percentuais aproximados da distribuição regional do débito cardíaco (DC) no repouso e no exercício.

Territórios	Massa* (kg)	Repouso DC cerca de 5 ℓ/min (100%)	Atividade DC cerca de 25 ℓ/min (100%)
Cerebral	1,5	15%	4%
Coronário	0,3	5%	4%
Renal	0,3	23%	1%
Esplâncnico	3,7	27%	2%
Musc. esquelética	30	14 a 17%	80 a 84%
Cutâneo	2,1	7%	1 a 7%**
Outros	Cerca de 30 a 32	7 a 8%	3%

*Valores para indivíduos de aproximadamente 70 kg de peso corporal. **Variável em função da duração do exercício.

JH, BRENNER BM. *Hypertension: Pathophysiology, Diagnosis and Management*. Raven Press, New York, 1995.

MICHEL T, VANHOUTTE PM. Cellular signaling and NO production. *Pflügers Arch – European Journal of Physiology*, 459:807-16, 2010.

PALMER RJM, FERRIGE AG, MONCADA S. Nitric oxide release accounts for the biological activity of endothelium-derived relaxing factor. *Nature*, 327:524-6, 1987.

SANTOS RAS, SAMPAIO WO, ALZAMORA AC et al. The ACE2/Angiotensin-(1-7)/MAS Axis of the renin-angiotensin system: Focus on angiotensin-(1-7). *Physiol Rev*, 98(1):505-53, 2018.

SZASZ T, WEBB RC. Perivascular adipose tissue: more than just structural support. *Clin Sci (Lond)*, 122(1):1-12, 2012.

SHEPHERD JT, VANHOUTTE PM. *The Human Cardiovascular System. Facts and Concepts*. Raven Press, New York, 1980.

SPARKS Jr HV. Effect of local metabolic factors on vascular smooth muscle. *In*: BOHR DF, SOMLYO AP, SPARKS Jr HV (Eds.). *Handbook of Physiology*, section 2: The Cardiovascular System, vol II: Vascular Smooth Muscle. Williams and Wilkins, Baltimore, 1980.

TODA N, OKAMURA T. The pharmacology of nitric oxide in the peripheral nervous system of blood vessels. *Pharmacological Reviews*, 55:271-324, 2003.

VANHOUTTE PM. Endothelial dysfunction in hypertension. *J Hypertens*, 14(Suppl 5):S83-93, 1996.

Capítulo 34

Aspectos Morfofuncionais da Microcirculação

Robson Augusto Souza dos Santos | Maria Jose Campagnole dos Santos | Silvia Passos Andrade

- Introdução, *548*
- Características gerais do sistema microvascular, *548*
- Organização morfofuncional do sistema microvascular, *549*
- Atividade funcional do sistema microvascular, *552*
- Linfa e sistema linfático, *557*
- Edema, *558*
- Angiogênese, *560*
- Bibliografia, *561*

INTRODUÇÃO

O coração e os vasos sanguíneos geram o fluxo sanguíneo adequado para os diversos tecidos, órgãos e sistemas de acordo com as suas necessidades fisiológicas, e para tal o sangue é transportado para e da rede capilar-venular, onde ocorre troca de nutrientes e produtos celulares entre o sangue e os tecidos, ou, mais propriamente, o líquido intersticial. Essa função é efetuada por mecanismos de transporte na parede capilar, a qual também é local de troca de líquido entre o plasma e o interstício, determinando o volume de cada compartimento. A parede capilar é composta por uma monocamada de células endoteliais e uma membrana basal (como descrito no Capítulo 27, *Estrutura e Função do Sistema Cardiovascular*). O endotélio vascular reveste internamente todo o sistema circulatório, representando a região de contato entre a parede vascular e o fluxo sanguíneo. Como foi detalhado no Capítulo 33, *Vasomotricidade e Regulação Local de Fluxo*, o endotélio desempenha importante papel como órgão autócrino/intácrino/parácrino que regula, entre outras funções, o tônus vascular, a proliferação celular, a coagulação sanguínea e o tráfego de células do sangue para o vaso sanguíneo.

A manutenção da função fisiológica de uma microcirculação é a principal condição para a manutenção e a sobrevivência de todas as células, tecidos e órgãos dos vertebrados. A incapacidade de manter a funcionalidade da microcirculação resulta em condições denominadas anoxia ou hipoxia tecidual, as quais levam a falta de oxigênio e nutrientes, acúmulo de metabólitos e morte celular. Assim, a falta de disponibilidade de oxigênio para as células e tecidos vitais é uma das principais e fundamentais causas de morte.

CARACTERÍSTICAS GERAIS DO SISTEMA MICROVASCULAR

O termo *sistema microvascular* foi introduzido na literatura como um nome genérico que inclui todos os vasos, o seu conteúdo e as estruturas associadas que só são visíveis pelo exame microscópico (ou seja, vasos menores que 300 μm). O uso do termo *microcirculação* deveria ser restrito somente ao fluxo sanguíneo dentro desses vasos. A Figura 34.1 apresenta as características geométricas e funcionais dos diferentes vasos sanguíneos.

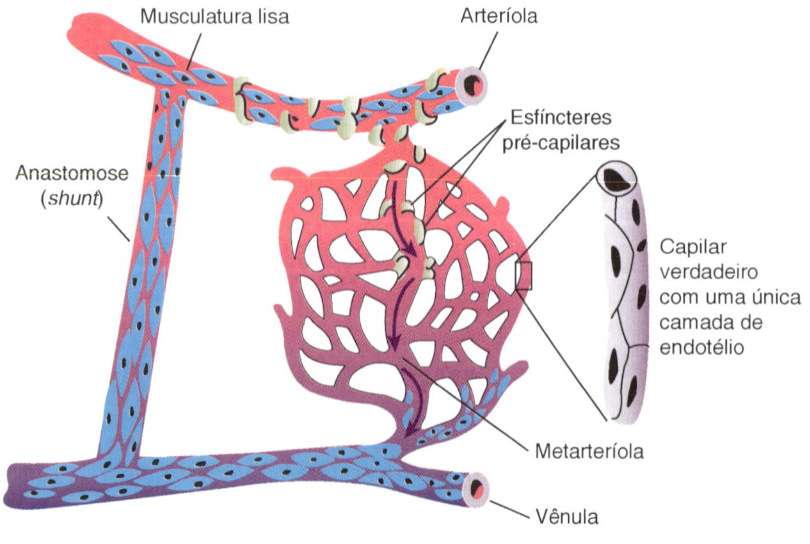

A estrutura do sistema microvascular reflete a sua função, que inclui a circulação do sangue dentro dos tecidos e órgãos, possibilitando estreita proximidade do sangue com as células que compõem os mesmos, e a existência de uma membrana semipermeável para o trânsito de algumas substâncias entre o sangue e as células. A estreita relação entre o sangue e as células é assegurada pela circulação sanguínea por meio de vasos cujo diâmetro interno chega ao tamanho de um único eritrócito (8 μm). Adicionalmente, esses vasos são arranjados de tal maneira que praticamente cada célula parenquimatosa está em contato com um microvaso sanguíneo. Dessa forma, se for considerado que existem cerca de 2.000 capilares em 1 mm^2 de músculo esquelético, em um homem de 70 kg, haverá aproximadamente 6.300 m^2 de área de superfície disponíveis para as trocas. As trocas são controladas pela resposta do endotélio, que, além de desempenhar importantes funções, também funciona como uma membrana semipermeável que regula o transporte ao nível do sistema microvascular.

A maioria do sistema microvascular consiste em arteríolas, capilares e vênulas. Além disso, há em alguns órgãos (fígado, baço e medula óssea) os chamados *vasos sinusoides*, que funcionam como os capilares, mas que geralmente têm um diâmetro maior que estes.

Finalmente, existem dois tipos de vasos que conectam as arteríolas diretamente às vênulas. O primeiro são as anastomoses arteriovenosas, estruturalmente semelhantes às arteríolas. O segundo são os canais preferenciais encontrados mais frequentemente no tecido conjuntivo e no músculo esquelético. Esses vasos são estruturalmente semelhantes aos capilares e funcionam como eles, mas apresentam fluxo sanguíneo contínuo dentro deles.

Todos os vasos da microvasculatura têm 4 características relacionadas com (1) arranjo espacial nos órgãos e nos tecidos, (2) configuração longitudinal, (3) arranjo de suas estruturas internas e (4) seus componentes celulares. Muitas destas características são frequentemente modificadas, dependendo do local do vaso no corpo. Por causa dessas modificações, deve-se saber tanto a estrutura geral dos microvasos como a natureza de suas variações nos órgãos principais, com relação à importância desses órgãos para a função que desempenham. Em síntese, os microvasos são *típicos* somente para determinado órgão específico.

O arranjo espacial dos vasos em um órgão está relacionado com a sua função e é refletido na complexidade do padrão vascular e número de vasos por unidade de área. Em geral, a vascularização de um órgão é diretamente proporcional à sua atividade metabólica. Como exemplo, esse princípio é ilustrado no fígado, no pâncreas e no mesentério.

O fígado, órgão com grande atividade metabólica, tem duplo suprimento sanguíneo e seus vasos de troca (sinusoides) recebem sangue dos ramos das arteríolas hepáticas e das vênulas do sistema porta. Cada célula do parênquima hepático é cercada, pelo menos em dois lados, por sinusoides, de maneira que a distância máxima entre o

Figura 34.1 ▪ Esquema que ilustra a estrutura básica de um leito capilar.

sangue e a célula parenquimatosa constitui a metade da distância de uma célula do fígado. Em contrapartida, a atividade metabólica do mesentério é consideravelmente menor e o seu padrão vascular é simples, sendo seus capilares separados por muitas dezenas de micrômetros. Outra diferença marcante pode ser observada no pâncreas: nas ilhotas, os capilares estão em contato com vários lados de cada célula endócrina, enquanto, no tecido exócrino, o número de capilares é reduzido drasticamente, e apenas a base de cada célula acinar está em contato com um capilar.

Assim, os sistemas de microvasculatura do fígado, do pâncreas, do rim, do baço, do pulmão etc. diferem entre si e em relação aos de outros órgãos. Tais diferenças são significativas e devem ser consideradas na análise final do fluxo sanguíneo em cada órgão ou tecido. Entretanto, poucos estudos foram feitos para avaliar o significado funcional dessas diferenças na saúde e na doença, o que seria relevante, principalmente, porque elas estão relacionadas com o adequado suprimento sanguíneo dos tecidos e células envolvidas.

Existem dois tipos de configuração longitudinal dos vasos. Os vasos arteriais e venosos são de formato cônico, com cerca de 1 a 2 constrições por ramo em direção ao capilar. Já os capilares são cilíndricos. Dessa maneira, a maior resistência ao fluxo está no sistema arterial à medida que o sangue flui para os microvasos, pois há um calibre que está sempre diminuindo; o oposto ocorre no sistema venoso, uma vez que o calibre vai aumentando na direção do fluxo.

Portanto, enquanto existem muitas similaridades estruturais e funcionais entre os microvasos nos diferentes órgãos e tecidos, surgem também grandes diferenças, de modo que, frequentemente, é impossível extrapolar dados de um local para outro. Consequentemente, ainda não foi desenvolvida uma nomenclatura inteiramente adequada para classificar a maioria desses vasos, embora certas subclassificações morfológicas e funcionais tenham sido sugeridas. Mesmo assim, podem ser feitas algumas poucas generalizações sobre os microvasos que compõem a microcirculação.

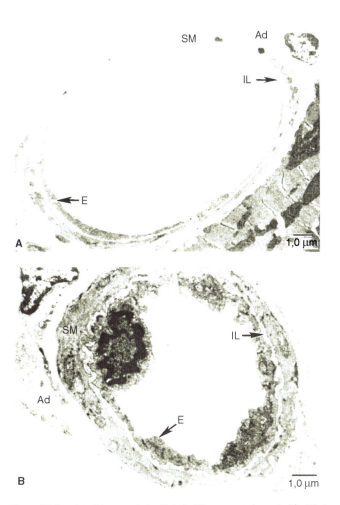

Figura 34.2 ▪ Arteríola em estado dilatado (**A**) e em estado contraído (**B**). A espessura e o contorno do endotélio são distintos em ambas as condições. Os diversos componentes da estrutura do vaso estão indicados. *E*, endotélio; *SM*, músculo liso; *Ad*, tecido conjuntivo da camada adventícia; *IL*, lâmina elástica interna. (Adaptada de McCuskey e Krasovich, 1994.)

ORGANIZAÇÃO MORFOFUNCIONAL DO SISTEMA MICROVASCULAR

A morfologia básica de todos os vasos é similar, incluindo a microvasculatura. Todos os vasos, inclusive os capilares, apresentam 3 camadas: *íntima*, *média* e *adventícia*; a proporção de cada uma varia de vaso para vaso (Figuras 34.2 e 34.3). Cada camada é caracterizada por um tipo celular e por uma função predominante: a íntima pelas células endoteliais e trocas transvasculares; a média pelas células musculares lisas e controle do calibre vascular; e a adventícia pelo tecido conjuntivo, nervos e vasos sanguíneos, que promovem proteção, controle e nutrição para os vasos, respectivamente.

As menores artérias ramificam-se em *arteríolas de primeira ordem*, que têm uma camada muscular lisa ricamente inervada. Estas arteríolas ramificam-se dando origem a *arteríolas terminais*, cujas paredes também dispõem de musculatura lisa, porém pobremente inervada, sendo o controle vasomotor nesse nível dominado por fatores locais (ver Capítulo 33). A arteríola terminal dá origem a um *tufo capilar*, e o tônus da musculatura lisa na arteríola terminal determina se esse tufo será bem (*capilares abertos*) ou mal perfundido (*capilares fechados*). Em poucos tecidos (p. ex., mesentério), existe um anel de musculatura lisa no nível da entrada dos capilares, denominado *esfíncter pré-capilar*, que governa a perfusão capilar; porém, na maioria dos tecidos, essa estrutura está ausente. Outra estrutura especializada é a *anastomose arteriovenosa*, largo vaso muscular que atravessa a rede capilar na pele das extremidades do corpo (dedos, nariz, orelha); essa estrutura está envolvida com a regulação da temperatura. Os *capilares* são estruturas de apenas 5 a 8 μm de diâmetro, demonstrados por Malpighi, um pioneiro da microscopia, que observou os capilares de pulmão de sapo, em 1661. A terminação venosa do tufo capilar se unifica para formar as *vênulas pericíticas* (vênulas pós-capilares), cujas paredes têm pericitos, mas são desprovidas de musculatura lisa. Esses dois tipos de vasos são chamados de *vasos de troca*. A musculatura lisa volta a aparecer na parede das vênulas de 30 a 50 μm de diâmetro.

Funcionalmente, os componentes do sistema microvascular (organizados em série ou em paralelo) podem ser classificados em vasos de resistência, de troca, anastomóticos e de capacitância.

▶ Vasos de resistência

Estão presentes tanto em nível pré- como pós-capilar. Os elementos de resistência pré-capilar são representados por pequenas artérias, arteríolas e esfíncteres pré-capilares, sendo as pequenas artérias e as arteríolas os principais responsáveis

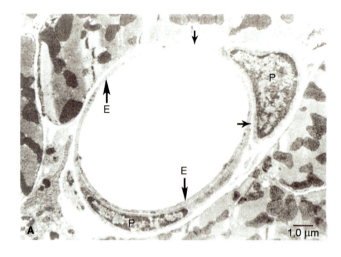

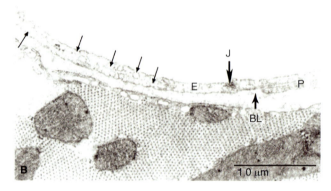

Figura 34.3 • **A.** Estrutura de um capilar contínuo do músculo cardíaco. *E*, endotélio contínuo; *setas*, lâmina basal; *P*, pericito envolvido pela lâmina basal. **B.** Fotomicrografia do endotélio mostrando numerosas vesículas citoplasmáticas, indicadas pelas *setas*. *J*, junção intercelular; *BL*, lâmina basal; *P*, pericito. (Adaptada de McCuskey e Krasovich, 1994.)

por variações na resistência e, por conseguinte, na extensão do fluxo tecidual. Contatos miomusculares e mioendoteliais (ou seja, contatos diretos entre as membranas de células musculares lisas adjacentes e entre membranas de células musculares lisas e endoteliais) são mais numerosos nas arteríolas pré-capilares que em vasos maiores. Esses contatos contêm muitas junções comunicantes que podem explicar a alta sensibilidade desses vasos a substâncias vasoativas.

Os esfíncteres pré-capilares, por sua vez, ajustam o número de capilares abertos, determinando com isso tanto a distribuição como a área disponível para a troca. Entretanto, como já mencionado, esses esfíncteres não estão uniformemente distribuídos, existindo apenas em alguns territórios (como rim, músculo cardíaco e pâncreas exócrino). Numerosos contatos mioendoteliais estão presentes na região dos esfíncteres pré-capilares, o que também pode explicar sua alta sensibilidade a agentes vasoativos.

Os vasos pós-capilares incluem vênulas musculares e pequenas veias. Essas estruturas, embora mostrem somente pequena alteração de resistência, em virtude de sua localização estratégica (pós-capilar) influenciam substancialmente a pressão capilar. A razão entre as resistências pré- e pós-capilares é o principal determinante da pressão hidrostática capilar (ver adiante).

▶ Vasos de troca

O termo *vasos de troca* refere-se aos dois lados anatômicos do leito vascular, porque uma parte do oxigênio pode difundir-se através das paredes das arteríolas terminais e algum líquido atravessa as paredes pericíticas das vênulas. A maior proporção de troca ocorre nos capilares e nas vênulas, em virtude do alto valor da relação área de superfície/volume da fina parede vascular. Além disso, as trocas acontecem mais na extremidade venosa dos *vasos de troca* em virtude de sua maior permeabilidade à água e aos solutos.

Os capilares são o principal local de troca entre o sangue e os tecidos extravasculares. Basicamente, são constituídos de endotélio, com um mínimo revestimento conjuntivo. Em intervalos regulares o endotélio capilar é envolto por células chamadas de *pericitos* ou *células de Rouget*. Essas células, consideradas uma derivação das musculares lisas, contêm actina, miosina e tropomiosina, o que sugere que apresentem atividade contrátil. Os capilares são classificados em 3 tipos (Figura 34.4): contínuos, fenestrados e descontínuos (em ordem crescente de permeabilidade à água).

Capilares contínuos

Estes capilares são encontrados na pele, no pulmão, no sistema nervoso, assim como nos tecidos muscular, gorduroso e conjuntivo. A sua circunferência é formada de uma a três células endoteliais achatadas que repousam sobre uma membrana basal. Como a espessura da parede é de apenas uma célula, a distância de difusão é muito pequena (aproximadamente de 0,5 μm). Pericitos envolvem o capilar, e, como citado anteriormente, existem evidências de que os pericitos pré e pós-capilares podem contrair-se, embora o significado dessa contração ainda seja obscuro. A célula endotelial contém mitocôndrias, retículo endoplasmático, aparelho de Golgi e filamentos das proteínas contráteis actina e miosina. As proteínas contráteis formam uma rede distinta no endotélio dos capilares esplênicos, onde se relata haver atividade contrátil ativa. Entretanto, a maioria das células endoteliais dos capilares é tida como desprovida de atividade contrátil em condições fisiológicas, mas a contração dessas células nos capilares venulares pode ocorrer nos estados de inflamação aguda. Certos componentes do endotélio são particularmente importantes para a transferência de solutos, como a junção intercelular, o sistema vesicular e a superfície de revestimento (glicocálice).

Junções intercelulares

São fendas paralelas que ocupam 0,1 a 0,3% da superfície do capilar. Elas constituem um caminho transcapilar importante para a maioria dos líquidos e metabólitos como a glicose. Na sua secção transversa, cada fenda tem a largura aproximada de 20 nm na maior parte de sua extensão, que é muito maior que o diâmetro da molécula de glicose (0,9 nm) ou mesmo da albumina (7,1 nm). Em um a três pontos ao longo da fenda, as membranas celulares ficam bem próximas e formam as *tight junctions*, no entanto essas junções não selam de maneira contínua todo o perímetro da célula. Por meio de técnicas de microscopia eletrônica, observou-se que as *tight junctions* são linhas interrompidas da membrana plasmática (filamentos juncionais). Esses filamentos correm ao redor do perímetro celular, mas são interrompidos por 2 tipos de quebras: (1) pequenos espaços de 5 a 11 nm aparecem ocasionalmente entre as membranas; (2) os filamentos juncionais algumas vezes terminam subitamente e deixam um caminho aberto e tortuoso através da fenda intercelular. A superposição

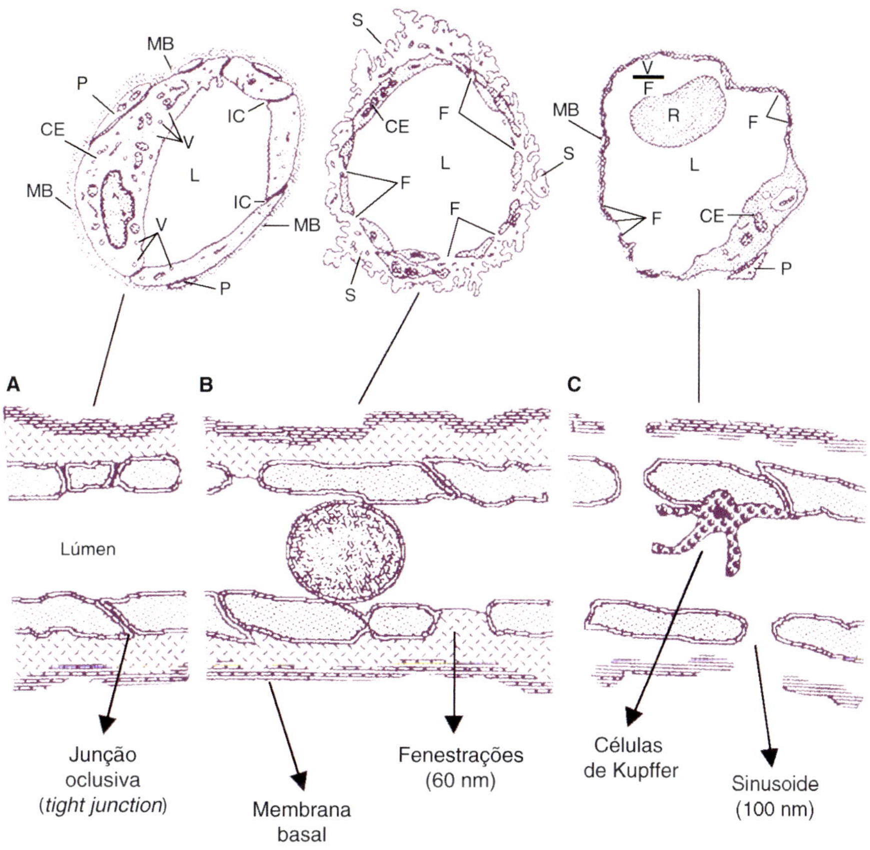

Figura 34.4 • Representação esquemática de 3 tipos de capilar. **A.** Contínuo (p. ex., músculo). **B.** Fenestrado (p. ex., intestino). **C.** Descontínuo ou sinusoide (p. ex., fígado). *MB*, membrana basal; *CE*, célula endotelial; *F*, fenestrações; *IC*, junção oclusiva (*tight junction*); *L*, lúmen; *P*, pericito; *R*, hemácia; *S*, espaço extravascular; *V*, vesícula. (Adaptada de Davis e Illum, 1986; Bennett et al., 1959.)

com outros filamentos não permite que esse caminho tortuoso seja visto em uma única secção transversa, no entanto secções transversas seriadas confirmam a sua existência. Nas vênulas pericíticas, que na verdade são mais permeáveis que os capilares, a superposição dos filamentos juncionais ocorre em menor número. Ao contrário, nos capilares do encéfalo, que têm permeabilidade muito baixa para líquidos, os filamentos juncionais são numerosos e complexos e se estendem sem interrupção ao redor de todo o perímetro das células para formar um verdadeiro selador (*zona occludens*).

Vesículas endoteliais e transporte vesicular

Cerca de um quarto do volume citoplasmático é ocupado por vesículas de diâmetro de 60 nm, possivelmente envolvidas no transporte de macromoléculas para dentro da célula (endocitose) e, mais controversamente, através da célula (transcitose). Algumas vesículas se abrem diretamente na superfície da célula, enquanto outras parecem flutuar livres no citoplasma. Isso levou à hipótese de que as vesículas poderiam transportar proteínas plasmáticas através da célula, carregando-se no nível da superfície, destacando-se e difundindo-se pela célula para liberar seu conteúdo no lado luminal. Secções seriadas ultrafinas, entretanto, revelaram que as vesículas flutuantes não passam de ilusão, já que 99% das aparentes vesículas livres estão conectadas, fora do plano da secção, a uma ou outra superfície através de vesículas de superfície. O sistema vesicular é na verdade uma invaginação do plasmalema. Ainda assim, essas estruturas podem ter um papel no transporte de macromoléculas por um processo envolvendo fusão transitória e troca de conteúdo entre os sistemas luminal e abluminal. Raramente, duas ou três vesículas podem ser vistas fundidas, criando um canal contínuo através da célula endotelial, denominado *canal multivesicular*, que pode contribuir para a passagem de proteínas plasmáticas.

Glicocálice

A superfície endotelial é forrada por uma fina camada de material carregado negativamente, o glicocálice. Este consiste em uma rede de moléculas fibrosas com um centro proteico e cadeias laterais de carboidratos, denominadas sialoglicoproteínas (como a podocalixina) e glicosaminoglicanos (como o sulfato de heparana). Existem várias evidências de que essa rede atue como uma barreira seletiva para macromoléculas.

Lâmina basal

A lâmina basal (frequentemente chamada de *membrana basal*) tem a espessura de 50 a 100 nm e consiste em uma densa camada (*lâmina densa*) separada da célula por uma fina camada (*lâmina rara*). A lâmina densa consiste em uma rede de moléculas de colágeno tipo IV e proteoglicano sulfato de heparana, carregado negativamente. Está presa às células por uma glicoproteína em forma de cruz, denominada laminina. A lâmina basal protege o capilar com força suficiente para se opor à pressão sanguínea. A tensão na parede capilar é baixa, em decorrência do pequeno raio de curvatura (segundo a lei de Laplace). No entanto, seu estresse pode ser bem alto comparado ao da parede de uma artéria; isso acontece porque o estresse é a tensão dividida pela espessura da parede, que nesse caso é bem fina.

A lâmina basal retarda, mas não impede, a passagem de moléculas de proteínas. Nos capilares glomerulares do rim, uma lâmina densa dupla barra a passagem de grandes macromoléculas (como a ferritina), e a alta densidade de cargas negativas ajuda a impedir a filtração de proteínas carregadas negativamente.

Capilares fenestrados

Os capilares fenestrados são uma ordem de magnitude mais permeáveis para a água e para pequenos solutos hidrofílicos que a maioria dos capilares contínuos. Esse tipo de capilar é comum em tecidos especializados em trocas de líquido (glomérulos e túbulos renais, glândulas exócrinas, mucosa intestinal, corpos ciliares, plexo coroide, articulações sinoviais) e também nas glândulas endócrinas. Seu endotélio apresenta pequenas perfurações circulares, conhecidas por *poros*, com diâmetro de 50 a 60 nm. Eles são os principais caminhos pelos quais a água e os metabólitos atravessam os capilares fenestrados. Na sua maioria, não são apenas aberturas simples, mas sim cobertos por uma fina membrana, o *diafragma fenestral* (espessura de 4 a 5 nm), que está no meio de um sanduíche entre o glicocálice e a membrana basal. Visto em corte, o diafragma se parece com a roda de uma carroça, perfurada por cerca de 14 aberturas de 5,5 nm de comprimento. Nos capilares glomerulares renais, entretanto, ele é ausente.

Capilares descontínuos (sinusoides)

Capilares descontínuos, ou sinusoidais, apresentam algumas falhas intercelulares com largura acima de 100 nm e têm descontinuidade na lâmina basal. As descontinuidades da parede capilar podem ter a forma de poros sem diafragma e com pouco ou nenhum revestimento de lâmina basal (sinusoides hepáticos) ou de fendas entre células adjacentes (como no baço). Como consequência, esses capilares são permeáveis até às proteínas plasmáticas. Eles estão presentes em todos os locais em que as hemácias devem migrar entre o sangue e o tecido (ou seja, medula óssea, baço e fígado). As células endoteliais dos sinusoides hepáticos, esplênicos, da medula óssea e dos alvéolos pulmonares (e provavelmente de outros tecidos) podem atuar como esfíncteres pré- ou pós-capilares. No fígado, esses esfíncteres foram mais estudados, tendo sido demonstrado que respondem a substâncias vasoconstritoras ou vasodilatadoras. Existem vários dados na literatura sugerindo que as células endoteliais são capazes de se contrair ativamente e não simplesmente alterar seu volume em decorrência de modificações de pressão osmótica intracelular.

▶ Vasos anastomóticos

Todos os elementos vasculares que fazem uma ponte pela circulação efetiva de troca atuam como vasos anastomóticos. Eles incluem os *canais preferenciais* e as *anastomoses arteriovenosas*. Os canais preferenciais têm dimensão de capilares e são encontrados especialmente no mesentério. O fluxo através desses vasos é contínuo, ao contrário do intermitente dos capilares verdadeiros. As anastomoses arteriovenosas de até 300 μm são curtas e encontradas na maioria dos tecidos. A túnica média desses vasos contém células epitelioides que podem contrair-se. Com exceção dos vasos anastomóticos da pele, envolvidos no controle da temperatura, sua função em outros tecidos não é clara.

▶ Vasos de capacitância

As pequenas veias são os principais elementos capacitivos do sistema vascular. Estima-se que 70% do volume sanguíneo total estejam no sistema venoso (para maiores detalhes, ver Capítulo 35, *Veias e Retorno Venoso*).

▶ Funções ativas do endotélio

Além das funções passivas como uma membrana, o endotélio tem muitas ações metabólicas ativas, enumeradas a seguir: (1) é uma interface de sinais mecânicos (o estresse de cisalhamento do fluxo sanguíneo) em sinais químicos; (2) secreta componentes estruturais, como o glicocálice e a membrana basal; (3) produz substâncias vasoativas, como a prostaciclina (PGI2), sustância vasodilatadora e antiagregante plaquetária, o óxido nítrico (NO), a endotelina, dentre outros (para mais detalhes, ver Capítulo 33); (4) em sua superfície, o endotélio possui a enzima conversora de angiotensina (ECA), que converte o peptídio angiotensina I circulante em angiotensina II, a forma vasoativa desse peptídio, assim como degrada peptídios vasoativos circulantes como a bradicinina e a serotonina. Além disso, existem evidências de que a anidrase carbônica esteja presente na superfície das células endoteliais dos microvasos pulmonares; (5) produz fatores de coagulação, como o tromboxano e o fator de Willebrand (semelhante ao fator VIII). A doença de Von Willebrand é uma insuficiência genética da célula endotelial em produzir fatores hemostáticos, resultando em aumento no tempo de sangramento; (6) está envolvido na defesa contra patógenos. O endotélio venular interage com polimorfos e linfócitos durante os processos inflamatórios, como o primeiro passo para a migração de células brancas. A produção de moléculas de adesão pelo endotélio é importante passo nesse processo. A célula endotelial também passa por um processo contrátil durante a inflamação, mediado por um aumento da concentração de Ca^{2+} intracelular que leva à formação de fendas (*gaps*). Em síntese, o endotélio caracteriza o sistema vascular, assim como o neurônio caracteriza o sistema nervoso (Quadro 34.1).

ATIVIDADE FUNCIONAL DO SISTEMA MICROVASCULAR

Na microcirculação, há predomínio de falta de uniformidade. Os capilares variam em comprimento (geralmente de 500 a 1.000 μm), em fluxo sanguíneo e em hematócrito

Quadro 34.1 ▪ Fatores derivados do endotélio e a resposta vascular.

Anticoagulação	Prostaciclina, fator ativador plasminogênico, óxido nítrico, glicosaminoglicanos etc.
Pró-coagulação	Fator tecidual, inibidor do fator ativador plasminogênico, fator V, fator ativador plaquetário etc.
Função imunológica	Moléculas de adesão intercelular 1 e 2, molécula de adesão endotelial/leucócito 1, interleucina-1 e 8
Vasodilatação	Óxido nítrico, PGI_2 e EDHF
Vasoconstrição	Endotelinas, angiotensina II, prostaglandinas
Fatores moduladores da angiogênese	Fator de crescimento fibroblástico básico e ácido, fator de crescimento do endotélio vascular, angiostatina, endostatina, fator de permeabilidade vascular, fator plaquetário IV, endotelinas, angiotensina II, angiotensina-(1-7) etc.

dinâmico, até no mesmo tecido e ao mesmo tempo. Esse fluxo em alguns tufos capilares aumenta e diminui gradualmente cerca de cada 15 s, podendo ser interrompido momentaneamente devido à contração rítmica espontânea ou reativa da arteríola terminal (vasoconstrição). Essas alterações influenciam tanto a troca de soluto como a de líquido. A velocidade do fluxo arteriolar é estimada em 4,6 mm/s e a das vênulas, em 2,6 mm/s; em capilares bem perfundidos, a velocidade do fluxo é de 300 a 1.000 μm/s e o tempo de trânsito, de 0,5 a 2 s. Esse é o tempo disponível para o oxigênio, a glicose, dentre outras substâncias, serem transportados do plasma para os tecidos, e o dióxido de carbono, dentre outras substâncias do metabolismo tecidual, realizar o caminho inverso (tecido para o plasma). Durante o exercício físico, o tempo médio de trânsito pode reduzir-se a 0,25 s.

▶ Troca vascular e tecidual de água e solutos | Processos de transporte

A passagem de água e solutos através da parede capilar-venular se dá principalmente por meio de processos básicos de *difusão e filtração*. O movimento de líquido pela parede capilar é determinado pelo gradiente de pressão imposto pelo coração. As moléculas de água cruzam essa parede com rapidez, no entanto esse movimento é bidirecional, de modo que não existe um fluxo resultante em um determinado sentido. Oxigênio, glicose e outros nutrientes de baixo peso molecular cruzam a parede capilar por difusão, determinada pelos seus gradientes de concentração (Figura 34.5).

Difusão

Em condições basais, cada 100 g de tecido recebem cerca de 300 mℓ de água/min através da membrana endotelial, pelo processo de difusão. Isso corresponde, no adulto, a trocas difusionais de água entre os compartimentos intra e extravascular de 210 ℓ/min. Um volume equivalente à área corporal (de 50 ℓ) difunde-se pelo endotélio vascular a cada 15 s. Quando comparado ao processo de filtração, a difusão da água para 100 g de tecido é aproximadamente 5.000 vezes maior.

A lei de Fick, que determina a difusão, é dada pela seguinte equação:

$$FD = K \times A \times (C2 - C1)$$

em que:

FD = fluxo por difusão/tempo
K = coeficiente de difusão da molécula (inversamente proporcional à raiz quadrada do peso molecular)
A = superfície de difusão (no caso, a superfície do endotélio vascular)
C = concentração da molécula dos lados 1 (intravascular) e 2 (intersticial).

O produto KA pode avaliar a superfície endotelial disponível para trocas, pois em condições fisiológicas a permeabilidade deste tecido raramente se altera.

Assim, segundo a lei de Fick, a taxa de difusão de determinado soluto depende da diferença de concentração do soluto, da distância por meio da qual a difusão ocorrerá (distância difusional), da área de superfície e do coeficiente de difusão do soluto. No entanto, quando o soluto se difunde através de uma membrana, outros fatores que facilitam ou retardam o processo devem ser considerados. Dentre esses fatores podem-se citar: a presença de poros na membrana, pois nessa condição a área disponível para difusão é diminuída; se os poros são oblíquos, pois a distância difusional será maior; dentre outros fatores. Esses fatores podem ser englobados no termo *permeabilidade da membrana*. Além disso, dois outros parâmetros devem ser considerados: coeficiente de reflexão (um índice da seletividade molecular da membrana) e condutância hidráulica.

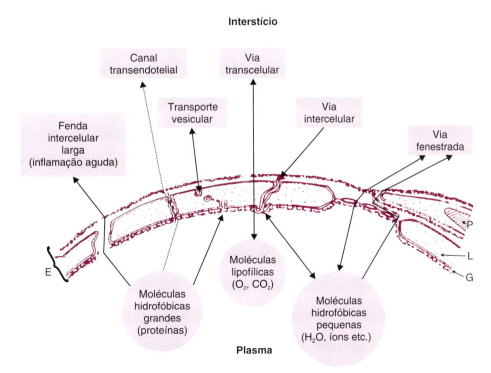

Figura 34.5 ▪ Principais vias de transporte através de parede capilar. A água difunde-se principalmente pelo sistema de pequenos poros existentes na membrana e também diretamente, através da membrana e do sistema de grandes poros. E, endotélio; G, glicocálice; L, membrana plasmática lipídica; P, pericito. (Adaptada de Levick, 1995.)

A lipossolubilidade de uma molécula influencia de modo importante a sua difusão através de uma membrana, de maneira que os solutos podem ser subdivididos em 3 tipos: moléculas lipossolúveis, moléculas pequenas lipoinsolúveis e moléculas grandes lipoinsolúveis. As lipossolúveis (como o oxigênio, o gás carbônico e anestésicos) são extremamente permeáveis, uma vez que se difundem diretamente pela membrana da célula endotelial. Solutos hidrofílicos (como eletrólitos, glicose, lactato, aminoácidos, insulina etc.) se difundem através de canais aquosos entre as células endoteliais. Uma vez que esses sistemas de pequenos poros (4 a 5 nm) ocupam apenas uma pequena porcentagem da área de superfície capilar, a difusão dessas moléculas é bem lenta. Uma exceção importante ocorre no encéfalo, onde as junções intercelulares dos capilares da barreira hematencefálica são muito unidas, de modo que o processo de difusão de glicose e aminoácidos se dá através da membrana da célula endotelial, mediado por proteínas específicas (por *difusão facilitada*).

Apesar de a permeabilidade das proteínas plasmáticas ser a milionésima parte da permeabilidade do oxigênio, elas cruzam a parede capilar lentamente, sugerindo a existência, embora limitada, de um sistema de poros grandes (20 a 30 nm). A contribuição desse sistema para o transporte de solutos pequenos e líquido é pouca. Em alguns tecidos, como no encéfalo e nos glomérulos renais, este sistema pode não existir.

A difusão passiva de solutos pode aumentar enormemente, por exemplo no território muscular devido ao exercício físico, em decorrência de uma série de fatores: (1) aumento do gradiente de concentração devido a elevação da taxa metabólica; (2) recrutamento de capilares que não estavam sendo perfundidos, pela vasodilatação arteriolar desencadeada pelas alterações metabólicas; (3) aumento do fluxo sanguíneo capilar. O efeito do fluxo de sangue sobre a difusão depende de a troca de soluto ser limitada pelo fluxo ou pela difusão. Se a permeabilidade do soluto é alta (como no caso da molécula de oxigênio), o aumento do fluxo aumentará a taxa de troca; se baixa (p. ex., no caso de moléculas lipossolúveis), o aumento do fluxo terá pequeno efeito sobre a taxa de troca.

Filtração | Movimento transcapilar de líquido

Forçado pela pressão sanguínea dentro do capilar, o líquido é filtrado lentamente através da parede capilar, passa pelo espaço intersticial e retorna à corrente sanguínea parte via reabsorção ao nível capilar e parte pelo sistema linfático. O volume plasmático inteiro (exceto as proteínas) circula dessa maneira durante um dia, de modo que a manutenção de volumes plasmáticos e intersticiais depende da função capilar e linfática. Processos patológicos que afetam esses vasos podem originar um processo inflamatório, extravasamento de líquido para o interstício e linfoedema, respectivamente, enquanto alterações nas forças de filtração podem causar outras formas de edema (excesso de líquido nos tecidos).

O movimento de líquido através da parede capilar é um processo passivo determinado pelas pressões que atuam nos dois lados da parede. A pressão sanguínea capilar força a filtração na direção do tecido, como foi observado por Carl Ludwig, já em 1861, enquanto a pressão osmótica das proteínas plasmáticas promove a absorção a partir do tecido, como observado por Ernest Starling, em 1896. Há cerca de 100 anos, acreditava-se que, uma vez formado o líquido tecidual pela filtração através da parede capilar, ele só retornaria à circulação pelos vasos linfáticos. No entanto, por meio de um experimento bastante simples, Starling mostrou que o capilar dispõe de uma parede semipermeável, através da qual as proteínas plasmáticas exercem uma pressão osmótica. Ele demonstrou que a injeção de salina a 1% no espaço tecidual do membro posterior de um cão (com a circulação isolada pela canulação da artéria e veia femoral) era absorvida para a corrente sanguínea, pois ocorria hemodiluição do sangue coletado pela veia femoral. Também mostrou que a pressão osmótica dos "coloides" do plasma (proteínas) era grande o suficiente para contrabalançar a pressão sanguínea capilar e produzir absorção. Desde a definição por Starling, a pressão osmótica das proteínas plasmáticas é chamada de *pressão coloidosmótica* (ou *pressão oncótica*). A primeira aplicação prática dessa descoberta de Starling foi o uso de soluções coloidosmóticas (tipo gelatina ligada a ureia) como expansoras de volume plasmático em acidentes hemorrágicos.

Segundo o *princípio de Starling*, a taxa e a direção resultantes do movimento de líquido (J_v) através de um dado segmento de parede capilar dependem da pressão de filtração resultante; esta é a diferença entre as pressões hidrostáticas menos a diferença entre as pressões coloidosmóticas através da parede. A diferença de pressões hidrostáticas é a pressão capilar (P_c) menos a intersticial imediatamente fora da parede (P_i); a diferença de pressões osmóticas é a pressão coloidosmótica do plasma (π_p) menos a coloidosmótica do líquido intersticial logo fora da parede (π_i) (Figura 34.6). Em outras palavras, a *Taxa de filtração* = [(Força hidráulica) − (Sucção osmótica)] ou:

$$J_v = [(P_c - P_i) - (\pi_p - \pi_i)]$$

O fator de proporcionalidade depende da área de superfície da parede (S) e da condutância hidráulica da parede (L_p). Assim:

$$J_v = L_p \times S \times [(P_c - P_i) - (\pi_p - \pi_i)]$$

Entretanto, essa fórmula ainda não está inteiramente completa, porque a parede capilar não é uma membrana semipermeável perfeita; ela é levemente permeável a proteínas plasmáticas. A pressão osmótica não é completamente exercida através da membrana, e a taxa de pressão osmótica realmente exercida ($\Delta\pi_{efetiva}$) com relação à pressão osmótica total para a mesma diferença de concentração através de uma membrana ideal ($\Delta\pi_{ideal}$) é denominada *coeficiente de reflexão* (σ):

$$\sigma = \Delta\pi_{efetiva}/\Delta\pi_{ideal}$$

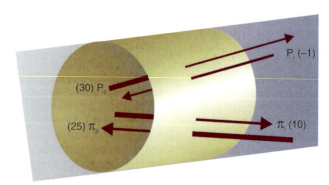

Figura 34.6 ▪ As quatro pressões que governam a troca de líquido através da parede capilar, de acordo com a *equação de Starling*: pressão capilar (P_c), pressão pericapilar intersticial (P_i), pressão osmótica das proteínas plasmáticas (π_p) e pressão osmótica das proteínas do interstício pericapilar (π_i). Os números dentro dos parênteses mostram os valores de cada pressão, em mmHg. Os valores intravasculares foram obtidos na pele do braço aquecido, no nível do coração; os intersticiais, no tecido subcutâneo humano. (Adaptada de Levick e Michel, 1978; Aukland, 1987.)

Para as proteínas plasmáticas, o valor de σ geralmente está entre 0,75 e 0,95, significando que somente 75 a 95% da potencial diferença da pressão osmótica através da parede é realmente exercida. No entanto, deve ser enfatizado que isso não se deve à presença de proteínas no espaço intersticial, mas sim a uma redução da pressão osmótica decorrente da diferença de concentração de proteínas, seja ela qual for. Assim, a pressão osmótica na equação de filtração é reduzida pelo fator σ, sendo a expressão correta para o movimento de líquido definida como:

$$J_v = L_p \times S \times [(P_c - P_i) - \sigma(\pi_p - \pi_i)]$$

Esta é chamada de *equação de Starling*, de grande importância para o entendimento do movimento de líquido através da parede capilar e a formação do edema. Na verdade, esta equação foi demonstrada experimentalmente por Pappenheimer e Soto Rivera em 1948, apenas cerca de 50 anos após os trabalhos originais de Starling. A equação se aplica a cada pequeno e consecutivo segmento da parede capilar, onde P_C e os demais fatores podem ser considerados uniformes.

Coeficiente de filtração capilar

Alterações no peso e no volume de um tecido são usadas frequentemente para avaliar a taxa de filtração em órgãos inteiros, incluindo os membros. Se a pressão capilar é aumentada pela congestão do fluxo venoso, a taxa de filtração se eleva linearmente com a pressão. Ao contrário, se a pressão coloidosmótica plasmática sobe, a taxa de filtração desce, de acordo com a equação de Starling. A inclinação da reta que correlaciona a taxa inicial de filtração tecidual e a pressão capilar é denominada coeficiente ou capacidade de filtração capilar. Representa a soma das permeabilidades hidráulicas de todos os vasos de um tecido, ou seja, a soma de sua área de superfície × valores de condutância, $\Sigma(L_p S)$. A capacidade de filtração capilar em 100 g de antebraço de um homem é 0,003 a 0,005 mℓ × min^{-1} por mmHg de aumento da pressão venosa. No intestino do gato, onde os capilares da mucosa são fenestrados, essa capacidade é 20 vezes maior. Em um indivíduo adulto, o aumento da pressão venosa central da ordem de 10 cm de H$_2$O acarretará uma perda de aproximadamente 250 mℓ de líquido plasmático em 10 min.

▶ Forças capilares

Pressão capilar

A pressão capilar nos vasos de troca é a mais variável das quatro pressões de Starling. É influenciada pela distância ao longo do capilar, pelas pressões arterial e venosa, assim como pela resistência vascular e gravidade aplicada ao sistema vascular.

Distância axial

A pressão capilar diminui cerca de 1,5 mmHg para cada 100 μm de capilar, devido à resistência hidráulica do vaso. Na pele de humanos, no nível do coração, a pressão cai de 32 a 36 mmHg no lado arterial da alça capilar para 12 a 25 mmHg no lado venoso, dependendo da temperatura da pele. A pressão média é menor na circulação porta (sinusoides hepáticos = 6 a 7 mmHg, capilares tubulares renais = 14 mmHg), na circulação pulmonar (cerca de 10 mmHg) e nos tecidos que absorvem líquido (capilares da mucosa do estômago = 14 mmHg).

Razão entre a resistência pré e pós-capilar

A pressão capilar tem um valor entre a pressão arterial e a venosa; mas seu valor preciso, se perto da pressão venosa ou arterial, depende das resistências dos vasos pré-capilares (R_A, resistência arteriolar) e pós-capilares (R_V, resistência venular). Se a resistência pré-capilar for alta, o capilar estará suficientemente isolado da pressão arterial; a queda da pressão pré-capilar será grande e a pressão capilar, próxima da pressão venular (Figura 34.7). Por outro lado, se a resistência pós-capilar for relativamente alta e a resistência pré-capilar relativamente baixa, a pressão irá aumentar até quase se igualar à pressão arterial. A pressão média capilar depende do balanço entre esses dois parâmetros, ou seja, da razão entre a resistência pré- e pós-capilar (R_A/R_V).

A relação entre pressão capilar (P_C), pressão arterial (P_A), pressão venosa (P_V) e resistências pré- (R_A) e pós-capilares (R_V) é dada pela *equação de Pappenheimer-Soto Rivera*:

$$P_C = (P_A + P_V R_A / R_V)/(1 + R_A / R_V)$$

Nos órgãos sistêmicos, o valor de R_A/R_V geralmente é 4 ou mais, de maneira que a pressão capilar é mais sensível às variações de pressão venosa que às variações de pressão arterial. Isso explica por que a congestão venosa afeta a taxa de filtração de modo tão marcante.

A razão entre as resistências pré e pós-capilar é controlada ativamente por mecanismos neurais e hormonais (via nervos vasoconstritores simpáticos e hormônios circulantes) e por

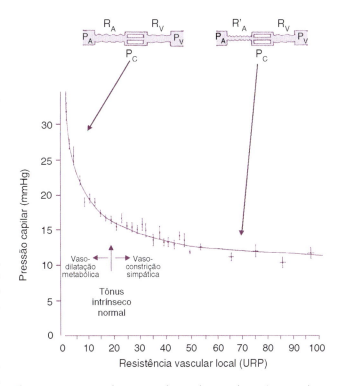

Figura 34.7 • Variações da pressão capilar com alterações da resistência vascular, no músculo esquelético do gato. A pressão capilar (P_C) foi medida na terminação venosa do leito capilar a uma pressão venosa fixa de 7 mmHg (P_V) e uma pressão arterial de 100 mmHg (P_A). A unidade de resistência periférica (URP) reflete principalmente a resistência pré-capilar. Os esquemas acima do gráfico mostram o efeito de variações da resistência pré-capilar (R_A e R'_A) sobre a pressão capilar. O fluxo sanguíneo da artéria para o capilar é igual a $(P_A - P_C)/R_A$. O fluxo do capilar para a veia é igual a $(P_C - P_V)/R_V$. Desde que os dois fluxos são virtualmente iguais, $P_A - P_C/R_A = (P_C - P_V)/R_V$, o que resulta na *equação de Pappenheimer-Soto Rivera*, que define a pressão capilar: $P_C = (P_A + P_V R_A/R_V)/(1 + R_A/R_V)$. (Adaptada de Maspers et al., 1990.)

mecanismos locais (via resposta miogênica e metabólitos teciduais) que atuam nas arteríolas e nas vênulas. Um exemplo de regulação neural é a vasodilatação apresentada na pele em resposta a uma elevação de temperatura: a redução da atividade vasoconstritora simpática reduz a relação R_A/R_V para 2, o que faz aumentar a pressão capilar média para 25 mmHg (em excesso de pressão coloidosmótica plasmática) aumentando a filtração. Isso explica por que os dedos incham e os anéis parecem mais apertados quando a temperatura está elevada.

Importância da gravidade

Tanto a pressão arterial como a venosa aumentam linearmente com a distância vertical abaixo do nível do coração, atingindo 180 e 90 mmHg, respectivamente, no pé de um indivíduo de estatura mediana na posição ortostática (Figura 34.8). A pressão capilar inevitavelmente também aumenta, mas de maneira menos intensa que a arterial ou venosa; isto acontece porque uma vasoconstrição local eleva a razão R_A/R_V para 20 a 30, mudando a pressão capilar para níveis bem baixos, perto do limite venoso. A resposta vasoconstritora local, chamada de *resposta venoarteriolar*, é em parte dependente do tônus miogênico e em parte da inervação simpática (para maiores detalhes, ver Capítulo 33). Apesar do efeito protetor da resposta venoarteriolar, a pressão capilar alcança aproximadamente 95 mmHg na região do pé de um indivíduo em repouso, ultrapassando os valores da pressão coloidosmótica plasmática da maioria das regiões baixas do corpo na posição ortostática.

Pressão coloidosmótica do plasma

Pressão osmótica é uma propriedade coligativa, como o ponto de congelamento, o que significa que depende do número de partículas em solução, mas não de sua entidade química. A pressão osmótica (π) de uma solução diluída ideal é descrita pela *lei de Van't Hoff* como π = RTC, em que R é a constante dos gases; T, a temperatura absoluta; e C, a concentração molar das partículas. A 37°C, RT é 25,4 atm/mol/ℓ. Uma vez que o plasma contém cerca de 0,3 mol/ℓ de partículas (principalmente devido aos íons sódio, cloreto e bicarbonato), a pressão osmótica de acordo com a lei de Van't Hoff é muito grande (7,6 atm ou 5.800 mmHg). Entretanto, essa pressão osmótica potencial simplesmente não é exercida através da parede capilar, pois: (1) a alta permeabilidade do sistema aos eletrólitos (por pequenos poros; exceto no encéfalo) rapidamente estabelece um equilíbrio eletrolítico entre plasma e interstício e (2) o coeficiente de reflexão médio da parede capilar aos eletrólitos é aproximadamente 0,1 (oferecendo baixo impedimento à passagem). Desse modo, apenas as proteínas plasmáticas (coloides; na concentração de 0,001 mol/ℓ) é que exercem uma pressão osmótica mantida através da parede capilar.

A pressão coloidosmótica (PCO) plasmática humana é de 21 a 29 mmHg, correspondente a 65 a 80 g proteínas/ℓ. Em outros mamíferos (como cão, coelho e rato), a pressão coloidosmótica é cerca de 20 mmHg e em anfíbios, ainda menor, 9 mmHg. Quantitativamente, a albumina compreende apenas a metade do total das proteínas plasmáticas; entretanto, a albumina é responsável por 2/3 a 3/4 da pressão coloidosmótica plasmática, pois seu peso molecular (69.000) é metade do das gamaglobulinas (150.000) e consequentemente sua concentração molar é maior. Portanto, a pressão coloidosmótica plasmática depende da proporção albumina:globulina e da concentração total de proteínas. A pressão coloidosmótica é relativamente estável; isso decorre, em grande parte, do *feedback negativo* exercido pela albumina sobre sua própria síntese hepática.

A PCO de proteínas é *não ideal*, ou seja, ela excede consideravelmente a PCO predita pela lei de Van't Hoff. Esse fato é devido: (1) ao espaço tomado pelas volumosas moléculas de proteína (0,7 mℓ/g), o que aumenta a sua concentração efetiva, e (2) à sua carga. Ao pH de 7,4, a molécula de albumina está carregada negativamente (correspondendo a –17), o que atrai um excesso de íons Na^+ à solução de albumina (predito pelo efeito de Gibbs-Donnan). Esses íons, confinados eletrostaticamente ao lado da membrana que contém a solução de albumina, são osmoticamente efetivos e contribuem para aproximadamente 1/3 da PCO dada pela albumina.

▶ Forças intersticiais

Pressão coloidosmótica do líquido intersticial

Mais da metade das proteínas plasmáticas do corpo estão no compartimento intersticial (que corresponde a 16% do peso corporal) e não no pequeno compartimento plasmático (que corresponde a 4% do peso corporal). No corpo todo, a concentração média de proteína no interstício é de 20 a 30 g/ℓ, variando de 15 a 20 g/ℓ na perna e de 40 a 50 g/ℓ nos pulmões. Essas concentrações de proteína representam entre 23% (na perna)

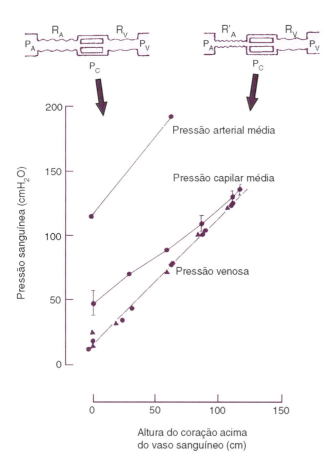

Figura 34.8 ▪ Pressão capilar no leito vascular da extremidade dos dedos do pé avaliada por micropuntura direta, com o pé em vários níveis abaixo do nível do coração. Como esperado, as pressões na artéria poplítea e na veia dorsal do pé aumentam com a distância inferior no nível cardíaco; no entanto, a alteração da pressão capilar é relativamente muito menor. Os esquemas acima do gráfico ilustram a resposta vasoconstritora que ocorre para atenuar a elevação de pressão capilar. (Adaptada de Levick e Michel, 1978.)

Aspectos Morfofuncionais da Microcirculação

e 70% (no pulmão) da concentração plasmática. Assim, a PCO intersticial está longe de ser considerada desprezível, reduzindo de forma substancial as forças absortivas do plasma ($\pi_p - \pi_i$).

A concentração de proteínas de 10 g/ℓ exerce uma pressão osmótica próxima de 3 mmHg. Como a concentração média de proteínas no interstício é de cerca de 25 g/ℓ, a pressão oncótica intersticial poderia ser estimada em 8 mmHg. No entanto, como o espaço intersticial é complexo (ver adiante) e apresenta "ilhas" de líquido livre de proteína, a pressão oncótica intersticial média, provavelmente, é maior que 8 mmHg.

Um aspecto importante relacionado com a concentração intersticial de proteínas é sua dependência da relação entre volume de líquido filtrado e taxa de entrada de proteínas no interstício. Em outras palavras, existe uma relação inversa entre a concentração de proteínas e a taxa de filtração. Assim, a PCO intersticial não é só um determinante da taxa de filtração, mas também uma função dessa taxa.

Pressão intersticial

A pressão hidrostática do líquido intersticial (Pi) é estimada entre +1 e –7 mmHg, dependendo da técnica de medida. Para o entendimento da pressão do líquido intersticial, deve-se levar em consideração a complexidade bioquímica do espaço intersticial. Esse espaço contém fibrilas de colágeno. Os espaços interfibrilares são subdivididos por moléculas fibrosas de glicosaminoglicanos (GAG), incluindo hialuronato, sulfato de dermatana, sulfato de heparana e sulfato de condroitina. As porções terminais dos GAG sulfatados estão ligadas a uma proteína central, em forma de escova, os proteoglicanos (PM de até 2,5 milhões). Os proteoglicanos, por sua vez, ficam imobilizados por ligações a hialuronatos e fibrilas de colágeno. Todo esse sistema constitui uma rede tridimensional de fibras moleculares, com cargas negativas fixas (grupos carboxil e sulfato dos GAG).

O líquido intersticial (que corresponde a 15 a 20% do peso corporal) está distribuído no diminuto espaço entre a rede de moléculas fibrosas. O raio médio desses espaços varia de 3 nm (cartilagem) a 30 nm (geleia de Wharton). A resistência ao fluxo nesses espaços é muito alta e, em consequência, o interstício se comporta mais como um gel. A forma de gel do interstício é importante, por exemplo, para impedir um fluxo da água do interstício para as partes baixas do corpo. Os GAG presos ao gel intersticial exercem um efeito osmótico importante especialmente devido às cargas negativas fixas (denominado *efeito de Gibbs-Donnan*), que provavelmente contribui para a existência de uma pressão intersticial negativa. Entretanto, em alguns órgãos a pressão do líquido intersticial é positiva; no rim, varia de +1 a +10 mmHg, sendo também positiva no miocárdio, na medula óssea, nas articulações e em alguns músculos.

LINFA E SISTEMA LINFÁTICO

O sistema linfático complementa as funções do sistema vascular, regulando o balanço do líquido tecidual, facilitando o transporte de proteínas teciduais e iniciando funções imunológicas. Os líquidos e as macromoléculas que deixam o sangue capilar são coletados do espaço intersticial por capilares linfáticos, retornando à circulação sanguínea por meio de vasos linfáticos maiores. Embora o sistema vascular e o linfático sejam responsáveis pela manutenção da homeostase tecidual, eles são estrutural e funcionalmente diferentes.

Os capilares linfáticos são terminações cegas, compostas de uma única camada de célula endotelial não fenestrada adaptada, portanto, a captação de líquidos, macromoléculas e células. Eles têm lúmen maior e membrana basal incompleta e não dispõem de pericito. Além disso, suas células endoteliais são aderidas ao colágeno intersticial. Dois membros da família do VEGF (fator de crescimento do endotélio vascular), o VEGF-C e D, desempenham importante papel na linfagiogênese (formação de novos vasos linfáticos).

A função primária do sistema linfático está relacionada com a preservação do balanço de líquido. Os vasos linfáticos retornam o ultrafiltrado capilar (especialmente as proteínas plasmáticas) para a corrente sanguínea no nível das veias do pescoço e, em menor quantidade, no nível dos linfonodos. Esse processo completa a circulação extravascular de líquido e proteínas, assegurando a homeostase do volume tecidual (Figura 34.9). Entre 10 e 50% das proteínas plasmáticas voltam ao sistema circulatório pelo sistema linfático, durante um período de 24 h. Dessa maneira, a deficiência da função linfática pode levar a edema de grave intensidade, rico em proteína. Adicionalmente, o sistema linfático tem função nutricional (como no caso do intestino, onde absorve a gordura digerida na forma de *quilomícrons* e os transporta para o plasma) e também função de defesa (ao transportar materiais estranhos ao organismo – como antígenos solúveis, bactérias, partículas de carbono etc. – até os linfonodos distribuídos ao longo de toda a rota de drenagem, onde estas partículas são filtradas e fagocitadas).

▶ Formação da linfa

A linfa é composta basicamente de líquido intersticial drenado das áreas adjacentes aos capilares linfáticos. Inicialmente, o capilar linfático se esvazia (porque é comprimido pelo tecido que o circunda, em decorrência do movimento ou da contração da parede do vaso linfático). Depois, o vaso se expande novamente (devido à sua característica elástica);

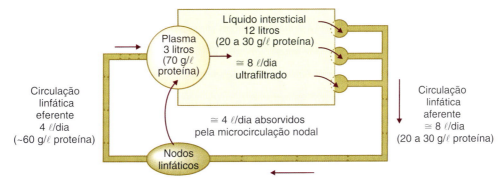

Figura 34.9 • Estimativa da circulação extravascular de líquido e proteína plasmática em um adulto de 65 kg. (Adaptada de Renkin, 1986.)

então, temporariamente, a pressão dentro do capilar cai abaixo da pressão do líquido intersticial, produzindo um gradiente de pressão favorável à entrada de líquido. A presença de válvulas no leito linfático assegura um fluxo unidirecional.

Uma vez formada, a linfa se move por mecanismos intrínsecos (devido à contração rítmica da musculatura lisa do vaso linfático) e extrínsecos (pela compressão intermitente exercida pelos tecidos que envolvem os vasos linfáticos durante o movimento e pela pressão intratorácica negativa). As válvulas linfáticas permitem que a pressão linfática aumente em cada segmento, sucessivamente, até que a linfa finalmente seja drenada para o sangue venoso com uma pressão acima da atmosférica. O fluxo de linfa no ducto torácico é de cerca de 1,38 mℓ/kg/h. Embora os mecanismos intrínsecos e extrínsecos aumentem o fluxo da linfa, a taxa de formação da linfa é o seu fator determinante principal.

O volume de linfa formado varia de acordo com o tecido avaliado. Assim, o maior produtor de linfa é o fígado, que contribui com 30 a 50% do fluxo no ducto torácico, enquanto o rim e o pulmão colaboram com cerca de 10%. O fluxo da linfa intestinal também é abundante, especialmente após uma refeição, sendo, depois do fígado, o local que mais concorre para o fluxo torácico (cerca de 37%). Os membros cooperam com uma variável quantidade de linfa, dependendo do nível de exercício. A concentração de proteína na linfa também varia de acordo com a região avaliada, dependendo do coeficiente de reflexão dos vasos de troca de cada tecido, do tamanho das moléculas, da carga de cada proteína individual e da taxa de filtração capilar. Para um débito cardíaco de 6 ℓ/min, cerca de 15 mℓ/min são filtrados através da parede capilar, 12 mℓ/min são reabsorvidos e 3 mℓ/min retornam pela circulação linfática. Essa taxa pode parecer pequena, mas representa um volume de aproximadamente 4 ℓ/dia, deixando óbvia a importância da circulação linfática para a homeostase do volume de líquido extracelular.

Em um homem de 70 kg, existem cerca de 10 a 12 ℓ de líquido no espaço intersticial, que funcionam como um reservatório para o compartimento plasmático (de 3 ℓ). Se o volume plasmático for reduzido (p. ex., na hemorragia), parte do líquido intersticial é reabsorvido para o plasma; contrariamente, se o volume plasmático aumenta (p. ex., na infusão intravenosa), o excesso de líquido pode ser filtrado para o interstício, aumentando o volume intersticial e, consequentemente, a pressão intersticial. O acúmulo de líquido no espaço intersticial é chamado de edema. A consequência imediata do edema é o retardo na troca de nutrientes e metabólitos entre as células e o plasma.

EDEMA

A prática clínica indica que os dois locais mais comuns para ocorrer edema são o tecido subcutâneo (edema periférico) e o pulmão (edema pulmonar).

O *edema subcutâneo* não é detectado clinicamente até que o volume intersticial tenha crescido acima de 100%, o que corresponde a 10% de aumento do tamanho de um membro. Apesar de não ser fatal, o edema periférico tem efeitos indesejáveis, tais como: deficiência na nutrição celular (decorrente do aumento da distância difusional), ulceração da pele, deformidade, desconforto e dificuldade de locomoção.

O *edema pulmonar* é comumente causado pela insuficiência ventricular esquerda, que eleva a pressão de enchimento das cavidades ventricular e atrial esquerda e consequentemente a pressão venosa pulmonar (enquanto a insuficiência ventricular direita acarreta edema subcutâneo periférico). O edema pulmonar tem consequências sérias: parcialmente, porque o pulmão edematoso apresenta dificuldade de se insuflar durante a inspiração (provocando dispneia) e, parcialmente, por causa do aumento da distância sangue-gás (ou capilar-alvéolo) que diminui as trocas gasosas (levando à hipoxia). Se o edema intersticial passa para o espaço alveolar e o inunda, o edema pulmonar pode ser fatal.

O edema se desenvolve quando a taxa de filtração capilar supera a taxa de drenagem linfática por um determinado período, ou seja, a patogênese do edema envolve ou um aumento da taxa de filtração ou uma diminuição do fluxo linfático (Quadro 34.2). Desde que os fatores que governam a filtração são dados pela equação de Starling (descrita anteriormente), os termos dessa equação fornecem uma classificação lógica para o edema.

▶ Causas de edema

Aumento da pressão capilar

Geralmente, a elevação da pressão capilar é secundária à elevação crônica da pressão venosa causada por insuficiência ventricular ou sobrecarga de líquido (como na glomerulonefrite) ou trombose venosa profunda (a qual aumenta a resistência pós-capilar, podendo levar mais tardiamente à incompetência das válvulas venosas). Durante a insuficiência ventricular direita, desenvolve-se no sistema venoso dos capilares dos membros uma pressão de 20 a 40 mmHg. Nesse caso, o líquido do edema tem baixo nível de proteína (de 1 a 10 g/ℓ), devido ao efeito diluidor da alta taxa de filtração.

Redução da pressão coloidosmótica plasmática (π_p)

A hipoproteinemia eleva a taxa de filtração capilar resultante e o fluxo de linfa. Ao mesmo tempo, a concentração de proteína no interstício se reduz (de 1 a 6 g/ℓ), produzindo alguma proteção contra a formação do edema. Clinicamente, sabe-se que edema visível só se desenvolve quando a concentração de proteína plasmática se reduz para valores abaixo de 30 g/ℓ. A hipoproteinemia pode ser provocada por: má nutrição, má absorção devido a doença intestinal, perda excessiva de proteína na urina (na síndrome nefrótica) ou no lúmen do estômago (na

Quadro 34.2 ▪ Causas de aumento do volume de líquido intersticial e edema.

Aumento da pressão de filtração
- Dilatação arteriolar
- Constrição venular
- Elevação da pressão venosa (insuficiência cardíaca, válvulas incompetentes)
- Obstrução venosa, crescimento do volume total do líquido extracelular, efeito da gravidade

Redução do gradiente de pressão osmótica através do capilar
- Diminuição do teor de proteínas plasmáticas
- Acúmulo de substâncias osmoticamente ativas no espaço intersticial

Aumento da permeabilidade capilar
- Substância P
- Histamina e substâncias relacionadas
- Cininas etc.

Fluxo linfático inadequado

enteropatia), e insuficiência hepática (pois o fígado sintetiza albumina, fibrinogênio, α-globulinas e β-globulinas). A causa mais comum de insuficiência hepática é a cirrose, que leva ao edema abdominal (denominado *ascite*) por aumento de pressão na veia porta e diminuição da PCO plasmática. A síndrome nefrótica é caracterizada por albuminúria, em decorrência do aumento da passagem da albumina (frequentemente superior a 20 g/dia) pela membrana glomerular.

Alterações na permeabilidade capilar (L_p, P, σ)

Na inflamação, as propriedades da parede capilar se alteram: ocorre aumento da condutância hidráulica (L_p) e da permeabilidade a proteínas (P), além de queda do coeficiente de reflexão (σ). Essas alterações acarretam edema grave, com alta concentração de proteína.

Insuficiência linfática

Deficiência da drenagem linfática causa tanto o acúmulo de líquido quanto o de proteína no interstício, uma vez que esses dois elementos passam para o espaço intersticial em quantidades consideráveis durante o período de um dia. Como a linfa é a única via para as proteínas que escaparam do plasma retornarem a ele, o líquido do linfoedema é rico em proteína. No linfoedema de membros, o conteúdo de proteína é de 30 g/ℓ ou mais (sendo a proporção linfa:plasma maior que 0,4), ao contrário dos edemas diluídos descritos anteriormente (em que a concentração de proteína é menor que 10 g/ℓ). Essa situação provoca um crescimento fibrótico/gorduroso, de maneira que o linfoedema não é deformável facilmente. Nos países ocidentais, a insuficiência linfática está associada à malformação dos troncos linfáticos dos membros (linfoedema idiopático) ou ao dano de nodos linfáticos decorrente da terapia do câncer. No entanto, a causa mais comum dessa patologia no mundo inteiro é a filariose (ou *elefantíase*, infestação do sistema linfático do membro inferior por nematodo transmitido por mosquito, que faz a perna do indivíduo se assemelhar à pata de um elefante).

Margem de segurança contra o edema

Há muito tempo, os clínicos já sabiam que o edema não se desenvolve a menos que a pressão coloidosmótica ou a pressão venosa se alterem pelo menos em 15 mmHg. Existe, portanto, uma margem de segurança contra o edema de cerca de 15 mmHg, que é devida a 3 fatores de tamponamento: alterações na pressão do líquido intersticial, pressão coloidosmótica intersticial e fluxo da linfa (Figura 34.10).

Elevação na pressão intersticial (P_i)

Quando a taxa de filtração aumenta, a pressão intersticial sobe acentuadamente para cada pequena elevação de volume intersticial. Isso reduz a pressão de filtração ($P_c - P_i$). Se a P_i é normalmente de –2 mmHg e o edema clínico aparece com, suponhamos, +1 mmHg, a alteração de P_i dá uma margem de segurança de 3 mmHg. Esse mecanismo não funciona para valores de 1 a 2 mmHg em tecidos como a pele, em que a complacência aumenta rapidamente.

Queda na PCO intersticial (π_i)

O aumento da taxa de filtração diminui a concentração de proteínas e a PCO no interstício, resultando na elevação das forças absortivas ($\pi_p - \pi_i$). Como o mecanismo anterior, esse *tampão* tem uma capacidade limitada, porque a razão entre a concentração de proteína no interstício e no plasma não pode cair abaixo de 1 – σ. A diluição do interstício constitui um mecanismo mais eficaz nos tecidos em que a concentração de

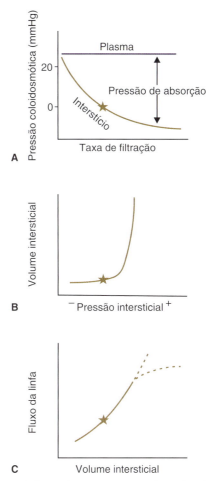

Figura 34.10 • Três fatores de segurança contra edema. O símbolo (*) indica o estado normal. **A.** Quando a taxa de filtração aumenta, a diferença de pressão coloidosmótica que se opõe à filtração também aumenta, devido à queda da pressão plasmática intersticial. **B.** Alteração da pressão intersticial com alteração de volume no espaço subcutâneo. A complacência é baixa em níveis de pressão subatmosférica, de modo que ocorrem alterações acentuadas de pressão determinando pequena filtração. Porém, a complacência é muito alta em níveis de pressão supra-atmosférica, de maneira que a partir desse nível surge apenas uma ligeira subida de pressão. **C.** O fluxo linfático se eleva com o aumento do volume intersticial, impedindo a formação de edema. As *linhas tracejadas* indicam que o fluxo linfático alcança um limite quando o membro está imobilizado, mas isso não acontece quando o membro está em movimento. (Adaptada de Levick, 1995.)

proteína é normalmente alta, ou seja, no pulmão. Nos membros, nos quais a pressão coloidosmótica intersticial é de 5 a 10 mmHg, a diluição do interstício oferece um fator de segurança de 4,5 a 9 mmHg.

Aumento do fluxo da linfa

Quando a pressão e o volume intersticial crescem, o fluxo da linfa também aumenta. No intestino de gato, por exemplo, a subida da pressão para 30 mmHg produz uma elevação de 20 vezes no fluxo da linfa. Entretanto, de acordo com alguns autores, essa elevação tem um limite, e o aumento máximo seria equivalente a 5 mmHg do fator de segurança.

O efeito da combinação das alterações de P_i, π_i e fluxo linfático levam a uma margem de segurança total de cerca de 15 mmHg. A importância relativa de P_i e π_i nesse processo depende do nível basal, mas na maioria dos tecidos π_i parece ser o principal fator. O pulmão, em particular, está bem protegido contra o edema devido ao valor elevado da sua pressão coloidosmótica intersticial.

ANGIOGÊNESE

A manutenção da vida depende da regulação adequada de um complexo sistema vascular, capaz de fornecer oxigênio e nutrientes a todo o organismo, bem como de remover resíduos dos órgãos e dos tecidos. Os vasos sanguíneos, principais estruturas responsáveis por tais funções, consistem em células endoteliais que estão em contato direto com o sangue. Abaixo do endotélio, localizam-se: pericitos, células musculares lisas, fibroblastos, membrana basal e a matriz extracelular. Esta matriz é organizada em 2 camadas: (1) a membrana basal vascular (ou lâmina basal) e células musculares lisas, e (2) a matriz intersticial. A membrana basal consiste em uma rede de moléculas, tais como colágeno IV, laminina, sulfato de heparina (proteoglicano) e nidogen/entactina. Os típicos componentes da matriz intersticial são os colágenos fibrilares e as glicoproteínas (tais como a fibronectina). Dependendo da localização do vaso no organismo, sua estrutura física e seus constituintes diferem quanto a fenótipo, composição e função.

No indivíduo adulto saudável, as células endoteliais (cerca de um trilhão) que revestem o lúmen dos vasos sanguíneos encontram-se quiescentes, isto é, apresentam atividade mitogênica próxima a zero; portanto, a neoformação vascular é virtualmente ausente. Entretanto, quando estimuladas adequadamente, essas células tornam-se ativas e iniciam uma cascata de eventos que culmina na neoformação vascular. Em vertebrados, este processo pode ser realizado por dois diferentes mecanismos: vasculogênese e angiogênese. A vasculogênese implica a formação de vasos sanguíneos *de novo*, significando que estes vasos são formados diretamente de células precursoras de angioblastos. Já a angiogênese é a formação de uma nova vasculatura a partir de vasos preexistentes, tais como vênulas e capilares. Esta se dá por brotamento ou intussuscepção (divisão de vasos por meio de prolongamentos da parede vascular).

Em algumas demandas fisiológicas (como na cicatrização de feridas, no desenvolvimento da circulação colateral em tecidos isquêmicos e na formação do corpo lúteo, endométrio e placenta), a angiogênese é fundamental para o reparo e o desenvolvimento dos tecidos. No entanto, em várias condições patológicas (como artrite reumatoide, psoríase, retinopatia diabética, hemangiomas e tumores sólidos) a célula endotelial encontra-se ativada e com alto índice de atividade mitogênica, e a angiogênese persistente contribui para a sustentação e o agravamento dessas condições. Existem diferenças fundamentais entre a angiogênese fisiológica e a patológica. Na angiogênese fisiológica, a formação dos novos vasos sanguíneos é rigidamente controlada e transitória, enquanto, na angiogênese patológica, o processo é duradouro e desregulado.

Como um mecanismo biológico, a angiogênese pode ser comparada à coagulação sanguínea. Assim como inibidores fisiológicos previnem a coagulação intravascular, uma variedade de controles parece prevenir crescimentos capilares abruptos. As células endoteliais e os pericitos capilares carregam a informação genética para a formação da rede capilar. Moléculas angiogênicas específicas iniciam o processo, enquanto moléculas inibidoras o previnem.

A angiogênese inicia-se na presença de um estímulo; este pode ser: hipoxia, alterações isquêmicas ou liberação de citocinas e de fatores de crescimento. A ativação de células endoteliais consiste na primeira etapa do processo angiogênico. Após tal ativação, as células endoteliais de vasos sanguíneos preexistentes degradam a membrana basal adjacente. A seguir, as células endoteliais *livres* começam a migração em direção à matriz extracelular degradada. Este processo de invasão e migração de células endoteliais requer uma atividade cooperativa de proteases com serina, que convertem o plasminogênio em plasmina. A plasmina degrada vários componentes da matriz extracelular, incluindo fibrina, fibronectina, laminina e proteoglicanos. Outras células do organismo também contribuem para a degradação da matriz extracelular, como as células epiteliais, as células do sistema imunológico e os fibroblastos.

A etapa seguinte da angiogênese consiste na proliferação das células endoteliais e na formação do broto capilar; esta será estimulada por uma variedade de fatores de crescimento, alguns dos quais foram liberados pela própria degradação da matriz extracelular. Os processos de invasão, migração e proliferação celular não dependem somente de enzimas angiogênicas e de fatores de crescimento e seus receptores, mas são também mediados pela adesão molecular das células. Para iniciar o processo angiogênico, as células endoteliais devem dissociar-se da sua vizinhança, antes de invadirem o tecido vizinho. Durante a invasão e a migração, a interação das células endoteliais com a matriz extracelular é mediada por integrinas.

A fase final do processo angiogênico inclui a formação de alças capilares e a determinação da polaridade das células endoteliais; esta será importante para a formação do lúmen capilar e para as interações célula-célula e célula-matriz. A estabilização do vaso sanguíneo neoformado é atingida após a migração de células mesenquimais para o redor dos neovasos e sua posterior diferenciação em pericitos ou células musculares lisas.

▶ Indutores da angiogênese

A angiogênese é um processo complexo que envolve grande intercomunicação celular, fatores solúveis e componentes da matriz extracelular. Este fenômeno é controlado pelo balanço entre a produção e a secreção de moléculas que dispõem de atividade regulatória positiva (*fatores angiogênicos*) e negativa (*fatores antiangiogênicos*). O equilíbrio entre a produção de substâncias endógenas pró- e antiangiogênicas pode ser rompido por fatores químicos e físicos (lesão tissular, hipoxia, liberação de citocinas) ou mecânicos (alterações do fluxo sanguíneo e do formato celular). Os fatores angiogênicos são representados, principalmente, por polipeptídios que induzem uma ou mais etapas do processo angiogênico; estes interagem com receptores específicos nas células endoteliais e/ou recrutam e ativam células, tais como macrófagos e leucócitos, que têm a capacidade de produzir fatores angiogênicos.

Uma variedade de indutores da angiogênese foi descrita, os quais podem ser subdivididos em três classes, dependendo da atividade que exercem. A primeira classe consiste na família do VEGF (fator de crescimento vascular) e das angiopoetinas, substâncias que atuam nas células endoteliais. A segunda contém moléculas que atuam diretamente no processo angiogênico, incluindo citocinas, quimiocinas e enzimas que ativam uma variedade de células-alvo próximas às células endoteliais. A terceira inclui fatores de ação indireta, cujo efeito angiogênico é resultante da liberação de fatores angiogênicos por macrófagos (interleucinas e prostaglandinas), células endoteliais e células tumorais. A identificação de fatores de crescimento e citocinas com propriedades angiogênicas criaram oportunidade para novas terapias no tratamento de uma variedade de doenças angiogênese-dependentes.

Figura 34.11 ■ Representação esquemática dos eventos celulares no processo angiogênico, por brotamento. *end.*, endoteliais.

A Figura 34.11 mostra um desenho esquemático da cascata de eventos que dá origem aos novos vasos sanguíneos. As células endoteliais, quando ativadas por estímulos angiogênicos (físicos, químicos ou mecânicos), liberam enzimas proteolíticas (ativadores plasminogênicos, colagenase, gelatinase, estromelisina etc.) que degradam os vários componentes da membrana basal (laminina, fibronectina) do vaso sanguíneo precursor. As células endoteliais formam pseudópodos protundindo pelas aberturas da membrana basal e migrando para o espaço perivascular, atraídas por fatores angiogênicos. As células alinham-se formando uma configuração bipolar. Isso é seguido por divisão mitótica, que ocorre após 24 a 48 h. São formados brotos capilares que se vacuolizam, dando origem ao lúmen do novo vaso sanguíneo. Os novos vasos sanguíneos são envolvidos por fibroblastos que posteriormente se desenvolvem em células musculares lisas. Os pericitos (células que exercem ação inibitória sobre as células endoteliais) alinham-se ao longo dos novos capilares, inibindo o processo. A ação inibitória dos pericitos sobre a atividade angiogênica é bem caracterizada nas retinopatias diabéticas. A perda dessas células está associada não apenas à proliferação capilar, mas também ao desenvolvimento de lesões microvasculares e à formação de microaneurismas na retina.

▶ Fatores angiogênicos estimuladores e inibidores

A ausência de angiogênese na maioria dos tecidos em condições normais é provavelmente resultante da interação de múltiplos fatores que mantêm o equilíbrio entre estimuladores e inibidores do processo. Entretanto, a habilidade para iniciar a cascata angiogênica está presente em todos os tecidos. No desenvolvimento e na organização de uma nova rede vascular, múltiplos fatores endógenos estão envolvidos, promovendo ativação, proliferação, migração e organização das estruturas que compõem os vasos sanguíneos (as células endoteliais, as células musculares lisas e os pericitos).

Dada a importância fisiológica e patológica da angiogênese e o desenvolvimento das várias técnicas que permitem estudos diretos e indiretos da neoformação vascular, a atividade angiogênica de substâncias estimuladoras e inibidoras do processo é descrita como potencial agente terapêutico.

▶ Mecanismo de ação dos fatores angiogênicos

Os sistemas de sinalização envolvidos na complexa interação do endotélio e células adjacentes compreendem receptores de tirosinoquinase e seus ligantes.

As respostas das células endoteliais aos fatores angiogênicos são mediadas por sistemas de segundos mensageiros intracelulares, já conhecidos: Ca^{2+}, proteinoquinases, adenilciclase (proteína de membrana) e cAMP. Em resposta a estímulos extracelulares, a adenilatociclase é ativada via proteínas G (proteínas reguladoras do nucleotídio guanina), passando a catalisar a produção do cAMP a partir do ATP (trifosfato de adenosina). O cAMP ativa as proteinoquinases cAMP-dependentes, que fosforilam vários substratos no citoplasma, no núcleo e na membrana celular. O cAMP regula várias funções celulares, como crescimento, proliferação, diferenciação etc. Foi demonstrado que ativadores da proteinoquinase C [tipo 4-β-forbol-12-miristato-13-acetato (4-β-PMA) e 1,2-dioctanol-sn-glicerol (OAG)] causam acentuado aumento do processo angiogênico. A ativação das proteínas G pode provocar também a ativação dos fosfoinositídios. Neste processo, ocorre a formação do diacilglicerol, o qual ativa a PKC e induz mudanças na concentração intracelular de Ca^{2+}. Isso resulta em alterações de várias funções celulares: aumento da síntese proteica, proliferação etc.

BIBLIOGRAFIA

AUKLAND K. Interscicial fluid balance in experimental animals and man. In: STAUB NC, HOOG JC, HARGENS AR (Eds.). *Interscicial-lymphatic Liquid and Solute Movement*. Karger, Basel, 1987.
BENNETT HS, LUFT JH, HAMPTON JC. Morphological characteristics of vertebrate blood capillaries. *Am J Physiol*, 196:381-90, 1959.
CURRY FE. Regulation of water and solute exchange in microvessel endothelium: studies in single perfused capillaries. *Microcirculation*, 1:11-26, 1994.
DAVIS SS, ILLUM L. Colloidal delivery systems: opportunities and challenges. In: TOMLINSON E, DAVIS SS (Eds.). *Site-Specific Drug Delivery*, John Wiley and Sons Ltd., UK, 1986.
FOLKMAN J. Fundamental concepts of the angiogenic process. *Curr Mol Med*, 3(7):643-51, 2003.
GANONG WF. *Review of Medical Physiology*. Appleton & Lange, Los Altos, 1991.
GROSSMAN JD, GROSSMAN W. Angiogenesis. *Rev Cardiovasc Med*, 3(3):138-44, 2002.
LEVICK JR. *An Introduction to Cardiovascular Physiology*. Butterworth Heineman, UK, 1995.
LEVICK JR. Capillary filtration-absorption balance reconsidered in light of dynamic extravascular factors. *Exp Physiol*, 76:825-57, 1991.
LEVICK JR, MICHEL CC. The effects of position and skin temperature on the capillary pressures in the fingers and toes. *J Physiol*, 274:97-109, 1978.
MASPERS M, BJORNBERG J, MELLANDER S. Relation between capillary pressure and vascular tone over the range form maximum dilation to maximum constriction in cat skeletal muscle. *Acta Physiol Scand*, 140:73-83, 1990.
McCUSKEY S, KRASOVICH MA. Anatomy of the microvascular system. In: MORTILLARO NA, TAYLOR EA (Eds.). *The Pathophysiology of the microcirculation*. CRC Press, Boca Raton, 1994.
MICHEL CC. Capillary permeability and how it may change. *J Physiol*, 404:1-29, 1988.
MICHELL CC. Starling: the formulation of his hypothesis of microvascular fluid exchange and its significance after 100 years. *Experimental Physiol*, 82:1-30, 1997.
PALOMBO DJ, BLACKBURN GL, FORSE RA. Endothelial cell factors and response to injury. *Surg Gynecol Obstet*, 173:505-18, 1991.
RENKIN EM. Capillary transport of macromolecules: pores and other endothelial pathways. *J Apll Physiol*, 58:315-25, 1985.
RENKIN EM. Some consequences of capillary permeability to macromolecules: Starling's hypothesis reconsidered. *Am J Physiol*, 250:H706-10, 1986.
ZWEIFACH BW. *Factors regulating blood pressure*. Josiah Macy Jr Foundation, New York, 1950.

Veias e Retorno Venoso

Helio Cesar Salgado | Rubens Fazan Júnior | Valdo José Dias da Silva

- Introdução, 564
- Constituição das veias, 564
- Pressão nas veias, 564
- Resistência e capacitância das veias, 565
- Válvulas venosas, 566
- Retorno venoso e variação da pressão abdominal, 566
- Retorno venoso e variação da pressão intrapleural (respiração), 566
- Retorno venoso e mudança postural, 567
- Controle neuro-humoral do tônus venomotor, 568
- Retorno venoso e débito cardíaco, 569
- Bibliografia, 573

INTRODUÇÃO

O sistema venoso constitui um conjunto de pequenos vasos (vênulas), que se reúnem em outros cada vez maiores, cuja função é recolher o sangue da periferia ou dos pulmões (que sai dos capilares) e conduzi-lo de volta ao coração, fechando a circulação. Porém, além desse papel de condutor do sangue, as veias desempenham importantes funções na dinâmica circulatória, dentre as quais se pode citar, como a mais importante, a de armazenar grande quantidade de sangue, mobilizando-o para o coração, quando necessário.

CONSTITUIÇÃO DAS VEIAS

Como descrito no Capítulo 34, *Aspectos Morfofuncionais da Microcirculação*, em relação ao sistema microvascular, as veias, além do epitélio de revestimento interno (endotélio), possuem como principais componentes da parede o colágeno, a elastina e o músculo liso. Esses elementos estão dispostos de modo a formar três camadas distintas: *túnica íntima*, constituída pelo endotélio e tecido subendotelial; *túnica média*, composta por fibras musculares lisas, dispostas circularmente; e *túnica adventícia*, formada principalmente por fibras colágenas e elásticas (Figura 35.1). As veias dos membros inferiores contêm mais fibras musculares que as dos superiores, e, em ambos (braços e pernas), as veias mais superficiais são mais ricas em musculatura que as profundas. Essas diferenças estão relacionadas com a maior pressão hidrostática desenvolvida nas porções mais inferiores do corpo, e com um papel mais ativo de venomotricidade desempenhado pelas veias cutâneas (superficiais). As veias de grande diâmetro apresentam *vasa vasorum* (vasos dos vasos), que são arteríolas, capilares e vênulas que se ramificam, profusamente, e desempenham a função nutridora das túnicas adventícia e média, aonde os metabólitos não chegariam por difusão a partir do lúmen do vaso, devido à espessura da parede. Nas veias, os *vasa vasorum* são muito abundantes, atingindo até a camada média, ao contrário das artérias, em que eles são menos numerosos e restritos à adventícia. Acredita-se que a maior quantidade de *vasa vasorum* nas veias seja decorrente da limitação de nutrientes do sangue venoso em relação ao sangue arterial.

PRESSÃO NAS VEIAS

O sistema venoso trabalha em regime de baixa pressão relativa, uma vez que a pressão na circulação arterial é significativamente reduzida nas arteríolas. A pressão sanguínea na extremidade venosa da circulação capilar está entre 10 e 15 mmHg, caindo ao longo do sistema venoso até valores próximos a 0 mmHg, nas veias centrais e no átrio direito. Como a circulação venosa sistêmica termina no átrio direito, a pressão existente nesta câmara é chamada de pressão venosa central (PVC).

Como não há barreira mecânica entre os átrios e as veias, qualquer fator que afete a pressão atrial repercute sobre a pressão venosa. Como pressão é uma função da relação conteúdo-continente, a pressão no átrio direito (e esquerdo) é regulada pelo balanço entre o volume de sangue que chega ao coração e o volume sanguíneo que o coração consegue bombear para a circulação pulmonar (e sistêmica). A pressão fisiológica no átrio direito (e esquerdo) é aproximadamente 0 mmHg (pressão atmosférica ao redor do corpo), podendo atingir 20 a 30 mmHg em situações em que o retorno venoso (RV) está muito aumentado (como nas transfusões maciças de sangue), ou quando há deficiência no bombeamento cardíaco (como na insuficiência cardíaca grave; ver Capítulo 31, *O Coração como Bomba*). Os valores mais baixos de pressão atrial são atingidos quando o coração bombeia vigorosamente, em situações de aumento do inotropismo cardíaco, ou quando o RV se encontra bastante reduzido, podendo essa pressão alcançar valores subatmosféricos, ou seja, −3 a −5 mmHg (pressão no interior da cavidade torácica).

Como a pressão no interior das veias é baixa, os efeitos da coluna hidrostática formada entre elas e o coração têm particular importância na determinação da pressão venosa, nos mais diversos locais do organismo. Considerando-se que em uma coluna hídrica a pressão vai aumentando 1,36 mmHg para cada centímetro abaixo da superfície, a pressão venosa nas extremidades dos membros inferiores pode atingir valores consideravelmente altos (até 90 mmHg) em um indivíduo em posição ortostática, se somarmos a pressão na extremidade venosa dos capilares com a pressão resultante da coluna hidrostática sobre o membro inferior (Figura 35.2 A).

> **Medida da pressão nas veias**
>
> A pressão venosa pode ser facilmente medida introduzindo-se um cateter no interior de uma veia periférica ou central (dependendo de qual pressão venosa se deseja medir), fazendo-se conexão dele com um manômetro (p. ex., uma coluna de água). Porém, um cuidado importante ao se medir a pressão venosa é verificar o nível que se considera como zero (referência), o qual deve ser o nível do coração (átrio direito). Como a pressão venosa é de magnitude muito baixa, qualquer desnível do zero em relação ao coração acarretará a soma (manômetro abaixo do coração) ou subtração (manômetro acima do coração) da coluna hidrostática formada entre o manômetro (coluna de água) e o coração.

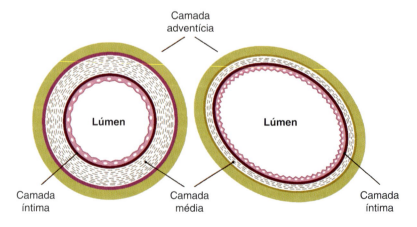

Figura 35.1 • Representação diagramática e comparativa de vasos arteriais (*à esquerda*) e venosos (*à direita*).

Veias e Retorno Venoso 565

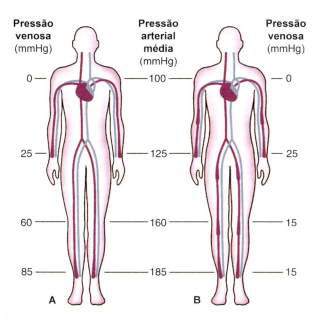

Figura 35.2 ▪ **A.** Formação de uma coluna hidrostática sanguínea e seu efeito na pressão venosa, em um indivíduo imóvel, em posição ortostática. **B.** Interrupção da coluna hidrostática pela atividade muscular (deambulação) e seu efeito sobre as pressões venosas desenvolvidas. (Adaptada de Ruch e Patton, 1974.)

RESISTÊNCIA E CAPACITÂNCIA DAS VEIAS

As veias não exercem grande resistência à passagem do sangue, pois com apenas alguns mmHg de gradiente de pressão o sangue percorre todo o sistema venoso. Excluindo as vênulas, responsáveis por 4% da resistência periférica total, o restante do sistema venoso representa só 3% dessa resistência, o que equivale a dizer que o fluxo sanguíneo se processa, da entrada das veias terminais (pequenas veias localizadas logo após as vênulas) até a desembocadura das cavas no átrio direito, com um decréscimo de somente 3 mmHg de pressão. Entretanto, como ilustrado na Figura 35.3, a maioria das grandes veias no interior do tórax é comprimida em alguns pontos pelos tecidos adjacentes, de maneira a restringir o fluxo sanguíneo, impondo resistência elevada ao sistema venoso. As veias do braço sofrem compressão da aguda angulação sobre a primeira costela. A pressão no interior do pescoço, frequentemente, cai para níveis subatmosféricos, sendo as veias dessa região comprimidas pela pressão atmosférica adjacente. As veias no interior do abdome estão sob influência da pressão intra-abdominal, que é ligeiramente superior à pressão atmosférica, o que causa, também, uma compressão nas veias aí localizadas, principalmente em determinadas situações (exercício físico, defecação, tosse etc.).

A parede das veias é muito distensível, o que significa que variações mínimas na pressão venosa acarretam grandes mudanças no conteúdo das veias. Assim, elas podem armazenar grande quantidade de sangue em seu interior diante de pequenos aumentos na pressão venosa, em situações nas quais ocorre maior drenagem de sangue dos capilares, ou em situação de aumento abrupto da volemia (p. ex., em transfusões sanguíneas). Adicionalmente, o volume de sangue no interior das veias pode variar, amplamente, de acordo com o grau de distensão das mesmas (o qual pode sofrer variação segundo o grau de contração da musculatura lisa presente em sua camada média). Assim sendo, o sistema venoso é capaz de mobilizar grande volume sanguíneo para a circulação, variando o grau de distensibilidade de suas paredes, sem alterações apreciáveis na pressão venosa.

As veias são dotadas de abundante inervação autonômica simpática, cuja estimulação provoca constrição venosa, e, assim, ocorre a mobilização de sangue para o coração, aumentando a pré-carga (ver Capítulo 31), e para a circulação, sem alteração significativa da pressão venosa. Por outro lado, não há evidências de inervação parassimpática nas veias.

Devido à baixa resistência ao fluxo sanguíneo, e à enorme capacidade das veias em variar o volume de seu conteúdo, pode-se fazer uma analogia entre o sistema venoso e um circuito elétrico como o esquematizado na Figura 35.4. Este circuito é constituído de pequena resistência (baixa resistência das veias) submetida a uma pequena diferença de potencial (baixa diferença de pressão entre o início do sistema venoso e o coração), ligada à terra por meio de um capacitor variável de alta capacitância; desse modo, quando a diferença de potencial varia (mudança na pressão nas veias), o condensador carrega ou descarrega (as veias se distendem ou retraem). Adicionalmente, por ser um capacitor variável, se a capacidade do condensador se modifica, ele pode fornecer, ou retirar, cargas do sistema, alterando a diferença de potencial. Ou seja, uma venoconstrição (ou venodilatação) mudará a pressão nas veias, aumentando (ou diminuindo) o RV ao coração e a pré-carga dos ventrículos. Com isso, pode-se compreender a importante função de armazenamento sanguíneo desempenhado pelo sistema venoso.

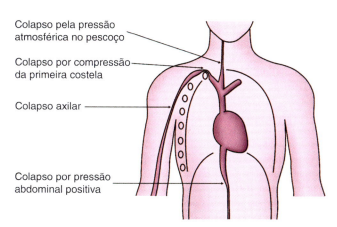

Figura 35.3 ▪ Colabamento das veias com consequente aumento da resistência venosa ao fluxo sanguíneo. (Adaptada de Guyton, 1986.)

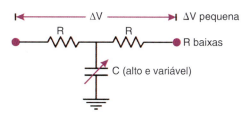

Figura 35.4 ▪ Análogo elétrico do sistema venoso: uma resistência baixa (análoga à baixa resistência ao fluxo sanguíneo), submetida a uma pequena diferença de potencial (análoga à diferença de pressão sanguínea entre o início do sistema venoso e as veias cavas) e ligada à terra por um condensador de alta capacidade (análoga à distensibilidade das veias) e variável (como a capacidade das veias em mudar seu grau de distensão). (Adaptada de Silva Jr., 1973.)

VÁLVULAS VENOSAS

Uma característica singular das veias é a presença de válvulas em todos os segmentos venosos, as quais se encontram mais desenvolvidas nas extremidades inferiores. As válvulas venosas nada mais são que protrusões da túnica íntima das paredes venosas para o lúmen do vaso. Cada uma delas é formada por tecido fibroso (denso), revestida por endotélio, e orientada de modo a permitir o fluxo sanguíneo anterógrado; porém, fechando totalmente o vaso quando o fluxo tende a se tornar retrógrado (Figura 35.5). Sendo assim, as válvulas são importantes estruturas direcionadoras do fluxo sanguíneo nas veias.

Quando uma força externa comprime uma veia, a pressão intramural local aumenta, tendendo a empurrar o sangue em ambas as direções a partir do ponto de compressão. A magnitude do fluxo que ocorrerá em cada uma das direções dependerá: (1) do gradiente de pressão e (2) das resistências em ambas as direções que o fluxo poderá seguir. Porém, mesmo sem as válvulas, a resistência ao fluxo retrógrado (na direção dos capilares) é maior que a resistência ao anterógrado (na direção do coração), fenômeno esse que, juntamente com o gradiente pressórico, favorecerá significativamente a direção central do fluxo venoso. Contudo, a presença das válvulas venosas aumenta o efeito propulsor anterógrado do fluxo sanguíneo, elevando a valores muito altos (próximos do infinito) a resistência ao fluxo retrógrado (ver Figura 35.2 B).

RETORNO VENOSO E VARIAÇÃO DA PRESSÃO ABDOMINAL

A pressão hidrostática de uma coluna vertical formada pelos órgãos abdominais é semelhante àquela que seria produzida caso o abdome fosse preenchido apenas com líquido. Em repouso, a pressão venosa excede a pressão intra-abdominal em apenas 5 a 10 cmH$_2$O, em qualquer nível do abdome, tanto na posição supina quanto na ortostática. Em situações em que há aumento da pressão intra-abdominal (p. ex., durante tosse, defecação ou prática de exercício físico resistido, como levantamento de peso), ou na manobra de Valsalva, o sangue, *inicialmente*, é propelido em direção ao átrio direito, elevando o RV, devido à compressão sofrida pelas veias intra-abdominais. Vale ressaltar que as válvulas venosas impedem o refluxo sanguíneo para os membros inferiores. A elevação do RV aumenta a pré-carga ventricular, aumentando o débito cardíaco e causando discreto aumento da pressão arterial. Em seguida, tanto o fluxo venoso para o tórax quanto o débito cardíaco cairão à medida que os vasos venosos são colabados pela elevada pressão externa, com consequente diminuição do RV.

Manobra de Valsalva

A manobra de Valsalva é um teste que envolve a expiração forçada contra a glote fechada, determinando exacerbado aumento das pressões intrapleural e intrapulmonar, e promovendo expressiva redução do RV. Essa manobra tem significativa aplicação clínica, especialmente em situações que envolvam disfunção cardíaca (p. ex., insuficiência cardíaca) ou do sistema nervoso autônomo (p. ex., neuropatia autonômica diabética). Essa técnica possui tal nome em homenagem a Antônio Maria Valsalva, médico do século XVII, de Bologna, cujo principal interesse científico era o ouvido humano, tendo descrito a tuba auditiva.

A manobra de Valsalva, método não invasivo geralmente realizado durante 20 a 30 segundos, é classicamente dividida em quatro fases. As alterações hemodinâmicas (pressão arterial, frequência cardíaca, débito cardíaco e RV) e os mecanismos reflexos envolvidos são:

- **Fase 1.** Logo no início da manobra, com o aumento da pressão intratorácica, há discreto aumento da pressão arterial devido ao aumento do RV e/ou agregação de pressão junto à aorta. Ocorre discreta bradicardia por ativação, apenas, do barorreflexo carotídeo (para detalhes, ver Capítulo 37, *Regulação da Pressão Arterial | Mecanismos Neuro-Hormonais*).
- **Fase 2.** Próximo ao fim da manobra há queda significativa da pressão arterial devido à redução do RV e do débito cardíaco. Há também significativo aumento da frequência cardíaca devido à desativação do barorreflexo aórtico e carotídeo (para detalhes, ver Capítulo 37).
- **Fase 3.** Ocorre com o término da descompressão dos vasos intratorácicos, pela cessação da manobra, a qual reduz a pressão intratorácica. Há queda adicional da pressão arterial pela descompressão da aorta combinada com significativa taquicardia reflexa.
- **Fase 4.** Logo após o término da manobra ocorre aumento da pressão arterial devido ao aumento simultâneo do RV e do débito cardíaco, em decorrência da redução da pressão intratorácica. Esse aumento da pressão arterial, especialmente da pressão arterial pulsátil, determina acentuada bradicardia reflexa devido à ativação dos barorreflexos aórtico e carotídeo (para detalhes, ver Capítulo 37).

RETORNO VENOSO E VARIAÇÃO DA PRESSÃO INTRAPLEURAL (RESPIRAÇÃO)

As forças de retração dos pulmões determinam uma pressão intrapleural subatmosférica, a qual exerce uma força distensora das estruturas intratorácicas. Conforme descrito anteriormente, a pressão venosa central (PVC), medida por meio de um cateter posicionado no átrio direito, ou na veia cava, oscila em torno da pressão atmosférica. A pressão transmural dos vasos intratorácicos é representada pela diferença (gradiente) entre as pressões intrapleural e intravascular. A pressão intrapleural (negativa) exerce uma influência

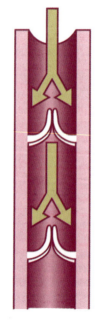

Figura 35.5 • Representação esquemática de uma válvula venosa.

distensora nos vasos intratorácicos, tendendo a elevar a pressão transmural em todo o tórax. A pressão intrapleural oscila, ao final de uma expiração normal, em torno de –5,4 cmH$_2$O (ou –4 mmHg). Durante a inspiração, a combinação da expansão da caixa torácica com a distensão pulmonar reduz a pressão intrapleural para cerca de –11 cmH$_2$O (ou –8 mmHg). Essa redução reflete uma diminuição da pressão no átrio direito, ou seja, da PVC, aumentando o gradiente de pressão entre as veias extra e intratorácicas, elevando, assim, o RV. Aumentos da amplitude respiratória causam maiores oscilações da pressão intrapleural. Variações das pressões intra-abdominal e intrapleural, associadas à movimentação diafragmática, proveem um mecanismo propulsor que facilita a transferência de sangue para as veias intratorácicas.

Durante a inspiração, o átrio direito se enche de sangue, com consequente aumento do volume de sangue ejetado pelo ventrículo direito (ver Capítulo 31). No lado esquerdo do coração, a pressão negativa intratorácica expande a circulação pulmonar durante a inspiração, de tal maneira que o fluxo sanguíneo para o coração fica reduzido, com consequente queda do volume de sangue ejetado pelo ventrículo esquerdo. Assim, no decorrer da expiração, efeitos opostos são observados entre os dois lados do coração.

RETORNO VENOSO E MUDANÇA POSTURAL

Posição ortostática

Quando o indivíduo assume a posição ortostática, uma pressão equivalente à altura da coluna líquida que vai desde o coração até os pés (em torno de 100 mmHg) é imposta às veias dos pés. Embora as veias dos membros inferiores tenham uma parede mais espessa que as veias situadas acima do coração, elas são distendidas pela elevação da pressão em seu interior, determinada pelo ortostatismo; por outro lado, o volume de sangue armazenado no território venoso, abaixo do coração, pode aumentar aproximadamente 500 mℓ em um indivíduo com cerca de 70 kg. Este armazenamento sanguíneo nos membros inferiores corresponde a uma hemorragia de igual volume. Do ponto de vista hemodinâmico, na posição ortostática ocorre diminuição da pressão no átrio direito, redução do volume de sangue ejetado pelos ventrículos, e diminuição do débito cardíaco.

Em condições fisiológicas, dois mecanismos limitam esse armazenamento de sangue nos membros inferiores: (1) as válvulas se opõem ao fluxo sanguíneo retrógrado; (2) com o movimento da musculatura esquelética, as veias são comprimidas e o sangue é bombeado, através das válvulas, em direção ao coração. Algumas situações fisiológicas, ou não, podem afetar esses mecanismos. Por exemplo, indivíduos com carência valvular venosa têm dificuldade de manter a posição ortostática. Indivíduos saudáveis que se mantêm em posição ortostática sem nenhuma movimentação têm redução do débito cardíaco, com consequente queda da pressão arterial, podendo sofrer uma síncope. Com a falta de movimentação, as válvulas venosas se fecharão após o enchimento de cada segmento venoso, desde os pés até o coração. Outra intercorrência da posição ortostática é a transmissão do aumento da pressão venosa para os capilares, aumentando a filtração de líquido para o espaço extravascular (interstício), causando edema nas extremidades do indivíduo (para maiores detalhes quanto à gênese do edema, ver Capítulo 34).

Deambulação

Como mencionado anteriormente, as veias das extremidades inferiores do corpo humano dispõem de várias válvulas localizadas em posições estratégicas ao longo de seus trajetos. Assim, à medida que o sangue flui, continuamente, através do sistema venoso periférico, as válvulas venosas se mantêm abertas, e a coluna líquida, assim formada, permanece intacta (sem solução de continuidade). Nestas condições, a pressão venosa no dorso do pé corresponde à altura da coluna líquida vertical, que se estende dos pés até o nível do coração (ver Figura 35.2 A). Se o indivíduo dá um passo, a pressão venosa ao nível do tornozelo fica reduzida a um valor equivalente à altura de uma coluna líquida que se estende, agora, até o joelho (ver Figura 35.2 B), retornando gradualmente ao nível anterior. Existem vias alternativas por intermédio das quais o sangue pode ascender pelos membros inferiores a partir dos pés. Se, porventura, uma única coluna de sangue entre o tornozelo e o coração permanecer intacta, a pressão venosa no dorso do pé permanecerá inalterada. Assim, a contração muscular deverá produzir um esvaziamento, completo ou parcial, de ambas as veias (a superficial e a profunda), tanto na perna como na coxa. À medida que a musculatura se relaxa, as colunas sanguíneas serão mantidas pelo fechamento das válvulas venosas. Durante a deambulação as pressões das veias, superficiais e profundas, podem reduzir-se, simultaneamente. As veias superficiais devem, necessariamente, esvaziar-se nas profundas da coxa, de tal maneira que todas as veias acima do joelho fiquem descomprimidas. Este efeito pode ser atingido por meio do completo esvaziamento venoso, ou pela segmentação das colunas sanguíneas; de tal maneira que cada válvula da coxa fique fechada, suportando a coluna de sangue limitada pela válvula superior. À medida que o sangue flui dos capilares para as veias, as quais se encontram parcialmente colabadas (tanto as superficiais como as profundas), as mesmas voltam a se encher, gradualmente, elevando a pressão no dorso do pé até os níveis iniciais. Movimentos deambulatórios repetitivos mantêm a pressão em níveis baixos, se cada passo sucessivo ocorre antes de as colunas das coxas voltarem a se encher. A chamada *ação bombeadora muscular* tem importantes conotações funcionais: (1) reduz, significativamente, as pressões venosa e capilar, diminuindo a pressão efetiva de filtração do capilar; (2) reduz o volume de sangue contido nas veias dos membros inferiores, que atuam, de certa maneira, como um reservatório de sangue para a realização do exercício físico; (3) acelera, momentaneamente, o retorno de sangue venoso proveniente dos membros inferiores, no início da deambulação (ou corrida). Após a instalação do mecanismo de ação bombeadora muscular, o grau de RV dependerá, novamente, do fluxo sanguíneo dos capilares para as vênulas. Com o fluxo de sangue dos membros inferiores para o abdome, a pressão das veias localizadas nas coxas tem, necessariamente, que ser maior que a da veia cava, na sua porção abdominal, pois esta não dispõe de válvulas. De maneira geral, as veias abdominais são preenchidas como colunas de sangue contínuas (sem solução de continuidade) que apresentam uma pressão equivalente àquela da coluna vertical, a qual alcança, ligeiramente, um nível acima do coração. Em resumo, durante a deambulação a musculatura esquelética dos membros inferiores produz a denominada ação bombeadora muscular, a qual desempenha três papéis importantes: (1) no início da contração muscular, o sangue é deslocado das veias dos membros inferiores por compressão externa; (2) durante a deambulação, a pressão nas veias e nos capilares dos membros inferiores tende a se manter constante, e em níveis baixos; (3) o gradiente de pressão arteriovenoso é aumentado, de tal maneira que o fluxo sanguíneo dos capilares para as vênulas também é aumentado, desde que o grau de constrição arteriolar permaneça constante. A quantidade de sangue que flui pelas veias depende, diretamente, do fluxo através dos capilares.

Ação propulsora da panturrilha e da coxa

▶ **Propulsão pela panturrilha.** O sistema propulsor da panturrilha é constituído de veias intramusculares e outras, da própria panturrilha, contidas pela fáscia profunda das pernas. Este sistema propulsor contém sangue proveniente dos seus músculos e, também, da musculatura dos pés e da região pré-tibial. A panturrilha propele sangue para a veia femoral, a qual, por sua vez, é parte do sistema propulsor da coxa (Figura 35.6). Neste último território o sangue adentra as grandes veias, as quais se constituem em um leito vascular de baixa pressão. Cerca de 130 mℓ de sangue são armazenados pela perna quando o indivíduo passa da posição supina (em decúbito dorsal) para a ortostática, em repouso. Existem numerosas válvulas na panturrilha, as quais são muito eficazes. Este sistema se constitui, como um todo, em um mecanismo propulsor eficiente; no exercício ele desloca, aproximadamente, 75 mℓ de sangue para a coxa, em cada movimento. Durante uma corrida, esse mecanismo pode representar o retorno de vários litros de sangue por minuto. A realização de vigoroso exercício na posição ereta promove brusca redução da pressão venosa na musculatura da panturrilha, enquanto a pressão arterial sobe pela adição da pressão hidrostática. Com isso, há um aumento de aproximadamente 50% no gradiente de pressão de perfusão da musculatura da panturrilha na posição supina, atingindo níveis aproximados de 150 mmHg.

▶ **Propulsão pela coxa.** Este reservatório propulsor apresenta grandes veias, as quais possuem válvulas que atuam do mesmo modo que o sistema propulsor da panturrilha. Quando o indivíduo se encontra em posição ereta, em condição de repouso, cerca de 200 mℓ de sangue estão contidos nas veias femorais e tributárias profundas. As válvulas protegem o sistema propulsor da coxa do refluxo sanguíneo proveniente do abdome, durante períodos de elevação da pressão intra-abdominal, como, por exemplo, no decorrer de exercício de levantamento de peso. As pressões geradas na musculatura da coxa são, de maneira geral, menores que as da panturrilha. Consequentemente, a pressão gravitacional, contra a qual o sangue é propelido em direção às veias abdominais, é proporcionalmente menor. Apesar da elevada capacidade propulsora da coxa, o seu volume propelido, aparentemente, não é maior que o da panturrilha.

Assim, as válvulas venosas e a atividade muscular da panturrilha e da coxa são fundamentais para o RV, tanto na posição ortostática quanto na deambulação.

CONTROLE NEURO-HUMORAL DO TÔNUS VENOMOTOR

As veias desempenham papel importante na homeostase cardiovascular, influenciando, criticamente, o débito cardíaco, por meio de alterações na pressão atrial e no enchimento cardíaco.

Desde os estudos iniciais, tem sido proposta a existência de um tônus venoso, importante para a homeostase cardiovascular. Este tônus é controlado, principalmente, pelo sistema nervoso simpático, visto que se observa uma venodilatação após a secção de nervos simpáticos, ou após transecção medular. Adicionalmente, uma venoconstrição pode ser induzida após a estimulação dos nervos simpáticos. Essa venoconstrição, mediada neuralmente, pode causar diminuição da complacência venosa e, consequentemente, do volume contido no sistema venoso; favorecendo, assim, o retorno de sangue para as grandes veias e átrios, com decorrente aumento do débito cardíaco.

Como já descrito, as veias têm uma camada média de músculo liso, a qual recebe, diretamente, inervação do sistema nervoso simpático, gerando, assim, o tônus venomotor e a venoconstrição. A inervação venosa é mais esparsa que a das artérias, excetuando-se as veias cutâneas e esplâncnicas, as quais respondem, prontamente, com venoconstrição, por exemplo, durante um exercício físico. Por outro lado, parece haver uma inervação venosa independente da inervação dos vasos de resistência, sugerindo possível regulação diferencial dos vasos de capacitância em relação aos de resistência.

A norepinefrina (também denominada noradrenalina) é o neurotransmissor liberado pelos terminais simpáticos na parede das veias. Muitos fatores, tais como hormônios circulantes e, sobretudo, fatores humorais locais, modificam a liberação de norepinefrina dos terminais simpáticos. Estudos

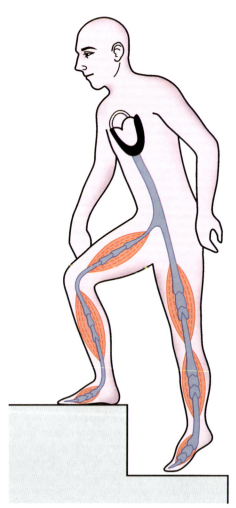

Figura 35.6 ▪ À medida que os membros inferiores são distendidos, três compartimentos musculares, envolvidos pela fáscia, comprimem as veias, propelindo cerca de 100 mℓ de sangue para o abdome. Durante o relaxamento, as veias se enchem a partir dos segmentos inferiores, e as válvulas retêm sangue para ser propelido na próxima contração muscular. (Adaptada de Henry e Meehan, 1971.)

experimentais demonstraram uma mobilização de sangue para a circulação central, indicando uma possível importância funcional da venoconstrição simpática na regulação do RV e do débito cardíaco. A venoconstrição é mediada, principalmente, por receptores do tipo α-adrenérgicos póssinápticos (ver Capítulo 33, *Vasomotricidade e Regulação Local de Fluxo*).

Entretanto, estudos mais recentes propõem uma possível participação de receptores β-adrenérgicos na mobilização de sangue para a circulação central em resposta à epinefrina, ou à ativação simpática. O antagonismo farmacológico dos receptores β-adrenérgicos diminui, consideravelmente, a mobilização sanguínea para o átrio direito. Além disso, agonistas β-adrenérgicos também induzem significativo aumento na mobilização central de sangue, em preparações com débito cardíaco constante. Como os agonistas β-adrenérgicos relaxam o músculo liso vascular (ver Capítulo 33), esse efeito pode ser devido à vasodilatação arteriolar, a qual, sabidamente, também aumenta a mobilização de sangue para o átrio direito. Logo, o maior deslocamento sanguíneo para a circulação central, observado durante a administração de catecolaminas, ou com a estimulação simpática reflexa, pode decorrer tanto da venoconstrição mediada por receptores α-adrenérgicos, como da vasodilatação arteriolar mediada por receptores β-adrenérgicos.

O sangue é mobilizado das veias para o átrio por venoconstrição, em resposta a vários estímulos fisiológicos ou fisiopatológicos. No exercício físico, a ativação das fibras nervosas simpáticas produz venoconstrição, e consequente elevação da pressão média de enchimento circulatório, a qual contribui, consideravelmente, para o aumento do RV. Na hipotensão arterial decorrente de hemorragia, por exemplo, ocorre importante ativação reflexa do sistema nervoso simpático; este mecanismo induz a contração dos vasos de capacitância, para compensar a queda da PVC associada a essa condição.

Além do controle neural, sobretudo simpático, o tônus venomotor sofre influência de fatores humorais, tanto circulantes como locais. Dentre os fatores circulantes (hormônios) destacam-se as catecolaminas, principalmente a epinefrina, liberada pela medula da suprarrenal, a qual exerce efeitos muito semelhantes aos da estimulação simpática, aumentando a mobilização sanguínea para o átrio direito.

A angiotensina II também tem ação venoconstritora, atuando diretamente no músculo liso das veias, e indiretamente no terminal simpático, estimulando a liberação de norepinefrina (ver Capítulo 33). Na hemorragia, por exemplo, a atividade da renina plasmática, bem como a concentração de angiotensina II circulante encontram-se elevadas. É possível que a angiotensina II, nessa situação, contribua para a venoconstrição, e favoreça a redistribuição de sangue para a circulação central.

A vasopressina (ou hormônio antidiurético) é um peptídio vasoconstritor, o qual tem efeito em alguns leitos venosos, porém não em todos (ver Capítulo 33). Apesar dessa ação venoconstritora em certos leitos venosos, seu papel no controle do tônus venomotor não está muito bem definido. Ao que parece, a vasopressina pode afetar a capacitância vascular total, por meio de alterações reflexas na função nervosa autonômica.

O peptídio atrial natriurético (ANP), produzido principalmente por células atriais (ver Capítulo 33), tem ação vasodilatadora mais efetiva em artérias e arteríolas que em veias. Há evidência direta, em seres humanos, de que o ANP seja um regulador do volume vascular regional e do tônus venoso; ele atua como venodilatador de pequenas veias e vênulas, as quais constituem a maioria dos vasos de capacitância. Além disso, parece haver importante interação do ANP com a angiotensina II, uma vez que o ANP reverte a venoconstrição, mas não a constrição arterial induzida pela angiotensina II.

A bradicinina e algumas cininas são potentes vasodilatadores, na maioria dos leitos vasculares periféricos, embora também contraiam alguns leitos arteriais e vários leitos venosos. O papel das cininas no controle do tônus venomotor permanece, ainda, pouco esclarecido. Alguns estudos mostram possível participação da bradicinina na fase inicial do choque endotóxico, causando dilatação capilar e de pequenas veias.

Como detalhado no Capítulo 33, o endotélio vascular é capaz de produzir vários fatores vasoativos locais. Dentre esses fatores, o óxido nítrico (NO) é continuamente produzido pelo endotélio vascular, desempenhando um papel vasodilatador tônico nos vários leitos estudados, inclusive o venoso, podendo atuar na modulação do tônus venomotor (ver mecanismo de ação no Capítulo 33). Entretanto, em comparação com o leito arterial, o venoso tem menor capacidade de liberação de NO, bem como menor reatividade do músculo liso a este fator relaxante. Cabe ressaltar que inibidores da síntese de NO aumentam a pressão média de enchimento circulatório e a PVC, além de diminuir a área de secção transversal da veia cava inferior, sugerindo que o NO contribua, substancialmente, para o controle do tônus venomotor, pelo menos nas grandes veias. Por sua vez, a endotelina é um potente peptídio vasoconstritor liberado pelo endotélio. Ao contrário do NO, as veias são, aparentemente, mais sensíveis a esse peptídio que as artérias. Entretanto, seu papel funcional no controle do tônus venoso ainda não está bem definido.

RETORNO VENOSO E DÉBITO CARDÍACO

Como descrito no Capítulo 31, conceitualmente, o débito cardíaco é o fluxo sanguíneo bombeado pelo ventrículo esquerdo para a aorta, ou pelo ventrículo direito para o tronco pulmonar. Por conseguinte, esse sangue, ao circular das artérias para os capilares, retorna pela circulação venosa aos átrios e, consequentemente, aos ventrículos. O fluxo sanguíneo que retorna pelas veias cavas ao átrio direito ou pelas veias pulmonares ao átrio esquerdo é chamado de RV. Por se tratar de um circuito fechado, a longo prazo, o RV tem de ser igual ao débito cardíaco, denotando um íntimo acoplamento dessas variáveis hemodinâmicas. O fluxo de sangue pelo sistema vascular depende da capacidade de bombeamento do coração, das características físicas do circuito, e do volume total de líquido (sangue) no sistema. O débito cardíaco e o RV são, simplesmente, termos que designam o fluxo sanguíneo total em torno de um circuito fechado. No equilíbrio, esses dois fluxos são iguais. Alterações agudas na contratilidade miocárdica, na resistência periférica total, ou no volume sanguíneo podem, transitoriamente, por alguns poucos batimentos, afetar o débito cardíaco e/ou o RV desigualmente. Entretanto, exceto em algumas situações agudas, esses parâmetros (débito cardíaco e RV) alteram o fluxo pela árvore circulatória como um todo.

Para melhor entendimento do íntimo acoplamento do débito cardíaco e RV é necessário que se tenha em mente dois fatores estreitamente relacionados: (1) capacidade de bombeamento de sangue pelo coração; e (2) fatores circulatórios periféricos (resistência periférica, volume sanguíneo etc.).

A capacidade de bombeamento de sangue pelo coração pode ser caracterizada pelas curvas de função ventricular ou cardíaca (Figura 35.7). Essas curvas na circulação sistêmica correlacionam a pressão no átrio direito (PAD) ou a PVC, que são as variáveis independentes, com o débito cardíaco do ventrículo esquerdo, a variável dependente. Essas curvas expressam a lei de Frank-Starling (ver Capítulo 31 e Capítulo 30, *Contratilidade Miocárdica*) e revelam que uma elevação na PAD provoca aumento no débito cardíaco. A curva de função ventricular é, fundamentalmente, uma característica própria do coração, embora alterações nas pressões extracardíacas, como a pressão intrapleural ou intrapericárdica, possam modificá-la.

Os fatores circulatórios periféricos envolvidos no controle do débito cardíaco ou do RV podem ser caracterizados a partir das curvas de RV (Figuras 35.8 a 35.10). Essas curvas relacionam o RV com a PAD, mostrando que aumentos desta última causam quedas no RV para o coração. Pode-se observar que, quando a PAD se iguala a 7 mmHg, o RV torna-se zero. Isso se deve ao fato de que nessa situação (PAD = 7 mmHg) não existe diferença de pressão entre a pressão média de enchimento circulatório (em torno de 7 mmHg) e a PAD. Portanto, não havendo gradiente de pressão, não há fluxo e o RV é zero. Os principais fatores que afetam a curva de RV são: (1) pressão média de enchimento circulatório, a qual reflete o grau de enchimento da circulação sistêmica; e (2) resistência periférica total, a qual reflete, principalmente, o tônus vasomotor arteriolar (ver Capítulo 33).

A Figura 35.9 mostra o efeito da pressão média de enchimento circulatório sobre as curvas de RV. Para uma pequena pressão média de enchimento circulatório (p. ex., 3,5 mmHg), a curva de RV se desloca paralelamente para baixo e para a esquerda, significando que o pouco enchimento circulatório sistêmico determina menor RV. O contrário se verifica para uma elevada pressão média de enchimento circulatório (p. ex., 14 mmHg), com deslocamento paralelo da curva para cima e para a direita. Essa pressão média pode ser modificada, fundamentalmente, por alterações na volemia e no tônus simpático ou por compressão extrínseca dos vasos pela musculatura esquelética.

A Figura 35.10, por sua vez, mostra o efeito das variações da resistência periférica sobre a curva de RV. Pode-se notar que a diminuição na resistência periférica (decorrente de uma vasodilatação arteriolar) eleva o RV, pois mais sangue flui da árvore arterial para a venosa. O contrário ocorre quando existe

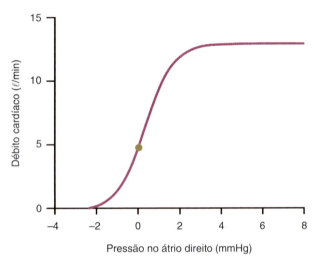

Figura 35.7 ▪ Curva de função ventricular. (Adaptada de Guyton, 1986.)

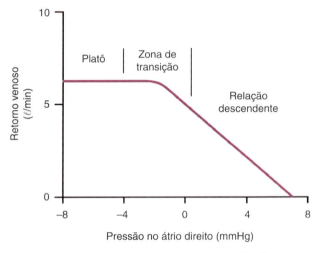

Figura 35.8 ▪ Curva de retorno venoso com pressão média de enchimento circulatório de 7 mmHg. (Adaptada de Guyton, 1986.)

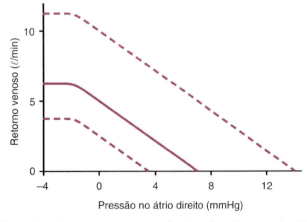

Figura 35.9 ▪ Curvas de retorno venoso em função de alterações na pressão média de enchimento circulatório. (Adaptada de Guyton, 1986.)

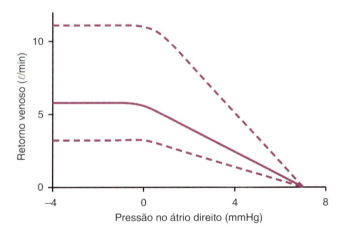

Figura 35.10 ▪ Curvas de retorno venoso em função de alterações na resistência periférica total. (Adaptada de Guyton, 1986.)

aumento da resistência periférica (devido a uma vasoconstrição arteriolar), visto que menos sangue flui das artérias para as veias. É interessante observar que, independente dos valores da resistência periférica, o RV se torna zero sempre que a PAD se iguala à pressão média de enchimento circulatório, pois nessa situação não há gradiente de pressão para gerar o fluxo sanguíneo. A vasodilatação ou a vasoconstrição arteriolares isoladas, praticamente, não modificam a pressão média de enchimento circulatório, em virtude da baixa capacitância do leito arteriolar (inferior a 3% da volemia).

Em uma situação real, com a circulação completa, o coração e a circulação sistêmica operam em conjunto, de tal modo que o RV deve ser igual ao débito cardíaco, para a mesma PAD. Logo, as duas curvas, a de débito cardíaco e a de RV, podem ser analisadas simultaneamente (Figura 35.11). Observa-se que ambas as curvas se interceptam em apenas um ponto (indicado pela *seta*), o qual corresponde ao RV e débito cardíaco (na ordenada) e à PAD (na abscissa). Os valores correspondentes para um ser humano adulto, em condições normais, são de aproximadamente 5 ℓ/min, tanto para o débito cardíaco como para o RV, e próximo a 0 mmHg para a PAD. Esse ponto de interseção é denominado ponto de equilíbrio circulatório.

Para o melhor entendimento do gráfico da Figura 35.11, podemos citar, por exemplo, uma situação de aumento de volemia (hipervolemia). Nessa condição, ocorre elevação da pressão média de enchimento circulatório, a qual desloca a curva de RV para cima e para a direita, ou seja, aumenta o RV. Nessa nova situação, as duas curvas se interceptam em um novo ponto, correspondente a valores maiores de débito cardíaco, RV e PAD. Por outro lado, diante de uma estimulação simpática, as curvas de débito cardíaco e de RV sofrem um deslocamento para cima, pois o simpático excita o coração, melhorando a eficiência contrátil e de relaxamento (efeitos inotrópico e lusitrópico positivos, respectivamente, ver Capítulo 30), e também favorece o RV ao elevar a pressão média de enchimento circulatório.

No exercício físico de intensidade moderada (Figura 35.12), ambas as curvas sofrem profundas modificações, ampliando suas faixas de operação, progressivamente, para níveis mais elevados (pontos B, C e D) nos primeiros minutos após o início do exercício, determinando débito cardíaco e RV progressivamente maiores (até atingir valores da ordem de 12 a 15 ℓ/min). Isso se deve:

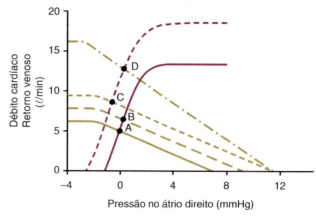

Figura 35.12 • Análise gráfica das alterações no débito cardíaco, retorno venoso e pressão atrial direita, em diferentes intervalos de tempo após o início de um exercício físico moderado. Descrição da figura no texto. (Adaptada de Guyton *et al.*, 1973.)

(1) ao efeito de compressão extrínseca da contração muscular esquelética sobre os vasos, causando elevação imediata, apreciável, da pressão média de enchimento circulatório (de 7 para 10 mmHg), com consequente aumento do RV e débito cardíaco (ponto B); (2) ao efeito da intensa estimulação simpática sobre o coração, vigente no exercício físico, aumentando a eficiência inotrópica e lusitrópica e a frequência cardíaca, deslocando a curva de função ventricular para cima (ponto C); (3) ao efeito do tônus simpático vasomotor aumentado, o qual, ao acarretar venoconstrição, eleva ainda mais a pressão média de enchimento circulatório (de 10 para 12 mmHg), e desloca a curva de RV ainda mais para cima (ponto C); (4) ao efeito da vasodilatação metabólica dos músculos ativos (ver Capítulo 33), principalmente no exercício aeróbico, a qual pode reduzir a resistência periférica total, sem alterar a pressão média de enchimento circulatório, e favorecer um aumento adicional do RV (ponto D). É interessante notar que, nessa situação de exercício físico, a PAD quase não sofre alteração, podendo até mesmo diminuir se a estimulação simpática cardíaca for muito intensa.

A abordagem gráfica, aqui descrita, para o RV e o débito cardíaco foi originalmente desenvolvida pelo Prof. Arthur C. Guyton e colaboradores, e representa importante avanço no entendimento do íntimo acoplamento entre o RV e o débito cardíaco. Essa análise gráfica também pode ser empregada para a compreensão de várias situações fisiopatológicas, como a insuficiência cardíaca, o choque circulatório etc. Na insuficiência cardíaca, síndrome clínica cada vez mais comum nos dias atuais, a qual decorre, principalmente, da doença cardíaca isquêmica e/ou hipertensão arterial, essa abordagem gráfica é particularmente esclarecedora. Como mostrado na Figura 35.13, imediatamente (primeiros segundos) após o infarto agudo do miocárdio de magnitude moderada (20 a 30% de área ventricular esquerda acometida), a curva de função ventricular cai, abruptamente, para o nível mais baixo (ponto B, definido pela linha tracejada mais inferior à direita), em decorrência de perda súbita, e considerável, do inotropismo cardíaco. Nesses primeiros poucos segundos a curva de RV ainda não sofreu alterações, pois a circulação periférica ainda está operando em situação fisiológica. Assim, as duas curvas, a de RV e a de débito cardíaco, se interceptam no ponto B, resultando em queda significativa do débito cardíaco (para cerca de 2 ℓ/min) e elevação da PAD (para cerca de 4 mmHg). Em seguida, nos próximos 15 a 30 segundos, ocorre ativação autonômica simpática intensa, mediada por vários mecanismos reflexos, incluindo o barorreflexo arterial (aórtico e carotídeo), reflexos

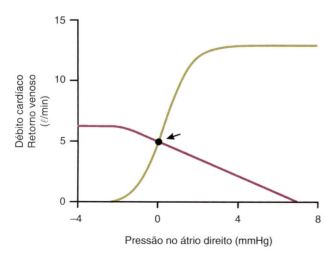

Figura 35.11 • Curvas de função ventricular (*em ocre*) e retorno venoso (*em roxo*) normais, expressas simultaneamente, em função da pressão atrial direita. A *seta* indica o ponto de equilíbrio circulatório. (Adaptada de Guyton, 1986.)

cardiopulmonares, quimiorreflexo, e pelo estresse decorrente da dor cardíaca (esses mecanismos reflexos serão explicados no Capítulo 37). Como consequência da ativação simpática intensa, ambas as curvas de RV e débito cardíaco sofrem modificações. Como já explicado anteriormente, a curva de débito cardíaco eleva-se em decorrência da maior frequência cardíaca e dos efeitos inotrópico e lusitrópico positivos do miocárdio saudável, que nao sofreu isquemia, enquanto a curva de RV desloca-se para cima e para a direita, devido à vasoconstrição simpática nos vários leitos circulatórios, a qual eleva a pressão média de enchimento circulatório. Ambas as modificações decorrentes da ativação simpática fazem as duas curvas se interceptarem, agora, no ponto C da Figura 35.13, resultando em melhora do débito cardíaco (para 4 ℓ/min) e ligeiro aumento da PAD (para 5 mmHg). Nos dias e semanas subsequentes à isquemia, ambas as curvas de débito cardíaco e RV continuam a se modificar. Melhora adicional da curva de débito cardíaco (deslocamento adicional para cima) acontece pela recuperação parcial do miocárdio da zona peri-infartada e remodelamento hipertrófico do miocárdio saudável (ver Capítulo 31). Simultaneamente, a curva de RV também sofre deslocamento adicional para cima e para a direita, devido ao aumento adicional na pressão de enchimento circulatório, em decorrência da retenção renal de sal e água e consequente hipervolemia, motivada pela própria hipoperfusão renal *per se*, e pela ativação persistente de mecanismos neuro-humorais adaptativos, tais como o sistema renina-angiotensina-aldosterona, vasopressina etc. (detalhes desses mecanismos serão explicados no Capítulo 38, *Regulação a Longo Prazo da Pressão Arterial*). Com o deslocamento adicional das duas curvas para cima, o novo ponto de intersecção ocorre, agora, em D (ver Figura 35.13) com recuperação quase completa do débito cardíaco e do RV para cerca de 5 ℓ/min, ainda que com uma PAD elevada de cerca de 6 mmHg. Neste novo estado de débito cardíaco e RV quase normais, a retenção renal de sal e água se estabiliza, e o indivíduo passa a se encontrar em um estado de insuficiência cardíaca conhecida como compensada, podendo assim permanecer por períodos prolongados (semanas a meses), até que um novo insulto cardíaco venha a afligir sua homeostase circulatória.

Vale aqui ressaltar que o estado compensado acontece com débito cardíaco e RV quase normais, porém com elevações na PAD. Na realidade, em se tratando de dano miocárdico ventricular esquerdo, a pressão atrial esquerda (PAE) encontra-se também elevada (em nível até maior que a PAD). E a consequência disso é uma elevação retrógrada das pressões na circulação pulmonar, incluindo a pressão hidrostática do capilar pulmonar, a qual pode levar ao extravasamento aumentado de líquido para o interstício pulmonar (ver Capítulo 34). Isso leva ao edema pulmonar, o qual, por aumentar a distância difusional dos gases respiratórios na membrana alveolar, leva ao aparecimento de dispneia, um dos principais sintomas associados à insuficiência cardíaca ventricular esquerda. Ao contrário, se o dano ventricular for mais intenso no ventrículo direito, como, por exemplo, em alguns casos de cardiomiopatia chagásica, um grande aumento da PAD (maior do que na PAE) determina, pelas mesmas razões, o surgimento de turgência jugular, hepatomegalia e edema periférico, principalmente em membros inferiores.

Por sua vez, na insuficiência cardíaca descompensada, decorrente de dano primário mais grave do miocárdio, ou de um ulterior insulto miocárdico adicional em um coração já previamente insuficiente, a curva de débito cardíaco não consegue se deslocar para cima em intensidade suficiente para normalizá-lo. Isso provoca retenção renal de sal e água, de forma persistente, com consequente acentuação da hipervolemia, e aumentos adicionais da pressão média de enchimento circulatório, com maiores deslocamentos da curva de RV para a cima e para direita. Como consequência, aumentos adicionais nas pressões atriais acontecem, agravando os quadros de dispneia e/ou edema periférico.

No choque circulatório, ainda que o comportamento das curvas de RV e débito cardíaco variem na dependência do tipo, magnitude e duração do choque, uma característica comum a quase todos os tipos de choque circulatório é a nítida redução da pressão média de enchimento circulatório. Essa redução decorrente da hipovolemia, ou da vasodilatação generalizada, determina o deslocamento inicial, apreciável, da curva de RV para baixo e para a esquerda. Exceção a esse comportamento é verificada no choque cardiogênico, no qual a nítida redução na curva de débito cardíaco é o marco inicial determinante. A título de exemplo, no choque circulatório hipovolêmico (p. ex., hemorrágico), após a perda moderada rápida de sangue (p. ex., 20% da volemia), um deslocamento significativo, para baixo e para a esquerda, da curva de RV, devido à queda da pressão média de enchimento circulatório, pode ser imediatamente notado, resultando em queda do débito cardíaco e RV para valores em torno de 3 ℓ/min, e PAD de −1 mmHg (ponto B, Figura 35.14). Assim, em termos de segundos a minutos após a perda sanguínea, a taquicardia e o aumento do inotropismo e lusitropismo ventricular, ambos de origem simpática, deslocam a curva de débito cardíaco para cima, em decorrência da intensa ativação neuro-humoral reflexa desencadeada pela queda do débito cardíaco e da pressão arterial sistêmica. Simultaneamente, a ativação neuro-humoral reflexa, especialmente via atividade simpática, epinefrina, angiotensina II e vasopressina, provocam vasoconstrição generalizada, promovendo certa recuperação da pressão de enchimento circulatório, deslocando a curva de RV para cima; resultando, assim, em um novo ponto de intersecção em C (ver Figura 35.14), com a melhora do débito cardíaco e RV para níveis um pouco mais elevados (em torno de 4 ℓ/min). A longo prazo (dias a semanas), caso o choque não seja fatal, ocorrerá a recuperação da volemia, com o

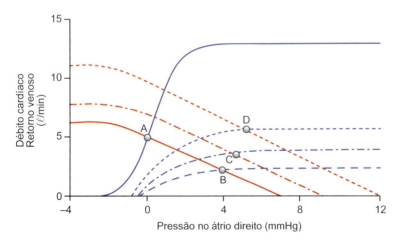

Figura 35.13 • Análise gráfica das alterações do débito cardíaco, retorno venoso e pressão atrial direita, em diferentes intervalos de tempo, após o infarto agudo do miocárdio, o qual evolui, a longo prazo, para insuficiência cardíaca congestiva. Descrição da figura no texto. (Adaptada de Guyton e Hall, 1996.)

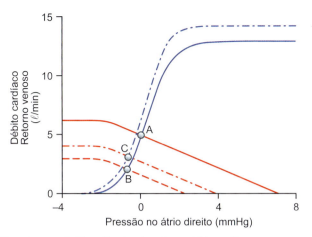

Figura 35.14 ▪ Análise gráfica das alterações no débito cardíaco, retorno venoso e pressão atrial direita, em diferentes intervalos de tempo, após rápido estabelecimento de choque circulatório hemorrágico, decorrente de perda de cerca de 20 a 30% da volemia. Descrição da figura no texto.

restabelecimento das curvas de débito cardíaco e RV, por meio da ação retentora renal de sal e água em nível renal, e pelo estímulo neural da sede e apetite ao sódio (detalhes desses mecanismos serão explicados no Capítulo 38).

BIBLIOGRAFIA

ALEXANDER RS. The peripheral venous system. In: HAMILTON WF, DOW P (Eds.). *Handbook of Physiology*. Section 2, Circulation, vol II. American Physiological Society, Washington D.C., 1963.

BEACONSFIELD P. Veins after sympathectomy. *Surgery*, 36:771, 1954.

BÜSSEMAKER E, PISTROSCH F, FÖRSTER S *et al*. Rho kinase contributes to basal vascular tone in humans: role of endothelium-derived nitric oxide. *Am J Physiol Heart Circ Physiol*, 293:H541-7, 2007.

DONEGAN JF. The physiology of the veins. *J Physiol*, 55:226, 1921.

GUYTON AC. Cardiac output, venous return and their regulation. In: GUYTON AC (Ed.). *Textbook of Medical Physiology*. W.B. Saunders, Philadelphia, 1986.

GUYTON AC, HALL JE. *Textbook of Medical Physiology*. 9. ed. W.B. Saunders, Philadelphia, 1996.

GUYTON AC, JONES CE, COLEMAN TG. Regulation of venous return. In: *Circulatory Physiology: Cardiac Output and its Regulation*. W.B. Saunders, Philadelphia, 1973.

HENRY JP, MEEHAN JP. The low pressure system, orthostasis, and the return of blood to the central reservoir. In: *The Circulation, an Integrative Physiologic Study*. Year Book Medical Publishers, Chicago, 1971.

MONOS E, BÉRCZI V, NÁDASY G. Local control of veins: biomechanical, metabolic and humoral aspects. *Physiol Rev*, 75:611-66, 1995.

PSTRAS L, THOMASETH K, WANIEWSKI J *et al*. The Valsalva manoeuvre: physiology and clinical examples. *Acta Physiol (Oxford)*, 217(2):103-19, 2016.

ROTHE CF. Reflex control of veins and vascular capacitance. *Physiol Rev*, 63:1281-342, 1983.

RUCH TC, PATTON HD (Eds.). *Physiology and Biophysics*. vol. II. W.B. Saunders, 1974.

SAAD EA. Circulação nas veias. In: KRIEGER EM (Ed.). *Fisiologia Cardiovascular*. Fundo Editorial Byk Procienx, São Paulo, 1976.

SCHER AM. The veins and venous return. In: PATTON HD, FUCHS AF, HILLE B (Eds.). *Textbook of Physiology*. vol. 2. W.B. Saunders, Philadelphia, 1989.

SCHMITT M, BROADLEY AJM, NIGHTINGALE AK *et al*. Atrial natriuretic peptide regulates regional vascular volume and venous tone in humans. *Arterioscler Thromb Vasc Biol*, 23:1833-8, 2003.

SHEPHERD JT, VANHOUTE PM. Role of the venous system in circulatory control. *Mayo Clin Proc*, 53:247-55, 1978.

SILVA Jr MR. *Fisiologia da Circulação*. EDART, São Paulo, 1973.

STAUFFER BL, WESTBY CM, GREINER JJ *et al*. Sex differences in endothelin-1-mediated vasoconstrictor tone in middle-aged and older adults. *Am J Physiol Regul Integr Comp Physiol*, 298:R261-5, 2010.

THAKALI MK, LAU Y, FINK GD *et al*. Mechanisms of hypertension induced by nitric oxide (NO) deficiency: focus on venous function. *J Cardiovasc Pharmacol*, 47:742-50, 2006.

WIEDERHIELM CA. The capillaries, veins and lymphatics. In: RUCH TC, PATTON HD (Eds.). *Physiology and Biophysics*. vol. II. W.B. Saunders, 1974.

XU H, FINK GD, GALLIGAN JJ. Increased sympathetic venoconstriction and reactivity to norepinephrine in mesenteric veins in anesthetized DOCA-salt hypertensive rats. *Am J Physiol Heart Circ Physiol*, 293:H160-8, 2007.

Capítulo 36

Circulações Regionais

- Introdução, *576*
- **Circulação Coronariana,** *577*
  Kleber Gomes Franchini | Luciana Venturini Rossoni
  - Características estruturais, *577*
  - Controle do fluxo sanguíneo e resistência vascular coronariana, *578*
- **Circulação Renal,** *581*
  Renato de Oliveira Crajoinas | Adriana Castello Costa Girardi | Juliano Zequini Polidoro
  - Características estruturais e funcionais, *581*
  - Controle da circulação renal, *581*
- **Circulação para a Musculatura Esquelética,** *586*
  Patrícia Chakur Brum
  - Considerações anatômicas, *586*
  - Fluxo sanguíneo muscular, *586*
  - Controle do fluxo sanguíneo para a musculatura esquelética, *587*
- **Circulação Esplâncnica,** *589*
  Patrícia Chakur Brum
  - Características estruturais, *589*
  - Fluxo e volume sanguíneo esplâncnico, *590*
  - Controle do fluxo sanguíneo esplâncnico, *591*
  - Hiperemia pós-prandial, *592*
- **Circulação Cerebral,** *593*
  Glaucia Helena Fortes | Valdo José Dias da Silva
  - Características estruturais, *593*
  - Controle do fluxo sanguíneo cerebral (FSC), *594*
- **Circulação Cutânea,** *597*
  Valdo José Dias da Silva | Glaucia Helena Fortes
- **Circulação Pulmonar,** *600*
  Margarida de Mello Aires
- **Circulação Fetal,** *602*
  Luciana Venturini Rossoni
  - Modificações da circulação fetal produzidas pelo nascimento, *603*
- Bibliografia, *606*

INTRODUÇÃO

Convém enfatizar que, como os dois lados do coração operam em série, em um estado estacionário, o débito cardíaco do ventrículo esquerdo iguala-se ao débito cardíaco do ventrículo direito e o retorno venoso ao coração esquerdo é igual ao retorno venoso ao coração direito. Entretanto, enquanto o débito cardíaco do coração esquerdo é distribuído entre os vários sistemas do organismo por meio de um conjunto de artérias em paralelo, o débito cardíaco do coração direito é distribuído totalmente aos pulmões (Figura 36.1).

Para vários propósitos, a hemodinâmica sistêmica pode ser avaliada pelo análogo da lei de Ohm, PA = DC × RP (pressão arterial = débito cardíaco × resistência periférica). Assim, é possível transformar operacionalmente o sistema cardiovascular em um circuito elétrico equivalente, constituído de um gerador (o coração) acoplado em série com uma resistência (o efeito combinado de todas as resistências vasculares) e a corrente (fluxo sanguíneo). Desta perspectiva não se podem distinguir as contribuições individuais de cada órgão ou território para a resistência total ao fluxo de sangue na circulação. As circulações individuais – esplâncnica, renal, cerebral, coronária, do músculo esquelético, da pele etc. – de fato representam canais paralelos da circulação (ver Figura 36.1). A distribuição do débito cardíaco a qualquer canal é determinada pela resistência relativa ao fluxo de sangue em cada território. Fatores geométricos e fatores relacionados com a reologia do sangue na microcirculação são os determinantes da resistência ao fluxo nos vários territórios. O diâmetro dos vasos da microcirculação e, em menor proporção, o seu comprimento são os dois fatores geométricos principais responsáveis pela resistência ao fluxo de sangue nos diversos territórios. Por sua vez, o diâmetro dos vasos de resistência é variável, dependendo da atividade do músculo liso que compõe a camada média dos mesmos. Outros fatores geométricos, tais como angulação dos ramos de pequenas artérias, podem influenciar a reologia do sangue nos diferentes territórios. Em alguns territórios tais como o baço, a medula óssea e provavelmente o rim e o intestino, a presença de ramificações em angulações próximas a 90° determina que sub-regiões recebam sangue com mais ou menos hemácias, em consequência da presença de camada marginal de plasma livre de hemácias. A resistência ao fluxo de sangue depende também da viscosidade do mesmo, que, por sua vez, é determinada basicamente pela concentração de hemácias (principalmente na microcirculação). A contribuição relativa desse componente para a resistência momento a momento ao fluxo de sangue nos diversos territórios é pouco conhecida. Boa parte do conhecimento que temos sobre as contribuições relativas dos diversos territórios para a resistência periférica total é baseada nas características e no controle do calibre dos vasos de resistência de cada território. Neste capítulo será discutido o controle das circulações regionais com base no controle do calibre dos vasos de resistência de cada território. Serão descritas as contribuições relativas dos diversos mecanismos nos diferentes órgãos e territórios. Deve-se salientar, no entanto, que os diversos mecanismos de controle das circulações regionais estão coordenados para manter fluxo adequado de sangue às necessidades metabólicas das diferentes regiões, principalmente quanto à adequada oferta de oxigênio.

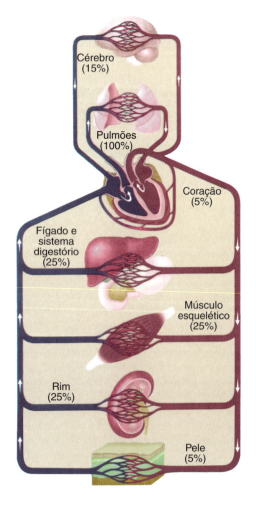

Figura 36.1 ▪ Esquema que indica o circuito do sistema cardiovascular. As *setas* indicam a direção do fluxo sanguíneo. As porcentagens (%) se referem ao débito cardíaco. Note que o débito cardíaco do coração esquerdo é distribuído entre os vários sistemas do organismo por meio de um conjunto de artérias em paralelo, enquanto o débito cardíaco do coração direito é distribuído totalmente aos pulmões.

Circulação Coronariana

Kleber Gomes Franchini | Luciana Venturini Rossoni

A função do coração como bomba geradora de fluxo é de fundamental importância para a gênese da pressão arterial, como visto ao longo dos capítulos desta seção de *Fisiologia Cardiovascular*. Essa função depende da correta irrigação e, consequentemente, fluxo sanguíneo para o miocárdio e o sistema de gênese e condução do potencial de ação.

O suprimento sanguíneo do coração ocorre pelas artérias coronárias. Estas artérias são assim denominadas devido à sua disposição na superfície epicárdica em formato de coroa envolvendo o coração. A circulação coronariana fornece oxigênio (O_2) em quantidades que podem variar de 6 a 8 vezes a quantidade basal, além de transportar substratos e remover metabólitos, para assegurar condições de trabalho ideais para a célula miocárdica. Apesar de representar apenas cerca de 5% do débito cardíaco em repouso (ver Figura 36.1), o fluxo coronariano é fundamental para a manutenção da funcionalidade cardíaca. Isto porque o metabolismo das células cardíacas é essencialmente aeróbico, ou seja, depende quase exclusivamente da oxidação de substratos para a geração de energia. Existe uma relação estreita entre o consumo de O_2 e a atividade metabólica do coração. O consumo de O_2 pelo miocárdio, por sua vez, está relacionado com a manutenção do metabolismo basal (representa cerca de 10% do consumo total) e ao trabalho cardíaco, que é variável. Aumentos na frequência e força de contração, no volume das câmaras cardíacas e no estresse de parede se relacionam com aumento do consumo de O_2 pelo coração. Como o aumento no gasto metabólico do miocárdio está estreitamente relacionado com o aumento no consumo de O_2, o ajuste a este aumento se faz por dois mecanismos principais: (1) aumento da extração de O_2 por unidade de volume de sangue e (2) aumento no fluxo de sangue. Devido a características locais do fluxo coronariano, ou seja, fluxo intermitente durante as fases do ciclo cardíaco, como será discutido adiante, a extração de O_2 por volume de sangue no miocárdio é extremamente elevada. Durante condições de repouso, a pressão de O_2 no sangue venoso que drena o miocárdio é menor que 20 mmHg, o que representa extração de cerca de 75% do O_2 transportado pela circulação coronariana. Com isso, há pouca margem para aumentar a diferença arteriovenosa de O_2, e qualquer aumento no metabolismo miocárdico deve ser acompanhado de aumento de fluxo sanguíneo correspondente. Com a extração de O_2 variando entre 75% e 90% (100% de extração não é possível), há uma excelente correlação entre o fluxo coronariano e o consumo de O_2 pelo miocárdio.

CARACTERÍSTICAS ESTRUTURAIS

A circulação coronariana é suprida por artérias (em geral uma esquerda e uma direita) com origem direta da aorta ascendente. Após sua origem, as coronárias direita e esquerda formam diversos ramos que percorrem a superfície epicárdica. Em geral, a coronária esquerda forma dois grandes ramos, a artéria descendente anterior e a artéria circunflexa, das quais se originam ramos menores chamados de diagonais e marginais. A artéria descendente anterior, além de ramos para a superfície ventral de ambos os ventrículos, forma também ramos que penetram na estrutura miocárdica na região do septo interventricular, sendo responsáveis pela nutrição dos 2/3 anteriores do septo interventricular. A artéria circunflexa percorre o sulco atrioventricular esquerdo, alcança a porção posterior e termina antes de alcançar a região da cruz do coração, 1 a 2 cm do septo interventricular. Em 10% dos corações estende-se além da cruz do coração e é responsável por nutrir toda a região posterior e o 1/3 posterior do septo interventricular. Por sua vez, a coronária direita percorre a superfície epicárdica na região do sulco atrioventricular e depois a parede livre do ventrículo direito. Neste trajeto também dá origem a diversos ramos. Em cerca de 60 a 70% dos corações a coronária direita se estende além da cruz do coração e forma ramos para nutrir sua face posterior.

Os vasos que penetram a estrutura do miocárdio originam-se em ângulo reto dos ramos superficiais e percorrem a estrutura do miocárdio no sentido epicárdio para endocárdio, dando origem, nesse trajeto, a pequenas artérias, também em ângulo reto. Por sua vez, esses vasos dão origem às arteríolas que nutrem os capilares. A rede capilar do miocárdio é densa, constituindo-se de cerca de 4.000 capilares/mm² em corações saudáveis.

Do ponto de vista funcional, a circulação coronariana pode ser considerada como composta por três sistemas vasculares arranjados em série: (1) *sistema arterial de condutância*, que é responsável por conduzir o sangue até os vasos intramiocárdicos; (2) *sistema de pequenas artérias (artérias de resistência), arteríolas e capilares*, que controla a distribuição local de fluxo sanguíneo e, portanto, as trocas entre o sangue e o tecido miocárdico; e (3) *segmento venoso*, que coleta o sangue dos capilares. Como já estudado no Capítulo 32, *Circulação Arterial e Hemodinâmica | Física dos Vasos Sanguíneos e da Circulação*, e no Capítulo 33, *Vasomotricidade e Regulação Local de Fluxo*, o sistema de condutância não influencia, de forma proeminente, a resistência ao fluxo sanguíneo miocárdico, a qual é dada pelas artérias de resistência e arteríolas. Já o sistema venoso (ver Capítulo 35, *Veias e Retorno Venoso*) influencia o recrutamento de capilares e controla o volume intramiocárdico de sangue ao final da diástole e, como consequência, o comprimento da fibra miocárdica nesse período do ciclo cardíaco.

O sistema arterial coronariano ainda pode ser subdividido funcionalmente em três compartimentos: (1) *compartimento proximal*, representado pelas grandes artérias epicárdicas, que têm função de condutância, sem que ocorra queda de pressão ao longo de seu comprimento; (2) *compartimento intermediário*, representado pelos vasos pré-arteriolares intercalados entre os vasos epicárdicos e as artérias de resistência e arteríolas, que parcialmente contribuem para a resistência ao fluxo sanguíneo; e (3) *segmentos distais*, representados pelas artérias de resistência e arteríolas em locais nos quais a composição do líquido intersticial e os metabólitos miocárdicos influenciam direta e continuamente a resistência vascular coronariana.

Na Figura 36.2 estão representadas as contribuições relativas desses três segmentos para a resistência ao fluxo sanguíneo coronariano e a queda nos valores de pressão intravascular.

O padrão de ramificação das artérias coronárias epicárdicas minimiza as perdas de energia cinética do sangue e a tensão com a parede dos vasos. Durante a sístole, as artérias coronárias epicárdicas acumulam energia elástica porque aumentam seu conteúdo de sangue em aproximadamente 25%, devido ao fluxo anterógrado da aorta e o retrógrado dos vasos intramiocárdicos que são comprimidos pelo músculo em contração. A energia elástica é transformada em energia cinética no início da diástole, contribuindo para a reabertura dos vasos miocárdicos que foram comprimidos e fechados durante a sístole. A estrutura muscular dessas artérias possibilita grandes variações em seu calibre e capacitância. Isso favorece ajustes fásicos e tônicos potentes em resposta a variações na pressão intravascular, e, consequentemente, no tônus miogênico, além dos ajustes induzidos por estímulos endoteliais e neuro-humorais (ver Capítulo 33). Em conjunto esses ajustes corroboram a manutenção da pressão e do fluxo coronariano.

As artérias intermediárias, apesar de contribuírem para a resistência ao fluxo coronário, não estão envolvidas diretamente no processo de autorregulação metabólica, mas possuem um importante controle miogênico. Sua função é manter a pressão na origem das artérias de resistência e arteríolas dentro de uma faixa ótima, assegurando pressão constante na origem da microcirculação. Já as artérias de resistência e arteríolas coronarianas, além de serem influenciadas pelos mecanismos citados antes (miogênico, endotelial e neuro-hormonal), respondem de forma importante ao controle metabólico, dilatando-se progressivamente com o aumento da liberação de metabólitos (p. ex., adenosina, PO_2 e H^+, como descrito no Capítulo 33) pelo miocárdio que as envolve. Assim, estas são o local de resistência ao fluxo coronariano (observe a importante queda dos valores de pressão intravascular ao nível desse território arteriolar na Figura 36.2).

CONTROLE DO FLUXO SANGUÍNEO E RESISTÊNCIA VASCULAR CORONARIANA

Como em qualquer outro leito vascular, o fluxo sanguíneo na circulação coronariana depende da diferença de pressão de perfusão e da resistência ao fluxo de sangue. Contudo, a circulação coronariana difere de outras circulações porque, além de fatores funcionais e geométricos, a resistência ao fluxo de sangue é influenciada de forma significativa pelo ciclo cardíaco. Isto está claramente demonstrado na Figura 36.3. O fluxo coronariano é pulsátil em consequência (1) de o fluxo ser pulsátil na aorta (como já discutido no Capítulo 32) e (2) a compressão extravascular na parede do ventrículo ser fásica (de acordo com as fases do ciclo cardíaco), o que causa variações fásicas no calibre de diferentes secções do leito vascular coronariano. A resistência ao fluxo coronariano está concentrada, tanto na sístole como na diástole, nos vasos intramiocárdicos; esse fato se deve ao raio vascular e à compressão exercida pelas tensões diastólica ou sistólica do miocárdio.

▸ Efeito do ciclo cardíaco

Como já descrito no Capítulo 31, *O Coração como Bomba*, a tensão no interior do miocárdio varia durante o ciclo cardíaco, sendo dependente tanto da carga contra a qual o miocárdio se contrai como da contratilidade do músculo cardíaco. Claramente, as forças compressivas nos vasos intramiocárdicos são muito mais elevadas durante a sístole do que na diástole. O efeito do ciclo cardíaco na circulação coronariana é mais expressivo no ventrículo esquerdo, que está imposto a uma elevada pós-carga (pressão arterial diastólica de aproximadamente 80 mmHg), desenvolvendo tensões intramiocárdicas bastante elevadas durante a sístole, que elevarão as cifras de pressão arterial para aproximadamente 120 mmHg (ver

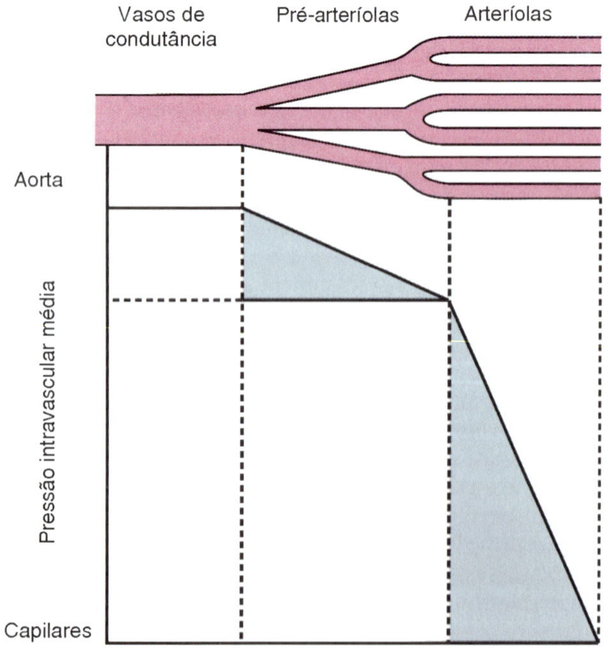

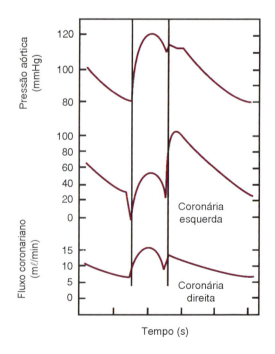

Figura 36.2 ▪ Ilustração esquemática das subdivisões dos vasos coronarianos. A queda de pressão ao longo dos vasos de condutância é desprezível, enquanto nas arteríolas ocorre a maior queda, indicando a maior resistência neste segmento.

Figura 36.3 ▪ Relação entre o fluxo coronariano fásico nas coronárias direita e esquerda e a pressão aórtica. (Adaptada de Berne e Rubio, 1979.)

Figura 36.3). Durante a sístole, principalmente na fase de contração isovolumétrica (ver Capítulo 31), o fluxo coronariano no ventrículo esquerdo se interrompe e, dependendo da tensão intramiocárdica desenvolvida, pode ocorrer um discreto fluxo retrógrado (ver Figura 36.3). Por sua vez, a perfusão do ventrículo direito não é interrompida durante a sístole. Isto indica que a tensão intramiocárdica do ventrículo direito é menor (pressões desenvolvidas para vencer a pós-carga imposta pela circulação pulmonar são menores), apresentando menor efeito na resistência ao fluxo coronário quando comparado ao ventrículo esquerdo.

A importância do efeito causado pela tensão intramiocárdica no ventrículo esquerdo sobre a resistência vascular nos vasos coronarianos intramiocárdicos pode ser demonstrada experimentalmente, em preparações de corações contraindo-se em pressões constantes, nos quais é induzida uma parada transitória da contração (assistolia) pela estimulação vagal. Quando a assistolia ocorre, o fluxo sanguíneo coronariano aumenta subitamente cerca de 50%, devido à redução do efeito compressivo nos vasos intramiocárdicos. Próximo ao endocárdio, a pressão tecidual aproxima-se da pressão sistólica desenvolvida na cavidade ventricular. Assim, a pressão intramiocárdica diminui progressivamente em direção ao epicárdio. A principal consequência desse gradiente de pressão tecidual sistólica é que as camadas mais próximas do endocárdio do ventrículo esquerdo são perfundidas, somente, durante a diástole, o que pode ser visualizado pelo aumento significativo do fluxo coronariano na coronária esquerda na fase de relaxamento isovolumétrico, fato esse que não se observa em tal magnitude na coronária direita (ver Figura 36.3). Assim, o retardo do fluxo de sangue no ventrículo esquerdo durante a sístole é determinado, basicamente, pela compressão dos vasos de resistência, o que leva a uma diminuição no diâmetro dos mesmos e, até, inversão do fluxo de sangue. Ao contrário, no lado venoso da circulação coronariana, o fluxo sanguíneo aumenta durante a sístole sob a influência da compressão externa exercida pelo aumento da pressão tecidual intramiocárdica (Figura 36.4).

Durante a diástole a pressão tecidual é muito baixa, consequência do relaxamento do músculo cardíaco e da baixa pressão no interior das câmaras cardíacas, que é próxima de zero. Assim, o fluxo coronariano é diretamente proporcional ao gradiente de pressão entre a aorta e o átrio direito, que recebe o sangue drenado pelas veias coronárias. Como a pressão no átrio direito também se aproxima de zero, a pressão de perfusão do ventrículo esquerdo durante a diástole pode ser considerada aquela observada na aorta. Em situações em que ocorre aumento da pressão diastólica das câmaras cardíacas (p. ex., insuficiência cardíaca congestiva) observa-se aumento da pressão tecidual intramiocárdica diastólica, e a pressão de perfusão ventricular fica prejudicada na diástole, contribuindo para o agravamento da doença. Como esperado, o aumento da pressão diastólica do ventrículo esquerdo afeta predominantemente a pressão tecidual intramiocárdica nas camadas subendocárdicas. Se a pressão e o fluxo coronariano forem registrados simultaneamente, observa-se que o fluxo cessa quando a pressão intraventricular está em um nível muito elevado, em geral em torno de 40 mmHg. Esta pressão mínima para que haja fluxo significa que fatores determinantes da resistência vascular coronariana não são superados a menos que a pressão de perfusão esteja acima de 40 mmHg. Assim, a pressão efetiva de perfusão pode ser representada pela pressão aórtica menos a pressão em que o fluxo é

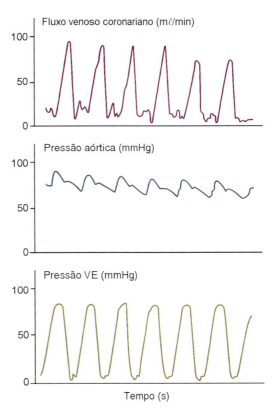

Figura 36.4 ▪ Registros simultâneos do fluxo venoso coronariano, pressão aórtica e pressão no ventrículo esquerdo. O fluxo venoso fásico é maior durante a sístole porque a contração ventricular expele sangue do miocárdio. (Adaptada de Feigl, 1983.)

zero. Os mecanismos responsáveis pela existência deste nível de resistência, que determina fluxo zero, são pouco conhecidos.

▶ Autorregulação | Propriedade miogênica

Como já descrito, a autorregulação é a capacidade do sistema vascular de regular o fluxo sanguíneo para um determinado território, em condições de variação de pressão de perfusão e tensão de parede, de forma a mantê-lo constante (Figura 36.5). O miocárdio exerce importante papel na autorregulação coronariana: o fluxo sanguíneo se ajusta de forma a manter o metabolismo tecidual e o metabolismo tecidual ajusta o diâmetro coronariano de forma a controlar o fluxo. Ajustes no diâmetro das artérias coronarianas (principalmente as artérias de resistência) podem ocorrer por meio da ativação dos mecanismos: miogênico, metabólicos, endoteliais, hormonais e neurais (sistema nervoso simpático).

A circulação coronariana apresenta um importante controle do fluxo sanguíneo via ativação da autorregulação miogênica (tônus miogênico) (ver detalhes da via de sinalização desse mecanismo no Capítulo 33). Esse fator regulador de fluxo é primordial para a manutenção do fluxo sanguíneo coronariano em condições de repouso. Assim, o aumento da pressão de perfusão coronariana aumenta o tônus do músculo liso vascular e reduz o diâmetro das coronárias (aumentando a resistência coronária), o que levará a normalização da tensão de parede, mantendo o fluxo coronariano constante (ver Figura 36.5). O inverso é verdadeiro, a queda na pressão de perfusão coronariana, aumenta o diâmetro vascular, reduz a resistência coronariana e mantém o fluxo coronariano (ver Figura 36.5).

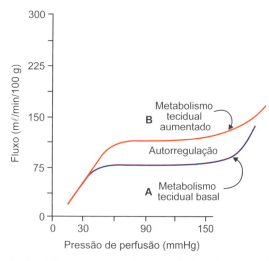

Figura 36.5 • Gráfico representativo da autorregulação de fluxo em condições de metabolismo basal (**A**) e aumentado (**B**). Observe a ampla faixa de autorregulação de fluxo, na qual, mesmo sob importante variação nos valores de pressão de perfusão, o fluxo sanguíneo coronariano se mantém constante. Porém, o patamar da autorregulação de fluxo é aumentado pela influência de fatores metabólicos liberados pelo miocárdio. (Adaptada de Westerhof et al., 2006.)

▸ Controle metabólico

Como já descrito, há uma relação estreita entre o consumo de O_2 pelo miocárdio e o fluxo sanguíneo coronariano. Sugere-se que, com o aumento do gasto energético pelo coração, haja um aumento proporcional da produção de substâncias ou metabólitos responsáveis pela vasodilatação coronariana que, por sua vez, reduz a resistência vascular; desta maneira, a extração miocárdica de O_2 por volume de sangue fornecido ao órgão permanece inalterada. Este mecanismo é independente do controle neural ou hormonal e pode ser observado em corações isolados. É importante salientar que esse mecanismo é fundamental em condições de aumento de atividade cardíaca (como durante o exercício físico) na qual os fatores metabólicos são capazes de induzir uma intensa vasodilatação coronariana, modulando a faixa de autorregulação do fluxo sanguíneo, desviando o mesmo para valores maiores de fluxo dentro de uma mesma variação de pressão de perfusão (ver Figura 36.5).

Apesar de o controle metabólico do fluxo coronariano ser bem conhecido, os mecanismos e as substâncias envolvidos na sua sinalização são pouco conhecidos. Existem, pelo menos, duas hipóteses para explicar esse controle. Uma sugere que ocorre um desbalanço entre a demanda e o suprimento de substância essencial para o metabolismo (p. ex., O_2). E a outra sugere que alterações do tônus vasomotor são um desbalanço entre a produção e catabolização de substâncias derivadas do metabolismo. Dentre os vários possíveis mediadores desta resposta são apontados o CO_2 e a adenosina. É possível que o efeito de alterações metabólicas sobre a circulação coronária se dê em consequência das duas hipóteses, as quais estão intimamente relacionadas. Assim, os possíveis mediadores O_2, CO_2 e adenosina poderiam atuar em conjunto. Durante o aumento da demanda de O_2, absoluta ou relativa (por queda no fluxo sanguíneo e manutenção do consumo absoluto de O_2 pelo miocárdio), pode ocorrer aumento na extração desse gás e, por fim, diminuição da tensão miocárdica do mesmo. Assim sendo, a hipoxia e o acúmulo de metabólitos seriam responsáveis pela dilatação coronária.

A adenosina é um importante fator metabólico envolvido no controle do tônus coronariano. As concentrações de adenosina no efluente venoso são muito menores que aquelas do líquido intersticial, em parte por causa da rápida conversão em inosina e hipoxantina pelo endotélio capilar. Contudo, quando a enzima responsável por esta conversão, a adenosina deaminase, é inibida ocorre aumento significante na concentração de adenosina no efluente. Se, em um nível constante de metabolismo miocárdico, a adenosina está sendo liberada constantemente, a elevação na pressão de perfusão e no fluxo coronariano aumenta a retirada de adenosina no tecido, reduzindo sua concentração local, aumentando, portanto, a resistência vascular coronariana. Este mecanismo poderia constituir um sistema de controle tipo *feedback*, explicando a autorregulação do fluxo coronário. Principalmente, poderia explicar a relação entre o gasto energético do coração e o fluxo sanguíneo coronariano. De acordo com este conceito, com o aumento do gasto energético pelo miocárdio, a razão entre suprimento e demanda de O_2 diminui e mais ATP é degradado, formando AMP que se torna disponível para a formação de adenosina. A adenosina causa relaxamento dos vasos coronarianos (ver detalhes da via de sinalização no Capítulo 33), o que eleva o fluxo para níveis apropriados à demanda de O_2 pelo miocárdio.

▸ Fatores endoteliais

O endotélio vascular, como descrito no Capítulo 33, sofre constante ação tanto do estresse de cisalhamento (força física) como de fatores neuro-humorais (p. ex., angiotensina 1-7, angiotensina II, estrogênio, insulina, bradicinina, epinefrina, norepinefrina). Dentre os fatores liberados pelo endotélio da circulação coronariana chama-se atenção para o NO e o fator hiperpolarizante derivado do endotélio (EDHF), que possuem maior contribuição no controle do tônus vascular coronariano (para maiores detalhes desses fatores, ver Capítulo 33).

Em condições basais, a liberação tônica de NO e a hiperpolarização do músculo liso vascular parecem contribuir de maneira diferenciada para o controle do tônus vascular nos segmentos pré-arteriolares e arteriolares da circulação coronariana. Em humanos, por exemplo, a infusão intracoronária de inibidor da NO sintase produz pequena diminuição no calibre dos vasos de condutância; no entanto, o tônus de vasos intramiocárdicos de resistência parece ser mais sensível à inibição, o mesmo ocorre para o bloqueio dos canais para K^+ (via final de ação do EDHF). Um dos possíveis papéis do NO na circulação coronariana parece ser o ajuste contínuo do diâmetro vascular ao fluxo sanguíneo, que reduz a tensão na parede das artérias de condutância e a resistência arteriolar, quando o fluxo aumenta. Apesar dos fatores endoteliais não serem vias de sinalização primordiais para a manutenção de fluxo coronariano, a inibição da síntese e da biodisponibilidade de NO nas coronárias, em algumas doenças como a hipertensão arterial, o diabetes, a insuficiência cardíaca, prejudica sobremaneira a *performance* cardíaca e contribui para a falência de bomba.

▸ Controle neural e hormonal

Como já descrito, o coração é um órgão ricamente inervado por fibras eferentes do sistema nervoso simpático e parassimpático (para detalhes, ver Capítulo 28, *Eletrofisiologia do Coração*, Capítulo 29, *Bases Fisiológicas da Eletrocardiografia*, e Capítulo 30, *Contratilidade Miocárdica*). Além disso, no coração se originam aferentes que sinalizam arcos reflexos com influência variável sobre a atividade simpática e parassimpática do próprio coração e dos vasos da circulação sistêmica (ver Capítulo 37, *Regulação da Pressão Arterial | Mecanismos Neuro-Hormonais*). Apesar de a circulação coronariana receber inervação direta simpática, os efeitos de sua ativação sobre o fluxo coronário são, em geral, suplantados pelos efeitos do controle metabólico.

As artérias coronarianas são ricamente inervadas por terminais adrenérgicos. Essas apresentam tanto receptores α- como β-adrenérgicos, com predomínio dos receptores β-adrenérgicos. Assim, predomina a via vasodilatadora simpática na circulação coronariana (para detalhes da sinalização celular, ver Capítulo 33). É importante relatar que o antagonismo do receptor β-adrenérgico no coração diminui o fluxo coronariano, mas esse efeito aparentemente não é somente mediado por ação direta na circulação coronariana e o bloqueio da vasodilatação. Provavelmente, há o bloqueio do efeito sobre o consumo de O_2, mediado pela ativação β-adrenérgica cardíaca. Sabe-se que a ativação simpática aumenta o trabalho cardíaco (efeito cronotrópico, domotrópico, inotrópico e lusitrópico positivos), e assim, o antagonismo dos receptores β-adrenérgicos reduz o estímulo metabólico vasodilatador.

Quanto ao controle hormonal, além da ação da epinefrina, como citado acima, que amplificaria a vasodilatação coronariana, via ativação β-adrenérgica, ressalta-se a importância do estrogênio, da insulina, da angiotensina 1-7 e do fator natriurético atrial como vasodilatadores coronarianos, e, da angiotensina II, da vasopressina, da serotonina, como vasoconstritores. Para detalhes das vias de sinalização celular, ver Capítulo 33.

Circulação Renal

Renato de Oliveira Crajoinas | Adriana Castello Costa Girardi | Juliano Zequini Polidoro

Como demonstrado na Figura 36.1, aproximadamente 25% do débito cardíaco é fornecido à circulação renal, sendo esse um dos maiores fluxos sanguíneos por massa de tecido. Através das artérias renais o fluxo sanguíneo alcançará os rins, passando pelas artérias interlobares, arqueadas e interlobulares antes de chegar aos glomérulos por meio das arteríolas aferentes. A microcirculação renal envolve dois leitos capilares: (1) o leito capilar glomerular e (2) o leito capilar peritubular. O leito capilar glomerular é encontrado dentro do glomérulo, onde ocorre a filtração. Esse, em vez de continuar como uma vênula, como ocorre nos outros órgãos e tecidos, conduz o fluxo sanguíneo a uma arteríola, denominada arteríola eferente. Por sua vez, o leito capilar peritubular é oriundo da arteríola eferente e torna-se os *vasa recta* na medula, para os quais o fluxo sanguíneo corre em oposição ao ultrafiltrado nos túbulos adjacentes. Este arranjo microvascular renal representa a característica que distingue esse órgão de qualquer outro leito vascular no corpo. A pressão hidrostática glomerular, bem como o fluxo sanguíneo glomerular são o balanço das resistências das arteríolas pré-glomerulares (aferentes) e pós-glomerulares (eferentes). Esta capacidade de controlar as resistências vasculares nas extremidades aferente e eferente dos glomérulos prevê a manutenção da alta pressão capilar glomerular que é essencial para os requisitos de filtração pelo glomérulo (como será discutido no Capítulo 50, *Hemodinâmica Renal*, e no Capítulo 51, *Função Tubular*).

CARACTERÍSTICAS ESTRUTURAIS E FUNCIONAIS

O rim é dividido em duas regiões principais, o córtex e a medula, e pode ainda ser dividido em quatro zonas: o córtex, a faixa externa da medula externa, a faixa interna da medula externa e a medula interna. A perfusão dessas diferentes regiões é altamente heterogênea, sendo o fluxo sanguíneo total, em média, de 700 mℓ/min/100 g de tecido no córtex renal, de 300 mℓ/min/100 g próximo à junção do córtex e da medula externa, diminuindo para 200 mℓ/min/100 g na faixa interna da medula externa e variando de 50 a 100 mℓ/min/100 g na medula interna.

O suprimento de sangue adequado é crucial para a produção de um ultrafiltrado a partir do plasma. A capacidade de modificar o filtrado por meio da reabsorção e da secreção no túbulo permite que os rins efetivamente executem essas funções. Como descrito, os rins recebem aproximadamente 25% do débito cardíaco, porém a distribuição desse fluxo não é uniforme. O córtex renal recebe aproximadamente 90% do fluxo sanguíneo renal e desempenha um papel importante na ultrafiltração no rim. Um plexo capilar peritubular, cortical, denso envolve os túbulos proximal e distal e facilita a reabsorção do filtrado glomerular. Os outros 10% do fluxo sanguíneo renal perfundem a medula através das arteríolas eferentes dos néfrons corticais internos ou justamedulares.

As arteríolas eferentes dos néfrons justamedulares entram na faixa externa da medula externa e dividem-se em uma série de alças vasculares chamadas de *vasa recta*. Essas descem para a faixa interna da medula externa e formam feixes vasculares. Os *vasa recta* descendentes no centro dos feixes continuam na medula interna enquanto os *vasa recta* descendentes nas margens externas dos feixes dão lugar a um plexo capilar entre os feixes vasculares na medula externa. Os *vasa recta* descendentes encontrados ou na medula externa ou na medula interna se dividem e, eventualmente, se fundem para formar os *vasa recta* ascendentes que transportam substâncias metabólicas que entram na medula de volta ao córtex. Para evitar a possibilidade de hipoxia medular resultante deste processo, há uma adaptação renal que exerce um controle sutil sobre a perfusão regional da medula externa e interna.

CONTROLE DA CIRCULAÇÃO RENAL

As arteríolas aferentes e eferentes são os principais sítios de controle da resistência vascular renal. Como já detalhado, muitos são os mecanismos que contribuem para a regulação da concentração intracelular de cálcio ($[Ca^{2+}]_i$) nas células de músculo liso vascular. Entre as principais fontes de Ca^{2+} nas arteríolas glomerulares pode-se citar: (1) o influxo de Ca^{2+} através de canais para Ca^{2+} dependentes de voltagem; (2) os canais para cátions receptor de potencial transitório (TRPV), os quais são reconhecidos como sendo os principais participantes moleculares na mobilização de Ca^{2+} independente de voltagem; e (3) a mobilização de Ca^{2+} operada por estoque, a qual ocorre por meio da liberação e receptação desse íon pelo retículo sarcoplasmático. Os canais para Ca^{2+} dependentes de voltagem regulam o influxo de Ca^{2+} nas arteríolas aferentes; porém, seu papel em arteríolas eferentes é mais complexo e variável. Ambos os canais para Ca^{2+} dependentes de voltagem (tipo L e T) são expressos e funcionais em vasos pré-glomerulares corticais renais, em arteríolas eferentes justamedulares e em *vasa recta* medulares externos, mas não em arteríolas eferentes corticais superficiais. Já os canais para cátion não seletivos e canais operados por estoque são funcionais tanto nas arteríolas aferentes quanto nas eferentes.

▶ Respostas mecanossensíveis e autorregulação renal

A resposta contrátil miogênica a uma pressão transmural é restrita à vasculatura pré-glomerular. O papel do mecanismo miogênico na microvasculatura renal é particularmente crítico porque os capilares glomerulares são normalmente mantidos em pressões hidrostáticas muito maiores do que as existentes em outros sistemas capilares e são muito sensíveis a aumentos de pressão que podem ocorrer em resposta a mudanças rápidas na pressão arterial. O mecanismo miogênico é parcialmente responsável pelo fenômeno da autorregulação renal, que também envolve contribuições importantes dos sinais de *feedback* da mácula densa. Os sinais parácrinos intrínsecos ajustam a resistência vascular pré-glomerular em resposta a uma variedade de perturbações extrarrenais incluindo estímulos mecânicos. Estes sinais se opõem aos efeitos promovidos pelas perturbações de tal forma a estabilizar o fluxo sanguíneo renal (FSR), o ritmo de filtração glomerular (RFG) e a pressão hidrostática pós-glomerular. Em resposta a alterações na pressão de perfusão renal, ocorrerão ajustes na resistência vascular que autorregularão o FSR. Dessa forma, em situações como sono ou repouso, observam-se reduções na pressão arterial e na resistência vascular renal, mantendo assim o FSR e o RFG em níveis basais. Da mesma forma, o aumento da pressão arterial, que ocorre durante o exercício ou episódios agudos de estresse, induz aumento da resistência vascular renal e, portanto, manutenção do FSR e do RFG em níveis basais ou próximo dos mesmos. Além do FSR e do RFG, as pressões microvasculares e tubulares também exibem comportamento autorregulatório. Uma vez que a pressão glomerular e o RFG são autorregulados, e estreitamente associados ao FSR, os ajustes predominantes da resistência vascular são localizados nas arteríolas pré-glomerulares (Figura 36.6).

As respostas da resistência vascular frente às mudanças na pressão de perfusão representam o aspecto mais comum do mecanismo autorregulatório renal, mas outros estímulos, como o aumento da pressão venosa ureteral ou renal ou alterações na pressão oncótica, também estão associados a esse mecanismo. Na maioria dos casos, a resposta funciona como um *feedback* negativo para contrabalancear o efeito do distúrbio e restaurar o FSR ou o RFG de volta ao basal. Os componentes autorregulatórios da vasculatura renal são sensíveis ao uso de bloqueadores de canais para Ca^{2+} dependentes de voltagem, sugerindo a importância desse canal para o componente autorregulatório. Esta resposta envolve mecanismos complexos pelos quais as mensagens são iniciadas, transmitidas e recebidas pelas células musculares lisas, que efetuam

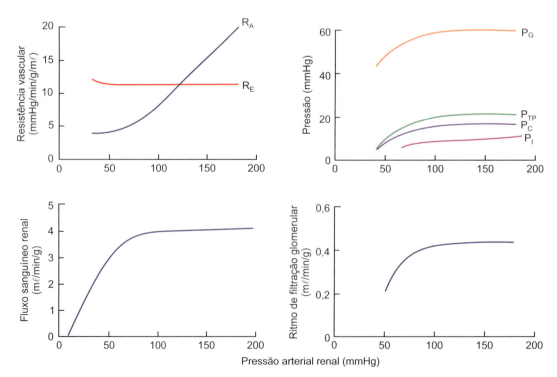

Figura 36.6 ▪ Relação representativa entre pressão arterial renal e resistência vascular renal, fluxo sanguíneo renal, pressão intrarrenal e ritmo de filtração glomerular. R_A, resistência aferente; R_E, resistência eferente; P_G, pressão capilar glomerular; P_{TP}, pressão tubular proximal; P_C, pressão capilar peritubular; P_I, pressão do líquido intersticial renal. (Adaptada de Navar *et al.*, 2011.)

as alterações necessárias na resistência arteriolar aferente. Tanto o mecanismo miogênico como o mecanismo de *feedback* tubuloglomerular (FTG) contribuem para o fenômeno da autorregulação.

A resposta miogênica está presente em artérias e arteríolas isoladas, em rins hidronefróticos sem túbulos, mas não em arteríolas eferentes pós-glomerulares. Esse fato pode dever-se aos mecanismos de ativação diferencial observados nessas arteríolas; pois, como já citado antes, as arteríolas eferentes normalmente não possuem canais para Ca^{2+} dependentes de voltagem do tipo L (CCTL) funcionais. Os ajustes autorregulatórios iniciais na resistência vascular ocorrem tão rapidamente (alguns segundos) que são difíceis de explicar, exceto por um mecanismo vascular local. Uma resposta tão rápida amortece os capilares glomerulares e a rede tubular de mudanças súbitas na pressão arterial. O mecanismo miogênico renal tem uma resposta de frequência mais rápida do que o sistema de FTG da mácula densa e opera a 0,1 a 0,3 Hz, enquanto o mecanismo de FTG opera em frequências mais baixas (< 0,05 Hz). Embora a resposta miogênica pareça ser suficientemente rápida para proteger contra mudanças na pressão de perfusão média, ela ainda não é adequada para amortecer os capilares glomerulares das mudanças cíclicas na pressão.

▸ Mecanismo de *feedback* tubuloglomerular

Mecanismos adicionais para explicar o fenômeno autorregulatório evoluíram pela descoberta da existência da mácula densa, a qual atua como um elo de comunicação entre o segmento tubular distal e as arteríolas glomerulares. A morfologia única das células justaglomerulares fornece a base anatômica de um mecanismo de *feedback* negativo, operando em cada néfron, que mantém o balanço entre a hemodinâmica, que controla o RFG e a carga filtrada, e a função reabsortiva dos túbulos. O mecanismo de FTG coordena a carga filtrada e a reabsorção tubular com as demandas metabólicas do rim. O papel do mecanismo de FTG na autorregulação renal é mostrado na Figura 36.7. Um aumento na pressão de perfusão renal (aumento da pressão arterial) eleva, inicialmente, o FSR, a pressão glomerular e o RFG. O aumento da carga filtrada aumenta a quantidade de líquido e de soluto que deixa o túbulo proximal e alcança a alça de Henle, levando a aumentos na concentração de cloreto de sódio (NaCl) e na osmolalidade do fluido tubular, no final da alça de Henle ascendente, na dependência dos ajustes no FSR. As células da mácula densa detectam o aumento da concentração de Na^+ e transmitem sinais vasoconstritores para as arteríolas aferentes, restaurando o FSR e o RFG para níveis preexistentes. Por outro lado, uma diminuição da pressão de perfusão renal (queda da pressão arterial) provoca redução no fluxo de fluido tubular e dilatação das arteríolas aferentes. O mecanismo de FTG também ajuda a explicar os ajustes vasculares que ocorrem quando a carga de soluto para o néfron distal se modifica como consequência de ajustes na função reabsortiva tubular, como observado durante alterações induzidas farmacologicamente. Além das mudanças na pressão de perfusão, outras perturbações como elevações na pressão oncótica, que diminuem a pressão efetiva de filtração e, portanto, o RFG, provocam diminuição na resistência arteriolar aferente mediada pelo FTG, resultando em elevações na pressão glomerular suficientes para contrabalancear o aumento da pressão oncótica.

A manutenção do fluxo para o néfron distal é necessária para que ocorra a autorregulação do RFG com alta eficiência. A autorregulação do RFG de um único néfron e a pressão glomerular em resposta a alterações agudas na pressão arterial são altamente eficientes quando o fluxo de fluido tubular para o néfron distal é mantido, mas são significativamente prejudicadas quando esse fluxo, após as células da mácula densa, é interrompido. No entanto, o comprometimento na autorregulação do RFG não é tão grande como seria previsto para um mecanismo completamente passivo, indicando que o mecanismo de FTG funciona em conjunto com o mecanismo miogênico para produzir a autorregulação, altamente eficiente, característica da circulação renal. Essas interações são sinérgicas uma vez que a presença de sinais ativos na mácula densa aumentam a sensibilidade da resposta miogênica. Assim, quando o fluxo para a mácula densa é interrompido, a resposta miogênica inicial a um aumento gradual na pressão de perfusão é reduzida e, por sua vez, quando o fluxo para a mácula densa é aumentado pela inibição da taxa de reabsorção proximal, a resposta miogênica é aumentada. Existem interações não lineares entre o FTG e os mecanismos miogênicos, de modo que a intensidade do mecanismo de FTG pode modular a capacidade de resposta miogênica.

▸ Controle endotelial

O número de estudos sobre os efeitos de fatores derivados do endotélio no controle agudo e a longo prazo da função renal aumentou após a identificação do NO e da endotelina (ET). Como já detalhado, as células endoteliais são unidades metabólicas dinâmicas que modulam o tônus das células musculares lisas vasculares e, no presente tópico, alteram a função de transporte das células epiteliais tubulares, por meio da liberação de substâncias vasoativas em resposta a vários agentes humorais ou estímulos físicos, como a tensão de cisalhamento.

Quando avaliada a via nitrérgica, nos rins observa-se que, além da expressão de NOS III na célula endotelial e a expressão de NOS I na mácula densa, neurônios intrarrenais e células mesangiais, cultivadas, expressam NOS I constitutivamente, enquanto as células epiteliais tubulares expressam NOS III. A liberação basal de NO contribui tonicamente para a baixa resistência vascular renal, tanto por sua ação direta nas células de músculo liso vascular (ver a sinalização celular do NO no Capítulo 33) como atenuando a vasoconstrição induzida por vários neuro-hormônios (incluindo Ang II, ET e catecolaminas). Essa afirmação é fundamentada nos estudos que utilizaram inibidores da NOS para avaliar a função do NO na circulação renal, como demonstrado na Figura 36.8. A inibição aguda da produção de NO diminui o FSR e reduz significativamente a concentração de seu segundo mensageiro, o cGMP, tanto no interstício renal como na urina, induzindo acentuado aumento da resistência das arteríolas aferentes e eferentes; porém, em maior magnitude na arteríola eferente quando comparada à aferente. Estudos em modelos animais demonstraram que a inibição da NOS reduz o FSR basal em aproximadamente 25 a 35%. O fluxo sanguíneo cortical (FSC) e o fluxo sanguíneo medular (FSM) diminuem em paralelo à diminuição do FSR total (ver Figura 36.8). A inibição a longo prazo da NOS, em ratos e cães, produz resultados similares: diminuição no FSR (20 a 35%), sem nenhuma alteração ou pequenas reduções no RFG.

É interessante pontuar como os mecanismos que regulam o fluxo sanguíneo renal se interconectam; por exemplo, os mecanismos autorregulatórios aumentam a resistência vascular renal em resposta ao aumento da pressão arterial e

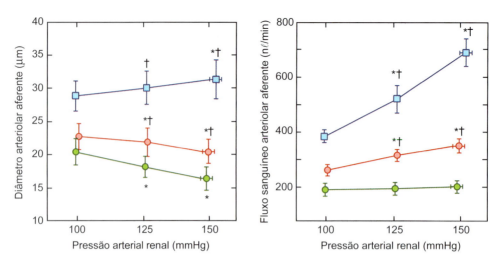

Figura 36.7 • Variação do diâmetro arteriolar aferente e do fluxo sanguíneo frente a mudanças na pressão de perfusão em preparações isoladas (*in vitro*) de néfron justamedular. As respostas autorregulatórias, mecanismos miogênico e de FTG, foram avaliadas nas condições: controle (*em verde*); FTG interrompido pela transecção da alça de Henle (*em vermelho*); e mecanismo miogênico residual bloqueado (uso do bloqueador de canal para Ca^{2+}, diltiazem 10 µM (*em azul*). *$P < 0,05$ vs. valor basal em 100 mmHg; †$P < 0,01$ vs. com condição controle em similar pressão. (Adaptada de Navar et al., 2011.)

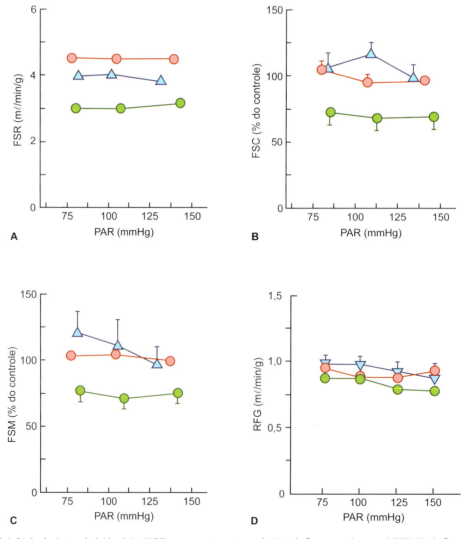

Figura 36.8 • Efeitos da inibição da sintase de óxido nítrico (NOS) nas respostas autorregulatórias do fluxo sanguíneo renal (FSR) (**A**), do fluxo sanguíneo cortical (FSC) (**B**), do fluxo sanguíneo medular (FSM) (**C**) e do ritmo de filtração glomerular (RFG) (**D**), nas condições: controle (*em vermelho*); inibição da NOS (*em verde*); e na presença do doador de NO (*em azul*). Note que a inibição da NOS reduziu o FSR, o FSC e o FSM, sem alterar o RFG, permanecendo a capacidade de autorregulação intacta. O doador de NO restaura o FSR de volta aos níveis do controle. *PAR*, pressão arterial renal. (Adaptada de Navar et al., 2011.)

tensão de parede. Por sua vez, o aumento da pressão arterial também aumenta a tensão de cisalhamento, ativando a NOS III e liberando NO, o qual induzirá vasodilatação. A vasodilatação nitrérgica (induzida pelo NO) reduzirá a vasoconstrição induzida pela resposta autorregulatória. Assim, aumento das concentrações intrarrenais de NO pode prevenir a vasoconstrição renal excessiva.

Em direção oposta às respostas do NO, pode-se citar a endotelina (ET), um dos mais potentes vasoconstritores renais (para maiores detalhes, ver Capítulo 33). A ET desempenha papel essencial na regulação do FSR, na filtração glomerular, no transporte hidreletrolítico (Na^+ e H_2O) e no equilíbrio acidobásico. A ativação do sistema ET ou a superexpressão de proteínas de sua via de sinalização tem sido implicada em várias doenças, incluindo hipertensão arterial, lesão renal aguda, nefropatia diabética e nefrite. A administração de uma dose, pressora leve, de ET-1 produz maior constrição de arteríolas eferentes do que de aferentes, com um declínio compensatório no coeficiente de filtração que mantém o RFG. Porém, outro estudo, utilizando metodologia semelhante, em ratos, mostrou aumento paralelo na resistência arteriolar aferente e eferente, com reduções no coeficiente de filtração. Já outros estudos, em ratos, que empregam a administração de ET-1 na artéria renal relatam que a resistência arteriolar aferente aumenta mais do que a resistência arteriolar eferente, enquanto o coeficiente de filtração é inalterado, de modo que o RFG e o FSR diminuem em paralelo. Em cachorros, a infusão de ET-1 na artéria renal promove a contração das arteríolas aferentes e eferentes. Por sua vez, é importante relatar que, em concentrações fisiológicas, a ET-1 pode dilatar a arteríola aferente no rato, provavelmente via ativação dos receptores ET_B, uma vez que o antagonismo específico do receptor ET_A não tem efeito sobre a resistência arteriolar aferente (para maiores detalhes da via de sinalização envolvida nas respostas desencadeadas pelos receptores ET_A e ET_B, ver Capítulo 33). O antagonismo dos receptores ET_A e ET_B produz um aumento no coeficiente de filtração, sugerindo regulação fisiológica da permeabilidade glomerular em condições basais.

▶ Ações da angiotensina II sobre a vasculatura renal

Além da constrição direta no músculo liso vascular, a Ang II facilita a liberação de norepinefrina no terminal nervoso simpático e influencia o transporte epitelial de Na^+ e bicarbonato. A Ang II também tem efeitos a longo prazo no crescimento, desenvolvimento e remodelamento vascular, na eritropoese e no sistema imunológico. Em doenças como a hipertensão arterial e o diabetes, a Ang II exerce efeitos proliferativos significativos a longo prazo, ativa citocinas e fatores de crescimento e tem sido implicada na patogênese da fibrose tubulointersticial.

Os efeitos vasculares renais da Ang II já foram estudados extensivamente. Tanto em animais anestesiados como acordados, a Ang II provoca diminuição, na dependência da dose, no FSR, no RFG (em menor magnitude), aumentando a fração de filtração. Em humanos, infusões de Ang II provocam reduções no FSR; no entanto, o RFG não é significativamente alterado. Em outros estudos, a infusão de Ang II (1, 4 e 8 pmol/kg/min) em indivíduos mantidos com alta ingestão de sal (340 mM) e sob o uso de enalapril (inibidor da ECA, com o intuito de reduzir as concentrações endógenas de Ang II), produziu redução tanto do FSR como do RFG; porém, em maior magnitude no FSR. Assim, quando as concentrações endógenas de Ang II são suprimidas, a microvasculatura renal exibe maior sensibilidade à Ang II circulante devido, em parte, a uma regulação positiva dos receptores AT1 vasculares. É interessante ressaltar que a vasoconstrição induzida por Ang II é amplificada após o tratamento com inibidores da ciclo-oxigenase (COX). O tratamento com indometacina (inibidor não seletivo da COX) ou com inibidores da NOS amplifica as reduções do FSR e do RFG causadas pela Ang II. Os efeitos induzidos pela via da COX parecem ser dependentes da síntese de tromboxano A_2 (TxA_2; para maiores detalhes, ver Capítulo 33), uma vez que tanto a inibição da síntese de agente vasoconstritor como a administração de antagonistas do receptor TP (receptor para TxA_2/PGH_2) atenuam as ações mediadas pela Ang II no FSR e no RFG.

O grau de estimulação simpática ou adrenérgica também influencia a resposta constritora à Ang II. Após a denervação (retirada da inervação) renal aguda, as respostas vasculares e glomerulares a Ang II são aumentadas, resultando em respostas mais pronunciadas nas resistências aferentes e eferentes e redução do coeficiente de filtração e do RFG. A sensibilidade aumentada a Ang II pode ser devida a redução na concentração de renina e de Ang II intrarrenais e à regulação positiva dos receptores de Ang II após a denervação. É importante ressaltar que durante a infusão sistêmica de Ang II, em doses com ação pressora, ocorrem aumentos na resistência arteriolar aferente como consequência da ativação do mecanismo de autorregulação secundário ao aumento da pressão arterial. No entanto, Ang II infundida na artéria renal aumenta tanto a resistência arteriolar aferente quanto a eferente, mesmo sem aumentos significativos da pressão arterial. Em suma, a Ang II: (1) reduz principalmente o fluxo sanguíneo cortical com menores respostas no fluxo sanguíneo medular e papilar; e (2) provoca ações vasoconstritoras em ambas as arteríolas de resistência, pré e pós-glomerulares, mas as circunstâncias experimentais influenciam as respostas arteriolares aferentes mais do que as arteriolares eferentes.

▶ Interações microvasculares renais de fatores humorais, parácrinos e eicosanoides

Os eicosanoides contribuem de forma importante para as respostas vasculares renais a fatores humorais e outros fatores parácrinos. A vasoconstrição renal à Ang II, ao ATP, à vasopressina e à ET-1 é influenciada por metabólitos de ácido araquidônico gerados localmente. Os eicosanoides derivados do endotélio, prostaciclina (PGI_2) e prostaglandina E2 (PGE_2) atenuam a resposta induzida por agentes vasoconstritores. Os eicosanoides, em particular a PGE_2, influenciam indiretamente as respostas hemodinâmicas renais, regulando a liberação de renina do aparelho justaglomerular. Por isso, esses são essenciais para a adequada regulação hormonal e parácrina da microcirculação renal. Os metabólitos do ácido araquidônico regulam o funcionamento da microcirculação renal, contraindo ou relaxando as arteríolas glomerulares, dependendo das vias de ativação, do meio parácrino e humoral.

▶ Efeitos neurais na circulação renal

O grau de ativação simpática determina a intensidade da vasoconstrição renal (primordialmente via ativação dos receptores α_1-adrenérgicos). A análise da atividade simpática do nervo renal revela frequências variando de 0,5 a 10 Hz.

Intervalos de frequência entre 0,5 e 2,0 Hz são suficientes para estimular a secreção de renina (via ativação do receptor β-adrenérgico) e modular a reabsorção tubular de Na^+ (como será discutido adiante na seção de Fisiologia Renal), mas são menores do que o requerido para afetar significativamente a resistência vascular renal ou o RFG. Já em maiores frequências, como ocorre durante a hemorragia ou a exposição a fatores estressores ambientais, exercícios físicos ou trauma, a ativação do nervo simpático renal leva à vasoconstrição renal (para maiores detalhes da via de sinalização celular, ver Capítulo 33) e à redução do FSR e do RFG. Durante o exercício, a vasoconstrição renal mediada pelo sistema nervoso mantém a pressão arterial e redistribui o fluxo sanguíneo para os territórios metabolicamente ativos, como a musculatura esquelética.

Circulação para a Musculatura Esquelética

Patrícia Chakur Brum

A musculatura esquelética compreende aproximadamente 40% da massa corporal total, sofrendo influência de fatores tais como idade, gênero, atividade ou inatividade física, entre outros. O suprimento sanguíneo muscular representa cerca de 25% do débito cardíaco em repouso (ver Figura 36.1). Embora seja estruturalmente uniforme, a densidade capilar pode variar de acordo com os diferentes tipos de fibras musculares (ver adiante). A área de superfície capilar compreende aproximadamente 7 m^2/kg de músculo (ou 210 m^2) em um indivíduo adulto com 75 kg de peso corporal e 30 kg de músculo esquelético. Considerando estes valores, poucos órgãos têm similar capacidade de troca de oxigênio e metabólitos entre os capilares e as células.

CONSIDERAÇÕES ANATÔMICAS

No músculo esquelético, pequenas artérias e veias correm paralelas às fibras musculares. Ramificações de arteríolas transversas e arteríolas terminais dão origem a uma extensa rede capilar, que, em geral, prossegue paralela às fibras musculares. Por sua vez, as anastomoses entre capilares adjacentes ocorrem por meio de pequenos segmentos transversos. Os segmentos capilares longitudinais apresentam um comprimento médio de 1 mm com 5 a 6 mm de diâmetro. Essas ramificações são mais frequentes ao se aproximarem da terminação venosa dos capilares. Consequentemente, a área de superfície disponível para troca é maior na terminação venosa em relação à arterial. Anastomoses arteriovenosas são raras, embora possam ser observadas em alguns músculos. Esfíncteres pré-capilares não são frequentemente observados no músculo esquelético.

Geralmente, o número de capilares por área muscular varia de acordo com o tamanho da fibra muscular. A Figura 36.9 mostra a relação entre o tamanho da fibra muscular e a densidade capilar. Observa-se que, quanto maior a área de secção transversa, menor é o número de capilares por mm^2. No entanto, o número de capilares por fibra muscular permanece constante (Figura 36.9 B). Considerando que os capilares correm paralelos às fibras musculares adjacentes, há cerca de 4 capilares por fibra muscular.

FLUXO SANGUÍNEO MUSCULAR

Assim como os demais territórios do nosso organismo, o fluxo sanguíneo para o músculo esquelético é diretamente

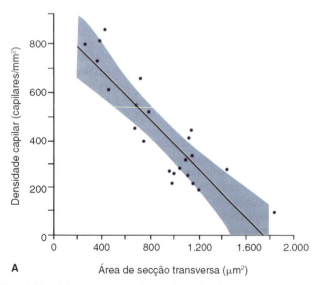
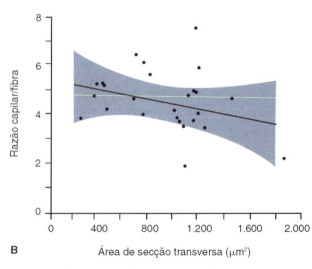

Figura 36.9 ▪ Relação entre a superfície capilar e a área de secção transversa muscular. **A.** Densidade capilar. **B.** Densidade capilar por área de fibra muscular. (Adaptada de Johnson, 1989.)

proporcional à pressão de perfusão local e ao raio das artérias de resistência. Como já discutido no Capítulo 33, mudanças no raio das artérias de resistência ocorrem devido a fatores locais, neurais e hormonais.

Como descrito anteriormente, em repouso, aproximadamente 25% do débito cardíaco é direcionado para a musculatura esquelética. No entanto, em situações de estresse, tais como no exercício físico dinâmico (em que há movimentos cíclicos de grandes grupos musculares, tais como caminhada, corridas, ciclismo, natação), o fluxo sanguíneo muscular aumenta proporcionalmente à demanda metabólica do músculo em atividade, podendo alcançar até 85 a 90% do débito cardíaco no exercício físico extenuante em indivíduos sedentários. O aumento na perfusão do músculo esquelético durante o exercício físico se deve a três principais fatores: (1) elevação do débito cardíaco, nessa modalidade de exercício há aumento de pré-carga, inotropismo e lusitropismo cardíaco; (2) aumento na condutância vascular para a musculatura ativa; e (3) redistribuição do débito cardíaco, que favorece o aporte sanguíneo para o músculo em atividade por meio de redução na condutância vascular para vísceras, pele e outros tecidos não envolvidos diretamente no exercício (Figura 36.10).

O aumento do fluxo sanguíneo e da condutância vascular para a musculatura ativa não ocorre de maneira uniforme, pois está relacionado com o tipo de fibra, à capacidade oxidativa e o recrutamento das fibras dos músculos envolvidos na ação motora. Por exemplo, em exercícios físicos dinâmicos de intensidade moderada (70% do consumo pico de O_2), o fluxo sanguíneo e a condutância vascular aumentam primariamente nos músculos compostos por fibras do tipo I (que são vermelhas, de contração lenta e oxidativas) e por fibras do tipo IIa (que são de contração rápida e apresentam potencial oxidativo e glicolítico) (Figura 36.11).

CONTROLE DO FLUXO SANGUÍNEO PARA A MUSCULATURA ESQUELÉTICA

Como já descrito nos Capítulos 32 e 33, o fluxo sanguíneo para um determinado território é diretamente proporcional à diferença de pressão e ao raio do vaso na quarta potência. Assim, alterações do raio das artérias de resistência e arteríolas, mesmo de pequena magnitude, levam a mudanças substanciais no fluxo para um território. A redução na resistência vascular desencadeada por vasodilatação é tão importante no controle do fluxo sanguíneo que, na realidade, é o principal mecanismo envolvido no aumento do fluxo sanguíneo muscular durante a realização do exercício físico dinâmico. Já o aumento da pressão de perfusão (pressão arterial média) durante o exercício físico é modesto e não se observam alterações significativas, tanto no comprimento dos vasos como na viscosidade do sangue, no exercício físico dinâmico realizado em ambiente termoneutro.

A seguir discorreremos sobre o controle da condutância vascular durante a execução do exercício físico por mecanismos locais. Os mecanismos de controle local visam manter a homeostase e a integridade tissular. Existem também os mecanismos de controle central do fluxo sanguíneo muscular (comando central e controle reflexo da circulação durante o exercício, por mecano- e quimiorreceptores localizados no músculo em atividade), que não serão abordados no presente capítulo, mas têm como objetivo primário manter a pressão arterial e, consequentemente, a pressão de perfusão tecidual, além da homeostase cardiovascular.

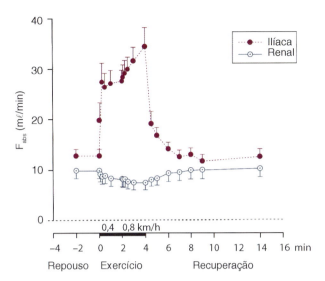

Figura 36.10 • Fluxo sanguíneo na artéria ilíaca (musculatura em atividade) e renal (leito inativo) durante o exercício físico dinâmico realizado, com intensidade progressiva, em esteira rolante em ratos. Note o aumento do fluxo sanguíneo para a musculatura em atividade e redução do mesmo para o leito renal, ilustrando a redistribuição de fluxo sanguíneo que ocorre durante o exercício físico. (Adaptada de Amaral e Michelini, 1997.)

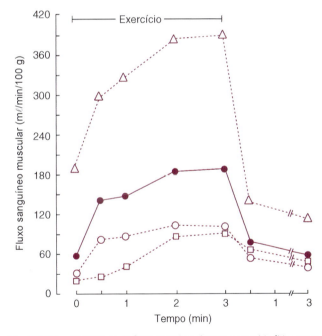

Figura 36.11 • Distribuição do fluxo sanguíneo durante o exercício físico em esteira rolante a 60 m/min, durante 3 minutos, em ratos. Note que há um aumento no fluxo sanguíneo para a musculatura ativa (*esferas roxas*). No entanto, a distribuição do fluxo varia em função do tipo de fibra, em que o fluxo sanguíneo é maior na porção vermelha (*triângulos*) e menor na porção branca do músculo vasto lateral (extensor, *quadrados*) e do músculo bíceps femoral (flexor, *círculos*). (Adaptada de Laughlin e Armstrong, 1982.)

▶ Controle local

No músculo esquelético os mecanismos de controle local da condutância vascular envolvidos na hiperemia do exercício abrangem fatores metabólicos, endoteliais, vasodilatação ascendente, controle miogênico e da bomba muscular esquelética.

Controle miogênico do fluxo sanguíneo muscular durante o exercício físico

No músculo esquelético existem evidências de que o mecanismo miogênico participa da regulação local do fluxo sanguíneo e, principalmente, da manutenção da pressão hidrostática capilar. Como já detalhado no Capítulo 33, o controle miogênico da condutância vascular está fundamentado em ajustes do calibre vascular em resposta às oscilações da pressão transmural, de forma a manter constante o estresse de parede. De fato, em humanos, aumentos na pressão transmural, sem alterações na pressão arteriovenosa, causam vasoconstrição no músculo esquelético. O contrário também pode ocorrer, ou seja, reduções na pressão transmural levam a vasodilatação local. Portanto, este ajuste tende a manter o estresse de parede das arteríolas relativamente constante, a despeito de mudanças na pressão transmural e no calibre vascular. As vias de sinalização e mecanismos propostos para o controle miogênico do fluxo sanguíneo já foram detalhadas no Capítulo 33.

Durante o exercício físico, apesar de haver aumento da pressão intravascular (devido aumento da pressão arterial média), a contração muscular comprime os vasos, aumentando a pressão extravascular e, em consequência desse balanço, há redução da pressão transmural. A queda da pressão transmural levará a uma diminuição do estímulo aos receptores vasculares e componentes do citoesqueleto sensíveis ao estiramento (ver Capítulo 33), com consequente vasodilatação e aumento do fluxo durante o exercício físico. Embora o controle miogênico do fluxo sanguíneo muscular seja um mecanismo importante para determinação do tônus vasomotor no músculo esquelético em repouso, durante o exercício físico o controle miogênico do fluxo muscular é de pequena importância.

Controle metabólico do fluxo sanguíneo muscular durante o exercício físico

A relação direta entre consumo de O_2 (reflete a taxa metabólica) e fluxo sanguíneo muscular sugere que o controle metabólico do fluxo sanguíneo muscular seja um dos principais mecanismos envolvidos na hiperemia do exercício (Figura 36.12).

De acordo com a teoria de controle metabólico do fluxo sanguíneo muscular, a taxa metabólica tecidual e o músculo liso vascular constituem um sistema de controle local que acopla o O_2 e a oferta de nutrientes com o metabolismo tecidual. Dessa maneira, o aumento do metabolismo local pelo exercício físico leva ao acúmulo de metabólitos vasoativos (diminuições da PO_2 e pH, e aumentos da PCO_2, osmolalidade, adenosina, nucleotídios de adenina, da $[K^+]$ intersticial, histamina, cininas e fosfatos) que se difundem para o espaço intersticial onde as arteríolas se encontram. No Capítulo 33 (Figura 33.5), são mostradas as principais mudanças na composição do líquido intersticial durante a contração da célula muscular. Pela atividade muscular há despolarização da membrana celular, a qual aumenta a $[K^+]$ no espaço extracelular (interstício). Há também a síntese de ATP pelo ciclo de Krebs, aumentando a liberação de CO_2 pela membrana interna das mitocôndrias, o qual se difunde para o espaço extracelular. A produção anaeróbia de ATP no citoplasma celular leva à formação de ácido láctico, que se difunde lentamente para o espaço extracelular. Aumentos na concentração de ácido láctico e CO_2 no líquido extracelular levam a queda do pH. Além disso, a hidrólise do ATP para o fornecimento de energia para a contração resulta no aumento da concentração de adenosina e compostos de adenina, que se difundem para o espaço extracelular. Por fim, observa-se um aumento na osmolalidade do líquido extracelular. Essas respostas desencadeiam relaxamento do músculo liso nas artérias de resistência e arteríolas proximais, por ação direta ou propagada dos metabólitos, que resulta em aumento do fluxo sanguíneo local e maior recrutamento de capilares. Além disso, os capilares próximos às fibras musculares são sensíveis a aumentos na concentração de metabólitos e são capazes de transmitir, possivelmente por meio das junções comunicantes endotélio-endotélio e endotélio-músculo liso vascular, respectivamente, o efeito vasodilatador a arteríolas terminais ascendentes, causando um aumento local expandido da perfusão capilar. O aumento na oferta de O_2 concomitante ao aumento do fluxo sanguíneo local supre a demanda metabólica local; esta resposta parece estar espacialmente acoplada ao padrão de recrutamento das fibras musculares durante a execução do exercício físico.

Vale a pena ressaltar que, embora diversos estudos tenham sido conduzidos com o intuito de investigar quais seriam os principais metabólitos envolvidos na vasodilatação metabólica induzida pelo exercício físico, essa resposta é difícil de se obter por tratar-se de um sistema que possibilita compensações, ou seja, a falta de um metabólito ou o antagonismo vascular do receptor de outro metabólito não necessariamente levará a uma modificação no fluxo local, já que há uma interligação entre os metabólitos e suas vias de sinalização, e na falta de um dos metabólitos, vários outros produzidos localmente podem atuar compensando sua falta.

Outra ação dos metabólitos produzidos pela contração muscular local que merece destaque é sua competição com os componentes neurais no controle do tônus vascular local. O termo originalmente utilizado para descrever este fenômeno é *simpatólise funcional* e postula que a vasoconstrição mediada pela ativação do sistema nervoso simpático (ativação α_1-adrenérgica) seja sobrepujada por fatores vasodilatadores locais, que resulta em uma dessensibilização do músculo liso vascular às catecolaminas (inibição pós-sináptica). A inibição pós-sináptica da vasoconstrição no músculo em atividade parece envolver a inibição de receptores α-adrenérgicos dos subtipos α_1 e α_2. Embora se tenha demonstrado uma sensibilidade diferencial entre esses subtipos de receptores, com evidências de que o receptor α_2-adrenérgico seja mais inibido por metabólitos locais, essa conjectura baseia-se em estudos realizados no músculo cremaster, que não é um músculo locomotor. Por outro lado, a *simpatólise funcional* parece ser influenciada pelo tipo de fibra muscular a contrair-se e pela

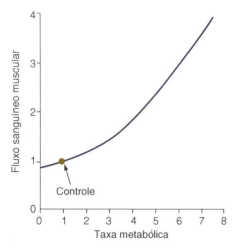

Figura 36.12 ▪ Relação entre fluxo sanguíneo muscular em função da taxa metabólica em repouso (controle) e durante o exercício físico progressivo. (Adaptada de Rowell, 1986.)

sua capacidade oxidativa. Além disso, há evidências na literatura que apontam a visão alternativa de que a inibição da vasoconstrição neuromediada também possa ocorrer nos terminais pré-sinápticos simpáticos (inibição pré-sináptica). Também não se pode esquecer a importância dos receptores β-adrenérgicos para a vasodilatação das artérias de resistência que irrigam a musculatura esquelética. Como visto no Capítulo 33, as artérias de resistência do músculo esquelético possuem uma predominância da resposta β-adrenérgica, a adrenalina, o que auxilia a vasodilatação durante o exercício físico.

Por fim, a inibição da vasoconstrição simpática no músculo em atividade também contribui para a redistribuição do fluxo durante o exercício, o que favorece o aporte sanguíneo para o músculo em atividade enquanto ocorre, em paralelo, redução na condutância vascular para vísceras, pele e outros tecidos não envolvidos diretamente no exercício, nos quais o tônus simpático vasoconstritor está aumentado e não é antagonizado por metabólitos locais. Contudo, vale a pena salientar que a inibição simpática para o músculo em atividade não é completa mesmo durante a execução de exercícios de intensidade muito alta. Há um limite à vasodilatação muscular durante o exercício imposto por controle central que aumenta a atividade nervosa simpática reflexamente (mecano- e quimiorreceptores musculares) para evitar quedas da pressão arterial durante o exercício físico de alta intensidade.

Controle endotelial do fluxo sanguíneo muscular durante o exercício físico

Durante o exercício físico dinâmico o aumento da tensão de cisalhamento do sangue em contato com as células endoteliais induzirá, primordialmente, a liberação de fatores vasodilatadores derivados do endotélio; dentre esses chama-se a atenção para o óxido nítrico (NO) (para maiores detalhes, ver Capítulo 33). Embora vários estudos na literatura tenham se concentrado em estudar o papel do endotélio no controle do fluxo sanguíneo para a musculatura esquelética durante o exercício físico, os resultados ainda são controversos, pois dependem da modalidade de exercício, da intensidade e volume do mesmo, se o exercício físico foi desenvolvido por humanos ou modelos experimentais saudáveis ou com doenças.

Alguns estudos demonstraram que a inibição da síntese de NO (por meio da inibição da NOS, durante o exercício estático (preensão manual), resulta em redução do fluxo local; outros estudos utilizando artérias isoladas do músculo sóleo de rato observaram que, mesmo mediante aumento contínuo na tensão de cisalhamento, por aumento no fluxo local, há um aumento inicial no calibre arterial seguido de estabilização do mesmo. Outros estudos mostraram que o treinamento físico, em esteira rolante, foi eficaz em aumentar a expressão proteica e/ou atividade da NOS III, via aumento da biodisponibilidade de BH4, e a defesa antioxidante mediada pela superóxido dismutase (SOD) em artérias de músculo esquelético, o que aumentava a biodisponibilidade de NO e a vasodilatação muscular (para maiores detalhes, ver Capítulo 33).

Controle do fluxo sanguíneo muscular pela bomba muscular durante o exercício físico

O modelo de controle da condutância vascular durante o exercício físico pela bomba muscular supõe que a perfusão muscular aumenta com a contração rítmica da musculatura em atividade (ver Figura 36.12).

Durante a contração muscular, os vasos venosos são comprimidos e o retorno venoso de sangue ao ventrículo direito aumenta, o que em última instância auxilia no aumento do débito cardíaco durante o exercício físico (aumento de pré-carga) (para maiores detalhes, ver Capítulo 35). Durante o relaxamento da musculatura, a pressão venosa cai e a diferença de pressão aumenta (a pressão no terminal arterial suplanta a pressão no terminal venoso do vaso), e há aumento na perfusão local.

O exercício físico na posição ortostática estabelece uma coluna de pressão hidrostática nas veias que se encontram em qualquer ponto abaixo do nível do coração, reduzindo a diferença de pressão no sistema vascular. Essa resposta poderia limitar o fluxo sanguíneo para membros inferiores durante a execução do exercício físico, considerando-se que a pressão hidrostática seria maior nos pés. Em estudo clássico realizado em indivíduos-controle e com incompetência valvular venosa, demonstrou-se que: (1) enquanto indivíduos-controle apresentavam redução na pressão venosa no tornozelo durante uma caminhada a 2,7 km/h em esteira rolante, (2) indivíduos com incompetência valvular não reduziam a pressão venosa no tornozelo durante a execução do exercício físico e, frequentemente, queixavam-se de dor muscular e fadiga, provavelmente devido a um fluxo sanguíneo local inadequado. Esses resultados confirmaram a importância da bomba muscular em auxiliar a perfusão da musculatura em atividade durante a execução do exercício físico. Por fim, esse mecanismo de controle local do fluxo sanguíneo é reconhecido como componente importante para estabelecer o equilíbrio entre a oferta e a utilização de O_2 durante o exercício físico. Além disso, esse mecanismo é responsável pelo aumento de fluxo sanguíneo para o músculo esquelético nos momentos iniciais de exercício (primeiros segundos).

Circulação Esplâncnica

Patrícia Chakur Brum

A circulação esplâncnica compreende a circulação para o fígado, sistema digestório, baço e pâncreas e é uma das mais complexas do corpo humano. Em repouso, o leito esplâncnico é perfundido por cerca de 25% do débito cardíaco (ver Figura 36.1). Apesar de o fluxo sanguíneo local ser elevado, o consumo de O_2 esplâncnico é somente cerca de 50 a 60 mℓ O_2/min, ou seja, apenas 15 a 20% do O_2 disponível é utilizado. Por isso, grandes reduções do fluxo sanguíneo esplâncnico podem ser observadas sem haver comprometimento da oferta de O_2 local.

CARACTERÍSTICAS ESTRUTURAIS

A Figura 36.13 mostra um esquema simplificado da organização paralelo-série da circulação esplâncnica. O suprimento sanguíneo dos órgãos gastrintestinais é realizado em paralelo por meio das artérias celíaca e mesentérica superior e inferior, que são ramos diretos da aorta abdominal. A artéria celíaca irriga estômago, baço e pâncreas. As artérias mesentéricas superior e inferior fornecem, em primeira instância, sangue para o intestino delgado e grosso. No entanto, por causa da extensa anastomose entre os vários segmentos dessas artérias, há muitas vias de acesso de sangue arterial para o leito esplâncnico. Como exemplo, pode-se citar a circulação colateral proveniente das artérias mesentéricas que dão origem às artérias arqueadas, cujas várias divisões ocupam um plano paralelo à parede do intestino (Figura 36.13 B). Essas características anatômicas previnem a região intestinal de isquemia, mesmo se o fluxo sanguíneo nas artérias mesentéricas for interrompido.

A drenagem venosa do estômago, baço, pâncreas e intestino é realizada em série pela veia porta, que contribui com cerca de 70% do suprimento sanguíneo hepático. Os remanescentes 30% do fluxo sanguíneo hepático são atribuídos à artéria hepática. Portanto, 70% do suprimento sanguíneo total do fígado é venoso (veia porta) e parcialmente desoxigenado. A principal função do sistema porta consiste no aporte direto de nutrientes para o fígado, que é capaz de armazená-los ou ressintetizá-los. A drenagem hepática, por sua vez, é feita pelas veias hepáticas que se unem à veia cava inferior.

O arranjo dos vasos sanguíneos no intestino delgado é um exemplo característico da microcirculação do sistema digestório. Pequenas artérias suprem a camada muscular da parede do intestino e se ramificam extensivamente para a camada submucosa. Estas, por sua vez, terminam nos leitos capilares. Não há evidências da existência de *shunts* arteriovenosos na microcirculação intestinal. Algumas pequenas artérias da camada submucosa retornam à camada muscular, formando uma rede de arteríolas e capilares que suprem as células da musculatura lisa intestinal. As demais pequenas artérias da camada submucosa suprem a camada mucosa alcançando os vilos intestinais, onde há uma densa rede capilar. As vênulas que fazem a drenagem dos vilos se unem às vênulas das camadas submucosa e muscular, que por sua vez deixam o intestino paralelamente às artérias mesentéricas. Como observado na Figura 36.13 A, a veia porta faz a drenagem do sangue venoso proveniente do intestino, pâncreas, estômago e baço. Como descrito antes, a veia porta supre o fígado, onde o sangue alcança os capilares sinusoides que têm uma membrana bem fina fenestrada, o que possibilita a rápida troca de substâncias entre o tecido hepático e o sangue. Vênulas hepáticas fazem a drenagem do sangue proveniente dos capilares sinusoides e terminam nas veias hepáticas que se unem à veia cava inferior.

FLUXO E VOLUME SANGUÍNEO ESPLÂNCNICO

O fluxo sanguíneo esplâncnico em humanos adultos em repouso durante o jejum é de aproximadamente 1.500 mℓ/min. Para isso, essa região recebe normalmente cerca de 25% do débito cardíaco de repouso e caracteriza-se pela maior circulação regional. Em hemorragias graves ou durante o exercício físico intenso, o fluxo sanguíneo esplâncnico pode ser significantemente reduzido. Como exemplo, pode-se citar a contribuição do leito esplâncnico para a redistribuição do débito cardíaco durante o exercício físico. Nesta situação ocorre vasoconstrição esplâncnica que está diretamente relacionada com a intensidade do exercício físico. Em exercício de intensidade alta, observa-se uma diminuição de 80% do fluxo sanguíneo esplâncnico. Essa vasoconstrição no leito esplâncnico pode redistribuir aproximadamente 1.500 mℓ/min de sangue para a musculatura em atividade, sem haver um comprometimento significativo no aporte de O_2 para essa região. Como já descrito no presente capítulo, essa redistribuição de sangue ocorre porque, em repouso, o fluxo esplâncnico excede a demanda de O_2 local, onde apenas 15% a 20% do O_2 disponível é utilizado.

O volume sanguíneo total do leito esplâncnico excede 1.000 mℓ, perfazendo, portanto, de 20% a 40% do volume sanguíneo total em humanos em repouso, sendo considerado o órgão de maior volume regional.

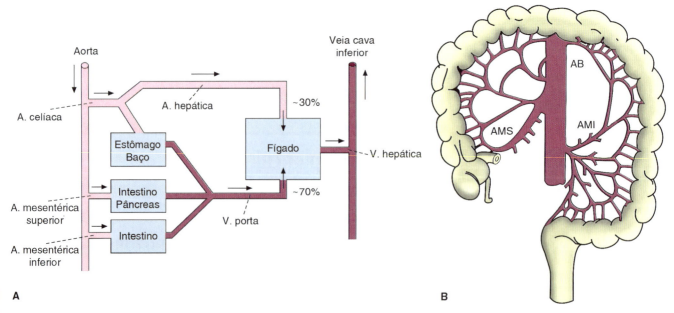

Figura 36.13 • Suprimento sanguíneo dos órgãos esplâncnicos. **A.** Esquema simplificado da organização paralelo-série da circulação esplâncnica. **B.** Padrão de ramificação típico das artérias mesentéricas. As inúmeras anastomoses são vias alternativas para o sangue arterial alcançar a região do intestino. *AB*, aorta abdominal; *AMS*, artéria mesentérica superior; *AMI*, artéria mesentérica inferior. (Adaptada de Stephenson, 1989.)

CONTROLE DO FLUXO SANGUÍNEO ESPLÂNCNICO

A circulação esplâncnica pode ser influenciada por fatores metabólicos, mecânicos, humorais e neurais. A seguir, será abordado o papel desses fatores no controle de fluxo da circulação esplâncnica, assim como a interação desses fatores na hiperemia pós-prandial.

▸ Fatores metabólicos e mecânicos

O fluxo sanguíneo esplâncnico relaciona-se diretamente com a demanda metabólica local. O aumento no metabolismo local eleva proporcionalmente o consumo de O_2 e a produção de metabólitos, tais como CO_2, adenosina e íons hidrogênio. Por exemplo, a diminuição da concentração de O_2 e o consequente aumento na concentração de metabólitos locais desencadeiam vasodilatação e aumento no fluxo sanguíneo intestinal. Quando a taxa metabólica diminui, mecanismo oposto é observado, ou seja, ocorrem vasoconstrição e diminuição do fluxo sanguíneo intestinal. Os mecanismos responsáveis pela hiperemia metabólica ainda não são totalmente conhecidos e podem envolver ações de algumas substâncias, tais como histamina, serotonina (5-HT), prostaglandinas e hormônios do sistema digestório (ver a seguir).

O metabolismo do intestino e, consequentemente, o fluxo sanguíneo intestinal, são determinados pela taxa de transporte de solutos para o epitélio da camada mucosa. Com o aumento no transporte ativo de solutos, o fluxo sanguíneo para a camada mucosa eleva-se em resposta ao aumento na taxa metabólica e na demanda local de O_2.

Outro fator que pode influenciar o fluxo sanguíneo para o intestino é a motilidade intestinal. Frequentemente, aumentos na motilidade intestinal diminuem o fluxo sanguíneo intestinal, mesmo na presença de aumento do fluxo sanguíneo na camada muscular (devido ao aumento da taxa metabólica local). Isto ocorre porque os vasos da camada mucosa são obstruídos pela força compressiva da camada muscular e pela distensão provocada pelo conteúdo do lúmen intestinal. Essa distensão também comprime os vasos da camada submucosa. Considerando que os vasos sanguíneos da camada submucosa retornam à camada muscular (ver em Características estruturais, anteriormente), o fluxo sanguíneo na camada muscular pode ser reduzido durante contrações intestinais mantidas.

Vasodilatação de origem metabólica também é observada quando há uma diminuição na oferta de O_2 e no fluxo sanguíneo para o leito esplâncnico. Diminuições da PO_2 no sangue arterial desencadeiam vasodilatação nas arteríolas intestinais (ver a sinalização celular envolvida nesse mecanismo no Capítulo 33), o que aumenta o fluxo sanguíneo. Se a PO_2 estiver dentro dos parâmetros fisiológicos, mas a pressão arterial for reduzida, observa-se inicialmente diminuição do fluxo sanguíneo local. No entanto, essa diminuição no fluxo local resultará em hipoxia e acúmulo de metabólitos locais. Com isso, haverá vasodilatação arteriolar e o fluxo sanguíneo local será restabelecido, mesmo se os níveis de pressão arterial ainda estiverem reduzidos. Como já discutido no Capítulo 33 e no presente capítulo, a manutenção do fluxo sanguíneo local mediante variações da pressão arterial e de perfusão caracteriza o mecanismo de *autorregulação*.

▸ Controle neural sobre a circulação esplâncnica

A circulação esplâncnica possui uma rica e funcional inervação simpática, nitrérgica e sensitiva, liberando, principalmente, norepinefrina, NO e peptídio relacionado com o gene da calcitonina (CGRP), respectivamente. O grau de envolvimento de cada um desses tipos de inervação depende essencialmente de síntese, liberação, resposta e metabolismo dos neurotransmissores. Apesar de a inervação noradrenérgica ser predominante, não se pode descartar a ação desses outros neurotransmissores no controle do tônus da musculatura lisa e, consequentemente, no fluxo esplâncnico em doenças como a obesidade, o diabetes e a hipertensão arterial, e, em condições fisiológicas como o envelhecimento e o treinamento físico.

O controle neural dos vasos da circulação esplâncnica se dá principalmente pela inervação simpática. Como já descrito, o principal neurotransmissor deste sistema é a norepinefrina, mas sabe-se que as terminações simpáticas também liberam ATP e neuropeptídio Y. As áreas do sistema nervoso central que iniciam e integram o controle simpático da circulação esplâncnica ainda não são totalmente conhecidas, havendo estudos comportamentais ou que envolvem a estimulação de áreas hipotalâmicas restritas. Durante o exercício físico, o estresse térmico ou mediante reações desencadeadas pela estimulação das áreas de defesa, observa-se uma diminuição do fluxo sanguíneo mesentérico. No entanto, a estimulação elétrica de áreas do hipotálamo lateral, relacionadas com o controle do apetite, desencadeia aumento do fluxo sanguíneo no sistema digestório e da motilidade deste.

▸ **Efeito da estimulação simpática.** Os órgãos esplâncnicos são inervados por fibras noradrenérgicas que se originam principalmente dos nervos esplâncnicos. A estimulação elétrica dos nervos esplâncnicos resulta em diminuição rápida no fluxo sanguíneo, e a magnitude das mudanças nos vasos de capacitância e resistência está diretamente relacionada com a frequência da estimulação elétrica utilizada. As alterações no volume sanguíneo esplâncnico também são expressivas, observando-se diminuição do volume sanguíneo esplâncnico. A resposta vasoconstritora desencadeada pela estimulação simpática decorre principalmente da ação da norepinefrina nos receptores α_1-adrenérgicos, uma vez que somente antagonistas dos receptores α-adrenérgicos bloqueiam as respostas vasculares à estimulação simpática; o mesmo não ocorre com o uso de antagonistas β-adrenérgicos. Além disso, como já discutido no Capítulo 33, a ativação de receptores β-adrenérgicos desencadeia vasodilatação também no leito esplâncnico, sendo que esse leito apresenta os três subtipos de receptores β-adrenérgicos (β_1, β_2 e β_3).

Os nervos esplâncnicos também se constituem da via eferente de alguns reflexos, como os desencadeados pela estimulação dos barorreceptores arteriais, dos receptores cardiopulmonares e dos quimiorreceptores arteriais (como será discutido a seguir, no Capítulo 37). Assim, aumentos ou diminuições na pressão arterial detectada no arco aórtico e no seio carotídeo resultam em resposta reflexa de inibição ou ativação do sistema nervoso simpático, com consequente aumento ou redução do fluxo esplâncnico e da habilidade de esse leito armazenar volume sanguíneo.

Como citado anteriormente, a estimulação simpática é seguida de vasoconstrição que é suficiente para causar aumento na resistência vascular intestinal e queda do fluxo sanguíneo local. No entanto, essa vasoconstrição não é mantida, sendo acompanhada de queda da resistência vascular e aumento do fluxo sanguíneo local que pode alcançar os valores de controle pré-estimulação. Esse padrão de comportamento vascular foi descrito pela primeira vez por Folkow *et al.* (em 1964) e foi denominado *escape autorregulatório*. Outros autores estudaram as respostas hemodinâmicas do intestino delgado, em gatos anestesiados, frente a estimulações elétricas do nervo esplâncnico. Explicações para esse fenômeno incluem os seguintes fatores: (1) falha na transmissão nervosa simpática; (2) redistribuição local de fluxo para a camada mucosa, cuja autorregulação é mais expressiva; (3) abertura de *shunts* vasculares na camada submucosa; (4) vasodilatação de vasos em série com a região em vasoconstrição; e (5) relaxamento de alguns vasos previamente contraídos pela estimulação simpática. Esta última possibilidade é a que tem apresentado maior suporte experimental, uma vez que se observa vasodilatação devido a metabólitos locais que são capazes de antagonizar a ação da norepinefrina na musculatura lisa arteriolar.

▶ Controle parácrino e humoral

Quando estimulado, o sistema nervoso entérico é capaz de liberar peptídios na circulação esplâncnica. Deste fato, surgiu a hipótese de que esses agentes possam regular o fluxo mesentérico, uma vez que muitos peptídios são substâncias vasoativas. Quando os nutrientes misturados com a bile alcançam o intestino delgado, ocorre aumento local de fluxo sanguíneo (hiperemia pós-prandial) que parece estar relacionado com a liberação de um polipeptídio intestinal vasoativo (*VIP*). O aumento local de fluxo sanguíneo parece coincidir temporalmente com o aumento da liberação de VIP. O polipeptídio inibidor gástrico (*GIP*) também é vasodilatador, mas seu papel na regulação do fluxo mesentérico ainda não está totalmente estabelecido.

O fluxo sanguíneo intestinal aumenta após a ingestão de alimentos. Tanto nos períodos que antecedem as refeições como na presença de alimentos no sistema digestório, observa-se liberação de hormônios da mucosa gastrintestinal. A partir dessas observações, a influência dos hormônios gastrintestinais na regulação do fluxo sanguíneo local foi objeto de vários estudos. A administração intravenosa de hormônios gastrintestinais, tais como colecistoquinina (*CCK*), gastrina e glucagon, é capaz de aumentar o fluxo sanguíneo intestinal. Com relação à ação da secretina, observou-se que extratos de secretina (em geral contaminados com CCK e VIP), quando injetados intravenosamente, são capazes de aumentar o fluxo sanguíneo intestinal. No entanto, a administração de secretina purificada não foi capaz de alterar o fluxo sanguíneo intestinal.

As angiotensinas (*Ang I*, *Ang II* e *Ang III*) são reconhecidamente peptídios circulantes com propriedades vasoconstritoras. A Ang II também no sistema digestório é um potente vasoconstritor e diminui o consumo de O_2 intestinal. A Ang I apresenta uma ação vasoconstritora menos expressiva que a da Ang II. Já a Ang III é tão efetiva quanto a Ang II em reduzir o fluxo sanguíneo mesentérico de cães anestesiados.

As catecolaminas circulantes (epinefrina e norepinefrina) são também vasoconstritoras e diminuem o fluxo sanguíneo mesentérico. Em casos de desidratação grave, a concentração de vasopressina pode alcançar concentrações suficientes para causar vasoconstrição significativa no leito vascular intestinal.

A administração exógena de histamina no leito mesentérico leva a vasodilatação. Tem sido sugerido, por evidências farmacológicas, que a ação da histamina se dá por intermédio de receptores do tipo H_1 e H_2. Os receptores H_1 desencadeiam um aumento rápido e fugaz no fluxo mesentérico. Por outro lado, os receptores H_2 levam a vasodilatação que persiste enquanto houver infusão de histamina. Como a presença de histamina é observada no endotélio mesentérico, esta amina pode estar envolvida na regulação local do fluxo mesentérico.

As prostaglandinas (*PG*) são autacoides derivados de fosfolipídios de membrana. Estão presentes em quase todos os tecidos do organismo, inclusive no intestino. As PG do tipo E e I (prostaciclina, PGI_2) exercem ação vasodilatadora sobre o leito mesentérico, enquanto as do tipo F ($PGF2\alpha$), o TxA_2 e a PGH_2 são vasoconstritoras. No mesentério de ratos anestesiados, a PGE_1 é capaz de inibir o efeito vasoconstritor de norepinefrina, epinefrina, vasopressina e Ang II. Apesar disso, alguns estudos têm demonstrado efeito oposto do TxA_2 e PGH_2, uma vez que há resposta potenciadora destas sobre a ação da norepinefrina. Portanto, o papel vascular das PG pode ser vasodilatador ou vasoconstritor, na dependência da PG liberada naquele momento, exercendo efeito regulador do fluxo mesentérico.

Grandes quantidades de serotonina (5-HT) são encontradas no sistema digestório. Este achado foi descrito pela primeira vez por Erspamer (em 1930), em um estudo da distribuição das células enterocromafins, observando que apresentavam altas concentrações de uma substância que na época foi denominada *enteramina*. A estimulação elétrica da região mesentérica é acompanhada de liberação de serotonina. No entanto, seu efeito vascular no leito mesentérico ainda não está totalmente estabelecido. Quando aplicada topicamente sobre vasos mesentéricos isolados, causa vasoconstrição. Por outro lado, a infusão de serotonina em preparações de intestino sem inervação extrínseca acarreta vasodilatação. Além disso, tem sido observado que baixas doses de serotonina (menores que 5 mg) causam vasodilatação, enquanto altas doses são frequentemente acompanhadas de vasoconstrição.

HIPEREMIA PÓS-PRANDIAL

Durante a ingestão e digestão de alimentos ocorre uma complexa interação dos fatores metabólicos, mecânicos, neurais e humorais. O fluxo sanguíneo esplâncnico aumenta até mesmo antes da ingestão de alimentos. Essa resposta antecipatória é de curta latência e sugere a influência do sistema nervoso nos ajustes vasculares que preparam o sistema digestório para a chegada de alimentos.

O aumento do fluxo sanguíneo durante a digestão é específico para segmentos do sistema digestório que apresentem maior atividade. A introdução de alimentos diretamente no estômago aumenta o fluxo sanguíneo gástrico e não modifica o fluxo sanguíneo intestinal. Portanto, na digestão de alimentos, o aumento de fluxo sanguíneo ocorre em primeira instância no estômago e, sequencialmente, nos demais segmentos do sistema digestório. Os mecanismos metabólicos e humorais (majoritariamente os hormônios do sistema digestório) são os principais envolvidos na hiperemia digestiva (ver em Controle parácrino e humoral). O sistema nervoso parece não desempenhar papel importante nesta fase, uma vez que a denervação simpática para o intestino não altera o fluxo sanguíneo local.

A camada que recebe maior aporte sanguíneo durante a digestão é a camada mucosa. Esta resposta parece ser influenciada pelo conteúdo luminal, e os lipídios e carboidratos são os principais mediadores desta hiperemia.

Durante a hiperemia pós-prandial não se observa diminuição significativa do fluxo sanguíneo para o baço, o coração, os rins e o sistema nervoso central. Portanto, a hiperemia pós-prandial parece não resultar da redistribuição do fluxo sanguíneo de outros órgãos.

Circulação Cerebral

Glaucia Helena Fortes | Valdo José Dias da Silva

CARACTERÍSTICAS ESTRUTURAIS

Em condições basais, o fluxo sanguíneo cerebral (encefálico) corresponde a aproximadamente 15% do débito cardíaco (ver Figura 36.1). As principais artérias que irrigam o encéfalo, as artérias cerebrais anteriores, médias e posteriores, nascem do polígono de Willis ou círculo arterial encefálico, que tem sua origem a partir das artérias carótidas internas e da artéria basilar, as quais se anastomosam por meio das artérias comunicantes anteriores e posteriores. Ramos das artérias vertebrais e basilar proximal irrigam o tronco encefálico na base do encéfalo (Figura 36.14). As artérias constituintes do polígono de Willis possibilitam uma anastomose do sistema arterial carotídeo com o sistema arterial vertebral. Entretanto, em condições fisiológicas, a anastomose presente no polígono de Willis é considerada virtual, uma vez que normalmente não há nenhuma mistura de sangue entre os territórios da carótida interna e da vertebral, nem entre os lados direito e esquerdo da anastomose. Além disso, a perfeita laminaridade do fluxo sanguíneo encefálico no território da artéria basilar assegura que os dois fluxos vertebrais não se misturem no interior da artéria basilar. Dessa maneira, as anastomoses responsáveis pela formação do polígono de Willis somente funcionam quando há algum tipo de obstrução do fluxo sanguíneo encefálico.

Múltiplos ramos arteriais progressivamente menores originários das artérias cerebrais e basilar se estendem pela superfície encefálica dentro do espaço subaracnoide, antes de perfurar a pia-máter e penetrar na profundidade do tecido encefálico (Figura 36.15), formando uma extensa e densa rede microvascular com riquíssima ramificação capilar. Esta ramificação alcança a densidade média de cerca de 3.500 vasos capilares por mm^2 de superfície tecidual na substância cinzenta e de aproximadamente 800 vasos capilares por mm^2 na substância branca do encéfalo, constituindo-se em uma das mais densas redes capilares do organismo (com densidade capilar similar à observada no coração). Nem todos os capilares encefálicos encontram-se abertos ao fluxo sanguíneo.

A drenagem venosa, por sua vez, se faz por meio dos seios venosos intradurais superficiais do crânio, os quais se esvaziam principalmente nas veias jugulares internas. A fixação anatômica da adventícia dos seios venosos intradurais aos ossos do crânio acaba por impedir o colapso das veias intracranianas em situações de significativa redução da pressão intracraniana, como, por exemplo, durante o ortostatismo.

Os capilares formam uma extensa rede no tecido encefálico que forma uma barreira na interface sangue-interstício, a qual é conhecida como barreira hematencefálica. Quase todas as proteínas e compostos de médio peso molecular (polipeptídios, como a insulina, e pequenas moléculas, como a sacarose, manitol e catecolaminas) atravessam com grande dificuldade

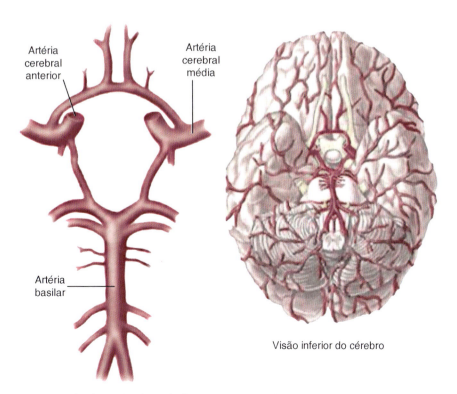

Figura 36.14 • Representação esquemática do polígono de Willis em detalhe (*à esquerda*) e de sua localização na superfície inferior do cérebro. (Adaptada de Carpenter, 1976.)

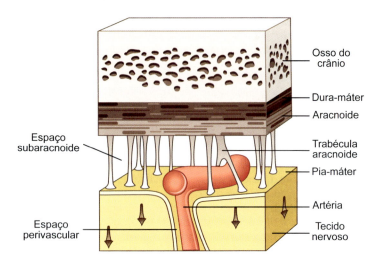

Figura 36.15 ▪ Vasos sanguíneos encefálicos e sua relação com as meninges e o tecido nervoso. (Adaptada de Young e Heath, 2000.)

ou não atravessam essa barreira. Entretanto, precursores de neurotransmissores (p. ex., o triptofano ou a tirosina) podem atravessar a barreira hematencefálica. A relativa impermeabilidade a alguns antibióticos apresenta importância clínica no tratamento de infecções encefálicas. Por outro lado, anestésicos (voláteis e não voláteis), etanol, CO_2, O_2, ureia, glicose, aminoácidos, corpos cetônicos e todos os lipídios passam rapidamente pela barreira hematencefálica. A barreira é, em parte, devida à intensa adesão entre células endoteliais contínuas que formam a parede do capilar encefálico (para mais detalhes, ver Capítulo 34, *Aspectos Morfofuncionais da Microcirculação*). As principais estruturas de adesão entre as membranas capilares são as *tight junctions* e os desmossomos. Além disso, uma membrana basal endotelial relativamente densa e um conjunto de prolongamentos terminais de astrócitos revestindo externamente os capilares encefálicos contribuem adicionalmente para a relativa impermeabilidade da barreira hematencefálica. A permeabilidade da barreira também se deve, em parte, a fatores não estruturais relacionados com os diferentes sistemas de transporte moleculares encontrados na membrana plasmática luminal das células endoteliais da parede capilar, entre os quais se destacam proteínas transportadoras ativas ligadoras de ATP da família ABC (*ATP-binding cassette*) principalmente a glicoproteína-P, a proteína MRP2 (*multidrug resistance protein-2*) e a proteína BCRP (*breast cancer resistance protein*), as quais funcionam como bombas dependentes de efluxo de xenobióticos e metabólitos endógenos. Em adição, ao longo da extensão do citosol das células endoteliais, transporte vesicular transendotelial (transcitose) é pouco presente no endotélio capilar encefálico.

A permeabilidade dos capilares encefálicos pode sofrer alterações importantes em situações clínicas, tais como tumores e infarto cerebral, sendo sua avaliação útil do ponto de vista clínico. Por meio de uma gamacâmara, é possível mapear as áreas encefálicas hipercaptantes de tecnécio metaestável radioativo (Tc^m, adsorvido a proteína, por exemplo, albumina, e injetado por via intravenosa), as quais são indicativas de ruptura da barreira hematencefálica.

Apesar de a barreira hematencefálica se distribuir por praticamente toda a extensão da microcirculação encefálica, quatro sítios parecem ser desprovidos desta barreira. Após a injeção de corante ou tecnécio radioativo (Tc^m), adsorvido à albumina, por via intravenosa, quatros sítios apresentam intensa captação:

(1) neuro-hipófise e parte ventral adjacente da eminência mediana do hipotálamo; (2) órgão vascular da lâmina terminal (OVLT); (3) órgão subfornicial (OSF); e (4) área postrema (Figura 36.16). Por se localizarem próximos à superfície do terceiro ou quarto ventrículos encefálicos, eles são denominados órgãos circunventriculares. Nestas quatro regiões, os capilares são fenestrados e com membrana basal mais frouxa, permitindo a passagem de substâncias maiores, como polipeptídios, com mais facilidade. Tais polipeptídios podem entrar na corrente sanguínea secretados por neurônios, a exemplo dos vários fatores de liberação ou inibição hipotalâmicos, que penetram o sistema vascular porta-hipofisário na eminência mediana para atuarem na adeno-hipófise. Ou podem ainda adentrar no SNC vindos da corrente sanguínea, atuando para desencadear respostas na função neuronal, a exemplo da Ang II circulante, que ao entrar na área postrema bulbar pode interferir com mecanismos neurais bulbares de controle da pressão arterial, ou no OSF ou OVLT, modulando a sede e a ingestão hídrica. A área postrema, em particular, parece também ser uma zona quimiossensível para agentes xenobióticos, responsável pelo gatilho iniciador do reflexo do vômito em resposta à absorção intestinal de substâncias potencialmente tóxicas.

CONTROLE DO FLUXO SANGUÍNEO CEREBRAL (FSC)

O aporte volumétrico de sangue ao encéfalo em um dado tempo é um parâmetro importante para seu adequado funcionamento. O encéfalo de um indivíduo adulto normal pesa entre 1.400 e 1.500 g, tendo FSC próximo de 50 a 60 mℓ/100 g/min, ou seja, por volta de 750 mℓ/min. Tal cifra corresponde a cerca de 15% do débito cardíaco. A substância branca recebe aproximadamente 1/3 do FSC, enquanto a substância cinzenta é muito mais vascularizada, recebendo cerca de 2/3.

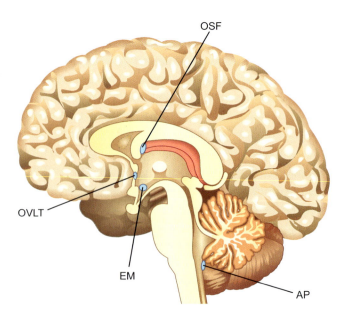

Figura 36.16 ▪ Órgãos circunventriculares: esquema de um corte sagital do encéfalo humano mostrando a localização dos órgãos circunventriculares: eminência mediana (*EM*), órgão vascular da lâmina terminal (*OVLT*), órgão subfornicial (*OSF*) e área postrema (*AP*).

Entre os métodos de medida do FSC, pode-se destacar o método fundamentado no princípio de Fick (descrito no Capítulo 8, *Difusão, Permeabilidade e Osmose*). Este método utiliza a inalação de doses subanestésicas do gás óxido nitroso (N_2O), que funciona como um indicador. Após o início da inalação do gás, são realizadas medidas periódicas da concentração de N_2O no sangue da artéria carótida e da veia jugular até a estabilização, o que em geral ocorre em cerca de 10 minutos. Após este tempo, como a distribuição do N_2O é homogênea nos diversos tecidos, as concentrações arteriais, venosas, bem como cerebrais do N_2O serão idênticas. Atualmente há outros métodos para a medida do FSC, com aplicações tanto clínicas quanto experimentais, tais como: ultrassonografia, Doppler transcraniano, tomografia por emissão de pósitron (*positron emission tomography* – PET), tomografia computadorizada por emissão de fóton único (*single photon emission computerized tomography* – SPECT), ressonância magnética nuclear funcional (*functional magnetic ressonance imaging* – fMRI), injeção de microesferas radioativas etc. Tais métodos tornaram possível demonstrar surtos localizados de hiperatividade metabólica e hiperfluxo sanguíneo coincidentes com as áreas encefálicas ativadas. Por exemplo, está demonstrado que uma simples contração voluntária dos músculos da mão é acompanhada por aumento apreciável do FSC da área contralateral cortical motora correspondente à mão. Um leve estímulo luminoso da retina aumenta o fluxo sanguíneo dos colículos superiores e do córtex occipital. Durante a fala, verifica-se aumento considerável de fluxo sanguíneo para a área de Broca. Assim, com base nas variações de fluxo sanguíneo decorrentes de atividade metabólica, é possível construir um mapa funcional do encéfalo, tanto de animais quanto de humanos, que utiliza como indicadores o fluxo sanguíneo local e o metabolismo. Tal tecnologia tem possibilitado grandes avanços no entendimento das funções encefálicas superiores.

O encéfalo é o tecido do corpo humano mais vulnerável à isquemia. A privação encefálica de O_2, por alguns segundos, pode provocar perda de consciência e, por poucos minutos, dano irreversível. Entretanto, o FSC tende a permanecer notavelmente constante em quase todas as situações fisiológicas. A manutenção do FSC se deve a vários fatores que protegem a circulação encefálica e regulam o mesmo com grande eficiência.

O leito vascular encefálico é o leito vascular mais protegido do organismo no que diz respeito às variações de pressão hidrostática. Isto se deve principalmente ao fato de que a maior parte das artérias e veias encefálicas estão mergulhadas dentro do líquido cefalorraquidiano, que preenche o espaço subaracnoide, bem como os ventrículos cerebrais. Contido dentro dos rígidos limites do crânio e do canal raquidiano, o líquido cefalorraquidiano encontra-se em uma câmara contínua preenchida de líquido, cuja pressão hidrostática em qualquer ponto varia diretamente com a posição corporal, ou seja, com a altura da coluna vertical de líquido. Devido a tal fato, para um dado nível dentro do crânio ou do canal raquidiano, as pressões intravenosas e intraliquóricas estão equilibradas em todos os pontos da coluna vertebral e do crânio. Na posição ereta, as pressões do líquido cefalorraquidiano e venosa do crânio são negativas, e na porção inferior da coluna vertebral elas são positivas. Isto evita o colapso venoso no crânio e a distensão venosa no segmento inferior da coluna vertebral. Assim, o gradiente de pressão intravascular do sistema nervoso central é mantido em todos os pontos, qualquer que seja a posição corporal. Entretanto, apesar destas características protetoras, na posição ortostática verifica-se uma redução de cerca de 20% do FSC.

Além dos mecanismos protetores da caixa craniana e coluna vertebral, os mecanismos reflexos e a autorregulação miogênica (para maiores detalhes, ver Capítulo 33) e metabólica do FSC também são importantes processos reguladores do FSC. O reflexo barorreceptor (para maiores detalhes, ver Capítulo 37) e a resposta isquêmica do sistema nervoso central atuam mais indiretamente na manutenção das cifras de pressão arterial e, dessa forma, contribuem com a regulação do FSC, do que de forma direta, ativando o controle nervoso autônomo dos vasos cerebrais. Aliás, até o momento há grande controvérsia sobre o papel da inervação autonômica dos vasos encefálicos, a qual é, em sua maioria, simpática. Tal controvérsia se deve, em parte, às diferenças de respostas de acordo com a espécie animal estudada, além de eventuais diferenças dos efeitos de anestésicos utilizados em experimentos de estimulação nervosa. Em macacos e coelhos, por exemplo, alguns estudos têm demonstrado respostas vasoconstritoras à estimulação simpática cervical. Opostamente, em humanos saudáveis, os efeitos da estimulação simpática parecem não alterar o tônus constritor dos vasos encefálicos. Entretanto, alguns estudos mais recentes têm demonstrado uma influência vasoconstritora mediada pela ativação simpática em pacientes com hipertensão arterial. Admite-se que tal vasoconstrição poderia representar um papel protetor, atenuando um aumento do FSC, o qual seria produzido pela própria elevação da pressão arterial desses pacientes. Tal efeito poderia minimizar a lesão endotelial e da barreira hematencefálica e impedir a formação de edema encefálico, por exemplo, durante um exercício físico ou em uma elevação adicional da pressão arterial.

A autorregulação metabólica é o mecanismo de controle mais eficiente do FSC. A hipoxia tecidual induz importante vasodilatação na circulação encefálica. Este efeito é claramente protetor, mantendo o metabolismo estritamente aeróbico do encéfalo mesmo em situações de hipoxia. Entretanto, essa vasodilatação só se manifesta nos vasos encefálicos quando da vigência de hipoxia grave, com PO_2 no sangue arterial (*PaO_2*) menor que 50 mmHg (Figura 36.17). Portanto, provavelmente as alterações de PaO_2, dentro dos limites fisiológicos, exercem poucos efeitos sobre o FSC.

Mais que à hipoxia, os vasos encefálicos são extremamente sensíveis ao conteúdo tecidual de CO_2. Alterações da PCO_2 no sangue arterial (*$PaCO_2$*) exercem intensa influência sobre o FSC. A hipercapnia (aumento da $PaCO_2$) causa intensa vasodilatação, enquanto a hipocapnia (redução da $PaCO_2$) provoca acentuada vasoconstrição (ver Figura 36.17). O efeito do CO_2 é, em parte, mediado por variações no pH do líquido cefalorraquidiano, já que uma queda do pH no espaço intersticial neuronal induz profundos efeitos depressores sobre a atividade nervosa.

A expressiva sensibilidade dos vasos encefálicos ao CO_2 e, em menor extensão, ao O_2 pode explicar a importante vasodilatação local observada quando de aumentos localizados na atividade neuronal. O estímulo na atividade neuronal acarreta aumento no consumo metabólico local de O_2 e consequente elevação local de CO_2 e queda do pH, os quais, como descrito anteriormente, têm pronunciado efeito vasodilatador nas arteríolas locais. Entretanto, é ainda controverso se os efeitos de variações na $PaCO_2$ ou PaO_2 são diretos no músculo liso vascular ou se são mediados por algum mediador químico local, que agiria por ação parácrina. Entre os mediadores químicos estudados, destaca-se: adenosina, $[K^+]e$, prostaglandinas, derivados prostanoides da citocromo P450 (tais como o ácido 20-hidroxieicosatetraenoico ou 20-HETE), NO, endotelina, cininas, serotonina, peptídio relacionado com o gene da calcitonina (CGRP) etc.

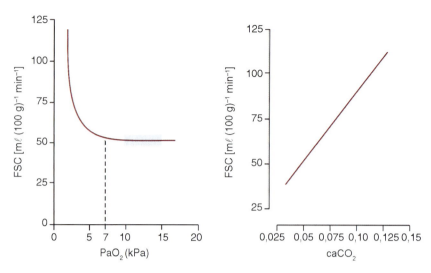

Figura 36.17 ▪ Influência da pressão parcial de oxigênio no sangue arterial (PaO₂) e do conteúdo arterial de gás carbônico (caCO₂) sobre o fluxo sanguíneo cerebral (FSC). Abaixo da PaO₂ de 7 kPa (cerca de 53 mmHg), o FSC aumenta. Dentro da faixa fisiológica da PaO₂ (*área hachurada*), há pouca alteração do FSC. Note no gráfico à direita a grande dependência do FSC ao caCO₂. (Adaptada de Johnston *et al.*, 2003.)

Também foi descrito um possível papel da interação de neurônios, astrócitos e arteríolas (Figura 36.18) na regulação do fluxo sanguíneo tecidual. Em consequência de elevada atividade neuronal e aumento da quantidade de glutamato liberado na fenda sináptica neuronal, o glutamato acaba por difundir-se para o interstício perissináptico, alcançando os astrócitos vizinhos. Nestas células, o glutamato é capaz de dar início a um pulso de Ca^{2+} intracelular, o qual pode ativar a via da ciclo-oxigenase, e induzir a liberação de prostaglandinas vasodilatadoras nas arteríolas piais.

O mecanismo autorregulatório miogênico também é de fundamental importância para o controle do FSC. Como descrito, dentro de limites relativamente largos de variação da pressão arterial média, de 70 a 120-130 mmHg, o FSC tende a permanecer relativamente constante (Figura 36.19). Porém, agindo sobre a autorregulação miogênica, mais uma vez, mediadores metabólicos, $PaCO_2$, PaO_2 e pH podem exercer importante papel, amplificando o presente mecanismo. Por exemplo, em situações de elevação da pressão arterial média, um imediato aumento do FSC seria esperado (pela lei de Poiseuille). Este aumento provocaria uma hiperoxia, acompanhada de hipocapnia e alcalose tecidual. Ambos os efeitos, mas principalmente estes últimos, amplificariam a vasoconstrição desencadeada pelo aumento da pressão de perfusão dos vasos encefálicos, com consequente elevação da resistência vascular e normalização do FSC. Os mesmos mecanismos agindo em sentido contrário seriam observados em uma situação de hipotensão arterial. Desse modo, dentro da faixa de 70 a 120-130 mmHg, variações da pressão arterial média não trariam alterações importantes no FSC. Obviamente, fora da faixa autorregulatória, quedas na pressão arterial média abaixo de 70 mmHg podem provocar isquemia encefálica em indivíduos saudáveis. É curioso observar que a faixa autorregulatória miogênica do FSC pode ser modificada. Por exemplo, em pacientes hipertensos a autorregulação miogênica está amplificada e tende a se deslocar para a direita, em direção aos níveis pressóricos elevados (ver Figura 36.19). Tal deslocamento para a direita garante um FSC dentro da faixa fisiológica, apesar da hipertensão arterial, protegendo o encéfalo do desenvolvimento de edema e hipertensão intracraniana. Porém, nos aumentos excessivos da pressão arterial, como os observados na hipertensão arterial grave ou na hipertensão arterial maligna, o deslocamento da faixa autorregulatória pode não ser suficiente e uma elevação do FSC pode ocorrer, com consequente surgimento de edema encefálico e hipertensão intracraniana, os quais são manifestações típicas da encefalopatia hipertensiva.

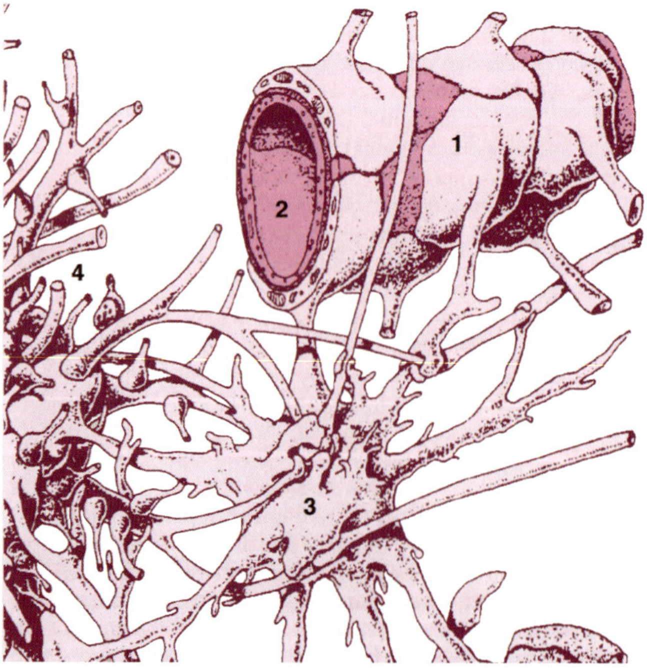

O FSC diminui durante o sono, na anestesia geral (em até 50%) e na aterosclerose cerebral. A prevalência da doença aterosclerótica em vasos encefálicos tem importantes implicações clínicas, já que as enfermidades cerebrovasculares são as mais frequentes entre as doenças neurológicas e, além disso, compreendem cerca de 50% das hospitalizações neurológicas em salas de emergência de adultos. A consequência mais grave da

Figura 36.18 ▪ Os astrócitos (*3*) estão justapostos entre neurônios (*4*) e arteríolas cerebrais (*2*). Os prolongamentos dos astrócitos (*1*) mantêm contato e envolvem completamente as arteríolas da circulação cerebral. (Adaptada de Kandel *et al.*, 2000.)

Circulações Regionais

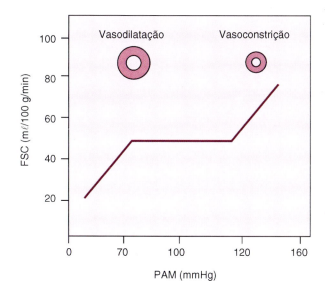

Figura 36.19 ▪ Autorregulação do fluxo sanguíneo cerebral (FSC) humano na faixa de pressão arterial média (PAM) compreendida entre 70 e 120 mmHg. Abaixo do valor normal de PAM (cerca de 90 a 95 mmHg), a autorregulação se faz por vasodilatação, enquanto acima do valor normal de PAM, a autorregulação ocorre por vasoconstrição cerebral. (Adaptada de Guyton e Hall, 1996.)

doença aterosclerótica dos vasos cerebrais é o *acidente vascular encefálico* (AVE). O AVE é a enfermidade mais comum e mais grave que afeta o SNC. Em países desenvolvidos, ocupa o segundo lugar como causa de mortalidade, atrás apenas das doenças cardíacas. O AVE pode ser devido a um trombo formado em consequência da ruptura da placa aterosclerótica no lúmen vascular, a um êmbolo ou à total ruptura da parede vascular, com hemorragia intraparenquimatosa ou subaracnoide. O vaso mais comumente acometido é a artéria cerebral média. O quadro clínico, obviamente, depende da artéria atingida e da extensão da área infartada ou hemorrágica. Enquanto o fluxo sanguíneo na área afetada reduz-se sensivelmente, nas zonas adjacentes há aumento de fluxo sanguíneo, consequente à vasodilatação isquêmica. Pacientes com doença aterosclerótica nas artérias carótidas internas, com redução de mais de 50% no diâmetro interno do vaso, apresentam elevação de cerca de 15% do FSC após assumirem a posição ortostática e aumento da relação FSC/débito cardíaco na posição ereta e após exercício físico; o contrário é observado em indivíduos normais, em que o FSC sofre queda de 20% do esperado na posição ereta e após exercício físico. Tais dados sugerem que indivíduos com doença aterosclerótica nos vasos encefálicos apresentam defeito nos mecanismos autorregulatórios, o qual produz um aumento anormal do FSC quando de aumentos do débito cardíaco.

Circulação Cutânea

Valdo José Dias da Silva | Glaucia Helena Fortes

A principal função da circulação cutânea é manter o equilíbrio térmico, que proporciona isolamento contra o frio e eficiente transferência de calor entre as porções centrais do corpo e a periferia. Esse mecanismo de regulação de calor, auxiliado pela sudorese e pelo efeito refrescante da evaporação, está mais bem adaptado para a proteção contra o calor excessivo do que contra o frio excessivo.

Em um indivíduo adulto saudável de 70 kg, a pele tem uma espessura variável (em geral 1 a 3 mm), com uma superfície total de cerca de 1,7 a 1,8 m^2 e massa conjunta de cerca de 2 a 2,5 kg (cerca de 4% do peso corporal).

A rede vascular cutânea se localiza na derme. A epiderme recebe a nutrição por meio de processo difusional a partir do interstício dermal. Do ponto de vista funcional, a vasculatura cutânea pode ser de dois tipos gerais: (1) a ampla rede superficial arteriocapilar-venular de arquitetura comum (com amplo plexo venoso subcutâneo de fluxo sanguíneo lento), que prevalece na pele da maior parte do corpo, com redes vasculares particularmente ricas na pele dos membros superiores e inferiores; e (2) similar à anterior, porém associada a um grande número de anastomoses arteriovenosas (AAV), encontrada nas palmas das mãos, plantas dos pés e na face (em especial nas orelhas, nariz e lábios). Nestas regiões, a pele se encontra preenchida com numerosos curtos-circuitos capilares, constituídos por vasos arteriais espiralados, de aproximadamente 50 mm de diâmetro, com paredes musculares grossas bem inervadas por fibras simpáticas. Estes vasos não têm superfície de troca capilar e, em virtude de sua vascularização não usual, têm grande capacidade de realizar importantes intercâmbios de calor.

O fluxo sanguíneo cutâneo pode ser comumente aferido por meio de pletismografia de oclusão venosa ou, mais recentemente, por tecnologia *laser*-Doppler. Estudos do fluxo sanguíneo cutâneo demonstram que este tecido tem grande capacidade de elevação no fluxo sanguíneo, que alcança valores máximos pela estimulação com calor máximo. Por exemplo, o fluxo cutâneo da mão, no calor máximo, pode aumentar 30 vezes o valor basal, que é cerca de 3 a 5 mℓ/100 g/min e, com a aplicação de frio de 15°C, pode diminuir cerca de 10 vezes, alcançando 0,3 a 0,5 mℓ/100 g/min. Entretanto, com o resfriamento adicional, por exemplo até 10°C, observa-se, ao contrário, uma vasodilatação induzida pelo frio, a qual se constitui em uma resposta protetora local não neurogênica, de mecanismo até o momento desconhecido.

O fluxo cutâneo total de um adulto saudável de 70 kg, em repouso, na temperatura ambiente de 20°C, é cerca de 25 mℓ/100 g/min, ou seja, cerca de 500 mℓ/min, perfazendo de 5 a 10% do débito cardíaco de repouso (ver Figura 36.1). Entre os extremos de frio e de calor, estima-se que o fluxo cutâneo total possa variar de 20 mℓ/min até 8 ℓ/min, respectivamente. A capacidade de transferência de calor da pele varia entre 0,02 e 30 kcal/min, dependendo das temperaturas ambiental e corporal, da intensidade do fluxo sanguíneo cutâneo e da produção de suor. Como um indivíduo adulto produz cerca de 1 a 20 kcal/min, a pele é capaz de permutar entre 2% e 150% do calor corporal produzido, constituindo-se em um dos principais locais termorregulatórios do organismo.

Ainda que efeitos diretos do calor ou do frio sobre os vasos cutâneos possam ser verificados, sem dúvida o principal mecanismo controlador do fluxo sanguíneo cutâneo é a inervação simpática, a qual responde reflexamente à estimulação de termorreceptores cutâneos e hipotalâmicos.

A estimulação de termorreceptores cutâneos e hipotalâmicos sensíveis ao calor produz uma acentuada vasodilatação das artérias de resistência e arteríolas, assim como de vasos de capacitância (vênulas). O resultado é um grande aumento no fluxo cutâneo (tanto arterial quanto venoso), o qual está especialmente bem adaptado à transferência de calor para o meio ambiente. A vasodilatação observada nas mãos, pés e face é "passiva", ou seja, deve-se à redução do tônus simpático vascular para a pele destas regiões, enquanto a vasodilatação da pele de outras regiões é principalmente "ativa", consequente à ativação reflexa do simpático vasodilatador cutâneo. Esta vasodilatação cutânea "ativa" ocorre principalmente nas arteríolas, e não nas anastomoses arteriovenosas. À semelhança do que tem sido proposto para as glândulas salivares, um possível mecanismo desta vasodilatação cutânea "ativa" poderia envolver a liberação de uma enzima similar à calicreína de glândulas sudoríparas. Estimuladas por sua inervação simpática pré-ganglionar colinérgica, as glândulas liberam calicreína, que, agindo sobre o bradicininogênio tecidual, libera bradicinina, um potente agente vasodilatador de ação local. Entretanto, a resposta vasodilatadora cutânea "ativa" após a exposição ao calor não foi bloqueada com o uso de antagonistas seletivos dos receptores B2 da bradicinina (que medeiam as respostas vasodilatadoras da bradicinina). Porém, aproximadamente 30% dessa resposta foi reduzida com o uso de fármacos inibidores da NO sintase, sugerindo o NO como um possível, mas não o único, mediador da vasodilatação simpática cutânea "ativa".

A exposição local ao calor também provoca vasodilatação no local aquecido, por ação direta independente dos mecanismos reflexos centrais controladores do simpático vasodilatador ou vasoconstritor cutâneo. Em humanos, a temperatura local de 42°C provoca vasodilatação cutânea local máxima (Figura 36.20). Nos primeiros 3 a 5 min, verifica-se um rápido aumento inicial do fluxo sanguíneo, seguido por uma leve redução e, então, uma vasodilatação mais lenta, a qual alcança um nível de estabilização após 25 a 30 min do aquecimento local (ver Figura 36.20). O nível final de vasodilatação é proporcional à temperatura local aplicada. Evidências experimentais sugerem que a vasodilatação rápida inicial parece depender da ativação local de terminações sensoriais, principalmente fibras do tipo C. Estas fibras sensoriais localmente ativadas liberam, por estimulação antidrômica, neurotransmissores com ação vasodilatadora, como CGRP, substância P e neurocinina A. A ativação das terminações sensoriais cutâneas pelo calor é mediada, ao menos parcialmente, por receptores vaniloides do tipo VR1 sensíveis ao calor, presentes na membrana das terminações livres das fibras sensoriais do tipo C cutâneas. Por outro lado, a vasodilatação tardia parece depender da liberação local de NO, uma vez que a aplicação local de inibidor da NO sintase reduz consideravelmente a resposta vasodilatadora tardia (ver Figura 36.20).

A resposta reflexa ao frio, bem menos notável, porém significativa, não inclui só a redução do fluxo sanguíneo arteriolar, como também a venoconstrição, com consequente diminuição do volume venoso subcutâneo e aumento da velocidade do fluxo venoso, reduzindo-se, claramente, a perda de calor. Esta resposta é generalizada; porém, é mais pronunciada nos pés e mãos, sendo mediada predominantemente pelo sistema nervoso simpático vasoconstritor (para maiores detalhes da via de sinalização, ver Capítulo 33). Essa resposta vasoconstritora é mediada principalmente pela liberação de norepinefrina; porém, estudos sugerem a participação do neuropeptídio Y e do ATP, coliberados na sinapse noradrenérgica. A ativação simpática reflexa é decorrente da excitação de termorreceptores cutâneos sensíveis ao frio e também de termorreceptores hipotalâmicos, que se ativam ao receberem sangue mais frio vindo das extremidades. A exposição ao frio moderado ou por curtos períodos também provoca vasoconstrição cutânea

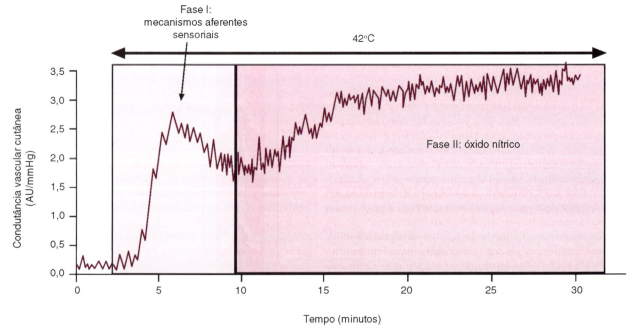

Figura 36.20 • Vasodilatação cutânea típica após 30 min de aplicação de calor local. O pico rápido inicial (*Fase I*) na condutância vascular cutânea é devido à atividade nervosa sensorial local, enquanto a *Fase II*, mais lenta, depende da liberação local de óxido nítrico. (Adaptada de Charkoudian, 2003.)

direta, tanto de arteríolas e vênulas como de anastomoses arteriovenosas. Esta vasoconstrição parece ser mediada pela liberação (estimulada diretamente pelo frio) de norepinefrina das terminações simpáticas. Adicionalmente, um possível aumento na sensibilidade de receptores α_2-adrenérgicos por ação direta do frio pode também contribuir para a vasoconstrição local da pele após a exposição ao frio. Durante exposição prolongada ao frio intenso, os efeitos diretos somados aos efeitos reflexos indiretos podem reduzir o fluxo sanguíneo cutâneo, de tal modo que ele pode não ser mensurável, com grande risco de congelação e grave dano aos tecidos. A face rósea ou avermelhada, observada em indivíduos que permanecem expostos por períodos prolongados ao frio, pode representar uma vasodilatação direta decorrente de frio intenso; entretanto, o fluxo sanguíneo cutâneo facial pode, na realidade, apresentar-se significativamente reduzido, a despeito da aparente vermelhidão. A coloração avermelhada da face, apesar do baixo fluxo sanguíneo nessa situação, é em grande parte decorrente da reduzida captação de O_2 pela pele fria e do deslocamento para a esquerda na curva de dissociação da oxi-hemoglobina (ver Capítulo 44, *Difusão e Transporte de Gases no Organismo*), induzido pelo frio.

Como pode ser depreendido dos parágrafos anteriores, o sistema nervoso simpático exerce um papel fundamental no controle do fluxo sanguíneo cutâneo. Como este sistema tem origem central na coluna intermediolateral da medula espinal, o controle simpático do fluxo sanguíneo cutâneo sofre uma importante modulação do sistema nervoso central. A este respeito, um papel preponderante de neurônios pré-simpáticos serotoninérgicos e glutamatérgicos localizados no núcleo da rafe bulbar e na área pré-óptica hipotalâmica tem sido descrito. Além delas, outras regiões do SNC parecem influenciar o tônus simpático cutâneo, tais como bulbo rostral ventrolateral, área tegmental ventral, substância cinzenta periaquedutal etc. Como tais regiões centrais, particularmente o hipotálamo, recebem informações sensoriais térmicas, vindo da periferia, a ação integrada destes núcleos do SNC e do simpático periférico no controle do leito vascular cutâneo constitui-se em um dos principais mecanismos termorregulatórios do organismo.

Os vasos sanguíneos cutâneos são muito sensíveis também às influências nervosas centrais e hormonais, aparentemente não relacionadas com a termorregulação. O medo pode estar associado a vasoconstrição e palidez cutânea. Devido à tensão nervosa, pode ser observada sudorese fria nas extremidades. Em consequência a certos estímulos emocionais, pode também ser observado rubor facial. Estas respostas, mediadas pela inervação simpática cutânea vasoconstritora e/ou vasodilatadora, claramente emocionais, não estão associadas ao controle térmico corporal. As respostas vasculares cutâneas a estímulos emocionais, em geral, relacionadas à resposta de alerta parecem envolver núcleos centrais tais como habênula, amígdala, *locus ceruleus*, hipotálamo dorsomedial, área perifornicial etc. os quais enviam projeções excitatórias para o núcleo da rafe bulbar.

A Figura 36.21 resume o conhecimento atual a respeito dos principais mecanismos relacionados com o controle reflexo e local do fluxo sanguíneo cutâneo e a influência da exposição ao frio e ao calor sobre estes mecanismos. Em humanos, a termorregulação da circulação cutânea representa um conjunto de mecanismos de controle fisiológico vitais para a homeostase térmica.

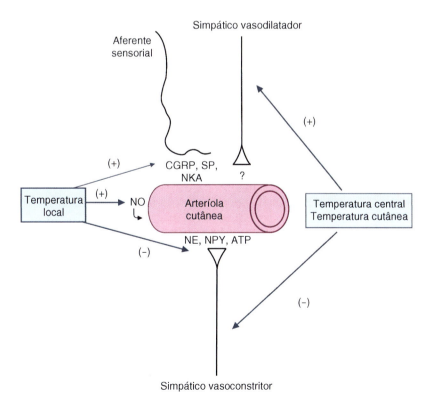

Figura 36.21 ▪ Representação esquemática dos mecanismos de controle termorregulatório do fluxo sanguíneo cutâneo. Sinais (+) referem-se a relações positivas: aumentos na temperatura provocam aumentos na atividade e vice-versa. Sinais (−) referem-se a relações inversas: aumentos na temperatura causam reduções na atividade e vice-versa. *NE*, norepinefrina; *NPY*, neuropeptídio Y; *NO*, óxido nítrico; *CGRP*, peptídio relacionado com o gene da calcitonina; *SP*, substância P; *NKA*, neurocinina A; *?*, neurotransmissor desconhecido. (Adaptada de Charkoudian, 2003.)

Circulação Pulmonar

Margarida de Mello Aires

O fluxo sanguíneo pulmonar é o débito cardíaco do ventrículo direito, tanto no indivíduo em repouso quanto em qualquer outra situação fisiológica, por exemplo, durante a atividade física. Através da artéria pulmonar, o sangue ejetado pelo ventrículo direito segue aos pulmões (ver Figura 36.1). Esta se ramifica em artérias cada vez menores que trafegam com os brônquios (na zona de transporte) em direção às zonas respiratórias, em arteríolas e estas em capilares pulmonares, os quais formam densas redes em torno dos alvéolos (a chamada unidade alveolocapilar).

A função da circulação pulmonar não se refere à nutrição dos pulmões, ao fornecimento de O_2, ou à retirada de CO_2 pulmonar, mas à permuta desses gases com a atmosfera. Já a circulação brônquica fornece o suprimento de sangue para as vias condutoras aéreas (que não participam nas trocas gasosas), sendo uma fração bem pequena do fluxo de sangue pulmonar total.

Uma importante característica da circulação pulmonar é a baixa pressão do sistema quando comparada à circulação sistêmica (Figura 36.22). Algumas peculiaridades da circulação pulmonar resultam da baixa pressão hidrostática do sistema. A pressão sistólica pulmonar é aproximadamente 22 mmHg, enquanto a pressão diastólica pulmonar é aproximadamente 8 mmHg (com pressão arterial média de 15 mmHg), ou seja, 6 a 8 vezes mais baixa que a pressão arterial sistêmica. Portanto, o trabalho cardíaco do ventrículo direito é menor que do ventrículo esquerdo. A pressão capilar pulmonar é aproximadamente 10 mmHg. Por isso, na rede pulmonar, a relação entre pressão hidrostática e pressão coloidosmótica (de 25 mmHg) favorece sempre a reabsorção, e o volume de líquido intersticial pulmonar é praticamente nulo. Esta é condição essencial para a eficiência das trocas gasosas na unidade alveolocapilar, pois a existência de líquido intersticial, em volume apreciável, aumentaria as distâncias de difusão de gases. Caso ocorra a elevação da pressão capilar pulmonar para valores acima de 25 mmHg (p. ex., nos casos de insuficiência cardíaca do ventrículo esquerdo) observa-se expansão do volume intersticial pulmonar e a formação do edema pulmonar. O edema pulmonar restringe acentuadamente as trocas gasosas.

Como será discutido no Capítulo 43, *Ventilação Alveolar, Distribuição da Ventilação, da Perfusão e da Relação Ventilação-Perfusão*, pela ação da gravidade, o fluxo de sangue nos pulmões não é distribuído por igual. Assim, quando o indivíduo está em posição ortostática (em pé), o fluxo de sangue é menor no ápice (parte superior) dos pulmões e maior em sua base (parte inferior). Porém, quando o indivíduo está em posição supina (deitado), esses efeitos gravitacionais são minimizados.

Em virtude de terem adotado a posição ereta, os humanos têm características hemodinâmicas pulmonares que não são partilhadas pela grande maioria dos mamíferos, ilustradas na Figura 36.23. A altura total do pulmão de um adulto, em pé, é de cerca de 26 cm, podendo-se dividir o pulmão em três áreas funcionais distintas: A, B e C. A *área A*, que corresponde ao ápice pulmonar, está cerca de 13 cm acima da raiz da artéria pulmonar (ver Figura 36.23). Por isso, a pressão arterial média que na artéria pulmonar é de 15 mmHg cai para 5 mmHg nessa área (em virtude da coluna de 13 cm de altura). Nesse local, a pressão no início do sistema venoso é de –5 mmHg, elevando-se para +5 mmHg no átrio esquerdo. A pressão capilar é zero. Portanto, existe um gradiente de pressão para o fluxo de sangue, pois o sistema é fechado. Mas para que haja fluxo sanguíneo é preciso que a pressão intracapilar seja superior ou igual à pressão intra-alveolar. Na condição de repouso respiratório, a pressão intra-alveolar é zero (ou atmosférica), igual, portanto, à pressão intracapilar. Durante a inspiração, a pressão intra-alveolar cai para –6 mmHg, mas, durante a expiração, eleva-se para +6 mmHg. Ou seja, a pressão intra-alveolar é menor que a capilar na inspiração, igual no repouso e maior na expiração. Consequentemente, na área A, os capilares fecham-se durante a expiração, são instáveis durante o repouso e abrem-se durante a inspiração, fato esse que se deve à interconexão alveolocapilar. Na *área B*, situada no nível da raiz da artéria pulmonar (ver Figura 36.23),

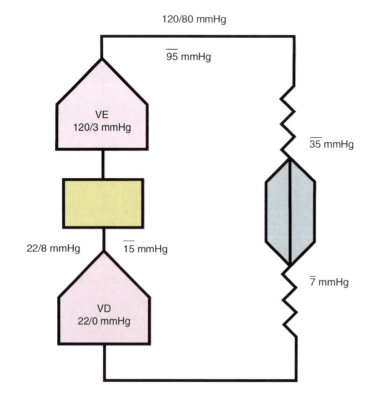

Figura 36.22 ▪ Circuito equivalente simplificado do sistema circulatório e pressões características de cada segmento. VE, ventrículo esquerdo; VD, ventrículo direito.

Circulações Regionais 601

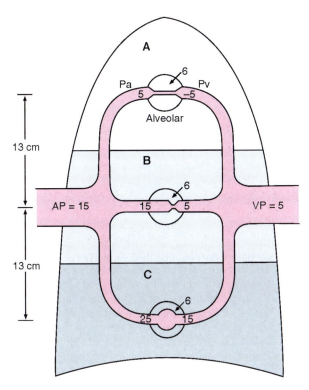

Figura 36.23 ▪ Esquema da circulação pulmonar no indivíduo em posição ereta. As pressões alveolares afetam o fluxo tanto mais quanto mais elevado estiver o alvéolo. Descrição da figura no texto. *AP*, artéria pulmonar; *VP*, veia pulmonar; *Pa*, pressão arterial; *Pv*, pressão venosa.

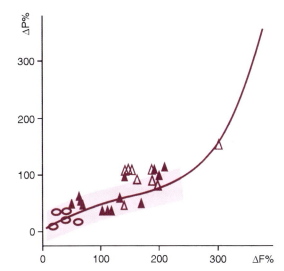

Figura 36.24 ▪ Relação entre incremento de pressão (ΔP) e incremento de fluxo (ΔF) na circulação pulmonar. A origem dos eixos (ΔP = 0; ΔF = 0) é a situação normal. O fluxo cresce muito mais que a pressão até ΔF = 200% (equivalente a um débito cardíaco de 15 ℓ/min para um adulto normal). A partir desse ponto, a curva aumenta sua inclinação, o que indica que o sistema vascular pulmonar alcançou distensão máxima. A curva representa experimentos em cães, e os símbolos, valores encontrados em seres humanos.

as pressões intravasculares superam sempre a pressão alveolar, exceto no pico da expiração, na qual há tendência ao colapso. Finalmente, na *área C*, as pressões intravasculares são sempre maiores que as pressões alveolares, de modo que o fluxo é contínuo (ver Figura 36.23). Em síntese, pode-se afirmar que, na posição ereta, existe um desvio de fluxo sanguíneo pulmonar do ápice para a base dos pulmões. Na posição supina, este *shunt* não é observado, mas se intensifica na respiração forçada, pois o ciclo de pressões alveolares acentua-se e pode alcançar valores extremos de –10 a +10 mmHg. Durante exercícios muito intensos, aumenta-se a mobilização dos volumes de reserva inspiratório e expiratório, aumentando a ventilação alveolar, mas neste caso ocorre também elevação das cifras de pressão arterial pulmonar, que compensa, em parte, a elevação da oscilação de pressões intra-alveolares.

O fator de expansão da circulação pulmonar é igual ao da periférica, de 4 a 8, dependendo do grau de condicionamento físico de cada indivíduo. A elevação da demanda e, consequentemente, do débito cardíaco esquerdo eleva o débito cardíaco direito (pela relação de Frank-Starling; ver Capítulos 30 e 31). A Figura 36.24 mostra que a elevação de débito cardíaco do ventrículo direito é acompanhada de uma pequena elevação da pressão arterial pulmonar. Como a elevação da pressão é proporcionalmente muito menor que a elevação do débito, conclui-se que a rede vascular pulmonar possui uma alta complacência, acomodando o aumento do fluxo sanguíneo. A Figura 36.24 também indica que, para grandes elevações de débito, ocorre mudança na inclinação da curva de pressão/fluxo. Neste caso, reduz-se a complacência arterial pulmonar, e a elevação da pressão arterial já não provoca dilatação adicional desses vasos sanguíneos. Por isso, em condições de aumento do fluxo sanguíneo pulmonar, como ocorre nos casos de fístula arteriovenosa, observa-se hipertensão arterial pulmonar.

Em condições fisiológicas, a rede arterial pulmonar encontra-se em estado mínimo de distensão. As pequenas artérias e arteríolas apresentam camada muscular lisa descontínua e membrana elástica interna simples. São, portanto, muito mais semelhantes às vênulas que às arteríolas da grande circulação.

A rede arterial pulmonar recebe inervação simpática, mas não se conhecem efeitos desta inervação sobre a função circulatória pulmonar. Os mediadores simpáticos, epinefrina e norepinefrina, são pouco ativos sobre os vasos pulmonares. O endotélio pulmonar tem uma grande importância na regulação do fluxo pulmonar. Dentre os fatores chama-se atenção para o papel vasodilatador do NO e dos fatores hiperpolarizantes derivados do endotélio (EDHF), e vasoconstritor da endotelina (para maiores detalhes, ver Capítulo 33). Porém, o principal agente que regula o tônus da musculatura lisa pulmonar é a pressão parcial de O_2 alveolar. Ao contrário do que ocorre nos vasos sistêmicos, o O_2 é vasodilatador e a hipoxia é vasoconstritora. Quando esta é localizada a uma região pulmonar, observa-se redução do fluxo sanguíneo para aquela localização; mas, na hipoxia generalizada observa-se vasoconstrição pulmonar global. No primeiro caso, a consequência é um desvio do fluxo das regiões pouco oxigenadas para as mais ventiladas e, deste modo, melhora o nível médio de oxigenação sanguínea. A hipoxia generalizada provoca vasoconstrição generalizada e, consequentemente, hipertensão arterial pulmonar. Um exemplo é o mal das montanhas: nessas regiões, a baixa pressão parcial de O_2 determina hipoxia pulmonar generalizada e, frequentemente, acentuada hipertensão pulmonar. Nos casos mais graves, a hipertensão pulmonar pode causar descompensação ventricular direita, se esta câmara for incapaz de superar a resistência pulmonar elevada.

Circulação Fetal

Luciana Venturini Rossoni

A maior diferença entre o sistema circulatório do feto e do adulto é a presença da placenta. No feto, a *placenta* exerce a função de quatro grandes sistemas essenciais para a vida extrauterina: (1) *pulmões* – por meio da sua função de troca gasosa; (2) *sistema digestório* – por fornecer a nutrição necessária ao desenvolvimento fetal; (3) *fígado* – por seu papel no fornecimento de nutrientes e lavagem de metabólitos; e (4) *rins* – pela manutenção do balanço hidreletrolítico e da eliminação de excretas. O coração do feto começa a ter seu automatismo a partir da quarta semana de gestação; daí em diante, 55% do fluxo sanguíneo é bombeado para a placenta e os outros 45% são divididos para os outros tecidos fetais, como sistema nervoso central, coração, membros superiores e fígado. Completamente diferente do que acontece no coração do adulto, os ventrículos direito e esquerdo do feto trabalham em paralelo (e não em série). Assim, uma vez que o retorno venoso fetal determina, em parte, o volume sistólico dos ventrículos direito e esquerdo, os quais se misturam no nível da aorta torácica, o *débito cardíaco do feto* é um combinado de fluxos provenientes dos ventrículos direito e esquerdo. Salienta-se também que, assim como no sistema cardiovascular do adulto, a diferença de pressão é a força motriz que irá governar o fluxo sanguíneo no sistema cardiovascular do feto. Porém, o feto apresenta quatro grandes desvios de fluxo sanguíneo, os chamados *shunts*: (1) a placenta; (2) o ducto venoso; (3) o forame oval; e (4) o ducto arterial. Esses *shunts* tendem a desaparecer com o nascimento do feto, sendo essenciais somente para a vida intrauterina.

A *circulação fetal* está ilustrada na Figura 36.25. Na placenta ocorrem as trocas gasosas, a coleta dos nutrientes e a eliminação dos metabólitos e excretas. O sangue retorna da placenta via veia umbilical. Esta se comunica com a veia cava inferior por meio do *ducto venoso*, pelo qual passa aproximadamente metade do fluxo proveniente da placenta. A outra metade do fluxo se desloca para a veia porta, por meio da própria veia umbilical. Assim, o fígado recebe sangue proveniente da veia porta e da artéria hepática; porém, como a maior parte do fluxo da veia porta é proveniente da veia umbilical, o fígado

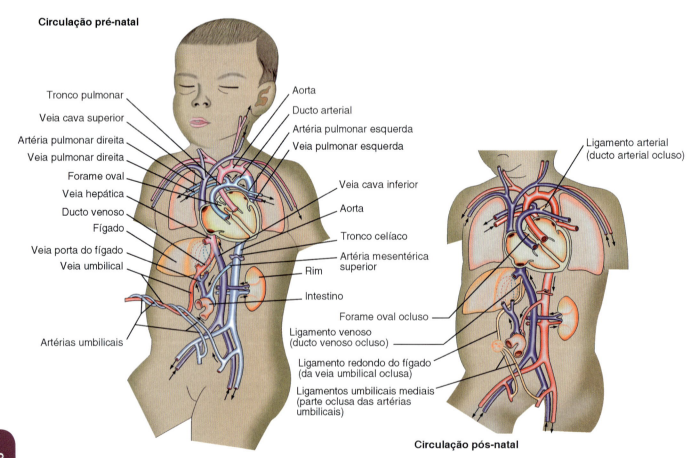

Figura 36.25 ▪ Representação da circulação sanguínea do feto (*período pré-natal*) e do recém-nascido (*período pós-natal*). Na fase fetal há quatro grandes desvios de fluxo sanguíneo para os chamados *shunts*: a placenta (que se liga ao feto por meio das artérias e veia umbilical), o ducto venoso, o forame oval e o ducto arterial. No período pós-natal esses *shunts* desaparecem progressivamente, o que levará à mudança do padrão de circulação fetal (em paralelo) para o padrão de circulação pós-natal (em série). Descrição da figura no texto. (Adaptada de Netter, 1969.)

é irrigado com sangue que contém alta PO_2 (principalmente o seu lóbulo direito).

O *sangue do ducto venoso* é o que contém maior PO_2 de toda a circulação fetal (com PO_2 = 32 mmHg) e circula do lado esquerdo e posterior na veia cava inferior; mistura-se apenas parcialmente com o sangue menos oxigenado proveniente dos membros inferiores (com PO_2 = 17 mmHg) e, a seguir, com o sangue que provém do fígado, por meio das veias supra-hepáticas. É importante ressaltar que, no *nível da veia cava inferior*, o sangue desses três territórios não se mistura completamente; esse fato deve-se às características físicas que modificam a dinâmica do líquido proveniente do ducto venoso. O sangue no ducto venoso tem alta velocidade e baixa viscosidade (similar à da água), apresentando propriedades newtonianas, enquanto o sangue proveniente do fígado (por meio das veias supra-hepáticas) tem baixa velocidade e alta viscosidade, sendo um líquido não newtoniano. Assim, o sangue que retorna ao átrio direito, via veia cava inferior, mantém sua elevada taxa de oxigenação (PO_2 = 27 mmHg). Esse sangue com fluxo laminar, ao chegar no *átrio direito*, é separado em duas porções pela borda do septo interatrial: (1) o *fluxo arterializado* proveniente da veia umbilical (que circula do lado esquerdo e posterior na veia cava inferior), que se dirige diretamente para o interior do átrio esquerdo por meio do forame oval, e (2) os *fluxos venosos* (provenientes dos membros inferiores e do fígado), que se dirigem ao ventrículo direito por meio do orifício atrioventricular.

No *átrio esquerdo* o sangue se mistura com um fluxo escasso proveniente das veias pulmonares (que drenam o leito pulmonar) e dirige-se ao ventrículo esquerdo para ser ejetado pela aorta. As primeiras colaterais da aorta são as duas artérias coronárias; em seguida está o arco aórtico, origem das artérias que irrigarão a parte superior do corpo. Assim, o desvio do sangue oxigenado (proveniente da placenta pelo forame oval) para as cavidades esquerdas do coração fetal irá irrigar, com maior pressão parcial de oxigênio (PO_2 = 25 mmHg), as regiões "nobres" do organismo, como miocárdio e encéfalo, enquanto no restante do corpo essa pressão é menor (PO_2 = 18 mmHg).

Ao mesmo tempo, no *lado direito da cavidade cardíaca* fetal, o sangue proveniente da veia cava inferior que não foi desviado para o átrio esquerdo pelo forame oval (proveniente dos membros inferiores e do fígado) mistura-se no átrio direito com o sangue pobre em O_2 proveniente da veia cava superior e do seio coronariano. Esse fluxo sanguíneo, com baixo conteúdo de O_2, segue em direção ao ventrículo direito, que o ejeta para a artéria pulmonar. Diferente do recém-nascido e do adulto, o leito arterial pulmonar fetal tem resistência mais elevada que o leito arterial sistêmico fetal (cerca de 5 mmHg). Esse aumento de resistência faz com que dois terços do fluxo ejetado pelo ventrículo direito para a artéria pulmonar sejam desviados para o *ducto arterial*, que comunica a artéria pulmonar com a aorta torácica, e somente um terço siga para o leito arterial pulmonar. Assim, menos de 30% do volume sistólico do ventrículo direito irrigará o leito arterial pulmonar e retornará, por meio das veias pulmonares, para o átrio esquerdo. É importante ressaltar que a desembocadura do ducto arterial na aorta é distal à origem dos grandes troncos no arco aórtico; ou seja, esse sangue pobre em O_2 proveniente do ducto arterial mistura-se com o proveniente do ventrículo esquerdo depois da emergência dos vasos que irrigarão o coração, o encéfalo e os membros superiores. O fluxo que chega à aorta descendente por meio do ducto arterial soma-se a um escasso remanescente daquele que passou pelo arco aórtico e segue para a aorta abdominal.

Como a placenta é um órgão com baixa resistência, a maior parte do fluxo (cerca de 55%) proveniente da aorta abdominal (que é o débito cardíaco combinado dos ventrículos direito e esquerdo) é desviado para a circulação placentária por intermédio das artérias umbilicais (originadas das ilíacas), onde ocorrerão as trocas gasosas e de nutrientes. O restante do fluxo que chega a aorta abdominal se distribuirá para a parte inferior do corpo fetal. Assim, uma vez mais, o sangue oxigenado proveniente da placenta retorna pela veia umbilical e pelo ducto venoso e é drenado para a veia cava inferior; este vaso, por sua vez, também recebe o sangue não oxigenado que irrigou a parte inferior do corpo e o fígado. A veia cava inferior provoca o retorno venoso de sangue para o átrio direito e recomeça um novo ciclo nesse sistema cardíaco fetal, em paralelo.

MODIFICAÇÕES DA CIRCULAÇÃO FETAL PRODUZIDAS PELO NASCIMENTO

A mudança da vida intrauterina para a extrauterina produz como resposta reflexa a *primeira respiração*, a qual não só é capaz de expandir com eficiência o pulmão, mas dispara uma série de ajustes no aparelho circulatório, descritos a seguir.

▶ Perda da circulação placentária e a necessidade de respirar

Apesar de a separação física entre a placenta e o recém-nascido ocorrer somente vários minutos após o nascimento, a vasoconstrição das artérias umbilicais modula a habilidade da placenta em fornecer sangue oxigenado para o recém-nascido. Assim, mesmo que o recém-nascido esteja unido fisicamente à placenta durante seus primeiros momentos de vida, é essencial que ele comece a respirar por si só. A *vasoconstrição das artérias umbilicais* tem duas origens: (1) o estiramento mecânico da artéria umbilical durante o manuseio do parto e (2) o rápido aumento da PO_2 após o nascimento, o qual estimula a vasoconstrição da artéria umbilical. É interessante salientar que a veia umbilical não sofre essa vasoconstrição. Por causa disso, o sistema venoso umbilical pode provocar uma autotransfusão de sangue proveniente da placenta para o recém-nascido após o nascimento; isto ocorre em duas situações: (1) caso o recém-nascido esteja abaixo do nível da placenta (havendo mudanças de fluxo devido à diferença de pressão) ou (2) caso o cordão umbilical não tenha sido clampeado no ato do nascimento. Essa autotransfusão pode aumentar em 75 a 100 mℓ o volume circulante do recém-nascido, o que é um aumento significativo, uma vez que o volume total sanguíneo de um recém-nascido é de aproximadamente 300 mℓ.

Assim, ao nascer, o recém-nascido perde a capacidade de trocas gasosas via placenta e passa a desempenhar essa função vital pelos pulmões. Além disso, ocorrem ajustes no sistema circulatório de outros órgãos, como do sistema digestório, fígado e rins, que assumem seu papel fisiológico da vida adulta. Uma vez ocluídas as artérias umbilicais, 55% do fluxo da aorta descendente, que fluía para a placenta, agora passará para a circulação sistêmica, elevando consideravelmente a pressão arterial diastólica do recém-nascido devido ao aumento da resistência vascular periférica.

O término do fluxo placentário junto com a primeira respiração dispararão todos os ajustes no aparelho circulatório, modificando o padrão fetal para o padrão adulto de circulação:

as circulações pulmonar e sistêmica mudam de *interconectadas e em paralelo no feto* para *independentes e em série no adulto*.

O baixo fluxo pulmonar no feto (que corresponde de 8% a 10% do débito cardíaco do ventrículo direito) tem como função suprir as necessidades nutricionais e possibilitar as funções metabólicas e endócrinas intrínsecas ao órgão. Esse baixo fluxo pulmonar se deve à alta resistência vascular pulmonar, principalmente no início da gestação, quando poucas e pequenas artérias estão presentes nesse tecido. Com a progressão da gestação ocorre o crescimento de novas artérias, causando um aumento da área de secção transversa e uma redução da resistência da árvore pulmonar, com consequente aumento do fluxo pulmonar (que pode chegar a 30% do débito cardíaco do ventrículo direito).

A capacidade funcional do pulmão depende de vários fatores: (1) superfície de área disponível para as trocas gasosas; (2) capacidade do surfactante (produzido pelos pneumócitos do tipo II) de aumentar a complacência pulmonar; (3) mecanismos neurais que controlam a respiração; e (4) mudanças no aparelho circulatório. Com o nascimento, os estados temporários de hipoxia e hipercapnia (queda da PO_2 e elevação da PCO_2 sanguíneas, respectivamente) resultantes da oclusão do cordão umbilical, associados à estimulação tátil e à queda da temperatura corporal, promovem a primeira respiração. Esta corresponde à mais difícil inspiração de toda a vida do indivíduo. Ela reduz bruscamente a resistência vascular pulmonar e está associada a um aumento de 8 a 10 vezes no fluxo sanguíneo pulmonar (Figura 36.26). No recém-nascido, a pressão arterial pulmonar média diminui para menos da metade dos valores encontrados na pressão arterial sistêmica ao redor de 24 h após o nascimento. Depois dessa queda brusca inicial, ocorrerá uma lenta e progressiva queda nos valores de pressão arterial pulmonar média, que, após 2 a 6 semanas do nascimento, alcançarão os níveis encontrados na vida adulta (ver Figura 36.26). As alterações de pressão e resistência estão associadas a remodelamentos do sistema vascular, ajustes na função vascular e a mudanças reológicas do sangue.

▶ Regulação da resistência vascular pulmonar

A resistência vascular no pulmão fetal é inicialmente alta e se reduz discretamente até o final do terceiro trimestre de gestação. Vários fatores (incluindo efeitos mecânicos, estado de oxigenação e produção de substâncias vasoativas) regulam o tônus da árvore arterial pulmonar do feto. O principal fator associado a essa alta resistência vascular é a baixa PO_2 encontrada no sangue (ou hipoxia). O exato mecanismo pelo qual a hipoxia pulmonar induz vasoconstrição não é ainda conhecido. Porém, sabe-se que em artérias pulmonares isoladas de fetos o O_2 modula a produção de prostaciclina (PGI_2) e de óxido nítrico (NO), duas substâncias vasoativas que, em parte, ajudam a compreender o desenvolvimento da circulação fetal. Alguns estudos demonstraram que, junto com a maturação do feto, ocorre aumento da capacidade do NO de induzir vasodilatação durante os estágios finais da gestação e no período pós-natal. Assim, foi sugerido que a produção basal do NO é um importante mediador para a manutenção do tônus vascular pulmonar basal durante a gestação, bem como para a drástica queda de resistência vascular pulmonar ao nascimento. Contrariamente, apesar de a maturação fetal também ser responsável pelo aumento da produção basal de PGI_2 durante a gestação, a atividade da PGI_2 parece não ser um importante mediador para a manutenção do tônus vascular basal do feto. Além da baixa tensão PO_2, várias substâncias

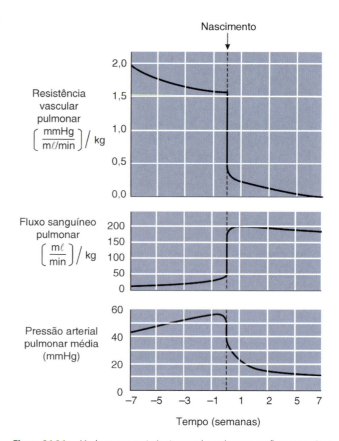

Figura 36.26 • Mudanças na resistência vascular pulmonar, no fluxo sanguíneo pulmonar e na pressão arterial pulmonar média que ocorrem nas semanas próximas ao nascimento. *No feto* ocorre elevada resistência vascular pulmonar, que possibilita baixo fluxo e induz altos valores de pressão arterial pulmonar média. Note que *no momento do nascimento* esses valores se alteram bruscamente, o que tornará possível a perfusão sanguínea dos pulmões e o exercício de sua função fisiológica de troca gasosa. (Adaptada de Boron e Boulpaep, 2003.)

induzem vasoconstrição da artéria pulmonar fetal, como agonistas α-adrenérgicos, tromboxano A_2 e leucotrienos. Entretanto, o papel dessas substâncias não parece tão relevante para o elevado tônus vascular observado na circulação fetal quando comparado à hipoxia.

A própria expansão física dos pulmões devido à primeira inspiração do recém-nascido contribui para a diminuição da resistência vascular pulmonar, devido às interdependências dos alvéolos, vias respiratórias e vasos sanguíneos, além das mudanças na estrutura e na produção e participação de fatores vasoativos que controlam o tônus da musculatura lisa dos vasos pulmonares. Durante a vida fetal, como os alvéolos estão colapsados, os vasos extra-alveolares encontram-se "constritos" e imprimem uma resistência vascular elevada. Com o nascimento, aumenta o volume pulmonar, e assim, progressivamente, os vasos extra-alveolares retificam-se e aumentam o diâmetro, levando à queda da resistência vascular pulmonar.

Sumarizando, a queda da resistência vascular pulmonar com o nascimento está associada a dois mecanismos: (1) a vasodilatação que parece ser induzida pela expansão física dos pulmões e produção de prostaglandinas (PGI_2 e PGD_2) e (2) a vasodilatação pulmonar máxima associada à oxigenação do sangue fetal que induz aumento da síntese de NO. Por outro lado, o controle do tônus vascular da circulação pulmonar perinatal reflete o balanço entre fatores que produzem vasoconstrição (tais como leucotrienos, ação da norepinefrina no receptor α-adrenérgico, baixa PO_2 e ação da endotelina-1 via receptores ET_A) e vasodilatação dos vasos arteriais pulmonares (como NO, bradicinina, PGI_2 e ação da endotelina-1 via receptores ET_B).

▸ Fechamento do forame oval

No feto, como descrito anteriormente, o fluxo de sangue oxigenado proveniente do ducto venoso ao chegar no átrio direito segue preferencialmente para o átrio esquerdo, via forame oval (ver Figura 36.25). Com o nascimento, ocorre a queda da resistência vascular pulmonar, que causa aumento do fluxo por meio dos pulmões e aumento do retorno venoso para o átrio esquerdo; consequentemente, os valores de pressão atrial esquerda se elevam. Há diminuição do fluxo pelo ducto venoso devido à oclusão da veia umbilical; em consequência, as pressões na veia cava inferior e no átrio direito também diminuem. Assim, aparece um gradiente de pressão reverso ao observado durante a vida intrauterina; ou seja, os valores de pressão do átrio esquerdo superam os valores observados no átrio direito.

Existem válvulas ao redor do forame oval, do lado esquerdo do septo interatrial, que se mantêm abertas durante a vida intrauterina, pois o fluxo sanguíneo se dirige da direita para a esquerda. No entanto, a mudança das pressões nas câmaras cardíacas, como justificado antes, faz com que o fluxo sanguíneo mude de sentido, indo da esquerda para a direita. A presença de tais válvulas impede o retorno do sangue, pois o fluxo invertido fecha-as. Gradualmente na vida adulta, em um processo que dura de meses a anos, ocorre oclusão ou selamento permanente do septo interatrial. Dessa maneira, o lado esquerdo do coração recebe seu retorno venoso de sangue oxigenado proveniente da árvore pulmonar, enquanto o lado direito recebe o sangue não oxigenado proveniente da circulação periférica.

Caso o forame oval fique patente, será provocada uma cardiopatia congênita denominada comunicação interatrial (*CIA*). A CIA é uma das anomalias cardíacas congênitas mais comuns no adulto. A consequência dessa comunicação é o desvio de sangue de um átrio para o outro. A magnitude desse desvio depende do diâmetro do orifício e da distensibilidade relativa dos dois ventrículos. Normalmente, o desvio de fluxo ocorre da cavidade atrial esquerda para a direita, o que provoca um hiperfluxo para a árvore pulmonar. Caso se desenvolva insuficiência ventricular direita ou haja redução da distensibilidade dessa cavidade, restringir-se-á a magnitude do desvio esquerda-direita, que poderá até ser revertido para um desvio direita-esquerda. Porém, cabe ressaltar que essa cardiopatia pode passar clinicamente despercebida durante anos, pois em muitos pacientes não provoca sintomas e se acompanha somente de anormalidades sutis ao exame físico.

▸ Interrupção do fluxo pelo ducto venoso

Durante a fase fetal, uma grande fração do sangue que chegaria ao fígado pela veia porta é desviada para o ducto venoso, no qual se mesclará com o sangue proveniente da veia umbilical (ver Figura 36.25). Apesar de o fluxo sanguíneo proveniente da placenta, via veia umbilical, cessar completamente logo após o nascimento, uma grande fração do sangue que circula via veia porta continua sendo desviada para o ducto venoso. Somente cerca de três horas após o nascimento é que ocorrerá a constrição da musculatura lisa presente no ducto venoso. Porém, sua obliteração completa ocorre após 1 a 3 semanas do nascimento em recém-nascidos a termo, demorando um pouco mais em prematuros. O ducto venoso, durante a vida fetal, recebe como estímulo contrátil o controle adrenérgico e, como estímulo vasodilatador, a modulação nitrérgica e da PGI_2. A hipoxia, por sua vez, é responsável por intensa vasodilatação, o que contribui com um aumento de até 60% em seu diâmetro. Mesmo considerando os estímulos tônicos sobre a musculatura lisa do ducto venoso, até o momento não se sabe qual é o estímulo que dispara sua vasoconstrição após o nascimento. Porém, diferente do ducto arterial, não é o aumento da PO_2 que dispara a vasoconstrição do ducto venoso. É importante salientar que o papel fisiológico do ducto venoso tampouco é bem conhecido. Sugere-se que a principal função do ducto venoso seja desviar parte do sangue oxigenado (proveniente da placenta) do fígado, uma vez que este órgão consome grande quantidade de O_2; dessa maneira, o ducto venoso contribuiria para que a pressão PO_2 que chega aos órgãos "nobres" (como o miocárdio e o encéfalo) seja adequada. Porém, com a oclusão do ducto venoso, o fluxo sanguíneo proveniente da veia porta passa completamente pelo fígado, que desempenhará o seu papel fisiológico.

▸ Interrupção do fluxo pelo ducto arterial

Como já mencionado, durante a vida fetal cerca de 70% do fluxo sanguíneo ejetado pelo ventrículo direito para a artéria pulmonar é desviado para a aorta torácica, via ducto arterial (ver Figura 36.25). O principal estímulo que mantém patente o ducto arterial durante a vida fetal é a PGI_2, cuja síntese ocorre preferencialmente na placenta. Imediatamente após o nascimento, o ducto arterial permanece aberto, porém o fluxo sanguíneo inverte-se; ou seja, agora o fluxo segue da aorta torácica para artéria pulmonar, que causa um sopro cardíaco audível em todo recém-nascido. Esse fluxo invertido ocorre devido ao aumento da pressão na aorta (uma vez que a resistência vascular periférica se eleva) e à queda da pressão na artéria pulmonar (pela redução da resistência vascular pulmonar).

Nas primeiras 10 a 15 h de vida, o ducto arterial começa a sofrer intensa vasoconstrição, e após 72 h de vida, em 90% dos recém-nascidos, ocorre seu fechamento funcional. Esse fechamento deve-se principalmente ao aumento da PO_2 no sangue que passa a perfundir o ducto após o nascimento, induzindo intensa vasoconstrição de sua musculatura lisa. Um segundo fator é a queda brusca das concentrações plasmáticas de PGI_2. Como citado antes, a PGI_2, um potente vasodilatador do ducto arterial, é produzida principalmente na placenta; com o nascimento e a separação do recém-nascido da placenta, suas concentrações plasmáticas caem bruscamente, induzindo uma vasoconstrição reflexa do ducto. Assim, o aumento da PO_2 e a queda das concentrações de PGI_2 são os principais fatores que levam à oclusão funcional do ducto arterial. É importante ressaltar que, durante a gravidez, o uso de anti-inflamatórios não esteroides (AINE) que inibem a ciclo-oxigenase (enzima responsável pela síntese de prostaglandinas) é contraindicado, e pode levar ao fechamento funcional precoce do ducto arterial.

Uma semana após o nascimento, cessa todo fluxo de sangue pelo ducto arterial. Na sequência, o endotélio é destruído, ocorre trombose dentro do ducto, proliferação da neoíntima e crescimento de tecido fibroso. Assim, meses após o nascimento, o ducto arterial encontra-se anatomicamente obliterado. É importante salientar que seu fechamento separa completamente o sistema circulatório direito do esquerdo, fato esse que foi iniciado com o fechamento do forame oval. Nesse momento, o sistema circulatório do recém-nascido deixa de ser em paralelo e passa a apresentar o padrão adulto em série.

Sabe-se que recém-nascidos prematuros ou que sofrem hipoxemia ou que nascem em grandes altitudes ou cujas mães tiveram rubéola durante a gestação manifestam maior incidência de persistência do ducto arterial.

Em recém-nascidos que sofrem hipoxia observam-se três efeitos: (1) elevada resistência da árvore pulmonar; (2) patência do ducto arterial; e (3) manutenção do desvio do fluxo da direita para a esquerda (padrão intrauterino), quando há a associação ducto arterial patente e elevada resistência da árvore pulmonar. Nesses recém-nascidos o tratamento é administrar O_2 (a 100%) e anti-inflamatórios não esteroides (AINE, inibidores da ciclo-oxigenase), o que causa o fechamento funcional do ducto.

Após o primeiro ano de vida é raro o fechamento espontâneo do ducto arterial. Comunicações pequenas são bem toleradas. Porém, caso o ducto arterial se mantenha patente e cause grandes desvios de sangue da aorta para a artéria pulmonar, esse fluxo sanguíneo excessivo sobrecarrega o ventrículo esquerdo e, em alguns casos, pode até levar ao desenvolvimento de insuficiência cardíaca congestiva. O tratamento para esses casos é cirúrgico. A incidência da persistência do ducto arterial ocorre em um entre milhões de nascimentos.

BIBLIOGRAFIA

Circulação coronariana
BERNE RM. The role of adenosine in the regulation of coronary blood flow. *Circ Res*, 47:807-13, 1980.
BERNE RM, RUBIO R. Coronary circulation. In: *Handbook of Physiology*. The Cardiovascular System. The Heart. American Physiological Society, Baltimore, 1979.
FEIGL EO. Coronary physiology. *Physiol Rev*, 63:1-205, 1983.
HOFFMAN JIE, SPAAN JAE. Pressure-flow in coronary circulation. *Physiol Rev*, 70:331-90, 1990.
VATNER SF, HINTZE TH, MACKE P. Regulation of large coronary arteries by beta-adrenergic mechanisms in the conscious dog. *Circ Res*, 51:56-68, 1982.
WESTERHOF N, BOER C, LAMBERTS RR *et al*. Cross-talk between cardiac muscle and coronary vasculature. *Physiol Rev*, 86(4):1263-308, 2006.

Circulação renal
BEIERWALTES WH, HARRISON-BERNARD LM, SULLIVAN JC *et al*. Assessment of renal function; clearance, the renal microcirculation, renal blood flow, and metabolic balance. *Compr Physiol*, 3:165-200, 2013.
GUAN Z, VANBEUSECUM JP, INSCHO EW. Endothelin and the renal microcirculation. *Semin Nephrol*, 35:145-55, 2015.
HOMMA K, HAYASHI K, YAMAGUCHI S *et al*. Renal microcirculation and calcium channel subtypes. *Curr Hypertens Rev*, 9:182-6, 2013.
NAVAR LG, ARENDSHORST WJ, PALLONE TL *et al*. The renal microcirculation. In: TERJUNG RL (Ed.). *Comprehensive Physiology*. John Wiley & Sons, 2011.
SORENSEN CM, BRAUNSTEIN TH, HOLSTEIN-RATHLOU NH *et al*. Role of vascular potassium channels in the regulation of renal hemodynamics. *Am J Physiol Renal Physiol*, 302:F505-18, 2012.
SORENSEN CM, HOLSTEIN-RATHLOU NH. Cell-cell communication in the kidney microcirculation. *Microcirculation*, 19:451-60, 2012.

Circulação para a musculatura esquelética
AMARAL SL, MICHELINI LC. Validation of transit-time flowmetry for chronic measurements of regional blood flow in resting and exercising rats. *Braz J Med Biol Res*, 30(7):897-908, 1997.
BRITTON SJ, METTING PJ. Reflex regulation of skeletal muscle blood flow. In: *Reflex Control of Circulation*. CRC Press, Boca Raton, 1991.
JOHNSON JM. Circulation to skeletal muscle. In: PATTON HD, HOWELL WH (Eds.). *Textbook of Physiology*. 21. ed. Saunders, Philadelphia, 1989.
KANG LS, KIM S, DOMINGUEZ JM *et al*. Aging and muscle fiber type alter K^+ channel contributions to the myogenic response in skeletal muscle arteriolos. *J Appl Physiol*, 107(2):389-98, 2009.
LAUGHLIN MH, ARMSTRONG RB. Muscle blood flow distribution patterns as a function of running speed in rats. *Am J Physiol*, 12:H296-306, 1982.
McARDLE WD, KATCH FI, KATCH VL. In: *Exercise Physiology: Energy, Nutrition, and Human Performance. Functional capacity of the cardiovascular system*. 4. ed. Williams & Wilkins, Baltimore, 1996.
ROWEL LB. Cutaneous and skeletal muscle circulation. In: *Human Circulation: Regulation During Physical Stress*. Oxford University Press, Oxford, 1986.
SHEPHERD JT. Circulation of skeletal muscle. In: *Handbook of Physiology*. The cardiovascular system. Circulation. American Physiological Society, Baltimore, 1983.
SINDLER AL, DELP MD, REYES R *et al*. Effects of ageing and exercise training on eNOS uncoupling in skeletal muscle resistance arterioles. *J Physiol*, 587(Pt 15):3885-97, 2009.

Circulação esplâncnica
DONALD DE. Splanchnic circulation. In: *Handbook of Physiology*. The cardiovascular system. Circulation. American Physiological Society, Baltimore, 1983.
FOLKOW B, LEWIS DH, LUNDGREN O *et al*. The effect of graded vasoconstrictor fiber stimulation on the intestinal resistance and capacitance vessels. *Acta Physiol Scand*, 61:445-57, 1964.
KAWASAKI H, TAKATORI S, ZAMAMI Y *et al*. Paracrine control of mesenteric perivascular axo-axonal interaction. *Acta Physiol*, 203(1):3-11, 2011.
JACOBSON ED, PARKS DA. Mesenteric circulation. In: *Physiology of Gastrointestinal Tract*. Raven Press, New York, 1987.
MEININGER GA, GRANGER HJ. Neural control of the intestinal circulation and its interaction with autoregulation. In: *Reflex Control of Circulation*. CRC Press, Boca Raton, 1991.
MITSUOKA H, KISTLER EB, SCHMID-SCHÖNBEIN GW. Generation of *in vivo* activating factors in the ischemic intestine by pancreatic enzymes. *Proc Natl Acad Sci EUA*, 97:1772-7, 2000.
STEPHENSON RB. The splanchnic circulation. In: PATTON HD, HOWELL WH (Eds.). *Textbook of Physiology*. 21. ed. Saunders, Philadelphia, 1989.

Circulações cerebral e cutânea
BRIAN JE Jr., FARACI FM, HEISTAD DD. Recent insights into the regulation of cerebral circulation. *Clin Exp Pharmacol Physiol*, 23:449-57, 1996.
CARPENTER MB (Ed.). In: *Human Neuroanatomy*. 7. ed. Williams & Wilkins, New York, 1976.
CHARKOUDIAN N. Skin blood flow in adult human thermoregulation: how it works, when it does not, and why. *Mayo Clin Proc*, 78:603-12, 2003.
COHEN Z, BONVENTO G, LACOMBE P *et al*. Serotonin in the regulation of brain microcirculation. *Prog Neurobiol*, 50:335-62, 1996.
ESTRADA C, DeFELIPE J. Nitric oxide-producing neurons in the neocortex: morphological and functional relationship with intraparenchymal microvasculature. *Cereb Cortex*, 8:193-203, 1998.
GORDON CJ, HEATH JE. Integration and central processing in temperature regulation. *Annu Rev Physiol*, 48:595-612, 1986.
GUYTON AC, HALL JE (Eds.). In: *Textbook of Medical Physiology*. 9. ed. W.B. Saunders, Philadelphia, 1996.
HARDER DR, ZHANG C, GEBREMEDHIN D. Astrocytes function in matching blood flow to metabolic activity. *News Physiol Sci*, 17:27-31, 2002.
HENSEL H. Neural processes in thermoregulation. *Physiol Rev*, 53:948-1017, 1973.
ITO H, KANNO I, FUKUDA H. Human cerebral circulation: positron emission tomography studies. *Ann Nucl Med*, 19:65-74, 2005.
JOHNSTON AJ, STEINER LA, GUPTA AK *et al*. Cerebral oxygen vasoreactivity and cerebral tissue oxygen reactivity. *Br J Anaesth*, 90:774-86, 2003.
KANDEL ER, SCHWARTZ JH, JESSELL TM (Eds.). In: *Principles of Neural Sciences*. 4. ed. McGraw-Hill, New York, 2000.
MILLER DS. Regulation of ABC transporters in blood-brain barrier: the good, the bad and the ugly. *Adv Cancer Res*, 125:43-70, 2015.
OOTSUKA Y, TANAKA M. Control of cutaneous blood flow by central nervous system. *Temperature (Austin)*, 2:392-405, 2015.
PHILLIS JW. Adenosine and adenine nucleotides as regulators of cerebral blood flow: roles of acidosis, cell swelling, and KATP channels. *Crit Rev Neurobiol*, 16:237-70, 2004.
SHIN HK, HONG KW. Importance of calcitonin gene-related peptide, adenosine and reactive oxygen species in cerebral autoregulation under normal and diseased conditions. *Clin Exp Pharmacol Physiol*, 31:1-7, 2004.
WALLIN BG. Neural control of human skin blood flow. *J Auton Nerv Syst*, 30:S185-90, 1990.
YOUNG B, HEATH JW. *Wheater's Functional Histology*. 4. ed. Churchill Livingstone, New York, 2000.

ZONTA M, ANGULO MC, GOBBO S et al. Neuron-to-astrocyte signaling is central to the dynamic control of brain microcirculation. *Nat Neurosci*, 6(1):43-50, 2003.

Circulação pulmonar

BORON WF. Ventilation and perfusion of the lungs. In: BORON WF, BOULPAEP EL (Eds.). *Medical Physiology*. 2. ed. Elsevier Science Saunders Press, 2005.

HUGLES JMB. Distribution of pulmonary blood flow. In: CRYSTAL RG, WEST JB. *The Lung*. Raven Press, New York, 1991.

PARKER JC, GUYTON AC, TAYLOR AE. Pulmonary transcapillary exchange and pulmonary edema. In: GUYTON AC, YOUNG DB (Eds.). *International Review of Physiology*. Cardiovascular physiology III. v. 18. University Park Press, Baltimore, 1979.

WEST JB. *Respiratory Physiology: the Essentials*. 5. ed. Williams & Wilkins, Baltimore, 1995.

Circulação fetal

BORON WF, BOULPAEP EL (Eds.). Fetal and neonatal physiology. In: *Medical Physiology*. Elsevier Science Saunders Press, Philadelphia, 2003.

FINEMAN JR, HEYMANN MA, MORIN FC. Fetal and postnatal circulations: Pulmonary and persistent pulmonary hypertension of the newborn. In: ALLEN HD, GUTGESELL HP, CLARK EB et al. (Eds.). *Heart Disease in Infants, Children & Adolescents: Including the Fetus and Young Adults*. 6. ed. Lippincott Williams & Wilkins, 2001.

KISERUD T. Physiology of the fetal circulation. *Semin Fetal Neonatal Med*, 10:493-503, 2005.

KISERUD T, ACHARYA G. The fetal circulation. *Prenat Diagn*, 24:1049-59, 2004.

NETTER FH. *Ilustrações Médicas*. v. 5. Guanabara Koogan, Rio de Janeiro, 1969.

ZIPES DP, LIBBY P, BONOW RO et al. (Eds.). Congenital heart disease. In: *Braunwald's Heart Disease*. 7. ed. Elsevier Science Saunders Press, Philadelphia, 2005.

Capítulo 37

Regulação da Pressão Arterial | Mecanismos Neuro-Hormonais

Lisete Compagno Michelini

- Introdução, *610*
- Mecanismos neurais, *610*
- Integração bulbar, *612*
- Receptores e aferências, *613*
- Regulação neuro-hormonal da pressão arterial, *614*
- Conclusões, *628*
- Bibliografia, *628*

INTRODUÇÃO

A perfusão tecidual apropriada é garantida pela manutenção da força motriz da circulação (pressão arterial, PA) em níveis adequados e razoavelmente constantes ao longo de toda a vida do indivíduo, esteja ele em repouso ou desenvolvendo diferentes atividades comportamentais. A pressão arterial é uma variável física (expressa em força/unidade de área) que depende do volume sanguíneo contido no leito arterial (ou seja, da relação conteúdo/continente). É condicionada por fatores funcionais que definem, momento a momento, a entrada de sangue no compartimento arterial (débito cardíaco, DC), bem como sua saída desse compartimento (resistência periférica, RP). O débito cardíaco, como descrito anteriormente, é uma variável dependente da frequência cardíaca (FC) e do volume sistólico (VS, determinado pela contratilidade combinada com a pré-carga e resistência periférica, pós-carga). Por sua vez, a pré-carga (ou retorno venoso, RV) depende do volume sanguíneo (volemia) e de vários mecanismos que condicionam o retorno do sangue ao coração, entre os quais se destaca a capacitância venosa (CV). Deve-se ter presente que os mecanismos que regulam a pressão arterial o fazem por meio de alterações instantâneas da CV e RV, do DC (FC × VS) e da RP, ou de alterações mais a longo prazo da volemia. Estes ajustes, alterando a quantidade de sangue presente no leito arterial em um dado instante, determinam o nível momentâneo da pressão arterial.

São muitos os mecanismos que contribuem para manter a pressão arterial constante ao longo da vida de um indivíduo. Para efeito didático, são agrupados em duas grandes classes (Quadro 37.1):

- Os de ação imediata, envolvendo mecanismos plenamente ativos em questão de segundos e/ou minutos (responsáveis pela chamada **regulação a curto e médio prazo**). Englobam os mecanismos de ação local (já descritos no Capítulo 33, *Vasomotricidade e Regulação Local de Fluxo*), bem como mecanismos neurais e hormonais comandados pelos mecanorreceptores, quimiorreceptores, receptores cardiopulmonares e outros receptores cuja ativação determina alterações reflexas da CV e RV, do DC (FC × VS) e da RP, promovendo a translocação de sangue de um compartimento para outro. Esta grande classe engloba os mecanismos de regulação neuro-hormonal da pressão arterial
- Os de ação mais prolongada e duradoura (**regulação a longo prazo**), envolvendo mecanismos de regulação da volemia e do leito vascular, que são, em última análise, os responsáveis pela dimensão física da pressão arterial.

Neste capítulo serão abordados os mecanismos neuro-hormonais de ajuste instantâneo da pressão arterial e, no capítulo seguinte, abordaremos os mecanismos responsáveis pela determinação do nível operante da pressão arterial (também chamado *set point*) e seu controle em uma escala de tempo maior, ou seja, aqueles envolvidos na regulação a longo prazo da pressão arterial.

A regulação momento a momento da pressão arterial é efetuada por meio de mecanismos neurais e hormonais que corrigem prontamente os desvios dos níveis basais pressão arterial, para mais ou para menos. A resposta neural é imediata (questão de segundos) na correção dos desvios da pressão arterial, mas seu efeito pode se prolongar por minutos ou horas pela interveniência de mecanismos hormonais. Alterações apropriadas do DC, da RP, da CV e do RV são possibilitadas pela mediação do sistema nervoso central que, integrando as informações provenientes de diferentes sensores do sistema cardiovascular, modula a atividade cardíaca e vascular por nervos autônomos periféricos e pela liberação de diferentes hormônios. A regulação neuro-hormonal da pressão arterial funciona como um arco reflexo: envolve receptores, aferências, centros de integração, eferências e efetores cardiovasculares, além de ações hormonais. Considerando-se que as funções do coração e vasos na gênese da pressão arterial foram apresentadas em capítulos anteriores, sua regulação será, coerentemente, discutida a partir dos efetores e suas respostas funcionais e dos mecanismos neurais que as controlam.

Quadro 37.1 ▪ Mecanismos de regulação da pressão arterial (débito cardíaco, resistência periférica total e capacitância venosa).

Regulação a curto e médio prazos
- *Locais*
  - Miogênicos
  - Metabólicos (O_2, CO_2, pH, K^+, osmolalidade etc.)
  - Parácrinos/autócrinos (Bk, PG, histamina, 5-HT etc.)
  - Fatores endoteliais (EDRF/EDCF)
  - Temperatura
- *Neurais*
  - Mecanorreceptores arteriais
  - Quimiorreceptores arteriais
  - Receptores cardiopulmonares
    - Aferentes vagais mielinizados
    - Aferentes vagais não mielinizados
    - Aferentes que trafegam com o simpático
  - Outros receptores (aferentes renais, termorreceptores, musculares esqueléticos etc.)
- *Hormonais*
  - Catecolaminas (epinefrina, norepinefrina)
  - Sistema renina-angiotensina-aldosterona
  - Vasopressina (ou hormônio antidiurético)
  - Ocitocina
  - Peptídio atrial natriurético

Regulação a longo prazo
- Mecanismo *feedback*
  - Rim/líquidos corporais (balanço ingestão/excreção de água e sais)
- Fatores físicos
  - Neoformação e/ou rarefação de vasos

MECANISMOS NEURAIS

▶ Efetores/respostas

Conforme ilustrado na parte inferior da Figura 37.1, os ajustes instantâneos da pressão arterial implicam alterações simultâneas e apropriadas no funcionamento dos efetores do sistema cardiovascular (e suas respostas), que são o coração (FC × VS = DC), os vasos de resistência (RP) e os vasos de capacitância (CV e RV). A FC pode ser alterada por estímulos colinérgicos (muscarínicos) e β-adrenérgicos, que, agindo no nodo sinusal, determinam respectivamente redução ou aumento da frequência intrínseca de despolarização do coração. Por sua vez, VS, RP, CV e RV são controlados essencialmente pela maior ou menor ativação simpática ao coração e vasos (artérias/arteríolas e vênulas/veias). Maior oferta de norepinefrina aos receptores β-adrenérgicos cardíacos aumenta o inotropismo (força de contração) e o lusitropismo (velocidade de relaxamento), aumentando o VS e o DC, enquanto nos receptores α-adrenérgicos vasculares a norepinefrina produz vasoconstrição (com consequente aumento da RP) e venoconstrição (que reduz a CV e aumenta o RV e o enchimento das câmaras cardíacas, contribuindo ainda mais ao aumento do VS). Quando há redução da estimulação adrenérgica, observam-se respostas em direção oposta tanto para o coração quanto para os vasos sanguíneos (ver Figura 37.1).

▶ Eferentes

O sistema nervoso autônomo controla a atividade cardíaca e vascular por meio de seus componentes parassimpático e simpático.

O **controle parassimpático** do coração é realizado pelos eferentes vagais. Os corpos celulares dos neurônios pré-ganglionares vagais localizam-se no bulbo, mais especificamente no núcleo dorsal motor do vago (DMV) e no núcleo ambíguo (NA) de localização mais ventral (ver Figuras 37.1 e 37.2). Embora haja variações interespécies quanto à contribuição do DMV e do NA na composição do vago eferente (ocorre predominância de fibras oriundas do DMV no cão e coelho, e do NA no gato e rato), aceita-se que ambos contribuam à gênese do tônus vagal.

As fibras pré-ganglionares colinérgicas projetam-se diretamente ao coração (ver Figura 37.2), fazendo sinapses intramurais com as fibras pós-ganglionares (também colinérgicas), as quais inervam os nodos sinoatrial (SA) e atrioventricular (AV), os átrios e também, como mostrado recentemente, os ventrículos. A inervação eferente vagal aos ventrículos varia com a espécie animal: é densa nos anfíbios, mas menos intensa nos ventrículos de mamíferos. Revisando trabalhos anatômicos em mamíferos, Coote (2013) demonstrou que fibras pré-ganglionares parassimpáticas também se projetam a vários gânglios parassimpáticos presentes nos ventrículos e septo interventricular, inervando neurônios pós-ganglionares. Nas terminações nervosas, a acetilcolina é armazenada em pequenas vesículas agranulares, sendo liberada para a fenda sináptica por exocitose iniciada pelo potencial de ação. A acetilcolina liga-se aos receptores muscarínicos pós-sinápticos, induzindo inotropismo negativo nos átrios e redução da velocidade de despolarização diastólica nos nodos, acompanhada ou não (em função da intensidade de estimulação) de hiperpolarização dos tecidos nodais, de retardo acentuado na condução atrioventricular, além de encurtamento do potencial de ação atrial. Nos ventrículos a ativação vagal também reduz sua força contrátil, mas este efeito é de pequena magnitude, sendo que a principal função da inervação parassimpática é contrapor-se à ativação simpática e proteger o coração da fibrilação ventricular. Estes efeitos determinam redução da FC e do DC, com consequente queda da pressão arterial. Há evidências de que trifosfato de adenosina (ATP) e a óxido nítrico sintase (NOS) coexistam nos neurônios intracardíacos, de modo que ATP e NO seriam coliberados com a acetilcolina durante estimulação parassimpática. Seus efeitos fisiológicos não estão, no entanto, esclarecidos.

Como já descrito no Capítulo 33, com exceção das glândulas salivares e sudoríparas e dos vasos de resistência no cólon e órgãos genitais em que a ativação parassimpática determina vasodilatação, não existe inervação colinérgica aos vasos sistêmicos. Estas áreas são bastante restritas e praticamente não contribuem para a redução da RP total.

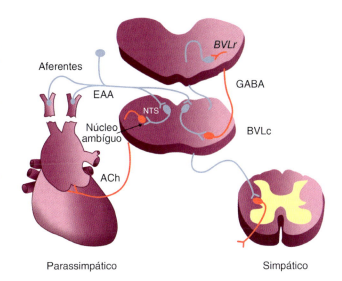

Figura 37.2 ▪ Diagrama ilustrando as vias bulbares e seus principais neurotransmissores envolvidos na regulação reflexa da pressão arterial comandada pelos barorreceptores. Vias bulbares de integração estão esquematizadas como monossinápticas, embora conexões polissinápticas não possam ser excluídas. *EAA*, aminoácido excitatório; *GABA*, ácido γ-aminobutírico; *ACh*, acetilcolina; *NTS*, núcleo do trato solitário; *BVLc*, bulbo ventrolateral caudal; *BVLr*, bulbo ventrolateral rostral. (Adaptada de Sved e Gordon, 1994.)

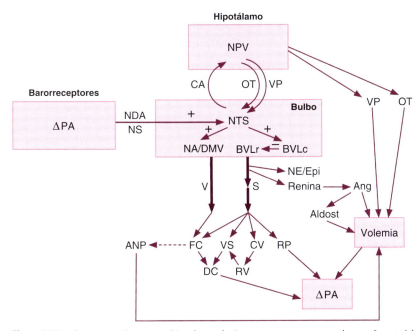

Figura 37.1 ▪ Representação esquemática da regulação momento a momento da pressão arterial comandada pelos mecanorreceptores arteriais (barorreceptores). Mais explicações no texto. *ΔPA*, variação da pressão arterial; *NDA*, nervo depressor aórtico; *NS*, nervo sinusal; *NPV*, núcleo paraventricular; *NTS*, núcleo do trato solitário; *NA*, núcleo ambíguo; *DMV*, núcleo dorsal motor do vago; *BVLc*, bulbo ventrolateral caudal; *BVLr*, bulbo ventrolateral rostral; *V*, vago; *S*, simpático; *FC*, frequência cardíaca; *VS*, volume sistólico; *CV*, capacitância venosa; *RP*, resistência periférica; *RV*, retorno venoso; *DC*, débito cardíaco; *NE*, norepinefrina; *Epi*, epinefrina; *Ang*, angiotensina II; *Aldost*, aldosterona; *VP*, vasopressina; *OT*, ocitocina; *CA*, catecolaminas; *ANP*, peptídio atrial natriurético.

Diferentemente do parassimpático, a **inervação simpática** ao sistema cardiovascular é bastante extensa (ver Figura 37.1). Os corpos celulares dos neurônios pré-ganglionares simpáticos (SPN) estão localizados na coluna intermediolateral (IML) e na substância branca do funículo lateral adjacente, dos segmentos torácico e lombar alto da medula espinal. SPN em menor número foram também localizados no grupo intercalado situado entre o IML e o canal central, e no grupamento celular situado dorsolateralmente ao canal central, o núcleo autônomo central. O neurotransmissor dos SPN é a acetilcolina (ver Figura 37.2), a qual pode estar colocalizada com neuropeptídios (encefalinas, somatostatina, substância P, neurotensina, ocitocina). Os SPN projetam-se aos neurônios pós-ganglionares situados nos gânglios simpáticos e à medula suprarrenal. Há certa especificidade de projeção dos diferentes grupamentos ao longo da medula espinal para os gânglios cervicais (T1-T4-T5), celíaco, aórtico-renal e mesentérico superior (T10-T12), mesentérico inferior (T13-L2), e para as suprarrenais (T6-T10); no entanto, existem densas projeções longitudinais entre os SPN localizados em diferentes níveis da medula espinal, de modo que a estimulação de um determinado nível pode promover respostas bastante generalizadas.

As fibras simpáticas pós-ganglionares são noradrenérgicas e seus terminais distribuem-se extensamente por todo o coração (nodos SA e AV, átrios, ventrículos, coronárias) e por todas as artérias, arteríolas, esfíncteres pré-capilares, vênulas e veias dos diferentes territórios. Os terminais são bastante ramificados, apresentando numerosas varicosidades com grande número de partículas eletrodensas, cuja liberação é dependente da estimulação neural (exocitose). Evidências indicam que, além da norepinefrina, os terminais simpáticos também podem coliberar ATP (de efeito vasoconstritor) e o neuropeptídio Y (com efeitos modulatórios tanto pré- quanto pós-juncionais). A norepinefrina e o ATP liberados combinam-se, respectivamente, com os receptores adrenérgicos (α ou β) e purinérgicos pós-sinápticos, determinando seus efeitos. No coração, a estimulação simpática causa aumento da velocidade de despolarização diastólica com aumento da atividade do nodo SA, maior velocidade de condução no nodo AV e grande aumento do inotropismo e lusitropismo cardíaco; nos vasos de resistência há elevação da RP por vasoconstrição sistêmica, e nos vasos de capacitância há intensa venoconstrição com queda da CV e aumento do RV (ver Figura 37.1). Essas alterações, promovendo elevação do DC e da RP, causam aumento da pressão arterial. Fibras pós-ganglionares simpáticas distribuem-se ainda ao aparelho justaglomerular, nas arteríolas aferentes renais, onde por meio da ativação β-adrenérgica estimulam a liberação de renina para a circulação, dando início às reações enzimáticas para a formação de angiotensina II (Ang II) a partir do angiotensinogênio circulante.

A atividade dos SPN e neurônios pós-ganglionares simpáticos, assim como a dos neurônios parassimpáticos, não é aleatória, mas condicionada por diferentes áreas encefálicas (bulbares e suprabulbares), que elaboram respostas apropriadas do tônus simpático e vagal em função de informações aferentes recebidas de diferentes receptores espalhados pelo sistema cardiovascular.

INTEGRAÇÃO BULBAR

Desde os experimentos clássicos de Ludwig, há mais de um século, o tronco cerebral (ou bulbo) é considerado a principal região de integração primária no controle contínuo e instantâneo (ou seja, tônico e reflexo) do sistema cardiovascular. Os mecanismos de integração bulbar compreendem, além de grupamentos neuronais envolvidos na gênese do tônus vagal (núcleo ambíguo, NA e dorsal motor do vago, DMV) (ver Figuras 37.1 e 37.2), outros grupamentos responsáveis pela gênese do tônus simpático. Numerosos trabalhos utilizando técnicas de marcação neuronal retrógrada/anterógrada, aplicação tópica de mediadores e estimulação específica de corpos celulares, caracterizaram anatômica e funcionalmente um grupamento neuronal situado no bulbo ventrolateral rostral (BVLr) (ver Figuras 37.1 e 37.2) que, via trato bulboespinal, projeta-se diretamente aos SPN. A localização deste grupamento neuronal pré-motor simpático coincide com a dos neurônios adrenérgicos da região C1: são neurônios tônicos na manutenção da pressão arterial e críticos para o funcionamento dos reflexos cardiovasculares. Existem no SNC outros grupamentos simpáticos pré-motores como o bulbo ventromedial rostral (BVMr) e o núcleo caudal da rafe, localizados no bulbo, o grupamento noradrenérgico A5, localizado na ponte, e o núcleo paraventricular do hipotálamo (PVN). Esses outros grupamentos simpáticos pré-motores projetam-se diretamente aos SPN da medula, contribuindo para a gênese do tônus simpático, mas não são críticos para o funcionamento dos reflexos cardiovasculares.

Os neurônios do BVLr constituem a mais importante fonte de estimulação simpática ao sistema cardiovascular. O principal neurotransmissor dos neurônios do BVLr que se projetam aos SPN é o aminoácido excitatório glutamato, em muitas fibras colocalizado com a epinefrina (ver Figura 37.2). Estudos funcionais têm demonstrado que a estimulação do BVLr causa aumento de FC, VS e RP e redução da CV com aumento do RV, determinando resposta pressora; por outro lado, sua inibição determina respostas opostas (ver Figura 37.1). A magnitude do tônus simpático depende, portanto, da maior ou menor atividade dos neurônios do BVLr que aumentam ou diminuem a frequência de descarga dos SPN, estimulando ou não os pós-ganglionares simpáticos.

Dentre os vários grupamentos neuronais que se projetam ao BVLr e são capazes de alterar o tônus simpático, importância deve ser dada ao bulbo ventrolateral caudal (BVLc) (ver Figuras 37.1 e 37.2), cuja estimulação reduz acentuadamente a pressão arterial. O BVLc é uma coluna de neurônios vasodepressores que se estende caudalmente ao BVLr na região ventral do bulbo, coincidindo com o grupamento noradrenérgico A1. Atribui-se a primeira demonstração de sua existência aos estudos farmacológicos do fisiologista brasileiro Pedro Guertzenstein [Guertzenstein e Silver (1974); Feldberg e Guertzenstein (1976)] que, aplicando drogas depressoras na superfície ventral do bulbo (próximo à emergência do hipoglosso), observaram intensa queda de pressão arterial. A via simpatoinibitória do BVLc que se projeta ao BVLr é GABAérgica (ver Figura 37.2) e constitui parte integrante do arco reflexo comandado pelos barorreceptores (ver Figura 37.1).

Para que os grupamentos neuronais DMV + NA e BVLc + BVLr gerem, respectivamente, tônus vagal e simpático apropriados à situação momentânea, eles devem continuamente receber informações sobre o funcionamento cardiovascular. Todas as aferências periféricas, conduzindo as mais diversas informações sobre a circulação e a atividade cardíaca, projetam-se diretamente ao núcleo do trato solitário (NTS) (ver Figuras 37.1 e 37.2). O NTS é uma estrutura alongada, localizada central e dorsalmente em toda a extensão do bulbo, que desempenha papel fundamental na regulação cardiovascular, não só por ser o local de convergência das aferências periféricas e sua primeira estação sináptica, mas também por distribuir as informações aferentes aos núcleos bulbares de integração primária (DMV e NA; BVLc) e às áreas de modulação suprabulbar do controle cardiovascular. O NTS é também, como será visto mais adiante, um importante sítio de convergência de projeções suprabulbares que ajustam o controle cardiovascular em diferentes situações comportamentais, mantendo sua eficiência. Uma grande variedade de neurotransmissores (aminoácidos excitatórios e inibitórios, acetilcolina, aminas biogênicas, vários neuropeptídios) foi detectada no NTS. Parece, no entanto, que os aferentes periféricos ao NTS, bem como os neurônios de projeção do NTS ao DMV/NA e ao BVLc, utilizam como neurotransmissor essencialmente o aminoácido excitatório glutamato (ver Figura 37.2).

RECEPTORES E AFERÊNCIAS

São numerosos os receptores envolvidos no controle cardiovascular. Eles sinalizam, por meio de aferências específicas ao NTS, alterações nos diferentes parâmetros funcionais do sistema cardiovascular, fornecendo o substrato necessário à gênese da resposta pressora adequada a situações específicas e apropriada à demanda momentânea. Para facilidade de estudo os receptores envolvidos na regulação da pressão arterial são agrupados em classes, de acordo com a variável que sinalizam e/ou sua localização no sistema cardiovascular (ver Quadro 37.1). São classificados como:

- Mecanorreceptores arteriais, também conhecidos por barorreceptores ou pressorreceptores arteriais, que detectam as variações de pressão arterial nas grandes artérias (ver Figuras 37.1 a 37.5)
- Quimiorreceptores arteriais, que detectam as variações da pressão parcial de O_2, CO_2 e do pH no sangue arterial (ver Figuras 37.13 a 37.16, mais adiante)
- Receptores cardiopulmonares, que englobam na realidade vários subtipos de receptores localizados nas câmaras cardíacas, ao longo das coronárias e na artéria pulmonar, sendo responsáveis pela detecção da pressão de enchimento das câmaras, pressão de perfusão coronária e estímulos químicos a afetar o funcionamento da bomba cardíaca (ver Figuras 37.17 a 37.20, mais adiante)
- Outros receptores presentes na circulação renal, na musculatura esquelética, na região cutânea etc.

Como os mecanismos de regulação variam na dependência do tipo de receptor estimulado, a regulação neuro-hormonal da pressão arterial será descrita em função de cada receptor específico.

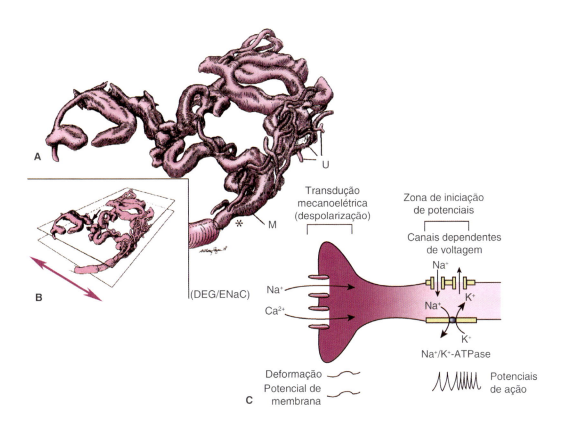

Figura 37.3 • Reconstrução tridimensional dos barorreceptores. **A.** Ilustração das terminações nervosas de um aferente mielinizado (M) e de três aferentes não mielinizados (U). O axônio pré-mielinizado perde a bainha de mielina (região marcada pelo asterisco) e apresenta várias ramificações, dilatações e convoluções. Aumento aproximado de 2.000×. **B.** Representação dos terminais nervosos geralmente localizados entre duas lâminas elásticas; suas ramificações podem, no entanto, atravessar de uma a outra camada (*seta menor*), estabelecendo contato com os vários elementos vasculares. A *seta maior* indica o sentido em que se faz a estimulação dos receptores. **C.** Esquema ilustrativo da ativação dos barorreceptores durante elevação da PA. A transdução mecanoelétrica envolve canais iônicos mecanossensíveis (DEG/ENaC) presentes nas terminações nervosas, cuja abertura é proporcional à magnitude da deformação. Despolarizações acima do limiar induzem potenciais de ação, na zona de iniciação de potenciais, que são transmitidos pela fibra nervosa aos centros de integração e cuja frequência é proporcional à magnitude da despolarização. (Adaptada de Krauhs, 1979; Chapleau et al., 2001.)

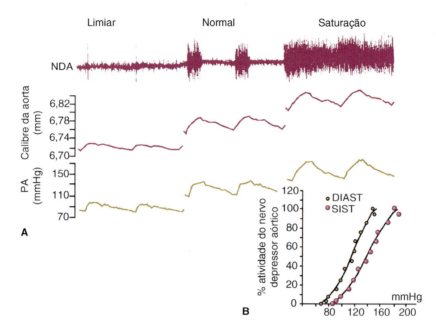

Figura 37.4 ▪ **A.** Registros simultâneos da pressão arterial (PA, mmHg) e calibre (mm) pulsáteis da aorta e da atividade do nervo depressor aórtico (NDA) de um rato normotenso na situação controle (normal) e durante queda (limiar) ou elevação (saturação) da PA. Mais explicações no texto. **B.** Faixa completa de funcionamento dos barorreceptores aórticos (em valores percentuais da descarga máxima, para um grupo de 8 ratos normotensos), desde a pressão sistólica (SIST) ou diastólica (DIAST) que determina o limiar até as pressões em que ocorre saturação (100% de descarga) dos barorreceptores.

REGULAÇÃO NEURO-HORMONAL DA PRESSÃO ARTERIAL

▶ Comandada pelos mecanorreceptores arteriais

Os mecanorreceptores ou barorreceptores arteriais, esquematizados na Figura 37.1, são os principais responsáveis pela regulação momento a momento da pressão arterial. São constituídos por terminações nervosas livres que se situam na adventícia, próximo à borda medioadventicial de grandes artérias sistêmicas e estão estrategicamente localizados na aorta (o principal vaso do corpo pelo qual passa todo o DC – *barorreceptores aórticos*) e na bifurcação das carótidas (a "porta de entrada" da circulação encefálica – *barorreceptores carotídeos*). A Figura 37.3 A ilustra a reconstrução tridimensional dessas terminações livres (obtida por microscopia eletrônica em cortes seriados do arco aórtico, de onde emergem fibras barorreceptoras aferentes). Nota-se que a fibra mielinizada perde a bainha de mielina ao se aproximar da camada média vascular, ramifica-se e apresenta dilatações ou varicosidades e convoluções sobre si mesma a espaços irregulares. Geralmente, a uma fibra pré-mielinizada associam-se três ou quatro fibras não mielinizadas, mais finas, que se enrolam sobre ela. Observa-se, também, a existência de membrana basal proeminente, que se ancora fortemente às terminações nervosas por toda sua extensão, conectando-as entre si e aos demais constituintes do vaso. Geralmente, os terminais das fibras barorreceptoras localizam-se entre duas lâminas elásticas (ver Figura 37.3 B), mas podem atravessar de uma camada para outra, estabelecendo contato com mais elementos vasculares. Esse arranjo anatômico integra as fibras barorreceptoras à parede vascular e fornece substrato anatômico para que funcionem como mecanorreceptores: a passagem da onda de pulso gera tensão circunferencial (indicada pela seta maior na Figura 37.3 B), a qual distende a parede do vaso,

deformando as terminações livres, responsáveis pela transdução da deformação mecânica em potenciais de ação. O mecanismo que condiciona essa transdução mecanoelétrica (ver Figura 37.3 C) depende da presença de canais iônicos sensíveis à deformação, pertencentes à família das degenerinas/canais epiteliais para Na^+ (DEG/ENaC) nos terminais nervosos, os quais são ativados durante a distensão da parede. Sua ativação permite o influxo de íons Na^+ e Ca^{2+} que despolarizam os terminais na proporção direta da deformação (ou seja, quanto maior a deformação, maior o influxo e maior a alteração do potencial de membrana e vice-versa). Se houver despolarização suficiente para ser atingido o limiar, potenciais de ação são induzidos na zona de iniciação de potenciais (por canais para Na^+ e K^+ dependentes de voltagem) e transmitidos ao longo das fibras aferentes mielinizadas e não mielinizadas.

É importante ressaltar que a frequência de disparos de potenciais de ação dos barorreceptores é condicionada pela deformação do vaso (daí sua classificação como mecanorreceptores), a qual está na dependência direta da variação da pressão intravascular. Esta correlação está demonstrada na Figura 37.4 A para diferentes níveis de pressão arterial. Na situação basal a deformação diastólica não é suficiente para gerar potenciais de ação, mas durante a passagem da onda de pulso (pressão sistólica) a distensão adicional do vaso produz uma salva de potenciais de ação, enquanto o vaso está sendo deformado. A atividade "normal" dos barorreceptores, observada em presença da pressão arterial fisiológica é, portanto, intermitente e sincrônica com a pressão sistólica. Durante elevações da pressão arterial, a deformação da parede excede a deformação observada na situação basal durante todo o ciclo cardíaco, e numerosos potenciais de ação são gerados tanto na sístole quanto na diástole (descarga em saturação); quando a pressão arterial cai, a artéria é pouco distendida, reduzindo, consideravelmente, a gênese de potenciais de ação. Há uma pressão mínima e uma deformação vascular mínima (equivalente ao valor diastólico na situação controle, identificado

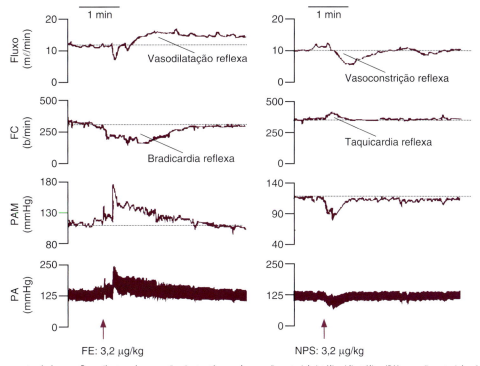

Figura 37.5 ▪ Funcionamento do barorreflexo, ilustrando correções instantâneas da pressão arterial sistólica/diastólica (PA), pressão arterial média (PAM) e frequência cardíaca (FC), durante elevação ou queda da pressão causadas pela administração intravenosa de fenilefrina (FE) ou nitroprussiato de sódio (NPS), respectivamente. O fluxo sanguíneo foi medido no membro pélvico do rato – musculatura esquelética. (Adaptada de Michelini, 2005.)

como limiar de ativação dos barorreceptores) (ver Figura 37.4 A), abaixo da qual não há distensão vascular suficiente para ativar os canais mecanossensíveis e gerar potenciais de ação.

A Figura 37.4 A e B ilustra também como o SNC é informado sobre os diferentes níveis de pressão arterial preexistentes no sistema cardiovascular: aumentos e reduções da pressão arterial são codificados pela maior ou menor frequência de potenciais de ação, ocasionando uma relação descarga × pressão sigmoide, que se estende do limiar à saturação (ver Figura 37.4 B) e cujo ponto médio (de máxima sensibilidade) corresponde à pressão arterial basal do indivíduo. A relação descarga × pressão é semelhante para os aferentes mielinizados e não mielinizados, estando apenas deslocada para níveis mais elevados de pressão arterial nos não mielinizados (que têm limiar mais elevado), os quais são completamente ativados apenas durante elevações intensas da pressão arterial, contribuindo para a descarga em saturação. Os potenciais de ação gerados nos receptores são conduzidos ao NTS por neurônios bipolares, cujos corpos celulares estão localizados no gânglio nodoso (no caso dos receptores provenientes do arco aórtico, que formam o nervo depressor aórtico (NDA, indicado na Figura 37.1) ou no gânglio petroso (no caso dos receptores carotídeos, que formam o nervo sinusal, NS, também indicado na Figura 37.1). Estes aferentes são incorporados respectivamente aos nervos vago e glossofaríngeo, por meio dos quais são conduzidos ao NTS no bulbo. Estudos efetuados nas últimas três décadas confirmaram que o neurotransmissor dos aferentes barorreceptores é o aminoácido excitatório glutamato (ver Figura 37.2).

Respostas neurais

Descrito o arco reflexo primário ou bulbar envolvido na regulação momento a momento da pressão arterial, fica fácil entender seus mecanismos de controle. Quando a pressão arterial se eleva acima dos valores basais, aumenta a distensão vascular e a atividade aferente do NDA e do NS (ver Figura 37.1), os quais estimulam neurônios de 2ª ordem localizados no NTS. Esses neurônios projetam-se e excitam o DMV e o NA, aumentando o tônus vagal ao coração e determinando redução da FC. Ao mesmo tempo, outros neurônios do NTS projetam-se e excitam o BVLc, que, por sua vez, inibe o BVLr, reduzindo o tônus simpático ao coração e vasos. A retirada do simpático causa redução adicional da FC, redução da contratilidade cardíaca a qual juntamente com a queda do RV (devido ao aumento da CV por venodilatação), diminuem o enchimento cardíaco e o VS, reduzindo marcadamente o DC. Há, ainda, queda simultânea da RP (vasodilatação arteriolar), que também contribui à redução da pressão arterial. Em conjunto, as reduções do DC e RP reduzem acentuadamente a pressão arterial, contrabalançando sua elevação inicial e trazendo-a de volta aos valores basais, de modo a mantê-la dentro de limites bastante estreitos (ver Figura 37.1). As respostas cardiovasculares desencadeadas são ilustradas na Figura 37.5: a elevação momentânea da pressão arterial (pela administração intravenosa de fenilefrina, por exemplo) causa intensa redução da FC (bradicardia reflexa), queda do volume sistólico e simultaneamente vasodilatação reflexa (ilustrada pelo aumento de fluxo ao território muscular esquelético), as quais contribuem de modo importante para a volta da pressão arterial a seus valores controles.

Quando o estímulo inicial for uma queda acentuada da pressão arterial (ver vias envolvidas na Figura 37.1), os barorreceptores aórticos e carotídeos são menos ou não deformados e a atividade aferente dos nervos depressor aórtico e sinusal é momentaneamente reduzida ou mesmo suprimida. Os neurônios do NTS, menos ou não estimulados, deixam de excitar os neurônios pré-ganglionares parassimpáticos localizados no DMV e NA (reduz-se o tônus vagal) e, não excitando os neurônios depressores do BVLc, promovem a liberação da atividade dos neurônios do BVLr (aumento simultâneo do tônus simpático), criando as condições necessárias para que a FC e o VS se elevem e haja elevação da RP (por vasoconstrição com redução de fluxo local) e do RV (por venoconstrição com redução da CV), com consequente aumento do DC, os quais novamente trazem a pressão arterial para seus valores basais. Estas respostas reflexas também se encontram ilustradas na Figura 37.5: a administração intravenosa de nitroprussiato de sódio (doador de óxido nítrico) reduz a pressão arterial determinando taquicardia, elevação do volume sistólico e vasoconstrição reflexas as quais prontamente trazem a pressão arterial de volta a seus valores basais. As respostas reflexas, desencadeadas pela estimulação dos barorreceptores durante oscilações para mais ou para menos da pressão arterial mediadas pelo vago e simpático, constituem a chamada **alça bulbar** ou **primária** do controle cardiovascular.

A integração primária do controle cardiovascular, eficiente para regular a pressão arterial na situação basal não é, no entanto, suficiente para o controle cardiovascular adequado durante situações emergenciais (como, por exemplo, exercício físico, situações de estresse, reação de luta e fuga etc.) que envolvem ajustes momentâneos específicos ao coração e/ou aos vasos. Por exemplo, durante o exercício aeróbico há elevação moderada da pressão arterial (10 a 20 mmHg acima dos valores de repouso), necessária à redistribuição de fluxo aos diferentes territórios. O aumento da pressão arterial estimula os barorreceptores arteriais os quais deveriam, como citado acima, determinar reflexamente bradicardia pelo aumento do tônus vagal (excitação do DMV e NA) e redução do tônus simpático (inibição do BVLr). No entanto, o exercício não é acompanhado de bradicardia reflexa, mas de intensa taquicardia, necessária para manter o DC elevado. De fato, exercício com elevações moderadas da pressão arterial e taquicardia ocorrem tanto em pacientes normotensos quanto hipertensos ao se exercitarem (Figura 37.6), e a simultaneidade destas respostas não pode ser explicada apenas pela integração bulbar do controle cardiovascular.

Sabe-se que as informações relativas ao sistema cardiovascular carreadas pelas aferências periféricas ao NTS e áreas bulbares também ascendem a outras áreas encefálicas localizadas no hipotálamo, assim como no sistema límbico e córtex. As informações periféricas são integradas nestas áreas suprabulbares, modificando a atividade de neurônios pré-motores que se projetam de volta às áreas bulbares de integração primária, modulando a atividade das mesmas. Sabe-se também que o hipotálamo é uma estrutura de vital importância na integração de respostas autonômicas, endócrinas e comportamentais e, portanto, fundamental não só para o controle homeostático do sistema cardiovascular, mas também para a gênese do próprio padrão motor do exercício. No entanto, foi só a partir do advento de técnicas imuno-histoquímicas e de transporte neuronal que as vias envolvidas na modulação dos reflexos cardiovasculares puderam ser identificadas. Evidências experimentais acumuladas nas últimas décadas têm demonstrado que o NTS e outras áreas bulbares envolvidas na integração primária do controle cardiovascular projetam-se a áreas mesencefálicas, diencefálicas (em especial ao núcleo paraventricular do hipotálamo, PVN, uma importante área de integração neurovegetativa e comportamental e ao núcleo supraóptico, SON) e prosencefálicas via neurônios catecolaminérgicos. É por esta via ascendente que os estímulos periféricos mediados pelos barorreceptores, quimiorreceptores, receptores cardiopulmonares, aferentes renais etc. chegam ao hipotálamo (ver Figura 37.1). Por sua vez, o PVN compreende vários grupamentos neuronais, entre os quais se destacam os neurônios vasopressinérgicos (VPérgicos) e ocitocinérgicos (OTérgicos), tanto magnocelulares quanto parvocelulares. Os neurônios magnocelulares projetam-se à neuro-hipófise, de onde liberam vasopressina e ocitocina para a circulação sanguínea. Por sua vez, os neurônios parvocelulares VPérgicos e OTérgicos projetam-se às diferentes áreas de regulação cardiovascular bulbares e aos SPN na medula espinal (são neurônios pré-autonômicos) modulando o tônus parassimpático e simpático ao coração e vasos (ver Figura 37.1).

É interessante observar que projeções monossinápticas recíprocas entre NTS e PVN fornecem substrato anatômico para um importante e rápido sistema de controle, por meio do qual o PVN é capaz de modular o funcionamento da alça primária de regulação cardiovascular, adequando suas respostas a diferentes situações comportamentais. A interligação NTS-PVN-NTS constitui a chamada **alça suprabulbar** ou de **modulação** do controle cardiovascular (ver Figura 37.1), na qual o NTS desempenha papel fundamental não só por receber todas as informações provenientes dos receptores periféricos e as distribuir adequadamente às demais áreas bulbares e suprabulbares envolvidas na regulação da pressão arterial, mas também as projeções VPérgicas e OTérgicas descendentes do PVN, responsáveis pela modulação da pressão arterial, DC e distribuição de fluxo aos diferentes territórios vasculares durante a atividade física. Estudos recentes indicaram que a ativação das projeções VPérgicas durante o exercício reduzia a inibição simpática durante elevações da pressão

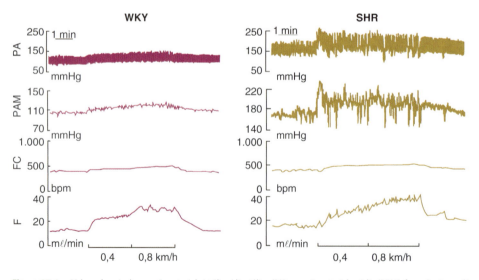

Figura 37.6 ▪ Valores basais da pressão arterial sistólica/diastólica (PA), pressão arterial média (PAM), frequência cardíaca (FC) e fluxo sanguíneo (F) à musculatura esquelética, apresentados por rato normotenso (WKY) ou com hipertensão espontânea (SHR). As medidas foram feitas durante exercício dinâmico (indicado em cada figura pela barra horizontal inferior), precedido por uma situação controle (de repouso; indicada à esquerda de cada barra), e seguido por uma fase de recuperação (indicada à direita de cada barra). A maior ou menor labilidade da PA pode ser inferida a partir da presença/ausência de oscilações de PA durante o exercício observadas em cada rato. bpm, batimentos por minuto.

arterial e deslocava a faixa de funcionamento do reflexo barorreceptor para níveis mais elevados de FC sem alterar sua sensibilidade. Nesta situação, o aumento mantido de 10 a 15 mmHg não é mais eficaz em reduzir a FC, determinando oclusão da bradicardia reflexa durante o exercício e permitindo o aparecimento da resposta taquicárdica. Quanto aos efeitos das projeções OTérgicas do PVN ao NTS e DMV (ver Figura 37.1), observou-se que sua densidade é grandemente aumentada em indivíduos treinados e que sua ativação facilita o tônus vagal ao coração, contribuindo para o aparecimento da bradicardia de repouso e para a menor taquicardia ao exercício que caracterizam o treinamento aeróbico. Em conjunto, essas observações confirmam a efetividade da alça suprabulbar de modulação no controle reflexo da circulação durante exercício.

Outro ponto importante a ser ressaltado é que, além das respostas neurais, que ocorrem em questão de segundos, os barorreceptores controlam também a liberação de vários hormônios que são coadjuvantes na manutenção dos níveis basais da pressão arterial (ver Figura 37.1). Durante hipovolemia e queda mantida da pressão arterial ocorre maior liberação de epinefrina e norepinefrina pela medula suprarrenal, maior liberação de vasopressina (VP ou hormônio antidiurético) pela neuro-hipófise e aumento das concentrações plasmáticas de renina, com consequente ativação do sistema renina-angiotensina-aldosterona. Se o estímulo presente for aumento mantido da pressão arterial e aumento da volemia, há inibição do simpático com menor liberação de catecolaminas suprarrenais, redução da liberação de renina (e consequentemente menor ativação do sistema renina-angiotensina-aldosterona), redução da liberação de VP, mas aumento das concentrações plasmáticas de ocitocina (OT) e peptídio atrial natriurético (ANP). Esses mecanismos hormonais somam-se aos mecanismos neurais no restabelecimento da pressão arterial ao nível controle, intensificando e prolongando por minutos, ou mesmo horas, as respostas cardiovasculares desencadeadas pelos barorreceptores. Durante variações da pressão arterial, a ação cardiovascular resultante depende, portanto, da disponibilidade de neurotransmissores e hormônios para agirem em seus respectivos receptores nos órgãos efetores, e da somação temporal de seus efeitos. Para mais detalhes do sistema renina-angiotensina, consultar o Capítulo 55, *Rim e Hormônios*.

Respostas hormonais

As **catecolaminas suprarrenais** são sintetizadas pela medula suprarrenal em resposta à estimulação simpática durante quedas mantidas da pressão arterial (ver Figura 37.1). A medula suprarrenal é constituída por neurônios simpáticos pós-ganglionares modificados (e diretamente inervados pelos SPN) que perderam seus axônios, mas guardaram a capacidade de sintetizar epinefrina e norepinefrina liberadas para a circulação sanguínea. As catecolaminas plasmáticas, agindo no coração (receptores β-adrenérgicos) e vasos periféricos (receptores α-adrenérgicos), determinam as mesmas respostas desencadeadas pelo reflexo neural, porém com efeitos mais duradouros que persistem enquanto suas concentrações plasmáticas estiverem elevadas. Durante quedas da pressão arterial o sistema simpático é ativado aumentando a liberação de catecolaminas para a circulação. A epinefrina age aumentando o DC (devido a aumentos na FC, na contratilidade e relaxamento cardíaco e, consequentemente no VS, e RV por redução da CV) e melhorando o fluxo coronário, muscular e esplâncnico, mas reduzindo os fluxos renal e cutâneo.

A epinefrina determina, ainda, aumento do metabolismo basal (por ativação da glicogenólise no fígado e musculatura esquelética) e lipólise em células gordurosas. A norepinefrina plasmática (também liberada pela medula suprarrenal, embora em menor quantidade que a epinefrina) determina aumento da RP total (por vasoconstrição acentuada, com queda de fluxo em quase todos os territórios, exceto o coronariano e encefálico), sem alterar significativamente o DC (há aumento da contratilidade, mas queda adicional da FC determinada reflexamente). Frente a elevações mantidas da pressão arterial, há inibição prolongada do simpático e redução acentuada das concentrações plasmáticas de epinefrina e norepinefrina, as quais são fundamentais para facilitar e prolongar a redução da pressão arterial, desencadeada neuralmente, voltando os valores de pressão arterial para o basal.

O *sistema renina-angiotensina* (SRA) também participa ativamente da regulação neuro-hormonal da pressão arterial comandada pelos barorreceptores (ver Figura 37.1). O passo-chave que determina maior ou menor ativação do SRA plasmático é a liberação de renina, a enzima limitante da reação, pelas células justaglomerulares da arteríola aferente renal. Há três estímulos efetivos para a secreção de renina (Figura 37.7): estimulação simpática, diminuição da tensão vascular na arteríola aferente renal e redução da carga filtrada de Na$^+$ que alcança a mácula densa, todos eles presentes durante quedas da pressão arterial. A renina liberada para a circulação age sobre o angiotensinogênio (uma α-globulina sintetizada pelo fígado e abundante no plasma) clivando uma sequência de 10 aminoácidos, a angiotensina I que por sua vez é clivada pela enzima conversora de angiotensina (abundante no endotélio vascular e plasma) para formar um octapeptídio – a **angiotensina II** (Ang II), o principal hormônio responsável pelas ações do SRA. Outros membros da família das angiotensinas, como a angiotensina-(1-7), a angiotensina III, a alamandina, também têm sido apontados como responsáveis por ações biológicas do SRA. A ideia atual é de que toda a família das angiotensinas tenha atividades específicas, sendo responsáveis por vários dos efeitos biológicos anteriormente atribuídos exclusivamente à Ang II, que continua sendo, sem dúvida, o membro mais importante da família. Os efeitos da Ang II na regulação cardiovascular são múltiplos e de grande abrangência (Figura 37.8):

- Tem ação vasoconstritora direta (ver Capítulo 33)
- Potencializa, em vasos de resistência, os efeitos da norepinefrina liberada pelas terminações nervosas (aumenta a síntese, facilita a liberação pelo impulso nervoso e inibe a receptação neuronal do neurotransmissor, aumentando sua concentração na fenda sináptica) (ver Capítulo 33)
- Potencializa a transmissão ganglionar simpática
- Facilita a liberação de catecolaminas suprarrenais
- Estimula diversas regiões do SNC (área postrema, órgão subfornicial, órgão vasculoso da lâmina terminal, região anterolateral do 3º ventrículo, PVN etc.) determinando, centralmente, aumento do tônus simpático
- Estimula a sede
- Estimula a liberação de vasopressina pela neuro-hipófise, determinando retenção hídrica
- Deprime o funcionamento do próprio reflexo barorreceptor, reduzindo sua sensibilidade e tornando-o menos apto para tamponar as oscilações de pressão arterial
- Tem potente efeito trófico, determinando a longo prazo hipertrofia e crescimento da musculatura lisa vascular e cardíaca

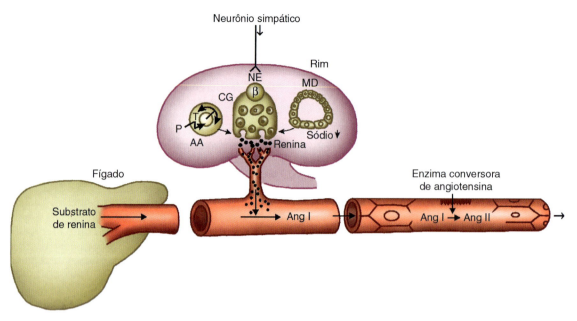

Figura 37.7 ▪ Mecanismos determinantes da secreção de renina do rim para o plasma sistêmico. As células justaglomerulares (CG) sintetizam e armazenam renina em grânulos secretórios, os quais são liberados (por exocitose) frente: à redução da tensão vascular (T) da arteríola aferente (AA), à sua ativação simpática β-adrenérgica e/ou à redução da carga filtrada de sódio que atinge a mácula densa (MD). Na circulação sistêmica, a renina cliva o angiotensinogênio (ou substrato de renina, originado primordialmente no fígado), formando a angiotensina I, que, por sua vez, é clivada pela enzima conversora de angiotensina (presente no endotélio vascular e no plasma) em angiotensina II. (Adaptada de Shepherd e Vanhoutte, 1979.)

- Adicionalmente, a Ang II também estimula a síntese e a liberação de **aldosterona** pelo córtex suprarrenal, outro hormônio importante na regulação da volemia (por estimular diretamente a reabsorção de Na⁺ pelos túbulos renais, aumentando consequentemente a retenção hídrica).

Todos os efeitos da Ang II se fazem no sentido de aumentar a RP e a volemia, determinando aumento expressivo da pressão arterial quando ativados. Por todas essas ações, a Ang II é um hormônio extremamente eficaz na proteção contra quedas acentuadas e mantidas da pressão arterial. Por outro lado, quando a pressão arterial se eleva há drástica redução da liberação de renina, menor formação de Ang II e aldosterona, o que contribui sobremaneira para redução da RP e da volemia, facilitando a redução da pressão arterial e seu retorno aos níveis basais. No entanto, a hiperativação do sistema renina-angiotensina em situações patológicas determina a instalação e/ou a manutenção da hipertensão arterial.

A **vasopressina** (VP), sintetizada pelos neurônios magnocelulares do PVN e SON e liberada para a circulação sistêmica a partir da neuro-hipófise, também participa da regulação neuro-hormonal da pressão arterial. Quedas da pressão arterial e da volemia, bem como aumentos da osmolalidade plasmática, determinam maior síntese e liberação de VP plasmática (Figura 37.9). A VP atua em receptores V2 renais determinando antidiurese (por aumentar a inserção de canais de aquaporina II na membrana luminal dos ductos coletores, facilitando a reabsorção de água) e restaurando a volemia. A VP plasmática também age em receptores V1 na musculatura lisa vascular e no coração, determinando intensa vasoconstrição e pronunciada bradicardia. Havendo simultaneamente aumento da volemia e da RP e redução do DC, a pressão arterial é pouco aumentada ou mesmo não modificada, dependendo da magnitude dessas respostas. Quando o estímulo presente for o aumento mantido da pressão arterial e da volemia, as concentrações plasmáticas de VP são reduzidas, determinando respostas opostas às descritas no parágrafo anterior, as quais também contribuem para o retorno da pressão arterial e volemia a seus valores basais.

Embora por muito tempo os únicos efeitos conhecidos da **ocitocina** (OT) fossem os relativos à contração uterina e à ejeção de leite, vários trabalhos posteriores vieram demonstrar de maneira inequívoca que a OT, sintetizada pelo PVN e SON, é também liberada para o plasma frente a aumentos da volemia e da osmolalidade. A OT circulante tem vários efeitos (ver Figura 37.9), no coração ativa a liberação de peptídio atrial natriurético (ANP), o qual age nos túbulos renais induzindo natriurese e diurese, além de sua ação nos túbulos renais, ativando a sintase de óxido nítrico (NOS) e induzindo a produção de cGMP, o qual induz o fechamento de canais para Na⁺ presentes nos néfrons, potencializando a natriurese e a diurese. Estes efeitos aumentam a excreção e diminuem a retenção de líquidos, corrigindo a elevação inicial da volemia. A OT também sido apontada como um fraco vasoconstritor, além de agir no coração, no qual determina redução da FC e do inotropismo cardíaco, favorecendo a redução do DC. A somatória desses efeitos antagônicos não induz alteração significativa da pressão arterial. Por outro lado, se o estímulo desencadeante for retração da volemia, haverá menor liberação de OT, com redução da natriurese e diurese (ocorrendo maior retenção de sais e água), a qual corrige a redução inicial de volume; não há redução do DC e pouca ou nenhuma alteração da RP e da pressão arterial.

O **peptídio atrial natriurético** (ANP) (ver Figura 37.1) é um hormônio sintetizado pelos miócitos atriais e liberado para a circulação frente à distensão atrial. Suas concentrações plasmáticas também variam em função dos níveis pressóricos: elevam-se durante aumentos da pressão arterial determinados por aumento do RV e da volemia, reduzindo-se durante hipotensão hipovolêmica. Trabalhos mais recentes demonstraram que a ativação dos barorreceptores arteriais tem papel permissivo na determinação das concentrações circulantes de ANP. Na circulação, o ANP reduz a FC e a contratilidade cardíaca

Regulação da Pressão Arterial | Mecanismos Neuro-Hormonais

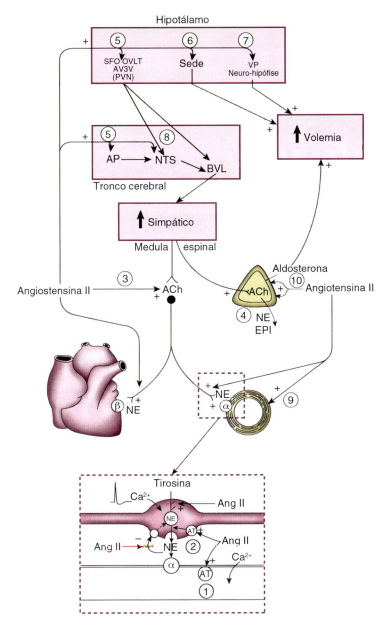

Figura 37.8 • Esquema representativo dos mecanismos pelos quais a angiotensina II circulante (Ang II) aumenta a PA. Para explicação dos mecanismos, identificados com os números de 1 a 10, veja o texto. *SFO*, órgão subfornicial; *OVLT*, órgão vasculoso da lâmina terminal; *AV3V*, região anteroventral do 3º ventrículo; *PVN*, núcleo paraventricular; *VP*, vasopressina; *AP*, área postrema; *NTS*, núcleo do trato solitário; *BVL*, bulbo ventrolateral; *ACh*, acetilcolina; *NE*, norepinefrina; *EPI*, epinefrina; α, receptor α-adrenérgico; β, receptor β-adrenérgico; *AT*, receptor de angiotensina II. (Adaptada de Shepherd e Vanhoutte, 1979.)

controle de uma regulação neuroendócrina coordenada, comandada pelos barorreceptores arteriais. Assim, elevações ou quedas das cifras de pressão arterial, intensificando ou reduzindo a atividade destes aferentes, desencadeiam simultaneamente respostas neurais e hormonais apropriadas, que interagem entre si aumentando a eficácia no controle do DC, RP, CV, RV e volemia, mantendo, assim, a pressão arterial dentro de limites estreitos. Os efeitos cardiovasculares resultantes dependem, portanto, da disponibilidade instantânea de neurotransmissores e hormônios para os receptores específicos localizados no coração, vasos de resistência e de capacitância, rins, além da somatória temporal de seus efeitos. Embora a ênfase principal deste capítulo seja descrever a ativação seletiva e simultânea de respostas neurais e hormonais pelo barorreflexo, não se deve esquecer de que os aferentes cardiovasculares não são os únicos mecanismos que regulam a síntese/liberação de hormônios. Outros estímulos também concorrem para alterar e/ou manter as concentrações plasmáticas basais dos diversos hormônios (p. ex., a variação de carga de sal na mácula densa para a renina, a alteração da osmolalidade plasmática para a VP, concentrações plasmáticas de potássio para a aldosterona etc.).

Adaptação dos barorreceptores

Os barorreceptores possuem a capacidade de se adaptar quando os valores de pressão arterial são modificados, por dias (cerca de 2 a 3 dias), para valores maiores (elevação da pressão arterial, hipertensão arterial) ou menores (queda da pressão arterial, hipotensão) que o basal. A hipertensão arterial é uma doença de alta prevalência (afeta entre 20 e 30% da população adulta e cerca de 50% da população idosa) e um importante fator de risco para manifestação de doenças coronárias, insuficiência cardíaca, acidente vascular encefálico e diabetes, doenças renais, as quais apresentam alta morbimortalidade. Na hipertensão arterial os barorreceptores também comandam a regulação momento a momento da pressão arterial, que, embora elevada, continua sendo mantida dentro de limites razoavelmente constantes. A manutenção da regulação momento a momento na hipertensão arterial é possível porque os barorreceptores se adaptam aos níveis elevados de pressão arterial. No entanto, sua eficiência para corrigir os desvios da pressão arterial (para mais ou para menos) é menor do que a observada quando os níveis de pressão arterial estão dentro dos padrões fisiológicos (normotensão).

A adaptação dos barorreceptores é ilustrada na Figura 37.10 A. Na fase inicial da elevação mantida dos valores de pressão arterial (minutos a horas), os barorreceptores são maximamente estimulados (com descarga em saturação), determinando intensa redução da RP e do DC (como citado acima) para tentar restabelecer os níveis basais de pressão arterial. Se a causa determinante da elevação pressora não puder ser removida, a pressão arterial continuará elevada, e, com o passar do tempo (cerca de 2 a 3 dias), a faixa de funcionamento dos barorreceptores será deslocada em direção ao novo patamar em que se estabeleceu os valores de pressão arterial (hipertensão arterial no caso ilustrado na Figura 37.10 A); ou

reduzindo o DC, produz intensa vasodilatação periférica, reduzindo a RP e aumentando o fluxo sanguíneo tecidual, facilita a filtração capilar e a transposição de líquidos do espaço vascular para o intersticial, respostas estas que se somam à queda de DC e RP para reduzir a pressão arterial. Nos rins, o ANP determina intensa natriurese e diurese, aumentando a excreção de Na⁺ e água, e determina marcante redução da volemia, contribuindo ainda mais para a queda da pressão arterial. A síntese/liberação do ANP é um importante mecanismo de defesa do organismo em situações de aumento do volume circulante ou de transposição do reservatório venoso da periferia para estruturas centrais.

Pelo exposto, e conforme sintetizado na Figura 37.1, nota-se que o sistema cardiovascular está constantemente sob

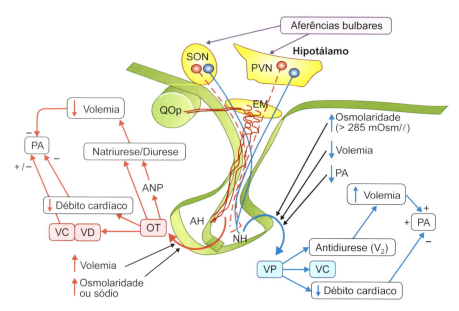

Figura 37.9 ▪ Mecanismos envolvidos na síntese e secreção de vasopressina (VP) e ocitocina (OT) pelo eixo hipotálamo-hipofisário. Os neurônios magnocelulares vasopressinérgicos estão representados *em azul* e os ocitocinérgicos, *em rosa*. Mais explicações no texto. SON, núcleo supraóptico; PVN, núcleo paraventricular; QOp, quiasma óptico; EM, eminência média; AH, hipófise anterior; NH, hipófise posterior ou neuro-hipófise; PA, pressão arterial; V1 e V2, subtipos de receptores de vasopressina. (Adaptada de Michelini, 2005, com permissão.)

seja, o padrão normal de atividade dos aferentes, intermitente e sincrônico com a pressão sistólica, volta a ser observado na vigência de níveis elevados de pressão arterial. Nesta situação, o novo regime pressor passa a ser reconhecido como "normal", e os barorreceptores atuam no sentido de manter esses valores de pressão arterial, de modo que oscilações para cima e para baixo desse novo patamar serão "corrigidas", por meio de respostas neuro-hormonais similares às descritas para os indivíduos normotensos (ver Figura 37.1). A adaptação dos barorreceptores também ocorre frente a quedas mantidas das cifras de pressão arterial, com sequência temporal idêntica (redução marcante da atividade dos receptores nos minutos/horas iniciais e atividade intermitente e sincrônica com a nova pressão sistólica ocorrendo em cerca de 2 a 3 dias). A adaptação é, portanto, um mecanismo fundamental para que indivíduos hipertensos ou hipotensos mantenham com relativa eficiência seus níveis pressóricos basais evitando flutuações instantâneas da pressão arterial. No entanto, como demonstrado na Figura 37.10 B, a sensibilidade dos barorreceptores em detectar alterações pressóricas (definida como o número de potenciais de ação por mmHg de variação da pressão arterial) é reduzida após adaptação (compare a curva tracejada à normal (normotensão), representada em linha contínua).

Observações recentes têm indicado que, além da alteração nas vias aferentes, as vias eferentes e a integração central também se encontram alteradas na hipertensão arterial, contribuindo para um controle menos eficiente da pressão arterial. A Figura 37.10 C compara a eficiência do controle reflexo da FC em normotensos e hipertensos: para igual variação absoluta de pressão arterial, os hipertensos apresentam menores variações reflexas de FC (assim como as demais respostas reflexas não apresentadas neste gráfico), corrigindo com menor eficiência o desvio da pressão arterial. O prejuízo da regulação momento a momento da pressão arterial na hipertensão arterial pode também ser comprovado avaliando os registros de pressão arterial e FC de um rato espontaneamente hipertenso (SHR) durante o repouso e exercício físico dinâmico quando comparado a um rato normotenso (WKY) (SHR *vs.* WKY na Figura 37.6): observa-se que nos SHR, que apresentam menor sensibilidade dos reflexos comandados pelos barorreceptores, a correção das variações instantâneas da pressão arterial é menos eficiente ocasionando labilidade aumentada da pressão arterial, a qual é observada não só nos níveis basais de pressão arterial, mas principalmente durante uma solicitação maior, como é o caso do exercício físico.

A depressão do funcionamento do reflexo barorreceptor é também observada em várias doenças cardiovasculares. Por exemplo, em pacientes pós-infarto do miocárdio com depressão da fração de ejeção do ventrículo esquerdo e presença de taquicardia ventricular não sustentada, observou-se que a redução da sensibilidade do reflexo barorreceptor (< 3 ms/mmHg) é um forte preditor de mortalidade. Como ilustrado na Figura 37.11, a depressão da sensibilidade do reflexo barorreceptor independe da idade e é um importante preditor de mortalidade mesmo em pacientes infartados com preservação da função ventricular esquerda.

Em síntese, pode-se afirmar que:

- A função primária dos barorreceptores arteriais é regular momento a momento a pressão arterial, evitando, por meio de respostas neurais e hormonais coordenadas, flutuações bruscas que prejudiquem a perfusão tecidual
- Esta função é preservada em situações de hipotensão ou hipertensão arterial, embora com perda parcial de sua eficiência
- A perda da sensibilidade do reflexo barorreceptor, observada em várias doenças cardiovasculares, é um importante fator de risco cardiovascular, correlacionando-se com alta morbimortalidade.

A função essencial dos barorreceptores é melhor compreendida pela comparação dos traçados de pressão arterial, antes e após remoção seletiva dos barorreceptores carotídeos e aórticos em modelos experimentais (ratos submetidos à desnervação sinoaórtica) (Figura 37.12). A estabilidade do traçado de pressão arterial e a ausência de oscilações observadas na situação controle refletem com propriedade a eficiência do controle neuro-hormonal comandado pelos barorreceptores, enquanto as oscilações bruscas dos níveis pressóricos tanto para mais quanto para menos observadas após a remoção dos barorreceptores indicam um nítido prejuízo hemodinâmico na perfusão tecidual aos diferentes órgãos.

▶ Comandada pelos quimiorreceptores arteriais

Valores sanguíneos apropriados de pressão parcial de oxigênio (pO_2), gás carbônico (pCO_2) e da concentração hidrogeniônica (pH) são obtidos pelas trocas gasosas nos pulmões e excreção ou reabsorção de ácidos e bases fixas nos túbulos renais. Desvios para mais ou para menos da pO_2, da pCO_2 e do pH são detectados por grupamentos celulares

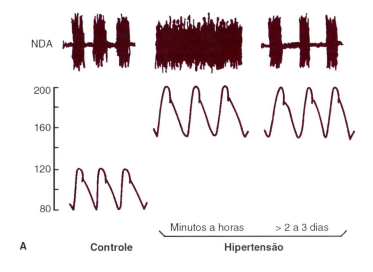

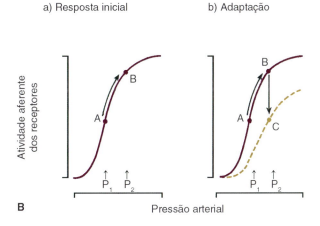

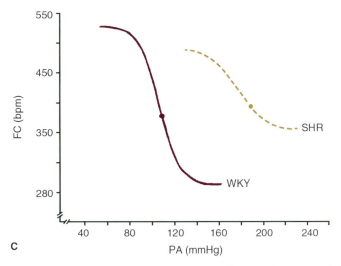

Figura 37.10 ▪ **A.** Representação esquemática da atividade do nervo depressor aórtico (NDA) em função da elevação mantida da PA. Em uma fase inicial (minutos a horas) há intensa ativação dos aferentes que descarregam em saturação. Se a PA permanecer elevada, haverá, em uma fase mais tardia (cerca de 2 a 3 dias), redução marcante da atividade dos barorreceptores. **B.** Na fase inicial de elevação da PA, representada no painel à esquerda, na curva da atividade aferente dos receptores há deslocamento do ponto A (P_1 = pressão inicial) para B (P_2 = pressão elevada). Se a PA permanecer elevada, haverá deslocamento de toda a faixa de atividade aferente para outra curva, indicada pela linha tracejada no painel à direita (é a chamada adaptação dos receptores). A adaptação caracteriza-se por limiar aumentado e sensibilidade reduzida: no nível mantido de pressão (P_2) a atividade dos barorreceptores é reduzida de B para C, fase em que se observa descarga semelhante a A, mas em valor mais elevado de PA. **C.** Comparação do controle reflexo da frequência cardíaca (FC) entre ratos normotensos (WKY) e hipertensos espontâneos (SHR), submetidos a variações similares de PA a partir da respectiva pressão basal (identificada pelo ponto central). Os ratos SHR, embora com FC basal semelhante à dos ratos WKY, apresentam controle reflexo deficitário, com nítido prejuízo da bradicardia e taquicardia reflexas. (Adaptada de Krieger *et al.*, 1982; Chapleau *et al.*, 1989.)

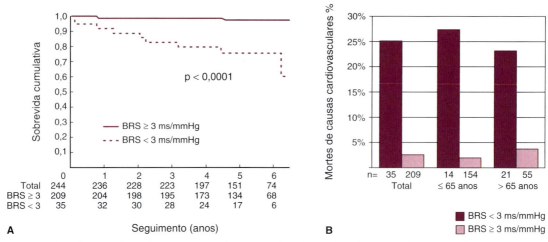

Figura 37.11 • **A.** Curvas de Kaplan-Meier ilustrando, em seguimento de 6 anos, a sobrevivência relativa de 2 grupos de pacientes infartados com preservação da função ventricular esquerda; um grupo apresentava sensibilidade barorreflexa preservada (*linha contínua*) e outro apresentava sensibilidade barorreflexa deprimida (*linha tracejada*). Os números na abscissa representam, para cada ano, o número total de pacientes e o número dos mesmos com preservação (BRS ≥ 3) ou depressão (BRS < 3) do reflexo barorreceptor. **B.** Ocorrência de mortes por causas cardiovasculares em grupos de pacientes com BRS < 3 (*barras escuras*) e BRS ≥ 3 (*barras claras*) nas diferentes faixas etárias. *Follow-up*, observação; BRS, reflexo barorreceptor. (Adaptada de De Ferrari et al., 2007.)

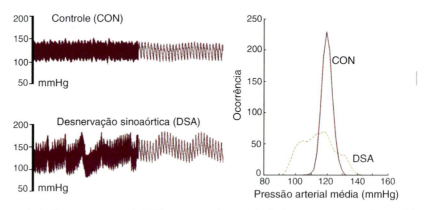

Figura 37.12 • Comparação do traçado de PA em um rato controle (CON) e outro com desnervação dos barorreceptores carotídeos e aórticos (desnervação sinoaórtica, DSA). No painel à esquerda, observa-se a labilidade elevada nos registros analógicos apresentada pelo rato DSA, quando comparado ao rato CON. No painel à direita, nota-se a grande dispersão na ocorrência dos valores de PA média mostrada pelo rato DSA, em comparação ao rato CON, o que caracteriza a ausência do controle reflexo da circulação comandado pelos barorreceptores. (Cortesia de EM Krieger.)

quimiossensíveis (os quimiorreceptores) localizados nos corpúsculos aórticos e carotídeos, situados na adjacência dos barorreceptores aórticos e carotídeos. Esses corpúsculos são estruturas especializadas que contêm dois tipos celulares distintos (as células glomais ou tipo I, que são as estruturas quimiossensíveis, e as células de suporte ou tipo II), uma rica vascularização capilar (com fluxo sanguíneo de 2 ℓ/min/100 g de tecido, sendo cerca de 40 vezes maior que o fluxo encefálico) e um número variável de terminais nervosos em contato com as células glomais (Figura 37.13). As fibras aferentes provenientes dos corpúsculos aórticos e carotídeos também se incorporam aos nervos glossofaríngeo e vago, respectivamente, e projetam-se sobre as células quimiossensíveis também localizadas no NTS em subnúcleos mais laterais que os envolvidos na alça reflexa dos barorreceptores.

Quedas da pO_2 e pH e/ou elevações da pCO_2 estimulam os quimiorreceptores arteriais sendo codificadas em sinais elétricos pelas células glomais, mas os quimiorreceptores periféricos são extremamente sensíveis às quedas da pO_2 arterial. As células glomais apresentam muitas mitocôndrias e numerosas vesículas eletrodensas que contêm catecolaminas e encontram-se em contato direto com as terminações nervosas livres do glossofaríngeo e do vago (ver Figura 37.13). Quedas da pO_2 arterial abaixo de seu valor basal (aproximadamente 100 mmHg) determinam pequenos aumentos da frequência de disparos das células glomais que são, no entanto, intensamente ativadas quando a pO_2 arterial atinge valores < 50 mmHg. Curiosamente, medidas da pO_2 na intimidade das células glomais indicam valores basais próximos a 40 mmHg, ou seja, na faixa da maior atividade dessas células quimiossensíveis. Sabe-se que a baixa pO_2 ativa canais iônicos de membrana sensíveis ao O_2, modifica o transporte de elétrons na mitocôndria alterando a razão da glutationa reduzida/glutationa oxidada e aumenta a concentração de cAMP intracelular. Esses estímulos disparados pela queda da pO_2 inibem o efluxo de K^+ e tornam menos negativa a voltagem de membrana, o que leva à abertura de canais para Ca^{2+} dependente de voltagem e, consequentemente, influxo de Ca^{2+}, o qual promoverá a exocitose do neurotransmissor. Na fenda sináptica o neurotransmissor (provavelmente a dopamina) ativa as fibras aferentes gerando os potenciais de ação que são conduzidos ao NTS. Primariamente, os quimiorreceptores estimulam os centros respiratórios, determinando alterações apropriadas da ventilação (modificando a frequência respiratória e o volume

Regulação da Pressão Arterial | Mecanismos Neuro-Hormonais

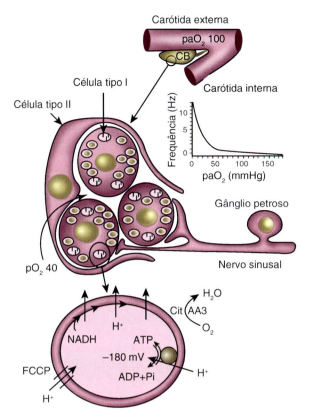

Figura 37.13 • Esquema mostrando a localização do corpúsculo carotídeo (CB) entre a carótida externa e interna, os tipos celulares que o constituem (células tipo I ou glomais – as estruturas quimiossensíveis – e células tipo II, de suporte), suas fibras aferentes que formam o nervo sinusal e o mecanismo proposto para detecção/transdução da tensão de O_2 em sinais elétricos. No gráfico é mostrada a relação entre pressão parcial de O_2 no sangue arterial (paO_2) e frequência de descarga do nervo sinusal. Mais explicações no texto. (Adaptada de Biscoe e Duchen, 1990.)

de ar corrente, como será descrito detalhadamente na Seção 8, *Fisiologia do Sistema Digestório*), mas também se projetam a centros cardiovasculares, determinando alterações da pressão arterial. Conforme observado na Figura 37.14, quedas da pO_2 (hipoxia, em presença de pCO_2 e pH constantes) e aumentos da pCO_2 (hipercapnia, com quedas proporcionais do pH em presença de pO_2 constante) durante ventilação assistida (utilizando um respirador – ventilação mecânica) determinam intensa elevação da RP e consequentemente da pressão arterial, demonstrando que a estimulação dos quimiorreceptores arteriais, à diferença do observado para os barorreceptores, causa estimulação, e não inibição, do simpático.

O efeito dos quimiorreceptores em aumentar o tônus simpático foi confirmado por estudos neuroanatômicos que mostraram que os neurônios secundários do NTS que recebem as aferências quimiossensíveis projetam-se diretamente ao BVLr, excitando os neurônios pré-motores simpáticos aí localizados e determinando vasoconstrição simpática generalizada (Figura 37.15). Ao intenso aumento da RP associa-se a venoconstrição, que aumenta o RV e o enchimento do coração, pré-carga, contribuindo para elevar o DC e, adicionalmente, aumentar a pressão arterial. Os efeitos primários do quimiorreflexo sobre a FC são antagônicos: por um lado a FC é facilitada pelo aumento da estimulação simpática, mas, por outro, inibida pela elevação simultânea do tônus vagal. Há, ainda, aumento da liberação de epinefrina e norepinefrina pela medula suprarrenal e ativação do sistema renina-angiotensina, os quais também contribuem para a elevação da pressão arterial. Estas respostas, que constituem o chamado "efeito primário" do quimiorreceptor sobre a circulação, são especialmente visíveis quando a ventilação é assistida; tais respostas podem não se manifestar completamente quando há aumento simultâneo da ventilação pulmonar, a qual acarreta (secundariamente, por meio dos reflexos originados no pulmão) taquicardia e vasodilatação. Portanto, a elevação da pressão arterial subsequente à estimulação dos quimiorreceptores arteriais na situação basal dependerá da magnitude do estímulo e da soma algébrica dos efeitos primários e secundários sobre a circulação, de forma que a resposta pressora poderá ser modesta ou mesmo não aparecer.

A prova da funcionalidade dos quimiorreceptores e de seu efeito tônico sobre a manutenção dos níveis basais da pressão arterial foi obtida experimentalmente utilizando ratos como modelo experimental, nos quais foi feita a cirurgia de remoção seletiva dos quimiorreceptores carotídeos, mantendo-se intactos os barorreceptores arteriais. Nesses animais observou-se hipotensão de pequena magnitude (cerca de 10 mmHg), a qual foi mantida cronicamente, comprovando o efeito excitatório tônico dos quimiorreceptores arteriais sobre o tônus simpático vasomotor. Em humanos, quadros de apneia obstrutiva do sono (que desencadeia inúmeros episódios de baixa pO_2) têm sido associados a aumento da atividade simpática periférica e à hipertensão arterial (Figura 37.16 A). Observou-se também que a atividade simpática periférica em indivíduos portadores da apneia obstrutiva do sono era muito mais pronunciada em hipertensos do que em normotensos, sugerindo facilitação do reflexo quimiorreceptor pela apneia em pacientes hipertensos (Figura 37.16 B). A inter-relação entre hiperatividade dos quimiorreceptores e hipertensão arterial é um achado constante, tendo sido sugerido que, em pacientes com apneia do sono, a

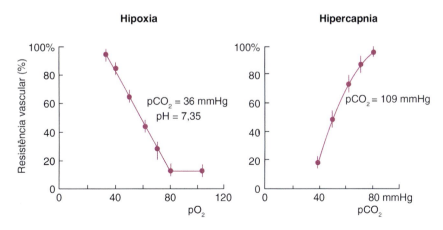

Figura 37.14 • Variação da resistência vascular periférica em situações de hipoxia (com normocapnia) e de hipercapnia (com normoxia). Quedas da pressão parcial de O_2 (pO_2) bem como aumentos da pressão parcial de CO_2 (pCO_2) e/ou quedas do pH são efetivos em estimular os quimiorreceptores, determinando aumento da resistência (representada como porcentagem da resposta máxima) e da PA. Observe que pequenos aumentos na pCO_2 além do valor basal (cerca de 40 mmHg) acarretam intensa vasoconstrição, enquanto a estimulação pela hipoxia só produz resposta detectável quando a pO_2 arterial cai abaixo de 70 mmHg (valor basal de cerca de 100 mmHg). (Adaptada de Pelletier, 1972.)

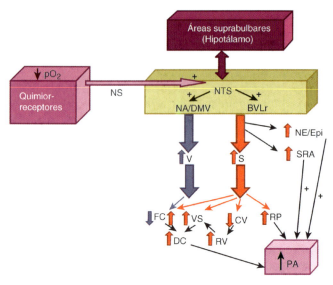

Figura 37.15 ▪ Representação esquemática da regulação neuro-hormonal da pressão arterial comandada pelos quimiorreceptores arteriais. Mais explicações no texto. *pO₂*, pressão parcial de O₂ no sangue; *NS*, nervo sinusal; *NTS*, núcleo do trato solitário; *NA*, núcleo ambíguo; *DMV*, núcleo dorsal motor do vago; *BVLr*, bulbo ventrolateral rostral; *V*, vago; *S*, simpático; *FC*, frequência cardíaca; *VS*, volume sistólico; *CV*, capacitância venosa; *RP*, resistência periférica; *RV*, retorno venoso; *DC*, débito cardíaco; *PA*, pressão arterial; *NE*, norepinefrina; *Epi*, epinefrina; *SRA*, sistema renina-angiotensina.

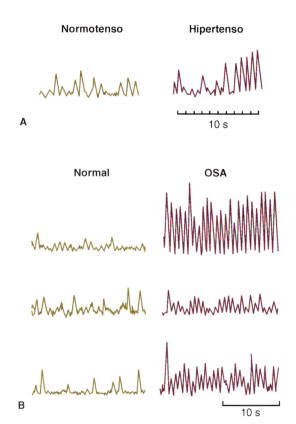

Figura 37.16 ▪ **A.** Comparação da atividade simpática periférica (nervo fibular) entre um indivíduo normotenso e outro hipertenso limítrofe, durante 10 segundos de hipoxia induzida por inalação de mistura gasosa com 90% de nitrogênio e 10% de oxigênio. **B.** Comparação da atividade simpática periférica entre três indivíduos normais e outros três com apneia obstrutiva do sono (OSA), pareados por idade e sexo. Os registros foram obtidos com os indivíduos acordados, à saturação normal de O₂ e na ausência de qualquer anormalidade respiratória. (Adaptada de Narkiewicz e Sommers, 1997.)

estimulação simpática repetitiva, gerando elevado tônus simpático seria uma das causas da elevada prevalência da hipertensão arterial nessa doença.

▶ Comandada pelos receptores cardiopulmonares

Estudos histológicos e eletrofisiológicos também demonstraram a presença de receptores periféricos localizados em átrios, ventrículos, coronárias e pericárdio, artéria pulmonar e junção da cava e veias pulmonares com átrios direito e esquerdo, respectivamente, os quais foram genericamente identificados como receptores cardiopulmonares. As aferências desses receptores podem ser mielinizadas ou não mielinizadas, projetando-se ao bulbo ou via nervo vago (identificados como aferentes vagais), ou via medula espinal, acompanhando o trajeto de nervos simpáticos (os chamados aferentes espinais). Três conjuntos de receptores cardiopulmonares foram caracterizados anatômica e funcionalmente (Figura 37.17): os aferentes vagais mielinizados, os aferentes vagais não mielinizados e os aferentes que caminham junto ao simpático, os quais podem ser tanto mielinizados quanto não mielinizados.

Aferentes vagais não mielinizados

Os receptores que se ligam a esses aferentes são terminações nervosas livres, de pequena dimensão, que se encontram espalhadas por todas as câmaras cardíacas, distribuindo-se como uma rede difusa por todo o miocárdio (ver Figura 37.17). Em sua maioria são mecanorreceptores, mas também apresentam terminações quimiossensíveis. Os aferentes vagais não mielinizados constituem aproximadamente 75% dos aferentes vagais cardíacos, apresentando velocidade de condução de aproximadamente 2,5 m/s. Na situação de repouso essas fibras mecanorreceptoras são silentes ou apresentam atividade irregular e de baixa frequência. São excitadas pela distensão mecânica das câmaras cardíacas durante o enchimento a qual é determinada pelo aumento da pressão atrial (no caso dos receptores atriais) ou pelo aumento da pressão diastólica final dos ventrículos (para os receptores ventriculares). A Figura 37.18 ilustra as respostas cardiovasculares desencadeadas quando o enchimento cardíaco é reduzido (determinando menor deformação das câmaras cardíacas): há aumento do tônus simpático e redução do tônus vagal ao coração, os quais determinam aumento da FC e do inotropismo cardíaco, com elevação do VS e do DC; há, ainda, aumento do tônus simpático para os vasos de capacitância (com redução da CV e aumento do RV, que também contribuem para o aumento do DC) e para os vasos de resistência, elevando marcadamente a RP (com redução de fluxo aos territórios renal, esplâncnico, cutâneo e muscular, mas aumento do fluxo coronário). Essas respostas, mediadas neuralmente, são potencializadas pelo aumento da concentração plasmática de renina (e consequente ativação do sistema renina-angiotensina) (ver Figura 37.18) e pela maior liberação de catecolaminas e de vasopressina (não ilustradas na Figura 37.18), determinando intenso aumento da pressão arterial. Quando os mecanorreceptores cardíacos são ativados por maior enchimento (determinando maior deformação das câmaras cardíacas), há elevação do tônus vagal ao coração e redução do tônus simpático para coração e vasos, resultando em respostas neuro-hormonais opostas, com redução da pressão arterial.

Como os aferentes vagais não mielinizados produzem respostas similares aos mecanorreceptores arteriais, supõe-se que suas vias neuronais de integração bulbar sejam as mesmas dos barorreceptores aórticos e carotídeos (ver Figura 37.1). Na

Regulação da Pressão Arterial | Mecanismos Neuro-Hormonais

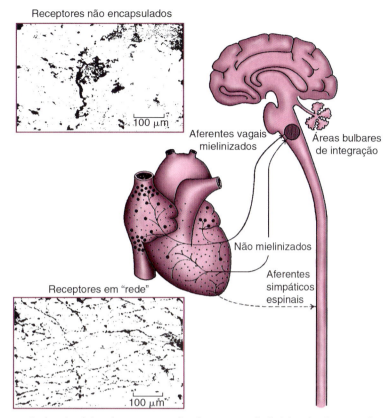

Figura 37.17 ▪ *Esquema central*: representação dos três subtipos de receptores cardiopulmonares, sua distribuição pelas câmaras cardíacas e artéria pulmonar e suas fibras aferentes: (1) os receptores (pontos grandes) que se ligam a aferentes vagais mielinizadas de alta velocidade de condução (8 a 30 m/s) encontram-se localizados nas junções das veias cavas e pulmonares com os átrios direito e esquerdo, respectivamente; (2) os receptores (pontos pequenos) que se ligam a aferentes vagais não mielinizadas de baixa velocidade de condução (< 2 a 3 m/s) são bastante numerosos e encontram-se espalhados por todas as câmaras cardíacas e artéria pulmonar; (3) os receptores difusos pelo miocárdio e localizados ao longo das coronárias, que se ligam a aferentes espinais (mielinizados e não mielinizados), que ascendem ao sistema nervoso central caminhando junto ao simpático (representados por linhas tracejadas). *Ilustrações superior e inferior*: aparências histológicas dos receptores dos aferentes vagais mielinizados (terminações nervosas grandes, não encapsuladas) e não mielinizados (terminações pequenas interconectadas como "rede"), respectivamente. (Adaptada de Shepherd e Vanhoutte, 1979.)

situação basal, fisiológica, os aferentes vagais não mielinizados contribuem, proporcionalmente, menos para a regulação da pressão arterial do que os barorreceptores (os mais importantes na regulação momento a momento dos parâmetros cardiovasculares). Sua importância relativa, no entanto, varia de um território para outro, sendo que os aferentes vagais não mielinizados têm se mostrado essencialmente importantes para regular a resistência vascular e, consequentemente, o fluxo sanguíneo renal. Além disso, o efeito dos diferentes receptores cardiovasculares pode variar em função das circunstâncias: por exemplo, na hemorragia (hipotensão hipovolêmica) a ativação dos aferentes vagais não mielinizados é importante para reforçar e potencializar a ação dos barorreceptores; na insuficiência cardíaca congestiva, os aferentes vagais não mielinizados são de fundamental importância para se opor à ação dos barorreceptores, permitindo uma regulação mais precisa dos parâmetros cardiovasculares.

As terminações quimiossensíveis distribuem-se, preferencialmente, na região do miocárdio próximo ao epicárdio, apresentando, em repouso, atividade irregular e de baixa frequência. São ativadas por estimulação mecânica do epicárdio, por injeções de veratridina e capsaicina e por substâncias produzidas localmente no miocárdio em situações de aumento da demanda metabólica. A estimulação desses aferentes determina redução da FC e da pós-carga, reduzindo a demanda metabólica do miocárdio. Em função dessas respostas, foi sugerido que os aferentes vagais não mielinizados com terminações quimiossensíveis estariam mais envolvidos na proteção do miocárdio do que propriamente na regulação reflexa da circulação.

Aferentes vagais mielinizados

Apresentam terminais nervosos relativamente grandes, não encapsulados e localizados prioritariamente na junção das grandes veias com os átrios direito e esquerdo (ver Figura 37.17). Constituem uma população homogênea de receptores espontaneamente ativos e com velocidade de condução elevada (8 a 30 m/s). São sujeitos a diferentes estímulos, em função de sua disposição em relação aos miócitos na parede atrial: os receptores localizados em série aos miócitos (receptores A) descarregam durante a sístole, enquanto os localizados em paralelo aos miócitos (receptores B) são ativados durante a diástole atrial, sinalizando respectivamente a tensão desenvolvida pela parede durante a contração atrial e o enchimento dos átrios. Fornecem ao sistema nervoso central, a cada ciclo cardíaco, informações sobre a FC e o retorno venoso (ou o grau de enchimento atrial), determinado pela pressão venosa central.

Aumentos da volemia aumentam o RV, a pré-carga, distendendo a junção venoatrial e ativando os receptores vagais mielinizados aí localizados (Figura 37.19). Em resposta, há aumento instantâneo do tônus simpático ao coração, com aumento da FC e do inotropismo cardíaco os quais se somam para aumentar o DC e, consequentemente, a ejeção e o fluxo ventricular, mantendo o enchimento cardíaco dentro da faixa de normalidade. Há, também, redução simultânea do tônus

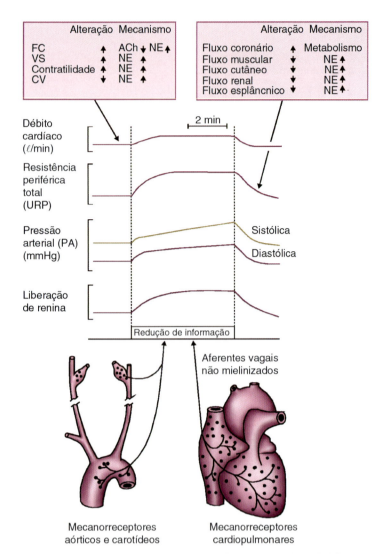

Figura 37.18 ▪ Efeitos hemodinâmicos induzidos pela desativação (redução da deformação, por redução da pressão intracavitária) dos receptores cardiopulmonares que se ligam a aferentes vagais não mielinizados. O aumento do débito cardíaco juntamente com elevação da resistência periférica (em unidades arbitrárias) determinam elevação da PA, coadjuvada pela ativação do sistema renina-angiotensina (por aumento de renina plasmática). Esses efeitos são qualitativamente semelhantes aos produzidos pela desativação dos barorreceptores aórticos e carotídeos, também representados à esquerda do esquema, para efeito de comparação. (Adaptada de Shepherd e Vanhoutte, 1979.)

simpático aos territórios muscular esquelético e renal, determinando vasodilatação, com aumento do fluxo sanguíneo para a musculatura esquelética e rins. Nas vênulas/veias da musculatura esquelética há aumento temporário da capacitância venosa local, que ao acomodar mais sangue contribui para a redistribuição da volemia e a redução da sobrecarga cardíaca. Por sua vez, o aumento do fluxo renal eleva o ritmo de filtração glomerular e a carga filtrada, que ao aumentarem o volume urinário determinam a redução da volemia. Simultaneamente às respostas neurais, há inibição da liberação de vasopressina, aumento da secreção de ocitocina pela neuro-hipófise e aumento da liberação de ANP pelos miócitos atriais. A redução das concentrações plasmáticas de vasopressina determina menor reabsorção de água pelos ductos coletores, enquanto o aumento da concentração plasmática de ocitocina e ANP causam elevada excreção renal de Na^+ e H_2O (intensa natriurese e diurese), respostas estas que se somam às neurais para aumentar o volume urinário e corrigir o aumento inicial da volemia.

Na hipovolemia as respostas neuro-hormonais acontecem em sentido oposto, ocorrendo redução do volume urinário, aumento da reabsorção de Na^+ e H_2O ao nível renal, revertendo a queda inicial da volemia.

Portanto, os aferentes vagais mielinizados apresentam atividade tônica, sendo os principais responsáveis pela regulação reflexa da volemia que ocorre em diferentes manobras experimentais (expansão da volemia, imersão do corpo em água, postura recumbente etc.), por diferentes doenças (insuficiência cardíaca congestiva, taquicardia paroxística supraventricular) e, mesmo, por elevações crônicas do ANP plasmático, durante ingestão aumentada de sal.

Aferentes espinais que trafegam junto ao simpático

Esta subclasse de receptores cardiopulmonares engloba terminações nervosas livres profusamente distribuídas ao longo das coronárias e dos grandes vasos torácicos, embora sejam também encontradas nas câmaras cardíacas (ver Figuras 37.17 e 37.20). Suas fibras aferentes caminham junto ao simpático cardíaco até a medula espinal, estando seus corpos celulares localizados nos gânglios da raiz dorsal. Estudos eletrofisiológicos indicaram que se tratam de receptores espontaneamente ativos ou silentes, com aferentes não mielinizados (em sua maioria) e mielinizados, que são ativados por estímulos mecânicos (como a queda da pressão de perfusão das coronárias, a distensão e/ou contração dos átrios e ventrículos) ou por substâncias químicas liberadas localmente durante isquemia ou mesmo aplicadas no epicárdio (p. ex., bradicinina, ácidos orgânicos, cloreto de potássio).

A ação dos aferentes espinais no controle reflexo da circulação tem sido pouco estudada. Os resultados obtidos indicam que os mecanorreceptores espinais sinalizam a pressão de perfusão e/ou fluxo nas coronárias, induzindo potente vasodilatação local durante episódios isquêmicos como, por exemplo, o infarto agudo do miocárdio e a angina de peito. Por sua vez, as fibras quimiossensíveis espinais são ativadas por substâncias químicas liberadas durante episódios de angina ou isquemia do miocárdio (bradicinina, por exemplo), ocasionando dor precordial além da vasodilatação coronária. A vasodilatação coronária determinada reflexamente produz aumento do fluxo sanguíneo local, reduzindo consideravelmente a isquemia miocárdica, enquanto a sensação dolorosa serve como um alerta para a insuficiência da perfusão miocárdica. Portanto, os aferentes que caminham junto ao simpático têm essencialmente a função de proteger o miocárdio contra a isquemia.

▶ Outros receptores

Além dos receptores/aferências já descritos, existem outros receptores/aferências somáticos (como as aferências da musculatura esquelética e tendões) e viscerais (tipo aferentes renais, aferentes do mesentério etc.), cuja estimulação pode originar respostas reflexas do sistema cardiovascular. São classificados como reflexos extrínsecos para diferenciá-los dos reflexos intrínsecos originados pelos barorreceptores, quimiorreceptores e receptores cardiopulmonares, assim denominados por estarem localizados no próprio sistema cardiovascular.

Regulação da Pressão Arterial | Mecanismos Neuro-Hormonais

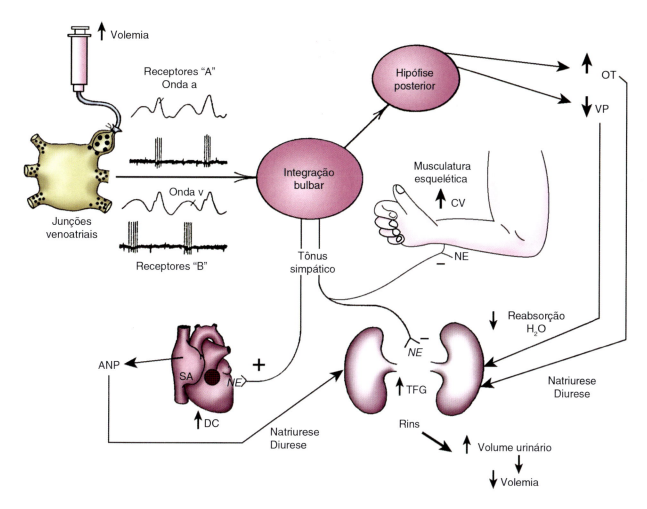

Figura 37.19 • Efeitos da distensão mecânica dos receptores cardiopulmonares situados na junção venoatrial, que se ligam a aferentes vagais mielinizados. O aumento da volemia causa aumento da descarga dos receptores A e B, aumentando o tônus simpático ao coração, com aumento da frequência (nodo SA) e do débito cardíaco (DC). Simultaneamente, há redução do tônus simpático à musculatura esquelética (causando vasodilatação e venodilatação, com aumento da capacitância venosa, CV) e rins (provocando vasodilatação renal, com aumento da taxa de filtração glomerular, TFG). Adicionalmente, há redução da liberação de vasopressina (VP ou hormônio antidiurético), aumento da síntese de ocitocina (OT) pela neuro-hipófise e maior liberação de peptídio atrial natriurético (ANP) pelos miócitos atriais; esses três efeitos determinam menor reabsorção de água, causando intensa natriurese e diurese, aumentando o volume urinário e contribuindo efetivamente para a correção da volemia aumentada. *NE*, norepinefrina. (Adaptada de Shepherd e Vanhoutte, 1979.)

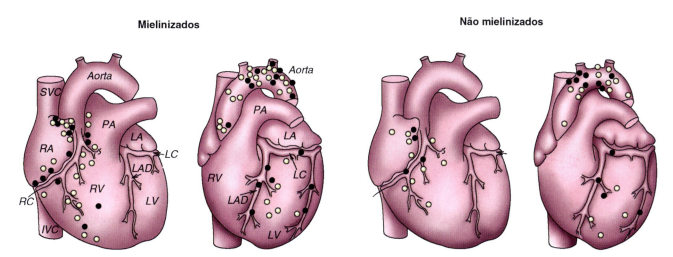

Figura 37.20 • Distribuição dos mecanorreceptores cardíacos que trafegam junto ao simpático (aferentes espinais). Os receptores podem ser espontaneamente ativos (*círculos amarelos*) ou silentes (*círculos pretos*) e se ligam a fibras aferentes mielinizadas (*painéis à esquerda*) ou não mielinizadas (*painéis à direita*). *SVC* e *IVC*, veias cavas superior e inferior; *PA*, artéria pulmonar; *LA*, átrio esquerdo; *RV* e *LV*, ventrículos direito e esquerdo; *RC*, artéria coronária direita; *LC*, artéria circunflexa esquerda; *LAD*, coronária descendente anterior esquerda. (Adaptada de Shepherd, 1992.)

Entre os "receptores extrínsecos", citam-se os **aferentes renais** que compreendem 2 subclasses de receptores:

- Os mecanorreceptores renais, sensíveis a variações da pressão intrarrenal, arterial e venosa, e na pelve e ureter
- Os quimiorreceptores renais, sensíveis a alterações decorrentes de isquemia dos rins e da composição iônica do líquido na pelve renal.

Os aferentes originários desses receptores dirigem-se à medula espinal via gânglio da raiz dorsal. Projetam-se basicamente a dois contingentes de neurônios: os segmentares e os espinorreticulares e espinotalâmicos.

Os neurônios segmentares projetam-se ao rim contralateral, fornecendo substrato anatômico aos reflexos renorrenais. Esses reflexos são tônicos e geralmente inibitórios, determinando quando estimulados redução da secreção de renina e redução da reabsorção tubular de Na^+ e H_2O pelo rim contralateral. Os neurônios espinorreticulares e espinotalâmicos projetam-se ao sistema nervoso central, estando envolvidos na transmissão de aferências somáticas e viscerais. Os aferentes renais via trato espinorreticular projetam-se a neurônios secundários do NTS que, em sua maioria, recebem também as projeções dos mecanorreceptores arteriais. Pelo trato espinotalâmico, os aferentes renais projetam-se a áreas suprabulbares como os grupamentos magnocelulares do hipotálamo (SON, PVN), estando envolvidos na estimulação da secreção de vasopressina pela neuro-hipófise. Portanto, informações precisas sobre a circulação renal ascendem ao sistema nervoso central, contribuindo para aumentar a eficiência do controle reflexo da circulação, comandado pelos barorreceptores, quimiorreceptores arteriais e pelos receptores cardiopulmonares.

Existem ainda terminações nervosas na pele, sensíveis a variações locais da temperatura (os **termorreceptores periféricos**), cujas fibras aferentes dirigem-se à medula espinal via gânglio da raiz dorsal e ascendem ao hipotálamo, onde se situam outros grupamentos neuronais sensíveis à temperatura (os **termorreceptores hipotalâmicos**). Aumentos da temperatura corporal ativam estes receptores, produzindo reflexamente:

- Redução da atividade simpática para vasos cutâneos (com importante vasodilatação e grande aumento local de fluxo)
- Aumento simultâneo da atividade colinérgica para glândulas sudoríparas (causando sudorese e a produção local de cininas, as quais também contribuem para a dilatação de vasos cutâneos)
- Redução da liberação de catecolaminas suprarrenais. Estas respostas neuro-hormonais ocorrem em sentido inverso quando há queda da temperatura corporal.

Terminações nervosas livres presentes nos músculos esqueléticos (os chamados **receptores de distensão muscular** e os **receptores metabotrópicos**) funcionam respectivamente como sensores de movimentos ativados pela tensão desenvolvida e sensores de metabólitos liberados durante a contração muscular. Seus aferentes são mielinizados e não mielinizados, projetando-se via medula espinal ao NTS e outras áreas bulbares de integração, das quais ascendem a áreas suprabulbares de modulação, contribuindo para aumentar a eficiência do controle cardiovascular durante exercício. A ativação dos receptores de distensão muscular determina reflexamente o aumento do tônus simpático para o coração (com aumento da FC e do VS) e para os vasos periféricos, reduzindo a CV e aumentando o RV e a pré-carga, e produzindo intensa vasoconstrição renal e esplâncnica. Estas respostas aumentam consideravelmente o DC e propiciam a redistribuição do fluxo sanguíneo aos territórios exercitados. Na musculatura esquelética (e também nas coronárias), além do predomínio da resposta β-adrenérgica, nessas duas circulações, que levará a intensa vasodilatação, o potencial "efeito deletério" do aumento do tônus simpático é anulado pelo acúmulo local de metabólitos vasodilatadores produzidos pela musculatura exercitada, os quais sensibilizam os receptores metabotrópicos e inibem localmente a atividade simpática (é a chamada simpatólise funcional), determinando intensa vasodilatação e grande aporte sanguíneo à musculatura esquelética.

CONCLUSÕES

Os reflexos cardiovasculares são mecanismos tônicos e potentes para manutenção da pressão arterial e volemia dentro de faixas relativamente estreitas. A regulação neuro-hormonal, por meio de ajustes a curto e médio prazo dos parâmetros cardiovasculares, tem por finalidade manter constante o nível basal de pressão arterial, evitando oscilações bruscas e, portanto, o comprometimento da perfusão tecidual. A perfusão tecidual adequada a todos os tecidos, mantendo as condições ideais à função celular e evitando lesões em órgão-alvo, é uma das variáveis melhor controlada no organismo. A regulação reflexa da pressão arterial envolve a participação de muitos receptores que sinalizam os mais diferentes parâmetros cardiovasculares (os próprios níveis de pressão arterial; a pO_2, a pCO_2 e o pH do sangue arterial; pressão atrial e pressão diastólica final dos ventrículos; grau de enchimento ventricular; pressão venosa central; pré-carga e volemia; pressão de perfusão e/ou isquemia coronária; perfusão renal; temperatura corporal; atividade muscular esquelética; etc.), cujas informações são integradas em áreas encefálicas bulbares e suprabulbares, ajustando, momento a momento, o tônus vagal e simpático ao coração e vasos, de modo a determinar respostas cardiovasculares apropriadas na situação basal assim como em diferentes atividades comportamentais. A regulação neuro-hormonal da pressão arterial e da volemia está presente tanto em indivíduos saudáveis quanto em doenças (hipertensão arterial, insuficiência cardíaca, dentre outras), mas essa é menos eficiente na doença.

BIBLIOGRAFIA

BISCOE TJ, DUCHEN MR. Monitoring pO_2 by the carotid chemoreceptor. *NIPS*, 5:229-33, 1990.

BISHOP VS, MALLIANI A, THORÉN P. Cardiac mechanoreceptors. In: SHEPHERD JT, ABBOUD FM (Eds.). *Handbook of Physiology. The Cardiovascular System. Peripheral Circulation and Organ Blood Flow*. American Physiological Society, Bethesda, 1983.

BLESSING WW. Depressor neurons in rabbit caudal medulla act via GABA receptors in rostral medulla. *Am J Physiol*, 254(4 Pt 2):H686-92, 1988.

CHALMERS J, PILOWSKY P. Brainstem and bulbospinal neurotransmitter systems in the control of blood pressure. *J Hypertens*, 9:675-94, 1991.

CHAPLEAU MW, HAJDUCZOK G, ABBOUD FM. Peripheral and central mechanisms of baroreflex resetting. *Clin Exp Pharmacol Physiol* (Suppl 15):31-43, 1989.

CHAPLEAU MW, LI Z, MEYRELLES SS et al. Mechanisms determining sensitivity of baroreceptors afferents in health and disease. *Ann N Y Acad Sci*, 940:1-19, 2001.

CIRIELLO J, CAVERSON M, POLOSA C. Function of the ventrolateral medulla in the control of the circulation. *Brain Res Rev*, 11:359-91, 1986.

COOTE JH. Myths and realities of the cardiac vagus. *J Physiol*, 591:4073-85, 2013.

DAMPNEY RAL. Functional organization of central pathways regulating the cardiovascular system. *Physiol Rev*, 74:323-64, 1994.

DE FERRARI GM, SANZO A, BERTOLETTI A *et al*. Baroreflex sensitivity predicts long-term cardiovascular mortality after myocardial infarction even in patienys with preserved left ventricular function. *J Am Coll Cardiol*, 50:2285-90, 2007.

ETELVINO GM, PELUSO AA, SANTOS RA. New components of the renin-angiotensin system: alamandine and the MAS-related G protein-coupled receptor D. *Curr Hypertens Rep*, 16:433, 2014

FELDBERG W, GUERTZENSTEIN PG. Vasodepressor effects obtained by drugs acting on the ventral surface of the brainstem. *J Physiol (Lond)*, 258:337-55, 1976.

FERRARIO CM, BARNES KL, BLOCK CH *et al*. Pathways of angiotensin formation and function in the brain. *Hypertension*, 15(Suppl I):I.13-9, 1990.

FRANCHINI KG, KRIEGER EM. Carotid chemoreceptors influence arterial pressure in intact and aortic denervated rats. *Am J Physiol Regulatory Integrative Comp Physiol*, 262:R677-83, 1992.

GUERSTZENSTEIN PG, SILVER A. Fall in blood pressure produced from discrete regions of the ventral surface of medulla by glycine and lesions. *J Physio (Lond)*, 242:489-503, 1974.

GUYENET PG, FILTZ TM, DONALDSON SR. Role of excitatory amino acids in rat vagal and sympathetic baroreflex. *Brain Res*, 407:272-84, 1987.

HIGA KT, MORI E, VIANA FF *et al*. Baroreflex control of heart rate by oxytocin in the solitarii vagal complex. *Am J Physiol Regulatory Integrative Com Physiol*, 282:R537-45, 2002.

KIRCHHEIM HR. Systemic arterial baroreceptor reflexes. *Physiol Rev*, 56:100-76, 1976.

KRAUHS JM. Structure of rat aortic baroreceptors and their relationship to connective tissues. *J Neurocytol*, 8:401-14, 1979.

KRIEGER EM, SALGADO HC, MICHELINI LC. Resetting of the baroreceptors. In: GUYTON AC, HALL JE (Eds.). *Cardiovascular Physiology IV*. International Review of Physiology, v. 26. University Park Press, Baltimore, 1982.

LA ROVERE MT, PINNA GD, HOHNLOSER SH *et al*. On the behalf of the Autonomic Tone and Reflexes after Myocardial Infarction (ATRAMI) Investigators. Baroreflex sensitivity and heart rate variability in the identification of patients at risk for life-threatening arrhythmias. Implications for clinical trials. *Circulation*, 103:2072-7, 2001.

LOEWY AD, MCKELLAR S. The neuroanatomical basis of central cardiovascular control. *Federation Proc*, 39:2495-503, 1980.

McCANN SM, GUTKOWSKA J, ANTUNES-RODRIGUES J. Neuroendocrine control of body fluid homeostasis. *Braz J Med Biol Res*, 36:165-81, 2003.

MICHELINI LC. Differential effects of vasopressinergic and oxytocinergic preautonomic neurons on circulatory control: reflex mechanisms and changes during exercise. *Clin Exp Pharmacol Physiol*, 34:369-76, 2007.

MICHELINI LC. Oxytocin in the NTS: a new modulator of cardiovascular control during exercise. *Ann N Y Acad Sci*, 940:206-20, 2001.

MICHELINI LC. Regulação neuroendócrina do sistema cardiovascular. In: ANTUNES-RODRIGUES J, MOREIRA AC, ELIAS LLK *et al*. (Eds.). *Neuroendocrinologia Básica e Aplicada*. Guanabara Koogan, Rio de Janeiro, 2005.

MICHELINI LC, MORRIS M. Endogenous vasopressin modulates the cardiovascular responses to exercise. *Ann N Y Acad Sci*, 897:198-211, 1999.

MICHELINI LC, O'LEARY DS, RAVEN PB *et al*. Neural control of circulation and exercise: a translational approach disclosing interactions between central command, arterial baroreflex, and muscle metaboreflex. *Am J Physiol Heart Circ Physiol*, 309:H381-92, 2015.

MICHELINI LC, STERN JE. Exercise-induced neuronal plasticity in central autonomic networks: role in cardiovascular control. *Exp Physiol*, 94:947-60, 2009.

NARKIEWICZ K, SOMMERS VK. The sympathetic nervous system and obstructive aleep apnea: implications for hypertension. *J Hypertens*, 15:1613-9, 1997.

PALKOVITS M, ZABORSZKY L. Neuroanatomy of central cardiovascular control. Nucleus Tractus Solitarii: afferent and efferent neuronal connections in relation to the barorreceptor reflex arc. *Prog Brain Res*, 47:9-34, 1977.

PELLETIER CL. Circulatory responses to graded stimulation of the carotid chemoreceptors in the dog. *Circ Res*, 31:431-43, 1972.

RALEVIC V, BURNSTOCK G. Neuropeptides in blood pressure control. In: LARAGH JH, BRENNER BM (Eds.). *Hypertension: Pathophysiology. Diagnosis and Management*. Raven Press, New York, 1995.

REIS DJ, MORRISON S, RUGGIERO DA. The C1 area of the brainstem in tonic and reflex control of blood pressure. *Hypertension*, 11(Suppl I):I.8-13, 1988.

SAWCHENKO PE, SWANSON LW. Central noradrenergic pathways for the integration of hypothalamic neuroendocrine and autonomic responses. *Science*, 214:685-7, 1981.

SHEPHERD JT. Cardiac mechanoreceptors. In: FOZZARD HA, HABER E, JENNINGS RB *et al*. (Eds.). *The Heart and Cardiovascular System*. 2. ed. Raven Press, New York, 1992.

SHEPHERD JT, VANHOUTTE PM. *The Human Cardiovascular System. Facts and Concepts*. Raven Press, New York, 1979.

STELLA A, ZANCHETTI A. Functional role of renal afferents. *Physio Rev*, 71:659-82, 1991.

STRICKER EM, VERBALIS JG. Interaction of osmotic and volume stimuli in regulation of neurohypophyseal secretion in rats. *Am J Physiol*, 250:R267-75, 1986.

SVED AF, GORDON FJ. Amino acids as central neurotransmitters in the baroreflex pathway. *NIPS*, 9:243-6, 1994.

VAN GIERSBERGEN PLM, PALKOVITS M, DE JONG W. Involvement of neurotransmitters in the nucleus tractus solitarii in cardiovascular regulation. *Physio Rev*, 72:789-824, 1992.

Capítulo 38

Regulação a Longo Prazo da Pressão Arterial

Lisete Compagno Michelini | Kleber Gomes Franchini

- Introdução, *632*
- Alterações estruturais do leito vascular, *632*
- Mecanismo de *feedback* rim/líquidos corporais, *633*
- Mecanismo neurogênico na regulação a longo prazo da pressão arterial e da gênese da hipertensão arterial, *638*
- Conclusões, *640*
- Bibliografia, *640*

INTRODUÇÃO

Apesar de apresentar oscilações (periódicas ou não), os valores da pressão arterial (PA) são mantidos relativamente constantes por ação de mecanismos de controle locais (ver Capítulo 33, *Vasomotricidade e Regulação Local de Fluxo*) e neuro-hormonais (ver Capítulo 37, *Regulação da Pressão Arterial | Mecanismos Neuro-Hormonais*), que corrigem instantaneamente os desvios para mais ou para menos dos valores de pressão arterial, mantendo fluxo sanguíneo adequado aos diferentes tecidos, nas mais diversas situações comportamentais. O comportamento oscilatório da pressão arterial reflete as ações combinadas dos diferentes mecanismos de *feedback* responsáveis por seu controle. A existência de vários mecanismos de controle torna a regulação da pressão arterial um tanto redundante, mas com grande vantagem para a homeostase do organismo, uma vez que as funções de uma alça de controle podem ser assumidas pelas demais, permitindo a manutenção das cifras de pressão, mesmo frente à falha de uma das alças de controle. No entanto, os diversos mecanismos reflexos de regulação neuro-hormonal, com constante de tempo reduzida e respostas imediatas após a variação dos valores de pressão, têm alcance variável, uma vez que se adaptam aos novos níveis de pressão arterial, sendo efetivas apenas a curto/médio prazos (segundos, horas, ou alguns dias). Estudos experimentais e teóricos (utilizando análise de sistemas) de Guyton *et al.* evidenciaram a existência de outros mecanismos de controle a longo prazo da pressão arterial, não adaptáveis e com ganho infinito, que mantêm os valores de pressão arterial por dias, meses, anos, e, provavelmente, durante toda a vida do indivíduo. Esses mecanismos responsáveis pela regulação a longo prazo da pressão arterial, discutidos em detalhes neste capítulo, abrangem os fatores dependentes da estrutura vascular e do sistema de *feedback* rim/líquidos corporais (envolvido na regulação da volemia), os quais condicionam a dimensão física da pressão arterial, além de abrangerem o próprio sistema nervoso central.

Conforme esquematizado na Figura 38.1, a pressão arterial é uma variável física, definida como força por unidade de área, cuja manutenção do nível basal depende não só dos mecanismos de ação a curto e médio prazos (os chamados fatores funcionais), mas também de ajustes do volume sanguíneo em relação ao leito vascular (os chamados fatores físicos). Os **fatores funcionais** – o débito cardíaco, a resistência periférica, a capacitância e o retorno venoso – regulam a transposição do sangue de um segmento a outro do sistema cardiovascular determinando, momento a momento, o volume de sangue presente nas diferentes partes do sistema cardiovascular. Já os **fatores físicos** definem a relação conteúdo-continente e, consequentemente, a pressão preexistente naquele segmento vascular. Por exemplo, a pressão arterial é determinada pela quantidade de sangue presente no leito arterial, a qual depende da quantidade de sangue ejetado pelo ventrículo (condicionada pela maior ou menor capacitância venosa, pelo retorno venoso e o débito cardíaco), menos a quantidade de sangue que foi drenada do leito arterial (condicionada pela resistência periférica) para o leito capilar e venoso em um dado momento.

Os fatores físicos determinantes da pressão intravascular podem ser modificados a longo prazo tanto por ajustes estruturais do continente (artérias, arteríolas, capilares, vênulas e veias) como ajustes no conteúdo sanguíneo (volemia que depende diretamente do balanço entre a ingestão e a excreção dos líquidos corporais). Os mecanismos de regulação a longo prazo, alterando os fatores físicos, interagem harmonicamente com os fatores funcionais que definem a regulação a curto/médio prazos, determinando os níveis basais da pressão arterial em curta e longa escalas de tempo.

ALTERAÇÕES ESTRUTURAIS DO LEITO VASCULAR

Alterações estruturais na circulação ocorrem durante o crescimento do indivíduo (o leito vascular do adulto é mais extenso do que o era ao nascimento), mas o leito vascular

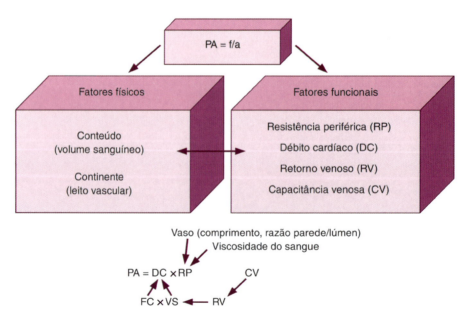

Figura 38.1 ▪ Esquema ilustrando a relação entre os fatores físicos e funcionais que condicionam a gênese da pressão arterial (PA), definida como força/unidade de área (f/a). *FC*, frequência cardíaca; *VS*, volume sistólico.

praticamente não se altera na vida adulta do indivíduo saudável. No entanto, há, em diferentes tipos e modelos experimentais de doenças, como a hipertensão arterial, importante redução da capacidade física da circulação, provocada por vasoconstrição mantida ou um remodelamento reduzindo o raio vascular (rarefação funcional) e/ou pela perda de vasos de menor calibre por apoptose, como observado em capilares e vênulas não musculares (rarefação anatômica) (Figura 38.2). Estas respostas adaptativas reduzem consideravelmente o leito vascular e mesmo que o volume sanguíneo não se altere, a redução da capacidade física vascular determina aumento da pressão de equilíbrio do sistema, definida pela pressão média de enchimento circulatório. Esta variável pode ser mais claramente entendida como aquele valor de pressão que existiria em todas as partes da circulação na ausência dos fatores funcionais, ou seja, se o coração parasse de bater e o sangue se redistribuísse igualmente por todo o sistema cardiovascular (situação em que a pressão passaria a ser determinada essencialmente por seus fatores físicos). Conforme ressaltado por Guyton, a pressão média de enchimento circulatório encontra-se elevada em praticamente todos os modelos de hipertensão arterial, mantendo um volume extra de sangue fluindo da periferia para o coração, de modo a determinar, mesmo na situação basal, ligeira elevação no débito cardíaco e na pressão arterial.

Embora não seja regra, a neoformação de vasos de pequeno calibre também pode ocorrer. A angiogênese capilar tem sido observada em músculos esquelético e cardíaco de indivíduos normotensos e hipertensos submetidos a treinamento aeróbico de baixa intensidade (ver Figura 38.2), enquanto a neoformação de vênulas de pequeno calibre na circulação muscular esquelética aparece apenas em indivíduos hipertensos treinados. Estes ajustes anatômicos poderiam explicar o maior aporte sanguíneo e a maior disponibilidade de O_2 aos músculos em exercício (angiogênese capilar), enquanto a ampliação do leito vascular (resposta venular), aumentando a capacidade física da circulação e reduzindo a pressão de enchimento circulatório, poderia contribuir para a redução parcial da pressão arterial observada nos indivíduos hipertensos submetidos ao treinamento aeróbico.

MECANISMO DE *FEEDBACK* RIM/LÍQUIDOS CORPORAIS

A homeostase do volume dos líquidos corporais e a regulação a longo prazo da pressão arterial estão intimamente relacionadas, via mecanismo de *feedback* rim/líquidos corporais.

O componente central desse mecanismo é o efeito da pressão arterial na excreção renal de Na^+ e H_2O, a chamada **natriurese/diurese pressórica**. Este mecanismo permite que a manutenção da pressão arterial a longo prazo seja alcançada via controle da excreção renal de Na^+ e H_2O. O aumento dos valores de pressão arterial provoca elevação na excreção de Na^+ e H_2O e, se a ingestão destes permanecer constante, o volume de líquido extracelular (VEC), o volume sanguíneo (volemia) e o débito cardíaco diminuem até que a pressão arterial seja restaurada ao seu valor de controle prévio ao aumento. Por outro lado, o declínio dos valores de pressão arterial tende a diminuir a excreção renal de Na^+ e H_2O, aumentando o VEC, a volemia e o débito cardíaco, os quais determinam o retorno da pressão arterial ao valor basal (controle).

Como indicado na Figura 38.3, diversos mecanismos de controle neural, hormonal e local agem em conjunto para ampliar a eficiência do mecanismo de *feedback* rim/líquidos corporais na determinação dos valores de pressão arterial. Por exemplo, aumento na ingestão de Na^+ retém passivamente H_2O e cloreto, aumentando o VEC, a pressão venosa central (PVC) e a pressão diastólica final do ventrículo (PDF), por aumento do retorno venoso (RV), o débito cardíaco (DC) e, consequentemente, a pressão arterial. Maior distensão atrial determina a liberação do peptídio atrial natriurético (ANP) pelos miócitos atriais,

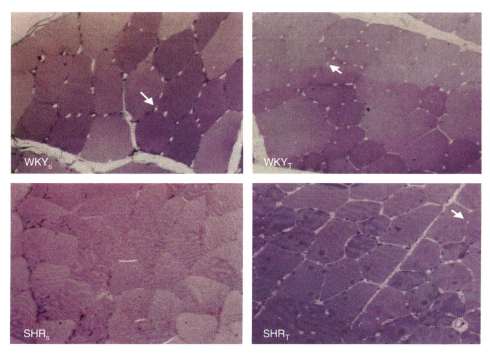

Figura 38.2 ▪ Seções transversas do músculo grácil de ratos normotensos (WKY) e hipertensos espontâneos (SHR), sedentários (S) ou submetidos ao treinamento físico aeróbico de baixa intensidade (T). Observar a rarefação anatômica (com perda de capilares) no hipertenso sedentário e o intenso aumento da densidade de capilares (por neoformação capilar) após o treinamento em ambos os grupos.

o qual aumenta a excreção renal de Na^+ e H_2O, além de causar vasodilatação sistêmica. O aumento do RV, distendendo a junção venoatrial, determinando maior enchimento das câmaras cardíacas e aumentando a PDF estimula simultaneamente os aferentes vagais mielinizados e não mielinizados os quais, juntamente com a estimulação dos barorreceptores devido ao aumento da pressão arterial (devida à elevação momentânea do débito cardíaco), determinam maior liberação de ocitocina (OT), menor liberação de vasopressina (VP), redução da atividade simpática com intensa vasodilatação renal e inibição da liberação de renina. Dentro desse contexto, a menor liberação de renina, associada ao aumento da tensão da arteríola aferente renal (pelo aumento dos valores de pressão arterial) e à maior carga filtrada de Na^+ que chega à mácula densa (os quais agem diretamente sobre a liberação de renina pelas células justaglomerulares), determinam intensa redução das concentrações plasmáticas de angiotensina II (Ang II) e, consequentemente, aldosterona (Aldost). Frente a esses estímulos, há aumento da taxa de filtração glomerular (TFG, devido à vasodilatação renal), menor reabsorção tubular de Na^+ (devida ao aumento do ANP e da OT e redução da Ang II e Aldost) e menor retenção de H_2O (diretamente pela redução de VP e indiretamente pela menor reabsorção de Na^+). Esses efeitos são potencializados pela liberação intrarrenal de cininas e prostaglandinas (PG) e por alterações concomitantes do fluxo sanguíneo capilar (pelo aumento da pressão arterial) e da pressão coloidosmótica (pela expansão do VEC, com diminuição da concentração de proteínas plasmáticas), facilitando a filtração glomerular e aumentando a excreção de Na^+ e H_2O pela urina. Estas respostas eliminam do organismo o Na^+ e H_2O ingeridos em excesso, restaurando a volemia. Por sua vez, a redução da ingestão Na^+ e H_2O disparam respostas opostas às descritas anteriormente, resultando em menor excreção de Na^+ e H_2O (ver Figura 38.3).

Estudos pioneiros de Guyton *et al*. demonstraram que o mecanismo de *feedback* rim/líquidos corporais não se adapta a alterações do nível de pressão arterial. Isso determina que, enquanto houver qualquer alteração nos valores de pressão arterial, o mecanismo de *feedback* continuará ativado a fim de restaurar a pressão arterial ao seu nível basal (identificado como o *set point* ou ponto de equilíbrio da pressão arterial). Esta característica, em linguagem formal de análise de sistemas, confere ganho infinito ao balanço ingestão/excreção de H_2O e sais. Trata-se, portanto, de mecanismo que não se adapta à alteração pressora, agindo lenta, mas continuamente, de forma a reestabelecer os valores de pressão arterial ao nível basal. Esta propriedade torna o *feedback* rim/líquidos corporais um eficiente mecanismo de controle a longo prazo da pressão arterial, uma vez que é capaz de funcionar por dias, meses e anos.

▶ Curva de função renal

O *feedback* rim/líquidos corporais ou mecanismo pressão-natriurese/diurese é, normalmente, expresso pela curva de função renal, ilustrada na Figura 38.4. Esta curva expressa a relação quantitativa entre o nível de pressão arterial e a excreção renal de Na^+ e H_2O. Quando há equilíbrio (balanço adequado) entre a ingestão e a excreção de Na^+ e H_2O, a variável na ordenada pode ser tanto a excreção como a ingestão de Na^+ e H_2O, apresentadas em múltiplos de seus valores normais. Como variações da concentração de Na^+ são necessariamente acompanhadas de variações na H_2O corporal (para manter a osmolalidade do meio interno constante), a variável relativa à excreção pode ser tanto a diurese como a natriurese. Em equilíbrio, todo o volume ingerido deve ser excretado pelos rins (excetuando-se pequenas perdas por

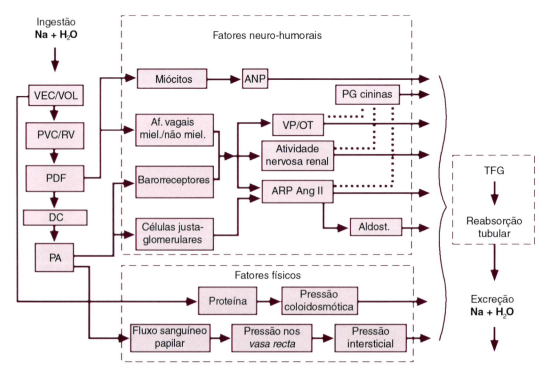

Figura 38.3 ▪ Representação esquemática dos mecanismos pelos quais as variações na volemia são percebidas e os sinais transmitidos, via fatores neuro-hormonais e físicos, para controlar a excreção ou retenção de sódio e água. *Af. vagais miel./não miel.*, aferências vagais mielinizadas e não mielinizadas; *Aldost.*, aldosterona; *ANP*, peptídio atrial natriurético; *Ang II*, angiotensina II; *ARP*, atividade de renina plasmática; *DC*, débito cardíaco; *VEC*, volume extracelular; *VOL*, volemia; *OT*, ocitocina; *PA*, pressão arterial; *PDF*, pressão diastólica final; *PG*, prostaglandinas; *PVC*, pressão venosa central; *RV*, retorno venoso; *TFG*, taxa de filtração glomerular; *VP*, vasopressina. (Adaptada de Cowley Jr., 1992.)

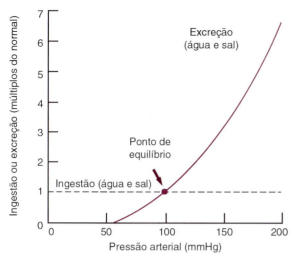

Figura 38.4 ■ Curva de função renal. O gráfico representa a ingestão ou a excreção resultante de líquido e sódio e sua relação com a pressão arterial. Mais explicações no texto. (Adaptada de Guyton, 1980.)

vias não renais), o que ocorre no ponto de interseção da reta de ingestão (linha pontilhada) com a curva relacionando a pressão com a diurese/natriurese (traço contínuo). Este é o ponto de equilíbrio no qual a pressão arterial determina que o débito urinário seja exatamente igual à ingestão. Em qualquer outro nível de pressão arterial, o volume de líquidos corporais estará diminuído ou aumentado. Por exemplo, se a pressão arterial se elevar para 150 mmHg, o débito urinário será cerca de três vezes maior que a ingestão, o que faz com que o organismo ative uma rápida contração do VEC, forçando o retorno da pressão arterial ao ponto de equilíbrio. Inversamente, quando a pressão arterial diminui (ver Figura 38.4), ocorre queda na excreção renal com acúmulo de líquidos corporais, o que ativa a expansão do VEC novamente forçando o retorno da pressão arterial ao ponto de equilíbrio. De acordo com esta hipótese, é matematicamente impossível que a pressão arterial se mantenha indefinidamente em qualquer outro nível que não seja o do ponto de equilíbrio, definido pelo ponto no qual a curva de função renal intercepta a reta de ingestão.

Dados experimentais sugerem que este mecanismo é ativado logo após a alteração pressora, mas leva cerca de 1 semana para completar o retorno da pressão arterial a seu ponto de equilíbrio. A razão para a lentidão desse efeito está associada ao fato de que grandes quantidades de líquido corporal não podem ser acumuladas ou excretadas instantaneamente. Além disso, ajustes múltiplos induzidos por mecanismos de controle a curto e médio prazos da pressão arterial, que são prontamente ativados, mascaram parcialmente a ação do mecanismo de controle rim/líquidos corporais, o qual se expressa totalmente apenas após a adaptação dos mecanismos neuro-hormonais. As curvas da Figura 38.5 indicam que há apenas duas formas pelas quais o ponto de equilíbrio (e, portanto, o nível mantido da pressão arterial) pode ser permanentemente alterado:

- Deslocando-se a curva de função renal para a direita (ver Figura 38.5 A – curva tracejada) ou para a esquerda, em função da variação na sensibilidade do mecanismo de excreção renal de Na^+ e H_2O
- Alterando-se para mais (ver Figura 38.5 B – reta tracejada) ou para menos o nível de ingestão de Na^+ e H_2O.

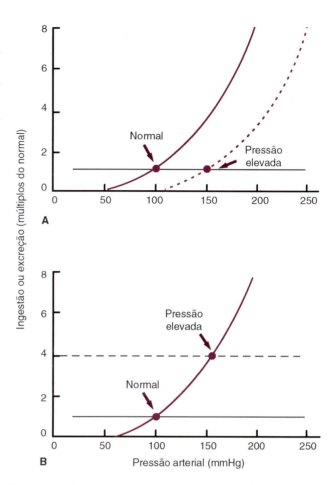

Figura 38.5 ■ Ilustração das duas maneiras pelas quais o nível da pressão arterial pode ser alterado a longo prazo. **A.** Por deslocamento da curva de função renal para uma faixa diferente de pressão. **B.** Por modificação da ingestão de sódio e água. (Adaptada de Guyton, 1980.)

Por essas constatações, pode-se deduzir que o nível de ingestão e a posição da curva de função renal (relacionando pressão arterial e excreção) são determinantes primários do nível de pressão arterial do indivíduo, determinando se ele será normotenso, hipotenso ou hipertenso.

A sensibilidade da curva de função renal pode ser alterada por vários fatores, dentre eles: (1) atividade neural (a hiperatividade simpática desloca a curva para a direita, enquanto a desnervação renal a desloca para níveis mais baixos de pressão), (2) hormônios (Ang II, aldosterona, VP, OT), (3) substâncias liberadas localmente (óxido nítrico, PG, cininas), ou (4) alterações permanentes da função renal como, por exemplo, a perda de néfrons que diminui a capacidade de excreção dos rins aumentando a retenção de Na^+ e H_2O. Nesta situação, o acúmulo de líquido continuaria até que a pressão arterial aumentasse o suficiente para restaurar a excreção renal, deslocando o ponto de equilíbrio entre ingestão e excreção renal de Na^+ e H_2O para níveis mais elevados de pressão, determinando a instalação da hipertensão. A presença de aumento sustentado das concentrações plasmáticas de Ang II, uma característica comumente observada durante o desenvolvimento de vários tipos de hipertensão arterial, também reduz a sensibilidade da função renal e o deslocamento permanente da curva de função renal para a direita (ver Figura 38.5 A), forçando o ponto de equilíbrio para valores de pressão arterial acima daqueles mantidos anteriormente. Conforme já discutido, em uma fase inicial o organismo tende a se opor a este aumento nos valores da pressão arterial, reduzindo (via simpático, VP etc.) ou aumentando (via ANP, OT etc.) a atividade de outras alças de controle da pressão arterial e da volemia, de modo a levar a curva de excreção para sua posição normal. No entanto, os mecanismos neuro-hormonais têm capacidade finita de ação e ao se adaptarem deixam de se opor à elevação do ponto de equilíbrio, o que determina que o novo patamar de pressão arterial se mantenha no nível ditado pela alteração primária da curva de função renal, estabelecendo-se a hipertensão arterial.

De acordo com a teoria de Guyton, quaisquer anormalidades no mecanismo de pressão-diurese/natriurese alterando o ponto de equilíbrio da pressão arterial determinaria a instalação da hipertensão arterial. A capacidade excretora renal ajustada às necessidades de manutenção do balanço de sal e líquidos corporais seria, portanto, o mecanismo central no controle a longo prazo da pressão arterial.

▶ Fatores determinantes da inter-relação pressão-diurese/natriurese

Os mecanismos intrarrenais responsáveis pelo efeito diurético/natriurético condicionados por aumento da pressão arterial (e, consequentemente, por elevação da pressão de perfusão renal) são ainda pouco conhecidos, a despeito de extensas investigações. Vários estudos demonstram que o fenômeno de pressão-natriurese/diurese ocorre mesmo em rins desnervados e isolados dos efeitos de hormônios circulantes, indicando que os efeitos intrarrenais da pressão de perfusão são os determinantes básicos do fenômeno. Isso não elimina, necessariamente, a possibilidade de que, em situações fisiológicas, o mecanismo seja modulado pela atividade do sistema nervoso simpático e/ou de hormônios. Teoricamente, a pressão-natriurese/diurese pode ser devida tanto ao aumento da filtração glomerular como à diminuição da reabsorção tubular de Na^+ e H_2O, cujas importâncias relativas podem variar em diversas circunstâncias, dependendo da capacidade de autorregulação do fluxo sanguíneo renal (ver Capítulo 50, *Hemodinâmica Renal*).

Estudos com preparações renais sugeriram que a pressão-diurese/natriurese não poderia ser atribuída ao aumento da carga filtrada, porque a filtração glomerular era efetivamente autorregulada. Contudo, por causa da grande magnitude da filtração glomerular e da reabsorção tubular em relação à excreção renal (aproximadamente 100 vezes maior), pequenas alterações dessas variáveis (talvez não mensuráveis) poderiam condicionar o aumento da excreção renal de Na^+ e H_2O durante aumentos da pressão arterial. De fato, experimentos em cães nos quais se permitiam aumentos na pressão de perfusão renal durante hipertensão aguda (provocada por infusão de Ang II) ou hipertensão crônica (produzida por aldosterona) mostraram que a reabsorção tubular de Na^+ era maior que a observada em animais nos quais não se permitiam variações na pressão de perfusão renal. Esses estudos indicaram que aumentos da pressão arterial podem causar natriurese, determinada, ao menos em parte, pelo aumento da carga filtrada. Com base na observação de que a elevação da pressão de perfusão renal aumenta a excreção de Na^+ na ausência de sinal hemodinâmico intrarrenal detectável (lembrar que a filtração glomerular e o fluxo renal plasmático são autorregulados) e na premissa de que um mecanismo de controle a longo prazo da pressão arterial deve envolver vias não adaptativas e não suprimíveis por outros sistemas de regulação, procurou-se particularizar o mecanismo de pressão/natriurese em diferentes segmentos da circulação renal. Conforme indicado na Figura 38.6, foi demonstrado que:

- O fluxo sanguíneo renal total, o fluxo sanguíneo renal cortical e a pressão nos capilares peritubulares eram eficientemente autorregulados na faixa de pressão arterial entre 90 e 140 mmHg

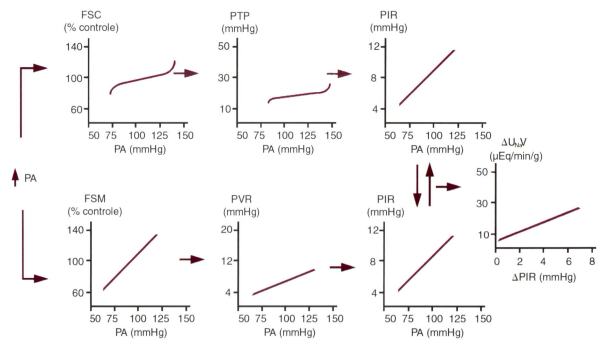

Figura 38.6 ▪ Mecanismo proposto para o fenômeno de pressão/diurese/natriurese. *Parte superior*: o fluxo sanguíneo cortical renal (FSC) é autorregulado durante variações de pressão arterial (PA), na ausência de variações significativas na pressão dos capilares peritubulares (PTP). *Parte inferior*: ao contrário, o fluxo sanguíneo medular (FSM) não apresenta autorregulação na presença de variações da PA, com a pressão nos *vasa recta* (PVR) e a pressão intersticial da medula aumentando proporcionalmente à PA. O aumento da pressão hidrostática intersticial renal (PIR), transmitindo-se através do parênquima renal, está associado a um aumento na excreção renal de sódio e água. $U_{Na}V$, excreção urinária de sódio. (Adaptada de Cowley Jr., 1992.)

- O fluxo sanguíneo renal medular e a pressão hidrostática nos *vasa recta* (que irrigam a medula renal), à diferença dos primeiros, não eram autorregulados
- Ambos correlacionavam-se diretamente com o nível de pressão de perfusão dos rins. Foi também observado, durante elevações da pressão de perfusão renal, que a pressão hidrostática intersticial se encontrava aumentada por todo o rim.

Supõe-se, portanto, que o aumento da pressão hidrostática intersticial na medula, considerando-se ser o rim um órgão encapsulado, seria transmitido por todo o interstício renal, reduzindo a reabsorção tubular (por alterar as forças físicas peritubulares) e aumentando a excreção renal de Na^+ e H_2O (ver Figura 38.6). De fato, a remoção da cápsula renal atenua acentuadamente, apesar de não inibir totalmente, o mecanismo pressão-natriurese/diurese. Adicionalmente, estudos de micropunção renal indicaram que o aumento da pressão de perfusão inibe a reabsorção do Na^+ em néfrons superficiais (no túbulo proximal) e profundos (no túbulo proximal e na alça de Henle descendente), com efeito de maior magnitude nestes últimos. Há também evidências de que o aumento da pressão de perfusão renal pode inibir o transporte de Na^+ e cloreto na parte espessa ascendente da alça de Henle, atenuando a capacidade deste segmento em compensar a inibição da reabsorção de Na^+ pelo túbulo proximal.

Pelo exposto, observa-se que as variações do fluxo sanguíneo papilar e da pressão hidrostática intersticial renal representam sinais intrarrenais não adaptativos, com grande potencialidade para determinar a resposta de pressão-natriurese/diurese e, portanto, explicar a curva de função renal e a regulação a longo prazo da pressão arterial. Embora vários possíveis mecanismos tenham sido aventados para explicar seus efeitos sobre a reabsorção tubular em diferentes segmentos do néfron (listados anteriormente), não há ainda uma conclusão definitiva.

▶ Papel dos rins na gênese da hipertensão arterial

De acordo com o modelo de Guyton *et al.* apresentado acima a regulação a longo prazo da pressão arterial depende do balanço adequado entre a ingestão e excreção de H_2O e sais; e a elevação permanente dos valores de pressão arterial só ocorre se houver aumento mantido da ingestão de sal e H_2O ou perda da sensibilidade da curva de excreção renal. A teoria de Guyton prevê também que a regulação a longo prazo do fluxo sanguíneo para os diferentes territórios vasculares seria determinada por mecanismos intrínsecos, desencadeados por estímulos metabólicos locais. Esses sinais intrínsecos se sobreporiam aos estímulos neuro-hormonais na determinação do tônus arteriolar e do fluxo sanguíneo local, de modo que a alteração mantida da atividade metabólica (sua elevação ou redução) seria um dos principais condicionantes a manter o débito cardíaco alterado (elevado ou reduzido).

Assumindo uma taxa metabólica constante, o modelo de Guyton prevê que a hipertensão arterial, independente de sua etiologia, seria desencadeada por uma sequência específica de eventos hemodinâmicos, conforme ilustrado na Figura 38.7. Neste estudo, cães tiveram sua massa renal reduzida a aproximadamente 30% da situação controle (fisiológica) (devido a cirurgia de uninefrectomia (retirada de um rim) e remoção dos polos superior e inferior do rim remanescente, mimetizando perda da função renal e deslocamento da curva para a direita) e, a partir do dia zero, os cães foram submetidos à infusão de salina isotônica (para corresponder a uma ingestão salina cerca de 5 a 6 vezes maior que o nível normal). Essas manobras determinaram, em fase inicial, aumentos aproximadamente paralelos do VEC, da volemia, da pressão média de enchimento circulatório (MCFP), do gradiente de pressão para o retorno venoso (RV) e do débito cardíaco (DC). O aumento do débito cardíaco (cerca de 40%) mostrou ser o principal responsável pela elevação inicial dos valores de pressão arterial (cerca de 23%), uma vez que a resistência periférica encontrava-se parcialmente reduzida (queda de −11% a −15%) devido a ativação do reflexo barorreceptor, que em uma fase inicial age de forma a evitar a elevação da pressão arterial (como descrito no Capítulo 37). Entretanto, a queda da resistência periférica, devido à vasodilatação reflexa, não consegue remover a causa da elevação da pressão arterial e, em cerca de 2 a 3 dias, os barorreceptores adaptavam-se aos novos níveis pressão, não determinando mais a vasodilatação reflexa. A elevação inicial da pressão arterial, pelo aumento do DC, define a *fase aguda* da instalação da hipertensão arterial nesse modelo. O aumento inicial dos valores de pressão arterial, no entanto, não era ainda suficiente para compensar a perda da massa renal e normalizar a excreção de Na^+. Além disso, o DC elevado não era compatível com a taxa metabólica normal dos tecidos, de modo que sua perfusão excessiva passou a desencadear a autorregulação de fluxo (ativação do mecanismo miogênico, ver Capítulo 33) com vasoconstrição local. A repetição continuada e cíclica dessas respostas (ou seja, o aumento de fluxo induzindo vasoconstrição, a qual reduzia o fluxo levando à vasodilatação, que por sua vez aumentava novamente o fluxo, reiniciando inúmeras vezes todo o ciclo) determinava a liberação/ativação de fatores tróficos locais, os quais desencadeavam hipertrofia e/ou remodelamento vascular, causando aumento da razão parede/lúmen e, consequentemente, da resistência local. Havia, com o passar dos dias, aumento marcante da resistência periférica, a qual condicionava o deslocamento do ponto de equilíbrio para valores de pressão arterial ainda mais elevados (atingindo cerca de 45%) (ver Figura 38.7), em que a excreção renal de Na^+ e H_2O retornava ao normal, reduzindo VEC, volemia, MCFP e RV. Além disso, o aumento da resistência periférica, condicionado pelo aumento da razão parede/lúmen elevava a pós-carga que também contribuía para o retorno do DC a valores próximos ao basal. Esta fase em que a elevação dos valores de pressão arterial é caracterizada por RP elevada e DC normal (ou quase normal) é conhecida como a *fase crônica* da hipertensão arterial.

Este modelo proposto por Guyton visa basicamente a manutenção do débito cardíaco à custa da elevação permanente da pressão arterial, colocando o rim como órgão-chave para definir o ponto de equilíbrio da pressão arterial e desencadear a instalação da hipertensão. Trata-se de um modelo lógico, elegante por sua simplicidade, sendo o mais compreensível modelo para regulação a longo prazo da pressão arterial que se dispunha até pouco tempo. No entanto, trabalhos mais recentes do grupo de Osborn vieram desafiar o absolutismo do rim na patogênese da hipertensão arterial, ao mesmo tempo em que completaram algumas lacunas do modelo anterior.

A primeira delas diz respeito à proposição de que a curva de função renal sempre determinaria o nível de pressão arterial e que a hipertensão não poderia ocorrer sem que houvesse alteração primária da natriurese pressórica. Embora agudamente se observe correlação entre pressão de perfusão renal e débito urinário, é muito difícil estabelecer esta correlação

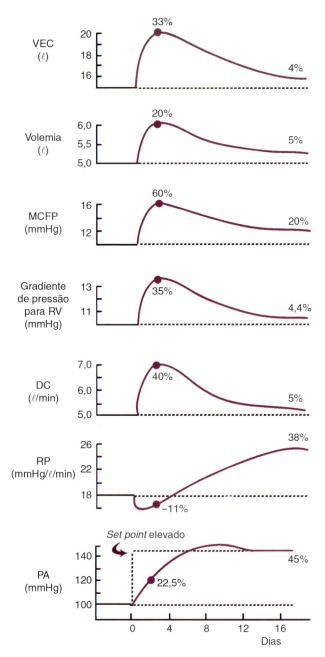

Figura 38.7 • Sequência temporal das alterações hemodinâmicas durante desenvolvimento de hipertensão dependente de volume, em cães. Cerca de 5/6 da massa renal foram removidos algumas semanas antes do início da infusão intravenosa de salina isotônica a partir do dia zero. VEC, volume extracelular; MCFP, pressão média de enchimento circulatório; RV, retorno venoso; DC, débito cardíaco; RP, resistência periférica; PA, pressão arterial. (Adaptada de Guyton, 1980.)

cronicamente e, principalmente, relacioná-la à regulação da pressão arterial, uma vez que se demonstrou que a curva de função renal, à semelhança dos barorreceptores, também pode adaptar-se. A segunda lacuna da hipótese de Guyton é o fato de prever que todas as formas de hipertensão sejam iniciadas por expansão de volume, em decorrência da alteração da sensibilidade da curva de função renal. Como já descrito na literatura, existem diferentes etiologias de hipertensão arterial que se instalam sem qualquer elevação da volemia, além de que existem evidências de elevação na ingestão de Na^+ e H_2O e da volemia, sem qualquer alteração crônica da pressão arterial. A terceira lacuna diz respeito à proposição de que a autorregulação do fluxo sanguíneo, resultante da expansão de volume, sempre desencadeia a hipertensão arterial. Observações em ratos, cães e mesmo em humanos demonstraram que os aumentos crônicos da ingestão de Na^+ e H_2O resultavam em expansão de volume em presença de curva normal da função renal, sem desencadear a autorregulação do fluxo e o aumento dos valores de pressão arterial.

MECANISMO NEUROGÊNICO NA REGULAÇÃO A LONGO PRAZO DA PRESSÃO ARTERIAL E DA GÊNESE DA HIPERTENSÃO ARTERIAL

As evidências expostas anteriormente não excluem o papel dos rins na regulação a longo prazo da pressão arterial, mas sugerem que outros fatores também possam contribuir com seu controle. Nas últimas décadas, o grande acúmulo de conhecimentos sobre o sistema nervoso central e as vias neurais de regulação da homeostase hidrossalina e da pressão arterial fundamentaram novas ideias e permitiram a proposição do encéfalo como outro órgão-chave para definir o ponto de equilíbrio dessa variável, contribuindo para sua regulação a longo prazo e para a instalação da hipertensão arterial. Esta hipótese, à semelhança do modelo anterior, propõe que o ponto de equilíbrio da pressão arterial, condicionado pelo sistema nervoso central, existiria para manter perfusão cerebral adequada às mais diferentes situações em que o organismo se encontre. Sendo o encéfalo essencial à integração comportamental e vegetativa, à homeostase do meio interno, assim como à sobrevivência do organismo, seu funcionamento ideal depende necessariamente da manutenção do fluxo sanguíneo apropriado. A hipótese neurogênica proposta pelo grupo de Osborn propõe que o prejuízo da perfusão cerebral desencadearia, via ativação do sistema nervoso simpático, vasoconstrição generalizada, com consequente aumento da pressão arterial e deslocamento do ponto de equilíbrio para níveis mais elevados, visando à restauração do fluxo sanguíneo cerebral e induzindo a instalação da hipertensão arterial.

Algumas constatações experimentais têm dificultado o entendimento do sistema nervoso central como peça-chave na regulação a longo prazo da pressão arterial. Uma delas é a observação de que os mecanismos neurais reflexos de regulação se contrapõem a elevações ou quedas dos valores de pressão arterial por períodos de tempo relativamente curtos, e, quando não conseguem corrigi-los, adaptam-se aos novos níveis pressóricos em questão de dias, passando a considerar o novo patamar de pressão (ver Capítulo 37). Outro argumento é o fato de que, embora a remoção seletiva das vias aferentes do barorreflexo (desnervação sinoaórtica, um mecanismo eficaz em inibir o simpático fasicamente, ver Capítulo 37) aumente agudamente a atividade simpática e cause hipertensão arterial na fase inicial, ela não resulta em aumento significativo das cifras de pressão arterial a longo prazo. Evidências experimentais (concentração de catecolaminas plasmáticas, respostas da pressão arterial ao bloqueio ganglionar, registros do simpático renal em animais anestesiados) têm também sugerido que a atividade simpática não se encontra cronicamente elevada após a desnervação sinoaórtica. No entanto, os argumentos contra a participação do sistema nervoso central não são conclusivos (não existem métodos adequados para a avaliação da atividade crônica do simpático em animais conscientes) e não negam automaticamente seu papel no controle a longo prazo da pressão arterial. Na realidade, o tônus simpático é gerado centralmente pela contribuição de diferentes estruturas bulbares e suprabulbares, sendo modulado não só reflexamente, mas também por mecanismos independentes dos barorreceptores. Trabalhos do grupo de Osborn, investigando a participação da natriurese pressórica na normalização dos valores de pressão arterial após desnervação sinoaórtica, observaram que após 3 dias da cirurgia a pressão arterial retornava a seus valores basais sem que houvesse alterações do balanço de Na^+ e H_2O e, assim, propuseram ser a normalização devida à falha em manter a atividade simpática elevada para a vasculatura extrarrenal. Mais recentemente esse mesmo grupo de pesquisadores propôs um novo modelo matemático que não limita a instalação da hipertensão arterial apenas à disfunção renal (como proposto no modelo de Guyton), mas também à disfunção neurogênica. Com experimentos funcionais e modelagem matemática mostraram que a instalação da hipertensão arterial, seja por meio do mecanismo de feedback rim/líquidos corporais, seja por meio da ativação do tônus simpático determinando vasoconstrição em diferentes territórios (mecanismo neurogênico independente da natriurese pressórica), produzem respostas hemodinâmicas similares. Propõem, portanto, que mecanismos neurogênicos poderiam ser responsáveis por regular o *set point* da pressão arterial sendo, assim como os rins, responsáveis pela regulação a longo prazo dessa variável.

Deve-se ter presente que um potente sistema de controle precisa contar com vias paralelas e redundantes de regulação que convergem sobre a variável controlada, no caso a pressão arterial. Neste particular, como ilustrado na Figura 38.8, o sistema nervoso central regula não só a atividade de inúmeros mecanismos de controle cardiovascular como o débito cardíaco, a resistência periférica, a capacitância e o retorno venoso, mas também a sede, o apetite ao sal e a secreção/atividade de vários sistemas hormonais que potencializam o controle neural do coração e vasos e regulam a própria volemia. Controlando, portanto, todos os determinantes físicos e funcionais que condicionam os valores preexistentes de pressão arterial. Além disto, ao controlar simultânea e paralelamente as vias neurais (simpático e parassimpático) e hormonais (catecolaminas suprarrenais, sistema renina-angiotensina-aldosterona, vasopressina, ocitocina, peptídio atrial natriurético), o sistema nervoso central dispõe de mecanismos redundantes de controle de modo que a perda de uma via não necessariamente prejudica sua capacidade de controlar eficientemente a pressão arterial.

A viabilidade da proposição do sistema nervoso central como órgão-chave na definição do ponto de equilíbrio da pressão arterial depende da elucidação dos mecanismos sensoriais que possam desencadear a longo prazo os ajustes da atividade simpática. Sabe-se que a estimulação de diferentes receptores periféricos (barorreceptores, quimiorreceptores, receptores cardiopulmonares, aferentes renais, termorreceptores e receptores musculares, detalhados no Capítulo 37) determinam alterações instantâneas (a curto prazo) do tônus simpático, corrigindo os desníveis da pressão arterial. Como descrito acima, o grande ponto de questionamento se deve ao fato de que os barorreceptores são passíveis de adaptação. No entanto, é justamente por se adaptarem que os barorreceptores continuam sinalizando elevações e quedas instantâneas dos valores de pressão e ajustam, apropriadamente, o tônus simpático durante toda a vida do indivíduo. Há perda parcial da sensibilidade do reflexo, mas ocorre preservação de sua função de modo que poderíamos considerar os barorreceptores como mecanismos de regulação a curto prazo, mas de controle continuado da pressão arterial. Foi também proposta a possível existência de "*receptores centrais*", ainda desconhecidos, mas que poderiam estar localizados no próprio BVLr, a origem dos neurônios pré-motores simpáticos que inervam o sistema cardiovascular, os quais seriam responsáveis por sinalizar a pressão de perfusão encefálica e controlar cronicamente a geração do tônus simpático basal, alterando a pressão arterial de forma a adequar às necessidades momentâneas de perfusão encefálica. A Figura 38.9 traz uma representação esquemática desse possível mecanismo sensorial central proposto. Esses "*receptores centrais*" poderiam agir em conjunto com os osmorreceptores e termorreceptores hipotalâmicos e

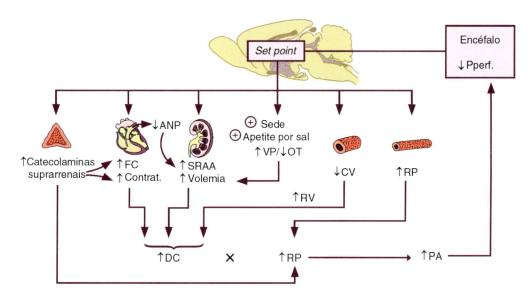

Figura 38.8 • Representação esquemática das numerosas vias paralelas de controle neuro-hormonal utilizadas pelo encéfalo, para regular a pressão arterial (PA) e consequentemente a pressão de perfusão cerebral (mais explicações no texto). *ANP*, peptídio atrial natriurético; *CV*, capacitância venosa; *DC*, débito cardíaco; *FC*, frequência cardíaca; *OT*, ocitocina; *Pperf.*, pressão de perfusão cerebral; *RP*, resistência periférica; *RV*, retorno venoso; *SRAA*, sistema renina-angiotensina-aldosterona; *VP*, vasopressina. (Adaptada de Osborn, 2005.)

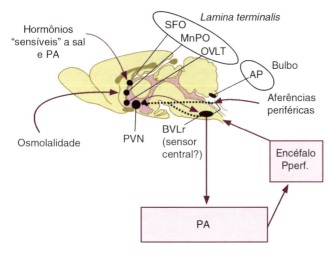

Figura 38.9 ▪ Representação esquemática das aferências sensoriais que modulam a gênese do tônus simpático pelo sistema nervoso central, no nível do hipotálamo. *PA*, pressão arterial; *AP*, área postrema; *BVLr*, bulbo ventrolateral rostral; *MnPO*, núcleo pré-óptico mediano; *OVLT*, órgão vasculoso da lâmina terminal; *PVN*, núcleo paraventricular do hipotálamo; *SFO*, órgão subfornicial. (Adaptada de Osborn, 2005.)

os próprios órgãos circunventriculares (CVO), que desprovidos de barreira hematencefálica, funcionam como *janelas* do sistema nervoso central para monitoramento de funções vegetativas, e detectam a osmolalidade sanguínea e do liquor, a temperatura central e as concentrações circulantes de diferentes hormônios envolvidos na homeostase pressora e hidrossalina. Estes sinais convergem para núcleos hipotalâmicos (em especial o PVN que se projeta a áreas autonômicas bulbares – mais informações no Capítulo 37) onde são processados conjuntamente com informações provenientes de receptores periféricos e/ou centrais que ascendem ao hipotálamo, determinando continuamente o tônus simpático e a pressão arterial (ver Figura 38.9).

CONCLUSÕES

O controle a longo prazo da pressão arterial é bastante complexo, envolvendo interações neurais, hormonais e locais, dependentes do tempo, que atuam sobre coração, vasos e rins para determinar o nível basal da pressão arterial. A complexidade dos mecanismos e suas diferentes interações começaram a ser entendidas a partir de trabalhos pioneiros de Guyton *et al.*, que usou experimentos funcionais longitudinais e a análise computacional para criar as hipóteses a serem testadas. O modelo, propondo a importância do balanço entre ingestão/excreção de H_2O e sais, sugerindo o rim como um órgão-chave para definir o ponto de equilíbrio da pressão arterial, foi e é de fundamental importância para se entender o controle a longo prazo dessa variável e a gênese de modelos de hipertensão arterial dependentes de volume. Mais recentemente, a hipótese de Osborn *et al.*, propondo o sistema nervoso central como outro órgão-chave para definir o ponto de equilíbrio da pressão arterial, veio completar o entendimento sobre os mecanismos de controle a longo prazo da pressão arterial, explicando a gênese de outros modelos de hipertensão arterial que independem de volume. É importante que se ressalte que essas teorias não são mutuamente exclusivas, mas complementares, e têm ajudado no avanço do conhecimento sobre a complexidade e a redundância dos mecanismos de controle a longo prazo da pressão arterial.

BIBLIOGRAFIA

AMARAL SL, MICHELINI LC. Effect of gender on training-induced vascular remodeling in SHR. *Braz J Med Biol Res*, 44:814-26, 2011.

AVERINA VA, OTHMER HG, FINK GD et al. A mathematical model of salt-sensitive hypertension: the neurogenic hypothesis. *J Physiol*, 593:3065-75, 2015.

BROOKS VL, OSBORN JW. Hormonal-sympathetic interactions in long-term regulation of arterial pressure: an hypothesis. *Am J Physiol Regulatory Integrative Comp Physiol*, 268:R1343-58, 1995.

COIMBRA R, SANCHEZ LS, POTENZA JM et al. Is gender crucial for cardiovascular adjustments induced by exercise training in female spontaneously hypertensive rats? *Hypertension*, 52:514-21, 2008.

COWLEY JR AW. Long-term control of arterial blood pressure. *Physiol Rev*, 72:231-300, 1992.

FOLKOW B. Physiological aspects of primary hypertension. *Physiol Rev*, 62:347-504, 1982.

FRANCHINI KG, KRIEGER EM. Neurogenic hypertension in the rat. In: GANTEN D, DE JONG H (Eds.). *Handbook of Hypertension*. v. 24, Elsevier, Amsterdam, 1994.

GARCIA-ESTÃN J, ROMAN RJ. Role of renal interstitial pressure in the pressure diuresis response. *Am J Physiol Renal Fluid Electrolyte Physiol*, 256:F63-70, 1989.

GRANGER JP. Pressure-natriuresis: role of renal interstitial hydrostatic pressure. *Hypertension*, 19(Suppl I):I.9-17, 1992.

GREENE AS, YU ZY, ROMAN RJ et al. Role of blood volume expansion in Dahl rat model of hypertension. *Am J Physiol*, 258:H508-14, 1990.

GUYTON AC. *Arterial Pressure and Hypertension*. Saunders, Philadelphia, 1980.

GUYTON AC. Long-term arterial pressure control: an analysis from animal experiments and computer and graphic models. *Am J Physiol Regulatory Integrative Comp Physiol*, 259:R865-77, 1990.

HALL JE, GRANGER JP, HESTER RL et al. Mechanisms of escape from sodium retention during angiotensin II hypertension. *Am J Physiol Renal Fluid Electrolyte Physiol*, 246:F627-34, 1984.

HALL JE, GRANGER JP, SMITH JR MJ et al. Role of renal hemodynamics and arterial pressure in aldosterone escape. *Hypertension*, 6(Suppl I):I.183-92, 1984.

JULIUS S. Autonomic nervous system dysregulation in human hypertension. *Am J Cardiol*, 67:B3-7, 1991.

KRIEGER EM. Time-course of barorreceptor resetting in acute hypertension. *Am J Physiol*, 218:486-90, 1970.

KRIEGER JE, LIARD JF, COWLEY JR AW. Hemodynamics, fluid volume and hormonal responses to chronic high-salt intake in dogs. *Am J Physiol Heart Circ Physiol*, 259:H1629-36, 1990.

MELO RM, MARTINHO JR E, MICHELINI LC. Training-induced pressure-lowering effect in SHR: wide effects on circulatory profile of exercised and nonexercised muscles. *Hypertension*, 42(part 2):851-7, 2003.

MICHELINI LC, KRIEGER EM. Importance of the time course of aortic diastolic calibre dilation for barorreceptor resetting in acute hypertension. *J Hypertens*, 2(Suppl 3):387-9, 1984.

NAVAR LG, GUYTON AC. Intra-renal mechanisms for regulating body fluid volumes. In: GUYTON AC, TAYLOR AE, GRANGER HJ (Eds.). *Circulatory Physiology II. Dynamics and Control of the Body Fluids*. Saunders, London, 1975.

OSBORN JW. Hypothesis: set-points and long-term control of arterial pressure. A theoretical argument for a long-term arterial pressure control system in the brain rather than the kidney. *Clin Exp Pharmacol Physiol*, 32:384-93, 2005.

OSBORN JW, JACOB F, GUZMAN P. A neural set point for the long-term control of arterial pressure: beyond the barorreceptor reflex. *Am J Physiol*, 288, 2005.

OSBORN JW, ENGLAND SK. Normalization of arterial pressure after barodenervation: role of pressure natriuresis. *Am J Physiol Reg Integr Comp Physiol*, 259:R1172-80, 1990.

ROMAN RJ. Pressure-diuresis in volume-expanded rats: tubular reabsorption in superficial and deep nephrons. *Hypertension*, 12:177-83, 1988.

ROMAN RJ, COWLEY JR AC, GARCIA-ESTÃN J et al. Pressure-diuresis in volume expanded rats: cortical and medullary hemodynamics. *Hypertension*, 12:168-72, 1988.

ROMAN RJ, ZOU AP. Influence of the renal medullary circulation on the control of sodium excretion. *Am J Physiol Regulatory Integrative Comp Physiol*, 265:R963-73, 1993.

SULLIVAN JM, RATTS TE. Sodium sensitivity in human subjects: hemodynamic and hormonal correlates. *Hypertension*, 11:717-23, 1988.

Seção 6

Fisiologia da Respiração

Coordenador:
Thiago S. Moreira

39 Organização Morfofuncional do Sistema Respiratório, *643*
40 Movimentos Respiratórios, *647*
41 Volumes e Capacidades Pulmonares | Espirometria, *653*
42 Mecânica Respiratória, *661*
43 Ventilação Alveolar, Distribuição da Ventilação, da Perfusão e da Relação Ventilação-Perfusão, *673*
44 Difusão e Transporte de Gases no Organismo, *681*
45 Controle da Ventilação, *691*
46 Regulação Respiratória do Equilíbrio Acidobásico, *705*
47 Mecanismos de Defesa das Vias Respiratórias, *711*
48 Fisiologia Respiratória em Ambientes Especiais, *717*

Capítulo 39

Organização Morfofuncional do Sistema Respiratório

Walter Araujo Zin | Patricia Rieken Macedo Rocco | Débora Souza Faffe

- Principais funções do sistema respiratório, *644*
- Organização morfofuncional do sistema respiratório, *644*
- Bibliografia, *646*

PRINCIPAIS FUNÇÕES DO SISTEMA RESPIRATÓRIO

A função básica do sistema respiratório é suprir o organismo com oxigênio (O_2) e dele remover o produto gasoso do metabolismo celular, ou seja, o gás carbônico (CO_2). Nos seres unicelulares, as trocas gasosas ocorrem diretamente entre a célula e o meio circunjacente por intermédio da difusão simples. Já nos organismos multicelulares, a difusão entre o meio externo e o interior da massa celular faz-se lentamente, em decorrência da distância a ser percorrida pelos gases. Associando-se a isso, a alta velocidade de captação de O_2 pelas células resulta em uma inadequada oxigenação no interior da massa celular. Há diversas adaptações na natureza para contornar esse problema. Analisando-se diretamente os mamíferos, observa-se que os pulmões são os órgãos encarregados de fornecer O_2 ao organismo e dele retirar o excesso de CO_2. Para tanto, nos seres humanos a superfície pulmonar encarregada das trocas gasosas é de 70 a 100 m^2 (sendo esta a maior área de contato do organismo com o meio ambiente). Essa enorme superfície fica contida no interior do tórax, distribuída por 480 milhões de alvéolos pulmonares, variando entre 270 e 790 milhões, com base na altura e no volume pulmonar do indivíduo. Para que as trocas gasosas entre o gás alveolar e o sangue se efetuem adequadamente, a circulação pulmonar é muito rica, sendo de apenas 0,5 micrômetro a espessura do tecido a separar o gás alveolar do sangue.

Os pulmões, todavia, não são apenas órgãos respiratórios. Participam do equilíbrio térmico, pois, com o aumento da ventilação pulmonar, há maior perda de calor e água. Auxiliam ainda na manutenção do pH plasmático dentro da faixa fisiológica, regulando a eliminação de ácido carbônico (sob a forma de CO_2). A circulação pulmonar desempenha também o importantíssimo papel de filtrar eventuais êmbolos trazidos pela circulação venosa, evitando, assim, que provoquem obstrução da rede vascular arterial de outros órgãos vitais ao organismo. O endotélio dessa circulação contém enzimas que produzem, metabolizam ou modificam substâncias vasoativas. Finalmente, o homem também utiliza seu sistema respiratório para outros fins, tendo fundamental destaque a defesa contra agentes agressores e a fonação.

ORGANIZAÇÃO MORFOFUNCIONAL DO SISTEMA RESPIRATÓRIO

O sistema respiratório dos mamíferos é compreendido pela *zona de transporte* gasoso, formada pelas vias respiratórias superiores e pela árvore traqueobrônquica, encarregadas de acondicionar e conduzir o ar até a intimidade dos pulmões; pela *zona respiratória*, na qual efetivamente se realizam as trocas gasosas; e por uma *zona de transição*, interposta entre as duas primeiras, onde começam a ocorrer trocas gasosas, porém em níveis não significativos.

▶ Zona de transporte

O ar inspirado passa pelo nariz ou pela boca e vai para a orofaringe. Em seu trajeto pelas vias respiratórias superiores, esse ar é filtrado, umidificado e aquecido até entrar em equilíbrio com a temperatura corporal. Isso decorre de seu contato turbulento com a mucosa úmida que reveste fossas nasais, faringe e laringe. Além disso, nessa região também são filtradas as partículas de maior tamanho em suspensão no ar. As vias respiratórias superiores atuam, por conseguinte, acondicionando o ar, protegendo, do ressecamento, do desequilíbrio térmico e da agressão por partículas poluentes de grande tamanho, as regiões mais internas do sistema. A respiração nasal é a mais comum e tem duas importantes vantagens sobre a respiração bucal: filtração e umidificação do ar inspirado. Entretanto, o nariz pode apresentar uma resistência maior que a boca, principalmente em situações nas quais haja obstrução por pólipo, adenoides ou congestão da mucosa nasal. Nesse caso, frequente em crianças e adultos, a respiração passa a ser feita principalmente pela boca. Outra situação em que a respiração bucal pode ocorrer juntamente com a nasal é durante o exercício. A árvore traqueobrônquica ou zona de transporte aéreo se estende da traqueia até os bronquíolos terminais. A traqueia se bifurca assimetricamente, com brônquio-fonte direito com menor ângulo com ela em relação ao esquerdo. Logo, a inalação de corpos estranhos vai preferencialmente para o brônquio-fonte direito. A partir da traqueia, a árvore traqueobrônquica se divide progressivamente, em geral por dicotomia, podendo ocorrer trifurcação a partir da sexta geração de vias respiratórias. Os brônquios-fonte (direito e esquerdo) são considerados a primeira geração, ou subdivisão, da árvore traqueobrônquica. A segunda corresponde aos brônquios lobares, e assim sucessivamente até os bronquíolos terminais (16ª geração), como mostrado no diagrama da Figura 39.1.

A remoção de partículas poluentes, contudo, não se faz apenas nas vias respiratórias superiores. A cada bifurcação do sistema de condução, há geração de turbulência, com consequente impactação de partículas. Também com a progressiva bifurcação do sistema de condução, acontece aumento da área de seção transversal total do sistema tubular, com consequente diminuição da velocidade do ar conduzido. Este fato leva à deposição de partículas em suspensão pela simples falta de sustentação aerodinâmica. As partículas removidas do ar por esses processos caem sobre a camada de muco que recobre o sistema de condução, e com o muco elas são removidas em

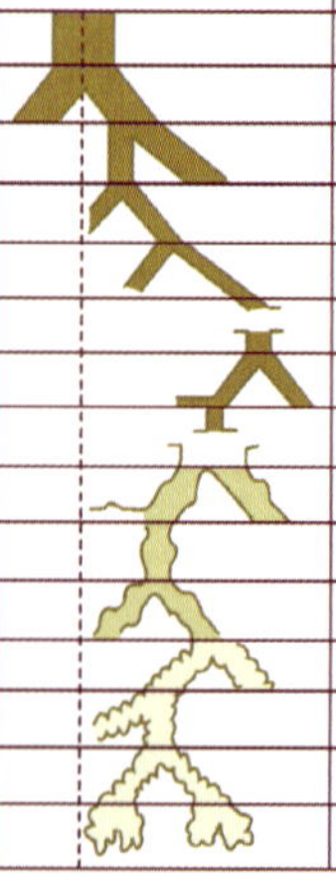

Regiões das vias respiratórias	Segmentação	Ordem de geração	Zona
Traqueia		0	Transportes
Brônquio-fonte		1	
Brônquio lobar		2	
Brônquio segmentar		3	
Brônquio subsegmentar		4	
Bronquíolo		10	
Bronquíolo terminal		16	
Bronquíolos respiratórios		17	Transição
		18	
		19	
Ductos alveolares		20	Respiratória
		21	
		22	
Sacos alveolares		23	

Figura 39.1 ▪ Esquema simplificado das subdivisões do sistema respiratório a partir da traqueia. Desta até os sacos alveolares, ocorrem em média 23 subdivisões, ou gerações. A traqueia corresponde à geração de número zero. Assim, há uma zona de transporte, que vai dela até os bronquíolos terminais. Os bronquíolos respiratórios (17ª à 19ª gerações) correspondem à zona de transição. A partir daí, encontra-se a zona respiratória, onde efetivamente se realizam as trocas gasosas. (Adaptada de Carvalho e Fonseca-Costa, 1979.)

direção à glote pelos batimentos ciliares das células que formam o epitélio dessa região.

▶ Zonas de transição e respiratória

A *zona de transição* se inicia no nível do bronquíolo respiratório, caracterizado pelo desaparecimento das células ciliadas do epitélio bronquiolar. Os bronquíolos respiratórios também se diferenciam por apresentarem, espaçadamente, sacos alveolares e ainda por se comunicarem diretamente com os alvéolos por meio de pequenos poros em suas paredes, denominados canais de Lambert.

A partir do último ramo do bronquíolo respiratório, surgem os ductos alveolares, que, por sua vez, terminam em um conjunto de alvéolos, os sacos alveolares. A *zona respiratória*, então, é constituída por ductos, sacos alveolares e alvéolos. A zona de transição estende-se da 17ª à 19ª geração (bronquíolos respiratórios), ao passo que a zona respiratória abrange da 20ª à 23ª geração (ver Figuras 39.1 e 39.2).

A unidade alveolocapilar é o principal local de trocas gasosas em nível pulmonar, sendo composta por alvéolo, septo alveolar e rede capilar. Os alvéolos são pequenas dilatações revestidas por uma camada de células, a maioria pavimentosas, com diâmetro de aproximadamente 250 μm. O septo alveolar é constituído por vasos sanguíneos e fibras elásticas, colágenas e terminações nervosas. Os septos alveolares têm descontinuidades denominadas poros de Kohn, que permitem a passagem de ar, líquido e macrófagos entre os alvéolos. A superfície alveolar se constitui de três tipos de células. O pneumócito tipo I, ou célula alveolar escamosa, é a célula mais frequente, dispõe de pouca organela citoplasmática, recobre a maior parte da superfície alveolar e não consegue se regenerar, ou seja, não tem potencial mitótico. O pneumócito tipo II, ou célula alveolar granular, é esférica e apresenta muitos microvilos em sua superfície. Essa célula contém muitas organelas celulares com grânulos osmofílicos (corpúsculos lamelares), que armazenam e secretam surfactante, que recobre a superfície alveolar reduzindo a tensão superficial. O pneumócito tipo II tem a capacidade de se regenerar e se transformar em tipo I quando ele é lesionado. Os macrófagos alveolares constituem pequena porcentagem de células alveolares. Eles passam livremente da circulação para o espaço intersticial e, a seguir, percorrem os espaços entre as células epiteliais, além de se localizarem na superfície alveolar. Os macrófagos têm função de fagocitar corpos estranhos, partículas poluentes e bactérias.

Partindo da traqueia, o calibre de cada subdivisão da árvore respiratória é menor que o ramo que lhe deu origem. No entanto, a área total da seção transversa diminui da traqueia (2,5 cm²) até a quarta geração (brônquios subsegmentares, 2,0 cm²), aumentando daí até a 23ª geração (alvéolos). Por outro lado, o comprimento de cada subdivisão se torna menor, sendo inicialmente de 12 cm na traqueia e alcançando 2 mm nos bronquíolos respiratórios (Figura 39.3).

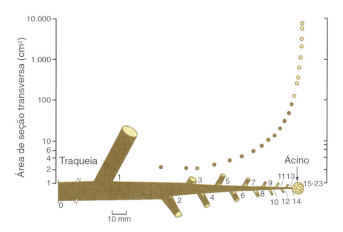

Figura 39.3 ▪ Área de seção transversa da árvore respiratória. Embora o calibre de cada via respiratória seja menor que o ramo que lhe deu origem, a área total de seção transversa aumenta devido ao maior número de vias respiratórias. Os algarismos junto ao esquema da árvore traqueobrônquica representam a geração de cada segmento.

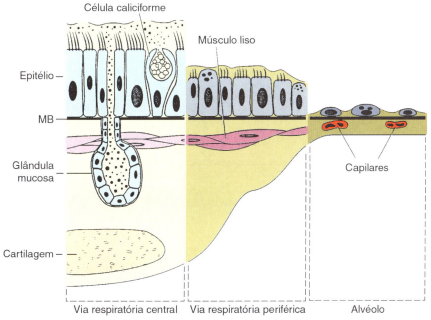

Figura 39.2 ▪ Representação esquemática da transição entre as vias respiratórias centrais e os alvéolos periféricos. Note que o epitélio que serve como principal mecanismo de defesa das vias respiratórias superiores se estreita, tornando-se uma membrana permeável em continuidade com rica rede vascular. Gradualmente, a cartilagem e, finalmente, o músculo liso das vias respiratórias desaparecem, tornando-se o alvéolo uma estrutura com excelente eficiência nas trocas gasosas. *MB*, membrana basal.

Tendo em vista que não há trocas gasosas importantes entre o sangue capilar pulmonar e o ar até ser atingida a zona respiratória (quatro últimas subdivisões), o volume acumulado da traqueia até a 19ª geração corresponde a cerca de 150 mℓ em um jovem de 1,70 m de altura. Tal volume, somado ao das vias respiratórias superiores, representa o espaço morto anatômico, que será estudado posteriormente.

A inervação do sistema respiratório é basicamente autônoma. Não existe inervação motora ou sensorial para dor, quer nas vias respiratórias quer no parênquima pulmonar. Na pleura, todavia, há inervação sensorial dolorosa. Quatro são os componentes do sistema nervoso autônomo: sistemas parassimpático, simpático, não adrenérgico e não colinérgico (NANC) inibitório e NANC excitatório. A atividade basal parassimpática parece ser a responsável pelo tônus broncomotor, que é de maior importância nas vias respiratórias mais centrais, sendo praticamente inexistente na periferia. As respostas simpáticas são mais difusas e generalizadas. Os nervos adrenérgicos inervam diretamente glândulas mucosas, vasos sanguíneos e gânglios nervosos das vias respiratórias. O sistema NANC foi assim denominado para designar um conjunto de fibras do sistema nervoso autônomo em que os neurotransmissores da junção neuroefetora não são a norepinefrina ou a acetilcolina. Trata-se de um conjunto heterogêneo e numeroso de fibras nervosas, com grande número de neurotransmissores já identificados e de função ainda não completamente estabelecida, e que está presente em todos os órgãos estudados até o momento. O sistema NANC inibitório é responsável pelo relaxamento dos músculos lisos das vias respiratórias, e o óxido nítrico é o neurotransmissor que causa esse efeito, apesar de durante muito tempo creditarem essa função ao peptídio vasoativo intestinal (VIP). O sistema NANC excitatório tem como mediadores, pelo menos, a neurocinina A, a substância P e o peptídio relacionado com o gene da calcitonina, que acarretam broncoconstrição.

BIBLIOGRAFIA

CARVALHO AP, FONSECA-COSTA AF. *Circulação e Respiração*. 3. ed. Cultura Médica, Rio de Janeiro, 1979.
CHERNIACK NS, WIDDICOMBE JG (Eds.). *Handbook of Physiology. The Respiratory System. Control of Breathing*. American Physiological Society, Bethesda, 1986.
COMROE JH. *Fisiologia da Respiração*. 2. ed. Guanabara Koogan, Rio de Janeiro, 1977.
FISHMAN AP, FISHER AB (Eds.). *Handbook of Physiology. The Respiratory System. Circulation and Nonrespiratory Functions*. American Physiological Society, Bethesda, 1985.
GRIPPI MA. *Pulmonary Pathophysiology*. Lippincott, Philadelphia, 1995.
HLASTALA MP, BERGER AJ. *Physiology of Respiration*. 2. ed. Oxford University Press, New York, 2001.
LEFF AR, SCHUMACKER PT. *Respiratory Physiology: Basics and Applications*. W.B. Saunders Co., Philadelphia, 1993.
LEVITZKY MG. *Pulmonary Physiology*. 7. ed. McGraw-Hill, New York, 2007.
LUMB AB. *Nunn's Applied Respiratory Physiology*. 6. ed. Elsevier, Philadelphia, 2005.
PATTON HD, FUCHS A, HILLE B *et al*. *Textbook of Physiology*. 21. ed. W.B. Saunders Co., Philadelphia, 1989.
RUCH TC, PATTON HD (Eds.). *Physiology and Biophysics: Circulation, Respiration and Fluid Balance*. 20. ed. W.B. Saunders Co., Philadelphia, 1974.
WEST JB. *Respiratory Physiology: The Essentials*. 8. ed. Lippincott, Philadelphia, 2008.

Capítulo 40

Movimentos Respiratórios

Walter Araujo Zin | Patricia Rieken Macedo Rocco | Débora Souza Faffe

- Introdução, *648*
- Músculos respiratórios, *648*
- Bibliografia, *650*

INTRODUÇÃO

A renovação constante do gás alveolar é assegurada pelos movimentos do tórax. Durante a inspiração, a cavidade torácica cresce de volume e os pulmões se expandem para preencher o espaço deixado. Com o aumento da capacidade pulmonar e queda da pressão no interior do sistema, o ar ambiente é sugado para dentro dos pulmões. A inspiração é seguida imediatamente pela expiração, que provoca diminuição do volume pulmonar e expulsão de gás. A expiração normalmente tem uma duração correspondente a 1,3 a 1,4 vez a da inspiração. À expiração, segue-se, normalmente sem pausa, a inspiração. Esta se faz pela contração da musculatura inspiratória, enquanto a expiração em condições de repouso é passiva, ou seja, não há contração da musculatura expiratória. No entanto, ao longo da expiração ocorre paulatina desativação da musculatura inspiratória, que contribui para a expulsão do gás dos pulmões ser suave. A contração dos músculos respiratórios depende de impulsos nervosos originados dos centros respiratórios (situados no tronco cerebral), às vezes diretamente de áreas corticais superiores e também da medula (em resposta a estímulos reflexos oriundos dos fusos musculares). O automatismo do centro respiratório mantém o ritmo normal da respiração, que pode ser modificado por estímulos de outros locais do sistema nervoso, bem como por alterações químicas no sangue e/ou no líquido cefalorraquidiano. Portanto, os movimentos respiratórios estão, até certo ponto, sob o controle volitivo, embora normalmente se processem de modo automático, sem a participação consciente do indivíduo. Durante certo tempo, a respiração pode ser intencionalmente acelerada, alentecida ou mesmo interrompida. Essas modificações, entretanto, não se manterão por longo tempo, posto que induzirão um distúrbio da homeostase, e o centro respiratório comandará respostas compensatórias, que suplantarão os estímulos corticais.

MÚSCULOS RESPIRATÓRIOS

São músculos esqueléticos estriados que, quando comparados com os esqueléticos da periferia, apresentam as seguintes características: maior resistência à fadiga, elevado fluxo sanguíneo, maior capacidade oxidativa e densidade capilar.

▶ Inspiração

Diafragma

O mais importante músculo da inspiração é o diafragma. Divide-se em hemidiafragma direito e esquerdo. É um septo musculofibroso, em forma de cúpula voltada cranialmente, que separa a cavidade torácica da abdominal. A cúpula diafragmática corresponde ao tendão central; a porção cilíndrica, ao músculo inserido na borda interna das costelas, também chamado de zona de aposição do diafragma (Figura 40.1). Na realidade, o diafragma é constituído por dois músculos: o *costal* e o *crural*, inseridos em um tendão central não contrátil. O diafragma crural se inicia nas vértebras lombares e nos ligamentos arqueados; o costal, nas margens superiores das seis últimas costelas e apêndice xifoide. Muitos autores acreditam – com base em sua inervação segmentar diferenciada, origem anatômica e desenvolvimento embriológico – que as porções costal e crural diafragmáticas, na realidade, são dois

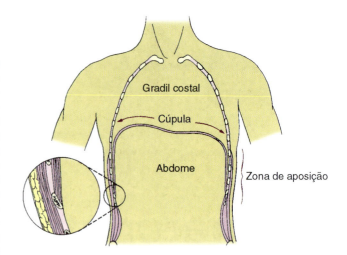

Figura 40.1 ▪ Representação da anatomia funcional do diafragma. Seção frontal da parede torácica na capacidade residual funcional. Note a orientação das fibras costais diafragmáticas e sua inserção nas costelas (zona de aposição).

músculos separados. O diafragma é inervado pelos nervos frênicos direito e esquerdo, oriundos dos segmentos cervicais 3, 4 e 5 (Figura 40.2). O suprimento sanguíneo faz-se pelas artérias mamária interna, intercostal, frênica inferior e superior, que produzem uma rede de anastomoses, diminuindo o risco de infarto em presença de redução de fluxo sanguíneo. Durante a respiração basal, a inspiração depende, principalmente, da contração do diafragma. Estudos iniciais relatavam que a contração diafragmática não acarretava mudança em sua forma; entretanto, atualmente, acredita-se que o diafragma se torne esférico no decorrer de sua contração. Quando o diafragma se contrai, o conteúdo abdominal é forçado para baixo e para a frente, aumentando, por conseguinte, o diâmetro cefalocaudal do tórax. Além disso, as margens das costelas são levantadas para cima e para fora, ocasionando o incremento dos diâmetros anteroposterior e laterolateral torácicos (Figura 40.3). A força contrátil produzida pelo diafragma é representada pela

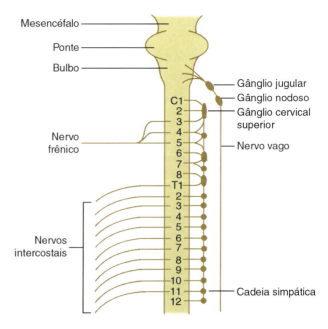

Figura 40.2 ▪ Inervação do diafragma e dos músculos intercostais.

Movimentos Respiratórios **649**

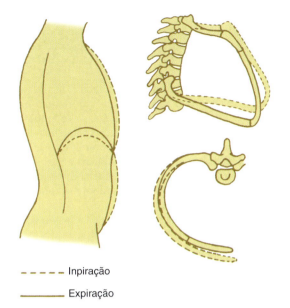

- - - - - Inpiração
———— Expiração

Figura 40.3 ▪ Movimentos respiratórios. A posição de repouso do sistema respiratório (final da expiração basal) é representada pelas *linhas contínuas*, ao passo que as *linhas tracejadas* indicam a situação encontrada ao fim de uma inspiração normal. (Adaptada de Selkurt, 1979.)

pressão transdiafragmática (Pdi), a diferença entre a pressão abdominal (Pab) e pleural (Ppl). Na respiração de repouso, o nível do diafragma se move cerca de 1 cm. Entretanto, na inspiração e na expiração forçadas, a excursão total pode ser maior que 10 cm. Quando o diafragma é paralisado, ele se move para cima, em vez de descender, durante a inspiração. Tal fenômeno é denominado *movimento paradoxal* e decorre da queda da pressão intratorácica. Ademais, esse músculo apresenta importante reserva funcional, e a frenicotomia unilateral acarreta pequena redução da capacidade ventilatória. Entretanto, a bilateral compromete significativamente a ventilação.

Músculos intercostais interósseos

Os músculos intercostais subdividem-se em intercostal externo e intercostal interno. São inervados pelos nervos intercostais que emergem do primeiro ao décimo primeiro segmentos torácicos da medula espinal (ver Figura 40.2).

A ação mecânica desses músculos, apesar de extensamente debatida, persiste controversa. Inicialmente, acreditava-se, com base na análise da orientação de suas fibras e de seus pontos de inserção, que o intercostal externo era inspiratório, já que elevava a costela na qual ele estava inserido (inspiratório), enquanto o intercostal interno abaixaria a costela (expiratório). Estudos eletromiográficos em humanos confirmam a atividade fásica dos músculos externos durante a inspiração e dos internos no decorrer da expiração. Todavia, as ações inspiratória ou expiratória desses músculos dependem de alguns fatores mecânicos, como, por exemplo, o grau de insuflação do pulmão.

Músculos paraesternais e esterno triangular

Os músculos intercostais paraesternais (intercondral) são músculos primários da inspiração. Estudos eletromiográficos demonstraram que seres humanos normais sempre ativam seus músculos paraesternais durante a respiração basal (Figura 40.4). Esses músculos se originam nas margens do esterno e se inserem na porção superior das costelas. A contração deles auxilia no levantamento do gradil costal superior. Quando tais músculos estão paralisados, a inspiração se dá principalmente por meio da expansão abdominal, já que o gradil costal se move paradoxalmente para dentro. Contrariamente ao que acontece com o diafragma, o comprimento ótimo dos músculos paraesternais (e escalenos) ocorre mais próximo da capacidade pulmonar total que da capacidade residual funcional. Tal fato permite que os músculos inspiratórios, trabalhando de maneira coordenada, possam gerar pressão em presença de uma ampla margem de volumes pulmonares.

Os músculos intercostais paraesternais são cobertos em sua superfície interna por um fino músculo chamado de esterno triangular ou transverso torácico. Em geral, não se inclui esse músculo entre os intercostais; entretanto, suas fibras estão orientadas perpendicularmente àquelas dos intercostais paraesternais e paralelamente aos intercostais externos. Desse modo, tais músculos são considerados expiratórios.

Músculos escalenos

Estes músculos (anterior, médio e posterior) se originam nos processos transversos das cinco vértebras cervicais inferiores e se inserem na porção superior da primeira e segunda costelas. Estudos eletromiográficos mostram claramente que

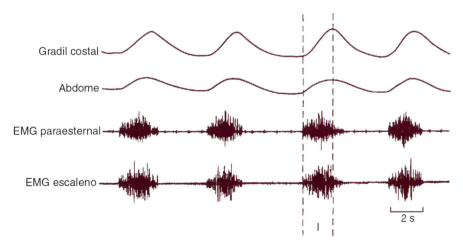

Figura 40.4 ▪ Eletromiografia (EMG) dos músculos intercostal paraesternal e escaleno em indivíduos normais sentados. *I* corresponde à fase inspiratória. Note a desativação lenta e gradual dos músculos inspiratórios durante a expiração.

os escalenos são sempre ativos na inspiração basal. A sua atividade começa no início da inspiração, juntamente com o diafragma e a musculatura paraesternal, e atinge o máximo no final da inspiração (ver Figura 40.4). A contração do músculo escaleno eleva o esterno e as duas primeiras costelas, acarretando expansão para cima e para fora do gradil costal superior.

Músculos acessórios

Músculo esternocleidomastóideo

Este músculo vai do processo mastóideo e do osso occipital em direção ao manúbrio do esterno e à porção medial da clavícula. Constitui o principal músculo acessório da inspiração. É inervado principalmente pelo 11º par craniano e por alguns nervos da coluna cervical superior, funcionando mesmo em lesões cervicais altas. Este músculo é o primário da inspiração em tetraplégicos com lesão em C1-C2. Uma vez contraído, o esternocleidomastóideo eleva o esterno e expande o gradil costal superior. Em pessoas normais, ele é ativo em condições de aumento da ventilação (exercício) e altos volumes pulmonares (recrutado após a inspiração de três quartos da capacidade vital).

Outros músculos acessórios

Quando a demanda ventilatória excede a capacidade dos músculos respiratórios primários da inspiração, ou quando há disfunção de algum desses, músculos que em geral são utilizados para manter a postura assumem o papel de acessórios. A maioria deles localiza-se no gradil costal e tem uma inserção extratorácica. Dentre tais músculos, podemos citar: trapézio, grande dorsal, peitoral maior e elevador da espinha. Estudos em tetraplégicos com lesão alta demonstraram a participação de vários músculos do pescoço (platisma, miohioide, esterno-hioide) na inspiração, elevando o esterno e expandindo a porção superior do gradil costal. Os músculos abdominais podem funcionar como músculos acessórios da inspiração durante hiperventilação, exercício e paralisia diafragmática.

Músculos das vias respiratórias superiores

A ventilação efetiva depende da atividade coordenada entre os músculos primários da inspiração e os músculos das vias respiratórias superiores. A ativação elétrica dos músculos adutores da laringe (cricoaritenóideo posterior) ocorre imediatamente antes da ativação do diafragma e persiste por toda a inspiração. A ativação desses músculos mantém a estabilidade das vias respiratórias superiores, reduz a resistência das vias respiratórias e diminui o trabalho respiratório. A insuficiência de tais músculos acarreta colapso das vias respiratórias superiores no decorrer da inspiração. O estreitamento das vias respiratórias em combinação com a fraqueza de músculos inspiratórios levam a hipoventilação e hipoxemia, principalmente durante o sono REM.

▶ Expiração

Durante a respiração basal, a expiração é comumente passiva. A contração ativa dos músculos inspiratórios conduz à distensão dos tecidos elásticos dos pulmões e da parede torácica, com consequente armazenamento de energia potencial nesses tecidos. A retração dos tecidos distendidos e a liberação de energia armazenada promovem a expiração. Esse processo é alentecido e suavizado pela desativação vagarosa e gradual dos músculos inspiratórios previamente contraídos (ver Figura 40.4). Os músculos expiratórios contraem-se ativamente no decorrer de exercício, níveis elevados de ventilação, obstrução moderada a grave das vias respiratórias e fadiga.

Músculos abdominais

Os músculos reto abdominal, oblíquos externo e interno, e transverso abdominal são os mais importantes músculos expiratórios. Eles são inervados pelos segmentos inferiores da medula torácica. A camada superficial, formada pelos músculos oblíquo externo e reto abdominal, origina-se no gradil costal lateral e anterior e se insere na pelve, enquanto a camada profunda, constituída pelos músculos oblíquo interno e transverso abdominal, circunda o abdome. A contração concomitante desses músculos acarreta movimentação do gradil costal para baixo e para dentro, flexão do tronco e compressão do conteúdo abdominal para cima, deslocando o diafragma para o interior do tórax e reduzindo o volume pulmonar. Esses músculos também se contraem fisiologicamente durante tosse, vômito e defecação.

Músculo peitoral maior e transverso do tórax

A parte clavicular do músculo peitoral maior tem origem na porção medial da clavícula e no manúbrio do esterno, além de se direcionar lateral e caudalmente para o úmero. A contração desse músculo desloca o manúbrio e as costelas superiores para baixo, comprimindo o gradil costal superior e aumentando a pressão intratorácica. Simultaneamente, o gradil costal inferior e o abdome se movem para fora. O músculo transverso do tórax se localiza sob os músculos paraesternais, origina-se na metade inferior do esterno e se insere nas cartilagens das 3ª e 7ª costelas. Durante a expiração, ele puxa as costelas caudalmente, desinsuflando o gradil costal. Esse músculo em repouso é inativo, sendo ativado no decorrer de expirações forçadas, fonação e tosse.

BIBLIOGRAFIA

CHERNIACK NS, WIDDICOMBE JG (Eds.). *Handbook of Physiology. The Respiratory System. Control of Breathing.* American Physiological Society, Bethesda, 1986.
COMROE JH. *Fisiologia da Respiração.* 2. ed. Guanabara Koogan, Rio de Janeiro, 1977.
CRYSTAL RG, WEST JB, WEIBEL ER et al. *The Lung: Scientific Foundations.* Lippincott-Raven, Philadelphia, 1997.
DE TROYER A, ESTENNE M. Coordination between rib cage muscles and diaphragm during quite breathing in humans. *J Appl Physiol*, 57:899-906, 1984.
DE TROYER A, ESTENNE M, VINCKEN W. Rib cage motion and muscle use in high tetraplegics. *Am Rev Respir Dis*, 133:1115-9, 1986.
DE TROYER A, FARKAS GA. Contribution of the rib cage inspiratory muscles to breathing in baboons. *Respir Physiol*, 97:135-46, 1994.
DE TROYER A, KELLY S. Chest wall mechanics in dogs with acute diaphragm paralysis. *J Appl Physiol*, 53:373-9, 1982.
DE TROYER A, KELLY S, ZIN WA. Mechanical action of the intercostal muscles on the ribs. *Science*, 220:87-8, 1983.
DE TROYER A, KIRKWOOD PA, WILSON TA. Respiratory action of the intercostal muscles. *Physiol Rev*, 85:717-56, 2005.
DE TROYER A, SAMPSON M. Activation of parasternal intercostal during breathing efforts in human subjects. *J Appl Physiol*, 52:524-9, 1982.
DE TROYER A, SAMPSON M, SIGRIST S. The diaphragm: two muscles. *Science*, 213:237-8, 1981.
EPSTEIN SK. An overview of respiratory muscle function. *Clin Chest Med*, 15:619-39, 1994.
FISHMAN AP, FISHER AB (Eds.). *Handbook of Physiology. The Respiratory System. Circulation and Nonrespiratory Functions.* American Physiological Society, Bethesda, 1985.
FORSTER II RE, DUBOIS AB, BRISCOE WA et al. *The Lung.* 3. ed. Year Book Medical Publishers, 1986.

GRIPPI MA. *Pulmonary Pathophysiology*. Lippincott, Philadelphia, 1995.

LEFF AR, SCHUMACKER PT. *Respiratory Physiology: Basics and Applications*. W.B. Saunders Co., Philadelphia, 1993.

LEVITZKY MG. *Pulmonary Physiology*. 7. ed. McGraw-Hill, New York, 2007.

LUMB AB. *Nunn's Applied Respiratory Physiology*. 6. ed. Elsevier, Philadelphia, 2005.

MACKLEM PT, MEAD J (Eds). *Handbook of Physiology. The Respiratory System. Mechanics of Breathing*. American Physiological Society, Bethesda, 1986.

MARTIN JG, DE TROYER A. The behaviour of the abdominal muscles during inspiratory mechanical loading. *Respir Physiol, 50*:63-73, 1982.

PATTON HD, FUCHS A, HILLE B *et al*. *Textbook of Physiology*. 21. ed. W.B. Saunders Co., Philadelphia, 1989.

ROCCO PRM, ZIN WA. Mecânica respiratória. In: GONÇALVES JL (Ed.). *Terapia Intensiva Respiratória: Ventilação Artificial*. Lovise, São Paulo, 1991.

ROUSSOS C, MACKLEM PT. The respiratory muscles. *N Eng J Med, 307*:786-97, 1982.

SELKURT EE. *Fisiologia*. 4. ed. Guanabara Koogan, Rio de Janeiro, 1979.

WEST JB. *Respiratory Physiology: The Essentials*. 8. ed. Lippincott, Philadelphia, 2008.

WEST JB (Ed.). *Best and Taylor's Physiological Basis of Medical Practice*. 12. ed. Williams and Wilkins, Baltimore, 1990.

ZIN WA, ROCCO PRM. Mecânica respiratória normal. In: AULER Jr JOC, AMARAL RVG (Eds). *Assistência Ventilatória Mecânica*. Atheneu, Rio de Janeiro, 1995.

Capítulo 41

Volumes e Capacidades Pulmonares | Espirometria

Walter Araujo Zin | Patricia Rieken Macedo Rocco | Débora Souza Faffe

- Introdução, 654
- Espirógrafo, 654
- Volumes e capacidades pulmonares, 654
- Medida do consumo de oxigênio, 655
- Determinação do volume residual, 656
- Manobras expiratórias forçadas, 657
- Bibliografia, 659

INTRODUÇÃO

Os movimentos fásicos de entrada e saída de gás dos pulmões constituem a ventilação. Esses movimentos cíclicos de inspiração-expiração ocorrem, no repouso, com uma *frequência* de 12 a 18 ciclos por minuto. Denomina-se *volume corrente* a quantidade de gás mobilizada a cada ciclo respiratório. O volume de gás ventilado por minuto é o *volume minuto* ou *ventilação global por minuto*. Corresponde ao produto do volume corrente pela frequência respiratória.

Diversos fatores modificam a ventilação, por alterações na frequência, no volume corrente ou no ritmo. Emoções, dor, sono, choro, fonação, tosse, necessidades metabólicas, bem como várias entidades mórbidas, podem mudar o padrão ventilatório. Naturalmente, essas modificações recebem denominações especiais como definidas a seguir:

- *Eupneia*: respiração normal, sem qualquer sensação subjetiva de desconforto
- *Taquipneia*: aumento da frequência respiratória
- *Bradipneia*: diminuição da frequência respiratória
- *Hiperpneia*: elevação do volume corrente
- *Hipopneia*: redução do volume corrente
- *Hiperventilação*: aumento da ventilação global. Mais acertadamente, aumento da ventilação alveolar além das necessidades metabólicas
- *Hipoventilação*: diminuição da ventilação global. Com maior precisão, diminuição da ventilação dos alvéolos aquém das necessidades metabólicas
- *Apneia*: parada dos movimentos respiratórios ao final de uma expiração basal
- *Apneuse*: interrupção dos movimentos respiratórios ao final da inspiração
- *Dispneia*: respiração laboriosa, sensação subjetiva de dificuldade respiratória.

ESPIRÓGRAFO

O volume gasoso mobilizado pode ser facilmente medido por meio de um aparelho chamado de espirógrafo, esquematizado na Figura 41.1. Este é mais comumente constituído por uma campânula cilíndrica, que contém ar. A parede da campânula fica parcialmente submersa entre as duas paredes de um recipiente também cilíndrico, entre as quais existe água. Assim, o gás no interior do espirógrafo fica isolado do ar ambiente.

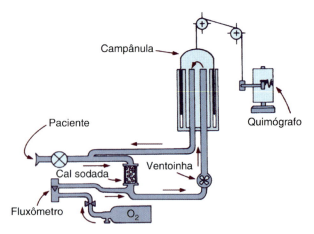

Figura 41.1 • Esquema didático de um espirógrafo simples. O indivíduo estudado é conectado ao espirógrafo por intermédio de uma peça bucal e tem seus orifícios nasais ocluídos por uma pinça apropriada. Sua inspiração remove gás do sistema, o que resulta em abaixamento da campânula, que está submersa em água para isolamento do ar ambiente. Em decorrência desse movimento, a pena inscritora se move para cima no quimógrafo. Durante a expiração, o gás exalado é conduzido através de um recipiente que contém cal sodada (que absorve o gás carbônico produzido pelo organismo), além de elevar a campânula, movendo para baixo a pena. Como o oxigênio vai sendo removido do sistema pelo indivíduo, faz-se necessária sua reposição, medida pelo fluxômetro. A ventoinha auxilia o direcionamento do gás no circuito espirográfico e contribui para a homogeneização da mistura gasosa. (Adaptada de Carvalho e Fonseca-Costa, 1979.)

O indivíduo a ser estudado é ligado ao aparelho por meio de uma peça bucal e uma válvula, em conexão com dois tubos flexíveis: um traz o ar do interior do espirógrafo para o paciente; o outro retorna o gás expirado em sentido contrário. Esse gás passa por um recipiente contendo cal sodada, que dele retira o gás carbônico. No circuito, há geralmente uma ventoinha que ajuda a manter o sentido do fluxo no interior do aparelho. Como parte do oxigênio inspirado é consumida a cada inspiração, a mistura gasosa no interior do espirógrafo ficaria cada vez mais pobre em O_2. A fim de evitar tal inconveniente, adiciona-se esse gás ao circuito, à medida que for sendo consumido.

VOLUMES E CAPACIDADES PULMONARES

Os volumes pulmonares são convencionalmente divididos em quatro *volumes* primários e quatro *capacidades*. A Figura 41.2 ilustra tanto os volumes como as capacidades.

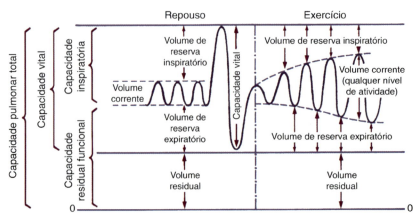

Figura 41.2 • Traçado espirográfico esquematizado, mostrando volumes e capacidades pulmonares. O espirógrafo simples não é capaz de medir o volume residual e, consequentemente, as capacidades residual funcional e pulmonar total.

Volumes e Capacidades Pulmonares | Espirometria

Note que os volumes primários não se sobrepõem, ao passo que as capacidades são formadas por dois ou mais volumes primários.

Esses volumes e capacidades recebem denominações próprias:

- *Volume corrente*: quantidade de ar inspirada ou expirada espontaneamente em cada ciclo respiratório. No repouso, o volume corrente humano oscila entre 350 e 500 mℓ
- *Volume de reserva inspiratório*: volume máximo que pode ser inspirado voluntariamente a partir do final de uma inspiração espontânea
- *Volume de reserva expiratório*: volume máximo que pode ser expirado voluntariamente a partir do final de uma expiração espontânea
- *Volume residual*: volume de gás que permanece no interior dos pulmões após a expiração máxima. Assim, este volume não pode ser medido pelo espirógrafo simples descrito anteriormente
- *Capacidade vital*: quantidade de gás mobilizada entre uma inspiração e uma expiração máximas. Veja, na Figura 41.2, que a capacidade vital é a soma de três volumes primários: corrente, de reserva inspiratório e de reserva expiratório
- *Capacidade inspiratória*: volume máximo inspirado a partir do final de uma expiração espontânea. Corresponde à soma dos volumes corrente e de reserva inspiratório
- *Capacidade residual funcional*: quantidade de gás contida nos pulmões no final de uma expiração espontânea. Corresponde à soma dos volumes de reserva expiratório e residual
- *Capacidade pulmonar total*: quantidade de gás contida nos pulmões ao final de uma inspiração máxima. Equivale à adição dos quatro volumes primários.

Fisiologicamente, os volumes e capacidades pulmonares variam em função de muitos fatores tais como: gênero, idade, superfície corporal, atividade física, postura. Visto que tais volumes podem se alterar devido a diversas doenças, faz-se necessário conhecer se eles estão normais em certo indivíduo. Para tanto, são comparados a valores padrões médios obtidos em vários indivíduos de mesmo gênero, idade e altura, medidos em repouso.

A Figura 41.3 apresenta um traçado real de um indivíduo normal. Observe que podem ser medidos: volume corrente, frequência respiratória, volumes de reserva inspiratório e expiratório, e calculados: capacidade inspiratória, capacidade vital e volume minuto. Como os gases estão contidos no pulmão a 37°C e são inspirados e expirados para e do espirógrafo, que se encontra à temperatura ambiente, faz-se necessária uma correção. Se o ambiente estiver mais frio que o organismo, os gases se contrairão dentro do espirógrafo e o volume será subestimado. Por outro lado, se o meio ambiente se encontrar mais quente que o organismo, os gases exalados para o espirógrafo se expandirão e, consequentemente, resultará uma superestimação do volume. Assim, em Fisiologia Respiratória volumes pulmonares e fluxos aéreos são padronizados quanto a pressão barométrica ao nível do mar, temperatura corporal e saturação completa por vapor d'água (BTPS, *body temperature and pressure, saturated*). Por fim, ressalte-se que os dados colhidos de um determinado indivíduo são comparados a padrões encontrados na literatura científica, obtidos da análise de milhares de curvas de indivíduos normais.

MEDIDA DO CONSUMO DE OXIGÊNIO

O espirógrafo simples também permite a medida do consumo de oxigênio, $\dot{V}O_2$). A Figura 41.4 mostra, no traçado inferior, um registro de inspirações e expirações em repouso. Neste caso, o cilindro de oxigênio existente na Figura 41.1 repõe no espirógrafo uma quantidade desse gás igual àquela consumida pelo paciente. Para tanto, ajusta-se a válvula do cilindro até que o traçado fique horizontal. Já no traçado superior da Figura 41.4, observa-se que, a partir do tempo 0, quando a válvula do cilindro é fechada e não se admite O_2 para o circuito, o traçado desloca-se para cima, pois a cada ciclo respiratório uma dada quantidade de O_2 fica retida no pulmão do indivíduo para ser transportada até as células, que utilizarão o gás na respiração celular. Não se pode esquecer que o CO_2 eliminado fica retido na cal sodada. Assim, ao fim de 2 min o traçado se deslocou 620 mℓ para cima; então, podemos calcular o $\dot{V}O_2 = 620\,m\ell/2\,min = 310\,m\ell/min$. Esse valor já foi corrigido, considerando que o consumo de oxigênio e a produção de CO_2 são padronizados para temperatura-padrão (0°C), pressão barométrica ao nível do mar (760 mmHg ou 101,3 kPa) e gás seco (STPD, *standard temperature and pressure, dry*).

Uma vez que o volume residual não pode ser medido pelo espirógrafo simples, as capacidades residual funcional e pulmonar total, que englobam aquele volume, também não o serão. Todavia, há métodos para determiná-lo, como será abordado adiante.

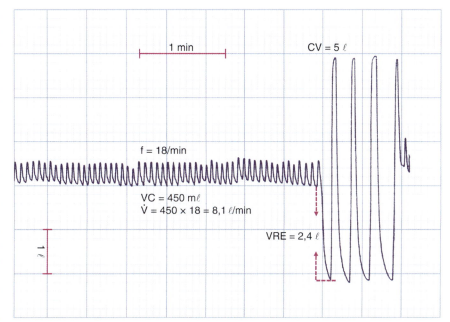

Figura 41.3 ▪ Traçado espirográfico obtido em um indivíduo normal. O teste se inicia por uma série de ciclos respiratórios basais seguidos por uma expiração e uma inspiração máximas, que se repetem quatro vezes. Note que podem ser medidos: volume corrente (450 mℓ), frequência respiratória (18 incursões respiratórias por minuto), volumes de reserva inspiratório e expiratório (2,4 ℓ), e calculados: capacidade inspiratória (2,9 ℓ), capacidade vital (5 ℓ) e volume minuto (8,1 ℓ por minuto). (Gentilmente cedida pelo Prof. Dr. Ayres da Fonseca-Costa.)

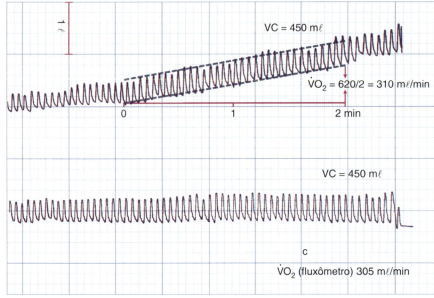

Figura 41.4 ▪ Medida do consumo de oxigênio pelo espirógrafo simples. Enquanto no painel inferior complementa-se o volume gasoso do espirômetro com quantidade de O_2 idêntica àquela retirada pelo metabolismo, no traçado superior esse fornecimento é interrompido a partir do tempo 0. Observa-se, a partir de então, uma ascensão do traçado espirográfico progressiva e constante, representando a remoção do oxigênio da mistura pelas trocas gasosas. Ao final de 2 min, 620 mℓ de O_2 foram consumidos, resultando em um consumo de oxigênio ($\dot{V}O_2$) correspondente a 310 mℓ/min. (Gentilmente cedida pelo Prof. Dr. Ayres da Fonseca-Costa.)

DETERMINAÇÃO DO VOLUME RESIDUAL

O volume residual e, consequentemente, as capacidades residual funcional e pulmonar total não podem ser medidos diretamente no registro espirográfico convencional. No entanto, há duas técnicas diferentes para medi-los.

A primeira se baseia na *diluição de gases*. O gás mais corriqueiramente empregado, o hélio, é inerte, pouco solúvel no sangue, não se produz no organismo e tem concentração desprezível no ar ambiente. O princípio físico da medida é muito simples, como apresentado na Figura 41.5. Coloca-se em um espirógrafo de determinado volume V_1 uma concentração conhecida de hélio, C_1. A seguir, conecta-se o paciente ao circuito espirográfico ao final de uma expiração espontânea (ao nível da capacidade residual funcional). Quando o paciente respira a mistura ar-hélio por alguns minutos, este gás se distribui uniformemente pelos pulmões e o espirógrafo, alcançando a concentração de equilíbrio, C_2. Novamente, ao nível da capacidade residual funcional, o indivíduo é desconectado do circuito. Considerando-se que não houve perda ou ganho de hélio, a quantidade total de moléculas desse gás permanece a mesma, e tem-se: $C_1 \times V_1 = C_2 \times V_2$, em que V_2 corresponde ao volume dos pulmões na capacidade residual funcional somado ao volume do espirógrafo (V_1). Assim, $V_2 - V_1$ corresponde a essa capacidade pulmonar. Sendo o volume de reserva expiratório (VRE) facilmente medido, e de posse do valor da capacidade residual funcional (CRF), obtém-se o volume residual por simples subtração (CRF – VRE). Consequentemente, pode ser calculada a capacidade pulmonar total.

É importante observar que este método não é capaz de identificar coleções gasosas no pulmão (p. ex., bolha enfisematosa) que não estejam em contato com a via respiratória, pois neste caso o hélio não se dilui nesses volumes. Resulta uma subestimação do volume residual, da capacidade residual funcional e da capacidade pulmonar total.

A outra técnica para determinar o volume residual emprega um aparelho chamado de *pletismógrafo de corpo inteiro*. Esse método apresenta um grau de dificuldade muito maior em relação à diluição de gases e se baseia na compressão e descompressão do volume de gás no interior da caixa pletismográfica, onde o indivíduo examinado fica trancado, isolado do ar ambiente. A Figura 41.6 apresenta, esquemática e simplificadamente, esse método. De início, coloca-se o indivíduo com uma pinça nasal sentado no interior da caixa. A porta é fechada e solicita-se ao paciente que respire normalmente o gás do interior do pletismógrafo através de uma peça bucal (ver Figura 41.6 A). Ao final de uma expiração espontânea basal, as vias respiratórias são ocluídas por uma válvula e o paciente é instruído a realizar esforços inspiratórios (ver Figura 41.6 B). Por conseguinte, o gás contido em seus pulmões sofre descompressão, aumentando o volume pulmonar e elevando a pressão no interior do pletismógrafo, visto que o volume gasoso em seu interior é comprimido pela expansão da parede torácica. Segundo a lei de Boyle, o produto de pressão por volume é constante (se mantidas inalteradas as outras variáveis das leis dos gases); portanto, se forem conhecidos a variação de pressão (ΔPc) e o volume da caixa pletismográfica (Vc), a variação de volume pulmonar durante a manobra, ΔV, pode ser calculada [Vc = ΔPc (Vc-ΔV)]. A seguir, aplica-se a lei de Boyle ao volume gasoso no interior do pulmão. Neste caso, $P_1 \times V = P_2 (V + \Delta V)$, em que P_1 e P_2 representam, respectivamente, as pressões nas vias respiratórias antes e depois da manobra, e V é a capacidade residual funcional. Conhecendo-se o volume de reserva expiratório, o volume residual pode ser computado por simples subtração.

Por meio da pletismografia, todos os volumes gasosos no interior do pulmão podem ser medidos, inclusive aqueles sem contato com as vias respiratórias, pois sofrem compressão e descompressão, fenômenos sobre os quais se baseia a medida.

Figura 41.5 ▪ Esquema da medida da capacidade residual funcional pelo método da diluição do hélio.

Volumes e Capacidades Pulmonares | Espirometria 657

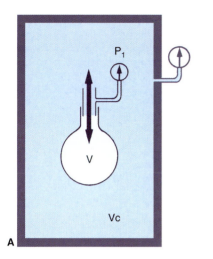
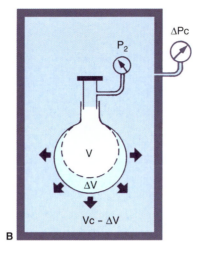

Figura 41.6 ▪ Esquema da medida da capacidade residual funcional pelo método da pletismografia de corpo inteiro. **A.** Respiração normal. **B.** Esforço inspiratório contra vias respiratórias ocluídas. O retângulo representa uma caixa absolutamente rígida isolada hermeticamente do ar ambiente. O indivíduo analisado respira ar do interior do pletismógrafo. Os dois círculos com setas significam transdutores de pressão (utilizados para medida de pressão). P_1 e P_2, pressões nas vias respiratórias; ΔPc, variação de pressão no interior do pletismógrafo; Vc, volume do pletismógrafo; V, volume pulmonar a ser medido; ΔV, variação de volume observada durante esforço inspiratório contra vias respiratórias ocluídas. (Adaptada de Comroe, 1977.)

observa-se um padrão restritivo. Nessa situação, a CVF e o $VEF_{1,0}$ encontram-se reduzidos em valores absolutos, quando comparados com os padrões de normalidade, mas a razão $VEF_{1,0}/CVF$ supera os 80%.

A Figura 41.8 apresenta três curvas de capacidade vital forçada geradas por um indivíduo normal. Ele inspira até atingir a capacidade pulmonar total, mantém esse volume por certo tempo (note os platôs subsequentes ao término das inspirações) e é instigado a soprar o mais forte e rápido que puder até serem atingidos 6 s de expiração. O volume total da expiração é a capacidade vital forçada (CVF). Determinando-se no traçado 1 s após o início bem marcado da expiração e nele medindo-se o volume de gás expirado, obtém-se o volume expiratório forçado no primeiro segundo ($VEF_{1,0}$). Note que as três curvas apresentadas praticamente se sobrepõem, apontando para a normalidade.

Outro parâmetro passível de ser computado com a manobra de expiração forçada é o *fluxo expiratório forçado entre 25 e 75% da CVF* ($FEF_{25-75\%}$). A Figura 41.9 mostra o cálculo do $FEF_{25-75\%}$. Esse parâmetro é utilizado quando restam dúvidas diagnósticas após o cálculo da razão $VEF_{1,0}/CVF$.

MANOBRAS EXPIRATÓRIAS FORÇADAS

Solicita-se ao indivíduo que, após inspirar até a capacidade pulmonar total (CPT), expire tão rápida e intensamente quanto possível em um espirógrafo, sendo o volume expirado lido em um traçado volume-tempo. Com base nesse traçado é possível computar a *capacidade vital forçada* (CVF) e o *volume expiratório forçado no primeiro segundo* ($VEF_{1,0}$). Esquematicamente, na Figura 41.7 A, observamos um traçado de um indivíduo normal. O volume expirado no primeiro segundo é de 4,0 ℓ, enquanto o volume total expirado [capacidade vital forçada (CVF)] é de 5,0 ℓ. A partir desses dois parâmetros, podemos computar a razão $VEF_{1,0}/CVF$, cujo limite inferior normal é de aproximadamente 80%. A Figura 41.7 B representa um padrão obstrutivo, em que o ar é exalado com maior lentidão, acarretando um $VEF_{1,0}$ e a razão $VEF_{1,0}/CVF$ reduzidos. Esta, quando inferior a 80%, indica fortemente um padrão obstrutivo. Nota-se que a obstrução das vias respiratórias acarreta um achatamento na curva volume-tempo. Na Figura 41.7 C,

Se registrarmos o fluxo aéreo e o volume durante uma manobra de expiração forçada, é possível construirmos as curvas fluxo-volume. Para tal, solicita-se ao indivíduo que inspire até a capacidade pulmonar total e, então, expire tão rapidamente quanto possível até o volume residual. Para completar a alça, o indivíduo deverá inspirar tão rapidamente quanto possível do volume residual até a capacidade pulmonar total. O volume é registrado na abscissa e o fluxo, na ordenada. A Figura 41.10 mostra os padrões das curvas fluxo-volume em indivíduos normais, pneumopatas obstrutivos e restritivos. Nota-se que, nas pneumopatias obstrutivas, a expiração máxima começa e termina em volumes pulmonares anormalmente elevados, e os fluxos são muito menores que o normal. Contrariamente, em pacientes com pneumopatias restritivas o volume mobilizado é menor. O fluxo aéreo está normal em relação ao volume pulmonar, já que o calibre das vias respiratórias encontra-se normal.

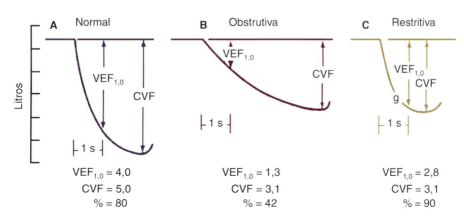

Figura 41.7 ▪ Padrões normal, obstrutivo e restritivo de uma expiração forçada. Mensuração do volume expiratório forçado no primeiro segundo ($VEF_{1,0}$), capacidade vital forçada (CVF) e relação $VEF_{1,0}/CVF$, expressa em %.

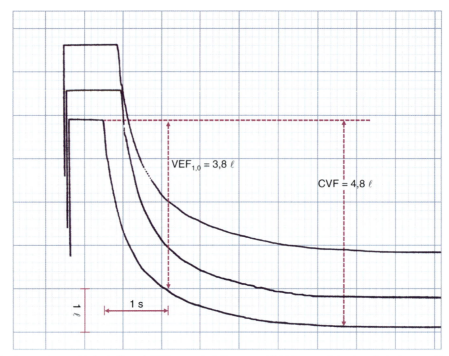

Figura 41.8 ▪ Três traçados do teste da capacidade vital forçada (CVF) em um indivíduo normal. Inicialmente, ele inspira até atingir a capacidade pulmonar total, mantém esse volume por certo tempo e expira com força máxima. A CVF corresponde à distância vertical entre o final da inspiração máxima e o ponto mais baixo da curva. No primeiro segundo após o início da expiração, mede-se o volume de gás expirado, que equivale ao volume expiratório forçado no primeiro segundo ($VEF_{1,0}$). (Gentilmente cedida pelo Prof. Dr. Ayres da Fonseca-Costa.)

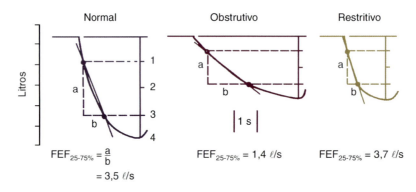

Figura 41.9 ▪ Cálculo do fluxo expiratório forçado entre 25 e 75% da capacidade vital forçada ($FEF_{25-75\%}$), em traçados esquemáticos de pacientes normal, obstrutivo e restritivo, a partir de manobra de expiração forçada.

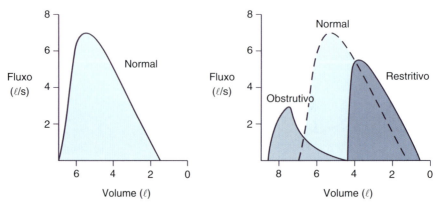

Figura 41.10 ▪ Curvas fluxo-volume em pacientes normal, obstrutivo e restritivo.

BIBLIOGRAFIA

CARVALHO AP, FONSECA-COSTA AF. *Circulação e Respiração*. 3. ed. Cultura Médica, Rio de Janeiro, 1979.

COMROE JH. *Fisiologia da Respiração*. 2. ed. Guanabara Koogan, Rio de Janeiro, 1977.

CRYSTAL RG, WEST JB, WEIBEL ER *et al*. *The Lung: Scientific Foundations*. Lippincott-Raven, Philadelphia, 1997.

FORSTER II RE, DUBOIS AB, BRISCOE WA *et al*. *The Lung*. 3. ed. Year Book Medical Publishers, 1986.

GRIPPI MA. *Pulmonary Pathophysiology*. Lippincott, Philadelphia, 1995.

LEFF AR, SCHUMACKER PT. *Respiratory Physiology: Basics and Applications*. W.B. Saunders Co., Philadelphia, 1993.

MACKLEM PT, MEAD J (Eds). *Handbook of Physiology. The Respiratory System. Mechanics of Breathing*. American Physiological Society, Bethesda, 1986.

MILLER MR, HANKINSON J, BRUSASCO V *et al*. Standardisation of spirometry. *Eur Respir J*, 26(2):319-38, 2005.

PATTON HD, FUCHS A, HILLE B *et al*. *Textbook of Physiology*. 21. ed. W.B. Saunders Co., Philadelphia, 1989.

PEREIRA CAC. I Consenso Brasileiro sobre Espirometria. *Jornal de Pneumologia*, 22:105-64, 1996.

WANGER J, CLAUSEN JL, COATES A *et al*. Standardisation of the measurement of lung volumes. *Eur Respir J*, 26:511-22, 2005.

WEST JB (Ed.). *Best and Taylor's Physiological Basis of Medical Practice*. 12. ed. Williams and Wilkins, Baltimore, 1990.

WEST JB. *Pulmonary Pathophysiology: The Essentials*. 7. ed. Lippincott, Philadelphia, 2008.

WEST JB. *Respiratory Physiology: The Essentials*. 8. ed. Lippincott, Philadelphia, 2008.

Capítulo 42
Mecânica Respiratória

Walter Araujo Zin | Patricia Rieken Macedo Rocco | Débora Souza Faffe

- Introdução, *662*
- Propriedades elásticas do sistema respiratório, *662*
- Propriedades resistivas do sistema respiratório, *667*
- Trabalho respiratório, *671*
- Propriedades viscoelásticas do sistema respiratório, *671*
- Bibliografia, *672*

INTRODUÇÃO

O processo cíclico da respiração envolve certo trabalho mecânico por parte dos músculos respiratórios. Um indivíduo sadio em repouso respira sem realizar um esforço consciente, mas, se os músculos forem levados a aumentar o trabalho, ele imediatamente toma conhecimento de sua respiração. A pressão motriz do sistema respiratório, que em condições normais é aquela gerada pela contração muscular durante a inspiração, precisa vencer forças elásticas e resistivas para conseguir encher os pulmões. Em condições basais, a inércia do sistema é desprezível.

O sistema respiratório é formado por dois componentes: pulmão e parede torácica. Como parede torácica, subentendem-se todas as estruturas que se movem durante o ciclo respiratório, à exceção do pulmão. Como já foi visto, a parede abdominal se movimenta para fora durante a inspiração, retornando ao seu ponto de repouso ao longo da expiração. Portanto, o abdome faz parte da parede torácica. A decomposição do sistema respiratório em seus componentes pulmonar e de parede é importante, visto que não só têm propriedades mecânicas diferentes, mas também doenças com capacidade de comprometer um ou outro, resultando em disfunção do sistema respiratório.

Os pulmões são separados da parede torácica pelo espaço pleural. De fato, cada pulmão tem acolada a si a pleura visceral, que se reflete ao nível dos hilos pulmonares, recobrindo o mediastino, o diafragma e a face interna da caixa torácica (pleura parietal). Dentro dessa cavidade virtual, existem alguns mililitros de líquido, de modo a permitir que uma pleura deslize sobre a outra durante os movimentos respiratórios.

PROPRIEDADES ELÁSTICAS DO SISTEMA RESPIRATÓRIO

A elasticidade é uma propriedade da matéria que permite ao corpo retornar à sua forma original após ter sido deformado por uma força aplicada sobre ele. Um corpo perfeitamente elástico, como uma mola, obedecerá à lei de Hooke, ou seja, a variação de comprimento (ou volume) é diretamente proporcional à força (ou pressão) aplicada até que seu limite elástico seja atingido.

Os tecidos dos pulmões e do tórax são constituídos por várias estruturas (fibras elásticas, cartilagens, células, glândulas, nervos, vasos sanguíneos e linfáticos) que apresentam propriedades elásticas e obedecem à lei de Hooke; de modo que, quanto mais intensa a pressão gerada pelos músculos inspiratórios, maior o volume inspirado. Como as molas, os tecidos devem ser distendidos por meio de uma força externa (esforço muscular) durante a inspiração. Quando essa força cessa, os tecidos retraem-se para sua posição original. Quanto maior a pressão aplicada, maior a variação de volume durante a inspiração. Essa relação entre volume e pressão depende apenas de medidas em condições estáticas, isto é, quando não há fluxo de ar na árvore traqueobrônquica, e não da velocidade com que o volume é alcançado. Na Figura 42.1, pode ser vista a relação entre volume pulmonar e pressão elástica do sistema respiratório. A inclinação da curva volume-pressão ou a relação entre a variação do volume gasoso mobilizado (ΔV) e a pressão motriz necessária para mantê-lo insuflado é conhecida por complacência do sistema respiratório (Crs). A pressão motriz é representada pela diferença entre as pressões na abertura das vias respiratórias e no ar ambiente. Logo, $Crs = \Delta V/Pel,rs$, em que Pel,rs corresponde à pressão elástica do sistema respiratório. Quanto maior a Crs, mais distensível será o tecido; quanto menor, mais rígido ele será. Nota-se que a *complacência* do sistema respiratório é constante na faixa de volumes pulmonares compreendidos entre 25 e 75% da capacidade vital. Abaixo e acima dessa faixa, a complacência tende a cair progressivamente, indicando que o sistema respiratório deixa de se comportar como um corpo quase perfeitamente elástico. Deve ser observado também na Figura 42.1 (linha C) que, ao nível da capacidade residual funcional, o sistema entra em equilíbrio elástico e sua pressão elástica é igual a zero.

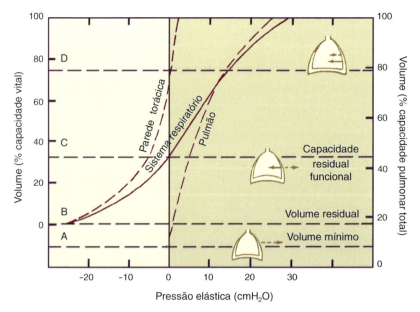

Figura 42.1 • Relações volume *versus* pressões elásticas do sistema respiratório, pulmão e parede torácica. *Linha A*, volume mínimo, isto é, volume de gás que permanece no pulmão quando isolado da parede torácica. *Linha B*, volume residual. *Linha C*, capacidade residual funcional. Neste volume, o sistema respiratório está em seu ponto de equilíbrio elástico, ou seja, as forças elásticas do pulmão e da parede torácica são exatamente iguais, porém têm sentidos opostos. *Linha D*, a partir deste ponto, a parede torácica também tende a se retrair.

Há várias formas de medir a complacência do sistema respiratório:

- As medidas da complacência estática (Cst) devem ser realizadas na ausência de fluxo, com a musculatura dos pacientes relaxada (indivíduos sedados, paralisados ou cooperativos), e devem ser feitas uma ou mais pausas ao longo do ciclo respiratório
- Na prática clínica, por motivos de maior facilidade de realização da medida, aferem-se as complacências dinâmicas (Cdyn). Neste caso, o indivíduo respira espontaneamente e são registrados o volume mobilizado e a pressão utilizada. Para o cálculo da complacência dinâmica, tomam-se pontos nos traçados de volume e pressão nos quais o fluxo aéreo é nulo (finais da inspiração e expiração) para calcular ΔV e ΔP. A complacência dinâmica pode variar de um ciclo para outro, por vezes não representando a complacência real. Em indivíduos hígidos respirando espontaneamente, não há diferença apreciável entre as complacências estática e dinâmica
- Uma simples medida da complacência do sistema respiratório tem valor limitado, uma vez que depende do volume pulmonar total, isto é, pessoas com grandes volumes pulmonares terão maior complacência para um mesmo volume inspirado que aquelas com pequenos volumes pulmonares, mesmo que ambos os pulmões sejam normais e tenham a mesma distensibilidade. Para contornar esse fenômeno, é determinada a complacência específica (Ceff), ou complacência dividida pelo volume pulmonar em que se faz a medida, usualmente denominada CRF. A complacência específica é muito utilizada para comparar distensibilidades de pulmões de diferentes tamanhos, como de crianças e adultos.

Finalmente, cabe aqui ressaltar que, em vez de complacência, é frequentemente utilizado o termo "elastância". Esta corresponde ao inverso da complacência (Ers = 1/Crs), ou seja, é a relação entre a variação de pressão e o volume mobilizado resultante. O cálculo da elastância do sistema respiratório apresenta vantagens para o uso clínico. As elastâncias do pulmão (EL) e da parede torácica (Ew) são adicionadas diretamente: Ers = EL + Ew, ao passo que se somam os inversos das complacências: 1/Crs = 1/CL + 1/Cw.

▶ Propriedades elásticas do pulmão

A força de retração elástica dos pulmões (Pel,L) tende a trazê-los para seu volume mínimo, ou seja, eles tendem sempre a se retrair e colabar (ver Figura 42.1). Caso os pulmões fossem retirados do tórax, seria observado que restaria em seu interior um volume de ar mínimo (ver Figura 42.1, linha A). Existem dois fatores responsáveis pelo comportamento elástico do pulmão. Um deles é representado pelos componentes elásticos do tecido pulmonar (p. ex., fibras elásticas e colágenas). Acredita-se que o comportamento elástico do pulmão não dependa do simples alongamento das fibras elásticas, mas principalmente de seu arranjo geométrico. Todas as estruturas desse órgão (vasos, bronquíolos, alvéolos etc.) encontram-se interligadas pela trama de tecido conjuntivo pulmonar, de sorte que, quando há insuflação, todos esses componentes se distendem. Esse fenômeno é chamado de "*interdependência*", que contribui para manter todos os alvéolos abertos, posto que, caso alguns se fechassem, seus vizinhos puxariam suas paredes e tenderiam a reabri-los. Além das propriedades elásticas dos tecidos pulmonares, os pulmões ainda apresentam um importante fator que contribui para suas características elásticas: a *tensão superficial* do líquido que recobre a zona de trocas, denominado *surfactante*.

Há tensão superficial em uma interface ar-líquido porque as moléculas do líquido são atraídas com maior força para o interior do líquido que para dentro da fase gasosa. O resultado final é equivalente a uma tensão na superfície, que tenta diminuir sua área. A Figura 42.2 demonstra o conceito de tensão superficial. A unidade da tensão superficial é força aplicada por unidade de comprimento.

Para líquidos puros e soluções verdadeiras, a grandeza dessa tensão de superfície é uma constante, que depende da natureza química do líquido e do gás envolvido, bem como da temperatura. Considerando-se uma esfera oca, a pressão em seu interior (P) pode ser predeterminada pela *lei de Laplace*, em que a pressão relaciona-se com o raio (R) e com a tensão superficial (T) da seguinte maneira: P = 4T/R, em que o número 4 representa duas interfaces ar-líquido (interna e externa). Entretanto, quando somente uma superfície encontra-se envolvida, como em um alvéolo esférico revestido de líquido na sua face interna, o numerador tem o número 2 em lugar do 4. Considerando-se dois alvéolos de diferentes tamanhos conectados através de uma via respiratória comum, e com tensão superficial semelhante em ambos, pode-se depreender, com base na lei de Laplace, que a pressão nos alvéolos menores seria maior que a nos maiores (Figura 42.3).

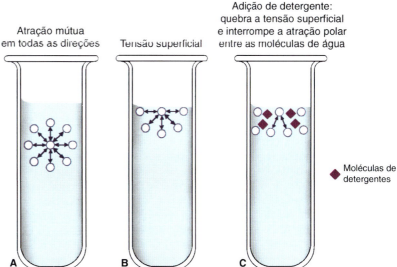

Figura 42.2 • Efeito do detergente na tensão superficial. *Círculos*, moléculas de água. *Losangos*, moléculas de detergentes. Em um recipiente como o tubo teste **A**, as forças intermoleculares que atuam sobre uma molécula de líquido (água) em **A** serão iguais em todas as direções, atraindo para baixo, para a esquerda, para a direita e para cima. Entretanto, a molécula de água em **B**, situada na superfície do líquido em contato com o ar, não sofre atração de forças iguais em todas as direções. Será atraída por moléculas de água que se encontram justo abaixo dela e lateralmente, havendo, no entanto, relativamente poucas moléculas de gás acima dela, de modo a exercer força de atração. Por conseguinte, moléculas a atraem mais para baixo do que para cima, e, como resultado desse desequilíbrio entre forças intermoleculares, a superfície diminui até atingir a menor área possível. A força resultante na superfície recebe o nome de tensão superficial. Em **C**, adiciona-se um detergente, que apresenta uma terminação polar e outra não polar. A terminação polar é atraída pelas moléculas de água, e a não polar interrompe a atração polar de outras moléculas de água, reduzindo a tensão superficial. (Adaptada de Alan *et al.*, 1993.)

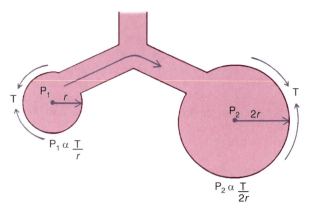

Figura 42.3 ▪ Representação esquemática de dois alvéolos de diferentes tamanhos com uma via respiratória comum. Se a tensão superficial for a mesma em ambos, o alvéolo menor terá maior pressão interna e tenderá a se esvaziar no maior. A tensão superficial (T) do alvéolo tende a reduzir sua área e gera uma pressão (P).

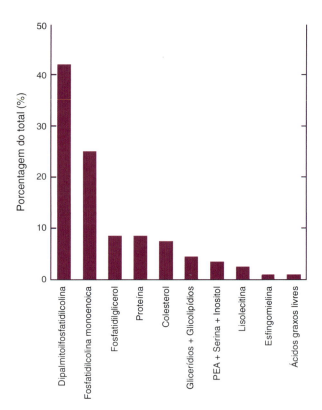

Figura 42.4 ▪ Composição do surfactante pulmonar.

Consequentemente, os alvéolos menores se esvaziariam nos maiores, acarretando alvéolos colapsados e outros hiperinsuflados. Contudo, tal fato não ocorre nos pulmões normais, pois a tensão superficial do surfactante alveolar é consideravelmente menor que a da solução salina que recobre as mucosas pulmonares. A tensão superficial do surfactante alveolar diminui acentuadamente com a aproximação entre as suas moléculas, o que acontece provavelmente durante a expiração, quando os alvéolos se tornam menores. Ademais, a tensão superficial cresce com o afastamento de suas moléculas, ou seja, é grande em alvéolos maiores. Observou-se que o surfactante pulmonar, agindo sinergicamente com os elementos elásticos dos tecidos, é suficiente para assegurar a estabilidade e prevenir o colapso dos pequenos alvéolos durante a expiração. Assim, concorre para que haja um equilíbrio estável entre alvéolos grandes e pequenos, podendo coexistir 300 milhões de alvéolos com a mesma pressão interior.

Outra função do surfactante pulmonar, frequentemente esquecida, é colaborar para evitar o edema intersticial. Se aumentasse muito a tensão superficial na parede dos alvéolos, eles tenderiam a se fechar, elevando a tração sobre o interstício, onde se encontram os vasos. Este fato facilitaria a filtração pela diminuição da pressão intersticial e consequente aumento do diâmetro dos vasos. Sendo assim, estaria aumentada a passagem de líquido do interior dos vasos para o interstício.

O surfactante pulmonar é secretado por células epiteliais alveolares especializadas chamadas de pneumócitos granulares ou tipo II. Tais células se localizam nos alvéolos, armazenam surfactante em corpos lamelares osmofílicos e secretam seu conteúdo no lúmen alveolar por intermédio de um processo de exocitose, estimulada por mecanismos β-adrenérgicos. Os fosfolipídios são os principais componentes do surfactante, sendo os principais constituintes a dipalmitoilfosfatidilcolina (40%), a fosfatidilcolina monoenoica (25%) e o fosfatidilglicerol (10%). A função biológica, bem como a atividade de superfície do surfactante são atribuídas aos fosfolipídios, especialmente à fosfatidilcolina (Figura 42.4).

O surfactante está em constante estado de renovação. Algumas moléculas deixam a superfície da película, enquanto se acrescentam outras, recentemente sintetizadas. Os pneumócitos tipo II reabsorvem parte do líquido que recobre as paredes alveolares pelas vilosidades presentes em sua região basal, sendo seu papel essencial para o *turnover* do surfactante. Isso significa que, uma vez formado, o surfactante deve ser levado ao local onde irá atuar, devendo sua taxa de formação e transporte ser normalmente igual à de sua perda ou reabsorção.

O papel do surfactante pode ser mais bem apreciado por meio de uma experiência simples. Inicialmente, retiram-se os pulmões de um animal de experimentação devidamente anestesiado. A seguir, volumes conhecidos de ar são injetados através da traqueia e medem-se as respectivas pressões nas vias respiratórias. Após ser atingida a insuflação máxima, passam a ser retirados volumes conhecidos, continuando-se a medir a pressão nas vias respiratórias. Dessa maneira, é construída a curva número 2 da Figura 42.5. Observe que os ramos inspiratório e expiratório não são coincidentes, configurando a *histerese pulmonar*. A seguir, os pulmões são preenchidos com solução salina fisiológica (NaCl a 0,9%) aquecida a 37°C e repetem-se as medidas descritas anteriormente. Neste caso, a histerese é praticamente desprezível. Ademais, uma pressão menor basta para insuflar totalmente os pulmões (ver Figura 42.5, curva 1). Note que, quando os pulmões são insuflados com líquido, desaparece a tensão superficial, pois acaba a interface ar-líquido. Algumas conclusões podem ser tiradas desses resultados: (a) a complacência do pulmão sem tensão superficial é maior que a daquele preenchido com ar; (b) a histerese pulmonar deve-se, em quase sua totalidade, à tensão superficial da interface ar-líquido; (c) a pressão necessária para vencer a tensão dos tecidos em qualquer volume pulmonar corresponde à distância entre a ordenada e a curva 1; e (d) em qualquer volume pulmonar, há um gasto energético adicional para vencer a tensão superficial (distância entre as curvas 1 e 2). A fim de ressaltar o papel do surfactante pulmonar, a curva 3 da Figura 42.5 representa uma condição na qual o pulmão é preenchido com ar, porém não contém surfactante. Pelo que foi anteriormente discutido, pode ser observado que o volume pulmonar máximo é, nesse caso, bem menor que o obtido em situação normal, posto que um enorme número de alvéolos se encontra colabado.

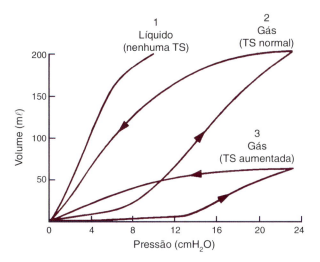

Figura 42.5 ▪ Relação volume *versus* pressão elástica do pulmão isolado. As curvas foram obtidas a partir do volume mínimo até a insuflação máxima. Quando os pulmões com tensão superficial (*TS*) normal são insuflados com ar e a seguir desinsuflados, resulta a *curva 2*. Já quando a TS está elevada, para a mesma pressão de insuflação o volume alcançado é muito menor (*curva 3*). Por outro lado, quando não há tensão superficial pelo enchimento do pulmão com líquido (*curva 1*), a pressão necessária para insuflar o pulmão torna-se menor e praticamente desaparece a histerese.

Ao estudar o *ramo inspiratório* da curva volume-pressão, nota-se que, após a pressão de abertura ser alcançada, o pulmão insufla-se rapidamente, mas não de maneira homogênea. Essa expansão inomogênea é caracterizada por áreas pulmonares que estão pouco insufladas, especialmente nas bases (em um indivíduo em posição ereta), ao passo que os ápices encontram-se mais cheios. Finalmente, a expansão máxima é alcançada e todos os alvéolos insuflados. As diferentes pressões de abertura decorrem da presença de alvéolos de vários tamanhos e, possivelmente, de diferenças na tensão superficial das respectivas unidades alveolares. A elevação da pressão durante a insuflação decorre do aumento progressivo dos pequenos espaços aéreos. Cumpre ressaltar a importância das forças elásticas teciduais em presença de altos volumes pulmonares, prevenindo a hiperdistensão alveolar.

O ramo expiratório da curva volume-pressão pulmonar é deslocado para a esquerda em relação ao ramo inspiratório, ou seja, para uma dada pressão o volume pulmonar é maior na expiração que durante a inspiração. Essa separação, como já relatado anteriormente, é denominada histerese pulmonar, e, para explicá-la, comentaremos duas hipóteses: (a) a da disposição das moléculas de surfactante durante a insuflação e desinsuflação pulmonar e (b) a da morfologia do alvéolo. Na Figura 42.6, observa-se que no estágio 1 as moléculas estão dispostas umas ao lado das outras. Com o início da expiração, a distância entre as moléculas de surfactante se reduz (estágio 2), diminuindo a tensão superficial e, consequentemente, a pressão para um mesmo volume pulmonar. Ao término da expiração, as moléculas do surfactante tornam-se mais comprimidas, saindo da superfície e formando uma camada bimolecular. As moléculas de superfície provavelmente continuam viáveis, reduzindo a tensão superficial, mas as outras moléculas formam um filme de surfactante sem utilidade (estágio 3). No início da inspiração, a água ou os íons hidratados, ou ambos, se movem para a superfície mais rapidamente que as moléculas de surfactante, diluindo a superfície e aumentando a tensão superficial (estágio 4). À medida que a superfície do alvéolo retorna à sua área original (estágio 5), a concentração do surfactante na superfície e a tensão superficial são restauradas.

A outra hipótese baseia-se na morfologia alveolar. Utilizando-se um microscópio eletrônico, observa-se que o alvéolo não é uma estrutura esférica, porém apresenta várias pregas (Figura 42.7). Essas pregas tornam-se mais numerosas e profundas ao término da expiração. Não se sabe exatamente qual é a pressão necessária para desfazer essas pregas, mas acredita-se que, durante a inspiração, a pressão necessária para desfazer as pregas da parede alveolar é maior que durante a expiração, quando as pregas facilmente se refazem por acolamento, contribuindo para a histerese pulmonar.

A perda de surfactante leva a redução da complacência pulmonar, áreas de atelectasia e alvéolos cheios de transudato. Este é o quadro patológico da *síndrome do desconforto respiratório do recém-nato*, que é particularmente passível de surgir em crianças prematuras, cujo sistema de produção e extrusão do surfactante não se encontra ainda bem desenvolvido ou funcionante. A hipoxia, ou hipoxemia, pode acarretar redução da produção de surfactante ou aumento de sua destruição, contribuindo para o desenvolvimento da *síndrome do desconforto respiratório agudo*.

Vistos os dois componentes individuais da elasticidade pulmonar, é preciso estudar as propriedades do pulmão como um todo. Como anteriormente descrito, a complacência pulmonar é obtida dividindo-se a variação de volume do pulmão pela pressão transpulmonar, que é definida como a diferença entre a pressão na abertura das vias respiratórias (Pao) e a pressão

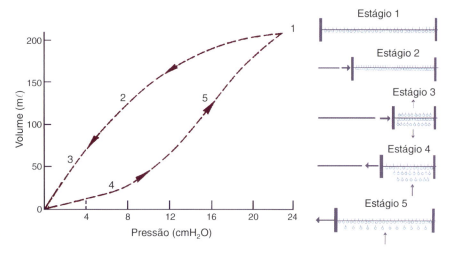

Figura 42.6 ▪ Relação volume *versus* pressão elástica do pulmão isolado. As curvas foram obtidas a partir do volume mínimo até a insuflação máxima. A *curva 2* ocorre quando os pulmões com tensão superficial normal são insuflados com ar e a seguir desinsuflados. À direita, nota-se uma representação esquemática do fluxo de surfactante durante a inspiração e a expiração. As *setas pequenas* indicam a direção do fluxo do surfactante. A concentração máxima de surfactante na superfície é obtida no *estágio 2*. No término da expiração, o fluxo de moléculas deixa a superfície (*estágio 3*). No início da inspiração, há um rápido movimento das moléculas para a superfície e incremento da tensão superficial (*estágio 4*). O surfactante se move de volta à superfície mais lentamente (*estágio 5*), retornando à tensão superficial original (*estágio 1*). O líquido que recobre a superfície dos alvéolos encontra-se abaixo da linha horizontal. Acima dela, existe gás. Os círculos das moléculas de surfactante representam suas porções hidrofílicas, ao passo que os segmentos de reta a eles ligados são as cadeias lipídicas, hidrofóbicas.

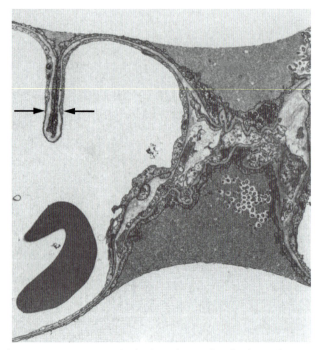

Figura 42.7 ▪ Fotomicrografia eletrônica da superfície alveolar recoberta com surfactante. Na ponta das setas, note o pregueamento alveolar. (Adaptada de Weibel, 1979.)

intrapleural (ou intraesofágica, Pes). Enquanto o pulmão apresenta um comportamento semelhante ao de uma mola, sua complacência é constante. Todavia, em volumes pulmonares muito elevados (acima de 75% da capacidade vital) algumas regiões do pulmão já atingiram seu ponto máximo de distensão elástica perfeita e, consequentemente, será necessária maior variação de pressão para fazer variar o volume, isto é, o pulmão torna-se menos complacente, como pode ser visto na porção mais horizontalizada da curva volume-pressão (ver Figura 42.1). A complacência do pulmão é de cerca de 200 mℓ/cmH$_2$O. Obviamente, todos os cuidados descritos para a medida da Crs são aplicados na determinação da CL.

A complacência pulmonar aumenta com a idade e no enfisema. Em ambas as condições, a alteração do tecido elástico pulmonar é a responsável pela elevação da complacência. Para gerar um mesmo volume, o paciente com fibrose necessita de maior pressão que o indivíduo normal e o paciente enfisematoso. Consequentemente, o doente com fibrose apresenta uma complacência menor que o enfisematoso e o normal. O aumento da pressão venosa pulmonar, o pneumotórax, o edema alveolar e a atelectasia também levam à redução da complacência.

▶ Propriedades elásticas da parede torácica

Assim como o pulmão, a parede torácica também exibe propriedades elásticas próprias. Ela inclui, além do tórax, o diafragma, a parede abdominal e o mediastino. Do ponto de vista elástico, observa-se que essa parede tende sempre à expansão, exceto em volumes pulmonares superiores a aproximadamente 75% da capacidade vital, quando tende à retração, como o pulmão (ver Figura 42.1, linha D). Para o cálculo da complacência da parede torácica, utiliza-se a pressão transtorácica, ou seja, a diferença entre a pressão intrapleural e a pressão ao redor do tórax, em geral a pressão barométrica. Em contraponto à complacência pulmonar, que se torna menor em altos volumes pulmonares, em volumes baixos a complacência da parede torácica é que diminui.

A determinação da complacência da parede torácica é importante, pois pode ser alterada por diversas afecções, por exemplo, cifoescoliose acentuada, ancilose vertebral, obesidade, mamas extremamente volumosas ou distúrbios abdominais acompanhados de elevação do diafragma.

Assim, depreende-se que a complacência do sistema respiratório pode ser alterada, quer por seu componente pulmonar, quer pela modificação da complacência da parede torácica. Daí resulta a importância de estudá-los individualmente.

▶ Propriedades do espaço pleural

Voltando a olhar para as forças que atuam sobre os dois folhetos pleurais, observa-se que, ao nível da capacidade residual funcional, o pulmão tende a se retrair, ao passo que a parede torácica, a se expandir. As duas pleuras não se separam porque a cavidade pleural é fechada e existe em seu interior uma película líquida que as une, da mesma maneira que uma gota de água entre duas lâminas de vidro permite que deslizem uma sobre a outra, porém impede que se separem facilmente. A medida da pressão intrapleural no ponto de equilíbrio elástico do sistema respiratório mostra um valor em torno de 4 cmH$_2$O abaixo da pressão atmosférica. Essa pressão "negativa" (de acordo com a convenção de referir todas as pressões à pressão atmosférica local) representa a tendência para a expansão do espaço pleural criada pelas forças opostas de retração pulmonar e expansão da parede. Assim, caso uma das superfícies pleurais (ou as duas) se rompa, pondo em comunicação o espaço pleural com o meio ambiente (tanto via superfície corporal quanto através da árvore traqueobrônquica), o ar será aspirado para dentro daquele pela pressão subatmosférica, e os pulmões se separarão da parede torácica, ambos seguindo suas tendências elásticas. A essa condição, denomina-se *pneumotórax*.

Durante a inspiração, a contração muscular expande o gradil costal e a pleura parietal traciona a visceral. Consequentemente, a pressão intrapleural torna-se mais negativa. Naturalmente, ao longo da expiração ela retorna a seu valor de repouso. Embora a pressão intrapleural normalmente seja negativa, há condições em que ela pode assumir valores positivos: na hiperventilação do exercício físico, quando a expiração passa a ser ativa, e durante atos expulsivos, como tosse, defecação, espirro. Nesses casos, a força muscular é direcionada para diminuir o volume pulmonar, e, por conseguinte, a pleura parietal é empurrada de encontro à visceral. Por fim, a pressão intrapleural pode ser positiva durante a insuflação artificial dos pulmões, porquanto neste caso o ar é impulsionado sob pressão para o interior do sistema respiratório, empurrando o folheto pleural visceral contra o parietal.

A pressão intrapleural não deve ser confundida com a alveolar. Durante a inspiração espontânea, a pressão alveolar é subatmosférica, ao passo que se torna supra-atmosférica na expiração. Tanto ao final da inspiração, como da expiração, quando o fluxo aéreo é nulo, a pressão alveolar iguala-se à atmosférica. Em condições de ventilação basal, a pressão alveolar cicla entre +2 e –2 cmH$_2$O. É o gradiente entre o meio ambiente e a pressão alveolar que move o ar para dentro e para fora do sistema respiratório. A pressão alveolar é gerada da seguinte maneira: com a contração muscular inspiratória, o sistema começa a aumentar de volume. Todavia, há uma resistência a ser vencida (discutida adiante) para que o gás chegue até os alvéolos. Consequentemente, a dilatação dos espaços aéreos sempre precede o aporte gasoso até o final da inspiração, rarefazendo o volume gasoso alveolar e provocando a queda de sua pressão. Durante a expiração, o processo se inverte.

▶ Pressão esofágica

A maneira mais conveniente para estimar a pressão intrapleural é instruir o paciente a engolir um cateter até que sua extremidade atinja a porção inferior do esôfago torácico. O cateter tem um balonete (comprimento: 10 cm, circunferência: 3,2 cm) de látex fino, preso à extremidade distal de um tubo de polietileno (PE 240) com cerca de 1 m de comprimento, ou através de um tubo de polietileno fino preenchido com solução salina ou água. A última técnica é, geralmente, empregada em recém-natos. O volume de ar introduzido no balão deve ser de 0,2 a 0,5 mℓ para que as alterações da pressão intratorácica sejam adequadamente avaliadas. Volumes muito maiores podem ocasionar contração esofágica.

A variação de pressão medida no balão é um índice aceitável da variação de pressão intrapleural porque: o esôfago localiza-se no tórax (entre os pulmões e a parede torácica), é um tubo de paredes delgadas (com baixa tonicidade), e apresenta pouca resistência à transmissão das variações da pressão intratorácica (exceto durante a deglutição e a ocorrência de ondas peristálticas, que são facilmente identificáveis).

Com o objetivo de reduzir os erros de medida, é fundamental conhecer os seguintes dados: (1) relação volume-pressão do balonete (para que durante as medidas de pressões esofágicas ele seja preenchido com volume gasoso adequado) e (2) complacência e volume de ar do sistema transdutor de pressão-tubo-balonete.

Para posicionar corretamente o balonete no interior do esôfago, utiliza-se o "teste da oclusão". Tal teste consiste, basicamente, na comparação entre as pressões traqueal e esofágica durante esforço inspiratório de encontro às vias respiratórias ocluídas ao término da expiração basal. Essas pressões não devem diferir entre si em mais de 5%.

PROPRIEDADES RESISTIVAS DO SISTEMA RESPIRATÓRIO

As pressões passivas descritas anteriormente foram determinadas pelas propriedades elásticas dos pulmões e da parede torácica, sendo, assim, dependentes apenas do volume gasoso e da complacência de cada componente do sistema. Os gradientes de pressão gerados pelas forças elásticas são independentes da existência ou não de fluxo aéreo.

Durante a movimentação do sistema respiratório, quando ocorre fluxo de gás, um elemento adicional ao elástico precisa ser vencido pela pressão motriz: a resistência ou pressão resistiva. A resistência do sistema respiratório (Rrs) pode ser calculada dividindo-se Pres,rs por fluxo aéreo. Pres,rs é a pressão resistiva do sistema respiratório, ou seja, a pressão a ser vencida, oferecida por seus componentes resistivos. A resistência das vias respiratórias e a resistência à movimentação dos tecidos pulmonares e parede torácica contribuem para a Rrs. Semelhante à complacência, e pelas mesmas razões, também a resistência do sistema respiratório pode ser subdividida em seus componentes pulmonar e de parede.

▶ Resistência pulmonar

A resistência pulmonar pode ser desmembrada em dois subcomponentes: a resistência das vias respiratórias e a resistência tecidual.

Resistência das vias respiratórias

A resistência das vias respiratórias depende do fluxo de ar no interior dos pulmões. Posto que o ar é um fluido, os conceitos de mecânica dos fluidos podem ser diretamente aplicados à resistência das vias respiratórias. Destarte, esta pode ser definida como a razão entre o gradiente de pressão necessário para levar o ar do ambiente até os alvéolos e o fluxo aéreo.

Se o ar flui por um tubo, existe diferença de pressão entre as suas duas extremidades. Essa diferença depende do valor do fluxo e de suas características aerodinâmicas. A baixos fluxos aéreos, as moléculas de ar fluem paralelamente às paredes do tubo durante todo o trajeto, embora com diferentes velocidades. Esse fluxo é denominado *fluxo laminar*. À medida que o ar entra no tubo, as moléculas próximas à parede aderem a ela e, consequentemente, não se movem. A velocidade de fluxo aumenta com o incremento da distância da parede em direção ao centro do lúmen do tubo, pois, em virtude da diminuição da viscosidade (μ), a velocidade das camadas subsequentes torna-se cada vez maior à medida que se aproxima do centro. Assim, a velocidade máxima é alcançada no centro do tubo. Na região central, a velocidade é aproximadamente uniforme, as forças viscosas são desprezíveis, e a pequena força inercial é equilibrada pelo gradiente de pressão. A camada-limite é a região adjacente à parede do tubo que se estende até a região de fluxo principal (centro do tubo). Essa camada cresce em espessura à medida que se percorre o tubo desde a entrada até atingir seu centro. Portanto, quando o fluxo laminar está totalmente estabelecido, a espessura da camada-limite é igual, ou aproximadamente igual, ao raio do tubo (Figura 42.8).

Quando o fluxo é laminar, uma vez que as dimensões do tubo permanecem inalteradas, o gradiente de pressão propulsora (ΔP) para produzir determinado fluxo (V') é diretamente proporcional à viscosidade do fluido. Logo, $P = K_1 \cdot V'$, em que K_1 é uma constante que inclui a influência da viscosidade. Modificando-se o comprimento e o raio dos tubos, verificou-se que a pressão necessária para produzir um certo fluxo depende diretamente do comprimento do tubo e é inversamente proporcional à quarta potência do raio. Assim sendo, o raio tem grande importância na determinação da resistência ao fluxo. Se o comprimento for aumentado em quatro vezes, a pressão deverá ser quadruplicada para manter constante o fluxo. No entanto, se o raio do tubo for reduzido à metade, ela deverá crescer 16 vezes para que o fluxo não varie. Hagen, em 1839, e, independentemente, Poiseuille, em 1840, sistematizaram esses dados sob a forma da equação que conhecemos como *lei de Hagen-Poiseuille* (ou mais comumente como lei de Poiseuille) para fluxo laminar:

$$\Delta P = \frac{8 \eta L V'}{\pi r^4}$$

em que V' é o fluxo aéreo; L, o comprimento do tubo; r, seu raio; e η, a viscosidade do fluido.

Como a resistência ao fluxo (R) é a pressão dividida pelo fluxo, temos:

$$R = \frac{8 \eta L}{\pi r^4}$$

Outra característica do fluxo laminar é que o gás no centro do tubo move-se duas vezes mais rápido que a velocidade

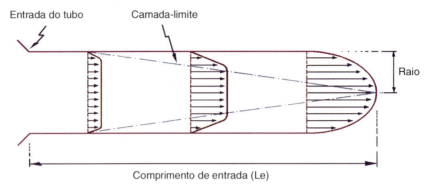

Figura 42.8 ▪ Representação esquemática de um tubo com fluxo laminar. Evidencia-se o crescimento da camada-limite até atingir o centro do tubo. Observa-se o perfil de velocidade parabólico. O comprimento de entrada (*Le*) é a distância entre o ponto de entrada do tubo e o local onde se estabelece o perfil de velocidade parabólico. (Adaptada de Pedley e Drazen, 1986.)

média. Esta variação de velocidade através do diâmetro do tubo é conhecida como "perfil de velocidade", sendo parabólico no fluxo laminar (ver Figuras 42.8 e 42.9).

Quando o fluxo aumenta, as linhas de fluxo não mais fluem concentricamente, mas se desintegram e se comportam de maneira desorganizada. Esse comportamento aleatório das linhas de fluxo caracteriza o *fluxo turbilhonar* (ver Figura 42.9). A pressão necessária para manter esse fluxo apresenta-se consideravelmente maior que quando o fluxo é laminar. O fluxo laminar não apresenta flutuações aleatórias de velocidade, sendo o fluxo de Poiseuille um tipo de fluxo laminar. O laminar pode ser encontrado em tubos curvos e ramificados, enquanto o de Poiseuille é um fluxo laminar que ocorre em tubos longos e retos. Logo, erra-se ao usar o termo "fluxo laminar" como sinônimo de "fluxo de Poiseuille".

No fluxo turbilhonar, a pressão motriz do sistema é proporcional ao quadrado do fluxo e, também, à densidade do gás, independendo da viscosidade ($\Delta P = K_2 \cdot V'^2$).

Para que se possa, de maneira aproximada, diferenciar se um fluxo tem comportamento laminar ou turbilhonar, utiliza-se o número de Reynolds, Re, dado por:

$$Re = \frac{4r \cdot v \cdot d}{\pi \cdot \eta}$$

em que: d é a densidade do gás, v representa a velocidade, r corresponde ao raio e η é a viscosidade do gás.

O número de Reynolds depende da geometria do tubo e das propriedades físicas do gás e do fluxo aéreo. Quanto maior Re, mais intensas são as forças inerciais e maior será a distância ao longo do tubo necessária para se estabelecer o fluxo de Poiseuille. Na maior parte das vezes, o fluxo mostra-se laminar quando Re está entre 0 e 2.000; crítico entre 2.000 e 4.000; transicional no intervalo de 4.000 e 10.000, e turbulento quando Re supera 10.000 (ver Figura 42.9).

A árvore brônquica compõe-se de um complicado sistema de tubos, com seus diversos ramos, variações de calibre, e superfície das paredes irregulares. Em um sistema que se ramifica rapidamente, como o pulmão, o fluxo laminar ocorre somente nas pequenas vias respiratórias, onde Re é muito pequeno. Na maior parte da árvore brônquica, o fluxo tem característica transicional, podendo acontecer turbulência na traqueia, especialmente durante o exercício, quando as velocidades de fluxo são grandes. Nesta situação, deve-se utilizar a equação de Rohrer, na qual a pressão é determinada pelo fluxo

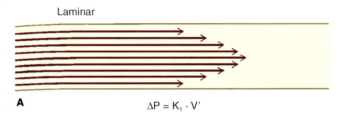

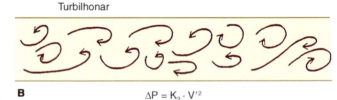

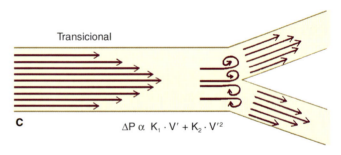

Figura 42.9 ▪ Padrões de fluxo aéreo em tubos retos. **A.** Fluxo laminar. **B.** Fluxo turbilhonar. **C.** Fluxo transicional com formação de redemoinhos nas bifurcações. ΔP, diferença de pressão; K_1, coeficiente relacionado com a resistência; K_2, coeficiente relacionado com a turbulência; V', fluxo.

e pelo seu quadrado: $P = K_1 \cdot V' + K_2 \cdot V'^2$. A constante K_1 está relacionada com o fluxo laminar e é influenciada pela viscosidade; K_2 se associa com o fluxo turbilhonar e é influenciada pela densidade do gás.

Fatores que influenciam a resistência das vias respiratórias

▶ **Geometria da árvore traqueobrônquica.** A resistência das vias respiratórias depende da geometria da árvore traqueobrônquica. O comprimento dessas vias varia consideravelmente de pessoa a pessoa, dependendo da idade e da superfície corporal. Em um mesmo indivíduo, as vias respiratórias também têm seu comprimento alterado, na dependência da fase do ciclo respiratório: aumenta na inspiração com o incremento do volume pulmonar e encurta durante a expiração. Todavia, a área de seção transversa dos diversos segmentos das vias respiratórias é o principal determinante da resistência. Assim que as vias respiratórias penetram em direção à periferia dos pulmões, elas se tornam mais numerosas e estreitas. Com base na equação de Poiseuille, em que a resistência é inversamente proporcional ao raio à quarta potência, seria natural pensar que a maior parte da resistência estivesse nas vias respiratórias mais estreitas. Entretanto, demonstrou-se que o local de maior resistência é ao nível dos brônquios segmentares e subsegmentares, e que os bronquíolos mais finos contribuem relativamente pouco para a resistência total. A resistência de todas as vias respiratórias localizadas distalmente à 12ª geração (que tenham diâmetro menor que 2 mm) representa somente 10% do total, em decorrência do grande número de vias em paralelo (Figura 42.10). Assim, a pequena resistência oferecida pelas vias respiratórias periféricas deve ser considerada com cuidado na detecção precoce de doença das vias respiratórias: elas constituem a "zona de silêncio", e é provável a instalação de doenças graves das pequenas vias respiratórias antes que as determinações da resistência possam dar sinais de anormalidade. Interessante ressaltar que o volume de gás contido nas vias respiratórias nas quais ocorre a maior parte da resistência é inferior a 3% do volume de gás torácico.

▶ **Volume pulmonar.** A resistência das vias respiratórias cai com o aumento do volume pulmonar devido a dois fatores, ambos relacionados com a distensibilidade das vias respiratórias periféricas. O gradiente de pressão transmural através de suas paredes representa um dos fatores que determinam o raio das vias respiratórias. Em outras palavras, como a resistência é inversamente proporcional à quarta potência do raio, pequenas alterações deste acarretam grandes modificações na resistência. O segundo fator está relacionado com a tração das pequenas vias respiratórias, que ocorre em presença de grandes volumes pulmonares (interdependência) (Figura 42.11).

▶ **Complacência das vias respiratórias.** As propriedades de retração elástica do pulmão afetam o calibre dos bronquíolos e brônquios por meio de dois mecanismos: o primeiro, por

Figura 42.11 ▪ Representação esquemática da interdependência alveolar que auxilia na prevenção de colapso. (Adaptada de Levitzky, 2007.)

promover tração direta das pequenas vias respiratórias intrapulmonares (ver Figura 42.11); o segundo, por ser um dos dois determinantes da pressão intrapleural, que origina a pressão ao redor dos brônquios extrapulmonares, distendendo-os. A estrutura de suporte de cada segmento da via respiratória também influencia a complacência.

▶ **Densidade e viscosidade.** A densidade e a viscosidade do gás inspirado afetam a resistência oferecida ao fluxo. A resistência aumenta durante um mergulho profundo, porque a maior pressão intrapulmonar eleva a densidade do gás. Por outro lado, esta é reduzida quando se inspira mistura de gases com baixa densidade (hélio-O_2). O fato de alterações na densidade, em vez de na viscosidade, terem tal influência sobre a resistência demonstra que o fluxo aéreo não é puramente laminar, sobretudo nas vias respiratórias de médio calibre, onde se situa o principal local de resistência.

▶ **Musculatura lisa dos brônquios.** A contração da musculatura lisa dos brônquios estreita as vias respiratórias e aumenta sua resistência. Isso pode ocorrer por via reflexa, pelo estímulo de receptores, na traqueia e nos grandes brônquios, causado por agentes irritantes como o tabagismo. O tônus do músculo liso está sob controle do sistema nervoso autônomo. A estimulação simpática, assim como os agentes farmacológicos simpaticomiméticos (isoprenalina, epinefrina, norepinefrina) provocam broncodilatação, reduzindo a resistência. Contrariamente, a atividade parassimpática, à semelhança da acetilcolina, acarreta broncoconstrição. O sistema não adrenérgico e não colinérgico (NANC) inibitório é responsável pelo relaxamento dos músculos lisos das vias respiratórias, e o sistema NANC excitatório leva à broncoconstrição. A resistência das vias respiratórias pode também ser elevada por outros fatores que diminuam o lúmen da árvore traqueobrônquica, tais como edema das mucosas e secreções abundantes, dentre outros.

Limitação do fluxo expiratório

Curvas pressão-fluxo isovolumétricas

Há muito, é relatada a existência de um limite máximo do fluxo expiratório, e, uma vez que esse limite seja alcançado, um incremento do esforço muscular não mais acarreta aumento do fluxo aéreo. Essa é a denominada *limitação de fluxo expiratório* descrita por Fry e Hyatt em uma série de experimentos em que analisavam curvas relacionando pressão e fluxo em um determinado volume pulmonar: as chamadas *curvas pressão-fluxo isovolumétricas*. A melhor maneira de explicar essas curvas pressão-fluxo é entendendo como elas são construídas. Inicialmente, fluxo, volume e pressão esofágica são medidos simultaneamente em um indivíduo sentado em um pletismógrafo, realizando manobras de capacidade vital forçada. Ele é instruído a realizar diferentes esforços expiratórios, os quais são evidenciados

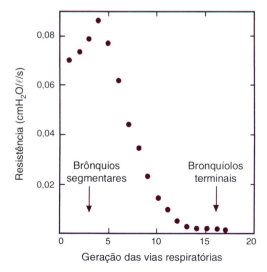

Figura 42.10 ▪ Resistência das vias respiratórias. Note que os brônquios de tamanho intermediário contribuem com a maior parte da resistência, sendo o papel dos menores bastante restrito.

no traçado de pressão esofágica (pressão intrapleural). A partir desses dados, é possível relacionar graficamente o fluxo aéreo em função da pressão intrapleural para cada volume pulmonar (Figura 42.12). No indivíduo normal, em presença de volume pulmonar elevado (superior a 80% da capacidade vital forçada), o fluxo aéreo aumenta com o incremento da pressão, sem que seja atingido um claro limite ao fluxo. Entretanto, quando o volume pulmonar é menor, o fluxo inicialmente aumenta com a elevação da pressão, até atingir um valor máximo, e não mais se eleva, mesmo que ocorram aumentos consideráveis da pressão à custa da contração mais vigorosa dos músculos expiratórios. Resumidamente, a limitação do fluxo expiratório, isto é, o surgimento do platô, só se dá quando em presença de volumes pulmonares inferiores a 80% da capacidade vital.

No diagrama direito da Figura 42.12, nota-se, na curva volume-fluxo forçada, que o pico de fluxo é alcançado precocemente (logo após o início da expiração). Posteriormente, o fluxo aéreo diminui com a redução do volume pulmonar. Durante os primeiros 20% do volume expirado, o fluxo máximo depende do esforço gerado pelo paciente. Significa que, durante os primeiros 20% do volume total expirado, quanto maior o esforço do indivíduo, maior é o fluxo alcançado (*dependente de esforço*). Uma vez eliminados os primeiros 20% da capacidade vital, o fluxo durante o restante da capacidade vital independe do esforço, mas depende da retração elástica pulmonar, assim como das dimensões das vias respiratórias (*independente de esforço*).

Compressão dinâmica das vias respiratórias

A limitação do fluxo expiratório pode ser analisada por meio do conceito de compressão dinâmica das vias respiratórias. Sendo estruturas elásticas, essas vias respondem com alterações de forma e calibre às variações da pressão que age através das suas paredes, denominadas pressão transmural (Ptm). Considerando-se as vias respiratórias intratorácicas, quando a pressão no lúmen das vias respiratórias (Pva) for menor do que a pressão que age externamente (pressão pleural, Ppl), a Ptm = Pva − Ppl terá um valor negativo e as vias respiratórias sofrerão compressão com redução do lúmen. Em um processo dinâmico como a expiração forçada, a compressão das vias respiratórias é o evento fundamental da limitação do fluxo expiratório. A Figura 42.13 auxilia o entendimento de como a compressão dinâmica das vias respiratórias limita o fluxo expiratório. No modelo, a caixa retangular é o análogo da

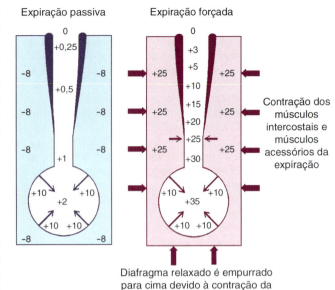

Figura 42.13 ▪ Representação esquemática da compressão dinâmica das vias respiratórias e o conceito de ponto de igual pressão. À esquerda, expiração passiva. Pressão intrapleural (Ppl) é −8 cmH$_2$O; pressão de retração elástica (Pel), +10 cmH$_2$O; e pressão alveolar (Palv), 2 cmH$_2$O. À direita, a expiração é forçada, considerando-se um mesmo volume pulmonar. Ppl = 25 cmH$_2$O, Pel = 10 cmH$_2$O. A soma dessas pressões é a pressão alveolar (Palv) = 35 cmH$_2$O, que corresponde à pressão motriz dissipada como fluxo aéreo ao longo da via respiratória em direção à boca, onde a pressão é zero. Sendo assim, deve existir uma pressão ao longo da via respiratória onde as pressões interna e externa são as mesmas: ponto de igual pressão. A partir deste, as vias respiratórias são passíveis de compressão, limitando o fluxo aéreo. (Adaptada de Levitzky, 2007.)

caixa torácica, cuja pressão interna é a pressão pleural (Ppl). O círculo incompleto representa o pulmão dotado de retração elástica e que se comunica com o meio externo através de um sistema tubular (vias respiratórias), que oferece resistência ao fluxo aéreo e pode sofrer deformações. Em uma expiração passiva, considere para um determinado volume pulmonar uma pressão de retração elástica do pulmão (Pel) de +10 cmH$_2$O e uma pressão na cavidade pleural (Ppl) de −8 cmH$_2$O (ver Figura 42.13). Considerando que a pressão alveolar ou Palv = Ppl + Pel, a pressão no interior dos alvéolos será +2 cmH$_2$O. Com o fluxo expiratório, esta pressão cairá progressivamente ao longo das vias respiratórias devido à resistência delas. Todavia, as vias respiratórias estarão distendidas, pois a Ptm terá um valor positivo. Considere, a seguir, uma situação em que o volume pulmonar é o mesmo (Pel = +10 cmH$_2$O), porém o esforço expiratório mais intenso eleva a Ppl a +25 cmH$_2$O: com isso, a Palv aumenta para +35 cmH$_2$O, e o fluxo expiratório também sofre incremento. Neste exemplo, o fluxo aéreo é maior que na situação anterior. Nota-se que a redução da pressão interna ao longo do tubo se acentua, de modo que em um determinado ponto a pressão das vias respiratórias se iguala à Ppl, ambas com um valor de +25 cmH$_2$O: este é o *ponto de igual pressão*. À vazante dele, a via respiratória fica comprimida, pois a sua pressão interna é menor que a externa (valor negativo de Ptm). Nessa situação, o segmento comprimido do tubo passa a limitar o fluxo, e qualquer aumento adicional da Ppl, embora se traduzindo por elevação da Palv, faz crescer a compressão dinâmica do segmento do tubo à vazante do ponto de igual pressão (aumenta a resistência do segmento comprimido), não incrementando o fluxo aéreo. Cumpre ressaltar que o ponto de igual pressão se move das grandes vias respiratórias para as pequenas, já que, aumentando o esforço muscular, a pressão intrapleural se eleva, mas, como o volume

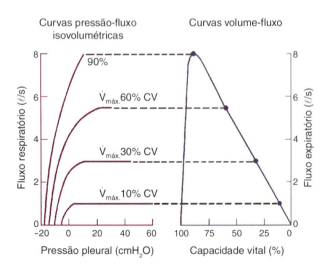

Figura 42.12 ▪ Curvas pressão-fluxo isovolumétricas (*diagrama esquerdo*). Curvas volume-fluxo (*diagrama direito*). V̇$_{máx.}$, fluxo expiratório máximo; CV, capacidade vital.

pulmonar cai, a pressão de retração elástica diminui. Consequentemente, ocorrerá a compressão dinâmica, e as vias respiratórias periféricas sofrerão colapso mais precocemente. Resumindo, em uma expiração forçada, quando é alcançado o limite de fluxo, a queda de pressão ao longo das vias respiratórias desde os alvéolos até o ponto de igual pressão é igual à pressão alveolar menos a pressão pleural, sendo esta diferença correspondente à pressão gerada pela retração elástica do pulmão (Pel), tendo valor constante para cada volume pulmonar. Como o fluxo máximo é constante em cada volume (limite de fluxo), pode-se escrever: $[(Palv - Ppl)/V' = Pel/V' = $ constante $ = Res]$, em que Res é a resistência do segmento das vias respiratórias a montante do ponto de igual pressão.

Resistência tecidual

A resistência tecidual é determinada pelas perdas energéticas geradas pela viscosidade (i. e., atrito) pertinente à movimentação do pulmão. Em outras palavras, as moléculas constituintes do tecido pulmonar atritam-se quando dos movimentos respiratórios, gastando energia ao longo do processo. A resistência tecidual depende da velocidade do deslocamento e ocorre tanto durante a inspiração como na expiração. Quanto maior for a intensidade da força motriz dissipada para vencer a resistência ao atrito dos tecidos durante a expiração, menor a força elástica disponível para vencer a resistência das vias respiratórias. Quando a força disponível para o fluxo aéreo diminui, a expiração torna-se mais lenta. Em indivíduos normais, a resistência tecidual corresponde a 20% da resistência pulmonar, sendo o restante a resistência das vias respiratórias. Em sarcoidose pulmonar, fibrose pulmonar e carcinomatose difusa, a resistência tecidual apresenta-se frequentemente aumentada. Deve-se sempre estar atento ao fato de a energia dissipada na deformação viscosa do pulmão ser totalmente diferente daquela utilizada para sobrepujar a retração elástica. A primeira depende de movimento (i. e., fluxo), ao passo que a última varia com o grau de enchimento pulmonar (ou seja, volume). A viscosa dissipa-se como calor, enquanto a elástica acumula-se sob a forma de energia potencial, que permanece disponível para ser utilizada durante a expiração passiva.

▶ Resistência da parede torácica

A resistência ao movimento das moléculas constituintes dos tecidos da parede torácica também dissipa energia. Embora nem sempre lembrada, a resistência da parede torácica pode chegar a ser responsável por 30% da resistência total do sistema respiratório. Semelhantemente à resistência pulmonar, a da parede é maior em baixos fluxos, caindo com a elevação destes.

TRABALHO RESPIRATÓRIO

O trabalho pode ser definido como força × distância ou pressão × volume. O produto cumulativo de pressão e volume gasoso a cada instante é igual ao trabalho (W = ∫ P · dV).

Como a expiração é em geral passiva, durante a respiração basal os músculos inspiratórios realizam o trabalho respiratório. No sistema respiratório, há três tipos de trabalho: resistivo, elástico e inercial. O primeiro sempre dissipa energia sob a forma de calor, enquanto os outros dois armazenam o trabalho sob a forma de energia potencial nos tecidos elásticos do pulmão e parede torácica. Em condições de repouso, considera-se a inércia como desprezível.

▶ **Trabalho elástico.** O trabalho elástico é aquele necessário para vencer as forças de retração elástica da parede torácica, parênquima pulmonar e tensão superficial dos alvéolos. Ele não é dissipado sob a forma de calor, sendo todo armazenado como energia potencial. O trabalho elástico (Wel) pode ser definido como: Wel = ∫ Pel,rs · dV, em que Pel,rs é a pressão elástica do sistema respiratório e V, o volume. Também pode ser calculado construindo-se uma curva volume-pressão estática. À medida que o pulmão é insuflado, a curva V-P forma a hipotenusa de um triângulo, cuja área representa o trabalho elástico (Figura 42.14). Se construirmos a curva volume-pressão de um paciente cuja complacência esteja diminuída, esta apresentar-se-á deslocada para a direita, indicando pulmão endurecido (Figura 42.15). Para um mesmo volume corrente, a área do triângulo está aumentada. Isso indica que maior trabalho elástico está sendo realizado contra o componente elástico e maior energia potencial é armazenada para a expiração.

▶ **Trabalho resistivo.** O trabalho resistivo (Wres) pode ser definido como Wres = ∫ Pres · dV. Wres pode ser calculado a partir da curva volume-pressão dinâmica e corresponderia, durante a inspiração, à área 2 (ver Figura 42.14). Note, na Figura 42.15, o comportamento da curva volume-pressão de um paciente com aumento do trabalho resistivo (obstrutivo).

PROPRIEDADES VISCOELÁSTICAS DO SISTEMA RESPIRATÓRIO

Os primeiros experimentos com viscoelasticidade foram realizados em 1835 por Wilhelm Weber, observando que fios de seda obedeciam à lei da proporcionalidade entre a tensão

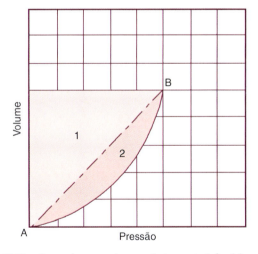

Figura 42.14 • Curva volume-pressão em pacientes anestesiados. A área da *região 1* corresponde ao trabalho elástico e a da *região 2*, ao trabalho resistivo.

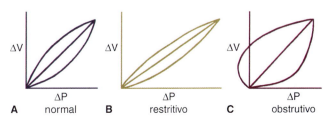

Figura 42.15 • Curva volume-pressão. Observa-se o trabalho resistivo (Wres) aumentado no paciente obstrutivo (**C**) e o elástico elevado no restritivo (**B**).

aplicada e o alongamento resultante (lei de Hooke), mas apenas por um curto período após a aplicação da tensão. Se essa mesma tensão continuasse aplicada por um período mais prolongado, o alongamento iria aumentar continuamente. Foram feitos, então, experimentos de aplicação de tensão em grande número de tecidos animais e evidenciou-se que esse alongamento dependente do tempo estava presente em todos os tecidos estudados, em intensidade variável. Contrastando com materiais perfeitamente elásticos, elementos viscoelásticos, quando subitamente deformados e posteriormente mantidos em uma deformação constante, apresentam redução na tensão, chamada de relaxamento de tensão (*stress relaxation*), ou simplesmente relaxamento, quando o corpo é estirado. Por outro lado, sob tensão constante, o corpo tende a se deformar continuamente com o tempo, fenômeno chamado de *creep* (Figura 42.16). A presença da viscoelasticidade em um tecido dificulta a realização de medidas de mecânica em uma situação de equilíbrio. Um exemplo clássico de *stress relaxation* nos pulmões seria insuflá-los e posteriormente ocluir as vias respiratórias. Seria mantido o volume pulmonar, e a pressão no sistema diminuiria em função do tempo pós-oclusão.

Do ponto de vista morfofuncional, a viscoelasticidade ocorre em nível de tecido pulmonar e de parede torácica, e permite o intercâmbio de energia (pressão) entre o componente elástico e o resistivo. Por exemplo, durante uma pausa inspiratória, a energia potencial (pressão) acumulada nos componentes elásticos pode ser dissipada sob a forma de calor nos componentes resistivos.

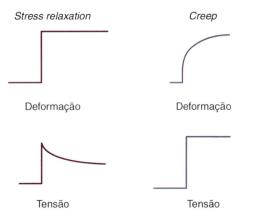

Figura 42.16 ▪ Elementos viscoelásticos quando deformados apresentam redução da tensão – *stress relaxation*. Sob tensão constante, o corpo tende a se deformar com o tempo – *creep*.

BIBLIOGRAFIA

ALAN R, LEEF MD, SCHUMACKER PT. *Respiratory Physiology: Basics and Applications*. W.B. Saunders Co., Philadelphia, 1993.
BACHOFEN H, HILDEBRANDT J, BACHOFEN M. Pressure-volume curves of air- and liquid-filled excised lungs-surface tension in situ. *J Appl Physiol*, 29:422-31, 1970.
BAYDUR A, BEHRAKIS PK, ZIN WA et al. A simple method for assessing the validity of the esophageal balloon technique. *Am Rev Respir Dis*, 126:788-91, 1982.
BOURBON JR, RIEOURT M. Pulmonary surfactant: biochemistry, physiology and pathology. *Int Union Physiol Sci Am Physiol Soc*, 2:129-32, 1987.
BYE PTFP, ELLIS ER, ISSA FG. Respiratory failure and sleep in neuromuscular disease. *Thorax*, 47:235-41, 1990.
COMROE JH. *Fisiologia da Respiração*. 2. ed. Guanabara Koogan, Rio de Janeiro, 1977.
CRYSTAL RG, WEST JB, WEIBEL ER et al. *The Lung: Scientific Foundations*. 2. ed. Lippincott-Raven, Philadelphia, 1997.
FAFFE D, ZIN WA. Lung parenchymal mechanics in health and disease. *Physiol Rev*, 89:759-75, 2009.
FORSTER II RE, DUBOIS AB, BRISCOE WA et al. *The Lung*. 3. ed. Year Book Medical Publishers, 1986.
FOWLER WS. Lung function studies. II. The respiratory dead space. *Am J Physiol*, 154:405-16, 1948.
FRY DL, HYATT RE. Pulmonary mechanics. A unified analysis of the relationship between pressure, volume and gas flow in the lungs of normal and diseased human subjects. *Am J Med*, 29:672-89, 1960.
GOERKE J, CLEMENTS JA. Alveolar surface tension and lung surfactant. In: MACKLEM PT, MEAD J (Eds.). *Handbook of Physiology. Respiratory System. Mechanics of Breathing*. American Physiological Society, New York, 1986.
GRIPPI MA. *Pulmonary Pathophysiology*. Lippincott, Philadelphia, 1995.
HAMID Q, SHANNON J, MARTIN J (Eds.). *Physiologic Basis of Respiratory Disease*. BC Dekker, Lewiston, 2005.
HILDEBRANDT J. Pressure-volume data of cat lung interpreted by a plasto-elastic, linear viscoelastic model. *J Appl Physiol*, 28:365-72, 1970.
HYATT RE. Forced expiration. In: FARHI LE, TENNEY SM (Eds.). *Handbook of Physiology. The Respiratory System. Mechanics of Breathing*. American Physiological Society, New York, 1986.
INGRAM Jr RH, PEDLEY TJ. Pressure-flow relationships in the lungs. In: MACKLEM PT, MEAD J (Eds.). *Handbook of Physiology. The Respiratory System. Mechanics of Breathing*. American Physiological Society, New York, 1986.
LEVITZKY MG. *Pulmonary Physiology (Lange Physiology)*. 7. ed. McGraw-Hill Medical, New York, 2007.
LUMB A. *Nunn's Applied Respiratory Physiology*. 6. ed. Elsevier, New York, 2005.
MACKLEM PT, MEAD J (Eds.). *Handbook of Physiology. The Respiratory System. Mechanics of Breathing*. American Physiological Society, New York, 1986.
MANÇO JC. A curva fluxo-volume. In: TAVARES P (Ed.). *Atualizações em Fisiologia – Respiração*. Cultura Médica, Rio de Janeiro, 1991.
MEAD J. Mechanical properties of the lungs. *Physiol Rev*, 41:281-330, 1961.
MILIC-EMILI J. Ventilation. In: WEST JB (Ed.). *Regional Differences in the Lung*. Academic Press, New York, 1977.
MILIC-EMILI J, LUCANGELO U, PESENTI A et al. (Eds.). *Basics of Respiratory Mechanics and Artificial Ventilation*. Springer-Verlag, Milan, 1999.
PATTON HD, FUCHS AF, HILLE B et al. *Textbook of Physiology*. 21. ed. W.B. Saunders Co., Philadelphia, 1989.
PEDLEY TJ, DRAZEN JM. Aerodynamic theory. In: MACKLEM PT, MEAD J (eds.). *Handbook of Physiology. Respiratory System. Mechanics of Breathing*. American Physiological Society, New York, 1986.
PEREIRA CAC. I Consenso Brasileiro sobre espirometria. *J Pneumol*, 22:105-64, 1996.
RAHN H, OTIS AB, CHADWICK LE et al. The pressure volume diagram of the lung and thorax. *Am J Physiol*, 146:161-78, 1946.
ROCCO PRM, ZIN WA. Aspectos fisiológicos da aerodinâmica dos tubos endotraqueais. In: TAVARES P (Ed.). *Atualizações em Fisiologia – Respiração*. Cultura Médica, Rio de Janeiro, 1991.
ROCCO PRM, ZIN WA. Mecânica respiratória. In: GONÇALVES JL (Ed.). *Terapia Intensiva Respiratória – Ventilação Artificial*. Lovise, Curitiba, 1991.
RODARTE JR, REHDER K. Dynamics of respiration. In: MACKLEM PT, MEAD J (Eds.). *Handbook of Physiology. Respiratory System. Mechanics of Breathing*. American Physiological Society, New York, 1986.
SCARPELLI EM. *The Surfactant System of the Lung*. Lea & Febiger, Philadelphia, 1968.
SCHWARTZSTEIN RM, PARKER MJ. *Respiratory Physiology: a Clinical Approach*. Lippincott Williams & Wilkins, Philadelphia, 2006.
WEIBEL ER. Looking into the lung: what can it tell us? *Am J Roentgenol*, 133:1021-31, 1979.
WEST JB (Ed.). *Best and Taylor's Physiological Basis of Medical Practice*. 12. ed. Williams and Wilkins, Baltimore, 1990.
WEST JB. *Pulmonary Pathophysiology: the Essentials*. 7. ed. Williams and Wilkins, Baltimore, 2008.
WEST JB. *Respiratory Physiology: the Essentials*. 8. ed. Lippincott Williams & Wilkins, Baltimore, 2008.
ZIN WA, MILIC-EMILI J. Esophageal pressure measurement. In: TOBIN MJ (Ed.). *Principles and Practice of Intensive Care Monitoring*. McGraw-Hill, New York, 1998.
ZIN WA, ROCCO PRM. Mecânica respiratória normal. In: AULER Jr JOC, AMARAL RVG (Eds.). *Assistência Ventilatória Mecânica*. Atheneu, São Paulo, 1995.

Capítulo 43

Ventilação Alveolar, Distribuição da Ventilação, da Perfusão e da Relação Ventilação-Perfusão

Walter Araujo Zin | Patricia Rieken Macedo Rocco | Débora Souza Faffe

- Espaço morto e ventilação alveolar, *674*
- Distribuição da ventilação, *677*
- Distribuição da perfusão, *677*
- Distribuição da relação ventilação-perfusão, *678*
- Efeitos da alteração da relação ventilação-perfusão em uma unidade alveolar, *679*
- Bibliografia, *680*

ESPAÇO MORTO E VENTILAÇÃO ALVEOLAR

A função mais conhecida e importante da ventilação pulmonar é a de fornecer oxigênio ao sangue venoso e dele remover o excesso de gás carbônico (CO_2), arterializando-o. Nos tecidos periféricos, ocorrem processos inversos: o sangue capilar recebe CO_2 proveniente dos tecidos e a eles cede parte do O_2 que transporta. As trocas gasosas entre alvéolos e sangue ou entre sangue e tecidos resultam de gradientes de pressões parciais.

▶ Pressão parcial de um gás

A pressão parcial de um gás em uma mistura gasosa corresponde à pressão que ele exerceria se estivesse sozinho. Assim, conhecendo-se a concentração de determinado gás em uma mistura gasosa, é possível calcular sua pressão parcial:

$$P_X = F_X \times P_T$$

em que: P_X é a pressão parcial do gás X na mistura, F_X corresponde à concentração do gás X na mistura (expressa como fração decimal) e P_T representa a pressão de todos os gases na mistura. Por exemplo:

$$P_{O_2} = 0{,}2093 \times P_B = 159{,}1 \text{ mmHg}$$

em que a pressão parcial do oxigênio é igual ao produto de sua fração decimal no ar ambiente multiplicada pela pressão barométrica (P_B = 760 mmHg ao nível do mar sob a linha do equador).

Quando um gás entra em contato com um líquido, ocorrem trocas entre as fases líquida e gasosa. A água tende a evaporar, até que se estabeleça um equilíbrio entre ambas as fases. O gás, então, está saturado com vapor d'água. A pressão do vapor d'água (P_{H_2O}) não é influenciada pela presença de outros gases, dependendo apenas da temperatura. (Quanto maior a temperatura, maior a energia cinética das moléculas de água e maior a tendência de as moléculas da superfície líquida se vaporizarem.) A 37°C, a P_{H_2O} corresponde a 47 mmHg. Como o gás contido nas vias respiratórias intrapulmonares está aquecido à temperatura corporal (37°C) e encontra-se saturado com vapor d'água e a uma pressão média durante um ciclo respiratório igual à pressão barométrica, temos:

$$P_X = F_X \times (P_B - 47)$$

No caso do oxigênio, ao final da inspiração:

$$P_{O_2} = 0{,}2093 \times (760 - 47) = 149{,}2 \text{ mmHg}$$

Cumpre, por fim, lembrar que a pressão parcial de um gás em um líquido reflete a pressão gerada pela quantidade de gás dissolvida naquele líquido e não contempla formas do gás combinadas quimicamente a outros compostos.

▶ Pressão parcial dos gases no organismo

Considerando-se a composição do ar atmosférico seco (F_{O_2} = 0,2093, F_{CO_2} = 0,0004 e F_{N_2} = 0,7901) e as trocas gasosas, podem ser calculados e medidos os valores das pressões parciais dos gases no organismo de um ser humano normal. A saber:

No Quadro 43.1, verifica-se que a umidificação do oxigênio nas vias respiratórias extrapulmonares faz com que a P_{O_2} na traqueia seja menor que no ambiente seco. A P_{O_2} alveolar (P_{AO_2}) média de todos os alvéolos, bem como entre a inspiração e a expiração, corresponde a 100 mmHg e depende do aporte deste gás pela ventilação e sua remoção pela perfusão dos alvéolos. A queda de cerca de 5 mmHg entre a P_{AO_2} média e a pressão parcial de oxigênio arterial (P_{aO_2}) deve-se a 3 fatores: (1) contaminação do sangue do ventrículo esquerdo pelo sangue venoso das veias mínimas do coração; (2) *shunt* entre as circulações brônquicas (pressão sistêmica) e pulmonar (baixa pressão); e (3) efeito *shunt*, quando sangue venoso atravessa capilares pulmonares de alvéolos não ventilados. Deve ser aqui lembrado que as trocas gasosas somente ocorrem em nível capilar, em que a barreira entre o sangue e as células dos tecidos é muito delgada. A queda da P_{aO_2} para a pressão venosa mista reflete a quantidade de oxigênio cedida pelo sangue arterial para os tecidos.

A pressão parcial de CO_2 no meio ambiente e na traqueia é muito baixa (0,3 mmHg). Já no nível alveolar médio, a P_{ACO_2} se equipara à pressão parcial arterial de CO_2 (P_{aCO_2}), que deixa a região alveolar. A diferença entre a P_{aCO_2} e a pressão parcial do CO_2 no sangue venoso misto representa o adicional de pressão parcial determinado pelo CO_2 transportado dos tecidos periféricos para o sangue capilar.

O Quadro 43.1 também mostra que a P_{H_2O} é nula no gás seco, mas atinge 47 mmHg logo após a mistura gasosa haver penetrado nas vias respiratórias intratorácicas, sendo esse valor encontrado nos demais compartimentos estudados.

A P_{N_2} na realidade representa o balanço para manter a pressão barométrica (760 mmHg), enquanto há contato com o ar ambiente. No sangue arterial e no venoso misto, a P_{N_2} é constante e igual à alveolar (último local de contato com o meio ambiente). Daí, resulta que a soma de todas as pressões parciais no sangue venoso mostra-se inferior à barométrica, ou seja, corresponde a 705 mmHg. Essa pressão subatmosférica faz-se útil na remoção de gases de locais impróprios para eles (p. ex., remover CO_2 da cavidade abdominal após cirurgia laparoscópica, o qual pode estar sob pressão atmosférica ou supra-atmosférica).

▶ Espaço morto anatômico

O volume de gás contido nas vias respiratórias de condução e transição (do nariz aos bronquíolos respiratórios) corresponde ao espaço morto anatômico, porquanto, como já foi visto, não há trocas gasosas significativas nesse segmento das vias respiratórias. Em cada inspiração (Figura 43.1), cerca de 2/3 do volume corrente alcançam os alvéolos, e o 1/3 final fica retido no espaço morto, ou seja, a composição do gás aí contido é muito semelhante à do ar ambiente. Cumpre ressaltar, também, que o primeiro gás a atingir os alvéolos na inspiração corresponde àquele deixado no espaço morto pela expiração precedente. Em outras palavras, ao final da

Quadro 43.1 • Pressões parciais e totais dos gases respiratórios (em mmHg).

	Ar inspirado (seco)	Ar traqueal (úmido)	Gás alveolar	Sangue arterial	Sangue venoso misto
P_{O_2}	159,1	149,2	100	95	39
P_{CO_2}	0,3	0,3	40	40	46
P_{H_2O}	0	47	47	47	47
P_{N_2}	600,6	563,5	573	573	573
P_{TOTAL}	760	760	760	755	705

N_2 com pequenas quantidades de gases raros.

Ventilação Alveolar, Distribuição da Ventilação, da Perfusão e da Relação Ventilação-Perfusão

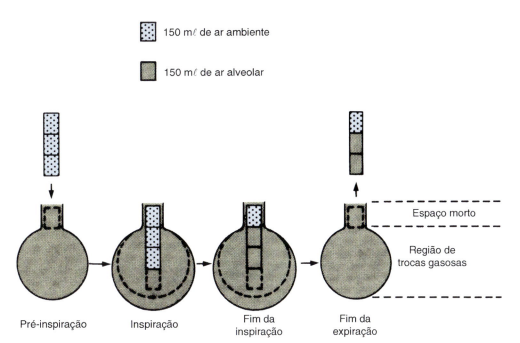

Figura 43.1 • Ventilação alveolar e espaço morto anatômico. A zona respiratória é representada pelo balão, e o espaço morto anatômico, pelo tubo. A cada ciclo respiratório, o indivíduo inspira cerca de 450 mℓ. Na realidade, os primeiros 150 mℓ a atingirem a zona respiratória provêm do espaço morto anatômico, ou seja, têm a composição aproximada do gás alveolar. Os demais 300 mℓ apresentam a composição do ar ambiente umedecido. Ao final da inspiração, já houve a mistura completa, com transformação da mistura inicial em gás alveolar. Enquanto isso, 150 mℓ de ar ambiente umedecido permanecem no espaço morto. Assim, durante a expiração subsequente, os primeiros 150 mℓ de gás eliminados têm essa composição, ao passo que os demais 300 mℓ representam gás alveolar. Ao final da expiração, 150 mℓ desse tipo de gás preenchem o espaço morto.

expiração a composição do gás no espaço morto é similar à do gás alveolar.

Normalmente, em um jovem (18 anos) do sexo masculino com 1,8 m de altura, o volume do espaço morto aproxima-se de 150 mℓ, podendo chegar a cerca de 220 mℓ ao final da inspiração profunda e a 110 mℓ ao término da expiração forçada. Multiplicando-se o volume do espaço morto pela frequência, obtém-se a *ventilação do espaço morto* (V_{EM}).

Tradicionalmente, realiza-se a medida do espaço morto anatômico por meio do *método de Fowler*. Esta técnica requer a análise contínua da concentração de um gás inalado e exalado, assim como a determinação simultânea do fluxo aéreo (na abertura das vias respiratórias) e, consequentemente, do volume de gás mobilizado. A Figura 43.2 mostra esquematicamente a realização do teste, utilizando-se nitrogênio. O indivíduo inicialmente inspira oxigênio puro, e a medida do percentual de nitrogênio no gás inspirado cai a zero. Durante a expiração subsequente, nota-se que, inicialmente, o percentual de nitrogênio continua nulo e, a seguir, ascende de forma sigmoide até atingir um platô. O percentual de nitrogênio não atinge 80% neste ponto, pois o O_2 inspirado diluiu os gases no interior do pulmão.

Durante a expiração, como mostrado na Figura 43.1, a primeira porção de gás a ser eliminada dos pulmões representa o gás do espaço morto e, a seguir, sai o gás alveolar. Todavia, na realidade, não existe uma separação estanque entre essas duas composições gasosas, mas, sim, difusão de moléculas gasosas do espaço morto para os alvéolos e destes para aquele, gerando uma região de progressiva transição. Disso resulta o perfil sigmoide da concentração de N_2 expirado mostrado na Figura 43.2. Assim, o espaço morto anatômico corresponde ao volume exalado até o ponto médio dessa variação de concentração de N_2, de zero a alveolar. Na curva de concentração de nitrogênio, determina-se o ponto em que a área A é igual à B

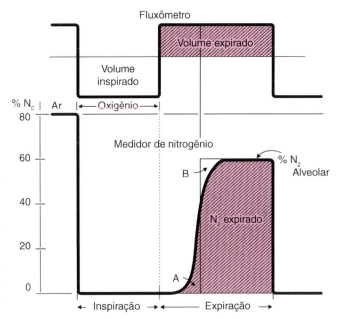

Figura 43.2 • Medida do espaço morto anatômico por meio do método de Fowler. O *painel superior* mostra um traçado esquemático do fluxo aéreo inspirado e expirado durante o teste. Para facilidade de compreensão, foi desenhado um fluxo constante, embora na prática este perfil não seria encontrado. No *painel inferior*, a concentração de nitrogênio foi medida em um único ciclo respiratório após a inspiração de oxigênio a 100%. (Adaptada de Forster *et al.*, 1986.)

e mede-se o volume expirado até este ponto, que corresponde ao volume do espaço morto anatômico.

Com o uso progressivamente maior da capnometria ou capnografia, a utilização do CO_2 como gás traçador vem substituindo a do N_2 nesta medida.

Espaço morto fisiológico

O espaço morto fisiológico é, na realidade, a soma do espaço morto anatômico com outros volumes gasosos pulmonares que não participam da troca de gases. Por exemplo: uma certa região do pulmão é ventilada, mas não perfundida: o gás que chegou a esses alvéolos não pode participar das trocas e é, funcionalmente, "morto". Conclui-se, então, que o espaço morto fisiológico é sempre maior que o anatômico.

O espaço morto fisiológico pode ser medido por meio da *equação de Bohr*. Considerando-se que todo o CO_2 expirado provém exclusivamente dos alvéolos, pois se considera desprezível a concentração deste gás no ar inspirado, calcula-se a ventilação alveolar por minuto ($\dot{V}_A$). Para tanto, medem-se: o volume-minuto expirado ($\dot{V}_E$), as frações decimais de CO_2 alveolar (F_{ACO_2}) e no gás expirado (F_{ECO_2}), e parte-se do princípio de que:

$$\dot{V}_E \times F_{ECO_2} = \dot{V}_A \times F_{ACO_2}$$

Colocando-se $\dot{V}_A$ em evidência, obtém-se a equação de Bohr:

$$\dot{V}_A = \frac{\dot{V}_E \cdot F_{ECO_2}}{F_{ACO_2}}$$

Na prática, considera-se a P_{ACO_2} como idêntica à do sangue arterial sistêmico (P_{aCO_2}), uma vez que ocorre equilíbrio de pressões parciais entre o gás alveolar e o sangue capilar pulmonar. Assim, ao se medir a P_{aCO_2}, calcula-se a F_{ACO_2} da seguinte maneira:

$$F_{ACO_2} = P_{aCO_2}/(P_B - P_{H_2O})$$

Calculada a ventilação alveolar pela equação de Bohr, e sabendo-se a ventilação global ou volume-minuto, chega-se à ventilação do espaço morto fisiológico ($\dot{V}_{EM, F}$):

$$\dot{V}_{EM, F} = \dot{V}_E - \dot{V}_A$$

Ventilação alveolar

O volume gasoso alveolar pode ser considerado como um compartimento situado entre o ar ambiente e o sangue capilar pulmonar. O O_2 está sendo continuamente removido e o CO_2 continuamente acrescentado ao gás alveolar pelo sangue da circulação pulmonar. Assim, o aporte de oxigênio e a remoção de gás carbônico são assegurados pela ventilação alveolar.

Denomina-se ventilação alveolar à porção da ventilação global que, a cada minuto, alcança a zona respiratória. Na Figura 43.3, pode ser vista a importância da adequação do volume corrente (VC) e da frequência respiratória (f) na determinação das ventilações alveolar ($\dot{V}_A$) e do espaço morto ($\dot{V}_{EM}$). Nos três exemplos mostrados, a ventilação global corresponde a 8 ℓ/min, e o volume do espaço morto (V_{EM}) é de 150 mℓ. No painel B, está representada a condição normal. Observe que o volume corrente equivale a 500 mℓ e a frequência, a 16 ciclos por minuto. A ventilação do espaço morto corresponde a 16 cpm × 150 mℓ, ou seja, 2,4 ℓ/min, e a alveolar é igual a (500 mℓ – 150 mℓ) × 16 cpm, isto é, 5,6 ℓ/min. Já no painel A, existe uma hipoventilação alveolar, pois o volume corrente é de 250 mℓ e a frequência de 32 ciclos por minuto, levando a uma ventilação alveolar de somente 3,2 ℓ/min [= (250 mℓ – 150 mℓ) × 32 cpm]. Em contrapartida, no painel C vê-se uma situação de hiperventilação alveolar, com a ventilação alveolar equivalendo a 6,8 ℓ/min (volume corrente = 1.000 mℓ; frequência = 8 cpm). Em conclusão, nos três casos a ventilação global corresponde a 8 ℓ/min, mas apenas no exemplo B é adequada a ventilação alveolar. Devido a um desequilíbrio entre volume corrente e frequência respiratória, pode-se chegar a uma hipoventilação (painel A) ou a hiperventilação alveolar (painel C). Este exemplo tem aplicação direta no uso de respiradores artificiais.

Até agora, o pulmão tem sido discutido como um órgão perfeitamente homogêneo. No entanto, tanto a ventilação como a perfusão e, consequentemente, a relação ventilação-perfusão não são uniformes ao longo do pulmão.

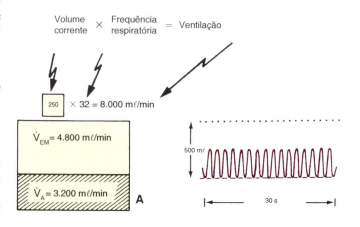

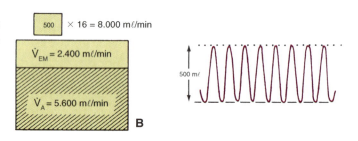

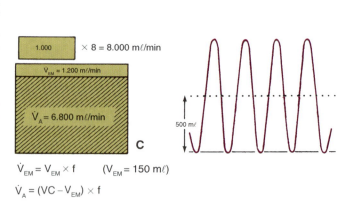

$\dot{V}_{EM} = V_{EM} \times f$ (V_{EM} = 150 mℓ)

$\dot{V}_A = (VC - V_{EM}) \times f$

Figura 43.3 ▪ Efeitos do volume corrente e da frequência respiratória sobre a ventilação alveolar. Nos três casos (**A**, **B** e **C**) a ventilação global ou volume-minuto (volume corrente × frequência respiratória) corresponde a 8 ℓ/min. Considera-se fixo e igual a 150 mℓ o volume do espaço morto (V_{EM}). Em **A**, o volume corrente (VC) é de 250 mℓ e a frequência (f), de 32 ciclos/min (cpm). Assim, a ventilação do espaço morto ($\dot{V}_{EM}$) equivale ao produto $V_{EM} \times f$ = 4.800 mℓ/min, ao passo que a ventilação alveolar ($\dot{V}_A$) é de (VC – V_{EM}) × f = 3.200 mℓ/min. Em **B**, VC = 500 mℓ, f = 16 cpm; $\dot{V}_{EM}$ = 2.400 mℓ/min e $\dot{V}_A$ = 5.600 mℓ/min. Em **C**, VC = 1.000 mℓ, f = 8 cpm, $\dot{V}_{EM}$ = 1.200 mℓ/min e $\dot{V}_A$ = 6.800 mℓ/min. Considerando-se que em **B** está representada a condição normal, se o padrão respiratório fosse o de **A** haveria uma hipoventilação alveolar, ao passo que **C** corresponderia a uma hiperventilação alveolar. (Adaptada de Forster *et al.*, 1986.)

DISTRIBUIÇÃO DA VENTILAÇÃO

Estudos realizados com seres humanos na posição ereta demonstraram que a ventilação varia da base para o ápice pulmonar. Os indivíduos permaneciam sentados e inalavam um *bolus* de xenônio radioativo. A radiação, detectada bilateralmente por fileiras de colimadores colocados às costas dos voluntários, era proporcional à quantidade de gás que atingia uma dada região. A fim de evitar erros experimentais, a contagem era dividida pelo volume pulmonar da região. A Figura 43.4 mostra o resultado obtido. Note que a ventilação é maior na base pulmonar e decresce em direção ao ápice.

A razão fundamental para tal distribuição é a desigualdade dos valores de pressão intrapleural ao longo do pulmão. Isso se deve provavelmente à ação da gravidade. Como mostrado na Figura 43.5, no ápice pulmonar a pressão intrapleural é mais negativa (p. ex., -10 cmH$_2$O) que na base ($-2,5$ cmH$_2$O), porque o pulmão repousa sobre a sua base, ao passo que pende do ápice, quando o indivíduo está sentado ou de pé. Consequentemente, a pressão na base é maior (menos negativa) que no ápice. Por conseguinte, os alvéolos desta região são menores que os do ápice na situação de repouso. Com a contração muscular inspiratória, a pressão intrapleural cai cerca de $-3,5$ cmH$_2$O em todo o espaço pleural (ver Figura 43.5). Todavia, os alvéolos do ápice se enchem menos que os da base, pois partiram de um volume inicial maior e, portanto, já estavam mais rígidos, isto é, sua complacência era menor que a dos alvéolos basais. Note o aparente paradoxo: embora a base pulmonar seja relativamente menos expandida que o ápice, ela é mais bem ventilada.

No caso do indivíduo na posição ereta (de pé ou sentado), a base é denominada *região dependente* do pulmão. Caso ele estivesse de cabeça para baixo, pelas mesmas razões descritas anteriormente, o ápice passaria a ser a região dependente e ventilaria melhor. O mesmo se aplica aos decúbitos laterais, dorsal e ventral. Nestes casos, a diferença de ventilação entre as regiões dependente e não dependente seria menor, por causa da menor diferença vertical entre elas.

DISTRIBUIÇÃO DA PERFUSÃO

No pulmão, há dois tipos de circulação: a pulmonar e a brônquica (sistêmica). A primeira tem por função principal a arterialização do sangue por meio de trocas gasosas no nível alveolocapilar, ao passo que a segunda nutre as estruturas pulmonares, com exceção dos ductos alveolares e alvéolos (banhados pela circulação pulmonar), não participando da hematose. Normalmente, o fluxo é grande na circulação pulmonar (igual ao débito cardíaco), com resistência e níveis pressóricos baixos, enquanto na circulação brônquica a pressão é sistêmica, com resistência elevada e perfusão reduzida.

Os vasos pulmonares normais têm paredes delgadas e grande complacência. Estando circundados pelo parênquima pulmonar, sofrem grande influência das variações da pressão alveolar resultantes dos movimentos respiratórios. As pressões sistólica, diastólica e média na artéria pulmonar equivalem a 25, 10 e 15 mmHg, respectivamente, enquanto a pressão média no átrio esquerdo, a 10 mmHg. Pelo exposto até aqui, depreende-se que a circulação pulmonar pode sofrer importantes influências de pressões hidrostáticas e, assim, não ser uniforme em todo o pulmão.

A desigualdade da perfusão pulmonar foi, de fato, comprovada experimentalmente. Para tanto, injetou-se, na veia de voluntários, solução salina fisiológica, na qual foi borbulhado xenônio radioativo. Ao atingir o pulmão, o xenônio passa para os alvéolos, em decorrência de sua baixa solubilidade. A quantificação da radiação é efetuada bilateralmente por duas fileiras verticais de colimadores colocados às costas dos indivíduos (da mesma maneira como foram usados nos experimentos para estudar a ventilação) durante uma parada respiratória voluntária. Naturalmente, a grandeza da radiação é proporcional à perfusão daquela região. A Figura 43.6 mostra o resultado desse experimento, realizado em indivíduos em posição ereta. Como pode ser visto, a perfusão decai quase linearmente da base para o ápice.

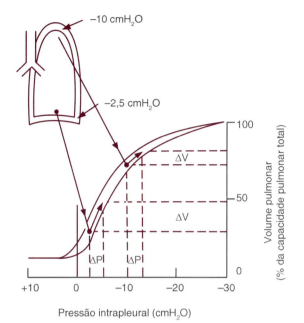

Figura 43.5 • Esquema demonstrando as diferenças regionais de ventilação ao longo do pulmão. Em um indivíduo de pé ou sentado, o pulmão assenta sobre a pleura diafragmática devido ao seu peso, ao passo que pende da pleura apical. Portanto, a pressão intrapleural é menos subatmosférica na base ($-2,5$ cmH$_2$O) que no ápice (-10 cmH$_2$O); consequentemente, os alvéolos do ápice se encontram mais insuflados que os da base ao final da expiração e em uma região menos íngreme da curva volume vs. pressão do pulmão. Assumindo-se que a contração muscular inspiratória gere $-3,5$ cmH$_2$O (ΔP) em toda a superfície pleural, a variação de volume (ΔV) será maior na base, pois a complacência de seus alvéolos (região íngreme da curva volume × pressão) supera a dos alvéolos apicais.

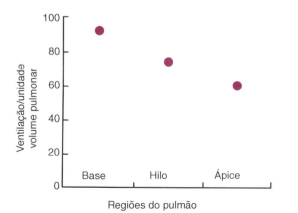

Figura 43.4 • Relação entre ventilação e diferentes regiões ao longo do pulmão em um indivíduo em posição ereta. Observe que a ventilação diminui da base para o ápice pulmonar. (Adaptada de Milic-Emili et al., 1966.)

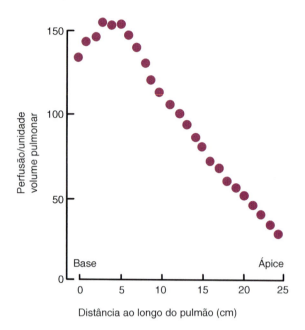

Figura 43.6 ▪ Relação entre perfusão e diferentes regiões ao longo do pulmão. Observe que a perfusão diminui da base para o ápice pulmonar. (Adaptada de West, 2008.)

A heterogeneidade da perfusão pulmonar pode ser explicada pelas diferenças de pressão hidrostática no interior dos vasos sanguíneos. Primeiramente, considere que o sistema arterial pulmonar seja uma coluna contínua de sangue, sendo a distância entre o ápice e a base igual a 30 cm, isto é, a diferença de pressão hidrostática será de 30 cmH_2O, ou 23 mmHg (1,36 cmH_2O = 1 mmHg). Esta é uma diferença de pressão grande para um sistema de baixa pressão, como o pulmonar, e a Figura 43.7 mostra seus efeitos sobre a perfusão regional do pulmão.

Pode haver uma região no ápice do pulmão (*zona 1*, Figura 43.7) onde a pressão arterial pulmonar não consiga vencer a coluna hidrostática e seja inferior à pressão alveolar (próxima à atmosférica, como antes discutido). Neste caso, os capilares são espremidos e não há perfusão. A zona 1 não existe em um indivíduo normal, posto que a pressão arterial pulmonar é suficiente para lançar sangue até aquela altura, mas pode ocorrer em situações patológicas, como na hemorragia grave, ou quando a pressão alveolar é alta, como na ventilação artificial sob pressão positiva.

Um pouco mais abaixo no pulmão (*zona 2*, Figura 43.7), a pressão arterial pulmonar já é francamente maior que a pressão alveolar. A pressão venosa pulmonar ainda é, entretanto, incapaz de suplantar a pressão alveolar, ou seja, a porção venosa dos capilares pulmonares encontra-se praticamente fechada. O fluxo sanguíneo faz-se, portanto, pela diferença de pressão entre a artéria e o alvéolo. Tendo em vista que a pressão arterial vai aumentando em direção à base pulmonar e a pressão alveolar é a mesma em todo o pulmão, a diferença de pressão responsável pelo fluxo se eleva progressivamente. Além disso, há crescente *recrutamento* de capilares (i. e., capilares previamente fechados se abrem) ao longo desta zona.

Na *zona 3* (ver Figura 43.7), a pressão venosa também já excede a alveolar, e a perfusão é determinada pela diferença de pressão entre a artéria e a veia. O aumento do fluxo sanguíneo ao longo desta zona é aparentemente causado pela *distensão* dos capilares.

As diferenças regionais de perfusão também são, obviamente, influenciadas pela postura. No indivíduo em decúbito dorsal, por exemplo, a coluna hidrostática de sangue é representada pela distância que vai da coluna dorsal ao esterno. Sendo essa pequena, diminuirá a desigualdade de perfusão.

DISTRIBUIÇÃO DA RELAÇÃO VENTILAÇÃO-PERFUSÃO

Como já discutido, tanto a ventilação quanto a perfusão são grandes na base do pulmão e decrescem em direção ao ápice. A Figura 43.8 mostra, contudo, que a perfusão varia mais que a ventilação, sendo esse fato representado pela maior inclinação da linha reta relacionada com a perfusão. A razão entre ventilação e perfusão, ou relação ventilação-perfusão, será, então, inferior à unidade, enquanto a perfusão permanecer maior que a ventilação, ou seja, da base até aproximadamente o nível da 3ª costela; igual à unidade no ponto onde as retas se cruzam; e superior a 1 deste ponto para cima, como mostrado pela curva da Figura 43.8.

Em resumo, a base é mais ventilada e perfundida que o ápice, mas a relação ventilação-perfusão é maior no ápice (Figura 43.9).

Imagine que a quantidade de O_2 no alvéolo resulte de um equilíbrio entre o quanto é trazido pelo processo da ventilação e a grandeza removida pelo sangue capilar pulmonar. Assim, no ápice, onde a relação ventilação-perfusão é superior à unidade (ventilação maior que perfusão), a pressão parcial de oxigênio alveolar é superior à da base, onde

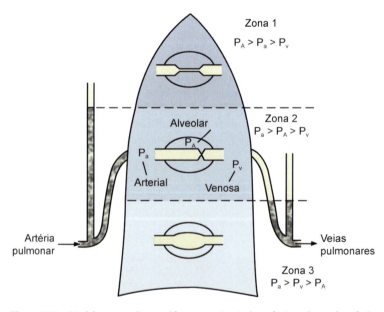

Figura 43.7 ▪ Modelo para explicar as diferenças regionais de perfusão ao longo do pulmão. Na *zona 1*, a pressão alveolar (P_A) seria superior à arterial pulmonar (P_a), e os capilares estariam colapsados. Na *zona 2*, a pressão arterial pulmonar suplantaria a pressão alveolar, mas esta ainda seria superior à pressão venosa pulmonar (P_v), resultando certa dificuldade ao fluxo sanguíneo. Na *zona 3*, tanto a pressão arterial quanto a pressão venosa pulmonares seriam maiores que a pressão alveolar, e a perfusão não seria dificultada. (Adaptada de West, 2008.)

Ventilação Alveolar, Distribuição da Ventilação, da Perfusão e da Relação Ventilação-Perfusão

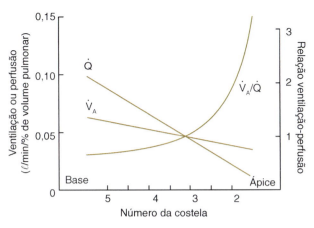

Figura 43.8 ▪ Distribuições da ventilação, da perfusão e da relação ventilação-perfusão ao longo do pulmão. Note que tanto a ventilação alveolar ($\dot{V}_A$) como a perfusão ($\dot{Q}$) decrescem da base para o ápice pulmonar. Ademais, a variação da perfusão é maior que a da ventilação. Portanto, a relação ventilação-perfusão ($\dot{V}_A/\dot{Q}$) apresenta um valor inferior à unidade na base e um superior à unidade no ápice. (Adaptada de West, 1990b.)

até infinito, ou seja, desde uma obstrução nas vias respiratórias até uma obstrução no fluxo sanguíneo (Figura 43.10). Em uma unidade alveolar normal, a relação ventilação-perfusão é em torno de 1 e a pressão parcial de O_2 e CO_2 é de 100 e 40 mmHg, respectivamente (ponto A). Este resultado decorre do equilíbrio entre as pressões parciais desses gases no ar inspirado e no sangue venoso misto. O ar inspirado tem uma P_{O_2} de 150 mmHg e uma P_{CO_2} de zero. O sangue venoso misto que entra na unidade alveolar apresenta uma P_{O_2} de 40 mmHg e uma P_{CO_2} de 45 mmHg. A P_{O_2} alveolar de 100 mmHg é determinada por um equilíbrio entre a adição de O_2 pela ventilação e sua remoção pelo fluxo sanguíneo. A P_{CO_2} alveolar normal é ajustada de modo semelhante. Imaginemos uma situação em que a ventilação seja progressivamente obstruída e o fluxo sanguíneo esteja intacto (ponto B). Observa-se que o O_2 cairá e que o CO_2 subirá. Quando a ventilação for abolida por completo (relação ventilação-perfusão igual a zero), a P_{O_2} e a P_{CO_2} do gás alveolar e do sangue do capilar terminal passam a ser as mesmas do sangue venoso. Contrariamente, com o aumento da relação ventilação-perfusão, a P_{O_2} sobe e a P_{CO_2} diminui, eventualmente atingindo a composição do gás inspirado com a interrupção do fluxo sanguíneo (relação [$\dot{V}_A/\dot{Q}$] infinita, ponto C). Em resumo, quando a ventilação ou a perfusão de uma unidade alveolar é alterada, sua composição gasosa se aproxima daquela do sangue venoso misto ou, inversamente, daquela do ar inspirado.

Os possíveis valores assumidos pelas pressões parciais de oxigênio e dióxido de carbono em diferentes V_A/Q podem ser mais bem observados no diagrama O_2-CO_2 (Figura 43.11). Neste gráfico, a P_{O_2} é colocada no eixo das abscissas e a P_{CO_2}, no eixo das ordenadas. No ponto *normal*, temos a composição do gás normal (P_{O_2} = 100 mmHg e P_{CO_2} = 40 mmHg). O ponto ∞ representa a composição do ar inspirado (P_{O_2} = 150 mmHg e P_{CO_2} = 0 mmHg) e o ponto *0*, a do sangue venoso misto

a perfusão supera a ventilação, e a de gás carbônico, inferior. Como será explicado adiante, quando for apresentado o transporte de oxigênio pelo sangue, os distúrbios da relação ventilação-perfusão podem trazer transtornos sérios ao funcionamento fisiológico do pulmão.

EFEITOS DA ALTERAÇÃO DA RELAÇÃO VENTILAÇÃO-PERFUSÃO EM UMA UNIDADE ALVEOLAR

A relação ventilação-perfusão em uma determinada unidade alveolar pode apresentar valores que variam desde zero

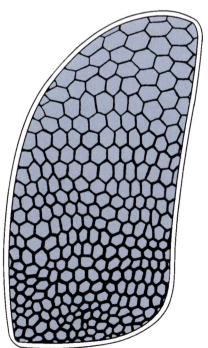

Figura 43.9 ▪ Resumo das diferenças regionais da ventilação (*à esquerda*) e da perfusão (*à direita*) em um indivíduo normal em decúbito dorsal. (Adaptada de Levitzky, 2007.)

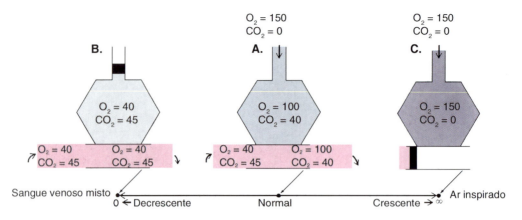

Figura 43.10 ▪ Efeito das alterações ventilação-perfusão na P_{O_2} e P_{CO_2} de uma unidade alveolar. Os valores de O_2 e CO_2 correspondem às pressões parciais dos gases (P_{O_2} e P_{CO_2}) em mmHg. Descrição da figura no texto. (Adaptada de West, 1990b.)

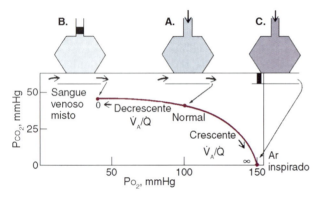

Figura 43.11 ▪ Diagrama O_2-CO_2 que mostra os possíveis valores assumidos pelas pressões parciais de oxigênio e dióxido de carbono em diferentes $\dot{V}_A/\dot{Q}$. A P_{O_2} e a P_{CO_2} se movem ao longo desta linha desde o ponto do sangue venoso misto até o do gás inspirado. (Adaptada de West, 1990b.)

(P_{O_2} = 40 mmHg e P_{CO_2} = 45 mmHg). A linha que une *0* a ∞, passando por *normal*, mostra as alterações na composição do gás alveolar e no sangue venoso misto que podem ocorrer quando a relação ($\dot{V}_A/\dot{Q}$) está abaixo ou acima do normal. Interessante notar que esta linha indica todas as composições possíveis do gás alveolar em pulmões supridos com gás de composição ∞ e sangue venoso misto de composição *0*, ao nível do mar.

BIBLIOGRAFIA

ALAN R, LEFF MD, SCHUMACKER PT. *Respiration Physiology: Basics and Applications.* W.B. Saunders Co., Philadelphia, 1993.
COMROE JH. *Fisiologia da Respiração.* 2. ed. Guanabara Koogan, Rio de Janeiro, 1977.
FORSTER II RE, DUBOIS AB, BRISCOE WA et al. *The Lung.* 3. ed. Year Book Medical Publishers, Chicago, 1986.
LEVITZKY MG. *Pulmonary Physiology (Lange Physiology).* 7. ed. McGraw-Hill Medical, New York, 2007.
MILIC-EMILI J, HENDERSON JAM, DOLOVICH MB et al. Regional distribution of inspired gas in the lung. *J Appl Physiol*, 21:749-59, 1966.
PATTON HD, FUCHS AF, HILLE B et al. (Eds). *Textbook of Physiology.* 21. ed. W.B. Saunders Co., Philadelphia, 1989.
WEST JB. *Respiratory Physiology: the Essentials.* 8. ed. Lippincott Williams and Wilkins, Baltimore, 2008.
WEST JB (Ed.). *Best and Taylor's Physiological Basis of Medical Practice.* 12. ed. Williams and Wilkins, Baltimore, 1990a.
WEST JB. *Ventilation/Bloodflow and Gas Exchange.* 5. ed. Blackwell Scientific Publications, Boston, 1990b.
WEST JB. State of the art: ventilation-perfusion relationships. *Am Rev Respir Dis*, 116:919-43, 1977.

Capítulo 44

Difusão e Transporte de Gases no Organismo

Walter Araujo Zin | Patricia Rieken Macedo Rocco | Débora Souza Faffe

- Introdução, *682*
- Propriedades físico-químicas dos gases, *682*
- Difusão, *682*
- Transporte de gases no sangue, *684*
- Bibliografia, *689*

INTRODUÇÃO

As trocas gasosas no organismo ocorrem por meio do fluxo de gases, do fluxo de soluções de gases e da difusão gasosa através dos tecidos. Para tornar mais fácil o aprendizado da importância dessa difusão, é necessário antes rever algumas propriedades físicas dos gases e das soluções de gases no sangue.

PROPRIEDADES FÍSICO-QUÍMICAS DOS GASES

A composição de uma mistura gasosa pode ser descrita pela porcentagem de cada constituinte. Assim, o ar ambiente seco é composto por: O_2, 20,93%; CO_2, 0,04%; e N_2, 79,03%. Junto com o nitrogênio, estão incluídas diminutas quantidades de gases raros (Ar, Ne, Kr, Xe etc.). É notável a uniformidade da composição percentual do ar até a altitude de 60 km. Uma outra maneira de expressar a composição de uma mistura gasosa é por meio da *fração decimal*, F, na qual porcentagem do gás X = 100 × Fx. Por exemplo, no ar atmosférico seco a FO_2 é igual a 0,2093.

A pressão que um gás exerce em certo recipiente resulta do choque de suas moléculas de encontro às paredes desse recipiente. Assim, quanto mais moléculas de gás, maior a quantidade de choques na unidade de tempo e maior a pressão. Se, em vez de um só gás, existir uma mistura gasosa, cada componente dela exercerá uma pressão proporcional às moléculas, ou à sua porcentagem, na mistura. A essa pressão que um componente X da mistura exerceria caso estivesse sozinho, denomina-se *pressão parcial*, Px. A lei de Dalton afirma que a pressão total de uma mistura gasosa corresponde à soma de todas as pressões parciais dos gases componentes. Assim, vejamos: a pressão atmosférica ou barométrica, PB, ao nível do mar, no equador, é de 760 mmHg. A pressão barométrica nada mais é que a pressão exercida pela coluna de ar acima de um determinado ponto da Terra. Como já foi visto que o ar seco é composto fundamentalmente de O_2, CO_2 e N_2, e aplicando-se a lei de Dalton, pode ser dito que a pressão barométrica corresponde à soma das pressões parciais de oxigênio, gás carbônico e nitrogênio ($P_B = P_{O_2} + P_{CO_2} + P_{N_2}$).

A pressão parcial de um gás X no ar seco pode ser calculada pelo simples produto de sua fração decimal pela pressão barométrica local ($Px = Fx \times P_B$). Por exemplo, a pressão parcial do oxigênio ao nível do mar no ar seco é igual a: P_{O_2} = 760 × 0,2093 = 159,1 mmHg. A pressão barométrica é, portanto, um fator fundamental no cálculo da pressão parcial de determinado gás. Embora a composição do ar não varie até uma altitude de 60 km, a pressão barométrica vai caindo à medida que se atingem altitudes mais elevadas. Por exemplo, a 1.000 m (Teresópolis, no estado do Rio de Janeiro) é de 674 mmHg; a 4.000 m (La Paz) corresponde a 462 mmHg; e a 9.000 m (Monte Everest) equivale a 231 mmHg. Assim, a pressão parcial dos gases atmosféricos cai com a altitude, o ar fica mais "rarefeito".

O conceito de pressão parcial também se aplica a gases dissolvidos no líquido, mas a pressão parcial do gás não é calculada simplesmente pelo produto da pressão hidrostática pela quantidade de gás dissolvido por unidade de volume. Em vez disso, a pressão parcial de um gás em um líquido é igual a parcial na fase gasosa acima do líquido, em condições de equilíbrio.

A quantidade de gás dissolvido em um líquido, a uma dada temperatura, é igual ao produto da pressão parcial desse gás no líquido por um coeficiente de solubilidade, peculiar a cada combinação gás-líquido (lei de Henry).

Um dos gases presentes acima de qualquer solução é o vapor do próprio solvente. A pressão de vapor do solvente é determinada por suas propriedades moleculares e pela temperatura, mas não pela pressão barométrica local. Em condições de equilíbrio, a pressão parcial do solvente na fase gasosa acima de um líquido é igual à pressão de vapor do solvente. Assim, a pressão do vapor d'água (P_{H_2O}) a 37°C, no ar totalmente úmido, isto é, saturado de vapor, equivale a 47 mmHg.

DIFUSÃO

A difusão através dos tecidos é um processo passivo regido pela lei de Fick (Figura 44.1). Esta afirma que a velocidade de transferência de um gás através de um tecido é proporcional à área de tecido e ao gradiente de pressão parcial do gás entre os dois lados, e é inversamente proporcional à espessura do tecido. Como já foi visto anteriormente, a área de troca pulmonar equivale a 75 a 100 m^2, e a espessura do tecido que separa o ar alveolar do sangue capilar corresponde a 0,5 µm. Por conseguinte, estas dimensões são extremamente favoráveis à difusão de gases. Além desses fatores, a velocidade de transferência é diretamente proporcional a uma constante de difusão que depende das propriedades dos tecidos e do gás. A constante de difusão é proporcional à solubilidade de determinado gás em um dado meio e inversamente proporcional à raiz quadrada do peso molecular do gás. Tomando-se como exemplos o O_2 e o CO_2, observa-se que o CO_2 se difunde cerca de 20 vezes mais rapidamente que o O_2 pelos tecidos, porque, embora seu peso molecular seja um pouco maior, o CO_2 tem enorme solubilidade nos tecidos orgânicos.

No nível do pulmão, os gases, para se transferirem do alvéolo para o sangue, e vice-versa, precisam atravessar a denominada *barreira alveolocapilar*. Esta é então formada pelos seguintes componentes: líquido que banha os alvéolos, epitélio alveolar, membrana basal do epitélio, estroma alveolar, membrana basal do endotélio e endotélio capilar. Visto que o oxigênio ainda precisa chegar à molécula de hemoglobina no interior da hemácia, poderiam ser acrescentados à

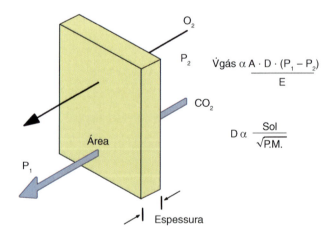

Figura 44.1 • Difusão através de um tecido. A quantidade de gás difundido na unidade de tempo (V̇gás) é diretamente proporcional à área disponível para a troca (A), ao coeficiente de difusão do gás naquele tecido (D) e ao gradiente de pressão parcial ($P_1 - P_2$) entre as duas faces do tecido, ao passo que é inversamente proporcional à espessura do tecido (E). Por sua vez, o coeficiente de difusão é diretamente proporcional à solubilidade (Sol) do gás no tecido e inversamente à raiz quadrada de seu peso molecular (P.M.). Apesar de ser mais pesado que o oxigênio, o gás carbônico difunde-se com maior facilidade nos tecidos do organismo, posto que neles tem maior solubilidade.

barreira alveolocapilar o plasma, a membrana celular da hemácia e seu estroma. Logo, modificações na forma da hemácia podem acarretar aumento ou redução na difusão do gás. Recentemente, constatou-se que crescimento da concentração de colesterol no plasma eleva a quantidade dele na membrana da hemácia, não só tornando-a espessa e menos deformável, como também reduzindo a capacidade de difusão do oxigênio.

Calcula-se em 0,75 s o tempo de permanência de uma hemácia em contato com a barreira alveolocapilar durante o repouso. No Quadro 44.1, pode ser visto que o gradiente de pressão parcial para o O_2 (P_{O_2} alveolar – P_{O_2} venosa mista) aproxima-se de 60 mmHg. Já o gradiente para a difusão do CO_2 (P_{CO_2} venosa mista – P_{CO_2} alveolar) é de apenas 6 mmHg. Esses gradientes são suficientes para equilibrar as pressões parciais tanto do O_2 como do CO_2 entre o alvéolo e o sangue capilar pulmonar em apenas 0,25 s, ou seja, em 1/3 do tempo de passagem de uma dada hemácia. Interessante notar que pareceria improvável que a eliminação de CO_2 pudesse ser afetada por dificuldades de difusão, já que a difusão do CO_2 é 20 vezes maior que a do O_2; entretanto, o gradiente pressórico é de somente 6 mmHg (Figuras 44.2 e 44.3).

Durante o exercício físico, o débito cardíaco se eleva. O tempo de passagem de uma hemácia pelo capilar pulmonar pode ser reduzido até cerca de 0,25 s. Por conseguinte, o tempo disponível para a realização das trocas gasosas cai, mas, em indivíduos normais, respirando ar ambiente, não é detectada queda da P_{O_2} arterial. Por outro lado, caso a barreira alveolocapilar esteja alterada, de modo a alentecer a transferência de O_2, a pessoa pode não apresentar distúrbio durante o repouso, porém este pode ser detectado durante esforço físico. Naturalmente, com a progressão da doença, o paciente poderá ter queda da P_{O_2} arterial mesmo sem realizar qualquer movimento (ver Quadro 44.1).

▶ Fatores que afetam a difusão dos gases

A difusão dos gases pode ser modificada quando há alterações na área de superfície alveolar, nas propriedades físicas da membrana ou na oferta dos gases. Nesse contexto, a capacidade de difusão cresce com a elevação do volume pulmonar, sendo máxima na capacidade pulmonar total. Entretanto, somente os alvéolos que são adequadamente ventilados e perfundidos contribuirão para a troca gasosa. A postura também influencia a difusão dos gases, e indivíduos em decúbito dorsal têm maior capacidade de difusão que aqueles em posição sentada. Tal fato provavelmente decorre do aumento do

Quadro 44.1 ▪ Valores do gradiente alveoloarterial de P_{O_2} em um indivíduo com distúrbio leve a moderado da difusão.

Condições	Tempo que a hemácia leva para passar pelo capilar (s)	Gradiente alveoloarterial de P_{O_2} (mmHg)
Repouso ($\dot{V}O_2$ = 270 mℓ/min)		
Ar ambiente (P_{AO_2} = 100 mmHg)	0,75	0,000.000.01
Baixa concentração de oxigênio no ar ambiente (P_{AO_2} = 47 mmHg)	0,636	0,2
Exercício moderado ($\dot{V}O_2$ = 1.500 mℓ/min)		
Ar ambiente (P_{AO_2} = 100 mmHg)	0,630	< 0,00001
Baixa concentração de oxigênio no ar (P_{AO_2} = 47 mmHg)	0,476	4,0
Exercício intenso ($\dot{V}O_2$ = 3.000 mℓ/min)		
Ar ambiente (P_{AO_2} = 100 mmHg)	0,496	< 0,001
Baixa concentração de oxigênio no ar (P_{AO_2} = 59 mmHg)	0,304	16

P_{AO_2}, pressão alveolar de oxigênio; $\dot{V}O_2$, consumo de oxigênio.

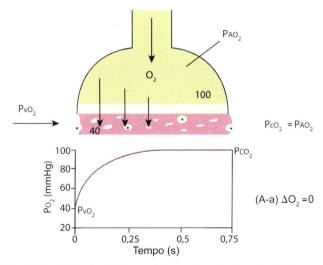

Figura 44.2 ▪ Difusão de oxigênio através da membrana alveolocapilar. Inicialmente a pressão venosa mista de oxigênio é igual a 40 mmHg e, após 0,25 s, a pressão alveolar se iguala à capilar de oxigênio, sendo igual a 100 mmHg. P_{vO_2}, pressão venosa mista de oxigênio; P_{cO_2}, pressão capilar de oxigênio; P_{AO_2}, pressão alveolar de oxigênio; (A-a) ΔO_2, gradiente alveoloarterial de oxigênio.

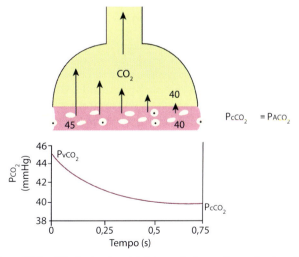

Figura 44.3 ▪ Difusão de gás carbônico através da membrana alveolocapilar. Inicialmente, a pressão venosa mista de oxigênio é igual a 45 mmHg. Em 0,75 s, a pressão alveolar é igual à pressão capilar de gás carbônico, sendo igual a 40 mmHg. P_{vCO_2}, pressão venosa mista de gás carbônico; P_{cCO_2}, pressão capilar de gás carbônico; P_{ACO_2}, pressão alveolar de gás carbônico.

fluxo sanguíneo e de uma distribuição mais uniforme da perfusão pulmonar quando em decúbito dorsal. A área total da superfície alveolar pode apresentar-se diminuída em situações como enfisema pulmonar, em que existe significativa queda no número de alvéolos por destruição do septo alveolar. Consequentemente, menor será a capacidade de difusão. Qualquer situação patológica na qual haja espessamento da barreira alveolocapilar reduz a difusão de gases. Pacientes idosos, mulheres e tabagistas também apresentam menor capacidade de difusão.

TRANSPORTE DE GASES NO SANGUE

▸ Oxigênio

O oxigênio é transportado no sangue sob duas maneiras: dissolvido no plasma e no líquido intracelular eritrocitário; combinado quimicamente de modo reversível com a hemoglobina.

Oxigênio dissolvido

Quando o oxigênio se difunde dos alvéolos para o sangue, quase todo ele vai penetrar nas hemácias, onde se combina à hemoglobina. Apenas uma pequena porção permanece no plasma e no líquido intracelular eritrocitário, além de ser transportada para os tecidos em solução simples. Este é o denominado oxigênio dissolvido, também dito oxigênio em solução física. Este modo de transporte obedece à lei de Henry, antes descrita. Assim sendo, a quantidade de oxigênio dissolvido é diretamente proporcional à sua pressão parcial no sangue. Para cada mmHg de P_{O_2}, há 0,003 mℓ de O_2/100 mℓ de sangue (frequentemente expresso como 0,003 vol%). Logo, no sangue arterial normal (considerando-se a P_{O_2} igual a 100 mmHg) existe somente 0,3 vol% de oxigênio dissolvido (Figura 44.4). Quando um indivíduo hígido respira O_2 puro ao nível do mar, a P_{O_2} eleva-se para um máximo teórico de 673 mmHg, a P_{O_2} arterial excede 600 mmHg e seu O_2 dissolvido se aproxima de 2 vol%. Por outro lado, as câmaras hiperbáricas aumentam a pressão total para valores muitas vezes acima da pressão atmosférica. Por conseguinte, durante a oxigenação hiperbárica a concentração de O_2 dissolvido aumenta proporcionalmente de acordo com a lei de Henry e passa, assim, a representar uma significativa fração da quantidade total de O_2 transportado no sangue. Alguém que respirasse oxigênio puro sob pressão de três atmosferas teria uma P_{O_2} alveolar de cerca de 2.000 mmHg, e seu sangue arterial conteria aproximadamente 6 vol% de O_2 dissolvido. O oxigênio em altas concentrações é, todavia, extremamente tóxico, podendo levar à morte. Consequentemente, a administração de O_2 deve sempre ser feita sob criteriosa supervisão médica.

Oxigênio combinado com a hemoglobina

A quantidade de O_2 dissolvida não é, entretanto, suficiente para manter funcionando o organismo de um indivíduo normal. No repouso, mais de 95% do oxigênio fornecido aos tecidos são transportados em associação com a hemoglobina, e este valor ultrapassa 99% durante exercício físico.

Cerca de um terço do volume da hemácia corresponde à hemoglobina. A porção polipeptídica da molécula da hemoglobina normal do adulto (HbA) é composta por quatro cadeias de aminoácidos: duas cadeias alfa (cada uma constituída por 141 resíduos de aminoácidos) e duas beta (cada uma formada

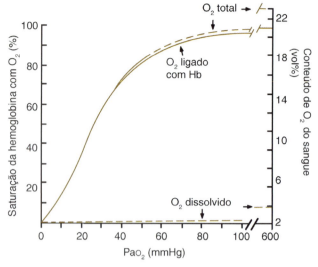

Figura 44.4 ▪ Curva de dissociação da hemoglobina (*linha contínua*) para um pH de 7,4, P_{CO_2} de 40 mmHg e temperatura de 37°C. O conteúdo de oxigênio leva em consideração que a taxa de hemoglobina (Hb) corresponde a 15 g%. A *linha reta tracejada* significa o oxigênio em dissolução física no sangue. Também está representada por uma *linha tracejada* a curva do oxigênio total do sangue (ligado à hemoglobina + dissolvido = conteúdo). Observe que, com a administração de O_2 a 100% (P_{aO_2} = 600 mmHg), praticamente o aumento do conteúdo se dá em decorrência do O_2 dissolvido. A saturação cresce muito pouco. P_{aO_2}, pressão parcial de O_2 no sangue arterial.

por 146 resíduos de aminoácidos). A sequência desses aminoácidos é extremamente importante para determinar as propriedades da hemoglobina. Assim, a hemoglobina fetal (HbF) é formada por duas cadeias alfa e duas gama, além de apresentar uma afinidade muito maior pelo oxigênio, em relação à HbA. Um outro exemplo pode ser dado pelas hemoglobinas anormais. Atualmente, já são conhecidas mais de 30 hemoglobinas anormais, que chegam a diferir da HbA por apenas um único aminoácido na cadeia alfa ou beta. A mais conhecida é a HbS, presente nos pacientes portadores de anemia falciforme, um distúrbio de origem genética. A doença recebeu esse nome porque a hemácia adquire a forma de foice quando a hemoglobina se desoxigena e, anormalmente, se cristaliza.

Além das quatro cadeias polipeptídicas, a hemoglobina apresenta um grupamento heme ligado a cada uma das quatro cadeias. Esse grupamento é um complexo constituído por uma protoporfirina e um íon ferro no estado ferroso. A esse íon, associa-se o O_2 quando de seu transporte, formando a oxi-hemoglobina (HbO$_2$). Também nesse ponto se liga o monóxido de carbono (CO), compondo a carboxi-hemoglobina (HbCO). A afinidade da hemoglobina pelo CO é cerca de 200 a 300 vezes maior que pelo O_2, resultando daí que a intoxicação pelo CO (fumaça de cigarro, gases eliminados por motores a explosão, gás para uso domiciliar e outras fontes menos importantes) é extremamente grave, pois o CO ocupa o heme, impedindo a ligação do O_2. Também o estado do íon ferro tem grande importância para o transporte de oxigênio. Caso o ferro se encontre oxidado, isto é, no estado férrico, forma-se a metemoglobina, que se combina com numerosos ânions, mas não com o O_2. Ela é produzida na intoxicação pelo nitrito e nas reações tóxicas a medicamentos oxidantes. Também há uma forma congênita de metemoglobinemia, decorrente de uma deficiência da enzima metemoglobina redutase, que reduz o ferro férrico a ferroso.

Cada molécula de hemoglobina, portanto, tem capacidade de transportar no máximo quatro moléculas de O_2. Expressa-se em g% a quantidade de hemoglobina no sangue. Em um indivíduo hígido, a taxa dessa proteína é de aproximadamente 15 g% (15 g de hemoglobina em 100 mℓ de sangue). Sabe-se, também, que 1 g de hemoglobina é capaz de fixar 1,39 mℓ de O_2. Assim, determinando-se a taxa de hemoglobina de um indivíduo e multiplicando-se esse valor por 1,39, tem-se sua *capacidade de oxigênio* (abreviadamente: *capacidade*), ou seja, se a hemoglobina estiver completamente saturada por oxigênio, o sangue será capaz de transportar Hb (g%) × 1,39 vol% de O_2. A quantidade de O_2 realmente associada à hemoglobina depende do valor do O_2 dissolvido, visto que a oxigenação é um processo reversível dependente da P_{O_2} a que está exposta a hemoglobina. A relação (HbO$_2$ × 100)/Hb total é chamada de porcentagem de *saturação da hemoglobina* (abreviadamente: *saturação*, S_{O_2}). É uma maneira prática de expressar o nível de oxigenação de uma amostra sanguínea, independentemente da taxa de hemoglobina. A quantidade total de O_2 transportada pelo sangue é denominada *conteúdo de oxigênio* (abreviadamente: *conteúdo*) e corresponde à soma da quantidade dissolvida com a ligada à hemoglobina.

Diferentemente do O_2 dissolvido, a quantidade de oxigênio combinada com a hemoglobina não está linearmente relacionada com a P_{O_2}, mas é descrita como uma curva sigmoide (em forma de S). Colocando-se, em um gráfico, no eixo das ordenadas a saturação (ou o conteúdo de O_2) e no eixo das abscissas a P_{O_2}, observa-se o aspecto peculiar da curva de equilíbrio entre Hb e O_2, também chamada de curva de dissociação da hemoglobina (ver Figura 44.4).

A curva de dissociação da hemoglobina é consideravelmente íngreme no seu trecho inicial até cerca de 40 ou 50 mmHg de P_{O_2}, enquanto a porção final gradualmente se horizontaliza. Na parte ascendente, as variações de S_{O_2} são quase proporcionais às de P_{O_2}, ao passo que, na parte alta da curva, grandes modificações de P_{O_2} correspondem a pequenas variações de S_{O_2}.

A morfologia da curva de dissociação da hemoglobina apresenta grande interesse fisiológico. Como a saturação normal do sangue arterial sistêmico é de 97%, uma diminuição da P_{O_2} arterial de 100 para 70 mmHg (que corresponde à Pv_{O_2} de 40 mmHg) se acompanha de dessaturação apenas discreta (ou seja, o sangue venoso ainda transporta uma quantidade apreciável de O_2). Por outro lado, é desprezível o aumento de saturação resultante da hiperventilação em ar atmosférico, uma vez que em condições basais já é quase de 100% a S_{O_2}. Agora, pode ser entendido por que uma região com relação ventilação-perfusão acima do normal não é capaz de compensar o distúrbio causado por uma zona de relação ventilação-perfusão anormalmente baixa (Figura 44.5): enquanto esta provoca uma saturação deficitária e consequente queda do conteúdo de O_2, aquela não é capaz de gerar saturação acima do normal e elevar sobremaneira o conteúdo de O_2.

Fatores que modificam o equilíbrio do oxigênio com a hemoglobina

Há quatro fatores bem conhecidos que alteram a interação do O_2 com a hemoglobina: P_{CO_2}, pH, temperatura e nível de 2,3-difosfoglicerato.

Na Figura 44.6 C, pode ser observado que o aumento da P_{CO_2} desloca para a direita a curva de dissociação da hemoglobina, reduzindo a afinidade da hemoglobina pelo O_2. Da mesma maneira, a elevação da concentração dos íons hidrogênio, ou seja, a queda do pH sanguíneo, também desloca para a direita a curva (Figura 44.6 B). Essa alteração na posição da curva decorre da modificação na forma da molécula de Hb, o que dificulta a ligação do oxigênio ao complexo heme. A esses dois fenômenos, denomina-se *efeito Bohr*. À medida que o pH cai e a curva se desvia para a direita, a saturação da Hb para uma dada P_{O_2} decai. Contrariamente, a elevação do pH desvia a curva para a esquerda, e a saturação de Hb para uma dada P_{O_2} aumenta, indicando maior afinidade da Hb pelo oxigênio. Variações na temperatura também afetam a curva de dissociação de Hb. Enquanto a queda da temperatura redunda em desvio da curva para a esquerda, a temperatura elevada desvia a curva para a direita (Figura 44.6 A). O 2,3-difosfoglicerato (2,3-DPG) é um produto intermediário constituído durante a glicólise anaeróbia, via energética da hemácia. Hipoxemia e anemia aumentam a concentração intracelular de 2,3-DPG. Quando a concentração de 2,3-DPG se eleva no interior da hemácia, a curva de equilíbrio entre o O_2 e a hemoglobina é deslocada para a direita (Figura 44.6 D).

A afinidade natural da hemoglobina pura pelo O_2 é tão elevada que este gás teria uma passagem mais dificultada para os tecidos sem os fatores que reforçam a liberação do O_2, CO_2, H^+, temperatura e ânions polifosfato, como o 2,3-DPG. Eles favorecem a liberação de oxigênio, estabilizando a configuração desoxi da molécula da hemoglobina e, assim, reduzindo sua afinidade pelo O_2. O CO_2 forma grupamentos carbamina, o H^+ reforça as pontes de sal dentro da molécula da hemoglobina e o 2,3-DPG reúne as subunidades das cadeias beta da desoxi-hemoglobina, modificando a forma da molécula de Hb, o que dificulta a ligação do oxigênio ao complexo heme. Esses fatores poderiam ser considerados como moduladores para a maior ou menor liberação de O_2 em determinada região do organismo, em função de seu metabolismo.

Hipoxia

Por hipoxia, entende-se a condição na qual os tecidos não recebem ou não podem utilizar O_2 em quantidade suficiente para suas necessidades metabólicas normais. Assim, um tecido hipóxico tem sua função alterada e pode chegar à morte.

São quatro os tipos de hipoxia: hipóxica, anêmica, de estase e histotóxica. Na Figura 44.7, há cinco curvas de dissociação da hemoglobina: uma normal e as restantes correspondendo a cada um dos tipos de hipoxia.

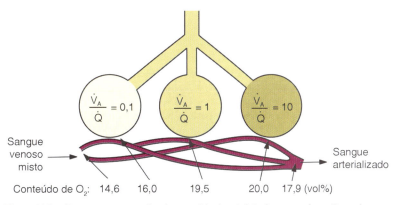

Figura 44.5 • Esquema representativo do conteúdo de oxigênio do sangue de regiões pulmonares com relações ventilação-perfusão ($\dot{V}_A/\dot{Q}$) iguais a 0,1, 1 e 10. As unidades pulmonares com alta $\dot{V}_A/\dot{Q}$ (perfusão comprometida) pouco contribuem para elevar o conteúdo de oxigênio do sangue, quando comparadas com aquelas nas quais a $\dot{V}_A/\dot{Q}$ é igual a 1. Em contrapartida, as regiões com baixa $\dot{V}_A/\dot{Q}$ (ventilação comprometida) deprimem o conteúdo de oxigênio do sangue. Assim, as regiões com alta $\dot{V}_A/\dot{Q}$ não são capazes de compensar os efeitos daquelas com baixa $\dot{V}_A/\dot{Q}$. A razão fundamental para esse comportamento é a forma da curva de dissociação da hemoglobina. (Adaptada de West, 1990.)

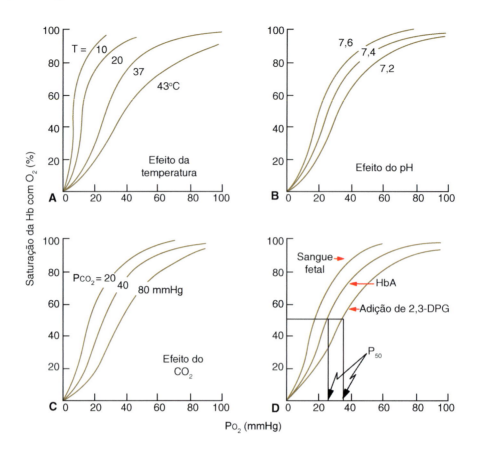

Figura 44.6 ▪ Fatores que modificam a curva de dissociação da hemoglobina. No eixo das ordenadas – saturação da hemoglobina com O_2 (%); no eixo das abscissas – P_{O_2} (mmHg). **A.** Temperatura. **B.** pH. **C.** P_{CO_2}. **D.** 2,3-difosfoglicerato (2,3-DPG). Também está mostrada em **D** a curva de dissociação da hemoglobina fetal, em comparação com a do adulto (HbA). P_{50}, pressão parcial necessária para saturar em 50% a hemoglobina.

Na Figura 44.7, o sangue arterial normal tem saturação de 97%, P_{O_2} de 95 mmHg e conteúdo de O_2 de 19,5 vol%. Em condições de repouso, os tecidos extraem cerca de 5 vol% de O_2, ficando o sangue venoso com conteúdo de O_2 igual a 15 vol%, S_{O_2} de 70% e P_{O_2} de 40 mmHg. Assim sendo, em condições normais, o gradiente arteriovenoso de P_{O_2} corresponde a 55 mmHg.

Na hipoxia hipóxica, a capacidade de oxigênio do sangue está normal, mas a P_{O_2}, a S_{O_2} e o conteúdo de O_2 encontram-se diminuídos. No exemplo mostrado na Figura 44.7, tem-se o seguinte: S_{O_2} = 70% e P_{O_2} = 40 mmHg, havendo ainda 15 vol% de O_2 à disposição dos tecidos. Obviamente, este sangue, ao chegar aos capilares sistêmicos, não apresenta um gradiente de P_{O_2} suficiente para impulsionar o O_2 em quantidades adequadas até as mitocôndrias, nas quais ele participa da gênese de energia para a célula. A hipoxia hipóxica pode ser causada por: (a) P_{O_2} baixa no gás inspirado, como ocorre quando é inalada mistura gasosa pobre em O_2, ou quando a pressão barométrica está diminuída; (b) hipoventilação alveolar global, por depressão do centro respiratório, como acontece em certas doenças ou na intoxicação por alguns agentes farmacológicos; (c) doenças pulmonares com comprometimento da difusão de gases através da barreira alveolocapilar ou distúrbio da relação ventilação-perfusão, e (d) contaminação do sangue arterial com sangue venoso, como em algumas cardiopatias congênitas ou fístula arteriovenosa pulmonar.

Na hipoxia anêmica, há diminuição da capacidade de oxigênio do sangue. Como mostrado na Figura 44.7, embora a S_{O_2} e a P_{O_2} arteriais estejam normais, o conteúdo de O_2

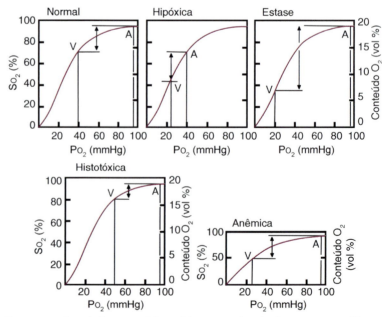

Figura 44.7 ▪ Curva de dissociação da hemoglobina em condição fisiológica e nos quatro diferentes tipos de hipoxia. *A*, sangue arterial; *V*, sangue venoso. (Adaptada de Lippold e Winton, 1970.)

encontra-se diminuído. Não havendo aumento da perfusão tecidual periférica, será maior a diferença arteriovenosa de P_{O_2}, caindo a oferta para os tecidos. Essa hipoxia é provocada pela diminuição da hemoglobina disponível para o transporte de oxigênio. Assim, tanto a anemia (em que há diminuição real da taxa de hemoglobina no sangue) quanto o impedimento da ligação do O_2 com a hemoglobina (envenenamento pelo CO, metemoglobinemia etc.) podem levar à hipoxia anêmica.

Na hipoxia de estase, a S_{O_2}, a P_{O_2} e o conteúdo de O_2 arteriais encontram-se dentro da normalidade, porém a perfusão sanguínea dos tecidos está comprometida. Em outras palavras, essa hipoxia resulta simplesmente da permanência mais longa das hemácias nos capilares sistêmicos, com consequente maior extração de O_2 por mililitro de sangue, que leva finalmente a menor oferta de O_2. Como exemplos de causas de hipoxia de estase, podem ser citadas as cardiopatias, que acarretam baixo débito cardíaco e distúrbios vasculares.

Na hipoxia histotóxica, estão normais a capacidade de oxigênio, a S_{O_2}, a P_{O_2} e o conteúdo de O_2 do sangue arterial. Como neste caso os tecidos se mostram comprometidos, não sendo capazes de metabolizar o O_2, há diminuição da diferença arteriovenosa de O_2, e o sangue venoso tem valores elevados para S_{O_2}, P_{O_2} e conteúdo de O_2 (ver Figura 44.7). A hipoxia histotóxica surge tipicamente no envenenamento pelo cianeto.

Por fim, note que apenas a hipoxia hipóxica cursa com hipoxemia (queda da Pa_{O_2}).

Cianose

Entende-se por cianose a coloração azulada da pele e mucosas, gerada pelo aumento da quantidade de hemoglobina reduzida (desoxigenada), que tem uma cor muito escura, nos capilares periféricos. Ela depende apenas da quantidade absoluta de hemoglobina reduzida e não da porcentagem desta em relação à hemoglobina total do sangue. Assim sendo, quando a taxa de hemoglobina reduzida ultrapassa 5 g%, há cianose.

▶ Dióxido de carbono

Uma vez que o organismo humano produz em média 200 $m\ell$ de CO_2 por minuto, este gás precisa ser eliminado das células produtoras para o exterior do organismo. A captação de CO_2 criado pelas células e seu transporte até o pulmão, onde é liberado para o gás alveolar e daí para o meio ambiente, são feitos pelo sangue. Naturalmente, a P_{CO_2} é maior nas células ativas que no sangue a fluir pelos capilares. Por conseguinte, ele se difunde dessas células para o plasma.

O dióxido de carbono é transportado no sangue como: (1) CO_2 dissolvido, (2) íons bicarbonato (HCO_3^-), (3) carbaminohemoglobina e outros compostos carbamínicos, e (4) quantidades diminutas de ácido carbônico (H_2CO_3) e íons carbonato (CO_3^{2-}). Quando se analisa o sangue para determinar seu teor total de CO_2, estão incluídas todas essas formas moleculares.

A Figura 44.8 apresenta, esquematicamente, todos os tipos de transporte do CO_2. Observa-se que uma pequena parte do CO_2 proveniente das células dissolve-se no plasma. O coeficiente de solubilidade para o CO_2 no sangue a 37°C corresponde a 0,063 vol% por mmHg de P_{CO_2}. Ainda no plasma, uma pequena quantidade de CO_2 reage lentamente com a água para formar ácido carbônico. Este ácido dissocia-se prontamente nos íons HCO_3^- e H^+, que fica neutralizado pelos sistemas-tampão do plasma. No plasma, o CO_2 reage também com as terminações amina livres ($-NH_2$) das proteínas plasmáticas, formando os compostos carbamínicos. Essa rápida reação química não exige catalisadores:

$$R\text{-}NH_2 + CO_2 \leftrightarrow R\text{-}NHCOO^- + H^+$$

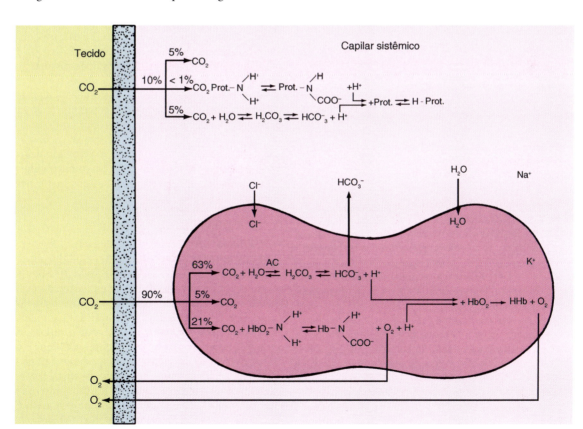

Figura 44.8 ▪ Representação esquemática de todos os tipos de transporte de gás carbônico no sangue. Note que apenas 10% do CO_2 proveniente dos tecidos permanecem diretamente no plasma, ao passo que 90% dele penetram nas hemácias para serem processados. AC, anidrase carbônica.

Entretanto, como pode ser visto na Figura 44.8, a maior parte do CO₂ que se difunde a partir das células para o sangue penetra nas hemácias, nas quais ocorrem três fenômenos:

- Parte permanece dissolvida no interior da hemácia
- Parte combina-se com a hemoglobina para formar a carbamino-hemoglobina (HbCO₂). O íon H⁺ resultante é tamponado pela própria hemoglobina
- A maior parte do CO₂ combina-se com a água, constituindo ácido carbônico, que se dissocia em H⁺ e HCO₃⁻. Ao contrário da reação química similar que se dá no plasma, no interior da hemácia existe uma enzima catalisadora, a anidrase carbônica, que acelera a conversão de CO₂ e H₂O em H₂CO₃ (e vice-versa). O seu mecanismo de ação já foi elucidado. Essa anidrase existe sob a forma de sete isoenzimas, sendo somente duas envolvidas no transporte de CO₂: a anidrase carbônica II, que se localiza na hemácia, e a IV, que está presente nos capilares pulmonares. Não existe atividade da anidrase carbônica no plasma. Trata-se de uma enzima de baixo peso molecular que contém zinco. Inicialmente, há hidrólise da água e composição de espécies reativas de Zn-OH⁻, enquanto o resíduo de histidina próximo à reação atua removendo o íon H⁺, transferindo-o para as moléculas-tampão adjacentes. O CO₂, então, se combina com as espécies reativas de Zn-OH⁻, e o bicarbonato formado rapidamente se dissocia do átomo do zinco.

Os fenômenos precedentes produzem um acúmulo de HCO₃⁻ no interior da hemácia. Parte do íon bicarbonato se difunde para o plasma, mantendo o equilíbrio das concentrações na hemácia e no plasma. Caso houvesse concomitante difusão de cátions para o plasma, manter-se-ia a neutralidade elétrica no interior da hemácia. Todavia, a membrana eritrocitária não é livremente permeável aos cátions. Assim, a neutralidade de cargas é conseguida à custa da passagem de ânions cloreto do plasma para o interior da hemácia (ver Figura 44.8). A esse fenômeno, denomina-se *desvio de cloretos (ou efeito Hamburger)*. Simultaneamente, moléculas de água dirigem-se para dentro da hemácia, a fim de restabelecer o equilíbrio osmótico, resultando daí que as hemácias do sangue venoso apresentam um volume maior que as do sangue arterial.

Portanto, observa-se o papel fundamental da hemácia no transporte de CO₂ no sangue. Embora o plasma transporte grande quantidade de ânions bicarbonato, estes são produzidos no interior da hemácia, graças à presença da enzima anidrase carbônica.

Curva de dissociação do dióxido de carbono

A curva de dissociação do CO₂ total no sangue, mostrada na Figura 44.9, pode ser decomposta em várias curvas separadas, que representam os três principais tipos de transporte desse gás no sangue.

A quantidade de CO₂ dissolvido é uma função linear da P$_{CO_2}$, como já discutido. Uma pequena quantidade desse gás encontra-se sob forma de H₂CO₃.

A quantidade transportada sob a forma de compostos carbamínicos (combinada com a hemoglobina e proteínas plasmáticas) não apresenta uma relação linear com a P$_{CO_2}$. No caso da carbamino-hemoglobina, tem grande importância o teor de saturação da hemoglobina com o oxigênio, como será visto mais adiante. Resumidamente, quanto mais dessaturada a hemoglobina, maior sua capacidade de ligar-se com o CO₂.

O restante do CO₂ é transportado sob a forma de bicarbonato. Como pode ser visto na Figura 44.9, esta é a mais importante forma de transporte desse gás no sangue. Por fim, note

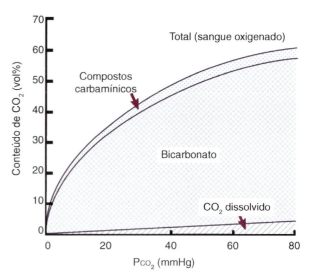

Figura 44.9 ▪ Curva de dissociação do dióxido de carbono e seus três principais tipos de transporte no sangue. Note que a maior parte do CO₂ no sangue é transportada sob a forma de bicarbonato.

que na faixa de Pa$_{CO_2}$ compatível com a vida a curva relacionando conteúdo de CO₂ e Pa$_{CO_2}$ (ver Figura 44.9) não exibe um platô, como encontrado no transporte do O₂.

Efeito do teor de oxigênio do sangue sobre o transporte de dióxido de carbono

Como visto anteriormente, quanto maior a P$_{CO_2}$, menor a afinidade da hemoglobina pelo oxigênio (*efeito Bohr*).

Reciprocamente, a dessaturação do sangue arterial no nível dos capilares sistêmicos facilita a captação de CO₂. Este é o *efeito Haldane*. Cumpre lembrar aqui que não se trata de mecanismo competitivo, porquanto esses gases se ligam em locais diferentes na molécula da hemoglobina.

A Figura 44.10 mostra três curvas de dissociação do dióxido de carbono: a superior ilustra a situação em que o sangue apresenta uma saturação de O₂ igual a zero; a do centro representa o sangue venoso; e a inferior corresponde ao sangue oxigenado. Nota-se que, em qualquer valor de P$_{CO_2}$, o conteúdo total de CO₂ é maior quando o sangue se encontra reduzido. A pequena alça partindo do ponto A, passando pelo V e retornando à origem, demonstra o processo envolvido quando o sangue deixa os pulmões (*ponto A*) e após passar pelos capilares sistêmicos (*ponto V*).

Conteúdos totais de oxigênio e dióxido de carbono do sangue

Na Figura 44.11, encontram-se plotados os conteúdos totais de O₂ e CO₂ contra suas respectivas pressões parciais no sangue. Nota-se que mesmo o sangue arterial contém quantidades maiores de CO₂ que de O₂. Assim, a afirmativa de o sangue arterial ser rico em O₂ e pobre em CO₂ não é correta. O sangue arterial é mais rico em O₂ que o venoso, do mesmo modo que o sangue venoso carreia mais CO₂ que o arterial.

Da observação das duas curvas, pode ser obtida uma conclusão muito importante do ponto de vista fisiopatológico. Enquanto a curva de dissociação do O₂ apresenta-se apenas levemente inclinada em altos valores de P$_{O_2}$, a do CO₂ mantém a sua curvatura inicial. Em outras palavras, o aumento da P$_{O_2}$ além dos valores fisiológicos pouco acrescenta ao conteúdo de O₂ do sangue. Por esta razão, retornando à

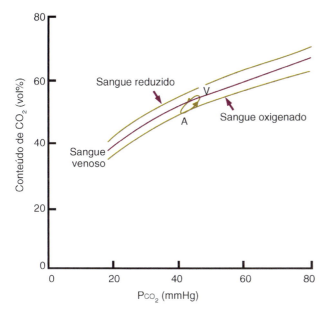

Figura 44.10 ▪ Influência da oxigenação da hemoglobina na curva de dissociação do dióxido de carbono. Três curvas estão representadas: a do sangue arterial, a do sangue venoso e a do sangue reduzido, isto é, sem oxigênio. Note que, para uma mesma P_{CO_2}, a desoxigenação do sangue permite maior transporte de CO_2. *A*, sangue arterial; *V*, sangue venoso.

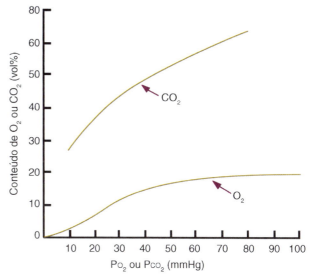

Figura 44.11 ▪ Comparação entre os conteúdos de oxigênio e de dióxido de carbono no sangue.

relação ventilação-perfusão, uma zona pulmonar hiperventilada não é capaz de compensar uma hipoventilada em termos de oxigenação do sangue. Já no caso do CO_2, visto que sua curva de dissociação mantém uma curvatura constante, uma região do pulmão com alta relação ventilação-perfusão é capaz de eliminar o excesso de CO_2 retido em uma zona de baixa relação ventilação-perfusão.

Encerrando a descrição do transporte de gases no sangue, cumpre salientar que todos os processos descritos são reversíveis, uma vez que dependem tão somente de gradientes de pressões parciais. Assim, por exemplo, o CO_2 passa das células (em que a P_{CO_2} corresponde a cerca de 50 mmHg) para o sangue. Ao chegar aos pulmões, o sangue venoso (P_{CO_2} = 46 mmHg) descarrega parte de seu CO_2 para o ar alveolar, no qual a P_{CO_2} média corresponde a 40 mmHg.

BIBLIOGRAFIA

ALAN R, LEFF MD, SCHUMACKER PT. *Respiratory Physiology: Basics and Applications*. W.B. Saunders Co., Philadelphia, 1993.
COMROE JH. *Fisiologia da Respiração*. 2. ed. Guanabara Koogan, Rio de Janeiro, 1977.
CRYSTAL RG, WEST JB, WEIBEL ER *et al. The Lung: Scientific Foundations*. Lippincott-Raven, Philadelphia, 1997.
FORSTER II RE, DUBOIS AB, BRISCOE WA *et al. The Lung*. 3. ed. Year Book Medical Publishers, Chicago, 1986.
LEVITZKY MG. *Pulmonary Physiology*. 7. ed. McGraw Hill, New York, 2007.
LIPPOLD OCL, WINTON FR. *Fisiologia Humana*. Cultura Médica, Rio de Janeiro, 1970.
LUMB AB. *Nunn's Applied Respiratory Physiology*. 6. ed. Elsevier, New York, 2005.
PATTON HD, FUCHS AF, HILLE B *et al.* (Eds.). *Textbook of Physiology*. 21. ed. W.B. Saunders Co., Philadelphia, 1989.
WEST JB. *Respiratory Physiology: the Essentials*. 8. ed. Lippincott Williams and Wilkins, 2008.
WEST JB. *Ventilation/Bloodflow and Gas Exchange*. 5. ed. Blackwell, Oxford, 1990.

Capítulo 45

Controle da Ventilação

Thiago S. Moreira | Ana C. Takakura

- Visão geral e aspectos históricos, *692*
- Geração do ritmo e do padrão respiratório, *692*
- Áreas centrais de controle respiratório | Neurônios respiratórios, *693*
- Sensores moduladores da atividade respiratória, *696*
- Resposta ventilatória ao exercício, *701*
- Patologias que afetam o padrão respiratório, *702*
- Centros superiores de controle respiratório, *702*
- Bibliografia, *703*

VISÃO GERAL E ASPECTOS HISTÓRICOS

Os movimentos respiratórios consistem em um processo cíclico de movimento de ar, por meio das vias respiratórias, para dentro e para fora dos pulmões. No entanto, apesar de parecer um processo relativamente simples, uma rede neural de extrema complexidade é responsável pela geração dos movimentos respiratórios.

A rede neural respiratória inicia sua atividade na fase intrauterina (1º trimestre) e continua ininterruptamente até o fim da vida. A região do sistema nervoso central (SNC) em que o processo respiratório (geração de ritmo e padrão respiratório) é gerado tem sido estudada intensamente nos últimos 30 anos. As primeiras descrições sobre a participação do SNC no controle respiratório foram feitas pelo médico de gladiadores Claudio Galeno (129-199), que detectou que o ritmo respiratório continuava somente se o SNC fosse preservado acima da região do pescoço. A observação de Galeno foi demonstrada experimentalmente somente no século XVIII, mostrando que o ritmo respiratório era interrompido após transecção da medula espinal na região cervical. No século XIX, com uso de modelo animal, demonstrou-se que a região do tronco encefálico era uma região crucial do SNC envolvida no controle respiratório. Algumas décadas adiante, Marie Jean Pierre Flourens (1794-1867) demonstrou experimentalmente que os movimentos respiratórios poderiam ser mantidos se apenas uma pequena porção da região bulbar se mantivesse intacta. Ele se referiu a essa região encefálica como sendo o *Noeud Vitale* (centro de controle da respiração). A partir das descrições de Flourens, vários grupos de pesquisa procuraram entender a participação do SNC no controle respiratório. Nessa época, experimentos mostraram que tanto a ponte como o bulbo possuem elementos essenciais para um padrão respiratório adequado, sendo o ritmo respiratório gerado no bulbo e modulado por estruturas pontinas. Santiago Ramon y Cajal (1852-1934) deu uma contribuição importante na descrição das vias aferentes e eferentes com envolvimento no controle respiratório (Figura 45.1 A). Ao longo dos anos, várias foram as contribuições de diversos grupos de pesquisa no entendimento do controle neural da respiração. A rede que controla a atividade respiratória pode ser, didaticamente, dividida em cinco grupamentos neurais, como mostrado na Figura 45.2 A e B.

Ao longo deste capítulo os seguintes tópicos serão discutidos: (1) geração do ritmo respiratório; (2) formação do padrão respiratório, que consiste na transformação de um ritmo oscilatório de atividade elétrica neural em movimentos coordenados de músculos respiratórios; (3) áreas centrais de controle respiratório; (4) músculos respiratórios responsáveis pelo controle do raio das vias respiratórias e pelos fluxos inspiratórios e expiratórios; (5) sensores responsáveis pela modulação da atividade respiratória: quimiorreceptores centrais e periféricos e receptores pulmonares; e (6) modulação da atividade respiratória durante atividade física e em situações patológicas.

GERAÇÃO DO RITMO E DO PADRÃO RESPIRATÓRIO

A atividade respiratória é produzida por um padrão gerador de movimento que envolve a coordenação de movimentos da caixa torácica, dos músculos abdominais e das vias respiratórias. A ritmogênese respiratória é gerada por neurônios do tronco encefálico e transmitida por uma rede de interneurônios e neurônios pré-motores para os neurônios motores respiratórios. Todos esses neurônios envolvidos no ritmo e na motricidade respiratória são chamados coletivamente de "neurônios respiratórios". O processo de transmissão sináptica da informação dos centros respiratórios até a musculatura respiratória é essencial para a construção do padrão respiratório eupneico.

O padrão respiratório é tipicamente ativo durante a inspiração (entrada de ar) e passivo na expiração (saída de ar) eupneica. O padrão expiratório pode ser dividido em duas fases distintas: a fase 1 da expiração (E1) ou pós-inspiratória (PI) e a fase 2 da expiração (E2) ou expiração ativa (EA), que se observa somente em situações de aumento do volume corrente como durante exercício físico ou certos comportamentos (Figura 45.1 B). Os neurônios respiratórios com atividade PI estão envolvidos no controle das vias respiratórias auxiliando na redução da velocidade do fluxo expiratório, ao passo que os neurônios com atividade E2 estão envolvidos na inervação da musculatura abdominal e dos músculos intercostais internos. O padrão eupneico corresponde a um padrão respiratório observado apenas em condições de repouso em mamíferos, com disparos rítmicos de atividade motora para o diafragma e para os músculos intercostais externos, controlando a inspiração. Nessa mesma condição de eupneia, a expiração é o resultado do relaxamento passivo desses músculos. Entretanto, a pergunta que segue é: quem é responsável pela origem desse padrão? Experimentos realizados em diversos modelos experimentais levaram à descoberta do "complexo pré-Bötzinger" (preBötC), uma região localizada na superfície ventral do bulbo, onde a ritmogênese respiratória é gerada (Smith *et al.*, 1991). Trabalhos clássicos mostraram uma atividade inspiratória robusta dos neurônios excitatórios do preBötC (Figura 45.3). Adicionalmente, os neurônios do preBötC são fenotipicamente descritos como sendo imunorreativos para receptores de neurocinina 1 (NK1r), somatostatina (SST) e glutamato. O papel relevante do preBötC no controle respiratório foi demonstrado em uma série de experimentos em que foram realizadas lesões seletivas dos neurônios dessa região, resultando em uma completa desestabilização do ritmo e do padrão respiratório. Os dados experimentais foram posteriormente estendidos para resultados obtidos em humanos, em que a expressão de NK1r foi encontrada em uma região homóloga ao preBötC em humanos (Schwarzacher *et al.*, 2011).

O ritmo inspiratório, gerado no preBötC, é transmitido para toda a rede respiratória, localizada no tronco encefálico, possivelmente por uma subpopulação de neurônios excitatórios. Estes, por sua vez, enviam projeções para os neurônios pré-motores, determinando o padrão de contração muscular. Acredita-se que o preBötC seja composto de subpopulações parcialmente sobrepostas de neurônios que formam microcircuitos responsáveis pela geração do ritmo e do padrão respiratório. Sugere-se que o início da atividade seja mediado por neurônios excitatórios. Em seguida, esses neurônios transmitem a informação para um conjunto de neurônios imunorreativos para SST, possivelmente auxiliando a padronização da ritmogênese, para posteriormente modelar o padrão respiratório eupneico. Por fim, o conjunto de neurônios inibitórios, presentes no preBötC, atuaria também na modulação do padrão respiratório, mas não seria essencial para a ritmogênese respiratória.

Controle da Ventilação 693

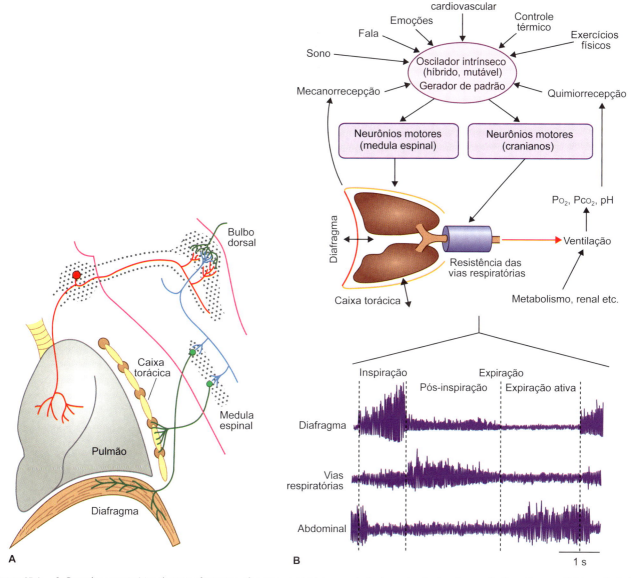

Figura 45.1 • **A.** Desenho esquemático das vias aferentes e eferentes envolvidas no controle da respiração descritas por Santiago Ramon y Cajal no século XIX. **B.** Representação esquemática da rede respiratória na geração do padrão respiratório: inspiração, pós-inspiração e expiração ativa. É importante ressaltar que sono, fala, emoções, controles térmico e cardiovascular e exercício físico podem influenciar e modular o padrão respiratório. Há ainda sensores periféricos (quimiorreceptores e receptores mecânicos de distensão pulmonar) que promovem a modulação do gerador central da respiração na tentativa de ajustar o padrão respiratório.

ÁREAS CENTRAIS DE CONTROLE RESPIRATÓRIO | NEURÔNIOS RESPIRATÓRIOS

A primeira evidência da importância do bulbo encefálico na respiração foi demonstrada em 1812 por LeGallois. Nesse estudo, foi possível observar que a respiração de coelhos continuava relativamente normal após a remoção do cérebro, do cerebelo e da porção dorsal do bulbo encefálico, ao passo que ela cessava após a transecção da porção ventral do bulbo. Com esse estudo, concluiu-se que os neurônios envolvidos no controle da respiração estariam localizados na superfície ventral do bulbo.

Como dito anteriormente, o padrão respiratório é formado por três fases: inspiração, expiração passiva ou pós-inspiração e expiração ativa. O conhecimento desse padrão formado por três fases levou a uma série de estudos que se iniciaram em 1970 por Richter e colaboradores utilizando registros intracelulares (Richter, 1982). Esses estudos demonstraram que, durante a respiração, atividades fásicas são geradas na região ventral do bulbo sem necessidade de uma retroalimentação periférica, envolvendo uma rede neuronal coordenada por interações sinápticas que foi chamada posteriormente de coluna respiratória ventral (Smith et al., 1991).

Atualmente, é possível formar um mapa funcional respiratório no sentido rostrocaudal da superfície ventral do bulbo, envolvendo todas as classes de diferentes neurônios respiratórios (Merrill, 1981) (ver Figura 45.1). Esse mapa funcional é composto pelas seguintes regiões: (1) núcleo retrotrapezoide e/ou grupamento respiratório parafacial (RTN/pF), (2) complexo Bötzinger (BötC), (3) complexo pré-Bötzinger (preBötC), (4) grupamento respiratório ventrolateral rostral (GRVLr), (5) grupamento respiratório ventrolateral caudal (GRVLc) e complexo pós-inspiratório (PiCO) (ver Figura 45.2 A e B).

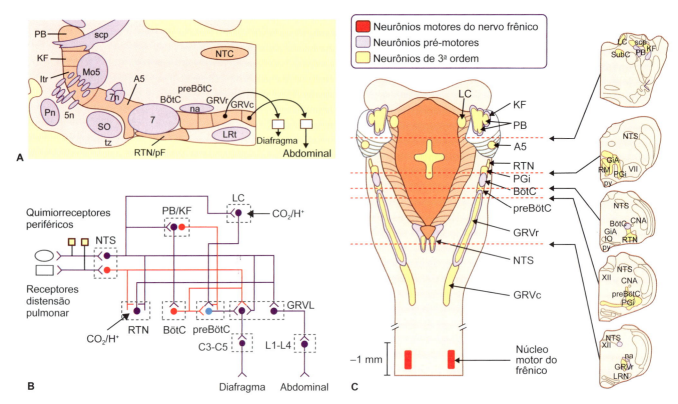

Figura 45.2 • **A.** Esquema sagital do tronco encefálico ilustrando as regiões envolvidas no controle respiratório. **B.** Desenho esquemático ilustrando as conexões excitatórias (*roxo*) ou inibitórias (*vermelho*) entre as áreas de controle respiratório do tronco encefálico. **C.** Visão frontal e coronal das regiões envolvidas no controle respiratório. *A5*, região pontina ventrolateral catecolaminérgica A5; *BötC*, complexo de Bötzinger; *C3-C5*, medula espinal cervical níveis 3-5; *GRVc*, grupamento respiratório ventrolateral caudal; *GRVr*, grupamento respiratório ventrolateral rostral; *Itr*, região intertrigeminal; *KF*, Kölliker-Fuse; *LC*, locus coeruleus; *LRt*, núcleo reticular lateral; *L1-L4*, medula espinal lombar níveis 1-4; *Mo5*, núcleo mesencefálico do trigêmeo; *na*, núcleo ambíguo; *NTS*, núcleo do trato solitário; *PB*: parabraquial; *Pn*, núcleo basilar pontino; *preBötC*, complexo de pré-Bötzinger; *RTN/pF*, núcleo retrotrapezoide/região parafacial; *scp*, pedúnculo cerebelar superior; *SO*, oliva superior; *tz*, corpo trapezoide; *7n*, nervo facial.

Além do grupamento respiratório ventral, sabe-se também que na região dorsal do bulbo e em estruturas da ponte existem grupamentos de neurônios envolvidos nas diversas fases do ciclo respiratório. Esses neurônios estão localizados no núcleo do trato solitário (NTS), complexo parabraquial/Kölliker-Fuse (PB/KF) e *locus coeruleus* (LC) (ver Figura 45.2).

A seguir, abordaremos cada uma dessas regiões e sua função específica nas diferentes fases da respiração.

▶ Núcleo retrotrapezoide/grupamento respiratório parafacial

O núcleo retrotrapezoide/grupamento respiratório parafacial (RTN/pF) é o grupo de neurônios mais rostral da coluna respiratória ventral. Consiste em uma população de neurônios localizados embaixo da porção caudal do núcleo motor facial e muito próximo da superfície ventral do bulbo (Guyenet e Bayliss, 2015). Esses neurônios se estendem desde a porção caudal do corpo trapezoide até a região caudal do núcleo motor do facial, englobando uma distância de aproximadamente 2 mm no rato. Os neurônios do RTN/pF podem ser, atualmente, identificados histologicamente devido à combinação de marcadores imuno-histoquímicos para o fator de transcrição Phox2b e glutamato e a ausência de marcadores catecolaminérgicos e colinérgicos.

Trabalhos anteriores mostraram que esses neurônios estão envolvidos na quimiorrecepção central e aumentam sua atividade mediante elevados níveis de CO_2/H^+ no plasma e no líquido cefalorraquidiano. Apesar de existirem evidências de que esses neurônios são responsáveis pelo controle do movimento inspiratório, estudos recentes têm sugerido que o RTN/pF também é responsável pela geração da atividade expiratória (ver Figura 45.2 B e C). Acredita-se que os neurônios do RTN/pF envolvidos no processo da expiração ativa encontram-se constantemente inibidos e que a desinibição desses neurônios ocorre em situações específicas, como hipoxia, hipercapnia ou atividade física, gerando, então, a fase da expiração ativa. Entretanto, a fonte dessa inibição ainda é desconhecida.

Os neurônios do RTN/pF envolvidos no processo da expiração ativa parecem estar localizados mais lateralmente no núcleo. Esses neurônios possuem maior atividade durante o final da expiração, são inibidos no decorrer da inspiração e exibem um segundo disparo na primeira fase da expiração (fase pós-inspiratória). Dessa maneira, esses neurônios foram classificados como neurônios expiratórios bifásicos. Assim, tem sido proposto que a atividade expiratória é gerada por um oscilador independente e separado, localizado na região RTN/pF, que reciprocamente interage com o oscilador inspiratório do preBötC, e que o acoplamento desses dois osciladores forma um mecanismo fundamental para a geração do ritmo respiratório e para a manutenção do padrão eupneico (Feldman *et al.*, 2013).

▶ Complexo Bötzinger

O complexo de Bötzinger (BötC) está localizado no bulbo ventrolateral e se estende da porção caudal do núcleo motor facial até a porção compacta do núcleo ambíguo. É considerado

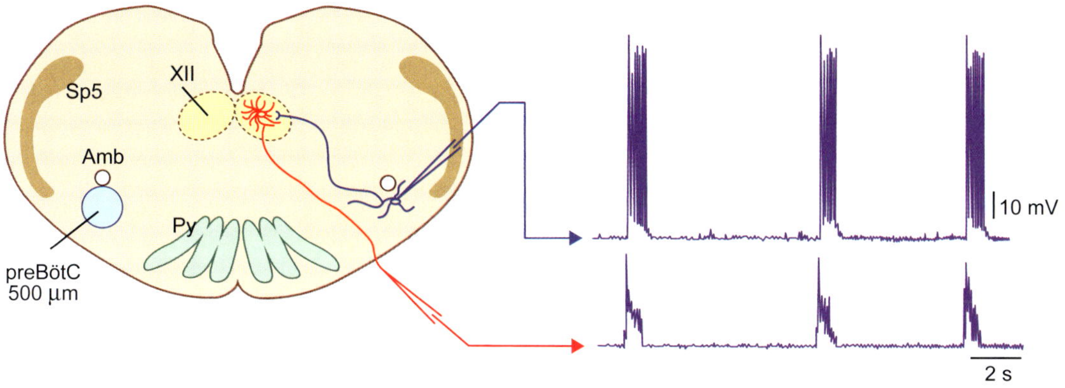

Figura 45.3 ■ Possível contribuição do complexo pré-Bötzinger no ritmo gerador da inspiração. Os registros representam a atividade elétrica de neurônios do preBötC e a saída da raiz do nervo hipoglosso.

uma fonte primária de atividade expiratória (Schreihofer et al., 1999) e contém principalmente interneurônios inibitórios com padrão expiratório, que se projetam monossinapticamente para outras regiões da coluna respiratória (em especial o GRVLr) (ver Figura 45.2 C). O principal neurotransmissor dos neurônios dessa região é a glicina (Schreihofer et al., 1999). Interações inibitórias entre os neurônios expiratórios do complexo Bötzinger e os neurônios inspiratórios localizados mais caudalmente no complexo pré-Bötzinger foram propostas como um mecanismo para geração/manutenção do ritmo respiratório in vivo. No entanto, essa teoria ainda é motivo de várias controvérsias na literatura científica (Feldman et al., 2013) (ver Figura 45.2 C).

▶ Grupamento respiratório ventrolateral rostral e caudal | Neurônios pré-motores

O grupamento respiratório ventrolateral rostral (GRVLr) contém neurônios que se estendem da porção caudal do núcleo ambíguo até o início do óbex. São neurônios pré-motores excitatórios, com atividade inspiratória, que se projetam para a região cervical da medula espinal que controla a atividade de músculos inspiratórios, em especial o diafragma (ver Figura 45.2 C). Os neurônios pré-motores do GRVLr também recebem uma série de inibições oriundas do BötC e de estruturas pontinas. As inibições são essenciais durante a fase da expiração, evitando que os músculos inspiratórios se contraiam durante a exalação do ar. O grupamento respiratório ventrolateral caudal (GRVLc) inicia-se no nível do óbex (rostral ao *calamus scriptorius*) e se estende até a transição com a medula espinal cervical. A maioria dos neurônios encontrados no GRVLc possuem um padrão de atividade que aumenta durante a expiração e são classificados como neurônios pré-motores excitatórios (provavelmente glutamatérgicos), que se projetam para o corno ventral, o qual controla os neurônios motores que promoverão a inervação da musculatura expiratória (Iscoe, 1998) (ver Figura 45.2 C).

▶ Complexo pós-inspiratório

Neurônios com atividade pós-inspiratória têm sido descritos e identificados no BötC, uma região encefálica primariamente contendo neurônios inibitórios. No entanto, a fonte de excitação para essa região tem sido motivo de vários estudos na literatura. Recentemente, identificou-se que uma região localizada dorsalmente ao BötC contém neurônios colinérgicos e com atividade ritmogênica pós-inspiratória. Essa região parece possuir um papel relevante na primeira fase da expiração (fase E1), também chamada de fase pós-inspiratória.

Adicionalmente, a atividade respiratória está intimamente relacionada a outros comportamentos, como vocalização, deglutição e tosse. Esses fenômenos ocorrem na fase pós-inspiratória, e, portanto, uma atividade pós-inspiratória prejudicada poderia resultar em aspirações, promovendo quadros de pneumonia, uma das principais causas de óbito em pacientes portadores de doenças neurodegenerativas.

▶ Núcleo do trato solitário

O núcleo do trato solitário (NTS) é dividido em seu aspecto rostrocaudal em três sub-regiões, conforme sua proximidade com a área postrema: NTS rostral, NTS intermediário e NTS caudal. Ele é composto por diversos grupamentos de neurônios envolvidos no controle de diferentes funções do organismo humano: cardiovascular, gastrintestinal, endócrina e também respiratória. Com relação ao controle respiratório, acredita-se que o papel do NTS seja na modulação da atividade dos neurônios respiratórios de toda a coluna respiratória ventral. Assim, sabe-se que os neurônios localizados na porção caudal recebem as aferências vindas dos quimiorreceptores periféricos e enviam projeções excitatórias para a coluna respiratória ventral, promovendo uma integração do quimiorreflexo respiratório periférico e central. Além disso, na porção intermediária do NTS, existe um grupo de neurônios inibitórios que também se projetam para a região da coluna respiratória ventral e estão envolvidos no reflexo de distensão pulmonar. Registros da atividade elétrica dos neurônios do NTS também mostraram que existem neurônios com atividade relacionada com todas as fases da respiração em toda a sua extensão rostrocaudal, englobando neurônios do NTS rostral, intermediário e caudal (ver Figura 45.2 C).

▶ Complexo parabraquial/Kölliker-Fuse

A região do complexo parabraquial/Kölliker-Fuse (PB/KF) possui uma coleção de neurônios inibitórios com atividade eletrofisiológica coincidindo com a fase da expiração passiva ou fase pós-inspiratória. O papel desse núcleo pontino na respiração parece ser de promover o encerramento da inspiração e auxiliar na manutenção do ritmo respiratório. Com isso, acredita-se que o complexo PB/KF participe da fase de transição entre a inspiração e a expiração (ver Figura 45.2 C).

Locus coeruleus

Os grupamentos noradrenérgicos localizados na região pontina são classificados em quatro grupos: A4, A5, A6 e A7. Esses grupamentos noradrenérgicos estão envolvidos em várias funções neurovegetativas, como sono, termorregulação, controle cardiovascular e controle respiratório (Guyenet, 1991). Dentre essas regiões, uma em especial (região A6 – LC) recebe influência de várias áreas bulbares envolvidas no controle respiratório. Sabe-se que o LC não se projeta diretamente para a medula espinal, mas está envolvido diretamente com as vias neurais relacionadas ao sistema de alerta e no processo da quimiorrecepção central e periférica (Gargaglioni et al., 2010) (ver Figura 45.2 C).

SENSORES MODULADORES DA ATIVIDADE RESPIRATÓRIA

Quimiorreceptores periféricos e centrais

Para que o ritmo e a amplitude respiratória sejam ajustados de forma a assegurar a homeostase gasométrica, é necessário que o SNC receba informações refinadas e precisas dos valores arteriais de oxigênio (O_2) e dióxido de carbono (CO_2). Esse papel é atribuído às células conhecidas como quimiorreceptores, que são estruturas especializadas, sensíveis às alterações químicas no sangue e/ou no líquido cefalorraquidiano (Feldman et al., 2013). Em condições normais, essas células realizam o monitoramento contínuo, informando ao SNC sobre a pressão parcial de oxigênio (P_{O_2}), pressão parcial de dióxido de carbono (P_{CO_2}) e pH plasmático, possibilitando que o mesmo promova os ajustes adequados (Guyenet e Bayliss, 2015; Feldman et al., 2013). Basicamente possuímos dois tipos de quimiorreceptores que são classificados de acordo com sua localização anatômica em quimiorreceptores periféricos ou centrais.

Quimiorreceptores periféricos

O O_2 é uma molécula essencial para a homeostase e a sobrevivência das células em organismos aeróbios; sendo assim, é fundamental um controle refinado dos níveis de sua P_{O_2}, pois sua escassez promove importantes alterações no funcionamento celular e pode determinar a morte dos tecidos. Todas as células do organismo possuem uma capacidade intrínseca de detectar variações na concentração extracelular de O_2 e, de certo modo, responder a tais alterações. Entretanto, um conjunto de células neuroepiteliais derivadas da crista neural localizadas principalmente nos corpúsculos aórticos e carotídeos apresenta a peculiaridade de se despolarizar em condições de hipoxia (queda das concentrações de O_2 no organismo), hipercapnia (aumento das concentrações de CO_2 no organismo) ou acidose (redução do pH). Os corpúsculos aórticos e carotídeos estão localizados na porção inferior do arco aórtico e nos corpos carotídeos (na bifurcação das artérias carótidas), respectivamente (Figura 45.4 A). Mediante alterações nos níveis de gases (redução de O_2 ou aumento de CO_2) ou redução do pH, por um mecanismo ainda não totalmente esclarecido, ocorre uma inibição de canais para K^+ (canal para K^+ ativado por Ca^{2+}; canais do tipo HERG e canais do tipo TASK), ocasionando uma despolarização das células quimiossensíveis (células *glomus* do tipo I) dos corpos aórticos e carotídeos (Figura 45.4 B e C). Essa despolarização sensibiliza terminais nervosos aferentes que com elas fazem contato, os quais enviam potenciais de ação via nervos glossofaríngeo e vago (IX e X pares de nervos cranianos, respectivamente) para a primeira estação sináptica no SNC, o núcleo do trato solitário (NTS). A partir do NTS, uma constelação de vias encefálicas são mobilizadas para promover a ativação de reflexos cardiovasculares e respiratórios com o objetivo de restaurar P_{O_2}, P_{CO_2} e pH a valores fisiológicos adequados (ver Figura 45.2 B).

Os quimiorreceptores periféricos são compostos de dois tipos celulares: células *glomus* do tipo I e do tipo II. As células *glomus* do tipo I são estruturas extremamente pequenas (aproximadamente 10 μm de diâmetro nos seres humanos), apresentam elevada quantidade de mitocôndrias e retículo endoplasmático (taxa metabólica elevada, sendo maior do que o próprio encéfalo), além de vesículas que contêm uma grande variedade de neurotransmissores (dopamina, acetilcolina, norepinefrina, neuromoduladores como o trifosfato de adenosina [ATP], angiotensina II, histamina e também neurotransmissores gasosos como NO, CO e H_2S). Próximo aos quimiorreceptores, existe um elevado número de capilares, os quais são responsáveis por garantir um fluxo sanguíneo extremamente elevado, possivelmente a maior taxa de fluxo de sangue entre todos os tecidos do organismo. As células *glomus* do tipo II são classificadas como estruturas de sustentação, envolvendo as células tipo I, bem como os capilares. As células *glomus* do tipo I recebem inervação de neurônios simpáticos pré-ganglionares e, portanto, podem alterar a sua atividade quimiorreceptora.

O recrutamento de todo esse processo é chamado de quimiorreflexo periférico, o qual consiste em um dos principais elementos mantenedores da homeostase cardiorrespiratória (Kumar e Prabhakar, 2012). Os ajustes promovidos pela ativação desse reflexo se caracterizam por aumento da pressão arterial, decorrente de aumento na atividade simpática e na ventilação alveolar, que ocorre de modo sincronizado com o objetivo de aperfeiçoar os processos de trocas gasosas no pulmão, e por aumento do débito cardíaco, melhorando a eficiência da captação de O_2 e da perfusão tecidual. Além da resposta simpática e respiratória, a ativação dos quimiorreceptores periféricos também promove resposta de redução da frequência cardíaca e resposta motora, caracterizada por um comportamento exploratório do ambiente (Kumar e Prabhakar, 2012).

De maneira geral, um organismo deve responder à hipoxia mediante um processo adaptativo. Para ser adaptativo, no entanto, não pode haver uma única resposta estereotipada frente a uma situação de hipoxia. A maneira pela qual um organismo responde à hipoxia depende do tipo de condições hipóxicas (agudas ou crônicas, intermitentes ou contínuas), da condição fisiológica ou da idade do organismo, entre outros fatores. Com o objetivo de controlar essas respostas adaptativas, funções neuronais devem ser reguladas de forma heterogênea. Por exemplo, durante uma situação de hipoxia aguda, algumas funções não devem ser mantidas com o objetivo de manutenção de energia (redução da temperatura corporal), ao passo que outras funções, críticas para a sobrevivência, devem ser mantidas (regulação de fluxo sanguíneo para SNC e coração). Os mecanismos descritos anteriormente são bem ativos em recém-nascidos, pois eles necessitam de adequado controle das concentrações químicas do sangue a fim de manter a homeostase fisiológica. Alterações no desenvolvimento dos quimiorreceptores periféricos durante a vida fetal ou na primeira infância podem promover diversos distúrbios respiratórios.

Controle da Ventilação   697

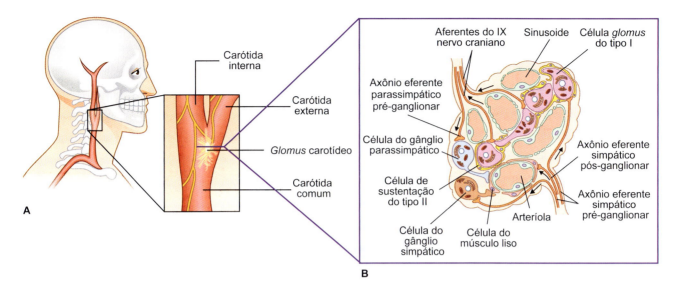

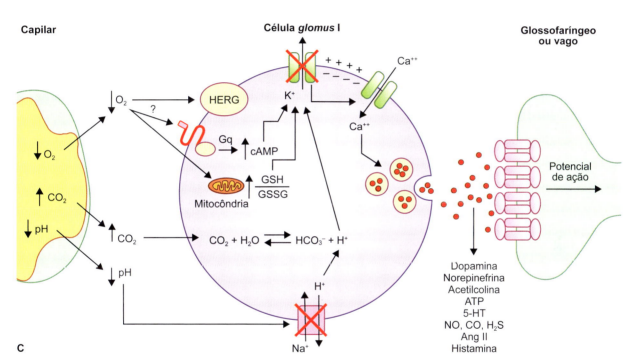

Figura 45.4 ▪ **A.** Localização anatômica do corpúsculo carotídeo (quimiorreceptores periféricos carotídeos). **B.** Anatomia microscópica do corpúsculo carotídeo, evidenciando a presença de células *glomus* dos tipos I e II, vasos sanguíneos e terminais aferentes e eferentes. **C.** Mecanismos moleculares das células *glomus* do tipo I durante estímulo hipóxico (redução de O_2), estímulo hipercápnico (aumento de CO_2) ou redução do pH.

Sensibilidade dos quimiorreceptores periféricos a variações na P_{O_2}

A perfusão sanguínea dos quimiorreceptores aórticos e carotídeos com baixos níveis de P_{O_2} (hipoxia), mas com níveis de P_{CO_2} e pH considerados normais, é suficiente para promover um aumento rápido e reversível da atividade das vias aferentes dos quimiorreceptores periféricos (Figura 45.5 A). Em condições de pH normal e normocapnia, um aumento da P_{O_2} para valores acima de 100 mmHg (hiperoxia) leva a pequenas alterações na atividade dos quimiorreceptores periféricos (ver Figura 45.5 A). Por outro lado, diminuições na P_{O_2} para valores abaixo de 100 mmHg causam um aumento progressivo na atividade dos quimiorreceptores periféricos, que se torna muito intensa em P_{O_2} abaixo de 50 mmHg (ver Figura 45.5 A).

Sensibilidade dos quimiorreceptores periféricos a variações na P_{CO_2} e no pH

Os quimiorreceptores periféricos também são capazes de detectar alterações em situações de hipercapnia (aumento dos níveis de P_{CO_2}). A Figura 45.5 A ilustra um experimento em que os níveis de pH foram mantidos constantes (pH fisiológico ~ 7,4), bem como os níveis de P_{O_2} arterial. Nessa situação pode-se observar um aumento na atividade dos quimiorreceptores periféricos com o aumento da P_{CO_2}.

Os quimiorreceptores também podem detectar alterações no pH arterial. Uma condição de acidose metabólica, com os valores de P_{O_2} e P_{CO_2} mantidos em condições fisiológicas, também promove aumento significativo da atividade elétrica dos quimiorreceptores periféricos (ver Figura 45.5 B).

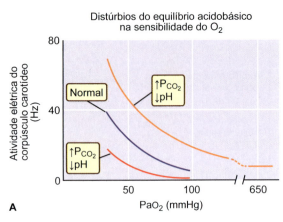
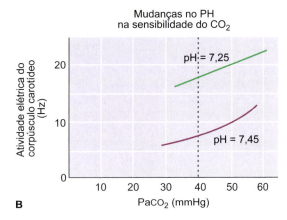

Figura 45.5 • Quimiossensibilidade do corpúsculo carotídeo. **A.** Efeitos na atividade elétrica do corpúsculo carotídeo em função de alterações no equilíbrio acidobásico. **B.** Efeitos na atividade elétrica do corpúsculo carotídeo em função de alterações no pH.

Mecanismos moleculares de ativação dos quimiorreceptores periféricos por variações na P_{O_2}, na P_{CO_2} ou no pH

Os mecanismos moleculares pelos quais as células *glomus* do tipo I detectam alterações na P_{O_2}, na P_{CO_2} e/ou pH, levando a uma despolarização das vias aferentes para o SNC, ainda não estão totalmente esclarecidos. Acredita-se que uma hipoxia (redução dos níveis da P_{O_2}) seja capaz de promover a ativação de uma proteína de membrana, contendo um grupamento heme, o qual desencadearia um fechamento de canais para K^+ associados a essa proteína (ver Figura 45.4 C). A hipoxia pode promover também um aumento dos níveis de monofosfato de adenosina cíclico (cAMP), que leva a uma redução da atividade de canais para K^+ sensíveis ao cAMP (ver Figura 45.4 C). Uma terceira hipótese é a de que a redução dos níveis de O_2 possa desencadear uma inibição da NADPH oxidase na mitocôndria, aumentando a relação de glutationa reduzida em glutationa oxidada, que por fim promove a inibição de canais para K^+ (ver Figura 45.4 C).

Um aumento dos níveis de P_{CO_2} gera acúmulo de CO_2 intracelular, o qual é convertido em H^+, promovendo redução do pH intracelular. A redução do pH intracelular é o gatilho para a inibição de canais para K^+ sensíveis a voltagem. A inibição dos canais para K^+ promove despolarização celular, ativando canais para Ca^{2+} sensíveis a voltagem. A abertura dos canais para Ca^{2+} sensíveis a voltagem permite o influxo de Ca^{2+} para o meio intracelular, que por sua vez ativa mecanismos de exocitose de vesículas contendo neurotransmissores (ver Figura 45.4 C).

Quimiorreceptores centrais

Os primeiros trabalhos científicos que mostraram a participação dos quimiorreceptores centrais no controle da ventilação datam das décadas de 1950 e 1960. Animais experimentais com os quimiorreceptores periféricos desnervados demonstravam aumento da ventilação após a aplicação de solução ácida nos ventrículos encefálicos ou aplicada diretamente na superfície ventral do tronco encefálico (Millhorn, 1986). A partir desses experimentos, começou-se a acreditar que o estímulo primário de aumento ventilatório durante uma acidose respiratória não fosse decorrente de aumento na P_{CO_2}, e sim um efeito direto da formação de H^+ (queda do pH) no parênquima encefálico. Atualmente se sabe que os quimiorreceptores centrais constituem os principais elementos para adequação respiratória à manutenção da oxigenação e balanço acidobásico. Essas estruturas (neurônios, células da glia ou vasculatura encefálica) atuam como sensores de alteração dos níveis de P_{CO_2} e/ou pH no liquor ou no parênquima encefálico.

Um aumento de apenas 10% da P_{CO_2} é capaz de dobrar a atividade ventilatória, ao passo que somente uma redução em mais do que 50% dos níveis de O_2 (primariamente uma ativação dos quimiorreceptores periféricos) poderá promover resposta ventilatória semelhante. Se tivermos um aumento da P_{CO_2} (acidose respiratória), teremos um aumento substancial da ventilação. Esse aumento é gradual, pois há necessidade de o CO_2 atingir o equilíbrio no parênquima encefálico (Figura 45.6). Por outro lado, se tivermos uma situação de acidose metabólica (redução do pH e manutenção da P_{CO_2}) de magnitude semelhante à acidose respiratória, a ventilação aumentará muito mais lentamente e em menor magnitude. Esses efeitos devem-se ao fato de que os quimiorreceptores centrais são elementos localizados no parênquima encefálico, banhados pelo líquido cefalorraquidiano e separados do sangue pela barreira hematencefálica. A barreira hematencefálica possui elevada permeabilidade para moléculas gasosas como O_2 e CO_2, mas

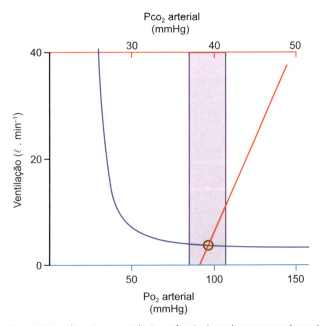

Figura 45.6 • Alterações na ventilação em função de mudanças na pressão parcial de O_2 (PaO_2) ou na pressão parcial de CO_2 ($PaCO_2$).

baixa permeabilidade para íons como Na^+, Cl^-, HCO_3^- e H^+. Aumento na P_{CO_2} promove aumento na concentração de CO_2 no líquido cefalorraquidiano, bem como no parênquima encefálico, resultando em acidose. Como a concentração proteica do líquido cefalorraquidiano é inferior ao plasma, a capacidade tamponante também é inferior. Dessa maneira, acredita-se que aumentos na P_{CO_2} arterial possam produzir maior redução do pH no líquido cefalorraquidiano do que no plasma. Dessa maneira, acredita-se que deva ocorrer maior transporte de HCO_3^- do plasma para o líquido cefalorraquidiano e/ou parênquima encefálico na tentativa de tamponar o pH para manter a homeostase.

Alterações na ventilação em virtude de mudanças no pH do líquido cefalorraquidiano são independentes de o distúrbio acidobásico ser de origem respiratória ou metabólica. Por outro lado, como a permeabilidade da barreira hematencefálica é baixa a H^+, variações sistêmicas metabólicas são menos detectadas pelos quimiorreceptores centrais.

Mecanismos moleculares de ativação dos quimiorreceptores centrais a variações na P_{CO_2} e no pH

O mecanismo neuromolecular de detecção de aumento de CO_2 e consequentemente queda de pH ainda é motivo de várias controvérsias na literatura.

Via anidrase carbônica, os níveis de CO_2 são mantidos em equilíbrio mediante a participação de prótons, ânions hidroxila e bicarbonato. Dessa maneira, os efeitos respiratórios do CO_2 são, na sua grande maioria, mediados pelas alterações na $[H^+]$, mas mecanismos adicionais também podem ser considerados, como as reações de carbamilação (ativação de conexinas 26) ou o bicarbonato controlando a adenilatociclase. O mecanismo molecular mais aceito de como os quimiorreceptores centrais detectam alterações na P_{CO_2} parece ser pela ativação de duas proteínas de membrana: TASK-2 e GPR-4 (Kumar *et al.*, 2015) (Figura 45.7).

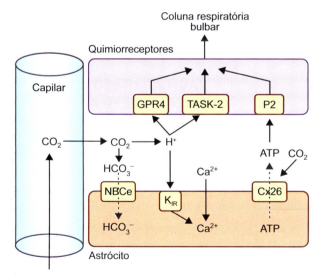

Figura 45.7 ▪ Mecanismos moleculares de detecção do CO_2 pelos quimiorreceptores centrais. A ativação dos quimiorreceptores centrais, localizados na superfície ventral do bulbo, depende da ativação de duas proteínas de membrana (GPR4 e TASK-2). A resposta pode ainda ser potencializada ou modulada por um mecanismo purinérgico (receptores P2) dependente de astrócitos localizados na mesma região dos quimiorreceptores centrais. A despolarização dos astrócitos pode ainda promover a ativação de um transportador eletrogênico sódio-bicarbonato (NBCe), que promove a interiorização de bicarbonato, acidificando o meio extracelular e aumentando a atividade dos quimiorreceptores centrais.

A caracterização inicial da participação de canais para K^+ nas respostas de alteração de pH nos neurônios quimiossensíveis sugeriram o envolvimento da família de canais TASK. Apesar das evidências para a expressão generalizada de canais TASK-1 e TASK-3 em neurônios do tronco encefálico, a deleção genética seletiva desses canais não foi efetiva em alterar as respostas respiratórias mediante ativação dos quimiorreceptores centrais. Por outro lado, estudos recentes demonstraram a expressão seletiva de canais do tipo TASK-2 em neurônios com característica quimiossensível do tronco encefálico, mais precisamente na região do núcleo retrotrapezoide (RTN). A eliminação genética de canais TASK-2 dos neurônios quimiossensíveis do RTN foi efetiva em reduzir a resposta ventilatória ao aumento da P_{CO_2} (Kumar *et al.*, 2015). De maneira similar, um receptor de membrana acoplado a proteína G ativado por prótons (GPR-4) parece também ser responsável pela quimiossensibilidade central (detecção de H^+ em neurônios quimiossensíveis do RTN) (ver Figura 45.7).

Principais teorias da quimiorrecepção central

Atualmente parecem existir três teorias que buscam esclarecer os mecanismos neurais envolvidos na quimiorrecepção central (Guyenet e Bayliss, 2015).

A primeira teoria postula que a quimiorrecepção central estaria distribuída em todo o SNC, no qual muitos seriam os neurônios candidatos envolvidos. Dentre eles, podem-se incluir os grupamentos monoaminérgicos (adrenérgicos e serotoninérgicos), neurônios localizados na superfície ventrolateral do bulbo, neurônios localizados no NTS, neurônios da medula espinal, neurônios orexinérgicos do hipotálamo e neurônios do núcleo fastigial do cerebelo (Guyenet e Bayliss, 2015; Feldman *et al.*, 2013) (Figura 45.8). Nesse caso, a quimiorrecepção central seria resultado de um efeito cumulativo do pH nesses neurônios que influenciariam o ritmo ventilatório. Do início dos anos 1960 até o início dos anos 1980, acreditava-se que o principal centro quimiossensível no SNC estivesse localizado na superfície ventrolateral do bulbo. Embora evidências mostrando a participação da superfície ventrolateral do bulbo tenham surgido de maneira lenta até o início da década de 1980, diversos experimentos mostraram que vários neurônios da superfície ventrolateral do bulbo respondiam a variações no pH e também mediante sua excitação ou inibição, constituindo importantes descobertas sobre a distribuição dos quimiorreceptores no SNC, em especial no bulbo. Entretanto, essa interpretação tem sido difícil de ser comprovada experimentalmente, pois, nos diferentes grupos de "candidatos" a quimiorreceptores (neurônios serotoninérgicos, adrenérgicos, orexinérgicos etc.), observam-se efeitos na excitabilidade neuronal, em especial nos neurônios responsáveis pelo ritmo ventilatório, quando expostos a uma situação de baixo pH.

A segunda teoria, chamada de "teoria quimiorreceptora especializada", postula que os neurônios responsáveis pelo ritmo ventilatório não são sensíveis ao pH, mas recebem projeções de um grupamento especializado de neurônios excitatórios, localizados na superfície ventrolateral do bulbo, que seriam os quimiorreceptores centrais. Essa informação está baseada em várias evidências da literatura desde meados da década de 1990, mostrando que: (1) um pequeno grupamento de neurônios localizados na superfície ventrolateral do bulbo projeta-se anatomicamente para os neurônios da coluna respiratória ventral (região que contém os neurônios pré-motores que controlam os músculos respiratórios) e (2) os neurônios dessa região possuem atividade intrínseca, isto é, sua atividade é independente do funcionamento dos

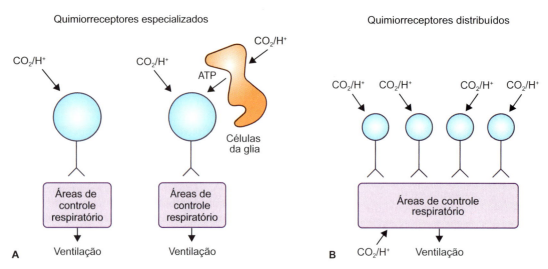

Figura 45.8 ▪ Teorias da quimiorrecepção central. **A.** A quimiorrecepção central seria distribuída em todo o sistema nervoso central (SNC), em que muitos seriam os neurônios candidatos envolvidos. Dentre eles, podem-se incluir os grupamentos monoaminérgicos (adrenérgicos e serotoninérgicos), neurônios localizados na superfície ventrolateral do bulbo, neurônios localizados no NTS, neurônios da medula espinal, neurônios orexinérgicos do hipotálamo e neurônios do núcleo fastigial do cerebelo. Nesse caso, a quimiorrecepção central seria resultado de um efeito acumulativo do pH nesses neurônios, que influenciariam a ventilação. **B.** A chamada "teoria quimiorreceptora especializada" postula que os neurônios responsáveis pela ventilação não são sensíveis ao pH, mas recebem projeções de um grupamento especializado de neurônios excitatórios, localizados na superfície ventrolateral do bulbo que seriam os quimiorreceptores centrais. Em consonância com essa teoria, sugere-se que as células da glia (astrócitos) também participariam do processo de quimiorrecepção. Essa última evidência preconiza que os astrócitos seriam os primeiros grupamentos celulares a detectarem alterações de aumento de CO_2 e queda de pH, promovendo a liberação de neurotransmissores (ATP) a fim de ativar os neurônios de controle respiratório e, dessa maneira, aumentar a ventilação.

neurônios responsáveis pela geração do ritmo e do padrão respiratório e de projeções dos quimiorreceptores periféricos (ver Figura 45.2 C).

A terceira teoria preconiza a participação de células da glia (astrócitos) no processo de quimiorrecepção central (Guyenet e Bayliss, 2015). Resumidamente, essa última teoria preconiza que os astrócitos seriam os primeiros grupamentos celulares a detectarem alterações de aumento de CO_2 e queda de pH. Os astrócitos sensíveis às variações de pH promoveriam a ativação do transportador eletrogênico Na^+/HCO_3^-, aumentando a concentração do íon Na^+ no meio intracelular astrocitário. O aumento da concentração de Na^+ ativa o trocador Na^+/Ca^{2+} de maneira inversa, aumentando a concentração de Ca^{2+} no meio intracelular e desencadeando uma cascata intracelular que, por fim, promove a liberação de neurotransmissores, entre eles o ATP, que ativariam os neurônios da superfície ventrolateral e, dessa maneira, aumentariam a ventilação (Moreira et al., 2015) (ver Figura 45.7).

Respostas integradas de ativação dos quimiorreceptores periféricos e centrais

Durante uma situação de desbalanço acidobásico, como na acidose respiratória (aumento da P_{CO_2} e redução do pH), temos uma ativação tanto dos quimiorreceptores periféricos quanto dos quimiorreceptores centrais. De acordo com a literatura, 65 a 80% da resposta ventilatória a uma acidose respiratória parece depender da ativação dos quimiorreceptores centrais, mas essa resposta é lenta, pois o CO_2 precisa se difundir no parênquima encefálico para promover a ativação dos quimiossensores centrais. Por outro lado, o aumento da atividade ventilatória depende em apenas 20 a 35% da participação dos quimiorreceptores periféricos. Neste último caso, a resposta ventilatória reflexa é mais rápida. Esses efeitos podem ser demonstrados graficamente na Figura 45.6, em que, para uma P_{O_2} alveolar normal, o aumento da P_{CO_2} promove aumento linear da resposta ventilatória. Por outro lado,

para uma dada P_{CO_2}, uma redução na P_{O_2} (hipoxia) é capaz de aumentar a ventilação, refletindo a ativação dos quimiorreceptores periféricos. As alterações na resposta ventilatória em situações de hiperoxia (valores de P_{O_2} maiores do que 100 mmHg) são pequenas, mas, as respostas ventilatórias à hipoxia são exponenciais para valores de redução da P_{O_2} abaixo de 60 a 75% (ver Figura 45.6).

Várias são as situações clínicas em que podemos desenvolver acidose metabólica. Como exemplos, temos: insuficiência renal, diarreias constantes, hiperpotassemia, acidose láctica e cetoacidose (diabéticos descompensados) e ingestão acidental de sais de amônio. Nessas situações, teremos uma resposta de hiperventilação mediada principalmente pela ativação dos quimiorreceptores centrais, dado o aumento das concentrações de H^+. Certamente não podemos descartar também a participação dos quimiorreceptores periféricos na resposta de aumento da ventilação durante um quadro de acidose metabólica.

▶ Receptores de distensão pulmonar | Receptores de adaptação lenta e rápida

Os receptores de adaptação lenta constituem terminais nervosos mielinizados localizados na musculatura lisa das vias respiratórias, desde a traqueia até os bronquíolos. Esses receptores informam ao grupamento respiratório o grau de insuflação/desinsuflação pulmonar. À medida que os pulmões se enchem ou se esvaziam de ar, ocorre aumento da atividade desses receptores que enviam informações, via nervo vago (fibras mielinizadas), para o grupamento respiratório a fim de parar o processo inspiratório. Esse seria o clássico reflexo de Hering-Breuer (Ullmann, 1970). O reflexo foi descrito pela primeira vez em 1868 por Hering e Breuer, que observaram supressão inspiratória e prolongamento da expiração (reflexo da insuflação pulmonar). Por outro lado, os mesmos pesquisadores mostraram que a desinsuflação pulmonar promovia aumento da frequência respiratória, bem como do esforço inspiratório (reflexo da desinsuflação pulmonar). Ambos os efeitos eram eliminados após a secção bilateral do nervo vago, indicando que o reflexo era mediado pelo nervo vago (Figura 45.9). Esse reflexo está bem ativo em crianças recém-nascidas e tende a diminuir ao longo do desenvolvimento.

O recrutamento do reflexo descrito anteriormente é mediado pela ativação de dois tipos de receptores mecânicos pulmonares sensíveis ao estiramento: os receptores pulmonares de adaptação lenta (RAL) e os receptores pulmonares de adaptação rápida (RAR) (Widdicombe, 2006).

▶ Receptores de irritação

Os chamados receptores de adaptação rápida (receptores de irritação) que constituem terminações nervosas mielinizadas diferem dos receptores de adaptação lenta somente em relação à adaptação ao estímulo. Estão localizados na traqueia, nos brônquios e nos bronquíolos, e detectam pequenas deformações da superfície das vias respiratórias. São estimulados por partículas inertes e corpos estranhos como gases e vapores irritantes, além da histamina. A estimulação dos receptores de irritação resulta em parada respiratória (apneia), broncoconstrição, fechamento da glote, desencadeando o reflexo da tosse e o aumento de secreção de muco nas vias respiratórias. Substâncias como fumaça, amônia ou formaldeído são os principais estímulos para a ativação dos receptores de irritação.

RESPOSTA VENTILATÓRIA AO EXERCÍCIO

O aumento da ventilação ocorre imediatamente no início do exercício físico. No final dos anos 1950, Dejours *et al.* (1964) demonstraram a existência de dois componentes respiratórios ao exercício, o componente rápido e o lento. Acredita-se que a resposta respiratória ao exercício dependa dos seguintes mecanismos: (1) neurônios respiratórios da coluna respiratória bulbar recebem influências de uma projeção hipotalâmica (hipótese do comando central) mediante o centro gerador de movimento ou (2) neurônios respiratórios da coluna respiratória bulbar recebem as aferências III (fibras mielinizadas) e IV (fibras não mielinizadas) de receptores metabotrópicos de músculos, tendões e articulações.

Ainda não está muito clara a participação dos quimiorreceptores durante as respostas respiratórias ao exercício, pois durante o exercício físico a P_{CO_2} não se eleva; na verdade, de modo geral diminui ligeiramente durante um exercício físico de alta intensidade. A P_{O_2} também sofre pequeno aumento, e o pH arterial permanece quase constante em situações de exercício moderado. Durante exercícios físicos de elevada intensidade, ocorre diminuição do pH arterial em virtude da liberação de ácido não volátil pelo predomínio da via glicolítica para a síntese de ATP. Nessa situação, certamente os quimiorreceptores periféricos têm participação importante na resposta ventilatória. Não podemos descartar também que o aumento de temperatura e os estímulos originados no córtex motor possam estimular a ventilação durante o exercício.

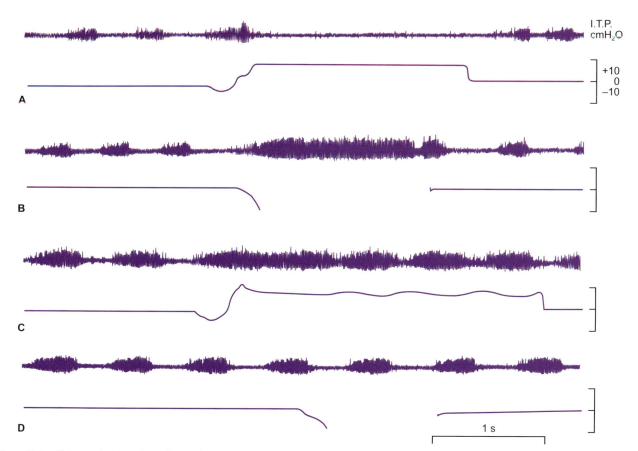

Figura 45.9 ▪ Efeitos produzidos pela insuflação pulmonar (**A** e **C**) e pela desinsuflação pulmonar (**B** e **D**) na atividade elétrica do músculo diafragma (*traçado superior*) e na pressão traqueal (*traçado inferior*). Em experimentos-controle (**A** e **B**) a insuflação pulmonar promove apneia, ao passo que a desinsuflação pulmonar promove aumento da atividade respiratória. Após a secção do nervo vago (**C** e **D**), não foram observadas alterações na atividade respiratória durante a insuflação ou a desinsuflação pulmonar.

PATOLOGIAS QUE AFETAM O PADRÃO RESPIRATÓRIO

▶ Síndrome da hipoventilação congênita central

A síndrome da hipoventilação congênita central (SHCC) é considerada um distúrbio do controle autônomo respiratório que atinge o indivíduo desde o nascimento e se prolonga pela vida adulta. Atualmente é considerada a manifestação mais grave dos distúrbios do sistema nervoso autônomo (SNA) (Amiel et al., 2003).

Sua principal característica é a insensibilidade em detectar o aumento de CO_2 e redução de O_2 durante a fase do sono REM, fase em que o controle da ventilação depende inteiramente do controle involuntário. Durante o sono, apresentamos hipopneias a todo momento. A cada episódio de apneia, os níveis de CO_2 aumentam e os de O_2 diminuem, ativando os quimiorreceptores e, consequentemente, deflagrando um novo movimento inspiratório. Assim, a pessoa que apresenta essa síndrome interrompe a respiração durante o sono. Também conhecida por síndrome ou maldição de Ondina, referindo-se à mitologia nórdica, essa síndrome trazia um prognóstico muito ruim, visto que a maioria das crianças falecia logo após o nascimento.

Em 2003, Amiel et al. descobriram que essa síndrome é o resultado de uma mutação no gene *PHOX2B*. Atualmente, sabe-se que pacientes com distúrbios hipoventilatórios que possuem uma mutação documentada no gene *PHOX2B* apresentam uma condição essencial para a SHCC (Amiel et al., 2003). As mutações causadoras de SHCC incluem: (1) mutações de expansão de polialanina (PARM); ou (2) mutações que não envolvem expansão de polialanina (NPARM), resultando em mudanças de matriz de leitura, comprometendo a funcionalidade da proteína (Amiel et al., 2003; Nobuta et al., 2015). O fator de transcrição derivado do gene *PHOX2B* possui um papel fundamental no desenvolvimento embriológico do SNA. Com a descoberta dessas mutações (PARM e NPARM) na SHCC, em um curto período de tempo, essa patologia passou de uma doença rara, com etiologia desconhecida e com elevada mortalidade, para uma patologia de etiologia conhecida, com critérios diagnósticos claros e objetivos, para a qual as opções de tratamento têm melhorado. Nesta última década, a qualidade de vida dos pacientes portadores da SHCC tem se transformado, possibilitando diagnóstico e intervenções imediatas. Pacientes agora, além de sobreviver até a vida adulta, estão se desenvolvendo com melhor condição de saúde.

Um estudo mostrou que, ao examinar por necropsia o SNC de um recém-nascido que apresentava hipoventilação alveolar, foi possível identificar anormalidades no RTN/pF, estrutura que tem sido associada à sensibilidade ao CO_2 (quimiorreceptores centrais), podendo, portanto, sua ineficiência estar associada a essa patologia.

▶ Síndrome da morte súbita do recém-nascido

Embora essa síndrome tenha sido descrita há muito tempo, o termo síndrome da morte súbita do recém-nascido (SMSRN) só foi utilizado e definido no fim da década de 1960. Definia-se a síndrome como a morte inesperada de um bebê durante o sono, cuja necropsia não era capaz de apontar a causa. Os recém-nascidos que morriam por essa síndrome tinham uma aparência normal; assim, o que poderia tornar esses indivíduos mais vulneráveis a essa síndrome seria apenas a idade e a circunstância. Atualmente se admite que os bebês morrem antes de chegar aos 12 meses de idade por motivos que, aparentemente, são desconhecidos. Um estudo de Willinger et al. (1991), após necropsia, análise da cena da morte e revisão de toda a história clínica de um paciente morto por SMSRN, levou a Academia Americana de Pediatria a não recomendar a posição de decúbito ventral para o recém-nascido dormir, atitude que reduziu em mais de 50% os casos de SMSRN em menos de uma década nos EUA. Embora a definição dessa síndrome tenha evoluído, o seu diagnóstico é feito por exclusão de outras doenças.

Apesar de essa síndrome ainda não ter marcadores específicos identificados, são conhecidos vários fatores de risco que contribuem para a vulnerabilidade de algumas vítimas. São eles:

- Recém-nascido de sexo masculino e idade entre 2 e 4 meses
- Cuidados precários durante o pré-natal ou parto prematuro
- Exposição a substâncias ilícitas e tabaco durante a gravidez
- Variáveis demográficas familiares, como baixo nível educacional dos pais e baixo *status* socioeconômico
- Condições de sono do recém-nascido, como muito calor, horário da noite ou ao amanhecer, posição de dormir em decúbito ventral
- Infecções que acometem o recém-nascido
- Etnia (mais comum em negros e índios do que em brancos).

A primeira teoria que buscou explicar o mecanismo dessa síndrome postulou que esses pacientes vinham a óbito por apneia durante o sono. Entretanto, estudos posteriores mostraram que recém-nascidos que morreram nessa circunstância e foram monitorados previamente tinham menos episódios de apneia do que os que não apresentaram a síndrome, refutando essa primeira teoria. Atualmente, acredita-se que essa síndrome seja multifatorial. Em 1976, um estudo de necropsia realizado em um paciente apontou uma deficiência no SNC como uma possível causa de SMSRN: a presença de gliose no tronco encefálico desses pacientes. Assim, a hipótese de que essa síndrome, ou uma parte dela, ocorra devido a mecanismos anormais do tronco encefálico é uma explicação atual para a etiologia da doença. O tronco encefálico é essencial para as funções cardíaca e respiratória, controlando as respostas autônomas e homeostáticas (respiração, temperatura, reflexos das vias respiratórias superiores, quimiossensibilidade central e pressão arterial). Nessa hipótese, acredita-se que anormalidades nessa região do SNC inibam a habilidade de um recém-nascido, durante um período crítico de desenvolvimento, responder a estímulos estressantes durante o sono, como hipoxia, hipercapnia e hipotermia.

CENTROS SUPERIORES DE CONTROLE RESPIRATÓRIO

A atividade respiratória encontra-se até certo ponto sob o controle voluntário, sendo o córtex o responsável por controlar os movimentos respiratórios originados no tronco encefálico. Outras regiões do encéfalo, como o hipotálamo, podem alterar o padrão da respiração, como, por exemplo, em estados emocionais (raiva e medo).

BIBLIOGRAFIA

AMIEL J, LAUDIER B, ATTIÉ-BITACH T et al. Polyalanine expansion and frameshift mutations of the paired-like homeobox gene PHOX2B in congenital central hypoventilation syndrome. *Nat Genet*, 33(4):459-61, 2003.

DEJOURS P, RAYNAUD J, FLANDROIS R. Étude du controle de la ventilation par certain stimulus neurogeniques au cours de l'exercise musculaire chez l'homme. *C R Acad Sci*, 248:1709-12, 1964.

FELDMAN JL, DEL NEGRO CA, GRAY PA. Understanding the rhythm of breathing: so near, yet so far. *Annu Rev Physiol*, 75:423-542, 2013.

GARGAGLIONI LH, HARTZLER LK, PUTNAM RW. The locus coeruleus and central chemosensitivity. *Respir Physiol Neurobiol*, 173(3):264-723, 2010.

GUYENET PG. Central noradrenergic neurons: the autonomic connection. *Prog Brain Res*, 88:365-80, 1991.

GUYENET PG, BAYLISS DA. Neural control of breathing and CO_2 homeostasis. *Neuron*, 87(5):946-61, 2015.

ISCOE S. Control of abdominal muscles. *Prog Neurobiol*, 56(4):433-506, 1998.

KUMAR NN, VELIC A, SOLIZ J et al. Regulation of breathing by CO_2 requires the proton-activated receptor GPR4 in retrotrapezoid nucleus neurons. *Science*, 348(6240):1255-60, 2015.

KUMAR P, PRABHAKAR NR. Peripheral chemoreceptors: function and plasticity of the carotid body. *Compr Physiol*, 2(1):141-219, 2012.

MERRILL EG. Where are the real respiratory neurons? *Fed Proc*, 40(9):2389-94, 1981.

MILLHORN DE. Neural respiratory and circulatory interaction during chemoreceptor stimulation and cooling of ventral medulla in cats. *J Physiol*, 370:217-31, 1986.

MOREIRA TS, WENKER IC, SOBRINHO CR et al. Independent purinergic mechanisms of central and peripheral chemoreception in the rostral ventrolateral medulla. *J Physiol*, 593(5):1067-74, 2015.

NOBUTA H, CILIO MR, DANHAIVE O et al. Dysregulation of locus coeruleus development in congenital central hypoventilation syndrome. *Acta Neuropathol*, 130(2):171-83, 2015.

RICHTER DW. Generation and maintenance of the respiratory rhythm. *J Exp Biol*, 100:93-107, 1982.

SCHREIHOFER AM, STORNETTA RL, GUYENET PG. Evidence for glycinergic respiratory neurons: Bötzinger neurons express mRNA for glycinergic transporter 2. *J Comp Neurol*, 407(4):583-97, 1999.

SCHWARZACHER SW, RÜB U, DELLER T. Neuroanatomical characteristics of the human pre-Bötzinger complex and its involvement in neurodegenerative brainstem diseases. *Brain*, 134(Pt 1):24-35, 2011.

SMITH JC, ELLENBERGER HH, BALLANYI K et al. Pre-Bötzinger complex: a brainstem region that may generate respiratory rhythm in mammals. *Science*, 254(5032):726-9, 1991.

ULLMANN E. The two original papers by Hering and Breuer submitted by Hering to the K. K. Akadmie Der Wissenschaften Zu Wien in 1868. In: PORTER C (Ed.). Breathing: Hering-Breuer centenary symposium: a Ciba Foundation symposium. J & A Churchill, London, 1970.

WIDDICOMBE J. Reflexes from the lungs and airways: historical perspective. *J Appl Physiol*, 101(2):628-34, 2006.

WILLINGER M, JAMES LS, CATZ C. Defining the sudden infant death syndrome (SIDS): deliberations of an expert panel convened by the National Institute of Child Health and Human Development. *Pediatr Pathol*, 11(5):677-84, 1991.

Capítulo 46

Regulação Respiratória do Equilíbrio Acidobásico

Walter Araujo Zin | Patricia Rieken Macedo Rocco | Débora Souza Faffe

- Introdução, 706
- Diagrama de Davenport, 706
- Análise do distúrbio do equilíbrio acidobásico, 707
- Bibliografia, 709

INTRODUÇÃO

Por meio da eliminação do gás carbônico, o pulmão desempenha um importante papel na regulação do pH do organismo. Para tanto, basta ser ressaltado que esse órgão elimina mais de 10.000 mEq de ácido carbônico por dia, ao passo que o rim contribui com menos de 100 mEq de ácidos fixos. Portanto, o organismo pode lançar mão de alterações da ventilação alveolar para fazer variar a eliminação de CO_2, participando assim, ativamente, da manutenção do equilíbrio acidobásico.

Dos sistemas-tampão existentes (ver Capítulo 13, *Regulação do pH do Meio Interno*), o de maior interesse para o fisiologista da respiração é o sistema ácido carbônico-bicarbonato. O dióxido de carbono combina-se com a água, formando ácido carbônico, que, por sua vez, se dissocia em íons bicarbonato e íons hidrogênio:

$$CO_2 + H_2O \Leftrightarrow H_2CO_3 \Leftrightarrow H^+ + HCO_3^-$$

O pH resultante da dissolução do CO_2 no sangue, com a consequente dissolução do ácido carbônico, é fornecido pela equação de Henderson-Hasselbalch, encontrada como mostrado a seguir.

$$H_2CO_3 \Leftrightarrow H^+ + HCO_3^-$$

Com base na equação anterior, a lei de ação das massas define a constante de dissociação do ácido carbônico, K′, como:

$$K' = \frac{[H^+] \times [HCO_3^-]}{[H_2CO_3]}$$

Uma vez que a concentração de ácido carbônico é proporcional à de dióxido de carbono dissolvido, K′ pode ser mudada para K e o ácido carbônico substituído pelo dióxido de carbono. Assim,

$$K = \frac{[H^+] \times [HCO_3^-]}{[CO_2]}$$

Logaritmando-se a equação:

$$\log K = \log [H^+] + \log \frac{[HCO_3^-]}{[CO_2]}$$

Rearranjando-se a equação:

$$-\log [H^+] = -\log K + \log \frac{[HCO_3^-]}{[CO_2]}$$

Posto que pH corresponde a $-\log [H^+]$:

$$pH = pK + \log \frac{[HCO_3^-]}{[CO_2]}$$

Como já discutimos, o CO_2 obedece à lei de Henry e, portanto, a concentração do CO_2 (em mmol/ℓ) pode ser substituída por: $P_{CO_2} \times 0,03$ (note que a solubilidade do CO_2 aqui está expressa em mmol/ℓ e, no capítulo de transporte de gases, em mililitros de CO_2 por 100 mℓ de plasma). Assim:

$$pH = pK + \log \frac{[HCO_3^-]}{0,03 \times P_{CO_2}}$$

Tomando-se em conta que o pK desse sistema-tampão a uma temperatura de 37°C equivale a 6,1, e que normalmente a P_{CO_2} arterial corresponde a 40 mmHg e a $[HCO_3^-]$ a 24 mM/ℓ, substituindo esses valores na equação anterior, teremos:

$$pH = 6,1 + \log \frac{24}{0,03 \times 40}$$

$$pH = 6,1 + \log 20$$
$$pH = 6,1 + 1,3$$
$$pH = 7,4$$

Deve ser ressaltado que, enquanto a relação entre a concentração de bicarbonato e $P_{CO_2} \times 0,03$ permanecer igual a 20, o pH será de 7,4. Primordialmente, a concentração de bicarbonato é determinada pelo rim, ao passo que a pressão parcial de dióxido de carbono, regulada pelo pulmão.

As inter-relações de $[HCO_3^-]$, pH e P_{CO_2} podem ser representadas em gráficos, basicamente sob a forma de diagramas. Neste ponto, será apenas mencionada a existência do diagrama de Siggaard-Andersen, pois este tem uma representação gráfica um pouco mais complexa. Todavia, será explorado o diagrama de Davenport (outros detalhes no Capítulo 13).

DIAGRAMA DE DAVENPORT

A Figura 46.1 apresenta o diagrama de Davenport. O pH está representado na abscissa, a concentração plasmática de bicarbonato na ordenada, e, para cada valor de pressão parcial de CO_2, há uma linha curva denominada isóbara, ou seja, no diagrama de Davenport existe uma família de isóbaras de P_{CO_2}. Note que, para cada valor de $[HCO_3^-]$ e de pH, há um único valor de P_{CO_2}. As linhas retas oblíquas, tracejada e contínua, representam as linhas de tamponamento do plasma e do sangue total (contendo 15 g% de hemoglobina), respectivamente.

O diagrama de Davenport é de grande utilidade para o estudo do equilíbrio acidobásico, posto que permite a distinção clara dos distúrbios ditos metabólicos e respiratórios

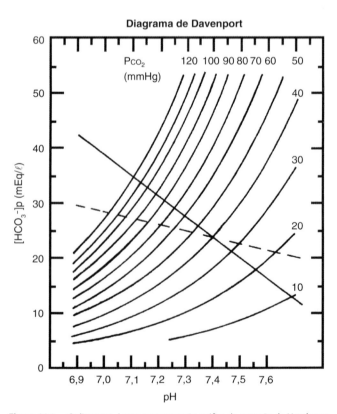

Figura 46.1 ▪ O diagrama é uma representação gráfica da equação de Henderson-Hasselbalch. Para cada valor de P_{CO_2} há uma isóbara. A *linha oblíqua contínua* representa a linha de tamponamento do sangue com 15 g% de hemoglobina, ao passo que a *linha oblíqua tracejada* representa a linha de tamponamento do plasma. $[HCO_3^-]p$ (mEq)/ℓ), concentração plasmática de bicarbonato. (Adaptada de Carvalho e Fonseca-Costa, 1979.)

(previamente estudados no capítulo referente aos desvios do equilíbrio acidobásico). Como os próprios nomes sugerem, o metabolismo é o responsável por aqueles, fazendo variar o valor do bicarbonato, ao passo que os distúrbios respiratórios originam-se de funcionamento patológico do pulmão, alterando a pressão parcial do CO_2.

Na *acidose respiratória*, há uma elevação da P_{CO_2}, que reduz a relação $[HCO_3^-]/(0,03 \times P_{CO_2})$, fazendo assim o pH cair. Este distúrbio pode ser representado pelo movimento do ponto A (valores normais) para o ponto B na Figura 46.2. Sempre que a P_{CO_2} se eleva, ocorre um aumento concomitante do bicarbonato, por causa da dissociação do ácido carbônico produzido. Este fato se reflete na inclinação ascendente da curva de tamponamento do sangue total. Apesar disso, como dito anteriormente, a relação bicarbonato/CO_2 diminui. A retenção de CO_2, ou hipercapnia, pode decorrer de hipoventilação alveolar ou de desigualdades da relação ventilação-perfusão. Caso a acidose respiratória persista, o rim entra em ação, retendo bicarbonato. Como resultado, a relação bicarbonato/CO_2 tende a retornar a seu valor normal. Este evento corresponde ao movimento de B para D ao longo da isóbara de 60 mmHg de P_{CO_2} na Figura 46.2. Note que, embora o pH tenda à normalidade, tanto o bicarbonato quanto a P_{CO_2} continuam alterados.

Na *alcalose respiratória*, há diminuição da P_{CO_2}, o que eleva a relação bicarbonato/CO_2, provocando um aumento do pH. Esta situação é representada pelo movimento do ponto A para o ponto C na Figura 46.2. A diminuição da P_{CO_2} pode ser causada por hiperventilação alveolar, como ocorre em grandes altitudes ou em alguns estados psíquicos relacionados com ansiedade. Caso o distúrbio persista, existe a compensação renal por meio do aumento da eliminação de bicarbonato, e o pH tende a retornar à normalidade (trajeto C para F, na Figura 46.2).

Na *acidose metabólica*, há aumento da produção de ácidos pelo organismo, fazendo cair a relação bicarbonato/CO_2 e o pH. Essa alteração corresponde, na Figura 46.2, ao movimento do ponto A para o ponto G. Como exemplos, podem ser citados o acúmulo de cetoácidos do diabetes melito descompensado ou de ácido láctico secundário à hipoxia tecidual. Neste distúrbio, a compensação é feita por meio do pulmão, que, pela hiperventilação reflexa, passa a eliminar maior quantidade de CO_2, fazendo a relação bicarbonato/CO_2 retornar aos valores normais. Na Figura 46.2, o ponto se move de G tendendo para F, representando a *acidose metabólica compensada*. Note que afirmar que a acidose metabólica é compensada por uma alcalose respiratória é um erro. Tanto acidose como alcalose são distúrbios; não é um distúrbio que vai corrigir o outro e, sim, uma resposta fisiológica.

A elevação do HCO_3^- com consequente aumento da relação bicarbonato/CO_2 e do pH caracteriza a *alcalose metabólica*. Como exemplos, podem ser citadas a excessiva ingestão de álcalis e a perda de suco gástrico (por aspiração ou vômito). Na Figura 46.2, esta situação é representada pelo movimento de A para E. A compensação respiratória se realiza pela redução da ventilação alveolar, que tende a elevar a P_{CO_2}. O ponto E move-se na direção do D. Uma vez mais, já que existe grande confusão, não está correta a afirmação de que a alcalose metabólica é compensada por uma acidose respiratória.

Naturalmente, com frequência ocorrem distúrbios mistos, ou seja, metabólicos e respiratórios concomitantemente. Por exemplo, uma pessoa portadora de enfisema pulmonar pode subitamente apresentar um quadro de diabetes melito descompensado.

ANÁLISE DO DISTÚRBIO DO EQUILÍBRIO ACIDOBÁSICO

Para diagnosticar o distúrbio do equilíbrio acidobásico no sangue arterial (a), é necessário efetuar três etapas, verificando: (1) a validade da gasometria arterial, por meio da fórmula de Henderson-Hasselbalch, (2) qual o distúrbio primário e (3) se existe distúrbio secundário.

▶ **Verificação da validade da gasometria arterial utilizando a fórmula de Henderson-Hasselbalch.** Essa primeira etapa deverá ser realizada para assegurar a fidedignidade dos dados. Utiliza-se a fórmula enunciada a seguir, colocando-se o valor da Pa_{CO_2} e do HCO_3^-. Em seguida, compara-se o valor obtido pela fórmula com aquele encontrado na gasometria arterial.

$$pH = 6,1 + \log \frac{[HCO_3^-]}{Pa_{CO_2}}$$

Assim, imagine um paciente em choque hipovolêmico, com os seguintes valores da gasometria arterial: pH = 7,25; Pa_{CO_2} = 25 mmHg e HCO_3^- = 10,7 mEq/ℓ. Substituindo na fórmula, teremos:

$$pH = 6,1 + \log \frac{[10,7]}{0,03 \times 25}$$

$$pH = 7,254$$

Como o resultado do cálculo é muito próximo daquele observado na gasometria arterial, conclui-se que este é confiável e o aparelho está bem calibrado.

▶ **Verificação de qual é o distúrbio acidobásico primário.** Para essa análise, é fundamental saber os valores da normalidade do pH (7,35 a 7,45), Pa_{CO_2} (35 a 45 mmHg) e HCO_3^- (22 a 26 mEq/ℓ). A Pa_{CO_2} reflete o componente respiratório e o HCO_3^-,

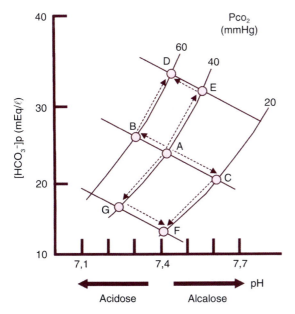

Figura 46.2 ▪ Principais distúrbios do equilíbrio acidobásico representados no diagrama de Davenport. O segmento de reta que passa pelos pontos B A C corresponde à linha de tamponamento do sangue arterial. O ponto A representa a situação normal (mais explicações no texto). [HCO_3^-]p (mEq/ℓ), concentração plasmática de bicarbonato.

o componente metabólico. Com o pH abaixo de 7,35, diz-se que existe acidose; acima de 7,45, que há alcalose. Quando se observa $Paco_2$ inferior a 35 mmHg, afirma-se que o desvio respiratório está no lado alcalótico; se superior a 45 mmHg, no acidótico. Adicionalmente, se o HCO_3^- fica abaixo de 22 mEq/ℓ, considera-se que o desvio metabólico se situa no lado acidótico; acima de 26 mEq/ℓ, no alcalótico. Para se determinar o distúrbio primário, é necessário observar qual o componente (respiratório ou metabólico) se encontra do mesmo lado do desequilíbrio acidobásico do pH (Figura 46.3).

Voltando ao exemplo anterior (pH = 7,25; $Paco_2$ = 25 mmHg; HCO_3^- = 10,7 mEq/ℓ), o pH abaixo de 7,35 revela acidose; a $Paco_2$ inferior a 35 mmHg indica que há um desvio respiratório para o lado alcalótico; enquanto o HCO_3^- abaixo de 22 mEq/ℓ mostra que ocorre um desvio metabólico para o lado acidótico. Logo, o componente metabólico (o HCO_3^-) está no mesmo lado do distúrbio do pH, indicando que o diagnóstico do distúrbio primário dessa gasometria é acidose metabólica. E se ambos os componentes (respiratório e metabólico) tiverem desvios para o mesmo lado da alteração do pH? Nesse caso, teremos um distúrbio misto, isto é, originado por um processo metabólico e respiratório (acidose ou alcalose).

▶ **Verificação da existência de distúrbio secundário.** Todos os distúrbios acidobásicos induzem a respostas compensatórias do organismo. Por exemplo, um paciente com acidose metabólica (HCO_3^- baixo) apresenta diminuição da $Paco_2$ devido a hiperventilação. Já um paciente com acidose respiratória ($Paco_2$ elevada) também apresentará elevação do HCO_3^-. Ou seja, em distúrbios acidobásicos simples, as mudanças do HCO_3^- e da $Paco_2$ são reduções ou elevações. Essas respostas são conhecidas e podem ser previstas por meio de fórmulas simples (Quadro 46.1).

Figura 46.3 ▪ Análise do distúrbio primário do equilíbrio acidobásico.

Quando essas respostas apropriadas estão presentes, dizemos que o distúrbio acidobásico é simples. O objetivo dessas respostas compensatórias é a manutenção da homeostase do meio interno. Entretanto, essa resposta compensatória normal do organismo jamais leva o valor do pH à normalidade. Ao encontrarmos o pH normal em uma gasometria com valores de $Paco_2$ e/ou HCO_3^- alterados, necessariamente o paciente apresentará distúrbio misto.

Voltando ao mesmo exemplo anterior (pH = 7,25; $Paco_2$ = 25 mmHg; HCO_3^- = 10,7 mEq/ℓ), já verificamos que a gasometria está correta, e o distúrbio acidobásico primário é acidose metabólica. Quanto ao passo seguinte, utilizando a fórmula compensatória da acidose metabólica (ver Quadro 46.1), temos que calcular qual seria o valor esperado para a $Paco_2$. Assim, usamos a seguinte fórmula:

$$\Delta Paco_2 = 1 \text{ a } 1,4 \times \Delta HCO_3^-$$

$$\Delta Paco_2 = 1 \text{ a } 1,4 \times (24 - 10,7) = 13,3 \text{ a } 18,6$$

Logo, a $Paco_2$ esperada será de [40 – (13,3 a 18,6)] = 21,4 a 26,7 mmHg.

Com a $Paco_2$ em 25 mmHg, o diagnóstico dessa gasometria arterial é de uma acidose metabólica primária.

Observe que à primeira vista faríamos o diagnóstico de acidose metabólica associada a alcalose respiratória, pois a $Paco_2$ é inferior a 35 mmHg. Entretanto, utilizando a fórmula para predizer a resposta compensatória normal do organismo, verificamos que não há qualquer distúrbio respiratório associado. Consequentemente, a redução da $Paco_2$ é apenas compensatória. Se tal resposta não existisse (suponha um valor normal de $Paco_2$ de 40 mmHg), o pH estaria muito mais baixo, em aproximadamente 7,10.

Esse mesmo paciente, com choque hipovolêmico, foi entubado e colocado em ventilação mecânica. A nova gasometria arterial revelou os seguintes valores: pH = 7,35; $Paco_2$ = 20 mmHg; HCO_3^- = 10,7 mEq/ℓ. A análise passo a passo revela que:

- O pH esperado pela fórmula de Henderson-Hasselbalch é 7,35. Logo, a gasometria está correta
- O pH é normal, mas a $Paco_2$ encontra-se no lado alcalótico e o HCO_3^-, no acidótico. Portanto, poderemos utilizar a fórmula da acidose metabólica ou da alcalose respiratória. Como temos a informação de que o paciente tinha anteriormente acidose metabólica, utilizaremos essa fórmula
- Aplicando-se a fórmula compensatória da acidose metabólica (ver Quadro 46.1):

$$\Delta Paco_2 = 1 \text{ a } 1,4 \times \Delta HCO_3^-$$

$$\Delta Paco_2 = 1 \text{ a } 1,4 \times (40 - 10,7) = 13,3 \text{ a } 18,6$$

Por conseguinte, a $Paco_2$ esperada será de (40 – 13,3 a 18,6) = 21,4 a 26,7 mmHg.

Quadro 46.1 ▪ Respostas compensatórias do equilíbrio acidobásico do organismo e fórmulas de compensação.

Distúrbio acidobásico	Fórmula da compensação*
Acidose metabólica – a diminuição do HCO_3^- acarreta queda da $Paco_2$	$\Delta Paco_2 = 1 \text{ a } 1,4 \times \Delta HCO_3^-$
Alcalose metabólica – a elevação do HCO_3^- acarreta aumento da $Paco_2$	$\Delta Paco_2 = 0,4 \text{ a } 0,9 \times \Delta HCO_3^-$
Acidose respiratória aguda – o aumento da $Paco_2$ acarreta elevação do HCO_3^-	$\Delta HCO_3^- = 0,1 \text{ a } 0,2 \times \Delta Paco_2$
Acidose respiratória crônica – o aumento da $Paco_2$ acarreta maior elevação do HCO_3^-	$\Delta HCO_3^- = 0,25 \text{ a } 0,55 \times \Delta Paco_2$
Alcalose respiratória aguda – a diminuição da $Paco_2$ acarreta queda do HCO_3^-	$\Delta HCO_3^- = 0,2 \text{ a } 0,25 \times \Delta Paco_2$
Alcalose respiratória crônica – a diminuição da $Paco_2$ acarreta maior redução do HCO_3^-	$\Delta HCO_3^- = 0,4 \text{ a } 0,5 \times \Delta Paco_2$

$Paco_2$, pressão parcial do gás carbônico no sangue arterial; HCO_3^-, concentração de bicarbonato no sangue arterial. *As mudanças para mais ou para menos partem do valor normal de $Paco_2$ (40 mmHg) e de HCO_3^- (24 mEq/ℓ), segundo Fall, 2000 e Schlichtig R et al., 1998.

Como a Paco$_2$ está inferior ao esperado, o diagnóstico é de acidose metabólica associada a alcalose respiratória. Caso a Paco$_2$ estivesse superior a 26,7 mmHg, o diagnóstico seria de acidose mista e o pH, muito mais baixo.

Vejamos outro exemplo. Um paciente, portador de doença pulmonar obstrutiva crônica em franca insuficiência respiratória, apresenta os seguintes valores da gasometria arterial: pH = 7,31, Paco$_2$ = 67,5 mmHg e HCO$_3^-$ = 33 mEq/ℓ. Utilizando as três etapas descritas até aqui, temos:

- O pH esperado pela fórmula de Henderson-Hasselbalch é 7,31. Portanto, a gasometria está correta
- O distúrbio primário é acidose respiratória (Paco$_2$ na mesma direção do pH)
- Aplicando a fórmula compensatória da acidose respiratória crônica (o paciente é portador de doença crônica, Quadro 46.1), temos:

$$\Delta HCO_3^- = 0,25 \text{ a } 0,55 \times \Delta Paco_2$$

$$\Delta HCO_3^- = 0,25 \text{ a } 0,55 \times (67,5 - 40) = 6,8 \text{ a } 15,1$$

Logo, o HCO$_3^-$ esperado será de (24 + 6,8 a 15,1) = 30,8 a 39,1 mEq/ℓ.

Como o HCO$_3^-$ está dentro do esperado, há uma acidose respiratória crônica simples, não ocorrendo alcalose metabólica associada, como poderíamos supor em rápida análise.

BIBLIOGRAFIA

CARVALHO AP, FONSECA-COSTA A. *Circulação e Respiração*. 3. ed. Cultura Médica, Rio de Janeiro, 1979.

CHERNIACK NS, WIDDICOMBE JG (Eds.). *Handbook of Physiology. The Respiratory System. Control of Breathing*. American Physiological Society, Bethesda, 1986.

COMROE JH. *Fisiologia da Respiração*. 2. ed. Guanabara Koogan, Rio de Janeiro, 1977.

DAVENPORT H. *The ABC of Acid Base Chemistry*. 5. ed. University of Chicago Press, Chicago, 1969.

FALL PJ. A stepwise approach to acid-base disorders-practical patient evaluation for metabolic acidosis and other conditions. *Postgrad Med*, 107:249-58, 2000.

FISHMAN AP, FISHER AB (Eds.). *Handbook of Physiology. The Respiratory System. Circulation and Nonrespiratory Functions*. American Physiological Society, Bethesda, 1985.

FORSTER II RE, DUBOIS AB, BRISCOE WA et al. *The Lung*. 3. ed. Year Book Medical Publishers, Chicago, 1986.

PATTON HD, FUCHS AF, HILLE B et al. (Eds.). *Textbook of Physiology*. 21. ed. W.B. Saunders Company, Philadelphia, 1989.

SCHLICHTIG R, GROGONO AW, SEVERINGHAUS JW. Respiration in anesthesia pathophysiology and clinical update – current status of acid base quantitation in physiology and medicine. *Anest Clin North Am*, 16:211-33, 1998.

WEST JB. *Respiratory Physiology. The Essentials*. 8. ed. Lippincott Williams and Wilkins, Baltimore, 2008.

Capítulo 47

Mecanismos de Defesa das Vias Respiratórias

Walter Araujo Zin | Patricia Rieken Macedo Rocco | Débora Souza Faffe

- Introdução, *712*
- Condicionamento do ar, *712*
- Mecanismos de filtração e limpeza, *712*
- Bibliografia, *715*

INTRODUÇÃO

O sistema respiratório está sujeito continuamente à exposição a diversos agentes tóxicos do ar, incluindo gases, particulados e microrganismos, e os mecanismos de defesa pulmonar são mobilizados por meio de condicionamento, filtração e limpeza do ar inspirado.

CONDICIONAMENTO DO AR

As vias respiratórias superiores são fundamentais para o condicionamento do ar inspirado. Independentemente de sua composição inicial, quando o ar alcança os alvéolos, ele já está aquecido, umidificado e quase desprovido de partículas.

A boca e a faringe realizam essas funções de condicionamento aéreo quase tão bem quanto o nariz e a faringe. Entretanto a traqueia e os brônquios não o fazem, já que sua perfusão é bem pequena quando comparada com a alta perfusão dos tecidos da boca, do nariz e da faringe. Um paciente que ventile através de um tubo traqueal ou de uma cânula de traqueostomia poderá ter problemas de condicionamento do ar quando as condições ambientais forem extremas (se o ar for muito quente ou frio, e bem seco) ou no decorrer da hiperventilação. Nessas situações, o médico deverá fornecer ar umidificado (ou O_2 umidificado) para impedir que o tecido fique ressecado e que o epitélio respiratório, os cílios e as glândulas se danifiquem.

Durante a inspiração em climas frios ou temperados, o calor e a água são transferidos da mucosa das vias respiratórias para o ar inspirado (o calor por convecção turbulenta e a água por evaporação), esfriando a mucosa. No decurso da expiração, parte do calor e do vapor d'água retorna à mucosa, proveniente do gás alveolar. Assim, as vias respiratórias condicionam o ar inspirado para proteger o pulmão e depois conservam o calor e a água do corpo, reabsorvendo parte destes durante a expiração.

MECANISMOS DE FILTRAÇÃO E LIMPEZA

O mecanismo de filtração das vias respiratórias superiores é importante por várias razões:

- Remove partículas estranhas, como a sílica (que pode causar fibrose pulmonar), fibras de asbesto (que podem provocar mesotelioma pleural) ou poeiras inertes (que podem acarretar broncoconstrição, além de secreção excessiva de muco)
- Remove bactérias em suspensão no ar e também outras bactérias, vírus e alguns gases ou vapores irritantes ou tóxicos (incluindo carcinogênicos) que estejam adsorvidos a partículas maiores. A menos que seja sobrecarregado, o mecanismo de filtração mantém os alvéolos praticamente estéreis.

O atrito da corrente aérea com a parede do sistema respiratório predispõe à retenção de material na camada mucosa, onde fica impactado. A anatomia das vias respiratórias favorece a deposição devido às ramificações sucessivas observadas desde a nasofaringe até as bifurcações bronquiolares. As vias respiratórias mais largas propiciam uma corrente aérea do tipo turbilhonar e, portanto, atrito e deposição de material maiores, enquanto as mais estreitas comportam um fluxo laminar com menor resistência local. Não só a maior superfície das vias respiratórias superiores, mas também a presenças de pelos nasais e a anatomia própria da faringe, língua e laringe contribuem para a elevação da resistência a este nível. Estes elementos funcionam como filtro na manutenção da integridade das vias respiratórias inferiores. O modo de respirar também influi, pois a respiração mais rápida e superficial favorece a retenção de partículas nas vias respiratórias mais altas, enquanto a respiração lenta e profunda propicia a deposição alveolar. Assim, as partículas que têm diâmetro superior a 10 μm são quase completamente retiradas do ar ao passar pelo nariz, juntamente com algumas partículas menores, mesmo algumas submicroscópicas (diâmetro menor que 1 μm). As que não são removidas pelo nariz podem chocar-se com as paredes da nasofaringe e da laringe. As de tamanho entre 2 e 10 μm geralmente se depositam nas paredes da traqueia, dos brônquios e dos bronquíolos. As partículas com diâmetro de 0,3 a 2,0 μm, além de todos os gases e os vapores, alcançam os ductos alveolares e os alvéolos. As inferiores a 0,3 μm são capazes de atuar como vapores, permanecendo como aerossóis no gás expirado. A Figura 47.1 mostra, de modo esquemático, o local de deposição das partículas de acordo com seu diâmetro. Posteriormente, essas partículas que se depositaram nas paredes de nariz, faringe, traqueia, brônquios ou bronquíolos são daí retiradas parcialmente pelos jatos explosivos de ar provocados pelo espirro e pela tosse e, em grande parte, removidas pelo sistema mucociliar e pela atividade fagocitária dos macrófagos.

▶ Sistema mucociliar

O muco é formado a partir das glândulas submucosas, das células caliciformes e das *células de Clara*. As células caliciformes, mais frequentes na traqueia e nas vias respiratórias de maior diâmetro, apresentam-se dispostas na mucosa brônquica em ordem de uma para cinco células ciliadas, não sendo necessários impulsos nervosos para a descarga de seu conteúdo. Elas o fazem mesmo quando a inervação das vias respiratórias é seccionada e outras células glandulares,

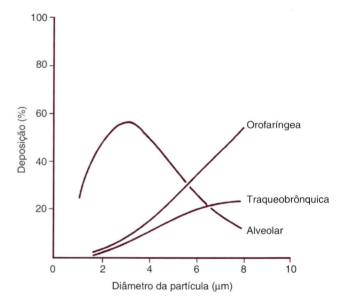

Figura 47.1 • Partículas inaladas tendem a se depositar em diferentes locais das vias respiratórias, dependendo do seu tamanho. Aquelas de diâmetro superior a 5 μm tendem a se assentar na nasofaringe, na orofaringe ou em vias respiratórias de maior diâmetro. Pequenas partículas se depositam nas vias respiratórias mais distais ou no alvéolo.

sensíveis aos impulsos parassimpáticos, são bloqueadas por elevadas doses de atropina. Um estímulo adequado para descarregá-las é a irritação local, mecânica ou química. As glândulas tubuloacinosas comunicam-se com o lúmen brônquico através de um canal que se abre entre as células ciliadas, sendo reguladas por impulsos vagais e sua secreção diminuída pela ação da atropina. As vias bronquiolares representam as zonas de preferência das *células de Clara*, que se salientam das células ciliadas circunvizinhas pela aparência convexa de seu topo rodeado de muco.

De modo geral, as células secretoras localizadas tanto nas glândulas da submucosa dos brônquios (células mucosas e serosas) como no epitélio das vias respiratórias (células mucosas, serosas e *de Clara*) têm, pelo seu produto de secreção, a função de servir de veículo para absorção e transporte de substâncias e lise de microrganismos. O fluido que reveste as vias respiratórias é constituído por: substâncias antioxidantes, tampões, imunoglobulinas e enzimas capazes de interagir com microrganismos, como lisozima, lactoferrina e peroxidases diversas. Quando o indivíduo está desidratado, o muco se torna menos fluido, aumentando sua viscosidade, condição que dificulta o bom funcionamento ciliar.

Princípios do transporte mucociliar

O epitélio ciliado, com células secretoras de permeio, reveste as vias respiratórias da traqueia até os bronquíolos. No entanto, a composição celular e o fenótipo de células individuais variam conforme o nível do sistema respiratório analisado. Assim, o número de células secretoras diminui em direção aos segmentos mais periféricos do sistema respiratório, enquanto o de cílios por célula ciliada aumenta em direção às porções mais proximais. Este epitélio é revestido em sua totalidade por um fluido, constituído pelo produto de secreção das células serosas, mucosas e *de Clara*, pela transudação de líquido de alvéolos e vias respiratórias, e por mecanismos ativos de transporte iônico e de líquido através do epitélio. O meio fluido que reveste o epitélio é impermeável à água; em condições fisiológicas, pode medir, nos segmentos mais proximais da árvore respiratória, entre 2,0 e 5,0 μm. Constitui o produto da secreção das células secretoras presentes no epitélio, com a contribuição de elementos da linfa e do plasma.

Observações microscópicas, feitas em preparações de vias respiratórias submetidas a congelamento rápido, demonstraram que o fluido brônquico é composto por duas fases: *camada gel*, formada provavelmente pelo produto de secreção das células mucosas do epitélio e glândulas da submucosa; e *camada sol*, produzida presuntivamente pela secreção das células serosas, *células de Clara*, e pela transudação de líquido de alvéolos e vias respiratórias.

A camada sol é contínua desde a traqueia até os bronquíolos, ao contrário da camada gel, fragmentada em diversos pontos pela ação do batimento ciliar. O controle da secreção da camada sol é de importância fundamental para o correto funcionamento do transporte ciliar, de modo a manter os cílios em contato ideal com a camada gel.

A regulação da quantidade de fluido da camada sol depende das células epiteliais, que têm a capacidade tanto de secretar como de absorver líquido, utilizando a energia celular para movimentações iônicas contra gradiente eletroquímico. As células epiteliais são polarizadas anatômica e funcionalmente. Dispõem de uma membrana apical que se mantém em contato com a luz e de uma basolateral que mantém contato com o espaço intersticial e vasos sanguíneos. As células são alinhadas, lado a lado, e separadas por um espaço intercelular.

Próximo ao ápice, o espaço intercelular é estreitado por *tight junctions*. Esta junção restringe a difusão e determina uma difusão seletiva do espaço intercelular. O transporte de solutos através do epitélio causa uma alteração na concentração iônica transepitelial e, portanto, uma diferença na pressão osmótica através do epitélio. Uma vez criado um gradiente osmótico, a água se movimentará da solução com menor concentração de solutos para a de maior. A movimentação osmótica hídrica se dá aparentemente pelo espaço intercelular. Portanto, o estado funcional dos canais iônicos específicos para o sódio (responsáveis pela absorção de água da face luminal para o interstício) e o cloro (responsáveis pela secreção de água para a face luminal) desempenha papel fundamental para perfeito acoplamento entre muco e cílio. Pacientes com fibrose cística apresentam infecções pulmonares de repetição, devido a uma deficiência no canal de cloro, com consequente alteração na hidratação do muco e falência no acoplamento mucociliar (para mais detalhes, consulte o Capítulo 10, no item "CFTR, um canal para Cl$^-$"). Processos inflamatórios evoluem em geral com secreção fluida abundante, já que acarretam desestabilização das junções intercelulares e consequente aumento da permeabilidade, interferindo com a regulação do volume da camada sol.

O controle da secreção de muco por parte das células mucosas continua sendo muito estudado. Acredita-se que estímulos colinérgicos, alfa e beta-adrenérgicos, histamina, prostaglandinas, AMP, GMP, taquicininas e íons cálcio participem dos processos de secreção das células mucosas do sistema respiratório.

Interação mucociliar

A propulsão do fluido brônquico pelos cílios é conseguida pelo batimento ciliar assimétrico e metacrônico. O ciclo completo do batimento ciliar pode ser decomposto em duas fases (Figuras 47.2 e 47.3):

- *Fase de batimento efetivo*: O cílio alcança sua extensão máxima, penetra sua extremidade na camada gel e executa um movimento em arco em plano perpendicular à superfície da célula ciliada
- *Fase de batimento de recuperação*: O cílio se dobra em direção à superfície celular, retornando à posição inicial do ciclo, com uma velocidade cerca de duas vezes menor que a do batimento efetivo.

Alterações na distribuição ou no volume dessas duas fases acarretam prejuízos ao transporte ciliar. Um aumento no volume da camada sol propicia um deslocamento entre o cílio

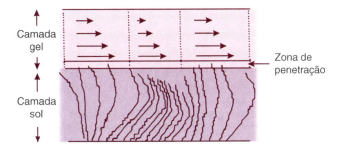

Figura 47.2 ▪ Representação esquemática do batimento ciliar nas vias respiratórias. Durante o *batimento efetivo*, isto é, na direção do fluxo mucociliar, o cílio se eleva e toca na fase mais viscosa do filme que reveste as vias respiratórias. No *batimento de recuperação*, também denominado retrógrado, o cílio volta pela fase sol, que mostra menor impedância. As *setas* representam os diferentes perfis de fluxo de muco, dados pela atenuação da transmissão da energia ciliar que ocorre em direção às porções mais superficiais do filme fluido que reveste as vias respiratórias.

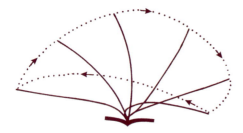

Figura 47.3 • Visão lateral do batimento ciliar em suas fases de batimento efetivo (*para a direita*) e de recuperação (*para a esquerda*).

e o muco da camada gel, com decorrente retardo do transporte ciliar. Uma diminuição da camada sol, ou aumento da camada gel, faz o batimento de recuperação ocorrer em um meio de maior viscosidade, reduzindo, consequentemente, o transporte ciliar.

Efeitos da tosse no transporte mucociliar

É importante lembrar que o *clearance* do muco pode ser feito por meio da tosse, mecanismo este que é pouco relevante em indivíduos normais, mas fundamental com presença de acúmulo de secreção na árvore traqueobrônquica. Como já previamente descrito, nos indivíduos normais, as vias respiratórias são recobertas por fina camada de muco que depende do transporte mucociliar para ser removida e não se desloca com o fluxo aéreo, mesmo com tosse voluntária. Em situações patológicas caracterizadas por hipersecreção brônquica, as interações do fluxo aéreo com o muco se tornam acentuadas, representando importante modo de transporte do muco.

Padrões de resposta do aparelho mucociliar às agressões

Processos irritativos da árvore respiratória, como infecções repetidas, inalação de gases irritantes ou fumo, podem modificar o perfil celular do epitélio e glândulas, alterando a composição do muco. As células caliciformes e de secreção mucosa aumentam em número, incluindo a transformação de *células de Clara* e serosas em caliciformes. As células serosas e ciliadas diminuem em número. A quantidade de muco cresce, ao mesmo tempo que a camada sol diminui. O muco se torna mais viscoso, e as células submetidas a este ambiente sofrem também alterações qualitativas. A secreção passa a ser de mucopolissacarídios ácidos e sulfatados, modificando as propriedades físico-químicas do muco. O resultado final é a retenção de muco no sistema respiratório, dificultando a eliminação de microrganismos inalados e facilitando as infecções. Além das alterações do muco, há agentes que interferem primariamente na função das células ciliadas, lesionando-as. Tabagismo, infecções virais e bacterianas, baixas temperaturas, hipoxia, hiperoxia, gases irritantes e alguns tipos de partículas são exemplos destas condições. Estes estímulos lesivos, se mantidos por longo tempo, podem causar perda de componentes estruturais ciliares, diminuição do comprimento ou perda numérica de cílios, além de redução da frequência dos batimentos. No seu grau máximo, o epitélio normal é substituído por outro, mais resistente, escamoso e estratificado, semelhante à pele ou ao esôfago, em várias áreas das vias respiratórias. Assim, existem diversas situações que podem dificultar sobremaneira o funcionamento dos cílios: aumento das secreções (bronquite crônica), modificações nas propriedades físicas do muco (infecções, desidratação), alterações estruturais das vias respiratórias (bronquiectasias), inalantes irritativos (fumo, CO, SO_2, NO_2, ozônio) e certas substâncias químicas (álcool, sedativos). O hábito crônico de fumar induz não só ao entorpecimento da atividade ciliar, mas também à agressão dos macrófagos alveolares; de modo que, no grande fumante, os processos alérgicos ou infecciosos das vias respiratórias demoram muito mais para serem revertidos que no não fumante. Nesta situação, o excesso de secreção ajuda também a diminuir a velocidade do *clearance* mucociliar, e, se a infecção estiver presente, o edema inflamatório repercute negativamente na mucosa brônquica, tornando-a um terreno com insuficiência de elementos de defesa, tais como IgA, IgG, complemento e outros, além de dificultar a distribuição local da medicação.

▶ Sistema fagocitário

O *clearance* alveolar processa-se pelo macrófago alveolar pulmonar, elemento de defesa extremamente diferenciado e que funciona como vigoroso protetor da intimidade respiratória, pois bloqueia as agressões dirigidas ao meio alveolar. Assim, contribui para que as trocas gasosas se processem a contento, pois permite, juntamente com o surfactante, a integridade dos pneumócitos do tipo I. O líquido alveolar se continua com a camada mucosa bronquiolar, que exerce tração sobre o fluido, deslocando-o no sentido central. Dessa forma, colabora para o *clearance* alveolar, que pode variar de 24 h a 100 dias.

As vias respiratórias distais e os alvéolos não apresentam *clearance* mucociliar. A depuração de pequenas partículas e microrganismos nessas regiões é feita, principalmente, por fagocitose pelos macrófagos alveolares e recrutamento imediato de neutrófilos polimorfonucleares a partir da circulação. Os macrófagos residentes nos alvéolos normais constituem as mais importantes células de defesa, e seu número pode aumentar substancialmente em face de agressões. A presença de partículas estranhas ou agentes infecciosos no pulmão provoca ativação dos macrófagos alveolares, com elevação de seu metabolismo, taxa de fagocitose, e liberação de enzimas capazes de degradar proteínas da matriz extracelular, como a elastina. Ademais, os macrófagos alveolares também destroem os agentes infecciosos fagocitados, pela liberação de radicais livres de oxigênio (como o peróxido de hidrogênio) ou derivados halogênicos (como o ácido hipoclorídrico).

Uma vez ativados, os macrófagos alveolares sintetizam várias substâncias bioativas, além de apresentarem grande quantidade de receptores em sua membrana. Essas características permitem sua interação com outros tipos celulares e outras moléculas, desempenhando, assim, papel central na regulação das respostas imune e inflamatória, bem como detecção e destruição de células neoplásicas.

Após interiorização das partículas, os macrófagos podem permanecer no espaço alveolar ou deixar o pulmão por diversas vias: alguns migram pelas vias respiratórias, sendo transportados até a faringe pelo movimento mucociliar; outros deixam o pulmão pelo sistema linfático; ou, quando morrem, são retirados do espaço alveolar por outros macrófagos. De modo geral, quanto mais longa a permanência do material inalado no pulmão, maior a probabilidade de lesão. Os macrófagos alveolares promovem rápida degradação desse material, evitando sua passagem para o espaço intersticial, onde a remoção do material é mais lenta e, portanto, é maior o risco de lesão tecidual.

Por outro lado, os macrófagos podem contribuir para a lesão tecidual em algumas situações, por concentrarem partículas tóxicas ou radioativas fagocitadas em pequenas regiões do pulmão, como, por exemplo, pó de sílica ou fibras de asbesto – cristais minerais não dissolvidos após fagocitose. A morte de macrófagos causa liberação de fatores quimiotáticos que atraem fibroblastos, com consequente estímulo à síntese de colágeno. Dessa forma, inicia-se um círculo vicioso com migração de novos macrófagos, fagocitose de células mortas, maior atração de fibroblastos e aumento de síntese de colágeno, podendo evoluir para *fibrose intersticial pulmonar* – doença associada a redução da complacência pulmonar, distúrbio da troca gasosa e aumento do trabalho respiratório.

Pulmões de indivíduos hígidos apresentam enzimas (antiproteases) capazes de inativar as proteases liberadas durante a fagocitose e ativação dos macrófagos alveolares, limitando a destruição tecidual. No entanto, o balanço entre inativação de proteases e liberação de antiproteases pode estar afetado em pessoas que fumam ou inalam grande quantidade de partículas. Esse desequilíbrio estabelece um estado de inflamação crônica, podendo levar a destruição de septos alveolares e enfisema pulmonar. Alguns indivíduos apresentam, ainda, deficiência congênita de α_1-antitripsina e, por isso, não sintetizam quantidade suficiente dessa antiprotease, predispondo-os ao desenvolvimento precoce de enfisema.

Apesar de todos os macrófagos existentes no organismo partilharem de um precursor comum (o monócito circulante) e terem funções semelhantes, cada tipo apresenta características próprias. Por exemplo, os macrófagos peritoneais estão expostos a uma P_{O_2} de 10 mmHg, enquanto os macrófagos alveolares são os únicos a viverem em condições aeróbicas com uma P_{O_2} de 100 mmHg. Presumivelmente, alvéolos hipoventilados, com P_{O_2} muito baixa, apresentarão redução do número de macrófagos.

BIBLIOGRAFIA

ALAN R, LEEF MD, SCHUMACKER PT. *Respiratory Physiology: Basics and Applications*. W.B. Saunders, Philadelphia, 1993.

COMROE JH. *Fisiologia da Respiração*. 2. ed. Guanabara Koogan, Rio de Janeiro, 1977.

DANEL JC. Morphological characteristics of human airway structures. Diversity and Unity. In: CHRÉTIEN J, DUSSER D (Eds.). *Environmental Impact on the Airways. From Injury to Repair*. Marcel Dekker, New York, 1996.

KING M. Particle deposition and mucociliary clearance: physical signs. In: BATES DV (Ed.). *Respiratory Function in Disease*. W.B. Saunders, Philadelphia, 1989.

KING M. The role of mucus viscoelasticity in cough clearance. *Biorheology*, 24:589-97, 1987.

NADEL JA, WIDDICOMBE JH, PEATFIELD AC. Regulations of airway secretion, ion transport, and water movement. In: FISHMAN AP, FISHER AB. *Handbook of Physiology*. American Physiological Society, Bethesda, 1985.

SATIR P, SLEIGH MA. The physiology of cilia and mucociliary interactions. *Ann Rev Physiol*, 52:137-55, 1990.

SLENGH MA, BLAKE JR, LIRON N. The propulsion of mucus by cilia. *Am Rev Respir Dis*, 137:726-41, 1988.

TAVARES P. *Atualização em Fisiologia-Respiração*. Cultura Médica, Rio de Janeiro, 1991.

WEIBEL ER. *Lung Cell Biology*. In: FISHMAN AP, FISHER AB. *Handbook of Physiology*. American Physiological Society, Bethesda, 1985.

Capítulo 48

Fisiologia Respiratória em Ambientes Especiais

Walter Araujo Zin | Patricia Rieken Macedo Rocco | Débora Souza Faffe

- Introdução, *718*
- Exercício, *718*
- Grandes altitudes, *719*
- Toxicidade do O_2, *720*
- Voos aeroespaciais, *720*
- Mergulho, *720*
- Afogamento, *721*
- Intoxicação por monóxido de carbono, *721*
- Ventilação líquida, *721*
- Poluição atmosférica, *722*
- Gases tóxicos, *722*
- Tabagismo, *722*
- Respiração perinatal, *723*
- Envelhecimento, *723*
- Bibliografia, *723*

INTRODUÇÃO

A principal função dos pulmões é proporcionar trocas adequadas de oxigênio e gás carbônico entre o ar e o sangue. As trocas gasosas devem ser realizadas qualquer que seja o nível do metabolismo.

Neste capítulo, analisaremos várias condições adversas e ambientes especiais que alteram a função pulmonar.

EXERCÍCIO

A resposta ao exercício depende da coordenação entre os sistemas respiratório e cardiovascular. Durante o exercício físico, tanto o consumo de oxigênio como a produção de CO_2 crescem, em função do incremento da atividade e demanda pelos músculos esqueléticos. Para suprir essa necessidade de oxigênio e remover o excesso de gás carbônico, ocorrem três alterações fisiológicas: (a) aumento da ventilação alveolar, (b) elevação do débito cardíaco, e (c) redistribuição do débito cardíaco para suprir os músculos esqueléticos em exercício.

O indivíduo que ventila em condições basais utiliza pouco sua capacidade ventilatória para suprir sua demanda metabólica. Entretanto, pequenas anormalidades na oxigenação pulmonar e/ou nas propriedades mecânicas respiratórias são fatores limitantes para o exercício. A(s) causa(s) do aumento da ventilação associado ao exercício muscular persiste(m) controversa(s). Entretanto, existe um consenso em duas observações básicas. Inicialmente, mantendo-se um exercício de intensidade moderada, a ventilação aumenta diretamente com a elevação da taxa metabólica. A segunda é que no início do exercício há um súbito crescimento na ventilação, começando no intervalo de 1 s até atingir um platô. Quando o exercício cessa, essa sequência se inverte, isto é, uma diminuição igualmente súbita ao término do exercício, gradualmente retornando aos níveis de repouso (Figura 48.1).

Durante exercícios intensos (anaeróbios), ocorre liberação de ácido láctico pela glicólise anaeróbica, com redução do pH e consequente estímulo à hiperventilação, que pode resultar em queda da P_{CO_2} arterial. Ao contrário, no decorrer de exercício aeróbico em indivíduos normais (até cerca de 3 ℓ/min de consumo de O_2), os valores de P_{CO_2}, P_{O_2} e pH se mantêm constantes. Desse modo, variações nas tensões dos gases sanguíneos não parecem ser, a princípio, o fator determinante do aumento do volume-minuto. Duas observações, entretanto, devem ser mencionadas: (a) durante o exercício, a curva de resposta P_{O_2}/ventilação torna-se mais acentuada, observando-se resposta ventilatória a pequenas flutuações da P_{O_2} arterial normal; (b) nessas circunstâncias, ocorre, ainda, uma elevação na oscilação respiratória da P_{CO_2} arterial, o que sabidamente estimula o corpo carotídeo. Apesar dessas observações, a ação da pressão parcial dos gases arteriais sobre os quimiorreceptores não é o fator determinante do aumento da ventilação durante o exercício leve a moderado.

Outros estímulos são considerados como determinantes do crescimento da ventilação no exercício. A movimentação passiva dos membros estimula a ventilação tanto em animais anestesiados como em homens despertos. Este é um reflexo determinado por receptores articulares ou musculares, sendo provavelmente o responsável pelo incremento abrupto da ventilação que ocorre nos primeiros segundos. Acredita-se, também, que oscilações na P_{O_2} e na P_{CO_2} arterial poderiam estimular os quimiorreceptores periféricos, apesar de seus níveis médios se manterem inalterados. Outra teoria parte do pressuposto de que a P_{CO_2} arterial é mantida constante por meio do estímulo dos quimiorreceptores centrais, aumentando a ventilação. Outros fatores podem estar relacionados com a elevação da ventilação durante o exercício, como incremento da temperatura corporal e impulsos corticais. Mecanismos centrais também foram propostos, especialmente no início do exercício, fase na qual há um comando central para iniciar um aumento da atividade respiratória em antecipação ao exercício. Experimentos em animais sugerem que esse comando emana de regiões do hipotálamo. Estudos recentes em seres humanos, utilizando técnica de imagem (tomografia por emissão de pósitrons [PET] tridimensional), identificaram regiões do córtex que também podem participar do disparo do comando central para a hiperpneia do exercício. Existe, ainda, evidência em seres humanos de que a fase I da resposta ventilatória possa ser em parte uma resposta "aprendida" ao início do exercício. No entanto, nenhuma das teorias anteriormente relatadas é capaz de explicar completamente os mecanismos que determinam a adaptação da ventilação durante o exercício.

O Quadro 48.1 representa um resumo esquematizado das respostas do sistema respiratório aos exercícios moderado ou intenso.

Quadro 48.1 • Respostas do sistema respiratório aos exercícios moderado e intenso.

Variável	Exercício moderado	Exercício intenso
Mecânica respiratória		
Trabalho elástico	↑	↑↑
Trabalho resistivo	↑	↑↑
Ventilação alveolar		
Volume corrente	↑↑	↑↑
Frequência respiratória	↑	↑↑
Espaço morto anatômico	↑	↑
Espaço morto alveolar	↓	↓↓
Fluxo sanguíneo pulmonar		
Perfusão do lobo superior	↑	↑↑
Resistência vascular pulmonar	↑	↑↑
Relação ventilação-perfusão	↑	↑
Difusão através da barreira alveolocapilar	↑	↑↑
Pao$_2$	↔	↔ ou ↑ ou ↓
Paco$_2$	↔	↓
pH	↔	↓

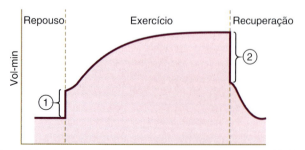

Figura 48.1 • Representação esquemática da ventilação durante o exercício. Note um aumento súbito da ventilação no início do exercício (1) e uma redução igualmente súbita ao término deste (2).

GRANDES ALTITUDES

A P_{O_2} decai gradativamente com o aumento da altitude. Em condições de 100% de saturação de vapor d'água, no topo do Monte Evereste, a P_{O_2} inspirada é de 42 mmHg, enquanto ao nível do mar ela corresponde a cerca de 149 mmHg. Em Teresópolis, no estado do Rio de Janeiro, a 1.000 m de altitude, a pressão atmosférica é de 674 mmHg e a P_{O_2}, de aproximadamente 130 mmHg.

A hipoxia de grandes altitudes é um fenômeno fisiológico que ocorre em indivíduos não aclimatizados a esta condição, isto é, quando expostos a baixas P_{O_2}. A queda da P_{O_2} no ar inspirado gera uma queda na pressão parcial arterial de oxigênio (Pa_{O_2}).

A redução da P_{O_2} acarreta hiperventilação por estímulo hipóxico aos quimiorreceptores periféricos. No entanto, na exposição aguda à altitude, a resposta ventilatória à hipoxia é de curta duração (em torno de 30 min), devido à queda da P_{CO_2} arterial e ao declínio hipóxico da ventilação. A pobre resposta ventilatória causa hipoxemia arterial, resultando em vários sintomas observados nas primeiras horas e dias em locais de grande altitude. O sinal mais precoce de hipoxia é a redução da visão noturna, que pode ser detectada em altitudes relativamente baixas (1.200 m). A complicação mais grave da exposição à altitude é a diminuição da capacidade mental, culminando com perda de consciência, que geralmente ocorre em altitudes acima de 6.000 m. A hipoxia também acarreta vasoconstrição pulmonar, com consequente elevação da pressão arterial pulmonar, bem como incremento no trabalho do ventrículo direito. Durante os primeiros dias em altitude, o *feedback* negativo desfavorável é revertido pela *aclimatização*.

A aclimatização é o processo de dias a semanas pelo qual há aumento de tolerância e desempenho do indivíduo. A ventilação se eleva gradativamente, reduzindo a P_{CO_2} e aumentando a P_{O_2} arterial. A maioria dos indivíduos se encontra completamente aclimatizada em 1 semana. A normalização do pH do liquor, por transporte de bicarbonato, foi sugerida inicialmente como mecanismo da aclimatização. Outros estudos demonstraram envolvimento de estimulação dos quimiorreceptores centrais, por acidoses lácticas intracelular e intersticial secundárias à hipoxia, além de aumento da influência dos quimiorreceptores periféricos durante hipoxia prolongada, contribuindo, assim, para a progressiva hiperventilação observada na aclimatização.

Um importante aspecto da aclimatização a grandes altitudes é a policitemia (elevação da concentração de eritrócitos no sangue). Na policitemia, há um aumento de hematócrito (volume percentual de eritrócitos presente em amostra de sangue total) e da concentração de hemoglobina e consequentemente na capacidade de transporte de oxigênio. Logo, embora a P_{O_2} e a P_{CO_2} estejam reduzidas, o conteúdo de O_2 se mantém normal. O estímulo que acarreta incremento na produção de eritrócitos é a hipoxia, que libera eritropoetina renal.

Outra característica da aclimatização é o desvio da curva de dissociação de O_2 para a direita, com maior liberação de O_2. Tal fato decorre do aumento na concentração de 2,3-difosfoglicerato em função da hipoxia.

Vale ressaltar que a *adaptação* à altitude se refere a alterações fisiológicas e genéticas que acontecem em período de anos e gerações em habitantes de áreas de grande altitude. Existem diferenças qualitativas e quantitativas entre aclimatização e adaptação. Pessoas que habitam por longo tempo em locais de grande altitude apresentam redução de resposta à hipoxia, relacionada com a magnitude da altitude e o tempo de residência no lugar. Esses indivíduos também apresentam: (a) maior capacidade de difusão pulmonar, secundária a adaptações anatômicas dos pulmões, com crescimento do número de alvéolos e capilares, (b) hipertensão pulmonar crônica e hipertrofia ventricular direita (por vasoconstrição pulmonar hipóxica), (c) policitemia, e (d) aumento da vascularização do coração e dos músculos estriados.

A síndrome aguda de grandes altitudes (SAGA), também chamada de doença aguda das montanhas, acomete pessoas que ascendem rapidamente a alturas acima de 2.500 m. A SAGA ocorre nas primeiras 8 a 24 h em grande altitude, depende da velocidade de ascensão e, principalmente, da suscetibilidade de cada um. A exposição abrupta a alturas de cerca de 3.000 m provoca SAGA em aproximadamente 30% das pessoas. Dores de cabeça constituem o principal sintoma dessa síndrome, podendo ainda ocorrer náuseas, vômitos, hiporexia, oligúria, edema periorbital, petéquias, hemorragias na retina e insônia, além de ataxia e redução da cognição, sintomas relacionados com distúrbios no sistema nervoso central (SNC) devido a edema cerebral. Após 3 a 7 dias, extinguem-se os sintomas na grande maioria dos casos. A SAGA pode ser prevenida programando-se viagens para grandes elevações em etapas, evitando-se, assim, variações bruscas de pressão atmosférica.

As respostas fisiológicas às grandes altitudes podem ser: imediatas, de adaptação precoce (72 h) e de adaptação tardia (2 a 6 semanas) (Quadro 48.2).

Quadro 48.2 ▪ Respostas fisiológicas nas grandes altitudes: imediatas, de adaptação precoce (72 h) e de adaptação tardia (2 a 6 semanas).

Variável	Imediata	Adaptação precoce (72 h)	Adaptação tardia (2 a 6 semanas)
Ventilação espontânea			
Volume-minuto	↑	↑	↑
Frequência respiratória	Variável	Variável	Variável
Pa_{O_2}	↓	↓	↓
Pa_{CO_2}	↓	↓	↓
pH	↑	↑ ou ↔	↑ ou ↔
Avaliação da função pulmonar			
Capacidade vital	↔	↔	↔
Fluxo máximo expiratório	↑	↑	↑
Capacidade residual funcional	↔	↔	↔
Resposta ventilatória ao CO_2 inalado	↔	↑	↑
Resposta ventilatória à hipoxia	↔	↔	↔
Resistência vascular pulmonar	↑	↑	↑
Transporte do oxigênio			
Hemoglobina	↔	↑	↑
Eritropoetina	↑	↔	↔
P-50	↓	↑	↑
2,3-DPG	↔	↑	↑
Sistema nervoso central			
Cefaleia, náuseas e vômitos	↑	↔	↔
pH do liquor	↑	↔	↔
Bicarbonato liquórico	↔	↓	↓

TOXICIDADE DO O_2

O oxigênio respirado em altas concentrações pode ser tóxico e lesivo, apresentando um comportamento bifásico. A fase aguda pode surgir após 8 horas de ventilação com oxigênio e persiste por 5 a 12 dias se o O_2 for continuado. A fase aguda caracteriza-se por exsudação com edema intersticial e alveolar. Além da exsudação, pode haver perda de pneumócitos tipo I, destruição do endotélio capilar pulmonar, distensão linfática, edema septal alveolar e infiltrado de células inflamatórias. Muito embora essas alterações possam representar um risco à vida, elas são reversíveis caso a hiperoxia seja descontinuada. Contudo, caso seja mantida, a fase exsudativa aguda transforma-se em fase proliferativa. Nessa fase proliferativa há elevação do número de pneumócitos tipo II, que substituem quase completamente os pneumócitos tipo I danificados. Daí resulta espessamento de até 4 a 5 vezes da barreira alveolocapilar. Ademais, observa-se também infiltração de fibroblastos e macrófagos, formação de membrana hialina intra-alveolar, aumento do conteúdo de colágeno, fibrose de septos alveolares e redução do volume dos espaços aéreos. Em contraste com a fase exsudativa, a fase proliferativa não é reversível com a interrupção da hiperoxia.

VOOS AEROESPACIAIS

A queda gradual da P_{O_2} com o aumento de altitude e seus efeitos foram descritos anteriormente neste capítulo. Aviões comerciais voam na faixa de 10.000 a 12.000 m de altitude (P_{O_2} ambiente aproximadamente de 29 mmHg); logo, a tripulação e os passageiros necessitam de proteção contra hipoxia. Essa proteção normalmente é obtida pela pressurização da cabine com pressões acima daquela do ar no exterior da aeronave. Idealmente, a pressão da cabine deveria ser semelhante à pressão ao nível do mar. No entanto, isso tornaria a aeronave muito pesada e de alto custo. Pelas normas da aviação, a "altitude da cabine" é mantida em nível intermediário, em geral de 1.850 a 2.150 m (P_{O_2} aproximadamente de 125 mmHg). A perda de pressão da cabine provoca exposição de seus ocupantes à pressão ambiente, com P_{O_2} muito baixa, por isso máscaras de oxigênio estão disponíveis para casos de emergência. Um suprimento de oxigênio a 100% é suficiente em altitudes de até 10.300 m, onde a pressão barométrica menos a pressão parcial de dióxido de carbono e vapor d'água é cerca de 105 mmHg, semelhante à pressão de oxigênio alveolar durante respiração ao nível do mar. Em altitudes acima de 10.300 m, a hipoxemia só pode ser prevenida pela oferta de oxigênio a 100% sob pressão positiva.

Em voos espaciais, os efeitos da gravidade zero sobre as condições fisiológicas da respiração não são muito importantes, desde que as pessoas sejam mantidas com um adequado suprimento de gás para respirar. Estudos demonstraram que astronautas (submetidos a condições de pressão zero) apresentam pequena redução da volemia, do hematócrito e do débito cardíaco, bem como atrofia das fibras musculares, diminuição de força muscular, além de perda de íons como cálcio e fosfato.

No interior das naves espaciais, nos compartimentos ocupados pelos astronautas, as misturas gasosas são controladas, assim como a pressão no interior das cabines. Deste modo, embora não haja um campo gravitacional, existe um microambiente compatível com o processo fisiológico da respiração.

MERGULHO

A pressão atmosférica se eleva cerca de 1 atm a cada 10 m de profundidade. A pressão por si só é inócua ao indivíduo enquanto estiver sendo contrabalançada. Entretanto, se as cavidades corporais que contêm gás (pulmões, ouvidos e seios da face) deixarem de se comunicar com o meio externo, a diferença de pressão pode causar compressão durante a descida ou expansão durante a subida.

O mergulho livre, também chamado erroneamente "em apneia" (pausa respiratória ao final de expiração, quando, na realidade, a parada respiratória se dá ao término de uma inspiração, ou seja, apneuse), pode resultar em aumento da pressão capilar transpulmonar, gerando edema não cardiogênico e/ou hemorragia alveolar. Além disso, durante o mergulho os pulmões e parede torácica são comprimidos pela crescente pressão da água, deslocando progressivamente mais gás dos alvéolos para o sangue. Já no retorno à superfície, ocorre o inverso, com consequente deslocamento de gases do sangue para os alvéolos. Na fase de descida, os mergulhadores são expostos à hipercapnia hiperóxica progressiva. A hipercapnia hipóxica ocorre apenas ao final do mergulho, justo abaixo da superfície (resultante da passagem de gás carbônico e oxigênio do sangue para os pulmões, em fase de expansão pela rápida queda da pressão circundante). O "apagamento", descrito durante o mergulho livre, consiste na perda da consciência do indivíduo debaixo d'água. Antes do mergulho, a pessoa hiperventila voluntariamente, o que acarreta redução da Pa_{CO_2}, principal fator estimulante da respiração. Isso permite ao mergulhador permanecer mais tempo submerso, até que a Pa_{CO_2} se eleve e haja estímulo para respiração, ou que a Pa_{O_2} se torne tão baixa que estimule a respiração. Ao iniciar a subida, o indivíduo estará exposto a uma pressão atmosférica progressivamente menor, fazendo com que a Pa_{O_2} se torne ainda mais baixa, o que acarreta perda da consciência e, consequentemente, morte, se não for resgatado a tempo por outro mergulhador.

As alterações rápidas no volume pulmonar podem resultar em lesão pulmonar conhecida como barotrauma. Durante a descida pode ocorrer barotrauma compressivo, no qual a elevação da pressão externa supera 13 atm (profundidade aproximada de 125 m) e o volume de ar contido nos pulmões torna-se 1/13 do volume inspirado, provocando atelectasias alveolares. Ao longo do retorno à superfície, pode haver risco de barotrauma descompressivo pela expansão veloz dos espaços aéreos.

Em outra modalidade de mergulho, o indivíduo utiliza o equipamento SCUBA (*self-contained underwater breathing apparatus*). Este contém uma válvula sensível à pressão da água, liberando gás com a mesma pressão circundante para o interior dos pulmões, de modo a manter constante a pressão transtorácica. Quanto maior a profundidade do mergulho, mais elevada a pressão do gás intratorácico, que se difunde para o sangue e daí para coleções líquidas do organismo (como ventrículos intracranianos e cavidades sinoviais) em quantidades progressivamente maiores. Também o sangue passa a ter concentrações mais elevadas dos gases respiratórios. Por conseguinte, durante o retorno à superfície, é necessário realizar paradas (estações) para descompressão, evitando embolia gasosa. Exemplificando: durante o mergulho, o nitrogênio (gás inerte, pouco solúvel, encontrado em altas pressões parciais no gás inspirado) entra em solução nos tecidos e líquidos corporais, principalmente no tecido adiposo, que tem alto coeficiente de solubilidade para esse gás. Ademais, ele se difunde lentamente devido à sua baixa solubilidade. Consequentemente, o equilíbrio entre o nitrogênio e o ambiente leva horas. Durante a subida, o nitrogênio é lentamente removido dos tecidos e líquidos. Se a descompressão for rápida, os gases em solução retornam à forma gasosa, provocando, assim, formação de bolhas capazes de gerar êmbolos e dores intensas. Articulações, tecidos adiposo e sanguíneo, sistema nervoso central e músculo cardíaco também são atingidos. Em casos graves, podem surgir distúrbios neurológicos, tais como surdez, alteração da visão e até paralisia por embolia gasosa (obstrução do fluxo sanguíneo) ou dilatação ventricular.

Normalmente, formam-se pequenas bolhas de gás, que logo são absorvidas e eliminadas, desde que se sigam corretamente os critérios padronizados para as paradas descompressivas. Logo, o objetivo da descompressão não é impedir a formação de bolhas, e sim permitir sua passagem do sangue para os alvéolos com subsequente eliminação para o ambiente. Cada mergulho requer planejamento inicial, prevendo-se o tempo de permanência e o nível de profundidade, para se avaliar o tempo gasto com as sucessivas paradas descompressivas.

O tratamento do paciente com síndrome de descompressão é a recompressão. Para tal, o indivíduo deve ser removido cuidadosamente para uma câmara hiperbárica. Desse modo, o volume das bolhas se reduzirá, forçando-as a entrar de novo em solução, aliviando grande parte dos sintomas. Em seguida, deve-se promover a descompressão lenta, eliminando o gás que se encontra dissolvido nos tecidos e evitando que outras bolhas se formem.

Concentrações elevadas de oxigênio são contraindicadas, pois, sob altas pressões, o oxigênio é tóxico, provocando convulsões e lesões no SNC, possivelmente por inibição de enzimas, como as desidrogenases. Ademais, a inalação de oxigênio puro pode, como já relatado anteriormente, provocar destruição dos pneumócitos II, alterações no surfactante pulmonar, edema intersticial pulmonar, atelectasia (colapso de espaços aéreos), hemorragia alveolar, inflamação brônquica e alveolar, deposição de fibrina, espessamento e hialinização das membranas alveolares, além de edema cerebral. A uma profundidade de 40 m (4 atm), uma pessoa que respira oxigênio puro entra em processo convulsivo em cerca de 30 min, antecedido por náuseas, zumbido e espasmos faciais.

Um modo de evitar os riscos de embolia é usar, para mergulhos profundos, misturas gasosas que contenham hélio e oxigênio. O hélio oferece as seguintes vantagens: (a) por apresentar metade da solubilidade do nitrogênio, dissolve-se menos nos tecidos, (b) tem 1/7 do peso molecular do nitrogênio, o que facilita a difusão, e (c) sua menor densidade reduz o trabalho respiratório. Todavia, o hélio mostra algumas desvantagens, como maior condutividade térmica, o que acelera a perda de calor, tornando a termorregulação um problema adicional.

Outros problemas surgem durante o mergulho:

- O mecanismo de expansão e compressão dos gases em cavidades sem comunicação com o meio externo pode manifestar-se em vários outros compartimentos do organismo, propiciando a ocorrência de barotraumas. Por exemplo, as lesões da membrana timpânica decorrem da compressão do gás no interior da tuba auditiva. Complementarmente, pessoas apresentam mal-estar, devido à diferença de pressão entre a orelha média e a cavidade oral. Nesses casos, torna-se necessário igualar as pressões. Normalmente, a tração do meato acústico interno, realizada pela prega salpingofaríngea durante o processo de deglutição, é suficiente para permitir que as pressões entrem em equilíbrio. Alguns artifícios podem ser usados para promover a abertura desse meato, como mascar goma ou tentar expirar pelo nariz, contra uma obstrução mecânica das vias respiratórias superiores, elevando assim a pressão na orofaringe. O aumento da pressão na nasofaringe é o mecanismo mais usado em mergulho, tanto no livre quanto no autônomo. A presença de obstrução do meato acústico interno, seja por secreção ou tumefação por processo inflamatório da faringe, impede que o mergulhador equilibre as pressões, acarretando dor de forte intensidade, que o impede de prosseguir a descida. Porém, se acaso ele insistir ou tentar "compensar", pode sofrer lesão da membrana timpânica
- O nitrogênio pode causar narcose, pois, embora seja considerado um gás inerte, em uma profundidade de 50 m algumas pessoas já apresentam um estado de redução de consciência semelhante ao da embriaguez, provocado possivelmente pela difusão do nitrogênio em tecido adiposo e SNC. Pode-se evitar a narcose por nitrogênio, substituindo-o por outros gases que apresentem menor solubilidade, como hélio e hidrogênio.

AFOGAMENTO

Afogamento é um processo que envolve a morte ou asfixia pela inalação de água, que interfere no surfactante, promovendo atelectasia. No caso de a água ser do mar, pode haver, ainda, a passagem de fluido do sangue para os espaços alveolares dos pulmões, devido às forças osmóticas. Algumas pessoas não morrem afogadas por inalação de água, mas sim por grave asfixia devido à oclusão reflexa das vias respiratórias pela musculatura laríngea.

INTOXICAÇÃO POR MONÓXIDO DE CARBONO

O monóxido de carbono (CO), gás tóxico encontrado na queima de biomassa, gás liquefeito de petróleo e, principalmente, no escapamento de motores a combustão, reage com a hemoglobina, formando a carboxi-hemoglobina – composto 100 vezes mais estável que a oxi-hemoglobina – competindo, assim, com o transporte de O_2. O uso de altas P_{O_2} é o método terapêutico indicado. A elevação da P_{O_2} inspirada para 3 atm permite que se obtenha a dissolução de cerca de 6 mℓ O_2/100 mℓ de sangue, mantendo-se, assim, a oxigenação dos tecidos. Devemos lembrar que essa oferta de oxigênio ainda é baixa; logo, o repouso mostra-se essencial à manutenção da relação oferta/demanda.

VENTILAÇÃO LÍQUIDA

Os peixes, em sua maioria, são capazes de captar oxigênio encontrado diluído na água, utilizando as brânquias, que são um órgão extremamente vascularizado e ramificado (o que promove aumento da área de troca gasosa), apresentando membranas muito delgadas através das quais ocorre a hematose. Em 1962, com base na observação desse mecanismo, foram feitos experimentos demonstrando que, ao imergir camundongos em solução fisiológica com exposição a uma alta pressão parcial de oxigênio (8 atm), eles sobreviviam, mas não satisfatoriamente. Entretanto, com o uso de perfluorocarbono tratado com oxigênio 100% a 1 atm, havia sobrevivência desses animais por grandes períodos. Os camundongos colocados nestes meios deveriam respirá-los e retirar destes fluidos o oxigênio necessário à respiração, além de eliminar para eles o dióxido de carbono. O perfluorocarbono, apresentando solubilidades para oxigênio e gás carbônico maiores que a salina, facilitava o alcance de pressões compatíveis com a respiração. Porém, como os líquidos têm uma viscosidade maior que os gases normalmente respirados, é maior o trabalho exigido nestas condições experimentais. Comumente, ocorre uma acidose respiratória nestes casos, devido ao acúmulo de gás carbônico (previsível pela equação de Henderson-Hasselbalch, descrita no Capítulo 13, *Regulação do pH do Meio Interno*).

POLUIÇÃO ATMOSFÉRICA

Há mais de 200 anos que a poluição atmosférica vem se tornando um problema na maioria das cidades desenvolvidas. O elevado número de veículos automotores e a concentração industrial próxima aos grandes centros vêm provocando em diversos locais um fenômeno conhecido como inversão térmica, que promove a retenção dos poluentes perto do solo. A poluição acarreta complicações respiratórias principalmente em idosos e crianças, desencadeia crises de asma brônquica, acarreta pneumonias e rinites alérgicas. Em 2012, a Organização Mundial da Saúde (OMS) concluiu que a emissão dos escapamentos de motores a combustão de diesel é carcinogênica. Tanto na Europa Ocidental como nos EUA e Canadá há regras progressivamente mais rígidas quanto à composição e à quantidade de cada componente da exaustão de motores a combustão.

A composição da poluição atmosférica é muito variável e se altera de região para região, em função da sua origem. Os principais poluentes encontrados são o dióxido de enxofre (SO_2) e o dióxido de nitrogênio (NO_2) (responsáveis, também, pela chuva ácida), além do ozônio (O_3) e do monóxido de carbono (CO). O óxido nítrico (NO), em presença de radiação ultravioleta e oxigênio, pode formar dióxido de nitrogênio, podendo, ainda, originar radicais livres. Óxidos de enxofre podem gerar ácido sulfúrico ao reagir com a água (dando origem à chuva ácida), ou, quando em contato com o líquido lacrimal, irritar a conjuntiva.

Poluentes atmosféricos podem causar neoplasia pulmonar, doenças pulmonares obstrutivas crônicas, além de lesões do sistema respiratório secundárias à ação de agentes oxidantes. Acredita-se que material particulado de diâmetro inferior a 2,5 μm possa atravessar a barreira alveolocapilar, atingindo alvos a distância, sendo o coração o mais estudado.

A inalação de partículas (orgânicas ou inorgânicas) é capaz de provocar reação inflamatória com hipersensibilidade imediata (tipo I ou alérgica). A fagocitose, por macrófagos, de partículas inaladas pode acarretar pneumoconioses com espessamento da membrana alveolocapilar e fibrose alveolar. O uso de máscaras é recomendado para pessoas que trabalham em locais ricos em micropartículas em suspensão. As doenças provocadas pela inalação de material particulado normalmente estão associadas à atividade profissional e recebem denominações diferentes, em função do material causador da afecção. Exemplificando, trabalhadores de minas de carvão desenvolvem antracose pela inalação de micropartículas de carbono, e pessoas que lidam com vidro ou inalam sílica podem ter silicose.

GASES TÓXICOS

▶ Ozônio

Desde sua descoberta, o ozônio é conhecido como um gás tóxico, mesmo quando em concentrações inferiores a 1 ppm (uma parte por milhão). Dentre seus efeitos adversos, podemos citar a redução da ventilação pulmonar e da capacidade de difusão (edema intersticial). Em concentrações de 1 a 50 ppm durante períodos prolongados (meses), acarreta atrofia das paredes alveolares e, em concentrações acima de 9 ppm, pode provocar graves pneumonias.

▶ Cianeto

O principal efeito tóxico do cianeto está relacionado com a sua capacidade de inibir a cadeia respiratória mitocondrial (enzima citocromo oxidase). Este tipo de intoxicação não altera o transporte de oxigênio ou sua disponibilidade aos tecidos, e sim o metabolismo celular. Em geral, o tratamento consiste em se utilizar nitrito de sódio ($NaNO_2$) ou tiossulfato de sódio ($Na_2S_2O_3$). O primeiro reage com hemoglobina, convertendo-a em metemoglobina, a qual efetivamente se liga ao cianeto, formando a cianometemoglobina, um composto estável, anulando o efeito do cianeto sobre a citocromo oxidase. O segundo serve como substrato para a enzima rodanase, que destoxifica o cianeto, convertendo-o em tiocianeto.

Os tratamentos normobárico e hiperbárico com oxigênio podem apresentar algum efeito sobre a intoxicação por cianeto.

TABAGISMO

As fumaças de cigarros, charutos e cachimbos são constituídas por complexa mistura, que afeta os pulmões tanto diretamente por sua presença física como pela ação das diversas substâncias constituintes. O aerossol estimula receptores nas vias respiratórias, causando broncoconstrição, enquanto seus constituintes exercem efeito irritante sobre o epitélio brônquico, com alteração da atividade mucociliar, dano celular e reação inflamatória difusa, com acometimento de todo o sistema respiratório. Esses efeitos resultam na liberação de uma variedade de quimiocinas pelas células estruturais e macrófagos alveolares, bem como agentes oxidantes e enzimas proteolíticas, levando à destruição da matriz pulmonar. Múltiplas proteínas são estimuladas e secretadas em resposta ao fumo, muitas com atividades imunomodulatórias, o que amplifica o processo inflamatório e ativa a resposta imune adquirida.

Fumar regularmente produz alterações na função pulmonar, tendo como principal resultante clínica a bronquite crônica ou o enfisema pulmonar. Como a fumaça apresenta grande quantidade de substâncias carcinogênicas, o tabagismo prolongado aumenta a incidência de neoplasias pulmonares, já que estimula a metaplasia do revestimento epitelial das vias respiratórias superiores, alterando-o de cilíndrico simples ciliado para pavimentoso estratificado (metaplasia escamosa).

RESPIRAÇÃO PERINATAL

A troca gasosa no feto ocorre via circulação placentária. O sangue, que chega pela veia umbilical, apresenta uma P_{O_2} de aproximadamente 30 mmHg, atinge os pulmões do feto com 19 mmHg e retorna à placenta com cerca de 15 mmHg. Devido à proximidade entre os vasos maternos e os fetais e à alta afinidade da hemoglobina fetal pelo oxigênio, é possível a oxigenação do sangue fetal (hematose). Os pulmões, nesse período, estão atuando apenas como uma área de consumo de oxigênio e de atividade celular. O sistema cardiovascular no feto apresenta-se mais desenvolvido em relação à circulação venosa, por onde chega o sangue rico em oxigênio. Portanto, o coração direito é mais desenvolvido que o esquerdo. Ao nascimento, iniciam-se as alterações respiratórias, com: remoção de secreções das vias respiratórias e ductos alveolares, início da ventilação, redução da resistência vascular pulmonar e redistribuição do fluxo sanguíneo placentário para a circulação pulmonar. A expansão pulmonar exerce tração sobre os vasos sanguíneos pulmonares, reduzindo a resistência vascular pulmonar. O início da ventilação – com aumento da tensão de oxigênio alveolar e redução da tensão de dióxido de carbono – provoca liberação de substâncias vasodilatadoras, como prostaciclina e óxido nítrico. Simultaneamente, a interrupção do fluxo sanguíneo para a placenta aumenta a resistência na circulação sistêmica. Essas alterações criam um gradiente de pressão entre os átrios esquerdo e direito, levando ao fechamento da comunicação interatrial (*foramen ovale*) e aumento do trabalho a ser realizado pelas câmaras esquerdas do coração, com consequente desenvolvimento dessas cavidades, predominantemente do ventrículo esquerdo. Ao mesmo tempo, o fechamento do *ductus arteriosus*, que comunicava a artéria pulmonar com a aorta, direciona todo o débito do ventrículo direito para os pulmões. O fechamento do *ductus arteriosus* é mediado pela liberação de prostaglandinas, substâncias que promovem a vasoconstrição, seguido, posteriormente, por fibrose e fechamento anatômico, gerando um ligamento vestigial nos adultos. Nos casos de malformações cardíacas congênitas, podem acontecer diversas alterações compensatórias no sistema já descrito, visando manter, do melhor modo possível, a nutrição dos tecidos e sua oxigenação. Nesses casos, é comum não ocorrer o fechamento do forame interatrial ou do ducto arterioso, que é dito patente. Consequentemente, há mistura entre o sangue proveniente dos pulmões – que chega ao lado esquerdo do coração com altas pressões parciais de oxigênio – com o sangue que chega ao lado direito. Há, portanto, hipoxemia associada à hipercapnia, com taquipneia e cianose. Dessa maneira, alterações cardiocirculatórias podem provocar alterações respiratórias.

ENVELHECIMENTO

A maioria das alterações funcionais do sistema respiratório relacionadas com a idade resulta de três eventos fisiológicos: redução progressiva da complacência da parede torácica, do recolhimento elástico do pulmão e da força dos músculos respiratórios.

O envelhecimento acarreta redução da complacência da parede torácica e do sistema respiratório, bem como do recolhimento elástico do pulmão, resultando em aprisionamento de ar (aumento do volume residual), elevação da capacidade residual funcional e maior trabalho respiratório. A diminuição da complacência de parede torácica envolve tanto complacência do arcabouço ósseo quanto do compartimento diafragma-abdome. Alterações na forma do tórax – secundárias a comprometimento ósseo, como calcificação de cartilagens costais e junções condrosternais, doença óssea degenerativa, fraturas vertebrais, osteoporose – modificam a mecânica da parede torácica.

A função dos músculos respiratórios também é afetada pelo envelhecimento, em consequência de alterações geométricas do arcabouço ósseo, estado nutricional, função cardíaca, ou por redução da massa e função dos músculos periféricos.

A troca gasosa permanece bem preservada, apesar da redução da superfície de área alveolar e maior heterogeneidade da relação ventilação-perfusão. A redução de sensibilidade dos centros respiratórios à hipoxia e à hipercapnia pode provocar resposta ventilatória reduzida em caso de doença aguda, como falência cardíaca e infecção ou obstrução de vias respiratórias.

BIBLIOGRAFIA

COMROE Jr JH. *Fisiologia da Respiração*. 2. ed. Guanabara Koogan, Rio de Janeiro, 1977.
COATES JR, CHINN DJ, MILLER MR. *Lung Function*. 6. ed. Blackwell Publishing, Malden, 2006.
FORSTER II RE, DUBOIS AB, BRISCOE WA et al. *The Lung*. 3. ed. Year Book Medical Publishers, Chicago, 1986.
HLASTALA MP, BERGER AJ. *Physiology of Respiration*. 2. ed. Oxford University Press, New York, 2001.
LEVITZKY MG. *Pulmonary Physiology*. 7. ed. McGraw-Hill, New York, 2007.
LUMB AB. *Nunn's Applied Respiratory Physiology*. 6. ed. Butterworth-Heinemann, Boston, 2005.
MOSS IR. Respiratory control and behavior in humans: lessons from imaging and experiments of nature. *Can J Neurol Sci*, 32:287-97, 2005.
PATTON HD, FUCHS AF, HILLE B et al. (Eds.). *Textbook of Physiology*. 21. ed. Saunders, Philadelphia, 1989.
RUOSS S, SCHOENE RB (Eds.). *Clinics in Chest Medicine. The Lung in Extreme Environments*. Saunders, Philadelphia, 2005.
WEST JB (Ed.). *Best and Taylor's Physiological Basis of Medical Practice*. 12. ed. Williams and Wilkins, Baltimore, 1990.
WEST JB. *Respiratory Physiology. The Essentials*. 8. ed. Lippincott Williams and Wilkins, Philadelphia, 2008.

Seção 7

Fisiologia Renal

Coordenadora:
Maria Oliveira de Souza

- **49** Visão Morfofuncional do Rim, *727*
- **50** Hemodinâmica Renal, *741*
- **51** Função Tubular, *757*
- **52** Excreção Renal de Solutos, *779*
- **53** Papel do Rim na Regulação do Volume e da Tonicidade do Líquido Extracelular, *797*
- **54** Papel do Rim na Regulação do pH do Líquido Extracelular, *817*
- **55** Rim e Hormônios, *831*
- **56** Distúrbios Hereditários e Transporte Tubular de Íons, *889*
- **57** Fisiologia da Micção, *903*

Capítulo 49

Visão Morfofuncional do Rim

Margarida de Mello Aires

- Introdução, *728*
- Estrutura renal, *728*
- Estrutura do néfron, *730*
- Circulação renal, *736*
- Inervação renal, *738*
- Bibliografia, *739*

INTRODUÇÃO

Os rins são os órgãos responsáveis pela manutenção do volume e da composição do líquido extracelular do indivíduo dentro dos limites fisiológicos compatíveis com a vida. A quantidade e a composição da urina eliminada são consequência do papel regulador do rim.

A formação da urina inicia-se no glomérulo, onde 20% do plasma que entra no rim através da artéria renal são filtrados graças à pressão hidrostática do sangue nos capilares glomerulares. Os 80% de plasma restante, que não foram filtrados, circulam ao longo dos capilares glomerulares, atingindo a arteríola eferente, daí se dirigindo para a circulação capilar peritubular.

O filtrado é um líquido de composição semelhante à do plasma, porém com poucas proteínas e macromoléculas, uma vez que o tamanho dessas substâncias dificulta sua filtração através da parede do glomérulo renal. Após sua formação, o filtrado glomerular caminha pelos túbulos renais e sua composição e volume são então modificados pelos mecanismos de reabsorção e secreção tubular existentes ao longo do néfron. *Reabsorção tubular* renal é o processo de transporte de uma substância do interior tubular para o sangue que envolve o túbulo; o mecanismo no sentido inverso é denominado *secreção tubular*. O termo *excreção renal* refere-se à eliminação da urina final pela uretra.

Portanto, o processo de depuração renal, além de se dar pela filtração glomerular, pode também ser feito por meio da secreção tubular, uma vez que o sangue que passou pelos glomérulos e não foi filtrado atravessa uma segunda rede capilar, peritubular. Por outro lado, graças à reabsorção tubular, muitas substâncias depois de filtradas voltam ao sangue que percorre os capilares peritubulares, entrando na circulação sistêmica pela veia renal que sai do órgão.

A reabsorção e a secreção dos vários solutos através do epitélio renal são realizadas por mecanismos específicos, passivos ou ativos, localizados nas membranas da célula tubular. Todos os sistemas de transporte são interdependentes. Por exemplo, um importante mecanismo como a reabsorção tubular de sódio, que utiliza grande fração do suprimento energético total do rim, exerce significativa influência no gradiente eletroquímico através do epitélio tubular, o qual passa a afetar o transporte dos demais solutos pela parede tubular. Adicionalmente, a reabsorção de sódio e cloreto, os mais abundantes solutos existentes no filtrado glomerular, estabelece gradientes osmóticos através do epitélio tubular que permitem a reabsorção passiva de água. Esta passa do interstício para a circulação peritubular por meio de um balanço entre as pressões oncótica (exercida pelas proteínas plasmáticas) e hidrostática existentes no interior dos capilares peritubulares. A reabsorção de água aumenta a concentração dos solutos no líquido remanescente no lúmen tubular; portanto, a reabsorção de água modifica o gradiente químico responsável pelo transporte passivo de determinados solutos através do epitélio, como no caso da ureia. Além disso, o gradiente eletroquímico de sódio pode prover energia necessária para o transporte de outras substâncias, como glicose e aminoácidos. Em vista disso, a inibição ou a estimulação da reabsorção de sódio, por certos hormônios ou drogas, causa alterações no transporte dos demais solutos.

Vemos então que, ao longo do néfron, uma série de forças atua no sentido de modificar a concentração das substâncias presentes no filtrado glomerular, variando a quantidade de solutos que são excretados na urina final. A reabsorção de água tende a aumentar a concentração de todos os solutos do líquido tubular, havendo alguns cuja concentração intratubular varia apenas em função desse processo, não sendo reabsorvidos nem secretados. Nesse caso, a quantidade de soluto filtrado é igual à excretada na urina final e, como exemplo, podemos citar o polissacarídio inulina. Entretanto, a maioria dos constituintes naturais do filtrado é reabsorvida ao longo do túbulo e volta ao sangue, sendo sua quantidade filtrada maior que a excretada; porém, sua concentração na urina final pode ser maior ou menor que a no filtrado glomerular, dependendo da quantidade de água que for reabsorvida nos túbulos. Algumas substâncias, como o para-amino-hipurato de sódio, além de filtradas são também secretadas; portanto, suas quantidades urinárias são maiores que as filtradas. Poucos solutos, como a tiamina, o potássio e o ácido úrico, além de serem filtrados são reabsorvidos e secretados pelo epitélio tubular; assim, suas quantidades excretadas apresentam grandes variações. Outras substâncias, como o íon hidrogênio e a amônia, são geradas no interior da célula tubular e daí secretadas para o lúmen tubular; o H^+ poderá ou não ser tamponado pelos tampões intratubulares, e a amônia será excretada na forma de sais de amônio.

A composição da urina difere da do líquido extracelular em vários aspectos. Em um indivíduo normal, embora a composição e o volume do líquido extracelular se mantenham dentro de estreitos limites, a quantidade de solutos e água da urina é bastante variável e depende da ingestão dessas substâncias. Enquanto 95% dos solutos do líquido extracelular são constituídos por íons, a urina tem altas concentrações de moléculas sem carga, particularmente ureia. Um indivíduo normal excreta mais sódio na urina quando sua dieta salina é elevada do que quando esta é baixa; porém, em ambas as situações o equilíbrio entre ingestão e excreção de sódio é mantido. Similarmente, o volume urinário é maior em condições de sobrecarga de água que de restrição aquosa. Essas relações nos indicam que não existem valores normais absolutos para a excreção urinária de água e solutos, havendo uma gama de variações que reflete a ingestão diária (Quadro 49.1).

ESTRUTURA RENAL

O rim é um dos órgãos em que é mais evidente a relação entre função e estrutura. Portanto, o conhecimento prévio da organização geral do sistema urinário facilita o estudo da fisiologia renal. Em vista disso, faremos a seguir uma breve descrição morfológica do rim, relacionando-a com a função renal.

A Figura 49.1 A mostra que o rim tem uma borda convexa e outra côncava; nesta encontra-se o *hilo*, região que contém os vasos sanguíneos, nervos e *cálices renais*. Revestindo o rim, há uma *cápsula* de tecido conjuntivo denso, resistente e inextensível, frouxamente ligada ao parênquima renal.

O rim é dividido em duas zonas: *cortical* e *medular*. Esta última contém 10 a 18 estruturas cônicas, denominadas *pirâmides de Malpighi*, cujas bases e lados estão em contato com a zona cortical e cujos vértices fazem saliências nos cálices renais. Essas saliências são formações cônicas, com ápice voltado para o interior dos cálices, sendo chamadas de *papilas renais*. O ápice de cada papila, denominado *área cribriforme*, apresenta 18 a 24 pequenos orifícios que correspondem à desembocadura dos ductos coletores papilares. Cada papila renal é envolta por uma extensão membranosa da parte superior do ureter, a *pélvis renal*, formando os cálices menores. Vários destes se unem constituindo os cálices maiores, os quais desembocam na pélvis renal. Os cálices, a pélvis e os ureteres são envoltos por musculatura lisa que, ao se contrair

Quadro 49.1 • Valores de alguns parâmetros envolvidos na função renal de um homem adulto normal.

	Concentração plasmática (mM)	Filtração diária (mM)	Excreção diária (mM)	Reabsorção tubular em porcentagem da quantidade filtrada
Sódio	140	26.000	100 a 250	> 99
Cloreto	100	21.000	100 a 250	> 98
Bicarbonato	25	4.800	0	100
Potássio	4	800	40 a 120	85 a 95*
Glicose	5	900	0	100
Ureia	5	900	300 a 400	40 a 50
Urato	0,3	54	3 a 5	> 92
Água	–	180 ℓ	1 a 2 ℓ	98 a 99

Fluxo sanguíneo renal = 1.200 mℓ por minuto

Fluxo plasmático renal = 600 mℓ por minuto

Ritmo de filtração glomerular = 120 mℓ por minuto

Fração de plasma filtrado = 20%

*Embora quase todo o potássio filtrado seja reabsorvido, devido à secreção de potássio que ocorre no túbulo distal e coletor, a porcentagem de sua carga filtrada que é reabsorvida está entre 85 e 95%.

A participação do rim na manutenção do meio interno do organismo se dá por meio dos seguintes processos:

▶ **Regulação do volume de água do organismo.** Diariamente, são filtrados cerca de 180 ℓ de plasma, sendo eliminados apenas 1 a 2 ℓ de urina; isto acontece em virtude da grande reabsorção de água que ocorre ao longo dos túbulos renais. No túbulo proximal, há a reabsorção de aproximadamente 158 ℓ de água por dia. Essa reabsorção acontece juntamente com a reabsorção de sódio, na forma de um líquido quase isotônico ao plasma; tal mecanismo tem, portanto, um papel importante na manutenção do volume do líquido extracelular. Os restantes 20 ℓ de líquido poderão ou não ser reabsorvidos nas porções finais do néfron, dependendo da ação do hormônio antidiurético. Esse hormônio aumenta a permeabilidade do túbulo distal final e coletor à água, favorecendo a reabsorção de líquido de um modo independente da reabsorção de soluto; tal processo permite que o rim participe da regulação da tonicidade do líquido extracelular. Assim, quando a concentração plasmática do hormônio está elevada, o fluxo urinário é baixo (0,5 ℓ por dia, no mínimo) e a osmolalidade da urina final é alta (1.400 mOsm/kg, no máximo). Por outro lado, quando não existe esse hormônio na circulação, o fluxo urinário é elevado (20 ℓ por dia, no máximo) e a osmolalidade da urina final é baixa (50 mOsm/kg, no mínimo).

▶ **Controle do balanço eletrolítico.** É feito por meio de diferentes mecanismos de transporte tubular dos íons: sódio, hidrogênio, potássio, cloreto, bicarbonato, cálcio, magnésio etc.

▶ **Regulação do equilíbrio acidobásico.** Como a concentração hidrogeniônica do meio interno tem grande importância na atividade enzimática e no estado das proteínas do organismo, é necessário que o pH do meio interno se mantenha ao redor de 7,4 para que ocorra o funcionamento adequado dos processos biológicos intra- e extracelulares. Entretanto, o metabolismo celular tende a submeter o meio interno a uma sobrecarga de ácidos, pois os produtos catabólicos são em geral ácidos. O papel dos rins na manutenção do equilíbrio acidobásico é, portanto, facilitar a excreção de radicais ácidos e conservar bases. Esse processo é feito por meio da secreção tubular de hidrogênio e amônia e da reabsorção tubular de bicarbonato.

▶ **Conservação de nutrientes.** O rim tem também a propriedade de conservar nutrientes importantes, como glicose, aminoácidos e proteínas. Essas substâncias, após serem filtradas nos glomérulos, são totalmente reabsorvidas pelos túbulos renais, voltando ao sangue.

▶ **Excreção de resíduos metabólicos.** É feita principalmente pela excreção renal de ureia, ácido úrico e creatinina.

▶ **Regulação da hemodinâmica renal e sistêmica.** Tal regulação é feita por meio de um mecanismo hipertensor e outro hipotensor. O efeito hipertensor renal se dá pelo sistema renina-angiotensina-aldosterona, uma vez que a angiotensina II é um potente vasoconstritor e, juntamente com a aldosterona, promove a reabsorção renal de sódio, estimulando, indiretamente, a reabsorção de água. A ação hipotensora se dá pelas prostaglandinas e cininas renais, as quais são substâncias vasodilatadoras.

▶ **Participação na produção das hemácias.** O rim atua na produção de eritropoetina, hormônio que age diretamente nos precursores das hemácias da medula óssea.

▶ **Participação na regulação do metabolismo ósseo de cálcio e fósforo.** O rim tem papel importante no metabolismo da vitamina D, pois converte a 25-hidroxicolecalciferol circulante em 1,25-di-hidroxicolecalciferol, a forma mais ativa da vitamina D, responsável pela absorção óssea e gastrintestinal de $CaHPO_4$.

ritmicamente, impulsiona a urina em ondas peristálticas. Partindo das bases das pirâmides em direção ao córtex, existem de 400 a 500 formações alongadas que se distribuem em forma de leque, os chamados *raios medulares*, que contêm alças de Henle, ductos coletores e vasos sanguíneos. A zona cortical é contínua e ocupa o espaço compreendido entre as bases das pirâmides e a cápsula renal. Além de vasos sanguíneos, contém glomérulos, túbulos proximais e distais de todos os néfrons e alças de Henle e ductos coletores dos néfrons mais superficiais. De um modo geral, a região medular possui, além dos vasos sanguíneos, as seguintes porções dos néfrons mais profundos: segmentos retos proximais, alças de Henle e ductos coletores (Figura 49.1 B).

O rim humano é multilobado. Cada lobo é formado por uma massa piramidal de tecido, com a base situada na borda convexa do órgão e o ápice na côncava. No rim do feto, essa lobação é mais evidente, uma vez que as bases das pirâmides apresentam-se separadas entre si por sulcos. Gradativamente, esses sulcos desaparecem, de modo que, no adulto, a superfície renal apresenta-se lisa. O rim do cão é semelhante ao do homem, não mostrando na sua superfície evidências de sua estrutura lobar. Entretanto, os rins de alguns mamíferos, como o leão-marinho e o hipopótamo, apresentam na forma adulta a lobação superficial encontrada no rim do feto humano. Em insetívoros e roedores, o rim todo é formado apenas por um lobo.

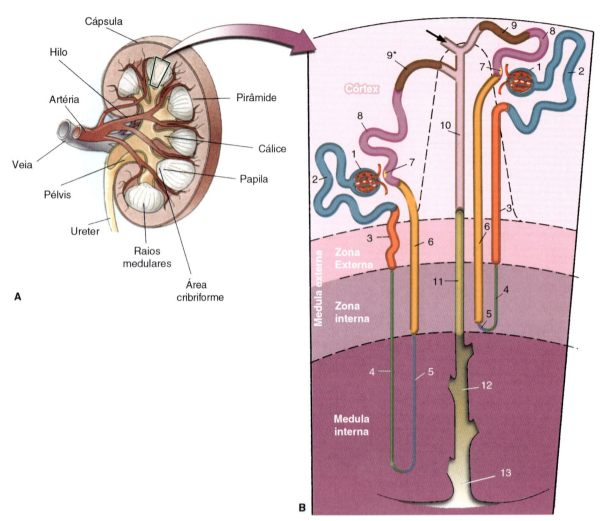

Figura 49.1 • **A.** Representação esquemática da estrutura renal. **B.** Esquema da anatomia do néfron cortical (alça curta) e justamedular (alça longa). No interior do córtex, está indicado um raio medular por meio de uma linha interrompida. *1*, glomérulo; *2*, túbulo proximal convoluto; *3*, túbulo proximal reto; *4*, ramo fino descendente da alça de Henle; *5*, ramo fino ascendente da alça de Henle; *6*, ramo grosso ascendente da alça de Henle; *7*, mácula densa; *8*, túbulo distal convoluto; *9*, túbulo de conexão; *9**, túbulo de conexão de néfron justamedular formando uma arcada; *10*, ducto coletor cortical; *11*, ducto coletor medular externo; *12*, ducto coletor medular interno; *13*, ducto de Bellinc. (Adaptada de Kriz e Bankir, 1988.)

ESTRUTURA DO NÉFRON

O rim humano tem de 800 mil a 1 milhão e 200 mil *néfrons*. Cada um destes mede entre 20 e 40 mm de comprimento. Conforme a posição que ocupam no rim, os néfrons se classificam em *corticais*, *medicorticais* e *justamedulares*, localizados respectivamente na porção externa do córtex, no córtex interno e na zona de transição entre córtex e medula. Na espécie humana, aproximadamente sete oitavos de todos os néfrons são corticais e apenas um oitavo é justamedular.

Cada néfron é formado pelo *corpúsculo renal* e uma *estrutura tubular* (ver Figura 49.1 B). As quatro porções que formam a estrutura tubular são sequencialmente denominadas *túbulo proximal*, *alça de Henle*, *túbulo distal* e *ducto coletor*.

O túbulo proximal é formado por um segmento *convoluto* e outro *reto*, que pode ou não atingir a medula. A alça de Henle começa abruptamente no fim da parte reta e geralmente tem uma *alça fina descendente* e outra *fina ascendente*. O segmento fino da alça descendente nos néfrons corticais é curto e, nos justamedulares, é longo (ver Figura 49.1 B). A seguir, aparece a porção grossa ascendente da alça de Henle, que muitas vezes, nos néfrons corticais, inicia-se antes da curvatura da alça. A configuração em forma de alça desses segmentos tubulares tem importante papel na concentração da urina, como exposto no Capítulo 53, *Papel do Rim na Regulação do Volume e da Tonicidade do Líquido Extracelular*. Todavia, o comprimento das alças não é uniforme: cerca de 40% dos néfrons têm alças curtas, que penetram somente na parte externa da medula, ou podem permanecer apenas no córtex. Os restantes 60% têm alças longas, que atravessam a medula e podem estender-se até a papila. O comprimento da alça é determinado pela localização de seu glomérulo: os situados no córtex externo (aproximadamente 30%) têm apenas alças curtas; os localizados na região justamedular (cerca de 10%), apenas alças longas; e os glomérulos do córtex interno, alças curtas ou longas. A significância funcional dessas diferenças será discutida mais adiante. No final da alça ascendente grossa, já na região cortical, inicia-se o *túbulo distal convoluto*; suas paredes ficam em contato com o glomérulo do qual se originou e com as respectivas arteríolas aferente e eferente. A confluência dessas estruturas forma o *aparelho justaglomerular* (Figura 49.2), que é o principal local de controle do ritmo da

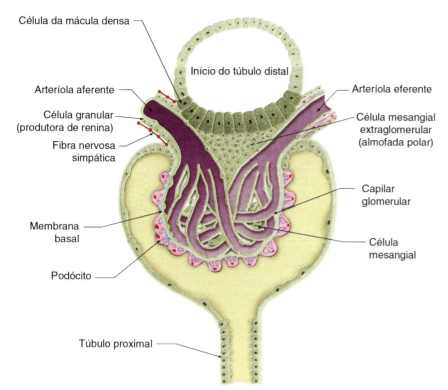

Figura 49.2 ▪ Representação esquemática do aparelho justaglomerular. Descrição da figura no texto. (Adaptada de Davier et al., 2002.)

filtração glomerular e do fluxo sanguíneo renal. Células especializadas aí existentes secretam a enzima renina, envolvida na regulação da pressão arterial sanguínea. Após o aparelho justaglomerular, existem três segmentos corticais: *túbulo distal final*, *segmento de conexão* e *ducto coletor cortical*. Os segmentos de conexão de muitos néfrons drenam para um único ducto coletor cortical. Desse local, o líquido caminha sequencialmente para os *ductos coletores medulares*, *cálices*, *pélvis renal*, *ureteres* e *bexiga*. Os ductos coletores maiores, localizados junto da área cribriforme, são chamados de *ductos papilares de Bellini*. As porções tubulares que compreendem do segmento espesso ascendente até o final do ducto coletor medular são em geral referidas, em conjunto, como *néfron distal*.

> Embriologicamente, o néfron origina-se do blastema metanefrogênico, enquanto os ductos coletores são formados a partir de um divertículo do ducto de Wolff. A junção dos dois esboços embrionários se dá ao nível do túbulo distal. Em espécies diferentes, ou mesmo dentro da mesma espécie, os túbulos distais podem ser constituídos por porções diferentes desses esboços. Portanto, do ponto de vista embriológico, o néfron não deve incluir o ducto coletor, pois este tem origem diferente. Entretanto, fisiologicamente tal separação não tem sentido, pois o ducto coletor também tem participação efetiva na formação da urina final, apresentando mecanismos de transporte de vários solutos e água.

▶ Corpúsculo renal

Existe em todos os vertebrados, com exceção de alguns peixes, como o cavalo-marinho. Em humanos, tem em média 100 μm de diâmetro. É constituído pelo *glomérulo capilar*, que é envolto pela *cápsula de Bowman* (Figura 49.3 A).

O glomérulo é um enovelado capilar formado a partir da arteríola aferente. Esta se divide em 5 a 8 ramos, que por sua vez se subdividem em 20 a 40 alças capilares. Estas são sustentadas por *células mesangiais* (ver Figura 49.2) que, além de conter elementos contráteis e fagocitar agregados moleculares presos à parede capilar devido à filtração glomerular, têm receptores para vários hormônios, que apresentam papel importante na regulação da hemodinâmica intraglomerular. Posteriormente, as alças capilares se reúnem formando a arteríola eferente do glomérulo (ver Figura 49.3 A). Ao microscópio eletrônico, o endotélio do capilar glomerular apresenta-se descontínuo, com aspecto de uma rede de células endoteliais separadas entre si por fenestrações circulares com cerca de 750 Å de diâmetro. Esses espaços são facilmente atravessados por substâncias de peso molecular elevado, mas não permitem a passagem dos elementos figurados do sangue (Figura 49.3 C).

A cápsula de Bowman tem forma de cálice e dispõe de parede dupla entre as quais fica o *espaço de Bowman* ocupado pelo filtrado glomerular (ver Figura 49.3 A). A parede externa da cápsula forma o revestimento do corpúsculo renal, apresentando um epitélio simples pavimentoso. As células da parede interna se modificam durante o desenvolvimento embrionário, vindo a constituir os *podócitos*. Estes são formados por um corpo celular com prolongamentos primários e secundários, denominados *pedicélios* (Figura 49.3 B). Estas estruturas se interpenetram formando canais alongados, as *fendas de filtração*, as quais têm aproximadamente 240 Å de largura e 5.000 Å de altura. Os pedicélios vizinhos são conectados, em sua base, por uma fina membrana, semelhante a um diafragma (*slit membrane*), e apoiam-se sobre a membrana basal dos capilares, permitindo que a parede interna da cápsula fique em íntima conexão com as alças capilares glomerulares (ver Figura 49.3 C). O contato do pedicélio com a membrana basal é revestido por uma camada glicoproteica, rica em ácido siálico, chamada de *glicocálix*.

Durante o processo de filtração glomerular, o plasma atravessa três camadas: endotélio capilar, membrana basal e parede interna da cápsula de Bowman (ver Figura 49.3 B e C). Destas, a única camada contínua é a *membrana basal*, que, portanto, determina as propriedades de permeabilidade do glomérulo.

> Nos mamíferos, os glomérulos encontram-se abaixo da superfície renal, em sua maioria ocultos por um emaranhado de túbulos, sendo impossível o acesso a eles através da superfície renal. Entretanto, há uma cepa de ratos mutantes, denominados Wistar Munique, que tem vários glomérulos na superfície renal e, portanto, acessíveis à micropunção *in vivo*. Estudos realizados nesses animais indicaram que o líquido que atravessa a membrana glomerular e entra no espaço de Bowman é um ultrafiltrado do plasma e contém todas as substâncias que existem no plasma, exceto a maioria das proteínas e substâncias que se encontram ligadas a estas (como cerca de 40% do cálcio circulante). De um modo geral, podemos pois dizer que a composição do filtrado glomerular é quase igual à plasmática, com exceção das proteínas.

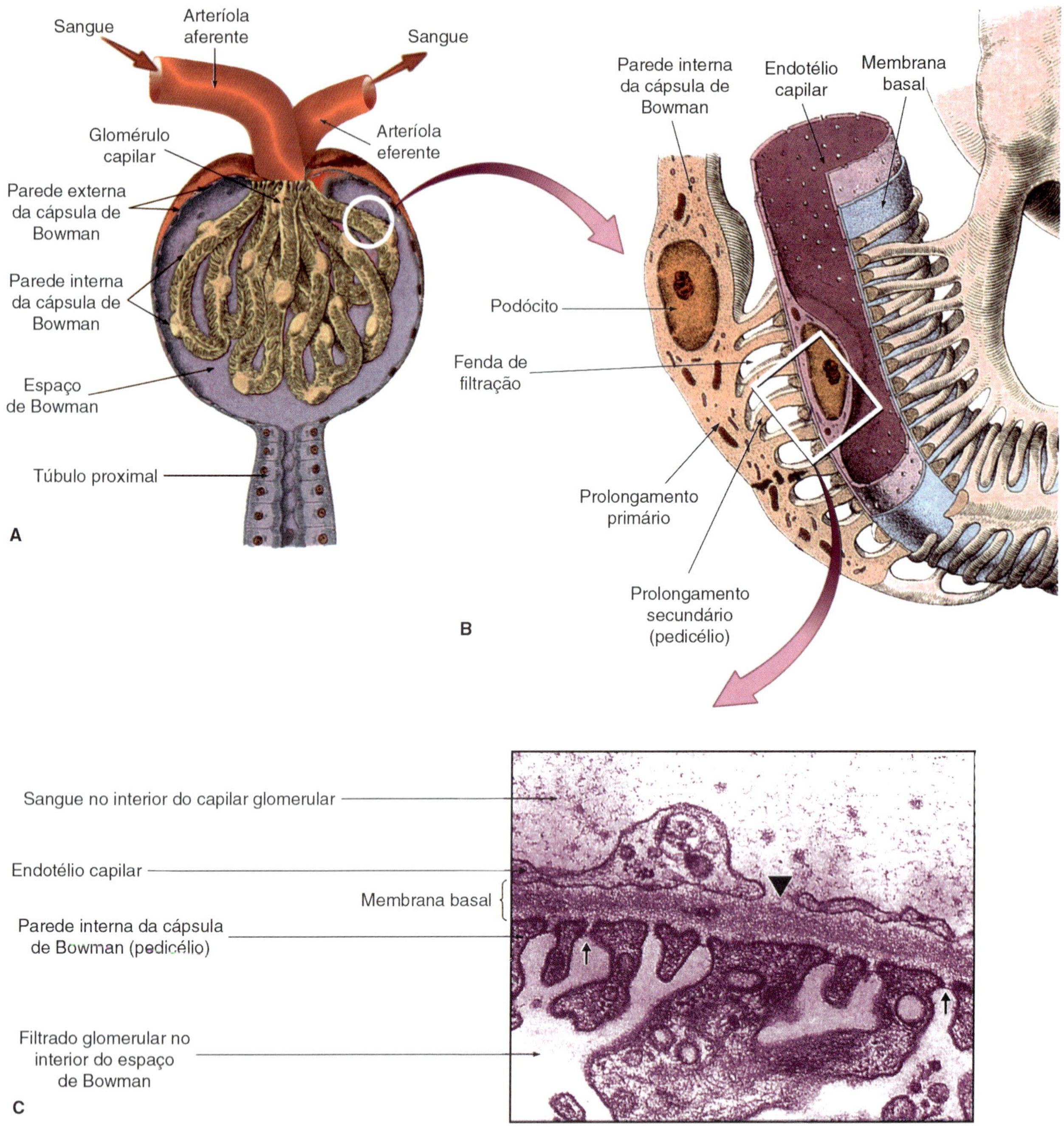

Figura 49.3 • Representação esquemática do corpúsculo renal (**A**) e da membrana filtrante (**B**). Microfotografia eletrônica da membrana filtrante glomerular, 42.500 × (**C**). Note: a fenestração do endotélio capilar (indicada pelo *triângulo*); a lâmina densa central da membrana basal, envolta pelas lâminas raras interna e externa; os delgados diafragmas (*slit membrane*, indicados pelas *setas*) presentes nas fendas de filtração, formadas pela parede interna da cápsula de Bowman. (Adaptada de Junqueira e Carneiro, 2004.)

Ela é formada por uma fina rede de microfibrilas na qual não se visualizam poros, ao microscópio eletrônico. Sua limitação para a filtração de moléculas acima de cerca de 50 Å de diâmetro sugere a existência de poros funcionais, com determinada organização molecular proteica tortuosa e anatomicamente não estável, o que pode explicar a sua não visualização ao microscópio eletrônico. A membrana basal tem uma camada central denominada *lâmina densa*, situada entre duas camadas de menor densidade, a *lâmina rara interna* e a *externa* (ver Figura 49.3 C). A lâmina rara interna está em íntimo contato com o sangue, por meio das fenestrações do endotélio. A estrutura complexa e ordenada da membrana basal é crítica para a adequada filtração. Acredita-se que seja formada de uma rede de fibrilas de aproximadamente 3 nm, compactamente agrupadas na lâmina densa e frouxamente arranjadas nas lâminas raras. As fibrilas da lâmina densa propiciam grande firmeza à membrana basal, que a capacita para resistir à vasta modificação da hemodinâmica intraglomerular. As fibras das lâminas raras tornam o endotélio e os pedicélios fortemente unidos à membrana basal.

▶ Aparelho justaglomerular

Acompanhando a Figura 49.1 B, vemos que a alça tubular de cada néfron se dispõe de tal forma que a porção inicial do túbulo distal convoluto fica em contato com seu correspondente glomérulo e suas respectivas arteríolas aferente e eferente; essa unidade vasotubular é chamada de *aparelho justaglomerular*.

Observando a Figura 49.2, notamos que nessa região a camada média da arteríola aferente se modifica e contém, em vez de músculo liso, células epiteliais cúbicas, denominadas *células granulares* ou *justaglomerulares*. Estas células apresentam citoplasma rico em grânulos que contêm renina, enzima que é secretada para o lúmen da arteríola aferente e para a linfa renal. Essa enzima faz parte do sistema renina-angiotensina-aldosterona, que tem papel central no balanço de Na^+ e água do organismo e também, por meio da angiotensina II, na regulação do fluxo sanguíneo renal e do ritmo de filtração glomerular.

A parede do túbulo distal convoluto dessa região tem células colunares altas, conhecidas por *células da mácula densa*. Estas células estão em íntimo contato com as células granulares da parede da arteríola aferente. As células da mácula densa detectam a variação de volume e composição do líquido tubular distal e enviam essas informações às células granulares da arteríola aferente. Esses dois tipos de células não estão separados por uma membrana basal intacta, pois as células da mácula densa enviam projeções citoplasmáticas para o interior das células granulares, acreditando-se que atuem como um sincício.

Um outro grupo de células, denominado *almofada polar*, *células mesangiais extraglomerulares*, *lacis cells* ou *polkissen cells*, localiza-se entre as duas arteríolas e ocasionalmente também apresenta células granulares secretoras.

O organismo pode efetuar modificações no grau de constrição das arteríolas aferentes e eferentes utilizando três mecanismos: (a) por fatores humorais que chegam pela corrente sanguínea a essa região, (b) por meio de estímulos conduzidos pela inervação simpática do aparelho justaglomerular e ainda (c) por intermédio da estimulação proveniente de modificações da composição do líquido tubular, transmitidas pela mácula densa. Como exposto detalhadamente no Capítulo 50, *Hemodinâmica Renal*, as modificações na resistência arteriolar glomerular afetam o fluxo sanguíneo renal, a pressão hidrostática nos capilares glomerulares e o ritmo da filtração glomerular. Assim, o aparelho justaglomerular exerce profunda influência na pressão e fluxo sanguíneos e no volume de líquido extracelular, por meio de modificações do ritmo de filtração glomerular e da liberação de renina na circulação.

▶ Túbulo proximal

O túbulo proximal tem uma *porção convoluta*, localizada junto ao glomérulo, e outra *porção reta*, que se encontra na região mais profunda do córtex e na mais externa da medula. É revestido por um epitélio cúbico simples, cujas células apresentam duas membranas com diferentes permeabilidades e características de transporte: a *membrana luminal* ou *apical*, que separa a célula do lúmen tubular, e a *membrana peritubular* ou *basolateral*, que limita a célula com o interstício e capilares peritubulares (Figura 49.4 B). Suas células apresentam núcleo redondo, localizado na metade celular basal; têm citoplasma rico em mitocôndrias, que se distribuem, de preferência, na região média das células, perpendicularmente à membrana basal, sob a forma de paliçada (Figura 49.4 A). O aparelho de Golgi está disposto como uma faixa ao redor do núcleo. O citoplasma contém ainda ribossomos livres, microtúbulos e inúmeros canalículos, localizados no polo apical da célula. A membrana apical da célula apresenta a chamada *borda em escova*; ao microscópio eletrônico, esta aparece como numerosas microvilosidades em forma de dedo de luva, com cerca de 1 μm de comprimento. A área da membrana basal é bastante aumentada, pois, além de a membrana ter inúmeras dobras, a metade basal das células apresenta-se alargada e com grande número de prolongamentos laterais. As células tubulares proximais adjacentes têm suas membranas celulares laterais separadas por *espaços intercelulares*, existindo pontos especiais de junções entre as células, na parte apical próxima do lúmen tubular. Nessa região, denominada *tight junction* ou *zonula occludens*, os folhetos externos das membranas plasmáticas das células vizinhas se fundem descontinuamente, de modo que a membrana de uma célula apresenta saliências onde se encaixam depressões da membrana da célula vizinha. Tais ligações criam uma barreira à passagem de moléculas entre os caminhos intercelulares. Imediatamente abaixo, existe uma segunda região especializada da membrana plasmática, denominada *intermediate junction* ou *zonula adherens*, formada por duas membranas plasmáticas adjacentes separadas por estreito espaço intercelular. Esta região apresenta deposição de material amorfo na face citoplasmática de cada membrana celular, onde se prendem numerosos filamentos citoplasmáticos contráteis que fazem parte do citoesqueleto e penetram nos microvilos celulares. Tanto a *tight junction* como a *intermediate junction* formam um cinturão contínuo em volta das células. Os *desmossomos* ou *maculae adherens*, mais frequentes em anfíbios e certos peixes, são estruturas distribuídas ao acaso, em distâncias variáveis, abaixo da *zonula adherens*; são semelhantes a estas, porém com a forma de placa arredondada. Em mamíferos e invertebrados, aparece, em pequeno número, o *nexo* ou *gap junction*; é uma região especializada na comunicação entre as células, permitindo que grupos celulares funcionem coordenadamente e possibilitando que íons e pequenas moléculas (como nucleotídios, aminoácidos e cAMP) passem de uma célula para outra por distâncias variáveis. Tem a forma circular ou oval e é constituído por um conjunto de tubos proteicos paralelos que atravessam as membranas celulares de células vizinhas.

Com base em diferenças anatômicas e funcionais, considera-se que o túbulo proximal é formado por três segmentos: S_1, S_2 e S_3. O segmento S_1 se estende até cerca da metade da porção convoluta; o S_2 inclui a parte final da porção convoluta e a metade inicial da reta; o segmento S_3 corresponde ao restante da parte reta. A transição entre S_1 e S_2 é gradual, porém entre S_2 e S_3 é abrupta. Apesar de as áreas das membranas apical e basolateral serem iguais nos segmentos S_1 e S_2, a altura da borda em escova é menor no S_2, e a sua membrana basolateral não apresenta um número tão elevado de dobras. No segmento S_3, a borda em escova também é extensa, porém as dobras basolaterais são pouco desenvolvidas, fazendo com que a área da face apical exceda a da basolateral (Figura 49.5). A diminuição das interdigitações entre as células da parte reta faz com que seus espaços intercelulares sejam menores, o que, acoplado com a diminuição no tamanho e número de suas mitocôndrias, determina que a reabsorção de sódio, e consequentemente de água, seja menor nessa região que na porção convoluta.

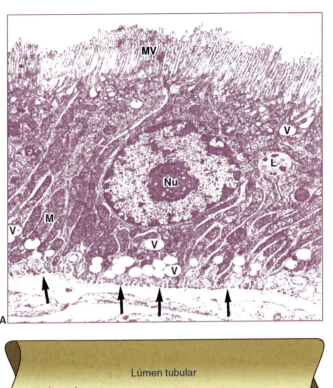

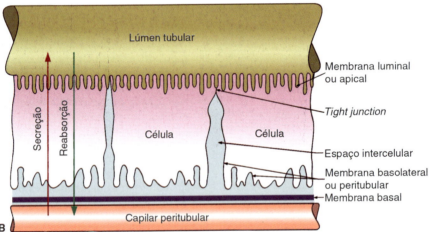

Figura 49.4 ▪ **A.** Microfotografia eletrônica do túbulo contorcido proximal de mamífero, 10.500 ×. As *setas* indicam a lâmina basal. **B.** Representação esquemática do epitélio tubular proximal. *MV*, microvilos; *L*, lisossomos; *V*, vacúolo; *Nu*, nucléolo; *M*, mitocôndria. (Adaptada de Junqueira e Carneiro, 2004.)

Normalmente, os túbulos proximais reabsorvem, por dia, cerca de 158 ℓ de líquido tubular isotônico; isso corresponde a 88% do volume de plasma filtrado diariamente pelos glomérulos (180 ℓ). Tal capacidade de transporte desse segmento tubular é devida a uma série de adaptações que facilitam a reabsorção de sais e água:

- Microvilosidades da membrana luminal que aumentam a área disponível para reabsorção
- Borda em escova com proteínas carregadoras específicas, que facilitam o transporte de vários solutos
- Lúmen tubular e citosol ricos em anidrase carbônica, enzima que tem importante papel na secreção de hidrogênio e reabsorção de bicarbonato
- *Tight junctions* relativamente permeáveis, em comparação com os demais segmentos de néfron, permitindo que, através dos espaços intercelulares, ocorra transporte de solutos a favor de seus gradientes de concentração. Essas vias paracelulares são consideradas caminhos de baixa resistência, comparativamente às vias transcelulares, que envolvem a passagem através de duas membranas: luminal e peritubular.

Em virtude da alta condutância desse epitélio à água e aos íons, seu sistema de reabsorção é classificado como de *alta capacidade de transporte e baixo gradiente de concentração*.

De um modo geral, os três segmentos têm mecanismos de transporte semelhantes, residindo as diferenças funcionais apenas no aspecto quantitativo. Em condições normais, o segmento S_1 reabsorve toda glicose e aminoácidos que são filtrados. Com relação aos demais solutos, resumidamente pode ser dito que o túbulo proximal reabsorve cerca de 70% do NaCl que é filtrado e quantidades variáveis de potássio, bicarbonato, fosfato, cálcio, magnésio, ureia e ácido úrico. Adicionalmente, suas células secretam para o lúmen tubular íons hidrogênio e amônia e uma variedade de ácidos e bases orgânicas, incluindo alguns estranhos ao organismo, como o para-amino-hipurato de sódio, cuja secreção é mais evidente no segmento S_2.

▶ Alça de Henle

Este segmento ocorre somente em aves e mamíferos, sendo nos últimos mais desenvolvido. Sequencialmente, tem três ramos: *fino descendente*, *fino ascendente* e *grosso ascendente*. O comprimento desses ramos varia conforme a localização (ver Figura 49.1 B). Os néfrons corticais têm alças relativamente curtas e podem ficar inteiramente

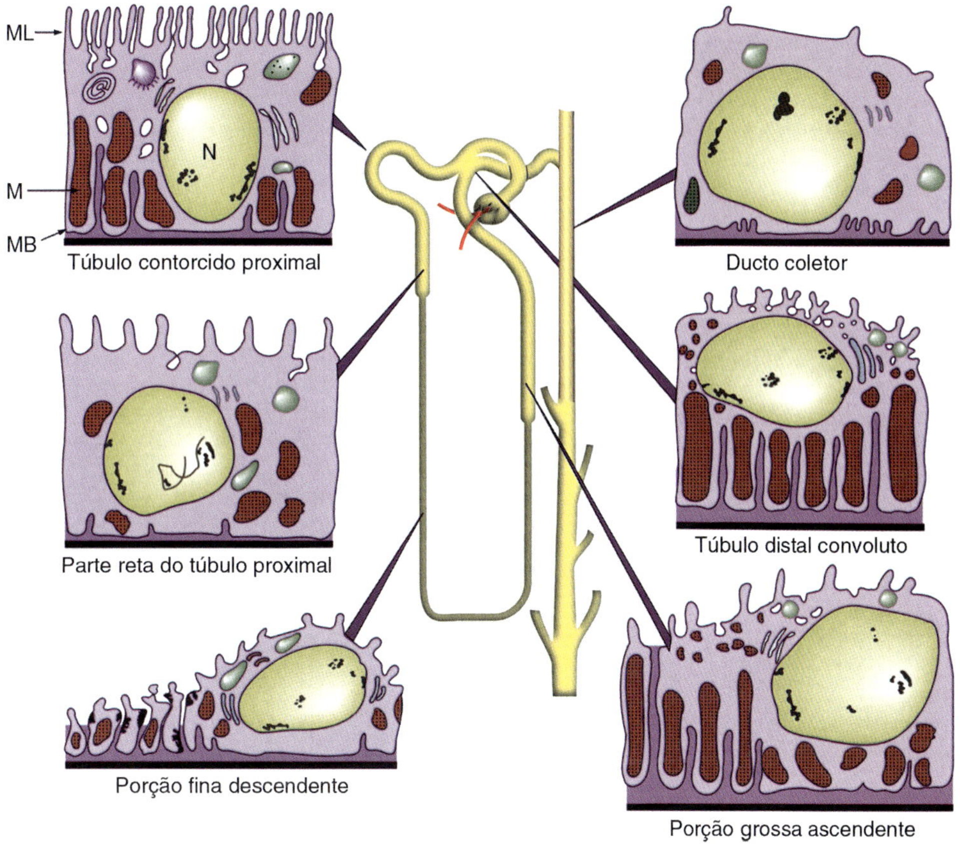

Figura 49.5 ▪ O esquema ilustra algumas diferenças ultraestruturais das várias porções do túbulo renal. *N*, núcleo; *M*, mitocôndria; *ML*, membrana luminal; *MB*, membrana basolateral. (Adaptada de Vander, 1980.)

dentro do córtex; apresentam ou não segmentos finos e, em alguns, a porção fina limita-se apenas ao ramo descendente. Os néfrons justamedulares têm alças finas relativamente longas, podendo atingir a extremidade da papila. No ramo espesso ascendente, distinguem-se dois segmentos, o medular e o cortical. A porção medular inicia-se na junção entre a medula interna e a externa e estende-se até a junção corticomedular. A porção cortical, como o nome indica, está toda no córtex. Inicia-se na junção corticomedular e termina na mácula densa.

As células dos ramos finos, descendente e ascendente, são menos complexas que as do segmento S_3 do túbulo proximal. São delgadas (exceto na região do núcleo), com poucas mitocôndrias e raras microvilosidades na membrana apical e basolateral (cujas ramificações se entrelaçam com as das células vizinhas) (ver Figura 49.5). O epitélio do ramo ascendente grosso tem uma única camada de células cúbicas, com raros microvilos e interdigitações basolaterais. Suas células contêm mitocôndrias largas e alongadas, com a metade basal apresentando pregas que se encaixam nas células vizinhas, formando complexos canais paracelulares.

A configuração em forma de alça deste segmento tubular e dos vasos retos que o envolvem (juntamente com os mecanismos de transporte dessas estruturas) possibilita a progressiva concentração do líquido tubular, sangue capilar e interstício em direção à papila, fator de capital importância para a concentração do líquido tubular nos ductos coletores. Assim, em várias espécies de mamíferos, o número de néfrons com alças longas está relacionado com a capacidade do animal em concentrar a urina.

Resumidamente, as características funcionais específicas de cada ramo da alça de Henle são:
- **Ramo descendente fino:**
  - Altamente permeável à água, que é reabsorvida passivamente a favor do gradiente osmótico existente entre o líquido tubular e o interstício hipertônico que o envolve
  - Em virtude de estar envolto por um interstício hipertônico, e de sua permeabilidade a sais e ureia ser elevada, a concentração do líquido intraluminal aumenta em direção à papila, tanto por saída de água como por entrada passiva de solutos
- **Ramo ascendente fino e grosso:**
  - Baixa permeabilidade à água
  - Elevada reabsorção de sais
  - As duas características anteriores constituem o efeito unitário, responsável pela concentração do interstício medular
  - O líquido no interior desses ramos se dilui à medida que sobe para a região cortical, de onde lhes vem o nome de segmentos diluidores
  - Elevada reabsorção de magnésio (cerca de 70% da carga filtrada).

▶ Túbulo distal

As células do túbulo *distal convoluto* são cúbicas, com poucos microvilos na região apical e citoplasma com muitas e largas mitocôndrias (ver Figura 49.5). A região basolateral apresenta pregas que se encaixam em células vizinhas, formando vias paracelulares menos pronunciadas que as do túbulo proximal. Sua *porção final* tem mitocôndrias menores e menos numerosas, sem dobras basolaterais profundas nem interdigitações com as células vizinhas. O *túbulo de conexão* tem células de conexão (que produzem calicreína), interpostas com células intercalares, descritas no ducto coletor.

O túbulo distal convoluto reabsorve NaCl, bicarbonato e cálcio; secreta hidrogênio e amônia e tanto reabsorve como secreta potássio. A reabsorção de sódio e a secreção de potássio e hidrogênio são estimuladas pela aldosterona, e esse segmento apresenta cerca de 10 vezes mais receptores para esse hormônio que o túbulo proximal. A porção inicial do túbulo distal convoluto é relativamente impermeável à água. Sua porção final, pelo menos em algumas espécies, incluindo a humana, responde ao hormônio antidiurético; a permeabilidade de seu epitélio à ureia é baixa, e a reabsorção de água que ocorre na vigência do hormônio antidiurético, apesar de pequena, faz com que se eleve a concentração intratubular desse soluto nessa porção tubular.

> A condutância iônica do túbulo distal convoluto é baixa (bem menor que a do túbulo proximal), desfavorecendo o transporte passivo de íons. Assim, esse segmento é classificado, do mesmo modo que o ducto coletor, como segmento de *baixa capacidade de transporte* e de *alto gradiente de concentração*, reabsorvendo menores frações do filtrado que o túbulo proximal.

▶ Ducto coletor

Os ductos coletores situados no córtex renal têm diâmetro de cerca de 40 μm e apresentam células epiteliais cuboides (ver Figura 49.5). Porém, à medida que caminham pela medula, em direção à papila, passam a apresentar células colunares e seu diâmetro aumenta, atingindo 200 μm.

Ao microscópio eletrônico, o epitélio do ducto coletor revela essencialmente dois tipos de células: (a) *células principais ou claras*, em maior número (70%) e com citoplasma elétron-lúcido, responsáveis pela reabsorção de sódio e secreção de potássio, e (b) *células intercalares ou escuras* (30%), cuja frequência diminui à proporção que o túbulo desce à medula, apresentando citoplasma elétron-denso com muitas mitocôndrias. Técnicas histoquímicas revelam que as células intercalares, que também aparecem no túbulo de conexão, são ricas em *anidrase carbônica*, tanto no citoplasma como nas membranas apical e peritubular. As *células intercalares tipo α* têm H^+-ATPase na membrana luminal, apresentando, pois, secreção ativa eletrogênica de H^+; essas células são também responsáveis pela reabsorção de potássio, feita pela H^+/K^+-ATPase, localizada na membrana luminal. A subpopulação de *células intercalares tipo β* pode apresentar secreção de bicarbonato, na dependência de dieta alcalina.

O hormônio antidiurético age no ducto coletor, aumentando a reabsorção de água, permitindo que o líquido tubular entre em equilíbrio com o interstício hipertônico. A osmolalidade do líquido tubular aumenta ao longo do ducto, podendo chegar a aproximadamente 1.300 mOsm, na região papilar. Na ausência de hormônio antidiurético, não ocorre reabsorção de água no coletor e o líquido intratubular pode tornar-se hipotônico por reabsorção de soluto, chegando a 50 mOsm, que é o valor mínimo da concentração exibida pela urina final.

De um modo geral, podemos dizer que o ducto coletor reabsorve sódio e cloreto e secreta amônia, podendo tanto secretar como reabsorver potássio, hidrogênio e bicarbonato. A reabsorção de sódio e a secreção de potássio e hidrogênio são estimuladas pela aldosterona. O ducto coletor cortical e o medular externo são impermeáveis à ureia. Esse soluto é, entretanto, reabsorvido passivamente pela porção papilar do ducto coletor medular e penetra no interstício medular, participando da manutenção da elevada osmolalidade do interstício medular.

No Quadro 49.2, é dado um resumo da contribuição dos diferentes segmentos do néfron na homeostase dos solutos e água.

> Frequentemente, a função renal é interpretada como resultante da soma das atividades de uma população homogênea de néfrons; entretanto, as seguintes constatações devem ser consideradas:
> - Apesar de muitas espécies animais mostrarem nítidas diferenças anatômicas e funcionais entre populações de néfrons corticais e justamedulares, as informações obtidas por métodos de micropunção tubular em néfrons superficiais (os acessíveis a tal metodologia), comumente, são extrapoladas para a população total de néfrons
> - O conhecimento da fisiologia renal é obtido a partir de experimentos realizados em diferentes espécies de animais, e, ocasionalmente, os resultados obtidos em uma espécie não são válidos para outras
> - Dentro de um determinado segmento tubular, podem existir populações celulares distintas, que apresentam características funcionais específicas, que não devem ser tidas como verdadeiras para todo segmento.

CIRCULAÇÃO RENAL

A distribuição vascular renal é, de um modo geral, muito semelhante em todos os mamíferos. A *artéria renal* origina-se da aorta abdominal superior e, junto ao hilo renal, divide-se em um ramo dorsal e outro ventral. Estes dão origem às *artérias interlobares*, que seguem entre as pirâmides de Malpighi, ou lobos renais, dirigindo-se ao córtex, tanto ventral como dorsalmente (Figura 49.6 A). Ao atingir o limite entre a zona medular e a cortical, as artérias interlobares se dispõem em ramos com forma de arcos, constituindo-se nas chamadas *artérias arqueadas*. Partindo perpendicularmente de cada uma destas em

Quadro 49.2 ▪ Resumo das principais contribuições dos diferentes segmentos do néfron na homeostase dos solutos e água.

Segmento do néfron	Principais funções
Glomérulo	Formação do ultrafiltrado plasmático
Túbulo proximal convoluto	Reabsorção isotônica de 80% do líquido filtrado
	Secreção de H^+
	Reabsorção de 80% de Na^+ e de 70% de Cl^- filtrados
	Reabsorção de K^+, HCO_3^-, Ca^{2+}, Mg^{2+}, ureia, ácido úrico
	Reabsorção total de glicose e aminoácidos
Alça de Henle	Mecanismo contracorrente multiplicador devido a:
• Ramo descendente	Reabsorção de água e excreção de sais e ureia
• Ramo ascendente	Reabsorção de sais. Impermeável à água
	Regulação da excreção de Mg^{2+}
Túbulo distal convoluto	Reabsorção de pequena fração do NaCl filtrado
	Regulação da excreção de Ca^{2+}
Ducto coletor	Reabsorção de NaCl
	Secreção de H^+ e amônia
	sem ADH – impermeável à água, dilui a urina
	com ADH – permeável à água, concentra a urina
• Coletor cortical	Secreção de K^+
• Coletor medular	Reabsorção ou secreção de K^+
	Reabsorção de ureia

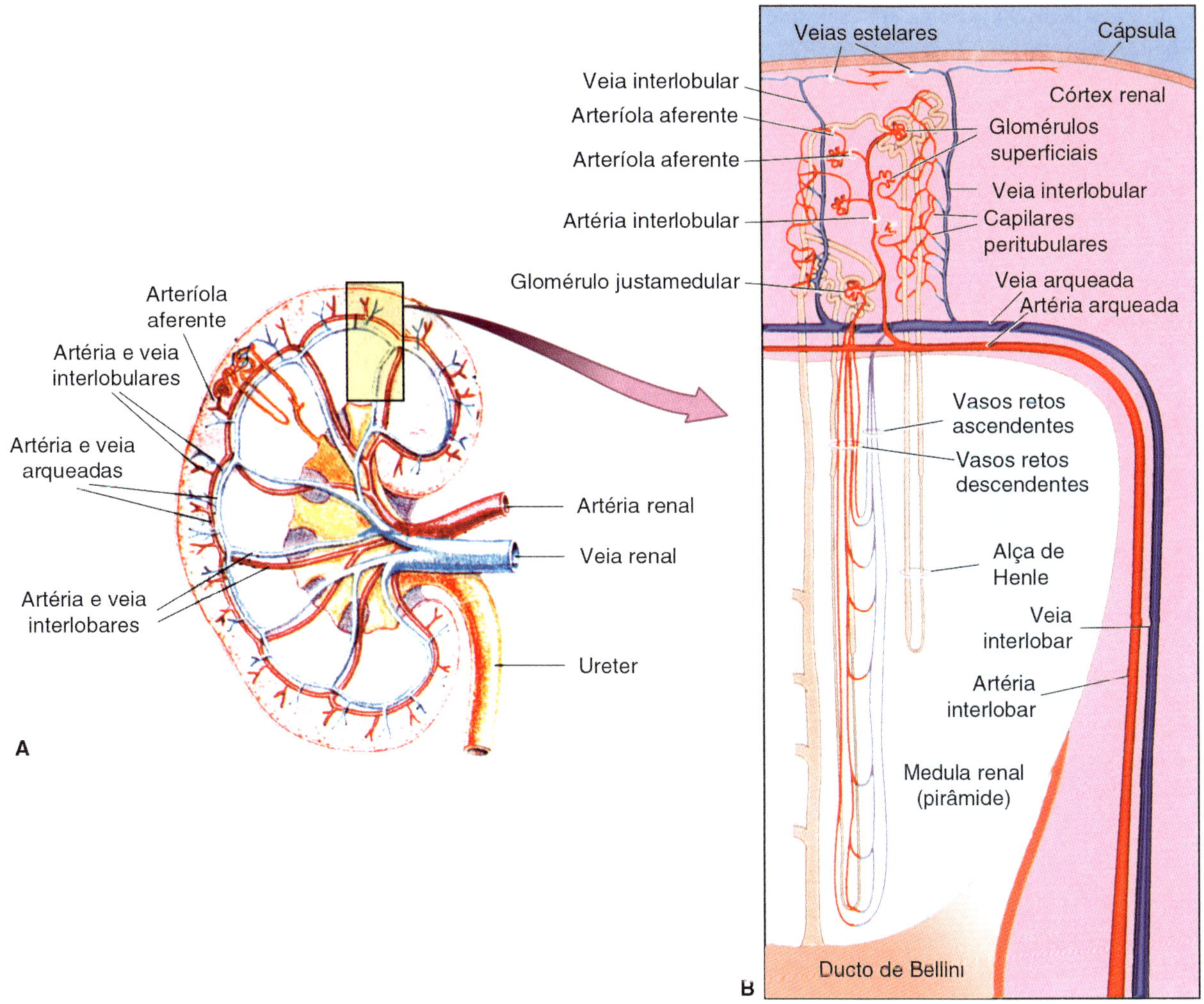

Figura 49.6 • Esquema dos principais vasos renais (**A**) e da distribuição dos capilares peritubulares de néfrons corticais e justamedulares (**B**). (Adaptada de Giebisch e Windhager, 2005.)

direção ao córtex renal, distribuem-se as *artérias interlobulares*, situadas entre os raios medulares e que, com as estruturas corticais adjacentes, formam os lóbulos renais. Estas artérias dão origem a pequenos ramos perpendiculares que constituem as *arteríolas aferentes* dos glomérulos, as quais vão originar os *capilares glomerulares*, formando-se posteriormente as *arteríolas eferentes*.

Com base no conceito de Bowman, estabelecido em 1842, acreditava-se que houvesse uma capilarização completa da arteríola aferente e que os capilares glomerulares formassem, diretamente e sem anastomoses, a arteríola eferente. Entretanto, trabalhos de vários autores, realizados na década de 1950, demonstraram que a arteríola aferente se subdivide em ramos que se capilarizam, podendo existir anastomoses entre os capilares. Foi verificado também que em glomérulos justamedulares existem ligações diretas entre arteríolas aferentes e eferentes, formando-se curtos-circuitos transglomerulares.

▶ Vascularização do néfron

Após sua formação, as arteríolas eferentes originam uma rede de *capilares peritubulares* que irriga os túbulos convolutos proximal e distal, não necessariamente provenientes do mesmo néfron. Nota-se, pois, que no rim existe um *sistema porta arterial*, ocorrendo duas capilarizações em série no mesmo trajeto vascular, sendo a capilarização glomerular puramente arterial (Figura 49.6 B).

No néfron cortical subcapsular, a arteríola eferente está intimamente associada ao túbulo proximal convoluto do mesmo néfron. Já as arteríolas eferentes de néfrons corticais mais internamente localizados nem sempre perfundem seus próprios túbulos. No caso de néfrons justamedulares, o túbulo proximal convoluto localiza-se acima de seu correspondente glomérulo e é perfundido por capilares provenientes de glomérulos localizados na parte interna do córtex médio.

Nos néfrons justamedulares, as arteríolas eferentes subdividem-se em dois ramos:

- Um que forma uma rede capilar cortical profunda e medular externa e
- Outro que constitui a arteríola eferente justamedular, que dá origem aos vasos retos descendentes (ver Figura 49.6 B).

Os vasos retos descendentes caminham, em feixes de diferentes comprimentos, para a medula interna, onde formam uma rede capilar que envolve os ductos coletores e as alças de Henle. A seguir, o sangue retorna ao córtex pelos *vasos retos ascendentes*, que também formam feixes vasculares.

A disposição dos vasos retos é feita de tal modo que os ramos descendentes são arteriais, e os ascendentes, venosos, fato primordial para o estabelecimento do sistema contracorrente permutador de água e solutos, existente nessas estruturas. Há várias comunicações capilares entre os vasos retos arteriais e venosos (ver Figura 49.6 B).

▸ Vasos renais extraglomerulares

A maior fração do sangue que penetra no rim se dirige para os capilares glomerulares, havendo apenas uma pequena parte que vai para os seguintes vasos extraglomerulares:

- *Artérias espirais do sinus renal*, constituídas por ramos das artérias interlobares que irrigam a mucosa dos cálices e as papilas renais
- *Arteríolas de Isaacs-Ludwig*, formadas a partir de ramificações de arteríolas aferentes normais, e
- *Arteríolas retas verdadeiras*, originadas de arteríolas aferentes, consideradas por alguns como devidas à degeneração de glomérulos. Dirigem-se, em sua maioria, para a medula, confundindo-se com as arteríolas eferentes justamedulares, porém em número bem menor. Alguns de seus ramos localizam-se na rede capilar da zona medular externa que, como já dito, tem também vasos provenientes de arteríolas eferentes. Porém, a principal característica é que delas também se formam vasos retos.

Circulação renal em anfíbios e aves

Na forma embrionária de todos os vertebrados, bem como em vertebrados adultos que têm mesonefros (anfíbios, répteis e aves), o sistema circulatório renal contém uma segunda capilarização de veias, que se originam da porção caudal do organismo. Estas veias formam ramos, que constituem as veias porta renais, que se dirigem ao parênquima renal, formando a rede capilar peritubular. Entre esse sistema e a veia cava inferior, existe uma comunicação com um septo membranoso que pode ou não impedir a passagem de sangue. Esse tipo de circulação é importante em peixes aglomerulares, pois, não possuindo filtração glomerular, sua excreção renal depende somente da secreção tubular.

Como tal sistema possibilita a dissociação entre função glomerular e tubular, foi possível verificar, principalmente em rãs e galinhas, se determinadas substâncias são ou não secretadas pela parede tubular. Para tal, foi utilizado o raciocínio descrito a seguir.

A infusão de uma dada substância (S) em uma veia caudal desses animais faz com que S se distribua em alta concentração pela circulação peritubular do rim ipsilateral (do lado em que está sendo feita a infusão). Porém, como na circulação sistêmica há baixa concentração de S, sua concentração na circulação peritubular do rim contralateral será baixa. Assim, se S for secretada pelos túbulos renais, sua secreção será muito maior no rim ipsilateral que no contralateral. Como a filtração glomerular de S é igual para os dois rins, ficará demonstrado que S é secretada pelos túbulos, quando sua excreção pelo rim ipsilateral (E_i) for maior que sua excreção pelo rim contralateral (E_c). Caso E_i seja igual a E_c, haverá indicação de que S não é secretada pelos túbulos. A fração secretada de S (FS) será dada pela seguinte relação:

$$FS = \frac{E_i - E_c}{I} \times 100$$

Em que: I = quantidade de substância infundida por minuto.

▸ Sistema venoso

Nos rins de mamíferos, o sistema venoso é, em linhas gerais, uma réplica do arterial: as *veias corticais* convergem para as *veias arqueadas* e estas para as *veias interlobares* e *veia renal*. Algumas espécies, como o gato e o rato, apresentam uma circulação venosa superficial, feita através das *veias estelares subcapsulares*, que convergem diretamente para a veia renal (ver Figura 49.6 B). Em humanos e cães, essa irrigação é rudimentar.

▸ Vasos linfáticos

A circulação linfática renal se distribui em dois sistemas:

- Um subcapsular que drena a região cortical externa, desembocando no sistema perirrenal
- Outro que se situa no córtex mais interno e segue o trajeto dos vasos sanguíneos renais, deixando o rim pelo hilo.

INERVAÇÃO RENAL

O rim é inervado por ramos do simpático toracolombar, provenientes dos segmentos entre a 4ª vértebra dorsal e a 4ª vértebra lombar. Entretanto, o rim não apresenta inervação parassimpática.

As fibras simpáticas se distribuem pelas artérias, arteríolas aferentes e eferentes e túbulos proximais, liberando norepinefrina e dopamina junto a essas estruturas. A inervação simpática renal tem três principais efeitos. Primeiro, as catecolaminas causam vasoconstrição. Segundo, as catecolaminas provocam grande aumento da reabsorção tubular proximal de Na^+. Terceiro, devido à pronunciada inervação simpática junto às células justaglomerulares do aparelho justaglomerular, o aumento da atividade simpática provoca intensa estimulação da secreção de renina.

A inervação renal também inclui fibras aferentes (sensoriais). Fibras nervosas mielinizadas conduzem impulsos barorreceptores e quimiorreceptores originados no rim. O aumento da pressão de perfusão renal estimula barorreceptores renais nas artérias interlobares e arteríolas aferentes. A isquemia renal e/ou a modificação da composição do líquido intersticial estimulam quimiorreceptores localizados na pélvis renal. Provavelmente, esses quimiorreceptores pélvicos são sensíveis a altos níveis de K^+ e H^+, e podem deflagrar modificações no fluxo sanguíneo capilar.

O tônus simpático renal e as catecolaminas circulantes regulam a excreção renal de sódio por meio de quatro mecanismos:

- Modificação do ritmo de filtração glomerular e do fluxo sanguíneo renal
- Efeito direto na reabsorção proximal de sódio
- Modulação do sistema renina-angiotensina-aldosterona
- Alteração da hemodinâmica capilar peritubular proximal, resultante da vasoconstrição renal.

Quando a ingestão de sódio está normal ou pouco reduzida, a inervação renal intacta não é essencial para a normal conservação renal de sódio. Porém, quando a ingestão de sódio está severamente diminuída, todos os mecanismos que participam da conservação renal de sódio apresentam máxima atuação; assim, nesta condição, a inervação renal intacta é primordial para a efetivação desse processo.

BIBLIOGRAFIA

BEEUWKES III R. The vascular organization of the kidney. *Ann Rev Physiol*, 42:531-42, 1980.

BERRY CA. Heterogeneity of tubular transport processes in the nephron. *Ann Rev Physiol*, 44:181-201, 1982.

BULGER RE, DOBYAN DC. Recent advances in renal morphology. *Ann Rev Physiol*, 44:147-79, 1982.

DAVIER A, BLAKELEY AGH, KIDD C. *Fisiologia Humana*. Artmed, Porto Alegre, 2002.

DiBONA GF. Renal nerves. *Miner Electrolyte Metab*, 15:4-96, 1989.

GIEBISCH G, WINDHAGER E. Organization of the urinary system. In: BORON WF, BOULPAEP EL (Eds.). *Medical Physiology*. Saunders, New York, 2005.

JUNQUEIRA LC, CARNEIRO J. *Histologia Básica*. 10. ed. Guanabara Koogan, Rio de Janeiro, 2004.

KRIZ W, BANKIR L. A standard nomenclature for structures of the kidney. *Kidney Int*, 33:1-7, 1988.

MADSEN KM, CLAPP WL, VERLANDER JW. Structure and function of the inner medullary collecting duct. *Kidney Int*, 34:441-54, 1988.

MADSEN KM, TISHER CC. Structural-functional relationships along the distal nephron. *Am J Physiol*, 250:F1-15, 1986.

MOSS NG, COLINDRES RE, GOTTSCHALK CW. Neural control of renal function. In: WINDHAGER EE (Ed.). *Handbook of Physiology*. Vol. 1. Oxford University Press, New York, 1992.

SCHUSTER VL, BONSIB SM, JENNINGS ML. Two types of collecting duct mitochondria-rich (intercalated) cells: lectin and band 3 cytochemistry. *Am J Physiol*, 251:F347-55, 1986.

TISCHER CC, MADSEN KM. Anatomy of the kidney. In: BREENNER BM, RECTOR Jr RC (Eds.). *The Kidney*. 4. ed. WB Saunders, Philadelphia, 1991.

VANDER R. *Renal Physiology*. 2. ed. McGraw-Hill, New York, 1980.

WALKER LA, VALTIN H. Biological importance of nephron heterogeneity. *Ann Rev Physiol*, 44:203-19, 1982.

Capítulo 50

Hemodinâmica Renal

Margarida de Mello Aires

- Introdução, 742
- Fluxo sanguíneo renal (FSR), 742
- Ritmo de filtração glomerular (RFG), 744
- Medida do RFG, 745
- Membrana filtrante, 746
- Pressão de ultrafiltração, 747
- Coeficiente de ultrafiltração, 749
- Gradientes de pressão nos vasos renais, 750
- Regulação do fluxo sanguíneo renal e do ritmo de filtração glomerular, 751
- Autorregulação do FSR e do RFG, 752
- Controle da circulação renal, 754
- Bibliografia, 756

INTRODUÇÃO

O conhecimento da hemodinâmica renal é de extrema importância para o entendimento da fisiologia do rim, pois neste órgão existe estreita correlação entre circulação e função tubular.

Por minuto, entram nos rins cerca de 1.200 mℓ de sangue, o que corresponde a 600 mℓ de plasma. Entretanto, nesse período, são filtrados nos glomérulos apenas 120 mℓ de plasma, ou seja, 20% do total que entra nos rins. Os restantes 80% de plasma que não são filtrados atingem a arteríola eferente, dirigindo-se para a circulação capilar peritubular e daí para a circulação sistêmica. O ultrafiltrado plasmático não tem os elementos celulares do sangue e é essencialmente livre de proteínas; porém, as concentrações de sais e moléculas orgânicas são, de modo geral, similares no plasma e no líquido ultrafiltrado. Após ser filtrado, este líquido é intensamente reabsorvido do lúmen dos túbulos para a circulação capilar peritubular, retornando à circulação sistêmica. De tal modo que permanecem nos túbulos finais, para serem eliminados, apenas 1 a 2 mℓ de urina por minuto.

A filtração glomerular, primeira etapa para a formação da urina, é um processo eminentemente circulatório, dependente da pressão arterial, do tônus das arteríolas aferente e eferente, da permeabilidade dos capilares glomerulares e do retorno venoso renal. A circulação capilar peritubular tem grande importância no transporte de água e solutos, que ocorre através do epitélio tubular. Assim, a constituição da urina eliminada é extremamente dependente das alterações da circulação peritubular. Reciprocamente, o rim participa na regulação da pressão arterial sistêmica e do volume e tonicidade do compartimento extracelular, por meio do sistema renina-angiotensina-aldosterona e das cininas e prostaglandinas renais.

Os capilares linfáticos renais, encontrados preferencialmente no córtex, são uma importante via de remoção de proteínas do líquido intersticial. O fluxo linfático renal é pequeno, menos que 1% do fluxo plasmático renal.

FLUXO SANGUÍNEO RENAL (FSR)

Os rins são órgãos altamente vascularizados e, normalmente, oferecem baixa resistência ao fluxo sanguíneo intrarrenal. Consequentemente, embora correspondam a menos que 0,5% do peso corporal, os rins recebem um volume de sangue que equivale a cerca de 25% do débito cardíaco, característica não igualada por nenhum outro órgão. Por peso de tecido, o FSR é quatro vezes maior que o do fígado ou dos músculos em exercício, e oito vezes maior que o fluxo sanguíneo coronário. Quando corrigido para uma superfície corpórea padrão de 1,73 m², o valor do FSR na mulher é menor que no homem (respectivamente, 980 e 1.200 mℓ/min), porém, quando calculado por peso de massa renal, é igual para os dois sexos.

O FSR apresenta dois componentes: *fluxo sanguíneo cortical* e *fluxo sanguíneo medular*. O primeiro se distribui pelo córtex renal, é mais rápido e corresponde a 90% do FSR total. O segundo é mais lento, equivale a 10% do fluxo total, e distribui-se através da zona medular do rim, e apenas cerca de 2,5% atingem a medula interna. O relativo baixo fluxo medular, consequente da alta resistência dos vasos retos longos, é importante para minimizar a diluição (lavagem) do interstício medular hipertônico, favorecendo assim a concentração da urina (mais detalhes no Capítulo 53, *Papel do Rim na Regulação do Volume e da Tonicidade do Líquido Extracelular*).

O valor máximo do FSR é atingido entre 20 e 30 anos; depois dessa idade, declina gradualmente, chegando, em octogenários, a 60% do valor máximo. Vários fatores aumentam o FSR cronicamente. Na gravidez normal, pode aumentar cerca de 40%, em parte devido a influências de hormônios gestacionais. Quando um rim é removido, o FSR do rim remanescente pode dobrar, após algumas semanas. No córtex renal, a perfusão sanguínea, por 100 g de tecido, é bastante elevada, cerca de 400 mℓ/min. Na medula, porém, é bem menor: 120 mℓ/min, na medula externa, e 25 mℓ/min, na papila renal. Entretanto, em virtude da magnitude do FSR total, o fluxo de sangue, mesmo na medula interna, quando expresso por unidade de tecido, é aproximadamente igual ao do músculo em repouso.

▶ Métodos de medida do FSR

Os métodos de medida do FSR podem, ou não, depender da determinação do fluxo urinário. Os que necessitam do valor do fluxo urinário aplicam o *princípio da conservação*, ou *princípio de Fick*. Este se baseia na comparação entre a quantidade de uma dada substância retirada ou adicionada à circulação por um determinado órgão e a diferença das concentrações da substância no sangue da artéria e da veia que irrigam esse órgão. No caso do rim, na situação de equilíbrio, para uma substância X que não seja sintetizada nem metabolizada no tecido renal, a quantidade da substância que entra no rim pela artéria renal, em uma determinada unidade de tempo, deve corresponder à soma da quantidade da substância que sai do rim pela veia renal e ureter, na mesma unidade de tempo. A quantidade de substância que penetra no órgão corresponde ao fluxo sanguíneo renal arterial (FSR_a) multiplicado pela concentração da substância no sangue arterial (A_x). A quantidade da substância que deixa o órgão pela veia renal equivale ao fluxo sanguíneo renal venoso (FSR_v) multiplicado pela concentração da substância no sangue venoso (V_x). A quantidade da substância que sai do rim pela urina é equivalente à concentração da substância na urina (U_x) multiplicada pelo fluxo urinário (V). Portanto:

$$(FSR_a \times A_x) = (FSR_v \times V_x) = (U_x \times V)$$

Como o volume de urina eliminado foi extraído do plasma, o fluxo sanguíneo na veia renal é ligeiramente menor do que na artéria renal; porém, tal diferença é muito pequena, cerca de 1/1.200, sendo ignorada na prática. Então:

$$FSR (A_x - V_x) = U_x V$$

$$FSR = \frac{U_x V}{A_x - V_x} \qquad (50.1)$$

em que:
FSR = fluxo sanguíneo renal (mℓ/min)
X = qualquer substância, não metabolizada nem sintetizada pelo rim
U_x = concentração urinária de X (mg/mℓ)
V = fluxo urinário (mℓ/min)
A_x = concentração de X no sangue arterial (mg/mℓ)
V_x = concentração de X no sangue da veia renal (mg/mℓ)

Teoricamente, pelo princípio de Fick, qualquer substância pode ser usada para medir o FSR, desde que não seja metabolizada nem sintetizada pelo rim. Praticamente, para a medida ser mais precisa, é necessário que o rim excrete uma apreciável quantidade da substância, propiciando o aparecimento de uma diferença significativa entre suas concentrações na artéria e veia renais.

A dificuldade na obtenção de amostras de sangue venoso renal limita o uso dessa metodologia. Porém, se for utilizado o para-amino-hipurato de sódio (PAH), substância exógena (não existente no organismo), essa metodologia pode ser empregada para a avaliação do *fluxo sanguíneo renal cortical* sem haver necessidade do conhecimento de sua concentração no sangue venoso renal, tornando-se pois uma técnica não invasiva. Isto acontece porque o PAH tem um sistema de secreção tubular muito eficiente (para detalhes, consulte o Capítulo 51, *Função Tubular*, e o Capítulo 52, *Excreção Renal de Solutos*). Desde que a concentração plasmática de PAH seja baixa, a secreção tubular consegue remover cerca de 90%, ou mais, do PAH que circula pelos capilares peritubulares. Assim, essa substância é excretada na urina em virtude de sua filtração glomerular e secreção tubular, sendo muito baixa sua concentração no sangue venoso que deixa o rim. Apenas o sangue que circula pela zona medular do rim, bem como o que irriga a cápsula renal e estruturas renais não parenquimatosas, não é depurado de PAH. Acredita-se que, para concentrações plasmáticas entre 2 e 5 mg%, o sangue seja quase totalmente depurado de PAH em uma única passagem pelo córtex renal, de modo que o PAH encontrado na veia renal corresponde ao que estava contido no sangue que irrigou a medula e as estruturas não parenquimatosas do rim. Se todo o sangue que irrigasse o rim fosse depurado de PAH, a concentração dessa substância no sangue da veia renal seria nula, e a equação 50.1, que corresponde ao fluxo sanguíneo renal total, se reduziria à equação 50.2. Entretanto, pelo exposto, conclui-se que esta última mede apenas o fluxo sanguíneo renal cortical. Portanto:

$$FSR_c = \frac{U_{PAH} V}{A_{PAH}} \quad (50.2)$$

em que:
FSR_c = fluxo sanguíneo renal cortical (mℓ/min).

Levando-se em conta que apenas o PAH contido no plasma é passível de filtração glomerular e secreção tubular proximal, o quociente entre excreção urinária e concentração plasmática arterial de PAH mede o fluxo plasmático renal cortical:

$$FPR_c = \frac{U_{PAH} V}{P_{PAH}} \quad (50.3)$$

em que:
FPR_c = fluxo plasmático renal cortical (mℓ/min)
P_{PAH} = concentração de PAH no plasma arterial (mg/mℓ).

Como veremos no capítulo seguinte, a equação 50.3 corresponde à equação de *clearance* (quociente entre a carga excretada de uma substância e a sua concentração plasmática). Podemos, pois, dizer que o FPR_c é avaliado pelo *clearance de PAH*.

O fluxo sanguíneo renal cortical pode ser calculado a partir dos valores do fluxo plasmático renal cortical e do hematócrito (fração do volume total de sangue que é ocupado pelas células):

$$FSR_c = FPR_c + (FSR_c \times Ht)$$

$$FSR_c (1 - Ht) = FPR_c$$

$$FSR_c = \frac{FPR_c}{1 - Ht} \quad (50.4)$$

Substituindo esse valor na equação 50.3, teremos:

$$FSR_c = \frac{U_{PAH}}{P_{PAH}} \times \frac{V1}{1 - Ht}$$

em que Ht = hematócrito.

A diferença entre fluxo sanguíneo renal total e fluxo sanguíneo renal cortical corresponde aproximadamente ao fluxo sanguíneo renal medular. O fluxo cortical representa, em média, 9/10 do total, sendo portanto usado como avaliação do fluxo sanguíneo renal.

Para melhor fixação dos conceitos anteriormente expostos, é recomendada a resolução do Problema 50.1, apresentado a seguir.

Dentre os *métodos de medida do FSR que não dependem da determinação do fluxo urinário*, são destacados os que se utilizam das seguintes técnicas: diluição de corantes, gases inertes, implantação de fluxômetro, anticorpo antimembrana basal dos glomérulos e perfusão renal.

Problema 50.1

Um indivíduo tem hematócrito (Ht) de 47%, fluxo urinário (V) de 2 mℓ por minuto e as seguintes concentrações de inulina e para-amino-hipurato (PAH), em mg%:

	Inulina	PAH
concentração plasmática arterial (P_x)	10	2
concentração urinária (U_x)	500	600
concentração plasmática na veia renal (V_x)	8,5	0,2

Calcule o fluxo sanguíneo renal total (FSR) do indivíduo, usando os dados de inulina e de PAH. Existe diferença entre os valores obtidos? Por quê? Calcule também seu fluxo plasmático renal cortical (FPR_c).

Resolução

Fluxo sanguíneo renal:
Segundo o *princípio de Fick*, qualquer substância, desde que não seja metabolizada ou sintetizada pelos rins, pode ser utilizada para medir o FSR, aplicando-se a equação:

$$FSR = \frac{U_x \times V}{P_x - V_x} \times \frac{1}{1 - Ht}$$

Utilizando os dados de inulina, teremos:

$$FSR = \frac{(500 \text{ mg\%}) \times (2 \text{ m}\ell/\text{min})}{(10 \text{ mg\%}) - (8,5 \text{ mg\%})} \times \frac{1}{1 - 0,47} = 1.258 \text{ m}\ell/\text{min}$$

Com os valores de PAH obtemos:

$$FSR = \frac{(600 \text{ mg\%}) \times (2 \text{ m}\ell/\text{min})}{(2 \text{ mg\%}) - (0,2 \text{ mg\%})} \times \frac{1}{1 - 0,47} = 1.258 \text{ m}\ell/\text{min}$$

Resposta. O valor do fluxo sanguíneo renal total é de 1.258 mℓ/min, quer calculando com os dados de inulina ou de PAH. Tal igualdade é devida ao fato de que tanto a inulina como o PAH são substâncias não sintetizadas nem metabolizadas no tecido renal; portanto, para ambas as substâncias, existe semelhança na relação entre a quantidade de cada uma delas que entra e sai do rim, em determinada unidade de tempo.

Fluxo plasmático renal cortical:
Considerando que apenas o plasma que irriga a região cortical é depurado de PAH, por filtração glomerular e secreção tubular proximal, o fluxo plasmático renal cortical pode ser medido pela equação:

$$FPR_c = \frac{U_{PAH} \times V}{P_{PAH}} = \frac{(600 \text{ mg\%}) \times (2 \text{ m}\ell/\text{min})}{2 \text{ mg\%}} = 600 \text{ m}\ell/\text{min}$$

Resposta. O fluxo plasmático renal cortical corresponde a 600 mℓ/min.

RITMO DE FILTRAÇÃO GLOMERULAR (RFG)

A filtração glomerular é o processo que inicia a formação da urina. Nesse evento, 20% do plasma que entra no rim e alcança os capilares glomerulares são filtrados, atingindo o espaço de Bowman (Figura 50.1). Os 80% de plasma restante, que não foram filtrados, circulam ao longo dos capilares glomerulares, atingindo a arteríola eferente, daí se dirigindo para a circulação capilar peritubular e, posteriormente, para a circulação sistêmica. Note que algumas substâncias podem ser secretadas a partir do sangue nos capilares peritubulares para o túbulo proximal convoluto e outras substâncias podem ser reabsorvidas do túbulo proximal convoluto para o sangue que circula pelos capilares peritubulares.

No Quadro 50.1, são dados os valores das razões da concentração no filtrado glomerular e plasma (FG/P) para várias substâncias, encontrados na linhagem de ratos Munich-Wistar. A igualdade de concentrações de inulina no filtrado glomerular e no plasma (FG/P = 1) mostra que essa substância é ultrafiltrada livremente (nas concentrações entre 30 e 130 mg por 100 mℓ de plasma). Como a inulina não é secretada nem reabsorvida ao longo dos túbulos renais, podemos concluir que o volume de plasma que fica livre dessa substância corresponde ao volume de plasma filtrado, no mesmo intervalo de tempo.

Composição do filtrado glomerular

Em 1843, com base em dados predominantemente morfológicos, Ludwig já havia formulado o conceito de que o líquido glomerular é um ultrafiltrado do plasma. Entretanto, só bem mais tarde, em 1924, é que este conceito foi confirmado inequivocamente, com os clássicos estudos de micropunção glomerular em rãs, realizados por Wearn e Richards. Estes pesquisadores demonstraram que, para substâncias de baixo peso molecular, a concentração no filtrado glomerular é igual à plasmática (descontando-se pequenas diferenças devidas ao *equilíbrio de Donnan*), enquanto, para substâncias de peso molecular mais elevado (como proteínas), a concentração no filtrado é quase nula. Esta conclusão foi confirmada por experimentos posteriores, feitos em glomérulos de *Necturus* (uma espécie de anfíbio) e cobras. Porém, durante muito tempo, não foi possível determinar, precisamente, a composição do filtrado glomerular de mamíferos, pois, como estes animais não apresentam glomérulos superficiais, a coleta do filtrado glomerular é praticamente impossível, em condições fisiológicas ideais. Entretanto, no fim da década de 1960, em Munich, a descoberta de uma linhagem mutante de ratos Wistar, que apresentam alguns glomérulos na superfície renal, possibilitou que Brenner e colaboradores estudassem, pormenorizadamente, a composição do filtrado glomerular e a dinâmica da filtração glomerular em mamíferos. Seus estudos foram facilitados pelo uso de um sistema eletrônico, que permitiu a medida direta das pressões hidrostáticas intraglomerulares e intratubulares, desenvolvido por Wiederhielm e colaboradores, em 1964.

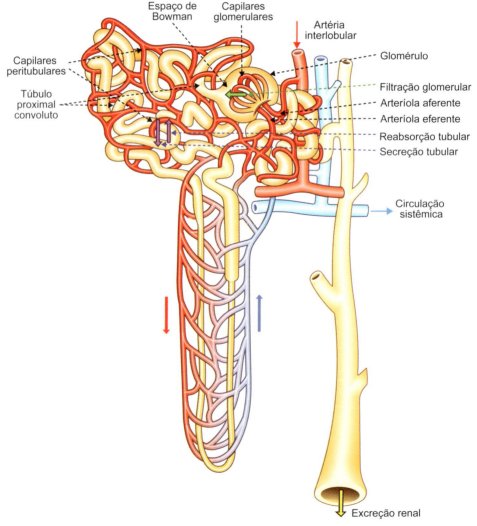

Figura 50.1 • Processos de transporte renal responsáveis pela formação da urina. Descrição da figura no texto.

Quadro 50.1 ■ Razões entre concentração no filtrado glomerular e plasma, encontradas em ratos Munich-Wistar.

Inulina	Sódio	Cloreto	Cálcio	Fosfato
1,00 ± 0,01	0,96 ± 0,02	1,00 ± 0,01	0,63 ± 0,02	0,93 ± 0,03

Valores médios e respectivos erros padrões.

O sódio também parece ser livremente ultrafiltrado, pois sua razão FG/P é 0,96, valor estatisticamente igual ao encontrado quando é aplicada a *distribuição de Gibbs-Donnan*[1] para esse íon, admitindo-se que não esteja ligado a proteínas. No caso do cloreto, a razão FG/P é 1,00, valor um pouco abaixo do predito pelo equilíbrio de Gibbs-Donnan. Esse desvio pode estar dentro dos limites do erro experimental para a análise de cloretos. Entretanto, pode ser um desvio real, pois no pH sanguíneo de 7,4 uma pequena quantidade de cloreto está ligada a proteínas. Para o cálcio, a razão FG/P é 0,63, indicando que somente 63% do cálcio presente no plasma são ultrafiltráveis, dado que coincide com os valores de ultrafiltração para esse íon, em membranas artificiais. Tal achado é porque cerca de 40% do cálcio plasmático estão ligados a proteínas. Para o fosfato, a razão FG/P é 0,93, quando comparada com o valor teórico de 1,09 dado pelo *equilíbrio de Gibbs-Donnan* (assumindo não ligação do fosfato a proteínas), indica que aproximadamente 16% do fosfato podem estar ligados a proteínas, nessa linhagem de ratos.

Podemos pois concluir que o líquido filtrado nos glomérulos é um ultrafiltrado do plasma e contém todas as substâncias que existem no plasma, exceto a maioria das proteínas e substâncias que se encontram ligadas a estas, como o caso de cerca de 40% do cálcio circulante. Como água e soluto são filtrados em iguais proporções, a composição e concentração do filtrado glomerular é quase igual à plasmática, com exceção das proteínas. Consequentemente, a composição e a concentração do líquido que atinge a arteríola eferente também são iguais à plasmática, porém sua concentração proteica é mais elevada.

▶ Valores normais do RFG

Em mamíferos, de modo geral, o RFG varia entre 4 e 8 mℓ/min/kg de peso corporal. Entretanto, em humanos, o RFG costuma ser expresso para a superfície corpórea padrão de 1,73 m². Assim, os valores médios normais do RFG são: homens = 124 ± 25,8 mℓ/min por 1,73 m² e mulheres = 109 ± 13,5 mℓ/min por 1,73 m².

Para o cálculo da superfície corpórea de um indivíduo, é usada a fórmula de Du Bois e Du Bois, na qual: A = P^{0,425} × H^{0,725} × 71,84.

em que: A = área em cm²; P = peso em kg; H = altura em centímetros.

MEDIDA DO RFG

Podemos calcular o RFG conhecendo a quantidade de uma dada substância filtrada no glomérulo, em determinada unidade de tempo, e a sua concentração no filtrado glomerular.

Desde que a substância utilizada seja completamente ultrafiltrada no glomérulo, sua concentração no filtrado glomerular pode ser facilmente medida, pois será igual à sua concentração plasmática, bastando portanto determinar apenas esta última. Se, após ser filtrada, a substância escolhida não for reabsorvida nem secretada ao longo do epitélio tubular, sua quantidade filtrada será igual à sua quantidade excretada na urina. Ou seja, sua carga filtrada (RFG × P$_x$) é igual à sua carga excretada (U$_x$ × V):

$$\text{RFG} \times P_x = U_x \times V$$

em que:
RFG = ritmo de filtração glomerular (em mℓ/min)
P$_x$ = concentração plasmática da substância (em mg/mℓ)
U$_x$ = concentração urinária da substância (em mg/mℓ)
V = fluxo urinário (em mℓ/min).

então:

$$\text{RFG} = \frac{U_x \times V}{P_x}$$

Esta relação corresponde, como veremos no próximo capítulo, ao *clearance renal* da substância (ou *depuração plasmática* da substância). *Clearance de uma substância é o volume virtual de plasma que fica livre da substância* (em mℓ/min). No caso de uma substância que não é reabsorvida nem secretada pelos túbulos, o volume de plasma que fica livre dessa substância é o volume de plasma filtrado. Não importa que uma parte do volume de plasma filtrado seja posteriormente reabsorvida pelos túbulos e volte à circulação sistêmica; esse volume de plasma retornará à circulação geral sem a substância, pois esta não é reabsorvida (nem secretada) pelos túbulos. Ou seja, a quantidade da substância que é filtrada é a excretada e que, portanto, não volta para o organismo; consequentemente, o volume de plasma filtrado fica *virtualmente* livre dessa substância.

Vemos, pois, que o RFG é medido por meio da determinação do *clearance* de uma substância perfeitamente ultrafiltrada no glomérulo, mas não reabsorvida nem secretada pelos túbulos renais.

A substância utilizada para a medida do RFG deve apresentar as seguintes características:

1. Ser fisiologicamente inerte e não tóxica
2. Não se ligar a proteínas plasmáticas, sendo completamente ultrafiltrada nos glomérulos
3. Não ser reabsorvida nem secretada pelos túbulos renais
4. Não estar sujeita a destruição, síntese ou armazenamento renal
5. Não ser excretada por peixes aglomerulares
6. Mostrar *clearance* constante mesmo quando haja grande variação de sua concentração plasmática ou do fluxo urinário
7. Ser fácil e precisamente determinável no plasma e na urina.

Nas diferentes espécies animais estudadas, a substância mais adequada para a medida do RFG é a *inulina*, um polissacarídio polímero da frutose, extraído das raízes da dália. Em clínica, entretanto, a substância mais usada para a medida do RFG é a *creatinina*, por ser endógena (existente no organismo). Esta é resultante do metabolismo da creatina nos músculos esqueléticos, sendo liberada no plasma em taxa relativamente constante. A creatinina é secretada pelos túbulos renais do homem, rato, aves, anfíbios e peixes. Porém, como no plasma e

---

[1] A distribuição dos eletrólitos difusíveis, entre o plasma presente no capilar glomerular e o líquido da cápsula de Bowman, obedece à *relação de Gibbs-Donnan*, pois as proteínas (que ao pH do plasma se comportam como ânions) praticamente não atravessam a membrana filtrante.

na urina desses animais (principalmente no plasma) ocorrem compostos (acetona, proteínas, ácido ascórbico, piruvato) que se confundem colorimetricamente com a creatinina, na aplicação da fórmula para o cálculo do RFG o erro obtido na sua dosagem plasmática compensa o dado por sua secreção tubular, aumentando proporcionalmente U e P. Por este motivo, em humanos, o *clearance* de creatinina endógena é comumente utilizado, em clínica, como uma medida aproximada do RFG. Entretanto, deve ser considerado que quando a concentração plasmática de creatinina se eleva, como acontece na falência renal, sua secreção tubular pode ser significativa, e o RFG calculado poderá ser mais alto que o RFG real. Em espécies animais em que não existe secreção tubular dessa substância, como em algumas raças de cães, apenas o *clearance* de creatinina exógena é de uso satisfatório, pois, nesta situação, sua concentração plasmática é elevada e, na sua dosagem, o erro proveniente da contaminação pelos cromógenos passa a ser insignificante.

Para o cálculo do *ritmo de filtração glomerular em um único néfron* (RFG_n), também é utilizada a inulina, sendo medida sua concentração no fluido tubular (FT) e o fluxo de fluido tubular (V_t). Aplicando a fórmula de *clearance* para um único néfron, teremos:

$$RFG_n = \frac{FT \times V_t}{P}$$

em que:
RFG_n = ritmo de filtração glomerular por néfron (em $n\ell$/min)
FT = concentração de inulina no fluido tubular (em mg/$m\ell$)
V_t = fluxo de fluido tubular (em $n\ell$/min)
P = concentração plasmática de inulina (mg/$m\ell$).

Para fixar os conceitos expostos, é recomendada a resolução dos Problemas 50.2 e 50.3.

Problema 50.2

Um indivíduo apresenta: fluxo urinário (V) de 2 $m\ell$ por minuto e concentração de inulina plasmática (Pin) e urinária (Uin) de 10 e 500 mg%, respectivamente.

Calcule seu ritmo de filtração glomerular (RFG) e o volume total de água reabsorvida pelos seus túbulos renais ($R_{água}$).

Resolução
Ritmo de filtração glomerular:
O RFG é avaliado pelo *clearance* de uma substância apenas filtrada pelos glomérulos, não apresentando reabsorção nem secreção tubular. Como visto, a substância mais adequada é a inulina, portanto:

$$RFG = \frac{U_{inulina} \times V}{P_{inulina}} = \frac{(500 \text{ mg\%}) \times (2 \text{ m}\ell/\text{min})}{10 \text{ mg\%}} = 100 \text{ m}\ell/\text{min}$$

Resposta. O ritmo de filtração glomerular do indivíduo é de 100 $m\ell$ de plasma por minuto.

Volume total de água reabsorvida pelos túbulos renais:
$R_{água}$ = (volume total de água filtrada) – (volume total de água excretada)
$R_{água}$ = (100 $m\ell$/min) – (2 $m\ell$/min) = 98 $m\ell$/min

Resposta. O volume total de água reabsorvida pelos túbulos renais é igual a 98 $m\ell$/min.

Problema 50.3

Foi feita, em rato, uma microcoleta de fluido tubular, no fim do segmento proximal acessível à micropunção. A amostra obtida apresentou os seguintes valores:

volume coletado = 45 $n\ell$ (nanolitros)
tempo de coleta = 5 min
concentração de inulina no fluido tubular (FT_i) = 2,5 mg/$m\ell$.

Sabendo que a concentração de inulina na água plasmática (P_i) é 1 mg/$m\ell$ e que o rato tem, em média, $3,8 \times 10^4$ néfrons homogêneos em um rim, calcule:

a) a taxa de filtração glomerular por néfron (RFG_n)
b) a filtração glomerular renal total.

Resolução
Taxa de filtração glomerular por néfron:
É calculada pela fórmula:

$$RFG_n = \frac{FT_i \times V_t}{P_i}$$

Como foram coletados 45 $n\ell$ em 5 min, o fluxo de fluido tubular (V_t) será = 45 ÷ 5 = 9 $n\ell$/min.
Portanto,

$$RFG_n = \frac{(2,5 \text{ mg/m}\ell) \times (9 \text{ n}\ell/\text{min})}{1 \text{ mg/m}\ell} = 22,5 \text{ n}\ell/\text{min}$$

Resposta. A taxa de filtração glomerular por néfron é igual a 22,5 $n\ell$/min. (Em humanos, a taxa de filtração glomerular por néfron corresponde a aproximadamente 60 $n\ell$/min.)

Filtração glomerular renal total:
Visto que o animal tem $3,8 \times 10^4$ néfrons por rim e que cada néfron filtra 22,5 $n\ell$/min, a filtração glomerular renal total será:

$$(3,8 \times 10^4) \times (22,5 \text{ n}\ell/\text{min})$$

Como:

$1 \text{ n}\ell = 10^{-9} \ell = 10^{-6} \text{ m}\ell$
$(3,8 \times 10^4) \times (22,5 \times 10^{-6} \text{ m}\ell) = 0,855 \text{ m}\ell/\text{min}$

Resposta. A filtração glomerular renal total corresponde a 0,855 $m\ell$/min.

MEMBRANA FILTRANTE

No processo de ultrafiltração glomerular, o plasma atravessa a membrana filtrante, constituída de três camadas: endotélio capilar, membrana basal glomerular e epitélio da parede interna da cápsula de Bowman. A estrutura dessas camadas está descrita no capítulo anterior (ver Figura 49.2 B e C).

O Quadro 50.2 mostra, para vários solutos, a variação da razão entre a sua concentração no filtrado glomerular e no plasma, em função do tamanho do seu *raio molecular efetivo*.[2] Quanto menor for essa razão, maior é a restrição da membrana filtrante à substância (pois sua concentração no filtrado está menor). Analisando o Quadro 50.2, vemos que a membrana

---
[2] As moléculas de qualquer soluto têm configuração variável, desde perfeitamente esféricas até bastante alongadas. Para padronizar seus tamanhos relativos, convencionou-se usar o termo *raio molecular efetivo*. Este se refere ao raio de uma molécula ideal, perfeitamente esférica, que apresenta o mesmo coeficiente de difusão das moléculas em estudo.

Quadro 50.2 • Filtração glomerular em função do tamanho molecular.

Substância	Peso molecular (Da)	Raio molecular efetivo (nm)	Concentração no filtrado / Concentração no plasma
Na^+	23	0,10	1,0
K^+	39	0,14	1,0
Cl^-	35,5	0,18	1,0
H_2O	18	0,15	1,0
Ureia	60	0,16	1,0
Glicose	180	0,33	1,0
Inulina	5.200	1,48	0,98
Mioglobina	16.900	1,88	0,75
Hemoglobina	68.000	3,25	0,03
Albumina sérica	69.000	3,55	< 0,01

Fonte: Pitts, 1974.

filtrante permite a filtração de solutos pequenos, como Na^+, K^+ e Cl^-, água, ureia, glicose e inulina (razão = 1). Entretanto, solutos maiores, como a mioglobina, são menos filtrados (razão = 0,75), enquanto a hemoglobina e a albumina têm filtração mínima (razão < 0,03). Como dito anteriormente, a filtração é também limitada para íons ou drogas que se ligam às proteínas, como acontece regularmente com cerca de 40% do íon cálcio circulante. A membrana basal é a principal barreira para a filtração de moléculas maiores, embora a *slit membrane* entre os pedicélios também contribua para essa limitação.

A influência do tamanho molecular, como limitante da ultrafiltração, sugere a existência de *poros funcionais* na membrana basal. A Figura 50.2 ilustra como o tamanho molecular influencia a filtração glomerular, pela análise do *clearance fracional* de dextrana, em função do tamanho de sua molécula. Essa substância é um polímero de glicose, cujo *raio molecular efetivo* pode, experimentalmente, variar desde 18 até 44 Å.

O *clearance fracional* de uma substância corresponde à razão do *clearance* da substância pelo *clearance* da inulina (substância que é apenas filtrada):

$$\frac{clearance \text{ da substância}}{clearance \text{ de inulina}}$$

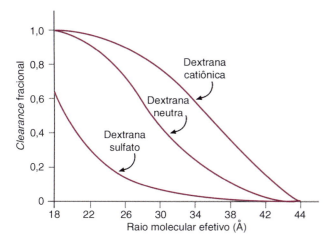

Figura 50.2 • *Clearance* fracional de dextrana (neutra, catiônica ou sulfato) em função de seu raio molecular efetivo. (Adaptada de Brenner e Humes, 1977.)

A dextrana, do mesmo modo que a inulina, não é reabsorvida nem secretada pelos túbulos. É também conhecido que a inulina é perfeitamente filtrada. Portanto, o *clearance fracional da dextrana indica a permeabilidade da parede glomerular à dextrana*. Quando esta é facilmente filtrada, como a inulina, seu *clearance* fracional será 1. A Figura 50.2 indica que este é o caso das moléculas de dextrana neutra, com raio molecular efetivo de 18 Å. A figura também indica que o *clearance* fracional vai decrescendo, à medida que o tamanho molecular de dextrana aumenta, atingindo o valor zero para moléculas cujo raio molecular efetivo é maior que 44 Å. Este é o tamanho molecular que impede que ocorra qualquer filtração glomerular. Vale a pena lembrar que a albumina tem um raio molecular efetivo de aproximadamente 36 Å (ou 3,55 nm), já bem próximo do limite de filtração.

A Figura 50.2 também indica a influência da carga elétrica molecular na filtração glomerular, analisando experimentos em que foram utilizados três tipos de dextrana:

- *Dextrana neutra*, cujas moléculas são desprovidas de carga elétrica
- *Dextrana sulfato*, em que, a cada molécula de glicose do polímero, é adicionado um grupamento sulfato, tornando-a, portanto, um poliânion ou
- *Dextrana catiônica*, que corresponde à dextrana neutra com grupamentos dietilaminoetil, os quais têm carga positiva e transformam a dextrana neutra em um policátion.

A Figura 50.2 mostra que, para um mesmo raio molecular efetivo, o *clearance* fracional da dextrana sulfato é bem menor que o da dextrana neutra, ocorrendo o oposto para o da dextrana catiônica. Esse efeito da carga elétrica é devido às forças eletrostáticas dadas pelas sialoproteínas aniônicas, presentes na membrana basal e em volta dos pedicélios das células epiteliais (ver, no capítulo anterior, a Figura 49.2), que repulsam as macromoléculas com cargas negativas e atraem as carregadas positivamente.

PRESSÃO DE ULTRAFILTRAÇÃO

O ritmo de filtração glomerular é governado pela mesma força propulsora que determina o movimento de líquido através da parede dos capilares sistêmicos, ou seja, o balanço entre

A repulsão que as sialoproteínas aniônicas, presentes na membrana basal e nos pedicélios, exercem sobre macromoléculas negativas é importante no caso da albumina, pois, no pH fisiológico do sangue, essa proteína é um poliânion. Como a dextrana sulfato, ela é filtrada em menor grau (cerca de 5% menos) que a dextrana neutra de igual tamanho. Então, para a albumina, tanto a carga elétrica como o tamanho da molécula limitam a filtração glomerular. Observações clínicas e experimentais sugerem que a perda das sialoproteínas, negativamente carregadas, possa ser a responsável pelo aumento da filtração de albumina em certos distúrbios glomerulares. A albumina é a principal proteína que determina a pressão oncótica plasmática, a qual mantém o líquido no interior do espaço vascular. Assim, a normal impermeabilidade glomerular à albumina ajuda a manter o volume plasmático, por prevenção da perda urinária dessa proteína. A importância desse fato pode ser observada na situação em que ocorre aumento da permeabilidade glomerular, resultando em albuminúria e hipoalbuminemia. Nessa situação, a queda da pressão oncótica plasmática favorece a saída de líquido do espaço vascular para o interstício, com o consequente desenvolvimento de edema.

Tanto as membranas das células do endotélio capilar glomerular como as do epitélio interno da cápsula de Bowman contêm glicoproteínas, que recobrem as fenestrações endoteliais e os canais entre os pedicélios. A membrana basal também possui glicoproteínas e colágeno. As glicoproteínas contêm ácido siálico, que proporciona características de eletronegatividade a todas essas estruturas. O colágeno, provavelmente, é o responsável pela sustentação estrutural da membrana basal. Solutos com peso molecular abaixo de 5.000 (raio molecular de 14 Å) passam livremente através da membrana filtrante. Acima desse valor, a habilidade das macromoléculas para atravessar essa barreira depende da sua forma, tamanho e carga iônica. Assim, moléculas globulares e flexíveis podem penetrar a membrana mais facilmente que as alongadas. Macromoléculas carregadas negativamente são repelidas pelas cargas fixas negativas, aí presentes. Macromoléculas positivamente carregadas podem atravessar a membrana filtrante mais facilmente que as de igual tamanho, mas negativas.

As macromoléculas que atravessam a parede capilar e que, porém, são incapazes de atravessar a membrana basal são fagocitadas por macrófagos que se movem através do mesângio. Talvez essas macromoléculas sejam também fagocitadas pelas próprias células mesangiais, localizadas na parte central do tufo glomerular.

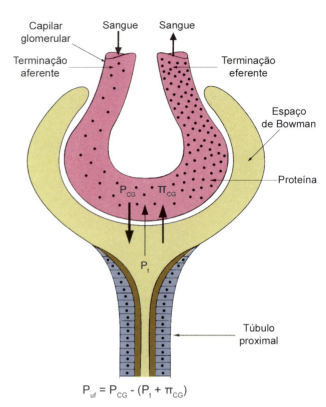

Figura 50.3 • Pressões envolvidas na filtração glomerular. Note que, no capilar glomerular, as proteínas plasmáticas se concentram à medida que o sangue circula na direção da terminação eferente. P_{CG}, pressão hidrostática no capilar glomerular; P_t, pressão hidrostática no espaço de Bowman; π_{CG}, pressão oncótica no capilar glomerular; P_{uf}, pressão efetiva de ultrafiltração.

π_{CG} = pressão oncótica no capilar glomerular (dada pelas proteínas no capilar)
π_t = pressão oncótica no espaço de Bowman.

▶ Pressão efetiva de ultrafiltração

Em virtude de a concentração de proteínas no ultrafiltrado glomerular ser extremamente baixa, o valor de π_t é desprezível. Portanto, a força propulsora responsável pela ultrafiltração glomerular, ou seja, a *pressão efetiva de ultrafiltração*, é dada pela seguinte relação (ver Figura 50.3):

$$P_{uf} = P_{CG} - (P_t + \pi_{CG})$$

Fica, pois, evidente que a pressão hidrostática do sangue no interior dos capilares glomerulares é a força responsável pela ultrafiltração glomerular. Portanto, o processo de filtração glomerular, do ponto de vista termodinâmico, é passivo, não necessitando de dispêndio local de energia metabólica. A força que impulsiona esse processo é fornecida pelo trabalho cardíaco.

Como somente poucas proteínas são filtradas, a perda do líquido filtrado para o espaço de Bowman aumenta a concentração proteica no plasma remanescente nos capilares glomerulares. Consequentemente, a pressão oncótica intracapilar se eleva à medida que o sangue percorre as alças capilares e se aproxima da arteríola eferente (ver Figura 50.3). Em virtude de a pressão oncótica intracapilar se opor à pressão hidrostática intracapilar, há uma queda progressiva da pressão efetiva de ultrafiltração à medida que o sangue percorre as alças capilares em direção da arteríola eferente (Figura 50.4).

as pressões hidrostática e oncótica transcapilares (as chamadas "forças de Starling"), indicadas na Figura 50.3.

Em um dado ponto do capilar glomerular, essa relação pode ser expressa como:

RFG = (coeficiente de ultrafiltração) (gradiente de pressão hidrostática – gradiente de pressão oncótica) ou RFG = K_f ($\Delta P - \Delta \pi$)

como: $\Delta P = P_{CG} - P_t$ e $\Delta \pi = \pi_{CG} - \pi_t$

$$RFG = K_f[(P_{CG} - P_t) - (\pi_{CG} - \pi_t)] \quad (50.5)$$

em que:
RFG = ritmo de ultrafiltração glomerular
K_f = coeficiente de ultrafiltração
ΔP = diferença de pressão hidrostática transcapilar
$\Delta \pi$ = diferença de pressão oncótica transcapilar
P_{CG} = pressão hidrostática no capilar glomerular (pressão sanguínea capilar)
P_t = pressão hidrostática no espaço de Bowman (pressão do fluido filtrado)

Hemodinâmica Renal 749

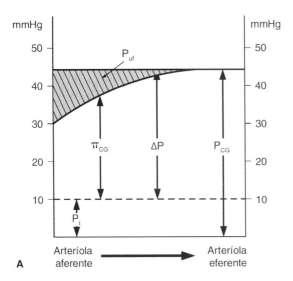
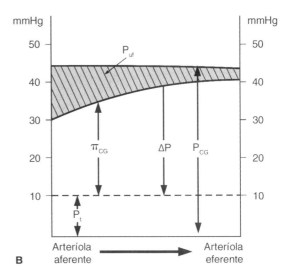

Figura 50.4 ■ Representação das forças hemodinâmicas ao longo do capilar glomerular. Note que em **A** é atingida a pressão de ultrafiltração de equilíbrio em que ∆P = π_{CG}, momento a partir do qual cessa a filtração (p. ex., rato); porém, em **B** não ocorre o equilíbrio, existindo filtração ao longo de todo o capilar glomerular (p. ex., cão e humanos). P_{CG}, pressão hidrostática ao longo do capilar glomerular; P_t, pressão hidrostática no espaço de Bowman; ∆P, gradiente de pressão hidrostática; π_{CG}, pressão oncótica ao longo do capilar glomerular; P_{uf}, pressão efetiva de ultrafiltração. (Adaptada de Maddox et al., 1974.)

▶ Pressão de ultrafiltração de equilíbrio

O ponto em que a pressão hidrostática no capilar glomerular iguala a soma da pressão hidrostática no espaço de Bowman mais a pressão oncótica plasmática é conhecido como pressão de ultrafiltração de equilíbrio (ou seja, ∆P = π_{CG}). Esse ponto é atingido em algumas espécies (como no caso do rato – Figura 50.4 A), porém não em outras (como em cães e seres humanos – Figura 50.4 B). É importante notar que π_{CG} nunca supera ∆P, porque ∆P é praticamente constante, e, depois que o equilíbrio de filtração é atingido, não há mais aumento de π_{CG}. Assim, em capilares glomerulares, ocorre apenas filtração, não havendo volta do ultrafiltrado para o capilar glomerular. Já ao longo dos capilares sistêmicos, a pressão de ultrafiltração diminui, porque a pressão hidrostática cai; isto possibilita que na parte venosa do capilar sistêmico ocorra reabsorção de líquido (ver boxe ao lado).

Desde que os demais parâmetros se mantenham constantes, o aumento do fluxo plasmático glomerular eleva o ritmo da filtração. A razão é que, nessas circunstâncias, a pressão oncótica plasmática se eleva mais lentamente (como na passagem da situação A para a B na Figura 50.4), aumentando a área que representa a pressão efetiva de ultrafiltração. Entretanto, as "forças de Starling", e não o fluxo plasmático glomerular, são quantitativamente os mais importantes determinantes da ultrafiltração glomerular. Para melhor fixar o assunto exposto, acompanhe o Problema 50.4.

> Em humanos adultos normais, o RFG sobrepuja, por peso de tecido, mais de 1.000 vezes o fluxo que ocorre através dos capilares musculares. Dois fatores são responsáveis por essa diferença: o K_f dos capilares glomerulares é mais elevado que o dos capilares musculares e a pressão de ultrafiltração é bem maior no nível glomerular que muscular. Várias são as diferenças entre as "forças de Starling" nesses dois sistemas capilares:
> - A resistência razoavelmente elevada de arteríola eferente impede grande queda da pressão hidrostática ao longo do curto capilar glomerular (cai apenas 2 a 3 mmHg). Isto ocasiona uma diferença fundamental entre o capilar glomerular e o capilar sistêmico (que desemboca em uma vênula com baixa resistência): a pressão hidrostática é alta e praticamente constante nos capilares glomerulares, enquanto cai marcadamente ao longo do comprimento dos capilares sistêmicos
> - Os capilares glomerulares são menos permeáveis a proteínas que os capilares sistêmicos, determinando menor pressão oncótica no espaço de Bowman que no interstício que envolve os capilares sistêmicos
> - A pressão oncótica plasmática é relativamente constante nos capilares sistêmicos, enquanto aumenta ao longo do comprimento dos capilares glomerulares
> - A pressão hidrostática no espaço de Bowman é bem maior que a intersticial.
>
> Portanto, ao longo dos capilares sistêmicos, a pressão de ultrafiltração diminui porque a pressão hidrostática cai, enquanto, nos capilares glomerulares a pressão de ultrafiltração diminui, principalmente porque aumenta a pressão oncótica plasmática.

COEFICIENTE DE ULTRAFILTRAÇÃO

O coeficiente de ultrafiltração (K_f) está relacionado com a permeabilidade efetiva da parede capilar (k) e com a superfície total disponível para a filtração (s), por meio da expressão:

$$K_f = k \times s$$

Ambos os parâmetros (k, s), provavelmente, são responsáveis pelo elevado K_f dos capilares glomerulares. A área capilar glomerular total é estimada em 5.000 a 15.000 cm^2 por 100 g de tecido renal, enquanto a área capilar sistêmica corresponde a 7.000 cm^2 por 100 g de músculo esquelético. Adicionalmente, por unidade de área, os capilares glomerulares são cerca de 100 vezes mais permeáveis à água que os capilares musculares.

Embora os fatores controladores do K_f ainda não sejam completamente conhecidos, tem-se a ideia de que, em condições normais, ele é relativamente constante. Pequenas modificações do K_f não devem afetar o RFG, pois são as pressões hidrostática e oncótica, e não a permeabilidade capilar, que normalmente limitam a filtração de solutos e água.

Problema 50.4

Em experimento realizado no rato da linhagem Munich-Wistar, na situação controle e após expansão do volume extracelular com plasma, foram obtidos os seguintes dados experimentais:

	Controle	Expansão
Pressão hidrostática (P_{CG}, em mmHg)		
– arteríola aferente	50	48
– arteríola eferente	49	47
Pressão hidrostática (P_t, em mmHg)		
– no túbulo proximal (igual à do espaço de Bowman)	10	12
Pressão oncótica (π_{CG}, em mmHg)		
– sangue arterial	30	28
– arteríola eferente	39	32
Filtração glomerular por néfron (FG_n, em nℓ/min)	30	40

a) Qual a pressão efetiva de ultrafiltração (P_{uf}) ao longo do capilar glomerular nas duas condições?
b) Qual a provável causa da elevação do ritmo de filtração glomerular por néfron (FG_n)?

Resolução

	Controle (mmHg)		Expansão (mmHg)	
	Arteríola aferente	Arteríola eferente	Arteríola aferente	Arteríola eferente
P_{CG}	50	49	48	47
P_t	10	10	12	12
π_{CG}	30	39	28	32
P_{uf}	10	0	8	3
P_{uf} média	5		5,5	

Resolução
a) Pressão efetiva de ultrafiltração

Na situação controle, a pressão efetiva de ultrafiltração no nível da terminação aferente é de 10 mmHg e, no nível da eferente, é zero, existindo uma pressão de ultrafiltração média de 5 mmHg. Entretanto, como está indicado à esquerda da Figura 50.5, não podemos determinar em que altura do leito capilar é atingida a pressão de equilíbrio, na vigência da qual cessa a filtração. Várias curvas podem definir a variação da pressão oncótica ao longo do capilar glomerular: na curva número l, a elevação da pressão oncótica em função do comprimento da alça capilar é lenta, na 2 é mais rápida, e assim sucessivamente. Vemos que, na situação controle, existe uma fração do leito vascular em que não ocorre filtração. Esta área de "reserva" pode ser utilizada quando ΔP aumenta ou quando, como no caso do atual problema, ocorre aumento do fluxo plasmático com a expansão do volume extracelular.

Após a expansão, a pressão efetiva de ultrafiltração é 8 mmHg no nível da terminação aferente, e 3 mmHg junto da eferente, ocorrendo uma pressão de ultrafiltração média de 5,5 mmHg. Nesta situação, ocorre filtração ao longo de todo o leito capilar, como podemos notar à direita da Figura 50.5.

b) Provável causa da elevação do FG_n

A provável causa da elevação do ritmo de filtração glomerular por néfron, de 30 nℓ/min na situação controle para 40 nℓ/min após a expansão, é o aumento do fluxo plasmático renal devido à expansão. Com o aumento de fluxo, proporcionalmente uma menor quantidade de líquido é filtrada, fazendo com que o aumento de π_{CG} ao longo do capilar não seja tão pronunciado como na situação controle. Isto faz com que ocorra filtração ao longo de todo o capilar, determinando a elevação da filtração glomerular por néfron.

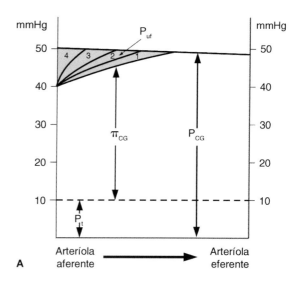

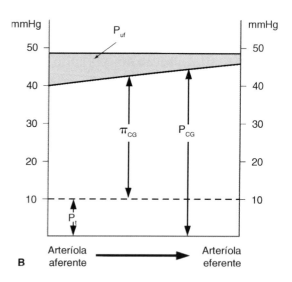

Figura 50.5 ▪ Representação das forças hemodinâmicas envolvidas na filtração glomerular do rato da linhagem Munich-Wistar, na situação controle (**A**) e após expansão do volume extracelular com plasma (**B**). P_{CG}, pressão hidrostática ao longo do capilar glomerular; P_t, pressão hidrostática no espaço de Bowman; π_{CG}, pressão oncótica ao longo do capilar glomerular; P_{uf}, pressão efetiva de ultrafiltração.

Apesar de ser difícil a determinação da permeabilidade efetiva da parede capilar (k), da superfície total disponível para a filtração (s) e do coeficiente de ultrafiltração (K_f), imagina-se que, no caso do rato, tenham os seguintes valores: $k = 29$ n$\ell \times s^{-1} \times$ mmHg$^{-1} \times$ cm^{-2}; $s = 0,2$ mm^2 por glomérulo e $K_f = 3,5$ n$\ell \times$ min$^{-1} \times$ mmHg^{-1}. Em ratos da linhagem Munich-Wistar, foram descritas reduções do K_f associadas a certos tipos de glomerulonefrites e a certas formas de hipertensão.

GRADIENTES DE PRESSÃO NOS VASOS RENAIS

Para o estudo da hemodinâmica renal, é importante o conhecimento dos gradientes de pressão hidrostática e oncótica ao longo dos vasos renais. A Figura 50.6 indica que as maiores quedas da pressão hidrostática (P) ocorrem no nível

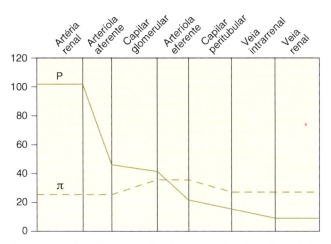

Figura 50.6 • Valores de pressão hidrostática (P) e oncótica (π) ao longo do leito vascular renal (em mmHg). Note que a pressão hidrostática, ao longo das arteríolas aferente e eferente, apresenta pronunciada queda; porém, ao longo dos capilares glomerulares, mantém-se relativamente elevada. (Adaptada de Sullivan e Grantham, 1982.)

das arteríolas aferente e eferente, sendo estes os locais de maior resistência ao fluxo sanguíneo renal e, portanto, os principais responsáveis pelo seu controle. A localização dos capilares glomerulares entre essas duas regiões, de elevada resistência, permite a manutenção da pressão hidrostática intracapilar em nível relativamente elevado, proporcionando também um mecanismo de íntimo controle da pressão e do fluxo sanguíneo no interior do capilar. Como veremos adiante, o controle da pressão e do fluxo sanguíneo nas duas arteríolas também controla o ritmo de filtração plasmática através da parede capilar glomerular. Em virtude de a parede capilar ser praticamente impermeável a proteínas, à medida que ocorre a filtração glomerular ao longo das alças capilares a concentração proteica intracapilar aumenta concomitantemente; consequentemente, a pressão oncótica (π) do sangue que percorre os capilares glomerulares se eleva em direção da arteríola eferente. No leito capilar peritubular, a pressão hidrostática é baixa (devido à alta resistência encontrada nos segmentos anteriores), sendo então sobrepujada pela pressão oncótica. Nesse local, o balanço final entre essas duas forças, que agem em sentidos opostos, determina a força resultante responsável pela reabsorção de líquido isotônico do interior do túbulo proximal para o sangue capilar peritubular. Essa adição de líquido ao plasma capilar peritubular causa queda da pressão oncótica; isto faz com que, no nível da veia renal (que sai do rim), a pressão oncótica atinja o mesmo valor do encontrado na artéria renal (que entra no órgão). Mais informações sobre esse assunto são fornecidas no próximo capítulo (ver Figura 51.8).

REGULAÇÃO DO FLUXO SANGUÍNEO RENAL E DO RITMO DE FILTRAÇÃO GLOMERULAR

A circulação renal apresenta dois leitos capilares em série: o glomerular e o peritubular. Esse fato, combinado com a possibilidade de as resistências nas arteríolas aferente e eferente poderem variar independentemente uma da outra, possibilita que o FSR e o RFG variem paralela ou divergentemente.

Como o fluxo sanguíneo de qualquer órgão, o FSR é diretamente proporcional ao gradiente de pressão entre a artéria e a veia renal e é inversamente proporcional à resistência da circulação renal:

$$FSR = \frac{\Delta P}{R} \quad (50.6)$$

em que:
FSR = fluxo sanguíneo renal
ΔP = diferença entre as pressões hidrostáticas na artéria e veia renais
R = resistência vascular renal (preferencialmente a soma das resistências arteriolares aferente e eferente)

Assumindo que não haja variação da pressão hidrostática na artéria renal, quando a resistência da arteríola aferente decresce, a pressão hidrostática dentro do capilar glomerular (P_{CG}) aumenta, pois uma maior fração da pressão arterial renal é transmitida ao capilar glomerular. Um aumento da P_{CG} eleva o RFG (equação 50.5). Assim, a queda da resistência na arteríola aferente aumenta tanto o FSR como o RFG. O oposto acontece quando aumenta a resistência na arteríola aferente: o FSR diminui (equação 50.6) e, como P_{CG} cai, haverá também queda do RFG (equação 50.5). Esse exemplo está ilustrado na Figura 50.7 B.

Entretanto, quando a resistência é alterada predominantemente ou apenas na arteríola eferente, ocorrem variações divergentes no FSR e RFG. Uma queda na resistência da arteríola eferente causa aumento no FSR (equação 50.6); porém agora, devido à queda simultânea da P_{CG}, o RFG será reduzido (equação 50.5). Opostamente, como indicado na Figura 50.7 C, quando a resistência na arteríola eferente é elevada, o FSR cai (equação 50.6), enquanto o RFG aumenta, devido à elevação da P_{CG} (equação 50.5).

Embora a Figura 50.7 apresente um esquema útil para o entendimento das consequências da existência de duas resistências em série (aferente e eferente), em geral a situação não é tão simples como nos exemplos mencionados. Variações simultâneas em ambas as resistências são mais comuns que em

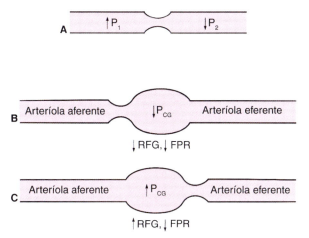

Figura 50.7 • Relação entre resistência arteriolar, ritmo de filtração glomerular (RFG) e fluxo plasmático renal (FPR). **A.** Se o fluxo é constante, a vasoconstrição em um determinado ponto causa, anteriormente, um aumento da pressão (P_1) e, posteriormente, uma queda (P_2). **B.** A constrição da arteríola aferente reduz a pressão hidrostática no capilar glomerular (P_{CG}) e consequentemente diminui o RFG. **C.** A constrição da arteríola eferente aumenta a P_{CG}, elevando o RFG. Porém, como a constrição de cada arteríola aumenta a resistência vascular renal, o FPR cai tanto em **B** como em **C**. A vasodilatação arteriolar tem efeitos opostos.

apenas uma; nessa situação, apesar do mesmo raciocínio ser aplicado, a análise torna-se mais complicada. Vejamos o exemplo de uma situação mais complexa: a resistência de ambas as arteríolas (aferente e eferente) é simultaneamente aumentada. Como visto, a elevação da resistência em cada local determinará uma queda do FSR, e, como a resistência está aumentada nos dois lados, a queda no FSR deverá ser pronunciada. A variação do RFG, entretanto, não pode ser prevista tão facilmente: se o aumento da resistência na arteríola aferente for maior que o da eferente, o RFG provavelmente sofrerá uma queda; entretanto, se acontecer o oposto, o RFG aumentará. Além disso, o RFG é determinado não somente pela P_{CG}, mas também pelo fluxo plasmático renal, o qual influencia o RFG por meio da outra importante "força de Starling", a pressão oncótica plasmática (π_{CG}, equação 50.5). Por conseguinte, as variações no FSR e RFG em geral não são proporcionais, como deduzido pelo igual comprimento das setas na Figura 50.7, embora a direção das variações seja válida para a maioria das situações. Em conclusão, na maioria das circunstâncias fisiológicas, o conceito básico é que quando a modificação da resistência resultante (diferença entre as resistências nas duas arteríolas) ocorre na arteríola aferente, o FSR e o RFG variam na mesma direção; entretanto, quando a modificação resultante ocorre na arteríola eferente, o FSR e o RFG alteram em direções opostas.

▶ Fração de filtração

A relação entre o ritmo de filtração glomerular (RFG) e o fluxo plasmático renal (FPR) é denominada fração de filtração (FF):

$$FF = \frac{RFG}{FPR}$$

Normalmente, a FF corresponde a 20% (RFG = 120 ml/min e FPR = 600 ml/min). Ou seja, somente 20% do plasma que chega aos rins são filtrados nos glomérulos.

À medida que o FPR atinge altos níveis, o RFG tende a se estabilizar (não aumenta mais). Em consequência, a FF é maior quando o FPR é baixo do que quando elevado. Adicionalmente, alterações nas resistências das arteríolas, que afetam a relação entre o RFG e o FPR, modificam a FF.

Quando a FF aumenta, mais líquido é filtrado para fora do capilar glomerular, resultando em maior aumento da concentração das proteínas no sangue capilar glomerular (em relação ao aumento normal). Consequentemente, também sobe a concentração proteica no sangue capilar peritubular, o que, por sua vez, eleva a reabsorção de líquido no túbulo proximal (como será visto no próximo capítulo).

▶ Modificações dos parâmetros determinantes da filtração glomerular

Como discutido anteriormente, os parâmetros determinantes da filtração glomerular são: o fluxo plasmático glomerular, a pressão hidrostática transcapilar (ΔP), a pressão oncótica no capilar glomerular (π_{CG}) e o coeficiente de filtração (K_f). Porém, a ocorrência ou não da pressão de ultrafiltração de equilíbrio tem grande influência nos efeitos desses parâmetros sobre a filtração glomerular, conforme apresentado na Figura 50.8.

A Figura 50.8 A indica que existe uma relação linear entre a filtração glomerular por néfron (FGN) e o fluxo plasmático glomerular (FPG) enquanto existe equilíbrio de filtração (i. e., enquanto FPG é inferior ou igual a 100 nl/min). A partir do momento em que há desequilíbrio de filtração (ou seja, quando π_{CG} não mais se iguala a ΔP), a FGN não aumenta na mesma proporção que o FPG, havendo redução da fração de filtração (FF). O aumento do FPG modifica a P_{uf} por deslocar o ponto em que o equilíbrio de filtração é atingido (ver Figura 50.5 A). A explicação para o que acontece nessa situação é a seguinte: desde que K_f, ΔP e π no nível da arteríola aferente sejam constantes, um aumento de fluxo implica que a filtração que ocorre no primeiro ponto do capilar glomerular é a mesma observada com um fluxo mais baixo (visto que K_f, ΔP e π no primeiro ponto do capilar glomerular são as mesmas). Se a filtração é a mesma e o FPG é maior, a fração de filtração é menor e as proteínas se concentram menos. Portanto, no segundo ponto do capilar, a P_{uf} já será maior, porque π no segundo ponto do capilar glomerular é menor (pois as proteínas se concentraram menos). Por isso, com o aumento progressivo do FPG é observado o deslocamento do ponto de equilíbrio para pontos cada vez mais distais no capilar glomerular. Quando é atingido o desequilíbrio de filtração, o perfil de variação de π_{CG} torna-se progressivamente mais achatado, pois, enquanto a FGN tende a um valor teórico máximo, o FPG tende a um valor teórico infinito. No limite hipotético, π_{CG} não variaria de maneira perceptível ao longo do capilar, e a fração de filtração tenderia a zero, embora a FGN fosse máxima.

Na Figura 50.8 B, é mostrada a relação entre FGN e ΔP. Nota-se que ΔP deve ser maior que π_{CG} (cerca de 20 mmHg) para que comece a haver filtração. Como ΔP é o determinante direto da filtração glomerular, o aumento de ΔP é acompanhado de aumento da filtração glomerular e da fração de filtração, já que o FPG foi considerado constante. Havendo aumento da FF, há aumento mais abrupto de π_{CG}. O aumento de π_{CG} reduz a P_{uf}, o que mascara o efeito da elevação de ΔP. Caso o equilíbrio de filtração não seja atingido, a elevação de ΔP não modifica significativamente o perfil de variação de π_{CG}. Estimativas teóricas indicam que, na situação de desequilíbrio de filtração, alterações de ΔP têm maior influência sobre a filtração glomerular do que as alterações no fluxo plasmático glomerular.

A Figura 50.8 C mostra que elevações do K_f elevam a FGN, desde que esse coeficiente seja baixo o suficiente para impedir que ocorra o equilíbrio de filtração. Caso o K_f seja suficientemente elevado para permitir o equilíbrio de filtração, a FGN não mais varia com as alterações do K_f. Nesta situação, os aumentos do K_f simplesmente modificam a curva de variação de π_{CG}, deslocando-a para a esquerda (ver Figura 50.5 A).

Na Figura 50.8 D, está indicada a relação entre a pressão oncótica no início do capilar glomerular (πA) e a FGN. Como πA é uma força que se opõe à filtração, existe uma relação inversa entre FGN e πA. Entretanto, à medida que πA se aproxima de ΔP, a P_{uf} tende a zero, o mesmo ocorrendo com a FGN.

AUTORREGULAÇÃO DO FSR E DO RFG

O fenômeno da autorregulação renal é ilustrado na Figura 50.9, que indica que alterações da pressão de perfusão da artéria renal, entre 80 e 200 mmHg, não modificam o FSR nem o RFG. Isto significa que modificações da pressão de perfusão são acompanhadas por equivalentes alterações da resistência vascular, determinando que o FSR fique quase inalterado (lembre que FSR = $\Delta P/R$, equação 50.6). Pelo exposto no

Hemodinâmica Renal   753

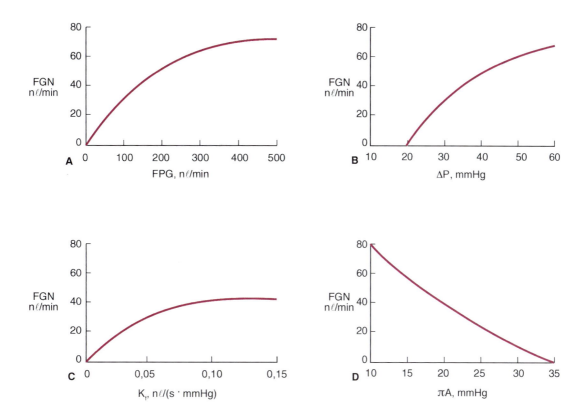

Figura 50.8 ▪ Variação da filtração glomerular por néfron (FGN) em função das modificações de: fluxo plasmático glomerular (FPG) (**A**); gradiente de pressão hidrostática transcapilar (ΔP) (**B**); coeficiente de ultrafiltração (K_f) (**C**); e pressão oncótica no início do capilar glomerular (πA) (**D**). Descrição da figura no texto.

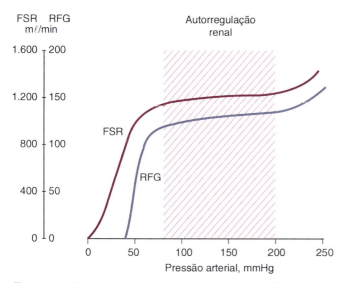

Figura 50.9 ▪ Representação esquemática da autorregulação do fluxo sanguíneo renal (FSR) e do ritmo de filtração glomerular (RFG). Note que o FSR e o RFG se mantêm constantes quando a pressão arterial renal varia entre 80 e 200 mmHg.

item anterior, a constância simultânea do FSR e do RFG indica que a modificação da resistência ocorre predominantemente na arteríola aferente.

A autorregulação persiste mesmo após completa denervação renal ou depois de desmedulação da glândula suprarrenal (prevenindo produção de catecolaminas) e também no rim isolado *in vitro*, perfundido com plasma. Assim, como o próprio nome indica, a autorregulação é um fenômeno renal intrínseco, que se manifesta quando a pressão de perfusão arterial renal é alterada.

O mecanismo responsável pela autorregulação renal ainda não está completamente identificado. Acredita-se que envolva dois processos básicos, igualmente importantes: o mecanismo miogênico e o balanço tubuloglomerular.

▸ **Mecanismo miogênico**

O mecanismo miogênico, descrito por W. M. Bayliss em 1902, envolve uma propriedade intrínseca do músculo liso arterial, por meio da qual o músculo se contrai ou relaxa em resposta a um respectivo aumento ou queda da tensão da parede vascular. Existe uma resposta imediata e transitória (de apenas poucos segundos), durante a qual uma elevação da pressão de perfusão é seguida por um aumento do raio vascular, determinando que o fluxo sanguíneo se eleve. Porém, quase imediatamente após, o resultante estiramento da parede do vaso rapidamente provoca contração vascular, de modo que, dentro de 30 s depois do aumento da pressão, o fluxo volta praticamente ao valor controle. Uma cadeia de eventos oposta ocorre quando a pressão de perfusão cai.

A explicação para o mecanismo miogênico se baseia na lei de Laplace, que estabelece a relação entre a tensão na parede do vaso (T), o raio vascular (R) e a pressão transmural (ΔP), sendo $T = R \times \Delta P$. Quando a pressão arterial se eleva, há elevação da pressão transmural e, consequentemente, da tensão. O aumento da tensão desencadeia contração da musculatura lisa arteriolar, com proporcional redução do raio.

Acredita-se que o mecanismo miogênico atue na autorregulação do FSR da seguinte maneira: o aumento da pressão arterial renal estira a parede das arteríolas aferentes, que respondem contraindo-se. Essa contração aumenta a resistência das arteríolas aferentes, que, então, equilibra o aumento da pressão arterial, mantendo o FSR (lembre que $FSR = \Delta P/R$).

O mecanismo de contração das arteríolas, induzido pelo estiramento da parede vascular, envolve a abertura de canais de cátions, não seletivos, sensíveis ao estiramento, presentes na membrana celular do músculo liso da parede vascular. O consequente influxo celular de cátions despolariza a membrana das células, provocando influxo celular de cálcio por canais sensíveis à voltagem. A entrada de cálcio nas células dispara o processo contrátil com redução do diâmetro das arteríolas.

A queda da pressão arterial produziria um efeito contrário, com aumento do raio das arteríolas.

▶ Balanço tubuloglomerular

O *balanço tubuloglomerular* (BTG) envolve um sistema de *feedback*, ilustrado na Figura 50.10.

Quando aumenta o RFG em um néfron (passo nº 1 na Figura 50.10) e consequentemente aumenta o fluxo de líquido pelo túbulo distal inicial na região da *mácula densa* (passo nº 2 na Figura 50.10), o RFG nesse mesmo néfron é reduzido (passo nº 3 na Figura 50.10). O oposto também acontece, embora em menor grau: quando cai o fluxo de líquido pela *mácula densa*, aumenta o RFG.

Acredita-se que o mecanismo responsável pelo BTG seja o seguinte: o aumento do RFG eleva a carga de Na^+, Cl^- e líquido no túbulo proximal e consequentemente na mácula densa. Esta região não é sensível ao fluxo de líquido, mas sim ao aumento de Na^+ e Cl^-, resultante da elevação do fluxo. Devido à alta atividade do cotransportador $1Na^+:1\ K^+:2Cl^-$ (detalhes no Capítulo 51), existente na membrana apical das células da mácula densa, o aumento luminal de Na^+ e Cl^- eleva o influxo celular desses dois íon. Comprovando essa ideia, existe o dado experimental demonstrando que o bloqueio da atividade do cotransportador $1Na^+:1\ K^+:2Cl^-$, pela furosemida, além de inibir o influxo de Na^+ e Cl^- nas células da mácula densa, interrompe o BTG. A elevação da concentração intracelular de Cl^-, em associação com os canais de Cl^- da membrana celular basolateral, provoca uma despolarização celular, que ativa canais de cátions, não seletivos, que promovem a entrada de Ca^{2+} nas células da mácula densa. O resultante aumento da concentração intracelular de Ca^{2+} faz com que essas células liberem agentes parácrinos (talvez ATP, adenosina, tromboxano ou outras substâncias) que, então, provocam a contração das células musculares lisas da parede da arteríola aferente (lembre que, no aparelho justaglomerular, as células da mácula densa estão em íntimo contato com as células justaglomerulares da parede da arteríola aferente do mesmo néfron, Figura 50.2). O efeito resultante é um aumento da resistência da arteríola aferente, com consequente queda do RFG, anulando o aumento inicial do RFG.

> Tanto a *expansão do volume* como a *dieta proteica elevada* aumentam o RFG, por redução do *balanço tubuloglomerular* (BTG). Opostamente, a contração de volume aumenta a sensibilidade do BTG, impedindo a perda de líquido por redução do RFG. A dieta proteica elevada aumenta a reabsorção de NaCl pelo ramo ascendente grosso, provocando uma queda na concentração luminal desses dois íons, o que provoca a queda do BTG e, consequentemente, o aumento da pressão no capilar glomerular. Essa sequência de eventos pode conduzir, particularmente na presença de uma enfermidade renal intrínseca, a um permanente dano glomerular.

CONTROLE DA CIRCULAÇÃO RENAL

Normalmente, de momento a momento, o FSR e o RFG são mantidos constantes pela autorregulação. Porém, durante perturbações fisiológicas ou patológicas (p. ex., exercício violento, estresse emocional, insuficiência hepática ou cardíaca, modificações na ingestão de sal, hemorragia), a autorregulação desaparece e ocorrem profundas modificações na circulação renal. Em conjunto, o sistema nervoso simpático, vários hormônios (incluindo os autacoides, isto é, agentes autoproduzidos) e os fatores endoteliais alteram as resistências das arteríolas aferente e eferente, modificando o FSR e o RFG. A seguir, são dadas algumas informações a respeito desses agentes.

▶ Sistema nervoso simpático

É um dos mais importantes reguladores do FSR e do RFG. O simpático inerva as arteríolas aferente e eferente, e sua estimulação causa constrição de ambas as arteríolas. Esse efeito se dá por liberação de norepinefrina pela terminação nervosa simpática. Em geral, a estimulação simpática moderada causa diminuição do FSR (e, portanto, do FPR) e uma relativamente menor queda do RFG, devido à constrição preferencial da arteríola eferente. Isso determina um aumento da fração de filtração (lembre que FF = RFG/FPR). Entretanto, quando ocorre forte estimulação simpática, como no trauma ou no choque hemorrágico, a constrição da arteríola aferente predomina e leva à drástica redução do FSR e do RFG.

Adicionalmente, a estimulação simpática determina que as células justaglomerulares aumentem a liberação de renina, o que causa elevação do nível de angiotensina II (cuja atuação está descrita a seguir). A estimulação simpática provoca, também, aumento da reabsorção tubular de Na^+.

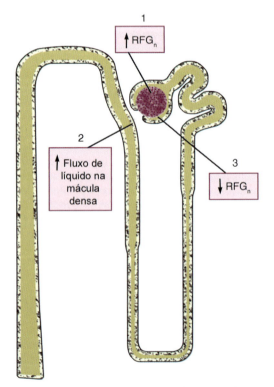

Figura 50.10 ▪ Ilustração esquemática do balanço tubuloglomerular. Descrição da figura no texto. RFG_n, ritmo de filtração glomerular em um néfron. (Adaptada de Valtin e Schafer, 1995.)

▶ Sistema renina-angiotensina-aldosterona

O sistema renina-angiotensina-aldosterona (descrito em detalhes no Capítulo 53 e no Capítulo 55, *Rim e Hormônios*) tem papel central não só no balanço de Na+ e água, mas, também, através da angiotensina II (Ang II), na regulação do FSR e do RFG. É possível que tanto a Ang II sistêmica circulante como a produzida localmente dentro do rim influenciem a circulação renal.

A Ang II, potente vasoconstritor, aumenta a resistência de ambas as arteríolas; assim, diminui o FSR. Entretanto, a arteríola eferente é mais sensível à Ang II do que a arteríola aferente; essa diferença de sensibilidade tem consequências para o efeito da Ang II sobre o RFG. Resumindo, baixos níveis de Ang II podem aumentar o RFG, pela constrição da arteríola eferente (desde que seja ultrapassado o efeito dado pela consequente queda do FSR), enquanto altos níveis de Ang II reduzem o RFG, pela constrição das arteríolas aferentes e eferentes.

Adicionalmente, a Ang II causa contração das células mesangiais, com consequente redução do coeficiente de ultrafiltração (K_f) e do RFG (para detalhes, ver "Células mesangiais", adiante).

▶ Hormônio antidiurético

Em resposta ao aumento da pressão osmótica do líquido extracelular, a neuro-hipófise libera o hormônio antidiurético (ADH, descrito em detalhes nos Capítulos 53 e 55 e no Capítulo 66, *Glândula Hipófise*), também denominado arginina vasopressina (AVP). Embora o principal efeito desse pequeno polipeptídio seja aumentar a reabsorção de água no ducto coletor, o ADH também aumenta a resistência vascular. Apesar das flutuações fisiológicas do nível de ADH circulante, o FSR e o RFG permanecem, praticamente, constantes. Todavia, o ADH pode diminuir o *fluxo sanguíneo medular*, minimizando drasticamente a queda da hipertonicidade medular; essa hipertonicidade é essencial para a concentração da urina (detalhes no Capítulo 53).

Em anfíbios, répteis e aves, os efeitos vasculares generalizados do ADH são mais pronunciados que em mamíferos. Em humanos, quedas pronunciadas do volume circulatório efetivo (como no choque hemorrágico) causam intensa liberação de ADH, via estímulos não osmóticos. Somente nestas condições, o ADH provoca vasoconstrição sistêmica e, então, contribui para manter a pressão sanguínea sistêmica.

▶ Peptídio atrial natriurético (ANP)

Os miócitos atriais liberam o peptídio atrial natriurético (ANP), em resposta ao aumento da pressão arterial e, então, ao volume circulatório efetivo (ver Capítulos 53 e 55). O principal efeito do ANP é hemodinâmico: esse peptídio provoca pronunciada vasodilatação das arteríolas aferente e eferente, aumentando fortemente o fluxo sanguíneo renal cortical e medular e reduzindo a sensibilidade do BTG. O efeito resultante é um aumento do FPR e do RFG. O ANP também afeta a hemodinâmica renal indiretamente, por inibir a secreção de renina (e assim diminuir o nível de Ang II) e de AVP. Em altos níveis, o ANP reduz a pressão arterial sistêmica e aumenta a permeabilidade capilar.

▶ Outros agentes vasoativos

▶ **Epinefrina.** Liberada pelas células cromafins da medula suprarrenal, exerce efeitos renais vasoconstritores, dose-dependentes, semelhantes aos da norepinefrina (descritos anteriormente).

▶ **Dopamina.** Terminais de fibras nervosas dopaminérgicas renais, e receptores dopamínicos, estão presentes nos vasos sanguíneos renais. O efeito renal da dopamina é a vasodilatação (efeito oposto aos da epinefrina e norepinefrina).

▶ **Endotelinas.** Esses peptídios têm forte ação vasoconstritora, porém exibem meia-vida muito curta. Assim, é baixo o nível de endotelinas na circulação sistêmica, e suas ações hemodinâmicas são limitadas a efeitos locais. No rim, vários agentes (como Ang II, epinefrina, altas doses de ADH, trombinas e estresse) provocam liberação de endotelinas pelos vasos renais corticais e pelas células mesangiais. As endotelinas atuam localmente, contraindo o músculo liso da parede dos vasos renais, funcionando, provavelmente, como um elo na complexa rede de mensageiros locais, entre o endotélio e o músculo liso. Quando ministradas sistemicamente, as endotelinas contraem as arteríolas aferentes e eferentes e reduzem o coeficiente de ultrafiltração (K_f); o efeito resultante é uma acentuada redução do FSR e do RFG.

▶ **Prostaglandinas.** No rim, as células do músculo liso vascular, as do endotélio e as mesangiais, bem como as células tubulares e do interstício da medula renal, sintetizam prostaglandinas, que têm ação local. Os efeitos das prostaglandinas são complexos e dependem do efeito basal vasoconstritor, exercido pela Ang II. Na realidade, as prostaglandinas parecem, essencialmente, ter ação protetora, sendo importantes nas condições em que a integridade da circulação renal é ameaçada. Particularmente, os efeitos intrarrenais locais das prostaglandinas funcionam como um anteparo contra a vasoconstrição excessiva, especialmente durante um aumento da estimulação simpática renal ou da ação do sistema renina-angiotensina II. Assim, a rápida síntese e liberação de prostaglandinas são responsáveis pela manutenção, praticamente constante, do FSR e do RFG, em situações em que ocorrem altos níveis de Ang II, como, por exemplo, durante cirurgia, após hemorragia ou durante a depleção salina. Mais informações no Capítulo 55.

▶ **Leucotrienos.** Provavelmente, em resposta à inflamação, as células do músculo liso vascular e dos glomérulos, bem como os leucócitos e as plaquetas, sintetizam vários leucotrienos, a partir do ácido araquidônico. Esses agentes têm ação local, sendo potentes vasoconstritores. A infusão experimental desses agentes reduz o FSR e o RFG.

▶ **Óxido nítrico.** As células endoteliais renais usam a enzima óxido nítrico sintase (NOS) para gerar óxido nítrico (NO), a partir da L-arginina. O NO tem potente efeito relaxante do músculo liso e, em condições fisiológicas, produz significante vasodilatação renal. Provavelmente, o NO é uma defesa contra os efeitos vasoconstritores excessivos da Ang II e da epinefrina. A administração de inibidores da NOS na circulação sistêmica causa constrição das arteríolas aferentes e eferentes, aumentando a resistência vascular renal e produzindo queda sustentada do FSR e do RFG. Além disso, os inibidores da NOS provocam diminuição da vasodilatação que é gerada pela queda do fluxo de líquido na mácula densa, consequente do BTG. Outras informações no Capítulo 55.

▶ Células mesangiais

As células mesangiais, localizadas no glomérulo e no aparelho justaglomerular (ver, no capítulo anterior, Figura 49.3), também têm papel na regulação do FSR e do RFG. Embora não façam parte dos capilares glomerulares e arteríolas, não sendo pois células endoteliais, elas estão estritamente apostas ou mesmo presas a essas estruturas.

Essas células contêm elementos contráteis passíveis de serem estimulados pela maioria dos agentes que afetam a resistência das arteríolas, como Ang II, ADH, endotelinas e o hormônio da paratireoide. A contração das células mesangiais afeta o número de capilares glomerulares abertos e portanto a área total disponível para a filtração. Como essa área (s) é um componente do coeficiente de ultrafiltração ($K_f = k \times s$), o RFG pode ser regulado, em parte, pelas células mesangiais.

BIBLIOGRAFIA

ARDAILLOU R, SRAER J, CHANSEL D et al. The effects of angiotensin II on isolated glomeruli and cultured glomerular cells. *Kidney In*, *31*(S2O):74-80, 1987.

ARENDSHORST WJ, GOTTSCHALK CW. Glomerular ultrafiltration dynamics: historical perspective. *Am J Physiol*, *248*:F163-74, 1985.

AUKLAND K. Methods for measuring renal blood flow: total fow and regional distribution. *Ann Rev Physiol*, *42*:543-55, 1980.

BAYLIS C, BRENNER BM. The physiologic determinants of glomerular ultrafiltration. *Rev Physiol Biochem Pharmacol*, *80*:1-46, 1978.

BLANTZ RC, GABBAI FB. Effect of angiotensin II on glomerular hemodynamics and ultrafiltration coefficient. *Kidney Int*, *31*(S2O):108-11, 1987.

BRENNER BM, HUMES HD. Mechanics of glomerular ultrafiltration. *N Engl J Med*, *297*:148-54, 1977.

CHOU SY, PORUSCH JG, FAUBERT PF. Renal medullary circulation: hormonal control. *Kidney Int*, *37*:1-13, 1990.

FREEMAN RH, DAVIS JO, VILARREAL D. Role of renal prostaglandins in the control of renin release. *Circ Res*, *54*:1-9, 1984.

GOTTSCHALK CW. The justaglomerular apparatus and tubuloglomerular feedback. Renal and electrolyte physiology. *Ann Rev Physiol*, *49*:249-317, 1987.

HÄBERLE DA, BAEYER H VON. Characteristics of glomerular balance. *Am J Physiol*, *254*:F355-66, 1983.

KON V. Neural control of renal circulation. *Miner Electrolyte Metab*, *15*:33-43, 1989.

LUSH DJ, FRAY JCS. Steady-state autoregulation of renal blood flow: a myogenic model. *Am J Physiol*, *247*:R89-99, 1984.

MADDOX DA, BRENNER BM. Glomerular ultrafiltration. In: BRENNER BM (Ed.). *The Kidney*. 6. ed. WB Saunders, Philadelphia, 2000.

MADDOX DA, DEEN WM, BRENNER BM. Dynamics of glomerular ultrafiltration. VI. Studies in the primate. *Kidney Int*, *5*(4):271-8, 1974.

MENÉ P, SIMONSON S, DUNN MJ. Physiology of the mesangial cell. *Physiol Reviews*, 69(4):1347-70, 1989.

MOORE LC, CASELLAS D. Tubuloglomerular feedback dependence of autoregulation in rat justamedullary afferent arterioles. *Kidney Int*, *37*:1402-8, 1990.

NAVAR LG, CARMINES PK, HUANG WC et al. The tubular effects of angiotensin II. *Kidney Int*, *31*(S2O):81-8, 1987.

PITTS RF. *Physiology of the Kidney and Body Fluids*. 3. ed. Year Book Medical Publishers, Chicago, 1974.

SCHLATTER E, SALOMONSSON M, PERSSON AEG et al. Macula densa cells sense luminal NaCl concentration via furosemide sensitive Na^+-$2Cl^-$-K^+-cotransport. *Pflügers Arch*, *414*:286-90, 1989.

SCHNERMANN J, TRAYNOR T, YANG T et al. Tubuloglomerular feedback: new concepts and developments. *Kidney Int*, *54*:S40-5, 1998.

SELDIN DW, GIEBISCH G (Eds.). *The Kidney: Physiology and Pathophysiology*. 3. ed. Lippincott Williams & Wilkins, Philadelphia, 2000.

SULLIVAN LP, GRANTHAM J. *Physiology of the Kidney*. 2. ed. Lea & Febiger, Philadelphia, 1982.

VALTIN H, SCHAFER JA. *Renal Function*. Little, Brown and Company, Boston, 1995.

Capítulo 51

Função Tubular

Margarida de Mello Aires

- Introdução, *758*
- *Clearance* renal, *758*
- Medida do *clearance*, *760*
- Métodos para o estudo da função tubular, *762*
- Análise da composição do fluido tubular, *763*
- Mecanismos de transporte no túbulo proximal, *766*
- Mecanismos de transporte na alça de Henle, *773*
- Mecanismos de transporte no túbulo distal, *774*
- Mecanismos de transporte no ducto coletor, *775*
- Bibliografia, *776*

INTRODUÇÃO

Ao estudar a fisiologia do rim, o interesse pode ser a visão global da função do órgão como um todo e/ou o conhecimento dos mecanismos básicos de transporte que ocorrem em cada um dos segmentos tubulares. O método mais comumente utilizado em clínica humana, e que permite verificar a resultante final de todos os processos de transporte tubular renal sofridos por determinada substância, é o que analisa o *clearance renal* da substância. Entretanto, para estudar separadamente os mecanismos de transporte da substância através dos vários segmentos tubulares renais, são utilizados métodos aplicáveis somente em experimentos em animais, como a micropunção ou microperfusão tubular *in vivo*, ou os micrométodos feitos *in vitro*, como a microperfusão de segmentos tubulares isolados, o *patch clamp* e a cultura de células de determinada porção tubular. As características do transporte dos vários solutos através das membranas tubulares podem também ser conhecidas por meio do estudo da biologia molecular dos transportadores membranais envolvidos nesse processo. Nos capítulos que se seguem, a função renal será vista sob esses diferentes aspectos.

CLEARANCE RENAL

O *clearance* de uma substância indica o volume virtual de plasma que fica livre da substância, em determinada unidade de tempo. Assim, o *clearance* de uma substância é também denominado *depuração plasmática* da substância.

> *Clearance* é um conceito geral. Pode ser aplicado para o organismo inteiro, indicando, então, a quantidade de plasma que fica livre de uma dada substância, em determinado espaço de tempo, por ação de todos os órgãos do indivíduo. Esse conceito pode, também, ser aplicado apenas para um órgão. Como, por exemplo: o *clearance hepático* de uma substância mostra o quanto de plasma fica depurado da substância por meio da ação do fígado; o *clearance renal*, por ação dos rins etc.

Para o conhecimento do *clearance renal* de uma dada substância, basta medir a quantidade absoluta da substância excretada na urina por minuto e relacioná-la com sua concentração plasmática:

$$C_X = \frac{U_X \times V}{P_X} = \frac{mg/m\ell \times m\ell/min}{mg/m\ell} = m\ell/min$$

em que:
C_X = depuração plasmática da substância X, em $m\ell/min$
U_X = concentração urinária da substância X, em $mg/m\ell$
V = fluxo urinário, em $m\ell/min$
P_X = concentração plasmática da substância X, em $mg/m\ell$.

Por meio dessa metodologia, é possível se ter ideia dos mecanismos responsáveis pela excreção renal de determinada substância. Macromoléculas, devido ao seu grande tamanho, não podem ser filtradas pelos glomérulos nem ser secretadas do plasma contido nos capilares peritubulares para o lúmen dos túbulos renais. Portanto, as macromoléculas não são eliminadas na urina, tendo pois um *clearance* nulo, uma vez que o plasma não fica depurado delas. Já uma substância de baixo peso molecular é filtrada no glomérulo, passando a ter igual concentração no filtrado glomerular e no plasma (pois igual proporção de água também foi filtrada).

Posteriormente, a fração filtrada da substância poderá ser totalmente eliminada na urina ou, então, sofrer reabsorção tubular completa ou parcial. Por outro lado, a parte da substância que não foi filtrada irá percorrer os capilares peritubulares, podendo ser total ou parcialmente secretada para o lúmen tubular. Portanto, o valor do *clearance* de uma substância de baixo peso molecular dependerá dos seus mecanismos de transporte tubular. Caso a substância esteja ligada a proteínas plasmáticas (não sendo, pois, livremente filtrável), no cálculo de seu *clearance* o valor de P deve ser multiplicado pela fração livre da substância no plasma (fração não ligada a proteínas). Este parâmetro é determinado por ultrafiltração experimental do plasma.

A seguir, será analisado, mais detalhadamente, o valor do *clearance* de diferentes substâncias, na dependência dos vários processos de transporte tubular que sofrem na passagem ao longo do néfron.

▶ *Clearance* de substância que não é reabsorvida nem secretada pelos túbulos

Quando a porção filtrada da substância for totalmente eliminada na urina, não ocorrendo sua reabsorção nem secreção tubular, a carga filtrada da substância será igual à sua carga excretada:

$$RFG \times P_X = U_X \times V$$

em que:
carga filtrada = $RFG \times P_X$, em mg/min
carga excretada = $U_X \times V$, em mg/min
RFG = ritmo de filtração glomerular, em $m\ell/min$
P_X = concentração plasmática da substância X, em $mg/m\ell$
U_X = concentração urinária da substância X, em $mg/m\ell$
V = fluxo urinário, em $m\ell/min$.

Nesse caso, todo plasma filtrado fica livre da substância, não importando que uma parte do plasma filtrado seja posteriormente reabsorvida pelos túbulos e volte à circulação sistêmica. O plasma retornará à circulação geral sem a substância, pois esta não é reabsorvida pelos túbulos. Ou seja, a quantidade da substância filtrada é a excretada e que, portanto, não volta para o organismo, ficando, pois, o volume de plasma filtrado *virtualmente* livre dessa substância. Portanto, o volume virtual de plasma depurado dessa substância por minuto (ou *clearance* da substância) corresponde ao ritmo de filtração glomerular do indivíduo. A porção da substância que não foi filtrada percorre os capilares peritubulares sem ser secretada para os túbulos, voltando, pois, à circulação sistêmica.

Assim, o *clearance* de uma substância que é apenas filtrada (não sendo reabsorvida nem secretada) e o ritmo de filtração glomerular do indivíduo têm o mesmo valor, dado em $m\ell/min$. Um exemplo é a inulina, substância mais adequada para a avaliação do RFG (mais detalhes no Capítulo 50, *Hemodinâmica Renal*).

Papel da concentração plasmática

O *clearance* de uma substância com tais características não depende da sua concentração plasmática, apresentando-se sempre constante qualquer que seja seu valor no plasma (ver *clearance* de inulina na Figura 51.1). Isto acontece porque, quando ocorre aumento de sua concentração plasmática, haverá correspondente elevação de sua concentração no filtrado glomerular (pois este é um ultrafiltrado do plasma) e, consequentemente, sua concentração urinária também será proporcionalmente elevada. Observando a fórmula de *clearance*, compreende-se por que este não se altera: tanto o

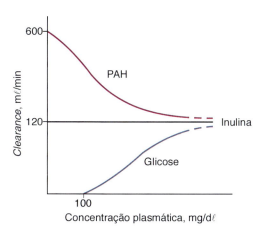

Figura 51.1 ▪ Variações dos *clearances* de para-amino-hipurato de sódio (PAH), glicose e inulina, em função do aumento de suas respectivas concentrações plasmáticas.

numerador como o denominador da equação estão proporcionalmente elevados, devido aos aumentos respectivos de V e P.

Papel do fluxo urinário

A depuração plasmática de tal substância é também independente do fluxo urinário. Isto acontece porque, não ocorrendo reabsorção nem secreção da substância, a variação do seu gradiente de concentração entre lúmen tubular e interstício peritubular (provocada pela alteração do fluxo urinário) não modificará sua carga excretada. Quando o fluxo urinário diminuir, a concentração da substância na urina aumentará, e, quando o fluxo aumentar, sua concentração urinária diminuirá, mantendo-se sempre constante o seu *clearance*.

▶ *Clearance* de substância reabsorvida pelos túbulos

Quando a substância é *totalmente reabsorvida* pelos túbulos renais, sua carga excretada é zero e sua concentração urinária, nula. Não ocorrendo excreção urinária da substância, o plasma do indivíduo não fica depurado da substância, ou seja, seu *clearance* é zero. Sua carga filtrada é totalmente reabsorvida e volta ao plasma. Como exemplo, podemos citar: glicose e aminoácidos.

Substâncias *parcialmente reabsorvidas* pelos túbulos renais apresentam *clearance* menor que o de substâncias apenas filtradas, pois, após serem filtradas, elas voltam, em parte, ao sangue. Assim, o *clearance fracional* da substância (ou seja, a razão entre o *clearance* da substância e o *clearance* da inulina) deve ser menor que 1:

clearance fracional de substância reabsorvida pelos túbulos = $\dfrac{C_X}{C_{in}} < 1$

em que:
C_X = *clearance* de substância parcialmente reabsorvida pelos túbulos
C_{in} = *clearance* da inulina.

Uma substância que se liga parcialmente às proteínas plasmáticas apresentará o mesmo resultado, mesmo quando não é reabsorvida pelos túbulos, desde que, para o cálculo de seu *clearance*, seja utilizada, erroneamente, sua concentração plasmática total, não sendo levado em consideração que apenas uma fração da substância está livre no plasma para ser ultrafiltrada.

Quando ocorre reabsorção parcial da substância, sua carga filtrada é maior que sua carga excretada, ou seja:

$$RFG \times P_X > U_X \times V$$

A quantidade da substância reabsorvida pelos túbulos renais (T) corresponde à diferença entre sua carga filtrada e sua carga excretada:

$$T = (RFG \times P_X) - (U_X \times V)$$

Caso a substância que é totalmente reabsorvida apresente um mecanismo de reabsorção que envolve um carregador, o aumento de sua concentração plasmática irá saturar seu mecanismo de transporte tubular, aparecendo, então, a substância na urina. Nesse momento, o transporte (T) medido corresponde ao transporte máximo (Tm), isto é, à capacidade máxima de reabsorção tubular dessa substância. Quando aparece a substância na urina, inicia-se seu *clearance*, o qual vai aumentando com o aumento de sua concentração no plasma, pois sua reabsorção permanece máxima e, portanto, constante. Para melhor entendimento desse mecanismo, vejamos a relação:

$$Tm = (RFG \times P_X) - (U_X \times V)$$

ou

$$U_X \times V = (RFG \times P_X) - Tm$$

dividindo por P_X

$$\dfrac{U_X \times V}{P_X} = RFG - \dfrac{Tm}{P_X}$$

ou

$$C_X = RFG - \dfrac{Tm}{P_X}$$

Com o aumento da concentração plasmática da substância (P_X), a relação Tm/P_X tende a zero, uma vez que Tm é constante. Portanto, a elevação da concentração plasmática de uma substância que apresenta um transporte de reabsorção saturável faz com que o *clearance* da substância tenda ao *clearance* da inulina, ou seja, a substância passa a se comportar como se fosse apenas filtrada, visto que sua fração reabsorvida torna-se desprezível em comparação com sua fração excretada.

Um exemplo de substância que apresenta esse tipo de mecanismo é a glicose. Como mostra a Figura 51.1, na concentração normal de glicose no plasma (cerca de 100 mg/dℓ) seu *clearance* é zero. Aumentando sua concentração plasmática, atinge-se seu Tm, aparecendo então glicose na urina, iniciando-se consequentemente seu *clearance*. Notamos também que, à medida que a concentração plasmática de glicose cresce, seu *clearance* tende ao *clearance* de inulina, passando, então, a glicose a se comportar como se fosse apenas filtrada (pois sua reabsorção passa a ser muito pequena, em relação à sua quantidade que está sendo filtrada).

▶ *Clearance* de substância secretada pelos túbulos

Secreção tubular é o transporte de uma substância do sangue capilar peritubular (ou do interior celular) para o lúmen tubular. O volume de plasma depurado de tal substância por minuto (através da filtração glomerular e da secreção tubular) é maior que o volume de plasma depurado de inulina nesse mesmo tempo (apenas por filtração glomerular). Ou seja, a substância que é secretada tem *clearance* maior que o da inulina. Portanto, o *clearance fracional* da substância (ou seja, a razão entre o *clearance* da substância e o *clearance* da inulina) deve ser maior que 1:

$$\text{clearance fracional de substância secretada pelos túbulos} = \frac{C_X}{C_{in}} > 1$$

em que:
C_X = *clearance* de substância filtrada pelos glomérulos e secretada pelos túbulos
C_{in} = *clearance* da inulina.

No caso em que a substância, além de ser filtrada, é *totalmente secretada* pelos túbulos (não aparecendo no sangue que sai do rim pela veia renal), o seu *clearance* corresponde ao fluxo plasmático renal (pois todo plasma que chega ao rim é depurado da substância, por filtração e total secreção). Este é o valor máximo de *clearance*, pois o rim não pode depurar mais plasma do que o total que circula por ele. Um exemplo de substância quase totalmente extraída pelo rim é o PAH, e seu *clearance* é usado, em clínica, para indicar uma medida aproximada do fluxo plasmático renal (para mais detalhes desse assunto, consultar o Capítulo 50; os mecanismos de transporte tubular envolvidos na secreção de PAH estão descritos no Capítulo 52, *Excreção Renal de Solutos*, e na Figura 52.11).

É comum as substâncias secretadas apresentarem-se ligadas às proteínas plasmáticas; porém, apesar disso, podem ser totalmente excretadas pelo rim, uma vez que o equilíbrio entre a parte livre e a ligada se estabelece rapidamente. Havendo secreção, a quantidade de substância livre no plasma cai, deslocando-se uma quantidade correspondente da fração ligada às proteínas, diminuindo rapidamente a sua concentração no sangue venoso. Portanto, os *clearances* de tais substâncias também podem ser usados para medir o fluxo plasmático renal.

Quando a substância é secretada, sua carga excretada é maior que sua carga filtrada, isto é:

$$U_X \times V > RFG \times P_X$$

A quantidade de substância secretada pelos túbulos renais, por minuto, será dada por:

$$T = (U_X \times V) - (RFG \times P_X)$$

Se a substância foi secretada por meio de mecanismo que necessita de um carregador, elevando-se sua concentração plasmática dentro dos limites da capacidade máxima de secreção, o plasma renal será totalmente depurado da substância, e o *clearance* da substância corresponderá ao fluxo plasmático renal. Entretanto, atingido o Tm, posteriores aumentos da concentração plasmática da substância não ocasionarão elevação correspondente da sua secreção tubular, havendo, consequentemente, queda do seu *clearance*. Para melhor compreensão desse processo, vejamos a relação:

$$U_X \times V = (RFG \times P_X) + Tm$$

dividindo os membros desta relação por P_X, teremos:

$$\frac{U_X \times V}{P_X} = RFG + \frac{Tm}{P_X}$$

ou seja,

$$C_X = RFG + \frac{Tm}{P_X}$$

Aumentando P_X, a relação Tm/P_X vai caindo, tendendo a zero, já que Tm é constante. Portanto, quando a substância atinge seu transporte máximo de secreção, o posterior aumento de sua concentração plasmática faz com que seu *clearance* caia, aproximando-se do *clearance* dado apenas pela filtração da substância. Assim, a elevação da excreção dessa substância vai depender do aumento da sua carga filtrada e não da sua secreção tubular, que, depois de atingir o Tm, permanece constante. Nessa situação, a substância passa a se comportar como se fosse apenas filtrada, pois sua secreção (apesar de máxima) é muito pequena, em relação à sua quantidade que está sendo filtrada (ver curva do *clearance* de PAH na Figura 51.1).

▶ Valor do *clearance* em função da variação do fluxo urinário

O *clearance* de substâncias que apresentam mecanismo de transporte passivo varia em função do fluxo urinário. Tal fato ocorre porque o transporte passivo de uma substância depende do seu gradiente de concentração transepitelial (entre o lúmen tubular e o sangue peritubular).

Substância que é reabsorvida passivamente

Para esse tipo de substância, quanto maior o fluxo urinário, menor é a sua reabsorção. Isso acontece porque a substância encontra-se mais diluída no lúmen tubular, ou seja, há uma queda do seu gradiente de concentração. Assim sendo, o *clearance* de uma substância reabsorvida passivamente aumenta com a elevação do fluxo urinário.

Substância que é secretada passivamente

No caso desse tipo de substância, o aumento do fluxo urinário favorece sua secreção, pois aumenta sua diluição no lúmen tubular. Consequentemente, o *clearance* de uma substância secretada passivamente aumenta com a elevação do fluxo urinário.

Em resumo, o aumento do fluxo urinário eleva o *clearance* de uma substância reabsorvida ou secretada passivamente, pois em ambos os casos há elevação da excreção renal da substância (e, portanto, mais plasma fica depurado da substância).

MEDIDA DO *CLEARANCE*

A medida do *clearance* é feita durante período de tempo variável de coleta de urina, em geral 30 ou 60 min. A coleta de sangue, para a determinação da concentração plasmática da substância, deve ser feita no período correspondente ao de coleta da urina. Como a concentração plasmática pode variar, deve-se determinar a concentração plasmática média do período, ou então a concentração plasmática deve ser mantida constante, o que é mais recomendável.

Quando são medidos *clearances de substâncias exógenas* (normalmente não circulantes no indivíduo), é ministrada uma dose inicial da substância (intravenosamente), com a finalidade de elevar sua concentração no plasma a um nível que possibilite sua dosagem. Essa dose inicial é denominada "*prime*". Para repor as perdas que estão ocorrendo devido à excreção renal da substância, logo após o *prime*, deve ser iniciada a infusão intravenosa contínua da substância, mantendo-se, portanto, constante a sua concentração plasmática. Nas medidas de *clearances de substâncias endógenas* (sódio, potássio, ureia, creatinina etc.), como suas concentrações plasmáticas já são suficientemente elevadas e constantes, não é necessário infundi-las no indivíduo.

O método de *clearance* é bastante utilizado em clínica e tem as seguintes *vantagens*:

- Realização técnica fácil
- Não requer alteração do estado fisiológico do indivíduo, isto é, não necessita de anestesia, cirurgia ou manipulação do rim, podendo ser realizado em locais de poucos recursos
- Pode ser feito durante longos períodos, com possibilidade de repetições no mesmo indivíduo
- É aplicável em humanos

- Informa a respeito do funcionamento do rim como um todo.

Entretanto, tal metodologia tem algumas *limitações*:

- Não permite distinguir a variação funcional entre néfrons
- Impossibilita o estudo do funcionamento específico de determinado segmento tubular
- No caso de substância que é reabsorvida e secretada, não separa esses processos, indicando somente a resultante final de ambos. Para melhor entendimento desse assunto, é recomendada a leitura dos estudos sobre o *clearance* de tiamina, vitamina tanto reabsorvida como secretada pelo túbulo renal, descritos no Capítulo 52.

Problema 51.1

Em um animal, com fluxo urinário de 2 mℓ/min, foram encontradas as seguintes concentrações no plasma e na urina:

	Inulina mg%	Sódio mM	Potássio mM	Cálcio mM	Glicose mg%
Plasma	10	150	4	2,5	80
Urina	600	85	300	20	2

Calcular
a) o *clearance* dessas substâncias;
b) a fração de excreção e de reabsorção de cada substância;
c) a concentração de cada substância no filtrado glomerular (levando em conta que apenas 60% do cálcio plasmático são ultrafiltráveis);
d) a quantidade total de sódio reabsorvido (em mM por minuto);
e) a massa de glicose reabsorvida por minuto e
f) a porcentagem de água filtrada reabsorvida ao longo do néfron.

Resolução
a) *Clearance* das substâncias
Empregando a fórmula usada para o cálculo do *clearance renal*, teremos:

$$C_{inulina} = \frac{600 \text{ mg/\%} \times 2 \text{ m}\ell/\text{min}}{10 \text{ mg\%}} = 120 \text{ m}\ell/\text{min}$$

$$C_{sódio} = \frac{85 \text{ mM} \times 2 \text{ m}\ell/\text{min}}{150 \text{ mM}} = 1,13 \text{ m}\ell/\text{min}$$

$$C_{potássio} = \frac{300 \text{ mM} \times 2 \text{ m}\ell/\text{min}}{4 \text{ mM}} = 150 \text{ m}\ell/\text{min}$$

Para o cálculo do *clearance* de cálcio, deve ser considerado que somente 60% do cálcio plasmático são ultrafiltráveis. Como a concentração plasmática de cálcio é 2,5 mM, sua porção filtrável é 1,5 mM (60% de 2,5 mM). Portanto:

$$C_{cálcio} = \frac{20 \text{ mM} \times 2 \text{ m}\ell}{1,5 \text{ mM}} = 26,7 \text{ m}\ell/\text{min}$$

$$C_{glicose} = \frac{2 \text{ mg\%} \times 2 \text{ m}\ell/\text{min}}{80 \text{ mg/\%}} = 0,05 \text{ m}\ell/\text{min}$$

Resposta: Os cálculos indicam que, por ação dos rins do animal, em 1 min virtualmente 120 mℓ de seu plasma ficam depurados de inulina; 1,13 mℓ ficam depurados de sódio; 150 mℓ ficam depurados de potássio; 26,7 mℓ ficam depurados de cálcio e 0,05 mℓ ficam depurados de glicose.

b) Fração de excreção e de reabsorção de cada substância
A fração de excreção (FE) corresponde à porcentagem da carga filtrada que é excretada. Logo, pode ser obtida pelo seguinte cálculo:

Carga filtrada ——————— 100
Carga excretada ——————— FE

Portanto,

$$FE = \frac{\text{carga excretada}}{\text{carga filtrada}} \times 100$$

em que:
Carga filtrada = RFG × P_X
Carga excretada = $U_X \times V$

Logo,

$$FE = \frac{U_X \times V}{RFG \times P_X} \times 100$$

A fração de reabsorção (FR) corresponde a

$$FR = 100 - FE$$

Assim sendo:

$$FE_{sódio} = \frac{85 \times 2}{120 \times 150} \times 100 = 0,944\%$$

$$FR_{sódio} = 100 - 0,944 = 99,06\%$$

$$FE_{potássio} = \frac{300 \times 2}{120 \times 4} \times 100 = 125\%$$

O cálculo indica que a fração de excreção de potássio é maior do que 100%, significando que sua quantidade excretada é maior do que a filtrada; logo, está ocorrendo secreção de potássio. Essa secreção também pode ser evidenciada quando se nota que o *clearance* de potássio (150 mℓ/min) é maior do que o da inulina (120 mℓ/min). Em vista disso, não pode ser determinada a fração de reabsorção de potássio, pois o método de *clearance*, usado neste experimento, só permite verificar a resultante final do processo que acontece no rim como um todo, não permitindo afirmar quanto potássio foi reabsorvido e quanto secretado. O que pode ser dito, com precisão, é que a secreção de potássio está sendo maior que a sua reabsorção.

$$FE_{cálcio} = \frac{20 \times 2}{120 \times 1,5} \times 100 = 22,2\%$$

$$FR_{cálcio} = 100 - 22,2 = 77,8\%$$

$$FE_{glicose} = \frac{2 \times 2}{120 \times 80} \times 100 = 0,042\%$$

$$FR_{glicose} = 100 - 0,042 = 99,958\%$$

Resposta: Os valores da fração de excreção e de reabsorção são:

sódio:	FE = 0,944%	FR = 99,06%
potássio:	FE = 125%	FR = ?
cálcio:	FE = 22,2%	FR = 77,8%
glicose:	FE = 0,042%	FR = 99,958%

c) Concentração de cada substância no filtrado glomerular

Resposta: A concentração das substâncias no filtrado é praticamente a mesma que a plasmática, devendo ser levada em conta a correção para a água plasmática e, no caso de íons, também o equilíbrio de Donnan. Entretanto, no problema proposto, não há dados para calcular esses dois parâmetros. No caso do cálcio, como é indicado que 60% do cálcio plasmático são ultrafiltrados, sua concentração no filtrado glomerular é 1,5 mM.

d) Quantidade total de sódio reabsorvido, em mM/min

Como:
quantidade reabsorvida = (carga filtrada) − (carga excretada)
quantidade reabsorvida de sódio = (RFG × $P_{sódio}$) − ($U_{sódio}$ × V)
quantidade reabsorvida de sódio = (120 mℓ/min × 150 mM/ℓ) − (85 mM/ℓ × 2 mℓ/min) = 17,8 mM/min

Resposta: A quantidade total de sódio reabsorvido é de 17,8 mM/min

e) Massa de glicose reabsorvida por minuto

Massa $reab_{glicose}$ = (120 mℓ/min × 80 mg%) − (2 mg% × 2 mℓ/min) = 95,96 mg/min

Resposta: A massa de glicose reabsorvida corresponde a 95,96 mg/min

f) Porcentagem de água filtrada reabsorvida ao longo do néfron

Como, por minuto, são filtrados 120 mℓ de plasma e eliminados 2 mℓ de urina, a porcentagem de água filtrada eliminada é obtida pelo cálculo:

120 ——————— 100
2 ——————— x

A porcentagem de água filtrada eliminada corresponde a 1,67%. Logo, a porcentagem reabsorvida é = 100 − 1,67 = 98,3%.

Resposta: Cerca de 98,3% do total da água filtrada são reabsorvidos ao longo do néfron.

MÉTODOS PARA O ESTUDO DA FUNÇÃO TUBULAR

Apenas a comparação entre a constituição do plasma e a da urina não dá ideia dos vários mecanismos de transporte de solutos que ocorrem nos glomérulos e nos segmentos tubulares. Isto só é possível por meio da micropunção ou microperfusão, sob microscópio, dessas diferentes estruturas renais *in vivo* ou *in vitro*. Os experimentos *in vivo* são realizados após a exposição e iluminação adequada da superfície renal, em animais previamente anestesiados.

▸ Micropunção

É a técnica utilizada para obter amostras do fluido glomerular ou tubular; pode ser feita em glomérulos e túbulos corticais superficiais. É realizada por meio de uma seringa conectada a uma micropipeta de vidro, com ponta de cerca de 10 μm de diâmetro, terminando em bisel. Inicialmente, é injetada no interior do túbulo, pela micropipeta, uma gota de óleo mineral corado com sudan preto, verificando-se a direção do fluxo pelo deslocamento da gota. Posteriormente, inicia-se a aspiração do fluido tubular, de modo a manter a gota de óleo no mesmo lugar, garantindo um ritmo de coleta semelhante ao fluxo fisiológico do fluido no interior do túbulo. O volume da amostra obtida é em torno de alguns nanolitros, e a análise de seu conteúdo é feita por meio de diferentes micrométodos. A determinação exata do local da punção ao longo do túbulo é feita subsequentemente, por meio da injeção de látex pelo orifício da coleta e posterior microdissecção do néfron puncionado.

▸ Microperfusão

Usada quando se quer determinar as características do epitélio tubular, independentemente do líquido que chega ao local (devido à filtração glomerular). Inicialmente, é feito o bloqueio do fluxo tubular por meio de uma gota de óleo, injetada por micropipeta. Posteriormente, utilizando uma bomba perfusora conectada à micropipeta, inicia-se a microperfusão do segmento com líquido cuja constituição foi previamente determinada. Depois de este ter percorrido uma certa porção do túbulo, é realizada a coleta do perfusato algumas alças mais adiante, usando uma segunda micropipeta. Concomitantemente, é possível puncionar ou perfundir os capilares que envolvem os segmentos tubulares em estudo.

▸ Túbulo isolado *in vitro*

Esta técnica é aplicada, principalmente, em segmentos tubulares não acessíveis a partir da superfície cortical ou papilar: parte reta do túbulo proximal, alças de Henle e ductos coletores profundos de néfrons corticais e todos os segmentos de néfrons justamedulares. Inicialmente, é feita a microdissecção do segmento tubular, para separá-lo do tecido renal adjacente. Depois de isolado, o segmento é colocado em uma câmara que contém uma solução cuja constituição e temperatura dependem das características da espécie animal estudada (banho externo). A microperfusão intratubular é realizada por meio de uma das extremidades do segmento, usando micropipeta dupla concêntrica: a mais externa é utilizada para segurar o segmento (por aspiração), e a mais interna, para perfundi-lo com líquido de características conhecidas, usando bomba microperfusora. A coleta do perfusato é feita por outra micropipeta, presa à extremidade oposta do segmento. A técnica permite variações da composição do banho externo, como do líquido perfusor, utilizando-se soluções com diferentes composições.

▸ *Patch clamp*

Após o segmento tubular ser isolado *in vitro*, uma micropipeta (micropipeta *patch*) é presa à sua membrana basolateral. Então, é removida uma pequena porção dessa membrana, que fica presa na ponta de micropipeta. Esse *patch* da membrana contém um ou poucos canais iônicos. Posteriormente, o *patch* é submetido a uma determinada diferença de potencial transmembranal (ou seja, é feito o clampeamento da voltagem), medindo-se a variação de corrente que passa pela membrana (em consequência da abertura e fechamento dos canais iônicos presentes no *patch*). Conhecendo-se a diferença de potencial e a corrente, calcula-se a condutância dos canais iônicos. A observação de que a condutância é inibida com o uso de bloqueador específico de um determinado canal iônico indica que esse íon se movimenta, nessa membrana, através desse tipo de canal. Por exemplo, o fato de a condutância a potássio da membrana basolateral do túbulo proximal ser inibida por bário (um bloqueador do canal de potássio) é um forte indicativo da existência de canais de potássio nesse epitélio. Igualmente, a inibição da condutância desse epitélio por baixas doses de amilorida (um bloqueador do canal de sódio) indica a presença de canais seletivos a sódio. A mesma técnica pode ser empregada para o estudo da membrana luminal. O acesso à membrana luminal é feito por abertura do túbulo, cortando-o longitudinalmente com uma micropipeta.

▶ Cultura de células

A fisiologia celular dos vários segmentos tubulares pode também ser estudada por meio da cultura de suas células. Nessas culturas, são utilizados diferentes micrométodos, inclusive o de *patch clamp* e o de *sondas intracelulares fluorescentes* (reagentes específicos que avaliam a concentração intracelular de várias substâncias).

▶ Biologia molecular

A mensagem genética para muitos canais ou carregadores existentes no epitélio tubular renal tem sido determinada pelo sequenciamento do DNA, permitindo a decodificação da sequência de aminoácidos das proteínas transportadoras e a criação de modelos das suas estruturas. Essa análise estrutural revela marcadas semelhanças entre muitas proteínas transportadoras, possibilitando que sejam agrupadas em famílias cujos membros apresentam alto grau de homologia (semelhança de estrutura e função), que se mantém nas diferentes espécies animais. A conservação de suas homologias durante a evolução é uma clara indicação da importância desses transportadores para a manutenção da vida animal. A maioria dessas proteínas tem 6 a 12 regiões (domínios) constituídas de aminoácidos relativamente lipofílicos. A região lipofílica permite que a proteína carregadora atravesse a membrana várias vezes, formando uma estrutura complexa transmembranal, que corresponde à via de transporte. Há casos em que o mecanismo molecular que permite que o carregador transporte determinada substância ainda não está estabelecido, mas é amplamente aceito que essas proteínas especializadas têm locais de ligação específicos para as moléculas transportadas.

ANÁLISE DA COMPOSIÇÃO DO FLUIDO TUBULAR

A Figura 51.2 ilustra as modificações que ocorrem na composição do fluido tubular ao longo do néfron, verificadas por meio da análise de amostras obtidas por micropunção do lúmen tubular. Na ordenada, está indicada a razão entre as concentrações no fluido tubular (FT) e plasma (P) para várias substâncias. Essa relação (FT/P) indica o gradiente de concentração transtubular, para cada substância considerada.

Com base na Figura 51.2, vejamos o que acontece com a inulina. Como dito anteriormente, a inulina é filtrada livremente e não tem carga elétrica (não sofrendo, pois, o efeito de Gibbs-Donnan). Então, sua concentração no fluido glomerular (FG) contido no espaço de Bowman é idêntica à do plasma, ou seja, no filtrado glomerular a razão FG/P de inulina é igual a 1. Como a inulina não é reabsorvida nem secretada ao longo dos túbulos, sua concentração no fluido tubular aumenta à medida que a água vai sendo reabsorvida pelos vários segmentos tubulares. A concentração de inulina no fluido tubular é, pois, uma função da quantidade de água reabsorvida até o ponto em que foi feita a micropunção. Por exemplo, a Figura 51.2 indica que, na metade do túbulo proximal, a razão FT/P de inulina é igual a 2, isto é, a concentração de inulina no fluido tubular é duas vezes a do plasma (ou duas vezes a do espaço de Bowman). Se no espaço de Bowman essa razão é 1 e na metade do túbulo proximal passa para 2, significa que 50% da água filtrada foram reabsorvidos até o local da punção. A fração de água filtrada que é reabsorvida ($FR_{água}$) é calculada pela fórmula:

$$FR_{água} = 1 - \frac{1}{FT/P_{in}}$$

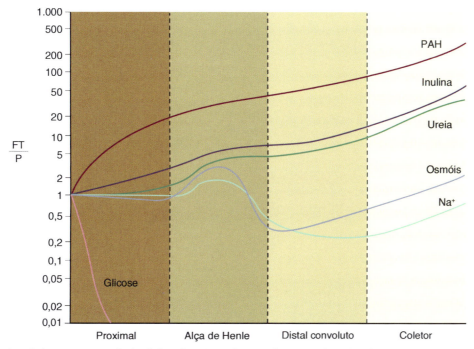

Figura 51.2 ▪ Valores da razão de concentração no fluido tubular e plasma (FT/P) de várias substâncias, ao longo do néfron. Note que a ordenada está em escala logarítmica. *PAH*, para-amino-hipurato. Descrição da figura no texto. (Adaptada de Sullivan e Granthan, 1982.)

No exemplo dado:

$$FR_{água} = 1 - \frac{1}{2} = 0,5 \text{ ou } 50\%$$

Acompanhando a Figura 51.2, vemos que, no final do túbulo proximal, o quociente FT/P de inulina aproxima-se de 3, e a fração de água filtrada reabsorvida até essa porção tubular é igual a 0,67. Essa evidência experimental indica que cerca de dois terços, ou 67%, do fluido filtrado são normalmente reabsorvidos pelo túbulo proximal. O mesmo raciocínio pode ser empregado nos demais segmentos do néfron e, mesmo, na urina final (U), encontrando-se, neste caso, uma relação U/P de inulina aproximadamente igual a 99. Este achado indica que cerca de 99% da água filtrada são reabsorvidos em sua passagem pelo túbulo renal. Para maior compreensão deste assunto, acompanhe o problema 51.2, apresentado adiante.

A Figura 51.2 mostra também que, ao longo do túbulo proximal, a concentração total de solutos (ou osmóis) praticamente não varia, indicando que aproximadamente 67% dos solutos filtrados são reabsorvidos (valor igual ao da reabsorção de água). Tal fato revela que o fluido reabsorvido no túbulo proximal é praticamente isotônico em relação ao plasma. O mesmo acontece com o íon sódio nesse segmento tubular, indicando que o sódio e a água são reabsorvidos em iguais proporções.

A Figura 51.2 indica que, ao longo do túbulo proximal, há elevação da razão FT/P de para-amino-hipurato. Entretanto, a elevação da concentração de determinado soluto no fluido tubular (determinando uma elevação do seu gradiente transepitelial e, portanto, da sua razão FT/P) não indica, inequivocamente, que a substância esteja sendo secretada; pode ser que o aumento de sua concentração no lúmen tubular seja devido à reabsorção de água. O oposto acontece no caso da queda da concentração da substância no fluido tubular, que nem sempre indica reabsorção tubular, pois é possível que se dê em virtude da entrada de água para o interior do túbulo.

Para corrigir *as variações das concentrações de soluto no lúmen tubular devidas ao transporte de água*, basta relacionar a razão FT/P do soluto com a razão FT/P da inulina, visto que esta última avalia a reabsorção tubular de água.[1] Portanto, esse quociente [(FT/P da substância)/(FT/P da inulina)] indica a fração remanescente da substância no fluido tubular. Quando esse quociente diminui de um segmento tubular para outro, indica que houve reabsorção da substância na porção tubular intermediária entre esses dois segmentos. O oposto acontece quando a substância é secretada pelo epitélio tubular. Para maiores detalhes, acompanhe o problema 51.3, exposto a seguir.

A Figura 51.3 ilustra a fração da carga filtrada de vários solutos, remanescente no fluido tubular. Na ordenada, é dada a razão [(FT/P do soluto)/(FT/P de inulina)]; na abscissa, estão indicados os vários segmentos tubulares. Acompanhando a Figura 51.3, vemos que a fração de sódio filtrado remanescente no final do túbulo proximal é cerca de 0,33, indicando que 67% da carga filtrada desse íon foram reabsorvidos até esse local. Essa fração se eleva na alça de Henle descendente, indicando que ocorre secreção de sódio nesse segmento; posteriormente, essa fração cai, até o final do coletor. Portanto, a Figura 51.3 ilustra que pouco sódio é excretado na urina, em virtude de quase toda a sua carga filtrada ser reabsorvida pelos túbulos. Seguindo essa figura, notamos que até a porção final do proximal, cerca de 50% da carga filtrada de ureia foram reabsorvidos, e igual porcentagem posteriormente é secretada na alça de Henle; entretanto, no distal e coletor, a ureia é reabsorvida. A Figura 51.3 indica que toda glicose filtrada é reabsorvida no primeiro terço do túbulo proximal. A figura mostra, também, que há uma pequena secreção de creatinina nesse segmento.

---

[1] Aplicando o conceito de *clearance* para uma substância X, medida não na urina final, mas no fluido tubular, há reabsorção tubular quando $C_X/C_{in} < 1$. Ou seja:

$$\frac{(FT_X \times V)/P_X}{(FT_{in} \times V)/P_{in}} < 1$$

Como a substância X e a inulina foram medidas na mesma amostra de fluido tubular, o fluxo urinário (V) é o mesmo para os dois *clearances*, portanto ocorre reabsorção tubular quando:

$$\frac{FT_X/P_X}{FT_{in}/P_{in}} < 1$$

O mesmo raciocínio pode ser aplicado no caso de secreção tubular, em que $C_X/C_{in} > 1$.

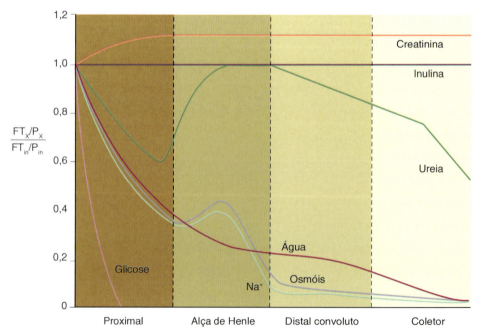

Figura 51.3 ▪ Valores da fração da carga filtrada remanescente no fluido tubular [(FT$_x$/P$_x$)/(FT$_{in}$/P$_{in}$)] para várias substâncias ao longo do néfron. Descrição da figura no texto. (Adaptada de Sullivan e Granthan, 1982.)

Problema 51.2

Em experimento de micropunção tubular, em rato, foram feitas cinco coletas de fluido, em segmentos tubulares sucessivos ao longo do néfron. Nas amostras coletadas, foram encontradas as sucessivas razões entre a concentração de inulina no fluido tubular e no plasma (FT_{in}/P_{in}): 2,00 – 4,75 – 34,2 – 107 – 420.

Para cada amostra de fluido coletado, calcule a excreção fracional do volume filtrado até o local da sua coleta (ou seja, calcule o quanto resta de fluido no segmento tubular considerado, em porcentagem do que foi filtrado).

Resolução

A fração de água filtrada reabsorvida até determinado segmento tubular é calculada pela seguinte fórmula:

$$FR_{água} = 1 - \frac{1}{FT/P_{inulina}}$$

No segmento tubular em que a razão FT/P de inulina é 2,00:

$$FR_{água} = 1 - \frac{1}{2} = 0,5 \text{ ou } 50\%$$

Portanto, a excreção fracional nessa porção tubular será

$$EF_{água} = 1 - 0,5 = 0,5 \text{ ou } 50\%$$

No segmento tubular em que a razão FT/P de inulina é 4,75:

$$FR_{água} = 1 - \frac{1}{4,75} = 1 - 0,21 = 0,79 \text{ ou } 79\%$$
$$EF_{água} = 1 - 0,79 = 0,21 \text{ ou } 21\%$$

No segmento tubular em que a razão FT/P de inulina é 34,2:

$$FR_{água} = 1 - \frac{1}{34,2} = 1 - 0,03 = 0,970 \text{ ou } 97,0\%$$
$$EF_{água} = 1 - 0,97 = 0,03 \text{ ou } 3\%$$

No segmento tubular em que a razão FT/P de inulina é 107:

$$FR_{água} = 1 - \frac{1}{107} = 1 - 0,01 = 0,990 \text{ ou } 99,0\%$$
$$EF_{água} = 1 - 0,99 = 0,01 \text{ ou } 1\%$$

No segmento tubular em que a razão FT/P de inulina é 420:

$$FR_{água} = 1 - \frac{1}{420} = 1 - 0,002 = 0,998 \text{ ou } 99,8\%$$
$$EF_{água} = 1 - 0,998 = 0,002 \text{ ou } 0,2\%$$

Vemos, pois, que, à medida que a inulina se concentra ao longo do túbulo, ou seja, à proporção que sua razão FT/P aumenta, eleva-se a fração de água filtrada que é reabsorvida e, consequentemente, cai a excreção fracional de água.

Resposta: As sucessivas excreções fracionais do volume filtrado até os respectivos pontos de coleta foram: 50%, 21%, 3%, 1% e 0,2%.

Problema 51.3

As seguintes razões de concentrações entre fluido tubular e plasma (FT/P) foram observadas nos túbulos proximal inicial e proximal médio:

	inulina	ureia	sódio	glicose	ácido úrico
proximal inicial	1,3	1,1	1	0,17	0,34
proximal médio	2	1,3	1	0,10	2,25

a) Em relação à quantidade filtrada de cada substância, qual a sua porcentagem encontrada em cada um dos locais da punção?
b) Como explicar o observado com a ureia e o ácido úrico?

Resolução

a) Porcentagem da quantidade de substância filtrada, encontrada no lúmen tubular

Inulina:
Como a inulina não é reabsorvida nem secretada, a porcentagem da quantidade filtrada encontrada no lúmen do túbulo proximal inicial e médio é sempre de 100%. Entretanto, no interior da cápsula de Bowman, a razão FT/P de inulina é 1,0; no proximal inicial, sobe para 1,3 e, no proximal médio, atinge 2,0. Essa elevação da razão FT/P de inulina é apenas devida à reabsorção de água.

Ureia:
Proximal inicial:
Se a ureia não fosse reabsorvida nem secretada, sua razão FT/P deveria ser igual à da inulina, ou seja, 1,3. Porém, como a ureia é reabsorvida, essa razão é menor, 1,1. A quantidade de ureia encontrada no lúmen do túbulo proximal inicial (X), em porcentagem da quantidade filtrada, é obtida por cálculo:

$$1,3 \longrightarrow 100$$
$$1,1 \longrightarrow X$$

Portanto, no lúmen do túbulo proximal inicial, são encontrados 85% do total da ureia filtrada (ou seja, do total filtrado, 15% foram reabsorvidos até esse local).

Proximal médio:
Como nessa porção tubular a razão FT/P de inulina é 2 e a de ureia é 1,3, teremos:

$$2 \longrightarrow 100$$
$$1,3 \longrightarrow X$$

Logo, no lúmen do túbulo proximal médio, são encontrados 65% do total da ureia filtrada (ou seja, do total filtrado, 35% foram reabsorvidos até esse local).

Sódio:
Proximal inicial:
Empregando o mesmo raciocínio, teremos:

$$1,3 \longrightarrow 100$$
$$1 \longrightarrow X$$

Assim, no lúmen do túbulo proximal inicial, são encontrados 77% do total de sódio filtrado (ou seja, do total filtrado, 23% foram reabsorvidos até esse local).

Proximal médio:

$$2 \longrightarrow 100$$
$$1 \longrightarrow X$$

Ou seja, no lúmen do túbulo proximal médio, são encontrados 50% do total do sódio filtrado (ou seja, do total filtrado, 50% foram reabsorvidos até esse local).

Glicose:
Proximal inicial:

$$1,3 \longrightarrow 100$$
$$0,17 \longrightarrow X$$

A porcentagem de glicose filtrada encontrada no lúmen do túbulo proximal inicial é de 13% (*i. e.*, até esse local foram reabsorvidos 87% do total de glicose filtrada).

Proximal médio:

$$2 \longrightarrow 100$$
$$0,10 \longrightarrow X$$

A porcentagem de glicose filtrada encontrada no lúmen do túbulo proximal médio é de 5% (portanto, até esse local 95% da glicose filtrada foram reabsorvidos).

Ácido úrico:
Proximal inicial:

```
1,3 ―――― 100
0,34 ―――― X
```

A porcentagem de ácido úrico filtrada encontrada no lúmen do túbulo proximal inicial é de 26% (logo, do total filtrado, 74% foram reabsorvidos até esse local).
Proximal médio:

```
2    ―――― 100
2,25 ―――― X
```

A porcentagem de ácido úrico filtrada encontrada no lúmen do túbulo proximal médio é de 113% (portanto, no túbulo proximal médio há 13% a mais do total de ácido úrico filtrado).

Resposta: Em relação à quantidade filtrada de cada substância, a sua porcentagem encontrada nos locais da punção foi:

	Proximal inicial	Proximal médio
inulina	100	100
ureia	85	65
sódio	77	50
glicose	13	5
ácido úrico	26	113

b) Como explicar o observado com a ureia e o ácido úrico:
Ureia: como 85% da ureia filtrada encontram-se no proximal inicial e 65% no proximal médio, 15% da ureia filtrada foram reabsorvidos no proximal inicial (100 − 85 = 15) e 35% até o proximal médio (100 − 65 = 35).
Ácido úrico: em virtude de apenas 26% do ácido úrico filtrado encontrarem-se no proximal inicial, 74% do filtrado foram reabsorvidos nesse segmento do túbulo (100 − 26 = 74). Como no túbulo proximal inicial há 26% do ácido úrico filtrado e no proximal médio aparecem 113%, no proximal médio houve 87% de secreção em relação ao total filtrado (113 − 26 = 87).

MECANISMOS DE TRANSPORTE NO TÚBULO PROXIMAL

Morfologicamente, o túbulo proximal é dividido em três segmentos: S1, S2 e S3. Suas porções mais iniciais têm maior área de membrana apical e maior número de mitocôndrias, apresentando, pois, taxa mais elevada de reabsorção de solutos (para detalhes da morfologia desse segmento, ver Capítulo 49, *Visão Morfofuncional do Rim*).

Quantitativamente, tanto o transporte transcelular (através das células) como o paracelular (pelos espaços entre as células) variam inversamente com o comprimento do túbulo proximal. O transporte transcelular é rápido, mas, como as vias paracelulares são permeáveis (o que facilita a volta passiva de solutos do interstício para o lúmen), não são formados grandes gradientes de solutos entre lúmen tubular e sangue peritubular. Para o rato, como ilustra a Figura 51.4, as resistências elétricas das membranas luminal e basolateral são, respectivamente, 260 e 90 Ω/cm^2; porém, a resistência transepitelial é de 5 Ω/cm^2, ou seja, muito inferior às das duas membranas celulares em série. Isto é devido ao *shunt intercelular* (a via paracelular de elevada permeabilidade iônica), pois nos túbulos proximais de mamíferos há pouca densidade de cristas nas *tight junctions* (pontos especiais de junções entre células vizinhas, no lado voltado para o lúmen), o que permite uma fraca adesão entre as células adjacentes. O túbulo proximal de mamíferos é, pois, classificado como um *epitélio leaky*, ou permeável (como a mucosa intestinal e a vesícula biliar). Em contraposição, os epitélios que apresentam resistência transepitelial da ordem de milhares de Ω/cm^2, como o do túbulo distal e do ducto coletor, são chamados de *epitélios tight*, ou impermeáveis.

No total, o túbulo proximal reabsorve em torno de 67% do ultrafiltrado glomerular. Esse processo ocorre sem variação mensurável da concentração luminal de sódio e somente com uma pequena queda, de 3 a 6 mOsm, da osmolalidade do fluido tubular (ver Figura 51.2). Portanto, o túbulo proximal reabsorve cerca de 67% de água e sais filtrados. A energia para a reabsorção proximal é derivada da bomba Na^+/K^+, localizada na membrana basolateral.

Como ilustra a Figura 51.5, a reabsorção de solutos pelo túbulo proximal de mamíferos compreende duas fases. No

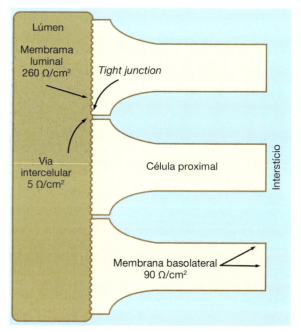

Figura 51.4 ▪ Representação esquemática do epitélio do túbulo proximal do rim de rato, indicando os valores das resistências elétricas das membranas luminal e basolateral e da via intercelular.

início do túbulo (segmento S1), as razões FT/P de glicose, aminoácidos e bicarbonato caem, e a diferença de potencial (DP) transtubular é de −2 mV, sendo o lúmen tubular negativo em relação ao interstício peritubular. Esta primeira fase da reabsorção proximal efetua, principalmente, a reabsorção de nutrientes essenciais (glicose, aminoácidos e solutos orgânicos neutros) e bicarbonato de sódio. Na porção mais final do túbulo proximal (segmento S2), a concentração de cloreto é mais elevada e a DP transtubular é de +2 mV, sendo o lúmen do túbulo positivo em relação ao meio peritubular. A segunda fase da reabsorção proximal efetua principalmente a reabsorção de NaCl.

O túbulo proximal reabsorve a maior parte do potássio filtrado pela via paracelular por meio de dois mecanismos: arraste pelo solvente e eletrodifusão. O arraste de K^+ pela água

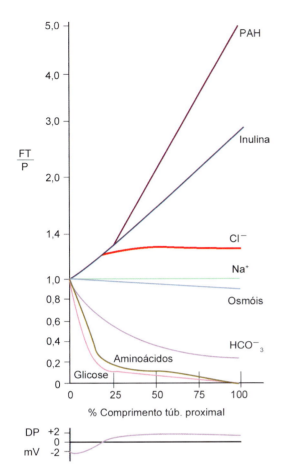

Figura 51.5 ▪ Diferença de potencial transtubular (DP) e razão da concentração no fluido tubular e plasma (FT/P) de vários solutos e osmóis ao longo do túbulo proximal. (Adaptada de Rector, 1983.)

ocorre ao longo de todo o túbulo proximal. Nas porções finais do túbulo proximal, a voltagem transepitelial é suficientemente positiva para fornecer uma força favorável à reabsorção de K^+ pelas vias paracelulares de baixa resistência. Entretanto, o túbulo proximal apresenta vários transportadores de K^+ que não participam diretamente na sua reabsorção: a Na^+/K^+-ATPase da membrana basolateral, os canais para K^+ da membrana luminal e basolateral e o cotransportador K^+-Cl^- da membrana basolateral. A condutância a K^+ da membrana basolateral é muito superior à da membrana luminal. Na membrana luminal, os canais para potássio estão quase sempre quiescentes. Mas, ainda que esses canais se abrissem frequentemente, o potássio não seria reabsorvido por via transcelular, porque, devido à elevada concentração intracelular de K^+, a força resultante sobre o potássio é na direção da saída de K^+ da célula através da membrana luminal.

Aproximadamente 50% da ureia filtrada são reabsorvidos ao longo do túbulo proximal. A reabsorção desse soluto é passiva, a favor das diferenças de sua concentração entre os compartimentos luminal e peritubular, geradas pela elevada reabsorção de água que ocorre nesse segmento tubular. Por sua solubilidade relativamente elevada em lipídios, a ureia provavelmente atravessa a bicamada lipídica das membranas celulares. Além disso, a ureia é reabsorvida por arraste pelo solvente, através das vias paracelulares.

A seguir, são indicados, genericamente, alguns mecanismos de transporte e a DP referentes às duas fases de reabsorção de solutos no túbulo proximal de mamíferos. A secreção

de H^+ e amônia e a reabsorção de HCO_3^- estão apresentadas, detalhadamente, no Capítulo 54, *Papel do Rim na Regulação do pH do Líquido Extracelular*, e o transporte específico dos demais solutos, no Capítulo 52.

▸ Primeira fase da reabsorção proximal

A filtração glomerular contém, predominantemente, solutos orgânicos neutros e sais de sódio. A concentração de solutos orgânicos neutros filtrados é de cerca de 10 mM, metade da qual é glicose e metade, aminoácidos. Os sais de sódio filtrados correspondem mais ou menos a 140 mM, assim distribuídos: 100 mM de NaCl, 25 mM $NaHCO_3$ e pequena quantidade de sódio combinado com outros ânions, como acetato, fosfato, citrato e lactato. Todos esses solutos são transportados, do fluido tubular para o interior da célula tubular, por carregadores específicos que também se combinam com o sódio.

A Figura 51.6 esquematiza os três mecanismos principais de transporte de sódio pela membrana luminal do segmento inicial do túbulo proximal: (a) cotransporte eletrogênico de sódio com solutos orgânicos, como açúcares e aminoácidos; (b) contratransporte neutro de Na^+/H^+ (isoforma NHE-3), responsável pela reabsorção de bicarbonato pela membrana basolateral (para maiores detalhes, ver Capítulo 54), e (c) cotransporte neutro de sódio com ânions orgânicos. A energia para o complexo *soluto-carregador-sódio* atravessar a membrana luminal é proveniente do gradiente de sódio entre lúmen tubular e interior celular, criado pela Na^+/K^+-ATPase, localizada na membrana basolateral (daí o transporte desses solutos ser denominado *transporte ativo secundário*). Esses solutos ficam, pois, com concentração intracelular elevada e deixam a célula por difusão, acoplados ou não ao sódio, indo para o sangue capilar peritubular. Assim, glicose, aminoácidos e demais solutos (fosfato, lactato, acetato, bicarbonato etc.) voltam à circulação sistêmica. Alguns desses solutos podem, em parte, ser metabolizados no interior da célula

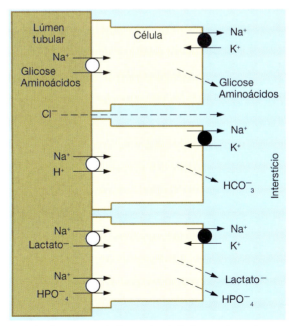

Figura 51.6 ▪ Esquema que indica os três principais mecanismos de transporte de sódio pelo segmento inicial do túbulo proximal. Os *círculos pretos* representam transporte ativo; os *brancos*, mecanismos ativos secundários; e as *setas tracejadas*, difusão passiva.

tubular. O sódio sai da célula e volta para o sangue, através da Na⁺/K⁺-ATPase basolateral ou acoplado a algum desses solutos. (Informações específicas a respeito desses transportadores iônicos e da Na⁺/K⁺-ATPase podem ser obtidas no Capítulo 11, *Transportadores de Membrana*, e no Capítulo 12, *ATPases de Transporte*.)

Pelo fato de o lúmen tubular no início do túbulo proximal ser negativo, e a via paracelular ser permeável ao Na⁺, cerca de 1/3 do Na⁺ que é reabsorvido pela via transcelular difunde-se de volta para o lúmen tubular, pela via paracelular (processo conhecido por *backleak*).

No Quadro 51.1, encontram-se os principais solutos reabsorvidos no túbulo proximal inicial, através de um sistema de transporte dependente do gradiente de sódio na membrana luminal.

Diferença de potencial

A DP no início do túbulo proximal de mamíferos é de –2 mV, considerando-se o lúmen tubular negativo em relação ao interstício peritubular. Essa DP transepitelial resulta da assimetria da célula epitelial. No lado basolateral, a Na⁺/K⁺-ATPase (parcialmente eletrogênica, pois troca 3Na⁺, que saem da célula, por 2 K⁺, que penetram na célula) e os canais de potássio (responsáveis pelo potencial de difusão de K⁺ da célula para o interstício) originam uma DP transmembranal de cerca de –70 mV, sendo o interior da célula negativo. A membrana luminal também contém canais de potássio que possibilitam a difusão de K⁺ da célula para o lúmen tubular, gerando uma DP através dessa membrana por volta de –70 mV, sendo o lado intracelular negativo. Isto faria com que a DP transepitelial fosse 0 mV. Porém, a membrana luminal também apresenta corrente de íons positivos para dentro da célula, devido aos cotransportes eletrogênicos do cátion sódio com glicose ou aminoácidos (solutos orgânicos neutros). Essa corrente de íons positivos despolariza parcialmente a membrana luminal para um valor de –68 mV, isto é, torna a DP, através dessa membrana, menor, em termos absolutos, que os –70 mV

Quadro 51.1 • Principais solutos reabsorvidos no túbulo proximal inicial, através de um sistema de transporte dependente do gradiente de sódio na membrana luminal.

- Açúcares: D-glicose e D-galactose
- Mioinositol
- Aminoácidos:
  - Neutros: L-alanina, L-fenilalanina e L-glutamina
  - Ácidos: L-glutamato e L-aspartato
  - Básicos: L-arginina e L-ornitina
  - Iminoácidos:
    – L-prolina
    – β-aminoácidos: β-alanina, taurina
    – Cistina
    – Glicina
- Íons: fosfato, sulfato e hidrogênio
- Metabólitos orgânicos:
  - L-lactato
  - Corpos cetônicos: acetoacetato e β-hidroxibutirato
  - Intermediários do ciclo tricarboxílico
  - Succinato
  - α-cetoglutarato
  - Citrato

Fonte: Brenner et al., 1987.

da membrana basolateral. Em consequência, aparece a DP transepitelial de –2 mV, lúmen tubular negativo. Para gerar essa DP, somente poucos íons sódio necessitam mover-se do lúmen para o sangue (cerca de 10⁻¹² M), exatamente o bastante para carregar a capacitância da membrana. Entretanto, a membrana não pode efetuar perpetuamente a separação de cargas sem o movimento do contraíon, neste caso o cloreto. Como o túbulo proximal é muito permeável ao cloreto, ele segue o sódio pela via paracelular (ver Figura 51.6), e a DP transepitelial permanece baixa. Os demais solutos reabsorvidos pela porção inicial do proximal são eletroneutros e não geram DP, pois nenhuma carga resultante atravessa o epitélio. Por exemplo, a reabsorção de lactato ocorre por cotransporte com sódio; o lactato tem carga negativa, e o sódio, positiva, ou seja, o complexo é neutro, não sendo transferida nenhuma carga resultante. Portanto, os dois mecanismos que acabamos de descrever (o cotransporte eletrogênico de sódio com solutos orgânicos neutros na membrana luminal e a Na⁺/K⁺ ATPase eletrogênica na membrana basolateral) podem ser os responsáveis pela negativação do lúmen tubular nos segmentos iniciais do túbulo proximal de mamíferos.

▶ Segunda fase da reabsorção proximal

A segunda fase da reabsorção proximal corresponde, principalmente, à reabsorção de NaCl. Como podemos notar na Figura 51.5, nesse segmento tubular a concentração luminal de cloreto é elevada e a de bicarbonato, baixa. O cloreto se concentra no lúmen tubular, pois, no segmento inicial do proximal, há a reabsorção preferencial de NaHCO₃⁻ com água (e não de NaCl). Assim, a concentração de bicarbonato é baixa em virtude de sua reabsorção preferencial na porção tubular anterior.

Diferença de potencial

Nos segmentos mais finais do túbulo proximal de mamíferos, a DP transepitelial é de +2 mV, lúmen-positiva. A principal causa da DP lúmen-positiva é o gradiente de cloreto, com concentração mais elevada no lúmen tubular que no interstício, devido à reabsorção de bicarbonato e água no segmento inicial. Como a via paracelular é bastante permeável ao cloreto, sua reabsorção gera inicialmente uma DP transepitelial lúmen-positiva; esta DP, posteriormente, acelera o movimento de sódio.

Reabsorção de NaCl

Como podemos acompanhar pela Figura 51.7, a reabsorção de sódio e cloreto pela membrana luminal da porção mais final do túbulo proximal é tanto transcelular como paracelular.

Reabsorção transcelular

A reabsorção de sódio transcelular é responsável por dois terços do transporte de sódio e compreende: o transporte de sódio não acoplado (ver Figura 51.7 A) e alguma forma de transporte neutro de NaCl (ver Figura 51.7 B, C e D). A reabsorção de sódio pela membrana basolateral é feita através da Na⁺/K⁺-ATPase. A maior parte da reabsorção de cloreto é transcelular, através do transporte neutro de NaCl (ver Figura 51.7 B, C e D). O mecanismo de saída do cloreto da célula se dá via canais ou por um cotransporte K⁺-Cl⁻ (ver Figura 51.7 C e D). O canal de Cl⁻ é funcionalmente análogo ao canal CFTR (denominado *cystic fibrosis transmembrane*

Função Tubular   769

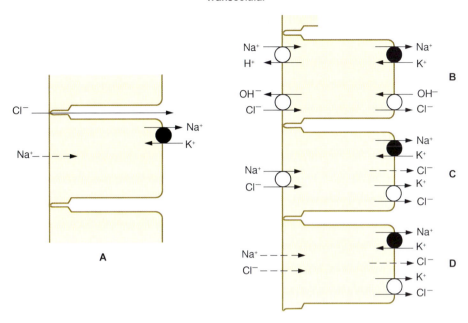

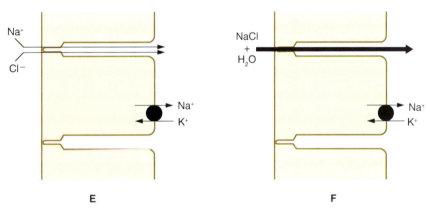

Figura 51.7 • Representação esquemática dos principais mecanismos de transporte de NaCl na segunda fase de reabsorção proximal. Os *círculos pretos* representam mecanismos de transporte ativos; os *brancos*, mecanismos ativos secundários ou mecanismos passivos feitos por carregadores; e as *setas tracejadas*, difusão passiva. Descrição da figura no texto. (Adaptada de Brenner *et al.*, 1987.)

conductance regulator, descrito no Capítulo 10, *Canais para Íons nas Membranas Celulares*), e o cotransportador K^+-Cl^- é chamado de KCC.

Reabsorção paracelular

Uma pequena porção da reabsorção de cloreto é paracelular (ver Figura 51.7 A), favorecida pela elevada concentração luminal de cloreto. Existem duas possíveis forças responsáveis pela reabsorção paracelular de NaCl: *difusão* e *solvent drag* (ver Figura 51.7 E e F, respectivamente). A reabsorção de NaCl pode ocorrer por difusão, pois existe um gradiente eletroquímico que favorece o movimento desse sal do lúmen tubular para o sangue: (a) a concentração de cloreto no fluido tubular é mais alta que no sangue peritubular (possibilitando a difusão de cloreto) e (b) a DP transepitelial é lúmen-positiva (permitindo a difusão de sódio). A reabsorção de NaCl pode também se dar por *solvent drag*, tipo de transporte passivo em que partículas de soluto são transferidas pelo efeito do fluxo de água (corresponde ao arraste de troncos de árvores pela correnteza de um rio).

▶ Reabsorção de fluido no túbulo proximal

Ao longo de todo o túbulo proximal, a reabsorção de soluto e a de água ocorrem juntas e são proporcionais entre si. Como já dito, cerca de 67% de soluto e de água filtrados são reabsorvidos no túbulo proximal. Dado que também o soluto e a água são filtrados em iguais proporções, a igualdade da reabsorção proximal de água e soluto faz com que:

- O fluido intratubular se mantenha quase isosmótico ao plasma por todo esse segmento tubular (é apenas 3 a 6 mOsm menor que o plasma, ou seja, a razão FT/P de osmóis é praticamente 1 ao longo do túbulo proximal; ver Figura 51.5)
- O fluido reabsorvido é aproximadamente isosmótico ao fluido tubular.

Como já visto, quantitativamente os principais solutos reabsorvidos são: o NaCl (nos segmentos S2 e S3) e o NaHCO$_3^-$ (no segmento S1); porém, glicose e aminoácidos são também reabsorvidos em cotransporte com o Na$^+$, além dos ânions fosfato, lactato e citrato (no segmento S1). Vários trabalhos experimentais sugerem que a reabsorção de água não é ativa, indicando que a água segue passivamente a reabsorção de Na$^+$. Como a permeabilidade do epitélio tubular proximal é alta, o gradiente de osmolalidade entre o lúmen tubular e o sangue peritubular, necessário para gerar a observada reabsorção passiva de água, é de somente 2 a 3 mOsm. Provavelmente, existe um gradiente de osmolalidade de tais dimensões entre o lúmen tubular e o inacessível compartimento basolateral, compreendido entre o espaço intercelular lateral e a microscópica camada estacionária que envolve as dobraduras da membrana basolateral da célula tubular proximal.

A reabsorção de água pelo epitélio proximal se dá através das vias transcelular e paracelular. A elevada passagem de água pela célula tubular proximal é devida à alta densidade de canais de água (*aquaporinas tipo 1 – AQP1, não sensíveis ao ADH*), presentes nas membranas celulares apical e basolateral.

Após serem reabsorvidos, soluto e água são depositados no espaço intercelular lateral, misturando-se rapidamente com o líquido intersticial. O movimento do reabsorbato, do espaço intercelular lateral para o sangue do capilar peritubular (originário da arteríola eferente), é governado pelas *forças de Starling*. Ou seja, a força propulsora responsável pela reabsorção de fluido para o capilar peritubular é:

Reab. capilar = (gradiente de pressão oncótica) – (gradiente de pressão hidrostática)

ou

Reabsorção capilar = (πcap – πint) – (Pcap – Pint)

em que:
πcap = pressão oncótica no capilar peritubular
πint = pressão oncótica no interstício
Pcap = pressão hidrostática no capilar peritubular
Pint = pressão hidrostática no interstício.

Como indicado na Figura 51.8, a pressão hidrostática do sangue no capilar peritubular (Pcap) no nível da terminação arterial é de 20 mmHg; este valor é bem menor que o da pressão sanguínea arterial sistêmica, devido à resistência das arteríolas glomerulares aferente e eferente. Porém, nessa região, a pressão oncótica do sangue no capilar peritubular (πcap) corresponde a 35 mmHg; este valor é mais elevado que o do sangue arterial sistêmico, devido à filtração glomerular de fluido sem proteínas (fazendo com que estas se concentrem à medida que o sangue do capilar glomerular caminha em direção da arteríola eferente). O efeito resultante no capilar peritubular é um gradiente de pressão relativamente elevado (πcap – Pcap = 15 mmHg), que favorece o movimento de fluido do espaço intercelular lateral para o capilar (ver Figura 51.8). Adicionalmente, o transporte de soluto e água, da célula ou lúmen tubular para o espaço intercelular lateral, causa elevação da pressão hidrostática e redução da pressão oncótica no interstício, fatores que favorecem a passagem do fluido para o capilar peritubular. Em condições normais, os respectivos valores dessas pressões intersticiais são cerca de: Pint = 8 mmHg; πint = 6 mmHg. Portanto, no nível da terminação arterial, a força propulsora responsável pela reabsorção de fluido do espaço intercelular lateral para o capilar peritubular corresponde a 17 mmHg, pois:

(πcap – πint) – (Pcap – Pint) =
(35 – 6) – (20 – 8) = 17 mmHg

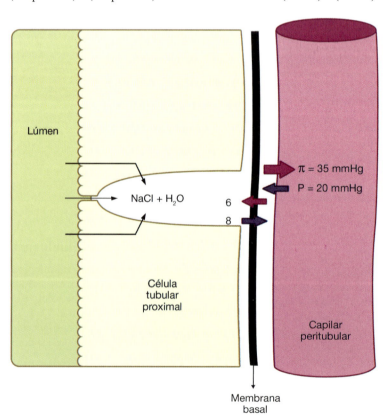

Figura 51.8 ▪ Papel das *forças de Starling* na reabsorção de fluido pelos capilares peritubulares, no nível da terminação arteriolar. São dados os valores aproximados da pressão oncótica (π) e hidrostática (P) no capilar peritubular e no interstício, notando-se o gradiente favorável ao movimento de fluido para o interior do capilar.

Ao longo do capilar peritubular, a πcap cai um pouco (devido à reabsorção de um fluido sem proteínas) e a Pcap, provavelmente, também cai moderadamente. Assim, as *forças de Starling* se mantêm favoráveis à reabsorção de fluido ao longo de todo o comprimento do capilar peritubular, caindo de cerca de 17 mmHg, no capilar no nível da terminação arteriolar, para cerca de 12 mmHg, no capilar no nível da terminação venosa.

Entretanto, o valor da pressão hidrostática no capilar peritubular não é constante, pois é influenciado pelo tônus das arteríolas renais, o qual depende de controle neuro-humoral. Por exemplo, o grau em que a pressão sanguínea sistêmica é transmitida ao capilar glomerular é dependente da resistência arteriolar aferente. A constrição arteriolar aferente reduz acentuadamente a pressão hidrostática no capilar glomerular e, consequentemente, no capilar peritubular; contrariamente, a dilatação arteriolar aferente causa aumento da pressão nos capilares glomerular e peritubular.

A pressão oncótica no capilar peritubular é afetada pela quantidade do fluxo plasmático renal que é filtrado. Normalmente, são filtrados cerca de 20% do fluxo plasmático renal, ou seja, a concentração proteica peritubular é 120% da concentração proteica arterial sistêmica. Quando aumenta a fração filtrada, eleva-se proporcionalmente a concentração de proteínas no sangue que deixa o glomérulo e entra no capilar peritubular. As modificações na fração de filtração são induzidas, primariamente, por modificações da resistência da arteríola eferente. Por exemplo, a constrição da arteríola eferente tende a: (1) aumentar o ritmo da filtração glomerular (por aumento da pressão hidrostática glomerular), (2) diminuir o fluxo plasmático renal (por elevação da resistência vascular renal) e (3) consequentemente, aumentar a fração da filtração. Assim, a constrição da arteríola eferente altera a hemodinâmica capilar peritubular, por aumento da pressão oncótica e redução da pressão hidrostática, ambos os fatores favorecendo a reabsorção proximal. A importância fisiológica desse efeito está ilustrada na Figura 51.9, que demonstra que a taxa de reabsorção proximal varia diretamente com a variação da fração de filtração.

> A força propulsora responsável pela reabsorção de fluido, do lúmen tubular proximal para o capilar peritubular, depende das variações da dinâmica do fluido glomerular. Por exemplo, a *expansão do volume de fluido extracelular* inibe o sistema renina-angiotensina, levando a uma relativa maior queda da resistência na arteríola eferente que na aferente, o que provoca um aumento não tão pronunciado da pressão hidrostática no capilar glomerular. Consequentemente, há maior aumento no FPR que no RFG, resultando em uma queda da fração de filtração. Portanto, mais fluido permanece no interior do capilar glomerular, e o sangue que se dirige para o capilar peritubular passa a ter uma pressão oncótica (πcap) menor que a normal. A queda de resistência da arteríola eferente também provoca um aumento da pressão hidrostática no capilar peritubular (Pcap). Em consequência da queda da πcap e elevação da Pcap, o capilar peritubular retira menos fluido do interstício. A consequência adicional é a diminuição da reabsorção de fluido do lúmen tubular proximal para o interstício. Uma oposta sequência de eventos acontece durante a *contração de volume* e na *insuficiência cardíaca crônica*.

▶ Balanço glomerulotubular

Uma das funções dos rins é a manutenção do volume de líquido extracelular. Para que isso ocorra, é necessário que modificações do ritmo de filtração glomerular sejam acompanhadas de concomitantes alterações na reabsorção tubular.

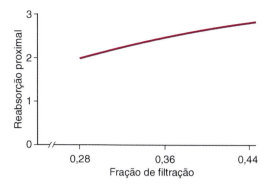

Figura 51.9 • Relação entre a fração de filtração (alterada dentro dos limites fisiológicos) e a taxa relativa de reabsorção proximal. (Adaptada de Lewy e Windhager, 1968.)

Diariamente, um indivíduo adulto normal filtra aproximadamente 180 ℓ de fluido e reabsorve cerca de 178 ℓ, eliminando 1 a 2 ℓ de urina. Se houver um pequeno aumento no ritmo de sua filtração glomerular para 183 ℓ diários, sem modificação na reabsorção tubular, ocorrerá aumento de 3 ℓ na excreção urinária, com consequente séria redução em seu volume de fluido extracelular. Entretanto, variações do ritmo de filtração glomerular, tanto espontâneas como experimentais, são acompanhadas de modificações proporcionais da reabsorção tubular. No exemplo anterior, a elevação de 3 ℓ no ritmo de filtração glomerular será acompanhada de um aumento semelhante da reabsorção tubular, resultando somente em pequena elevação da excreção urinária. Vemos, pois, que o nível absoluto da reabsorção tubular está diretamente relacionado com o ritmo de filtração glomerular, ou seja, a reabsorção tubular fracional é mantida constante na vigência de variações do ritmo de filtração glomerular. A esta característica da função renal, chamamos *balanço glomerulotubular*. Portanto, embora haja controle neural e hormonal do transporte em túbulos proximais, o que efetiva e fortemente determina as taxas de transporte no túbulo proximal é a taxa de filtração glomerular. Os dois processos estão rigidamente acoplados, de forma que os túbulos proximais reabsorvem uma fração constante da carga filtrada.

A Figura 51.10 ilustra que, para qualquer nível do ritmo de filtração glomerular, a reabsorção fracional proximal é mantida constante e ao redor de 67% do volume filtrado. Do mesmo modo, os segmentos mais distais do néfron também reabsorvem uma fração constante do fluido liberado pelo proximal, ou seja, a alça de Henle e o túbulo distal convoluto também apresentam balanço glomerulotubular.

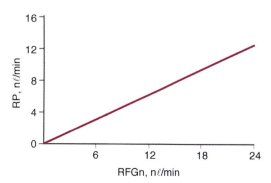

Figura 51.10 • Figura indicativa do balanço glomerulotubular no túbulo proximal. *RFGn*, ritmo de filtração glomerular por néfron; *RP*, reabsorção proximal. (Adaptada de Spitzer e Brandis, 1974.)

Dois fatores parecem estar envolvidos no balanço glomerulotubular:

1. *Modificações da fração de filtração, com consequentes variações da pressão oncótica nos capilares peritubulares.* Por exemplo, se houver aumento do ritmo de filtração glomerular enquanto o fluxo plasmático renal permanece constante, haverá um aumento da concentração proteica no plasma dos capilares peritubulares (devido à perda de mais filtrado livre de proteína). A resultante elevação da pressão oncótica no capilar peritubular determinará um aumento da reabsorção proximal, como discutido anteriormente.
2. *Aumento da quantidade de solutos no filtrado glomerular, com consequente elevação da reabsorção de sódio e água.* Como anteriormente descrito, bicarbonato, glicose e aminoácidos aumentam a reabsorção de sódio, tanto por meio dos mecanismos de cotransporte com Na^+, como pela criação de gradientes para a reabsorção passiva de Na^+. A elevação do ritmo de filtração glomerular provocará aumento da carga filtrada de solutos, e o consequente aumento de suas reabsorções manterá o balanço glomerulotubular para sódio e água.

O balanço glomerulotubular juntamente com a autorregulação renal e o balanço tubuloglomerular são os mecanismos que atuam no sentido de prevenir que a quantidade de fluido que chegue ao túbulo coletor ultrapasse sua capacidade de reabsorção. De um modo geral, podemos dizer que o túbulo proximal e a alça de Henle são as porções do néfron que reabsorvem a maior parte do filtrado, enquanto as porções mais distais (particularmente o ducto coletor) determinam as pequenas variações que ocorrem na excreção renal de água e eletrólitos, na dependência das modificações ocorridas na sua ingestão. Esse processo ocorrerá mais eficientemente se a carga de filtrado que chega ao distal se mantiver em níveis aproximadamente constantes.

Entretanto, o balanço glomerulotubular não se mantém quando ocorrem modificações do volume circulatório efetivo (volume de fluido extracelular contido nos vasos, o qual efetivamente perfunde os tecidos). Na retração do volume de fluido extracelular, a reabsorção fracional de sódio e água (em relação à carga filtrada) tende a aumentar no túbulo proximal e, na expansão, a diminuir. Essas modificações são apropriadas e têm a função de corrigir a alteração do volume de fluido extracelular, fazendo com que retorne ao valor normal. Por exemplo, a hipovolemia aumenta a atividade simpática e a produção de angiotensina II, processos que contribuem para aumentar a reabsorção proximal de sódio e água, por meio de seus efeitos diretos (na resistência arteriolar e nos transportadores membranais de sódio) e indiretos (na hemodinâmica capilar peritubular). Para mais detalhes, ver Capítulo 53, *Papel do Rim na Regulação do Volume e da Tonicidade do Líquido Extracelular.*

Nos comentários anteriores, foi considerado o que era aceito, levando-se em conta os conhecimentos de algumas décadas. Entretanto, será bom que o aluno considere as descobertas feitas ultimamente, referentes ao sistema renina-angiotensina (conceito contemporâneo), que admitem a existência do heptapeptídio angiotensina-(1-7), descrito no Capítulo 55, cujos efeitos no balanço glomerulotubular ainda não foram estudados experimentalmente.

▶ Secreção tubular proximal

O túbulo proximal secreta hidrogênio e íons orgânicos, além de NH_3 e creatinina. A secreção proximal ocorre principalmente no segmento S2, cujo epitélio é rico em proteínas carregadoras. Como já mencionado, o mecanismo de secreção de íons hidrogênio e de amônia está descrito no Capítulo 54.

No Quadro 51.2, encontram-se as principais moléculas orgânicas, endógenas ou exógenas, secretadas pelo túbulo proximal. Em geral, a secreção de íons orgânicos envolve três etapas:

- Difusão do soluto orgânico do sangue contido no capilar peritubular para o interstício peritubular
- Transporte ativo do soluto, do interstício para o interior celular, por meio de transportadores localizados na membrana basolateral do túbulo
- Difusão passiva, da célula para o lúmen tubular, a favor do gradiente de concentração criado pela concentração do soluto no interior da célula.

Alguns fatores indicam a existência de transporte ativo na secreção de íons orgânicos: o processo secretor é inibido por inibidores metabólicos, apresenta competição com espécies moleculares semelhantes e mostra uma capacidade máxima de secreção (Tm). As duas últimas características indicam a presença de proteínas carregadoras na membrana basolateral.

A secreção de ânions orgânicos pode ser inibida pela probenecida. Este medicamento foi muito usado em clínica, quando foi descoberta a penicilina, para aumentar o tempo de duração dos efeitos desse antibiótico.

A causa da existência destes processos de transporte não específicos, capazes de secretar substâncias estranhas ao organismo, não é conhecida. É provável que sejam processos de destoxificação para metabólitos de composição química semelhante. Esses mecanismos são particularmente importantes no caso de fármacos que estão fortemente ligados a proteínas, não podendo pois ser excretados por filtração glomerular. A secreção tubular é essencial para a ação de muitos diuréticos, como a furosemida, uma vez que essas substâncias atuam somente na membrana luminal e são pouco filtradas devido à sua ligação com proteínas plasmáticas.

Outros processos de transporte também podem estar envolvidos no manejo renal dessas substâncias. Assim é que o urato e a tiamina são tanto reabsorvidos como secretados pelo túbulo proximal. Além disso, muitas dessas moléculas

Quadro 51.2 ▪ Principais solutos orgânicos secretados pelo túbulo proximal.

Ânions	Cátions
Substâncias endógenas	
Ácidos graxos	Acetilcolina
AMP cíclico	Colina
Hipuratos	Creatinina
Hidroxibenzoatos	Dopamina
Hidroxindolacetato	Epinefrina
Oxalato	Histamina
Prostaglandinas	Serotonina
Sais biliares	Tiamina
Urato	
Substâncias não endógenas	
Acetazolamida	Atropina
Cefalotina	Cimetidina
Clorotiazida	Hexametônio
Etacrinato	Morfina
Furosemida	Neostigmina
Para-amino-hipurato	Paraquate
Penicilina G	Quinina
Probenecida	Trimetoprima
Sacarina	
Salicilato	

Fonte: Brenner *et al.,* 1987.

orgânicas podem apresentar reabsorções ou secreção passivas, dependendo do pH intratubular (o qual determina se essas moléculas estão predominantemente na forma dissociada ou não dissociada). O transporte que é facilitado pelo pH luminal é a difusão da substância na forma não iônica, ou seja, não dissociada e, portanto, lipossolúvel. Um exemplo é o ácido salicílico, que pode encontrar-se na forma de ácido intacto ou na de ânion orgânico (salicilato⁻). Um importante recurso para o tratamento da intoxicação por ácido salicílico é a elevação do pH intratubular, uma vez que esta manobra aumenta sua secreção tubular na forma de ácido (lipossolúvel), levando a maior excreção renal.

MECANISMOS DE TRANSPORTE NA ALÇA DE HENLE

▶ Segmento fino descendente

O epitélio da porção fina descendente tem poucas mitocôndrias e microvilosidades (ver Figura 49.5, no Capítulo 49), apresentando transporte de solutos quase exclusivamente passivo e paracelular. Esse segmento parece ser moderadamente permeável a Na⁺, Cl⁻ e ureia; porém esses solutos são secretados para o interior desse túbulo e não são reabsorvidos. Sendo bastante permeável à água e estando exposto a um interstício medular progressivamente mais hipertônico em direção à papila, o segmento fino descendente reabsorve cerca de 20% da água que é filtrada. Essa reabsorção de água se dá em resposta à hipertonicidade do interstício e não é, como acontece no proximal, acoplada à reabsorção de soluto. Devido às diferenças de pressão osmótica criadas, o fluido que caminha por esse segmento em direção à papila se concentra, por reabsorção de água e secreção de soluto. A osmolalidade do fluido intratubular vai de 290 mOsm, no início desse segmento, até cerca de 1.300 mOsm, na região de dobradura da alça.

A importância relativa que a saída de água, ou a entrada de soluto, tem no mecanismo de concentração do fluido no interior desse segmento tubular parece depender da espécie animal considerada. No caso do coelho, 96% da equilibração osmótica com o interstício medular hipertônico parecem dar-se por saída de água, e somente 4% por entrada de soluto. Para o rato, entretanto, a secreção de soluto parece contribuir significativamente para a concentração do fluido tubular nesse segmento. Existem dados na literatura que indicam que, no rato do deserto, a concentração do ramo descendente é devida principalmente à secreção de soluto para o lúmen tubular (85%) e menos à reabsorção tubular de água (15%).

Essa porção do néfron pode ou não apresentar uma DP transtubular. Quando esta existe, corresponde a cerca de –3 mV, lúmen-negativo com respeito ao interstício peritubular.

▶ Segmento fino ascendente

Esta porção tubular tem células achatadas e pobres em mitocôndrias, razão pela qual é pouco provável que tenha mecanismos de transporte ativo. Ao contrário do ramo fino descendente, este segmento apresenta um epitélio impermeável à água e altamente permeável a Na⁺, Cl⁻ e ureia. A reabsorção de Na⁺ e Cl⁻ é, possivelmente, inteiramente passiva e paracelular. A ureia é secretada passivamente para o interior do túbulo. O fluido, que na dobradura da alça é bastante concentrado, à medida que caminha pela porção fina ascendente dilui-se por perda de soluto, tornando-se cerca de 200 mOsm mais diluído que o interstício que o envolve.

Em algumas espécies animais, a DP transepitelial parece ser zero e, em outras, –10 mV, sendo o lúmen negativo em relação ao interstício.

▶ Segmento grosso ascendente

O epitélio dessa porção do néfron mostra muitas mitocôndrias e espaços intercelulares complexos (ver Figura 49.5, no Capítulo 49). Esse segmento constitui um importante local de reabsorção de Na⁺ (cerca de 25% do total filtrado). Entretanto, tem considerável reserva para reabsorver mais Na⁺, pois, se o túbulo proximal deixa de reabsorver os usuais 2/3 do Na⁺ filtrado, o segmento grosso ascendente compensa parcialmente, aumentando sua reabsorção. Esse fato, provavelmente, explica por que diuréticos que atuam no túbulo proximal inibindo a reabsorção de Na⁺ são menos efetivos no aumento da excreção urinária de Na⁺ e água, em relação àqueles que inibem a reabsorção de Na⁺ no segmento grosso ascendente. Do total de Na⁺ reabsorvido por esse segmento, aproximadamente metade atravessa o epitélio pela via transcelular e metade pela paracelular.

Os principais mecanismos de transporte desse segmento estão esquematizados na Figura 51.11. Na membrana luminal do segmento grosso ascendente, existe uma proteína transportadora que se liga a 1Na⁺, 1 K⁺ e 2Cl⁻ (denominada cotransportador Na⁺:K⁺:2Cl⁻ ou NKCC2, descrito no Capítulo 11). A energia para esse processo provém do gradiente de concentração para sódio, entre o fluido tubular e o citoplasma celular. Como no néfron proximal, a baixa concentração celular de sódio é mantida pelo transporte ativo primário de sódio, via Na⁺/K⁺-ATPase situada na membrana basolateral. Essa força possibilita que K⁺ e Cl⁻ sejam transportados através da membrana luminal contra seus gradientes eletroquímicos. Podemos, pois, dizer que a reabsorção de Na⁺, Cl⁻ e K⁺ pela porção espessa ascendente se dá por um *transporte ativo secundário* (também dito cotransporte ou simporte). Para sair da célula, o Na⁺ precisa ser transportado ativamente, pela Na⁺/K⁺-ATPase, enquanto o K⁺ e o Cl⁻ saem passivamente para o fluido peritubular, por canais específicos (o canal para o Cl⁻ é da família dos ClC, *chloride channels*). O K⁺ também retorna para o lúmen tubular, via canais tipo ROMK2, localizados na membrana luminal.

O cotransportador Na⁺:K⁺:2Cl⁻ é, particularmente, importante no segmento grosso ascendente, por este ser o local de ação dos diuréticos mais potentes. Esses diuréticos, denominados *diuréticos de alça* (exemplificados por *furosemida*, *ácido etacrínico*, *bumetanida* e *mercuriais orgânicos*), inibem o cotransportador por se ligarem ao sítio do Cl⁻. A resultante inibição da reabsorção do NaCl leva ao aumento da excreção urinária desses íons e da água. Tanto o trocador Na⁺/H⁺ como a H⁺-ATPase, responsáveis pela acidificação do fluido tubular, também são encontrados na membrana luminal desse segmento.

O ramo grosso ascendente é altamente impermeável à água; assim, não ocorre acoplamento do transporte de soluto e água nesse segmento, da mesma maneira que no ramo fino ascendente. Essa propriedade de ambos os ramos ascendentes, fino e grosso, é crítica tanto para a diluição como para a concentração da urina, mecanismo que está descrito em detalhes no Capítulo 53.

Como o ramo grosso ascendente é impermeável à água, a reabsorção de NaCl faz com que o fluido remanescente no seu

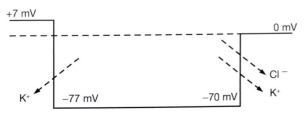

Figura 51.11 ▪ Esquema indicando os principais mecanismos de transporte que ocorrem no segmento grosso ascendente. O *círculo preto* indica transporte ativo; o *branco*, transporte ativo secundário; e as *setas tracejadas*, difusão passiva. Na parte inferior da figura, estão indicados os valores da diferença de potencial elétrico (em mV) através das membranas celulares desse segmento tubular.

interior fique hiposmótico, sendo 200 mOsm mais diluído que o interstício que o envolve. Por esse motivo, o segmento grosso ascendente é também chamado de *segmento diluidor*.

Nesse segmento, o hormônio antidiurético estimula a reabsorção de NaCl, via AMP cíclico. Esse mecanismo é perfeitamente compatível com a ação desse hormônio na concentração urinária, por estimulação da reabsorção de água no ducto coletor. O hormônio, estimulando a reabsorção de NaCl no ramo ascendente espesso (que é o processo primário na gênese da hipertonicidade medular) e aumentando a permeabilidade à água no ducto coletor, vai possibilitar a reabsorção passiva de água no coletor (detalhes no Capítulo 53).

Diferença de potencial

A diferença de potencial encontrada no segmento grosso ascendente está esquematizada na parte inferior da Figura 51.11. Em vista de apresentar alta densidade de canais de K^+, a membrana luminal gera um potencial de membrana de -77 mV. Por ter canais de K^+ e de Cl^-, a membrana basolateral é permeável tanto a K^+ como a Cl^-. Assim, o potencial de membrana basolateral é de -70 mV (ficando entre o potencial de equilíbrio do K^+, de -90 mV, e o potencial de equilíbrio do Cl^-, de -50 mV), sendo portanto menos negativa que a membrana luminal. Consequentemente, a DP transepitelial resultante é cerca de $+7$ mV, sendo o lúmen tubular positivo em relação ao interstício peritubular. Essa DP é a força motora para a difusão de Na^+ através das *tight junctions*, mecanismo responsável pela metade da reabsorção de Na^+ pelo ramo grosso ascendente. A DP lúmen tubular positiva também determina a reabsorção de K^+, Ca^{2+} e Mg^{2+} pela via paracelular (ver Figura 51.11). A reabsorção de Mg^{2+} nesse segmento corresponde a 70% do total filtrado.

Mais informações a respeito do transporte iônico nesse segmento são dadas no Capítulo 56, *Distúrbios Hereditários e Transporte Tubular de Íons*.

MECANISMOS DE TRANSPORTE NO TÚBULO DISTAL

▶ Túbulo distal convoluto

O túbulo distal convoluto e o segmento de conexão reabsorvem entre 5 e 10% do sódio filtrado. No distal convoluto, o Na^+ entra na célula passivamente, através de um cotransporte com o Cl^- (pelo cotransportador NCCT). Esse cotransportador Na^+-Cl^- é o local de ação dos chamados *diuréticos tiazídicos* (p. ex., clorotiazida, hidroclorotiazida e metolazona). O Na^+ sai da célula para o espaço peritubular ativamente, através da Na^+/K^+-ATPase, e o Cl^- passivamente, via canal específico, provavelmente semelhante ao presente no ramo grosso ascendente (canal da família ClC, *chloride channels*). Tanto o trocador Na^+/H^+ como a H^+-ATPase do tipo vacuolar são responsáveis pela secreção de H^+ através da membrana luminal dessa porção tubular. Como no ramo ascendente fino e grosso, o transporte de água não está acoplado ao de soluto nesse segmento, pois seu epitélio é virtualmente impermeável à água. Assim, o túbulo distal convoluto reabsorve soluto sem reabsorver água, o que leva à diluição do líquido intratubular. Por essa razão, essa porção tubular é denominada *segmento diluidor cortical*.

A DP transepitelial no início do túbulo distal convoluto é de cerca de -10 mV (lúmen-negativa). Sua resistência elétrica transepitelial é superior à do proximal, cerca de 180 Ω/cm^2, indicando que suas vias paracelulares são pouco permeantes. Devido a essa elevada resistência elétrica e à baixa permeabilidade das vias paracelulares, sua permeabilidade passiva ao sódio é bem inferior à do túbulo proximal.

No Capítulo 56, está descrita a síndrome de Gitelman, doença hereditária autossômica causada por mutações no gene que codifica o cotransportador Na^+-Cl^- (NCCT), localizado nesse segmento tubular.

▶ Túbulo distal final

O túbulo de conexão e a primeira porção do ducto coletor (anterior à primeira junção com outros coletores) são acessíveis a partir da superfície cortical, sendo chamados de túbulo distal final.

Neste segmento, a DP transepitelial varia entre -40 mV e -60 mV, lúmen-negativa, devido à despolarização da membrana luminal por canais de Na^+, cujo gradiente de concentração permite a entrada de Na^+ para o interior da célula (Figura 51.12). Esta porção tubular apresenta secreção de K^+, por canais específicos localizados na membrana luminal. A resistência elétrica transepitelial é cerca de 40 Ω/cm^2. Em algumas espécies animais, como em humanos e ratos, é sensível ao hormônio antidiurético, exibindo permeabilidade à água na presença deste hormônio. De um modo geral, suas demais características têm grande semelhança com as do ducto coletor.

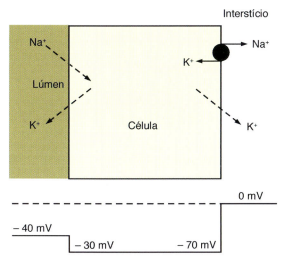

Figura 51.12 ▪ Esquema que indica os valores da diferença de potencial elétrico (em mV) através das membranas da célula do túbulo distal final. O *círculo preto* indica transporte ativo, e as *setas tracejadas* representam processos de difusão passiva.

MECANISMOS DE TRANSPORTE NO DUCTO COLETOR

Os ductos coletores de mamíferos têm sido estudados preferencialmente pela técnica de perfusão de segmentos isolados *in vitro*. Seu epitélio apresenta resistência elétrica elevada (entre 1.000 e 2.000 Ω/cm²), sendo classificado como do *tipo tight*, ou de baixa permeabilidade. De um modo geral, pode ser dito que a reabsorção de sódio no nível de cada segmento tubular se dá em proporção à quantidade oferecida pelo segmento anterior, exceto no nível do sistema coletor. Este reabsorve sódio e volume em atendimento às necessidades do organismo e não em função da quantidade de sódio que lhe é oferecida. Assim sendo, o túbulo coletor tem importante papel na regulação final da excreção urinária de Na^+, K^+, H^+, ureia e água. Genericamente, pode ser afirmado que o coletor reabsorve cerca de 3% da carga filtrada de sódio.

Como dito anteriormente, o túbulo de conexão e o ducto coletor são muito semelhantes, tanto anatômica como funcionalmente. Ambos têm, predominantemente, dois tipos de células: 70% são células principais e 30%, intercalares (α e β). Enquanto as células principais reabsorvem Na^+ e secretam K^+, as intercalares tipo α secretam H^+ e reabsorvem K^+ e as tipo β secretam HCO_3^-.

▶ Células principais

Os principais mecanismos de transporte apresentados pelas células principais estão esquematizados na Figura 51.13. A reabsorção de Na^+ é eletrogênica, pois esse íon difunde-se do lúmen tubular para o interior da célula principal através de canais tipo ENaC (*epithelial Na⁺ channel*, descritos no Capítulo 10), localizados na membrana luminal. O canal ENaC é bloqueado por uma classe de diuréticos que inclui a amilorida e o triantereno. Esses diuréticos, entretanto, não são natriuréticos potentes (*i. e.*, não aumentam muito a excreção urinária de Na^+), pois apenas uma pequena fração da carga filtrada de Na^+ é reabsorvida no túbulo distal final e ducto coletor, quando comparada com as regiões mais proximais do néfron. O Na^+ sai ativamente da célula para o fluido peritubular via Na^+/

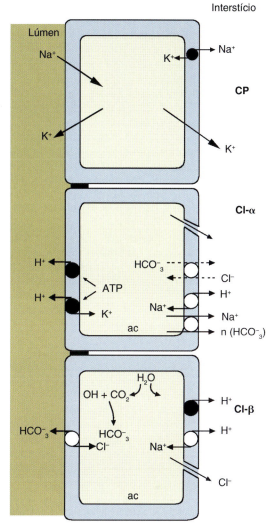

Figura 51.13 ▪ Representação esquemática dos principais mecanismos de transporte apresentados pelas células principais e intercalares tipo α e β no túbulo de conexão e ducto coletor. Os *círculos pretos* representam os mecanismos de transporte ativo. Os *círculos brancos* indicam mecanismos ativos secundários ou mecanismos passivos feitos por meio de carregadores. *Setas simples* representam difusão passiva. *CP*, célula principal; *Cl-α*, célula intercalar tipo α; *Cl-β*, célula intercalar tipo β; *ac*, anidrase carbônica. (Adaptada de Capasso *et al.*, 1994.)

K^+-ATPase. O Cl^- é reabsorvido passivamente, pela via paracelular, a favor da DP lúmen-negativa. O K^+ entra na célula principal pela Na^+/K^+-ATPase basolateral e deixa a célula via canais localizados tanto na membrana luminal (por canais tipo ROMK) como na basolateral. Adicionalmente, o K^+ pode sair da célula para o lúmen tubular por meio do cotransportador K^+-Cl (denominado KCC). A relação do efluxo celular de K^+ por meio da via luminal e da basolateral determina a taxa de secreção de K^+ para o lúmen, a qual varia conforme a ingestão diária de K^+ (mais informações são dadas no Capítulo 52). Como a concentração intracelular de K^+ é elevada, o íon tende a se difundir para o lúmen, a favor da diferença de sua concentração. Se a diferença de potencial elétrico na membrana apical for reduzida pelo maior influxo celular de Na^+, o efluxo de K^+ será maior. Daí a relação entre a reabsorção de Na^+ e a secreção de K^+. Portanto, embora a amilorida tenha um efeito natriurético pouco significante, seu interesse clínico é o de reduzir a excreção urinária de K^+, por bloquear com elevada especificidade os canais luminais para Na^+. Assim sendo, a amilorida é considerada uma substância anticaliurética.

O cloreto de bário bloqueia os canais para K⁺ da membrana luminal das células principais, reduzindo sua secreção. Entretanto, embora esse bloqueador seja útil na investigação, não tem aplicação clínica.

A reabsorção de água pelas células principais depende da concentração plasmática do hormônio antidiurético, que regula a permeabilidade à água desses segmentos tubulares. Sua ação é mediada por AMP cíclico e induz a incorporação, na membrana apical das células principais, de canais para água sequestrados em vesículas intracelulares. Estes canais para água são aquaporinas do tipo 2, que são as responsivas a hormônio. Em membrana basolateral das células principais, estão presentes aquaporinas dos tipos 3 e 4, não sensíveis ao hormônio. Essa propriedade hormonal, essencial na determinação da osmolalidade da urina, é discutida em detalhes no Capítulo 53.

Foi verificado que mutações nos genes que codificam o canal ENaC, provocando sua contínua ativação, causam maior reabsorção de Na⁺ pelas células principais do túbulo coletor, o que leva a transtornos que caracterizam a síndrome de Liddle, descrita no Capítulo 56.

▶ Células intercalares tipo α

A Figura 51.13 indica, também, os principais mecanismos de transporte encontrados nessas células. A membrana luminal destas células apresenta dois tipos de ATPases: a H⁺-ATPase do tipo vacuolar (responsável pela secreção eletrogênica de H⁺ da célula para o lúmen tubular, descrita no Capítulo 11) e a H⁺/K⁺-ATPase (que secreta H⁺ para o lúmen tubular em troca de K⁺ que é reabsorvido do lúmen para a célula). Acredita-se que a *bomba eletrogênica* secretora de H⁺ libere H⁺ para o fluido intratubular e OH⁻ no citoplasma celular. A transferência de uma carga positiva para o lúmen resulta na geração de diferença de potencial com o lúmen tubular positivo (a qual é mascarada pela reabsorção eletrogênica de sódio; detalhes mais adiante, no item Diferença de potencial). No interior celular, a anidrase carbônica acelera a reação intracelular do OH⁻ com CO₂, gerando HCO₃⁻. O HCO₃⁻ sai da célula para o fluido peritubular, através do trocador HCO₃⁻/Cl⁻ e do transportador Na⁺-n(HCO₃⁻), localizados na membrana basolateral. A membrana basolateral apresenta também canais para Cl⁻ e o trocador Na⁺/H⁺.

As células intercaladas tipo α do túbulo coletor cortical e medular reabsorvem K⁺ em situações em que há depleção de K⁺. O processo é transcelular e envolve captação ativa de K⁺ na membrana apical, através da H⁺/K⁺-ATPase, e saída passiva de K⁺ pela membrana basolateral, através de canais para K⁺. O transporte de potássio no ducto coletor está descrito detalhadamente no Capítulo 52.

▶ Células intercalares tipo β

Conforme esquematizado na Figura 51.13, essas células apresentam polaridade inversa à do tipo α, isto é, a H⁺-ATPase está localizada na membrana basolateral e o trocador HCO₃⁻/Cl⁻, na membrana luminal. Assim, essas células secretam HCO₃⁻ para o lúmen tubular. Na membrana basolateral, apresentam também canais para Cl⁻ e o trocador Na⁺/H⁺. Portanto, essas células apresentam reabsorção de Cl⁻ pela via transcelular.

A proporção de células α e β, que determina a existência de fluxo resultante de ácidos ou bases para o lúmen tubular, depende da espécie e do estado acidobásico do animal.

Na alcalose, há aumento do número de células intercalares β. Entretanto, não se sabe se elas são provenientes de células α, que trocam o endereçamento dos transportadores entre as membranas luminal e basolateral, ou se são provenientes da ativação de células *dormentes*, que apresentam inserção definida e imutável dos transportadores nas membranas.

O movimento de ureia no ducto coletor é sempre passivo, mas tanto o coletor cortical como o medular são pouco permeáveis a ela, impedindo a perda da ureia reciclada do córtex e assegurando sua chegada à papila. A alta permeabilidade do ducto coletor papilar à ureia, estimulada pelo hormônio antidiurético, permite que esse soluto penetre no interstício e facilite a concentração do ramo ascendente da alça de Henle (mais informações no Capítulo 53).

No ducto coletor, o transporte dos principais sais é controlado por mineralocorticoides, como a aldosterona. Este hormônio estimula a reabsorção de sódio e a secreção de potássio e hidrogênio. Atua por indução de sínteses proteicas específicas e, provavelmente, também por efeito não genômico, aumentando a densidade dos canais para Na⁺ e K⁺ da membrana luminal, a densidade da Na⁺/K⁺-ATPase e o metabolismo energético (para detalhes, ver Capítulo 53 e Capítulo 55, *Rim e Hormônios*). Os mineralocorticoides potencializam a ação do hormônio antidiurético.

O peptídio atrial natriurético inibe a reabsorção de sódio no ducto coletor da medula interna, por mecanismo mediado por GMP cíclico, bloqueando um canal luminal que não distingue Na⁺ de K⁺. Este canal também é bloqueado pela amilorida.

Diferença de potencial

A presença dos canais de Na⁺ na membrana luminal das células principais do ducto coletor possibilita o influxo celular de Na⁺, a favor tanto do gradiente químico como elétrico. O influxo de Na⁺ despolariza a membrana luminal, tornando sua DP menor, em termos absolutos, que a DP da membrana basolateral. Esse processo causa a assimetria elétrica desse epitélio, que exibe uma DP transepitelial entre −20 e −60 mV, lúmen tubular negativo em relação ao interstício. Em túbulos coletores corticais de coelho, perfundidos *in vitro*, foi verificado que a DP transepitelial na situação controle é de cerca de −20 mV, lúmen tubular negativo. Entretanto, quando os animais são previamente tratados com mineralocorticoides ou com dieta rica em K⁺ e pobre em Na⁺ (condição que estimula a liberação desses hormônios), o lúmen tubular torna-se mais negativo, fazendo com que a DP transepitelial atinja aproximadamente −60 mV, evidenciando pois que essa reabsorção eletrogênica de sódio é estimulada pelos mineralocorticoides. Por outro lado, quando esse transporte de sódio é inibido por amilorida, ou por dieta baixa em K⁺ (manobra que inibe a liberação de mineralocorticoides), aparece uma DP lúmen-positiva. Este fato foi interpretado como sendo devido ao aparecimento do efeito da secreção eletrogênica de H⁻, que na situação controle está mascarada pela reabsorção eletrogênica de sódio. Ductos coletores papilares de rato e de coelho apresentam DP transepitelial de aproximadamente 0 mV.

BIBLIOGRAFIA

BRENNER BM, COE FL, RECTOR FC (Eds.). *Renal Physiology in Health and Disease*. Saunders, Philadelphia, 1987.

BYRNE JH, SCHULTS SG. *An Introduction to Membrane Transport and Bioelectricity*. 2. ed. Raven Press, New York, 1994.

CAPASSO G, MALNIC G, WANG T et al. Acidification in mammalian cortical distal tubule. *Kidney Int*, 45:1543-54, 1994.

CHASIS H, REDISH J, GOLDRING W et al. The use of sodium p-aminohyppurate for the functional evaluation of the human kidney. *J Clin Invest*, 24:583-8, 1945.

FRÖMTER E. Viewing the kidney through microelectrodes. *Am J Physiol*, 247:F695-705, 1984.

FURUYA H, BREYER MD, JACOBSON HR. Functional caracterization of alpha- and beta-intercalated cell types in rabbit cortical collecting duct. *Am J Physiol*, 261:F377-85, 1991.

GARCIA NH, RANSEY CR, KNOX FG. Understanding the role of paracellular transport in the proximal tubule. *News Physiol Sci*, 13:38-243, 1998.

GIEBISCH G, WINDHAGER E. Transport of sodium and chloride. In: BORON WF, BOULPAEP EL (Eds.). *Medical Physiology*. Saunders, New York, 2003.

GREGER R. Ion transport mechanisms in thick ascending limb of Henle's loop of mammalian nephron. *Physiol Rev*, 65:760-97, 1985.

HAAS M. Properties and diversity of (Na^+-K^+-Cl^-) cotransporters. *An Rev Physiol*, 51:443-57, 1989.

HABERLE DA. Characteristics of p-aminohyppurate transport in the mammalian kidney. In: GREGER R, LAND F, SILBERNAGL S (Eds.). *Renal Transport of Organic Solutes*. Springer-Verlag, New York, 1981.

KOEPPEN BM, BIAGI BA, GIEBISCH G. Electrophysiology of mammalian renal tubules: inferences from intracellular microelectrode studies. *Ann Rev Physiol*, 45:497-517, 1983.

LANG FG, MESSNER G, REHWALD W. Electrophysiology of sodium-coupled transport in proximal renal tubules. *Am J Physiol*, 250:F953-62, 1986.

LEWY JE, WINDHAGER EE. Peritubular control of proximal tubular fluid reabsorption in the rat kidney. *Am J Physiol*, 214:943-54, 1968.

RECTOR FC Jr. Sodium, bicarbonate and chloride absorption by the proximal tubule. *Am J Physiol*, 244:F461-71, 1983.

REILLY RF, ELLISON DH. The mammalian distal tubule: physiology, pathophysiology, and molecular anatomy. *Physiol Rev*, 80:277-313, 2000.

SCHAFER JA. Transepithelial osmolality differences, hydraulic conductivities, and volume absorption in the proximal tubule. *Ann Rev Physiol*, 52:709, 1990.

SILVER RB, FRINDT G. Functional identification of H/K-ATPase in intercalated cells of cortical collecting tubule. *Am J Physiol*, 264:F259-66, 1993.

SILVER RB, FRINDT G, PALMER LG. Regulation of principal cell by Na/H exchange in rabbit cortical collecting tubule. *J Membr Biol*, 125:13-24, 1992.

SILVERMAN M, TURNER RJ. Glucose transport in the renal proximal tubule. In: WINDHAGER EE (Ed.). *Handbook of Physiology*. *Renal Physiology*. v. II. Oxford University Press, New York, 1992.

SPITZER A, BRANDIS M. Functional and morphologic maturation of the superficial nephrons. Relationship to total kidney function. *J Clin Invest*, 53:279-87, 1974.

SULLIVAN LP, GRANTHAN JJ. *Physiology of the Kidney*. 2. ed. Lea & Febiger, Philadelphia, 1982.

WILCOX CS, BAYLIS C, WINGO C. Glomerulo-tubular balance and proximal regulation. In: SELDIN DW, GIEBISCH G (Eds.). *The Kidney: Physiology and Pathophysiology*. 2. ed. v. 2. Raven Press, New York, 1992.

Capítulo 52

Excreção Renal de Solutos

Margarida de Mello Aires

- Excreção renal de eletrólitos, *780*
- Excreção renal de não eletrólitos, *789*
- Bibliografia, *795*

EXCREÇÃO RENAL DE ELETRÓLITOS

O líquido que ocupa o compartimento extracelular (LEC) é uma solução que contém vários solutos e 95% de água. Dentre os eletrólitos predominantes no LEC, aqueles que aparecem em altas concentrações são o cátion sódio (140 mM), e os ânions cloreto (100 mM) e bicarbonato (25 mM); os que ocorrem em baixas concentrações são os cátions potássio (4,5 mM), cálcio (2,5 mM) e magnésio (1 mM), e o ânion fosfato (1,3 mM). O volume do LEC corresponde a cerca de 20% do peso corpóreo, e sua osmolalidade é próxima de 290 mOsm.

O manejo renal desses eletrólitos é descrito a seguir, salvo o do hidrogênio e o do bicarbonato, que está exposto no Capítulo 53, *Papel do Rim na Regulação do Volume e da Tonicidade do Líquido Extracelular*. A regulação neuroendócrina do balanço hidreletrolítico é discutida no Capítulo 75, *Controle Neuroendócrino do Balanço Hidreletrolítico*.

▶ Sódio

Balanço de sódio

O equilíbrio entre a ingestão e a excreção de Na^+ é denominado *balanço de sódio*, ou simplesmente *balanço de sal*, pois Na^+ e Cl^- são comumente transportados juntos.

Como o sódio é o principal cátion do LEC (formado, principalmente, pelo líquido intersticial e plasma) e o seu transporte está, quase sempre, acoplado com o da água, a quantidade de sódio no LEC determina o volume e a pressão do sangue circulante.

Quando a excreção de sódio é menor que sua ingestão, o indivíduo fica em *balanço positivo de sódio*. Nessa situação, o sódio retido determina a *expansão do volume do LEC*, com consequente aumento do volume e da pressão do sangue. Inversamente, quando a excreção é maior que a ingestão, ele fica em *balanço negativo de sódio*, apresentando *contração do volume do LEC*, além de queda do volume e da pressão do sangue.

A ingestão de cloreto de sódio de um adulto normal é da ordem de 7 g por dia, ou cerca de 150 mM de sódio. Em condições habituais, não existe, na espécie humana, um apetite específico para sal, uma vez que este normalmente está em excesso na dieta. Apenas em situação de restrição prolongada de sal, observa-se, principalmente em animais, fome específica para cloreto de sódio.

A absorção intestinal de sódio é feita, principalmente, no jejuno e, em menor escala, no íleo e no cólon. O sódio distribui-se no organismo da seguinte forma: esqueleto = 2.700 mM (48%); líquido extracelular, 2.500 mM (45%); e líquido intracelular, 400 mM (7%).

A eliminação de sódio pelo organismo se dá por meio da urina, das fezes e do suor. Em condições normais, a quantidade eliminada por fezes e suor é desprezível, ou seja, apenas o que se excreta na urina interfere no balanço do íon. Embora a concentração de sódio seja baixa no suor, em estados de sudorese intensa o eliminado pelo suor pode tornar-se importante. Em situações de diarreia, também pode ser perdido muito sódio pelas fezes. Porém, para fins práticos, a capacidade de o rim variar a excreção urinária sódica confere ao organismo a possibilidade de equilibrar a quantidade eliminada com a ingerida, mantendo o balanço de sódio.

Acompanhando a Figura 52.1, vemos que, em condições normais, com ritmo de filtração glomerular de 180 ℓ diários e concentração plasmática de sódio de 140 mM, a carga de sódio filtrado corresponde a 25.200 mM/dia (a rigor, esse valor é menor, pois deve ser levado em conta o equilíbrio de Donnan, que para o sódio equivale a um fator de 0,95; porém, esta correção é costumeiramente ignorada). Do total de sódio filtrado, cerca de 67% (16.800 mM/dia) são reabsorvidos no túbulo proximal; 25% (6.300 mM/dia), no ramo grosso ascendente da alça de Henle; 5% (1.200 mM/dia), no túbulo distal; e aproximadamente 3% (750 mM/dia), no ducto coletor. Embora o fluxo de urina e a concentração de sódio no coletor variem muito, podemos admitir como média um fluxo urinário de 1 mℓ por minuto; este valor determina a eliminação de 1.500 mℓ de urina por dia, com uma concentração de sódio de 100 mM. Assim sendo, a excreção urinária de sódio corresponde a cerca de 150 mM/dia, ou 0,6% da carga filtrada. Vemos, pois, que um indivíduo normal mantém o balanço de sódio, ingerindo e excretando na urina, diariamente, cerca de 150 mM de sódio.

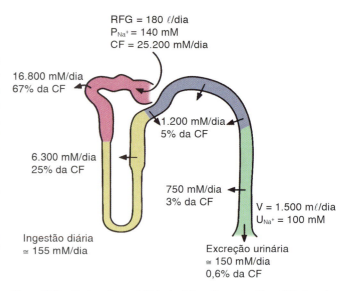

Figura 52.1 ▪ Reabsorção renal diária de sódio, ao longo do néfron. *RFG*, ritmo de filtração glomerular; P_{Na^+}, concentração plasmática de sódio; *CF*, carga filtrada de sódio; *V*, fluxo urinário; U_{Na^+}, concentração urinária de sódio. (Adaptada de Valtin, 1983.)

Qualquer modificação do ritmo de filtração glomerular, ou da taxa de reabsorção tubular, poderá ameaçar o balanço de sódio e, consequentemente, a manutenção da concentração dos compartimentos de líquido no organismo. Uma modificação da ingestão sódica levará a semelhante ameaça, a não ser que o ritmo de filtração glomerular ou a reabsorção tubular sejam rapidamente ajustados. O fato de a concentração plasmática de sódio ser cautelosamente mantida dentro de estreitos limites, próximos a 140 mM, mostra que os ajustes fisiológicos devem rapidamente ser acionados quando o balanço de sódio é modificado.

Ameaças ao balanço de sódio

Existem duas grandes ameaças ao balanço de sódio: (1) modificação do ritmo de filtração glomerular e, então, da carga filtrada de sódio e (2) modificação na ingestão de sódio. A primeira delas é contraposta pelas compensações fisiológicas feitas pelo balanço glomerulotubular e pela autorregulação do ritmo de filtração glomerular. Quando há modificação na ingestão de sódio, o balanço de sódio é, em geral, restabelecido por alterações no ritmo de filtração glomerular, por modificações na concentração plasmática de aldosterona e por variações de um ou mais fatores adicionais. Estes fatores incluem, entre outros: as *forças de Starling* através das paredes dos capilares peritubulares, o peptídio atrial natriurético e o efeito direto da atividade nervosa simpática na reabsorção tubular de sódio (detalhes nos Capítulos 53 e 75 e no Capítulo 51, *Função Tubular*).

Transporte tubular de Na⁺

Como visto no capítulo anterior, na maior parte do néfron a reabsorção transepitelial de sódio é ativa, graças à Na⁺/K⁺-ATPase existente na membrana basolateral das várias porções tubulares. Essa *bomba* (descrita no Capítulo 11, *Transportadores de Membrana*), retirando sódio da célula para o interstício peritubular, mantém a concentração intracelular sódica em nível baixo, fazendo com que exista um gradiente de sódio entre o lúmen tubular e a célula, o qual é a força motriz para os diferentes tipos de transporte de sódio na membrana luminal dos vários segmentos tubulares.

No *túbulo proximal*, o sódio é reabsorvido preferencialmente sob três formas: NaCl (pela via transcelular e paracelular; ver Figura 51.7), NaHCO₃ (por meio do trocador Na⁺/H⁺ localizado na membrana luminal; ver Figura 51.6) e na forma de cotransportes ativos secundários com solutos orgânicos (Na⁺-glicose, Na⁺-aminoácidos, Na⁺-lactato etc.; ver Figura 51.6), localizados na membrana luminal. A reabsorção proximal de água é passiva e isosmótica, como consequência da reabsorção do soluto, principalmente NaCl.

No *segmento fino descendente*, o sódio é secretado passivamente para o lúmen tubular, pela via paracelular, e água reabsorvida para o interstício medular hipertônico. A reabsorção de sódio e cloreto na *porção fina ascendente* é preferencialmente passiva e paracelular; nessa porção do néfron, a água não acompanha o soluto, pois este segmento é praticamente impermeável a ela.

No *ramo grosso ascendente*, a reabsorção de sódio é feita por transporte ativo secundário, pelo cotransportador 1Na⁺:1 K⁺:2Cl⁻ (denominado NKCC2), localizado na membrana luminal (ver Figura 51.11). Nesse segmento, não ocorre reabsorção de água, pois seu epitélio tem alta impermeabilidade hídrica.

No *túbulo distal convoluto*, a reabsorção sódica é passiva, através do cotransportador Na⁺-Cl⁻ (denominado NCCT), ou ativa secundária, pelo trocador Na⁺/H⁺. Virtualmente, não existe reabsorção hídrica no túbulo distal convoluto, na presença ou não do ADH.

No *túbulo distal final* e no *ducto coletor cortical* e *medular*, a reabsorção de sódio é passiva e eletrogênica, por meio de canais tipo ENaC (*epithelial Na⁺channel*, descritos no Capítulo 10, *Canais para Íons nas Membranas Celulares*), localizados na membrana luminal das células principais (ver Figura 51.13). Nesses segmentos, a reabsorção de sódio independe da reabsorção hídrica. Esta varia diretamente com a concentração plasmática de ADH, que aumenta a permeabilidade à água desses segmentos, permitindo que a água se mova passivamente do lúmen tubular para o interstício peritubular hipertônico.

O controle da reabsorção tubular de NaCl está descrito, em detalhes, no Capítulo 53.

▶ Cloreto

O conteúdo corporal total de Cl⁻ é em torno de 33 mM/kg de peso corporal, sendo cerca de 85% extracelular e os restantes 15% intracelulares. Sua concentração no plasma e no líquido intersticial, normalmente, varia de 100 a 108 mM.

As modificações no conteúdo corporal de Cl⁻ são, em geral, influenciadas pelos mesmos fatores, e na mesma direção, das variações do de Na⁺. Entretanto, durante distúrbios do equilíbrio acidobásico, o metabolismo de Cl⁻ pode variar independentemente do de Na⁺.

Transporte tubular de Cl⁻

A maior parte do Cl⁻ filtrado é reabsorvida junto com o Na⁺. Porém, a manipulação dos dois íons ao longo do túbulo renal, algumas vezes, difere.

No *túbulo proximal*, a reabsorção de Cl⁻ se dá tanto pela via paracelular (predominante nas porções iniciais) como pela transcelular (principalmente nas porções finais). A *reabsorção passiva de Cl⁻ pelo caminho paracelular* é movida pelos diferentes gradientes eletroquímicos para o Cl⁻, em segmentos inicial e final do túbulo proximal. No segmento S₁, inicialmente não há diferença na concentração de Cl⁻ entre o lúmen tubular e o sangue do capilar peritubular. Entretanto, a voltagem transtubular lúmen-negativa (gerada pelos cotransportes eletrogênicos, em especial Na⁺/glicose e Na⁺/aminoácidos) estabelece um gradiente elétrico favorável à reabsorção paracelular de Cl⁻. O arraste do cloreto pela água (*solvent drag*) também contribui para a reabsorção paracelular de Cl⁻ nesse segmento. Nos segmentos S₂ e S₃, a voltagem lúmen-positiva se opõe à reabsorção paracelular de Cl⁻. Entretanto, a reabsorção preferencial de HCO₃⁻ no segmento S₁ deixa o Cl⁻ no lúmen, de tal modo que a concentração luminal de Cl⁻ torna-se mais alta que sua concentração no sangue do capilar peritubular. Este gradiente químico lúmen-sangue, favorável à reabsorção de Cl⁻, supera o gradiente elétrico; assim, a reabsorção paracelular de Cl⁻ continua a acontecer também nas porções mais finais do túbulo proximal. A *reabsorção de Cl⁻ pela via transcelular* é dominante nas porções finais do túbulo proximal, onde o influxo celular de Cl⁻ pela membrana luminal ocorre contra gradiente, via troca do Cl⁻ luminal por um ânion intracelular (OH⁻, HCO₃⁻, formato ou oxalato; ver Figura 51.7). O efluxo celular de Cl⁻, pela membrana basolateral, se dá via canal de Cl⁻ (funcionalmente análogo ao canal CFTR – *cystic fibrosis transmembrane conductance regulator*, descrito no Capítulo 10) e também via um cotransportador K⁺-Cl⁻ (denominado KCC). Mais detalhes da reabsorção proximal de Cl⁻ estão descritos no Capítulo 51.

No *ramo grosso ascendente*, a reabsorção de Cl⁻ é realizada pelo cotransportador 1Na⁺:1K⁺:2Cl⁻ da membrana apical (tipo NKCC2; ver Figura 50.11). O efluxo celular de Cl⁻, pela membrana basolateral, é feito por meio de um canal de Cl⁻ (da família ClC). Embora nessa porção tubular metade da reabsorção de Na⁺ ocorra pela via transcelular e metade pela paracelular, reabsorve-se Cl⁻ de modo totalmente transcelular. Porém, no total, a quantidade reabsorvida de Na⁺ ou de Cl⁻ é a mesma, pois o cotransportador apical reabsorve 2Cl⁻ para 1Na⁺.

No *túbulo distal convoluto*, a reabsorção de Cl⁻ se dá pelo transportador Na⁺-Cl⁻ apical e pelo canal de Cl⁻ basolateral (provavelmente, também da família ClC).

No *ducto coletor*, as células principais reabsorvem Cl⁻ pela via paracelular, movido pela DP transepitelial lúmen-negativa (–40 mV). Porém, as células intercalares tipo β reabsorvem Cl⁻ pela via transcelular, por meio do trocador Cl⁻/HCO₃⁻ apical e pelo canal de Cl⁻ basolateral (ver Figura 51.13). Entretanto, nem as células intercalares tipo α nem as células principais apresentam reabsorção transcelular de Cl⁻.

Como já mencionado, o controle da reabsorção tubular de NaCl está descrito no Capítulo 53.

▶ Potássio

A concentração de potássio no líquido intracelular é elevada (cerca de 125 mM) e, no extracelular, baixa (em torno de 4,5 mM). O potássio consiste no principal cátion intracelular. Sua alta concentração intracelular e na mitocôndria é essencial para vários processos, como: manutenção do volume celular, regulação do pH intracelular, controle da função de enzimas celulares, síntese proteica e de DNA, além de crescimento celular. O gradiente de concentração de potássio, entre os compartimentos intra e extracelular, é importante determinante da diferença de potencial através da membrana de células excitáveis e não excitáveis (regulando, portanto, a excitabilidade neuromuscular e a contratilidade muscular).

Em vista do exposto, a regulação do nível potássico no meio interno tem considerável importância fisiológica. Quando a concentração de potássio no líquido extracelular ultrapassa 5,5 mM, o indivíduo entra em *hiperpotassemia* (ou hipercalemia). Nesta situação, há redução do potencial de repouso da membrana celular (a voltagem fica menos negativa) e cresce a excitabilidade dos neurônios, assim como a das células cardíacas e musculares em geral. Quando a hiperpotassemia é rápida e grave, pode ocasionar parada cardíaca e morte. Contrariamente, quando a concentração de potássio no plasma é menor que 3,5 mM, o indivíduo está em *hipopotassemia* (ou hipocalemia). Nesta condição, aumenta o potencial de repouso (há hiperpolarização celular, ou seja, a voltagem fica mais negativa) e cai a excitabilidade não só dos neurônios, como também das células cardíacas e musculares em geral. A hipopotassemia grave pode levar a: paralisia, arritmia cardíaca, queda da habilidade de concentrar a urina, alcalose metabólica, aumento da produção renal de NH_4^- e morte.

Balanço de potássio

Os processos que determinam o balanço de potássio e sua distribuição no organismo são: (1) absorção gastrintestinal, (2) excreção renal e extrarrenal, (3) distribuição interna de potássio, entre os líquidos intra e extracelulares. Os dois primeiros constituem o balanço externo de potássio (*i. e.*, entre o organismo e o meio ambiente), enquanto o último, o balanço interno de potássio (ou seja, entre os líquidos do organismo).

Na sobrecarga potássica, enquanto os mecanismos responsáveis pela redistribuição de potássio nos líquidos intra e extracelulares são rápidos e completos após 1 h, a resposta renal leva horas para excretar o excesso de potássio.

Balanço externo de potássio

A relação entre a ingestão de potássio e sua excreção determina seu balanço externo. A ingestão de potássio é de cerca de 100 mM. Para ser mantido o seu balanço externo, diariamente cerca de 92 mM são excretados pelos rins e 8 mM, pelas fezes. Em situação normal, a excreção renal de potássio corresponde a aproximadamente 18% de sua carga filtrada. Entretanto, dependendo da condição metabólica do indivíduo, pode variar, desde 1% da sua carga filtrada (quando ele está em carência de potássio) até cerca de 150% (quando o organismo está com sobrecarga desse íon). Portanto, normalmente, há extensa reabsorção tubular renal de potássio. Contudo, dependendo do caso considerado, esta reabsorção pode aumentar ou diminuir, ou, então, pode até ocorrer secreção tubular potássica. Por outro lado, embora o cólon possa ajustar a excreção fecal de potássio em resposta a alguns estímulos (p. ex., hormônios suprarrenais, modificações de potássio na dieta, diminuição da capacidade renal de excretar potássio), o cólon, por si próprio, é incapaz de aumentar a secreção de potássio suficientemente para manter o balanço externo de potássio.

Balanço interno de potássio

A maior parte do potássio do organismo está dentro das células, particularmente nas musculares (2.600 mM) e em menor quantidade nas hepáticas (250 mM) e ósseas (300 mM) e nas hemácias (250 mM). A marcante desigualdade de distribuição potássica no líquido intra e extracelular tem importantes implicações quantitativas. Por exemplo, a perda de 1% do total de potássio intracelular do organismo (cerca de 3,5 M) para o líquido extracelular causaria um aumento de 50% da concentração extracelular de potássio, com graves consequências na função neuromuscular.

▶ **Insulina, agonistas β-adrenérgicos e aldosterona.** Os mais importantes fatores moduladores da distribuição de potássio extrarrenal são os hormônios: insulina, agonistas β-adrenérgicos (p. ex., epinefrina) e aldosterona. Esses hormônios promovem a transferência de potássio do líquido extracelular para o intracelular, por meio da Na^+/K^+-ATPase, a qual tem distribuição celular ubíqua (*i. e.*, existe em todas as células do organismo). Esses hormônios aumentam o influxo celular potássico em resposta à elevação da concentração de potássio extracelular. A falta de insulina (no diabetes) ou a deficiência do sistema renina-angiotensina-aldosterona (no diabetes e em algumas formas de hipertensão) podem comprometer a tolerância à sobrecarga de potássio e predispor à hiperpotassemia. O uso de bloqueadores β-adrenérgicos (no tratamento da hipertensão) ou de agonistas α-adrenérgicos impede o sequestramento extrarrenal de potássio na sobrecarga potássica aguda. Por exemplo, durante o exercício, a superativação de α-receptores pode contribuir para a hiperpotassemia.

▶ **Distúrbios do equilíbrio acidobásico.** É amplamente conhecido que *acidose sanguínea provoca hiperpotassemia*. Provavelmente, a acidose extracelular leva à perda de potássio intracelular, por causar consequente queda do pH intracelular, a qual diminui a ligação do potássio a ânions intracelulares não difusíveis (proteínas), deixando o potássio livre para sair da célula. Adicionalmente, a acidose intracelular inibe tanto a Na^+/K^+-ATPase como o cotransportador $1Na^+:1K^+:2Cl^-$; ambos os mecanismos são responsáveis pela entrada de potássio nas células. Por aumentar o influxo celular de potássio, a *alcalose sanguínea conduz à hipopotassemia*. Embora o mecanismo não seja conhecido, sabe-se que níveis elevados de HCO_3^- no sangue determinam hipopotassemia, por estimularem o influxo celular de potássio. Este assunto está discutido com mais detalhes adiante, neste capítulo.

Manejo renal de potássio

Em indivíduos normais, o potássio filtrado é em grande parte reabsorvido pelo túbulo proximal, sendo o excretado proveniente da secreção tubular dos segmentos mais finais do néfron. Na carência como na sobrecarga de potássio, a reabsorção proximal de potássio é igual à da situação controle, e, dependendo da situação experimental, os túbulos distal e coletor podem reabsorver ou secretar potássio. A Figura 52.2 indica a fração da carga filtrada de potássio remanescente no fluido tubular $[(FT_K/P_K)/(FT_{in}/P_{in})]$, ao longo do néfron, em ratos submetidos a diferentes situações experimentais (para entender melhor o raciocínio envolvido nesse tipo de experimento, consulte o Problema 50.3). Acompanhando essa figura, notamos que em animais-controle há intensa

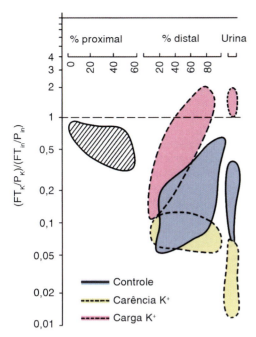

Figura 52.2 ▪ Fração da carga filtrada de potássio remanescente no fluido tubular [(FT$_K$/P$_K$)/(FT$_{in}$/P$_{in}$)] ao longo do néfron. Os experimentos foram feitos em ratos-controle, carentes de potássio ou com carga de potássio. Note que, ao longo do túbulo proximal, os três grupos de animais apresentam os mesmos valores (indicados em hachura). *in*, inulina. Descrição da figura no texto. (Adaptada de Malnic *et al.*, 1966.)

reabsorção de potássio ao longo do túbulo proximal (indicado em hachura) que, no final da porção contornada (60% do comprimento tubular total), atinge cerca de 50% da sua carga filtrada. No início do túbulo distal convoluto, verificamos que existem aproximadamente 5% da carga filtrada de potássio, indicando que, até essa porção do néfron, já foram reabsorvidos 95% do total da sua carga filtrada. Ao longo do distal convoluto, notamos secreção tubular de potássio, que não é nítida no coletor, ou seja, entre distal e urina. Nos animais com carência de potássio, a reabsorção até o início do distal convoluto é semelhante à dos animais-controle e, ao longo deste segmento, também ocorre reabsorção; entretanto, no coletor, existe intensa reabsorção, encontrando-se níveis urinários muito baixos. Nos animais submetidos a sobrecarga de potássio na dieta, verificamos também extensa reabsorção até o início do túbulo distal convoluto, como no controle; porém, depois, há acentuada secreção desse íon, mesmo no coletor. Os mecanismos de transporte tubular de K$^+$ envolvidos nessas diferentes situações experimentais estão apresentados mais adiante, no item "Níveis de potássio na dieta".

Transporte tubular de potássio

Túbulo proximal

A Figura 52.3 A indica que, no túbulo proximal, a reabsorção do potássio do lúmen tubular para o interstício peritubular se dá apenas pela via paracelular, passivamente, por *solvent drag* e por eletrodifusão. Esta última acontece principalmente nos segmentos S$_2$ e S$_3$ e é devida à DP lúmen-positiva desses segmentos. Embora as membranas das células do túbulo proximal tenham vários transportadores de K$^+$, eles não participam, diretamente, da reabsorção transcelular de K$^+$.

Esses transportadores são: (1) a Na$^+$/K$^+$-ATPase basolateral (ubíqua em todas as células tubulares), (2) canais de K$^+$ localizados na membrana luminal e na basolateral e (3) o cotransportador K$^+$-Cl$^-$ da membrana basolateral. A condutância a K$^+$ da membrana basolateral é bem maior que a da membrana apical, provavelmente devido aos diferentes tipos de canais de potássio nelas localizados. A probabilidade de abertura dos canais de K$^+$ basolaterais aumenta com a elevação do *turnover* da Na$^+$/K$^+$-ATPase. Assim, muito do K$^+$ que entra na célula pela Na$^+$/K$^+$-ATPase recircula através da membrana basolateral, voltando para o interstício (pelos canais de K$^+$ e pelo cotransportador K$^+$-Cl$^-$, presentes na membrana basolateral), e não aparece no lúmen tubular. Contrastando com a elevada atividade dos canais basolaterais, os canais de K$^+$ apicais, em condições normais, são quiescentes. Porém, eles se tornam ativos quando as células tubulares se expandem (possivelmente, isto acontece quando o influxo celular de Na$^+$ se eleva rapidamente). Esses canais, que podem ser ativados pelo estiramento da membrana celular, permitem que o K$^+$ saia da célula para o lúmen tubular, processo que causa murchamento da célula, que, então, volta ao seu volume original. Mesmo se os canais apicais de K$^+$ fossem abertos frequentemente, não ocorreria influxo celular de K$^+$, pois o gradiente eletroquímico de K$^+$ favorece o movimento de K$^+$ da célula para o lúmen tubular (lembre que a concentração intracelular de K$^+$ é muito alta). Portanto, no túbulo proximal, como o K$^+$ não pode penetrar na célula pela membrana luminal, não existe reabsorção transcelular de K$^+$.

Ramo fino descendente

A secreção de K$^+$, do interstício medular para o lúmen tubular, é passiva e paracelular, guiada pela alta concentração de K$^+$ no interstício (ver adiante, "Ducto coletor medular") e pela elevada permeabilidade paracelular. Ao contrário, no *ramo fino ascendente*, o K$^+$ é reabsorvido do lúmen tubular para o interstício, pela via paracelular, movido pelo gradiente transepitelial de K$^+$, pois sua concentração no lúmen desse segmento tubular é maior que a do interstício.

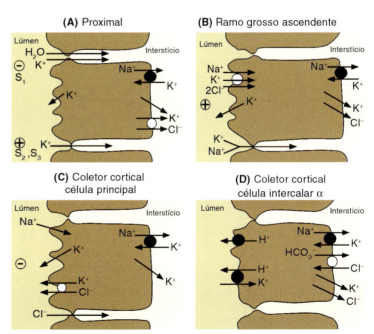

Figura 52.3 ▪ Mecanismos envolvidos no transporte tubular de K$^+$: (**A**) túbulo proximal, (**B**) ramo grosso ascendente, (**C**) ducto coletor cortical – célula principal e (**D**) ducto coletor cortical – célula intercalar α. Os *círculos pretos* representam mecanismos de transporte ativos, os *brancos*, mecanismos ativos secundários, e as *setas simples*, difusão passiva.

Ramo grosso ascendente

Metade da reabsorção de K⁺ é pela via paracelular e a outra metade, pela transcelular (Figura 52.3 B). A reabsorção paracelular se dá graças à voltagem lúmen-positiva e à elevada permeabilidade paracelular ao K⁺. A reabsorção transcelular é feita por transporte ativo secundário, mediante o cotransportador 1Na⁺:1K⁺:2Cl⁻, localizado na membrana luminal (denominado NKCC2). Nessa membrana, também ocorrem canais de K⁺ (nomeados ROMK2), cuja principal função é promover a reciclagem de K⁺ da célula para o lúmen tubular, permitindo que a concentração luminal de K⁺ não caia muito, a fim de poder manter atuante o cotransportador NKCC2.

Túbulo distal final e ducto coletor cortical

As *células principais* secretam K⁺ pela via transcelular, utilizando três importantes elementos (Figura 52.3 C): (1) a Na⁺/K⁺-ATPase basolateral, que promove o influxo celular de K⁺ a partir do interstício, (2) os canais de K⁺ localizados na membrana apical (tipo ROMK), que permitem o efluxo celular de K⁺ para o lúmen tubular, e (3) o gradiente eletroquímico favorável ao efluxo celular de K⁺ para o lúmen tubular (lembre que a DP transtubular nessa porção do néfron é cerca de −60 mV, lúmen-negativa). Adicionalmente, o K⁺ pode sair da célula para o lúmen tubular por meio do cotransportador K⁺-Cl (denominado KCC). Nesses segmentos tubulares, as *células intercalares tipo α* reabsorvem K⁺ por meio de (Figura 52.3 D): (1) H⁺/K⁺-ATPase luminal, contratransporte ativo primário, que realiza o influxo celular de K⁺ em troca do efluxo celular de H⁺, e (2) canais de K⁺ basolaterais, que promovem a difusão de K⁺ da célula para o interstício peritubular. O acoplamento da reabsorção de K⁺ com a secreção de H⁺ explica, parcialmente, por que na depleção de K⁺ (ou hipopotassemia, condição em que cresce dramaticamente a abundância desse contratransportador) aumenta a secreção tubular de H⁺, e o indivíduo entra em alcalose (ficando, portanto, em alcalose hipopotassêmica).

Ducto coletor medular

Neste segmento tubular, a capacidade de secretar K⁺ diminui. Entretanto, essa porção tubular reabsorve K⁺, contribuindo para sua recirculação medular (o K⁺ que sai desse túbulo vai para o interstício e daí é secretado para o ramo fino descendente, como dito anteriormente). Essa reabsorção é passiva, pois a concentração de K⁺ no lúmen do coletor medular é alta, porque: (1) os segmentos anteriores secretam K⁺, e (2) a reabsorção de água concentra o fluido luminal. Adicionalmente, a permeabilidade transepitelial a K⁺ é alta. Além do mais, em especial durante baixa ingestão de K⁺, a H⁺/K⁺-ATPase luminal pode mediar a reabsorção de K⁺.

Controle da excreção de potássio

Os principais fatores determinantes do ritmo da excreção renal de potássio são: concentração de sódio na célula tubular, fluxo urinário, distúrbios do equilíbrio acidobásico, níveis de mineralocorticoides no plasma e níveis de potássio na dieta.

Concentração de sódio na célula tubular

Caso a concentração luminal de sódio no túbulo distal final e coletor cortical se eleve, mais sódio penetrará nas células principais pelos canais luminais de Na⁺ (canais ENaC). Consequentemente, a membrana luminal se despolariza, facilitando a secreção de K⁺ da célula para o lúmen. Além disso, aumentará a concentração intracelular de Na⁺, o que estimulará a bomba Na⁺/K⁺ peritubular. Esta, por sua vez, levará mais potássio para dentro da célula, elevando sua concentração intracelular, e assim facilitará sua secreção para o lúmen tubular. Este mecanismo ocorre tanto durante a elevação do nível de sódio plasmático, como em consequência da administração de diuréticos que atuem em segmentos anteriores àqueles onde se dá a secreção tubular de potássio.

Os diuréticos, ao inibirem a reabsorção de sal, causarão maior carga distal de sódio e, portanto, maior secreção de potássio, o que poderá determinar depleção do meio interno em potássio (hipopotassemia). Tal efeito pode ser evitado por dieta suplementada com potássio ou pelo uso concomitante de um outro diurético anticaliurético. Um exemplo deste é a amilorida, que, reduzindo a permeabilidade da membrana luminal ao sódio, hiperpolariza esta membrana e provoca queda da diferença de potencial transepitelial. A amilorida é, pois, anticaliurético por dois motivos: abole uma das forças motoras para a secreção distal de potássio (a DP transepitelial) e diminui a entrada de sódio na célula. Outra substância anticaliurética é a espironolactona, competidora da aldosterona, que inibe a bomba Na⁺/K⁺ (indiretamente), deprimindo, pois, a secreção de K⁺. Na carência de sódio, acontece o oposto do que foi descrito anteriormente.

Fluxo urinário

Quanto maior o fluxo urinário, maior é a secreção de potássio pela célula principal; isto é compreensível, pois mais baixa está a concentração luminal de potássio, o que favorece a sua secreção passiva no sentido da célula para o lúmen tubular. O efeito caliurético dos diuréticos é, pois, devido: (1) à maior carga luminal de sódio, e (2) ao elevado fluxo de líquido ao longo dos segmentos mais distais do néfron.

Distúrbios do equilíbrio acidobásico

De modo geral, tanto a alcalose metabólica como a respiratória aumentam a excreção urinária de K⁺. Opostamente, a acidose reduz a eliminação de K⁺ (porém, esta resposta é mais variável que a da alcalose).

Como discutido previamente (em "Balanço interno de potássio"), a alcalose leva à hipopotassemia por estimular o influxo de K⁺ nas células do organismo. Porém, a despeito da queda da concentração plasmática de K⁺, a alcalose estimula a secreção tubular de K⁺, acentuando a hipopotassemia. Contrariamente, na acidose cai a secreção tubular de K⁺, apesar de nas demais células do organismo ocorrer saída do K⁺ para o LEC com concomitante aumento da concentração plasmática de K⁺.

Os efeitos dos distúrbios acidobásicos na resposta renal seriam via modificação do pH da célula tubular. Na acidose, a queda do pH extracelular provoca também queda do pH intracelular, o qual inibe a Na⁺/K⁺-ATPase basolateral, com consequente inibição da secreção de K⁺ para o lúmen tubular. Mais importante ainda é que a queda do pH intracelular também reduz a permeabilidade dos canais luminais de K⁺ das células principais. Na alcalose, as modificações são opostas.

As alterações do equilíbrio acidobásico também causam modificações no fluxo de líquido nas porções finais do néfron, que diretamente afetam a secreção de K⁺. Por exemplo, a alcalose metabólica aumenta o fluxo luminal (pela presença de solução intratubular rica em HCO₃⁻) e, consequentemente, eleva a secreção passiva de K⁺, potencializando o efeito hipopotassêmico da alcalose. Na acidose, também aumenta o fluxo (neste caso, devido à inibição da reabsorção proximal de líquido), com consequente crescimento da secreção passiva de K⁺, que se opõe ao efeito hiperpotassêmico da acidose. Portanto, o efeito da acidose na excreção tubular de K⁺ é variável (como comentado anteriormente).

A relação inversa entre excreção renal de potássio e de ácido, em parte, é também atribuída à ação da H^+/K^+-ATPase existente na membrana luminal das células intercalares tipo α. Na acidose, a elevação da concentração de H^+ na célula tubular estimularia esse trocador, aumentando a secreção de H^+ e a reabsorção de K^+. O oposto ocorreria em condições de alcalose, em que a inibição do trocador faria com que a excreção urinária de H^+ fosse diminuída e a de K^+ aumentada, conduzindo o indivíduo à hipopotassemia. Por outro lado, em situação de potássio plasmático elevado, observa-se que a excreção renal de potássio é bastante alta e a de H^+, baixa, ocorrendo acidose metabólica hiperpotassêmica. A explicação que se tem para este fato é semelhante à anterior, ou seja: a elevação da concentração de K^+ extracelular faria com que sua concentração intracelular se elevasse, inibindo o trocador H^+/K^+ luminal, com consequente aumento da excreção urinária de K^+ e queda na de H^+. Processo inverso surgiria no caso de redução de K^+ na dieta, em que a queda da concentração plasmática de K^+ estimularia o trocador H^+/K^+ luminal, conduzindo, depois de algum tempo, à alcalose hipopotassêmica.

Níveis de mineralocorticoides no plasma

Os mineralocorticoides, especialmente a aldosterona, aumentam a reabsorção tubular de sódio e a secreção tubular de potássio (e também a de hidrogênio). Os efeitos desses hormônios na estimulação da secreção de potássio se devem a três fatores que atuam conjuntamente nas células principais, a saber. Primeiro, após poucas horas da administração hormonal, há um influxo celular de K^+, por estimulação da Na^+/K^+-ATPase basolateral. Depois de poucos dias da elevação dos níveis plasmáticos de aldosterona, há também marcante amplificação da área da membrana basolateral das células principais, bem como um correspondente crescimento no número de moléculas de Na^+/K^+-ATPase. Segundo, os mineralocorticoides estimulam os canais luminais de sódio tipo ENaC (*epithelial Na+ channel*), despolarizando a membrana luminal e, assim, aumentando a força motora para a difusão de K^+ da célula para o lúmen tubular. Terceiro, a aldosterona faz crescer a condutância a potássio da membrana apical.

Entretanto, durante prolongada administração desses hormônios, é observado um fenômeno denominado *escape*, em que a reabsorção de sódio é diminuída e a secreção de potássio continua elevada. Em parte, a explicação para o *escape* é a seguinte: devido à elevação da reabsorção de sódio promovida pelo mineralocorticoide, há expansão do volume extracelular, o que leva à inibição da reabsorção proximal de sódio; em consequência, ocorre maior carga distal de sódio, que estimulará a secreção de potássio ao longo das porções finais do néfron. Após o indivíduo ficar depletado de K^+, a secreção renal de K^+ diminui.

Níveis de potássio na dieta

Quando o indivíduo é submetido a uma *dieta rica em potássio*, passa a apresentar maior secreção tubular potássica. Caso o período da dieta seja longo, seus rins podem, eficientemente, excretar muito potássio, fazendo com que ocorra apenas um pequeno aumento da concentração plasmática de potássio. A caliurese consequente à sobrecarga de potássio, aguda ou crônica, é devida a três fatores que ocorrem nas células principais do ducto coletor. Primeiro, em todas células do organismo (incluindo as renais) aumenta o influxo celular de K^+, via Na^+/K^+-ATPase. Além disso, a dieta rica em potássio amplifica a superfície da membrana basal das células principais, independentemente dos efeitos da aldosterona. Segundo, o aumento da concentração plasmática de K^+ estimula a síntese e liberação de aldosterona pelas células do córtex suprarrenal; este hormônio passa então, diretamente, a exercer seus efeitos estimuladores da secreção de K^+ (anteriormente descritos). Terceiro, a carga aguda de K^+ inibe a reabsorção proximal de Na^+ e de água, elevando, consequentemente, a carga de sódio e o fluxo de líquido nas porções finais do néfron, o que estimula a secreção de K^+ (como comentado antes).

Em resposta à *dieta pobre em potássio*, o rim retém potássio por meio de dois fatores. Primeiro, a baixa concentração plasmática de potássio inibe a secreção de K^+ pelas células principais por: reduzir, diretamente, o influxo celular basolateral de K^+ e inibir, indiretamente, a secreção de aldosterona. Segundo, a baixa concentração plasmática de potássio estimula a reabsorção potássica por ativação da H^+/K^+-ATPase luminal das células intercalares α do túbulo distal final e ducto coletor cortical. Adicionalmente, o ducto coletor medular aumenta sua reabsorção de potássio, elevando tanto a atividade da H^+/K^+-ATPase luminal como a permeabilidade paracelular a K^+. Como resultado, a concentração urinária de K^+ cai marcadamente, chegando a atingir níveis inferiores à plasmática.

Enquanto situações que determinam alta secreção tubular de K^+ (como níveis elevados de aldosterona no plasma ou de K^+ na dieta) amplificam a membrana basal das células principais, a dieta pobre em potássio amplifica a membrana apical das células intercalares α, provavelmente, aumentando a reabsorção ativa de K^+ e a secreção ativa de H^+, por ação da H^+/K^+-ATPase.

Íons multivalentes

Os íons Ca^{2+}, Mg^{2+} e fosfato inorgânico (HPO_4^{2-} e $H_2PO_4^-$) exercem funções vitais bastante complexas. O rim, em conjunto com o sistema digestório e o osso, tem um papel primordial na manutenção da homeostase desses elementos. Em um indivíduo adulto normal, a excreção renal desses íons é balanceada pela absorção gastrintestinal. Quando a reserva corporal de tais íons cai, a absorção gastrintestinal e as reabsorções óssea e tubular renal aumentam, fazendo as reservas corporais voltarem ao normal. Durante o crescimento ou a gravidez, a absorção intestinal excede a excreção urinária, e esses íons acumulam-se nos tecidos e ossos fetais. Por outro lado, em doenças ósseas em que se dá queda da mineralização óssea (p. ex., na osteoporose) ou quando há declínio na massa corporal magra, aumenta a perda mineral urinária sem modificação na absorção intestinal. Nessas condições, ocorre perda corporal desses íons.

▶ Cálcio

O íon cálcio tem importante papel em muitos processos fisiológicos, como formação óssea, divisão e crescimento celular, coagulação sanguínea, mensagem da resposta hormonal e acoplamento estímulo-resposta (como na contração muscular e liberação de neurotransmissores). O Quadro 52.1 indica que, do total de cálcio corporal, cerca de 99% estão armazenados no osso, 1% é encontrado no líquido intracelular e 0,1% no líquido extracelular. A concentração total de cálcio no plasma é de cerca de 2,5 mM, sendo normalmente mantida dentro de estreitos limites. Sua queda aumenta a excitabilidade nervosa e muscular (p. ex., hipocalcemia tetânica, caracterizada por espasmos do músculo esquelético). Por outro lado, a hipercalcemia provoca arritmia cardíaca e diminui a excitabilidade neuromuscular.

Quadro 52.1 • Conteúdo total e distribuição corporal de cálcio, magnésio e fosfato (em % do total).

Íon	Total (g)	Compartimento		
		Osso (%)	Intracel. (%)	Extracel. (%)
Cálcio	1.300	99	1	0,10
Magnésio	26	54	45	1,00
Fosfato	700	86	14	0,03

Homeostase do cálcio

A manutenção da homeostase do Ca^{2+} é uma função de duas variáveis: (1) quantidade total de Ca^{2+} no organismo e (2) distribuição de Ca^{2+} entre os líquidos dos compartimentos intra e extracelular.

A quantidade total de Ca^{2+} corporal é determinada pelas quantidades relativas de Ca^{2+} absorvido pelo sistema digestório e excretado pelos rins. A absorção gastrintestinal de Ca^{2+} é um processo ativo, mediado por um carregador estimulado pela *1,25-desidroxivitamina D_3 [ou 1,25$(OH)_2D_3$]*. A excreção renal de Ca^{2+} é igual à absorção gastrintestinal (cerca de 175 mg/dia) e varia em paralelo com esta. Assim, o balanço de Ca^{2+} é mantido, pois a quantidade de Ca^{2+} ingerida (em média 1.000 mg/dia) é igual à soma da quantidade perdida nas fezes (cerca de 825 mg/dia) e a excretada na urina (175 mg/dia).

A distribuição de Ca^{2+} entre osso e líquido extracelular é controlada principalmente pelo hormônio da paratireoide (PTH) e pela 1,25$(OH)_2D_3$. A secreção de PTH é estimulada pela hipocalcemia. O PTH faz crescer a concentração plasmática de Ca^{2+} por: (1) estimular a reabsorção óssea de Ca^{2+}, (2) elevar a reabsorção tubular renal de Ca^{2+}, e (3) incentivar a produção de 1,25$(OH)_2D_3$, a qual aumenta a absorção gastrintestinal e a reabsorção óssea de Ca^{2+}. A hipercalcemia reduz a secreção de PTH, levando a ações opostas às anteriormente descritas. Mais detalhes sobre este assunto são dados no Capítulo 76, *Fisiologia do Metabolismo Osteomineral*.

Transporte tubular de cálcio

Como pode ser visto no Quadro 52.2, aproximadamente 45% do Ca^{2+} plasmático são ionizados, cerca de 40% se ligam a proteínas plasmáticas (principalmente albumina) e 15% estão complexados a outros ânions, como HCO_3^-, citrato, PO_4^{3-} e SO_4^{2-}. Como apenas o Ca^{2+} ionizado e o complexado a ânions podem ser filtrados, cerca de 60% do Ca^{2+} plasmático estão disponíveis para filtração. Portanto, para calcular a carga filtrada de Ca^{2+}, é necessário considerar sua ligação às proteínas plasmáticas (consulte, no capítulo anterior, o Problema 51.1).

Vale lembrar que cálcio e magnésio estão complexados a vários ânions plasmáticos (HCO_3^-, citrato, PO_4^{3-} e SO_4^{2-}) e o fosfato está complexado a cátions (Na^+ e K^+, principalmente).

Normalmente, 99% do Ca^{2+} filtrado são reabsorvidos pelo néfron: 70% no túbulo proximal, 20% na alça de Henle (preferencialmente no ramo grosso ascendente), 8% no túbulo distal e cerca de 1% no ducto coletor. Aproximadamente 1% é excretado na urina (fração igual à absorvida diariamente pelo sistema digestório).

A reabsorção de Ca^{2+} pelo *túbulo proximal* não é controlada por hormônios. Ocorre por duas vias: transcelular (1/3 da total) e paracelular (2/3 da total) (Figura 52.4). A reabsorção paracelular é passiva e se dá por difusão e também por arraste junto com a água (ou *solvent drag*). A difusão é a favor da pequena diferença de potencial transepitelial, lúmen-positiva, nos segmentos S_2 e S_3, sendo esta a força movente mais significativa que promove a reabsorção de Ca^{2+} em túbulos proximais. Na reabsorção transcelular, o Ca^{2+} difunde-se do lúmen tubular para a célula a favor de seu gradiente eletroquímico, por canais tipo ECaC (*epithelial calcium channel*) e sai da célula para o interstício por três processos: pela Ca^{2+}-ATPase (tipo PMCa, ver Capítulo 11) e pelos contratransportadores $3Na^+/1Ca^{2+}$ e $2H^+/1Ca^{2+}$.

No *ramo ascendente grosso*, os mecanismos são semelhantes aos do túbulo proximal. A DP lúmen tubular-positiva também determina a reabsorção de Ca^{2+} (e de outros cátions) pela via paracelular (ver Figura 50.11), apenas não ocorrendo reabsorção paracelular por *solvent drag* (lembre que esse segmento é impermeável à água). Nesse segmento, existe uma proteína específica da *tight junction*, denominada *claudina 16* (ou PRCL-1, *paracellin-1*), necessária à reabsorção paracelular de Ca^{2+} e de Mg^{2+}. Uma mutação no gene que codifica a PRCL-1 leva a uma doença autossômica recessiva, designada síndrome da hipomagnesemia hipercalciúrica (SHH), caracterizada por grave perda renal de Ca^{2+} e de Mg^{2+} (para mais informações, ver Capítulo 56, *Distúrbios Hereditários e Transporte Tubular de Íons*).

O *túbulo distal convoluto* é o principal local regulador da excreção renal de Ca^{2+} (embora reabsorva apenas 8% da sua carga filtrada). Nesse segmento, a reabsorção de Ca^{2+} se realiza, principalmente, pela via transcelular, por meio dos mesmos processos descritos no túbulo proximal. Nessa porção tubular, a Ca^{2+}-ATPase da membrana basolateral apresenta alta densidade. Os *diuréticos tiazídicos* reduzem a excreção urinária de cálcio, por estimularem sua reabsorção nos túbulos distais convolutos. A provável explicação para tal efeito é dada a seguir. Esses diuréticos causam hiperpolarização celular por inibirem o cotransportador Na^+-Cl^- (NCCT) existente na membrana luminal desse segmento tubular; com isto, o Cl^- relaxa para sua concentração de equilíbrio no meio intracelular, não havendo mais efluxo de Cl^- através dos canais ClC

Quadro 52.2 • Formas de cálcio, magnésio e fosfato no plasma.

Íon	mM	Porcentagem do total		
		Ionizado	Ligado à proteína	Complexado
Cálcio	2,5	45	40	15
Magnésio	1,0	60	30	10
Fosfato	1,3	50	10	40

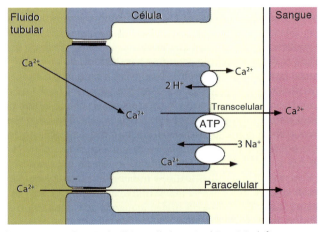

Figura 52.4 • Reabsorção de cálcio no túbulo proximal. Descrição da figura no texto.

da membrana basolateral. Como o Ca^{2+} entra na célula por canais presentes em membrana apical (tipo ECaC), a hiperpolarização celular induzida por tiazídicos favorece a reabsorção deste íon.

A contribuição quantitativa do *ducto coletor* na reabsorção de Ca^{2+} é muito pequena, e seu papel na regulação da excreção renal de Ca^{2+} ainda não está bem definido.

Regulação da excreção renal de cálcio

O Quadro 52.3 resume os fatores que modulam o transporte de Ca^{2+} nos vários segmentos do néfron, descritos a seguir.

Hormônio da paratireoide (PTH)

É o mais importante fator regulador da reabsorção renal de Ca^{2+}. Estimula a reabsorção de Ca^{2+} no ramo ascendente grosso, no túbulo distal convoluto e no túbulo de conexão. Possivelmente, aumenta a probabilidade de abertura dos canais luminais de Ca^{2+}, levando ao crescimento da sua concentração intracelular, o que estimula seu efluxo celular para o interstício, com consequente elevação da concentração plasmática de Ca^{2+}. O PTH liga-se a receptores tipo 1R, ativando a proteína Gα_S (levando a aumento do cAMP e estimulação da PKA) e a proteína Gα_q (que provoca estimulação da PKC).

Calcitonina

Em baixas concentrações, também eleva a reabsorção de Ca^{2+}, via cAMP, no ramo ascendente grosso e no túbulo distal convoluto.

Vitamina D

Atuando na transcrição gênica, aumenta a reabsorção de Ca^{2+} no túbulo distal convoluto (ação que se soma ao seu efeito estimulador da absorção gastrintestinal de Ca^{2+}). No interior da célula renal, a vitamina D estimula a proteína ligadora de Ca^{2+}, fazendo com que a concentração de Ca^{2+} livre no citoplasma se mantenha baixa, facilitando sua reabsorção tubular.

Nível plasmático de cálcio

No ramo grosso ascendente cortical, o aumento da concentração plasmática de Ca^{2+} peritubular inibe tanto o cotransporte 1Na$^+$:1K$^+$:2Cl$^-$ como os canais de Ca^{2+} (canais tipo ECaC) da membrana luminal, resultando na queda da DP transepitelial lúmen-positiva, com consequente redução da reabsorção paracelular de Ca^{2+}. É provável que o mecanismo envolvido seja o descrito a seguir. O Ca^{2+} extracelular liga-se a um *receptor sensível a Ca^{2+}*, localizado na membrana basolateral (denominado CaSR), que se acopla a, pelo menos, duas proteínas G. Primeiro, a ativação da proteína Gα_i diminui a concentração intracelular de cAMP, reduzindo a estimulação do cotransportador 1Na$^+$:1K$^+$:2Cl$^-$ (o qual é estimulado pelo cAMP). Segundo, a ativação de um membro da família G$_i$/G$_o$ estimula a PLA$_2$, aumentando os níveis de ácido araquidônico e de um dos metabólitos do P450 [provavelmente, o ácido 20-hidroxieicosatetraiônico (HETE)]. O HETE age na membrana luminal, inibindo o cotransportador 1Na$^+$:1K$^+$:2Cl$^-$ e os canais de K$^+$. Terceiro, o CaSR ativa a Gα_q, elevando a concentração de Ca^{2+} intracelular e estimulando a PKC, o que também inibe o cotransportador 1Na$^+$:1K$^+$:2Cl$^-$. Assim, o aumento da concentração plasmática de Ca^{2+} inibe, diretamente, a reabsorção de Na$^+$ e K$^+$ e, indiretamente, a reabsorção paracelular de Ca^{2+} e Mg$^+$ (por reduzir a DP transepitelial lúmen-positiva, gerada pela recirculação de K$^+$ na membrana apical – ver detalhes no Capítulo 51).

A *síndrome de Bartter tipo V*, grave doença de origem genética, está associada à hiperfunção do receptor CaSR da membrana basolateral do ramo grosso ascendente. Para mais informações, ver Capítulo 56.

O CaSR também está presente no túbulo proximal, no ramo grosso ascendente medular, no túbulo distal convoluto e no ducto coletor.

> A elevação da concentração plasmática de cálcio reduz a reabsorção de sódio pelo ramo ascendente grosso, impedindo a concentração do interstício medular. Com isso, o indivíduo perde a possibilidade de concentrar a urina, mesmo na presença de ADH circulante (detalhes no Capítulo 53). Na hipercalcemia crônica, ele apresenta fluxo urinário elevado, além de urina muito diluída, uma forma de *diabetes insípido nefrogênico*.

Volume circulatório efetivo

A redução do volume circulatório efetivo dispara vários mecanismos que atuam, paralelamente, para restaurar o volume. Um deles é a estimulação da inervação simpática renal, que aumenta a reabsorção de sódio no túbulo proximal. Visto que a reabsorção de Ca^{2+} nesse segmento tubular depende da DP transepitelial e de *solvent drag* (que, por sua vez, dependem da reabsorção de sódio), a contração de volume, indiretamente, eleva a reabsorção proximal de Ca^{2+}. Contrariamente, a expansão do volume reduz a reabsorção proximal de sódio e de cálcio.

Equilíbrio acidobásico

A alcalose metabólica aumenta a reabsorção renal de Ca^{2+} no túbulo distal convoluto, levando à redução de sua excreção urinária. Provavelmente, o efeito é devido à diminuição da ação inibidora do H$^+$ sobre os canais apicais de Ca^{2+} (tipo ECaC), sendo independente do PTH e da reabsorção de sódio.

Depleção de fosfato

A depleção crônica de fosfato inibe a reabsorção de Ca^{2+} no túbulo proximal e distal. O efeito é independente do nível de PTH; porém, o mecanismo ainda não é conhecido.

Diuréticos

Os diuréticos que agem no ramo grosso ascendente (p. ex., furosemida) inibem a reabsorção de Ca^{2+}, enquanto aqueles que atuam no néfron distal (p. ex., tiazídicos e amilorida) aumentam tal reabsorção. A *furosemida*, por inibir o cotransportador 1Na$^+$:1K$^+$:2Cl$^-$, reduz a DP transepitelial lúmen-positiva do ramo grosso ascendente, diminuindo a força motora para a reabsorção passiva, paracelular, de Ca^{2+}. Assim,

Quadro 52.3 ▪ Fatores que afetam a reabsorção de Ca^{2+} ao longo do néfron.

Local	Aumenta a reabsorção	Diminui a reabsorção
Túbulo proximal	Contração do VEC	Expansão do VEC
Ramo ascendente grosso	PTH Calcitonina	Furosemida
Túbulo distal convoluto	PTH Vitamina D ADH Alcalose Diuréticos tiazídicos	Depleção de fosfato
Ducto coletor	Amilorida	–

VEC, volume extracelular; PTH, hormônio da paratireoide; ADH, hormônio antidiurético.

a furosemida eleva, paralelamente, a excreção urinária de Na⁺ e Ca²⁺. Os *diuréticos tiazídicos* reduzem a eliminação urinária de cálcio, por estimularem sua reabsorção nos túbulos distais convolutos. A provável explicação para tal efeito é esses diuréticos causarem hiperpolarização celular por inibirem o cotransportador Na⁺-Cl⁻ existente na membrana luminal desse segmento tubular, fazendo o Cl⁻ relaxar para sua concentração de equilíbrio no meio intracelular, não havendo mais efluxo de Cl⁻ através da membrana basolateral (pelos canais ClC). Como o Ca²⁺ entra na célula por canais presentes na membrana luminal (tipo ECaC), a hiperpolarização celular induzida por tiazídicos favorece o influxo celular de Ca²⁺ por esses canais, o que, secundariamente, estimula o efluxo basolateral de Ca²⁺, elevando a reabsorção transcelular deste íon. A *amilorida*, inibindo os canais de Na⁺ da membrana luminal do túbulo coletor cortical (canais ENaC), também hiperpolariza a membrana apical. Assim, semelhante aos tiazídicos, a amilorida aumenta a reabsorção de Ca²⁺, por elevar o gradiente elétrico favorável ao influxo celular passivo de Ca²⁺ pelos canais da membrana luminal. O efeito estimulador desses dois diuréticos sobre o influxo apical de Ca²⁺ requer que o PTH esteja em níveis fisiológicos, para manter abertos os canais apicais de Ca²⁺.

▶ Magnésio

O íon magnésio, além de participar na formação óssea, tem outros importantes papéis bioquímicos, como ativação de enzimas e regulação de síntese proteica. Alterações do metabolismo de Mg²⁺ em geral envolvem perdas do íon, devidas a má absorção intestinal, diarreia, doenças renais e uso de diuréticos. As manifestações clínicas da depleção de Mg²⁺ incluem distúrbios neurológicos (especialmente quando associada à hipocalcemia), arritmia cardíaca e maior resistência vascular periférica. Por outro lado, o aumento da ingestão de Mg²⁺ pode diminuir a pressão sanguínea, e a hipermagnesemia grave (causada por grande ingestão ou por falência da excreção renal) resulta em náuseas, hiporreflexia, insuficiência respiratória e parada cardíaca.

A distribuição corporal e as formas plasmáticas de Mg²⁺ estão indicadas nos Quadros 52.1 e 52.2, respectivamente. Do total corporal, 54% estão localizados no osso, 45% no líquido intracelular e 1% no extracelular. A concentração plasmática de Mg²⁺ é de aproximadamente 1 mM, com 30% ligados a proteínas plasmáticas e, portanto, não disponíveis para a filtração glomerular.

Homeostase de Mg²⁺

Como no caso do cálcio, a manutenção da concentração de Mg²⁺ nos líquidos corporais é função de duas variáveis: (1) quantidade total de Mg²⁺ corporal, e (2) distribuição de Mg²⁺ entre os líquidos dos compartimentos intra e extracelular.

A quantidade total de Mg²⁺ corporal é determinada pela sua absorção gastrintestinal e excreção renal. O balanço corporal de Mg²⁺ é mantido graças à habilidade dos rins de excretar na urina uma quantidade igual à absorvida pelo sistema digestório (75 mg/dia).

Transporte tubular de Mg²⁺

Aproximadamente 20% do Mg²⁺ filtrado são reabsorvidos pelo túbulo proximal. No ramo grosso ascendente da alça de Henle, ocorre sua principal reabsorção, 70% do total filtrado. Nesses dois segmentos tubulares, a reabsorção de Mg²⁺ é preferencialmente passiva e paracelular, guiada pela diferença de potencial lúmen-positiva encontrada no túbulo proximal (segmentos S₂ e S₃) e no ramo grosso ascendente. No túbulo distal e no ducto coletor, sua reabsorção é pequena, menor que 10%.

No ramo grosso ascendente, a proteína PRCL-1 (*paracellin-1*), específica da *tight junction*, é necessária para a reabsorção paracelular de Mg²⁺ e de outros cátions. A mutação no gene que codifica essa proteína leva a uma doença autossômica recessiva, denominada síndrome da hipomagnesemia hipercalciúrica (SHH), caracterizada por grave perda renal de Mg²⁺ e de Ca²⁺ (mais detalhes no Capítulo 56).

Regulação da excreção renal de Mg²⁺

O Quadro 52.4 resume os fatores moduladores da excreção renal de Mg²⁺. Sua eliminação pelos rins é elevada por hipercalcemia, hipermagnesemia, expansão do volume de líquido extracelular e queda do nível plasmático de PTH, sendo o oposto verdadeiro. Todos esses fatores reguladores têm um efeito direto na reabsorção tubular de Na⁺ e, portanto, na diferença de voltagem transepitelial.

▶ Fosfato

O fosfato é um importante componente de muitas moléculas orgânicas, como DNA, RNA e ATP, além de ser valioso constituinte do osso. Na urina, constitui um tampão de fundamental importância no equilíbrio acidobásico. Cerca de 86% do fosfato estão localizados no osso, 14% no líquido intracelular e 0,03% no extracelular (ver Quadro 52.1). Sua concentração plasmática gira em torno de 1,3 mM (ver Quadro 52.2); aproximadamente 10% estão ligados a proteínas, portanto não podem ser filtrados.

Ao pH fisiológico do plasma (7,4), 80% do fosfato encontram-se na forma de HPO_4^{2-} e o restante como $H_2PO_4^-$.

Homeostase de fosfato

É função de duas variáveis: (1) quantidade corporal de fosfato, e (2) distribuição de fosfato entre os líquidos dos compartimentos intra e extracelular.

A quantidade corporal de fosfato é determinada pela quantidade absorvida por meio do sistema digestório e pela excretada por intermédio dos rins. A absorção gastrintestinal aumenta com a elevação de fosfato na dieta e é estimulada pela 1,25(OH)₂D₃. Os rins têm um papel vital na manutenção da homeostase do fosfato, pois a excreção renal deste é igual à sua absorção gastrintestinal. A liberação de fosfato dos estoques intracelulares é estimulada pelo PTH e pela 1,25(OH)₂D₃, sendo pois acompanhada pela liberação de Ca²⁺.

Quadro 52.4 ▪ Fatores que afetam a reabsorção de Mg²⁺ ao longo do néfron.

Local	Aumenta a reabsorção	Diminui a reabsorção
Túbulo proximal	Contração do VEC	Expansão do VEC
Ramo ascendente grosso	PTH, calcitonina Glucagon, ADH Baixa [Mg²⁺]pl	Furosemida Alta [Mg²⁺ ou Ca²⁺]pl
Túbulo distal convoluto	PTH, calcitonina	Alta [Mg²⁺ ou Ca²⁺]pl
Túbulo coletor	Glucagon, ADH Baixa [Mg²⁺]pl Amilorida	—

VEC, volume extracelular; *PTH*, hormônio da paratireoide; *ADH*, hormônio antidiurético; *[Mg²⁺ ou Ca²⁺]pl*, concentração plasmática de Mg²⁺ ou de Ca²⁺.

Transporte tubular de fosfato

O túbulo proximal reabsorve cerca de 80% do fosfato filtrado, o distal, algo em torno de 10%. A alça de Henle e o ducto coletor reabsorvem quantidades negligenciáveis. Portanto, aproximadamente 10% da carga filtrada de fosfato são excretados.

A *reabsorção proximal* de fosfato ocorre preferencialmente pela via transcelular. A entrada de fosfato na célula é feita por meio de um cotransporte ativo secundário, energizado pelo gradiente eletroquímico de sódio, localizado na membrana apical, que transporta 3Na^+ e 1 íon fosfato (na forma de HPO_4^{2-} ou de $H_2PO_4^-$). Esse cotransportador é denominado NaPi. O influxo celular apical de fosfato é controlado não só pelo pH intracelular e luminal, como também pela concentração luminal de Na^+. O H^+ intracelular parece estimular o cotransportador NaPi, alostericamente. Entretanto, o H^+ luminal é um inibidor competitivo do Na^+, ligando-se à face extracelular do NaPi; assim, quando o pH luminal cai, é mais difícil para o Na^+ se ligar ao cotransportador. A saída de fosfato da célula proximal, pela membrana basolateral, ocorre por um mecanismo ainda não bem conhecido. Provavelmente, se dá por um cotransportador que também transporta 3Na^+ e 1 íon fosfato.

O mecanismo celular de reabsorção de fosfato no *túbulo distal* e *ducto coletor* ainda não é bem conhecido.

A reabsorção tubular renal de fosfato apresenta um T_m (ou *transporte máximo*) cujo valor está ligeiramente acima da sua carga normalmente filtrada. Desse modo, um pequeno crescimento na concentração plasmática de fosfato aumenta sua carga filtrada, fazendo com que seu T_m seja atingido e causando elevação de sua excreção urinária, com consequente queda de sua concentração plasmática. Portanto, o rim regula a concentração plasmática de fosfato. Além disso, o T_m é variável e depende da quantidade de fosfato na dieta: quantidade alta diminui o T_m; baixa o eleva. Esse efeito independe de variações dos níveis plasmáticos de PTH. O transporte máximo também é sensível a uma variedade de estímulos, incluindo hormônios e equilíbrio acidobásico.

Regulação da excreção de fosfato

O Quadro 52.5 indica os principais fatores que regulam a reabsorção de fosfato pelo túbulo proximal. Alguns deles atuam rapidamente e são independentes de síntese proteica; outros têm ação mais lenta, que requer a síntese de proteínas.

O principal hormônio regulador é o hormônio da paratireoide (PTH), que inibe a reabsorção proximal de fosfato, aumentando, portanto, sua excreção renal. Seu efeito é rápido, não requerendo síntese proteica. O PTH atua por meio da estimulação de PKA e PKC, removendo o cotransportador NaPi da membrana apical, por endocitose, o que provoca queda do influxo celular de fosfato. Contrariamente, quando o nível de PTH circulante cai, vesículas que contêm o NaPi são inseridas na membrana, levando ao aumento da reabsorção proximal de fosfato. Outro hormônio de rápido efeito inibidor da reabsorção de fosfato é o peptídio atrial natriurético (ANP). Um exemplo adicional de rápido efeito inibidor é a expansão do volume extracelular, que promove a elevação da excreção renal de fosfato e de sódio.

Vários moduladores da reabsorção proximal de fosfato são lentos, atuando via síntese proteica e, portanto, no nível de mRNA do cotransportador NaPi. São exemplos desse tipo de modulação: a alta ingestão de fosfato (que diminui sua reabsorção proximal) e as depleções de fosfato e de 1,25$(OH)_2D_3$ (que aumentam sua reabsorção proximal).

EXCREÇÃO RENAL DE NÃO ELETRÓLITOS

▶ Glicose

Normalmente, a concentração plasmática de glicose está entre 70 e 100 mg/dℓ, sendo regulada pela insulina e por outros hormônios. Em condições normais, um indivíduo adulto filtra e reabsorve, diariamente, cerca de 1,5 kg desse açúcar. A carga filtrada de glicose é de 10 a 40 vezes maior que sua utilização diária, evidenciando o importante papel desempenhado pelos rins na conservação desse substrato. A glicose tem o diâmetro molecular aproximado de 0,7 nm e não se liga às proteínas plasmáticas. É, pois, livremente filtrada através da parede do capilar glomerular, aparecendo no espaço de Bowman na mesma concentração que está no sangue circulante. O fato de, normalmente, quase não aparecer glicose na urina (em condições normais seu *clearance* é zero) indica que esse açúcar deve ser intensamente reabsorvido pelos túbulos renais. Estudos de micropunção tubular revelam que mais de 98% da glicose filtrada são reabsorvidos no túbulo proximal, principalmente em sua porção inicial. Entretanto, se a sua reabsorção proximal é inibida de 25 a 30% (com ácido maleico, expansão de volume ou diuréticos), os segmentos mais distais do néfron são capazes de reabsorver quase toda a glicose rejeitada pelo proximal. Provavelmente, os locais dessa reabsorção mais tardia de glicose são a alça de Henle e o ducto coletor.

Mecanismo de reabsorção de glicose

A reabsorção tubular de glicose é transcelular. A Figura 52.5 indica que esse açúcar entra na célula através da membrana apical, pelo cotransportador Na^+-glicose, designado como SGLT (*sodium glucose cotransporter*). Esse é um tipo de transporte ativo secundário, movido pelo gradiente de Na^+. No citoplasma, a glicose se concentra e, então, sai da célula através da membrana basal, por difusão facilitada feita pelo transportador denominado GLUT (*glucose transporter*). Na porção inicial do túbulo proximal (segmento S_1), o tipo de transportador apical de glicose é de alta capacidade/baixa afinidade, chamado de SGLT2, o qual transporta 1Na^+:1 glicose. Na parte final do túbulo proximal (segmento S_3), o tipo de transportador apical de glicose é de alta afinidade/baixa capacidade, designado como SGLT1, o qual transporta 2Na^+:1 glicose. Ambos os transportadores apicais de glicose são inibidos pela florizina. A saída de glicose da célula, no segmento

---

Quadro 52.5 • Fatores moduladores da excreção renal de fosfato.

Diminui a reabsorção proximal (aumenta a excreção renal)
PTH
Expansão do VEC
Alta ingestão de fosfato
Alta [fosfato]pl
ANP

Aumenta a reabsorção proximal (diminui a excreção renal)
1,25$(OH)_2D_3$
Alta ingestão de Ca^{2+}
Depleção de fosfato

VEC, volume extracelular; PTH, hormônio da paratireoide; [fosfato]pl, concentração plasmática de folato; ANP, peptídio atrial natriurético.

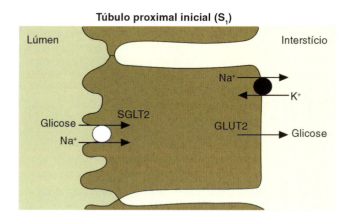

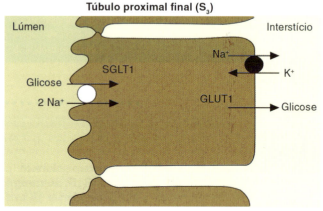

Figura 52.5 ▪ Mecanismos envolvidos na reabsorção de glicose no túbulo proximal, segmentos S_1 e S_3. A glicose atravessa a membrana luminal por transporte ativo secundário, feito por um cotransportador que transporta também Na^+ para dentro da célula (denominado SGLT – *sodium glucose cotransporter*). Esse açúcar passa do citoplasma para o fluido peritubular, por meio de um mecanismo de difusão facilitada, que envolve um transportador situado na membrana basolateral (designado GLUT – *glucose transporter*). Mais detalhes no texto.

S_1, é feita pelo transportador GLUT2, e no segmento S_3, pelo GLUT1; ambos os transportadores são independentes do Na^+, movem a glicose por difusão facilitada e são pouco sensíveis à florizina. No Capítulo 11, são fornecidas mais informações a respeito dos transportadores GLUT e SGLT.

A Na^+/K^+-ATPase é um elemento-chave no processo de reabsorção de glicose. A atividade dessa ATPase permite que a concentração intracelular de Na^+ permaneça baixa, mantendo o gradiente eletroquímico para o movimento passivo de Na^+ do lúmen tubular para a célula (ver Figura 52.5). Como o transporte de Na^+ e o de glicose estão acoplados, esse gradiente de Na^+ fornece a energia necessária para a entrada desse açúcar na célula. Em vista disso, o transporte tubular luminal de glicose é chamado de *transporte ativo secundário*. Na membrana luminal proximal, as reabsorções de glicose, fosfato e aminoácidos e a secreção de hidrogênio são todas processos dependentes da reabsorção de Na^+. Provavelmente, o fosfato, a glicose e o hidrogênio competem pela mesma força propulsora, ou seja, a diferença de potencial eletroquímico de Na^+.

Em humanos, a excreção urinária de glicose é praticamente nula em condições normais, não havendo *clearance* renal dessa substância. Entretanto, no *diabetes melito* ocorre apreciável eliminação renal desse açúcar, passando a acontecer *clearance* renal de glicose (ver Figura 50.1). Esta perda urinária não se deve à alteração renal, mas sim à elevação do nível plasmático de glicose, por causa da incapacidade do organismo em utilizar essa substância, o que caracteriza a referida alteração

metabólica. O nível plasmático acima do qual ocorre perda urinária de glicose é chamado de limiar renal de glicose. Seu valor é bastante variável em humanos, oscilando de 100 a 200 mg/dℓ, de acordo com o método de dosagem utilizado. Como visto no Capítulo 51, o que limita a reabsorção de glicose é a quantidade de carregador disponível ao longo do epitélio tubular, que é avaliada pelo T_m dessa substância. A quantidade de glicose oferecida aos túbulos não depende só do seu nível plasmático, mas também da sua filtração glomerular; por isso, o limiar renal varia conforme sua carga filtrada, sendo preferível utilizar, como medida da capacidade renal de reabsorver glicose, seu T_m, em vez de seu nível plasmático. O T_m de glicose em homens é de cerca de 375 mg/min por 1,73 m² de superfície corpórea; em mulheres, de 303 mg/min.

Existe uma diferenciação de néfrons quanto à capacidade de reabsorção de glicose. Na parte inferior da Figura 52.6, estão indicadas as quantidades filtradas, reabsorvidas e excretadas de glicose em relação ao seu nível plasmático. Na porção superior dessa figura está desenhada a chamada *curva de titulação de glicose*, mostrando que o aparecimento de glicose na urina não é um fenômeno brusco, mas gradativo, o mesmo acontecendo com sua saturação tubular. Este desvio da linearidade é nomeado *splay* da curva de titulação de glicose e indica que, até quando a capacidade máxima de reabsorção de glicose ainda não foi atingida, já começa a haver eliminação urinária dessa substância. O *splay* provavelmente se deve à existência de néfrons de capacidade funcional variável, isto é, alguns deles são saturados por uma carga filtrada de glicose mais baixa que outros, atingindo logo seu transporte máximo e levando à excreção urinária de glicose antes da saturação de todos os néfrons. O *splay* é mais pronunciado em casos de expansão de volume e nos estados urêmicos. Essa expansão diminui o T_m de glicose, o que é compreensível, pois o transporte renal de glicose está intimamente relacionado com o de Na^+.

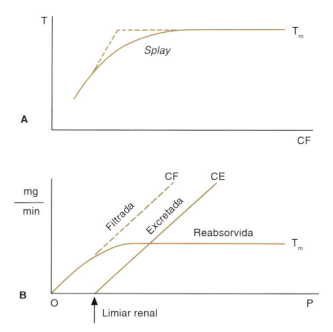

Figura 52.6 ▪ Representação esquemática. **A.** Curva de titulação de glicose, indicando o decurso teórico e o real, com *splay*. **B.** Quantidade de glicose filtrada, excretada e reabsorvida, de acordo com o aumento de sua concentração plasmática. *CF*, carga filtrada; *CE*, carga excretada; T_m, transporte máximo; *P*, concentração plasmática.

▶ Ureia

A ureia é o principal catabólito do metabolismo proteico e, além disso, o mais importante catabólito não volátil, em geral. A sua principal via de excreção é a urina, embora alguma ureia possa ser encontrada nas fezes e no suor. A concentração plasmática normal de ureia varia de 2,5 a 6 mM, e um indivíduo adulto sadio, com dieta normal e fluxo urinário diário em torno de 2 ℓ, elimina diariamente na urina cerca de 450 mM desse catabólito. A ureia não é tóxica, e sua retenção em moléstias renais (uremia) é somente um sinal de que estão retidas outras substâncias, as quais podem ter efeitos deletérios sobre o organismo quando presentes em excesso. Portanto, seu nível sanguíneo é uma avaliação grosseira, mas muito acessível, da suficiência ou da insuficiência renais.

Os mecanismos envolvidos no transporte tubular de ureia foram estudados, de início, por métodos de *clearance* e, posteriormente, por micropunção e microperfusão tubular.

Clearance de ureia

A ureia foi a primeira substância com a qual se realizaram *clearances* (Moeller, McIntosh e Van Slyke, em 1929). No passado, para a medida do *clearance* de ureia era costume utilizar a concentração de ureia no sangue (S) e não no plasma, por conveniências de dosagem em laboratórios clínicos. Assim, o *clearance* de ureia era dado como:

$$C_{ur} = \frac{U_{ur} \times V}{S_{ur}} = clearance\ máximo$$

Porém, esta relação é constante só para fluxos urinários relativamente altos, maiores que 2 mℓ/min por 1,73 m^2 de superfície corpórea, em humanos. Em média, tem valor de 75 mℓ/min. Valores semelhantes são obtidos quando se usa plasma, pois a ureia penetra facilmente nos glóbulos.

Em pesquisa, entretanto, para a medida do *clearance* de ureia, sua determinação deve ser feita no plasma, e, de preferência, a fluxos urinários altos, quando o *clearance* de ureia se torna comparável aos *clearances* de inulina ou creatinina (ver adiante). A razão C_{ur}/C_{in} varia em geral de 0,3 a 0,6. Para uma substância perfeitamente filtrável como a ureia, isso indica a existência de considerável grau de reabsorção tubular.

Fluxo urinário

A observação que contribuiu para firmar o conceito da reabsorção passiva de ureia é a relação entre fluxo urinário e excreção ureica, uma vez que o fluxo interfere na reabsorção de substâncias transportadas passivamente. Quando o fluxo é baixo, sua reabsorção tubular aumenta devido à elevação da sua concentração urinária, enquanto, em situações de fluxo elevado, diminui sua reabsorção. Portanto, como indica a Figura 52.7, o *clearance* de ureia é mais elevado a fluxos urinários altos, reduzindo-se consideravelmente a fluxos baixos. Nessa figura, a indicação do fluxo urinário é fornecida pela relação urina/plasma de inulina: como esta substância não é transportada pelo epitélio renal, quanto maior essa razão, mais elevada a concentração urinária de inulina e, portanto, menor o fluxo urinário. Nota-se na figura que, quando o fluxo urinário é alto, o *clearance* de ureia aproxima-se do da inulina, indicando que *nessa situação o clearance de ureia pode ser usado para avaliar a filtração glomerular*. Deve ser enfatizado que o valor clínico do *clearance* de ureia reside em seu paralelismo aproximado com a filtração glomerular, a fluxos urinários acima de 2 mℓ/min.

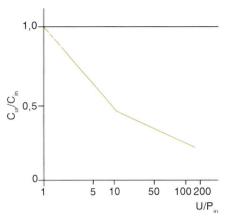

Figura 52.7 ▪ *Clearance* fracional de ureia (razão entre os *clearances* de ureia e de inulina ou C_{ur}/C_{in}) em função do fluxo urinário. Este está representado pela razão das concentrações de inulina na urina e no plasma (U/P$_{in}$). (Adaptada de Shannon e Smith, 1935.)

Ciclo da ureia

Embora a resultante final do processo de transporte de ureia que ocorre no rim seja grande reabsorção, existe, ao nível da alça de Henle, secreção passiva de ureia, proveniente do ducto coletor, possibilitando recirculação tubular desse soluto.

Na Figura 52.8, está indicado o chamado *ciclo da ureia*. Essa figura mostra que a reabsorção proximal de ureia corresponde a cerca de 50% do total filtrado no glomérulo. Entretanto, no início do túbulo distal é encontrada uma quantidade maior de ureia do que a filtrada, cerca de 110%. Isto indica que certa porção ureica é secretada para o lúmen tubular da alça de Henle. Ao longo do túbulo distal convoluto, ela é reabsorvida, chegando ao final desse segmento uma quantidade que corresponde a aproximadamente 70% da filtrada. Passando pelo túbulo coletor, a ureia tem sua concentração aumentada devido à grande reabsorção de água que ocorre nesse segmento tubular, na presença do hormônio antidiurético. Em vista disso, ela é reabsorvida de modo contínuo, principalmente no coletor da medula interna, passando para o interstício, e apenas 13% de sua carga filtrada são eliminados na urina. Penetrando no interstício medular renal, a ureia

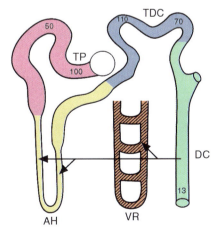

Figura 52.8 ▪ Ciclo da ureia em um néfron. Os números dentro do lúmen tubular indicam a porcentagem de ureia filtrada encontrada nos vários segmentos tubulares. Note que a ureia reabsorvida no túbulo coletor vai para o interstício, daí se difundindo para o vaso reto e a alça de Henle. *TP*, túbulo proximal; *AH*, alça de Henle; *TDC*, túbulo distal convoluto; *DC*, ducto coletor; *VR*, vaso reto. (Adaptada de Lassiter *et al.*, 1961.)

difunde-se para os vasos retos e para os ramos descendente e ascendente da alça de Henle. Em resumo, esse catabólito é reabsorvido passivamente nos túbulos proximal, distal convoluto e coletor e secretado passivamente na alça de Henle.

A importância da ureia para os mecanismos de concentração urinária está descrita no Capítulo 53.

Transporte tubular de ureia

Após ser livremente filtrada, 50% da ureia são reabsorvidos no *túbulo proximal* por difusão, pela via transcelular e paracelular, a favor de seu gradiente de concentração, criado pela progressiva reabsorção de líquido ao longo desse segmento. Vale lembrar que esse catabólito consiste em uma substância muito difusível, o que é ilustrado por seu elevado coeficiente de difusão em água a 37°C (1,33), em comparação com o de inulina (0,177). Adicionalmente, por sua solubilidade relativamente elevada em lipídios, a ureia provavelmente atravessa a bicamada lipídica das membranas celulares. Além disso, ela é reabsorvida por arraste pela água (*solvent drag*), através das vias paracelulares.

A *porção fina descendente* da alça de Henle, tanto de néfrons superficiais como de justamedulares, apresenta um transportador de ureia, denominado UT2, que secreta esse soluto para o lúmen tubular, por um mecanismo de difusão facilitada.

No *ramo fino ascendente*, as células continuam secretando ureia para o lúmen, provavelmente, também por difusão facilitada.

A reabsorção de água no túbulo coletor, estimulada pelo ADH, resulta em aumento da concentração luminal de ureia, que atinge níveis cada vez mais elevados em direção à papila renal. Assim, o *ducto coletor da medula interna* reabsorve ureia através da via transcelular, por difusão facilitada, tanto na membrana apical (pelo transportador UT1), como na membrana basolateral (pelo transportador UT4). O ADH estimula o transportador UT1, mas não tem efeito sobre o UT4. Os transportadores ureicos são proteínas altamente hidrofóbicas que se inserem quase totalmente na membrana, exceto por uma alça extracelular relativamente grande. O protótipo dessa família de proteínas é o transportador UT2. O UT1 é variante do mesmo gene, constituída de uma repetição em série de módulos UT2, ligados por uma alça citoplasmática em que se encontram, provavelmente, vários locais de fosforilação por PKA. Estas características estruturais explicam a sensibilidade do UT1 ao ADH, hormônio que age via cAMP, com ativação da PKA.

A passagem de ureia do interstício medular para o ramo descendente dos vasos retos ocorre por difusão facilitada, mediada pelo transportador UT3, estruturalmente bastante semelhante ao UT2.

▶ Aminoácidos

Os aminoácidos ocorrem em concentração significante no plasma, perfazendo um total próximo de 2,4 mM. Após serem filtrados livremente, são quase totalmente reabsorvidos. A sua reabsorção ocorre principalmente (98%) no túbulo proximal inicial, onde os aminoácidos entram na célula através da membrana apical, por cotransporte com Na^+, por mecanismo ativo secundário. Esse cotransporte é guiado pelo gradiente transmembranal de Na^+, gerado pela ação da Na^+/K^+-ATPase basolateral (Figura 52.9). Existem diferentes cotransportadores, cada um dos quais reconhecendo determinados grupos de aminoácidos. Como o mesmo transportador pode reabsorver aminoácidos estruturalmente semelhantes, existe inibição competitiva entre aqueles estruturalmente relacionados. Posteriormente, os aminoácidos deixam a célula por difusão facilitada, através da membrana basolateral.

Entretanto, alguns aminoácidos atravessam a membrana apical por difusão facilitada, por um mecanismo Na^+-independente. Outros usam mecanismos de transporte mais complexos, tanto na membrana luminal como na basolateral; nestes mecanismos, há acoplamento não só com o transporte de Na^+, mas também com o de outras espécies iônicas, como H^+ e K^+.

Particularmente, na porção final do túbulo proximal, pode ocorrer um influxo celular de aminoácido pela membrana basolateral, Na^+-dependente, importante para o metabolismo e nutrição celular; um exemplo é a glutamina, aminoácido precursor da síntese de NH_4^+ na célula proximal (mais detalhes no Capítulo 54, *Papel do Rim na Regulação do pH do Líquido Extracelular*).

Com algumas poucas exceções, a cinética de reabsorção de aminoácidos assemelha-se à da glicose, mostrando saturação e T_m. Porém, ao contrário da glicose, cujo T_m é relativamente alto, a maioria dos aminoácidos apresenta T_m baixo. Consequentemente, quando aumenta o nível plasmático de um determinado aminoácido, há elevação de sua excreção renal, impedindo que o seu nível plasmático máximo seja ultrapassado.

▶ Proteínas

Embora, em condições normais, o *pool* plasmático diário de proteínas circulantes que passa pelos rins corresponda a 60 kg, a quantidade proteica encontrada na urina é praticamente nula (cerca de 10 mg/dia). O fato de não se encontrarem

> Em virtude de o influxo celular apical de um grande número de solutos orgânicos (como glicose e aminoácidos) ou inorgânicos (p. ex., fosfato e sulfato) depender do gradiente eletroquímico de Na^+, o aumento da atividade de um desses transportadores pode diminuir a atividade dos demais. Assim, a carga intraluminal de glicose pode comprometer a reabsorção de aminoácidos. Esse comportamento competitivo ocorre por duas razões. Primeira, o influxo de soluto por um transportador acoplado ao Na^+ eleva a concentração intracelular de Na^+ e então diminui o gradiente químico de Na^+, responsável pelo influxo Na^+-dependente de outro soluto. Segunda, alguns transportadores Na^+-dependentes carregam cargas positivas para o interior da célula, tornando a diferença de potencial transmembranal apical mais positiva, reduzindo o gradiente elétrico que favorece o transporte de um outro soluto.

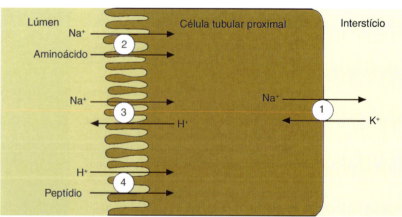

Figura 52.9 ▪ Mecanismos celulares envolvidos na energização dos sistemas de transporte de aminoácidos e peptídios no túbulo proximal. *1*, Na^+/K^+-ATPase; *2*, cotransporte Na^+-aminoácidos; *3*, trocador Na^+/H^+; *4*, cotransporte peptídio-H^+. (Adaptada de Ganapathy e Leibach, 1986.)

as proteínas na urina se deve a duas causas: (1) proteínas de peso molecular elevado são pouco filtradas nos glomérulos (p. ex., albumina e certas globulinas) e (2) algumas proteínas, após serem filtradas, são reabsorvidas no túbulo renal [como, albumina, insulina, paratormônio (PTH), lisozima, mioglobulina, hormônio de crescimento (GLH), peptídio atrial natriurético (ANP) e glucagon].

Pequenos peptídios que são filtrados (p. ex., angiotensina II) podem ser hidrolisados por peptidases na borda em escova, e os aminoácidos resultantes são então reabsorvidos. As proteínas maiores (como alguns hormônios) entram na célula por endocitose e no interior celular são metabolizadas a aminoácidos, que retornam à circulação. Esse processo apresenta dois efeitos: preservação do nitrogênio circulante e participação na homeostase hormonal, tendo importante papel no metabolismo de hormônios polipeptídicos.

Filtração glomerular

As características que influem na filtração da molécula proteica são: peso, forma e carga elétrica. Proteínas de peso molecular menor que 20.000 dáltons (ou 21 Å de raio molecular efetivo) atravessam facilmente a barreira glomerular. As de peso molecular maior (como a albumina, com peso molecular de 70.000 Da, e mesmo algumas globulinas bem maiores) também atravessam a membrana filtrante, embora em quantidades pequenas, em face da grande variabilidade do diâmetro dos poros da membrana. O PTH é um exemplo de como a forma e a simetria da proteína influenciam na filtrabilidade glomerular. O peso molecular do PTH é de 9.000 Da, mas, devido à sua estrutura assimétrica, ele tem a mesma filtrabilidade que o GLH, hormônio cujo peso é de 30.000 Da e que apresenta estrutura simétrica. Há também nítida influência da carga elétrica na filtrabilidade das proteínas de peso molecular acima de 20.000 Da: as de carga negativa atravessam a membrana filtrante com maior dificuldade que as de carga positiva, devido à existência de cargas negativas nos *poros* da membrana filtrante (ver Capítulo 50, *Hemodinâmica Renal*). Proteínas de peso molecular mais baixo, como a mioglobina (aniônica) e a lisozima (catiônica), parecem não sofrer influência das cargas elétricas dos poros da membrana filtrante, uma vez que suas cargas elétricas de pequena intensidade pouco influem, em face do tamanho dos poros.

Reabsorção tubular

Proteínas e polipeptídios filtrados são reabsorvidos preferencialmente pelo túbulo proximal, por meio de *endocitose mediada por receptor* (Figura 52.10). O primeiro passo é a ligação dessas substâncias à membrana apical, seguida de sua internalização em vesículas endocíticas cobertas por clatrina. Em seguida, essas vesículas fundem-se com endossomos. Tal fusão permite que o conteúdo vesicular se incorpore em lisossomos e que a membrana vesicular recircule de volta à membrana apical. No interior dos lisossomos, essas substâncias são digeridas pelas enzimas proteolíticas ativas em pH ácido, por períodos que variam de alguns minutos (no caso de peptídios hormonais) a horas (para algumas enzimas, como lisozima), ou mesmo dias (para proteínas maiores, por exemplo, hemoglobina, ferritina e imunoglobulinas). Posteriormente, a célula libera os produtos da digestão, principalmente aminoácidos, para a circulação capilar peritubular. Poucas proteínas são reabsorvidas intactas, por transcitose, independentemente da digestão no interior dos lisossomos.

Os endossomos são acidificados pelo influxo de H^+ realizado por H^+-ATPases do tipo vacuolar. Estas, para funcionar perfeitamente, necessitam do influxo do contraíon Cl^-, realizado pelo canal ClC-5. Portanto, por facilitar a formação de gradientes transvesiculares de pH, esse canal é essencial para a endocitose proteica no túbulo proximal. Os portadores da doença de Dent, patologia hereditária associada ao cromossomo X, que codifica tal canal, apresentam característica proteinúria de baixo peso molecular (mais explicações a respeito desse assunto estão no Capítulo 56).

Além da reabsorção apical e da digestão intracelular, o rim tem outros dois caminhos para a degradação de proteínas. Um deles é importante para proteínas bioativas que apresentam receptores na membrana basolateral (p. ex., insulina, ANP, AVP e PTH). Após transcitose pela célula tubular proximal, esses hormônios são parcialmente hidrolisados na membrana basolateral. Isso é importante para evitar que esses peptídios, uma vez reabsorvidos, ativem seus receptores presentes na membrana basolateral. Os fragmentos peptídicos resultantes caem na circulação peritubular, ficando disponíveis para posterior filtração glomerular e reabsorção tubular. O segundo caminho alternativo para a degradação proteica envolve endocitose mediada por receptor, pela célula endotelial da vasculatura renal e das estruturas glomerulares. Essa via participa no catabolismo de pequenos peptídios, como o ANP.

▶ Peptídios

O túbulo proximal reabsorve cerca de 99% dos oligopeptídios filtrados. Na face externa da borda em escova desse segmento, existem várias enzimas (aminopeptidases, endopeptidases e dipeptidases) que hidrolisam oligopeptídios, inclusive a angiotensina II, liberando no lúmen tubular aminoácidos ou oligopeptídios com 2 a 4 aminoácidos. As células tubulares reabsorvem os aminoácidos (como descrito anteriormente), bem como outros pequenos peptídios (com 2 a 4 aminoácidos) resistentes às enzimas da borda em escova. Essa reabsorção é feita por meio de um cotransportador H^+-peptídio (denominado PepT1), eletrogênico, existente na membrana apical. Esse cotransportador

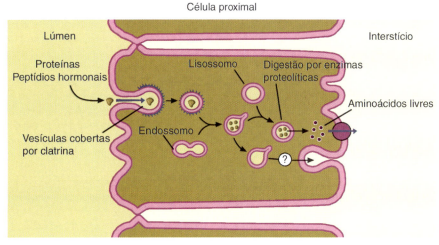

Figura 52.10 • Reabsorção de proteínas (p. ex., albumina) e peptídios hormonais (p. ex., insulina) pelo túbulo proximal, por meio de endocitose mediada por receptor na membrana apical. Descrição da figura no texto.

é guiado pelo gradiente transmembranal de íons hidrogênio, gerado pelo trocador Na^+/H^+ existente na membrana luminal, o qual é mantido pela ação da Na^+/K^+-ATPase basolateral (ver Figura 52.9). Em vista disso, esse transporte de peptídeos mantido pelo gradiente de H^+ é classificado como *transporte ativo terciário*. Uma vez dentro da célula, os oligopeptídeos sofrem hidrólise por peptidases intracelulares; um exemplo desse tipo de transporte é o da bradicinina. Ainda não foi possível saber qual a distinção entre os peptídeos digeridos no lúmen tubular e os reabsorvidos via transportador PepT1.

O metabolismo de peptídeos que ocorre no lado basolateral também desempenha importante papel no *clearance* de peptídeos. A membrana basolateral tem peptidases responsáveis por esse metabolismo. É também possível que alguns peptídeos entrem na célula tubular através dessa membrana e sofram posterior quebra intracelular.

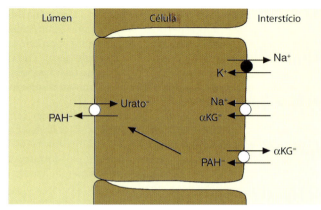

Figura 52.11 • Mecanismos de transporte de para-amino-hipurato (PAH) no túbulo proximal. α*KG=*, α-cetoglutarato. Descrição da figura no texto.

▶ Para-amino-hipurato (PAH)

A excreção renal de PAH resulta da filtração e secreção tubular, embora possa existir pequena reabsorção tubular. Sua secreção tubular é um dos mais importantes sistemas de transporte de ânions orgânicos realizados pelos rins. A maior taxa de secreção e concentração intracelular de PAH, e de grande variedade de outros ânions orgânicos, ocorre na porção média do túbulo proximal. Como mostrado na Figura 52.11, a entrada do PAH na célula, pela membrana basolateral, é um *transporte ativo terciário*. Assim, a energia para a passagem de PAH do sangue peritubular para a célula provém, primariamente, do gradiente de Na^+ criado pela Na^+/K^+-ATPase. Esse gradiente é responsável pela entrada celular de dicarboxilatos (α-cetoglutarato e glutarato), cotransportados com o Na^+, na membrana basolateral (transporte ativo secundário). Subsequentemente, esses dicarboxilatos são trocados com o PAH, na membrana basolateral, por meio de um transportador denominado ROAT1. Posteriormente, o PAH é secretado da célula para o lúmen tubular por meio de um transportador eletroneutro, que troca o ânion PAH pelo ânion urato. Entretanto, esse trocador aceita também grande variedade de outros ânions, tanto inorgânicos (Cl^-, Br^-, HCO_3^-, OH^-) como orgânicos (lactato, furosemida). Para maiores detalhes da manipulação renal de PAH, ver Capítulo 51.

▶ Tiamina

Estudos do *clearance fracional* de tiamina (razão entre o *clearance* de tiamina e o de creatinina), em cães, mostram que essa vitamina é tanto secretada como reabsorvida pelo epitélio renal. Acompanhando a Figura 52.12 A, vemos que, quando o nível de tiamina plasmática é baixo (0,5 mg/mℓ), seu *clearance fracional* é superior a 1 (podendo atingir até 4,6), indicando que essa vitamina é secretada pelos rins. Porém, à medida que seus níveis plasmáticos aumentam, seu *clearance* fracional vai caindo e, a altas concentrações plasmáticas de tiamina (entre 150 e 300 mg/mℓ), é inferior a 1, indicando reabsorção tubular.

Em microrganismos e em plantas, o gradiente de H^+ é a fonte de energia para o transporte de vários nutrientes. Nessas células, o gradiente de hidrogênio da membrana celular se estabelece por uma H^+-ATPase ou pela liberação assimétrica de H^+, por meio da ação de uma cadeia respiratória presente na membrana celular. Diferentemente, nas células animais, o gradiente de Na^+ parece ter substituído o de H^+ como força principal movente do transporte de nutrientes. Esse gradiente de Na^+ é mantido através da membrana plasmática pela Na^+/K^+-ATPase. A existência de duas diferentes fontes de energia para o transporte de solutos no túbulo proximal pode ter significado fisiológico. Se uma fonte de energia comum estivesse envolvida no transporte ativo de solutos como aminoácidos e peptídeos, poderia resultar significante competição entre esses solutos pela mesma força movente. A existência de diferentes forças moventes responsáveis pelo transporte desses solutos reduz tal competição e aumenta a reabsorção desses solutos, em benefício do organismo.

▶ **Proteinúria.** Em algumas doenças renais, é possível ocorrer elevação da concentração de proteínas na urina (proteinúria), podendo atingir o nível de excreção de 50 g/dia. Nesta situação, as principais proteínas urinárias são albumina e globulinas. De acordo com sua origem, as proteinúrias são classificadas em pré-glomerular, glomerular e tubular. A de origem *pré-glomerular* surge quando existe no sangue circulante proteína de baixo peso glomerular facilmente filtrada no glomérulo. Isso acontece em casos de certos tumores ósseos, como em mieloma múltiplo, que produzem a proteína de Bence-Jones, com peso molecular de 40.000. Isso pode ocorrer também em casos de lesões orgânicas, das mais variadas etiologias, em que antígenos órgão-específicos são liberados para a circulação, elevando suas concentrações plasmáticas. Nestas situações, aumentam a carga filtrada, a reabsorção tubular e a excreção urinária dessas proteínas, originando-se a *proteinúria de sobrecarga*. A *proteinúria de origem glomerular* é mais comumente encontrada, podendo aparecer em condições fisiológicas ou fisiopatológicas. Existe um exemplo de proteinúria por modificação fisiológica da permeabilidade da membrana filtrante glomerular quando ocorre aumento da angiotensina II circulante. Este hormônio, por fazer subir a pressão sanguínea intracapilar glomerular, aumenta a carga de proteínas filtradas e, consequentemente, a excreção de proteínas na urina. Alterações na carga elétrica da membrana filtrante (p. ex., na síndrome nefrótica por lesão mínima, em que há diminuição de ácido siálico na membrana basal) afetam principalmente a filtração de proteínas maiores, como a albumina e as globulinas. Como em condições normais essas proteínas têm filtrabilidade muito baixa, pequeno aumento na permeabilidade glomerular levará a significativa elevação de suas cargas filtradas. Uma vez atingida a saturação de sua reabsorção, não são totalmente reabsorvidas, aparecendo na urina. A *proteinúria de origem tubular* ocorre quando os túbulos renais são incapazes de reabsorver proteínas. Pode aparecer também quando se eleva o nível plasmático de determinada proteína, provocando a saturação da capacidade de sua reabsorção. Algumas vezes, quando a concentração de proteína no fluido tubular é bem elevada, ela pode precipitar-se no interior dos túbulos, surgindo na urina os chamados *cilindros urinários*. Estes podem ser hialinos, quando formados apenas de proteína, ou avermelhados, quando, além de proteína, contêm também hemácias. A proteína de Tamm-Horsfall é uma glicoproteína renal, sendo o constituinte primário dos cilindros urinários. Está localizada, seletivamente, ao longo da porção ascendente da alça de Henle e parece envolvida nas mudanças de permeabilidade que ocorrem nesse segmento tubular.

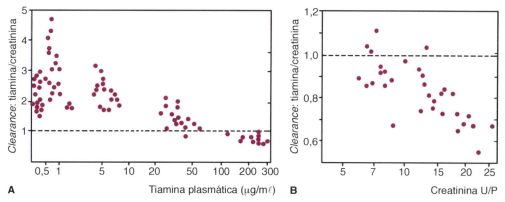

Figura 52.12 • **A.** *Clearance* fracional de tiamina (razão entre os *clearances* de tiamina e de creatinina, ou *clearances* tiamina/creatinina) em função do nível plasmático de tiamina. **B.** *Clearance* fracional de tiamina a alto nível plasmático (200 µg/mℓ) em função do fluxo urinário. Este está indicado pela razão das concentrações de creatinina na urina e no plasma (creatinina U/P). Explicação da figura no texto. (Adaptada de Malnic *et al.*, 1960.)

A explicação para esses achados é a seguinte: em níveis plasmáticos baixos, a reabsorção de tiamina é menor que sua secreção. Portanto, nessa condição, pelo método de *clearance* não é possível evidenciar sua reabsorção, uma vez que essa metodologia analisa a resultante final dos processos de transporte que estão acontecendo no rim como um todo. Quando a concentração plasmática de tiamina se eleva, sua secreção, que é ativa, atinge um T_m e não cresce mais; entretanto, sua reabsorção passiva vai aumentando, até ultrapassar o valor da sua secreção.

A evidência de que a reabsorção de tiamina é passiva encontra-se na Figura 52.12 B, que analisa o *clearance* fracional de tiamina em função da variação do fluxo urinário. Esse fluxo está indicado pela relação urina/plasma de creatinina (pois, quanto maior a concentração de creatinina na urina, menor o fluxo urinário). Vemos que, a um mesmo nível elevado de tiamina plasmática (200 µg/mℓ), sua reabsorção aumenta quando o fluxo urinário está baixo (à direita da figura), condição em que sua concentração intratubular é alta.

BIBLIOGRAFIA

BENOS DJ, FULLER CM, SHLLYONSKY VG *et al.* Amilloride-sensitive Na⁺ channels: insights and outlooks. *NIPS: News in Physiological Sciences*, 12:55-61, 1997.
DIBONA GF (Ed.). Neural control of renal tubular solute and water transpor. *Miner Electrolyte Metab*, 15:44-50, 1989.
GANAPATHY V, LEIBACH FH. Carrier-mediated reabsorption of small peptides in renal proximal tubule. *Am J Physiol*, 251:F945-53, 1986.
GARTY H, PALMER LG. Epithelial sodium channels: function structure and regulation. *Physiol Rev*, 77:359-96, 1997.
GIEBISCH G, WINDHAGER E. Transport of urea, glucose, phosphate, calcium, magnesium and organic solutes. In: BORON WF, BOULPAEP EL (Eds.). *Medical Physiology*. Saunders, New York, 2005.
HOENDEROP JGJ, WILLEMS PHGM, BINDELS RJM. Toward a comprehensive molecular model of active calcium reabsorption. *Am J Physiol*, 278:F352-60, 2000.
LASSITER WE, GOTTSCHALK CW, MYLE M. Micropuncture study of net transtubular movement of water and urea in nondiuretic mammalian kidney. *Am J Physiol*, 200:1139-47, 1961.
MALNIC G, KLOSE RM, GIEBISH G. Micropuncture study of distal tubular potassium and sodium transport in rat nephron. *Am J Phisiol*, 211:529-47, 1966.
MALNIC G, MATTHEW AB, GIEBISCH G. Control of renal potassium excretion. In: BRENNER BM (Ed.). *The Kidney*. 7. ed. Saunders, Philadelphia, 2004.
MALNIC G, SILVA ACC, ANGELIS RC *et al.* Renal excretion of thiamin by the dog. *Am J Physiol*, 198:1274-8, 1960.
MURER H, HERNANDO N, FORSTER I *et al.* Proximal tubular phosphate reabsorption: molecular mechanisms. *Physiol Rev*, 80:1373-409, 2000.
PALACIN M, ESTEVEZ R, BERTRAN J *et al.* Molecular biology of mammalian plasma membrane amino acid transporters. *Physiol Rev*, 78:969-1054, 1998.
PHILBRICK WM, WYSOLMERSKI JJ, GALBRAITH S *et al.* Defining the roles of parathyroid hormone-related protein in normal physiology. *Physiol Rev*, 76:127-76, 1996.
ROUFFIGNAC C, QUAMME G. Renal magnesium bandling and its hormonal control. *Physiol Rev*, 74:305-22, 1994.
SCHEEPERS A, JOOST UG, SCHÜRMANN A. The glucose transporter families SGLT and GLUT: molecular basis of normal and aberrant function. *JPEM J Parenter Enteral Nutr*, 28(5):364-71, 2004.
SHANNON JA, SMITH HW. The excretion of inulin, xylose and urea by normal and phlorizinized man. *J Clin Invest*, 14:393-401, 1935.
SIMON DB, LU Y, CHOATE KA *et al.* Paracellin-1, a renal thight junction protein required for paracellular Mg²⁺ reabsorption. *Science*, 285:103-6, 1999.
VALTIN H. *Renal Function. Mechanisms Preserving Fluid and Solute Balance in Health*. 2. ed. Little Brown, Boston, 1983.
WANG W, HEBERT SC, GIEBISCH G. Renal K⁺⁰ channels: structure and function. *Ann Rev Physiol*, 59:413-36, 1997.
YOU G, SMITH CP, KANAI Y *et al.* Expression cloning and characterization of the vasopressin-regulated urea transporter. *Nature*, 365:844-7, 1993.

Capítulo 53

Papel do Rim na Regulação do Volume e da Tonicidade do Líquido Extracelular

Margarida de Mello Aires

- Introdução, *798*
- Regulação do volume do LEC, *798*
- Regulação da tonicidade do LEC, *804*
- Reabsorção e excreção renal de água, *805*
- Hormônio antidiurético, *808*
- Medida da excreção renal de água livre de soluto, *814*
- Medida do transporte renal de água pelo ducto coletor ($T^c_{água}$), *814*
- Efeito dos diuréticos no $C_{água}$ e no $T^c_{água}$, *815*
- Bibliografia, *815*

INTRODUÇÃO

Uma das principais funções dos rins é manter o volume e a tonicidade do líquido extracelular (LEC), apesar das variações diárias da ingestão de sal e de água que ocorrem em um indivíduo normal. Enquanto a regulação do volume se relaciona primariamente com modificação no balanço de sódio, a da tonicidade compreende essencialmente modificações no balanço de água. É importante regular o volume do LEC para manter a pressão sanguínea, a qual é essencial para a adequada perfusão e função dos tecidos. E é também importante regular a tonicidade do LEC, pois tanto a hipo como a hipertonicidade causam alteração no volume celular, o que compromete a função celular, especialmente no sistema nervoso central. Esses dois mecanismos homeostáticos usam diferentes sensores, transdutores hormonais e efetores (Quadro 53.1). Entretanto, eles têm algo em comum: alguns de seus efetores, embora distintos, estão localizados no rim. No volume do LEC, o sistema controlador regula a excreção urinária de sódio e, na tonicidade, o sistema controlador regula a excreção urinária de água. Embora as regulações do volume e da tonicidade sejam interdependentes e concomitantes, por motivos didáticos serão expostas separadamente.

REGULAÇÃO DO VOLUME DO LEC

O conteúdo corporal de Na^+ é o mais importante determinante do volume do LEC, pois o Na^+, associado aos ânions Cl^- e HCO_3^-, é o principal constituinte osmótico desse líquido; assim, quando o Na^+ se move, a água se move com ele. Como o organismo normal mantém a osmolalidade do LEC dentro de limites estreitos (cerca de 290 ± 4 miliosmóis/kg, ou mOsm), o conteúdo de Na^+ corporal total, controlado pelos rins, é o principal determinante do volume do LEC.

A Figura 53.1 indica o efeito que um abrupto aumento da ingestão de sódio, por um indivíduo normal, causa em seu peso corporal e em sua excreção renal de sódio. Na situação controle, o indivíduo está em balanço de sódio, com ingestão e excreção de sódio iguais e correspondentes a 10 mEq/dia, sendo seu peso constante, em torno de 70 kg. Quando sua ingestão de sódio sobe repentinamente para 150 mEq/dia, apenas metade desse íon ingerido é eliminada no primeiro dia. O remanescente é retido, surgindo um balanço positivo de sódio com elevação de suas reservas corporais. Com isso, a osmolalidade do plasma sobe, o que estimula a sede e a secreção de ADH (hormônio antidiurético). O aumento da ingestão e da reabsorção renal de água leva à retenção hídrica, resultando no crescimento do *volume circulatório efetivo* e do peso corporal e no retorno da osmolalidade plasmática ao normal. Nos dias seguintes, progressivamente é excretada maior fração do excesso de sódio ingerido, até que, pelo quarto ou quinto dia, se atinge novo estado de equilíbrio, em que a excreção renal de sódio fica igual à sua ingestão. Esse novo equilíbrio se caracteriza por moderado aumento do volume circulatório efetivo, devido à retenção de sódio e água ocorrida nos primeiros 4 dias. Deve ser notado que, nesse novo estado de equilíbrio, somente o compartimento extracelular aumenta de volume. O volume intracelular não se eleva porque não há força osmótica para a água atravessar a membrana celular (ou seja, a osmolalidade extracelular está normal). É a moderada expansão do volume extracelular que sinaliza ao rim que aumente sua taxa de excreção de Na^+. A concentração de Na^+ extracelular não se altera nesse período, não podendo pois ser o sinal para fazer sua excreção renal aumentar. A Figura 53.1 também indica que, se a ingestão de sódio é então reduzida, ocorre a mesma sequência de eventos, porém em sentido reverso. Aparece um balanço negativo de sódio até que se dê suficiente perda de volume para reduzir a excreção de sódio ao nível de sua ingestão.

Assim sendo, uma dieta com sódio elevado se caracteriza por aumento de volume do LEC e da excreção de sódio, ao passo que uma dieta com sódio baixo, pela queda de volume do LEC e da excreção de sódio. Essas constatações sugerem que *as variações de volume de LEC constituem o sinal que permite à excreção urinária de sódio variar apropriadamente de acordo com as flutuações da sua ingestão.*

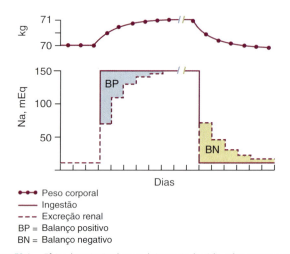

Figura 53.1 • Efeito da variação abrupta da ingestão de sódio sobre o peso corporal e a excreção renal de sódio. As áreas coloridas indicam as modificações na reserva total de sódio decorrentes da diferença entre sua ingestão e excreção. Consulte o texto para a explicação detalhada da figura. (Adaptada de Maxwell e Kleeman, 1972.)

Quadro 53.1 • Comparação entre os sistemas reguladores do volume e da tonicidade do líquido extracelular.

	Regulação do volume	Regulação da tonicidade	
Parâmetro aferido	Volume circulatório efetivo	Osmolalidade plasmática	
Sensores	Seio carotídeo, arco aórtico, átrios, arteríola aferente	Osmorreceptores hipotalâmicos	
Vias eferentes	Sistema RAA, sistema NS, ADH, ANP	ADH	Sede
Efetores	*Curto prazo*: coração, vasos	Rins	Cérebro
	Longo prazo: rins		(comportamento de beber)
Parâmetro afetado	*Curto prazo*: pressão sanguínea	Excreção de água	Ingestão de água
	Longo prazo: excreção de Na^+		

Sistema RAA, sistema renina-angiotensina-aldosterona; *sistema NS*, sistema nervoso simpático; *ADH*, hormônio antidiurético; *ANP*, peptídio atrial natriurético.

Papel do Rim na Regulação do Volume e da Tonicidade do Líquido Extracelular

> O *volume circulatório efetivo* corresponde à parte do líquido extracelular contida no espaço vascular e que, efetivamente, perfunde os tecidos em geral e varia diretamente com o volume de líquido extracelular.

A Figura 53.2 resume os processos pelos quais as modificações do volume de LEC levam a variações na excreção renal de sal, indicando as vias aferentes que detectam o volume de LEC e as vias eferentes que efetuam as modificações na excreção renal de sódio. Como indicado no Quadro 53.1, os sensores que aferem o volume circulatório efetivo são os barorreceptores localizados em áreas circulatórias de alta pressão (seio carotídeo e arco aórtico) e de baixa pressão [artéria pulmonar, átrios (e a junção com suas correspondentes veias) e ventrículos]. Embora a maioria dos barorreceptores esteja situada na árvore circulatória torácica, barorreceptores adicionais estão presentes nos rins (particularmente nas arteríolas aferentes), no sistema nervoso central e no fígado. Esses sensores geram quatro sinais distintos, hormonais ou neurais (indicados de 1 a 4 na Figura 53.2).

No primeiro desses sinais, a queda do volume circulatório efetivo (que acontece, por exemplo, na hemorragia) estimula diretamente uma via efetora hormonal, o *sistema renina-angiotensina-aldosterona*.

Tanto a segunda como a terceira via efetora são neurais. A queda do volume circulatório efetivo detectada pelos barorreceptores é comunicada, por meio de neurônios aferentes, ao sistema nervoso central. Deste, emergem dois tipos de sinais eferentes que, em última instância, atuam nos rins. Em um, o crescimento da atividade da *inervação simpática* reduz o fluxo sanguíneo renal, causando queda da excreção renal de Na$^+$. No outro caminho efetor, a neuro-hipófise eleva a secreção de *ADH*, aumentando a retenção renal de água. Entretanto, esta via torna-se ativa somente após grande decréscimo do volume circulatório efetivo.

A quarta via efetora é hormonal. A queda do volume circulatório efetivo diminui a liberação do *peptídio atrial natriurético*, reduzindo a excreção renal de Na$^+$.

Todas as quatro vias efetoras, paralelamente, modulam a excreção renal de Na$^+$, corrigindo a modificação inicial do volume circulatório efetivo. Assim, o aumento do volume circulatório efetivo promove a excreção renal de Na$^+$

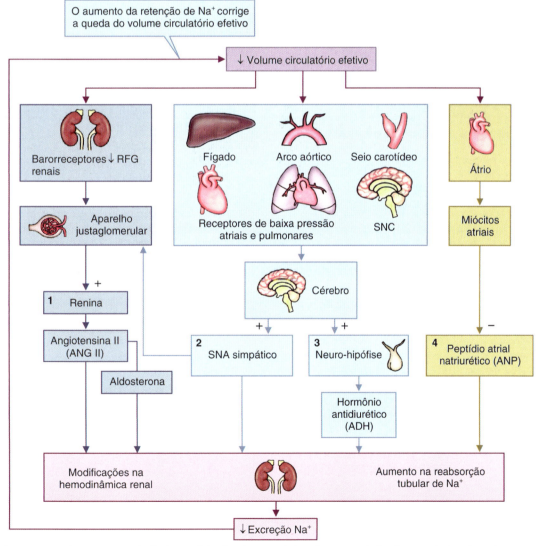

Figura 53.2 • Esquema que indica o *mecanismo feedback* controlador do volume circulatório efetivo. A queda do volume circulatório efetivo dispara quatro vias efetoras paralelas (numeradas de 1 a 4) que atuam nos rins, modificando a hemodinâmica renal e o transporte tubular de Na$^+$. *RFG*, ritmo de filtração glomerular; *SNC*, sistema nervoso central; *SNA*, sistema nervoso autônomo; +, estimulação; –, inibição. (Adaptada de Giebisch e Windhager, 2005.)

(reduzindo, portanto, o volume de LEC), enquanto a queda do volume circulatório efetivo inibe a renal de Na⁺ (elevando, pois, o volume de LEC).

A seguir, as quatro vias efetoras estão descritas detalhadamente.

▶ Sistema renina-angiotensina-aldosterona

A arteríola aferente de cada glomérulo contém células especializadas, as chamadas células justaglomerulares (Figura 49.2, no Capítulo 49, *Visão Morfofuncional do Rim*), que secretam uma enzima proteolítica, denominada *renina*. Esta, reagindo com o seu substrato (ou *angiotensinogênio*), uma α_2-globulina produzida no fígado, forma um decapeptídio com poucas ações fisiológicas até agora descritas, a *angiotensina I (ANG I)*. Este, por perda de dois aminoácidos terminais, é convertido em um octapeptídio fisiologicamente ativo, a *angiotensina II (ANG II)*. Esta reação é catalisada por uma *enzima de conversão da angiotensina (ACE)* existente na superfície luminal do endotélio vascular corporal, sendo muito abundante no endotélio pulmonar. A ACE renal (particularmente a do endotélio das arteríolas aferente e eferente) pode produzir ANG II suficiente para exercer efeitos vasculares locais. Portanto, o rim recebe ANG II de duas fontes: (1) ANG II de origem sistêmica, que chega da circulação geral, principalmente da região pulmonar, e (2) ANG II de origem local, formada a partir da conversão renal da ANG I sistêmica. Adicionalmente, o túbulo renal secreta ANG II para o lúmen, fazendo com que sua concentração intraluminal seja maior que a da circulação sistêmica. A ANG II na circulação tem meia-vida curta (cerca de 2 min), pois aminopeptidases a convertem em um heptapeptídio, denominado ANG III, que também é fisiologicamente ativo, sendo suas ações objeto de estudos, atualmente.

> O captopril é um medicamento que impede a conversão da ANG I a ANG II, por bloquear a enzima de conversão. A saralasina e a losartana são fármacos que bloqueiam os efeitos da ANG II, sendo antagonistas de seus receptores.

Controle da liberação de renina

O principal fator controlador do nível de ANG II circulante é a liberação de renina pelas células granulares do aparelho justaglomerular (AJG).

A queda do volume circulatório efetivo se manifesta no AJG por duas vias (ver Figura 53.2):

- *Queda da pressão sanguínea sistêmica (efeito da inervação simpática sobre o AJG)*: a queda do volume circulatório efetivo (detectado por barorreceptores localizados na circulação arterial central) sinaliza para o sistema nervoso central aumentar a ativação da inervação simpática do AJG, com consequente crescimento da liberação de renina. A estimulação elétrica dos nervos renais, assim como a estimulação de receptores β-adrenérgicos por isoproterenol elevam a liberação de renina, enquanto a denervação renal ou o bloqueio β-adrenérgico por propranolol tem efeito oposto
- *Queda da pressão de perfusão renal (efeito de "barorreceptores renais")*: receptores sensíveis ao estiramento (que ocorrem nas células granulares da arteríola aferente) detectam a diminuição do estiramento da parede vascular, devido à queda de pressão que acompanha a redução do volume circulatório efetivo. O decréscimo do estiramento desses receptores promove uma queda da concentração de cálcio intracelular ($[Ca^{2+}]i$), aumentando a liberação de renina e iniciando uma série de eventos para aumentar a pressão sanguínea. Contrariamente, a elevação do estiramento desses receptores (causada pela subida da pressão de perfusão consequente ao crescimento do volume extracelular) inibe a liberação de renina.

O *cAMP intracelular* também parece ser um segundo mensageiro responsável pela liberação de renina. Assim, agentes que ativam a adenilciclase (como agonistas β-adrenérgicos, dopamina, glucagon etc.) elevam a secreção de renina, provavelmente via proteinoquinase A (PKA). Ainda não é conhecido se a $[Ca^{2+}]i$ e o cAMP agem independente ou sequencialmente. As prostaglandinas E_2 e I_2 e a endotelina também ativam a liberação de renina. Dentre os agentes que inibem a liberação de renina, destacam-se a ANG II (que representa um *sistema de feedback de alça curta*), o ADH, o tromboxano A_2, a alta concentração plasmática de K⁺ e o óxido nítrico.

Acredita-se que a *concentração de NaCl nas células da mácula densa* também seja responsável pela liberação de renina. Quando a concentração de NaCl no início do túbulo distal convoluto é baixa, a concentração de NaCl nas células da mácula densa cai, e é ativada a liberação de renina pelas células granulares da arteríola aferente. Acredita-se que esses dois tipos de células atuem como um sincício: as células da mácula densa detectam a variação de volume ou da composição do fluido tubular distal e enviam essas informações às células granulares da arteríola aferente. Ambos os tipos celulares não estão separados por uma membrana basal intacta, e as células da mácula densa enviam projeções citoplasmáticas para o interior das células granulares.

▶ Ações da angiotensina II

A ANG II tem múltiplas ações, tanto dentro como fora do rim. Resumidamente, os efeitos resultantes de suas várias ações são (Figuras 53.3 e 53.4):

- Elevação do volume de LEC e do débito cardíaco, devido à retenção de sódio e água no organismo por:
  - Efeito direto no aumento da reabsorção de sódio por estimular o trocador Na⁺/H⁺ (isoforma NHE3, presente na membrana luminal do túbulo proximal, ramo grosso ascendente e túbulo distal) e canais para Na⁺ (canais ENaC, na membrana luminal do túbulo coletor cortical inicial) e
  - Efeito indireto na elevação da reabsorção de sódio e fluido no túbulo proximal, por meio do aumento da fração de filtração (ver Figura 53.4)
  - Crescimento da reabsorção de sódio no túbulo distal, no ducto coletor e nos órgãos extrarrenais, por estimulação da liberação de aldosterona pelas células glomerulosas do córtex da glândula suprarrenal
- Aumento da resistência periférica total por:
  - Potente ação vasoconstritora renal e periférica e
  - Ação no tônus simpático e vagal, assim como na sensibilidade barorreceptora
- Crescimento da ingestão e retenção renal de água, com consequente elevação do volume de LEC por:
  - Ação no hipotálamo, estimulando a sede e a secreção do hormônio antidiurético (esse efeito da ANG II representa uma interação dos mecanismos que regulam o volume e a tonicidade do LEC) e
  - Queda do fluxo sanguíneo medular, que causa aumento da concentração de ureia no interstício medular e da

Papel do Rim na Regulação do Volume e da Tonicidade do Líquido Extracelular

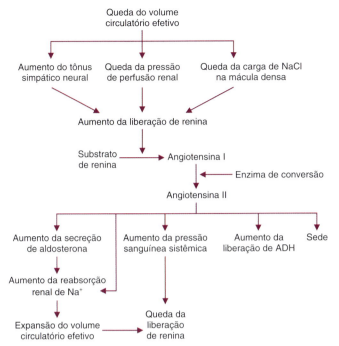

Figura 53.3 • Sistema renina-angiotensina-aldosterona. Explicação do esquema no texto.

Mais detalhes sobre os efeitos da ANG II no fluxo sanguíneo renal e na filtração glomerular são fornecidos no Capítulo 50, *Hemodinâmica Renal*, e sobre seus efeitos na acidificação urinária, no Capítulo 54, *Papel do Rim na Regulação do pH do Líquido Extracelular*. Outras informações a respeito do sistema renina-angiotensina são encontradas no Capítulo 55, *Rim e Hormônios*.

> Os níveis elevados de ANG II resultam em vasoconstrição renal, que acarreta queda no fluxo sanguíneo renal. Entretanto, a ANG II provoca maior constrição da arteríola eferente que da aferente, com consequente aumento da pressão hidrostática nos capilares glomerulares, o que leva a menor queda (ou manutenção) do ritmo de filtração glomerular. Portanto, a ANG II causa aumento da fração de filtração. Este, por sua vez, provocará crescimento da concentração de proteínas no sangue que deixa o glomérulo e se dirige para os capilares peritubulares. O aumento da resistência vascular renal e a queda da pressão hidrostática peritubular, juntamente com a subida da pressão oncótica peritubular, são responsáveis pelo efeito indireto da ANG II na elevação da reabsorção proximal de sais e água.

reabsorção de sódio pelo ramo fino ascendente da alça de Henle (a ANG II diminui a *lavagem papilar*, detalhes mais adiante).

Como os efeitos da ANG II atuam no sentido de aumentar a pressão sanguínea sistêmica, esse hormônio contribui para a manutenção da pressão sanguínea em todas as situações em que a secreção de renina está elevada e o nível de ANG II circulante é alto. Este é o caso de hipertensão associada a estenose da artéria renal (em que a isquemia renal estimula a liberação de renina), assim como de estados normotensos associados a depleção de volume efetivo circulante (tais como depleção de volume verdadeira e insuficiência cardíaca). Entretanto, a liberação de renina e os níveis circulantes de ANG II são relativamente baixos em indivíduos normais com dieta normal, resultando que a ANG II não tem um importante papel na manutenção da pressão sanguínea nesta situação.

Aldosterona

A aldosterona é produzida na zona glomerulosa do córtex da glândula suprarrenal, e seu papel no rim se dá principalmente no túbulo coletor. Nas células principais desse segmento, ela estimula a reabsorção de sódio e a eliminação de potássio e, nas células intercalares tipo α, a secreção de hidrogênio.

Como mostra a Figura 53.5, a aldosterona entra na célula do túbulo coletor por difusão através da membrana basolateral, pois é lipossolúvel. Inicialmente, aumenta a permeabilidade da membrana luminal ao potássio diretamente, sem requerer proteína indutora. No citoplasma, combina-se com um receptor, formando um complexo ativo, receptor-esteroide. Este penetra no núcleo e interage com locais de ligação específicos do DNA, regulando a transcrição de mRNA, provocando o crescimento da produção de proteínas indutoras. Em vista disso, o efeito da aldosterona pode levar horas para se manifestar. Essas proteínas têm dois efeitos fisiológicos primários: (1) estimulam a secreção ativa primária de H^+, por uma H^+-ATPase da membrana luminal, e (2) estimulam diretamente a permeabilidade ao sódio da membrana luminal (por elevação da síntese e/ou da incorporação de canais de sódio, tipo ENaC, na membrana e por aumento do suprimento de energia

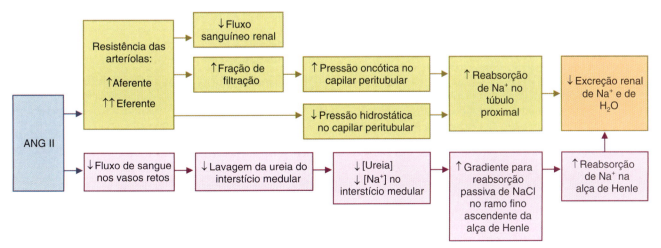

Figura 53.4 • Efeito das ações hemodinâmicas da ANG II na reabsorção tubular de Na^+. *[Ureia]*, concentração de ureia; *[Na⁺]*, concentração de sódio.

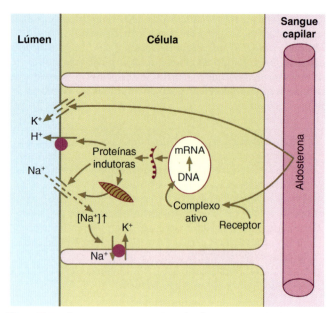

Figura 53.5 • Representação esquemática do efeito genômico da aldosterona. Descrição da figura no texto. Os *círculos roxos* indicam mecanismos de transporte ativo, e as *setas tracejadas,* difusão passiva. (Adaptada de Brenner *et al.*, 1987.)

pela mitocôndria). O crescimento da permeabilidade ao Na⁺ da membrana luminal resulta na subida da concentração celular de Na⁺. O aumento desta estimula a atividade da Na⁺/K⁺-ATPase da membrana basolateral, elevando a reabsorção de sódio e a concentração intracelular de potássio. A estimulação do transporte de sódio torna o lúmen tubular mais negativo. Os crescimentos da concentração intracelular de potássio e da negatividade luminal determinam uma ulterior elevação da secreção de potássio, amplificando o anterior aumento de sua secreção, induzido pelo efeito imediato da aldosterona.

A aldosterona pode ter também um efeito rápido, não genômico, provavelmente mediado por receptores específicos. Atualmente, esse assunto é objeto de muitas pesquisas. Acredita-se que, por meio da via não genômica, esse hormônio leve à incorporação ou ativação de canais de sódio preexistentes, com consequente elevação da concentração de sódio intracelular e secundária ativação da Na⁺/K⁺-ATPase basolateral, responsável pelo crescimento do transporte desses eletrólitos. Adicionalmente, acredita-se que a aldosterona aumente a secreção luminal de H⁺, também pela via não genômica.

A regulação da liberação da aldosterona pela suprarrenal se faz principalmente por variações da concentração plasmática de sódio e potássio e dos hormônios adrenocorticotrófico (ACTH) e ANG II. É provável que o peptídio atrial natriurético iniba a síntese de aldosterona pela suprarrenal.

A aldosterona juntamente com a renina e a angiotensina integram o sistema renina-angiotensina-aldosterona (sistema RAA), cuja principal ação é regular o volume de líquido extracelular e, consequentemente, a pressão arterial.

Mais informações a respeito da aldosterona podem ser obtidas nos Capítulos 55 e 69, *Glândula Suprarrenal.*

▶ Inervação simpática

As terminações nervosas simpáticas renais liberam norepinefrina, que manifesta três principais efeitos na reabsorção de Na⁺. Primeiro, a potente estimulação simpática vasoconstritora reduz o fluxo sanguíneo renal e o ritmo de filtração glomerular. Em consequência, devido ao balanço glomerulotubular proximal e à queda de fluxo intratubular nas porções distais do néfron, cai a excreção renal de Na⁺. Segundo, a norepinefrina estimula a liberação de renina pelas células granulares, ativando o sistema renina-angiotensina-aldosterona. Terceiro, a baixa estimulação simpática ativa receptores α-adrenérgicos das células tubulares renais para aumentar a reabsorção de Na⁺, independentemente de qualquer efeito hemodinâmico. Esse aumento resulta da ativação do trocador Na⁺/H⁺ apical (isoforma NHE3) e da Na⁺/K⁺-ATPase basolateral, no túbulo proximal. Em conjunto, *as múltiplas ações da inervação simpática renal retêm Na⁺*, e então aumenta o volume circulatório efetivo.

Na vida diária normal (em situação não estressante), o papel da atividade da inervação simpática na função renal é mínimo. Entretanto, a inervação simpática pode ter um papel relevante durante as modificações de volume de LEC. Por exemplo, a baixa ingestão de Na⁺ reduz sua excreção renal, sendo verificado que a denervação renal abole essa resposta. Por outro lado, a expansão do volume intravascular aumenta a excreção renal de Na⁺; a denervação renal também inibe esse efeito. Adicionalmente, na hemorragia, a inervação simpática renal tem importante participação na preservação do volume de LEC.

▶ Hormônio antidiurético

Como será visto mais adiante e nos Capítulos 55 e 66, *Glândula Hipófise,* a liberação do ADH pela neuro-hipófise se dá primariamente em resposta ao crescimento da osmolalidade plasmática. Esse hormônio, aumentando a permeabilidade à água das porções finais do néfron, promove a retenção de água, e assim regula a osmolalidade do plasma. Entretanto, a neuro-hipófise também libera ADH em resposta a pronunciadas quedas do volume circulatório efetivo (como na hemorragia), e uma ação secundária do ADH, aumentando a reabsorção tubular de Na⁺, é a resposta apropriada para esse estímulo.

▶ Peptídio atrial natriurético

Vários polipeptídios sintetizados, armazenados e liberados por miócitos atriais têm efeito vasodilatador, natriurético e diurético. Destes, o predominante na circulação é denominado peptídio atrial natriurético (ANP).

O ANP é formado por 28 aminoácidos. É liberado em resposta ao estiramento atrial induzido por expansão do volume de sangue circulante. Assim, a queda do volume circulatório efetivo inibe a liberação do ANP e reduz a excreção de Na⁺.

O principal papel do ANP é normalizar a volemia e a pressão sanguínea por meio dos seguintes mecanismos:

- *Vasodilatação generalizada*: por ação direta ou por intermédio da reversão do efeito de um vasoconstritor
- *Aumento da permeabilidade vascular à água*: favorece a saída de água dos capilares para o interstício
- *Vasodilatação renal*: causa grande aumento do fluxo sanguíneo renal cortical e medular
- Aumento da filtração glomerular por:
  - Crescimento do fluxo sanguíneo renal
  - Elevação da pressão hidrostática no capilar glomerular, por causa da vasodilatação da arteríola aferente, e
  - Subida do coeficiente de ultrafiltração (Kf), devido ao aumento da área filtrante, provocado por relaxamento do mesângio

- Diurese e natriurese por:
  - Inibição do efeito estimulador da angiotensina II na reabsorção proximal de sódio
  - Inibição direta da reabsorção de sódio no ducto coletor, predominantemente medular, por um processo mediado por GMP cíclico
  - Vasodilatação medular com consequente crescimento do fluxo sanguíneo medular e
  - Redução da liberação de renina, aldosterona e hormônio antidiurético.

Embora tenha sido demonstrado que o ANP dispõe de um efeito direto na estimulação da reabsorção de Na^+ em ducto coletor medular interno, *em conclusão pode ser dito que esse peptídio tem muitos efeitos sinérgicos que promovem a excreção renal de Na^+ e de água*.

O efeito mais importante do ANP é o hemodinâmico. Tal peptídio, causando vasodilatação renal, aumenta muito o fluxo sanguíneo renal, tanto cortical como medular. A elevação do fluxo sanguíneo cortical resulta em aumento da filtração glomerular e da carga de Na^+, não só para a alça de Henle como também para os túbulos distal e coletor. O aumento do fluxo sanguíneo medular resulta na *lavagem papilar* (mecanismo descrito adiante), com consequente queda da reabsorção de NaCl no segmento fino ascendente. Estes efeitos combinados provocam a elevação da perda urinária de Na^+ e água. Mais informações a respeito do ANP são fornecidas no Capítulo 55.

O *bicarbonato de sódio* é também um soluto extracelular que pode participar na manutenção do volume de LEC. Isso acontece devido ao fato de que na contração de volume ocorre estimulação da reabsorção de Na^+, principalmente por estimulação do trocador Na^+/H^+, com consequente aumento da reabsorção de bicarbonato.

Em circunstâncias normais, a concentração de bicarbonato é regulada para manter o equilíbrio acidobásico do organismo. Todavia, quando se dá marcada contração do volume, o rim retém bicarbonato de sódio, conservando água indiretamente. Essa retenção de água diminui o grau de contração de volume, porém leva à alcalose metabólica, denominada *alcalose de contração*. Assim é que, em condições de pronunciada contração de volume, a manutenção do volume é preferencial à manutenção do pH sanguíneo.

Prostaglandinas

As prostaglandinas são substâncias vasodilatadoras produzidas no tecido renal, particularmente em células medulares, que inibem a reabsorção de NaCl no túbulo proximal, na alça de Henle e no ducto coletor. Seu efeito no túbulo proximal é mediado por modificações hemodinâmicas. Em vista de diminuírem o tônus das arteríolas aferente e eferente, elas aumentam o fluxo sanguíneo renal e reduzem a fração de filtração, o que secundariamente eleva a pressão sanguínea e faz decrescer a pressão oncótica nos capilares peritubulares. Esses dois efeitos inibem a reabsorção proximal de sais e água. As prostaglandinas, também devido ao seu papel vasodilatador, aumentam o fluxo sanguíneo medular, diminuindo a osmolalidade do interstício medular, deprimindo consequentemente a reabsorção de água (no coletor) e de NaCl (no ramo fino ascendente). A prostaglandina PGE_2 inibe, diretamente, a reabsorção de NaCl no ramo ascendente grosso da alça de Henle e no túbulo coletor cortical.

Embora todas essas ações das prostaglandinas as tornem um mediador ideal da natriurese nas expansões de volume, elas não atuam nesse sentido. Nas situações de retração de volume, a produção renal de prostaglandinas é estimulada pelos altos níveis de ANG II e norepinefrina circulantes, sendo suprimida na expansão de volume. Assim, elas contrabalançam os efeitos vasoconstritores e poupadores de sódio da ANG II e da norepinefrina. Acompanhando a Figura 53.6, verificamos que o fluxo sanguíneo renal e o ritmo de filtração glomerular são relativamente mantidos após uma hemorragia hipotensiva; isto acontece porque as prostaglandinas estão antagonizando os efeitos vasoconstritores da ANG II e da inervação simpática (ambos elevados na hemorragia). A administração de indometacina, um inibidor da síntese de prostaglandinas, causa grande isquemia renal, provocando pronunciada queda do fluxo sanguíneo renal e do ritmo de filtração glomerular (devido à ação vasoconstritora da ANG II e da inervação simpática). Entretanto, não se encontra este efeito caso a vasoconstrição seja bloqueada pela denervação e administração de um antagonista da angiotensina. No Capítulo 55, há outras informações a respeito das prostaglandinas.

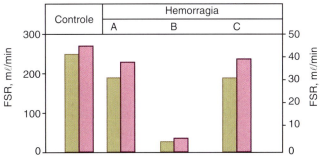

Figura 53.6 • Valor do fluxo sanguíneo renal (FSR, *em barras verdes*) e do ritmo de filtração glomerular (RFG, em *barras roxas*) de um cão, na situação-controle e durante hemorragia hipotensiva sem (**A**) ou com uso de indometacina (**B**) ou com indometacina mais denervação e antagonista da angiotensina II (**C**). Comentários da figura no texto. (Adaptada de Henrich et al., 1978.)

▶ Efeitos hemodinâmicos na excreção renal de Na^+

O rim pode modificar a excreção de Na^+ em resposta a modificações puramente hemodinâmicas. A queda da pressão arterial reduz a excreção renal de Na^+ e água. Nessa situação, há queda da filtração glomerular e, se o balanço glomerulotubular funcionasse perfeitamente, deveria haver diminuição proporcional na excreção renal de Na^+. Entretanto, a queda nessa excreção é muito mais acentuada que a da filtração glomerular. Isso de deve à persistência da reabsorção de Na^+ nas porções mais finais do néfron, apesar da redução na oferta de Na^+ para estes segmentos.

Por outro lado, a subida significativa e persistente da pressão arterial eleva a perda renal de Na^+, por um mecanismo denominado *diurese pressórica*. A hipertensão provoca o crescimento da filtração glomerular, elevando a carga filtrada de Na^+, o que, por si só, já aumenta a excreção de Na^+. Além disso, ocorre inibição da reabsorção tubular de Na^+, por meio dos seguintes mecanismos: (1) o crescimento do volume circulante efetivo, que frequentemente acompanha os estados hipertensivos, causa a inibição do sistema renina-angiotensina-aldosterona; (2) a elevação da pressão aumenta o fluxo sanguíneo medular, provocando a *lavagem papilar*, com consequente queda da reabsorção de NaCl no ramo fino ascendente; (3) o aumento abrupto de pressão arterial reduz o número de trocadores Na^+/H^+ na membrana luminal de túbulos proximais (por mecanismo ainda não esclarecido); e (4) o aumento da pressão arterial provoca consequente subida da pressão sanguínea nos capilares peritubulares, dificultando a reabsorção de líquido.

REGULAÇÃO DA TONICIDADE DO LEC

O valor normal da osmolalidade plasmática (P_{osm}) é de cerca de 290 mOsm. Em geral, esse nível é mantido dentro de estreitos limites, pois alterações de apenas 1 a 2% da P_{osm} são sentidas por células osmorreceptoras hipotalâmicas que deflagram mecanismos para que a P_{osm} volte ao nível normal. Esses mecanismos são: alteração da ingestão de água (por intermédio da sede) e modificação da excreção renal de água (por meio do hormônio antidiurético, que aumenta a reabsorção de água no ducto coletor).

O funcionamento não adequado do mecanismo da sede, da secreção do hormônio antidiurético ou da concentração urinária leva a hipo ou hipertonicidade do líquido extracelular, com sérios distúrbios neurogênicos e possível morte. Na hipotonicidade, a osmolalidade e a concentração de sódio plasmáticas são baixas, aparecendo sintomas de hiponatremia, resultantes da super-hidratação celular. Quando advém a hipertonicidade resultante da ineficiência dos mecanismos reguladores, a osmolalidade e a concentração de sódio plasmáticas se elevam e as células se tornam desidratadas.

A seguir, está descrito como se dá o balanço de água no organismo e o papel que a sede, a excreção renal de água e o hormônio antidiurético têm na regulação da osmolalidade plasmática.

▶ Balanço de água

Na situação de equilíbrio, a ingestão de água (incluindo a gerada pelo metabolismo endógeno) iguala a sua eliminação. Esta envolve não só as perdas obrigatórias na urina e nas fezes, como também a evaporação pela pele e pelo sistema respiratório. As perdas por evaporação têm um papel importante na termorregulação. Ao contrário dessas perdas *insensíveis*, o suor pode ser chamado de perda sensível. O *suor* é um líquido hipotônico (sua concentração de sódio é de 30 a 50 mEq/ℓ), secretado por glândulas sudoríparas situadas na pele. Ele também contribui para a termorregulação, pois sua secreção e subsequente evaporação resultam na perda de calor pelo corpo. No estado basal, a produção de suor é baixa, porém pode aumentar na presença de temperatura externa elevada, febre ou hipertireoidismo. Por exemplo, é possível uma pessoa em clima quente e seco perder de suor aproximadamente 1.500 mℓ/h, durante um exercício físico.

A perda de água renal obrigatória está diretamente relacionada com a excreção de soluto. Para permanecer em equilíbrio, o indivíduo tem de excretar na urina cerca de 700 mOsm de soluto por dia (preferencialmente, sais de sódio ou potássio e ureia), e, como a osmolalidade urinária máxima é de 1.400 mOsm, o volume mínimo de água que ele tem de eliminar é de 500 mℓ/dia.

Apenas pequena quantidade de água é normalmente perdida nas fezes, entre 100 e 200 mℓ/dia. Entretanto, as perdas gastrintestinais são aumentadas em situações de vômito ou de diarreia.

Para manter o balanço de água no organismo, é necessário que haja ingestão ou geração de água para repor suas perdas. A água que o organismo ganha provém de três fontes:

- Ingerida
- Contida em alimentos (a carne é composta por aproximadamente 70% de água, e certas frutas e verduras são formadas quase por 100% de água) e
- Produzida pela oxidação de carboidratos, proteínas e gorduras.

As duas últimas fontes são responsáveis pela aquisição diária de 1.200 mℓ de água. Como a perda obrigatória é em torno de 1.600 mℓ, 400 mℓ de água têm que ser ingeridos diariamente. O homem, de modo geral, ingere mais que esse mínimo requerido, por motivos culturais e sociais, sendo o excesso eliminado na urina.

Em termos de balanço de água, sua retenção (p. ex., após grande ingestão hídrica) reduz a P_{osm}, e sua perda (p. ex., devida ao suor hipotônico depois de exercício físico em um dia quente) eleva a P_{osm}. Essas modificações no balanço de água são diferentes das ocasionadas por perda de líquido isosmótico (p. ex., na diarreia), em que soluto e água são perdidos proporcionalmente, não ocorrendo modificações diretas da P_{osm}.

O organismo responde à sobrecarga de água, suprimindo a secreção de hormônio antidiurético, e a sede, resultando na diminuição da reabsorção de água no coletor e na excreção do excesso hídrico. O pico da diurese é atingido entre 90 e 120 min após a sobrecarga.

Quando ocorre hiperosmolalidade plasmática, a correção da deficiência de água requer a ingestão e a retenção renal de água exógena. Isto é conseguido por aumento da sede e secreção de hormônio antidiurético, ambos os mecanismos induzidos pelo aumento da P_{osm}. Ao contrário da resposta à hiposmolalidade plasmática, em que o principal efeito é a elevação da excreção renal de água (devido à inibição da produção do hormônio antidiurético), o aumento da sede é a maior defesa contra a hiperosmolalidade plasmática. Embora os rins possam minimizar a excreção de água via ação do hormônio antidiurético, a falta de água só pode ser corrigida por sua maior ingestão.

Quando a P_{osm} está elevada (p. ex., depois de sobrecarga de sódio), entram em ação os sistemas reguladores do volume e da osmolalidade. O crescimento das reservas de sódio expande o volume efetivo circulante, promovendo a excreção renal do excesso de sódio. A sede também é estimulada e a maior ingestão de água diminui a P_{osm} em direção ao normal; a expansão adicional de volume aumenta o estímulo à excreção renal de sódio.

▶ Sede

Quando ocorre elevação da P_{osm}, ou quando o volume e/ou pressão do sangue são diminuídos, o indivíduo sente sede. Desses estímulos, a hiperosmolalidade plasmática é o mais potente. O aumento de apenas 2 a 3% da P_{osm} causa forte sede, enquanto a queda de 10 a 15% de volume ou pressão são requeridos para produzir o mesmo efeito. Assim, a sensação de sede surge a partir da osmolalidade plasmática em torno de 294 mOsm, condição em que a concentração urinária já é máxima. Acima desse limiar, a intensidade da sede cresce conforme o aumento da osmolalidade plasmática.

Na presença de um mecanismo de sede normal e de livre acesso à água, a P_{osm} pode ser mantida em níveis próximos do normal, a despeito de maiores defeitos na liberação do hormônio antidiurético e/ou na capacidade de concentração urinária. Um exemplo da eficiência do mecanismo da sede ocorre em pessoas com completo *diabetes insípido central*, que, devido à incapacidade de secretar hormônio antidiurético, podem eliminar mais de 10 ℓ de água por dia. Apesar disso, a P_{osm} desses indivíduos permanece próxima do normal, porque o mecanismo da sede aumenta a ingestão de água, igualando-a à sua eliminação. Então, desde que tenham um mecanismo de sede normal e livre acesso à água, tais indivíduos não apresentam hiperosmolalidade plasmática sintomática.

Enquanto o córtex cerebral pode influenciar o comportamento de beber, *osmorreceptores hipotalâmicos específicos* são críticos na regulação da sede (ver Figura 53.12, adiante). Esses osmorreceptores estão localizados no hipotálamo, em duas áreas que não sofrem as restrições da barreira hematencefálica: o *órgão vascular da lâmina terminal* e o *subfornical do hipotálamo* (as mesmas áreas envolvidas na produção do hormônio antidiurético) (ver Figura 53.11, adiante). Os osmorreceptores que provocam a sede são sensíveis à retração celular causada pela hiperosmolalidade extracelular (do mesmo modo que os osmorreceptores que deflagram a produção do hormônio antidiurético). Entretanto, os *osmorreceptores da sede* são distintos dos seus adjacentes *osmorreceptores do hormônio antidiurético*. Portanto, ela é estimulada nessas áreas pelo aumento da osmolalidade do líquido extracelular, e inibida pela sua redução.

O estado de umidificação da mucosa orofaríngea e, provavelmente, o nível de distensão gástrica também participam da via aferente da sensação de sede.

Também reduções isotônicas do volume extracelular (p. ex., hemorragia) são capazes de estimular a sede. Acredita-se que esses estímulos sejam deflagrados por barorreceptores arteriais e/ou torácicos, que participam do controle da sede nas situações em que ocorrem alterações do débito cardíaco. Os receptores de estiramento localizados nos átrios, no arco aórtico e na bifurcação das carótidas, cujas aferências seguem pelo vago, normalmente respondem ao subenchimento da circulação com diminuição dos sinais inibitórios aos centros da sede (ver Figura 53.11, adiante). O bloqueio da condução nervosa tem o mesmo efeito que a hipovolemia. A angiotensina II (cujo nível sanguíneo aumenta na hipovolemia) desempenha também papel importante no desencadeamento da sede nos estados hipovolêmicos. O órgão subfornical e o vascular da lâmina terminal são particularmente sensíveis à ação dipsogênica (ou geradora de sede) da angiotensina II, mas existem outras regiões do cérebro não acessíveis à angiotensina II circulante que parecem ser ativadas por um sistema renina-angiotensina local. A angiotensina II, no entanto, não participa significativamente no comportamento diário normal de ingestão de água, quando o balanço hídrico e os níveis de angiotensina II circulante estão normais.

Após a detecção da alteração do meio interno pelos mecanismos aferentes mencionados, centros hipotalâmicos são estimulados. Os mecanismos efetores envolvem áreas cerebrais corticais, responsáveis pela integração dos processos que levam à consciência da necessidade de ingerir água e a comportamentos que resultam na satisfação dessa necessidade.

A sensação de sede é satisfeita logo depois da ingestão hídrica, mesmo antes de quantidade suficiente de água ser absorvida pelo sistema digestório para corrigir a hiperosmolalidade plasmática. Receptores orofaríngeos e gastrintestinais parecem estar envolvidos nessa resposta. Mas esse mecanismo tem curta duração, e a sede só é realmente saciada quando a P_{osm} e/ou o volume do sangue são corrigidos.

Mais detalhes a respeito desse assunto podem ser encontrados no Capítulo 25, *Bases Neurais dos Comportamentos Motivados e das Emoções*, e no Capítulo 66.

REABSORÇÃO E EXCREÇÃO RENAL DE ÁGUA

▶ Concentração urinária

A maior parte da carga de água filtrada no rim é reabsorvida passivamente no túbulo proximal, a favor do gradiente osmótico criado pela reabsorção proximal de soluto (primordialmente, NaCl). Esse mecanismo de reabsorção de líquido isotônico mantém o volume de líquido extracelular. Adicionalmente, o rim contribui para a estabilidade da osmolalidade plasmática pela possibilidade de reabsorção hídrica independente de soluto, no ducto coletor. Essa função é mediada pela presença do hormônio antidiurético (com consequente conservação de água pelo organismo e aumento da osmolalidade urinária) ou pela ausência do hormônio (com elevação da excreção renal de água e queda da osmolalidade urinária).

Em indivíduos adultos normais, a osmolalidade da urina pode variar desde um mínimo de 50 mOsm (na ausência de secreção do hormônio) a um máximo de 1.400 mOsm (na presença de secreção máxima do hormônio). Por outro lado, a diurese de um adulto normal pode variar entre os limites de 0,5 a 20 ℓ por dia. Na primeira situação, sua urina estará bastante concentrada; na segunda, diluída.

> A habilidade de concentrar a urina tende a cair com a idade, provavelmente devido à concomitante redução do ritmo de filtração glomerular. Como resultado, a osmolalidade urinária máxima de idosos está em torno de 700 mOsm.

A propriedade que o rim apresenta de poder variar tão amplamente o volume e a concentração da urina é devida, primordialmente, a três características da função renal descritas detalhadamente a seguir:

- Formação da hipertonicidade medular
- Equilíbrio osmótico entre o líquido do coletor e o interstício que o envolve e
- Conservação da hipertonicidade medular.

▶ Formação da hipertonicidade medular

A formação da hipertonicidade medular deve-se a duas propriedades do ramo ascendente da alça de Henle (tanto em sua porção grossa, como fina): reabsorção de cloreto de sódio e impermeabilidade à água. O mecanismo de reabsorção de NaCl sem reabsorção de água pelo ramo ascendente é chamado de *efeito unitário do sistema contracorrente*. A porção grossa do ramo ascendente reabsorve NaCl do lúmen para o interstício pelas vias transcelular e paracelular (Capítulo 51, *Função Tubular*, Figura 51.11). No caminho transcelular, o influxo celular de Na^+ e Cl^- se dá por meio do cotransportador $1Na^+:1K^+:2Cl^-$ (NKCC2) da membrana apical; o efluxo de Na^+ da célula para o interstício ocorre pela Na^+/K^+-ATPase basolateral, enquanto o de Cl^- acontece passivamente por meio de canais (ClC). Na porção grossa, a reabsorção de Na^+ pela via paracelular é passiva, a favor da diferença de potencial transtubular lúmen-positiva que existe nesse local. Já a porção fina do ramo ascendente reabsorve Na^+ e Cl^- por um processo totalmente passivo. Usando esses mecanismos de transporte de NaCl, o ramo ascendente gera o *efeito unitário*, que corresponde a um gradiente de cerca de 200 mOsm entre o lúmen tubular e o interstício que o envolve.

Como no lúmen tubular existe fluxo de líquido, haverá a *multiplicação do efeito unitário*. Para entendermos esse processo, imaginemos uma situação inicial ideal, em que o líquido que caminha pelas alças descendente e ascendente assim como o interstício peritubular teriam osmolalidade inicial de 300 mOsm (lembrar que a osmolalidade no túbulo proximal e no interstício é em torno de 290 mOsm; entretanto, por simplicidade, assumimos o valor de 300 mOsm). Em um segmento do ramo ascendente, a reabsorção de sal reduziria sua concentração luminal, por exemplo, a 100 mOsm; em consequência, a do interstício em sua volta se elevaria de 300 para 500 mOsm, criando o gradiente de 200 mOsm, que é o efeito unitário. Como está indicado na parte A da Figura 53.7, supondo-se que o efeito unitário corresponda a um gradiente osmótico de 200 mOsm e em virtude do fluxo de fluido intratubular, a osmolalidade do fluido tubular, em dado nível do interior da alça ascendente, passa de 300 para 100 mOsm em um nível mais acima, e a do interstício que a envolve de 500 para 300 mOsm no nível mais acima. Ao mesmo tempo, o ramo descendente (que está recebendo líquido isotônico do túbulo proximal com 300 mOsm), ao entrar em contato com o interstício mais concentrado nesse nível, tende a se equilibrar com este, perdendo água para o interstício e ganhando deste NaCl, até atingir 500 mOsm. Como a reabsorção de NaCl sem reabsorção de água ocorre ao longo de toda a porção ascendente da alça, e em vista de ocorrer o fluxo intratubular, no momento em que o líquido hipertônico deixa a porção descendente, a porção ascendente recebe um líquido mais concentrado sobre o qual o mesmo efeito unitário é exercido, e assim continuamente. Há, então, a multiplicação do efeito unitário, até que se alcance a situação de equilíbrio apresentada na parte B da Figura 53.7.

A alça de Henle é um sistema contracorrente multiplicador: o fluido tubular, ao caminhar pelo ramo descendente, vai se concentrando em direção à curvatura da alça e, ao atingir a porção ascendente, vai se diluindo até a hipotonicidade, que é atingida quando penetra no túbulo distal convoluto (parte B da Figura 53.7).

Vemos que a alça de Henle estabelece dois tipos de gradiente osmótico: (1) um no sentido horizontal, referente ao efeito unitário do sistema contracorrente, entre o ramo ascendente da alça e o interstício medular, que está em equilíbrio com o ramo descendente; (2) outro no sentido vertical, devido à multiplicação do efeito unitário, entre a junção corticomedular e a papila renal. Este último gradiente será maior quanto mais longa for a alça e dependerá da velocidade do fluido intratubular. Se esta for muito alta, não haverá possibilidade para o ramo descendente e o interstício que o cerca entrarem em equilíbrio, e, então, o gradiente corticopapilar diminuirá. Se não houver fluxo, não existirá multiplicação do efeito unitário, e, então, não se formará o gradiente corticopapilar.

Além do cloreto de sódio, a ureia é também um soluto importante na formação da hipertonicidade medular, uma vez que, ao ser reabsorvida pelo ducto coletor da medula interna (por mecanismo passivo, a favor de seu gradiente de concentração), se concentra no interstício medular, de onde se distribui passivamente para os dois ramos finos da alça de Henle, principalmente em néfrons justamedulares (para detalhes, consulte "Ciclo da ureia", no Capítulo 52, *Excreção Renal de Solutos*).

Em resumo, como mostra a Figura 53.8, vemos que:

- Ao longo do túbulo proximal, o líquido é sempre isotônico
- Ao longo do ramo descendente da alça de Henle, o líquido vai se concentrando devido à reabsorção passiva de água e à secreção passiva para o interior tubular de NaCl e ureia, podendo atingir valor próximo de 1.400 mOsm na dobradura da alça
- Ao longo da porção ascendente da alça, impermeável à água, o líquido intratubular vai se diluindo por reabsorção

> Sabe-se que as células tubulares medulares estão em equilíbrio com o meio extracelular hiperosmótico; entretanto, ainda não se conhecem os mecanismos que possibilitam a sobrevivência celular nessas condições. Acredita-se que a alta osmolalidade celular se deva à elevação da concentração intracelular de ureia e outros solutos orgânicos, permanecendo as concentrações de sódio e de potássio iguais às de uma célula isosmótica.

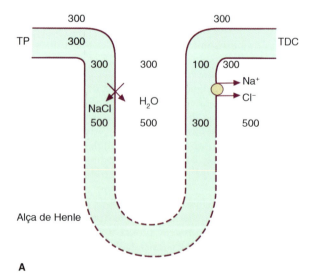

A

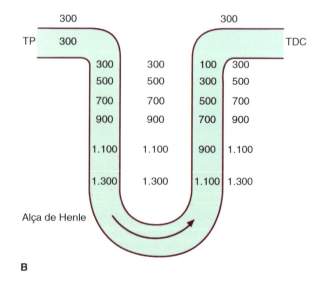

B

Figura 53.7 ▪ Formação da hipertonicidade medular. **A.** Efeito unitário. **B.** Multiplicação do efeito unitário. Descrição da figura no texto. Para simplificar, no lúmen do túbulo proximal e no interstício peritubular cortical, foi assumido o valor de 300 mOsm (em vez de 290 mOsm). *TP*, túbulo proximal; *TDC*, túbulo distal convoluto.

Em várias espécies de mamíferos, o número de néfrons com alças de Henle longas e o comprimento da alça em proporção ao comprimento total do néfron estão relacionados com a capacidade do animal em concentrar a urina. O rato do deserto, por exemplo, mamífero que vive sem beber água (bastando-lhe a encontrada em sementes e a proveniente do metabolismo alimentar), tem apenas alças relativamente longas, o que permite que na curvatura das alças a osmolalidade intratubular possa atingir 5.000 mOsm. Em consequência, esse animal é capaz de eliminar urina altamente concentrada, podendo sua osmolalidade chegar até 5.000 mOsm.

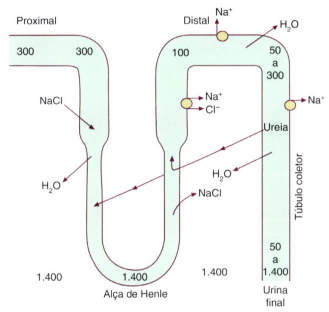

Figura 53.8 ▪ Esquema do sistema contracorrente multiplicador. Descrição da figura no texto.

de NaCl (passiva na porção fina e ativa na porção grossa), razão pela qual esse segmento é denominado *segmento diluidor*
- No início do túbulo distal convoluto, a osmolalidade tubular é sempre hipotônica e aproximadamente igual a 100 mOsm
- Ao longo do túbulo distal convoluto e segmento de conexão, a reabsorção hídrica é provavelmente mínima (pois são relativamente impermeáveis à água e pouco sensíveis ao hormônio antidiurético) e se dá reabsorção de soluto, razão pela qual são chamados de *segmento diluidor cortical* e
- No túbulo distal final, quando ocorre reabsorção de água na presença de ADH, a osmolalidade tubular pode aumentar, atingindo, no máximo, 300 mOsm (condição em que o fluido intratubular alcança o equilíbrio com o interstício que o cerca). Por outro lado, se a reabsorção de solutos for maior que a de água, a hipotonicidade luminal pode diminuir ainda mais, chegando ao mínimo de 50 mOsm.

▶ Equilíbrio osmótico entre o líquido do coletor e o interstício que o envolve

A partir do início do ducto coletor, a osmolalidade do fluido tubular vai depender do nível de hormônio antidiurético circulante.

Em condições em que há liberação de hormônio antidiurético, o ducto coletor torna-se permeável à água. Esta é então reabsorvida passivamente, a favor do gradiente de concentração entre interstício e lúmen tubular, possibilitando que o fluido tubular se equilibre com o interstício que o envolve. Assim, ao longo desse segmento, a osmolalidade intratubular vai aumentando, podendo atingir até 1.400 mOsm no final do coletor.

Nas situações em que a liberação do hormônio antidiurético está inibida, o fluido intratubular não se concentra, pois não existe mais reabsorção de água, pois esse segmento está impermeável. Pode ser que a osmolalidade intratubular até atinja valores inferiores a 100 mOsm, em virtude da reabsorção de sódio (ao longo de todo o coletor) e ureia (no coletor da medula interna), podendo ser eliminada urina com valor mínimo de cerca de 50 mOsm.

Entretanto, deve-se ter em mente que os efeitos do hormônio antidiurético não são do tipo tudo ou nada, mas dependem do nível de sua concentração na circulação. Isto é importante, uma vez que as situações diárias normais, em geral, não requerem concentração ou diluição máxima da urina, exibindo uma resposta submáxima deste hormônio.

▶ Conservação da hipertonicidade medular

Papel da ureia

Como mostra a Figura 53.9, o Na^+ e o Cl^- são os principais solutos encontrados no interstício da região cortical e medular externa, enquanto a ureia é preponderante naquele da região medular interna. A concentração de ureia vai aumentando progressivamente em direção à papila, de tal modo que, na ponta da papila, a ureia é responsável por cerca de 50% da osmolalidade do interstício medular (de 1.200 mOsm), ou seja, 600 mOsm correspondem à ureia e 600 mOsm, ao NaCl.

Adicionalmente, como a ureia provém do metabolismo proteico, a contribuição desse soluto na hiperosmolalidade medular é maior na vigência de dieta rica em proteína, sendo conhecido, já há muito tempo, que, quanto mais conteúdo proteico existir na dieta de um indivíduo, mais capacidade ele terá para concentrar sua urina.

A elevada concentração intersticial de ureia é devida à sua difusão, a favor do seu gradiente de concentração, do túbulo coletor medular interno para o interstício. O hormônio antidiurético tem um papel central nesse processo, por aumentar

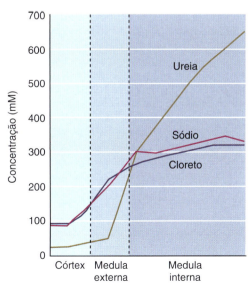

Figura 53.9 ▪ Concentração de Na^+, Cl^- e ureia no interstício renal, desde a região cortical até a ponta da medula. (Adaptada de Ullrich *et al.*, 1961.)

a permeabilidade à água dos túbulos coletores, principalmente na medula. Quando se reabsorve água no coletor cortical e medular externo, a concentração de ureia no fluido intratubular aumenta, pois esses segmentos são pouco permeáveis à ureia. Entretanto, a permeabilidade à ureia do coletor medular é relativamente elevada em condições basais e pode crescer ainda mais sob a ação do hormônio antidiurético. Esses efeitos permitem que a ureia se difunda passivamente do coletor medular para o interstício que o envolve. O acúmulo medular de ureia também indiretamente depende da reabsorção de NaCl no ramo ascendente da alça de Henle. Essa reabsorção de NaCl torna o fluido tubular diluído e o interstício concentrado, criando o gradiente osmótico que promove a reabsorção de água no coletor, o que eleva a concentração intratubular de ureia.

A ureia que existe no interstício penetra, de modo passivo, no ramo ascendente fino, e, em menor escala, também no descendente fino, que ficam na medula interna ("Ciclo da ureia", Capítulo 52). O efeito resultante dessa recirculação de ureia é a quantidade desse soluto presente no túbulo distal convoluto exceder ligeiramente a sua quantidade filtrada, apesar de sua reabsorção proximal ser aproximadamente 50% da quantidade filtrada. Assim, na presença do hormônio antidiurético circulante, a concentração de ureia, tanto urinária como intersticial, é mantida em altos níveis. Porém, na ausência de hormônio antidiurético, o acúmulo de ureia no interstício é diminuído, pois a ausência de reabsorção de água no túbulo coletor cortical e medular impede o aumento da concentração de ureia no fluido tubular desses segmentos, condição necessária à sua ulterior difusão para o interstício.

Uma pequena fração da ureia que o ducto coletor medular interno deposita no interstício se difunde para os vasos retos, que então a removem da medula para a circulação geral.

Papel dos vasos retos

Cabe aos vasos retos, que caminham ao longo das estruturas tubulares medulares, remover do interstício medular o cloreto de sódio, a ureia e a água acrescentados ao interstício pelas diferentes porções tubulares medulares. Os ritmos, de acréscimo pelos túbulos e remoção pelos vasos, devem equilibrar-se a fim de ser conservada a hipertonicidade do interstício medular em determinado nível. O sangue que percorre os vasos retos equilibra-se, passivamente, com o interstício medular: à medida que flui pelo vaso reto descendente, o sangue se concentra e, quando sobe pelo vaso reto ascendente, se dilui. As porções descendente e ascendente do vaso reto constituem, assim, um *sistema contracorrente permutador*. Descendo à papila, o ramo descendente perde água e ganha soluto, enquanto, no ascendente, ocorre o inverso, de modo que, quando o sangue retorna ao córtex, ele está apenas ligeiramente hipertônico, resultando na remoção de uma pequena parcela de água e solutos da medula (Figura 53.10).

Se o fluxo sanguíneo aumentar progressivamente no ramo descendente do vaso reto, ao alcançar a curvatura do vaso o sangue estará cada vez menos concentrado em relação ao interstício que o envolve (pois não há tempo de o sangue entrar em perfeito equilíbrio com o interstício). Então, ao atingir a porção ascendente, o sangue terá não só maior capacidade de retirar NaCl e ureia do interstício, como também menor capacidade de remover água. Esta situação, em que a remoção de solutos do interstício pelo sangue aumenta quanto ao seu acréscimo pelos túbulos, e em que existe grande perda de água do sangue para o interstício, é chamada de *lavagem do interstício papilar*. Nesta condição, o gradiente osmótico

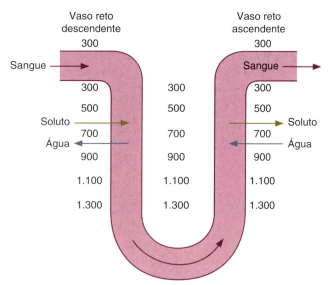

Figura 53.10 ▪ Esquema do sistema contracorrente permutador que ocorre nos vasos retos. Descrição da figura no texto.

entre a junção corticomedular e a papila renal se anula e não há mais possibilidade de a água ser reabsorvida pelos túbulos coletores, mesmo na presença do hormônio antidiurético; em decorrência, o fluxo de urina cresce e a sua concentração diminui. Temos um exemplo dessa situação quando existe expansão intensa do volume extracelular e ocorre, consequentemente, aumento do fluxo sanguíneo medular, pois este não é autorregulável. Em vista disso, o gradiente de concentração corticomedular se dissipa, fato que provoca diminuição da capacidade de concentração de urina, com consequente diurese (por queda da reabsorção de água no coletor) e natriurese (por queda da reabsorção de Na^+ no coletor, devido à sua grande diluição intratubular). Outro exemplo é o que acontece com o peptídio atrial natriurético, cuja potente ação diurética e natriurética é causada, em grande parte, pelo seu efeito vasodilatador, que provoca aumento do fluxo sanguíneo medular e resultante lavagem do interstício papilar.

HORMÔNIO ANTIDIURÉTICO

O *hormônio antidiurético* (*ADH*) é um peptídio formado por nove aminoácidos. No caso de seres humanos e muitos mamíferos, um dos aminoácidos é a arginina, e, como a primeira função descrita para esse hormônio foi uma ação vasopressora, o ADH humano é também denominado *arginina vasopressina* (*AVP*).

O ADH tem efeitos sinérgicos em dois principais locais-alvo. Quando em níveis plasmáticos elevados, age em receptores V1 da musculatura lisa vascular, causando vasoconstrição, com consequente subida da pressão arterial. Entretanto, uma ação importante do ADH se dá nos rins, onde, via receptores V2 situados na membrana basolateral das células principais do túbulo coletor, aumenta a reabsorção hídrica, diminuindo, pois, a excreção renal de água (daí ser chamado de hormônio antidiurético).

O ADH atua no rim regulando o volume e a osmolalidade da urina. Quando o nível plasmático de ADH está baixo, é excretado grande volume urinário (situação denominada *diurese*), e a urina é diluída. Quando o nível plasmático de ADH está elevado, é eliminado pequeno volume urinário (condição chamada de *antidiurese*), e a urina é concentrada. Em circunstâncias de grave desidratação, esse hormônio também interfere na regulação da resistência vascular periférica e na pressão sanguínea arterial sistêmica, em virtude de seus efeitos vasoconstritores (esse assunto está exposto no Capítulo 38, *Regulação a Longo Prazo da Pressão Arterial*; mais informações a respeito do ADH podem também ser obtidas nos Capítulos 55, 66 e 75, *Controle Neuroendócrino do Balanço Hidreletrolítico*).

O ADH é sintetizado em células neuroendócrinas localizadas nos *núcleos supraóptico* e *paraventricular do hipotálamo*, adjacentes aos centros controladores da sede. Daí é transportado para a *hipófise posterior* (ou *neuro-hipófise*), de onde é secretado para a circulação (Figura 53.11). A secreção do ADH pela neuro-hipófise pode ser influenciada por muitos fatores. Os dois reguladores primários da secreção de ADH são a osmolalidade plasmática, e o volume e pressão sanguíneos (Figura 53.12). Outros fatores também podem estimular a secreção de ADH (náuseas, dor, angiotensina II e várias substâncias, como morfina, nicotina e altas doses de barbitúricos) ou inibir sua secreção (peptídio atrial natriurético, etanol e substâncias que bloqueiam o efeito da morfina). Um exemplo é o observado aumento da diurese após ingestão de bebidas alcoólicas.

Os níveis de ADH circulante dependem das velocidades de sua liberação pela neuro-hipófise e de sua degradação no rim e no fígado. Sua meia-vida na circulação é em torno de 18 min. Doenças renais ou hepáticas podem impedir a degradação do ADH, ocasionando retenção de líquido, devida aos inapropriados altos níveis de ADH na circulação.

▶ Controle osmótico da secreção de ADH

As modificações da osmolalidade do plasma têm o principal papel na regulação da secreção de ADH. Esse mecanismo está esquematizado na Figura 53.11 A. As alterações da osmolalidade plasmática são detectadas por osmorreceptores localizados no hipotálamo, em duas áreas que não sofrem as restrições da barreira hematencefálica, o *órgão vascular da lâmina terminal* e o *órgão subfornical do hipotálamo* (vale frisar que, embora estas estruturas sejam as mesmas envolvidas na regulação da sede, os osmorreceptores que regulam a produção de ADH não são os que desencadeiam a sensação de sede). Ambos os tipos de osmorreceptores respondem à retração celular, causada pela elevação da osmolalidade plasmática, aumentando a atividade de canais de cátions mecanossensíveis, localizados em suas membranas; isso resulta em significante despolarização das membranas, com consequente aumento da frequência de seus potenciais de ação. Em vista de os osmorreceptores que deflagram a produção de ADH se projetarem para os neurônios dos *núcleos supraóptico* e *paraventricular* do hipotálamo, essas informações são transmitidas a esses neurônios. Os corpos celulares desses neurônios, então, sintetizam o pró-hormônio empacotado em grânulos e transportam esses grânulos ao longo de seus axônios (por *fluxo axoplasmático*) até a neuro-hipófise (ver Figura 53.11 B). Quando estimulados pelos osmorreceptores, tais neurônios liberam o ADH armazenado na neuro-hipófise para a circulação geral. Opostamente, quando a osmolalidade do plasma é diminuída, ocorre uma queda da atividade elétrica dos osmorreceptores e a secreção de ADH é então inibida.

Em seres humanos e na maioria dos mamíferos, o ADH é codificado pelo RNA mensageiro da pré-pró-neurofisina II. Depois da clivagem do peptídio sinal, o pró-hormônio resultante contém ADH, neurofisina II e um glicopeptídio. A clivagem do pró-hormônio dentro dos grânulos secretórios produz esses três componentes. Mutações na neurofisina II impedem a secreção do ADH, indicando que a neurofisina II é necessária para o processamento e secreção do ADH pela neuro-hipófise. Esta secreção é desencadeada por potenciais de ação provenientes dos corpos celulares dos neurônios no hipotálamo, que se propagam pelos axônios, causando despolarização da membrana celular, influxo de cálcio, fusão dos grânulos com a membrana celular e extrusão de seu conteúdo. Portanto, a secreção do ADH pela neuro-hipófise ocorre por *exocitose* dependente de cálcio, como acontece em outros processos secretórios.

Como o ADH é rapidamente degradado, seus níveis circulantes podem cair a zero após alguns minutos da inibição de sua secreção. Portanto, esse mecanismo responde rapidamente a variações da osmolalidade plasmática. O *set point* desse mecanismo é definido como o valor da osmolalidade plasmática em que a secreção de ADH começa a aumentar. Esse valor é determinado geneticamente, variando muito de indivíduo para indivíduo. Em adultos normais, está entre 280 e 290 mOsm. Alterações de 1% desse valor são suficientes para modificar a secreção do hormônio.

Apesar de essa sensibilidade ser determinada geneticamente, ela pode ser modificada por vários fatores, tais como hipovolemia, angiotensina, glicopenia, hipercalcemia, insulinopenia e lítio. Assim, para determinada osmolalidade plasmática, a contração do volume extracelular aumenta o nível de liberação de ADH. Por conseguinte, durante a depleção de volume, uma baixa osmolalidade plasmática (que normalmente inibiria a produção de ADH) permite que a secreção de ADH continue, indicando que na depleção do volume há um aumento da sensibilidade dos osmorreceptores à variação da osmolalidade plasmática.

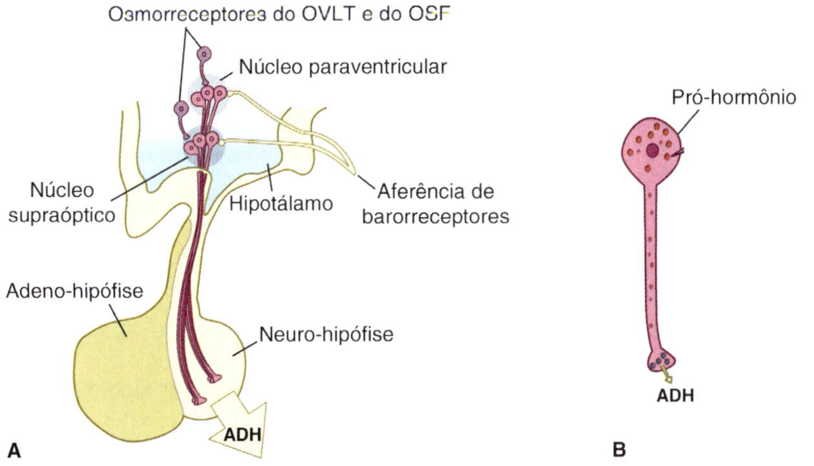

Figura 53.11 ▪ **A.** Controle osmótico da síntese do ADH no hipotálamo e sua secreção pela neuro-hipófise. **B.** Detalhe da síntese do pró-hormônio (empacotado em grânulos) no corpo celular do neurônio hipotalâmico, transporte dos grânulos ao longo do seu axônio (por fluxo axoplasmático) e secreção do hormônio pela neuro-hipófise (por exocitose dependente de cálcio). Descrição da figura no texto. OSF, órgão subfornical; OVLT, órgão vascular da lâmina terminal.

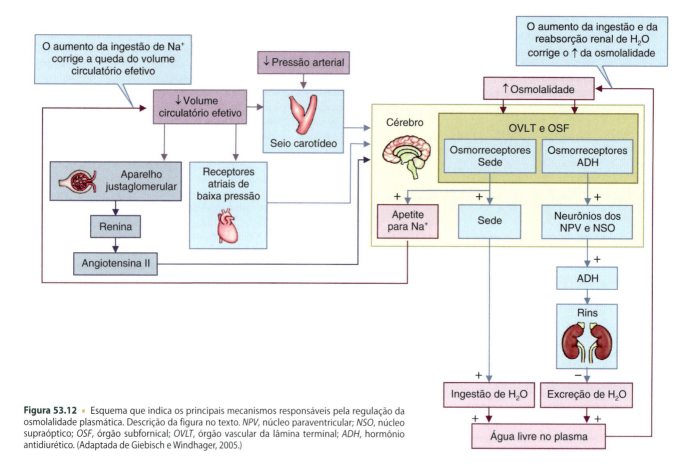

Figura 53.12 ▪ Esquema que indica os principais mecanismos responsáveis pela regulação da osmolalidade plasmática. Descrição da figura no texto. *NPV*, núcleo paraventricular; *NSO*, núcleo supraóptico; *OSF*, órgão subfornical; *OVLT*, órgão vascular da lâmina terminal; *ADH*, hormônio antidiurético. (Adaptada de Giebisch e Windhager, 2005.)

▶ Controle hemodinâmico da secreção de ADH

A queda do volume ou da pressão do sangue também estimula a secreção de ADH. Os receptores responsáveis por essa resposta estão localizados tanto no local de baixa pressão do sistema circulatório (átrio esquerdo e vasos pulmonares) como no de alta pressão (arco aórtico e seio carotídeo). Esses receptores respondem ao estiramento, sendo denominados barorreceptores (ver Figura 53.12). Os sinais captados por tais receptores são conduzidos por aferências neurogênicas dos nervos vago e glossofaríngeo, fazendo sinapse no núcleo do trato solitário. A partir daí, os sinais são conduzidos por vias pós-sinápticas que se projetam nos núcleos supraóptico e paraventricular do hipotálamo. A sensibilidade do sistema barorreceptor é menor que a do sistema osmorreceptor: necessita-se de uma queda de 5 a 10% do volume ou da pressão para estimular a secreção de ADH.

Existem dois exemplos em que a redução do volume circulatório efetivo aumenta os níveis de ADH: *choque hemorrágico* (quando ocorre grave hemorragia) e *choque hipovolêmico* (quando há grande perda de líquido extracelular, como acontece na cólera, que provoca intensa diarreia e vômitos). Em ambos os casos, a retenção hídrica causada pela liberação do ADH provoca hiponatremia (queda da concentração plasmática de sódio). Como foi visto no início deste capítulo, a resposta renal apropriada à queda do volume circulatório efetivo é a retenção de Na^+ (ou seja, aumento da reabsorção renal de líquido isotônico). Entretanto, quando há muita necessidade de corrigir o volume extracelular, o organismo retém também água (por estimulação da reabsorção de água no coletor, pelo ADH). Assim, o organismo passa a tolerar alguma hiposmolalidade dos líquidos intra e extracelular para manter um adequado volume de sangue. Portanto, pode ser dito que, geralmente, em situações extremas, o organismo mantém o volume do líquido extracelular em detrimento de sua osmolalidade.

A elevação do volume, por outro lado, causa redução dos níveis plasmáticos de ADH. Um exemplo é o que acontece no *hiperaldosteronismo*, situação em que existe retenção de NaCl e, consequentemente, de água, com aumento do volume. O aumento da volemia diminui a sensibilidade dos osmorreceptores a variações na osmolalidade. Em consequência, a retenção hídrica não acompanha precisamente a retenção de Na^+, e o paciente desenvolve *hipernatremia*.

▶ Ações do ADH no rim

O ADH promove a reabsorção renal de água não somente por aumentar a permeabilidade dos túbulos e ductos coletores à água, mas também por aumentar o gradiente osmótico através da parede dos túbulos coletores da medula interna e, talvez, da medula externa.

O hormônio antidiurético tem três ações primárias no rim:

- Estimula a reabsorção de NaCl pelo ramo grosso ascendente da alça de Henle
- Aumenta a permeabilidade do ducto coletor medular interno à ureia e
- Aumenta a permeabilidade do túbulo coletor à água.

Na medula externa, o ADH estimula a reabsorção de NaCl por aumentar, via cAMP, a atividade do cotransportador $1Na^+:1K^+:2Cl^-$, localizado na membrana luminal do ramo grosso ascendente. O efeito resultante é o crescimento da osmolalidade do interstício da medula externa, elevando o gradiente osmótico que favorece a reabsorção passiva de água pelo ducto coletor medular externo. O ADH também aumenta a reabsorção de Na$^+$ no túbulo coletor contorcido cortical, por ativar os canais de Na$^+$ tipo ENaC. Esses dois efeitos do ADH, no ramo grosso ascendente e no túbulo coletor contorcido cortical, são mais evidentes em roedores, parecendo ter pouco significado em humanos.

Na medula interna, o ADH aumenta a permeabilidade à ureia nos dois terços terminais do ducto coletor medular interno. A elevação do nível de cAMP intracelular provocada pelo ADH conduz à fosforilação do transportador de ureia tipo UT1 que ocorre na membrana luminal, aumentando sua atividade. Adicionalmente, o cAMP também estimula a inserção membranal de vesículas portadoras de UT1. O efeito resultante é um grande crescimento da reabsorção de ureia, com consequente elevação da concentração de ureia no interstício, a qual indiretamente é a responsável pela geração do gradiente osmótico que promove a reabsorção de água pelo ducto coletor da medula interna. Outros segmentos do néfron também apresentam diferentes graus de permeabilidade à ureia; entretanto, o ADH só aumenta a permeabilidade desse soluto na membrana luminal do coletor medular interno. Particularmente, o ADH não tem efeito em outros transportadores de ureia: UT2 (no ramo descendente fino), UT3 (nos vasos retos) e UT4 (na membrana basolateral do ducto coletor medular interno).

Aumento da permeabilidade do túbulo coletor à água

Os eventos celulares associados ao efeito do ADH no aumento da permeabilidade do coletor à água estão esquematizados na Figura 53.13. O ADH proveniente da circulação capilar peritubular se liga a *receptores V2 presentes na membrana basolateral das células principais* do túbulo coletor. A ligação do hormônio ao seu receptor ativa uma proteína Gs estimuladora (heterotrimérica: α, β, γ), cuja subunidade α estimula a adenilciclase para gerar cAMP a partir de ATP. O cAMP ativa a proteinoquinase A, a qual fosforila outras proteínas (até o momento não determinadas) que desempenham um importante papel no tráfego de vesículas intracelulares em direção à membrana luminal e na sua incorporação a essa membrana. Essas vesículas contêm em suas membranas agregados de canais de água sensíveis ao ADH, denominados *aquaporinas 2 (AQP2)*. Quando o nível de ADH na circulação sanguínea está pequeno, essas vesículas permanecem abaixo da membrana luminal. Com a elevação do nível de ADH circulante, essas vesículas se dirigem para a membrana luminal e se incorporam a ela, por um processo de *exocitose*, aumentando a densidade de AQP2 nessa membrana. Portanto, o ADH não eleva a condutância dos canais de água, mas sim a sua quantidade na membrana apical. Quando cai o nível de ADH circulante, os agregados de AQP2 deixam a membrana apical, por um mecanismo de *endocitose*, e voltam a se incorporar no *pool* citoplasmático vesicular. Adicionalmente, por meio de um processo intranuclear, mais lento, de transcrição genética do gene da AQP2, o ADH aumenta a quantidade de AQP2 na célula principal.

O movimento dos canais de água para dentro e fora da membrana luminal possibilita um rápido mecanismo de controle da permeabilidade da membrana à água. Por outro lado, a membrana basolateral é livremente permeável à água. Portanto, a água entra na célula por canais sensíveis ao ADH (AQP2), localizados na membrana luminal, e sai da célula por canais não sensíveis ao ADH (AQP3 e AQP4, existentes na membrana basolateral). Esse processo resulta na reabsorção hídrica do líquido luminal para o interstício peritubular hipertônico.

A permeabilidade à água da membrana luminal das células principais depende não apenas do nível de ADH circulante, mas também de outros fatores. Por exemplo, o aumento das concentrações citosólicas de cálcio ou de lítio, por inibirem a adenilciclase, diminui o nível de cAMP

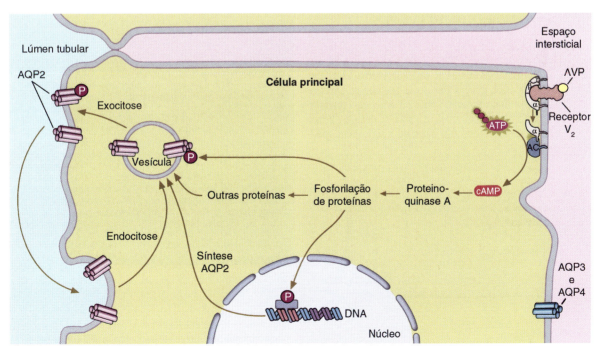

Figura 53.13 ▪ Eventos celulares associados à ação do ADH na permeabilidade à água da célula principal do túbulo coletor. AC, adenilciclase; α, β e γ, subunidades da proteína G estimuladora; AQP2, 3 e 4, aquaporinas 2, 3 e 4 (respectivamente). (Adaptada de Giebisch e Windhager, 2005.)

intracelular e a permeabilidade do coletor à água, provocando diurese. A inibição da inserção de AQP2 na membrana luminal, com consequente diminuição da permeabilidade do coletor à água, ocorre na presença de inibidores da integridade do citoesqueleto (como a colchicina); tal achado indica que o deslocamento das vesículas portadoras de AQP2 se dá por meio do citoesqueleto. Opostamente, inibidores da fosfodiesterase (como a teofilina), por aumentarem o nível de cAMP intracelular, elevam a permeabilidade do túbulo coletor à água.

▶ **Aquaporinas renais.** A membrana plasmática celular de bactérias, plantas e animais apresenta proteínas que formam canais cujas dimensões permitem a passagem da molécula de água. Essas proteínas são denominadas aquaporinas (AQP). Nos mamíferos, as várias isoformas de AQP têm diferentes distribuições nos tecidos, vários mecanismos de regulação e diversas possibilidades de transportar também outras moléculas neutras pequenas, além da água.

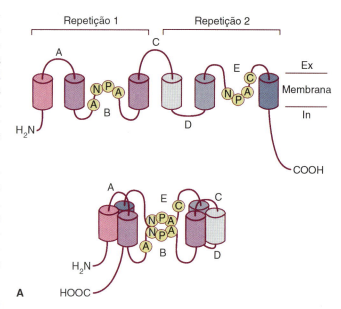

Classes de aquaporinas

Todas as 13 aquaporinas até agora descritas (AQP0–AQP12) são permeáveis à água mas somente a AQP2 é sensível ao ADH. Na lista a seguir, são fornecidos alguns exemplos do local onde elas são encontradas.

Classe I:
- **Apresentam dois motivos N-P-A (asparagina-prolina-alanina)** (Figura 53.14).

AQP0 – em cristalino de vertebrados.
AQP1 – na membrana luminal e basolateral do túbulo proximal e da alça de Henle descendente e no epitélio de vaso reto descendente.
AQP2 – na membrana luminal do túbulo distal final e ducto coletor.
AQP4 – na membrana basolateral de ducto coletor.
AQP5 – em glândulas salivar e lacrimal, córnea e pulmão.
AQP6 – nas vesículas citosólicas da célula intercalada α do ducto coletor; também é permeável a ânions (secreta ácido?).
AQP8 – no mioepitélio de glândula submandibular e parótida; também é permeável a espécies reativas de O_2.

Classe II:
- **Apresentam dois motivos N-P-A.**
- **Permeáveis a pequenos solutos neutros, por exemplo: glicerol e ureia.**
- **São denominadas *aquagliceroporinas*.**

AQP3 – na membrana basolateral de ducto coletor.
AQP7 – na membrana luminal do segmento S_3 do túbulo proximal; também transporta glicerol.
AQP9 – na membrana plasmática de hepatócitos e em leucócitos.
AQP10 – em células absortivas do duodeno e jejuno e em ductos eferentes do sistema genital masculino.

Classe III:
- **Apresentam um motivo N-P-A (asparagina-prolina-alanina).**
- **São denominadas *superaquaporinas*.**

AQP11 – tem um motivo N-P-Cys (asparagina-prolina-cisteína); no retículo endoplasmático do epitélio tubular proximal (atua na homeostase do retículo?).
AQP12 – tem um motivo N-P-Thr (asparagina-prolina-treonina); em células pancreáticas acinares (envolvida na secreção de enzimas digestivas?).

Na bicamada lipídica, as AQP se apresentam com quatro subunidades idênticas (monômeros), formando uma estrutura tetrâmera (Figuras 53.14 e 53.15).

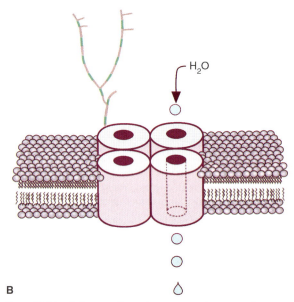

Figura 53.14 • **A.** Esquema de um dos quatro monômeros que formam a estrutura tetrâmera do canal de água (aquaporina, AQP). A parte superior do esquema mostra que cada monômero da proteína contém seis domínios transmembranais e terminações intracelulares H_2N e COOH. Os domínios intramembranais 1, 2 e 3 constituem a *repetição 1*; os 4, 5 e 6, a *repetição 2*. A parte inferior do esquema indica que as *repetições 1* e *2* sofrem uma rotação, dispondo-se na membrana de tal modo que as alças B e E se justapõem, formando o canal de água. Nas aquaporinas das classes I e II, essa região é formada por duas sequências dos aminoácidos asparagina-prolina-alanina; cada sequência é denominada *motivo N-P-A*. Nas aquaporinas da classe III, há apenas um motivo N-P-A. **B.** Desenho indicando que a AQP1 apresenta estrutura tetrâmera, formada por quatro monômeros idênticos, com uma longa cadeia de glicana ligada a um dos monômeros. N, asparagina; P, prolina; A, alanina; C, cistina; Ex, extracelular; In, intracelular. (Adaptada de Nielsen et al., 2002.)

No rim, pelo menos sete diferentes aquaporinas estão expressas em diversos locais. A isoforma AQP1 é o canal de água responsável pela grande reabsorção transcelular de líquido que ocorre no túbulo proximal e no ramo fino descendente da alça de Henle, sendo essencial para a concentração urinária. Essa proteína tem 28 kDa e, em humanos, cada uma de suas subunidades apresenta 269 aminoácidos. Na célula principal dos túbulos e ductos coletores, estão presentes a

Papel do Rim na Regulação do Volume e da Tonicidade do Líquido Extracelular 813

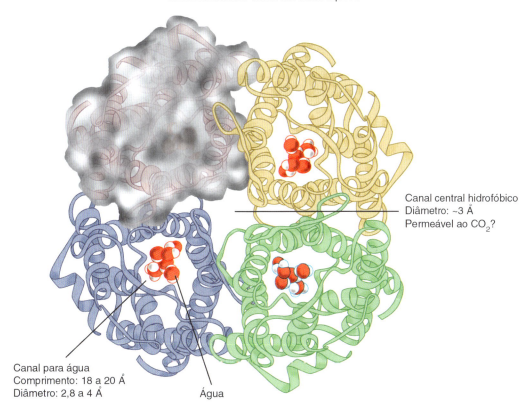

Figura 53.15 • Esquema da estrutura da aquaporina, quando vista de cima.

isoforma AQP2 na membrana luminal e as isoformas AQP3 e AQP4 na membrana basolateral; de todas essas quatro isoformas renais, somente a AQP2 é sensível ao ADH. Estudos em pacientes e camundongos transgênicos demonstram que tanto a AQP2 como a AQP3 são também essenciais para a concentração da urina. A AQP6 está presente em vesículas intracelulares das células intercalares do ducto coletor, e a AQP8 é pouco abundante no citosol do túbulo proximal e das células principais do ducto coletor; o papel fisiológico dessas duas aquaporinas ainda não está definido. A AQP7 é abundante na *borda em escova* das células do segmento S_3 do túbulo proximal e, provavelmente, está envolvida na reabsorção de água do túbulo proximal (Figura 53.16).

A mutação dos genes para as aquaporinas pode alterar o balanço de água do organismo. Por exemplo, animais *knockout* de AQP1 têm grande queda da reabsorção de líquido no túbulo proximal. Pacientes com mutação do gene para a AQP2 apresentam *diabetes insípido nefrogênico*.

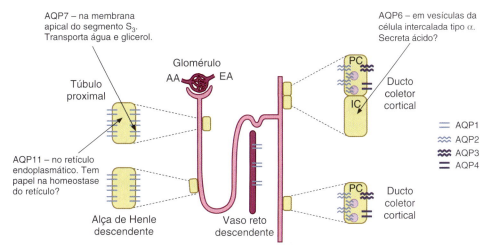

Figura 53.16 • Distribuição das principais aquaporinas (AQP) do néfron. *PC*, célula principal; *IC*, célula intercalar; *AA*, arteríola aferente; *EA*, arteríola eferente.

> **Diabetes insípido**
>
> É uma alteração que pode ter duas diferentes origens: neurogênica ou nefrogênica.
>
> O *diabetes insípido neurogênico*, ou *diabetes insípido central*, é causado por um defeito na secreção de ADH. A lesão pode ser do hipotálamo (onde os neurônios sintetizam ADH) ou da neuro-hipófise (onde os neurônios liberam ADH). A origem dessa doença pode ser idiopática (origem desconhecida), familiar ou por tumor, infecção ou processo autoimune.
>
> No *diabetes insípido nefrogênico*, o rim responde inadequadamente ao ADH circulante, tanto em níveis hormonais normais quanto elevados. Sua origem pode ser idiopática ou familiar, podendo estar associada a anormalidades eletrolíticas (p. ex., depleção de potássio ou elevada concentração plasmática de cálcio) ou ao uso de várias drogas (como lítio ou colchicina). Tanto no diabetes insípido neurogênico como no nefrogênico, os indivíduos apresentam *poliúria* (muita urina) e *polidipsia* (sede excessiva). Caso não sejam tratados adequadamente, podem apresentar hipernatremia, hipotensão e choque.

MEDIDA DA EXCREÇÃO RENAL DE ÁGUA LIVRE DE SOLUTO

Quando a urina é hiposmótica, o volume total de urina eliminado (V) pode ser visualizado como tendo duas porções de líquido: uma que contém todos os solutos urinários em solução isosmótica ao plasma (o chamado *clearance osmolar*, ou C_{osm}) e outra que contém a água livre de soluto, que torna a urina diluída. Essa quantidade de água livre de soluto que o rim excreta é denominada *clearance de água livre de soluto* ($C_{água}$). Relembrando o conceito de *clearance*, concluímos que o *clearance osmolar* corresponde ao volume virtual de plasma depurado de soluto e o de água livre equivale ao volume virtual de plasma depurado de água livre de soluto.

Portanto, $V = C_{osm} + C_{água}$
Então, $C_{água} = V - C_{osm}$

O C_{osm} pode ser calculado pela fórmula geral de *clearance*:

$$C_{osm} = \frac{U_{osm} \times V}{P_{osm}}$$

Vejamos como calcular esses parâmetros, tomando como exemplo um indivíduo que apresenta os seguintes valores:

Fluxo urinário, V = 10 ℓ/dia
Osmolalidade plasmática, P_{osm} = 280 mOsm
Osmolalidade urinária, U_{osm} = 70 mOsm
Os valores dos C_{osm} e $C_{água}$ serão:

$$C_{osm} = \frac{70 \times 10}{280} = 2,5 \ \ell/dia$$

$$C_{água} = 10 - 2,5 = 7,5 \ \ell/dia$$

Assim, dos 10 ℓ de urina que o indivíduo está eliminando diariamente, 7,5 ℓ estão na forma de água livre de solutos ($C_{água}$) e 2,5 ℓ como solução isosmótica (C_{osm}).

A excreção de grandes volumes de urina diluída é apropriada se for resultante de uma sobrecarga de água que o indivíduo ingeriu. Entretanto, será inapropriada caso seja devida a uma deficiência de secreção de ADH (*diabetes insípido neurogênico*) ou a uma insensibilidade renal a seus efeitos (*diabetes insípido nefrogênico*). Em ambos os casos, a perda de água livre de solutos tende a aumentar a osmolalidade plasmática, a não ser quando acompanhada de uma ingestão hídrica equivalente.

Fatores fisiológicos que afetam o $C_{água}$

A excreção renal de água livre de soluto ocorre devido a dois fatores essenciais:

- Água livre de soluto é gerada pela reabsorção de soluto sem reabsorção de água no ramo ascendente da alça de Henle e
- Essa água é então excretada na urina final, desde que o túbulo coletor esteja impermeável à água (ou seja, na ausência de ADH circulante).

A excreção renal de água livre será diminuída somente se um ou ambos os fatores estiverem afetados. Isso pode ocorrer em uma das três seguintes situações:

- Se menos água livre de soluto for gerada, devido à redução da chegada de líquido à alça de Henle (como na insuficiência renal – em que há menor filtração de água, ou na depleção de volume de líquido extracelular – em que menos água é filtrada e mais é reabsorvida no túbulo proximal)
- Se menor quantidade de água livre de soluto for gerada, por causa da inibição da reabsorção de solutos na alça de Henle por diuréticos, ou
- Se o hormônio antidiurético estiver presente na circulação.

MEDIDA DO TRANSPORTE RENAL DE ÁGUA PELO DUCTO COLETOR ($T^C_{ÁGUA}$)

Quando a urina é hiperosmótica, o volume urinário (V) pode ser visto como formado por duas porções de líquido: uma contendo todos os solutos urinários em uma solução isosmótica ao plasma (C_{osm}) e outra correspondendo à quantidade de água livre de soluto que foi removida da urina, para elevar sua osmolalidade ao valor hiperosmótico observado. Esta última porção hídrica corresponde ao *transporte de água pelo coletor* (ou $T^C_{água}$). Assim sendo:

$V = C_{osm} - T^C_{água}$
$T^C_{água} = C_{osm} - V$

Ao contrário do $C_{água}$, que é igual ao volume de água livre de soluto excretado por unidade de tempo, o $T^C_{água}$ corresponde ao volume de água livre de soluto reabsorvido pelo coletor na mesma unidade de tempo, ou seja:

$$C_{água} = - T^C_{água}$$

Por exemplo, se um indivíduo apresenta os seguintes valores:

P_{osm} = 295 mOsm
U_{osm} = 885 mOsm
V = 1 ℓ/dia

O valor de seu $T^C_{água}$ será:

$$T^C_{água} = \frac{885 \times 1}{295} - 1 = 2 \ \ell/dia$$

Assim, 2 ℓ por dia de água livre de solutos estão sendo adicionados ao plasma do indivíduo. Isso tende a diminuir sua osmolalidade plasmática de volta para seu valor normal, em resposta apropriada à deficiência hídrica, ocorrendo elevação da osmolalidade urinária. Se, entretanto, sua osmolalidade plasmática estivesse normal e ocorresse uma elevação inapropriada da secreção de ADH, a osmolalidade de sua urina também seria elevada, porém a retenção de 2 ℓ de água, que deveriam normalmente ser excretados, levaria à hiposmolalidade plasmática e à hiponatremia. O exemplo dado ilustra a importância de se pensar em termos de $T^C_{água}$ e não se considerar apenas a osmolalidade urinária. Esta indica meramente a presença de urina concentrada, enquanto o $T^C_{água}$ nos informa exatamente quanta água está sendo retida pelo rim.

Fatores fisiológicos que afetam o $T^C_{água}$

A reabsorção de água pelo ducto coletor é dependente de dois fatores:

- Formação e manutenção do gradiente osmótico medular e
- Equilíbrio do líquido no ducto coletor com o interstício medular hipertônico.

O ADH tem importante papel em ambos os fatores, por promover o acúmulo de ureia e NaCl no interstício medular e por aumentar a permeabilidade do ducto coletor à água.

O $T^C_{água}$ pode ser diminuído por deficiência da liberação do ADH ou por diminuição da resposta do epitélio do ducto coletor ao hormônio, ou, ainda, por ineficiência no mecanismo de contracorrente, impedindo a manutenção da hipertonicidade do interstício medular. Quando uma dessas anormalidades está presente, aumenta a excreção renal de água e o indivíduo passa a apresentar poliúria (elevação do fluxo urinário). Se essa perda excessiva de água não for reposta pelo aumento de sua ingestão, aparece a hiperosmolalidade plasmática.

Em indivíduos com dieta regular, o $T^C_{água}$ máximo está entre 2 e 2,5 ℓ diários. Embora esse valor seja bem menor que o máximo do $C_{água}$, de 10 a 20 ℓ por dia, é necessário acentuar que o volume de água retido durante a correção de uma deficiência hídrica é dependente da ingestão desse líquido, mediada pela sede, bem como da conservação de água pelos rins. Por exemplo, suponhamos que uma pessoa normal apresente deficiência de 1 ℓ de água, devido a suor após exercício físico em um dia quente. O aumento da osmolalidade plasmática, induzido por essa perda hídrica, estimula tanto a liberação do hormônio antidiurético como a sede. Se esse indivíduo excretar 600 mOsm de soluto por dia e sua urina puder concentrar-se até 1.200 mOsm, seu volume urinário diário será de 500 mℓ. Se sua ingestão de água for também de 500 mℓ, não haverá retenção hídrica nem reposição de sua deficiência, ainda que seus rins estejam conservando água ao máximo. Para ocorrer restituição de seu balanço de água, é necessário que a ingestão deste líquido exceda de 1 ℓ a sua perda; isto é conseguido pela estimulação da sede.

Em conclusão, o indivíduo se encontra em apenas uma das três situações:

- *Quando mostra urina hipotônica*, está em $C_{água}$
- *Quando exibe urina hipertônica*, está em $T^C_{água}$ e
- *Quando apresenta urina isotônica*, não está em $C_{água}$ nem em $T^C_{água}$, sendo seu C_{osm} igual ao seu fluxo urinário.

EFEITO DOS DIURÉTICOS NO $C_{ÁGUA}$ E NO $T^C_{ÁGUA}$

Diuréticos são fármacos que aumentam o fluxo de urina. A maioria deles inibe a reabsorção tubular de sódio, aumentando, portanto, o C_{osm}. Porém, eles têm locais e mecanismos de ação diferentes. Um dos métodos utilizados para saber qual a porção tubular em que, preferencialmente, determinado diurético age é a medida dos seguintes parâmetros no mesmo indivíduo, antes e depois da administração do diurético:

- $C_{água}$ – quando o indivíduo está em diurese aquosa (e, portanto, com urina hipotônica e sem hormônio antidiurético circulante) e
- $T^C_{água}$ – quando o mesmo indivíduo está em antidiurese (e, portanto, com urina hipertônica e hormônio antidiurético circulante).

O Quadro 53.2 indica quais as alterações esperadas nesses parâmetros após o uso de determinado diurético, de acordo com o local de sua ação tubular.

O *diurético que age no túbulo proximal* (p. ex., manitol) inibe a reabsorção de sódio, ocasionando a passagem de mais sódio para os segmentos posteriores do néfron, de modo que o ramo ascendente poderá reabsorver maior quantidade desse íon. Portanto:

- *Se o indivíduo estiver em diurese aquosa* – o diurético aumentará a formação de água livre, com aumento do $C_{água}$
- *Se o indivíduo estiver em antidiurese* – devido à maior reabsorção de sódio pelo ramo ascendente (que torna o interstício medular mais concentrado), o diurético provocará mais reabsorção de água no coletor, com aumento do $T^C_{água}$.

O *diurético que atua na alça de Henle* (p. ex., furosemida) inibe o cotransporte 1Na$^+$:1 K$^+$:2Cl$^-$ (NKCC2), existente na membrana luminal da alça grossa ascendente. Portanto:

- *Se o indivíduo estiver em diurese aquosa* – o diurético reduzirá a formação de água livre na alça ascendente, provocando queda do $C_{água}$
- *Se o indivíduo estiver em antidiurese* – o diurético provocará queda da concentração do interstício medular; portanto, causará diminuição da reabsorção de água no ducto coletor, caindo o $T^C_{água}$.

O *diurético que inibe a reabsorção de sódio no túbulo distal convoluto* [p. ex., clorotiazida, inibidor do cotransportador Na$^+$-Cl$^-$ (NCCT)]:

- *Se o indivíduo estiver em diurese aquosa* – reduzirá a produção de água livre, pois mais sódio ficará na urina, diminuindo o $C_{água}$
- *Se o indivíduo estiver em antidiurese* – não terá ação sobre a concentração urinária, não alterando o $T^C_{água}$.

Quadro 53.2 ■ Efeito de diuréticos no $C_{água}$ e no $T^C_{água}$.

Local de ação do diurético	$C_{água}$	$T^C_{água}$
Túbulo proximal por exemplo: diuréticos osmóticos (manitol)	↑	↓
Alça de Henle por exemplo: furosemida (Lasix®), ácido etacrínico	↓	↓
Túbulo distal convoluto por exemplo: clorotiazida	↓	–

↑, aumenta; ↓, diminui; –, não interfere.

BIBLIOGRAFIA

AGRE P, PRESTON GM, SMITH BL *et al*. Aquaporin CHIP: the archetypal molecular water channel. *Am J Physiol*, 265:F463, 1993.
BOURQUE CW, OLIET SHR. Osmoreceptors in the central nervous system. *Ann Rev Physiol*, 59:601-19, 1997.
BRENNER BM, COE FL, RECTOR FC (Eds.). *Renal Phisiology in Health and Disease*. Saunders, Philadelphia, 1987.

CHEN Y-Z, QIU J. Possible genomic consequence of nongenomic action of glucocorticoids in neural cells. *News Physiol Sci, 16*:292-6, 2001.

DIBONA GF, KOOP UC. Neural control of renal function. *Physiol Rev, 77*:75-197, 1997.

DOUGLAS JG, HOPFER U. Novel aspect of angiotensin receptors and signal transduction in the kidney. *Ann Rev Physiol, 56*:649-70, 1994.

FITZSIMONS JT. Angiotensin, thirst and sodium appetite. *Physiol Rev, 78*:583-686, 1998.

GIEBISCH G, WINDHAGER E. Integration of salt and water balance. In: BORON WF, BOULPAEP EL (Eds.). *Medical Physiology*. Saunders, New York, 2005.

GREENWALD L, STETSON D. Urine concentration and the length of the renal papilla. *News Physiol Sci, 3*:46, 1988.

GUTKOWSKA J, ANTUNES-RODRIGUES J, MCCANN SM. Atrial natriuretic peptide in brain and pituitary gland. *Physiol Rev, 77*:465-515, 1997.

HACKENTHAL E, PAUL M, GANTEN D *et al.* Morphology, physiology, and molecular biology of renin secretion. *Physio Rev, 70*:1067-80, 1990.

HENRICH WL, BERL T, McDONALD KM *et al.* Angiotensin II, renal nerves, and prostaglandins in renal hemodynamics during hemorrhage. *Am J Physiol, 235*(1):F46-51, 1978.

HOLLENBERG NK, INGELFINGER JR. The renin-angiotensin system. In: NARINS RG (Ed.). *Maxwell & Kleeman's Clinical Disorders of Fluid and Electrolyte Metabolism*. 5. ed. McGraw-Hill, New York, 1994.

KING LS, AGRE P. Pathophysiology of the aquaporin channels. *Ann Rev Physiol, 58*:619-48, 1996.

KNEPPER MA, STAR RA. The vasopressin-regulated urea transporter in renal inner medullary collecting duct. *Am J Physiol, 259*:F393, 1990.

MATSUSAKA T, ICHIKAWA I. Biological functions of angiotensin and its receptors. *Ann Rev Physiol, 59*:395-412, 1997.

MAXWELL MH, KLEEMAN CR (Eds.). *Clinical Disorders of Fluid and Electrolyte Metabolism*. McGraw-Hill, New York, 1972.

NAVAR LG, CARMINES PK, HUANG WC *et al.* The tubular effects of angiotensin II. *Kidney Int, 31*(S20):81-8, 1987.

NIELSEN S, FRØKIAER J, MARPLES D *et al.* Aquaporins in the kidney: from molecules to medicine. *Physiol Rev, 82*(1):205-44, 2002.

RAINE AEG, FIRTH JG, LEDINGHAM JGG. Renal actions of atrial natriuretic factor. *Clinical Science, 76*:1-8, 1989.

ROUFFIGNAC C, JAMISON RL Symposium on the urinary concentrating mechanism in honor of Robert W. Berliner: Molecular mechanism of action of antidiuretic hormone; Insights from the study of the structure and composition of the renal medulla; Function of the renal tubule; Renal circulation – effect of arginine vasopressin; Models of the urinary concentrating mechanism and Models of the medullary microcirculation. *Kidney Int, 31*:501-692, 1987.

SANDS JM, KOKKO JP. Countercurrent system. *Kidney Int, 38*:695-9, 1990.

SPÄT A, HUNYADY L. Control of aldosterone secretion: a model for convergence in cellular signaling pathways. *Physiol Rev, 84*(2):489-539, 2004.

ULLRICH KJ, KRAMER K, BOYLAN JW. Present knowledge of the countercurrent system in the mammalian kidney. *Progr Cardiovasc Dis, 3*:395-431, 1961.

Capítulo 54

Papel do Rim na Regulação do pH do Líquido Extracelular

Margarida de Mello Aires

- Introdução, *818*
- Secreção de hidrogênio e reabsorção de bicarbonato, *818*
- Eliminação de ácidos livres ou sais ácidos, *820*
- Excreção de sais de amônio, *821*
- Balanço global de H$^+$, *826*
- Fatores que afetam a secreção de H$^+$ e a reabsorção de HCO$_3^-$, *827*
- Bibliografia, *829*

INTRODUÇÃO

A concentração de íons H⁺ (ou [H⁺]) nos líquidos corporais é extremamente baixa. No sangue arterial de um indivíduo normal corresponde a 40×10^{-9} Eq/ℓ (ou 40 nEq/ℓ), sendo cerca de seis ordens de grandeza menor do que a concentração plasmática de Na⁺ (de 140×10^{-3} Eq/ℓ, ou 140 mEq/ℓ).

Em virtude de a [H⁺] ser tão baixa, é comumente expressa como uma função logarítmica, denominada pH. Por definição, pH = $-\log_{10}$ [H⁺].

Portanto, a [H⁺] no sangue arterial de um indivíduo normal corresponde ao pH 7,4 (pois $-\log_{10}$ [40×10^{-9} Eq/ℓ] = 7,4).

A faixa de variação do *pH do sangue arterial* de indivíduos normais está entre 7,37 e 7,42. Abaixo dessa variação, o indivíduo está em acidose e, acima, em alcalose. O limite de pH sanguíneo compatível com a vida é de 6,8 a 8,0.

Como o íon H⁺ é um próton, tem grande afinidade por elétrons, daí sua enorme reatividade com as demais espécies químicas presentes no meio. Assim, a manutenção do pH nos líquidos do organismo dentro de limites estreitos é fundamental para função de proteínas intra e extracelulares.

Os produtos mais relevantes do catabolismo do organismo humano são: CO_2, água, ureia, sais minerais ácidos e ácidos orgânicos. A principal fonte potencial de ácidos é a produção de CO_2, proveniente da oxidação de carboidratos, gorduras e aminoácidos. Um adulto normal produz cerca de 15.000 mM/dia de CO_2. Este é considerado um gás potencialmente ácido, pois reage com a água formando o ácido carbônico (H_2CO_3), que se dissocia em H⁺ e HCO_3^-; assim, em virtude de poder ser eliminado pelos pulmões, o CO_2 é chamado de ácido volátil. Em contraposição, os demais ácidos do organismo são denominados ácidos fixos. Os sais minerais ácidos se originam de radicais proteicos que contêm enxofre ou fósforo, ou de lipídios que têm radicais fosfato, podendo formar ácidos como o fosfórico e o sulfúrico. Estes, por serem ácidos fortes, devem estar no organismo na forma de sais ácidos ou neutros, como, por exemplo, fosfato ou sulfato de sódio. Os ácidos orgânicos são, em geral, fracos, como o ácido láctico e o beta-hidroxibutírico, derivados do metabolismo de carboidratos e gorduras. O metabolismo também gera bases, que terminam como HCO_3^-. Subtraindo a quantidade de bases dos ácidos fixos gerados pelo metabolismo, o indivíduo adulto produz cerca de 40 mM/dia de ácidos fixos. Além disso, os ácidos fixos contidos na dieta, somados à quantidade de bases excretada pelas fezes, resultam em uma quantidade adicional de ácidos fixos lançados no organismo, de 30 mM/dia. Portanto, o organismo é submetido a uma carga desses ácidos de cerca de 70 mM/dia.

Como a maioria dos produtos catabólicos são ácidos, o indivíduo necessita de mecanismos que evitem, primordialmente, a queda do pH do sangue. O rim, favorecendo a excreção de radicais ácidos, exerce um papel relevante na manutenção do equilíbrio acidobásico do organismo, juntamente com os tampões dos meios intra e extracelulares e com a eliminação de CO_2 pelos pulmões (mais detalhes no Capítulo 13, *Regulação do pH do Meio Interno*, e no Capítulo 46, *Regulação Respiratória do Equilíbrio Acidobásico*). Os mecanismos de tamponamento e de compensação respiratória ocorrem rapidamente, dentro de minutos a horas, enquanto os de compensação renal são mais lentos e necessitam de horas ou dias.

O *pH da urina* varia em função da dieta do indivíduo, apresentando comumente valores entre 5,5 e 7. Entretanto, em virtude da capacidade do rim em eliminar ácidos fixos, a urina de um indivíduo normal pode apresentar um pH mínimo de aproximadamente 4,5. Por outro lado, quando ocorre no organismo um excesso de bases fixas (em casos de vômitos repetidos com grande perda de ácido clorídrico, ou após a ingestão excessiva de substâncias alcalinas, como bicarbonato de sódio), o rim excreta urina alcalina, com pH máximo próximo de 8,5; assim, esse órgão elimina o excesso de base, no sentido de manter o pH sanguíneo dentro da faixa normal de variação.

A acidificação urinária ocorre essencialmente por meio de três mecanismos:

- Secreção tubular de hidrogênio e reabsorção de bicarbonato
- Eliminação de ácidos livres ou sais ácidos
- Excreção de sais de amônio.

Todos estes mecanismos são mediados pela secreção de íons H⁺ da célula para o lúmen tubular, por um processo descrito a seguir.

SECREÇÃO DE HIDROGÊNIO E REABSORÇÃO DE BICARBONATO

O processo renal de secreção de hidrogênio e reabsorção de bicarbonato envolve as seguintes etapas: geração intracelular de H⁺ e HCO_3^-, secreção tubular de H⁺ e hidratação de CO_2 intraluminal (Figura 54.1).

▶ Geração intracelular de H⁺ e HCO_3^-

O íon H⁺ secretado para o lúmen tubular pode ser gerado no interior da célula tubular, a partir da reação entre CO_2 e H_2O, catalisada pela enzima anidrase carbônica. O H_2CO_3

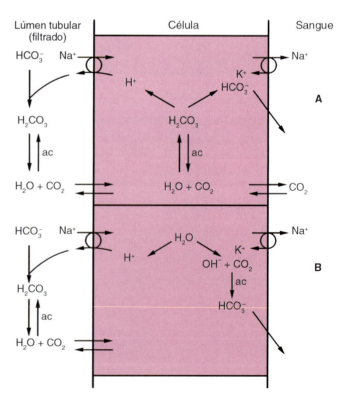

Figura 54.1 ▪ Representação esquemática dos principais mecanismos renais de secreção de hidrogênio e reabsorção de bicarbonato. **A.** O íon H⁺ secretado é gerado no interior celular a partir da hidratação do CO_2. **B.** A origem do íon H⁺ secretado se deve à dissociação intracelular da água em H⁺ e OH⁻. *ac*, anidrase carbônica.

formado pela hidratação do CO_2, instantaneamente, dissocia-se em H^+ e HCO_3^- (ver Figura 54.1 A). Outra maneira de representar esta reação envolve a dissociação intracelular da água em H^+ e OH^-. O H^+ é então secretado para o lúmen tubular e o OH^- reage intracelularmente com o CO_2, sob a ação da anidrase carbônica, originando HCO_3^- (ver Figura 54.1 B). O efeito resultante é o mesmo que o de hidratação do CO_2, havendo formação de hidrogênio, secretado, e bicarbonato, reabsorvido.

▶ Secreção tubular de H^+

De modo geral, podemos dizer que o túbulo proximal apresenta uma heterogeneidade axial no mecanismo de acidificação: seu primeiro segmento (S1) é a porção mais ativa do túbulo, tendo uma taxa de secreção de H^+ (e, portanto, de reabsorção de HCO_3^-) mais elevada que a dos segmentos S2 e S3. No final do túbulo proximal, o pH intratubular é cerca de 6,8, o que representa um pequeno gradiente transepitelial de H^+, comparado com o pH plasmático peritubular de 7,4. Assim, em relação à secreção de H^+, o túbulo proximal é um sistema de alta capacidade e baixo gradiente. Já nas porções finais do néfron, o nível de secreção de H^+ é menor e o pH intraluminal pode atingir o valor mínimo de 4,4. Portanto, em relação à secreção de H^+, o túbulo coletor é um sistema de baixa capacidade e alto gradiente.

Pelo menos três transportadores podem promover a secreção celular de H^+ pela membrana apical da célula tubular renal, porém, nem todos presentes em uma única célula: o trocador Na^+/H^+ (ou NHE, *sodium-hydrogen exchanger*), a H^+-ATPase e a H^+/K^+-ATPase (descritos no Capítulo 11, *Transportadores de Membrana*).

Trocador Na^+/H^+

É o responsável pela maior fração de secreção tubular renal de H^+, por meio da isoforma NHE3, que está presente na membrana apical, preferencialmente do túbulo proximal, ramo ascendente grosso da alça de Henle e túbulo distal convoluto. Esse transportador troca 1 H^+ por 1 Na^+, portanto por um processo eletroneutro (ver Figura 54.1). A energia para esse mecanismo provém do gradiente de concentração de sódio através da membrana luminal, o qual é mantido pela bomba Na^+/K^+ basolateral, sendo pois classificado como um mecanismo de *transporte ativo secundário*.

H^+-ATPase

Um segundo mecanismo para a secreção apical de H^+ envolve uma H^+-ATPase do tipo vacuolar. É um processo ativo primário, que pode estabelecer elevado gradiente transepitelial de concentração de H^+ (podendo diminuir o pH da urina até cerca de 4,5), ao contrário do trocador Na^+/H^+, que não pode gerar grande gradiente transepitelial de H^+. Está localizada, preferencialmente, nas células intercalares tipo α do túbulo coletor cortical e do ducto coletor da medula externa e interna, estando presente também na membrana apical do túbulo proximal, ramo ascendente grosso e túbulo distal cortical. Adicionalmente, encontra-se também na membrana basolateral das células intercalares tipo β. É responsável apenas por 10 a 35% da secreção proximal de H^+.

H^+/K^+-ATPase

É um terceiro tipo de mecanismo de secreção de H^+, presente no túbulo coletor inicial, túbulo coletor cortical e ducto coletor da medula externa. Em animais com dieta pobre em potássio, é responsável pela retenção de K^+ e, como efeito colateral, aumenta a secreção de H^+, que contribui para a geração de uma alcalose metabólica hipopotassêmica.

▶ Hidratação de CO_2 intraluminal

No lúmen tubular, o H^+ secretado reage com o HCO_3^- filtrado formando H_2CO_3, que é transformado em CO_2 e H_2O (ver Figura 54.1). Embora a desidratação do H_2CO_3 seja relativamente lenta, na borda em escova da célula tubular proximal existe a enzima *anidrase carbônica*, que acelera essa reação cerca de 10.000 vezes. Consequentemente, não ocorre acúmulo de H_2CO_3 no fluido tubular proximal. A manutenção de baixa concentração de H_2CO_3 mantém a concentração de H^+ intratubular relativamente baixa, facilitando sua secreção. Assim, a anidrase carbônica promove grande reabsorção de HCO_3^- já no início do túbulo proximal (segmento S1). Porém, nas porções mais finais do néfron, a secreção de H^+ é menos dependente da anidrase carbônica luminal que no túbulo proximal inicial, pois: (1) o nível de secreção de H^+ é menor e (2) no túbulo coletor, a H^+-ATPase pode secretar H^+ contra altos gradientes. Portanto, mesmo na ausência da anidrase carbônica, o coletor pode aumentar substancialmente a secreção de H^+, acelerando a reação de desidratação de H_2CO_3, por uma *ação de massa*. Além disso, o H_2CO_3 pode difundir-se para o interior celular pela membrana luminal.

Anidrase carbônica

A importância dessa enzima na secreção tubular proximal de H^+ pode ser notada com o uso de seus inibidores (p. ex., acetazolamida ou diamox). Estes provocam aumento intratubular de H_2CO_3 e H^+; portanto, inibem a secreção de H^+, pois aumentam o gradiente desfavorável contra o qual o H^+ é secretado. O resultado é uma queda acentuada da reabsorção proximal de Na^+ e HCO_3^-, com grande perda urinária desses íons e de água, razão pela qual esses inibidores são diuréticos.

Como os segmentos mais ricos em anidrase carbônica devem ter maior capacidade de secretar íons H^+, foram realizados vários estudos para localizar esta enzima ao longo do néfron. O uso de técnicas histoquímicas revelou que a enzima pode atuar em três diferentes locais das células tubulares secretoras de H^+: na face extracelular da membrana apical, no citoplasma e na face extracelular da membrana basolateral. Entretanto, seu papel na membrana basolateral ainda não está bem definido. No túbulo proximal convoluto, ela está presente tanto no citoplasma, como na orla em escova e na membrana basolateral. Na parte reta do túbulo proximal, encontra-se só no citoplasma e na membrana basolateral. No ramo descendente da alça de Henle de néfrons justamedulares, aparece apenas no citoplasma; enquanto, no ascendente grosso, situa-se na membrana luminal. Na maior parte das células do túbulo distal convoluto, a enzima aparece apenas na membrana basolateral. No túbulo distal final e no coletor cortical e medular externo, existem células intercalares muito ricas em anidrase carbônica, tanto no citoplasma como nas membranas luminal e basolateral (as células principais não contêm a enzima). Em direção à papila renal, o nível da enzima vai diminuindo até desaparecer completamente na ponta da papila.

▶ Reabsorção de bicarbonato

Em condições normais, praticamente todo o bicarbonato filtrado é reabsorvido ao longo do néfron, e uma amostra de urina com pH abaixo de 5,5 está quase totalmente desprovida desse íon.

Como podemos acompanhar na Figura 54.1, a reabsorção de HCO_3^- é indireta. O bicarbonato adicionado ao sangue peritubular é o derivado da dissociação intracelular do H_2CO_3 ou da água, enquanto o bicarbonato filtrado é removido do fluido tubular na forma de CO_2 e H_2O. Portanto, para cada H^+ secretado para o lúmen tubular, um HCO_3^- desaparece do lúmen e um HCO_3^- vai para o sangue peritubular. Entretanto, a molécula de HCO_3^- que desaparece do lúmen não é a mesma que se encontra no sangue. A reabsorção tubular de bicarbonato, pela membrana basolateral, é feita através do cotransportador Na^+-HCO_3^- e do trocador Cl^-/HCO_3^- (descritos no Capítulo 11).

Túbulo proximal

Cerca de 80% da reabsorção de bicarbonato ocorrem no túbulo proximal, principalmente na sua porção inicial (S1). Assim, a concentração de bicarbonato no início do proximal é de aproximadamente 24 mM, caindo para quase 8 mM no final desse segmento. No túbulo proximal, a maior parte do efluxo celular de bicarbonato pela membrana basolateral se dá através do cotransporte Na^+-HCO_3^-, eletrogênico, pois transporta 1 Na^+ para 3 HCO_3^-. Na acidose respiratória ou metabólica, a atividade desse transportador está aumentada. Como é de se esperar, vários fatores causam modificações paralelas na atividade do trocador Na^+/H^+ luminal e do transportador Na^+-HCO_3^- basolateral, minimizando as modificações do pH e da concentração de Na^+ celular. A angiotensina II, a aldosterona e a PKC estimulam ambos os transportadores, enquanto o hormônio da paratireoide (PTH) e a PKA os inibem. Outro mecanismo responsável pelo efluxo celular basolateral de bicarbonato no túbulo proximal é o trocador Cl^-/HCO_3^-.

Alça de Henle

Calcula-se que cerca da metade do bicarbonato que deixa o proximal seja reabsorvida na alça de Henle. Na sua porção descendente, em virtude da grande reabsorção de água, ocorre concentração progressiva de bicarbonato até a dobradura da alça, em paralelo com o que acontece com os demais solutos do fluido tubular. Em vista disso, a concentração de bicarbonato, que no início do ramo fino descendente é de cerca de 8 mM, atinge aproximadamente 21 mM na sua dobradura. Como o CO_2 pode deixar livremente o lúmen tubular, não é concentrado neste, havendo alcalinização progressiva do fluido tubular em direção à medula. Acredita-se que, em condições normais, não ocorra significante transporte de bicarbonato na alça fina ascendente. Na alça ascendente grossa medular e cortical, a reabsorção de bicarbonato pela membrana basolateral se dá pelo cotransporte Na^+-HCO_3^- e pelo trocador Cl^-/HCO_3^-.

Túbulo distal

Os túbulos distais convolutos mostram, em condições normais, reduzida capacidade de acidificação, e o pH luminal do distal cortical dificilmente é inferior a 6. Entretanto, sua capacidade de acidificação se eleva quando a secreção de H^+ é estimulada, como na acidose metabólica.

Ducto coletor

Nos ductos coletores, o pH intratubular cai significativamente, podendo atingir até cerca de 4,5, e a direção do transporte de bicarbonato parece depender do estado de equilíbrio acidobásico do indivíduo. Em condições normais e em acidose, ocorre reabsorção de bicarbonato em troca por cloreto, por meio do trocador Cl^-/HCO_3^-, eletroneutro, localizado na membrana basolateral das células intercalares tipo α (ver Figura 51.13, no Capítulo 51, *Função Tubular*). Entretanto, na alcalose metabólica, as células intercalares tipo β do ducto coletor cortical secretam bicarbonato para o lúmen tubular, através do trocador Cl^-/HCO_3^- localizado na membrana luminal (ver Figura 51.13).

ELIMINAÇÃO DE ÁCIDOS LIVRES OU SAIS ÁCIDOS

Um dos processos do rim para preservar a homeostase do organismo é a eliminação de íons H^+ e a conservação dos íons Na^+ (principal cátion do líquido extracelular) e HCO_3^- (o mais importante tampão do líquido extracelular). Um dos mecanismos para poupar Na^+ é trocá-lo por H^+, o qual é excretado como ácido fraco, ou tamponado como sal ácido, evitando a queda do pH da urina.

No lúmen tubular, ocorrem, por exemplo, as seguintes reações:

Proveniente do filtrado glomerular	Secretado no lúmen tubular	Eliminado na urina	Reabsorvido pelo túbulo
lactato de Na^+	+ H^+ →	ácido láctico	+ Na^+
Na_2HPO_4	+ H^+ →	NaH_2PO_4	+ Na^+

▶ Acidez titulável

Vários tampões são filtrados nos glomérulos e podem atuar no lúmen tubular, não ocorrendo, essencialmente, excreção de íons H^+ livres na urina (no pH urinário mínimo, a concentração máxima de íons H^+ livres é menor que 0,04 mM). A capacidade tamponante depende da concentração e do pK do tampão. É máxima até 1 unidade de pH maior ou menor a partir do pK. Assim, em virtude de sua concentração na urina (relativamente elevada) e de seu pK (6,8), o principal tampão urinário é o fosfato, titulado desde o túbulo proximal (pH = 6,8). Tampões de pK baixo, como a creatinina (pK = 4,97) e o urato (pK = 5,75), só são titulados ao longo do coletor, segmento capaz de criar menor pH urinário. Entretanto, a creatinina torna-se um tampão urinário mais efetivo durante a acidose, quando o rim acidifica a urina ao máximo, podendo o pH do coletor atingir o valor 4,4.

A Figura 54.2 indica que, para cada íon H^+ secretado no lúmen tubular para titular o tampão Na_2HPO_4, a célula gera um *novo íon HCO_3^- que é transferido para o sangue*. Esse processo de tamponamento urinário denomina-se *acidez titulável*. Esta é expressa em mililitros de NaOH (0,1 N), necessários para a titulação de 1 ℓ de urina ao pH do sangue. Na prática, com o intuito de evitar a retirada de sangue, costuma-se titular a urina ao pH de mudança da cor da fenolftaleína (pH = 8,5). Como este corresponde a um pH mais elevado que o do sangue, encontram-se valores de acidez titulável mais elevados, mas semelhantes do ponto de vista comparativo. A diferença, porém, não é tão grande como se poderia imaginar, pois os principais tampões da urina e do plasma têm pK relativamente baixos e, em pH acima de 7,5, apresentam pequena capacidade tamponante.

Em condições normais, 20 a 40 mM/dia de íons H^+ estão tamponados na urina, principalmente pelo tampão fosfato, na forma de NaH_2PO_4. Outros tampões filtrados também são titulados, mas normalmente contribuem pouco para a acidez titulável, devido a suas baixas concentrações e baixos pK. Para melhor entendimento desse assunto, consulte o problema 54.1.

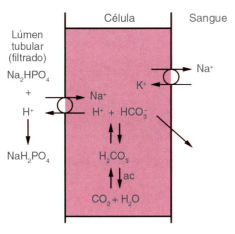

Figura 54.2 • Esquema que representa a formação de acidez titulável, a partir do tamponamento do íon H+ secretado, pelo tampão fosfato. Note que um novo íon HCO_3^- é acrescentado ao sangue. *ac*, anidrase carbônica.

Problema 54.1

Em um cão, foi determinada a acidez titulável da urina durante um período controle e outro de acidose metabólica (por infusão de cloreto de amônia), obtendo-se os seguintes dados:

	Período	
	Controle	NH₄Cl
Volume de NaOH (0,1 N) gasto para titular 5 mℓ de urina (mℓ)	...1,2	...3,5
Fluxo urinário (mℓ/min)	...1,5	...2,3

Para os dois períodos estudados, calcule:
a) A acidez titulável da urina e
b) A quantidade de ácido excretado.

Resolução
a) Acidez titulável
Período controle:
Considerando-se que a acidez titulável é definida em mℓ de NaOH (0, 1 N) gastos para titular 1 ℓ de urina ao pH do plasma, teremos:

1,2 mℓ de NaOH .... 5 mℓ de urina
X mℓ de NaOH .... 1.000 mℓ de urina
X = 240 mℓ

Resposta: A acidez titulável da urina do cão, no período controle, foi de 240 mℓ.

Período de acidose metabólica:

3,5 mℓ de NaOH .... 5 mℓ de urina
X mℓ de NaOH .... 1.000 mℓ de urina
X = 700 mℓ

Resposta: A acidez titulável da urina, no período de acidose metabólica, foi de 700 mℓ.

b) Quantidade de ácido excretado (em Eq/min)
Período controle:
Como foi gasto 1,2 mℓ de NaOH para titular 5 mℓ de urina, para titular 1 mℓ de urina seria necessário 0,24 mℓ. Em vista de o fluxo urinário ser de 1,5 mℓ/min, utilizou-se 0,360 mℓ de NaOH/min (0,24 × 1,5).

Como 0,1 N = 0,1 Eq/ℓ = 0,1 mEq/mℓ, temos que:

0,360 mℓ de NaOH (0,1 N)/min = 0,036 mEq/min ou 0,036 × 10^{-3} Eq/min.

Resposta: No controle, a quantidade de ácido excretado foi 0,036 × 10^{-3} Eq/min.

Período de acidose metabólica:
Se, para titular 5 mℓ de urina, foram gastos 3,5 mℓ de NaOH, para titular 1 mℓ de urina foi utilizado 0,7 mℓ. Em virtude de o fluxo urinário ter sido de 2,3 mℓ/min, foi usado 1,61 mℓ de NaOH/min ou 0,161 mEq/min ou 0,161 × 10^{-3} Eq/min.

Resposta: Na acidose, a quantidade de ácido excretado foi de 0,161 × 10^{-3} Eq/min.

EXCREÇÃO DE SAIS DE AMÔNIO

Neste capítulo, o termo *amônia* será utilizado de um modo genérico; quando forem discutidos os mecanismos de transporte tubular, serão usadas as fórmulas químicas NH_3 (molécula de amônia) e NH_4^+ (íon amônio) para designar, explicitamente, as espécies químicas transportadas.

Do ponto de vista do equilíbrio acidobásico, a excreção urinária de amônia é extremamente relevante. No indivíduo normal, dos cerca de 70 mM de ácidos provenientes do metabolismo diário, 50% são eliminados na urina na forma de sal de amônio, principalmente cloreto de amônio (NH_4Cl), sendo o restante excretado como acidez titulável. Na acidose metabólica, aumenta acentuadamente a excreção renal de amônia, podendo chegar a mais de 200 mM/dia.

Atuando como um tampão urinário, na eliminação do excesso de íons H+, a amônia oferece uma série de vantagens:

- É metabolicamente menos dispendiosa que o fosfato, pois se constitui a partir de nitrogênio (excretado principalmente na forma do catabólito ureia), enquanto o fosfato é retirado das reservas celulares ou ósseas, à custa de um componente funcional ou estrutural
- Do ponto de vista energético, sua formação não é dispendiosa, visto que a síntese hepática do aminoácido glutamina (principal precursor da amônia) envolve apenas um ATP por molécula
- A utilização renal de glutamina não requer energia
- A secreção de amônia ao longo do néfron é proporcional à secreção de hidrogênio. Portanto, à medida que os íons H+ vão sendo secretados, são tamponados, mantendo-se sua concentração luminal baixa; isto favorece a secreção de ácido, a qual passa a se dar contra gradiente de concentração relativamente baixo.

▶ Produção de amônia pela célula tubular renal

Na década de 1940, Robert Pitts, um dos pioneiros e eminentes fisiologistas renais, estudou extensivamente o papel da amônia na secreção ácida renal. Com base no resultado de suas pesquisas, postulou que a secreção renal de amônia seria um processo passivo de difusão de NH_3 da célula proximal para o lúmen tubular através da membrana luminal, impulsionada pelo seu gradiente de concentração; então, haveria subsequente protonação intratubular ($NH_3 + H^+ \rightarrow NH_4^-$) e consequente retenção do NH_4^+ no fluido tubular. Isso aconteceria, uma vez que a molécula do gás NH_3, pequena (peso molecular 17) e moderadamente solúvel em lipídios, atravessaria a membrana celular por difusão através de sua fase lipídica não polar; já o íon NH_4^+, hidrossolúvel, não poderia penetrar na fase lipídica da membrana, sendo retido no lúmen tubular. Essa ideia permaneceu nos livros-textos por longo tempo. Entretanto, pesquisas posteriores demonstraram que o íon NH_4^+ pode atravessar a membrana celular pelo trocador Na^+/H^+ (em que ocupa o lugar do H^+), pelos transportadores $Na^+:K^+:2Cl^-$ ou Na^+/K^+-ATPase (nos quais substitui o K^+) ou, ainda, por canais de K^+.

Vários trabalhos indicaram que a maior parte da amônia excretada pelos rins é produzida nas células renais a partir de aminoácidos, principalmente glutamina. O túbulo proximal é o principal local de sua produção, seguido da alça de Henle e distal convoluto. No ducto coletor, sua produção é extremamente baixa (sua elevada concentração no lúmen desse segmento é devida à secreção de amônia que provém do interstício, como veremos adiante).

A Figura 54.3 resume, em termos genéricos, as reações químicas responsáveis pela produção celular de amônia na célula do túbulo proximal convoluto. O aminoácido glutamina entra na célula pelas membranas luminal e basolateral, via cotransporte com Na^+ (ver Capítulo 52, *Excreção Renal de Solutos*). No interior da mitocôndria, a glutamina é metabolizada formando NH_3, H^+ e α-cetoglutarato. Uma parte da NH_3 formada difunde-se para o lúmen. Entretanto, como o pK do tampão amônia é aproximadamente 9,0 e o pH da célula proximal é cerca de 7,2, a maior parte do NH_3 intracelular combina-se com H^+, formando NH_4^+, que é, então, secretado para o lúmen tubular via trocador Na^+/H^+ (em que o H^+ é substituído pelo NH_4^+). O α-cetoglutarato é metabolizado a CO_2, glicose e HCO_3^-, o qual é então reabsorvido pela membrana basolateral. Assim, para cada íon H^+ que é secretado na forma de NH_4^+, um *novo íon HCO_3^- é transferido para o sangue* (como foi visto no caso da acidez titulável).

▶ Ciclo da amônia

A Figura 54.4 resume os valores da taxa de amônia encontrada nos vários segmentos de néfrons (superficiais e profundos), em porcentagem de sua taxa excretada na urina. Observa-se que a quantidade de amônia que é produzida na célula e é secretada para o lúmen do túbulo proximal convoluto corresponde a cerca de 90% da sua taxa excretada. Proveniente do

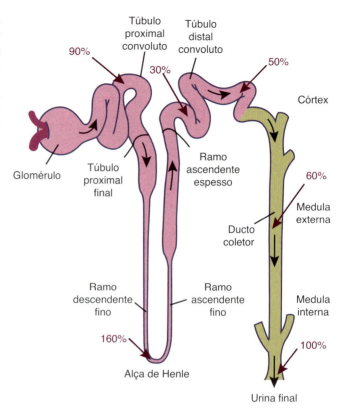

Figura 54.4 • Quantidade de amônia encontrada nos vários segmentos do néfron em porcentagem da sua taxa de excreção. Descrição da figura no texto. (Adaptada de Knepper et al., 1989.)

interstício, mais amônia é secretada para o lúmen da parte final do túbulo proximal e ao longo do ramo descendente, de modo que, na altura da dobradura da alça, é encontrada uma porcentagem de amônia bem maior (160%) que a excretada na urina final (100%). Na região medular interna, na porção fina descendente e ascendente da alça, a amônia é um pouco reabsorvida e na parte espessa da alça ascendente, é bastante reabsorvida; assim, no túbulo distal inicial, é encontrada uma porcentagem bem menor da existente no proximal convoluto, ou seja, 30% da sua taxa excretada. Posteriormente, uma quantidade significante de amônia é secretada para o lúmen do túbulo distal convoluto, em que alcança cerca de 50% da quantidade excretada. No túbulo coletor, a amônia é secretada a partir do interstício medular, e, então, finalmente excretada (100%).

A Figura 54.5 indica as vias de transporte de NH_3 e NH_4^+ no rim, inferidas a partir de estudos realizados na década de 1980, que utilizavam micropunção tubular, microcateterização dos ductos ou túbulos isolados. Nessa figura, não são indicados os mecanismos específicos de transporte de amônia, descritos e detalhados mais adiante. Além de NH_3 e NH_4^+, gerados nas células do túbulo proximal a partir do metabolismo da glutamina e secretados para o líquido proximal, a figura indica que, proveniente do interstício, mais NH_3 e NH_4^+ são secretados para o lúmen da parte final do túbulo proximal. Ao nível dos ramos finos descendente e ascendente da alça de Henle, baixa quantidade de NH_3 é reabsorvida para o interstício, gerando um gradiente corticomedular (com concentração maior de amônia na região do interstício medular). Além disso, o NH_4^+ é, em grande parte, ativamente reabsorvido no ramo grosso ascendente (ver adiante), e, finalmente, acumula-se no interstício, contribuindo para o alto gradiente corticomedular de amônia. A elevada concentração intersticial de NH_3 e NH_4^+, juntamente com o

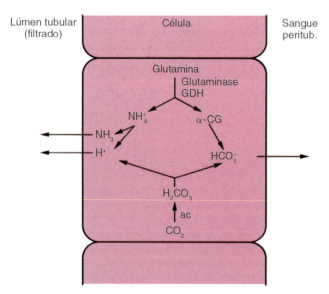

Figura 54.3 • Resumo das reações químicas envolvidas na produção de amônia no interior da mitocôndria da célula do túbulo proximal convoluto. Note que nesse processo também um novo íon HCO_3^- é acrescentado ao sangue. GDH, glutamato desidrogenase; α-CG, α-cetoglutarato; ac, anidrase carbônica.

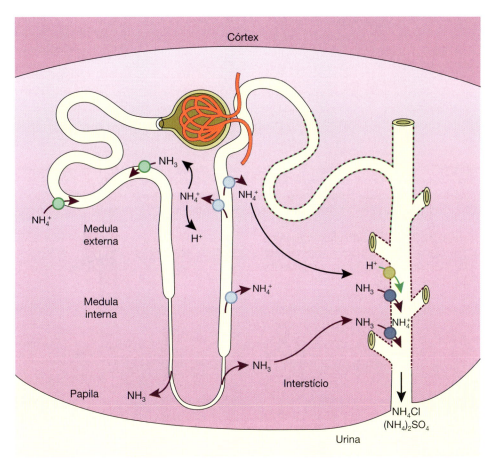

Figura 54.5 ▪ Ciclo da amônia. A amônia é gerada nas células do túbulo proximal a partir do metabolismo da glutamina e secretada no lúmen desse segmento tubular. Provenientes do interstício, mais NH_3 e NH_4^+ são secretados para o lúmen da parte final do túbulo proximal. Ao nível dos ramos finos descendente e ascendente da alça de Henle, baixa quantidade de NH_3 é reabsorvida para o interstício, gerando um gradiente corticomedular (indicado pelo *fundo rosa* mais forte na papila). No ramo grosso ascendente da alça de Henle ocorre maciça reabsorção de NH_4^+, através do cotransportador $Na^+:NH_4^+:2Cl^-$, acumulando alta concentração de NH_4^+ no interstício. Finalmente, NH_3 é secretado ao longo do lúmen do ducto coletor, onde é protonado e retido como NH_4^+, que é, então, excretado com a urina final, na forma de NH_4Cl ou $(NH_4)_2SO_4$. *Círculos em azul* indicam transporte de NH_3 ou NH_4^- mediado por carregadores. *Linhas tracejadas* em roxo e verde indicam expressão de RhCG em células intercaladas (*roxo*) ou principais (*verde*) (mais detalhes no texto). (Adaptada de Wagner et al., 2011.)

gradiente de pH no ductos coletores (onde o pH é mais ácido no lúmen do ducto que nas suas células), provê a força motriz para a secreção de NH_3 no lúmen do ducto coletor. Esta secreção de NH_3 é primordialmente mediada pelas células intercaladas α, mas as células principais também podem contribuir, embora tenham baixa permeabilidade. No lúmen do coletor, a NH_3 combina-se com o H^+ (secretado pelas células intercalares tipo α) para formar NH_4^+; este é excretado na urina final na forma de sais neutros, tipo NH_4Cl ou $(NH_4)_2SO_4$.

Reabsorção de NH_4^- pelo ramo ascendente espesso da alça de Henle

A Figura 54.6 indica que, no ramo ascendente espesso, o NH_4^+ é reabsorvido intensamente por meio de: (1) transporte ativo secundário, substituindo o K^+ no cotransportador $1Na^+:1K^+:2Cl^-$, existente na membrana luminal, e (2) transporte passivo paracelular. Porém, é possível que no ramo grosso ascendente o NH_4^+ seja reabsorvido também via canais basolaterais de K^+. Portanto, na medula renal, ocorre um *mecanismo contracorrente multiplicador de amônia* (lembrar que o ramo ascendente é impermeável à água). A reabsorção do íon NH_4^+ pela alça ascendente grossa constitui o *efeito unitário*, que é multiplicado pelo contrafluxo existente entre as duas alças, formando o gradiente de concentração de amônia ao longo do eixo corticomedular (ver Figuras 54.4 e 54.5).

Captação de NH_3/NH_4^+ do interstício pelas células intercalares α do coletor

Atualmente, acredita-se que a captação de NH_3/NH_4^+ do interstício, pelas células intercalares α do coletor, pode ser mediada por vários tipos de proteína *rhesus*, dependendo da espécie animal. No caso humano, esses processos são detalhados na Figura 54.7. Nota-se que no interior das células intercalares α há geração de HCO_3^- a partir de CO_2, ativada pela anidrase carbônica II; o HCO_3^- recém-formado é liberado de volta para o sangue via trocador Cl^-/HCO_3^- basolateral, enquanto o H^+ é ativamente secretado na urina, principalmente pela H^+-ATPase e, em menor escala, pela H^+/K^+-ATPase. A entrada de NH_4^- do interstício para as células intercalares α pode ser mediada pelos transportadores basolaterais $Na^+:K^+:2Cl^-$ e Na^+/K^+-ATPase (nos quais o K^+ é substituído pelo NH_4^-). A passagem de NH_3 do interstício para essas células é mediada pela proteína *rhesus* tipo RhCG, basolateral. A secreção de NH_3 das células intercalares α para a urina também requer RhCG na membrana luminal. O H^+ pode ser secretado pela H^+-ATPase e pela H^+/K^+-ATPase luminal. Em razão do baixo pH urinário, o NH_3 é protonado no lúmen do coletor e o NH_4^- formado é, em parte, retido no lúmen do ducto e, então, excretado na urina final [na forma de NH_4Cl ou $(NH_4)_2SO_4$]. Outra parte do NH_4^- intratubular pode voltar para a célula pela H^+/K^+-ATPase apical (em que o K^+ é substituído pelo NH_4^-).

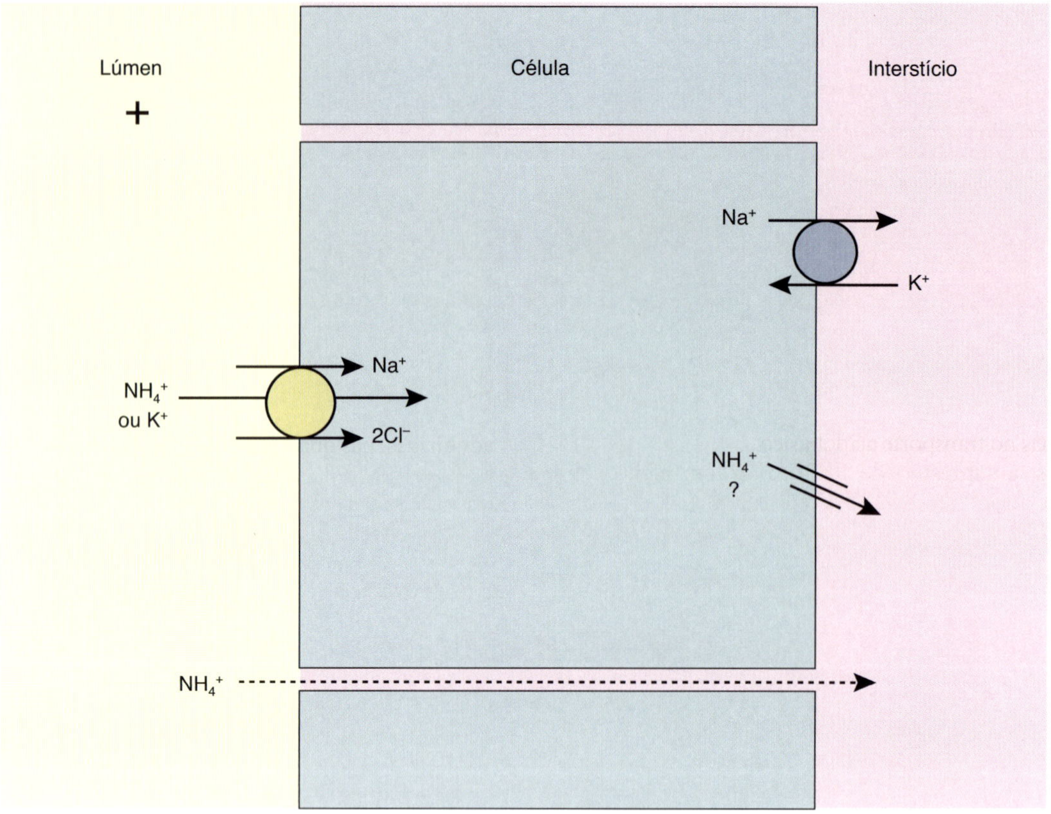

824 Aires | Fisiologia

Figura 54.6 ▪ Mecanismo de reabsorção de NH_4^+ pelo ramo ascendente espesso da alça de Henle. A reabsorção de NH_4^+ ocorre por transporte ativo secundário (transcelular) e passivo (paracelular). A reabsorção transcelular é mediada pelo cotransporte Na^+: NH_4^-: $2Cl^-$, luminal. O transporte passivo paracelular é favorecido pela diferença de potencial lúmen-positiva. (Adaptada de Good, 1988.)

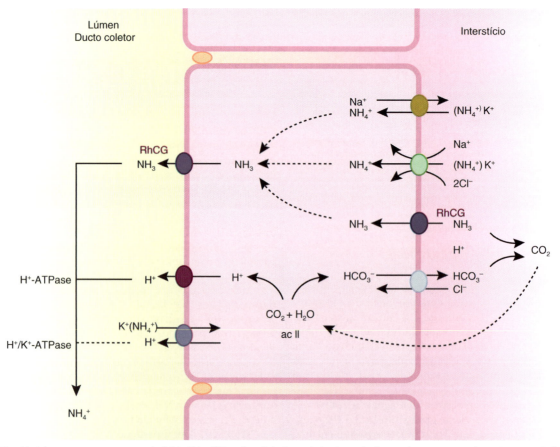

Figura 54.7 ▪ Modelo para o transporte transepitelial de NH_3 e NH_4^- pelas células intercaladas tipo α do ducto coletor, secretoras de H^+. Descrição da figura no texto. *ac II*, anidrase carbônica II; *RhCG*, proteína *rhesus* humana. (Adaptada de Biver *et al.*, 2008.)

Papel do Rim na Regulação do pH do Líquido Extracelular — 825

▶ Proteínas *rhesus* no rim de mamíferos

As glicoproteínas *rhesus* (Rh) foram, inicialmente, identificadas em levedura e, mais tarde, também em plantas, algas e mamíferos. Dados recentes indicam que as células de mamíferos contêm proteínas específicas de membrana, pertencentes à família de proteínas *rhesus*, envolvidas na permeabilidade a NH_3/NH_4^+. Em rins de roedores, as RhBG e RhCG são expressas exclusivamente no túbulo distal, túbulo de conexão e no ducto coletor cortical e medular; entretanto, há controvérsias a respeito da exata localização celular dessas proteínas. No rim humano, somente a RhCG é detectada nessas mesmas estruturas tubulares, sendo sua localização relatada tanto na membrana luminal como na basolateral (ver Figuras 54.7 e 54.8). Sua expressão aumenta com a maturação dos rins e acelera após o nascimento, em paralelo com outras proteínas envolvidas no transporte acidobásico.

Em ratos, a supressão de RhBG não tem efeito sobre a excreção renal de NH_4^-, enquanto a deficiência de RhCG a reduz fortemente, provocando acidose metabólica e impedindo o restabelecimento do equilíbrio acidobásico normal. Adicionalmente, experimentos de microperfusão ou de reconstituição funcional em lipossomos demonstram que o NH_3 é o substrato mais provável da RhCG. Estudos que utilizam estruturas cristalinas de RhCG humana (e da proteína homóloga bacteriana AmtB) sugerem que esta proteína pode formar canais para o gás NH_3.

Entretanto, muitas questões ainda estão em aberto, como: o exato mecanismo dessas proteínas transportadoras, a regulação aguda e a longo prazo de suas expressões e atividades, suas interações físicas e funcionais com outras proteínas, seus papéis em outros órgãos extrarrenais, além de o NH_3 poder ser excretado em certa quantidade mesmo na ausência completa de RhCG. Atualmente, alguns desses assuntos estão sendo muito pesquisados: (1) qual é a via que medeia a permeabilidade ao NH_3: difusão livre através da membrana ou via um transportador/canal?; (2) qual o papel da RhCG em doenças renais, inatas ou adquiridas, nas quais a excreção renal de ácido está inibida?; (3) a desregulação da RhCG pode contribuir para o aparecimento de formas específicas de acidose tubular renal? e (4) qual o papel da RhCG em outros tecidos como epidídimo, pulmão e fígado, podendo essa proteína ter funções importantes na desintoxicação de amônia ou na fertilidade masculina?

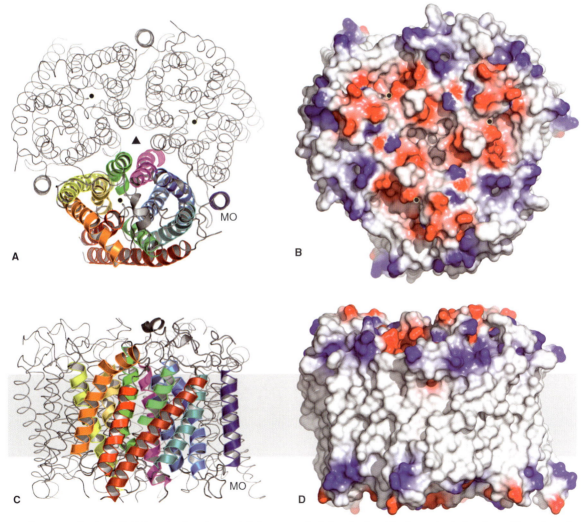

Figura 54.8 • Estrutura molecular da RhCG (proteína *rhesus* humana). **A.** Representação da face citoplasmática da proteína, indicando que é formada por 3 monômeros simétricos, cada um constituído de 12 α-hélices transmembrânicas em forma de fita, distribuídos em torno de um eixo indicado por ▲. Os três pontos pretos (•) mostram a posição do canal central de cada monômero. As 12 α-hélices do monômero inferior estão coloridas progressivamente do azul ao vermelho, indicando a sucessão da porção N-terminal à C-terminal. **B.** Superfície molecular citoplasmática da RhCG, marcada pelo potencial eletrostático (segundo Baker *et al.*, 2001), revelando que as aberturas dos três canais centrais são cercadas por cargas negativas (*em vermelho*), com cargas positivas na periferia (*em azul*). **C** e **D.** Representações do corte transversal de **A** e **B**, respectivamente, após giro de 90° em torno da membrana (*em cinza*), com a face citoplasmática para cima. (Adaptada de Gruswitz *et al.*, 2010.)

▶ Controle da produção e excreção renal de amônia

Pelo menos três fatores influenciam a quantidade de amônia produzida pelo rim e excretada na urina:

1. *pH do fluido intratubular*: existe uma relação inversa entre o pH do fluido intratubular e a quantidade total de amônia ($NH_3 + NH_4^+$) excretada na urina. Quanto maior a concentração do íon H^+ no fluido intratubular, mais NH_4^+ é formado e excretado.
2. *Equilíbrio acidobásico sistêmico*: na acidose metabólica, há estímulo das enzimas responsáveis pelo metabolismo celular da glutamina no túbulo proximal. Tal estimulação envolve a síntese de novas enzimas, particularmente nas mitocôndrias, e requer vários dias para completa adaptação. O aumento do nível dessas enzimas eleva a produção de NH_4^+ e permite que mais H^+ seja secretado e HCO_3^- reabsorvido. Opostamente, a alcalose metabólica diminui a produção de NH_4^+.
3. *Concentração plasmática de K^+*: a hiperpotassemia inibe a produção de NH_4^+, enquanto a hipopotassemia a estimula. Acredita-se que o aumento do pH intracelular provocado pela hiperpotassemia iniba a produção de NH_4^+. Na hipopotassemia, ocorreria o oposto. Por outro lado, a secreção de H^+ é estimulada em hipopotassemia e inibida em hiperpotassemia, o que influi na excreção de amônia (ver item 1).

BALANÇO GLOBAL DE H^+

Como visto anteriormente, o íon H^+ secretado para o lúmen tubular pode simultaneamente titular três diferentes tampões intratubulares: (1) o HCO_3^-, (2) o HPO_4^{2-} e outros tampões que constituem a acidez titulável e (3) a NH_3. Do total de íons H^+ secretados, 98% são utilizados para titular o bicarbonato filtrado, e os restantes 2%, para formar *novo HCO_3^-*. Portanto, o rim gera novo HCO_3^- por duas vias: (a) titulando tampões como o HPO_4^{2-} (e outros tampões tipo creatinina e urato) para produzir a acidez titulável e (b) titulando a NH_3 secretada para formar NH_4^-.

A quantidade total de íons H^+ perdida pelo organismo via excreção renal é avaliada pela relação:

$$H^+ (mM/min) = T + NH_4^+ - HCO_3^-$$

em que:

T = acidez titulável; excreta H^+ ligado ao fosfato (como $H_2PO_4^{2-}$), creatinina e ácido úrico; NH_4^+ = excreta H^+ ligado à NH_3 (como NH_4^-); HCO_3^- = excreção do HCO_3^- filtrado.

A excreção renal de bicarbonato é subtraída da excreção global de H^+, pois cada íon HCO_3^- excretado corresponde a um íon H^+ que deixou de ser secretado pelo epitélio tubular e, portanto, equivale a um íon H^+ adicionado ao organismo.

Como já dito, quantitativamente a reabsorção de bicarbonato é o processo mais importante da acidificação urinária, pois a excreção de amônio e a acidez titulável são responsáveis somente por 2 a 3% da secreção total de íons H^+ pelo epitélio tubular. Em condições normais de equilíbrio acidobásico, a quantidade de íons H^+ excretados é igual à carga normal de íons H^+ que o organismo recebe. Esse valor corresponde a cerca de 70 mM/dia (50% eliminados como acidez titulável e 50%, como sais de amônio). Entretanto, na acidose metabólica, ele pode ser superior a 300 mM/dia (principalmente devido ao aumento da excreção de NH_4^-). O balanço global de H^+ pode também ter valor negativo se grande quantidade de HCO_3^- for perdida na urina, como na alcalose metabólica. Isso pode ainda acontecer após a ingestão de citrato (contido em suco de frutas), visto que ele é metabolizado em HCO_3^-.

O problema 54.2 discute alguns dos assuntos aqui tratados.

Problema 54.2

Em um cão, em período controle e outro experimental, foram obtidos os seguintes dados:

	Sangue		Urina		
	pH	CO_2 total mM	pH	HCO_3^- mM	fluxo mℓ/min
Período controle	7,34	22,0	6,39	1,0	1,2
Período experimental	7,56	20,0	7,63	6,4	1,3

Calcule:

a) A P_{CO_2} sanguínea do cão nos dois períodos, considerando-se que 1 mM de ácido carbônico corresponde a P_{CO_2} de 33,3 mmHg.
b) A concentração de bicarbonato plasmático nas duas situações. Qual a condição experimental estudada?
c) O *clearance* de bicarbonato nas duas situações estudadas. O que ocorre com a excreção renal de bicarbonato no período experimental? Por quê? Qual o valor esperado da acidez titulável e da excreção de amônia no período experimental, em relação ao controle? Justifique.

Resolução

a) P_{CO_2} sanguínea
Período controle:
Pela equação de Henderson-Hasselbalch (descrita no Capítulo 14), sabemos que:

$$pH = pK + \log \frac{bicarbonato}{ácido}$$

Considerando-se que CO_2 total = bicarbonato + ácido, substituindo na equação os valores dados, teremos:

$$7,34 = 6,1 + \log \frac{22 - ácido}{ácido} \qquad 1,24 = \log \frac{22 - ácido}{ácido}$$

como antilog de 1,24 = 17,4:

$$17,4 = \frac{22 - ácido}{ácido} \qquad 22 = 18,4\ ácido \qquad ácido = 1,2\ mM$$

Como 1 mM de ácido corresponde a 33,3 mmHg
1,2 mM .... X mmHg
X = 40 mmHg

Resposta: A P_{CO_2} do sangue do animal, no período controle, é de 40 mmHg.

Período experimental:

$$7,56 = 6,1 + \log \frac{20 - ácido}{ácido} \qquad 1,46 = \frac{\log 20 - ácido}{ácido}$$

Como antilog de 1,46 = 28,8

$$28,8 = \frac{20 - ácido}{ácido} \qquad 20 = 29,8\ ácido \qquad ácido = 0,67\ mM$$

1 mM de ácido .... 33,3 mmHg
0,67 mM .... X mmHg
X = 22,3 mmHg

Resposta: A P_{CO_2} sanguínea do cão, no período experimental, corresponde a 22,3 mmHg.

b) Concentração de bicarbonato plasmático

Período controle:
Como o bicarbonato plasmático = CO_2 total − ácido, teremos:

$$HCO_3^- = 22 - 1,2 \qquad HCO_3^- = 20,8 \text{ mM}$$

Resposta: A concentração de bicarbonato plasmático, no período controle, é de 20,8 mM.

Período experimental:

$$HCO_3^- = 20 - 0,67 \qquad HCO_3^- = 19,3 \text{ mM}$$

Resposta: A concentração de bicarbonato plasmático, no período experimental, corresponde a 19,3 mM.

Condição experimental estudada:
Como o pH do sangue do animal passou de 7,34, no período controle, para 7,56, no experimental, o animal está em uma situação de alcalose. Em virtude de sua P_{CO_2} sanguínea controle ser de 40 mmHg e ter passado para 22,3 mmHg na fase experimental, a sua alcalose é de origem respiratória. Como houve uma queda na concentração plasmática de bicarbonato, que passou de 20,8 mM, na situação controle, para 19,3 mM, na experimental, o animal entrou em acidose metabólica, na tentativa de compensar a sua alcalose respiratória original.

Resposta: A condição experimental estudada é de alcalose respiratória mais acidose metabólica.

c) *Clearance* de bicarbonato

Período controle:

$$\textit{Clearance de } HCO_3^- = \frac{\text{(concentração urinária de } HCO_3^-) \times \text{(fluxo urinário)}}{\text{(concentração plasmática de } HCO_3^-)}$$

$$\textit{Clearance de } HCO_3^- = \frac{(1 \text{ nM}) \times (1,2 \text{ m}\ell/\text{min})}{20,8 \text{ nM}} = 0,058 \text{ m}\ell/\text{min}$$

Período experimental:

$$\textit{Clearance de } HCO_3^- = \frac{(6,4 \text{ nM}) \times (1,3 \text{ m}\ell/\text{min})}{19,3 \text{ nM}} = 0,43 \text{ m}\ell/\text{min}$$

Resposta: O *clearance* de bicarbonato, nos períodos controle e experimental, é, respectivamente, de 0,058 e 0,43 mℓ/min.

Excreção renal de bicarbonato:
O *clearance* de bicarbonato está bastante aumentado no período experimental, em consequência de sua excreção renal estar elevada nesse período, devido à inibição de sua reabsorção tubular. A inibição da reabsorção de bicarbonato acontece em virtude da queda da P_{CO_2} plasmática que ocorre na alcalose respiratória, conforme mecanismo exposto a seguir. Este fato é comprovado pela diminuição da concentração plasmática de bicarbonato e elevação da sua concentração urinária. (É recomendável que o leitor calcule a carga excretada de bicarbonato e comprove como está bem mais elevada na situação experimental.)

Acidez titulável e excreção urinária de amônia no período experimental:
No período experimental, tanto a acidez titulável como a excreção urinária de amônia devem estar reduzidas em relação ao período controle, em virtude da diminuição da secreção tubular de hidrogênio.

FATORES QUE AFETAM A SECREÇÃO DE H$^+$ E A REABSORÇÃO DE HCO_3^-

Apesar de o pH do sangue arterial ser o principal fator fisiológico regulador do mecanismo de secreção de H$^+$ e reabsorção de HCO_3^-, outros fatores também interferem nesse processo: volume circulatório efetivo, carga filtrada de bicarbonato, concentração plasmática de potássio, além de alguns hormônios como angiotensina II, glicocorticoides e mineralocorticoides.

▶ pH do sangue arterial

Genericamente, podemos dizer que o efeito do pH do sangue arterial na secreção renal de H$^+$ é mediado, pelo menos em parte, pelo pH da célula tubular renal. Na acidose, uma pequena queda do pH sanguíneo promove maior entrada de íons H$^+$ nas células tubulares, através da membrana basolateral. Essa elevação da disponibilidade intracelular de íons H$^+$ aumenta a sua secreção para o lúmen tubular. Como cada íon H$^+$ secretado resulta na adição de um íon HCO_3^- ao plasma, o pH do sangue tende a se normalizar. Opostamente, na alcalose a excreção renal de H$^+$ é diminuída. As modificações da excreção renal de H$^+$ induzidas por variações do pH sanguíneo iniciam-se dentro de 24 h, porém só se completam após 4 ou 5 dias. As razões para esse atraso não são bem conhecidas, mas podem ser devidas a alterações na secreção de H$^+$ ou na produção intracelular de amônia.

Entretanto, o mecanismo regulador é bem mais complexo do que o antes dito, uma vez que quatro fundamentais distúrbios podem alterar o pH do sangue: as acidoses e alcaloses respiratórias, além das acidoses e alcaloses metabólicas. Em cada caso, a defesa inicial e quase instantânea para minimizar a alteração do pH do sangue é a ação dos tampões dos compartimentos intra e extracelular. Porém, a restauração do pH a valores próximos do normal requer respostas compensatórias pulmonares e renais mais tardias. Para facilitar o entendimento do que será discutido a seguir, recomenda-se que os conceitos gerais de equilíbrio acidobásico sejam revistos (ver Capítulo 13).

Acidose respiratória

Nesse distúrbio, a alteração primária é o aumento da P_{CO_2} do sangue arterial. A resposta compensatória renal é a elevação da secreção renal de H$^+$, com consequente crescimento da produção de novo HCO_3^-, via excreção renal de NH_4^+. Mecanismo oposto se dá na alcalose respiratória. Essas transformações na secreção de H$^+$ tendem a corrigir a alteração da relação $[HCO_3^-]/[CO_2]$ que ocorre nas modificações respiratórias primárias do equilíbrio acidobásico.

A acidose respiratória estimula a secreção de H$^+$ por duas vias. Primeira, a elevação aguda da P_{CO_2} estimula diretamente a célula proximal para secretar H$^+$, parecendo que essas células têm um mecanismo sensor de CO_2. Segunda, a acidose respiratória crônica leva a respostas adaptativas, estimulando o trocador Na$^+$/H$^+$ luminal e o cotransportador Na$^+$-HCO_3^- basolateral. Essas modificações adaptativas persistem por algum tempo, mesmo após os níveis da P_{CO_2} voltarem ao normal.

Acidose metabólica

A primeira resposta a esse distúrbio é o aumento da ventilação alveolar que, diminuindo a P_{CO_2}, tenta corrigir a modificação da relação $[HCO_3^-]/[CO_2]$ que ocorre na acidose metabólica primária. O rim participa nessa resposta compensatória (desde que ela não seja consequente a uma patologia renal), pois a queda da concentração de HCO_3^- no sangue capilar peritubular estimula a secreção proximal de H^+. Isso se dá, provavelmente, pelo crescimento do efluxo celular de HCO_3^- via cotransportador Na^+-HCO_3^- basolateral e, também, por redução da volta de HCO_3^- do interstício para o lúmen tubular, via *tight junctions*.

Na acidose metabólica crônica, é provável que as respostas adaptativas do túbulo renal sejam as mesmas descritas anteriormente para acidose respiratória crônica. Essas respostas incluem a estimulação do trocador Na^+/H^+ e da H^+-ATPase luminais e do cotransportador Na^+-HCO_3^- basolateral, possivelmente por elevação do número de transportadores. Essa regulação parece estar envolvida com a ativação da PKC. Porém, uma importante questão ainda não entendida é como a célula tubular continua a responder à acidose, mesmo após a coordenada estimulação dos transportadores luminais e basolaterais fazer o pH intracelular retornar ao seu valor normal.

Adicionalmente ao crescimento da secreção de H^+, o outro parâmetro necessário para produzir novo HCO_3^- é o aumento da produção de NH_3. Assim, a elevação da secreção de H^+ e a da produção de NH_3 levam ao aumento da excreção renal de NH_4^+; esta sobe marcadamente, como resultado de uma resposta adaptativa à acidose metabólica crônica. Consequentemente, a excreção de acidez titulável torna-se, progressivamente, menor fração da excreção total de ácido. A adaptativa estimulação da síntese de NH_3, que se dá em resposta à queda do pH intracelular, compreende a estimulação da glutaminase mitocondrial e de vários outros componentes da cadeia de reações químicas envolvidas na produção celular proximal de amônia.

Alcalose metabólica

Nessa situação, há decréscimo da secreção de H^+ no túbulo proximal. Provavelmente, isso ocorre por: (1) queda da saída do HCO_3^- da célula para o sangue peritubular, via cotransporte Na^+-HCO_3^-, e (2) aumento da volta paracelular de HCO_3^- do interstício para o lúmen tubular. Após alguns dias da instalação da alcalose metabólica, o túbulo coletor cortical, que na situação normal secreta íons H^+ (pelas células intercalares tipo α, que têm H^+-ATPase apical e trocador Cl^-/HCO_3^- basolateral), passa a secretar íons HCO_3^- (pelas células intercalares tipo β, que exibem o trocador Cl^-/HCO_3^- na membrana luminal e a H^+-ATPase na membrana basolateral). Isso acontece devido ao aumento da produção de células intercalares tipo β a expensas das de tipo α.

▶ Aumento do fluxo e da concentração de HCO_3^- no lúmen tubular

É observado que tanto o aumento do fluxo de líquido como da concentração de HCO_3^- no lúmen tubular elevam a reabsorção de HCO_3^-. Provavelmente, esse efeito é devido à elevação do pH luminal que ocorre nessas duas condições, fazendo com que haja estimulação do trocador Na^+/H^+ e da H^+-ATPase, localizados nos microvilos do lúmen do túbulo proximal. A reabsorção renal de bicarbonato é, pois, estreitamente dependente da sua carga filtrada (e proporcional à sua concentração luminal até cerca de 50 mM), sem que haja saturação do processo de reabsorção. Como exemplo, pode ser citada a estimulação da secreção de H^+ e da reabsorção de HCO_3^- que ocorrem na uninefrectomia (remoção cirúrgica de um rim), situação na qual o ritmo de filtração glomerular cresce muito no rim remanescente, em resposta à perda de tecido renal.

▶ Volume circulatório efetivo

Conforme foi discutido no capítulo anterior, a queda do volume circulatório efetivo estimula a reabsorção renal de Na^+ por várias vias, incluindo o sistema renina-angiotensina II-aldosterona (levando ao aumento da ANG II) e a estimulação da inervação simpática renal (com consequente liberação de norepinefrina). Tanto a ANG II como a aldosterona e a norepinefrina estimulam o trocador Na^+/H^+ no túbulo proximal. Como no túbulo proximal a reabsorção de Na^+ está acoplada à secreção de H^+ (e, portanto, à reabsorção de HCO_3^-), a contração de volume não somente aumenta a reabsorção de Na^+, mas também eleva a secreção de H^+ (e a reabsorção de HCO_3^-). A longo prazo, a depleção de volume também eleva os níveis plasmáticos de aldosterona, a qual também estimula a secreção de H^+ nos túbulos proximais e coletores corticais e medulares. Por outro lado, a expansão de volume apresenta efeito oposto.

Entretanto, a regulação do volume circulatório efetivo tem precedência sobre a regulação do pH plasmático. Exemplificando, é sabido que a hipovolemia pode levar o indivíduo à chamada *alcalose de contração*.

▶ Concentração plasmática de potássio

Existe relação recíproca entre o nível de potássio no plasma e a secreção renal de H^+. De modo geral, pode ser dito que a hipopotassemia leva à alcalose e a hiperpotassemia à acidose. O oposto também é verdadeiro (mais informações a respeito desse assunto são dadas no Capítulo 52).

Hipopotassemia

Várias evidências indicam que, no túbulo proximal, a hipopotassemia conduz à estimulação do trocador Na^+/H^+ apical e do cotransportador Na^+-HCO_3^- basolateral. Como acontece em outras células do organismo, o pH das células tubulares cai durante a depleção de K^+. A resultante acidose intracelular crônica pode levar a respostas adaptativas que ativam o trocador Na^+/H^+ e o cotransportador Na^+-HCO_3^-, presumivelmente pelo mesmo mecanismo que estimula a secreção de H^+ na acidose crônica. No túbulo proximal, a hipopotassemia também estimula a síntese de NH_3 e a excreção de NH_4^-, aumentando a eliminação renal de H^+ e de NH_4^-. Finalmente, nas células intercalares α do túbulo coletor cortical, a depleção de K^+ estimula a K^+/H^+-ATPase, levando ao crescimento da secreção de H^+ e à retenção de K^+.

Hiperpotassemia

Um importante fator que pode contribuir para a associação entre hiperpotassemia e acidose metabólica pode ser a queda da excreção renal de NH_4^-. Talvez isso seja devido não só à queda da síntese de NH_4^- na célula tubular proximal como também à diminuição de seu acúmulo no interstício medular. A elevação da concentração de K^+ no lúmen do ramo ascendente grosso da alça de Henle pode comprometer a reabsorção de NH_4^- nesse segmento, pois o K^+ compete com o NH_4^- no transportador $Na^+/K^+/2Cl^-$ e no canal de K^+, que ocorrem na membrana luminal dessa porção tubular. A redução de NH_4^- no interstício medular disponibiliza menos NH_3 a fim de ser difundido para o interior do lúmen do ducto coletor medular, levando à queda da excreção de NH_4^- e, então, à acidose.

▶ Glicocorticoides e mineralocorticoides

A insuficiência suprarrenal prolongada acarreta retenção ácida, podendo levar à acidose metabólica. Tanto os glico como os mineralocorticoides estimulam a secreção renal de H^+.

Glicocorticoides (p. ex., cortisol)

Estimulam o trocador Na^+/H^+ no lúmen do túbulo proximal, aumentando a secreção de H^+. Adicionalmente, inibem a reabsorção de fosfato, elevando a capacidade de tamponamento luminal do íon H^+ que foi secretado.

Mineralocorticoides (p. ex., aldosterona)

Estimulam diretamente a secreção de H^+ pelas células intercalares α do túbulo coletor, aumentando a atividade da H^+-ATPase luminal e do trocador Cl^-/HCO_3^- basolateral. Por ativarem a reabsorção de Na^+, os mineralocorticoides aumentam a negatividade intraluminal, a qual indiretamente também estimula a secreção de H^+ pela H^+-ATPase luminal, eletrogênica. Quando ministrados por longo tempo juntamente com alta ingestão de Na^+, os mineralocorticoides podem causar depleção de K^+ que, indiretamente, aumenta a secreção de H^+ (como dito anteriormente). Dados recentes indicam que a aldosterona tem efeitos genômico e não genômico no túbulo proximal, estimulando o trocador Na^+/H^+ e a H^+-ATPase apicais. Mais informações sobre esse assunto são fornecidas no Capítulo 55, *Rim e Hormônios*.

▶ Diuréticos

O efeito dos diuréticos na secreção renal de H^+ depende dos mecanismos e locais de ação desses medicamentos. De modo geral, esses agentes podem ser divididos em dois grandes grupos: os que levam o indivíduo a eliminar urina alcalina ou a excretar urina ácida.

Diuréticos que promovem a excreção de urina alcalina

Neste grupo, incluem-se os diuréticos inibidores da anidrase carbônica e os poupadores de K^+.

Diuréticos inibidores da anidrase carbônica (p. ex., acetazolamida ou diamox)

Seu maior efeito é no túbulo proximal, onde, inibindo a anidrase carbônica do lúmen tubular ou intracelular, impedem a secreção tubular de H^+ (e, portanto, inibem a reabsorção tubular proximal de HCO_3^-). Podem também impedir a secreção de H^+ no ramo ascendente grosso e no túbulo distal convoluto.

Diuréticos poupadores de K^+

Os diuréticos amilorida e triantereno inibem os canais luminais de Na^+ (ENaC) do túbulo coletor, levando à hiperpolarização da membrana luminal e, consequentemente, dificultando a secreção de H^+ pela H^+-ATPase eletrogênica que ocorre na membrana luminal desse segmento tubular. As espironolactonas diminuem a secreção de H^+, por interferirem na ação da aldosterona.

Diuréticos que promovem a excreção de urina ácida

Neste grupo, incluem-se duas classes de diuréticos – os *de alça* [como furosemida ou Lasix®, que inibem o cotransportador luminal $Na^+:K^+:2Cl^-$ (NKCC2) do ramo grosso ascendente] e os *tiazídicos* [como clorotiazida, que inibe o cotransportador luminal Na^+-Cl^- (NCCT) do túbulo distal convoluto]. Ambas as classes de diuréticos promovem a acidificação urinária por três mecanismos. Primeiro, causam alguma contração de volume extracelular, elevando os níveis plasmáticos de ANG II e de aldosterona, com consequente crescimento da secreção de H^+ (já discutido antes). Segundo, esses diuréticos aumentam o aporte de Na^+ no túbulo coletor, promovendo a reabsorção eletrogênica de Na^+ nesse segmento, com consequente elevação da negatividade luminal, que estimula a secreção eletrogênica de H^+ pela H^+-ATPase luminal. Terceiro, por sua ação diurética, esses medicamentos estimulam a secreção passiva de K^+ por canais luminais das porções finais do néfron, provocando a depleção de K^+, que, como discutido anteriormente, faz a secreção de H^+ crescer.

BIBLIOGRAFIA

AL-AWQATI Q. Plasticity in epithelial polarity of renal intercalated cells: targeting of H^+-ATPase and band 3. *Am J Physiol*, 270:C157-8, 1996.
ALPERN RJ. Endocrine control of acid-base balance. In: FRAY JCS, GOODMAN HM (Eds.). *Handbook of Physiology*. Oxford University Press. New York, 2000.
ARONSON PS. Kinetic properties of the plasma membrane Na^+/H^+ exchanger. *Ann Rev Physiol*, 47:545-60, 1985.
BAKER NA, SEPT D, JOSEPH S et al. Electrostatics of nanosystems: application to microtubules and the ribosome. *Proc Natl Acad Sci EUA*, 98:10037-41, 2001.
BIVER S, BELGE H, BOURGEOIS S et al. A role for *rhesus* factor Rhcg in renal ammonium excretion and male fertility. *Nature*; 456:339-43, 2008.
DELLOVA DCAL, MALNIC G, MELLO-AIRES M. Genomic and nongenomic dose dependent biphasic effect of Aldosterone on Na^+/H^+ exchanger in proximal S3 segment: role of cytosolic calcium. *Am J Physiol Renal Physiology*, 295:F1342-52, 2008.
GIEBISCH G, WINDHAGER E. Transport of acids and bases. In: BORON WF, BOULPAEP EL (Eds.). *Medical Physiology*. Saunders, New York, 2005.
GLUCK SL, UNDERHILL DM, IYORI M et al. Physiology and biochemistry of the kidney vacuolar H^+-ATPase. *Ann Rev Physiol*, 58:427-45, 1996.
GOOD DW. Active absorptions of NH_4^+ by rat medullary thick ascending limb: inhibition by potassium. *Am J Physiol*, 255:F78-87, 1988.
GOOD DW. Ammonium transport by the ascending limb of Henle's loop. *Ann Rev Physiol*, 56:623-48, 1994.
GRUSWITZ F, CHAUDHARY S, HO JD et al. Function of human Rh based on structure of RhCG at 2.1 Å. *Proc Natl Acad Sci EUA*, 107(21):9638-43, 2010.
HENRY RP. Multiple roles of carbonic anhydrase in cellular transport and metabolism. *Ann Rev Physiol*, 58:523-38, 1996.
KNEPPER MA, PACKER R, GOOD DW. Ammonium transport in the kidney. *Physiol Rev*, 69:179-249, 1989.
MALNIC G. Cell biology of H^+ transport in epithelia. *Ann Rev Biomed Sci*, 2:5-37, 2000.
PERHER PS, LEITE-DELLOVA D, MELLO AIRES M. Direct action of Aldosterone on bicarbonate reabsorption in *in vivo* cortical proximal tubule. *Am J Physiol Renal Physiology*, 296:F1185-93, 2009.
PITTS RF. The renal regulation of acid base balance with special reference to the mechanism for acidifying the urine. *Science*, 102:49-85, 1945.
RESE BD. POST TW. *Clinical Physiology of Acid-Base and Electrolyte Disorders*. 5. ed. McGraw-Hill, New York, 2001.
SMITH AN, JOURET F, BORD S et al. Vacuolar H^+-ATPase d2 subunit: molecular characterization, developmental regulation, and localization to specialized proton pumps in kidney and bone. *J Am Soc Nephrol*, 16:1245-56, 2005.
WAGNER CA, DEVUYST O, BELGE H et al. The *rhesus* protein RhCG: a new perspective in ammonium transport and distal urinary acidification. *Kidney International*, 79:154-61, 2011.
WAKABAYASHY S, SHIGEKAWA M, POUYSSEGUR J. Molecular physiology of vertebrate Na^+/H^+ exchangers. *Physiol Rev*, 77(1):51-74, 1997.
WEINER ID, HAMM LL. Molecular mechanisms of renal ammonia transport. *Annu Rev Physiol*, 69:317-40, 2007.

Capítulo 55

Rim e Hormônios

- **Sistema Renina-Angiotensina,** *832*

  Maria Luiza Morais Barreto-Chaves | Margarida de Mello Aires
  - Conceito clássico, *832*
  - Conceito contemporâneo, *832*
  - SRA local ou tecidual, *834*
  - SRA intracelular, *836*
  - Aspectos bioquímicos do SRA, *836*
  - Aspectos fisiológicos do SRA, *839*

- **Aldosterona | Ações Renais Genômicas e Não Genômicas,** *842*

  Deise Carla A. Leite Dellova
  - Histórico, *842*
  - Mecanismo de ação da aldosterona, *843*

- **Peptídios Natriuréticos,** *846*

  Maria Luiza Morais Barreto-Chaves | Dayane Aparecida Gomes
  - Aspectos bioquímicos, *846*
  - Estrutura geral dos seus receptores e sinalização intracelular, *877*
  - Aspectos fisiológicos, *848*
  - Implicações terapêuticas, *850*

- **Outras Substâncias Vasodilatadoras com Ação Renal | Óxido Nítrico, Prostaglandinas e Bradicinina,** *852*

  Guiomar Nascimento Gomes
  - Óxido nítrico, *852*
  - Prostaglandinas, *853*
  - Sistema calicreína-cininas, *854*

- **Hormônio Antidiurético (ADH),** *855*

  Antonio J. Magaldi
  - Síntese e liberação do ADH, *855*
  - Regulação da secreção do ADH, *857*
  - Ação hormonal, *858*

- **Hormônio Paratireoidiano (PTH),** *864*

  Frida Zaladek Gil
  - Regulação da secreção de PTH, *864*
  - Efeitos do PTH, *865*
  - Alterações nos perfis de cálcio, fosfato e PTH após o nascimento, *867*
  - Novos mecanismos reguladores da calcemia e da secreção de PTH, *867*

- **Eritropoetina,** *868*

  Aníbal Gil Lopes
  - Aspectos históricos, *869*
  - Eritropoetina | Características e principais ações, *869*

- **Uroguanilina,** *879*

  Lucília Maria Abreu Lessa Leite Lima | Manassés Claudino Fonteles
  - Família das guanilinas, *879*
  - Uroguanilina e homeostase hidrossalina, *881*

- **Endotelinas,** *882*

  Maria Oliveira de Souza
  - Sistema endotelinas, *882*
  - Bibliografia, *884*

Robson Augusto dos Santos.

Robson Augusto dos Santos recebeu o título de Professor Emérito da UFMG. Médico pela Universidade Federal de Itajubá, fez mestrado em Fisiologia na UFMG com o Prof. Wilson Teixeira Beraldo (um dos cientistas responsáveis pela criação do Departamento de Fisiologia da Faculdade de Medicina de São Paulo, da USP, nos anos 1950) e doutorado em Fisiologia com o Prof. Eduardo Moacyr Krieger, na Faculdade de Medicina de Ribeirão Preto, da USP. Obteve também PhD pela Cleveland Clinic Foundation. Veio para a UFMG em 1984, onde atua como professor titular desde 2002, e já orientou mais de 90 alunos em dissertações de mestrado e teses de doutorado.

O pesquisador ficou mundialmente conhecido pela descoberta do peptídio angiotensina Ang-(1-7), que tem função protetora e produz efeitos de controle na pressão arterial. Já recebeu inúmeras homenagens, como o prêmio internacional Georg Forster Research Award, que reconhece pesquisas que se destacam, trazem novas descobertas e impactam positivamente em suas respectivas áreas.

Atualmente, pretende estudar na Alemanha, juntamente como Dr. Michael Bader, do Max Dulbrück Center for Molecular Medicine, a *alamandina*, outro hormônio do sistema renina-angiotensina, recentemente descoberto pelos dois pesquisadores.

Na UFMG, Santos foi um dos principais responsáveis pela criação do doutorado em Farmacologia e do curso de mestrado profissional em Inovação Biofarmacêutica, primeiro curso de mestrado profissional da UFMG, entre inúmeras outras contribuições.

Santos também é músico (cantor e compositor), atividade que há anos mantém em paralelo com a carreira científica. Já lançou seis discos e possui mais de 150 composições originais, que refletem sua trajetória de vida multicultural.

Margarida de Mello Aires
Cedecom/UFMG. Crédito da foto: Foca Lisboa/UFMG

Sistema Renina-Angiotensina

Maria Luiza Morais Barreto-Chaves | Margarida de Mello Aires

CONCEITO CLÁSSICO

O sistema renina-angiotensina (SRA) é reconhecido como um dos mais relevantes sistemas hormonais do organismo por controlar, além do balanço de sódio, os volumes dos líquidos corporais e a pressão arterial. Essa é uma das razões pelas quais muitos pesquisadores continuam fascinados pelo SRA, embora esse sistema tenha sido descrito há mais de 100 anos.

A descoberta do SRA ocorreu em 1898, no Instituto Karolinska, em Estocolmo, data em que os fisiologistas Robert Tigerstedt e seu discípulo Per Gunnar Bergman documentaram o efeito pressórico de extratos do córtex renal independente da ativação simpática. Nesse estudo, identificaram uma substância denominada *renina*, devido a sua origem renal, e, embora tivesse especulado se a produção aumentada de renina poderia ser importante na hipertrofia cardíaca e em doenças renais, Tigerstedt não prosseguiu com suas investigações, tendo encerrado sua carreira científica em 1901.

Após longo período sem investigações sobre a renina, em 1934 Harry Goldblatt *et al.* demonstraram em cães que o clampeamento da artéria renal resulta em hipertensão arterial crônica. Esse é um dos modelos experimentais que mais se assemelham à hipertensão arterial humana e justifica o conceito de que os rins são órgãos essenciais na etiologia da hipertensão arterial. Inicialmente, Goldblatt não considerou a renina como candidata para induzir hipertensão arterial em seu modelo experimental, mas sugeriu a ativação do SRA como mecanismo importante para a etiologia da hipertensão arterial.

Entre 1938 e 1940, dois grupos – um americano, liderado por Irvine Page, e outro argentino, liderado por Eduardo Braun-Menendez, da escola de Fisiologia de Bernardo Houssay – observaram que no modelo de Goldblatt a renina não apresentava efeito vasoconstritor próprio, mas atuava como enzima para clivar o substrato angiotensinogênio. A substância ativa e circulante resultante dessa clivagem foi denominada hipertensina ou angiotonina, e não foi difícil concluir que ambas eram a mesma substância, que mais tarde foi denominada angiotensina (Ang).

No período de 1954 a 1956, avanços da bioquímica permitiram a purificação da Ang e a descoberta de duas formas diferentes, o decapeptídio denominado angiotensina I (Ang I) e o octapeptídio denominado angiotensina II (Ang II), hoje considerado um dos mais potentes peptídios da cascata de síntese do SRA. No mesmo período foi descoberta a enzima conversora da Ang (ECA). Em seguida, vários pesquisadores demonstraram o efeito da Ang II na secreção de aldosterona e passaram a investigar as inter-relações dessas moléculas no balanço de sódio.

De 1965 a 1988, outros achados importantes sobre o SRA foram publicados, incluindo: a purificação da bradicinina e a síntese do captopril, inibidores da ECA, a identificação dos receptores da Ang (AT1 e AT2) e a descrição dos primeiros bloqueadores do receptor AT1.

Seguindo a Figura 55.1, notamos que, *segundo o conceito clássico do SRA*, a renina reagindo com o seu substrato (ou *angiotensinogênio*), uma α_2-globulina produzida no fígado, forma um decapeptídio com poucas ações fisiológicas até agora descritas, a Ang I. Este, por perda de dois aminoácidos terminais, é convertido em um octapeptídio fisiologicamente ativo, a Ang II. Essa reação é catalisada pela ECA existente na superfície luminal do endotélio vascular corporal, sendo muito abundante no endotélio pulmonar. A ECA renal (particularmente a do endotélio das arteríolas aferente e eferente) pode produzir Ang II suficiente para exercer efeitos vasculares locais. Portanto, o rim recebe Ang II de duas fontes: (1) Ang II de origem sistêmica, que chega da circulação geral, principalmente da região pulmonar, e (2) Ang II de origem local, formada a partir da conversão renal da Ang I sistêmica. Adicionalmente, a Ang II estimula a produção de aldosterona pelo córtex da glândula suprarrenal.

CONCEITO CONTEMPORÂNEO

Nos últimos 15 anos, um grupo de cientistas brasileiros, da Universidade Federal de Minas Gerais (UFRJ), liderado

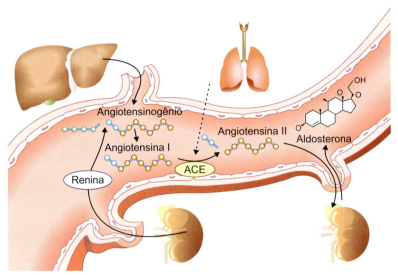

Figura 55.1 ▪ Conceito clássico do sistema renina-angiotensina. *ACE*, enzima de conversão da angiotensina. (Adaptada de Weber, 2001.)

pelo Prof. Dr. Robson Augusto Souza dos Santos, vem publicando extensa lista de pesquisas a respeito da Ang-(1-7), heptapeptídio integrante do SRA, o que tem causado mudanças relevantes na compreensão do SRA. Ou seja, é atualmente aceito que tanto o SRA circulante como o SRA tissular são muito mais complexos do que se supunha antes. Assim, Santos *et al.* descreveram efeitos cardiovasculares opostos dos dois principais peptídios do SRA. Assim, a Ang-(1-7) exibe: vasodilatação, queda da proliferação, queda da hipertrofia, queda da fibrose, queda da trombose, sendo antiarritmogênica; enquanto a Ang II apresenta: vasoconstrição, disfunção endotelial, proliferação/hipertrofia, fibrose, aterosclerose, morte celular, sendo arritmogênica. Recentemente, um grupo de pesquisadores, liderados pela Prof.ª Margarida de Mello Aires do Laboratório de Fisiologia Renal do Instituto de Ciências Biomédicas da Universidade de São Paulo, descreveu que em ratos Wistar normotensos a Ang-(1-7) tem efeito bifásico, dose-dependente, sobre a isoforma 3 do trocador Na^+/H^+ (NHE3) da membrana luminal do túbulo proximal. Isto é, A Ang-(1-7) em doses baixas (10^{-7} a 10^{-9} M) inibe o NHE3, e em dose elevada (10^{-6} M) estimula o NHE3, efeito oposto ao exibido pela Ang II. Pesquisa que acaba de ser feita nesse Laboratório, recentemente publicada, revela que em ratos espontaneamente hipertensos (SHR), a Ang-(1-7) em altas doses no interior do túbulo proximal inibe o NHE3 mitigando a hipertensão, causada pelo alto nível plasmático de Ang II exibido nos ratos SHR. A queda da hipertensão é decorrente do fato de o trocador luminal proximal Na^+/H^+ desempenhar papel relevante na reabsorção proximal de líquido, tendo papel importante na manutenção de: volume extracelular, pH do sangue e pressão arterial. Esses estudos indicam que o nível de cálcio citosólico tem importante papel nesses efeitos hormonais sobre o trocador Na^+/H^+. Essa pesquisa abre perspectivas para estudos clínicos em pacientes humanos hipertensos para determinar se altas doses de Ang-(1-7) inibiriam a hipertensão, por inibição do NHE3 luminal, trocador Na^+/H^+ que medeia a reabsorção proximal renal de líquido e tem importante papel na manutenção do volume extracelular, do pH e da pressão sanguínea. A Figura 55.2 dá uma visão detalhada do conceito contemporâneo do SRA.

▸ Angiotensina-(1-7)

Como já dito, ao longo dos últimos 15 anos, a nossa compreensão do SRA tem aumentado substancialmente, e é atualmente aceito que tanto o SRA circulante como o tecidual são muito mais complexos do que se pensava anteriormente. Assim, para além dos seus componentes tradicionais, o conceito moderno do SRA inclui o seguinte: uma nova enzima (ACE2), peptídios tais como Ang-(1-7) e Ang A, o receptor pró-renina, o receptor Mas e o receptor D acoplado à proteína G e relacionado ao Mas e o heptapeptídio alamandina. No entanto, embora a Ang III e a Ang IV, fragmentos peptídicos menores do SRA, também tenham atividade biológica, os seus níveis plasmáticos são muito inferiores aos níveis de Ang II ou Ang-(1-7).

▸ Receptor Mas

A identificação (1) do homólogo da ACE, o ACE2, enzima que é importante para a geração de Ang-(1-7) e (2) do receptor acoplado à proteína G Mas, que é codificado pelo proto-oncogene Mas, sendo um receptor para Ang-(1-7), permitiu que os pesquisadores determinassem que o sistema SRA contém pelo menos duas cascatas: (i) o *eixo ACE2-Ang-(1-7)-Mas*, que provavelmente atua como a parte contrarreguladora do (ii) *eixo SRA clássico*, ou *eixo dos receptores ACE-Ang II-AT1 e AT2*. O receptor Mas é expresso no cérebro, nos testículos, nos rins, no coração e no sistema nervoso central, onde se encontra em várias regiões, incluindo áreas reguladoras cardiovasculares. De

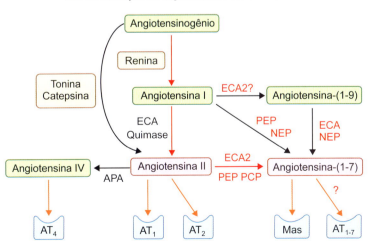

Figura 55.2 ▪ Representação detalhada do conceito atual do sistema renina-angiotensina. São mostrados os precursores metabólicos envolvidos na geração dos principais produtos desse sistema. *ECA*, enzima conversora de angiotensina; *APA*, aminopeptidase A; *AT₁*, receptor de Ang II tipo 1; *AT₂*, receptor de Ang II tipo 2; *Mas*, receptor de Ang-(1-7); *PCP*, prolilcarboxipeptidase; *PEP*, prolilendopeptidase; *NEP*, endopeptidase. (Adaptada de Santos *et al.*, 2013.)

acordo com as atividades que foram previamente descritas para a Ang-(1-7), ratos com deficiência de Mas exibem aumento da pressão arterial, comprometimento da função endotelial, diminuição da produção de NO e diminuição da expressão da endotélio-NO sintase. Também, em concordância com achados que demonstram os efeitos cardioprotetores de Ang-(1-7), a deleção genética do receptor Mas compromete a função cardíaca e muda a matriz extracelular para um estado profibrótico. Após a ativação do receptor Mas, os mecanismos de transdução de sinal intracelular, que estão envolvidos nos seguintes processos, são mal compreendidos: (i) *in vivo*, no coração de rato, a Ang-(1-7) estimula a fosforilação de Janus quinase 2 (JAK2), substrato do receptor de insulina (IRS)-1 e Akt, (ii) a ativação do receptor Mas leva ao aumento na produção de NO, através da fosforilação da eNOS, processo que envolve a ativação da fosfatidilinositol 3-quinase-dependente Akt, e (iii) após a ativação do receptor Mas, a fosforilação da MAPK é inibida.

▶ Outros receptores da Ang-(1-7)

A Ang-(1-7) também pode se ligar aos receptores AT1 e AT2, embora somente em altas concentrações hormonais. No entanto, estudos que indicam que o AT2 está envolvido no vasorrelaxamento induzido por Ang-(1-7) não produziram dados conclusivos, e a possibilidade de uma interação física ou funcional de Mas e AT2 deve ser considerada. Além disso, foi sugerida a existência de um novo subtipo de receptor da Ang-(1-7), e também foi proposta uma interação da Ang-(1-7) e diferentes receptores da Ang II. Em animais hipertensos, a vasodilatação induzida por Ang-(1-7) foi restaurada pelo bloqueio do AT1, agudo ou crônico, com losartana, sugerindo uma interação de AT1 e Mas. Também, a contribuição do AT2 e do receptor de bradicinina B2 (BKR) para os efeitos vasculares de Ang-(1-7) não deve ser desconsiderada e sugere a presença de um potencial *crosstalk* entre BKR, Mas e AT2.

▶ Síntese de Ang-(1-7)

A Ang-(1-7) é formada a partir de Ang I e Ang II por meio da atividade de ACE, ACE2 e várias outras enzimas. A ACE é a enzima principal que é responsável pela conversão de Ang I em Ang II, e ACE2 então cliva Ang II em Ang-(1-7) (ver Figura 55.2). Além disso, a ACE2 forma Ang-(1-9) a partir de Ang I, e a Ang-(1-9) pode ser convertida em Ang-(1-7) pela ACE. No entanto, o substrato fisiológico preferido para ACE2 é a Ang II. A Ang-(1-7) é subsequentemente metabolizada em um fragmento inativo, Ang-(1-5). A meia-vida de Ang-(1-7) é de vários segundos, e os inibidores da ECA, que inibem o metabolismo de Ang-(1-7) em Ang-(1-5), aumentam a meia-vida de Ang-(1-7).

A ACE2 é expressa no coração, nos rins e testículos e, em menor grau, no fígado, pulmões, intestino delgado e cérebro. No rim, a expressão gênica de ACE2 tem sido observada em glomérulos, *vasa recta* e todos os segmentos de néfron, exceto no ramo ascendente espesso. Adicionalmente, quantidades relativamente elevadas de ACE2 foram detectadas na membrana apical da borda em escova do epitélio do túbulo proximal, onde se colocalizou com a ACE. Na bibliografia, ao fim do capítulo, há uma lista de revisões sobre o SRA.

SRA LOCAL OU TECIDUAL

No final da década de 1980, com o avanço de novas metodologias experimentais e detecção de um ou mais RNA mensageiros dos componentes do SRA em vários tecidos, como rins, coração, pulmões, vasos, cérebro, tecido adiposo, gônadas, próstata e placenta, uma nova concepção do SRA passou a existir, dando suporte ao que hoje se preconiza como *SRA local* ou *tecidual*. Sendo assim, hoje está bem estabelecido que, embora os componentes do SRA circulante possam ser absorvidos pelos tecidos, compartimentos destes tecidos apresentam também a capacidade de criar sua própria Ang II com concentrações de substrato e cinéticas totalmente diferentes. Assim, a geração de Ang II que ocorre na circulação é complementada pelos SRA locais, que têm importantes funções homeostáticas e, por vezes, implicações patológicas, na medida em que alguns tecidos, sob diferentes estímulos, podem chegar a apresentar concentrações desses componentes muito superiores àquelas encontradas no plasma, ou seja, supõe-se que, enquanto o SRA circulante parece ser o responsável por efeitos *robustos*, o SRA local ou tecidual participa de processos *mais finos e precisamente regulados*, podendo contribuir na patogênese de doenças cardiovasculares e renais, tais como: crescimento e remodelamento tecidual, inflamação e hipertrofia vascular. Portanto, atualmente, o SRA passa a ser visto de forma mais ampla, sendo sua multiplicidade de funções um produto da ação parácrina e autócrina da Ang II e de alguns de seus metabólitos produzidos localmente em vários tecidos (Figura 55.3). Desse modo, é importante destacar a recente revisão bibliográfica, feita, em 2011, por L. Gabriel Navar (destacado cientista pesquisador da ação renal da Ang II) e colaboradores, evidenciando a complexidade do SRA intrarrenal e sua contribuição no desenvolvimento e manutenção da hipertensão associada à injúria renal.

▶ Novos componentes

Nos últimos anos, em adição aos componentes do SRA já descritos, novos participantes deste sistema foram identificados. É interessante notar que alguns dos novos peptídios da Ang II descobertos apresentam funções fisiológicas específicas, em algumas vezes até opostas àquelas da Ang II, aumentando ainda mais os pontos suscetíveis à regulação que este sistema apresenta.

Um destes componentes é a enzima conversora de angiotensina 2 (ECA2), com distribuição mais restrita que a ECA, descrita em roedores e humanos. A ECA2 degrada o decapeptídio Ang I em Ang-(1-9) e o octapeptídio Ang II em um peptídio biologicamente ativo, a Ang-(1-7); mas, sua eficiência catalítica pela Ang II é cerca de 400 vezes maior do que pela Ang I. Portanto, a principal ação da ECA2 é a conversão de Ang II em Ang-(1-7).

Recentemente, como já dito, foi descoberto um receptor de Ang-(1-7) acoplado à proteína G: o proto-oncogene e *receptor Mas*. Este receptor se encontra expresso nos rins, coração e vasos, com abundância no cérebro e no testículo; parece agir de forma similar à do receptor AT2 da Ang II, desempenhando efeitos antiproliferativo e, principalmente, de vasodilatação. A identificação do peptídio Ang-(1-7) trouxe ao SRA um novo eixo antagônico e modulatório, em relação àquele descrito inicialmente. Ou seja, atualmente se admite que o SRA tem um eixo vasoconstritor, cujas ações são mediadas principalmente pela Ang II via receptor AT1, e um vasodilatador, representado pela Ang-(1-7) e seu receptor Mas.

Ainda, estudos recentes revelam a existência de outras enzimas capazes de converter Ang I em Ang II. Sendo assim, a quimase (Chy), com importante papel na produção de Ang II no coração e em vasos humanos, além das catepsinas e da elastase, vêm ganhando cada vez maior destaque nos estudos que

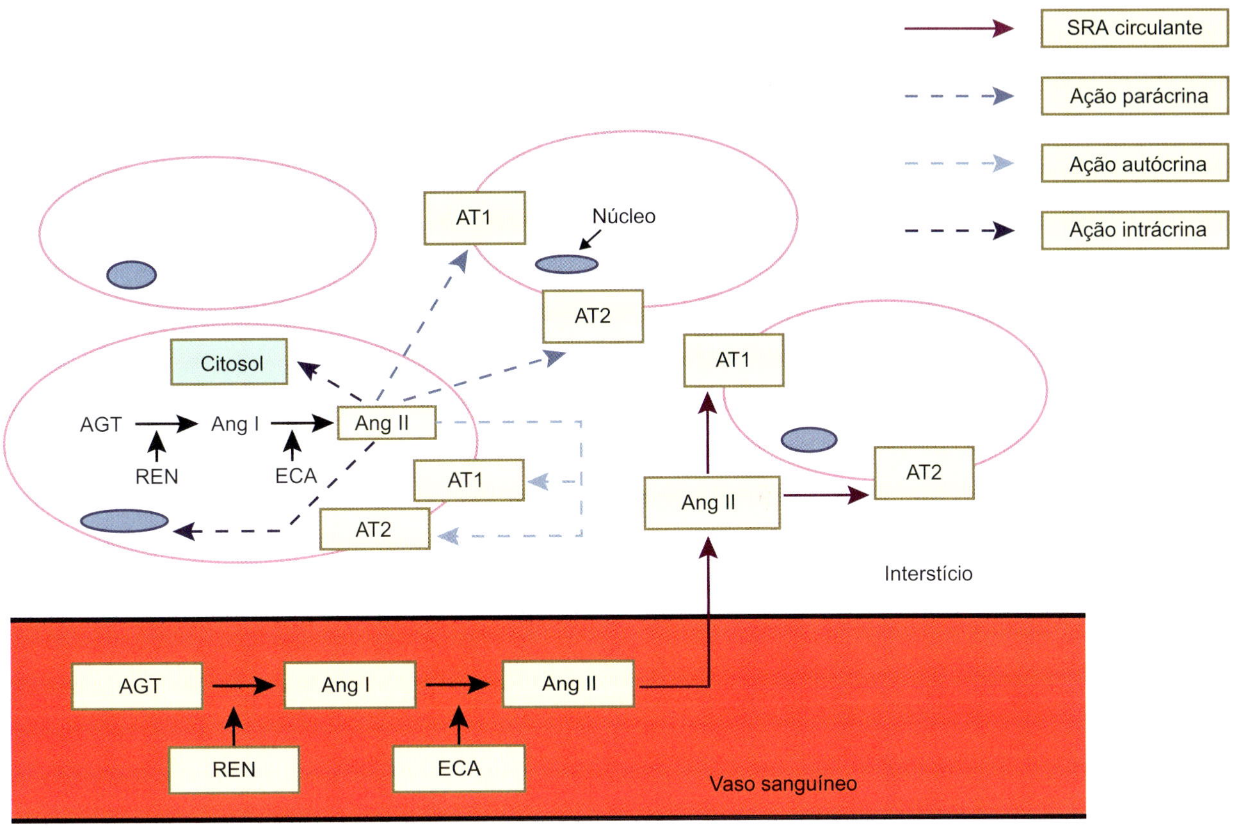

Figura 55.3 • Esquema da interação do SRA circulante, mostrando a ação endócrina da Ang II, com o SRA local. *AT1*, receptor de Ang II do tipo 1; *AT2*, receptor de Ang II do tipo 2; *AGT*, angiotensinogênio; *ECA*, enzima conversora de angiotensina; *REN*, renina.

envolvem o SRA. Em acréscimo, a formação de outros peptídios menores a partir da Ang II também já está bem descrita e estabelecida, embora se desconheçam até o momento os seus principais efeitos biológicos. Atualmente sabe-se que entre as enzimas potencialmente capazes de hidrolisar angiotensinas estão várias aminopeptidases, como a aminopeptidase A (APA), que hidrolisa a Ang II para formar a Ang III [ou Ang-(2-8)] e a aminopeptidase N (APN), que hidrolisa a Ang I para formar Ang IV [ou Ang-(3-8)]. Outras enzimas envolvidas no processo de biotransformação das angiotensinas também merecem destaque: a endopeptidase neutra (EPN) e a prolilendopeptidase (PEP). A EPN, localizada abundantemente no rim, principalmente nas vesículas em borda em escova dos túbulos proximais, catalisa a formação da Ang-(1-7) a partir da Ang I. A PEP participa do SRA formando a Ang-(1-7) tanto a partir da Ang II como da Ang I.

Recentemente, em adição às novas enzimas e peptídios envolvidos com o SRA, dois receptores ligantes de renina/pró-renina foram caracterizados: o receptor específico para a renina, o (P)RR, e o receptor manose-6-fosfato, o M6P-R. Esses receptores se ligam tanto à renina como à pró-renina e parecem ter participação importante na formação local de Ang II, já que a interação receptor-ligante aumenta a atividade catalítica da renina na superfície celular, potenciando a ativação das vias intracelulares que mediam suas ações.

A identificação destes novos componentes em diversos tipos celulares contribui para a mudança da *visão clássica* do SRA, que era limitada a uma cascata linear de processos de proteólise, para uma *visão atual* mais complexa, que envolve múltiplos mediadores e receptores além de enzimas multifuncionais (Figura 55.4).

▶ Ações extrarrenais da aldosterona

A aldosterona (Aldo) é sintetizada na zona glomerulosa da glândula suprarrenal em resposta à Ang II, ACTH, e potássio. Paralelamente à síntese local de Ang II, a geração de Aldo em outros tecidos fora do córtex da glândula suprarrenal já foi demonstrada. Sendo assim, não só a Aldo, mas a enzima responsável por sua síntese (aldosterona sintase), bem como os receptores aos quais a Aldo se liga (receptores de mineralocorticoides ou MR), já foram identificados no tecido cardíaco, em vasos e no cérebro. A via clássica de ação da Aldo envolve a sua ligação a receptores MR citosólicos, com posterior translocação para o núcleo, agindo sobre a transcrição de genes específicos e tradução de proteínas envolvidas na regulação de sódio, hidrogênio e balanço de potássio pelas células epiteliais tubulares renais. A Aldo também exerce efeitos rápidos, mediados por ações não genômicas, as quais vêm sendo cada vez mais estudadas e parecem contribuir significativamente em algumas patologias cardiovasculares.

As ações renais da Aldo genômicas e não genômicas são discutidas mais adiante, neste capítulo.

Um sistema local de produção de Aldo parece ter um papel menor, uma vez que a sua síntese fora da suprarrenal é incipiente. Isto pode ser comprovado após procedimentos de adrenalectomia, que levam à diminuição dos níveis teciduais de Aldo para valores extremamente baixos. No entanto, são necessários mais estudos para elucidar o papel deste sistema, sendo possível que este seja ativado em determinadas patologias, podendo neste caso contribuir com uma regulação local, em paralelo ao observado com o SRA.

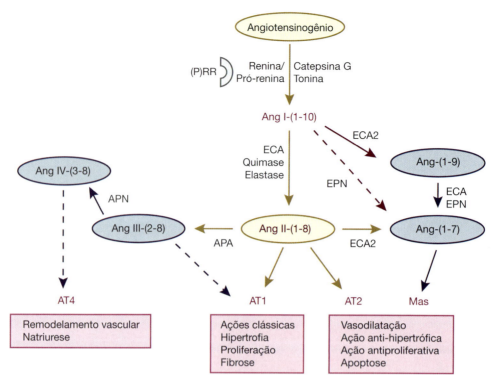

Figura 55.4 ▪ Visão atual do SRA. *(P)RR*, receptor de renina/pró-renina; *Mas*, oncogene Mas, receptor de Ang-(1-7); *AT1*, receptor de Ang II do tipo 1; *AT2*, receptor de Ang II do tipo 2; *APN*, aminopeptidase N; *APA*, aminopeptidase A; *EPN*, endopeptidase neutra; *ECA*, enzima conversora de angiotensina; *ECA2*, enzima conversora de angiotensina, de tipo 2. (Adaptada de Warner et al., 2004.)

SRA INTRACELULAR

A existência de um SRA com capacidade de formar Ang II no interior da célula também foi relatada recentemente, no início desta década, e parece ter significativa importância em algumas condições patológicas, as quais servem de estímulo para a sua ativação. Deste modo, a Ang II gerada intracelularmente, além de contribuir para seus níveis extracelulares ou teciduais, que agirão de maneira parácrina e/ou autócrina, pode também contribuir na sua ação intracelular, ou seja, com efeitos intrácrinos específicos. Este sistema intracelular é definido pela presença de um completo e funcional SRA no interior da célula; este inclui desde componentes necessários à síntese de Ang II, até receptores e proteínas sinalizadoras que medeiam as suas ações intracelulares, possivelmente por meio de novos mecanismos de ação. Inicialmente, a existência do SRA intrácrino foi vista com certo ceticismo, uma vez que os primeiros estudos mostravam que os peptídios envolvidos no SRA tinham unicamente natureza secretória. Entretanto, hoje é reconhecido que a síntese desses peptídios não é limitada apenas à sua eliminação das células por uma via secretória, mas que podem agir no interior do citoplasma e/ou do núcleo, modulando canais de cálcio e proteínas sinalizadoras, interferindo na transcrição de diferentes genes e interagindo com a cromatina. Além disso, estudos utilizando microscopia confocal já evidenciaram a presença da translocação dos receptores AT1 da membrana plasmática para o núcleo e outras organelas intracelulares. Este sistema, embora descrito há poucos anos, já foi identificado em diferentes tipos celulares do sistema cardiovascular – cardiomiócitos, fibroblastos e células musculares lisas vasculares – e do rim – podócitos e células mesangiais e epiteliais (Figura 55.5).

ASPECTOS BIOQUÍMICOS DO SRA

▸ Angiotensinogênio (AGT)

O AGT, precursor dos peptídios angiotensinérgicos e substrato para a renina, é uma proteína glicosilada, com peso molecular cerca de 60.000 Da, que pertence à família de inibidores das serinoproteases (serpinas).

A principal fonte do AGT circulante é o fígado. No entanto, como citado, sua síntese já foi identificada em outros órgãos/tecidos, incluindo cérebro, coração, vasos, suprarrenais, ovários e testículos. Embora sua síntese ocorra primordialmente nos hepatócitos, dificilmente sua expressão proteica é detectada no fígado, uma vez que o AGT não é estocado, sendo liberado rapidamente para o sistema circulatório.

O gene do AGT é formado por cinco éxons e quatro íntrons, contendo aproximadamente 13 kb de sequências genômicas. Polimorfismos do gene do AGT podem ter relação com a maior predisposição individual para a hipertensão essencial. A porção aminoterminal da proteína é bastante extensa e envolvida na clivagem pela renina para a consequente formação da Ang I.

A glicosilação do AGT tem importante papel nas diferentes formas em que a proteína pode se apresentar e pode depender da espécie. Certas variantes naturais de AGT são anormalmente glicosiladas, resultando em alterados níveis plasmáticos de AGT; assim, a glicosilação do AGT parece ser um fator necessário para a sua secreção eficiente. O AGT humano apresenta quatro locais potenciais de glicosilação ligados à asparagina (Asn-X-Ser/Thr), os quais estão diretamente associados ao local de clivagem da renina (Leu-Val).

A produção de AGT pode ser regulada por diferentes estímulos, como aumentados níveis de glicocorticoides. Assim,

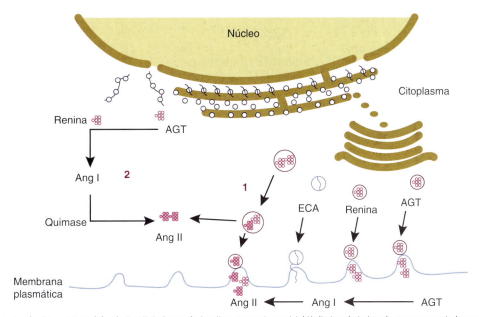

Figura 55.5 ▪ Possíveis vias de síntese intracelular de Ang II. A síntese de Ang II no espaço intersticial (à direita, abaixo) pode ocorrer a partir de componentes captados da circulação ou secretados do tecido. Duas vias envolvidas na síntese de Ang II intracelular são possíveis. Na primeira (1), os componentes do SRA são sintetizados no retículo endoplasmático rugoso e secretados juntamente com vesículas secretórias, onde a geração de Ang II ocorrerá. Dependendo do estímulo ao qual a célula está sujeita, a Ang II pode ser liberada para o meio extracelular ou realocada intracelularmente. Na segunda (2), componentes do SRA são sintetizados fora da via secretória, ou recrutados no interior da célula, em vez de serem secretados, resultando na síntese intracelular. Este último mecanismo pode envolver outras enzimas na síntese da Ang II, como a quimase. A Ang II citosólica, devido ao pequeno tamanho da molécula, pode entrar livremente no núcleo, o qual poderá se ligar à cromatina e influenciar processos de transcrição gênica. AGT, angiotensinogênio; ECA, enzima conversora de angiotensina. (Adaptada de Bader, 2010.)

elementos responsivos a glicocorticoides, estrógeno e AMP cíclico já foram identificados na região promotora do gene do AGT. Além disso, os hormônios tireoidianos e a Ang II também estimulam sua produção de uma a quatro vezes. Desta maneira, torna-se razoável entender por que os níveis de AGT encontram-se aumentados durante a gestação.

▶ Renina

A renina é uma glicoproteína que pertence à classe das aspartilproteases, apresentando dois resíduos aspárticos em seu local ativo. Esta enzima é formada a partir de um precursor, a pré-pró-renina, constituída de 406 aminoácidos, cuja sequência pré, contendo 23 aminoácidos, é clivada no retículo endoplasmático rugoso, originando uma proteína com peso molecular de 57.000 Da, denominada pró-renina. Parte da pró-renina resultante é convertida em renina nas células justaglomerulares da arteríola aferente, após a clivagem do pró-segmento N-terminal de 43 aminoácidos. Assim, a despeito de suas altas concentrações na circulação, a pró-renina é considerada inativa. Os seus níveis plasmáticos normalmente excedem aqueles da renina e podem ser ainda elevados em algumas patologias, como o diabetes melito. Em condições fisiológicas, a razão entre a pró-renina secretada e os níveis de renina plasmática é de aproximadamente 10. A liberação da pró-renina pelo rim ocorre de forma contínua, não ficando estocada em grânulos, como ocorre com a renina. Embora a maior parte da ativação proteolítica da pró-renina ocorra nas células justaglomerulares renais, foi demonstrado que sua proteólise também pode ocorrer em outros tipos celulares, como cardiomiócitos e células vasculares. Adicionalmente, a síntese de pró-renina já foi demonstrada em outros tecidos além dos rins, como glândulas suprarrenais, testículos, ovários e sistema nervoso.

A renina apresenta alta afinidade pelo seu substrato, o AGT; sua atividade é máxima em condições de pH neutro,

como ocorre, de modo geral, no sistema circulatório, catalisando a conversão do AGT no decapeptídio Ang I. A fonte primária da renina ativa encontrada no sistema circulatório é o rim. No entanto, sua expressão já foi identificada em outros tecidos, como cérebro, suprarrenal, glândula submandibular, testículo e ovário.

A regulação da secreção de renina pelos rins é complexa. Muitos são os fatores já descritos que estimulam esse processo. A redução na pressão de perfusão arterial e no fluxo sanguíneo renal resulta na diminuição da taxa de filtração glomerular. Isto leva à diminuição do líquido que chega aos túbulos distais e mácula densa, bem como à redução dos níveis de cloreto de sódio nessa região. Consequentemente às alterações no transporte de eletrólitos nessa região, ocorre um aumento intracelular dos níveis de cálcio, com subsequente ativação da fosfolipase A2 e formação de prostaglandinas, as quais estimulam a liberação de renina pela arteríola aferente. Aparentemente, essa liberação de renina é regulada pelo grau de estiramento que essas sinalizações intracelulares desencadeiam nas células da parede da arteríola aferente do glomérulo. Paralelamente à estimulação da liberação de renina frente a elevadas concentrações de cálcio citosólico, a liberação de renina também ocorre em função de aumentos de AMP cíclico e GMP cíclico.

▶ Enzima conversora de angiotensina (ECA)

A ECA é uma dipeptidil-peptidase, com peso molecular de cerca de 150.000 Da, que catalisa a conversão do decapeptídio Ang I no octapeptídio Ang II. O gene humano que codifica a ECA está localizado na região q23 do cromossomo 17 e é formado por 26 éxons e 25 íntrons. Existem três isoformas distintas da enzima: a ECA somática, que é encontrada em muitos tecidos; a ECA testicular ou germinal, encontrada exclusivamente nos testículos e com papel importante na fertilidade e a ECA plasmática ou solúvel. Tanto a ECA somática como a testicular encontram-se associadas à superfície celular, na forma de ectoenzimas, ancoradas à membrana plasmática através de um único domínio transmembranal, presente na sua extremidade carboxiterminal. Além da conversão de Ang I em Ang II, a ECA também age sobre vários substratos, catalisando outros peptídios circulantes, como a bradicinina, a substância P, o fator liberador de hormônio luteinizante e a neurocinina.

A ECA somática é encontrada em abundância no endotélio vascular – particularmente, na superfície endotelial de vasos pulmonares – e nas membranas em borda em escova dos túbulos renais. Entretanto, sua expressão já foi identificada em outros tecidos, como epitélio intestinal, placenta, cardiomiócitos, células musculares lisas vasculares, monócitos e adipócitos. Com 150 a 180 kDa, é composta por dois domínios homólogos, um na porção carboxiterminal e outro na aminoterminal; cada um desses domínios contém um local ativo e tem uma região ligante de zinco, a qual é crítica para a atividade catalítica da enzima. O domínio C-terminal é responsável por cerca de 75% da atividade total da enzima.

A ECA plasmática, encontrada no soro e em outros líquidos corporais, é formada a partir das formas teciduais, pela ação de enzimas da família das secretases, que liberam ectodomínios das proteínas de membranas. Sua concentração corresponde a cerca de 10% da ECA total, uma vez que 90% da enzima encontra-se ligada aos tecidos.

A ECA testicular, com cerca de 100 kDa, apresenta apenas um local catalítico que corresponde ao domínio carboxiterminal da ECA somática. A expressão da ECA testicular é diretamente influenciada pelos andrógenos, enquanto a da ECA somática pelos hormônios tireoidianos, glicocorticoides e AMP cíclico.

▶ Receptores de angiotensina II

As ações da Ang II são mediadas por dois tipos de receptores, AT1 e AT2, pertencentes à família dos receptores constituídos por 7 domínios hidrofóbicos transmembranares e acoplados à superfamília da proteína G. Em roedores, o receptor AT1 pode ser dividido em dois subtipos: AT1a e AT1b, os quais apresentam: 94% de homologia, o mesmo ligante e mecanismo de transdução de sinal semelhante; ambos subtipos diferem apenas na distribuição tecidual e na regulação de sua transcrição. Em humanos, o gene responsável pela produção de AT1 possui 5 éxons e se encontra na região q22 do cromossomo 3. O receptor AT1 humano apresenta 359 aminoácidos e 95% de homologia com o de roedores, cujos subtipos (AT1a e AT1b) estão localizados nos cromossomos 17 e 2, respectivamente.

A Ang II, ao se ligar ao receptor AT1, deflagra a ativação de diversas cascatas de sinalização intracelular, tais como: *fosfolipases* (A, C e D), *tirosinoquinases* (janus quinases, Src quinases e quinases de adesão focal – FAK*), inibição de adenilciclase* e *ativação de canais iônicos* (como os canais de cálcio dependentes de voltagem). A ativação dessas vias induz à transcrição de genes de resposta primária (c-fos, c-jun, jun B, Egr-1 e c-myc). Além disso, algumas vias de sinalização intracelular, como a cascata ras/raf/MAPK, podem ativar diversos fatores de transcrição (tipo AP1 e STAT) e ainda estimular a síntese de proteínas. Paralelamente, estudos bem recentes mostram associação entre a ativação do receptor AT1 e a produção de citocinas pró-inflamatórias, mediada pela ativação do fator de transcrição nuclear *kappa* B (NF-κB) e pela produção de óxido nítrico (NO).

O receptor AT2, por outro lado, é bastante distinto do receptor AT1, contendo apenas 24% a 33% de sequências homólogas a este, além de estar relacionado com a ativação de diferentes vias de sinalização intracelular. Em humanos, o gene que codifica o receptor AT2 encontra-se no cromossomo Xq22-q2. Uma das principais vias de sinalização envolvidas com a ativação dos receptores AT2 é a das proteínas tirosina fosfatases, responsáveis pela desfosforilação de algumas proteínas da via das MAPK. Além disso, a interação da Ang II com este receptor promove ativação do cGMP e liberação de NO. De maneira geral, a ligação da Ang II aos receptores do tipo AT2 induz ações antagônicas àquelas observadas após ligação ao receptor AT1, embora os estudos a respeito do verdadeiro papel destes receptores ainda sejam incipientes. O fato de os receptores AT2 serem altamente expressos durante o desenvolvimento fetal e primeiros períodos do neonato indica que os AT2 têm papel fundamental na morfogênese do organismo. Após o nascimento, a sua expressão vai decaindo fortemente, permanecendo apenas no coração, útero, ovário, cérebro e medula suprarrenal. O receptor AT2, ainda, inibe o crescimento celular mediado pelo receptor AT1, indicando que as vias de sinalização celular entre estes dois tipos de receptores apresentam algum tipo de interação.

Além do aspecto estrutural, outra diferença entre os receptores AT1 e AT2 está no fato de o receptor AT1 sofrer rápida internalização e desativação após ligação à Ang II, enquanto o receptor AT2 não sofre internalização e, aparentemente, não é desativado após ligação do agonista.

Paralelamente às distintas ações dos receptores AT1 e AT2, pesquisas mais atuais mostraram que o receptor AT2 pode formar um complexo com o receptor AT1 na forma do heterodímero AT1/AT2, e que esta dimerização antagoniza os efeitos promovidos pelo receptor AT1 (Figuras 55.6 a 55.8). Esses estudos também indicaram que tanto o receptor AT1 como o receptor AT2 podem ser ativados e deflagrar diferentes vias de sinalização intracelular mesmo na ausência do ligante, no caso, a Ang II. Essas pesquisas evidenciam que o melhor entendimento desses mecanismos poderá oferecer subsídios importantes para a maior compreensão do papel do SRA devido às ações de seus receptores em diferentes tipos celulares.

▶ Receptor de renina/pró-renina | (P)RR

Embora já estivesse bem caracterizada a existência da internalização da renina a partir da circulação, por meio de seu receptor de *clearance* (o receptor manose-6-fosfato ou M6P/fator II de crescimento insulínico), somente no início desta década foi identificado e clonado o receptor específico de renina/pró-renina, ou (P)RR. Trata-se de uma proteína contendo 350 aminoácidos, sem homologia com qualquer outra proteína já descrita. Apresenta um único domínio transmembranar, um grande domínio voltado para o meio extracelular, ao qual se liga com similar afinidade a renina ou a pró-renina, e um pequeno domínio citoplasmático.

O receptor (P)RR é expresso em maior grau no coração, placenta, sistema nervoso e tecido adiposo visceral e pouco expresso no rim e no fígado. A ligação da renina a este receptor leva ao incremento da atividade catalítica da enzima, o que aumenta significativamente a eficiência da clivagem do AGT. Com isto, a superfície celular passa a exercer um importante papel na geração local de Ang II, podendo esta contribuir também para os níveis sistêmicos do peptídio. O fato de o (P)RR propiciar a retenção da pró-renina nos tecidos, aliado à possibilidade da produção local de Ang II, faz com que o receptor

Rim e Hormônios

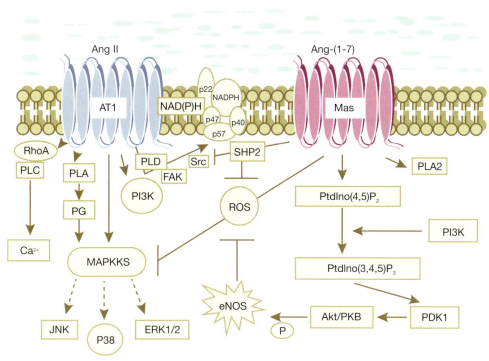

Figura 55.6 ■ Vias de sinalização deflagradas por ativação do receptor de Ang II do tipo 1 (AT1) e do receptor de Ang-(1-7) (Mas), mostrando dois importantes eixos contrarregulatórios do SRA. *NAD(P)H*, nicotinamida adenina dinucleotídio fosfato; *SHP2*, fosfatase-2 contendo domínio homólogo a Src, receptor não acoplado a tirosinoquinase; *PLD*, fosfolipase D; *FAK*, quinase de adesão focal; *PLA*, fosfolipase A; *PI3K*, fosfatidilinositol 3-quinase; *RhoA*, membro A da família de genes homólogos a Ras; *PLC*, fosfolipase C; *PtdIno(3,4,5)P₃*, (3,4,5)-trifosfato de fosfatidilinositol; *PtdIno(4,5)P₂*, (4,5)-bifosfato de fosfatidilinositol; *PDK1*, quinase ativada por piruvato desidrogenase; *Akt/PKB*, RAC alfasserina/treonina proteinoquinase; *eNOS*, sintase de óxido nítrico endotelial; *ROS*, espécie reativa de oxigênio; *ERK*, quinase regulada por sinais extracelulares; *P38*, proteinoquinase ativada por mitógeno P38; *JNK*, quinase c-Jun N-terminal (*c-Jun N-terminal kinase*); *MAPKKS*, proteinoquinase-quinase ativada por mitógeno; *PG*, prostaglandinas. (Esquema fundamentado nos trabalhos de Tallant *et al.*, 2005; e Pinheiro *et al.*, 2004.)

seja considerado um potente amplificador da ação dos SRA teciduais e, por esse motivo, estratégias terapêuticas que visem bloquear a sua ação parecem promissoras.

Uma vez que a renina esteja ligada ao (P)RR, vários eventos intracelulares são deflagrados, culminando com a ativação das MAPK (Erk1 e Erk2), as quais estão envolvidas com a proliferação e a hipertrofia de diferentes tipos celulares.

▶ Receptores de aldosterona

Os receptores de mineralocorticoides (MR), também chamados de receptores de aldosterona, são membros da superfamília de receptores desses hormônios esteroides. O MR corresponde a uma proteína com 107 kDa, e o gene que a codifica encontra-se localizado no cromossomo 4q31.1-31.2. O MR é altamente expresso no rim; no entanto, também é encontrado em outros tecidos como coração e SNC. Embora seja o seu principal ligante, o MR não é ativado somente pela Aldo, mas outros mineralocorticoides tais como a desoxicorticosterona, ou até mesmo os glicocorticoides, tipo cortisol e cortisona, são capazes de se ligar com igual afinidade a este receptor. Considerando que os níveis de glicocorticoides na circulação e nos tecidos são cerca de 1.000 vezes superiores àqueles dos mineralocorticoides, eles só não agem nas células renais de modo mais intenso graças à alta expressão da enzima 11-beta-hidroxiesteroide desidrogenase do tipo 2, a qual converte os glicocorticoides para metabólitos inativos, que não conseguem se ligar ao MR.

A Aldo, ao entrar em contato com o ambiente celular, se difunde pelo seu interior e interage com os MR, os quais podem ser encontrados no citosol ou no interior do núcleo. O complexo Aldo-MR é, então, translocado para o núcleo; aí sofre homodimerização e se liga a elementos responsivos aos hormônios esteroides, geralmente localizados na região regulatória de diferentes genes, alterando a sua transcrição gênica. Como citado anteriormente, em paralelo à sua ação genômica, a qual depende da ligação a elementos específicos do DNA, ações não genômicas da Aldo já foram descritas em diferentes sistemas. Neste caso, em contraste com as ações genômicas clássicas sobre a modulação da transcrição gênica, as ações não genômicas ocorrem rapidamente, em torno de segundos a minutos após o contato da célula com o esteroide e ativam vias de sinalização que, na maioria das vezes, estão associadas à modulação da permeabilidade iônica da membrana celular. De um modo geral, as vias de sinalização associadas à ação da Aldo correspondem às mesmas deflagradas por ação da Ang II, incluindo a fosforilação da Erk1/2 e a geração de espécies reativas de oxigênio (ROS).

Mais adiante, neste capítulo, são dadas informações mais detalhadas das ações da Aldo, genômicas e não genômicas.

ASPECTOS FISIOLÓGICOS DO SRA

▶ SRA cardíaco

Todos os componentes do SRA encontram-se expressos no coração, incluindo transcritos para a renina e AGT, os quais já foram identificados em cardiomiócitos. Ainda assim, acredita-se que a maior parte da renina encontrada no miocárdio seja derivada da circulação. De qualquer maneira, a queda dos níveis plasmáticos de Na⁺ correspondem a um importante estímulo para o aumento da renina cardíaca. Os AGT, por

840 Aires | Fisiologia

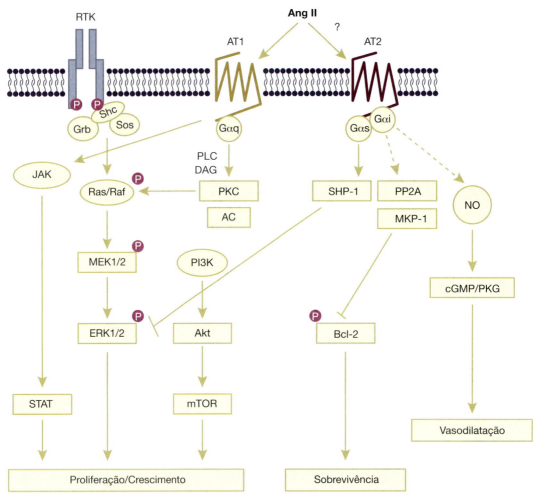

Figura 55.7 • Vias de sinalização deflagradas por ativação do receptor de Ang II do tipo 1 (AT1) e do receptor do tipo 2 (AT2). *RTK*, receptor de tirosinoquinase; *JAK*, janus quinase; *STAT*, proteína transdutora de sinal e ativadora de transcrição; *MEK1/2*, quinase ativadora de MAP quinase 1/2; *ERK1/2*, quinase regulada por sinais extracelulares 1/2; *PI3K*, fosfatidilinositol 3-quinase; *Akt*, RAC alfasserina/treonina proteinoquinase; *mTOR*, alvo da rapamicina em mamíferos; *SHP-1*, fosfatase 1 contendo domínio homólogo à SARC; *PP2A*, proteína fosfatase 2; *MKP-1*, MAPK fosfatase 1; *Bcl-2*, linfoma 2 de célula B; *NO*, óxido nítrico; *cGMP*, monofosfato de guanosina cíclico; *PKG*, proteinoquinase G; *Gαs*, proteína G estimulatória; *Gαi*, proteína G inibitória.

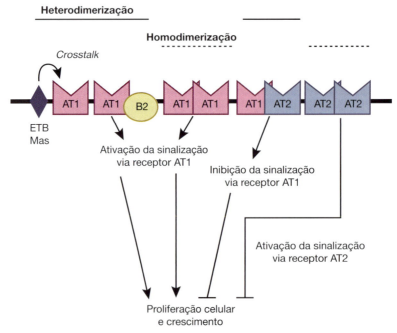

Figura 55.8 • Interações dos receptores de angiotensina II. Receptores acoplados à proteína G (GPCR) podem formar dímeros. Os receptores de Ang II formam homodímeros ou heterodímeros e podem ainda formar complexos com outros GPCR. *B2*, receptor de bradicinina; *ETB*, receptor B de endotelina. (Adaptada de Mogi *et al.*, 2007.)

outro lado, tanto no coração como no próprio fígado, estão sob influência direta dos níveis de glicocorticoides e de outros hormônios como os tireoidianos e os estrógenos. O próximo componente do SRA, a ECA, também já foi detectada tanto em cardiomiócitos e fibroblastos cardíacos, como nas células endoteliais da vasculatura cardíaca. Além disso, a expressão da ECA já foi demonstrada nas valvas cardíacas. Finalmente, em relação aos receptores de Ang II, estes são significativamente expressos nos cardiomiócitos, embora também sejam encontrados nas células endoteliais.

Com relação ao impacto fisiopatológico da Ang II no coração, esta, após ligação aos receptores AT1, é responsável por: induzir respostas inflamatórias envolvidas com estresse oxidativo, aumentar a frequência e a força de contração cardíacas (portanto, causar efeitos cronotrópico e ionotrópico positivos), induzir apoptose, além de ativar vias relacionadas com o crescimento e a proliferação celular que culminam na hipertrofia cardíaca. As ações da Ang II mediadas pelos receptores AT2, ao contrário do AT1, ainda não são bem definidas, mas alguns estudos recentes parecem indicar que o receptor AT2 esteja também envolvido nos processos de desenvolvimento, crescimento e remodelamento cardíacos.

▶ SRA vascular

O leito vascular é composto por células musculares lisas vasculares (CMLV), células endoteliais e fibroblastos, além de componentes não celulares, como a matriz extracelular. Ademais dos tipos celulares que formam a parede vascular, sob condições patológicas, células não vasculares também são encontradas associadas à parede dos vasos, as células inflamatórias – incluindo monócitos e macrófagos. A contração da parede vascular é mediada por ação adrenérgica, por fatores produzidos pela própria parede do vaso, tais como a endotelina, ou pelo componente do SRA, a Ang II. Com a identificação da presença do SRA no leito vascular e da produção local de Ang II, foi possível detectar o potencial papel deste peptídio na fisiopatologia vascular, por meio da sua ação autócrina, parácrina e intrácrina nas células vasculares. O receptor AT1 está presente em grandes quantidades nas CMLV, e em pequenas nos fibroblastos da camada adventícia, sendo indetectável no endotélio. Ao interagir com o receptor AT1, a Ang II promove vasoconstrição e efeitos proliferativos. Entretanto, seus efeitos via AT2 ainda não foram bem estabelecidos, mas há fortes evidências indicando que a Ang II promova vasodilatação e efeitos antiproliferativos e anti-inflamatórios, o que confere ao receptor AT2 um importante papel cardiovascular protetor.

▶ SRA renal

Em virtude de a maior parte da renina circulante ser originada das células justaglomerulares renais, o rim é frequentemente associado como o órgão-alvo clássico do SRA. Isto ocorre por importantes processos regulatórios renais, incluindo a retenção de água e sal. Além disso, não só a renina, mas também outros componentes do SRA são expressos no rim. Desse modo, a Ang II é produzida localmente no rim, por ação da ECA, localizada nos túbulos proximais. É no lúmen dos túbulos proximais que se encontram as concentrações mais altas de Ang II do organismo. Esses níveis excedem os níveis regulares encontrados na circulação, e podem aumentar cerca de 1.000 vezes pela concentração intratubular do hormônio devido à reabsorção proximal de água. Assim, obviamente, o SRA local (tecidual) tem um papel relevante nos rins.

Foram descritos vários efeitos diretos da Ang II no túbulo renal, incluindo a estimulação da reabsorção tubular de Na^+, HCO_3^- e líquido e da secreção tubular de H^+. Esses efeitos acontecem pelo papel estimulador da Ang II nos seguintes transportadores iônicos presentes na membrana tubular luminal: nos canais de Na^+ tipo ENaC, na isoforma NHE3 do trocador Na^+/H^+ e na H^+-ATPase. Além disso, a Ang II promove vasoconstrição da arteríola eferente do glomérulo e, em menor grau, da arteríola aferente. Consequentemente, diminui o fluxo plasmático renal e, em menor grau, a filtração glomerular, elevando a fração de filtração o que, indiretamente, aumenta a reabsorção proximal de líquido. Mais detalhes sobre os efeitos da Ang II no fluxo sanguíneo renal e na filtração glomerular são mostrados no Capítulo 50, *Hemodinâmica Renal*, sobre seus efeitos na regulação de volume do líquido extracelular, no Capítulo 53, *Papel do Rim na Regulação do Volume e da Tonicidade do Líquido Extracelular*, e sobre seus efeitos na acidificação urinária, no Capítulo 54, *Papel do Rim na Regulação do pH do Líquido Extracelular*.

Devido às alterações no balanço tubuloglomerular, uma diminuição da perfusão renal é observada em situações de ativação do SRA. Mesmo considerando que o SRA ajuda na manutenção da pressão sanguínea, especialmente em condições de redução de volume de líquido ou de captação de sódio, estes importantes mecanismos podem, de qualquer modo, levar a consequências fisiopatológicas, incluindo o desenvolvimento e/ou progressão de uma série de doenças cardiovasculares, tais como hipertensão, fibrose renal ou insuficiência renal.

▶ SRA cerebral

Assim como o que ocorre no coração e nos vasos, todos os componentes do SRA estão presentes no cérebro, no entanto, em diferentes graus. Sendo assim, o receptor AT1 é encontrado primariamente nas regiões periventriculares, mas sua expressão já foi descrita na hipófise e em astrócitos.

A estimulação direta dos receptores cerebrais de Ang II, por meio de injeções de Ang II em regiões intracerebroventriculares, induz muitas reações, incluindo alterações no próprio sistema nervoso. A ativação dos receptores AT1 cerebrais indiretamente estimula a retenção de água; ou seja, a Ang II promove um efeito dipsogênico por estimular o aumento da liberação de vasopressina na circulação. Ainda, muitos hormônios são liberados da hipófise após estimulação do receptor AT1, incluindo o hormônio adrenocorticotrófico (ACTH), o hormônio tireotrófico (TSH) e o hormônio de crescimento (GH). Mais estudos ainda são necessários para o entendimento do mecanismo completo, mas algumas evidências sugerem que ações centrais inversas a estas sejam mediadas pelo receptor AT2.

▶ Implicações terapêuticas

A utilização de inibidores do SRA na prática médica representa um dos maiores avanços terapêuticos dos últimos anos no tratamento e na prevenção de doenças cardiovasculares e de nefropatias diabéticas. Entretanto, a descoberta de novos componentes do SRA, de novas vias alternativas de sinalização e a possível regulação genética destes componentes tem resultado em um amplo debate clínico a respeito de qual a melhor forma de intervenção no sistema, buscando o tratamento com maior eficácia.

A inibição da atividade do SRA, com inibidores da ECA ou bloqueadores do receptor de Ang II, permite um controle efetivo da hipertensão e dos danos renais associados ao diabetes, além de reverter o aumento de massa cardíaca, ou hipertrofia, comumente relacionada com essas patologias. No entanto, esses inibidores que agem na formação e ação da Ang II, via ECA ou via AT1, impossibilitam uma supressão *ideal* da atividade do SRA, uma vez que um aumento compensatório nas concentrações de renina pode, outra vez, levar ao aumento dos níveis de Ang I e Ang II, por outras vias que não a da ECA. A utilização de inibidores da renina, recentemente descobertos, em combinação com outros agentes já comumente utilizados na clínica médica, promete ser uma opção adicional, e mais eficiente, no controle da hipertensão e de doenças a ela relacionadas.

Paralelamente à utilização desses inibidores, a detecção de componentes do SRA em vários órgãos e tecidos torna possível uma nova abordagem, a qual se baseia na regulação genética desse sistema. Desse modo, um grande número de estudos já evidenciou possíveis associações entre a variabilidade genética do SRA e os processos de patogênese das doenças renais e cardiovasculares, além das diferenças individuais na resposta ao bloqueio do SRA.

Aldosterona | Ações Renais Genômicas e Não Genômicas

Deise Carla A. Leite Dellova

O mineralocorticoide aldosterona (Aldo) é um hormônio esteroide sintetizado e secretado pela zona glomerulosa do córtex da glândula suprarrenal, coração e vasos sanguíneos. A Aldo desempenha um papel importante na regulação de várias funções do organismo: volume corporal, pressão arterial, equilíbrio eletrolítico e equilíbrio acidobásico. Esta vasta regulação sistêmica que a Aldo exerce está associada ao seu efeito na estimulação da reabsorção de sódio e na secreção de potássio e hidrogênio no néfron, particularmente, nas células principais do ducto coletor.

A regulação da secreção deste mineralocorticoide ocorre, principalmente, pelas variações nas concentrações plasmáticas de sódio e/ou potássio e pelos hormônios adrenocorticotrófico (ACTH) e angiotensina II (Ang II). Entre outras ações, o peptídio atrial natriurético liga-se aos receptores das células da zona glomerulosa suprarrenal para inibir a síntese de Aldo. A concentração plasmática de Aldo é de 5 a 15 ng/dℓ, sendo que cerca de 50% estão sob a forma livre e 50% encontram-se ligados a uma globulina específica, a transcortina, ou à albumina. Esta ligação é mais fraca que a do cortisol, de modo que a meia-vida da Aldo é menor, sendo rapidamente metabolizada no fígado, onde é reduzida para tetraidroaldosterona. Esta, sob a forma de glicuronato, é eliminada na urina. Uma porção menor do hormônio é eliminada intacta, também conjugada com o glicuronato.

Como já visto, a Aldo, juntamente com a renina e a Ang II, integra o sistema renina-angiotensina-aldosterona (sistema RAA), cuja principal ação é regular o volume do líquido extracelular e, consequentemente, a pressão arterial. Em situações de hipotensão ou hipovolemia, o sistema RAA é ativado, uma vez que nessas condições o volume filtrado pelo glomérulo é reduzido, assim como a quantidade de NaCl que chega ao aparelho justaglomerular. Este, estimulado pela baixa quantidade de NaCl, libera a enzima renina, que inicia a cascata que resultará na produção de Ang II. Este hormônio promove diretamente a secreção de Aldo, completando o eixo renina-angiotensina-aldosterona e estimulando mecanismos que regulam o volume corporal pela retenção renal de sódio. A Aldo promove o aumento do líquido extracelular e da pressão sanguínea pela ativação de canais epiteliais de Na$^+$ (ENaC), que têm função importante na reabsorção do Na$^+$ filtrado presente no néfron distal. O hormônio estimula também o trocador Na$^+$/H$^+$ e a H$^+$-ATPase, presentes em várias porções do néfron, podendo desempenhar papel na regulação do pH do sangue. Este mineralocorticoide também atua em cardiomiócitos, fibroblastos cardíacos e células endoteliais, contribuindo para o desenvolvimento de insuficiência cardíaca, fibrose do miocárdio e disfunção endotelial. Em clínica, existe um grande interesse na utilização de bloqueadores do receptor para Aldo, com a intenção de diminuir os efeitos patológicos produzidos por este hormônio. Nesse sentido, foram desenvolvidos os inibidores da síntese de Aldo. O LCI699 (ou *osilodrostat*) é um dos primeiros fármacos com administração por via oral, que atua sobre a esteroidogênese suprarrenal, inibindo a enzima aldosterona sintase e, consequentemente, reduzindo a concentração plasmática de Aldo. O LCI699 é uma das opções mais recentes para o tratamento da hipertensão, insuficiência cardíaca e doença renal, além do bloqueio do receptor da Aldo.

Os efeitos específicos da Aldo em determinado sistema fisiológico são discutidos, detalhadamente, no capítulo correspondente a esse sistema.

HISTÓRICO

A glândula suprarrenal foi primeiramente mencionada, em 1563, por Bartolomeo Eustacchio (um dos fundadores do estudo da anatomia humana), que a denominou *glandulae renibus incumentes*; porém, sua função permaneceu obscura até 1849, quando o médico inglês, Thomas Addison, descreveu uma síndrome clínica letal provocada pela destruição desta glândula. Mas, foi somente na terceira década do século XX, que a regulação da homeostase de carboidratos e de eletrólitos (sódio e potássio) foi atribuída à glândula suprarrenal. Em 1948, Helen W. Deane e colaboradores, da Harvard Medical School, determinaram que um potente hormônio com atividade mineralocorticoide, até então denominado eletrocortina, era secretado pela zona glomerulosa do córtex da glândula suprarrenal, mediante uma dieta pobre em sódio e rica em potássio. No entanto, a Aldo foi isolada apenas em 1953, sendo sua estrutura descrita em 1954, por um grupo de pesquisadores ingleses e suíços, liderados por Sylvia A. Simpson e James F. Tait. Em 1955, Jerome W. Conn, do University of Michigan Medical Center, descreveu outra síndrome clínica associada a hipertensão arterial e hipopotassemia (baixa concentração de potássio no plasma), causada pela secreção excessiva da Aldo. Importantes estímulos para a secreção de Aldo, como o nível plasmático de potássio e/ou de Ang II, foram determinados por Claude J.P. Giroud e colaboradores, da McGill University Clinic, em 1956, e por Willian F Ganong, da University of California School of Medicine, e Patrick J Mulrow, da Yale University School of Medicine, em 1961, respectivamente. Nesse mesmo período, vários estudos relataram um papel secundário do ACTH, sódio, cálcio, magnésio e hidrogênio na secreção de Aldo. Também na década de 1960, experimentos em bexiga de sapo (modelo clássico usado para estudos da atividade mineralocorticoide) evidenciaram ações genômicas da Aldo, com a indução de RNA e subsequente síntese de proteínas. Entre as décadas de 1970 e 1980, a ação genômica da Aldo e a regulação de sua secreção foram extensivamente estudadas e o seu receptor foi identificado (receptor para mineralocorticoides). Em 1987, Jeffrey L. Arriza, da University of California, e colaboradores clonaram o receptor humano para mineralocorticoide. Na década de 1990, vários efeitos rápidos da Aldo começaram a ser descritos, e estes efeitos ganharam muita atenção pelo fato de envolverem um mecanismo de ação hormonal não genômico, que até então se supunha não existir, apesar de, em 1958 (5 anos após a caracterização da Aldo), Ganong e Mulrow já haverem relatado uma ação rápida da Aldo, com um período de latência de 5 min, sobre a excreção urinária de eletrólitos. Atualmente, os efeitos genômicos e não genômicos da Aldo estão bem reconhecidos, assim como sua ação sobre o trocador Na^+/H^+ e a H^+-ATPase do túbulo proximal, alça de Henle e néfron distal.

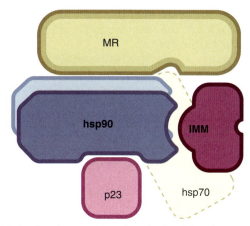

Figura 55.9 ▪ Complexo multiproteico citoplasmático do receptor para mineralocorticoide (MR ou tipo I). No citoplasma, o MR está associado a proteínas *heat-shock* (hsp 90 e hsp 70), imunofilinas (IMM) e p23. As proteínas associadas mantêm o MR em uma conformação que permite a ligação ao hormônio. Na ausência de um sinal de ativação apropriado, as proteínas hsp impedem a entrada do receptor no núcleo celular. No citoplasma, o MR também interage com a actina, que auxilia na translocação do complexo hormônio-receptor para o núcleo. (Adaptada de Gomez-Sanchez *et al.*, 2009.)

MECANISMO DE AÇÃO DA ALDOSTERONA

▸ Efeitos genômicos da aldosterona no rim

Os efeitos genômicos da Aldo são mediados pela ligação do hormônio ao receptor para mineralocorticoides (MR ou tipo I) (ver Figura 69.7, no Capítulo 69, *Glândula Suprarrenal*). Os receptores MR inativos (não ligados) são encontrados no citoplasma, associados a proteínas como *heat-shock* (hsp), imunofilinas (IMM) e p23, formando um complexo multiproteico (Figura 55.9).

A Aldo circula no sangue ligada a proteínas plasmáticas e difunde-se facilmente para o citoplasma através da membrana celular. No citoplasma, a Aldo se liga ao MR e promove uma alteração conformacional no receptor devido à liberação das proteínas associadas ao MR. O complexo Aldo-MR penetra no núcleo celular e se liga a elementos específicos para a resposta hormonal (HRE) dos genes responsivos a Aldo (genes-alvo), atuando como um fator de transcrição e modulando a expressão de várias proteínas envolvidas no transporte de sódio, tais como: canais de sódio (ENaC), Na^+/K^+-ATPase, SGK1 (proteinoquinase induzida pelos glicocorticoides), CHIF (*corticosteroid hormone-induced factor*), Kras2 (*kirsten Ras GTP-binding protein-2A*), GILZ (*glucocorticoid-induced leucine-zipper protein*), USP2-45, 14-3-3 (*ubiquitin specific proteases*) e o receptor EGF (*epidermal growth factor*).

Os efeitos genômicos da Aldo tornam-se evidentes após horas ou até dias, tempo necessário para sintetizar quantidade suficiente de novas proteínas e inseri-las na membrana plasmática.

▸ Ligantes do MR

A Aldo é o ligante fisiológico do MR, principalmente em tecidos epiteliais; outro ligante importante do MR é o cortisol (ou corticosterona em roedores). A desoxicorticosterona, a dexametasona e a fludrocortisona também podem se ligar ao MR.

O receptor MR tem igual afinidade pela Aldo e pelos glicocorticoides, devido ao elevado grau de homologia entre o MR e o GR (receptor para glicocorticoide), em seus domínios de ligação ao DNA (94%) e em seus domínios de ligação C-terminal (57%). A falta de especificidade do MR, e o fato de que os níveis plasmáticos dos glicocorticoides são pelo menos 100 vezes superiores aos de Aldo, sugerem um predomínio de ocupação do MR pelos glicocorticoides. Em tecidos epiteliais (como os do cólon e do rim) e cardiovasculares (exceto em cardiomiócitos) e na placenta, o MR é parcialmente protegido da ligação com os glicocorticoides pela ação da enzima 11β-HSD2 (11β-hidroxiesteroide desidrogenase tipo 2), que catalisa a conversão de glicocorticoides ativos em metabólitos inativos com baixa afinidade pelo MR (em humanos, a 11β-HSD2 converte o cortisol em cortisona). Provavelmente, outros mecanismos garantem a seletividade da Aldo pelo MR, tais como o recrutamento seletivo de coativadores e coexpressores como o FAF-1 (fator 1 associado ao Fas) ou PIAS (proteína de inibição do sinal de transdução ativado e ativador da transcrição). A FAF-1 e a PIAS são proteínas que interagem com a região AF-1 do domínio N-terminal dos receptores MR e GR, região com menor homologia, que pode estar envolvida com a especificidade a estes receptores. A espironolactona, a canrenona, a eplerenona e a drospirenona são esteroides sintéticos que se ligam ao receptor MR e atuam como antagonistas competitivos dos mineralocorticoides em células-alvo. Na clínica médica, estes fármacos são utilizados como anti-hipertensivos e agentes protetores do sistema cardiovascular.

▸ Efeitos não genômicos da aldosterona no rim

Alguns efeitos renais da Aldo são muito rápidos (ocorrem em segundos ou minutos) e insensíveis aos inibidores de transcrição (actinomicina D) e de translação (cicloeximida).

Portanto, tais efeitos são incompatíveis com a modulação da transcrição gênica e com a síntese de novas proteínas, sendo considerados não genômicos.

A ação não genômica da Aldo na regulação da atividade de proteínas importantes, envolvidas no transporte iônico das células renais, foi relativamente descrita recentemente, em diversos segmentos tubulares (Quadro 55.1). Efeitos não genômicos foram observados em locais clássicos de ação renal da Aldo, como o ENaC e a Na$^+$/K$^+$-ATPase do ducto coletor, mas também no trocador Na$^+$/H$^+$ do túbulo proximal e da alça de Henle e na H$^+$-ATPase do túbulo proximal e do ducto coletor. Os efeitos não genômicos da Aldo atuam nas vias de sinalização celular, estimulando a produção de segundos mensageiros como: trifosfato de inositol (IP$_3$), diacilglicerol (DAG), proteinoquinase C (PKC) e AMP cíclico (cAMP).

Receptor da aldosterona para o mecanismo não genômico

O receptor envolvido no mecanismo de ação não genômica da Aldo ainda não está estabelecido. De acordo com a literatura, os efeitos não genômicos da Aldo poderiam depender do próprio receptor clássico MR ou de outro receptor, ainda não identificado.

Mecanismos não genômicos da Aldo dependentes do MR: as evidências da participação do receptor MR, em ações não genômicas da Aldo, baseiam-se no fato de que várias destas ações são bloqueadas pelos antagonistas competitivos do MR, como a espironolactona e o RU28318. O mecanismo de sinalização não genômica em células renais, via MR, envolveria a ligação da Aldo com o receptor MR citoplasmático – promotor da dissociação das hsp do complexo multiproteico (Figura 55.10) – e consequente ativação da calcinerina e da quinase Src, responsáveis pela regulação do transporte de sódio no néfron distal. O tempo necessário para a dissociação das hsp do MR é de aproximadamente 30 minutos; portanto, ações não genômicas que ocorrem em tempos inferiores a este devem envolver outros receptores e vias de sinalização.

Mecanismos não genômicos da Aldo independentes do MR: vários achados indicam a participação de outros receptores nas ações não genômicas da Aldo:

- Efeitos não genômicos da Aldo no transporte iônico e nas vias de sinalização celular de segmentos tubulares renais (ver Quadro 55.1) não foram bloqueados pela espironolactona (antagonista competitivo do MR), sugerindo que estes efeitos foram mediados por um receptor diferente do MR ou por um receptor insensível à espironolactona
- Ações não genômicas da Aldo foram observadas em túbulos renais de camundongos *knockout* para MR.

Assim, um *novo receptor de membrana*, diferente do MR, vem sendo postulado para as ações não genômicas da Aldo, de acordo com algumas linhas de pesquisa:

- Locais de ligação específicos e de alta afinidade pela Aldo foram descritos em membranas de vários tipos celulares, incluindo células de rim de porco e de rato. Estes locais de ligação possuiriam propriedades diferentes do MR, como por exemplo, insensibilidade à espironolactona e à canrenona
- Em linhagens de células renais, ações rápidas da Aldo sobre o trocador Na$^+$/H$^+$ e a PKC foram reproduzidas com o uso de Aldo conjugada a albumina (Aldo-BSA), que impede a entrada do hormônio na célula e a sua ligação com o MR citoplasmático.

Estudos realizados em segmentos tubulares renais e em linhagens de células renais indicam que, após a ligação com o *novo receptor de membrana*, a Aldo inicia uma série de efeitos rápidos, como o aumento na concentração de segundos mensageiros e ativação de cascatas de proteinoquinases, com consequente fosforilação e modulação de proteínas-alvo (tipo ENaC e trocador Na$^+$/H$^+$). Embora esse novo receptor para o mecanismo de ação não genômico da Aldo ainda não tenha sido identificado, várias vias de sinalização envolvidas neste mecanismo estão sendo propostas e estudadas (ver Figura 55.10):

▶ **PKC.** Muitos efeitos rápidos e não genômicos da Aldo em células renais são mediados pela PKC. A Aldo estimula a atividade da PKCα, provavelmente, via receptor de membrana ligado à proteína G; e, também, uma interação direta Aldo-PKCα poderia contribuir para a sinalização não genômica.

▶ **Cálcio.** A Aldo estimula a entrada de Ca^{2+} na célula a partir do compartimento extracelular. O complexo Ca^{2+}-calmodulina quinase modula a atividade do trocador Na$^+$/H$^+$ das células renais, por interação com locais específicos, podendo inibir ou estimular a atividade deste transportador.

▶ **cAMP.** A Aldo induz um aumento rápido e dose-dependente na produção de cAMP em células de segmentos tubulares renais, via adenilatociclase e/ou um *pool* de ATP.

▶ **EGF/EGFR/ERK1/2.** Na presença do EGF (fator de crescimento epidérmico), a Aldo aumenta a fosforilação do EGFR (receptor para o fator de crescimento epidérmico), provavelmente pela fosforilação e ativação da Src quinase; e, subsequentemente, ocorre a ativação da cascata Raf-MEK-ERK. Em células renais, o aumento da fosforilação da ERK1/2 atua como mediador da regulação do trocador Na$^+$/H$^+$ (isoformas NHE1 e NHE3), induzida pela aldosterona.

Quadro 55.1 • Efeitos não genômicos da aldosterona em proteínas de transporte iônico dos segmentos tubulares renais.

Proteínas de transporte iônico	Atividade de transporte	Via de sinalização celular	Segmento tubular
ENaC	↑	Metilação, ATP	Ducto coletor cortical
Trocador Na$^+$/H$^+$			
Isoforma NHE1	↑ ou ↓	[Ca^{2+}]$_i$	Túbulo proximal (S3)
Isoforma NHE3	↑ ou ↓	[Ca^{2+}]$_i$	Túbulo proximal (S2)
	↓	ERK	Alça de Henle (ramo medular ascendente grosso)
H$^+$-ATPase	↑	[Ca^{2+}]$_i$	Túbulo proximal (S3)
	↑	PKC e microtúbulos	Ducto coletor medular externo
Na$^+$/K$^+$-ATPase	↑	↑ pHi decorrente do ↑ da atividade NHE1	Ducto coletor cortical

↑, aumento; ↓, diminuição; *pHi*, pH intracelular.

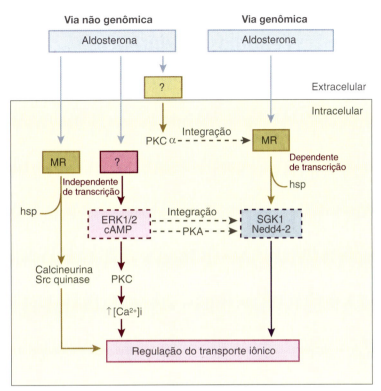

Figura 55.10 ▪ Visão geral dos receptores e mecanismos de sinalização celular envolvidos na regulação das células renais pela aldosterona. A via não genômica pode ser iniciada pela ligação da aldosterona com: (1) o receptor MR citoplasmático, promovendo a dissociação das proteínas hsp e posterior ativação da calcineurina e da Src quinase, responsáveis pela regulação do transporte de sódio no néfron distal; (2) outro receptor citoplasmático (ainda não identificado), que via ERK1/2 e cAMP, estimula a atividade da PKC e promove o aumento da [Ca²⁺]i; ou (3) um receptor presente na membrana celular (também ainda não identificado), diferente do MR, responsável pelo aumento da atividade da PKCα. A via genômica é iniciada pela ligação da aldosterona com o receptor MR citoplasmático e dissociação das proteínas hsp. O complexo aldosterona-MR penetra no núcleo celular e modula a expressão de várias proteínas envolvidas no transporte de sódio, como ENaC, Na⁺/K⁺-ATPase e SGK1. As *linhas tracejadas* indicam possíveis mecanismos de integração das duas vias, em que ERK1/2 e cAMP/PKA regulam a atividade da SGK1 e do Nedd4-2. A PKCα pode fosforilar e modular a atividade transcricional do MR. As proteínas de transporte e os segmentos tubulares regulados pela via não genômica estão sumarizados no Quadro 55.1. (Adaptada de Good, 2007.)

Integração dos mecanismos não genômicos e genômicos da aldosterona

Os efeitos rápidos e não genômicos desencadeados pela Aldo podem ser necessários para o surgimento da resposta genômica. O aumento da síntese proteica e do transporte iônico nas células renais, mediados pela ligação da Aldo com o MR, podem depender da ativação não genômica da PKCα, PKA, ERK e cAMP/PKA, sugerindo uma integração entre os dois mecanismos de ação da Aldo.

O MR é uma proteína que apresenta vários locais para fosforilação. A rápida fosforilação dos resíduos serina e treonina do MR ocorre minutos após a exposição à Aldo. Em células de ducto coletor cortical de rato, a Aldo aumenta a atividade da PKCα por um mecanismo não genômico; e a PKCα parece modular a fosforilação do MR e determinar a sua ativação, aumentando o transporte de sódio. Em células epiteliais de rim de porco, a PKA também regula a fosforilação de cofatores do MR, promovendo a ativação transcricional deste receptor.

As vias do ERK e do cAMP/PKA podem aumentar a atividade e a expressão da SGK1, que regula várias proteínas de transporte iônico das células renais (incluindo ENaC, ROMK e o transportador Na⁺Cl⁻). A SGK1 é uma proteína induzida pela Aldo por um mecanismo dependente de transcrição (genômico). O meio do cAMP/PKA também pode aumentar a expressão do ENaC na membrana celular, independentemente da SGK1, pela fosforilação e inibição do Nedd4-2 (envolvido na degradação do ENaC).

Aldosterona e disfunção renal

A aldosterona está envolvida na patogênese da disfunção renal progressiva. Pacientes com insuficiência renal apresentam aumento da concentração plasmática de Aldo, quando comparados com indivíduos saudáveis.

As alterações renais observadas em situações de secreção elevada de Aldo incluem: modificações na barreira de filtração glomerular, proteinúria (albuminúria), glomerulosclerose, apoptose celular mesangial e alterações na integridade tubular. A ativação do MR pela Aldo é capaz de induzir lesão renal e fibrose, acompanhada por um processo inflamatório com infiltração por macrófagos.

Em várias disfunções, tais como a nefropatia diabética e a glomerulonefrite, tratamentos que utilizam antagonistas do MR, tipo espironolactona ou eplerenona, reduzem a proteinúria, as lesões vasculares renais, a fibrose renal e a glomerulosclerose.

Como no caso da ativação do MR, os mecanismos não genômicos poderiam participar do desenvolvimento da lesão renal induzida pela Aldo. A ativação do EGFR estaria envolvida no desenvolvimento da fibrose vascular renal. A fosforilação do EGFR ativaria a via MAPK/ERK, que estimularia a síntese de proteínas da matriz extracelular, tais como o colágeno I, induzindo a fibrose. A Aldo aumentaria a fosforilação do EGFR, por um mecanismo não genômico, podendo participar da patogênese da fibrose vascular renal.

Assim, a elucidação do mecanismo de ação não genômico da Aldo poderá contribuir para o entendimento da disfunção renal progressiva e para o desenvolvimento de novas estratégias terapêuticas que poderão retardar a progressão desta patologia.

Peptídios Natriuréticos

Maria Luiza Morais Barreto-Chaves | Dayane Aparecida Gomes

Os peptídios natriuréticos compreendem uma família de peptídios originados, primordialmente, de células cardíacas, que atuam primariamente na regulação do volume e da pressão sanguínea, contribuindo, dessa maneira, para a homeostase cardiovascular. A identificação desses peptídios em vertebrados primitivos sugere um alto grau de conservação evolutiva, tanto no aspecto molecular como no funcional. A história da descoberta destes peptídios teve início em 1981, quando uma equipe canadense, chefiada pelo pesquisador Adolfo De Bold, demonstrou que a injeção intravenosa de extratos atriais de rato em animais da mesma espécie promovia rápida e intensa diurese e natriurese, acompanhadas pela diminuição da resistência vascular. À substância responsável por estes efeitos De Bold denominou peptídio natriurético atrial (ANP), embora posteriormente diferentes nomes tenham sido dados ao mesmo fator, incluindo cardiodilatina, cardionatrina e atriopeptina. Com a descoberta do ANP se estabeleceu, pela primeira vez, a conexão hormonal entre o coração e os rins. Esta descoberta teve como base estudos da década de 1950, por microscopia eletrônica, que haviam demonstrado em células atriais cardíacas a presença de inúmeros grânulos similares aos observados em glândulas endócrinas. Os resultados de De Bold imprimiram uma nova visão para as células miocárdicas, que até então se acreditava serem essencialmente diferenciadas para fenômenos cardíacos de excitação, condução e contração. Assim, o coração revelou-se também um órgão endócrino em potencial. Posteriormente, o ANP foi isolado de extratos atriais humanos e novos peptídios da família foram identificados e nomeados em ordem alfabética: o peptídio natriurético do tipo B, também chamado de peptídio natriurético cerebral (BNP), o peptídio natriurético do tipo C (CNP) e, mais recentemente, o do tipo D, isolado de veneno de serpente mamba verde (*Dendroaspis angusticeps*) e ainda não bem caracterizado (Figura 55.11). Hoje se sabe que a produção de ANP não se restringe apenas aos átrios e, a cada ano, novos tecidos são identificados como locais de síntese desses peptídios. Informações adicionais a respeito do sistema de peptídios natriuréticos são dadas no Capítulo 75, *Controle Neuroendócrino do Balanço Hidreletrolítico*.

ASPECTOS BIOQUÍMICOS

▶ Peptídio natriurético atrial (ANP)

O ANP é codificado pelo gene *NPPA*, localizado no braço curto do cromossomo 1 em humanos, e no cromossomo 5 em ratos. Este gene possui três éxons separados por duas regiões intrônicas, sendo sua expressão muito abundante nas células atriais, em que os níveis do RNA mensageiro são 30 a 50 vezes mais elevados do que em outros tecidos extra-atriais.

Inicialmente, o ANP humano é formado a partir de um precursor, o pré-pró-ANP, constituído de 151 aminoácidos. Este, após ação de enzimas proteolíticas, sofre clivagem da porção aminoterminal, originando um pró-hormônio de 126 aminoácidos (pró-ANP$_{1-126}$), predominantemente estocado em densos grânulos dos miócitos atriais (Figura 55.12). O principal estímulo para a secreção desse pró-hormônio pelas células atriais é o estiramento da parede atrial. Durante o processo de secreção, o pró-ANP é rapidamente clivado em um resíduo de serina, por uma protease cardíaca transmembranar denominada corina.

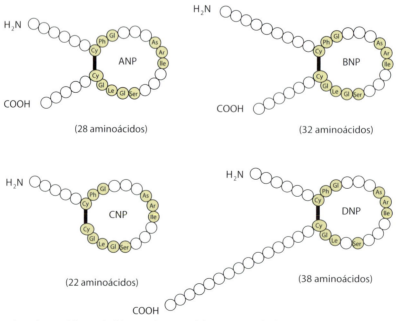

Figura 55.11 ▪ Todas as formas maduras dos peptídios natriuréticos contêm um anel de 17 aminoácidos formado por uma ligação dissulfeto, entre dois resíduos de cisteína. As porções carboxi e aminoterminais apresentam tamanho variável e estão presentes no peptídio natriurético atrial (ANP), no peptídio natriurético cerebral (BNP) e no peptídio natriurético do tipo D (DNP); o peptídio natriurético do tipo C (CNP) não possui cauda carboxiterminal. (Adaptada de D'Souza *et al.*, 2004.)

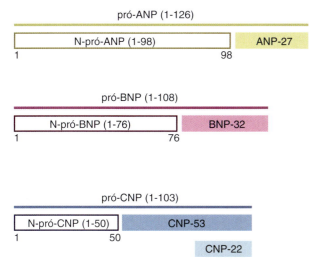

Figura 55.12 ▪ Os peptídios natriuréticos do tipo A (ANP), B (BNP) e C (CNP) são sintetizados como pré-pró-peptídios, sendo estocados, em maior ou menor quantidade, como pró-peptídios de alto peso molecular. Em humanos, a clivagem das sequências de pró-peptídios resulta na formação de peptídios maduros, com baixo peso molecular (ANP-27, BNP-32, CNP-53 e CNP-22), além de fragmentos N-terminais. (Adaptada de Baxter, 2004.)

Esta clivagem, altamente específica, origina dois fragmentos: o pró-ANP$_{1-98}$ (na porção aminoterminal) e o ANP$_{99-126}$ (na extremidade carboxiterminal), sendo este último o peptídio biologicamente ativo, contendo 28 aminoácidos. Uma vez liberado no plasma, o ANP apresenta curta meia-vida, de 0,5 a 4 min, dependendo da espécie, sendo rapidamente degradado por proteases extracelulares. A principal enzima de degradação do ANP, descrita até o momento, é a neprilisina (NEP).

▸ Peptídio natriurético cerebral (BNP)

O BNP foi descoberto em 1988, por Sudoh e colaboradores, após isolarem, do cérebro de porco, um peptídio com atividade biológica similar à do ANP. Embora identificado originalmente no cérebro, estudos posteriores mostraram que o BNP é secretado predominantemente pelas células do miocárdio ventricular, que parecem ser a principal fonte do BNP circulante. O BNP é codificado pelo gene *NPPB* e, em humanos, é sintetizado como um pré-pró-hormônio de 132 aminoácidos. Após clivagem por uma endoprotease, este origina uma proteína precursora de 108 aminoácidos (pró-BNP$_{1-108}$), a qual é subsequentemente clivada em dois fragmentos: um fragmento carboxiterminal, biologicamente ativo, contendo 32 aminoácidos (BNP$_{1-32}$), e um fragmento aminoterminal, contendo 76 aminoácidos. Em contraste com o ANP, estocado na forma de um pré-pró-peptídio, o BNP em seres humanos é armazenado em grânulos celulares na sua forma ativa (BNP$_{1-32}$), sendo constitutivamente liberado. Uma vez no plasma, o BNP também apresenta curta meia-vida, em torno de 21 min.

▸ Peptídio natriurético do tipo C (CNP)

Dois anos após a descoberta do BNP, o mesmo grupo de pesquisadores isolou, também a partir do cérebro de porcos, um terceiro peptídio com características estruturalmente similares, denominado CNP. Este peptídio é formado a partir de um precursor, o pró-CNP, constituído de 103 aminoácidos, que após clivagem, origina dois fragmentos, um de 22 e outro de 53 aminoácidos, estando a sequência de aminoácidos do primeiro fragmento contida no segundo. O fragmento de 22 aminoácidos corresponde à forma madura e biologicamente ativa do peptídio, a qual é preferencialmente expressa em células endoteliais e no sistema nervoso, sendo raramente encontrada em níveis detectáveis no plasma, o que sugere que atue, primariamente, de modo parácrino.

ESTRUTURA GERAL DOS SEUS RECEPTORES E SINALIZAÇÃO INTRACELULAR

Os diversos efeitos biológicos dos peptídios natriuréticos são mediados após ligação a receptores de membrana associados à guanililciclase (GC), também conhecidos como receptores de peptídios natriuréticos (NPR) (Figuras 55.13 e 55.14).

Dois subtipos desses receptores, NPR-A e NPR-B (ou GC-A e GC-B, respectivamente) pertencem à família de receptores com sete domínios transmembranares e mediam a maioria das ações fisiológicas desses peptídios, após conversão do trifosfato de guanosina (GTP) em monofosfato de guanosina cíclico (cGMP). Os peptídios natriuréticos elevam os níveis intracelulares de cGMP em todos tecidos e tipos celulares que expressem esses receptores. A proteinoquinase dependente de cGMP (PKG) é o principal mediador intracelular dessa sinalização. Esta é codificada por dois diferentes genes que codificam duas isoformas (PKG-I e PKG-II), diferentemente expressas nos vários tecidos de mamíferos e, na maioria das vezes, relacionadas com diferentes ações fisiológicas.

Os receptores NPR-A e NPR-B apresentam alto grau de homologia em sua estrutura, com cerca de 40% e 78% de identidade na região extracelular e intracelular, respectivamente. Tanto o ANP como o BNP se ligam ao receptor NPR-A, sendo o ANP 10 vezes mais potente; enquanto o CNP se liga, seletivamente, ao receptor NPR-B.

O terceiro membro dos receptores de peptídios natriuréticos é o NPR-C, ao qual todos os peptídios natriuréticos podem se ligar com alta afinidade (na sequência: ANP > CNP > BNP).

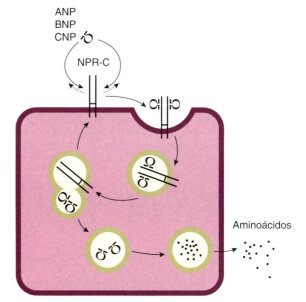

Figura 55.13 ▪ Metabolismo dos peptídios natriuréticos e ciclagem do receptor NPR-C. O NPR-C, localizado na superfície celular, liga-se fortemente ao ANP, BNP ou CNP, sendo posteriormente internalizado com o ligante. O complexo ligante-receptor entra na célula, é processado e depois se associa aos lisossomos; nestes é hidrolisado e, finalmente, liberado da célula na forma de aminoácidos livres. Então, o receptor NPR-C é reciclado de volta para a superfície celular. (Adaptada de Samson, 1997.)

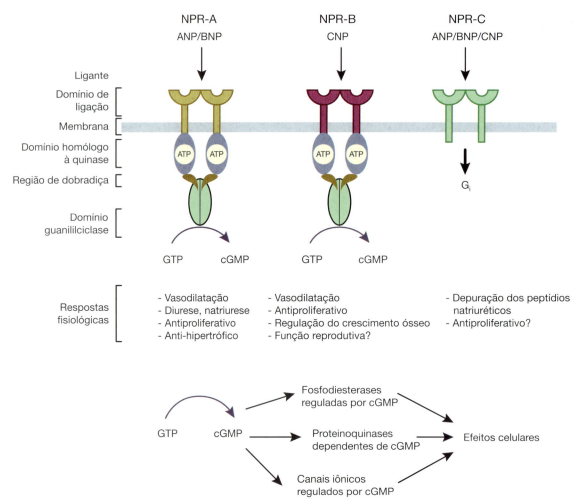

Figura 55.14 ▪ Peptídios natriuréticos humanos do tipo A (ANP), B (BNP) e C (CNP) e seus respectivos receptores (NPR-A, NPR-B e NPR-C). (Adaptada de Gardner *et al.*, 2007.)

O receptor NPR-C atua primariamente como um receptor de *clearance* ou depuração, regulando os níveis dos peptídios natriuréticos na circulação. Esse é o principal mecanismo de eliminação dos peptídios natriuréticos, uma vez que o NPR-C é altamente expresso na parede vascular. Após ligação ao NPR-C, que não é acompanhada por aumento dos níveis de cGMP, os peptídios são internalizados e, então, sofrem degradação lisossomal.

Embora o principal papel do receptor NPR-C seja sua atuação como um receptor de *clearance*, trabalhos recentes apontam que pode mediar alguns efeitos biológicos dos peptídios natriuréticos, por meio da ativação de outros segundos mensageiros que não o cGMP, como monofosfato de adenosina cíclico (cAMP), trifosfato de inositol (IP_3) e diacilglicerol (DAG).

ASPECTOS FISIOLÓGICOS

▶ Ações renais

Embora o ANP e o BNP sejam produzidos nos átrios e ventrículos cardíacos e secretados pela distensão dessas câmaras cardíacas, seus efeitos agudos vão se manifestar, primariamente, em uma série de respostas renais que têm como resultado final o aumento da excreção de sódio (natriurese) e água (diurese), eventos que, por si sós, contribuem para a diminuição do volume extracelular e da pressão arterial, caracterizando uma típica resposta de retroalimentação negativa (Figura 55.15). A natriurese e a diurese obervadas após ação do ANP ocorrem como consequência do aumento do ritmo de filtração glomerular (RFG) e da inibição da reabsorção de sódio e água ao longo dos túbulos renais. O aumento do RFG pelo ANP se dá pela elevação da pressão nos capilares glomerulares, por meio da ação coordenada do ANP em promover dilatação da arteríola aferente e constrição da arteríola eferente. Já a queda da reabsorção de sódio acontece em decorrência da inibição que o ANP promove na Na^+/K^+-ATPase e nos canais epiteliais de sódio (ENaC) sensíveis a amilorida. A potente ação diurética e natriurética do ANP é devida, também, em grande parte, ao seu efeito vasodilatador, responsável pelo aumento do fluxo sanguíneo medular renal e consequente lavagem do interstício papilar renal (para detalhes desse mecanismo, consulte o Capítulo 53). Paralelamente a essas ações, o ANP age, ainda, reduzindo a secreção de renina e de Aldo e inibindo as ações renais da Ang II e da Aldo, o que acentua ainda mais o seu caráter natriurético. Todas essas suas ações renais parecem ser mediadas exclusivamente por receptores do tipo NPR-A.

O CNP é produzido em pequenas quantidades pelo coração e seus efeitos renais ainda são pouco compreendidos.

▶ Ações cardiovasculares

O ANP e o BNP agem de várias maneiras nos mecanismos vasculares, o que também contribui para a diminuição do

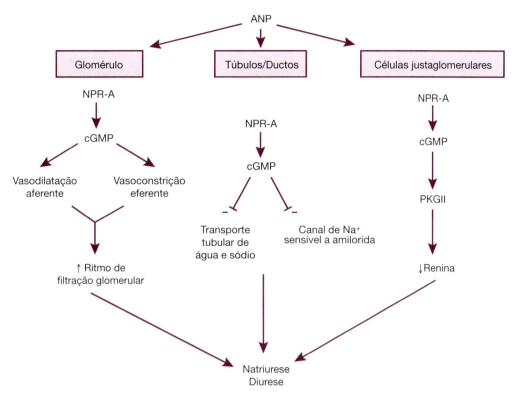

Figura 55.15 • Ações renais do peptídio natriurético atrial (ANP). A função renal do ANP é modulada por meio de três diferentes mecanismos: aumento do ritmo de filtração glomerular, diminuição da reabsorção de sódio nos túbulos proximais e ductos coletores e diminuição da secreção de renina pelas células justaglomerulares. Estes três mecanismos juntos promovem aumento da natriurese e da diurese. (Adaptada de Potter et al., 2006.)

volume sanguíneo. Assim, esses peptídios promovem vasodilatação venosa e arterial, por mecanismos diretos e indiretos. Diretamente, após ligação aos receptores NPR-A presentes no músculo liso vascular, esses peptídios elevam o cGMP, com consequente relaxamento muscular, ou vasodilatação. Indiretamente, o ANP e o BNP inibem os efeitos vasoconstritores da Ang II, das catecolaminas e da endotelina, intensificando a vasodilatação. Um segundo mecanismo deflagrado por ação desses peptídios na parede do vaso diz respeito ao aumento da permeabilidade vascular em consequência da ligação a receptores presentes no endotélio de microvasos. Este mecanismo irá propiciar a redistribuição, tanto de proteínas plasmáticas como de líquido, do espaço vascular para o espaço intersticial. O aumento da capacitância venosa em função da venodilatação e o redirecionamento do líquido intravascular para o compartimento extravascular, por aumento da permeabilidade endotelial, promovem redução na pré-carga cardíaca, contribuindo, de modo relevante, para a diminuição da pressão sanguínea.

Em relação ao CNP, este parece ter um efeito na dilatação de veias ainda mais potente do que o do ANP e o do BNP.

Paralelamente às ações vasculares, o ANP e o BNP também exercem efeitos endócrinos e parácrinos nas células cardíacas, antagonizando a hipertrofia do cardiomiócito e promovendo efeitos antiproliferativos dos fibroblastos, o que confere a esses peptídios importantes efeitos cardioprotetores em situações patológicas.

▶ Ações no SNC

Os peptídios natriuréticos também são sintetizados e secretados por neurônios no SNC (chamados neurônios ANPérgicos). No SNC, os níveis de expressão do CNP são pelo menos 10 vezes maiores em relação aos do ANP e do BNP, enquanto os de BNP são três vezes mais abundantes que os de ANP. O hipotálamo é a estrutura do SNC que contém a maior concentração de peptídios natriuréticos. O ANP é sintetizado e liberado por neurônios localizados no órgão vasculoso da lâmina terminal (OVLT), núcleo pré-óptico mediano, núcleo supraquiasmático, núcleo paraventricular, núcleo parabraquial, núcleo do trato solitário e área postrema. Estas regiões são conhecidas por regular uma variedade de respostas cardiovasculares e modular a homeostase hidreletrolítica (Figuras 55.16 e 55.17).

Além disso, embora os peptídios natriuréticos não atravessem a barreira hematencefálica, eles atingem alguns locais do SNC fora dessa barreira, como a eminência mediana hipotalâmica e outras regiões envolvidas no controle do volume de líquidos corporais e na regulação da pressão arterial. Assim, as ações dos peptídios natriuréticos no SNC intensificam seus efeitos na periferia, já descritos.

O ANP atua em núcleos do tronco encefálico, diminuindo o tônus simpático para a periferia. Como consequência, há atenuação da regulação tônica dos barorreceptores e supressão da liberação de catecolaminas nas terminações nervosas autonômicas. Por outro lado, o ANP diminui o limiar de ativação das fibras aferentes vagais, suprimindo o reflexo de taquicardia e a vasoconstrição que acompanham a redução da pré-carga, contribuindo para a manutenção da redução da pressão arterial.

A ativação dos neurônios ANPérgicos no hipotálamo, via expansão de volume, também inibe a ingestão de água (ou *ação dipsogênica*) e sal, além de inibir a secreção de vasopressina (ou ADH). Portanto, os neurônios ANPérgicos desempenham papel importante, não só na modulação da ingestão de líquido, mas também na sua excreção, na tentativa de manutenção da homeostase corporal. Cada um destes efeitos implica, portanto, ações centrais e periféricas coordenadas, que agirão no controle do volume e da concentração

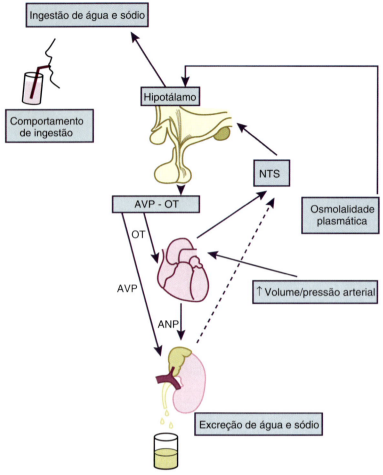

Figura 55.16 ▪ Mecanismos envolvidos no controle neuroendócrino da liberação do peptídio natriurético atrial (ANP). *OT*, ocitocina; *NTS*, núcleo do trato solitário; *AVP*, vasopressina ou ADH. Descrição no texto. (Adaptada de Antunes-Rodrigues *et al.*, 2004.)

dos líquidos do organismo, garantindo sua homeostase. (Esse assunto é também discutido no Capítulo 75.)

Embora, como descrito, o estiramento libere o ANP dos cardiomiócitos, algumas evidências indicam que a liberação do ANP promovida pela expansão de volume é mediada por impulsos aferentes dos barorreceptores ao hipotálamo. Ou seja, a expansão de volume distenderia os barorreceptores do átrio direito, dos seios carotídeos e aórtico e dos rins, alterando a entrada aferente para o tronco encefálico e hipotálamo, resultando na estimulação da liberação de ocitocina pela hipófise posterior; este hormônio, no átrio direito, estimularia a liberação do ANP.

Acredita-se que o CNP apresente uma ação mais generalizada, uma vez que os seus receptores encontram-se espalhados por todo o SNC, atuando, principalmente, em efeitos de anticrescimento na glia.

IMPLICAÇÕES TERAPÊUTICAS

Em condições basais, os peptídios natriuréticos são pouco expressos; entretanto, sua expressão é dramaticamente alta durante o desenvolvimento embrionário e fetal, diminuindo rapidamente no período pós-natal, e em condições fisiopatológicas. Os peptídios natriuréticos são associados a uma série de doenças cardiovasculares; por esse motivo, nas três últimas décadas, vários estudos avaliaram o seu verdadeiro papel nessas condições patológicas. Evidências clínicas e experimentais já demonstraram que os peptídios natriuréticos, em especial o BNP, encontram-se significativamente aumentados na circulação sistêmica em situações de insuficiência cardíaca, de infarto do miocárdio, de hipertrofia ventricular esquerda, de aterosclerose coronariana, entre outras (Figura 55.18).

Em condições normais, no coração saudável, o BNP é produzido e armazenado nos grânulos atriais, juntamente com o ANP; enquanto os cardiomiócitos ventriculares quase não produzem esses grânulos, e não contêm peptídios derivados do pró-BNP. Assim, indivíduos saudáveis apresentam concentrações plasmáticas de BNP da ordem de 1 fmol/mℓ (3,5 pg/mℓ), cerca de dez vezes menores que as do ANP. Em contraste, as concentrações plasmáticas de BNP em pacientes com insuficiência cardíaca congestiva elevam-se cerca de 200 a 300 vezes. Os elevados níveis de BNP sob essas condições não se restringem à circulação, uma vez que após o infarto do miocárdio há abrupto aumento nos níveis de RNA mensageiro e da proteína BNP no ventrículo esquerdo. Além disso, como as expressões cardíacas de ANP e BNP quase sempre são reguladas de forma sincrônica nas diferentes patologias cardiovasculares, a concentração plasmática aumentada de um destes peptídios é seguida pelo aumento da concentração do outro.

Com base nesses estudos, atualmente, esses peptídios vêm sendo usados como potente ferramenta no diagnóstico e prognóstico dessas doenças, servindo como importante marcador do estado clínico de disfunção ventricular esquerda.

Rim e Hormônios 851

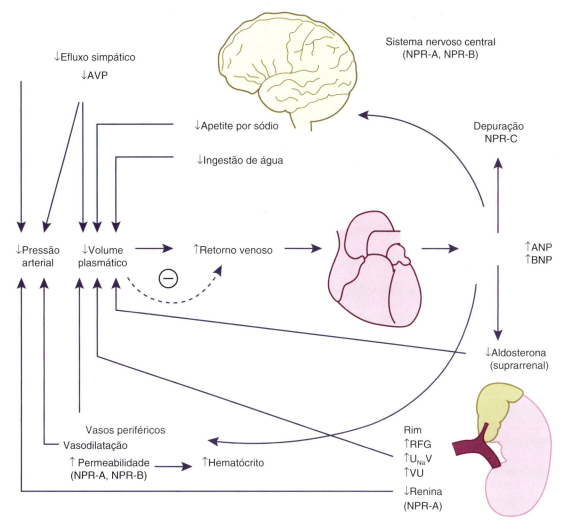

Figura 55.17 ▪ Efeitos fisiológicos dos peptídios natriuréticos dos tipos A, B e C. A secreção aumentada desses peptídios promove diminuição da pressão arterial e do volume plasmático, por ações coordenadas do SNC, suprarrenais, rins e vasos. O sinal (−) indica que a queda do volume plasmático leva à diminuição do retorno venoso, a qual provoca queda da secreção desses peptídios. NPR-A, NPR-B e NPR-C, receptores dos peptídios natriuréticos tipos A, B e C, respectivamente; AVP, vasopressina; RFG, ritmo de filtração glomerular; $U_{Na}V$, excreção urinária de sódio; VU, volume urinário. (Adaptada de Levin et al., 2004.)

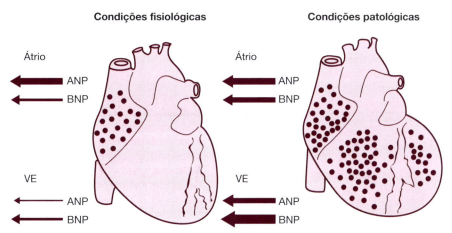

Figura 55.18 ▪ Síntese e estocagem cardíaca dos peptídios natriuréticos atrial (ANP) e cerebral (BNP), sob condições fisiológicas e patológicas. Em situações fisiológicas, o ANP e pequenas quantidades de BNP são liberados dos grânulos de estocagem do átrio cardíaco. Em condições patológicas, o ventrículo esquerdo passa a corresponder à principal fonte de síntese do BNP. O tamanho das *setas* corresponde às quantidades secretadas relativas desses peptídios. VE, ventrículo esquerdo. (Adaptada de Kim e Piano, 2000.)

Outras Substâncias Vasodilatadoras com Ação Renal | Óxido Nítrico, Prostaglandinas e Bradicinina

Guiomar Nascimento Gomes

A adequada perfusão sanguínea, nos diversos tecidos do organismo, é mantida graças à participação de sistemas de controle nervoso, hormonal ou parácrino, que são ativados frente a situações distintas. Quando o organismo depara com uma situação adversa como a hipovolemia, por exemplo, são acionados sistemas vasoconstritores como o sistema renina-angiotensina, a ativação simpática renal e o hormônio antidiurético (ou vasopressina). Estes mecanismos contribuem para a manutenção da pressão arterial; entretanto, podem reduzir o fluxo sanguíneo renal, comprometendo a excreção urinária de água e eletrólitos. Porém, substâncias vasodilatadoras com ação renal são capazes de se contrapor a este efeito, que pode ser danoso, protegendo a função renal.

Neste item serão discutidos os seguintes vasodilatadores de ação renal: óxido nítrico, prostaglandinas e bradicinina.

ÓXIDO NÍTRICO

▶ Aspectos gerais

O papel do endotélio sobre o tônus vascular começou a ser estudado no início da década de 1980, quando Furchgott e Zawadski verificaram que o efeito vasodilatador da acetilcolina, em preparações vasculares, só se manifesta quando o endotélio se apresenta íntegro. Na ausência do endotélio, a acetilcolina não produz este efeito. Assim, o efeito vasodilatador foi atribuído a uma substância vasoativa, secretada pelas células endoteliais, que passou a ser chamada de fator relaxante derivado do endotélio (EDRF). Posteriormente, o óxido nítrico (NO) foi identificado como o mais importante vasodilatador derivado do endotélio.

O NO é um gás com um radical livre, difusível e solúvel em água, cuja meia-vida é bastante curta (1 a 5 s), sendo rapidamente decomposto a nitrito (NO_2^-) e nitrato (NO_3^-).

O NO é sintetizado a partir do aminoácido L-arginina, pela atividade da enzima NO sintase (NOS), tendo como cofatores a tetraidrobiopterina e a NADPH. A NOS catalisa a conversão de arginina em citrulina e NO (Figura 55.19). Quando as células endoteliais são estimuladas pela acetilcolina ou por outro vasodilatador (bradicinina, serotonina, ATP), há produção e liberação do NO. O NO apresenta as seguintes ações: (1) ativa a guanilatociclase do músculo liso vascular, resultando no aumento da concentração intracelular de guanosina 3',5'-monofosfato cíclico (cGMP) – que bloqueia canais para Ca^{2+} dependentes de voltagem, presentes na membrana celular – e (2) ativa a proteinoquinase dependente de cGMP (PKG). A PKG fosforila proteínas do retículo sarcoplasmático (SERCA) que sequestram Ca^{2+} no retículo sarcoplasmático. Portanto, ocorre redução na concentração intracelular de Ca^{2+} e, consequentemente, relaxamento do músculo liso.

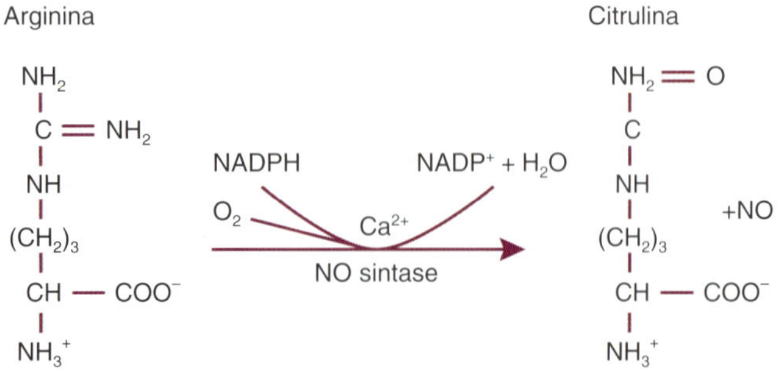

Existem 3 isoformas de NOS: neuronal (nNOS), endotelial (eNOS) e induzível (iNOS). As isoformas nNOS e eNOS são constitutivas, encontrando-se ancoradas na membrana plasmática. A iNOS é produzida no organismo mediante estimulação por citocinas, como o fator de necrose tumoral α (TNFα), ou outros estímulos fisiopatológicos.

A geração de espécies reativas de oxigênio, como o íon superóxido (O_2^-), é considerada normal em processos fisiológicos, desde que os mecanismos de defesa antioxidante estejam adequados. Quando há aumento da produção de O_2^-, ou há redução da atividade ou expressão da superóxido dismutase (SOD) (na defesa antioxidante), o excesso de O_2^- reage com o NO com grande afinidade formando o peroxinitrito ($ONOO^-$), que é um radical altamente citotóxico. O peroxinitrito é capaz de atacar proteínas (nitração de proteínas), ácidos nucleicos e lipídios, principalmente da membrana celular (peroxidação lipídica), comprometendo as suas funções.

Além do importante papel como vasodilatador, o NO parece exercer relevante ação na destruição de microrganismos invasores, mediada por macrófagos e neutrófilos. O NO também tem sido apontado como um neurotransmissor, no SNC e no sistema nervoso entérico (SNE). Ele é liberado tanto em terminais pré como pós-sinápticos. Por ser uma molécula pequena e solúvel em membranas, difunde-se mais livremente que outras moléculas transmissoras, podendo, ao ser secretado pelo terminal pós-sináptico, modular a atividade pré-sináptica.

▶ Efeitos do NO na função renal

No rim, ocorre síntese de NO nas células mesangiais e endoteliais do glomérulo, na mácula densa, no aparelho justaglomerular, no túbulo proximal e no túbulo coletor. Entretanto, em virtude de sua alta difusibilidade, o NO produzido em um vaso ou em determinado segmento do néfron pode influenciar a atividade das estruturas renais circunvizinhas.

O papel do NO na regulação da filtração glomerular foi evidenciado em estudos que indicaram que inibidores da síntese de NO causam acentuada queda no fluxo plasmático renal (FPR) e no ritmo de filtração glomerular (RFG). Este efeito foi atribuído ao aumento da resistência da arteríola aferente em paralelo ao decréscimo do coeficiente de filtração

Figura 55.19 ▪ Esquema ilustrativo da formação do óxido nítrico (NO) a partir do metabolismo da arginina, pela ativação da enzima óxido nítrico sintase (NO sintase). (Adaptada de Nelson et al., 2000.)

glomerular (Kf), decorrentes da menor produção de NO pelas células mesangiais na presença dos inibidores de sua síntese. Além disso, a inibição da NOS também aumenta a resposta vasoconstritora das arteríolas renais (aferentes e eferentes) em resposta à angiotensina II. De maneira semelhante, a infusão intrarrenal de norepinefrina em animais tratados com *N-nitro-L-arginine methyl ester* (ou L-NAME, inibidor não seletivo da NO sintase) causa acentuada queda no RFG e no FPR, alteração não observada na ausência do inibidor, sugerindo que o NO exerça um papel modulador sobre o efeito vasoconstritor da angiotensina II e da epinefrina.

A produção de NO pelas células da mácula densa parece participar do balanço tubuloglomerular (BTG). Resumidamente: em condições normais, quando ocorre aumento do RFG em um determinado néfron, há aumento do fluxo de líquido e de NaCl para o segmento distal do mesmo néfron, particularmente, na sua mácula densa. O maior influxo de NaCl nas células da mácula densa faz com que haja liberação de agentes parácrinos (ATP, adenosina, tromboxano e outras substâncias) que provocam a contração das células musculares lisas da parede da arteríola aferente do próprio néfron, aumentando a sua resistência e, consequentemente, reduzindo o seu RFG. O papel exato do NO neste mecanismo ainda não está claro. Estudos realizados em alças de Henle isoladas e perfundidas com soluções contendo diferentes concentrações de NaCl demonstraram que o aumento da concentração luminal de NaCl causa aumento da produção de NO nas células da mácula densa; assim, a maior produção de NO poderia desempenhar um papel modulador da vasoconstrição causada pelo BTG.

Os efeitos do NO sobre a reabsorção de líquido no túbulo contornado proximal (TCP) são controversos. Estudos *in vivo* mostraram que se no lúmen tubular do TCP for adicionado (1) nitroprussiato (doador de NO) – há redução da reabsorção de líquido ou (2) L-NAME – há aumento da reabsorção de líquido, sugerindo que o NO apresenta efeito inibitório sobre a reabsorção de líquido no TCP. Por outro lado, outros estudos, também realizados *in vivo* no TCP, demonstraram que: (1) a infusão intravenosa de L-NAME reduz a reabsorção de líquido e (2) em animais *knockout* para nNOS há menor reabsorção de líquido que em animais *wild-type*, sugerindo que o NO estimula a reabsorção de líquido no TCP. Entretanto, os animais *knockout* apresentam alterações em outros órgãos que podem ter influenciado os resultados. Além disso, foi relatado que a administração intravenosa de L-NAME causa um *aumento paradoxal* na produção de NO no córtex renal. Ou seja, os resultados obtidos no TCP *in vivo* são de difícil interpretação. Já os resultados obtidos com células de túbulo proximal, em cultura, são mais consistentes e indicam que o NO inibe a atividade do trocador Na^+/H^+ bem como da Na^+/K^+-ATPase.

Os estudos realizados em alças de Henle isoladas e perfundidas sugerem que nesse segmento tubular o NO inibe a reabsorção de NaCl por uma ação direta sobre o cotransporte luminal $Na^+:2Cl^-:K^+$ e não por ação secundária à inibição da Na^+/K^+-ATPase.

O aumento da biodisponibilidade de NO na medula renal tem fundamental papel na regulação do fluxo sanguíneo medular, protegendo esta região de lesão isquêmica. Este aumento pode ser decorrente da grande quantidade de NOS encontrada nos ductos coletores medulares (cerca de 26 vezes maior que no córtex renal). O tratamento crônico com L-NAME, em dose que não altera o fluxo sanguíneo cortical, resulta em redução de 30% do fluxo sanguíneo medular, acompanhada de queda da excreção renal de sódio e desenvolvimento de hipertensão arterial. Esses achados evidenciam a relevante ação do NO na irrigação da medula renal e no transporte iônico do ducto coletor medular.

Em conclusão: o NO desempenha importante papel na regulação da função renal, tanto por seu efeito vascular, quanto pela sua ação direta sobre os transportadores tubulares.

PROSTAGLANDINAS

▶ Aspectos gerais

As prostaglandinas, tromboxanos e leucotrienos são substâncias derivadas do ácido araquidônico (AA) sintetizado no fígado, a partir do ácido linoleico da dieta. O AA é transportado no plasma ligado a lipoproteínas de baixa densidade (fração esterificada) e a albumina (fração não esterificada). A fração esterificada é, posteriormente, captada pelas células e armazenada nos fosfolipídios da membrana plasmática. A liberação do AA da membrana plasmática ocorre por diversos estímulos (químico, inflamatório, traumático, mitogênico), por meio da enzima fosfolipase A_2 (PLA_2). O AA forma produtos distintos, dependendo da via de metabolização: (1) a via da ciclo-oxigenase – leva à formação das prostaglandinas (PG), (2) a via da lipo-oxigenase – resulta na síntese dos ácidos mono, di- e tri-hidroxieicosatetraenoico (HETE) e dos leucotrienos (LT) e (3) a via de oxigenação pelas epoxigenases, mediada pelo citocromo P-450 – leva à formação dos ácidos epóxi-eicosatrienoicos (ácidos graxos ω-hidroxilados).

Via da ciclo-oxigenase (COX)

Inicialmente, a COX promove a formação de compostos intermediários instáveis (PGG_2 e PGH_2) que, subsequentemente, são convertidos a compostos mais estáveis e biologicamente ativos: prostaglandina E_2 (PGE_2), prostaglandina I_2 (PGI_2 ou prostaciclina), prostaglandina $F_{2\alpha}$ ($PGF_{2\alpha}$), prostaglandina D (PGD) e tromboxano A_2 (TxA_2). Estas substâncias são rapidamente metabolizadas, tendo função autócrina e parácrina (Figura 55.20).

Duas isoformas de COX já foram identificadas: COX_1 e COX_2. A COX_1 parece ser constitutiva e estar relacionada com as funções fisiológicas. A COX_2 é induzida por mediadores inflamatórios e por mitógenos, mas também parece exercer função de manutenção celular.

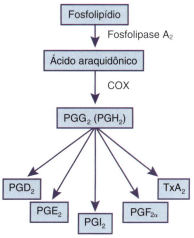

Figura 55.20 ▪ Esquema ilustrativo da síntese das prostaglandinas. Explicações no texto.

Cada prostaglandina se liga a um receptor específico na membrana celular, acoplado a uma proteína G. Até agora, foram identificados e caracterizados os seguintes receptores: DP (PGD), EP (PGE), FP (PGF), IP (PGI) e TP (TxA). Quatro subtipos de receptores foram encontrados para a PGE: EP_1, EP_2, EP_3, EP_4. Os receptores EP_1 e EP_3 estão associados à contração do músculo liso, enquanto os receptores EP_2 e EP_4 promovem relaxamento do músculo liso, incluindo o vascular. Os diversos efeitos das PG dependem das diferentes células nas quais seus receptores estão expressos, bem como da via de sinalização que medeia seu efeito. Os receptores DP, IP, EP_2 e EP_4 são acoplados à proteína G estimulatória (Gs) e promovem aumento da concentração intracelular de cAMP; já o receptor EP_3 está acoplado à proteína G inibitória (Gi) e reduz a síntese de cAMP. Em alguns tecidos, os receptores TP, FP e EP_1 promovem mobilização de cálcio.

Considerando os distintos receptores específicos para cada PG e sua ampla distribuição, é possível compreender sua diversidade de ações no organismo, desempenhando papel central na inflamação, coagulação sanguínea, ovulação, parto, metabolismo ósseo, função renal, tônus vascular, crescimento e desenvolvimento neuronal.

▶ Efeito das prostaglandinas na função renal

Nos rins, as prostaglandinas são importantes moduladores do tônus vascular, do transporte tubular de sal e água e da liberação de renina.

A PGE_2 e a PGI_2 (ou prostaciclina) são as prostaglandinas que apresentam maior síntese nos rins. No córtex renal, há maior produção de PG nos vasos, no glomérulo e no túbulo coletor cortical. Em humanos, o glomérulo e as células mesangiais produzem principalmente PGI_2, além de quantidades menores de PGE_2, PGF_2 e TxA. A produção de PGE_2 é maior na medula renal, desempenhando importante papel na regulação do transporte de sal e água na alça ascendente espessa e no ducto coletor. Tendo em vista que a COX_1 é muito expressa em ductos coletores corticais e medulares, acredita-se que as prostaglandinas produzidas por esta via estejam envolvidas na resposta natriurética. Há muito tempo é conhecido que a elevação do volume de líquido extracelular causa aumento agudo da pressão hidrostática intersticial e natriurese; e, atualmente, está constatado que a infusão de inibidores não seletivos da COX impede essa resposta natriurética, confirmando a participação das PG nesse mecanismo.

Em rins de mamífero, a mácula densa (MD) participa do mecanismo de controle do tônus da arteríola aferente detectando alterações na concentração luminal de cloreto, por meio de modificações na atividade do cotransporte $Na^+:K^+:2Cl^-$, estimulando a secreção de renina (pelo balanço tubuloglomerular, anteriormente mencionado). Estudos *in vivo*, em néfrons isolados e perfundidos, demonstraram que a administração de inibidores não seletivos da COX inibe a secreção de renina mediada pela diminuição da carga de NaCl na MD. Além disso, em situações em que a secreção de renina é elevada, como na deficiência de sal, no uso de inibidores da enzima conversora de angiotensina ou na hipertensão renovascular experimental aumenta a expressão da COX_2 na mácula densa. Portanto, estes experimentos demonstram que as prostaglandinas também contribuem para regulação do transporte tubular de sódio e liberação de renina nos rins.

Em condições normais, as prostaglandinas parecem exercer pouca influência no fluxo sanguíneo renal e no ritmo de filtração glomerular. Entretanto, em situações em que há grande queda do volume de líquido extracelular, o aumento da secreção de catecolaminas, angiotensina II e vasopressina pode causar acentuada vasoconstrição renal, reduzindo drasticamente a filtração glomerular. Nestas situações, a ação de substâncias vasodilatadoras, tais como as prostaglandinas, é fundamental para proteger o fluxo sanguíneo renal e o ritmo de filtração glomerular (para outros detalhes, consultar o Capítulo 50). Deste modo, as prostaglandinas, particularmente a PGE_2 e a PGI_2, parecem agir no glomérulo contribuindo para a manutenção da filtração glomerular.

As prostaglandinas também interferem na capacidade renal de concentrar a urina, devido a seu efeito inibidor da ação do hormônio antidiurético. Dados da literatura sugerem que este efeito ocorra pela ligação da PGE_2 ao receptor EP_1 e/ou EP_3, resultando na ativação da proteinoquinase C (PKC). Também é descrito que a PGE_2 se contrapõe ao hormônio antidiurético, resgatando moléculas de aquaporina 2 (AQP2) da membrana luminal do ducto coletor.

SISTEMA CALICREÍNA-CININAS

O sistema calicreína-cininas é um complexo de várias enzimas que regulam os níveis de peptídios biologicamente ativos denominados cininas. Seus principais componentes são a enzima calicreína, o substrato cininogênio, os hormônios efetores lisil-bradicinina e bradicinina (BK) e as enzimas metabolizadoras cininases, dentre as quais as mais importantes são a cininase I e a cininase II (também denominada de enzima conversora de angiotensina ou ECA) e a endopeptidase neutra (Figura 55.21).

A *calicreína plasmática* parece desempenhar relevante função no processo de ativação da via intrínseca da coagulação, utilizando como substrato um cininogênio de alto peso molecular, do qual libera um nonapeptídio, a BK. A *calicreína tissular*, por sua vez, age sobre cininogênios de alto ou baixo peso molecular, liberando o decapeptídio lisil-bradicinina ou *calidina*. No rim, a forma tissular da calicreína é encontrada principalmente em células dos túbulos de conexão e do ducto coletor cortical, cuja proximidade anatômica com o aparelho justaglomerular sugere que o sistema calicreína-cinina possa estar envolvido na regulação do FPR, do RFG e da liberação de renina.

Praticamente, todos os componentes do sistema calicreína-cinina, incluindo o cininogênio de baixo peso molecular, a calicreína, os receptores de cininas e as cininases, foram encontrados nos rins, principalmente, no ducto coletor. Inicialmente, foi atribuída à BK um efeito natriurético e diurético. Posteriormente, foi reconhecido que o mecanismo

Figura 55.21 ▪ Esquema ilustrativo do sistema calicreína-cininas. Explicações no texto.

responsável por estes seus efeitos poderia ser indireto, devido ao aumento do fluxo de sangue da medula renal secundário à ação da BK na vasodilatação medular, com consequente dissipação da hipertonicidade intersticial medular (graças ao mecanismo de *lavagem do interstício papilar*, descrito no Capítulo 53). Em experimentos mais recentes, com uso de BK exógena, foi confirmado seu aumento no fluxo sanguíneo renal papilar e medular e seu pouco efeito no fluxo sanguíneo total ou cortical ou na taxa de filtração glomerular; nesses experimentos, também foram observados efeitos opostos aos descritos, após inibição do receptor B2 da BK com Hoe 140, reforçando os dados que indicam que a BK causa vasodilatação medular.

A origem das cininas encontradas nos vasos renais é dupla: (1) podem difundir do local de sua síntese, nas células do túbulo de conexão e do ducto coletor, para ir modular o tônus vascular de arteríolas glomerulares de glomérulos justamedulares e/ou dos vasos retos descendentes e (2) também podem ser sintetizadas e liberadas do endotélio. Mas, qualquer que seja a origem da BK, seu efeito sobre a vasculatura renal é o mesmo, vasodilatação.

Em mamíferos, foram identificados dois receptores da BK, B1R e B2R, ambos acoplados à proteína G. O receptor B2R é constitutivamente expresso na maioria dos tecidos, sendo abundante nas células endoteliais vasculares, onde é funcionalmente ligado à ativação da óxido nítrico sintase endotelial (eNOS ou NOS3). Em condições normais, a expressão de B1R é mínima; entretanto, é induzida pela inflamação, diabetes, isquemia/reperfusão etc. Em condições fisiológicas, o mRNA do B2R é expresso em todos os segmentos do rim; em contraste, nessas condições, nenhum mRNA de B1R é detectado no rim. A estimulação dos receptores da BK por cininas eleva a concentração intracelular de cálcio ($[Ca^{2+}]i$), pela ativação do complexo fosfatidilinositol fosfolipase C (PI-PLC) de maneira dependente da proteína GQ.

▶ Bradicinina e óxido nítrico

A estimulação dos receptores de BK pela cininas eleva a $[Ca^{2+}]i$ e ativa as isoformas de NOS dependentes de Ca^{2+} (eNOS e nNOS). A BK, por intermédio de seus receptores, também leva à ativação sequencial da PI$_3$-quinase, fosforilação da Akt, e fosforilação da eNOS. A expressão da isoforma da NOS independentes de Ca^{2+} (NOS induzível) também é aumentada pela bradicinina, tanto por meio do B1R como do B2R. Assim, o sistema cinina-calicreína parece exercer seus efeitos, pelo menos em parte, pela produção de NO, e desta maneira modular a função renal.

▶ Bradicinina e prostaglandinas

A BK pode aumentar a produção de PG por meio de seus receptores, por mecanismos distintos. Ela promove a fosforilação e a translocação da fosfolipase A_2 citosólica para a membrana celular, na dependência de cálcio, bem como estimula a fosfolipase A_2 independente de cálcio. Estas fosfolipases liberam ácido araquidônico dos fosfolipídios da membrana. A BK também leva à indução da ciclo-oxigenase-2, que converte o ácido araquidônico em PG. As PG, formadas após a estimulação dos receptores de bradicinina, vão agir por meio de seus receptores, mediando alguns dos efeitos das cininas no tônus vascular.

Em resumo, o sistema calicreína-cinina influencia a hemodinâmica renal por sua ação vasodilatadora, bem como o transporte tubular renal de sódio e água, com consequente ação diurética e natriurética. Esses efeitos são, pelo menos em parte, mediados pelo NO (causando vasodilatação) e pelas PG (provocando diurese e natriurese). Sua principal interação com o sistema renina-angiotensina é determinada pela enzima conversora de angiotensina (ECA ou cininase II), que além de liberar angiotensina II, também degrada as cininas (ver Figura 55.21).

Hormônio Antidiurético (ADH)

Antonio J. Magaldi

A eliminação de urina concentrada resulta da reabsorção de água pelo ducto coletor medular interno e está diretamente relacionada com dois fatos importantes: (1) formação de medula hipertônica em relação ao fluido tubular e (2) ação do ADH aumentando a permeabilidade à água e à ureia nos ductos coletores medulares. A formação da medula hipertônica está diretamente ligada ao mecanismo de contracorrente multiplicador que ocorre nos ramos finos descendente e ascendente e na porção espessa da alça de Henle. Pela diferença de permeabilidade à água e a solutos destes segmentos e pelo *efeito unitário da porção espessa*, que adiciona NaCl ao interstício (pelo cotransportador ativo secundário $Na^+:K^+:2Cl^-$), a medula renal torna-se progressivamente hipertônica da região justamedular em direção à papila. Este aumento da osmolalidade papilar favorece a reabsorção de água nos ductos coletores medulares tornados permeáveis à água pelo hormônio antidiurético. Outras informações a respeito do ADH são fornecidas no Capítulo 53 e no Capítulo 66, *Glândula Hipófise*.

SÍNTESE E LIBERAÇÃO DO ADH

O ADH é um peptídio que tem peso molecular 1.084 Da e nove aminoácidos, exibindo a seguinte composição:

NH$_2$-Cis-Tir-Fe-Glu-Asp-Cis-Pro-Arg-Gli
|_____s_____s_____|

O aminoácido arginina, localizado na posição 8, confere ao ADH humano também o nome de *arginina-vasopressina* (ou AVP), em virtude do seu efeito vasopressor. Este nonapeptídio é sintetizado pela maioria dos mamíferos, menos os da subordem suína; estes produzem a lisil-vasopressina, em que a arginina da posição 8 é substituída pela lisina.

Este hormônio produz dois efeitos fundamentais: (1) aumento da permeabilidade à água e à ureia nos ductos coletores e (2) aumento da pressão arterial, porém em uma concentração muito maior do que a necessária para produzir a antidiurese. Com a substituição da fenilalanina por isoleucina e da arginina por leucina há produção de *ocitocina*. Este é um hormônio encontrado em todos os mamíferos, apresentando fraca ação antidiurética, porém potente ação constritora dos músculos lisos da glândula mamária e do útero.

O ADH é sintetizado em neurônios dos núcleos supraóptico e paraventricular do hipotálamo e liberado pela neuro-hipófise (Figura 55.22).

Quando há elevação da osmolalidade plasmática, os osmorreceptores hipotalâmicos sofrem retração celular, aumentando a atividade de canais de cálcio mecanossensíveis, localizados em suas membranas. Os íons cálcio atravessam estas membranas causando significante despolarização, com consequente aumento da frequência de seus potenciais de ação. Essas informações são transmitidas aos neurônios dos núcleos supraóptico e paraventricular do hipotálamo.

O mecanismo de biossíntese do hormônio nos neurônios dos núcleos hipotalâmicos é complexo. Inicia-se no núcleo da célula neuronal com a expressão da informação genética e a ativação do processo de transcrição gênica. O gene para o ADH contém aproximadamente 2.000 pares de base, encontra-se no cromossomo 20 e contém três éxons, A, B e C, separados por dois segmentos intermediários, íntrons 1 e 2 (Figura 55.23). O RNA mensageiro, agindo sobre os ribossomos nas paredes do retículo endoplasmático, serve como modelo padrão para a síntese de uma macromolécula precursora chamada de pré-pró-hormônio ou pró-pressofisina (com peso molecular cerca de 21.000 Da). Cada éxon codifica um dos três domínios funcionais do pré-pró-hormônio que contém a sequência do peptídio sinalizador com um NH_2 terminal (a do ADH), a da neurofisina (que é a proteína transportadora do ADH), e a de um glicopeptídio (copeptina) com um terminal COOH.

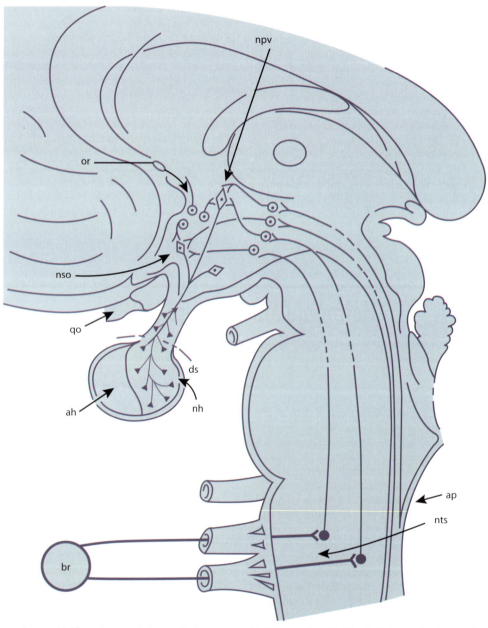

Figura 55.22 ▪ Esquema da neuro-hipófise e das suas relações anatômicas. *nh*, neuro-hipófise; *ah*, adeno-hipófise; *ds*, diafragma da sela; *qo*, quiasma óptico; *nso*, núcleo supraóptico; *npv*, núcleo paraventricular; *or*, osmorreceptores; *br*, barorreceptores; *nts*, núcleo do trato solitário; *ap*, área postrema. (Adaptada de Robertson e Berl, 1996.)

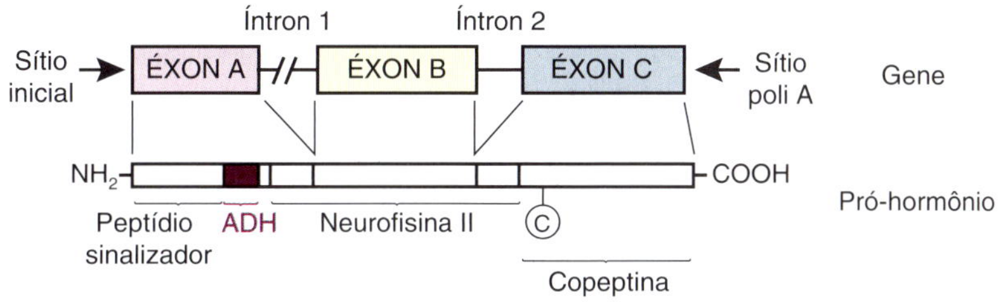

Figura 55.23 ▪ Estrutura do pró-hormônio do ADH e do gene que o codifica. Descrição da figura no texto. *c*, local de glicosilação. (Adaptada de Robertson e Berl, 1996.)

Com a perda, por clivagem, da proteína sinalizadora, o pré-pró-hormônio transforma-se no pró-hormônio. Este, no sistema de Golgi, é empacotado sob a forma de grânulos que são transportados pelos axônios neuronais até suas terminações nervosas na neuro-hipófise. Durante este transporte (por fluxo axoplasmático), que leva em média de 12 a 24 h, ocorre o processo de maturação no qual a molécula precursora torna-se alvo de modificações enzimáticas, resultando na formação do ADH, da neurofisina e da copeptina.

Os grânulos secretórios acumulados nas terminações neuronais hipofisárias são liberados na circulação por exocitose mediada por Ca^{2+}, estimulada pelo aumento da frequência de potenciais de ação (defagrados pela estimulação dos neurônios dos núcleos hipotalâmicos supraóptico e paraventricular) que se propagam ao longo dos axônios, causando a despolarização da membrana, influxo de cálcio, fusão dos grânulos secretórios com a membrana e extrusão do conteúdo. O ADH secretado é então rapidamente captado pela rica rede capilar do sistema porta-hipotálamo-hipofisário, de onde alcança a circulação geral.

REGULAÇÃO DA SECREÇÃO DO ADH

▶ Fator osmótico

A intensidade da secreção do ADH oscila sob a influência de vários fatores fisiológicos e fisiopatológicos. Entre os vários fatores conhecidos (Quadro 55.2), acredita-se que, em condições fisiológicas, a variação da osmolalidade plasmática seja o mais importante.

Juntamente com a secreção do ADH, a alteração da osmolalidade plasmática também provoca o aparecimento da sensação de sede. A variação da osmolalidade plasmática é percebida por neurônios especializados, chamados de osmorreceptores, localizados na região hipotalâmica próxima aos núcleos supraóptico e paraventricular, a qual não sofre restrições da barreira hematencefálica. Quando a osmolalidade plasmática, ou mais precisamente a quantidade de sódio plasmático, se eleva acima de um *set-point*, a secreção de ADH ocorre em proporção a este aumento. E, inversamente, quando a osmolalidade plasmática cai abaixo deste *nível de gatilho*, a secreção hormonal se interrompe. O limiar osmótico está em torno de 285 mOsm/kg e variações tão pequenas quanto 1% desse valor são capazes de produzir secreção de ADH de, em média, 1 pg/mℓ, quantidade essa suficiente para alterar a concentração e o volume da urina (Figura 55.24). Esta extraordinária sensibilidade do osmorreceptor lhe confere o principal papel na mediação da resposta antidiurética decorrente da alteração da osmolalidade plasmática. Curiosamente, o limiar osmótico pode variar ligeiramente de pessoa para pessoa, mas

Quadro 55.2 ▪ Condições que influenciam a secreção de ADH.

Alterações osmóticas
  Osmolalidade plasmática
    Alterações do balanço hídrico
    Infusão de solução hipertônica ou hipotônica
    Hiperglicemia (por deficiência de insulina)
Modificações hemodinâmicas
  Volume sanguíneo (total ou efetivo)
    Postura
    Hemorragia
    Deficiência ou excesso de aldosterona
    Gastrenterite
    Insuficiência cardíaca congestiva
    Cirrose
    Síndrome nefrótica
    Respiração com pressão positiva
    Diuréticos
    Diurese osmótica (no diabetes melito não controlado)
  Pressão arterial
    Hipotensão ortostática
    Reação vagovagal
    Substâncias (isoproterenol, norepinefrina, nicotina, nitroprussiato de sódio, trimetafam, histamina, bradicinina, morfina)
Situações eméticas (que provocam vômitos)
  Náuseas
  Substâncias (apomorfina, morfina, nicotina)
  Cinetose (distúrbio em trajetos por avião, navio ou automóvel)
  Cetoacidose
  Hormônios (colecistocininas)
Situações glicopênicas
  Hipoglicemia (por insulina ou 2-deoxiglicose)
Outras condições
  Estresse
  Temperatura
  Angiotensina
  pCO_2, pO_2, pH
Medicamentos (ver Quadro 55.3)

em um mesmo indivíduo permanece praticamente constante durante toda a vida e parece ser determinado geneticamente.

A sensibilidade do osmorreceptor a variações de osmolalidade não é igual para todos os solutos plasmáticos. A velocidade com que o soluto é capaz de penetrar na célula osmorreceptora é o fator determinante para que o estímulo seja iniciado. Assim, substâncias que penetram rapidamente nessa célula não são capazes de criar um gradiente osmótico, entre ela e o plasma que a circunda, suficientemente duradouro para permitir o influxo de água no neurônio, causador do estiramento da sua membrana e iniciador do estímulo elétrico. O Na^+, juntamente com o Cl^- e HCO_3^-, solutos que contribuem com mais de 95% da pressão osmótica do

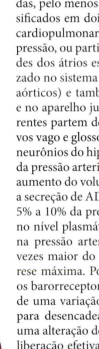

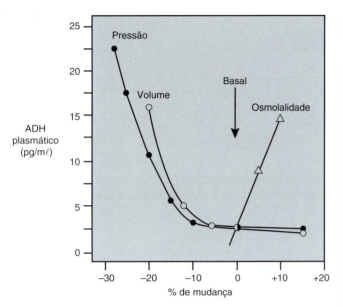

Figura 55.24 ▪ Comparação da sensibilidade dos osmo e barorreceptores. A secreção de ADH é mais sensível às mudanças da osmolalidade plasmática do que às mudanças da pressão ou do volume de sangue. (Adaptada de Robertson e Berl, 1996.)

Quadro 55.3 ▪ Fármacos ou hormônios que alteram a secreção de ADH.

Estimuladores	Inibidores
Acetilcolina	Norepinefrina
Nicotina	Flufenazina
Apomorfina	Haloperidol
Morfina (em dose alta)	Prometazina
Epinefrina	Oxilorfan, butofarnol
Isoproterenol	Agonistas (*kappa*) do ópio
Bradicinina	Morfina (em dose baixa)
Prostaglandina	Álcool
β-Endorfina	Glicocorticoide
Ciclofosfamida	Fenitoína?
Vincristina	Clonidina
Insulina	Muscinol
2-deoxiglicose	Fenciclidina
Histamina	
Angiotensina	
Clorpropamida?	
Clofibrato?	
Fator de liberação da corticotrofina	
Naloxona	
Colecistocinina	

plasma, penetram na célula mais lentamente do que os solutos do tipo de certos açúcares, como o manitol e a sacarose; por isso, esses íons são mais eficientes em relação à capacidade de estimular a secreção de ADH.

▶ Fatores não osmóticos

O segundo importante estímulo para a liberação de ADH é a alteração do volume circulante ou da pressão arterial. Estas influências hemodinâmicas na secreção do ADH são mediadas, pelo menos em parte, por barorreceptores. Estes são classificados em dois tipos. O primeiro inclui os barorreceptores cardiopulmonares localizados no sistema circulatório de baixa pressão, ou particularmente, nos vasos pulmonares e nas paredes dos átrios esquerdo e direito. O segundo tipo está localizado no sistema arterial de alta pressão (barorreceptores sinoaórticos) e também fora da caixa torácica, no seio carotídeo e no aparelho justaglomerular renal. Projeções neuronais aferentes partem destes dois grupos de barorreceptores, via nervos vago e glossofaríngeo, alcançando o SNC, terminando nos neurônios do hipotálamo. A redução do volume plasmático ou da pressão arterial promove liberação do ADH; ao contrário, o aumento do volume plasmático ou da pressão arterial suprime a secreção de ADH. A Figura 55.24 indica que uma redução de 5% a 10% da pressão arterial média produz pequena variação no nível plasmático de ADH; mas, uma queda de 20% a 30% na pressão arterial provoca uma liberação de ADH muitas vezes maior do que a necessária para produzir uma antidiurese máxima. Portanto, comparados com os omorreceptores, os barorreceptores são menos sensíveis; isto é, há necessidade de uma variação em torno de 20% a 30% da pressão arterial para desencadear uma liberação efetiva de ADH, enquanto uma alteração de 1% a 2% da osmolalidade plasmática produz liberação efetiva do hormônio (ver Figura 55.24). A secreção de ADH pode ser alterada por vários outros fatores (ver Quadro 55.2) e também sofrer os efeitos farmacológicos de vários medicamentos e hormônios (Quadro 55.3). A quantidade de ADH que circula normalmente no plasma varia de 1 a 12 pmol/ℓ, sendo que a máxima capacidade de concentração urinária ocorre com a maior concentração plasmática de ADH.

AÇÃO HORMONAL

▶ Receptores

O ADH exerce a sua função por meio de receptores seletivos localizados na membrana celular. O hormônio, substância que evoca a resposta celular, é chamado de primeiro mensageiro. A resposta celular induzida pelo hormônio não se dá diretamente, mas mediada por um segundo mensageiro intracelular. Este segundo mensageiro é produzido pela interação do hormônio com o seu receptor celular específico e é o ponto-chave na expressão da ativação hormonal. Os dois sistemas de segundos mensageiros mais importantes conhecidos na fisiologia dos hormônios são o sistema do AMP cíclico e o sistema relacionado com a concentração de cálcio no citosol [Ca^{2+}]. O ADH utiliza estes dois sistemas para exercer os seus efeitos.

Já foram identificados quatro receptores diferentes para o ADH. Inicialmente, foram designados como receptores tipos V_1 e V_2. Posteriormente, foram descobertos subtipos do receptor V_1 que foram designados como V_1 (ou V_{1a}) e V_3 (ou V_{1b}). O V_1 é descrito no fígado, nas células lisas vasculares e na maioria dos tecidos periféricos; no entanto, em humanos, é encontrado somente na artéria mesentérica. O receptor V_2 está presente no rim e nas plaquetas. O receptor V_3 está presente em hipófise, rim, coração, timo, pulmão, baço, útero e glândulas mamárias. Recentemente, foi descrito um quarto receptor, V_4, presente no coração, cérebro e músculos esqueléticos. Os receptores V_1, V_3 e V_4 estão, primariamente, ligados às enzimas fosfolipase C (PLC) e fosfolipase A2 (PLA2), e têm como segundo mensageiro o Ca^{2+}, enquanto o receptor V_2 está ligado à enzima adenilciclase e tem como segundo mensageiro o cAMP. Apesar de o rim possuir três tipos de receptores, somente o receptor V_2 responde ao ADH.

Receptor V₂

O receptor V₂ está localizado principalmente na membrana basolateral das células principais dos ductos coletores, corticais e medulares, embora também exista na membrana luminal e na porção espessa ascendente da alça de Henle (Figura 55.25). Este receptor já foi totalmente clonado e sequenciado no rato e em humanos, mostrando possuir 4 domínios extramembranais, 7 domínios intramembranais e 4 domínios intracelulares. Estudos utilizando a técnica de biologia molecular mostraram que sua 3ª alça intracelular é a responsável pela estimulação da proteína G, após o ADH ter ocupado o seu *locus* de ação situado concomitantemente na 2ª e 3ª alça extramembranal do receptor. A sua conformação na membrana celular não é linear, sendo que a conexão do ADH no seu *locus* induz uma alteração alostérica na sua estrutura, tornando-o capaz de interagir com a proteína G, que está aposta no lado interno da membrana celular. No entanto, a natureza das mudanças dinâmicas nas proteínas do receptor, que produzem a ativação do complexo G, não é ainda totalmente conhecida. O número de receptores V₂ inseridos na membrana ou sua afinidade ao hormônio são regulados pela presença do próprio ADH. É conhecido que ratos da linhagem Brattleboro (cepa de animais que não produzem ADH por um defeito hereditário) apresentam número de receptores e expressão de mRNA diminuídos em 30% quando comparados com ratos normais; entretanto, depois da reposição hormonal, a expressão de mRNA volta ao normal.

Após a ligação do ADH ao receptor, este se interioriza por um processo de endocitose, protegendo-se de uma estimulação contínua. Depois de completar o ciclo de estimulação, o receptor novamente se exterioriza, ficando pronto para um novo estímulo. O V₂ é também sensível a substâncias análogas ao ADH, tanto agonistas, quanto antagonistas. Das agonistas, a mais conhecida é a dDAVP, largamente utilizada no uso terapêutico. Das antagonistas ou antirreceptores V₂, classe de substâncias não peptídicas conhecidas como *vaptans*, existem várias em estudos, e algumas já estão disponíveis para uso clínico. Constituem um instrumento poderoso na terapêutica da hiponatremia decorrente da secreção inapropriada do ADH, secundária a inúmeras patologias.

O receptor V₂ possui também a capacidade de estimular fosfolipases de membrana que estimulam a síntese de prostaglandina E₂ (PGE₂) a partir do ácido araquidônico. Nas células principais do ducto coletor medular interno, a PGE₂ é capaz de bloquear a ação da proteína G, estabelecendo um sistema de autobloqueio, ou *feedback* negativo do funcionamento do receptor, formando um mecanismo de controle da ação do ADH.

Alterações na sequência dos aminoácidos do receptor V₂ produzidas por mutações podem determinar uma não resposta do receptor ao ADH, desencadeando um estado poliúrico (com muita urina).

Proteína G reguladora

Esta unidade é um complexo de proteínas derivadas da guanina, que apresentam subunidades estimuladoras, chamadas de G$_s$, e subunidades inibidoras, chamadas de G$_i$. Este complexo é um heterotrímero, ou seja, é composto por três outras proteínas, α, β e γ, que contém, ligado à unidade α, um GDP. Após a ligação do hormônio ao receptor, o heterotrímero entra

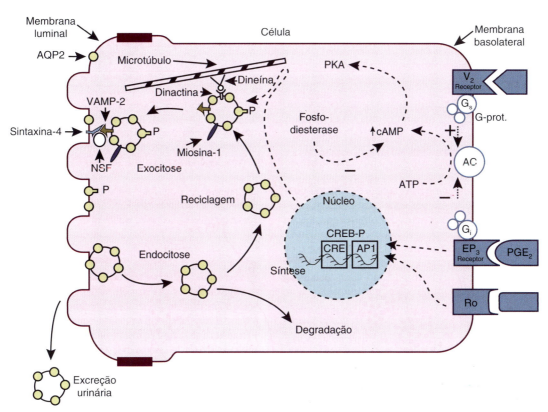

Figura 55.25 • Regulação da expressão celular de aquaporina 2 e da sua inserção na membrana luminal da célula principal do ducto coletor da medula interna. A sequência da cascata de ativação do ADH está descrita no texto. As proteínas dineína e dinactina fazem o transporte das vesículas até a membrana luminal. Acredita-se que a PKA também participe na fosforilização dos fatores de transcrição CREB-P, responsáveis pela síntese de aquaporina 2 no núcleo. *G-prot.*, proteína G; *G$_s$*, proteína G estimuladora; *G$_i$*, proteína G inibidora; *AC*, adenililciclase; *Ro*, outros receptores; *PKA*, proteinoquinase A; *CREB*, cAMP-response element binding protein; *CREB-P*, CREB fosforilado; *AP1*, fator transcripcional; *VAMP-2 e NSF*, receptores específicos da vesícula; *sintaxina-4*, receptor da membrana. (Adaptada de Nielsen et al., 1999.)

em contato com a 3ª alça do receptor, substituindo o GDP por um GTP. Em seguida, a proteína G$_s$ se dissocia na subunidade α, e no heterodímero βγ. A subunidade α vai então estimular outra estrutura intramembranosa, a enzima adenilciclase. Em seguida, a subunidade α hidrolisa o GTP a GDP e se reassocia ao heterodímero βγ, tornando novamente a ser um heterotrímero pronto para um novo ciclo de ativação. Já foram descritas 17 famílias de proteínas G, sendo que o receptor V$_2$ utiliza as subfamílias G$_s$ (estimuladora) e G$_i$ (inibidora), e os receptores V$_1$ utilizam as subfamílias G$_q$. Em mamíferos, a complexidade das proteínas G é grande, e foram identificados pela técnica de PCR pelo menos 15 tipos diferentes de genes responsáveis pela síntese da subunidade α. Entre as subunidades β e γ, também existem diversidades, pois já foram descritos 4 cDNA para a subunidade β e 5 para a subunidade γ.

Adenililciclase

A enzima adenililciclase (AC) faz parte de uma superfamília de pelo menos 10 isoformas. É uma estrutura extremamente complexa que compõe a cascata de ação do ADH (ver Figura 55.25). Esta unidade catalítica está inserida na membrana celular e possui 6 domínios extracelulares, 12 intramembranosos (sendo 2 *sets* de 6 regiões) e 7 citosólicos. Cinco isoformas de AC (AC4 a AC9) são expressas no rim de mamífero adulto e destas, a AC6 é a predominante. Em ratos Brattleboro (que não exibem ação do ADH), a expressão de mRNA para estas AC está diminuída, sugerindo que a presença do ADH é necessária para manter um nível basal desta enzima. Na sequência das reações da cascata do ADH, a AC é responsável pela transformação do ATP em cAMP, que é considerado o segundo mensageiro. Ela é estimulada pela subunidade α-GTP da proteína G (nos seus domínios intracelulares chamados de regiões C1a e C2a), pela hidrólise da Gsα-GTP a Gsα-GDP. A AC pode ser inibida pelas unidades G$_i$ (inibidoras) da proteína G, bem como também ser estimulada pelo forskolin, que é um composto diterpênico de origem vegetal.

AMP cíclico (3′,5′-cAMP)

A geração de cAMP é extremamente importante não só no sistema do ADH como também para um largo número de hormônios (glucagon, ACTH, TSH etc.). Este segundo mensageiro tem sua quantidade intracelular regulada não só pela sua síntese, mas também pela sua degradação pela enzima fosfodiesterase (ver Figura 55.25). Esta enzima degrada o 3′,5′-cAMP em 5′-cAMP que é um composto inativo (assim como degrada também o cGMP). A fosfodiesterase pertence a uma superfamília de enzimas, isozimas e suas isoformas que compreendem mais de 20 compostos distintos e estão divididos em 5 famílias ou tipos (de PDE-I a PDE-V) codificadas por um ou mais genes. Inibidores da PDE são substâncias largamente utilizadas na pesquisa básica e na terapêutica clínica, pois são substâncias que potenciam o efeito do cAMP. Os inibidores mais conhecidos são as xantinas (isobutilmetilxantina ou IBMX, teofilina, cafeína), a papaverina, a trifluoperazina e, mais recentemente, a sildenafila, usada em urologia. Acredita-se que o cAMP também seja capaz de diminuir a síntese de PGE$_2$, participando do sistema de *feedback* negativo ADH-PGE$_2$.

Proteinoquinase A (PKA)

Conhecida como PKA-dependente do cAMP, foi purificada e clonada de vários diferentes tecidos. Consiste em um tetrâmero inativo, composto por duas unidades reguladoras R e por duas unidades catalíticas C (R$_2$C$_2$). O tetrâmero R$_2$C$_2$ é dissociado e ativado pelo cAMP: R$_2$C$_2$ + 4cAMP → R$_2$4cAMP + C$_2$. Pelo menos três isoformas da unidade C já foram identificadas, Cα, Cβ e Cγ. A unidade reguladora R tem dois tipos, I e II, cada um com subtipos α e β.

Aquaporinas (AQP)

Estudos biofísicos iniciais efetuados na presença de ADH, em membranas de eritrócitos, vesículas de borda em escova de túbulos proximais, ductos coletores e bexiga de sapo, evidenciaram que a rápida passagem de água por estas membranas é mediada por proteínas específicas. Posteriormente, estas proteínas, ou canais de água, foram identificados em quase todos os tecidos do organismo, e foi verificado que formam um poro estreito que permite fluxo contínuo de água em fila única ou *single-file*. Estes canais foram denominados genericamente de aquaporinas (AQP). Em mamíferos, até o momento, foram identificados 13 tipos de AQP. A primeira, isolada e clonada em oócito de *Xenopus*, foi a dos eritrócitos (CHIP 28 ou AQP1). A AQP 1, por existir em grande quantidade na membrana dessas células, é a mais estudada e usada como base para o estudo das outras AQP. Sua estrutura é complexa, contendo três domínios extracelulares (alças A, C e E), 6 intramembranosos e 2 citoplasmáticos (alças B e D) juntamente com as porções terminais NH$_2$ e COOH (Figura 55.26). As alças B e E têm a sequência de aminoácidos asparagina-prolina-alanina (denominada *motivo NPA*), ambas inseridas na membrana (ver Figura 55.26). A disposição espacial da AQP na membrana não é linear; ela se dispõe em forma de ampulheta, sofrendo uma rotação que permite que os dois grupos NPA se acoplem formando um poro, com o diâmetro de aproximadamente 6Å, por onde a água passa. Uma unidade de AQP se associa a outras três, tornando-se um tetrâmero que é o complexo que transporta a água. A AQP2 é o canal de água sensível à ação do ADH. Estudos utilizando a técnica de imuno-histoquímica em ducto coletor da medula interna (DCMI) localizaram AQP2 na membrana luminal e em vesículas citoplasmáticas, mostrando que o ADH aumenta a permeabilidade à água, inserindo estas vesículas na membrana e expondo os canais de água por um processo de exocitose. Estas vesículas têm receptores específicos (VAMP2, sinaptotagminas-6, NSF) que se ligam na membrana em outros receptores (sintaxinas e SNAP-23), proporcionando a exocitose (ver Figura 55.25). O processo de translocação destas vesículas (*trafficking*) no citoplasma é complexo e feito por meio dos microtúbulos e microfilamentos, utilizando proteínas específicas como as dinactinas e as dineínas (proteínas motoras). Todo este processo é elicitado pela PKA, fosforilando a AQP2 inserida na vesícula. Após expor os canais de água na membrana celular, as vesículas sofrem endocitose, se fechando e voltando para o citoplasma. Acredita-se que a prostaglandina E$_2$ também tome parte na recuperação das AQP da membrana. No ciclo que envolve desde a síntese de AQP2, sua localização na vesícula, inserção da vesícula na membrana luminal e a recuperação da AQP2 por endocitose, cerca de 3% das AQP2 são secretadas para o lúmen tubular e excretadas na urina. Sua dosagem na urina pode ser utilizada no diagnóstico diferencial de patologias do metabolismo de água.

Existem dois modos de regulação da permeabilidade do DCMI. A regulação rápida (ou *short-term*) ocorre de 1 a 5 min após a elevação dos níveis de ADH no plasma e corresponde ao processo descrito anteriormente. No entanto, há uma regulação lenta (ou *long-term*) que envolve a síntese da AQP2 e a formação das vesículas para manter um nível basal intracelular acessível no momento do estímulo pelo ADH. A síntese de AQP2 a partir do seu gene é estimulada pela presença de

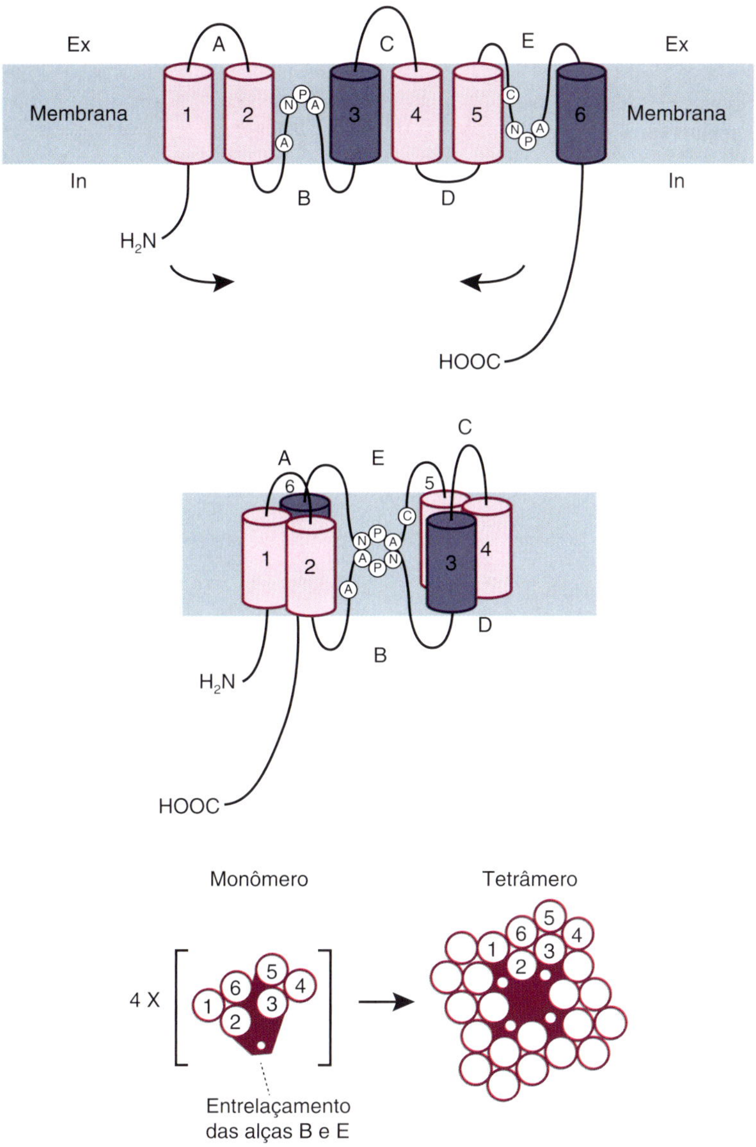

Rim e Hormônios   861

mudanças na sua expressão podem também causar alteração no mecanismo de concentração urinária. Não existe relato de que a AQP4 seja regulada pelo ADH. Algumas patologias do metabolismo de água são consequência de alterações destes canais. Diminuição da expressão de AQP1 (localizada no proximal, mas principalmente nas células da porção fina descendente da alça de Henle) foi detectada recentemente, explicando defeitos na formação da medula hipertônica que, consequentemente, causa alterações no mecanismo de concentração urinária. No Capítulo 53 há mais informações e figuras a respeito do ADH.

Transporte de ureia (receptores UT)

Outra função importante exercida pelo receptor V_2 é a sua ação no transporte de ureia. A ureia é um elemento essencial na formação da hipertonicidade medular, que é um dos dois fatores fundamentais para a reabsorção de água no DCMI. Como descrito no Capítulo 53, a ureia que é reabsorvida no DCMI vai para o interstício. Parte da ureia intersticial é retirada pelos vasos retos e pode penetrar nas hemácias, e a que fica no plasma pode ser novamente filtrada, voltando para os túbulos. A outra parte da ureia intersticial passa diretamente para o lúmen das alças de Henle descendente e ascendente, aumentando a sua concentração no lúmen tubular. Este processo é chamado de *ciclo da ureia* (apresentado em detalhes no Capítulo 52, *Excreção Renal de Solutos*).

Dois tipos de transportadores de ureia já foram clonados e sequenciados: UT-A e UT-B. O UT-A apresenta várias isoformas, de 1 a 4, sendo só o UT-A1 localizado no DCMI e regulado pelo ADH; o UT-B encontra-se na hemácia e é importante na recirculação da ureia.

A permeabilidade do DCMI à ureia é regulada pelo ADH por meio do receptor V_2 que, ao formar PKA, estimula os transportadores de ureia UT-A1 localizados na membrana apical da célula tubular, determinando a reabsorção tubular da ureia por transporte facilitado.

A ureia é o produto final do metabolismo das proteínas, e o seu excesso deve ser eliminado pelo rim. Há um processo de secreção tubular de ureia que se dá principalmente no terço final do DCMI, e não é dependente da ação do ADH. Envolve um mecanismo de contratransporte ativo secundário acoplado ao sódio, localizado na membrana apical das células deste segmento, que secreta ureia para o lúmen tubular e reabsorve sódio do lúmen tubular para a célula.

Receptor V_1

Pelo fato de o receptor V_2 ser o predominante no rim, acreditava-se que o receptor V_1 não participasse no transporte de água. No entanto, trabalhos recentes mostram que o receptor V_{1b} (ou V_3) pode ter participação neste transporte. O receptor V_{1b}, da mesma maneira que o V_2, também estimula uma proteína G, porém da subfamília G_{q11} (Figura 55.27). Na membrana celular, a proteína G fosforiliza a fosfolipase Cβ (PLCβ), que por sua vez estimula duas outras vias:

- Hidrólise do fosfatidilinositol, formando o trifosfato de inositol (IP₃), que libera Ca^{2+} dos estoques intracelulares.

Figura 55.26 ▪ Modelo *ampulheta da aquaporina*. Representação esquemática da organização estrutural do monômero na membrana e a oligomerização de quatro monômeros formando o tetrâmero. As *setas* mostram o movimento de entrelaçamento das alças B e E, formando o *poro de água*, constituído por dois motivos NPA. P, prolina; A, alanina; N, asparagina; C, cisteína; Ex, extracelular; In, intracelular. (Adaptada de Jung *et al.*, 1994.)

ADH, por meio da geração de cAMP e estímulo da PKA, que, por sua vez, provavelmente, fosforiliza a AQP2. O cAMP estaria também diretamente envolvido por intermédio do CREB (cAMP-*response element binding protein*), de sua fosforilação (CREB-P) e de um fator transcricional AP1, situado na região 5'-não traduzida do gene da AQP2. Quando o nível de ADH na circulação é baixo, a expressão de AQP2 está diminuída.

Podem ocorrer mutações na sequência das proteínas que compõem a AQP2, determinando um defeito do transporte de água, ocasionando distúrbios no metabolismo hídrico.

A expressão das AQP1, 3, 4 e 7 já foi detectada no rim. Nas células principais do DCMI, as AQP3 e 4 estão localizadas na membrana basolateral. Estas aquaporinas tomam parte ativa no processo de reabsorção de água, pois, após entrar na célula pela AQP2 situada na membrana luminal, a água sai da célula passando para o interstício pelas AQP3 e 4. A AQP3 também pode ser regulada pelo ADH; isto é, este hormônio pode aumentar a expressão de AQP3 na membrana basolateral, e

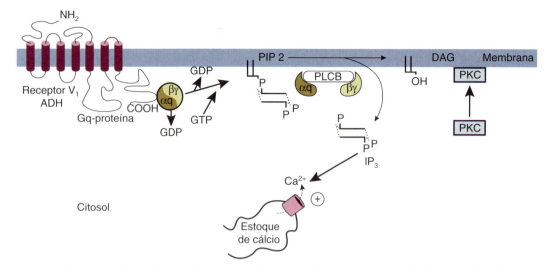

Figura 55.27 ▪ Esquema indicando que a ação renal do ADH via receptor V_1 se faz pela ativação da proteinoquinase C (PKC) pelo diacilglicerol (DAG). Descrição no texto. (Adaptada de Bichet, 1998.)

O Ca^{2+} se liga a proteínas (calmodulina e outras) que vão participar da formação dos microtúbulos e microfilamentos e

- Estimulação do diacilglicerol (DAG), que é um potente ativador da proteinoquinase C (PKC). A PKC é um inibidor da adenilciclase, e pode regular a geração de cAMP. Outra ação do receptor V_1 via PKC é estimular a fosfolipase A_2 (PLA$_2$) que, mobilizando o ácido araquidônico da membrana celular, leva à síntese de PGE$_2$, que, como citado anteriormente, também é capaz de inibir a adenilciclase.

Recentemente foi descrita uma via alternativa para a estimulação da inserção de AQP2 na membrana luminal do DCMI utilizando, não a via clássica do cAMP, mas uma via que utiliza o cGMP. A L-arginina (que gera óxido nítrico), o peptídio atrial natriurético e o nitroprussiato de sódio estimulariam a enzima guanilatociclase, que transformaria o GTP (trifosfato de guanosina) em cGMP. Este estimularia uma PKG que, por vias ainda não bem definidas, estimularia a PKA ou fosforilaria a serina 256 da AQP2, promovendo a sua inserção na membrana luminal sem a ação do ADH.

▸ Ação do ADH em outras células renais

O ADH diminui o coeficiente de ultrafiltração do capilar glomerular (Kf), porém, sem alteração significante da filtração glomerular. Assim, o efeito do ADH na microcirculação glomerular é complexo e não totalmente entendido até o momento.

Em cultura de células mesangiais, o ADH determina contração e rearranjamento de estruturas do microesqueleto, bem como estimula o crescimento celular.

Desde a década de 1980, é conhecido que o ADH, por meio do receptor V_2, estimula o cotransportador $Na^+:K^+:2Cl^-$ da membrana luminal da porção espessa ascendente da alça de Henle cortical e medular, causador do *efeito unitário do mecanismo de contracorrente*, responsável pela concentração do interstício medular (descrito no Capítulo 53), sendo provável que o cAMP gerado estimule a Na^+/K^+-ATPase da membrana basolateral. Recentemente foi descrita, por estudos com imunoeletromicroscopia, a possibilidade de o ADH aumentar a atividade do cotransportador $Na^+:K^+:2Cl^-$, regulando o *trafficking* deste cotransportador até a membrana luminal. A PGE$_2$ estaria também envolvida, pois se ligando ao receptor EP3, inibiria a expressão desse cotransportador, por inibir a adenilciclase (tendo sido verificado que a indometacina e o diclofenaco, inibidores da PGE$_2$, aumentam a expressão do cotransportador $Na^+:K^+:2Cl^-$). Também foi demonstrado que o ADH aumenta a expressão do mRNA do transportador de glicose GLUT-4, aumentando o aporte de glicose para a geração de ATP intracelular. Além destas, foram descritas outras ações da ADH neste segmento, como a participação na acidificação luminal por atuar no trocador Na^+/H^+ apical, como também no aumento da reabsorção dos cátions bivalentes cálcio e magnésio.

Ação extrarrenal do ADH

É conhecido que o ADH também tem ação em vários outros segmentos do organismo. Participa na regulação da pressão arterial, na hemostasia, na função hipofisária, na comunicação célula-célula no SNC, na regulação da sua própria secreção no hipotálamo, no comportamento e na memória. Neste livro, sua ação extrarrenal está descrita nos capítulos correspondentes a esses sistemas fisiológicos.

▸ Regulação das aquaporinas no rim

A reabsorção de água no ducto coletor pode se alterar rapidamente, em questão de minutos, em resposta ao nível de ADH circulante. A ativação aguda dos receptores V_2 induz alterações nas células principais do ducto coletor, que fazem com que a AQP2 estocada em vesículas intracelulares se desloque para a membrana apical. Quando os níveis plasmáticos de ADH diminuem, a AQP2, por um processo de endocitose, retorna ao citoplasma.

Além desta regulação aguda da permeabilidade à água no ducto coletor, existem alterações a longo prazo na regulação da AQP2 e de outras aquaporinas renais em diversas patologias. A Figura 55.28 ilustra a expressão de AQP2 em várias situações fisiopatológicas e na gravidez; no boxe a seguir são dadas informações a esse respeito.

Rim e Hormônios

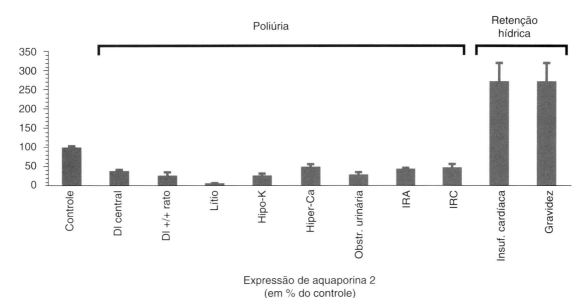

Figura 55.28 • Alterações na expressão de aquaporina 2 observadas em diferentes distúrbios do metabolismo de água. As patologias poliúricas podem ser adquiridas ou hereditárias e apresentam vários graus de diurese. A insuficiência cardíaca e a gravidez são associadas ao aumento de expressão de aquaporina 2 e excessiva retenção hídrica. *DI central*, diabetes insípido central; *DI +/+ rato*, diabetes insípido em rato Brattleboro; *hipo-K*, hipopotassemia; *hiper-Ca*, hipercalcemia; *IRA*, insuficiência renal aguda; *IRC*, insuficiência renal crônica. (Adaptada de Nielsen et al., 1999.)

Alterações a longo prazo na regulação das AQP

Diabetes insípido central

Os ratos da linhagem Brattleboro apresentam defeito no gene da neurofisina, não produzindo ADH e, consequentemente, têm intensa poliúria (muita urina). A expressão de AQP2 nestes animais está bastante reduzida. Administração de ADH a estes ratos aumenta a expressão de AQP2 e corrige o defeito de baixa concentração urinária. É interessante observar que pacientes com diabetes insípido central apresentam baixa perda urinária de AQP2, e a injeção de ADH aumenta a excreção urinária de AQP2, porém sem atingir os níveis observados em indivíduos normais, sugerindo que nesses pacientes há redução dos estoques celulares de AQP2.

Diabetes insípido nefrogênico

A poliúria consequente à falta de resposta do túbulo coletor ao ADH ocorre em diversas situações clínicas. Camundongos com diabetes insípido nefrogênico hereditário apresentam defeito no gene para fosfodiesterase, resultando em atividade exagerada desta enzima que metaboliza o AMP cíclico. Consequentemente, os níveis citoplasmáticos de AMP cíclico diminuem, levando à redução dos níveis de AQP2 a um quarto do observado em cepas normais, o que explica a diurese excessiva destes animais. O diabetes insípido nefrogênico ocorre com frequência em pacientes psiquiátricos tratados com lítio, que chegam a apresentar diurese de 8 a 10 ℓ por dia. Tão intensa poliúria é explicada pela queda, de até 95%, dos níveis de AQP2 na célula do ducto coletor observada em animais tratados com lítio.

Hipopotassemia e hipercalcemia

Distúrbios metabólicos, como hipopotassemia e hipercalcemia, também são acompanhados por aumento da diurese; porém, esta não é tão intensa quanto a causada pelo lítio, mas é igualmente devida a menor expressão de AQP2.

Desnutrição proteica

Na desnutrição proteica ocorre menor reabsorção de água no ducto coletor. Estudos com animais submetidos a dieta pobre em proteínas mostraram menor expressão de AQP2 nesse segmento tubular.

Obstrução urinária

É conhecido que pacientes com obstrução urinária (na maioria das vezes, idosos com hipertrofia prostática), após a desobstrução da via urinária apresentam poliúria que, de início, é devida à diurese osmótica. Entretanto, a persistência da poliúria por vários dias nesses pacientes é explicada pela menor expressão de AQP2, observada em modelos animais de obstrução ureteral.

Insuficiência renal aguda pós-isquêmica

Na insuficiência renal aguda pós-isquêmica (induzida no rato pela ligadura do pedículo renal esquerdo por 45 min e nefrectomia contralateral), a diurese aumenta nas primeiras 18 h após a isquemia e se mantém elevada por 72 h. O mecanismo responsável por tal diurese foi estudado recentemente em experimentos que demonstram que a AQP2 renal está diminuída, cerca de 45%, nas 18 h após a isquemia, retornando ao normal após 72 h. Achado semelhante foi verificado em modelos de insuficiência renal crônica por ablação renal.

Retenção de água

Em situações clínicas em que a volemia arterial efetiva encontra-se diminuída (como na insuficiência cardíaca e na cirrose hepática), ocorre maior liberação de ADH devida à ativação de receptores de volume. Modelos experimentais de insuficiência cardíaca congestiva em ratos (induzida por ligadura das artérias coronárias), mostraram aumento tanto do mRNA quanto da proteína da AQP2. O tratamento desses animais com um antagonista de receptor V_2 por 24 h reverteu o aumento dos níveis de AQP2 e aumentou a diurese. Em animais com cirrose hepática e ascite (induzidas por tetracloreto de carbono), também foi observado aumento do nível de AQP2, que diminui com tratamento por antagonista do receptor V_2.

Gravidez

Na gravidez ocorre retenção de água, principalmente no terceiro trimestre. Estudos com ratas grávidas mostraram que a expressão de AQP2 está aumentada, o que explica a maior retenção de água e a hiponatremia observada nesta condição. O bloqueio do receptor V_2 por antagonista específico suprime o aumento da AQP2.

Síndrome nefrótica

Na síndrome nefrótica induzida pela adriamicina ou puromicina, ocorrem retenção de água e ascite. Apesar de o ADH plasmático estar aumentado nestes modelos, os níveis de AQP2 estão diminuídos. Tal achado sugere um mecanismo de *escape* à ação do ADH e que outros sinais, além deste hormônio, podem alterar a expressão de AQP2.

Secreção inapropriada (elevada) de ADH

Em modelo animal para mimetizar a secreção inapropriada de ADH (produzido pela infusão contínua de ADH e sobrecarga de água), também foi verificada diminuição de AQP2, evidenciando o fenômeno de *escape* à ação do ADH descrito anteriormente.

Outras aquaporinas

Também têm sido descritas alterações na expressão de AQP3 e AQP4, aquaporinas que se situam na membrana basolateral do ducto coletor e que são tidas como não sensíveis ao ADH. Recentemente, foi verificado que a expressão de AQP3 varia com a atividade do ADH; entretanto, nem sempre essa variação se correlaciona com as alterações verificadas com a AQP2, sugerindo que o controle hormonal destas duas aquaporinas seja diferente. Por sua vez, a AQP4 não se altera em muitas destas condições. Diminuição na expressão da AQP1, aquaporina encontrada no túbulo proximal e na porção fina descendente da alça de Henle, tem sido descrita em situações em que ocorre defeito na concentração urinária, tais como a obstrução ureteral, insuficiência renal crônica e alguns modelos de síndrome nefrótica.

As variações na expressão das aquaporinas e seus mediadores ainda não estão bem esclarecidas, sendo necessários mais estudos para a melhor compreensão da regulação do balanço de água.

Hormônio Paratireoidiano (PTH)

Frida Zaladek Gil

O hormônio paratireoidiano (PTH) é um polipeptídio constituído de 84 aminoácidos, secretado pela glândula paratireoide e essencial para a homeostase do Ca^{2+}. Ele é sintetizado como pré-pró-PTH, que é modificado para pró-PTH no retículo endoplasmático, e a seguir no aparelho de Golgi para PTH; permanece neste local sob forma de vesículas até que um estímulo, em geral queda no cálcio ionizado do plasma circulante, faça com que haja sua liberação. Os alvos clássicos do PTH são os ossos e o rim. Por meio dos seus efeitos na enzima 1-α hidroxilase renal, o PTH estimula a síntese da forma ativa da vitamina D – a $1,25(OH)_2D3$ – que age aumentando a absorção do Ca^{2+} no rim e no duodeno. No rim, o PTH estimula a reabsorção de cálcio pelo ramo ascendente da alça de Henle e início de túbulo distal. O PTH e seus análogos, PTHrP (peptídios PTH-relacionados) interagem com um receptor de membrana, e desencadeiam tanto a estimulação da adenilciclase e produção de cAMP, como a hidrólise do 4,5-bifosfato de fosfatidilinositol, dependente de fosfolipase C, o que gera IP_3 e diacilglicerol. Após a formação do segundo mensageiro, a cAMP ativa a proteinoquinase A, o IP_3 leva à liberação de Ca^{2+} de seus depósitos intracelulares e a DAG causa ativação e translocação da proteinoquinase C do citosol para a membrana celular e ativação de canais de Ca^{2+}. A estimulação de PTH também leva a outras vias de sinalização, como a da PLA2, e pode regular outras proteinoquinases, como a MAPK (*mitogen-activated protein kinase*).

O Ca^{2+} é o principal íon regulador da secreção do PTH. Baixos níveis plasmáticos de Ca^{2+} ionizado estimulam a liberação de PTH pela paratireoide em minutos; enquanto altos níveis desse íon inibem a liberação do hormônio e favorecem a degradação do PTH dentro da própria glândula. Assim, a relação do Ca^{2+} ionizado plasmático e os níveis séricos de PTH é expressa por uma curva sigmoidal, na qual pequenas variações do Ca^{2+} circulante levam a grandes variações na secreção do PTH (Figura 55.29).

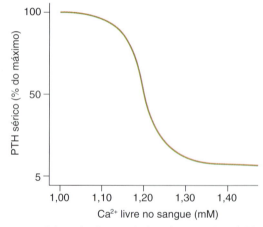

Figura 55.29 ▪ Relação do cálcio ionizável circulante e os níveis de PTH sérico.

plasmático é sentido pelo CaR, que deflagra uma cascata de sinais intracelulares que resulta na inibição da secreção e síntese do hormônio. Um esquema de vias de regulação da secreção do PTH está mostrado na Figura 55.30.

Embora a expressão do CaR possa ser alterada em várias circunstâncias, uma característica particular da expressão deste receptor é que ele necessita que as células tenham uma apresentação tridimensional, ou seja, em monocamadas de culturas celulares o comportamento do receptor não reproduz o que ocorre *in vivo*. Outra característica interessante do CaR é que a sua expressão no tecido da paratireoide não depende do nível de cálcio no meio extracelular, ou seja, o Ca^{2+} não tem ação direta sobre o seu receptor.

Um segundo regulador da secreção do PTH é o calcitriol (forma ativa da vitamina D). Este age na paratireoide por meio do seu receptor específico VDR, que pertence à família dos receptores de esteroides/tireoide. Quando o calcitriol se liga a seu receptor, há translocação do complexo VDR-calcitriol para o núcleo celular, formando um heterodímero com o receptor para retinoide. Este complexo promove a inibição da transcrição do gene para PTH. O calcitriol pode agir, indiretamente, por aumentar a absorção do Ca^{2+} no intestino e, ao mesmo tempo, estimular a reabsorção óssea. Ele também regula a própria síntese do CaR, estimulando-a. Pode haver,

REGULAÇÃO DA SECREÇÃO DE PTH

O efeito do Ca^{2+} circulante sobre o PTH é mediado por receptores específicos, denominados *CaR*, que pertencem à família de receptores ligados à proteína G e estão presentes na membrana das células da paratireoide. O aumento no Ca^{2+}

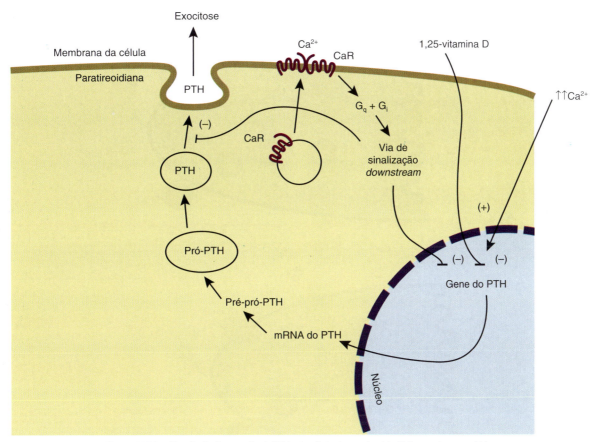

Figura 55.30 • Regulação da secreção de PTH pela célula da paratireoide. *CaR*, receptor para cálcio.

ainda, uma interferência do calcitriol na regulação do CaR; entretanto, estes dados ainda são controversos.

Outro fator que pode regular o CaR e o VDR é o fósforo, fora a sua própria ação no estímulo da síntese de PTH. Alguns estudos mostram que dietas ricas em fósforo são capazes de reduzir a expressão do CaR e do VDR.

Outro regulador que deve ser lembrado é o alumínio, que inibe a secreção do PTH e interfere na regulação do CaR e do VDR.

▶ Relação entre fósforo e PTH

O PTH é um hormônio que causa fosfatúria (aumento de fosfato na urina). A reabsorção de fosfato no túbulo proximal é o maior regulador da homeostase do fosfato. A entrada de fosfato na célula é feita por meio de um cotransporte ativo secundário, localizado na borda em escova da membrana apical, que transporta $3Na^+$ e 1 íon fosfato (na forma de HPO_4^{2-} ou de $H_2PO_4^-$); esse cotransportador é denominado NaPi. O PTH leva à redução na expressão do cotransporte sódio-fósforo, fazendo com que os cotransportadores NaPi sejam inibidos.

EFEITOS DO PTH

▶ Rins e ossos

Os principais locais de ação do PTH são os rins e ossos. Informações detalhadas a respeito da atuação desse hormônio nos rins são dadas no Capítulo 52, e nos ossos, no Capítulo 76, *Fisiologia do Metabolismo Osteomineral*.

▶ Enterócitos

O cálcio é absorvido no sistema digestório pela via transcelular – principalmente no intestino delgado – e pela via paracelular, ao longo de todo o intestino.

O PTH, similarmente à sua ação no rim, estimula o influxo de Ca^{2+} na célula duodenal, envolvendo a ativação de canais dependentes de voltagem e também utilizando a via do cAMP. Os canais dependentes de voltagem são modulados tanto por PKC como por PKA. O hormônio induz rápida mobilização dos depósitos intracelulares de Ca^{2+}, seguida de influxo de Ca^{2+} do meio extracelular para o intracelular. Dentro do enterócito, o cálcio se liga à calbindina D-9k, que mantém o Ca^{2+} baixo e participa no transporte do Ca^{2+} do lúmen tubular para a região basolateral.

No intestino delgado são encontrados receptores do tipo 1 para PTH ($PTHR_1$). Vários trabalhos experimentais mostraram que este receptor encontra-se tanto na borda luminal como na basolateral dos enterócitos, sendo a expressão na membrana basolateral cerca de sete vezes a da membrana luminal. O $PTHR_1$ também foi demonstrado em citoplasma e em núcleos de enterócitos; entretanto, esta última localização ainda não tem seu significado fisiológico esclarecido. Interessante notar que, durante o envelhecimento, a expressão do $PTHR_1$ na membrana basolateral e citoplasma tende a diminuir, talvez explicando o déficit na absorção intestinal de Ca^{2+} observada em indivíduos idosos.

Outra ação do PTH nos enterócitos é a ativação de sinais mitogênicos, pela via das proteinoquinases ativadas por mitógenos, as MAPK.

Um esquema de transporte de Ca^{2+} em enterócitos é mostrado na Figura 55.31 e mais informações sobre esse assunto são dadas no Capítulo 63, *Absorção Intestinal de Água e Eletrólitos*.

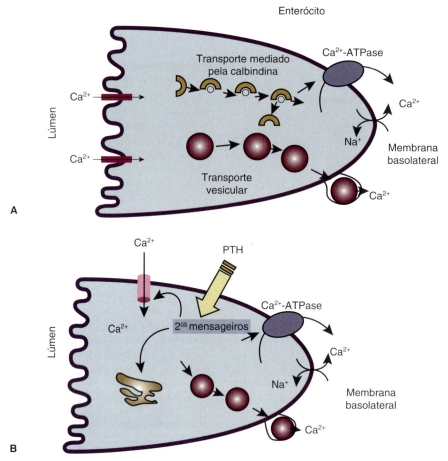

Figura 55.31 ▪ Esquema do transporte de cálcio em enterócitos. **A.** A reabsorção transcelular de cálcio envolve três fases: (1) entrada de cálcio por canais localizados no *brush border* da membrana luminal; (2) difusão intracelular mediada pela proteína citoplasmática ligadora de cálcio (calbindina D-9K) e por transporte vesicular; e (3) extrusão celular pela membrana basolateral, mediada principalmente pela Ca^{2+}-ATPase e, em menor grau, pelo trocador Na^+/Ca^{2+}. **B.** Modelo proposto para os efeitos do PTH no transporte intestinal de cálcio. A interação do PTH com seu receptor resulta na estimulação dos segundos mensageiros: adenililciclase/cAMP e PLC/IP_3/DAG, com subsequente ativação da PKA e PKC, abertura de canais de Ca^{2+} tipo L, fosforilação e liberação de Ca^{2+} dos seus estoques intracelulares. Esse transiente aumento de Ca^{2+} intracelular estimula o transporte vesicular transcelular de Ca^{2+} com consequente exocitose do íon. (Adaptada de Boland, 2004.)

▸ Sistema cardiovascular

Uma relação entre insuficiência cardíaca congestiva e insuficiência renal crônica (IRC) é conhecida de longa data. A função ventricular pode estar prejudicada pela anormalidade na produção, utilização e transferência de energia do miocárdio. Receptores para PTH e PTHrP já foram identificados no miocárdio e a função cardíaca normal parece depender de adequado controle na secreção do PTH.

O PTH é também um potente vasodilatador. O mecanismo pelo qual o PTH ou seus aminofragmentos induzem vasodilatação parece ser complexo. Uma das ações seria por inibição do canal de Ca^{2+} tipo L ou por indução da produção de prostaglandinas locais. Receptores para PTH estão presentes nas células de músculo liso arterial e no endotélio. Ligado a esse fato, a prevalência de hipertensão é maior em pacientes com hiperparatireoidismo (HPT).

▸ Sistemas muscular e imunológico

É verificada perda de massa muscular no HPT primário ou secundário (decorrente da IRC). É provável que o excesso de PTH leve a aumento na proteólise muscular.

Na IRC, a suscetibilidade a infecções é aumentada. Este fato é devido à queda na produção de imunoglobulinas e à inibição na ação de leucócitos. Tanto os linfócitos T como os linfócitos B mostram resposta diminuída a estímulos proliferativos.

▸ Metabolismo lipídico

Aumento nos triglicerídios é comum em pacientes com IRC. Nessa enfermidade, a atividade e a expressão da lipase lipoproteica estão diminuídas e a oxidação de ácidos graxos nos músculos esqueléticos e no miocárdio é prejudicada.

▸ Pele

Na uremia (elevação de ureia no sangue) crônica, são comuns calcificações da pele e tecidos moles. Em pacientes com HPT secundário à IRC, a paratireoidectomia (retirada da paratireoide) diminui a deposição de cálcio na pele. Receptores para PTH já foram demonstrados nos fibroblastos da derme e em queratinócitos.

▸ Órgãos endócrinos

A administração exógena de PTH pode estimular a liberação de prolactina.

O PTH estimula também a liberação de aldosterona induzida pela angiotensina II. Em experimentos com animais, receptores para PTH foram identificados na própria zona cortical de glândulas suprarrenais.

A secreção de insulina é prejudicada na IRC, sendo que, após paratireoidectomia, as ilhotas pancreáticas tendem a normalizar sua função.

▶ Outros órgãos

Várias ações do PTH foram demonstradas em órgãos e sistemas não citados, classicamente, como alvo da ação do hormônio. Estudos clínicos e também experimentais, nos quais foi verificado excesso de PTH circulante, como na IRC, trouxeram à luz ações não conhecidas do PTH. Nestas condições, existe resistência à ação do PTH por: (1) diminuição nos receptores celulares de PTH ou PTHrP ou (2) alteração na transdução do sinal intracelular em resposta ao hormônio.

Nos casos de IRC, o HPT secundário leva a aumento do Ca^{2+} citosólico de muitos órgãos e células. Uma das consequências sérias é a inibição das vias oxidativas mitocondriais e a inibição da produção de ATP, que trazem um desajuste em todos os sistemas que dependem de energia, inclusive da extrusão de Ca^{2+} da célula – quer pela troca com Na^+ ou pela Ca^{2+}-ATPase.

No sistema nervoso, o excesso de PTH altera o funcionamento de sinaptossomas (terminações nervosas na região subsináptica), alterando a resposta de condução nervosa e levando a alterações eletroencefalográficas.

▶ Gestação

No feto, a função das paratireoides pode ser detectada ao redor da 12ª semana de gestação, mas a resposta à hipocalcemia aparece ao redor da 25ª semana. As necessidades minerais do feto com relação ao cálcio, fósforo e magnésio são supridas pela placenta. A partir da 25ª semana de gestação, a mineralização óssea aumenta em 4 vezes e o acréscimo de Ca^{2+} pode chegar a 350 mg/dia. O fosfato tem seu pico de acréscimo máximo na metade da gestação e então se estabiliza até o nascimento.

Os rins são capazes de converter a 25(OH)D na 1,25(OH)$_2$D ao redor da 28ª semana de gestação; mas o fígado só fica maturo com relação à 25-hidroxilase ao redor da 36ª semana.

O PTH e os níveis de 1,25(OH)$_2$D são baixos no feto e, provavelmente, têm um efeito limitado na sua fisiologia. O hormônio principal que regula o metabolismo do cálcio no feto é o PTHrP.

O recém-nascido é hipercalcêmico e hiperfosfatêmico se comparado à mãe. Como ele necessita de maiores estoques para o crescimento e desenvolvimento, a parada do fornecimento transplacentário de minerais pode ser compensada pelo aumento nos níveis sanguíneos de cálcio e de fósforo. Estes valores voltam ao normal dentro das primeiras 48 h após o nascimento, quando o PTH e a 1,25(OH)$_2$ tomam o controle destes íons.

ALTERAÇÕES NOS PERFIS DE CÁLCIO, FOSFATO E PTH APÓS O NASCIMENTO

Nos primeiros dias após o nascimento ocorrem várias alterações metabólicas. O suprimento materno de Ca^{2+} não está mais disponível e o neonato deve se adaptar a estas novas condições. Então, para que os níveis plasmáticos sejam mantidos, o recém-nascido inicia a mobilização do Ca^{2+} ósseo e aumenta sua absorção intestinal.

A concentração do Ca^{2+} total e ionizado é maior no sangue do cordão umbilical do que no materno. O mesmo acontece com o magnésio e o fosfato.

Ao nascimento, o PTH está diminuído e o PTHrP, aumentado; mas este perfil logo se modifica nas primeiras 48 h após o nascimento, quando o PTH e a vitamina D assumem seus papéis na manutenção da calcemia e da fosfatemia. Neste período, tanto o Ca^{2+} total como o ionizado mostram um decréscimo, tendendo a assumir valores normais a partir do 3º dia de vida.

NOVOS MECANISMOS REGULADORES DA CALCEMIA E DA SECREÇÃO DE PTH

A descoberta de novos genes que têm influência na calcemia, na fosfatemia e no metabolismo da vitamina D vem adicionando novos conceitos, não só sobre a regulação do metabolismo ósseo e mineral, como do papel destes novos genes no processo de envelhecimento – que inclui alterações na epiderme, esterilidade, atrofia muscular, osteoporose, calcificação vascular, hipoglicemia e hipofosfatúria.

O achado de duas novas moléculas, klotho e FGF-23 (*fibroblast growth factor*), foi essencial para a obtenção de mais informações sobre a regulação da calcemia, fosfatemia e secreção de PTH.

O FGF-23 é uma proteína que contém 251 aminoácidos e é secretada por osteoblastos e osteócitos após a estimulação por fosfato ou vitamina D. O FGF-23 inibe a reabsorção de fosfato no túbulo renal, a atividade da 1α-hidroxilase e a síntese de calcitriol.

O gene do klotho foi descrito em camundongos geneticamente modificados que exibiam envelhecimento precoce, osteopenia, hipercalcemia e hiperfosfatemia. Este gene codifica uma proteína que tem, pelo menos, quatro modos de ação:

- O klotho age como glicuronidase, e pode atuar em diversos sistemas metabólicos, como no dos estrióis e no próprio canal de Ca^{2+}
- Pode agir como fator humoral, ligando-se a um receptor de membrana, ainda não identificado, deflagrando a cascata da proteinoquinase C no rim e nos testículos. A ativação deste receptor também leva à inibição da cascata intracelular da insulina e/ou IGF-1. Esta atividade, provavelmente, contribui para o efeito antienvelhecimento do klotho
- O klotho age como cofator ou correceptor de outras proteínas, tipo FGF-23
- O klotho interage fisicamente com a Na^+/K^+-ATPase nas células da paratireoide e regula a secreção estimulada por PTH. Em animais com deleção do gene para klotho, a Na^+/K^+-ATPase está diminuída na paratireoide e a secreção de PTH é prejudicada.

O metabolismo do fosfato é também prejudicado e há aumento na forma ativa da vitamina D no plasma, juntamente com hipercalcemia. Paralelamente, há aumento na excreção fracional de Ca^{2+} urinário; e o metabolismo ósseo mostra alteração tanto na osteogênese como na reabsorção óssea, resultando em osteopenia.

Eritropoetina

Aníbal Gil Lopes

Como visto nos Capítulos 49 a 54, os mecanismos de depuração plasmática renal desempenham importante papel na manutenção do volume do líquido extracelular, da sua composição e das suas características físico-químicas, tais como osmolalidade e pH. Adicionalmente, os rins atuam na regulação da pressão arterial e das condições hemodinâmicas do organismo, por meio de diferentes sistemas hormonais, hormônios isolados e autacoides de origem renal, tais como o sistema renina-angiotensina-aldosterona, as cininas e as prostaglandinas. A descoberta da eritropoetina (EPO) revelou uma nova faceta do rim, a de sensor de oxigênio e regulador da eritropoese. Assim, ao lado das funções bem estabelecidas e classicamente estudadas, os rins também desempenham papel fundamental na manutenção de outros importantes parâmetros fisiológicos, tipo hematócrito, viscosidade sanguínea e capacidade do sangue de transportar O_2 e CO_2.

Apesar de os rins exibirem elevado fluxo sanguíneo e baixa extração de oxigênio, suas tensões de oxigênio são bastante heterogêneas e atingem, na região medular, níveis inferiores aos do sangue venoso renal. O processo renal que mais consome O_2 é a reabsorção proximal de sódio; esta é proporcional à massa filtrada desse íon, razão pela qual há uma relação direta entre o consumo de O_2 e o ritmo de filtração glomerular (RFG). A oferta de O_2, por sua vez, é proporcional ao fluxo sanguíneo renal (FSR). Logo, nos rins, a relação entre a demanda e a oferta de O_2 pode ser traduzida pela fração de filtração (FF), que é a razão entre o RFG e o FSR. Como exposto no Capítulo 50, em indivíduos saudáveis em condições normais, estes parâmetros são bem controlados, de tal modo que a FF é mantida constante. Todavia, o controle estreito desses parâmetros, denominado *autorregulação do fluxo sanguíneo renal*, é um fenômeno renal cortical, que não ocorre no fluxo sanguíneo renal medular.

A baixa tensão de oxigênio verificada na região renal medular, alcançando níveis inferiores aos do sangue venoso renal, é devida ao fato de os ramos arteriais e venosos dos *vasos retos* se manterem justapostos, com contato próximo entre si, no trajeto em contracorrente que fazem ao acompanhar as estruturas descendentes e ascendentes da alça de Henle (ver Figura 49.6, no Capítulo 49, *Visão Morfofuncional do Rim*). Tal justaposição vascular possibilita a passagem de oxigênio do ramo arterial descendente diretamente ao ramo venoso ascendente, criando um curto-circuito antes que o sangue passe a percorrer seu leito longitudinal ao longo da medula renal em direção à papila. Portanto, como ilustrado na Figura 55.32, forma-se um gradiente de O_2 ao longo da medula, e as tensões de oxigênio se reduzem com o aumento da distância da superfície renal, alcançando níveis abaixo de 10 mmHg na região papilar. Isto faz com que, em certas regiões do rim, o tecido possa ser submetido a grandes variações da pressão parcial de oxigênio. Assim sendo, não é de admirar que no processo evolutivo o rim tenha desenvolvido a função de *sensor de oxigênio* associada à produção de um fator humoral capaz de regular a produção de eritrócitos. Estas características permitem que o rim apresente a capacidade de ajustar a produção de EPO em resposta às mudanças na oferta de oxigênio que recebe.

Entende-se por hematopoese a formação, o desenvolvimento e a maturação dos elementos do sangue – eritrócitos, leucócitos e plaquetas – a partir de um precursor celular comum e indiferenciado, conhecido como célula hematopoética pluripotente ou célula-tronco. Apesar de a EPO ser um modulador crítico da eritropoese, sua liberação não está relacionada com a concentração de glóbulos vermelhos, mas com a redução da pressão parcial de oxigênio. Por essa razão, os estudos para a compreensão do controle da secreção da EPO levaram à pesquisa dos mecanismos sensíveis à pressão parcial de O_2 presentes no tecido renal, responsáveis pela regulação da produção desse hormônio.

É amplamente aceito que mudanças na concentração de O_2 provocam respostas tanto agudas como crônicas; entretanto, enquanto as respostas agudas implicam alterações na atividade de proteínas preexistentes, as respostas crônicas envolvem modificações na expressão gênica.

Fisiologicamente, as concentrações intracelulares de O_2 são mantidas dentro de uma faixa estreita, tendo em vista que o excesso de O_2 (hiperoxia) leva ao dano oxidativo e o aporte insuficiente de O_2 (hipoxia) leva à disfunção celular e, em última instância, à morte da célula. A hipoxia tecidual pode ser causada por: (a) redução da oxigenação do sangue (como ocorre em certas doenças pulmonares); (b) deficiência na liberação de oxigênio causada por alterações na hemoglobina (como acontece em certas hemoglobinopatias); (c) redução do número de hemácias ou de sua concentração de hemoglobina; e (d) aporte inadequado de sangue causando anemia localizada (*i. e.*, isquemia), como resultado do baixo débito cardíaco ou obstrução vascular. Vários mecanismos fisiológicos possibilitam que os mamíferos se adaptem à hipoxia, tais como: (a) aumento da secreção de EPO, que eleva a eritropoese; (b) indução da tirosina hidroxilase, que facilita o controle da ventilação pelo corpo carotídeo; e (c) estímulo da gênese de novos vasos sanguíneos pela ação do VEGF (*vascular endothelial growth factor*). Em nível celular, a hipoxia induz uma série de alterações metabólicas que tornam possível a manutenção da geração de energia apesar da redução da oferta de oxigênio.

Tendo em vista a amplitude do tema, neste capítulo só serão tratados seus pontos mais relevantes.

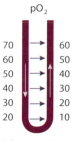

Figura 55.32 • Representação da formação do gradiente de oxigênio ao longo dos *vasos retos*. Descrição no texto.

ASPECTOS HISTÓRICOS

O conceito de regulação humoral da hematopoese foi formulado em 1906 por Paul Carnot, professor de medicina em Paris, e seu assistente, Deflandre. Esses autores verificaram que o plasma retirado de animais estimulados por sangramento, quando injetado em animais controle, provoca aumento do número de glóbulos vermelhos imaturos circulantes. A partir dessa observação, propuseram a existência de um fator humoral que denominaram hemopoetina. Posteriormente, outros estudos confirmaram a existência de um fator humoral capaz de regular a formação de glóbulos vermelhos, que passou a ser chamado eritropoetina. Em 1977, a EPO foi purificada a partir da urina de indivíduos humanos anêmicos e, em 1985, com base na sua sequência de aminoácidos, foi clonada, o que levou ao desenvolvimento de EPO recombinante para uso clínico.

ERITROPOETINA | CARACTERÍSTICAS E PRINCIPAIS AÇÕES

O gene EPO está localizado no cromossomo 7 e codifica uma cadeia polipeptídica que contém 193 aminoácidos que, ao longo do processo de secreção, resulta em uma proteína circulante com 165 aminoácidos. A forma madura do hormônio é uma glicoproteína com 30,4 kDa, e cerca da metade do seu peso molecular é constituída por hidratos de carbono que podem variar entre as diferentes espécies animais. Os açúcares presentes em sua estrutura contribuem para sua solubilidade, metabolismo *in vivo* e processamento celular. Como indicado na Figura 55.33, a EPO apresenta 3 locais de N-glicosilação (asparagina – nas posições 24, 38 e 83) e um de O-glicosilação (serina – na posição 126). Sua estrutura terciária é globular e caracterizada por 4 hélices α (A, B, C e D) e 2 folhas β antiparalelas.

As quatro cadeias glicosiladas da EPO são importantes para sua atividade biológica. Esses oligossacarídeos estabilizam a molécula e a protegem dos radicais ativos de oxigênio. Como outras glicoproteínas, a EPO circula como um *pool* de isoformas que diferem na glicosilação, massa molecular, atividade biológica e imunorreatividade.

Durante o período fetal a EPO é produzida nos hepatócitos. Estudos recentes mostraram que, durante a embriogênese, fibroblastos derivados da crista neural migram para os espaços peritubulares intersticiais do rim dando origem aos fibroblastos reponsáveis pela produção de EPO. Após o nascimento, em condições de normoxia, praticamente toda a EPO circulante é originada na região do interstício justamedular renal, como indicado no painel A da Figura 55.34. Como representado no painel B dessa mesma figura, a EPO é produzida exclusivamente nos fibroblastos peritubulares 5'NT-positivos (que são capazes de converter o 5'-AMP em adenosina) e captada pelos capilares peritubulares. O painel C dessa figura mostra uma micrografia representativa dessa região.

Na medida em que o suprimento de oxigênio renal cai, mais células são recrutadas para expressar a EPO. A indução da produção da EPO tem um ganho de resposta extremamente alto; ou seja, pequenas variações na tensão de oxigênio levam a grandes mudanças nos níveis de EPO.

Em adultos, pequenas quantidades do mRNA da EPO são expressas no parênquima hepático, pulmões, testículos, útero e cérebro. Recentemente foi verificado que vários outros tecidos secretam EPO, tais como mioblastos, células produtoras de insulina e o tecido cardíaco. Ao lado do seu papel na eritropoese, descrito inicialmente, muitos estudos atuais vêm demonstrando que a EPO ocorre em diferentes partes do organismo e tem grande importância em vários órgãos e tecidos, tipo: cérebro, coração e sistema vascular. Adicionalmente, também foi verificado que a EPO atua nas vias apoptóticas e nos mecanismos cognitivos. Durante a maturação infantil, elevadas concentrações de EPO foram correlacionadas com aumento da pontuação do Índice de Desenvolvimento Mental. No sistema nervoso, locais primários de produção e secreção de EPO estão no hipocampo, cápsula interna, córtex, mesencéfalo, células endoteliais e astrócitos. A presença do receptor de EPO nos sistemas nervoso e vascular tem suscitado interesse nas potenciais aplicações clínicas da EPO, tais como em doença de Alzheimer, doença de Parkinson, insuficiência cardíaca, transplante cardíaco, cirurgia de revascularização do miocárdio e com o intuito de evitar lesão renal.

Com a expansão do conhecimento sobre a EPO, foram identificadas as moléculas que controlam sua expressão gênica, principalmente os fatores de transcrição induzível por hipoxia (HIF). Também foi caracterizado como o receptor dimérico da EPO (EPOR) deflagra as vias de sinalização celular que promovem suas diferentes ações fisiológicas. A presença de EPOR em tecidos não hematopoéticos indica que a EPO é um fator pleiotrópico de viabilidade e de crescimento, com especial potencial efeito neuro e cardioprotetor.

Como exposto anteriormente, a hipoxia tissular é o principal estímulo para a produção de EPO. Na maioria dos tecidos, incluindo o cérebro, a transcrição do gene EPO e do gene EPOR, responsável pela codificação do receptor de EPOR, é diretamente ativada pela via do HIF-1 (*hypoxia-inducible factor 1*) em condições de hipoxia, regulando suas expressões. A transcrição do gene EPO é mediada pelo intensificador de transcrição que se liga especificamente ao HIF-1. No entanto, a hipoxia não é a única condição que pode alterar a expressão da EPO e do EPOR. A produção e a secreção de EPO nos órgãos reprodutivos femininos, por exemplo, são dependentes de estrogênio. Durante a evolução cíclica do endométrio uterino, o 17β-estradiol pode levar a um aumento rápido e transitório

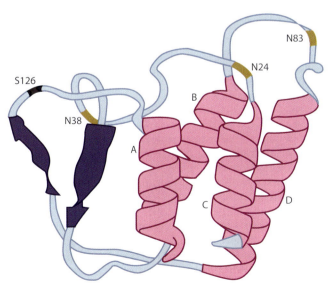

Figura 55.33 ▪ Estrutura tridimensional da eritropoetina. Note três locais de N-glicosilação (asparagina, nas posições 24, 38 e 83; indicados *em amarelo*) e um de O-glicosilação (serina, na posição 126; indicado *em preto*), 4 hélices α (A, B, C e D, *em rosa*) e 2 folhas β antiparalelas (*em azul*). (Adaptada de Boissel *et al.*, 1993.)

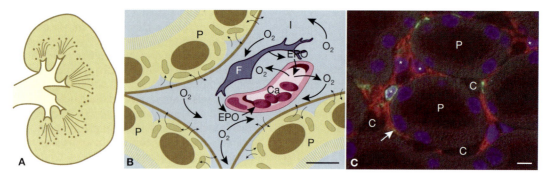

Figura 55.34 • No painel **A** é representada a distribuição dos fibroblastos peritubulares 5'NT-positivos na região justamedular renal. No painel **B** é mostrada a localização desses fibroblastos nos espaços intersticiais, delimitados pelos túbulos proximais retos, e em íntimo contato com os capilares peritubulares. No painel **C** é apresentada uma micrografia (rim de camundongo) em que pode ser visto o interstício peritubular cortical. O espaço intersticial entre os túbulos proximais (P) e os capilares (C) é ocupado: (i) por fibroblastos (*seta*) e seus processos expressando 5'NT (*em vermelho*) e (ii) células dendríticas (*asteriscos*) expressando moléculas MHC classe II – *major histocompatibility complex class II* (*em verde*). Os núcleos celulares estão marcados *em azul*. A estrutura do tecido é mostrada por microscopia de contraste diferencial de interferência (DIC). A borda em escova dos túbulos proximais é fracamente marcada para 5'NT. Barra 10 µm. (Adaptada de Dunn e Donnelly, 2007; Kaissling e Le Hir, 2008.)

do mRNA da EPO no útero, tubas uterinas e ovários. Entretanto, a expressão do mRNA da EPO induzida por hipoxia no tecido uterino ocorre apenas na presença de 17β-estradiol e é menos pronunciada do que a que ocorre no rim e no cérebro. Vários distúrbios celulares podem alterar a expressão de EPO por meio do HIF, como hipoglicemia, exposição ao cádmio, elevação do cálcio intracelular ou intensa despolarização neuronal gerada por ROS (*reactive oxygen species*) mitocondrial. O estresse anêmico, a liberação de insulina e várias citocinas, incluindo o ILGF (*insulin-like growth factor*), o fator de necrose tumoral-α (TNF-α), a interleucina-1β (IL-1β) e a interleucina-6 (IL-6), também podem elevar a expressão da EPO e do EPOR.

▶ Papel do HIF no controle da expressão gênica da EPO

A manutenção da homeostase do oxigênio é uma exigência fisiológica crucial que envolve a regulação coordenada de grande número de genes. Quando os níveis de oxigênio são baixos, é ativada uma via de resposta à hipoxia que foi altamente preservada ao longo da evolução. A análise molecular da resposta regulatória da produção de EPO frente a variações dos níveis de oxigênio levou à descoberta dos fatores de transcrição induzível por hipoxia (HIF), responsáveis pelas respostas genômicas à hipoxia, situação em que a demanda celular de oxigênio excede a oferta.

O aporte de O_2 nas células dos animais unicelulares e dos multicelulares com pequenas dimensões (tais como os nematoides, que têm cerca de 10^3 células) pode se dar por difusão. Em contraste, para garantir o suprimento adequado de O_2 nas células dos mamíferos adultos (muitos dos quais têm mais de 10^{13} células), são necessárias células eritroides e complexos sistemas cardiovascular e respiratório. Originalmente, os HIF podem ter surgido em animais multicelulares, para regular o metabolismo energético celular (glicólise *versus* fosforilação oxidativa), de acordo com a disponibilidade de O_2, passando a ser necessário para o desenvolvimento dos sistemas orgânicos nos animais multicelulares complexos. Os HIF têm um envolvimento crítico no desenvolvimento embrionário, situação na qual são necessários mecanismos rigorosos para regular a atividade transcricional; entretanto, também desempenham importantes papéis na fisiologia pós-natal e estão associados à patogênese de muitas doenças humanas graves. Por isso, é importante compreender os mecanismos moleculares pelos quais o sinal fisiológico (redução da disponibilidade de O_2) é transferido para o núcleo, pelo aumento da atividade transcricional dos HIF.

A interação dos HIF com as regiões regulatórias dos genes induzíveis por hipoxia ocorre por meio das várias sequências regulatórias de DNA existentes na vizinhança desses genes. A sequência-chave está localizada no *elemento de resposta à hipoxia* (HRE – *hypoxia response element*), composto pelos nucleotídios nos quais o HIF pode se ligar. Mais de 70 genes foram confirmados como contendo o HRE, e mais de 200 transcrições são reguladas pela hipoxia, indiretamente pela via do HIF, ou por via independente do HIF. O número de genes-alvo dos HIF conhecidos continua a aumentar, e as funções tradicionais das proteínas codificadas proporcionam uma base molecular para a compreensão de como o HIF-1 controla os vários processos de desenvolvimento fisiológico. No Quadro 55.4 estão alguns exemplos de proteínas codificadas por genes regulados pelo HIF-1.

Os produtos desses genes respondem à hipoxia: (i) diminuindo a dependência e o consumo celular de oxigênio e (ii) aumentando a eficiência da oferta de oxigênio às células. Esses processos incluem vasculogênese e angiogênese, metabolismo, vasodilatação, proliferação e sobrevivência celular.

Essa regulação dependente de oxigênio está presente em todos os tipos celulares testados até o momento, independentemente da sua capacidade de produzir eritropoietina. Os dados experimentais acumulados ao longo do tempo mostram que a capacidade de sentir o oxigênio é uma propriedade universal das células de mamíferos e a gama de genes regulados por oxigênio e HIF vai muito além do envolvimento da EPO. De fato, os HIF estão envolvidos na regulação de muitos processos biológicos que facilitam tanto a oferta de oxigênio como a redução da demanda de oxigênio.

Os HIF são fatores de transcrição heterodiméricos compostos por duas proteínas, HIFα e HIFβ, membros da superfamília de proteínas bHLH/PAS que têm dois domínios, o bHLH (*basic helix-loop-helix*), de dimerização e ligação ao DNA, e um domínio de dimerização denominado PAS por apresentar proteínas PER, ARNT e SIM (PER – *periodic circadian protein*; ARNT – *arylhydrocarbon receptor nuclear translocator*; e SIM – *single-minded protein family*). A maioria das proteínas da superfamília PAS são moléculas presentes em procariotos, que estão envolvidas na transdução de sinal na resposta aos estímulos ambientais, tais como luz, concentração de O_2 e estado

Quadro 55.4 ▪ Exemplos de proteínas codificadas por genes regulados pelo HIF-1 agrupados segundo sua função fisiológica	
Metabolismo	Enzimas glicolíticas
	Lactato desidrogenase A
	Fosfoglicerato quinase 1
	Aldolase A
	Aldolase C
	Fosfofrutoquinase L
	Piruvato quinase M
	Enolase 1
	Hexoquinase 1
	Hexoquinase 2
	Desidrogenase gliceraldeído-3-fosfato
	Triose fosfato isomerase
	Transportadores de glicose (GLUT-1 e GLUT-3)
	Adenilato quinase-3
	Anidrase carbônica-9
Proliferação e sobrevida	Ciclina G2
	Eritropoetina
	Heme oxigenase-1
	IGF (*insulin-like growth factor II*)
	IGFBP dos tipos 1, 2 e 3 (*insulin-like growth factor binding proteins* -1, -2 e -3)
	NOS2 (óxido nítrico sintase 2)
	Proteína pró-apoptótica Nip3
	Proteína p21
	VEGF (fator de crescimento endotelial vascular)
Biologia vascular	Endotelina-1
	Receptor adrenérgico α_{1B}
	HO-1 (heme oxigenase 1)
	NOS2 (óxido nítrico sintase 2)
	Adrenomedulina
	PAI (inibidor do ativador do plasminogênio tipo 1)
	TGF-β3 (*transforming growth factor beta 3*)
	VEGF (fator de crescimento endotelial vascular)
	VEGFR (receptor do fator de crescimento endotelial vascular)
Eritropoese/ferro	Eritropoetina
	Receptor de eritropoetina
	Transferrina
	Receptor de transferrina
	Ferroxidase

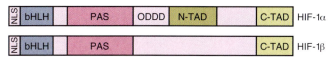

Figura 55.35 ▪ Domínios dos fatores de transcrição HIF. Tanto o HIFα como o HIFβ têm domínios bHLH e PAS e o NLS. O HIFα contém domínios ODDDs, N-TAD e C-TAD. Descrição no texto.

redox. Isto sugere que o HIF-1 pode ser diretamente regulado pelo O_2, pois os domínios PAS de várias proteínas se ligam a grupos prostéticos, como o *heme*.

As subunidades HIFβ (ARNT1, ARNT2 e ARNT3) são proteínas nucleares constitutivas do tipo ARNT que participam de outras vias de transcrição. Em contrapartida, todas as três subunidades HIFα (HIF-1α, HIF-2α e HIF-3α) são proteínas cujos níveis são altamente induzidos pela hipoxia.

Como esquematizado na Figura 55.35, o HIF-1α também apresenta um domínio denominado ODDD de degradação dependente de oxigênio e dois domínios, C e N-terminal, de ativação transcricional (TAD – *transactivation domain*). Mediante um sinal de localização nuclear (NLS), situado na região C-terminal, o HIF-1α estabilizado pode se ligar rapidamente a proteínas do poro da membrana nuclear e se translocar para o interior do núcleo. No HIF1-β também ocorre o NLS.

Enquanto mudanças na oferta de oxigênio não afetam os níveis de HIF-1β, a subunidade HIF-1α não é detectável em células em normoxia, pois nessa condição sua meia-vida é muito curta (menos de 5 min).

Nos rins, são expressos o HIF-1α e o HIF-2α. Enquanto o HIF-2α é encontrado principalmente nas células endoteliais e células intersticiais do tipo fibroblastos-símile, o HIF-1 é expresso na maioria das células epiteliais e nas células intersticiais e endoteliais das regiões medular interna e papilar, mas não foi detectado nas células endoteliais e intersticiais do córtex nem da medula externa.

Como ilustrado na Figura 55.36, resultados obtidos em ratos submetidos à hipoxia por 5 h mostram claro aumento da expressão de HIF-1α na região papilar, enquanto a expressão da subunidade HIF-2α ocorre nas células peritubulares do córtex, nas células intersticiais fora dos raios medulares e nas células endoteliais dos capilares dentro dos feixes vasculares da medula externa.

Foram identificados dois mecanismos primários de regulação da atividade do HIF-1α pelo oxigênio, ilustrados na Figura 55.37. O primeiro deles se deve ao fato de que, sob condições de normoxia, o domínio de degradação dependente de oxigênio (ODDD) da subunidade HIF-1α é reconhecido pelo produto do gene supressor de tumor de *von Hippel-Lindau* (VHL). O VHL é um dos componentes do complexo multiproteico ubiquitina ligase denominado VBC (VHL/elongina B/elongina C), que liga covalentemente o HIF-1α à cadeia de ubiquitina (Ub), o que causa o atracamento no complexo proteossomal que seletivamente degrada as proteínas conjugadas à ubiquitina.

O reconhecimento do HIF-1α pelo VHL depende da hidroxilação de resíduos de prolina. Na presença de oxigênio, essa hidroxilação se dá por meio das proteínas do domínio prolil hidroxilase – PHD (*prolyl-hydroxylase domain protein*), no resíduo de prolina 402 do domínio de degradação dependente de oxigênio – ODDD (*oxigen-dependent degradation domain*) e no resíduo de prolina 564 do domínio N-terminal.

O segundo processo citado anteriormente corresponde à hidroxilação, na presença de O_2, da asparagina, localizada na posição 803 do domínio de transativação C-terminal do HIF-1α, catalisada pelo fator de inibição do HIF (FIH). Esta hidroxilação impede a ativação do HIF-1α, pela redução da capacidade do HIF-1α em se ligar aos coativadores transcricionais p300 e CBP (*CREB-binding protein*).

Tanto as PHD como o FIH são dioxigenases pertencentes à família das enzimas heme não oxidantes. Suas atividades são dependentes de oxigênio e de 2-oxoglutarato, tendo Fe^{2+} (ferro não heme) como cofator. Na presença de Fe^{2+}, as moléculas de O_2 dão origem a dois átomos, um dos quais se transfere para a hidroxila do resíduo de prolina ou asparagina e o outro é transferido para o 2-oxoglutarato (um intermediário do ciclo de Krebs), formando succinato e CO_2. Como se ligam diretamente ao oxigênio, é atribuída a estas enzimas a função dos sensores de oxigênio envolvidos na resposta hipóxica.

Assim sendo, sob condições de hipoxia, a prolil hidroxilação está bloqueada, pois um menor número de moléculas de O_2 está disponível para se ligar às PHD e ao FIH. Dessa maneira, o HIF-1α deixa de ser hidroxilado e degradado, resultando em sua maior estabilidade e acumulação.

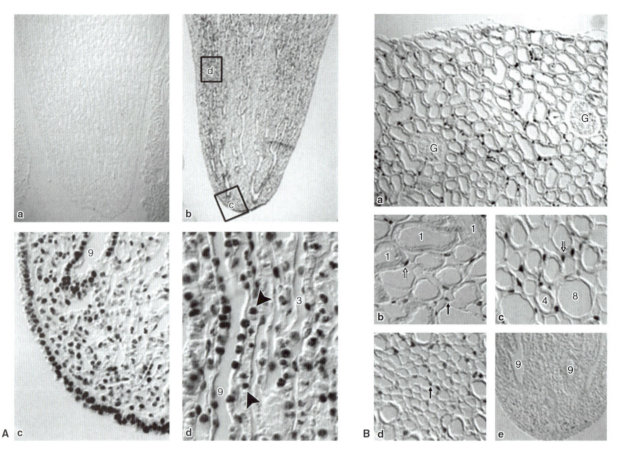

Figura 55.36 ▪ **A.** Expressão de HIF-1α na papila de ratos expostos a hipoxia por 5 h. (*a*) Amostra controle em normoxia, não apresentando coloração de base. (*b*) Exemplo mostrando significativo aumento da expressão de HIF-1α após exposição ao monóxido de carbono. (*c* e *d*) Detalhes em maior aumento das respectivas áreas de ponta da papila e da região papilar média, indicadas na micrografia (*b*). Setas, fibroblastos intersticiais. Aumentos: 20× em *a* e *b*; 160× em *c* e 220× em *d*. *3*, porção fina da alça de Henle; *9*, ducto coletor medular. **B.** Expressão de HIF-2α em rins de ratos expostos a hipoxia por 5 h. (*a*) Labirinto cortical. (*b*) Zona externa da medula externa. (*c* e *d*) Zona interna da medula externa. (*e*) Papila. Células peritubulares no córtex com marcação positiva. Na medula externa, tanto as células intersticiais fora dos raios medulares (*seta branca*) como as células endoteliais dos capilares dentro dos feixes vasculares (*seta preta*) apresentam marcação positiva. *1*, túbulo proximal convoluto; *4*, porção ascendente, espessa medular da alça de Henle; *8*, ducto coletor cortical; *9*, ducto coletor medular; *G*, glomérulo. Aumentos: 100× em *a*; 220× em *b*, *c* e *d*; 120× em *e*. (Adaptada de Rosenberger et al., 2002.)

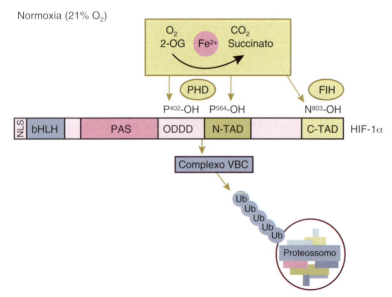

Figura 55.37 ▪ Hidroxilação do HIFα. Detalhes explicados no texto. *OH*, grupo hidroxila; *P*, resíduo prolil; *N*, resíduo aspariginil; *Ub*, ubiquitina; *2-OG*, 2-oxoglutarato; *PHD*, domínio prolil hidroxilase; *FIH*, fator de inibição do HIF.

O aumento da estabilidade do HIF-1α também pode ocorrer por uma via independente de oxigênio, na qual o HIF-1α se liga à proteína de choque térmico 90 (Hsp90). O uso de inibidores de Hsp90, que impedem sua ligação com o HIF-1α, mostrou que nessa situação o receptor da proteinoquinase C ativada (RACK1) pode se ligar ao HIF-1α e recrutar o sistema da ubiquitina ligase, potencializando a degradação proteossomal da subunidade α. Em algumas situações, a hipoxia leva também a aumento do acúmulo de mRNA do HIF-1α.

Portanto, somente em condições de hipoxia o HIF-1α acumula-se no citosol; isto permite que o HIF-1α penetre no núcleo e forme com o HIF-1β o heterodímero HIF-1, o qual induz a transcrição de muitos genes, cuja expressão é dependente de hipoxia.

▶ **Formação do HIF e sua ação no HRE**

A heterodimerização de HIF-1α e de HIF-1β é mediada pelos domínios bHLH e PAS de cada subunidade, e é indispensável para que ocorra ligação aos elementos de resposta à hipoxia (HRE) na região regulatória dos genes-alvo. Esta ocorre por meio das regiões básicas contíguas aos motivos HLH das duas subunidades em contato com o DNA.

No caso da expressão da EPO, foram descritas duas regiões essenciais para a atividade do HIF-1: (i) o elemento de resposta à hipoxia (HRE), ou seja, o local de ligação do HIF (*HIF-binding site* – HBS), que contém uma sequência consenso (A/G)CGTG com a qual o HIF1 contata diretamente, e (ii) a sequência ancilar do HIF-1 (HAS), que é uma repetição invertida imperfeita, capaz de recrutar fatores de transcrição complexos, diferentes do HIF-1.

Uma vez no núcleo, a ligação do HIF-1 ao DNA ocorre mediante os domínios bHLH e os domínios localizados na região N-terminal de cada subunidade. As sequências específicas de DNA que são alvo do HIF, conhecidas como elementos de resposta à hipoxia (HRE), são compostas de 5'-RCGTG-3' (em que R é A ou G) e são encontradas principalmente nas regiões do promotor, íntron e/ou regiões potenciadoras dos genes-alvo.

Ao se ligar ao elemento de resposta à hipoxia (HRE), o HIF1 recruta coativadores transcricionais para formar um complexo de iniciação, por meio de dois domínios de transativação: o domínio C-terminal regulado por oxigênio (C-TAD, abrangendo os resíduos 786 a 826 do HIF-1α) e o domínio N-terminal (N-TAD, abrangendo resíduos 531 a 575 do HIF-1α).

Tanto o N-TAD como o C-TAD do HIF-1α são altamente conservados entre as espécies, apresentando conservação de 90% e 100% de aminoácidos, respectivamente, entre ratos e seres humanos. No entanto, em humanos, há pouca similaridade entre o N-TAD e o C-TAD, indicando que cada domínio deva ter papéis diferentes e importantes. Tanto o N-TAD como o C-TAD recrutam coativadores CBP/p300, SRC-1, e o fator intermediário de transcrição 2 (TIF-2), ainda que interações diretas só tenham sido demonstradas entre o C-TAD e os coativadores CBP/p300. Os coativadores transcricionais CBP e p300 são essenciais para a ligação de fatores de transcrição, como o HIF, com a maquinaria de transcrição. Além disso, têm atividade histona acetiltransferase necessária para a modificação da cromatina antes da transcrição.

Como o N-TAD é contíguo ao ODDD, é difícil distinguir sua regulação específica da degradação de proteína dependente de oxigênio mediada pelo ODDD. Há evidências de que o C-TAD seja o domínio de transativação predominante, regulando a maioria, mas não todos, os genes-alvo do HIF. No entanto, um subconjunto de genes-alvo do HIF depende exclusivamente do N-TAD e não é influenciado por mudanças na atividade do C-TAD. Embora o HIF-1β tenha seu próprio C-TAD, este parece ser dispensável para a transcrição no contexto do heterodímero HIF1.

▶ Mecanismos de ação da EPO por meio do EPOR

A ação da EPO decorre de sua ligação a um receptor de superfície da célula-alvo, o receptor EPO (EPOR). Em vários tipos celulares ocorre paralelamente a expressão da EPO e do EPOR. A expressão funcional do EPOR ocorre tanto nas células hematopoéticas como em vários tipos de células não hematopoéticas, incluindo endoteliais, musculares lisas, mioblastos esqueléticos, cardiomiócitos, neurônios, fotorreceptores da retina, do estroma hepático, da placenta, do rim e macrófagos.

O EPOR faz parte de uma família de receptores de citocinas do tipo 1 e é ativado via homodimerização. O EPOR partilha com essa família a estrutura comum que consiste em um domínio extracelular de ligação, um domínio transmembranal e um domínio intracelular. O domínio extracelular é necessário para a ligação inicial do EPO e o domínio intracelular é responsável pela transdução de sinalização intracelular.

Após a clonagem do gene da EPO em 1985, seu receptor foi observado em condições normais, bem como em células eritroides transformadas. O EPOR se expressa nas células eritroides, principalmente, nos estágios de desenvolvimento CFU-E e pronormoblástico. Durante a diferenciação das células eritroides, o número de EPOR por célula diminui gradualmente, e os reticulócitos e o eritrócito maduro não apresentam EPOR.

Interação HIF e HRE

O estudo de um câncer hereditário, conhecido como *síndrome de Von Hippel-Lindau* (VHL), doença descrita inicialmente em 1894, levou à descoberta do gene VHL, com comportamento típico de supressor de tumor, que apresenta distribuição ubíqua. Por *splicing*, esse gene dá origem a duas isoformas proteicas que se comportam de modo semelhante, denominadas pVHL. Há algum tempo, foi observado que células de carcinoma renal, que não expressam a forma selvagem da pVHL, apresentam expressivo aumento do mRNA de proteínas VEGF e GLUT1, induzível por hipoxia tanto em condições de normoxia como de hipoxia. Esta observação induziu ao estudo do seu papel na expressão de genes que codificam proteínas que medeiam respostas adaptativas à redução da disponibilidade de oxigênio. Esse estudo indicou que a pVLH também tem distribuição ubíqua e forma um complexo celular que contém, no mínimo, elongina B, elongina C, Cul2 e Rbx1 (*RING Box protein 1*). A arquitetura deste complexo é semelhante à dos complexos SCF (*SKp1/Cdc53/F-box*), presentes em leveduras, que servem como ligase de ubiquitina E3. Nesses complexos, a proteína F-box (assim chamada porque um primeiro motivo curto foi identificado na ciclina F) se liga ao alvo a ser destruído. Desses achados, surgiu a pergunta instigante: qual a razão de a pVHL só reconhecer o HIF-α na presença de oxigênio?

Foi observado que a pVHL se liga ao HIF-1α só após este ser enzimaticamente hidroxilado nos resíduos prolil, conservados no domínio de degradação dependente de oxigênio (ODDD). Esta ligação é intrinsecamente dependente de oxigênio pelo fato de o átomo de oxigênio do grupo hidroxila ser derivado do oxigênio molecular. Além disso, esta reação requer os cofatores 2-oxoglutarato, vitamina C e ferro. A necessidade deste último cofator explica a razão pela qual quelantes de ferro (tais como mesilato de deferoxamina) e antagonistas de ferro (tais como o cloreto de cobalto) mimetizam os efeitos da hipoxia.

Três enzimas homólogas, denominadas EGLN1, EGLN2 e EGLN3, contendo domínio prolil hidroxilase, podem hidroxilar o HIF-1α em um dos dois locais de prolina presentes no ODDD (Pro-402 e Pro-564). Resíduos prolil análogos estão presentes no HIF-2a e HIF-3α. Na presença de oxigênio, as proteínas EGLN são ativas e hidroxilam o domínio ODDD do HIF-1a, o que permite que a pVHL se ligue e poliubiquitine o HIF. Isto, por sua vez, leva à degradação proteossomal do HIF. Sob condições de hipoxia, a enzima não pode hidroxilar o HIF, e, portanto, o HIF não é reconhecido pela pVHL. Como resultado, o HIF se acumula na célula e fica disponível para ativar a transcrição (ver Figura 55.37). Como o *turnover* de HIF depende da via de hidroxilação pelas prolil 4-hidroxilases (PHD) e ubiquitinação por VHL, vários inibidores de PHD foram desenvolvidos como estabilizadores de HIF para melhorar a produção de EPO e eritrócitos. Em seres humanos estão sendo desenvolvidos estudos de Fases II e III de roxadustat, AKB-6548 e GSK1278863 (GlaxoSmithKline).

O gene do EPOR foi clonado a partir de células eritroleucêmicas murinas. O EPOR é expresso como um dímero com 66 a 78 kDa. Dois locais de ligação, um com alta e outro com baixa afinidade, foram demonstrados no domínio extracelular do EPOR.

Como ilustra a Figura 55.38, ao se ligar à EPO o EPOR muda sua conformação e se autodimeriza por meio da transfosforilação da quinase JAK2, constitutivamente associada aos monômeros do receptor de EPO. Após a EPO ativar o receptor, oito resíduos de tirosina no domínio citoplasmático do EPOR são fosforilados, formando locais de ligação para proteínas com domínios SH2, iniciando a sinalização intracelular por meio da fosforilação da tirosina de diversas proteínas, ainda que o receptor EPO não tenha atividade tirosinoquinase endógena. Isso permite a ativação de várias vias de transdução de sinal, tais como as vias quinase Ras/MAP e fosfatidil inositol 3 quinase (PI_3-quinase), além da via que envolve membros da família de transdutores de sinal e ativadores de transcrição STAT (*signal transducers and activators of transcription*), por meio da fosforilação de um único resíduo de tirosina, o que leva à sua dimerização.

As proteínas STAT são substratos das tirosinoquinases Janus (Jak2). Em mamíferos há sete genes que codificam proteínas STAT, que podem ser ativadas por fosforilação e são consideradas fatores de ligação ao DNA. A ativação da Jak2 pela EPO resulta em fosforilação e dimerização de STAT. O STAT dimerizado se transloca para o núcleo, onde se liga aos elementos de resposta específica nos promotores de genes-alvo, e ativa transcricionalmente esses genes.

Associadas a estas vias de transcrição estão as proteinoquinases ativadas por mitógenos, que incluem as quinases relacionadas com sinal extracelular (ERK, *extracellular signal-related kinases*), as quinases c-Jun aminoterminal (JNK, *c-Jun N-terminal kinases*), envolvidas com a apoptose, e a MAPK p38 (*p38 mitogen-activated protein kinase*), que pode controlar a proliferação e a diferenciação dos eritroides. No entanto, no que se refere à citoproteção, a EPO não só ativa as STAT3, STAT5 e ERK 1/2, mas também utiliza essas vias para promover o desenvolvimento e a proteção celular.

▶ Algumas vias deflagradas pela EPO por meio do EPOR

Ainda que o espectro de ações conhecidas da EPO seja muito amplo, incluindo mitogênese, quimiotaxia, angiogênese, mobilização de cálcio intracelular e inibição da apoptose, diariamente são descritos novos aspectos que revelam seu importante significado na saúde e na doença. Inicialmente, foi suposto que a EPO atuasse exclusivamente em células progenitoras eritroides. Posteriormente, foi descrito um amplo espectro de ações, sendo confirmada a expressão do gene da EPO em diferentes tecidos e a presença do EPOR em grande número de tipos celulares, tendo sido evidenciadas ações autócrinas e parácrinas da EPO.

A seguir serão apresentados alguns aspectos das ações da EPO na apoptose, eritropoese, angiogênese, no tecido neural e no tecido renal.

Apoptose

A palavra grega *apoptosis*, que originalmente significava queda natural das pétalas de flores ou das folhas de árvores, por sugestão do Professor James Cormack do Departamento de Grego da Universidade de Aberdeen, Escócia, foi utilizada pela primeira vez por Kerr e colaboradores, em 1974, para designar a morte celular programada, não seguida da autólise, que ocorre em organismos multicelulares. Esse processo fisiológico de morte está envolvido no mecanismo de renovação celular, necessário para o desenvolvimento e a manutenção da higidez dos tecidos.

A apoptose envolve perda do potássio intracelular com: redução do volume celular, falta da assimetria da membrana pela exteriorização de fosfatidilserina, perda da adesão celular, despolarização mitocondrial, fragmentação nuclear, condensação da cromatina e fragmentação do DNA. A apoptose está envolvida na gênese de várias doenças, tais como: acidente vascular cerebral isquêmico, demência, doença de Alzheimer, lesão medular e infarto do miocárdio. A EPO previne a apoptose induzida por diferentes estímulos, tipo hipoxia, *excitotoxicidade* (liberação maciça de neurotransmissores por células atingidas por um estímulo agressor) e exposição a radicais livres. Além de evitar a lesão por apoptose, a EPO atua no desenvolvimento neuronal de células progenitoras, por intermédio do fator nuclear-κB, que promove a produção de células-tronco neurais. Adicionalmente, em vários modelos experimentais, a EPO tem demonstrado papel potencial na proteção contra a fagocitose microglial e as lesões trombóticas.

Como esquematizado na Figura 55.39, ao ligar-se ao seu receptor EPOR, a EPO deflagra, por meio da JAK2 (tirosinoquinase Janus-2), várias vias de sinalização que levam à inibição da apoptose, tais como: a proteína transdutora de sinal e ativadora de transcrição 5 (STAT5), a fosfatidilinositol-3-quinase (PI3K) e a Hsp70 (*heat shock protein*).

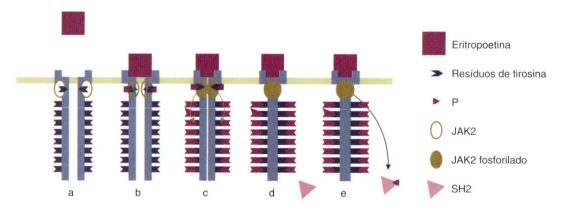

Figura 55.38 ▪ O primeiro passo para a ativação do receptor de EPO ao se ligar à EPO (*a*) é sua dimerização (*b*), o que ocorre mediante o contato entre si das quinases JAK2, que estão associadas aos monômeros, com consequente transfosforilação. Os resíduos de tirosina do EPOR são então fosforilados (*c* e *d*), provocando locais de ligação para proteínas com domínios SH2 (*e*).

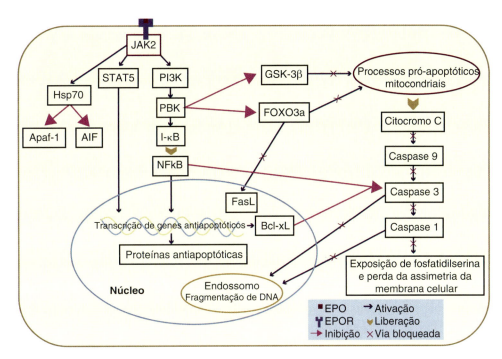

Figura 55.39 • Esquema de vias de sinalização envolvidas na apoptose. Detalhes no texto.

A fosforilação da STAT5 promovida pela JAK2 leva a sua homodimerização e translocação para o núcleo, onde ativa genes que codificam moléculas antiapoptóticas, como o Bcl-xL, que inibe a caspase 3.

O JAK2, por intermédio da fosfatidilinositol 3-quinase (PI3K) e da proteinoquinase B (PKB), promove a fosforilação em cadeia e a inativação de moléculas pró-apoptóticas, tais como a glicogênio sintase quinase-3β (GSK-3β) e o fator de transcrição FOXO3a. A GSK-3β desempenha importante papel na indução de apoptose em diversos tipos celulares, inclusive neurônios, células musculares lisas vasculares e cardiomiócitos. O FOXO3a, quando inativado, é retido no citoplasma e, assim, impede a ativação de genes-alvo, como o da FasL (*Fas ligand* – proteína da família dos fatores de necrose tumoral, TNF) que induz apoptose. Tanto a GSK-3β como FOXO3a promovem processos pró-apoptóticos mitocondriais; assim sendo, a inibição da GSK-3β ou do FOXO3a bloqueia a ativação desses processos. Consequentemente, deixa de haver liberação do citocromo C e a ativação das caspases 1, 3 e 9. As caspases são proteases de cisteína sintetizadas na forma inativa e, no início da apoptose, são proteoliticamente clivadas em subunidades. De acordo com a sequência de ativação, as caspases são classificadas como iniciadoras ou efetoras. Uma caspase iniciadora cliva e posteriormente ativa uma caspase efetora que, por sua vez, cliva diretamente substratos proteicos, levando à destruição celular. As caspases 1 e 3 são associadas às vias de apoptose por clivagem do DNA genômico e exposição de fosfatidilserina de membrana. Neste caso, fica inibida a ação da caspase 9 de clivar e ativar a caspase 3. Desse modo, a caspase 3 deixa de ativar a caspase 1, inibindo seu papel na indução de processos inflamatórios pela exposição de fosfatidilserina na membrana celular. Além disso, como a caspase 3 participa do direcionamento das células para a fagocitose, esta deixa de ocorrer por estar inibida.

A PBK, por meio da fosforilação da I-κB, possibilita a liberação do fator de transcrição NF-κB, sua translocação para o núcleo e a ativação de genes que codificam moléculas antiapoptóticas, tais como XIAP (*X-linked inhibitor of apoptosis protein*) e c-IAP2 (*cellular inhibitor of apoptosis 2*). Por outro lado, a JAK2 ativa a Hsp70 (*heat shock protein*), que inativa moléculas pró-apoptóticas, tais como o fator ativador de proteases pró-apoptóticas (Apaf-1) e o fator de indução de apoptose (AIF).

Eritropoese

O organismo humano adulto possui mais de 30 trilhões de hemácias, o que corresponde a cerca de um quarto do número total de células. Além disso, o volume dos eritrócitos é superior a 2 ℓ, ou seja, quase 10% do volume celular total. Assim, os eritrócitos estão entre os tipos de células mais abundantes do corpo humano. Como a expectativa de vida dos eritrócitos é de 100 a 120 dias, a cada dia mais de 200 bilhões deles precisam ser substituídos, ou seja, devem ser produzidos cerca de 139 milhões de glóbulos vermelhos a cada minuto.

O principal regulador desse processo, assim como outras citocinas, é a EPO. Produzido nos rins, este hormônio está presente no plasma em concentrações picomolares, ou seja, cerca de um centésimo da concentração da grande maioria dos hormônios circulantes. A EPO induz a produção de glóbulos vermelhos na medula óssea, em que se liga a células progenitoras eritroides. Estudos em cultura celular identificaram duas classes de células progenitoras eritroides, BFU-E e (CFU-E). Ambas têm receptores para EPO em suas superfícies. Quando a EPO se liga ao EPOR nas células BFU-E, estas dão origem aos proeritroblastos (CFU-E). Como ilustrado pela Figura 55.40, os proeritroblastos, pela ação da EPO, à qual são extremamente sensíveis, proliferam e se desenvolvem em eritroblastos e reticulócitos que entram na circulação periférica, onde amadurecem, dando origem às hemácias circulantes.

A falta de EPO pode causar vários distúrbios fisiológicos. Se, por exemplo, seu nível plasmático é reduzido, o nível de hemoglobina pode cair para 7 ou 8 g/dℓ, em vez do nível normal de 14 a 16 g/dℓ. A anemia resultante provoca falta de ar e

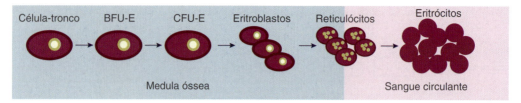

Figura 55.40 • Etapas da eritropoese. Detalhes no texto.

sensação de cansaço. Por outro lado, níveis elevados de EPO estimulam a produção das células vermelhas do sangue, causando policitemia, condição em que aumenta a viscosidade do sangue, o que pode levar, por exemplo, a danos cerebrais.

Ainda que a via de sinalização da EPO seja necessária para a eritropoese em condições de estresse, ela é dispensável para a eritropoese no estado estacionário. Por outro lado, a EPO leva à maturação dos eritrócitos por inibir a apoptose das células eritroides.

A expressão do EPOR em tecidos hematopoéticos é essencial para a eritropoese normal de mamíferos durante o desenvolvimento. Foi verificado que embriões de camundongos, *knockout* para EPO ou EPOR, morrem no útero devido à falta de eritropoese no fígado fetal. Esses embriões também apresentam defeitos na angiogênese e morfogênese cardíaca, com aumento da apoptose das células do endocárdio e miocárdio.

O processo de multiplicação e diferenciação das células-tronco hematopoéticas (HSC) é finamente regulado por um conjunto de fatores de crescimento e hormônios que determinam sua autorrenovação e/ou diferenciação. A EPO, agindo por meio do EPOR, é o principal hormônio eritropoético. A estimulação do EPOR ativa vias de sinalização necessárias para a sobrevivência, proliferação e diferenciação de eritroblastos. Outra citocina importante envolvida na eritropoese é o fator de célula-tronco (SCF – *stem cell factor*), que se liga ao receptor de citocina c-Kit, retardando a diferenciação e aumentando a proliferação de células progenitoras.

A ativação da Jak2 pela EPO, por intermédio do EPOR, induz a ativação da via PI3K AKT/PKB, que, pela inibição do fator de transcrição FOXO3a, reduz a expressão do inibidor do ciclo celular p27/kip1. Quando diminui a expressão de EPOR, tanto a expressão como a atividade transcricional da FOXO3a aumentam durante a maturação das células precursoras eritroides. Por outro lado, a PI3K também ativa a MAPK (proteinoquinase ativada por mitógeno), levando à proliferação dos eritroblastos. Por meio do EPOR é deflagrada cascata Ras-Raf-MEK-ERK que, via fatores de transcrição, regula a expressão gênica e a atividade de muitas proteínas envolvidas com a apoptose. A fosforilação da quinase Raf1 retarda a diferenciação dos eritroblastos, pela redução da ativação da caspase-3.

Adicionalmente, EPO e SCF ativam a JNK (*Jun-N-terminal kinase*) e, assim, promovem a proliferação e a sobrevivência de células hematopoéticas. Por outro lado, a diferenciação das células eritroides induzida pela EPO também depende da via de sinalização PI3K/Akt, que age em conjunto com a proteinoquinase C (PKC)-α. A PKC-α medeia a diferenciação eritroide das células progenitoras CD34 da medula óssea.

Na regulação da eritropoese, também está envolvida a via de sinalização Jak/STAT5, que é rapidamente ativada após a ligação da EPO ao EPOR em progenitores eritroides. A sobrevivência dos eritroblastos jovens e, consequentemente, a eritropoese normal, são controladas pela STAT5 por meio do aumento da transcrição do gene Bcl-xL e estimulação da via antiapoptótica, que pode ser inibida pela cascata das caspases.

A ativação da caspase-3 leva à degradação dos fatores de transcrição SCL/TAL-1 (*stem cell leukemia/T-cell acute lymphoblastic leukemia 1*), bem como do fator de transcrição de eritroides GATA-1, que regulam a expressão gênica do Bcl-xL. A proteína Tal-1 é fosforilada em resposta à estimulação da EPO mediante a via de sinalização da MAPK ativada por PI3K. A proteína GATA-1 é considerada fator crítico de transcrição na eritropoese e da megacariopoese. A atividade de transativação da GATA-1 é altamente dependente da interação com vários cofatores, tais como: FOG-1, EKLF, SP1, CBP/p300, LMO2, Ldb1, Runx1, Fli1 e PU-1. Estes cofatores constituem uma rede muito complexa de regulação da eritropoese, promovendo ou reprimindo a atividade de GATA-1.

Esses vários mecanismos integrados garantem que o efeito estimulante da eritropoetina em células progenitoras eritroides seja apropriado. Se, por um lado, a ligação da EPO ao seu receptor inicia a cascata de sinalização que leva à proliferação celular e à prevenção da apoptose, esse efeito é atenuado por moléculas intracelulares, tais como supressores de sinalização de citocina, o que realmente evita a proliferação descontrolada dos glóbulos vermelhos.

Os dados aqui apresentados evidenciam a complexidade da regulação da eritropoese que envolve grande número de vias de sinalização e regulação da transcrição gênica. Ao lado de outras citocinas, a EPO tem papel fundamental na multiplicação e diferenciação das células-tronco hematopoéticas e no desenvolvimento, sobrevivência, crescimento e maturação dos glóbulos vermelhos, determinando, assim, o número de eritrócitos circulantes necessários para a adequada oxigenação tissular.

Angiogênese

A angiogênese é um processo complexo, em que vários tipos de células e mediadores interagem para criar um microambiente adequado para a formação de novos vasos. A angiogênese ocorre em diversas condições fisiológicas e patológicas, tais como desenvolvimento embrionário (em que está associada a vasculogênese, ou seja, a formação de vasos capilares a partir de células endoteliais diferenciadas de células mesodérmicas), cicatrização, remodelação cíclica do tecido uterino durante o ciclo menstrual, inflamações crônicas e tumores.

Como visto, na diferenciação de células hematopoéticas a ligação da EPO ao EPOR ativa vias de transdução de sinal que controlam a proliferação celular, a sobrevivência e a expressão de genes específicos. Como as células hematopoéticas e endoteliais advêm de progenitoras comuns, as citocinas e os fatores de crescimento associados à hematopoese também atuam na angiogênese. A ação angiogênica da EPO é semelhante à do VEGF (fator de crescimento endotelial vascular). Na vigência de hipoxia ou isquemia, via HIF-1, ocorre aumento da expressão de EPO e VEGF e seus receptores, o que mobiliza células progenitoras endoteliais e promove a neovascularização.

Em certas doenças, tais como retinopatia diabética e crescimento tumoral, a regulação da angiogênese é perdida, o que concorre para o desenvolvimento e a progressão da moléstia.

Apesar de a EPO ser um fator de sobrevivência para os fotorreceptores da retina, no vítreo de diabéticos ocorre aumento significativo da expressão de EPO endógena, o que tem sido associado à gênese da retinopatia diabética proliferativa. Além disso, a administração precoce de EPO no tratamento da anemia da prematuridade é associada ao aumento significativo do risco de retinopatia, sugerindo que a ativação do EPOR de células endoteliais leve à neovascularização dos vasos da retina em desenvolvimento.

No início do uso terapêutico da EPO recombinante humana (rHuEPO), em pacientes com anemia de origem renal (causada pela redução da produção de EPO pelos rins), foi observada elevação da pressão arterial como efeito colateral. Duas ações mediadas pela EPO explicam esse efeito: (1) nas células endoteliais a EPO deflagra, via fosforilação da JAK2, o aumento da transcrição de endotelina 1, um potente agente vasoconstritor e (2) em células musculares lisas vasculares a EPO estimula o influxo de cálcio, o que leva à contração. Esse aumento na mobilização de Ca^{2+} intracelular é inibido pela genisteína, um inibidor da via JAK2/STAT5, indicando que esta é a via envolvida nesse processo. Esses dois mecanismos explicam a hipertensão associada ao tratamento com rHuEPO.

Tecido neural

A EPO circulante, produzida no rim, não atravessa a barreira hematencefálica devido ao seu elevado peso molecular (30,4 kDa); mas, em várias regiões do cérebro ocorre produção local de EPO, tornando possível sua ação parácrina. Ainda que em níveis inferiores aos encontrados nos rins, tanto o mRNA da EPO e do EPOR como suas proteínas são amplamente distribuídos em diferentes regiões do cérebro de mamíferos, incluindo córtex, hipocampo, amígdala, cerebelo, hipotálamo e núcleo caudado. Isto ocorre conjuntamente com outros fatores de crescimento hematopoéticos que são expressos e atuam no SNC. Com relação ao tipo de células neurais que expressam EPO, os astrócitos são a principal fonte de EPO no cérebro. Além dos neurônios, oligodendrócitos e células gliais, uma forte presença de EPOR foi detectada nas células endoteliais vasculares do cérebro. Essa ampla distribuição neural implica um vasto espectro de ações cerebrais da EPO.

Vários efeitos da EPO foram descritos no SNC. Inicialmente, foi observado que o uso terapêutico de eritropoetina recombinante humana (rHuEPO) em pacientes anêmicos frequentemente levava a melhora da função cognitiva, o que foi atribuído à maior oxigenação cerebral decorrente do aumento do hematócrito. Posteriormente, no tecido neural, foi verificada tanto a presença de EPOR como a produção local de EPO, indicando a presença de uma ação parácrina. Coerentemente com essa ação parácrina, a EPO produzida no cérebro tem peso molecular menor (devido a menor sialização), enquanto a estabilização da EPO circulante no plasma só é possível mediante intensa sialização. Adicionalmente, as células neurais, como os astrócitos, respondem à hipoxia produzindo EPO.

Em células neuronais fetais humanas foi verificado que a expressão do mRNA da EPO duplica em condições de hipoxia. Por outro lado, a presença de EPOR foi detectada em grande variedade de tecidos neurais, incluindo linhagens de células neuronais PC12 e SN6, células NT2 e HNT, células endoteliais de capilares de cérebro de ratos, neurônios hipocampais e corticais de ratos, e neurônios, astrócitos e micróglia de cérebros humanos. Também foi demonstrado que a EPO reduz a morte celular induzida por hipoxia, causando um efeito neuroprotetor. Coerentemente, a expressão de EPO e EPOR é especialmente alta nas regiões do cérebro conhecidas por serem mais sensíveis à hipoxia aguda, o hipocampo e o telencéfalo, o que é compatível com uma ação protetora contra a hipoxia.

Como mencionado anteriormente, após a ligação da EPO ao EPOR, a tirosinoquinase Janus 2 (JAK2) é fosforilada e ativada. Isto leva ao recrutamento de moléculas sinalizadoras secundárias, tais como a proteína transdutora de sinal e ativadora da transcrição 5 (STAT5), seguida pela ativação de Ras/MAPK (*mitogen activated protein kinase*), ERK-1/-2 e PI3K/Akt. Além disso, EPO induz a expressão da proteína antiapoptótica Bcl-xL. A maioria destas vias parece ser funcional no cérebro. Em experimentos realizados *in vitro*, a inibição de MAPK e PI3K bloqueou a proteção conferida pela EPO aos neurônios do hipocampo submetidos a hipoxia. O uso de inibidores da ERK-1/-2 e Akt evidenciou que a ativação dessas proteínas é essencial para o efeito neuroprotetor da EPO. Entretanto, o papel da STAT5 na neuroproteção induzida pela EPO é controverso. Foi observado, em ratos, que a fosforilação da STAT5 ocorre em neurônios hipocampais após isquemia cerebral global transitória, indicando sua participação na neuroproteção mediada pela EPO. Por outro lado, um estudo de medida da toxicidade do glutamato em cultura de neurônios hipocampais de fetos de ratos *knockout* para STAT5 evidenciou que a STAT5 não é necessária para a neuroproteção mediada pela EPO, mas é indispensável para a função neurotrófica da EPO. No cérebro, parece que a ativação do EPOR induz à translocação do fator nuclear κB (NF-κB) para o núcleo e que esse efeito é importante para a neuroproteção mediada pela EPO. Curiosamente, a translocação de NF-κB induzida pela EPO só é observada em células neuronais e não em astrócitos. Assim, é provável que a ação nuclear do NF-κB induz a expressão de proteínas neuroprotetoras e antiapoptóticas. Verificou-se também que camundongos *knockout* para EPOR apresentam apoptose maciça e redução no número de células progenitoras neuronais, evidenciando uma ação antiapoptótica da EPO no SNC.

Deve ser notado que há diferenças entre as cascatas de sinalização ativadas por EPO no SNC e nas células eritroides. Como exemplo, foi verificado que Bcl-xL é importante na proteção mediada por EPO nas células eritroides, mas não nas neuronais. Além disso, foi visto que nos neurônios a EPO ativa a fosfolipase C-γ (PLC-γ) e assim pode influenciar diretamente a atividade neuronal e a liberação de neurotransmissores.

Na hipoxia é induzida a expressão da EPO, que age diretamente sobre as células estaminais neuronais do *prosencéfalo*, estimulando a neurogênese pós-hipóxica. Além disso, a EPO também age indiretamente por meio da indução da expressão do fator neurotrófico derivado do cérebro (BDNF) que, por sua vez, aumenta o efeito direto da EPO na neurogênese.

Além dos efeitos diretos sobre os neurônios, a neuroproteção induzida pela EPO também pode ser atribuída à melhoria da perfusão cerebral pela promoção de angiogênese, que foi verificada em vários modelos experimentais. O efeito angiogênico da EPO também ocorre no cérebro, onde foi detectado o mRNA da EPO e do EPOR nas células endoteliais dos capilares, sendo verificada uma relação dose-dependente entre a EPO e a atividade mitogênica. A ação angiogênica da EPO foi confirmada em camundongos *knockout* para EPO ou EPOR, cujos embriões apresentam graves defeitos na angiogênese. Em modelos experimentais, também foi verificado que a EPO promove a integridade da barreira hematencefálica pela regulação da permeabilidade vascular, o que protege a integridade do tecido neural.

Por outro lado, a hipoxia induz, via HIF-1, a expressão de diferentes proteínas, não só EPO, VEGF e seus receptores, que irão melhorar a oferta de oxigênio para os tecidos, como também as enzimas da via glicolítica, que vão adaptar o metabolismo celular à menor disponibilidade de oxigênio.

Enfim, é possível afirmar que, por meio de ações parácrinas/autócrinas em diferentes tipos celulares presentes no cérebro, a EPO está envolvida não só na neuroproteção, como também na neurogênese, diferenciação e sobrevivência neuronal.

O conjunto desses dados indica que a EPO pode vir a ser usada terapeuticamente para reduzir o dano tecidual da isquemia ou da hipoxia do SNC.

Tecido renal

A expressão do EPOR nas células mesangiais, do túbulo proximal e do ducto coletor medular são coerentes com as ações renoprotetoras da EPO descritas na literatura. Em modelos animais, o tratamento com EPO reduz o grau da disfunção renal provocada por isquemia/reperfusão, provavelmente pela redução da morte celular por apoptose. Em cultura de células humanas de túbulo proximal, foi demonstrado que EPO reduz significativamente a apoptose induzida por hipoxia. Em roedores pré-condicionados com EPO e submetidos à lesão de isquemia/reperfusão, foi observada redução das lesões renais concomitante ao encontro de: diminuição da atividade da caspase-3, aumento da expressão de Bcl-2 e de proteínas de choque térmico 70, e redução dos marcadores de inflamação. Também foi verificado que EPO protege contra a disfunção renal induzida pela cisplatina e diminui a inflamação e fibrose intersticial renal da nefropatia crônica induzida pela ciclosporina. Entretanto, contrastando com esses efeitos renoprotetores, foi relatado que a administração concomitante de EPO e radiação leva a uma deterioração da função renal. Os mecanismos moleculares responsáveis por esses efeitos deletérios da EPO na presença de radiações ionizantes não foram adequadamente esclarecidos, havendo necessidade de novos estudos para que venham a ser compreendidos.

▶ Uso terapêutico da rHuEPO | Benefícios e riscos

Antes do uso terapêutico da rHuEPO, cerca de 25% dos pacientes com doença renal crônica (DRC), em diálise, necessitavam de transfusão regular de glóbulos vermelhos. O uso da rHuEPO foi aprovado pela FDA (Food and Drug Administration, dos EUA) com a finalidade terapêutica de *elevar* ou manter o nível de glóbulos vermelhos e para diminuir a necessidade de transfusões.

Em 1989, foi relatado o primeiro caso de paciente com DRC tratado com EPO recombinante humana (rHuEPO). Antes do tratamento, um paciente do sexo masculino, 40 anos de idade e HIV-positivo, apresentava o seguinte quadro: hemodiálise por 7 anos; um transplante renal sem sucesso; terapia com andrógeno e recebimento de 313 bolsas de glóbulos vermelhos. Após o uso de rHuEPO por 8 semanas, seu hematócrito aumentou de 15% para 38%, deixando de necessitar transfusões de glóbulos vermelhos. Posteriormente, voltou a trabalhar e a participar de atividades esportivas.

A partir daí, a rHuEPO e seus análogos, conhecidos como ESA (*erythropoiesis stimulating agents*) passaram a ser utilizados por milhões de pacientes com DRC e, mais recentemente, por pacientes com diferentes tipos de câncer recebendo quimioterapia e apresentando anemia grave. Esses pacientes, além de ficarem livres de transfusões de hemácias, apresentavam melhoria da qualidade de vida e da função cognitiva.

Adicionalmente foi verificado que o uso da EPO prevenia a hipertrofia ventricular esquerda. Ao lado desses benefícios terapêuticos, dados laboratoriais mostraram que o EPOR é expresso em diferentes tecidos, por meio dos quais a EPO atuaria como um fator citoprotetor, aumentando a sobrevivência e o crescimento celular. Essas observações estimularam novos usos dos ESA, tais como em doenças cerebrais e cardíacas.

Todavia, alguns resultados adversos foram verificados, destacando-se o aumento do risco de tromboembolismo e a possibilidade de a EPO estimular o crescimento do câncer, tanto pelo aumento da sobrevivência das células tumorais como pela estimulação da angiogênese e melhor aporte de nutrientes para o tecido tumoral.

A EPO é uma citocina pleiotrópica pró-angiogênica e induz a proteção de tecidos de diversos órgãos não hematopoéticos. A capacidade de a rHuEPO estimular a angiogênese fisiológica e patológica e a expressão do receptor EPOR em células cancerosas e do endotélio vascular têm sugerido que esse hormônio possa exercer efeitos diretos sobre o crescimento tumoral e a angiogênese. Tanto o EPOR como a EPO se expressam em células de diferentes tumores e foram detectados em várias linhagens imortalizadas de células tumorais. Estas características são compatíveis com a existência de vias autócrinas e parácrinas capazes de estimular as células cancerígenas. A expressão de EPOR no endotélio vascular de tumores indica a possibilidade de a EPO estimular a angiogênese nesse tecido e modular vários aspectos da biologia tumoral, tais como proliferação celular, apoptose e sensibilidade à quimioterapia e à radiação.

Embora a angiogênese seja o processo primário que leva à formação e à expansão da vascularização do tumor, há evidências, mais recentes, de que as células progenitoras endoteliais (EPC – *endothelial progenitor cells*) circulantes também possam estar envolvidas nesses processos. Adicionalmente foi verificado que pacientes com anemia causada por DRC, após 2 semanas de tratamento com rHuEpo, apresentaram significante aumento do número das EPC circulantes (3 vezes maior que o observado em indivíduos saudáveis sem anemia). Contudo, até o momento, não há estudos conclusivos que permitam estabelecer que o uso da rHuEpo possa propiciar o desenvolvimento tumoral por meio dessa via.

Por outro lado, foi verificado que na maioria dos cânceres humanos, e mais ainda em suas metástases, a expressão do HIF-1 se encontra aumentada. Isto acontece porque a hipoxia resgata o HIF-1 da degradação proteossômica, permitindo sua translocação nuclear e heterodimerização; este fato leva à ativação de genes HIF-1-alvo, incluindo os de codificação da EPO, VEGF e seus receptores, e de outros genes envolvidos em eritropoese, angiogênese, vasodilatação e metabolismo da glicose. Essa característica permite que as células cancerosas se adaptem à hipoxia e desenvolvam condições para sua melhor sobrevivência e proliferação.

Embora vários ensaios clínicos tenham mostrado um efeito benéfico do uso de rHuEPO no tratamento de pacientes com câncer, há estudos que indicam que a sobrevida desses pacientes, em condição livre de progressão do tumor, é menor que a dos pacientes tratados com placebo. Esta controvérsia ainda não tem uma resposta definitiva, razão pela qual são necessários novos estudos para compreender melhor os mecanismos moleculares desencadeados pela EPO nos tecidos não hematopoéticos, incluindo as células cancerígenas.

Mesmo que esta questão ainda seja controversa na atual literatura médica, ela foi objeto de recente metanálise realizada para verificar os dados obtidos em estudos clínicos controlados para uso dos ESA, abrangendo mais de 15.000 pacientes. Essa análise não evidenciou efeito significativo na sobrevivência ou progressão da doença em pacientes que usaram os ESA, em relação aos que receberam placebo; no entanto, detectou um aumento do risco de eventos tromboembólicos venosos com o uso dos ESA. Outro dado importante é o fato de que os resultados desfavoráveis foram encontrados nos estudos que não seguiram as diretrizes atuais para o uso dos ESA em pacientes com câncer. Tanto o hematócrito inicial como o atingido após o tratamento eram superiores aos recomendados, indicando que o aumento da viscosidade sanguínea, em combinação com elevada contagem de plaquetas, deve ser a causa do aumento da incidência de formação de trombos. Em pacientes com doença renal crônica, uma concentração de hemoglobina inferior a 100 g/ℓ é desfavorável para a saúde e sobrevivência do paciente. No entanto, foi verificado que quando a hemoglobina alcança níveis superiores a 120 g/ℓ há maior risco de eventos tromboembólicos. E mais: um estudo que analisou o efeito neuroprotetor da rHuEPO mostrou que pacientes que receberam esse medicamento apresentaram taxa de mortalidade mais elevada do que a dos que receberam placebo, particularmente aqueles que necessitavam de terapia trombolítica. A esse respeito, deve ser lembrado que, mesmo em pessoas saudáveis, a probabilidade de um infarto cerebral aumenta com a elevação do hematócrito.

Assim, conclui-se que, para a recomendação do uso terapêutico seguro dos ESA, mais estudos são necessários para a melhor compreensão dos fenômenos moleculares envolvidos em situações ainda não suficientemente esclarecidas.

Alguns aspectos importantes a serem observados no uso terapêutico de ESA em pacientes renais crônicos:

- Ainda que na doença renal crônica a anemia seja uma condição comum, causada principalmente pela diminuição da produção de eritropoetina pelos rins, antes de iniciar o uso de ESA é importante investigar e descartar outras condições subjacentes tratáveis, tais como deficiências de ferro ou vitaminas. A anemia da doença renal está associada a morbidade significativa, como aumento do risco de hipertrofia ventricular esquerda, infarto do miocárdio e insuficiência cardíaca, podendo ser considerada um multiplicador de mortalidade por outras causas
- Infelizmente, até o momento, o único benefício incontestável do tratamento com ESA continua sendo a prevenção de transfusões de sangue. Por outro lado, os grandes ensaios clínicos randomizados que analisaram os benefícios de ESA mostram que seu uso pode estar associado ao aumento do risco de eventos cardiovasculares. Portanto, é recomendável que seu uso na doença renal crônica seja individualizado, não devendo ser iniciado a menos que o nível de hemoglobina seja inferior a 10 g/dℓ e a meta terapêutica não ultrapasse a obtenção de níveis de hemoglobina até 11,5 g/dℓ
- Vários medicamentos inovadores para o tratamento da anemia renal estão em estudo, dentre os quais uma forma peguilada de rHuEPO, com meia-vida prolongada, e uma nova e promissora classe de medicamentos, chamada de estabilizadores do HIF. Portanto, é esperado que a abordagem terapêutica da anemia renal evolua em um futuro próximo.

Uroguanilina

Lucília Maria Abreu Lessa Leite Lima | Manassés Claudino Fonteles

Ao longo dos últimos anos, foi descoberto muito sobre a regulação da excreção renal de sódio. No entanto, ainda existem mecanismos envolvidos neste processo que requerem melhor entendimento. Os rins apresentam ritmo diurno de excreção de sódio, que persiste apesar da ingestão constante desse íon. Ademais, estes órgãos têm a habilidade de variar a excreção de sódio em larga escala, em decorrência de mínimas alterações plasmáticas da concentração de sódio. O balanço deste eletrólito está ligado ao controle de volume de líquido extracelular, que envolve sensores de pressão arterial e venosa e de volume. No entanto, é difícil demonstrar esta relação em condições que ocorrem alterações mais modestas na ingestão de sódio. O conceito da existência de um mecanismo de regulação ligando o sistema digestório ao rim não é recente. A hipótese de um monitor gastrintestinal para o balanço de sódio foi proposta a partir da observação de que uma carga de sódio é mais rapidamente excretada após administração por via oral, quando comparada à administração de concentração equivalente por via intravenosa. Foi proposto que os peptídios guanilina-símile sejam os responsáveis por este mecanismo de regulação, ligando assim, a regulação intestinal e renal de sal e água, já que as guanilinas são produzidas no intestino em grandes quantidades, em resposta a uma dieta rica em sal.

FAMÍLIA DAS GUANILINAS

A toxina termoestável (STa) é um pequeno peptídio secretado por cepas enterotoxigênicas da *Escherichia coli*, que aumenta a secreção de eletrólitos e água no lúmen intestinal, causando a conhecida diarreia infantil ou do viajante. No final da década de 1970, foi demonstrado que esta toxina age via o aumento das concentrações de cGMP nas células intestinais e, no início dos anos 1980, pesquisadores brasileiros demonstraram seus efeitos natriuréticos, caliuréticos e diuréticos. Em 1990, foi clonado um receptor do tipo guanilatociclase de membrana, GC-C, do intestino de ratos, e demonstrado que o mesmo era ativado após ligação com a STa. Além disso, uma série de investigações revelou que a toxina STa ativaria um receptor órfão (GC-C) encontrado em rins, como também em outros órgãos de gambá. A busca por um análogo endógeno da STa que ativaria este receptor órfão levou à descoberta das guanilinas.

Um ano após a descoberta da guanilina, um segundo peptídio similar à STa, chamado uroguanilina (UGN), foi isolado a partir de urina de gambá (*Didelphis virginiana*). As estruturas primárias de guanilina e uroguanilina são similares, e ambas compartilham alto grau de identidade com a toxina termoestável (STa). A guanilina humana consiste em 15 aminoácidos e possui duas pontes dissulfeto entre as cisteínas das posições de 4 a 12 e 7 a 15 (Figura 55.41). A uroguanilina humana consiste em 16 aminoácidos e também apresenta duas pontes dissulfeto nas mesmas posições (ver Figura 55.41). Estas pontes dissulfeto influenciam a conformação molecular e, desta maneira, a atividade biológica desses peptídios. A STa também apresenta 16 aminoácidos, sendo que existem três pontes dissulfídricas em sua estrutura. Os genes que codificam as guanilinas estão localizados no cromossomo 1 humano (p33 a p36) e no cromossomo 4 no rato. Guanilina e uroguanilina são codificadas por genes similares que consistem de três éxons e dois íntrons.

Tanto guanilina como uroguanilina são sintetizadas como propeptídios, que estão presentes em grande quantidade no epitélio do intestino e são secretados no lúmen intestinal e na circulação, em resposta ao aumento de NaCl luminal. Além do mais, o mRNA para estes peptídios é encontrado em muitos outros tecidos como rim, cérebro, medula suprarrenal, miocárdio, pâncreas e epitélio das vias respiratórias superiores. O conhecimento da família das guanilinas vem crescendo ao longo dos anos; o último membro descoberto é a renoguanilina (RNG), isolada de enguias, e que tem similaridades estruturais com a uroguanilina. Foi sugerido que este novo peptídio seja participante ativo no processo de adaptação de peixes que migram da água doce para água salgada e vice-versa.

▶ Efeitos biológicos e fisiológicos

Os efeitos gerais da uroguanilina, guanilina e STa foram comparados em experimentos com células renais e intestinais, verificando-se aumento na concentração intracelular de cGMP, promovido pelos três agonistas em células OK (rim de gambá/*opossum*) e T84 (intestinal). A ativação do receptor de guanilatociclase nestas linhagens celulares revelou uma ordem de potência distinta, ou seja: STa – uroguanilina – guanilina. Além disso, em outro estudo, utilizando a técnica de perfusão de rim isolado de rato, ficou demonstrado que o efeito natriurético estimulado pelos peptídios é mais pronunciado após o tratamento com uroguanilina do que com guanilina. Uma característica estrutural que pode estar relacionada à maior potência de STa e uroguanilina, em comparação à guanilina, seria: a uroguanilina e os peptídios ST de bactérias apresentam resíduos de asparagina conservados em suas estruturas primárias (ver Figura 55.41), os quais conferem resistência ao ataque por endopeptidases, tipo quimiotripsina. Em contraste, a guanilina é rapidamente degradada e inativada por hidrólise, em resíduos de tirosina ou fenilalanina da alça C-terminal do

Guanilina

Mamíferos

Gambá	S	H	T	C	E	I	C	A	F	A	A	C	A	G	C
Humano	P	G	T	C	E	I	C	A	Y	A	A	C	T	G	C

Teleósteos

Peixe-zebra	V	D	V	C	E	I	C	A	F	A	A	C	T	G	C
Baiacu	L	D	L	C	E	I	C	A	F	A	A	C	T	G	C
Enguia	Y	D	E	C	E	I	C	M	F	A	A	C	T	G	C

Uroguanilina

Mamíferos

Gambá	Q	E	D	C	E	L	C	I	N	V	A	C	T	G	C
Humano	N	D	D	C	E	L	C	V	N	V	A	C	T	G	C	L

Teleósteos

Peixe-zebra	I	D	P	C	E	I	C	A	N	V	A	C	T	G	C
Baiacu	L	D	P	C	E	I	C	A	N	P	S	C	F	G	C	L	N
Enguia	P	D	P	C	E	I	C	A	N	A	A	C	T	G	C	L

Renoguanilina

Enguia	A	D	L	C	E	I	C	A	F	A	A	C	T	G	C	L

Peptídios de toxinas termoestáveis bacterianas

V. cholerae ST	I	D	C	C	E	I	C	C	N	P	A	C	F	G	C	L	N
Escherichia coli	N	Y	C	C	E	L	C	C	N	P	A	C	T	G	C	Y

Figura 55.41 • Estrutura primária das guanilinas em diferentes espécies animais, e de peptídios de toxinas termoestáveis bacterianas. Os peptídios estão alinhados usando os resíduos de cisteína conservados, encontrados nas quatro classes de peptídios. Note o resíduo de asparagina (N) observado na estrutura da uroguanilina e das toxinas bacterianas.

peptídio. Além disso, em rins perfundidos, inibidores de proteases aumentam a atividade biológica da guanilina.

Inicialmente, foi considerado que o principal papel fisiológico dos peptídios, guanilina e uroguanilina, seria regular a secreção de líquido e eletrólitos através do epitélio intestinal. No entanto, estudos utilizando camundongos transgênicos deficientes em R-GC-C, em guanilina, ou uroguanilina indicam que esses animais parecem não desenvolver grandes anormalidades na secreção de líquido intestinal. Estes achados sugeriram que outros papéis fisiológicos para a guanilina e a uroguanilina poderiam existir, incluindo a regulação da função renal, com a ativação de vias paralelas, como a sinalização pela proteína G. Com a posterior demonstração de efeitos renais promovidos por estes peptídios, e sendo a uroguanilina, o peptídio endógeno com ações mais efetivas, vem sendo postulado que este peptídio atuaria nos rins através de um eixo endócrino, ligando o sistema digestório ao rim na regulação da homeostase hidrossalina, como já referido.

UROGUANILINA E HOMEOSTASE HIDROSSALINA

A uroguanilina é expressa em todo o trato intestinal, e existe em concentrações apreciáveis no plasma de humanos e de outros animais. Como mencionado anteriormente, é resistente à clivagem por proteases, sendo facilmente isolada da urina de mamíferos. Ademais, foi demonstrado que a expressão intestinal de uroguanilina pode ser regulada pela quantidade de ingestão de sal e pela hipertonicidade extracelular.

Efeitos renais da uroguanilina incluem: natriurese, caliurese, clorurese, diurese e aumento da excreção de cGMP. Ademais, foi demonstrado que a dieta rica em sal aumenta a expressão da uroguanilina no rim de camundongos, como também aumenta a resposta natriurética e a excreção urinária do peptídio. Recentemente, foi observado que o tratamento de animais com dieta rica em sódio potencializa marcadamente a resposta à uroguanilina, mesmo em concentrações antes incapazes de ativar a GC-C. Foi observado também que, nestas condições, aumenta a expressão deste receptor.

Camundongos que não expressam uroguanilina desenvolvem aumento significativo da pressão arterial e, quando submetidos a dieta rica em sal, o efeito natriurético diminui significativamente. Além disso, estes camundongos desenvolvem alterações no processo de redistribuição da isoforma NHE3 do trocador Na^+/H^+, em túbulos proximais, aumentando a reabsorção proximal de sódio.

É amplamente conhecido que pacientes com síndrome nefrótica apresentam aumento dos níveis plasmáticos e urinários de uroguanilina. Ademais, a expressão de mRNA para o peptídio também se encontra aumentada nos rins destes pacientes. Este achado pode estar relacionado ao fato de que na síndrome nefrótica aumenta a retenção de NaCl pelos rins, o que estimula a produção de uroguanilina. Além disso, em pacientes com retenção de sódio secundária à insuficiência cardíaca congestiva, os níveis urinários de uroguanilina estão significativamente aumentados, o que indica a participação da uroguanilina nos grandes edemas.

Dessa forma, a uroguanilina participa da regulação da homeostase hidrossalina, particularmente, com relação ao manejo da dieta rica em sal. Além disso, existem mecanismos que regulam a produção e/ou secreção de uroguanilina quando a retenção de sódio ocorre secundária a processos patológicos nos rins, coração, ou outros órgãos. O aumento nos níveis de mRNA para uroguanilina tanto em células intestinais como em renais, em resposta a um incremento no conteúdo de NaCl na dieta, sugere que as ações endócrina e parácrina/autócrina podem participar dos mecanismos de sinalização tubular que governam o transporte de sal.

O principal sítio de expressão de uroguanilina em intestinos de ratos são as células enterocromafins. Estudos recentes demonstram que a uroguanilina é estocada especialmente neste tipo celular e liberada na circulação na forma de seu precursor, a prouroguanilina. O mesmo acontece com outros peptídios hormonais, como ANP, que é estocado quase exclusivamente na forma propeptídio inativa. Foi demonstrado também que a infusão de prouroguanilina em ratos promove efeitos natriuréticos e diuréticos. O processo de conversão da prouroguanilina em sua forma ativa ocorreria no lúmen dos túbulos renais.

O sítio intrarrenal onde o processo de conversão de prouroguanilina à uroguanilina ocorre ainda não foi identificado. No entanto, tem sido sugerido que o propeptídio intacto poderia passar através da barreira de filtração glomerular e o processamento para conversão ao peptídio ativo ocorreria dentro do lúmen tubular, através de proteases residentes na borda em escova epitelial do túbulo proximal. Esta hipótese é considerada pelo fato de que a prouroguanilina circula no plasma como um peptídio de 9,4 kDa, não complexado com proteínas carreadoras, e, assim, é pequena o bastante para ser livremente filtrada. Além disso, o curso de tempo do *clearance* de prouroguanilina do plasma é bastante similar ao da inulina, o que reforça a ideia de que o *clearance* renal de prouroguanilina é devido à filtração e não à secreção.

Na Figura 55.42 há o desenho esquemático do modelo proposto para a ação da uroguanilina na homeostase hidrossalina. De acordo com tal modelo, a ingestão de sal estimularia a secreção apical e basolateral de prouroguanilina pelas células enterocromafins presentes principalmente no intestino delgado. A prouroguanilina, que seria secretada pela membrana apical das células, seria convertida à uroguanilina por proteases presentes no lúmen intestinal. Dessa forma, a uroguanilina regularia os mecanismos de transporte epitelial de eletrólitos. O resultado principal seria o aumento da secreção de cloreto via CFTR (*cystic fibrosis transmembrane regulator*) e HCO_3^-, através da ativação do trocador Cl^-/HCO_3^- e supressão da absorção de sódio pela inibição do permutador NHE3 a partir do lúmen intestinal. Em paralelo, a prouroguanilina secretada pela membrana basolateral alcançaria os rins, onde seria filtrada e convertida em peptídios menores e/ou aminoácidos livres. Os aminoácidos livres retornariam à circulação, e a uroguanilina ativa atuaria nos segmentos do néfron regulando o transporte tubular de eletrólitos, resultando na diminuição da reabsorção de sal pelos túbulos proximais, por inibição do permutador NHE3 e inibição da bomba Na^+/K^+-ATPase. Em segmentos distais, este peptídio estimula a secreção de potássio via canais MAXI-K^+, além de inibir a secreção de hidrogênio pela H^+-ATPase, como demonstrado por microperfusão renal. Vale salientar o envolvimento da via da PKG/cGMP nos mecanismos de sinalização para estes efeitos. Dessa forma, esta via endócrina poderia coordenar a atividade dos dois principais órgãos envolvidos na homeostase de eletrólitos: o intestino, onde o sal é absorvido, e o rim, onde o sal é excretado. Além disso, a liberação de prouroguanilina poderia ocorrer também em resposta a uma expansão de volume, como já observado durante a produção e liberação de ANP. Ambos os peptídios agem de forma sinérgica, modulando a excreção de sal.

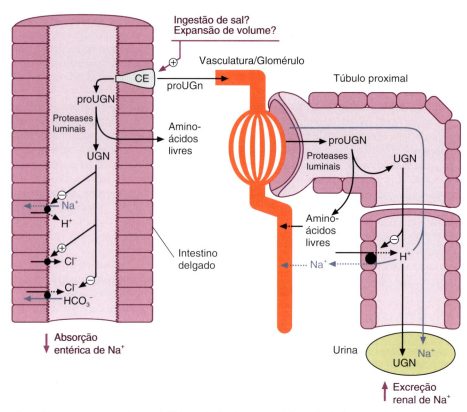

Figura 55.42 ▪ Esquema do modelo para a resposta pós-prandial à ingestão de sal em ratos. A descrição da figura se encontra no texto. *UGN*, uroguanilina; *proUGN*, prouroguanilina; *CE*, células enterocromafins. (Adaptada de Qian *et al.*, 2008.)

Assim, no processo evolutivo, as guanilinas apareceram bem cedo, já que são encontradas em todas as espécies animais examinadas (mamíferos, aves e peixes). Este fato indica a importância desses hormônios na manutenção da homeostase de água e eletrólitos em paralelo com outros agentes regulatórios já conhecidos, como o sistema renina-angiotensina-aldosterona, arginina-vasopressina (AVP), e peptídios natriuréticos como o ANP.

Tanto os sítios das ações, como as vias de sinalização das guanilinas no rim, são objeto de pesquisas recentes, e representam um campo novo, em expansão. Novas vias de sinalização celular continuam a ser exploradas, sobretudo no que tange às grandes alterações promovidas por dietas ricas em sal, tão comuns na sociedade hodierna. Certamente a GC-C continua sendo o principal receptor para os efeitos da uroguanilina no intestino. Nos rins, esta via é igualmente importante, mas, foram demonstradas outras rotas de sinalização, como a produção de eicosanoides e proteína G sensível à toxina *pertussis*. Não menos importantes são os outros papéis biológicos demonstrados para a uroguanilina, em que este peptídio se apresenta como potente agente indutor de apoptose em células neoplásicas de diversas linhagens. Por ações cerebrais seria um modulador da homeostase energética, regulando a saciedade e reduzindo a obesidade. Além disso, recentemente, foram sintetizados fármacos análogos da uroguanilina, agonistas da GC-C, para o tratamento de distúrbios gastrintestinais, tais como constipação intestinal idiopática crônica e síndrome do intestino irritado seguida de constipação intestinal.

Endotelinas

Maria Oliveira de Souza

SISTEMA ENDOTELINAS

A partir de 1985, foi demonstrada a importância das células endoteliais na síntese e liberação de um fator com ação contrátil, que mais tarde foi purificado e identificado como endotelina (ET). Nas células endoteliais, a endotelina é sintetizada na forma de pré-pró-endotelina, molécula inativa constituída por 212 aminoácidos (aa), que ao ser liberada na corrente sanguínea é clivada por endopeptidases (como a furina) para gerar o peptídio de 38 aminoácidos (pró-endotelina ou *big* endotelina), com baixa atividade vasoativa. A pró-endotelina, por sua vez, pode ser clivada pela enzima conversora de endotelina (ECE), e o produto dessa clivagem forma o peptídio ativo endotelina, com apenas 21 aminoácidos. A endotelina pode ser sintetizada a partir de três genes diferentes, dando origem a três isoformas distintas: ET-1, ET-2, e ET-3 (Figura 55.43).

A transcrição gênica das endotelinas é sensível a diversos fatores, como angiotensina II, vasopressina, interleucina-1 e peptídios natriuréticos. As endotelinas são sintetizadas por vários tecidos, onde atuam como moduladores do tônus vascular, proliferação e diferenciação celular e produção de hormônios. Dos três peptídios, a ET-1 é sintetizada, predominantemente, pelas células endoteliais e no plasma; suas concentrações podem variar entre 0,1 pM e 0,4 pM. Apesar dos baixos níveis plasmáticos, a ET-1 está associada a diversas patologias, incluindo doenças cardiovasculares, diabetes melito tipo 2 e doenças renais. A ET-2 é sintetizada nos rins, intestino e em menor quantidade no miocárdio, placenta e útero. No entanto, seu papel biológico não está bem esclarecido. A ET-3 é encontrada no cérebro, no intestino, nos pulmões e nos rins e está envolvida com hipertensão pulmonar e doenças renais.

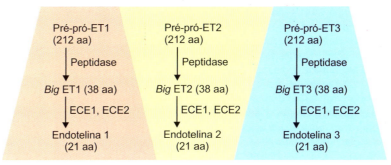

Figura 55.43 ▪ Esquema representativo da biossíntese de endotelinas 1, 2 e 3.

▶ Receptores para endotelinas

Os efeitos biológicos das endotelinas são mediados por receptores ET_A e ET_B, acoplados à proteína Gq. ET-1 e ET-2 apresentam similar capacidade de interação com os receptores ET_A e ET_B, enquanto a ET-3 interage essencialmente com os receptores ET_B. Os receptores ET_A são abundantes nas células da musculatura lisa vascular, miócitos, e em menor quantidade em várias células epiteliais. Os receptores ET_B são encontrados em células endoteliais, da musculatura lisa vascular e dos túbulos renais. No entanto, as respostas teciduais mediadas pelos efeitos das endotelinas são complexas e dependem da expressão e localização de seus receptores, bem como a via de sinalização intracelular ativada. Nas células da musculatura lisa vascular, a ativação do receptor ET_A pela endotelina 1 resulta em ativação da fosfolipase C (PLC) e consequente aumento de vários mensageiros intracelulares, incluindo o íon cálcio, o qual favorece as respostas contráteis e regula a atividade de outras proteínas intracelulares como algumas isoformas da família de proteinoquinases C (PKC). Já nas células endoteliais a ativação do receptor ET_B pela endotelina 1 pode induzir aumento do óxido nítrico (NO) e de prostaglandina E2 (PGE2), moléculas que atuam por via parácrina nas células da musculatura lisa vascular, para induzir vasodilatação. Outra função importante do receptor ET_B é a sua atuação como receptor de *clearance*. Nesse contexto, quando os níveis circulantes de endotelina 1 ultrapassam a condição fisiológica, as moléculas peptídicas interagem com os receptores ET_B e, então, estes complexos são internalizados pelas células dos pulmões, rins e fígado, sendo rapidamente degradados pelos lisossomos.

▶ Endotelina 1 e função renal

Os rins são órgãos importantes para a biologia do sistema endotelinas, pois produzem endotelina 1, e são sítios para ação de todas as endotelinas, em virtude da ampla distribuição dos receptores ET_A e ET_B (Figura 55.44). Os receptores ET_A são extensamente distribuídos nas células musculares lisas vasculares das artérias arqueadas e arteríolas glomerulares, bem como nos vasos retos, o que demonstra a influência de ET-1 na regulação da hemodinâmica renal, controlando o fluxo sanguíneo renal (FSR) e o ritmo de filtração glomerular (RFG). Entretanto, quando a produção de ET-1 sistêmica ou intrarrenal é aumentada, os parâmetros hemodinâmicos renais são afetados, uma vez que o peptídio induz aumento da resistência vascular renal por vasoconstrição das arteríolas aferentes e eferentes e pelas artérias arqueadas e interlobulares. Consequentemente, há redução do fluxo sanguíneo renal, do ritmo de filtração glomerular e da queda na reabsorção de sódio e de água. Além das artérias e arteríolas renais, a ET-1 também atua para regular o fluxo sanguíneo medular, especialmente por estimular o receptor ET_A nos pericitos – células relativamente indiferenciadas com capacidade contrátil e associadas às paredes de vasos retos. Assim, como em outros leitos vasculares, as respostas contráteis de ET-1 na vasculatura renal são mediadas predominantemente pelo receptor ET_A e envolvem alterações dos níveis de cálcio da célula-alvo. Os receptores ET_B são expressos nos glomérulos e em maior número no sistema tubular (proporção 1:2), incluindo os ductos coletores, onde regulam o manejo de eletrólitos e água, favorecendo a natriurese em alguns modelos animais.

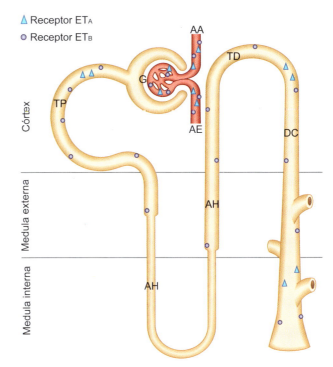

Figura 55.44 ▪ Esquema representativo da distribuição de receptores para endotelina (ET_A e ET_B) nas porções do néfron. *AA*, arteríola aferente; *AE*, arteríola eferente; *G*, glomérulo; *TP*, túbulo proximal; *AH*, alça de Henle; *TD*, túbulo distal; *DC*, ducto coletor. (Adaptada de Kohan *et al.*, 2011.)

O efeito natriurético de ET-1 via receptor ET_B se dá especialmente quando há aumento de ET-1 no plasma. Nessa condição, a ativação das vias de sinalização celular associadas à atividade da PKC, *phosphatidylinositol-4,5-bisphosphate 3-kinase/proteinoquinase B (PI3K/Akt)* e cálcio intracelular resulta em queda da atividade de: (a) Na^+/K^+-ATPase; (b) isoforma 3 do trocador Na^+/H^+ (NHE3) – localizado na membrana luminal do túbulo proximal; (c) cotransportador Na^+-K^+-$2Cl^-$ – localizado na membrana luminal do ramo espesso da alça de Henle; e (d) canal epitelial de sódio (ENaC) – localizado no néfron distal (Figura 55.45).

Além de controlar a hemodinâmica e o manejo renal de eletrólitos, a ET-1, via ativação do receptor ET_A, também contribui para a progressão de várias patologias, incluindo insuficiência cardíaca crônica, hipertensão arterial, aterosclerose, hipertensão pulmonar e espasmo cerebrovascular. No rim, a interação ET-1/ET_A induz estresse oxidativo e inflamação, na injúria renal aguda (IRA). O processo inflamatório, por sua vez, quando associado à síntese de moléculas como o fator nuclear *kappa* B (NF-κB), fator de necrose tumoral alfa (TNFα), e interleucinas 1 e 6 (IL1 e IL6), sustenta a progressão da injúria renal aguda para a doença renal crônica (DRC). Na DRC, a ET-1, além de manter o processo inflamatório, promove a diferenciação de fibroblastos e induz a síntese e a deposição de componentes na matriz extracelular, o que leva a disfunção glomerular e tubular renal com consequente proteinúria. Assim, a terapia com antagonistas do receptor ET_A pode ser uma boa alternativa para casos em que os tratamentos convencionais não são suficientes para a redução da hipertensão arterial, especialmente quando esta é associada a gestação, diabetes e proteinúria.

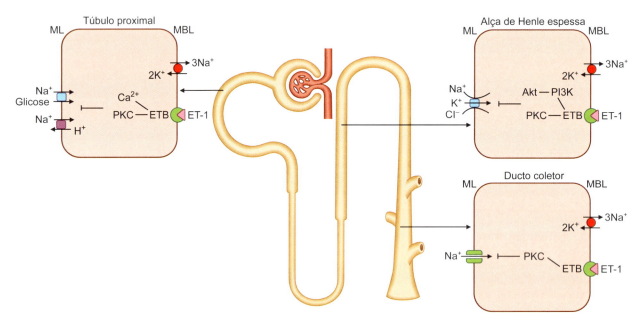

Figura 55.45 • Efeito da endotelina 1, via receptor ETB, no transporte de sódio nas diferentes porções do néfron. *ML*, membrana luminal; *MBL*, membrana basolateral.

BIBLIOGRAFIA

Sistema renina-angiotensina

ABDALLA S, LOTHER H, ABDEL-TAWAB AM et al. The angiotensin II AT2 receptor is an AT1 receptor antagonist. *J Biol Chem*, 276(43):39721-6, 2001.

BADER M. Tissue renin-angiotensin-aldosterone system: targets for pharmacological therapy. *Annu Rev Pharmacol Toxicol*, 50:439-65, 2010.

BADER M, GANTEN D. Update on tissue renin-angiotensin systems. *J Mol Med*, 86:615-21, 2008.

BARRETO-CHAVES ML, CARRILLO-SEPÚLVEDA MA, CARNEIRO-RAMOS MS et al. The crosstalk between thyroid hormones and the renin-angiotensin system. Review. *Vascul Pharmacol*, 52(3-4):166-70, 2010.

CASTELO-BRANCO RC, LEITE-DELLOVA DCA, FERNANDES FB et al. The effect of Angiotensin-(1-7) on the NH3 exchanger and on $[Ca^{2+}]_i$ in the proximal tubules of spontaneously hypertensive rats. *Am J Physiol Renal Physiol*, 1, 2018.

CASTELO-BRANCO RC, LEITE-DELLOVA DCA, MELLO-AIRES M. Dose-dependent effects of angiotensin-(1-7) on the NHE3 exchanger and [Ca(2+)](i) in *in vivo* proximal tubules. *Am J Physiol Renal Physiol*, 304:F1258-65, 2013.

FUNDER JW. Aldosterone and mineralocorticoid receptors in the cardiovascular system. *Prog Cardiovasc Dis*, 52:393-400, 2010.

FYHRQUIST F, SAIJONMAA O. Renin-angiotensin system revisited. Review. *J Intern Med*, 264(3):224-36, 2008.

GOLDBLATT H, LYNCH J, HANZAL RF et al. Studies on experimental hypertension: I. The production of persistent elevation of systolic blood pressure by means of renal ischemia. *J Exp Med*, 59(3):347-79, 1934.

KAPPERT K, UNGER T. Role of the renin-angiotensin system in hypertension. *Hot Topics in Hypertension*, 4:7-23, 2008.

KUMAR R, BOIM MA. Diversity of pathways for intracellular angiotensin II synthesis. *Curr Opin Nephrol Hypertens*, 18:33-9, 2009.

KUMAR R, SINGH VP, BAKER KM. The intracellular renin-angiotensin system: a new paradigm. *Trends Endocrinol Metab*, 18:208-14, 2007.

MOGI M, IWAI M, HORIUCHI M. Emerging concepts of regulation of angiotensin II receptors: new players and targets for traditional receptors. *Arterioscler Thromb Vasc Biol*, 27:2532-739, 2007.

NAVAR LG, KOBORI H, PRIETO MC et al. Intratubular renin-angiotensin system in hypertension. *Hypertension*, 57:355-62, 2011.

ORO C, QIAN H, THOMAS WG. Type 1 angiotensin receptor pharmacology: signaling beyond G proteins. *Pharmacol Ther*, 113:210-26, 2007.

PINHEIRO SV, SIMÕES E SILVA AC, SAMPAIO WO et al. Nonpeptide AVE 0991 is an angiotensin (1-7) receptor Mas agonist in the mouse kidney. *Hypertension*, 44(4):490-6, 2004.

RE RN, COOK JL. Mechanisms of disease: intracrine physiology in the cardiovascular system. *Nat Clin Pract Cardiovasc Med*, 4:549-57, 2007.

SANTOS CF, CAPRIO MA, OLIVEIRA EB et al. Functional role, cellular source, and tissue distribution of rat elastase-2, an angiotensin II-forming enzyme. *Am J Physiol Heart Circ Physiol*, 285(2):H775-83, 2003.

SANTOS RA, FERREIRA AJ, SIMÕES E SILVA AC. Recent advances in the angiotensin-converting enzyme 2-angiotensin (1-7)-Mas axis. *Exp Physiol*, 93(5):519-27, 2008.

SANTOS RA, SIMÕES E SILVA AC, MARIC C et al. Angiotensin-(1-7) is an endogenous ligand for the G protein-coupled receptor Mas. *Proc Natl Acad Sci U S A*, 100(14):8258-63, 2003.

SANTOS RA, FERREIRA AJ, VERANO-BRAGA T et al. Angiotensin-converting enzyme 2, angiotensin-(1-7) and Mas: new players of the renin-angiotensin system. *J Endocrinol*, 216(2):R1-17, 2013.

SANTOS RAS, MION JUNIOR D, OIGMAN W et al. Mecanismo de regulação de pressão arterial: sistema renina-angiotensina. In: MION Jr D, OIGMAN W, NOBRE F (Orgs.). *MAPA: Monitoramento Ambulatorial da Pressão Arterial*. 3. ed. Atheneu, São Paulo, 2004.

SCHIAVONE MT, SANTOS RAS, BROSNIHAN KB et al. Release of vasopressina from the rat hypothalamo-neurohypophysial system by angiotensin-(1-7) heptapeptide. *Proc Natl Acad Sci EUA*, 85:4095-8, 1988.

TALLANT EA, FERRARIO CM, GALLAGHER PE. Angiotensin-(1-7) inhibits growth of cardiac myocytes through activation of the Mas receptor. *Am J Physiol Heart Circ Physiol*, 289(4):H1560-6, 2005.

TIGERSTEDT R, BERGMAN PG. Kidney and circulation. *Skand Arch Physiol*, 8:223-71, 1898.

WARNER FJ, SMITH AI, HOOPER N et al. Angiotensin-converting enzyme-2: a molecular and cellular perspective. *Cell Mol Life Sci*, 61:2704-13, 2004.

WEBER KT. Aldosterone in congestive heart failure. *N Engl J Med*, 345:1689-97, 2001.

Revisões sobre o SRA

CASTROP H, HOCHERL K, KURTZ A et al. Physiology of kidney renin. *Physiol Rev*, 90:607-73, 2010.

DANILCZYK U, PENNINGER JM. Angiotensin-converting enzyme II in the heart and the kidney. *Circ Res*, 98:463-71, 2006.

FERRARIO CM, TRASK AJ, JESSUP JA. Advances in biochemical and functional roles of angiotensin-converting enzyme 2 and angiotensin-(1-7) in regulation of cardiovascular function. *Am J Physiol Heart Circ Physiol*, 289:H2281-90, 2005.

KEIDAR S, STRIZEVSKY A, RAZ A et al. ACE2 activity is increased in monocyte-derived macrophages from prehypertensive subjects. *Nephrol Dial Transplant*, 22:597-601, 2007.

LAMBERT DW, HOOPER NM, TURNER AJ. Angiotensin-converting enzyme 2 and new insights into the renin-angiotensin system. *Biochem Pharmacol*, 75:781-6, 2008.

SANTOS RA. Angiotensin-(1-7). *Hypertension*, 63:1138-47, 2014.

SANTOS RA, FERREIRA AJ, SIMÕES E SILVA AC. Recent advances in the angiotensin-converting enzyme 2-angiotensin(1-7)-Mas axis. *Exp Physiol*, 93:519-27, 2008.

VARAGIC J, TRASK AJ, JESSUP JA et al. New angiotensins. *J Mol Med (Berl)*, 86:663-71, 2008.

Aldosterona

AZIZI M, AMAR L, MENARD J. Aldosterone synthase inhibition in humans. *Nephrol Dial Transplant*, 28(1):36-43, 2013.

BOLDYREFF B, WEHLING M. Non-genomic actions of aldosterone: mechanisms and consequences in kidney cells. *Nephrol Dial Transplant*, 18:1693-5, 2003.

CALLERA GE, TOUYZ RM, TOSTES RC et al. Aldosterone activates vascular p38MAP kinase and NADPH oxidase via c-Src. *Hypertension*, 45(4):773-9, 2005.

CONNELL JMC, DAVIES E. The new biology of aldosterone. *J Endocrinol*, 186:1-20, 2005.

FUNDER JW. The nongenomic actions of aldosterone. *Endocr Rev*, 26:313-21, 2005.

GAUER S, SEGITZ V, GOPPELT-STRUEBE M. Aldosterone induces CTGF in mesangial cells by activation of the glucocorticoid receptor. *Nephrol Dial Transplant*, 22(11):3154-9, 2007.

GEKLE M, GROSSMANN C. Actions of aldosterone in the cardiovascular system: the good, the bad, and the ugly? *Pflügers Arch – Eur J Physiol*, 458:231-46, 2009.

GOMEZ-SANCHEZ CE, GOMEZ-SANCHEZ EP, GALIGNIANA M. Aldosterone receptors and their renal effects: molecular biology and gene regulation. In: SINGH AK, WILLIANS GH. *Textbook of Nephro-Endocrinology*. Elsevier, Oxford, 2009.

GOOD DW. Nongenomic actions of aldosterone on the renal tubule. *Hypertension*, 49:728-39, 2007.

GROSSMANN C, GEKLE M. New aspects of rapid aldosterone signaling. *Mol Cell Endocrinol*, 308:53-62, 2009.

GROSSMANN C, GEKLE M. Nongenotropic aldosterone effects and the EGFR: interaction and biological relevance. *Steroids*, 73:973-8, 2008.

HERMIDORFF MM, DE ASSIS LVM, ISOLDI MC. Genomic and rapid effects of aldosterone: what we know and do not know thus far. *Heart Fail Rev*, 22(1):65-89, 2017.

LEITE-DELLOVA DCA, OLIVEIRA-SOUZA M, MALNIC G et al. Genomic and nongenomic dose dependent biphasic effect of aldosterone on Na^+/H^+ exchanger in proximal S3 segment: role of cytosolic calcium. *Am J Physiol Renal Physiol*, 295:F1342-52, 2008.

LÖSEL RM, WEHLING M. Classic versus non-classic receptors for nongenomic mineralocorticoid responses: emerging evidence. *Front Neuroendocrinol*, 29:258-67, 2008.

MÖELLIC CL, OUVRAD-PASCAUD A, CAPURRO C et al. Early nongenomic events aldosterone action in renal collecting duct cells: PKC-activation, mineralocorticoid receptor phosphorylation, and cross-talk with genomic response. *J Am Soc Nephrol*, 15:1145-60, 2004.

PERGHER PS, LEITE-DELLOVA DCA, MELLO-AIRES M. Direct action of aldosterone on bicarbonate reabsorption in *in vivo* cortical proximal tubule. *Am J Physiol Renal Physiol*, 296:1185-93, 2009.

PIPPAL J, FULLER PJ. Structure-function relationships in the mineralocorticoid receptor. *J Mol Endocrinol*, 41:405-13, 2008.

SHEADER EA, WARGENT ET, ASHTON N et al. Rapid stimulation of cyclic AMP production by aldosterone in rat inner medullary collecting ducts. *J Endocrinol*, 175:343-7, 2002.

VIENGCHAREUN S, LE MENUET D, MARTINERIE L et al. The mineralocorticoid receptor: insights into its molecular and (patho)physiological biology. *Nucl Recep Signal*, 5:e012, 2007.

WILLIAMS JS, WILLIAMS GH. 50th anniversary of aldosterone. *J Clin Endocrinol Metab*, 88:2364-72, 2003.

Peptídios natriuréticos

ANAND-SRIVASTAVA MB. Natriuretic peptide receptor-C signaling and regulation. *Peptides*, 26:1044-59, 2005.

ANTUNES-RODRIGUES J, CASTRO M, ELIAS LK et al. Neuroendocrine control of body fluid metabolismo. *Physiol Rev*, 84:169-208, 2004.

BAXTER GF. The natriuretic peptides: an introduction. *Basic Res Cardiol*, 99:71-5, 2004.

BURLEY DS, HAMID SA, BAXTER GF. Cardioprotective actions of peptide hormones in myocardial ischemia. *Heart Fail Rev*, 12(3-4):279-91, 2007.

CURRY FE. Atrial natriuretic peptide: an essential physiological regulator of transvascular fluid, protein transport, and plasma volume. *J Clin Invest*, 115(6):1458-61, 2005.

DE BOLD AJ. Atrial natriuretic fator: a hormone produced by the heart. *Science*, 230:767-70, 1985.

DE VITO P, INCERPI S, PEDERSEN JZ et al. Atrial natriuretic peptide and oxidative stress. *Peptides*, 31(7):1412-9, 2010.

D'SOUZA SP, DAVIS M, BAXTER GF. Autocrine and paracrine actions of natriuretic peptides in the heart. *Pharmacol Ther*, 101:113-29, 2004.

GARBERS DL, CHRISMAN TD, WIEGN P et al. Membrane guanylyl cyclase receptors: an update. *Trends Endocrinol Metab*, 17(6):251-8, 2006.

GARDNER DG, CHEN S, GLENN DJ et al. Molecular biology of the natriuretic peptide system: implications for physiology and hypertension. *Hypertension*, 49(3):419-26, 2007.

KASAMA S, FURUYA M, TOYAMA T et al. Effect of atrial natriuretic peptide on left ventricular remodelling in patients with acute myocardial infarction. *Eur Heart J*, 29:1485-94, 2008.

KIM SD, PIANO MR. The natriuretic peptides: physiology and role in left-ventricular dysfunction. *Biol Res Nurs*, 2(1):15-29, 2000.

KISHIMOTO I, TOKUDOME T, HORIO T et al. Natriuretic peptide signaling via guanylyl cyclase (GC)-A: an endogenous protective mechanism of the heart. *Curr Cardiol Rev*, 5(1):45-51, 2009.

KOLLER KL, GOEDDEL DV. Molecular biology of the natriuretic peptides and their receptors. *Circulation*, 86:1081-8, 1992.

KUHN M. Molecular physiology of natriuretic peptide. *Basic Res Cardiol*, 99:76-82, 2004.

KUWAHARA K, NAKAO K. Regulation and significance of atrial and brain natriuretic peptides as cardiac hormones. *Endocr J*, 57(7):555-65, 2010.

LEVIN ER, GARDNER DG, SAMSON WK. Natriuretic peptides. *N Engl J Med*, 339(5):321-8, 2004.

NUSSENZVEIG DR, LEWICKIN JA, MAACK T. Cellular mechanisms of the clearance function of type C receptors of atrial natriuretic factor. *J Biol Chem*, 265(34):20952-8, 1990.

POTTER LR, ABBEY-HOSCH S, DICKEY DM. Natriuretic peptides, their receptors, and cyclic guanosine monophosphate-dependent signaling functions. *Endocr Rev*, 27(1):47-72, 2006.

ROSE RA, GILES WR. Natriuretic peptide C receptor signalling in the heart and vasculature. *J Physiol*, 586:353-66, 2008.

SAMSON WK. *Natriuretic Peptides in Health and Disease*. Humana Press, Totowa, 1997.

Substâncias vasodilatadoras com ação renal

BOONE M, DEEN PM. Physiology and pathophysiology of the vasopressin-regulated renal water reabsorption. *Pflugers Arch*, 456(6):1005-24, 2008.

CHENG HF, HARRIS RC. Cyclooxygenases, the kidney, and hypertension. *Hypertension*, 43(3):525-30, 2004.

COWLEY Jr AW. Renal medullary oxidative stress, pressure-natriuresis, and hypertension. *Hypertension*, 52(5):777-86, 2008.

GRANGER J, NOVAK J, SCHNACKENBERG C et al. Role of renal nerves in mediating the hypertensive effects of nitric oxide synthesis inhibition. *Hypertension*, 27(3 Pt 2):613-8, 1996.

HAO CM, BREYER MD. Physiological regulation of prostaglandins in the kidney. *Annu Rev Physiol*, 70:357-77, 2008.

KAKOKI M, SMITHIES O. The kallikrein-kinin system in health and in diseases of the kidney. *Kidney Int*, 75:1019-30, 2009.

LIU R, PITTNER J, PERSSON AE. Changes of cell volume and nitric oxide concentration in macula densa cells caused by changes in luminal NaCl concentration. *J Am Soc Nephrol*, 13(11):2688-96, 2002.

MARSH N, MARSH A. A short history of nitroglycerine and nitric oxide in pharmacology and physiology. *Clin Exp Pharmacol Physiol*, 27(4):313-9, 2000.

NELSON DL, COX MM, LEHNINGER AL. Principles of Biochemistry. 3. ed. Worth Publishers, Nova York, 2000.

ORTIZ PA, GARVIN JL. Role of nitric oxide in regulation of nephron transport. *Am J Physiol Renal Physiol*, 282:F777-84, 2002.

PATZAK A, PERSSON AE. Angiotensin II – nitric oxide interaction in the kidney. *Curr Opin Nephrol Hypertens*, 16:46-5, 2007.

RAIJ L, BAYLIS C. Glomerular actions of nitric oxide. *Kidney Int*, 48:20-32, 1995.

SADOWSKI J, BADZYNSKA B. Intrarenal vasodilator systems: NO, prostaglandins and bradykinin. An integrative approach. *J Physiol Pharmacol*, 59(Suppl 9):105-19, 2008.

Hormônio antidiurético

BICHET DG. Nephrogenic diabetes insípido. *Am J Med*, 105:431-42, 1998.

BROWN D, NIELSEN S. Cell biology of vasopressin action. In: BRENNER BM, RECTOR FC (Eds.). *Brenner & Rector's the Kidney*. 8. ed. Saunders Elsevier, Philadelphia, 2008.

HOLMES CL, LANDRY DW, GRANTON JT. Science review: vasopressin and the cardiovascular system part 1– receptor physiology. *Crit Care*, 7(6):427-34, 2003.

JUNG JS, PRESTON GM, SMITH BL et al. Molecular structure of the water channel through Aquaporin CHIP – the hourglass model. *J Biol Chem*, 269:14648-54, 1994.

KNEPPER MA, HOFFERT JD, PACKER RK et al. Urine concentration and dilution. In: BRENNER BM, RECTOR FC (Eds.). *Brenner & Rector's the Kidney*. 8. ed. Saunders Elsevier, Philadelphia, 2008.

KNEPPER MA. Molecular physiology of urinary concentrating mechanism: regulation of aquaporin water channels by vasopressin. *Am J Physiol*, 272:F3-12, 1997.

MARPLES D, FROKIAER J, NIELSEN S. Long term regulation of aquaporins in the kidney. *Am J Physiol*, 276:F331-9, 1999.

NIELSEN S, KNOWN TH, CHRISTENSEN BM et al. Physiology and pathophysiology of renal aquaporins. *J Am Soc Nephrol*, 10:647-63, 1999.

ROBERTSON GL, BERL T. Pathophysiology of water metabolism. In: BRENNER BM, RECTOR FC (Eds.). *The Kidney*. Saunders, New York, 1996.

SANDS JM. Regulation of renal urea transporters. *J Am Soc Nephrol*, 10:635-46, 1999.

ZEIDEL ML. Recent advances in water transport. *Semin Nephrol*, 18:167-77, 1998.

Hormônio paratireoidiano

BOLAND AR. Age-related changes in the response of intestinal cells to parathyroid hormone. *Mech Ageing Devel*, 125:877-88, 2004.

BRO S, OLGAARD K. Effects of excess PTH on nonclassical target organs. *Am J Kidney Disease*, 30:606-20, 1997.

CARRILLO-LÓPEZ N, FERNANDEZ-MARTIN JJ, CANNATA-ANDIA JB. The role of calcium and its receptors in parathyroid regulation. *Nefrologia*, 29:103-8, 2009.

KIELA PR, GRISHAN FK. Recent advances in the renal-skeletal gut-axis that controls phosphate homeostasis. *Laboratory Invest*, 89:7-14, 2009.

KOVACS CS, KRONBERG HM. Maternal-fetal calcium and bone metabolism during pregnancy, puerperium and lactation. *Endocr Rev*, 18:854-900, 1997.

MASSRY SG, SMOGORZEWSKI M. The effects of serum calcium and parathyroid hormone and the interaction between them on blood pressure in normal subjects and in patients with chronic kidney failure. *J Renal Nutr*, 15:173-7, 2005.

TORRES PU, PRIÉ D, BECK L et al. Klotho Gene, phosphocalcic metabolism and survival in dialysis. *J Renal Nutrition*, 19:50-6, 2009.

TRAEBERT M, ROTH J, BIBER J et al. Internalization of proximal tubular type II Na-Pi cotransporter by PTH: immunogold electron microscopy. *Am J Physiol Renal Physiol*, 278:F148-54, 2000.

Eritropoetina

ARCASOY MO. The non-haematopoietic biological effects of erythropoietin. *Br J Haematol*, 141:14-3, 2008.

BOISSEL JP, LEE WR, PRESNELL SR et al. Erythropoietin structure-function relationships. Mutant proteins that test a model of tertiary structure. *J Biol Chem*, 268(21):15983-93, 1993.

BRAHIMI-HORN MC, POUYSSÉGUR J. HIF at a glance. *J Cell Sci*, 122:1055-7, 2009.

DUNN A, DONNELLY S. The role of the kidney in blood volume regulation: the kidney as a regulator of the hematocrit. *Am J Med Sci*, 334:65-71, 2007.

FISHER JW. Erythropoietin: physiology and pharmacology update. *Exp Biol Med*, 228:1-14, 2003.

FOOD AND DRUG ADMINISTRATION. FDA Drug Safety Communication: Erythropoiesis-Stimulating Agents (ESAs): Procrit, Epogen and Aranesp. Disponível em: www.fda.gov/Drugs/DrugSafety/PostmarketDrugSafetyInformationforPatientsandProviders/ucm^{2}00297.htm.

FOOD AND DRUG ADMINISTRATION. Information on Erythropoiesis-Stimulating Agents (ESA) Epoetina alfa (marketed as Procrit, Epogen) Darbepoetina alfa (marketed as Aranesp). Disponível em: www.fda.gov/drugs/drugsafety/postmarketdrugsafetyinformationforpatientsandproviders/ucm109375.htm.

FOOD AND DRUG ADMINISTRATION. Safety of Erythropoiesis-Stimulating Agents (ESAs) in Oncology. 10 May 2007. Disponível em: www.fda.gov/ohrms/dockets/ac/07/briefing/2007-4301b2-01-01.AMGEN-odac-supplement-2007.pdf.

FRIED W. Erythropoietin and erythropoiesis. *Exp Hematol*, 37:1007-15, 2009.

HEYMAN SN, KHAMAISI M, ROSEN S et al. Renal parenchymal hypoxia, hypoxia response and the progression of chronic kidney disease. *Am J Nephrol*, 28:998-1006, 2008.

JELKMAN W. Erythropoietin: back to basics. *Blood*, 115:4151-2, 2010.

KAISSLING B, LE HIR M. The renal cortical interstitium: morphological and functional aspects. *Histochem Cell Biol*, 130:247-62, 2008.

KUHRT D, DON M, WOJCHOWSKI AM. Emerging EPO and EPO receptor regulators and signal transducers. *Blood*, 125:3536-41, 2015.

LACOMBE C, MAYEUX P. Erythropoietin receptors: their role beyond erythropoiesis. *Nephrol Dial Transplant*, 14:22-8, 1999.

LAPPIN T. The cellular biology of erythropoietin receptors. *Oncologist*, 8:15-8, 2003.

LAPPIN TR, MAXWELL AP, JOHNSTON PG. EPO's alter ego: erythropoietin has multiple actions. *Stem Cells*, 20:485-92, 2002.

LISY K, PEET DJ. Turn me on: regulating HIF transcriptional activity. *Cell Death Differ*, 15:642-9, 2008.

LIU J, WEI Q, GUO C et al. Hypoxia, HIF, and associated signaling networks in chronic kidney disease. *Int J Mol Sci*, 18:950-67, 2017.

MAIESE K, CHONG ZZ, LI F et al. Erythropoietin: elucidating new cellular targets that broaden therapeutic strategies. *Prog Neurobiol*, 85:194-213, 2008.

MAIESE K, LI F, CHONG ZZ. New avenues of exploration for erythropoietin. *JAMA*, 293:90-5, 2005.

NAKHOUL G, SIMON JF. Anemia of chronic kidney disease: treat it, but not too aggressively. *Cleve Clin J Med*, 83:613-24, 2016.

ROSENBERGER C, MANDRIOTA S, JÜRGENSEN JS et al. Expression of hypoxia-inducible factor-1alpha and -2alpha in hypoxic and ischemic rat kidneys. *J Am Soc Nephrol*, 13:1721-32, 2002.

ROSSERT J, KAI-UWE E. Erythropoietin receptors: their role beyond erythropoiesis. *Nephrol Dial Transplant*, 20:1025-8, 2005.

SEMENZA GL. Hydroxylation of HIF-1: oxygen sensing at the molecular level. *Physiology*, 19:176-82, 2004.

UNGER EF, THOMPSON AM, BLANK MJ et al. Erythropoiesis-stimulating agents-time for a reevaluation. *N Engl J Med*, 362:189-92, 2010.

Uroguanilina

AMORIM JB, MUSA-AZIZ R, LESSA LM et al. Effect of uroguanylin on potassium and bicarbonate transport in rat renal tubules. *Can J Physiol Pharmacol*, 84:1003-10, 2006.

ARNAUD-BATISTA FJ, PERUCHETTI DB, ABREU TP et al. Uroguanylin modulates (Na^++K^+)ATPase in a proximal tubule cell line: interactions among the cGMP/protein kinase G, cAMP/protein kinase A, and mTOR pathways. *Biochim Biophys Acta*, 1860(7):1431-8, 2016.

BRANCALE A, SHAILUBHAI K, FERLA S et al. Therapeutically targeting guanylate cyclase-C: computational modeling of plecanatide, a uroguanylin analog. *Pharmacol Res Perspect*, 5(2):e00295, 2017.

CURRIE MG, FOK KF, KATO J et al. Guanylin, an endogenous activator of intestinal guanylate cyclase. *Proc Natl Acad Sci USA*, 89:947-51, 1992.

FONTELES MC, GREENBERG RN, MONTEIRO HS et al. Natriuretic and kaliuretic activities of guanylin and uroguanylin in the isolated perfused rat kidney. *Am J Physiol*, 275:F191-7, 1998.

FONTELES MC, HAVT A, PRATA RB et al. High-salt intake primes the rat kidney to respond to a subthreshold uroguanylin dose during ex vivo renal perfusion. *Regul Pept*, 158:6-13, 2009.

FONTELES MC, NASCIMENTO NR. Guanylin peptide family: history, interactions with ANP, and new pharmacological perspectives. *Can J Physiol Pharmacol*, 89(8):575-85, 2011.

FORTE LR Jr. Uroguanylin and guanylin peptides, pharmacology and experimental therapeutics. *Pharmacol Ther*, 104(2):137-62, 2004.

FORTE LR Jr, FONTELES MC. Uroguanilyn and guanylin: endocrine link connecting the intestine and kidney for regulation of sodium balance. In: SELDIN DW, GIEBISCH G. *The Kidney*. 4. ed. Lippincott Williams & Wilkins, Philadelphia, 2000.

LENNANE RJ, CAREY RM, GOODWIN TJ et al. A comparison of natriuresis after oral and intravenous sodium loading in sodium-depleted man: evidence for a gastrointestinal or portal monitor of sodium intake. *Clin Sci Mol Med*, 49:437-40, 1975.

LESSA LM, CARRARO-LACROIX LR, CRAJOINAS RO et al. Mechanisms underlying the inhibitory effects of uroguanylin on NHE3 transport activity in renal proximal tubule. *Am J Physiol Renal Physiol*, 303(10):F1399-408, 2012.

LIMA AA, MONTEIRO HS, FONTELES MC. The effects of Escherichia coli heat-stable enterotoxin in renal sodium tubular transport. *Pharmacol Toxicol*, 70:163-7, 1992.

QIAN X, MOSS NG, FELLNER RC et al. Circulating prouroguanylin is processed to its active natriuretic form exclusively within the renal tubules. *Endocrinol*, 149(9):4499-509, 2008.

SCHULZ S, GREEN CK, YUEN PST et al. Guanylil cyclase is a heat-stable enterotoxin receptor. *Cell*, 63:941-8, 1990.

YUGE S, INOUE K, HYODO S et al. A novel guanylin family (guanylin, uroguanylin, and renoguanylin) in eels: possible osmoregulatory hormones in intestine and kidney. *J Biol Chem*, 20;278(25):22726-33, 2003.

Endotelinas

ABDEL-SAYED S, NUSSBERGER J, AUBERT JF et al. Measurement of plasma endothelin-1 in experimental hypertension and in healthy subjects. *Am J Hypertens*, 16:515-21, 2003.

BARTON M, YANAGISAWA M. Endothelin: 20 years from discovery to therapy. *Can J Physiol Pharmacol*, 86:485-98, 2008.

DE MATTIA G, CASSONE-FALDETTA M, BELLINI C et al. Role of plasma and urinary endothelin-1 in early diabetic and hypertensive nephropathy. *Am J Hypertens*, 11:983-8, 1998.

HASEGAWA H, HIKI K, SAWAMURA T et al. Purification of a novel endothelin-converting enzyme specific for big endothelin-3. *FEBS Lett Netherlands*, 428:304-8, 1998.

HICKEY KA, RUBANYI G, PAUL RJ et al. Characterization of a coronary vasoconstrictor produced by cultured endothelial cells. *Am J Physiol*, 248:C550-6, 1985.

HOPFNER RL, GOPALAKRISHNAN V. Endothelin: emerging role in diabetic vascular complications. *Diabetologia*, 42:1383-94, 1999.

IMAI T, HIRATA Y, EMORI T et al. Induction of endothelin-1 gene by angiotensin and vasopressin in endothelial cells. *Hypertension*, 19:753-7, 1992.

KARET FE. Endothelin peptides and receptors in human kidney. *Clin Sci (Lond)*, 91:267-73, 1996.

KOHAN DE. Endothelin, hypertension and chronic kidney disease: new insights. *Curr Opin Nephrol Hypertens*, 19:134-9, 2010.

KOHAN DE, PADILLA E. Osmolar regulation of endothelin-1 production by rat inner medullary collecting duct. *J Clin Invest*, 91:1235-40, 1993.

KOHAN DE, ROSSI NF, INSCHO EW et al. Regulation of blood pressure and salt homeostasis by endothelin. *Physiol Rev United States*, 91:1-77, 2011.

KOWALCZYK A, KLENIEWSKA P, KOLODZIEJCZYK M et al. The role of endothelin-1 and endothelin receptor antagonists in inflammatory response and sepsis. *Arch Immunol Ther Exp (Warsz)*, 63:41-52, 2015.

KUC R, DAVENPORT AP. Comparison of endothelin-A and endothelin-B receptor distribution visualized by radioligand binding versus immunocytochemical localization using subtype selective antisera. *J Cardiovasc Pharmacol*, 44(Suppl 1):S224-6, 2004.

MASAKI T. Historical review: endothelin. *Trends Pharmacol Sci*, 25:219-24, 2004.

NAMBI P, PULLEN M, BROOKS DP et al. Identification of ETB receptor subtypes using linear and truncated analogs of ET. *Neuropeptides*, 29:331-6, 1995.

SAUVAGEAU S, THORIN E, VILLENEUVE L et al. Endothelin-3-dependent pulmonary vasoconstriction in monocrotaline-induced pulmonary arterial hypertension. *Peptides*, 29:2039-45, 2008.

SCHNEIDER JG, TILLY N, HIERL T et al. Elevated plasma endothelin-1 levels in diabetes mellitus. *Am J Hypertens*, 15:967-72, 2002.

SIMONSON MS. Endothelins: multifunctional renal peptides. *Physiol Rev*, 73:375-411, 1993.

SPEED JS, FOX BM, JOHNSTON JG et al. Endothelin and renal ion and water transport. *Semin Nephrol*, 35:137-44, 2015.

TOMITA K, NONOGUCHI H, TERADA Y et al. Effects of ET-1 on water and chloride transport in cortical collecting ducts of the rat. *Am J Physiol*, 264:F690-6, 1993.

WESSON DE. Endogenous endothelins mediate increased acidification in remnant kidneys. *J Am Soc Nephrol*, 12:1826-35, 2001.

WOLF SC, SMOLTCZYK H, BREHM BR et al. Endothelin-1 and endothelin-3 levels in different types of glomerulonephritis. *J Cardiovasc Pharmacol*, 31(Suppl 1):S482-5, 1998.

YANAGISAWA M, KURIHARA H, KIMURA S et al. A novel peptide vasoconstrictor, endothelin, is produced by vascular endothelium and modulates smooth muscle Ca^{2+} channels. *J Hypertens Suppl*, 6: S188-91, 1988.

Capítulo 56

Distúrbios Hereditários e Transporte Tubular de Íons

Aníbal Gil Lopes

- Introdução, *890*
- Exemplos de tubulopatias do segmento proximal, *890*
- Exemplos de tubulopatias do ramo grosso ascendente, *891*
- Exemplo de tubulopatia do segmento distal convoluto, *895*
- Exemplo de tubulopatia do túbulo coletor, *896*
- Acidose tubular renal de origem hereditária, *897*
- ATR distal tipo 1, *898*
- ATR proximal tipo 2, *900*
- ATR combinada (proximal/distal) tipo 3, *900*
- Conclusão, *902*
- Bibliografia, *902*

INTRODUÇÃO

A compreensão dos mecanismos moleculares de transporte transcelular de íons nos diferentes segmentos do néfron vem sendo aprimorada pela análise de tubulopatias de origem genética. As alterações funcionais de proteínas transportadoras causam doenças com amplo espectro fenotípico. Neste capítulo, serão abordados alguns desses distúrbios com a finalidade de ressaltar, pela análise da perda da função, os mecanismos fisiológicos desses transportadores. Adicionalmente, utilizando o conhecimento disponível sobre determinadas tubulopatias, serão aproximados os estudos fisiológicos básicos aos advindos da clínica, para melhor compreensão das inter-relações dos diferentes transportadores iônicos. Os exemplos clínicos foram escolhidos na tentativa de fixar o conteúdo apresentado em capítulos anteriores, sem qualquer preocupação de um estudo sistemático.

EXEMPLOS DE TUBULOPATIAS DO SEGMENTO PROXIMAL

▶ Doença de Dent

Várias síndromes familiares raras, caracterizadas pela perda da capacidade funcional do túbulo proximal em reabsorver solutos, foram descritas no século XX. Com a intenção de aprofundar o entendimento dos mecanismos de transporte presentes nesse segmento do néfron, será analisada a doença de Dent, uma das causas de nefrolitíase (cálculo renal). A nefrolitíase é uma doença muito comum, sendo caracterizada pela formação recorrente de cálculos renais. É predominante no sexo masculino; apenas cerca de 30% dos casos ocorre em mulheres. Os cálculos mais frequentes são de sais de cálcio, principalmente fosfato e oxalato; os formados por cistina (dímero da cisteína), urato e Mg(NH4)PO4 (estruvita) são menos comuns.

Em 1964, Dent e Friedman descreveram uma forma hereditária rara de nefrolitíase associada ao cromossomo X, caracterizada pela presença de proteinúria de baixo peso molecular acompanhada, na maioria dos casos, por hipercalciúria, nefrocalcinose, raquitismo e, algumas vezes, por insuficiência renal. Foram descritas síndromes semelhantes em diferentes países, tendo-lhes sido atribuídos nomes diferentes: síndrome de Dent, no Reino Unido, raquitismo hipofosfatêmico recessivo associado ao cromossomo X, na Itália e na França, e síndrome da proteinúria de baixo peso molecular com hipercalciúria e nefrocalcinose, no Japão.

Atualmente, é aceito que cerca de 50 a 60% dos pacientes com doença de Dent apresentam mutações do gene CLCN5, que codifica o transportador ClC-5, e que cerca de 15% têm mutações do gene OCRL1, que codifica a fosfatidilinositol 4,5-bifosfato 5-fosfatase. Porém, entre 25 e 35% dos pacientes com características clínicas da doença de Dent não apresentam mutações em nenhum desses dois genes, indicando a possibilidade de outros genes estarem envolvidos com a origem da doença.

Inicialmente, foi identificado como causa da doença de Dent o defeito do gene CLCN5, localizado na região 11.22-11.23 do cromossomo X. Posteriormente, foi demonstrado que o produto por ele codificado é um transportador de cloreto sensível à voltagem, o ClC-5, que pertence à família dos canais de cloreto que inclui o ClC-Kb, cujas mutações causam um dos tipos de síndrome de Bartter, que será analisada mais adiante. Atualmente, já foram identificadas mais de 30 mutações na sequência do ClC-5.

Enquanto os transportadores ClC-1, -2, Ka e Kb estão predominantemente localizados na membrana plasmática, os transportadores ClC-3, -4, -5, -6 e -7 localizam-se, principalmente, nas vesículas endocíticas e lisosomais (sendo que ClC-3, -4 e -5 apresentam 80% de homologia em suas sequências). A maioria das organelas celulares que apresentam esses transportadores são acidificadas por H^+-ATPases vesiculares.

Os primeiros estudos realizados em pacientes portadores da doença de Dent e em camundongos *knockout* (ou KO) para o ClC-5 (*i. e.*, que não têm esse canal funcionante) indicaram a importância fisiológica desse transportador na reabsorção de proteínas de baixo peso molecular no túbulo proximal (ver Figura 52.10 no Capítulo 52, *Excreção Renal de Solutos*). Por meio de métodos de imunofluorescência e imunomicroscopia eletrônica, foram obtidos os seguintes dados experimentais:

- As proteínas de baixo peso molecular que são filtradas no glomérulo são reabsorvidas, por endocitose, no túbulo proximal, local onde os transportadores ClC-5 apresentam grande expressão
- Os transportadores ClC-5 se apresentam colocalizados com ATPases tipo V na região abaixo da borda em escova dos túbulos proximais, rica em vesículas endocíticas
- Quando utilizada proteína marcada radioativamente, verifica-se que ela é reabsorvida nessa região e se localiza em endossomos que expressam o ClC-5.

A partir do entendimento vigente na época, de que o ClC-5 seria um canal de cloreto, foi proposto que os endossomos seriam acidificados pelo influxo de H^+ promovido pela H^+-ATPase, que dependeria do fluxo paralelo de um ânion (Cl^-) para operar adequadamente. Assim considerado, e tendo por base os dados experimentais expostos anteriormente, foi sugerido que o ClC-5, atuando como um canal, permitiria a formação de gradientes transvesiculares de pH, o que seria essencial para a endocitose proteica no túbulo proximal. Essa hipótese foi confirmada com estudos em camundongos KO para o ClC-5, que reproduziram a proteinúria de baixo peso molecular característica dos portadores da doença de Dent.

Estudos eletrofisiológicos recentes demonstraram, todavia, que o ClC-5 é um permutador $2Cl^-/H^+$, eletrogênico e dependente de voltagem, e não um canal de cloreto, como foi entendido inicialmente. Assim sendo, o ClC-5 permite o vazamento do íon hidrogênio do interior da vesícula e leva ao acúmulo do íon cloreto no seu interior.

Para verificar se a doença de Dent decorreria ou não de uma acidificação inadequada do endossomo, em 2010, Novarino *et al.* desenvolveram um camundongo com uma mutação que converte o permutador $2Cl^-/H^+$ em um canal de cloreto. Como esperado, a acidificação dos endossomos foi normal nos animais em que o ClC-5 desempenhava a função de canal de cloreto, mas estava gravemente comprometida nos animais com *knockout* para o ClC-5. Os animais em que o ClC-5 funcionava como canal de cloreto, ainda que acidificassem normalmente os endossomos, desenvolveram quadro semelhante ao da doença de Dent humana, resultado parecido com o obtido nos animais *knockout* para o ClC-5. Essas descobertas, que excluem a hipótese originalmente formulada, sugerem que a redução do acúmulo de cloreto endossomal possa ser importante na gênese da doença de Dent e indicam que a concentração de cloreto possa desempenhar importante papel na fisiologia dessa organela. O papel do ClC-5 presente nos endossomos das células tubulares proximais, todavia, ainda não está suficientemente esclarecido, não sendo possível, no momento, estabelecer os mecanismos intrínsecos envolvidos na gênese dessa doença.

Mais recentemente, foram identificadas mutações no gene OCRL1 – localizado na região q25 do cromossomo X, que codifica a fosfatidilinositol 4,5-bifosfato 5-fosfatase, enzima relacionada com o processo de endocitose – que dão origem à doença de Dent tipo 2. Nesta enfermidade, ao lado de alterações renais similares às observadas na doença de Dent tipo 1, anteriormente descritas, ocorrem sintomas extrarrenais, tais como catarata subclínica, hipotonia e retardo mental ameno. Os mecanismos que levam a esses distúrbios podem ser atribuídos ao papel da fosfatidilinositol 4,5-bifosfato 5-fosfatase, codificada pelo gene OCRL1, no tráfego lisossômico e na triagem endossomal. O substrato preferencial dessa enzima é o fosfatidilinositol 4,5-bifosfato (PIP2), que, pela hidrólise do fosfato 5', é degradado em fosfatidilinositol 4-fosfato. O PIP2 tem importante papel na regulação da cinética do citoesqueleto e, assim, em diversos passos envolvidos na endocitose. A ausência ou perda funcional da fosfatidilinositol 4,5-bifosfato 5-fosfatase leva, portanto, ao acúmulo de PIP2 no interior das células do túbulo proximal, o que responde pelas alterações do tráfico endocítico responsáveis pelos sintomas da doença de Dent tipo 2.

Tanto as mutações do gene CLCN5 como as do gene OCRL1, por causarem disfunções do processo de endocitose, levam à perda de proteínas de baixo peso molecular, um dos sintomas característicos da doença de Dent.

▶ Hipercalciúria e hiperfosfatúria

Uma das mais importantes funções da endocitose no túbulo proximal é a conservação de vitaminas essenciais, tais como o retinol e a vitamina D, que, juntamente com as proteínas de ligação, são reabsorvidas nesse segmento. Enquanto as proteínas de ligação são degradadas nos lisossomos, as vitaminas a elas ligadas são reabsorvidas, como o retinol. No caso da vitamina D, como veremos adiante, após a endocitose, ela é transformada na forma ativa antes de ser reabsorvida para o sangue. Tanto nos animais KO para o ClC-5 como nos pacientes com a doença de Dent, foi observada perda urinária massiva de retinol, vitamina D e suas proteínas de ligação. Para a vitamina D, esta situação é complexa em razão da influência da paratireoide no metabolismo da vitamina D. O hormônio da paratireoide (PTH) aumenta a produção de vitamina D_3 ativa [ou $1,25(OH)_2$-$VitD_3$] no túbulo proximal, pelo estímulo da transcrição da enzima 1α-hidroxilase, que converte o precursor inativo [ou $25(OH)$-$VitD_3$] na vitamina D_3 ativa. Sendo um pequeno peptídeo, o PTH é livremente filtrado e posteriormente reabsorvido via endocitose no túbulo proximal. Nesse segmento do néfron, os receptores para esse hormônio estão presentes tanto na membrana basolateral como na luminal. A perda da capacidade endocítica, decorrente das mutações do CLCN5 ou do OCRL1, resulta no aumento da concentração luminal de PTH e consequente aumento da ativação de seus receptores luminais (PTH-R). O aumento da concentração do hormônio no lúmen do túbulo proximal estimula a transcrição da 1α-hidroxilase por meio dos receptores luminais, o que eleva a relação entre as concentrações plasmáticas de vitamina D_3 ativa e seu precursor inativo nos camundongos KO para ClC-5 (Figura 56.1 A). Entretanto, a concentração plasmática absoluta da vitamina D_3 ativa não fica necessariamente elevada, pois a falta do ClC-5 funcional reduz drasticamente a reabsorção do precursor da vitamina D_3 no túbulo proximal. Dependendo das condições alimentares e de fatores genéticos, o balanço entre esses dois efeitos pode ocorrer em qualquer das duas direções.

Em muitos portadores da doença de Dent, os níveis plasmáticos de vitamina D estão levemente aumentados, enquanto nos camundongos KO para ClC-5 encontram-se consistentemente diminuídos. É esperado que o nível plasmático elevado de vitamina D_3 ativa estimule a reabsorção intestinal de cálcio, podendo, portanto, este íon ser excretado em maior quantidade pelos rins. Entretanto, o uso de camundongos KO para o ClC-5 (que apresentam hipercalciúria e aumento dos níveis plasmáticos de vitamina D_3 ativa) mostra que a disponibilidade do cálcio decorre do remanejamento ósseo desse íon, e não do aumento de sua reabsorção intestinal.

A hiperfosfatúria encontrada na doença de Dent também parece ser um efeito secundário ao aumento da concentração urinária do PTH (Figura 56.1 B). A reabsorção de fosfato no túbulo proximal ocorre principalmente por meio do cotransportador NaPi (localizado na membrana luminal), o qual é inibido pelo PTH, via endocitose e degradação lisossomal (ver Capítulo 52). Como esperado, em camundongos KO para o ClC-5 a quantidade de NaPi na membrana luminal está diminuída em razão do aumento da concentração luminal do PTH. Adicionalmente, nesses animais, o cotransportador NaPi está localizado principalmente nas vesículas intracelulares. Esses achados indicam que a fosfatúria encontrada na doença de Dent é decorrente do defeito primário da endocitose do PTH que ocorre nessa anomalia.

EXEMPLOS DE TUBULOPATIAS DO RAMO GROSSO ASCENDENTE

▶ Questões em torno da alcalose metabólica crônica

O desafio intelectual básico a que o pesquisador está sujeito é o de ser capaz de reconhecer causas distintas para situações semelhantes e causas comuns para situações distintas. Assim, a observação atenta de pacientes com alcalose metabólica crônica levou vários pesquisadores, nas décadas de 1950 e 1960, a tentar estabelecer diagnósticos sindrômicos a partir das outras manifestações apresentadas paralelamente a esse distúrbio metabólico. O desenrolar das descobertas científicas que iremos acompanhar a partir de então representa o trabalho de muitos cientistas ao longo de 40 anos de estudos, até a elucidação de algumas causas desse distúrbio.

Em 1962, Frederic Bartter descreveu as seguintes anormalidades metabólicas em dois pacientes: alcalose metabólica hipoclorêmica acompanhada de perda urinária grave de potássio, hipopotassemia, hiperaldosteronismo e hiperplasia do aparelho justaglomerular. A singularidade desses casos residia no fato de que, ao contrário do que ocorre em pacientes com formas mais comuns de hiperaldosteronismo, esses eram jovens, apresentavam retardo mental brando e eram normotensos. Essa descrição causou interesse na comunidade científica, e muitos casos semelhantes foram, então, relatados. Pouco depois, ficou evidente um padrão de transmissão familiar, autossômico recessivo. Posteriormente, em 1966, Gitelman descreveu uma síndrome similar em três pacientes, caracterizada por alcalose metabólica acompanhada de

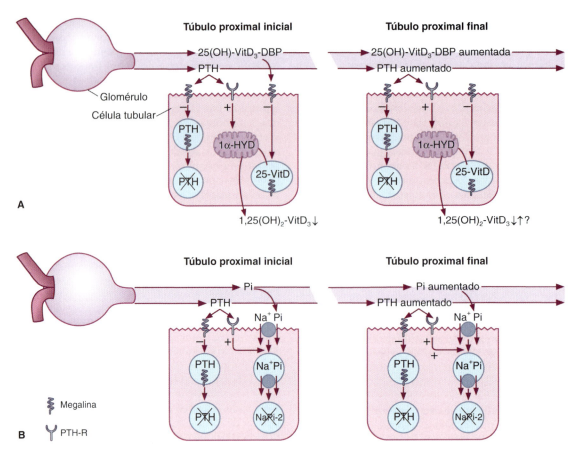

Figura 56.1 ▪ Modelo para explicar a hipercalciúria e a hiperfosfatúria na doença de Dent. **A.** Alterações no metabolismo de vitamina D. O paratormônio (PTH) é normalmente filtrado no glomérulo e reabsorvido no túbulo proximal por endocitose (mediada pela megalina) com posterior degradação intravesical. A perda da capacidade endocítica decorrente da disfunção do ClC-5 resulta no aumento da concentração luminal de PTH e consequente aumento da ativação de seus receptores luminais (PTH-R). Isso estimula a transcrição mitocondrial da enzima 1α-hidroxilase (1α-HYD), que catalisa a conversão de 25(OH)-VitD$_3$, precursor da vitamina D, em 1,25(OH)$_2$-VitD$_3$, seu metabólito ativo. Por sua vez, a vitamina D$_3$ ativa causa, indiretamente, hipercalciúria em razão de aumentar a reabsorção intestinal de cálcio. Porém, a 25(OH)-VitD$_3$ ligada à DBP, sua proteína de ligação, é reabsorvida apicalmente, por endocitose dependente da megalina e do ClC-5; assim, o defeito na endocitose presente na doença de Dent leva à menor disponibilidade de substrato para a 1α-HYD. Há, portanto, um delicado balanço entre a ativação da enzima e a disponibilidade do precursor, o que pode levar tanto ao aumento como à diminuição da produção de vitamina D$_3$ ativa. Além disso, o hormônio ativo também pode ser perdido na urina. Isso pode explicar o fato de a hipercalciúria ser muito variável, tanto entre os pacientes da doença de Dent como nos diferentes modelos de camundongos KO para ClC-5. **B.** Mecanismos causadores de fosfatúria. A falta de ClC-5 funcional reduz a endocitose do PTH, causando o aumento de sua concentração no túbulo proximal. Como o cotransportador luminal de fosfato de sódio NaPi é inibido pelo PTH, o qual causa sua endocitose e degradação, na falta de ClC-5 funcional a reabsorção proximal de fosfato é deprimida, ocorrendo consequente fosfatúria. (Adaptada de Jentsch *et al.*, 2005.)

aumento dos níveis plasmáticos de renina e depleção renal de magnésio e potássio, levando a hipomagnesemia e hipopotassemia. Essas características eram consistentes com um excesso de mineralocorticoides, exceto pela ausência de hipertensão. Em razão da hipomagnesemia, foi suposto que se tratava de uma variante da síndrome descrita por Bartter.

Clinicamente, essas síndromes são diferenciadas com base na concentração plasmática de magnésio e na concentração urinária de cálcio, sendo a síndrome de Gitelman confirmada pela hipomagnesemia e hipocalciúria. Outra diferença importante é que a síndrome de Bartter típica, geralmente, ocorre antes dos 6 anos de idade e apresenta sintomas graves, tais como desidratação e retardo do crescimento. Ao contrário, a síndrome de Gitelman manifesta-se na adolescência e início da vida adulta, com predomínio de sintomas neuromusculares, tais como cãibra, fadiga, fraqueza muscular, irritabilidade e espasmos nas mãos e nos pés. Em alguns casos, foram relatadas manifestações graves como tetania, paralisia e rabdomiólise (ruptura de células musculares com extravasamento de seu conteúdo para a corrente sanguínea). Por muitos anos, a sobreposição das características fisiológicas e a variabilidade fenotípica dessas duas síndromes dificultaram sua diferenciação, sendo que muitos pacientes com síndrome de Gitelman foram diagnosticados, equivocadamente, como portadores da síndrome de Bartter.

Mais tarde, a análise genética de pacientes de uma mesma família permitiu classificar a síndrome de Bartter em pelo menos três grandes grupos fenotípicos: *variante pré-natal* (ou síndrome de hiperprostaglandina E), que seria caracterizada por prematuridade, polidrâmnio (aumento do líquido amniótico) e desidratação ao nascimento; *síndrome de Bartter clássica*, que acometeria crianças e seria caracterizada por distúrbios graves de crescimento; e *síndrome de Gitelman*, que acometeria adultos, sendo caracterizada por hipomagnesemia, hipercalcemia e hipocalciúria. Entretanto, estudos genômicos mais recentes revelaram que a síndrome de Gitelman tem causa totalmente diferente da síndrome de Bartter, como veremos a seguir.

▶ Síndrome de Bartter

Os mecanismos moleculares envolvidos na síndrome de Bartter evidenciam a complexidade das dependências entre os diferentes sistemas de transporte iônico presentes nas células do ramo ascendente grosso da alça de Henle. Neste segmento do néfron ocorre cerca de 20% da reabsorção do NaCl e 70% do íon magnésio ultrafiltrados. Como analisado com detalhes no Capítulo 51, *Função Tubular*, e no Capítulo 53, *Papel do Rim na Regulação do Volume e da Tonicidade do Líquido Extracelular*, neste segmento há a dissociação entre a reabsorção de soluto e água, o que lhe confere a capacidade de diluir o fluido tubular. Paralelamente e em consequência da diluição do fluido luminal, ocorre a concentração do interstício medular. Esta etapa é necessária para a reabsorção de água no túbulo coletor, a qual se dá pela inserção, promovida pelo ADH, de aquaporina tipo 2 na membrana luminal das células principais desta porção do néfron. De fato, a perda da capacidade de diluição do fluido tubular no ramo grosso ascendente tem como consequência a impossibilidade de a urina ser concentrada pela reabsorção de água no sistema coletor do néfron.

O arranjo de diferentes transportadores iônicos nas membranas luminal e basolateral das células tubulares do ramo grosso ascendente lhes confere características funcionais muito particulares. Como representado na Figura 56.2, o cotransportador eletroneutro 1Na$^+$:1 K$^+$:2Cl$^-$ (NKCC2), presente na membrana luminal, é fundamental neste processo. Através dele, os íons Na$^+$, K$^+$ e Cl$^-$ entram para a célula, movidos pelo gradiente eletroquímico favorável à entrada do íon Na$^+$, o qual é gerado pela Na$^+$/K$^+$-ATPase presente na membrana basolateral. Esses três íons tomam caminhos distintos para saírem da célula. Enquanto o Na$^+$ sai para o interstício através da Na$^+$/K$^+$-ATPase, o Cl$^-$ atravessa a membrana basolateral via canais ClC-Ka e ClC-Kb. O K$^+$, por sua vez, pode retornar para o lúmen tubular pelos canais ROMK presentes na membrana luminal ou passar para o interstício através de canais de K$^+$ presentes na membrana basolateral. Isso acarreta duas consequências da maior importância. Primeiro, a recirculação do íon potássio na membrana luminal é fundamental para que ocorra o transporte através do cotransportador NKCC2. A magnitude da afinidade desse cotransportador ao potássio exige concentrações luminais adequadas desse íon para que, com todos os sítios de ligação aos três íons ocupados, o cotransportador possa sofrer as mudanças conformacionais que levam ao transporte iônico eletroneutro através da membrana luminal. Em segundo lugar, o vazamento do íon potássio para o lúmen tubular hiperpolariza a membrana luminal, contribuindo para a eletropositividade do lúmen em relação ao interstício. Isso gera parte do gradiente eletroquímico favorável à reabsorção dos íons Ca^{2+} e Mg^{2+} através da via paracelular. Deve ser lembrado que, sendo o ramo grosso ascendente impermeável à água, a reabsorção de NaCl gera um gradiente transcelular de Na$^+$, o que leva a um retorno paracelular desse íon, contribuindo, assim, para a geração de parte do potencial transepitelial lúmen-positivo característico desse segmento do néfron.

É interessante observar, do ponto de vista termodinâmico, o fluxo de energia que ocorre por meio dos sucessivos processos de transporte iônico (ver Figura 56.2). Inicialmente, o gasto de energia metabólica por meio da Na$^+$/K$^+$-ATPase gera um gradiente de concentração do íon sódio, o qual, via cotransportador NKCC2, forma, por sua vez, um gradiente químico para o íon potássio, cujo retorno para o lúmen tubular, via canais ROMK, origina um gradiente elétrico a ser utilizado para a reabsorção de magnésio e cálcio pela via paracelular.

A síndrome de Bartter decorre de mutações genéticas que codificam transportadores iônicos e o receptor de cálcio presentes no ramo ascendente grosso (descrito alguns parágrafos adiante). Atualmente, sabe-se que esses genes são:

- Gene SLC12A1, que codifica o transportador apical NKCC2, cujas mutações causam a síndrome de Bartter tipo I
- Gene KCNJ1, que codifica o canal luminal de K$^+$ (tipo ROMK), cujas mutações causam a síndrome de Bartter tipo II

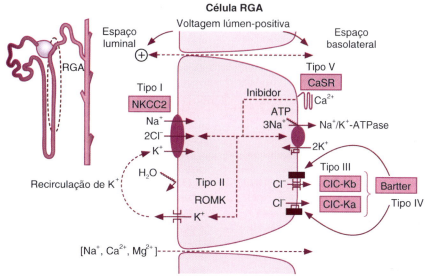

Figura 56.2 ▪ Mecanismos de transporte iônico no ramo grosso ascendente da alça de Henle e os cinco tipos da síndrome de Bartter (tipo I–tipo V). Em condições normais, o cloreto de sódio é reabsorvido no ramo grosso ascendente por meio do cotransportador NKCC2 sensível à furosemida e à bumetanida. A força motriz deste sistema decorre das baixas concentrações intracelulares dos íons Na e Cl, geradas pela Na$^+$/K$^+$-ATPase e pelo canal de cloreto ClC-Kb, localizados na membrana celular basolateral. A disponibilidade luminal de potássio é limitante para o NKCC2, sendo que a recirculação do K$^+$ pela membrana luminal (através do canal de potássio tipo ROMK, regulado por ATP) garante o adequado funcionamento do NKCC2 e gera um potencial transepitelial lúmen-positivo. Estudos genéticos identificaram mutações com perda de função nos genes que codificam os transportadores NKCC2, ROMK e ClC-Kb em diferentes subgrupos de pacientes com síndrome de Bartter. Ao contrário da situação normal, a perda de função do NKCC2 impede a reabsorção de sódio e potássio. A inativação do ROMK limita também a quantidade de potássio disponível para o NKCC2. A inativação do ClC-Kb reduz a reabsorção transcelular de cloreto. A perda da função desses transportadores reduz o potencial elétrico transepitelial, diminuindo assim a força motriz para a reabsorção paracelular de cátions divalentes. Na maioria dos pacientes com a síndrome de Bartter a excreção urinária de cálcio está aumentada. A ativação do receptor sensível ao cálcio (CaSR) inibe a atividade do NKCC2, do ROMK e da Na$^+$/K$^+$-ATPase, reduzindo a reabsorção de solutos neste segmento do néfron. Mutações que aumentam a sensibilidade do receptor ao íon cálcio inibem tanto a reabsorção de NaCl como a dos íons cálcio e magnésio, estas duas últimas dependentes do potencial lúmen-positivo gerado pela recirculação do potássio na membrana luminal e do retorno paracelular do íon sódio. *RGA*, ramo grosso ascendente. Mais detalhes no texto.

- Genes da família CLC, que codificam os canais basolaterais de Cl⁻ (ClC-Ka e ClC-Kb), cujas mutações causam a síndrome de Bartter tipo III
- Gene BSND, que codifica a subunidade β dos canais basolaterais de Cl⁻ (ClC-K) (denominada barttina), cujas mutações causam a síndrome de Bartter tipo IV, também associada à surdez neurossensorial
- Genes que codificam o receptor de cálcio (CaSR) na membrana basolateral, cujas mutações levam à hiperfunção desse receptor e causam a síndrome de Bartter tipo V.

Na síndrome de Bartter tipo I, diferentes mutações homozigotas determinam diminuição da função do cotransportador NKCC2. Esse defeito no cotransportador tríplice produz efeitos semelhantes aos causados pelos diuréticos de alça (como furosemida ou bumetanida). Os pacientes apresentam grande perda de cloreto de sódio e de potássio, hipopotassemia grave, alcalose metabólica, hipercalciúria, nefrocalcinose e perda da capacidade de concentração urinária, podendo evoluir para insuficiência renal. Tal anormalidade já foi descrita tanto na variante pré-natal quanto na forma clássica da síndrome de Bartter.

A síndrome de Bartter tipo II, decorrente de mutações com diminuição de função ou ausência dos canais ROMK, é descrita principalmente na forma pré-natal. Nestes pacientes há participação importante de PGE2 na fisiopatologia da doença, sendo comum o uso de inibidores da COX-2 como ferramenta terapêutica fundamental para melhora dos sintomas.

A síndrome de Bartter tipo III é causada por mutações que levam à redução da função dos canais de Cl⁻ presentes na membrana basolateral, principalmente o ClC-Kb. Como tais canais também são expressos no túbulo convoluto distal, há alguma semelhança fenotípica com a síndrome de Gitelman, com exceção da excreção urinária de Ca^{2+}, diminuída nesta última anomalia. No ramo grosso ascendente, a menor saída do íon Cl⁻ do meio intracelular para o interstício altera o gradiente eletroquímico, prejudicando assim a reabsorção luminal de NaCl. A síndrome de Bartter tipo III tem sido relacionada com a forma clássica de apresentação da doença.

A síndrome de Bartter tipo IV, descrita mais recentemente, resulta de mutações que causam alterações na subunidade β do canal ClC-K (ou barttina), prejudicando sua inserção na membrana basolateral. Tais pacientes, além de apresentarem síndrome de Bartter com grande perda renal de sal e retardo de crescimento, desenvolvem surdez neurossensorial pelo fato de a barttina estar associada à produção da endolinfa no ouvido médio.

Já a síndrome de Bartter tipo V está associada à hiperfunção do receptor sensível ao cálcio extracelular (CaSR), presente na membrana basolateral desse segmento do néfron.

A descoberta e clonagem do CaSR em glândulas paratireoides, em 1993, permitiu um melhor entendimento da regulação do transporte de cálcio no ramo grosso ascendente. O CaSR pertence à família de receptores acoplados à proteína G (GPCR, *G protein coupled receptor*) da classe II, a qual inclui os receptores para ácido gama-aminobutírico, glutamato metabotrópico e certos ferormônios. Esse receptor é codificado por 6 éxons do gene localizado no braço longo do cromossomo 3 (cromossomo 3q21-q24). O CaSR é constituído de 1.078 resíduos de aminoácidos, apresentando um longo domínio extracelular (formado por 612 resíduos de aminoácidos, onde se encontra o sítio de ligação ao íon cálcio), um domínio carboxi (C)-terminal intracelular (com cerca de 200 resíduos de aminoácidos) e 7 domínios intramembranais. É importante observar que este receptor não é ativado por aminoácido ou modificado por polipeptídio, mas por íons elementares inorgânicos (tais como Ca^{2+}, Mg^{2+} e Gd^{3+}) e policátions orgânicos (tipo neomicina e espermicina). Ainda que o CaSR não seja específico para o íon Ca^{2+}, apresenta maior afinidade por esse cátion. Uma característica do CaSR é o fato de as regiões de ligação ao íon cálcio estarem localizadas no domínio extracelular e não nas alças extracelulares dos domínios transmembrana. Do ponto de vista funcional, o CaSR se apresenta como um dímero.

O CaSR está expresso em vários segmentos do néfron. Nas células do ramo grosso ascendente localiza-se na membrana basolateral. Quando esse receptor é ativado pelo cálcio extracelular, uma proteína G ativa uma fosfolipase A2, levando à formação de ácido araquidônico. Através da via metabólica do citocromo P-450, o ácido araquidônico é metabolizado em 20-HETE, um eicosanoide. Este metabólito inibe tanto o canal ROMK como o cotransportador NKCC2. Desse modo, a diferença de potencial transtubular positiva não se estabelece, impossibilitando a reabsorção paracelular dos íons cálcio e magnésio. Na síndrome de Bartter tipo V, devido a uma hiperfunção do CaSR, essa inibição é deflagrada por menores concentrações plasmáticas de cálcio, levando a uma maior excreção urinária de cálcio, magnésio, sódio e potássio, além de perda da hipertonicidade medular e aparecimento de alcalose hipoclorêmica.

A clonagem do CaSR permitiu a compreensão dos mecanismos envolvidos em desordens da homeostase do íon cálcio, provenientes de anormalidades na estrutura e/ou função desse receptor. Neste contexto, foram determinadas as disfunções provocadas por várias doenças geneticamente transmitidas, cuja análise escapa aos objetivos deste capítulo.

▶ Síndrome da hipomagnesemia hipercalciúrica (SHH)

É interessante observar que, ao contrário do verificado nas síndromes de Bartter e de Gitelman (nas quais a perda urinária de cálcio e magnésio é acompanhada de hipopotassemia, alcalose metabólica e hiperaldosteronismo secundário), em uma doença familiar rara, a síndrome da hipomagnesemia hipercalciúrica, ocorre unicamente a perda urinária de cálcio e magnésio. A manifestação principal da SHH é a nefrocalcinose, consistentemente associada à poliúria e, ocasionalmente, à nefrolitíase (a qual pode levar à insuficiência renal) e ao retardo mental. Pouco era conhecido a respeito da disfunção tubular relacionada com a gênese dessa síndrome, até ter sido verificado que essa doença está relacionada com mutações homozigotas do gene que codifica a paracelina-1 (PRCL-1). Esta proteína pertence à família das claudinas, tendo sido identificada por Simon e colaboradores em 1999, por clonagem posicional, em seres humanos. A paracelina-1 tem 305 aminoácidos com 4 domínios transmembranais e 2 intracelulares (domínios terminais NH_2 e COOH). Como sua estrutura é semelhante à das claudinas, recebeu o nome de claudina 16, constituindo o membro mais distante dessa família de proteínas. A PRCL-1 tem 10 a 18% de homologia com as claudinas, apresentando grande semelhança no segmento do primeiro domínio extracelular, ao qual se atribui a função de estabelecer pontes entre as células. Ela está localizada nas *tight junctions* entre as células do ramo grosso ascendente. Mutações que levam à perda funcional da PRCL-1 causam maciça perda renal de magnésio e cálcio acompanhada de nefrocalcinose e insuficiência renal.

É conhecido que, a partir de unidades localizadas em células vizinhas, formam-se dímeros, os quais apresentam características de um canal com seletividade para os íons magnésio e cálcio. Enquanto os canais anteriormente descritos permitem a passagem de solutos através de membranas, estes promovem a passagem de solutos por meio dos espaços paracelulares. Este seria o mecanismo pelo qual o magnésio e o cálcio seriam reabsorvidos via espaço paracelular, a favor do gradiente eletroquímico gerado pelo transporte iônico que ocorre nesse segmento (descrito anteriormente). Adicionalmente, como há evidências de que a via paracelular é regulada pela concentração de magnésio, há a hipótese de que a PRCL-1 possa funcionar como um sensor do íon Mg^{2+}, que alteraria a permeabilidade paracelular por meio de outros fatores. Esta proteína pode representar uma nova família de transportadores que venha a explicar fenômenos até agora mal compreendidos de reabsorção paracelular de solutos ao longo do néfron.

Como pudemos verificar, a análise dos dados obtidos em pacientes portadores dos diversos tipos da síndrome de Bartter e da SHH ajudou a compreensão da complexidade das interações dos diferentes transportadores envolvidos na função do ramo grosso ascendente.

EXEMPLO DE TUBULOPATIA DO SEGMENTO DISTAL CONVOLUTO

▶ Síndrome de Gitelman

A síndrome de Gitelman é caracterizada pela ocorrência de alcalose metabólica hipopotassêmica em combinação com hipomagnesemia e baixa excreção urinária de cálcio. A prevalência é estimada em cerca de 1:40.000, e, consequentemente, a prevalência de heterozigotos é de aproximadamente 1% em populações caucasianas, tornando-a um dos mais frequentes distúrbios hereditários da função tubular renal. Na maioria dos casos, os sintomas não aparecem antes dos 6 anos de idade, sendo normalmente diagnosticada a doença na adolescência ou na idade adulta. Períodos transitórios de fraqueza muscular e tetania, por vezes acompanhados de dor abdominal, vômitos e febre, são frequentemente observados nesses pacientes. Também podem ocorrer parestesias, especialmente na face. Alguns pacientes permanecem assintomáticos até a idade adulta, quando se desenvolve condrocalcinose, o que causa inchaço, calor local e dor nas articulações afetadas. A pressão arterial é mais baixa do que na população em geral. Parada cardíaca súbita tem sido relatada ocasionalmente. Em geral, o crescimento é normal, mas pode ser retardado nos pacientes com hipopotassemia grave e hipomagnesemia. O diagnóstico inicial é fundamentado nos sintomas clínicos e alterações bioquímicas (hipopotassemia, alcalose metabólica, hipomagnesemia e hipocalciúria). Em geral, o prognóstico a longo prazo dessa doença é bom.

Estudos de genética clínica mostraram que a síndrome de Gitelman é uma doença hereditária autossômica, causada por mutações no gene SLC12A3 localizado no cromossomo 16, o qual codifica o cotransportador Na^+-Cl^- (NCCT). São conhecidas mais de 140 mutações diferentes do NCCT. Grande parte dos casos clínicos descritos apresenta alterações que levam a falhas de endereçamento do NCCT.

Como visto no Capítulo 51, cerca de 7% da carga filtrada de NaCl é reabsorvida no túbulo convoluto distal. As células nesta porção do néfron expressam na membrana luminal o cotransportador NCCT, que é sensível aos diuréticos tiazídicos (Figura 56.3). Este transportador eletroneutro permite o influxo de Na^+ e Cl^- do lúmen tubular para a célula, a favor do gradiente de Na^+ gerado pela Na^+/K^+-ATPase, presente na membrana basolateral, por onde o Na^+ sai da célula para o interstício, enquanto o Cl^- sai por canais específicos também presentes nessa membrana. A perda da função do NCCT leva à redução da reabsorção de Na^+ e consequente contração do volume extracelular, o que estimula o sistema renina-angiotensina-aldosterona. Nessa situação, aldosterona induz uma maior expressão dos canais apicais ENaC e ROMK no túbulo coletor, o que compensa parcialmente o balanço de sódio. Adicionalmente, a aldosterona, por estimular a secreção de potássio e de hidrogênio, eleva a excreção urinária desses dois íons e, portanto, causa hipopotassemia e alcalose metabólica.

Normalmente, no túbulo contornado distal também ocorre reabsorção de aproximadamente 8% da carga filtrada de Ca^{2+} (ver Capítulo 52 e Figura 56.3). Através do canal TRPV5, localizado na membrana luminal, ocorre entrada do Ca^{2+} no interior celular, onde ele se liga à calbindina-D28 K, proteína carreadora que permitirá a apresentação desse íon aos transportadores presentes na membrana basolateral, a saber, o permutador $3Na^+$/$1Ca^{2+}$ (NCX1) e a Ca^{2+}-ATPase (PMCA1b), que permitirão a extrusão do cálcio para o líquido intersticial.

Tanto na síndrome de Gitelman como com o uso de tiazídicos, diuréticos inibidores do cotransportador NCCT luminal, ocorre aumento da reabsorção de Ca^{2+}. Uma das hipóteses para

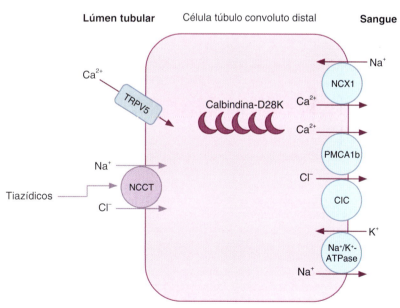

Figura 56.3 ▪ Mecanismos de transporte iônico presentes no túbulo convoluto distal e a síndrome de Gitelman. No túbulo convoluto distal, em condições normais, o cloreto de sódio é reabsorvido através do cotransportador Na^+-Cl^- (NCCT), sensível aos tiazídicos, presente na membrana luminal. O gradiente favorável ao transporte eletroneutro de Na^+ e Cl^- através do NCCT é dado pelas baixas concentrações intracelulares de sódio e cloreto geradas pela Na^+/K^+-ATPase e pelo canal de cloreto, presentes na membrana basolateral. Na membrana luminal deste segmento do néfron se expressa o canal de cálcio TRPV5; na membrana basolateral estão localizados o permutador $3Na^+$/$1Ca^{2+}$ (NCX1) e a Ca^{2+}-ATPase (PMCA1b). Evidências fisiológicas indicam que os mecanismos de transporte de magnésio são semelhantes aos do cálcio. Na síndrome de Gitelman, mutações com perda de função do transportador NCCT diminuem a reabsorção de cloreto de sódio e aumentam a reabsorção de cálcio. Mais detalhes no texto.

explicar a razão pela qual a perda da função ou a inibição deste cotransportador levaria ao aumento da reabsorção do íon cálcio é a de que a diminuição da atividade intracelular do íon cloreto causaria a hiperpolarização da membrana apical, provocando abertura de canais de Ca^{2+} presentes na membrana luminal. Dessa maneira, aumentaria o influxo de cálcio para a célula, o que, associado à menor concentração de Na^+ no interior da célula, estimularia a permuta entre os dois íons na membrana basolateral, através do trocador $3Na^+/1Ca^{2+}$ (cálcio sairia da célula em troca por sódio que entraria na mesma). Assim, estabelecer-se-ia um fluxo transcelular de Ca^{2+}, com aumento de sua reabsorção. Há também outras hipóteses, apresentadas por diferentes autores, não estando ainda definitivamente estabelecido o mecanismo molecular que causa o conhecido aumento da reabsorção de cálcio causado pelos tiazídicos e presentes na síndrome de Gitelman.

A maior oferta de NaCl aos segmentos posteriores do néfron leva ao aumento da reabsorção de Na^+ através dos canais ENaC presentes nas células principais do túbulo coletor, com consequente aumento do potencial elétrico negativo do lúmen desse segmento tubular. Este potencial elétrico faz com que aumente a secreção do íon potássio pelos canais ROMK, também presentes no coletor. Esta é a razão do aumento da fração de excreção de potássio e consequente hipopotassemia observadas nesses pacientes. Como decorrência da hipopotassemia, aumenta a reabsorção ativa de potássio através da K^+/H^+-ATPase, presente na membrana luminal das células intercalares tipo α. Isto, por elevar a secreção de íons hidrogênio, causa a alcalose típica dessa síndrome. O aumento da fração de excreção de Mg^{2+} observado na inibição do NCCT ainda não está adequadamente esclarecido.

A hipofunção do cotransportador NCCT gera distúrbio tubular, com prejuízo na homeostase dos solutos citados. A expressão fenotípica da síndrome de Gitelman é menos grave do que a da síndrome de Bartter. Por não envolver os mecanismos de concentração urinária, a síndrome de Gitelman não leva à poliúria nem à polidipsia.

Diagnóstico diferencial das alcaloses metabólicas hipopotassêmicas

A apresentação clínica de alcalose metabólica hipopotassêmica (K^+ baixo no plasma) leva aos seguintes diagnósticos diferenciais: síndrome de Bartter, síndrome de Gitelman, uso de diuréticos e vômito (ou outras afecções gastrintestinais como bulimia e anorexia nervosa). Além dessas, existe uma condição clínica rara chamada de diarreia de cloreto congênita (*congenital chloride diarrhea*), que também se manifesta com alcalose metabólica hipopotassêmica. Trata-se de uma doença autossômica recessiva caracterizada por um defeito na reabsorção de cloreto no íleo e possivelmente no colón. Os pacientes que têm essa doença apresentam elevada excreção fecal de cloreto de sódio e podem ser diagnosticados pela avaliação eletrolítica de suas fezes.

A síndrome de Bartter (especialmente tipo III) é a doença genética mais importante a ser considerada no diagnóstico diferencial da síndrome de Gitelman. Os pacientes com síndrome de Gitelman não apresentam sintomas na infância e geralmente são diagnosticados na adolescência e juventude. Essa síndrome pode ser diagnosticada por exames laboratoriais de rotina em pacientes assintomáticos ou que apresentam sintomas brandos de cãibra, fadiga, fraqueza muscular, irritabilidade e espasmos nas mãos e nos pés. Por isso, essa síndrome frequentemente é considerada uma doença benigna e, erroneamente, tida como uma forma atenuada da síndrome de Bartter. No entanto, já foram relatadas manifestações graves como tetania, paralisia e rabdomiólise (causada pela ruptura de células musculares e extravasamento de seu conteúdo citoplasmático para a corrente sanguínea). Crianças pequenas podem apresentar desenvolvimento deficiente e ataques febris. Não ocorre polidrâmnio, prematuridade ou poliúria, e tanto a maturação sexual como a mental são normais. A incidência de hipopotassemia, alcalose metabólica, hipomagnesemia e policalciúria é muito alta em pacientes homozigotos para a mutação do gene que codifica o NCCT. É interessante notar que a gravidade dos sintomas não está sempre relacionada com o grau de hipopotassemia, e ainda não está claro porque alguns pacientes (com mutações idênticas na mesma família) são mais sintomáticos do que outros. Também foi descrita a ocorrência de condrocalcinose (depósito de cristais de pirofosfato de cálcio no líquido sinovial) em pacientes homozigotos para as síndromes de Gitelman e Bartter, sendo que todos os pacientes com a síndrome de Bartter apresentam hipomagnesemia. Lesões similares foram induzidas pela deficiência de magnésio em animais, evidenciando que a hipomagnesemia é importante na fisiopatologia da condrocalcinose, por reduzir a atividade da pirofosfatase e, assim, promover a cristalização do pirofosfato. Nos pacientes com a síndrome de Gitelman, foi demonstrado que a suplementação alimentar de magnésio consegue evitar a ocorrência dessa complicação. Além disso, nesses pacientes é descrita ocorrência de calcificação bilateral da esclera associada a condrocalcinose bilateral.

O Quadro 56.1 resume os achados mais frequentes que auxiliam no diagnóstico diferencial dessas síndromes.

EXEMPLO DE TUBULOPATIA DO TÚBULO COLETOR

▶ Síndrome de Liddle e canal ENaC

Liddle *et al.* descreveram, em 1963, uma síndrome que apresenta uma forma rara de hipertensão arterial sistêmica, com herança monogênica autossômica dominante. Essa grave hipertensão cursa com expansão de volume extracelular, baixa renina plasmática, hipopotassemia e alcalose metabólica. Essa anomalia mimetiza o hiperaldosteronismo, embora não apresente anormalidades nos níveis séricos e urinários de aldosterona ou de corticoides. Nas próprias palavras de Liddle *et al.*: "A desordem aparentemente decorre de uma tendência não

Quadro 56.1 • Diagnóstico diferencial entre síndrome de Gitelman e síndrome de Bartter.

Parâmetros	Síndrome de Gitelman	Síndrome de Bartter
Início	Adolescência e juventude	Infância (até os 6 anos)
Excreção urinária de Ca^{2+}	Baixa	Alta
Concentração plasmática de Mg^{2+}	Baixa/normal	Normal
Local do defeito tubular	Túbulo convoluto distal/túbulo de conexão	Segmento grosso ascendente da alça de Henle
Defeito tubular	Cotransportador Na^+/Cl^- (NCCT) sensível a tiazídicos	Transportador NKCC2 Canal basolateral de Cl^- (ClC-Kb) Canal de K^+ (ROMK) Receptor de cálcio (CaSR)
Habilidade de concentrar a urina	Mantida	Prejudicada

usual de os rins conservarem sódio e excretarem potássio, mesmo na ausência virtual de aldosterona." Embora seus portadores não respondam ao uso de espironolactona (inibidor competitivo da aldosterona), foi verificado que o uso de trianterene ou amilorida (inibidores do ENaC) e a restrição de sal na dieta auxiliam no controle da pressão arterial.

O túbulo coletor apresenta dois tipos celulares: células principais e intercalares α e β (ver Capítulo 51). As células principais expressam o canal ENaC na membrana luminal, o que permite a passagem de Na$^+$ do lúmen tubular para dentro da célula a partir do gradiente eletroquímico gerado pela Na$^+$/K$^+$-ATPase, localizada na membrana basolateral. Pela despolarização da membrana luminal, o influxo celular de sódio gera uma diferença de potencial elétrico transtubular com o lúmen negativo, o que favorece a secreção de K$^+$ pelo canal ROMK. Logo, fatores que estimulam a síntese ou a atividade do ENaC, como aldosterona e corticoides, favorecem a reabsorção de Na$^+$ e a excreção de K$^+$, enquanto fatores que inibem o ENaC, como os diuréticos amilorida e trianterene, possuem efeitos natriuréticos e poupadores de potássio.

O canal ENaC é um heteromultímero composto por quatro subunidades: duas α, uma β e uma γ (ver Figura 10.13 no Capítulo 10, *Canais para Íons nas Membranas Celulares*). Seus domínios regulatórios estão presentes nos segmentos amino e carboxiterminais localizados na porção citoplasmática. Recentemente, foi observado que mutações nos genes que codificam as subunidades β ou γ (tal como a alteração do aminoácido prolina na posição 616 da subunidade β) acarretam ativação contínua do ENaC. Tal ativação gera maior reabsorção de Na$^+$ nas células principais do túbulo coletor, o que eleva a massa corpórea de sódio e aumenta o volume de líquido extracelular, causando os transtornos que caracterizam a síndrome de Liddle, já descritos.

Em contrapartida, as mutações que inibem a atividade do ENaC geram nefropatias perdedoras de sal, causando, por exemplo, o pseudo-hipoaldosteronismo autossômico recessivo tipo I.

ACIDOSE TUBULAR RENAL DE ORIGEM HEREDITÁRIA

Nos animais, a produção de ácidos decorre do metabolismo dos alimentos. Como o funcionamento ideal da maioria dos processos fisiológicos depende da manutenção do pH do líquido extracelular dentro de um intervalo estreito (em torno de pH 7,4), o controle homeostático rigoroso do equilíbrio acidobásico é essencial para a sobrevivência dos organismos vivos. Embora boa parte do ácido produzido seja excretada pelos pulmões (na forma de CO_2), os rins desempenham um papel regulatório fundamental nesse controle homeostático, por meio da secreção de prótons na urina e recuperação do bicarbonato filtrado. De fato, os rins representam a única via regulada de secreção de ácidos fixos. A reabsorção proximal do bicarbonato filtrado e a secreção distal de H$^+$ são os mais importantes mecanismos renais relacionados com o equilíbrio acidobásico. Para mais detalhes desses mecanismos, ver Capítulo 54, *Papel do Rim na Regulação do pH do Líquido Extracelular*.

A reabsorção renal do íon HCO$_3$ é mediada por proteínas transportadoras do grupo SLC (*solute carrier*), que inclui mais de 300 membros organizados em 47 famílias. Os solutos que são transportados pelos vários membros do grupo SLC são muito diversos e incluem moléculas orgânicas carregadas e não carregadas eletricamente, bem como íons inorgânicos. Como é típico nas proteínas integrais de membrana, os SLC apresentam várias α-hélices transmembranais, conectadas entre si por alças intra e extracelulares. Dependendo do tipo, esses transportadores podem se apresentar como monômeros ou como homo ou hetero-oligômeros. A família SLC4 de genes e proteínas tem 10 membros que transportam base (HCO$_3^-$ ou OH$^-$) através da membrana celular. Pertencem a esta família os trocadores de ânions AE1 (gene SLC4A1, localizado no cromossomo 17q12-21); AE2 (gene SLC4A2, localizado no cromossomo 7q35-q36) e AE3 (gene SLC4A3, localizado no cromossomo 2 p36). Em humanos, mutações nos transportadores AE1 (SLC4A1) e AE4 (SLC4A4), também chamado NBCe1, estão associadas a acidose tubular renal distal e proximal, respectivamente.

A secreção distal de H$^+$ ocorre nas células intercalares α, que se localizam majoritariamente no ducto coletor. Esse tipo celular tem como principal característica a presença de H$^+$-ATPase e H$^+$/K$^+$-ATPase na membrana luminal e do trocador de ânions AE1 (Cl$^-$/HCO$_3^-$) na membrana basolateral, o qual troca o ânion bicarbonato intracelular pelo ânion cloreto presente no meio extracelular (ver Figura 51.13 no Capítulo 51). Estes mecanismos são fundamentais para que ocorra secreção de H$^+$ e reabsorção de HCO$_3$. A existência da anidrase carbônica II no citoplasma favorece a reação OH$^-$ + CO_2 ↔ HCO$_3^-$, aumentando a eficiência da regeneração do bicarbonato. A maior atuação da célula α ocorre, portanto, em situações de acidose sistêmica. É importante citar que os sistemas-tampão presentes no lúmen tubular permitem que a concentração luminal de H$^+$ seja mantida em níveis baixos, garantindo assim o gradiente químico favorável para sua secreção, etapa importante para a regeneração do bicarbonato. Esses aspectos são apropriadamente discutidos no Capítulo 54.

A acidose de origem renal, denominada acidose tubular renal (ATR), decorre, portanto, de uma falha dos mecanismos de reabsorção proximal de bicarbonato ou de secreção ácida no túbulo distal, sendo caracterizada pela presença de acidose metabólica na vigência de função renal conservada, ou seja, com ritmo de filtração glomerular normal.

As causas da acidose podem ser subdivididas em quatro grupos:

- Acidoses hereditárias de origem renal, relacionadas com a falência renal (a) primária de secretar ácido ou recuperar bicarbonato, ou (b) secundária, devido a defeitos na manipulação de outros eletrólitos
- Acidoses adquiridas de origem renal, mais comumente decorrentes de doenças com perda da função renal
- Acidoses hereditárias de origem não renal, com excesso de produção de ácido em outras partes do organismo, devido a um defeito hereditário do metabolismo
- Acidoses adquiridas de origem não renal, como, por exemplo, a acidose láctica resultante da baixa oxigenação dos tecidos.

Embora as ATR adquiridas sejam mais comuns na prática clínica, é a partir do estudo das formas hereditárias que os investigadores, além de esclarecer a base genética dessas doenças, vêm sendo capazes de melhorar a compreensão da fisiologia renal normal. A seguir, analisaremos as acidoses tubulares renais hereditárias, com o intuito de aprofundar e tornar mais claros os mecanismos fisiológicos normais descritos anteriormente no Capítulo 54.

As ATR hereditárias podem ser classificadas em três tipos, numerados na ordem histórica de suas descobertas: tipo 1 (clássica, distal), tipo 2 (proximal) e tipo 3 (combinada, com envolvimento proximal e distal). A partir da compreensão dos mecanismos de transporte de ácido e base pelos rins, é fácil perceber que a ATR proximal resulta da falha de reabsorção de bicarbonato, e a ATR distal, de uma falha da secreção de ácido. O Quadro 56.2 resume os principais dados referentes aos diferentes tipos de acidose tubular renal.

ATR DISTAL TIPO 1

A acidose tubular renal (ATR) distal, também denominada tipo 1, é caracterizada pela presença de acidose metabólica hiperclorêmica, com redução da secreção tubular de ácido e incapacidade para, após carga ácida, reduzir o pH urinário abaixo de 5,5. Há três formas hereditárias conhecidas: a autossômica dominante e as autossômicas recessivas com ou sem surdez. Em geral, a forma mais grave é a hereditária recessiva.

▶ Forma autossômica dominante

Na acidose tubular renal distal autossômica dominante, a acidose metabólica pode ser compensada, e os pacientes podem ser assintomáticos. A formação de cálculos renais é uma característica comum, sendo menos proeminentes a doença óssea e o atraso no crescimento. O retardo mental e a surdez nunca estão presentes. A forma autossômica dominante se manifesta geralmente na vida adulta, causada por alterações do permutador basolateral de Cl^-/HCO_3^-, chamado de proteína AE1, decorrentes de mutações no gene SCL4A1, localizado no cromossomo 17q12-21. Nos mamíferos, além dos rins, esse transportador só é encontrado nos eritrócitos, sendo então denominado eAE1, às vezes referido como banda 3 por causa de sua posição relativa na eletroforese da fração de membrana de eritrócito. O AE1 apresenta 12 a 14 domínios transmembranais, responsáveis pelo transporte de ânions e dimerização, e os domínios citoplasmáticos terminais NH_2^- e COOH. A sequência terminal NH_2 do eAE1 apresenta 65 aminoácidos a mais do que a isoforma renal (kAE1), o que lhe confere funções adicionais. Dentre estas,

Quadro 56.2 ▪ Características das acidoses tubulares renais (ATR).

ATR	Subtipo/herança	Aparecimento	Achados clínicos	Proteína	Gene
Distal Tipo 1	Dominante	Adolescentes e adultos	Acidose metabólica leve ou compensada Hipopotassemia (variável) Hipercalciúria Hipocitratúria Nefrolitíase Nefrocalcinose Algumas vezes raquitismo/osteomalacia Eritrocitose secundária	AE1	SCL4A1
	Recessiva	Infância	Acidose metabólica Anemia hemolítica Só em populações do Sudeste Asiático	AE1	AE1
	Recessiva com surdez precoce	Infância	Acidose metabólica Nefrocalcinose precoce Vômitos/desidratação Retardo do crescimento Raquitismo Surdez neurossensorial precoce	Subunidade B1 da H^+-ATPase	ATP6V1B1
	Recessiva com surdez tardia ou ausente	Infância	Acidose metabólica Nefrocalcinose precoce Vômitos/desidratação Retardo do crescimento Raquitismo Surdez neurossensorial tardia ou ausente	Subunidade a4 da H^+-ATPase	ATP6V0A4
Proximal Tipo 2	Recessiva com lesões oculares	Infância	Acidose metabólica Hipopotassemia Lesões oculares (ceratopatia, catarata, glaucoma) Retardo do crescimento Retardo mental Esmalte dentário defeituoso Calcificação dos gânglios da base	NBC1	SLC4A4
Combinada Proximal/distal Tipo 3	Recessiva com osteopetrose	Infância	Acidose metabólica Hipopotassemia Osteopetrose (aumento da densidade óssea) Cegueira Surdez Nefrocalcinose precoce	AC II	CA2

Fonte: Fry e Karet, 2007.

destaca-se a facilitação do metabolismo das células vermelhas e manutenção da estabilidade estrutural dos eritrócitos, através da interação com, respectivamente, uma enzima glicolítica complexa e elementos do citoesqueleto. Em humanos, a maioria das mutações do AE1 está associada a alterações dos glóbulos vermelhos com herança autossômica dominante, tais como: a anemia esferocítica hereditária (também causada por mutações na ankyrina, espectrina e proteína 4.2) e a ovalocitose do Sudeste Asiático (nas quais não se encontra alterado o transporte renal de ácido e base). Há evidências sugerindo que outras proteínas interagem com a AE1, para formar uma unidade funcional capaz de promover o transporte de bicarbonato. Como indicado na Figura 56.4, a perda da função de AE1 impede a reabsorção renal do íon bicarbonato, retendo-o no interior da célula tubular, o que eleva sua concentração intracelular. Pela lei da ação das massas, a elevação da concentração intracelular de bicarbonato reduz a velocidade da reação de hidratação do CO_2 e, em consequência, a de formação de H^+. Desse modo, há, também, redução de sua secreção através dos transportadores luminais, com consequente perda da capacidade de acidificação do fluido tubular.

Até o momento, oito diferentes mutações do permutador AE1 foram descritas como causadoras da ATR distal autossômica dominante. Muitos desses mutantes foram clonados e, expressos em oócitos de *Xenopus*, apresentaram a função normal e troca de ânions; isto indica que o transporte anormal de ânions, por si só, não explica o mecanismo da doença. Da mesma forma, o AE1 é conhecido por formar oligômeros, mas a coexpressão do mutante com o tipo selvagem de AE1 não parece afetar a função do tipo selvagem. Há evidências de que possa ocorrer retenção intracelular de AE1, o que explicaria a gênese da doença.

Qualquer que seja o mecanismo molecular envolvido, a perda funcional da proteína AE1 reduz a capacidade de acidificação urinária, causando acidose metabólica de gravidade variável, geralmente com hipopotassemia, hipercalciúria, hipocitratúria, raquitismo e osteomalacia. A baixa excreção urinária de citrato se deve ao aumento de sua reabsorção no túbulo proximal, o que permite gerar novo íon bicarbonato intracelular. A hipercalciúria é multifatorial, envolvendo o aumento da liberação de cálcio ósseo, como mecanismo de tamponamento da acidose sistêmica, e uma diminuição da expressão de proteínas transportadoras de Ca^{2+}, induzida pela acidose. Esses fatores, juntamente com a elevação do pH urinário, favorecem a deposição de cálcio, o que gera cálculos renais e/ou nefrocalcinose, que podem resultar ao longo do tempo em insuficiência renal. Embora as mutações no AE1 sejam responsáveis por todos os casos de acidose tubular renal distal autossômica dominante, foram encontradas no Sudeste Asiático mutações do AE1 que causam acidose tubular renal distal autossômica recessiva em associação com anemia hemolítica. Neste caso, verificado em uma família tailandesa, pela expressão do mutante em oócitos de *Xenopus* foi detectado o comprometimento do tráfico proteico. Todavia, a função do mutante na troca aniônica em hemácias mostrou-se normal, sendo necessários novos estudos para esclarecer a causa da anemia hemolítica.

▶ Formas recessivas

A acidose tubular renal distal recessiva se manifesta geralmente na infância, com hipopotassemia grave, podendo ser acompanhada de várias outras manifestações, como: retardo de crescimento, doença óssea (osteomalacia e raquitismo), nefrocalcinose e, ocasionalmente, retardo mental e calcificação cerebral. Na maioria dos pacientes com ATR distal autossômica recessiva ocorre perda auditiva neurossensorial bilateral progressiva; entretanto há casos em que a audição normal é preservada. A eritrocitose (aumento do número de eritrócitos no sangue) pode ser vista em pacientes com nefrocalcinose, embora isso não seja patognomônico. Acredita-se que a eritrocitose seja consequente ao aumento da produção de eritropoetina, secundária à hipoxia tecidual, combinada com defeitos de concentração urinária que causam redução do volume plasmático.

Duas formas de acidose tubular renal distal recessiva são associadas a mutações com perda da função das subunidades (B1 ou a4) da H^+-ATPase, presente na membrana luminal das células intercalares α do ducto coletor. A acidose tubular renal distal recessiva com surdez é causada por defeitos na subunidade B1 (codificada pelo gene ATP6V1B1, que está localizado no cromossomo 2q13). Esta isoforma da subunidade também se expressa dentro da cóclea e saco endolinfático. Como a alta concentração de potássio (cerca de 150 mmol/ℓ) neste compartimento fechado não é normalmente acompanhada por alcalinidade da endolinfa, é proposto que prótons devam ser secretados para manter o pH da endolinfa < 7,4. Seria esperado que a perda das H^+-ATPases neste compartimento isolado causasse aumento do pH da endolinfa, danificando inicialmente as células ciliadas, o que poderia levar a uma lesão permanente. Isso explicaria por que a perda auditiva progride independentemente da correção do pH do líquido extracelular por administração de álcalis. Por outro lado, a perda da função da subunidade a4 (que é codificada pelo gene ATP6V0A4, localizado no cromossomo 7q33 ± 34)

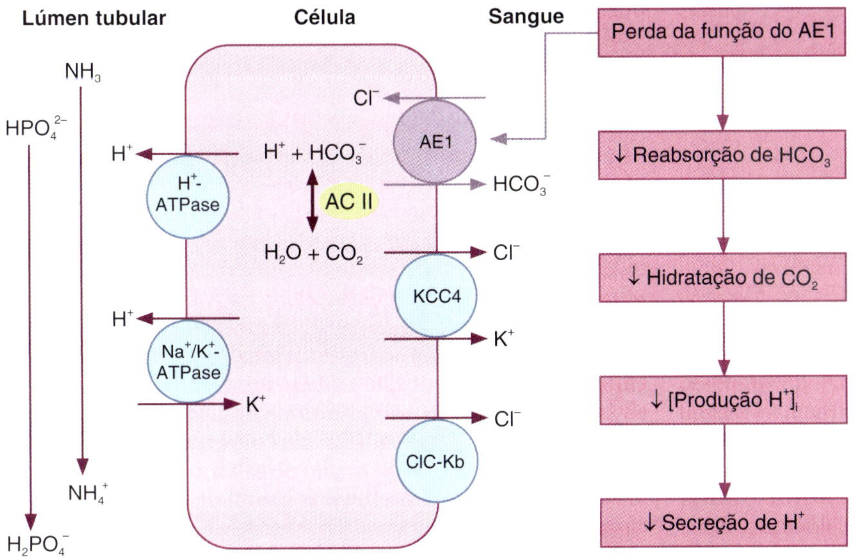

Figura 56.4 • Efeito da perda da função do permutador AE1 na reabsorção de bicarbonato e secreção de H^+ nas células intercalares tipo α do néfron distal. Na membrana luminal estão presentes a H^+-ATPase e a H^+/K^+-ATPase. Na membrana basolateral destacam-se os transportadores: AE1 = trocador Cl^-/HCO_3^-; KCC4 = cotransportador de K^+-Cl^- e ClC-Kb = canal de Cl^- (para simplificação, foi omitida a Na^+/K^+-ATPase). AC II, anidrase carbônica intracelular; [Produção H^+]$_i$, produção intracelular do íon hidrogênio.

causa acidose tubular renal distal igualmente grave, mas sem importante perda da audição na infância.

Nas famílias com acidose tubular renal distal tem sido verificado um amplo espectro de mutações nesses dois genes. No entanto, ainda existem algumas famílias com acidose tubular renal distal que não apresentam qualquer ligação com o ATP6V1B1 ou o ATP6V0A4, indicando a existência de outros genes envolvidos na gênese da acidose tubular renal.

Como indicado na Figura 56.5, a perda da função da H^+-ATPase em razão da mutação de quaisquer de suas subunidades impede a secreção do íon hidrogênio e eleva sua concentração intracelular, o que, pela ação da lei da ação das massas, reduz a hidratação intracelular do CO_2; assim, cai a formação intracelular de HCO_3^-, o que causa a redução de seu transporte através do AE1 localizado na membrana basolateral, com consequente redução de sua reabsorção. Como resultado final, ocorre, portanto, redução da secreção tubular de H^+ e da reabsorção de HCO_3^-.

ATR PROXIMAL TIPO 2

A ATR proximal é uma doença autossômica recessiva rara, caracterizada por deficiência nos mecanismos de reabsorção de bicarbonato no túbulo proximal com a manutenção da reabsorção de outros solutos, tais como: glicose, aminoácidos, fosfato e citrato. A ATR proximal pode apresentar apenas retardo de crescimento ou ser acompanhada de atraso mental ou alterações oculares, tipo: ceratopatia em faixa (doença da córnea em que ocorre deposição de cálcio sobre a córnea central), catarata e glaucoma. A suplementação terapêutica de bicarbonato é difícil, porque a capacidade de reabsorção tubular proximal desse íon fica muito reduzida, e o aumento compensatório de sua reabsorção nos segmentos mais distais do néfron é limitado. No entanto, alta dose de suplementação de bicarbonato pode aumentar o crescimento, mesmo se a correção da acidose metabólica não for completa.

O cotransporte de Na^+/HCO_3^- na membrana basolateral, necessário para a reabsorção proximal de bicarbonato, ocorre através da proteína NBC1 da família dos cotransportadores eletrogênicos NAC-bicarbonato. O gene SLC4A4, que responde pela expressão da proteína NBC1 em humanos, foi analisado em famílias portadoras de ATR proximal, tendo sido encontradas várias mutações. Dados obtidos em oócitos de *Xenopus* sugerem que o mutante R510 H do NBC1 trafega anormalmente, e que os mutantes R298S e S427L apresentam atividades de transporte prejudicadas. As alterações oculares observadas nesses pacientes são consistentes com a presença de isoformas do NBC1 em vários tecidos oculares humanos e de ratos. Curiosamente, foi verificado que paciente com mutação Q29X, que deve preservar a produção da isoforma pNBC1, tem, além de retardo mental, glaucoma bilateral sem ceratopatia em faixa ou catarata. A estequiometria de cotransportador NBC1 no túbulo proximal é de $3HCO_3^-$:$1Na^+$, mas para a isoforma kNBC1 essa estequiometria é de 2:1. Como uma estequiometria de transporte de 2:1 não é compatível como as taxas de reabsorção tubular proximal de bicarbonato, acredita-se que mutações que reduzam a estequiometria do NBC1 possam prejudicar sua função.

Ainda que a isoforma NHE3, luminal, do trocador Na^+/H^+ se expresse nos túbulos proximais de humanos, mutações de seu gene codificador ainda não foram detectadas como causa de ATR proximal, o que não deixa de torná-lo um potencial candidato para a gênese da doença.

ATR COMBINADA (PROXIMAL/DISTAL) TIPO 3

A primeira acidose tubular renal hereditária que teve sua causa determinada foi a provocada pela deficiência de anidrase carbônica II (AC II). Esta enzima solúvel é amplamente expressa no citosol das células do túbulo proximal e nas células intercalares do néfron distal. Ao lado de apresentarem um quadro de ATR com componentes proximais e distais, os pacientes com essa deficiência apresentam osteopetrose (aumento da densidade óssea), calcificação cerebral e retardo no crescimento, entre outros sintomas. Em algumas famílias foi descrito retardo mental leve ou grave. Três das 13 mutações conhecidas respondem por mais de 90% dos pacientes. Foi descrito que o transplante de medula óssea pode corrigir a osteopetrose e estacionar a progressão da calcificação cerebral, mas não corrige a ATR mista e o retardo de crescimento.

Com a perda da função da AC II, tanto nas células do túbulo proximal como nas células intercalares tipo α, haverá menor formação de H^+ e de HCO_3^- no interior celular, já que essa enzima acelera a velocidade da reação de hidratação do CO_2. Como consequência, ocorrerá menor secreção de H^+, seja através do permutador Na^+/H^+, seja através das ATPases secretoras de próton (a H^+-ATPase e a H^+/K^+-ATPase), levando, portanto, a uma

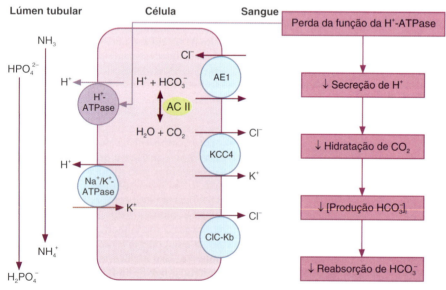

Figura 56.5 • Efeito da perda da função da H^+-ATPase na reabsorção de bicarbonato e secreção de H^+ pelas células intercalares tipo α do néfron distal. Na membrana luminal estão presentes a H^+-ATPase e a H^+/K^+-ATPase. Na membrana basolateral destacam-se os transportadores: AE1 = trocador Cl^-/HCO_3^-; KCC4 = cotransportador de K^+-Cl^- e ClC-Kb = canal de Cl^- (para simplificação, foi omitida a Na^+/K^+-ATPase). AC II, anidrase carbônica intracelular; [Produção HCO_3^-]$_i$, produção intracelular do íon bicarbonato.

perda da capacidade de acidificação urinária. No túbulo proximal, a menor formação intracelular de HCO$_3^-$ levará a uma redução do transporte desse íon através do cotransportador NBC1 presente na membrana basolateral e, assim, haverá redução de sua reabsorção. Nas células intercalares tipo α, por outro lado, a menor formação intracelular de HCO$_3^-$ levará à redução da atividade do permutador AE1, reduzindo, também, a reabsorção desse íon. Devido à redução da atividade da H$^+$/K$^+$-ATPase decorrente da menor oferta de H$^+$, também haverá redução da reabsorção do íon K$^+$, diminuindo também sua transferência para o meio interno, pelo cotransportador K$^+$/Cl$^-$ (CKC4) na membrana basolateral, levando, em última análise, à hipopotassemia. A Figura 56.6 ilustra como essa doença afeta o transporte acidobásico no túbulo proximal. A Figura 56.7 indica as alterações verificadas nas células intercalares tipo α do néfron distal. Como a distribuição da AC II não se restringe ao território renal, outras alterações em diferentes partes do organismo serão observadas, como as relatadas no Quadro 56.2, referente aos achados clínicos dos doentes que apresentam mutações com perda de função da AC II.

▶ Síntese

A análise mais atenta das acidoses tubulares renais hereditárias evidencia que o processo de acidificação urinária depende tanto da integridade da AC II como dos transportadores envolvidos na secreção de H$^+$ e na reabsorção de HCO$_3^-$. A perda funcional de qualquer um destes leva a distúrbios de magnitude variada, pois os mecanismos remanescentes suprem, em parte, as exigências homeostáticas. As Figuras 56.4 a 56.7 ilustram o papel dos transportadores envolvidos nos mecanismos de acidificação luminal e reabsorção de HCO$_3^-$ no túbulo proximal e nas células intercalares tipo α do néfron distal.

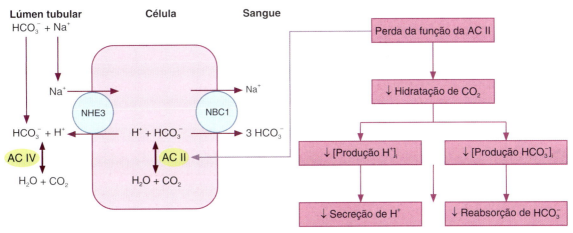

Figura 56.6 ▪ Efeito da perda da função da anidrase carbônica intracelular na reabsorção de bicarbonato no túbulo proximal. Na membrana luminal está indicada a isoforma NHE3 do trocador Na$^+$/H$^+$. Na membrana basolateral está destacado o cotransportador NBC1 que troca 1Na$^+$/3 HCO$_3^-$ (para simplificação, foi omitida a Na$^+$/K$^+$-ATPase). *AC II*, anidrase carbônica intracelular; *AC IV*, anidrase carbônica intratubular; *i*, intracelular.

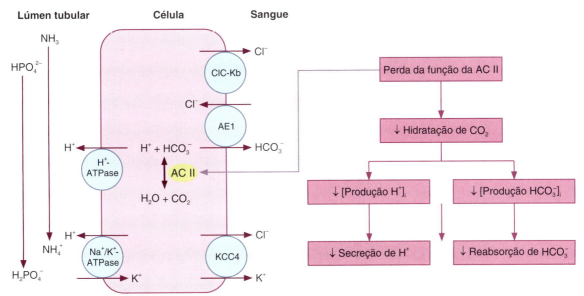

Figura 56.7 ▪ Efeito da perda da função da anidrase carbônica intracelular na reabsorção de bicarbonato pelas células intercalares tipo α do néfron distal. Na membrana luminal estão presentes a H$^+$-ATPase e a H$^+$/K$^+$-ATPase. Na membrana basolateral destacam-se os transportadores: AE1 = trocador Cl$^-$/HCO$_3^-$; KCC4 = cotransportador de K$^+$/Cl$^-$ e ClC-Kb = canal de Cl$^-$ (para simplificação, foi omitida a Na$^+$/K$^+$-ATPase). *AC II*, anidrase carbônica intracelular; *i*, intracelular.

CONCLUSÃO

Os exemplos analisados de algumas doenças hereditárias ilustram as inter-relações dos diferentes mecanismos de transporte iônico presentes ao longo do néfron. Adicionalmente, mostram como o olhar científico pode fazer da doença uma fonte importante de questionamentos e um caminho privilegiado para a compreensão da fisiologia a partir dos distúrbios fisiopatológicos.

BIBLIOGRAFIA

ALPER SL. Genetic diseases of acid-base transporters. *Annu Rev Physiol*, 64:899-923, 2002.

AMILARK I, DAWSON KP. Bartter syndrome: an overview. *Q J Med*, 93:207-15, 2000.

BARTTER FC, PRONOVE P, GILL JR Jr *et al*. Hyperplasia of the juxtaglomerular complex with hyperaldosteronism and hypokalemic alkalosis: A new syndrome. *Am J Med*, 33:811-28, 1962.

BAUER FM, GLASSON P, VALLOTON MB *et al*. Bartter's syndrome, chondrocalcinosis and hypomagnesemia. *Schweiz Med Wocjenschr*, 109:1251-56, 1979.

DE JONG JC, VAN DER VLIET WA, VAN DEL HEUVEL LPWJ *et al*. Functional expression of mutations in the human NaCl cotransporter: Evidence for impaired routing mechanisms in Gitelman's syndrome. *J Am Soc Nephrol*, 13:1442-8, 2002.

FELDAMNN D, ALESSANDRI JL, DESCHENES G. Large deletion of the 5'end of the ROMK1 gene causes antenatal Bartter syndrome. *J Am Soc Nephrol*, 9:2357-9, 1998.

FINER G, SHALEV H, BIRK OS *et al*. Transient neonatal hyperkalemia in the antenatal (ROMK defective) Bartter syndrome. *J Pediatric*, 142:318-23, 2003.

FRY AC, KARET FE. Inherited Renal Acidoses. *Physiology*, 22:202-11, 2007.

GAO PJ, ZHANG KX, ZHU DL *et al*. Diagnosis of Liddle syndrome by genetic analysis of beta and gamma subunits of epithelial sodium channel – a report of five affected family members. *J Hypertens*, 19:885-9, 2001.

GITELMAN HJ, GRAHAM JB, WELT LG. A new familial disorder characterized by hypokalemia and hypomagnesemia. *Trans Assoc Am Physicians*, 79:221-35, 1966.

GUAY-WOODFORD LM. Bartter syndrome: unraveling the pathophysiology enigma. *Am J Med*, 105:151-61, 1998.

HEBERT SC. Bartter syndrome. *Curr Opin Nephrol Hypertens*, 12:527-32, 2003.

JENTSCH TJ, MARITZEN T, ZDEBIK AA. Chloride channel diseases resulting from impaired transepithelial transport or vesicular function. *J Clin Invest*, 115:2039-46, 2005.

JOOST G, HOENDEROP J, BINDELS RJM. Calciotropic and magnesiotropic TRP Channels. *Physiology*, 23:32-40, 2008.

KNOERS NV, LEVTCHENKO EN. Gitelman syndrome. *Orphanet J Rare Dis*, 3:22, 2008.

KÁROLYI L *et al*. The international collaborative study group for Bartter-like syndromes: Mutations I the gene encoding the inwardly-rectifying renal potassium channel, ROMK, cause the antenatal variant of Bartter syndrome: evidence for genetic heterogeneity. *Hum Mol Genet*, 6:17-26, 1997.

LEMMINK HH, KNOERS NV, KAROLYI L *et al*. Novel mutations in the thiazide-sensitive NaCl cotransporter gene in patients with Gitelman syndrome with predominant localization to the C-terminal domain. *Kidney Int*, 54:720-30, 1998.

LIDDLE GW, BLEDSOE T, COPPAGE WS. A familial renal disorder simulating primary aldosteronism but with negligible aldosterone secretion. *Trans Am Assoc Physicians*, 76:199-213, 1963.

LUDWIG M, UTSCH B, MONNENS LAH. Recent advances in understanding the clinical and genetic heterogeneity of Dent's disease. *Nephrol Dial Transplant*, 21:2708-17, 2006.

NUSING RM, REINALTER SC, PETERS M *et al*. Pathogenetic role of cyclooxygenase-2 in hyperprostaglandin E syndrome/antenatal Bartter syndrome: therapeutic use of the cyclooxygenase-2 inhibitor nimesulide. *Clin Pharmacol Ther*, 70:384-90, 2001.

SCHIL L. The EnaC channel as the primary determinant of two human diseases: Liddle syndrome and pseudohypoaldosteronism. *Nephrologie*, 17:395-400, 1996.

SIMON DB, KARET FE, HAMDAM JM *et al*. Bartter's syndrome, hypokalemic alkalosis with hypercalciuria, is caused by mutations in the Na-K-2Cl cotransporter NKCC2. *Nat Genet*, 13:183-8, 1996.

SIMON DB, NESON-WILLIANS C, BIA MJ *et al*. Gitelman's variant of Bartter's syndrome, inherited hypokalaemic alkalosis, is caused by mutations in the thiazide-sensitive Na-Cl cotransporter. *Nat Genet*, 12:24-30, 1996.

STARREMANS PG, KERSTEN FF, KNOERS NV *et al*. Mutations in the human Na-K-Cl cotransporter (NKCC2) identified in Bartter syndrome type I consistently result in nonfunctional transporters. *J Am Soc Nephrol*, 14:1419-26, 2003.

VARGAS-POUSSON R, FELDMANN D VOLLMER M *et al*. Novel molecular variants of the Na-K-2Cl cotransporter gene are responsible for antenatal Bartter syndrome. *Am J Hum Genet*, 62:1332-440, 1998.

Capítulo 57

Fisiologia da Micção

Marcio Josbete Prado | Hilton Pina

- Introdução, *904*
- Aspectos anatômicos, *904*
- Fase de armazenamento, *905*
- Fase de esvaziamento, *905*
- Neurofisiologia, *906*
- Interação neuromuscular e função vesicuretral, *907*
- Avaliação da função vesicuretral com estudo urodinâmico, *909*
- Disfunção vesicuretral de origem neurológica, *909*
- Continência urinária, *911*
- Receptores farmacológicos do sistema urinário inferior, *912*
- Considerações finais, *913*
- Bibliografia, *914*

INTRODUÇÃO

A função vesicuretral depende da ação integrada de vários componentes neurais e musculares. Esses controles estão localizados em diversos setores cerebrais, subcorticais, pontino, cerebelar, medular, nervos periféricos, gânglios intramurais, sistema nervoso simpático e parassimpático, musculatura lisa e estriada, bem como em vários tipos de receptores, alguns conhecidos e bem estudados, e outros ainda em pesquisa (Andersson e Arner, 2004).

A uretra e a bexiga mantêm não só relação de continuidade anatômica e origem embriológica, mas também guardam importante relação funcional. A função vesicuretral se resume, basicamente, a duas fases: armazenamento e esvaziamento. A fase de esvaziamento ou miccional ocupa menos de 1% do tempo da função vesicuretral. Classicamente, o estudo da função vesicuretral era referido como *fisiologia da micção*. Como a micção e o armazenamento vesical mantém estreita relação, a moderna nomenclatura utilizada para o estudo dessa função é *fisiologia vesicuretral*. Contudo, o termo *fisiologia da micção* se firmou e ainda é rotineiramente utilizado.

Como a fase miccional mantém íntima relação com a de armazenamento, distúrbios miccionais determinam repercussões diretas nesta fase. Exemplo disso é a situação na qual, durante a micção, ocorre esvaziamento vesical parcial, mantendo-se resíduo pós-miccional, com consequente alteração da fase de armazenamento, diminuindo a capacidade vesical funcional. Por outro lado, distúrbios de armazenamento também interferem na fase miccional. Assim, se não houver continência urinária, não haverá urina para ser eliminada nem ocorrerá, por sua vez, a fase miccional.

A fisiologia, bem como as funções neurológicas envolvidas na micção e no armazenamento, não estão completamente compreendidas. O fenômeno simples, e quase inconsciente, da micção envolve complexos mecanismos e interações neurais que têm sido objeto de inúmeros estudos nas últimas décadas. O desenvolvimento de técnicas histoquímicas especiais e de estudos com estimulação elétrica nervosa em raízes sacrais e, principalmente, a maior difusão e padronização de pesquisas funcionais vesicuretrais, o assim chamado *estudo urodinâmico*, têm permitido esclarecimentos de alguns pontos fundamentais para a compreensão da micção. Outrossim, o esclarecimento do mecanismo que mantém a suficiente contração vesical somente para a obtenção do esvaziamento vesical ainda apresenta algumas questões em aberto. O estudo de novas vias aferente e eferente, como o estudo das *fibras C*, tem oferecido novos campos de pesquisa e esclarecido alguns pontos dúbios, como as vias de sensibilidade dolorosas da bexiga.

ASPECTOS ANATÔMICOS

A uretra e a bexiga mantêm entre si continuidade anatômica e guardam estreita relação funcional. A parede vesical no corpo da bexiga é composta de musculatura lisa que se distribui em todos os sentidos. Próximo ao colo vesical organiza-se em três camadas anatomicamente distintas (Figura 57.1). A camada mais interna orienta-se no sentido longitudinal, prolongando-se com a camada longitudinal interna da uretra. A camada muscular média, mais espessa e evidente neste nível, interrompe-se no colo vesical, não se prolongando até a uretra. A camada muscular externa tem sentido oblíquo nos

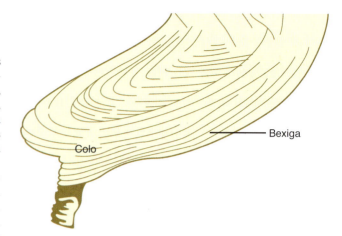

Figura 57.1 ▪ Organização das fibras da bexiga no nível do colo vesical.

mais variados graus de inclinação; apresenta, de modo geral, orientação espiralada, continuando-se com a camada externa uretral (Figura 57.2). Desse modo, apesar de fibras distintas poderem manter o mesmo nível de inervação em razão da sua orientação e distribuição, podem ter ações diferentes, sendo, portanto, essa distribuição anatômica de grande utilidade funcional. Fibras ureterais se prolongam na uretra e se entrecruzam com fibras contralaterais, e sua contração, durante a micção, permite alongamento do túnel submucoso do ureter, aumentando a eficiência do mecanismo de prevenção do refluxo vesicuretral.

Existem fibras musculares estriadas que envolvem a uretra: nos homens, entre o *verum montanum* e a uretra bulbar; nas mulheres, principalmente a porção média.

A uretra posterior masculina (que compreende a prostática e a membranosa) corresponde praticamente a toda a uretra feminina, tendo a mesma origem embriológica.

No homem adulto, o parênquima prostático localiza-se na porção acima do *verum montanum*, envolvendo a uretra por todos os lados; essa localização dificulta a identificação das camadas musculares uretrais e leva a confundir as fibras musculares lisas que envolvem os ácinos prostáticos com as da musculatura uretral. Assim, a maioria das fibras lisas

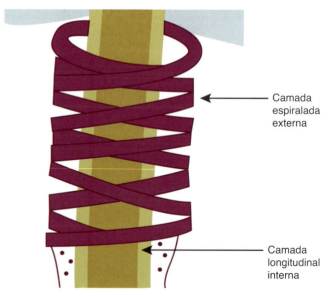

Figura 57.2 ▪ Distribuição das fibras musculares lisas no nível da uretra feminina.

localizadas na uretra prostática está mais relacionada com a parte sexual – de contração prostática durante ejaculação – do que com a continência. Exemplo disso pode ser observado na prática clínica, quando a próstata é retirada cirurgicamente, com *exérese* (extirpação cirúrgica) de grande maioria das fibras lisas uretrais, e, não obstante, a continência urinária permanece preservada.

A musculatura vesicuretral tem papel fundamental na função de armazenamento e esvaziamento vesical. Durante a fase de esvaziamento, é necessário não apenas que a musculatura vesical se contraia, mas também que a musculatura uretral se relaxe. Já na fase de armazenamento, deve haver completo relaxamento da musculatura vesical e também concomitante contração de todos os componentes esfincterianos – musculatura lisa e estriada.

FASE DE ARMAZENAMENTO

Tanto em humanos como em animais, medidas da pressão vesical revelam níveis pressóricos relativamente baixos e constantes durante todo o enchimento, enquanto o volume vesical está abaixo do volume que induz a micção. A manutenção das baixas pressões somente é possível porque a parede muscular vesical apresenta boa elasticidade, distendendo-se com baixa resistência, por suas propriedades físicas e relaxamento muscular em razão da falta de estímulo neurológico parassimpático para contração dessas fibras. Em algumas espécies, o estímulo simpático durante a fase de armazenamento não só inibe a atividade parassimpática, como estimula o fechamento do colo vesical e a contração da uretra proximal (Yoshimura e De Groat, 1997).

Essas avaliações da pressão intravesical são chamadas de *fase cistométrica do estudo urodinâmico*. A avaliação das pressões intravesicais, associada à medida da atividade eletromiográfica perineal por eletrodos de superfície colocados nessa região, evidencia esse reforço perineal que ocorre proporcionalmente ao enchimento vesical (Figura 57.3). Esse aumento da atividade eletromiográfica evidencia que ocorre um aumento da atividade elétrica do nervo pudendo, atuando como reforço perineal e consequente elevação da pressão intrauretral, aumentando a resistência à perda. Este reforço também é facilmente evidenciado quando ocorre elevação da pressão vesical decorrente de esforço (ver Figura 57.3).

FASE DE ESVAZIAMENTO

Em adultos normais, a micção ocorre de 4 a 7 vezes no período de 24 h. A mudança da fase de armazenamento para a fase miccional pode ocorrer voluntariamente ou de modo patológico.

O volume que desencadeia o ato miccional ou informa da distensão vesical é avaliado por receptores do urotélio, estrutura que tem papel fundamental neste mecanismo (Birder e De Groat, 2007). O termo sensibilidade refere-se ao número

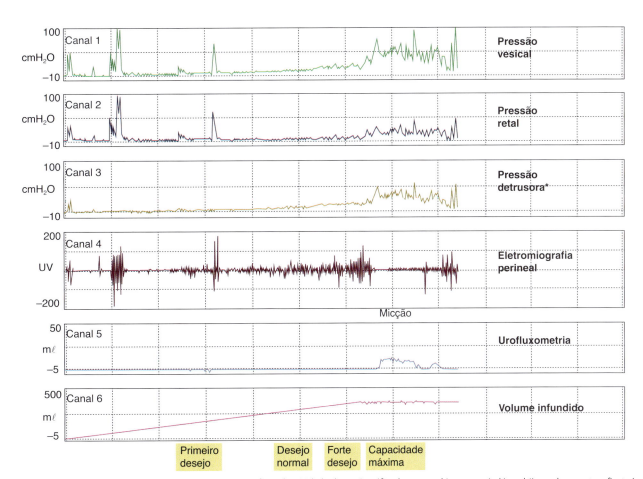

Figura 57.3 • Gráfico obtido em um *estudo urodinâmico*. Note o reforço da atividade eletromiográfica durante enchimento vesical (canal 4) e o relaxamento esfincteriano com silêncio eletromiográfico na micção (canal 4). *Pressão detrusora = pressão abdominal – pressão vesical.

de disparos que o receptor realiza, o qual é associado à distensão vesical. Inúmeros fatores interferem na sensibilidade, sendo que os mediadores dos estímulos podem ser liberados pela própria musculatura ou pelo urotélio e envolvem mastócitos, miofibroblastos e outras células e tecidos conjuntivos. Muitas dessas células e tecidos podem liberar ATP ou mesmo óxido nítrico, tachiquininas (substância P, neuroquininas A ou B), fator de crescimento e outros compostos, interferindo diretamente na sensibilidade desses receptores. Existe grande similaridade histológica entre o tecido do urotélio e o das fibras C, que transmitem a sensibilidade dolorosa e de distensão vesical. Assim, esses dados sugerem que, apesar de os neurorreceptores serem os responsáveis pela descarga elétrica que gera a sensibilidade de distensão, os tecidos adjacentes têm papel fundamental na modulação dessa resposta.

NEUROFISIOLOGIA

A contração vesical ocorre, basicamente, por um estímulo parassimpático. Um arco reflexo simples nos dá uma ideia objetiva do funcionamento vesical. Fibras sensoriais partindo dos proprioceptores da parede vesical atingem os nervos pré-sacrais. Não existe um nervo sensorial específico, mas sim um verdadeiro plexo nervoso que se localiza anteriormente ao sacro. Este plexo organiza-se nos forames sacrais S2, S3 e S4, fazendo parte das raízes nervosas sacrais S2, S3 e S4, e, atingindo o cone medular através de ramos da cauda equina, estabelece sinapse (Figura 57.4). Deste nível partem fibras motoras parassimpáticas que, também através das raízes sacrais S2, S3 e S4, passam pelas fibras do plexo pré-sacral e atingem a parede vesical, estabelecendo sinapse nos gânglios intramurais, partindo daí as fibras motoras vesicais pós-sinápticas. As fibras musculares vesicais, diferentemente das fibras estriadas musculares, não têm placa motora. Portanto, uma fibra que está despolarizando, o faz, secundariamente, outra, e assim por diante (Coolsaet et al., 1993). Existem fibras que são despolarizadas até quaternariamente. A presença de células intersticiais, semelhantes às células de Cajal que coordenam as contrações no intestino de gatos, parece ter importância nessa coordenação e despolarização de fibras na parede vesical (Drake et al., 2003).

Este arco reflexo também está sob influência direta cortical, com mecanismos facilitatórios e inibidores (Figura 57.5). A sensibilidade da distensão vesical, por meio da medula, também é informada ao córtex cerebral, que toma consciência da distensão vesical. São esses mecanismos que permitem ao indivíduo adulto urinar ou não, ao ser informado pelos proprioceptores da situação de distensão vesical.

▶ Controle cerebral da micção

Como dito, o controle cerebral da micção é o que permite ao indivíduo manter controle voluntário do arco reflexo. Anatomicamente, a distribuição neural central é bastante complexa (Morrison et al., 2006). A área arquedutal da zona cinzenta cerebral (AZC) é a região anatômica mais importante desse controle. Esta área faz parte do controle motor emocional do indivíduo. É área crucial para a sobrevivência individual e da espécie e está envolvida no controle de funções complexas como agressão, defesa, maternidade e reprodução (Reichling et al., 1988). A AZC tem áreas de projeções medulares lombossacras (Liu, 1983) que evidenciam sua relação com a micção; sua função no controle da micção já foi evidenciada em ratos (Ding et al., 1999).

Em mamíferos, o cerebelo tem função inibitória da micção (Nishizawa et al., 1989), com evidente ação inibidora durante a fase de armazenamento e alguma facilitadora durante a micção. O hipotálamo também tem papel importante no controle miccional, produzindo substâncias de grande importância no controle central da micção, como a ocitocina, que aumenta a capacidade de armazenamento vesical (Pandita et al., 1998). Existe também aumento da irrigação do hipotálamo durante a micção (Blok et al., 1997).

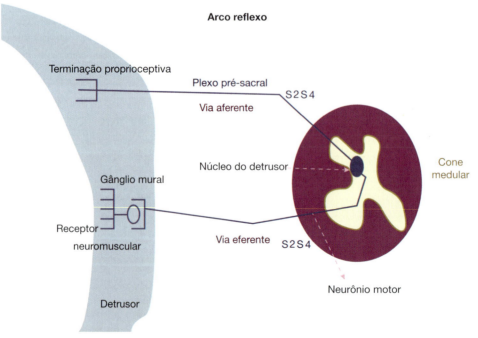

Figura 57.4 ▪ Representação esquemática do arco reflexo vesical.

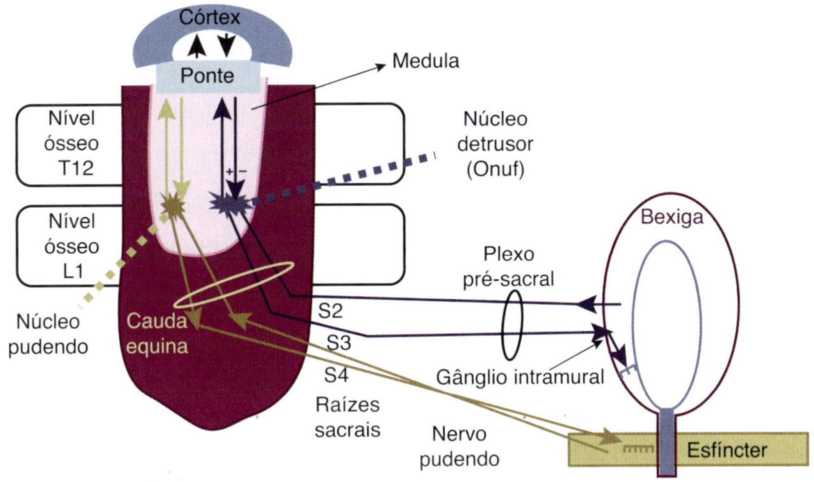

Figura 57.5 • Representação esquemática do controle neural do esfíncter externo no arco reflexo vesical.

A área cortical é a responsável pela continência urinária social, em humanos e mamíferos domésticos. No córtex cerebral de ratos, as áreas motora e sensorial vesical são anatomicamente distintas (Marson e Murphy, 2006). A região anterior do lobo frontal é fundamental para o controle da micção, tendo sido observadas alterações significativas desse controle em pacientes com tumores nesta área (Fowler, 1999). Estudos realizados com gamacâmera para avaliação da irrigação cerebral evidenciaram que esta área está associada à urgência miccional do idoso (Fowler, 1999).

INTERAÇÃO NEUROMUSCULAR E FUNÇÃO VESICURETRAL

Para que ocorra a micção, não basta que exista a contração vesical, mas também a resistência uretral deve diminuir, ocorrendo relaxamento esfincteriano e, assim, a micção aconteça com baixa pressão intravesical. A inervação da musculatura estriada periuretral é feita por fibras que também trafegam pelos ramos S2-S4 e compõem o nervo pudendo. Impulsos nervosos contínuos transportados pelo nervo pudendo atingem a musculatura que compõe o conjunto muscular esfincteriano uretral, e o mantêm sob contração involuntária durante o enchimento vesical (Figura 57.6). O aumento involuntário dessa contração esfincteriana, acompanhando o enchimento vesical, é um fato normalmente observado. Quando ocorre a contração vesical, existe uma inibição reflexa desse tônus, o que, por sua vez, causa o relaxamento esfincteriano. É interessante observar que essa interação depende de mecanismos neurológicos situados mais alto, no nível da ponte (a conexão entre o encéfalo e a medula). A interação entre cone medular e ponte também permite que o reflexo miccional ocorra até o completo esvaziamento vesical. Nos bebês, essa interação pontinomedular está íntegra, mas as crianças não têm controle da micção por falta de integração cortical. Em pacientes com lesão medular acima do cone, esta via está interrompida, deixando de haver essa interação. Assim, frequentemente, ocorrem contrações vesicais reflexas com contrações esfincterianas durante a contração vesical (a chamada *dissinergia vesicoesfincteriana*) e também contrações vesicais de duração insuficiente. Esses pacientes apresentam, portanto, micção de alta pressão, com elevado volume de resíduo pós-miccional.

A musculatura uretral, pelo seu tônus, exerce força constritiva sobre o lúmen uretral, ocluindo-a e mantendo, durante a fase de armazenamento, níveis pressóricos mais elevados na uretra do que na bexiga, não ocorrendo perda urinária. A atividade muscular uretral é composta de dois elementos básicos:

- O *esfíncter muscular liso*, genericamente denominado esfíncter interno, distribuído por todo colo vesical e em todo comprimento uretral feminino e pela uretra prostática masculina
- O *esfíncter voluntário*, estriado, de localização preferencial no terço médio da uretra feminina e na uretra membranosa masculina.

A atividade do esfíncter voluntário e a do esfíncter interno se sobrepõem em razoável trajeto uretral. Se o indivíduo se submeter a um esforço físico, pode ocorrer aumento da pressão abdominal que se transmite à bexiga, e, então, o mecanismo esfincteriano responde por duas formas:

- Em parte aumentando sua eficiência, por reflexo neurológico que contrai a musculatura estriada (chamado *reflexo da guarda*)
- Em parte sofrendo transmissão direta da pressão abdominal. O gradiente de pressão uretral mantém-se maior que a pressão vesical, não ocorrendo perda de urina.

Necessária e fundamental para a continência urinária é, além da integridade dos mecanismos esfincterianos, a acomodação vesical durante a fase de armazenamento. As baixas pressões intravesicais, devidas à boa elasticidade vesical durante enchimento, facilitam que a ação esfincteriana seja eficiente.

A bexiga tem a capacidade de receber significativo volume de urina, sem que ocorra expressiva elevação pressórica. Mesmo quando é atingida a capacidade vesical máxima, e o desejo miccional se torna imperioso, os níveis pressóricos da bexiga mantêm-se baixos; portanto, mesmo em tais condições extremas, consegue-se inibir a contração da musculatura vesical (detrusora).

Os baixos níveis pressóricos vesicais durante a fase de armazenamento da bexiga são fundamentais para a continência. Pacientes nos quais esse fator não se verifica, em decorrência de cirurgia ou por alteração da constituição da parede vesical, apresentam intensa *polaciúria* (frequente emissão de pouca urina), comportando-se clinicamente como incontinentes, ainda que o mecanismo esfincteriano se mostre normal.

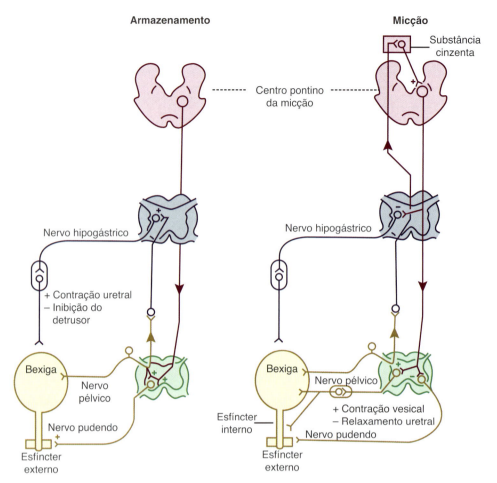

Figura 57.6 ▪ Diagrama mostrando os circuitos neurais que controlam a micção e o armazenamento. *Armazenamento*: a distensão da bexiga leva à ativação progressiva dos receptores sensoriais da parede vesical e, consequentemente, dos nervos sensoriais pélvicos. Esta ativação é acompanhada pela inibição reflexa da bexiga, via nervo hipogástrico, e estimulação simultânea do esfíncter externo, via nervo pudendo, monitorado pelo centro pontino da micção. *Micção*: após alcançar um nível crítico de enchimento vesical e a micção sendo desejada, a partir de impulsos da área arquedutal cinzenta, o centro pontino da micção interrompe a inibição sobre o centro sacral da micção (parassimpático), que ativa a contração vesical por meio do nervo pélvico. Ao mesmo tempo, cessa a influência inibitória sobre a bexiga, feita pelo sistema simpático por meio do nervo hipogástrico, e ocorre simultânea inibição da ativação somática do esfíncter, relaxando-o. Ao término da micção, interrompe-se o arco reflexo e inicia-se a fase de armazenamento. (Adaptada de De Groat, 2006.)

Quando a distensão vesical atinge volume ao redor de 150 mℓ, inicia o desejo miccional, ocorrendo disparos de impulsos sensoriais, progressivamente mais frequentes, que atingem o máximo quando o volume acumulado se iguala à capacidade vesical máxima (em torno de 500 mℓ). A musculatura vesical é, provavelmente, o único músculo liso do corpo humano sujeito a algum controle voluntário cortical. Os humanos têm a capacidade voluntária de inibir e de iniciar a contração vesical, atuando sobre o arco reflexo. Porém, não têm a capacidade de contrair a bexiga vazia. Imediatamente antes da contração vesical, ocorre relaxamento esfincteriano e do assoalho pélvico, o que permite a descida do colo vesical e entrada de urina na uretra posterior, sendo este um provável estímulo para a contração vesical. A contração da musculatura longitudinal interna da uretra concomitante com a da bexiga leva ao encurtamento uretral e ao afunilamento do colo vesical, contribuindo para o direcionamento da força vesical para a uretra e a diminuição da resistência uretral. A micção ocorre com baixa resistência uretral, e a pressão dentro da bexiga mantém-se em níveis baixos (abaixo de 15 cmH$_2$O). A pressão uretral permanece baixa durante toda a micção, permitindo um fluxo contínuo (da ordem de 15 a 25 mℓ/s), que varia com o volume urinado, o sexo e a idade. Somente ao término do esvaziamento da bexiga, a contração vesical cessa, e o tônus uretral volta aos níveis basais (ver Figura 57.3). Quando se deseja interromper voluntariamente a micção antes do total esvaziamento vesical, realiza-se a contração da musculatura perineal, contraindo-se as fibras estriadas periuretrais, o que resulta no aumento da resistência uretral e na consequente interrupção do fluxo. O reflexo miccional mantém-se ainda atuante, mantendo a contração vesical. Finalmente o arco reflexo é interrompido por controle neurológico superior, cessando a contração vesical em alguns segundos. Portanto, não se interrompe diretamente o arco reflexo miccional, mas interrompe-se de maneira voluntária o fluxo urinário, com contração perineal, levando à interrupção do arco reflexo miccional por controle neurológico pontino.

Está bem documentada a ação simpática na continência; porém, sua ação na micção é questionável. Por técnicas histoquímicas, alguns autores mostraram que a inervação do esfíncter estriado é feita por fibras simpáticas, parassimpáticas e somáticas (Birder *et al.*, 2010). A ação simpática também é evidente na ejaculação. A estimulação simpática promove contração das fibras que envolvem os ácinos prostáticos, provocando a expulsão da secreção acumulada para o lúmen uretral. A contração simultânea de todo o colo vesical, por sua localização, irá traduzir-se por constrição dessa porção, direcionando o jato no sentido anterior, não permitindo

Fisiologia da Micção

a ejaculação retrógrada. Receptores beta-adrenérgicos, que têm ação de relaxamento de fibras lisas, foram encontrados em grande número na parede vesical; provavelmente, sua ação de relaxamento, atuando com a falta de ação parassimpática na fase de armazenamento, permite que a acomodação vesical ocorra à baixa pressão.

AVALIAÇÃO DA FUNÇÃO VESICURETRAL COM ESTUDO URODINÂMICO

A avaliação da função vesicuretral, na prática clínica, é feita pelo *estudo urodinâmico*. Esta análise realiza medidas de fluxo urinário e das pressões intravesical e intra-abdominal, associadas a avaliações do volume infundido e da atividade eletromiográfica perineal.

É um exame invasivo, visto que implica a inserção de sondas vesicais e abdominal, sendo geralmente monitorado por sonda intrarretal. Porém, realizado com adequada técnica de lubrificação e anestesia uretral, é suportado pela maioria dos pacientes. Sob o aspecto emocional envolve sensações complexas, pois o paciente tem de expor suas sensações vesicais e relatar perdas, além de urinar em ambiente do laboratório, situação que não lhe é habitual.

Uma infecção urinária pode ser desencadeada pela manipulação do sistema urinário ou já estar eventualmente presente antes da realização do exame, o que pode implicar dados falsos, alterando a sensibilidade vesical e mesmo desencadeando contrações vesicais involuntárias não usuais nas atividades diárias do paciente (D'Ancona, 2001).

Para iniciar o exame, o paciente deve urinar em um coletor que está conectado ao aparelho de urodinâmica, obtendo-se o registro da fluxometria. Os dados são calculados eletronicamente pelo aparelho e comparados com nomogramas pré-estabelecidos, permitindo avaliar se o paciente está urinando dentro dos padrões da normalidade.

Em seguida, são posicionadas as sondas vesical e retal. São inseridas, via uretral, uma sonda de duplo lúmen ou duas sondas; tal procedimento permite fazer, por uma via a infusão, e por outra via o monitoramento contínuo da pressão vesical durante o enchimento. Adicionalmente, é posicionada a sonda retal, com balão em uma das suas extremidades, o que possibilita o monitoramento da pressão abdominal. É de fundamental importância o monitoramento da pressão abdominal, pois a realização de esforço físico eleva a pressão intra-abdominal, e, consequentemente, a pressão intravesical também se eleva, por transmissão da pressão abdominal para a bexiga. Com a contração vesical, eleva-se a pressão na bexiga, mas não dentro do abdome. A pressão de contração detrusora é obtida por cálculo eletrônico, subtraindo-se da pressão vesical a pressão simultânea intra-abdominal. Assim, é possível a avaliação da capacidade de contração vesical, mesmo que o paciente realize esforço abdominal. Após o posicionamento das sondas, realiza-se a medida do resíduo pós-miccional e inicia-se a distensão vesical com a infusão de solução fisiológica. À medida que ocorre o enchimento, a sensibilidade informada pelo paciente é anotada. Desse modo, pode ser diagnosticada a presença de contrações involuntárias (*hiperatividade detrusora*) e avaliado o aumento passivo da pressão com o enchimento (*complacência vesical*). O paciente deve ser orientado a informar a sensação de distensão vesical, sendo anotado o primeiro desejo, o desejo normal e o forte desejo, bem como eventual sensação de urgência miccional.

Quando o paciente referir forte desejo miccional, é iniciado o estudo miccional. Caso tenham sido usadas duas sondas para medida, é retirada a sonda de infusão, permanecendo a sonda que monitora a pressão vesical durante a micção. Testes de esforço podem ser realizados para avaliar se o paciente apresenta perdas por esforço. Aos esforços, a hiperatividade detrusora também pode ser diagnosticada. Após as provas de esforço, o paciente é solicitado a urinar, medindo-se o fluxo urinário. Com a utilização de nomogramas, pode-se avaliar a capacidade contrátil e se há ou não obstrução urinária.

A curva manométrica ao longo da uretra (*perfil pressórico uretral*) pode ser realizada, durante ou após a micção, mas, em razão de problemas técnicos, esta curva é pouco reprodutível e de difícil interpretação (Abrams *et al.*, 1978).

A atividade elétrica da região perineal também pode ser medida, com o uso de eletrodos perineais. Esse procedimento permite avaliar se durante a micção há relaxamento do períneo ou atividade perineal e, portanto, esfincteriana, a qual diagnostica *dissinergia vesicoesfincteriana*.

Associado a essas medidas pode ser utilizado, como avaliação do enchimento vesical, o contraste radiopaco. Adicionalmente, com a utilização de raios X (*radioscopia*), pode ser obtida a imagem simultânea do sistema urinário durante a micção, permitindo maior precisão e segurança no diagnóstico (Figura 57.7).

A avaliação urodinâmica possibilita a análise detalhada da fisiologia da micção e um diagnóstico mais preciso das disfunções miccionais.

DISFUNÇÃO VESICURETRAL DE ORIGEM NEUROLÓGICA

As disfunções neurológicas podem levar a alterações das funções vesicuretrais, sendo conhecidas como *bexiga neurogênica*. Os traumatismos raquimedulares são ótimo modelo experimental, pois permitem avaliar as respostas vesicuretrais na vigência de secções de diversos segmentos raquimedulares.

As doenças neurológicas podem causar lesões em diferentes níveis, dificultando a interpretação da resposta patológica vesicuretral associada à lesão, que pode comprometer o sistema nervoso em diversos níveis simultaneamente. As lesões neurológicas podem resultar no comprometimento das fibras sensoriais vesicais, como acontece, por exemplo, no diabetes, situação na qual as fibras sensoriais, por serem as mais finas, são as primeiras acometidas. Como consequência desse acometimento, os pacientes inicialmente apresentam o primeiro desejo miccional com grandes distensões vesicais. Quando solicitado, o paciente consegue urinar grandes volumes, pois a capacidade vesical se encontra bastante aumentada. Essa distensão vesical crônica acarreta lesão da própria musculatura detrusora, o que, por sua vez, impede o correto esvaziamento vesical; essa incorreção acarreta presença de resíduo pós-miccional, que progressivamente se eleva, resultando em retenção urinária e em suas repercussões no sistema urinário superior. Ao lado disso, a progressão da lesão neurológica causa total interrupção do arco reflexo miccional, causando também retenção urinária.

Quando a lesão compromete as fibras motoras, aparece o quadro de *bexiga neurogênica paralítico-motora*, como verificado em neurites, poliomielite, traumatismo ou tumor medular. Nessa situação, a sensibilidade está preservada e o paciente percebe o grau de distensão vesical, porém, não consegue

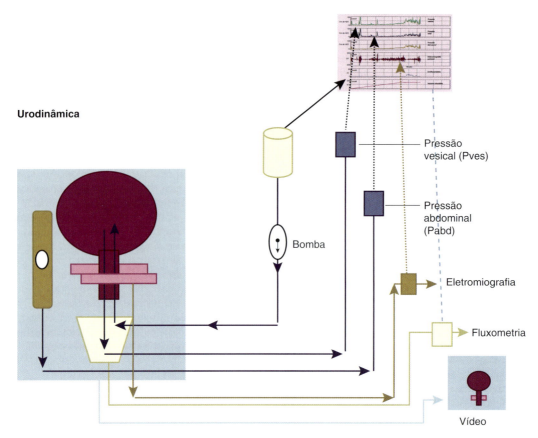

Figura 57.7 ▪ Representação esquemática de um *estudo urodinâmico*.

desencadear o reflexo miccional. A bexiga neurogênica paralítico-motora é uma situação patológica rara na prática clínica.

Quando há comprometimento tanto das fibras sensoriais quanto das motoras, ou ainda do próprio cone medular, ocorre a chamada *bexiga neurogênica autônoma*. Nessa situação há incapacidade de se efetuar o arco reflexo. Como as mesmas vias neurológicas são responsáveis por outros reflexos, o reflexo bulbocavernoso e o reflexo cutâneo anal estarão igualmente comprometidos. O grau de comprometimento do esfíncter é relacionado com o grau de comprometimento neurológico, podendo haver pacientes que, apesar de não terem contração vesical, são incontinentes por falta de atividade esfincteriana. De modo oposto, a retenção pode ser o achado clínico neste tipo de lesão, nos casos em que não existe contração vesical, porém o esfíncter é ativo. Cabe lembrar que um paciente com retenção total de urina pode apresentar incontinência clínica, pois, à medida que vai ocorrendo o enchimento vesical, a pressão intravesical vai se elevando, até o momento que vence a resistência uretral, ocorrendo perda constante de urina; esta condição é denominada *incontinência paradoxal*. Portanto, para a correta avaliação se um paciente é *retencionista* ou *incontinente* por insuficiência esfincteriana, deve ser verificado o grau de esvaziamento vesical, e não somente se o paciente apresenta saída involuntária constante de urina pela uretra. A *bexiga autônoma* pode ser encontrada em portadores de tumores medulares, traumatismos ou malformações congênitas, como mielomeningocele ou agenesia sacral. Outro aspecto interessante associado não só com o comprometimento da inervação vesical do cone medular é a presença de *contrações autônomicas*. Mesmo com a denervação total vesical, o neurônio entre o gânglio intramural e a fibra muscular está íntegro, podendo ter descargas efetoras anômalas. Como as fibras lisas vesicais se despolarizam também por proximidade, mesmo denervada a bexiga apresenta fasciculações durante o enchimento. Ou seja, não ocorre contração geral das fibras, como na atividade detrusora, mas acontecem contrações vesicais localizadas, que, apesar da arreflexia detrusora, podem levar ao espessamento e comprometimento da parede, como na *hiperatividade detrusora*.

Quando a lesão ocorre acima do cone medular, que, no adulto, está localizado no nível ósseo T12 – L1, o arco reflexo está liberado, ocorrendo *contração vesical reflexa à distensão vesical*. Essa contração vesical é involuntária e sem sensibilidade. Nesta situação, pode ocorrer contração esfincteriana simultânea à contração vesical, e o paciente tem micções de altíssima pressão, levando a repercussões graves do sistema urinário. É o tipo de comportamento vesical denominado *bexiga neurogênica reflexa*, encontrado no traumatismo medular, na mielomeningocele, na esclerose múltipla, dentre outras anomalias. Nesta situação, além do reflexo miccional, outros reflexos abaixo da lesão (como bulbo cavernoso e cutâneo anal) estão também liberados e exacerbados (Figura 57.8).

Cabe registrar um comportamento frequentemente observado em lesões agudas, como as verificadas logo após o traumatismo medular: o fato de todos os reflexos abaixo da lesão encontrarem-se bloqueados. Este *silêncio medular* abaixo da lesão pode durar de horas a meses (*fase de choque medular*), evoluindo, na situação crônica, para a liberação dos reflexos nos casos de comprometimento acima do cone medular.

Após o traumatismo raquimedular, os receptores neurológicos também estão alterados. Nesta situação, o fator de crescimento neural (uma das neurotrofinas mais estudadas) está

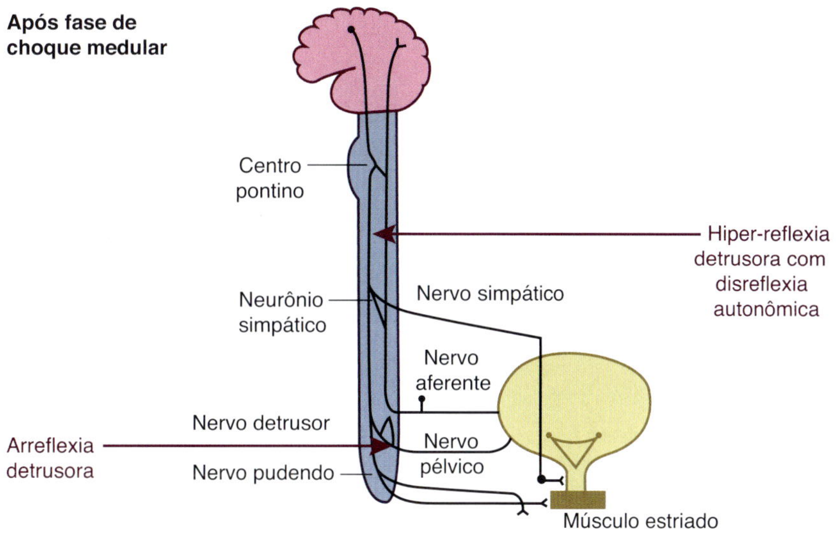

Figura 57.8 ▪ Comportamento vesicuretral esperado no traumatismo raquimedular, na dependência do nível da lesão causada.

aumentado. Este fator é, reconhecidamente, responsável por sensibilizar fibras mielinizadas e desmielinizadas sensoriais da bexiga, provavelmente, atuando na hiper-resposta vesical ao enchimento. Nesse caso, o fator está também associado a mecanismos de dor, principalmente vesical. No traumatismo, como há interrupção das fibras sensoriais na medula, a dor não é um sintoma frequente; porém, em situações de inflamação vesical, como na cistite intersticial, este fator parece ser um dos elementos mais significativos no quadro doloroso destas patologias.

Outro tipo de comportamento vesical é encontrado, como exemplo típico, na *doença de Parkinson*, em que o paciente apresenta o arco reflexo normal, com sensibilidade e relaxamento esfincteriano sinérgico, porém com comprometimento das fibras e centros subcorticais responsáveis pela inibição do arco reflexo. Em decorrência, o paciente apresenta incapacidade de inibir o arco reflexo, configurando-se um quadro clínico de urgência miccional com *incontinência por urgência*; ou seja, no momento em que há o desejo miccional, ocorre o arco reflexo, porém o paciente é incapaz de inibi-lo e, consequentemente, acontece a micção. O que ocorre é uma desconexão entre o córtex cerebral e a ponte, com perda da capacidade de inibição do reflexo miccional; entretanto, a função pontina é preservada, e a micção ocorre coordenada, sem dissinergia.

As disfunções neurológicas podem levar a disfunções miccionais graves. Uma questão a se esclarecer é: como essas disfunções levam a repercussões no sistema urinário superior? Normalmente, o sistema urinário mantém níveis pressóricos baixos e o armazenamento, o transporte e a eliminação da urina se fazem com níveis pressóricos abaixo de 15 cmH$_2$O; porém, elevações pressóricas intravesicais acima de 35 cmH$_2$O causam dificuldade de drenagem do ureter, acarretando dilatações ureterais. Com seu progressivo aumento, a pressão intravesical se transmite aos ureteres, resultando em elevação da pressão intrapiélica e, consequentemente, no interior dos túbulos renais, podendo levar ao bloqueio da filtração glomerular. Quando a alteração ocorre de maneira crônica, a dilatação de todo sistema coletor leva à compressão do parênquima, determinando isquemia e comprometimento definitivo da função renal associado à dilatação das vias excretoras, surgindo a situação chamada de *hidronefrose*. Ao lado disso, a dificuldade da drenagem vesical pode promover alterações da própria parede vesical, que podem resultar no aparecimento de *refluxo vesicuretral* ou, ainda, levar diretamente à obstrução ureteral, na passagem do ureter para a bexiga (no hiato ureteral).

Com as alterações da parede vesical e a persistência da obstrução, a própria parede vesical (o músculo detrusor) entra em falência, propiciando o aparecimento do *resíduo pós-miccional*, que causa infecções urinárias de difícil controle. Como visto, são muitos os mecanismos que levam a disfunção vesical de causa neurológica a repercussões diretas da função renal. Assim, pacientes com bexiga neurogênica requerem acompanhamento e tratamentos urológicos a longo prazo.

CONTINÊNCIA URINÁRIA

Outro assunto relevante, principalmente por suas implicações clínicas, é o estudo dos mecanismos de continência.

Nos homens, no nível de uretra membranosa, existe um mecanismo esfincteriano anatômico.

Já nas mulheres, não existe um esfíncter anatomicamente constituído. Classicamente, são descritos alguns mecanismos de continência. A musculatura lisa uretral da mulher se distribui ao longo da uretra, como fibras espiraladas, cuja contração pode ocluir a uretra. O mecanismo de *coxim submucoso*, atuando como selo, permite o completo fechamento uretral. Adicionalmente, a musculatura estriada periuretral pode colaborar na oclusão uretral. O tecido elástico permite que os mecanismos de oclusão funcionem. No momento do esforço, a transmissão da pressão abdominal para a uretra permite reforço da pressão uretral, principalmente, no terço proximal da uretra (zona crítica de transmissão da pressão). Petros e Ulmsten (1993), em extenso artigo sobre a continência uretral feminina, entre outros aspectos, descrevem a presença do *ligamento pubouretral* que permite a compressão uretral por angulação, pela fixação da uretra no púbis (Figura 57.9). Neste artigo, são discutidos vários fatores de importância para a continência, como a distribuição das forças na pelve, que permitiriam continência e estabilidade na uretra. Assim, existiriam: *forças anteriores*, diretamente relacionadas com a continência

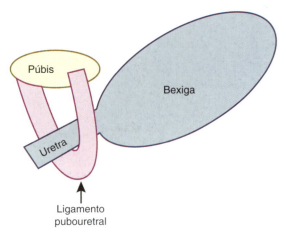

Figura 57.9 ▪ Esquema do *ligamento pubouretral* feminino, que permite a compressão uretral por angulação, pela fixação da uretra no púbis. (Adaptada de Petros e Ulmsten, 1993.)

uretral; *forças posteriores*, relacionadas com a continência fecal e a sensibilidade vesical, bem como *forças longitudinais*. Para o perfeito funcionamento vesicuretral, estes autores, ainda, ressaltam a importância da estabilidade das forças presentes em todos os níveis da pelve. Em razão da integração dessas diversas forças, e a consequente necessidade de tratar todas as alterações que interferem no seu equilíbrio, esta teoria passou a ser intitulada *teoria integral*.

RECEPTORES FARMACOLÓGICOS DO SISTEMA URINÁRIO INFERIOR

Os diversos receptores encontrados no nível do sistema urinário inferior foram descritos por estudos anatômicos, imuno-histoquímicos e de estimulação nervosa. Essas pesquisas mostraram não só a localização, mas também as ações inibidoras ou estimuladoras desses receptores. Com finalidade didática, estudaremos somente os receptores relacionados com o sistema nervoso autônomo.

▸ Serotonina, núcleo de Onuf

O efetor do sistema simpático é a norepinefrina. Porém, por meio dos receptores *alfa* ou *beta*, a ação do sistema nervoso simpático pode ser de contração (*alfa*) ou de relaxamento (*beta*) das fibras musculares. Portanto, por estímulos dos receptores simpáticos com fármacos, pode-se obter contração ou relaxamento das fibras musculares, dependendo se a ação do medicamento é alfa ou beta-adrenérgica. Cabe lembrar que, quando um fármaco realiza bloqueio alfa, tem efeito semelhante ao estímulo beta, e vice-versa, quando faz o bloqueio beta, o fármaco exibe efeito semelhante ao estímulo alfa. No sistema urinário inferior, a ação beta-adrenérgica não é tão evidente como a ação alfa, e as substâncias beta-adrenérgicas (ou betabloqueadoras) não têm uma ação efetiva evidente como as de ação alfa.

A serotonina é um importante transmissor no sistema nervoso central; tem ação evidente no núcleo de Onuf (núcleo do pudendo), sendo liberada na sinapse e reabsorvida. Inibidores desta reentrada da serotonina causam maior resposta aos estímulos, levando à maior resposta da musculatura perineal e consequentemente da ação do esfíncter externo (Figura 57.10).

▸ Receptores simpáticos e parassimpáticos

Os receptores do sistema parassimpático são intermediados pela acetilcolina. Portanto, fármacos anticolinérgicos (parassimpaticolíticos) têm ação de relaxamento das fibras musculares, e os colinérgicos (parassimpaticomiméticos) exibem ação de contração. É possível, porém, separar os receptores dos gânglios dos receptores efetores da musculatura, isolando-se cada tipo de ação. No nível da musculatura, existem os receptores colinérgicos muscarínicos, e, junto aos gânglios, ocorrem os receptores nicotínicos. Os fármacos colinérgicos que aqui serão citados têm, basicamente, ação muscarínica e uma fraca ação nicotínica.

Para ação de contração de uma fibra, realiza-se a estimulação de receptores alfa (fibras simpáticas) ou de receptores colinérgicos (fibras parassimpáticas). Porém, dependendo da localização desse receptor, é possível obter contração da fibra

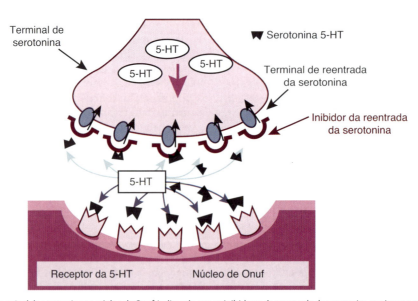

Figura 57.10 ▪ Esquema do terminal de serotonina no núcleo de Onuf, indicando que os inibidores da reentrada de serotonina na sinapse, consequentemente, aumentam o tônus da musculatura do esfíncter externo. (Adaptada de Thor, 2004.)

muscular vesical ou esfincteriana, que exibem efeito exatamente oposto (respectivamente, micção ou continência). Portanto, o conhecimento exato da localização dos receptores é fundamental para a compreensão de sua resposta. Traçando um plano entre os meatos ureterais, é possível dividir a bexiga em dois compartimentos: o superior (ou corpo vesical) e o inferior, o qual pode ser subdividido em trígono, colo vesical e uretra. No nível do corpo vesical, há grande número de receptores colinérgicos e beta-adrenérgicos. No nível inferior, ocorre grande número de receptores alfa-adrenérgicos, beta-adrenérgicos e colinérgicos. De modo geral, os receptores colinérgicos são responsáveis pela micção, enquanto os receptores alfa-adrenérgicos, pela continência (Figura 57.11). Existem fibras musculares estriadas relacionadas com a continência (as fibras musculares do assoalho pélvico), em que vários fármacos podem atuar; entretanto, a ação no nível dessas placas motoras será exercida de igual modo sobre toda musculatura esquelética, provocando efeitos colaterais que limitam o uso desses fármacos.

Conforme indica o Quadro 57.1, a resposta clínica obtida com o uso de fármacos pode ser:

- Aumento da contração vesical
- Diminuição da contração vesical
- Aumento da resistência uretral
- Diminuição da resistência uretral.

Assim, a atuação farmacológica pode ser exercida em todo sistema urinário. Porém, como aplicação clínica, o efeito sobre o sistema urinário inferior deve ser maior que o sistêmico. Exemplos desses fármacos são os anticolinérgicos e os alfabloqueadores.

Os *fármacos anticolinérgicos* atuam diminuindo a resposta contrátil vesical. Na prática clínica, são muito utilizados para tratar a hiperatividade detrusora. Como resultado final, determinam diminuição da contração vesical. Como resposta clínica, provocam hiperatividade detrusora com maior volume vesical; assim, causam aumento da capacidade vesical nos pacientes que exibem hiperatividade detrusora com baixo volume. O grande problema clínico da utilização desses fármacos é seu efeito sistêmico. Ao lado do aumento da capacidade vesical, provocam secura na boca (por ação nos receptores das glândulas salivares) e obstipação intestinal (por ação sobre as fibras musculares do sistema digestório), sendo esses efeitos extremamente desconfortáveis aos pacientes, levando à interrupção do tratamento.

Na procura de uma ação eficiente nos receptores muscarínicos vesicais sem ação nos receptores muscarínicos intestinais ou das glândulas salivares, novos fármacos têm sido descritos. O Quadro 57.2 mostra os antimuscarínicos disponíveis para uso comercial no Brasil, com o grau de evidência dos trabalhos publicados, bem como o grau de recomendação para o seu uso.

Os *fármacos alfabloqueadores* agem no nível dos receptores alfa do sistema simpático. Têm indicações de uso em pacientes que apresentam obstrução urinária decorrente de obstrução prostática. Relaxando as fibras lisas, diminuem a resistência sobre a uretra prostática, facilitando a eliminação da urina. Parecem agir também sobre a sensibilidade uretral, aliviando igualmente os sintomas irritativos (disúria e hiperatividade) nos pacientes obstruídos, mas essa ação ainda não está completamente esclarecida. Em razão de sua ação sistêmica de relaxamento de fibras adrenérgicas, podem agir sobre a musculatura dos vasos sanguíneos, causando hipotensão; por isso, fármacos que tenham ação seletiva na musculatura do sistema urinário com ação específica sobre os receptores *alfa 1a* vêm sendo pesquisados.

Muitos fármacos têm ação sobre o sistema nervoso autônomo. O Quadro 57.1 indica alguns mais frequentemente utilizados.

CONSIDERAÇÕES FINAIS

A função vesicuretral envolve mecanismos complexos que se estendem desde o córtex cerebral até a musculatura vesicuretral, abrangendo mecanismos neurológicos e físicos, o

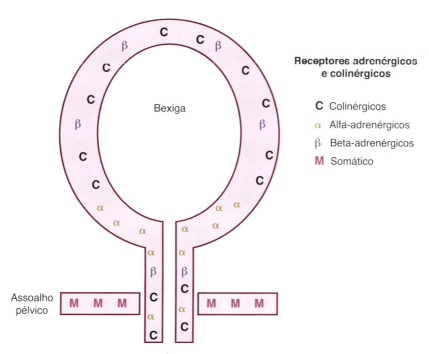

Figura 57.11 • Localização dos receptores colinérgicos e adrenérgicos no sistema urinário inferior.

Quadro 57.1 ▪ Principais fármacos que agem no sistema urinário inferior.

1 – Aumentam a contração vesical:
Colinérgicos (parassimpaticomiméticos)
Cloreto de betanecol: é administrado por via subcutânea ou oral. Por via subcutânea, pode também ser usado em testes de sensibilidade, possibilitando confirmar o diagnóstico de denervação vesical. Tem pouca ou nenhuma ação em indivíduos normais. Tem maior ação vesical e menor ação intestinal. Não deve ser usado em pacientes obstruídos. A forma injetável não se encontra no mercado farmacêutico nacional
Brometo de neostigmina: mostra maior ação intestinal que vesical. Disponível no mercado nacional
Betabloqueadores (não têm importância prática)

2 – Diminuem a contração vesical:
Anticolinérgicos (parassimpaticolíticos)
Atropina: boa ação anticolinérgica, tendo ação vesical e periférica. Os efeitos sistêmicos limitam o seu uso
Brometo de propantelina (Probanthine®)
Brometo de emeprônio (Cetiprim®): boa ação anticolinérgica vesical, com ação muscarínica e menor ação nicotínica
Oxibutinina: maior eficácia como antiespasmódico de ação vesical (diretamente sobre a musculatura), com menor ação anticolinérgica periférica. Maior ação antimuscarínica, com efeito preferencialmente vesical (na musculatura detrusora)
Tolterodina, dariferacina, solifenacina: maior ação vesical que nas glândulas salivares, amenizando o efeito colateral de secura na boca, que é a maior causa de abandono do uso de antimuscarínico
Betaestimulantes (adrenérgicos com ação beta)
Efedrina: ações alfa e betaestimulantes, com muitos efeitos sistêmicos. Ação alfa evidente; ação beta não tão evidente
Imipramina: antidepressivo tricíclico, com ação central antidepressiva e ações alfa e betaestimulantes periféricas, principalmente vesical. Diminui a atividade vesical e, por inibir a reentrada da serotonina, aumenta a resistência do colo vesical. Muito utilizada, inclusive em crianças, para as quais é indicada no tratamento de *enurese* (incontinência urinária)
Isoproterenol: somente ação beta, porém com franca ação nos níveis cardíaco e pulmonar e pouco uso para disfunções vesicais

3 – Aumentam a resistência uretral:
Ação alfa-adrenérgica
Efedrina, imipramina (ver acima)

4 – Diminuem a resistência uretral:
Ação alfabloqueadora
Fentolamina: ação alfabloqueadora de curta duração
Prazosin: ação alfabloqueadora. Pode ter reação de hipersensibilidade, com hipotensão na primeira dose
Terazosin/Doxazosina
Tansulosina: alfabloqueador de ação *alfa* 1a
Ação na musculatura esquelética
Dantrolene: relaxamento direto de musculatura estriada, implicando relaxamento de musculatura esquelética
Diazepam: ação central nível do sistema límbico, do tálamo e do hipotálamo. Ação não muito eficiente sobre o esfíncter estriado; porém, é o fármaco mais utilizado para tratamento de atividade esfincteriana indesejável

Quadro 57.2 ▪ Níveis de evidência e grau de recomendação dos principais fármacos antimuscarínicos.

Antimuscarínico	Nível de evidência	Grau de recomendação
Solifenacina	1	A
Tolterodina	1	A
Darifenacina	1	A
Propantelina	2	B
Atropina	3	C
Oxibutinina	1	A
Flavoxato	2	D

Nível de evidência: *Nível 1* – evidência baseada em ensaios clínicos randomizados ou metanálise de ensaios clínicos – ação fortemente recomendada. *Nível 2* – evidência baseada em estudos prospectivos não randomizados – ação recomendada. *Nível 3* – evidência baseada em relatos de casos ou opinião de especialistas – ação pouco recomendada. Graus de recomendação: *A* – baseada em um ou mais estudos nível 1. *B* – a melhor evidência disponível está em nível 2. *C* – a melhor evidência disponível está em nível 3. *D* – a melhor evidência disponível está menor que em nível 3 e inclui opinião de especialistas. (Segundo as recomendações de Hunt *et al.*, 2000. Adaptada de Karl-Erik, 2005.)

sistema simpático e parassimpático, além de mecanismos voluntários e involuntários. Alterações em qualquer um desses setores implicam distúrbios que podem determinar desde incontinência urinária até repercussões graves da função renal, podendo comprometer não só a qualidade de vida como a própria vida do indivíduo.

A compreensão de alguns desses complexos mecanismos tem permitido a realização de novos tratamentos, até há pouco tempo limitados. O desenvolvimento de novas técnicas para avaliação da função vesicuretral vem favorecendo a introdução de várias aplicações práticas, permitindo melhor assistência aos pacientes. Todavia, vários assuntos ainda merecem mais estudos, e muito ainda será descoberto e compreendido sobre os complexos mecanismos de micção e de continência urinária.

BIBLIOGRAFIA

ABRAMS PH, MARTIN S, GRIFFITHS DJ. The measurement and interpretation of urethral pressures obtained by the method of Brown and Wickham. *Br J Urol*, 50(1):33-8, 1978.
ANDERSSON KE, ARNER A. Urinary bladder contraction and relaxation: physiology and pathophysiology. *Physiol Rev*, 84(3):935-86, 2004.
BIRDER L, DE GROAT W, MILLS I *et al*. Neural control of the lower urinary tract: peripheral and spinal mechanisms. *Neurourol Urodyn*, 29(1):128-39, 2010.
BIRDER LA, DE GROAT WC. Mechanisms of disease: involvement of the urothelium in bladder dysfunction. *Nat Clin Pract Urol*, 4(1):46-54, 2007.
BLOK BF, WILLEMSEN AT, HOLSTEGE G. A PET study on brain control of micturition in humans. *Brain*, 120(Pt 1):111-21, 1997.
COOLSAET BL, VAN DUYL WA, VAN OS-BOSSAGH P *et al*. New concepts in relation to urge and detrusor activity. *Neurourol Urodyn*, 12(5):463-71, 1993.
D'ANCONA CAL. Aplicações práticas da urodinâmica. In: D'ANCONA CAL, NETTO Jr NR (Eds.). *Avaliação Urodinâmica*. 3. ed. Atheneu, São Paulo, 2001.
DE GROAT WC. Integrative control of the lower urinary tract: preclinical perspective. *Br J Pharmacol*, 147(S2):525-40, 2006.

DING YQ, WANG D, XU JQ et al. Direct projections from the medial preoptic area to spinally-projecting neurons in Barrington's nucleus: an electron microscope study in the rat. *Neurosci Lett, 271*(3):175-8, 1999.

DRAKE MJ. The integrative physiology of the bladder. *Ann R Coll Surg Engl, 89*(6):580-5, 2007.

DRAKE MJ, HEDLUND P, ANDERSSON KE et al. Morphology, phenotype and ultrastructure of fibroblastic cells from normal and neuropathic human detrusor: absence of myofibroblast characteristics. *J Urol, 169*(4):1573-6, 2003.

FOWLER CJ. Neurological disorders of micturition and their treatment. Review. *Brain, 122*(Pt7):1213-31, 1999.

HUNT DL, JAESCHKE R, McKIBBON KA. Users' guides to the medical literature: XXI. Using electronic health information resources in evidence-based practice. Evidence-Based Medicine Working Group. *JAMA, 283*(14):1875-9, 2000.

KARL-ERIK AE. Treatment of the overactive bladder syndrome and detrusor overactivity with antimuscarinic drugs. *Continence, 1*:1-8, 2005

LIU RP. Laminar origins of spinal projection neurons to the periaqueductal gray of the rat. *Brain Res, 264*(1):118-22, 1983.

MARSON L, MURPHY AZ. Identification of neural circuits involved in female genital responses in the rat: a dual virus and anterograde tracing study. *Am J Physiol Regul Integr Comp Physiol, 291*(2):R419-28, 2006.

MORRISON J, BIRDER LA, CRAGGS M et al. Neural control. In: ABRAMS P, CARDOZO L, KHOURY S et al. (Eds.). *Incontinence.* Vol. 1. Plymbridge Distributors, Plymouth, 2006.

NISHIZAWA O, EBINA K, SUGAYA K et al. Effect of cerebellectomy on reflex micturition in the decerebrate dog as determined by urodynamic evaluation. *Urol Int, 44*(3):152-6, 1989.

PANDITA RK, NYLEN A, ANDERSSON KE. Oxytocin-induced stimulation and inhibition of bladder activity in normal, conscious rats: influence of nitric oxide synthase inhibition. *Neuroscience, 85*(4):1113-9, 1998.

PETROS PE, ULMSTEN UI. An integral theory and its method for the diagnosis and management of female urinary incontinence. *Scand J Urol Nephrol Suppl, 153*:1-93, 1993.

REICHLING DB, KWIAT GC, BASBAUM AI. Anatomy, physiology and pharmacology of the periaqueductal gray contribution to antinociceptive controls. *Prog Brain Res, 77*:31-46, 1988.

THOR KB. Targeting serotonin and norepinephrine receptors in stress urinary incontinence. *Int J Gynecol Obstet, 86*(Suppl 1):38-52, 2004.

YOSHIMURA N, DE GROAT WC. Neural control of the lower urinary tract. *Int J Urol, 4*(2):111-25, 1997.

Seção 8

Fisiologia do Sistema Digestório

Coordenadora:
Sonia Malheiros Lopes Sanioto

58 Visão Geral do Sistema Digestório, *919*
59 Regulação Neuro-Hormonal do Sistema Digestório, *923*
60 Motilidade do Sistema Digestório, *933*
61 Secreções do Sistema Digestório, *953*
62 Digestão e Absorção de Nutrientes Orgânicos, *997*
63 Absorção Intestinal de Água e Eletrólitos, *1023*

Capítulo 58

Visão Geral do Sistema Digestório

Sonia Malheiros Lopes Sanioto

- Formação, processos e funções, *920*
- Bibliografia, *922*

FORMAÇÃO, PROCESSOS E FUNÇÕES

O *sistema digestório* é formado por órgãos ocos em série que se comunicam nas duas extremidades com o meio ambiente, constituindo o denominado *trato gastrintestinal* (TGI), e pelos *órgãos anexos*, que lançam suas secreções no lúmen do TGI. Os órgãos do TGI são: cavidade oral, faringe, esôfago, intestino delgado, intestino grosso ou cólon, e ânus. Estes órgãos são delimitados entre si por esfíncteres. O esfíncter esofágico superior, ou cricofaríngeo, delimita a faringe da porção superior do esôfago, que é delimitada do estômago pelo esfíncter esofágico inferior. O estômago é delimitado do intestino delgado pelo piloro, e o intestino delgado, do cólon pelo esfíncter ileocecal. A porção distal do cólon diferencia-se no reto e no ânus com seus dois esfíncteres, o interno e o externo. No sentido cefalocaudal (ou aboral), os órgãos anexos ao TGI são: glândulas salivares, pâncreas, fígado e vesícula biliar, que armazena e concentra a bile secretada pelo fígado. A secreção das glândulas salivares é lançada na cavidade oral e as secreções pancreática e biliar, no intestino delgado (Figura 58.1).

As secreções lançadas no lúmen do TGI pelos órgãos anexos, mais as produzidas pelo estômago e pelos intestinos delgado e grosso, processam quimicamente o alimento ingerido na cavidade oral. Este processamento é facilitado pela motilidade do TGI, que propicia mistura, trituração e progressão do alimento no sentido cefalocaudal. O alimento é reduzido a moléculas que podem ser absorvidas, através do intestino delgado, para o meio intersticial vascular. O TGI promove a excreção anal dos produtos dos alimentos que não foram processados ou absorvidos.

Os alimentos orgânicos da dieta ou macronutrientes (assim denominados por serem requeridos em quantidades relativamente grandes), os carboidratos, as gorduras e as proteínas são quimicamente quebrados, por hidrólise, pelas enzimas lançadas no lúmen do TGI ou pelas enzimas luminais. As enzimas luminais são secretadas por glândulas salivares, estômago e pâncreas exócrino. As gorduras da dieta, os triacilgliceróis, os fosfolipídios e os ésteres de colesterol, após a hidrólise luminal, originam ácidos graxos livres, fosfolipídios e colesterol, e são transportados através do epitélio do intestino delgado para a linfa e para a circulação sistêmica. Os carboidratos e as proteínas, além da hidrólise efetuada pelas enzimas luminais, necessitam, ainda, serem hidrolisados pelas enzimas da membrana luminal dos enterócitos do delgado, denominadas enzimas da borda em escova. Os produtos finais da hidrólise dos carboidratos são hexoses, e os das proteínas são, além de aminoácidos livres, di, tri e tetrapeptídios; esses produtos são absorvidos no delgado.

O sistema digestório trabalha em íntima relação com o sistema circulatório, o qual conduz os produtos da hidrólise dos macronutrientes para o fígado e para os diferentes tecidos, onde serão o substrato energético e plástico das células. Neste aspecto, o sistema digestório participa da manutenção do equilíbrio energético do organismo.

As vitaminas e os eletrólitos ingeridos são considerados micronutrientes, pois são requeridos em quantidades muito pequenas. Diariamente, em torno de 2 ℓ de água são ingeridos e mais 7 ℓ secretados para o interior do TGI, o que perfaz cerca de 9 ℓ de água contidos no lúmen do TGI. Por dia, ingerem-se 5 a 10 g de NaCl e lançam-se no lúmen do TGI aproximadamente 25 g. Considerando-se que os 7 ℓ de água secretados correspondem a cerca de 25% da água total do organismo e que 25 g de NaCl equivalem a aproximadamente 15% do NaCl total do organismo, infere-se que o sistema digestório também participa da manutenção do equilíbrio hidreletrolítico do organismo, embora menos significantemente que o sistema renal. Assim, o sistema digestório, em conjunto com o sistema circulatório, fornece os substratos energéticos e plásticos, água, íons e coenzimas às células teciduais.

O sistema digestório apresenta quatro processos básicos: motilidade, secreção, digestão, absorção intestinal e excreção.

Estes processos são altamente coordenados pelos sistemas neuroendócrinos intrínsecos do sistema digestório e do organismo como um todo. A *motilidade* é efetuada pela musculatura do TGI e propicia *mistura, trituração* e *progressão cefalocaudal* dos nutrientes, além de *excreção* dos produtos não digeridos e não absorvidos. As *secreções* compreendem as sintetizadas nos órgãos anexos ao TGI, bem como as produzidas pelo estômago e intestino; elas hidrolisam, enzimaticamente, os nutrientes, gerando ambientes de pH, de tonicidade e de composição eletrolítica adequados para a digestão dos nutrientes orgânicos. A *digestão* refere-se à hidrólise enzimática dos nutrientes orgânicos, transformando-os em moléculas que possam atravessar a parede do TGI e ser absorvidas através de sua mucosa de revestimento interno. A *absorção* consiste no conjunto de processos resultantes de transporte dos nutrientes hidrolisados, água, eletrólitos e vitaminas, do

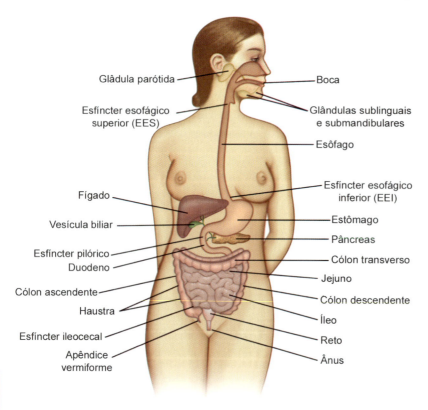

Figura 58.1 • Esquema do sistema digestório. Note o trato gastrintestinal com seus diferentes órgãos, esfíncteres, glândulas e órgãos anexos.

lúmen do TGI, através do epitélio intestinal, para a circulação linfática e sistêmica. A absorção ocorre, predominantemente, no intestino delgado, o qual absorve todos os produtos da hidrólise dos nutrientes orgânicos, as vitaminas e a maior parte da água e eletrólitos. A absorção no delgado se dá, preferencialmente, no duodeno e porção proximal do jejuno (nos 100 cm iniciais). O íleo absorve alguns substratos, como os sais biliares e a vitamina B_{12}. O cólon absorve um menor volume de água, todos os eletrólitos que o alcançam, alguns produtos da fermentação bacteriana, assim como carboidratos que não foram digeridos e absorvidos no delgado, transformados em ácidos graxos voláteis. O cólon secreta K^+ e HCO_3^- e funciona como um reservatório do material fecal, preparando-o para a excreção (Figura 58.2).

A mucosa de revestimento interno do TGI é uma das interfaces entre o meio ambiente e o meio interno do organismo.

O compartimento luminal do TGI comunica-se com o meio ambiente nas suas duas extremidades, a oral e a aboral (ou anal), e, através da mucosa de revestimento interno, comunica-se também com o meio intersticial-vascular (ou meio interno do organismo). A composição do fluido luminal, assim, depende da ingesta, das trocas que são efetuadas entre o compartimento luminal e o meio interno do organismo, bem como da excreção fecal. O conteúdo luminal é, desse modo, um fluido extracorpóreo porque, embora contido no lúmen do TGI, comunica-se diretamente com o meio exterior e depende dele. Portanto, a mucosa de revestimento interno do TGI é uma das interfaces do organismo, como são também interfaces o epitélio dos tratos respiratório e renal e a pele.

Além das funções de nutrição, de manutenção da homeostase energética e de participação da homeostase hidreletrolítica do organismo, o sistema digestório tem também importante função imunológica.

Existe um extenso sistema imunológico ao longo do TGI, denominado *GALT* (*gut associated lymphoid tissue*), representado por agregados de tecido linfoide, como as placas de Peyer, e uma população difusa de células imunológicas. As placas de Peyer são folículos elípticos de tecido linfoide relativamente grandes (1 cm de largura por 5 cm de comprimento), localizados na lâmina própria, mais frequentes nas porções distais do íleo. As células linfoides da mucosa, lâmina própria e submucosa são linfócitos, mastócitos, macrófagos, eosinófilos, leucócitos polimorfonucleados etc. Esse sistema imunológico é importante, uma vez que o TGI tem não só a maior área do organismo, como também contato direto com agentes infecciosos e tóxicos. A maior parte das células produtoras de imunoglobulinas do sistema digestório localiza-se no intestino (80%). O GALT, além de proteger o sistema digestório contra agentes infecciosos exógenos – bactérias, vírus e patógenos em geral – também o faz de modo imunológico de sua flora bacteriana, que normalmente se localiza no intestino grosso, sendo mais concentrada no ceco.

Os mediadores imunológicos secretados pelo GALT são: histamina, leucotrienos, prostaglandinas, citocininas, imunoglobulinas e outros. Estes mediadores difundem-se dos seus locais de síntese para os diferentes tecidos do sistema digestório, agindo como parácrinos que modulam os processos de motilidade, secreção e absorção. São, também, importantes nas doenças inflamatórias do TGI, como na doença celíaca e na de Crohn.

A parede do TGI tem uma estrutura histológica básica em toda a sua extensão.

A análise da parede do TGI, no sentido do lúmen para a porção contraluminal (serosa), revela as seguintes estruturas: *mucosa*, *submucosa*, tecido muscular (referido como *muscular externa*), *plexos nervosos intramurais* e *serosa* (Figura 58.3).

A *mucosa* compreende: (a) o *epitélio* – que faz contato com o fluido luminal; (b) a *lâmina própria* – logo abaixo do epitélio, e (c) a *muscular da mucosa* – mais internamente localizada na parede do TGI (Figura 58.4).

O epitélio do TGI é monoestratificado e heterocelular.

O epitélio do TGI apresenta vários tipos celulares, cujos números e funções variam conforme suas localizações ao longo do TGI. Estes tipos celulares são: *células caliciformes ou goblet cells* – secretoras de mucina, encontradas ao longo de todo o TGI; *células absortivas superficiais* – encontradas no delgado e no cólon, absorvem água, íons e produtos da hidrólise dos macronutrientes; *células das criptas* – indiferenciadas, mais profundamente localizadas nas bases das vilosidades do delgado e nas dobras intestinais do cólon, predominantemente secretoras de eletrólitos e de água; *células que sintetizam as enzimas da borda em escova* – características do epitélio do delgado; *células endócrinas* – secretoras de hormônios e parácrinos; *células do sistema imunológico* e *células neurais*.

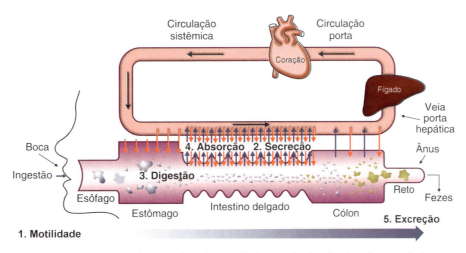

Figura 58.2 • Esquema que indica os principais processos do sistema digestório: motilidade, secreção, digestão, absorção e excreção. Note a relação do sistema digestório com a circulação porta e sistêmica. *Setas azuis*, absorção gastrintestinal; *setas vermelhas*, secreção gastrintestinal.

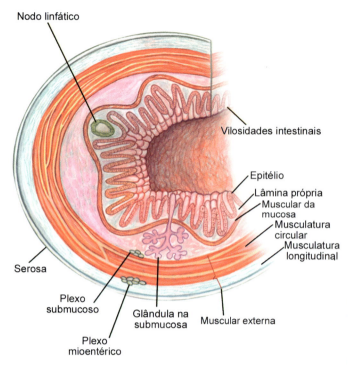

Figura 58.3 ▪ Representação esquemática de um corte transversal do intestino, que indica a estrutura de sua parede.

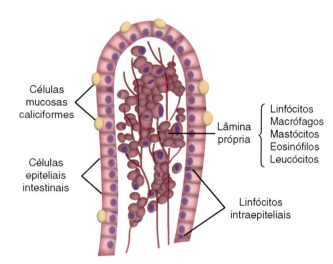

Figura 58.4 ▪ Esquema que indica que o epitélio intestinal é monoestratificado e heterocelular. Note a lâmina própria com o GALT (*gut associated lymphoid tissue*).

A *lâmina própria* localiza-se logo abaixo do epitélio. É um tecido conjuntivo, que contém fibras elásticas e colágenas de sustentação do epitélio, várias células do sistema imunológico, nodos linfáticos, glândulas e tecido neuroendócrino. É uma região ricamente vascularizada, com uma rede de capilares sanguíneos, que captam as substâncias absorvidas pelo epitélio, e com um capilar linfático central (capilar lácteo), que apreende especificamente os produtos da hidrólise dos lipídios.

A *muscular da mucosa* é uma camada de fibras musculares lisas, com espessura de 3 a 4 células, que, ao se contraírem, provocam dobras da mucosa e da submucosa.

A *submucosa* é um tecido conjuntivo frouxo que sustenta a mucosa, e tem fibras elásticas e colágenas, tecido glandular, células endócrinas, vasos sanguíneos e linfáticos, troncos nervosos, fibras amielínicas, além de células imunológicas.

A *muscular externa* é formada de duas camadas de fibras musculares lisas. A mais interna, a musculatura circular, tem as fibras dispostas perpendicularmente em relação ao eixo do TGI. Sua contração diminui o lúmen do TGI, segmentando o conteúdo luminal, o que facilita sua mistura com as secreções luminais. Na camada mais externa, a musculatura longitudinal apresenta fibras dispostas longitudinalmente em relação ao eixo do TGI. Quando estas se contraem, encurtam o TGI, movimentando o conteúdo luminal no sentido do seu comprimento. A contração simultânea das duas musculaturas propicia mistura, circulação e propulsão do conteúdo luminal. A musculatura circular é mais desenvolvida e mais inervada do que a longitudinal. No TGI só existe musculatura estriada na cavidade oral, faringe, terço superior do esôfago e no esfíncter anal externo.

Os *plexos nervosos* são agregados ganglionares de corpos celulares de neurônios motores e sensoriais, fibras nervosas amielínicas, interneurônios e sinapses entre fibras sensoriais aferentes e fibras motoras e secretoras eferentes. Os que se localizam na submucosa, próximos à musculatura circular, são chamados de *plexos submucosos* (ou *de Meissner*). Os localizados entre as duas camadas musculares – a circular e a longitudinal – são os *plexos mioentéricos* (ou *de Auerbach*), mais desenvolvidos que os submucosos.

A *serosa*, também denominada *adventícia*, é o tecido mais externo do TGI e consiste em tecido conjuntivo com células mesoteliais escamosas.

Resumo

1. O *TGI é formado por*: cavidade oral, faringe, esôfago, estômago, intestinos delgado e grosso, reto e ânus.
2. Os *órgãos anexos ao TGI são*: glândulas salivares, pâncreas, vesícula biliar e fígado.
3. Os processos funcionais do sistema digestório são: *digestão* – hidrólise dos macronutrientes pelas enzimas digestivas luminais e da borda em escova do delgado; *secreção* – de água, íons e enzimas digestivas pelas glândulas salivares e gástricas, pelo pâncreas e pela vesícula biliar; *absorção intestinal* – transporte dos produtos da hidrólise dos macronutrientes, água, íons e vitaminas do lúmen intestinal para as correntes sanguínea e linfática, através da mucosa intestinal, e *excreção* – eliminação fecal dos produtos não digeridos e/ou não absorvidos.
4. A *função imunológica* do sistema digestório é efetuada por células, nodos e gânglios linfáticos secretores de substâncias imunológicas, que em conjunto formam o GALT (*gut associated lymphoid tissue*).
5. A parede do TGI tem: *mucosa* – com epitélio, lâmina própria e muscular da mucosa; *submucosa*; *muscular externa* – formada pelas musculaturas longitudinal e circular; *plexos intramurais ganglionares* – mioentérico e submucoso; *plexos intramurais secundários e terciários aganglionares*, e *serosa*.

BIBLIOGRAFIA

BERNE RM, LEVY MN. *Physiology*. 4. ed. Mosby Inc., St. Louis, 1998.
BERNE RM, LEVY MN, KOEPPEN BM *et al. Physiology*. 4. ed. Mosby Inc., St. Louis, 2004.
BINDER HJ. Organization of the gastrointestinal system. In: BORON WF, BOULPAEP EL. *Medical Physiology*. W.B. Saunders Co., Philadelphia, 2005.
JOHNSON LR. *Gastrointestinal Physiology*. 6. ed. The Mosby Physiology Monograph Series, 2001.
JOHNSON LR (Ed.). *Physiology of Gastrointestinal Tract*. 3. ed. Raven, New York, 1997.

Capítulo 59

Regulação Neuro-Hormonal do Sistema Digestório

Sonia Malheiros Lopes Sanioto

- Sistema nervoso entérico, *924*
- Hormônios parácrinos e neurotransmissores do sistema digestório, *927*
- Bibliografia, *931*

SISTEMA NERVOSO ENTÉRICO

O sistema digestório tem um sistema nervoso intrínseco autônomo com número de células tão grande quanto o da medula espinal.

O sistema digestório é inervado por uma rede neural localizada na parede do trato gastrintestinal (TGI), denominada *sistema nervoso entérico (SNE)* ou *intrínseco*. Esta rede neural intramural é não só bastante complexa como também intrincada e tem um número de neurônios (cerca de 10^8) semelhante ao existente na medula espinal.

O SNE é formado pelos *plexos ganglionares maiores* – o submucoso e o mioentérico, que se intercomunicam – e por *plexos aganglionares secundários e terciários* – que se comunicam com os plexos ganglionares por feixes de fibras nervosas, conforme mostra a Figura 59.1.

O SNE é autônomo e capaz de regular todas as funções motoras, secretoras e endócrinas do sistema digestório, mesmo na ausência do *sistema nervoso autônomo (SNA)* ou extrínseco. Os neurônios dos plexos intramurais do SNE fazem sinapses com fibras nervosas aferentes e eferentes do SNA, que desempenham função modulatória sobre o SNE.

Os interneurônios do SNE fazem sinapses entre fibras sensoriais aferentes de receptores sensoriais da parede do TGI e neurônios eferentes motores ou secretores que conduzem a informação para o TGI. As vias neurais envolvidas podem ser multissinápticas. Muitos peptídios neurotransmissores e neuromoduladores (que regulam a atividade dos neurotransmissores) do SNI já foram identificados.

O sistema nervoso autônomo (SNA) faz sinapses nos plexos do sistema nervoso entérico (SNE), modulando-o através de nervos parassimpáticos e simpáticos.

As fibras neurais do SNA, parassimpático e simpático, fazem sinapses com os interneurônios dos plexos intramurais (mioentérico e submucoso) ou terminam nos plexos, modulando a atividade do SNE.

A *inervação parassimpática* do sistema digestório é efetuada pelo *nervo vago* (X par de nervos cranianos), desde o esôfago até o cólon transverso inclusive, e pelo *nervo pélvico*, que inerva o TGI desde o cólon sigmoide até o esfíncter anal interno. Estes nervos são constituídos de 75% de fibras aferentes e o restante, de fibras eferentes. As fibras aferentes conduzem as informações sensoriais dos mecano- e quimiorreceptores do sistema digestório para a medula cefálica e sacral, e as fibras eferentes conduzem as informações da medula cefalossacral para o sistema digestório.

As *fibras eferentes parassimpáticas pré-sinápticas* são relativamente longas; provêm da *medula cefálica e sacral*, fazendo sinapses com neurônios localizados nos plexos intramurais. Destes, partem as *fibras pós-sinápticas ou pós-ganglionares*, relativamente mais curtas, para musculatura, glândulas, ductos e vasos sanguíneos do sistema digestório. As *fibras parassimpáticas pós-sinápticas* são predominantemente colinérgicas, ou seja, o neurotransmissor é a acetilcolina. A inervação pós-sináptica colinérgica é, em geral, excitatória, aumentando a motilidade, as secreções e o fluxo sanguíneo do sistema digestório. Há, também, fibras parassimpáticas pós-sinápticas inibitórias, mediadas por neuropeptídios, como o VIP (peptídio vasoativo intestinal), a substância P, o óxido nítrico (NO), ou por neuropeptídios ainda não identificados. Informações adicionais sobre as ações e origens dos neurotransmissores do sistema digestório são relatadas mais adiante e no Quadro 59.1.

As *fibras eferentes simpáticas pré-sinápticas* são relativamente curtas, emergem da medula toracolombar, atravessam a cadeia ganglionar paravertebral e fazem sinapses nos gânglios simpáticos celíaco, mesentéricos superior e inferior e hipogástricos superior e inferior. Destes gânglios, partem as *fibras pós-sinápticas*, relativamente mais longas, para o sistema digestório. Poucas destas fibras terminam diretamente na musculatura e glândulas do sistema digestório. Muitas o fazem nas fibras musculares lisas dos vasos sanguíneos, acarretando vasoconstrição e redução do fluxo sanguíneo em vários territórios do sistema digestório. A grande maioria das fibras pós-sinápticas simpáticas termina nos plexos intramurais, regulando os seus circuitos neurais. O neurotransmissor simpático das fibras pós-sinápticas eferentes é a *norepinefrina*, e, de um modo geral, a estimulação simpática para o sistema digestório

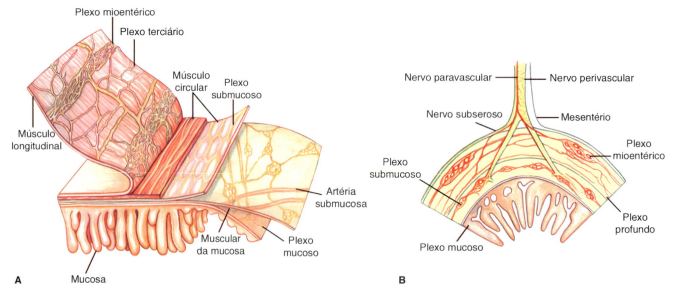

Figura 59.1 ▪ Representação esquemática da rede neural intrínseca do trato gastrintestinal, que mostra os plexos intramurais principais ganglionares (mioentérico e submucoso) e os secundários e terciários aganglionares. **A.** Corte longitudinal. **B.** Corte transversal. (Adaptada de Berne e Levy, 1993.)

Regulação Neuro-Hormonal do Sistema Digestório

Quadro 59.1 ▪ Neurotransmissores e neuromoduladores do sistema digestório.

Neurotransmissores	Origens	Ações no sistema digestório
Acetilcolina (ACh)	SNA parassimpático, SNE	Contração da musculatura lisa
		Relaxamento do esfíncter pilórico
		Aumentos das secreções: salivar, gástrica, biliar e enzimática do pâncreas
		Aumento de fluxo sanguíneo do sistema digestório
		Efeito trófico glandular
Norepinefrina (NE)	SNA simpático	Relaxamento da musculatura lisa
		Contração do esfíncter pilórico
		Efeito bifásico sobre a secreção salivar
		Vasoconstrição e diminuição secundária das secreções
		Efeito trófico sobre as glândulas salivares
Peptídio vasoativo intestinal (VIP)	SNA parassimpático, SNE	Relaxamento da musculatura
		Relaxamento do esfíncter esofágico inferior
		Aumento da secreção pancreática
Peptídio liberador de gastrina (PLG) ou bombesina	SNA parassimpático (vago no estômago)	Aumento da liberação de gastrina
Encefalinas (opioides)	SNA parassimpático, SNE	Contração da musculatura lisa do TGI
Óxido nítrico (NO)	SNA parassimpático, SNE	Relaxamento da musculatura
Neuropeptídio Y (NPY)	SNE	Relaxamento da musculatura lisa
Substância P	SNA parassimpático	Contração da musculatura lisa
		Aumento da secreção salivar

SNA, sistema nervoso autônomo; *SNE*, sistema nervoso entérico; *TGI*, trato gastrintestinal.

causa diminuição da motilidade e das secreções glandulares, secundariamente à vasoconstrição. Cerca de 50% das fibras simpáticas são aferentes. A Figura 59.2 esquematiza a inervação parassimpática e simpática do sistema digestório.

A faringe e o esfíncter anal externo, que têm musculatura estriada, são inervados por nervos somáticos. Esse esfíncter é inervado pelo nervo pudendo.

▶ Reflexos longos e curtos (intramurais) no sistema digestório

Os receptores sensoriais (mecano, quimio e osmorreceptores) localizados na parede do TGI, quando estimulados pela chegada do alimento, enviam impulsos aferentes ao SNC, via nervos vagos ou pélvicos. Dos corpos celulares destes nervos,

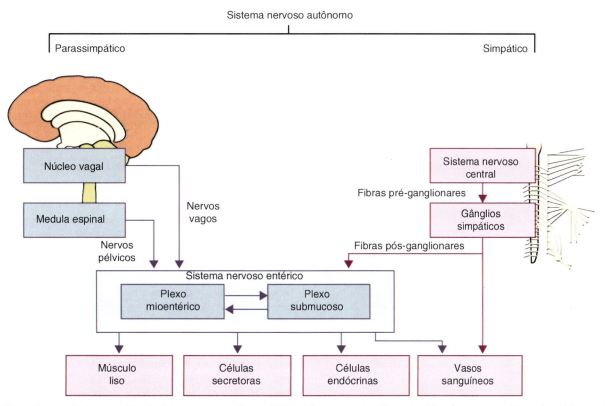

Figura 59.2 ▪ Representação esquemática do sistema nervoso autônomo (SNA) extrínseco parassimpático e simpático eferente para o sistema digestório e sua inter-relação com o sistema nervoso entérico (SNE) ou intrínseco.

localizados na medula espinal, provêm as respostas eferentes transmitidas, em grande parte, pelos mesmos nervos. Dos plexos, emergem as fibras pós-sinápticas que vão inervar a musculatura e as glândulas do sistema digestório. Os reflexos mediados deste modo são chamados de *reflexos longos*, uma vez que têm os corpos celulares dos neurônios aferentes localizados no SNC. Se as vias aferentes e eferentes forem do nervo vago, denominam-se *reflexos longos vagovagais* (Figura 59.3).

Quando as vias aferentes dos receptores sensoriais, localizados na parede do sistema digestório, fazem sinapses com corpos celulares de interneurônios dos plexos intramurais, portanto dentro do TGI, trata-se de um *reflexo curto ou intramural*. Dos plexos partem as fibras pós-sinápticas para a musculatura e as glândulas (Figura 59.4).

A Figura 59.5 mostra *a circuitaria neuronal de um reflexo curto peristáltico*. Fibras ascendentes de mecanorreceptores sensoriais, na parede do TGI, fazem sinapses com interneurônios nos plexos intramurais, de onde partem fibras pós-sinápticas eferentes para a musculatura, provocando contração oral e relaxamento distal. A contração é mediada por fibras colinérgicas ou por um neurotransmissor denominado substância P, e o relaxamento, por fibras vipérgicas ou que têm o NO como neurotransmissor. Desta maneira, o conteúdo luminal é segmentado pela contração oral e propelido para o segmento vizinho, distalmente localizado e relaxado. A resposta peristáltica foi primeiramente descrita por Bayliss e Starling. Ela é conhecida como *lei do intestino*.

Resumo

Sistema nervoso entérico

1. *Inervação intrínseca*: plexos ganglionares e aganglionares intercomunicantes. É autônoma, mas modulada pelo SNA, e tem cerca de 10^8 neurônios.
2. *SNA parassimpático*
   Fibras pré-ganglionares eferentes: longas, emergem da medula cefalocaudal via nervos vago e pélvico, respectivamente. *Sinapses*: nos gânglios intramurais.
   Fibras pós-sinápticas eferentes: curtas, dos gânglios intramurais para musculatura, glândulas e ductos do sistema digestório. *Neurônios*: colinérgicos e peptidérgicos. *Neurotransmissores*: acetilcolina (excitatória), substância P, VIP e NO (inibitórios).
   Inervação parassimpática colinérgica: excitatória, aumenta a motilidade, as secreções e o fluxo sanguíneo do sistema digestório.

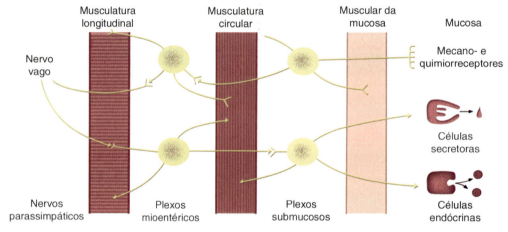

Figura 59.3 ▪ Reflexo longo vagovagal.

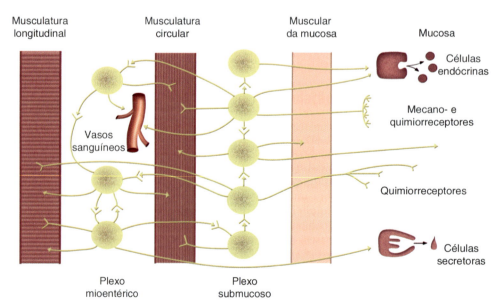

Figura 59.4 ▪ Reflexo curto ou intramural.

Regulação Neuro-Hormonal do Sistema Digestório

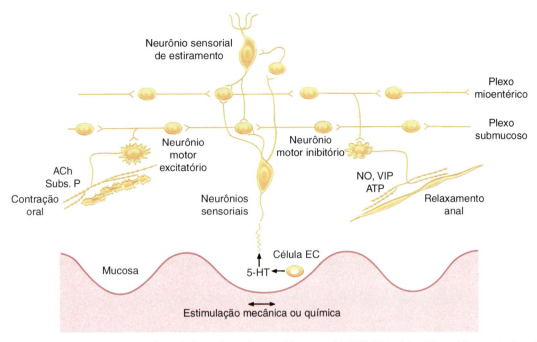

Figura 59.5 ▪ Reflexo curto peristáltico (intramural). *ACh*, acetilcolina; *Subs. P*, substância P (neuropeptídio); *NO*, óxido nítrico; *VIP*, peptídio vasoativo intestinal; *célula EC*, célula enterocromafim.

Inervação parassimpática vipérgica ou mediada pelo NO: inibitória.
Fibras aferentes: 75%, correm junto aos nervos vago e pélvico.
3. **SNA simpático**
Fibras pré-ganglionares eferentes: curtas, emergem da medula toracolombar. *Sinapses*: nos plexos intratorácicos (celíacos) e intra-abdominais (mesentéricos e hipogástricos).
Fibras pós-sinápticas (ou pós-ganglionares) eferentes noradrenérgicas: a maioria termina nos plexos intramurais, algumas nos vasos, outras na muscular da mucosa.
Inervação simpática noradrenérgica: inibitória, reduz a motilidade, causa vasoconstrição e diminui as secreções, secundariamente à vasoconstrição no sistema digestório. *Neurotransmissor*: norepinefrina.
Reflexo longo vagovagal: vias aferentes e eferentes vagais. *Corpo celular* no SNC.
Reflexo curto intramural: *Corpo celular* nos plexos intramurais.

HORMÔNIOS PARÁCRINOS E NEUROTRANSMISSORES DO SISTEMA DIGESTÓRIO

O sistema digestório é regulado tanto por mecanismos neurais intrínsecos, como por mecanismos endócrinos e parácrinos intrínsecos.

As funções do sistema digestório, além de serem reguladas de maneira autônoma pelo SNE, também o são por hormônios e parácrinos sintetizados no próprio TGI. O esquema apresentado na Figura 59.6 ilustra os mecanismos de ação dos hormônios, parácrinos e neurotransmissores do sistema digestório. Os mecanismos regulatórios extrínsecos e intrínsecos atuam em conjunto, coordenando as funções do sistema digestório, conforme esquematizado na Figura 59.7.

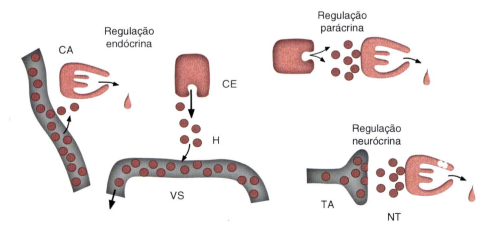

Figura 59.6 ▪ Representação esquemática da regulação endócrina, parácrina e neurócrina do sistema digestório. *CA*, célula-alvo; *CE*, célula endócrina; *H*, hormônio; *NT*, neurotransmissor; *TA*, terminal axônico; *VS*, vaso sanguíneo.

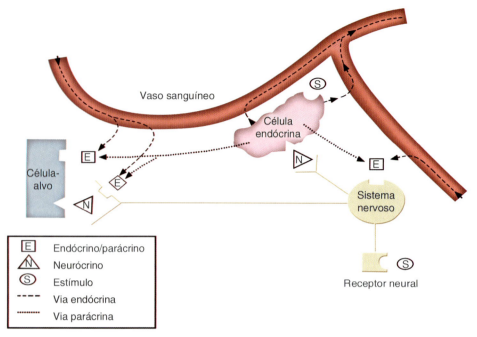

Figura 59.7 ▪ Representação esquemática da interação do sistema nervoso com o endócrino e/ou parácrino, no sistema digestório.

Os neurócrinos (ou neurotransmissores) do sistema digestório são sintetizados nos corpos celulares dos neurônios pré-sinápticos eferentes do SNA, e armazenados em vesículas, nos terminais pré-sinápticos. Em resposta a uma estimulação, quando os potenciais de ação atingem os terminais pré-sinápticos, as vesículas sofrem exocitose na membrana e liberam o neurotransmissor na fenda sináptica. Os neurotransmissores difundem-se na fenda e ligam-se aos receptores específicos dos neurônios pós-sinápticos, ativando canais iônicos, diretamente, ou via segundos mensageiros intracelulares, desencadeando os potenciais excitatórios ou inibitórios pós-sinápticos.

Os neurotransmissores das fibras pré-sinápticas parassimpáticas eferentes do SNA para o sistema digestório são: acetilcolina, óxido nítrico (NO), encefalinas e os peptídios gastrintestinais: peptídio vasoativo intestinal (VIP), substância P, neuropeptídio Y (NPY) e o peptídio liberador de gastrina (PLG) ou bombesina.

A acetilcolina é o neurotransmissor tanto das fibras pré-, como das pós-sinápticas eferentes parassimpáticas e das fibras do SNE. A norepinefrina é o neurotransmissor das fibras pós-sinápticas simpáticas eferentes. As ações e as origens dos neurotransmissores estão resumidas no Quadro 59.1.

Hormônios secretados por células endócrinas do TGI: hormônios gastrintestinais.

Estes hormônios são peptídios sintetizados por células endócrinas isoladas ou agrupadas, que se distribuem na parede do TGI. As células endócrinas não são concentradas em glândulas. Os peptídios hormonais são levados, pela circulação porta, ao fígado e, posteriormente, pela circulação sistêmica, às células-alvo, as quais têm receptores específicos para cada hormônio. As células-alvo localizam-se no próprio sistema digestório. O peptídio inibidor gástrico (GIP) ou peptídio insulinotrópico dependente de glicose age, também, sobre as células β do pâncreas, promovendo a secreção de insulina.

Os neuropeptídios que têm o *status* de hormônios gastrintestinais são: secretina, colecistocinina (CCK), gastrina, peptídio inibidor gástrico (GIP), motilina e somatostatina (esta age como hormônio e parácrino). A secretina e o GIP são polipeptídios estruturalmente similares ao glucagon, e fazem parte da sua família, denominada família da secretina-glucagon. A secretina foi o primeiro hormônio descrito. É sintetizada pelas células S da mucosa do delgado, mais abundantes no duodeno. Sua secreção é estimulada, principalmente, em resposta ao pH ácido do quimo gástrico que alcança o duodeno. Suas ações são várias e sempre no sentido de neutralizar o quimo no delgado; por isso, é chamada de antiácido fisiológico. Suas ações são: (a) estimulação da secreção de HCO_3^- pelas células dos ductos pancreáticos; (b) estimulação da secreção de HCO_3^- pelas células dos ductos biliares; (c) inibição da secreção de HCl pelas células oxínticas gástricas; (d) inibição da secreção de gastrina pelas células gástricas do antro gástrico (células G ou secretoras de gastrina); (e) diminuição do efeito trófico da gastrina sobre a mucosa gástrica; (f) contração do piloro, diminuindo a velocidade de esvaziamento gástrico, e (g) efeito trófico sobre o tecido exócrino do pâncreas (Quadro 59.2).

O GIP (peptídio inibidor gástrico) é secretado por células endócrinas do duodeno e jejuno, em resposta à presença dos produtos da hidrólise dos três macronutrientes – proteínas, gorduras e carboidratos. Os aminoácidos arginina, histidina, leucina, lisina e outros, que não são potentes liberadores de CCK, estimulam a liberação do GIP. As mais importantes ações do GIP sobre o sistema digestório são: (a) decréscimo da velocidade de esvaziamento gástrico, por diminuição da motilidade gástrica, e (b) redução da secreção de HCl gástrico. Entretanto, a principal ação fisiológica do GIP é a estimulação da secreção de insulina pelas células β das ilhotas pancreáticas, na presença de glicose no TGI. Uma carga oral de glicose é utilizada pelas células pancreáticas mais rapidamente que uma carga equivalente de glicose intravenosa, que só estimula a liberação de insulina por sua ação direta sobre as células β.

A molécula de secretina tem 27 aminoácidos; 14 deles idênticos e com as mesmas localizações que os da molécula do glucagon. Todos os 27 aminoácidos da molécula da secretina são necessários para a sua ação fisiológica. O GIP dispõe de 42 aminoácidos; 9 deles semelhantes aos da secretina e 16, aos do glucagon, como mostrado no Quadro 59.3.

Quadro 59.2 ▪ Hormônios gastrintestinais.

Hormônios	Famílias hormonais	Locais de liberação	Estímulos para a secreção	Ações
Gastrina	Gastrina-CCK	Células G antrais e duodenais	Peptídios, aminoácidos PLG, acetilcolina, distensão gástrica	Efeito trófico, mucosa antral Estimulação das células parietais com liberação de HCl
CCK	Gastrina-CCK	Células I do duodeno e jejuno proximal	Produtos da hidrólise lipídica e proteica	Estimulação da secreção de enzimas do pâncreas Contração da vesícula biliar Relaxamento do esfíncter de Oddi Diminuição da velocidade de esvaziamento gástrico Efeito trófico no pâncreas exócrino Potencialização do efeito da secretina
Secretina	Secretina-glucagon	Células S do duodeno e jejuno proximal	pH ácido	Estimulação da secreção de HCO_3^- dos ductos pancreáticos e biliares Inibição das células parietais e G Inibição de efeito trófico da gastrina Diminuição da velocidade de esvaziamento gástrico Efeito trófico no pâncreas exócrino Potencialização do efeito da CCK

Quadro 59.3 ▪ Estrutura dos peptídios da família secretina-glucagon.

Secretina

1	2	3	4	5	6	7	8	9	10	11	12	13	14	15	16	17	18	19	20	21	22	23	24	25	26	27
His	Ser	Asp	Gly	Thr	Phe	Thr	Ser	Glu	Leu	Ser	Arg	Leu	Arg	Asp	Ser	Ala	Arg	Leu	Gln	Arg	Leu	Leu	Gln	Gly	Leu	Val-NH_3

GIP

1	2	3	4	5	6	7	8	9	10	11	12	13	14	15	16	17	18	19	20	21	22	23	24	25	26	27	28	29
Tyr	Ala	Glu	Gly	Thr	Phe	Ile	Ser	Asp	Tyr	Ser	Ile	Ala	Met	Asp	Lys	Ile	Arg	Gln	Gln	Asp	Phe	Val	Asn	Trp	Leu	Leu	Ala	Gln

Glucagon

1	2	3	4	5	6	7	8	9	10	11	12	13	14	15	16	17	18	19	20	21	22	23	24	25	26	27	28	29
His	Ser	Gln	Gly	Thr	Phe	Thr	Ser	Asp	Tyr	Ser	Lys	Tyr	Leu	Asp	Ser	Arg	Arg	Ala	Gln	Asp	Phe	Val	Gln	Trp	Leu	Met	Asp	Thr

A motilina é um peptídio com 22 aminoácidos, não relacionados com as famílias secretina-glucagon ou gastrina-CCK. É secretada por células endócrinas do duodeno e jejuno e, como o nome indica, aumenta a motilidade do TGI. Esse peptídio é correlacionado com o complexo migratório mioelétrico (CMM); tal complexo consiste em surtos de intensa atividade elétrica e motora da musculatura lisa do estômago e delgado, que ocorre nos períodos interdigestivos, com periodicidade de 90 min. A secreção de motilina é realizada em fase com o CMM, entretanto não se conhece o estímulo que desencadeia sua secreção, a qual parece depender de uma via neural colinérgica excitatória.

A gastrina e a CCK fazem parte da mesma família hormonal – a família gastrina-CCK. A gastrina é sintetizada e liberada, predominantemente, pelas células G localizadas na região antral do estômago e, em menor extensão, na mucosa duodenal. Os principais estímulos para a sua liberação são os produtos da digestão proteica, peptídios pequenos e aminoácidos; os mais potentes são a fenilalanina e o triptofano. A estimulação vagal também promove a secreção de gastrina pelas células G do antro, e o peptídio liberador de gastrina (PLG) é o neurotransmissor envolvido. Reflexos intramurais também estimulam a secreção das células G; aqui o neurotransmissor é a acetilcolina. A secreção de gastrina é altamente estimulada pelo quimo contido no estômago, tanto por processo químico como mecânico, por causa da distensão da parede gástrica. Outras substâncias que estimulam a secreção de gastrina são: Ca^{2+}, café descafeinado e vinho. O álcool puro ou na mesma concentração encontrada no vinho não tem efeito direto sobre a liberação de gastrina, embora estimule as células oxínticas a liberarem HCl.

A liberação de gastrina é inibida por valores de pH intragástrico menores que 3,0, o que representa um mecanismo de retroalimentação negativa, mediado pela somatostatina, impedindo que o pH intragástrico atinja valores muito baixos. As principais ações da gastrina são: (a) efeito trófico sobre a mucosa gástrica e (b) estimulação das células parietais ou oxínticas a liberarem HCl.

Há dois tipos de gastrina. O primeiro corresponde a um heptapeptídio, com 17 aminoácidos, conhecido como G_{17} ou *gastrina pequena*, secretado em resposta a uma refeição; corresponde a cerca de 90% da gastrina detectada no antro. O segundo tem 34 aminoácidos, denominado G_{34} ou *gastrina grande*, e é predominantemente secretado nos períodos interdigestivos. Constitui a forma principal de gastrina detectada no plasma durante o jejum. As duas gastrinas são moléculas com vias biossintéticas distintas, uma não sendo dímero ou originária da outra. A molécula da gastrina tem um tetrapeptídio no terminal C da molécula – o menor fragmento necessário para as suas ações fisiológicas – e dispõe, porém, de apenas 1/6 da atividade do polipeptídio total. Quando o aminoácido tirosina na posição 12 da gastrina pequena estiver sulfatado, a gastrina será do tipo I; caso contrário, do tipo II. Ambos os tipos ocorrem com igual frequência e são equipotentes.

A CCK tem 33 aminoácidos estruturalmente relacionados com a molécula da gastrina. Os 5 últimos aminoácidos do terminal C são idênticos aos da gastrina. A CCK, como a gastrina, tem 4 aminoácidos necessários para a ação mínima da gastrina. Por este motivo, a CCK tem alguma atividade similar à da gastrina. O hexapeptídio do terminal C da CCK é o menor fragmento para a atividade mínima do hormônio. A localização do aminoácido tirosina no terminal C é a característica que determina se o peptídio funciona como gastrina, estimulando a secreção de HCl pelas células oxínticas, ou como CCK, contraindo a vesícula biliar. O resíduo tirosina da gastrina localiza-se na posição 6 do terminal C, enquanto na CCK ele se situa na posição 7. Na molécula de CCK, este resíduo é sulfatado; a sulfatação é essencial para a ação fisiológica da CCK, que passa a agir como gastrina do tipo I.

A CCK é secretada por células denominadas I, do delgado, em resposta à presença dos produtos da hidrólise lipídica e proteica neste local. Suas ações são: (a) estimulação da secreção enzimática das células acinares do pâncreas; (b) contração do piloro, que promove diminuição da velocidade de esvaziamento gástrico; (c) contração da musculatura lisa da vesícula biliar, que provoca secreção de bile para o duodeno; (d) relaxamento do esfíncter de Oddi, que propicia a liberação da bile vesicular para o duodeno (Quadro 59.4).

▶ Candidatos a hormônios

Os candidatos a hormônios são peptídios liberados de células endócrinas do sistema digestório, que não preenchem os critérios necessários para serem considerados hormônios. São descritos dois peptídios gastrintestinais nestas condições: o polipeptídio pancreático (PP) e o enteroglucagon. A entero-oxintina é também uma substância que poderia ser classificada como candidata a hormônio; sua ação tem sido descrita em cães.

O polipeptídio pancreático tem 36 aminoácidos; é secretado pelo pâncreas em resposta aos produtos da hidrólise dos macronutrientes, predominantemente os produtos de hidrólise proteica. O PP inibe as secreções de enzimas e de HCO_3^- do pâncreas.

O enteroglucagon é encontrado no íleo, em resposta à presença de glicose e gordura. Sua ação não é conhecida. Vale citar que o glucagon produzido nas ilhotas pancreáticas tem efeitos sobre o sistema digestório similares aos da secretina (como inibição da secreção ácida gástrica e elevação do fluxo nos ductos biliares), entretanto estes efeitos não são observados em concentrações fisiológicas do hormônio.

A entero-oxintina, que parece ser liberada no delgado proximal, estimula a secreção ácida gástrica.

▶ Parácrinos gastrintestinais

Os parácrinos são sintetizados por células endócrinas localizadas próximas das células-alvo, alcançando-as por difusão através do fluido intersticial ou pela circulação capilar. Os dois parácrinos importantes no sistema digestório são: histamina e somatostatina.

A histamina é secretada por células enterocromafins do estômago, principalmente na região oxíntica. As células parietais têm receptores, nomeados H2, para este parácrino. A histamina estimula a secreção de HCl.

A somatostatina é sintetizada por células, denominadas D, tanto da mucosa gástrica como do delgado. No estômago, ela inibe a secreção de HCl pelas células oxínticas, as quais têm receptores específicos para este parácrino. A somatostatina é liberada quando a concentração hidrogeniônica do lúmen gástrico eleva-se, correspondendo a valores de pH menores que 3,0. Ela inibe diretamente as células G antrais, secretoras de gastrina. A estimulação vagal colinérgica inibe as células secretoras de somatostatina, liberando as células G da sua ação inibitória sobre a secreção de gastrina. A somatostatina age, também, como parácrino sobre as ilhotas do pâncreas, inibindo a secreção de insulina e de glucagon.

A somatostatina foi isolada, primeiramente, do hipotálamo, no qual ela age como fator inibidor da liberação do hormônio de crescimento (GHRIF). De um modo geral, a somatostatina inibe a liberação de todos os hormônios peptídicos.

Resumo

Hormônios, parácrinos e neurotransmissores do sistema digestório

1. *Neurócrinos (neurotransmissores), hormônios, candidatos a hormônios e parácrinos*: regulam as funções do sistema digestório. Os hormônios, os candidatos a hormônios, os parácrinos do sistema digestório e o SNI exercem regulação intrínseca das funções do sistema digestório.
2. *Neurócrinos ou neurotransmissores (NT)*: são secretados pelos terminais de neurônios pré-sinápticos, sendo liberados nas fendas sinápticas e, após interagirem com receptores específicos dos neurônios pós-sinápticos, ativam direta ou indiretamente canais iônicos, o que gera potenciais pós-sinápticos excitatórios ou inibitórios. Os NT mais importantes do sistema digestório são: acetilcolina (ACh), norepinefrina (NE), óxido nítrico (NO), encefalinas e neuropeptídios: vasoativo intestinal (VIP), liberador de gastrina (PLG), substância P e neuropeptídio Y (NPY).
    ACh: NT parassimpático do SNA e do SNI – age, em geral, estimulando a motilidade e as secreções, assim como causa vasodilatação no sistema digestório.
    NE: NT das fibras simpáticas do SNA – diminui, em geral, a motilidade e as secreções, secundariamente à vasoconstrição no sistema digestório.

Quadro 59.4 ▪ Estrutura dos peptídios da família da gastrina-CCK.

Gastrina pequena

1	2	3	4	5	6-10	11	12	13	14	15	16	17
Glp-	Gly-	Pro-	Trp-	Leu-	(Glu)₅-	Ala-	Try-	Gly-	Trp-	Met-	Asp-	Phe -NH₂

R

Gastrina tipo I: R = H
Gastrina tipo II: R = SO₃H
O resíduo na posição 1 é um pteroilglutâmico

CCK

| 1 | 2 | 3 | 4 | 5 | 6 | 7 | 8 | 9 | 10 | 11 | 12 | 13 | 14 | 15 | 16 | 17 | 18 | 19 | 20 | 21 | 22 | 23 | 24 | 25 | 26 | 27 | 28 | 29 | 30 | 31 | 32 | 33 |

Lys-Ala-Pro-Ser-Gly-Arg-Val-Ser-Met-Ile-Lys-Asn-Leu-Gln-Ser-Leu-Asp-Pro-Ser-His-Arg-Ile-Ser-Asp-Arg-Asp- Tyr-Met-Gly-Trp-Met-Asp-Phe -NH₂

SO₃

Os retângulos indicam os fragmentos ativos das moléculas.

NO e encefalinas: agem, em geral, como NT que ativam respostas inibitórias.

VIP: NT de fibras parassimpáticas – age, em geral, como inibidor da motilidade e eleva a secreção do pâncreas exócrino.

PLG: NT de fibras vagais – estimulam a secreção das células G antrais, secretoras de gastrina.

Substância P: NT parassimpático – estimula a secreção salivar, agindo em receptores das células acinares, e inibe a motilidade do TGI.

NPY: produz relaxamento da musculatura lisa do TGI e reduz processos de secreção intestinal.

3. *Hormônios do sistema digestório*: sintetizados por células ou grupos de células endócrinas da parede do sistema digestório; após serem levados ao fígado pela circulação porta, atingem as células-alvo localizadas no próprio sistema digestório, via circulação sistêmica. São apenas 5 peptídios que têm *status* de hormônio: gastrina, colecistocinina (CCK), secretina, peptídio inibidor gástrico (GIP) e motilina.

Gastrina e CCK: são peptídios de uma mesma família hormonal (família gastrina-CCK), apresentando um tetrapeptídio no terminal C, que representa o fragmento ativo do peptídio.

Gastrina: há várias isoformas – gastrina pequena (G_{17}) e gastrina grande (G_{34}). A G_{17} é liberada durante o processo digestivo e a G_{34} nos períodos interdigestivos. O resíduo tirosina na posição 12, quando sulfatado, forma a GII, que não difere funcionalmente da GI, a qual não é sulfatada. A GII tem funções semelhantes às da CCK, cujo grupo tirosina na posição 27 é sulfatado. *Secreção*: células G do antro gástrico e células do duodeno (em menor número). *Estímulos*: principalmente, a chegada do quimo ao estômago, não só por distensão de sua parede, como também pela ação de peptídios e aminoácidos, principalmente fenilalanina e triptofano. *Funções*: estimula a secreção de HCl, tendo receptores nas células parietais. Apresenta efeito trófico, principalmente sobre a região oxíntica do estômago.

CCK: tem 34 aminoácidos. *Secreção*: células I do duodeno e jejuno. *Estímulos*: produtos da hidrólise lipídica e proteica. *Funções*: estimula a secreção enzimática do pâncreas, contrai a vesícula biliar, relaxa o esfíncter de Oddi, retarda o esvaziamento gástrico, tem efeito trófico sobre o pâncreas exócrino e potencializa a ação da secretina.

Secretina: faz parte, junto com o GIP, da família secretina-glucagon. Tem 27 aminoácidos, cuja sequência mostra grande homologia com a do glucagon e do GIP. Todos os aminoácidos são importantes para suas ações fisiológicas. *Secreção*: células S do duodeno e jejuno proximal. *Estímulo*: concentração hidrogeniônica do quimo proveniente do estômago. *Funções*: antiácidas, aumenta a secreção de bicarbonato do pâncreas e dos ductos biliares, Inibe a secreção de HCl, agindo nas células oxínticas e G – diminuindo a secreção de gastrina, retarda o esvaziamento gástrico, inibe o efeito trófico da gastrina, tem efeito trófico sobre o pâncreas exócrino e potencializa a ação da CCK.

GIP: tem 42 aminoácidos. *Secreção*: células endócrinas do delgado. *Estímulo*: produtos da hidrólise de todos os macronutrientes. *Funções no sistema digestório*: reduz a secreção e a motilidade gástrica. Eleva a secreção de insulina das células β das ilhotas do pâncreas endócrino.

Motilina: tem 22 aminoácidos. *Secreção*: delgado; é secretada em fase com o CMM (complexo migratório mioelétrico). *Função*: aumenta a motilidade do TGI.

4. *Candidatos a hormônios*: polipeptídio pancreático (PP), enteroglucagon e entero-oxintina.

PP: tem 36 aminoácidos. *Secreção*: pâncreas. *Estímulos*: principalmente, glicose. *Funções*: diminui a secreção de bicarbonato e de enzimas do pâncreas exócrino.

Enteroglucagon: *Secreção*: íleo. *Estímulos*: produtos da hidrólise lipídica e de carboidratos. *Função*: desconhecida.

Entero-oxintina: *Secreção*: duodeno e jejuno. *Estímulos*: desconhecidos. *Função*: eleva a secreção de HCl gástrico por via desconhecida.

5. *Parácrinos do sistema digestório*: secretados por células endócrinas, atingindo as células-alvo nas suas proximidades, via difusão no interstício ou por circulação capilar. Dois principais – histamina e somatostatina.

Histamina: *Secreção*: células enterocromafins do estômago, na região oxíntica. *Estímulo*: chegada do quimo ao estômago. *Funções*: inibe a secreção de HCl nas células oxínticas, através dos receptores H2, potencializa a ação da acetilcolina e da gastrina.

Somatostatina: *Secreção*: células D do estômago. *Estímulos*: pH intragástrico menor que 3,0. *Funções*: inibe as células G, secretoras de gastrina, agindo como reguladora do pH intragástrico. Neurônios colinérgicos vagais inibem as células D e o efeito da somatostatina sobre as células G.

BIBLIOGRAFIA

BERNE RM, LEVY MN. *Physiology*. 3. ed. Mosby Inc., St. Louis, 1993.

BERNE RM, LEVY MN, KOEPPEN BM et al. *Physiology*. 4. ed. Mosby Inc., St. Louis, 2004.

BORON WF, BOULPAEP EL. *Medical Physiology*. W.B. Saunders Co., Philadelphia, 2003.

BORON WF, BOULPAEP EL. *Medical Physiology*. W.B. Saunders Co., Philadelphia, 2005.

JOHNSON LR. Gastrointestinal physiology. *The Mosby Physiology Monograph Series*. 6. ed., 2001.

JOHNSON LR (Ed.). *Physiology of Gastrintestinal Tract*. 3. ed. Raven, New York, 1997.

Capítulo 60
Motilidade do Sistema Digestório

Sonia Malheiros Lopes Sanioto

- Introdução, *934*
- Mastigação, *936*
- Deglutição, *936*
- Motilidade gástrica, *939*
- Motilidade do intestino delgado, *946*
- Motilidade do cólon e defecação, *949*
- Bibliografia, *952*

INTRODUÇÃO

A musculatura lisa visceral unitária é um sincício.

A motilidade é efetuada pela musculatura da parede do trato gastrintestinal (TGI). Esse mecanismo propicia a mistura dos alimentos com as secreções luminais e o seu contato com a mucosa de revestimento interna do trato, otimizando os processos de digestão e absorção intestinal. Além disso, a motilidade garante, também, a propulsão cefalocaudal dos nutrientes e a excreção fecal.

Musculatura lisa é encontrada em quase todo o TGI, com exceção de cavidade oral, faringe, terço superior do esôfago e esfíncter anal externo, que têm musculatura estriada inervada por motoneurônios não autônomos. A musculatura do TGI restante é denominada *musculatura lisa visceral unitária*, porque suas fibras intercomunicam-se por junções intercelulares de baixa resistência elétrica, representadas pelos canais das *gap-junctions* que acoplam eletricamente as células. Estes canais, além de permitirem a passagem passiva (ou eletrotônica) de corrente de íons, permitem a passagem, de uma célula à outra, de moléculas com até 1.300 Da. Assim, pode haver passagem de segundos mensageiros intracelulares através dos canais das *gap-junctions*, como o AMP cíclico e os inositóis-fosfato.

As fibras musculares lisas formam feixes (*faciae*) que contêm centenas de fibras, envoltas por tecido conjuntivo. Estes feixes são inervados por um único neurônio, que dispõe de variculosidades ao longo do axônio, de onde os neurotransmissores são liberados. Um feixe e o neurônio que o inerva formam uma *unidade motora* (Figura 60.1). Os neurotransmissores ativam as fibras musculares mais próximas a eles, mas a excitação é conduzida a todas as células do feixe pelos canais das *gap-junctions*, permitindo que as fibras se contraiam simultaneamente. Portanto, a musculatura lisa visceral é um sincício morfológico e funcional e, por isso, chamada de unitária.

A fibra muscular lisa é bem menor que a estriada, não tem sarcômeros, e a relação actina/miosina é de 12 a 18.

As fibras musculares lisas do TGI apresentam comprimentos entre 50 e 200 mm e diâmetros de 4 a 10 μm, com uma relação superfície/volume superior à das fibras musculares estriadas. Ao contrário destas, não mostram os miofilamentos organizados em sarcômeros, mas sim formando uma rede disposta obliquamente nas células e ligada ao citoesqueleto. Quando se contraem, distribuem a tensão por toda a célula. A relação actina/miosina é de 12 a 18, enquanto, na musculatura estriada, é 2. O retículo sarcoplasmático nas fibras musculares lisas tem pouco desenvolvimento, e o sistema de túbulos transversos inexiste (Figura 60.2).

As fibras da musculatura circular, além de serem mais ricamente inervadas, dispõem de maior número de *gap-junctions* intercelulares do que as da musculatura longitudinal.

Contrações fásicas periódicas e tônicas, ou mantidas, na musculatura lisa do TGI.

Há dois tipos básicos de contração na musculatura lisa do TGI: a *contração fásica*, em que contrações e relaxamentos são periódicos e ocorrem em poucos segundos ou minutos, e a *tônica*, mantida ou sustentada, em que a musculatura mantém-se tonicamente contraída por minutos ou horas, constituindo o que se denomina "tônus". As musculaturas que se contraem fasicamente são as do corpo do esôfago, do corpo e antro do estômago, além daquelas dos intestinos delgado e grosso; e as que sofrem contração tonicamente são as musculaturas dos esfíncteres e da porção fúndica do estômago.

O acoplamento excitação-contração na musculatura lisa visceral depende do influxo de Ca²⁺ do meio extracelular.

Como nos músculos estriados esqueléticos e cardíaco, nos viscerais fásicos o nível de Ca^{2+} intracelular determina o fenômeno contrátil e o acoplamento entre a excitação neural e a contração mecânica. A elevação da concentração citosólica de Ca^{2+}, que desencadeia o fenômeno contrátil, resulta da ativação de canais para Ca^{2+} dependentes de voltagem, em resposta à despolarização do sarcolema. O Ca^{2+} provém do meio extracelular, estando acumulado nos cavéolos do sarcolema. O crescimento da concentração citosólica de Ca^{2+}, dos níveis de

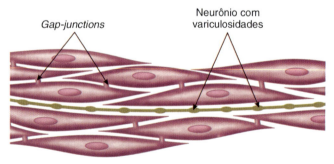

Figura 60.1 • Feixe de fibras musculares lisas com os denominados néxus, regiões das *gap-junctions* intercelulares que acoplam eletricamente as células do feixe. Note que o neurônio apresenta variculosidades, que são as regiões de liberação dos neurotransmissores. O feixe e o neurônio que o inerva formam uma unidade motora.

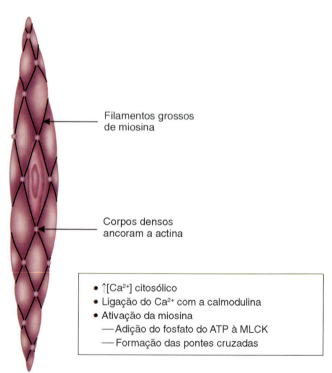

Figura 60.2 • Esquema de uma fibra muscular lisa e resumo do acoplamento entre excitação e contração, em uma fibra de contração fásica. *ATP*, trifosfato de adenosina; *MLCK*, cadeia leve de miosinoquinase. Explicação no texto.

repouso (10^{-7} M) para os de excitação máxima (10^{-6} até 10^{-5}), desencadeia a contração.

O Ca^{2+} aumentado no citosol liga-se à calmodulina e ativa uma cadeia leve da miosinoquinase (MLCK). A transferência do grupo fosforil, resultante da hidrólise do ATP, à miosina ativa-a e propicia sua interação com a actina, formando o complexo actomiosina e desenvolvendo tensão ou contração. Cessada a excitação, a concentração citosólica de Ca^{2+} diminui, por bombeamento deste íon para fora da célula, por uma Ca^{2+}-ATPase e pelo contratransportador Ca^{2+}/Na^+, ambos localizados no sarcolema. Com isto, cessa a atividade da miosinoquinase, e uma fosfatase remove o grupo fosforil da miosina, desfazendo o complexo actomiosina e provocando a queda de tensão ou o relaxamento muscular (ver Figura 60.2).

Nos músculos lisos de contração tônica, a origem do Ca^{2+} intracelular e o mecanismo de acoplamento excitação/contração não estão bem esclarecidos.

A contração das fibras musculares lisas é rítmica e determinada pelas regiões de marca-passo, que são grupos de células intersticiais de Cajal.

O potencial elétrico do sarcolema da fibra muscular lisa visceral não é estável, embora medidas feitas em músculos geneticamente alterados indiquem que o "potencial de repouso" varia entre –40 e –58 mV, lado interno da célula negativo. Este potencial pode ser representado por:

$$V_e - V_c = -V_m$$

em que V_e = potencial extracelular, V_c = potencial intracelular e V_m = potencial de membrana.

A magnitude da diferença de potencial de membrana é inferior à que existe através do sarcolema das fibras musculares estriadas, consequentemente a uma menor razão entre as permeabilidades a K^+ e a Na^+.

O potencial de membrana das fibras lisas viscerais sofre oscilações ou despolarizações sublimiares, as denominadas *ondas lentas*, que têm frequência típica para cada região do TGI, determinada nas *regiões de marca-passo*. Estas regiões, na parede muscular do TGI, são formadas por células com características de miofibroblastos, indiferenciadas, e de fibras musculares lisas diferenciadas; em conjunto, tais fibras são chamadas de *fibras intersticiais de Cajal (FICj)*. As FICj comunicam-se entre si e com as fibras musculares lisas vizinhas da parede do TGI por *gap-junctions*, o que propicia a propagação da excitação por toda a musculatura. Assim, as fibras musculares lisas desenvolvem ondas lentas, com frequências determinadas pelos marca-passos característicos de cada região do TGI, originando o denominado *ritmo elétrico basal (REB)*. O REB do estômago é de 3 ondas/min; o do duodeno, 12/min; e o do íleo, 9 a 8/min.

Uma representação esquemática das ondas lentas é fornecida na Figura 60.3. Estas são despolarizações sublimiares do sarcolema, resultantes da variação do potencial de membrana de cerca de 10 mV. Contrações da musculatura ocorrem em fase com as ondas lentas, desde que as despolarizações alcancem o que se conhece por *limiar contrátil* da fibra. As amplitudes das contrações são proporcionais às das ondas lentas. As contrações que ocorrem em fase com as ondas lentas resultam da ativação de canais para Na^+, K^+ e Ca^{2+} dependentes de voltagem, do sarcolema. O Ca^{2+}, penetrando as fibras, acopla a excitação ao fenômeno contrátil.

Se a despolarização é de maior amplitude, alcança-se o *limiar elétrico* da fibra e surgem potenciais de ação nas cristas das ondas lentas. Quando isso acontece, a amplitude das contrações depende da frequência dos potenciais de ação nas cristas das ondas lentas. Como a contração das fibras musculares lisas é lenta, ocorre somação temporal das contrações em resposta a um conjunto de potenciais de ação.

O potencial de ação das fibras musculares lisas viscerais é muito mais lento que o das fibras musculares estriadas. Sua duração é de 10 a 20 ms e não apresenta *overshoot*. Na despolarização, temos ativação dos canais para Na^+ e Ca^{2+} (canais lentos), dependentes de voltagem. Na repolarização, há redução das condutâncias a Na^+ e a Ca^{2+}, além de aumento da condutância a K^+ (canais lentos). Entre os potenciais de ação, a tensão da fibra muscular não retorna à linha de base, havendo sempre uma contração mantida (tônus).

O sistema nervoso autônomo (SNA) e o sistema nervoso entérico (SNE) regulam a amplitude das ondas lentas e podem, também, alterar a frequência não só dessas ondas lentas, como ainda dos potenciais de ação que se dão nos picos de tais ondas. Portanto, a força contrátil e a frequência do REB são reguladas pelo SNA e pelo SNE. Em geral, estimulação noradrenérgica diminui a amplitude das contrações, podendo mesmo aboli-las. A estimulação colinérgica aumenta tanto a amplitude das ondas lentas como a frequência dos potenciais de ação e, portanto, a força contrátil.

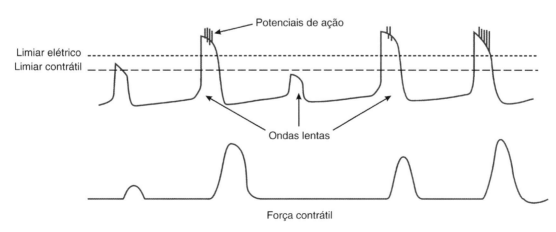

Figura 60.3 ▪ Esquema que indica as ondas lentas (ou REB) em fase com as contrações, e os potenciais de ação nas cristas das ondas lentas.

> **Resumo**
>
> **Musculatura do TGI**
> 1. *Músculo liso visceral em todo o TGI* com exceção da boca, faringe, terço superior do esôfago e esfíncter anal externo.
> 2. *Musculatura lisa visceral unitária*: sincício funcional e anatômico por transmissão elétrica da excitação via *gap-junctions* (acoplamento elétrico entre as fibras).
> 3. *Feixes ou faciae*: centenas de fibras inervadas por um neurônio – unidade motora.
> 4. *Contração fásica*: rápida (s a min) – corpo do esôfago e estômago, antro gástrico e delgado.
> 5. *Contração tônica*: mantida (min a h) – fundo gástrico e esfíncteres (tônus).
> 6. *Acoplamento excitação-contração*: via Ca^{2+} extracelular.
> 7. *Ondas lentas*: despolarizações, em fase com as contrações após o limiar contrátil da fibra.
> 8. *REB (ritmo elétrico basal)*: determinado nas regiões de marca-passo (fibras intersticiais de Cajal).
> 9. *Potencial de membrana (V_m) das fibras musculares viscerais*: instável.
> 10. *Potenciais de ação*: aparecem na crista das ondas lentas, quando é atingido o limiar elétrico; são lentos e sem *overshoot*.
> 11. *Intensidade das contrações*: proporcionais à amplitude das ondas lentas e à frequência dos potenciais de ação. Tanto o SNE como o SNA regulam a amplitude das ondas lentas e a frequência dos potenciais de ação. A estimulação colinérgica eleva a força contrátil; a noradrenérgica a diminui.

MASTIGAÇÃO

Os padrões motores são específicos nas várias regiões do TGI; na cavidade oral, o alimento é reduzido a pequenas porções pelos dentes e lubrificado pela saliva.

A mastigação reduz o alimento a partículas com alguns cm^3 e as mistura com o muco secretado pelas glândulas salivares, lubrificando tais partículas. A redução dos alimentos a pequenas partículas não interfere no processo digestivo posterior; ela facilita a deglutição, que se torna mais fácil pela lubrificação das partículas alimentares. Muitos animais, como cães e gatos, deglutem pedaços grandes de alimentos, mastigando-os apenas para permitir sua passagem pela faringe. Durante a mastigação, a mistura do alimento com a saliva inicia o processo de hidrólise dos carboidratos pela α-amilase salivar.

A presença do alimento na cavidade oral estimula químio e mecanorreceptores. Estes desencadeiam reflexos que são conduzidos ao sistema nervoso central (SNC) e que coordenam os músculos mastigatórios, tornando a mastigação um ato reflexo; entretanto, a mastigação pode, ainda, ser voluntária e sobrepor-se, a qualquer momento, ao ato reflexo. A estimulação de quimiorreceptores e de mecanorreceptores da cavidade oral também desencadeia respostas reflexas, que estimulam as secreções salivar, gástrica e pancreática, como será analisado oportunamente.

DEGLUTIÇÃO

A deglutição é um ato parcialmente voluntário e parcialmente reflexo, coordenado pelo SNC e pelo SNE, ocorrendo em frações de segundo.

A deglutição é simplesmente a passagem do bolo alimentar da boca para o estômago, através do esôfago. Trata-se de um ato parcialmente voluntário e parcialmente reflexo, que ocorre em frações de segundo.

O esôfago é um tubo muscular, com cerca de 15 cm de comprimento, que se estende da orofaringe até o estômago, atravessando o tórax e penetrando no abdome pelo hiato diafragmático. No seu terço superior ou proximal, a musculatura é estriada, havendo, logo abaixo desta região, uma transição entre musculatura estriada e lisa, que se transforma em lisa ao longo dos restantes dois terços distais do esôfago.

Na porção superior, o esôfago comunica-se com a orofaringe, pelo *esfíncter esofágico superior (EES) ou cricofaríngeo*, um espessamento da musculatura estriada do músculo de mesmo nome. Na porção inferior, subdiafragmática, o esôfago comunica-se com o estômago através do *esfíncter esofágico inferior (EEI)*, cuja musculatura é lisa. O EES é considerado um esfíncter anatômico e fisiológico, enquanto o EEI, um esfíncter fisiológico, ou seja, apenas um pequeno anel da musculatura, de 1 a 2 cm de comprimento, com pressão aumentada.

Nos períodos interdigestivos, o esôfago é flácido e a pressão interna na sua porção torácica é igual à torácica (*i. e.*, subatmosférica), com exceção da região do EES, apresentando pequenas variações em fase com os movimentos respiratórios. A pressão no EES é de cerca de 40 mmHg superior àquela no esôfago torácico e a do EEI, aproximadamente 30 mmHg superior.

Como as pressões de repouso dos dois esfíncteres são superiores à pressão no esôfago torácico durante os períodos interdigestivos, os esfíncteres funcionam como barreira, prevenindo, na porção cefálica, a entrada de ar para o interior do esôfago e, na porção distal, o refluxo gástrico. Tal prevenção evita desconforto intraesofágico e esofagite, respectivamente nas porções proximais e distais do esôfago. Assim, este órgão, além de servir de conduto para o bolo alimentar na sua progressão da cavidade oral para o estômago, durante o processo de deglutição, funciona como uma barreira nos períodos interdigestivos.

A fase reflexa da deglutição é coordenada pelo centro da deglutição, localizado no bulbo e porção posterior da ponte, no tronco cerebral. Esta fase compreende uma sequência ordenada de eventos, que propelem o bolo alimentar da orofaringe ao estômago, com inibição da respiração, o que previne a entrada de alimentos para a traqueia. As vias sensoriais aferentes para o reflexo partem de receptores tácteis (somatossensoriais, situados na orofaringe) e alcançam o centro da deglutição principalmente pelos nervos vago e glossofaríngeo. As vias eferentes para a musculatura estriada da orofaringe e do esôfago proximal são fibras vagais motoras e, para o restante do esôfago, fibras vagais viscerais.

Costuma-se analisar o processo da deglutição em fases. Estas são: a fase oral (voluntária), a faríngea e a esofágica (reflexas), como ilustrado na Figura 60.4.

A *fase oral* é voluntária e se inicia com a ingestão do alimento. Pressiona-se o bolo alimentar pela ponta da língua contra o palato duro e ele é propelido, também pela língua, em direção à orofaringe contra o palato mole. Nesta região, tal bolo estimula receptores somatossensoriais da orofaringe e começa a fase faríngea da deglutição. A *fase faríngea* é totalmente reflexa. A seguinte sequência de eventos ocorre em menos de 1 s. (a) Elevação do palato mole em direção à nasofaringe; as dobras palatofaríngeas impedem a entrada alimentar na nasofaringe. (b) As cordas vocais da laringe mantêm-se juntas, o que eleva a epiglote, ocluindo a abertura da laringe, prevenindo assim a entrada de alimento para a traqueia. (c) Simultaneamente, a respiração se inibe e o bolo alimentar é

Motilidade do Sistema Digestório   937

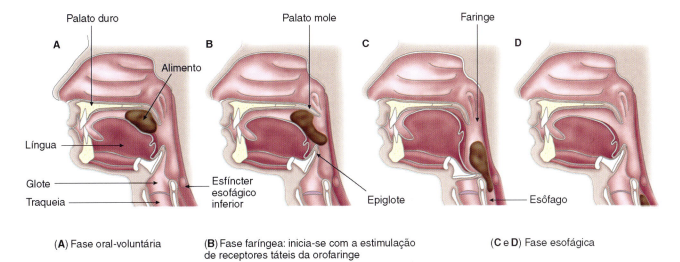

(A) Fase oral-voluntária

(B) Fase faríngea: inicia-se com a estimulação de receptores táteis da orofaringe

(C e D) Fase esofágica

Figura 60.4 ▪ Fases da deglutição: oral (A), faríngea (B) e esofágica (C e D).

propelido ao longo da faringe por uma onda peristáltica iniciada nos músculos constritores superiores, que se propaga para os constritores médios e inferiores da faringe. (d) À frente desta onda peristáltica, o EES relaxa-se, permitindo que o bolo entre no esôfago. Como já dito, todas estas fases duram menos de 1 s.

Após a passagem do bolo alimentar para o esôfago, o EES contrai-se e começa a *fase esofágica* da deglutição. Inicia-se uma onda peristáltica primária, que percorre o esôfago, relaxando o EEI à sua frente, permitindo a passagem do bolo para o estômago. Esta é a *onda peristáltica primária*, que percorre o esôfago com uma velocidade de 1 a 3 cm/s, levando cerca de 5 a 10 s para atingir o EEI e propelindo o bolo alimentar à sua frente; ela é regulada pelo centro da deglutição e por reflexos intramurais. Caso tal onda não consiga esvaziar completamente o esôfago, surge uma *onda peristáltica secundária*, em resposta à distensão da parede do esôfago, que se propaga da região distendida para as regiões mais distais do esôfago; esta segunda onda é totalmente coordenada pelo SNE da parede do esôfago.

Na Figura 60.5, existem os registros de pressão na faringe e no esôfago, obtidos por meio de uma sonda introduzida no esôfago contendo sensores de pressão. À direita, são mostradas as pressões de repouso nos períodos interdigestivos. As pressões intraesofágicas de repouso são iguais às intratorácicas, representadas pelo nível zero, com exceção das pressões de 40 mmHg do EES e de 30 mmHg do EEI. Durante a deglutição, podem-se acompanhar as alterações transientes de pressão ao longo do esôfago, refletindo as contrações, desde o EES até o EEI.

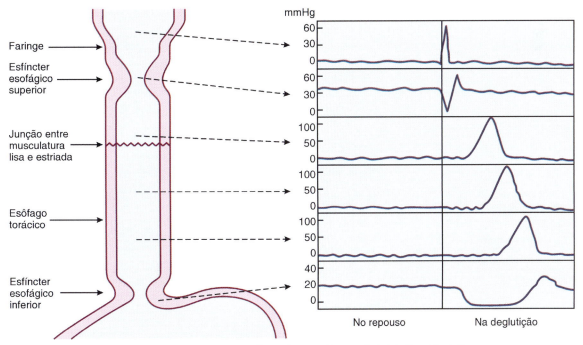

Figura 60.5 ▪ Registro das pressões intraesofágicas durante o jejum e a deglutição. Descrição da figura no texto.

Simultaneamente ao relaxamento do EEI, a porção proximal do estômago (denominada fundo) também relaxa, permitindo que o bolo alimentar penetre no estômago. Este relaxamento do fundo gástrico, que persiste durante a deglutição, é designado *relaxamento receptivo*; tal relaxamento permite a acomodação do bolo alimentar no estômago sem elevar a pressão intragástrica.

A regulação neural da deglutição é efetuada pelo centro da deglutição no tronco cerebral e depende da integridade do SNE do esôfago.

Impulsos aferentes se originam do esôfago e atingem o centro de deglutição, principalmente pelos nervos vago e glossofaríngeo. O centro da deglutição localiza-se no bulbo e porção inferior da ponte, no tronco cerebral; tem três núcleos: não vagal, ambíguo e motor dorsal do vago. Destes núcleos, partem os nervos motores eferentes para o esôfago, inervando a musculatura estriada, via fibras vagais somáticas, e a musculatura lisa e seus plexos intramurais, via fibras vagais viscerais.

Os plexos intramurais intercomunicam-se, coordenando a atividade motora do esôfago.

Fibras eferentes para a faringe e o esôfago têm origem nos núcleos dos nervos facial, hipoglosso e trigêmeo (Figura 60.6).

A contração tônica do EEI é regulada pelos nervos vagos e por fibras simpáticas. A inervação vagal excitatória é efetuada por fibras colinérgicas, e a inibitória, por fibras vipérgicas ou tendo o óxido nítrico como neurotransmissor. Assim, quando a onda peristáltica atinge o EEI, este se relaxa por estimulação das fibras vagais inibitórias (FVI), que disparam potenciais de ação com frequência aumentada. Simultaneamente, as fibras vagais excitatórias (FVE) colinérgicas estão quiescentes (Figura 60.7).

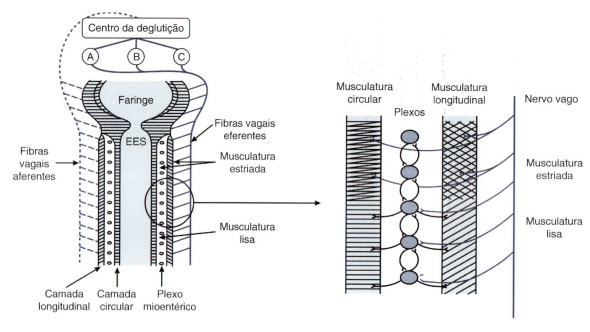

Figura 60.6 ▪ Controle neural das fases faríngea e esofágica da deglutição.

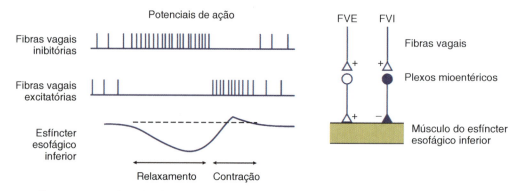

Figura 60.7 ▪ Regulação do esfíncter esofágico inferior. *FVE*, fibras vagais excitatórias; *FVI*, fibras vagais inibitórias.

Acalasia é a anomalia que decorre de aumento do tônus do EEI ou de falha no seu relaxamento. As ondas peristálticas primárias, nesta situação, são fracamente propulsivas, e o material deglutido acumula-se na porção inferior do esôfago, dilatando-o, sendo necessária a aspiração desse material. O tratamento é cirúrgico, no sentido de enfraquecer o EEI. *Azia* (*heartburn*) é o distúrbio mais frequentemente associado à disfunção do esôfago. Consiste em diminuição da pressão no EEI, causando refluxo gástrico ácido, com lesão da parede do esôfago (esofagite). Esta condição pode ser consequência de anormalidades motoras do EEI, esvaziamento inadequado do esôfago, falha da peristalse secundária ou elevação da pressão intragástrica, por dilatação do estômago após refeição volumosa ou aumento do abdome, como na gravidez ou em excesso de gordura. *Espasmo esofágico difuso* resulta de alterações motoras, com contrações não propulsivas da parede do esôfago, acarretando grande desconforto torácico. Outras condições que levam a *distúrbios da deglutição ou disfagia* são lesões cerebrais, câncer esofágico ou degenerações nervosas dos plexos intramurais, que provocam escleroderma de sua parede, como pode ocorrer no envelhecimento.

Resumo

Deglutição

1. O *esôfago* apresenta musculatura estriada no terço superior. A pressão intraesofágica na região torácica esofágica, no período interdigestivo, é subatmosférica e igual à intratorácica, com exceção da região do EES. O EES, ou *esfíncter cricofaríngeo*, tem pressão de 40 mmHg e o EEI, ou *esfíncter subdiafragmático*, de 30 mmHg. O EES é um esfíncter anatômico: um espessamento do músculo estriado cricofaríngeo. O EEI é apenas fisiológico, ou seja, uma região de aumento do tônus da musculatura lisa. Os dois esfíncteres funcionam como barreira, prevenindo, na porção cefálica, a entrada de ar para o esôfago e, na distal, o refluxo gástrico.
2. A *fase oral da deglutição* é voluntária. A estimulação dos receptores somatossensoriais da orofaringe pelo alimento inicia a fase reflexa da deglutição. As vias aferentes para o *centro da deglutição* (*CD*), no bulbo, e a porção inferior da ponte são vago e glossofaríngeo. As vias eferentes são vagais somáticas para o EES e vagais viscerais para o esôfago torácico e EEI. Os vagos fazem sinapses nos plexos intramurais.
3. Na *fase reflexa da deglutição* (*fase faríngea e esofágica*), há inibição da respiração e propulsão peristáltica do alimento pelas ondas peristálticas primárias, iniciadas nos músculos constritores da faringe, coordenadas pelo CD. O relaxamento receptivo do fundo gástrico ocorre em associação com o do EEI. A peristalse secundária se inicia pela distensão do esôfago e é regulada pelo SNE.
4. À frente da *onda peristáltica primária*, os esfíncteres relaxam-se e o bolo alimentar alcança o estômago.
5. A contração tônica do EES é regulada pelo CD, via nervos vagais eferentes somáticos. A do EEI é regulada por fibras vagais viscerais, excitatórias colinérgicas e inibitórias VIPérgicas ou mediadas pelo óxido nítrico.
6. *Acalasia* decorre do aumento do tônus do EEI, podendo induzir megaesôfago. *Azia* resulta de diminuição do tônus do EEI, e é possível ocorrer esofagite. *Disfagias* ou *distúrbios da deglutição* podem, também, ser consequência de lesões neurais centrais ou da parede do esôfago.

MOTILIDADE GÁSTRICA

O estômago armazena, mistura e tritura o alimento, propelindo-o lentamente para o duodeno, através do esfíncter pilórico.

Do ponto de vista motor, o estômago exerce as seguintes funções: armazenamento, mistura e trituração do alimento, propulsão peristáltica e regulação da velocidade de esvaziamento gástrico. Estas funções são exercidas em regiões distintas do órgão, sendo relacionadas com as diferenças de sua musculatura. A Figura 60.8 ilustra as suas diferentes regiões: fundo, corpo, antro e piloro. Também sob esse ponto de vista, costuma-se dividir o estômago em regiões oral e caudal – a primeira inclui o fundo e a porção proximal do corpo (que têm musculatura de menor espessura); a segunda compreende a porção distal do corpo e a região antral, cuja musculatura é mais espessa.

O *armazenamento* do alimento no estômago ocorre na região do fundo e porção proximal do corpo gástrico. A *mistura* do alimento se dá na região média e distal do corpo, enquanto a *trituração* é efetuada na parte distal do estômago, na região

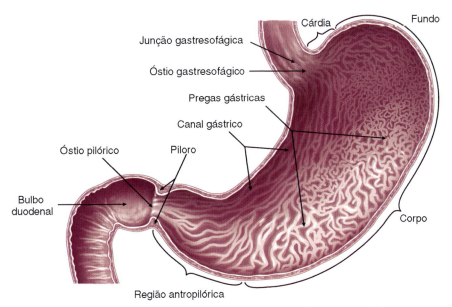

Figura 60.8 ▪ Regiões do estômago que mostram o aspecto da sua parede interna. Note que a região do corpo e a antral apresentam musculatura mais desenvolvida, com inúmeras pregas.

antral. A *propulsão peristáltica* inicia-se na região de marca-passo, localizada na porção proximal do corpo. A *velocidade de esvaziamento gástrico* é regulada por mecanismos neuro-hormonais, envolvendo a região antropilórica e o duodeno.

O estômago é a única porção do TGI que tem, além da muscular externa, uma outra camada de fibras musculares lisas, que se dispõem obliquamente, irradiando-se da região cárdica, próxima ao EEI, para o fundo, fundindo-se com as demais fibras musculares, no limite entre o fundo e a porção proximal do corpo.

O padrão motor do estômago varia nas suas diferentes regiões.

Durante o processo da deglutição, à frente da onda peristáltica que percorre o esôfago e relaxa o EEI, a musculatura do fundo e da porção proximal do corpo relaxa-se. Este processo denomina-se *relaxamento receptivo* e pode ser abolido experimentalmente por vagotomia bilateral (secção dos vagos). O relaxamento receptivo é um reflexo longo vagovagal. As fibras eferentes vagais deste reflexo são inibitórias vipérgicas. Como a musculatura do fundo gástrico está relaxada durante o processo da deglutição, o alimento acomoda-se neste local, sem elevar a pressão intragástrica; além disso, como a musculatura desta região é menos densa do que a do restante do estômago, suas contrações são relativamente fracas. Por este motivo, 1 a 1,5 ℓ de alimento acomoda-se no fundo gástrico, por 1 a 2 h, sem sofrer ação de mistura. Esta é a *fase de armazenamento gástrico*.

As peristalses gástricas começam na região proximal do corpo gástrico, onde se localiza o marca-passo.

As *peristalses gástricas* iniciam-se na região de marca-passo, situada na porção proximal do estômago. O REB no estômago é de 3 ondas/min. As ondas peristálticas aumentam de intensidade e de velocidade em direção à região antro-pilórica, em consonância com o espessamento da muscular externa. As contrações rápidas e vigorosas do corpo propiciam a *mistura* do alimento com as secreções gástricas, otimizando a digestão. O alimento, já parcialmente digerido, forma o que se chama *quimo*. À frente das contrações peristálticas do corpo e do antro, o piloro relaxa-se, permitindo o escape de pequenas quantidades do quimo para o duodeno, cerca de poucos mℓ. Entretanto, a seguir, o piloro contrai-se rápida e abruptamente; portanto, uma onda peristáltica antral seguinte, propelindo o quimo, encontra o piloro fechado, o que provoca retropropulsão do quimo. A contração antral com o piloro fechado e retropropulsão do quimo é conhecida como "*sístole antral*". Estes processos repetem-se e propiciam a *trituração* do quimo (Figura 60.9).

O piloro apresenta dois anéis de espessamento conjuntivo, designados *esfíncteres intermediário e distal*, que delimitam o antro do bulbo duodenal. Nesta região, há descontinuidade da mucosa, da submucosa e das fibras musculares circulares entre o piloro e o bulbo duodenal. Apenas algumas fibras musculares longitudinais são contínuas entre as duas regiões, embora seja mantida a continuidade dos plexos intramurais

Sequência da motilidade gástrica

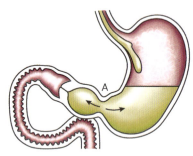

1. O estômago está se enchendo. Uma fraca onda peristáltica (**A**) começa no antro, propagando-se para o piloro. O conteúdo gástrico é misturado e fragmentado, sendo levado, em grande parte, de volta para o corpo do estômago.

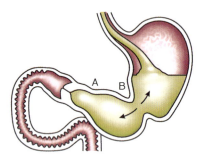

2. A onda **A** está se dissipando quando o piloro deixa de abrir-se. Uma onda mais forte (**B**) começa na incisura e, novamente, empurra o conteúdo gástrico em ambas as direções.

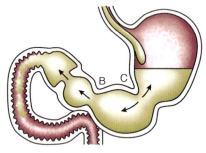

3. O piloro se abre quando a onda **B** se aproxima. O bulbo duodenal é enchido e parte do conteúdo passa para a segunda porção do duodeno. A onda **C** começa pouco acima da incisura.

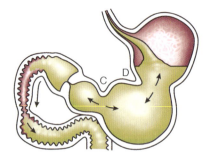

4. O piloro está novamente fechado. A onda **C** não consegue esvaziar o conteúdo. A onda **D** começa em um segmento mais alto do estômago. O bulbo duodenal pode contrair-se ou permanecer cheio, conforme a onda peristáltica originada um pouco acima se esvazia para a segunda porção.

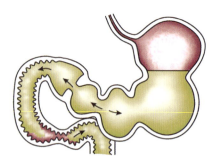

5. As ondas peristálticas começam em um segmento mais alto do estômago. O conteúdo gástrico é esvaziado de modo intermitente. O conteúdo do bulbo duodenal é empurrado, passivamente, para a segunda porção, à medida que mais conteúdo gástrico emerge.

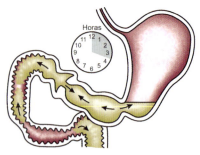

6. Três a cinco horas depois, o estômago está quase vazio. Pequenas ondas peristálticas esvaziam o bulbo duodenal, com algum refluxo para o estômago. Peristaltismos inverso e anterógrado estão presentes no duodeno.

Figura 60.9 • Aspectos do estômago durante as peristalses gástricas.

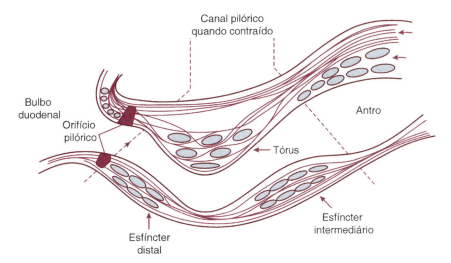

Figura 60.10 ▪ Representação esquemática do esfíncter pilórico, em secção longitudinal. Note a continuidade de fibras musculares longitudinais entre estômago e duodeno. A musculatura circular é descontínua, formando dois espessamentos constituintes dos esfíncteres intermediário e distal. Este último é formado por tecido conjuntivo, em forma de anéis, seguido de tecido conjuntivo que delimita o estômago do bulbo duodenal. A mucosa e a submucosa do estômago e do duodeno são descontínuas. (Adaptada de Johnson, 1981.)

entre estômago e duodeno (Figura 60.10). Não há concordância dos autores, quanto ao piloro ser um esfíncter anatômico ou fisiológico.

Materiais não esvaziados do estômago durante o período digestivo são propelidos para o delgado, por ondas peristálticas do complexo migratório mioelétrico (CMM), nos períodos interdigestivos, que efetuam a faxina gástrica.

Nos períodos interdigestivos, durante 1 a 2 h, a musculatura gástrica é quiescente. Após este tempo, ocorre intensa atividade elétrica e contrátil, que se propaga da região média do corpo do estômago até o duodeno. Esta intensa atividade elétrica e motora peristáltica, denominada *complexo migratório mioelétrico (CMM)*, dura cerca de 10 min, ocorrendo periodicamente a cada 90 min, e, literalmente, empurra qualquer material que não tenha deixado o estômago durante o processo digestivo normal. A função dessa atividade é, portanto, de faxina.

O quimo permanece no estômago entre 2 e 3 h, dependendo da natureza química da ingesta. Gorduras são os últimos nutrientes a serem esvaziados, seguidos de proteínas. Carboidratos esvaziam-se mais rapidamente, e soluções salinas isotônicas o fazem mais rapidamente do que as hipo e hipertônicas. O epitélio do estômago é do tipo *tight*, ou seja, relativamente pouco permeável pela via intercelular, ao contrário do epitélio do delgado. O álcool pode ser absorvido através da mucosa gástrica, principalmente por via transcelular, uma vez que ele aumenta a fluidez das bicamadas lipídicas das membranas celulares. Substâncias que não foram digeridas no estômago, como pedaços de ossos ou outros objetos estranhos, deixam o estômago apenas nos períodos interdigestivos, por ação do CMM. A Figura 60.11 mostra as velocidades de esvaziamento gástrico em cães alimentados com solução de glicose (1%), pedaços de fígado e esferas plásticas.

O estômago é ricamente inervado, tanto pelo SNA como pelo SNE.

No estômago, há *fibras vagais colinérgicas eferentes*, excitatórias, que elevam tanto a motilidade como as secreções gástricas. As *fibras vagais vipérgicas* e liberadoras de *óxido nítrico* são inibitórias, reduzindo a motilidade gástrica. Há, também, *fibras vagais secretoras*, cujo neurotransmissor é o *peptídio liberador de gastrina (PLG) ou bombesina*, que estimula as células produtoras de gastrina, localizadas no antro. As *fibras eferentes noradrenérgicas* para o estômago partem do *gânglio celíaco* e induzem diminuição das contrações e das secreções gástricas. Além da regulação efetuada pelo SNA, o estômago tem o SNE bastante desenvolvido, o qual participa também da regulação da motilidade e das secreções gástricas.

As fibras sensoriais aferentes originam-se em receptores sensoriais da parede gástrica e são estimuladas pela chegada do alimento. Estes receptores são presso, químio ou osmorreceptores, sendo estimulados, respectivamente, pela distensão da parede do estômago

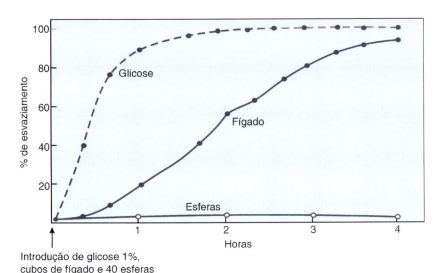

Figura 60.11 ▪ Velocidades de esvaziamento gástrico de diferentes materiais, em cães. Note que a solução de glicose (1%) deixa o estômago mais rapidamente do que os pedaços de fígado sólido e as esferas plásticas (com 7 mm de diâmetro). (Adaptada de Hinder e Kelly, 1977; e de Berne *et al.*, 2004.)

ou aumento da pressão intragástrica, pela composição química e pela tonicidade do quimo. Há, também, receptores para dor.

O esfíncter pilórico é densamente inervado por fibras parassimpáticas e simpáticas eferentes. Existem fibras vagais excitatórias colinérgicas e inibitórias vipérgicas ou mediadas pelo óxido nítrico ou metaencefalina. No piloro, ao contrário do que acontece com o restante da musculatura do TGI, as fibras simpáticas eferentes noradrenérgicas são estimulatórias, contraindo e fechando o piloro.

As ondas lentas subliminares gástricas têm aspecto de um potencial de ação cardíaco ventricular de menor amplitude. Há rápida despolarização, seguida de rápida repolarização e de um platô, com duração de até 100 ms, após o qual ocorre repolarização lenta. Em fase com a onda lenta, há contração ou desenvolvimento de tensão (Figura 60.12). Se o potencial limiar ou elétrico é atingido, ocorrem potenciais de ação nas cristas das ondas lentas, o que eleva a força contrátil.

Os principais agonistas para a gênese dos potenciais de ação gástricos são *acetilcolina* e *gastrina*, que elevam a amplitude das ondas lentas, a frequência de potenciais de ação e a força contrátil. *Norepinefrina* e *neurotensina* diminuem não só a amplitude das ondas lentas como também a frequência dos potenciais de ação.

Na região fúndica, a atividade elétrica é baixa, com ausência de ondas lentas. No corpo proximal, aparecem ondas lentas, de pequenas amplitudes, que aumentam em direção ao antro, onde começam a surgir os potenciais de ação. A atividade do piloro é intensa e a do bulbo duodenal, irregular, porque é afetada pelos dois REB – do estômago (3 ondas/min) e do duodeno (12 ondas/min). As contrações do antro e do duodeno são, porém, coordenadas (Figura 60.13).

O esvaziamento gástrico é altamente regulado por mecanismos neuro-hormonais enterogástricos, propiciando condições para o processamento do quimo pelo delgado.

A regulação da velocidade de esvaziamento gástrico é exercida pela região antropilórica e pelo duodeno, em um processo duodenogástrico, altamente regulado por mecanismos neuroendócrinos que atuam nestas duas regiões.

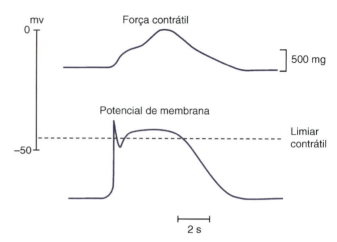

Figura 60.12 ▪ Relação entre atividade elétrica, ou onda lenta gástrica (*traçado inferior*), e a atividade contrátil (*traçado superior*). A contração se dá durante a despolarização da fibra muscular, após atingir o limiar contrátil, mesmo na ausência de potenciais de ação. (Adaptada de Johnson, 1981; e de Berne *et al.*, 2004.)

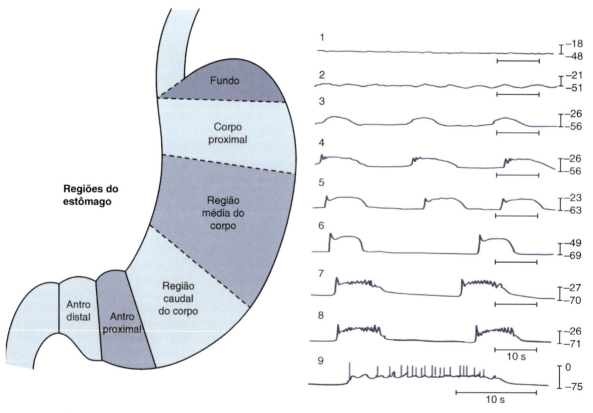

Figura 60.13 ▪ Regiões do estômago (*à esquerda*) e registros elétricos em fibras musculares lisas obtidos com microeletrodos intracelulares, em fragmentos isolados de várias porções do estômago de cão (*à direita*). Os números representam as seguintes regiões: 1 = fundo; 2 = corpo proximal; 3 = região mais distal do corpo proximal; 4 = região média do corpo; 5 = região caudal do corpo; 6 = região proximal e média do antro; 7 = região caudal do antro; 8 = região final do antro; 9 = região pilórica. Note que a musculatura do fundo é quiescente eletricamente. Ondas lentas começam a aparecer na região proximal do corpo gástrico e aumentam de intensidade em direção ao antro. Apenas a partir do antro distal, começam a aparecer potenciais de ação na fase de despolarização das ondas lentas. (Adaptada de Johnson, 1981; e de Berne *et al.*, 2004.)

O esfíncter pilórico tem duas funções fundamentais. (*1*) Funciona como barreira entre estômago e duodeno nos períodos interdigestivos, quando está contraído, evitando a regurgitação do conteúdo alcalino do duodeno para o estômago, e a do conteúdo ácido no sentido oposto. A mucosa gástrica é muito resistente a ácido mas não à bile, enquanto a duodenal pode sofrer danos por ácido. (*2*) Regula a velocidade de esvaziamento gástrico de acordo com a capacidade do duodeno de processar o quimo.

A atividade motora do piloro, além de ser coordenada pelo SNA, é também regulada pelos seguintes hormônios gastrintestinais: *gastrina (G)* – secretada por células G antrais, *secretina (S)*, *colecistocinina (CCK)*, *peptídio inibidor gástrico (GIP)* e *enterogastrona* (sintetizada em locais ainda não determinados). Todos estes hormônios contraem o piloro, assim como os neurotransmissores *acetilcolina (ACh)* e *norepinefrina (NE)*.

A mucosa do delgado tem químio, mecano e osmorreceptores que, quando estimulados pela chegada do quimo gástrico ao duodeno, enviam impulsos aferentes para o SNC. As respostas eferentes são conduzidas por fibras vagais e simpáticas, que afetam a resposta motora do antro e do piloro. Por outro lado, o quimo estimula células endócrinas da parede duodenal e jejunal, ocorrendo liberação de hormônios gastrintestinais que também afetam a motilidade antropilórica.

O pH, a tonicidade e a composição do quimo gástrico que atinge o duodeno desencadeiam mecanismos neurais e hormonais que, por retroalimentação negativa, regulam a motilidade do piloro e a velocidade de esvaziamento gástrico.

O quimo proveniente do estômago tem pH ácido, é hipertônico em relação ao plasma e contém produtos da hidrólise lipídica e proteica, além de carboidratos já parcialmente digeridos. Quando o quimo atinge o duodeno, estimula químio e osmorreceptores duodenais, que enviam impulsos sensoriais aferentes para o SNC. Vejamos, primeiro, quais são as respostas neurais.

As respostas neurais parassimpáticas eferentes são: inibição das vias parassimpáticas vagais vipérgicas e estimulação das vias colinérgicas, resultando na contração do piloro. As vias simpáticas noradrenérgicas são estimuladas e induzem contração do piloro, o que diminui a velocidade de esvaziamento gástrico. A pergunta pertinente é: até quando o piloro fica contraído? E a resposta: até o quimo poder ser processado pelo delgado. Isto é, até que o pH do quimo seja tamponado, os produtos da hidrólise proteica e lipídica sejam hidrolisados e que ele se torne isotônico em relação ao plasma. Os mecanismos hormonais reguladores da velocidade de esvaziamento gástrico serão abordados a seguir.

O pH ácido do quimo no duodeno estimula a secreção de secretina, que, além de contrair o piloro retardando o esvaziamento gástrico, provoca a secreção alcalina do pâncreas, tamponando o HCl.

Se os valores de pH estiverem menores que 3,0 no delgado, haverá estimulação específica das *células S*, endócrinas, secretoras de *secretina*. Este hormônio, além do seu efeito direto de contrair o piloro e retardar o esvaziamento gástrico, estimula os ductos excretores pancreáticos a secretarem uma solução aquosa rica em $NaHCO_3$. Esta solução é lançada, pelo ducto biliar comum, no duodeno, tamponando o HCl do quimo gástrico, segundo a reação:

$$HCl + NaHCO_3 \rightarrow NaCl + H_2CO_3 \rightarrow CO_2 + H_2O$$

A dissociação do H_2CO_3 é catalisada pela anidrase carbônica, existente na mucosa intestinal. Desta forma, o HCl gástrico é neutralizado.

Na Figura 60.14, há o efeito da introdução, no duodeno de cão, de uma solução de HCl 0,1 N, mostrando que o aumento da motilidade duodenal é simultâneo à redução da motilidade antral.

Os produtos da hidrólise lipídica estimulam a secreção de CCK, que não só contrai o piloro, retardando o esvaziamento gástrico, como também estimula a secreção enzimática do pâncreas, diminuindo a tonicidade do quimo no delgado.

Os produtos da hidrólise dos lipídios, já parcialmente digeridos no estômago, são o principal mecanismo para a estimulação de dois tipos de células endócrinas do delgado: *células produtoras do GIP (peptídio inibidor gástrico ou peptídio insulinotrópico dependente de glicose)* e *células I, secretoras da CCK*. Estas duas substâncias contraem diretamente o piloro e retardam o esvaziamento gástrico.

A CCK, além da ação motora, é um hormônio gastrintestinal que tem dois efeitos: (a) estimula as células acinares do pâncreas a secretarem enzimas, que são lançadas no duodeno, hidrolisando lipídios, carboidratos e proteínas no delgado, e (b) é o principal estimulador da contração da vesícula biliar e também relaxa o esfíncter de Oddi, permitindo que a bile seja lançada no duodeno juntamente com a secreção pancreática, pelo ducto biliar comum. A bile atua como detergente sobre as gorduras, facilitando a ação das enzimas lipolíticas pancreáticas. Assim, a digestão dos nutrientes orgânicos se processa, originando moléculas que são absorvidas pelo delgado, diminuindo a tonicidade do quimo.

Os produtos da hidrólise proteica estimulam a secreção de gastrina, a qual contrai o piloro e retarda o esvaziamento

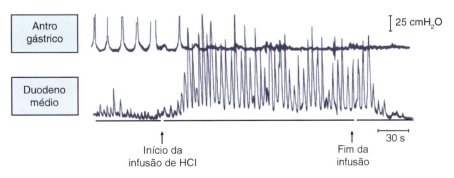

Figura 60.14 • Efeito da infusão de 100 mℓ de HCl 0,1 N (a uma velocidade de 6 mℓ/min) no duodeno de cão sobre a atividade contrátil do antro gástrico e do duodeno. (Adaptada de Brick *et al.*, 1965; e de Berne *et al.*, 2004.)

gástrico. A secreção de gastrina duodenal é estimulada por aminoácidos e oligopeptídios.

Os produtos da hidrólise lipídica e de carboidratos estimulam a liberação endócrina do GIP, também denominado peptídio insulinotrópico dependente de glicose, que contrai o piloro e retarda o esvaziamento gástrico.

A isotonicidade do quimo no delgado é alcançada por processos neuro-hormonais.

O quimo gástrico que chega ao duodeno, após uma refeição balanceada, é hipertônico em relação ao plasma, devido à presença dos produtos intermediários da hidrólise proteica, lipídica e de carboidratos. No delgado, há osmorreceptores que enviam impulsos aferentes para o SNC, induzindo respostas eferentes vagal colinérgica e simpática; estas contraem o piloro, o que retarda a velocidade de esvaziamento gástrico, até o quimo no duodeno se tornar isotônico relativamente ao compartimento intersticial-vascular. A isotonicidade é alcançada por secreção de água do compartimento intersticial-vascular para o lúmen intestinal. Simultaneamente, os mecanismos neuro-hormonais regulatórios estimulam as secreções pancreática e biliar, que são lançadas no duodeno. Estas secreções são isotônicas com o plasma. Os osmorreceptores duodenais estimulados também atuam na secreção hormonal de uma enterogastrona, cuja identidade química não foi ainda determinada, e que parece participar da regulação da tonicidade do quimo no delgado.

Na Figura 60.15, estão resumidos os mecanismos neuro-hormonais duodenogástricos (enterogástricos) reguladores da velocidade de esvaziamento gástrico.

O vômito é um mecanismo de defesa do TGI contra agentes nocivos, mas pode ser desencadeado por mecanismos neuro-hormonais cujas vias aferentes localizam-se fora do sistema digestório.

O vômito consiste na expulsão do conteúdo gastrintestinal para o exterior, através da cavidade oral. Ele é desencadeado por estimulação do sistema digestório por agentes tóxicos e infecciosos, assim como pelo estímulo de diversos tipos de receptores sensoriais do organismo. Precede-o uma descarga do SNA, caracterizada por sudorese, taquipneia, taquicardia, dilatação pupilar (midríase), intensa salivação, sensação de desmaio, palidez por queda de pressão arterial, náuseas (nem sempre presentes) e ânsias.

As ânsias se desencadeiam por peristalse reversa, que se inicia nas porções distais do intestino (em geral, no jejuno) e que propele o conteúdo intestinal para o estômago, por relaxamento do piloro. Fortes contrações antrais impulsionam o conteúdo gástrico para o esôfago, através do esfíncter esofágico inferior relaxado. As ânsias se acompanham de profunda inspiração, com diminuição da pressão intratorácica, e de intensas contrações da musculatura abdominal, com subida da pressão no abdome. É gerado, assim, um gradiente de pressão entre abdome e tórax, favorável à propulsão do conteúdo gastrintestinal para o esôfago.

Durante as ânsias, pode ocorrer passagem da porção subdiafragmática do esôfago e da porção proximal do estômago para o tórax, através do hiato diafragmático. Como o esfíncter esofágico superior fica contraído durante as ânsias, o conteúdo gastrintestinal retorna ao estômago. Os ciclos de ânsias repetem-se, acentuando a intensidade das contrações abdominais e torácicas. Uma inspiração profunda, com glote fechada e diafragma elevado, aumenta a pressão intratorácica, forçando o relaxamento do esfíncter esofágico superior e a expulsão do conteúdo gastrintestinal para o exterior. Durante essa expulsão, a glote fechada impede a entrada do vômito para a traqueia e inibe a respiração.

O vômito e as ânsias são regulados por centros distintos no SNC.

As vias sensoriais aferentes que enviam impulsos para os denominados *centros do vômito e das ânsias*, localizados no bulbo, originam-se em receptores sensoriais de diferentes naturezas e localizações. Esses receptores podem ser: visuais, olfatórios, auditivos (do labirinto), táteis (da orofaringe), além de mecano e quimiorreceptores da parede do TGI. Os estímulos de centros nervosos superiores alcançam o centro do vômito e o das ânsias através de uma zona quimiorreceptora no assoalho do 4º ventrículo, no SNC. Os estímulos psíquicos, como a lembrança de algo desagradável e o medo, podem, estimular o vômito. Dor intensa, principalmente no trato geniturinário, também é estimuladora do vômito. Os estímulos eferentes dos centros do vômito e das ânsias são conduzidos, por diferentes nervos, não só para as

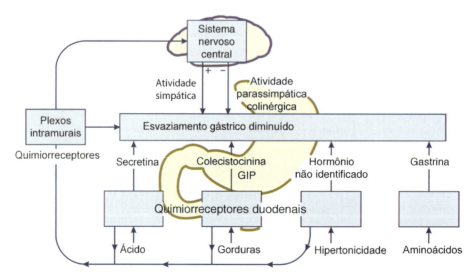

Figura 60.15 • Mecanismos neuro-hormonais duodenogástricos que regulam a velocidade de esvaziamento gástrico. +, aumento; –, diminuição; *hormônio não identificado*, enterogastrona; *GIP*, peptídio insulinotrópico dependente de glicose. (Adaptada de Berne et al., 2004.)

musculaturas do TGI como também para os músculos respiratórios e abdominais. Os dois centros – o das ânsias e o do vômito – são independentes, pois podem ser estimulados de modo individual, isto é, há possibilidade de se induzir o vômito, não precedido de ânsia, ou de ocorrerem apenas as ânsias, não seguidas do vômito (Figura 60.16). Eméticos são fármacos estimuladores do vômito, podendo agir diretamente na zona quimiorreceptora cerebral (p. ex., a apomorfina) ou de modo indireto em receptores do sistema digestório.

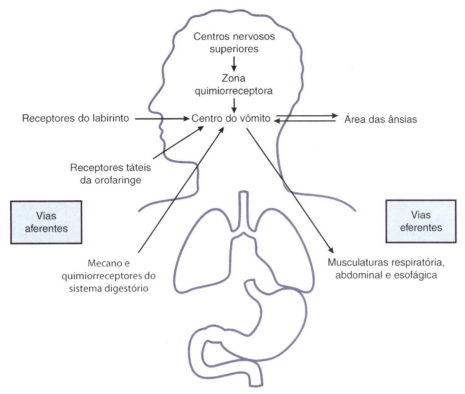

Figura 60.16 • Regulação neural do vômito. (Adaptada de Berne *et al.*, 2004.)

Anomalias motoras do estômago

As anomalias mais comuns da motilidade gástrica estão relacionadas às alterações da velocidade de esvaziamento gástrico. Elas podem ser classificadas em: (a) falha do esvaziamento por obstrução do piloro, por câncer ou úlcera; (b) desorganização ou ausência de motilidade, associadas a outras patologias de origem metabólica, como no diabetes melito ou na depleção de potássio. Qualquer que seja a origem, o retardo da velocidade de esvaziamento produz náuseas, perda de apetite, sensação de saciedade e vômito.

O *enfraquecimento do esfíncter pilórico* leva ao desenvolvimento de úlceras, tanto duodenais como gástricas, uma vez que a mucosa gástrica resiste bastante ao ácido mas não à bile, e vice-versa em relação ao duodeno. Em indivíduos que têm úlcera duodenal, existe perda da regulação da velocidade de esvaziamento gástrico, a qual depende altamente dos mecanismos neuro-hormonais duodenogástricos. Neste caso, é possível a velocidade de esvaziamento gástrico aumentar. Nas situações de úlcera gástrica, pode haver diminuição da velocidade de esvaziamento gástrico, o que induz mais prejuízo ao estômago.

No *tratamento cirúrgico de úlceras duodenais*, a vagotomia bilateral foi bastante utilizada a fim de reduzir a secreção ácida gástrica. A vagotomia era frequentemente associada à piloroplastia e à criação de um *bypass* entre estômago e jejuno. Neste caso, há perda da regulação neuro-hormonal duodenogástrica. Muitos pacientes podem não apresentar sintomas, mas alguns desenvolvem uma condição conhecida como *dumping*, que resulta do fato de o delgado não conseguir processar adequadamente o quimo esvaziado com rapidez do estômago. No caso de o quimo estar hipertônico no duodeno, ocorre um fluxo resultante de água, relativamente grande, do compartimento intersticial plasmático para o lúmen intestinal. Esta condição pode acarretar sudorese e sensação de desmaio, resultantes da queda da pressão arterial sistêmica.

Resumo

Motilidade gástrica

1. O *relaxamento receptivo do estômago*, que existe durante a deglutição, é mediado por fibras vagais VIPérgicas. Ele permite o alimento se armazenar na região do fundo, sem elevação da pressão intragástrica. Como a musculatura do fundo e da porção proximal do corpo é fraca, não há ação de mistura do quimo com as secreções gástricas.
2. A *mistura* do alimento ocorre nas regiões média e distal do corpo. Movimentos peristálticos iniciam-se na região de marca-passo, na porção média do corpo, com uma frequência de 3 ondas/min.
3. A *peristalse gástrica* aumenta de intensidade e de velocidade da porção média do corpo à região antral do estômago.
4. A *trituração* do alimento se dá na sístole antral, por contração do antro, com o piloro fechado, ocorrendo retropropulsão do quimo.
5. O *quimo* é esguichado em pequenos volumes, através do piloro, sendo a velocidade de esvaziamento gástrico altamente coordenada por mecanismos neuro-hormonais duodenogástricos.
6. *Contraem o piloro*: gastrina, secretina, CCK, GIP, acetilcolina (liberada pelas fibras vagais excitatórias) e norepinefrina (liberada por fibras simpáticas).

7. *Gastrina* é liberada tanto do antro gástrico como do duodeno; *secretina*, do delgado, em resposta ao pH ácido do quimo gástrico; *CCK*, do delgado, pelos produtos da hidrólise lipídica e proteica do quimo; *GIP*, em resposta a gorduras e carboidratos; e uma *enterogastrona* (?) é liberada devido à hipertonicidade do quimo gástrico no duodeno.
8. *Secretina e CCK*, além de contraírem o piloro, retardando o esvaziamento gástrico, estimulam a secreção pancreática rica em bicarbonato e em enzimas, respectivamente. A CCK também provoca contração da vesícula biliar e relaxamento do esfíncter de Oddi, permitindo a secreção da bile para o duodeno, o que facilita a digestão das gorduras.
9. O *REB* no estômago é de 3 ondas/min. As ondas lentas aumentam de amplitude no sentido cefalocaudal, desenvolvendo potenciais de ação na região antropilórica.
10. Nos *períodos interdigestivos*, ocorre *CMM*, com periodicidade de 90 min, propelindo qualquer resíduo que não tenha sido esvaziado do estômago no período digestivo.
11. O *piloro* previne o esvaziamento gástrico rápido e o refluxo do conteúdo duodenal para o estômago. A mucosa duodenal é sensível ao ácido e a gástrica, à bile.

MOTILIDADE DO INTESTINO DELGADO

Os padrões motores do delgado são, fundamentalmente, de mistura do quimo com as secreções e renovação do seu contato com a mucosa, otimizando a digestão e a absorção dos nutrientes. A propulsão se dá por peristalses curtas e pelo gradiente decrescente de pressão intraluminal no sentido cefalocaudal.

O delgado é a porção mais longa e convoluta do intestino; seu comprimento representa 75% do comprimento total do TGI. Apresenta três segmentos pouco diferenciados histologicamente: *duodeno* (que corresponde a cerca de 5% do delgado), *jejuno* (40%) e *íleo* (60%). O duodeno distingue-se do restante do intestino pela ausência de mesentério, sendo principalmente uma região de regulação da tonicidade e do pH do quimo, enquanto o jejuno e o íleo são indistinguíveis histologicamente. A digestão e a absorção dos alimentos ocorrem, predominantemente, no duodeno e no jejuno proximal. O quimo permanece no delgado cerca de 2 a 4 h.

A motilidade do delgado atende a três funções: (a) *mistura do quimo com as secreções*, principalmente no duodeno, onde são lançadas as secreções pancreática e biliar, otimizando os processos de digestão; (b) *renovação do contato do quimo com a mucosa intestinal*, que otimiza os processos absortivos; e (c) propulsão do quimo no sentido cefalocaudal, em direção ao cólon, que ocorre por dois processos: *peristalses curtas*, de 10 a 12 cm de comprimento, e *gradiente de pressão luminal decrescente no sentido cefalocaudal*.

As *segmentações* são o padrão motor mais comumente observado no delgado. Correspondem a anéis que contraem a musculatura circular, dividindo o quimo em segmentos ovais. São eventos locais, que envolvem apenas 1 a 4 cm do delgado e ocorrem a intervalos de 5 s. Estas contrações alternam-se e são os principais movimentos de mistura e de renovação do quimo com a mucosa intestinal.

As segmentações, esquematizadas na Figura 60.17, dividem o quimo em porções ovais com alternâncias dos locais de contração. Os movimentos segmentares são muito mais efetivos no processo de mistura do quimo do que na sua propulsão. A taxa de propulsão no delgado é baixa, permitindo que os processos de digestão e de absorção possam se dar eficientemente. É possível as segmentações serem propulsivas, quando elas acontecem em áreas adjacentes de maneira sequencial no sentido cefalocaudal.

A Figura 60.18 ilustra a taxa de segmentação em função do comprimento do delgado, do piloro ao íleo, em experimentos nos quais foram utilizados 30 coelhos. Como o REB no delgado decresce no

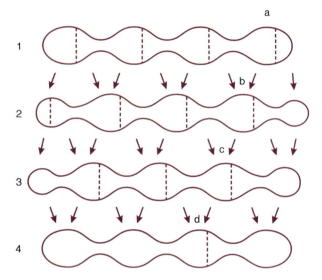

Figura 60.17 • Esquema das segmentações em delgado de gato, que apresenta a alternância dos anéis contráteis (das linhas 1 a 4; cerca de 18 a 21 por min). As *linhas tracejadas* indicam onde as contrações ocorrerão e correspondem às regiões relaxadas; as *setas*, a direção do movimento do quimo. (Adaptada de Berne *et al.*, 2004.)

sentido cefalocaudal (sendo de 12 a 13/min no duodeno, de 10 a 11/min no jejuno e de 8 a 9/min no íleo), é gerado um gradiente de pressão intraluminal decrescente no mesmo sentido, facilitando a progressão do quimo.

Ocorrem no delgado, também, *peristalses curtas*, que percorrem pequenas extensões do seu comprimento, não

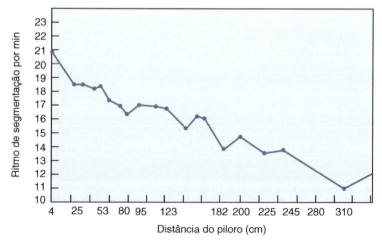

Figura 60.18 • Taxa de segmentação ao longo do delgado de coelhos, até uma distância de 310 cm a partir do piloro. (Adaptada de Berne *et al.*, 2004.)

superiores a 10 a 12 cm. Em condições normais, não há peristalse percorrendo todo o delgado. A muscular da mucosa contrai-se de maneira irregular, com uma frequência de 3 vezes/min. Estas contrações alteram as dobras da mucosa e misturam também o quimo no delgado, renovando o seu contato com a mucosa.

No delgado, também ocorrem contrações irregulares das vilosidades intestinais, principalmente no jejuno, o que facilita, em especial, a absorção das gorduras, porque aumenta o fluxo linfático por esvaziamento do capilar láctea.

Nos períodos interdigestivos, ocorre CMM, em fase com a elevação da motilina plasmática, com função de faxina e de prevenção da migração bacteriana para porções proximais do delgado.

Nos períodos interdigestivos, ocorre CMM, que se inicia no estômago e percorre todo o delgado. A Figura 60.19 mostra os registros da atividade contrátil, obtidos a várias distâncias do ligamento de Treitz, que demarca o início do jejuno. A atividade contrátil propaga-se do antro gástrico para o delgado; note que após alimentação a atividade motora passa de intermitente a contínua. A gênese do CMM ainda é pouco compreendida. Alguns autores sugeriram que ele fosse mediado pelo vago, pois, em cão, o resfriamento dos vagos cervicais abole o CMM no estômago, mas não o afeta no delgado. Experimentos indicam um papel da *motilina*, hormônio do sistema digestório, sobre o CMM, mostrando que o nível plasmático dela aumenta em fase com as contrações (Figura 60.20). Ainda não está esclarecido qual o sinal regulador da secreção cíclica da motilina. O CMM no delgado, além da função de faxina (como acontece no estômago) que propele para o cólon algum resíduo do quimo não devidamente digerido e/ou absorvido, também previne a migração bacteriana do ceco às porções proximais do delgado.

As ondas lentas e os potenciais de ação no delgado.

A ocorrência das ondas lentas depende das propriedades intrínsecas da muscular externa do TGI. Essas ondas, como já nos referimos, dependem das flutuações rítmicas, espontâneas, do potencial de membrana das fibras musculares lisas. São despolarizações e repolarizações cíclicas de, aproximadamente, 5 a 15 mV. A frequência de tais ondas determina o REB nas várias porções do TGI. Esta frequência pode ser modulada pelo SNA ou pelo SNE. No delgado, o REB decresce no sentido cefalocaudal. Assim, em cada segmento do delgado, a frequência das ondas lentas é constante, embora elas não ocorram simultaneamente em todos os segmentos. Essas ondas, no delgado, não induzem contrações. Elas só são iniciadas em

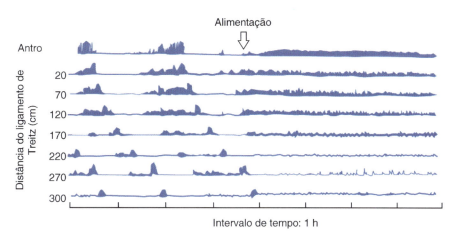

Figura 60.19 • Atividade contrátil do delgado, medida a várias distâncias do ligamento de Treitz antes e depois da ingestão de alimento. (Adaptada de Berne e Levy, 1983.)

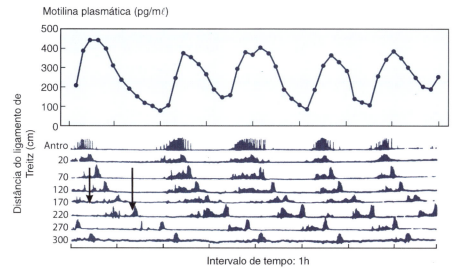

Figura 60.20 • Complexo migratório mioelétrico (CMM) no delgado, medido a várias distâncias do ligamento de Treitz. Note que os níveis plasmáticos de motilina (*indicados na parte superior*) ocorrem em fase com os surtos da atividade contrátil do delgado (*região entre as setas*). (Adaptada de Berne e Levy, 1983.)

resposta aos potenciais de ação que surgem na fase de despolarização das ondas lentas. Portanto, quando os potenciais de ação aparecem, o delgado se contrai. Por este motivo, a frequência das ondas lentas estabelece a frequência das contrações nos diferentes segmentos do delgado. O músculo relaxa na fase de repolarização das ondas lentas. Nem todas as ondas lentas, porém, se acompanham de potenciais de ação e, portanto, de contrações. A ocorrência dos potenciais de ação depende da excitabilidade da fibra muscular regulada tanto pelo SNE como pelo SNA e, também, por diversos hormônios circulantes.

A regulação neural da motilidade do delgado e do esfíncter ileocecal.

A motilidade do delgado é regulada não só pelo SNE como também pelo SNA. O *parassimpático eferente* para o delgado é fundamentalmente colinérgico e estimulador da motilidade. O *simpático eferente* é noradrenérgico e inibidor da motilidade; as fibras partem dos plexos celíaco e mesentérico superior. Tanto o parassimpático como o simpático agem via plexos intramurais.

O *esfíncter ileocecal* delimita o íleo do ceco, a porção inicial do cólon. Este esfíncter normalmente está fechado. Entretanto, à frente de peristalses curtas do íleo, o esfíncter ileocecal relaxa, permitindo que pequenas quantidades do quimo sejam literalmente esguichadas para o ceco. A passagem do quimo ileal ao ceco é relativamente lenta, permitindo ao cólon proximal absorver adequadamente água e eletrólitos. A regulação deste esfíncter é efetuada tanto pelo SNE como pelos nervos extrínsecos do SNA, sendo, também, modulada por hormônios.

A *muscular da mucosa* é regulada pelo SNA simpático noradrenérgico, que age estimulando sua motilidade, e as *vilosidades* do delgado parecem ser reguladas pela motilina.

Os reflexos intestinais do delgado: peristáltico, intestinointestinais e gastroileal.

O *reflexo peristáltico* ocorre quando o intestino contrai-se em resposta à presença do quimo no seu interior, por distensão de sua parede. À frente desta contração, na porção distal (ou caudal) do intestino a musculatura relaxa, como já descrito. O reflexo peristáltico está sob controle estrito do SNE e depende da integridade dos gânglios intramurais. É conhecido como *lei do intestino*.

O *reflexo intestinointestinal* acontece quando há distensão de uma região extensa do intestino. Esta região contrai-se e a musculatura do restante do intestino fica inibida ou relaxada. Trata-se de um reflexo de largo alcance, abrangendo um comprimento mais extenso do intestino. Tal reflexo depende tanto da integridade do SNA como dos plexos intramurais, sendo abolido por seccionamento da inervação extrínseca.

O *reflexo gastroileal* consiste no aumento da motilidade do íleo em resposta à elevação da motilidade e da secreção gástrica, o que facilita a progressão do quimo do delgado para o cólon, através do esfíncter ileocecal. O estômago e o intestino delgado distal ou íleo interagem reflexamente. As vias neurais responsáveis por estes reflexos não são conhecidas, e não se sabe, também, até que ponto eles são afetados por hormônios. Por exemplo, a gastrina aumenta a motilidade do íleo e relaxa o esfíncter ileocecal. Alterações do estado emocional afetam a motilidade do delgado. Assim, esta motilidade é regulada, também, por centros nervosos superiores.

Hormônios e substâncias endógenas e exógenas também regulam a motilidade do delgado, alterando o tempo de trânsito do quimo.

Hormônios gastrintestinais afetam a motilidade do delgado. Gastrina, colecistocinina (CCK) e motilina estimulam sua motilidade, ao passo que secretina a inibe. Adicionalmente, a insulina eleva sua motilidade e o glucagon a diminui. Outras substâncias endógenas circulantes também afetam a motilidade do delgado. Assim, a norepinefrina, liberada da suprarrenal, inibe as contrações. A serotonina, que existe em grandes quantidades no sistema digestório, e as prostaglandinas estimulam a motilidade do intestino delgado.

Como já foi referido, a progressão cefalocaudal do quimo no delgado é lenta, de 2 a 4 h. Muitas substâncias exógenas afetam a motilidade do delgado, alterando não apenas o tempo de trânsito do quimo neste segmento, como também os processos de digestão e absorção de macronutrientes, além dos de absorção de água e eletrólitos. Por exemplo, codeína e opioides diminuem a motilidade do delgado, aumentando o tempo de trânsito, o que leva, como consequência, a uma excreção fecal de volume e frequência reduzidos. Muitos laxantes reduzem o tempo de trânsito, propiciando decréscimo dos processos de absorção de água e de eletrólitos no delgado. Como a quantidade de líquido que chega ao cólon pode ultrapassar a capacidade absortiva deste, ocorre diarreia em tais condições.

Alterações patológicas da motilidade no intestino delgado

São raras as patologias resultantes de uma alteração primária da motilidade do delgado. Elas estão comumente associadas a modificações da musculatura lisa, tanto do TGI como do trato urinário. A *pseudo-obstrução idiopática* é uma síndrome que envolve falhas da motilidade intestinal, podendo ocorrer alterações das células musculares lisas ou dos plexos intramurais. Desconhece-se sua causa; supõe-se que haja um componente genético. *Diminuição da motilidade do delgado* pode se dar em diversas condições. A mais comum é o *íleo paralítico*, que surge após cirurgia abdominal. Pode também haver redução da motilidade consequente de *processos inflamatórios abdominais* (p. ex., apendicite, pancreatite ou abscessos). É ainda associada a *doenças metabólicas*, como diabetes melito, ou a *efeitos de substâncias*, como anticolinérgicos. *Trânsito intestinal aumentado* pode ocorrer em associação a problemas de *má absorção intestinal*, infecções, reações alérgicas e ação de fármacos. Não é claro, nestes casos, se as alterações da motilidade são causa ou consequência da presença no delgado de substâncias não absorvidas.

Resumo

Motilidade do delgado

1. O principal padrão de motilidade do delgado é a *segmentação*. São contrações da musculatura circular que dividem o quimo em segmentos ovais, alternados em pequenas extensões do intestino. Otimizam a digestão, promovendo a mistura do quimo com as secreções presentes no delgado; adicionalmente, facilitam a absorção dos nutrientes, porque circulam o quimo, ao fomentar seu contato com a mucosa intestinal.
2. *Peristalses curtas* também ocorrem em extensões não maiores que 10 a 12 cm do comprimento do delgado.
3. A propulsão cefalocaudal do quimo é lenta e ocorre por *segmentações sequenciais* e peristalses curtas.
4. O REB decresce no sentido cefalocaudal, gerando um gradiente de pressão que facilita a propulsão do quimo.
5. No delgado, não acontecem contrações em fase com as ondas lentas. Elas ocorrem quando são desencadeados potenciais de ação na crista dessas ondas.

6. A *inervação vagal colinérgica* estimula as contrações e a *simpática noradrenérgica* as inibe. As fibras simpáticas eferentes partem dos plexos celíaco e mesentérico superior.
7. A regulação da motilidade do esfíncter ileocecal se efetua principalmente pelo *SNE*.
8. Contração da muscular da mucosa é regulada pelo *SNE* e a das vilosidades, pela *motilina*.
9. O aumento da motilidade e a secreção gástrica elevam a motilidade do íleo pelo *reflexo gastroileal*, promovendo o relaxamento do esfíncter ileocecal e a entrada do quimo no cólon ascendente.
10. O *CMM* tem função de faxina e de prevenção da migração bacteriana para porções proximais do delgado. Propaga-se do estômago ao delgado e depende da integridade dos plexos intramurais e da **motilina**.
11. *Gastrina*, *CCK* e *motilina* aumentam a motilidade. *Secretina* inibe-a.

MOTILIDADE DO CÓLON E DEFECAÇÃO

O cólon difere do delgado anatômica e funcionalmente.

A Figura 60.21 esquematiza as diversas porções do cólon. O *proximal* compreende *ceco*, apêndice vermiforme e *cólon ascendente*. Segue-se o *cólon transverso* e o *distal*, que compreende o *cólon descendente* e o *sigmoide*. Este último continua-se no *reto* e no *canal anal*.

A musculatura longitudinal no cólon é concentrada em três feixes denominados *taenia coli*, que correm do ceco até o reto, abaixo dos quais se concentra o plexo mioentérico. Entre as *taeniae*, a musculatura longitudinal é tênue. A musculatura circular do cólon é contínua do ceco ao canal anal, onde ela se espessa, formando o *esfíncter anal interno (EAI)*. O *esfíncter anal externo (EAE)*, mais distalmente localizado, tem musculatura estriada.

O aspecto externo do cólon difere do apresentado pelo delgado. Sua parede apresenta dobras da mucosa que resultam de características estruturais do cólon. Há segmentos ovoides, designados **haustra**. Nestas regiões, a musculatura circular é mais concentrada. Os *haustra* são mais frequentes nas regiões do cólon que têm as *taenia coli*. Eles não são fixos; formam-se e desfazem-se, conforme ocorrem contrações da musculatura circular, segmentando o cólon.

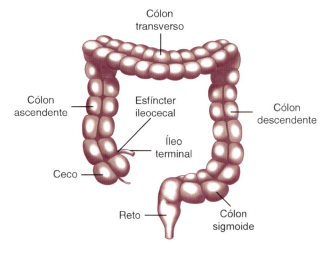

Figura 60.21 • Esquema do cólon e seus vários segmentos. (Adaptada de Berne et al., 2004.)

O cólon está envolvido com as seguintes funções motoras: (a) *movimentação com retropropulsão* do conteúdo colônico, renovando o seu contato com a mucosa, otimizando o processo de absorção de água e eletrólitos, que se dá predominantemente no cólon ascendente; (b) *mistura, amassamento e lubrificação* do conteúdo colônico com a secreção de muco, efetuada pelas células caliciformes, que existem em grande número na mucosa do cólon transverso e descendente, principalmente; (c) *propulsão cefalocaudal* do conteúdo colônico, que ocorre ao longo de todo o cólon; *(d) expulsão das fezes ou defecação*, que envolve o reto e o canal anal.

O cólon não tem enzimas luminais ou da borda em escova; não faz absorção de nutrientes orgânicos, exceto de ácidos graxos voláteis; absorve água e NaCl; secreta K^+ e HCO_3^-.

O cólon não processa hidrólise enzimática de nutrientes, uma vez que não tem enzimas luminais ou da borda em escova. Ele também não é local para absorver os produtos de hidrólise dos nutrientes orgânicos. Está, entretanto, envolvido nos processos finais de absorção de água e de eletrólitos.

Quantitativamente, o delgado efetua a maior parte da captação de água e de eletrólitos. Diariamente, dos 9 ℓ de líquido contidos no lúmen do TGI, o delgado absorve cerca de 7,5 ℓ, chegando ao cólon apenas 1,5 ℓ. Destes, o cólon absorve 1,4 ℓ, sendo excretado somente 0,1 ℓ de líquido por dia nas fezes. Assim, o cólon absorve quase toda a água e NaCl que o alcançam, mas secreta K^+ e HCO_3^-. Embora, comparativamente, a absorção de água e íons no cólon seja pequena, este segmento tem importante função para regular a absorção final de volume, que ocorre, sobretudo, no cólon proximal ou ascendente. O restante do cólon é implicado não só com a formação, a lubrificação e o armazenamento das fezes, como também com o processo de defecação.

O ceco é o principal local de fermentação bacteriana. Alguns produtos dessa fermentação são absorvidos no cólon proximal. Os ácidos graxos de cadeias curtas, ou ácidos graxos voláteis, também são absorvidos no cólon.

A progressão do conteúdo luminal no cólon é lenta, cerca de 5 a 10 cm/h, podendo o material fecal permanecer por até 48 h nesta porção do intestino.

Os padrões motores do cólon são as haustrações e os movimentos de massa envolvidos com o processo da defecação.

Dois padrões básicos de motilidade ocorrem no cólon: os *movimentos de mistura* do conteúdo colônico, que facilitam o processo absortivo de água e íons, principalmente no cólon ascendente, e o *movimento de massa*, que pode percorrer toda a extensão colônica. A chegada do conteúdo luminal do íleo ao cólon proximal é regulada pela atividade do esfíncter ileocecal. O principal reflexo envolvido na motilidade deste esfíncter é o *reflexo gastroileal*, no qual o aumento da atividade contrátil e secretora do estômago (que ocorre após a ingestão de alimento) provoca maior atividade contrátil do íleo e vice-versa; ou seja, a diminuição da atividade gástrica reduz a ileal. Este reflexo parece ser regulado tanto por nervos extrínsecos como por hormônios gastrintestinais; entre eles, a gastrina e a CCK, que elevam a atividade contrátil do íleo e relaxam o esfíncter ileocecal.

Registros de pressão obtidos com sensores colocados no esfíncter ileocecal são mostrados na Figura 60.22. Esta é uma região de pressão aumentada, com um nível basal ou de repouso de 20 a 40 mmHg acima da pressão no íleo. O tônus do esfíncter ileocecal parece ser predominantemente intrínseco, regulado pelo SNE intramural. A distensão do íleo induz diminuição de pressão do esfíncter (ver Figura 60.22 A),

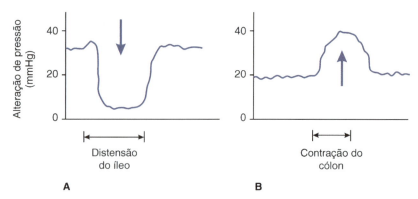

Figura 60.22 • Pressões intraluminais medidas no esfíncter ileocecal. Note que a pressão de repouso desta região é de aproximadamente 20 a 40 mmHg. **A.** A distensão do íleo induz diminuição de pressão do esfíncter, permitindo que o conteúdo ileal penetre no cólon. **B.** Quando o cólon se contrai, aumenta a pressão no esfíncter e ele se fecha, impedindo o refluxo do conteúdo colônico ao íleo. (Adaptada de Berne et al., 2004.)

permitindo a progressão do quimo do íleo ao cólon. Por outro lado, quando o cólon proximal se contrai, o esfíncter se fecha, como mostra o aumento de sua pressão (ver Figura 60.22 B), prevenindo o refluxo do conteúdo colônico para o íleo.

A chegada do conteúdo luminal ao cólon ascendente induz contrações segmentares, com durações de 12 a 60 s, nas quais a pressão intraluminal é de cerca de 10 a 50 mmHg. Estas contrações são as haustrações, que movimentam o conteúdo luminal tanto no sentido cefalocaudal como no oposto, por retropropulsão. Estes movimentos são lentos e, fundamentalmente, de mistura e de exposição do conteúdo luminal à mucosa intestinal, otimizando a absorção de água e íons que se dá predominantemente neste segmento do cólon (Figura 60.23). Pode ocorrer esvaziamento do conteúdo luminal de um ou de vários *haustra* para outro, no sentido cefalocaudal, o que propele o conteúdo luminal a curtas distâncias. Este processo denomina-se *propulsão segmentar ou multi-haustral*. As haustrações cessam quando acontece um *movimento de massa* que contrai grandes extensões do cólon, propelindo o seu conteúdo no sentido cefalocaudal. O movimento de massa ocorre 1 a 3 vezes/dia. Nos cólons transverso, descendente e sigmoide, ainda ocorre uma absorção residual de água e íons. As haustrações que surgem no cólon descendente e sigmoide são mais frequentes que as observadas no ascendente e transverso, embora nas porções distais do cólon não sejam propulsivas. Elas têm uma função de amassamento e lubrificação das fezes pelo muco, abundantemente secretado no cólon. Nestes locais, a consistência do conteúdo luminal é pastosa. Propulsão só ocorre no cólon distal, pelo movimento de massa.

Nos períodos entre as defecações, normalmente o reto está vazio; seus movimentos segmentares são mais intensos e frequentes que os do cólon sigmoide, desenvolvendo, assim, uma pressão interna maior (esta é a razão pela qual supositórios retais movem-se para o sigmoide). Os dois esfíncteres anais – o interno e o externo – estão contraídos tonicamente. A distensão do reto, pela chegada das fezes, em resposta ao movimento de massa, distende a sua parede e desencadeia o reflexo da defecação.

A inervação extrínseca parassimpática do cólon é efetuada pelo nervo pélvico, desde o cólon transverso até o esfíncter anal interno; a inervação simpática parte dos plexos mesentéricos e hipogástricos.

No cólon, a *inervação extrínseca parassimpática*, tanto aferente como eferente, é feita pelo vago até a altura do cólon transverso. A inervação eferente vagal é colinérgica. O cólon descendente, o sigmoide, o reto e o canal anal, até o esfíncter anal interno, são inervados por fibras aferentes e eferentes parassimpáticas do *nervo pélvico*, cujos corpos celulares localizam-se na medula sacral. O esfíncter anal externo tem musculatura estriada e é inervado pelo *nervo pudendo*, somático, colinérgico, que também inerva tonicamente o músculo puborretal, responsável pela angulação quase reta que ocorre entre o cólon sigmoide e o reto. A estimulação parassimpática colinérgica aumenta a motilidade do cólon, ao passo que a simpática persistente causa obstipação (ou constipação intestinal), por inibição da motilidade. A Figura 60.24 mostra o efeito de doses crescentes de acetilcolina sobre as atividades elétrica e motora da musculatura circular do cólon; indica que, no cólon, esse neurotransmissor eleva o tempo de despolarização das ondas lentas e a atividade contrátil.

A *inervação simpática*, tanto aferente como eferente, para o cólon ascendente e ceco parte do plexo mesentérico superior; para o cólon transverso e descendente, do plexo mesentérico inferior; e, para o cólon sigmoide, reto e canal anal, dos plexos hipogástricos. A inervação simpática noradrenérgica inibe a motilidade do cólon, que é também ricamente inervado pelo SNE. As fibras parassimpáticas e simpáticas eferentes fazem sinapses nos plexos intramurais.

Há duas classes de marca-passo no cólon.

No cólon, há duas classes de marca-passo. O que se localiza próximo à submucosa, no limite entre a musculatura circular e a submucosa, que apresenta um REB de 6 ondas lentas/min, e o situado entre as musculaturas longitudinal e circular, com um

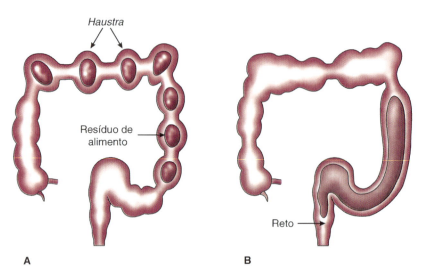

Figura 60.23 • Esquema das haustrações no cólon (**A**) e movimento em massa conduzindo o material colônico ao reto (**B**).

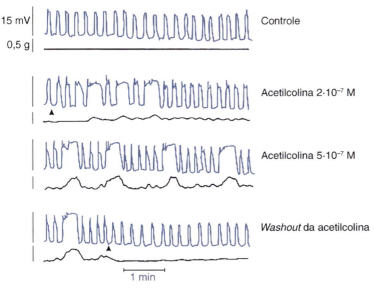

Figura 60.24 • Efeito de doses crescentes de acetilcolina sobre as atividades elétrica e motora da musculatura circular do cólon, *in vitro*. *Registros em azul*: atividade elétrica. *Registros em preto*: atividade motora. *De cima para baixo*: condição controle (sem acetilcolina), adição de $2 \cdot 10^{-7}$ M de acetilcolina, adição de $5 \cdot 10^{-7}$ M de acetilcolina e *washout*, ou lavagem, da acetilcolina da preparação. (Adaptada de Berne *et al.*, 2004.)

REB de 20/min. A Figura 60.25 mostra registros intracelulares de ondas lentas e de potenciais de ação da musculatura circular do cólon de cão, obtidos com microeletrodos. Os registros foram feitos a diferentes profundidades na musculatura circular, a partir do bordo submucoso, expressas em porcentagem da distância desse local (% representando o bordo submucoso e 100% o bordo mioentérico). Somente ondas lentas são observadas nas regiões próximas ao bordo submucoso. Entre as duas regiões, há os dois tipos de atividade, com frequências diferentes. No quadro pequeno à direita da figura, estão mostradas uma onda lenta, em azul, e a contração em fase com ela, em preto.

O reflexo da defecação é coordenado pela medula sacral e consiste em relaxamento do EEI e contração do EEA, sendo desencadeado por movimento de massa em resposta a reflexos ortotáxico, gastrocólico e gastroileal.

O *movimento de massa* ocorre 1 a 3 vezes/dia. É um movimento propulsivo, que pode percorrer toda a extensão do cólon, desde a sua região proximal até a distal, conduzindo o conteúdo colônico para o reto. Mais frequentemente, porém, esse movimento acontece no cólon distal. Ele resulta dos *reflexos ortotáxico, gastrocólico e gastroileal*. O primeiro consiste em aumento da motilidade do cólon em resposta à mudança da posição horizontal para a vertical; os outros dois surgem ao despertar, em resposta ao aumento da atividade contrátil e secretora gástrica, desencadeado pela chegada do alimento ao estômago depois do desjejum. Estes reflexos são coordenados pelo nervo vago, no cólon proximal, e pelo pélvico, no distal. São afetados, também, por hormônios gastrintestinais, tanto pela gastrina como pela CCK, cujos níveis plasmáticos elevam-se após uma refeição.

Quando o reto se distende pela chegada das fezes ao seu interior, devido ao movimento de massa, se desencadeia o *reflexo da defecação*. Essa distensão é passiva, e pode provocar o reflexo da defecação caso seja suficientemente grande. Nesta situação, ocorrem a distensão ativa do reto e o reflexo da defecação (Figura 60.26).

O reflexo da defecação consiste no relaxamento do esfíncter anal interno (EAI) e na contração do esfíncter anal externo (EAE). A Figura 60.27 mostra os registros das pressões dentro do reto e nos dois esfíncteres anais durante o reflexo da defecação. Quando as fezes distendem o reto, há aumento passivo de sua pressão interna, que é suficiente para ele se contrair e aumentar ainda mais a pressão, agora ativamente. Isto é acompanhado de redução da pressão do EAI, que se relaxa, e por aumento da pressão do EAE, que se contrai. Como as fezes continuam a entrar no reto, as pressões no EAI diminuem de amplitude e no EAE aumentam.

A distensão do reto, além de desencadear o reflexo da defecação, sinaliza a conscientização da necessidade de evacuação. Se esta for protelada, os esfíncteres retomam os seus tônus normais e ocorre retropropulsão das fezes do reto ao sigmoide. A perda deste reflexo, que pode advir de lesões da medula sacral, induz defecação toda vez que o reto é distendido, causando incontinência fecal.

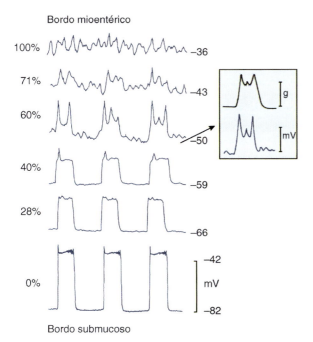

Figura 60.25 • Registros das atividades elétricas e contráteis do cólon, obtidos em diferentes profundidades da musculatura circular, expressas em porcentagem relativa à distância do bordo submucoso. Explicação da figura no texto. (Adaptada de Berne e Levy, 1983.)

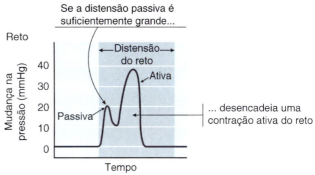

Figura 60.26 • Alteração da pressão no reto, pela entrada das fezes no seu interior. Explicação da figura no texto. (Dados de Schuster *et al.*, 1965; adaptada de Boron e Boulpaep, 2005.)

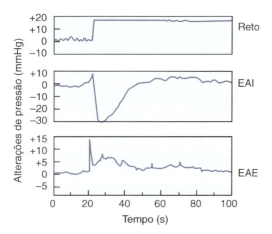

Figura 60.27 • Registros de pressão no reto e nos esfíncteres anais durante o reflexo da defecação. *EAI*, esfíncter anal interno; *EAE*, esfíncter anal externo. Explicação no texto. (Dados de Schuster *et al.*, 1965; adaptada de Boron e Boulpaep, 2005.)

A defecação é um processo complexo que envolve controle reflexo involuntário e regulação voluntária. O centro coordenador do reflexo localiza-se na medula sacral, e as vias são parassimpáticas colinérgicas. Centros nervosos superiores modulatórios agem sobre a medula sacral. O simpático não participa do controle do processo de defecação. O controle voluntário sobre o processo é exercido pelo *nervo somático pudendo*, que inerva o esfíncter anal externo e o músculo puborretal.

Se a defecação acontecer, há relaxamento voluntário do EAE e relaxamento do músculo puborretal, o que retifica o cólon sigmoide em relação ao reto, facilitando a expulsão das fezes. Participam do processo de expulsão das fezes os músculos respiratórios e os abdominais.

A evacuação é precedida de inspiração profunda, o que move o diafragma para baixo. A glote é fechada. As contrações da musculatura respiratória com os pulmões cheios e a glote fechada elevam as pressões intratorácica e intra-abdominal. As contrações da musculatura abdominal elevam ainda mais a pressão no abdome, forçando a expulsão das fezes. O assoalho pélvico relaxa-se, provocando seu deslocamento para baixo e prevenindo o prolapso do reto.

Alterações patológicas da motilidade do cólon

As alterações do trânsito intestinal ainda não são bem compreendidas. Diminuição causa constipação intestinal e aumento, diarreia. Fatores dietéticos podem afetar o tempo de trânsito intestinal. Uma dieta rica em fibras vegetais faz crescer o trânsito no cólon, por mecanismo não conhecido.

A *doença de Hirschsprung* ou *megacólon congênito* caracteriza-se por ausência de SNE, frequentemente no cólon distal e no esfíncter anal interno, podendo, entretanto, atingir segmentos maiores do cólon e do reto. Os segmentos envolvidos apresentam tônus aumentado, o que reduz o lúmen intestinal, havendo ausência de atividade propulsiva. Por este motivo, o reflexo da defecação é inexistente, ocorrendo constipação intestinal. Há também dilatação das regiões do cólon localizadas acima dos segmentos contraídos, causando o megacólon. O tratamento é cirúrgico.

Outra condição patológica comum é a *síndrome do cólon irritável*, caracterizada por alterações da motilidade do cólon sigmoide. Em alguns casos, ocorre aumento da motilidade do cólon sigmoide, acarretando diarreia; em outros, há diminuição da sua motilidade, provocando constipação intestinal. Em ambos os casos, existe dor abdominal. A etiologia desta patologia ainda não é clara. Supõe-se que seja consequência de um condicionamento das respostas autonômicas a condições externas como estresse, medicamentos, hormônios etc. Outros autores sugerem que esta síndrome pode resultar de alterações da atividade elétrica da musculatura do cólon.

Resumo

Motilidade do cólon e defecação

1. *Haustrações* são segmentações do cólon resultantes da contração da musculatura circular mais concentrada nas *taeniae coli*.
2. A progressão do quimo do íleo ao ceco ocorre por regulação mioentérica do esfíncter ileocecal. Este se relaxa à frente da contração do íleo e se contrai por aumento da pressão no cólon descendente.
3. No *cólon ascendente*, ocorrem haustrações com retropropulsão do quimo, misturando-o e expondo-o à mucosa, o que otimiza a absorção de água e íons que ocorre, principalmente, neste segmento.
4. Nos *cólons transverso, descendente* e *sigmoide*, não há retropropulsão, e as haustrações têm função de amassamento e lubrificação das fezes.
5. Entre as defecações, o *reto* e o *canal anal* estão normalmente vazios e relaxados, ao passo que os *esfíncteres anais*, contraídos. A atividade motora do reto é maior que a do sigmoide.
6. *Movimentos de massa* ocorrem 3 vezes/dia, em resposta aos reflexos ortotáxico, gastrocólico e gastroileal. São contrações que podem percorrer grandes extensões do cólon, propelindo as fezes para o reto.
7. A distensão do reto desencadeia o *reflexo da defecação*, coordenado na medula sacral, e sinaliza a conscientização da necessidade de evacuar. Este reflexo consiste em relaxamento do EAI e contração do EAE. Os esfíncteres readquirem seus tônus normais se a defecação não ocorre, e as fezes sofrem retropropulsão para o sigmoide.
8. A *defecação* se dá por relaxamento voluntário do EAE em resposta ao reflexo da defecação. Esta fase é coordenada pela medula sacral com eferência de centros nervosos superiores.
9. O EAE tem musculatura estriada e é inervado pelo *músculo somático pudendo*, que inerva também o *músculo puborretal*.
10. Na evacuação, ocorre contração das musculaturas respiratória e abdominal, com aumento das pressões torácica e abdominal auxiliando a expulsão das fezes. Há relaxamento do músculo puborretal, com retificação do sigmoide e dos músculos do assoalho pélvico.
11. A estimulação parassimpática colinérgica aumenta a motilidade do cólon; a simpática noradrenérgica a diminui, causando *constipação intestinal (obstipação)*.

BIBLIOGRAFIA

BERNE RM, LEVY MN. *Physiology*. 4. ed. Mosby Inc., St. Louis, 1998.

BERNE RM, LEVY MN, KOEPPEN BM *et al*. *Physiology*. 4. ed. Mosby Inc., St. Louis, 2004.

BORON WF, BOULPAEP EL. *Medical Physiology*. W.B. Saunders Co., Philadelphia, 2005.

BRICK BM, SCHLEGEL JF, CODE CF. The pressure profile of the gastroduodenal junctional zone in dogs. *Gut*, 6:163-71, 1965.

BUCHAN AMJ. Digestion and absorption. In: PATTON HD, FUCKS AS, HILLE B *et al*. (Eds.). *Textbook of Physiology*. 21. ed. WB Saunders Co., Philadelphia, 1989.

DAVENPORT HW. *Physiology of Digestive Tract*. 3. ed. Year Book Medical Publishers Inc., Chicago, 1971.

HINDER RA, KELLY KA. Canine gastric emptying of solids and liquids. *Am J Physiol*, 233:E335-40, 1977.

JOHNSON LR. *Gastrointestinal Physiology*. The Mosby Physiology Monograph Series. 6. ed. 2001.

JOHNSON LR (Ed.). *Physiology of the Gastrintestinal Tract*. Raven Press, New York, 1981.

SCHUSTER MM, HOOKMAN P, HENDRIX TR *et al*. Simultaneous manometric recording of internal and external anal sphincteric reflexes. *Bull Johns Hopkins Hosp*, 116:79-88, 1965.

Capítulo 61
Secreções do Sistema Digestório

Sonia Malheiros Lopes Sanioto

- Secreção salivar, *954*
- Secreção gástrica, *963*
- Secreção exócrina do pâncreas, *976*
- Secreção biliar, *987*
- Bibliografia, *995*

SECREÇÃO SALIVAR

A saliva é volumosa e hipotônica em relação ao plasma.

A saliva é um líquido que contém eletrólitos e solutos orgânicos secretados principalmente pelas glândulas salivares maiores – parótidas, submandibulares e sublinguais. Participam, também, de sua composição o líquido gengival, detritos celulares, microrganismos da cavidade oral e o líquido secretado por várias glândulas menores, dispersas em toda a mucosa oral.

A secreção salivar é extremamente importante na higiene, saúde e conforto da cavidade oral. A sua ausência, como ocorre na xerostomia (boca seca), é associada a infecções crônicas da mucosa oral e ao aumento da incidência de cáries dentárias.

A secreção salivar difere das outras secreções do sistema digestório pelas seguintes características:

- O volume da secreção salivar é grande, superando muito o peso das glândulas salivares. Por dia, secreta-se de 1 a 1,5 ℓ de saliva, o que corresponde a uma taxa secretória de 1 mℓ/min/g de tecido. Considerando os pesos relativos das glândulas salivares e do pâncreas, a secreção salivar é 50 a 70 vezes superior à pancreática
- As glândulas salivares têm elevado fluxo sanguíneo, cerca de 10 vezes maior que o do músculo esquelético em atividade, e, como consequência, apresentam alta taxa metabólica
- A secreção salivar é regulada, principalmente, pelo sistema nervoso autônomo, ao contrário das outras secreções do sistema digestório, que têm regulação neuro-hormonal
- A saliva final é hipotônica em relação ao plasma; as secreções gástrica, pancreática e biliar são isotônicas.

> *Xerostomia* é uma neuropatia congênita ou causada por lesão dos VII e IX nervos cranianos. Resulta na ausência crônica da secreção salivar ou "boca seca". Ocasiona lesões das mucosas oral e esofágica, por ausência do efeito lubrificador da mucina; provoca, também, aumento da incidência de cáries dentárias por processos infecciosos, devidos à ausência de anticorpos (imunoglobulinas) e de substâncias bactericidas (lisozima) e bacteriostáticas (lactoferrina) na secreção salivar.

As glândulas salivares maiores são tubuloacinares.

Há três pares de glândulas salivares maiores – parótidas, submandibulares e sublinguais – além de várias pequenas glândulas espalhadas na mucosa oral. Essas três glândulas produzem, aproximadamente, 90% da secreção salivar total. As submandibulares e sublinguais são responsáveis por cerca de 70% do fluxo salivar basal, não estimulado, ao passo que as parótidas respondem por 15 a 20% e as glândulas salivares menores, por 5 a 8%. Entretanto, as parótidas e as submandibulares se responsabilizam por 45 a 50% do fluxo salivar estimulado pela presença de alimento na cavidade oral, enquanto a contribuição das outras glândulas é menor. As glândulas parótidas são maiores que as demais e localizam-se entre o ângulo da mandíbula e o poro acústico externo; as submaxilares situam-se abaixo do corpo da mandíbula e as sublinguais, anteroinferiormente ao rebordo mandibular, abaixo da língua (Figura 61.1).

Estruturalmente, as glândulas salivares são tubuloacinares. Os ácinos são as unidades secretoras, contendo entre 15 e 100 células. Os grupos de ácinos são delimitados por tecido conjuntivo, formando lóbulos. As células acinares sintetizam e secretam proteínas e um líquido com composição eletrolítica semelhante à do plasma e isotônico em relação a ele. Esta secreção acinar denomina-se *saliva primária*; é drenada do lúmen dos ácinos para os *ductos intercalares* que, nas porções mais distais, são chamados de *ductos estriados*, devido às dobras das membranas basolaterais das células epiteliais. Nestas dobras, aninham-se inúmeras mitocôndrias, indicando intensa atividade metabólica, envolvida em processos de transporte de íons entre os compartimentos luminal e intersticial-plasmático. Os ductos estriados dos diversos ácinos unem-se, formando os *ductos intralobulares*; estes se juntam aos de outros lóbulos, originando os *ductos extralobulares*, que, progressivamente, aumentam de diâmetro, passando a formar os *ductos excretores principais*, que se abrem na cavidade oral (ver Figura 61.1).

A *saliva primária ou acinar*, ao ser drenada pelo sistema de ductos excretores, sofre alterações de sua composição iônica; isso acontece devido aos processos de transporte de íons pelas duas membranas das células epiteliais dos ductos estriados. Assim, a saliva final secretada na cavidade oral resulta da ação de distintas populações de células epiteliais, as células acinares e as dos ductos.

A *secreção proteica acinar* resulta, também, de diferentes populações de células. As *parótidas* secretam uma solução

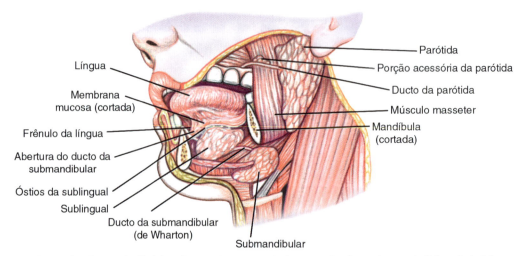

Figura 61.1 ■ Localização dos três pares de glândulas salivares maiores, responsáveis por 90% da saliva total secretada. (Adaptada de Solomon *et al.*, 1990.)

denominada *secreção serosa*, que contém relativamente baixo conteúdo de glicoproteína (mucina) e maior conteúdo de α-amilase salivar (ptialina). A secreção das *sublinguais* é, predominantemente, *mucosa*. As *submandibulares* têm uma secreção *mista* de mucina e de enzima (Figura 61.2). As glândulas salivares menores, espalhadas na mucosa da cavidade oral, secretam, fundamentalmente, mucina.

A Figura 61.3 é um esquema da estrutura da glândula mista submandibular humana. As células acinares são mantidas unidas pelos complexos juncionais, tendo como elementos estruturais mais apicais as *tight junctions*; as células acinares intercomunicam-se por *gap junctions*. Os ácinos são envoltos por células mioepiteliais alongadas, que contêm filamentos de miosina e actina que, ao se contraírem, expulsam a secreção acinar (ou saliva primária), drenada do lúmen dos ácinos para o sistema de ductos excretores.

As glândulas salivares são altamente vascularizadas. O fluxo sanguíneo é suprido por ramos da carótida externa, a maxilar interna, a qual forma uma rede de arteríolas e capilares que envolvem os ácinos e os ductos. O sangue arterial flui em sentido oposto (ou em contracorrente) ao do fluxo salivar. O sangue venoso circula por uma rede de vênulas, sendo drenado para a circulação sistêmica.

A *inervação eferente* para as glândulas salivares é efetuada pelo sistema nervoso autônomo parassimpático e simpático, cujos principais neurotransmissores são a acetilcolina e a norepinefrina, respectivamente. Estes neurotransmissores ligam-se a receptores localizados nas membranas basolaterais das células acinares e nas dos ductos. A *inervação aferente sensorial* percorre os nervos autônomos, sendo ativada por inflamações ou traumatismos das glândulas. O processo infeccioso mais comum das glândulas salivares é a *parotidite aguda*, causada pelo vírus da caxumba.

A saliva protege a mucosa oral e os dentes.

A *lubrificação* do bolo alimentar é feita pela *mucina* (N-acetilglicosamina), que, quando hidratada, forma o muco; este é secretado pelas glândulas de secreção mista e pelas várias glândulas mucosas espalhadas no tecido de revestimento interno da cavidade oral. Durante o processo de mastigação, o muco mistura-se às partículas alimentares, lubrifica o bolo alimentar e protege não só a mucosa oral como também os dentes da ação mecânica do alimento, além de facilitar o processo da deglutição. As proteínas que a saliva secreta são ricas em prolina, tendo, também, importância na lubrificação dos alimentos na cavidade oral.

A *diluição* e a *solubilização* dos alimentos pela saliva relacionam-se às seguintes funções:

- *Gustação*: uma vez que a solubilização dos alimentos estimula as papilas gustativas
- *Regulação da temperatura dos alimentos*: a diluição dos alimentos, efetuada pela saliva, resfria ou aquece os alimentos, conforme a temperatura corporal
- *Limpeza*: a saliva remove restos de alimentos que se alojam entre os dentes
- *Fonação*: o umedecimento da cavidade oral facilita a fonação
- *Ação tamponante*: resulta do pH alcalino da saliva; protege a mucosa oral contra alimentos ácidos e os dentes contra produtos ácidos da fermentação bacteriana dos resíduos alimentares alojados entre os dentes. Durante as ânsias que precedem o vômito, a salivação é grandemente estimulada, no sentido de proteger a mucosa oral contra o quimo ácido proveniente do estômago.

A saliva realiza, ainda, outras ações de proteção da cavidade oral e dos dentes, descritas a seguir.

- *Ação bactericida*: a saliva secreta *lisozima* (enzima que lisa as paredes de bactérias), SCN^- (ou *sulfocianeto*, que tem ação bactericida) e a *proteína ligadora de imunoglobulina A* (que é ativa contra vírus e bactérias)

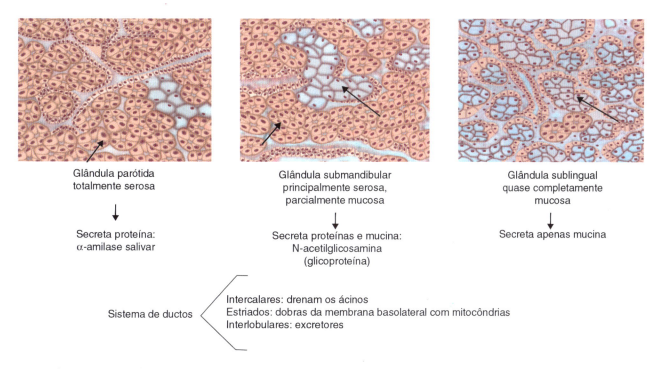

Figura 61.2 • Cortes histológicos dos lóbulos das glândulas parótidas, submandibulares e sublinguais. (Adaptada de Hansen e Koeppen, 2003.)

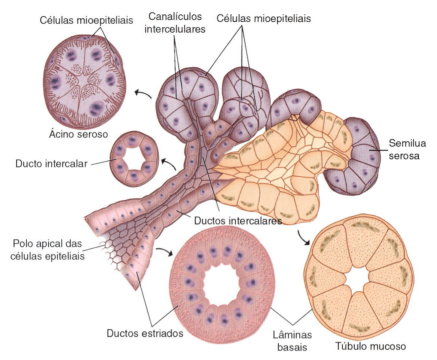

Figura 61.3 • Esquema da glândula submandibular humana, com base na sua aparência microscópica. (Adaptada de Berne et al., 2004.)

- *Ação bacteriostática*: desempenhada pela *lactoferrina*, substância quelante de ferro, que impede o crescimento de bactérias dependentes deste íon
- *Ação na cicatrização de feridas ou lesões da mucosa oral*: efetuada pela secreção do *fator de crescimento epidérmico*, razão pela qual os animais instintivamente lambem suas feridas
- *Ação antimicrobiana*: executada pelas *proteínas ricas em prolina*, que interagem com o Ca^{2+} e com a hidroxiapatita, participando da manutenção da integridade dos dentes
- *Incorporação de flúor e fosfato* aos dentes: estes íons são captados do sangue e concentrados pelas glândulas salivares, que os secretam na saliva.

Digitálicos, usados em procedimentos clínicos, aumentam as concentrações de Ca^{2+} e de K^+ na saliva, o que eleva a secreção salivar.

As enzimas salivares iniciam a digestão dos carboidratos e das gorduras.

São duas as principais enzimas secretadas pelas glândulas salivares: *α-amilase salivar* (ou *ptialina*) e *lipase lingual*. A primeira é sintetizada pelas células acinares; consiste em uma endoamilase, que hidrolisa ligações α[1-4]-glicosídicas no interior das cadeias polissacarídicas. O pH ótimo de ação da α-amilase é 7, mas ela pode agir entre pH 4 e 11, sendo rapidamente inativada a valores de pH menores que 4. Da ação exaustiva dessa endoamilase sobre a cadeia polissacarídica, resultam: (1) maltose (dissacarídio) e maltotriose (trissacarídio), ambas tendo cadeias retilíneas com ligações α[1-4]-glicosídicas, e (2) as α-limite dextrinas, com cadeias ramificadas α[1-6]-glicosídicas, contendo de 6 a 9 monômeros de glicose (mais informações no Capítulo 62, *Digestão e Absorção de Nutrientes Orgânicos*).

A ação da α-amilase salivar, na cavidade oral, dura pouco. Entretanto, ela continua no interior do bolo alimentar no estômago, durante a fase de armazenamento do alimento no fundo, quando as ondas peristálticas ainda não misturaram esse bolo com a secreção ácida gástrica. Assim, a α-amilase salivar hidrolisa até 75% dos carboidratos, da boca ao estômago. Esta enzima não é essencial, uma vez que sua ação hidrolítica sobre os carboidratos é suprida pela α-amilase pancreática, secretada em grande quantidade pelas células acinares do pâncreas.

A *lipase lingual* é secretada pelas glândulas de *von Ebner da língua*; esta enzima hidrolisa os triacilgliceróis, resultando em ácidos graxos livres e monoacilgliceróis. Essa lipase difere da gástrica, embora existam entre elas 80% de homologia na sequência aminoacídica. As lipases lingual e gástrica são denominadas lipases ácidas ou pré-duodenais, porque são ativas nos valores de pH inferiores a 4, diferindo da lipase pancreática tanto no que se refere ao pH de ação como ao mecanismo hidrolítico. Elas também não são essenciais; tornam-se, porém, importantes na ausência da pancreática ou na falha de sua ação (detalhes no Capítulo 62).

A *calicreína* é outra enzima produzida nas células mesenquimatosas, que envolvem os ácinos e os ductos, sendo liberada no meio intersticial durante a estimulação neural da secreção salivar. Esta enzima catalisa a produção de *bradicinina*, a partir de proteínas plasmáticas específicas. A bradicinina é um potente vasodilatador, que eleva o fluxo sanguíneo e a taxa metabólica das glândulas salivares.

Também são secretadas na saliva pequenas quantidades de *RNAases*, *DNAases* e *peroxidase*. A saliva é uma via de excreção das substâncias dos grupos sanguíneos A, B, AB e O.

A composição eletrolítica salivar varia com a taxa secretória.

A composição iônica da saliva varia com o fluxo secretor, conforme mostrado na Figura 61.4. A baixos fluxos secretórios, sua composição difere fundamentalmente da do plasma, sendo hipotônica quanto a ele. O aumento do fluxo secretor aproxima a composição salivar à do plasma, elevando sua tonicidade,

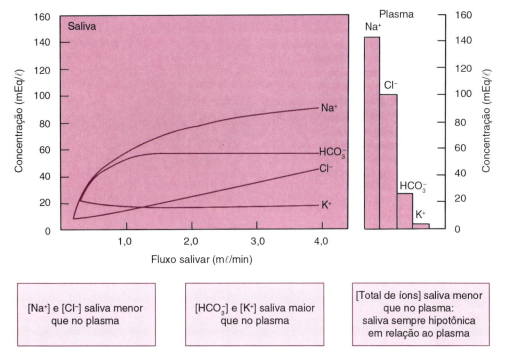

Figura 61.4 • Variações da composição iônica da saliva final, em função da magnitude do fluxo secretor. (Adaptada de Berne *et al.*, 2004.)

embora a saliva continue sendo hipotônica em relação ao plasma. Mesmo a altas taxas secretórias, a tonicidade da saliva é de cerca de 70% a do plasma. As concentrações de Na^+ e de Cl^- elevam-se com o aumento do fluxo salivar, mas mantêm-se sempre inferiores às plasmáticas. A concentração de K^+ é sempre superior à plasmática; a baixas taxas de secreção salivar, atinge 100 mM ou mais. Quando o fluxo salivar é baixo, o pH da saliva torna-se ligeiramente ácido. Mas este eleva-se com a estimulação do fluxo secretor, devido ao crescimento da concentração de HCO_3^-, que pode chegar até 100 mM, conferindo à saliva pH próximo a 8. Assim, o principal ânion da saliva final é o HCO_3^- e o principal cátion, o Na^+ (este, porém, sempre está em concentração menor que a do plasma).

A composição salivar varia com o fluxo secretor.

No interior do ácino e dos ductos intercalares, a saliva apresenta composição eletrolítica e tonicidade semelhantes às plasmáticas, sendo denominada *saliva primária*. As concentrações de α-amilase na saliva primária dependem do tipo de estimulação neural para a sua secreção.

Quando a saliva primária flui para os ductos estriados e excretores, sofre alterações de sua composição. Quanto maior é o fluxo secretor, maiores são as concentrações de Na^+, Cl^- e de HCO_3^- (ver Figura 61.4). Após o fluxo salivar ter atingido valores próximos a 1,0 mℓ/min, as concentrações de HCO_3^- e de K^+ mantêm-se altas, porque as suas secreções permanecem constantes e independem da taxa secretória. A concentração de HCO_3^- pode alcançar valores de 100 mM ou até maiores, conferindo à saliva um pH próximo a 8. Também a concentração de K^+ na saliva continua alta, cerca de 4 a 5 vezes superior à plasmática.

O modelo clássico, de dois estágios, é utilizado para explicar as alterações da composição eletrolítica da saliva e de outras secreções do sistema digestório.

Este modelo é uma tentativa para explicar a dependência da composição iônica salivar com a magnitude do fluxo secretor. Tal modelo foi desenvolvido com base na composição da saliva, medida com microeletródios, em experimentos de micropunção do lúmen dos ácinos e dos ductos intercalares e excretores. Verificou-se que a saliva nestas porções apresenta composição eletrolítica e tonicidade semelhantes às plasmáticas (saliva primária). Este é o *primeiro estágio da secreção*. O *segundo* refere-se às alterações de composição da saliva quando ela flui para os ductos estriados e secretores. Nos ductos, ocorreria reabsorção de Na^+ e de Cl^-, que retornariam ao plasma, e secreção de HCO_3^- e de K^+, do plasma para o lúmen tubular, conforme esquema da Figura 61.5. À medida que a saliva flui pelos ductos, ela se tornaria hipotônica quanto ao plasma, pois o epitélio dos ductos excretores é pouco permeável à água.

Este modelo propõe que as alterações da composição eletrolítica salivar dependam do fluxo de saliva nos sistemas de ductos. Quanto mais rapidamente a saliva flui pelos ductos excretores (quanto maior é o fluxo), menos tempo estaria disponível para que estas trocas iônicas acontecessem, e as concentrações de Na^+ e de Cl^- permaneceriam altas e mais próximas das plasmáticas. Quando o fluxo secretor é menor, mais tempo disponível existiria para que as trocas se efetuassem; por isso, a fluxos baixos, as concentrações de Na^+ e de Cl^- seriam menores. Esta hipótese tem sido amplamente publicada em livros-textos. Entretanto, ela levanta várias questões. A mais pertinente delas refere-se à cinética e à afinidade dos transportadores com os substratos. Observa-se que as concentrações de HCO_3^- e de K^+ mantêm-se constantes após o fluxo secretor alcançar valores de 1 mℓ/min. Além disso, quando os processos de transporte dos íons através das células epiteliais dos ductos são propostos, fica difícil entender suas estequiometrias; assim, ainda não foram esclarecidas, principalmente, as elevadas concentrações de HCO_3^- e de K^+ na saliva final.

A regulação do fluxo salivar é apenas neural.

Como já referido, a regulação do fluxo salivar é, fundamentalmente, neural e controlada pelo sistema nervoso autônomo

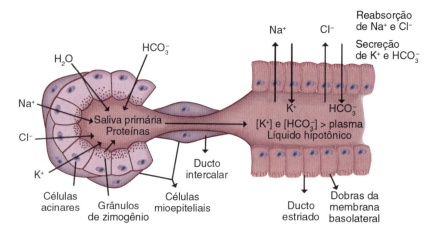

Figura 61.5 • Modelo dos dois estágios para a secreção salivar. As células acinares secretam um líquido com composição eletrolítica semelhante à do plasma e isotônica em relação a ele, conhecido como saliva primária. Os ductos estriados modificam essa composição eletrolítica da saliva primária, reabsorvendo NaCl e secretando K+ e HCO$_3^-$, cujas concentrações na saliva final são superiores às plasmáticas. Não estão ainda esclarecidos os mecanismos da secreção de HCO$_3^-$ e de K+.

(SNA). Alguns hormônios, como o antidiurético (vasopressina) e a aldosterona, podem afetar a composição da saliva, diminuindo a secreção de Na+ e elevando a de K+, mas estes hormônios não regulam o fluxo salivar. Neste sentido, a regulação da secreção salivar difere daquelas que ocorrem no estômago, no pâncreas e na vesícula biliar, que são reguladas tanto pelo SNA como pelo sistema nervoso intrínseco (SNI) e por hormônios do sistema digestório.

A inervação extrínseca das glândulas é efetuada pelo SNA. A inervação eferente para as glândulas submandibular e sublingual é complexa.

As *fibras parassimpáticas eferentes pré-ganglionares* para as *glândulas submandibular e sublingual* partem do *núcleo salivatório superior*, situado na formação reticular do tronco cerebral, e se acoplam ao *nervo facial (VII par)*; este nervo envia, também, fibras para as glândulas lacrimais, glândulas mucosas do palato, das cavidades nasais e da língua. Do nervo facial, origina-se o *nervo corda do tímpano*, cujas fibras juntam-se ao *nervo lingual*, ramo do *nervo mandibular (V par)*. Nas proximidades das glândulas, estas fibras fazem sinapses no *plexo submandibular*, de onde partem as *fibras pós-sinápticas* para as glândulas submandibular e sublingual. A *inervação simpática eferente pré-ganglionar* vem dos *segmentos T$_1$, T$_2$ e T$_3$* da medula espinal, fazendo sinapses nos *gânglios cervicais superiores*, de onde partem as fibras pós-sinápticas para as glândulas submandibular e sublingual (Figura 61.6).

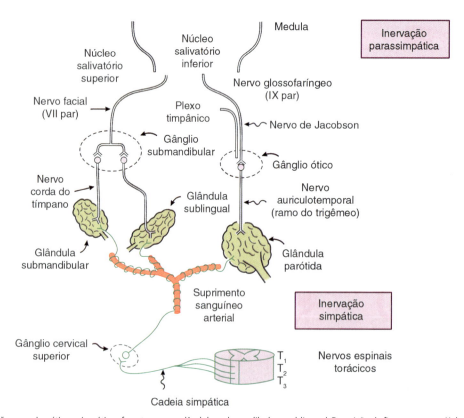

Figura 61.6 • Inervação parassimpática e simpática eferente para as glândulas submandibular e sublingual. Descrição da figura no texto. (Adaptada de Thomas, 1987.)

As *fibras parassimpáticas eferentes pré-ganglionares* para as *glândulas parótidas* provêm do *núcleo salivatório inferior*, localizado no bulbo, e se incorporam ao nervo *glossofaríngeo (IX par)*; este, também, envia fibras para a língua e para pequenas glândulas salivares do assoalho da boca. Tal nervo atravessa o *plexo timpânico*, de onde segue, via *nervo petroso menor*. Este faz sinapse no *gânglio ótico*, de onde vão para as parótidas as fibras *pós-sinápticas*, que se acoplam ao *nervo auriculotemporal (V par)*. A inervação simpática das glândulas parótidas é semelhante à descrita para as glândulas submaxilar e sublingual e caminha ao longo dos vasos sanguíneos que irrigam as glândulas.

A estimulação parassimpática colinérgica inicia e mantém a secreção salivar.

As fibras pós-ganglionares parassimpáticas são predominantemente colinérgicas. A acetilcolina, ligando-se aos receptores muscarínicos (inibíveis por atropina) da membrana basolateral das células acinares, eleva o nível citosólico de Ca^{2+} via trifosfato de inositol (IP_3) e DAG, além de ativar as proteinoquinases C (PKC), que, por meio de fosforilação de proteínas específicas, induzem aumento do fluxo salivar e também da secreção proteica acinar. A estimulação parassimpática tem, também, efeito trófico sobre as glândulas salivares. O bloqueio parassimpático leva à atrofia das glândulas salivares. Alguns medicamentos de uso psiquiátrico causam "boca seca", devido às suas propriedades anticolinérgicas.

A estimulação parassimpática induz, também, crescimento do fluxo sanguíneo das glândulas e aumento da atividade metabólica. A elevação do fluxo sanguíneo é resistente à atropina e estimulada por fibras parassimpáticas peptidérgicas, que liberam a substância P e o VIP (peptídio vasoativo intestinal), os quais induzem vasodilatação. As células acinares têm receptores para a substância P, a qual aumenta o nível de Ca^{2+} citosólico (Figura 61.7). A elevação do Ca^{2+} citosólico ativa canais para K^+ e para Na^+ da membrana basolateral, o que faz crescer a atividade da Na^+/K^+-ATPase e estimula a secreção fluida.

A estimulação simpática noradrenérgica tem efeito bifásico sobre a secreção salivar.

As fibras pós-ganglionares simpáticas liberam norepinefrina, que se liga a dois tipos de receptores: *receptores* β_1, cujo segundo mensageiro é o cAMP que estimula predominantemente a secreção enzimática, e *receptores* α_1, que, via IP_3, elevam o nível de Ca^{2+} citosólico potencializando o efeito da acetilcolina. A interrupção da inervação simpática tem pouco efeito trófico sobre as glândulas salivares.

Inicialmente, a estimulação simpática eleva o fluxo secretor, principalmente por estimular a contração das células mioepiteliais, via receptores adrenérgicos, e por potencializar o efeito da acetilcolina, elevando a concentração citosólica de Ca^{2+}; mas, como causa vasoconstrição, em uma segunda fase, diminui a secreção salivar. A secreção estimulada por agonistas adrenérgicos é, portanto, de pequeno volume, viscosa (porque é rica em muco) e com alta concentração de K^+ e de HCO_3^-. Assim, situações de estresse, medo, excitação e ansiedade provocam "boca seca".

A secreção fluida das células acinares.

Vários mecanismos têm sido propostos para explicar os processos celulares de transporte iônico, responsáveis pela secreção de água e eletrólitos, pelas células acinares das glândulas salivares. O mecanismo mais fácil de entender é o ilustrado na Figura 61.8 A. Neste, as células acinares contêm na membrana basolateral, além da Na^+/K^+-ATPase, o cotransportador eletroneutro $Na^+:2Cl^-:K^+$, denominado $NKCC_1$, ativado por secretagogos; estes elevam a concentração citosólica de Ca^{2+} e incorporam na membrana canais para K^+ ativados por Ca^{2+}. A membrana luminal tem canais para Cl^- também ativados por Ca^{2+}. A Na^+/K^+-ATPase mantém os gradientes de Na^+ e de K^+, entre os meios intra e extracelular. O cotransportador $NKCC_1$ efetua o transporte ativo secundário de K^+ e de Cl^-, dissipando o gradiente de potencial eletroquímico do Na^+, mantido pela Na^+/K^+-ATPase. Com isso, a concentração intracelular de Cl^- eleva-se acima do seu equilíbrio eletroquímico (ou de Nernst),

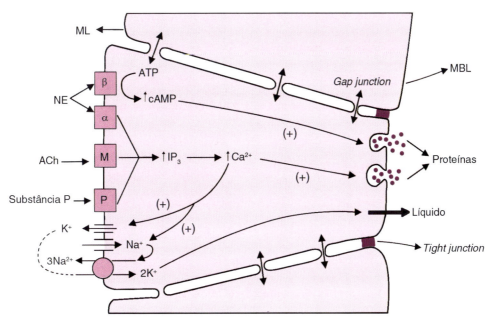

Figura 61.7 • Efeitos parassimpático e simpático sobre a secreção da célula acinar. *NE*, norepinefrina; *ACh*, acetilcolina; *IP₃*, trifosfato de inositol; *cAMP*, monofosfato de adenosina cíclico; *ML*, membrana luminal; *MBL*, membrana basolateral; *α e β*, receptores noradrenérgicos α e β, respectivamente; *M*, receptor muscarínico; *P*, receptor peptidérgico.

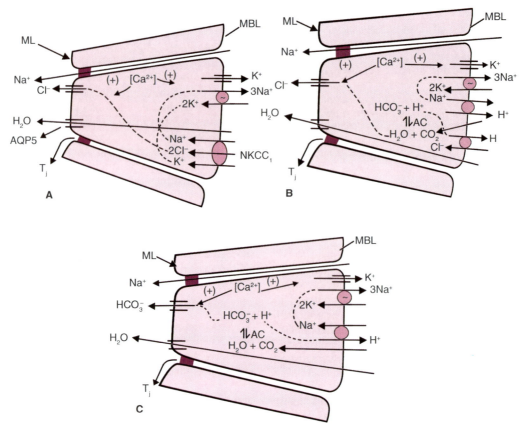

Figura 61.8 ▪ Modelos para a secreção fluida das células acinares. **A.** Neste modelo, o evento primário é a ativação do cotransportador Na⁺:2Cl⁻:K⁺ (NKCC₁) da membrana basolateral (MBL). **B.** Modelo baseado no contratransporte Cl⁻/HCO₃⁻ da MBL. **C.** Modelo que envolve a secreção de HCO₃⁻, através da membrana luminal (ML). *AQP5*, aquaporina 5; *AC*, anidrase carbônica; *T_j*, *tight junction*. (Adaptada de Turner e Sugiya, 2002.)

e Cl⁻ flui para o lúmen acinar, através dos canais ativados por Ca²⁺. Em condições basais, os canais para Cl⁻ e para K⁺ estão fechados, sendo ativados pela elevação da concentração citosólica de Ca²⁺ em resposta à estimulação pelos secretagogos, particularmente pela acetilcolina, via receptores muscarínicos. Com o aumento da condutância destes canais, há fluxo de KCl (de Cl⁻ para o lúmen do ácino e de K⁺ para o plasma). Devido ao fluxo secretor de Cl⁻, o lúmen do ácino torna-se mais eletronegativo, gerando gradiente elétrico para o fluxo transepitelial de Na⁺, que ocorre predominantemente por via intercelular, atravessando as *tight junctions* apicais. O movimento de NaCl para o lúmen do ácino gera um gradiente osmótico para o fluxo de água no mesmo sentido, que pode dar-se tanto por via intercelular como transcelular, uma vez que a membrana das células acinares tem aquaporinas (AQP). Uma isoforma, a AQP5, tem sido detectada nas membranas luminais de muitos epitélios secretores. Há evidências da presença deste mecanismo em células acinares de rato, coelho, e, presumivelmente, é o que ocorre em humanos.

Há também evidências de outros dois mecanismos alternativos. O modelo esquematizado na Figura 61.8 B propõe que o influxo de Cl⁻ através da membrana basolateral ocorra por um contratransporte Cl⁻/HCO₃⁻. O HCO₃⁻ é proveniente da ação da anidrase carbônica sobre a hidratação do CO₂, que penetra a membrana basolateral. Assim, há uma recirculação de HCO₃⁻ nesta membrana. O H⁺ é trocado com o Na⁺, através do contratransporte Na⁺/H da membrana basolateral (transporte ativo secundário). O Cl⁻ é secretado para o lúmen acinar via canais luminais, tornando o lúmen mais negativo e promovendo a secreção de Na⁺ e de água.

O terceiro modelo propõe uma secreção luminal de HCO₃⁻, via canais aniônicos, provavelmente os mesmos que secretam o Cl⁻. O HCO₃⁻ é proveniente da hidratação do CO₂ pela anidrase carbônica (Figura 61.8 C). É possível que os três mecanismos participem da secreção fluida das células acinares e coexistam, predominando um ou outro, na dependência de mecanismos modulatórios ativados nas diversas condições fisiológicas.

Em resumo, a secreção fluida das células acinares, que acompanha a proteica, tem composição semelhante à plasmática, contendo Na⁺, Cl⁻ e HCO₃⁻ e é isotônica em relação ao plasma. Esses estudos se baseiam em experimentos de micropunção do líquido acinar e dos ductos intercalares e medidas, com microeletrodos específicos, da determinação da sua composição.

A secreção fluida é modificada pelos ductos estriados.

Os ductos estriados têm alta taxa metabólica e modificam a composição da saliva primária acinar, por secreção de HCO₃⁻ e de K⁺. A baixos fluxos secretórios, a saliva torna-se mais hipotônica porque o epitélio dos ductos é impermeável à água e a sua composição difere fundamentalmente da plasmática. A altas taxas secretórias, a composição da saliva final aproxima-se da exibida pela saliva primária, embora continue hipotônica em relação ao plasma e com concentrações de HCO₃⁻ e de K⁺ mais elevadas que as plasmáticas. A concentração de HCO₃⁻ pode atingir valores de até 100 mM, o que confere à saliva valores de pH perto de 8. A concentração de K⁺ é próxima a 20 mM, ou seja, 5 ordens de grandeza superior à do plasma. As secreções de HCO₃⁻ e de K⁺, após uma taxa secretória de cerca de 1 a 2 mℓ/min, independem do fluxo, indicando mecanismos ativos de secreção. Os mecanismos celulares de transporte propostos nos ductos estriados estão esquematizados na Figura 61.9.

A secreção proteica nas células acinares.

Embora as secreções dos três pares de glândulas salivares sejam classificadas como serosa, mucosa ou seromucosa (de acordo com seus conteúdos relativos de mucina e α-amilase), as proteínas mais secretadas pelas células acinares são as ricas em prolina. Estas proteínas têm cerca de 1/3 de seus aminoácidos representados pela prolina, sendo secretadas nas formas acídica, básica e glicosilada. Elas exercem importantes funções protetoras, tanto da mucosa oral quanto dos ductos secretores e dos dentes, como já referido.

As proteínas secretadas em menores quantidades na saliva são: lipase, nucleases, lisozima, peroxidases, lactoferrina, imunoglobulina A, fatores de crescimento epidérmico e proteases vasodilatadoras (como a calicreína e a renina), conforme mostrado no Quadro 61.1.

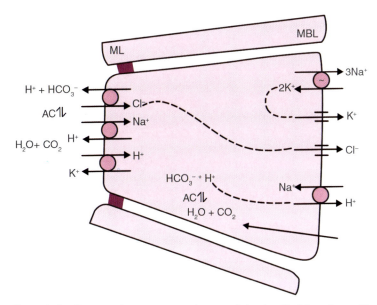

Figura 61.9 ▪ Processos de transporte nos ductos estriados das glândulas salivares. *AC*, anidrase carbônica; *ML*, membrana luminal; *MBL*, membrana basolateral. Explicações no texto. (Adaptada de Turner e Sugiya, 2002.)

A característica histológica mais evidente das células acinares é a presença dos grânulos secretórios eletrondensos, denominados grânulos de zimogênio, situados nos polos apicais das células, como mostrado no esquema da Figura 61.10. Estes grânulos são os locais de armazenamento das proteínas, secretadas em resposta à estimulação neural.

As células acinares apresentam o retículo endoplasmático rugoso extremamente desenvolvido, caracterizando intensa atividade de síntese proteica, além de terem uma maquinaria bioquímica especializada para o transporte vetorial das proteínas e para a sua exportação. A síntese proteica inicia-se com a tomada de aminoácidos pelas células e a sua incorporação às proteínas nascentes no retículo endoplasmático. O transporte vetorial destas proteínas é realizado por vesículas membranosas, do seu local de síntese para o sistema de Golgi, e deste para as vesículas de condensação e grânulos de zimogênio (cujos diâmetros são aproximadamente 2/3 inferiores aos das vesículas). Em resposta aos estímulos, os grânulos de zimogênio liberam as proteínas no lúmen acinar, por exocitose na membrana luminal. O processo de exocitose consiste em uma série de eventos, que envolvem: fusão das membranas dos grânulos à membrana luminal, liberação das proteínas e reciclagem das membranas dos grânulos. Esse processo eleva, cerca de 30 vezes, a área superficial da membrana luminal, com participação de várias proteínas e do citoesqueleto celular.

A estimulação simpática induz a exocitose dos grânulos de zimogênio nas glândulas parótidas e nas submandibulares, enquanto a parassimpática eleva a secreção proteica das sublinguais e de alguns ácinos das parótidas. O cAMP é o principal segundo mensageiro da secreção de α-amilase das parótidas, via ativação dos receptores β-adrenérgicos. O Ca^{2+} também estimula a secreção de α-amilase, em resposta

Quadro 61.1 ▪ Principais componentes orgânicos da saliva de mamíferos.

Componentes	Células sintetizadoras	Glândulas	Funções
Proteínas ricas em prolina	Acinares	P, SM	Formação do esmalte
			Ligação ao cálcio
			Antimicrobiana
			Lubrificação
Mucina (glicoproteínas)	Acinares	SL, SM	Lubrificação
			Antimicrobiana
Enzimas			
α-amilase	Acinares	P, SM	Hidrólise do amido
Lipase lingual	Glândulas de von Ebner	SL	Hidrólise lipídica
Ribonuclease	Ductais	SM	Hidrólise de RNA
Calicreína	Ductais	P, SM, SL	Protease
Outros			
Lactoperoxidase	Acinares	SM	Antimicrobiana
Lactoferrina	Acinares	?	Antimicrobiana
Lisozima	Ductais	SM	Antimicrobiana
Receptor para IgA	Ductais	?	Antimicrobiana
IgA	Ductais	?	Antimicrobiana
Fatores de crescimento	Ductais	SM	?

P, glândula parótida; *SM*, glândula submandibular; *SL*, glândula sublingual.

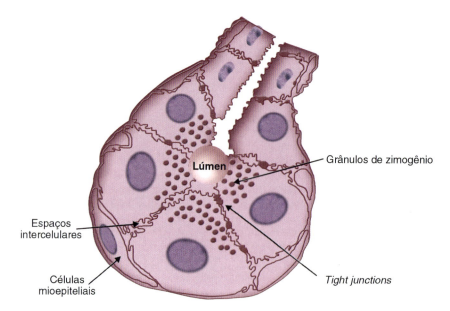

Figura 61.10 ▪ Esquema de um ácino da glândula salivar, secretora de α-amilase, mostrando os grânulos de zimogênio nos ápices das células acinares. As *tight junctions* mantêm as células acinares unidas, delimitando os espaços intercelulares. Há, também, *gap junctions* intercelulares, não mostradas no esquema. Note que células mioepiteliais envolvem os ácinos. (Adaptada de Berne *et al.*, 2004.)

à estimulação parassimpática, tanto de receptores muscarínicos como pela substância P (peptidérgica), ou estimulação de receptores α-adrenérgicos, embora de maneira menos intensa que a secreção estimulada pelo cAMP (ver Figura 61.7).

Síndrome de Sjögren primária

É uma doença autoimune, crônica e progressiva, que afeta, predominantemente, o sexo feminino. Gera anticorpos que reagem com as glândulas salivares e lacrimais, originando um processo inflamatório, com infiltração de linfócitos, produzindo lesões nos ácinos e nos ductos secretores, com diminuição das secreções. Nas glândulas salivares, existe perda da expressão do contratransportador Cl^-/HCO_3^- dos ductos estriados. A síndrome pode ser, também, secundária a uma manifestação sistêmica de doenças autoimunes, como acontece na artrite reumatoide. Os pacientes desenvolvem xerostomia e queratoconjuntivite (olhos secos). As proteínas-alvo do ataque autoimune não são determinadas; assim, não há terapia específica para o tratamento da síndrome. O tratamento é feito com substâncias estimulatórias da secreção salivar, como metilcelulose. Quando o comprometimento é grave, são utilizados corticoides e imunossupressores.

Fatores exógenos e endógenos atuam sobre a secreção salivar.

A salivação é inibida pelos seguintes fatores exógenos: fadiga, sono, medo e desidratação. Estimulada por estes: reflexos condicionados (de Pavlov) – que, em humanos, são ativados por diferentes receptores: visuais, auditivos, olfatórios – assim como por fatores psíquicos.

O principal fator endógeno que atua sobre o fluxo salivar é a chegada do alimento à cavidade oral, por ativação de mecanorreceptores e quimiorreceptores da mucosa oral e faríngea, a salivação, na denominada *fase cefálica da secreção salivar*. As ânsias, que precedem o vômito, também estimulam intensamente a salivação.

Os mecanismos de ação dos fatores exógenos e endógenos sobre a secreção salivar estão representados na Figura 61.11.

Resumo

Secreção salivar

1. A *saliva é hipotônica* em relação ao plasma, a qualquer fluxo secretório. Sua concentração de bicarbonato é de cerca de 120 mM a fluxos altos, conferindo à saliva um pH perto de 8, que neutraliza os alimentos ácidos e os produtos da ação bacteriana em alimentos que se alojam entre os dentes.
2. A composição da saliva é função do fluxo salivar. A *saliva primária acinar* tem composição próxima à plasmática, mas sofre alterações nos ductos estriados e excretores, com aumento da secreção de bicarbonato e potássio, cujas concentrações elevam-se com o aumento do fluxo salivar.
3. As *funções da saliva* são proteção da mucosa oral e dos dentes, além de função digestiva. A saliva facilita a fonação e estimula os receptores gustativos da cavidade oral. A *α-amilase salivar* hidrolisa o interior das cadeias de carboidratos; sua ação continua no estômago, antes da mistura do quimo com a secreção gástrica. Cerca de 75% dos carboidratos são hidrolisados da boca ao estômago. A *lipase lingual* é deglutida e, como age em pH ácido, hidrolisa triacilgliceróis no lúmen gástrico. As duas enzimas não são essenciais.
4. O *fluxo salivar* é alto (50 a 70 vezes maior que o pancreático), em consequência do alto fluxo sanguíneo das glândulas, que, por sua vez, é superior ao do músculo esquelético em atividade.
5. A *regulação do fluxo* salivar é efetuada apenas pelo SNA. A estimulação parassimpática para as glândulas sublingual e submandibular é via nervo corda do tímpano; para as parótidas, via nervo auriculotemporal. Aumenta e mantém a secreção. A estimulação simpática tem efeito bifásico: inicialmente, eleva a secreção e, posteriormente, a inibe (devido à vasoconstrição).
6. *Aumentam o fluxo salivar*: estímulos psíquicos, reflexos condicionados, olfação, gustação, audição e ânsias de vômito. *Diminuem-no*: medo, fadiga e sono.
7. O *SNA parassimpático eferente* tem *efeito trófico* sobre as glândulas, ocorrendo atrofia em caso de denervação.

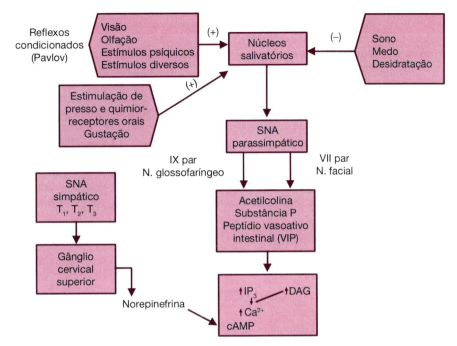

Figura 61.11 • Mecanismos neurais, exógenos e endógenos, reguladores da secreção salivar, por meio da estimulação dos núcleos salivatórios centrais. *SNA*, sistema nervoso autônomo; *IP$_3$*, trifosfato de inositol; *DAG*, diacilglicerol; *cAMP*, monofosfato de adenosina cíclico; *(+)*, aumento ou estimulação; *(–)*, diminuição ou inibição.

SECREÇÃO GÁSTRICA

O estômago tem funções secretórias, motoras e hormonais, importantes no processo digestivo. Além de HCl, esse órgão secreta enzimas (que continuam a hidrólise dos macronutrientes iniciada na cavidade oral), parácrinos e hormônios que regulam a secreção gástrica. Suas funções motoras são de extrema importância para: armazenamento do alimento, mistura com as secreções gástricas, trituração e regulação neuro-hormonal enterogástrica da velocidade de esvaziamento do conteúdo gástrico para o bulbo duodenal. Apesar de todas essas funções, o estômago não é um órgão essencial, e indivíduos gastrectomizados podem sobreviver e manter uma nutrição adequada.

O estômago tem a mesma estrutura básica da parede do TGI e exibe regiões secretoras que se diferenciam pelos tipos celulares predominantes nas glândulas gástricas.

Do ponto de vista secretor, as diferentes regiões do estômago são: *cárdia* – localizada logo abaixo do esfíncter esofágico inferior, contendo apenas glândulas secretoras de muco; *região oxíntica* – no corpo do estômago, corresponde a 80% da sua área total, suas glândulas têm grande número de células parietais ou oxínticas, além de células principais; *região antro-pilórica* – com glândulas contendo apenas células endócrinas: as células G, que secretam gastrina, e as células D, secretoras de somatostatina (Figura 61.12 A).

A estrutura básica do estômago apresenta o mesmo padrão dos demais órgãos do sistema digestório. A Figura 61.12 B é um esquema da parede gástrica, mostrando mucosa, lâmina própria, submucosa e muscular externa. A mucosa gástrica é altamente amplificada pelas glândulas gástricas. Estas se abrem na superfície luminal do estômago, em depressões ou *pits*, que se continuam formando o pescoço e o corpo da glândula, o qual se prolonga para o interior da mucosa até a muscular da mucosa. A Figura 61.12 C esquematiza uma glândula gástrica heterocelular. Os diferentes tipos de células encontradas são: *células mucosas superficiais* – colunares, envolvendo as aberturas das glândulas; *células mucosas do pescoço* das glândulas; *células indiferenciadas* ou *regenerativas* – mais profundamente localizadas no pescoço das glândulas, originam as células que migram para a superfície; *células parietais ou oxínticas* – secretoras de HCl e de fator intrínseco; *células principais ou pépticas* – secretoras de pepsinogênio; e *células endócrinas* – secretoras de gastrina e de somatostatina (Figura 61.12 D). Durante o processo digestivo, a mucosa gástrica sofre intensa esfoliação, e as células mucosas superficiais são substituídas por novas, a partir das células regenerativas do pescoço das glândulas.

A composição do suco gástrico e suas funções.

O estômago secreta 1 a 2 ℓ de líquido por dia, referido como *suco gástrico*. Os componentes desse suco, suas funções e locais de síntese são descritos a seguir.

- *HCl*: durante a estimulação, pode ser secretado a taxas bastante elevadas, alcançando concentrações entre 140 e 160 mM, conferindo ao suco gástrico pH próximo a 1 ou 2. Nos períodos interdigestivos, o pH luminal varia de 4 a 6. O pH ácido regula a secreção do pepsinogênio e a sua conversão à pepsina no lúmen gástrico. O HCl tem importante função bactericida e, na sua ausência, aumenta a incidência de infecções do sistema digestório. É produzido pelas *células parietais, ou oxínticas*, das glândulas gástricas do *corpo* do estômago
- *Pepsinogênio*: é produzido pelas *células pépticas ou principais* das glândulas gástricas do *corpo, antro e cárdia*. É lançado no lúmen gástrico na forma de proenzima, sendo hidrolisado a pepsina em valores de pH < 5. Em valores de pH < 3, o pepsinogênio é rapidamente ativado a pepsina. Esta é uma endopeptidase que hidrolisa ligações no interior das cadeias polipeptídicas
- *Lipase gástrica*: é lançada no lúmen gástrico na forma ativa. Trata-se de uma enzima que hidrolisa, em meio ácido, triacilgliceróis. É produzida por células específicas das

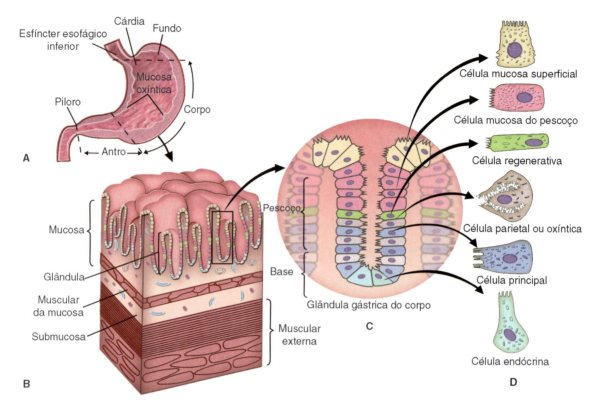

Figura 61.12 ▪ **A.** Regiões secretoras do estômago. **B.** Estrutura da parede gástrica. **C.** Glândula gástrica. **D.** Diferentes tipos celulares das glândulas. Descrição da figura no texto. (Adaptada de Binder, 2005.)

glândulas gástricas. Apresenta mais de 80% de homologia, na cadeia polipeptídica, com a lipase lingual; entretanto, são duas enzimas distintas com o mesmo mecanismo de ação. São denominadas lipases pré-duodenais ou ácidas
- *Muco*: dois tipos de muco são secretados pelo estômago. O secretado pelas *células superficiais* das glândulas gástricas, conhecido como "muco insolúvel ou visível", retém o HCO_3^- excretado por estas mesmas células. Este muco forma uma camada sobre a superfície luminal do estômago, participando do que se denomina *barreira mucosa gástrica*, que protege mecânica e quimicamente a superfície interna do estômago contra o HCl e a pepsina. O secretado pelas *células do pescoço* das glândulas gástricas forma o "muco solúvel", que é misturado aos alimentos, lubrificando-os, protegendo mecanicamente a mucosa gástrica durante o processo digestivo
- HCO_3^-: é secretado pelas *células superficiais mucosas* das glândulas gástricas. Fica retido na camada de muco insolúvel da barreira gástrica, tamponando o HCl e protegendo a mucosa gástrica
- *Gastrina*: é um hormônio gastrintestinal produzido pelas *células G* das glândulas gástricas da *região antral*. Entre outras ações secretagogas e motoras, a gastrina estimula diretamente a secreção de HCl pelas células parietais e tem efeito trófico sobre a mucosa gástrica, estimulando o seu crescimento
- *Somatostatina*: existe sob duas formas, dependendo da origem: quando secretada pelas *células D antrais*, é um *hormônio*; quando secretada pelas *células D do corpo gástrico*, próximas às células parietais, um *parácrino*. As células D localizam-se nas bases das glândulas gástricas. Nas duas formas, a somatostatina tem a função de regular a secreção de HCl, no sentido inibitório. As células D antrais são estimuladas pelo pH luminal intragástrico, enquanto as células D do corpo do estômago, reguladas por vias neurais e hormonais
- *Histamina*: é um parácrino secretado pelas *células enterocromafins da lâmina própria do corpo* gástrico. Estimula diretamente as células parietais
- *Fator intrínseco*: trata-se de uma glicoproteína produzida pelas *células parietais ou oxínticas*. É necessário para a absorção da vitamina B_{12}, no íleo. De todas as secreções do estômago, a única essencial é a do fator intrínseco. Na sua ausência, desenvolvem-se a anemia megaloblástica ou perniciosa, além de alterações neurológicas.

A composição eletrolítica do suco gástrico varia com a taxa secretória.

A composição eletrolítica do suco gástrico varia conforme a taxa ou fluxo secretório (mℓ/min). Esta variação, avaliada em indivíduo jovem normal, está mostrada na Figura 61.13. A baixas taxas secretórias, o suco gástrico é uma solução que contém NaCl e baixas concentrações de H^+ e K^+, sendo ligeiramente hipotônico em relação ao plasma. A altas taxas secretórias, em resposta à estimulação, a concentração de H^+ eleva-se e, simultaneamente, a de Na^+ diminui. As concentrações de Cl^- e de K^+ elevam-se ligeiramente. O suco gástrico torna-se isotônico quanto ao plasma e, na taxa máxima de secreção, é uma solução de HCl contendo K^+ (em concentração superior à plasmática) e pequenas concentrações de Na^+. A qualquer taxa secretória, porém, as concentrações de H^+, de Cl^- e de K^+ são superiores às plasmáticas. Assim, vômitos recorrentes podem conduzir a uma alcalose metabólica hipopotassêmica e hipoclorêmica.

Costuma-se considerar dois componentes da secreção gástrica. O *componente não parietal*, não estimulado ou basal,

Secreções do Sistema Digestório   965

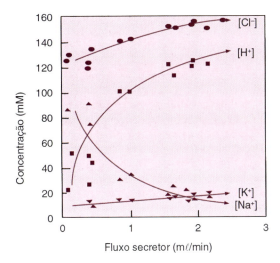

Figura 61.13 ▪ Secreção não parietal basal (*a fluxo baixo*) e secreção parietal após estimulação (*a fluxo alto*). (Adaptada de Davenport, 1982; e de Nordgren, 1963.)

de baixo volume e alcalino, contendo Na$^+$, Cl$^-$ e K$^+$ em concentrações semelhantes às plasmáticas e 30 mEq/ℓ de HCO$_3^-$. Quando o estômago é estimulado a secretar, nos períodos digestivos, uma *secreção parietal* se sobrepõe à não parietal, misturando-se a ela. Esta secreção é produzida pelas células parietais, que secretam um líquido ligeiramente hipertônico em relação ao plasma, com 150 a 160 mEq/ℓ de H$^+$ e cerca de 10 a 20 mEq/ℓ de K$^+$.

A taxa de secreção de HCl apresenta variações individuais, em função do número de células oxínticas. Em humanos, há cerca de 1 bilhão de células oxínticas; e as taxas médias de secreção de HCl são de 1 a 5 mEq/h, em condições basais, e de 6 a 40 mEq/h, durante o período digestivo.

Com a secreção, ocorrem alterações estruturais das células parietais.

As células parietais, na situação basal, apresentam um sistema de canalículos secretores fechados para o lúmen e poucas microvilosidades na membrana luminal. O citoplasma é preenchido por um sistema tubulovesicular, localizado principalmente na região apical da célula. As membranas deste sistema contêm: as proteínas transportadoras, a H$^+$/K$^+$-ATPase, os canais para Cl$^-$, além de anidrase carbônica.

Aproximadamente 10 min após uma estimulação, a superfície da membrana apical da célula aumenta cerca de 60 vezes, por aparecimento de microvilosidades, que resultam da fusão do sistema tubulovesicular com os canalículos excretores, que agora se abrem para o lúmen das glândulas. Como o sistema tubulovesicular agora está orientado, o grande número de mitocôndrias das células parietais torna-se aparente. Elevam-se as atividades e os números de enzimas e de sistemas transportadores nas microvilosidades. A Figura 61.14 esquematiza as estruturas de uma célula parietal, antes e 10 min depois da estimulação.

A secreção ativa de H$^+$, pela H$^+$/K$^+$-ATPase, pode ser inibida por omeprazol.

Quando o estômago está secretando ao máximo, o pH intragástrico pode chegar a valores próximos de 1, estabelecendo o maior gradiente de potencial químico do organismo, uma vez que o pH plasmático é 7,4; esse gradiente corresponde a uma diferença de concentração de H$^+$, entre o lúmen gástrico e o sangue, da ordem de 1 milhão, indicando um processo ativo para a secreção de H$^+$.

O H$^+$ secretado pelas células parietais provém da reação de hidratação do CO$_2$ resultante do metabolismo celular, gerando HCO$_3^-$ e H$^+$. Esta reação é catalisada pela anidrase carbônica (AC) que, quando o estômago está secretando, tem sua atividade aumentada. A altas taxas secretórias, o CO$_2$ provém também do plasma. O H$^+$ é secretado para o lúmen gástrico em troca por K$^+$ (transportado no sentido oposto), pela H$^+$/K$^+$-ATPase situada na membrana luminal. Esta ATPase é da mesma família das ATPase do tipo P, como a Na$^+$/K$^+$-ATPase e a Ca^{2+}-ATPase, tendo cerca de 60% de homologia com a Na$^+$/K$^+$-ATPase. O K$^+$, acumulado dentro da célula, vaza através de canais específicos nas duas membranas, a luminal e a basolateral.

O HCO$_3^-$ resultante da reação catalisada pela anidrase carbônica é transportado no sentido absortivo para o plasma, em

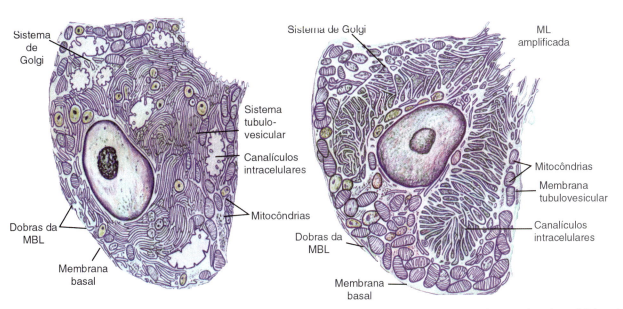

Figura 61.14 ▪ Célula parietal não estimulada (*à esquerda*) e 10 min depois da estimulação (*à direita*). *MBL*, membrana basolateral; *ML*, membrana luminal. (Adaptada de Johnson, 1997.)

troca por Cl⁻, por um contratransportador aniônico da membrana basolateral. Assim, durante a secreção gástrica, o pH do sangue venoso no estômago eleva-se pela absorção de HCO₃⁻, tornando-se maior que o pH do sangue arterial. Esta elevação do pH sanguíneo é conhecida como a fase alcalina pós-prandial e foi, durante muito tempo, associada à sonolência que ocorre nesse período (atualmente, acredita-se que essa sonolência seja determinada apenas por variações circadianas).

A força movente para o influxo celular de Cl⁻, contra gradiente, através da membrana basolateral, é provida pelo transporte de HCO₃⁻ no sentido oposto. Com o influxo de Cl⁻, sua concentração intracelular eleva-se acima da sua condição de equilíbrio eletroquímico (ou de Nernst), possibilitando que o Cl⁻ seja transportado passivamente para o lúmen gástrico, via canais luminais. Assim, o Cl⁻ é transportado ativamente do sangue para o lúmen do estômago, contra gradiente de potencial eletroquímico, sendo o passo ativo deste transporte efetuado pelo trocador Cl⁻/HCO₃⁻ da membrana basolateral.

Existe uma diferença de potencial elétrico transepitelial (DP$_{trans}$), entre o lúmen do estômago e o compartimento intersticial-vascular, da ordem de −70 a −80 mV (sendo o lúmen negativo). Esta DP$_{trans}$ resulta principalmente da secreção de Cl⁻ para o lúmen, que ocorre tanto nas células parietais como nas células superficiais mucosas. Após a estimulação da secreção gástrica, a magnitude da DP$_{trans}$ cai para −30 ou −40 mV, em consequência da secreção de H⁺. Esta secreção se dá, da célula para o lúmen, a favor de gradiente elétrico, o que facilita o transporte de H⁺ contra o seu elevado gradiente químico transepitelial, entre o sangue e o lúmen gástrico. Este elevado gradiente químico de H⁺ é mantido, uma vez que, em condições normais, ocorre pouco vazamento do íon através da mucosa gástrica.

Alguns fármacos, como os omeprazólicos, ligam-se irreversivelmente a grupos sulfidrílicos da H⁺/K⁺-ATPase, inibindo a secreção de H⁺. Estes fármacos são utilizados no tratamento de úlceras pépticas, em geral duodenais, resultantes de hipersecreção de HCl (Figura 61.15).

Acetilcolina, gastrina e histamina são os estimuladores endógenos da secreção de HCl com ação direta nas células parietais.

Os principais *secretagogos* estimulatórios da secreção de HCl, com ação direta nas células parietais, são: *acetilcolina* – neurotransmissor parassimpático vagal (X par de nervos cranianos), *gastrina* – hormônio sintetizado e secretado pelas células G do antro gástrico, e *histamina* – parácrino sintetizado a partir da histidina, pelas células enterocromafins da lâmina própria da mucosa gástrica. Estes três agonistas têm receptores específicos na membrana basolateral das células parietais. Para a acetilcolina, são os receptores muscarínicos (M₃) colinérgicos, inibíveis por atropina. Os receptores para a gastrina (CCK$_B$) são inibíveis por proglumina, que tem igual afinidade para a gastrina e para a colecistocinina. Para a histamina, são os receptores H₂, bloqueáveis pela cimetidina ou pela ranitidina. Os três tipos de receptores para os agonistas, acetilcolina, gastrina e histamina, são acoplados a diferentes proteínas G.

Tanto a acetilcolina como a gastrina, após se ligarem aos seus receptores, ativam a fosfolipase C (PLC); esta converte o fosfatidilinositol-4,5-bifosfato (IP₂), do folheto interno da bicamada lipídica da membrana, em inositol-1,4,5-trifosfato (IP₃) e diacilglicerol (DAG). O IP₃ age sobre reservatórios intracelulares de Ca²⁺, liberando-o para o citosol e ativando proteinoquinases dependentes de Ca²⁺ (PKC). Estas fosforilam proteínas específicas que irão estimular a secreção de HCl. O DAG ativa também as PKC. A acetilcolina também ativa, diretamente, canais para Ca²⁺ na membrana basolateral.

A histamina, ligando-se ao receptor H₂ acoplado à proteína Gαs, estimula a adenilato ciclase da membrana, gerando cAMP e proteinoquinases do tipo A (PKA); estas fosforilam proteínas específicas, que elevam a secreção de HCl. Tanto a elevação de Ca²⁺ intracelular como a de cAMP estimulam a incorporação das H⁺/K⁺-ATPase e dos canais para Cl⁻ na membrana apical das células parietais, além de ativarem os canais para K⁺ dependentes de Ca²⁺ da membrana basolateral (Figura 61.16).

Adicionalmente, ocorre potencialização de efeitos não só entre a acetilcolina e a histamina, como também entre esta e a gastrina. A potencialização acontece quando os receptores e os mecanismos intracelulares de ação dos agonistas são distintos. Neste processo, o efeito simultâneo produzido pela ação de dois agonistas é superior à soma dos efeitos máximos de cada agonista individualmente. A potencialização tem grande significado fisiológico, uma vez que pequenas quantidades de agonistas, agindo conjuntamente, induzem respostas secretoras maiores.

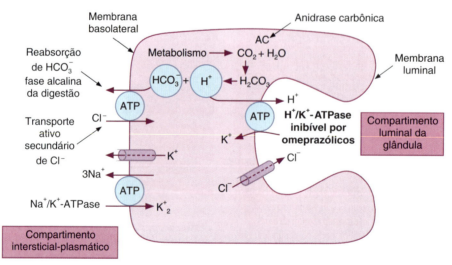

Figura 61.15 ▪ Mecanismo de secreção ativa de HCl pela célula parietal ou oxíntica. (Adaptada de Berne *et al.*, 2004.)

Secreções do Sistema Digestório 967

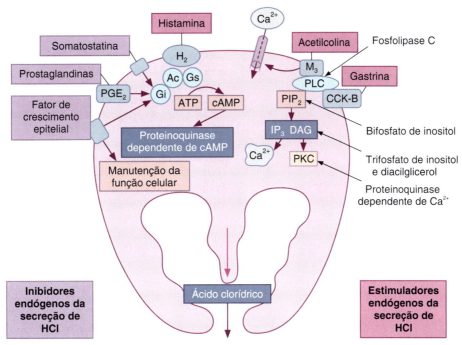

Figura 61.16 ▪ Regulação endógena estimuladora e inibidora da secreção de HCl pelas células parietais ou oxínticas. M_3, receptor muscarínico para acetilcolina; *PLC*, fosfolipase C; *CCK-B*, colecistocinina-B, receptor para gastrina; H_2, receptor para histamina; PGE_2, prostaglandina E_2, receptor para prostaglandina. Todos esses receptores localizam-se na membrana basolateral da célula parietal. PIP_2, bifosfato de fosfatidilinositol; IP_3, trifosfato de inositol; *ATP*, trifosfato de adenosina; *cAMP*, monofosfato de adenosina cíclico; *PKC*, proteinoquinase dependente de Ca^{2+}; *Ac*, adenilato ciclase; *Gi*, proteína G inibitória; *Gs*, proteína G estimulatória. (Adaptada de Berne *et al.*, 2004.)

Somatostatina, prostaglandinas e fatores de crescimento epidérmico são os inibidores endógenos da secreção de HCl pelas células parietais.

Os inibidores endógenos da secreção de HCl, que agem diretamente nas células parietais, são a somatostatina, as prostaglandinas das séries E e I, e os fatores de crescimento epidérmico (EGF); estes, ao se ligarem aos seus receptores, ativam proteínas G_i, inibindo a adenilato ciclase, a síntese de cAMP e a secreção de HCl. As prostaglandinas e os fatores de crescimento epidérmico agem como parácrinos, inibindo diretamente a secreção de HCl nas células parietais. A somatostatina é secretada de duas fontes: pelas células D localizadas nas glândulas da região do corpo (próximas às células parietais, onde inibem diretamente a secreção de HCl, agindo como parácrino) e pelas células D da região antral do estômago (agindo como um hormônio, inibindo as células G secretoras de gastrina e, indiretamente, a secreção de HCl). Há indicações, também, de que a somatostatina iniba a secreção de histamina pelas células enterocromafins.

Acetilcolina e gastrina estimulam indiretamente as células parietais, via histamina.

Gastrina e acetilcolina, além de estimularem diretamente as células parietais, agem, também, sobre as enterocromafins, secretoras de histamina, que têm receptores para os dois agonistas (Figura 61.17). Provavelmente, agem também sobre mastócitos da lâmina própria, estimulando-os. A histamina é o mais potente estimulador da secreção de HCl. Estes efeitos foram determinados utilizando-se a cimetidina ou a ranitidina, antagonistas do receptor H_2 para a histamina das células parietais. Estes fármacos são capazes de inibir grande parte da secreção gástrica estimulada pelos outros agonistas. Portanto, o efeito da cimetidina ou da ranitidina sobre os receptores H_2 para a histamina pode ser consequência da remoção da potencialização dos efeitos da gastrina e da acetilcolina sobre as células parietais. A cimetidina, a ranitidina e os omeprazólicos são prescritos no tratamento de úlceras gástricas e duodenais.

A secreção do pepsinogênio pelas células principais.

O pepsinogênio é sintetizado pelas células principais, das glândulas gástricas do corpo, e por células mucosas, tanto do corpo como do antro e da cárdia do estômago. É uma proenzima inativa, pertencente a um grupo de proenzimas proteolíticas, da classe de proteinases aspárticas. Embora tenham sido identificadas oito isoformas distintas de pepsinogênios, eles são classificados, com base em suas identidades imunológicas,

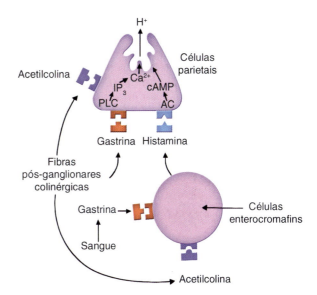

Figura 61.17 ▪ Efeito da acetilcolina e da gastrina sobre as células enterocromafins (secretoras de histamina) e sobre as células parietais, estimulando a secreção ácida. (Adaptada de Johnson, 2001.)

em três grupos: I, II e das catepsinas E. Os pepsinogênios do grupo I, predominantes, são secretados pelas células principais da base das glândulas da região do corpo. O pepsinogênio do tipo II é sintetizado pelas células principais do corpo e por células mucosas do pescoço das glândulas nas regiões da cárdia, no corpo, na região antral e, também, no duodeno.

As células principais da região do corpo têm um retículo endoplasmático bastante desenvolvido, para a síntese do pepsinogênio; este é armazenado em grânulos de secreção, nas estruturas de Golgi. Durante o processo digestivo, os grânulos migram para a superfície apical das células e são exocitados, tanto por fusão das membranas dos grânulos com a membrana luminal, como por fusão das membranas dos grânulos entre si, por meio de um processo denominado exocitose composta. Este processo permite que, após estimulação persistente, ocorra uma secreção rápida de pepsinogênio, em menor nível, sugerindo que haja uma secreção inicial da proenzima já sintetizada, seguida da secreção de proenzima sintetizada *de novo*. Entretanto, estudos *in vitro* evidenciam um mecanismo de retroalimentação, responsável pela secreção mantida de pepsinogênio em níveis inferiores aos da secreção inicial rápida.

Agonistas, agindo sobre as células principais, estimulam a secreção de pepsinogênio.

As células principais têm receptores para a secretina e o VIP (peptídio vasoativo intestinal), além de receptores β_2-adrenérgicos e receptores EP_2 para PGE_2 (prostaglandinas do tipo E_2). A ligação desses agonistas aos receptores específicos das células principais ativa a adenilato ciclase. As PGE_2, em níveis inferiores aos requeridos para estimular a secreção de pepsinogênio, agem inibindo a secreção da proenzima, provavelmente por se ligarem a um receptor distinto.

Nas células principais, há, também, receptores do tipo M, muscarínicos, para a acetilcolina, e receptores para a gastrina e para a colecistocinina, do tipo CCK_A. A ativação desses receptores eleva o nível de IP_3 e de Ca^{2+} intracelular (Figura 61.18).

A secreção de HCl estimula a secreção de pepsinogênio e a ativação deste, a pepsina.

A acetilcolina é o principal estimulador da secreção de pepsinogênio. Assim, o vago, estimulando as células parietais a secretarem HCl, estimula, também, a secreção de pepsinogênio. A concentração de H^+ é muito importante, não só na ativação do pepsinogênio, mas também na estimulação de sua secreção. O HCl estimula a secreção de pepsinogênio por dois mecanismos. *Primeiro*, o ácido ativa reflexos intramurais colinérgicos. Estes são reflexos locais e podem ser inibidos por atropina. Portanto, a acetilcolina que estimula as células principais pode ter duas origens: (1) da estimulação vagal, via reflexos longos vagovagais, e (2) da estimulação por reflexos locais ou intramurais. *Segundo*, há, também, um efeito do ácido no duodeno, estimulando as células secretoras de secretina. Este hormônio age nas células principais estimulando, também, a secreção de pepsinogênio. Assim, o pepsinogênio é secretado simultaneamente com a secreção ácida.

> A estimulação da secreção de pepsinogênio pela secretina parece improvável, uma vez que este hormônio inibe a secreção de HCl, tanto diretamente, pelas células parietais, como indiretamente, via inibição da secreção de gastrina pelas células G. Além disso, o H^+ é importante não só na estimulação dos reflexos locais para a secreção de pepsinogênio, como também para a sua ativação a pepsina. Adicionalmente, em vários segmentos do sistema digestório, a secretina age como um antiácido.

O pH baixo ativa o pepsinogênio e atua na atividade da pepsina.

O peso molecular do pepsinogênio é de 42 kDa. Quando sua molécula é clivada, separa-se um pequeno fragmento da cadeia polipeptídica, no terminal N, para formar a pepsina, que tem peso molecular de 35 kDa. A clivagem ocorre no interior do estômago, quando o pH cai a valores inferiores a 5. A valores de pH menores que 3, a conversão é quase instantânea, ocorrendo também, neste valor de pH, autocatálise do pepsinogênio pela pepsina.

A ação proteolítica da pepsina se dá em meio ácido. Os valores ótimos de pH para a ação da pepsina estão entre 1,8 e 3,5, dependendo das concentrações de substrato, da osmolalidade do líquido intragástrico e do tipo de pepsina. Valores de pH superiores a 3,5 inativam, reversivelmente, a pepsina; esta é, irreversivelmente, inativada a valores de pH além de 7,2.

A pepsina inicia a digestão proteica no estômago. Como é uma endopeptidase, origina, predominantemente, oligopeptídios de tamanhos diferentes. Os oligopeptídios estimulam a secreção pelas células I do duodeno, secretoras de colecistocinina (CCK), que, por sua vez, estimula as células principais (ver Figura 61.18).

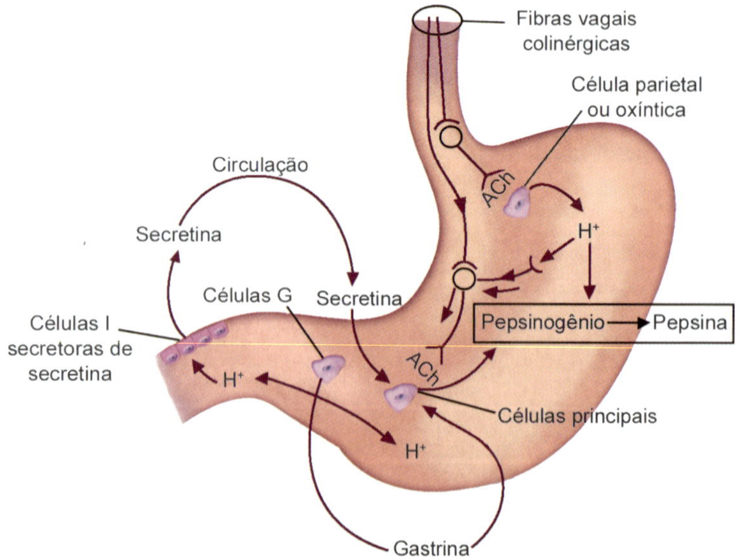

A secreção do fator intrínseco é a única função essencial do estômago.

O fator intrínseco (FI) é uma glicoproteína, com peso molecular de 55 kDa, secretada, em humanos, pelas células parietais ou oxínticas. No lúmen gástrico, a vitamina B_{12} se liga à proteína do tipo R (ou haptocorrina, secretada pelas glândulas gástricas), a qual protege a vitamina da ação proteolítica da pepsina e do HCl. No duodeno, a haptocorrina é digerida pelas enzimas proteolíticas pancreáticas, liberando a vitamina B_{12}; então, esta vitamina passa a formar um complexo com o FI muito resistente à ação das enzimas. A absorção da cobalamina ocorre no íleo, uma vez que as membranas luminais dos ileócitos têm um carregador que reconhece o complexo vitamina B_{12}-FI, endocitando-o juntamente

Figura 61.18 • Regulação neuro-hormonal da secreção de pepsinogênio pelas células principais e ativação do pepsinogênio a pepsina pelo ácido. (Adaptada de Johnson, 2001.)

com o receptor (ver Capítulo 62). A secreção do FI é a única função essencial, indispensável, do estômago. A ausência de FI, acompanhada de acloridria, induz o aparecimento da anemia perniciosa (ou megaloblástica), com comprometimento da maturação das hemácias e alterações neurológicas. Como o fígado armazena a vitamina B_{12} em quantidades que podem suprir o organismo por 3 a 4 anos, a anemia se estabelece muito após as alterações da mucosa gástrica e as neurológicas terem se instalado.

No período interdigestivo, o estômago secreta 10 a 15% do HCl total.

No período interdigestivo, em que o estômago não contém alimentos, a secreção gástrica basal é cerca de 10 a 15% da secreção máxima. Neste período, o pH intragástrico varia de 3 a 7, pois há grande variabilidade individual no número de células parietais. A secreção basal de HCl é regulada pela somatostatina, mas pode ser abolida por vagotomia, antrectomia, atropina, cimetidina ou proglumida (inibidor do receptor para a gastrina), indicando que esta secreção depende de níveis basais de acetilcolina, histamina e gastrina.

Há variação circadiana da secreção basal de HCl, sendo mais elevada à noite e diminuindo pela manhã antes do despertar. As causas desta variação não são ainda estabelecidas, uma vez que os níveis plasmáticos de gastrina mantêm-se constantes nos períodos interdigestivos devido à ação inibitória da somatostatina.

A secreção de HCl do período digestivo pode ser analisada em fases estimuladas pela chegada do alimento nas várias porções do TGI.

No período interdigestivo, apesar de haver secreção basal de HCl, o pH intragástrico não atinge valor muito baixo por causa do mecanismo de retroalimentação efetuado pela somatostatina, secretada pelas células D do antro, que age como um parácrino inibindo a secreção de gastrina, em resposta ao abaixamento do pH intragástrico (Figura 61.19). Durante o período digestivo, fibras vagais colinérgicas inibem as células secretoras de somatostatina liberando as células G do efeito da somatostatina. Adicionalmente, durante este período, fibras vagais eferentes peptidérgicas (PLG) estimulam a secreção de gastrina pelas células G.

Durante o período digestivo, antes e depois da ingestão de alimentos, costuma-se dividir a secreção gástrica (e também a pancreática e a biliar), em fases baseadas nos locais de onde partem as estimulações que desencadeiam as secreções. Esta divisão, embora muito elucidativa, é artificial, pois estas fases se sobrepõem em condições fisiológicas, como será analisado mais à frente.

A fase cefálica da digestão gástrica pode ser desencadeada por reflexos condicionados antes da ingestão do alimento e pela sua presença na cavidade oral.

A *fase cefálica da digestão gástrica*, antes de o alimento atingir o estômago e mesmo antes da sua ingestão, ocorre por reflexos condicionados. Responde por aproximadamente 30% da secreção ácida total durante a fase digestiva. Anteriormente à ingestão, a secreção eleva-se em resposta aos reflexos condicionados pavlovianos, resultantes de estímulos olfatórios, visuais, auditivos, psíquicos e por hipoglicemia induzida por insulina ou por 2-desoxiglicose. Todos esses estímulos ativam o centro motor do vago na medula espinal, que envia impulsos eferentes parassimpáticos para o estômago. Durante a ingestão do alimento, pela mastigação, são estimulados químio e

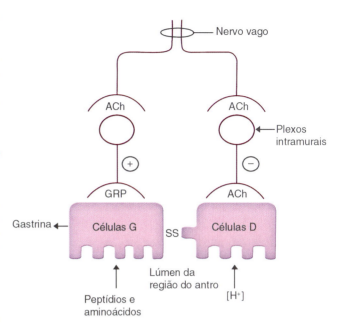

Figura 61.19 • A secreção de somatostatina (SS) pelas células D antrais, estimuladas pela alta concentração hidrogeniônica luminal [H^+], inibe, por via parácrina, as células secretoras de gastrina (células G), estimuladas por peptídios e aminoácidos luminais. O vago pós-ganglionar inibe as células D, por fibras que liberam acetilcolina (ACh), e estimula as células G, por fibras que liberam o peptídio liberador de gastrina (GRP). (Adaptada de Johnson, 2001.)

mecanorreceptores da mucosa oral e, durante a deglutição, os receptores da faringe. Ainda durante a deglutição, ocorre o relaxamento receptivo da região fúndica do estômago, permitindo o armazenamento do alimento sem elevação da pressão intragástrica. O relaxamento receptivo gástrico é abolido por vagotomia. O alimento, dependendo da sua composição, pode ficar armazenado no fundo gástrico durante 1 h a 1 h e meia. A fase cefálica da digestão gástrica pode ser estudada por reflexos condicionados e, também, por *sham feeding* (alimentação fantasma) em animais com fístulas esofágicas e gástricas; nesta situação, o alimento é impedido de atingir o estômago, coletando-se, através da fístula gástrica, a secreção do estômago.

A secreção da fase cefálica é abolida por vagotomia, indicando que sua via neural eferente é o vago, a qual exerce 5 ações distintas sobre o estômago, descritas a seguir. (1) As fibras eferentes vagais fazem sinapses nos plexos intramurais, de onde partem as fibras pós-ganglionares colinérgicas. A acetilcolina liga-se aos receptores muscarínicos da membrana basolateral das células parietais, estimulando, assim, diretamente a secreção de HCl. (2) A acetilcolina estimula, na lâmina própria, as células enterocromafins (ECL) a secretarem histamina, que se liga aos receptores H_2 das células parietais, estimulando e potencializando o efeito da acetilcolina nessas células e elevando a secreção de HCl. (3) As fibras vagais pós-ganglionares, também a partir dos plexos intramurais, liberam o peptídio liberador de gastrina (GPR), que se liga aos receptores das células secretoras de gastrina antrais (células G), estimulando a secreção de gastrina que, por via sistêmica, estimula as células parietais. (4) A gastrina também se liga aos receptores das células enterocromafins, estimulando a secreção de histamina. (5) Tanto no antro como no corpo gástrico, o vago colinérgico inibe as células D secretoras de somatostatina, liberando o seu efeito inibitório sobre as células G.

A fase cefálica da secreção gástrica está esquematizada na Figura 61.20. Em humanos, a via colinérgica é muito mais

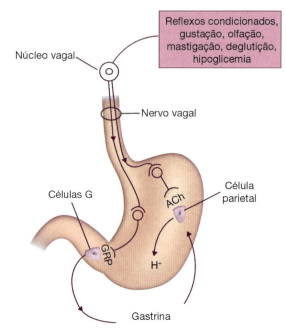

Figura 61.20 • Mecanismos neuro-hormonais reguladores da fase cefálica da secreção gástrica. *ACh*, acetilcolina; *GRP*, peptídio liberador de gastrina. (Adaptada de Johnson, 2001.)

efetiva que a indireta via gastrina. Assim, a antrectomia é menos eficaz na inibição da secreção gástrica de HCl que a vagotomia, que a abole completamente.

Na fase gástrica da digestão gástrica, ocorrem reflexos vagovagais e intramurais, além de ações hormonais e parácrinas.

A *fase gástrica da digestão gástrica* ocorre em resposta à chegada do alimento ao estômago. É a principal fase da secreção gástrica, responsável por 50 a 60% da secreção total durante o período digestivo. Os estímulos desta fase são a distensão da parede gástrica e a ação química do alimento sobre o estômago. A estimulação de mecano e quimiorreceptores inicia reflexos longos vagovagais e intramurais. As fibras vagais sensoriais aferentes dos receptores enviam impulsos para o bulbo. Daí partem as fibras vagais eferentes, que fazem sinapses nos plexos intramurais, de onde emergem as fibras pós-ganglionares colinérgicas para as células parietais e fibras peptidérgicas para as células G antrais, cujo neurotransmissor é o peptídio liberador de gastrina (PLG).

Os reflexos curtos ou intramurais, iniciados pela estimulação dos receptores, podem ser mono ou polissinápticos; são mediados por fibras colinérgicas, que estimulam diretamente tanto as células G como as parietais, sendo, assim, inibidos por atropina. O reflexo intramural da região antropilórica é conhecido por reflexo piloro-oxíntico.

Na fase gástrica, as células G são também estimuladas por peptídios e aminoácidos contidos no lúmen gástrico. Entre os aminoácidos mais potentes na estimulação das células G, estão a fenilalanina e o triptofano. Proteínas intactas não têm efeito. Esta estimulação, evidentemente, não é inibida por vagotomia e evidencia que as células G antrais secretam gastrina em resposta tanto a estímulos luminais como a basolaterais. São, assim, consideradas células endócrinas do tipo aberto, tendo microvilosidades na superfície luminal. Outros estímulos para a secreção das células G são os componentes de bebidas alcoólicas, como vinho e cerveja, embora haja controvérsias sobre o efeito gástrico do álcool em humanos. A cafeína estimula diretamente as células parietais, e o Ca^{2+}, tanto as células parietais como as células G.

Nesta fase, a queda do pH intragástrico estimula as células D antrais a secretarem somatostatina, a qual inibe as células G, diminuindo a secreção de HCl. Este efeito inibitório é evidenciado não só por infusão de somatostatina, como também pela inibição da resposta das células G por peptídios, quando o pH intragástrico é próximo a 1. A Figura 61.21 ilustra os mecanismos neuro-hormonais envolvidos na fase gástrica da secreção do estômago. No Quadro 61.2, estão resumidos os mecanismos estimulatórios nas três fases da secreção gástrica.

A fase intestinal da digestão gástrica é predominantemente inibitória da secreção de HCl.

A *fase intestinal da digestão gástrica* depende da chegada do quimo ao delgado; é responsável por apenas 10% da secreção gástrica total. Nesta fase, há inicialmente estimulação da secreção gástrica, seguida de inibição, conforme descrito adiante.

A chegada do quimo ao duodeno distende sua parede, o que ativa, por reflexos enterogástricos e vagovagais, a secreção das células parietais e das células G duodenais, aumentando a secreção de HCl. A presença de produtos da digestão proteica, peptídios e aminoácidos incentiva diretamente as células produtoras de gastrina existentes na mucosa duodenal e no jejuno. Esta secreção é aproximadamente 5% da secreção de HCl da fase gástrica. Em cães, a distensão do duodeno libera uma substância, a êntero-oxintina, que estimula a secreção de HCl pelo estômago. A sua liberação não está relacionada com a elevação de gastrina plasmática. Esta substância é provavelmente um hormônio. Em humanos, o seu significado fisiológico ainda não está determinado. Aminoácidos absorvidos no delgado ativam a secreção ácida; entretanto, o mecanismo desta ação não está esclarecido.

À medida que o quimo é esvaziado para o duodeno, há regulação neuro-hormonal das secreções de gastrina e de HCl pelos mesmos reflexos enterogástricos que controlam a velocidade de esvaziamento gástrico. Vários processos que ocorrem entre as porções proximais do delgado, duodeno e jejuno inibem a

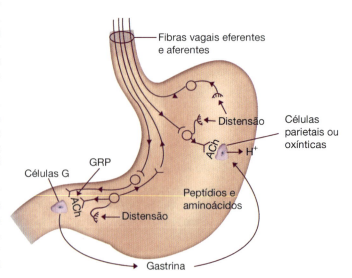

Figura 61.21 • Regulação neuro-hormonal da fase gástrica da secreção do estômago. *ACh*, acetilcolina, neurotransmissor vagal para as células parietais e células G, tanto nos reflexos vagovagais como nos intramurais; *GRP*, peptídio liberador de gastrina, neurotransmissor vagal para as células G nos reflexos vagovagais. (Adaptada de Johnson, 2001.)

Secreções do Sistema Digestório   971

Quadro 61.2 ▪ Mecanismos neuro-hormonais estimuladores da secreção ácida, nas três fases da secreção gástrica: cefálica, gástrica e intestinal.

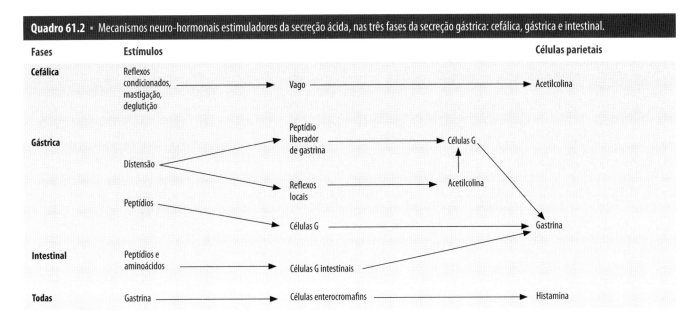

secreção ácida gástrica, por mecanismos de retroalimentação negativa. Algumas substâncias têm sido sugeridas como inibitórias desta fase, incluindo hormônios gastrintestinais, substâncias candidatas a hormônio e outras ainda não identificadas que, em conjunto, são, de longa data, chamadas de enterogastronas. Muitas destas substâncias estão também envolvidas na regulação da velocidade de esvaziamento gástrico, regulando os processos motores como a contração pilórica e antral.

A presença do quimo ácido no duodeno estimula as células S, secretoras de secretina, que, além de contrair o piloro, retardando o esvaziamento gástrico, inibe a secreção ácida por três mecanismos: (a) inibindo diretamente as células parietais por mecanismo de *downregulation* do processo secretor; (b) inibindo as células G antrais, reduzindo a secreção de gastrina, e (c) estimulando a secreção de somatostatina. A presença de ácido no duodeno também estimula reflexos neurais que inibem a secreção das células parietais, por mecanismos ainda pouco esclarecidos. Soluções hipertônicas no duodeno, além de retardarem a velocidade de esvaziamento gástrico, mediante uma enterogastrona não identificada, inibem, também, a secreção das células parietais. A presença dos produtos da hidrólise lipídica no duodeno incentiva a liberação do peptídio inibidor gástrico (GIP); este hormônio gastrintestinal é secretado pelas células K do duodeno e jejuno, inibindo diretamente as células parietais e, indiretamente, a secreção de gastrina. O GIP tem função importante na estimulação das células β (secretoras de insulina das ilhotas pancreáticas), em resposta à presença tanto de glicose como de ácidos graxos no lúmen intestinal, sendo também denominado, por esta ação, *peptídio insulinotrópico dependente de glicose*. A presença de produtos da hidrólise lipídica e proteica estimula a secreção da CCK pelas células I do delgado. Este hormônio, além de contrair o piloro, inibe a secreção ácida das células parietais. Outras enterogastronas inibitórias da secreção gástrica, secretadas no delgado, são: neurotensina (secretada por células endócrinas do íleo), peptídio YY (secretado por células endócrinas, tanto do íleo como do cólon) e somatostatina (secretada pelas células D do estômago e do duodeno e, também, por células δ das ilhotas pancreáticas).

Reflexos neurais enterogástricos, desencadeados no duodeno pela presença de ácido, reduzem a secreção gástrica; as vias desses reflexos não estão ainda esclarecidas.

Os mecanismos inibitórios da secreção gástrica estão sumarizados no Quadro 61.3. Neste contexto, serão analisados os efeitos inibitórios da secreção gástrica pela somatostatina e pelas prostaglandinas da série E_2.

A somatostatina inibe a secreção gástrica ácida.

A somatostatina é um polipeptídio secretado pelas células D, da base das glândulas gástricas da região do corpo e do antro do estômago. É, também, secretada por células δ das ilhotas pancreáticas e por neurônios do hipotálamo. Ela pode ser encontrada sob duas formas, SS-14 e SS-28. Esta

Quadro 61.3 ▪ Mecanismos neuro-hormonais inibitórios da secreção ácida gástrica.

Região	Estímulos	Mediadores	Inibe secreção de gastrina	Inibe secreção de HCl
Oxíntica	pH < 3,0	Somatostatina		+
Antro			+	
Duodeno	Ácido	Secretina	+	+
		Reflexo neural		+
	Hipertonicidade	Enterogastrona?		+
Duodeno e jejuno	Ácidos graxos	GIP	+	+
		Enterogastrona?		+

+, ação efetiva dos mediadores; ?, mediador não conhecido; *GIP*, peptídio inibidor gástrico ou peptídio insulinotrópico dependente de glicose.

última é a predominante no sistema digestório, podendo agir como um parácrino ou como um hormônio, dependendo da região do TGI onde é sintetizada. No duodeno, a somatostatina funciona como um hormônio inibidor, por via sistêmica, da secreção ácida. No estômago, ela age por mecanismos diretos ou indiretos, ao inibir a secreção de HCl. Pelos *mecanismos diretos*, a somatostatina do corpo e do antro gástricos liga-se ao receptor acoplado à proteína Gαi, da membrana basolateral das células parietais, inibindo a adenilato ciclase e antagonizando o efeito estimulatório da histamina sobre a secreção de HCl. A somatostatina secretada pelas células D do corpo, localizadas próximo às células parietais, age como um parácrino, que inibe diretamente as células oxínticas. A secretada pelas glândulas antrais age como parácrino ou como hormônio. Entretanto, as células D antrais podem ser estimuladas, também, do seu lado luminal e o são por abaixamento do pH intragástrico. Os *mecanismos indiretos* de ação da somatostatina são sempre parácrinos. São eles: (a) no corpo gástrico, as células D liberam a somatostatina que inibe as células enterocromafins da lâmina própria, secretoras de histamina, induzindo diminuição da secreção ácida pelas células parietais; (b) a somatostatina liberada pelas células D antrais inibe a secreção de gastrina, o que reduz a secreção ácida; (c) há, também, um mecanismo de retroalimentação da gastrina liberada pela somatostatina sobre as células D, estimulando-as. Assim, a somatostatina tem efeitos múltiplos sobre a inibição da secreção ácida do estômago. Além dos anteriormente descritos, agentes colinérgicos também inibem a secreção da somatostatina, como mostrado na Figura 61.19. Entretanto, o papel da somatostatina na regulação do pH intragástrico ainda não está totalmente esclarecido.

Prostaglandinas da série E$_2$ inibem também a secreção ácida gástrica.

As prostaglandinas E$_2$ (PGE$_2$), através de receptores denominados EP$_3$, ativam a proteína Gαi da membrana basolateral das células parietais. Sua ação consiste na inibição da adenilato ciclase (como os fatores de crescimento epidérmico e a somatostatina). Agem, também, inibindo a ação estimulatória da histamina nas células parietais e, portanto, a secreção de HCl. Por outro lado, as PGE$_2$ também inibem as células enterocromafins, secretoras de histamina, e as células G antrais, reduzindo secundariamente a secreção de HCl.

A resposta neuro-hormonal da secreção gástrica é estimulada pela chegada do alimento ao estômago.

A chegada do alimento ao estômago estimula os receptores da mucosa gástrica, desencadeando reflexos neurais vagovagais e reflexos intramurais, que elevam a secreção de HCl pelas células oxínticas e a secreção de pepsinogênio. O aumento da secreção de HCl deveria tornar o conteúdo gástrico mais ácido que os valores anteriores à chegada do alimento ao estômago. Entretanto, apesar de a taxa de secreção de HCl elevar-se logo em seguida a essa chegada, o pH sobe a aproximadamente 4,0. A subida do pH ocorre paralelamente ao crescimento do volume gástrico, que vai de cerca de 50 mℓ (quando o estômago está vazio) a 800 mℓ (logo após a refeição), como mostrado na Figura 61.22. O aumento dos valores de pH reflete o tamponamento do HCl pelos alimentos, principalmente os proteicos. Quando a capacidade de tamponamento alimentar satura-se, o pH diminui durante cerca de 2 h 30 min, apesar de a secreção de HCl não estar tão alta. O pH começa a declinar paralelamente à redução do volume gástrico (ver Figura 61.22).

A barreira mucosa gástrica protege o estômago das ações do HCl e da pepsina.

A *barreira mucosa gástrica* é constituída de três componentes: (a) as membranas luminais das células epiteliais e as *tight junctions* que as unem, que são relativamente impermeáveis a ácido; (b) a camada de muco que recobre a superfície das células epiteliais superficiais, com espessura entre 50 e 200 mm;

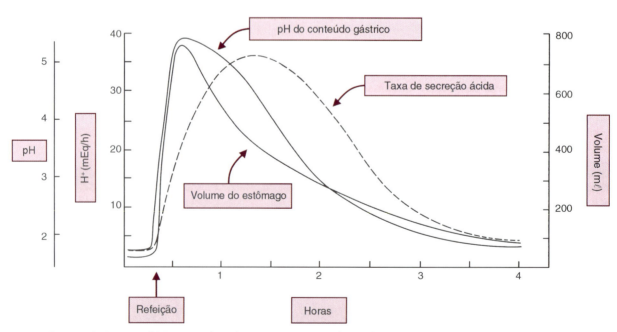

Figura 61.22 • Resposta gástrica a uma refeição, mostrando as relações entre a secreção ácida, o pH do conteúdo gástrico tamponado pelos alimentos e o volume gástrico após a ingestão.

(c) o HCO_3^- secretado pelas células superficiais das glândulas gástricas em toda a superfície luminal do estômago, que fica retido na camada de muco, mantendo um pH local próximo à neutralidade (cerca de 7), mesmo quando o pH intragástrico luminal é de 1 a 3. Esta barreira mucosa protege a parede gástrica contra o HCl, tamponando-o e prevenindo a difusão de H^+ do lúmen gástrico para o interstício durante a secreção ácida. Assim, mantém o gradiente de prótons e protege a parede gástrica da ação proteolítica da pepsina, prevenindo o aparecimento de lesões da mucosa que podem levar à úlcera gástrica (Figura 61.23).

O pH intraluminal gástrico, durante a secreção máxima de HCl, pode chegar a valores próximos ou inferiores a 1, o que significa uma concentração hidrogeniônica maior que 100 mM. Nessa situação, é gerada uma diferença de gradiente químico entre o lúmen gástrico 1 milhão de vezes superior ao existente nas células epiteliais gástricas (cujo pH é cerca de 7,2 e concentração de prótons de 60 nM) e superior também ao do plasma (cujo pH é 7,4 e concentração hidrogeniônica 40 nM). Durante o processo secretório, estabelece-se ainda, entre o lúmen gástrico e o plasma, um gradiente de concentração de Na^+ de aproximadamente 30 vezes, pois a concentração deste íon no lúmen gástrico é de cerca de 5 mM, enquanto a sua concentração plasmática é de 145 mM. O estômago consegue manter estes gradientes químicos entre o lúmen gástrico e o líquido intersticial-vascular principalmente devido à barreira mucosa gástrica, pouco difusível. Além disso, a barreira mucosa gástrica protege a parede do estômago da autodigestão pela pepsina. O HCO_3^- retido na camada de muco tampona o HCl secretado no lúmen gástrico, e a camada mucosa gelatinosa previne a difusão do HCl do lúmen gástrico para o interstício.

As secreções de mucina e de HCO_3^- pelas células superficiais da mucosa gástrica.

A mucina (N-acetilglicosamida) é secretada pelas células mucosas colunares superficiais (das aberturas das depressões ou *pits*), pelas células mucosas do pescoço das glândulas e pelas células mucosas das glândulas gástricas antrais. A mucina destes tipos celulares distintos é, também, diferente. A mucina secretada pelas células do pescoço e das glândulas antrais é formada por glicoproteína neutra (muco solúvel), enquanto a secretada pelas células superficiais colunares tem glicoproteína neutra e acídica que forma uma camada mucosa viscosa (muco não solúvel). A mucina é armazenada em vesículas apicais que se fundem à membrana luminal, sendo liberada por exocitose. É constituída de 80% de carboidratos e 20% de proteínas, além de formar um gel de alta viscosidade que adere à superfície da mucosa gástrica. Tem estrutura tetramérica, com quatro monômeros peptídicos semelhantes, e peso molecular de 500 kDa. Cada monômero é ligado a cadeias laterais de polissacarídios resistentes à proteólise e frequentemente sulfatados, que se autorrepelem. Os monômeros ligam-se por pontes dissulfídicas a um peptídio central não glicosilado. A pepsina cliva ligações próximas ao centro dos tetrâmeros e libera fragmentos que não formam gel (Figura 61.24). As células mucosas superficiais secretam, além da mucina, uma solução aquosa contendo concentrações de Na^+ e de Cl^- semelhantes às plasmáticas e de HCO_3^- e K^+ superiores às do plasma. O HCO_3^- fica retido na camada de muco.

A regulação de secreção de mucina e de bicarbonato pelas células superficiais da mucosa gástrica é pouco esclarecida.

Parece que o principal estímulo é vagal colinérgico, desencadeado por irritação da mucosa gástrica pelo alimento durante o processo digestivo. A estimulação vagal colinérgica sobre as células mucosas aumenta a concentração de Ca^{2+} citosólico, não sendo o cAMP o segundo mensageiro envolvido na resposta.

A secreção de HCO_3^- é, também, pouco esclarecida. Aquela estimulação eleva a sua secreção; o estímulo relativamente mais potente é a presença de ácido intraluminal, secundariamente à ativação de reflexos neurais e produção de PGE_2. Fatores humorais parecem também ter papel na secreção de HCO_3^- ativada por ácido.

Como as glândulas gástricas são tubulares e não há uma camada de muco protegendo as células parietais, as enterocromafins e as principais (localizadas nos condutos das glândulas), a impermeabilidade das membranas luminais e das *tight junctions* destas células protege-as da ação do ácido lançado no lúmen das glândulas. Esta secreção ácida, presumivelmente, ocorre sob pressão; assim, o líquido que emerge do lúmen glandular é direcionado para a abertura da glândula, na superfície luminal, sem se espalhar lateralmente, não afetando a concentração de HCO_3^- existente no microambiente entre a superfície epitelial e o muco da barreira gástrica. O ambiente alcalino da barreira mucosa inativa qualquer molécula de pepsina que a penetre, uma vez que esta enzima é irreversivelmente inativada a valores de pH alcalino.

Um pouco de fisiopatologia da secreção gástrica.

O Quadro 61.4 mostra os valores da secreção de HCl medidos em condições basais e depois de dose máxima de

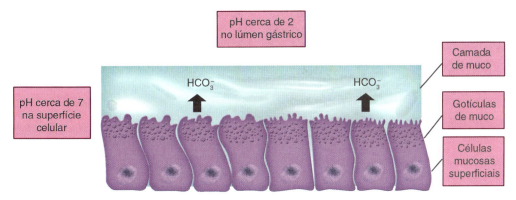

Figura 61.23 • A barreira mucosa gástrica que recobre a superfície luminal do estômago. (Adaptada de Berne *et al.*, 2004.)

histamina em indivíduos normais, com úlceras péptica e duodenal, com câncer gástrico, com acloridria por anemia perniciosa e nos que têm gastrinoma, ou síndrome de Zollinger-Ellison, que se caracteriza por um tumor secretor de gastrina no pâncreas. A secreção de HCl foi medida nos períodos interdigestivos (secreção basal) e após a administração de uma dose máxima de histamina (secreção estimulada). Os valores foram obtidos multiplicando-se o volume gástrico aspirado por hora pela concentração de H^+ no suco gástrico.

Como se pode observar, existe sobreposição dos valores de liberação ácida entre os indivíduos. Nos indivíduos normais, o valor médio de secreção ácida estimulada é de cerca de 25 mEq/h e, no caso de úlcera duodenal, 40 mEq/h, embora haja alguma sobreposição entre os valores nos dois casos. Na anemia perniciosa e na síndrome de Zollinger-Ellison (gastrinoma), há também uma certa sobreposição dos valores. Assim, estas medidas apresentam pouco valor diagnóstico. A dosagem de gastrina plasmática tem também pouca utilidade no diagnóstico de úlceras gástricas e duodenais, uma vez que o mecanismo de retroalimentação, no qual a secreção ácida é controlada pela somatostatina, mantém constante o nível de gastrina plasmático. Exceções são os pacientes com gastrinoma que mostram níveis sempre mais elevados de gastrina plasmática e aqueles que sofrem de anemia megaloblástica (acloridria). Nestes, não ocorre o mecanismo de retroalimentação pela somatostatina, pois o tumor se localiza fora do estômago. Na úlcera gástrica, a menor taxa de secreção ácida resulta, em parte, da destruição da barreira mucosa e de vazamento do H^+, em troca por K^+ e Na^+, que fluem para o lúmen gástrico através da área danificada da mucosa gástrica. Em condições normais, o H^+ secretado não vaza pelas membranas celulares e *tight junctions* entre as células mucosas.

Nas úlceras duodenais, existe hipersecreção ácida, em geral por aumento do número de células parietais. Há também, nestes pacientes, hipersecreção de pepsinogênio, que pode ser detectado por dosagem plasmática. Ocorre aumento do nível de gastrina no plasma em resposta a uma refeição e também a maior sensibilidade ao hormônio. Estes fatores concorrem para o aumento do número de células parietais, visto que a gastrina tem efeito trófico sobre a mucosa gástrica.

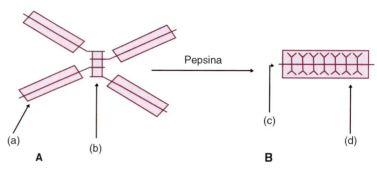

Figura 61.24 ▪ Estrutura da mucina. **A.** Glicoproteína de alta viscosidade não degradada, formando um gel mucoso. **B.** Glicoproteína degradada pela pepsina no lúmen gástrico; (a) parte glicosilada resistente à proteólise; (b) parte não glicosilada do peptídio unindo as subunidades glicosiladas por pontes dissulfídricas; (c) núcleo proteico protegido da ação proteolítica por cadeias de carboidratos; (d) capa de carboidratos ramificados com cadeias de cerca de 15 açúcares. (Adaptada de Berne et al., 2004.)

Helicobacter pylori

Úlceras não medicamentosas são causadas, predominantemente, por infecção pelo *Helicobacter pylori*, uma bactéria gram-negativa que infecta quase 40% dos indivíduos. Essa infecção é encontrada em quase 100% dos pacientes com úlcera gástrica não medicamentosa.

O *H. pylori* caracteriza-se por alta atividade da urease, que metaboliza a ureia, originando amônia (NH_4^+) e CO_2, o que confere à bactéria uma capacidade de tamponamento do ácido gástrico, permitindo a sua colonização na camada de muco gástrica. As bactérias não invadem a mucosa, mas secretam proteínas que induzem resposta imunológica, com consequente invasão da mucosa por macrófagos e outras células imunologicamente ativas.

Dessa reação imunológica, resulta uma gastrite superficial, muitas vezes assintomática ou com sintomas toleráveis. Entretanto, em alguns indivíduos esta gastrite evolui para uma gastrite crônica atrófica ou para uma úlcera péptica. Também, dependendo do indivíduo, tal gastrite crônica pode transformar-se em um câncer gástrico, conforme mostrado no esquema da Figura 61.25.

Terapia com antibióticos, associada a omeprazólicos, é a indicada nos casos de úlceras pépticas por infecção pelo *H. pylori*. Essa bactéria secreta proteínas que estimulam a secreção de gastrina e, portanto, de HCl, podendo, assim, causar também úlcera péptica duodenal.

Rompimento da barreira mucosa

Algumas condições inibem a secreção de muco e de HCO_3^- pelas células mucosas gástricas e "rompem" a barreira mucosa, tais como a utilização prolongada de ácido acetilsalicílico (AAS) ou de outros anti-inflamatórios não esteroides (AINE) e níveis cronicamente elevados de agonistas α-adrenérgicos.

Estas substâncias "rompem" a barreira mucosa, uma vez que induzem, por via sistêmica, redução da secreção de HCO_3^- e/ou de mucina pelas células mucosas superficiais, além da diminuição da produção de PGE_2, podendo provocar úlceras pépticas gástricas. As PGE_2 têm efeito protetor resultante de várias de suas ações, como: capacidade de inibir diretamente a secreção de HCl pelas células parietais, estimulação da secreção de muco e de HCO_3^- pelas células mucosas superficiais, aumento do fluxo sanguíneo da mucosa gástrica e modificação da resposta inflamatória local induzida por ácido.

No caso de níveis cronicamente elevados de norepinefrina, a úlcera é conhecida como úlcera de estresse. Supõe-se que a norepinefrina diminua as secreções de muco e HCO_3^- pelas células superficiais mucosas.

Lesões da mucosa gástrica são, comumente, de origem medicamentosa, por uso prolongado de ácido acetilsalicílico e/ou de outros anti-inflamatórios não esteroides que danificam a barreira mucosa, em consequência da inibição das secreções de muco e de HCO_3^- pelas células mucosas superficiais (Figura 61.26).

Quadro 61.4 ▪ Valores da liberação ácida basal e após estimulação por dose máxima de histamina em humanos normais ou com diferentes patologias.

Condições	Variações médias	
	Liberação basal (mEq/h)	Liberação máxima (mEq/h) estimulada por histamina
Normal	1 a 5	6 a 40
Úlcera gástrica	0 a 3	1 a 20
Anemia perniciosa	0	0 a 10
Úlcera duodenal	2 a 10	15 a 60
Síndrome de Zollinger-Ellison (gastrinoma)	10 a 30	30 a 80

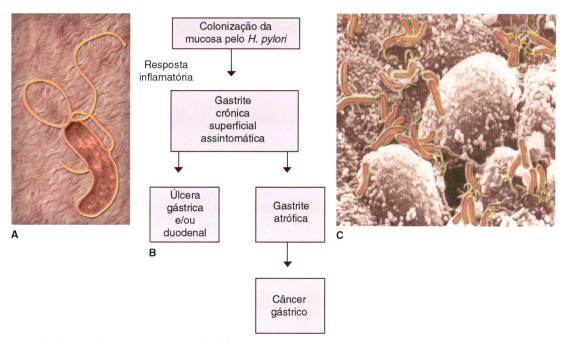

Figura 61.25 • **A.** A bactéria é um bastonete gram-negativo flagelado com cerca de 3,5 μm. **B.** Evolução da ação patogênica causada pela bactéria *Helicobacter pylori*. **C.** O nicho ecológico da bactéria é a barreira mucosa gástrica.

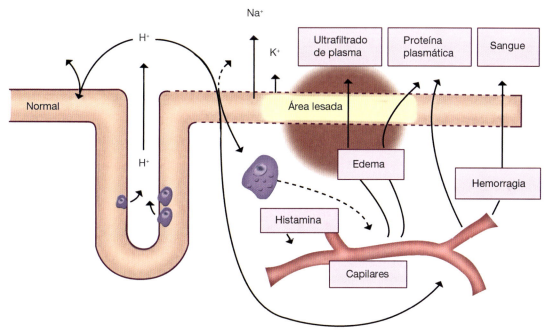

Figura 61.26 • Mucosa gástrica lesada, causando: vazamento de H^+ para lâmina própria, liberação de histamina, edema, hemorragia e vazamento de plasma e sangue para o lúmen gástrico. (Adaptada de Johnson, 1997.)

Resumo

Secreção gástrica

1. O estômago secreta: HCl, mucina, HCO_3^-, pepsinogênio, lipase gástrica, gastrina, fator intrínseco e somatostatina. A única secreção essencial é a do fator intrínseco. Na sua ausência, podem ocorrer anemia megaloblástica e alterações somestésicas.
2. O HCl é secretado pelas células parietais, encontradas em maior quantidade nas glândulas da região do corpo (região oxíntica). Ativa o pepsinogênio e tem função bactericida. Pode alcançar valores de até 150 a 160 mEq/ℓ no período digestivo, conferindo ao conteúdo gástrico um pH próximo a 1. Gera o maior gradiente de potencial químico do organismo.
3. A secreção de H^+ é ativa, sendo mediada por uma H^+/K^+-ATPase localizada na membrana luminal das células parietais, inibível por omeprazólicos. O H^+ e o HCO_3^- intracelular provêm da reação de hidratação do CO_2, catalisada pela anidrase carbônica. O Cl^- provém do contratransporte com o HCO_3^-; essa troca de Cl^- por HCO_3^- ocorre por transporte ativo secundário na membrana basolateral. Na membrana luminal, o Cl^- é secretado passivamente para o lúmen gástrico, por canal. O HCO_3^- reabsorvido alcaliniza o sangue que banha o estômago. Esta é a fase alcalina pós-prandial.

4. Dois tipos de muco são produzidos: o solúvel (secretado pelas células do pescoço das glândulas gástricas, que se mistura ao alimento, lubrificando-o) e o insolúvel (secretado pelas células superficiais que forram a superfície interna do estômago). O HCO_3^- é secretado pelas mesmas células que secretam o muco insolúvel e fica retido no seu interior. O muco e o HCO_3^- formam uma barreira protetora da mucosa gástrica contra ações química e mecânica.
5. O pepsinogênio é secretado pelas células principais; é ativado pelo HCl, originando a pepsina, uma endopeptidase. A lipase gástrica hidrolisa ligações ésteres de triacilgliceróis com cadeias curtas e médias de ácidos graxos, em pH próximo a 4.
6. A gastrina é secretada pelas células G das glândulas gástricas da região antral. É um hormônio gastrintestinal que estimula a secreção de HCl pelas células parietais.
7. O fator intrínseco é uma glicoproteína secretada pelas células parietais. Liga-se à vitamina B_{12} no duodeno e facilita a sua absorção no íleo.
8. Os principais estimuladores endógenos da secreção de HCl são: histamina, gastrina e acetilcolina. Os principais inibidores são: somatostatina, prostaglandinas e o fator de crescimento epidérmico. Todos estes agonistas têm receptores específicos na membrana basolateral das células parietais.
9. A histamina é um parácrino secretado pelas células enterocromafins da mucosa gástrica. Ativa uma adenilato ciclase da membrana basolateral das células parietais. Sua secreção é estimulada também pela acetilcolina e gastrina. Ambas ativam a fosfolipase C, gerando IP_3 e DAG. A liberação de gastrina é também ativada por produtos da hidrólise proteica no lúmen gástrico. Ocorre potenciação não só entre os efeitos da histamina e da acetilcolina como também entre os da histamina e da gastrina.
10. As prostaglandinas e o fator de crescimento epidérmico são parácrinos que inibem a adenilato ciclase e a secreção de HCl. A somatostatina é sintetizada pelas células D da base das glândulas da região do corpo, onde age como hormônio, inibindo as células parietais. A somatostatina, eliminada pelas células D do antro, funciona como parácrino, inibindo as células G e, portanto, a secreção da gastrina. Sua secreção é estimulada por baixos valores de pH, sendo inibida pela acetilcolina, que libera o seu efeito sobre as células G.
11. A secreção de mucina e de HCO_3^- pelas células mucosas superficiais é incentivada pela acetilcolina e reduzida por ação de anti-inflamatórios não esteroides (como o AAS) e de componentes do álcool ou do café.
12. Na fase cefálica, a secreção do estômago é mediada pelo vago. Na gástrica, por reflexos longos vagovagais e reflexos intramurais. As fibras vagais colinérgicas estimulam as células parietais e as fibras vagais que liberam o peptídio liberador de gastrina (PLG), estimulando as células G. Nos reflexos intramurais, as fibras são colinérgicas, tanto sobre as células parietais como sobre as células G.
13. Na fase intestinal da secreção gástrica, os mecanismos duodenogástricos são excitatórios e inibitórios sobre a secreção de HCl. Os mecanismos excitatórios na fase intestinal são: neurais, reflexos vagovagais (resultantes da distensão do duodeno, agem tanto nas células parietais como nas G) e produtos da hidrólise proteica (que são absorvidos no duodeno e ativam, por via sanguínea, as células G).
14. Os mecanismos inibitórios da fase intestinal são: pH ácido do quimo gástrico no duodeno (estimula a secreção de secretina, que inibe diretamente tanto as células parietais como as G), hipertonicidade duodenal, reflexos enterogástricos (mediados por enterogastronas não identificadas, que inibem as células parietais) e produtos da hidrólise lipídica, que estimulam a secreção do peptídio inibidor gástrico (GIP, que inibe as células parietais e G) e a de CCK (que inibe as células parietais).
15. Nos períodos interdigestivos, o pH intragástrico é regulado pela somatostatina, por retroalimentação negativa. Nos períodos digestivos, logo após a chegada do alimento ao estômago, ocorre aumento da secreção de HCl; mas o HCl é tamponado (principalmente pelas proteínas da dieta), elevando o valor do pH intragástrico para 4. Quando a capacidade tamponante do alimento se esgota (o que ocorre após cerca de 1 h), o pH intragástrico diminui, uma vez que a secreção de HCl é máxima.
16. Há grande variabilidade individual, quanto ao número de células parietais. Úlceras pépticas podem ser gástricas ou duodenais. Em geral, as duodenais resultam de hipersecreção de HCl; as gástricas, de rompimento da barreira mucosa. Existem úlceras medicamentosas, de estresse, e as causadas pelo *Helicobacter pylori* (que são predominantemente gástricas e mais frequentes, podendo, em alguns indivíduos, evoluir para o câncer gástrico).

SECREÇÃO EXÓCRINA DO PÂNCREAS

O pâncreas é uma glândula tubuloacinar com secreções endócrina e exócrina.

A *secreção endócrina* é produzida nas ilhotas de Langerhans e seus principais hormônios são: *insulina*, secretada pelas células β; *glucagon*, pelas α, e *somatostatina*, pelas δ. Estes hormônios regulam o metabolismo celular e afetam a secreção exócrina do pâncreas, por mecanismos ainda não completamente elucidados.

A *secreção exócrina* tem função digestiva. Costuma ser considerada em dois componentes que, embora secretados simultaneamente durante o processo digestivo e ambos sejam isotônicos em relação ao plasma, são sintetizados por diferentes populações celulares, tendo composições e mecanismos regulatórios distintos. O *componente proteico ou enzimático* dispõe de cerca de 20 precursores de enzimas digestivas, os zimogênios. É secretado pelas células acinares, tem pequeno volume, além de concentrações iônicas e tonicidade semelhantes às plasmáticas. Corresponde à chamada *secreção primária ou acinar*, modificada pelas células epiteliais dos ductos excretores que originam o *componente aquoso* da secreção, cuja composição eletrolítica é determinada pelas células epiteliais dos ductos. O componente aquoso fornece o volume da secreção de cerca de 1 ℓ por dia (próximo a 10 vezes o peso da glândula, de 100 g em humanos). Trata-se de um líquido alcalino, com concentração de HCO_3^- superior à plasmática, que no duodeno neutraliza o quimo ácido proveniente do estômago. Assim, a secreção pancreática exócrina consiste em um produto combinado da secreção de duas populações de células, as acinares e as dos ductos. Os ácinos pancreáticos representam 82% do peso da glândula; os ductos, 4%; os vasos sanguíneos, 4%; os espaços intercelulares, 9,5%; e as ilhotas de Langerhans, menos de 2% (Figura 61.27).

O pâncreas localiza-se retroperitonealmente abaixo do estômago e é inervado pelo SNA.

As regiões denominadas cabeça e processo uncinato aninham-se na curvatura do duodeno, logo abaixo do estômago, e a região do corpo estende-se longitudinalmente, terminando na região caudal, que se prolonga até a região média do baço (Figura 61.28). O pâncreas é irrigado pelos ramos das artérias celíacas e mesentéricas superiores, sendo drenado pela veia porta. Redes capilares independentes suprem as ilhotas e os ácinos. Alguns dos capilares supridores das ilhotas drenam para vênulas ramificadas em direção à rede capilar que supre os ácinos.

Os *ácinos* das glândulas pancreáticas, como os das glândulas salivares, têm fundo cego e agrupam-se em lóbulos separados por tecido conjuntivo. Dispõem de 15 a 100 células acinares piramidais, com os ápices voltados para o lúmen. Entre os ácinos, há tecido conjuntivo aureolar frouxo, que sustenta a rede capilar e os terminais nervosos. Os *ductos intercalares* drenam os ácinos e, nos seus interiores, formam as *células centroacinares* (Figura 61.29).

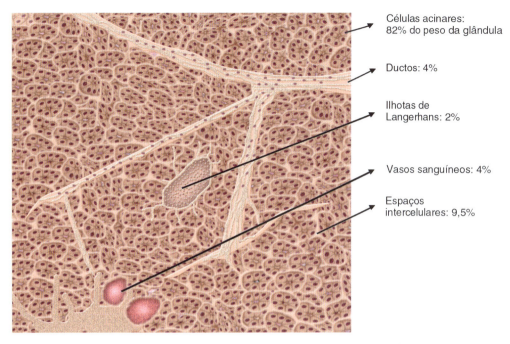

Figura 61.27 • O tecido glandular pancreático e os seus componentes (expressos em porcentagens do peso total do pâncreas).

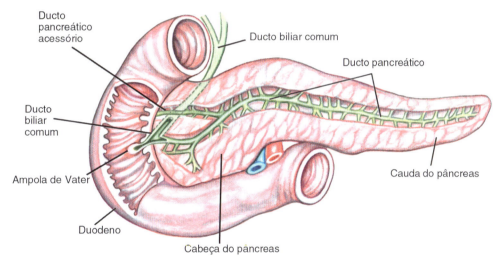

Figura 61.28 • Localização do pâncreas e dos ductos excretores.

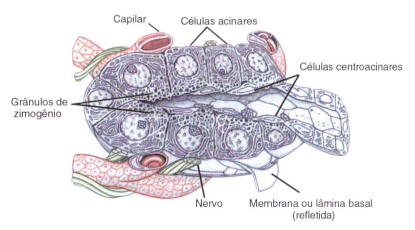

Figura 61.29 • O ácino pancreático. As células centroacinares são prolongamentos do epitélio do ducto intercalar para o lúmen do ácino. Os grânulos de zimogênio localizam-se no polo apical das células acinares.

Os ductos intercalares esvaziam-se nos *intralobulares*, que confluem para os *extralobulares*, que desembocam nos *interlobulares*, que originam o *ducto excretor principal* (anteriormente denominado ducto de Wirsung). Os diâmetros dos ductos aumentam gradativamente, do intercalar até o excretor principal. Este último entra no duodeno, confluindo com o *ducto biliar comum* (em humanos), logo abaixo do piloro (Figura 61.30).

Os precursores enzimáticos e as enzimas ativas concentram-se nos chamados *grânulos de zimogênio*, localizados no bordo apical das células acinares, as quais têm retículo endoplasmático extensamente desenvolvido e núcleos basais. As células dos ductos apresentam microvilosidades, com cerca de 0,15 μm de diâmetro, formando a borda em escova. As membranas basolaterais destas células são bastante amplificadas, característica de células epiteliais transportadoras.

O ducto que drena a vesícula biliar conflui com o pancreático, formando o *ducto biliar comum*, que desemboca no duodeno, alguns centímetros abaixo do piloro, na *papila de Vater*, envolta pelo *esfíncter de Oddi*, um espessamento da musculatura circular do intestino. Cerca de 20 a 30% dos indivíduos apresentam a confluência dos dois ductos em forma de V; 2 a 10%, em forma de U; e 60 a 70%, em forma de Y. Em cães, o ducto excretor principal (de Wirsung) desemboca separadamente do ducto biliar.

Fibras vagais alcançam o pâncreas através da região antral do estômago. Efetuam sinapses no interior do parênquima pancreático, de onde partem as *fibras pós-sinápticas colinérgicas* para os ácinos, os ductos e as ilhotas. A inervação vagal colinérgica estimula a secreção principalmente das células acinares (secreção enzimática).

As *fibras simpáticas* para o pâncreas partem dos *gânglios celíaco e mesentérico superior* e correm ao longo das artérias. São fibras noradrenérgicas que provocam vasoconstrição e diminuição secundária da secreção.

Os nervos do SNA também têm fibras aferentes sensoriais, que conduzem estímulos do parênquima pancreático para o SNC, além de fibras aferentes de dor, ativadas por processos inflamatórios ou traumáticos.

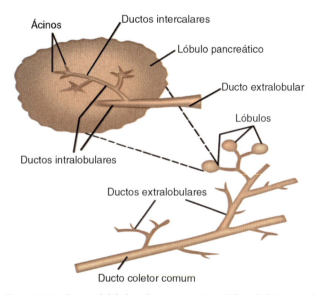

Figura 61.30 • Sistema de lóbulos e ductos pancreáticos. (Adaptada de Berne et al., 2004.)

O pâncreas secreta cerca de 20 proteínas com funções enzimáticas.

As células acinares sintetizam e secretam várias proteínas; têm retículo endoplasmático rugoso bastante desenvolvido. A principal característica morfológica destas células (como ocorre com as acinares das glândulas salivares) é a presença, no seu polo apical (voltado para o lúmen acinar), de grânulos eletrondensos abundantes, denominados grânulos de zimogênio, onde estão condensados precursores ou proenzimas e enzimas já na forma ativa. Estas células têm sido muito utilizadas para o estudo de síntese e exportação de proteínas. A síntese proteica inicia-se com a tomada de aminoácidos pelas células e a sua incorporação em proteínas nascentes no retículo endoplasmático rugoso. O transporte dessas proteínas para o sistema de Golgi é feito por vesículas, de onde as proteínas penetram nos vacúolos de condensação localizados próximo ao núcleo celular. O ambiente intravacuolar é mantido altamente acídico, pela H^+-ATPase vacuolar. Após a maturação dos vacúolos, por condensação das proteínas, estes se desligam formando os grânulos de zimogênio eletrondensos, com diâmetros cerca de 2/3 do dos vacúolos.

A secreção das proteínas para o lúmen acinar ocorre por processo de exocitose dos grânulos de zimogênio com a membrana apical das células acinares. As membranas dos grânulos fundem-se à membrana luminal, liberando as proteínas no lúmen acinar; esse processo amplifica a área superficial da membrana luminal cerca de 20 vezes, durante o processo secretório. Também acontece endocitose das membranas dos grânulos exocitados e reciclagem das membranas. Portanto, durante o processo de secreção, ocorrem, simultaneamente, exocitose e endocitose, e a área da membrana luminal permanece constante quando a célula retorna à condição de repouso. O citoesqueleto celular, principalmente a rede de actina próxima à superfície interna da membrana luminal, participa do processo de exocitose e de endocitose de membrana. Várias proteínas, tanto das membranas dos grânulos como das luminais e do citosol das células acinares, são também envolvidas nesses processos.

A sinalização para o processo exocitótico é feita por hormônios e neurotransmissores, que têm receptores nas membranas basolaterais das células acinares. Cerca de 5 min após a estimulação de células acinares *in vitro*, inicia-se a secreção; esta dura entre 30 e 60 min, embora sejam secretados aproximadamente apenas 10 a 20% das proteínas armazenadas nos grânulos de zimogênio. As células acinares têm, também, a capacidade de elevar a síntese proteica, para reposição das proteínas secretadas.

Os principais agonistas excitatórios da secreção acinar são colecistocinina e acetilcolina.

A membrana basolateral das células acinares contém cerca de 12 diferentes receptores, para vários agonistas; fisiologicamente, os mais importantes são os receptores muscarínicos do tipo M_3, para a acetilcolina, e os receptores para a colecistocinina (CCK). Os mais conhecidos, além desses dois, principalmente pela ação dos seus agonistas, são os receptores para o VIP (peptídio vasoativo intestinal), para o GRP (peptídio liberador de gastrina), para o CGRP (peptídio relacionado com o gene da calcitonina), para a somatostatina, para a secretina e para o carbacol (Figura 61.31).

Os receptores para CCK são de dois tipos: CCK_A e CCK_B. Ambos podem ser ativados não só pela CCK, como também pela gastrina, mas diferem tanto nas suas afinidades aos agonistas, como nas suas estruturas e distribuição tecidual. O receptor CCK_A apresenta maior afinidade para a CCK que para a gastrina, enquanto o CCK_B, já descrito nas células

Secreções do Sistema Digestório

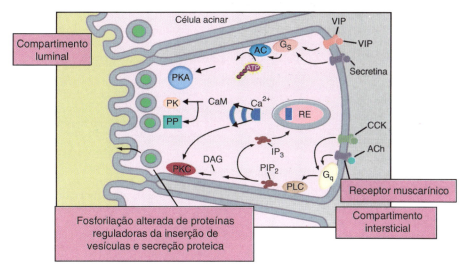

Figura 61.31 ▪ Estimulação da secreção proteica das células acinares (explicações no texto). (Adaptada de Boron e Boulpaep, 2005.)

parietais gástricas, tem afinidades semelhantes para os dois agonistas. Uma propriedade importante dos receptores para a CCK é a capacidade de exibirem estados distintos quanto à sua afinidade pela CCK. Concentrações de CCK próximas às fisiológicas, da ordem de picomolares, ativam receptores de alta afinidade, enquanto concentrações do agonista consideradas suprafisiológicas, cerca de 10 a 100 vezes superiores às fisiológicas, estimulam os receptores de baixa afinidade e inibem a secreção enzimática, por ativarem vias intracelulares de segundos mensageiros distintos. Acredita-se que, em condições fisiopatológicas, os receptores de baixa afinidade sejam ativados. Altas doses de CCK ou de acetilcolina inibem o processo secretório e podem, também, lesar as células acinares, provavelmente por ruptura do citoesqueleto em consequência da grande elevação da concentração de Ca^{2+} citosólico.

Os receptores para CCK e para acetilcolina são acoplados às proteínas tetraméricas do tipo $G\alpha q$ que, via IP_3, elevam a concentração citosólica de Ca^{2+}, ativando as PKC, o DAG e a calciocalmodulina (CaM) e aumentando a secreção enzimática. Os outros receptores das células acinares também têm papéis importantes, incentivando a secreção (ver Figura 61.31) e, provavelmente, regulando os processos de síntese proteica, embora pouco se conheça ainda a respeito deles. Os receptores para o VIP e a secretina são acoplados a proteínas Gs e têm como segundos mensageiros cAMP e PKA; suas ações podem potencializar a da CCK.

Ca^{2+}, cAMP e cGMP são os principais segundos mensageiros das células acinares.

O Ca^{2+} é o principal segundo mensageiro envolvido na secreção das células acinares. A elevação citosólica de Ca^{2+} se dá tanto em resposta à CCK como à acetilcolina. Durante a estimulação das células acinares com doses fisiológicas de CCK, ocorrem aumentos da frequência das oscilações da concentração citosólica de Ca^{2+}, comparativamente às observadas nas células não estimuladas, o que tem sido relacionado com a síntese proteica celular. Entretanto, a estimulação com doses supramáximas de CCK, ou de acetilcolina, induz um pico de elevação de Ca^{2+} citosólico, desaparecimento das oscilações e inibição da secreção, o que tem sido explicado pela ação do íon rompendo o citoesqueleto (Figura 61.32).

O cGMP é também gerado nas células acinares em resposta à estimulação por CCK e acetilcolina, e este nucleotídio tem

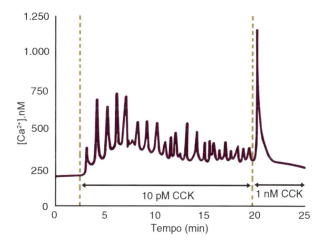

Figura 61.32 ▪ Efeito de diferentes doses de colecistocinina (CCK) sobre a concentração de Ca^{2+} na célula acinar ($[Ca^{2+}]$): em dose fisiológica (10 pM), causa oscilações da $[Ca^{2+}]$ e, em dose supramáxima (1 nM), provoca um pico na $[Ca^{2+}]$. (Adaptada de Boron e Boulpaep, 2005.)

sido relacionado com o metabolismo do óxido nítrico e, também, com a regulação do influxo de Ca^{2+} e seu armazenamento na célula acinar. O cAMP também se eleva por estimulação pela CCK. Baixas concentrações de CCK causam um aumento transiente das PKA, enquanto concentrações superiores às fisiológicas provocam um aumento maior e mais duradouro do cAMP e das PKA. A acetilcolina tem pouco ou nenhum efeito sobre esta via de sinalização.

A secreção fluida isotônica de NaCl, de pequeno volume, acompanha a secreção enzimática das células acinares.

A secreção fluida que acompanha as enzimas é, provavelmente, secretada pelas células centroacinares, sendo também estimulada tanto pela CCK como pela acetilcolina. Esses hormônios elevam a concentração citosólica de Ca^{2+} que, via PKC, fosforila canais para Cl^-, na membrana luminal das células acinares, e para K^+, na membrana basolateral. O GRP tem efeito semelhante nestas células. O evento primário desta secreção é o cotransporte eletroneutro de $Na^+:2Cl^-:K^+$, existente na membrana basolateral de células tipicamente secretoras. O influxo de Cl^- eleva sua concentração celular acima da sua condição de equilíbrio eletroquímico (ou de Nernst), possibilitando que ele seja transportado, via canais para Cl⁻ ativados por PKA, através da membrana luminal para o lúmen acinar, tornando-o mais negativo. Isso propicia o fluxo de Na⁺ do compartimento intersticial-plasmático para o lúmen acinar, através da via intercelular e das *tight junctions* apicais. Ocorre, assim, uma secreção de NaCl e, como consequência osmótica, a secreção de água, tanto por via transcelular através das aquaporinas, como por via intercelular. O K⁺ entra na célula através da membrana basolateral, via Na⁺/K⁺-ATPase e via cotransportador Na⁺:2Cl⁻:K⁺; o K⁺ sai da célula também através da membrana basolateral, via canais ativados pelas PKA (Figura 61.33). Portanto, o líquido secretado é fundamentalmente composto de NaCl e isotônico no que se refere ao plasma. Esta secreção fluida hidrata a densa secreção proteica das células acinares.

A secreção aquosa isotônica de NaHCO₃, secretada pelos ductos excretores, neutraliza o quimo proveniente do estômago.

A secreção aquosa do pâncreas é de cerca de 1 a 1,5 ℓ/dia, e produzida fundamentalmente pelas células dos *ductos intralobulares*. Apresenta concentrações de HCO₃⁻ e de K⁺ superiores às plasmáticas e de Na⁺ e Cl⁻ próximas às do plasma. Esta secreção é ligeiramente hipertônica quanto ao plasma. Quando essa secreção flui para os *ductos extralobulares*, nas suas porções proximais, a secretina estimula a secreção de HCO₃⁻, Na⁺, K⁺ e Cl⁻, ocorrendo, como consequência, fluxo secretor de água através do epitélio, tornando o líquido intraluminal isotônico em relação ao plasma. A concentração de HCO₃⁻ pode atingir valores de 120 a 140 mEq/ℓ, o que corresponde a cerca de cinco ou mais vezes a concentração plasmática de HCO₃⁻.

A diferença de potencial elétrico através do epitélio dos ductos é de aproximadamente 5 a 9 mV, o lúmen do ducto sendo negativo quanto ao compartimento intersticial-plasmático. Há evidência de que o HCO₃⁻ é secretado ativamente para o lúmen do ducto, contra gradiente de potencial eletroquímico, e em troca com o íon Cl⁻.

O modelo para a secreção ativa de HCO₃⁻ em troca com Cl⁻ está esquematizado na Figura 61.34. O HCO₃⁻ secretado no lúmen dos ductos provém fundamentalmente do plasma, pelos seguintes processos transportadores localizados na membrana basolateral:

- Pelo cotransportador Na⁺:HCO₃⁻, eletrogênico, que transporta passivamente o Na⁺ para o compartimento intracelular e HCO₃⁻ ativamente no mesmo sentido, provavelmente com a estequiometria 1 Na⁺ para 2 HCO₃⁻ (ver Figura 61.34 A)
- Pela gênese de HCO₃⁻ intracelular, catalisada pela anidrase carbônica (CA) a partir de CO₂ e H₂O (ver Figura 61.34 B). Este processo gera também H⁺, que é expulso para o interstício, pelo contratransportador Na⁺/H⁺ (ver Figura 61.34 C) (que transporta de maneira eletroneutra 1 Na⁺ para o compartimento intracelular, passivamente, em troca por 1 H⁺ para o interstício) ou por transporte ativo primário, por uma H⁺-ATPase da membrana basolateral (ver Figura 61.34 D)
- Os influxos de CO₂ (ver Figura 61.34 E) e de H₂O (ver Figura 61.34 F) fornecem os substratos para a ação da anidrase carbônica na gênese de HCO₃⁻ intracelular.

Todos esses mecanismos drenam HCO₃⁻, para sua secreção para o lúmen dos ductos, pelo trocador aniônico Cl⁻/HCO₃⁻ (ver Figura 61.34 G). O Cl⁻ luminal deve estar disponível no lúmen dos ductos para propiciar a ação deste trocador aniônico. Algum Cl⁻ é secretado pelas células centroacinares, juntamente com a secreção fluida que acompanha a de enzimas. Adicionalmente, Cl⁻ é secretado para o lúmen dos ductos por canais de dois tipos. Um dos canais para Cl⁻ é do tipo CFTR (*cystic fibrosis transmembrane conductance regulator*) da membrana luminal (ver Figura 61.34 H), encontrado em várias células de epitélios secretores e ativado por cAMP. O Cl⁻ secretado recircula pelo trocador aniônico Cl⁻/HCO₃⁻ (ver Figura 61.34 G). Outro tipo de canal para Cl⁻ das células dos ductos pancreáticos, descrito em algumas espécies, é o canal retificador para fora, o ORCC (*outward rectifying Cl⁻ channel*) (ver Figura 61.34 I). Este canal é ativado por aumentos das

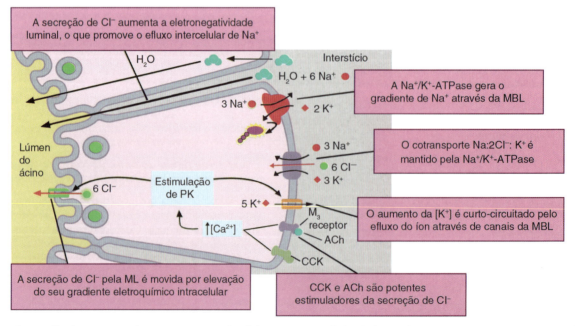

Figura 61.33 ▪ Secreção líquida que acompanha a secreção proteica das células acinares. A acetilcolina (ACh) e a colecistocinina (CCK) estimulam a secreção de NaCl, provavelmente por fosforilação de canais da membrana luminal (ML) e da membrana basolateral (MBL). (Adaptada de Boron e Boulpaep, 2005.)

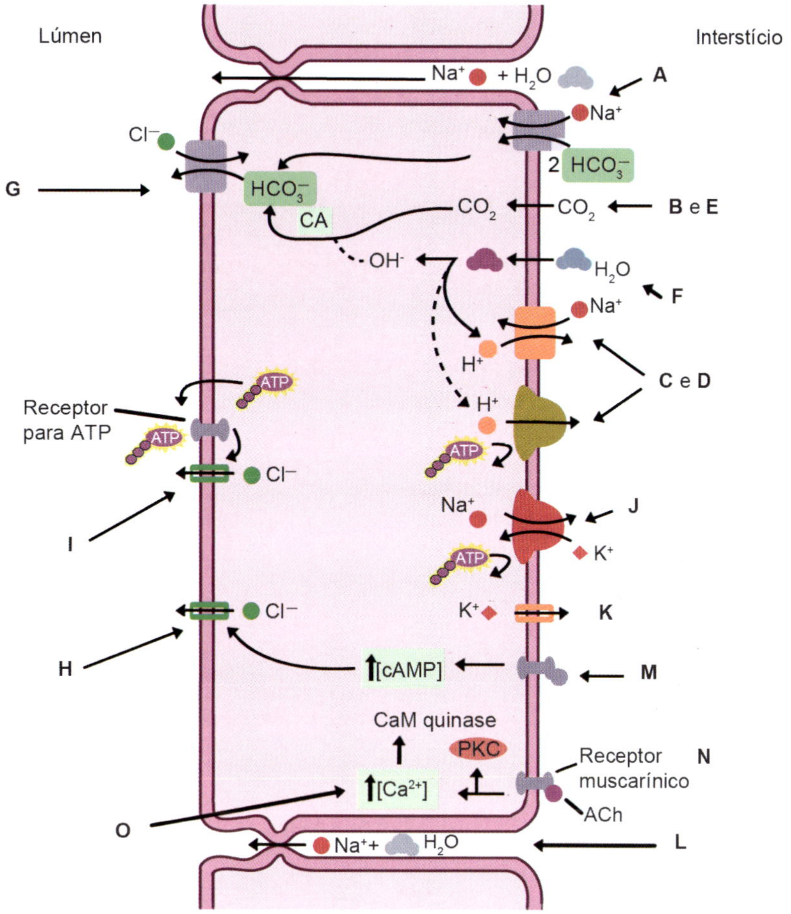

Figura 61.34 ▪ Mecanismo de secreção de HCO_3^- pelas células dos ductos excretores (explicações da figura no texto). (Adaptada de Boron e Boulpaep, 2005.)

concentrações intracelulares de Ca^{2+} ou de cAMP. Também, tem sido sugerida uma inter-relação de ORCC com CFTR. O canal ORCC seria ativado pelo ATP, que se liga a um receptor purinérgico extracelular. Em algumas espécies, as células dos ductos dispõem também de um canal para Cl^- na membrana luminal ativado por Ca^{2+} intracelular. Como em todas as células assimétricas ou polarizadas, por exemplo, as epiteliais, a Na^+/K^+-ATPase (ver Figura 61.34 J) localiza-se na membrana basolateral e fornece energia para os transportes ativos secundários. Assim, uma das evidências da secreção ativa de HCO_3^- é o seu bloqueio por inibição da Na^+/K^+-ATPase pela ouabaína. Outra evidência é a constatação de que cerca de 90% do HCO_3^- secretado no pâncreas provém do plasma, no qual a sua concentração é bem mais baixa (aproximadamente 26 mEq/ℓ). O K^+, bombeado para o compartimento intracelular pela Na^+/K^+-ATPase, recircula na membrana basolateral por canal (ver Figura 61.34 K). Com a secreção de HCO_3^-, o lúmen do ducto fica mais negativo, o que promove o transporte de Na^+ e de água para o lúmen, via *tight junctions* cátion-seletivas (ver Figura 61.34 L).

A secretina é o principal estimulador da secreção pancreática de HCO_3.

A secretina é o estímulo mais poderoso para a secreção de HCO_3^- pancreático. As células dos ductos extralobulares têm o receptor para a secretina na membrana basolateral, como indicado na Figura 61.34 M, que ativa a adenilato ciclase, elevando a concentração intracelular de cAMP e estimulando as PKA. O cAMP estimula o canal CFTR e o cotransportador basolateral Na^+:HCO_3^-, mas não afeta o contratransportador Na^+/H^+.

A membrana basolateral das células dos ductos dispõem, também, de receptores muscarínicos $G\alpha q$ (ver Figura 61.34 N). A acetilcolina, liberada dos terminais axônicos eferentes pós-ganglionares vagais, estimula esse receptor e a PLC (fosfolipase C), para liberar IP_3 (trifosfato de inositol), induzindo elevação do Ca^{2+} intracelular e liberando o DAG (diacilglicerol), que ativa a PKC (proteinoquinase C) dependente de calmodulina. A acetilcolina também incentiva, através da ativação da proteína Gp, a PLC a liberar DAG, que ativa PKC e IP_3, que libera Ca^{2+} dos reservatórios intracelulares (ver Figura 61.34 O).

Na membrana basolateral das células dos ductos, há receptores para o peptídio liberador de gastrina (GPR), que também estimula a secreção de HCO_3^-, embora os segundos mensageiros não sejam ainda conhecidos nas células pancreáticas. Existem receptores para a substância P, que inibe a secreção, independentemente de a secreção ser estimulada por secretina, acetilcolina ou GRP, sugerindo que a substância deve agir por intermédio de, pelo menos, três mecanismos distintos.

A composição da secreção eletrolítica depende do fluxo secretório.

Como ocorre com as secreções salivar e gástrica, a taxa secretória (mililitro de secreção por minuto) altera a composição do suco pancreático. A baixos fluxos secretórios, a composição eletrolítica da secreção é mais próxima à do plasma. Quando o pâncreas é estimulado a secretar, a concentração de HCO₃⁻ eleva-se e a de Cl⁻ diminui proporcionalmente, ao passo que as concentrações de Na⁺ e de K⁺ não se alteram (Figura 61.35).

Há duas hipóteses alternativas para explicar as alterações das concentrações iônicas com o fluxo secretor pancreático:

- A hipótese dos dois componentes é a de que as células acinares e centroacinares expelem um líquido de pequeno volume, contendo primordialmente NaCl. As células dos ductos extralobulares secretam um líquido volumoso rico em HCO₃⁻ e Na⁺ em resposta, principalmente, à secretina. A baixos fluxos secretórios, a concentração de Cl⁻ é alta e maior que a de HCO₃⁻. Quando o fluxo é estimulado, ocorre secreção de HCO₃⁻, enquanto Cl⁻ está sendo reabsorvido e diluído em um maior volume de secreção, visto que os ductos extralobulares são bastante permeáveis à água
- A outra teoria propõe que as células dos ductos extralobulares proximais secretam HCO₃⁻ em troca por Cl⁻. Quando a secreção flui mais distalmente nos ductos extralobulares, ocorre reabsorção de HCO₃⁻ em troca por Cl⁻ secretado. Este processo acontece, predominantemente, a fluxos baixos, e a concentração de Cl⁻ é maior que a de HCO₃⁻. A fluxos altos, este processo não se daria, e a concentração de HCO₃⁻ manter-se-ia elevada enquanto a de Cl⁻, baixa, e a secreção final teria a composição da secretada pelas porções proximais dos ductos (Figura 61.36).

Portanto, o suco pancreático secretado no lúmen intestinal, em resposta a uma estimulação máxima, além de isotônico, é rico em HCO₃⁻ e tem pH em torno de 8,2. Esta secreção tampona o HCl do quimo proveniente do estômago e cria um ambiente adequado para a ação hidrolítica das enzimas pancreáticas, que dispõem de suas atividades ótimas em pH alcalino.

O principal estímulo para a secreção aquosa alcalina é a presença do quimo ácido no duodeno. Valores de pH menores que 3 estimulam as células S, endócrinas, secretoras de secretina, do duodeno e do jejuno proximal. Este hormônio gastrintestinal, pela circulação sistêmica, liga-se a receptores das membranas basolaterais das células dos ductos extralobulares proximais do pâncreas, ativando a secreção de HCO₃⁻ e água.

Um pouco de história: a descoberta da secretina.

Este hormônio foi descoberto em 1902, por *Bayliss e Starling*. Esses pesquisadores demonstraram que HCl (0,1 N) no lúmen duodenal estimula a secreção aquosa do pâncreas,

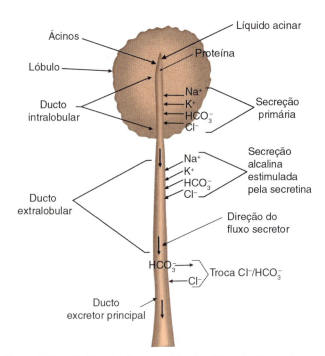

Figura 61.36 ▪ Modificações da composição eletrolítica, primária ou acinar, nos ductos excretores pancreáticos. (Adaptada de Berne *et al.*, 2004.)

mesmo após sua completa denervação. Eles também afirmaram que o extrato da mucosa duodenal de um cão, injetado intravenosamente em outro cão, incentiva a secreção pancreática. Confirmaram, assim, a existência de uma substância que, sintetizada e secretada em local afastado da célula-alvo, a alcançava via circulação. Esta substância foi chamada de secretina. Consiste no primeiro hormônio descrito e marcou o início da Endocrinologia. O isolamento e a determinação da sequência aminoacídica da secretina foram obtidos apenas em 1966. Sua síntese ocorreu alguns anos mais tarde.

Seguiu-se à descoberta da secretina a da gastrina, em 1905, e, em 1928, foi descrita a ação da CCK sobre a contração da vesícula biliar. A ação da CCK sobre a secreção enzimática do pâncreas foi descrita apenas em 1943, por Harper e Raper. Inicialmente, supôs-se que a CCK fosse composta de duas substâncias: uma ativando a contração da vesícula biliar (a CCK) e outra, a secreção acinar do pâncreas (a pancreozimina, PZ). Por este motivo, durante muito tempo foi utilizada a nomenclatura CCK-PZ. Em 1968, a CCK foi purificada por Jorpes e Mutt, tornando-se óbvio que a CCK e a PZ são um mesmo polipeptídio, que age simultaneamente na vesícula biliar e no pâncreas.

A secretina é um antiácido natural.

A ideia de a secretina ser um antiácido natural se baseia nos diversos efeitos mediados por essa substância, na neutralização duodenal do quimo ácido, proveniente do estômago. Estes efeitos são:

1. Estimulação da secreção pancreática aquosa alcalina lançada no duodeno, em resposta ao baixo pH duodenal, neutralizando o HCl.
2. Ação colerética, aumentando nos ductos biliares a secreção aquosa de bile, rica em HCO₃⁻.
3. Inibição da secreção gástrica de HCl, agindo diretamente tanto nas células parietais como nas G antrais, produtoras de gastrina.

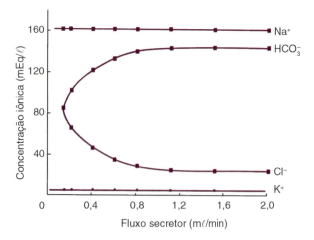

Figura 61.35 ▪ Alterações da composição eletrolítica da secreção aquosa pancreática, em função da variação do fluxo secretor. (Adaptada de Berne *et al.*, 2004.)

4. Redução de velocidade de esvaziamento gástrico, por sua ação motora contraindo o piloro até que o quimo seja neutralizado no duodeno.
5. Diminuição da ação trófica da gastrina sobre o crescimento da mucosa gástrica, reduzindo com isso a síntese de células G e das células parietais.
6. Efeito trófico sobre o pâncreas, potencializado pela CCK, promovendo o seu crescimento e garantindo a secreção aquosa alcalina e a enzimática.
7. Gênese de pH alcalino no delgado, favorável à ação hidrolítica das enzimas pancreáticas.

O polipeptídio secretina.

A secretina dispõe de 27 aminoácidos (aa) e é da mesma família do glucagon (29 aa), do GIP (42 aa) e do VIP (28 aa), que são polipeptídios homólogos. Os membros desta família não apresentam fragmentos ativos, como já mencionado no Capítulo 59, *Regulação Neuro-Hormonal do Sistema Digestório*. Todos os aa são necessários para as suas atividades. O glucagon tem 14 aa idênticos aos da secretina. Uma substância semelhante ao glucagon – o enteroglucagon – foi isolada do intestino delgado. A função dessa substância ainda não foi esclarecida. O GIP e o VIP dispõem de nove aa idênticos aos da secretina. Muitas das ações destes agonistas são semelhantes às da secretina.

As enzimas do pâncreas digerem todos os tipos de macronutrientes.

O pâncreas é o órgão que apresenta a mais elevada taxa de síntese e secreção proteica, e, diariamente, cerca de 5 a 15 g de proteína são lançados por ele no duodeno. As células acinares secretam aproximadamente 20 proteínas distintas, a maioria delas com atividade enzimática. Muitas são secretadas como proenzimas e algumas como enzimas ativas. O Quadro 61.5 mostra algumas das enzimas pancreáticas.

As enzimas proteolíticas.

Quantitativamente, as enzimas proteolíticas mais importantes são: *tripsina*, *quimiotripsina* e *carboxipeptidases*. Elas são lançadas no lúmen intestinal sob formas inativas de proenzimas. Uma enzima da borda em escova do delgado, a *enteropeptidase*, cliva o tripsinogênio, ativando-o na forma de tripsina. Uma vez ativada, a tripsina tem efeito autocatalítico e ativa as demais proteases pancreáticas (Figura 61.37). Outras enzimas proteolíticas são as *pró-elastases*.

Quadro 61.5 • Proteínas secretadas pelas células acinares do pâncreas.

Enzimas digestivas lançadas no lúmen do delgado, na forma de proenzimas:
Tripsinogênios 1, 2 e 3
Quimiotripsinogênio
Procarboxipeptidases A_1, A_2, B_1 e B_2
Pró-elastases 1 e 2

Enzimas digestivas lançadas no duodeno na forma ativa:
α-amilase pancreática
Triacil-glicerol-éster-hidrolase (lipase pancreática)
Colesterol-éster-hidrolase
RNAase
DNAase

Outras proteínas:
Pró-colipase
Inibidor da tripsina
Glicoproteína 2
Proteína associada a pancreatite
Listatina

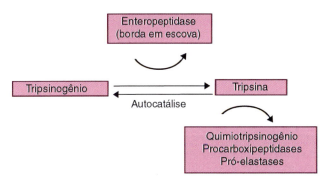

Figura 61.37 • Ativação do tripsinogênio pela enteropeptidase da borda em escova. A tripsina autocatalisa mais tripsinogênio e ativa todas as outras enzimas proteolíticas.

Tripsina, quimiotripsina e elastases são *endopeptidases*, não originando, por hidrólise de polipeptídios, aminoácidos livres. Carboxipeptidases são *exopeptidases* que hidrolisam as terminações COOH dos oligopeptídios, dando origem a aminoácidos livres. O pâncreas também secreta *ribonucleases* e *desoxirribonucleases*.

A α-amilase pancreática é semelhante à salivar.

Como a α-amilase pancreática é uma *endoamilase*, que cliva ligações glicosídicas α-[1-4] no interior da cadeia polissacarídica, da sua ação hidrolítica sobre os polissacarídios não resultam hexoses (glicose, frutose e sacarose), mas sim *maltose* (dímero), *maltotriose* (trímero) e as α-*limite dextrinas*, contendo ainda ligações α-[1-6]-glicosídicas com 6 a 9 monômeros (ver Capítulo 62).

As enzimas lipolíticas.

São elas: a *lipase pancreática* (*triacil-éster-glicerol-hidrolase*) e a *colesterol-éster-hidrolase*, lançadas sob formas ativas no duodeno. De suas ações, resultam *glicerol*, *ácidos graxos livres*, *diacilgliceróis* e *colesterol*. Há, também, as *fosfolipases do tipo A_2*, que são lançadas no duodeno como proenzimas, sendo específicas para a hidrólise de fosfolipídios, o que resulta *lisofosfolipídios*. São secretadas, também, as denominadas *colipases*, que não apresentam ação enzimática e atuam como cofatores para a ação da lipase (ver Capítulo 62).

Outras proteínas secretadas pelo pâncreas.

O pâncreas secreta ainda outras proteínas cujas funções não estão ainda totalmente esclarecidas. Uma delas é a *proteína inibidora da tripsina*, que previne a ativação da tripsina e das demais enzimas proteolíticas no interior do tecido pancreático. Ela é armazenada nos grânulos de zimogênio, em quantidade suficiente para inibir entre 10 e 20% de tripsina ativada (ver Quadro 61.5). Outra proteína secretada pelo pâncreas é a *proteína GP2*, que dispõe de um grupo glicosil-fosfatidil inositol ligado ao N-terminal. Tem sido relacionada com o processo de regulação da endocitose, uma vez que se liga à bicamada interna da membrana dos grânulos de zimogênio e, após a exocitose, é clivada no lúmen acinar. Uma terceira proteína pancreática é a *listatina*, que parece prevenir a formação de cálculos; ela forma, juntamente com a proteína GP2, agregados que têm sido relacionados com a formação patológica de *plugs* proteicos, que obstruem o lúmen acinar em pacientes com fibrose cística com pancreatite crônica. A *proteína associada à pancreatite* é secretada pelo pâncreas em baixas concentrações, diante de condições normais. Entretanto, ela se eleva muito na pancreatite, tendo função bacteriostática na prevenção de infecção bacteriana, durante essa inflamação.

A CCK é o principal estimulador da secreção pancreática enzimática.

Dez minutos após uma refeição, o nível plasmático de CCK eleva-se 5 a 10 vezes. Este hormônio gastrintestinal é liberado pelas células I da mucosa duodenal, em resposta à presença de produtos da hidrólise lipídica, predominantemente. Polipeptídios e aminoácidos também estimulam a secreção de CCK, que é pouco sensível aos produtos da hidrólise de carboidratos. Este hormônio liga-se aos receptores CCK_A das células acinares, estimulando a secreção enzimática, diretamente. Indiretamente, a CCK ativa, por mecanismo pouco conhecido, os terminais axônicos vagais eferentes colinérgicos, que ativam também a secreção enzimática, pois a atropina inibe a secreção enzimática estimulada experimentalmente pela CCK. Outro estimulador da secreção de CCK é o peptídio liberador de gastrina (GPR), neurotransmissor vagal, que também incentiva as células acinares. Além disso, existe potencialização dos efeitos entre a CCK e a secretina, na estimulação da liberação de HCO_3^- em resposta a uma refeição.

As células I podem, também, ser estimuladas por peptídios liberados da mucosa duodenal, denominados *fatores liberadores de CCK*. Nos períodos interdigestivos, estes fatores são hidrolisados pelas enzimas proteolíticas liberadas na secreção pancreática basal, tendo pouco efeito na liberação da CCK. Entretanto, depois da chegada do quimo ao duodeno, os peptídios liberadores de CCK não são hidrolisados, visto que as enzimas proteolíticas estão envolvidas com a digestão dos nutrientes. Assim, a relação entre os níveis das enzimas proteolíticas e os dos peptídios liberadores de CCK reflete um balanço entre a quantidade de nutrientes, as enzimas digestivas presentes no lúmen duodenal e o meio digestivo luminal.

Como existe um sistema porta entre as ilhotas de Langerhans e os ácinos pancreáticos, os hormônios endócrinos influenciam também a secreção exócrina. A insulina modifica a composição enzimática secretada pelas células acinares, elevando a secreção da amilase pancreática.

No período interdigestivo, a secreção pancreática basal varia ciclicamente com o complexo migratório mioelétrico (CMM).

No período interdigestivo, a secreção aquosa basal do pâncreas representa apenas 2 a 5% da secreção aquosa máxima e a de enzimas, 10 a 20%. Nesse período, são observadas oscilações dessas secreções, em fase com o aumento de intensidade da atividade motora do complexo migratório mioelétrico (CMM) do duodeno. Tal padrão oscilatório e cíclico da atividade secretora basal é regulado tanto pelo sistema nervoso parassimpático colinérgico eferente, como pelo sistema nervoso entérico, embora a CCK e as vias adrenérgicas estejam também envolvidas.

No período digestivo, a secreção pancreática também pode ser analisada em três fases: cefálica, gástrica e intestinal. As secreções nas fases cefálica e gástrica são de pequeno volume e viscosas.

A fase cefálica da secreção pancreática foi estudada por *sham-feeding*, como já mencionado na secreção gástrica. Estímulos psíquicos, visuais, auditivos e olfatórios, por reflexos condicionados por via vagal, elevam a secreção pancreática, mesmo antes da ingestão dos alimentos (Figura 61.38).

Durante a ingestão, mecano- e quimiorreceptores das cavidades oral e faríngea, incentivados pelos processos de mastigação e de deglutição, aumentam a secreção pancreática.

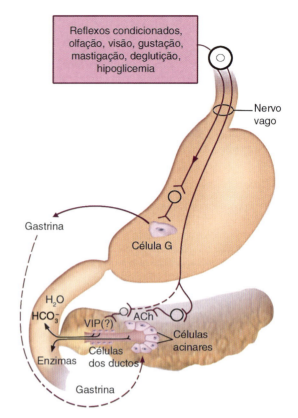

Figura 61.38 • Fase cefálica da secreção gástrica. (Adaptada de Johnson, 2001.)

A hipoglicemia também ativa a secreção, como ocorre com as secreções gástrica e salivar, nesta fase. A pancreática, na fase cefálica, é predominantemente enzimática. A elevação da secreção enzimática, nesta fase, representa cerca de 25 a 50% da secreção máxima.

Foi demonstrado, em cães, que a estimulação de várias regiões do hipotálamo faz crescer a secreção pancreática. A via eferente é vagal colinérgica, inibível pela atropina, indicando que os receptores estimulados são muscarínicos. Durante a fase cefálica das duas secreções, a gástrica e a pancreática, ocorre aumento da secreção de gastrina, que, via circulação, ativa a secreção pancreática, em algumas espécies animais. Entretanto, em humanos, ainda não é claro o papel da gastrina estimulando a secreção pancreática, uma vez que, em muitas espécies animais, o receptor CCK_B não está presente nas células acinares pancreáticas. A estimulação da secreção via gastrina poderia, porém, se dar via receptor CCK_A.

A distensão das paredes do estômago pelo alimento aciona os mesmos mecanismos neurais vagais já descritos para a secreção gástrica, embora de maneira bastante incipiente e, provavelmente, através de reflexos vagovagais entre o estômago e o pâncreas. Esta fase representa cerca de 10% da secreção máxima.

Quantitativamente, a fase intestinal é a mais importante, sendo predominantemente regulada pela secretina e pela CCK.

A fase intestinal da secreção pancreática representa 70 a 80% da secreção total. A secreção é volumosa e aquosa, contendo elevadas concentrações de HCO_3^- e enzimas. Nesta fase, os principais mecanismos regulatórios para a secreção são hormonais e acionados pela chegada do quimo ao delgado. São dois os principais hormônios reguladores da secreção pancreática: secretina e CCK.

A *secretina* é liberada da mucosa duodenal e jejunal pela chegada do quimo ácido ao duodeno, por estimulação das células S. No pâncreas, ela estimula, predominantemente, as células dos ductos extralobulares. Os produtos de hidrólise lipídica e proteica ativam as *células I*, secretoras da *CCK* do delgado, que elevam a secreção enzimática das células acinares (Figura 61.39).

Reflexos vagovagais ocorrem nesta fase. *Quimiorreceptores* da parede duodenal, estimulados tanto pela concentração hidrogeniônica como pelos produtos da hidrólise lipídica e proteica, enviam estímulos aferentes vagais para o SNC. A resposta eferente vagal é *colinérgica*. Esta fase da secreção pancreática está esquematizada na Figura 61.39.

Potencialização de agonistas.

O único estímulo potente para a liberação de secretina da mucosa duodenal e jejunal é a concentração hidrogeniônica do quimo. O valor limiar de pH no lúmen do delgado para a liberação do hormônio é de 4,5. Valores de pH de 5 a 3 aumentam a secreção de HCO_3^-, que se mantém inalterada entre 3 e 2, conforme mostrado na Figura 61.40. Em pH abaixo de 3, a liberação de secretina e a secreção de HCO_3^- são relacionadas com a quantidade de ácido que chega ao duodeno por unidade de tempo. A quantidade de secretina liberada passa a ser função do número de células S, ou do comprimento do delgado que é estimulado.

Durante o processo digestivo, o pH intraduodenal não atinge valores inferiores a 4 a 3,5, o que suscita dúvida de a liberação de secretina e HCO_3^- ser suficiente para a neutralização do quimo. A valores de pH superiores ou iguais a 5 no lúmen do delgado, a secreção pancreática é pouco volumosa e densa, indicando uma secreção unicamente acinar, estimulada por CCK e acetilcolina. Uma pequena queda do pH, nesta condição, mesmo a valores menores que o limiar para a liberação de secretina, produz grandes aumentos da secreção aquosa. Esta observação é coerente com o mecanismo de potencialização da ação de secretina pela CCK e pela acetilcolina.

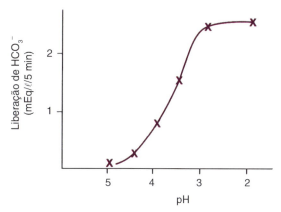

Figura 61.40 ▪ Liberação de bicarbonato pancreático em função de vários valores de pH duodenal, usado como índice da liberação de secretina. (Adaptada de Johnson, 2001.)

Há, na realidade, interações fisiológicas entre os hormônios secretina, CCK e os reflexos vagovagais. O aminoácido *fenilalanina* é um estimulador potente da liberação da CCK. Se, simultaneamente à ação do aminoácido, for feita uma infusão intravenosa de pequena quantidade de *secretina*, a secreção pancreática aquosa é grandemente estimulada, indicando uma potencialização do efeito da secretina pela CCK. Por outro lado, a vagotomia diminui esta resposta, indicando inibição da potencialização pela acetilcolina (Figura 61.41).

A CCK é liberada por células endócrinas localizadas no duodeno e nos primeiros 90 cm do jejuno. Os principais estimuladores da secreção de CCK são os aminoácidos

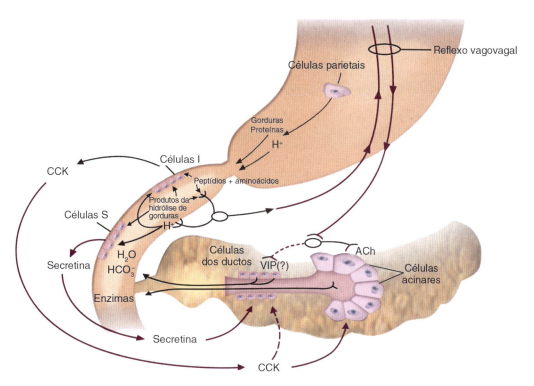

Figura 61.39 ▪ Fase intestinal da secreção pancreática. (Adaptada de Johnson, 2001.)

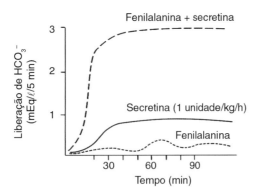

Figura 61.41 ▪ Liberação de bicarbonato em resposta à perfusão duodenal de fenilalanina, à infusão intravenosa de secretina e à combinação dos dois estímulos. (Adaptada de Johnson, 2001.)

fenilalanina e triptofano. Alguns peptídios também estimulam a secreção de CCK, principalmente os que contêm glicina. As proteínas intactas, não digeridas, são ineficazes para ativarem a secreção da CCK. Os produtos da hidrólise lipídica consistem, porém, nos mais potentes estimuladores da secreção de CCK.

O padrão de secreção enzimática mediada pela CCK e pelo vago depende da composição do quimo. Assim, refeições líquidas diminuem a secreção pancreática a valores 40% inferiores aos da secreção máxima. Refeições altamente calóricas, que contêm partículas grandes e levam mais tempo para se esvaziarem do estômago, induzem respostas maiores e mais duradouras. Ácidos graxos com cadeias longas são muito potentes na estimulação da secreção enzimática, enquanto a perfusão duodenal com soluções contendo carboidratos é ineficaz. Aminoácidos não essenciais apresentam pouco efeito sobre a secreção das enzimas proteolíticas, enquanto alguns aminoácidos essenciais são potentes estimuladores. Os mecanismos celulares de ação dos agonistas nas células acinares foram analisados anteriormente.

O pâncreas é capaz de armazenar grandes reservas de enzimas proteolíticas e para a α-amilase, superiores às quantidades requeridas pelo organismo. Entretanto, as reservas das enzimas lipolíticas, especialmente para a digestão dos triacilgliceróis, são limitadas. Mesmo assim, uma ressecção pancreática de 80 a 90% ainda é suficiente para a digestão destes substratos. Estas observações têm importância clínica, indicando que pacientes submetidos a ressecção pancreática parcial não apresentam distúrbios nutricionais e não desenvolvem diabetes pós-operatório. Estas disfunções só se instalam se grandes extensões pancreáticas forem destruídas.

A secreção pancreática, após uma refeição, pode perdurar por várias horas. Os mecanismos reguladores de retroalimentação, responsáveis pelo abaixamento da secreção pancreática depois de uma refeição, são ainda pouco conhecidos. Sabe-se, porém, que a presença de gorduras nas porções distais do intestino delgado reduz a secreção pancreática. Este mecanismo é mediado pelo peptídio YY, presente em células endócrinas do íleo e do cólon, parecendo agir por via neural e, também, sobre a vasculatura, diminuindo o fluxo sanguíneo pancreático. A somatostatina (liberada pelas células D intestinais) e o glucagon (liberado pelas células α das ilhotas de Langerhans) estão envolvidos na regulação da diminuição da secreção pancreática a níveis basais, após uma refeição.

Fibrose cística (FC)

É uma doença genética, em consequência de mutação no cromossomo 7 do gene da FC, resultando na produção de moléculas defeituosas da proteína formadora do canal para Cl^- do tipo CFTR (*cystic fibrosis transmembrane conductance regulator*).

O canal para Cl^- do tipo CFTR expressa-se na membrana luminal de vários epitélios secretores, como o das glândulas salivares, dos ductos pancreáticos, das vias respiratórias e em vários outros tecidos. As moléculas defeituosas são reconhecidas no retículo endoplasmático que as degrada prematuramente, antes de se expressarem na membrana plasmática. A perda deste canal para Cl^- nas membranas plasmáticas altera a secreção de íons em várias membranas luminais de ductos secretores.

No pâncreas, altera a secreção de HCO_3^-, de Cl^- e de água, nos ductos extralobulares, originando um líquido luminal espesso, rico em proteínas enzimáticas, que pode obstruir a drenagem da secreção e causar eventual destruição do parênquima pancreático, por ativação prematura de enzimas proteolíticas. O parênquima pancreático é gradativamente substituído por tecido fibrótico e infiltrado por gorduras. A insuficiência enzimática leva a distúrbios digestivos e absortivos, acompanhados de diarreia e esteatorreia (excreção de gorduras nas fezes), conduzindo a um quadro de desnutrição. Antes da terapia de utilização de enzimas orais, este quadro nutricional conduzia a óbito.

A FC é uma doença letal hereditária mais comum na raça branca, com uma incidência de 1/2.000 indivíduos. Uma proporção de 1/20 indivíduos de origem caucasiana carregam o defeito genético.

Outras informações a respeito desse assunto são dadas no Capítulo 10, *Canais para Íons nas Membranas Celulares*, e no Capítulo 11, *Transportadores de Membrana*.

Pancreatite aguda

Pode ser desencadeada por: alcoolismo, bloqueio da secreção no ducto biliar (comum em consequência de litíase biliar), hipertrigliceridemia (doença hereditária) e toxinas que elevam a secreção de acetilcolina (como os anticolinesterásicos de alguns inseticidas e as originárias de picadas de escorpião).

Os níveis elevados de acetilcolina são, há tempos, reconhecidos como um dos fatores desencadeantes de pancreatite experimental, que pode também ser induzida por altos níveis de CCK. Ambos os agentes atuam na secreção acinar e na ativação patológica de enzimas nos grânulos de zimogênio, que não conseguem ser protegidos pelos mecanismos já referidos. Podem ocorrer, também, impedimento da secreção acinar, processos inflamatórios, fibrose cística, isquemia e lesão vascular. A administração de proteases, que inibem as enzimas proteolíticas, reduz a gravidade das lesões pancreáticas experimentais.

A autodigestão pancreática, por ativação do pepsinogênio nas células acinares, é prevenida por vários mecanismos.

A ativação do pepsinogênio no interior do pâncreas pode causar autodigestão da glândula e pancreatite aguda. Há porém vários fatores que protegem o pâncreas da autodigestão. São eles: (1) as enzimas proteolíticas são compartimentalizadas nos grânulos de zimogênio, na forma inativa de proenzimas, sendo a membrana dos grânulos impermeável a proteínas; (2) o peptídio inibidor da tripsina é também compartimentalizado nos grânulos, em quantidades suficientes para bloquear cerca de 10 a 20% a atividade da tripsina; (3) nos vacúolos de condensação, existe a H^+-ATPase, que bombeia H^+ para o seu interior, gerando valores baixos de pH que inibem a atividade enzimática; (4) as condições iônicas envolvidas nos processos das vias excretoras também limitam a atividade enzimática; e

(5) enzimas ativadas nos ácinos podem ser hidrolisadas por outras enzimas, ou ser secretadas antes de lesarem o tecido pancreático (esta hidrólise pode ocorrer tanto por enzimas compartimentalizadas nos grânulos, como pelas enzimas compartimentalizadas nos lisossomos).

Resumo
Secreção exócrina do pâncreas
1. A secreção exócrina do pâncreas tem dois componentes: um aquoso (com volume de 1 ℓ/dia, contendo cerca de 140 mM de HCO_3^-, secretado pelas células dos ductos extralobulares) e outro enzimático (de pequeno volume, secretado pelas células acinares).
2. O principal estímulo para a secreção aquosa é a secretina, liberada da mucosa do delgado pela chegada do quimo ácido proveniente do estômago. O HCO_3^- da secreção pancreática neutraliza o HCl e gera o ambiente alcalino para a ação das enzimas pancreáticas, que agem nesta faixa de pH.
3. O principal estímulo para a secreção enzimática é a CCK, liberada da mucosa do delgado, em resposta à presença de produtos da hidrólise lipídica e proteica.
4. O SNA e o SNI afetam menos intensamente a secreção pancreática, ao contrário do que acontece com as secreções salivar e gástrica. O pâncreas secreta um largo espectro de enzimas, que hidrolisam todos os nutrientes orgânicos da dieta. Elas são armazenadas nas células acinares, em quantidades superiores às necessidades do organismo, e apresentam elevadas atividades, o que torna a secreção pancreática essencial.
5. As fases cefálica e gástrica da secreção pancreática são reguladas pelo vago e por reflexos longos vagovagais. A secreção é de pequeno volume e predominantemente enzimática. A gastrina, liberada nestas fases, estimula as células acinares, em algumas espécies.
6. A fase intestinal da secreção pancreática representa 70 a 80% da secreção total, e sua regulação é predominantemente hormonal, efetuada pela secretina e pela CCK. Nessa fase, a regulação neural é realizada por reflexos vagovagais. Fibras colinérgicas estimulam, principalmente, as células acinares e as fibras vipérgicas, as células dos ductos. Há potencialização entre os efeitos da secretina e da CCK; ambas têm efeito trófico sobre o pâncreas. Ocorrem, também, interações dos efeitos hormonais e neurais.

SECREÇÃO BILIAR

A única função digestiva do fígado é a síntese e a secreção da bile, importante na digestão e na absorção das gorduras.

A bile é sintetizada continuamente nos hepatócitos, a partir do colesterol da dieta, e do conduzido pelos quilomícrons remanescentes que chegam ao fígado pela circulação. Além disso, os hepatócitos extraem os sais biliares e o colesterol que chegam ao fígado pela circulação êntero-hepática, durante o período digestivo. A bile é armazenada, nos períodos interdigestivos, na vesícula biliar (em espécies que dispõem dela).

A bile é lançada no duodeno, predominantemente, nos períodos digestivos, através do ducto biliar comum, e principalmente em resposta à presença dos produtos da hidrólise lipídica no duodeno. Estes são os principais estimuladores da secreção de bile, uma vez que elevam a secreção da CCK, que, como já comentado, além de incentivar a secreção proteica acinar do pâncreas, contrai a musculatura lisa da vesícula biliar e relaxa o esfíncter de Oddi, permitindo o esvaziamento da vesícula e o fluxo secretor de bile para o duodeno.

Embora a bile não contenha nenhuma enzima digestiva, sua função na digestão e na absorção dos lipídios é de extrema importância fisiológica.

A bile funciona como agente detergente sobre as gorduras em suspensão no líquido aquoso luminal do intestino. Sais biliares, fosfolipídios e colesterol, componentes da bile, formam micelas que interagem com as gorduras em suspensão no líquido luminal do delgado, diminuindo a sua tensão superficial e rompendo-as em gotículas, processo este denominado *emulsificação*. A emulsificação amplia a área superficial das gorduras expostas às ações das enzimas lipolíticas pancreáticas. Esta é a principal ação digestiva da bile. Além disso, os produtos da hidrólise lipídica incorporam-se às micelas dos sais biliares e são transportados por elas, através da camada não agitada de água que recobre a borda em escova da membrana luminal dos enterócitos do delgado. Assim, a bile, além de ser importante na digestão dos lipídios, é necessária para a absorção dos produtos da sua hidrólise (ver Capítulo 62).

O sistema hepatobiliar.

O fígado localiza-se estrategicamente no sistema circulatório, recebendo o sangue da veia porta que drena o estômago, o delgado, o cólon e o baço. Nesta posição, ele recebe os produtos absorvidos no intestino, transformando alguns, armazenando outros e liberando-os para a circulação sistêmica, nas várias condições fisiológicas. A vesícula biliar localiza-se abaixo do lobo direito do fígado. Tem a forma de uma pera e capacidade para 30 a 50 mℓ, no indivíduo adulto. O *ducto cístico* drena a vesícula e intercomunica-se com o *ducto hepático comum*, que drena o fígado, formando o *ducto biliar comum*, após se unir ao ducto pancreático. Esse ducto biliar é relativamente grande, com cerca de 0,5 a 1,5 cm de diâmetro e 7 cm de comprimento; desemboca no duodeno, logo abaixo do piloro, na *ampola de Vater*. Quando emerge no lúmen duodenal, o ducto biliar comum é envolvido pelo *esfíncter de Oddi*, um espessamento das musculaturas circular e longitudinal da parede intestinal (Figura 61.42).

O fígado pesa entre 1.000 e 1.500 g. É o maior órgão do corpo humano depois da pele e representa 4 a 5% do peso corpóreo nos recém-nascidos e 2 a 5% em adultos.

O fígado transforma e armazena substâncias endógenas e exógenas extraídas do sangue, propiciando o retorno destas à circulação, ou as excreta na bile.

As funções do fígado são várias e vitais. No presente texto, elas estão agrupadas em seis categorias: (1) metabólicas, (2) de síntese, (3) de degradação, (4) de armazenamento, (5) de desintoxicação e (6) de excreção.

O fígado regula o metabolismo dos carboidratos, das gorduras e das proteínas.

O fígado participa da manutenção da glicemia (ou nível plasmático de glicose). Quando o nível de glicose plasmática é alto, esse órgão converte a glicose em glicogênio, processo denominado *glicogênese*; quando esse nível cai, ele efetua o processo inverso, ou *glicogenólise*. O fígado é, também, capaz de sintetizar glicose a partir de aminoácidos, lipídios e derivados do metabolismo glicídico, como o lactato, processo chamado de *gliconeogênese*. Estes processos são precisamente regulados pelo sistema endócrino do organismo.

O fígado extrai os quilomícrons remanescentes, utiliza o colesterol para a síntese dos sais biliares ou o excreta na bile.

Quilomícrons remanescentes são lipoproteínas nas quais os triacilgliceróis dos quilomícrons absorvidos nos ileócitos

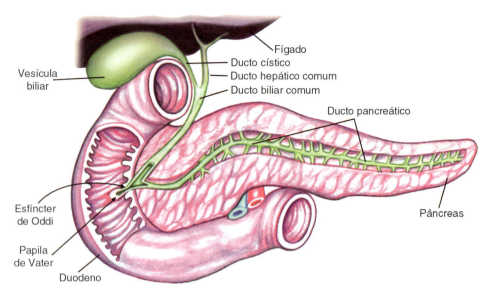

Figura 61.42 ▪ O sistema hepatobiliar.

foram hidrolisados pelas lipases do endotélio dos capilares sanguíneos. Contêm ácidos graxos livres com cadeias longas e, predominantemente, colesterol, que é utilizado pelos hepatócitos para sínteses não só dos sais biliares, como também de lipoproteínas de densidade muito baixa (VLDL, *very low density lipoproteins*), que podem ser convertidas em LDL (*low density lipoproteins*) e em HDL (*high density lipoproteins*), as principais fontes de colesterol e de triacilgliceróis para vários tecidos. Outros lipídios sintetizados pelo fígado são colesterol, fosfolipídios e ácidos graxos, para a biossíntese de triacilgliceróis.

O fígado também está envolvido com a β-oxidação dos ácidos graxos, por condensação pela acetil-CoA, resultando os corpos cetônicos e os α-cetoácidos, o ácido β-hidroxibutírico e a acetona. No jejum, estes substratos são utilizados como fonte energética pelo sistema nervoso central, economizando, assim, cerca de 50% da glicose que seria empregada por este tecido. No diabetes melito, em que o metabolismo dos carboidratos é comprometido, o papel da β-oxidação hepática é muito importante. Assim, o fígado tem importante função na manutenção do metabolismo energético de órgãos não hepáticos.

As funções do fígado no metabolismo proteico.

O fígado sintetiza todos os aminoácidos não essenciais e as principais proteínas plasmáticas, como albumina, globulinas e fibrinogênio, além de outras proteínas envolvidas na coagulação sanguínea. Com exceção das γ-globulinas, esse órgão sintetiza todas as demais proteínas plasmáticas. Ele também participa do catabolismo proteico, desaminando os aminoácidos e convertendo a amônia (NH_3) em ureia.

As funções de síntese foram comentadas nos itens anteriores, como as de síntese de glicose (gliconeogênese), de lipoproteínas, de aminoácidos, de proteínas plasmáticas e de sais biliares.

Vários hormônios são degradados e excretados pelo fígado.

O fígado inativa e excreta os hormônios esteroides, como a cortisona, glicocorticoide reduzido à forma inativa de tetraidrocortisol e conjugado ao ácido glicurônico,

hidrossolúvel e excretado pelo rim. A epinefrina e a norepinefrina são inativadas por oxidação e metilação, sendo catalisadas por duas enzimas muito abundantes nos hepatócitos, as monoamina oxidases e as catecol-*O*-metiltransferases. Hormônios peptídicos também são degradados no fígado. Além disso, esse órgão é capaz de converter hormônios e vitaminas nas suas formas ativas, como, por exemplo, a D, inicialmente hidroxilada nos hepatócitos, e o hormônio de tireoide, a tiroxina, que sofre desiodinização. Os hepatócitos têm inúmeras enzimas que processam substâncias lipofílicas em solutos mais polares, que são excretados na bile.

Várias substâncias são armazenadas no fígado, como hemoglobina, ferro e vitaminas A, D e B_{12}, que protegem o organismo quando ocorrem carências nutricionais. O fígado degrada a hemoglobina, formando a bilirrubina, excretada na bile.

As células de Kupffer do fígado fagocitam várias bactérias, toxinas, parasitos, eritrócitos velhos e substâncias exógenas, como vários fármacos.

O retículo endoplasmático dos hepatócitos contém enzimas e coenzimas, responsáveis pelas transformações oxidativas de muitas substâncias. As células de Kupffer representam entre 80 e 90% dos macrófagos do sistema reticuloendotelial, fagocitando diversas substâncias tóxicas exógenas.

A secreção da bile.

A secreção da bile pelo fígado executa duas funções: digestiva e excretora. Vários solutos são excretados na bile, como o colesterol e a bilirrubina resultante da degradação da hemoglobina. A bile secretada pelos hepatócitos contém ácidos biliares (67%), fosfolipídios (22%), colesterol (4%), bilirrubina (0,3%) e proteínas (4,5%). A Figura 61.43 ilustra a composição da bile, com os sais biliares secundários e terciários (transformados pelas bactérias intestinais).

A *bile primária*, elaborada pelos hepatócitos, é secretada nos *canalículos biliares*. Estes são espaços intercelulares, com cerca de 1 μm de diâmetro, delimitados pelas membranas luminais de hepatócitos adjacentes. Essa bile contém os ácidos biliares primários (cólico e quenodesoxicólico), colesterol, fosfolipídio

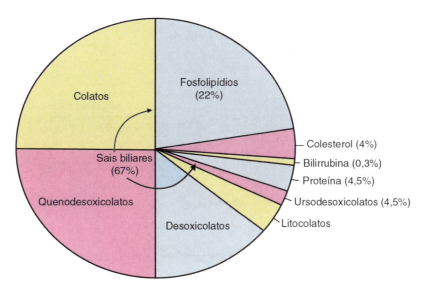

Figura 61.43 ▪ Composição da bile coletada no delgado contendo os sais biliares primários, secundários e terciários. (Adaptada de Berne e Levy, 1998.)

e bilirrubina, além de um líquido isotônico contendo Na^+, K^+, Cl^- e HCO_3^-. Os canalículos biliares formam uma rede tridimensional de túbulos entre os hepatócitos, com muitas anastomoses. Dos canalículos, a bile é dirigida para pequenos ductos, os *canais de Hering*, que se esvaziam em um sistema de *ductos perilobulares*, que drenam para os *ductos biliares interlobulares*, intra-hepáticos. Estes se unem em ductos cada vez mais calibrosos, originando *dois ductos hepáticos* que se fundem, formando um *ducto hepático comum*. Este se junta ao *ducto cístico*, que drena a vesícula biliar, formando o *ducto biliar comum*, ao qual, finalmente, se une o *ducto pancreático* (Figura 61.44). As células epiteliais deste sistema de ductos biliares, denominadas *colangiócitos*, modificam a composição da bile primária por vários sistemas transportadores localizados nas suas duas membranas, a luminal e a basolateral.

Os hepatócitos são células epiteliais poligonais, agrupadas em placas, formando os lóbulos hepáticos.

Os hepatócitos são células poligonais, cujas membranas apicais delimitam os canalículos hepáticos e cujas membranas basolaterais estão voltadas para os espaços intersticiais, ou *espaços de Disse*. Estes são perissinusoidais e fazem íntimo contato com o endotélio fenestrado dos *sinusoides ou capilares hepáticos*. A Figura 61.45 A e B esquematiza o suprimento sanguíneo e a estrutura de um lóbulo hepático. O sangue flui da periferia do lóbulo, a partir dos ramos da *veia porta* (que contribui com 75% para a circulação total do fígado) e de ramos da *artéria hepática* (cuja colaboração é de 25%), para uma veia centralmente localizada nos lóbulos. O sangue proveniente das vênulas e arteríolas hepáticas forma uma rede complexa, originando os sinusoides, cujo sangue converge para as veias centrais. As veias centrais dos diversos lóbulos confluem formando um ramo da veia hepática, que drena o fígado. Ramos da veia porta, da artéria hepática e um ducto biliar formam as chamadas *tríades*, situadas entre os lados dos hepatócitos poligonais. Elas, juntamente com os vasos linfáticos e os nervos, caminham paralelamente, constituindo o *trato porta*. A bile flui da região central dos lóbulos para a periferia, em contracorrente com a circulação. O suprimento sanguíneo para os ductos biliares é efetuado, principalmente, por

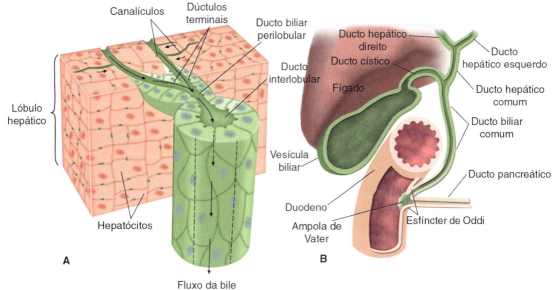

Figura 61.44 ▪ **A.** Estrutura do sistema de ductos biliares intra-hepáticos. **B.** Sistema biliar extra-hepático. (Adaptada de Boron e Boulpaep, 2005.)

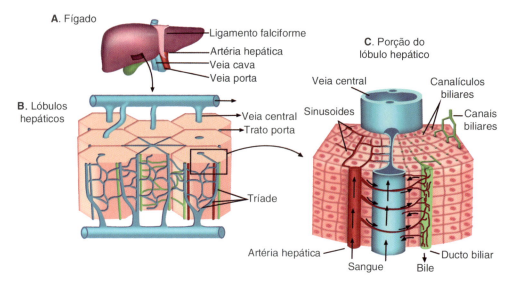

Figura 61.45 • O sistema sanguíneo dos lóbulos hepáticos. *Tríade*: conjunto de ducto biliar e ramos da artéria hepática e da veia porta (explicações no texto). (Adaptada de Boron e Boulpaep, 2005.)

ramificações da artéria hepática (Figura 61.45 C). As arteríolas formam um plexo rico em capilares, que envolvem os ductos biliares nos tratos porta. O sangue destes capilares esvazia-se nos sinusoides através de ramos da veia porta, o que propicia uma reciclagem de solutos entre eles e os hepatócitos.

A secreção da bile e a reabsorção dos sais biliares pelos hepatócitos, nos canalículos biliares, são mediadas por diversos transportadores.

A membrana basolateral (MBL) dos hepatócitos faz íntimo contato com o endotélio dos sinusoides hepáticos; a extração dos sais biliares e do colesterol, provenientes da circulação êntero-hepática, ocorre por mecanismos específicos de transporte através desta membrana e de acordo com as solubilidades dos sais biliares. Como os canalículos biliares localizam-se entre as membranas luminais (ou apicais) de hepatócitos adjacentes, os sais biliares extraídos dos sinusoides e os sintetizados *de novo* são transportados para os canalículos que drenam a bile hepática. Assim, o hepatócito processa os compostos em quatro etapas: (1) retirada do sangue através da MBL; (2) transporte intracelular; (3) modificação química ou degradação nos hepatócitos; e (4) secreção nos canalículos biliares, através das membranas luminais dos hepatócitos. Os sais que retornam ao fígado pela circulação êntero-hepática são absorvidos através da MBL dos hepatócitos por vários mecanismos transportadores, que têm sido extensivamente estudados. Um deles é o mecanismo de cotransporte com o Na^+, sistema conhecido como NTCP, que é uma glicoproteína com 50 kDa com sete domínios intramembranais. O NTCP efetua transporte ativo secundário tanto de sais biliares não conjugados como conjugados, assim como de outros compostos, como esteróis neutros como a progesterona, oligopeptídios cíclicos e uma grande variedade de medicamentos como o verapamil e a furosemida (ou Lasix®). Os sais biliares não conjugados também podem ser transportados passivamente, por difusão não iônica simples, uma vez que são ácidos fracos na forma protonada neutra de HBA. A conjugação dos ácidos biliares com a taurina ou a glicina promove a dissociação da cadeia lateral, com isso reduzindo o pK_a dos sais biliares e elevando a concentração de sal biliar com carga negativa ou desprotonado (BA^-), o que dificulta o transporte passivo destes sais. O fígado conjuga estes ácidos biliares a taurina ou glicina ou sulfato, todos com carga negativa e que são transportados pelo carregador NTCP.

O transporte de *ânions orgânicos* é efetuado pelo carregador OATP-1, que é, também, uma glicoproteína de 75 kDa que transporta ácidos biliares, por contratransporte com Cl^-. Um outro transportador é o OATP-2, que transporta prostaglandinas E2 e tromboxanos, mas não o ácido araquidônico. Portanto, a tomada dos sais biliares pela MBL dos hepatócitos ocorre, primordialmente, por 3 tipos de mecanismos: em acoplamento com o Na^+ (NTCP) ou com o Cl^- (OATP), ou por difusão passiva de sais biliares não conjugados (protonados).

A *bilirrubina*, resultante da degradação do grupo heme da hemoglobina de hemácias velhas, destruídas nos sistemas reticuloendoteliais, atravessa a MBL dos hepatócitos por 3 mecanismos: mediado pelo OATP em acoplamento com o Cl^-, por mecanismo eletroneutro ou por transporte eletrogênico de bilirrubina aniônica por uma proteína específica denominada *bilitranslocase*.

Os *cátions orgânicos*, transportados através da MBL dos hepatócitos, são aminas alifáticas e aromáticas. Entre elas, incluem-se solutos como colina, tiamina (vitamina B_1) e a nicotinamida. Os hepatócitos apresentam dois sistemas de transporte destes compostos: o do *tipo I*, para cátions pequenos (como o OACT1), e o do *tipo II*, para cátions maiores.

Os *compostos orgânicos neutros* também são transportados por um processo dependente de energia, mas independente do Na^+.

No espaço intracelular dos hepatócitos, os sais biliares são transportados por ligações a proteínas específicas ou por transporte vesicular. O transporte transcelular com ligações a proteína pode ser observado rapidamente, após a exposição dos hepatócitos aos sais biliares. Já o transporte vesicular ocorre de maneira mais lenta e está relacionado com grandes cargas de sais biliares.

A secreção dos sais biliares, ânions orgânicos e inorgânicos, cátions orgânicos e bilirrubina, para os canalículos biliares, através das membranas luminais dos hepatócitos, é efetuada por transportadores específicos.

O *transporte dos sais biliares* para os canalículos biliares consiste em um transporte ativo primário, mediado por um transportador dependente de ATP, chamado de BSEP (*bile-salt export pump*), que é um membro da família proteica ABC (*ATP-binding-cassette*). Os *ânions orgânicos*, que não são sais biliares, são transportados por um transportador denominado MRP2 (*multidrug resistance-associated protein 2*); esse processo é eletrogênico e dependente de ATP. Esta proteína transporta o diglucuronato de bilirrubina, ácidos biliares sulfatados e glicuronidados. Vários animais desenvolvem hiperbilirrubinemia experimental, quando este transportador é alterado. Os mecanismos de excreção de *cátions orgânicos* são pouco compreendidos; são propostos os transportadores MDR1 e MDR3, que transportam fosfolipídios.

Assim, o processo de secreção da bile hepática é ativo, dependente de energia metabólica, sensível à temperatura e a inibidores metabólicos, envolvendo transportadores dependentes de ATP da membrana luminal dos hepatócitos. O líquido canalicular contém sais biliares e ânions orgânicos e inorgânicos; estes compostos geram, no interior dos canalículos, uma pressão osmótica que drena água e solutos inorgânicos, através das *tight junctions* entre os hepatócitos. Portanto, a bile canalicular é isotônica em relação ao plasma (Figura 61.46).

A bile é continuamente secretada pelos hepatócitos e, nos períodos interdigestivos, armazena-se na vesícula biliar.

São secretados, por dia, cerca de 900 mℓ de bile hepática, processo nomeado *colerese*. Nos períodos interdigestivos, em que o esfíncter de Oddi está predominantemente fechado, cerca de 50% (em torno de 450 mℓ/dia) da bile hepática são conduzidos à vesícula biliar, cujo epitélio absorve isotonicamente água e íons, concentrando a bile. Durante o período digestivo, são lançados no duodeno cerca de 500 mℓ diários de bile, que é uma mistura da bile vesicular e da bile hepática.

Os sais biliares e os outros componentes da bile são continuamente secretados pelos hepatócitos e drenados para os ductos biliares, o que eleva a sua pressão interna a valores de 10 a 20 mmHg. Nos *períodos interdigestivos*, em que o esfíncter de Oddi está contraído e a vesícula biliar relaxada, a bile flui para a região de menor pressão, a vesícula biliar. Neste período, ocorre o *enchimento da vesícula biliar*; esta pode conter entre 15 e 50 mℓ, tendo, porém, um volume médio de 35 mℓ. Por este motivo, esse órgão concentra a bile, por absorção de água e íons (Figura 61.47).

A Figura 61.47 esquematiza o sistema biliar, mostrando a extração dos ácidos biliares pelos hepatócitos, acompanhada da secreção de íons e água para os canalículos biliares, dentro do fígado. A figura mostra, também, a secreção de íons (principalmente HCO_3^-) nos ductos biliares, estimulada pela secretina. Esta ação é designada *efeito colerético da secretina*, porque aumenta o volume da bile. O esquema também indica a *fase de enchimento da vesícula biliar*, nos períodos interdigestivos, e a *fase de esvaziamento da vesícula biliar*, por contração de sua musculatura lisa, durante o período digestivo; esta fase se dá por ação da CCK, que também relaxa o esfíncter de Oddi, permitindo que a bile penetre no duodeno. A ação da CCK na contração da vesícula biliar denomina-se *efeito colagogo*.

Os sais biliares, após exercerem suas ações na digestão e na absorção das gorduras, retornam ao fígado pela circulação, sendo extraídos pelos hepatócitos e novamente secretados. O retorno desses sais para o fígado estimula a secreção de bile, o que é chamado de *efeito colerético* dos sais biliares.

Os principais componentes orgânicos da bile são os sais biliares, a fosfolecitina e o colesterol.

A bile hepática é constituída de componentes inorgânicos (água, Na^+, Cl^-, K^+, HCO_3^-, Ca^{2+} etc.) e componentes orgânicos. Entre estes últimos, são encontrados os compostos já relacionados na Figura 61.43, com suas proporções relativas.

Os ácidos biliares são derivados do colesterol. Os principais ácidos biliares encontrados na bile coletada do delgado são: *cólico*, *quenodesoxicólico* e *desoxicólico* (nas proporções relativas de 4:4:2) e apenas pequenas quantidades de *ácido litocólico*. Os ácidos cólico e quenodesoxicólico são sintetizados nos hepatócitos, a partir do colesterol, sendo por isso conhecidos por *ácidos biliares primários*. O ácido desoxicólico é um derivado desidroxilado do ácido cólico, e o litocólico, um derivado, também desidroxilado, do ácido quenodesoxicólico. Esta desidroxilação é efetuada no delgado, por ação de bactérias, e por isso os ácidos desoxicólico e litocólico são denominados *ácidos biliares secundários*.

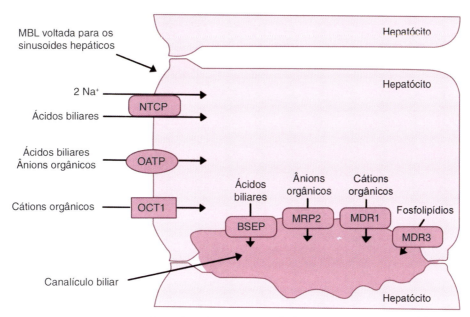

Figura 61.46 • Sistemas de transporte dos sais biliares através da membrana basolateral (MBL) dos hepatócitos para o meio intracelular e para os canalículos biliares (explicações no texto). (Adaptada de Berne *et al.*, 2004.)

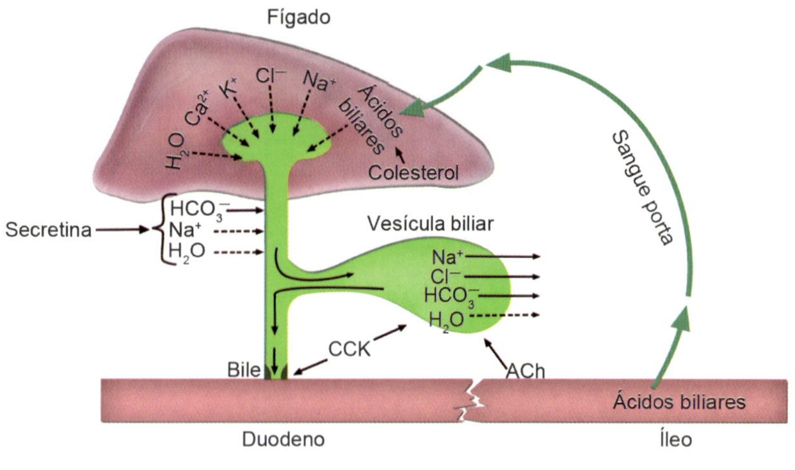

992 Aires | Fisiologia

Figura 61.47 • Esquema que indica a secreção da bile nos hepatócitos, o efeito colerético da secretina nos ductos biliares, o armazenamento da bile na vesícula biliar, a secreção de bile (em resposta a uma refeição ou ao efeito da colecistocinina [CCK] ou da acetilcolina [ACh]) e a circulação êntero-hepática. (Adaptada de Johnson, 2001.)

Como se pode observar na Figura 61.48, os ácidos biliares são ácidos carboxílicos com um núcleo esteroídico (o ciclopentanofenantreno, do colesterol, do qual são derivados) e cadeias laterais com três átomos de carbono, que terminam com o grupo carboxílico. O ácido cólico é tri-hidroxilado e o quenodesoxicólico é di-hidroxilado. O ácido desoxicólico tem dois grupos OH e o litocólico, apenas um. Nesta figura, também são mostradas a estrutura do colesterol e a do fosfolipídio lecitina (fosfatidilcolina).

Os ácidos biliares e o colesterol são moléculas anfifílicas, que têm grupos polares (hidrofílicos) e apolares (hidrofóbicos). Os polares são os grupos OH e COOH dissociados, e o grupo polar é o anel esteroídico. A lecitina também é uma molécula anfifílica, que contém o grupo fosfato (negativo), o nitrogênio quaternário (com carga positiva) e as cadeias apolares de ácidos graxos (indicadas por R). Em solução aquosa, estas moléculas (a uma determinada concentração, denominada *concentração micelar crítica*) agrupam-se formando micelas; os grupos apolares interagem hidrofobicamente no interior das micelas e os polares orientam-se para fora das micelas, formando pontes de hidrogênio com a água.

Um dos fatores que afetam a solubilidade dos ácidos biliares é o seu pKa ser próximo à neutralidade. Assim, no pH alcalino do líquido luminal no delgado, estes ácidos são pouco dissociados e relativamente insolúveis. *In vivo*, porém, os ácidos biliares são conjugados aos aminoácidos *taurina* e *glicina*, formando os *ácidos biliares conjugados*. A glicina, conjugada ao ácido desoxicólico, tem pKa = 3,7 e a taurina, conjugada ao ácido litocólico, pKa = 1,5; isso torna esses ácidos mais solúveis em meio aquoso (tanto no lúmen intestinal como no trato biliar), formando principalmente sais de Na$^+$, daí a denominação de *sais biliares*. Muitos outros sais biliares conjugados são encontrados no lúmen intestinal.

A Figura 61.49 A esquematiza os componentes da bile com os seus grupos polares, hidrofílicos, e seus grupos apolares. Nos sais biliares, os grupos polares são as hidroxilas, as ligações peptídicas com os aminoácidos taurina e glicina e o grupo sulfato da taurina. No fosfolipídio, são o grupo fosfato e o nitrogênio positivo. No colesterol, o grupo polar é a hidroxila ligada ao C3 do anel esteroídico. Na Figura 61.49 B também são mostradas as micelas, cujos diâmetros são de 40 a 70 Å. Trata-se de micelas mistas, que contêm monoacilgliceróis e ácidos graxos livres resultantes da hidrólise das gorduras.

Os *fosfolipídios* são o segundo grupo de compostos orgânicos mais abundantes na bile; a lecitina é o principal. Estes compostos anfifílicos formam cristais líquidos, que incham em solução aquosa. Na presença das micelas dos sais biliares, esses cristais são quebrados e incorporados às micelas, sendo, assim, "solubilizados".

Os sais biliares têm grande capacidade de solubilizar os fosfolipídios. Dois moles de lecitina são solubilizados por um

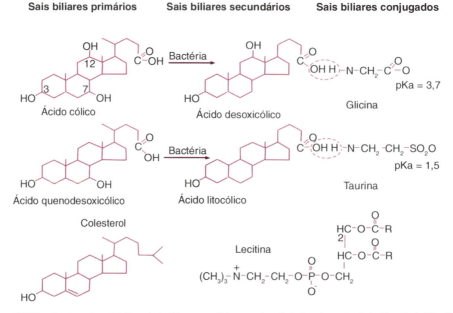

Figura 61.48 • Estrutura dos sais biliares (primários, secundários e conjugados), do colesterol e da lecitina (fosfatidilcolina).

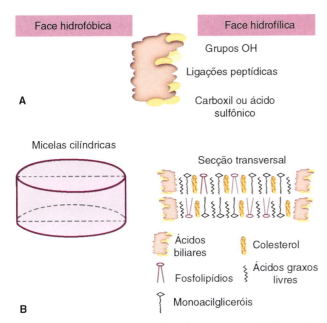

Figura 61.49 • Os grupos polares e apolares dos componentes da bile e produtos da hidrólise lipídica formando micelas mistas. Descrição da figura no texto. (Adaptada de Berne *et al.*, 2004.)

mol de sal biliar. Além disso, a solubilização dos fosfolipídios pelas micelas aumenta a solubilidade de outros lipídios, como o colesterol, também incorporado às micelas. A proporção de *colesterol* na bile é de 4% dos sólidos totais. Embora sua quantidade na bile seja pequena, ela tem importância fisiológica na manutenção do nível de colesterol no organismo, uma vez que a bile é a via de excreção dessa substância. O colesterol, na presença da lecitina, forma vesículas bimoleculares, que sofrem partição nas micelas dos sais biliares. A lecitina eleva a quantidade de colesterol que pode ser solubilizado nas micelas. As proporções entre os sais biliares, a lecitina e o colesterol são muito importantes na bile: se a quantidade de colesterol na bile for superior à capacidade da lecitina de solubilizá-lo nas micelas, ele se precipita, servindo de nucleação para a formação de cálculos biliares na vesícula e, menos frequentemente, no fígado e nos ductos biliares. A bile é isotônica em relação ao plasma, e muitos cátions dela estão fortemente associados às micelas dos sais biliares que são ânions.

A excreção da bilirrubina.

Os *pigmentos biliares* são excretados na bile; entre eles, a *bilirrubina* é o mais importante. Quimicamente, esses pigmentos consistem em núcleos tetrapirrólicos relacionados com os grupos porfirínicos da hemoglobina. Eles resultam da degradação da hemoglobina no sistema reticuloendotelial, como analisaremos oportunamente. Como não se solubilizam em água, os pigmentos biliares são conjugados, no plasma, à albumina e, na bile, ao ácido glicurônico. Eles não participam das micelas. Conferem as cores características da bile, da urina e das fezes, suas vias de excreção.

Os sais biliares recirculam entre intestino e fígado, pela circulação êntero-hepática.

A bile é secretada pelos hepatócitos para o sistema biliar e é lançada no duodeno no período digestivo, principalmente por ação da CCK, liberada das células endócrinas do delgado, em resposta aos produtos da hidrólise lipídica. A CCK é o principal estimulador da contração da vesícula biliar e do

Icterícia

É uma condição caracterizada pela coloração amarelada dos tecidos, mais notadamente da pele e da esclerótica dos olhos. Essa característica é devida à elevação do nível de bilirrubina sanguínea a valores de 1,5 a 3,0 mg/dℓ (o normal é 0,5 mg/dℓ ou menos), tanto na forma livre como na conjugada.

Uma das causas de icterícia é o aumento da destruição das hemácias (hemólise), com liberação rápida de *bilirrubina não conjugada* na circulação. Esta condição ocorre muito frequentemente em recém-nascidos em consequência ou de uma produção elevada do grupo heme da hemoglobina ou porque a via de glicuronização no fígado é imatura.

Outra causa de icterícia é a obstrução dos ductos biliares ou lesões hepáticas. Nestes casos, ocorre elevação do nível de *bilirrubina conjugada*, que, não podendo ser excretada na bile, reflui para a circulação sistêmica. Neste tipo de icterícia obstrutiva, a cor amarelo-escura aparece também na urina.

Assim, medidas de bilirrubina não conjugada e conjugada servem como um método sensível para detecção de lesões hepáticas.

---

relaxamento do esfíncter de Oddi. O vago também tem efeito sobre a contração da vesícula biliar, mas sua ação é bem menos efetiva do que a da CCK.

A bile, no duodeno, propicia a digestão e a absorção das gorduras. Durante e após estes processos, os sais biliares são reabsorvidos (em acoplamento com o Na$^+$, predominantemente, no íleo) e retornam ao fígado pela circulação êntero-hepática. Apenas uma quantidade muito pequena de sais biliares é excretada nas fezes (cerca de 0,2 a 0,6 g/dia), sendo repostos por síntese hepática, nos períodos interprandiais. Mais de 95% dos sais biliares voltam ao fígado pela circulação êntero-hepática, estimulando a sua secreção (efeito colerético dos sais biliares). A quantidade perdida nas fezes é reposta pela síntese de novos sais biliares nos hepatócitos, a partir do colesterol. Portanto, a quantidade de novos sais biliares sintetizados é de 0,2 a 0,6 g/dia. A Figura 61.50 esquematiza os principais componentes da circulação êntero-hepática dos sais biliares.

Os sais biliares recirculam entre o fígado e o intestino de 4 a 12 vezes/dia, durante os períodos digestivos. Como a quantidade de sais biliares lançados no duodeno é de, aproximadamente, 3 g, este número, multiplicado pelo número de recirculações, fornece a quantidade total ou o *pool* de sais biliares no TGI, que é 12 a 36 g/dia.

A bile é uma das vias de excreção da bilirrubina.

As hemácias envelhecidas são destruídas no sistema reticuloendotelial, liberando a hemoglobina, cindida nos grupos heme e globina. O grupo heme é aberto e oxidado, com remoção do ferro e formação da *bilirrubina*, um derivado do grupo porfirínico da hemoglobina. A bilirrubina não é hidrossolúvel, sendo transportada pelo sangue ligada à albumina plasmática, até o fígado. Aí, os hepatócitos a extraem e a conjugam ao ácido glicurônico, formando o *glicuronato de bilirrubina*, que é secretado na bile, conferindo a sua cor amarelada. No delgado, a bilirrubina é desconjugada do ácido glicurônico por ação bacteriana; a bilirrubina livre é reduzida a *urobilinogênio* por bactérias das regiões distais do intestino, principalmente no cólon. O urobilinogênio, após oxidação, forma a *estercobilina* nas fezes, conferindo a elas a cor característica. Alguma bilirrubina é absorvida no intestino, retornando ao fígado pela circulação êntero-hepática; entrando na circulação sistêmica, é conduzida ao rim, onde, após oxidação, forma a urobilina, que dá a cor amarelada à urina (Figura 61.51).

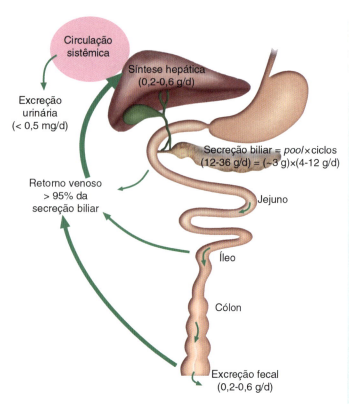

Figura 61.50 ▪ A circulação êntero-hepática dos sais biliares. *d*, dia. Descrição da figura no texto. (Adaptada de Berne *et al.*, 2004.)

período digestivo, uma quantidade significativa de bile é secretada no duodeno durante os períodos interdigestivos, em sincronia com o complexo migratório mioelétrico no delgado, que relaxa o esfíncter de Oddi à frente das ondas peristálticas.

Litíase biliar

Grande proporção da população acima dos 30 anos tem cálculo biliar (litíase biliar), muitas vezes assintomático. A formação de cálculos biliares é associada à idade e à obesidade, atingindo mais as mulheres depois dos 40 anos (daí o nome "Síndrome 3F", de: *female, fat and forty*).

Alterações das relações entre os sais biliares, a fosfolecitina e o colesterol, por aumento deste último, podem levar à formação de cristais de colesterol, que se precipitam na bile, servindo de nucleação para a formação de cálculos. Diminuições da motilidade da vesícula biliar também são causas de formação de cálculos, simplesmente por estase biliar. Cálculos de pigmentos biliares podem resultar de infecções por certas espécies de bactérias (tais como a *Escherichia coli*) produtoras de uma β-glicuronidase que desconjuga a bilirrubina, a qual, não sendo solúvel, precipita-se, formando os cálculos de pigmentos. A grande maioria dos cálculos é de colesterol e poucos são de bilirrubina.

Indivíduos normais secretam à noite uma bile bastante concentrada, devido à ausência da circulação êntero-hepática. Nos indivíduos com cálculos biliares, a bile secretada é sempre superconcentrada.

Anormalidades da secreção biliar podem resultar de alterações funcionais do fígado, dos ductos biliares, da vesícula ou do intestino. Anormalidades metabólicas dos hepatócitos reduzem a produção de bile e elevam os níveis plasmáticos dos componentes secretados pela bile (p. ex., a bilirrubina), causando icterícia. Infecções virais (como ocorre nas hepatites) podem acarretar a destruição dos hepatócitos. Alterações da parede intestinal, reduzindo a absorção dos sais biliares, afetam a circulação êntero-hepática, diminuindo o *pool* de sais biliares secretados e elevando a sua síntese hepática. Além disso, os sais biliares não absorvidos alteram a tonicidade do líquido luminal intestinal, causando redução da absorção de água ou mesmo sua secreção, com consequente diarreia.

A CCK contrai a vesícula biliar e relaxa o esfíncter de Oddi.

Aproximadamente 30 min após a ingestão do alimento, a vesícula biliar começa a se contrair ritmicamente, lançando a bile no duodeno. O principal estímulo para a contração da vesícula, ou *estímulo colagogo*, é a CCK, como já foi referido. Além de contrair a vesícula, a CCK relaxa o esfíncter de Oddi. O principal estímulo para a secreção da CCK pelas células endócrinas do delgado é a presença de produtos da hidrólise lipídica. Embora a maior parte da secreção da bile ocorra durante o

Contração da vesícula biliar.

Ocorre, também, durante as fases cefálica e gástrica da digestão, estimulada por fibras vagais eferentes colinérgicas para a vesícula. Mas a contração mediada pela acetilcolina é muito

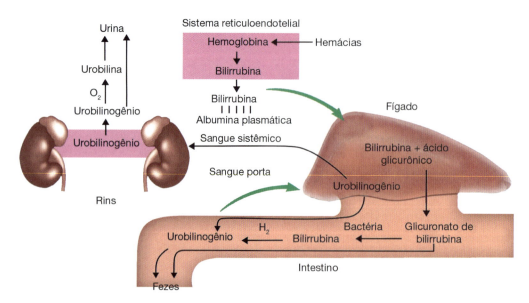

Figura 61.51 ▪ Transporte da bilirrubina no plasma e nos hepatócitos e sua excreção pelos rins e pelo intestino. (Adaptada de Johnson, 2001.)

menos potente que a induzida pela CCK. Os efeitos da estimulação autonômica na regulação do fluxo biliar não são claros. Estimulação parassimpática vagal eferente aumenta o fluxo biliar e contrai a vesícula. Estimulação simpática noradrenérgica eferente diminui a secreção de bile e inibe a contração da vesícula biliar.

Há regulação tanto da síntese como da secreção hepática de bile pelos hepatócitos. O principal estímulo colerético, aumentando a secreção da bile hepática, é representado pela extração dos sais biliares pelos hepatócitos, durante os períodos digestivos, em que ocorre a circulação êntero-hepática. Ao longo destes períodos, a síntese de novos sais biliares pelos hepatócitos é inibida. Nos períodos interdigestivos, principalmente à noite, em que não se dá a circulação êntero-hepática, há estimulação da síntese de sais biliares e inibição da sua secreção.

A condensação da bile pela vesícula.

O volume de bile secretado pelo fígado é muito superior ao volume que a vesícula biliar pode conter. Assim, ocorre na vesícula, graças ao seu epitélio do tipo *leaky*, uma intensa reabsorção de água e íons, mas não de ácidos e pigmentos biliares (que não têm mecanismos de transporte nesse epitélio). Com isso, a bile concentra-se 5 a 10 vezes nos períodos interdigestivos. As composições das biles hepática e vesicular são mostradas no Quadro 61.6.

Quadro 61.6 ▪ Valores aproximados dos principais componentes das biles hepática e vesicular.

	Bile hepática	Bile vesicular
Na^+ (mEq/ℓ)	150	300
K^+ (mEq/ℓ)	4,5	10
Ca^{2+} (mEq/ℓ)	4,0	20
Cl^- (mEq/ℓ)	80	5
Sais biliares (mEq/ℓ)	30	315
Colesterol (mg%)	110	600
Bilirrubina (mg%)	100	1.000
pH	7,4	6,5

Resumo

Secreção biliar

1. A única função digestiva do fígado é a secreção da bile, que é sintetizada nos hepatócitos, a partir do colesterol da dieta e do extraído dos quilomícrons remanescentes.
2. A bile se compõe de sais biliares (67%), fosfolipídios (22%), colesterol (4%), proteínas (0,4%) e bilirrubina (0,3%). É importante na digestão e na absorção das gorduras e das vitaminas lipossolúveis.
3. Os sais biliares, os fosfolipídios e o colesterol são moléculas anfifílicas, que formam micelas em solução aquosa.
4. As micelas lançadas no duodeno, principalmente no período digestivo, diminuem a tensão superficial das gotas de gordura em suspensão no líquido luminal, rompendo-as em gotículas. Este processo, denominado *emulsificação*, aumenta a superfície de contato das gorduras com as enzimas lipolíticas, sendo facilitado pelos movimentos intestinais. Esta é a função da bile na digestão das gorduras.
5. Os produtos da hidrólise das gorduras sofrem partição nas micelas que os transportam através da camada não agitada de água que recobre a membrana luminal dos enterócitos. Este processo propicia a absorção dos produtos da hidrólise das gorduras sob forma de monômeros que se dissociam das micelas.
6. A bile é continuamente secretada pelos hepatócitos e, nos períodos interdigestivos, é armazenada na vesícula biliar, onde é concentrada cerca de 3 a 4 vezes.
7. Os produtos da hidrólise lipídica e proteica estimulam as células endócrinas I do delgado a secretarem a colecistocinina (CCK). A CCK, lançada na circulação, constitui o principal estímulo para a contração da vesícula biliar e para o relaxamento do esfíncter de Oddi, permitindo a secreção da bile no duodeno. O efeito da CCK sobre a secreção da bile denomina-se *colagogo*.
8. Os sais biliares recirculam 3 a 4 vezes/dia, sendo reabsorvidos principalmente no íleo e reconduzidos ao fígado pela circulação êntero-hepática. Esses sais são o principal estímulo para a secreção hepática da bile. Este efeito denomina-se *colerético*.
9. O parassimpático vagal eferente colinérgico também tem efeito colagogo, mas é menos efetivo que o da CCK.
10. A alteração das proporções relativas de sal biliar, fosfolipídio e colesterol na bile induz a formação de cálculos biliares (*litíase biliar*).
11. A bilirrubina é um derivado do grupo porfirínico da hemoglobina, degradada no retículo endotelial, a partir da destruição das hemácias velhas. Ela não sofre partição nas micelas. É transformada em urobilinogênio por bactérias do cólon, sendo excretada nas fezes e na urina.

BIBLIOGRAFIA

BERNE RM, LEVY MN. *Physiology*. 4. ed. Mosby Inc., St Louis, 1998.
BERNE RM, LEVY MN, KOEPPEN BM et al. *Physiology*. 5. ed. Mosby Inc., St Louis, 2004.
BINDER HJ. Gastric function. In: BORON WF, BOULPAEP EL. *Medical Physiology*. W.B. Saunders Co., Philadelphia, 2005.
BORON WF, BOULPAEP EL. *Medical Physiology*. W.B. Saunders Co., Philadelphia, 2005.
DAVENPORT HW. *Physiology of Digestive Tract*. 5. ed. Mosby Year Book, Chicago, 1982.
HANSEN JT, KOEPPEN BM. *Atlas de Fisiologia Humana de Netter*. Artmed, Porto Alegre, 2003.
HARDIKAR W, SUCHY SJ. Hepatobiliar function. In: BORON WF, BOULPAEP EL. *Medical Physiology*. W.B. Saunders Co., Philadelphia, 2005.
JOHNSON LR. *Gastrointestinal Physiology*. The Mosby Physiology Monograph Series. 6. ed. 2001.
JOHNSON LR (Ed.). *Physiology of Gastrointestinal Tract*. 3. ed. Raven, New York, 1997.
MARINO RC, GORELICK SF. Pancreatic and salivary secretion. In: BORON WF, BOULPAEP EL. *Medical Physiology*. W.B. Saunders Co., Philadelphia, 2005.
NORDGREN B. The rate of secretion and electrolyte content of normal gastric juice. *Acta Physiol Scand Suppl*, 58(202):1-83, 1963.
SOLOMON EP, SCHMIDT RR, ADRAGNA PJ. *Human Anatomy & Physiology*. 2. ed. W.B. Saunders Co., Philadelphia, 1990.
THOMAS CC. *Neuroanatomy for Dental Student and Clinician*. Springfield Publisher, Illinois, 1987.
TURNER RJ, SUGIYA H. Understanding salivary fluid and protein secretion. *Oral Dis*, 8:3-11, 2002.
YOUNG JA, VAN LENNEP EW. *Morphology of Salivary Glands*. Academic Press, London, 1978.

Capítulo 62

Digestão e Absorção de Nutrientes Orgânicos

Sonia Malheiros Lopes Sanioto

- Introdução, *998*
- Digestão e absorção de carboidratos, *1002*
- Digestão e absorção de proteínas, *1006*
- Digestão e absorção de lipídios, *1012*
- Absorção de vitaminas, *1018*
- Bibliografia, *1021*

INTRODUÇÃO

Os processos digestivos dos macronutrientes são efetuados por enzimas, luminais e da borda em escova, dos enterócitos do delgado.

A digestão de macronutrientes orgânicos (carboidratos, proteínas e lipídios) é efetuada pelas enzimas do SGI. Estas são *hidrolases*, que catalisam a adição de moléculas de água às ligações C–O e C–N dos nutrientes, em locais específicos, como representado a seguir:

$$R-R' + H_2O \underset{condensação}{\overset{hidrólise}{\rightleftarrows}} R-OH + R'H^+$$

O processo de adição de água cinde a molécula do macronutriente em moléculas menores; o processo inverso, de remoção hídrica, é a condensação.

Enzimas secretadas no lúmen do sistema digestório denominam-se *enzimas luminais*; as sintetizadas nos enterócitos e incorporadas às suas membranas luminais, como proteínas integrais, são as *enzimas da borda em escova*. A meia-vida destas enzimas é menor que a dos enterócitos; assim, vários ciclos de quebra e síntese enzimáticas ocorrem durante a vida dos enterócitos. As atividades das enzimas digestivas são facilitadas pela secreção de água e íons para o lúmen do TGI. Resultam dos processos de digestão monômeros, dímeros e trímeros, absorvidos através do epitélio do delgado.

Os processos hidrolíticos ocorrem nas seguintes porções do sistema digestório: cavidade oral, estômago, duodeno (onde são predominantes) e nas porções proximais do íleo. O cólon não apresenta enzimas luminais e da borda em escova.

Na Figura 62.1, estão indicados os locais de secreção das principais enzimas luminais e das enzimas da borda em escova ao longo do sistema digestório.

A absorção intestinal dos produtos da hidrólise enzimática dos nutrientes orgânicos ocorre predominantemente no delgado.

Os processos de absorção dos produtos da hidrólise dos macronutrientes, das vitaminas e da maior parte da água e dos eletrólitos ocorrem no duodeno e nos 100 cm iniciais do jejuno. O íleo apresenta processos absortivos específicos, como o da vitamina B_{12} complexada ao fator intrínseco, e da maior parte dos sais biliares em acoplamento com o Na^+. O cólon absorve água e NaCl; secreta K^+ e HCO_3^-. O cólon absorve também os produtos da fermentação bacteriana de carboidratos não digeridos e não absorvidos no delgado.

A absorção intestinal é um conjunto de processos de transporte através do epitélio; nesses processos, ocorre fluxo resultante dos substratos do lúmen para o sangue e/ou para a linfa dos capilares que irrigam o intestino.

Diariamente, o delgado absorve 8 a 9 ℓ de água, centenas de gramas de monossacarídios e de produtos da hidrólise lipídica, 50 a 100 g de aminoácidos, além de 50 a 100 g de Na^+ e de K^+. Entretanto, a sua reserva funcional permite que até 20 ℓ de água sejam absorvidos por dia. Do total de aproximadamente 9 ℓ de água contidos no lúmen do TGI, chegam ao cólon, a cada dia, cerca de 1,5 ℓ. Dessa quantidade, ele absorve 1,4 ℓ, sendo excretados apenas 100 mℓ. Na prática, quase todos os eletrólitos que atingem o cólon são eliminados, sendo encontrado nas fezes somente algo em torno de 5 a 15 mEq de íons, por dia. Com referência à absorção hídrica, o cólon apresenta também, como o delgado, grande reserva funcional, podendo absorver até 5 a 6 ℓ diários de água.

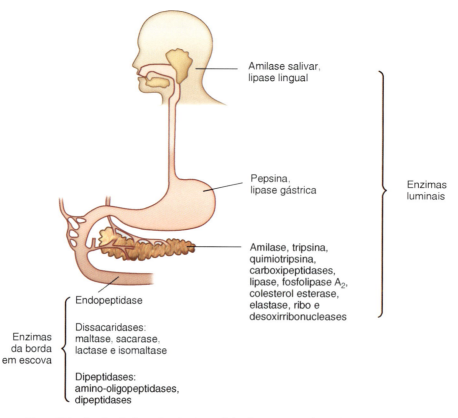

Figura 62.1 • Localização das enzimas luminais e da borda em escova ao longo do sistema digestório.

O delgado é a porção mais longa e convoluta do TGI, representando 75% do seu comprimento total.

O comprimento do delgado é difícil de aferir *in vivo*, havendo variações de 3,36 a 7,64 m. Medidas *post mortem* fornecem valores em torno de 7 m. Seu diâmetro é de cerca de 4 cm. Tem três segmentos histologicamente pouco distintos: o *duodeno*, com aproximadamente 25 cm; o *jejuno*, com 2,5 m; e o *íleo*, com 3,5 m. No duodeno, são comuns nodos linfáticos e as *glândulas de Brünner*, tubuloacinares, localizadas na submucosa. Estas se abrem nas bases das criptas, próximas ao esfíncter pilórico, secretando no lúmen uma solução rica em muco e HCO_3^-. No íleo, há numerosas *placas de Peyer*, mais frequentes nas suas porções distais. Tais placas são folículos elípticos de tecido linfoide, relativamente grandes (1 cm de largura por 5 cm de comprimento), localizados na lâmina própria; contêm as *células M*, que substituem os enterócitos superficiais. Estas células têm poucas microvilosidades e são especializadas na absorção de proteínas intactas.

A superfície absortiva do delgado é altamente amplificada.

A superfície absortiva do delgado é amplificada cerca de 600 vezes, devido aos crescentes graus de complexidade morfológica. Uma primeira amplificação se deve às *dobras de Kerckring* (*dobras circulares ou valvulae conniventes*). Estas são *dobras da mucosa e da submucosa* que se projetam para o lúmen intestinal, com comprimentos de 3 a 10 mm; ao longo do delgado, diminuem em extensão e número, sendo mais numerosas e maiores no duodeno e no jejuno proximal. Não sofrem modificações de suas formas com a distensão do intestino. Elevam cerca de *3 vezes* a área absortiva do delgado.

O segundo grau de complexidade estrutural no delgado são as *vilosidades*. Estas são *dobras da mucosa* (epitélio, lâmina própria e muscular da mucosa), com comprimento de cerca de 0,5 a 1,5 mm, que elevam cerca de *10 vezes* a superfície absortiva do delgado. Têm formas foliáceas e digitiformes, embora variem com a distensão do delgado. Neste, diminuem em número e tamanho no sentido cefalocaudal, desaparecendo no cólon. A arquitetura das vilosidades pode ser modificada por processos de adaptação, em resposta à dieta ou às demandas fisiológicas do organismo (como na lactação), ou em decorrência da remoção de parte do intestino. Há redução do número de vilosidades em várias condições patológicas, formando o que se denomina "mucosa careca".

As bases das vilosidades têm depressões, as chamadas *criptas de Lieberkühn*, cujas células são indiferenciadas e estão em constante mitose. As células nascentes, indiferenciadas, migram para os ápices das vilosidades; neste trajeto, diferenciam-se em células absortivas ou mucosas. As células das criptas são, predominantemente, secretoras de água e íons; os enterócitos dos ápices das vilosidades são absortivos e digestivos (Figura 62.2).

A membrana luminal dos enterócitos absortivos apresenta *microvilosidades*, com aproximadamente 1 mm de comprimento por 0,1 mm de diâmetro, elevando algo em torno de *20 vezes* a superfície absortiva. As microvilosidades formam a *borda em escova* do epitélio intestinal, havendo cerca de 3.000 por célula ou 200 milhões por mm^2 de membrana luminal. Assim, o aumento total da área absortiva do delgado, considerando-se os três graus de complexidade morfológica, é igual a $3 \times 10 \times 20$, ou seja, 600 vezes superior à área de um cilindro liso de dimensão semelhante à do delgado. Isso equivale a uma área absortiva de 200 a 250 m^2, que corresponde a aproximadamente 100 vezes a área superficial corpórea (Figura 62.3).

A mucosa duodenal compreende o epitélio, a membrana basal, a lâmina própria e a muscular da mucosa.

O *epitélio* da mucosa intestinal é monoestratificado e heterocelular, contendo: *1.* células absortivas, *2.* células secretoras, *3.* células caliciformes secretoras de muco (*goblet cells*), *4.* células digestivas que contêm enzimas luminais, *5.* células endócrinas variadas e *6.* células M.

A *lâmina própria* é o tecido conjuntivo de sustentação do epitélio; preenche as vilosidades e as criptas, fazendo contato, de um lado, com a *membrana basal* do epitélio e, de outro, com a *muscular da mucosa*. Os tipos celulares mais comuns encontrados na lâmina própria são células mononucleadas do GALT, como linfócitos, mastócitos, macrófagos e eosinófilos. Em caso de doenças inflamatórias intestinais, são comuns

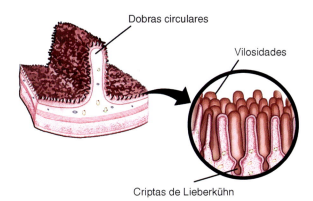

Figura 62.2 ▪ Esquema da superfície absortiva do delgado que mostra: dobras circulares (de Kerckring), vilosidades e criptas de Lieberkühn.

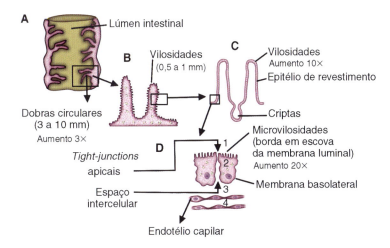

Figura 62.3 ▪ **A.** Esquemas de cortes longitudinais do delgado que mostram as dobras de Kerckring, visíveis a olho nu. **B.** Vilosidades. **C.** Epitélio contínuo das vilosidades, seus ápices e as criptas. **D.** Enterócito com as microvilosidades da membrana luminal. *1*, compartimento luminal; *2*, compartimento intracelular ou intraepitelial; *3*, compartimento intersticial; *4*, compartimento vascular.

leucócitos polimorfonucleados. As células do sistema imunológico do intestino secretam vários parácrinos, que regulam processos absortivos e secretores dos enterócitos; dentre esses parácrinos, destacam-se: histamina, cininas, metabólitos do ácido araquidônico, prostaglandinas e leucotrienos. Na lâmina própria são encontrados ainda: miofibroblastos, fibras colágenas e elásticas, além de fibras nervosas amielínicas do SNE e do SNA (ver Capítulo 58, *Visão Geral do Sistema Digestório*).

No interior das vilosidades e das criptas, há, também, extensa rede capilar. Os capilares são ramificações de uma arteríola central, que penetra pela base das vilosidades até o seu ápice. Os capilares confluem lateralmente, levando o sangue do ápice à base das vilosidades, em contracorrente com o da arteríola; essa disposição circulatória otimiza a troca de substâncias entre a arteríola central e os capilares laterais, gerando, nos ápices das vilosidades, um compartimento hipertônico durante o processo absortivo. O endotélio capilar é fenestrado e tem íntima conexão com as membranas basais do epitélio absortivo.

As vilosidades também têm um capilar linfático central, cujo endotélio facilita a absorção dos quilomícrons que contêm os produtos da hidrólise lipídica; estes capilares são conhecidos como *capilares lácteos*, devido à sua aparência leitosa durante o processo de absorção lipídica (Figura 62.4).

A *membrana basal*, sobre a qual o epitélio repousa, é formada por proteoglicanas, fibronectina, laminina, colágeno e fibroblastos, localizados na face contraluminal dessa membrana. Estas proteínas afetam algumas funções epiteliais, como diferenciação celular, além de transporte de íons e de água. Na membrana basal de cada vilosidade, são encontrados cerca de 500 poros, com 0,5 a 5 mm de diâmetro; isso torna a membrana basal bastante permeável às moléculas absorvidas nos enterócitos, que trafegam entre a lâmina própria e o epitélio.

O epitélio das criptas apresenta os seguintes tipos celulares: *1.* células principais, indiferenciadas, secretoras de água e de íons; *2.* células absortivas; *3.* células mucosas caliciformes (*goblet cells*); *4.* células endócrinas variadas; *5.* raras células caveoladas (*tuft cells*); e *6.* células de Paneth, secretoras.

Durante o processo de migração das células, das criptas aos ápices das vilosidades, há aumento de suas atividades enzimáticas e de seus elementos transportadores. Esta migração ocorre com uma velocidade de 10 mm/h, levando 3 a 4 dias para as células nascentes atingirem os ápices das vilosidades,

onde substituem as células mais velhas, que são descamadas para o lúmen intestinal. Desta maneira, o epitélio intestinal é completamente renovado a cada 6 a 7 dias. O processo de descamação das células dos ápices das vilosidades fornece cerca de 10 a 25 g de proteínas endógenas por dia. Estas são digeridas e absorvidas, como as proteínas exógenas da dieta.

A divisão celular das células das criptas e o seu processo de migração são regulados por fatores tróficos, hormônios gastrintestinais, fatores de crescimento epidérmico e também pela natureza do conteúdo luminal. Como o epitélio do TGI sofre constante renovação, é muito suscetível a agentes quimioterápicos e radiações.

O cólon não tem enzimas luminais e da borda em escova, absorvendo apenas água, íons e ácidos graxos voláteis.

O intestino grosso tem diâmetro superior ao do delgado, mas comprimento inferior correspondendo a cerca de 1,5 m. Estende-se do esfíncter ileocecal ao ânus, apresentando as seguintes diferenciações anatomofisiológicas: *ceco*, *cólons ascendente*, *transverso* e *descendente*, além do *sigmoide*, que termina no *canal retal*, o qual se abre para o exterior pelos *esfíncteres anais interno* e *externo*.

O ceco é uma porção dilatada do cólon ascendente e a mais rica em bactérias; apresenta o apêndice vermiforme, uma extensão que agrega nodos linfáticos. O *cólon ascendente* localiza-se na região ilíaca direita, dirigindo-se para cima e curvando-se à esquerda, constituindo o *cólon transverso*, sob o fígado. O transverso sofre uma inflexão para baixo, na região ilíaca esquerda, representando o *cólon descendente*; este é a porção mais estreita do cólon. Sua posição é retroperitoneal e origina, na região pélvica, o *cólon sigmoide*, cuja forma resulta da contração tônica do músculo puborretal, inervado pelo nervo pudendo. Na altura da terceira vértebra sacral, inicia-se o *reto*, que, na sua porção mais distal, compõe o *canal retal*, o qual se abre no ânus.

As características estruturais do cólon são: *1.* presença das *taenia coli*, espessamentos da musculatura longitudinal que formam quatro feixes, abaixo dos quais se localizam os plexos mioentéricos; *2.* ausência de vilosidades, mas existência de microvilosidades formadoras da borda em escova; *3.* grande número de células caliciformes mucosas superficiais no seu epitélio; e *4.* numerosos linfócitos e nodos linfáticos na submucosa.

As características fisiológicas importantes do cólon, distintas das do delgado, são: *1.* inexistência de enzimas luminais e da borda em escova; *2.* absorção apenas de água e íons, em quantidade muito inferior à que ocorre no delgado; e *3.* presença de bactérias residentes. O cólon é capaz de absorver produtos orgânicos (como os derivados da fermentação bacteriana) e ácidos graxos de cadeias curtas (ácidos graxos voláteis) resultantes, principalmente, de carboidratos não digeridos e não absorvidos no delgado.

Tanto os enterócitos como os colonócitos são células prismáticas, altas, com núcleo ovoide basal, sistema de Golgi para e supranuclear, retículo endoplasmático bastante desenvolvido, microtúbulos e microfilamentos, lisossomos (com estruturas relacionadas, como corpos multivesiculares) e peroxissomos.

São muitas as barreiras que devem ser transpostas para a absorção de substâncias do lúmen intestinal até os capilares.

As substâncias, para serem absorvidas, têm que atravessar várias barreiras entre o lúmen intestinal e os capilares que banham o intestino. Elas são descritas a seguir. *1.* A camada de água, não agitada, que recobre a borda em escova. Sua

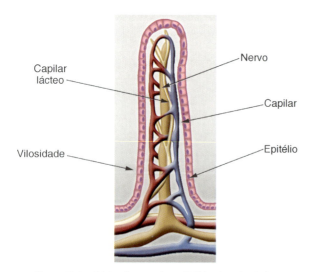

Figura 62.4 ▪ A irrigação sanguínea e linfática das vilosidades.

espessura é de 200 a 500 μm. Constitui a principal barreira para a absorção dos produtos da hidrólise lipídica. *2.* O glicocálix. *3.* A estrutura lipoproteica da membrana luminal, ou borda em escova, das células absortivas. *4.* O citosol, se a absorção for transcelular; as *tight-junctions* e os espaços intercelulares, se intercelular. *5.* A membrana basolateral das células absortivas. *6.* O endotélio capilar. Estas barreiras estão esquematizadas na Figura 62.5.

Eletrofisiologicamente, o epitélio intestinal diferencia-se no sentido cefalocaudal.

Como todos os epitélios transportadores, o intestinal desenvolve uma diferença de potencial elétrico transepitelial (a DP_{trans}), sendo o compartimento luminal negativo em relação ao intersticial. Esta diferença de potencial elétrico decorre dos diferentes mecanismos de transporte iônico nas duas membranas das células epiteliais [a membrana luminal (ML) e a membrana basolateral (MBL), que ocorrem em série] e da contribuição das *tight-junctions* [elementos estruturais mais apicais dos complexos juncionais intercelulares, que mantêm as células epiteliais coesas].

Sabe-se que: (a) a resistência elétrica das membranas celulares (R_{MC}) é elevada, devido à bicamada lipídica, e (b) a resistência elétrica das *tight-junctions* (TJ) eleva-se no sentido cefalocaudal do intestino. Assim, considerando-se as relações entre a resistência elétrica das membranas celulares (R_{MC}) e a das TJ apicais (R_{TJ}), tem-se o seguinte:

$$R_{MC}/R_{TJ} = 20 \text{ no delgado, e}$$
$$R_{MC}/R_{TJ} \cong 1 \text{ no cólon.}$$

Isso significa que: no delgado, a resistência das membranas celulares é 20 vezes superior à das *tight-junctions*; no cólon, a das *tight-junctions* é quase tão alta quanto a das membranas celulares. Por este motivo, o epitélio do delgado é classificado como do tipo *leaky* e o do cólon, do tipo *tight*. Portanto, no sentido cefalocaudal do intestino há um gradiente decrescente de permeabilidade iônica intercelular (ou de condutividade iônica intercelular). Em outras palavras, nesse sentido ocorre aumento de resistência elétrica da via intercelular (ou diminuição da condutância elétrica da via intercelular). Por conseguinte, no delgado, os fluxos iônicos intercelulares contribuem de maneira mais significativa aos fluxos transepiteliais totais do que no cólon.

Dessa diferença de permeabilidade iônica, decorrem várias características de transporte nos dois epitélios. Como as *tight-junctions* funcionam como uma via de *shunt*, ou de curto-circuito do transporte transcelular de cargas elétricas ou íons, quanto maior for a resistência das *tight-junctions*, menor será o curto-circuito e maior a DP_{trans}. Consequentemente, a magnitude da DP_{trans} eleva-se gradativamente no sentido cefalocaudal do intestino, alcançando no cólon valores entre –30 e –50 mV, sendo o lúmen negativo relativo ao compartimento intersticial-vascular (Figura 62.6).

No delgado, a via de *shunt* é muito condutiva (ou pouco resistiva), representando quase 95% da condutância total do epitélio; no cólon, a contribuição dessa via à condutância transepitelial total é menor, entre 60 e 80% da total.

Na Figura 62.6, estão representados os principais mecanismos de transporte de um epitélio do tipo *tight*, no qual o influxo de Na^+ do meio luminal para o intracelular ocorre de maneira desacoplada, eletrogênica, por mecanismo de eletrodifusão, via canais epiteliais para Na^+, bloqueáveis por amilorida. Estes canais epiteliais para o Na^+ (ENaC) já foram

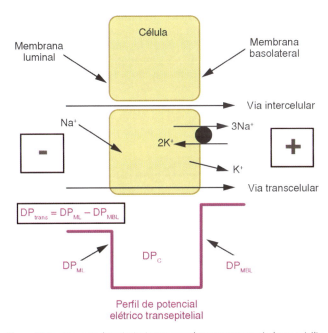

Figura 62.6 • Esquema dos principais processos de transporte através de um epitélio do tipo *tight*, notando-se a via transcelular de transporte e a via intercelular. Na parte inferior do esquema, está representado o perfil de potencial elétrico transepitelial (explicação no texto). *ML*, membrana luminal; *MBL*, membrana basolateral; *c*, celular.

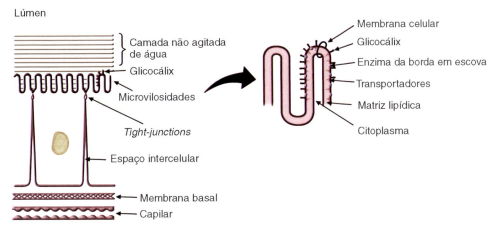

Figura 62.5 • As barreiras absortivas intestinais (explicações no texto). (Adaptada de Johnson, 2001.)

clonados no cólon de mamíferos (no Capítulo 10, *Canais para Íons nas Membranas Celulares*, são fornecidas mais informações a respeito do ENaC – *epithelial Na⁺ channel*).

A Na⁺/K⁺-ATPase (descrita no Capítulo 12, *ATPases de Transporte*), reogênica, é mostrada em círculos escuros nas MBL, onde também está representado um canal para K⁺. Estão também esquematizadas as vias de transporte transcelular, através das duas membranas em série e da via intercelular. Na base da figura, indica-se o perfil de potencial elétrico através do epitélio. Tomando-se, como referencial, o potencial luminal zero, a célula é negativa não só em relação ao lúmen, mas também ao interstício. O potencial elétrico do interstício é superior ao da célula e ao do lúmen. A DP_{trans} é a diferença entre o potencial luminal e o intersticial.

Fatores exógenos induzem alterações adaptativas dos processos digestivos e absortivos.

Ocorrem alterações dos processos digestivos e/ou absortivos do intestino induzidas por fatores externos, tais como modificações da dieta ou ressecções cirúrgicas de porções intestinais. Tais modificações permitem ao organismo um ajuste no sentido de manter a homeostase, sendo, portanto, *adaptativas*. Alterações da dieta levam também a adaptações do padrão enzimático. Estas adaptações refletem alterações na síntese das enzimas e são pouco compreendidas. Remoções cirúrgicas de porções do delgado levam, após um período, a adaptações dos processos digestivos e absortivos, acompanhadas de hiperplasia dos segmentos restantes do intestino. Entretanto, remoção do íleo acarreta defeitos não compensados na absorção da vitamina B_{12} e na dos sais biliares.

Adaptações decorrentes do processo de desenvolvimento têm sido muito estudadas em ratos. Nos animais recém-nascidos, os níveis das dissacaridases da borda em escova são muito baixos, exceto o da lactase. Após o desmame, a atividade dessas dissacaridases eleva-se, e a da lactase diminui. Na idade adulta, a atividade da lactase reduz ainda mais ou desaparece. Estas alterações, que acompanham o desenvolvimento do indivíduo, são geneticamente programadas.

Em humanos, há pouca informação sobre alterações enzimáticas relacionadas com o desenvolvimento. As dissacaridases estão presentes ao nascimento e não decrescem com a idade, exceto a lactase. Esta enzima é mais elevada no recém-nascido que no adulto, e em muitos adultos ela diminui ou desaparece, como analisaremos oportunamente.

5. As células das criptas são indiferenciadas e estão em constante mitose, gerando células que migram para os ápices das vilosidades, substituindo-as a cada 6 a 7 dias.
6. As barreiras epiteliais que as substâncias absorvidas atravessam são: a camada não agitada de água, o glicocálix, a membrana luminal, o citosol, as *tight-junctions*, os espaços intercelulares, as membranas basolateral e basal do epitélio.
7. O epitélio intestinal apresenta um gradiente decrescente de condutividade iônica das *tight-junctions*, no sentido cefalocaudal. O duodeno é mais *leaky* do que o jejuno, este mais do que o íleo, sendo o cólon um epitélio *tight*. Por isso, a diferença de potencial transepitelial (DP_{trans}) aumenta no sentido cefalocaudal.
8. As vias intercelulares contribuem, significantemente, para a absorção no delgado, e menos no cólon.

DIGESTÃO E ABSORÇÃO DE CARBOIDRATOS

Na dieta humana, a proporção relativa dos carboidratos é inversamente proporcional ao nível socioeconômico das populações.

A quantidade de carboidratos da dieta humana é extremamente variável, sendo função de fatores culturais, geográficos e socioeconômicos das populações. Seu consumo varia inversamente com o poder aquisitivo das populações.

A proporção relativa de carboidratos da dieta humana, recomendada pela Organização Mundial da Saúde e pelo Comitê Americano de Nutrição, é de 58%. Mas a proporção efetivamente utilizada na dieta das populações de países desenvolvidos é de 50%, o que varia de 300 a 500 g/dia. Como os carboidratos, quando totalmente degradados a CO_2 e água, fornecem 4 kcal, uma ingestão diária de 300 a 500 g representa 1.200 a 2.000 kcal/dia.

Os principais carboidratos e suas proporções relativas na dieta humana ocidental.

No Quadro 62.1, estão indicados os principais carboidratos e suas proporções relativas na dieta humana ocidental.

O amido consiste em um polímero de glicose, com peso molecular maior que 100 kDa, encontrado em grãos e tubérculos de origem vegetal. É formado por cadeias retilíneas de *amilose*, com ligações α[1-4]-glicosídicas, e cadeias ramificadas

---

Resumo
Introdução
1. A digestão e a absorção dos nutrientes orgânicos ocorrem, predominantemente, no duodeno e nas porções proximais do jejuno. A digestão é efetuada por enzimas lançadas no lúmen intestinal (enzimas luminais) e pelas enzimas da borda em escova (proteínas integrais da membrana luminal dos enterócitos).
2. O íleo absorve vitamina B_{12} e grande parte dos sais biliares. O cólon não tem enzimas e absorve água, íons, produtos da fermentação bacteriana e ácidos graxos voláteis.
3. A área absortiva do delgado é grandemente amplificada pelas dobras circulares, vilosidades e microvilosidades (borda em escova), sendo cerca de 100 vezes superior à área corpórea superficial.
4. As células dos ápices das vilosidades do delgado e das porções mais superficiais do cólon são absortivas. As células das criptas são, predominantemente, secretoras.

Quadro 62.1 • Principais carboidratos e suas proporções relativas na dieta humana ocidental.

Tipos	Proporções relativas (%)
Amido (grãos e cereais): unidades de glicose	50
Sacarose (cana-de-açúcar): glicose + frutose	30
Lactose (leite e derivados): glicose + galactose	10
Maltose (malte): glicose + glicose	2
Glicogênio (origem animal): unidades de glicose	Quantidades variáveis
Celulose, hemicelulose e pectinas (vegetais)	Quantidades variáveis

de *amilopectina*, com ligações α[1-6]-glicosídicas. A amilose representa 20% da molécula de amido, com cerca de 25 a 2.000 monômeros de glicose. A amilopectina representa 80 a 90% da molécula do amido, com 6.000 ou mais monômeros de glicose. O glicogênio é um polissacarídio semelhante à amilopectina; tem origem animal; dispõe de um número maior de ramificações e de monômeros de glicose, entre 1.700 e 22.000 ou mais (Figura 62.7).

A celulose, de origem vegetal, é um polissacarídio com cerca de 2.500 moléculas de glicose em cadeia retilínea, mas com ligações β[1-4]. Celulose, hemicelulose e pectinas não são hidrolisadas no sistema digestório de humanos; esses carboidratos formam as chamadas *fibras*.

A digestão dos carboidratos inicia-se na boca e continua no delgado, pela α-amilase e pelas enzimas da borda em escova.

A α-amilase salivar, ou ptialina, é muito semelhante à α-amilase pancreática. A diferença: a ptialina não é capaz de romper a camada de celulose que recobre o amido cru, agindo apenas sobre o cozido. Ambas atuam na mesma faixa de pH, entre 4 e 11; porém, o pH ótimo da ação hidrolítica é 6,9, o Cl^- atuando como cofator da ação hidrolítica. Valores de pH menores que 4,0 inativam ambas as α-amilases. Como o alimento permanece pouco tempo na cavidade oral, a hidrólise do amido ingerido é de apenas 3 a 5% nesse local.

As duas α-amilases são endoamilases, ou seja, elas hidrolisam ligações glicosídicas no interior das cadeias polissacarídicas e apenas ligações α[1-4]-glicosídicas. Assim, de suas ações hidrolíticas não resultam monômeros ou hexoses.

A digestão do amido continua no estômago, durante quase 1 h, na fase de armazenamento gástrico, em que o alimento ainda não foi submetido à ação de mistura pelas peristalses gástricas. No interior desse órgão, a α-amilase salivar pode hidrolisar até 75% do amido ingerido, resultando os dissacarídios, *maltose*, *maltotriose* e α-*limite dextrina*; estes são os menores oligossacarídios com ligações α[1-6]-glicosídicas, contendo entre 6 e 9 moléculas de glicose (Figura 62.8).

No intestino delgado, a α-*amilase pancreática* é secretada pelo pâncreas como enzima ativa, em concentração elevada. Tem, também, alta atividade catalítica: 1 mℓ de suco duodenal é capaz de hidrolisar 1 a 9 g do amido por hora. Assim, 10 min após a chegada do quimo ao duodeno, o amido está completamente hidrolisado. A hidrólise final dos di e trissacarídios e da α-limite dextrina se dá pelas *oligossacaridases da borda em escova: maltase (ou glicoamilase), lactase, sacarase e α-dextrinase (ou isomaltase) e trealase*. Portanto, a digestão final dos polissacarídios se faz por estas enzimas da membrana luminal.

A Figura 62.9 ilustra a hidrólise dos polissacarídios tanto pelas enzimas luminais (as α-amilases salivar e pancreática) como pelas enzimas da borda em escova (maltase, isomaltase ou dextrinase, lactase, sacarase, trealase e glicoamilase).

As enzimas da borda em escova têm especificidades para vários substratos. Assim, as α-dextrinases hidrolisam quase 95% das α-limite dextrinas; estas também podem ser hidrolisadas (cerca de 5%) pela maltase, embora apenas as α-dextrinases hidrolisem as ligações α[1-6]-glicosídicas. A maltotriose pode ser hidrolisada tanto pela α-dextrinase (50%) como pela maltase (25%) e pela sacarase (25%). As mesmas enzimas hidrolisam a maltose em proporções similares. As únicas enzimas

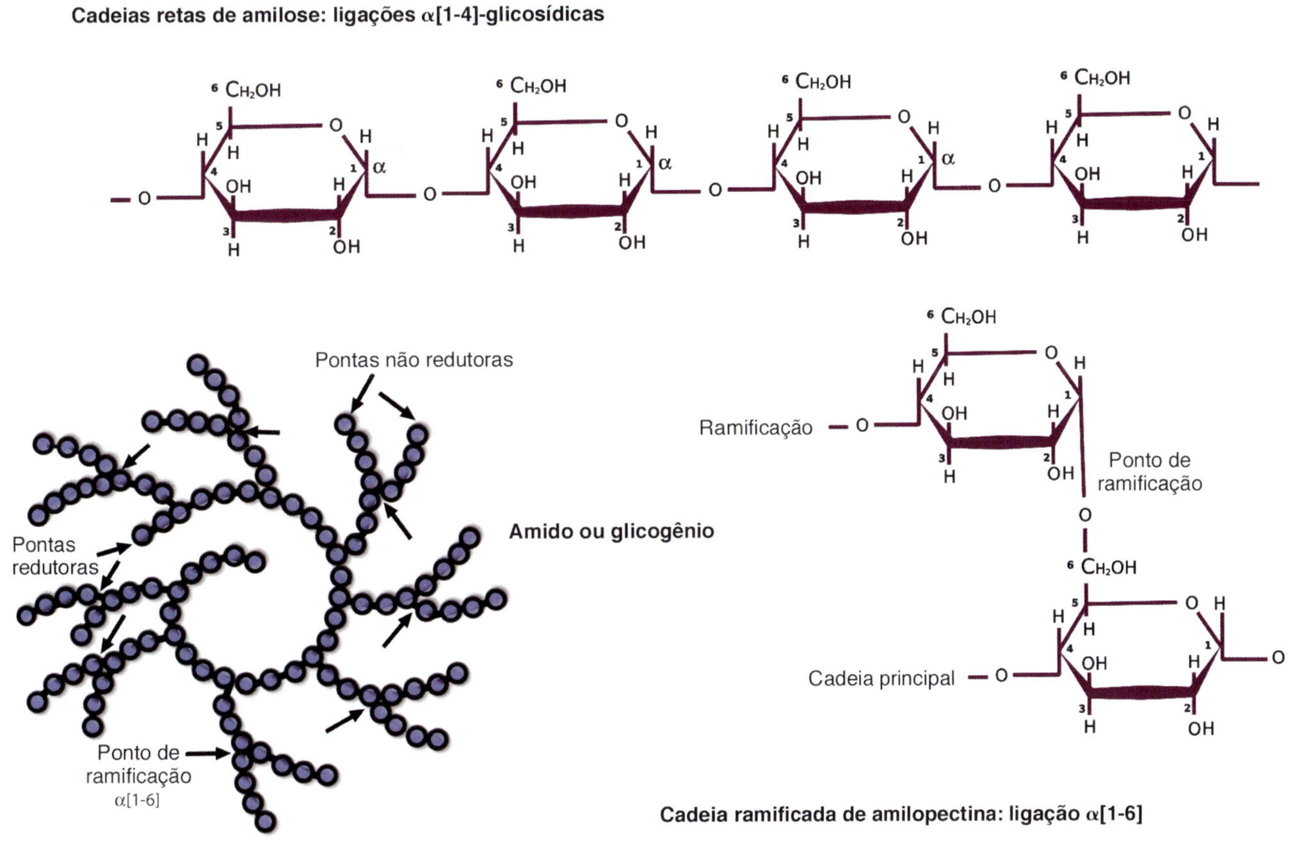

Figura 62.7 ▪ Esquema indicando as cadeias retas de amilose com ligações α[1-4]-glicosídicas; a estrutura do amido ou glicogênio, sendo cada círculo um monômero de glicose; a cadeia ramificada de amilopectina com ligações α[1-6]-glicosídicas.

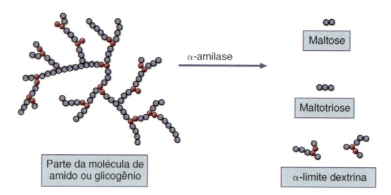

Figura 62.8 • Produtos intermediários da hidrólise de polissacarídios (glicogênio ou amido) pelas α-amilases salivar e pancreática.

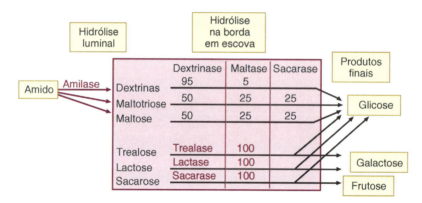

Figura 62.9 • Esquema da hidrólise, luminal e na borda em escova, dos polissacarídios. Os números representam as porcentagens dos substratos hidrolisados pelas diferentes enzimas. Os produtos finais da hidrólise são glicose, galactose e frutose.

da borda em escova com especificidade para os seus substratos são a lactase e a trealase. Lactose, trealose e sacarose são 100% hidrolisadas pela lactase, trealase e sacarase, respectivamente.

Os produtos finais da digestão dos carboidratos pelas enzimas luminais e da borda em escova são *glicose* (de 70 a 80%), *frutose* (cerca de 15%) e *galactose* (aproximadamente 5%).

As atividades das enzimas da borda em escova são mais elevadas no duodeno e no jejuno proximal, decaindo ao longo do delgado no sentido cefalocaudal. Isso significa que a digestão dos carboidratos completa-se já no jejuno proximal.

As oligossacaridases da borda em escova são afetadas tanto por fatores exógenos (tipo e alterações da dieta) como por genéticos. Em alguns grupos étnicos humanos de origem não caucasiana (como negros e asiáticos), assim como em várias outras espécies de mamíferos, ocorre, com frequência bastante elevada, diminuição ou mesmo desaparecimento da atividade da lactase depois do desmame. Estas alterações são programadas geneticamente, causando a condição patológica conhecida como *intolerância à lactose*; esta patologia, também, pode ser congênita e aparecer no recém-nascido. A ingestão crônica de sacarose ou a ausência de sua ingestão afetam grandemente a atividade da sacarase. Adicionalmente, a atividade da lactase tem maior resistência às alterações da dieta que a da sacarase, mas a lactose é muito mais sensível que as outras oligossacaridases às lesões dos enterócitos.

A Figura 62.10 analisa os efeitos da ingestão de glicose ou de lactose sobre os níveis de glicose plasmática e de H_2 excretado pelos pulmões de indivíduos normais ou de pacientes com intolerância à lactose. A figura mostra que, em comparação aos indivíduos normais, os pacientes que ingeriram glicose exibem níveis semelhantes de glicose plasmática e de H_2

> ### Intolerância à lactose
>
> Pode ser congênita, acometendo recém-nascidos, ou ser programada geneticamente, induzindo diminuição ou desaparecimento total da lactase da borda em escova após o desmame. Predomina em negros e asiáticos, ocorrendo, em menor proporção, em populações brancas. Sua frequência é alta na população brasileira, provavelmente devido à miscigenação.
>
> Como a lactase não é digerida, ela permanece no lúmen intestinal, podendo causar um espectro de sintomas gastrintestinais, como: diarreia osmótica, distensão abdominal, cólicas e flatulência, ou apresentar sintomas pouco definidos.
>
> Diferentes fatores determinam as variações individuais dos sintomas na intolerância à lactose: variações da velocidade de esvaziamento gástrico, tempo de trânsito intestinal e, principalmente, a capacidade das bactérias do cólon de metabolizar a lactose (originando ácidos graxos voláteis ou de cadeias curtas, CO_2 e H_2).
>
> Nos indivíduos com intolerância à lactose, o H_2 é absorvido do cólon e, entrando na circulação sistêmica, excretado pelos pulmões (ver Figura 62.10).
>
> O tratamento de indivíduos com intolerância à lactose é feito por redução ou eliminação da ingestão de leite e seus derivados, mas leite comercialmente tratado com lactase pode ser utilizado.

excretado pelos pulmões; entretanto, os pacientes que ingeriram lactose exibem níveis altamente reduzidos de glicose plasmática e níveis elevados de H_2 excretado pelos pulmões. Em resumo, estes dados indicam claramente que na intolerância à lactose não há alteração da absorção intestinal de glicose; adicionalmente, os dados indicam que nesta patologia ocorre comprometimento da hidrólise da lactose por ausência ou diminuição da lactase da borda em escova intestinal.

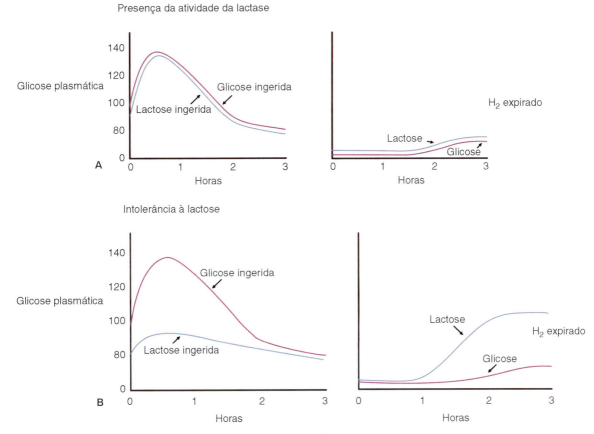

Figura 62.10 • Em indivíduos normais (**A**) ou em pacientes com intolerância à lactose (**B**), são mostrados os efeitos da ingestão de glicose e de lactose sobre: os níveis de glicose plasmática (*à esquerda*) e sobre os níveis de H$_2$ excretado pelos pulmões (*à direita*). (Adaptada de Boron e Boulpaep, 2005.)

Deficiência de sacarase-isomaltase (dextrinase)

Trata-se de uma doença hereditária autossômica recessiva, caracterizada por baixos níveis de atividade destas enzimas na borda em escova intestinal, resultando intolerância à sacarose e ao amido. Estas duas enzimas são subunidades de uma mesma proteína, associadas não covalentemente.

A doença é descrita em 10% dos esquimós e em cerca de 0,2% dos norte-americanos. Os pacientes recebem dietas com baixo conteúdo de amido e de sacarose.

Flatulência

O conhecido acúmulo de gases no sistema digestório que ocorre após a ingestão de leguminosas como feijão, soja e ervilha é causado por oligossacarídios que não são hidrolisados. Esses vegetais contêm sacarose modificada, ligada a uma ou mais moléculas de galactose. Estas ligações não são hidrolisadas pelas enzimas digestivas humanas.

Como há grande reserva de α-amilase pancreática e de dissacaridases na borda em escova, o passo limitante para o aproveitamento ou assimilação dos carboidratos da dieta não é o processo digestivo, mas sim absorção das hexoses que, em condições normais, efetua-se no duodeno e no jejuno proximal, decaindo no jejuno distal e no íleo.

Os produtos finais da digestão dos carboidratos, glicose, galactose e frutose, são absorvidos em duas etapas, mediadas por carregadores presentes nas duas membranas dos enterócitos.

Como as hexoses não permeiam facilmente a bicamada lipídica das membranas celulares, elas são transportadas por carregadores específicos. Na membrana luminal (ML) a glicose e a galactose são transportadas ativamente pelo carregador *SGLT-1* (*sodium-glicose transporter*, o número 1 refere-se ao fato de este carregador de hexoses ter sido o primeiro descrito). Há acoplamento do influxo de 1 mol de glicose (ou de galactose) ao de 2 moles de Na$^+$; é, portanto, um cotransportador 2Na$^+$:1 glicose (ou galactose), sendo pois eletrogênico. Depende tanto do gradiente eletroquímico para o Na$^+$ através da ML (mantido pela Na$^+$/K$^+$-ATPase da MBL), como do potencial elétrico da ML. Portanto, a absorção intestinal de glicose e de galactose através da ML é um transporte ativo secundário, acoplado ao influxo de Na$^+$. A inibição da Na$^+$/K$^+$-ATPase inibe a absorção intestinal de glicose e/ou galactose, porque dissipa o gradiente de potencial eletroquímico para o Na$^+$ através da célula. Além disso, a redução de Na$^+$ luminal (ou a sua ausência) afeta também a absorção intestinal destas hexoses, pois diminui a afinidade do SGLT-1 para a glicose e/ou galactose. Na membrana basolateral (MBL), tanto a glicose como a galactose são transportadas passivamente, por difusão facilitada, mediada pelo carregador de membrana pertencente à família dos GLUT, no caso, o *GLUT2*, que também transporta frutose através desta membrana. A frutose é transportada através da ML por difusão facilitada, independente de acoplamento com o Na$^+$ e mediada pelo *GLUT5*. Os mecanismos de absorção das hexoses nas duas membranas dos enterócitos estão representados na Figura 62.11.

O cotransportador 2Na$^+$:1 glicose (ou galactose) e as várias isoformas dos GLUT já foram sequenciados e clonados. Seu PM é de aproximadamente 73 kDa. A especificidade do SGLT-1 é apenas para as formas D e para as hexoses que têm

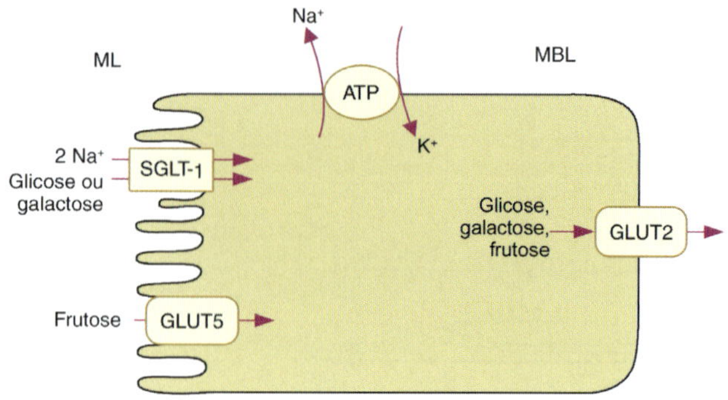

Figura 62.11 ■ Mecanismos de absorção de glicose, galactose e frutose nas duas membranas do enterócito, a membrana luminal (ML) e a membrana basolateral (MBL).

o anel piranose. A Figura 62.12 mostra a estrutura do SGLT-1. Outras informações a respeito dos transportadores GLUT e SGLT são fornecidas no Capítulo 11, *Transportadores de Membrana*.

Síndrome de má absorção de glicose e galactose

É uma doença de origem genética, bastante rara, devido a múltiplas mutações que resultam em substituições de um único aminoácido do cotransportador 2Na$^+$:glicose ou galactose (SGLT-1). Cada uma destas substituições induz alterações que previnem o transporte de glicose e/ou galactose nos indivíduos afetados.

Os pacientes apresentam diarreia osmótica, consequente à má absorção das hexoses e de Na$^+$. Neste caso, a dieta não deve conter amido, glicose ou lactose. A frutose é bem tolerada. As outras dissacaridases da borda em escova são normais. Os pacientes não apresentam glicosúria, uma vez que o túbulo proximal do néfron tem as isoformas SGLT-1 e SGLT-2, ocorrendo, assim, reabsorção tubular normal de glicose, no rim.

A absorção de hexoses, ingeridas de modo direto ou provindas de dissacarídios, é rápida e se completa totalmente até o jejuno proximal. Entretanto, as taxas e os locais de absorção de hexoses provenientes do amido variam, conforme o tipo de alimento, e uma certa quantidade não é absorvida. Esta quantidade é de 6 a 10% de uma refeição, contendo 20 a 60 g de amido. Os carboidratos não absorvidos no delgado servem de fonte de carbono para as bactérias colônicas.

Há grande variação nos índices de glicemia de indivíduos normais, medidos após serem ingeridos diversos tipos de alimento contendo amido. Esta variação pode ser aferida pelo *índice glicêmico*, que é o valor da quantidade de glicose sanguínea, medida 2 h após a ingestão de determinada quantidade de alimento que contém amido, comparativamente à quantidade medida 2 h depois da ingestão de mesma quantidade de glicose pura.

Resumo

Digestão e absorção de carboidratos

1. O amido, a sacarose (açúcar da cana) e a lactose (açúcar do leite e derivados) são os carboidratos mais frequentes da dieta humana.
2. Quando totalmente degradado a CO$_2$ e água, 1 g de carboidrato fornece 4 kcal. São ingeridos cerca de 300 a 500 g de carboidratos/dia, o que representa o fornecimento diário de 1.200 a 1.300 kcal.
3. Na cavidade oral, são hidrolisados 3 a 5% dos carboidratos ingeridos e, no estômago, antes da mistura do quimo, aproximadamente mais 75%, pela α-amilase salivar. No delgado, a α-amilase pancreática e as oligossacaridases da borda em escova terminam a digestão dos carboidratos, resultando no lúmen intestinal: glicose (cerca de 80%), galactose (cerca de 5%) e frutose (cerca de 15%).
4. Glicose e galactose são absorvidas por transporte ativo secundário, eletrogênico, mediado pelo cotransportador SGLT-1 da ML, que acopla o transporte de 1 mol das hexoses a 2 moles do íon Na$^+$. A frutose é absorvida passivamente, pelo GLUT5 na ML. Na MBL, as hexoses o são, de modo passivo pelo GLUT2.
5. A intolerância à lactose na idade adulta é a patologia que mais frequentemente se observa.

DIGESTÃO E ABSORÇÃO DE PROTEÍNAS

Todas as proteínas contidas no TGI são digeridas e absorvidas.

A quantidade de proteína na dieta, necessária para manter o balanço nitrogenado, varia extremamente com as condições

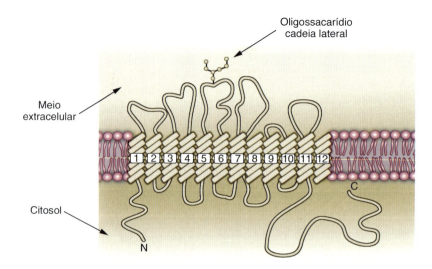

Figura 62.12 ■ Estrutura do transportador SGLT-1, que acopla o transporte de Na$^+$ e de glicose (e/ou galactose) através da membrana luminal dos enterócitos. Essa proteína apresenta 12 domínios intramembrânicos. (Adaptada de Boron e Boulpaep, 2005.)

socioeconômicas da população. Nos países desenvolvidos, são ingeridos entre 70 e 100 g de proteínas por dia; isso é considerado excessivo, em relação às necessidades do organismo (representa 10 a 15% da ingestão calórica – e 1 g de proteína fornece aproximadamente 4 kcal). Nas populações pobres, por exemplo, nas africanas, a ingestão proteica é em média de 50 g diários. Nestas, como as crianças (cujo requisito proteico é maior que o dos adultos) ingerem frequentemente cerca de 4 g/dia de proteína, são os indivíduos mais afetados.

As *proteínas exógenas* originam-se de carnes e de vegetais ingeridos. Os processos digestivos e absortivos das proteínas são muito eficientes; em condições normais, praticamente, todas as proteínas consumidas, mais as contidas no TGI, são completamente hidrolisadas e absorvidas. São excretados nas fezes apenas 1 a 2 g de nitrogênio por dia, correspondente a 6 a 12 g de proteína.

Encontram-se cerca de 35 a 200 g por dia de *proteínas endógenas*, no lúmen do TGI. Estas resultam das secreções salivar, gástrica, pancreática, biliar e intestinal; são enzimas, hormônios e imunoglobulinas e proteínas do muco, ou originárias da descamação das células da parede do TGI, além de algumas proteínas plasmáticas que podem ter entrado no lúmen do TGI. Todas são hidrolisadas e absorvidas como as da dieta. As proteínas encontradas nas fezes se originam do cólon; provêm de células descamadas, do muco e, principalmente, de proteínas de origem bacteriana.

Os principais processos digestivos e absortivos das proteínas ocorrem no duodeno e no jejuno proximal. Até o jejuno distal, todos os produtos da hidrólise das proteínas foram absorvidos (Quadro 62.2).

As enzimas luminais, de origem gástrica e pancreática, originam oligopeptídios e aminoácidos livres.

Os processos de digestão proteica luminal podem ser divididos nas fases gástrica e intestinal (ou pancreática), segundo os locais de origem das enzimas proteolíticas.

Na *fase gástrica*, a hidrólise proteica ocorre pelas *pepsinas* e pela presença do HCl, o qual confere um pH adequado para a ativação do pepsinogênio à pepsina. A ativação se dá por remoção de 44 aminoácidos da terminação NH_2 do pepsinogênio (ou proenzima). A clivagem entre os resíduos 44 e 45 do pepsinogênio acontece por reação intramolecular (autoativação); é mais lenta a valores de pH de 3 a 5 e muito rápida a pH abaixo de 3. A pepsina ativada efetua autocatálise. Sua atividade máxima ocorre entre valores de pH de 1,8 a 3,5; ou seja, durante a fase gástrica da secreção, quando o estômago está excretando ao máximo e a excreção das células parietais está sendo estimulada por mecanismos neuro-hormonais. O peptídio da terminação NH_2 permanece ligado à pepsina e age como um *inativador da pepsina*, a valores de pH acima de 2.

Esta inibição é liberada quando o pH cai a valores inferiores a 2. O mecanismo catalítico da pepsina, a pH ácido, depende de dois grupos carboxílicos no local ativo da enzima. Desta forma, em condições favoráveis de pH, o pepsinogênio é convertido a pepsina por autoativação e por autocatálise, em uma progressão exponencial. O HCl, além da função bactericida, de ativação do pepsinogênio e de estimulador das células principais, desnatura proteínas globulares, facilitando a ação hidrolítica da pepsina.

O pH ótimo de ação da pepsina é entre 2 e 3, sendo inativada a valores de pH superiores a 5. Portanto, na acloridria (quando o HCl não é secretado, como ocorre na anemia megaloblástica ou perniciosa, em que o pH intragástrico é maior que 7) e em pacientes gastrectomizados, há aumento de excreção fecal de nitrogênio.

A *pepsina* consiste em uma endopeptidase que hidrolisa proteínas nas ligações peptídicas formadas por aminogrupos de ácidos aromáticos, como a fenilalanina, a tirosina e o triptofano, originando oligopeptídios e não aminoácidos livres. Ela tem capacidade para digerir o colágeno, que é pouco hidrolisado por outras enzimas proteolíticas. A digestão do colágeno pela pepsina facilita a penetração de outras enzimas proteolíticas nos tecidos a serem digeridos. Assim, disfunção péptica causa má digestão.

Cerca de 10 a 15% das proteínas da ingesta são hidrolisadas pela pepsina, resultando oligopeptídios. A ação proteolítica da pepsina não é, porém, essencial; a sua importância reside na ação dos oligopeptídios hidrolisados, que estimulam tanto a secreção de gastrina pelo estômago como a de colecistocinina (CCK) por células endócrinas do duodeno, estimulando as células acinares do pâncreas a secretarem enzimas (Quadro 62.3).

A *fase intestinal* da digestão proteica é efetuada pelas enzimas proteolíticas lançadas no duodeno pela secreção pancreática. A chegada do quimo proveniente do estômago estimula as células endócrinas do delgado, mais concentradas no duodeno, a secretarem tanto secretina (células S) como CCK (células I). Estes dois hormônios gastrintestinais estimulam, respectivamente, as células dos ductos pancreáticos a secretarem $NaHCO_3$, e as acinares pancreáticas a secretarem enzimas. O bicarbonato não só tampona o HCl, como gera o ambiente alcalino propício à ação das enzimas pancreáticas, cujas atividades são máximas a valores de pH próximos à neutralidade (Quadro 62.4).

Conforme mostrado no Quadro 62.5, as enzimas proteolíticas pancreáticas são 5. Elas são secretadas nas formas inativas de proenzimas. O *tripsinogênio* é ativado no jejuno por uma enzima da borda em escova, uma endopeptidase, também conhecida como enteroquinase. Essa ação se dá por clivagem de um hexapeptídio de sua molécula, originando a

---

Quadro 62.2 ▪ Proteínas contidas no lúmen do trato gastrintestinal (TGI).

Proteínas exógenas: provenientes da dieta; a quantidade recomendada para manter o balanço nitrogenado é de 70 a 100 g/dia.

Proteínas endógenas: secretadas pelo epitélio ou originadas de células descamadas e de bactérias no lúmen do TGI; a quantidade é de aproximadamente 35 a 200 g/dia.

Nas fezes, são encontradas proteínas originárias do cólon; correspondem de 6 a 12 g proteína/dia ou 1 a 2 g de N.

Os processos digestivos e absortivos das proteínas são altamente eficientes no delgado.

1 g de proteína fornece cerca de 4 kcal.

Quadro 62.3 • Fase gástrica da digestão proteica.

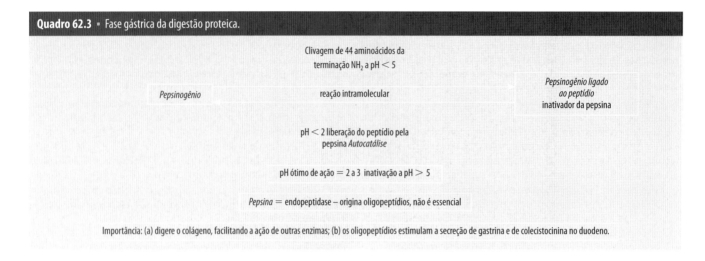

Quadro 62.4 • Fase intestinal ou pancreática da digestão proteica.

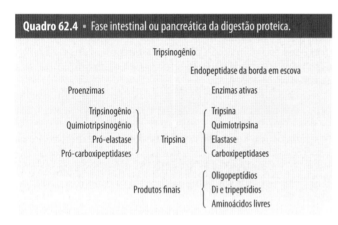

tripsina. Esta enzima, além de ter ação autocatalítica sobre o tripsinogênio, ativa todas as outras proteases pancreáticas, o quimiotripsinogênio, as pró-carboxipeptidases A e B e a pró-elastase, originando, respectivamente, a quimiotripsina, as carboxipeptidases A e B e a elastase. Normalmente, o suco pancreático contém pequena quantidade de um polipeptídio de baixo peso molecular, denominado *inibidor da tripsina*, que neutraliza a tripsina, prevenindo sua ativação no interior dos ductos e tecido pancreático.

As enzimas proteolíticas pancreáticas têm altas especificidades. Assim, a tripsina, a quimiotripsina e a elastase são endopeptidases, que hidrolisam ligações no interior das cadeias polipeptídicas. A tripsina hidrolisa ligações peptídicas cujo grupo carbonila é fornecido pela lisina e arginina. A quimiotripsina hidrolisa ligações peptídicas envolvendo resíduos de fenilalanina, tirosina e triptofano e, em menor velocidade, metionina. As carboxipeptidases são exopeptidases que removem, sucessivamente, aminoácidos das terminações COOH. A *elastase* hidrolisa ligações peptídicas da elastina, proteína fibrosa do tecido conjuntivo. Outras enzimas pancreáticas são as *desoxirribonucleases* e as *ribonucleases* que hidrolisam, respectivamente, ácidos desoxirribonucleicos e ribonucleicos, liberando os mononucleotídios constituintes. Da ação das proteases pancreáticas, resultam cerca de 70% de oligopeptídios, com 3 a 8 resíduos de aminoácidos, e 30% de aminoácidos livres.

As peptidases da borda em escova e as citosólicas continuam a hidrólise proteica.

A hidrólise dos oligopeptídios é continuada pelas peptidases da borda em escova e pelas do citosol dos enterócitos. As *peptidases da borda em escova* são: (1) as *amino-oligopeptidases*, que hidrolisam peptídios com 3 a 8 resíduos de aminoácidos; (2) as *aminopeptidases*, que hidrolisam di e tripeptídios; e (3) as *dipeptil-aminopeptidases*, que hidrolisam di e tripeptídios com resíduos de prolina e alanina. As *peptidases citosólicas* hidrolisam, primariamente, di e tripeptídios. Ao contrário do que ocorre com os carboidratos, os dímeros e trímeros derivados da hidrólise proteica são absorvidos através da ML dos enterócitos do delgado, sendo hidrolisados no citosol, originando aminoácidos absorvidos através da MBL. Há, assim, um grande número de peptidases responsáveis pela digestão proteica, uma vez que os oligopeptídios contêm 24 diferentes aminoácidos. Estas peptidases são altamente específicas, reconhecendo apenas determinados repertórios de ligações peptídicas. Há, entretanto, um número menor de peptidases citosólicas que as existentes na borda em escova.

A digestão das proteínas e a absorção dos seus produtos de hidrólise completam-se até o íleo proximal (Figura 62.13).

Quadro 62.5 • Proteases pancreáticas.

Proenzimas	Agentes ativadores	Enzima ativa	Ações	Produtos hidrolíticos
Tripsinogênio	Endopeptidase e tripsina	Tripsina	Endopeptidase	Oligopeptídios (2 a 6 aminoácidos)
Quimiotripsinogênio	Tripsina	Quimiotripsina	Endopeptidase	Oligopeptídios (2 a 6 aminoácidos)
Pró-elastase	Tripsina	Elastase	Endopeptidase	Oligopeptídios (2 a 6 aminoácidos)
Pró-carboxipeptidase A	Tripsina	Carboxipeptidase a	Exopeptidase	Aminoácidos livres
Pró-carboxipeptidase B	Tripsina	Carboxipeptidase b	Exopeptidase	Aminoácidos livres

Digestão e Absorção de Nutrientes Orgânicos 1009

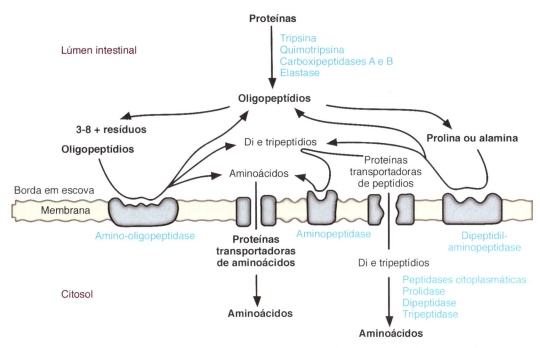

Figura 62.13 • Digestão das proteínas no lúmen e na borda em escova do intestino. (Adaptada de Berne *et al.*, 2004.)

O influxo de aminoácidos através da ML dos enterócitos ocorre por vários sistemas transportadores.

Da ação das proteases luminais e das peptidases da borda em escova resultam tri e dipeptídios, além de aminoácidos livres, que são absorvidos através da borda em escova da ML dos enterócitos. No meio intracelular, por ação das peptidases citosólicas, os tri e dipeptídios são hidrolisados a aminoácidos. Através da MBL, só são absorvidos aminoácidos livres (ver Figura 62.13).

Absorção de aminoácidos livres e de di, tri e tetrapeptídios.

Além dos múltiplos sistemas de transporte de aminoácidos descritos em células não epiteliais, há pelo menos 7 sistemas transportadores na ML dos enterócitos, com afinidades pouco específicas aos diversos aminoácidos, conforme resumido no Quadro 62.6 e na Figura 62.14. Destes transportadores, o sistema B é o predominante. Cerca de 10% dos aminoácidos que estão no meio intracelular dos enterócitos são utilizados para a síntese proteica; eles englobam tanto os transportados como aminoácidos livres, quanto os hidrolisados pelas peptidases citosólicas, a partir dos di e tripeptídios absorvidos através da ML.

O transporte de aminoácidos através da MBL pode ocorrer tanto no sentido absortivo como no sentido do compartimento vascular para o enterócito.

Há cinco processos descritos para o transporte de aminoácidos através da MBL. Dois desses processos transportam aminoácidos do compartimento vascular para o meio intracelular dos enterócitos. Esses aminoácidos funcionam como fonte energética para os enterócitos. Os três processos restantes ocorrem no sentido absortivo, conforme está resumido no Quadro 62.7 e na Figura 62.14.

A absorção de di, tri e tetrapeptídios através da membrana luminal ocorre via cotransportador dependente do gradiente de potencial eletroquímico de H^+.

Um cotransportador eletrogênico 2 H^+:oligopeptídio da ML, denominado Pep-T_1 (presente, também, no túbulo proximal do néfron), é o responsável pelo influxo de peptídios

Quadro 62.6 • Sistemas de transporte responsáveis pelo influxo de aminoácidos através da membrana luminal dos enterócitos, mediados por carregadores.

1. *Sistema Y^+*: difusão facilitada de aminoácidos básicos ou catiônicos, sem acoplamento com o Na^+. Exemplos: arginina, lisina, histidina e ornitina.
2. *Sistema $b^{o,+}$*: difusão facilitada de aminoácidos neutros, básicos e de cisteína, sem acoplamento com o Na^+.
3. *Sistema B*: transporte ativo secundário eletrogênico de aminoácidos neutros, por cotransporte com o Na^+.
4. *Sistema $B^{o,+}$*: transporte ativo secundário de aminoácidos neutros, básicos e de cisteína, por cotransporte com o Na^+.
5. *Sistema IMINO*: transporte ativo secundário de iminoácidos (prolina e hidroxiprolina), por cotransporte com Na^+ e Cl^-.
6. *Sistema β*: transporte ativo secundário de β-aminoácidos, betaína, ácido gama-aminobutírico (GABA) e taurina, por cotransporte com Na^+ e Cl^-.
7. *Sistema X^{-AG}*: transporte ativo secundário de aminoácidos ácidos ou aniônicos, em acoplamento com o Na^+ (no sentido absortivo) e o K^+ (no sentido secretor). Exemplos: glutamina e aspartato.

Quadro 62.7 • Sistemas de transporte de aminoácidos através da membrana basolateral dos enterócitos.

1. *Sistema A*: influxo de aminoácidos neutros, iminoácidos e glutamina, do plasma para os enterócitos, por cotransporte com Na^+.
2. *Sistema ASC*: influxo de aminoácidos neutros, **A**lanina, **S**erina e **C**isteína, do plasma para o enterócito, por cotransporte com Na^+.
3. *Sistema asc*: difusão facilitada de **a**lanina, **s**erina e **c**isteína, no sentido enterócito-plasma.
4. *Sistema L*: difusão facilitada de cisteína, glutamina, aminoácidos neutros e hidrofóbicos, no sentido enterócito-plasma.
5. *Sistema Y^+*: difusão facilitada de aminoácidos básicos, lisina, arginina, ornitina e histidina, no sentido enterócito-plasma.

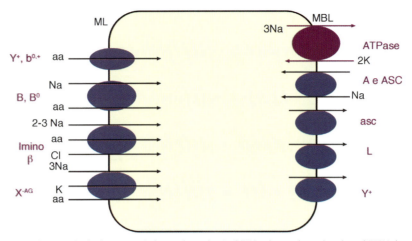

Figura 62.14 • Sistemas de transporte de aminoácidos livres através da membrana luminal (ML) e da membrana basolateral (MBL) dos enterócitos. A definição de cada sistema é dada nos Quadros 62.6 e 62.7, respectivamente.

para o enterócito. Este transportador utiliza o gradiente de pH gerado pelo contratransporte Na^+/H^+, um tipo de transporte ativo secundário que remove H^+ do meio intracelular em troca pelo influxo de Na^+ para o enterócito (Figura 62.15). No interior dos enterócitos, os peptídeos são hidrolisados por peptidases citosólicas a aminoácidos livres; estes, então, são transportados para o plasma através da MBL, por um dos mecanismos expostos no Quadro 62.7.

A absorção de di, tri e tetrapeptídios é mais rápida que a de aminoácidos livres; esta característica é referida como "vantagem cinética", sendo utilizada na alimentação enteral, uma vez que estes peptídeos, além de serem mais rapidamente absorvidos, causam menor efeito osmótico que os aminoácidos livres. Como exemplo, a Figura 62.16 ilustra que o aparecimento, na circulação porta, de aminoácido administrado na forma de peptídeo (glicilglicina) é mais rápido que o do mesmo aminoácido administrado livre (glicina).

A absorção de peptídios tem importância nutricional e clínica.

Foi demonstrado em animais e em humanos que misturas de peptídeos são nutricionalmente superiores às misturas que contêm aminoácidos livres. As razões para isso já foram parcialmente mencionadas. São elas: (a) a absorção de aminoácidos na forma de peptídeos ocorre mais rapidamente que na forma de aminoácidos livres; (b) a absorção de di, tri ou tetrapeptídios evita problemas de competição com os transportadores da ML dos enterócitos, o que pode ocorrer com os aminoácidos livres; (c) a absorção de formas oligoméricas é energeticamente mais vantajosa para as células que a de formas monoméricas; (d) os peptídeos são mais resistentes que os aminoácidos ao jejum, às carências proteico-calóricas, às carências vitamínicas e às doenças intestinais.

As vantagens clínicas referem-se à alimentação enteral. Soluções de peptídeos comerciais contêm aminoácidos essenciais e não essenciais. Soluções de peptídeos são mais hipo-osmolares que as de aminoácidos livres, prevenindo quadros diarreicos em pacientes com alimentação enteral. Muitos aminoácidos livres são pouco hidrossolúveis, como a tirosina, ou instáveis em solução, como a glutamina e a cisteína. Em geral, em algumas patologias do TGI, o comprometimento da absorção de aminoácidos é maior que a de peptídeos.

A absorção de aminoácidos e peptídios é regulada por fatores intrínsecos e extrínsecos.

A capacidade intestinal para absorver aminoácidos e peptídeos varia significativamente em várias condições, como: períodos de desenvolvimento ontogenético do indivíduo, lactação, gestação e em resposta a doenças.

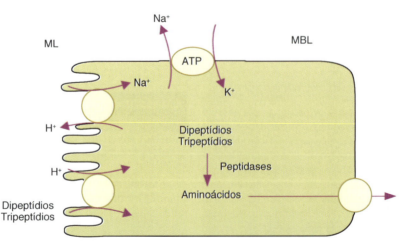

Figura 62.15 • Absorção de peptídeos através da membrana luminal (ML) dos enterócitos. *MBL*, membrana basolateral. (Adaptada de Berne *et al.*, 2004.)

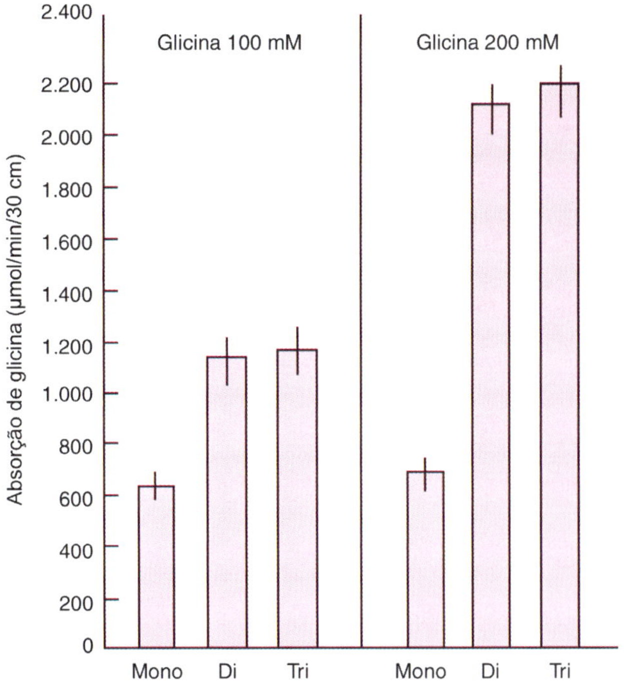

Figura 62.16 ■ Absorção de aminoácido livre (*à esquerda*) e na forma de peptídio (*à direita*). Explicação da figura no texto.

As taxas de absorção de aminoácidos e peptídios variam com a idade do organismo, tanto em animais como em humanos. Os sistemas transportadores estão presentes no intestino fetal, embora não se tenha conseguido precisar o tempo exato de aparecimento de cada um deles em particular. Em recém-nascido, todos os sistemas transportadores estão presentes no intestino. Entretanto, com a idade, ocorre diminuição da capacidade absortiva para aminoácidos e peptídios, alcançando, em adulto, níveis 2,5 a 5 vezes inferiores aos do recém-nascido. A diminuição é maior para a capacidade absortiva dos aminoácidos essenciais que para os não essenciais.

Com relação à regulação pela qualidade da dieta, a taxa de transporte de todos os nutrientes orgânicos é regulada pelos seus níveis no lúmen intestinal, embora os mecanismos responsáveis por esta regulação sejam pouco esclarecidos.

Vários hormônios, parácrinos e neurotransmissores regulam os processos absortivos de nutrientes orgânicos em geral. No caso dos aminoácidos, a *somatostatina* diminui a absorção de lisina, glicina e leucina. O *peptídio vasoativo intestinal* (VIP) reduz o transporte de leucina, enquanto a *neurotensina*, a *colecistocinina* (CCK) e a *secretina* o aumentam. O *fator de crescimento epidérmico* eleva o transporte de alanina e glutamina.

A absorção de proteínas intactas ocorre durante o período neonatal e na idade adulta.

Em recém-nascidos, ocorre absorção de imunoglobulinas do colostro (por endocitose através da ML dos enterócitos) e de outras imunoglobulinas, como um mecanismo de defesa imunológica de mãe para filho; essa absorção perdura até os 6 meses de vida, cessando, em seguida, por regulação hormonal.

Eventualmente, em adultos ocorre absorção intestinal de proteínas imunologicamente importantes e de polipeptídios, mas os mecanismos envolvidos neste processo são pouco elucidados e provavelmente diferem dos processos que ocorrem em recém-nascidos. Há indicações de que os enterócitos podem efetuar endocitose de proteínas posteriormente degradadas nos lisossomos. Uma via absortiva mais específica ocorre através das células M dos folículos das placas de Peyer; nesse local, as proteínas são armazenadas em vesículas envoltas por clatrina, secretadas através da MBL para a lâmina própria, onde células imunocompetentes transferem a proteína a linfócitos que iniciam a resposta imune.

Doença de Hartnup ou aminoacidúria

É uma doença genética recessiva, cuja denominação origina-se do nome da família em que foi primeiramente descrita. Consiste em defeito na absorção intestinal e renal de aminoácidos neutros, especificamente do *sistema B* de transporte da ML, tanto dos enterócitos como dos túbulos proximais do néfron. O defeito clínico é um aumento da excreção renal de aminoácidos neutros essenciais como o triptofano, precursor da síntese de nicotinamida. Neste caso, podem aparecer sintomas semelhantes aos da pelagra, que acompanham a doença. Quando os sistemas de absorção intestinal de peptídios não estão alterados nestes indivíduos, os aminoácidos neutros podem ser absorvidos e não há carência nutricional.

Cistinúria

É um defeito genético dos *sistemas* $B^{a,+}$ e $b^{a,+}$ da ML tanto do enterócito como do túbulo proximal do néfron. Causa comprometimento da absorção de aminoácidos neutros e básicos, lisina, arginina e cisteína, que são excretados na urina. Também não provoca problemas nutricionais. A principal manifestação desta doença é a formação de cálculos renais.

Intolerância lisinúrica proteica

É devida a um defeito genético no *sistema IMINO* da ML dos enterócitos e dos túbulos proximais do néfron, para prolina e hidroxiprolina, que são excretadas na urina. Não acarreta carência nutricional.

Intolerância proteica lisinúrica

É causada por um defeito genético do *sistema* Y^+ de transporte de aminoácidos catiônicos da MBL dos enterócitos. Neste caso, há problemas nutricionais. Este defeito está presente também em hepatócitos e células renais e, provavelmente, em células não epiteliais.

Resumo
Digestão e absorção de proteínas
1. No lúmen do delgado, há cerca de 35 a 200 g de proteínas endógenas, que resultam da descamação das células, do muco e das secreções do sistema digestório. Elas são completamente digeridas e absorvidas, como as proteínas da dieta. As proteínas encontradas nas fezes originam-se do cólon.
2. A pepsina hidrolisa de 10 a 15% das proteínas da ingesta. O pepsinogênio é ativado no lúmen gástrico pelo HCl, que também cria o pH adequado para a sua ação catalítica.
3. No delgado, a digestão proteica luminal é efetuada pela tripsina, quimiotripsina e elastase, que são endopeptidases, e pelas carboxipeptidases, exopeptidases. A hidrólise dos oligopeptídios é continuada pelas enzimas da borda em escova, as amino-oligopeptidases, aminopeptidases e dipeptil-peptidases.
4. Tetra, tri e dipeptídios podem sofrer absorção através da ML dos enterócitos. São hidrolisados pelas peptidases citosólicas e absorvidos na MBL por sistemas específicos de transporte. Os peptídios são absorvidos mais rapidamente que os aminoácidos livres.

5. Os aminoácidos livres são transportados através da ML dos enterócitos por sistemas específicos de transporte, em acoplamento com o Na⁺ ou com outros íons. A carga resultante dos aminoácidos determina o mecanismo de transporte na ML e na MBL.
6. Na MBL, os sistemas de acoplamento de aminoácidos com o Na⁺ (como os neutros, alanina, serina e cisteína, os iminoácidos e a glutamina) transportam os aminoácidos do plasma para o citosol dos enterócitos. Estes aminoácidos são fonte energética para o metabolismo dos enterócitos.
7. Em recém-nascidos, ocorre absorção de proteínas intactas, principalmente de imunoglobulinas do colostro. Em adultos, pode se dar endocitose de proteínas imunologicamente ativas, pelas células M dos domos foliculares.

DIGESTÃO E ABSORÇÃO DE LIPÍDIOS

Os principais lipídios da dieta são as gorduras neutras, o colesterol e os fosfolipídios.

Lipídios são moléculas de complexidade estrutural variável, predominantemente de natureza hidrocarbônica, o que lhes confere a propriedade de serem solúveis em solventes orgânicos. Um indicador da natureza lipídica de um composto, largamente utilizado, é seu coeficiente de partição octanol/água que, para a maioria dos lipídios, varia de 10^4 a 10^7.

Embora a dieta possa conter vários tipos de lipídios complexos, de origem animal e vegetal, trataremos aqui apenas dos lipídios quantitativamente mais importantes na dieta típica do mundo ocidental. Estes são: os *triacilgliceróis (TAG)* ou gorduras neutras, o *colesterol (Col)*, os *ésteres de colesterol (Col-E)* e os *fosfolipídios (FL)*. As estruturas destas moléculas estão mostradas na Figura 62.17.

Os TAG resultam de processos de esterificação das três hidroxilas do glicerol por ácidos graxos de cadeias longas. Estes últimos são, frequentemente, o ácido oleico, com 18 átomos de carbono e uma dupla ligação *cis* entre os carbonos 9 e 10 (18:1); o palmítico, com 16 átomos de carbono saturados (16:0), e o esteárico, com 18 átomos de carbono (18:0).

Os TAG são a principal fonte energética do organismo, pois, além de fornecerem 9 kcal/g, acumulam-se no meio intracelular, na forma concentrada e anidra. O *colesterol* contém uma hidroxila na posição 3 do anel esteroídico, esterificado por ácidos graxos de dimensões variáveis. Nos *fosfolipídios*, um dos grupos hidroxila do glicerol é esterificado pelo ácido fosfórico e os outros dois por ácidos graxos de cadeias longas. Os FL mais abundantes são a fosfatidiletanolamina (ou cefalina) e a fosfatidilcolina (ou lecitina). Os dois são os principais fosfolipídios das membranas celulares.

Em uma dieta balanceada, os lipídios devem fornecer entre 30 e 40% das calorias. Entretanto, na dieta do mundo ocidental, eles chegam a perfazer 50% das calorias totais, o que significa uma ingestão de 140 a 160 g/dia. Do total lipídico da dieta, 1/3 é originário de carne, 1/3 de manteiga e óleos, e 1/5 de leite e seus derivados. Esta quantidade de gordura corresponde a uma concentração plasmática de 500 mg%. Destes, 44% são representados pelo colesterol, 32% por fosfolipídios e 24% por TAG. Nas últimas décadas, tal quantidade tem sido preocupação de nutricionistas e médicos, devido à elevada correlação entre o nível de gorduras (principalmente as que contêm ácidos graxos saturados, com exceção do ácido esteárico) e o de colesterol plasmático, com o risco de doenças cardiovasculares e aterosclerose. Recomenda-se que as gorduras devam fornecer apenas 30%, ou menos, das calorias diárias, e que a média de ácidos graxos saturados deve ser inferior a 10%.

Os TAG contribuem com cerca de 80% do total dietético de calorias. Entre os fosfolipídios, a fosfatidilcolina é quantitativamente o mais significativo, e em grande parte é originária da bile. O esterol mais abundante da dieta é o colesterol, predominantemente de origem animal. Encontra-se o de origem vegetal em batatas e aveia. Os esteróis vegetais perfazem cerca de 20 a 25% da dieta, como o β-sitosterol.

Os lipídios endógenos no TGI são os provenientes da bile: 10 a 15 g/dia de fosfolipídio (predominantemente a lecitina) e 1 a 2 g/dia de colesterol não esterificado. Quantitativamente, os lipídios biliares excedem de 2 a 4 vezes os provenientes da dieta. Há, também, os lipídios que provêm das células descamadas do TGI (perfazendo um total diário de 2 a 6 g) e os lipídios das bactérias mortas, que são adicionados ao cólon (cerca de 10 g/dia).

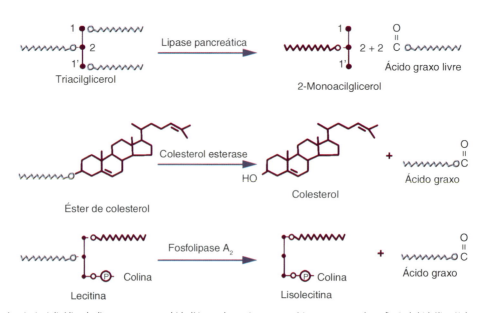

Figura 62.17 ▪ Os três principais lipídios da dieta e os processos hidrolíticos pelas enzimas pancreáticas com os produtos finais da hidrólise. (Adaptada de Berne *et al.*, 2004.)

As gorduras animais são sólidas na temperatura ambiente, contendo lipídios nos quais a maioria dos ácidos graxos é saturada (palmítico e esteárico), enquanto as gorduras vegetais são líquidas, a maioria com ácidos graxos insaturados (oleico e linoleico).

A emulsificação mecânica das gorduras da dieta inicia-se na cavidade oral e no estômago.

Como os lipídios são pouco solúveis no líquido luminal do TGI, eles formam gotas em suspensão; como as enzimas lipolíticas são hidrossolúveis, elas agem apenas na interface lipídio/água. A quebra das gotas de gordura em gotas cada vez menores eleva a relação área superficial/volume, amplificando a área de interface para a ação das enzimas e otimizando o processo hidrolítico. Tal quebra denomina-se *emulsificação*; ela se inicia com os processos de preparo do alimento e prossegue pela mastigação na cavidade oral, pela motilidade gástrica (principalmente, pelos movimentos de mistura e trituração nas sístoles antrais) e pelos movimentos de mistura do delgado. Assim, as gorduras são misturadas às secreções salivar, gástrica, pancreática e biliar. Os movimentos do TGI também impedem a coalescência das gotículas, favorecendo a sua estabilização, uma vez que elas ficam recobertas por lipídios, proteínas desnaturadas, polissacarídios parcialmente digeridos e pelos produtos da digestão das próprias gorduras (ácidos graxos e monoacilgliceróis), como também pelos fosfolipídios e colesterol biliares. Fosfolipídios e colesterol são bons estabilizadores das gotículas porque, sendo anfifílicos, expõem suas cabeças polares à água e suas regiões hidrofóbicas às gorduras, formando monocamadas e mantendo no interior das gotículas os TAG, os ésteres de colesterol e outros lipídios não polares.

As lipases pré-duodenais, lingual e gástrica, iniciam a digestão dos lipídios.

A lipase lingual, secretada pelas glândulas de von Ebner da língua, é deglutida e, juntamente com a lipase gástrica, participa do processo de hidrólise das gorduras no estômago. Estas duas lipases são, também, denominadas lipases ácidas, porque são ativas a valores de pH > 4. Há grandes diferenças entre as duas lipases nas espécies animais: em ratos e camundongos, predomina a lingual; em cobaias, macacos e humanos, a gástrica. A lipase lingual tem seu pH ótimo de ação entre 6 e 6,5 e continua ativa no duodeno; já a gástrica (em humanos) o tem de 3 a 6. A lipase lingual de rato foi a primeira a ser clonada; é uma proteína com PM de 52 kDa e com 337 aminoácidos. A lipase gástrica tem o PM de 42 kDa e apresenta cerca de 78% de homologia na sequência aminoacídica com a lipase lingual de rato e, como ela, dispõe de pouca homologia com a lipase pancreática. A lipase gástrica consiste em uma glicoproteína secretada pelas células principais gástricas, sendo sua secreção estimulada pela gastrina; resiste à ação da pepsina e não é inibida pela camada lipídica superficial que recobre as gotículas de gordura já emulsificadas. Entretanto, em humanos, as lipases pré-duodenais são inativadas pelo pH alcalino do duodeno, devido às secreções pancreática e biliar.

Em recém-nascidos, a secreção de lipase gástrica é bem estabelecida (ao contrário da pancreática) e sua ação hidrolítica sobre a gordura do leite é importante no período neonatal. Em adultos, normalmente, a quantidade de lipase pancreática é grande, e a ausência da lipase gástrica não provoca problemas de má absorção lipídica. Entretanto, a quantidade de lipase pancreática pode ser diminuída, por insuficiência pancreática ou fibrose cística ou quando ela é inativada no duodeno por hipersecreção de HCl gástrico, como ocorre, por exemplo, na síndrome de Zollinger-Ellison (gastrinoma). Quando isso acontece, a hidrólise das gorduras pelas lipases pré-duodenais passa a ser essencial e elas podem continuar a agir no ambiente pouco alcalino do duodeno que se dá nesta condição. Desta forma, as ações das lipases pré-duodenais aliviam, parcialmente, os problemas de má absorção lipídica por insuficiência pancreática.

As lipases pré-duodenais hidrolisam os TAG, liberando um ácido graxo e produzindo diacilgliceróis. Os grupos carboxílicos destes ácidos graxos, no ambiente acídico do estômago, são protonados e insolúveis, permanecendo no interior das gotículas de gordura. Como as lipases hidrolisam os TAG com cadeias médias e curtas de ácidos graxos, estas espécies químicas protonadas são menos lipossolúveis e podem atravessar a mucosa gástrica, entrando diretamente na circulação porta. Em adultos humanos saudáveis, aproximadamente 15% da digestão lipídica ocorre no estômago.

A importância da hidrólise lipídica pré-duodenal sobre a secreção pancreática e biliar.

Os produtos da hidrólise lipídica, provenientes da digestão das gorduras pelas lipases pré-duodenais, são o principal estímulo para a liberação da CCK (pelas células I), que estimula a secreção das enzimas pancreáticas lançadas no duodeno. A CCK também tem efeito colagogo, contraindo a musculatura lisa da vesícula biliar e relaxando o esfíncter de Oddi, o que propicia a secreção da bile para o duodeno. A bile é de extrema importância na digestão e na absorção das gorduras, como será analisado mais adiante. Os produtos da hidrólise lipídica estimulam também a secreção de GIP (peptídio inibidor gástrico), que retarda a velocidade de esvaziamento gástrico por contração pilórica. Estas ações motoras são, também, efetuadas pela secretina e pela CCK, o que permite ao delgado processar adequadamente o quimo.

A hidrólise lipídica continua no duodeno e no jejuno, pelas enzimas lipolíticas pancreáticas.

As enzimas lipolíticas pancreáticas são: a *glicerol-éster-hidrolase* (lipase pancreática), a *colesterol-éster-hidrolase* e as *fosfolipases A_2*. Apenas as fosfolipases são lançadas no lúmen do delgado, na forma de proenzima inativa, sendo ativada pela tripsina. É secretada também, pelo pâncreas, uma pró-colipase, ativada no lúmen do delgado também pela tripsina. A colipase não tem atividade hidrolítica, mas age como cofator para a ação da lipase; por este motivo, a lipase é, também, denominada *lipase pancreática dependente da colipase*.

Em adultos, mas não em crianças, a lipase pancreática é secretada em quantidades cerca de 1.000 vezes superiores à sua necessidade, constituindo de 2 a 3% do conteúdo proteico total da secreção pancreática. Esse elevado valor, aliado à alta atividade hidrolítica, assegura a eficiência da digestão lipídica. Para que se instale uma esteatorreia (excreção de gorduras nas fezes acima de 7 g/150 g de fezes), é necessário que a lipase pancreática seja reduzida a índices cerca de 90% inferiores aos normais. Esta enzima já foi sequenciada em suínos. Trata-se de uma glicoproteína com PM de 48 kDa e 449 aminoácidos, com um resíduo serina na posição 152; este parece ser o local ativo de ligação da enzima para a sua ancoragem às gotículas de gordura.

Para a total atividade da lipase pancreática, necessita-se da presença da colipase, que foi descrita em 1963 como uma proteína termoestável, necessária à ação da lipase. A colipase tem o PM de 10 kDa, sendo secretada no lúmen do delgado na forma de pró-colipase. Ela é clivada pela tripsina no terminal N de um pentapeptídio, conhecido como enterostatina. A colipase de várias espécies animais, inclusive da humana, já foi clonada; seu gene localiza-se no cromossomo 6. A ligação da colipase à lipase se dá em duas regiões, entre os aminoácidos 6 e 9 e 53 e 59.

Vários estudos demonstram que, quando a lipase pancreática se encontra livre em solução, seu sítio catalítico se localiza em uma fenda de sua molécula, parcialmente recoberta por uma alça de sua cadeia peptídica. A interação da colipase com a enzima induz uma alteração conformacional de lipase, movendo a alça que recobria o sítio catalítico, propiciando ao substrato lipídico difundir-se ao sítio catalítico agora exposto.

Os sais biliares na forma micelar também elevam a emulsificação das gotas de gordura já previamente emulsificadas no estômago, aumentando ainda mais a área superficial das gorduras para a ação lipolítica. Os movimentos do delgado facilitam a emulsificação. Entretanto, os agentes emulsificadores inibem a lipólise, recobrindo externamente as gotículas emulsificadas e, assim, impedindo a interação da lipase pancreática com as gorduras. A colipase reverte esta inibição por dois prováveis mecanismos: (1) ligando-se à interface, servindo como uma âncora para a ligação da lipase, e (2) formando um complexo colipase-lipase, que se liga à interface das gotículas com a água, permitindo a ação hidrolítica da lipase. As micelas dos sais biliares não só permitem a proximidade da colipase com as gotículas, como também participam da remoção dos produtos da hidrólise lipídica das gotículas. Os ácidos graxos aumentam também a lipólise, porque, provavelmente, elevam a ligação do complexo colipase-lipase com as gotículas.

A lipase pancreática hidrolisa as ligações ésteres dos TAG nos carbonos 1 e 3 originando os 2-monoacilgliceróis (2-MAG) e ácido graxo livre de cadeia longa (AGL-CL). Os AGL-CL, no pH alcalino do lúmen do delgado, estão nas formas ionizadas (ver Figura 62.17).

A maioria do colesterol da dieta está sob forma livre. Apenas 10 a 15% se encontram na forma esterificada. A *colesterol-éster-hidrolase* hidrolisa os ésteres de colesterol, originando o colesterol livre e ácidos graxos livres de cadeias longas (AGL-CL). A colesterol-éster-hidrolase foi clonada em várias espécies animais, inclusive em humanos. Seu PM é de 100 kDa e apresenta ampla especificidade, podendo hidrolisar, também, ligações ésteres do TAG. A atividade desta enzima é aumentada pelos sais biliares (ver Figura 62.17).

A *fosfolipase A$_2$*, liberada do pâncreas na forma inativa de proenzima, é ativada pela tripsina no lúmen do delgado, por clivagem de um heptapeptídio na terminação NH$_2$. Esta enzima hidrolisa as ligações ésteres do carbono 2 dos fosfolipídios, liberando um AGL-CL e originando os lisofosfolipídios (ver Figura 62.17). A fosfolipase A$_2$ pode também ser derivada das células de Paneth, no delgado.

A fosfolipase A$_2$ encontrada no cólon provavelmente resulta da fermentação bacteriana. No cólon, há também outras lipases; mas, diferentemente das lipases do delgado, elas não são específicas com relação aos substratos, agem em pH acídicos, não requerem cofatores e não são inibidas pelos sais biliares. Estas lipases de origem bacteriana hidrolisam TAG e fosfolipídios. A gordura fecal, portanto, resulta da ação de tais lipases e fosfolipases e contém, também, esteróis. Mesmo em casos de má absorção lipídica, TAG intactos são raramente encontrados nas fezes.

Vesículas multilamelares, unilamelares e micelas mistas solubilizam os produtos da hidrólise lipídica, na fase aquosa luminal do delgado.

Os componentes da bile, como os sais biliares, o colesterol, a lecitina e a lipase pancreática, ficam adsorvidos às superfícies das gotículas emulsificadas de gordura. Os produtos da hidrólise lipídica, os 2-MAG, os AGL-CL, as lisolecitinas e o colesterol, também funcionam como agentes emulsificadores. Como os TAG superficiais das gotículas são hidrolisados, recebem substituição de outros do interior das gotículas, que vão, assim, tornando-se cada vez menores. Estas *gotículas multilamelares emulsificadas* (Figura 62.18 A) contêm camadas ou

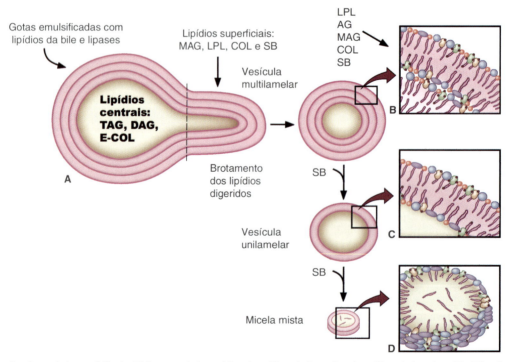

Figura 62.18 ▪ A quebra das gotículas emulsificadas (**A**) forma: vesículas multilamelares (**B**), vesículas unilamelares (**C**) e micelas mistas (**D**). *COL*, colesterol livre; *E-COL*, colesterol esterificado; *DAG*, diacilglicerol; *LPL*, lisofosfolipídio ou lisolecitina; *MAG*, monoacilglicerol; *SB*, sal biliar; *TAG*, triacilglicerol. Explicação no texto. (Adaptada de Boron e Boulpaep, 2005.)

lamelas líquido-cristalinas de AGL-CL, 2-MAG, lisofosfolecitinas e sais biliares. Tais gotículas originam, por brotamento (dependente de Ca^{2+}), *vesículas esféricas multilamelares* de igual composição (Figura 62.18 B). As micelas dos sais biliares transformam estas vesículas multilamelares em *vesículas unilamelares* (Figura 62.18 C), que são simples bicamadas lipídicas, e, finalmente, em *micelas mistas* (Figura 62.18 D), que contêm sais biliares e os produtos da hidrólise lipídica (2-MAG, AGL-CL, lisofosfolipídios e colesterol).

As micelas mistas carregam os produtos da hidrólise lipídica através da camada não agitada de água da superfície luminal do jejuno, liberando os monômeros que penetram os enterócitos.

Na solução luminal, denominada *bulk solution*, as gotículas emulsificadas estão em equilíbrio com as vesículas multilamelares e unilamelares e com as micelas mistas (ver Figura 62.18). Seus componentes, os produtos da hidrólise lipídica e os sais biliares, associam-se e dissociam-se de acordo com seus coeficientes de partição nas duas fases, a aquosa e a vesicular e/ou micelar. Até alcançarem a ML dos enterócitos, as micelas têm que atravessar o gel mucoso que forra a superfície luminal e a camada não agitada de água. Esse gel, embora constituído por 95% de água, parece ser a principal barreira para a difusão dos microagregados lipídicos, particularmente as vesículas que estão em equilíbrio com as micelas mistas e os monômeros dissociados. Tem sido estimado que a espessura da camada não agitada de água (calculada com base na difusão de vários *probes* em diferentes condições experimentais) é próxima de 40 µm; esse valor é bem inferior ao previamente suposto (várias centenas de micrômetros) e não representa a principal barreira para a absorção lipídica. AGL de cadeias curtas e médias, solúveis em água, atravessam-na facilmente e penetram nos enterócitos. Com o crescimento da cadeia carbônica dos AGL, diminui a sua solubilidade na camada hídrica, aumentando sua partição nas micelas. Embora seja provável que os monômeros livres tenham maior velocidade na camada de água do que as micelas, a concentração das micelas mistas nesta região é efetivamente elevada, o que permite supor que a difusão micelar seja o mecanismo mais eficiente de transporte dos produtos da hidrólise lipídica nesta barreira. Vários cálculos, de fato, demonstram que a difusão micelar é o mecanismo mais provável, uma vez que, quando comparada com o processo de difusão dos monômeros, a solubilização micelar aumenta a concentração dos AGL-CL próximo à ML por um fator de 1.000.000.

O pH da camada não agitada de água é acídico; este microclima é gerado pelo contratransportador Na^+/H^+ da ML (ver Figura 62.18). Postula-se, assim, que os AGL-CL dissociados das micelas sejam protonados e penetrem a ML dos enterócitos por difusão simples, não iônica. Outra teoria proposta para o influxo dos AGL é a de colisão e incorporação do AGL com a ML, o que seria facilitado pelos movimentos intestinais. Os outros produtos da hidrólise lipídica, os lisofosfolipídios, os 2-MAG e o colesterol, também penetram a ML. De longa data, tem sido proposto que todos estes produtos da hidrólise lipídica são transportados através da ML por difusão simples. Atualmente, porém, estão sendo identificadas proteínas transportadoras, tanto nos enterócitos como nos hepatócitos; elas transportariam os AGL, o colesterol e os FL, através das membranas celulares, provavelmente por um processo mediado de difusão facilitada ou por um processo ativo.

Após o influxo dos produtos da hidrólise lipídica nos enterócitos, os sais biliares remanescentes retornam ao lúmen intestinal, sendo reabsorvidos ao longo do intestino (mas, predominantemente, no íleo) por processo ativo secundário, em acoplamento com o Na^+. Pela circulação êntero-hepática, os sais biliares retornam ao fígado. Esta recirculação ocorre várias vezes durante o período digestivo, até que o processo de digestão e absorção lipídica termine. Os sais biliares que voltam ao fígado estimulam a secreção de bile pelos hepatócitos, efeito este chamado de colerético.

Nos enterócitos, os produtos da hidrólise lipídica sofrem reesterificação e formam os quilomícrons, que são exocitados através da MBL, penetrando nos capilares linfáticos das vilosidades.

No enterócito do jejuno proximal, os produtos da hidrólise lipídica reassociam-se após reesterificação, em um processo inverso ao que ocorre na dissociação dos monômeros das micelas. O primeiro passo é a associação dos AGL-CL às proteínas ligadoras de ácidos graxos do citosol (*fatt acid binding proteins*), ou FABP. Estas proteínas têm PM de 12 kDa, sendo suas concentrações mais elevadas no jejuno proximal, onde se dá a absorção lipídica. Elas transportam os ácidos graxos de cadeias longas da ML, os lisofosfolipídios, os MAG e o colesterol para o retículo endoplasmático liso (REL) (Figura 62.19).

Há dois tipos de proteínas ligadoras de ácidos graxos no citosol dos enterócitos: as I-FABP, que ligam os ácidos graxos de cadeias longas, e as L-FABP, que têm maior afinidade por colesterol, monoacilgliceróis e lisofosfolipídios. Há, também, duas isoformas de proteínas carregadoras de colesterol e outros esteróis no citosol dos enterócitos, a SCP-1 e a SCP-2. Estas proteínas carregam os produtos da hidrólise lipídica da ML ao retículo endoplasmático liso (REL), onde eles são reesterificados. A ligação dos AGL-CL com as FABP tem grande significado fisiológico, uma vez que estes ácidos graxos são citotóxicos, podendo induzir desacoplamento da fosforilação oxidativa mitocondrial.

A reesterificação dos produtos da hidrólise lipídica no REL utiliza o 2-MAG como substrato, pela denominada *via de acilação do monoacilglicerol*, que predomina durante os processos de digestão e absorção dos lipídios. A outra via, predominante nos períodos interdigestivos, é a via do *ácido fosfatídico*, que utiliza o glicerol-3-fosfato do metabolismo glicídico. Ambas as vias dependem da ativação de ácidos graxos pela acetil coenzima A (acetil CoA), catalisada pela acil-CoA-sintetase, na presença de ATP e Mg^{2+}. Na via de acilação, os substratos preferenciais são os 2-MAG, que são, inclusive, mais abundantes. A acil-CoA-sintetase acila o 2-MAG, originando DAG, que, por sua vez, originam os TAG. Estas reações ocorrem na face citosólica do REL que, durante a absorção lipídica, torna-se repleto de lipídios provenientes da dieta.

A via de acilação dos monoacilgliceróis é mobilizada nos períodos de jejum. A reesterificação dos ácidos graxos resulta de acilação pela acil-CoA e pelo α-glicerofosfato derivado do metabolismo da glicose, originando o ácido fosfatídico. Este, após desfosforilação, forma diacilgliceróis, que sofrem nova acilação, gerando triacilgliceróis. O ácido fosfatídico participa, também, da síntese de fosfolipídios no citosol dos enterócitos. A acilação dos lisofosfolipídios absorvidos, por aciltransferases específicas, também gera fosfolipídios (Figura 62.20).

O colesterol é reesterificado nos enterócitos, resultando os ésteres de colesterol, embora seja encontrado, também, na forma livre. A quantidade de colesterol absorvido, livre e reesterificado, depende da quantidade de colesterol da dieta. Quando a sua ingestão diminui, eleva-se a quantidade de colesterol livre na linfa.

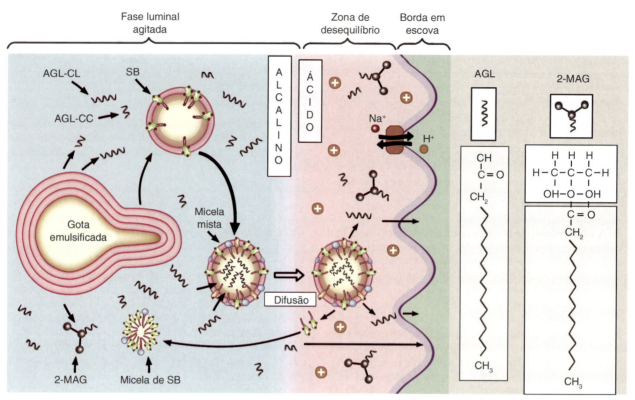

Figura 62.19 ▪ Transporte dos ácidos graxos e dos fosfolipídios através da membrana luminal. *AGL*, ácido graxo livre; *AGL-CC*, ácido graxo livre de cadeia curta; *AGL-CL*, ácido graxo livre de cadeia longa; *2-MAG*, 2-monoacilglicerol; *SB*, sal biliar. Descrição da figura no texto. (Adaptada de Boron e Boulpaep, 2005.)

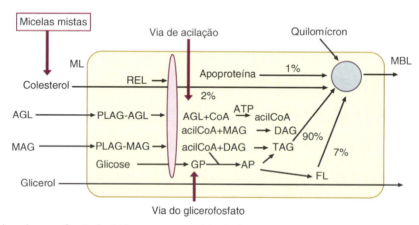

Figura 62.20 ▪ Vias intracelulares de reesterificação dos ácidos graxos no enterócito. Explicações no texto. *ML*, membrana luminal; *MBL*, membrana basolateral; *REL*, retículo endoplasmático liso; *AGL*, ácido graxo livre; *MAG*, monoacilglicerol; *CoA*, coenzima A; *acilCoA*, acil-coenzima A; *ATP*, trifosfato de adenosina; *DAG*, diacilglicerol; *TAG*, triacilglicerol; *GP*, glicerofosfato; *AP*, ácido fosfatídico; *FL*, fosfolipídios.

Os quilomícrons têm diâmetros entre 750 e 5.000 Å, contendo: 80 a 90% de triacilgliceróis, 8 a 9% de fosfolipídios, 2% de colesterol, 2% de apoproteína e quantidades mínimas de carboidrato. Os fosfolipídios cobrem 80 a 90% da superfície externa dos quilomícrons, formando uma monocamada.

Há vários tipos de apoproteínas na linfa intestinal: A, B, C e E. A apoproteína B é imunologicamente similar à VLDL (*very low density lipoprotein*) e à LDL (*low density lipoprotein*), que podem representar quilomícrons de diferentes densidades. As apoproteínas são essenciais para a formação dos quilomícrons e para a absorção lipídica, e, na sua ausência, os lipídios acumulam-se nos enterócitos. Elas são sintetizadas no retículo endoplasmático rugoso (RER) e se movem para a seu lúmen a partir do REL, onde se associam aos TAG ressintetizados. Além de incorporarem as apoproteínas, o empacotamento dos quilomícrons nascentes envolve a adição de colesterol esterificado e de fosfolipídios, que formam uma bicamada envolvendo-os. Admite-se que vesículas do REL carreguem os quilomícrons nascentes para a face *cis* do sistema de Golgi, onde elas se fundem e liberam seu conteúdo internamente. Enzimas do sistema de Golgi glicolisam as apoproteínas. As vesículas, carregando os quilomícrons, brotam da face *trans* do sistema de Golgi e se dirigem à MBL dos enterócitos. A liberação dos quilomícrons pela MBL ocorre por exocitose.

Os TAG com cadeias médias e curtas de ácidos graxos não dependem das micelas mistas dos sais biliares para serem absorvidos. Eles são transferidos, através dos enterócitos, diretamente para o sangue porta. Por este motivo, esses TAG são utilizados na dieta de pacientes com problemas de má absorção de lipídios.

Vários tipos de apolipoproteínas são sintetizados pelos enterócitos.

As apolipoproteínas sintetizadas pelos enterócitos são: da *classe A* (apo A-I, apo A-II, apo A-IV e apo A-V), da *classe B* (apo B-48) e da *classe C* (apo CII). Outras proteínas carregadoras de lipídios no plasma são as lipoproteínas de *baixa densidade* (LDL = low density lipoprotein), as de *muito baixa densidade* (VLDL = very low density lipoprotein) e as de *alta densidade* (HDL = high density lipoprotein). Os enterócitos sintetizam 11 a 40% de VLDL, durante os períodos de jejum, por mecanismo independente da síntese dos quilomícrons. A LDL é sintetizada nos hepatócitos a partir da VLDL. A HDL tanto pode ser derivada do catabolismo dos quilomícrons ou da VLDL, como sintetizada nos hepatócitos e nos enterócitos. No Quadro 62.8, são comparadas as composições e características dos quilomícrons e da VLDL.

Os quilomícrons exocitados através da MBL dos enterócitos penetram o capilar linfático das vilosidades e são conduzidos pela linfa à circulação sistêmica.

Como os quilomícrons são relativamente grandes, eles não conseguem penetrar nas fenestras dos capilares sanguíneos das vilosidades intestinais, mas atravessam os canais interendoteliais do capilar linfático ou lácteo, que se originam nos ápices das vilosidades e descarregam seu conteúdo em cisternas. A linfa flui destas cisternas ao ducto torácico, desembocando na circulação sistêmica, via veia subclávia esquerda.

Nos períodos interdigestivos, como já foi mencionado, o intestino sintetiza e secreta VLDL, cujos tamanhos são inferiores aos dos quilomícrons e cuja composição é semelhante à deles (ver Quadro 62.8), mas que são sintetizadas independentemente deles e contêm lipídios endógenos e não da dieta. Tanto os quilomícrons como as VLDL têm suas composições alteradas nos capilares linfáticos e sanguíneos. Antes de serem conduzidos ao fígado, os quilomícrons e as VLDL alcançam os pulmões e a circulação periférica, via capilares. O endotélio dos capilares sanguíneos contém lipases que hidrolisam os triacilgliceróis, originando AGL e MAG, que são capturados pelos adipócitos e células musculares. Os quilomícrons remanescentes, que contém agora predominantemente colesterol, são conduzidos ao fígado.

Esteatorreia

Como os processos de digestão e de absorção de gorduras envolvem várias etapas, a má absorção lipídica se dá com maior frequência que a de outros nutrientes orgânicos. A *esteatorreia* é definida como a excreção de mais de 7 g de gordura por aproximadamente 150 g de fezes/dia. Como já mencionamos, pouca gordura é excretada nas fezes, sendo a normalmente eliminada proveniente do cólon, a partir da fermentação bacteriana e de células descamadas, correspondendo de 3 a 4 g diários. As principais causas de estatorreia são sintetizadas no boxe a seguir.

Alterações da digestão lipídica

Podem ocorrer por insuficiência pancreática, com diminuição ou ausência da secreção de lipase pancreática. Neste último caso, cerca de 2/3 da gordura da ingesta aparecem nas fezes (como TAG – gordura não hidrolisada). A diminuição da atividade das enzimas pancreáticas pode acontecer em várias condições, como pancreatite, fibrose cística ou outras afecções pancreáticas. Alterações do pH luminal no delgado também podem inativar a lipase pancreática ou mesmo desnaturá-la. Isso pode ocorrer em consequência de uma hipersecreção gástrica, como, por exemplo, no gastrinoma ou na síndrome de Zollinger-Ellison, em que a gastrina plasmática está sempre elevada devido a um tumor pancreático secretor de gastrina. Secreção insuficiente de bicarbonato pancreático, em caso de pancreatite, pode também inativar a lipase pancreática.

Alterações da secreção biliar

Embora os processos de emulsificação, digestão e absorção das gorduras possam ser afetados por diminuição da secreção de sais biliares, ainda pode se dar emulsificação das gorduras no estômago e no delgado, por agentes emulsificadores como ácidos graxos e fosfolipídios. Como o colesterol (e seus ésteres) e as vitaminas lipossolúveis são muito menos solubilizáveis que os ácidos graxos, há comprometimento da absorção destas substâncias na ausência de sais biliares. Na sua ausência total, a absorção dos ácidos graxos de cadeias longas sofre uma redução de cerca de 50%.

Alterações da área absortiva do delgado

Ocorrem em várias enteropatias, como na do glúten, no espru tropical e em doenças inflamatórias. Nestas patologias, existe má absorção intestinal de vários nutrientes.

Resumo

Digestão e absorção de lipídios

1. Os lipídios da dieta são os triacilgliceróis, os fosfolipídios, o colesterol e seus ésteres; 1 g de gordura fornece 9 kcal. No mundo ocidental desenvolvido, ingerem-se gorduras em excesso. O recomendado é que as gorduras devam fornecer apenas 30% ou menos das calorias diárias, e a média de ácidos graxos saturados deve ser inferior a 10%.
2. A hidrólise lipídica inicia-se pelas lipases pré-duodenais ácidas, a lingual e a gástrica. A emulsificação das gorduras em suspensão no líquido luminal do TGI começa com a mastigação e prossegue por ação da motilidade gástrica e do delgado. Agentes estabilizadores das gotículas emulsificadas, que inibem as suas coalescências, são o colesterol e os fosfolipídios, principalmente.
3. No delgado, os sais biliares agem como detergentes, elevando a emulsificação e otimizando a digestão lipídica. As enzimas lipolíticas pancreáticas são a lipase, a colesterol esterase e as fosfolipases A_2; são hidrossolúveis e agem na interface das gotículas com a água.

Quadro 62.8 • Comparação entre as composições e as características dos quilomícrons e da lipoproteína de densidade muito baixa (VLDL).

	Quilomícrons	VLDL
Fontes	Somente enterócito	Enterócito e hepatócito
Densidade	< 0,95 g/mℓ	0,95 a 1,006 g/mℓ
Tamanho	80 a 700 nm	30 a 80 nm
Lipídios totais	97 a 98%	Cerca de 90%
Triacilgliceróis	Cerca de 95%	Cerca de 60%
Colesterol	Cerca de 1%	Cerca de 15%
Fosfolipídios	Cerca de 4%	Cerca de 15%
Proteínas totais	2%	10%
Principais componentes	B-48, A-I, A-II, A-IV	Similar
Outros componentes	C e E	Similar

4. A colipase propicia a ação hidrolítica da lipase. Os produtos finais da hidrólise lipídica são: 2-MAG, ácidos graxos com cadeias de tamanhos diferentes, lisofosfolipídios, colesterol livre e glicerol.
5. Os produtos da hidrólise lipídica sofrem partição nas micelas dos sais biliares, que os transferem através da camada não agitada de água até a ML dos enterócitos do jejuno proximal. São absorvidos na forma de monômeros livres e são transportados através da ML, provavelmente por mecanismos mediados.
6. Os ácidos graxos de cadeias longas, os 2-MAG, os lisofosfolipídios e o colesterol ligam-se a proteínas ligadoras de ácidos graxos dos enterócitos, sendo transportados ao REL, onde são reesterificados por duas vias: a de acilação dos MAG, que predomina no período absortivo, e a do ácido fosfatídico, que ocorre nos períodos interdigestivos.
7. Os produtos reesterificados formam os quilomícrons, que contêm 80 a 90% de TAG, 8 a 9% de fosfolipídios, 2% de colesterol e de apoproteína. Os quilomícrons são exocitados através da MBL dos enterócitos, sendo absorvidos pelos capilares linfáticos das vilosidades que os conduzem à circulação sistêmica.
8. As lipases do endotélio dos capilares sanguíneos hidrolisam os TAG a AGL e MAG, que são capturados pelos adipócitos e por fibras musculares. Os quilomícrons remanescentes, ricos em colesterol, retornam ao fígado. Os sais biliares, após a digestão e absorção dos lipídios, voltam ao fígado pela circulação porta, sendo absorvidos ao longo de todo o intestino, mas preferencialmente no íleo, em acoplamento com o Na$^+$.

ABSORÇÃO DE VITAMINAS

As vitaminas são micronutrientes essenciais e cofatores de um amplo espectro de reações metabólicas.

As vitaminas são micronutrientes orgânicos essenciais. Têm funções catalíticas, atuando como enzimas ou radicais prostéticos de enzimas envolvidas em reações metabólicas intracelulares vitais. São agrupadas de acordo com as suas solubilidades em solventes orgânicos e em água, em dois grupos: as *vitaminas lipossolúveis – A, D, E e K –* e as *hidrossolúveis* (as oito vitaminas do *complexo B* e a *vitamina C*).

As vitaminas são fornecidas pela dieta, não sendo sintetizadas pelo organismo. Pequenas quantidades das D e K e algumas vitaminas do complexo B, como a niacina e a biotina, podem ser sintetizadas endogenamente, mas em números insuficientes, sendo supridas pela alimentação. Muitos animais são capazes de sintetizar a vitamina C; entretanto, os seres humanos dependem completamente do fornecimento dela pela dieta.

Deficiências de vitaminas podem ser primárias, por carência nutricional, ou secundárias, devido a alterações dos seus processos de absorção, armazenamento ou conversão metabólica. Deficiências primárias envolvem, em geral, múltiplas vitaminas e estão associadas à desnutrição proteico-calórica. Deficiências secundárias são bastante específicas, como no caso da anemia perniciosa ou megaloblástica, que envolve a vitamina B$_{12}$. Em determinadas condições, ocorrem deficiências secundárias de várias vitaminas, como na má absorção consequente, por exemplo, a disfunções pancreáticas, hepáticas ou a alterações da mucosa absortiva intestinal.

As lipossolúveis são armazenadas no fígado, em quantidades que variam conforme o tipo de vitamina, podendo ser mobilizadas em períodos de privação, protelando os sintomas carenciais. Por outro lado, as hidrossolúveis, na grande maioria, não se acumulam em quantidades significativas no organismo, ocorrendo sintomas carenciais após curtos períodos de privação. Embora as carências vitamínicas existam com maior frequência em países pobres, associadas à desnutrição, elas podem manifestar-se em países ricos, sendo associadas a condições patológicas e, principalmente, ao alcoolismo e ao envelhecimento dos indivíduos.

As vitaminas lipossolúveis são absorvidas juntamente com os produtos da hidrólise lipídica e dependem das micelas dos sais biliares.

As vitaminas A, D, E e K sofrem partição nas micelas mistas dos sais biliares e são absorvidas nos enterócitos, juntamente com os produtos da hidrólise lipídica. A *vitamina D (colecalciferol)*, em baixas concentrações, pode ser absorvida na ausência dos sais biliares, desde que as concentrações luminais de ácidos graxos e de 2-monoacilgliceróis sejam também pequenas. Nos períodos pós-prandiais, em que a concentração dos produtos da hidrólise lipídica no lúmen do delgado é elevada, a vitamina D sofre partição nas micelas mistas. O mecanismo de influxo dessa vitamina na ML dos enterócitos é um processo puramente passivo (não saturável), ocorrendo por difusão simples. Pouca informação existe sobre o mecanismo de transporte intracelular da vitamina D, embora na MBL ela seja transportada juntamente com os quilomícrons. Na circulação sanguínea, essa vitamina é ligada a uma proteína plasmática. Admite-se, também, que possa haver outro mecanismo de absorção da vitamina D, independente dos quilomícrons. Excessos de tal vitamina são bem tolerados e superdosagens são raras, podendo, em alguns casos, causar hipercalcemia transiente. A toxicidade provocada por hiperdosagem desta vitamina pode acarretar calcificações e cálculos renais.

A *vitamina E (tocoferol)* também depende das micelas dos sais biliares para ser absorvida e é transportada juntamente com os quilomícrons. No plasma, equilibra-se rapidamente com as LDL. Armazena-se principalmente no tecido adiposo, mas também no fígado e no muco. Têm sido descritas hiperdosagens dessa vitamina, induzindo distúrbios gastrintestinais e interferindo com a absorção das vitaminas A e K.

A vitamina K, nas formas K$_1$ e K$_2$, é absorvida de maneira dependente das micelas dos sais biliares e dos quilomícrons. Armazena-se em pequenas quantidades no fígado, o que pode causar, facilmente, um balanço negativo e desencadear sintomas carenciais. A forma K$_2$ pode ser sintetizada endogenamente. Quase não ocorre toxicidade após hiperdosagem desta vitamina.

O termo vitamina A é genericamente utilizado para um grupo de compostos com atividade biológica similar. Esses compostos são o *retinol* e seus derivados, o *retinal* (um aldeído) e o *ácido retinoico*. Os *carotenoides* são precursores das várias formas da vitamina A (também denominados retinoides), o mais significativo sendo o *β-caroteno* ou *provitamina A*. Sofrem emulsificação no estômago. No delgado, os ésteres do retinol são hidrolisados pelas enzimas pancreáticas não específicas e, na borda em escova, pela retinil-éster-hidrolase, originando retinol solubilizado nas micelas dos sais biliares. Através da ML dos enterócitos, o retinol é transportado por difusão mediada e os carotenoides, por difusão simples. No meio intracelular, o retinol é reesterificado por ácidos graxos de cadeias longas, pelos mesmos processos de acilação dos ácidos graxos. Os carotenoides são oxidados no espaço intracelular dos enterócitos, produzindo retinal e apocarotenoides. O retinal é reduzido a retinol ou oxidado a ácido retinoico. O retinol reesterificado, os carotenoides intactos e os apocarotenoides são absorvidos juntamente com os quilomícrons.

A vitamina A se armazena no fígado na forma de ésteres e circula no plasma ligada à proteína denominada RBP (*retinol binding protein*). Nos tecidos-alvo, retinol é metabolizado a ácido retinoico, que se liga a receptores nucleares reguladores da expressão gênica. Pode ocorrer em crianças toxicidade depois de hiperdosagem de vitamina A, ocasionando fechamento prematuro das fontanelas. Durante a gestação, pode induzir malformação fetal. O excesso de carotenoide não induz toxicidade, mas pode provocar amarelecimento epidérmico (hipercarotenemia). O uso prolongado de doses elevadas de vitamina A acarreta cefaleia, náuseas, vômitos, diarreia, irritabilidade, anormalidades imunológicas, sonolência e alopecia (falta de cabelos ou pelos).

O Quadro 62.9 resume as principais funções, deficiências e processos absortivos das vitaminas lipossolúveis.

As vitaminas hidrossolúveis: o complexo B e a vitamina C.

O Quadro 62.10 resume as principais funções das vitaminas hidrossolúveis, as consequências de suas carências e os mecanismos conhecidos de absorção intestinal.

Trataremos aqui, especificamente, da absorção intestinal da vitamina B_{12} e da correlação da sua ação metabólica com a do ácido fólico, devido à sua importância no desenvolvimento da anemia megaloblástica ou perniciosa.

A anemia megaloblástica ou perniciosa e a correlação entre a vitamina B_{12} e o ácido fólico.

O *ácido fólico* ou *ácido pteroilglutâmico*, na forma reduzida de folato ou tetraidrofolato (THF), é uma vitamina hidrossolúvel do complexo B que age como cofator de reações envolvidas na síntese de timinas e purinas, bases componentes da molécula de DNA. A deficiência desta vitamina compromete a síntese de DNA e a divisão celular, defeito cuja manifestação clínica é observada em tecidos com alta taxa de divisão celular, entre eles a medula óssea. Como a síntese de RNA e a síntese proteica não são comprometidas nesta condição, há alteração da maturação das hemácias, originando a anemia megaloblástica ou perniciosa. Células megaloblásticas podem ser observadas em vários órgãos, incluindo o intestino delgado, que também apresenta intensa atividade mitótica.

A falta de *vitamina B_{12}* (ou *cobalamina*) também causa anemia megaloblástica. A correlação entre a carência dessa vitamina e a de ácido fólico é compreendida, considerando-se a função da vitamina B_{12}. Como o ácido fólico, a B_{12} é uma vitamina hidrossolúvel do complexo B, que age como coenzima de reações químicas que transferem um grupo metila do metiltetrafolato para a homocisteína, convertendo-a em metionina. A metionina é um aminoácido essencial e, na forma transformada, constitui importante doador de grupos metila em várias reações enzimáticas. Se os níveis de vitamina B_{12} e os de metionina são insuficientes, o organismo passa a utilizar e converter o ácido fólico para produzir metionina, o que reduz a síntese de DNA, acarretando a anemia megaloblástica.

A deficiência de vitamina B_{12} causa, também, várias alterações neurológicas, como perdas somestésicas e comprometimentos psicológicos; estas alterações não são consequência da deficiência de ácido fólico, mas estão ligadas à atividade da metilmalonil-CoA-mutase, outra enzima dependente da vitamina B_{12}.

Quadro 62.9 ▪ Vitaminas lipossolúveis: principais funções, manifestações carenciais e processos de absorção intestinal.

Vitaminas	Funções	Carências	Absorção intestinal
A	Componentes da rodopsina Manutenção de epitélios Resistência a infecções	Cegueira noturna Xeroftalmia Cegueira	Independe dos sais biliares
D	Facilita a absorção de Ca^{2+} e fosfato nos ossos	Raquitismo e osteomalacia	Depende dos sais biliares
E	Sistema redox antioxidante	Degeneração espinocerebelar	Depende dos sais biliares
K	Cofator de fatores da Coagulação sanguínea	Hemorragias	Depende dos sais biliares

---

Quadro 62.10 ▪ Vitaminas hidrossolúveis: principais funções, estados carenciais e processos de absorção intestinal.

Vitaminas	Funções	Carências	Absorção
B_1 – tiamina	Metabolismo dos carboidratos como pirofosfato; é a coenzima de reações de descarboxilação	Beribéri ou polineurite (neuropatia), síndrome de Wernicke-Korsakoff	Transporte ativo secundário, dependente da Na^+ no jejuno
B_2 – riboflavina	Metabolismo geral, como dinucleotídio adenina flavina (FAD) e mononucleotídio flavina (FMN)	Queilose, estomatite, glossite, dermatite, vascularização da córnea	Transporte ativo secundário, dependente de Na^+ (baixa concentração), difusão passiva (alta concentração), jejuno
Niacina	Envolvida em reações redox, como nicotinamida-adenina-dinucleotídio (NAD) e (NADP)	Pelagra ou síndrome 3D: dermatite, demência, diarreia	Transporte ativo secundário dependente de Na^+, jejuno
B_6 – piridoxina	Reações de transaminação e descarboxilação, piridoxalfosfato (PLP)	Queilose, glossite, dermatite, neuropatia periférica	Simples difusão, delgado proximal
Ácido pantotênico	Incorporado à coenzima A	Não reconhecida	Transporte ativo secundário dependente de Na^+, jejuno
Biotina	Reações de descarboxilação	Não definida	Transporte ativo secundário dependente de Na^+, delgado proximal
Ácido fólico	Síntese de DNA	Anemia megaloblástica	Difusão mediada (?)
B_{12} – cobalamina	Síntese de DNA	Anemia magaloblástica, degeneração posterolateral da medula	Difusão mediada, íleo
Vitamina C	Reações redox, antioxidante	Escorbuto	Transporte ativo secundário, dependente de Na^+, íleo

Para sua absorção no íleo, a vitamina B₁₂ necessita do fator intrínseco, secretado pelas células parietais gástricas.

A vitamina B₁₂ é sintetizada por microrganismos, sendo fornecida na dieta humana por meio de carnes, peixes, animais marinhos e ovos. Não está presente em vegetais, frutas, legumes e verduras. Ela é ingerida ligada a proteínas e, no estômago, por ação da pepsina e do baixo pH, é liberada, ligando-se a uma proteína conhecida como *proteína do tipo R*, a *haptocorrina*. As células oxínticas (ou parietais) secretam uma glicoproteína denominada *fator intrínseco (FI)*, que tem 15% de carboidrato na sua molécula e PM de 45 kDa. O FI é essencial para o processo absortivo da B₁₂ que ocorre no íleo, onde os ileócitos têm um carregador específico que reconhece essa vitamina complexada ao FI. No ambiente gástrico, a vitamina B₁₂ apresenta maior afinidade com a haptocorrina que com o FI. A haptocorrina é secretada tanto pelas glândulas salivares como pelas gástricas; ela protege a B₁₂ da ação proteolítica da pepsina e do pH ácido no lúmen gástrico. No duodeno, onde o ambiente luminal é alcalino (devido às secreções pancreática e biliar), a haptocorrina é digerida pelas enzimas proteolíticas pancreáticas, liberando a vitamina B₁₂, que então se complexa com o FI. Este complexo, vitamina B₁₂-FI, é altamente resistente à ação proteolítica (Figura 62.21 A).

A insuficiência pancreática (por ausência de enzimas proteolíticas) ou alterações do pH luminal para o lado ácido (que inativam as enzimas pancreáticas) também podem causar anemia perniciosa. Esta anomalia ocorre quando não existe a dissociação da vitamina B₁₂ da haptocorrina, não havendo, consequentemente, a complexação da B₁₂ com o FI nem a absorção dessa vitamina pelos ileócitos.

A secreção de FI é paralela com a de HCl e é, também, estimulada por histamina, gastrina e acetilcolina, estimuladores endógenos da secreção de HCl das células parietais. Entretanto, há algumas diferenças nas secreções destas duas substâncias. A secreção do FI, estimulada pelos secretagogos endógenos, apresenta uma cinética distinta da exibida pelo HCl. A secreção do FI é transiente, indicando que a glicoproteína secretada é a pré-formada e que não há estímulo para uma síntese *de novo*. Embora a secreção do FI seja também estimulada por elevação do cAMP, não está ainda esclarecido o papel do Ca²⁺ intracelular no seu mecanismo secretório. Os inibidores dos receptores H₂ para a histamina nas células parietais também bloqueiam a secreção do FI, mas os omeprazólicos que inibem a H⁺/K⁺-ATPase da ML das células parietais não afetam a secreção de FI.

Os ileócitos distais apresentam um carregador para a B₁₂, que só a reconhece quando complexada ao FI. Esta complexação provoca uma alteração conformacional da vitamina, favorecendo a formação de um dímero com duas moléculas de B₁₂ ligadas ao FI. O dímero, complexado ao FI, liga-se ao receptor, e então o receptor, a B₁₂ e o FI são endocitados. No meio intracelular, o FI é dissociado da vitamina B₁₂, que se liga a uma outra proteína, a transcobalamina II. O FI é degradado nos lisossomos, juntamente com o receptor e com a vitamina não ligada à transcobalamina. Ainda não são conhecidos, claramente, os processos intracelulares de transporte da B₁₂ (Figura 62.21 B). A vitamina ligada à transcobalamina II é, provavelmente, exocitada através da MBL do ileócito, entrando na circulação porta. Então, é liberada nos hepatócitos e armazenada em quantidades relativamente elevadas, cerca de 5 mg, sendo, parcialmente, excretada na bile. O elevado nível de B₁₂ armazenado no fígado é suficiente para garantir seu suprimento por 3 a 4 anos, quando ocorrem alterações de sua ingestão ou de sua absorção. Entre a ingestão da vitamina e o seu aparecimento na circulação porta, decorrem cerca de 6 a 8 h.

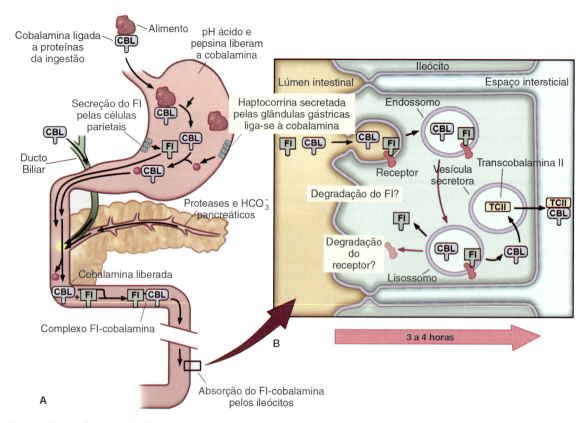

Figura 62.21 • **A.** Trajeto da vitamina B₁₂ do estômago ao duodeno. **B.** Absorção da vitamina B₁₂ no íleo distal. *FI*, fator intrínseco; *CBL*, cianocobalamina ou vitamina B₁₂. Descrição da figura no texto. (Adaptada de Boron e Boulpaep, 2005.)

A vitamina B$_{12}$ disponível para a absorção no delgado provém tanto da dieta como da bile. Ela retorna ao fígado durante os períodos digestivos, através da circulação êntero-hepática. As necessidades de B$_{12}$ para manter o armazenamento hepático e a perdas nas fezes é de 2 µg/dia.

A *deficiência de vitamina B$_{12}$* pode ser causada por: (a) dieta vegetariana; (b) velhice; (c) acloridria com ausência da secreção de HCl e de FI, de origem genética ou cirúrgica, em pacientes gastrectomizados ou que perderam grande parte da região oxíntica (do corpo) do estômago; (d) ressecção do íleo; (e) doença de Crohn, que afeta o íleo; (f) defeitos do carregador da vitamina nos ileócitos; e (g) problemas relacionados com um supercrescimento bacteriano no intestino, em que a vitamina é utilizada pelas bactérias, como pode ocorrer em casos de múltiplas diverticuloses jejunais que causam estase do conteúdo luminal. Todos estes fatores podem levar ao aparecimento de sintomas neurológicos e de anemia perniciosa ou megaloblástica (consulte boxe adiante). Os distúrbios neurológicos associados à deficiência da B$_{12}$ são: neuropatia precoce, que se instala antes do aparecimento da anemia megaloblástica, com perdas de reflexos, parestesias, diminuições das sensibilidades tátil, vibracional e da temperatura. Podem ocorrer também enfraquecimento da memória, depressão e demência. Se a doença não for tratada, poderá evoluir para envolvimentos da medula espinal, particularmente da coluna dorsal, provocando fraqueza e ataxia. Administração parenteral dessa vitamina reverte e previne a anemia perniciosa, mas não influencia as células parietais a restaurarem a secreção do FI.

Anemia megaloblástica ou perniciosa

Pode ser de três tipos: (a) Por *doença autoimune*, devida a anticorpos que agem sobre as células parietais. Não se sabe, porém, se os anticorpos são causa ou consequência de atrofia da mucosa oxíntica gástrica. Este distúrbio pode ser congênito ou não. (b) *Deficiência da secreção do FI*, mas com secreção normal de HCl e pepsina. (c) *Síndrome de má absorção da vitamina B$_{12}$* por defeito genético do carregador da vitamina no ileócito. Outras causas do aparecimento da anemia megaloblástica e de distúrbios neurológicos provocados por deficiência de B$_{12}$ estão abordadas no texto.

BIBLIOGRAFIA

BERNE RM, LEVY MN. *Physiology*. 4. ed. Mosby Inc., St. Louis, 1998.
BERNE RM, LEVY MN, KOEPPEN BM *et al*. *Physiology*. 5. ed. Mosby Inc., St. Louis, 2004.
BINDER HY, REUBEN A. Nutrient digestion and absorption. In: BORON WF, BOULPAEP EL. *Medical Physiology*. W.B. Saunders Co., Philadelphia, 2005.
BORON WF, BOULPAEP EL. *Medical Physiology*. W.B. Saunders Co., Philadelphia, 2005.
DEVLIN TM (Ed.). *Textbook of Biochemistry with Clinical Correlations*. 4. ed. John Wiley and Sons, New York, 1997.
HARDIKAR W, SUCHY SJ. Hepatobiliar function. In: BORON WF, BOULPAEP EL. *Medical Physiology*. W.B. Saunders Co., Philadelphia, 2005.
JOHNSON LR. *Gastrointestinal Physiology*. The Mosby Physiology Monograph Series. 6. ed. 2001.
VOET D, VOET JG. *Biochemistry*. 2. ed. John Wiley and Sons, New York, 1995.

Capítulo 63

Absorção Intestinal de Água e Eletrólitos

Maria Oliveira de Souza | Sonia Malheiros Lopes Sanioto

- Introdução, *1024*
- Absorção e secreção de cloreto, *1029*
- Absorção e secreção de bicarbonato, *1029*
- Absorção e secreção de potássio, *1030*
- Absorção de cálcio, *1030*
- Absorção de ferro, *1032*
- Regulação dos processos absortivos e secretores do intestino, *1032*
- Fisiopatologia da absorção intestinal de água e íons, *1033*
- Bibliografia, *1035*

INTRODUÇÃO

O intestino delgado absorve o maior volume de água e a maior quantidade do NaCl contidos no lúmen do TGI.

Normalmente, são ingeridos cerca 2 ℓ de água por dia, na forma líquida ou contida nos alimentos. O trato gastrintestinal (TGI) secreta próximo de 7 ℓ de água diários; esse líquido é proveniente de: saliva (1,5 ℓ), estômago (2,0 ℓ), pâncreas (1,5 ℓ), bile (0,5 ℓ) e secreções do próprio delgado (1,5 ℓ). Assim, diariamente, no TGI há no total cerca de 9 ℓ de líquido. Desta totalidade, são absorvidos no delgado 7,5 ℓ, e algo em torno de 1,5 ℓ por dia atinge o cólon, que absorve 1,4 ℓ, significando que apenas 0,1 ℓ de líquido é excretado em aproximadamente 100 a 150 g de fezes, por dia (Figura 63.1).

Quanto ao NaCl, diariamente são ingeridos cerca de 5 a 10 g e expelidos no lúmen do TGI aproximadamente 25 g, perfazendo um total de 30 a 35 g, do qual são excretados apenas 9 a 40 mEq. Considerando que a quantidade hídrica secretada para o TGI (em torno de 7 ℓ) representa 20% da água de todo o corpo, e que 25 g de NaCl equivalem a 15% do Na^+ total do indivíduo, conclui-se que as alterações da função absortiva do intestino podem causar desbalanços hidrossalinos, com graves consequências para o organismo.

O maior volume de água é absorvido no jejuno.

O epitélio do estômago é do tipo *tight* e bastante impermeável à água. O quimo gástrico que chega ao duodeno é hipertônico em relação ao plasma. Como o epitélio duodenal é do tipo *leaky* e muito permeável à água, predominam no duodeno fluxos secretórios deste líquido, do compartimento intersticial-plasmático para o lúmen intestinal, ajustando a tonicidade do quimo à do plasma. As secreções pancreática e biliar, lançadas ao duodeno (pelo ducto biliar comum logo abaixo do piloro), são também isotônicas em relação ao plasma.

O jejuno é o principal local absortivo de água, uma vez que concentra em si os produtos da digestão de proteínas (aminoácidos di e tripeptídios) e de carboidratos (hexoses, glicose e galactose) em acoplamento com o íon Na^+, gerando gradientes osmóticos para a absorção hídrica.

O cólon absorve praticamente todo o NaCl e quase 95% da água que o atingem diariamente e secreta K^+ e HCO_3^- no lúmen, os quais representam grande parte dos eletrólitos excretados nas fezes.

Em condições normais, a massa fecal eliminada por dia é de, aproximadamente, 100 a 150 g. Contém cerca de 100 mℓ de água (67%) e 25 a 50 g de material sólido, representado por: 30% de produtos das bactérias; 30% de fibras de celulose, hemicelulose e pectinas (não digeridas); 10 a 20% de gorduras (cerca de 7 g) e 10 a 20% de eletrólitos (em torno de 9 a 12 mM – principalmente K^+ e HCO_3^-) (Figura 63.2).

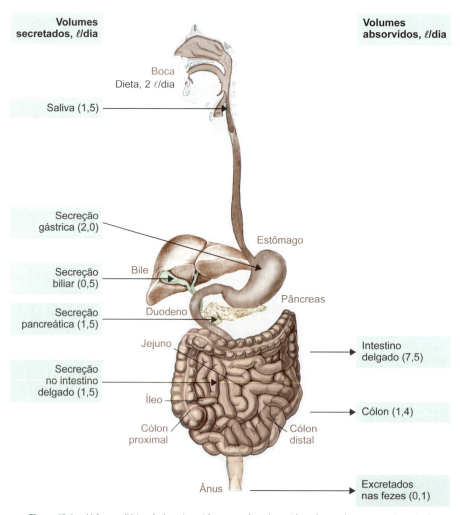

Figura 63.1 • Volumes diários de água ingerida, secretada e absorvida ao longo do trato gastrintestinal.

Absorção Intestinal de Água e Eletrólitos

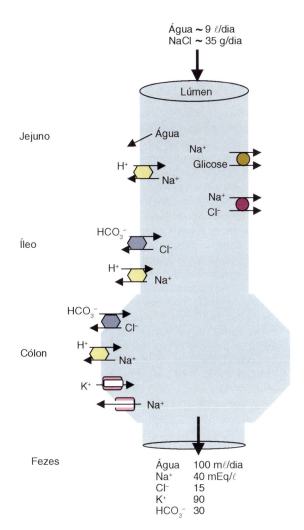

Figura 63.2 ▪ Esquema que indica o volume e a composição do líquido no intestino delgado, no cólon e nas fezes.

Embora diariamente o delgado concentre em si cerca de 7,5 ℓ de água e o cólon 1,4 ℓ, é grande a *reserva funcional absortiva* dos dois segmentos. O primeiro tem capacidade de absorver até 20 ℓ de água/dia e o segundo, aproximadamente 4 a 6 ℓ/dia. Esta alta reserva funcional do intestino é uma proteção contra perdas excessivas de líquido pelo organismo.

A água e os íons podem ser absorvidos tanto pelas vias transcelulares como pelas intercelulares (ou paracelulares).

Há duas vias para a absorção de água e de íons pelo epitélio intestinal: a *transcelular* (através das membranas, em série, das células epiteliais) e a *inter ou paracelular* (através das *tight-junctions* e dos espaços intercelulares). A contribuição relativa de ambas as vias à absorção transepitelial total de água e de íons depende da condutância iônica e da permeabilidade hídrica das *tight-junctions* em relação à condutância iônica e à permeabilidade à água das duas membranas das células epiteliais – a membrana luminal (ML) e a membrana basolateral (MBL).

Como já comentado no capítulo anterior, a condutância iônica das *tight-junctions* diminui gradativamente no sentido cefalocaudal do intestino. Assim, o epitélio do duodeno é mais *leaky* que o do jejuno, que, por sua vez, é mais *leaky* que o do íleo, enquanto o do cólon é comparativamente *tight*. Adicionalmente, as ML e as MBL das células epiteliais do delgado apresentam elevada permeabilidade hídrica, graças aos canais de água (ou aquaporinas) presentes nas duas membranas. No cólon, como a ML é menos permeável à água, ela é o passo limitante para a absorção transepitelial desse líquido nesse segmento.

Por esse motivo, no delgado, não há elevados gradientes iônicos e osmóticos transepiteliais, ao contrário do que acontece no cólon. Neste último, os íons e a água são transportados contra gradientes transepiteliais, iônicos e osmóticos, relativamente mais elevados que os existentes no delgado. No delgado, os fluxos transepiteliais totais, de água e de íons, ocorrem em grande parte através da via intercelular; enquanto, no cólon, os fluxos transepiteliais de água e de íons se dão, predominantemente, pela via transcelular.

A absorção de água ao longo de todo o intestino é secundária à de solutos.

A absorção transepitelial de água no intestino é secundária e proporcional à absorção de solutos, principalmente NaCl e outros solutos orgânicos e inorgânicos.

No delgado, a absorção hídrica ocorre entre dois compartimentos aproximadamente isotônicos – o luminal e o intersticial-plasmático. A força movente para o fluxo absortivo de água resulta da diferença de osmolalidade (de 3 a 4 mOsm) entre o líquido luminal e os meios intra e intercelular. Essa pequena diferença é, porém, suficiente para manter grande fluxo absortivo de água; isso acontece devido às elevadas permeabilidades osmóticas das membranas celulares e das vias intercelulares do epitélio do delgado.

O líquido absorvido (absorbato) no delgado é isotônico em relação ao plasma, não alterando as osmolalidades luminal e contraluminal (ou intersticial). No cólon, ocorre a absorção de um líquido hipertônico; por este motivo, o líquido luminal torna-se hipotônico quanto ao plasma.

A Figura 63.3 A indica que no delgado a absorção de solutos e de água se dá através das ML e MBL e das *tight-junctions* apicais; a Figura 63.3 B mostra que no cólon a absorção de íons e de água é preponderantemente transcelular.

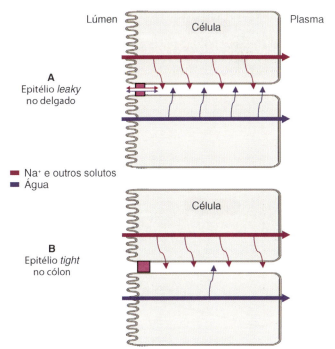

Figura 63.3 ▪ Modelo celular para a absorção de líquido no intestino delgado (epitélio *leaky*) (**A**) e no cólon (epitélio *tight*) (**B**).

A Figura 63.4 apresenta a relação entre os volumes de água e de solutos absorvidos no delgado (em que o absorbato é isotônico em relação ao plasma) e no cólon (em que o absorbato é hipertônico). Em resumo, tanto no delgado como no cólon, a absorção transepitelial hídrica é secundária e dependente da absorção de solutos, principalmente de NaCl. Isso significa que, nos dois segmentos, a força movente para a absorção de água é o gradiente osmótico gerado pelo transporte de solutos.

O Na⁺ é absorvido ao longo de todo o intestino.

O sódio consiste no principal eletrólito do líquido extracelular; é absorvido em todo o trajeto intestinal, embora sua absorção diminua no sentido cefalocaudal, por redução da área absortiva. É altamente responsável pela manutenção da volemia, estando envolvido com os processos absortivos intestinais de vários substratos orgânicos, como glicose, galactose, aminoácidos, várias vitaminas hidrossolúveis, sais biliares etc.

O conteúdo do intestino delgado é isotônico e tem aproximadamente a mesma concentração de Na⁺ que a do plasma, ou seja, cerca de 140 mEq/ℓ. Sendo assim, no delgado, a absorção de Na⁺ normalmente acontece na ausência de um gradiente de potencial eletroquímico significativo, entre o lúmen intestinal e o compartimento intersticial-vascular. Como pouco Na⁺ é eliminado por via intestinal (cerca de 40 mEq/ℓ), este íon é extensivamente reciclado. A taxa de absorção resultante do Na⁺ é mais alta no jejuno, em acoplamento com solutos orgânicos (por cotransporte). O Na⁺ move-se do lúmen intestinal para o interior das células do delgado, através da ML, a favor do seu gradiente de potencial eletroquímico; com isso, prové a energia para o transporte dos solutos orgânicos, por mecanismo de transporte ativo secundário. Subsequentemente, o Na⁺ é transportado de modo ativo para fora das células epiteliais pela Na⁺/K⁺-ATPase da MBL.

No íleo, a taxa de absorção de Na⁺ é menor, podendo ocorrer contra uma diferença de potencial eletroquímico maior que a existente no jejuno. Nesse segmento, a absorção de Na⁺ é levemente estimulada pelos açúcares e aminoácidos. No cólon, o Na⁺ é absorvido contra grande diferença de potencial eletroquímico, uma vez que sua concentração luminal é pequena (no máximo 20 mEq/ℓ) se comparada à do plasma (140 mEq/ℓ).

A absorção de Na⁺ ao longo do intestino ocorre, basicamente, pelos seguintes mecanismos específicos, distribuídos nas membranas luminal e basolateral das células absortivas intestinais:

- Cotransporte Na⁺:substratos orgânicos
- Cotransporte Na⁺:Cl⁻
- Contratransportes paralelos Na⁺/H⁺ e Cl⁻/HCO₃⁻
- Cotransporte Na⁺:ânions inorgânicos
- Transporte desacoplado de Na⁺, mediado por canais.

▶ Cotransporte Na⁺:substratos orgânicos

Os detalhes gerais a respeito do cotransporte de Na⁺:substratos orgânicos (como glicose, galactose e aminoácidos) estão apresentados no Capítulo 11, *Transportadores de Membrana*, e, no intestino, no Capítulo 62, *Digestão e Absorção de Nutrientes Orgânicos*. No TGI, esse mecanismo ocorre predominantemente no jejuno e, em menor extensão, no íleo. Os substratos orgânicos penetram as células através da ML, por transporte ativo secundário em acoplamento com o Na⁺; a energia para esse processo é o gradiente de potencial eletroquímico de Na⁺, entre o lúmen e o meio intracelular, mantido pela Na⁺/K⁺-ATPase da MBL (transporte ativo primário, descrito em detalhes no Capítulo 11). Na ML, os solutos orgânicos são transportados por carregadores específicos, como os GLUT, para as hexoses. O Cl⁻, o principal contraíon do Na⁺, é absorvido passivamente a favor de gradiente elétrico transepitelial, pela via paracelular.

Na terapia de reposição oral, com soro caseiro, utiliza-se uma solução de NaCl e sacarose, importante em casos de diarreia. O uso do NaCl é explicado pelo transporte de água secundário ao do sal, enquanto o uso de sacarose se deve à absorção de Na⁺ acoplada à de glicose e à desacoplada de frutose, que geram o gradiente osmótico necessário para a absorção de água.

No presente capítulo, discutiremos com mais detalhes o transporte de Na⁺ acoplado aos substratos inorgânicos.

▶ Cotransporte Na⁺:Cl⁻

No intestino delgado, a absorção de Na⁺ e de Cl⁻ é eletroneutra e ocorre via cotransportador Na⁺:Cl⁻. Este foi um dos primeiros processos de acoplamento descritos nos epitélios *leaky* da vesícula biliar e do intestino delgado (Figura 63.5). É mais comum no jejuno e no íleo, onde o influxo de Na⁺ do lúmen intestinal para o enterócito se dá a favor de seu gradiente de potencial eletroquímico. A energia dissipada no influxo de Na⁺ é utilizada para transportar o Cl⁻ no mesmo sentido, ainda que contra o seu gradiente de potencial elétrico. Na MBL, o Na⁺ é transportado para fora da célula pela Na⁺/K⁺-ATPase, enquanto o Cl⁻ é absorvido de modo passivo, a favor de gradiente de potencial eletroquímico, possivelmente por mecanismo de difusão facilitada ou pela via paracelular. O fluxo resultante destes processos é a absorção de NaCl do lúmen para o interstício. Este cotransportador é responsável por, aproximadamente, 20% da absorção de NaCl no delgado, sendo inibido por aumento dos níveis de monofosfato de adenosina cíclico (cAMP) ou de serotonina.

▶ Contratransportes paralelos, Na⁺/H⁺ e Cl⁻/HCO₃⁻

Outro mecanismo de absorção intestinal de Na⁺ ocorre por contratransporte com o H⁺. O influxo de Na⁺ e o efluxo de H⁺ através da ML das células intestinais são efetuados pelo *trocador Na⁺/H⁺*. Os detalhes gerais a respeito desse trocador estão apresentados no Capítulo 11.

O trocador Na⁺/H⁺ é uma proteína de membrana com várias funções básicas, tais como: manutenção do pH intracelular (pHi), regulação do volume celular e divisão celular.

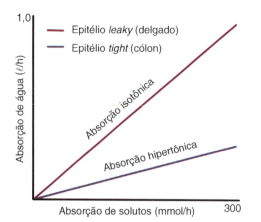

Figura 63.4 ▪ Relação entre a absorção de água e a de soluto nos epitélios *leaky* e *tight* do intestino.

Absorção Intestinal de Água e Eletrólitos

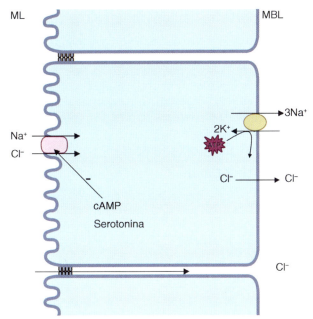

Figura 63.5 • Cotransporte eletroneutro de Na$^+$:Cl$^-$ na membrana luminal (ML) do enterócito no intestino delgado, principalmente no jejuno e no íleo. MBL, membrana basolateral.

Este trocador é de fundamental importância na restauração do pHi, em resposta à carga ácida. A extrusão celular de H$^+$ é assegurada, principalmente, pela alta sensibilidade do trocador ao H$^+$ citosólico e ao gradiente de Na$^+$ gerado pela Na$^+$/K$^+$-ATPase. Em pH fisiológico, não se verifica atividade do trocador Na$^+$/H$^+$, uma vez que, nessa situação, esta proteína funciona em um ritmo basal, com atividade de transporte reduzida, apenas adequada à manutenção do pHi. No entanto, quando a produção metabólica de ácidos é exacerbada, o trocador se ativa rapidamente, e sua taxa máxima de transporte é alcançada quando o nível de acidificação celular cai por volta de uma unidade de pH. Esta ativação do trocador, por aumento da concentração citosólica de H$^+$, consiste em um mecanismo alostérico de ativação, ou seja, um ou mais grupos localizados na face intracelular da proteína são protonados, alterando a conformação da proteína e permitindo a ativação do sistema transportador. Esta sensibilidade ao H$^+$ citosólico determina o ponto de ativação, bem como a taxa de efluxo de prótons, a qual varia entre as diferentes isoformas do trocador.

Em mamíferos, já foram identificadas 9 isoformas do trocador Na$^+$/H$^+$ (NHE1–NHE9). A isoforma 1 (NHE1) foi a primeira a ser clonada; é ubíqua em células polarizadas e expressa-se preferencialmente na MBL de células epiteliais. A 2 (NHE2) está presente no rim, nas glândulas suprarrenais e na ML das células intestinais. A 3 (NHE3) se encontra na ML de várias células epiteliais, principalmente aquelas que realizam transporte de bicarbonato, via secreção de hidrogênio. A 4 (NHE4) expressa-se, em níveis variáveis, em: estômago, intestinos delgado e grosso, rim, cérebro, útero e músculo esquelético. A 5 (NHE5) é particularmente abundante no cérebro, estando ausente em epitélios. Estudos de *Northern blot* demonstram que a isoforma 6 (NHE6), identificada na membrana interna de mitocôndrias, é ubiquamente expressa; porém, existe em maior quantidade em tecidos ricos desta organela, tais como: cérebro, músculo esquelético e coração. A 7 (NHE7) é expressa, principalmente, na membrana de organelas; foi descrita em trans-Golgi, onde desempenha importante papel no controle da composição catiônica luminal da organela. A 8 (NHE8), expressa no rim, é uma candidata a mediadora do transporte iônico através da ML do túbulo proximal. A NHE9 está localizada em endossomos.

As isoformas do trocador Na$^+$/H$^+$ apresentam vários graus de sensibilidade às diferentes classes farmacológicas de agentes inibidores, incluindo o amilorida e seus derivados. Análogos de amilorida que contêm substituições hidrofóbicas no grupo 5-amino do anel de pirazínico (como o etilisopropilamilorida ou EIPA) têm alta especificidade pelos NHE, em relação a outros transportadores. Entretanto, a afinidade por EIPA difere entre as várias isoformas do NHE, em cerca de duas ordens de grandeza, apresentando a seguinte ordem de sensibilidade: NHE1 > NHE2 > NHE5 > NHE3 > NHE4.

No intestino, a troca eletroneutra de Na$^+$ por H$^+$, via trocador Na$^+$/H$^+$, ocorre preferencialmente no jejuno (Figura 63.6). Neste segmento, a concentração de HCO$_3^-$ é aumentada pela secreção das glândulas de Brünner (que se abrem logo abaixo do piloro) e pela secreção pancreática. O HCO$_3^-$ secretado neutraliza o H$^+$. Nas células epiteliais do duodeno e do jejuno, a isoforma 1 do trocador Na$^+$/H$^+$ (NHE1) encontra-se na MBL e participa do controle de várias funções básicas celulares, como, por exemplo, a regulação do pHi. Entretanto, essa isoforma não contribui de forma significativa para o movimento transepitelial de Na$^+$. Contrariamente, as isoformas 2 (NHE2) e 3 (NHE3) encontram-se na ML do intestino e participam tanto na regulação do pHi, como no movimento transepitelial de Na$^+$.

O *trocador Cl$^-$/HCO$_3^-$* é uma proteína cujo mecanismo de transporte também está envolvido com o equilíbrio acidobásico. Realiza a troca de 1 Cl$^-$ por 1 HCO$_3^-$ (de modo eletroneutro), independente do íon Na$^+$. Pertence à família AE (*anion exchangers*), cuja estrutura está descrita no Capítulo 11. É expresso sob uma ou mais isoformas, e a isoforma 1 (AE1, conhecida como *proteína da banda 3 de hemácias*) é bem caracterizada, devido à sua importância no transporte de CO$_2$ e ao seu expressivo número na membrana (cerca de 1 milhão de cópias/célula, significando que, de cada quatro proteínas do eritrócito, uma é AE1). O AE1 consiste em

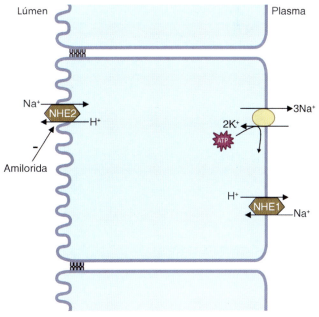

Figura 63.6 • Distribuição das isoformas do trocador Na$^+$/H$^+$ nas membranas luminal e basolateral das células do jejuno e do íleo.

uma proteína com 848 a 929 aminoácidos, cuja estrutura se compõe de 14 α-hélices transmembrânicas ligadas a dois domínios funcionais. O *domínio N terminal*, com função basicamente estrutural, permite a interação de proteínas do citoesqueleto com proteínas da membrana plasmática. O *C terminal* catalisa a troca de ânions através da membrana; essa troca iônica é irreversivelmente inibida pelo composto 4,4'-di-isotiociano-2,2'-ácido estilbenedissulfônico (DIDS). Estudos com técnicas de síntese peptídica *in vitro* sugerem que os resíduos de aminoácidos 549 a 594, 804 a 839 e 869 a 883, localizados no domínio C terminal, são os responsáveis pela troca aniônica e pela inibição por DIDS.

No *íleo* e na *porção proximal do cólon*, o trocador Na^+/H^+ opera em paralelo com o Cl^-/HCO_3^- (Figura 63.7). Neste processo, através da MBL, o CO_2 difunde-se do plasma para o interior da célula intestinal, onde se combina com H_2O, formando o ácido carbônico (H_2CO_3). Essa reação é catalisada pela enzima anidrase carbônica (ac), que está presente na maioria das células. O H_2CO_3, por sua vez, dissocia-se em H^+ e HCO_3^-. Ambas as reações são reversíveis, e a anidrase carbônica catalisa tanto a hidratação de CO_2 como a desidratação de H_2CO_3.

Assim:

$$CO_2 + H_2O \underset{ac}{\rightleftarrows} H_2CO_3 \rightleftarrows H^+ + HCO_3^-$$

O H^+ deixa a célula em troca por Na^+, via trocador Na^+/H^+ (isoforma NHE3), e o HCO_3^- é transportado para o lúmen do intestino em troca por Cl^-, via trocador Cl^-/HCO_3^- (isoforma AE1). A operação desses dois trocadores em taxas iguais resulta na entrada de NaCl na célula. O Na^+ que penetra a célula através da ML é bombeado para o sangue pela Na^+/K^+-ATPase da MBL; o Cl^- que entra na célula via ML é transportado para o sangue por um cotransporte $K^+:Cl^-$ conhecido como KCC (*potassium chloride cotransporter*), localizado na MBL.

▶ Cotransporte Na⁺:ânions inorgânicos

A absorção de sulfato e fosfato ocorre predominantemente no íleo. O influxo desses ânions através da ML dos ileócitos depende do transporte de Na^+ (Figura 63.8). O processo é eletroneutro: dois íons Na^+ movem-se pela ML acoplados a um ânion SO_4^{2-} ou PO_2^{2-}. Na MBL, o mecanismo de transporte desses ânions ainda não está esclarecido.

▶ Transporte desacoplado de Na⁺, mediado por canais

No cólon, o Na^+ é absorvido por dois mecanismos. Primeiro, por mecanismo similar ao que ocorre no íleo e jejuno, onde o Na^+ é absorvido pela operação em paralelo dos trocadores Na^+/H^+ (NHE3) e Cl^-/HCO_3^- (AE1) localizados na ML. Segundo, o Na^+ entra na célula de maneira desacoplada, atravessando a ML por meio de um canal seletivo para Na^+ (denominado ENaC – *epithelial Na⁺ channel*, cujos detalhes estão apresentados no Capítulo 10, *Canais para Íons nas Membranas Celulares*) (Figura 63.9). O transporte eletrogênico de Na^+ via ENaC é significativamente aumentado na presença do mineralocorticoide aldosterona. O mecanismo pelo qual a aldosterona atua no cólon é o mesmo discutido anteriormente no ducto coletor renal (ver Capítulo 53, *Papel do Rim na Regulação do Volume e da Tonicidade do Líquido Extracelular*, e Capítulo 55, *Rim e Hormônios*). De início, ela estimula a Na^+/K^+-ATPase da MBL, gerando um gradiente intracelular favorável à absorção eletrogênica de Na^+, via ENaC através da ML. O aumento do ganho de Na^+ pela célula pode ocorrer em três fases: (1) *rápida* (dentro de segundos), envolvendo a abertura de canais já inseridos na ML; (2) *gradual* (em minutos), dependente da inserção de canais de Na^+ na ML, pré-formados e contidos em vesículas do citosol; e (3) *lentamente* (durante horas), devido à síntese tanto de canais de Na^+ como da Na^+/K^+-ATPase. Esta última fase se caracteriza como efeito genômico.

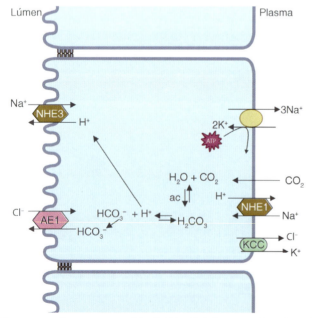

Figura 63.7 ▪ Cotransportes paralelos Na^+/H^+ e Cl^-/HCO_3^- na membrana luminal de células intestinais do íleo e do cólon, com secreção resultante de HCO_3^- e H^+, além de reabsorção transepitelial de NaCl. Descrição da figura no texto. *AE1, anion exchangers isoform; KCC, potassium chloride cotransporter; ac, anidrase carbônica.*

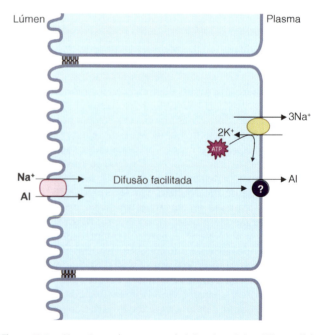

Figura 63.8 ▪ Mecanismos de transporte de ânions inorgânicos (AI) nas células intestinais.

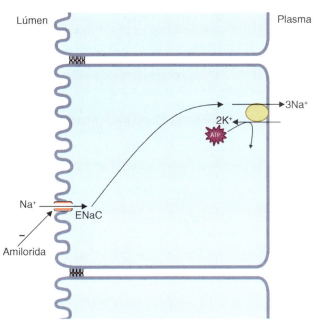

Figura 63.9 ▪ Mecanismo de absorção eletrogênica de Na^+ na membrana luminal das células do cólon. *ENaC*, canal epitelial para Na^+.

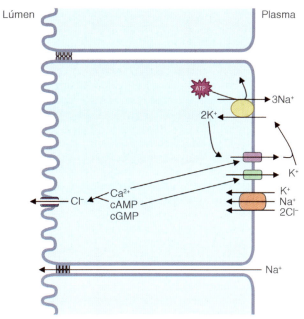

Figura 63.10 ▪ Secreção eletrogênica de Cl^- pelas células das criptas.

ABSORÇÃO E SECREÇÃO DE CLORETO

▶ **Absorção de Cl^-.** Esta absorção ao longo do intestino pode ocorrer por duas vias – a paracelular e a transcelular. A transcelular envolve dois mecanismos. Em um deles, o influxo celular de Cl^- depende da entrada de Na^+ e, no outro, do contratransporte Cl^-/HCO_3^-. No *delgado*, a absorção de Cl^- pela ML é realizada por mecanismo de cotransporte acoplado ao Na^+, descrito anteriormente (ver Figura 63.5). Na MBL, o Cl^- é transportado passivamente a favor de gradiente de potencial eletroquímico. A absorção de Cl^- neste segmento intestinal também se dá por via paracelular, a favor de um gradiente de potencial elétrico transepitelial, de maneira desacoplada da absorção de Na^+ e de HCO_3^-. No *íleo* e no *cólon*, a absorção de Cl^- pela ML se faz: (1) por mecanismos de contratransportes paralelos Na^+/H^+ e Cl^-/HCO_3^- já descritos (ver Figura 63.7), ou (2) diretamente, acoplada à secreção de HCO_3^-, por processo ativo secundário, mantido pela Na^+/K^+-ATPase da MBL. Nesta última barreira, o transporte absortivo de Cl^- é passivo, mediado pelo trocador Cl^-/HCO_3^- (AE-1) localizado na ML; porém, o movimento de Cl através da MBL ainda não está claramente descrito (para detalhes, ver Capítulo 11). Nestes segmentos intestinais, a absorção de Cl^- também pode acontecer por via paracelular.

▶ **Secreção de Cl^-.** A regulação dos processos absortivos de Na^+ e de água no intestino é altamente dependente da modulação do transporte de Cl^- pelas células indiferenciadas das criptas. Enquanto as células maduras dos ápices das vilosidades intestinais do delgado e as células superficiais do cólon são absortivas, as indiferenciadas das criptas são predominantemente secretoras. Em condições fisiológicas, ocorre um balanço entre o líquido absorvido e o secretado, com manutenção de uma determinada fluidez do conteúdo luminal. Se o processo secretor elevar-se acima do absortivo, pode surgir diarreia do tipo secretor.

A visão atual dos mecanismos de transporte iônico que funcionam nas células das criptas é mostrada na Figura 63.10. Neste modelo, o Cl^- é ativamente captado do interstício, por meio da MBL, pelo cotransportador $Na^+:K^+:2Cl^-$ (NKCC1, descrito no Capítulo 11). Este transportador utiliza o gradiente de concentração do Na^+ para transportar Cl^- e o K^+ para a célula, contra seus gradientes de potencial eletroquímico. A concentração intracelular de Cl^- eleva-se acima do seu equilíbrio eletroquímico (ou de Nernst), e então o Cl^- deixa a célula, através da ML, por canal para Cl^-. O Na^+ pode ser transportado para o lúmen pela via paracelular, através das *tight-junctions*, movido pela eletronegatividade do lúmen, gerada pela secreção de Cl^-. O efluxo celular de K^+ previne o seu acúmulo no citoplasma; é feito através de canais para potássio da MBL das células das criptas. Com isso, mantém-se uma diferença de potencial elétrico (citoplasma negativo) através das duas membranas – ML e MBL, o que contribui para a força eletroquímica movente do efluxo celular de Cl^- pela ML.

O tempo de abertura do canal luminal para Cl^- é modulado pelo cAMP ou pelo monofosfato de guanosina cíclico (cGMP). Os canais basolaterais para K^+ são ativados pelo Ca^{2+} ou pelo aumento de cAMP. Sendo assim, a secreção resultante de Cl^- pelas células das criptas é amplificada por agonistas que elevam o cAMP intracelular [como prostaglandinas, peptídio intestinal vasoativo (VIP), cGMP, ou toxinas bacterianas (p. ex., a toxina termoestável da *Escherichia coli* (STa) e do *Vibrio cholerae*)] e pelos agonistas mobilizadores de Ca^{2+}, como a acetilcolina. Além disso, o cAMP pode inibir a absorção de Na^+ e de Cl^- nos enterócitos maduros. O canal para Cl^- da ML é do tipo CFTR (*cystic fibrosis transmembrane conductance regulator*, descrito no Capítulo 10), extremamente importante na fisiopatologia da fibrose cística (doença discutida nos Capítulos 10 e 11 e no Capítulo 61, *Secreções do Sistema Digestório*) e de muitos tipos de diarreias (discutidos mais adiante).

ABSORÇÃO E SECREÇÃO DE BICARBONATO

No *duodeno*, o HCO_3^- é secretado para o lúmen intestinal. No *jejuno*, a absorção de HCO_3^- depende parcialmente do Na^+. A presença de HCO_3^- no lúmen do intestino estimula a absorção de Na$^+$, e o Na$^+$, reciprocamente, estimula a de HCO$_3^-$; essa reciprocidade se dá graças aos trocadores paralelos Na$^+$/H$^+$ e Cl$^-$/HCO$_3^-$ da ML (descritos no Capítulo 11). No processo de absorção de HCO$_3^-$, o equilíbrio da reação de hidratação e desidratação do CO$_2$ (estimulado pela anidrase carbônica da borda em escova) se desloca no sentido de formação do CO$_2$; isto é detectado por uma elevação da pressão parcial de CO$_2$ (P$_{CO_2}$) jejunal. O HCO$_3^-$ reabsorvido pode ser originado também do CO$_2$ proveniente do metabolismo celular (Figura 63.11). O fluxo absortivo resultante desses processos é a absorção de NaHCO$_3$ na MBL. No *íleo*, o HCO$_3^-$ é normalmente secretado. Se a concentração de HCO$_3^-$ no lúmen do íleo ultrapassa os 45 mM, o fluxo do lúmen para o sangue excede o fluxo em sentido oposto, ocorrendo uma absorção resultante. No *cólon*, o transporte de HCO$_3^-$ é similar ao que acontece no íleo, onde este íon é secretado.

Assim, o *jejuno* absorve o excesso de HCO$_3^-$ secretado no duodeno e, também, o neutraliza pela secreção de H$^+$. Portanto, no jejuno, a absorção transepitelial resultante é predominantemente de NaHCO$_3$. No *íleo* e no *cólon*, o Na$^+$ e o Cl$^-$ também são absorvidos por estes contratransportadores, com secreção de HCO$_3^-$, que neutraliza, nestes segmentos, os produtos ácidos do catabolismo das bactérias. O HCO$_3^-$ secretado provém do plasma e penetra na célula através da MBL, em acoplamento com o Na$^+$. Portanto, ocorre secreção de HCO$_3^-$ tanto no íleo como no cólon, sendo este ânion excretado nas fezes.

ABSORÇÃO E SECREÇÃO DE POTÁSSIO

O intestino tem a capacidade não só de absorver como também de secretar K$^+$. A absorção ocorre de preferência nos segmentos proximais, enquanto a secreção se dá principalmente nos segmentos distais do intestino.

▶ **Absorção de K$^+$.** No intestino *delgado*, o mecanismo proposto para a absorção de K$^+$ é sua difusão passiva pela via paracelular, a favor de seu gradiente de potencial químico transepitelial, secundária à absorção de água. Sendo assim, no *jejuno* e no *íleo*, o fluxo resultante de K$^+$ ocorre do lúmen para o sangue. Conforme o volume do conteúdo intestinal é reduzido pela absorção hídrica, o K$^+$ se concentra no lúmen intestinal, gerando uma diferença de potencial químico transepitelial, necessária para sua absorção. Como a absorção de K$^+$ depende da sua concentração no lúmen do delgado e esta é dependente da absorção de água, processos que afetam a absorção deste líquido neste segmento (como pode acontecer em processos diarreicos) podem conduzir a hipopotassemia, com consequentes distúrbios da contração muscular. No *cólon*, ocorrem, também, tanto absorção como secreção de K$^+$, dependendo da sua concentração luminal. Somente no *cólon distal* se observa uma absorção ativa de K$^+$. Neste caso, o movimento de K$^+$ para o interior da célula colônica se dá pela isoforma gástrica da H$^+$/K$^+$-ATPase, localizada na ML, sendo, portanto, um mecanismo ativo primário (Figura 63.12). Contudo, o mecanismo pelo qual o K$^+$ deixa a célula, na MBL, ainda não é bem conhecido.

▶ **Secreção de K$^+$.** No cólon (proximal e distal), a secreção de K$^+$ ocorre tanto de forma passiva como ativa. A passiva se dá por via paracelular, quando a concentração de K$^+$ luminal é inferior a cerca de 25 mM. Entretanto, a ativa de K$^+$, através da ML, depende da alta concentração intracelular do íon, decorrente de seu influxo intracelular pela MBL, através da Na$^+$/K$^+$-ATPase e do cotransportador Na$^+$:K$^+$:2Cl$^-$ (Figura 63.13), descritos em detalhes no Capítulo 11. A secreção de K$^+$ pela ML acontece via mecanismo de eletrodifusão, através de canais específicos, sensíveis ao bário ou à tetraetilamônia (TEA). Adicionalmente, o K$^+$ também pode deixar a célula por canais da MBL, caracterizando assim uma reciclagem de K$^+$.

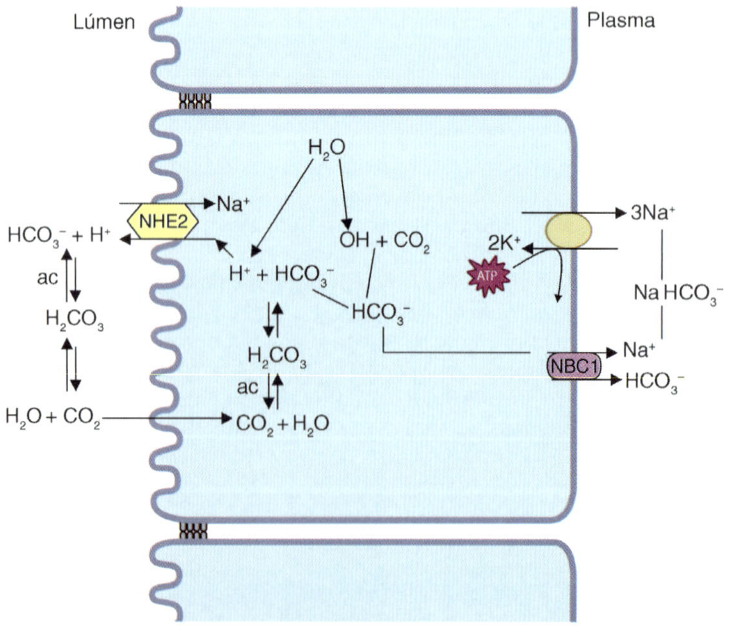

ABSORÇÃO DE CÁLCIO

O cálcio é absorvido ativamente em todos os segmentos do intestino, mas, predominantemente, no duodeno e no jejuno. Portanto, sua absorção ocorre contra um gradiente de potencial eletroquímico transepitelial. No intestino, a absorção de Ca^{2+} é maior que a de qualquer outro íon bivalente; porém, ainda cerca de 50 vezes menor que a de Na$^+$. A capacidade absortiva de Ca^{2+} pelo intestino depende dos níveis deste íon na dieta.

O intestino delgado absorve cálcio por dois mecanismos: (1) absorção passiva paracelular, movida pelas concentrações elevadas de Ca^{2+} no lúmen intestinal (em consequência da absorção de água) e pela diferença de potencial elétrico transepitelial, e (2) absorção ativa transcelular, que ocorre preferencialmente no duodeno (Figura 63.14). Por este último mecanismo, o cálcio entra na célula, por canais para Ca^{2+} existentes na ML, a favor de seu gradiente de potencial eletroquímico (esses canais estão descritos no Capítulo 10). No citoplasma, o cálcio pode ser tamponado por proteínas (p. ex., a calbindina) ou armazenado em organelas citoplasmáticas (como o retículo endoplasmático). A calbindina, também conhecida como proteína intestinal ligante do cálcio, liga-se ao Ca^{2+} citosólico, formando o complexo Ca^{2+}-calbindina. Na face interna da MBL, este complexo se desfaz. O cálcio sai da célula contra um gradiente de potencial eletroquímico, principalmente, por dois mecanismos localizados na MBL – a Ca^{2+}-ATPase e o trocador 3Na$^+$/Ca^{2+} (descritos no Capítulo 11). Este trocador utiliza a energia do gradiente transcelular de Na$^+$ para remover o Ca^{2+} da célula, por

Figura 63.11 ▪ Modelo para a absorção de HCO$_3^-$ no jejuno. *ac,* anidrase carbônica.

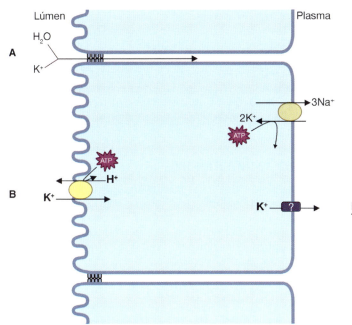
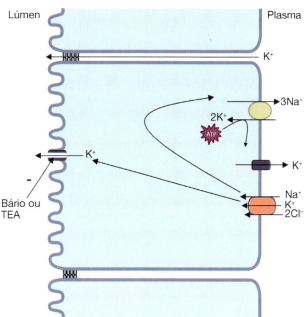

Figura 63.12 • Mecanismo de absorção de K⁺ no intestino. **A.** Absorção passiva, no jejuno e no íleo. **B.** Absorção ativa no cólon distal.

Figura 63.13 • Mecanismo celular de secreção de K⁺ no cólon. *TEA*, tetraetilamônia.

um transporte ativo secundário. O trocador $3Na^+/Ca^{2+}$ é mais efetivo quando a concentração de Ca^{2+} é alta, enquanto a Ca^{2+}-ATPase é o principal mecanismo para extrusão celular de Ca^{2+} quando o íon está na concentração basal.

A *vitamina D_3* (colecalciferol) é essencial para manter os níveis normais de absorção de cálcio pelo intestino (ver Capítulo 76, *Fisiologia do Metabolismo Osteomineral*). A Figura 63.14 ilustra os efeitos da administração dessa vitamina sobre a absorção intestinal de Ca^{2+}. A D_3 deriva da ação de radiação ultravioleta na pele sobre o seu precursor, o 7-deidrocolesterol. Uma vez sintetizada na pele, a vitamina D_3 (ligada à proteína específica plasmática) é transportada para o fígado, onde sofre hidroxilação (por uma hidrolase mitocondrial dos hepatócitos), originando a 25-OH-D_3 (25-hidroxicolecalciferol); esta é novamente hidroxilada nas mitocôndrias renais e convertida à sua forma ativa 1,25-$(OH)_2$-D_3 (1,25-di-hidrocolecalciferol), por ação reguladora do paratormônio. Esta forma ativa da vitamina D_3 penetra no enterócito e (como os hormônios esteroídicos) liga-se a receptores específicos intracelulares do núcleo ou do citosol, para estimular a síntese de mRNA e, consequentemente, a síntese de canais para Ca^{2+} e de proteínas específicas ligadoras de Ca^{2+}, como a calbindina.

▶ Regulação da absorção de cálcio

Como vimos antes, a vitamina D_3 é essencial para a absorção de cálcio pelo intestino. A carência nutricional dessa vitamina ou a ausência da ação ultravioleta sobre a sua síntese causam, em crianças, *raquitismo* (diminuição da mineralização óssea

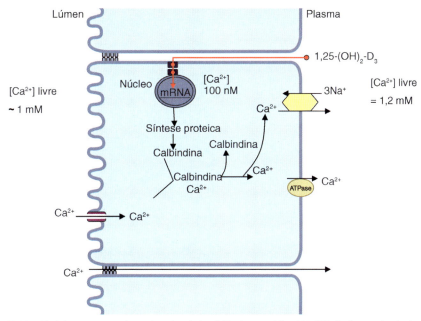

Figura 63.14 • Modelo para o mecanismo absortivo do íon Ca^{2+} pelo enterócito. *1,25-$(OH)_2$-D_3*, forma ativa da vitamina D_3.

e alterações nas cartilagens das epífises) e, em adultos, *osteomalacia* (redução da mineralização dos osteoides).

Regula-se a absorção intestinal de cálcio pelos seus níveis plasmáticos: ela é nula quando a ingestão de cálcio gira em torno de 0,1 mM (ou 4 mg/kg de peso corpóreo), e eleva-se a um máximo quando essa ingestão chega próximo a 3 mM (ou 120 mg/kg de peso corpóreo). Os níveis plasmáticos relacionam-se diretamente com a ação do paratormônio e com a hidroxilação da vitamina D_3 no rim. Assim, a elevação da concentração plasmática de cálcio inibe a secreção do paratormônio e a formação de 1,25-$(OH)_2$-D_3, com consequente redução de cálcio circulante. Ocorre aumento da absorção nos períodos de lactação, gestação e crescimento. Há diminuição da absorção com o avanço da idade, nos dois sexos; ela é mais acentuada em mulheres, durante a menopausa, o que pode induzir o aparecimento da *osteopenia* e *osteoporose*.

ABSORÇÃO DE FERRO

A quantidade de ferro recomendada em uma dieta balanceada é de 6 a 8 mg/1.000 cal, o que representa a ingestão de cerca de 10 a 15 mg/dia. Desta quantidade, apenas se absorvem 10 a 12%. Em mulher, em período pré-menopausa ou durante gestação, e em criança na idade de crescimento, a absorção de ferro varia de 1,0 a 2,0 mg/dia; em homem adulto, de 0,5 a 1,0 mg/dia. Esses valores são suficientes para repor as perdas diárias, resultantes da descamação das células intestinais e epidérmicas. O conteúdo férrico de um organismo adulto é de aproximadamente 4 g. O ferro encontra-se, principalmente, ligado aos radicais prostéticos das porfirinas dos grupos heme das moléculas de hemoglobina (65%) e de mioglobina (5%), como também a enzimas (1%). O restante está sob formas de ferritina e de hemossiderina, no fígado. O ferro heme é também absorvido; cerca de 15% do que se ingere são absorvidos.

A absorção de ferro ocorre, preferencialmente, no duodeno e no jejuno, diminuindo progressivamente em direção ao íleo. O mecanismo celular de absorção de ferro não está ainda bem esclarecido (Figura 63.15). O ferro heme é absorvido na ML por mecanismo ainda não conhecido. No citosol do enterócito, o grupo heme sofre ação da heme oxigenase, liberando o Fe^{2+}, que pode ser oxidado a Fe^{3+}, o qual é então reduzido a íon ferroso (Fe^{2+}), por ação da enzima ferro redutase. O Fe^{2+}, por sua vez, pode ser transportado para o interior celular por duas vias distintas, descritas a seguir. (1) No lúmen do intestino, o Fe^{2+} interage com a transferrina (Tf), formando o complexo Fe^{2+}-Tf, que se liga a um receptor de transferrina localizado na ML, para penetrar no enterócito por endocitose. No citosol, o baixo pH da vesícula endocítica causa a liberação do ferro do complexo Tf-receptor. Esse complexo é reciclado para a ML, deixando o ferro livre no citosol. (2) O Fe^{2+} no lúmen do intestino pode também ser transportado para o citosol através do cotransportador H^+:Fe^{2+} (DCT1 – *divalent cation transporter 1*), localizado na ML do enterócito. Como as formas de ferro ionizado e livre são citotóxicas, o ferro no citosol interage principalmente com a mobilferrina para ser tamponado. Quando os níveis plasmáticos de ferro são elevados, aumenta a formação intracelular de mobilferrina, com diminuição da transferência do íon para o plasma. O oposto ocorre quando esses níveis ficam reduzidos. O transporte de ferro na MBL ainda é pouco compreendido; provavelmente, o ferro é transportado nesta barreira ligado ao transportador IRE (*iron-responsive element*). No plasma, o Fe^{2+} é oxidado a Fe^{3+} que interage com uma transferrina plasmática, a fim de ser transportado para os tecidos; no fígado, ele é tamponado pela ferritina, formando o complexo Fe^{3+}-ferritina.

▶ Absorção de outros íons

O magnésio (Mg^{2+}) é absorvido ao longo de todo o intestino delgado. A maior fração de absorção se dá no íleo e uma menor, no duodeno. O cólon absorve uma quantidade ainda menor, mas significante. Os mecanismos celulares da absorção de magnésio não são bem compreendidos. Grande parte deles pode ocorrer pela via paracelular, devido à concentração de Mg^{2+} no lúmen intestinal, quando a água é absorvida.

O fosfato, assim como o magnésio, também é absorvido em toda a extensão do intestino delgado. A capacidade intestinal de absorção de fosfato aumenta em resposta aos baixos níveis de fosfato sérico. Esse processo depende da vitamina D, mas os mecanismos pelos quais essa vitamina eleva a absorção de fosfato ainda não são compreendidos. Em grande parte, o fosfato cruza a ML por transporte ativo secundário, energizado pelo gradiente de Na^+. Ele deixa a célula a favor de um gradiente de potencial eletroquímico, por transporte facilitado na MBL.

REGULAÇÃO DOS PROCESSOS ABSORTIVOS E SECRETORES DO INTESTINO

Os processos absortivos e secretores do intestino são regulados por: hormônios gastrintestinais, hormônios extrínsecos, parácrinos, secretagogos (sintetizados por células do sistema imunológico do intestino) (Quadro 63.1) e neurotransmissores (tanto do sistema nervoso entérico como do autônomo).

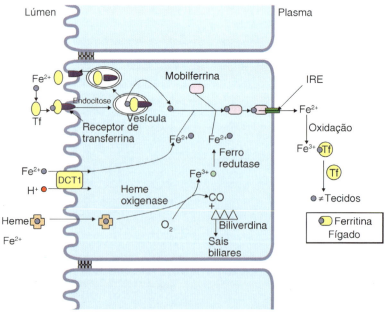

Figura 63.15 ▪ Modelo celular para o mecanismo de absorção de ferro no duodeno e no jejuno. Descrição da figura no texto. *Tf*, transferrina intestinal; *DCT1, divalent cation transporter 1*; *IRE, iron-responsive element*.

Absorção Intestinal de Água e Eletrólitos

Quadro 63.1 ▪ Secretagogos endógenos reguladores dos processos absortivos e secretórios do intestino.

Origem dos secretagogos	Aumentam a secreção	Aumentam a absorção
Células epiteliais	Gastrina, neurotensina Metabólitos do ácido araquidônico, histamina	Somatostatina
Células da lâmina própria (parácrinos)	Substâncias oxidantes, fatores ativadores de plaquetas, bradicinina	Efeitos não conhecidos
Neurotransmissores do SNA e SNE	Acetilcolina, serotonina, VIP, substância P	Norepinefrina, neuropeptídio Y
Via sanguínea	Calcitonina, peptídio atrial natriurético, prostaglandinas	Mineralocorticoides, angiotensina, epinefrina

SNA, sistema nervoso autônomo; SNE, sistema nervoso entérico.

▸ Regulação por hormônios extrínsecos

Hormônios do córtex da suprarrenal

▸ **Aldosterona.** É um mineralocorticoide sintetizado no córtex da suprarrenal; eleva não só a absorção de água e de NaCl, como também a secreção de K⁺ no *cólon* e, em menor extensão, no *íleo*. Este hormônio tem o mesmo efeito nas células epiteliais do néfron; seu papel, no intestino e no néfron, é regular a absorção de água em resposta à desidratação (ver Capítulos 53 e 55). O mecanismo de ação da aldosterona consiste na elevação da incorporação e/ou ativação dos canais epiteliais para Na⁺ na ML e no aumento do número das Na⁺/K⁺-ATPases da MBL.

▸ **Glicocorticoides.** Também agem no intestino, elevando a absorção de água e de NaCl tanto no *delgado* como no *cólon*, incorporando a Na⁺/K⁺-ATPase à MBL.

▸ **Epinefrina.** As células intestinais têm receptores para epinefrina, do tipo α; o hormônio eleva a absorção eletroneutra de NaCl no *íleo* e inibe os processos de secreção. Ele também tem efeito sobre os plexos intramurais, especialmente os submucosos, por meio de inibição dos neurônios secretores e motores do sistema nervoso entérico.

▸ Regulação parácrina

▸ **Somatostatina.** Inibe a secreção de íons e de água nas células das criptas, reduzindo o nível de cAMP. Estimula a absorção hídrica e de eletrólitos no *íleo* e no *cólon*.

▸ **Substâncias do sistema imunológico do intestino.** São parácrinos secretados por mastócitos, fagócitos, linfócitos, basófilos, neutrófilos, células endoteliais e fibroblastos. Estas células secretam: histamina, citocinas, serotonina, prostaglandinas, leucotrienos, endotelinas, fatores ativadores de plaquetas, tromboxanas, adenosina e óxido nítrico. Estas substâncias elevam os processos de secreção de água e de eletrólitos pelas células das criptas, podendo causar diarreia; são liberadas nos processos inflamatórios intestinais, como na doença de Crohn.

Estes parácrinos podem agir diretamente sobre as células epiteliais, ou de modo indireto, aumentando a atividade dos neurônios do sistema nervoso entérico, estimulando tanto a motilidade como a secreção das células intestinais.

Adicionalmente, o sistema nervoso entérico, via neurotransmissores (como a *substância P* e o *neuropeptídio Y*), modula a atividade de células do sistema imunológico do intestino.

▸ Regulação pelo sistema nervoso entérico (SNE)

A chegada do quimo ao intestino estimula os mecano- e quimiorreceptores, que desencadeiam curtos reflexos intramurais com liberação de neurotransmissores. Estes agem diretamente sobre as células epiteliais, ou indiretamente (via sistema imunológico do intestino), provocando tanto os processos secretórios como os absortivos, além da motilidade.

As células intestinais são inervadas por neurônios motores e secretores que se originam principalmente dos plexos submucosos, mas também dos plexos mioentéricos. Os neurotransmissores são a acetilcolina e o VIP; porém, várias substâncias neuroativas agem como moduladoras.

▸ Regulação pelo sistema nervoso autônomo (SNA)

Poucas fibras eferentes parassimpáticas terminam diretamente nas células epiteliais. Porém, elas afetam os plexos intramurais e, predominantemente, o submucoso, alterando a resposta dos neurônios pós-ganglionares secretores e motores. A estimulação parassimpática colinérgica para os interneurônios e neurônios secretores dos plexos intramurais aumenta os processos secretórios.

As fibras simpáticas eferentes noradrenérgicas terminam diretamente nas células epiteliais ou afetam a atividade dos neurônios secretores dos plexos intramurais. Nos dois casos, a estimulação simpática noradrenérgica diminui os processos secretores e aumenta os absortivos. Na *neuropatia diabética autonômica*, a estimulação simpática para o intestino é abolida, causando a *diarreia diabética*.

As catecolaminas e os agentes α-adrenérgicos inibem fortemente os processos secretórios provocados pela toxina do *Vibrio cholerae*.

FISIOPATOLOGIA DA ABSORÇÃO INTESTINAL DE ÁGUA E ÍONS

As deficiências absortivas de água e de íons no intestino provocam *diarreias*. Estas podem ser consequência de diversos fatores que interferem com os processos absortivos e/ou secretórios do intestino, a motilidade intestinal e a tonicidade do lúmen intestinal.

Diarreia caracteriza-se por aumento da massa fecal (a valores superiores a 250 g/dia), crescimento da proporção hídrica nas fezes (do normal de 67% para 70 a 90%), dor, sensação de urgência da defecação, desconforto perineal e incontinência fecal. Os seus diferentes tipos são descritos a seguir.

▸ **Diarreias secretoras.** Caracterizam-se por maior quantidade de líquido nas fezes (além de 500 mℓ/dia); a excreção aumentada persiste no jejum. O líquido excretado é isotônico em relação ao plasma. Estas diarreias podem ter origem infecciosa (causadas pelas enterotoxinas), podendo ser neoplásicas ou resultantes de hipersecreção de secretagogos.

▸ **Diarreias osmóticas.** Resultam de problemas de má absorção intestinal (p. ex., de carboidratos), defeitos nos processos digestivos, anormalidades dos enterócitos, redução da área absortiva do intestino, entre outros. Neste caso, o líquido excretado nas fezes também pode alcançar valores superiores a

500 mℓ/dia, mas é hipertônico, e o processo diarreico cessa no jejum. Nestas diarreias, os nutrientes não digeridos e/ou não absorvidos permanecem no lúmen intestinal, elevando a tonicidade do conteúdo luminal; isso causa um fluxo secretor de água. São acompanhadas de distensão abdominal, cólicas, flatulência (em consequência de fermentação bacteriana) e borborigmo.

▶ **Diarreias exsudativas.** Resultam de doenças inflamatórias do intestino e também podem ter origem infecciosa. Os volumes líquidos excretados são variáveis, ocorrendo frequentes defecações. Persistem no jejum e são sanguinolentas e purulentas.

▶ **Diarreias por aumento da motilidade.** Caracterizam-se por fezes volumosas, com osmolalidade aumentada por nutrientes não absorvidos e por esteatorreia. Cessam no jejum. Ocorrem por aumento do trânsito intestinal, o que prejudica tanto os processos digestivos como os absortivos. As causas da hipermotilidade intestinal não são conhecidas.

▶ **Diarreia congênita com excreção de cloreto.** Neste caso, há um defeito ou ausência do contratransportador Cl^-/HCO_3^- da ML do íleo e do cólon. Apresenta grande prejuízo da absorção de Cl^-, que aparece em altas concentrações fecais (excedendo a soma das concentrações de Na^+ e de K^+). Como o contratransportador Na^+/H^+ continua a funcionar, há excreção fecal de H^+, levando à eliminação de fezes ácidas; consequentemente, ocorre perda de H^+, conduzindo à alcalose metabólica.

▶ **Diarreia secretora, por ação da toxina do *Vibrio cholerae*.** Trata-se de uma diarreia tipicamente secretora. A toxina colérica é uma proteína com PM de 11,5 kD, contendo 5 subunidades do tipo B e 2 do A. As subunidades B da toxina ligam-se ao receptor da ML, um sialoglicogangliosídio, presente nas células das criptas do delgado e do cólon. As subunidades A, através da ML, atingem o citosol; daí são transportadas até a MBL, por vesículas intracelulares. A ligação da subunidade A_1 com a subunidade α de uma proteína Gs inibe a atividade GTPásica da subunidade α. Isso impede o rearranjo das subunidades da proteína Gs e induz a ausência de inativação da adenilato ciclase da membrana; portanto, esta se mantém continuamente ativada, promovendo a síntese contínua de cAMP e estimulando os processos de secreção de Cl^- pelas células das criptas. Ocorre, assim, aumento da eliminação de Na^+ e de água, causando uma diarreia profusa, com excreção fecal hídrica de até 20 ℓ diários.

Além da alteração dos mecanismos de transporte de Cl^- nas células das criptas, por aumento da síntese de cAMP, a toxina da cólera induz: (a) elevação da secreção de vários secretagogos, como serotonina e prostaglandinas, que levam a um crescimento da concentração intracelular de Ca^{2+}; (b) alterações morfológicas do delgado, com edema da mucosa, encurtamento das vilosidades e destruição dos enterócitos, diminuindo a área absortiva; (c) maior motilidade intestinal, por aumento da amplitude dos potenciais de ação do complexo migratório mioelétrico, em consequência de alterações do sistema nervoso entérico; (d) formação de uma toxina secundária, derivada, que causa mais permeabilidade das *tight-junctions*, elevando o transporte transepitelial de água e íons pela via intercelular. A toxina secundária é conhecida como ZOT ou *zonuale occludens toxin*.

Resumo

Absorção intestinal de água e eletrólitos

1. A absorção de água em todo o intestino é secundária à de solutos. A de solutos gera o gradiente osmótico transepitelial responsável pela absorção hídrica.
2. A quantidade total de água no TGI é de 9 ℓ/dia. Destes, o delgado absorve 7,5 ℓ; a maior parte é absorvida no jejuno, devido à absorção de solutos orgânicos, que ocorre de preferência neste segmento. O cólon recebe 1,5 ℓ/dia e reabsorve 1,4 ℓ, excretando diariamente apenas 0,1 ℓ.
3. A reserva funcional absortiva de água do delgado é de até 20 ℓ/dia e a do cólon, de 4 a 6 ℓ/dia.
4. Cerca de 5 a 10 g de NaCl são ingeridos por dia. A quantidade de NaCl secretada no TGI é de aproximadamente 25 g/dia, dando um total de 30 a 35 g de NaCl que atingem o lúmen intestinal. O delgado absorve praticamente todo o NaCl, sendo excretados nas fezes apenas 9 a 12 mM/dia.
5. A quantidade de água secretada no TGI por dia (7 ℓ) representa 20% do total desse líquido do organismo. A quantidade diária de NaCl secretada no TGI (25 g) corresponde a 15% do total de sódio do corpo. Estes valores permitem concluir que as alterações absortivas de água e de sódio conduzem a distúrbios da homeostase hidreletrolítica do organismo.
6. No delgado, a absorção de água ocorre entre dois compartimentos quase isotônicos (lúmen intestinal e interstício-plasma). Essa absorção se dá pelas vias intercelular e transcelular. A transcelular tem alta permeabilidade hídrica devido às aquaporinas (canais de água) presentes tanto na ML como na MBL.
7. No cólon, o lúmen é hipotônico em relação ao compartimento intersticial-plasmático. O passo limitante para a absorção de água nesse segmento é a ML, cujo número de aquaporinas é regulável.
8. Embora a absorção de sódio ocorra ao longo de todo o intestino, quantitativamente ela é maior no delgado, principalmente no jejuno, onde o sódio é absorvido também por acoplamento com hexoses e aminoácidos.
9. A absorção de potássio depende da sua concentração luminal que, por sua vez, é função da absorção hídrica. Este íon pode ser tanto absorvido como secretado. Em diarreias, aumenta a quantidade de água luminal e diminui a absorção de potássio, que passa a ser excretado nas fezes, levando à hipopotassemia.
10. O bicarbonato é absorvido apenas no jejuno. Ele é secretado no duodeno, onde participa da neutralização do quimo ácido proveniente do estômago; o jejuno absorve o excesso. O íleo e o cólon secretam bicarbonato, neutralizando os produtos ácidos da fermentação bacteriana.
11. A modulação da secreção de cloreto é importante na regulação da absorção de sódio e de água. O cloreto é secretado, através da ML das células das criptas, em resposta a neurotransmissores, parácrinos e hormônios.
12. A elevação da secreção de cloreto altera o fluxo transepitelial de sódio e a tonicidade luminal, tanto no delgado como no cólon. Com isso, altera a absorção de água.
13. As diarreias caracterizam-se por aumento da excreção da massa fecal (acima de 250 g/dia) e da proporção de água (de 67% para 70 a 90%). Elas podem ser osmóticas, secretoras ou exsudativas. A diarreia pelo *Vibrio cholerae* é secretora; resulta da ausência da inativação da adenilatociclase, o que leva à ativação contínua do cAMP e ao aumento da secreção de cloreto.
14. As absorções de cálcio e de ferro são reguladas pelas necessidades do organismo. Ocorrem, predominantemente, no jejuno. A absorção de cálcio depende de um metabólito da vitamina D (1,25-di-hidrocolecalciferol), sintetizado na pele, por radiação UV sobre o colecalciferol.

BIBLIOGRAFIA

ARONSON PS, BORON WF, BOULPAEP EL. Physiology of membranes. In: BORON WF, BOULPAEP EL (Eds.). *Medical Physiology*. W.B. Saunders, Philadelphia, 2005.

BERNE RM, LEVY MN, KOPPEN BM *et al. Physiology*. 5. ed. Mosby, St. Louis, 2004.

BINDER HJ, SANDLE GI. Electrolyte transport in the mammalian colon. In: JOHNSON LR (Ed.). *Physiology of the Gastrointestinal Tract*. 3. ed. vol. 2. Raven Press, New York, 1994.

BORON WF, BOULPAEP EL. *Medical Physiology. Intestinal Fluid and Electrolyte Movement*. Elsevier Saunders, Philadelphia, 2005.

COOKE HJ, REDDIX RA. Neural regulation of intestinal electrolyte transport. In: JOHNSON LR (Ed.). *Physiology of the Gastrointestinal Tract*. 3. ed. vol. 2. Raven Press, New York, 1994.

GOYAL S, VANDER H, ARONSON PS. Renal expression of novel exchanger isoform NHE8. *Am J Renal Physiol, 284*:F467-73, 2003.

LEHNINGER AL. *Principles of Biochemistry*. 3. ed. Worth Publishers, New York, 2000.

SANIOTO SML. Fisiologia do sistema digestivo. In: AIRES MM (Ed.). *Fisiologia Básica*. 2. ed. Guanabara Koogan, Rio de Janeiro, 1999.

STEIN WD. *Channels, Carriers and Pumps: an Introduction to Membrane Transport*. In: WILFRED DS (Ed.). Academic Press, San Diego, 1990.

WAGNER AC, FINBERG KE, BRETON S *et al.* Renal vacuolar H^+-ATPase. *Physiol Rev, 84*:1263-314, 2004.

WAKABAYASHI S, PANG T, SU X *et al.* A novel topology model of the human Na^+/H^+ exchanger isoform 1. *J Biol Chem, 275*:7942-9, 2000.

Seção 9
Fisiologia Endócrina

Coordenadora:
Maria Tereza Nunes

- **64** Introdução à Fisiologia Endócrina, *1041*
- **65** Hipotálamo Endócrino, *1053*
- **66** Glândula Hipófise, *1075*
- **67** Glândula Pineal, *1103*
- **68** Glândula Tireoide, *1113*
- **69** Glândula Suprarrenal, *1137*
- **70** Pâncreas Endócrino, *1157*
- **71** Gônadas, *1171*
- **72** Moléculas Ativas Produzidas por Órgãos Não Endócrinos, *1199*
- **73** Crescimento e Desenvolvimento, *1219*
- **74** Controle Hormonal e Neural do Metabolismo Energético, *1229*
- **75** Controle Neuroendócrino do Balanço Hidreletrolítico, *1243*
- **76** Fisiologia do Metabolismo Osteomineral, *1263*
- **77** Fisiologia da Reprodução, *1293*
- **78** Desreguladores Endócrinos, *1305*

José Antunes-Rodrigues.

Antes de sua graduação em Medicina, em 1959, o Prof. José Antunes-Rodrigues optou pelo trabalho experimental em Fisiologia sob a orientação do Prof. Miguel Rolando Covian, quando obteve os primeiros resultados indicando a importância do controle neural da ingestão salina. Fez seu doutoramento em 1962, livre-docência em 1968, foi nomeado professor adjunto em 1968 e professor titular em 1981 no Departamento de Fisiologia da Faculdade de Medicina de Ribeirão Preto/USP. Após o doutoramento, passou 2 anos nos EUA, onde trabalhou com o Dr. Samuel M. McCann, um dos pioneiros e expoentes na área de Neuroendocrinologia.

Ao longo de sua carreira científica, Antunes fez várias contribuições sobre o papel do sistema nervoso central (SNC) no controle do equilíbrio hidromineral, com especial ênfase nas vias neurais envolvidas nessa regulação homeostática. Antunes-Rodrigues foi o primeiro pesquisador a demonstrar a importância dos núcleos paraventriculares e supraópticos no controle da ingestão específica de sódio.[1]

Posteriormente, avaliou as principais vias neurais, os neurotransmissores sinápticos e os mecanismos neuroendócrinos envolvidos na mediação dessa resposta. Neste sentido, demonstrou que o controle da ingestão de sódio é complexo e envolve, além do hipotálamo, o bulbo olfatório, a área septal, o órgão subfornical e o complexo amigdaloide.[2]

A descoberta da existência do peptídio natriurético atrial (ANP) no corpo celular de neurônios hipotalâmicos, em regiões relacionadas com o controle da ingestão/excreção de sódio, levou Antunes-Rodrigues a investigar a participação do ANP no controle da homeostase hidreletrolítica, demonstrando que a estimulação osmótica, adrenérgica, colinérgica e peptidérgica do hipotálamo induz à liberação do ANP. Demonstrou também que a administração do ANP em regiões restritas do SNC inibe a ingestão de água e de sódio.[3,4] Além disso, indicou que a natriurese induzida pela estimulação colinérgica é acompanhada por acentuado aumento na concentração plasmática de ANP, associado a elevação do seu conteúdo no sistema neuronal ANPérgico hipotalâmico, o que sugere a ativação desses neurônios e sua liberação na circulação sistêmica.[5]

Antunes-Rodrigues demonstrou que a liberação do ANP, induzida pela expansão do volume extracelular (EVEC), é bloqueada quando se destroem os corpos celulares ou axônios desse sistema neural.[6] Esses resultados o levaram a concluir que a liberação do ANP induzida pela EVEC pode ser decorrente da liberação de neuropeptídios do sistema hipotálamo-hipofisário, tais como endotelina (ET-3), MSH, ocitocina, vasopressina e o próprio ANP, que, uma vez liberados na circulação sistêmica, estimulariam a liberação do ANP diretamente dos miócitos atriais. Recentemente, Antunes-Rodrigues demonstrou que a desnervação sinoaórtica e renal diminui a liberação do ANP induzida pela EVS,[7] o que ressalta a importância do SNC em seu controle.

Atualmente, conduz experimentos que procuram demonstrar modificações na expressão gênica de ANP, vasopressina e ocitocina em áreas restritas do SNC em resposta à sobrecarga salina.

Sua atividade de orientação científica em nível de pós-graduação tem sido muito fértil, contando-se entre seus orientados vários excelentes docentes-pesquisadores nas principais universidades brasileiras. Tem cerca de 251 artigos publicados em periódicos indexados e já orientou várias teses de doutorado e mestrado.

Linhas de pesquisa: Controle Neuroendócrino do Equilíbrio Hidreletrolítico e Controle Neuroendócrino da Fisiologia da Reprodução.

Margarida de Mello Aires
In: Programa de Pós-Graduação em Fisiologia
da Faculdade de Medicina de Ribeirão Preto

---

[1] COVIAN MR, ANTUNES-RODRIGUES J. Specific alterations in sodium chloride intake after hypothalamic lesions in the rat. *Am J Physiol*, 205(5):922-6, 1963.

[2] MOGENSON GJ, CALARESU FR (Eds.). *Neural Integration of Physiological Behaviour*. University of Toronto Press, 1975.

[3] ANTUNES-RODRIGUES J, McCANN SM, ROGERS LC *et al*. Atrial natriuretic factor inhibits dehydration and angiotensin II-induced water intake in the conscious, unrestrained rat. *Proc Natl Acad Sci U S A*, 82(24):8720-3, 1985.

[4] ANTUNES-RODRIGUES J, McCANN SM, SAMSON WK. Central administration of atrial natriuretic factor inhibits saline preference in the rat. *Endocrinology*, 118(4):1726-8, 1986.

[5] BALDISSERA S, MENANI JW, SANTOS LF *et al*. Role of the hypothalamus in the control of atrial natriuretic peptide release. *Proc Natl Acad Sci U S A*, 86(23):9621-5, 1989.

[6] ANTUNES-RODRIGUES J, RAMALHO MJ, REIS LC *et al*. Lesions of the hypothalamus and pituitary inhibit volume-expansion-induced release of atrial natriuretic peptide. *Proc Natl Acad Sci U S A*, 88(7):2956-60, 1991.

[7] ANTUNES-RODRIGUES J, MACHADO BH, ANDRADE HA *et al*. Carotid-aortic and renal baroreceptors mediate the atrial natriuretic peptide release induced by blood volume expansion. *Proc Natl Acad Sci U S A*, 89(15):6828-31, 1992.

Capítulo 64

Introdução à Fisiologia Endócrina

Ubiratan Fabres Machado | Maria Tereza Nunes

- Conceituação de hormônio, *1042*
- Sistemas hormonais, *1043*
- Classificação dos hormônios quanto à sua natureza química, *1044*
- Sistemas de retroalimentação, *1048*
- Hormônios produzidos por outros órgãos, *1049*
- Fisiopatologia, *1050*
- Bibliografia, *1051*

CONCEITUAÇÃO DE HORMÔNIO

O sistema endócrino tem a função de garantir o fluxo de informações entre diferentes células, possibilitando a integração funcional de todo o organismo. As inúmeras funções do sistema endócrino podem ser resumidas em 3 grupos: (1) garantir a reprodução, (2) promover crescimento e desenvolvimento e (3) garantir a homeostase (estado de equilíbrio) do meio interno.

No sistema endócrino, o fluxo de informações ocorre a partir dos efeitos biológicos determinados por moléculas, denominadas hormônios. Neste fluxo de informação intercelular, que define uma ação endócrina, participam a célula secretora e a célula-alvo: (1) a célula secretora é a responsável pela síntese e secreção do hormônio que vai levar a informação; (2) a célula-alvo é aquela que vai reconhecer o hormônio e modificar alguma função celular em resposta a esse hormônio. Nesse processo, a célula-alvo para um hormônio é aquela que expressa um receptor hormonal (R) específico para esse hormônio, o que ocorre durante a diferenciação da célula-alvo. Assim, o receptor hormonal é um elemento fundamental na resposta endócrina (esse assunto está detalhadamente discutido no Capítulo 3, *Sinalização Celular*).

A definição clássica de hormônio diz tratar-se de substância química produzida por tecidos especializados e secretada na corrente sanguínea, onde é conduzida até os tecidos-alvo. Entretanto, esta definição foi concebida quando a maioria dos sistemas hormonais conhecidos era restrita a vertebrados, sendo que vários princípios desta definição já foram revisados de acordo com o conhecimento atual.

▶ Exemplos

Os exemplos citados a seguir impuseram uma revisão na definição clássica de hormônio:

- Hormônios produzidos e secretados por diferentes tipos celulares do organismo já foram amplamente caracterizados, e a correlação de hormônio com tecido especializado em produzi-lo foi perdida
- O sangue é próprio de vertebrados, e sabe-se que em artrópodes vários hormônios circulam por meio da hemolinfa. Adicionalmente, em vertebrados, os para-hormônios difundem-se pelo líquido intersticial, alcançando as células-alvo sem atingir a corrente sanguínea
- Já estão bem caracterizados os ecto-hormônios (em grego, *ektós* designa superfície ou exterior) que atravessam o ar ou a água, comunicando diferentes indivíduos da mesma espécie (como os *feromônios*, responsáveis pela atração sexual) ou de espécies diferentes (como os *alomônios* e *cairomônios*, envolvidos em atrações interespécies)
- Alguns hormônios produzidos por determinadas células são capazes de modular funções na própria célula secretora, sem serem secretados para o meio extracelular (ação denominada intrácrina).

Assim, atualmente, o melhor conceito para definir hormônio é: substância química não nutriente capaz de conduzir determinada informação entre uma ou mais células. Entretanto, mesmo esta definição exclui os alarmônios, que são substâncias produzidas e utilizadas unicamente em uma mesma célula, mas que preservam a essência da endocrinologia, que é uma coordenação química das funções corporais. Por outro lado, o caráter químico dos hormônios, que a princípio parece lógico, é restritivo e provavelmente deverá ser revisto em breve. Já se sabe que algumas espécies animais, como os piróforos (ou vaga-lume), podem utilizar a energia da luz para induzir padrões comportamentais entre si; portanto, excluir os fatores físicos na definição de hormônio é uma questão que precisa ser revisada. Finalmente, sabe-se que as rotas metabólicas são reguladas pelas concentrações de seus substratos; entretanto, os nutrientes ainda são eliminados do conceito de hormônio. Portanto, fica claro que, independente de dificuldades na definição de um hormônio, sua principal característica é a capacidade de induzir uma resposta celular, isto é, alterar uma função da célula.

▶ Glândulas endócrinas e hormônios secretados

O conhecimento da endocrinologia evoluiu a partir de sistemas macroscópicos para sistemas microscópicos e, posteriormente, moleculares, de acordo com a evolução da tecnologia. Sendo assim, é natural que os primeiros sistemas endócrinos tenham sido descritos em órgãos que se mostravam capazes de produzir substâncias que agiriam à distância, modificando funções de outras estruturas. Esses órgãos foram denominados glândulas endócrinas, uma vez que o produto de secreção era lançado no meio interno. As primeiras glândulas endócrinas descritas foram: gônadas (ovário e testículo), pâncreas, suprarrenal, tireoide, paratireoide e hipófise, e nessas glândulas foram caracterizadas as células secretoras dos hormônios. Foi verificado que diferentes tipos celulares poderiam estar presentes em uma mesma glândula e que, na maioria das vezes, cada um era responsável pela síntese e secreção de um hormônio específico. Notou-se também que um mesmo tipo celular poderia produzir mais de um hormônio.

Posteriormente, foram caracterizadas células secretoras que se encontram dispersas em um determinado local, sem formar um tecido especializado, e muito menos ainda um órgão (ou glândula). Por exemplo, no parênquima da glândula tireoide foram identificadas células dispersas, especializadas na síntese e secreção do hormônio calcitonina, importante na regulação da homeostase da calcemia. Além disso, à medida que a capacidade de demonstrar-se a atividade hormonal de uma molécula evoluiu, observou-se que praticamente todos os tipos celulares do organismo são capazes de produzir um ou mais hormônios; esta observação expandiu o sistema endócrino para muito além das clássicas glândulas endócrinas, inicialmente caracterizadas. Exemplos relacionados a esse item são o coração, que secreta o hormônio/peptídio natriurético atrial; os rins, que secretam a renina; e até o endotélio dos vasos, que secretam as endotelinas, entre outros.

Não podemos deixar de falar sobre as interações do sistema nervoso e o sistema endócrino. Claude Bernard, considerado o *pai da Fisiologia* e quem lançou o conceito de homeostase na segunda metade do século XIX, já demonstrara que a manutenção do meio interno dependia da atividade coordenada de dois sistemas essenciais: o sistema endócrino e o sistema nervoso autônomo, salientando que a acetilcolina e a norepinefrina podiam circular no sangue agindo como verdadeiros hormônios. Surgiu então a ideia de que o sistema nervoso interage com o endócrino, confundindo-se às vezes, e o que se conhece hoje é uma completa interação neuroendócrina, especialmente em sistemas localizados no sistema nervoso central (SNC), onde não existem barreiras separando o "nervoso" do "endócrino". A medula suprarrenal, um dos primeiros sistemas definido como neuroendócrino, é sabidamente glândula e gânglio pós-ganglionar ao mesmo tempo. Na evolução do conhecimento, a caracterização dos sistemas neuroendócrinos gerou a criação do termo neuro-hormônio para referir-se às moléculas neles envolvidas. Entretanto, esse termo pouco contribuiu para clarear o conhecimento. O importante hoje é saber que há moléculas como a epinefrina, por exemplo, que agem como hormônio e como neurotransmissor na transmissão sináptica.

SISTEMAS HORMONAIS

▸ Sistemas hormonais clássicos

Uma vez que o conceito de hormônio evoluiu, novos e distintos sistemas hormonais foram caracterizados. São três os clássicos sistemas (ou ações) hormonais (Figura 64.1): (1) sistema *endócrino* – o hormônio age em uma célula-alvo distante, na qual ele chega por meio do sangue; (2) sistema *parácrino* – o hormônio difunde-se no interstício agindo em células vizinhas da célula secretora; e (3) sistema *autócrino* – o hormônio, uma vez secretado, volta a agir na própria célula secretora.

Embora os termos sistema ou ação endócrina possam ser utilizados genericamente para qualquer fenômeno endócrino, atualmente esta designação refere-se ao primeiro tipo de ação caracterizada que envolve uma ação do hormônio à distância. Esse conhecimento surgiu a partir de experimentos de parabiose. A parabiose é uma técnica experimental desenvolvida no laboratório de Claude Bernard em 1862, na qual se suturam dois animais lado a lado, por intermédio da parede lateral da região abdominal; a região da ligadura entre os animais (pele e tecido subcutâneo) revasculariza, proporcionando a comunicação sanguínea entre os dois organismos. Esta técnica possibilita demonstrar a existência de fatores humorais circulantes (hormônios) que, produzidos em um animal, determinam efeito biológico no outro, demonstrando a ação do hormônio à distância. Thales Martins, fisiologista e endocrinologista brasileiro de importância internacional (ver "As Origens da Fisiologia no Brasil", na parte inicial deste livro), contribuiu muito à endocrinologia entre os anos de 1920 e 1940 utilizando esta técnica. Thales Martins demonstrou a masculinização do animal pré-púbere colocando-o em parabiose com o animal adulto, concluindo que os hormônios do adulto passavam para o jovem, masculinizando-o. Também demonstrou a existência de hormônios hipofisários reguladores da função gonádica, utilizando a parabiose entre animais adultos normais e castrados. Neste caso, sabe-se que a castração induz a um aumento na produção de hormônios hipofisários estimuladores do trofismo (ou desenvolvimento) das gônadas (razão pela qual esses hormônios são chamados gonadotrofinas). Assim, quando um animal castrado é colocado em parabiose com um normal (que tem a gônada) observa-se, após alguns dias, uma hipertrofia da gônada do animal normal, em consequência do aumento de gonadotrofinas do castrado, mais uma vez caracterizando a clássica ação endócrina na qual o hormônio, deslocando-se pela corrente sanguínea, age em células-alvo distantes.

Além dos sistemas endócrinos descritos anteriormente, a interação das funções endócrina e nervosa provoca as ações *neuroendócrinas*, tanto a partir de neurotransmissores como de peptídios secretados por neurônios.

▸ Sistemas hormonais não clássicos

Atualmente, vários sistemas hormonais distintos têm sido descritos, o que vem sendo designado como endocrinologia não clássica. Esses sistemas são operados por hormônios frequentemente sintetizados em múltiplos locais e que podem agir localmente. São características desses sistemas: grande repertório de ações, intercruzamento de suas ações e, ocasionalmente, ações contrárias. Geralmente tais hormônios são fatores de crescimento, e alguns têm ações opostas, como estimulação e inibição de crescimento, conforme o estágio de diferenciação da célula-alvo.

Entre os sistemas hormonais não clássicos, em mamíferos, destacam-se três (Figura 64.2):

- *Criptócrino*: a secreção e ação do hormônio ocorrem em um sistema fechado, que envolve diferentes células, intimamente relacionadas. Como exemplo, há as interações da célula de Sertoli e as espermátides, em que a membrana basal do túbulo seminífero impede que os hormônios se difundam para o interstício testicular
- *Justácrino*: o hormônio sintetizado passa a integrar a membrana plasmática (com parte da proteína localizada no meio extracelular) e, embora possa ser clivado formando um peptídio solúvel que se distancia da célula secretora, em geral permanece aderido à membrana plasmática da célula secretora, mantendo sua capacidade de ação restrita às células vizinhas, cujo alcance depende do tamanho de sua haste de sustentação. Agem desta maneira fatores de crescimento como EGF, TGF-α, TNF-α, entre outros
- *Intrácrino*: a síntese do hormônio e a ligação ao seu receptor específico ocorrem dentro da mesma célula. O principal exemplo é o receptor Ah (hidrocarbonos aromáticos). Entretanto, uma variante deste tipo de sistema inclui a geração de metabólitos ativos dentro da célula-alvo, como a síntese do T3 (a partir do precursor T4) dentro da célula-alvo, onde vai agir sem ao menos sair da célula. Outro exemplo é a síntese de estrógeno a partir da testosterona na célula-alvo. A ação intrácrina diferencia-se da autócrina

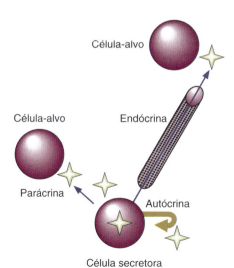

Figura 64.1 ▪ Ações endócrinas clássicas. Na parte inferior da figura está desenhada a célula secretora produtora de hormônio (representado pelas estrelas). Na *ação endócrina*, o hormônio se desloca pela circulação sanguínea e age em uma célula-alvo distante. Na *ação parácrina*, o hormônio age em célula-alvo próxima da célula secretora, sem alcançar a circulação. Na *ação autócrina*, o hormônio secretado no meio extracelular volta a agir na própria célula secretora.

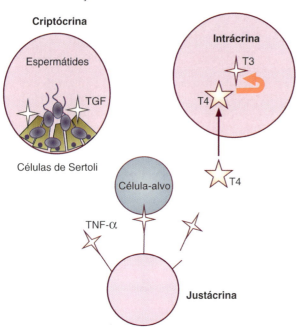

Figura 64.2 ▪ Exemplos dos 3 tipos de ações endócrinas, em que os hormônios estão representados por estrelas. (1) *Criptócrina* – túbulo seminífero no qual observam-se algumas células de Sertolli (junto à membrana basal) e espermátides; as células de Sertoli produzem o fator de diferenciação celular (TGF), que é importante para o desenvolvimento da espermatogênese. (2) *Justácrina* – a célula secreta o hormônio (o fator de crescimento *TNF-α*) que pode permanecer ligado na membrana celular, agindo somente em células-alvo próximas, ou pode romper-se indo para a circulação. (3) *Intrácrina* – a célula utiliza como precursor o T4 para transformá-lo em T3, hormônio que vai agir na própria célula.

pelo fato de que o hormônio não sai da célula secretora, sendo, portanto, restrito a hormônios que tenham receptores intracelulares, conforme será descrito adiante.

Um sistema hormonal pode ainda ser designado como não clássico por envolver hormônios recentemente caracterizados, cuja produção ou é disseminada por vários territórios ou é proveniente de células até então não definidas ou caracterizadas como células endócrinas. Exemplos desses sistemas/hormônios serão detalhados adiante.

CLASSIFICAÇÃO DOS HORMÔNIOS QUANTO À SUA NATUREZA QUÍMICA

Alguns princípios físico-químicos são fundamentais para se compreender a classificação dos hormônios quanto à sua natureza química.

Uma vez que os hormônios são moléculas sintetizadas em células e secretadas para o meio extracelular, de onde muitas vezes alcançam a circulação sanguínea, é importante lembrar que o solvente desses meios é a água, cuja molécula tem um caráter polar (com um polo positivo e outro negativo), o que possibilita que toda e qualquer molécula de caráter polar solubilize-se nesse meio. Consequentemente, tanto o meio intra como o extracelular são hidrofílicos, possibilitando a solubilização de qualquer molécula polar, caracterizando essas moléculas como hidrossolúveis (ou moléculas hidrofílicas ou lipofóbicas). Adicionalmente, a membrana plasmática, que delimita tanto a célula secretora como a célula-alvo, tem com-

ponentes lipídicos que são moléculas apolares. Portanto, na membrana plasmática, as moléculas hidrossolúveis são incapazes de se solubilizar (a membrana é hidrofóbica ou lipofílica), de maneira que a membrana plasmática representa uma barreira à passagem de moléculas hidrofílicas. Obviamente, o inverso é verdadeiro; isto é, moléculas lipídicas (ou lipofílicas) solubilizam-se na membrana plasmática, podendo atravessá-la facilmente.

Compreende-se então que, dependendo da sua composição química, um hormônio é hidro ou lipossolúvel e, consequentemente, várias de suas características decorrerão dessas suas qualidades físico-químicas. Assim, embora estruturalmente os hormônios possam ser bastante diversos, didaticamente é conveniente classificá-los em 2 grandes grupos: os hidrossolúveis e os lipossolúveis. A importância do caráter de hidrossolubilidade dos hormônios repousa na determinação de uma série de características hormonais comuns nos processos de síntese, secreção, transporte e metabolização, assim como o tipo de receptor e o mecanismo de ação.

▸ Hormônios hidrossolúveis

São a maioria, sendo também conhecidos como o grupo dos hormônios proteicos, por incluírem todos os hormônios que são proteínas. As proteínas são constituídas por cadeias de aminoácidos que se unem por ligações peptídicas, preservando a característica polar das moléculas dos aminoácidos e, assim, definindo-se como hidrossolúveis. A composição desses hormônios varia desde um único aminoácido modificado, passando por peptídios simples, até grandes proteínas (com centenas de aminoácidos). Podem ser ainda maiores, quando forem: (1) constituídos por várias subunidades (ou cadeias de proteínas); (2) glicosilados (com um radical açúcar ligado em um aminoácido) ou (3) fosforilados (com um fosfato – PO_4, ligado em um aminoácido).

Síntese dos hormônios hidrossolúveis

Os menores hormônios hidrossolúveis são aminoácidos modificados, por exemplo: a tirosina origina a epinefrina e a norepinefrina; a histidina origina a histamina; e o triptofano origina a serotonina. A síntese desses hormônios depende da disponibilidade intracelular do aminoácido e do conteúdo e atividade das enzimas-chave no processo de metabolização (ou modificação) da molécula do aminoácido.

Os demais hormônios (desde peptídios até proteínas) são codificados por genes específicos; portanto, sua síntese segue os princípios básicos da síntese de proteínas. Em resumo, na célula secretora, fatores transcricionais específicos (definidos no processo de diferenciação celular) são responsáveis por agirem na região promotora do gene, determinando que este seja transcrito. O RNA mensageiro (mRNA) transcrito migra para o retículo endoplasmático rugoso e, nos ribossomos, ocorre a tradução desse mRNA em proteína. Entretanto, importantes regulações pós-transcricionais e pós-traducionais podem ocorrer (Figura 64.3).

Após a transcrição do gene, no processamento do RNA primário, por exemplo quando os íntrons são retirados, *splicing* alternativo pode ocorrer dando início a 2 diferentes RNAs, que consequentemente gerarão duas proteínas diferentes (p. ex., variantes da cadeia beta do hormônio estimulador da tireoide – TSH). Após a etapa da tradução, ocorrem processos de metabolização pós-traducional. Primeiro, as proteínas perdem o peptídio sinal (primeira sequência de aminoácidos que indica o início do processo de tradução); depois, peptidases

Introdução à Fisiologia Endócrina

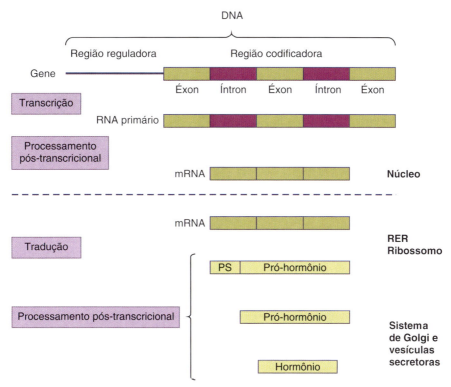

Figura 64.3 ▪ Esquema da síntese dos hormônios proteicos, de acordo com os princípios de síntese de qualquer proteína (que tem um gene codificador). À *esquerda*, dentro de boxes, são indicadas as etapas do processo de expressão de um gene. À *direita*, em negrito, estão indicados os territórios celulares em que os processos ocorrem. As possibilidades de processamento pós-traducional para geração de hormônios ativos são múltiplas em termos de clivagem e ainda podem incluir outros processos, como glicosilação e fosforilação. A *linha tracejada* representa a membrana nuclear. RER, retículo endoplasmático rugoso; PS, peptídio sinal.

específicas clivam essa proteína, até chegar à forma biologicamente ativa do hormônio. Adicionalmente, pode ocorrer glicosilação ou fosforilação da molécula proteica, processos fundamentais para a atividade biológica de alguns hormônios (ver Figura 64.3).

Quanto aos hormônios de dupla cadeia peptídica ou proteica, duas possibilidades, completamente distintas, podem estar envolvidas:

- Apenas um gene codifica o hormônio, o qual expressa uma molécula precursora, que sofre processamento pós-traducional, quebrando-se em várias sequências; algumas delas ligam-se posteriormente, e constituem a forma final ativa do hormônio. Exemplo: o gene da insulina codifica uma proteína, a proinsulina, a qual, após processamento, forma as cadeias A, B e C; as cadeias A e B ligam-se e constituem a molécula final da insulina
- Dois genes estão envolvidos na síntese do hormônio, os quais expressam duas proteínas distintas, que se ligam posteriormente para constituir a forma final ativa do hormônio. Exemplo: para a síntese do hormônio TSH, um gene codifica a cadeia α e outro é responsável pela cadeia β, as quais posteriormente se ligam, constituindo o hormônio.

Secreção dos hormônios hidrossolúveis

Na produção dos hormônios, é importante que se compreenda claramente a distinção entre síntese e secreção de um hormônio. A síntese, antes descrita, envolve todas as etapas que determinam a "fabricação" da molécula do hormônio, enquanto a secreção envolve os mecanismos que determinam a "saída" do hormônio da célula secretora. Os processos de síntese e secreção, frequentemente, são estimulados ou inibidos de maneira paralela, e por isso é comum a utilização indiscriminada desses dois termos.

Devido ao caráter hidrossolúvel da molécula, conforme já discutido, a membrana plasmática é impermeável aos hormônios hidrossolúveis. Portanto, todos os hormônios hidrossolúveis utilizam-se do mesmo mecanismo de secreção, que envolve o empacotamento das moléculas em vesículas (chamadas vesículas ou grânulos secretórios). Essas vesículas formam-se paralelamente ao processo de síntese do hormônio, a partir de pequenos fragmentos de membranas do retículo endoplasmático ou do sistema de Golgi. Sendo assim, mecanismos secretórios, em geral envolvendo aumento da concentração intracelular de cálcio livre, ativam a contração de estruturas do citoesqueleto celular, promovendo a mobilização (ou translocação) dessas vesículas para a superfície celular. Uma vez que ocorra o contato da membrana da vesícula com a membrana plasmática, ambas de caráter lipofílico, essas membranas se fundem, e o conteúdo das vesículas é exposto ao meio extracelular (este fenômeno é chamado de extrusão do conteúdo do grânulo ou exocitose).

Durante o processo de formação da vesícula, é comum que proteases específicas (enzimas que degradam ligações peptídicas, clivando as proteínas em locais específicos) sejam empacotadas junto com o conteúdo intravesicular; e, então, processos de finalização da síntese hormonal (ou processamento pós-traducional) podem ocorrer dentro da vesícula secretória. Consequentemente, é comum detectarem-se pequenas quantidades de pró-hormônio na circulação, que correspondem a moléculas que não chegaram a ser clivadas, assim como quantidades equimolares (com mesmo número de moléculas) de peptídio (que fazia parte da molécula do pró-hormônio) e de hormônio.

É importante destacar que no processo de evolução a natureza desenvolveu mecanismos extremamente econômicos, a partir dos quais um único gene pode ser responsável pela produção de vários hormônios. Isto é possível desde que múltiplos processos de clivagem da proteína precursora gerem vários peptídios, cada um deles com ação biológica própria. Um exemplo magnífico desse tipo de processamento pós-traducional ocorre com o gene da pró-opiomelanocortina (POMC), que se expressa em vários territórios, principalmente no SNC, na hipófise, de modo que o seu processamento pós-traducional provoca a liberação de diferentes hormônios, com ações distintas (Figura 64.4). Especificidades de cada célula secretora, tais como a presença de determinadas proteases, possibilitam que esse gene seja responsável pela síntese de diferentes hormônios, de acordo com o tipo celular ou a espécie animal. Ainda é possível que uma mesma célula secretora, em diferentes condições fisiológicas, altere a expressão ou a atividade das proteases, modificando o padrão final de geração de hormônios a partir da molécula precursora.

Finalmente, é importante que se ressalte a ocorrência de fusão entre vesículas secretoras dentro da célula secretora, misturando os seus conteúdos. Portanto, fisiologicamente, frente a um estímulo secretório, não é verdadeira a ideia de que primeiramente é secretado o hormônio que já estava sintetizado e armazenado, para apenas posteriormente ser secretado o hormônio designado como recentemente sintetizado. Entretanto, é claro que se um estímulo secretório intenso persistir durante horas, observa-se uma predominância de moléculas recentemente sintetizadas, assim como começa a aumentar a quantidade de pró-hormônio secretado, podendo até mesmo evoluir para uma situação de exaustão da célula secretora, na qual a velocidade de síntese hormonal não consegue acompanhar a demanda de secreção. Essas situações somente ocorrerão em estados patológicos ou experimentais.

Circulação, metabolização e mecanismo de ação dos hormônios hidrossolúveis

Devido à sua característica polar, os hormônios hidrossolúveis solubilizam-se facilmente tanto no interstício como no sangue, tornando possível a livre circulação (como moléculas isoladas, solúveis no meio aquoso). Entretanto, exceções começam a ser demonstradas, como o hormônio do crescimento e os IGF (*insulin-like growth factors*), que costumam circular ligados a uma proteína carregadora.

Alguns territórios do organismo são ricos em enzimas proteolíticas, como o fígado e o rim, sendo locais de degradação de hormônios proteicos. Uma vez que a cadeia peptídica seja quebrada, a atividade biológica do hormônio é perdida. Além disso, na célula-alvo da ação hormonal ocorre um contínuo processo de internalização do complexo hormônio-receptor; e, por ação de lisossomos, ocorre a metabolização/degradação dos hormônios. Alguns desses hormônios têm meia-vida (definida como tempo necessário para degradar 50% da quantidade secretada em um dado momento) extremamente curta, como a da insulina, que é de 5 a 8 minutos.

Sobre seu mecanismo de ação (detalhado no Capítulo 3), é importante destacar que, em consequência do caráter hidrossolúvel da molécula, ela não poderá entrar na célula-alvo, pois não pode atravessar a membrana celular lipoproteica. Portanto, é característico dos hormônios hidrossolúveis

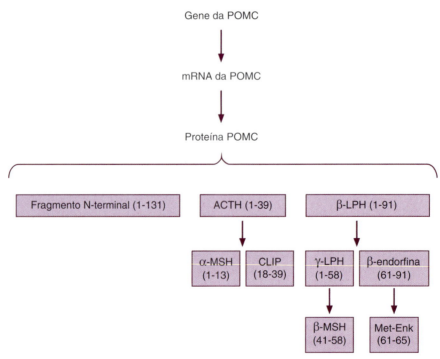

Figura 64.4 • Processamento pós-traducional da pró-opiomelanocortina (POMC). A sequência da POMC inclui um fragmento N-terminal e os hormônios corticotrofina (ACTH) e betalipotrofina (β-LPH). O ACTH inclui a alfamelanotrofina (α-MSH) e um peptídio semelhante à corticotrofina (CLIP). A β-LPH inclui a gamalipotrofina (γ-LPH) e a betaendorfina (β-endorfina), cada uma contendo em sua sequência os subprodutos betamelanotrofina (β-MSH) e a metaencefalina (Met-Enk), respectivamente. Entre parênteses encontra-se a sequência de aminoácidos que compõem cada um desses subprodutos.

apresentarem receptor localizado na membrana plasmática da célula-alvo, com o local de reconhecimento (ou ligação) ao hormônio exposto ao meio extracelular.

▶ Hormônios lipossolúveis

A característica básica dos hormônios lipossolúveis é ter uma molécula precursora lipídica, cujo caráter lipofílico está preservado na forma ativa do hormônio.

Síntese dos hormônios lipossolúveis

A síntese dos hormônios lipossolúveis depende: (1) do aporte do substrato lipídico precursor à célula secretora e (2) da presença, na célula secretora, de enzimas específicas que metabolizam a molécula precursora até chegar à forma ativa.

A grande maioria desses hormônios deriva do colesterol, sendo por isso chamados de hormônios esteroides. Adicionalmente, podem derivar de análogos do colesterol, os calciferóis, originando as diferentes formas de vitamina D.

Uma vez que o precursor lipídico seja disponibilizado para a célula secretora, por meio de conversões enzimáticas, vários metabólitos vão sendo gerados, com atividade biológica variável tanto na sua intensidade quanto no tipo de ação. São reações simples de hidroxilação, desidrogenação, oxirredução, aromatação etc.

Hormônios esteroides derivados do colesterol podem ser produzidos tanto no córtex suprarrenal como nas gônadas. O tipo de hormônio a ser sintetizado em cada território depende da presença de enzimas específicas na célula, conduzindo a rota da esteroidogênese para determinados produtos finais. Embora bioquimicamente estes hormônios sejam bastante parecidos, sua atividade biológica pode ser bem diversa, incluindo-se desde ações no metabolismo dos carboidratos (por glicocorticoides) e no balanço hidreletrolítico (pelos mineralocorticoides), até ações na função reprodutora masculina (por andrógenos) ou feminina (pela progesterona e estrógenos).

Um hormônio como a vitamina D depende da metabolização do precursor lipídico em diferentes territórios do organismo. A síntese completa necessita de conversões na pele, no fígado e finalmente nos rins.

Secreção dos hormônios lipossolúveis

Diferentemente dos hormônios hidrossolúveis, os lipossolúveis não são armazenados em grânulos, sendo secretados por difusão na membrana plasmática, à medida que vão sendo sintetizados. Dessa maneira, não há estoque desses hormônios na célula secretora, e a secreção hormonal é regulada diretamente pela maior ou menor atividade da enzima-chave do processo de síntese hormonal.

Circulação, metabolização e mecanismo de ação dos hormônios lipossolúveis

Os hormônios lipossolúveis são facilmente secretados por difusão através da membrana plasmática da célula secretora. Entretanto, essas moléculas encontram dificuldade para se deslocarem no interstício e no espaço intravascular, onde tenderiam a se ligar, formando gotículas gordurosas, que poderiam agir como verdadeiros trombos, obstruindo capilares de pequeno diâmetro. Assim, é fundamental a ligação dos hormônios lipossolúveis a proteínas (estas hidrossolúveis) que, englobando a molécula lipídica, lhes confere hidrossolubilidade, possibilitando a mobilização através desses meios hidrofílicos.

Existem proteínas, em geral de formato globular, e, portanto, chamadas de globulinas, que são ligadoras específicas dos vários hormônios lipossolúveis. Designadas como *binding globulin* (BG), podem ligar andrógenos (denominadas ABG), estrógenos (EBG), glicocorticoides (GBG), dentre outros hormônios. Além disso, a albumina, proteína encontrada em maior quantidade no plasma, também é um importante ligante de hormônios lipossolúveis. Assim, os hormônios lipossolúveis circulam ligados a proteínas carregadoras (ou carreadoras). Apesar do que foi descrito no Quadro 64.1, há também proteínas transportadoras de hormônios tireoidianos (TBG), cuja função está detalhada no Capítulo 68, *Glândula Tireoide*.

As proteínas carregadoras, ao englobarem a molécula do hormônio, impedem a sua disponibilidade à célula-alvo, impossibilitando a ação do hormônio. Entretanto, a ligação hormônio-proteína carregadora é um processo dinâmico regido por leis de afinidade, sendo que nesse processo uma pequena fração do hormônio pode ser encontrada temporariamente livre. São essas moléculas livres que, ao entrarem em contato com a membrana plasmática das células, imediatamente se difundem para o meio intracelular, tornando-se disponíveis para desencadear sua atividade biológica. Dessa maneira, é característica dos hormônios lipossolúveis apresentarem receptores intracelulares em suas células-alvo.

Em geral, 1% ou menos do hormônio total presente no plasma está na forma livre, sendo, portanto, biologicamente ativo. Essa característica é extremamente importante, pois o efeito biológico dos hormônios lipossolúveis depende da sua quantidade na forma livre. Algumas situações fisiológicas (como a gravidez) ou patológicas (como na doença hepática) podem aumentar ou diminuir a quantidade de proteínas carregadoras; consequentemente, aumentando ou diminuindo a quantidade total de hormônio, sem que isso signifique alteração na sua quantidade livre, e, portanto, na magnitude do efeito biológico do hormônio.

Além disso, mais recentemente foram descritos alguns sistemas de transporte (feito por proteínas) para moléculas lipídicas, tanto no meio intracelular como na membrana plasmática; isso explica o tráfego intracelular dos hormônios lipofílicos, assim como sugere que tanto sua secreção como seu acesso à célula-alvo não sejam fenômenos dependentes apenas de difusão.

Quanto à metabolização, esses hormônios são passíveis de inúmeros processos de metabolização (ou de conversão da molécula), podendo formar tanto metabólitos inativos como ativos. Processos de conjugação com ácido glicurônico ou de sulfatação ocorrem principalmente no fígado, e, em geral,

Quadro 64.1 • Alguns enfoques conceituais.

Alguns hormônios podem derivar de ácidos graxos, como as prostaglandinas (PG); no entanto, elas não são consideradas como lipossolúveis, já que a maior parte dos seus efeitos é mediada pela interação com receptores de membrana acoplados à proteína G. Todavia, as PG da série J2 (PGJ2) e seus derivados se ligam aos receptores ativados por proliferadores de peroxissomos α (PPAR α) e γ (PPARγ), o que indica que elas possam exercer seus efeitos por meio de interação com receptores intracelulares. Se são lipossolúveis ou carreadas para o interior das células por transportadores presentes na membrana celular, ainda é motivo de especulação.

Também é importante comentar que os hormônios tireoidianos (HT), apesar de serem constituídos por duas tirosinas acopladas e iodadas, ou seja, por aminoácidos hidrossolúveis que originam outros hormônios hidrossolúveis (como as catecolaminas), foram por muito tempo considerados lipossolúveis, uma vez que seus receptores estão localizados no interior da célula, mais especificamente no núcleo. Acreditava-se que os HT entravam nas células-alvo por difusão passiva. No entanto, hoje se sabe que há transportadores específicos na membrana para esses hormônios, os quais determinam sua concentração intracelular. São eles os transportadores de monocarboxilato 8 (MCT8) e 10 (MCT10) e vários membros da família dos transportadores de ânions orgânicos (OATP). Maiores detalhes estão presentes no Capítulo 68.

inativam os hormônios esteroides. Adicionalmente, pode ocorrer a geração de metabólitos ainda biologicamente ativos. Veja a Figura 64.5: a testosterona, um andrógeno, no tecido adiposo pode ser convertida a estrógeno (por uma enzima tipo aromatase) e, nos tecidos-alvo de ação androgênica, a di-hidrotestosterona (por uma enzima tipo 5 alfarredutase), outro potente andrógeno.

Finalmente, é importante destacar que o mecanismo de ação dos hormônios lipossolúveis é desencadeado a partir da sua ligação a receptores intracelulares, cujo complexo hormônio-receptor termina por se ligar em locais específicos da região promotora de genes-alvo, agindo como fatores transcricionais da expressão gênica. Entretanto, recentes observações demonstram que esses hormônios também têm ações biológicas imediatas, independentes do controle de transcrição gênica e utilizando-se de segundos mensageiros, sugerindo a existência de receptores na membrana plasmática e/ou intracelulares.

SISTEMAS DE RETROALIMENTAÇÃO

A produção hormonal baseia-se no equilíbrio entre estímulo e inibição da síntese e secreção do hormônio. Este padrão de equilíbrio tem uma importante base funcional: o mecanismo de *feedback* (ou retroalimentação), negativo na grande maioria dos sistemas hormonais. Mesmo em concentrações fisiológicas, os hormônios que são regulados por mecanismo de *feedback* negativo já exercem um certo tônus inibitório sobre os mecanismos envolvidos na sua síntese e secreção, o que determina a sua concentração basal na circulação. Uma vez que a concentração do hormônio aumente, esse tônus inibitório aumenta, provocando redução de sua síntese e secreção, ocorrendo o contrário quando a concentração do hormônio diminui, situação em que ocorre menor inibição desses mecanismos, com consequente aumento da sua síntese e secreção. Dessa maneira, ao longo do tempo, a concentração do hormônio se mantém oscilando em torno de um valor constante, o que chamamos de manutenção do equilíbrio de secreção.

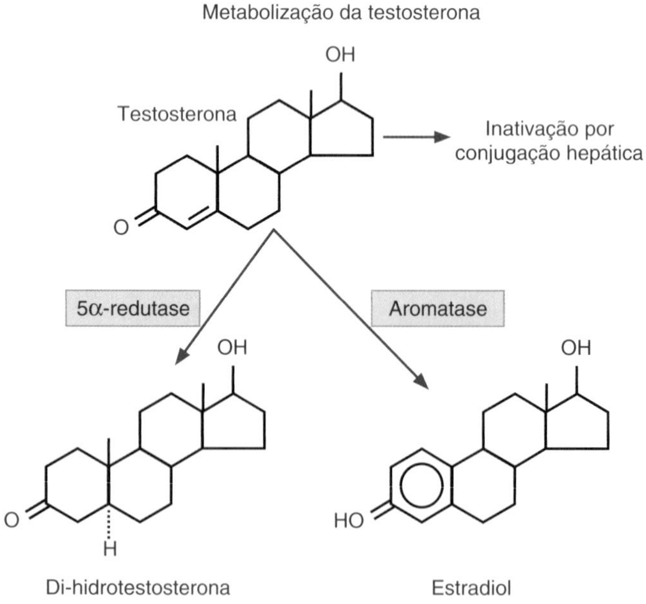

Entretanto, para alguns hormônios a manutenção do equilíbrio de secreção hormonal pode variar, determinando o que chamamos de ritmo de secreção. Este pode variar tanto ao longo de 1 dia (a secreção de cortisol é maior pela manhã, diminuindo à noite; a isto chamamos de ritmo circadiano de secreção), como pode variar ao longo de vários dias (a secreção de gonadotrofinas hipofisárias na mulher eleva-se durante cerca de 24 h a cada 28 dias, a isto chamamos de ritmo infradiano de secreção). Além disso, mesmo a chamada secreção constante de hormônio, em geral, é obtida a partir de pulsos secretórios, de intervalos curtos (20 a 30 minutos), e que proporcionam ao longo do tempo (dia ou meses) uma concentração média constante de hormônio. Sabe-se que o caráter pulsátil da secreção hormonal é fundamental para preservar o efeito biológico do hormônio, seja por proporcionar momentos de maior repouso para a célula secretora, seja por determinar o padrão de expressão de seus receptores específicos, fundamentais para concretizarem a ação hormonal.

Os mecanismos de retroalimentação podem ser regulados tanto por hormônios como por substratos metabólicos, podendo envolver vários níveis de regulação.

Algumas funções endócrinas estão sob um controle que chamamos de eixo hipotálamo-hipófise-glândula periférica (incluem-se aqui as gônadas, a tireoide e o córtex suprarrenal). Tomando-se como exemplo o eixo da glândula tireoide (Figura 64.6), o hipotálamo produz um hormônio (denominado TRH, que é o hormônio estimulador do TSH) que estimula a hipófise a liberar a tireotrofina (ou TSH, que é o hormônio estimulador da tireoide), a qual, por sua vez, estimula a tireoide a produzir seus hormônios, T3 e T4. Desses, o T3 é o mais ativo e inibe a produção hipotalâmica de TRH e a hipofisária de TSH, determinando a retroalimentação negativa. Ao longo do tempo, a secreção de todos os hormônios envolvidos permanece constante. O desequilíbrio de algum desses hormônios proporciona indícios de defeitos em determinados territórios. Por exemplo, se a tireoide apresentar um defeito primário (intrínseco da glândula) que leve à baixa produção de seus hormônios (ou hipotireoidismo), o TSH deverá se elevar; mas, se o T3 estiver baixo na vigência de TSH também baixo, o problema deve estar na hipófise ou no hipotálamo.

Além disso, a produção hormonal no hipotálamo é frequentemente modulada por sinais oriundos do SNC. É assim que o funcionamento do eixo hipotálamo-hipófise-suprarrenal é regulado ao longo do dia, relacionando-se com o ciclo de sono e vigília determinado no SNC.

Por outro lado, mecanismos de retroalimentação podem implicar apenas a secreção de um hormônio e um substrato metabólico diretamente envolvido na sua ação. Por exemplo: o maior estímulo para secreção de insulina pelas células B pancreáticas é a elevação da concentração plasmática de glicose. Uma vez que a concentração de insulina se eleve em consequência da elevação de glicose, um de seus efeitos é estimular a captação de glicose por várias células, diminuindo a concentração de glicose, e, consequentemente, voltando a diminuir a concentração de insulina. Assim se estabelece o que chamamos de homeostase (ou estado de equilíbrio) da glicemia (concentração de glicose no sangue).

Figura 64.5 ▪ Metabolização do hormônio lipossolúvel testosterona (um andrógeno) em hormônios ativos com ação de andrógeno (*di-hidrotestosterona*) ou de estrógeno (*estradiol*). Dentro dos quadros, estão indicadas as enzimas responsáveis pela metabolização da testosterona. Na parte superior, à direita, está indicada a metabolização em produtos sem atividade biológica. No fígado, metabólitos da testosterona são inativados por conjugação com ácidos glicurônico ou sulfúrico, sendo depois excretados na urina como 17-cetoesteroides.

Introdução à Fisiologia Endócrina

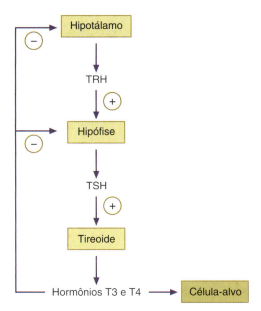

Figura 64.6 ▪ Exemplo de funcionamento do eixo hipotálamo-hipófise-glândula periférica. O eixo da tireoide envolve os hormônios produzidos pela tireoide (T3 e T4), o hormônio estimulador da tireoide, denominado tireotrofina (ou TSH), produzido pela hipófise, e o hormônio liberador do TSH (denominado TRH), produzido pelo hipotálamo. Os símbolos + e – indicam ações estimuladoras e inibidoras, respectivamente.

HORMÔNIOS PRODUZIDOS POR OUTROS ÓRGÃOS

Em relação aos sistemas hormonais, a endocrinologia moderna foi além das grandes glândulas conhecidas há décadas, passando a envolver muitos outros órgãos e tecidos secretores de hormônios. O conhecimento atual revela-nos a presença de sistemas hormonais em determinadas estruturas que passaram a ser consideradas verdadeiros *órgãos endócrinos*.

A célula endotelial dos vasos sanguíneos representa mais do que uma barreira na difusão de substâncias do sangue para os tecidos. Ela é uma célula endócrina que sintetiza e libera substâncias vasoativas (hormônios), tais como: (1) fatores relaxantes derivados do endotélio (denominados EDRF), que incluem as prostaciclinas, o óxido nítrico e o fator hiperpolarizante derivado do endotélio (ou EDHF) e (2) fatores constritores derivados do endotélio (denominados EDCF), que incluem as prostaglandinas vasoconstritoras (PGH-2 e PGF-2α), o tromboxano A2, as endotelinas, a angiotensina II e as espécies reativas do oxigênio (tais como o ânion superóxido).

Originalmente, o tecido adiposo branco foi descrito apenas como um isolante térmico em mamíferos; posteriormente, foi considerado como o tecido-alvo da insulina, capaz de armazenar substrato energético na forma de lipídios. Atualmente, também já é considerado um órgão endócrino, pois secreta: (1) substâncias com ação parácrina, como PAI-1, TGF-β, TNF, angiotensina, adipsina, leptina, IL-6 e hormônios esteroides e (2) substâncias com ação endócrina, tipo leptina, hormônios esteroides, angiotensina, entre outras a serem mais adequadamente caracterizadas.

Além desses dois tecidos comentados (capazes de produzir hormônios que terão ação sistêmica), praticamente todos os demais territórios do organismo são capazes de produzir hormônios com atividade pelo menos autócrina ou parácrina. Muitos destes hormônios foram caracterizados apenas recentemente, e por isso são frequentemente designados como hormônios não clássicos. Um breve comentário desses grupos hormonais é suficiente para evidenciar a abrangência da ação dos hormônios. No Capítulo 72, *Moléculas Ativas Produzidas por Órgãos Não Endócrinos*, esse assunto é discutido em detalhe.

▶ Famílias de fatores de crescimento genéricos

Este grupo engloba várias famílias, descritas a seguir:

- *EGF*: fatores de crescimento epidermal. Estão envolvidos na proliferação epitelial e neovascularização. Dentre eles incluem-se EGF, TGF-α e anfirregulina (purificada a partir de células de câncer de mama)
- *TGF-β*: fatores de crescimento e diferenciação. São homodímeros capazes tanto de inibir como de estimular o crescimento, além de promover a diferenciação; por isso, têm importante papel na embriogênese. Incluem-se o *MIH* (hormônio inibidor dos ductos müllerianos), a activina e a inibina, assim como várias proteínas morfogênicas ósseas
- *PDGF*: fatores de crescimento derivados de plaquetas. São homo- ou heterodímeros envolvidos na quimiotaxia e na proliferação de tecido conectivo, especialmente no reparo tecidual à lesão. Este grupo inclui o VEGF (fator de crescimento endotelial vascular), capaz de estimular a mitogênese no endotélio vascular e aumentar a permeabilidade vascular
- *FGF*: fatores de crescimento de fibroblasto. Incluem-se os FGF, KGF (fator de crescimento de queratinócitos) e IL-1 (interleucina-1). Estão envolvidos no crescimento de fibroblastos e também participam da diferenciação de neurônios e adipócitos
- *IGF*: fatores de crescimento insulina-símile. Incluem o IGF-1 (secretado principalmente pelo fígado em resposta ao GH, mas também por vários tecidos quando estimulados por fatores tróficos) e o IGF-2 (importante no crescimento fetal)
- *NGF*: fatores de crescimento do nervo. Incluem vários peptídios com ação sobre o crescimento neural, que diferem quanto aos locais de síntese e de ação.

▶ Famílias de fatores de crescimento específicos do sistema hematopoético

- *Eritropoetina*: é produzida por células renais peritubulares; estimula a proliferação de células progenitoras de eritrócitos, assim como a liberação de eritrócitos da medula óssea
- *CSF*: fatores estimuladores de colônias. São produzidos em vários tipos celulares; estimulam a proliferação de várias linhagens leucocíticas. Incluem o G-CSF (granulócito-CSF) e o M-CSF (macrófago-CSF), entre outros
- *Interleucinas*: primariamente envolvidas na proliferação e diferenciação de linfócitos; mas também modulam a proliferação e a diferenciação de megacariócitos e eosinófilos.

▶ Famílias de fatores de crescimento relacionados com as respostas imune e inflamatória

- *Hormônios relacionados com a imunidade humoral e celular*: incluem os hormônios já citados, como os CSF e as interleucinas, além dos MHC (complexos principais de histocompatibilidade)

- *Miscelânea*: grupo de hormônios relacionados com a resposta imune-inflamatória que inclui:
  - *TNF α e β* (fator de necrose tumoral): têm capacidade de induzir regressão e, algumas vezes, total destruição de alguns tumores. Também podem agir em células normais, em geral induzindo a síntese de proteínas protetoras da célula. O LIF (fator inibidor da leucemia) é estruturalmente diferente; entretanto, funcionalmente é similar, podendo causar caquexia
  - *Interferons*: têm capacidade de interromper a síntese proteica, mostram alta atividade antiviral e são indutores de MHC, entre outras ações.

Adicionalmente, o universo atual dos hormônios amplia-se quando analisamos os invertebrados ou o reino vegetal.

Nos *invertebrados*, vários hormônios já foram demonstrados, a maioria deles em insetos, relacionados com os processos de metamorfose e muda (ou ecdisis), chamados *ecdisonas*, ou relacionados com os processos de reprodução, chamados de *hormônios juvenis*. Em crustáceos e moluscos, muitos hormônios são similares aos de insetos; entretanto, destaca-se a ocorrência de um hormônio *insulin-like*, homólogo à insulina de mamíferos, capaz de estimular a síntese de glicogênio, o que determina o marco evolucionário no aparecimento filogenético da insulina.

Em *plantas*, vários hormônios importantes (*auxinas, citocinas e giberelinas*) estão relacionados com os processos de crescimento, nas suas mais variadas características. Além destes, outros exemplos de hormônios do reino vegetal, entre tantos, são: o *ácido abscícico* (atua no estresse em resposta à água), as *oligossacarinas* (atuam no estresse em resposta à infecção e à lesão*)*, o *ácido salicílico* (agente termogênico importante na polinização) e o *ácido jasmônico* (inibidor de germinação).

Esta breve descrição da endocrinologia não clássica deixa evidente a imensa abrangência da fisiologia endócrina. Muitas dessas substâncias químicas são conhecidas há décadas, outras foram apenas recentemente descritas e outras tantas deverão ainda ser caracterizadas. Envolvidas com sistemas funcionais específicos, muito do conhecimento dessas substâncias se desenvolveu e progride em territórios e ações específicos. Entretanto, conhecê-las como hormônios é fundamental do ponto de vista conceitual e serve, entre outras coisas, para reiterar o caráter sistêmico da endocrinologia.

FISIOPATOLOGIA

As alterações patológicas que podem acometer os mais diferentes sistemas hormonais constituem um amplo espectro de doenças endócrinas. Consequentemente, a população acometida por doenças endócrinas é enorme. O *diabetes melito*, decorrente de falha na secreção ou na ação do hormônio insulina, atualmente é uma doença endêmica. Os dados atuais (2017) apontam que 425 milhões de adultos no mundo têm diabetes, e a estimativa para 2045 é de cerca de 629 milhões de pessoas com diabetes.

Além disso, algumas alterações metabólicas incluem-se na endocrinologia, como a *obesidade*, também com características endêmicas na atualidade. Finalmente, há o problema do *uso indevido de hormônios*, que ao exacerbar algumas de suas ações, às vezes desejadas, provoca uma série de complicações paralelas. É exemplo dessa situação o uso de determinados hormônios para aprimorar o desenvolvimento muscular, emagrecer ou combater o envelhecimento, que não apresenta fundamentação científica sólida que o justifique como terapêutica segura.

Geralmente, as doenças endócrinas envolvem diminuição ou aumento da atividade de um determinado hormônio, e as abordagens terapêuticas devem visar à correção desse desequilíbrio. Assim, é importante lembrar que se pode aumentar ou diminuir uma determinada atividade hormonal tanto por elevar ou abaixar a concentração hormonal no sangue, como por estimular ou inibir os fenômenos envolvidos no mecanismo de ação do hormônio, que são os determinantes do seu efeito biológico final.

O tratamento das deficiências hormonais evoluiu paralelamente à evolução do conhecimento sobre hormônios, e várias propostas terapêuticas surgiram para prover uma deficiência hormonal.

Por definição literal e conceitual, a *terapia de reposição hormonal* refere-se a toda e qualquer terapia que vise repor uma deficiência hormonal. Para isso, glândulas de animais foram amplamente utilizadas para delas se extraírem grandes quantidades de hormônios. Entretanto, devido à heterologia entre as moléculas de humanos e animais, alguns hormônios somente se mostraram eficazes quando obtidos a partir de humanos, cuja fonte nem sempre é abundante. Um exemplo bem conhecido é o hormônio do crescimento (GH), extraído de hipófises humanas *post-mortem*, cuja produção sempre permaneceu restrita e de custo elevado.

Um grande passo foi o desenvolvimento de tecnologia para a obtenção de moléculas sintéticas, que tornou possível o desenvolvimento de hormônios a baixo custo. A síntese de hormônios de estrutura molecular mais simples é feita há décadas; mas a síntese de hormônios de estrutura mais complexa, como as grandes proteínas, permaneceu um desafio. Entretanto, as modernas técnicas de biologia molecular já possibilitam a criação de DNA recombinante que, contendo a sequência gênica responsável pela transcrição do gene de um hormônio proteico, é inserido em bactérias, que passam a produzir o hormônio em grande escala (é um exemplo a produção de GH, FSH e LH humanos). Além disso, foram desenvolvidos fármacos que agem como estimuladores da secreção hormonal, úteis nas situações em que a deficiência de síntese/secreção do hormônio não é total; adicionalmente, foram criados os análogos hormonais, moléculas semelhantes a determinados hormônios, que são capazes de induzir as ações hormonais.

Um aspecto importante no tratamento de doenças endócrinas com hormônios é a via de administração do hormônio. O epitélio absortivo intestinal representa uma grande barreira à absorção de moléculas biologicamente ativas, especialmente proteínas. O processo de absorção intestinal envolve uma primeira etapa que é a digestão, na qual as macromoléculas são degradadas até suas unidades mais simples para, então, serem absorvidas. No caso das proteínas ingeridas, apenas produtos da sua degradação são absorvidos; a maior parte como aminoácidos e no máximo alguns oligopeptídios. Assim, hormônios proteicos perdem sua atividade biológica quando administrados pela via oral, necessitando ser injetados. Para isso, pequenas bombas de infusão, com cateteres inseridos no subcutâneo do organismo, já são uma opção para liberar um hormônio continuamente na circulação, imitando sua secreção endógena.

O transplante de glândulas é uma tentativa de tratamento que vem sendo desenvolvida há anos, mas ainda com pouco sucesso. O grande problema é preservar a viabilidade funcional da glândula, contornando os processos da rejeição. Por outro lado, a terapia gênica é bastante promissora, e uma esperança a ser consolidada no futuro. Pela terapia gênica poderiam ser implantadas no organismo células geneticamente modificadas e especializadas na produção de um hormônio (que é uma proteína). Espera-se que os estudos com células-tronco possibilitem que a geração de células secretoras de hormônios possa evoluir sem proibições, para que a terapia gênica seja uma realidade em breve.

A caracterização dos receptores hormonais e das etapas do mecanismo de ação dos hormônios gerou um grande campo de tratamento para as doenças endócrinas, tornando possível que se mimetize a ação do hormônio com o emprego de moléculas que estimulem seu receptor ou eventos após sua ligação ao receptor. Por exemplo, atualmente existem vários medicamentos que são ligantes de receptores com atividade agonista, ou ainda fármacos que agem em eventos após a ligação ao receptor.

Finalmente, as doenças endócrinas podem envolver a produção excessiva de hormônio. Esta situação, menos frequente, decorre de alteração neoplásica da célula secretora (com perda das características funcionais normais da célula), que passa a produzir o hormônio descontroladamente. Na maioria das vezes, envolve tumores glandulares que devem ser tratados cirurgicamente. Quando não for necessária a retirada do tecido glandular hipersecretor, a hipersecreção hormonal pode ser tratada com substâncias inibidoras da secreção hormonal ou com ligantes do receptor hormonal com atividade antagonista.

BIBLIOGRAFIA

AHIMA RS, FLIER JS. Adipose tissue as an endocrine organ. *Trends Endocrinol Metab*, 11:327-32, 2000.

BAXTER JD, RIBEIRO RCJ, WEBB P. Introduction to Endocrinology. In: GREENSPAN FS, GARDNER DG (Eds.). *Basic & Clinical Endocrinology*. 7. ed. Lange Medical Books/McGraw-Hill, New York, 2004.

BERN HA. The "new" endocrinology: its scope and its impact. *Am Zool*, 30:877-85, 1990.

BOLANDER FF. *Molecular Endocrinology*. 2. ed. Academic Press Inc, San Diego, 1994.

JANSEN J, FRIESEMA EC, MILICI C et al. Thyroid hormone transporters in health and disease. *Thyroid*, 15:757-68, 2005.

KLIEWER SA, LENHARD JM, WILLSON TM et al. A prostaglandin J2 metabolite binds peroxisome proliferator-activated receptor y and promotes adipocyte differentiation. *Cell*, 83:813-9, 1995.

LODISH H, BALTIMORE D, BERK A et al. *Molecular Cell Biology*. 3. ed. Scientific American Books, Nova York, 1995.

MACHADO UF. Evolução do conceito de hormônio e opoterapia – Análise crítica do conhecimento em 2001. Uma homenagem a Thales de Martins, nos 50 anos de ABE&M e 100 anos de Endocrinologia. *Arquivos Brasileiros de Endocrinologia e Metabologia*, 45(Suppl 2):S679-97, 2001.

MILLER JW. Drugs and the endocrine and metabolic systems. In: PAGE CP, CURTIS MJ, SUTTER MC et al. *Integrated Pharmacology*. Mosby, London, 1997.

OUT HJ, LINDENBERG S, MIKKELSEN AL et al. A prospective, randomized, double-blind clinical trial to study the efficacy and efficiency of a fixed dose of recombinant follicle stimulating hormone (Puregon) in women undergoing ovarian stimulation. *Hum Reprod*, 14:622-7, 1999.

RASMUSSEN H. Organization and control of endocrine systems. In: WILLIAMS RH (Ed.). *Textbook of Endocrinolgy*. W.B. Saunders, Philadelphia, 1968.

VANHOUTTE PM. Endothelial dysfunction in hypertension. *J Hypertension*, 14:583-93, 1997.

WILSON JD, FOSTER DW, KRONENBERG HM et al. *Williams Textbook of Endocrinology*. 9. ed. W.B. Saunders, Philadelphia, 1998.

Capítulo 65

Hipotálamo Endócrino

Maria Tereza Nunes

- Introdução, *1054*
- Relações anatomofuncionais, *1054*
- Hormônios hipotalâmicos, *1057*
- Controle neuroendócrino do ritmo de secreção hormonal, *1072*
- Bibliografia, *1073*

INTRODUÇÃO

O hipotálamo é uma estrutura do sistema nervoso central (SNC) que está envolvida em uma série de processos fisiológicos, tais como controle da temperatura e ingestão alimentar. Apresenta também grupamentos neuronais que se relacionam ao controle da função endócrina, os quais, em conjunto, constituem o chamado hipotálamo endócrino. De fato, o hipotálamo endócrino representa, funcionalmente, uma interface entre os sistemas nervoso e endócrino.

A eminência mediana hipotalâmica é o ponto de convergência e integração final de informações criadas em diferentes regiões do organismo. Após processamento e ajuste fino, essas informações são transmitidas à glândula hipófise, por mecanismos que envolvem a liberação de hormônios específicos, o que resulta em modificações de, basicamente, todas as secreções endócrinas do indivíduo. Os objetivos finais desse sistema de controle integrado são: (1) manutenção da constância do meio interno, isto é, regulação da temperatura, concentração e disponibilidade de substratos energéticos e estruturais, de acordo com a situação fisiológica vigente; (2) interação do organismo com o meio ambiente, isto é, geração de padrões funcionais integrados de ajustes ao tipo de estresse e (3) controle da reprodução.

RELAÇÕES ANATOMOFUNCIONAIS

O hipotálamo e a glândula hipófise formam uma unidade que exerce controle sobre a função de várias glândulas endócrinas, tais como tireoide, suprarrenais e gônadas e, por conseguinte, sobre uma série de funções orgânicas. O controle que o sistema nervoso exerce sobre o sistema endócrino e a modulação que este efetua sobre a atividade do SNC constituem os principais mecanismos reguladores de, basicamente, todos os processos fisiológicos.

A íntima associação entre o hipotálamo e a hipófise foi reconhecida, inicialmente, por Galeno no século XI d.C. Ele observou que o prolongamento ventral do hipotálamo, em formato de funil, termina em uma massa glandular envolvida por rico aporte sanguíneo. Entretanto, o verdadeiro significado do hipotálamo como controlador de todas as secreções hipofisárias só foi descoberto no século XX. Em 1920, o trato hipotálamo-neuro-hipofisário foi identificado por Lewi e Greving; pouco depois, em 1930, a ligação vascular existente entre o hipotálamo e a hipófise foi claramente demonstrada por Popa e Fielding, e o seu significado fisiológico elucidado por Green e Harris, em 1947.

No hipotálamo, além dos elementos neurais característicos, encontramos neurônios especializados em secretar hormônios peptídicos, conhecidos como *neurônios peptidérgicos*. Esses neurônios apresentam as mesmas propriedades elétricas das outras células nervosas, como a deflagração de potenciais de ação quando estimulados; o potencial de ação provocado no corpo celular trafega até a terminação do axônio, onde, por determinar influxo de cálcio, desencadeia a secreção dos hormônios que se encontram em vesículas de armazenamento. Os produtos de secreção dos neurônios peptidérgicos são: (1) peptídios liberadores ou inibidores dos vários hormônios da *hipófise anterior* (ou adeno-hipófise), que agem, respectivamente, estimulando ou inibindo a secreção dos hormônios adeno-hipofisários, e (2) os peptídios neuro-hipofisários:

vasopressina (AVP) ou hormônio antidiurético (ADH) e ocitocina, que são sintetizados por neurônios hipotalâmicos e armazenados em terminações axônicas presentes no interior da *hipófise posterior* ou neuro-hipófise (Figura 65.1).

Os neurônios hipotalâmicos que se relacionam com a adeno-hipófise constituem o *sistema parvicelular* ou *tuberoinfundibular*. Fazem parte desse sistema neurônios curtos cujos corpos celulares encontram-se difusamente distribuídos em certas regiões do hipotálamo, tais como nos núcleos peri- e paraventriculares (porção parvicelular), arqueado e área pré-óptica medial. Dessas regiões partem axônios que convergem para a *eminência mediana* do hipotálamo, onde os vários hormônios liberadores e inibidores são secretados. Devido à existência de um sistema vascular altamente especializado, que conecta a eminência mediana à adeno-hipófise (sistema porta-hipotálamo-hipofisário), os neuro-hormônios hipotalâmicos alcançam a hipófise anterior em altas concentrações, antes de se diluírem na circulação sistêmica. Esse arranjo permite economia no sistema, já que os hormônios hipotalâmicos são direcionados às suas células-alvo.

O emprego de técnicas tais como a imuno-histoquímica e a hibridização *in situ* possibilitou a identificação de áreas do hipotálamo endócrino em que se concentram neurônios que expressam os mesmos peptídios. Assim, temos as áreas: (1) tireotrófica, que apresenta neurônios cujo produto de secreção é o TRH (*thyrotropin releasing hormone*), (2) corticotrófica, que secreta o CRH (*corticotropin releasing hormone*), (3) gonadotrófica, cuja secreção é o GnRH (*gonadotropin releasing hormone*) etc. No entanto, mais de 30 peptídios distintos foram identificados em neurônios de núcleos como o arqueado e os paraventriculares, muitos deles coexistindo em uma mesma célula, porque derivam do mesmo pró-hormônio, que é codificado por um único gene. Contudo, existem células que expressam dois peptídios relacionados com genes diferentes, como é o caso de alguns neurônios que se originam na porção parvicelular dos núcleos paraventriculares e que coexpressam ADH e CRH.

Os peptídios neuro-hipofisários são sintetizados por neurônios hipotalâmicos específicos, que apresentam corpos celulares de dimensões maiores que as dos neurônios parvicelulares, e longos axônios que se projetam na hipófise posterior. Esses neurônios localizam-se em dois núcleos hipotalâmicos bem definidos: (1) supraópticos e (2) paraventriculares. Desses núcleos é que partem os axônios que passam pela haste hipofisária e se dirigem à neuro-hipófise, onde estabelecem contatos sinápticos nas proximidades dos capilares sinusoides; esses neurônios constituem o trato hipotálamo-neuro-hipofisário ou trato supraóptico-hipofisário, ou ainda o sistema magnocelular. Esse sistema recebe, também, contribuições de pequenos grupos de neurônios magnocelulares acessórios localizados em outros núcleos do hipotálamo. Por outro lado, alguns neurônios que expressam ADH ou ocitocina, provenientes do núcleo paraventricular, não fazem parte do sistema magnocelular, projetando-se para outras regiões do sistema nervoso.

▶ Interações do hipotálamo endócrino com outras áreas do SNC

Os neurônios que compõem os sistemas parvi- e magnocelular estão sob a influência de fibras nervosas originárias das mais variadas regiões do sistema nervoso, como, por exemplo, a formação reticular mesencefálica e componentes do sistema

Hipotálamo Endócrino   1055

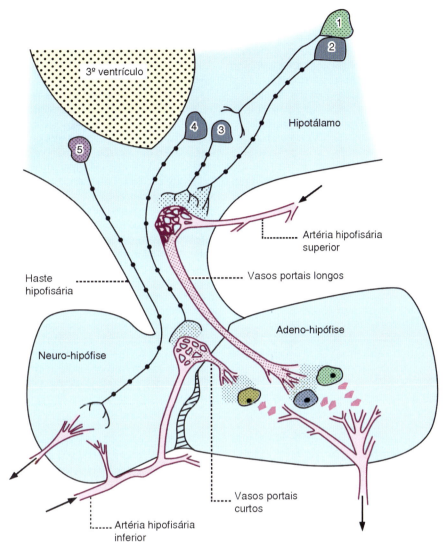

Figura 65.1 • Organização do sistema hipotálamo-hipofisário. Observe que o hipotálamo e a hipófise encontram-se conectados, anatomicamente, pela haste hipofisária e, funcionalmente, por neurônios provenientes de distintos núcleos hipotalâmicos. Os *neurônios parvicelulares* (indicados pelos números 2, 3 e 4) se dirigem à rede de capilares presente na eminência mediana do hipotálamo, pertencente ao sistema porta-hipotálamo-hipofisário, por meio do qual os hormônios por eles produzidos (hormônios hipofisiotróficos) são conduzidos à adeno-hipófise, onde estimulam ou inibem a síntese e secreção dos hormônios hipofisários. Os *neurônios magnocelulares* (representados pelo número 5) se dirigem à neuro-hipófise, onde os hormônios produzidos no hipotálamo (hormônios neuro-hipofisários) ficam armazenados em vesículas de secreção até serem liberados por estímulos específicos que deflagram potenciais de ação nos mesmos. *Neurônios provenientes de outras áreas do sistema nervoso* (representados pelo número 1) podem, ainda, interagir sinapticamente com os neurônios hipotalâmicos que guardam relação com a hipófise, e podem interferir na secreção hormonal hipofisária. Note que o sistema porta-hipotálamo-hipofisário é constituído por capilares, derivados das artérias hipofisárias superior e inferior, que se confluem aos vasos portais longos e curtos, respectivamente. (Adaptada de Leichan, 1987.)

límbico. Isto faz com que o ritmo de secreção dos neuro-hormônios, causado a partir do padrão interno hipotalâmico, seja influenciado fortemente pelo restante do sistema nervoso por meio de aferências noradrenérgicas, colinérgicas e serotoninérgicas, principalmente. Neurotransmissores tais como epinefrina (adrenalina), dopamina, ácido gama-aminobutírico (GABA) e opioides também participam desse controle. Essa influência pode ser exercida por meio de sinapses axodendríticas, realizadas com os próprios núcleos hipotalâmicos (locais de síntese dos neuro-hormônios), bem como por sinapses axoaxônicas, efetuadas nas terminações axônicas da eminência mediana (local de armazenamento e secreção dos neurônios do sistema parvicelular). Alguns neurotransmissores podem, ainda, ser liberados diretamente no sangue portal, o que os caracteriza como hormônios, influenciando, por si sós, a secreção dos hormônios adeno-hipofisários. Dessa maneira, o hipotálamo pode ser considerado como uma via final comum por meio da qual os sinais oriundos de múltiplos sistemas convergem à adeno-hipófise.

Em linhas gerais, a aferência dopaminérgica é constituída por neurônios localizados no núcleo arqueado do hipotálamo. Deste, partem axônios em direção à camada externa da eminência mediana, na qual terminações nervosas estabelecem íntima relação com os capilares porta-hipofisários, por meio dos quais a dopamina exerce controle direto sobre a secreção de hormônios adeno-hipofisários. Porém, ainda na eminência mediana, algumas fibras dopaminérgicas fazem sinapses axoaxônicas com neurônios peptidérgicos, e participam dessa maneira do controle da liberação dos peptídios hipotalâmicos. Fibras dopaminérgicas provenientes do núcleo arqueado também são identificadas na neuro-hipófise, na qual exercem um possível controle sobre a secreção de ADH e/ou ocitocina, bem como na hipófise intermediária, onde controlam a secreção de hormônio melanotrófico (MSH).

As fibras noradrenérgicas que afluem ao hipotálamo originam-se, principalmente, na ponte e no bulbo. As principais áreas do hipotálamo que recebem essas terminações são os núcleos dorsomedial, paraventricular e arqueado. A camada mais interna da eminência mediana (ver adiante) também recebe aferentes noradrenérgicos. Da mesma maneira, fibras serotoninérgicas, originárias dos núcleos da rafe, dirigem-se ao hipotálamo, distribuindo-se, entre outras regiões, ao núcleo supraquiasmático, ao terço médio do núcleo retroquiasmático, à área pré-óptica e à região anterior da eminência mediana, de maneira similar às fibras noradrenérgicas.

O sistema límbico exerce influências sobre a atividade dos sistemas magno- e parvicelular por meio de vias córtico-hipotalâmicas provenientes da amígdala, região septal, tálamo e retina.

A relação funcional do hipotálamo com outras estruturas do SNC garante a integração do sistema endócrino com outros sistemas efetores do sistema nervoso, tais como o motor e o autônomo. Essa integração se completa com a chegada de informações provenientes da periferia, via sistema circulatório, representadas por fatores metabólicos, bem como pelos hormônios hipofisários e aqueles produzidos pelas glândulas-alvo dos hormônios hipofisários, nos quais baseiam-se os mecanismos de *feedback* negativo e positivo existentes entre o hipotálamo e as glândulas endócrinas. Dessa maneira, os neurônios dos sistemas magno- e parvicelular mantêm-se sob influências diversas, neuronais e endócrinas, as quais, conjuntamente, fazem com que a secreção de neuro-hormônios seja regulada momento a momento de acordo com as flutuações do meio interno (Figura 65.2).

Apesar de os sistemas magno- e parvicelular terem sido apresentados de maneira independente, existem evidências de uma estreita relação entre eles: (1) alguns neurônios colaterais, que compõem o sistema magnocelular, projetam-se à eminência mediana modificando a secreção da hipófise anterior; (2) terminações nervosas que secretam GnRH, TRH, somatostatina, leucina-encefalina, neurotensina e dopamina, pertencentes ao sistema parvicelular, projetam-se para a neuro-hipófise, e podem, da mesma maneira, influenciar a secreção dos hormônios neuro-hipofisários.

▶ Eminência mediana

A eminência mediana hipotalâmica é a estrutura que representa funcionalmente a interface entre o sistema nervoso e a adeno-hipófise, e é o ponto de convergência de informações que partem das diferentes áreas do SNC em direção ao sistema endócrino. A eminência mediana está limitada, ventralmente, pela porção tuberal do lobo anterior da hipófise (que envolve a haste hipofisária e porções da base do encéfalo) e grandes vasos porta-hipofisários e, cranialmente, pelo recesso ventricular. Ela é ricamente vascularizada pelas artérias hipofisárias superiores, que dão origem a um sistema capilar responsável pela coleta dos neuropeptídios secretados. Toda essa região permanece fora da barreira hematencefálica, o que indica que substâncias presentes na corrente sanguínea, como hormônios, são capazes de exercer alguma sinalização nessa região.

Estruturalmente, a eminência mediana pode ser dividida em três camadas: (1) a camada ependimal (mais interna), que forra o assoalho do terceiro ventrículo, constituída basicamente por células ependimais, as quais estabelecem contatos entre o terceiro ventrículo e vasos porta-hipofisários; (2) a camada fibrosa, que é atravessada pelos axônios do trato supraóptico-hipofisário em trânsito para a neuro-hipófise; e (3) a zona paliçada (mais externa), onde as fibras do trato tuberoinfundibular liberam a maior parte dos neuropeptídios.

Os neurônios peptidérgicos que constituem o trato tuberoinfundibular alcançam o espaço perivascular do sistema porta hipotálamo-hipofisário (zona paliçada), onde liberam os neuro-hormônios. Nota-se que, à medida que penetram na eminência mediana, essas fibras estabelecem sinapses com células ependimais e contatos com o terceiro ventrículo, indicando: (1) possível

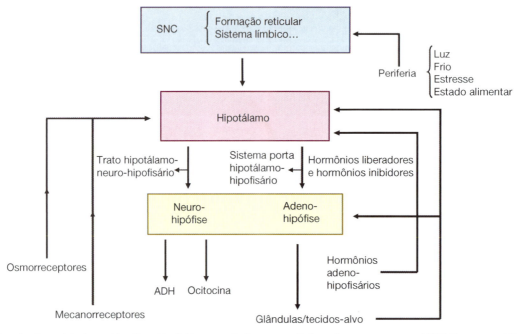

Figura 65.2 ▪ Organização geral do sistema hipotálamo-hipofisário e suas relações com a periferia e o sistema nervoso central (SNC). Note que a atividade desse sistema (e, portanto, da secreção dos hormônios adeno- e neuro-hipofisários) é controlada por sinais hormonais e neuronais, que o integram com a periferia; deste modo, garante-se que quaisquer alterações de pressão arterial, volemia, temperatura, luminosidade, glicemia, dentre outras, gerem respostas endócrinas apropriadas para manutenção da homeostase do indivíduo.

interferência das células ependimais no processo neurossecretório e (2) que a liberação dos neuro-hormônios possa acontecer também no líquido cerebrospinal (LCE). O papel fisiológico das células ependimais ainda está por ser esclarecido. Alguns estudos sugerem que, por serem conectadas por meio de *tight junctions*, essas células representam uma barreira entre o LCE e o sangue portal; outros estudos, no entanto, indicam exatamente o contrário, ou seja, que elas são uma ponte de comunicação entre o LCE e o sistema porta-hipofisário. Aliás, a demonstração de que após 10 minutos da injeção intracerebroventricular de ^{3}H-TRH esse peptídio é detectado nas camadas média e externa da EM, assim como nos capilares do sistema portal, fortalece este último conceito (Figura 65.3).

▸ Sistema porta-hipotálamo-hipofisário

O sistema vascular porta-hipotálamo-hipofisário (ou sistema porta-hipofisário) é responsável pelo transporte de hormônios do hipotálamo para a adeno-hipófise. Duas redes capilares estão interligadas, fazendo com que o sangue coletado na eminência mediana perfunda a hipófise anterior.

Na eminência mediana e nas porções mais superiores da haste hipofisária, cujo suprimento sanguíneo provém das artérias hipofisárias superiores (ramos da carótida interna), observa-se uma densa rede de capilares, os quais se distribuem formando grandes alças, algumas penetrando cranialmente na eminência mediana, até as proximidades do líquido cerebrospinal do terceiro ventrículo, o que sugere possíveis trocas de moléculas entre eles. Esses capilares drenam para vasos que trafegam por toda a haste hipofisária em direção aos capilares sinusoides da adeno-hipófise, sendo, por essa razão, denominados *vasos portais longos*.

Uma segunda rede de capilares está presente nas porções mais ventrais da eminência mediana, na haste hipofisária e neuro-hipófise (processo infundibular). Essas regiões recebem suprimento sanguíneo das artérias hipofisárias inferiores e são drenadas por capilares portais que se dirigem à adeno-hipófise, passando pela hipófise intermédia; esses capilares, por serem mais curtos que os anteriores, são denominados *vasos portais curtos* (ver Figura 65.1). Por meio dessa via, altas concentrações dos hormônios neuro-hipofisários (o ADH e a ocitocina) alcançam a adeno-hipófise, e podem influenciar a secreção local dos hormônios. Em humanos, cerca de 80% a 90% do sangue que se dirige à adeno-hipófise provêm dos vasos portais longos, sendo o restante conduzido pelos vasos portais curtos.

Estudos dinâmicos da microcirculação local revelaram que o sangue dos vasos portais flui, principalmente, do hipotálamo para a adeno-hipófise (sendo, pois, denominado fluxo anterógrado), em que os hormônios hipotalâmicos exercem suas ações. No entanto, há evidências da existência de um fluxo sanguíneo retrógrado, por meio do qual os hormônios adeno- e, possivelmente, neuro-hipofisários têm acesso ao SNC, onde podem influenciar a secreção dos hormônios hipofisiotróficos (ver adiante).

HORMÔNIOS HIPOTALÂMICOS

No hipotálamo podemos distinguir basicamente duas classes de neurônios: (1) os que secretam seus hormônios na circulação porta-hipofisária e (2) os que secretam hormônios diretamente na circulação geral, mais especificamente nos capilares sinusoides da neuro-hipófise.

Os que secretam seus hormônios na circulação porta-hipofisária são responsáveis pela regulação da síntese e liberação dos hormônios da adeno-hipófise, sendo, por essa razão, também conhecidos como hormônios hipofisiotróficos. Estes foram designados há muito tempo como *fatores liberadores*

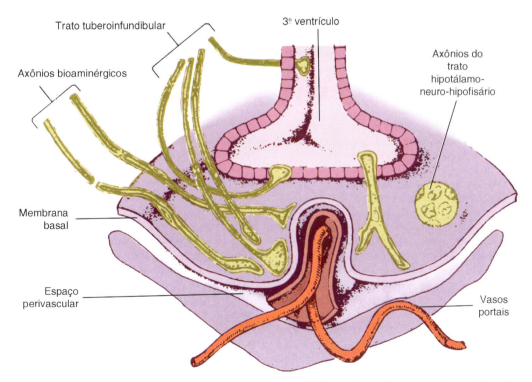

Figura 65.3 ▪ Representação esquemática das relações anatômicas existentes entre as vias peptidérgicas, bioaminérgicas e eminência mediana. Os componentes estão identificados e descritos no texto. (Adaptada de Reichlin, 1992.)

hipotalâmicos, quando a sua estrutura química ainda não havia sido definida. O isolamento, a determinação da estrutura química e a síntese desses neuro-hormônios em laboratório proporcionaram um grande avanço no campo da endocrinologia experimental e clínica.

Desde o início do século passado, inúmeras evidências clínicas e experimentais indicavam a importância das relações existentes entre o hipotálamo e a glândula hipófise. Isto levou ao desencadeamento de uma verdadeira corrida entre vários laboratórios de pesquisa com o objetivo de identificar os fatores hipotalâmicos responsáveis pelo funcionamento normal da adeno-hipófise. Basicamente, a técnica empregada envolvia extração de grandes quantidades de tecido hipotalâmico e seu fracionamento em enormes colunas de *sephadex*; esse procedimento era seguido de subfracionamentos, em função do tamanho reduzido dos peptídios hipotalâmicos (ver adiante).

O primeiro hormônio hipotalâmico a ser isolado foi o TRH (hormônio liberador de TSH), que estimula a síntese e a liberação de hormônio tireotrófico (TSH) e prolactina (Prl). Seguiu-se o isolamento do GnRH (hormônio liberador de gonadotrofinas), que estimula a síntese e a liberação dos hormônios gonadotróficos foliculestimulante (FSH) e luteinizante (LH); da *somatostatina* (SS) ou GHRIH, que inibe a síntese e liberação tanto de hormônio de crescimento (GH) quanto de TSH; do CRH (hormônio liberador de ACTH), que estimula a síntese e liberação de corticotrofina (ACTH); e, no início dos anos 1970, do GHRH (hormônio liberador de GH), que estimula a síntese e liberação de GH. O sexto hormônio hipotalâmico é a *dopamina*, também conhecido como hormônio inibidor da liberação de prolactina (Prl), importante neurotransmissor, aqui chamado de hormônio por ser liberado na circulação porta-hipofisária.

Um aspecto que surpreendeu os investigadores é que vários desses neuro-hormônios hipotalâmicos também foram encontrados em outras regiões do SNC não relacionadas com a função hipofisária, em que, provavelmente, exercem o papel de neuromoduladores (ou substâncias capazes de alterar o grau de excitabilidade de conjuntos de neurônios por tempo prolongado, de alguns minutos). Esses peptídios também se encontram presentes, em grandes quantidades, ao longo do tubo digestivo, no qual participam como moduladores do sistema nervoso local (sistema entérico). A própria somatostatina também é encontrada no pâncreas, onde exerce efeito inibitório parácrino sobre a secreção de insulina e glucagon. Esses fatos revelam que, além da regulação da secreção dos hormônios adeno-hipofisários, esses peptídios, por se acharem amplamente distribuídos pelo organismo, exercem várias outras funções em diferentes sistemas biológicos.

Os estudos iniciais indicaram que a maior parte dos peptídios hipotalâmicos age nas células-alvo e ativam o sistema adenililciclase/cAMP. Outros, tais como a somatostatina, ao interagir com o receptor, que está acoplado a uma proteína G inibitória (proteína-Gi), induzem diminuição da produção de cAMP, sendo observados efeitos inibitórios na célula-alvo. Verificou-se, ainda, que alguns peptídios hipotalâmicos agem por meio do fosfatidilinositol, que em última análise leva a mudanças na concentração citosólica de cálcio e à ativação da proteinoquinase/cinase C. Mais recentemente, demonstrou-se a existência de interações desses sistemas de sinalização intracelular, de modo que alguns peptídios hipotalâmicos, tais como o GHRH, podem mobilizar mais de uma via de sinalização (mais detalhes no Capítulo 64, *Introdução à Fisiologia Endócrina*).

Quadro 65.1 • Hormônios hipotalâmicos e sua relação com a adeno-hipófise.

Hormônios hipotalâmicos	Hormônios adeno-hipofisários
Hormônio liberador de tireotrofina (TRH)	+ Hormônio tireotrófico (TSH) e prolactina (Prl)
Hormônio liberador de corticotrofina (ACTH)	+ Hormônio adrenocorticotrófico (ACTH) e peptídios derivados da pró-opiomelanocortina (POMC) = melanocortinas
Hormônio liberador de hormônio luteinizante (LHRH) ou hormônio liberador de gonadotrofinas (GnRH)	+ Hormônio luteinizante (LH) e + Hormônio foliculestimulante (FSH)
Hormônio liberador de hormônio de crescimento (GHRH)	+ Hormônio do crescimento (GH)
Hormônio inibidor da liberação de hormônio de crescimento (GHRIH = GIH) ou somatostatina (SS)	– GH e TSH
Fator inibidor da liberação de Prl (PIF) = dopamina (DA), GABA, peptídio associado às gonadotrofinas (GAP)	– Prl
Fator liberador de Prl (PRF) = peptídio intestinal vasoativo (VIP), peptídio histidina-isoleucina (PHI), TRH	+ Prl

Os sinais + e – indicam estimulação e inibição, respectivamente.

No Quadro 65.1 estão indicados os hormônios hipotalâmicos identificados até o momento e suas ações específicas sobre a adeno-hipófise.

▶ Hormônio liberador de tireotrofina (TRH)

O TRH foi o primeiro hormônio hipotalâmico a ser isolado, a ter a sua estrutura química definida e a ser sintetizado em laboratório. Esse tripeptídio (piroglutamil-histidil-prolinamida) foi isolado por Schally em 1968, após a análise de 165.000 hipotálamos suínos. Logo após, estudos *in vitro* confirmaram que esse peptídio apresentava a capacidade de provocar a liberação de TSH de hipófises de camundongos e ratos. No ano seguinte, Guillemin conseguiu o mesmo feito em ovinos. Esses achados fizeram com que ambos fossem laureados com o Prêmio Nobel de Fisiologia e Medicina em 1977.

Após a síntese do TRH em laboratório verificou-se que, surpreendentemente, o TRH também apresentava a capacidade de induzir a liberação de Prl. Posteriormente verificou-se que, em ratas hipotireóideas, cujos níveis de TRH estão elevados, a sucção da mama leva a um aumento acentuado da liberação de Prl e que pacientes hipotireóideos apresentam ocasionalmente hiperprolactinemia. Estudos mais recentes demonstraram ainda que, em uma linhagem de tumor de células hipofisárias, o TRH estimula a síntese de mRNA que codifica a Prl. Apesar desses achados, por motivos que serão discutidos a seguir, o TRH não é considerado como o fator fisiológico da liberação de Prl. Vale ainda comentar que o TRH, sob certas condições, também é capaz de estimular a secreção de GH.

Biossíntese

O TRH é sintetizado a partir de uma grande molécula precursora constituída de 242 aminoácidos, o pré-pró-TRH. O gene que codifica o pré-pró-TRH humano está localizado no cromossomo 3, apresenta comprimento de 3,3 e uma unidade de transcrição que no 3º éxon contém sequências repetidas que variam em número segundo a espécie (6 no ser humano e 5 no rato), e cada uma delas dá origem a uma molécula de TRH. Em outras palavras, uma única cópia desse gene dá início a 6 moléculas de TRH no ser humano e 5 no rato (Figura 65.4). Esse gene também codifica outros neuropeptídios que podem ser biologicamente importantes. O gene do TRH é expresso, principalmente, nos núcleos paraventriculares (na porção parvicelular) do hipotálamo, em neurônios distintos daqueles que compõem o sistema magnocelular, e também em neurônios específicos da área periventricular do hipotálamo (no núcleo periventricular anterior, principalmente). Dessas regiões, que constituem a área tireotrófica do hipotálamo, partem axônios que transportam o TRH por fluxo axoplasmático em direção à eminência mediana, onde ele é liberado no sistema porta-hipofisário. Detecta-se também imunorreatividade para o TRH em outras regiões do SNC, onde ele desempenha o papel de neurotransmissor ou neuromodulador.

Regulação da síntese e secreção

A atividade dos neurônios que sintetizam TRH é influenciada, basicamente, por aferências provenientes de várias regiões do SNC e pelas concentrações plasmáticas dos hormônios tireoidianos.

A secreção de TRH é estimulada por aferências noradrenérgicas que partem do tronco encefálico. O bloqueio de receptores α_1-adrenérgicos inibe a liberação de TSH que ocorre durante exposição ao frio, resposta que é observada em vários animais e no ser humano recém-nascido, sabidamente, secundária à liberação de TRH. A secreção de TRH também é estimulada pelo hormônio antidiurético (ADH). Por outro lado, os opiáceos endógenos, os glicocorticoides, a dopamina e a somatostatina inibem a liberação de TRH.

No *jejum*, a liberação de TRH encontra-se reduzida em função do aumento da atividade dos neurônios que secretam o neuropeptídio Y (NPY). Este peptídio exerce um tônus inibitório sobre os neurônios TRHérgicos e, por conseguinte, sobre a atividade do sistema hipotálamo-hipófise-tireoide (HPT), o que é fundamental para a preservação de energia que deve acontecer nessa condição. Isso ocorre porque, no jejum, há redução da concentração plasmática de leptina, que é um potente inibidor da atividade dos neurônios que secretam NPY. A diminuição da atividade do eixo HPT no jejum leva à redução da secreção dos hormônios tireoidianos que, como será evidenciado no Capítulo 68, *Glândula Tireoide*, atuam aumentando a taxa metabólica basal, o que não é desejável nessa situação.

O neuropeptídio Y e o AGRP (*Agouti-related peptide*) também exercem profundos efeitos inibitórios sobre a síntese de TRH. O papel da serotonina e histamina sobre a secreção de TRH ainda é controverso, já que tanto efeitos estimuladores quanto inibitórios podem ser encontrados na literatura.

Quanto ao T3, foi demonstrado que ele inibe diretamente a transcrição do gene do pré-pró-TRH e, portanto, a síntese de TRH no hipotálamo, o que constitui a base molecular para o mecanismo de *feedback* negativo do eixo hipotálamo-hipófise-tireoide existente no nível hipotalâmico (Figura 65.5). Esse efeito parece ser restrito aos neurônios TRHérgicos dos núcleos paraventriculares (NPV), embora atualmente haja evidências de que neurônios TRHérgicos localizados no tronco encefálico, que estão envolvidos com a atividade vagal e, possivelmente, com o controle da ingestão alimentar, também sejam regulados pelo T3.

Na verdade, o T4 plasmático é o principal envolvido na resposta de retroalimentação negativa sobre o TRH; no entanto, sabe-se que ele deve ser desiodado a T3, que é o hormônio que será reconhecido pelos receptores nucleares de hormônios tireoidianos, os THR, e que reduzirá a expressão do gene que codifica o TRH. Embora seja consenso que a retroalimentação negativa seja exercida pelo T3 produzido localmente a partir do T4, a presença da desiodase do tipo 2 (*D2*), enzima que catalisa essa reação, não foi demonstrada nos núcleos paraventriculares do hipotálamo, o que sugere que a desiodação ocorra em outro local no SNC ou que a retroalimentação negativa também possa ser exercida pelo próprio T3 circulante. É possível que células do núcleo arqueado estejam envolvidas nesse processo, uma vez que se evidenciou expressão de mRNA da D2 nessa região do hipotálamo, bem como conexões monossinápticas entre células deste núcleo e neurônios dos núcleos paraventriculares diretamente relacionados com o controle da secreção de TSH. Demonstrou-se também marcação para mRNA da D2 na área periventricular do hipotálamo, mais especificamente na camada ependimal do 3º ventrículo, bem como na eminência mediana, em que numerosas células contendo o mRNA da D2 foram localizadas na camada interna adjacente ao assoalho do 3º ventrículo e na camada externa adjacente à superfície do cérebro. Mais recentemente foi evidenciado que células gliais, astrócitos e tanicitos do hipotálamo médio basal expressam a D2, indicando que a interação entre a glia, células ependimais e neurônios é de fundamental importância para que haja o efeito de retroalimentação negativa exercido pelo T3 sobre a síntese de TRH e, portanto, para que a regulação da função

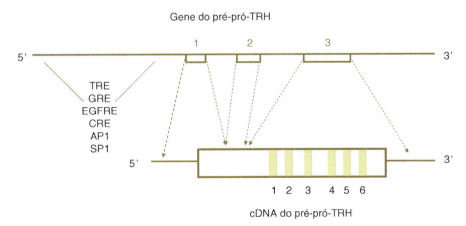

Figura 65.4 ▪ Esquema ilustrativo do gene do pré-pró-TRH humano. O gene apresenta em sua região promotora elementos responsivos ao hormônio tireoidiano (TRE), aos glicocorticoides (GRE), ao fator de crescimento epidermal (EGFRE), ao cAMP (CRE), além de sítios de ligação às proteínas transcricionais AP1 e SP1, dentre outros, o que sugere participação dos mesmos no controle da expressão desse gene. O gene apresenta 3 éxons (representados pelos números *1, 2* e *3* escritos *em ocre*) que codificam um cDNA que apresenta 6 cópias do TRH. (Adaptada de Stratakis e Chrousos, 1997.)

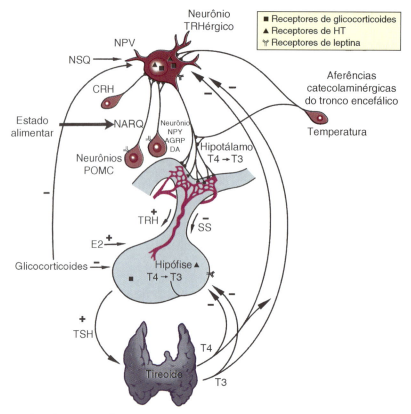

Figura 65.5 • Representação esquemática dos principais fatores envolvidos na regulação da síntese e secreção do hormônio liberador de tireotrofina (TRH) e, consequentemente, do eixo hipotálamo-hipófise-tireoide. *NPV* representa o núcleo paraventricular, onde são encontrados os neurônios TRHérgicos; *NARQ* representa o núcleo arqueado, de onde partem neurônios dopaminérgicos (DA) que secretam os neuropeptídios Y (NPY) e AGRP (*Agouti-related peptide*), os quais exercem profundos efeitos inibitórios sobre a síntese de TRH. *NSQ* representa o núcleo supraquiasmático relacionado com a ritmicidade circadiana observada na secreção de TRH/TSH. Os glicocorticoides, além de reduzirem a expressão do gene do pré-pró-TRH, diminuem a expressão de receptores de TRH no tireotrofo. (Adaptada de Cone *et al.*, 2003.)

tireoidiana ocorra de modo efetivo. Outro aspecto importante a salientar é que a isoforma β do THR (THRβ) é a que predomina no SNC e hipófise. Assim, na síndrome da resistência ao hormônio tireoidiano, na qual o gene THRβ apresenta uma mutação inativadora, a elevada concentração de hormônios tireoidianos no plasma não é capaz de reduzir a secreção do TRH, bem como a de TSH.

Para que os hormônios tireoidianos desencadeiem seus efeitos biológicos, eles devem ser transportados através da membrana de seus tecidos-alvo por proteínas específicas, que incluem os transportadores de monocarboxilato 8 (MCT8) e 10 (MCT10) e o polipeptídio transportador de ânions orgânicos 1C1 (OATP1C1). O OATP1C1 é expresso predominantemente nos capilares cerebrais e transporta preferencialmente T4, enquanto o MCT8 e o MCT10 são expressos em vários tecidos e capazes de transportar diferentes iodotironinas. Há uma elevada expressão de MCT10 e OATP1C1 no hipotálamo humano, o que indica a possibilidade de participarem da regulação da atividade do eixo hipotálamo-hipófise-tireoide (detalhes no Capítulo 68).

Mecanismo de ação

Os efeitos biológicos do TRH resultam da interação desse peptídio com receptores de alta afinidade e especificidade, localizados na membrana das células tireotróficas e lactotróficas hipofisárias, processo que leva à estimulação da síntese e secreção de TSH e Prl. Desse modo, um fator importante que influencia a resposta do TSH ao TRH é o número de receptores de TRH nessas células. A expressão desses receptores é regulada por uma série de fatores tais como os hormônios tireoidianos e glicocorticoides que, quando aumentados na circulação, levam à diminuição do seu número. Por outro lado, os estrógenos parecem induzir a expressão desses receptores, o que contribuiria para explicar o fato de a resposta do TSH ao TRH ser maior nas mulheres do que nos homens.

A resposta do tireotrofo ao TRH é bimodal, ou seja, ele provoca inicialmente a liberação do hormônio armazenado para, a seguir, estimular a atividade gênica, aumentando a síntese de TSH. Na verdade, esses processos são iniciados simultaneamente; a diferença de fase entre eles decorre da ação do TRH sobre o processo de síntese, que, por envolver várias etapas, é mais lento.

O receptor de TRH (TRH-R) é um membro da família dos receptores acoplados à proteína G. Apresenta 7 domínios transmembrânicos, sendo que o TRH se liga ao 3º. Após sua interação com o receptor, o TRH ativa a proteína Gq, cuja consequência é a ativação da fosfolipase C que hidrolisa o fosfatidilinositol (PIP_2) a trifosfato de inositol (IP_3) e diacilglicerol (DAG). O IP_3 provoca liberação de Ca^{2+} dos seus estoques intracelulares (no retículo endoplasmático); este íon interage com os microtúbulos conduzindo ao primeiro pulso de liberação do TSH armazenado, enquanto o DAG ativa a proteinoquinase C (PKC), processo que é potencializado pelo Ca^{2+}. Segue-se uma segunda fase de secreção hormonal sustentada, que se acredita ser dependente do influxo de Ca^{2+} extracelular por meio de canais de Ca^{2+} dependentes de voltagem. Acredita-se que a PKC possa estar envolvida neste processo, já que há uma rápida translocação dela para a membrana em resposta ao TRH. A elevação do Ca^{2+} intracelular associada à ativação da PKC também estimula a taxa de transcrição dos genes que codificam as duas cadeias polipeptídicas do TSH, efeito que resulta da fosforilação de proteínas nucleares envolvidas na expressão destes genes. Além do efeito transcricional, o TRH estimula a glicosilação do TSH, importante passo para que este hormônio apresente sua total atividade biológica (detalhes no Capítulo 66, *Glândula Hipófise*).

Em suma, a interação do TRH com seu receptor leva à ativação da PKC, cujo resultado é a fosforilação de uma série de proteínas intracelulares, mecanismo pelo qual o efeito biológico do hormônio se manifesta.

O TRH parece não interagir com o sistema adenililciclase/cAMP, pelo menos diretamente. De fato, o cAMP estimula a secreção de TSH, contudo esse efeito pode não ser TRH-dependente.

O TRH é rapidamente inativado por ação de uma peptidase e uma desaminase plasmáticas. Acredita-se que os hormônios tireoidianos participem da regulação desse processo, já que ratos hipertireóideos apresentam aumento da taxa de inativação do TRH, sendo o contrário observado nos hipotireóideos.

Outras ações

A vasta distribuição de TRH pelo SNC, em áreas distintas da área tireotrófica, além de sua presença em outras regiões muito distantes, tais como ilhotas pancreáticas e sistema digestório, sugerem ações que muito diferem das que foram mencionadas. O mesmo pode ser deduzido da sua presença em certos animais inferiores, os quais nem sintetizam TSH. A presença de receptores de TRH também foi demonstrada em células do corno intermediolateral da medula espinal, local de origem dos neurônios simpáticos pré-ganglionares, o que poderia explicar o aumento da pressão arterial observado após administração de TRH em animais e no ser humano (Quadro 65.2). Na verdade, 2/3 do TRH presentes no SNC estão localizados fora do hipotálamo, o que sugere que ele exerça um papel de neurotransmissor, além de ser um hormônio liberador de TSH.

Quadro 65.2 • Ações do hormônio liberador de tireotrofina (TRH) sobre o sistema nervoso central.

Aumenta a atividade espontânea
Altera o padrão de sono
Produz anorexia
Inibe comportamento condicionado de esquiva
Induz rotação cabeça-cauda
Opõe-se às ações dos barbituratos sobre o tempo de sono, hipotermia e letalidade
Opõe-se às ações do etanol, hidrato de cloral, clorpromazina e diazepam sobre o tempo de sono e hipotermia
Aumenta o tempo de convulsão e letalidade da estricnina
Aumenta a atividade motora de animais tratados com morfina
Potencializa os efeitos DOPA-pargilina
Melhora os distúrbios comportamentais humanos
Provoca inibição central da secreção do hormônio de crescimento (GH) e da prolactina (Prl) induzida pela morfina
Altera a atividade elétrica das membranas celulares cerebrais
Aumenta o *turnover* de norepinefrina (NE)
Libera NE e dopamina (DA) de preparações sinaptossômicas
Aumenta a velocidade de desaparecimento da NE das terminações nervosas
Potencializa as ações excitatórias da acetilcolina (ACh) sobre os neurônios corticais cerebrais
Aumenta a pressão arterial
Protege contra o choque espinal
Melhora a função motora na esclerose amiotrófica lateral

Fonte: Reichlin, 1992.

▶ Fatores/hormônios hipotalâmicos inibidores da liberação de TSH

Estudos *in vitro* e *in vivo* evidenciaram que a somatostatina (hormônio inibidor da liberação de GH) inibe a liberação basal e induzida de TSH, bem como a liberação de TRH. Acredita-se que um dos mecanismos pelos quais os hormônios tireoidianos controlam a liberação de TSH é via somatostatina. As evidências são as seguintes: (1) em ratos hipotireóideos, o conteúdo hipotalâmico de somatostatina encontra-se diminuído, sendo prontamente normalizado após administração de T3, e (2) a exposição de fragmentos de hipotálamo ao T4 provoca a estimulação da secreção de somatostatina. Acredita-se que a diminuição concomitante de TSH e GH observada em alguns tipos de estresse seja o resultado da elevação de somatostatina que ocorre nessas condições.

Assim como ocorre com a secreção de prolactina, a dopamina também inibe a liberação de TSH; sua administração leva à diminuição da concentração plasmática de TSH em indivíduos normais e hipotireóideos. Essa ação parece ocorrer diretamente na hipófise, uma vez que, após infusão de dopamina, observa-se diminuição da resposta de liberação de TSH ao TRH. Estudos *in vitro* que empregam concentrações de dopamina similares às detectadas no sangue portal também demonstraram efeito direto dessa amina sobre a hipófise, sugerindo que a dopamina é um agente inibidor "fisiológico" da secreção de TSH.

▶ Hormônio liberador de gonadotrofinas (GnRH, LHRH)

O GnRH é um decapeptídio, isolado a partir de tecido hipotalâmico, que foi assim chamado por apresentar a capacidade de induzir a liberação de LH e FSH. Sua estrutura primária também foi determinada por Schally (em 1971), após extensas purificações de extratos hipotalâmicos de porcinos. Os primeiros estudos que levaram ao conhecimento de sua atividade biológica foram realizados a partir da administração de extratos hipotalâmicos em animais de experimentação. Inicialmente, em coelhas, foi caracterizada uma elevação da concentração sérica de LH seguida de indução da ovulação (por processo dependente de LH), razão pela qual esse hormônio foi denominado LHRH. Os estudos subsequentes mostraram que a administração de LHRH também causava elevação do FSH sérico, o que levou à utilização de uma terminologia mais genérica para esse hormônio: GnRH.

Apesar de o GnRH induzir liberação tanto de LH quanto de FSH, existem alguns estudos que sugerem a existência de dois hormônios hipotalâmicos específicos para a liberação desses hormônios, pois em algumas situações fisiológicas e fisiopatológicas ocorre nítida dissociação da secreção das gonadotrofinas. Por outro lado, os que defendem a existência de apenas um hormônio liberador para ambas as gonadotrofinas justificam essas diferenças como decorrentes de variações no padrão de descargas de GnRH e de flutuações nos níveis circulantes de hormônios gonadais. Assim, no período pré-ovulatório, os altos níveis circulantes de estrógenos induzem um aumento da frequência de descargas de GnRH, que poderia ser decorrente de uma inibição de vias endorfinérgicas, ou ativação de neurônios que secretam kisspeptina (ver adiante). Ao mesmo tempo, os altos níveis circulantes de estrógenos diminuem a resposta de liberação de FSH ao GnRH, o que resulta na secreção preferencial de LH. Outro hormônio gonádico, a inibina, pode, igualmente, favorecer a secreção de LH frente a um aumento de GnRH, uma vez que exerce efeito seletivo inibitório sobre a secreção de FSH (detalhes no Capítulo 66 e no Capítulo 71, *Gônadas*).

Biossíntese

O GnRH é sintetizado por neurônios localizados na área pré-óptica e hipotálamo basal, como parte de um pró-hormônio que sofre processamento enzimático em seus grânulos de secreção. Esse precursor, além de GnRH, dá origem a um peptídio de 56 aminoácidos denominado *GAP* (peptídio associado ao GnRH). O GAP apresenta atividade inibidora da secreção de Prl, dado que ainda não foi confirmado *in vivo*, e seu papel fisiológico ainda permanece desconhecido.

A estrutura química do GnRH varia de espécie para espécie, de forma semelhante ao que ocorre com todos os hormônios liberadores maiores que o TRH. Em uma mesma espécie, podemos ainda ter GnRH produzidos em locais diferentes, com estruturas químicas diferentes, o que sugere que o pró-GnRH seja processado de maneira distinta nos diversos tecidos em que o gene é expresso. Contudo, os primeiros 4 resíduos de aminoácidos do GnRH, que são fundamentais para a liberação de FSH e LH, são altamente conservados na evolução. O gene do GnRH está localizado no cromossomo 8 p apresentando, em todos os mamíferos, 4 éxons. O 2º codifica o pré-pró-GnRH até os 11 primeiros aminoácidos do GAP. Esse gene foi bastante estudado no rato, tendo sido identificadas na região flanqueadora 5' várias sequências às quais diferentes fatores de transcrição podem se ligar, bem como elementos responsivos ao estrógeno (pelo menos no gene do GnRH humano), e a outros esteroides, o que sugere que a regulação da expressão desse gene é bastante complexa.

A secreção dos neuropeptídios hipotalâmicos é pulsátil. Essa característica secretória, que é observada em maior ou menor intensidade de acordo com a natureza do neuropeptídio, é um componente obrigatório do funcionamento normal do eixo hipotálamo-hipófise-gônadas; a liberação hipotalâmica de pulsos de GnRH resulta em flutuações ultradianas da concentração de gonadotrofinas no sangue periférico. Acredita-se que esse tipo de secreção seja importante na regulação do número de receptores hipofisários para o GnRH, uma vez que após a formação do complexo hormônio-receptor uma fração substancial desses complexos é internalizada e destruída. Desta maneira, durante o intervalo entre os pulsos, o gonadotrofo hipofisário restabeleceria o *pool* de receptores internalizados e destruídos durante o pulso anterior (ver Capítulo 64). O resultado desse mecanismo regulador é que a exposição contínua ao GnRH leva à supressão da liberação de gonadotrofinas, a qual é restabelecida após início de injeção intermitente de GnRH. Sabe-se que, fisiologicamente, essa liberação pulsátil permanece bloqueada durante: (1) a maior parte do desenvolvimento pré-púbere, (2) a amenorreia observada na lactação e (3) a restrição alimentar.

Regulação da secreção

Os neurônios que expressam o GnRH recebem aferências de vias adrenérgicas e peptidérgicas de opiáceos endógenos, as quais participam da regulação da secreção de gonadotrofinas que agem diretamente no hipotálamo. A secreção de GnRH é estimulada pela norepinefrina por meio da ativação de receptores alfa-adrenérgicos; portanto, o bloqueio destes por utilização de antagonistas específicos provoca inibição da ovulação. Por outro lado, a ativação de receptores beta-adrenérgicos provoca inibição da secreção de GnRH. A dopamina também exerce efeito inibitório sobre a liberação de GnRH. Demonstrou-se que a morfina inibe a secreção de gonadotrofinas em ambos os sexos, sendo causa de infertilidade, anovulação e diminuição dos níveis de testosterona. Admite-se que esse quadro de hipogonadismo resulte de uma diminuição da frequência de pulsos de GnRH, o que levaria a uma maior diminuição da secreção de LH em relação ao FSH.

Juntamente com as aferências neurais, os neurônios GnRHérgicos são marcadamente influenciados pelos esteroides sexuais circulantes. Dessa maneira, em macacos, as evidências de que a castração (ou orquiectomia) leva à aceleração da secreção pulsátil de LH e, presumivelmente, de GnRH sugerem fortemente que a testosterona exerça um controle inibitório sobre a liberação deste hormônio hipotalâmico. Nesse sentido, estudos realizados em macacos castrados, submetidos a injeção intraventricular de [3H]DHT (di-hidrotestosterona), demonstram a presença desse hormônio em frações nucleares de homogeneizados de hipotálamo; esses experimentos indicam também uma marcação extensa de neurônios nos núcleos arqueado, ventromedial e pré-mamilares ventrais do hipotálamo basal, possíveis locais de geração dos pulsos de GnRH. Há indícios de que a testosterona aja nesse sistema indiretamente, via modulação da atividade de um sistema opioide.

A progesterona exerce uma ação similar à da testosterona tanto sobre a frequência de pulsos de GnRH, diminuindo-a, quanto sobre os opioides endógenos. No entanto, sob certas circunstâncias, a progesterona é capaz de exercer efeitos facilitatórios sobre a secreção de gonadotrofinas agindo tanto no nível do SNC quanto da hipófise.

Enquanto a testosterona, a progesterona e também a prolactina, em concentrações fisiológicas, diminuem a frequência de pulsos do GnRH, os estrógenos promovem diminuição da amplitude deles. Entretanto, no período pré-ovulatório, eles causam um aumento na frequência de pulsos do GnRH, o que leva ao aumento da secreção de LH. O mecanismo pelo qual os estrógenos provocam esse efeito de retroalimentação positiva parece envolver a inativação de um sistema opioide, que age cronicamente inibindo a liberação do GnRH e kisspeptina (mais detalhes no Capítulo 66). Deve-se ressaltar, no entanto, que ao longo do ciclo menstrual normal predomina o efeito de retroalimentação negativa dos esteroides ovarianos sobre o GnRH (Figura 65.6).

É bastante conhecido o fato de ocorrer inibição da função reprodutiva em mamíferos em situações de estresse. Esse efeito parece resultar da inibição da secreção de GnRH induzida por neurônios CRHérgicos, via sinapses axodendríticas na área pré-óptica medial. Os opioides endógenos exercem efeito similar sobre a secreção de GnRH, participando, em conjunto com o CRH, da inibição da função reprodutiva no estresse. As citocinas, proteínas mediadoras da resposta inflamatória e da imunidade celular, também regulam a secreção de GnRH. A injeção central de interleucina 1 inibe a atividade dos neurônios GnRHérgicos, e provoca diminuição da síntese e liberação de GnRH. As citocinas também exercem efeito estimulante sobre a secreção de CRH, mecanismo paralelo pelo qual reforçam seus efeitos inibitórios sobre o eixo hipotálamo-hipófise-gônadas. Assim, seu efeito inibitório sobre a atividade GnRHérgica, em associação ao CRH e opioides endógenos, contribui com a inibição da função reprodutiva na inflamação e resposta imunológica.

Mecanismo de ação

A ação do GnRH sobre a regulação da síntese e secreção de LH e FSH ocorre por meio da sua interação com receptores

Hipotálamo Endócrino 1063

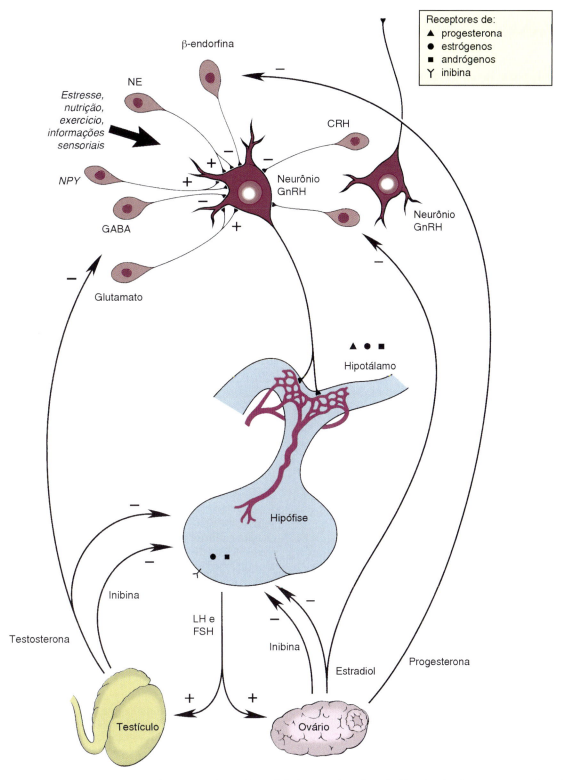

Figura 65.6 • Representação esquemática da regulação neuroendócrina da atividade do sistema hipotálamo-hipófise-gônadas. Observe que os neurônios GnRHérgicos (que secretam GnRH: hormônio liberador de gonadotrofinas) recebem várias aferências neuronais que secretam: CRH (hormônio liberador de corticotrofina), β-endorfina, NE (norepinefrina), GABA (ácido gama-aminobutírico), NPY (neuropeptídio Y), além de outros neurotransmissores. Essas substâncias atuam estimulando (+) ou inibindo (−) a sua atividade, levando, por conseguinte, a repercussões na secreção de gonadotrofinas (FSH: hormônio foliculestimulante e LH: hormônio luteinizante) e de hormônios gonadais (estradiol, progesterona, testosterona e inibina). Na eminência mediana do hipotálamo e na hipófise são encontrados receptores dos hormônios gonadais, que constituem a base do mecanismo de *feedback* exercido por esses hormônios sobre a atividade deste sistema. (Adaptada de Cone *et al.*, 2003.)

localizados na membrana, da qual resulta a ativação da fosfolipase C e, subsequentemente, da proteinoquinase C (PKC). Demonstrou-se que o complexo GnRH-receptor pode acoplar-se a diferentes proteínas G e que a ligação do GnRH provoca oscilações na concentração de Ca^{2+} no gonadotrofo. O sistema Ca^{2+}/calmodulina parece ser igualmente importante para que o gonadotrofo responda ao GnRH.

Embora os níveis intracelulares de cAMP aumentem sob ação deste hormônio, não está claro se esse efeito é essencial para a ação hormonal. Há evidências de interações múltiplas nos sistemas de sinalização intracelulares para vários hormônios, o que poderia explicar uma série de efeitos paralelos desencadeados quando da interação do hormônio com o seu receptor.

A ação do GnRH é limitada por vários mecanismos, dentre os quais temos: (1) a degradação por proteases associadas à membrana logo após sua ligação com receptores hipofisários e (2) a proteólise lisossômica após internalização do complexo hormônio-receptor. O GnRH pode também ser metabolizado por degradação enzimática e excreção renal, já que se apresenta amplamente distribuído no líquido extracelular. Ainda, há evidências de que a inativação primária deste hormônio ocorra no hipotálamo por ação de uma endopeptidase, cuja atividade apresenta-se diminuída pela gonadectomia e aumentada na presença de estrógenos ou testosterona, de modo que grande parte dos efeitos tipo *feedback* dos hormônios gonadais sobre a secreção de LH e FSH poderia ser exercida por meio desse mecanismo.

Outras ações

Assim como os outros neuropeptídios hipotalâmicos, os neurônios que sintetizam o GnRH distribuem-se amplamente em várias outras regiões do sistema nervoso, onde exercem, provavelmente, um papel neuromodulador. O GnRH também é sintetizado na placenta, de onde foi isolado o mRNA específico que codifica a sua síntese. Há evidências de que esse hormônio possa estimular a produção de gonadotrofina coriônica humana (CGH) na placenta, estabelecendo relações parácrinas nessa estrutura.

Alguns estudos apontam o GnRH como um importante mediador do impulso sexual, já que a injeção intra-hipotalâmica desse peptídio em ratas aumenta a resposta sexual, mesmo quando elas são previamente hipofisectomizadas. Adicionalmente, a presença de receptores de GnRH em ovário e testículo de ratos sugere uma possível ação do hormônio nesse nível; de fato, estudos *in vitro* demonstram estimulação da secreção de esteroides sexuais pelo GnRH. Contudo, a sua baixa concentração plasmática deixa certa dúvida quanto à possibilidade de exercer um efeito fisiológico, *in vivo*, nesses tecidos.

▶ Hormônio liberador do hormônio de crescimento (GHRH)

Deuben e Meites demonstraram em 1964 a existência de um fator hipotalâmico, em ratos, que promovia a liberação de GH *in vitro*. A partir dessa data, vários esforços infrutíferos foram realizados com o objetivo de caracterizá-lo. Porém, foi somente em 1982 que o GHRH foi isolado e caracterizado, por dois grupos distintos liderados por Rivier e Guillemin, a partir de extratos de um tumor pancreático que, por secretar grandes quantidades de GHRH, causava acromegalia. A presença de atividade liberadora de GH em tumores não hipofisários (bronquiais e pancreáticos) vem sendo relatada há mais de quatro décadas por vários investigadores. Foi demonstrado que o GHRH produzido por tumores era idêntico ao encontrado no hipotálamo, sendo então caracterizado o GHRH hipotalâmico.

Biossíntese

O gene do GHRH humano está localizado no cromossomo 20 p, apresentando 10 kb de comprimento e 5 éxons. Como os outros peptídios hipotalâmicos, o GHRH é sintetizado na forma de pré-pró-GHRH. Basicamente, três isoformas de GHRH foram identificadas, com 37, 40 e 44 aminoácidos, apresentando atividade biológica liberadora de GH. Uma quarta isoforma, constituída de 27 aminoácidos, também foi identificada; entretanto, não se detectou nenhuma atividade biológica desse peptídio. Esses distintos GHRH derivam de dois grandes polipeptídios precursores, o pré-pró-GHRH 107 e o 108, que sofrem processamento proteolítico pós-transcricional. Esses hormônios também são conhecidos como somatoliberina ou somatocrinina, por sua capacidade de induzir liberação de GH. A secreção episódica de GHRH também é fundamental para a manifestação do seu efeito biológico, uma vez que infusões constantes desse peptídio levam à diminuição dos níveis de GH (pelo fenômeno da *down-regulation*).

Os neurônios que sintetizam GHRH apresentam-se distribuídos na borda ventrolateral do núcleo ventromedial e no núcleo arqueado do hipotálamo; no entanto, é do núcleo arqueado que parte o maior contingente de fibras nervosas que se dirigem à eminência mediana, em que estabelecem uma íntima relação com os capilares do sistema porta-hipotálamo-hipofisário, sendo, portanto, esse núcleo considerado a fonte primária de GHRH. O mRNA do pré-pró-GHRH humano também é expresso em outras áreas do SNC, tais como tálamo, hipocampo, amígdala (onde possivelmente o GHRH exerce o papel de neurotransmissor ou neuromodulador), bem como nas células germinativas dos testículos e em vários tecidos neuroendócrinos e tumorais.

Regulação da síntese e secreção

A expressão do gene do GHRH está primariamente sob o controle do GH. Observa-se diminuição da expressão desse gene pelo tratamento com GH e aumento dela na deficiência deste hormônio. Essas alterações parecem decorrer do efeito direto do GH, já que receptores para este hormônio são encontrados no núcleo arqueado. O IGF-I (*insulin-like growth factor-I*), fator de crescimento induzido pelo GH, também exerce efeito inibitório sobre a expressão do GHRH, via somatostatina, a qual também inibe a liberação de GHRH (Figura 65.7). Sabe-se que as endorfinas, glucagon e neurotensina, entre outros hormônios, são capazes de estimular a liberação de GH, provavelmente por interferirem com a secreção de GHRH, pois esse efeito não é observado quando esses peptídios são aplicados diretamente na hipófise. O mesmo ocorre com a dopamina, serotonina e norepinefrina (via receptores α_2), que são potencialmente capazes de estimular a liberação de GH somente quando injetados no hipotálamo e não por aplicação direta na hipófise. Acredita-se que os efeitos da dopamina ocorram indiretamente, já que ela é convertida a norepinefrina (Figura 65.8). O peptídio intestinal vasoativo (VIP) também exerce um efeito estimulante sobre a secreção de GH, porém há evidências de que esse efeito ocorra por inibição da secreção da somatostatina nos núcleos periventriculares (ver adiante). A somatostatina, como afirmado anteriormente, é um peptídio que inibe a liberação de GH. Esse efeito é exercido por meio de ação direta no hipotálamo, reduzindo a liberação de GHRH, bem como sobre a hipófise, onde provoca diminuição da resposta ao GHRH (Figura 65.9).

Hipotálamo Endócrino

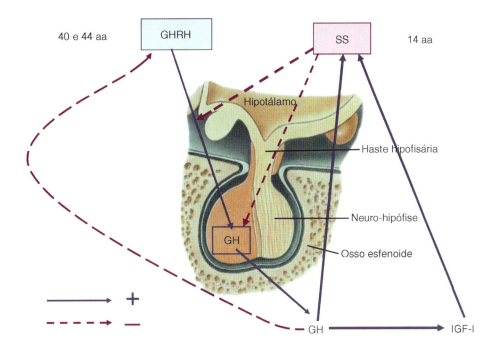

Figura 65.7 ▪ Representação esquemática da regulação da síntese e secreção do hormônio de crescimento (GH) e da somatostatina (SS) pelo hormônio liberador de GH (GHRH). Notar o controle positivo do GHRH sobre a síntese e secreção de GH e o controle negativo da somatostatina tanto sobre a secreção de GHRH quanto de GH. Em paralelo são mostrados os efeitos do GH, inibindo a expressão gênica de GHRH e estimulando a secreção de somatostatina, bem como do fator de crescimento induzido pelo GH (IGF-I ou *insulin-like growth factor-I*), que também atua estimulando a secreção de somatostatina. aa, aminoácidos.

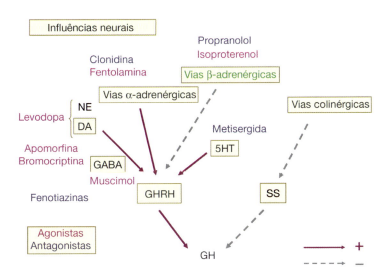

Figura 65.8 ▪ Representação esquemática dos mecanismos neurais envolvidos no controle da secreção do hormônio liberador do GH (GHRH) e da somatostatina (SS), bem como dos efeitos de substâncias agonistas e antagonistas largamente utilizadas para avaliar a capacidade secretora de hormônio de crescimento (GH) pela hipófise.

A hipoglicemia é um potente indutor da secreção de GH. Admitia-se que essa resposta fosse resultado direto de um aumento da secreção de GHRH pelos neurônios GHRHérgicos localizados no núcleo hipotalâmico ventromedial, já que há muito tempo sabe-se que esses neurônios são sensíveis a variações da glicemia, participando, entre outras funções, do controle da ingestão alimentar. No entanto, observou-se que a liberação de somatostatina se eleva em situações de hiperglicemia, e ocorre diminuição da mesma na hipoglicemia, o que poderia explicar o aumento da liberação de GH nesta situação. Ainda, em situações de hipoglicemia ocorre ativação de vias noradrenérgicas (por receptores α), o que, em paralelo, eleva a secreção de GH. A secreção de GHRH também é estimulada por outras situações de estresse, tais como o exercício físico. Nesta condição, a sua liberação também parece ser induzida por ativação de receptores α-adrenérgicos (via norepinefrina, ou NE).

Durante a fase do sono caracterizada por ondas lentas no EEG, observa-se um pico de secreção de GH dependente da liberação de GHRH, o qual é induzido principalmente por fibras serotoninérgicas e colinérgicas (ver Figura 65.9).

Demonstrou-se também que um peptídio que apresenta propriedades orexígenas (estimulantes do apetite), isolado do estômago de ratos, estimula a liberação de GH, razão pela qual foi denominado grelina. Essa propriedade decorre principalmente da indução da secreção de GHRH, já que os neurônios que secretam este hormônio apresentam elevada expressão de receptores de grelina (GHS-R) (mais detalhes no Capítulo 66).

Mecanismo de ação

Assim como os outros neuropeptídios hipotalâmicos, o GHRH interage com receptores de membrana das células hipofisárias, e os somatotrofos são as suas principais células-alvo. Seus efeitos, refletidos pela liberação e síntese de GH, são mediados pela ativação tanto do sistema adenilciclase-cAMP, quanto pela via do fosfatidilinositol. A participação do sistema Ca^{2+}/calmodulina na resposta hipofisária ao GHRH também

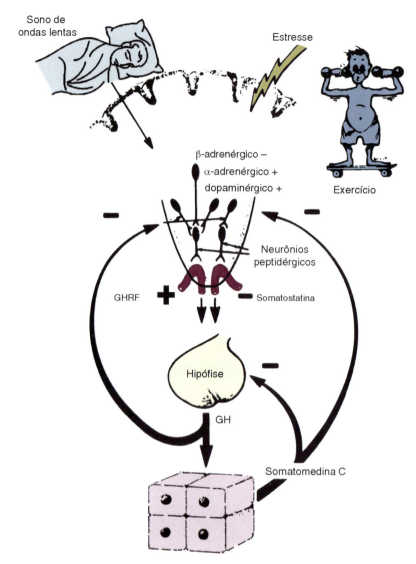

Figura 65.9 ▪ Representação esquemática da regulação da atividade do eixo hipotálamo-GH-IGF-I. Os fatores que participam do controle da secreção de GH estão aqui identificados e descritos no texto. (Adaptada de Reichlin, 1992.)

foi demonstrada. Embora a ação do GHRH se restrinja basicamente ao somatotrofo, também se observa certa resposta do lactotrofo a esse peptídio.

▶ Hormônio inibidor da liberação de GH (GHRIH, SRIF, somatostatina ou SS)

A somatostatina (S-14) é um tetradecapeptídio que foi isolado e caracterizado em 1973, a partir de hipotálamos de ovinos. Foi à procura do isolamento do GHRH, em extratos de hipotálamo, que Krulich demonstrou a existência de um fator que inibia a liberação de GH in vitro. A somatostatina S-14 pertence a uma família de peptídios que inclui moléculas que apresentam 12 (S-12), 28 (S-28), bem como um número maior de aminoácidos, variando o seu peso molecular em diferentes tecidos e espécies (a S-14 é o modo predominante no cérebro e a S-28 no sistema digestório).

A somatostatina é um hormônio pan-inibidor. Além de seu papel na regulação da secreção de GH, também inibe a secreção de TSH. Sua distribuição em várias regiões do sistema nervoso (no qual certamente atua como neurotransmissor ou neuromodulador), no pâncreas (nas células delta, onde inibe a secreção tanto de insulina quanto de glucagon), no intestino, na placenta e em outros tecidos indica que é secretada por diferentes tipos de células e desempenha diferentes funções, não sendo apenas a que o seu próprio nome sugere (ver Figuras 65.5, 65.7 e 65.9).

Biossíntese

O gene da somatostatina está localizado no cromossomo 3q, contém 2 éxons e, nos mamíferos, apresenta 1,2 kb de comprimento. Esse gene é altamente conservado na evolução, ao contrário do gene do GHRH, e a sua expressão leva à síntese de um mRNA de 600 nucleotídios de comprimento, que codifica uma proteína precursora de 116 aminoácidos, a pré-pró-somatostatina. O processamento da pré-pró-somatostatina dá origem às formas S-14 e S-28, predominantemente (Figura 65.10).

Os neurônios somatostatinérgicos envolvidos na regulação da secreção de GH encontram-se distribuídos nos núcleos periventriculares do hipotálamo anterior, de onde partem em direção à eminência mediana do hipotálamo. Terminações nervosas somatostatinérgicas também se encontram presentes nos núcleos ventromedial e arqueado do hipotálamo, nos

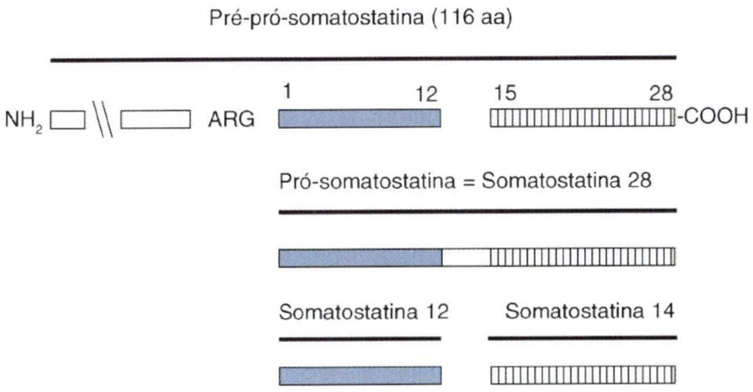

Figura 65.10 ▪ Esquema representativo do processamento da proteína pré-pró-somatostatina, precursora de somatostatina, em seus derivados: somatostatina 28 (que representa a pró-somatostatina), 12 e 14, sendo esta última o modo mais abundante na circulação. *aa*, aminoácidos. (Adaptada de Karam, 1997.)

quais estabelecem sinapses com neurônios GHRHérgicos, arranjo que possibilita um segundo tipo de controle sobre a secreção de GH.

Regulação da síntese e secreção

Basicamente a somatostatina é regulada pelo GH e IGF-I, os quais estimulam sua síntese e secreção. O CRH, os glicocorticoides e a NE (por interação com receptores β-adrenérgicos) também estimulam a secreção de somatostatina, razão pela qual em alguns tipos de estresse (condição em que a secreção de CRH encontra-se bastante elevada) ocorre inibição da secreção de GH. Por outro lado, a acetilcolina inibe a liberação de somatostatina, induzindo, dessa maneira, liberação de GHRH. O TRH também inibe a secreção de somatostatina. Os estrógenos, a progesterona e os hormônios tireoidianos parecem estimular a expressão gênica e/ou a liberação de somatostatina (Figura 65.11).

A grelina também reduz a secreção de somatostatina, o que reforça seus efeitos estimulantes sobre a secreção de GH. Demonstrou-se, ainda, que um peptídio derivado do mesmo precursor da grelina, a obestatina, antagoniza os efeitos secretagogos do GH induzidos pela grelina, o que indica que ambos os peptídios atuam em neurônios GHRHérgicos.

Mecanismo de ação

A somatostatina interage com receptores de membrana acoplados à proteína G inibitória (Gi) e ao sistema adenililciclase, provocando inibição da atividade desta enzima e, consequentemente, redução do conteúdo intracelular de cAMP nas células-alvo. Todavia, quando, experimentalmente, se provoca um aumento do conteúdo de cAMP na célula-alvo, a somatostatina impede os efeitos estimulantes do cAMP, o que sugere sua participação, também, em etapas subsequentes da sinalização intracelular. Sabe-se ainda que esse hormônio estimula o efluxo celular de potássio, o que causa hiperpolarização do somatotrofo, e reduz o influxo de Ca^{2+} pelos canais sensíveis a voltagem, de modo que parte de seus efeitos inibitórios sobre a secreção de GH pode ser decorrente desse mecanismo. Alguns estudos apontam que suas ações inibitórias também podem ser mediadas via inibição da expressão dos genes c-fos e c-jun.

A somatostatina é metabolizada por ação de endopeptidases no SNC, no tecido hepático e no plasma.

▶ Hormônio liberador de prolactina (PRH)

Várias substâncias obtidas em frações purificadas de extratos hipotalâmicos têm se mostrado capazes de promover

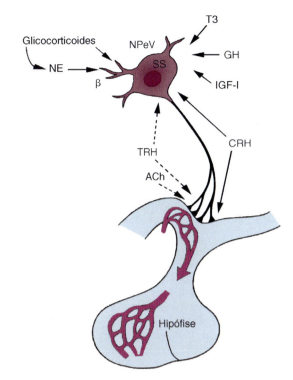

Figura 65.11 ▪ Representação esquemática do controle neuroendócrino da síntese e secreção de somatostatina (SS) pelo núcleo periventricular do hipotálamo anterior (NPeV). Note as influências *excitatórias* (GH, IGF-I, CRH, glicocorticoides, T3 e NE – via receptores β-adrenérgicos) e *inibitórias* (TRH e acetilcolina – ACh) sobre esse sistema. (Adaptada de Cone *et al.*, 2003.)

liberação de prolactina (Prl). As primeiras suspeitas com referência à existência de um fator hipotalâmico liberador de Prl recaíram sobre o TRH, já que havia consideráveis evidências de que ele era um potente agente fisiológico que estimulava a secreção de Prl e que mantinha o tônus basal de estímulo da secreção desse hormônio (ver anteriormente).

Sendo assim, temos que: (1) a sucção da mama, potente estímulo para a liberação de Prl, promove também aumento da liberação de TSH, em ratas; (2) os níveis de TRH na circulação porta-hipotálamo-hipofisária encontram-se aumentados em resposta à sucção da mama ou à estimulação dos nervos mamários; (3) ratas hipotireóideas, nas quais o tônus inibitório exercido pelos hormônios tireoidianos sobre a liberação de TRH encontra-se diminuído, apresentam lactogênese bastante estimulada frente à sucção da mama; (4) frente ao teste de estímulo da liberação de TSH por TRH, observa-se, concomitantemente, aumento da liberação de Prl; (5) no hipotireoidismo primário se observa exagerada resposta de liberação de TSH e Prl frente à administração de TRH, havendo ausência de resposta destes hormônios no hipertireoidismo.

Apesar dessas evidências, o papel fisiológico do TRH como hormônio liberador de Prl ainda é questionável, visto que, em algumas espécies, essa ação não está bem caracterizada e que em situações como estresse e sono, em que ocorre aumento da secreção de Prl, não acontece concomitante elevação da liberação de TRH, nem de TSH.

Estudos *in vitro* demonstraram que o peptídio intestinal vasoativo (VIP) é capaz de induzir liberação de Prl, mesmo em baixas concentrações. Esse peptídio, que foi isolado a partir do intestino delgado, está presente na circulação porta-hipofisária em concentrações que, quando testadas *in vitro*, induzem liberação de Prl. A administração de antissoro anti-VIP em animais de experimentação bloqueia ou reduz a secreção de Prl que ocorre no estresse. Dando suporte a esses achados, a presença de receptores de VIP foi evidenciada em membranas de células lactotróficas.

Outro fator que induz liberação de Prl é o peptídio histidina-isoleucina (HIP). O HIP e o VIP são sintetizados a partir de uma proteína precursora comum e coexistem com o CRH nos neurônios parvicelulares dos núcleos paraventriculares, o que poderia, inclusive, explicar a liberação paralela de ACTH e Prl no estresse.

Igualmente, vários outros neurotransmissores ou neuromoduladores e hormônios têm sido apontados como estimulantes da secreção de Prl. Dentre eles, temos: serotonina (que exerce controle sobre a secreção de Prl durante a lactação), bombesina, substância P, neurotensina, β-endorfina, encefalina, angiotensina II, ocitocina, histamina e melatonina.

Há estudos que sugerem a presença de um fator liberador de Prl na hipófise posterior, uma vez que a sua remoção diminui ou abole a secreção de Prl induzida pela sucção da mama em algumas espécies. Experimentos *in vitro*, em que se estudou a liberação hipofisária de Prl, confirmaram a presença de um potente PRF na hipófise posterior. A identidade desse PRF ainda não é conhecida; porém, as evidências indicam que não se trata da ocitocina, TRH nem angiotensina II, peptídios que se apresentam em grande quantidade na neuro-hipófise e que também exercem efeitos estimulantes sobre a secreção de Prl. No entanto, há evidências de uma população de neurônios ocitocinérgicos provenientes dos núcleos supraópticos e paraventriculares que se dirigem à eminência mediana, que teriam um papel na liberação de Prl durante a lactação.

▶ Fatores inibidores da secreção de prolactina (PIF)

O fato de a hipófise apresentar capacidade de secretar espontaneamente Prl quando transplantada para outra região ou mesmo quando em meio de cultura, somado aos estudos que demonstraram que extratos de hipotálamo inibiam a secreção de Prl, desencadearam uma série de pesquisas com o propósito de identificar o fator inibidor da liberação de Prl, o *PIF*.

Várias evidências indicaram que essa atividade inibidora da liberação de Prl era determinada pela dopamina, amina biogênica com ampla distribuição e diferentes funções no SNC. No hipotálamo, os neurônios dopaminérgicos são encontrados principalmente no núcleo arqueado, de onde partem terminações nervosas em direção à eminência mediana, região em que a dopamina é liberada para alcançar a adeno-hipófise, via sistema porta-hipotálamo-hipofisário. Uma segunda via pela qual a dopamina tem acesso à adeno-hipófise é através dos vasos portais curtos provenientes da neuro-hipófise, uma vez que os neurônios dopaminérgicos também se dirigem do núcleo arqueado para a neuro-hipófise.

Dentre as várias evidências de que a dopamina é o PIF fisiológico, temos que: (1) a dopamina é encontrada no sangue portal em concentrações superiores às observadas na circulação periférica, sendo suficiente para inibir a secreção de Prl *in vitro* e *in vivo*; (2) a administração de dopamina, de modo a alcançar concentrações semelhantes às encontradas no sangue portal, leva à inibição da secreção de Prl *in vitro*, o mesmo ocorrendo *in vivo* quando da sua infusão direta em um vaso portal; (3) receptores de dopamina apresentam-se amplamente distribuídos na hipófise, particularmente nos lactotrofos; (4) inibidores de síntese de dopamina, como a alfametil-paratirosina, elevam os níveis circulantes de Prl, os quais diminuem com a infusão de dopamina e (5) agonistas dopaminérgicos levam à diminuição dos níveis circulantes de Prl.

Biossíntese de dopamina

A dopamina é sintetizada a partir da hidroxilação da tirosina, pela tirosina hidroxilase (ou TH), seguindo-se a descarboxilação do produto (L-Dopa). A TH é a enzima-chave da reação de síntese de dopamina. Seu gene está localizado no cromossomo 11 p, em neurônios catecolaminérgicos e células neuroendócrinas. Múltiplos mRNA para TH foram identificados, sugerindo regulação tecidual específica, enquanto a L-Dopa descarboxilase apresenta distribuição em vários tecidos. Há quatro vias dopaminérgicas no SNC, no entanto, é a que se projeta do núcleo arqueado à eminência mediana ou, em algumas espécies, ao lobo intermediário (sistema tuberoinfundibular) que exerce controle sobre a secreção de Prl.

Regulação da secreção

Os neurônios dopaminérgicos do sistema tuberoinfundibular fazem parte do sistema de controle da secreção de Prl por retroalimentação de alça curta; eles apresentam receptores de Prl, mas não têm os de dopamina.

Mecanismo de ação

A dopamina atua no lactotrofo via receptores do tipo 2 (D2-R). Eles pertencem à família de receptores acoplados à proteína G e parecem se acoplar, na sua terceira alça citoplasmática, à proteína Gi e Go, que inibem a atividade da adenilciclase, e Gq, que se acopla à fosfolipase C. Há duas isoformas de D2-R com igual poder de inibição sobre a adenilciclase, e de ativação de canais de K⁺. A interação da dopamina com o receptor D2 leva à diminuição do conteúdo intracelular de cAMP e de Ca²⁺ e, por conseguinte, à diminuição da síntese e secreção de Prl. A relação da dopamina com a fosfolipase C permanece ainda obscura, embora a dissociação da dopamina de seu receptor provoque ativação desta enzima.

Apesar de a dopamina ser amplamente aceita como o PIF fisiológico, vários outros fatores hipotalâmicos têm sido apontados como potencialmente capazes de inibir a liberação de Prl. Estudos *in vitro* demonstraram que o GABA é capaz de inibir a liberação espontânea de Prl, embora seja necessário em quantidades bem maiores do que as de dopamina para produzir o mesmo efeito. A presença de receptores GABAérgicos em membranas hipofisárias e a existência de terminações nervosas GABAérgicas na eminência mediana do hipotálamo sugerem fortemente que esse aminoácido possa exercer algum tipo de controle sobre a secreção de Prl. Contudo, a sua baixa concentração no sangue portal (com valores semelhantes aos detectados na circulação periférica) é um forte indício de que não tenha um papel funcional importante, pelo menos em condições fisiológicas.

Demonstrou-se a existência de um segundo PIF, que, em concentrações fisiológicas, inibe a secreção de Prl *in vitro*. Esse peptídio, constituído de 56 aminoácidos, foi denominado *GAP* (peptídio associado ao GnRH), por fazer parte da porção carboxiterminal da molécula de pró-GnRH. Após o processamento do pró-GnRH, esse peptídio é secretado na eminência mediana do hipotálamo no qual alcança a circulação porta-hipofisária.

O fato de o GnRH e o GAP apresentarem um precursor comum indica que a secreção das gonadotrofinas e Prl estão acopladas e relacionadas de maneira inversa, de modo que quando os neurônios hipotalâmicos são estimulados a secretar GnRH de um modo regular, os níveis de gonadotrofinas circulantes estariam elevados e os de Prl suprimidos; isto poderia ocorrer durante os ciclos reprodutivos. Por outro lado, a liberação de Prl e a inibição da secreção de gonadotrofinas, que ocorre por ocasião da lactação, poderiam ser explicadas como resultado da frequência irregular de descargas dos neurônios GnRHérgicos. Nesse sentido, distúrbios como o hipogonadismo e a amenorreia estão frequentemente associados à hiperprolactinemia, quando então a secreção pulsátil de GnRH está alterada e baixa e, portanto, inibindo insuficientemente a secreção de Prl. Por fim, a ação dos estrógenos sobre o hipotálamo aumenta agudamente a secreção de Prl enquanto diminui a de LH (Figura 65.12). Contudo, falta a comprovação *in vivo* do efeito inibitório do GAP sobre a secreção de Prl.

▶ Hormônio liberador de corticotrofina (CRH)

O CRH é um peptídio de 41 aminoácidos, caracterizado a partir de hipotálamo de ovinos, que tem a propriedade de estimular as células corticotróficas a expressarem o gene da pró-opiomelanocortina (POMC). A proteína resultante, POMC, é então processada, gerando ACTH e outros produtos (as melanocortinas). Apesar de somente ter sido caracterizado em 1981, a existência de um fator liberador de ACTH foi proposta em 1955, após a evidência de que a coincubação de fragmentos de tecido hipotalâmico e adeno-hipofisário levava a um aumento da secreção de ACTH para o meio de incubação. Alguns peptídios hipotalâmicos, tais como ADH, angiotensina II e colecistocinina (CCK), também apresentam ação estimulante sobre a liberação de ACTH; contudo, o CRH se mostrou muito mais potente em estimular a liberação de ACTH, tanto *in vitro* como *in vivo*, que qualquer um desses peptídios, razão pela qual é considerado o hormônio liberador de ACTH.

O CRH circula ligado a proteínas transportadoras (CRHBP), as quais determinam a sua meia-vida plasmática (que é em torno de 1 h). Essas proteínas também se apresentam em outros tecidos nos quais têm participação, provavelmente, na modulação das ações do CRH (ver adiante).

O ADH foi por algum tempo considerado como um CRH, uma vez que se demonstrou que a adição de extratos de neurohipófise em meio de incubação contendo células adeno-hipofisárias levava à liberação de ACTH. No entanto, o ADH exerce pequeno efeito liberador de ACTH, quando adicionado isoladamente a células hipofisárias, embora apresente efeitos marcantes quando associado ao CRH (Figura 65.13). De fato, há populações de corticotrofos que apresentam receptores para ADH, embora a maioria deles expresse, predominantemente, receptores para CRH. Ainda, algumas terminações nervosas presentes na eminência mediana do hipotálamo apresentam tanto CRH quanto ADH, o que poderia representar um potente mecanismo de potencialização da secreção de ACTH sob determinadas circunstâncias. Apesar dessas evidências, o papel do CRH como fator hipotalâmico primário envolvido na liberação de ACTH está bem definido, uma vez que a imunização passiva utilizando-se antissoro anti-CRH leva a uma redução marcante dos níveis plasmáticos de ACTH.

Biossíntese

O CRH é sintetizado em neurônios localizados na porção parvicelular dos núcleos paraventriculares, como parte de um pró-hormônio que sofre processamento enzimático até alcançar a sua forma amidada. A secreção desse peptídio se dá ao nível da eminência mediana do hipotálamo, na circulação porta-hipofisária.

Vários tecidos de mamíferos expressam o CRH, e embora o seu papel ainda não tenha sido caracterizado, acredita-se que ele atue ativando a transcrição gênica da POMC, participando assim do controle autócrino/parácrino da produção de opioides e melanocortinas (MSH). Células que expressam POMC estão distribuídas na derme, no folículo piloso, no qual as melanocortinas regulam a produção de pigmentos. Sabe-se que os opioides apresentam ações analgésicas e que as melanocortinas também exercem efeitos na modulação da resposta inflamatória e imune.

O gene do CRH está localizado no cromossomo 8 e apresenta 2 éxons. Uma característica interessante desse gene é que ele tem vários locais de poliadenilação na sua região 3' não traduzível, o que indica que, dependendo do tecido em que é expresso, seu mRNA pode ter diferentes comprimentos e, portanto, apresentar graus variados de estabilidade e

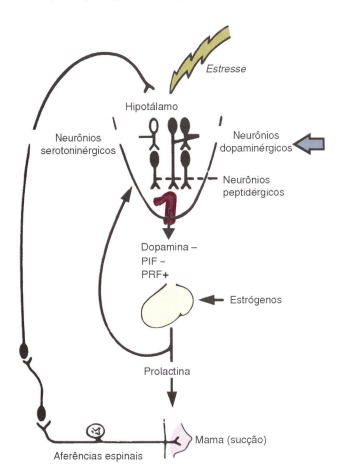

Figura 65.12 ▪ Regulação neuroendócrina da secreção de prolactina (Prl). Os fatores estimulantes e inibidores da liberação da Prl estão descritos no texto. (Adaptada de Reichlin, 1992.)

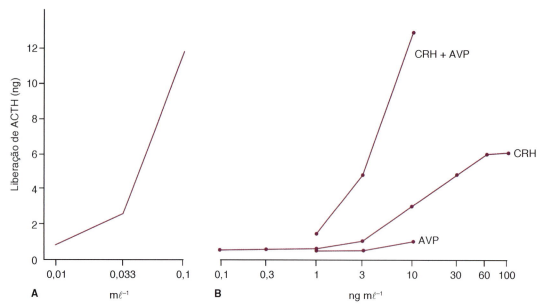

Figura 65.13 ▪ Efeito potencializador da arginina vasopressina (AVP ou hormônio antidiurético) sobre a secreção do hormônio adrenocorticotrófico (ACTH ou corticotrofina) induzida pelo hormônio liberador de corticotrofina (CRH), em células hipofisárias isoladas de ratos. **A.** Curvas que representam a liberação de ACTH em resposta ao CRH, à AVP e a ambos os peptídios. **B.** Resposta de liberação de ACTH frente à administração de extratos de eminência mediana do hipotálamo. Note que essa curva se assemelha à curva dose-resposta observada quando da combinação da administração de AVP e CRH, sugerindo que esse efeito seja resultado de uma ação combinada do CRH e AVP. (Adaptada de Gillies et al., 1982.)

taxa de tradução, processos que, na maioria das vezes, estão relacionados diretamente com o grau de poliadenilação do transcrito.

Regulação da síntese e secreção

A participação dos glicocorticoides como importantes sinalizadores no controle da secreção de CRH pode ser evidenciada por meio de estudos em animais adrenalectomizados, em que os altos níveis de ACTH apresentam pronta redução após administração de antissoro anti-CRH. Ademais, o conteúdo hipotalâmico de CRH, bem como do seu mRNA, aumenta após adrenalectomia e diminui após administração de glicocorticoides, o que aponta a existência de um mecanismo de retroalimentação negativa exercido pelos glicocorticoides a nível hipotalâmico (Figura 65.14). Os glicocorticoides também exercem uma importante ação na hipófise: na vigência de altos níveis de glicocorticoides, além de menor secreção de CRH, ocorre supressão da resposta hipofisária ao CRH. Porém, mesmo altas doses de dexametasona não conseguem abolir totalmente a capacidade do CRH em induzir alguma secreção de ACTH, o que pode ser importante para a nossa compreensão a respeito da secreção de ACTH no estresse. Em regiões como amígdala (no SNC) e placenta, os glicocorticoides estimulam a síntese de CRH; contudo, o mecanismo molecular envolvido nessas ações dos glicocorticoides continua desconhecido. Os estrógenos também estimulam a expressão gênica de CRH, o que pode ser demonstrado pelo maior conteúdo de mRNA do CRH em hipotálamos de fêmeas, em relação aos de machos. É interessante comentar que fatores como angiotensina II, citocinas e mediadores lipídicos da inflamação alteram a atividade dos neurônios CRHérgicos e, portanto, a liberação de CRH, contribuindo com a ativação do eixo hipotálamo-hipófise-suprarrenais que ocorre durante o estresse induzido pela inflamação.

Da mesma maneira que os outros neurônios hipotalâmicos que secretam hormônios, os neurônios CRHérgicos recebem uma série de terminações nervosas provenientes de várias regiões do sistema nervoso, tais como: (1) do núcleo do trato solitário, que por sua vez recebe impulsos nervosos viscerais (via nervos vago e glossofaríngeo) do coração, pulmões e sistema digestório; (2) de vias adrenérgicas provenientes da formação reticular, *locus coeruleus* e núcleo do trato solitário; (3) de vários núcleos hipotalâmicos e de várias regiões do sistema límbico. Vale comentar que o *bed nucleus* da estria terminal (BST) é a única região do sistema límbico que apresenta projeções diretas aos neurônios CRHérgicos do núcleo paraventricular (NPV). O fato de o BST receber projeções da amígdala, hipocampo e núcleo septal sugere que ele seja um centro integrativo de fundamental importância para a transmissão de informações límbicas ao NPV.

Todas essas aferências sinalizam impulsos provocados por estresse, hipovolemia, hipoxia, hiperosmolaridade e dor. Não obstante, no rato, a desaferentação do hipotálamo leva a um aumento dos níveis plasmáticos de corticosterona, sugerindo que, em condições basais, o somatório das influências exercidas pelo SNC sobre a secreção de CRH seja predominantemente inibitório. No entanto, algumas estruturas, tais como a amígdala, têm-se mostrado predominantemente facilitatórias sobre a secreção de ACTH, principalmente na resposta ao estresse neurogênico.

À semelhança do GHRH, a hipoglicemia também é um potente indutor da secreção de CRH. Isso ocorre porque a hipoglicemia é reconhecida pelo hipotálamo como uma forma de estresse (ver adiante). Nessa resposta à hipoglicemia há o envolvimento de vias α-adrenérgicas, já que a utilização de antagonistas alfa-adrenérgicos inibe esse efeito.

Vários outros neurotransmissores estão envolvidos nas respostas fisiológicas dos neurônios que produzem CRH: a acetilcolina e a serotonina facilitam a secreção de CRH; a administração intracerebroventricular de norepinefrina provoca elevação da concentração de CRH, AVP e ACTH, ocorrendo o mesmo após administração de neuropeptídio Y (NPY).

Hipotálamo Endócrino   1071

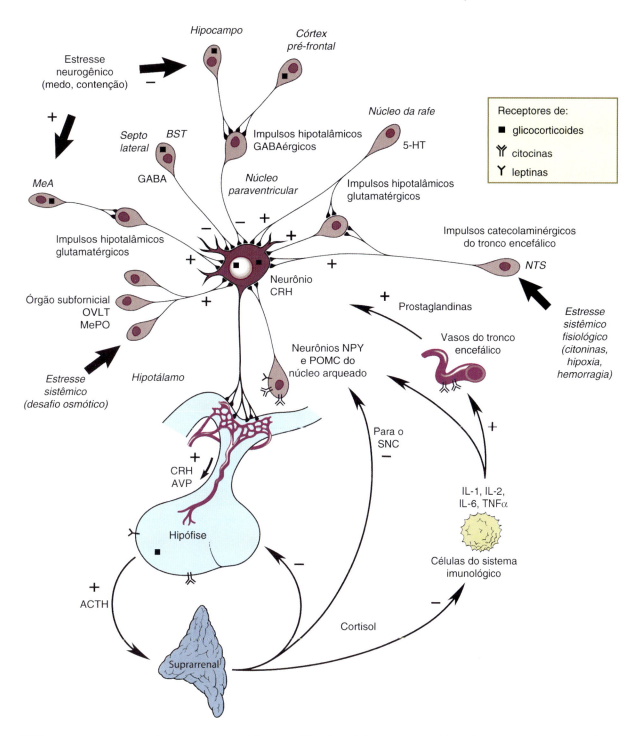

Figura 65.14 • Esquema representativo da regulação neuroendócrina do eixo hipotálamo-hipófise-suprarrenais. Note os diversos componentes que interferem na sua atividade (hormônios como cortisol e leptina, citocinas e sinais periféricos gerados em resposta a variados tipos de estresse fisiológicos e neurogênicos). *ACTH*, hormônio adrenocorticotrófico ou corticotrofina; *AVP*, arginina vasopressina; *BST*, bed nucleus da estria terminal; *SNC*, sistema nervoso central; *CRH*, hormônio liberador de corticotrofina; *GABA*, ácido gama-aminobutírico; *5-HT*, serotonina; *IL-1, 2 e 6*, interleucinas 1, 2 e 6; *TNFα*, fator de necrose tumoral α; *MeA*, amígdala medial; *MePO*, área pré-óptica medial; *NPY*, neuropeptídio Y; *NTS*, núcleo do trato solitário; *OVLT*, órgão vasculoso da lâmina terminal (osmorreceptor); *POMC*, pró-opiomelanocortina. (Adaptada de Cone et al., 2003.)

Resposta ao estresse

A secreção de ACTH é sensível ao estresse. O estresse causa elevação dos níveis plasmáticos de ACTH acima dos valores normais: a magnitude dessa elevação está relacionada com o tipo e a intensidade do estresse. As suprarrenais respondem ao aumento da secreção de ACTH induzido pelo estresse produzindo maiores quantidades de glicocorticoides. A elevação dos glicocorticoides circulantes atua regulando a secreção de ACTH por *feedback* negativo. No entanto, na maior parte dos casos, isso não ocorre. Acredita-se que durante o estresse, devido às aferências provenientes de outras partes do SNC, os neurônios hipotalâmicos produtores de CRH apresentam uma elevação do seu *set-point* de secreção, o que faz com que mesmo concentrações elevadas de glicocorticoides não sejam capazes de bloquear a secreção de CRH e ACTH.

Mecanismo de ação

O CRH se liga a receptores específicos localizados na membrana celular das células corticotróficas, o que provoca aumento da geração intracelular de cAMP e consequente síntese e processamento de POMC, com liberação de ACTH. A seguir, verifica-se elevação da secreção de cortisol, cujos níveis circulantes são importantes sinalizadores para a regulação negativa da secreção de CRH; os glicocorticoides, quando em altas concentrações plasmáticas, reduzem ou abolem a secreção do CRH, bem como a sua ação a nível hipofisário.

O receptor de CRH também se encontra expresso em outras regiões do SNC, tais como hipotálamo, córtex cerebral, sistema límbico e medula espinal, o que explica certos efeitos centrais do CRH, como estimulação da atividade simpática, elevação da pressão arterial, taquicardia, alteração dos pulsos de liberação de GnRH (causando hipogonadismo hipotalâmico) e inibição do comportamento de ingestão alimentar e sexual, característicos do estresse.

CONTROLE NEUROENDÓCRINO DO RITMO DE SECREÇÃO HORMONAL

Em todos os sistemas fisiológicos, sem exceção, constata-se ritmicidade, principalmente circadiana. Qualquer variável fisiológica não se mantém estável e constante ao longo das 24 h, mas apresenta uma flutuação diária regular, filogeneticamente incorporada e geneticamente determinada, cuja finalidade é preparar o organismo antecipadamente às alterações previsíveis da alternância do dia e da noite.

A secreção de qualquer hormônio também apresenta ritmicidade circadiana. O perfil secretório dos principais hormônios ao longo das 24 h mostra que, para alguns, como o ACTH, a variação entre os valores mínimos (nadir) e máximos (acrofase) pode ser de 14 vezes, enquanto para outros, tais como os hormônios da tireoide, essa variação é quase imperceptível. Essa enorme variabilidade deve-se principalmente a uma variação rítmica circadiana endógena.

Os glicocorticoides apresentam uma secreção circadiana tal que, em seres humanos, por exemplo, alcança seu pico máximo coincidentemente com o terceiro terço do sono noturno, precedendo imediatamente a vigília. Essa mesma relação entre o ritmo circadiano dos glicocorticoides e o ciclo circadiano de atividade e repouso pode ser notada em um grande número de espécies de vertebrados, e é exclusivamente temporal e não causal: indivíduos que são forçados a dormir a cada três horas continuam apresentando uma distribuição circadiana na concentração plasmática de cortisol.

Outra secreção hormonal que apresenta distribuição circadiana bem evidente é a do GH. Em humanos, o pico máximo do GH ocorre no primeiro terço da noite de sono, coincidindo com a maior incidência de sono sincronizado de ondas lentas. Da mesma maneira que para os glicocorticoides, as relações entre os ciclos circadianos vigília-sono e de concentração plasmática de GH são principalmente temporais, e não causais.

Várias outras secreções endócrinas também apresentam ritmicidade circadiana: TSH, Prl, LH, FSH, aldosterona, renina e testosterona. No entanto, para o LH e para o GnRH, são muito mais evidentes e fisiologicamente importantes as suas secreções infradianas (obedecendo aos ciclos estrais) e pulsáteis (caracterizando um ritmo ultradiano que, no ser humano, tem um período de aproximadamente 2,3 h).

▶ Origem da ritmicidade circadiana

No começo da década de 1970, empregando-se técnicas neuroanatômicas de coloração de terminações degeneradas pela prata e autorradiografia, foi possível identificar em várias espécies animais, incluindo roedores e primatas, a existência de uma projeção retiniana direta para o hipotálamo anterior, mais especificamente para os núcleos supraquiasmáticos (SQN). Os experimentos mostraram que a lesão do SQN eliminava, em roedores, a ritmicidade circadiana de vários eventos fisiológicos e comportamentais: (1) atividade e repouso, (2) comportamento exploratório e de autolimpeza, (3) comer e beber, (4) sono e vigília, (5) flutuação circadiana da frequência cardíaca, (6) temperatura, assim como (7) ritmos de secreção hormonal de glicocorticoides e melatonina.

A partir desses experimentos, tem-se fixado o conceito de que o SQN constitui o oscilador circadiano por excelência em todos os mamíferos. Sendo assim, verificou-se que o SQN capta, com um ciclo de 24 h, glicose marcada, o que evidencia um ritmo circadiano de atividade metabólica celular de seus neurônios; esses neurônios apresentam, ainda, seja *in vivo* ou *in vitro*, um ritmo circadiano de atividade elétrica celular; há, também, evidências de que se um animal adulto que foi tornado arrítmico por lesão do SQN receber um transplante de células do SQN de um feto, ele recupera parcialmente a ritmicidade circadiana de eventos fisiológicos e comportamentais.

No entanto, em primatas, o SQN não parece ser o único oscilador circadiano, uma vez que sua lesão não abole a totalidade dos ritmos circadianos, persistindo o ritmo de temperatura central, a secreção de cortisol e a incidência circadiana de sono REM. Em humanos, existem evidências da presença de dois grandes osciladores circadianos relacionados com: (1) ciclo sono-vigília, secreção de GH, excreção urinária de cálcio, ritmos comportamentais de desempenho, comer e beber; (2) sono REM, temperatura central, secreção de glicocorticoides e excreção urinária de potássio. O oscilador que regula o primeiro grupo parece ser o SQN, caracterizado por um *free-running* de cerca de 32 h. O oscilador responsável pelo segundo grupo tem um período endógeno de aproximadamente 25 h; sua localização anatômica não está determinada, sabendo-se apenas que não se localiza, como o SQN, no hipotálamo anterior.

Nas aves, ao lado do SQN, existem fortes evidências que apontam para a glândula pineal como um oscilador circadiano de grande importância. Ao longo da evolução nos vertebrados, a glândula pineal passa de um órgão essencialmente fotorreceptor (em peixes, anfíbios, répteis e aves) para um órgão exclusivamente endócrino (em mamíferos). Seu produto de secreção mais importante é a *melatonina*, um hormônio produzido a partir da serotonina pela ação de duas enzimas importantes: a hidroxi-indol-metil-transferase e a N-acetil-transferase. A melatonina, apesar de não ser responsável pelo controle da ritmicidade circadiana, tem, nessa classe, ações extremamente importantes: (1) surtos sazonais de reprodução, (2) regulação da secreção de vários hormônios, principalmente dos glicocorticoides, e (3) ações sobre o sistema imunológico.

Mais recentemente, genes (denominados *clock genes*) que codificam proteínas relacionadas com a ritmicidade circadiana (como as Per1 e Per2), foram identificados em vários tecidos, bem como no núcleo supraquiasmático. Tais genes parecem estar envolvidos com a sincronização para a luz; a avaliação da expressão deles nos tecidos e em diferentes condições fisiológicas vem trazendo contribuição importante para a compreensão da origem desses ritmos. Outros detalhes a respeito desse assunto encontram-se no Capítulo 5, *Ritmos Biológicos*.

BIBLIOGRAFIA

AGUILERA G, HARWOOD JP, WILSON JX et al. Mechanisms of action of corticotropin-releasing factor and other regulators of corticotropin release in rat pituitary cells. *J Biol Chem*, 258:8039-45, 1983.

AGUILERA G. Regulation of pituitary ACTH secretion during chronic stress. *Front Neuroendocrinol*, 15(4):321-50, 1995.

ANDERSON K, ENEROTH P. Thyroidectomy and central catecholamine neurons of the male rat. Evidence for the existence of an inhibitory dopaminergic mechanism in the external layer of the median eminence and for a facilitatory noradrenergic mechanism in the paraventricular hypothalamic nucleus regulating TSH secretion. *Neuroendocrinology*, 45:14, 1987.

ARON DC, FINDLING JW, TYRRELL JB. Hypothalamus and pituitary. In: GREENSPAN FS, STREWLER GJ (Eds.). *Basical and Clinical Endocrinology*. 5. ed. Appleton & Lange, Stamford, 1997.

BEN-JONATHAN N. Dopamine: a prolactin-inhibiting hormone. *Endocrine Rev*, 6:564-89, 1985.

BLOCH B, BRAZEAU P, LING N et al. Imunohistochemical detection of growth hormone-releasing factor in brain. *Nature*, 30:607-8, 1983.

BUNNEY WE et al. Basic and clinical studies of endorphins. *Ann Int Med*, 91:239-50, 1979.

CHALLET E, POIREL VJ, MALAN A et al. Light exposure during daytime modulates expression of Per1 and Per2 clock genes in the suprachiasmatic nuclei of mice. *J Neurosci Res*, 72(5):629-37, 2003.

CHENG SI. Thyroid hormone receptor mutations and disease: beyond thyroid hormone resistance. *Trends Endocrinol Metab*, 16(4):176-82, 2005.

CHROUSOS GP. The hypothalamic-pituitary-adrenal axis and immune-mediated inflammation. *N Engl J Med*, 332:1351-62, 1995.

CLAYTON RM, CATT KJ. Gonadotropin-releasing hormone receptors: characterization, physiological regulation, and relationship to reproductive function. *Endocrine Rev*, 2:186-209, 1981.

CONE RD, LOW MJ, ELMQUIST JK et al. Neuroendocrinology. *In*: LARSEN PR, KRONENBERG HM, MELMED S et al. (Eds.). *Williams Textbook of Endocrinology*. 10. ed. Saunders, Philadelphia, 2003.

CONN PM, MARIAN J, McMILLIAN M et al. Gonadotropin-releasing hormone action in the pituitary: a three step mechanism. *Endocrine Rev*, 2:174-85, 1981.

CONN PM, HSUEH AJW, CROWLEY Jr WF. Gonadotropin-releasing hormone: molecular and cell biology, physiology and clinical applications. *Fed Proc*, 43:2351-61, 1984.

DOUGLAS WW. How do neurones secrete peptides? Exocytosis and its consequences, including synaptic vesicle formation, in the hypothalamus-neurohypophyseal system. *Progr Brain Res*, 39:21-38, 1973.

FEKETE C, KELLY J, MIHÁLY E et al. Neuropeptide Y has a central inhibitory action on the hypothalamic-pituitary-thyroid axis. *Endocrinology*, 142(6):2606-13, 2001.

FLIERS E, UNMEHOPA UA, ALKEMADE A. Functional neuroanatomy of thyroid hormone feedback in the human hypothalamus and pituitary gland. *Mol Cel Endoc*, 251:1-8, 2006.

FROHMAN LA, DOWNS TR, CHOMCZYNSKI P. Regulation of growth hormone secretion. *Front Neuroendocrinol*, 13(4):344-405, 1992.

GILLIES GE, LINTON EA, LOWRY PJ. Corticotropin-releasing activity of the new CRF is potentiated several times by vasopresin. *Nature*, 299:355-7, 1982.

HARRIS AC, CHRISTIANSON D, SMITH MS et al. The physiological role of thyrotropin releasing hormone in the regulation of thyroid-stimulating hormone and prolactin secretion in the rat. *J Clin Invest*, 61:441-8, 1978.

HERSHMAN JM, PITMAN Jr JA. Control of thyrotropin secretion in man. *N Engl J Med*, 285:997-1006, 1971.

JONES MT, HILLHOUSE EW. Neurotransmitter regulation of corticotropin-releasing factor *in vitro*. *Ann NY Acad Sci*, 297:536-60, 1977.

KALRA SP. Mandatory neuropeptide-steroid signaling for the preovulatory luteinizing hormone-releasing hormone discharge. *Endocrine Rev*, 14(5):507-37, 1993.

KARAM JH. Pancreatic hormones & diabetes melito. In: GREENSPAN FS, STREWLER GJ (Eds.). *Basic & Clinical Endocrinology*. Prentice-Hall International, Stamford, 1997.

KRULICH L. Neurotransmitter control of thyrotropin secretion. *Neuroendocrinology*, 35:139-47, 1982.

LABRIE F, DROUIN J, FERLAND L et al. Mechanism of action of hypothalamic hormones in the anterior pituitary gland and specific modulation of their activity by sex steroids and thyroid hormones. *Rec Prog Horm Res*, 34:25-93, 1978.

LARSEN PR, KRONENBERG HM, MELMED S et al. (Eds.). *Williams Textbook of Endocrinology*. 10. ed. Saunders, Philadelphia, 2003.

LEICHAN RM. Neuroendocrinology of pituitary hormone regulation. *Endocrinol Metab Clin North Am*, 16:475-501, 1987

LIU JH, YEN SSC. Induction of mydcycle gonadotropin surge by ovarian steroids in women: a critical evaluation. *J Clin Endocrinol Metab*, 57:797-802, 1982.

McCANN SM, MIZUNUMA H, SAMSON WK. Diferential hypothalamic control of FSH secretion: a review. *Psychoneuroendocrinology*, 8:299-308, 1983.

NIKOLICS K, MASON AJ, SZÖNYI E et al. A prolactin-inhibiting factor within the precursor for human gonadotropin-releasing hormone. *Nature*, 316:511-7, 1985.

NUNES MT. Regulação neuroendócrina da função tireoidiana. In: ANTUNES-RODRIGUES J, MOREIRA AC, ELIAS LLK et al. (Eds.). *Neuroendocrinologia Básica e Aplicada*. Guanabara Koogan, Rio de Janeiro, 2005.

REICHLIN S. Neuroendocrinology. In: WILSON JD, FOSTER DW (Eds.). *Williams Textbook of Endocrinology*. 8. ed. W.B. Saunders, Philadelphia, 1992.

STEVENSON B, LEE SL. Hormonal regulation of the thyrotropin releasing-hormone (TRH) gene. *Endocrinologist*, 5:286, 1995.

STRATAKIS CA, CHROUSOS GP. Hypothalamic hormones: GnRH, TRH, GHRH, SRIF, CRH and dopamine. In: CONN PM, MELMED S (Eds.). *Endocrinology Basic and Clinical Principles*. Humana Press Inc, Totowa, 1997.

VAMVAKOPOULOS NC, CHROUSOS GP. Hormonal regulation of human corticotropin releasing-hormone gene expression: implications for the stress response and immune/inflammatory reaction. *Endoc Rev*, 15:409-20, 1994.

Capítulo 66

Glândula Hipófise

Maria Tereza Nunes

- Introdução, *1076*
- Relações anatomofuncionais, *1076*
- Adeno-hipófise, *1076*
- Neuro-hipófise, *1091*
- Hormônios neuro-hipofisários, *1092*
- Ocitocina, *1098*
- Agradecimento, *1100*
- Bibliografia, *1100*

INTRODUÇÃO

Há mais de um século sabia-se que a remoção ou destruição de uma estrutura localizada na base do encéfalo – em uma concavidade do osso esfenoide denominada sela túrcica – leva a alterações no desenvolvimento, crescimento e reprodução dos seres humanos e animais. Hoje, sabe-se que, devido à multiplicidade dos hormônios secretados pela hipófise, esta glândula está envolvida em praticamente todas as funções endócrinas do organismo, desde a manutenção da constância do meio interno até a reprodução. A falência da hipófise (ou hipopituitarismo) está associada a uma diminuição da qualidade de vida e, nos casos mais graves, à morte.

RELAÇÕES ANATOMOFUNCIONAIS

A hipófise, na espécie humana, apresenta proporções diminutas: 10 × 13 × 6 mm. Mantém-se conectada, por meio da haste hipofisária ou pedúnculo hipofisário, ao sistema nervoso central (SNC), mais precisamente ao hipotálamo, com o qual guarda importantes relações anatômicas e funcionais.

Em humanos, a hipófise apresenta-se dividida em basicamente duas porções: (1) *hipófise anterior* ou *adeno-hipófise* e (2) *hipófise posterior* ou *neuro-hipófise*. Na maioria dos vertebrados, porém, a adeno-hipófise apresenta, além da *pars distalis*, região secretora de grande parte dos hormônios adeno-hipofisários, a *pars intermedia*, cujo principal produto de secreção é o hormônio melanotrófico ou α-melanotrofina (α-MSH). Este peptídio origina-se a partir da pró-opiomelanocortina (POMC), cujo gene é expresso em vários tecidos. Este hormônio induz a dispersão dos grânulos de melanina dos melanócitos em peixes e anfíbios, o que leva ao escurecimento da pele, fazendo com que sejam confundidos com os elementos do seu hábitat, como troncos das árvores. Esse fenômeno, denominado *mimetismo*, é fundamental para a proteção desses animais no meio ambiente, uma vez que dificulta a ação de possíveis predadores. Em humanos, a *pars intermedia* é fisiologicamente ativa durante o desenvolvimento fetal, e o α-MSH importante para o crescimento fetal, em particular para o desenvolvimento do sistema nervoso. No entanto, após o nascimento, essa região praticamente deixa de ser funcional, e o hormônio α-MSH é indetectável na circulação.

A adeno e a neuro-hipófise são constituídas de células de distintas origens embriológicas. A adeno-hipófise deriva de uma evaginação do teto da cavidade oral, a bolsa de Rathke, e apresenta características morfológicas de células epiteliais. A neuro-hipófise, por outro lado, deriva de uma projeção do assoalho do terceiro ventrículo (hipotálamo) (Figura 66.1), e possui uma população de células gliais, conhecida por pituícitos, e axônios, cujos corpos celulares encontram-se agrupados em núcleos específicos do hipotálamo.

A vascularização da hipófise é feita pelas artérias hipofisárias superior e inferior (ramos da carótida interna) e por um complexo sistema vascular especializado, denominado *sistema porta hipotálamo-hipofisário*. Por meio deste sistema, o sangue venoso proveniente da eminência mediana do hipotálamo se dirige à adeno-hipófise, trazendo neuropeptídios secretados por neurônios hipotalâmicos, como será visto adiante. O papel desses neuropeptídios é controlar (ativando ou inibindo) a secreção dos hormônios adeno-hipofisários. Por outro lado, o suprimento sanguíneo da neuro-hipófise é feito pelas artérias hipofisárias inferiores, e totalmente independente do suprimento sanguíneo da adeno-hipófise. Entretanto, devido à existência de capilares curtos que partem da neuro-hipófise e dirigem-se à adeno-hipófise, admite-se que os hormônios neuro-hipofisários também possam influenciar o funcionamento da adeno-hipófise (ver Figura 65.1, no Capítulo 65, *Hipotálamo Endócrino*).

ADENO-HIPÓFISE

A adeno-hipófise é constituída de cinco tipos celulares fenotipicamente distintos que, durante o desenvolvimento, surgem na seguinte ordem temporal: corticotrofos, tireotrofos, gonadotrofos, somatotrofos e lactotrofos. Essas células são responsáveis pela síntese e secreção, respectivamente, de: hormônio adrenocorticotrófico (ACTH), hormônio tireotrófico (TSH), gonadotrofinas (hormônio luteinizante ou LH e hormônio foliculestimulante ou FSH), hormônio do crescimento (GH) e prolactina (Prl). Algumas células hipofisárias, reconhecidas como somatomamotrofos, têm a capacidade de secretar tanto GH quanto Prl. Tanto os somatomamotrofos como os lactotrofos derivam de células produtoras de GH. Entretanto, alguns peptídios biologicamente ativos, como as lipotrofinas e os opiáceos endógenos, que são derivados do processamento pós-traducional da molécula da POMC, também têm sua origem na adeno-hipófise.

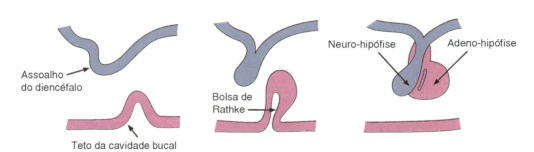

Figura 66.1 • Ilustração da origem embriológica da neuro- e da adeno-hipófise. Observa-se que a neuro-hipófise deriva da evaginação do assoalho do diencéfalo, razão pela qual é constituída de células gliais (pituícitos) e apresenta terminações nervosas provenientes de corpos celulares de neurônios localizados em núcleos hipotalâmicos específicos (núcleos supraópticos e paraventriculares), daí a origem de sua denominação. A adeno-hipófise deriva da evaginação do teto da cavidade bucal, razão pela qual suas células são de origem epitelial, apresentando retículo endoplasmático desenvolvido, o que sugere elevada capacidade de síntese proteica.

É interessante comentar que ocorrem intensas interações parácrinas entre as células adeno-hipofisárias, o que sugere um plano horizontal de controle da secreção hipofisária que atuaria em paralelo ao vertical, representado pelo eixo hipotálamo-hipófise. Deste controle participam as células foliculestelares (células FS), que compreendem cerca de 5% a 10% das células da adeno-hipófise. Essas células são agranulares e apresentam uma morfologia típica de estrela, formando folículos na adeno-hipófise, e se interdigitando com as demais células endócrinas. Essa organização favorece a comunicação dinâmica entre os dois tipos celulares. Elas apresentam atividade fagocítica, produzem vários fatores de crescimento e citocinas; mais recentemente, é atribuído a elas um possível papel de célula-tronco.

▶ Histofisiologia

Tradicionalmente, as células da adeno-hipófise são classificadas, de acordo com suas características tintoriais, em cromófilas (que englobam as basófilas e as acidófilas) e cromófobas. Atualmente, a classificação existente se baseia em técnicas que incluem microscopia eletrônica, imuno-histoquímica e hibridização *in situ*. As células tireotróficas, gonadotróficas e corticotróficas são basófilas, enquanto as somatotróficas e lactotróficas são acidófilas. Admite-se que, funcionalmente, as células cromófobas possam representar populações celulares que estão em alto *turnover* de secreção hormonal, e que permanecem, transitoriamente, sem grandes estoques hormonais e, portanto, sem grande afinidade pelos corantes. Evidências mais recentes, contudo, as colocam como células foliculestelares.

Estudos minuciosos da distribuição dos diferentes tipos celulares no parênquima hipofisário mostram que as células acidófilas (produtoras de GH e Prl), mais abundantes, tomam a maior parte das asas laterais da glândula; por sua vez, os gonadotrofos e tireotrofos localizam-se central e anteriormente, enquanto os corticotrofos dispõem-se próximo à neuro-hipófise, podendo, dessa maneira, receber grande influência dos hormônios neuro-hipofisários. De fato, entre os corticotrofos e a neuro-hipófise localizam-se células que também expressam a POMC, cujo processamento pós-traducional é distinto do que ocorre nos corticotrofos: o resultado é a secreção de MSH (ver adiante).

▶ Hormônios adeno-hipofisários

De acordo com sua constituição química, os hormônios adeno-hipofisários são classificados em: *glicoproteicos* (TSH, LH e FSH), *proteicos* (GH e Prl) e *peptídicos* [os peptídios relacionados com a POMC – ACTH e as melanocortinas (MSH, lipotrofina e opiáceos endógenos)].

Hormônios glicoproteicos (TSH, LH e FSH)

Os hormônios glicoproteicos são constituídos por duas subunidades polipeptídicas denominadas alfa e beta. A subunidade alfa é comum aos três hormônios, sendo, portanto, a subunidade beta que confere especificidade biológica a cada um deles, ou seja, a especificidade de ligação aos receptores. A especificidade imunológica desses três hormônios, todavia, depende de ambas as cadeias. Cada uma das cadeias é codificada por um gene distinto, e o gene da cadeia alfa é superexpresso. O gene que codifica a cadeia beta é regulável por mecanismos de *feedback* negativo e há evidências de que o da cadeia alfa também o seja, no entanto, por mecanismos ainda pouco conhecidos. Dessa maneira, a biossíntese dessas glicoproteínas se dá no retículo endoplasmático pelo acoplamento de quantidades limitantes de cadeias beta com igual número de moléculas da cadeia alfa. A interação entre essas duas moléculas é do tipo eletro-hidrofóbica, não existindo ligações covalentes entre as duas cadeias. A inserção de moléculas de carboidratos ocorre após a união das subunidades alfa e beta, e dela depende a atividade biológica e a meia-vida ($t_{1/2}$) desses hormônios. Deve-se salientar que a placenta também expressa um hormônio glicoproteico, homólogo aos hormônios adeno-hipofisários: a *gonadotrofina coriônica* (GCH), cujo efeito biológico é similar ao do LH. A construção de moléculas híbridas (p. ex., cadeia alfa do TSH com cadeia beta do LH) confere efeito biológico indistinguível ao do hormônio doador da cadeia beta (no exemplo, LH). Pequenas quantidades de cadeias alfa e beta são secretadas sem estarem acopladas; essas moléculas não exibem efeito biológico, sendo rapidamente degradadas.

Hormônio tireotrófico (TSH)

O TSH, hormônio tireotrófico, também conhecido como hormônio tireoestimulante ou tireotrofina, é uma glicoproteína de 28 kDa sintetizada nos tireotrofos, que representam 5% das células hipofisárias. A glicosilação de suas subunidades ocorre no retículo endoplasmático rugoso e Golgi, no qual os resíduos de glicose, manose, fucose e ácido siálico incorporados à sua molécula conferem atividade biológica ao hormônio, bem como alteram sua taxa de *clearance* metabólico. Dessa maneira, alterações nesta etapa pós-transcricional de regulação da expressão gênica, que é a glicosilação, comprometem a atividade biológica do TSH.

A função primária do TSH consiste em induzir alterações morfológicas e funcionais nas células foliculares tireoidianas, que se caracterizam por: (1) hipertrofia e hiperplasia das mesmas, (2) estímulo da síntese de tireoglobulina e (3) estímulo da síntese de proteínas-chave envolvidas na síntese e secreção dos hormônios tireoidianos – tiroxina (T4) e tri-iodotironina (T3) – mecanismo pelo qual participa do controle do metabolismo em geral (mais detalhes no Capítulo 68, *Glândula Tireoide*).

A secreção deste hormônio ocorre em pulsos, a cada 2 ou 3 h, que se superpõem à sua secreção basal. Apresenta um padrão circadiano de secreção que se caracteriza por níveis noturnos aproximadamente 2 vezes superiores aos apresentados durante o dia.

▶ **Efeitos biológicos.** Os efeitos do TSH sobre a glândula tireoide podem ser claramente evidenciados em situações de hiper- e hipossecreção desse hormônio. Quando seus níveis circulantes estão elevados, observa-se que o epitélio folicular tireoidiano sofre hipertrofia, tornando-se cilíndrico (originalmente é cúbico simples), e passa a apresentar um maior número de células (ou hiperplasia). A glândula torna-se bastante vascularizada, provavelmente como reflexo dos efeitos metabólicos que o TSH exerce sobre o tecido, que estimula o consumo de oxigênio, de glicose e a síntese de mRNA e fosfolipídios. Como reflexo do aumento da atividade metabólica das células foliculares tireoidianas, ocorre aumento do número e atividade das microvilosidades na sua região apical, o que promove maior endocitose de coloide. Portanto, nessa condição, a quantidade de coloide intrafolicular sofre redução, em virtude do maior estímulo da atividade secretora. Já na diminuição ou ausência de TSH, evidenciam-se sinais de hipofunção glandular: o epitélio folicular torna-se pavimentoso, ocorre aumento do conteúdo do coloide intrafolicular, por redução da secreção hormonal, e a tireoide torna-se menos vascularizada (Figura 66.2).

Além dessas ações gerais, o TSH ativa todas as etapas que envolvem a biossíntese e secreção dos hormônios tireoidianos (ver Capítulo 68), a saber: (1) transporte ativo do iodeto do líquido extracelular para as células foliculares; (2) oxidação do iodeto e incorporação do iodo à molécula de tireoglobulina – proteína presente em grande quantidade no interior do coloide, cuja síntese também é estimulada pelo TSH; (3) conjugação das iodotirosinas e consequente formação das iodotironinas (T3 e T4, principalmente) e (4) secreção hormonal, que se inicia com a endocitose de coloide (processo que envolve a captura de coloide intrafolicular por microvilosidades existentes no polo apical das células foliculares) e posterior proteólise da tireoglobulina iodada, por aumento da atividade lisossomal. O TSH também ativa a enzima 5'desiodase do tipo I tireoidiana, que leva à geração de T3 a partir da desiodação do T4, efeito que possibilita a conservação do iodo na tireoide, e que uma parcela do T3 produzido na tireoide provenha do próprio T4. O resultado final dessas ações do TSH é a liberação dos hormônios tireoidianos para o citoplasma das células foliculares e, a seguir, para a circulação.

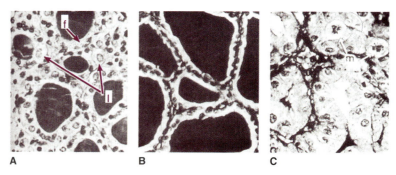

Figura 66.2 ▪ Cortes histológicos da glândula tireoide de ratos, em diferentes estados funcionais. **A.** Tireoide normal, em que os folículos tireoidianos se apresentam revestidos por epitélio cúbico simples, que encerra o coloide intrafolicular, cuja principal proteína é a tireoglobulina. As *setas* apontam as células foliculares (f) e as parafoliculares (l), também conhecidas como células C, as quais secretam calcitonina. **B.** Tireoide de rato hipofisectomizado (portanto, sem sofrer influência do TSH), em que se observa que as células foliculares tornaram-se pavimentosas, encerrando grande quantidade de coloide no lúmen folicular, caracterizando uma tireoide inativa. **C.** Glândula tireoide de rato sob intensa estimulação pelo TSH, em que se observa que o epitélio tornou-se colunar, encerrando pequena quantidade de coloide, o que sugere intensa reabsorção do mesmo e, portanto, maior secreção tireoidiana. (Adaptada de Greep e Weiss, 1973.)

> Nem sempre a concentração plasmática e a atividade biológica dos hormônios glicoproteicos se correlacionam. Por exemplo, na síndrome de Sheehan, a hipófise, que se encontra hiperplásica em função da gravidez, fica com sua perfusão reduzida por ocasião de uma hemorragia pós-parto, seguindo-se a diminuição da atividade do eixo hipotálamo-hipófise-tireoide. Assim, em consequência à queda da concentração de hormônios tireoidianos no plasma, ocorre elevação da concentração plasmática de TSH, o que não reverte o hipotireoidismo, uma vez que sua atividade biológica intrínseca encontra-se diminuída. Acredita-se que o TSH plasmático apresente mais ácido siálico na sua molécula (isoforma alcalina), o que aparentemente o torna menos biologicamente ativo, porém mais estável (com aumento da sua meia-vida ou $t_{1/2}$).

▶ **Mecanismo de ação.** As ações biológicas do TSH são deflagradas por meio da sua interação com receptores, acoplados à proteína Gs, localizados na membrana das células foliculares tireoidianas. Dessa interação resulta a ativação do sistema enzimático adenililciclase e consequente aumento da geração intracelular de cAMP. Segue-se a ativação da proteinoquinase A (PKA) e fosforilação de elementos proteicos da membrana, do citosol e do núcleo, eventos que resultam em proliferação e diferenciação das células foliculares tireoidianas, bem como em secreção hormonal. O TSH também interage com receptores de membrana acoplados à proteína Gq, que levam à ativação da via fosfatidilinositol e da proteinoquinase C (PKC), mecanismo pelo qual exerce controle sobre a síntese hormonal. Vale salientar que o receptor de TSH (TSH-R) apresenta locais de ligação não somente para o TSH, mas também para autoanticorpos estimulantes do TSH-R, os quais são encontrados em pacientes com hipertireoidismo autoimune (ou doença de Graves), bem como para autoanticorpos que, quando se ligam ao TSH-R, bloqueiam a ação do TSH, os quais são encontrados em pacientes com tireoidite atrófica, que apresentam grave grau de hipotireoidismo. Obviamente a ligação desses autoanticorpos se dá em resíduos de aminoácidos diferentes na molécula do TSH-R.

▶ **Regulação da secreção.** O controle da secreção de TSH é realizado basicamente por mecanismos que envolvem: (1) os hormônios tireoidianos circulantes, que atuam sobre tireotrofos e neurônios hipotalâmicos específicos por mecanismo de retroalimentação negativa, e (2) os hormônios produzidos no hipotálamo, liberadores e inibidores, cujo transporte à adeno-hipófise se dá por meio da circulação porta-hipotálamo-hipofisária (ver Capítulo 65).

▪ **Hormônios tireoidianos.** A regulação da secreção de TSH exercida pelos hormônios tireoidianos se dá predominantemente sobre a hipófise, e o T4 é o principal hormônio envolvido no processo. Este penetra no tireotrofo, onde sofre desiodação a T3, e mistura-se com iguais quantidades de T3 proveniente da circulação, para formar um *pool* comum de T3 que alimenta o compartimento nuclear. A interação do T3 com os receptores nucleares (1) inibe a expressão do gene que codifica a cadeia beta do TSH e em menor extensão a alfa e (2) induz a expressão de uma ou mais proteínas não identificadas que inibem a secreção dos grânulos de TSH já armazenados, levando, consequentemente, à queda dos níveis circulantes deste hormônio. Estudos recentes também apontam ações não genômicas do T3 reduzindo a meia-vida e a taxa de tradução do mRNA que codifica a cadeia beta do TSH, bem como a redução da secreção deste hormônio. Essa ação do T3 parece resultar, ao menos em parte, da sua interação com a integrina de membrana ($\alpha v \beta 3$). Os hormônios tireoidianos, ainda, controlam a síntese e secreção de TSH, via hipotálamo, no qual atuam em áreas específicas inibindo a síntese e secreção de TRH (porção parvicelular dos núcleos paraventriculares), bem como estimulando a secreção de somatostatina (área periventricular), o que leva a uma diminuição dos níveis circulantes de TSH (Figura 66.3). Deve-se, entretanto, salientar que o mecanismo mais potente de controle da secreção de TSH pelos hormônios tireoidianos ocorre na hipófise, o que pode ser evidenciado claramente pela ausência de liberação de TSH, frente à administração de grandes quantidades de TRH, em indivíduos que apresentam hipertireoidismo (ver Figura 65.5, no Capítulo 65).

▪ **Hormônios hipotalâmicos.** O TRH exerce ações estimulantes sobre a síntese e liberação de TSH, além de ser também um potente estimulante da liberação de Prl. Geralmente, o TRH

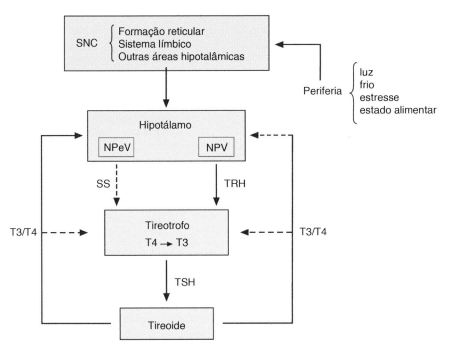

Figura 66.3 ▪ Organização geral do sistema hipotálamo-hipófise-tireoide e sua integração com o sistema nervoso e a periferia. Os núcleos *NPV* (paraventriculares) e *NPeV* (periventriculares) representam as regiões hipotalâmicas cujos neurônios expressam, respectivamente, o TRH e a SS. As *linhas tracejadas* representam inibição, e as *contínuas*, estimulação dos respectivos hormônios/sinais sobre os seus alvos específicos. (Adaptada de Nunes, 2005.)

age no tireotrofo, por meio de receptores de membrana, que ativa a via fosfatidilinositol. O sistema adenililciclase-cAMP parece não estar envolvido, pelo menos diretamente, nas ações do TRH sobre o tireotrofo. O resultado dessa ação se reflete (1) na mobilização de Ca^{2+} dos estoques intracelulares e consequente elevação da concentração deste íon nos tireotrofos, o que leva à secreção do TSH armazenado, e (2) no aumento da síntese de TSH, a qual se deve à fosforilação, pela PKC, de elementos proteicos citosólicos que atuam sobre a transcrição gênica. O TRH também é importante para a etapa de glicosilação do TSH (ver Capítulo 65).

A somatostatina (SS), hormônio hipotalâmico inibidor da liberação de GH, apresenta também ação inibitória sobre a secreção de vários hormônios, entre os quais o TSH. Esse efeito se dá diretamente sobre os tireotrofos, nos quais os receptores de SS estão acoplados à proteína Gi; deste modo a interação da SS com os seus receptores promove diminuição dos níveis intracelulares de cAMP e redução da síntese e secreção de TSH. Tem sido cogitada uma ação indireta da SS no controle da secreção de TSH, via hipotálamo, em vista de estudos em que se demonstra íntima relação entre neurônios que secretam SS e os que secretam TRH, acreditando-se que a SS iniba a expressão e/ou secreção de TRH. Vale ainda salientar que altos níveis circulantes de GH também reduzem a secreção de TSH frente à administração de TRH. Acredita-se que esse efeito do GH seja secundário ao seu efeito estimulante sobre a secreção de SS.

A dopamina (DA) também exerce efeito inibitório sobre a secreção de TSH, o que pode ser comprovado por meio da administração de agonistas e antagonistas dopaminérgicos, os quais, respectivamente, inibem e aumentam a secreção de TSH em humanos. Aliás, estudos *in vitro* demonstram que quando hipófises são expostas à dopamina, em concentrações similares às detectadas no sangue portal, ocorre inibição da secreção de TSH, o que sugere fortemente que a dopamina é um agente fisiológico do controle da liberação desse hormônio. Demonstrou-se, ainda, que a transcrição das subunidades alfa e beta do TSH é inibida por DA.

Os glicocorticoides e estrógenos também influenciam a secreção de TSH por alterarem a sensibilidade do tireotrofo ao TRH. Os glicocorticoides, além de exercerem outros efeitos sobre o eixo hipotálamo-hipófise-tireoide (ver Capítulo 68), inibem a secreção basal de TSH, bem como a liberação desse hormônio frente à administração de TRH, quando em níveis suprafisiológicos. O contrário ocorre com os estrógenos, os quais parecem elevar a expressão de receptores para TRH, razão pela qual a administração de TRH leva a uma maior liberação de TSH nas mulheres (ver Figura 65.5, no Capítulo 65).

Gonadotrofinas (LH e FSH)

Os dois hormônios gonadotróficos ou gonadotrofinas, conhecidos por hormônio foliculestimulante (FSH) e hormônio luteinizante (LH) ou hormônio estimulante das células intersticiais (ICSH), são glicoproteínas com peso molecular em torno de 33 e 28 kDa, respectivamente, produzidas nos gonadotrofos, os quais constituem cerca de 10% das células hipofisárias. Em geral, esses hormônios são expressos na mesma célula, embora alguns gonadotrofos apresentem apenas um desses hormônios. Os fatores que determinam, em algumas condições fisiológicas, a secreção preferencial de um ou outro hormônio ainda não são completamente conhecidos. Esses hormônios agem fundamentalmente sobre as gônadas, estimulando o seu crescimento e diferenciação, tornando-as aptas para sua função reprodutiva e endócrina.

Vale comentar que a atividade biológica da gonadotrofina coriônica (GCH) se assemelha muito à do LH e que a das menotrofinas (mistura de gonadotrofinas alteradas que são recolhidas na urina de mulheres após a menopausa) se assemelha à do FSH, o que tem levado à sua utilização na clínica para indução da espermatogênese e ovulação.

▶ **Efeitos biológicos.** As ações do FSH sobre as gônadas femininas refletem-se no estímulo do crescimento e maturação dos folículos ovarianos, bem como na síntese dos esteroides sexuais femininos, conhecidos como estrógenos, pelas células da granular. Essas células, sob a ação do FSH, também sintetizam peptídios como inibina, ativina e folistatina, que são importantes fatores para a regulação endócrina, parácrina e autócrina da síntese de esteroides ovarianos e maturação do gameta feminino. A inibina, como será visto posteriormente, também é um importante regulador da secreção de FSH pelo gonadotrofo, no qual exerce influências inibitórias.

Os esteroides ovarianos apresentam várias ações: (1) agem em conjunto com o FSH nas próprias células foliculares, que participam do processo de maturação folicular; (2) atuam na hipófise, participando da regulação da secreção do FSH e LH por *feedback* negativo e positivo; (3) são importantes para o desencadeamento do processo de ovulação, que se completa com a ação do LH sobre o folículo ovariano maduro (aliás, o FSH, que atua em conjunto com os estrógenos, induz a síntese de receptores de LH nas células da granular); 4) exercem importantes efeitos sobre o sistema genital feminino, preparando-o para a concepção; 5) agem sobre a mama, preparando-a para a lactação, e 6) são responsáveis pelo aparecimento dos caracteres sexuais secundários. Ainda, exercem efeitos em tecidos periféricos não diretamente relacionados com a reprodução, como os ossos, nos quais participam da regulação da massa óssea (ver Capítulo 76, *Fisiologia do Metabolismo Osteomineral*, e Capítulo 77, *Fisiologia da Reprodução*).

O LH age conjuntamente com o FSH durante o período de desenvolvimento dos folículos ovarianos. Os receptores de LH são encontrados predominantemente nas células da teca. Nessas células, o LH atua induzindo a síntese de precursores androgênicos, que se difundem até as células da granular, onde são convertidos a estrogênios sob ação da aromatase induzida pelo FSH. No entanto, estudos realizados em primatas sugerem que a maioria dos estrógenos produzidos no período pré-ovulatório é de origem tecal. O LH é também responsável pelo processo de ovulação que ocorre aproximadamente na metade do ciclo sexual feminino e também pelo estímulo da síntese de outro esteroide sexual, a progesterona, que, antes da ovulação, é sintetizada nas células da teca e, depois da ovulação, no corpo lúteo. Esse esteroide, basicamente, estimula as funções secretoras do endométrio e inibe a contratilidade uterina, ações, portanto, intimamente relacionadas com a manutenção do feto no útero (mais detalhes no Capítulo 71, *Gônadas*, no item "Sistema Genital Feminino").

Nas gônadas masculinas (testículos), o FSH é responsável pela espermatogênese, em cuja etapa final participa também o esteroide sexual masculino testosterona, cuja síntese se dá nas células intersticiais de Leydig, sob estímulo do LH. O FSH atua nas células de Sertoli que, em resposta, secretam fatores de crescimento e de diferenciação das células da linhagem germinativa, que promovem a espermatogênese, bem como a síntese de uma proteína ligante de andrógenos (ABP, ou *androgen binding protein*). Essa proteína possibilita que altas concentrações de testosterona sejam mantidas nos túbulos seminíferos, o que garante a maturação completa dos espermatozoides. Além da ABP, as células de Sertoli secretam a inibina, que, como mencionado anteriormente, exerce efeito de *feedback* negativo específico sobre a liberação de FSH.

A testosterona também age nas estruturas que compõem o sistema genital masculino, e, no homem, é o hormônio responsável pelo aparecimento dos caracteres sexuais secundários. Age também em tecidos periféricos, tais como o músculo esquelético, exercendo importantes efeitos sobre o metabolismo proteico (mais detalhes no Capítulo 71, no item "Sistema Genital Masculino").

▶ **Mecanismo de ação.** As gonadotrofinas exercem seus efeitos biológicos interagindo com receptores de membrana, acoplados à proteína Gs, localizados nas células-alvo. Assim, os efeitos do LH no tecido ovariano e testicular (células de Leydig) resultam de um aumento dos níveis intracelulares de cAMP, o qual afeta uma série de processos intracelulares que serão traduzidos, por exemplo, pela síntese de progesterona e testosterona, respectivamente. Quanto ao FSH, mecanismo similar parece estar envolvido no desencadeamento de suas ações fisiológicas. No entanto, há evidências de que o FSH desencadeia algumas ações por meio da ativação da PI3-K e da MAPK.

▶ **Regulação da secreção.** De maneira similar ao TSH, a secreção das gonadotrofinas é regulada pela concentração plasmática dos produtos de secreção das glândulas-alvo (esteroides sexuais e peptídios) e também pelos neuropeptídios produzidos no hipotálamo. Dessa maneira, o controle da secreção de FSH e LH depende, respectiva e principalmente, das concentrações de estrógenos e progesterona na mulher, da testosterona no homem, da inibina (esta agindo especificamente sobre a secreção de FSH) em ambos os sexos, como também da secreção do hormônio hipotalâmico GnRH (o qual mantém a secreção basal de gonadotrofinas, causa a liberação fásica de gonadotrofinas para a ovulação e determina o início da puberdade). Embora o GnRH provoque a liberação tanto de FSH quanto de LH, ainda se especula a existência de um hormônio hipotalâmico específico para cada gonadotrofina (ver Capítulo 65).

O *feedback* negativo que os esteroides sexuais exercem no eixo hipotálamo-hipófise-gônadas ocorre tanto na hipófise, onde é mais efetivo, quanto no hipotálamo, onde promove inibição da secreção de GnRH (ver Figura 65.6, no Capítulo 65). Essa relação existente entre os esteroides sexuais e a secreção de gonadotrofinas fica bastante evidente em duas situações: (1) na menopausa, período em que, por falência ovariana, os hormônios sexuais femininos deixam de ser sintetizados, o que ocasiona elevação dos níveis de gonadotrofinas na corrente sanguínea e na urina; (2) quando da utilização de contraceptivos orais, condição em que os níveis plasmáticos suprafisiológicos de estrógenos e progesterona levam à inibição da secreção de gonadotrofinas, razão pela qual os ciclos passam a ser anovulatórios.

No homem, a falência primária das gônadas, situação em que baixos níveis de testosterona são encontrados na circulação, também está associada à elevação das gonadotrofinas circulantes. Já a destruição seletiva dos túbulos seminíferos provoca elevação específica de FSH (falta de inibina).

No entanto, durante o período pré-ovulatório do ciclo normal, os estrógenos exercem um mecanismo de *feedback* positivo na secreção de GnRH que culmina com a ovulação (ver Capítulo 71, no item "Sistema Genital Feminino"). Em linhas gerais, a elevação dos níveis circulantes de estrógenos no período que antecede a ovulação, ao mesmo tempo em que inibe a síntese e liberação de FSH, induz alterações na frequência e magnitude dos pulsos de GnRH, o que resulta na liberação de uma grande quantidade de GnRH pelo hipotálamo. Como a resposta hipofisária do FSH está parcialmente inibida pelos estrógenos e inibina, uma secreção preferencial de LH acaba ocorrendo nesse período, o que leva à ovulação. Vale salientar que essa é uma das maneiras pelas quais podemos ter secreção preferencial de um determinado hormônio gonadotrófico em resposta a um único hormônio liberador hipotalâmico, o GnRH. Os estrógenos também aumentam a expressão de receptores de GnRH na hipófise, o que também contribui com o pico secretor de LH por ocasião da ovulação (mais detalhes no Capítulo 77).

A participação da progesterona no mecanismo de *feedback* positivo que culmina com a secreção de LH e ovulação ainda é motivo de controvérsia. Enquanto alguns investigadores não detectaram nenhuma alteração nos níveis circulantes desse hormônio nas horas que antecedem o pico ovulatório de LH, outros observaram exatamente o oposto. Estes últimos argumentam que, como a progesterona é capaz de estimular a liberação de GnRH pelos terminais sinápticos na eminência mediana do hipotálamo, quando em concentrações fisiológicas, os incrementos na sua concentração plasmática antes do pico ovulatório de LH poderiam facilitar os eventos neurais que antecedem esse fenômeno, por provocar hipersecreção de GnRH.

De qualquer maneira, o mecanismo pelo qual os esteroides ovarianos exercem efeitos inibitórios e excitatórios sobre os neurônios produtores de GnRH ainda não está completamente esclarecido. Acredita-se que haja uma complexa circuitaria hipotalâmica composta de células-alvo de esteroides que produzem moléculas mensageiras inibitórias e excitatórias para a secreção de GnRH, e que no pico de secreção de esteroides predominaria a atividade destas últimas. As endorfinas e o GABA têm sido apontados como as moléculas envolvidas no mecanismo de *feedback* negativo protagonizado pelos esteroides gonadais sobre a secreção de GnRH. Há evidências de que, no período que antecede imediatamente a ovulação, vias alternativas seriam acionadas pela secreção exponencial de estrógenos, para inibição da liberação de endorfinas e DA, o que provocaria o pico ovulatório de secreção de GnRH.

> Achados recentes sugerem que o estradiol (E2) e sinais circadianos regulem circuitos peptidérgicos específicos no hipotálamo, que incluem populações neuronais que sintetizam a kisspeptina. Esses neurônios exibem um padrão de atividade diário dependente de estrógenos, que sugere sua participação no controle circadiano da liberação de GnRH/LH. Outros estudos evidenciaram também que o E2 aumenta a expressão de receptores de kisspeptina em cultura de células secretoras de GnRH. Dessa maneira, a elevação dos estrógenos ovarianos (E2) poderia aumentar a atividade dos neurônios kisspeptidérgicos, ao mesmo tempo em que aumenta a sensibilidade dos neurônios GnRHérgicos à kisspeptina, mecanismo que poderia contribuir para o pico ovulatório de GnRH/LH.
>
> O LH secretado por ocasião da ovulação apresenta resíduos de carboidratos diferentes daqueles presentes no LH ao longo do ciclo menstrual (com menor conteúdo de ácido siálico), o que lhe confere maior atividade biológica e menor $t_{1/2}$. Na menopausa, em função da falência ovariana, altos níveis de gonadotrofinas são encontrados na circulação, porém com potência biológica reduzida. Na verdade, encontramos uma variedade de isoformas de hormônios glicoproteicos na circulação, com variados graus de glicosilação e, portanto, com potências biológicas diferentes.

Hormônios proteicos (GH e Prl)

Os hormônios GH e Prl são proteínas que apresentam 191 e 198 aminoácidos, respectivamente. Há uma íntima correspondência na sequência de aminoácidos de certas regiões da cadeia peptídica de ambos os hormônios, o que explica algumas ações biológicas em comum. Durante a gravidez a placenta expressa uma isoforma de GH, o hGH-V, conhecido como somatotrofina coriônica, bem como o lactogênio placentário (hPL) que apresentam parte da sequência de aminoácidos comum, o que lhes confere ações fisiológicas semelhantes. Acredita-se que esses hormônios tenham-se originado de um mesmo gene ancestral, que sofreu várias mutações há aproximadamente 400 milhões de anos.

Hormônio do crescimento (GH)

O GH (hormônio do crescimento), STH (hormônio somatotrófico) ou somatotrofina, é um hormônio de peso molecular em torno de 22 kDa sintetizado nos somatotrofos, os quais compreendem 40% a 50% das células hipofisárias. Uma forma de GH menos abundante, de aproximadamente 20 kDa, resultante de um *splicing* alternativo da molécula de mRNA, também é encontrada na circulação. A forma mais abundante de GH é constituída por uma cadeia polipeptídica única contendo 191 aminoácidos e duas pontes dissulfeto (Figura 66.4). Desses aminoácidos, 161 apresentam sequência idêntica à somatotrofina coriônica. A sua identificação e caracterização decorreram de constatações de distúrbios do crescimento, em animais de experimentação e seres humanos, associados a alterações na estrutura da glândula hipófise.

Estudos iniciais, realizados em animais de experimentação, demonstraram que a remoção cirúrgica da hipófise (ou hipofisectomia) levava a um comprometimento do crescimento e desenvolvimento, cujo grau era extremamente dependente da fase da vida em que esses animais se encontravam. Assim, quando a hipofisectomia ocorria antes da puberdade, o animal apresentava o quadro de nanismo, o qual podia ser revertido por meio da administração de extratos de hipófise. Porém, em animais adultos (ou pós-púberes), os efeitos da hipofisectomia sobre o crescimento e o desenvolvimento eram menos pronunciados. Já a administração crônica de extrato hipofisário levava a alterações opostas, aparecendo: (1) em animais pré-púberes, o quadro de gigantismo, em que um crescimento generalizado de todos os tecidos era evidenciado de maneira uniforme, ou (2) no animal adulto, a acromegalia, em que se observava um crescimento desproporcional de alguns ossos do corpo, como também de alguns tecidos.

Esses estudos foram fundamentais, uma vez que trouxeram à luz o fato de que alguma substância presente na hipófise era responsável pelo crescimento e desenvolvimento dos tecidos em geral. A partir de então, essa substância foi caracterizada e reconhecida como o hormônio do crescimento, embora hoje se saiba que, além desses efeitos, o GH exerce ações importantes no metabolismo intermediário.

▶ **Mecanismo de ação.** O GH interage com receptores pertencentes à superfamília dos receptores de citocinas, os quais se apresentam dimerizados na membrana plasmática, e se caracterizam por não apresentar atividade tirosinoquinase intrínseca. No entanto, as regiões de seus domínios citoplasmáticos próximas à membrana interagem com uma ou mais tirosinoquinases citoplasmáticas, as Janus quinases (Jak), o que provoca uma alteração conformacional na Jak2 e ativação da sua atividade catalítica. Segue-se a fosforilação do receptor de GH e a ativação das proteínas *Stat1* e *Stat3*, as quais se translocam ao núcleo estimulando a transcrição de genes específicos. Outra via de sinalização também ativada pelo GH é a da MAP quinase (MAPK), em que a interação de uma proteína adaptadora, tal como a *Shc*, com o receptor fosforilado ou com a própria Jak2 leva à ativação da via *Ras e Raf e*, consequentemente, à estimulação da via mitogênica da MAP quinase (Figura 66.5). O envolvimento do sistema fosfolipase C-PKC também tem sido sugerido em algumas ações do GH, o que demonstra a grande complexidade dos eventos intracelulares que culminam com a ação deste hormônio.

▶ **Efeitos biológicos do GH.** A seguir serão apresentados alguns efeitos biológicos do GH, inclusive sobre o crescimento e sobre o metabolismo de proteínas, carboidratos e lipídios.

▪ **Sobre o crescimento.** Sabe-se que o crescimento dos ossos longos resulta da multiplicação das células cartilaginosas que compõem o disco epifisário. Deste modo, as ações do GH sobre o crescimento do esqueleto se devem à proliferação celular e ao estímulo da síntese de colágeno, principal componente da matriz orgânica, na placa epifisária.

Os primeiros estudos realizados demonstraram que essas ações do GH não se reproduziam *in vitro*, sugerindo, portanto, que o GH não atuaria diretamente sobre esse tecido e sim por intermédio de geração de um mensageiro, que agiria causando a proliferação do tecido cartilaginoso. Esse mensageiro foi inicialmente denominado fator de sulfatação, uma vez que levava

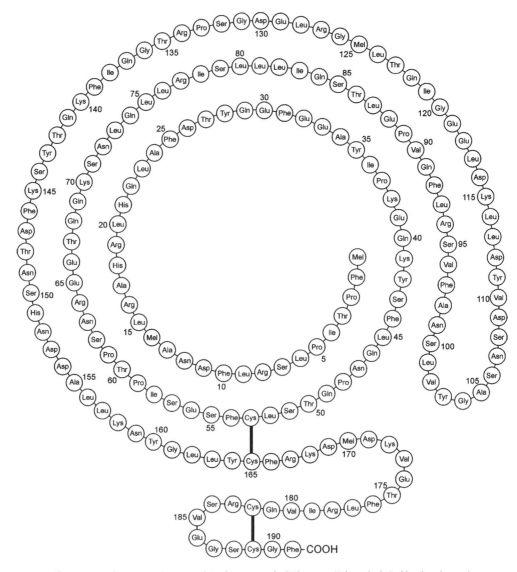

Figura 66.4 ■ Representação esquemática da estrutura do GH humano. (Adaptada de Fryklund et al., 1986.)

à incorporação de ^{35}S em fragmentos de cartilagem in vitro. Atualmente, sabe-se que esse mensageiro pertence a uma família de fatores de crescimento, alguns dos quais dependentes de GH, que apresentam propriedades semelhantes às da insulina, sendo chamados genericamente de *insulin-like growth factors* (IGF; também conhecidos como somatomedinas). Até o momento admite-se que o IGF-I (somatomedina C) seja o principal fator com atividade estimulante sobre a cartilagem e regulável pelo GH.

Os IGF são expressos em virtualmente todos os tecidos do organismo, estando sob o controle de fatores sistêmicos (p. ex., GH) e locais, específicos de cada órgão (ver adiante). Admite-se que o GH estimule a síntese hepática e renal (e possivelmente de outros órgãos ricos em fibroblastos) de IGF, os quais, por meio da circulação sistêmica, atingem seus tecidos-alvo exercendo suas ações. Entretanto, atualmente se acredita que cada tecido secrete um conjunto próprio de fatores de crescimento que podem incluir os IGF, EGF, PDGF e outros. Demonstrou-se que a própria placa epifisária (com pré-condrócitos) sintetiza IGF-I, em resposta ao GH. O IGF-I aí produzido age autócrina e paracrinamente sobre as demais células do disco epifisário.

O principal efeito biológico dos IGF é a ativação da mitogênese. Os efeitos do IGF-I sobre a cartilagem são evidenciados pelo estímulo do transporte de aminoácidos, pela síntese de DNA, RNA e proteínas e pela incorporação de sulfato nos proteoglicanos e de prolina no colágeno (Figura 66.6). A ação no disco epifisário justifica o fato de o gigantismo ocorrer apenas quando o excesso de GH se apresenta antes da puberdade, já que nessa fase ainda não houve a "soldadura" das epífises com as diáfises, induzida pelos esteroides sexuais. No entanto, a presença de receptores de IGF-I, não só em condrócitos mas também em hepatócitos, adipócitos, células musculares e outros tecidos faz com que, com exceção dos condrócitos, virtualmente todos os tecidos respondam a um excesso de GH, mesmo após a puberdade. Além do mais, alguns ossos planos, irregulares e curtos, que ainda apresentam resquícios de tecido cartilaginoso (tais como os ossos frontais, a mandíbula, as falanges distais), podem sofrer alterações no seu comprimento frente a um excesso de GH, mesmo após a puberdade. Desse modo, na acromegalia observam-se, entre outras alterações, deformações na face (como o prognatismo – projeção do queixo adiante do plano frontal) e crescimento da cartilagem nasal e das falanges distais das mãos e pés. Tecidos tais

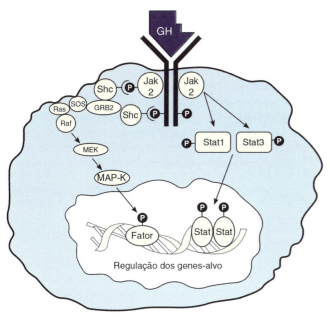

Figura 66.5 ▪ Representação esquemática do mecanismo de ação do GH. Mais detalhes estão descritos no texto. (Adaptada de Mayo, 1997.)

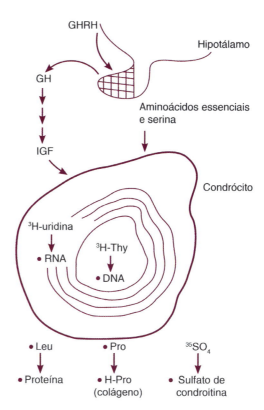

Figura 66.6 ▪ Ação dos IGF sobre a cartilagem. Os componentes estão identificados e descritos no texto. (Adaptada de Daughaday, 1981.)

como fígado, baço e língua também apresentam aumento de sua massa, resultante tanto da ação do IGF-I, como pela ação direta do GH, já que ambos estimulam a síntese proteica nesses tecidos.

- **Sobre o metabolismo das proteínas.** Após a administração de GH observa-se um nítido balanço nitrogenado positivo no indivíduo, reflexo de um estímulo da síntese proteica provocada por esse hormônio. Esse efeito, mediado pelo GH (diretamente) e pelo **IGF-I** (indiretamente), se dá por dois mecanismos: (1) estímulo do transporte de aminoácidos em algumas células e (2) elevação do conteúdo intracelular de RNA mensageiros específicos, o que leva à síntese de proteínas. Em outras palavras, o GH também exerce efeitos estimulantes sobre a síntese proteica em alguns tecidos, independentemente do IGF-I. Essa ação metabólica leva a repercussões teciduais importantes.

Os tecidos musculares esquelético e cardíaco são importantes órgãos-alvo do GH e do IGF-I, os quais são responsáveis primários pelo controle de sua massa. Dessa maneira, observa-se na deficiência de GH redução da massa muscular esquelética e cardíaca, que é revertida com o tratamento de reposição hormonal. Além de alterações estruturais, a reposição com GH promove substancial melhora no desempenho sistólico e diastólico cardíaco. O oposto (ganho de massa) ocorre na acromegalia, quando efeitos deletérios sobre o coração são observados, tais como: hipertrofia concêntrica, comumente associada à disfunção diastólica, seguindo-se o comprometimento da função sistólica. Anormalidades no automatismo cardíaco e na função das válvulas cardíacas também são usuais, nesta condição.

- **Sobre o metabolismo dos carboidratos e lipídios.** As ações do GH sobre o metabolismo dos carboidratos e lipídios são bastante complexas, já que efeitos similares e antagônicos à insulina foram demonstrados *in vitro* e *in vivo* em vários modelos experimentais. É interessante o fato de que o GH exerce efeitos semelhantes à insulina somente em tecidos que não tenham sido expostos ou que tenham sido submetidos apenas a pequenas doses de GH. Isto pode ser verificado nos estudos *in vitro* em que tecidos de animais previamente hipofisectomizados são utilizados como modelo. A adição de GH em meio de incubação contendo tecido adiposo de ratos hipofisectomizados leva ao aumento da captação, oxidação e conversão de glicose a ácidos graxos, como também à diminuição da lipólise. Essas ações são observadas apenas por curto espaço de tempo (1 a 2 h), e são substituídas por diminuição da oxidação da glicose e aumento da lipólise. Somente quando inibidores da síntese proteica são adicionados ao meio de incubação é que os efeitos insulina-símiles do GH perduram, o que sugere que as ações do GH, antagônicas à insulina, sejam devidas à síntese de proteína(s) específica(s). Uma vez que, em condições normais, ocorrem pulsos frequentes de secreção de GH, essas ações semelhantes à insulina acabam por não ter um significado biológico importante.

Sendo assim, os efeitos observados quando da administração de GH são: (1) diminuição da utilização da glicose pelos tecidos, (2) supressão da resposta tecidual aos seus efeitos insulina-símiles e (3) aumento da lipólise. A administração crônica de

---

Os efeitos do GH/IGF-I sobre a musculatura esquelética ganharam destaque nas últimas décadas em função do uso inapropriado destes hormônios como anabolizantes por alguns atletas, bem como por frequentadores de academias. Essa prática, obviamente, promove aumento da massa e da força muscular esquelética; porém, em paralelo, provoca os efeitos deletérios já descritos na musculatura cardíaca, além de alterações no metabolismo dos carboidratos e lipídios (ver adiante). Como apontado no texto, os efeitos sobre o ganho de massa também ocorrem em outros tecidos tais como fígado (causando hepatomegalia) e baço (provocando esplenomegalia), sendo observada, em alguns casos, a macroglossia (crescimento anormal da língua).

GH, mesmo em animais hipofisectomizados, leva à diminuição da oxidação da glicose e da sua conversão para lipídios nos adipócitos, o que resulta em hiperglicemia. É interessante o fato de que esses efeitos ocorrem mesmo na presença de insulina. Aliás, devido a essas ações hiperglicemiantes do GH, durante a hipersecreção desse hormônio observa-se aumento da síntese e secreção da insulina, o que indica claramente que os dois hormônios são antagônicos. Parte dessa ação hiperglicemiante resulta do seu efeito lipolítico e gliconeogênico (ver adiante) e parte, por indução de resistência periférica à insulina. A resistência insulínica foi, inicialmente, cogitada como resultante da redução do número e afinidade dos receptores de insulina induzida pelo GH. No entanto, atualmente está bem estabelecido que ela decorre de eventos intracelulares desencadeados pelo GH, após ligação com seus receptores (efeito pós-receptor), que interferem na via de sinalização da insulina, reduzindo a sensibilidade a esse hormônio.

> Vários eventos pós-receptor são compartilhados entre GH e insulina, e essa interação de vias de sinalização poderia estar envolvida nos efeitos diabetogênicos do GH. Há evidências experimentais de que na vigência de hiperinsulinemia ou da administração de GH ocorre fosforilação do substrato I do receptor de insulina (ou *IRS-I*) em serina, o que impediria seu recrutamento ao receptor de insulina e, consequentemente, a ativação da cascata de sinais intracelulares desencadeada pela ligação da insulina ao seu receptor, dentre outros eventos.

A ação lipolítica do GH se deve ao estímulo da atividade da enzima lipase hormônio-sensível (LHS), bem como do seu efeito em antagonizar as ações lipogênicas e antilipolíticas da insulina. Dessa maneira, o GH determina a hidrólise de triglicerídeos, promovendo mobilização de gordura de seus depósitos, com aumento de glicerol e dos ácidos graxos livres (AGL) circulantes; o primeiro é convertido à glicose no fígado, já que o GH estimula a atividade da fosfoenol-piruvato-carboxiquinase (PEPCK), enzima-chave da gliconeogênese, enquanto os AGL são convertidos à acetil CoA e utilizados pelas células como fonte de energia. Deve-se ressaltar que a maior utilização de AGL como fonte de energia reduz a utilização tecidual (muscular) de glicose (pelo ciclo de Randle), o que contribui também para o aumento da glicemia observado quando o GH encontra-se elevado na circulação.

Ao contrário do GH, os IGF apresentam ações similares à insulina em alguns tecidos. Eles aumentam a oxidação da glicose em adipócitos, estimulam a captação de glicose no diafragma e músculo cardíaco, estimulam a incorporação de glicose em glicogênio no diafragma e a captação de glicose e produção de lactato em coração perfundido. Apesar de o GH ser um importante regulador da síntese de IGF-I, outros fatores também estão envolvidos nesse processo. O mecanismo de ação dos IGF é semelhante a todos os outros fatores de crescimento, e o próprio receptor apresenta atividade tirosinoquinase e se autofosforila quando interage com os IGF. Segue-se a fosforilação intracelular de um substrato de peso molecular em torno de 185 kDa, o IRS-I (*insulin-receptor substrate-I*), proteína que apresenta múltiplos locais de fosforilação. Resulta daí a fosforilação de várias outras proteínas intracelulares, mecanismo pelo qual o efeito biológico desses peptídios se manifesta (ver Capítulo 64, *Introdução à Fisiologia Endócrina*, e Capítulo 70, *Pâncreas Endócrino*).

- **Outras ações.** Sabe-se que a administração de GH em animais, ou mesmo como terapia de reposição em humanos, promove múltiplos efeitos sobre o SNC, como melhora das funções cognitivas, do humor, da memória e do sono; sabe-se também que várias regiões do SNC, tais como tronco encefálico, medula espinal e hipocampo, expressam receptores de GH. Esses achados, embora pareçam incongruentes (considerando que o GH é uma proteína de 22 kDa, o que à primeira vista impediria sua passagem pela barreira hematencefálica), têm recebido maior atenção em função do que foi recentemente demonstrado, em modelo animal, que o GH atravessa a barreira hematencefálica, por mecanismo que ainda não está completamente esclarecido.

O GH também exerce importantes efeitos sobre o sistema imunológico. A interação do GH com seus receptores em macrófagos e linfócitos leva a um aumento da resposta dessas células aos antígenos, o que explica, em parte, a menor resposta do sistema imunológico em indivíduos com deficiência de GH.

▶ **Regulação da secreção do GH.** A regulação da secreção de GH é complexa e envolve, virtualmente, todas as interações possíveis entre os quatro componentes hormonais que constituem a sua alça de *feedback*, a saber: os hormônios hipotalâmicos *GHRH* e *somatostatina*, que por sua vez são regulados por fatores neurais, metabólicos e hormonais, o *GH* e *IGF-I* (ver Figura 65.7, no Capítulo 65).

- **Peptídios hipotalâmicos e outros.** O hipotálamo, classicamente, interfere na síntese e liberação de GH por meio de dois neuropeptídios: o hormônio liberador de GH (GHRH) e o hormônio inibidor da liberação de GH (GHRIH ou somatostatina – SS). O GHRH estimula a síntese e secreção de GH, enquanto a SS provoca redução da secreção de GH (ver Capítulo 65). No entanto, outros fatores hipotalâmicos exercem influências sobre a secreção de GH, e interferem com a secreção desses neuropeptídios. Dessa maneira, endorfinas, VIP (polipeptídio intestinal vasoativo), glucagon e neurotensina, entre outros, são capazes de estimular a liberação de GH, provavelmente por intermédio do GHRH, já que esse efeito não é observado quando da aplicação direta desses peptídios na hipófise. O mesmo ocorre com a dopamina (DA), serotonina (5 HT) e norepinefrina (NE), que são potencialmente capazes de estimular a liberação de GH somente quando injetados no hipotálamo.

O conhecimento do papel desses neurotransmissores (NT) embasa uma série de testes clínicos que são realizados para avaliação da secreção de GH. A Figura 66.7 resume essas relações, apontando a *clonidina* (agonista α-adrenérgico), a *bromocriptina* (agonista dopaminérgico) e o *propranolol* (antagonista beta-adrenérgico) como indutores da secreção de GHRH e, portanto, de GH, e a *metisergida* (bloqueador de 5 HT) e o *isoproterenol* (agonista β-adrenérgico), como inibidores da liberação de GHRH/GH.

> Demonstrou-se que o TRH, em certas condições especiais, como na deficiência de hormônios tireoidianos, é capaz de estimular a secreção de GH; assim, acredita-se que os somatotrofos apresentem receptores de TRH, cuja expressão seria normalmente suprimida pelos hormônios tireoidianos, e que a eliminação desse efeito inibitório, nos estados de hipotireoidismo, possibilitaria a observação dessa resposta. Foi demonstrado, também, que o próprio TRH, bem como o GnRH, provocam secreção de GH em pacientes acromegálicos. Outros peptídios tais como ADH, ACTH e α-MSH podem agir como fatores liberadores de GH, quando presentes em quantidades farmacológicas. Ainda se desconhece se esses efeitos decorrem de ações destes hormônios sobre o hipotálamo ou a hipófise.

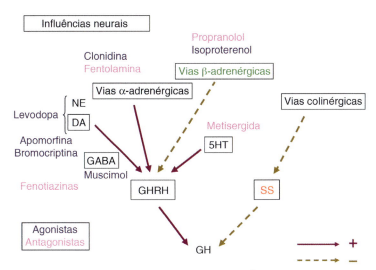

Figura 66.7 ▪ Representação esquemática das vias neurais (α e β-adrenérgicas e colinérgicas) e dos neurotransmissores (NE, DA, GABA e 5 HT) que participam do controle da secreção de GHRH e SS. As *linhas contínuas* identificam as ações estimulantes e as *linhas tracejadas* identificam as ações inibitórias. *Em azul*, os agonistas dos neurotransmissores; *em rosa*, os antagonistas dos neurotransmissores.

Kojima *et al.* (1999) isolaram um peptídio de 28 aminoácidos, a partir do estômago de ratos, que apresenta uma atividade liberadora de GH. Esse peptídio, que foi denominado *grelina*, interage com receptores acoplados à proteína Gq, presentes na membrana plasmática de somatotrofos, que promovem liberação do Ca^{2+} dos seus reservatórios intracelulares (via IP_3), com consequente elevação da secreção de GH. Na verdade, esses receptores já haviam sido identificados anteriormente, ocasião em que foram considerados órfãos, já que seus ligantes endógenos ainda não haviam sido encontrados. Sabia-se, contudo, que peptídios sintéticos (GHRP1, 2, 6 e hexarrelina) interagiam com esses receptores, promovendo secreção de GH, o que abriu perspectivas terapêuticas para o uso desses peptídios na deficiência de GH. Posteriormente, demonstrou-se que a grelina também é expressa no núcleo arqueado do hipotálamo, região em que os neurônios que secretam GHRH estão presentes, e que interage com eles, promovendo liberação de GHRH.

> A grelina, mais do que um hormônio liberador de GH, é um importante peptídio regulador da ingestão alimentar, pois: (1) interage com neurônios hipotalâmicos do núcleo arqueado que secretam os peptídios que estimulam a ingestão alimentar (ou peptídios orexígenos), o *neuropeptídio Y* (*NPY*) e o *agouti-related peptide* (*AgRP*), estimulando-os, mecanismo pelo qual leva ao aumento da ingestão alimentar, e (2) inibe neurônios que secretam as *melanocortinas* (α, β, γ2, γ3 MSH e γ-lipotrofina), peptídios que inibem a ingestão alimentar (ou anorexígenos).

▪ **Hormônio do crescimento (GH).** O GH controla sua própria secreção e atua no hipotálamo, onde estimula a síntese e liberação de somatostatina (SS), e inibe a expressão e liberação do GHRH. Estudos anteriores já haviam sugerido esta última possibilidade, já que demonstravam que o GH suprime a elevada expressão do GHRH que ocorre em ratos hipofisectomizados e em ratos anões com deficiência isolada de GH. Esses dados passaram a ganhar destaque em função de evidências recentes indicando que o GH atravessa a barreira hematencefálica, conforme mencionado anteriormente. Ainda, o núcleo arqueado, local de síntese de GHRH, encontra-se nas proximidades da eminência mediana do hipotálamo, no qual a barreira hematencefálica é permeável.

▪ *Insulin growth factor-1* (IGF-I). Ao contrário do que ocorre com os hormônios hipofisários já estudados, o GH não atua em uma glândula-alvo específica, de modo que a clássica regulação por retroalimentação negativa exercida pelos hormônios da glândula-alvo fica inviabilizada. Contudo, demonstrou-se que o IGF-I, cuja síntese é estimulada pela ação do GH no fígado, exerce esse papel, e atua tanto sobre o hipotálamo, onde estimula a liberação de somatostatina e inibe a liberação e síntese de GHRH, quanto sobre a hipófise, onde suprime a secreção e a expressão gênica do GH.

▪ **Fatores metabólicos | Hipoglicemia.** Sabe-se que um dos mais potentes estímulos para a secreção de GH é a hipoglicemia. Inclusive, uma das manobras mais utilizadas para se determinar a reserva de GH de um indivíduo é provocar hipoglicemia por meio da administração de insulina. As evidências atuais são de que, nessa condição, provavelmente em função de uma citoglicopenia, ocorre diminuição da liberação de somatostatina, o que resulta na liberação de GH. Na situação oposta, hiperglicemia, ocorreria o inverso, ou seja, aumento da liberação de somatostatina e diminuição da liberação de GH. Esta seria uma maneira pela qual a glicemia seria regulada via GH.

Em paralelo a esse mecanismo, na hipoglicemia, considerada uma situação de estresse, ocorre ativação de vias α-adrenérgicas, as quais estimulam a liberação de GHRH, o que resulta na liberação de GH.

> O exercício físico é um importante indutor da secreção de GH. Vários fatores contribuem para esse processo. A simples preparação para o início do exercício promove um aumento da atividade adrenérgica e consequente elevação do tônus secretor de GHRH e de GH, dentre outros hormônios. A liberação de endorfinas que ocorre durante o exercício (ver adiante) também colabora para a elevação do GH, via estimulação da liberação de GHRH. Considerando, ainda, que 40% da massa corporal corresponde à musculatura esquelética, a qual apresenta elevada expressão do transportador de glicose GLUT4, que é translocado para a membrana plasmática (ou sarcolema) por ocasião da contração muscular, fica evidente que o influxo de glicose para esse tecido aumenta por ocasião do exercício físico. Essa redução glicêmica é proporcional ao grau de atividade física empregado e é rapidamente corrigida por mecanismos homeostáticos que envolvem alterações na secreção de vários hormônios, dentre eles, elevação da liberação de GH. (Mais detalhes no Capítulo 70.)

▪ **Fatores metabólicos | Aminoácidos.** O efeito estimulante da secreção de GH induzido pelos aminoácidos, em especial a arginina, também é muito conhecido. A infusão ou mesmo a administração oral da arginina provoca potente estimulação da secreção de GH, efeito que decorre de uma ação inibitória deste aminoácido sobre a liberação de somatostatina. Há evidências experimentais de que a arginina também promove aumento da expressão gênica do GH. Paradoxalmente, observa-se elevação da secreção de GH na desnutrição proteico-calórica, o que, na verdade, é reflexo da diminuição da síntese de IGF-I que ocorre nessa condição.

▪ **Fatores metabólicos | Ácidos graxos.** Os ácidos graxos suprimem a resposta do GH a certos estímulos, tais como hipoglicemia e administração de arginina; contudo, ainda se desconhece o mecanismo envolvido neste efeito.

- **Outros fatores.** Outros fatores que desencadeiam a liberação de GH são as situações de estresse, o exercício físico e o sono (nos estágios III e IV). Nas duas primeiras condições, a liberação de GH parece ser induzida por ativação de vias alfa-adrenérgicas (norepinefrina), enquanto no sono o neurotransmissor envolvido seria a serotonina. Estudos recentes também evidenciaram que a administração de lactato promove ativação do eixo somatotrófico em ratos. Esse dado sugere que, além dos fatores próprios do exercício que são reconhecidos por aumentarem a secreção de GH, o lactato possa contribuir com esse processo, já que sua concentração se eleva na circulação sanguínea por ocasião da atividade física.

Prolactina (Prl)

A Prl é um polipeptídio que apresenta 198 aminoácidos e um peso molecular em torno de 22 kDa. É sintetizada nos lactotrofos, que são as últimas células a se diferenciarem na hipófise fetal humana. Essa diferenciação ocorre, principalmente, a partir dos somatotrofos. Os lactotrofos constituem cerca de 15% das células hipofisárias, e chegam a representar cerca de 70% delas na gravidez e lactação. A Prl é um hormônio que tem importante participação no processo de lactação, exercendo ações fundamentais na preparação e manutenção da glândula mamária para a secreção de leite. Suas ações sobre o desenvolvimento da mama durante a gravidez ocorrem conjuntamente com a ação dos estrógenos, progesterona, lactogênio placentário, insulina e cortisol (mais detalhes no Capítulo 77).

No entanto, a sua presença em peixes, em que participa da regulação do equilíbrio hidreletrolítico, assim como em aves, nas quais estimula o crescimento e a secreção de material nutritivo das inglúvias (ou "papos"), entre outros exemplos, demonstra que esse hormônio também desempenha papéis que muito se distanciam do que sugere o seu próprio nome.

A Prl, o GH e o lactogênio placentário (hPL) se originam de um gene ancestral comum, apresentando, por essa razão, certa homologia, conforme citado anteriormente.

▶ **Efeitos biológicos da Prl.** A seguir serão apresentados os efeitos biológicos da Prl na reprodução, na lactação e no metabolismo intermediário.

- **Na reprodução.** Ao contrário da espécie humana, em que suas ações sobre a reprodução parecem não ter um significado funcional importante, a participação da Prl é de fundamental importância nos processos reprodutivos de roedores. Sabe-se que nesses animais a Prl induz ovulação e mantém a atividade do corpo lúteo, estimulando-o a secretar progesterona, razão pela qual foi, por algum tempo, conhecida como hormônio luteotrófico (LTH). Existem ainda evidências de que a Prl exerce uma ação esteroidogênica não luteínica sobre o ovário, o que precipitaria o desencadeamento da puberdade.

Na espécie humana, essas ações da Prl ainda não estão totalmente esclarecidas. Variações na secreção de Prl ocorrem durante o ciclo menstrual, porém elas parecem ser decorrentes de variações dos níveis circulantes de estrógenos, os quais exercem importante ação estimulante sobre a secreção desse hormônio. Ainda, existem evidências de que, *in vitro*, a Prl inibe a secreção de progesterona pelas células da granular. No entanto, o fato de que mulheres hipofisectomizadas tratadas com FSH ou LH apresentam crescimento folicular normal, ovulação e corpo lúteo funcionante, mesmo na ausência de Prl, descarta um papel relevante deste hormônio nesse processo.

As correlações entre Prl e ciclo menstrual tornam-se mais claras em situações nas quais ocorre hipersecreção de Prl. Nelas, ocorre uma supressão dos pulsos de GnRH hipotalâmico, da secreção pulsátil das gonadotrofinas e da liberação de estrógenos e progesterona. Há ainda evidências de que a Prl exerça um efeito inibitório sobre a expressão dos receptores de LH e FSH nas gônadas, levando, quando em excesso, à diminuição do seu número, com consequente diminuição da sensibilidade desses tecidos às gonadotrofinas, sendo causa frequente de esterilidade feminina. Pode-se ainda, por meio deste mesmo argumento, justificar a ocorrência de ciclos anovulatórios em mulheres em fase de amamentação (mais detalhes no Capítulo 71, no item "Sistema Genital Feminino").

Estudos em animais hipofisectomizados indicam que a Prl exerce pouco efeito no sistema genital masculino. Há evidências de que, em doses fisiológicas, ela potencializa o efeito do LH sobre as células de Leydig e de que, em conjunto com a testosterona, exerce efeitos anabólicos nos tecidos responsivos a andrógenos. Todavia, o mesmo efeito sobre o eixo hipotálamo-hipófise-gônadas, descrito anteriormente para mulheres, também ocorre no homem, em situações de hipersecreção de Prl, cuja consequência é a diminuição da síntese de testosterona e da espermatogênese, o que está associado aos casos de impotência e infertilidade relatados nessa circunstância.

- **Na lactação.** A lactação compreende um processo integrado no qual a mama passa por diversos processos de preparo, nas várias etapas da vida da mulher, com o objetivo de proliferar ductos e estruturas lóbulo-alveolares e acúmulo de substratos energéticos, para posterior síntese de leite. A primeira fase, que ocorre durante a puberdade, também conhecida por mamogênese, recebe importante contribuição dos hormônios: estrógenos, progesterona, hormônios tireoidianos, corticosteroides, insulina e da própria Prl. Basicamente os estrógenos promovem o crescimento do sistema de ductos galactóforos, enquanto a Prl e a progesterona atuam com o objetivo de promover o desenvolvimento do sistema lóbulo-alveolar. A Prl ainda é necessária para induzir a expressão de enzimas relacionadas com a síntese de lactose e caseína e a lactação propriamente dita. Durante a gestação, todos esses hormônios, associados ao lactogênio placentário, estimulam ainda mais a proliferação do parênquima mamário, sem que, contudo, ocorra a galactogênese.

Sabendo-se que a Prl é capaz de induzir a galactogênese após o preparo prévio da mama, é intrigante o fato de que durante as últimas semanas de gestação, quando esta condição está totalmente estabelecida e os níveis plasmáticos de Prl estão muito elevados, não ocorra a síntese de leite. Todavia, a constatação de que este fenômeno acontece somente após o parto nos leva a considerar o quadro hormonal resultante como o possível responsável pela ação lactogênica da Prl. Dessa maneira, acredita-se que a queda acentuada dos níveis circulantes de estrógenos e progesterona tenha um papel fundamental nesse processo. As evidências são de que, na gravidez, os altos níveis de progesterona inibam a expressão dos receptores de Prl, limitando o seu número. Com a remoção dessa inibição, proporcionada pela dequitação da placenta (fonte de estrógenos e progesterona), a Prl, então, exerceria o seu efeito estimulante sobre a galactogênese. Ainda, a elevação dos níveis de cortisol livre no plasma observada após o parto, em virtude da queda do nível circulante de globulinas transportadoras de corticosteroides (cuja síntese é estimulada pelos estrógenos), também parece ser um fator importante para a liberação da ação lactogênica da Prl. A manutenção da lactogênese ocorre em função de um reflexo neurogênico desencadeado pela sucção da mama pela criança. Esses aspectos estão detalhadamente descritos no Capítulo 77.

- **No metabolismo intermediário.** A Prl, por mostrar uma semelhança estrutural com o GH, apresenta algumas ações metabólicas em comum com este hormônio. Assim, observa-se que a Prl exerce efeito estimulante sobre a síntese proteica em vários tecidos, aumenta a formação de sulfato de condroitina na cartilagem e também apresenta uma ação diabetogênica. Tem-se ainda descrito uma ação imunomoduladora deste hormônio, já que nos estados de hipoprolactinemia ocorre menor proliferação de linfócitos e uma resposta imunitária deficiente, a qual é prontamente restabelecida pela administração de Prl.

▸ **Controle da secreção de Prl.** O transplante da hipófise anterior para a câmara anterior do olho ou para a cápsula renal, bem como a secção da haste hipofisária, desencadeia um aumento da secreção de Prl enquanto causa uma diminuição acentuada na secreção dos outros hormônios hipofisários. Isto sugere que o hipotálamo exerça, predominantemente, um tônus inibitório sobre a secreção de Prl.

- **Hormônios hipotalâmicos.** A secreção hipofisária de Prl está sob o controle de fatores hipotalâmicos inibidores e estimulantes que alcançam a adeno-hipófise via sistema porta-hipofisário (ver Capítulo 65); o resultado integrado do efeito desses fatores é a manutenção de um tônus inibitório sobre a secreção de Prl, mediado pela dopamina e possivelmente outros neuropeptídios (ver Figura 65.11, no Capítulo 65). No entanto, alguns peptídios hipotalâmicos, bem como certas aminas, apresentam a propriedade de estimular a secreção de Prl.

A Prl é secretada em pulsos, que aumentam em amplitude durante o sono. O padrão pulsátil de liberação de Prl, que guarda relação com a liberação pulsátil de GnRH, é originado no hipotálamo. No entanto, as evidências de que os pulsos de Prl podem originar-se dentro da própria hipófise sugerem um controle interno paralelo bastante desenvolvido, que implica, certamente, a existência de uma ampla rede comunicante de lactotrofos.

A dopamina é considerada o fator fisiológico inibidor da secreção de Prl, já que estudos *in vitro* demonstraram que a utilização desta amina, em concentrações similares às detectadas no sangue portal, leva à inibição da secreção de Prl. Ela provoca a sua ação interagindo com *receptores D2* no lactotrofo, o que leva à inibição da geração de cAMP, abertura de canais de K^+ e diminuição do influxo de Ca^{2+}; a consequência destes eventos é a inibição da secreção de Prl, bem como da sua transcrição gênica. O GABA também inibe a liberação de Prl, embora sua baixa concentração no sangue portal não dê suporte para que seja considerado um fator fisiológico do controle da secreção desse hormônio. Ainda, o GAP, peptídio que é liberado conjuntamente com o GnRH, como resultado do processamento pós-traducional do pró-hormônio precursor do GnRH, apresenta ação inibitória sobre a liberação de Prl, o que poderia explicar as variações recíprocas dos níveis de gonadotrofinas e de Prl encontradas na circulação em várias situações.

Fatores hipotalâmicos que estimulam a secreção de Prl também têm sido descritos, tais como o TRH e a serotonina. Esta última parece ser o mediador da liberação de Prl desencadeada pela sucção da mama. Peptídios como *HIP* (peptídio histidinaisoleucina), VIP, neurotensina, angiotensina II, vasopressina, ocitocina e substância P, entre outros, exercem igualmente efeitos estimulantes sobre a secreção de Prl. A administração de morfina ou peptídios opioides também eleva a secreção de Prl, provavelmente por inibir a liberação de dopamina.

- **Outros fatores.** Os estrógenos estimulam a secreção de Prl, atuando diretamente sobre os lactotrofos, e aumentam o seu número e também a síntese de Prl. Os glicocorticoides, assim como os hormônios tireoidianos, tendem a suprimir a secreção de Prl induzida por TRH. Em alguns tipos de estresse, a Prl também tem a sua liberação aumentada, mecanismo que parece depender da liberação de serotonina. Esta amina, como comentado anteriormente, é um dos componentes do reflexo neurogênico de liberação de Prl desencadeado pela sucção do mamilo durante a amamentação. A estimulação do mamilo também provoca liberação de Prl em mulheres não grávidas. Existem, ainda, evidências de que a própria Prl regule a sua secreção agindo diretamente no hipotálamo, estimulando a secreção de dopamina (por mecanismo de retroalimentação negativa de alça curta).

Peptídios derivados da pró-opiomelanocortina (POMC)

Os hormônios derivados da POMC apresentam na sua cadeia peptídica um número de aminoácidos (aa) que varia de 13 (como o MSH) a 91 (como a betalipotrofina). Da mesma maneira que o GH e a Prl, muitos desses peptídios compartilham algumas ações, já que apresentam sequências de aa comuns.

O conceito da existência de um precursor para a molécula de ACTH ficou fortalecido a partir de: (1) o isolamento e a caracterização de um peptídio no lobo intermediário da hipófise, o *CLIP*, estruturalmente similar ao ACTH, e (2) a identificação de várias formas de ACTH imunorreativas, que apresentam pesos moleculares maiores que o próprio ACTH nativo. Subsequentemente, a *betaendorfina*, um peptídio com alta atividade opioide, foi isolada de hipófises de vários animais, sendo constituída de 31 aa cuja sequência correspondia exatamente à dos 31 aa da porção carboxiterminal da betalipotrofina (β-LPH). Ainda, estudos imuno-histoquímicos utilizando antissoro anti-ACTH, antialfa-MSH e antibeta-LPH demonstraram a presença desses três peptídios em uma mesma célula hipofisária. Finalmente, utilizando uma linhagem de células hipofisárias de camundongos (células AtT2O), dois grupos independentes de pesquisadores demonstraram simultaneamente que o ACTH e a β-LPH estavam presentes em uma mesma molécula precursora. Estudos subsequentes, por meio do fracionamento por eletroforese seguido de tradução *in vitro* de mRNA isolados dessas células, revelaram a presença de uma glicoproteína (com 31 kDa), que apresentava determinantes antigênicos para ACTH e β-LPH. Seguiu-se o isolamento dessa molécula precursora, a partir de hipófises de ratos e camelos, a qual foi denominada de pró-opiomelanocortina (POMC) (Figura 66.8).

A POMC é codificada por um único gene que é expresso em uma variedade de tecidos, por exemplo: hipófise, SNC (no núcleo arqueado do hipotálamo e no tronco encefálico), tireoide (nas células C), pâncreas, sistema digestório, placenta, sistema genital, derme, sistema imunológico e glândula suprarrenal. Dependendo do tecido em que o gene é expresso, o processamento pós-traducional dá origem a diferentes peptídios. Em outras palavras, a expressão do gene da POMC é regulada por processos específicos de cada tipo celular.

Na adeno-hipófise a POMC é expressa nos corticotrofos, células que constituem cerca de 15% a 20% da população de células hipofisárias, sendo as primeiras células a se desenvolverem na hipófise fetal. Os principais reguladores da sua transcrição são o CRH e glicocorticoides, que exercem efeitos

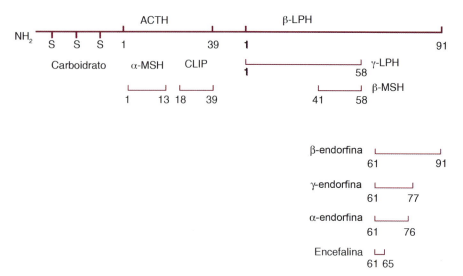

Figura 66.8 ▪ Representação esquemática da estrutura da molécula de POMC e seus derivados. (Adaptada de Daughaday, 1981.)

opostos sobre a mesma. O CRH estimula a transcrição do gene da POMC e, consequentemente, a síntese dessa proteína, via ativação do sistema adenililciclase-cAMP. Os glicocorticoides inibem a transcrição desse gene, por meio da interação do complexo hormônio-receptor com elementos responsivos presentes em sua região promotora. No lobo intermediário da hipófise, os glicocorticoides e CRH apresentam pequeno ou nenhum efeito sobre a transcrição desse gene, enquanto a dopamina reduz o conteúdo do mRNA que codifica a POMC. Da mesma maneira, no SNC, a expressão da POMC não é regulada por CRH nem por glicocorticoides.

Conforme citado anteriormente, o processamento pós-transcricional da molécula de POMC é tecido-específico, ou seja, dependendo do tecido, a POMC dará origem a diferentes peptídios:

- **Hipófise anterior**: em humanos, o processamento da POMC gera um peptídio N-terminal, um peptídio de ligação, o ACTH e a β-LPH; adicionalmente, há evidências de que uma pequena fração do ACTH seja processada a α-MSH (com 1 a 17 aa) e a CLIP (ou *corticotropin-like imunoreactive peptide*, com 18 a 39 aa) e que uma fração significativa da β-LPH seja processada até β-endorfina (com 1 a 31 aa) (Figura 66.9).
- **Sistema nervoso central (SNC)**: no SNC, os neurônios que expressam a POMC, dos quais derivam seus peptídios, também conhecidos como melanocortinas, se encontram no núcleo arqueado do hipotálamo e no tronco encefálico. Nestes locais, quase todo o ACTH produzido é hidrolisado em α-MSH e CLIP, enquanto a β-LPH é processada em β-endorfina e γ-LPH. As melanocortinas participam do controle da ingestão alimentar, constituindo-se em importantes peptídios anorexígenos, e apresentam também uma importante ação anti-inflamatória
- **Lobo intermediário da hipófise**: Na maioria dos vertebrados, incluindo o homem na fase fetal, 90% das células do lobo intermediário da hipófise expressam o gene da POMC. Ao contrário dos corticotrofos, nos melanotrofos quase todo o ACTH que é produzido é hidrolisado em α-MSH e CLIP, enquanto a β-LPH é processada em β-endorfina e γ-LPH. Ainda, a porção aminoterminal da POMC é processada posteriormente a γ-MSH. Assim, os principais produtos do melanotrofo são o α-MSH e as endorfinas. Pouco se conhece sobre o papel biológico da γ- e β-MSH provocado nesse local; no entanto, sabe-se que, no SNC, essas melanocortinas atuam diminuindo a ingestão alimentar. Em vista de todos esses processos, o lobo intermediário da hipófise de ratos e outros roedores tem sido extensivamente utilizado para o estudo da biossíntese e processamento pós-traducional da POMC (Figura 66.10).

Hormônio adrenocorticotrófico (ACTH)

O ACTH é um polipeptídio constituído de 39 aa, sintetizado nas células corticotróficas da hipófise anterior. Os corticotrofos ficam especialmente evidentes em várias espécies animais após adrenalectomia, situação em que se apresentam hiperfuncionantes em consequência da ausência do tônus inibitório exercido pelos corticosteroides. Nessa condição, a síntese, a secreção e a concentração deste hormônio no plasma apresentam-se aumentadas.

Acredita-se que haja consideráveis estoques de ACTH na adeno-hipófise, já que após adrenalectomia ocorre liberação de ACTH suficiente para elevar a sua concentração plasmática muitas centenas de vezes. O ACTH é rapidamente depurado do plasma (sua $t_{1/2}$ é de 20 a 25 min), sendo o fígado e os rins os principais locais de sua metabolização.

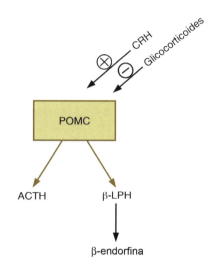

Figura 66.9 ▪ Principais produtos derivados do processamento da POMC na adeno-hipófise e sua regulação. Mais detalhes no texto.

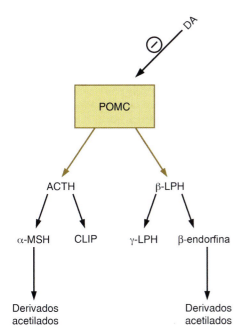

Figura 66.10 ▶ Principais produtos derivados do processamento da POMC no lobo intermediário da hipófise e sua regulação. Mais detalhes no texto.

▶ **Efeitos biológicos do ACTH.** O ACTH exerce seus efeitos nas células-alvo por meio da interação com receptores específicos localizados na membrana plasmática. A ocupação desses receptores resulta na ativação do sistema adenililciclase-cAMP e da via fosfatidilinositol; segue-se a fosforilação de proteínas específicas e a consequente manifestação de seus efeitos biológicos, que se resumem na estimulação da síntese e secreção de glicocorticoides, mineralocorticoides e esteroides androgênicos pelo córtex da suprarrenal. A porção aminoterminal (1 a 19) da molécula de ACTH é a responsável por quase toda sua atividade esteroidogênica, a qual é evidenciada principalmente na etapa de conversão do colesterol a pregnenolona nas células das camadas glomerular, fasciculada e reticular. Além do mais, há evidências indicativas de que o ACTH pode atuar em outras etapas críticas da esteroidogênese, como na 11β-hidroxilação. A corticotrofina também estimula a síntese de mRNA e de novas proteínas suprarrenais, o que é traduzido pelo crescimento do córtex suprarrenal (principalmente as zonas reticular e fasciculada).

Ações do ACTH também são relatadas em outros tecidos: no tecido adiposo (promove lipólise), no tecido muscular (estimula o processo de captação de aminoácidos e glicose), nas células somatotróficas (promove a secreção de GH) e nas células beta pancreáticas (estimula a secreção de insulina). Essas ações, contudo, somente são evidenciadas na vigência de níveis extremamente altos de ACTH, não sendo consideradas, portanto, como ações fisiológicas.

O papel fisiológico da β-LPH e dos peptídios relacionados com ela, como β-endorfinas, ainda não está completamente esclarecido. Contudo, eles apresentam dinâmica de secreção igual à do ACTH, ou seja, aumentam em resposta ao estresse e à hipoglicemia (ver adiante), sendo suprimidos pelos glicocorticoides. As evidências são de que as β-endorfinas atuem como opiáceos endógenos, tendo um papel relevante, induzindo analgesia e euforia.

▶ **Regulação da secreção do ACTH.** A secreção de ACTH é influenciada, basicamente, pelos neuropeptídios hipotalâmicos e pelo sistema de retroalimentação negativa, representado pelos glicocorticoides. O padrão de secreção dos neuropeptídios representa a integração de uma série de influxos excitatórios neurais endógenos (p. ex., ritmos circadianos) e exógenos (p. ex., estresse) (ver Figura 65.13, no Capítulo 65).

O CRH estimula a síntese e secreção de ACTH. Uma evidência bastante elucidativa desse fato é que os níveis circulantes de ACTH caem dramaticamente, tanto em condições fisiológicas quanto sob estresse, quando se utiliza antissoro anti-CRH. Do mesmo modo, o hormônio antidiurético, ADH, exerce também efeitos estimulantes sobre a síntese e secreção de ACTH, embora com uma potência mil vezes menor que a do CRH. Contudo, na presença de baixas concentrações de CRH, a administração de ADH eleva acentuadamente a secreção de corticotrofina, ou seja, o ADH potencializa a resposta secretória de ACTH ao CRH. Atualmente se sabe que há corticotrofos que apresentam receptores para ADH, o que explica os efeitos descritos. Sabe-se também que algumas células CRHérgicas da porção parvicelular do núcleo paraventricular expressam também o ADH, o que demonstra a interação desses dois hormônios na resposta de liberação de ACTH. A norepinefrina e a epinefrina também ativam a secreção de CRH, razão pela qual elas induzem secreção de ACTH e β-endorfinas.

Por outro lado, os glicocorticoides circulantes inibem a síntese e secreção de ACTH. Esses efeitos são exercidos tanto em nível hipofisário quanto hipotalâmico. Sabe-se que esses hormônios diminuem a sensibilidade hipofisária ao CRH hipotalâmico, muito provavelmente por inibirem a síntese de receptores de CRH nesse tecido, assim como a liberação de ACTH, o que foi demonstrado por estudos *in vitro* realizados em hipófises em meio de incubação ou células hipofisárias em cultura.

Dentre as várias evidências de que os glicocorticoides exercem influências inibitórias sobre o hipotálamo, temos que injeções locais ou implantes de corticosterona ou dexametasona na eminência mediana, ou no hipotálamo ventromedial (nos núcleos paraventriculares), suprimem a atividade do eixo hipófise-suprarrenal. Desse modo, verificou-se recentemente que os níveis de CRH na circulação porta-hipofisária se elevam em resposta à hemorragia em ratos, mas não se alteram nessa condição quando os animais são previamente tratados com dexametasona. Ainda, o conteúdo hipotalâmico de CRH aumenta após adrenalectomia e diminui após administração de corticosteroides. Contudo, mesmo altas doses de dexametasona não são capazes de bloquear completamente a capacidade do CRH em induzir certa secreção de ACTH em algumas condições (como no estresse), fato que pode ser bastante importante para que compreendamos alguns mecanismos envolvidos no estresse.

▶ **Resposta ao estresse.** A manutenção da constância do meio interno (ou homeostase) é crítica para a sobrevivência dos organismos superiores. Dessa maneira, há necessidade de adaptações contínuas a estímulos externos e internos (estressores), que envolvem alterações comportamentais, viscerais e endócrinas, para garantir a preservação da homeostase. O principal mecanismo endócrino que participa desses ajustes envolve o eixo hipotálamo-hipófise-suprarrenal, que é ativado nessas circunstâncias, em que uma grande liberação de CRH ocorre em função da ativação de vias α-adrenérgicas. Segue-se um rápido aumento da liberação de ACTH, com subsequente elevação dos níveis circulantes de glicocorticoides, os quais desempenham importante papel na mobilização de substratos energéticos e na modulação de respostas cognitivas, imunitárias e cardiovasculares, o que é crítico para o sucesso da resposta ao estresse (para mais detalhes, ver Capítulo 69, *Glândula Suprarrenal*).

β-lipotrofina (β-LPH)

A β-LPH é um peptídio constituído de 91 aa, isolado a partir de hipófises de carneiros. Esse peptídio apresenta pequena atividade corticotrófica e melanotrófica, e, embora o seu papel fisiológico ainda esteja por ser elucidado, há estudos que demonstram que a β-LPH: (1) provoca liberação de ácidos graxos em vários tecidos, (2) diminui a calcemia por aumentar o volume de distribuição do cálcio e (3) ativa o processo de coagulação sanguínea. Embora esses efeitos tenham sido descritos, a β-LPH tem sido apenas considerada como o precursor do β-MSH, da metencefalina e da β-endorfina.

Recentemente, tem sido atribuído à β-LPH um papel estimulador da secreção de mineralocorticoides a partir do córtex suprarrenal (zona glomerulosa); contudo, são necessários estudos adicionais para estabelecer se esse efeito resulta da ação da β-LPH ou de alguns de seus produtos de processamento, e se ela tem alguma importância fisiológica.

Como o ACTH e a β-LPH são produzidos a partir da mesma molécula precursora (a POMC), no homem, os níveis plasmáticos desses hormônios encontram-se em paralelismo em uma série de circunstâncias, apresentando-se: (1) aumentados ou diminuídos frente a alterações nos níveis de glicocorticoides, (2) aumentados na hipoglicemia ou por estresse cirúrgico e (3) com variações ao longo do dia devido à existência de um ritmo circadiano na secreção de CRH. O CRH, como é conhecido, estimula a secreção concomitante de ACTH, β-LPH e β-endorfina, já que estimula a síntese e o processamento pós-transcricional da POMC.

Hormônio melanotrófico (MSH)

O MSH é encontrado nas formas alfa, beta e gama. A alfa é a biologicamente ativa, sendo constituída de 13 aa, os quais são os aa iniciais da molécula de ACTH. O α-MSH induz o escurecimento rápido da pele de peixes, anfíbios e répteis, fundamental para mimetismo e termorregulação desses animais. Essa adaptação cromática rápida é possível graças à dispersão (no escurecimento) ou agregação (no clareamento) de grânulos de melanina dentro de células pigmentares dendríticas, os melanócitos ou melanóforos, derivados da crista neural. Nesses vertebrados e na maioria dos mamíferos, o α-MSH é produzido pela *pars intermedia* e liberado na circulação. No homem, ele é produzido por neurônios do hipotálamo, onde atua como neurotransmissor ou neuromodulador, e pelas células de Langerhans e queratinócitos da pele, onde atua paracrinamente.

Nos mamíferos, inclusive o homem, os melanócitos perderam a capacidade de translocação rápida dos grânulos de melanina, e o escurecimento da pele depende da síntese de melanina (ou melanogênese) e de sua injeção nos queratinócitos vizinhos. Esse processo, o chamado bronzeamento, é ativado pelo α-MSH e pela radiação ultravioleta B (UVB), que, por mecanismos ainda desconhecidos, estimula a produção de melanina a partir do aa tirosina. Em roedores, a UVB estimula a exteriorização de receptores para α-MSH, tornando os melanócitos mais sensíveis a esse hormônio local. Em melanócitos humanos em cultura, o α-MSH estimula a síntese *de novo* de várias enzimas envolvidas na melanogênese, mesmo na ausência de UVB.

O receptor humano de α-MSH já foi clonado e pertence a uma família de 5 receptores de melanocortinas, acoplados à proteína Gs, que inclui o receptor de ACTH, e é expresso por um gene do cromossomo 8. Nos melanócitos encontra-se presente o tipo *MC1*, que reconhece preferencialmente o α-MSH. O subtipo *MC2* do córtex suprarrenal reconhece exclusivamente o ACTH, enquanto os subtipos *MC3* e *MC4* do SNC reconhecem ACTH e MSH. Um quinto tipo de receptor foi identificado em inúmeros outros tecidos, tais como músculos, fígado e pulmões.

β-endorfinas

A identificação de locais ligantes para substâncias narcóticas opiáceas no SNC forneceu importante substrato para que se postulasse a existência de substâncias endógenas com a propriedade de se ligarem nesses receptores. Abriu-se, assim, um campo extenso de investigação para que tais substâncias fossem identificadas. No sistema nervoso, identificaram-se dois pentapeptídios, a metionina-encefalina (ou *met-encefalina*), componente da β-LPH, e a leucina-encefalina (ou *leu-encefalina*); subsequentemente, foram identificadas as endorfinas, peptídios que correspondem aos aa 61 a 91 das β-LPH (Figura 66.11). Sabe-se que esses opiáceos endógenos têm um papel importante na analgesia, modulação da dor e no estresse, além de participarem de mecanismos envolvidos no sono, atividade sexual, memória e regulação endócrina.

Além da hipófise, os opioides derivados da POMC também são encontrados no SNC, quase exclusivamente no pericário de neurônios localizados no hipotálamo basal, especificamente no núcleo arqueado, daí se distribuindo ao hipotálamo e outras regiões do SNC. A ocupação de receptores opioides por essas substâncias leva ao bloqueio do influxo de sódio desencadeado por neurotransmissores excitatórios. Estudos adicionais demonstraram que um dos efeitos farmacológicos agudos dos opiáceos *in vivo* é causar diminuição dos níveis intracelulares de cAMP. Isso poderia alterar o potencial de membrana ou a condutância a certos íons nesses neurônios, o que modularia a resposta celular a estímulos excitatórios ou inibitórios, modificando marcadamente a função neuronal.

Há consideráveis evidências de que os opiáceos endógenos promovam inibição da atividade nervosa nas regiões que representam o ponto final das vias ascendentes relacionadas com a dor, assim como de que eles possam ativar vias descendentes espinais, relacionadas com o processamento da dor, que atuam inibindo as células do corno posterior da medula. A injeção intracerebroventricular e intraventricular de β-endorfina provoca analgesia em pacientes que apresentam dores crônicas intratáveis. Além do mais, tem sido atribuído à β-endorfina um papel na regulação neuroendócrina, uma vez que sua administração em animais causa elevação dos

Figura 66.11 • Representação esquemática da estrutura da β-LPH, met-encefalina, leu-encefalina e β-endorfina. (Adaptada de Bunney Jr., 1979.)

níveis circulantes de GH e Prl e diminuição dos de LH e FSH, estes consequentes à sua ação inibitória sobre a secreção de GnRH.

> O exercício físico se constitui em um potente estímulo estressor, o que faz com que vias β-adrenérgicas sejam acionadas com consequente ativação do eixo hipotálamo-hipófise-suprarrenais e liberação de quantidades equimolares de ACTH e β-endorfinas. Acredita-se que a β-endorfina liberada atue com o objetivo de promover analgesia e certo grau de euforia, o que garantiria a progressão da atividade física por períodos mais prolongados. Com relação aos glicocorticoides liberados em resposta ao ACTH, deve-se salientar que, além de seus efeitos metabólicos (ver Capítulo 69), exercem potentes efeitos anti-inflamatórios, que seriam igualmente importantes para a manutenção da atividade física prolongada. Sabe-se que muitas fibras musculares sofrem lesões durante a atividade física, do que resulta a liberação de citocinas inflamatórias, com subsequente edema e dor, processos que são minimizados pelos efeitos anti-inflamatórios dos glicocorticoides. Vale comentar que as citocinas são, inclusive, potentes estimuladoras do eixo hipotálamo-hipófise-suprarrenais.
> A β-endorfina também está envolvida no controle da secreção de GnRH, sendo um conhecido neurotransmissor inibitório da secreção deste hormônio. É por essa razão que, não raramente, atletas do sexo feminino de alto nível, que se submetem a sessões diárias de exercício intenso, apresentam ciclos anovulatórios.

NEURO-HIPÓFISE

O estudo da fisiologia da neuro-hipófise baseou-se, inicialmente, em experimentos clássicos em que extratos de neuro-hipófise foram administrados por via intravenosa em animais de experimentação, observando-se, em seguida, aumento da pressão arterial e diminuição do volume urinário. Esses efeitos foram igualmente observados quando os extratos administrados continham apenas a porção posterior da hipófise. A observação adicional de que o efeito pressor continuou a ocorrer em sapos, mesmo quando estes foram submetidos previamente à destruição do SNC, sugeriu a presença, nesses extratos, de um fator que agisse perifericamente, ou seja, diretamente sobre os vasos sanguíneos, surgindo daí o termo vasopressina, hoje conhecida como arginina-vasopressina (AVP), no caso de humanos.

Adicionalmente, a hipofisectomia em animais de experimentação resultou em um aumento do volume urinário (ou poliúria) que foi revertido após administração de extratos neuro-hipofisários. Todavia, a poliúria decorrente de um comprometimento da função renal (induzido por administração de sais de urânio) não foi inibida por esses extratos, sugerindo a importante participação do rim como órgão-alvo desses extratos. Subsequentemente, verificou-se que, em condições fisiológicas, a vasopressina exerce um efeito estimulante sobre o processo de reabsorção tubular de água. O termo hormônio antidiurético (ADH) passou então, também, a ser utilizado.

Paralelamente a esses estudos, Dale, em 1906, verificou um efeito estimulante dos extratos neuro-hipofisários sobre a atividade contrátil do útero de mamíferos. Referiu, então, a presença nesses extratos de um agente ocitócico. A partir daí, vários estudos foram realizados, inclusive na espécie humana, demonstrando a eficácia desses extratos em induzir o parto, assim como no tratamento da hemorragia pós-parto. O termo *ocitocina* foi, então, designado para esse agente presente na neuro-hipófise, por se tratar de substância que induzia contrações rítmicas e regulares da musculatura uterina. Posteriormente, demonstrou-se um efeito estimulante da ocitocina sobre a musculatura lisa que reveste os alvéolos mamários que, após contração, leva à ejeção do leite. Atualmente, a ocitocina também é considerada um hormônio envolvido com a natriurese (mais detalhes no Capítulo 75, *Controle Neuroendócrino do Balanço Hidreletrolítico*).

▶ Relações anatomofuncionais

A neuro-hipófise pode ser dividida em três porções: (1) lobo neural, *pars nervosa* ou lobo posterior, localizado posteriormente à adeno-hipófise; (2) haste hipofisária ou infundibular, a qual se acha envolvida pela porção tuberal da adeno-hipófise; e (3) eminência mediana do *tuber cinereo* (ou infundíbulo) (Figura 66.12). O lobo neural apresenta grande quantidade de terminações nervosas que pertencem ao trato hipotálamo-neuro-hipofisário, intimamente associadas a uma rica rede de capilares. Nessas terminações nervosas encontram-se armazenados os hormônios neuro-hipofisários, ADH e ocitocina, cujo processo de liberação é desencadeado por potenciais de ação provocados nos corpos celulares desses neurônios, por mecanismos que serão detalhados adiante.

A descoberta da continuidade entre a neuro-hipófise e o sistema nervoso foi feita por Ramon y Cajal, observando que as fibras nervosas presentes na haste hipofisária e no lobo neural tinham seu ponto de origem em uma região localizada posteriormente ao quiasma óptico, mais especificamente, nos núcleos supraópticos (NSO) e paraventriculares (NPV) do hipotálamo. Além de se projetarem para a neuro-hipófise, tanto as fibras ADHérgicas quanto as ocitocinérgicas, originárias do NPV, também se distribuem a outras regiões do sistema nervoso. Entretanto, essas fibras comportam-se de forma independente daquelas que se projetam para a neuro-hipófise, já que os níveis de ADH no líquido cerebrospinal apresentam flutuações diferentes das observadas no plasma; em outras palavras, elas apresentam um ritmo circadiano próprio que independe do estado de hidratação do indivíduo. Existem ainda terminações nervosas contendo ADH em associação ao plexo capilar da circulação porta-hipotálamo-hipofisária, cuja possível função é modular a secreção dos hormônios da adeno-hipófise, como o ACTH, conforme comentado.

No lobo neural observa-se, ainda, a presença de fibras pertencentes ao sistema tuberoinfundibular, contendo, principalmente, TRH, CRH e somatostatina, cuja função ainda está por ser esclarecida. Fibras aminérgicas e colinérgicas também são encontradas nessa porção da hipófise, as quais poderiam desempenhar uma função vasomotora ou ainda participar de alguma maneira do controle da secreção dos hormônios neuro-hipofisários. Quanto a este último aspecto, há evidências de que a acetilcolina estimula a secreção de ADH.

Além dos axônios neuronais, cujos corpos celulares se encontram no hipotálamo, a neuro-hipófise apresenta células de origem glial, denominadas pituícitos, e outros elementos celulares, tais como os mastócitos, os quais se localizam frequentemente próximos aos vasos sanguíneos. Pouco se sabe sobre o papel funcional dos pituícitos. Provavelmente, a função dessas células não deve ser muito diferente das células gliais existentes no SNC, ou seja, nutrição e proteção dos neurônios. No entanto, é possível que os pituícitos desempenhem funções locais mais específicas, uma vez que, após a liberação dos hormônios neuro-hipofisários, essas células apresentam elevação da sua taxa metabólica, assim como aumento da

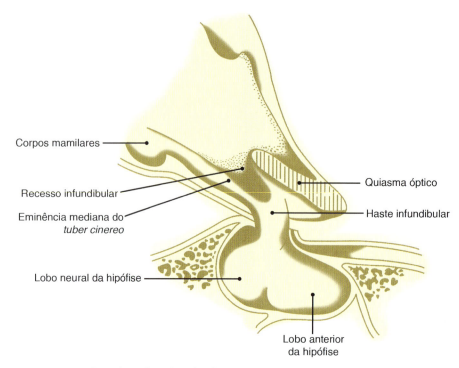

Figura 66.12 • Representação anatômica do eixo hipotálamo-hipofisário. Os componentes estão descritos no texto. (Adaptada de Reichlin, 1985.)

atividade mitótica. Especula-se que elas possam contribuir para o processo de secreção hormonal por um mecanismo de retroalimentação negativa, em virtude da sua íntima associação às fibras nervosas. Assim, há evidências de que, em situações de aumento da osmolaridade plasmática, diminui a associação dos pituícitos às fibras nervosas, o que facilitaria a secreção do ADH para os vasos sanguíneos, ocorrendo o contrário quando da redução da osmolaridade. Acredita-se também que os pituícitos possam participar do processo de remoção dos hormônios neuro-hipofisários.

HORMÔNIOS NEURO-HIPOFISÁRIOS

O ADH e a ocitocina apresentam alta homologia estrutural, o que explica algumas ações fisiológicas em comum. Ambos são constituídos por nove aa, dos quais sete são idênticos, e apresentam uma ponte Cys-Cys entre os aa 1 e 6 (Quadro 66.1). Os dois hormônios são sintetizados no pericário das células que constituem os núcleos supraópticos (NOS) e paraventriculares (NPV), como parte de um pró-hormônio, e armazenados em grânulos, que são transportados por fluxo axoplasmático em direção às terminações nervosas localizadas no lobo neural. Neste local, permanecem armazenados até que potenciais de ação, criados nos corpos celulares em resposta a estímulos específicos, provoquem suas liberações. A secreção desses hormônios envolve a fusão da membrana granular com a neuronal, processo conhecido como exocitose, o qual é dependente do influxo de íons cálcio (Figura 66.13).

No interior dos grânulos de secreção, o ADH e a ocitocina encontram-se associados às neurofisinas, às quais se atribuiu, inicialmente, o papel de proteínas carreadoras destes hormônios. Todavia, atualmente se reconhece que a neurofisina I e a II constituem parte da molécula precursora de ocitocina

Quadro 66.1 • Principais peptídios da neuro-hipófise.

	1 2 3 4 5 6 7 8 9	1 2 3 4 5 6 7 8 9
Mamíferos (exceto porco)	Cys-Tyr-Ile-Gln-Asn-Cys-Pro-Leu-Gly-NH$_2$ Ocitocina	Cys-Tyr-Phe-Gln-Asn-Cys-Pro-Arg-Gly-NH$_2$ Arginina vasopressina (ADH)
Porco	Cys-Tyr-Ile-Gln-Asn-Cys-Pro-Leu-Gly-NH$_2$ Ocitocina	Cys-Tyr-Phe-Gln-Asn-Cys-Pro-Lys-Gly-NH$_2$ Lisina vasopressina
Pássaros, répteis, anfíbios, peixes pulmonados	Cys-Tyr-Ile-Gln-Asn-Cys-Pro-Ile-Gly-NH$_2$ Mesotocina	Cys-Tyr-Ile-Gln-Asn-Cys-Pro-Arg-Gly-NH$_2$ Vasotocina
Peixes ósseos	Cys-Tyr-Ile-Ser-Asn-Cys-Pro-Ile-Gly-NH$_2$ Isotocina	Cys-Tyr-Ile-Gln-Asn-Cys-Pro-Arg-Gly-NH$_2$ Vasotocina

Fonte: Reichlin, 1985.

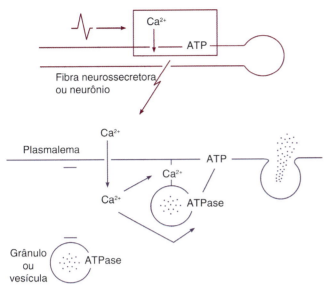

Figura 66.13 ■ Mecanismo de secreção dos hormônios neuro-hipofisários. Detalhes no texto. (Adaptada de Douglas, 1973.)

(*pró-oxifisina*) e ADH (*pró-pressofisina*), respectivamente. Assim, as neurofisinas e os hormônios neuro-hipofisários são codificados no mesmo gene, fazendo parte de um pró-hormônio que é sintetizado nos ribossomos e processado enzimaticamente, dentro dos grânulos, ao longo do trato hipotálamo-neuro-hipofisário. Acredita-se que essa molécula precursora constituída pela associação das neurofisinas aos hormônios neuro-hipofisários dentro dos grânulos de secreção possa representar um mecanismo protetor que impediria a difusão do hormônio do grânulo e, portanto, sua liberação prematura ou inativação.

Desse processamento enzimático resulta a liberação do ADH, bem como de ocitocina de suas moléculas precursoras (Figura 66.14). Esses hormônios são, então, secretados, embora não ligados, com suas respectivas neurofisinas; estas não apresentam papel biológico conhecido, mas como são secretadas em quantidades equimolares em relação aos hormônios da neuro-hipófise, suas concentrações plasmáticas refletem a taxa de secreção hormonal.

Os neurônios magnocelulares do trato hipotálamo-neuro-hipofisário expressam apenas um dos hormônios da neuro-hipófise: ADH ou ocitocina. Tanto os NSO quanto os NPV apresentam células que sintetizam ADH e ocitocina, embora a maioria (mais que 70%) sintetize o ADH. Uma das primeiras evidências indicativas da especificidade celular quanto à expressão dos neuro-hormônios decorreu de estudos realizados em ratos da cepa Brattleboro, os quais apresentam diabetes insípido hipotalâmico hereditário. Apesar de esses animais apresentarem deficiência na expressão de ADH, a ocitocina encontra-se em níveis normais. Ainda, os exames histológicos da hipófise mostram áreas escuras que representam grupos de axônios de neurônios produtores de ocitocina, entremeadas com áreas mais claras correspondentes às regiões das terminações nervosas de neurônios que contêm ADH.

Nos NPV, existe ainda uma população de neurônios cujos corpos celulares apresentam características morfológicas distintas dos que pertencem ao trato hipotálamo-neuro-hipofisário. São pequenos e apresentam axônios que se dirigem à eminência mediana do hipotálamo, constituindo a chamada porção parvicelular dos NPV. Nessa porção encontramos neurônios que sintetizam distintamente TRH, CRH, somatostatina, substância P e, também, ADH. É interessante ressaltar que há colocalização de CRH e ADH em alguns neurônios, conforme demonstrado por métodos imuno-histoquímicos, sugerindo que a presença desses dois peptídios possa representar um importante mecanismo de potencialização da secreção de ACTH, conforme citado anteriormente (ver Figura 65.13, no Capítulo 65).

▸ Hormônio antidiurético (ADH)

A pressão osmótica dos líquidos corporais mantém-se dentro de rígidos limites compatíveis com a vida. A manutenção da osmolaridade plasmática é assegurada graças a ajustes que ocorrem no balanço hídrico do organismo, o qual é resultado de um equilíbrio existente entre a ingestão e a eliminação de água. A ação do ADH é fundamental para esse equilíbrio (para mais detalhes, ver Capítulo 53, *Papel do Rim na Regulação do Volume e da Tonicidade do Líquido Extracelular*, e Capítulo 75). Esse neuropeptídio age nos túbulos renais estimulando o processo de reabsorção de água do filtrado glomerular, diminuindo, dessa maneira, as perdas de água do organismo. Pacientes portadores de diabetes insípido (com deficiência na secreção de ADH ou alterações funcionais nos seus receptores) apresentam um aumento brutal do volume urinário (que alcança cerca de 10 a 15 ℓ por dia), o que pode levar o indivíduo à morte em poucas horas se o tratamento com ADH não for rapidamente instituído ou se o indivíduo não dispuser de água suficiente para beber.

Efeitos biológicos do ADH

Os efeitos biológicos do ADH podem ser divididos em: (1) ações renais, que levam à reabsorção de água do filtrado glomerular, e (2) ações na musculatura lisa dos vasos, que resultam em contração da parede arteriolar e aumento da resistência periférica total.

A ação antidiurética ocorre graças à interação do ADH com receptores denominados V2, os quais estão acoplados ao sistema adenilciclase/cAMP. Esses receptores encontram-se presentes na superfície das membranas basolaterais das células epiteliais responsivas ao ADH (células principais dos ductos coletores e alça de Henle ascendente – segmento espesso). Como resultado dessa interação, ocorre elevação do conteúdo intracelular de cAMP, o que leva à ativação da proteinoquinase A, fosforilação de proteínas específicas, levando ao aumento da permeabilidade à água nos ductos coletores e transporte de cloreto de sódio na alça de Henle ascendente (detalhes no Capítulo 53).

Por outro lado, a interação do ADH com os receptores V1, localizados na musculatura arteriolar, ativa a via fosfatidilinositol, que resulta na formação de diacilglicerol (DAG) seguida da ativação da proteinoquinase C. O resultado final é a contração da musculatura lisa dos vasos sanguíneos e aumento da resistência periférica total. Mais recentemente, foi demonstrada a existência de receptores V1 nas membranas luminal e basolateral do túbulo distal, com participação na regulação do trocador Na^+/H^+.

Ação nos rins

▸ **Transporte de água.** O ADH aumenta a reabsorção de água do filtrado glomerular por meio da inserção de canais de água na membrana luminal das células do ducto coletor. A aquaporina 2 (AQP2) é o canal de água regulado pelo ADH nos

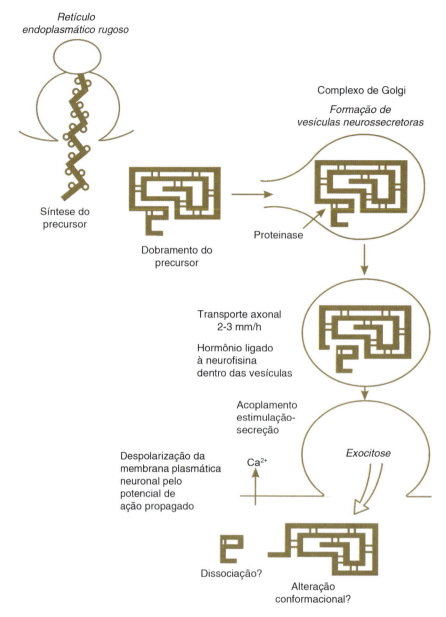

Figura 66.14 ▪ Representação esquemática do modelo de biossíntese, transporte e liberação de hormônios neuro-hipofisários. (Adaptada de Hope e Pickup, 1974.)

ductos coletores renais; ela está presente, exclusivamente, nas células principais dos ductos coletores mais profundos. Estudos eletromicroscópicos têm demonstrado que essas células apresentam, próximo à superfície apical, vesículas difusamente distribuídas pelo citoplasma, que contêm canais de água prontos para serem inseridos na membrana plasmática. Após ativação do sistema adenilciclase/cAMP, desencadeada pela interação do ADH com receptores do tipo V2 localizados na membrana basolateral, essas vesículas fundem-se com a membrana luminal, que resulta na inserção desses canais para passagem da água. O aumento do número de canais de água favorece a passagem de água, por difusão simples, do lúmen tubular para o interstício medular (hipertônico), resultando na concentração da urina (Figura 66.15). Sabe-se também que o cAMP promove elevação da transcrição do gene que codifica a AQP2, o que eleva o seu conteúdo intracelular. Evidências recentes indicam, ainda, que o aumento do conteúdo de AQP2 também se deve a uma ação inibitória do ADH sobre a degradação proteassomal desta proteína por meio da ativação da PKA e p38-MAPK. (Mais detalhes desse assunto são dados no Capítulo 53.)

▶ **Transporte de cloreto de sódio.** O transporte de cloreto de sódio na porção espessa ascendente da alça de Henle também é ativado pelo ADH, por meio de mecanismos que envolvem aumento da produção de cAMP.

O transporte de cloreto nesse segmento é mediado por um mecanismo de cotransporte elétron-neutro que movimenta $1Na^+:1\ K^+:2Cl^-$ através da membrana apical. A energia para a passagem do cloreto pela membrana apical é fornecida pelo gradiente eletroquímico de Na^+, criado e mantido pela atividade da bomba de Na^+/K^+ da membrana basolateral. Acredita-se que a saída do Cl^- da célula tubular seja por difusão simples a favor do gradiente elétrico. Nesse segmento do néfron ocorre ainda secreção de íons K^+. No entanto, a maioria do K^+ secretado para o lúmen retorna às células por meio de canais específicos. Verifica-se que esse sistema de cotransporte fornece às células $1Na^+:2Cl^-$, mas, na realidade, quantidades

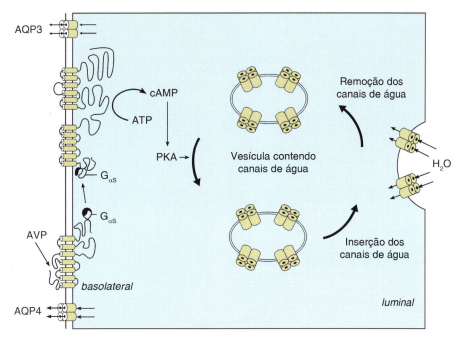

Figura 66.15 ▪ Representação esquemática da ação do hormônio antidiurético (AVP) provocando a inserção de canais de água (aquaporina 2 – AQP2) na *membrana luminal* dos ductos coletores renais. Descrição da figura no texto. (Adaptada de Bichet, 1997.)

iguais de Na^+ e Cl^- são reabsorvidas para o sangue peritubular. Isto sugere que parte da reabsorção de Na^+ ocorra paracelularmente, sendo a voltagem transepitelial positiva e a elevada condutância ao Na^+, via *shunt* paracelular, os principais determinantes da reabsorção desse íon (detalhes no Capítulo 51, *Função Tubular*).

O ADH atua no segmento espesso ascendente da alça de Henle aumentando: (1) a reabsorção de NaCl, (2) a voltagem transepitelial e (3) a secreção de K^+. Assim como nos túbulos coletores, o ADH atua nas células da alça de Henle ascendente que promove a inserção de novas proteínas na membrana celular. É possível que a secreção de K^+ induzida pelo ADH decorra de uma maior inserção de canais de K^+ na membrana apical dessas células e que o aumento da reabsorção de NaCl decorra de um aumento de unidades de cotransportadores de $Na^+:K^+:2Cl^-$ causado pelo ADH. Por intermédio dessas ações, o ADH contribui de maneira importante para o mecanismo de multiplicação por contracorrente e, portanto, para: (1) a hipertonicidade da medula renal e (2) a diluição do líquido intratubular, condições essenciais para que ocorra reabsorção de água nos ductos coletores (mais informações no Capítulo 53).

Ação na musculatura lisa arteriolar

A clássica ação vasoconstritora do ADH manifesta-se em concentrações plasmáticas de 10 a 100 vezes maiores que as necessárias para a sua ação antidiurética, o que sugere que, fisiologicamente, o ADH atuaria apenas em nível renal. No entanto, experimentos mais recentes indicam que o ADH, mesmo em concentrações fisiológicas, apresenta efeito vasoconstritor, o qual não é facilmente identificado devido à rápida resposta reflexa cardiovascular que mantém a pressão arterial inalterada. Porém, existem algumas situações em que se verifica mais facilmente a importância do ADH na regulação fisiológica do tônus vasomotor: (1) a administração de ADH acelera o desenvolvimento da hipertensão induzida pelos mineralocorticoides, (2) ratos Brattleboro, que apresentam diabetes insípido hipotalâmico familiar (pois não produzem ADH), não desenvolvem hipertensão induzida pelos mineralocorticoides, porém podem tornar-se hipertensos quando tratados com ADH, e (3) uma cepa de ratos que apresentam hipersecreção familiar de ADH também apresenta hipertensão arterial volume-independente.

Além dessas evidências indiretas, o choque hipovolêmico é uma situação em que se pode, facilmente, verificar a importância do ADH na manutenção do tônus vasomotor. Nessa condição, observam-se elevações acima de 100 vezes nos níveis plasmáticos de ADH, que indicam uma ação predominantemente cardiovascular. Desse modo, cães hipofisectomizados morrem frente a pequenas hemorragias, facilmente contornadas por animais normais; isto é revertido por meio da administração de ADH.

Conforme citado anteriormente, o ADH também atua estimulando a secreção de ACTH (ver, neste capítulo, o item "Regulação da secreção do ACTH").

▸ Regulação da secreção de ADH

Osmolaridade plasmática

No início do século passado, Verney demonstrou que a infusão de salina hipertônica na artéria carótida de cães anestesiados levava à antidiurese, que era abolida após remoção da neuro-hipófise. Essa observação, somada ao fato de que após sobrecarga hídrica ocorre maior eliminação de água pela urina, levaram Verney a postular uma relação importante entre a osmolaridade plasmática e a secreção de ADH. Demonstrou-se posteriormente no ser humano que a infusão de salina concentrada (850 mmol/ℓ) leva a um aumento progressivo da osmolaridade e da concentração plasmática de ADH. Em adultos saudáveis, a osmolaridade plasmática média é cerca de 280 mOsm/kg. Nessas condições a concentração plasmática de ADH varia de 0,5 a 1,5 pg/mℓ. Acima de 280 mOsm/kg a secreção de ADH aumenta rápida e progressivamente com a elevação da osmolaridade plasmática, obedecendo à seguinte função linear: [ADH] = 0,38 (osmolaridade plasmática – 280).

Desta maneira, o valor plasmático de 280 mOsm/kg é considerado como o limiar osmótico de secreção do ADH (ver adiante), acima do qual alterações da osmolaridade levam a alterações concomitantes na secreção de ADH e do volume plasmático, embora a sensibilidade deste sistema se altere frente a modificações do volume plasmático e da pressão arterial (PA), conforme será discutido adiante. Observa-se, também, uma relação direta entre concentração plasmática de ADH e osmolaridade urinária. Assim, um aumento de 0,3 pg/ mℓ nos níveis plasmáticos de ADH é traduzido por uma elevação na osmolaridade urinária de cerca de 95 mOsm/kg; concentrações urinárias máximas são atingidas com uma osmolaridade plasmática de 294 mOsm/kg e níveis plasmáticos de ADH de 5 pg/mℓ.

Ativação dos osmorreceptores

Em seus estudos iniciais, Verney propôs que as alterações da pressão osmótica do meio interno seriam detectadas por neurônios diferenciados que funcionariam como osmorreceptores. Seus estudos sugeriram que os osmorreceptores localizam-se no hipotálamo anterior, nas proximidades ou nos próprios núcleos supraópticos e paraventriculares. Estudos subsequentes mostraram que lesões na região anteroventral do terceiro ventrículo abolem a liberação de ADH, assim como a sede induzida pelo aumento da osmolaridade plasmática. O mesmo ocorre no cão, após pequenas lesões do órgão vasculoso da lâmina terminal (OVLT), uma estrutura circunventricular situada na região anteroventral do terceiro ventrículo. Lesões em áreas vizinhas a esta não alteram a resposta osmótica do ADH, sugerindo que o OVLT seja, ou influencie de forma importante, os osmorreceptores.

Alguns estudos têm sugerido que os osmorreceptores centrais seriam, na realidade, receptores que detectam variações na concentração de Na$^+$ do líquido cerebrospinal, já que a infusão intracerebroventricular de salina hipertônica leva à antidiurese, enquanto a infusão de sacarose hipertônica a suprime (ver adiante). Essa supressão foi interpretada como o resultado de uma diluição da concentração de Na$^+$ provocada pela sacarose hipertônica, o que reduziria o estímulo para a secreção de ADH. No entanto, a infusão intracarotídea de ureia, apesar de aumentar a concentração liquórica de Na$^+$, não desencadeia a resposta antidiurética, o que fortalece a hipótese de que a secreção de ADH em resposta à administração de soluções hiperosmolares é resultado da ativação de osmorreceptores localizados fora da barreira hematencefálica, hoje reconhecidamente presentes em órgãos circunventriculares, tais como o OVLT e o órgão subfornicial (OSF).

O mecanismo pelo qual os osmorreceptores são ativados envolve o efluxo de água dessas células, em decorrência do aumento da osmolaridade plasmática. Essa perda de água provoca uma deformação estrutural (diminuição do volume) celular, levando a um aumento da frequência de disparo de potenciais de ação. Presume-se que a frequência dessas descargas seja proporcional ao grau de desidratação celular. Essas descargas, por sua vez, atingem os NSO e NPV, cujas células, igualmente, passam a deflagrar um maior número de potenciais de ação por unidade de tempo, o que resulta na secreção de maiores quantidades de ADH.

Como os osmorreceptores são estimulados por alterações no seu conteúdo de água, fica clara a razão pela qual esse sistema não apresenta sensibilidade igual para todos os solutos do plasma. Por exemplo, esse sistema é altamente sensível a variações na concentração de Na$^+$ e seus ânions (ver anteriormente); admite-se que isso seja decorrente da baixa permeabilidade da membrana plasmática ao Na$^+$, cuja presença no plasma cria um gradiente osmótico que resulta em efluxo de água dos osmorreceptores. Por outro lado, solutos que penetram com maior facilidade nas células, como glicose e ureia, apesar de aumentarem a osmolaridade plasmática, causam pequena ou nenhuma alteração nos níveis circulantes de ADH. Do mesmo modo, aumentos na osmolaridade plasmática devidos ao Na$^+$ ou manitol são dipsogênicos, enquanto os devidos à ureia ou glicose não são ou são pouco dipsogênicos (ver adiante) (Figura 66.16).

Osmorreceptores periféricos

A observação de que cães desidratados apresentam redução da secreção de ADH após poucos minutos da ingestão de água e antes mesmo que a osmolaridade plasmática tenha se reduzido sugere a presença de osmorreceptores em outros locais, além do SNC. De fato, hoje se sabe que alguns desses sensores osmóticos estão localizados na região da veia porta hepática, um local estratégico que possibilita a detecção precoce do impacto osmótico dos alimentos e líquidos ingeridos. Tanto é que o aumento da osmolaridade nesta região estimula a ingestão de água e a secreção de ADH mesmo em ratos hidratados. Acredita-se também que essa inibição da liberação de ADH relacionada com o ato de beber tenha alguma ligação com fatores orofaríngeos ou relacionados com a saciedade, os quais influenciariam a secreção de ADH.

Volemia e pressão arterial

Há quase cinco décadas, foi sugerido o envolvimento de mecanorreceptores no controle da excreção de água e liberação de ADH em resposta a variações do volume sanguíneo. Esses receptores correspondem aos receptores de estiramento atriais, localizados no átrio esquerdo (volorreceptores, ou *receptores de volume*), assim como aos *barorreceptores* localizados nos seios carotídeos e arco da aorta. A distensão do

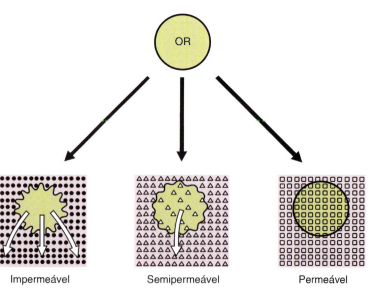

Figura 66.16 • Mecanismo hipotético da resposta de um osmorreceptor (OR) exposto a solução hipertônica com soluto impermeável, semipermeável ou permeável. Note que há maior efluxo celular de água quando o soluto é impermeável do que quando é semipermeável. Porém, quando o soluto é permeável, não ocorre efluxo celular de água e a concentração do soluto no meio intracelular fica igual à do meio extracelular. Consulte o texto para mais detalhes. (Adaptada de Robertson, 1985.)

átrio esquerdo, por meio da inflação de um balão, leva à diminuição dos níveis circulantes de ADH, efeito que é abolido pela hipofisectomia. Observou-se que o estiramento do átrio esquerdo em cães e gatos anestesiados leva à diminuição da frequência de descargas dos neurônios do NSO e NPV, que se projetam para a neuro-hipófise. Adicionalmente, a desnervação cardíaca abole a inibição da secreção de ADH em resposta ao aumento da pressão atrial, embora não seja capaz de bloquear a diurese ou a queda dos níveis circulantes de ADH que se segue à expansão do volume sanguíneo; isso sugere que tais receptores, embora contribuam para a regulação do volume sanguíneo via ADH, não representam o mecanismo mais importante do sistema. Aliás, em primatas e no homem não há muitas evidências de que esses sensores sejam responsáveis pela liberação de ADH quando da queda do volume sanguíneo; acredita-se que nessa situação os barorreceptores arteriais sejam os principais mediadores da elevação dos níveis plasmáticos de ADH.

Os barorreceptores arteriais têm uma participação importante no controle da secreção de ADH. As evidências a esse favor são: (1) a perfusão dos barorreceptores do seio carotídeo com pressão de pulso constante, mesmo em uma situação de hemorragia, atenua a secreção de ADH; (2) a secção dos neurônios aferentes do seio carotídeo abole a elevação do ADH que ocorre em resposta à hemorragia. Desta maneira, tanto os receptores de estiramento atriais quanto os barorreceptores aórticos e carotídeos exercem uma inibição tônica sobre a liberação de ADH, de modo semelhante ao que fazem no controle da pressão arterial; o aumento da secreção de ADH observado durante a hipovolemia é decorrente da diminuição desse tônus inibitório.

As fibras aferentes do IX e X pares cranianos são as responsáveis pela transmissão de informações sobre as variações de pressão, dos seios carotídeos e crossa da aorta, respectivamente, para o tronco encefálico, onde fazem sinapses com neurônios do núcleo do trato solitário (NTS). Dessa região, várias fibras projetam-se para o NSO e NPV, onde exercem, predominantemente, um efeito inibitório. Parte dessas fibras inibitórias foi caracterizada como fibras noradrenérgicas. Presume-se que os principais sistemas ativadores que se projetam a esses núcleos sejam colinérgicos (Figura 66.17).

Integração dos sinais osmóticos e de volume na regulação da secreção do ADH

A interação existente entre os sistemas baro e osmorreguladores sobre a secreção de ADH é evidenciada por ocasião da instalação de hipovolemia, quando se observa diminuição do limiar do sistema osmorregulador para o estímulo osmótico. Nessa condição, osmolaridades plasmáticas menores que 280 mOsm/kg, insuficientes para ativar o mecanismo de secreção de ADH na vigência de normovolemia, passam a induzir secreção significativa de ADH; entretanto, mesmo na presença de um estímulo hemodinâmico, a secreção de ADH pode ser totalmente suprimida se a osmolaridade plasmática cair abaixo do novo limiar. Da mesma maneira, situações de hipervolemia fazem com que o limiar osmótico da secreção de ADH seja deslocado para a direita, isto é, são necessários maiores incrementos da osmolaridade plasmática para induzir secreção de ADH (Figura 66.18).

Sistema renina-angiotensina

A angiotensina II (ANGII) é um agente estimulante da liberação de ADH. Dessa maneira, o aumento da sua concentração

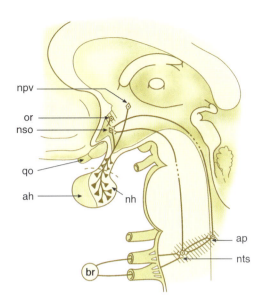

Figura 66.17 ▪ Anatomia da neuro-hipófise e de suas principais aferências reguladoras. *npv*, núcleos paraventriculares; *nso*, núcleos supraópticos; *or*, osmorreceptores; *qo*, quiasma óptico; *ah*, adeno-hipófise; *nh*, neuro-hipófise; *ap*, área postrema; *nts*, núcleo do trato solitário; *br*, barorreceptores. (Adaptada de Robertson, 1985.)

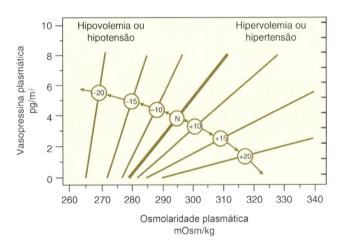

Figura 66.18 ▪ Efeito da variação da volemia ou da pressão arterial sobre a regulação da osmolaridade plasmática na liberação de vasopressina. Cada linha representa a relação entre a concentração de vasopressina e a osmolaridade plasmática na presença de vários graus de hipovolemia ou hipotensão aguda (à esquerda) e de hipervolemia ou hipertensão (à direita). Mais detalhes poderão ser encontrados no texto. (Adaptada de Robertson, 1985.)

plasmática em resposta à hipovolemia, que decorre da ativação do sistema renina-angiotensina, contribui para a normalização da volemia, não só em função de seus efeitos vasoconstritores e estimulantes da secreção de aldosterona, mas também porque eleva a secreção de ADH. De fato, alguns fatores que levam ao aumento da renina no plasma, tais como a estenose da artéria renal e a ativação simpática, são igualmente capazes de elevar a secreção de ADH.

A existência de um sistema renina-angiotensina cerebral, com a detecção de mRNA para o angiotensinogênio e a presença de receptores de ANGII no hipotálamo, indicam a possibilidade de uma ação da ANGII central no controle da secreção do ADH. Esses receptores seriam igualmente sensíveis à ANGII circulante (periférica), a qual poderia alcançar o sistema nervoso via órgão subfornicial localizado fora da barreira hematencefálica. A presença de receptores de ANG II em neurônios do OSF e OVLT indica que eles são importantes alvos da ANG II, cuja sinalização é integrada com a dos neurônios sensíveis ao Na⁺ dessas estruturas, para elevação da secreção de ADH.

Demonstrou-se ainda que a aplicação iontoforética de ANGII no NSO estimula a atividade de suas células e a secreção de ADH, e que a administração liquórica de renina ou ANGII desencadeia potente liberação de ADH e antidiurese (ou queda do volume urinário). Todavia, a administração liquórica de saralasina (bloqueador de receptor de ANGII) ou de captopril (inibidor da enzima que converte ANGI em ANGII) bloqueia a liberação de ADH em apenas algumas situações fisiológicas, de modo que até o momento não há um consenso a respeito do papel fisiológico do sistema renina-angiotensina sobre a regulação da secreção de ADH.

Náuseas

A sensação de náuseas é um estímulo potente para a liberação de ADH em humanos. Acredita-se que esse efeito seja decorrente da ativação da área quimiorreceptora da região bulbar conhecida como o centro do vômito, área postrema, a qual se apresenta conectada aos NSO e NPV. É por esta razão que vários agentes estimulantes do centro do vômito, tais como morfina e nicotina, promovem aumento da secreção de ADH. O efeito das náuseas em estimular a secreção de ADH pode ser mascarado pela sobrecarga hídrica, que sugere a interação dos mecanismos de regulação osmótico e emético.

Estresse

A secreção de ADH aumenta em resposta ao estresse inespecífico, tal como dor, estresse emocional e exercício físico. Desconhece-se, contudo, o mecanismo dessa relação e a sua importância fisiológica. Em ratos, o aumento da secreção de ADH em resposta a estresse somente ocorre quando, concomitantemente, se estabelece uma queda de volume sanguíneo. Na espécie humana não se tem ideia se um mecanismo semelhante está envolvido nessa resposta.

Glicocorticoides

A secreção de ADH é modulada pelos glicocorticoides, os quais exercem um efeito inibitório direto sobre a expressão gênica desse hormônio.

Hipoxia

A hipoxia estimula a liberação de ADH em vários animais. Porém, em humanos, esse efeito é observado somente quando hipotensão e/ou náuseas estão associadas, sugerindo, portanto, que essa ação seja indireta. Como já foi mencionado, a maioria dos medicamentos, neurotransmissores e hormônios que influenciam a secreção de ADH age indiretamente por alterações da pressão arterial, do volume sanguíneo ou da atividade das células que constituem o "centro" do vômito (área postrema). Os opiáceos ou baixas doses de morfina inibem a secreção de ADH por aumentarem o limiar osmótico para a sua liberação. O efeito inibitório do álcool sobre a secreção de ADH parece ser mediado, em parte, via opiáceos endógenos, já que pode ser parcialmente bloqueado por naloxona (antagonista opiáceo). Como comentado anteriormente, deve-se ressaltar que altas doses de morfina estimulam a secreção de ADH, via "centro" do vômito.

▶ Metabolismo do ADH

A metabolização do ADH ocorre principalmente no fígado e nos rins e envolve a redução da ponte dissulfeto e ação posterior de aminopeptidases.

O ADH também é excretado pelos rins, o que corresponde a 1/4 do *clearance* metabólico total desse hormônio. A meia-vida do ADH é de 30 a 40 min, sendo, portanto, este o período necessário para que se observe aumento da diurese quando sua secreção basal é abolida.

▶ Regulação da sede

A sensação de sede é influenciada por muitos dos mecanismos envolvidos na regulação da secreção de ADH. A resposta de sede a estímulos osmóticos é suficientemente potente para evitar alterações da osmolaridade plasmática, na ausência de ADH, em indivíduos que tenham livre acesso à água. O limiar osmótico para sede é alcançado com um aumento de 2% a 3% na osmolaridade plasmática, um valor apenas discretamente maior que o limiar para secreção de ADH. A estimulação da sede também é desencadeada por depleções do volume plasmático, mesmo na vigência de baixa osmolaridade plasmática.

Com a descoberta de osmorreceptores centrais envolvidos no controle da secreção de ADH, verificou-se que a injeção de soluções hipertônicas no hipotálamo também desencadeava o aparecimento da sede em cabras, indicando o envolvimento de osmorreceptores na regulação da ingestão de água. Subsequentemente, verificou-se que a destruição do tecido que circunda o OVLT diminui a sede desencadeada por injeções hipertônicas intracarotídeas, sugerindo que, da mesma maneira que os osmorreceptores ligados à secreção de ADH, aqueles envolvidos com a ingestão de água também se encontram próximos a essa região.

A ANGII é um potente agente dipsogênico quando injetada no terceiro ventrículo. Além do mais, no OVLT existem receptores para a ANGII, o que sugere sua participação também no mecanismo de sede ativado pelo aumento da osmolaridade plasmática, conforme citado anteriormente.

OCITOCINA

As propriedades ocitócicas e antidiuréticas de extratos neuro-hipofisários testados em vários animais em diferentes situações fisiológicas levaram à completa separação de dois princípios ativos na neuro-hipófise – ADH e ocitocina – e à identificação química, síntese e preparação de análogos sintéticos desses hormônios; deste modo se tornou possível o estudo das ações desses compostos em separado, sobre os diferentes tecidos. Embora existam ações bastante específicas da ocitocina nos diferentes tecidos, devemos ter claro que a homologia entre esses dois hormônios possibilita a existência de ações comuns. Além do mais, a regulação da secreção desses peptídios também pode apresentar semelhanças: por exemplo, a secreção de ocitocina também é estimulada pelo aumento da osmolaridade plasmática em cães (ver Capítulo 75).

▶ Efeitos biológicos da ocitocina

As ações fisiológicas da ocitocina (OT) são exercidas principalmente sobre a musculatura lisa uterina e da que reveste os alvéolos da mama. Por meio desses mecanismos a ocitocina participa, respectivamente, do mecanismo do parto e da ejeção de leite durante a lactação.

No entanto, deve-se ressaltar que a ocitocina exerce ações fisiológicas diversas das classicamente descritas. Por exemplo, há evidências de que esse hormônio exerça controle sobre a secreção de Prl e gonadotrofinas; efeitos parácrinos desse hormônio sobre tuba uterina e ductos espermáticos também foram descritos.

Ação sobre o útero

A administração de ocitocina leva a um aumento da frequência e duração dos trens de potenciais de ação na musculatura uterina, mecanismo que: (1) inicia contração na musculatura uterina previamente inativa e (2) aumenta a frequência, força e duração das contrações em músculos já ativos. A administração de estrógenos a animais imaturos traz o potencial de membrana das células uterinas a níveis mais próximos do seu limiar de disparo. Sendo assim, o potencial de membrana dessas células declina gradualmente da metade até o término da gestação, quando os níveis de estrógenos estão bastante elevados. Essa queda do potencial de membrana facilita a ação da ocitocina sobre o útero, que, por aumentar a excitabilidade do miométrio e por facilitar a condução dos potenciais de ação, ativa as células uterinas que estavam quiescentes, aumentando assim o número de células participantes e a força de cada contração. Acredita-se que a ocitocina exerça esses efeitos por meio de um aumento generalizado da permeabilidade iônica da membrana celular. A ocitocina, entre outras ações, é responsável por aumentar: (1) o número de canais de sódio no sarcolema, durante a fase de potencial em espícula, e (2) o cálcio intracelular, devido à mobilização de cálcio dos estoques intracelulares e ao seu influxo a partir do meio extracelular.

Papel da ocitocina no parto

A ação da ocitocina no parto está bem definida, tendo em vista as seguintes evidências clínicas: (1) aumento da secreção de ocitocina durante o parto; (2) correlação positiva entre a concentração plasmática de ocitocina e o prosseguimento do trabalho de parto; (3) o trabalho de parto é difícil em pacientes hipofisectomizadas, com secção cirúrgica da haste hipofisária ou com bloqueio da liberação de ocitocina. Em algumas espécies, tais como rato e coelho, a ocitocina é o fator desencadeante do parto, enquanto, no ser humano, ela apenas contribui, embora com importância, para o desenvolvimento do trabalho de parto e a expulsão fetal.

A secreção de ocitocina durante o trabalho de parto é decorrente de um reflexo neuroendócrino desencadeado por estimulação mecânica de estruturas componentes do trato genital inferior (cérvice e vagina). A distensão da cérvice uterina provocada pelas primeiras contrações do útero, as quais independem da ocitocina na espécie humana, leva à estimulação dos receptores de estiramento aí localizados; os potenciais de ação aí causados se propagam por fibras aferentes específicas que chegam aos NPV e NSO (via medula espinal e tronco encefálico), onde fazem sinapse com neurônios ocitocinérgicos. O resultado desse processo é aumento da secreção de ocitocina que, ao atuar na musculatura uterina, induz novas contrações e realimenta o processo que leva à sua secreção por um mecanismo de *feedback* positivo; esse mecanismo perdura até a expulsão do feto.

Ação sobre a glândula mamária

As ações da ocitocina sobre a glândula mamária estão relacionadas com o processo de ejeção do leite dos alvéolos e ductos galactóforos menores. Estas estruturas são envolvidas por células mioepiteliais, alvos da ocitocina; a contração dessas células leva à ejeção do leite armazenado. Este processo também é regulado por um mecanismo reflexo, conhecido como reflexo de ejeção do leite, desencadeado em resposta à sucção do mamilo. O reflexo envolve a estimulação de terminações nervosas presentes no mamilo (mecanorreceptores), de onde potenciais de ação são transmitidos à medula espinal, tronco encefálico e hipotálamo, onde então atingem os neurônios ocitocinérgicos. A ativação desses neurônios leva à secreção de ocitocina e contração das células mioepiteliais; segue-se um aumento da pressão intramamária e ejeção do leite para os ductos galactóforos maiores e cisternas, de onde pode ser obtido passivamente por sucção. Esse processo não deve ser confundido com o da lactogênese, o qual é controlado pela prolactina. O aleitamento depende totalmente desse reflexo que, na espécie humana, pode ser condicionado ao choro de um bebê.

Outras ações

Durante o ato sexual, a estimulação mecânica dos componentes do trato genital feminino inferior também eleva a secreção de ocitocina, por mecanismo similar ao descrito por ocasião do parto (com ativação de mecanorreceptores e liberação de ocitocina). Especula-se que a ocitocina liberada nessa ocasião tenha um papel estimulante sobre a atividade da musculatura lisa que envolve tais estruturas, o que "facilitaria" a propulsão dos espermatozoides em direção ao útero. No ser humano, a função desse hormônio ainda é motivo de especulação. Há evidências de que, no coelho, a ocitocina ative o transporte de esperma pelo epidídimo.

Apesar de ser tradicionalmente associada a funções reprodutivas, vem sendo demonstrado que a ocitocina também participa da regulação da função cardiovascular, uma vez que se detectou a presença de receptores de OT em todos os compartimentos do coração e na vasculatura. Também foi demonstrado que a OT induz a liberação do peptídio atrial natriurético e óxido nítrico (NO) de coração perfundido e secções de átrios. As ações cardiovasculares da OT incluem: natriurese, queda da pressão arterial, efeitos inotrópicos e cronotrópicos negativos, neuromodulação parassimpática, bem como vasodilatação desencadeada pelo NO (detalhes no Capítulo 75).

Mais recentemente tem sido apontado que a ocitocina exerce importante papel no desenvolvimento e função do sistema imunológico, participando do desenvolvimento do timo e da medula óssea, aumentando as defesas imunológicas, desempenhando efeitos semelhantes aos antibióticos e

---

Já há algum tempo, as vias centrais ocitocinérgicas têm sido relacionadas com o desencadeamento do comportamento maternal, receptividade sexual da fêmea e com a resposta da prole à separação social, em ratos. Estudos recentes têm revelado que as vias ocitocinérgicas e ADHérgicas centrais exercem importantes efeitos comportamentais relacionados com seletivos laços de longa duração entre machos e fêmeas (monogamia). Na maioria dos mamíferos, a ocitocina é liberada durante a cópula, acreditando-se que, com repetidas e prolongadas sessões de cópula, esse hormônio exerça um efeito importante no estabelecimento desses laços afetivos seletivos. Contudo, essa ação da ocitocina é verificada em fêmeas; em machos é o ADH, e não a ocitocina, que desempenha esse papel. Sabe-se que a inervação ADHérgica (vasopressinérgica) é sexualmente dimórfica e parece ser importante para o comportamento paternal. Vias centrais vasopressinérgicas também têm sido implicadas na marcação dos territórios e na memória social.

reprimindo distúrbios imunológicos associados ao estresse. Contudo, mais estudos são necessários para melhor explorar o papel da ocitocina na regulação neuroendócrina do sistema imunológico.

▶ Regulação da secreção de ocitocina

A estimulação de mecanorreceptores localizados na cérvice uterina, canal vaginal e mamilo leva a um aumento da liberação de ocitocina. As evidências experimentais sugerem que o neurotransmissor envolvido nesses mecanismos seja a acetilcolina. Por outro lado, as catecolaminas exercem efeitos inibitórios sobre a liberação de ocitocina. Isto pode ser evidenciado em situações de estresse, em que ocorre inibição da ejeção de leite. A administração de ocitocina nessa condição é capaz de restabelecer o fornecimento de leite, o que sugere que essa inibição decorra de um bloqueio central da liberação da ocitocina. Aliás, a aplicação iontoforética de norepinefrina em corpos celulares de neurônios localizados nos NPV leva a uma inibição da atividade deles.

Existem evidências de que a inibição da ejeção de leite causada pelo estresse também possa ser o resultado da constrição de vasos sanguíneos da glândula mamária, o que dificultaria o acesso da ocitocina ao seu local de ação (detalhes desses processos no Capítulo 77).

AGRADECIMENTO

Agradecemos à Prof.ª Dr.ª Ana Maria de Lauro Castrucci pelas sugestões dadas no item relativo ao *hormônio melanotrófico* (MSH).

BIBLIOGRAFIA

ABDEL-MALEK ZA, SWOPE VB, SUZUKI I et al. The mitogenic and melanogenic stimulation of normal human melanocytes by melanotropic peptides. *Proc Natl Acad Sci*, 92:1789-93, 1995.

AGUILERA G. Regulation of pituitary ACTH secretion during chronic stress. *Front Neuroendocrinology*, 15(4):321-50, 1995.

ANOBILE CJ, TALBOT JA, MCCANN SJ et al. Glycoform composition of serum gonadotrophins through the normal menstrual cycle and in the post-menopausal state. *Mol Hum Reprod*, 4(7):631-9, 1998.

ARON DC, FINDLING JW, TYRRELL JB. Hypothalamus and pituitary. In: GREENSPAN FS, STREWLER GJ (Eds.). *Basical and Clinical Endocrinology*. 5. ed. Appleton & Lange, Stamford, 1997.

BARGI-SOUZA P, GOULART-SILVA F, NUNES MT. Novel aspects of T3 actions on GH and TSH synthesis and secretion: physiological implications. *J Mol Endocrinol*, 59(4):R167-78, 2017.

BICHET DG. Posterior pituitay hormones. In: CONN PM, MELMED S (Eds.). *Endocrinology Basic and Clinical Principles*. Humana Press Inc., Totowa, 1997.

BOURQUE CW, OLIET SHR, RICHARD D. Osmoreceptors, osmoreception, and osmoregulation. *Front Neuroendocrinol*, 15:231-74, 1994.

BUNNEY Jr WE. Basical and clinical studies of endorphins. *Ann Intern Med*, 91:239-50, 1979.

CHO Y, ARIGA M, UCHIJIMA Y et al. The novel roles of liver for compensation of insulin resistance in human growth hormone transgenic rats. *Endocrinology*, 147(11):5374-84, 2006.

COLAO A, DI SOMMA C, SAVANELLI MC et al. Beginning to end: cardiovascular implications of growth hormone (GH) deficiency and GH therapy. *Growth Horm IGF Res*, 16(1):41-8, 2006.

CONE RD, MOUNTJOY KG, ROBBINS LS et al. Cloning and functional characterization of a family of receptors for the melanotropic peptides. *Ann NY Acad Sci*, 680:342-63, 1993.

COSTA C, SOLANES G, VISA J et al. Transgenic rabbits overexpressing growth hormone develop acromegaly and diabetes melito. *Faseb J*, 12:1455-60, 1998.

CROWLEY WR, ARMSTRONG WE. Neurochemical regulation of oxytocin secretion in lactation. *Endocrine Rev*, 13:33-65, 1992.

DAUGHADAY WH. The adenohypophysis. In: WILLIAMS RH (Ed.). *Textbook of Endocrinology*. 6. ed. W.B. Saunders, Philadelphia, 1981.

DAVIDSON MS. Effect of growth hormone on carbohydrate and lipid metabolism. *Endocrine Rev*, 8:115-31, 1987.

DIEGUEZ C, PAGE MD, SCANLON MF. Growth hormone neuroregulation and its alterations in disease states. *Clin Endocrinol (Oxf)*, 28:109-43, 1988.

DOUGLAS WW. How do neurons secrete peptides? Exocytosis and its consequences, including synaptic vesicle formation, in the hypothalamo-neurohypophyseal system. *Progr Brain Res*, 39:21-38, 1973.

FOGLIA VG, MOUSSAY AB. Glândulas endócrinas. Hipófise. Tireoide. In: *Fisiologia Humana*. Guanabara Koogan, Rio de Janeiro, 1984.

FROHMAN LA, DOWNS TR, CHOMCZYNSKI P. Regulation of growth hormone secretion. *Front Neuroendocrinol*, 13:344-405, 1992.

FRYKLUND LM, BIERICH JR, RANKE MB. Recombinant human growth hormone. *Clin Endocrinol Metab*, 15:511-35, 1986.

GIL-CAMPOS M, AGUILERA CM, CANETE R et al. Ghrelin: a hormone regulating food intake and energy homeostasis. *Br J Nutr*, 96(2):201-26, 2006.

GREEP RO, WEISS L (Eds.). *Histology*, McGraw-Hill, New York, 1973.

HERBERT SC, ANDREOLI TE. Control of NaCl transport in the thick ascending limb. *Am J Physiol*, 246:F745-56, 1984.

HOPE DB, PICKUP JC. Neurophisins. In: KNOBIL E, SAWYER WH (Eds.). *Handbook of Physiology*. v. IV. American Physiological Society, Washington, 1974.

INSEL TR, WINSLOW JT, WANG ZX et al. Oxytocin and the molecular basis of monogamy. *Adv Exp Med Biol*, 395:227-34, 1995.

KALRA SP. Mandatory neuropeptide-steroid signaling for the preovulatory luteinizing hormone-releasing hormone discharge. *Endocrine Rev*, 14:507-38, 1993.

KELLER-WOOD ME, DALLMAN MF. Corticosteroid inhibition of ACTH secretion. *Endocrine Rev*, 5:1-24, 1984.

KELLY PA, DJIANE J, POSTEL-VINAY MC et al. The prolactin/growth hormone receptor family. *Endocr Rev*, 12:235-51, 1991.

KOCK A, SCHAUER E, SCHWARZ T et al. Alpha-MSH and ACTH production by human keratinocytes: a link between the neuronal and the immune system. *J Invest Dermatol*, 94:543, 1990.

KOJIMA M, KANGAWA K. Ghrelin: structure and function. *Physiol Rev*, 85(2):495-522, 2005.

KRULICH L. Central neurotransmitters and the secretion of prolactin, GH, LH and TSH. *Ann Rev Physiol*, 41:603-15, 1979.

LARON Z, ANIN S, KLIPPER-AURBACH Y et al. Effects of insulin-like growth factor on linear growth, head circumference, and body fat in patients with Laron-type dwarfism. *Lancet*, 339(8804):1258-61, 1992.

LARSEN PR, KRONENBERG HM, MELMED S et al. (Eds.). *Williams Textbook of Endocrinology*. 10. ed. Saunders, Philadelphia, 2003.

LECHAN RM. Neuroendocrinology of pituitary hormone regulation. *Endocrinol Metab Clin North Am*, 16:475-501, 1987.

LI T, WANG P, WANG SC et al. Approaches mediating oxytocin regulation of the immune system. *Front Immunol*, 7:693, 2017.

LUNDBLAD JR, ROBERTS JL. Regulation of proopiomelanocortin gene expression in pituitary. *Endocrine Rev*, 9:135-58, 1988.

MARTIN JB, REICHLIN S. *Clinical Neuroendocrinology*. 2. ed. Davis Company, Philadelphia, 1987.

MAURAS N, O'BRIEN KO, WELCH S et al. Insulin-like growth factor I and growth hormone (GH) treatment in GH-deficient humans: differential effects on protein, glucose, lipid, and calcium metabolism. *J Clin Endocrinol Metab*, 85(4):1686-94, 2000.

MAYO KE. Receptors. Molecular mediators of hormone action. In: CONN PM, MELMED S (Eds.). *Endocrinology Basic and Clinical Principles*. Humana Press Inc., Totowa, 1997

McKINLEY MJ. Volume regulation of antidiuretic hormone secretion. *Current Topics in Neuroendocrinology*, 4:61-100, 1985.

NEILL JD. Neuroendocrine regulation of prolactin secretion. In: MARRINI L, GANONG WF (Eds.). *Frontiers in Neuroendocrinology*. v. 6. Raven Press, New York, 1980.

NUNES MT. Regulação neuroendócrina da função tireoidiana. In: ANTUNES-RODRIGUES J, MOREIRA AC, ELIAS LLK *et al.* (Eds.). *Neuroendocrinologia Básica e Aplicada*. Guanabara Koogan, Rio de Janeiro, 2005.

OLIVEIRA JH, PERSANI L, BECK-PECCOZ P *et al.* Investigating the paradox of hypothyroidism and increased serum thyrotropin (TSH) levels in Sheehan's syndrome: characterization of TSH carbohydrate content and bioactivity. *J Clin Endocrinol Metab*, 86(4):1694-9, 2001.

PAN W, YU Y, CAIN CM *et al.* Permeation of growth hormone across the blood-brain barrier. *Endocrinology*, 146(11):4898-904, 2005.

PAWELEK JM, CHAKRABORTY AK, OSBER MP *et al.* Molecular cascades in UV-induced melanogenesis: a central role for melanotropins? *Pigment Cell Res*, 5:348-56, 1992.

REICHLIN S. Neuroendocrinology. In: WILLIAMS RH, WILSON JD, FOSTER DW (Eds.). *Williams Textbook of Endocrinology*. W.B. Saunders, Philadelphia, 1985.

ROBERTSON GL. Regulation of vasopressin secretion. In: SEIDIN DW, GIEBISCH G (Eds.). *The Kidney: Physiology and Pathophysiology*. Raven Press, New York, 1985.

SALGUEIRO RB, PELICIARI-GARCIA RA, DO CARMO BONFIGLIO D *et al.* Lactate activates the somatotropic axis in rats. *Growth Horm IGF Res*, 24(6):268-70, 2014.

SCHWARTZ J, CHERNY R. Intercellular communication within the anterior pituitary influencing the secretion of hypophysial hormones. *Endocr Rev*, 13:453-74, 1992.

SHIMON I, MELMED S. Anterior pituitary hormones. In: CONN PM, MELMED S (Eds.). *Endocrinology Basic and Clinical Principles*. Humana Press Inc., New Jersey, 1997.

SLOMINSKI A. A POMC gene expression in mouse and hamster melanoma cells. *FEBS*, 291:165-8, 1993.

SMITH AI, FUNDER JW. Proopiomelanocortin processing in the pituitary, central nervous system and peripheral tissues. *Endocrine Rev*, 9:159-79, 1988.

WEINDL A, SOFRONIEW M. Neuroanatomical pathways related to vasopressin. *Current Topics in Neuroendocrinology*, 4:137-96, 1985.

WINSLOW JT, HASTINGS N, CARTER CS *et al.* A role for central vasopressin in pair bonding in monogamous prairie voles. *Nature*, 365:545-8, 1993.

Capítulo 67

Glândula Pineal

José Cipolla-Neto | Solange Castro Afeche

- Introdução, *1104*
- Melatonina, *1105*
- Bibliografia, *1110*

INTRODUÇÃO

O estudo da glândula pineal passou por diversos momentos na história da ciência e, a cada momento, uma de suas características funcionais foi enfatizada, atribuindo-se-lhe importância de acordo com as concepções filosóficas e científicas predominantes. Desde a clássica atribuição cartesiana de "sede da alma", centro, portanto, da regulação de toda função sensorial, motora e cognitiva, até a mais recente de "órgão vestigial", ou seja, sem a menor importância, a glândula pineal ressurge, na história científica contemporânea, a partir do livro de Kitay e Altschule, de 1954, que por uma revisão extensa da literatura, recoloca-a como objeto de estudo das ciências biológicas e das ciências médicas. O marco seguinte deu-se em 1958 e 1959, com o isolamento e caracterização molecular da melatonina, seu hormônio. A partir daí, surge uma série enorme de trabalhos, congressos e simpósios que procuraram estudar e esclarecer o papel funcional da pineal e de seus produtos de secreção, principalmente da melatonina.

A análise da literatura contemporânea mostra, ainda, que a glândula pineal e, em particular, a melatonina podem agir, praticamente, sobre qualquer sistema fisiológico e, às vezes, aparentemente, com efeitos contraditórios, como ser antigonadotrófica em roedores noturnos e pró-gonadotrófica em ovelhas, por exemplo. A solução dessa aparente contradição surge quando se passa a estudar a glândula pineal sob a ótica da análise filogenética e da fisiologia comparada. Constata-se que esse órgão faz parte do plano geral de organização de todos os vertebrados. De mesma origem embriológica que os olhos laterais, o órgão pineal de peixes, anfíbios, répteis e algumas aves (passariformes) é diretamente fotossensível, sendo os pinealócitos estruturas semelhantes aos fotorreceptores da retina de mamíferos. Nessas mesmas classes, além de suas características de fotossensibilidade e de secreção endócrina, a glândula pineal mantém conexões, tanto aferentes quanto eferentes, com o sistema nervoso central através do pedúnculo pineal. Em mamíferos, no entanto, apesar de manter seu caráter endócrino, os pinealócitos perdem sua capacidade fotorreceptiva, e a pineal, perdendo grande parte de suas conexões diretas com o sistema nervoso central, passa a estar sob o comando do ciclo de iluminação ambiental, de modo indireto, por meio de projeções da retina para estruturas diencefálicas que, projetando-se para o simpático cervical, atingem a glândula pineal.

Comum a todos os vertebrados, portanto, é o caráter de órgão endócrino cuja produção hormonal é controlada pelo ciclo de iluminação ambiental característico do dia e da noite. Esse controle é tal que, qualquer que seja a espécie considerada (seja de atividade diurna, noturna ou crepuscular), a produção de melatonina é predominantemente noturna (Figura 67.1 e 67.2 A), e a duração do episódio secretório e de sua concentração no extracelular depende estritamente da duração do período de escuro (escotoperíodo) da alternância dia-noite. Como corolário dessa sua flutuação diária, a melatonina circulante tem, também, seu perfil plasmático variável de acordo com as noites mais longas ou mais curtas típicas das diversas estações do ano (Figura 67.2 B).

Essas características de produção e secreção de melatonina determinam, portanto, o papel fisiológico da glândula pineal: sinalizar para o meio interno, pela presença (ou maior concentração) e ausência (ou menor concentração) da melatonina na circulação e nos diversos líquidos corpóreos, se é noite ou dia no meio exterior e, pelas características do seu perfil

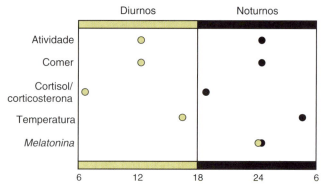

Figura 67.1 ▪ Alocação, dentro das 24 horas, dos momentos de pico de algumas variáveis fisiológicas em animais de hábitos diurnos e noturnos. Repare que, independentemente dos hábitos comportamentais típicos da espécie, a melatonina tem sua secreção máxima à noite.

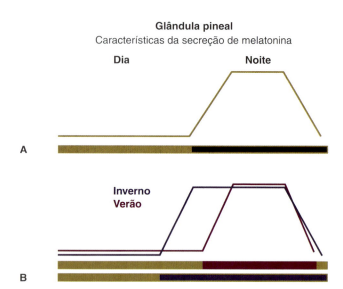

Figura 67.2 ▪ Perfis esquemáticos de secreção de melatonina. **A.** Perfil circadiano. **B.** Variação sazonal da duração do período secretório de melatonina. Note que, no inverno, em que as noites são mais longas, a duração do episódio de secreção de melatonina é maior do que nas outras estações.

plasmático noturno (duração do episódio secretório de melatonina), qual é a estação do ano.

Isso significa que o papel da glândula pineal, pela produção de melatonina, é de sinalizar para o organismo se é dia ou noite e o sentido da mudança de estações. Em função desse sinal temporal, estruturas do sistema nervoso central, principal e eventualmente órgãos periféricos, disparam os mecanismos adaptativos para a noite ou o dia e para a estação do ano correspondente, mecanismos estes que são típicos da espécie considerada. Assim, por exemplo, noites crescentes (fotoperíodos decrescentes) provocam o bloqueio do eixo hipotálamo-hipófise-gonádico em roedores noturnos, enquanto o mesmo sinal ativa o mesmo eixo funcional em ovelhas. Ou seja, a melatonina, no caso, não tem como função ser ou não antigonadotrófica. Sua função é sinalizar qual a estação do ano, e, de acordo com a história filogenética adaptativa da espécie, uma ou outra resposta reprodutiva é disparada pelos sistemas fisiológicos integradores.

Desse modo, a glândula pineal, associadamente a estruturas neurais – como os núcleos supraquiasmáticos hipotalâmicos – e endócrinas, constitui o sistema neuroendócrino responsável, em última instância, pela organização temporal dos diversos eventos fisiológicos e comportamentais, necessária à adaptação do indivíduo e da espécie às flutuações temporais cíclicas do meio ambiente.

Deve-se assinalar que estudos mais recentes mostraram correlatos fisiológicos celulares e mecanismos de transdução diferencial para diversos tipos de episódios secretórios de melatonina (períodos de secreção curtos ou longos), assim como para estimulações circadianas repetidas, indicando pois que os sistemas biológicos adaptaram-se filogeneticamente no sentido de "ler" o sinal melatoninérgico variável de acordo com o dia e a noite e as estações do ano.

Em função desse papel de mediador entre fenômenos cíclicos ambientais e processos regulatórios fisiológicos, não é de estranhar, portanto, que a glândula pineal, pela secreção de melatonina, possa estar envolvida na modulação das mais diversas funções fundamentais para a sobrevivência do indivíduo e da espécie: regulação endócrina e metabólica, em geral, e da reprodução, em particular; regulação dos ciclos atividade-repouso e sono-vigília; regulação do sistema imunológico; regulação cardiovascular, entre outras.

MELATONINA

A melatonina (Figura 67.3) é uma indolamina (N-acetil-5-metoxitriptamina) derivada do aminoácido triptofano e, portanto, não pertence às categorias clássicas de hormônios peptídicos ou esteroides.

As presenças dos grupamentos acetil e metoxi conferem à molécula, respectivamente, hidrossolubilidade e lipossolubilidade, ou seja, no seu conjunto, anfifilicidade. Assim, graças a essas características próprias de solubilidade, a melatonina pode atingir todos os compartimentos do organismo, atravessando, inclusive, as membranas celulares e de organelas de modo a poder interagir com vários sistemas funcionais subcelulares, em particular com a mitocôndria.

Adicionalmente, os carbonos 2 e 3 do grupo pirrólico do grupamento indólico conferem à molécula da melatonina alto poder redutor e, portanto, uma grande capacidade antioxidante. De fato, a melatonina é considerada um dos mais poderosos antioxidantes naturais, mais potente até, em alguns sistemas, do que as vitaminas C e E.

▶ Síntese de melatonina pela glândula pineal

Como visto anteriormente, em todos os vertebrados o metabolismo da glândula pineal está sob o controle dos ciclos diário e sazonal de iluminação ambiental. Em mamíferos, a luminosidade típica da flutuação de claro-escuro ambiental diária, agindo através da retina, cumpre o papel clássico de arrastador da ritmicidade circadiana na produção de melatonina, fazendo com que seu pico diário coincida sempre com a noite, independentemente da espécie considerada. Diferentemente, no entanto, do que acontece com outros ritmos endógenos, a luz, que incide sobre

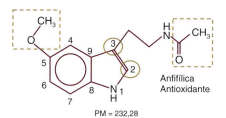

Figura 67.3 ▪ Molécula de melatonina.

a retina de mamíferos durante o período de escuro da noite circadiana, pode bloquear, dependendo de sua intensidade e comprimento de onda, completa e instantaneamente, a produção de melatonina, fazendo com que sua concentração plasmática caia a níveis basais em poucos minutos (Figura 67.4).

O sistema neural envolvido no controle do metabolismo da glândula pineal origina-se no núcleo paraventricular hipotalâmico que, de forma direta e indireta, projeta-se sobre a coluna intermediolateral da medula torácica alta e, consequentemente, sobre neurônios pré-ganglionares do sistema nervoso autônomo simpático. Estes neurônios se projetam para os gânglios cervicais superiores que, através dos ramos carotídeos internos e nervos conários, projetam-se para a glândula pineal.

Por outro lado, o ritmo diário da produção de melatonina depende do sistema neural que classicamente controla a ritmicidade circadiana e começa na retina, projetando-se, através da via retino-hipotalâmica, para as regiões hipotalâmicas periquiasmáticas, principalmente o núcleo supraquiasmático, que, por sua vez, conecta-se com o núcleo paraventricular hipotalâmico, controlando, ao longo das 24 h, a atividade da via neural responsável pela síntese de melatonina (Figura 67.5).

Dessa maneira, o controle noradrenérgico simpático sobre a glândula pineal varia circadianamente, de modo que a atividade dos nervos conários se torna mais intensa na imediata transição da parte clara para a parte escura do ciclo de iluminação diário. Neste momento circadiano, a densidade e a

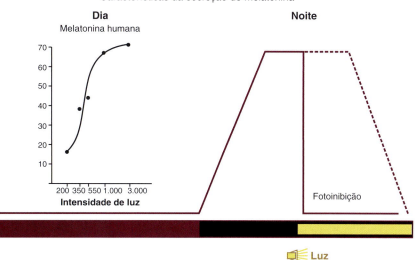

Figura 67.4 ▪ Fenômeno da fotoinibição da secreção noturna de melatonina quando o animal é exposto a uma estimulação luminosa. No inserto, está representada a curva intensidade *vs.* resposta, para seres humanos adultos jovens.

Glândula pineal
Síntese de melatonina

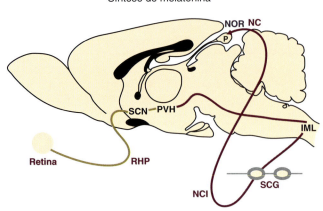

Figura 67.5 • Vias neurais responsáveis pelo controle diário da produção de melatonina pineal. *RHP*, via retino-hipotalâmica; *SCN*, núcleo supraquiasmático; *PVH*, núcleo paraventricular hipotalâmico; *IML*, porção intermediolateral torácica alta da medula espinal; *SCG*, gânglio simpático cervical superior; *NCI*, nervo carotídeo interno; *NC*, nervo conário; *NOR*, norepinefrina; *P*, pineal.

afinidade dos receptores β-adrenérgicos (subtipo β$_1$) na membrana das células da glândula pineal (pinealócitos) são máximas. Esses fatos, associados à maior capacidade de síntese de norepinefrina pelos terminais noradrenérgicos simpáticos no mesmo momento circadiano, determinam, em consequência,

a máxima eficiência desse sistema de neurotransmissão nesse momento muito particular do ciclo diário. Na membrana dos pinealócitos encontram-se, ainda, adrenorreceptores do tipo α$_1$ (subtipo α$_{1B}$). Esses receptores, apesar de extremamente importantes por seu efeito potenciador da acumulação intracelular de AMP cíclico induzida pela estimulação β-adrenérgica, não apresentam variação circadiana, a não ser em certas circunstâncias particulares. A cadeia bioquímica de síntese de melatonina (Figura 67.6) começa com o aminoácido triptofano, que, através da enzima triptofano-hidroxilase, é convertido em 5-hidroxitriptofano (5-HTP). Este, sob a ação da descarboxilase de l-aminoácidos aromáticos, é transformado em serotonina (5-HT). A serotonina é convertida em N-acetilserotonina (NAS) pela ação da enzima arilalquilamina-N-acetiltransferase (NAT). A NAS, oximetilada pela enzima hidroxi-indol-O-metiltransferase (HIOMT), dá origem à 5-metoxi-N-acetiltriptamina (melatonina).

Todas as substâncias envolvidas na síntese e na degradação da melatonina apresentam uma flutuação diária na sua concentração (Figura 67.7).

A atividade da enzima triptofano-hidroxilase (E.C.1.14.16.4) é dependente de oxigênio e de um cofator pteridínico reduzido, apresentando, no rato, um ritmo circadiano de atividade, com pico noturno dependente da estimulação noradrenérgica, mediada pelos receptores β e produção de AMP cíclico, em um processo dependente de síntese proteica. Deve-se lembrar, no entanto, que dado o K$_m$ do triptofano-hidroxilase, sua

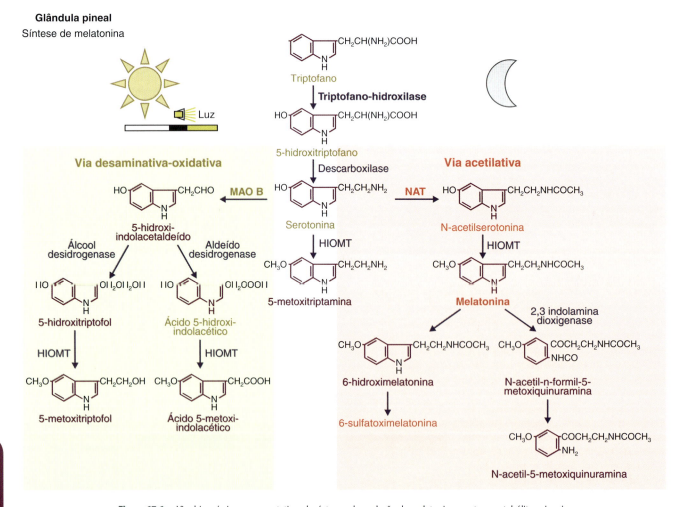

Figura 67.6 • Vias bioquímicas representativas da síntese e degradação da melatonina e outros metabólitos pineais.

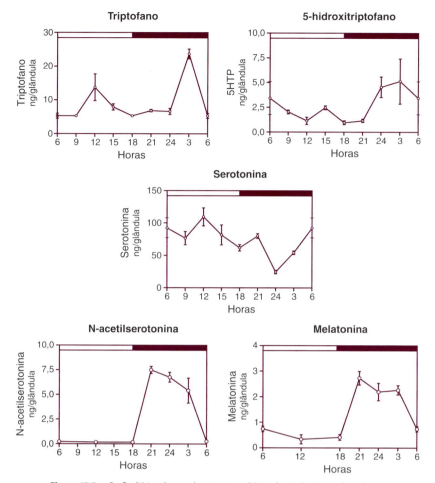

Figura 67.7 • Perfis diários dos produtos intermediários da via de síntese de melatonina.

capacidade de síntese de 5-hidroxitriptofano está limitada pelas concentrações habituais de triptofano plasmático, indicando assim que aumentos eventuais nessa concentração poderiam resultar em aumentos dos níveis de serotonina na pineal.

O passo bioquímico seguinte, na síntese de melatonina, é a descarboxilação do 5-HTP pela enzima descarboxilase de l-aminoácidos aromáticos (E.C.4.1.1.28), produzindo serotonina. Essa enzima, que requer piridoxal fosfato como cofator, parece ser a mesma que atua na descarboxilação da DOPA, produzindo dopamina. Desse modo, a reação mais importante, na síntese de serotonina, é a hidroxilação do triptofano, uma vez que o 5-HTP é imediatamente descarboxilado em um processo bioquímico controlado pelo substrato.

A concentração de serotonina, na glândula pineal, por grama de tecido, é a mais alta do organismo. A serotonina apresenta uma variação diária, com altas concentrações durante o período de claro e baixas concentrações no período de escuro do ciclo de iluminação ambiental.

A taxa de renovação de serotonina é máxima durante a noite, quando, ao lado de uma síntese mais acentuada, está aumentada também sua metabolização. A queda observada nos níveis de serotonina na glândula pineal durante o início da noite deve-se a 2 fatores: à ativação da NAT pela estimulação noradrenérgica, transformando serotonina em N-acetilserotonina; e a um processo ativo de secreção de serotonina induzido pela estimulação α_1-noradrenérgica.

Durante o dia, ou na ausência de estimulação noradrenérgica, a serotonina dos pinealócitos é desviada, quase exclusivamente, para a via desaminativa-oxidativa, onde sofre ação da MAO B (E.C.1.4.3.4.; monoamina: O_2 oxidorredutase), sendo transformada em 5-hidroxi-indolaldeído, que, sob ação da aldeído desidrogenase (E.C.1.2.1.3), transforma-se em ácido 5-hidroxi-indolacético, ou, sob ação da álcool desidrogenase (E.C.1.1.1.2), transforma-se em 5-hidroxitriptofol. Estes dois produtos podem ser oximetilados sob a ação da HIOMT produzindo, respectivamente, o ácido 5-metoxi-indolacético e 5-metoxitriptofol.

A enzima arilalquilamina N-acetiltransferase (E.C.2.3.1.87), que é responsável pela transformação de serotonina em N-acetilserotonina, é a mais importante na cadeia de síntese de melatonina, apresentando um ritmo circadiano de atividade dependente da estimulação noradrenérgica. À noite, o aumento na quantidade de cAMP intracelular decorrente da estimulação simultânea dos receptores β_1 e α_1-adrenérgicos aumenta a atividade da enzima em dezenas de vezes. A estimulação β-adrenérgica aumenta a quantidade de cAMP intracelular pela ativação da enzima adenilatociclase através de uma proteína G estimulatória (Gs). A potenciação desse efeito pela estimulação dos receptores α_1-adrenérgicos envolve a mobilização de uma proteína G estimulatória, que, ativando a fosfolipase C, promove a hidrólise do fosfatidilinositol (PI), com consequente produção de diacilglicerol e trifosfato de inositol (IP_3). A ativação dos receptores α_1 adrenérgicos promove, ainda, um aumento da concentração do Ca^{2+} intracelular, dependente tanto de um aumento do influxo de Ca^{2+} quanto da liberação de Ca^{2+} de estoques intracelulares pelo IP_3. O papel dos canais de Ca^{2+} dependentes de voltagem do tipo L, neste mecanismo, não está bem esclarecido, havendo na literatura dados contraditórios. No entanto, esse tipo de corrente parece ser de extrema importância no efeito potenciador do cálcio sobre a estimulação noradrenérgica. O Ca^{2+}, juntamente com o diacilglicerol, promove a ativação da quinase proteica C (PKC). É possível que a potenciação, pela PKC, da estimulação β-adrenérgica, na produção do cAMP, se dê por meio da fosforilação da proteína Gs ou da unidade catalítica da própria adenilatociclase. Há dados ainda, em outros sistemas, mostrando um papel potenciador direto do complexo Ca^{2+}/calmodulina na ativação da enzima adenilatociclase, fato que poderia estar ocorrendo, também, na glândula pineal.

Os eventos subsequentes ao aumento do cAMP que levam à ativação da NAT são, hoje em dia, razoavelmente bem conhecidos. Sabe-se que, em ratos, o cAMP inicia processos de transcrição e tradução gênicas e síntese da própria N-acetiltransferase. O cálcio também parece exercer um papel importante nesses fenômenos, uma vez que o aumento de sua concentração no intracelular potencializa os efeitos de análogos do cAMP sobre a atividade enzimática da NAT, e, ao contrário, a sua depleção por EGTA inibe a estimulação da enzima pelo dibutiril cAMP. O Ca^{2+} e o cAMP poderiam atuar sinergicamente sobre os processos de transcrição, tradução ou eventos subsequentes, por meio da fosforilação de um fator de transcrição dependente de AMP cíclico (CREB). Os fatores de transcrição interagem com elementos de controle específico do DNA localizados nas regiões promotoras dos genes, ativando ou inibindo a transcrição gênica. Como os efeitos do cAMP são mediados por uma quinase dependente de cAMP (PKA) e os do Ca^{2+} parecem ser mediados por uma quinase dependente do complexo Ca^{2+}/calmodulina, a fosforilação do CREB por esses dois elementos poderia produzir alterações conformacionais, modificando a sua função e influenciando a expressão gênica. Ainda, as quinases reguladas por Ca^{2+} e cAMP poderiam fosforilar a NAT diretamente em diferentes locais ou poderiam atuar indiretamente fosforilando proteínas citosólicas que regulam a síntese, atividade ou estabilidade da NAT. O Ca^{2+} poderia ter, adicionalmente, um papel pós-síntese do mRNA, uma vez que a sua ausência tem um efeito na reindução da NAT no meio da noite, fenômeno que, sabidamente, independe de síntese adicional de mRNA.

O cAMP aumenta rapidamente após a estimulação noradrenérgica, alcançando níveis máximos (aumento de 60 vezes em relação ao controle) em 10 min. Em seguida, ocorre um declínio gradual até os níveis do controle. Essa síntese inicial bastante elevada de cAMP deve-se à estimulação simultânea pela norepinefrina dos receptores β e $α_1$, e a redução que se segue é, em grande parte, provocada pela imediata dessensibilização dos receptores $α_1$ pela PKC. Ainda, essa resposta celular inicial elevada, na síntese do cAMP, seguida de redução, deve-se a um aumento da densidade de receptores β-adrenérgicos no início do período escuro, seguida de uma dessensibilização lenta desses receptores e de um aumento no metabolismo do cAMP pela fosfodiesterase.

Por outro lado, a indução máxima de atividade da NAT ocorre aproximadamente 4 a 6 h após o início da estimulação noradrenérgica, quando os níveis de cAMP já não se encontram tão elevados. É possível que a alta quantidade inicial de cAMP seja necessária para induzir processos de transcrição e tradução gênicos, enquanto concentrações menores de cAMP sejam adequadas para manter a atividade da NAT. O término da estimulação simpática, a administração de antagonistas adrenérgicos ou a fotoestimulação noturna produzem uma queda na atividade da NAT com uma meia-vida de aproximadamente 3 min. Esse processo de inativação enzimática parece depender, em grande parte, de mecanismos de destruição proteossomal.

A NAS é convertida em melatonina pela enzima hidroxi-indol-O-metiltransferase, que mantém sua atividade relativamente constante ao longo das 24 h. A regulação noradrenérgica da HIOMT, diferentemente da NAT e do triptofano-hidroxilase, parece ocorrer a longo prazo. Por exemplo, ratos expostos à luz constante ou que tiveram removidos os seus gânglios cervicais superiores apresentam uma redução de aproximadamente 70% na atividade da HIOMT, após um período de 3 semanas. No entanto, foram descritas evidências apontando para a regulação circadiana da HIOMT e sua importância na síntese de melatonina.

Está demonstrado que outras substâncias, sejam neurotransmissores, neuromoduladores ou hormônios, podem modular a síntese de melatonina: neuropeptídio Y, peptídio intestinal vasoativo, vasopressina, angiotensina II, insulina, acetilcolina, dopamina, GABA, glutamato, prostaglandinas, adenosina, ATP, peptídio delta indutor de sono, peptídio histidina N-terminal e leucina C-terminal (PHI), peptídio ativador da adenilatociclase da pituitária (PACAP), pteridinas, entre outras.

A Figura 67.8 mostra um esquema resumindo as principais vias metabólicas intracelulares responsáveis pela síntese de melatonina pelos pinealócitos.

▶ Secreção de melatonina e sua metabolização periférica

Costuma-se considerar que toda melatonina produzida é imediatamente secretada, seja pela sua alta solubilidade nos meios biológicos, seja pelo fato de ela não poder ser detectada por métodos histoquímicos celulares em grânulos de secreção nos pinealócitos. No entanto, há evidências de que a secreção de melatonina poderia ser regulada de modo independente da sua síntese. Assim, demonstra-se em várias espécies que a secreção de melatonina (cuja concentração plasmática é medida tanto na grande confluência venosa posterior quanto perifericamente) tem caráter pulsátil, com a frequência, em ratos, de aproximadamente 2,9 ciclos por hora. Apesar de esse ritmo de secreção poder ser atribuído a eventuais alças bioquímicas envolvidas na síntese da melatonina ou outros fatores, poderia, também, ser atribuído a um processo de armazenagem transitória, uma vez que parece independer do padrão de descarga das fibras simpáticas aferentes. Mesmo em glândulas mantidas em cultura e submetidas à técnica de perfusão, há evidências de secreção pulsátil de melatonina induzida por agonistas β-adrenérgicos. Além disso, algumas substâncias como adenosina e dopamina e bloqueadores de canais de cálcio parecem regular o próprio

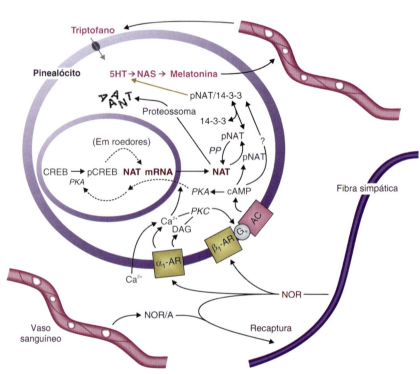

Figura 67.8 ▪ Vias de transdução intracelulares responsáveis pela síntese de melatonina como resultado da estimulação noradrenérgica dos pinealócitos. Descrição no texto. (Adaptada de Ganguly et al., 2002.)

processo de secreção de melatonina pelos pinealócitos. A melatonina é liberada nos espaços perivasculares da glândula, difundindo-se, daí, para a circulação. O transporte plasmático se dá principalmente ligado a proteínas, em especial a albumina. A meia-vida da melatonina circulante é de cerca de 20 min, e sua metabolização periférica se dá essencialmente pela transformação hepática (em torno de 90% da melatonina circulante) em 6-OH-melatonina, que após conjugação com sulfatos (a maior parte gerando a 6-sulfatoximelatonina) ou com glucuronídeos é excretada na urina. Deve-se ressaltar que a melatonina pode ser secretada diretamente no terceiro ventrículo cerebral, através do recesso pineal, no qual sua concentração chega a ser de 10 a 20 vezes maior que no plasma. No sistema nervoso central e na própria glândula pineal a melatonina pode ser transformada em quinuraminas sob a ação da 2,3 indolamina dioxigenase (ver Figura 67.6).

Mecanismos de ação da melatonina

A melatonina expressa sua ação nos diversos tecidos agindo por meio de 2 grandes mecanismos: (1) ações não mediadas por receptores e (2) ações mediadas por receptores (Figura 67.9).

As ações não mediadas por receptores expressam-se pela interação da melatonina diretamente com outras moléculas, caracterizando o que se chama de ação intracelular direta da melatonina (Quadro 67.1). Por exemplo, parte de sua ação antioxidante deve-se à sua capacidade de reagir diretamente com espécies ativas de oxigênio (p. ex., radical hidroxila), de nitrogênio e de cloreto. Sabe-se, também, que a melatonina pode ligar-se à cálcio-calmodulina, bloqueando a ação de quinases que dela dependem. Um outro exemplo da ação direta da melatonina é sua capacidade de ligar-se aos complexos I e IV da cadeia fosforilativa mitocondrial, estabilizando o processo de transporte de elétrons e síntese de ATP.

Além dessas ações intracelulares diretas, a melatonina pode agir nos diversos tecidos através de receptores específicos. Diferentemente da maioria dos outros hormônios, a melatonina tem tanto receptores de membrana quanto nucleares.

Dois tipos de receptores de membrana (MT_1 e MT_2), tipicamente de 7 alças e ligados, principalmente, à proteína G_i, foram clonados e tiveram seus mecanismos de transdução adequadamente estudados (ver adiante). Receptores de alta afinidade foram clonados pela primeira vez de melanóforos de *Xenopus*. Seguiu-se a clonagem em mamíferos, especificamente em ovelhas, a partir de RT-PCR de mRNA da *pars tuberalis*, e em humanos por PCR de DNA genômico. As proteínas nas 3 espécies são homólogas e formam, como dito antes, receptores de 7 alças que, caracteristicamente, ativam proteínas G_i/G_0. Os clones foram expressos em sistemas heterólogos, formando receptores que ligam derivados da melatonina e que, em geral, inibem, por mecanismo sensível à toxina *pertussis*, a ativação da adenilatociclase induzida por forskolin. Experimentos de coprecipitação mostraram que os receptores específicos para melatonina podem, ainda, ligar-se a vários tipos de proteínas G, entre as quais as proteínas G_q e G_{11}, e, com isso, ativar as vias de transdução dependentes da fosfolipase C, IP_3 e diacilglicerol.

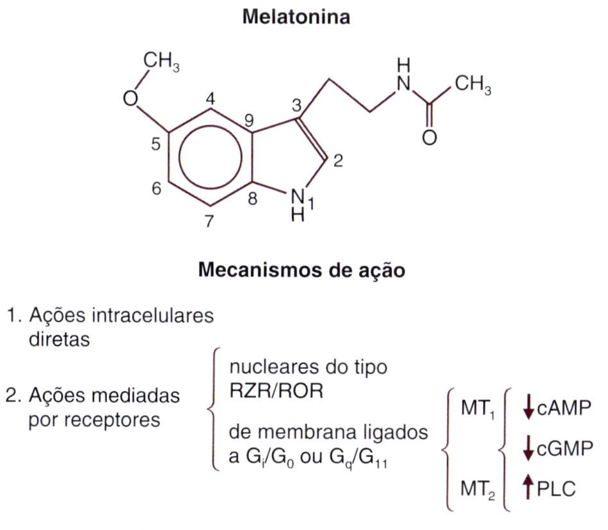

A melatonina pode agir, também, por meio de receptores nucleares. Recentemente, demonstrou-se que a melatonina é o ligante natural de um receptor nuclear órfão pertencente à categoria de receptores do ácido retinoico tipo RZR-ROR, subtipos α e β. Entre os efeitos demonstrados para a ligação da melatonina a esses receptores, está a diminuição da expressão da enzima 5-lipo-oxigenase, o aumento da expressão de enzimas antioxidantes e a síntese de interleucina 2 e seu receptor.

Em mamíferos, e no rato, em particular, demonstra-se a presença de receptores de melatonina nas seguintes áreas do sistema nervoso central: núcleo do trato olfatório lateral, núcleo septo-hipotalâmico, área pré-óptica medial, núcleo supraquiasmático, área hipotalâmica anterior, núcleo ventromedial hipotalâmico, núcleo arqueado, *pars tuberalis* da hipófise anterior, núcleo mamilar lateral, núcleos paraventricular, anteroventral e intermediodorsal do tálamo, região medial da habênula lateral, núcleo da estria medular, núcleos basolateral e medial do complexo amigdaloide, subículo da formação hipocampal, cerebelo, área postrema e núcleo espinal do nervo trigêmeo, além das artérias cerebrais anterior e posterior e células ependimárias.

Demonstra-se, ainda, a presença de receptores ou locais de ligação específicos para a melatonina em células de vários sistemas periféricos, como rim, pulmão, coração, intestino, gônadas, vasos sanguíneos, fígado, baço, timo, em células do sistema imunológico (linfócitos e macrófagos) e do tecido adiposo (branco e marrom), células β das ilhotas pancreáticas etc.

Papel da melatonina na regulação de processos fisiológicos

Desde que a glândula pineal, em particular através da produção e secreção de melatonina, é vista, contemporaneamente, como responsável pela transmissão da informação

Quadro 67.1 • Alguns efeitos e ações intracelulares diretas da melatonina.

- *Ação antioxidante*: reação química com ROS e RNS, aumentando a eficiência da cadeia de transporte de elétrons mitocondrial
- *Estimulação dos mecanismos protetores e reparadores do DNA*: diretamente, pela ação oxidante ou pela mobilização dos mecanismos de reparação por excisão (DNA polimerases e DNA ligases)
- *Regulação enzimática direta*: quinases dependentes de cálcio-calmodulina; ciclo-oxigenase
- *Regulação de mecanismos motores celulares e da divisão celular*: fuso micótico; mecanismos motores e microtúbulos (dineínas etc.)
- *Regulação da apoptose celular*: modificação da permeabilidade mitocondrial
- *Regulação da função mitocondrial*: permeabilidade; eficiência da cadeia oxidativa e síntese de ATP; interação com o complexo do citocromo p450; divisão mitocondrial
- *Permeabilidade de canais iônicos*: cálcio, potássio e sódio

Figura 67.9 • Mecanismos de ação da melatonina. Descrição no texto.

fotoperiódica circadiana e sazonal para todo o organismo, ela deve, de forma direta ou indireta (diretamente sobre os órgãos alvos ou indiretamente através de uma mediação neural e/ou endócrina), exercer um papel regulatório sobre os mais diversos eventos fisiológicos, metabólicos e comportamentais (Quadro 67.2). Dessa maneira, não é de estranhar que, nas últimas décadas, tem-se demonstrado sua ação sobre os mais diversos fenômenos biológicos. Classicamente, ela esteve vinculada ao fenômeno de clareamento da pele de anfíbios. Mais contemporaneamente demonstra-se sua enorme importância na regulação de fenômenos circadianos e sazonais associados à reprodução; na regulação de outros fenômenos endócrinos não dependentes do eixo hipotálamo-hipófise-gonádico; na termorregulação; na regulação do sistema cardiovascular, em particular, da pressão arterial; na regulação dos fenômenos ligados a ciclos de atividade-repouso e vigília-sono, além de fenômenos de torpor e hibernação; na regulação do sistema imunológico; na temporização do feto, gestação e parto, crescimento e envelhecimento, assim como na regulação do metabolismo de carboidratos, entre outros.

Assim, a melatonina, agindo sobre os núcleos supraquiasmáticos hipotalâmicos (sede do *relógio biológico circadiano*) regulariza grande parte dos ritmos diários, principalmente os ritmos de sono e vigília. Dessa forma, é a única substância conhecida que é capaz de, em seres humanos e se administrada na hora certa e em dosagens adequadas, provocar o surgimento de episódios diários de sono com a mesma arquitetura do sono fisiológico noturno. Assim, tem sido usada, clinicamente, em certos distúrbios particulares de sono e na correção da dessincronose associada ao chamado efeito do *jet lag*.

Verifica-se que injeções diárias de melatonina, em animais em livre-curso, sincronizam ritmos de atividade-repouso e que, quando se aplica melatonina em culturas de fatias de cérebro, ela é capaz de imediatamente mudar a fase de atividade elétrica de neurônios dos núcleos supraquiasmáticos. Nestas circunstâncias experimentais, a melatonina afeta a expressão dos *genes do relógio*. As expressões de *per1* e *bmal1* foram significativamente afetadas. Da mesma maneira, pela administração diária de melatonina, é possível regularizar a ritmicidade diária de pacientes humanos que, por diversas circunstâncias (p. ex., cegueira), não são capazes de sincronizar seus ritmos endógenos ao claro-escuro ambiental.

Por ter ação imunoestimulante (principalmente da resposta imune celular) e antitumoral (principalmente nos cânceres dependentes de estrógeno), além de ser antioxidante, a melatonina tem sido utilizada como coadjuvante na terapia antitumoral (terapias imunoestimulantes, quimioterapia, radioterapia e previamente a cirurgias de tumores). Por sua ação antigonadotrófica em seres humanos, tem sido utilizada em associação aos fármacos tradicionais em pílulas anticoncepcionais.

Um papel importante da melatonina, evidenciado recentemente, está na sua capacidade de regular o metabolismo energético tanto sazonal quanto circadianamente. Sazonalmente – na metade do ano com noites crescentes e perfis noturnos curtos e crescentes de melatonina – é um dos marcadores importantes para sinalizar o aumento da ingesta alimentar, elevar a sensibilidade insulínica e, portanto, aumentar os depósitos energéticos, elevando o peso corpóreo e a síntese de leptina. A partir do solstício de inverno – e, portanto, na metade do ano com noites decrescentes –, o perfil noturno de melatonina mais longo provoca redução da ingesta alimentar, e sua queda gradativa, acompanhando as noites decrescentes, leva a um estado de resistência insulínica, consumo dos estoques energéticos e redução do peso corpóreo. Circadianamente, a melatonina está intimamente associada ao aumento da sensibilidade insulínica, mostrando uma ação antidiabetogênica importante.

Como perspectivas promissoras de uso terapêutico da melatonina ou de seus análogos sintéticos, está seu uso na regulação do sistema cardiovascular (ação anti-hipertensiva), como droga antidepressiva, na prevenção de certos tipos de enxaqueca e como coadjuvante eventual na terapia do diabetes benigno (ação pró-insulínica e reguladora da secreção e ação diárias da insulina).

BIBLIOGRAFIA

BARRETT P, MacLEAN A, DAVIDSON G et al. Regulation of the Mel 1ª melatonin receptor mRNA and protein levels in the ovine pars tuberalis: Evidence for a cyclic adenosine 3',5'-monophosphate-independent Mel 1ª receptor coupling and an autoregulatory mechanism expression. *Mol Endocrinol*, 10: 892-902, 1996.

BARTOL I, SKORUPA AL, SCIALFA JH et al. Pineal metabolic reaction to retinal photostimulation in ganglionectomized rats. *Brain Res*, 744:77-82, 1995.

BORJIGIN J, WANG MM, SNYDER SH. Diurnal variation in mRNA encoding serotonin N-acetyltransferase in pineal gland. *Nature*, 378:783-5, 1995.

BOWERS CW, ZIGMOND RE. Electrical stimulation of the cervical sympathetic trunks mimics the effects of darkness on the activity of serotonin: N-acetyltransferase in the rat pineal. *Brain Res*, 185:435-40, 1980.

CARLBERG C, WIESENBERG I. The orphan receptor family RZR/ROR, melatonin and 5-lipoxygenase: An unexpected relationship. *J Pineal Res*, 18:171-8, 1995.

CIPOLLA-NETO J, AFECHE SC. Glândula pineal: Fisiologia celular e função. In: WAJCHENBERG BL (Ed.). *Tratado de Endocrinologia Clínica*. Roca, São Paulo, 1992.

COON SL, ROSEBOOM PH, BALER R et al. Pineal serotonin N-acetyltransferase: Expression cloning and molecular analysis. *Science*, 270:1681-3, 1995.

DUBOCOVICH ML. Melatonin receptors: are there multiple subtypes. *Trends Pharmacol Sci*, 16:50-6, 1955.

EBISAWA T, KARNE S, LERNER MR et al. Expression cloning of a high-affinity melatonin receptor from Xenopus dermal melanophores. *Proc Natl Acad Sci EUA*, 91:6133-7, 1994.

EVERED D, CLARK S (Eds.). *Photoperiodism, Melatonin and the Pineal*. Pitman, London, 1985.

FISCHER B, MUSSHOFF U, FAUTECK JD et al. Expression and functional characterization of a melatonin-sensitive receptor in Xenopus oocytes. *Febs Letters*, 381:98-102, 1996.

FUKAWA E, TANAKA H, MAKINO I. Identification and characterization of guanine nucleotide-sensitive melatonin receptors in chicken brain. *Neuropharmacology*, 34:767-76, 1995.

GANGULY S, COON SL, KLEIN DC. Control of melatonin synthesis in the mammalian pineal gland: the critical role of serotonin acetylation. *Cell Tissue Res*, 309:127-37, 2002.

GAUER, F, MASSON-PEVET M, STEHLE J et al. Daily variations in melatonin receptor density of rat pars tuberalis and suprachiasmatic nuclei are distinctly regulated. *Brain Res*, 641:92-8, 1994.

Quadro 67.2 ▪ Alguns efeitos fisiológicos da glândula pineal e da melatonina.

- Regulação dos ritmos circadianos e sazonais
- Regulação do ciclo vigília-sono
- Regulação dos processos reprodutivos e mediação materno-fetal
- Regulação do sistema imunológico
- Regulação antitumoral (em tumores dependentes de estrógenos reduz a expressão de E2$_\alpha$)
- Regulação do sistema cardiovascular
- Regulação de mecanismos sensoriais da dor
- Regulação do desenvolvimento neural e plasticidade
- Regulação de processos antienvelhecimento
- Regulação do metabolismo energético

GILLETTE MU, McARTHUR AJ. Circadian actions of melatonin at the suprachiasmatic nucleus. *Behav Brain Res*, 73:135-9, 1995.

GODSON C, REPPERT SM. The Mel$_{1a}$ melatonin receptor is coupled to parallel signal transduction pathways. *Endocrinology*, 138:397-404, 1997.

GONZALEZ BRITO A, JONES DJ, ADEME RM *et al*. Characterization and measurements of [125] I-iopindol binding in individual rat pineal glands: existence of 24 h rhythm in beta adrenergic receptor density. *Brain Res*, 438:108, 1998.

HARDELAND R, BALZER I, POEGGELER B *et al*. On the primary functions of melatonin in evolution: Mediation of photoperiodic signals in a unicell, photooxidation, and scavenging of free radicals. *J Pineal Res*, 18:104-11, 1995.

HARDELAND R, REITER RJ, POEGGELER B *et al*. The significance of the metabolism of the neurohormone melatonin: antioxidative protection and formation of bioactive substances. *Neurosci Biobehav Rev*, 17:347-57, 1993.

HASTINGS MH, HERBERT J. Neurotoxic lesions of the paraventriculo-spinal projection block the nocturnal rise in pineal melatonin synthesis in the Syrian hamster. *Neurosci Lett*, 69:1-6, 1986.

HO AK, CHIK CL, KLEIN DC. Permissive role of calcium in alpha 1-adrenergic stimulation of pineal phosphatidylinositol phosphodiesterase (phospholipase C) activity. *J Pineal Res*, 5:553-64, 1988.

ILLNEROVA H, VANECEK J. Response of rat pineal serotonin N-acetyltransferase to one min light pulse at different night times. *Brain Res*, 167:431-4, 1979.

JOHNSON RF, SMALE L, MOORE RY *et al*. Paraventricular nucleus efferents mediating photoperiodism in male golden hamsters. *Neurosci Lett*, 98:85-90, 1989.

KAPPERS JA. The development, topographical relations and innervation of the epiphysis cerebri in the albino rat. *Zeitschrift für Zellforschung*, 52:163-215, 1960.

KAPPERS JA. Short history of pineal discovery and research. *Prog Brain Res*, 52:3-22, 1979.

KITAY JL, ALTSCHULE MD. *The Pineal Gland, a Review of Physiologic Literature*. Harvard University Press, Cambridge, 1954.

KLEIN DC, BERG GR, WELLER J. Melatonin synthesis: adenosine 3',5'-monophosphate and norepinephrine stimulate N-acetyltransferase. *Science*, 168:979-80, 1970.

KLEIN DC, BUDA MJ, KAPOOR CL *et al*. Pineal serotonin N-acetyltransferase activity: abrupt decrease in adenosine 3',5'-monophosphate may be signal for "turnoff". *Science*, 199:309-11, 1978.

KLEIN DC, SMOOT R, WELLER JL *et al*. Lesions of the paraventricular nucleus area of the hypothalamus disrupt the suprachiasmatic-spinal cord circuit in the melatonin rhythm generating system. *Brain Res Bull*, 10:647-52, 1983.

KLEIN DC, WELLER JL. Indole metabolism in the pineal gland: a circadian rhythm in N-acetyltransferase. *Science*, 169:1093-5, 1970.

KLEIN DC, WELLER JL. Rapid light-induced decrease in pineal serotonin N-acetyltransferase activity. *Science*, 177:532-3, 1972.

LERNER AB, CASE JD. Pigmented cell regulatory factors. *J Invest Dermatol*, 32:2111, 1959.

LERNER AB, CASE JD, TAKAHASHI Y. Isolation of melatonin, the pineal gland factor that lightens melanocytes. *J Am Chem Soc*, 80:2587, 1959.

MAYWOOD ES, BITTMAN EL, EBLING FJP *et al*. Regional distribution of iodomelatonin binding sites within the suprachiasmatic nucleus of the Syrian hamster and the Siberian hamster. *J. Neuroendocrinol*, 7:215-23, 1995.

MORGAN PJ, BARRETT P, HOWELL HE *et al*. Melatonin receptors: Localization, molecular pharmacology and physiological significance. *Neurochem Int*, 24:101-46, 1994.

MORGAN PJ, WILLIAMS LM, BARRETT P *et al*. Differential regulation of melatonin receptors in sheep, chicken and lizard brains by cholera and *pertussis* toxins and guanine nucleotides. *Neurochem Int*, 28:259-69, 1996.

PANG SF, DUBOCOVICH ML, BROWN GM. Melatonin receptors in peripheral tissues: a new area of melatonin research. *Biol Signals*, 2:177-80, 1993.

PARFITT A, WELLER JL, KLEIN DC. Beta adrenergic-blockers decrease adrenergically stimulated N-acetyltransferase activity in pineal glands in organ culture. *Neuropharmacology*, 15:353-8, 1976.

PARK HT, KIM YJ, YOON S *et al*. Distributional characteristics of the mRNA for retinoid Z receptor β(RZRβ), a putative nuclear melatonin receptor, in the rat brain and spinal cord. *Brain Res*, 747:332-7, 1997.

POEGGELER B, SAARELA S, REITER RJ *et al*. Melatonin – A highly potent endogenous radical scavenger and electron donor: New aspects of the oxidation chemistry of this indole accessed *in vitro*. *Ann NY Acad Sci*, 738:419-20, 1994.

REITER RJ. Melatonin: the chemical expression of darkness. *Mol Cell Endocrinol*, 79:C153-8, 1991.

REITER RJ, OH CS, FUJIMORI O. Melatonin – Its intracellular and genomic actions. *Trends Endocrinol Metab*, 7:22-7, 1996.

REPPERT SM, GODSON C, MAHLE CD *et al*. Molecular characterization of a second melatonin receptor expressed in human retina and brain: The Mel$_{1b}$ melatonin receptor. *Proc Nat Acad Sci EUA*, 92:8734-8, 1995.

REPPERT SM, WEAVER DR, CASSONE VM *et al*. Melatonin receptors are for the birds: molecular analysis of two receptor subtypes differentially expressed in chick brain. *Neuron*, 15:1003-15, 1995.

REPPERT SM, WEAVER DR, GODSON C. Melatonin receptors step into the light: cloning and classification of subtypes. *Trends Pharmacol Sci*, 17:100-2, 1996.

SUGDEN D. Melatonin biosynthesis in the mammalian pineal gland. *Experientia*, 45:922-32, 1989.

VOLLRATH L. *The Pineal Organ*. Springer-Verlag, Berlin, 1981.

YANOVSKI J, WITCHER J, ADLER N *et al*. Stimulation of the paraventricular nucleus area of the hypothalamus elevates urinary 6-hydroxymelatonin during daytime. *Brain Res Bull*, 19:129-33, 1987.

Capítulo 68

Glândula Tireoide

Edna T. Kimura

- Introdução, *1114*
- Estrutura e morfologia da glândula tireoide, *1114*
- Iodo, componente essencial na biossíntese do HT, *1117*
- Biossíntese do HT, *1118*
- Regulação da função da tireoide, *1121*
- HT no tecido periférico, *1125*
- Captação e ação celular, *1128*
- Ação fisiológica do HT, *1132*
- Bibliografia, *1134*

INTRODUÇÃO

A glândula tireoide sintetiza os hormônios tireoidianos (HT), tiroxina (T_4) e 3,5,3'-L-tri-iodotironina (T_3), compostos biologicamente ativos que contêm molécula de iodo em sua estrutura.

O HT exerce importante papel no desenvolvimento, crescimento e metabolismo. Ele atua na função normal de quase todos os tecidos, sendo essencial no consumo do oxigênio e no metabolismo celular. O mecanismo molecular do HT ocorre pela ligação de T_3 aos receptores nucleares de HT, cuja interação modifica a expressão gênica de diferentes genes positiva ou negativamente nas células-alvo, ou ainda pela atuação direta de T_3 e T_4 em vias de sinalização intracelular.

A função da glândula tireoide está sob o controle hipotalâmico-hipofisário-tireóideo, no modelo clássico de *feedback* negativo. Além da regulação neuroendócrina, os efeitos fisiológicos dos hormônios tireoidianos são regulados por complexo mecanismo extratireoidiano, resultante do metabolismo periférico dos hormônios, exercido pela ação enzimática das selenoproteínas desiodases, e da disponibilidade de iodo no organismo.

O iodo é um elemento essencial para a síntese de HT. A deficiência crônica na ingestão de iodo ocasiona bócio endêmico com hipotireoidismo grave, sendo um problema grave de saúde pública, ainda hoje, em muitos países no mundo.

ESTRUTURA E MORFOLOGIA DA GLÂNDULA TIREOIDE

▶ Aspectos anatômicos

A glândula tireoide tem seu nome derivado do grego *thyreós*, que significa escudo, e foi assim chamada por Wharton, em 1656. No entanto, a visão anterior da glândula tireoide humana lembra o formato de borboleta, em que dois lobos lateralizados, direito e esquerdo, estão unidos por um istmo de parênquima glandular que se apoia frouxamente sobre a traqueia anterior na altura da cartilagem cricoide (Figura 68.1). Esta situação permite a avaliação clínica da glândula pela palpação da região cervical.

A glândula tireoide é um dos maiores órgãos endócrinos e no homem adulto pesa em torno de 15 a 25 g; cada lobo mede aproximadamente 2 a 2,5 cm de largura e 3 a 5 cm de comprimento, sendo o lobo direito um pouco maior que o esquerdo. Este tamanho é mantido por um *turnover* celular muito discreto, e calcula-se que cada célula se renove somente cerca de 5 vezes durante a vida adulta. Entretanto, sob estímulos específicos pode ocorrer proliferação celular com consequente aumento do volume da glândula (de 50 até 800 g), denominado bócio.

Os lobos laterais da glândula tireoide estão cobertos pelos músculos esterno-hioide e esternotireoide. Ela apresenta, ainda, uma relação anatômica com os músculos esternocleidomastóideos e as artérias carótidas, que se situam mais lateralmente; os nervos laríngeos recorrentes, que a percorrem posteriormente na interface entre a traqueia; e os dois pares de glândula paratireoide (superior e inferior), apoiados na face dorsal do parênquima tireoidiano. A glândula recebe inervação parassimpática e simpática do sistema nervoso autônomo. As fibras simpáticas derivam do gânglio cervical e chegam à glândula acompanhando os vasos sanguíneos, enquanto as parassimpáticas, derivadas do nervo vago, são ramificações dos nervos laríngeos. A irrigação sanguínea é proveniente das artérias tireóideas superiores e inferiores, que são ramos da carótida. Sua drenagem sanguínea é feita pelas veias tireóideas, que desembocam na veia jugular. A tireoide apresenta um fluxo sanguíneo de 4 a 6 mℓ/min/g, um dos mais altos do organismo, que supera até o fluxo sanguíneo do rim (em torno de 3 mℓ/min/g). A rica vascularização confere uma coloração avermelhada à glândula.

▶ Desenvolvimento embrionário

A *tireoide* é a primeira glândula endócrina a surgir no embrião humano. Na terceira semana de vida intrauterina, ocorre a invaginação do assoalho da faringe primitiva, na região entre a primeira e a segunda bolsa branquial (ou faringiana), que se desenvolve como um ducto com a extremidade distal bifurcada. O local da origem embrionária persiste como o *foramen cecum* na região posterior da língua. A estrutura primitiva migra em direção caudal ainda ligada ao local primitivo pelo ducto tireoglosso. Quando atinge a posição abaixo

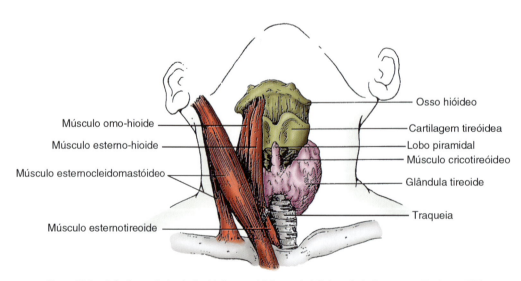

Figura 68.1 • Relação anatômica da tireoide humana (*visão anterior*). (Adaptada de Greenspan e Forsham, 1990.)

da cartilagem cricoide, o tecido adquire, gradualmente, um formato bilobulado e sólido. Geralmente, o ducto tireoglosso atrofia sem deixar resquício, mas uma parte do segmento distal pode remanescer próximo ao istmo, constituindo o lobo piramidal. Na sétima semana, o broto embrionário recebe células da bolsa ultimobranquial, que se diferenciam em células C (ou *parafoliculares*), que se integram ao parênquima tireoidiano. Além disso, na mesma época as células derivadas da terceira e quarta bolsas faringianas, que formam as glândulas paratireoides, se aproximam à tireoide em migração (Figura 68.2).

A histogênese da tireoide envolve a diferenciação da massa celular sólida, que por volta da 10ª semana adquire o aspecto folicular. Nesta época, o tecido começa a sintetizar tireoglobulina (TG), formar coloide, captar e organificar iodo e, em torno da 12ª semana, a glândula acumula tiroxina (ver mais detalhes no item sobre síntese hormonal). O aparecimento destas funções específicas da glândula tireoide, isto é, a diferenciação da célula folicular, está intimamente relacionado com a ativação progressiva da expressão dos genes essenciais para a biossíntese dos HT: *TG, TPO, DUOX, NIS, pendrina* e receptor de TSH (ou *TSHR*), durante a formação da glândula. A ativação da transcrição destes genes ocorre pela atuação de fatores transcricionais nas regiões promotoras destes genes (Figura 68.3). Estão reconhecidas as atuações múltiplas e combinadas de: proteína homeótica TTF 1 (*thyroid-specific transcriptional factor 1*), proteína FOXE1 (*forkhead box E1*, designada previamente como TTF 2) e proteína PAX8 (*paired box gene 8*). Estes fatores transcricionais se ligam em locais específicos dos genes da TG, TPO, NIS, TSHR e pendrina. O *TTF 1* exerce ainda um papel importante na determinação da migração do broto embrionário, visto que na ausência de *TTF 1* a glândula não se forma (Quadro 68.1).

A tireoide fetal pesa 0,2 g em torno da 20ª semana de gestação, e o tecido cresce paralelamente ao aumento do peso corporal. Ao nascimento, a glândula tireoide pesa cerca de 1,5 g.

▶ Estrutura celular e histológica

O *folículo* é a unidade funcional da glândula, onde ocorre o processo de biossíntese, armazenamento e secreção do HT. Ele é formado por uma camada única de *células foliculares tireoidianas* ou *tireócitos*, que delimitam um espaço interno chamado de *lúmen*, que habitualmente está preenchido por um material coloidal. Os folículos são estruturas esferoidais de aspecto cístico, que variam de 50 a 500 µm no diâmetro.

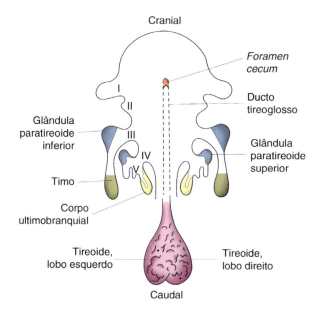

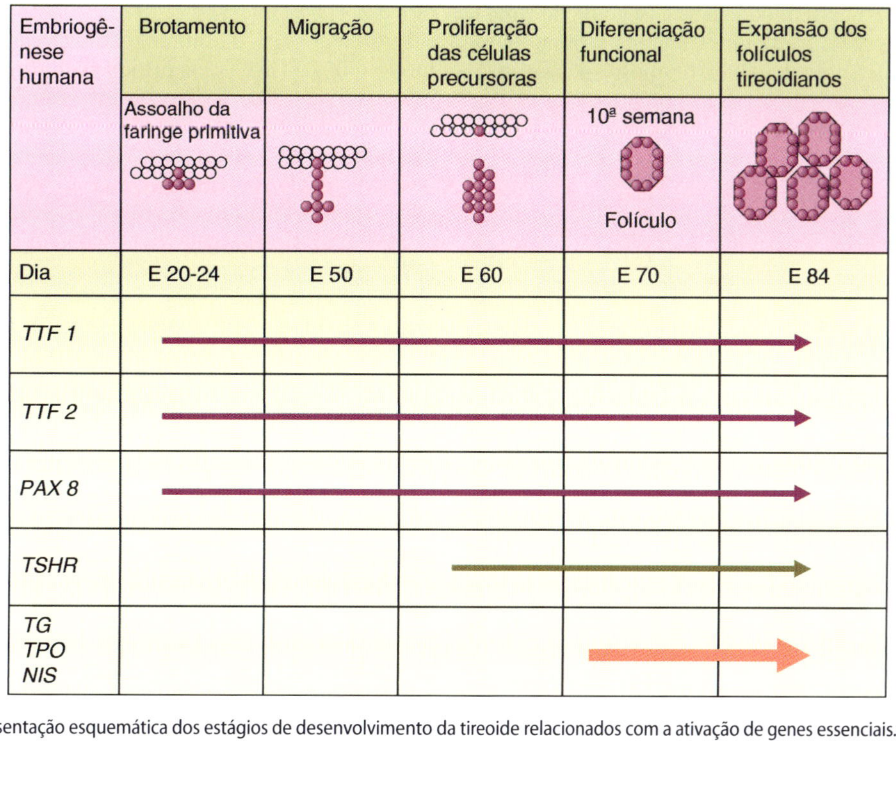

Figura 68.2 ▪ Desenvolvimento embrionário da glândula tireoide. Representação esquemática da face ventral da faringe primitiva com os arcos branquiais (I a V), a origem e trajeto de migração caudal da tireoide e os locais de origem das paratireoides superior e inferior e do timo.

Figura 68.3 ▪ Representação esquemática dos estágios de desenvolvimento da tireoide relacionados com a ativação de genes essenciais. Explicações no texto.

Quadro 68.1 ▪ Principais proteínas da célula folicular da tireoide.

Proteína*	Gene humano	Localização no cromossomo humano	Tecidos onde se expressam	Consequência do defeito genético
Proteínas relacionadas com a ativação de genes funcionais da tireoide				
Fator 1 de transcrição da tireoide	TTF 1	14q13	Embrião: tireoide, pulmão, cérebro e hipófise Adulto: tireoide e pulmão	Agenesia de tireoide e pulmão
Forkhead box E1	FOXE1 (ou TTF 2)	9q22	Embrião: tireoide e hipófise Adulto: tireoide	Tireoide ectópica e disgenesia Fenda palatina
Paired box gene 8	PAX8	2q12-q14	Embrião: tireoide, rim e cérebro Adulto: tireoide	Tireoide ectópica e disgenesia
Proteínas funcionais da tireoide relacionadas com a biossíntese do HT				
Receptor de TSH	TSHR	14q31	Predominantemente na tireoide	Mutação ativadora: hipertireoidismo congênito, adenoma hiperfuncionante
Tireoglobulina	TG	8q24	Exclusivamente na tireoide	Defeito de síntese hormonal
Peroxidase tireoidiana	TPO	2p25	Exclusivamente na tireoide	Defeito de síntese hormonal
Dual oxidase	DUOX	15q15.3	Tireoide	
Natrium iodide symporter	NIS	19p13.2-p12	Tireoide, mama em lactação, intestino e outros tecidos	
Pendrina (ou *solute carrier family 26, member 4*)	PDS (ou SLC26A4)	7q31	Tireoide, ouvido e outros tecidos	Surdez e hipotireoidismo congênito

*Algumas destas proteínas não dispõem de nomenclatura padronizada na língua portuguesa e são mais conhecidas pela sua sigla ou pela nomenclatura em inglês (em itálico).

A glândula tireoide é formada por aproximadamente três milhões de folículos, e os agrupamentos de 30 a 40 folículos formam os *lóbulos*. Os limites entre os lóbulos estão preenchidos por tecido conjuntivo, fibras reticulares, capilares sanguíneos e vasos linfáticos.

A estrutura folicular confere polaridade às células foliculares, com a membrana basal fazendo limite externo do folículo em contato próximo aos capilares e a membrana apical com microvilosidades voltadas para o lúmen. A micrografia eletrônica mostra junções intercelulares que asseguram o confinamento de coloide no interior do folículo, principalmente pela presença de zônula de oclusão na extremidade apical, seguida de zônula de adesão, onde se ancoram filamentos de actina formando um cinturão (Figura 68.4). Apresenta ainda desmossomos esparsamente distribuídos, em que se ancoram filamentos de queratina que compõem o citoesqueleto celular, e junções de comunicação *gap* constituídas por conexinas 32 e 43.

A organização intracelular também contribui para a polaridade da célula folicular. Tanto o retículo endoplasmático rugoso quanto o complexo de Golgi são bastante desenvolvidos e ocupam posição intracelular, de maneira a favorecer a síntese e o direcionamento das proteínas essenciais para a síntese do HT. A tireoglobulina e a peroxidase tireoidiana, entre outros, são direcionadas à região apical da célula folicular, enquanto o NIS e o receptor de TSH (TSHR) vão para a membrana plasmática do polo basal. O processo de biossíntese dos HT se inicia na célula folicular (no meio intracelular) e termina no espaço luminal (extracelular) (Figura 68.5), de tal modo que a T_3 e a T_4, os principais HT elaborados, permanecem no interior do folículo como material coloidal, ligadas à molécula de tireoglobulina até se iniciar o processo de secreção hormonal. O acúmulo de coloide no lúmen folicular confere suficiência de hormônio tireoidiano por algumas semanas, garantindo ao organismo níveis adequados de hormônio tireoidiano, mesmo quando não há suprimento contínuo de iodo (ver "Biossíntese do HT", adiante).

O tamanho das células foliculares varia conforme a atividade da glândula e a espécie animal. Histologicamente, os folículos da glândula tireoide normal apresentam células foliculares de formato cúbico. No entanto, a morfologia do tecido é prontamente modulada pelo estado funcional da glândula controlado predominantemente pelo TSH hipofisário (ver "Regulação da função da tireoide", adiante). Deste modo, no hipotireoidismo a glândula recebe grande estímulo de TSH hipofisário e o epitélio folicular se hipertrofia, passando a apresentar células de formato cilíndrico, diminuição do espaço luminal e aumento de vasos sanguíneos nos espaços interfoliculares. O estímulo crônico de TSH pode levar à resposta hiperplásica do tecido. Por outro lado, quando houver diminuição de TSH circulante, por exemplo, por ingestão de HT, as células foliculares se tornarão pavimentosas e o lúmen, amplo (Figura 68.6).

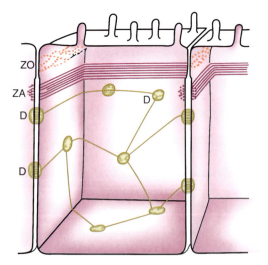

Figura 68.4 ▪ Representação esquemática das junções celulares na célula folicular da tireoide: zônula de oclusão (ZO) na porção apical próximo ao lúmen, zônula de adesão (ZA) e desmossomo (D). (Adaptada de Ekholm, 1995.)

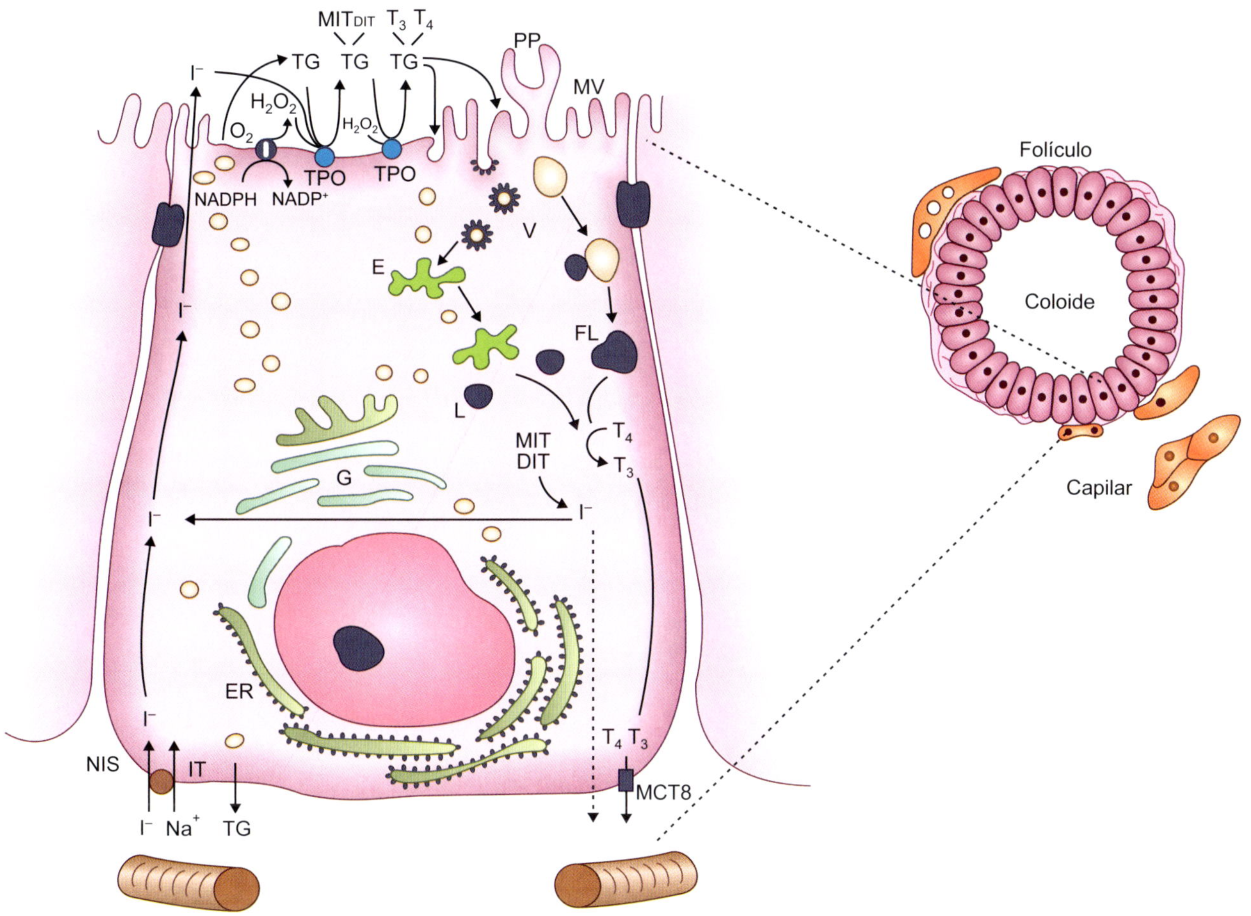

Glândula Tireoide 1117

Figura 68.5 ▪ Esquema geral de um folículo e da célula folicular tireoidiana. Na célula folicular, estão representadas a entrada do iodo pela membrana da porção basal da célula (através do transportador de iodo [IT] ou cotransportador Na⁺-I⁻) e a organificação do iodo e formação de DIT, MIT, T$_4$ e T$_3$ ligados à molécula de tireoglobulina (TG) na porção apical voltada ao lúmen. A membrana apical com microvilosidade (MV) incorpora o material coloidal contendo TG pelos pseudópodes (PP) e por vesículas (V) micropinocíticas que se fundem com lisossomos (L), formando fagolisossomos (FL); nestes, a TG é hidrolisada, liberando as moléculas de iodotirosinas (MIT e DIT), T$_3$ e T$_4$ que são secretadas para a circulação pela porção basal da célula folicular.

Além das células foliculares, o parênquima tireoidiano apresenta grupos de células mais claras e de tamanho maior entre os espaços interfoliculares, ou ainda ocupando a parede folicular, mas sem atingir o lúmen. São as células parafoliculares ou células C que surgem como proliferação das células do corpo ultimobranquial, portanto de origem embriológica distinta, e agregam-se ao tecido tireoidiano durante a migração caudal da tireoide (ver Figura 68.2). Como será visto no Capítulo 76, *Fisiologia do Metabolismo Osteomineral*, as células C participam da homeostase do cálcio secretando calcitonina em resposta ao aumento da calcemia.

IODO, COMPONENTE ESSENCIAL NA BIOSSÍNTESE DO HT

A ingestão de iodo é indispensável para a síntese dos hormônios tireoidianos T$_3$ e T$_4$, compostos biologicamente ativos que têm iodo em sua molécula (Figura 68.7).

A maior fonte de iodo no planeta é o mar; assim sendo, os alimentos ricos nesse elemento são os produtos derivados do ambiente marinho. Nas regiões próximas ao litoral, acumula-se iodo no solo, pela chuva proveniente da evaporação da água marítima. Desta maneira, frutas e vegetais cultivados nesses locais absorvem significativas concentrações de iodo. Recomenda-se uma dieta alimentar de pelo menos 150 μg/dia para um adulto normal (Quadro 68.2). Entretanto, em regiões geográficas com solo pobre em iodo, devido à distância do mar aliada aos efeitos do desgaste da terra por antiguidade, congelamento e lavagem por chuvas recorrentes, a ingestão desse elemento pode não atingir 10 μg/dia. A carência persistente de ingestão de iodo e a consequente falta de HT durante

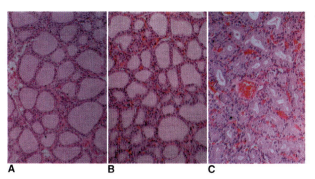

Figura 68.6 ▪ Modificação morfológica do tecido tireoidiano pela influência do TSH, em ratos. **A.** Tireoide com supressão de TSH, mostrando folículos amplos e células foliculares planas. **B.** Tireoide normal, com folículos formados por células cúbicas. **C.** Tireoide com estímulo de TSH, apresentando folículos de células cilíndricas, pouco material coloidal e aumento da vascularização.

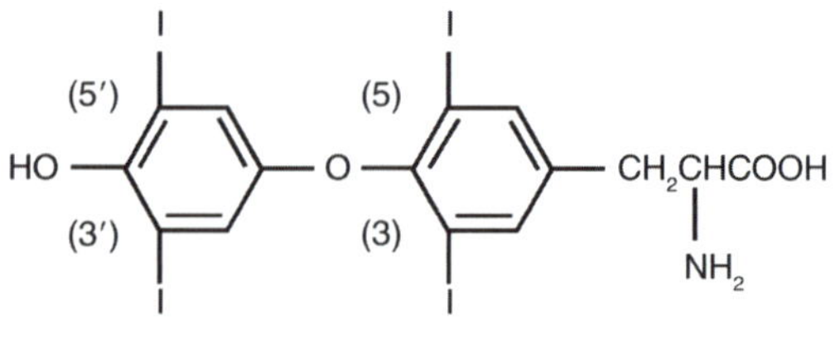

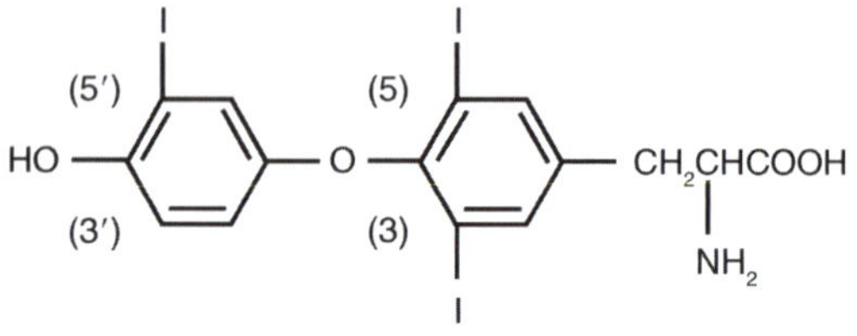

Figura 68.7 ▪ Estrutura dos hormônios T₃ e T₄.

Quadro 68.2 ▪ Recomendação de ingestão diária de iodo.

Estágio de vida	Iodo (μg/dia)
Recém-nascido e criança	90
Idade escolar e adolescência	120 a 150
Adulto	150 a 200
Gravidez e lactação	200 a 300

Quadro 68.3 ▪ Consequências da deficiência crônica de iodo.

Estágio de vida	Consequências
Feto	Aborto/Natimorto
	Anomalias congênitas
	Crescimento da mortalidade perinatal
	Cretinismo endêmico
	Surdo-mudez
Neonato	Bócio neonatal
	Hipotireoidismo neonatal
	Retardo mental endêmico
	Aumento da suscetibilidade da tireoide à radiação nuclear
Criança e adolescente	Bócio
	Hipotireoidismo
	Diminuição da função mental
	Retardo do desenvolvimento físico
	Aumento da suscetibilidade da tireoide à radiação nuclear
Adulto	Bócio
	Hipotireoidismo
	Diminuição da função mental
	Aumento da suscetibilidade da tireoide à radiação nuclear

Fonte: WHO Global Database on Iodine Deficiency, 2004.

o período fetal ocasionam um quadro grave de déficit do crescimento e do desenvolvimento neurológico, que foi denominado *cretinismo*, termo utilizado pela primeira vez nos Alpes suíços. A consequência clínica da falta da ingestão de iodo não se restringe aos períodos fetal e neonatal, refletindo-se em todas as faixas etárias; em conjunto, caracterizam as doenças associadas à deficiência do iodo (Quadro 68.3), sendo proeminente a presença de aumento do tamanho da glândula tireoide, chamado de *bócio endêmico*. O crescimento da glândula ocorre em consequência do estímulo sustentado do TSH hipofisário para compensar a falta de síntese de HT (ver adiante).

Ao longo do último século, diferentes estratégias foram utilizadas para adequar a ingestão de iodo pela população, tais como: administração oral de lugol (solução rica em iodo), injeção de óleo iodado, suplementação de iodo na água e adição de iodo nos alimentos (sal, pão e leite). Dentre estas medidas, devido a facilidade, estabilidade e custo econômico, a adição de iodo no sal alimentar tem sido o método de preferência e difundido pelo Programa de Erradicação da Deficiência de Iodo da Organização Mundial de Saúde. Apesar desta intensa campanha de erradicação da carência de iodo na população nas últimas décadas do século XX, ainda hoje cerca de 15% da população mundial têm nutrição insuficiente em iodo (Figura 68.8). No Brasil, a iodação do sal vem sendo realizada desde 1953, e a legislação atual do Ministério da Saúde estabelece que todo o sal comercial deve receber uma suplementação de pelo menos 40 mg de iodo por kg de NaCl. A população brasileira que tem acesso ao sal comercial mostra ingestão adequada, e até maior do que a recomendada, mas persistem focos regionais de carência de iodo em locais onde não há consumo de sal comercial.

O termo "iodo" se refere não somente à molécula I₂, mas inclui o iodo inorgânico (I⁻) e aquele ligado à tirosina por ligação covalente (organificado); o termo "iodeto" se restringe ao íon I⁻. Na dieta ocidental com suplementação de iodo no sal, um adulto ingere cerca de 500 μg de iodo/dia, na forma orgânica e inorgânica. Quando ingerida, a forma orgânica é convertida em iodeto pela flora intestinal, sendo o iodeto absorvido no intestino delgado e transportado para o plasma. Pouco é eliminado pelas fezes. Na circulação, concentra-se um *pool* de aproximadamente 250 μg de iodeto que é absorvido, predominantemente, pela tireoide e pelos rins. A tireoide concentra em torno de 8.000 μg de iodo, e 90% ligados ao aminoácido tirosina (organificado) e 10% como iodeto. O *turnover* do iodo da glândula é muito lento, por volta de 1% ao dia; em contrapartida, o *clearance* renal do iodo é de 30 a 40 mℓ/min, sendo resultante da filtração glomerular e da reabsorção tubular passiva. Cerca de 500 mg de iodo são eliminados pela urina. A concentração urinária de iodo possibilita estimar a ingestão desse iodo (Figura 68.9), método utilizado na avaliação do estado nutricional de iodo na população.

BIOSSÍNTESE DO HT

Os dois principais hormônios tireoidianos são a tiroxina (3,5,3',5'-tetraiodo-L-tironina), ou T₄, e a 3,5,3'-tri-iodo-L-tironina, ou T₃ (ver Figura 68.7).

O processo de síntese dos HT no folículo tireoidiano envolve: (1) transporte do iodeto pela captação ativa, direcionamento e transporte apical do iodo para o lúmen folicular; (2) oxidação do iodeto; (3) iodação dos resíduos tirosil da molécula de tireoglobulina formando iodotirosinas; (4) acoplamento oxidativo de duas iodotirosinas formando iodotironinas ainda ligadas à tireoglobulina (Figura 68.10).

▸ Transporte do iodo

A tireoide concentra o iodeto inorgânico circulante por um processo ativo dependente de energia. Este processo de captação é realizado pela proteína NIS (*sodium iodide symporter*

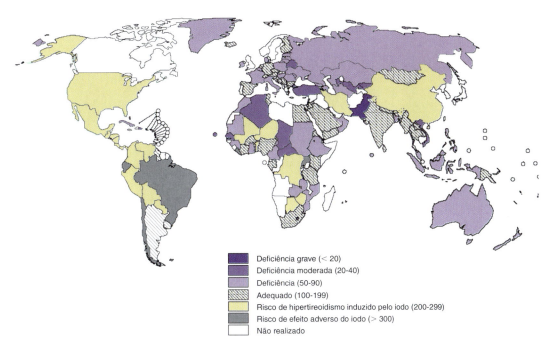

Figura 68.8 ▪ Avaliação nutricional do iodo no mundo, baseada na medida de iodo urinário (μg iodo/ℓ). (Adaptada de WHO Global Database on Iodine Deficiency, 2004.)

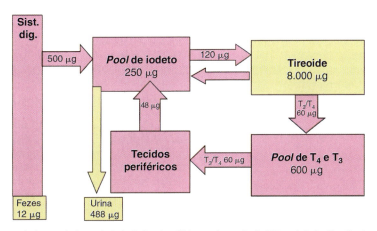

Figura 68.9 ▪ Metabolismo e balanço do iodo. Estimativa diária para ingestão de 500 μg de iodo. *Sist. dig.*, sistema digestório.

ou cotransportadora de Na$^+$-I$^-$), que se localiza nas superfícies basal e basolateral da célula folicular. A NIS é uma proteína de 643 aminoácidos que apresenta 13 domínios transmembrana com as duas extremidades, carboxi e amino, situadas intracelularmente. Ela promove a entrada de iodeto extracelular contra um gradiente eletroquímico negativo, devido à maior concentração de iodo no interior da célula folicular; esse processo se dá pelo cotransportador Na$^+$-I$^-$, na proporção de 2Na$^+$:1I$^-$. A atividade concomitante da bomba Na$^+$/K$^+$-ATPase mantém o gradiente elétrico negativo no interior celular, que facilita o influxo de Na$^+$ na célula. O transporte ativo de iodo não se limita à glândula tireoide. Outros tecidos, tais como as glândulas salivares e a mucosa gástrica, expressam a proteína NIS e concentram iodeto; adicionalmente, na glândula mamária a expressão de NIS ocorre durante a fase de lactação, permitindo a concentração de iodo no leite materno.

O transporte do iodo é inibido por ânions monovalentes tipo perclorato (ClO$_4^-$), tiocianato (SCN–) e pertecnetato (TcO$_4$), que competem com o iodo pelo transporte via NIS. O perclorato tanto inibe a captação do iodo pela glândula como facilita sua difusão para fora (efluxo) da glândula; o tiocianato aumenta principalmente o efluxo do iodo. Ambos são utilizados na prática clínica para diminuir a síntese de HT, enquanto o Tc^{99m}-pertecnetato é utilizado para obter imagens da glândula tireoide para fins diagnósticos.

Uma vez dentro da célula folicular, o iodeto difunde-se em direção ao ápice e atinge o lúmen folicular transportado pela proteína *pendrina* (PDS), um canal de ânions (cloro/iodeto) de 780 aminoácidos localizado na membrana apical da célula folicular. Existe pouco iodo inorgânico no folículo, devido à rápida *oxidação* e *organificação* do iodeto que ocorre na superfície apical (ver Figura 68.10).

▶ Oxidação do iodeto

O iodeto é oxidado pela tireoperoxidase (TPO), enzima de 103 kDa com 933 aminoácidos, localizada na membrana apical e com a face catalítica voltada para o lúmen folicular; o processo é catalisado pelo *peróxido de hidrogênio* (H$_2$O$_2$) como doador de oxigênio. O peróxido é gerado pela enzima

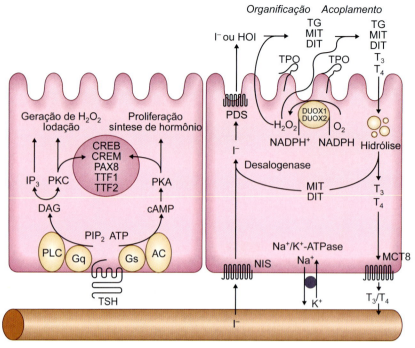

Figura 68.10 ▪ Biossíntese e secreção do hormônio tireoidiano (*à direita*) e as principais vias de sinalização estimulatórias geradas pelo TSH (*à esquerda*). Mais detalhes no texto. (Adaptada de Vono-Toniolo e Kopp, 2004.)

oxidase tireoidiana DUOX (ou *dual oxidase*), conhecida também como THOX, glicoproteína igualmente localizada na membrana apical, que apresenta atividade NADPH oxidase (Figura 68.11). Existem duas isoformas de DUOX, DUOX1 e DUOX2, caracterizadas na tireoide humana.

▸ Iodação da TG ou organificação do iodo

O iodo oxidado é, então, incorporado aos resíduos tirosina (por iodação) da molécula da tireoglobulina (TG) em reação catalisada pela TPO. A TG é uma grande molécula, com peso molecular de 660 kDa, formada por duas subunidades de 300 kDa e 10% de açúcares. O gene da TG se estende por cerca de 300 kb no DNA genômico e é codificado por um mRNA de 9,7 kb que contém 37 éxons. Na glândula tireoide normal, quase toda a TG está presente como uma proteína solúvel no lúmen do folículo tireoidiano. Quando uma molécula de iodo é incorporada à tirosina, gera-se uma monoiodotirosina (MIT); quando dois iodos se incorporam, temos a di-iodotirosina (DIT) (ver Figura 68.11).

▸ Acoplamento das iodotirosinas

A reação de acoplamento ocorre separadamente da iodação e também é catalisada pela TPO. Ainda ligadas à tireoglobulina, algumas das tirosinas (MIT e DIT) se acoplam e geram tironinas iodadas. O acoplamento de MIT com DIT leva à formação de dois tipos de tironinas: a tri-iodotironina (ou T_3) e a tri-iodotironina reversa (ou T_3 reversa ou rT_3), que diferem quanto à posição de iodação, enquanto o acoplamento de duas DIT resulta na geração de tiroxina (T_4, ou tetraiodotironina) (Figura 68.12). Pode haver o acoplamento de duas MIT, gerando di-iodotironina (T_2), que, como a rT_3, apresenta efeito biológico distinto de T_3 e T_4.

O acoplamento ocorre entre as iodotirosinas que continuam ligadas à TG por ligações peptídicas, e os passos moleculares deste processo ainda não estão totalmente definidos. Sugere-se que ocorra a formação de radicais livres ou formação de radicais $I°$ ou I^+ na molécula de DIT doador, o qual formaria éter-difenila com o grupo hidroxila do DIT aceptor, enquanto o DIT doador seria clivado, deixando uma porção alanina que permaneceria ligada à TG como desidroalanina (ver Figura 68.12). Desta maneira, as iodotironinas formadas permanecem no lúmen folicular presas à TG.

O homodímero de TG apresenta 132 tirosinas, mas nem todas sofrem iodação e acoplamento. Apenas 1/3 é iodado, formando MIT, DIT, T_3, T_4 ou rT_3. Certas tirosinas são favorecidas na iodação e no processo de acoplamento, observando-se que as 5 e 2747 são locais predominantes de formação de T_4 e a 1291, de T_3. Estudos *in vitro* indicam que a tirosina da posição 130 seria um doador preferencial para a formação de T_4 na tirosina 5. Apenas três ou quatro moléculas de tiroxina são formadas por uma tireoglobulina, e, se a captação de iodo é adequada, a tireoide produz normalmente mais T_4 que T_3.

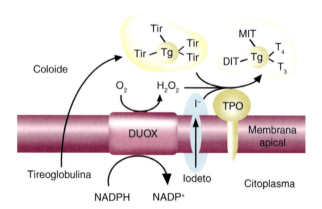

Figura 68.11 ▪ Organificação do iodo na membrana apical da célula folicular e formação de MIT e DIT na molécula de tireoglobulina, pela incorporação de iodo no aminoácido tirosina (Tir). Descrição no texto. (Adaptada de Vaisman *et al.*, 2004.)

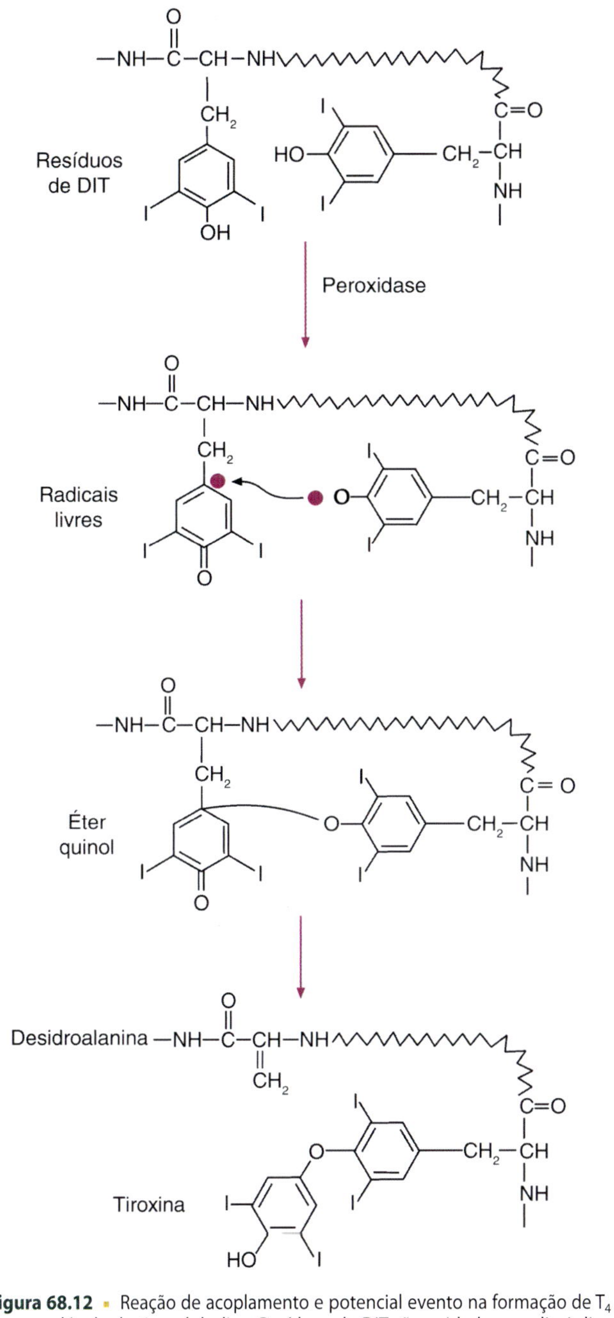

Glândula Tireoide 1121

estímulo de TSH, quando formam-se pseudópodes na superfície apical da célula folicular que engolfam gotículas maiores de coloide, constituindo vesículas de coloide no interior da célula. Em ambos os processos, as vesículas se fundem com os lisossomos compondo endossomos ou fagossomos com função proteolítica, com digestão da TG e desprendimento das moléculas de MIT, DIT, rT_3, T_3 e T_4.

Como MIT e DIT não são biologicamente ativos e a secreção para o plasma seria ineficaz, o iodo destas moléculas é removido pela ação da enzima iodotirosina-desiodase, dependente de NADPH, denominada *desalogenase de tirosina (DHAL)* (ver Figura 68.10). A enzima DHAL, presente especificamente na célula folicular, remove o iodo de MIT e DIT, mas não realiza desiodação das iodotironinas (T_4, T_3 e rT_3). O *pool* de iodo liberado das moléculas de MIT e DIT é reutilizado para nova síntese hormonal no próprio folículo. Em condições fisiológicas, cerca de 10% de tiroxina são convertidos em T_3 pela ação da enzima 5'-desiodase ainda no interior da célula folicular, e o iodo removido é reutilizado para nova síntese hormonal.

T_4 e T_3 livres deixam a célula folicular através do transportador de membrana MCT8 (transcrito do gene *SLC16A2*), localizado na membrana plasmática do polo basal, próximo à rede capilar do estroma interfolicular (ver Figuras 68.5 e 68.10). Este tipo de transportador de membrana, específico para o transporte de hormônio tireoidiano, promove o efluxo e o influxo do hormônio tireoidiano em diferentes tipos celulares (ver adiante em "Captação e ação celular").

A glândula tireoide de um adulto normal libera cerca de 100 μg de T_4/dia e 10 μg de T_3/dia na circulação sanguínea. Uma pequena quantidade de TG atinge a circulação sanguínea (até 50 ng/mℓ) e pode ser detectada no sangue periférico da maioria dos indivíduos normais. No entanto, quando a glândula sofre processo patológico destrutivo do folículo tireoidiano, como na tireoidite, uma quantidade significativa de TG pode escapar para a circulação.

REGULAÇÃO DA FUNÇÃO DA TIREOIDE

A tireoide é regulada por mecanismos extratireoidianos, exercidos pelo TSH hipofisário, e por mecanismo intratireoidiano, denominado efeito autorregulatório, que, em conjunto, controlam a síntese, a secreção do HT e a proliferação da célula folicular tireoidiana.

▶ Hormônio tireotrófico (TSH)

O TSH hipofisário é o principal modulador da função tireoidiana. O TSH é um hormônio glicoproteico heterodimérico, de meia-vida efêmera (cerca de 1 h), com peso molecular de 28 a 30 kDa e que tem 16% de carboidrato na molécula. O dímero é formado pela combinação da subunidade α (que é idêntica à subunidade α das gonadotropinas – LH, FSH e hCG) com a β (que confere especificidade à molécula de TSH). O gene da α está localizado no cromossomo 6 e o da β, no 1.

A regulação da secreção de TSH pela hipófise é controlada pelo hormônio hipotalâmico TRH (*TSH releasing hormone*) e pelo HT, que formam a tríade da alça de *feedback* negativa (Figura 68.14). Como outros hormônios hipotalâmicos, o TRH chega à hipófise anterior via sistema porta-hipotálamo-hipófise. Ele interage com receptores específicos da adeno-hipófise estimulando a secreção de TSH nas células tireotróficas e de

Figura 68.12 ▪ Reação de acoplamento e potencial evento na formação de T_4 e T_3 na molécula de tireoglobulina. Resíduos de DIT são oxidados a radicais livres pela peroxidase. Os radicais livres se unem com MIT ou DIT gerando T_3 ou T_4. Mais detalhes no texto.

▶ Secreção do HT

Ao contrário da maioria das glândulas endócrinas, as quais não estocam grandes quantidades de hormônio, a tireoide consegue manter o fornecimento de HT graças ao *pool* de tireoglobulina armazenado no lúmen. Uma glândula normal de 20 g acumula cerca de 5.000 μg de T_4 (ou 250 μg de T_4/g de tecido), o que assegura uma autonomia de T_4 por aproximadamente 50 dias.

A tireoglobulina deve ser hidrolisada para liberar T_4 e T_3 no interior da célula folicular (Figura 68.13). Em condições fisiológicas, a reabsorção do coloide para o interior da célula folicular ocorre por micropinocitose e formação de vesículas endocíticas. Ou ainda por macropinocitose, em resposta ao

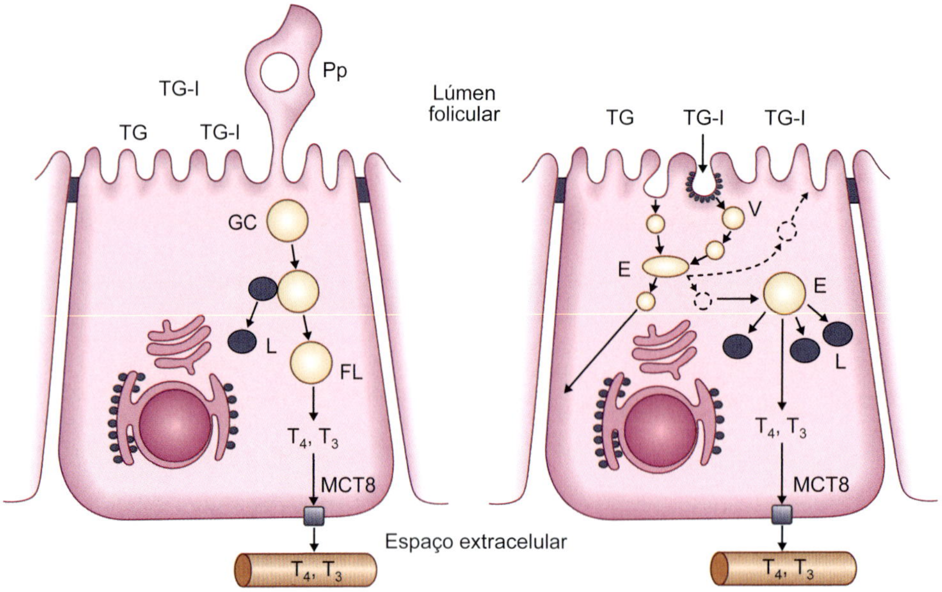

1122 Aires | Fisiologia

Figura 68.13 • Representação esquemática da internalização da tireoglobulina (TG) acumulada no espaço luminal por micropinocitose (à direita) e por macropinocitose ou fagocitose (à esquerda). Formação de lisossomos e de fagolisossomos no interior da célula folicular e digestão e liberação de T_3 e T_4, que são secretados para a circulação. Pseudópodes (Pp), gotícula de coloide (GC), lisossomo (L), fagolisossomo (FL), vesícula (V) e endossomo (E). Mais detalhes no texto. (Adaptada de Thyroid disease manager, Capítulo 2 [www.thyroidmanager.org].)

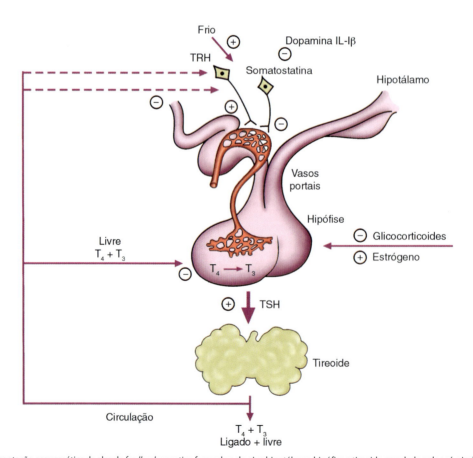

Figura 68.14 • Representação esquemática da alça de *feedback* negativo formada pelo eixo hipotálamo-hipófise e tireoide, regulada pelos níveis de hormônio tireoidiano (T_3 e T_4). Mais informações no texto.

prolactina nas células lactotóficas. É liberado de maneira pulsátil, e a sensibilidade das células tireotróficas em responder a ele depende do nível de T_4 circulante.

Na hipófise e no núcleo paraventricular do hipotálamo, a maior parte da T_3 intracelular (80%) é composta pela desiodação de T_4 pela desiodase 2 na própria célula. Quando a concentração de T_4 circulante é baixa, ocorre um aumento no número de receptores de TRH no tireotrofo e, consequentemente, há síntese e liberação de TSH; o inverso acontece em situação de alta concentração de HT circulante. A implicação fisiológica decorrente desse fato é que uma queda do T_3 plasmático pouco afetará a concentração intracelular de T_3 na hipófise e a ocupação dos receptores de HT. Por outro lado, a queda da T_4 plasmática diminuirá o aporte nuclear de T_3, ativando a transcrição dos genes de TSHα, TSHβ e de TRH. Adicionalmente, uma pequena elevação de T_4 circulante é suficiente para bloquear por completo a secreção de TSH, mesmo sob estímulo máximo de altas doses de TRH. Além do TRH e do HT, outras substâncias de origem hipotalâmica regulam a secreção de TSH. A somatostatina hipotalâmica e a dopamina inibem a secreção de TSH, assim como os glicocorticoides e algumas interleucinas (ver Capítulo 66, *Glândula Hipófise*).

O TSH estimula a célula folicular da tireoide quando interage com um receptor específico, o receptor de TSH (TSHR) localizado na membrana externa do folículo tireoidiano. O TSHR é um receptor com sete domínios transmembrânicos, três alças externas e três internas (Figura 68.15). O TSH se liga à alça extracelular aminoterminal, e a região carboxiterminal localiza-se intracelularmente. Cerca de 1.000 receptores TSHR estão ancorados na superfície basal de uma única célula folicular.

A ligação de TSH com o domínio aminoterminal extracelular do TSHR estimula várias vias de sinalização, intermediada pela proteína G que se encontra associada ao receptor. A GDP ligada à proteína G é substituída por GTP, o que ocasiona a dissociação da subunidade α da proteína G. Esta subunidade irá ativar a adenililciclase, enquanto a proteína Gq fosforila e ativa a fosfolipase C (ver Figura 68.15). A adenililciclase estimula a conversão de ATP para cAMP, que, por sua vez, fosforila e ativa a proteinoquinase A (PKA). Por outro lado, a fosfolipase C estimula a conversão de 4,5-bifosfato de

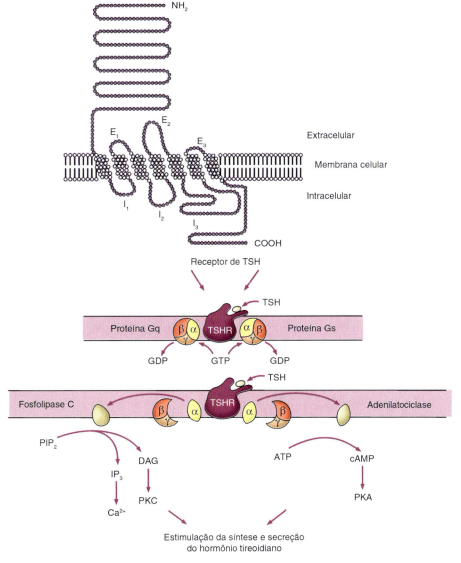

Figura 68.15 • Molécula do receptor de TSH ancorado na membrana da célula folicular (*no topo*). Representação da ligação de TSH ao receptor de TSH (TSHR) e consequente ativação das vias de sinalização do cAMP e Ca^{2+}/PKC (intermediadas pela proteína G) e estimulação da síntese e secreção do hormônio tireoidiano. Mais detalhes no texto.

fosfatidilinositol (PIP_2) para 1,4,5-trifosfato de inositol (IP_3) e diacilglicerol (DAG), com consequente liberação do Ca^{2+} do seu estoque intracelular, o que ativa a proteinoquinase C (PKC). Estudos *in vitro* indicam que estas vias de sinalização atuam de maneira seletiva nos diferentes processos atribuídos ao TSH na regulação da célula folicular tireoidiana (ver Figura 68.10 e Quadro 68.4). Os efeitos do TSH incluem a estimulação nos processos de síntese e secreção do HT e também no crescimento e proliferação celular. Adicionalmente, promove o efluxo do iodo, a iodação da TG e a secreção de HT, estimulando a formação de pseudópodes. Na região promotora dos genes de NIS, TG e TSHR, há locais responsivos à sinalização via cAMP (locais CRE), que, quando ocupados, ativam a transcrição destes genes. Por isso, o efeito do TSH na captação do iodo ocorre de modo indireto, isto é, promovendo o aumento da proteína transportadora de iodo (NIS).

O valor do TSH circulante reflete a função tireoidiana, e por isso é utilizado amplamente na prática médica. O TSH sérico tem uma variação conforme a idade, sendo importante ressaltar os valores bastante altos no recém-nascido (Quadro 68.5) quando comparados aos do adulto. Pequenas modificações do T_4 livre plasmático alteram rapidamente os valores do TSH; assim, seu nível elevado é um potente indicador da hipofunção tireoidiana. No *screening* neonatal, para detectar o hipotireoidismo congênito (conhecido como "teste do pezinho", ver adiante) e também no hipotireoidismo do adulto, realiza-se a dosagem de TSH sérico. Por outro lado, com os métodos bioquímicos atuais é possível avaliar a hiperfunção tireoidiana, situação em que a concentração de TSH está abaixo do nível normal.

Na doença autoimune da tireoide, o organismo sintetiza imunoglobulinas que se ligam ao TSHR e estes anticorpos podem: (1) ser estimuladores, ocasionando hiperfunção e quadro clínico de hipertireoidismo, ou (2) ocupar o TSHR sem gerar sinalização e acarretar hipofunção da glândula tireoide e hipotireoidismo no paciente.

O TSH é um potente estimulador do crescimento da tireoide. O tecido tireoidiano tem baixo índice de proliferação, mas o estímulo sustentado do TSHR aumenta o tamanho da célula folicular e o índice de proliferação celular, com consequente crescimento global da glândula (Figura 68.16). Mutação no gene do TSHR que ativa o receptor constitutivamente, independente da ligação com o TSH, eleva tanto a função tireoidiana quanto a proliferação, com decorrente quadro de hipertireoidismo e bócio.

▶ Autorregulação da tireoide

O iodo, além de ser um elemento essencial na composição do HT, também influencia diversos aspectos da função e crescimento da tireoide por processo denominado *mecanismo autorregulatório*. Neste processo, a hormonogênese da glândula é controlada conforme a disponibilidade de iodo na célula, mas de maneira independente do TSH.

O mecanismo autorregulatório procura manter um fino equilíbrio do estoque de HT na glândula. Em um estado de deficiência do iodo, o transporte deste é aumentado, e, em casos de maior disponibilidade dele, ocorre o oposto. Esta resposta acontece sem uma mudança detectável nos níveis de TSH e pode ser observada também em animais hipofisectomizados.

O efeito mais dramático da autorregulação é observado em situação de grande excesso de iodo, sendo conhecido como efeito inibitório do iodo na glândula tireoide. Nessa situação, ocorrem: (1) diminuição da atividade do transportador de iodo, (2) redução da organificação do iodo (ou *efeito Wolff-Chaikoff*) e (3) inibição da secreção de T_4 e T_3 armazenados no coloide; esses efeitos em conjunto levam ao decréscimo do HT liberado pela glândula para a circulação. O iodo bloqueia a enzima DUOX, essencial na geração de H_2O_2 utilizado na organificação, e interfere nos processos dependentes de TSH, inibindo a atividade da sinalização via cAMP no folículo tireoidiano.

O ponto crucial do efeito inibitório parece ser a quantidade de iodo organificado no interior da glândula; por isso, assim que o patamar desse iodo diminui, a inibição exercida pelo processo autorregulatório cessa. Este fenômeno é conhecido como escape ou adaptação à inibição do iodo (*escape ao efeito Wolff-Chaikoff*) e observado poucos dias

Quadro 68.4 ▪ Efeito da sinalização TSH na tireoide humana.

Via cAMP	Via fosfolipase C
Captação de iodo	Geração de H_2O_2
Síntese de NIS, TG, TSHR	Efluxo do iodo
Iodação da TG	
Reabsorção do coloide	
Secreção de T_4/T_3	
Proliferação celular	

Quadro 68.5 ▪ Concentração sérica de TSH de acordo com a idade.

Idade	Valores de TSH sérico
Recém-nascido (1ª semana)	Até 15 mUI/ℓ
1ª semana até 1 ano	0,80 a 6,3 mUI/ℓ
De 1 a 5 anos	0,70 a 6,0 mUI/ℓ
De 6 a 10 anos	0,60 a 5,4 mUI/ℓ
De 11 a 20 anos	0,50 a 4,9 mUI/ℓ
Acima de 20 anos	0,45 a 4,5 mUI/ℓ

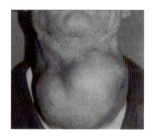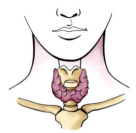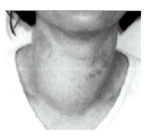

Figura 68.16 ▪ Glândula tireoide normal (*no centro*), bócio multinodular (*à esquerda*) e bócio difuso (*à direita*).

depois (2 a 3 dias), mesmo com a manutenção do excesso de iodo. Outro mecanismo atribuído ao escape é mostrado no modelo experimental, em que o excesso de iodo inibe a expressão gênica e proteica de NIS; em consequência, diminui acentuadamente a captação desse elemento pela célula folicular, ainda que grande quantidade dele esteja disponível no meio extracelular.

O efeito inibitório do excesso de iodo é aplicado para auxiliar no tratamento de pacientes com hipertireoidismo muito grave. A administração de compostos iodados IV (p. ex., iopodato de sódio) diminui agudamente a secreção de HT e a função tireoidiana, efeito que se pode observar por alguns dias até o desencadeamento do escape ao efeito Wolff-Chaikoff.

HT NO TECIDO PERIFÉRICO

▶ Transporte plasmático do HT

A concentração total de T_4 plasmática no adulto é de aproximadamente 8 µg/dℓ (ou 103 nmol/ℓ), e a de T_3 plasmática é de 0,15 µg/dℓ (ou 2,3 nmol/ℓ). No entanto, apenas uma pequena fração se encontra na forma de hormônio livre, pois no plasma o HT se mostra ligado com grande afinidade, mas de maneira reversível, a várias proteínas transportadoras.

As proteínas transportadoras são sintetizadas no fígado e as principais delas são: (1) proteína ligadora de tiroxina (TBG ou *thyroid binding protein*); (2) TTR (ou *transthyretin*), conhecida anteriormente como pré-albumina ligadora de tiroxina (TBPA); (3) albumina; e (4) lipoproteínas (Quadro 68.6).

Somente o hormônio livre entrará na célula para exercer a ação fisiológica. O HT ligado às proteínas transportadoras é um reservatório que armazena o HT liberado pela tireoide, e disponibiliza apenas uma pequena fração de T_4 e T_3 na forma livre para as células. Cerca de 99,96% da T_4 estão ligados e só 0,04% está na forma de T_4 livre; quanto à T_3, 99,6% estão ligados e 0,4% está como T_3 livre. Os hormônios ligados e os livres se encontram em equilíbrio segundo a lei da ação das massas, em que uma mudança da fração livre modifica a fração de hormônios ligados.

Tomando como exemplo a interação de T_4 e TBG, temos:

$$(T_4) + (TBG) \leftrightarrow (TBG - T_4)$$

em que (T_4) representa a T_4 livre; (TBG), a TBG não ligada à T_4; e (TBG-T_4), a T_4 ligada à TBG. Como no plasma as frações de TBG e T_4 ligadas e não ligadas estão em equilíbrio, podemos expressar a constante de associação (κa) de T_4 pela equação:

$$\kappa a T_4 = (TBG - T_4)/(T_4)(TBG)$$

Desta maneira, temos a seguinte relação de T_4 livre:

$$T_4 = (TBG - T_4)/\kappa a T_4(TBG)$$

A fração livre total de T_4 e de T_3 é a soma das frações livres dos hormônios com cada uma das proteínas transportadoras.

Devido a esta cinética das frações ligada e livre dos hormônios, quando ocorre um aumento da concentração da proteína transportadora, a concentração do hormônio livre no plasma irá diminuir. Esta mudança, no entanto, é temporária, pois a redução da concentração plasmática do hormônio livre irá estimular a secreção de TSH, que promoverá um aumento compensatório da produção de HT pela tireoide para que os níveis de HT livre voltem ao normal. Deste modo, estabelece-se um novo patamar de equilíbrio, em que a quantidade total de HT no sangue estará alta, mas a fração livre de HT estará em concentração normal.

Em condições fisiológicas de equilíbrio, 70 a 80% de T_4 e T_3 estão ligados à TBG. Cerca de 20% da T_4 estão ligados à TTR, mas pouco de T_3 se liga à TTR. A albumina transporta aproximadamente 10% de T_4 e T_3 circulante, e uma pequena fração de T_3 e T_4 está ligada a lipoproteínas (ver Quadro 68.6).

TBG

A TBG é a principal proteína transportadora; corresponde a uma glicoproteína globular com cadeia peptídica única de 54 kDa, sendo produto do gene localizado no cromossomo X. Ela tem um único local de ligação ao HT por molécula, onde T_4 e T_3 se ligam com afinidades diferentes. Em condições fisiológicas, T_4 se une mais avidamente à TBG ($\kappa a T_4 = 15 \times 10^9$ M^{-1}) que T_3 ($\kappa a T_3 = 1 \times 10^9$ M^{-1}), e cerca de 30% das TBG se encontram ocupadas. A TBG é sintetizada no fígado, tendo meia-vida de 6 dias. A síntese de TBG é regulada por níveis de estrógeno; assim, ocorre um aumento dos níveis de TBG na gravidez e pela ingestão de substâncias contendo estrógeno, como os anticoncepcionais. Por outro lado, andrógenos e L-asparaginase diminuem a síntese de TBG. Alguns fármacos como fenitoína, barbitúrico, salicilato, furosemida e diclofenaco podem interferir no transporte de HT, ocupando o local de ligação de T_4 com baixa afinidade, e assim aumentam a fração livre do hormônio no plasma. A deficiência congênita de TBG, por mutação, incide em um em cada 5.000 nascimentos.

Quadro 68.6 ▪ Proteínas transportadoras do hormônio tireoidiano.

Proteína	Gene e localização no cromossomo humano	Peso molecular (kDa)	Concentração plasmática (µmol/ℓ)	Quantidade de hormônio circulante ligado (%) T_4	T_3
TBG	*TBG* Xq22.3	54 homômero glicosilado	0,27	68	80
TTR	*TTR* 18q12.1	55 tetrâmero	4,6	20	1
Albumina	*ALB* 4q11-q13	66	640	10	13
Lipoproteína HDL	*APOA1* 11q23-q24	28 dímero	–	2	6

TTR

A TTR é uma proteína tetramérica de 55 kDa, formada por quatro peptídios idênticos. Tem dois locais de ligação para T_4, onde um deles apresenta alta afinidade para T_4 e o outro geralmente se encontra desocupado. T_3 tem baixíssima afinidade para estes locais. A TTR apresenta um local adicional com afinidade para retinol (vitamina A) que serve de transportador para esta molécula. A meia-vida da proteína é de 2 dias. A concentração de TTR é alta no plexo coroide, sugerindo que este local é um importante meio de distribuição de HT no SNC. No estado de desnutrição, a síntese de TTR está inibida, mas há pouca influência no transporte de T_4, pois a contribuição da TTR no transporte é muito pequena quando comparada à da TBG.

Albumina

Apresenta baixa afinidade de ligação para T_4 e T_3. Tem um local principal para T_4 e vários outros locais secundários de ligação; porém, menos que 1% dos locais estão ocupados por T_4. Sugere-se que o local de ligação de T_4 seja compartilhado por outras moléculas, como a bilirrubina. Sendo responsável por pequena fração do transporte de T_3 e T_4, a mudança na concentração de albumina altera pouco a concentração de HT no plasma.

Lipoproteínas HDL

Diversas delas atuam como transportadores de HT. As apolipoproteínas das subclasses A-I, A-II, A-IV, C-I, C-II, C-III e E apresentam locais de ligação ao HT, característica evolutivamente conservada na espécie animal. Dentre estas, se reconhece a afinidade de T_4 para apoliproteínas A1; no entanto, esta afinidade é muito menor que para a TBG.

▸ Metabolismo do HT

A forma predominante de HT liberada pela glândula tireoide na circulação é a tiroxina (T_4). A tireoide secreta 80 μg de T_4 diariamente, e 40% de T_4 são metabolizados nos tecidos periféricos pela remoção de um iodo (ou monodesiodação), produzindo cerca de 80% do T_3 total (30 μg) por dia. Os 20% restantes da T_3 vêm da secreção direta da glândula tireoide (Quadro 68.7).

A desiodação inicial de T_4 que remove o iodo do anel externo gera T_3 (3,3',5-T_3), ou a que remove o anel interno gera T_3 reversa (rT_3; 3,3',5'-T_3) (Figura 68.17). Quase toda a rT_3 é produzida fora da glândula tireoide, e cerca de 30% da T_4 secretada são convertidos em rT_3. A desiodação de T_3 e rT_3 resulta em di-iodotironinas (T_2), e a remoção subsequente gera monoiodotironinas. O único produto fisiologicamente ativo gerado por esta cascata de monodesiodação é a T_3. O organismo depende desta via metabólica de degradação em cascata para remoção do HT, pois somente uma quantidade mínima de HT é excretada pela urina. Além da via metabólica de desiodação, pode haver outras modificações do HT. Há incorporação do ácido glicurônico ou de sulfato ao anel fenólico. A glicuronidação é uma via metabólica importante para T_4 e a sulfatação para T_3, ocorrendo predominantemente no fígado, sendo ambos os produtos excretados para a bile e eliminados nas fezes. E ainda, podem ocorrer desaminação ou descarboxilação no local alanina das iodotironinas, transformando T_4 em ácido tetraiodotiroacético (Tetrac) e T_3 em ácido tri-iodotiroacético (Triac) (Quadro 68.8). Estes metabólitos são rapidamente degradados tanto na circulação quanto na célula. Embora não se conheça o papel fisiológico *in vivo*, estudos *in vitro* mostram atividade destes compostos na ação não genômica do HT (ver adiante).

A maior parte do tecido periférico tem a capacidade de remover uma molécula de iodo de T_4 (por monodesiodação) e transformá-lo em T_3, o hormônio biologicamente ativo. Este processo enzimático é catalisado pelas *desiodases*, proteínas da família *selênio-cisteína*.

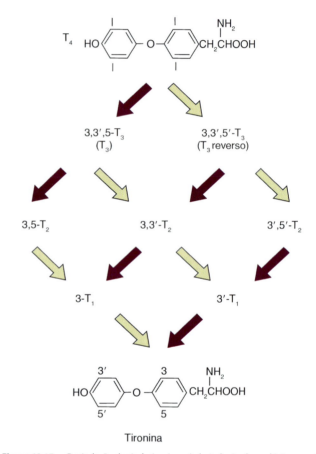

Figura 68.17 ▪ Desiodação das iodotironinas. A desiodação do anel interno está indicada pelas *setas amarelas* e a desiodação do anel externo, pelas *roxas*. (Adaptada de Green, 1987.)

Quadro 68.7 ▪ Hormônio tireoidiano e os principais metabólitos.

	Concentração sérica		Meia-vida	Fonte	
	mg/dℓ	nmoles/ℓ	Dia	Tireoide	Tecido periférico
T_4	7,8	100	7	100%	–
T_3	0,12	2	0,8	20%	80%
rT_3	0,04	0,7		Traços	100%
3,3'-T_2	0,005			Traços	100%

Quadro 68.8 ▪ Estrutura química e atividade biológica dos HT e metabólitos.

Estrutura química	Nomenclatura química	Hormônio	Atividade biológica
	L-3,5,3',5'-Tetraiodotironina	L-Tiroxina; T_4	100
	L-3,5,3'-Tri-iodotironina	T_3	300 a 800
	L-3,3',5'-Tri-iodotironina	T_3 Reversa: rT_3	⩽ 1
	DL-3,3'-Di-iodotironina	$3,3'-T_2$	< 1 a 3
	DL-3,5-Di-iodotironina	$3,5-T_2$	7 a 11
	DL-3',5'-Di-iodotironina	$3'5'-T_2$	0
	L-3,5,3',5'-Ácido tetraiodotiroacético	Tetrac	? 10 a 50
	L-3,5,3'-Ácido tri-iodotiroacético	Triac	? 25 a 35

▶ Ativação e inativação do HT pela selênio-desiodase

A transformação metabólica do HT nos tecidos periféricos estabelece sua potência biológica e sua função. A T_3 é o hormônio tireoidiano ativo, e grande parte da T_3 plasmática e tecidual é produto metabólico da monodesiodação de T_4, processo catalisado pela enzima desiodase. Nos mamíferos, existem três tipos de enzimas desiodases, denominadas desiodase 1 (D1), desiodase 2 (D2) e desiodase 3 (D3) (Quadro 68.9). Estas enzimas apresentam em sua estrutura um aminoácido raro, a selênio-cisteína, codificado pela sequência UGA (o mesmo do *stop codon*) e situado no local ativo da proteína. A tradução não usual deste códon para selênio-cisteína é facilitada pela presença de uma alça do nucleotídio que forma o elemento SECIS (*selenocysteine insertion sequence*) na região 3' não traduzida do gene das desiodases, auxiliadas por proteínas acessórias EFsec (*selenocystyl-tRNA-specific elongation factor*) e SBP2 (*SECIS-binding factor*) (Figura 68.18). A deficiência de selênio no organismo pode interferir na síntese e na atividade das desiodases e também no metabolismo do HT. A falta de selênio pode ser observada: nos pacientes que recebem dieta parenteral total por longo período, na dieta para fenilcetonúria, na fibrose cística ou na nutrição não balanceada em crianças e idosos.

As desiodases D1 e D2 catalisam a desiodação do anel externo de T_4, gerando T_3 (5'-desiodação). A D1 está presente no tecido periférico, como fígado e rim, sendo responsável pela conversão de T_4 em T_3 presente na circulação. Além da atividade de 5'-desiodação, a D1 tem uma fraca atividade catalítica para a remoção do iodo do anel interno de T_3 e de T_4 (5-desiodação). A enzima D3 não produz T_3, pois dispõe de atividade exclusivamente de 5-desiodação, e o seu papel é inativar T_4 e T_3, convertendo-as em rT_3 e T_2, respectivamente (ver Quadro 68.9 e Figura 68.19).

Quadro 68.9 ▪ Desiodases e suas principais características.

Gene	Proteína e peso molecular (kDa)	Preferência de substrato e local de atuação	Papel fisiológico	Localização predominante nos tecidos	Inibição pelo PTU
DIO1 1p33-p32	D1 Desiodase 1 29 (homodímero)	$rT_3 >> T_4 \geq T_3$ Anel externo e anel interno	Gera T_3 no tecido e libera para o plasma Inativa T_3 e T_4 Degrada rT_3	Fígado, rim, tireoide, SNC	Altamente sensível
DIO2 14q24.2-3	D2 Desiodase 2 30,5	$T_4 \geq rT_3$ Anel externo	Gera T_3 utilizado na própria célula Contribui com o *pool* de T_3 plasmático	SNC, adeno-hipófise, tecido adiposo, placenta, tireoide, músculo esquelético, coração	Muito baixa
DIO3 14q32	D3 Desiodase 3 31,5	$T_3 > T_4$ Anel interno	Inativa T_3 e T_4	SNC, placenta, pele	Muito baixa

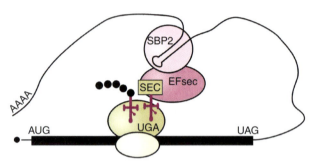

Figura 68.18 ▪ Incorporação da selênio-cisteína nas desiodases. O aminoácido selênio-cisteína é incorporado no códon UGA pelo transportador RNA, auxiliado pelo complexo S de proteínas acessórias (SBP2 e EFsec) ancorado na alça (SECIS) da região 3'UTR do mRNA. (Adaptada de Bianco *et al.*, 2002.)

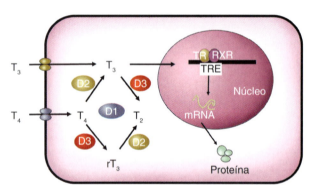

Figura 68.19 ▪ Hormônio tireoidiano no tecido periférico. Esquema do transporte de T_4 e T_3, desiodação do hormônio tireoidiano pelas enzimas desiodases (D1, D2 e D3) e ação nuclear de T_3. (Cortesia do Dr. Theo Visser.)

No excesso de hormônio tireoidiano (ou hipertireoidismo), ocorre aumento da atividade de D1, e, na deficiência desse hormônio (ou hipotireoidismo), há diminuição de sua atividade. Em outras situações, como o jejum prolongado e doenças sistêmicas graves (septicemia, choque, cirurgias extensas), observa-se queda da atividade de D1 e consequente alteração do metabolismo do HT, ocasionando redução do nível sérico de T_3 total e elevação de rT_3, quadro clínico reconhecido como *síndrome do T_3 baixo com eutireoidismo em doença sistêmica grave*. A D1 é a única das três isoformas que é inibida pela propiltiouracila (ou PTU).

A D2 é responsável pela geração intracelular de T_3, sendo encontrada no cérebro, hipófise, tecido adiposo marrom, músculo e coração. A D2 apresenta alta afinidade pela T_4 quando comparada à D1, tendo meia-vida de apenas 20 min. A atuação da D2 é particularmente importante onde a T_3 gerada intracelularmente é imprescindível, como no controle do *feedback* hipotálamo-hipófise-tireoide. T_4 é metabolizada nos tireotrofos da adeno-hipófise pela D2, e a T_3 resultante regula negativamente a transcrição do gene de TSH (por efeito dominante negativo, ver adiante). Desta maneira, o tireotrofo responde prontamente à flutuação de T_4 circulante e à T_3 gerada intracelularmente, mas é menos responsivo à T_3 plasmática. Outra contribuição importante provém da evidência de que o tratamento com PTU, que inibe especificamente a isoforma D1, não é capaz de reduzir a T_3 plasmática, sugerindo um papel importante de D2 na geração de T_3 circulante. A atividade da D2 se encontra aumentada no estado de hipotireoidismo.

A D3 está presente predominantemente na placenta, no sistema nervoso central e na pele. A principal função desta enzima consiste em proteger o tecido do excesso de HT ativo, expressando-se de modo seletivo e temporalmente determinado nos diferentes tecidos. Ocorre aumento da atividade da D3 em paralelo ao aumento de T_3. No SNC, a D3 contribui, no mecanismo homeostático, para a manutenção constante de T_3. Na placenta, a D3 evita a passagem de excesso de T_4 e T_3 materno para o feto, protegendo seletivamente os tecidos em formação contra a exposição precoce ao HT durante a embriogênese.

CAPTAÇÃO E AÇÃO CELULAR

▶ Transportadores de membrana do HT

A entrada do HT na célula é uma etapa importante para a ação biológica do HT. Nos tecidos periféricos, tanto a ativação do HT (*i. e.*, a conversão de T_4 em T_3) como a ação hormonal ocorrem intracelularmente. A passagem do HT do meio extra para o intracelular pela membrana plasmática era atribuída a um processo de difusão passiva, por causa de o HT ser lipofílico (e, portanto, solúvel na membrana lipoproteica). No entanto, pelo fato de esse processo ser saturável e dependente de energia, havia indícios de que o transporte de HT para a célula seria realizado por transportadores membranais. Recentemente, vários transportadores de membrana que realizam a captação de HT nos diferentes tecidos do organismo foram identificados e agrupados em duas categorias: (1) transportadores de ânions orgânicos e (2) transportadores de aminoácidos.

Transportadores de ânions orgânicos

Vários membros da família NTCP (*Na+/taurocholate cotransporting polypeptide*) e OATP (*organic anion transporting polypeptide*) transportam iodotironina de modo não específico, pois outros compostos também atravessam a membrana plasmática via estes transportadores. A proteína transmembrana NTCP tem cerca 50 kDa, apresenta sete domínios transmembrânicos e é codificada pelo gene *SLC10A1* localizado no cromossomo 14q24.1 humano, captando T_4, T_3, rT_3, 3,3'-T_2 e as isoformas sulfatadas de maneira dependente de Na^+. A NTCP se expressa apenas no fígado e, além do HT, transporta ácido bílico. As proteínas da família OATP estão presentes na maioria dos tecidos e teriam um papel multifuncional. Seriam importantes na destoxificação do organismo, facilitando a troca de ânions orgânicos com o bicarbonato intracelular. Dentre as proteínas da família OATP, as das subfamílias OATP1, OATP4 e OATP6 apresentam função mais seletiva, transportando iodotironinas nas diferentes formas, inclusive sulfatadas. Dentre todas estas, a OATP1C1, uma proteína de 712 aminoácidos codificada pelo gene *SLCO1C1*, realiza captação específica de T_4 e rT_3 e está altamente expressa no cérebro, principalmente nos capilares, sugerindo ser crítica para a passagem de T_4 na barreira hematencefálica.

Transportadores de aminoácidos

Devido à característica da composição das iodotironinas (aminoácidos com resíduo tirosina), não seria estranho se os transportadores de aminoácidos estivessem envolvidos na captação de TH. Foi identificado recentemente que o MCT8, uma proteína transmembrana da família MCT (*monocarboxylate transporter*) que transporta aminoácidos aromáticos, tem função ativa e específica na captação de HT pelas células. Estudos *in vitro* mostraram que o MCT8 transporta T_4, T_3 e rT_3, e T_3, rT_3 e T_2 competem com a captação de T_4. Em humanos, o MCT8 é um transportador com alta especificidade para o transporte de T_3. A expressão de MCT8 é particularmente alta no fígado, cérebro e coração. No cérebro, o MCT8 é importante como fonte de T_3 no neurônio. No SNC, os astrócitos expressam desiodase 2 (D2), mas os neurônios não expressam D2. Desta maneira, a T_3 formada pela desiodação de T_4 pela enzima D2 nos astrócitos é transferida para os neurônios através do transporte realizado pelo MTC8 na membrana do neurônio (Figura 68.20). O gene de MCT8, *SLC16A2*, está localizado no cromossomo Xq13.2, e o transcrito de seis éxons codifica uma proteína de cerca de 67 kDa. A proteína MCT8 se ancora na membrana através de 12 domínios transmembrânicos e permite tanto o influxo quanto o efluxo do HT pela membrana plasmática de diferentes tipos celulares, inclusive na glândula tireoide. A deleção ou mutação no gene *MCT8* está associada à síndrome de Allan-Herndon-Dudley, uma grave doença neurológica ligada ao cromossomo X, em que o paciente, além do quadro de retardo psicomotor grave, apresenta nível elevado de T_3 plasmático.

▶ Mecanismo de ação do HT

Após a entrada do HT na célula, não existe dúvida quanto ao fato de que a maioria dos efeitos do HT ocorre pela via de interação com os receptores nucleares regulando a transcrição de genes-alvo, mecanismo conhecido como *ação genômica* (ou *nuclear*). Entretanto, existem evidências crescentes de que o HT (T_4 e T_3) também atue via mecanismo de *ação não genômica* (ou *não nuclear*), cujos efeitos aparecem em frações de segundo e não são inibidos pela ciclo-hexamida, substância que bloqueia a síntese proteica. Estes dois aspectos distintos do mecanismo de ação do HT são abordados a seguir.

Ação genômica

A ação genômica do HT promove modificação da transcrição de genes na célula-alvo. O HT entra na célula e a T_3, proveniente do plasma ou o produto da conversão intracelular de T_4, liga-se ao receptor de HT (ver Figuras 68.18 e 68.19). O receptor de HT é nuclear e se encontra ligado a regiões específicas do DNA do gene-alvo, denominadas regiões TRE (*thyroid hormone reponsive element*). A este complexo, agregam-se diversas proteínas correguladoras que auxiliam na ativação ou na inativação da transcrição dos genes-alvo.

TRE

São sequências específicas de DNA localizadas predominantemente na região *upstream* (a montante) do local de inicialização da transcrição do gene. O TRE caracteriza-se pela presença da sequência de seis nucleotídios AGGT(C/G), organizados em três orientações diferentes: (1) na forma de repetição direta espaçada por quatro nucleotídios quaisquer (DR-4), (2) na forma de palíndromo invertido espaçado por seis nucleotídios quaisquer (F2) e (3) na forma de palíndromo sem nenhum espaçamento (TREpal) (Quadro 68.10). A maioria dos TRE identificados é de DR4, seguida pelo F2, sendo o TREpal mais raramente encontrado.

Receptores nucleares de HT

Os receptores de HT foram caracterizados, em 1986, por dois grupos distintos de investigadores que buscavam identificar proto-oncogenes homólogos à proteína oncogênica viral *v-erb-A*. Foram identificados dois genes similares, denominados atualmente THRA e THRB, cujas proteínas apresentavam alta afinidade e especificidade de ligação ao T_3. Estas proteínas foram reconhecidas como receptores de HT (TR, *thyroid hormone receptor*), com função de fator transcricional

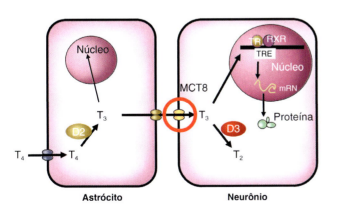

Figura 68.20 ▪ Metabolismo e ação do hormônio tireoidiano no cérebro. No astrócito, o T_4 é desiodado pela enzima D2 gerando T_3 que será transportado para o neurônio pela proteína transportadora MCT8. O T_3 intracelular irá se ligar ao receptor nuclear TR e ativar a transcrição de gene alvo ou será metabolizado pela D3, transformando-se na forma inativa T_2. (Cortesia do Dr. Theo Visser.)

Quadro 68.10 ▪ Sequência gênica do elemento responsivo ao hormônio tireoidiano (TRE) e as orientações e espaçamentos comumente observados no gene responsivo ao HT.

Sequência consenso TRE		AGGTCA ou AGGTGA
Repetição direta	DR4	AGGTCANNNNAGGTCA
Palíndromo invertido	F2	TGACCTNNNNNNGGTCA
Palíndromo	TREpal	AGGTCATGACCT

e intermediando a ação nuclear do HT na regulação da expressão gênica. Os RT apresentam alta homologia com os receptores de esteroides, vitamina D e ácido retinoico, tendo sido incluídos na superfamília de receptores nucleares (ver Capítulo 3, *Sinalização Celular*).

Nos mamíferos, existem três isoformas de TR com atividade funcional. A TRα1, codificada pelo gene TRHA localizado no cromossomo 17, e as TRβ1 e TRβ2, codificadas pelo gene TRHB situado no cromossomo 3. Essas três isoformas ligam-se ao T_3 de maneira similar. O *splicing* alternativo do gene TRHA gera ainda a TRα2, também conhecida como c-erbAα2. A isoforma TRα2 tem homologia estrutural com as outras isoformas, mas não apresenta afinidade com a T_3; no entanto, pode ocupar o local TRE do DNA, competindo com as isoformas TRα1 e TRβ1 na formação de heterodímeros com RXR, inibindo a ação mediada por essas isoformas e influenciando na transcrição do gene-alvo.

As isoformas de TR têm alta homologia de aminoácidos, e os diferentes segmentos são identificados pelos domínios gênicos (A/B, C, D e E) ou proteicos (N-terminal, DBD, H e LBD). Enquanto os domínios A/B apresentam tamanho e homologia variável, os domínios D e E mostram grande homologia entre as diferentes isoformas (Figura 68.21). Mutação e deleção nos domínios D e E são críticas para a atividade transcricional.

Na proteína, à extremidade aminoterminal (N-terminal) segue-se uma região central de ligação do DNA (DBD ou *DNA-binding domain*), composta por: (1) duas estruturas *dedo de zinco* (formadas por um zinco central ligado a quatro cisteínas), (2) domínio H (ou *hinge*, que constitui uma dobradiça que confere mobilidade às extremidades da molécula) e (3) uma porção C-terminal denominada LBD (ou *ligand-binding domain*, que se liga à T_3).

Mecanismo molecular da ação do TR

Diferentemente dos receptores de esteroides que se ligam ao DNA compondo homodímeros, o TR se liga ao DNA do gene-alvo como monômero, homodímero ou heterodímero. A situação predominante é a formação de heterodímero de TR com o receptor nuclear RXR. O TR pode ainda dimerizar-se com o receptor do ácido retinoico, com o receptor de vitamina e com o PPARγ (*peroxisome proliferator activated receptor*). O heterodímero TR:RXR é o mais importante complexo (ver Figura 68.19). Existe maior afinidade na união TR:RXR que entre homodímeros de TR, além de maior estabilidade da ligação TR:RXR com o local TRE que com monômeros ou homodímeros de TR, e ainda melhor ativação transcricional de TR quando associado ao RXR, atuando na forma heterodimérica.

O HT transmite diversos sinais que variam conforme o tecido e os genes, e, ao contrário dos hormônios esteroides que só ativam, o HT regula a ativação ou a repressão da transcrição de RNA mensageiros específicos em células-alvo.

Repressão da transcrição na ausência do HT

A ligação de TR ao TRE acontece independentemente da presença de T_3; e, na ausência de T_3 ligada ao TR, ocorre repressão da transcrição deste gene. Diversas proteínas corregulatórias se unem ao homo (TR:TR) ou heterodímero (TR:RXR): (1) as proteínas correpressoras da família NCoR (*nuclear receptor co-repressor*), (2) a SMRT (*silencing mediator for retinoic acid receptor and TR*), (3) a Sin3 e (4) as HDAC (desacetilases de histona). Este complexo repressor promove a desacetilação das histonas, compactando a cromatina e impedindo a atuação dos fatores de transcrição basal TAFII/TBP e da *RNA polimerase II* (Figura 68.22).

Ativação da transcrição na presença de HT

A ligação de T_3 ao TR, previamente ligados ao TRE, ativa a transcrição de mRNA. Quando o T_3 se liga ao TR, o complexo repressor se desliga, ocorrendo interação subsequente de diversas proteínas coativadoras. As proteínas que atuam como coativadores de TR são membros da família de proteínas SRC (*steroid receptor co-activator*) e de proteínas que formam o complexo DRIP/TRAP (*vitamin D receptor interacting protein/TR associated protein*, composto por cerca de 15 subunidades). As proteínas SRC têm em geral peso molecular em torno de 160 kDa e por isso são conhecidas também como proteínas p160. Três isoformas de SRC (SRC-1, 2 e 3) atuam no aumento da transcrição de vários receptores nucleares, inclusive de TR.

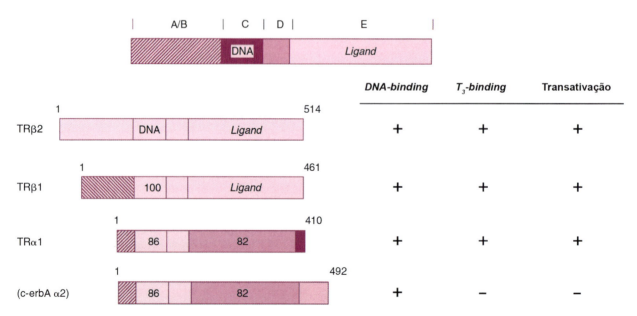

Figura 68.21 • Representação esquemática do receptor do hormônio tireoidiano (TR) com indicação: dos domínios gênicos (letras A a E), do segmento proteico correspondente, das características de homologia e número de aminoácidos, e da atividade biológica das isoformas de TR e do oncogene c-erbA α2. (Adaptada de Yen, 2001.)

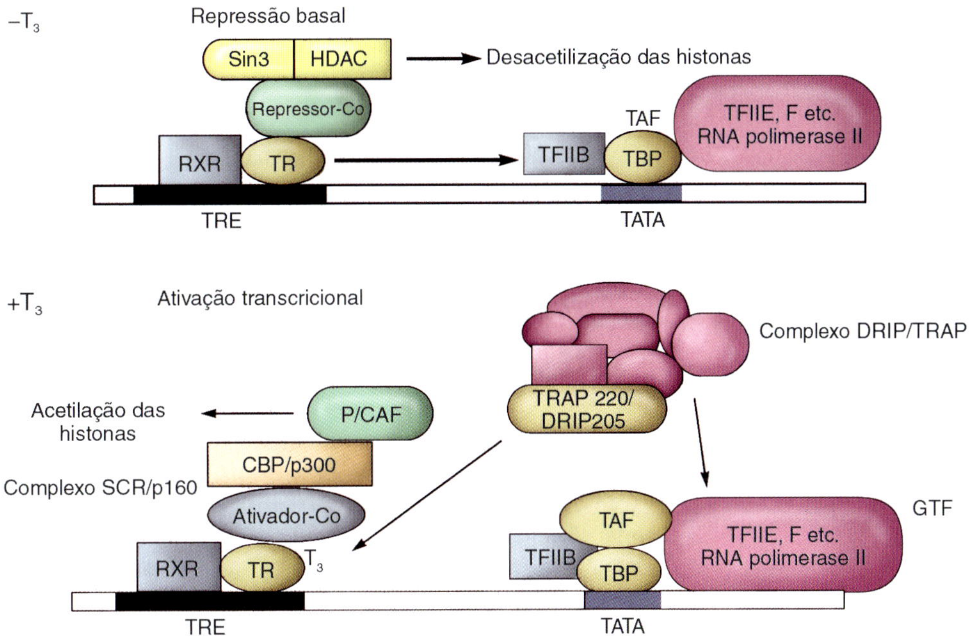

Figura 68.22 ▪ Modelo molecular da repressão (–T₃) e da ativação (+T₃) pelo hormônio tireoidiano e as proteínas reguladoras envolvidas na transcrição do gene-alvo. Descrição da figura no texto. (Adaptada de Yen, 2006.)

A interação de SRC-1 com CBP/p300 e PCAF (*p300/CBP associated factor*) promove a acetilação das histonas, por isso estas duas proteínas em conjunto são chamadas de HAT (*histone acetiltransferase*). A HAT tem um papel importante na ativação da transcrição, pois a acetilação das histonas ocasiona o afrouxamento da cromatina, facilitando a atuação dos fatores de transcrição basal (TAFII/TBP) e da RNA polimerase II na transcrição de RNA mensageiro (ver Figura 68.22).

As isoformas de TR são expressas de maneira específica em diferentes tecidos e de modo distinto nas várias fases de desenvolvimento embrionário, fetal e pós-natal. Os receptores TRα1 e TRα2 são encontrados principalmente no epitélio do intestino delgado, pulmão e durante os estágios precoces do desenvolvimento. No músculo esquelético, no miocárdio e no tecido adiposo, são abundantes o TRα1 e, no cérebro, o TRα2. O receptor TRβ1 é altamente expresso no fígado e no rim, e em menor extensão no músculo esquelético, no miocárdio e no cérebro; e o receptor TRβ2 é expresso no hipotálamo e na hipófise. A expressão variada dos TR é um mecanismo regulatório de atuação seletiva dos HT nos tecidos. A mutação nos genes do TR, predominantemente observada no gene TRβ, pode causar resistência à ação do hormônio tireoidiano; tal anomalia é conhecida como *síndrome da resistência* ao HT, que se caracteriza pela falta de ação do HT nos tecidos onde predomina o TRβ.

O T₃, uma vez ligado ao seu receptor no núcleo da célula-alvo, induz mudanças na expressão gênica, aumentando ou diminuindo a atividade transcricional. Alguns exemplos de genes regulados pelo HT estão listados no Quadro 68.11. O produto dos genes modulados pelo HT participa de uma ampla gama de funções que incluem: vias de sinalização da glicogênese, lipogênese, sinalização da insulina, apoptose e proliferação celular. A caracterização da ação genômica inclui o reconhecimento de sequência TRE no gene-alvo.

Ação não genômica

A maioria dos efeitos do HT (T₃ e T₄) ocorre pela ligação de T₃ aos receptores nucleares (TR), modulando a atividade transcricional de genes regulados pelo HT. No entanto, T₃ e T₄ podem exercer seus efeitos por mecanismos não genômicos. A ação não nuclear do HT é observada rapidamente, em segundos ou minutos, ocorre na membrana plasmática e na mitocôndria, não depende de síntese proteica e não envolve os TR nucleares.

A existência de sítios de ligação para o HT na superfície celular era conhecida há muitos anos, mas relutava-se em utilizar o termo receptor de membrana para a ação local do HT na membrana. Descobertas mais recentes indicam que a *integrina αVβ3*, uma proteína estrutural heterodimérica localizada na membrana plasmática, liga-se ao HT na região que se superpõe ao local de seu ligante clássico, o peptídio RGD (arginina-glicina-asparagina). A conformação espacial deste sítio da integrina é propícia não somente para a ligação do peptídio RGD, mas também para a ligação de T₄ ou de Tetrac, que competem na ligação neste domínio extracelular formado pelas cadeias αV e β3. A ligação do HT, T₄ ou T₃, ao receptor de membrana integrina αVβ3 pode ser um dos mecanismos que ativam a cascata de sinalização intracelular MAPK (*mitogen-activated protein kinase*) (Figura 68.23). Além disso, existe uma interface de atuação não genômica do HT, influenciando sua ação genômica. Neste processo, a ativação da via MAPK

Quadro 68.11 ▪ Genes regulados pela T₃.

Genes regulados positivamente	
Sintetase de ácidos graxos	Enzima lipogênica Spot14
Enzima málica	Desiodase tipo1 (D1)
Hormônio do crescimento	UCP1
Miosina – cadeia pesada α	Mielina básica
Genes regulados negativamente	
Receptor de EGF	TRH
Miosina – cadeia pesada β	TSH cadeia α e cadeia β
Prolactina	Desiodase tipo 2 (D2)

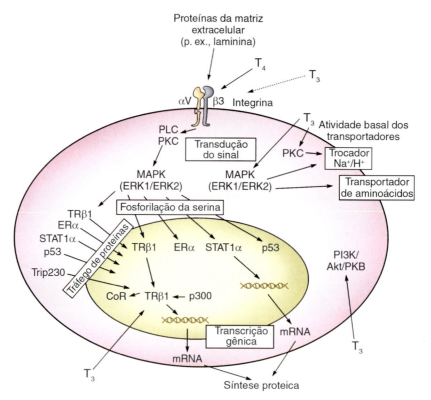

Figura 68.23 • Esquema representativo da ação não genômica do hormônio tireoidiano. A ligação de T_4 e T_3 com a proteína de membrana *integrina αVβ3* ativa a sinalização MAPK (ERK1/ERK2), que ativará uma série de proteínas (TRβ1, ERα, STAT1α) pela fosforilação de serinas que atuarão na mobilização das proteínas de tráfego, contribuindo indiretamente para a ação genômica do hormônio tireoidiano (ver texto). A ativação da via MAPK aumenta a atividade das proteínas transportadoras (*trocador Na^+/H^+ e transportador de aminoácidos*). Sugere-se que o T_3 atue ativando a via de sinalização PKC e PI3 K/Akt/PKB. (Adaptada de Davis *et al.*, 2005.)

por efeito não genômico de HT desencadeia uma cascata de sinalização intracelular, que fosforila os TR nucleares. A fosforilação dos resíduos lisina de TR altera a interação destes com as proteínas correguladoras e acelera o tráfego intracelular de proteínas coativadoras. Na ação não genômica, nota-se um efeito mais potente de T_4 que de T_3, sugerindo um papel hormonal importante de T_4, que desta maneira se expande além da condição de pró-hormônio.

A ativação da via MAPK pelo HT promove a alteração do tráfico intracelular e a fosforilação dos receptores estrogênicos (ER) e da proteína p53. São ainda atribuídos à ação não genômica do HT: (1) o rápido aumento da atividade das calmodulinas e dos transportadores iônicos (trocador Na^+/H^+, canal de Na^+ e Ca^{2+}-ATPase) nos miócitos e cardiomiócitos, (2) o aumento de captação de glicose e (3) o controle do transporte de cálcio e da remodelação da actina, modificando o citoesqueleto em vários tecidos.

AÇÃO FISIOLÓGICA DO HT

A presença de receptores de HT (TR) em virtualmente todos os tecidos do organismo ressalta a importância do papel vital do HT na função celular. O amplo espectro de sua ação pode ser inferido pela variabilidade na expressão e regulação dos TR e dos genes responsivos nos diferentes tecidos e em fases distintas da vida. Deste modo, além de sua participação na regulação do metabolismo celular, exerce efeito em órgãos específicos durante o período de desenvolvimento e após o nascimento (Quadro 68.12). Embora o reconhecimento de um número crescente de genes regulados pelo HT tenha se expandido nos últimos anos, não temos ainda a compreensão global da implicação destes achados na função do HT. Muitos dos efeitos fisiológicos do HT foram constatados a partir de modelos experimentais de hipertireoidismo (administrando T_4 ou T_3) e de hipotireoidismo (removendo a glândula ou utilizando fármacos que bloqueiem a síntese hormonal).

▶ Efeito na termogênese

Nos animais homeotérmicos, inclusive humanos, a temperatura corporal é mantida em limite bastante estreito, próximo a 37°C, independente da extrema variabilidade da temperatura do ambiente. Para manter esta temperatura e as funções vitais da célula, os animais homeotérmicos produzem calor, por um mecanismo designado *termogênese obrigatória* (ou termogênese basal), que costuma ser avaliada pela taxa de metabolismo basal (TMB), medindo-se o consumo de oxigênio do indivíduo em repouso. Em ambiente de termoneutralidade, a termogênese obrigatória é suficiente, mas, em ambiente extremamente frio, é necessário ativar a termogênese facultativa. A função termogênica do HT foi incorporada como um processo evolutivo nos animais homeotérmicos, ao contrário dos animais de sangue frio (ou poiquilotérmicos), sendo essencial na termogênese obrigatória e na termogênese facultativa.

As primeiras evidências de que o HT exerce importante papel na termogênese foram observadas pela intolerância ao frio no estado de hipotireoidismo e ao calor no de hipertireoidismo. Experimentos realizados há mais de 60 anos mostraram que nos animais com tireotoxicose ocorria elevação da TMB, avaliada pelo consumo de oxigênio, na maioria dos tecidos (exceto cérebro, baço e testículo).

Quadro 68.12 • Função fisiológica do hormônio tireoidiano.

Molécula ou tecido-alvo	Função	Ação fisiológica
Músculo esquelético e tecido adiposo marrom	Metabolismo	Termogênese obrigatória e facultativa
Coração	Cronotrópico	Potencializa a ação dos receptores β-adrenérgicos
	Inotrópico	Aumenta a resposta das catecolaminas
		Aumenta as miosinas de maior atividade ATPase
Sistema nervoso	Desenvolvimento	Desenvolvimento normal do SNC
Osso	Desenvolvimento e remodelação	Crescimento normal e maturação
		Síntese e reabsorção óssea
Tecido adiposo	Diferenciação e catabolismo	Maturação de pré-adipócito
		Lipogênese
Ácidos graxos	Metabolismo	Síntese e degradação de colesterol
		Síntese de receptores LDL
Proteína	Metabolismo	Síntese e proteólise
Carboidrato	Metabolismo	Gliconeogênese
		Glicogenólise
		Incorporação da glicose nas células

Um dos mecanismos atribuídos à geração de calor pelas células dos diferentes tecidos é o aumento do desacoplamento mitocondrial. As proteínas mitocondriais UCP (*uncoupling protein*) facilitam o retorno do próton do espaço intramembranoso para a matriz mitocondrial, processo conhecido como desacoplamento fisiológico da mitocôndria, que produz calor. O HT aumenta a expressão das proteínas UCP1 (no tecido adiposo marrom), UCP2 (no fígado e no tecido adiposo) e UCP3 (no músculo esquelético, no coração e no tecido adiposo marrom). Entretanto, até o momento, não foi evidenciada a capacidade desacopladora da UCP2. O HT estimula a lipólise, fazendo crescer a disponibilidade de lipídio, outro componente essencial do desacoplamento mitocondrial. A importância da UCP na termogênese de humanos adultos consolidou-se com a identificação da isoforma UCP3, verificando-se que está presente extensivamente no tecido muscular esquelético, ao contrário da UCP1, que, em humanos, está praticamente restrita ao período neonatal.

Outro mecanismo fisiológico atribuído ao HT, que contribui para a termogênese obrigatória, seria a estimulação do consumo de ATP. O HT promove, direta ou indiretamente, o influxo celular de Na^+ e o efluxo de K^+; assim, restitui o gradiente destes íons através da membrana celular, o que aumenta a atividade e a expressão da Na^+/K^+-ATPase, que ocorre predominantemente no tecido epitelial de grande atividade transportadora, como rim e intestino. Além disso, na transferência de Ca^{2+} do citosol para o retículo sarcoplasmático, o HT eleva o consumo de ATP pelo crescimento da atividade da Ca^{2+}-ATPase.

A termogênese facultativa é ativada pelo sistema nervoso autônomo simpático, mas é modulada de maneira importante pelo HT. Na ausência de HT, os animais expostos ao frio ficam hipotérmicos, pois não conseguem sustentar o estímulo noradrenérgico para geração de calor suplementar; esse quadro se reverte com a administração de HT.

▶ Efeito no metabolismo lipídico

O HT acelera a diferenciação dos pré-adipócitos em adipócitos, exercendo múltiplos efeitos no metabolismo de lipídios. A síntese de colesterol e a conversão/degradação metabólica encontram-se deprimidas na deficiência do HT. No entanto, como a degradação é afetada em maior extensão que a síntese, no estado hipotireóideo o nível sérico de colesterol total aumenta, devido principalmente à elevação do colesterol e da lipoproteína de baixa densidade (LDL). A intensificação do metabolismo de colesterol pelo HT seria, ainda, pelo crescimento do número de receptores de LDL na superfície das células. Quanto aos ácidos graxos, sabe-se que o HT intensifica a lipólise no tecido adiposo.

▶ Efeito no metabolismo proteico

Tanto a síntese como a degradação proteicas são estimuladas pelo HT. O estímulo da síntese pode ser responsável por parte do efeito termogênico do HT. A influência do HT no crescimento normal do indivíduo está relacionada com a promoção dessa síntese. No excesso de HT, o catabolismo proteico fica acelerado, levando ao aumento na excreção de nitrogênio.

▶ Efeito no metabolismo de carboidratos

O HT intensifica a ação da epinefrina na promoção da glicogenólise e gliconeogênese; adicionalmente, o HT potencializa a ação da insulina na utilização da glicose e na síntese de glicogênio. O HT aumenta a taxa de absorção intestinal e a entrada da glicose nos diferentes tecidos, estimulando a expressão e a disponibilidade das proteínas transportadoras de glicose (GLUT) na superfície celular.

▶ Efeito nos sistemas simpático e cardíaco

Muitos dos efeitos do HT, particularmente no sistema cardíaco, são similares aos induzidos pelas catecolaminas. O HT apresenta acentuado efeito cronotrópico e inotrópico no coração. O excesso de HT aumenta a responsividade adrenérgica cardíaca, provavelmente amplificando a ação pós-receptora das catecolaminas. Os inibidores beta-adrenérgicos revertem alguns dos efeitos do hipertireoidismo clínico, como a taquicardia; no entanto, outras ações do hipertireoidismo não são alteradas pelo bloqueio beta-adrenérgico, como a elevação do consumo de O_2. O HT aumenta a expressão da miosina MHCα que predomina na região atrial, resultando na subida da velocidade da contração cardíaca, ocorrendo o oposto com a diminuição do HT.

▶ Efeito no músculo esquelético

Pela extensa distribuição no organismo e abundância de UCP3, o músculo esquelético contribui de maneira importante para a manutenção da temperatura corporal. O HT regula a expressão dos genes que codificam as diferentes isoformas da cadeia pesada da miosina (MHC) e do transportador de cálcio SERCA, que em conjunto ocasionam maior atividade da Ca^{2+}-ATPase e mobilização do cálcio nos miócitos. No hipertireoidismo, pode ocorrer grave fraqueza muscular (denominada *miopatia tireotóxica*) que se agrava em pacientes com alterações no genes transportadores de K^+ (que passam a apresentar a *paralisia periódica hipopotassêmica tireotóxica*); mas ambos os quadros se revertem quando os níveis de HT retornam ao normal.

▶ Efeito no tecido ósseo

O HT tem atuação direta na remodelação óssea, influenciando tanto a formação como a reabsorção ósseas. Nos osteoblastos, o HT aumenta a fosfatase alcalina e a osteocalcina; nos osteoclastos, o HT eleva os marcadores de atividade, tais como a hidroxiprolina e o piridínio urinário. O excesso de HT encurta o intervalo de tempo entre a formação óssea e a subsequente desmineralização, o que ocasiona crescimento da porosidade óssea cortical e afinamento das trabéculas. Nas mulheres pós-menopausa, o efeito do excesso de HT se potencializa devido à falta de estrógeno, acarretando a aceleração da perda da densidade mineral óssea (chamada de *osteoporose*), o que faz crescer o risco de fratura óssea.

▶ Efeito na hematopoese

O HT aumenta a eritropoese, estimulando a expressão gênica da eritropoetina induzida pelo HIF-1 (*hypoxia-inducible factor 1*). Nos eritrócitos, o HT eleva o nível de 2,3-difosfoglicerato (2,3-DPG), que promove a dissociação de O_2 da hemoglobina, e assim aumenta a disponibilidade de O_2 nos tecidos. Estes mecanismos ocorrem como uma compensação ao crescimento do consumo de O_2 induzido pelo HT. No hipotireoidismo, acontece o inverso, havendo menor consumo de O_2 e diminuição da eritropoese.

▶ Efeito no sistema endócrino

O HT tem um efeito geral que aumenta o metabolismo e o *clearance* de vários hormônios e agentes farmacológicos. Ele estimula o crescimento do *clearance* dos hormônios esteroides, o que leva à elevação compensatória das suas sínteses. Como tanto a síntese quanto a degradação estão aumentadas, o nível plasmático de cortisol permanece inalterado. Grande parte dos pacientes com hipotireoidismo apresenta elevação da prolactina decorrente do aumento do TSH hipofisário, que volta ao nível normal quando recebem tratamento com HT. No hipotireoidismo, há menor secreção de LH e de FSH, sendo comum ocorrer falta de ovulação e distúrbios menstruais, como a menorragia (menstruação mais prolongada). A necessidade de insulina geralmente está aumentada em pacientes com hipertireoidismo. A diminuição do *clearance* da água no hipotireoidismo pode ser secundária à elevação da atividade do hormônio antidiurético, mas também pode estar relacionada com a alteração da hemodinâmica intrarrenal.

▶ Crescimento e desenvolvimento

O HT é essencial para o crescimento normal e a maturação óssea. Em algumas espécies animais, ele regula o gene do hormônio de crescimento (GH), mas, no gene do GH humano, não existem elementos responsivos ao HT. Em humanos, mesmo sem alteração do GH, na falta de HT há atraso no desenvolvimento e no crescimento. Em crianças, o hipotireoidismo atrasa, ao passo que o hipertireoidismo acelera a maturação óssea e o fechamento da epífise óssea. Nos anfíbios, o HT promove a metamorfose induzindo a apoptose da cauda do girino; na ausência de HT, ocorre interrupção drástica da transformação do girino em sapo, evidenciando a importância do HT na diferenciação celular e no desenvolvimento.

▶ Efeito no desenvolvimento do sistema nervoso

O HT é criticamente importante no desenvolvimento fetal, particularmente do sistema nervoso. O HT materno não atravessa a placenta em quantidade suficiente para manter o eutireoidismo fetal; assim, o feto no período intrauterino depende do hormônio sintetizado pela sua própria glândula, que se inicia a partir da 10ª-11ª semana de gestação.

O termo *cretinismo* caracteriza o intenso retardo mental e déficit de crescimento decorrentes do hipotireoidismo intrauterino e materno, em regiões de grave carência de iodo. Nessas regiões, o suprimento inadequado de iodo persistirá após o nascimento, pois o leite materno não conterá iodo suficiente para a síntese de HT pelo recém-nascido, comprometendo ainda mais seu desenvolvimento neurológico. Mesmo em regiões suficientes em iodo, recentes investigações constataram que o hipotireoidismo materno na fase inicial da gravidez (ainda que de moderada intensidade) afeta o desenvolvimento neurológico e intelectual da criança a longo prazo.

No sistema nervoso central, o déficit de HT atinge o córtex cerebral, o gânglio basal e a cóclea. No cerebelo de animal hipotireóideo, ocorrem redução na arborização dendrítica das células de Purkinje e atraso na migração das células granulares para a camada granular interna.

No recém-nascido com hipotireoidismo (denominado *hipotireoidismo congênito*), que aparece em 1 de cada 3.000 nascimentos, o dano permanente no desenvolvimento neurológico pode ser evitado se a reposição do HT for iniciada nas primeiras 2 semanas de vida. Este tratamento previne o potencial déficit intelectual decorrente da falta de HT no primeiro ano de vida. No Brasil, assim como em outras partes do mundo, o TSH é dosado na gota de sangue obtido do calcanhar do recém-nascido (colhido em papel-filtro); essa avaliação, conhecida como *teste do pezinho*, é utilizada para o diagnóstico precoce do hipotireoidismo no recém-nascido.

BIBLIOGRAFIA

BIANCO AC, SALVATORE D, GEREBEN B *et al.* Biochemistry, cellular and molecular biology, and physiological roles of the iodothyronine selenodeiodinases. *Endocr Rev*, 23(1):38-89, 2002.

DAVIS PJ, DAVIS FB, CODY V. Membrane receptors mediating thyroid hormone actions. *Trends Endocrinol Metab*, 16(9):429-35, 2005.

DE FELICE M, DI LAURO R. Thyroid development and its disorders: genetics and molecular mechanisms. *Endocr Rev*, 25(5):722-46, 2004.

DOHAN O, DE LA VIEJA A, PARODE V et al. The sodium/iodide symporter (NIS): characterization, regulation, and medical significance. *Endocr Rev*, 24(1):48-77, 2003.

EKHOLM R. Anatomy and development. In: DeGROOT L (ed.). *Endocrinology*. v. 1. 3. ed. W.B. Saunders, Philadelphia, 1995.

FAGMAN H, NILSSON M. Morphogenetics of early thyroid development. *J Mol Endocrinol*, 46(1):R33-42, 2011.

GREEN WL (Ed.). *The Thyroid*. Elsevier, New York, 1987.

GREENSPAN FS, FORSHAM PH (Eds.). *Basic & Clinical Endocrinology*. Lange Medical Publications, Los Altos, 1990.

JANSEN J, FRIESEMA EC, MILICI C et al. Thyroid hormone transporters in health and disease. *Thyroid*, 15(8):757-68. 2005.

KOPP P. Pendred's syndrome: identification of the genetic defect a century after its recognition. *Thyroid*, 9(1):65-9, 1999.

KIMURA T, VAN KEYMEULEN A, GOLSTEIN J et al. Regulation of thyroid cell proliferation by TSH and other factors: a critical evaluation of *in vitro* models. *Endocr Rev*, 22(5):631-56, 2001.

REFETOFF S, DUMITRESCU AM. Syndromes of reduced sensitivity to thyroid hormone: genetic defects in hormone receptors, cell transporters and deiodination. *Best Pract Res Clin Endocrinol Metab*, 21(2):277-305, 2007.

SILVA JE. Thermogenic mechanisms and their hormonal regulation. *Physiol Rev*, 86(2):435-64, 2006.

VAISMAN M, ROSENTHAL D, CARVALHO DP. Enzymes involved in thyroid iodide organification. *Arq Bras Endocrinol Metab*, 48(1):9-15, 2004.

VASSART G, DUMONT JE. The thyrotropin receptor and the regulation of thyrocyte function and growth. *Endocr Rev*, 13(3):596-611, 1992.

VONO-TONIOLO J, KOPP P. Thyroglobulin gene mutations and other genetic defects associated with congenital hypothyroidism. *Arq Bras Endocrinol Metabol*, 48(1):70-82, 2004.

YEN PM. Physiological and molecular basis of thyroid hormone action. *Physiol Rev*, 81(3):1097-142, 2001.

YEN PM. Thyroid hormone action at the cellular, genomic and target gene levels. *Mol Cell Endocrinol*, 246:121-7, 2006.

ZIMMERMANN MB. Iodine deficiency. *Endocr Rev*, 30(4):376-408, 2009.

Capítulo 69

Glândula Suprarrenal

Lucila Leico Kagohara Elias | Fabio Fernandes Rosa | José Antunes-Rodrigues | Margaret de Castro

- Introdução, *1138*
- Esteroidogênese suprarrenal, *1139*
- Metabolismo dos esteroides suprarrenais, *1144*
- Ações dos glicocorticoides, *1144*
- Ações da aldosterona, *1147*
- Ações dos andrógenos suprarrenais, *1151*
- Medula suprarrenal, *1152*
- Bibliografia, *1153*

INTRODUÇÃO

As glândulas suprarrenais estão localizadas acima dos rins, assim sua denominação, também, de glândulas suprarrenais. Cada glândula é revestida por uma cápsula de tecido conjuntivo denso e apresenta uma região interna – *córtex* – e outra interna – *medula* (Figura 69.1). O córtex suprarrenal deriva de células mesenquimais ligadas à cavidade celômica. A suprarrenal fetal é evidenciada a partir de 6 a 8 semanas de gestação. Na vida intraútero e até 12 meses pós-natal, duas zonas suprarrenais são observadas, uma zona fetal, e uma zona definitiva que se diferenciará na glândula suprarrenal do adulto em zona glomerulosa (mais externa) e fasciculada (intermediária), enquanto a zona reticular (mais interna) só é evidente após 1 ano de vida. As três zonas do córtex suprarrenal secretam diferentes hormônios esteroidais e estão sob diferente regulação. A zona glomerulosa da glândula suprarrenal constitui cerca de 15% do córtex, sendo responsável pela síntese de mineralocorticoides. A fasciculada abrange aproximadamente 75% do córtex e produz os glicocorticoides. A zona reticular representa 10% do córtex, sendo responsável pela síntese de esteroides C_{19}, chamados andrógenos suprarrenais. As células cromafins da medula renal produzem epinefrina e quantidades variáveis de norepinefrina (ver Figura 69.1).

A divisão do córtex suprarrenal por zonas é crítica para a diferenciação da regulação da síntese de glico- e mineralocorticoides, que pode ser exemplificada pela quantidade de aldosterona necessária para o controle do balanço salino cerca de 100 a 1.000 vezes menor que a quantidade de cortisol necessária para o controle do metabolismo dos carboidratos. Assim, sem a divisão funcional haveria um excesso de mineralocorticoide, caso os precursores progesterona e 11-desoxicorticosterona, que são também sintetizados na camada fasciculada em quantidades elevadas, fossem convertidos a aldosterona.

As glândulas suprarrenais recebem sua irrigação sanguínea de ramos das artérias renais ou da porção lombar da aorta e seus ramos principais. Estas artérias penetram as cápsulas suprarrenais e se dividem para formar o plexo subcapsular, do qual pequenos ramos seguem em direção à medula

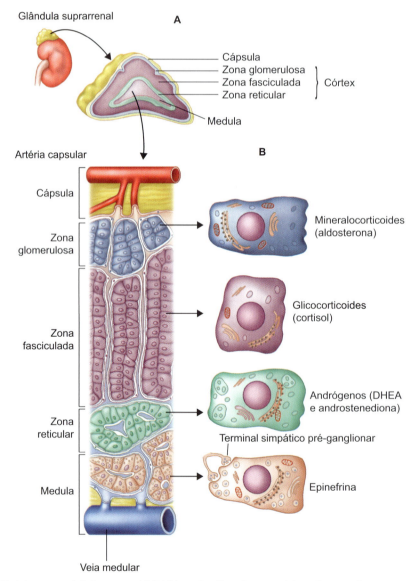

Figura 69.1 • Anatomia da glândula suprarrenal. **A.** A suprarrenal é dividida em 2 regiões: córtex e medula; o córtex tem 3 zonas que envolvem a medula: glomerulosa (mais externa), fasciculada (intermediária) e reticular (mais interna). **B.** Hormônios sintetizados pelas zonas corticais e pela medula. O suprimento sanguíneo entra pela região subcapsular da glândula e flui pelo leito capilar do córtex até a medula. (Adaptada de Barrett, 2005.)

suprarrenal e drenam em vênulas nesta região da glândula (ver Figura 69.1). À direita, a veia suprarrenal entra diretamente na veia cava inferior, enquanto, à esquerda, a drenagem da suprarrenal ocorre pela veia renal esquerda. O fluxo sanguíneo do córtex suprarrenal para a medula permite a síntese e secreção de epinefrina em grandes concentrações, por exemplo, durante o estresse, pois a atividade da enzima envolvida na síntese de epinefrina (feniletanolamina-N-metiltransferase) é especificamente induzida pelo glicocorticoide, como descrito adiante.

ESTEROIDOGÊNESE SUPRARRENAL

O precursor para todos os hormônios adrenocorticais é o colesterol, que pode ser sintetizado a partir da acetilcoenzima A; mas a maior fonte do colesterol para a esteroidogênese é o colesterol transportado no plasma pelas lipoproteínas de baixa densidade (LDL). Estas lipoproteínas são captadas pelas células adrenocorticais por meio de receptores específicos de LDL presentes na membrana celular. Após sua entrada na célula, o colesterol é esterificado e estocado em vacúolos citoplasmáticos. O ACTH regula a hidrólise dos ésteres de colesterol pela ativação da esterase de colesterol e inibindo a colesterol aciltransferase.

Para que a esteroidogênese ocorra, o colesterol deve ser transportado para a membrana interna da mitocôndria. A proteína StAR (*steroidogenic acute regulatory protein*) desempenha um papel essencial na esteroidogênese, facilitando o transporte da molécula de colesterol para a membrana interna da mitocôndria. Evidências do envolvimento da proteína StAR na produção de hormônios esteroides são constatadas pela observação de que mutações no gene *StAR* causam hiperplasia congênita suprarrenal lipoídica, em que a síntese de esteroides nas suprarrenais e gônadas é diminuída e há acúmulo intracelular de colesterol em grandes vacúolos.

A proteína StAR interage com outras proteínas ancoradas na membrana externa da mitocôndria, como o canal de ânion dependente de voltagem (VDAC, *voltage-dependent anion channel*) e a proteína translocadora de 80 kDa (*translocator protein*, TSPO, inicialmente denominada receptor periférico de benzodiazepínicos). O complexo formado por essas proteínas permite a translocação do colesterol para a membrana interna da mitocôndria, onde estão localizadas CYP11A1, adrenotoxina e adrenotoxina redutase, que realizam a clivagem inicial do colesterol.

▶ Síntese de glicocorticoides, mineralocorticoides e andrógenos

Para que o córtex suprarrenal sintetize os glicocorticoides, os mineralocorticoides e os esteroides sexuais, são necessários vários passos enzimáticos. A Figura 69.2 esquematiza as etapas da esteroidogênese suprarrenal, e o Quadro 69.1 apresenta as enzimas necessárias para a síntese de cortisol, aldosterona e andrógenos suprarrenais. Após o seu transporte para a membrana interna da mitocôndria, a molécula de colesterol sofre clivagem de sua cadeia lateral e conversão para pregnenolona, pela enzima CYP11A1 (P450$_{scc}$). Este passo inicial na síntese de hormônios esteroides envolve 3 reações: 20α-hidroxilação, 22-hidroxilação e clivagem da cadeia lateral. A clivagem da cadeia lateral da molécula de colesterol constitui o passo limitante na esteroidogênese.

Na via de *síntese dos glicocorticoides*, a pregnenolona sofre desidrogenação na posição 3β pela ação da enzima 3β-hidroxiesteroide desidrogenase (3β-HSD), levando à formação de progesterona. Tanto a pregnenolona quanto a progesterona são hidroxiladas na posição C$_{17}$α pela enzima microssomal 17α-hidroxilase (CYP17), formando 17α-hidroxipregnenolona (17α-OHPreg) e 17α-hidroxiprogesterona (17α-OHP), respectivamente. Uma via alternativa para a síntese da 17α-OHP pode ocorrer a partir da 17-OHPreg pela ação da 3β-HSD. A seguir, ocorre uma 21-hidroxilação pela enzima 21-hidroxilase (CYP21A2), convertendo 17-OHP em 11-desoxicortisol. As reações que envolvem a formação de 11-desoxicortisol a partir da pregnenolona ocorrem no retículo endoplasmático. O 11-desoxicortisol é, então, transportado do retículo endoplasmático de volta para a membrana interna da mitocôndria, onde sofre 11-hidroxilação pela enzima 11β-hidroxilase (CYP11B1), dando origem ao cortisol.

A *síntese da aldosterona* é realizada na zona glomerulosa do córtex suprarrenal, está sob controle do sistema renina-angiotensina e, de forma mais direta, sob influência das concentrações de angiotensina II e potássio. A produção de renina pelo aparelho justaglomerular é estimulada em condições nas quais ocorrem: diminuição das concentrações de sódio no organismo, queda da pressão arterial renal e perda de volume e eletrólitos. Na via de síntese de mineralocorticoides, a progesterona é formada a partir do colesterol, como ocorre na zona fasciculada na via de síntese de cortisol. A progesterona na zona glomerulosa sofre hidroxilação no carbono 21, pela ação da CYP21A2, formando a 11-desoxicorticosterona. Este composto dá origem à corticosterona pela ação da enzima CYP11B2, também chamada de aldosterona sintase. A corticosterona pode ser formada, também, pela ação da CYP11B1, cuja expressão ocorre tanto na zona fasciculada como na glomerulosa. Pela ação da aldosterona sintase, a corticosterona sofre 18-hidroxilação e 18-metil oxidação, formando a aldosterona.

A secreção de andrógenos pela suprarrenal corresponde a mais de 50% das concentrações de andrógenos circulantes na mulher. No homem, a principal fonte de andrógenos é fornecida pelos testículos, sendo pequena a contribuição suprarrenal em condições fisiológicas. A *síntese de andrógenos* ocorre na zona reticular e é estimulada pelo ACTH. No citoplasma, a pregnenolona formada a partir do colesterol é transformada em progesterona pela 3β-HSD. Em seguida, a progesterona é hidroxilada pela 17α-hidroxilase (CYP17), formando a 17-hidroxiprogesterona. A remoção da cadeia lateral C$_{20-21}$ é catalisada pela enzima CYP17, que também tem atividade 17,20-liase, levando à formação de desidroepiandrosterona (DHEA) e androstenediona. No ser humano, no entanto, a 17-hidroxiprogesterona não é um substrato eficiente para a CYP17, portanto ocorre pouca conversão deste esteroide em androstenediona. A síntese de androstenediona é dependente da conversão de DHEA catalisada pela 3β-HSD. Mais de 99% da DHEA é sulfatada, originando o composto sulfato de desidroepiandrosterona (SDHEA), e este processo é catalisado pela DHEA sulfotransferase. Esteroides sulfatados não são substratos para as enzimas de degradação, possibilitando concentrações mais elevadas e meia-vida mais longa do SDHEA. A androstenediona e a DHEA são andrógenos pouco potentes, porém, pela ação da enzima periférica, 17-cetoesteroide redutase, a androstenediona pode ser convertida em testosterona. Deve ser ressaltado que a suprarrenal produz apenas pequenas quantidades de testosterona.

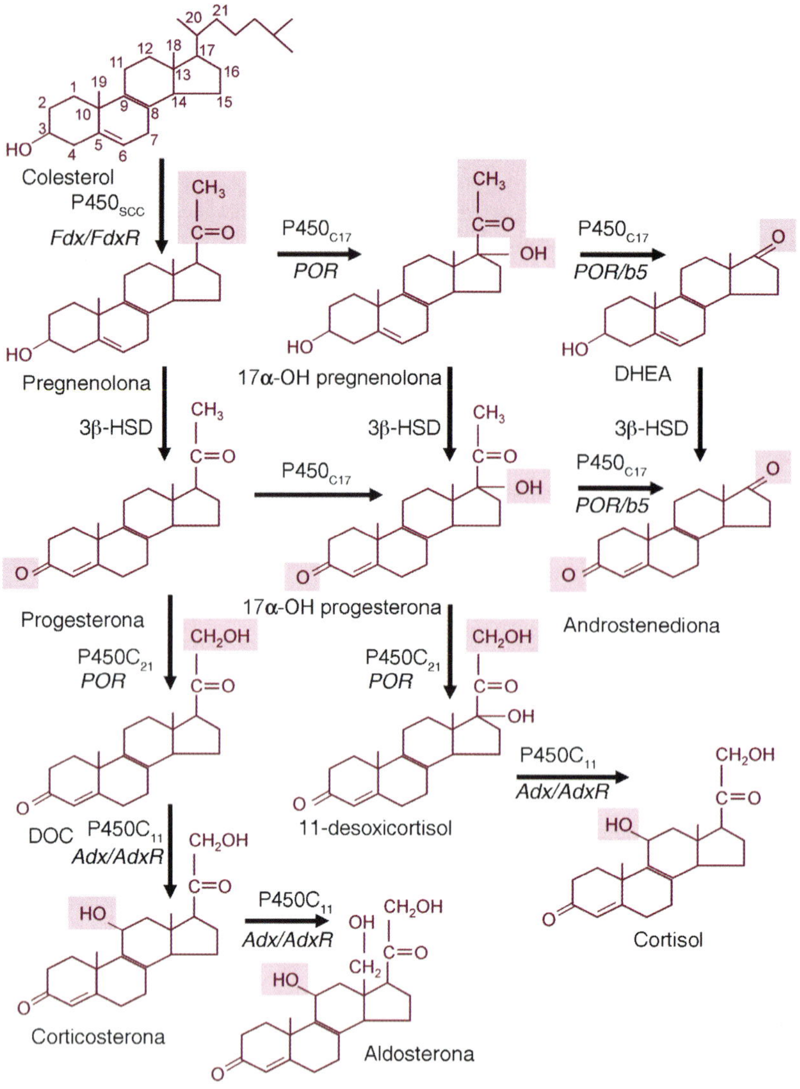

Figura 69.2 ▪ Síntese de esteroides na suprarrenal. Em itálico, estão apresentados os cofatores envolvidos nas diferentes etapas da esteroidogênese. *DHEA*, desidroepiandrosterona; *3β-HSD*, 3β-hidroxiesteroide desidrogenase; *POR*, P450 oxidorredutase; *Adx*, adrenotoxina; *Adx/AdxR*, adrenotoxina/adrenotoxina redutase. Descrição no texto.

Além das enzimas, outros fatores são necessários para a síntese de esteroides (ver Figura 69.2). As enzimas envolvidas na esteroidogênese suprarrenal fazem parte da classe do *citocromo P450*, subdividida em tipos 1 e 2. As enzimas P450 tipo 1 estão localizadas na mitocôndria e incluem a P450 scc e as isoenzimas 11β-hidroxilase P450c11β e P450c11AS. Por outro lado, as enzimas P450 tipo 2 estão localizadas no retículo endoplasmático e incluem P450c17 e P450c21. As enzimas P450 tipo 1 não recebem os elétrons diretamente da forma reduzida de NADPH; inicialmente, 2 elétrons do NADPH são transferidos para uma proteína denominada adrenotoxina redutase e desta para a adrenotoxina e finalmente para a enzima P450. A enzima transfere, então, os elétrons para os esteroides. As enzimas P450 tipo 2 recebem 2 elétrons do NADPH via uma flavoproteína P450 oxidorredutase (POR) e catalisam a 17α-hidroxilação e 21-hidroxilação. Adicionalmente, a presença do citocromo b$_5$ como cofator facilita a interação de POR e P450c17, favorecendo a atividade 17,20-liase desta enzima.

▶ Regulação da esteroidogênese suprarrenal

Secreção dos glicocorticoides

Os glicocorticoides são sintetizados na zona fasciculada do córtex suprarrenal pela ação do hormônio adrenocorticotrófico (ACTH) (Figura 69.3). Não há produção de glicocorticoides na zona glomerulosa ou reticular pela ausência das enzimas CYP17 e CYP11B1, respectivamente. O ACTH

Quadro 69.1 ▪ Enzimas envolvidas na esteroidogênese suprarrenal.

Enzima	Sinônimo	Gene
Clivagem da cadeia lateral do colesterol	P450scc	CYP11A1
3β-hidroxiesteroide desidrogenase	HSD3B2	HSD3B2
17α-hidroxilase	P450c17	CYP17
17,20-liase	P450c17	CYP17
21α-hidroxilase	P450c21	CYP21
11β-hidroxilase	P450c11β	CYP11B1
Aldosterona sintase	P450c11AS	CYP11B2

Glândula Suprarrenal

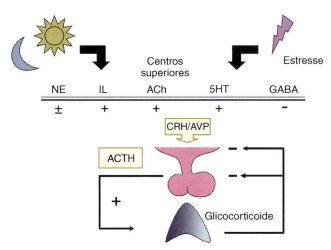

Figura 69.3 ▪ Regulação da secreção de glicocorticoides pela glândula suprarrenal. A secreção de glicocorticoides é estimulada pelo ACTH, cuja secreção é ativada principalmente por CRH e AVP; estes, por sua vez, são inibidos pelos glicocorticoides por retroalimentação negativa. Outras características deste eixo são a presença de ritmo circadiano e ativação em resposta a diferentes tipos de estresse. *NE*, norepinefrina; *IL*, interleucina; *ACh*, acetilcolina; *5HT*, serotonina; *GABA*, ácido gama-aminobutírico.

é o principal hormônio estimulador da síntese e secreção do cortisol, sendo sintetizado na hipófise anterior a partir de um precursor denominado pró-opiomelanocortina (POMC). A POMC é clivada dando origem a hormônios peptídicos menores, com formação de ACTH, hormônios melanócito-estimulantes (MSH α, β e γ) e β-endorfina. Um importante local de regulação da secreção do ACTH está localizado nos neurônios hipotalâmicos do núcleo paraventricular nos quais o hormônio liberador da corticotrofina (CRH) e a arginina vasopressina (AVP) são produzidos e posteriormente liberados nos vasos portais hipofisários, de onde atingem a hipófise anterior. A ligação do CRH e da AVP aos seus receptores específicos, *CRH-R1* e *receptor tipo 3 da AVP*, respectivamente, nos corticotrofos, estimula a síntese e maturação da POMC, resultando na secreção do ACTH.

Os glicocorticoides inibem a transcrição do gene da POMC na hipófise e também a síntese e secreção do CRH e AVP no hipotálamo. Esta retroalimentação negativa é dependente da dose, potência, meia-vida e duração da administração dos glicocorticoides e tem consequências fisiológicas importantes. A retroalimentação negativa depende, também, de variações individuais de sensibilidade aos glicocorticoides, diferenças entre os sexos e idade.

A secreção pulsátil de ACTH e a secreção do cortisol obedecem a um padrão de ritmo circadiano endógeno. O ritmo circadiano é gerado no núcleo supraquiasmático cujos sinais, por meio de vias eferentes para o núcleo paraventricular, modulam a secreção do CRH. O ritmo circadiano do glicocorticoide é caracterizado por um pico que ocorre no horário ou pouco antes do despertar, coincidindo com o início de atividades da espécie e com declínio no restante das 24 h. Assim, no homem, as concentrações basais de ACTH e cortisol são mais elevadas pela manhã (das 6 às 9 h) com queda progressiva ao longo do dia e nadir noturno (das 23 às 3 h) (ver Figura 69.3). O ritmo circadiano do eixo hipotálamo-hipófise-suprarrenal é dependente do ciclo dia-noite, do padrão de sono e vigília e do hábito alimentar, sendo alterado por ritmos de trabalho que trocam o dia pela noite e em viagens que modificam os fusos horários. O sistema circadiano representa uma rede de comunicações complexas, em que um grupo de neurônios no núcleo supraquiasmático do hipotálamo responde ao ciclo diário claro/escuro e transmite sinais sincronizadores para sensores oscilatórios em tecidos periféricos.

A secreção dos glicocorticoides é regulada, também, por fatores como estresse e citocinas inflamatórias. Estresse físico, febre, cirurgia, queimadura, hipotensão arterial e hipoglicemia aumentam a secreção de cortisol e ACTH, por meio de ações centrais mediadas pelo CRH e pela AVP. Adicionalmente, o eixo hipotálamo-hipófise-suprarrenal (HPA) responde a estímulos inflamatórios. Essa interação endócrino-imune ocorre pela ação estimulatória sobre o CRH e ACTH por citocinas inflamatórias como interleucina-1, interleucina-6 e fator de necrose tumoral α. O estresse fisiológico agudo leva a um aumento na concentração plasmática de cortisol; entretanto, a secreção de cortisol é normal em pacientes com ansiedade crônica. Por outro lado, a depressão é associada a altas concentrações de interleucina-6 e de cortisol, confirmando a interação endócrino-imune.

Ações do ACTH

A principal função do ACTH é a estimulação da esteroidogênese suprarrenal, que resulta na produção de cortisol no homem e corticosterona nos roedores. Nas células adrenocorticais, o ACTH regula a captação de lipoproteínas do plasma, controlando a síntese de receptores de lipoproteína. O transporte do colesterol para a mitocôndria é estimulado pelo ACTH, que resulta do aumento da expressão da proteína StAR, proteína reguladora da esteroidogênese aguda. O passo limitante da esteroidogênese é a clivagem da cadeia lateral na conversão de colesterol para pregnenolona pela enzima CYP11A, cuja síntese é regulada pelo ACTH.

Os efeitos do ACTH sobre a esteroidogênese podem ser agudos ou crônicos. O efeito a longo prazo resulta no aumento da transcrição dos genes das enzimas envolvidas na biossíntese de esteroides. O aumento dos RNA mensageiros das enzimas esteroidogênicas (CYP11A, CYP17, CYP21, CYP11B1) pode ser observado em culturas primárias de células suprarrenais várias horas após a estimulação com ACTH. O ACTH também tem um efeito sobre a expressão de seu próprio receptor, aumentando a expressão do RNA mensageiro em linhagem de células adrenocorticais.

O ACTH é, também, um importante fator envolvido na manutenção do trofismo do córtex suprarrenal, como bem evidenciado pela atrofia da glândula suprarrenal em animais hipofisectomizados. Adicionalmente, a produção excessiva de ACTH por um tumor de células corticotróficas causa hiperplasia suprarrenal. O efeito trófico do ACTH ocorre nas zonas fasciculada e reticular, como pode ser observado pela hipoplasia dessas zonas com preservação da zona glomerulosa na deficiência de glicocorticoide familiar, em que há resistência à ação do ACTH. O ACTH aumenta a síntese de proteínas que estimulam a angiogênese e a hiperplasia das células suprarrenais, como fator de crescimento de endotélio vascular e o fator de crescimento insulina-símile II, fator de crescimento de fibroblasto e fator de crescimento epidermal.

As ações do ACTH são mediadas por receptor de membrana específico (Figura 69.4). Este receptor, também denominado receptor da melanocortina 2 (MC2R), é membro da superfamília de receptores acoplados à proteína G. O MC2R interage com a proteína acessória do receptor de melanocortina 2 (MRAP, *melanocortin 2 receptor acessory protein*) e subsequentemente é direcionado para a membrana plasmática. Atualmente sabe-se que a proteína MRAP é essencial para o tráfego do MC2R do retículo endoplasmático para a superfície da membrana

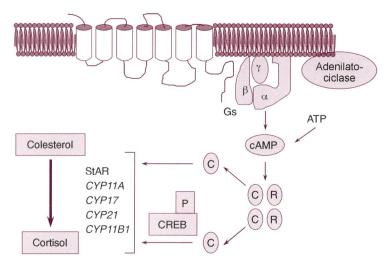

Figura 69.4 ▪ Representação esquemática do receptor de ACTH. O receptor de ACTH está acoplado à proteína G, e sua ligação com o ACTH resulta na dissociação desta proteína heterotrimérica, que é constituída pelas subunidades α, β e γ. A subunidade α dissociada estimula a adenilatociclase a sintetizar AMP cíclico, que por sua vez fosforila e ativa a proteinoquinase A, levando à dissociação de suas subunidades catalíticas (C) e regulatórias (R). A subunidade catalítica fosforila outras proteínas, como a proteína ligadora aos elementos responsivos ao AMP cíclico (CREB), que ativa a transcrição de genes envolvidos na esteroidogênese. StAR, proteína reguladora da esteroidogênese aguda; *CYP11A*, P450 scc; *CYP17*, 17α-hidroxilase; *CYP21*, 21-hidroxilase; *CYP11B1*, 11β-hidroxilase.

plasmática e, portanto, para as ações do ACTH. A ligação do ACTH com o seu receptor resulta na estimulação da produção de AMP cíclico. Esta ação é mediada pela ativação da proteína Gs_α, que por sua vez ativaria a adenilatociclase. Trabalhos mais recentes relataram uma outra ação rápida do ACTH, inibindo a guanilatociclase, que por sua vez inibiria a fosfodiesterase tipo 2 nas células suprarrenais da glomerulosa. Assim, o aumento de AMP cíclico induzido pelo ACTH seria decorrente de sua maior produção estimulada pela adenilatociclase e menor degradação pela fosfodiesterase. A ativação da proteinoquinase A (PKA) pelo AMP cíclico resulta na fosforilação de diversas proteínas, incluindo a proteína ligadora ao elemento responsivo ao AMP cíclico (CREB). Esses eventos de fosforilação são responsáveis, direta ou indiretamente, pelo aumento da expressão dos genes que codificam as enzimas da esteroidogênese CYP11A, CYP17, CYP21, CYP11B1 e proteína StAR. Ainda, o ACTH estimula a transcrição dos genes do seu próprio receptor, bem como dos receptores de HDL e LDL.

Outros fatores de transcrição específicos, tais como o receptor nuclear órfão SF-1 (*steroidogenesis factor-1*) ou Ad4BP e nur77, estão envolvidos na regulação de expressão das enzimas P450. O Nur77 liga-se a sequências específicas no DNA e desempenha papel fundamental na regulação do gene da pró-opiomelanocortina, ligando-se em uma região específica, denominada elemento negativo responsivo aos glicocorticoides (nGRE), promovendo a ativação da transcrição gênica. O Nur77 regula, ainda, a transcrição do gene *CYP11B2* e, consequentemente, a síntese de aldosterona.

Controle da secreção de aldosterona

A síntese de aldosterona é regulada por vários fatores, sendo seus principais reguladores o sistema renina-angiotensina-aldosterona (SRAA) e a concentração do íon potássio (Figura 69.5). Outros fatores como ACTH, íon sódio, prostaglandinas, hormônio antidiurético, dopamina, peptídeo atrial natriurético, agentes beta-adrenérgicos, serotonina e somatostatina também regulam a síntese de aldosterona, porém são considerados reguladores menos importantes.

A molécula precursora do SRAA é o tetradecapeptídio angiotensinogênio, secretado pelo rim e hidrolisado a decapeptídio angiotensina I, pela ação proteolítica da enzima renina. A síntese de renina ocorre em uma porção especializada do néfron, o aparelho justaglomerular, um complexo de elementos vasculares e tubulares localizados no hilo do glomérulo. Os elementos vasculares do aparelho justaglomerular recebem inervação simpática, que desempenha um papel importante no controle da secreção de renina (para mais detalhes, ver Capítulo 53, *Papel do Rim na Regulação do Volume e da Tonicidade do Líquido Extracelular*).

A secreção de renina é controlada pela pressão arterial renal, concentrações de sódio no fluido tubular e atividade do sistema nervoso simpático. Fatores que diminuem o fluxo sanguíneo renal, como hemorragia, estenose da artéria renal, desidratação e restrição salina, aumentam a concentração plasmática de renina; por sua vez, fatores que aumentam a pressão arterial, como aumento da ingestão de sal, vasoconstrição periférica e posição supina, diminuem a concentração plasmática da renina. A redução do volume circulante (que ocorre, por exemplo, com a hemorragia) estimula os

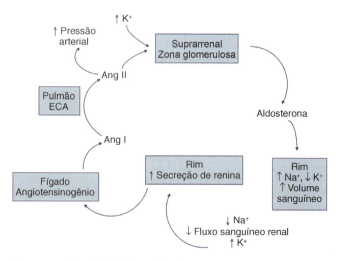

Figura 69.5 ▪ Regulação da síntese de aldosterona. *Ang*, angiotensina; *ECA*, enzima conversora da angiotensina.

barorreceptores renais, presentes na arteríola aferente, que resulta no aumento da secreção de renina. Ainda, com a redução do volume circulante, os barorreceptores de alta pressão localizados no seio carotídeo e arco aórtico sinalizam para o sistema nervoso (núcleo do trato solitário e bulbo), resultando no aumento da atividade simpática junto ao aparelho justaglomerular, que por sua vez aumenta a secreção de renina. A carga de sódio liberada para a mácula densa também regula a secreção de renina, de tal maneira que a redução de sódio aumenta a ativação do sistema renina-angiotensina, aumentando, assim, a liberação de aldosterona, que por sua vez atua aumentando a reabsorção de sódio pelo rim. Por outro lado, a autorregulação da secreção de renina ocorre, pois a secreção aumentada de aldosterona resulta em maior reabsorção de sódio pelo rim e aumento da pressão sanguínea, que inibem a secreção de renina.

A angiotensina I é convertida a angiotensina II (ANG II) pela enzima conversora da angiotensina (ECA), largamente distribuída no pulmão e também na superfície de células endoteliais, epiteliais e neuronais dos rins, cérebro, glândulas suprarrenais e ovários. A ANG II age por meio de receptores de membrana específicos ligados à proteína G. A ANG II se liga a pelo menos 2 subtipos de receptores diferentes, designados AT1 e AT2. Virtualmente, todas as ações biológicas conhecidas da ANG II, incluindo vasoconstrição, liberação de aldosterona e crescimento celular, são mediadas pelos receptores AT1. A ANG II estimula a secreção de aldosterona, aparentemente, de 3 maneiras: indução de enzimas necessárias para a síntese de aldosterona (CYP11A1, CYP11B2), estimulação à proliferação de células adrenocorticais e indução de receptores AT1.

Os mecanismos pelos quais a ANG II estimula a síntese de aldosterona não estão totalmente estabelecidos, mas estudos realizados nos últimos 20 anos têm contribuído para avanços no conhecimento destes mecanismos. Sabe-se que a ligação da ANG II com o receptor AT1 estimula a produção intracelular de 1,4,5-trifosfato de inositol (IP$_3$) e 1,2-diacilglicerol (DAG), com ativação subsequente da proteinoquinase C (PKC). O IP$_3$ se liga ao seu receptor (IP$_3$R) no retículo endoplasmático, liberando cálcio e elevando as concentrações de cálcio citosólico. O aumento da concentração de cálcio intracelular ativa quinases I/II dependentes de cálcio/calmodulina (CaMK). Ambas as vias podem modular a fosforilação e a expressão de StAR, mas também ativar fatores de transcrição, como o fator ativador de transcrição 1 (ATF-1) e a proteína ligadora ao elemento responsivo ao AMP cíclico (CREB). A via DAG/PKC ativa igualmente a proteinoquinase D (PKD), que também pode fosforilar e ativar CREB. O aumento da atividade de fatores de transcrição (CREB, ATF-1, NURR1, ATF1, ATF2) estimula a transcrição de *CYP11B2* e a produção da aldosterona. Além da estimulação da síntese e secreção de aldosterona pelo córtex suprarrenal, a ANG II tem ação de vasoconstrição arteriolar – o que eleva a pressão arterial, aumenta a reabsorção de sódio pelo túbulo proximal e, no sistema nervoso central, atua estimulando a sede e a secreção de hormônio antidiurético.

A concentração extracelular de potássio é outro fator que participa no controle da secreção de aldosterona. O potássio aumenta a secreção de aldosterona diretamente na zona glomerulosa do córtex suprarrenal, por mecanismos não totalmente estabelecidos. Em condições fisiológicas, sem estimulação, diferentes canais de potássio e a Na$^+$/K$^+$-ATPase mantêm a membrana plasmática das células da zona glomerulosa em um estado hiperpolarizado. As concentrações elevadas de potássio levam ao fechamento desses canais de potássio, induzindo a despolarização da membrana plasmática, o que ativa canais de cálcio dependentes de voltagem (tipo T e tipo L), permitindo o influxo de cálcio extracelular. Esse aumento do cálcio no citosol ativa quinases dependentes de cálcio e calmodulina que fosforilam fatores que estimulam a transcrição do gene *CYP11B2*, aumentando a conversão da corticosterona em aldosterona nas células suprarrenais da zona glomerulosa. Portanto, a ANG II e as concentrações elevadas de potássio regulam a transcrição do gene *CYP11B2* por meio de um mecanismo comum dependente de cálcio. A confirmação do papel desempenhado pelo potencial de membrana e da concentração de cálcio intracelular das células da zona glomerulosa sobre a produção de aldosterona foi estabelecida recentemente com a descrição dos mecanismos patológicos dos adenomas suprarrenais produtores de aldosterona (APA). Os APA ocorrem, entre outros defeitos genéticos, devido a mutações em canais de potássio ou na Na$^+$/K$^+$-ATPase, ocasionando uma despolarização constante da membrana plasmática, ou em canais de cálcio dependentes de voltagem, ocasionando a abertura desses canais mesmo com variações pequenas de polaridade da membrana. Em ambos os casos, a produção de aldosterona ocorre devido a um aumento das concentrações intracelulares de cálcio, com ativação de vias de sinalização do cálcio/calmodulina e consequente estimulação da transcrição de CYP11B2.

O efeito do ACTH sobre a secreção de aldosterona é discreto, resultando no aumento de 10 a 20% de seus valores basais. O estímulo agudo com ACTH eleva a secreção de aldosterona pelo aumento de precursores para a sua síntese, e não por efeito direto, pois não tem efeito sobre a atividade ou na transcrição do gene *CYP11B2*. No entanto, a estimulação crônica com ACTH diminui a secreção de aldosterona, por mecanismos não conhecidos. Os possíveis mecanismos envolvidos neste efeito do ACTH a longo prazo incluem as ações mineralocorticoides do cortisol e da corticosterona e a redução da expressão do receptor de ANG II nas células da zona glomerulosa.

Secreção de andrógenos suprarrenais

O ACTH estimula a secreção de andrógenos suprarrenais como a DHEA e a androstenediona, que apresentam ritmo circadiano semelhante ao do cortisol. Entretanto, evidências (como a não supressão da DHEA após uso crônico de corticosteroides, a elevação androgênica entre 6 e 8 anos de idade sem alteração das concentrações de cortisol e diminuição da secreção de DHEA na velhice com manutenção da concentração do cortisol) sugerem a existência de outro fator ou fatores estimuladores da secreção de andrógenos suprarrenais. Derivados da POMC, prolactina e fator de crescimento insulinasímile tipo I (IGF-I) foram sugeridos como possíveis hormônios estimuladores dos andrógenos suprarrenais, porém sem evidência comprovada.

A secreção de andrógenos é variável nas diferentes fases da vida do indivíduo. Na vida intraútero, a glândula suprarrenal fetal produz grandes quantidades de SDHEA, que são convertidas em estrógenos na placenta. Após o nascimento, a produção de SDHEA é bem reduzida, mantendo-se baixa durante os primeiros anos de vida. A secreção de andrógenos suprarrenais apresenta um aumento que, em humanos, ocorre entre 6 e 8 anos de idade. Este é um evento bioquímico denominado *adrenarca*. A produção de andrógenos pelas suprarrenais continua a aumentar durante a segunda década de vida e se mantém elevada na vida adulta, decaindo no idoso. Como mencionado anteriormente, no homem, a contribuição das suprarrenais para as concentrações circulantes de andrógenos é muito pequena em condições fisiológicas, pois a maior fonte de andrógenos decorre de sua secreção pelos testículos. Por outro lado, na mulher adulta antes da menopausa a suprarrenal contribui com 50% dos andrógenos circulantes. Porém, a produção de andrógenos suprarrenais pode tornar-se excessiva em algumas situações, como na hiperplasia suprarrenal congênita, em que um defeito genético na produção de cortisol resulta em um acúmulo de precursores e produção aumentada de andrógenos pela suprarrenal, levando a um quadro de virilização, em ambos os sexos.

METABOLISMO DOS ESTEROIDES SUPRARRENAIS

A maior parte do cortisol (mais de 80%) circula ligada a uma globulina transportadora de cortisol (CBG), proteína sintetizada no fígado e que apresenta alta afinidade pelo cortisol. Cerca de 10 a 15% do cortisol está ligado à albumina, e perto de 5% circulam em sua forma livre, sendo esta a responsável pelas ações fisiológicas deste hormônio.

A bioatividade dos glicocorticoides é regulada pela ação das isoformas tipo 1 e 2 da 11β-hidroxiesteroide desidrogenase (11β-HSD). A metabolização do cortisol envolve a sua conversão em cortisona, um metabólito inativo, e esta reação é mediada pela 11β-HSD tipo 2 (Figura 69.6), cuja expressão é observada no rim, cólon e glândula salivar. No rim, a coexpressão desta enzima com o receptor de mineralocorticoide é essencial, pois evita a ligação do cortisol a este receptor, permitindo, assim, a ligação da aldosterona a seu receptor. A importância da expressão da 11β-HSD tipo 2 é evidenciada pela deficiência congênita ou adquirida desta enzima que produz um excesso aparente de mineralocorticoide com hipopotassemia e hipertensão arterial, com atividade da renina plasmática e concentrações de aldosterona reduzidas, devido à ativação do receptor de mineralocorticoide pelo cortisol no rim.

A 11β-HSD tipo 1 é expressa no fígado, testículo, pulmão e tecido adiposo. Esta é uma enzima bidirecional que catalisa a oxidação do cortisol, utilizando NADP+ como cofator, bem como a redução da cortisona a cortisol, utilizando NADPH como cofator. Nas condições *in vivo*, predomina a atividade de redução da 11β-HSD tipo 1, que é determinada pela maior disponibilidade de NADPH nas células. Portanto, uma atividade normal da 11β-HSD tipo 1 – regulando as concentrações tissulares de glicocorticoides – é necessária para manter as condições fisiológicas; além disso, a atividade da 11β-HSD tipo 1 pode ser considerada um fator modulador da sensibilidade aos glicocorticoides, de forma tecido-específico. Mais recentemente, tem sido sugerido que a expressão de 11β-HSD tipo 1 e as concentrações intrateciduais de glicocorticoides

– por terem algumas ações opostas às da insulina no metabolismo de carboidratos, lipídios e proteínas – podem contribuir para a patogenia da resistência insulínica, da obesidade e da síndrome metabólica.

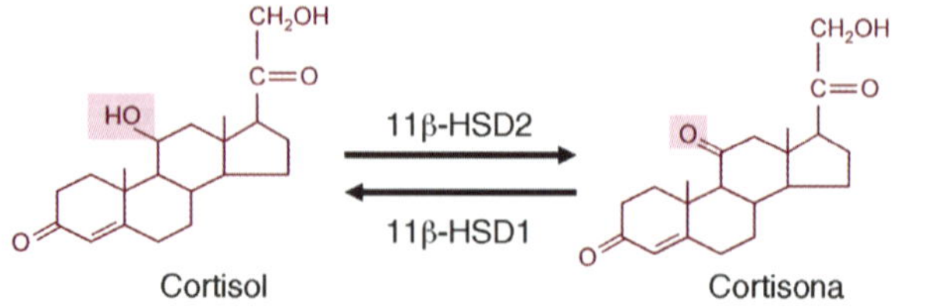

O cortisol e a cortisona são reduzidos no fígado em seus derivados tetra-hidro e, então, conjugados a glicuronídios, que são excretados na urina. A excreção urinária de cortisol pode ocorrer também em sua forma não metabolizada, constituindo o cortisol livre urinário, que pode ser utilizado, também, como indicador da secreção diária de cortisol pela suprarrenal.

A aldosterona apresenta meia-vida mais curta (15 a 20 min) que a do cortisol (70 a 90 min), pois circula livre no sangue. Sua metabolização ocorre principalmente no fígado, formando o derivado tetra-hidroaldosterona que é excretado na urina como um glicuronídio. Cerca de 10% da aldosterona produzida diariamente é excretada conjugada a glicuronídio, porém em sua forma não metabolizada.

A metabolização dos andrógenos ocorre, também, no fígado com a formação de androsterona e etiocolanolona, porém a excreção de SDHEA é realizada em sua forma intacta. Os metabólitos androgênicos e o SDHEA excretados na urina constituem os 17-cetoesteroides urinários. Deve ser ressaltado que a excreção urinária de 17-cetoesteroides reflete a produção de andrógenos não só pela suprarrenal, mas também pela gônada.

AÇÕES DOS GLICOCORTICOIDES

▸ Metabolismo de carboidratos

Os glicocorticoides regulam o metabolismo dos carboidratos agindo como contrarreguladores da insulina, protegendo o organismo contra a hipoglicemia. Desta maneira, os glicocorticoides estimulam a gliconeogênese hepática e aumentam a mobilização de substratos neoglicogênicos de tecidos periféricos e a glicogenólise. A neoglicogênese hepática é estimulada pelos glicocorticoides pelo aumento de atividade de enzimas-chave como fosfoenolpiruvato carboxiquinase (PEPCK), que catalisa a conversão de oxaloacetato em fosfoenolpiruvato, e glicose-6-fosfatase, que converte a glicose-6-fosfato em glicose. O aumento da neoglicogênese induzido pelos glicocorticoides é decorrente do aumento de substratos para o fígado, como aminoácidos derivados do tecido muscular e glicerol do tecido adiposo. Os glicocorticoides diminuem, ainda, a utilização periférica de glicose, atuando sobre o receptor da insulina e reduzindo os transportadores de glicose. A síntese de glicogênio no fígado é estimulada pelos glicocorticoides como fonte de estoque de glicose que pode ser rapidamente liberada quando necessário, pela glicogenólise induzida pelo glucagon e epinefrina.

▸ Metabolismo lipídico

Os glicocorticoides estimulam a diferenciação dos adipócitos, promovendo adipogênese por meio de ativação da transcrição de diversos genes, incluindo a lipase lipoproteica, a glicerol-3-fosfato desidrogenase e a leptina, contribuindo para a obesidade visceral. Em situações de excesso de glicocorticoides, a deposição preferencial de lipídios na cavidade intra-abdominal parece ser decorrente de maior número de receptores de glicocorticoide nesta região, quando comparado a tecido adiposo de outras áreas. Há também evidências do

Figura 69.6 ▪ Conversão do cortisol em seu metabólito inativo, cortisona, pela enzima 11β-hidroxiesteroide desidrogenase (11β-HSD) tipo 2. A conversão da cortisona em cortisol é realizada pela 11β-HSD tipo 1.

importante papel do metabolismo local do cortisol no acúmulo da gordura visceral. Os principais reguladores das concentrações intracelulares dos glicocorticoides são, em parte, as 2 isoformas da 11β-HSD. A isoforma 11β-HSD1 é estimulada por glicocorticoide e insulina e, no tecido adiposo, esta atividade é maior no adipócito do omento que do subcutâneo. Outra evidência do importante papel do metabolismo local do cortisol na gordura visceral foi demonstrada pelo modelo experimental de camundongo com hiperexpressão de 11β-HSD1, que apresenta obesidade visceral e aumento das concentrações de corticosterona no tecido adiposo mesenquimal.

▶ **Pele.** Os glicocorticoides inibem a divisão dos queratinócitos e dos fibroblastos e diminuem a matriz extracelular da pele, reduzindo a síntese de ácido hialurônico e de glicosaminoglicanas. Adicionalmente, o excesso de glicocorticoides inibe a divisão das células da epiderme, reduzindo a síntese e a produção de colágeno.

▶ **Tecido muscular.** Os glicocorticoides causam alterações catabólicas no tecido muscular, com inibição de síntese proteica e de captação de aminoácidos pelo músculo, levando à atrofia muscular. Além disso, os glicocorticoides induzem atrofia muscular, aumentando os mecanismos de proteólise muscular, mediada pelo sistema ubiquitina-proteossomo, estimulando a expressão de atrogenes (genes envolvidos com atrofia), como *atrogina-1* e *MuRF-1* (*muscle ring finger 1*). Sabe-se também que a redução da produção de IGF-I (*insulin-like growth factor I*) e o aumento da produção de miostatina (fator catabólico) também podem contribuir para a atrofia muscular induzida pelos glicocorticoides.

▶ **Imunomodulação.** Os efeitos anti-inflamatórios e de imunossupressão exercidos pelos glicocorticoides ocorrem por meio de diversos sítios. No sangue periférico, os glicocorticoides reduzem a contagem de eosinófilos e de linfócitos, redistribuindo estes últimos no compartimento intravascular do baço, dos linfonodos e da medula óssea. Por outro lado, aumentam o número de neutrófilos. Os glicocorticoides atuam por meio de receptor específico presente no citoplasma, que é translocado para o núcleo após a sua ligação com o ligante. No núcleo, o receptor de glicocorticoide pode interagir com genes que modulam a resposta imune. Estes genes, geralmente, não apresentam em seus promotores os elementos responsivos aos glicocorticoides; portanto, para que os efeitos do glicocorticoide ocorram, outros fatores nucleares estariam envolvidos e interfeririam negativamente com a transativação gênica mediada pelo receptor do glicocorticoide. Estes fatores são denominados inibidores negativos dominantes e, provavelmente, representam os mais importantes reguladores endógenos da sensibilidade aos glicocorticoides. A inibição da produção de citocinas pelos linfócitos é mediada por interação do receptor do glicocorticoide com outros fatores de transcrição, como o NFκB e a proteína ativadora-1 (AP-1). A AP-1 é o mais estudado fator de transcrição que interfere negativamente com o receptor do glicocorticoide. É composta por homo ou heterodímeros dos produtos dos proto-oncogenes *jun* e *fos*; sua atividade é modulada por fatores de crescimento e citocinas ativadoras da proteinoquinase C e por outras tirosinoquinases. A subunidade p65 do fator de transcrição NFκB ativa muitos genes do sistema imune e apresenta o mesmo padrão de transrepressão em relação ao receptor de glicocorticoide.

▶ **Rins.** Os glicocorticoides estimulam a síntese de angiotensinogênio, aumentam a taxa de filtração glomerular, o transporte de sódio no túbulo proximal e o depuramento de água livre. Ainda nos rins, dependendo da atividade da 11β-HSD2, o cortisol, por meio do receptor para mineralocorticoides, pode agir nos túbulos distais, causando retenção de sódio e excreção de potássio.

▶ **Cardiovasculares.** Em condições fisiológicas, a ação cardiovascular mais importante dos glicocorticoides é o seu efeito permissivo à reatividade vascular de fatores vasoativos, como a ANG II e a epinefrina, que contribuem para a manutenção da pressão sanguínea. Os mecanismos envolvidos neste papel permissivo dos glicocorticoides não são bem conhecidos, mas parecem envolver um aumento na expressão de receptores adrenérgicos em células da musculatura lisa vascular. Adicionalmente, os glicocorticoides aumentam a captação de cálcio por estas células, contribuindo, também, desta maneira, para maior contratilidade vascular.

A exposição crônica a concentrações elevadas de glicocorticoides resulta em hipertensão arterial, provavelmente por diferentes mecanismos. O excesso de glicocorticoide pode não ser inativado pela 11β-HSD2 nos túbulos renais, resultando em maior efeito mineralocorticoide. As altas concentrações de glicocorticoides podem levar a uma maior reatividade vascular aos fatores vasoativos endógenos. Além disso, os glicocorticoides inibem a atividade da sintase do óxido nítrico induzida, diminuindo a síntese de óxido nítrico, potente fator vasodilatador.

▶ **Osso.** Os glicocorticoides têm efeitos marcantes sobre o esqueleto. A exposição prolongada ou crônica a glicocorticoides resulta em osteopenia ou osteoporose. Os glicocorticoides apresentam efeitos diretos sobre os osteoblastos, evidenciados pela inibição de várias funções, como diferenciação e multiplicação celular, atividade da fosfatase alcalina e produção de colágeno tipo I e de osteocalcina. Além disso, os glicocorticoides inibem a produção do fator de crescimento insulina-símile 1 (IGF-I) e IGF-II pelos osteoblastos. Os glicocorticoides diminuem a absorção intestinal de cálcio, inibindo as ações da vitamina D no enterócito e a hidroxilação hepática da vitamina D. A secreção compensatória de paratormônio pode resultar no aumento da atividade osteoclástica. A ressorção óssea está aumentada no hipercortisolismo, porém os mecanismos envolvidos neste efeito não estão completamente estabelecidos. A ativação dos osteoclastos é modulada por meio de fatores produzidos pelos osteoblastos, como a osteoprotegerina e o ligante do receptor ativador de NFκB (RANKL). A ligação de RANKL a receptores específicos presentes nos osteoclastos, denominados RANK, estimula a diferenciação e ativação destas células. Os glicocorticoides aumentam a expressão do mRNA de RANKL e, por outro lado, diminuem a expressão de osteoprotegerina, aumentando a ativação de osteoclastos e favorecendo a ressorção óssea.

▶ **Sistema nervoso central.** O sistema nervoso central é local de ação de glicocorticoides, apresentando tanto receptores para glico como para mineralocorticoides. Os glicocorticoides influenciam o comportamento e o humor do indivíduo. Os receptores de glicocorticoides (GR) estão presentes em todo encéfalo, mas são mais abundantes em neurônios hipotalâmicos que expressam CRH e nos corticotrofos hipofisários. A expressão do receptor para mineralocorticoide (MR) pode ser observada em estruturas cerebrais relacionadas com o controle do apetite ao sal e da atividade cardiovascular, como órgão subfornicial, OVLT (*organum vasculosum of lamina terminalis*), núcleo pré-óptico mediano, núcleo supraóptico e divisão magnocelular do núcleo paraventricular. Porém, a maior expressão de MR no sistema nervoso central é observada no hipocampo (onde há coexpressão com o GR), estrutura relacionada com o aprendizado e o processo de memória.

> **Síndrome de Cushing**
>
> O quadro clínico decorrente do excesso de glicocorticoides, denominado síndrome de Cushing, pode ser decorrente da ingestão de glicocorticoides ou de causas endógenas, como tumor hipofisário produtor de ACTH ou tumor suprarrenal produtor de cortisol. As principais manifestações de hipercortisolismo incluem a presença de face em lua cheia, obesidade de distribuição predominantemente abdominal, preenchimento de fossas supraclaviculares, fraqueza muscular, osteoporose, pele fina com presença de estrias largas violáceas e equimoses (causadas por sangramento na pele devido à fragilidade capilar). A síndrome de Cushing caracteriza-se pela perda do ritmo circadiano do eixo hipotálamo-hipófise-suprarrenal (HHA), isto é, os valores de cortisol são elevados mesmo no horário noturno (às 23 h), em que no indivíduo normal são baixos. Outro mecanismo fisiológico do eixo HHA que está alterado na síndrome de Cushing é o mecanismo de retroalimentação negativa exercido pelos glicocorticoides. Isto é, no indivíduo com síndrome de Cushing não há redução da produção endógena de cortisol com a dose de 1 mg de dexametasona, glicocorticoide sintético que habitualmente suprime as concentrações de cortisol no indivíduo normal.

▶ Mecanismo de ação dos glicocorticoides

Os glicocorticoides exercem seus efeitos pela ligação a receptores citosólicos específicos pertencentes a uma superfamília de receptores nucleares, filogeneticamente bem conservada. Esta superfamília inclui não somente o receptor do glicocorticoide (GR), mas também o receptor dos mineralocorticoides, dos andrógenos, do hormônio tireoidiano, da vitamina D, do ácido retinoico, além de outros receptores órfãos, cujos ligantes ainda não foram identificados. Os receptores da progesterona, dos mineralocorticoides, e dos glicocorticoides formam a subfamília dos receptores esteroidais. Todos os membros desta família, incluindo o GR, apresentam 5 a 6 regiões (A-F) com 3 domínios funcionais principais em sua estrutura (Figura 69.7). A porção aminoterminal (região A/B) contém o domínio de transativação (τ1) e apresenta sequências responsáveis pela ativação dos genes-alvo, além de, provavelmente, interagir com os componentes básicos da transcrição gênica. A região central da molécula (região C) apresenta 2 sequências altamente conservadas, chamadas de dedos de zinco, que constituem o domínio de ligação ao ácido desoxirribonucleico (DNA) e participam da dimerização, da translocação nuclear e da transativação. O domínio de ligação ao ligante (região E), localizado na região carboxiterminal (C-terminal) da molécula, é responsável pela ligação do hormônio específico ao seu respectivo receptor. Contém, ainda, importantes sequências que são responsáveis pela ligação do receptor às proteínas de choque térmico, para estabilização do receptor na ausência do hormônio, para a translocação nuclear, para a dimerização e para a transativação.

Em 1985, dois diferentes DNA complementares para o GR humano foram clonados: o GRh-α e GRh-β, que codificam as isoformas α e β do receptor e são produzidos por um *splicing* alternativo de um único gene. A isoforma β difere da isoforma α na região C-terminal da molécula, em 15 aminoácidos. Entretanto, esta diferença confere à isoforma GRβ a incapacidade de se ligar ao glicocorticoide e de ser ativa na transcrição gênica; esta isoforma age como um inibidor dominante negativo da isoforma α. A existência de várias isoformas do GR torna mais complexo o entendimento dos mecanismos da transcrição dos genes mediada pelo GR.

O GR em sua forma não ativada é parte de um complexo multiproteico (Figura 69.8) que consiste em uma molécula do receptor, duas moléculas da proteína de choque térmico 90 (hsp 90), uma molécula da hsp 70 e uma da hsp 56. A principal função do complexo GR/hsp é manter o receptor no citoplasma das células, estabilizando-o em sua forma inativa, isto é, livre da ligação ao hormônio.

A ligação do glicocorticoide ao GR induz alterações na conformação da molécula do receptor, sendo a mais importante a dissociação do receptor do complexo das hsp, tornando-o incapaz de reassociação. Após ligação com o agonista, ocorre hiperfosforilação do receptor, que facilita a translocação do complexo hormônio-receptor do citoplasma para o núcleo.

Dentro do núcleo, o receptor ativado pelo hormônio pode agir por três diferentes mecanismos: ligação direta do GR em sua forma dimerizada à sequência específica presente nos genes-alvo, ligação do GR ancorada a outros fatores de transcrição e ligação do GR ao DNA composta com outras sequências. O primeiro mecanismo é a forma clássica de ação e caracteriza-se pela interação direta do GR com sequências específicas de DNA (ver Figura 69.8), denominadas elemento responsivo aos glicocorticoides (GRE). Estes dímeros ligados diretamente aos GRE, pelo contato físico com os domínios de transativação, estimulam a transcrição dos genes responsivos aos glicocorticoides. A ligação dos receptores ao DNA facilita o recrutamento de fatores coativadores da maquinaria de transcrição gênica ou, ainda, remodelam a cromatina, possibilitando aumento da transcrição gênica.

Além da propriedade de ativar a transcrição gênica, o GR pode também reprimi-la. Esta repressão poderia ocorrer pela ligação do GR aos elementos responsivos negativos aos glicocorticoides (nGRE), localizados na região promotora de genes específicos, onde causariam inibição da transcrição gênica. Um exemplo seria o promotor localizado no gene da

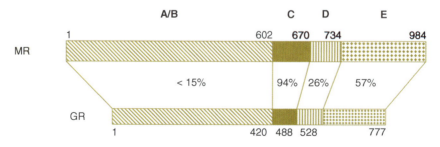

Figura 69.7 ▪ Representação esquemática da estrutura dos receptores de glicocorticoide (GR) e mineralocorticoide (MR) humanos, indicando a porcentagem de homologia entre a sequência de aminoácidos em cada domínio. A região aminoterminal A/B corresponde à função ativadora; domínio C ao domínio de ligação ao DNA (DBD); o domínio D corresponde à região que liga o DBD com a região carboxiterminal E, denominada domínio de ligação ao ligante (LBD).

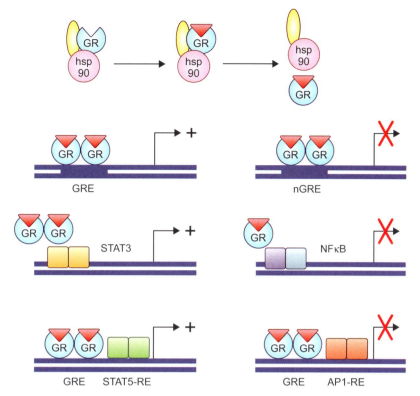

Figura 69.8 ▪ Mecanismo de ação dos glicocorticoides por meio de seu receptor (GR). *hsp90*, proteína de choque térmico 90; *GRE*, elemento responsivo aos glicocorticoides; *nGRE*, elemento responsivo negativo aos glicocorticoides; *NFκB*, fator de transcrição nuclear κB; *STAT*, sinal de tradução e ativação da transcrição.

pró-opiomelanocortina (POMC) que, por mecanismos ainda não bem definidos, reprimiria a transcrição do gene da POMC.

A ligação ancorada do GR tem sido associada à repressão ou ativação transcricional exercida pelos glicocorticoides, por meio de sua interação com outros fatores de transcrição como NFκB e STAT3. Neste caso, não há ligação direta do GR ao DNA. Por outro lado, sítios de ligação do GR no genoma podem estar adjacentes a sequências que reconhecem outros fatores de transcrição, por exemplo, STAT5 e AP-1, propiciando a ligação do GR ao DNA composta com os mesmos, que resulta em efeitos sinérgicos ou antagônicos. Os efeitos anti-inflamatórios e imunossupressores dos glicocorticoides envolvem a regulação negativa da transcrição gênica. A proteína ativadora-1 (AP-1) – composta por homo ou heterodímeros dos produtos dos proto-oncogenes jun e fos, cuja atividade é modulada por fatores de crescimento e citocinas ativadoras da proteinoquinase C e por outras tirosinoquinases – é o fator de transcrição mais extensivamente estudado que interfere negativamente com a transativação pelo GR. Um outro exemplo é a subunidade p65 do fator de transcrição nuclear κB (NFκB), o qual é um ativador de muitos genes do sistema imune e apresenta o mesmo padrão de transrepressão em relação ao GR.

Nas últimas décadas, tem sido demonstrado que os glicocorticoides também agem por meio de mecanismos não genômicos, iniciados na membrana celular, por meio de receptor GR de membrana (GRm) ou ainda pela ligação a outras proteínas presentes na membrana. Estas ações seriam independentes de transcrição/tradução gênica e teriam um início rápido, em minutos ou mesmo segundos após a estimulação, em oposição às ações genômicas que se iniciam após horas. O componente rápido de contrarregulação do eixo hipotálamo-hipófise-suprarrenal exercido pelos glicocorticoides constitui um exemplo de ação não genômica desses hormônios. As ações não genômicas dos glicocorticoides envolvem múltiplas vias intracelulares de tradução de sinal, como a interação com a via da MAPK e dos receptores endocanabinoides CB1.

AÇÕES DA ALDOSTERONA

Os mineralocorticoides estão implicados na regulação de sódio e água por meio da regulação do transporte de sódio em tecidos epiteliais. Apresentam também efeitos importantes sobre o sistema cardiovascular e sistema nervoso central. A aldosterona, principal mineralocorticoide humano, exerce um papel crucial na regulação da pressão arterial e na homeostase eletrolítica. O efeito principal da aldosterona é promover, em tecidos epiteliais, a reabsorção de sódio e a secreção de potássio e hidrogênio. Nas células-alvo da aldosterona, tais como as células do néfron distal sensível à aldosterona (ASDN), que inclui o túbulo contorcido distal (DCT), túbulo de conexão (CNT) e o ducto coletor (CD), a ligação da aldosterona ao receptor mineralocorticoide (MR) é seguida por dimerização do receptor, translocação nuclear e ligação a regiões reguladoras de genes sensíveis aos hormônios esteroides (GRE, elementos responsivos aos glicocorticoides). Os dímeros de MR recrutam correguladores transcricionais para ativar a maquinaria transcricional (GTP, fatores de transcrição gerais), estimulando a expressão de genes-alvo da aldosterona que codificam proteínas envolvidas principalmente no transporte de sódio. Estas proteínas incluem as subunidades do canal de sódio epitelial sensível à amilorida ENaC e a Na^+/K^+-ATPase, bem como várias proteínas reguladoras, entre elas a sgk1 (quinase sérica induzida pelo glicocorticoide), GILZ (*glucocorticoid induced leucine zipper*), NDRG2 (*N-myc downregulated*

2) e CHIF (fator indutor de canal). A aldosterona confere a principal regulação hormonal do equilíbrio de sódio, potássio e hidrogênio no néfron distal. Enquanto dois terços do sódio filtrado são reabsorvidos no túbulo proximal e mais de 20 a 25% na alça de Henle, o ASDN desempenha um papel importante no ajuste fino da excreção renal de Na^+, reabsorvendo cerca de 5 a 10% da carga de Na^+ filtrada. O transporte celular é facilitado pelo potencial eletroquímico na membrana apical e mecanismo de transporte ativo através da membrana basolateral. O transporte de sódio pela membrana apical de tecidos epiteliais é mediado pelo canal de sódio (ENaC) e representa o passo limitante no transporte iônico regulado pela aldosterona. O ENaC é uma proteína heterotrimérica constituída por 3 subunidades (α, β e γ). A meia-vida do ENaC é curta e é regulada pela ligação dos resíduos de prolina e tirosina no segmento carboxiterminal das subunidades α, β e γ à Nedd4-2, ubiquitina-ligase que direciona a degradação proteossomal do ENaC. A aldosterona aumenta a expressão de sgk1, que fosforila resíduos de serina e treonina (serina 221, treonina 246, serina 327) da molécula de Nedd4-2, bloqueando a sua ligação ao ENaC, reduzindo, dessa maneira, a degradação deste último. Em paralelo, a aldosterona estimula a regulação transcricional da enzima de deubiquitinação Usp2-45, que leva a um aumento da expressão do ENaC na membrana apical e também de sua ativação. Adicionalmente, a aldosterona aumenta a expressão de GILZ, que age em paralelo ao sgk1, aumentando a localização do ENaC na membrana apical pela inibição de ERK. Portanto, a aldosterona aumenta a expressão e estabilidade do ENaC na membrana apical, aumentando a reabsorção de sódio. O transporte ativo pela membrana basolateral é mediado pela bomba de sódio e potássio dependente de ATP (Na^+/K^+-ATPase). Esta é muito sensível à concentração intracelular de sódio, sugerindo que o aumento de sua atividade é secundário ao influxo deste íon pela membrana apical. A aldosterona aumenta a expressão do RNA mensageiro de subunidades da Na^+/K^+-ATPase e também a sua atividade. Este efeito da aldosterona parece ser mediado pela proteína CHIF, que aumenta a afinidade da Na^+/K^+-ATPase ao sódio. A aldosterona aumenta também a absorção de sódio em outros tecidos, como glândula salivar e cólon. O exercício físico em ambiente quente pode resultar em perda de grande quantidade de sódio pelo suor, com consequente redução do volume circulante e ativação do sistema renina-angiotensina-aldosterona. O aumento na secreção de aldosterona induz maior retenção de sódio com menor perda deste íon pelo suor (outros comentários a respeito do efeito da aldosterona no epitélio renal estão no Capítulo 53 e no Capítulo 55, *Rim e Hormônios*).

A aldosterona eleva a excreção renal de potássio pelo seu efeito sobre a Na^+/K^+-ATPase na membrana basolateral, que resulta na entrada deste íon para a célula. A reabsorção de sódio pela membrana apical cria um gradiente eletroquímico transmembranal que favorece a secreção tubular de potássio. O transporte de K^+ pela membrana apical é mediado pelo canal de potássio apical ROMK. Alguns estudos sugerem que o sgk1 poderia mediar o efeito da aldosterona na secreção renal de K^+ aumentando a exportação de canais ROMK do retículo endoplasmático e suprimindo o efeito inibitório da proteinoquinase WNK4 serina/treonina sobre esses canais. A aldosterona participa também do transporte acidobásico renal. O transporte acidobásico ocorre nas células intercaladas do CNT, CCD e CD. As células intercaladas do tipo A secretam prótons na urina através de uma bomba H^+-ATPase localizada na membrana apical, e liberam bicarbonato no sangue através do transportador cloro/bicarbonato (AE1) localizado na membrana basolateral. As células intercaladas do tipo B excretam bicarbonato na urina através do canal cloreto-bicarbonato localizado na membrana apical, enquanto os prótons são secretados no sangue por H^+-ATPases basolaterais. Acredita-se que a secreção de prótons através de H^+-ATPases seja indiretamente acoplada à reabsorção de Na^+ pelo EnaC, esta mesma induzida pela aldosterona nas células principais, o que criaria um potencial luminal negativo, levando a um aumento da secreção de H^+. Além disso, a aldosterona estimula diretamente a atividade H^+-ATPase por meio de uma cascata de sinalização composta por proteínas G, fosfolipase C, proteinoquinase C, ERK1/2 quinases, bem como de elementos da via de sinalização da proteinoquinase A.

A aldosterona exerce efeitos importantes sobre o sistema cardiovascular. Ela induz hipertensão arterial, em parte pelos efeitos diretos sobre o sistema cardiovascular, modulando o tônus vascular, aumentando a sensibilidade às catecolaminas, ou ainda aumentando a expressão de receptores para a ANG II. Estudos transversais avaliaram marcadores de doença cardiovascular em pacientes com hiperaldosteronismo primário (HAP), apresentando uma produção excessiva de aldosterona, comparados com pacientes hipertensos essenciais apresentando valores de pressão arterial equivalentes. Pacientes com HAP apresentaram maiores dimensões do ventrículo esquerdo, aumento da íntima carotídea e da velocidade da onda de pulso femoral. Adicionalmente, pacientes com HAP apresentaram aumento de eventos cardiovasculares, incluindo arritmias, infartos do miocárdio, acidentes vasculares cerebrais e mortalidade quando comparados com indivíduos hipertensos sem HAP.

A aldosterona e o MR vascular contribuem para a disfunção e a remodelagem vascular independentes da pressão arterial e da ingestão de sódio. Por outro lado, o MR endotelial pode ter efeitos antitrombóticos protetores. Os mecanismos envolvidos na resposta vascular à aldosterona incluem a expressão da molécula de adesão intercelular ICAM-1 e do receptor da proteína C endotelial, do fator de von Willebrand (vWF), da infiltração de macrófagos, da produção de óxido nítrico e da deposição de colágeno. A aldosterona estimula, também, a fibrose perivascular e cardíaca e a hipertrofia cardíaca, independentemente das alterações da pressão sanguínea. Estes dados são comprovados pela melhora da função cardíaca em indivíduos com insuficiência cardíaca e uso de antagonistas do MR, mesmo na ausência de alteração da pressão arterial. O mecanismo pelo qual a aldosterona induz fibrose parece envolver a síntese de colágeno e é dependente da ingestão aumentada de sódio, independente da alteração da pressão sanguínea. Estudos histológicos de tecido cardíaco com fibrose induzida pela aldosterona demonstram a presença de proliferação de cardiomiócitos e fibroblastos, além de inflamação perivascular. A aldosterona pode induzir a proliferação de fibroblastos cardíacos pela ativação da cascata de sinalização da MAPK e Ki-Ras (*Kirsten Ras*). O efeito mitogênico da aldosterona parece ser sinérgico aos efeitos da ANG II sobre a proliferação de fibroblastos no coração.

A maior parte dos efeitos dos corticosteroides no sistema nervoso central – como a manutenção da homeostase do indivíduo em condições basais, homeostase do sódio, regulação da pressão arterial, regulação do eixo hipotálamo-hipófise-suprarrenal, aprendizado e memória – é mediada pelo MR. Ao contrário dos tecidos epiteliais, o sistema nervoso central, com exceção de algumas regiões, não apresenta atividade da 11β-HSD tipo 2; portanto, no cérebro, o MR pode se ligar tanto a mineralocorticoide como glicocorticoide. A ação seletiva dos mineralocorticoides no sistema nervoso pode ser observada em algumas regiões em que há expressão da atividade da 11β-HSD tipo 2, como o hipotálamo anterior, hipófise anterior, hipocampo e tronco cerebral. A ação da aldosterona altera a função do hipocampo, contribuindo para adaptações do comportamento em resposta ao estresse. A aldosterona pode induzir a elevação da pressão arterial por meio da ativação de MR em regiões circunventriculares no sistema nervoso central, que é acompanhada do aumento do tônus simpático para rim, coração e musculatura lisa vascular. A ativação do MR, na amígdala, aumenta o apetite ao sódio, fator importante para a hipertensão arterial induzida pelo mineralocorticoide.

Estudos prévios mostraram que a aldosterona é capaz de regular a diferenciação de adipócitos e a termogênese, sugerindo um papel dos mineralocorticoides na regulação do balanço energético. A aldosterona pode induzir à resistência insulínica, por diminuir a secreção de insulina, a afinidade de insulina ao seu receptor e a expressão de transportadores de glicose. O excesso de aldosterona resulta em hipopotassemia (queda da concentração de potássio no plasma), a qual diminui a secreção de insulina pela célula beta pancreática. Estudos recentes demonstraram que a aldosterona estimula diretamente a expansão dos adipócitos, aumenta a expressão da leptina e altera a função dos adipócitos em sistemas de cultura celular. Adicionalmente, foi demonstrado que a aldosterona diminui a expressão de adiponectina em cultura de adipócitos e, em modelos animais, o uso de antagonistas do MR normaliza a adiponectina e diminui a infiltração de macrófagos e de citocinas inflamatórias no tecido adiposo. A diminuição da concentração de adiponectina circulante está associada a resistência à insulina, obesidade e disfunção endotelial.

Hiperaldosteronismo primário

O excesso de produção de aldosterona pela glândula suprarrenal, que pode ser devido a um tumor, é chamado de hiperaldosteronismo primário e pode corresponder a 5 a 10% das causas de hipertensão arterial. Além da hipertensão arterial, o hiperaldosteronismo caracteriza-se pela redução das concentrações séricas de potássio (hipopotassemia), que leva às manifestações de câimbras, fraqueza muscular, parestesias (formigamento) e, nos casos mais acentuados, paralisia intermitente. Ainda, em consequência da hipopotassemia, podem ocorrer arritmia cardíaca, intolerância à glicose e hipo-osmolalidade urinária com poliúria (aumento do fluxo urinário). Como resultado da produção primária de aldosterona pela suprarrenal, há inibição do sistema renina-angiotensina; portanto, em indivíduos hipertensos, com ou sem hipopotassemia, a presença de elevação da relação aldosterona:atividade de renina plasmática é indicativa de hiperaldosteronismo primário.

▶ Mecanismo de ação da aldosterona

A aldosterona exerce seus efeitos por meio de receptor específico, chamado de receptor de mineralocorticoide (MR), que tem 94% de homologia com o receptor de glicocorticoide em seu domínio de ligação ao DNA e 57% de homologia em seu domínio de ligação ao ligante (ver Figura 69.7). A maior expressão de MR é observada no néfron distal, cólon distal e hipocampo. A ativação do MR induz resposta semelhante à ativação do GR, isto é, uma resposta de ação genômica. O receptor de mineralocorticoide ligado à aldosterona atua, portanto, como um fator de transcrição, utilizando 2 mecanismos distintos. O mecanismo clássico envolve a ativação ou repressão da transcrição gênica por um efeito direto da interação do receptor de mineralocorticoide ativado com regiões específicas do DNA, denominadas elementos responsivos aos esteroides. Baseado nos efeitos dos glicocorticoides, a aldosterona poderia, também, interferir na transcrição gênica por um mecanismo de interação proteína-proteína entre o receptor ativado e outros fatores, na ausência do contato direto com o DNA. Esta interação pode evitar a ligação direta com os respectivos elementos responsivos, resultando em uma transrepressão mútua, como descrito nos mecanismos anti-inflamatórios dos glicocorticoides. A interação do MR com NFκB foi descrita, porém não se conhece o seu papel fisiológico. Na Figura 69.8 está descrito o mecanismo de ação dos glicocorticoides por meio de seu receptor (GR).

O MR não ligado encontra-se no citoplasma formando um complexo com HSP90 e HSP70; após a ligação com a aldosterona, há a dissociação do receptor do complexo proteico, mudança de conformação, dimerização e translocação ao núcleo, onde se liga a segmentos palindrômicos de DNA na região promotora dos genes-alvo, estimulando o recrutamento de cofatores e aumentando a transcrição gênica (Figura 69.9). Assim, a aldosterona aumenta a transcrição de genes que codificam proteínas estimuladoras da atividade dos canais de sódio, principalmente os genes da sgk, GILZ, NDRG2 e Ki-Ras-2A. Em uma fase mais tardia, o MR estimula a transcrição de genes que codificam subunidades do canal de sódio sensível à amilorida (ENaC) e de componentes da Na^+/K^+-ATPase.

A especificidade da ação da aldosterona pode ser regulada de várias maneiras, como expressão tecido-específica de seu receptor e afinidade de ligação ao receptor. O MR tem alta afinidade pela aldosterona, bem como pelo glicocorticoide e é distinto do receptor de glicocorticoide que tem maior afinidade pelos glicocorticoides. Na maioria das espécies, a concentração plasmática de glicocorticoides é 100 a 1.000 vezes maior do que a da aldosterona; portanto, torna-se necessária a presença de um mecanismo que permita a ação seletiva da aldosterona nos tecidos-alvo. Para esta finalidade, existe colocalização do MR com a enzima 11β-HSD tipo 2, que catalisa a conversão do cortisol em seu metabólito inativo, cortisona, que tem pouca afinidade por aquele receptor. Assim, nos tecidos-alvo, a ação da 11β-HSD tipo 2 impede a ocupação dos receptores de mineralocorticoides pelos glicocorticoides. Contudo, vários tecidos não epiteliais, como alguns grupamentos neuronais e cardiomiócitos, não expressam a atividade da enzima 11β-HSD, indicando a existência de outros mecanismos que garantam a seletividade das ações da aldosterona. Estudos mais recentes têm demonstrado que a alteração da conformação do receptor de mineralocorticoide é variável de acordo com o ligante, de tal maneira que a ligação com a aldosterona induz uma conformação ativa do receptor mais estável do que a ligação com o glicocorticoide. Ainda, a ligação da aldosterona com o MR pode influenciar a interação com os fatores coativadores, após a ligação aos elementos responsivos presentes nos genes-alvo.

A aldosterona, em tecidos epiteliais e não epiteliais, também apresenta efeitos rápidos e que, portanto, não devem ser mediados pelo seu mecanismo clássico de ação genômica. Estes efeitos não genômicos são induzidos em menos de 5 min e não são bloqueados por antagonistas do MR (aldactone) ou por drogas que bloqueiam a transcrição gênica (actinomicina D). Em estudos in vitro, utilizando células mononucleares, cardiomiócitos e células da musculatura lisa de vasos sanguíneos, a aldosterona induz um aumento rápido de IP_3 e cálcio citosólicos e ativação da Na^+/K^+-ATPase. A administração

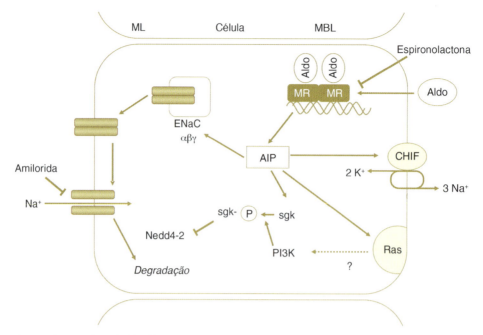

Figura 69.9 ▪ Receptor do mineralocorticoide (MR). *Aldo*, aldosterona; *AIP*, proteínas induzidas pela aldosterona; *ENaC*, canal de sódio sensível à amilorida; *sgk*, *serum and glucocorticoid induced kinase*; *Nedd4-2*, ligante que direciona a degradação lisossomal do ENaC; *CHIF*: fator de indução de canal; *Ras (Kirsten Ras)*, ativador da cascata de sinalização intracelular; *PI3K*, fosfoinositídio 3 quinase; *ML*, membrana luminal; *MBL*, membrana basolateral.

intravenosa de aldosterona em humanos induz, em menos de 5 min, alterações cardiovasculares, como aumento na resistência vascular e redução do débito cardíaco. No Capítulo 55, são dadas várias informações a respeito das ações renais genômicas e não genômicas da aldosterona.

Alguns grupos defendem a hipótese de que o próprio MR seria responsável pelos efeitos rápidos da aldosterona por meio de vias de sinalização alternativas, independentes da transcrição. Foi sugerida a existência de uma intensa interação entre o MR e outros componentes de sinalização não nucleares, incluindo diferentes receptores de membrana, como receptores tirosinoquinases e o receptor de angiotensina 1. Um exemplo seria a ativação da proteinoquinase D (PKD) pela aldosterona, via interação do MR com o receptor do fator de crescimento epidermal (EGFR), modulando o tráfego de subunidades do ENaC pré-expressas e, desta forma, mediando a fase rápida de ação da aldosterona sobre o transporte de sódio. Estes efeitos não genômicos também poderiam afetar indiretamente a transcrição gênica. Outros estudos, entretanto, sugerem a existência de um receptor de membrana ainda não conhecido capaz de mediar os efeitos rápidos da aldosterona. Recentemente foi sugerido que o receptor de membrana GPER-1 (*G protein-coupled estrogen receptor 1*) poderia ser este receptor e seria responsável por alguns dos efeitos rápidos da aldosterona em células endoteliais vasculares e no coração, respectivamente.

Recentemente, vários estudos demonstraram que o MR, adicionalmente às ações sobre a regulação hidreletrolítica, é mediador dos efeitos de mineralocorticoides e glicocorticoides no tecido adiposo. Entre as ações do MR no tecido adiposo, um efeito pró-adipogênico poderia contribuir para a acumulação de lipídios em resposta a um balanço energético positivo. Embora a correlação entre glicocorticoides, MR e acúmulo de gordura visceral ainda não esteja formalmente estabelecida, um dos fatores associados ao acúmulo preferencial de gordura visceral e resistência insulínica seria um perfil neuroendócrino relacionado com uma resposta desfavorável ao estresse. Neste contexto, recentemente foi sugerido que variações genéticas no MR poderiam predispor a anormalidades metabólicas, ao modular esta resposta. De acordo com estes trabalhos, o MR exerceria um papel central na homeostase metabólica, envolvendo o controle hidreletrolítico e o balanço energético. Como resultado, em um ambiente caracterizado por alta ingestão calórica e dieta hipersódica, a ativação do MR poderia desencadear respostas deletérias em diferentes tecidos, ocasionando o desenvolvimento de hipertensão arterial, obesidade e lesão cardiovascular. Estudos em modelos animais transgênicos apresentando aumento da expressão do MR no tecido adiposo, similar ao que ocorre em humanos obesos, forneceram pistas sobre o papel específico do MR nesses tecidos. Esses estudos permitiram a identificação de um novo alvo do MR no tecido adiposo, a prostaglandina D2 sintase, proteína necessária às ações do MR no tecido adiposo em estudos *ex vivo*. De maneira interessante, a expressão do MR no tecido adiposo humano é correlacionada com a expressão da prostaglandina D2 sintase.

Estudos clínicos realizados em pacientes adultos portadores de mutações ocasionando uma haploinsuficiência do MR, levando a uma resistência tecidual aos mineralocorticoides, permitiram a confirmação de ações do MR no SNC, no sistema cardiovascular e no metabolismo. Pacientes adultos com resistência aos mineralocorticoides apresentam concentrações elevadas de aldosterona e de renina plasmática ao longo da vida. Entretanto, as concentrações elevadas de aldosterona não ocasionam, nestes indivíduos, eventos cardiovasculares adversos. Isto sugere que as consequências cardiovasculares do excesso de aldosterona necessitam de uma sinalização completa do MR. Adicionalmente, pacientes portadores de haploinsuficiência do MR apresentam uma ativação do eixo hipotálamo-hipófise-suprarrenal, resultando em hipercortisolismo. Esta ativação do eixo hipotálamo-hipófise-suprarrenal resulta em efeitos adversos no metabolismo lipídico hepático e na distribuição do tecido adiposo, provavelmente mediados pelo GR, mas sem efeitos negativos sobre o remodelamento cardíaco e vascular, provavelmente mediado pelo MR.

Embora a ativação do MR pela aldosterona no sistema cardiovascular e no tecido adiposo seja geralmente considerada deletéria, em algumas condições patológicas a ativação do MR pode resultar em efeitos benéficos. O aumento da produção cardíaca de aldosterona em tecido cardíaco murino é acompanhado por efeitos benéficos sobre a capilarização periférica em diabetes melito tipo I e tipo II. A aldosterona também melhora a neovascularização em um modelo murino de isquemia de membros. A expressão do MR em neutrófilos conduz a uma resposta anti-inflamatória mediada pela inibição de NFκB. Finalmente, a ativação do MR parece ter propriedades anticoagulantes em camundongos. Esses dados sugerem que a ativação da via de sinalização do MR pode ser benéfica em algumas situações patológicas específicas.

AÇÕES DOS ANDRÓGENOS SUPRARRENAIS

O papel fisiológico dos andrógenos suprarrenais não é bem conhecido. Os andrógenos suprarrenais, *DHEA*, *SDHEA* e *androstenediona*, são pouco potentes e não efetivos até serem convertidos em testosterona e 5α-di-hidrotestosterona em tecidos periféricos. A associação da pubarca (aparecimento de pelos pubianos, que pode ser acompanhado de pelos axilares) com o processo de adrenarca (elevação dos andrógenos suprarrenais) sugere um possível papel dos andrógenos suprarrenais como precursores dos andrógenos. Na mulher, somada a uma pequena produção ovariana, a conversão periférica dos andrógenos suprarrenais contribui significativamente para os níveis circulantes de testosterona; entretanto, no homem, esse hormônio é produzido predominantemente pelos testículos. Alguns estudos sugerem que o DHEA pode atuar como um neuroesteroide, sendo importante para o crescimento neuronal e diferenciação; adicionalmente, poderia ter ação antigabaérgica e atuar como um fator antidepressivo. Outros estudos sugerem que o DHEA e o SDHEA possam ter um papel no controle da competência imunológica, na manutenção da integridade musculoesquelética e no processo aterosclerótico. A redução das concentrações plasmáticas de DHEA e SDHEA, a menos de 20% dos valores de pico do indivíduo adulto, observadas no idoso, parece contribuir para a redução da função imune, depressão, osteoporose e aterosclerose. Contudo, deve ser ressaltado que a associação dos efeitos desses andrógenos e alterações metabólicas, como resistência insulínica e risco cardiovascular, ainda não está completamente elucidada.

As ações fisiológicas dos andrógenos podem ser mediadas de 3 maneiras: (1) a testosterona livre liga-se ao receptor de andrógenos, determinando suas ações no cérebro, hipófise e rins; (2) a testosterona livre nas células dos tecidos andrógeno-responsivos, pela ação da 5α-redutase, é transformada em di-hidrotestosterona, que se liga ao receptor de andrógenos, induzindo suas ações na próstata, vesícula seminal, epidídimo e pele; (3) a testosterona, pela ação da aromatase, é transformada em estradiol, induzindo suas ações no hipotálamo, hipófise, osso e mamas. O receptor dos andrógenos é essencial para o desenvolvimento e diferenciação sexual no sexo masculino. No sexo masculino, a falta dos andrógenos ativos ou defeitos no receptor resultam em diferentes graus de ambiguidade genital; por outro lado, no sexo feminino, o excesso androgênico acarreta virilização da genitália externa. Durante a puberdade, há o desenvolvimento dos folículos pilosos terminais nas regiões da pele responsivas aos andrógenos, como axilas e região pubiana. Nos casos clínicos de hiperandrogenismo, outras áreas da pele, como tórax, aréola, dorso, segmento proximal dos membros superiores, linha alba e coxas, podem apresentar hiperatividade dos folículos pilosos, caracterizando hirsutismo. O hiperandrogenismo pode progredir para virilização, caracterizada por voz grave, distúrbios menstruais, infertilidade, clitoromegalia, hipotrofia mamária, alopecia (ausência de cabelos) e hipertrofia muscular. Na criança, acrescentam-se pubarca prematura, aumento da velocidade de crescimento, alta estatura e avanço da idade óssea.

As ações dos andrógenos são mediadas, também, por receptor nuclear. O receptor dos andrógenos se liga tanto à testosterona quanto à di-hidrotestosterona e está presente, em altas concentrações, em órgãos acessórios da função reprodutiva masculina e algumas áreas do sistema nervoso central e, em pequenas concentrações, no músculo esquelético, no coração, na musculatura lisa de vasos sanguíneos e na placenta. Como o receptor de glico e mineralocorticoide, o receptor de andrógenos, após a formação do complexo hormônio-receptor, interage diretamente com genes-alvo para regular a sua transcrição. Os andrógenos produzidos pela suprarrenal – DHEA, SDHEA e androstenediona – não têm afinidade pelo receptor de andrógenos, porém atuam em tecidos periféricos como precursores e podem ser convertidos em testosterona, um andrógeno mais potente.

Hiperplasia suprarrenal congênita

A hiperplasia suprarrenal congênita constitui um conjunto de doenças autossômicas recessivas decorrentes da deficiência de 1 das 5 enzimas envolvidas na síntese de cortisol pela glândula suprarrenal. A forma mais comum é a deficiência da 21-hidroxilase, que corresponde a mais de 95% dos casos de hiperplasia suprarrenal congênita. Em sua forma mais grave, denominada forma clássica, em dois terços dos casos há deficiência da 21-hidroxilase na zona fasciculada e glomerulosa, afetando tanto a síntese de cortisol como a de aldosterona. Esta forma é chamada de forma perdedora de sal, pois, devido à deficiência das ações da aldosterona, ocorrem desidratação, hiponatremia e hiperpotassemia (pouco sódio e muito potássio no plasma, respectivamente). No restante da forma clássica da doença, a deficiência de 21-hidroxilase está presente apenas na zona fasciculada, afetando somente a síntese de cortisol, sendo denominada forma virilizante simples. A deficiência na síntese de cortisol resulta em maior secreção de ACTH pela hipófise anterior, causando hiperplasia da glândula suprarrenal e acúmulo do substrato da 21-hidroxilase, a 17-hidroxiprogesterona, que será convertida a androstenediona e, posteriormente, a testosterona. A deficiência da 21-hidroxilase é, portanto, uma doença virilizante, ou seja, com excesso de andrógenos desde o período intrauterino. O menino, ao nascimento, apresenta pênis aumentado e, quando não tratado, evolui com aparecimento de pelos pubianos precocemente, voz grave, acne, crescimento exagerado e idade óssea avançada. No feto feminino, a deficiência da 21-hidroxilase acarreta diferentes graus de masculinização da genitália externa ao nascimento, com clitoromegalia e fusão da prega labial com a rafe mediana. Deve-se ressaltar que a menina com deficiência da 21-hidroxilase apresenta genitália interna compatível com o sexo feminino, isto é, com presença de derivados müllerianos (útero, trompa e terço superior da vagina) e ausência de desenvolvimento de derivados do ducto de Wolff (epidídimo, ducto deferente e ducto ejaculatório). Para o desenvolvimento do ducto de Wolff, são necessárias altas concentrações locais de testosterona, que são atingidas somente pela produção deste andrógeno pelas células de Leydig do testículo.

MEDULA SUPRARRENAL

A medula suprarrenal é constituída por células chamadas de cromafins, caracterizadas pela coloração pelo cromo devido à presença de catecolaminas produzidas nestas células. As células cromafins da medula suprarrenal são derivadas da crista neural e migram para o centro da glândula suprarrenal. Essas células sintetizam e secretam principalmente epinefrina, mas também norepinefrina, que atingem a circulação sistêmica e atuam em diferentes tecidos-alvo. Elas atuam como equivalentes estruturais e funcionais de neurônios pós-ganglionares do sistema nervoso simpático. Os nervos esplâncnicos atuam como fibras pré-ganglionares e liberam acetilcolina, constituindo o principal regulador da secreção da medula suprarrenal.

A medula suprarrenal recebe irrigação sanguínea dos vasos do plexo subcapsular do córtex suprarrenal, que se ramificam em uma rede de capilares (ver Figura 69.1), expondo a medula suprarrenal a elevadas concentrações de glicocorticoides, necessárias para a ativação do processamento enzimático da norepinefrina em epinefrina.

▶ Biossíntese das catecolaminas

A síntese de catecolaminas é realizada a partir do aminoácido tirosina, proveniente da dieta ou da hidroxilação da fenilalanina no fígado. O passo limitante na biossíntese de catecolaminas é a conversão da tirosina em di-hidroxifenilalanina (L-DOPA), reação catalisada pela ação da enzima citosólica tirosina hidroxilase (TH), na presença do cofator tetraidropterina (Figura 69.10). Portanto, a produção de catecolaminas é dependente da presença desta enzima, cuja expressão se restringe principalmente a neurônios dopaminérgicos e noradrenérgicos do sistema nervoso central e nervos simpáticos, células cromafins da medula suprarrenal e gânglios extramedulares. A DOPA sofre a ação de uma decarboxilase, formando a dopamina. A dopamina formada nos neurônios e nas células cromafins é translocada do citoplasma para vesículas de estoque. Em neurônios dopaminérgicos, a dopamina assim estocada será liberada como neurotransmissor nas fendas sinápticas. Alguns tecidos periféricos, como o tecido gastrintestinal e os rins, também podem produzir dopamina. A dopamina presente na urina é derivada principalmente da decarboxilação da DOPA plasmática, que ocorre no rim.

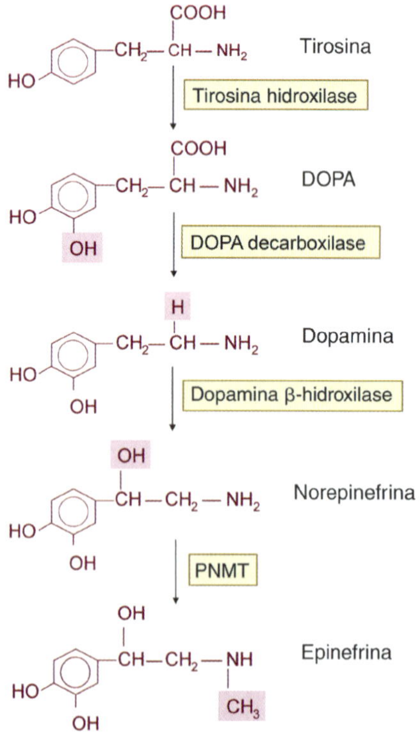

A dopamina formada em neurônios noradrenérgicos e células cromafins é convertida em norepinefrina pela dopamina β-hidroxilase. Esta enzima está presente apenas nos tecidos que sintetizam norepinefrina e epinefrina. Nas células cromafins da medula suprarrenal, a norepinefrina é metabolizada pela enzima citosólica feniletanolamina-N-metiltransferase (PNMT), formando a epinefrina, que será estocada em grânulos de secreção. A atividade da PNMT é dependente de altas concentrações de glicocorticoides, fornecidas pela irrigação sanguínea da medula suprarrenal.

O transporte das catecolaminas sintetizadas para as vesículas de estoque é mediado pelos transportadores de monoaminas. As células cromafins apresentam vesículas com características morfológicas e estoques distintos de norepinefrina ou epinefrina, que são liberadas diferencialmente em resposta a estímulos específicos. O processo de exocitose das vesículas contendo catecolaminas é estimulado pelo influxo de cálcio, que, no neurônio, é primariamente controlado pela despolarização de membrana e, na medula suprarrenal, pela liberação de acetilcolina dos nervos esplâncnicos. Vários peptídios, neurotransmissores e fatores humorais podem estimular, também, o processo de exocitose de catecolaminas diretamente ou modulando a despolarização dos neurônios catecolaminérgicos. A norepinefrina inibe a sua própria liberação, pela ocupação de receptores α_2 pré-sinápticos. Adicionalmente, a liberação de catecolaminas implica também o aumento de sua síntese para reposição de seus estoques.

▶ Metabolismo das catecolaminas

O metabolismo das catecolaminas é realizado por enzimas de localização intracelular; assim, a sua meia-vida depende da captação que é facilitada por transportadores específicos presentes em neurônios e células não neuronais. O transportador neuronal de norepinefrina constitui o principal mecanismo de término rápido da transmissão simpatoneural, enquanto os transportadores de localização extraneuronal são mais importantes para a limitação dos efeitos e *clearance* das catecolaminas circulantes. Cerca de 90% da catecolamina liberada pelos nervos simpáticos é removida pela recaptação neuronal, 5% pela captação não neuronal e apenas 5% atingem a circulação sistêmica. Por outro lado, 90% da epinefrina liberada para a circulação pela suprarrenal é metabolizada pelo processo de transporte de monoaminas extraneuronal, principalmente no fígado. Este processo de metabolização das catecolaminas circulantes apresenta uma meia-vida de cerca de 2 min.

As catecolaminas circulantes são degradadas, principalmente no fígado, pelas enzimas catecolamina-O-metiltransferase (COMT) e monoamina oxidase. A O-metilação e desaminação oxidativa podem ocorrer em qualquer ordem. Pela ação da COMT, a epinefrina é convertida em metanefrina e a norepinefrina, em normetanefrina (Figura 69.11). Pela ação

Figura 69.10 ▪ Síntese das catecolaminas. *DOPA*, di-hidroxifenilalanina; *PNMT*, feniletanolamina-N-metiltransferase.

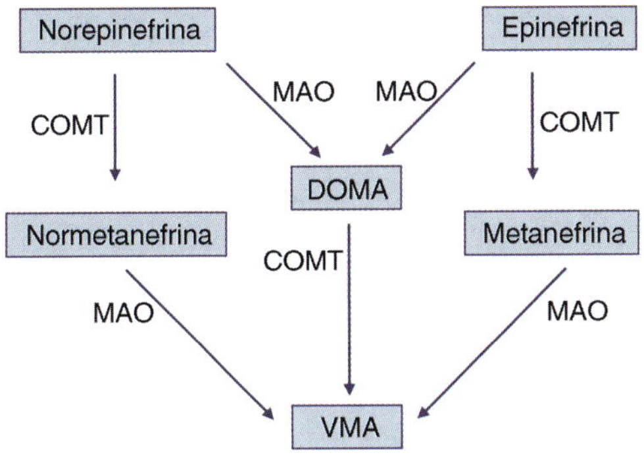

Figura 69.11 ▪ Metabolismo das catecolaminas. *COMT*, catecolamina-O-metiltransferase; *MAO*, monoamina oxidase; *VMA*, ácido vanililmandélico; *DOMA*, ácido di-hidroximandélico.

da monoamina oxidase, estes compostos são convertidos em ácido vanililmandélico (VMA). Pela ação da monoamina oxidase sobre a epinefrina e norepinefrina, há formação de ácido di-hidromandélico, que pela O-metilação realizada pela COMT leva à formação de VMA. A determinação das concentrações de catecolaminas e metanefrinas no plasma ou na urina e a concentração de VMA na urina refletem a produção de catecolaminas pela medula suprarrenal e pelo sistema simpático.

▶ Ações das catecolaminas

▶ **Manutenção do estado de alerta.** Os efeitos da epinefrina no estado de alerta incluem: dilatação da pupila, piloereção, sudorese, dilatação brônquica, taquicardia, inibição da musculatura lisa do sistema digestório e contração dos esfíncteres intestinal e vesical.

▶ **Ações metabólicas.** As ações metabólicas da epinefrina resultam em maior produção de substrato energético. Assim, a epinefrina aumenta a produção de glicose, estimulando a glicogenólise e a gliconeogênse, inibindo a secreção de insulina e aumentando a secreção de glucagon. No tecido adiposo, a epinefrina estimula a lipólise mediada pela lipase hormôniosensível, que converte os triglicerídios em ácidos graxos livres e glicerol. Portanto, os efeitos metabólicos da epinefrina resultam em aumento da glicose, lipidemia, consumo de oxigênio, bem como em aumento da termogênese.

Feocromocitoma

Tumores secretores de catecolaminas podem desenvolver-se na medula suprarrenal (feocromocitomas) ou a partir de células cromafins extrassuprarrenais (paragangliomas secretores). Sua prevalência é de cerca de 0,1% dos pacientes com hipertensão e 4% dos pacientes com tumor suprarrenal descobertos acidentalmente. O aumento da produção de catecolaminas é responsável por sinais e sintomas refletindo os efeitos da epinefrina e norepinefrina sobre os receptores alfa e receptores beta-adrenérgicos: cefaleia, taquicardia, sudorese, hipertensão arterial, perda de peso e diabetes. Os tumores podem ser esporádicos ou parte de doenças genéticas, como feocromocitoma/paraganglioma familiar, neoplasia endócrina múltipla tipo 2, neurofibromatose tipo 1 e doença de Von Hippel-Lindau. O teste diagnóstico mais específico e mais sensível é a dosagem de metanefrinas plasmáticas ou urinárias, e o tratamento é a remoção do tumor. Cerca de 10% dos feocromocitomas são malignos, diagnosticados imediatamente ou durante uma recidiva revelando metástase linfática, óssea ou visceral.

▶ **Ações cardiovasculares.** Os efeitos cardiovasculares das catecolaminas são determinados pela ativação de diferentes receptores adrenérgicos. A epinefrina atua principalmente em receptores α_2-adrenérgicos, presentes na musculatura dos vasos, causando vasodilatação. Por outro lado, a norepinefrina liberada localmente nos vasos induz vasoconstrição, mediada pelos receptores α_1-adrenérgicos. Este efeito de vasoconstrição, associado aos efeitos cronotrópicos e inotrópicos da norepinefrina liberada por via neural no coração (mediados por receptores β-adrenérgicos), são responsáveis pela função do sistema simpatoneural na regulação cardiovascular, incluindo a manutenção da pressão sanguínea.

▶ Receptores adrenérgicos

As catecolaminas podem se ligar a vários tipos de receptores adrenérgicos denominados α e β. Atualmente, são conhecidos 2 tipos de receptores tipo α (α_1 e α_2) e 3 tipos de receptores tipo β (β_1, β_2 e β_3). Os receptores β-adrenérgicos são acoplados à proteína estimulatória Gαs, que estimula a adenilatociclase; portanto, o AMP cíclico é o principal segundo mensageiro da ativação β-adrenérgica. Os receptores α-adrenérgicos são acoplados à proteína Gαq, que ativa a fosfolipase C, resultando no aumento do cálcio citosólico.

Os receptores α_1-adrenérgicos têm localização pós-sináptica, enquanto o subtipo α_2 está presente nos neurônios simpáticos pré-sinápticos. Assim, os receptores α_1-adrenérgicos são responsáveis pelos efeitos α agonistas, como a vasoconstrição, enquanto os receptores α_2-adrenérgicos inibem a liberação de norepinefrina pelos nervos simpáticos. Os receptores β_1-adrenérgicos são mediadores das respostas inotrópica e cronotrópica do coração, da lipólise no tecido adiposo e do aumento da secreção de renina pelo rim. Quando estimulados, os receptores β_2-adrenérgicos causam broncodilatação, glicogenólise e relaxamento da musculatura lisa uterina e intestinal.

BIBLIOGRAFIA

Desenvolvimento da glândula suprarrenal
BARRETT EJ. The adrenal gland. In: BORON WF, BOULPAEP EL (Eds.). *Medical Physiology.* Saunders, New York, 2005.
MESIANO S, JAFFE RB. Developmental and functional biology of the primate fetal adrenal cortex. *Endocr Rev,* 18:378-403, 1997.
XING Y, LERARIO AM, RAINEY W et al. Development of adrenal córtex zonation. *Endocrinol Metab Clin North Am,* 44(2):243-74, 2015.
VINSON GP. Functional zonation of the adult mammalian adrenal cortex. *Front Neurosci,* 10:238, 2016.

ACTH
ANTONI FA. Vasopressinergic control of pituitary adrenocorticotropin secretion comes of age. *Front Neuroendocrinol,* 14:76-122, 1993.
BROWNIE AC, SIMPSON ER, JEFCOATE CR et al. Effect of ACTH on cholesterol side-chain cleavage in rat adrenal mitochondria. *Biochem Biophys Res Commun,* 46:483-90, 1972.
DROUIN J. 60 years of POMC: transcriptional and epigenetic regulation of POMC gene expression. *J Mol Endocrinol,* 56(4):T99-112, 2016.
ELIAS LLK, CASTRO M. Controle neuroendócrino do eixo hipotálamo-hipófise-adrenal. In: ANTUNES-RODRIGUES J, MOREIRA AC, ELIAS LLK et al. *Neuroendocrinologia Básica e Aplicada.* Guanabara Koogan, Rio de Janeiro, 2004.
GALLO-PAYET N. 60 years of POMC: adrenal and extra-adrenal functions of ACTH. *J Mol Endocrinol,* 56(4):T135-56, 2016.
HEIKKILA P, AROLA J, LIU J et al. ACTH regulates LDL receptor and CLA-1 mRNA in the rat adrenal cortex. *Endocr Res,* 24:591-3, 1998.
JONES MT, GILLHAM B. Factors involved in the regulation of adrenocorticotropin/betalipotropic hormone. *Physiol Rev,* 68:743-818, 1988.

KELLER-WOOD M. Hypothalamic-pituitary-adrenal axis-feedback control. *Compr Physiol*, 5(3):1161-82, 2015.
LEHOUX JG, FLEURY A, DUCHARME L. The acute and chronic effects of adrenocorticotropin on the levels of messenger ribonucleic acid and protein of steroidogenic enzymes in rat adrenal in vivo. *Endocrinology*, 139:3913-22, 1998.
NOVOSELOVA TV, JACKSON D, CAMPBELL DC et al. Melanocortin receptor accessory proteins in adrenal gland physiology and beyond. *J Endocrinol*, 217(1):R1-11, 2013.
PEDERSEN RC, BROWNIE AC, LING N. Pro-adrenocorticotropin/endorphin-derived peptides: coordinate action on adrenal steroidogenesis. *Science*, 208:1044-6, 1980.
VALE W, SPIESS J, RIVIER C et al. Characterization of a 41-residue ovine hypothalamic peptide that stimulates secretion of corticotropin and beta-endorphin. *Science*, 213(4514):1394-7, 1981.
WHITNALL MH, MEZEY E, GAINER H. Co-localization of corticotropin-releasing factor and vasopressin in median eminence neurosecretory vesicles. *Nature*, 317:248-50, 1985.

Esteroidogênese

BORNSTEIN SR, RUTKOWSKI H, VREZAS I. Cytokines and steroidogenesis. *Mol Cell Endocrinol*, 215:135-41, 2004.
BOSE HS, SUGAWARA T, STRAUSS JF 3rd et al. The pathophysiology and genetics of congenital lipoid adrenal hyperplasia. International Congenital Lipoid Adrenal Hyperplasia Consortium. *N Engl J Med*, 335:1870-8, 1996.
CLARK BJ. ACTH action on StAR biology. *Front Neurosci*, 10:547-53, 2016.
CRIVELLO JF, JEFCOATE CR. Intracellular movement of cholesterol in rat adrenal cells. Kinetics and effects of inhibitors. *J Biol Chem*, 255:8144-51, 1980.
GARNIER M, BOUJRAD N, OGWUEGBU SO et al. The polypeptide diazepam-binding inhibitor and a higher affinity mitochondrial peripheral-type benzodiazepine receptor sustain constitutive steroidogenesis in the R2C Leydig tumor cell line. *J Biol Chem*, 269:22105-12, 1994.
KELLER-WOOD ME, DALLMAN MF. Corticosteroid inhibition of ACTH secretion. *Endocr Rev*, 5:1-24, 1984.
KELLY SN, MCKENNA TJ, YOUNG LS. Modulation of steroidogenic enzymes by orphan nuclear transcriptional regulation may control diverse production of cortisol and androgens in the human adrenal. *J Endocrinol*, 181:355-65, 2004.
KRUEGER KE, PAPADOPOULOS V. Peripheral-type benzodiazepine receptors mediate translocation of cholesterol from outer to inner mitochondrial membranes in adrenocortical cells. *J Biol Chem*, 265:15015-22, 1990.
LIN D, SUGAWARA T, STRAUSS JF 3rd et al. Role of steroidogenic acute regulatory protein in adrenal and gonadal steroidogenesis. *Science*, 267:1828-31, 1995.
MERMEJO LM, ELIAS LL, MARUI S et al. Refining hormonal diagnosis of type II 3beta-hydroxysteroid dehydrogenase deficiency in patients with premature pubarche and hirsutism based on HSD3B2 genotyping. *J Clin Endocrinol Metab*, 3:1287-93, 2005.
MIDZAK A, PAPADOPOULOS V. Adrenal mitochondria and steroidogenesis: from individual proteins to functional protein assemblies. *Front Endocrinol*, 7:106, 2016.
MILLER WL. Regulation of steroidogenesis by electron transfer. *Endocrinology*, 146:2544-50, 2005.
MILLER WL, TEE MK. The post-translational regulation of 17,20 lyase activity. *Mol Cell Endocrinol*, 408:99-106, 2015.
NAKAE J, TAJIMA T, SUGAWARA T et al. Analysis of the steroidogenic acute regulatory protein (StAR) gene in Japanese patients with congenital lipoid adrenal hyperplasia. *Hum Mol Genet*, 6:571-6, 1997.
PARKER KL, SCHIMMER BP. Transcriptional regulation of the genes encoding the cytochrome P-450 steroid hydroxylases. *Vitam Horm*, 51:339-70, 1995.
RAINEY WE. Adrenal zonation: clues from 11beta-hydroxylase and aldosterone synthase. *Mol Cell Endocrinol*, 151:151-60, 1999.
RUGGIERO C, LALLI E. Impact of ACTH signaling on transcriptional regulation of steroidogenic genes. *Front Endocrinol (Lausanne)*, 7:24-38, 2016.
SIMARD J, RICKETTS ML, GINGRAS S et al. Molecular biology of the 3beta-hydroxysteroid dehydrogenase/delta5-delta4 isomerase gene family. *Endocr Rev*, 26:525-82, 2005.
SIMPSON ER. Cholesterol side-chain cleavage, cytochrome P450, and the control of steroidogenesis. *Mol Cell Endocrinol*, 13:213-27, 1979.
STOCCO DM, CLARK BJ. Regulation of the acute production of steroids in steroidogenic cells. *Endocr Rev*, 17:221-44, 1996.
TURCU AF, AUCHUS RJ. Adrenal steroidogenesis and congenital adrenal hyperplasia. *Endocrinol Metab Clin North Am*, 44(2):275-96, 2015.

Secreção e ações dos glicocorticoides

AUBOEUF D, HONIG A, BERGET SM et al. Coordinate regulation of transcription and splicing by steroid receptor coregulators. *Science*, 298(5592):416-9, 2002.
BAMBERGER CM, BAMBERGER AM, DE CASTRO M et al. Glucocorticoid receptor beta, a potential endogenous inhibitor of glucocorticoid action in humans. *J Clin Invest*, 95:2434-41, 1995.
BAMBERGER CM, SCHULTE HM, CHROUSOS GP. Molecular determinants of glucocorticoid receptor function and tissue sensitivity to glucocorticoids. *Endocr Rev*, 17:245-61, 1996.
BLEDSOE RK, STEWART EL, PEARCE KH. Structure and function of the glucocorticoid receptor ligand binding domain. *Vitam Horm*, 68:49-91, 2004.
CAIN DW, CIDLOWSKI JA. Specificity and sensitivity of glucocorticoid signaling in health and disease. *Best Pract Res Clin Endocrinol Metab*, 29(4):545-56, 2015.
CARRASCO GA, VAN DE KAR LD. Neuroendocrine pharmacology of stress. *Eur J Pharmacol*, 463:235-72, 2003.
CASTRO M, ELLIOT S, KINO T et al. The nonligand-binding isoform of the human glucocorticoid receptor (hGRβ): tissue levels, mechanism of action and potential physiological role. *Molecular Medicine*, 5:597-607, 1996.
CHEN YZ, QIU J. Pleiotropic signaling pathways in rapid, nongenomic action of glucocorticoid. *Mol Cell Biol Res Commun*, 2:145-9, 1999.
CHROUSOS GP. Stressors, stress, and neuroendocrine integration of the adaptive response. The 1997 Hans Selye Memorial Lecture. *Ann N Y Acad Sci*, 30:851:311-35, 1998.
DALLMAN MF, AKANA SF, CASCIO CS et al. Regulation of ACTH secretion: variations on a theme of B. *Recent Prog Horm Res*, 43:113-73, 1987.
FRANCI CR. Estresse: processos adaptativos e não adaptativos. In: ANTUNES-RODRIGUES J, MOREIRA AC, ELIAS LLK et al. (Eds.). *Neuroendocrinologia Básica e Aplicada*. Guanabara Koogan, Rio de Janeiro, 2005.
GEER EB, ISLAM J, BUETTNER C. Mechanisms of glucocorticoid-induced insulin resistance: focus on adipose tissue function and lipid metabolism. *Endocrinol*.
Metab Clin North Am, 43(1):75-102, 2014.
GIGUERE V, HOLLENBERG SM, ROSENFELD MG et al. Functional domains of the human glucocorticoid receptor. *Cell*, 46:645-52, 1986.
GLASS CK, ROSENFELD MG. The coregulator exchange in transcriptional functions of nuclear receptors. *Genes Dev*, 14:121-41, 2000.
HABIB KE, GOLD PW, CHROUSOS GP. Neuroendocrinology of stress. *Endocrinol Metab Clin North Am*, 30:695-728, 2001.
HOLLENBERG SM, EVANS RM. Multiple and cooperative trans-activation domains of the human glucocorticoid receptor. *Cell*, 55:899-906, 1988.
HUA SY, CHEN YZ. Membrane-receptor mediated electrophysiological effects of glucocorticoid on mammalian neurons. *Endocrinology*, 124:687-91, 1989.
KRIEGER DT, ALLEN W, RIZZO F et al. Characterization of the normal temporal pattern of plasma corticosteroid levels. *J Clin Endocrinol Metab*, 32:266-84, 1971.
LEAL AM, MOREIRA AC. Feeding and the diurnal variation of the hypothalamic-pituitary-adrenal axis and its responses to CRH and ACTH in rats. *Neuroendocrinology*, 64:14-9, 1996.
LOU SJ, CHEN YZ. The rapid inhibitory effect of glucocorticoid on cytosolic free Ca^{2+} increment induced by high extracellular K^+ and its underlying mechanism in PC12 cells. *Biochem Biophys Res Commun*, 244:403-7, 1998.
MAKARA GB, HALLER J. Non-genomic effects of glucocorticoids in the neural system: evidence, mechanisms and implications. *Prog Neurobiol*, 65:367-90, 2001.
PATEL R, WILLIAMS-DAUTOVICH J, CUMMINS CL. Minireview: new molecular mediators of glucocorticoid receptor activity in metabolic tissues. *Mol Endocrinol*, 28(7):999-1011, 2014.
QIU J, LOU LG, HUANG XY et al. Nongenomic mechanisms of glucocorticoid inhibition of nicotine-induced calcium influx in PC12 cells: involvement of protein C. *Endocrinology*, 139:5103-8, 1998.
RHEN T, CIDLOWSKI JA. Anti-inflammatory action of glucocorticoids–new mechanisms for old drugs. *N Engl J Med*, 353:1711-23, 2005.
ROSE AJ, HERZIG S. Metabolic control through glucocorticoid hormones: an update. *Mol Cell Endocrinol*, 380(1-2):65-78, 2013.
SAPOLSKY RM, ROMERO LM, MUNCK AU. How do glucocorticoids influence stress responses? Integrating permissive, suppressive, stimulatory, and preparative actions. *Endocr Rev*, 21:55-89, 2000.
STAHN C, BUTTGEREIT F. Genomic and nongenomic effects of glucocorticoids. *Nat Clin Pract Rheumatol*, 4(10):525-33, 2008.
TASKER JG, DI S, MALCHER-LOPES R. Minireview: rapid glucocorticoid signaling via membrane-associated receptors. *Endocrinology*, 147:5549-56, 2006.
TSAI MJ, O'MALLEY BW. Molecular mechanisms of action of steroid/thyroid receptor superfamily members. *Annu Rev Biochem*, 63:451-86, 1994.
YUDT MR, CIDLOWSKI JA. The glucocorticoid receptor: coding a diversity of proteins and responses through a single gene. *Mol Endocrinol*, 16:1719-26, 2002.
XIAO L, FENG C, CHEN Y. Glucocorticoid rapidly enhances NMDA-evoked neurotoxicity by attenuating the NR2A-containing NMDA receptor-mediated ERK1/2 activation. *Mol Endocrinol*, 24:497-510, 2010.
ZILLIACUS J, WRIGHT AP, CARLSTEDT-DUKE J et al. Structural determinants of DNA-binding specificity by steroid receptors. *Mol Endocrinol*, 9:389-400, 1995.

Metabolização dos glicocorticoides

CHAPMAN K, HOLMES M, SECKL J. 11β-hydroxysteroid dehydrogenases: intracellular gate-keepers of tissue glucocorticoid action. *Physiol Rev*, 93(3):1139-206, 2013.

DRAPER N, STEWART PM. 11beta-hydroxysteroid dehydrogenase and the pre-receptor regulation of corticosteroid hormone action. *J Endocrinol*, 186:251-71, 2005.

MORTON NM. Obesity and corticosteroids: 11beta-hydroxysteroid type 1 as a cause and therapeutic target in metabolic disease. *Mol and Cell Endocrinol*, 316:154-64, 2010.

TOMLINSON JW, WALKER EA, BUJALSKA IJ et al. 11beta-hydroxysteroid dehydrogenase type 1: a tissue-specific regulator of glucocorticoid response. *Endocr Rev*, 25:831-66, 2004.

Secreção e ações da aldosterona

BARAJAS L. Anatomy of the juxtaglomerular apparatus. *Am J Physiol*, 237:F333-43, 1979.

BASSETT MH, WHITE PC, RAINEY WE. The regulation of aldosterone synthase expression. *Mol Cell Endocrinol*, 217:67-74, 2004.

BHALLA V, SOUNDARARAJAN R, PAO AC et al. Disinhibitory pathways for control of sodium transport: regulation of ENaC by SGK1 and GILZ. *Am J Physiol Renal Physiol*, 291:F714-21, 2006.

CONNELL JM, DAVIES E. The new biology of aldosterone. *J Endocrinol*, 186:1-20, 2005.

CHOI M, SCHOLL UI, YUE P et al. K+ channel mutations in adrenal aldosterone-producing adenomas and hereditary hypertension. *Science*, 331(6018):768-72, 2011.

DE KLOET ER, VAN ACKER SA, SIBUG RM et al. Brain mineralocorticoid receptors and centrally regulated functions. *Kidney Int*, 57:1329-36, 2000.

DERIJK RH, WÜST S, MEIJER OC et al. A common polymorphism in the mineralocorticoid receptor modulates stress responsiveness. *J Clin Endocrinol Metab*, 91(12):5083-9, 2006.

DRUILHET RE, OVERTURF M, KIRKENDALL WM. Action of a human plasma fraction on tetradecapeptide, angiotensin I and angiotensin II. *Life Sci*, 20:1213-25, 1977.

ESCOUBET B, COUFFIGNAL C, LAISY JP et al. Cardiovascular effects of aldosterone: insight from adult carriers of mineralocorticoid receptor mutations. *Circ Cardiovasc Genet*, 6(4):381-90, 2013.

FARMAN N, RAFESTIN-OBLIN ME. Multiple aspects of mineralocorticoid selectivity. *Am J Physiol Renal Physiol*, 280:F181-92, 2001.

FERNANDES-ROSA FL, WILLIAMS TA, RIESTER A et al. Genetic spectrum and clinical correlates of somatic mutations in aldosterone-producing adenoma. *Hypertension*, 64(2):354-61, 2014.

FERNANDES-ROSA FL, BUENO AC, DE SOUZA RM et al. Mineralocorticoid receptor p.I180V polymorphism: association with body mass index and LDL-cholesterol levels. *J Endocrinol Invest*, 33(7):472-7, 2010.

FUNDER JW. The nongenomic actions of aldosterone. *Endocr Rev*, 26:313-21, 2005.

FUNDER JW, CAREY RM, MANTERO F et al. The management of primary aldosteronism: case detection, diagnosis, and treatment: an Endocrine Society Clinical Practice Guideline. *J Clin Endocrinol Metab*, 101(5):1889-916, 2016.

HATTANGADY NG, OLALA LO, BOLLAG WB et al. Acute and chronic regulation of aldosterone production. *Mol Cell Endocrinol*, 350(2):151-62, 2012.

HERMIDORFF MM, DE ASSIS LV, ISOLDI MC. Genomic and rapid effects of aldosterone: what we know and do not know thus far. *Heart Fail Rev*, 22(1):65-89, 2017.

JAISSER F, FARMAN N. Emerging roles of the mineralocorticoid receptor in pathology: toward new paradigms in clinical pharmacology. *Pharmacol Rev*, 68(1):49-75, 2016.

LISUREK M, BERNHARDT R. Modulation of aldosterone and cortisol synthesis on the molecular level. *Mol Cell Endocrinol*, 215:149-59, 2004.

LUTHER JM. Aldosterone in vascular and metabolic dysfunction. *Curr Opin Nephrol Hypertens*, 25(1):16-21, 2016.

MEINEL S, GEKLE M, GROSSMANN C. Mineralocorticoid receptor signaling: crosstalk with membrane receptors and other modulators. *Steroids*, 91:3-10, 2014.

PASCUAL-LE TALLEC L, LOMBES M. The mineralocorticoid receptor: a journey exploring its diversity and specificity of action. *Mol Endocrinol*, 19:2211-21, 2005.

PEARCE D, VERREY F, CHEN SY et al. Role of SGK in mineralocorticoid-regulated sodium transport. *Kidney Int*, 57:1283-9, 2000.

PENFORNIS P, VIENGCHAREUN S, LE MENUET D et al. The mineralocorticoid receptor mediates aldosterone-induced differentiation of T37i cells into brown adipocytes. *Am J Physiol Endocrinol Metab*, 279:E386-94, 2000.

QUINN SJ, WILLIAMS GH, TILLOTSON DL. Calcium oscillations in single adrenal glomerulosa cells stimulated by angiotensin II. *Proc Natl Acad Sci USA*, 85:5754-8, 1988.

SARTORATO P, LAPEYRAQUE AL, ARMANINI D et al. Different inactivating mutations of the mineralocorticoid receptor in fourteen families affected by type I pseudohypoaldosteronism. *J Clin Endocrinol Metab*, 88:2508-17, 2003.

SOUNDARARAJAN R, ZHANG TT, WANG J et al. A novel role for glucocorticoid-induced leucine zipper protein in epithelial sodium channel-mediated sodium transport. *J Biol Chem*, 280:39970-81, 2005.

SPAT A, HUNYADY L. Control of aldosterone secretion: a model for convergence in cellular signaling pathways. *Physiol Rev*, 84:489-539, 2004.

STOCKAND JD. New ideas about aldosterone signaling in epithelia. *Am J Physiol Renal Physiol*, 282:F559-76, 2002.

STOWASSER M, GORDON RD. Primary aldosteronism: changing definitions and new concepts of physiology and pathophysiology both inside and outside the kidney. *Physiol Rev*, 96(4):1327-84, 2016.

SYNDER PM, OLSON DR, THOMAS BC. Serum and glucocorticoid-regulated kinase modulate Nedd4-2 mediated inhibition of the epithelial Na+ channel. *J Biol Chem*, 277:5-8, 2002.

THOMAS W, MCENEANEY V, HARVEY BJ. Aldosterone-induced signalling and cation transport in the distal nephron. *Steroids*, 73:979-84, 2008.

URBANET R, NGUYEN DINH CAT A, FERACO A et al. Adipocyte mineralocorticoid receptor activation leads to metabolic syndrome and induction of prostaglandin D2 synthase. *Hypertension*, 66(1):149-57, 2015.

VAN LEEUWEN N, CAPRIO M, BLAYA C et al. The functional c.-2 G>C variant of the mineralocorticoid receptor modulates blood pressure, renin, and aldosterone levels. *Hypertension*, 56(5):995-1002, 2010.

VERREY F, FAKITSAS P, ADAM G et al. Early transcriptional control of ENaC (de)ubiquitylation by aldosterone. *Kidney Int*, 73:691-6, 2008.

VIENGCHAREUN S, LE MENUET D, MARTINERIE L et al. The mineralocorticoid receptor: insights into its molecular and (patho)physiological biology. *Nucl Recept Signal*, 30;5:e012, 2007.

WALKER BR, ANDREW R, ESCOUBET B et al. Activation of the hypothalamic-pituitary-adrenal axis in adults with mineralocorticoid receptor haploinsufficiency. *J Clin Endocrinol Metab*, 99(8):E1586-91, 2014.

YANG J, YOUNG MJ. The mineralocorticoid receptor and its coregulators. *J Mol Endocrinol*, 43:53-64, 2009.

ZENNARO MC, CAPRIO M, FÈVE B. Mineralocorticoid receptors in the metabolic syndrome. *Trends Endocrinol Metab*, 20(9):444-51, 2009.

ZENNARO MC, HUBERT EL, FERNANDES-ROSA FL. Aldosterone resistance: structural and functional considerations and new perspectives. *Mol Cell Endocrinol*, 350(2):206-15, 2012.

ZENNARO MC, BOULKROUN S, FERNANDES-ROSA F. An update on novel mechanisms of primary aldosteronism. *J Endocrinol*, 224(2):R63-77, 2005.

Andrógenos suprarrenais

ARLT W. Dehydroepiandrosterone and ageing. *Best Pract Res Clin Endocrinol Metab*, 18:363-80, 2004.

AUCHUS RJ. Overview of dehydroepiandrosterone biosynthesis. *Semin Reprod Med*, 22:281-8, 2004.

BAULIEU EE, ROBEL P. Dehydroepiandrosterone (DHEA) and dehydroepiandrosterone sulfate (DHEAS) as neuroactive neurosteroids. *Proc Natl Acad Sci USA*, 95:4089-91, 1998.

DHARIA S, PARKER CR Jr. Adrenal androgens and aging. *Semin Reprod Med*, 22:361-8, 2004.

IBANEZ L, DIMARTINO-NARDI J, POTAU N et al. Premature adrenarche – normal variant or forerunner of adult disease? *Endocr Rev*, 21(6):671-96, 2000.

MILLER WL. Androgen biosynthesis from cholesterol to DHEA. *Mol Cell Endocrinol*, 198(1-2):7-14, 2002.

PIHLAJAMAA P, SAHU B, JÄNNE OA. Determinants of receptor- and tissue-specific actions in androgen signaling. *Endocr Rev*, 36(4):357-84, 2015.

RAINEY WE, CARR BR, SASANO H et al. Dissecting human adrenal androgen production. *Trends Endocrinol Metab*, 13:234-9, 2002.

STROTT CA. Steroid sulfotransferases. *Endocr Rev*, 17:670-97, 1996.

Medula suprarrenal

EISENHOFER G. The role of neuronal and extraneuronal plasma membrane transporter in the inactivation of peripheral catecholamines. *Pharmacol Ther*, 91:35-62, 2001.

HODEL A. Effects of glucocorticoids on adrenal chromaffin cells. *J Neuroendocrinol*, 13:216-20, 2001.

NAGATSU T, STJARNE L. Catecholamine shynthesis and release. Overview. *Adv Pharmacol*, 42:1-14, 1998.

TANK AW, LEE WONG D. Peripheral and central effects of circulating catecholamines. *Compr Physiol*, 5(1):1-15, 2015.

ZIGMOND RE, SCHWARZSCHILD MA, RITTENHOUSE AR. Acute regulation of thyrosine hydroxylase by nerve activity and by neurotransmitters via phosphorylation. *Annu Rev Neurosci*, 12:415-61, 1989.

Capítulo 70

Pâncreas Endócrino

Angelo Rafael Carpinelli | Patrícia de Oliveira Prada | Mário José Abdalla Saad

- Introdução, *1158*
- Pâncreas, *1158*
- Mecanismo de ação dos hormônios pancreáticos, *1163*
- Sinalização tecidual da insulina, *1163*
- Bibliografia, *1169*

INTRODUÇÃO

O pâncreas é uma glândula classicamente designada como mista por ser responsável tanto pela produção de enzimas digestivas (ou secreções exócrinas), secretadas no lúmen do duodeno (meio externo ao organismo), como pela produção de hormônios (ou secreções endócrinas), secretados no interstício, de onde alcançam a circulação sanguínea (ou meio interno). Alterações nas secreções endócrinas do pâncreas, especialmente da insulina, determinam importantes modificações na homeostase do meio interno, as quais se relacionam com doenças de alta prevalência (atualmente consideradas de caráter endêmico), como o diabetes melito (DM), a obesidade e a síndrome metabólica, razões pelas quais é um dos mais estudados sistemas endócrinos, em toda a história da investigação científica. Relatos de indivíduos portadores de DM remontam à antiguidade egípcia, despertando, desde então, a curiosidade sobre os mecanismos envolvidos no aumento excessivo da concentração de glicose no sangue e na urina.

Na metade do século XIX (em 1843), Claude Bernard (médico e fisiologista francês) estabeleceu os princípios da investigação científica baseada em evidências e demonstrou que o fígado tinha essencial papel na manutenção da homeostase (estado de equilíbrio da concentração) da glicose. Mais do que isso, esse estudioso afirmou que a homeostase da glicose era regulada por mecanismos neuro-humorais. Já na época havia a suspeita de que o pâncreas, cuja atividade exócrina fora claramente confirmada pela conexão anatômica com o intestino, desempenhasse importante papel na regulação da homeostase glicêmica. Em 1869, Paul Langerhans descreveu a existência de grupamentos de células pancreáticas que não se relacionavam com o sistema de ácinos e ductos do pâncreas exócrino, e que, portanto, poderiam representar o pâncreas endócrino. Na sequência (em 1886), von Mering e Minkowski alcançam sucesso na cirurgia de extirpação do pâncreas de um cão, demonstrando a imediata perda da homeostase da glicose (pois ocorria hiperglicemia) e evidenciando que o fator humoral que participava desse controle era de origem pancreática. No século XX, Frederick Banting e Charles Best isolaram e caracterizaram o hormônio insulina, pelo que foram laureados com o Prêmio Nobel de Fisiologia e Medicina, em 1923. (Comentários adicionais a respeito de Claude Bernard são feitos na parte inicial deste livro – Uma Breve História da Fisiologia, em Claude Bernard: o fundador da fisiologia moderna.)

A investigação dos hormônios pancreáticos, especialmente da insulina, trouxe grande contribuição ao conhecimento sobre o DM, assim como proporcionou tratamento aos portadores dessa doença, permitindo a sua sobrevivência com a terapia de reposição do hormônio. Entretanto, na segunda metade do século XX, ocorreu enorme crescimento na incidência de DM, e nessa evolução observou-se que o número de indivíduos que desenvolvem o DM por falência pancreática primária permanece relativamente baixo (não mais que 10% dos portadores da doença). A compreensão da perda da homeostase glicêmica na grande maioria dos portadores de DM, que a princípio produzem o hormônio, adveio da evolução do conhecimento sobre o mecanismo de ação do hormônio, quando então se percebeu que um número crescente de pessoas desenvolve ao longo da vida um estado de resistência à ação da insulina. Assim, os mecanismos que envolvem tanto os eventos localizados no receptor hormonal quanto, principalmente, aqueles chamados de pós-receptor, vêm sendo intensivamente investigados, visando a contribuir para o conhecimento do DM e de futuras medidas preventivas e/ou terapêuticas.

Dessa maneira, este capítulo aborda de início o conhecimento sobre a produção pancreática de hormônios e, depois, seus mecanismos de ação, focalizando principalmente a insulina, por ser o principal fator endócrino regulador da homeostase da glicose. Além disso, são comentados os efeitos biológicos dos hormônios pancreáticos, com especial atenção para as suas interações nos estados fisiológicos, aspectos complementados com os mecanismos bioquímicos do metabolismo intermediário (apresentados no Capítulo 74, *Controle Hormonal e Neural do Metabolismo Energético*). Finalmente, são discutidas as bases fisiopatológicas das principais disfunções endócrinas que envolvem os hormônios pancreáticos.

PÂNCREAS

▶ Origem e diferenciação

A formação do pâncreas no embrião humano inicia-se a partir de um primeiro brotamento dorsal e um segundo ventral do intestino primitivo, entre a quarta e a sétima semanas do desenvolvimento. Essas duas estruturas se unem, sendo inicialmente constituídas por um sistema de túbulos e ácinos contendo células protodiferenciadas, que vão originar as células endócrinas agrupadas. Esses agrupamentos são envoltos por uma membrana basal, e capilares são formados dando origem às primeiras ilhotas pancreáticas. As células protodiferenciadas também originam as células exócrinas e, em determinadas situações, podem, no adulto, dar lugar à neoformação insular. No pâncreas fetal, a massa total das ilhotas corresponde a aproximadamente 10% da massa total do órgão, enquanto no adulto esse valor cai para apenas 1 a 2%.

As células das ilhotas, no ser humano, são capazes de se duplicar e aumentar a massa de tecido endócrino até por volta da maturidade, quando então a atividade mitótica cai a valores muito baixos.

▶ Ilhotas pancreáticas

A primeira alusão ao tecido insular pancreático foi feita em 1869 por Paul Langerhans, que descreveu aglomerados de células formando estruturas arredondadas ou ovoides, dispersas no tecido acinar pancreático. Essas estruturas chegaram à literatura com o nome de *ilhotas de Langerhans* ou simplesmente *ilhotas pancreáticas* (Figura 70.1). Verificou-se posteriormente, em roedores, que tais estruturas eram constituídas por pelo menos quatro tipos de células: as A ou α, dispostas perifericamente formando um revestimento das ilhotas e perfazendo, em média, 25% do total das células da ilhota, sendo responsáveis pela síntese e secreção de glucagon; as B ou β, produtoras e secretoras de insulina, ocupando a parte central da ilhota e compondo o núcleo desta, perfazendo, em média, 60% do número total de células; as D ou δ, produtoras de somatostatina, em torno de 10% das células da ilhota, localizadas mais na periferia e próximo a capilares; as F ou PP, produtoras do polipeptídio pancreático, que ocupam em torno de 5% da massa celular e têm a mesma distribuição das células D. Recentemente demonstrou-se que nos primatas a distribuição das células das ilhotas é aleatória com menor diferença porcentual entre as células B e A. Na maioria das espécies animais, inclusive a humana, encontramos de 1 a 2 milhões de ilhotas

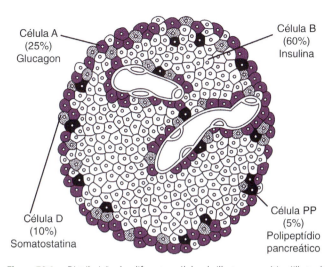

Figura 70.1 ▪ Distribuição das diferentes células da ilhota pancreática (*ilhota de Langerhans*).

dispersas pelo tecido acinar, perfazendo aproximadamente 2% do peso total do órgão. A irrigação das ilhotas é centrífuga, sendo as células B as primeiras a receberem o sangue arterializado que depois irriga a periferia da ilhota. Entretanto, como nos primatas a distribuição das células das ilhotas é aleatória (sem o acúmulo de células B na parte central da ilhota), não ocorre a irrigação centrífuga, como observada nos roedores. As ilhotas pancreáticas são ricamente inervadas tanto por fibras provindas do sistema nervoso simpático como do parassimpático. Norepinefrina, acetilcolina, peptídio intestinal vasoativo (VIP), galanina e GABA já foram identificados como mediadores químicos nas ilhotas.

▸ Insulina

Síntese

A insulina humana é um hormônio peptídico constituído por duas cadeias de resíduos de aminoácidos e com peso molecular de 5.808 kDa. Em humanos, é expressa por um gene localizado no braço curto do cromossomo 11 das células B das ilhotas pancreáticas. A cadeia A contém 21 resíduos de aminoácidos e é interligada por duas pontes dissulfeto entre resíduos de cisteína à cadeia B, que dispõe de 30 resíduos de aminoácidos. Uma terceira ponte de dissulfeto liga outros dois resíduos de cisteína pertencentes à própria cadeia A.

A síntese da insulina inicia-se no retículo endoplasmático rugoso (RER), constituindo-se inicialmente a pré-proinsulina, contendo cadeia única de aminoácidos que, após perder o peptídio sinal que dispõe de 23 resíduos de aminoácidos, origina a proinsulina, composta por 86 resíduos de aminoácidos dispostos inicialmente em cadeia única. Durante o transporte dessa molécula através do complexo de Golgi para ser empacotada na forma de grânulo, a proinsulina dá origem à insulina e ao peptídio conector (*peptídio C*), que conecta as agora formadas cadeias A e B (Figura 70.2). Nos grânulos prontos para a secreção, as moléculas de insulina se agregam, formando um exâmero estabilizado por dois íons zinco. Além da insulina e peptídio C, o grânulo contém várias outras proteínas e peptídios.

Como ocorre com outros hormônios peptídicos, a insulina permanece armazenada até que um estímulo deflagre sua exocitose do grânulo.

Secreção

O processo de secreção de insulina pelas células B, resumido na Figura 70.3, é bastante complexo, tendo como estímulo mais importante a concentração da glicose no interstício, que varia em paralelo à concentração do substrato no sangue. Essa substância é transportada através da membrana das células B pelo GLUT2, que tem baixa afinidade pela glicose, mas alta capacidade de transporte, com um Km em torno de 15 a 20 mM. Uma vez no interior das células B, ela é rapidamente metabolizada, dando inicialmente origem à glicose-6-fosfato, pela ação da hexoquinase, quando a concentração de glicose no meio é baixa. Na presença de altas concentrações do açúcar, a enzima mais importante passa a ser a glicoquinase, visto que o fator limitante para a metabolização da glicose é a sua fosforilação. Assim, a glicoquinase, que dispõe de baixa afinidade, porém alta capacidade enzimática, funciona como um sensor da concentração desse carboidrato nas células B, regulando a secreção de insulina de acordo com a demanda. Ressalte-se que mutações dessa enzima, alterando a sua eficiência, levam a um quadro de diabetes tipo 2 denominado MODI 2 (ver adiante). A posterior metabolização da glicose conduz à formação de ATP e aumenta a relação ATP/ADP, que diminui a probabilidade de abertura dos canais de potássio ATP-dependentes (K_{ATP}). Esses canais são proteínas de alto peso molecular que, quando não ativados, permitem a livre movimentação de cátions através da membrana celular, mantendo um potencial de membrana em torno de –70 mV. A ligação do ATP às subunidades específicas desses canais promove o seu fechamento, com consequente retenção de K^+ no interior das células e despolarização parcial da membrana. Atingido o limiar de despolarização dos canais de cálcio sensíveis à voltagem (CCSV), em particular os do *tipo L* (ver Capítulo 10, *Canais para Íons nas Membranas Celulares*), estes aumentam a probabilidade de abertura, permitindo maciça entrada de Ca^{2+} a favor de seu gradiente eletroquímico e desencadeamento de um potencial de ação. Ocorre rápido acúmulo de cálcio próximo à face interna da membrana. Como acontece em outros tecidos, as células B expressam adenilciclase (AC), fosfolipase C (PLC), fosfolipase A_2 (PLA_2) e fosfolipase D (PLD), todas enzimas ancoradas à membrana, que são ativadas por estímulos via receptores acoplados às proteínas G e por aumento da concentração do Ca^{2+} citosólico. Assim, o acúmulo do Ca^{2+} nas proximidades da membrana favorece a ativação destas enzimas, induzindo a formação de mensageiros citoplasmáticos, como, por exemplo, as proteinoquinases (PK) (ver Capítulo 3, *Sinalização Celular*). A AC promove a geração de cAMP, que ativa a proteinoquinase A (PKA). A PLC atuando sobre componentes do ciclo dos fosfatidilinositóis induz a constituição de 1,4,5-trifosfato de inositol (IP_3) e diacilglicerol (DAG). Este último, por sua vez, ativa a proteinoquinase C (PKC). A PLA_2 aumenta a formação de ácido araquidônico, que dá origem às prostaglandinas, que inibem a secreção de insulina, e aos leucotrienos, que a estimulam. Por último, a PLD leva à composição de ácido fosfatídico, que facilita a entrada de Ca^{2+} pela membrana por desenvolver atividade ionófora. Existem evidências de que a PKA e a PKC elevam o número e a responsividade dos CCSV, intensificando a entrada de Ca^{2+} a partir do meio extracelular. O IP_3, provocando a abertura de canais de Ca^{2+} do RE, leva a um aumento ainda maior da concentração citosólica de Ca^{2+}. Esse aumento, por sua vez, facilita a união dos íons cálcio a quatro locais específicos de uma proteína citoplasmática, a calmodulina (CaM), formando a Ca^{2+}-CaM, que, por seu turno, ativa uma proteinoquinase

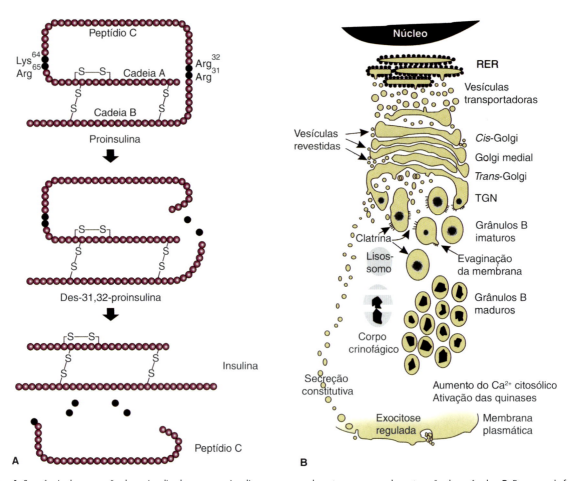

Figura 70.2 ▪ **A.** Sequência da conversão da proinsulina humana em insulina que ocorre durante o processo de maturação dos grânulos. **B.** Esquema da formação, transporte e exocitose dos grânulos de insulina. Descrição no texto. (Adaptada de Cingolani e Houssay, 2004.)

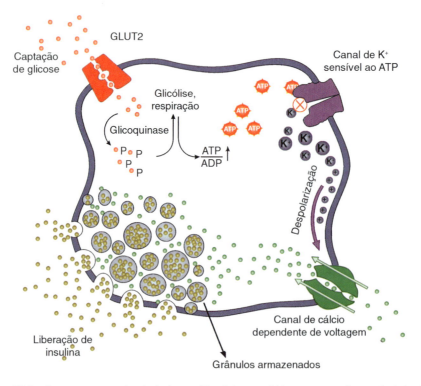

Figura 70.3 ▪ Esquema representativo dos fenômenos bioquímicos envolvidos no processo de secreção de insulina.

dependente de calmodulina (*PK dependente de CaM*). A PK dependente de CaM, a PKC e a PKA induzem a fosforilação de diferentes componentes do citoesqueleto, favorecendo a ativação dos mecanismos que redundam na exocitose dos grânulos de insulina.

É importante destacar que todas as substâncias já citadas são de grande importância para o mecanismo de secreção de insulina. Porém, note-se que são coadjuvantes ao aumento da concentração de Ca^{2+} no citosol, que é fundamental para a indução da ativação das proteínas do citoesqueleto envolvidas no mecanismo de exocitose, sem o qual não ocorre o fenômeno secretório.

Deve ser lembrado ainda que, nas proximidades da membrana citoplasmática das células B e a ela conectada, existe uma fina rede de microfilamentos de actina que desempenham papel fundamental no processo de secreção de insulina, regulando a passagem dos grânulos do citosol para o meio extracelular.

Muitos outros fatores modulam a secreção de insulina, interferindo nos mecanismos anteriormente descritos para a glicose. Entre eles, podemos citar os metabólitos como aminoácidos e ácidos graxos, o sistema nervoso autônomo e vários outros hormônios circulantes.

Os aminoácidos são importantes para o processo de secreção de insulina pelas células B e, na maioria das vezes, elevam a secreção do hormônio, ou por serem metabolizados, ou por ativarem o metabolismo de substâncias energéticas, com consequente aumento da produção de ATP e ativação dos mecanismos previamente descritos.

Os ácidos graxos, principalmente os saturados, como o palmitato e o estearato, são potencializadores da secreção de insulina. Esse efeito, no entanto, é nítido após exposição aguda de ilhotas isoladas a esses metabólitos, desde que haja glicose no meio. Depois de algumas horas, os ácidos graxos passam a ser tóxicos, levando ao que se conhece clinicamente como *lipotoxicidade*.

O sistema nervoso autônomo desempenha importante papel na regulação da secreção de insulina. A acetilcolina secretada pela estimulação da inervação parassimpática age em receptor Gq ativando a PLC e, como já descrito, culmina com o aumento da formação de IP_3 e PKC, facilitando ou potencializando o desencadeamento do processo secretório de insulina, dependendo da concentração de glicose presente no meio.

A epinefrina circulante e a norepinefrina secretada pelas terminações nervosas adrenérgicas inibem a secreção de insulina, por ativar uma proteína Gi inibidora da AC, com consequente diminuição da ativação da PKA. Há evidências de que essa mesma proteína Gi reduza a ativação dos canais CCSV.

Vários hormônios agem sobre as células B e participam ativamente da regulação da secreção da insulina. Os principais deles e seus efeitos são descritos a seguir.

A insulina secretada pelas células B das ilhotas pancreáticas passa, através da circulação êntero-hepática, diretamente para o fígado, onde mais de 50% do total secretado é degradado por insulinases específicas. Os rins retiram aproximadamente 40% da quantidade total da insulina que atinge o órgão em uma primeira circulação. A insulina circulante normalmente não se liga a outras substâncias, permanecendo na forma livre e apresentando meia-vida em torno de 5 min.

Regulação da secreção de insulina

A regulação da secreção de insulina é feita fundamentalmente pela glicose circulante. De modo bastante resumido, pode ser dito que o aumento da *glicemia* (nível de glicose no plasma) causa elevação da secreção de insulina, a qual, agindo nos diferentes tecidos do organismo, eleva o transporte de glicose para os mesmos tecidos, diminuindo a glicemia. Com a redução desta, desaparece o estímulo secretório e consequentemente decresce a secreção do hormônio. Estabelece-se assim um mecanismo regulador importantíssimo dos valores glicêmicos, fundamental para a manutenção da homeostase.

O *teste de tolerância à glicose* (GTT) ilustra prática e claramente o mecanismo já descrito (Figura 70.4). Para a execução do GTT, após um jejum de 12 h o paciente ingere glicose na dose fixa de 75 g. Antes de ele ingeri-la, obtém-se uma amostra de sangue para a dosagem da chamada *glicemia basal*. Depois da ingestão, a cada 30 min vão sendo colhidas sucessivas amostras sanguíneas para a dosagem da glicemia. Dessa maneira, é obtida uma curva da variação da glicemia ao longo do tempo, como mostrado na Figura 70.4.

Como descrito anteriormente, além da glicose, outros substratos, hormônios e o sistema nervoso interferem nos mecanismos secretórios de insulina e, portanto, participam da regulação da sua secreção. Destacamos inicialmente a *participação do sistema nervoso autônomo*, que ativamente modula a secreção da insulina. Podemos tomar como exemplo a chamada fase cefálica da secreção de insulina, que ocorre antes do início de uma alimentação. O aroma de um determinado alimento provoca um reflexo condicionado que determina intensa estimulação vagal. A acetilcolina secretada pelas terminações nervosas parassimpáticas nas ilhotas induz, como já descrito, à formação de PKC, que neste caso "sensibiliza" as células B para uma resposta secretória mais eficiente quando do aumento da concentração de nutrientes-secretagogos provindos da "suposta" alimentação. Outro exemplo importante é a estimulação adrenérgica que ocorre em estados de alerta: neste caso, a norepinefrina secretada pelos nervos simpáticos age nas células B causando inibição da secreção de insulina, propiciando assim aumento da glicose plasmática necessária para a reação do indivíduo, envolvendo sempre maior atividade muscular e nervosa.

Vários *hormônios* participam da modulação da secreção de insulina. Alguns atuam diretamente nas células B, como o glucagon e a somatostatina (secretados pela própria ilhota). Outros, como o cortisol e o GH, agem elevando a resistência periférica à insulina; consequentemente, há crescimento da concentração da glicose circulante, o que conduz a um aumento da secreção de insulina. Os hormônios gastrintestinais, como

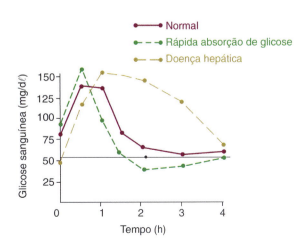

Figura 70.4 • Curvas típicas do teste de tolerância à glicose (GTT) em indivíduos: normais, com rápida absorção intestinal de glicose ou com doença hepática.

GLP-1 (*glucagon-like peptide 1*), secretina, colecistoquinina, gastrina e GIP (*gastro-intestinal peptide*), estimulam a secreção de insulina, sendo os responsáveis pelo maior aumento da secreção do hormônio logo depois da ingestão do alimento, antes mesmo de sua absorção.

▶ Glucagon

Síntese

O glucagon humano é um hormônio peptídico (29 resíduos de aminoácidos) com peso molecular de 3.485 kDa (Figura 70.5), produzido nas células A das ilhotas pancreáticas, constituído por uma única cadeia de resíduos de aminoácidos.

O gene do pró-glucagon está localizado no cromossomo 2 humano e se expressa não apenas na célula A pancreática, mas também em células do intestino delgado. Após a transcrição do gene, o seu mRNA é traduzido no RER, formando-se inicialmente o pré-pró-glucagon, que origina o pró-glucagon (160 resíduos de aminoácidos). Durante o transporte dessa molécula através do complexo de Golgi para ser empacotada no grânulo, o pró-glucagon é clivado, dando origem a várias sequências peptídicas, entre as quais o glucagon que permanece armazenado até que a exocitose seja deflagrada. O sistema enzimático de clivagem do pró-glucagon difere entre as células A e as do intestino, de maneira que distintos produtos são gerados de acordo com o local em que o gene se expressa, muitos deles ainda de atividade biológica desconhecida. Na célula A, o glucagon é o principal produto biologicamente ativo; entretanto, em células intestinais, geram-se a glicentina e os GLP-1 e 2. Estudos mais recentes indicam que a secreção de GLP-1 e GLP-2 cresce após a refeição, e estes hormônios têm sido relacionados tanto com a modulação da secreção de insulina, como com o controle metabólico-energético do organismo.

Secreção

Como acontece com a insulina, o principal estímulo regulador da secreção de glucagon é a glicemia. Porém, o aumento da concentração de glicose no sangue inibe a secreção do glucagon, que tem a sua supressão máxima quando os valores glicêmicos chegam próximos de 200 mg/dℓ. As maiores concentrações sanguíneas de glucagon ocorrem quando a glicemia está em torno de 50 mg/dℓ. Há evidências de que a elevação da glicemia faz esta regulação secundariamente à secreção da insulina, que reconhecidamente é um potente inibidor da secreção do glucagon. No entanto, dados mais recentes deixam claro que, do mesmo modo que as células B, as A expressam canais K_{ATP}, e o aumento do metabolismo da glicose leva à diminuição da probabilidade de abertura desses canais e à despolarização dessas células. A diferença reside no fato de as células A não terem canais de cálcio do tipo L tão eficientes como os das células B. Na realidade, a atividade elétrica das células A depende da abertura de pelo menos três diferentes canais iônicos: dos canais de Ca^{2+} do tipo T, dos canais de Na^+ dependentes de voltagem, e dos canais retificadores de K^+ do tipo A. Todos são desativados quando o potencial de membrana se eleva até próximo de –50 mV. Portanto, quando as células A são despolarizadas pela ação da glicose sobre os K_{ATP}, o potencial de membrana vai acima de –50 mV, reduzindo a probabilidade de abertura desses canais, diminuindo assim o influxo de Ca^{2+} e, consequentemente, a secreção do hormônio.

Regulação da secreção

Muitos fatores interferem na secreção de glucagon. Entre eles, podemos citar: sistema nervoso autônomo, hormônios, ácidos graxos e aminoácidos (Quadro 70.1).

▶ Somatostatina

Síntese

A somatostatina (SS) é um hormônio sintetizado nas células D das ilhotas pancreáticas, composto por uma sequência de 14 resíduos de aminoácidos dispostos em uma única cadeia, com peso molecular de 1.640 dáltons.

O gene da pró-somatostatina está localizado no cromossomo 3 e codifica uma proteína precursora de 116 aminoácidos, que, por processamento pós-traducional (ou clivagem), gera a somatostatina (que inclui a sequência carboxílica terminal). Ele foi identificado primeiramente no hipotálamo, onde se observou que o hormônio gerado era capaz de inibir a secreção do GH hipofisário (ou *somatotrofina*), daí a origem do nome. Semelhante ao gene do pró-glucagon, o gene da pró-somatostatina é transcrito em diferentes locais do organismo (algumas áreas do sistema nervoso central, sistema digestório e pâncreas) com processamentos pós-traducionais distintos. Duas somatostatinas biologicamente ativas podem ser geradas: SS-14 (com 14 aminoácidos carboxiterminal) e SS-28 (formada pela SS-14 mais 14 aminoácidos da sequência aminoterminal da pró-somatostatina). O pâncreas secreta exclusivamente SS-14; o SNC, preferencialmente SS-14; o intestino, preferencialmente SS-28. A SS-28 é muito mais potente como inibidora do GH, enquanto a SS-14, bem mais potente como inibidora do glucagon e da insulina.

Secreção

Recentemente, foram identificados canais K_{ATP} nas células D que respondem ao aumento do metabolismo da glicose nestas células. Assim, a resposta secretória de somatostatina é bastante similar àquela descrita para a insulina, pelo menos no que concerne aos eventos iônicos relacionados com os canais K_{ATP}.

Quadro 70.1 ▪ Fatores reguladores da secreção de glucagon.

Estimuladores	Inibidores
Aminoácidos (alanina, serina, glicina, cisteína e treonina)	Glicose
CCK, gastrina	Somatostatina
Cortisol	Secretina
Estresse	AGL
β-adrenérgicos	Insulina
Acetilcolina	α-adrenérgicos
–	GABA

1	2	3	4	5	6	7	8	9	10	11	12	13	14	15	16	17	18	19	20	21	22	23	24	25	26	27	28	29
His	Ser	Gln	Gly	Thr	Phe	Thr	Ser	Asp	Tyr	Ser	Lys	Tyr	Leu	Asp	Ser	Arg	Arg	Ala	Gln	Asp	Phe	Val	Gln	Trp	Leu	Met	Asn	Thr

Figura 70.5 ▪ Representação esquemática da sequência de aminoácidos do glucagon suíno.

▶ Polipeptídio pancreático

Trata-se de um polipeptídio formado por 36 resíduos de aminoácidos, tendo sua secreção aumentada pela acetilcolina e infusão intravenosa de mistura de aminoácidos. Sua função ainda não foi esclarecida, acreditando-se que disponha de algumas ações parácrinas.

▶ Inter-relações dos hormônios da ilhota pancreática

Atualmente, considera-se certo que um determinado hormônio secretado pela ilhota interfira sobre outro secretado pela mesma ilhota. É evidente a presença de junções do tipo *gap* entre as diferentes células secretoras que constituem as ilhotas, havendo, portanto, troca de íons e outras substâncias entre elas. É notório que a insulina inibe a secreção de glucagon, enquanto este estimula a secreção de insulina e de somatostatina. Já a somatostatina inibe a secreção de glucagon, de insulina e do polipeptídio pancreático. Em ilhotas isoladas de ratos, foi verificado que a inibição da expressão de somatostatina favorece a resposta secretória das células B à glicose. Apesar dessas e de outras evidências, não há ainda uma ideia consistente sobre a interação fisiológica que ocorre entre as células A, B, D e F.

Finalmente, é preciso ressaltar que a circulação sanguínea particular da ilhota pancreática, observada em algumas espécies animais, como nos roedores (mas não nos primatas), determina um importante controle na secreção de seus hormônios. Como a primeira região a ser irrigada pelo sangue arterial que chega à ilhota é a região central, rica em células B, a concentração de insulina eleva-se muito no sangue que perfunde essa região, que posteriormente irá irrigar a periferia da ilhota, local onde se localizam as células A produtoras de glucagon. Portanto, existe um efeito tônico inibitório da insulina sobre a secreção de glucagon.

MECANISMO DE AÇÃO DOS HORMÔNIOS PANCREÁTICOS

O mecanismo de ação do hormônio glucagon envolve o seu receptor de membrana nas células alvo, uma proteína de sete domínios transmembrânicos, a qual está associada à proteína G estimulatória (Gs). Este é um clássico mecanismo de ação que opera principalmente por aumento da concentração intracelular de cAMP. Entretanto, estudos mais recentes não descartam a possibilidade de que mecanismos secundários, utilizando outros segundos mensageiros, possam também participar como efetores de algumas ações do glucagon. A somatostatina pode ligar-se, com afinidade variável, em cinco isoformas de receptor, designadas como SSTR1-5, e com distribuição tecidual específica. Os SSTR são proteínas com sete domínios transmembrânicos, associadas à proteína G inibitória (Gi), e a ligação do hormônio ao receptor determina redução na concentração intracelular de cAMP, podendo ainda promover ativação de fosfatases.

Já o mecanismo de ação da insulina é uma área de conhecimento em contínua expansão, envolvendo muitas proteínas transdutoras do sinal insulínico, cuja importância no desenvolvimento de alterações fisiológicas está claramente demonstrada. Assim, passamos agora a comentar o conjunto de mecanismos envolvidos na ação da insulina e que são designados como *etapas iniciais da sinalização insulínica*.

SINALIZAÇÃO TECIDUAL DA INSULINA

Para exercer seus efeitos biológicos, a insulina se liga a um receptor específico expresso em vários tecidos, incluindo músculo, fígado, coração, tecido adiposo, células endoteliais, neurônios, entre outros. Os efeitos mediados pela insulina são tecido-específicos e incluem: aumento da captação de glicose, principalmente nos tecidos muscular e adiposo; aumento da síntese de proteínas, ácidos graxos e glicogênio; bem como bloqueios da produção hepática de glicose (via diminuição da gliconeogênese e glicogenólise), da lipólise e da proteólise. Além disso, a insulina exerce efeitos na expressão de genes, proliferação e diferenciação celulares. Outras ações da insulina incluem o aumento da produção de óxido nítrico no endotélio, a prevenção de apoptose, a promoção da sobrevida celular e o controle da expressão de neuropeptídios ligados ao balanço energético no hipotálamo.

▶ Receptor da insulina e seus substratos

O receptor de insulina (IR) pertence a uma família de receptores tirosinoquinase (RTK) que inclui o IGF1R (*insulin growth factor-1 receptor*) e um receptor órfão conhecido como IRR (*IR-related receptor*). O IR é uma proteína tetramérica formada por duas subunidades α e duas subunidades β, em que a subunidade α inibe a atividade tirosinoquinase da subunidade β. Quando a insulina se liga à subunidade α do IR, permite que a subunidade β adquira atividade quinase, levando à alteração conformacional e autofosforilação do receptor nas subunidades β em múltiplos resíduos de tirosina (1158, 1162, 1163), o que implementa sua atividade quinase (Figura 70.6). Uma vez fosforilado em tirosina, o IR torna-se ativado, promovendo a fosforilação em tirosina de substratos proteicos intracelulares. Vários substratos do IR já foram descritos, incluindo Shc, Gab-1, Cbl (*Casitas B-lineage lymphoma proto-oncogene*) e, de importância crucial, a família dos substratos do receptor de insulina, conhecidos pela sigla IRS (*insulin receptor substrate*). Os IRS-1 (ver Figura 70.6) e 2 têm funções fisiológicas mais relevantes em relação ao controle glicêmico. A fosforilação em tirosina das proteínas IRS, principalmente nas sequências YMXM e YXXM (em que Y é tirosina, M é metionina e X representa qualquer aminoácido), cria locais de reconhecimento para moléculas que contêm domínios com homologia a Src 2 (SH2), dentre as quais se destaca a PI3q (fosfatidilinositol 3-quinase).

▶ Via PI3q/AKT

A ativação da PI3q em resposta à insulina é uma etapa da sinalização considerada crucial para os efeitos fisiológicos da insulina. A PI3q é uma enzima formada por uma subunidade regulatória (p85) e uma subunidade catalítica (p110). A subunidade p85 possui o domínio SH2 que reconhece os sítios de tirosina fosforilados nos IRS, promovendo a ativação da subunidade p110 da PI3q. É importante destacar que os IRS-1 e 2 se ligam e ativam a PI3q, mas não a fosforilam (esses substratos do receptor de insulina não têm atividade quinase). Uma vez ativada, a PI3q catalisa a fosforilação de fosfolipídios de membrana, promovendo a fosforilação na posição 3 do 4,5-bifosfato de fosfatidilinositol (PIP_2), convertendo-o em 3,4,5-trifosfato de fosfatidilinositol (PIP_3). Este último produto liga-se a PDK-1 (*phosphoinositide-dependent kinase 1*), uma serina/treoninoquinase que fosforila o resíduo treonina

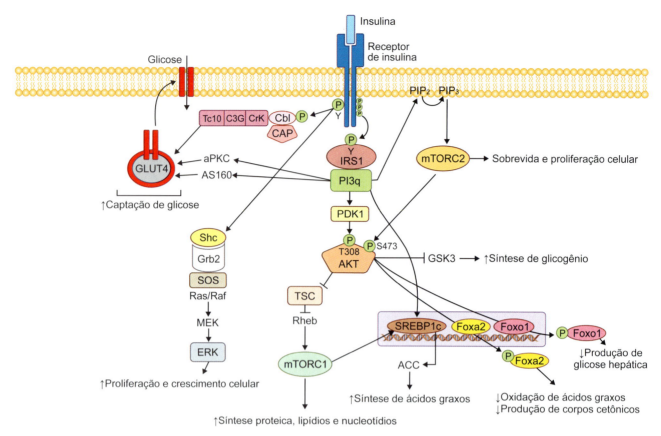

Figura 70.6 • Sinalização de insulina. Após a ligação da insulina ao seu receptor (IR), ocorrem autofosforilação do IR em múltiplos resíduos tirosina, fosforilação em tirosina dos substratos do receptor de insulina (IRS) e sua associação com a fosfatidilinositol 3-quinase (PI3q); ocorre a ativação da proteinoquinase B (Akt) envolvendo as quinases PDK1 (*phosphoinositide-dependent kinase 1*) e mTORC2. São descritas as vias ligadas à ativação da sinalização da insulina: via da mTOR (*mammalian target of rapamycin*), que, por meio do seu complexo proteico mTORC1, está ligada ao aumento da síntese proteica, de lipídios e de nucleotídios, ou por meio do seu complexo proteico mTORC2 está ligada ao aumento da sobrevida e proliferação celular; via da Akt/Foxo1, que está ligada à redução da produção hepática de glicose; via da Akt/Foxa2, que está ligada à redução da oxidação de ácidos graxos e da produção de corpos cetônicos; via PI3q/SREBP1 c/ACC, que está ligada ao aumento da síntese de ácidos graxos; via IR/CAP/Cbl e vias PI3q/aPKC e PI3q/AS160, que estão ligadas ao aumento da captação de glicose envolvendo o transportador de glicose (GLUT4); e, por fim, via da MAPK (*mitogen-activated protein kinase*), que envolve a fosforilação do IR/Shc/Grb2, ativando as MEK/ERK (*extracellular signal regulated kinase*) para aumentar a proliferação e crescimento celular. mTORC1, mTOR complex 1; mTORC2, mTOR complex 2; TSC, tuberous sclerosis complex 1 and 2; G-Rheb, Ras homologue enriched in brain; aPKC, isoformas atípicas da proteinoquinase C; AS160, GTPase activating protein; Cbl, Casitas B-lineage lymphoma proto-oncogene; CAP, Cbl-associated protein; TC10, small GTP binding protein; C3 G, guanine nucleotide exchange factor; Crk, chicken tumor virus regulator of kinase; Shc, src homology and collagen protein; SOS, Son of Sevenless; Grb2, growth factor receptor-bound protein 2; GSK3, glycogen synthase kinase 3; FoxO1, forkhead box-containing gene O1; SREBP1 c, sterol regulatory element binding protein 1 c; ACC, acetil-CoA carboxilase; Foxa2, forkhead box protein A2.

308 da proteinoquinase B (PKB ou Akt), sendo essa uma das etapas importantes para a ativação da Akt. Entretanto, para a plena ativação da Akt, é necessário que seu resíduo serina 473 também seja fosforilado, o que é mediado pelo complexo proteico 2 denominado mTORC2 (ver Figura 70.6) pertencente à via da mTOR (*mammalian target of rapamycin*), que será descrita a seguir.

▶ Vias de crescimento estimuladas pela insulina

Similar a outros fatores de crescimento, a insulina ativa vias de crescimento celular como a via mTOR e a via MAPK (*mitogen-activated protein kinase*).

A mTOR é descrita como uma quinase de resíduos serina e treonina, tem aproximadamente 289 kDa e forma a subunidade catalítica de dois complexos proteicos distintos, conhecidos como mTORC1 e mTORC2. O mTORC1 é o complexo que inclui a proteína Raptor (*regulatory associated protein of mTOR*) e é sensível à rapamicina. No momento em que a Akt é fosforilada pela PDK1, inicia-se a fosforilação de TSC2 (*tuberous sclerosis complex 1 and 2*) em serina e treonina, inativando a proteína G-Rheb (*Ras homologue enriched in brain*), culminando na ativação do mTORC1. Foram descritas várias funções para o complexo mTORC1; dentre essas, alterações no metabolismo, tradução de mRNA e de *turnover* proteico. Em relação à síntese proteica, é importante destacar que o mTORC1 fosforila e ativa a proteína S6 K1 (*70 kDa ribosomal protein S6 kinase*) e também fosforila e promove a dissociação entre o 4EBP (*eukaryotic translation initiation factor 4B Binding Protein*) e o eIF4E, sinais estes que vão promover o início da tradução de mRNA. O mTORC2 é formado por Rictor (*rapamycin-insensitive companion of mTOR*) e não possui sensibilidade à rapamicina. Como descrito anteriormente, mTORC2 fosforila a Akt em serina 473 que, em paralelo à fosforilação em treonina 308, induzida pela PDK1, produz plena ativação da Akt. Paralelamente a essa função, mTORC2 também regula a família de proteinoquinases C (PKC) envolvidas no controle do remodelamento do citoesqueleto e da migração celular (Figura 70.7).

Outra via de crescimento estimulada pela insulina é a via MAPK. A ativação da via MAPK inicia-se com a fosforilação de proteínas que são substratos do receptor de insulina, como IRS1 e Shc. Estas se ligam e ativam o complexo Grb2/SOS, que ativa a Ras e a cascata da MAPK, incluindo MEK/

Pâncreas Endócrino

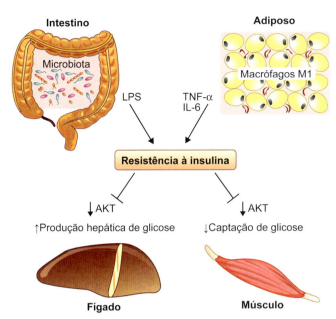

Figura 70.7 ▪ Mecanismos de resistência à insulina na obesidade. A alteração da microbiota intestinal, culminando na maior absorção de LPS (lipopolissacarídios) e a infiltração de células no estroma vascular do tecido adiposo, destacando os macrófagos com fenótipo M1, desencadeiam uma inflamação subclínica, levando à resistência à insulina tecidual. No fígado e no músculo, essa resistência à insulina é caracterizada pela redução da ativação da Akt, que, por sua vez, leva ao aumento da produção hepática de glicose e, no músculo, leva à redução da captação de glicose.

ERKs (*extracellular signal regulated kinase*). Para que haja uma transmissão adequada do sinal, os componentes da MAPK devem estar colocalizados na célula. As ERK1/2, também conhecidas como p44/p42 MAPK, são consideradas os principais controladores das respostas mitogênicas induzidas pela insulina devido à regulação da expressão de diversos genes (ver Figura 70.6). Em algumas doenças que cursam com resistência à insulina, a via da MAPK pode estar superativada nas artérias, ao passo que a via PI3q/Akt pode estar desativada, favorecendo uma desregulação na produção de óxido nítrico e contribuindo para o desenvolvimento de aterosclerose associada a resistência à insulina.

▸ Captação de glicose mediada pela insulina

Um importante mecanismo celular para o controle da glicemia é o transporte de glicose no músculo esquelético mediado pela insulina. Esse transporte é realizado pelo GLUT4 (*glucose transporter protein*) por meio de difusão facilitada independente de ATP (ver Figura 70.7) significativamente, além de ocorrer uma redução na taxa de endocitose desse transportador. Esses dois efeitos da insulina contribuem para o aumento da captação de glicose.

A ativação da PI3q em resposta à insulina é um elemento-chave para estimular a translocação de GLUT4 em tecidos muscular e adiposo, porém não é o único. A ativação da PI3q, pela insulina, influencia a translocação de GLUT4 por meio da ativação: (1) da PDK-1, que, por sua vez, fosforila isoformas atípicas da proteinoquinase C (PKC λ/ζ) envolvidas na síntese proteica e no transporte de vesículas de GLUT4 para a membrana celular; e (2) da Akt, que fosforila a proteína AS160 (*GTPase activating protein*), promovendo a translocação do GLUT4 para a membrana celular (ver Figura 70.6). No caso da Akt, a ativação da isoforma 2 (Akt2), e não das isoformas 1 e 3 (Akt1 e Akt3), parece aumentar a translocação do GLUT4 e, por conseguinte, a captação de glicose em células adiposas e musculares.

É descrita também a captação de glicose estimulada pela insulina, porém independente da ativação da PI3q, por meio da via Cbl/CAP/TC10, principalmente no tecido adiposo. Para a ativação dessa via, é necessário que o receptor de insulina esteja ativado (fosforilado em resíduos tirosina), sendo esse capaz de fosforilar o proto-oncogene c-Cbl que, na maioria dos tecidos sensíveis à insulina, está associado à proteína adaptadora CAP (*Cbl-associated protein*). Após a fosforilação, o complexo Cbl/CAP migra para a membrana celular e interage com as proteínas CrkII/C3G. A C3G catalisa a troca de GDP por GTP de outra proteína denominada TC10, tornando-a ativada. A ativação de TC10 induz translocação de vesículas contendo GLUT4 para a membrana celular, favorecendo a captação de glicose (ver Figura 70.7). Portanto, essa via é ativada pela insulina, porém independente da ativação da PI3q.

Em conjunto, dada a importância fisiológica de se promover a captação de glicose celular, o organismo dispõe de diversas vias que culminam no transporte de glicose na tentativa de criar mecanismos compensatórios em casos de alterações, como, por exemplo, mutações que afetam a Akt ou isoformas atípicas da PKC.

▸ Síntese de glicogênio mediada pela insulina

A insulina estimula o armazenamento de glicose na forma de glicogênio no fígado e no músculo. Esse efeito é mediado pela ativação da Akt. A Akt ativada em resposta à insulina fosforila e inativa a GSK3 (*glycogen synthase kinase 3*), reduzindo a fosforilação da GS (*glycogen synthase*), o que torna essa enzima mais ativa para catalisar o aumento da síntese de glicogênio (ver Figura 70.6). Outro mecanismo pelo qual a insulina desfosforila e ativa a GS é por meio da ativação da proteína fosfatase 1, processo este dependente da PI3q. Em paralelo ao estímulo da síntese de glicogênio, a insulina também bloqueia a glicogenólise, facilitando a manutenção de seu estoque.

▸ Inibição da gliconeogênese mediada pela insulina

A gliconeogênese hepática, ou seja, a produção de glicose pelo fígado a partir de substratos não glicídicos, como lactato, piruvato, glicerol e aminoácidos, tem uma função essencial para a manutenção da glicemia em condições de jejum. Portanto, a gliconeogênese hepática será estimulada quando a concentração circulante de insulina estiver reduzida (caso do jejum) e/ou a concentração de hormônios contrarreguladores da insulina, como epinefrina, glucagon, GH ou glicocorticoides, estiver elevada. No estado pós-prandial, ocorre elevação da concentração circulante de insulina e, por conseguinte, inibição da gliconeogênese hepática. Em doenças como diabetes melito, quando há redução da concentração circulante de insulina e/ou resistência a suas ações, a gliconeogênese hepática encontra-se desregulada, contribuindo de forma significativa para a hiperglicemia de jejum desses indivíduos.

A inibição ou supressão da gliconeogênese hepática em resposta à insulina envolve ativação da via PI3q/Akt e regulação da transcrição de genes que codificam enzimas-chave desse processo, como fosfoenolpiruvato carboxiquinase (PEPCK, gene *Pck1*), frutose-1,6-bifosfatase e glicose 6-fosfatase (gene *G6pc*).

O PGC1α (*peroxisome proliferator activated receptor-γ coactivator-1α*) é um fator de transcrição que, durante o jejum, estimula a expressão de genes ligados à gliconeogênese hepática por meio da coativação de outros fatores de transcrição, como os da família FoxO (*forkhead box-containing gene O*), HNF4α ou CREB. No estado pós-prandial, com o aumento da concentração circulante da insulina, o PGC1α é desativado. A ativação da Akt em tecido hepático suprime diretamente a atividade do PGC1α por meio da fosforilação do resíduo serina 570 do domínio serina-arginina do PGC1α. A insulina também inibe o PGC1α por mecanismo indireto. Nesse caso, a Akt ativada por insulina leva à fosforilação do resíduo serina 253 do fator de transcrição conhecido pela sigla FoxO1 (*forkhead box-containing gene O1*), mantendo-o no citosol. Isso permite que ocorra uma redução da gliconeogênese, porque o FoxO1 fosforilado fica desativado (ver Figura 70.6). Por outro lado, quando o FoxO1 está desfosforilado, permanece no núcleo celular e se liga ao PGC1α e Cbp/p300, promovendo a transcrição dos genes *Pck1* e *G6pc*, que aumentam a gliconeogênese. Recentemente, a proteína CLK2 (*Cdc2-like kinase 2*) foi descrita em tecido hepático como substrato da Akt e, em resposta à insulina, induz fosforilação do domínio SR do PGC1α, contribuindo para a repressão da expressão de genes do programa gliconeogênico. No entanto, os efeitos da insulina via Akt/CLK2 parecem ser mais tardios quando comparados aos efeitos da insulina via Akt/FoxO1 e PGC1α, que suprimem rapidamente a gliconeogênese hepática.

▸ Síntese e degradação de lipídios mediados pela insulina

Classicamente, a insulina tem funções lipogênicas e antilipolíticas. A lipogênese ocorre como resultado da regulação de fatores de transcrição da família SREBP (*sterol regulatory element binding proteins*) pela insulina. Essa família de fatores está envolvida no aumento da transcrição de genes implicados na síntese e na captação de colesterol, ácidos graxos, triglicerídios e fosfolipídios, assim como de NADPH, que é um cofator essencial para a síntese dessas moléculas.

Em tecido hepático, a ativação da PI3q, em resposta à insulina, estimula a síntese de ácidos graxos quando ocorre um excesso de ingestão de carboidratos. Isso decorre do aumento da expressão de SREBP-1 c, favorecendo a transcrição de genes envolvidos na síntese de ácidos graxos, como o gene que codifica a enzima acetil-CoA carboxilase (ACC) (ver Figura 70.6). A ACC tem um papel-chave na síntese de ácido graxo, pois converte a acetil-CoA em malonil-CoA, que, posteriormente, por meio da enzima ácido graxo sintetase (FAS), forma palmitato.

Em modelos animais, a superexpressão de SREBP-1 c no fígado de camundongos transgênicos previne a redução do mRNA das enzimas lipogênicas. De maneira semelhante, em camundongos ob/ob que apresentam obesidade grave e resistência à insulina, foi observado aumento da expressão de SREBP-1 c no fígado. Em indivíduos com obesidade e resistência à insulina, é muito comum ocorrer esteatose hepática, ou seja, acúmulo de lipídios no fígado. Um dos mecanismos descritos como causadores da esteatose hepática é o aumento da expressão de SREBP-1 c decorrente da hiperinsulinemia. Portanto, apesar de esses indivíduos apresentarem resistência à insulina nos tecidos periféricos, a insulina continua a ativar a transcrição do SREBP-1 c no fígado, aumentando a expressão de genes lipogênicos, a síntese de ácidos graxos e o acúmulo de triglicerídios.

Outro fator de transcrição que participa do controle do metabolismo de lipídios hepáticos pertence à família *forkhead box*, denominado Foxa2. No jejum ou na redução dos níveis de insulina, o Foxa2 fica localizado no núcleo celular, promovendo a transcrição de genes envolvidos na oxidação de ácidos graxos e na produção de corpos cetônicos. Por outro lado, na presença de insulina ou no estado pós-prandial, de forma similar ao FoxO1, o Foxa2 é fosforilado pela Akt e mantido no citosol, impedindo sua atividade transcricional no núcleo celular e reduzindo a oxidação de ácidos graxos e produção de corpos cetônicos (ver Figura 70.7). Em camundongos com resistência à insulina e hiperinsulinemia, o Foxa2 permanece no citoplasma de hepatócitos, onde fica inativo. Estudos comparativos de dose-resposta sugerem que o Foxa2 requer doses menores de insulina para ser fosforilado comparativamente ao FoxO1, e esse fenômeno parece ser dependente do IRS-2.

Com relação ao seu efeito antilipolítico, a insulina, através da via PI3q/Akt, ativa a fosfodiesterase AMP cíclico específico (PDE3B), que reduz os níveis de AMP cíclico nos adipócitos. Esse efeito reduz a ativação da PKA (proteinoquinase A), que está envolvida na ativação da enzima lipase hormônio-sensível que medeia parte do processo de lipólise no tecido adiposo.

▸ Sinalização de insulina | Lições de animais *knockout* tecido-específicos

A partir do desenvolvimento de animais *knockouts* condicionais por meio do sistema Cre-LoxP, permitiu-se um grande avanço no entendimento das funções tecido-específicas da insulina, bem como se revelou a real importância de cada tecido nas situações de resistência à insulina.

Camundongos *knockout* para o IR especificamente no fígado, conhecido como LIRKO (*liver specific insulin receptor knockout*), apresentam redução da tolerância à glicose e acentuada hiperinsulinemia. Essa hiperinsulinemia é consequência de secreção de insulina elevada associada à redução do *clearence* desse hormônio. Como esperado, o LIRKO apresenta redução da supressão da produção hepática de glicose e aumento da expressão de PEPCK e glicose 6 fosfatase. A deleção dupla de Irs1/Irs2 (LIrs1/LIrs2KO), especificamente no fígado de camundongos, também leva a um fenótipo semelhante ao do LIRKO. Entretanto, a deleção específica no fígado de IRS1 leva à resistência à insulina hepática quando o animal está realimentado, e a deleção específica de IRS2 no fígado leva à resistência à insulina quando o animal está em jejum.

Os resultados foram surpreendentes quando foram gerados os camundongos *knockout* do IR especificamente no músculo. Esperava-se que esses animais apresentassem franca resistência à insulina, uma vez que a captação de glicose mediada pela insulina é extensa no tecido muscular. No entanto, no animal conhecido como MIRKO (*muscle specific insulin receptor knockout*), encontraram-se sensibilidade à insulina e tolerância à glicose normais. Esse fenótipo foi explicado, ao menos parcialmente, como resultado do redirecionamento da captação de glicose para o tecido adiposo, uma vez que o MIRKO apresentou um aumento da adiposidade. Posteriormente, verificou-se que a deleção do IRS1 ou do IRS2 especificamente em músculo gerou animais com o fenótipo semelhante ao MIRKO em termos de sensibilidade à insulina e tolerância à glicose.

Camundongos *knockout* adiposo-específicos do IR, conhecidos como FIRKO (*fat specific insulin receptor knockout*), apresentam lipodistrofia, redução da tolerância à glicose, resistência à insulina e, surpreendentemente, hiperinsulinemia.

Não obstante, os camundongos *knockout* específicos do IR em células beta, chamados de βIRKO (*pancreatic beta cell specific insulin receptor knockout*), não apresentam alteração no conteúdo de insulina, no tamanho da ilhota pancreática ou na razão entre células beta e não beta, apesar de apresentarem um defeito acentuado na primeira fase de secreção de insulina estimulada por glicose, semelhante ao observado no diabetes tipo 2.

No caso da deleção específica do IR em neurônios, os animais conhecidos como NIRKO (*neuron specific insulin receptor knockout*) exibem obesidade, aumento da ingestão alimentar, resistência à insulina, aumento da produção hepática de glicose, assim como redução da fertilidade em decorrência de hipogonadismo hipotalâmico. Posteriormente, foi realizada a deleção de IRS2 em células beta e alguns neurônios do hipotálamo, a qual gerou um fenótipo de obesidade, aumento na ingestão alimentar e redução da expressão gênica de POMC (pró-opiomelanocortina), neuropeptídeo ligado a reduzida ingestão alimentar.

Em conjunto, os estudos que utilizaram animais condicionalmente *knockouts* envolvendo moléculas determinantes da sinalização de insulina sugerem uma hipótese unificadora para o diabetes tipo 2, na qual a resistência à insulina em órgãos-alvo clássicos (fígado, músculo e tecido adiposo), combinada à resistência à insulina na célula beta, cérebro e outros tecidos, pode resultar no diabetes tipo 2.

▶ Regulação do ciclo jejum-alimentado por hormônios pancreáticos

O metabolismo humano oscila entre os ciclos de alimentação e jejum. Os hormônios insulina e glucagon participam da manutenção do equilíbrio energético durante a mudança desses ciclos. A razão entre as concentrações sanguíneas de insulina e glucagon regula fisiologicamente o estoque e/ou a utilização dos nutrientes absorvidos pelo intestino após a alimentação.

Nesse contexto, o fígado atua como órgão central, integrando os efeitos da insulina e glucagon sobre a metabolização de nutrientes para manter a homeostase da glicemia.

Observam-se elevadas concentrações de insulina e reduzidas concentrações de glucagon durante uma refeição e algumas horas depois. Esse estado é conhecido como período pós-prandial ou alimentado. De forma contrária, durante o jejum, observam-se elevadas concentrações de glucagon e reduzidas concentrações de insulina. O jejum realizado por 6 a 12 horas é considerado como um estado pós-absortivo e será discutido a seguir. O jejum que perdura por mais de 12 horas é conhecido como "jejum prolongado" ou "fome ou inanição" e terá implicações metabólicas específicas envolvendo adaptações moleculares e fisiológicas mais significativas.

Período pós-prandial

Nutrientes como glicose e aminoácidos são absorvidos no intestino, ganham a corrente sanguínea e estimulam a secreção de insulina, e ao mesmo tempo ocorre inibição da secreção de glucagon. A razão elevada entre insulina e glucagon afeta o metabolismo do fígado, do tecido adiposo e do músculo esquelético.

A insulina aumenta a captação de glicose pelo músculo esquelético e cardíaco e também pelo tecido adiposo. A oxidação da glicose e a síntese de glicogênio são estimuladas, e a oxidação lipídica é inibida nos tecidos insulino-sensíveis.

Apesar de o hepatócito captar glicose de forma independente de insulina, via GLUT2, esse hormônio é essencial para a metabolização da glicose no interior dessas células. Assim, a insulina ativa a enzima glicoquinase que fosforila a glicose, produzindo glicose 6-fosfato. A partir da formação de glicose 6-fosfato, na presença de insulina, ocorre a síntese de glicogênio, forma pela qual a glicose é armazenada. A glicose captada pelo fígado é em parte direcionada para a via das pentoses, gerando $NADPH+H^+$, que será utilizado na biossíntese de ácidos graxos e colesterol, e pentoses para a síntese de nucleotídios.

Os quilomícrons formados a partir da absorção intestinal de lipídios da alimentação sofrem a ação da enzima lipase lipoproteica, ativada pela insulina, liberando ácidos graxos livres e glicerol. Dessa forma, os ácidos graxos são captados pelo tecido adiposo, formando novos triglicerídios para serem estocados.

A insulina também estimula, no período pós-prandial, a síntese de ácidos graxos e proteica, a captação de aminoácidos, bem como a diminuição da sua degradação nos tecidos.

Jejum

Durante o jejum, o fígado passa a ser produtor e provedor de glicose para o organismo. Para tanto, a secreção de insulina diminui e a secreção de glucagon aumenta, resultando em glicogenólise e reduzida síntese de glicogênio. A glicose produzida pelo fígado é lançada na circulação sanguínea, pois o fígado é o principal órgão que expressa a enzima glicose 6-fosfatase, capaz de desfosforilar a glicose 6-fosfato, liberando-a para a circulação. Assim, mesmo em jejum, o indivíduo saudável consegue manter sua glicemia em uma concentração adequada à sobrevivência.

Nas primeiras 12 horas de jejum, a maior parte da glicose circulante é captada por tecidos que não dependem de insulina, como cérebro e eritrócitos. Os tecidos muscular e adiposo utilizam relativamente pouca glicose no jejum. Após 12 horas de jejum, as reservas de glicogênio vão se esgotando, e a gliconeogênese se torna a principal fonte de glicose, usando como substratos lactato, alanina e glicerol. Se o jejum se prolongar, a contribuição da gliconeogênese aumenta de forma constante para a produção de glicose hepática.

O músculo auxilia a gliconeogênese fornecendo lactato, que é captado pelo fígado e oxidado a piruvato para entrar no processo de gliconeogênese. Por sua vez, a glicose liberada pelo fígado retorna ao músculo esquelético, fechando o ciclo conhecido como ciclo de Cori. A reduzida concentração de insulina, no jejum, estimula a proteólise e leva à liberação de aminoácidos (principalmente alanina e glutamina) pelo músculo. A alanina liberada é captada pelo fígado e convertida em piruvato, que será processado pela gliconeogênese. Esse ciclo de glicose-alanina ocorre em paralelo ao ciclo de Cori.

A concentração elevada de glucagon e outros hormônios (GH, cortisol e catecolaminas) e principalmente as reduzidas concentrações de insulina estimulam a hidrólise de triglicerídios pela lipase hormônio-sensível, liberando ácidos graxos livres e glicerol no processo conhecido como lipólise. O glicerol é usado na gliconeogênese para produção de glicose, e os ácidos graxos livres são oxidados nas mitocôndrias dos hepatócitos por meio da betaoxidação, produzindo corpos cetônicos pelo processo denominado cetogênese. Durante o jejum prolongado, os corpos cetônicos servem como substratos energéticos pelo cérebro e pelos músculos esquelético e cardíaco, provendo energia para a manutenção da vida.

▶ Alteração da sinalização de insulina na obesidade e no diabetes melito tipo 2

Diabetes melito é um grupo heterogêneo de doenças que têm em comum a hiperglicemia com as consequentes complicações vasculares. O diagnóstico de diabetes é exclusivamente laboratorial e é feito quando: (1) a glicose plasmática de jejum é maior ou igual a 126 mg/dℓ; ou (2) a hemoglobina glicada (A1C) é maior que 6,4%; ou (3) a glicose plasmática 2 horas após uma sobrecarga oral de glicose de 75 g (teste oral de tolerância à glicose) é maior que 200 mg/dℓ; ou (4) há sintomas típicos de diabetes e a glicemia aleatória é maior que 200 mg/dℓ. É importante ressaltar que números intermediários entre esses apresentados e os valores normais estabelecem o diagnóstico de pré-diabetes.

No passado, com o conhecimento fisiopatológico ainda incipiente, a classificação do diabetes melito era baseada na idade dos grupos acometidos ou na forma convencional de tratamento. Entretanto, hoje, o diabetes é classificado em 4 grupos: (1) diabetes melito tipo 1, (2) diabetes melito tipo 2, (3) outros tipos específicos de diabetes, e (4) diabetes gestacional.

O diabetes melito tipo 1 é consequência de um processo autoimune que destrói as células beta do pâncreas, levando a uma falência absoluta na produção de insulina. Apresenta-se com mais frequência em pré-adolescentes, mas pode se iniciar em adultos, principalmente entre 30 e 35 anos. As manifestações do diabetes, como polidipsia, poliúria, polifagia e emagrecimento, são evidentes e de instalação rápida. Caso esses indivíduos não sejam rapidamente tratados, podem evoluir para quadros de cetoacidose diabética. O tratamento inclui, em geral, várias doses de insulina ao dia, simulando um processo fisiológico de secreção desse hormônio, chamado *basal-bolus* (insulina de liberação lenta, para simular a secreção basal, associada a insulinas de ação rápida antes das refeições, para simular a secreção estimulada por essas refeições).

O diabetes gestacional é a forma da doença que aparece exclusivamente na gestação, e tem critérios diagnósticos específicos e mais estritos. A razão para se ter um critério diagnóstico mais rigoroso e um tratamento mais cuidadoso na gestação é prevenir as graves complicações para a mãe e para o feto, que podem aparecer nessa situação.

Outros tipos específicos compreendem grupos etiológicos diversos, com causas estabelecidas ou parcialmente conhecidas. As causas incluem: defeitos genéticos conhecidos que alteram a função da célula beta ou a ação da insulina; doenças do pâncreas endócrino; endocrinopatias; medicamentos ou agentes que alteram a função pancreática; e doenças ou condições nas quais a incidência de diabetes é muito elevada, mas a etiologia ainda não foi estabelecida. Os tipos específicos respondem por aproximadamente 1 a 2% dos casos da síndrome diabetes. Nas formas genéticas conhecidas, deve ser destacado o MODY (*Maturity-Onset Diabetes of the Young*), que se inicia no adulto jovem, com grande associação familiar, e em geral é consequência de mutações na enzima glicoquinase ou em fatores de transcrição nas células beta.

O diabetes melito tipo 2 (DM2) é a forma mais comum da doença e acomete aproximadamente 10% da população mundial. A maior parte dos pacientes apresenta sobrepeso ou obesidade, e a etiopatogenia inclui fatores genéticos provavelmente poligênicos. Entretanto, os fatores ambientais, como redução da atividade física e ingestão calórica excessiva, entre outros, são determinantes para a instalação da doença. Em termos fisiopatológicos, o DM2 é consequência de uma associação entre resistência à insulina e alteração da secreção desse hormônio. Aparentemente, a alteração de secreção de insulina tem um componente genético determinante, mas a resistência à insulina é predominantemente secundária a fatores ambientais.

Na obesidade e no DM2, há alteração da microbiota intestinal que parece ter um papel etiopatogênico relevante na instalação da resistência à insulina nessas situações. A microbiota intestinal, na obesidade e no DM2, apresenta alterações de *phylos*, com predomínio de firmicutes em relação a bacteroidetes (inverso do magro), e uma redução importante da diversidade bacteriana. Essas alterações causam rompimento da integridade da barreira intestinal, aumentando a absorção de um lipídio de membrana das bactérias gram-negativas – o LPS (lipopolissacarídio) – e/ou desregulando a produção de metabólitos produzidos por bactérias, como os ácidos graxos de cadeia curta (acetato, butirato e propionato), que contribuem para o desenvolvimento da resistência à insulina (ver Figura 70.7).

Durante a instalação da obesidade, o aumento da massa de tecido adiposo ocasiona infiltração de células imunes nesse tecido, como neutrófilos e macrófagos M1 inflamatórios, contribuindo decisivamente para o processo inflamatório subclínico que havia se iniciado com a alteração da microbiota intestinal (Figura 70.8).

No plano celular e molecular na obesidade e no DM2, a resistência à insulina é secundária ao fenômeno inflamatório subclínico que desencadeia modulação molecular negativa das vias de sinalização desse hormônio (ver Figura 70.7). Em geral, esse processo é consequência da ativação de fosfatases que desfosforilam proteínas da via de sinalização da insulina ou fosforilações ou modificações pós-translacionais que reduzem a atividade dessas proteínas. No caso de alterações pós-translacionais, ressalta-se a ativação de serinas quinases, como JNK (*cJun-N-terminal-kinase*), IKK beta (*inhibitor of nuclear factor kappa-B kinase subunit beta*), PKC (*protein kinase C subunit*) beta e teta, PKR (*double-stranded RNA-dependent protein kinase*) e outras que induzem fosforilação em serina (sítio inibitório) de substratos do receptor de insulina, como IRS1 e 2. Essa fosforilação em serina reduz a capacidade do IRS-1 e 2 de interagir com o IR, bloqueando sua fosforilação em tirosina (sítio de ativação), bem como induz a degradação proteassômica do IRS-1, resultando em resistência à insulina. A ativação de serinas quinases pode ser consequência de estresse oxidativo, estresse de retículo endoplasmático, acúmulo de lipídios intracelulares, ativação de TLR4 (*toll like receptor 4*) por LPS, ativação de receptores de citocinas por IL (interleucinas)-1 beta, IL-6 e TNF-α (*tumor necrosis factor alpha*) (ver Figura 70.8).

Merece destaque também na modulação da sinalização de insulina o aumento de atividade de fosfatases que regulam proteínas dessa via. Na obesidade e no DM2, ocorre aumento da expressão e atividade da enzima fosfatase PTP1B (*protein tyrosine phosphatase 1B*), que desfosforila o IR e os IRS, contribuindo para a resistência à insulina. Outras fosfatases, como a PHLPP1 (*pleckstrin homology domain and leucine-rich repeat protein phosphatase*), que desfosforila a Akt, também têm atividade aumentada na obesidade (ver Figura 70.8).

Outros mecanismos de resistência à insulina incluem o aumento de expressão das proteínas iNOS (*inducible nitric oxide synthase*) e SOCS (*suppressors of cytokine signaling*). A expressão da iNOS é estimulada pelo TNF-α e está elevada na obesidade. O óxido nítrico produzido pela iNOS pode induzir resistência à insulina no músculo por meio de um mecanismo

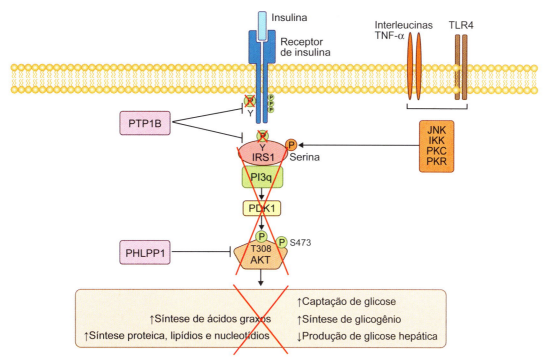

Figura 70.8 ▪ Mecanismos moleculares que reduzem o sinal intracelular da insulina na obesidade. A inflamação subclínica que ocorre na obesidade, representada nessa figura pelas interleucinas, TNF-α (*tumor necrosis factor alpha*) e pela ativação do receptor da imunidade inata TLR4 (*toll like receptor 4*), ativa serinas quinases como JNK (*cJun-N-terminal-kinase*), IKK beta (*inhibitor of nuclear factor kappa-B kinase subunit beta*), PKC (*protein kinase C subunit*) beta e teta, PKR (*double-stranded RNA-dependent protein kinase*), que fosforilam o substrato do receptor de insulina (IRS1) em serina, levando à inibição do sinal de insulina. A sinalização de insulina também pode ser comprometida pelo aumento da atividade de fosfatases no contexto da obesidade. A fosfatase PTP1B (*protein tyrosine phosphatase 1B*) desfosforila resíduos tirosina do IR e dos IRS, inibindo o sinal de insulina e a PHLPP1 (*pleckstrin homology domain and leucine-rich repeat protein phosphatase*), e desfosforila resíduos serina e treonina da Akt, desativando-a. Assim, tanto a PTP1B quanto a PHLPP1 contribuem para a resistência à insulina na obesidade.

que envolve a S-nitrosação do IR, IRS-1 e Akt, reduzindo a atividade dessas proteínas e induzindo resistência à insulina.

A expressão de várias isoformas de SOCS, especialmente da SOCS-3, aumenta na presença de TNF-α e na obesidade e pode induzir resistência à insulina provavelmente por meio do aumento da degradação do IRS-1 mediada por proteossomos.

BIBLIOGRAFIA

BAYNES JW, DOMINICZAK MH. *Medical Biochemistry*. 3. ed. Elsevier, Edinburgh, 2009.
BEDINGER DH, ADAMS SH. Metabolic, anabolic, and mitogenic insulin responses: a tissue-specific perspective for insulin receptor activators. *Mol Cell Endocrinol*, 415:143-56, 2015.
CINGOLANI HE, HOUSSAY AB (Eds.). Fisiologia Humana de Houssay. 7. ed. Artmed, Porto Alegre, 2004.
DeFRONZO RA, FERRANNINI E, GROOP L *et al*. Type 2 diabetes mellitus. *Nat Rev Dis Primers*, 1:15019, 2015.
HOTAMISLIGIL GS. Inflammation, metaflammation and immunometabolic disorders. *Nature*, 542(7640):177-85, 2017.
KUBOTA T, KUBOTA N, KADOWAKI T. Imbalanced insulin actions in obesity and type 2 diabetes: key mouse models of insulin signaling pathway. *Cell Metab*, 25(4):797-810, 2017.
LACKEY DE, OLEFSKY JM. Regulation of metabolism by the innate immune system. *Nat Rev Endocrinol*, 12(1):15-28, 2016.
McCUE MD, TERBLANCHE JS, BENOIT JB. Learning to starve: impacts of food limitation beyond the stress period. *J Exp Biol*, 220:4330-8, 2017.
SAAD MJ, SANTOS A, PRADA PO. Linking gut microbiota and inflammation to obesity and insulin resistance. *Physiology (Bethesda)*, 31(4):283-93, 2016.
SAMUEL VT, SHULMAN GI. The pathogenesis of insulin resistance: integrating signaling pathways and substrate flux. *J Clin Invest*, 126(1):12-22, 2016.
SAXTON RA, SABATINI DM. mTOR signaling in growth, metabolism, and disease. *Cell*, 168(6):960-76, 2017.
VELLOSO LA, FOLLI F, SAAD MJ. TLR4 at the crossroads of nutrients, gut microbiota, and metabolic inflammation. *Endocr Rev*, 36(3):245-71, 2015.
ZANOTTO TM, QUARESMA PG, GUADAGNINI D *et al*. Blocking iNOS and endoplasmic reticulum stress synergistically improves insulin resistance in mice. *Mol Metab*, 6(2):206-18, 2016.

Capítulo 71

Gônadas

- Sistema Genital Masculino, *1172*

    Poli Mara Spritzer | Fernando Marcos dos Reis
    - Organização estrutural e funcional do testículo, *1172*
    - Espermatogênese, *1172*
    - Androgênios, *1173*
    - Eixo hipotálamo-hipófise-testículo, *1174*
    - Maturação e função sexual, *1175*
    - Métodos de avaliação e restauração da função endócrina e reprodutiva masculina, *1176*

- Sistema Genital Feminino, *1177*

    Celso Rodrigues Franci | Janete Aparecida Anselmo-Franci
    - Estrutura ovariana, *1177*
    - Hormônios ovarianos, *1182*
    - Puberdade e menarca, *1195*
    - Climatério (perimenopausa) e menopausa, *1196*
    - Bibliografia, *1197*

Sistema Genital Masculino

Poli Mara Spritzer | Fernando Marcos dos Reis

Os testículos são responsáveis pela espermatogênese e síntese de hormônios sexuais. Estes processos asseguram a fertilidade e o desenvolvimento e manutenção das características sexuais masculinas. A função testicular é regulada pelo sistema nervoso central (SNC) por meio principalmente das alças de retrocontrole com o GnRH (*gonadotropin releasing hormone*) hipotalâmico e gonadotrofinas hipofisárias. Fatores parácrinos, neurais e endócrinos contribuem para esta complexa regulação do sistema genital masculino. Este sistema está organizado a partir dos testículos, do pênis e das glândulas acessórias que compreendem a próstata e as vesículas seminais.

ORGANIZAÇÃO ESTRUTURAL E FUNCIONAL DO TESTÍCULO

Os testículos são constituídos de novelos de tubos finíssimos, em cujas paredes os espermatozoides são formados a partir de células germinativas indiferenciadas. Os túbulos, conhecidos como espermatogênicos ou seminíferos, convergem para uma rede de ductos chamada de *rete testis* que, por sua vez, conduz os espermatozoides a um tubo único e fortemente enovelado, o epidídimo, responsável pela etapa final de maturação do gameta masculino. Ainda nas paredes dos túbulos seminíferos, encontram-se as células de Sertoli, que se estendem da lâmina basal até o lúmen tubular e servem de suporte para as células germinativas. Adicionalmente, exercem ação regulatória sobre o eixo hipotálamo-hipófise a partir da secreção de inibina. Junções estreitas formadas pelas células de Sertoli criam uma barreira com permeabilidade restrita a macromoléculas, similar àquela existente no sistema nervoso. Esta barreira forma um ambiente bioquímico e hormonal propício nas camadas internas e no líquido luminal dos túbulos seminíferos, de composição diferente do plasma sanguíneo, o que favorece a regulação local da gametogênese e protege as células germinativas de agentes nocivos. No tecido que conecta os túbulos seminíferos, existem ninhos de células contendo grânulos lipídicos, as células intersticiais de Leydig, que secretam testosterona na rede capilar adjacente.

A organização dos túbulos seminíferos é espécie-dependente. Na maioria dos mamíferos, as células germinativas agrupam-se de acordo com o estágio de maturação, de tal modo que um corte histológico de determinado ponto do túbulo seminífero mostra predominantemente um tipo de célula germinativa, enquanto outro corte mais acima ou abaixo exibe o predomínio do tipo celular precedente ou sucessivo na ordem de maturação. O testículo humano é exceção a essa regra. No homem, as células germinativas amadurecem dessincronizadas e por isso, em um mesmo ponto do túbulo seminífero, são encontradas células em estágios variados de maturação (Figura 71.1).

ESPERMATOGÊNESE

As células germinativas, presentes na gônada masculina desde o nascimento, são chamadas de células germinativas primordiais. Durante toda a infância, elas se dividem lentamente por mitose e dão origem a espermatogônias. Na época da puberdade, cada testículo tem aproximadamente 6 milhões de espermatogônias. A partir de então, essas células começam a se diferenciar: cada espermatogônia dá origem a 16 espermatócitos primários, que por sua vez entram em meiose e geram, cada um, quatro espermátides (Figura 71.2 A). A etapa final da espermatogênese denomina-se espermiogênese e consiste na transformação de espermátides arredondadas em espermatozoides maduros. Isso se dá pelo reposicionamento do núcleo da célula, que passa do centro para uma das extremidades, onde surgirá a cabeça do espermatozoide, e também pelo aparecimento do flagelo (Figura 71.2 B).

A transformação celular desde o espermatócito até o espermatozoide móvel leva cerca de 70 dias, sendo seguida pelo amadurecimento dos espermatozoides durante seu trajeto pelo epidídimo até os ductos ejaculatórios, ao longo de outros 14 dias. Nessa fase, o espermatozoide adquire o máximo de motilidade e torna-se capaz de fecundar.

Ao alcançar os ductos ejaculatórios, os espermatozoides são enriquecidos pelas secreções das vesículas seminais, compostas principalmente de frutose e prostaglandinas. Finalmente, quando o sêmen chega à uretra prostática, produtos do líquido prostático são lançados ao sêmen. Portanto, o líquido seminal nessa etapa irá conter ainda zinco, espermina, ácido cítrico e fosfatase ácida.

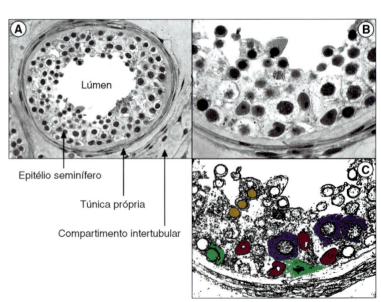

Figura 71.1 ▪ **A.** Fotomicrografia de um túbulo seminífero humano em pequeno aumento. Observe o lúmen, o epitélio seminífero, a túnica própria e o compartimento intertubular ou intersticial, que abriga as células de Leydig. **B.** Detalhe do mesmo túbulo com o epitélio seminífero em grande aumento. **C.** Desenho esquemático da foto B com a localização de núcleos de células de Sertoli (*roxo*), espermatogônias (*verde*), espermatócitos primários (*azul*) e espermátides arredondadas (*ocre*). (As fotos são cortesia dos Drs. Marcelo de Castro Leal e Fabiano Condé Araújo.)

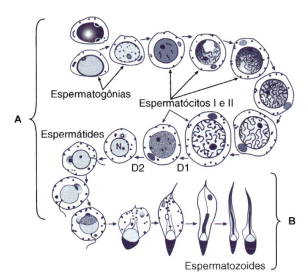

Figura 71.2 ▪ Divisões e transformações celulares na espermatogênese. **A.** Principais células precursoras, com destaque para primeira e segunda divisões meióticas (D1 e D2) que geram, respectivamente, espermatócitos secundários e espermátides. **B.** Espermiogênese.

ANDROGÊNIOS

Androgênios são hormônios capazes de promover e manter características secundárias masculinas. O androgênio mais abundante na circulação é a testosterona. Embora encontrada em menores concentrações na circulação, a di-hidrotestosterona (DHT) é produzida a partir da própria testosterona nos tecidos que expressam a enzima 5α-redutase, como a próstata e o folículo pilossebáceo (Figura 71.3). Sua ação é mais potente que a da testosterona, e seus efeitos são indispensáveis para a diferenciação sexual masculina. Outros androgênios, com ação mais fraca, incluem a androstenediona, a desidroepiandrosterona (DHEA) e seu sulfato (DHEA-S).

▶ Síntese e secreção

No homem, as principais fontes de androgênios são a suprarrenal e o testículo. Em ambos os locais de síntese, a molécula precursora dos androgênios é o colesterol, que pode ser captado do plasma por meio de endocitose de lipoproteínas ou sintetizado na própria glândula.

A transformação do colesterol em testosterona requer cinco etapas, todas elas catalisadas por enzimas (ver Figura 71.3). A clivagem da cadeia lateral do colesterol ocorre na mitocôndria, enquanto as demais reações, no retículo endoplasmático.

A testosterona produzida nas células de Leydig é secretada no líquido dos túbulos seminíferos e nos capilares intersticiais, de onde atinge a circulação sistêmica para posteriormente exercer seus efeitos endócrinos. Embora em quantidade muito menor, alguns precursores androgênicos, tais como androstenediona e DHEA, também são liberados pelo testículo na circulação.

▶ Transporte e metabolismo

Um homem adulto normalmente produz por dia cerca de 5 a 9 mg de testosterona, que circula, em grande proporção, acoplada à proteína ligadora de hormônios sexuais (SHBG) e à albumina (Figura 71.4). Apenas cerca de 2% da testosterona circulante ficam disponíveis na forma livre, isto é, não ligada à albumina ou à SHBG. A testosterona livre é captada pelas células-alvo e, à medida que isso ocorre, novas moléculas do hormônio se desprendem das proteínas ligadoras e recompõem o estoque de testosterona livre.

A maior parte da testosterona é metabolizada na forma de glucuronídeo de testosterona e 17-cetoesteroides, dotados de pouca ou nenhuma ação androgênica, que são excretados na urina. Uma pequena quantidade de testosterona (menos que 1%) é convertida em estradiol por ação da aromatase, seja nas próprias células de Leydig, seja nas células de Sertoli, que secretam o estrogênio no líquido tubular ou no sangue periférico. Regiões do SNC, tecido adiposo, tecido ósseo e próstata também são ricos em aromatase e produzem estradiol. Contudo, o principal derivado da testosterona é a DHT, resultante de sua conversão pela 5α-redutase em tecidos-alvo específicos.

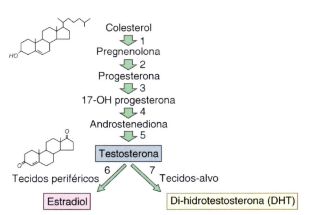

Figura 71.3 ▪ Etapas da síntese de testosterona a partir do colesterol e conversão da testosterona em outros esteroides ativos. Cada etapa envolve a seguinte enzima: (1) complexo enzimático de clivagem da cadeia lateral do colesterol (CYP11A1); (2) 3β-hidroxiesteroide desidrogenase (3β-HSD); (3) 17α-hidroxilase (CYP17); (4) 17,20-liase (CYP17); (5) 17β-hidroxiesteroide desidrogenase (17β-HSD); (6) aromatase; e (7) 5α-redutase.

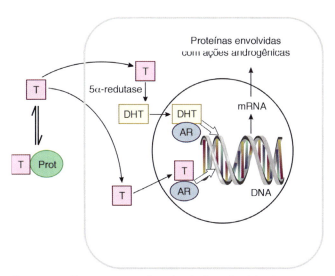

Figura 71.4 ▪ Transporte e mecanismo de ação dos androgênios. A testosterona (T) circula acoplada a uma proteína específica ou à albumina (Prot) e, ao entrar na célula, pode ser convertida pela 5α-redutase em di-hidrotestosterona (DHT) em determinadas células-alvo. T e DHT ligam-se ao receptor androgênico (AR), no citoplasma ou no núcleo, e o complexo hormônio-receptor liga-se ao elemento responsivo de androgênios no DNA, iniciando a transcrição de genes-alvo. A subsequente síntese de proteínas promove as ações androgênicas específicas.

▶ Mecanismo de ação

Assim como outros hormônios esteroides, os andrógenios exercem seus efeitos por meio de receptores intracelulares, que são fatores de transcrição e regulam a produção de mRNA de genes-alvo, por mecanismo dependente da ligação com o hormônio. Desta maneira, a partir da ligação do androgênio ao seu receptor, ocorre uma modificação conformacional que resulta na dissociação do receptor de proteínas de choque térmico (hsp). O complexo hormônio-receptor forma, então, um homodímero com outra molécula hormônio-receptora de androgênio e interage com uma série de coativadores ou correpressores para constituir um complexo transcricional ativado. Este complexo irá acoplar-se a uma região aceptora no DNA da célula-alvo, denominada elemento responsivo aos andrógenios e composta por uma sequência específica de nucleotídios (ver Figura 71.4). O processo resulta no recrutamento de uma RNA polimerase e na transcrição (mRNA) e posterior tradução (proteína) de genes específicos, que serão o alvo preciso da ação androgênica. Além desse mecanismo clássico, evidências recentes indicam que, à semelhança do observado com receptores estrogênicos, também haja o envolvimento de receptores androgênicos de membrana em ações rápidas, não genômicas, em diversos tecidos.

▶ Efeitos fisiológicos

Os hormônios andrógenios são fundamentais para a diferenciação sexual, o amadurecimento sexual e a fertilidade masculina. A ativação do receptor androgênico promove a transcrição de determinados genes e inibe a expressão de outros. Isso ocorre em grande variedade de tipos celulares e tecidos, o que resulta em ampla gama de efeitos fisiológicos. Esses efeitos são evidentes durante a diferenciação sexual no feto masculino (sendo denominados caracteres sexuais primários) e a partir da puberdade (sendo, então, chamados de caracteres sexuais secundários). Algumas dessas transformações são definitivas, mesmo que cesse a produção de testosterona, enquanto outras podem ser revertidas por uma eventual castração ou insuficiência gonádica no homem adulto. Os principais efeitos fisiológicos da testosterona são ilustrados no Quadro 71.1. Alguns são exercidos diretamente pela ligação da testosterona ao receptor androgênico, enquanto outros envolvem a conversão da testosterona em DHT ou estradiol, que atuam, respectivamente, sobre os receptores androgênico e estrogênico.

EIXO HIPOTÁLAMO-HIPÓFISE-TESTÍCULO

O hipotálamo controla a função testicular por meio da secreção intermitente (em "pulsos") de hormônio liberador de gonadotrofinas (GnRH), que por sua vez estimula a hipófise a liberar, no mesmo ritmo, o hormônio luteinizante (LH) e o hormônio foliculestimulante (FSH) (para mais detalhes, ver Capítulo 65, *Hipotálamo Endócrino*, e Capítulo 66, *Glândula Hipófise*). Ambas as gonadotrofinas atuam diretamente no testículo e controlam tanto a espermatogênese como a produção de hormônios (Figura 71.5).

O FSH estimula o crescimento testicular durante a puberdade e aumenta a produção de uma proteína ligadora de andrógenios (ABP) pelas células de Sertoli. Essa proteína assegura altas concentrações locais de testosterona, um fator imprescindível para a espermatogênese normal. O FSH também estimula a atividade de aromatase nas células de Sertoli, o que favorece a produção local de estradiol. Indiretamente, a maturação das células de Leydig e sua produção de andrógenios também podem ser influenciadas

Quadro 71.1 ▪ Efeitos fisiológicos da testosterona e/ou de seus derivados ativos di-hidrotestosterona (DHT) e estradiol.

Ações	Esteroide ativo
Diferenciação sexual: crescimento e diferenciação dos ductos de Wolff	Testosterona
Diferenciação sexual: masculinização da genitália externa	DHT
Maturação sexual na puberdade	DHT
Promoção e manutenção da espermatogênese	Testosterona
Desenvolvimento embrionário da próstata e crescimento e atividade no adulto	DHT, estradiol
Inibição do desenvolvimento mamário	Testosterona
Efeito anabólico sobre músculos	Testosterona
Efeito anabólico sobre a medula óssea aumentando a eritropoese	Testosterona
Produção renal de eritropoetina	
Alongamento das cordas vocais, crescimento da laringe e agravamento da voz	Testosterona
Atividade das glândulas sebáceas	DHT
Desenvolvimento de pelos corporais terminais	DHT
Padrão masculino de distribuição de pelos do escalpo	DHT
Indução enzimática e regulação da síntese proteica hepática	Testosterona, DHT
Regulação da secreção de gonadotrofinas e GnRH	Testosterona, estradiol
Efeitos sobre a libido	Testosterona, DHT, estradiol

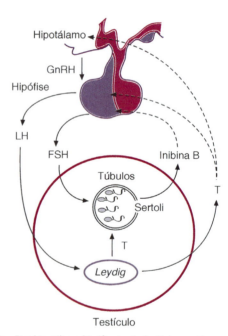

Figura 71.5 ▪ Eixo hipotálamo-hipófise-testículo. *Linhas contínuas* representam secreção de hormônios; *linhas tracejadas* indicam retrocontrole negativo. *T*, testosterona; *GnRH*, hormônio liberador de gonadotrofinas; *LH*, hormônio luteinizante; *FSH*, hormônio foliculestimulante.

pelo FSH, que modula os efeitos do LH por intermédio de fatores autócrinos e parácrinos.

Em homens com supressão da produção de gonadotrofinas, a espermatogênese cessa na sua fase inicial e nem mesmo espermatócitos são formados. Para que a espermatogênese seja restaurada, é necessário administrar medicamentos com atividade de ambas as gonadotrofinas. A seguir, o processo pode ser mantido artificialmente apenas com a administração de um hormônio com atividade de LH, mas a quantidade de espermatozoides produzidos será inferior ao normal. Portanto, a produção e a maturação de espermatozoides requerem a presença e a ação combinada das duas gonadotrofinas.

A secreção de testosterona é regulada pelo LH, que atua nas células de Leydig tendo como segundo mensageiro o cAMP. Este estimula a mobilização de colesterol a partir dos ésteres colesterol e sua conversão à pregnenolona. A testosterona, por sua vez, inibe a secreção de GnRH pelo hipotálamo e atua diretamente nos gonadotrofos hipofisários, inibindo a secreção de LH. No entanto, um efeito inibitório da testosterona sobre a secreção de FSH só é obtido com altas concentrações. De outra parte, as células de Sertoli produzem *inibina B*, que atua especificamente na retroalimentação negativa da secreção hipofisária de FSH (ver Figura 71.5).

As inibinas são glicoproteínas constituídas por duas subunidades, α e β. Cada subunidade é uma cadeia proteica codificada por um gene específico e, portanto, sujeita a mecanismos independentes de controle da sua produção. Tal como em outros hormônios glicoproteicos, a subunidade β é a que confere especificidade às inibinas. Dois tipos de subunidade β têm importância fisiológica comprovada: βA e βB, que unidas à subunidade α constituem, respectivamente, as inibinas A e B. As subunidades de inibina estão presentes no testículo humano desde a vida fetal. Na metade da gestação, as células de Sertoli exprimem as subunidades α e βB, enquanto as células de Leydig exibem, além dessas duas, também a subunidade βA, mas esta última não é utilizada para formar inibina. Assim, o principal produto liberado pelo testículo é a *inibina B (α/βB)*.

As células de Sertoli são capazes de produzir as subunidades α e βB antes da puberdade, mas depois dela passam a fabricar apenas a subunidade α, enquanto a subunidade βB começa a ser produzida pelas células germinativas em processo de maturação e, em menor quantidade, pelas células de Leydig. Para que haja produção adequada de inibina B no testículo do adulto, é preciso haver células de Sertoli em número suficiente, estímulo do FSH e espermatogênese. Quando se injeta FSH em homens adultos, não ocorre um aumento imediato da inibina B na circulação, mas apenas da proteína precursora da subunidade α, que é liberada agudamente pelas células de Sertoli. Posteriormente, em decorrência do estímulo à espermatogênese, aumentam também a produção da subunidade βB e a consequente secreção de inibina B.

Estudos avaliando amostras de sangue da veia espermática indicam que a inibina é liberada em ritmo de pulsos, coincidentes com os pulsos de testosterona, o que sugere que ambos os hormônios respondam ao estímulo intermitente das gonadotrofinas. Todavia, experimentos em primatas demonstraram que o efeito das gonadotrofinas sobre a produção de inibina deriva do estímulo do FSH sobre as células de Sertoli, enquanto o efeito sobre a produção de testosterona resulta do estímulo do LH sobre as células de Leydig (ver Figura 71.5).

MATURAÇÃO E FUNÇÃO SEXUAL

▶ Puberdade

Puberdade é o conjunto de transformações que marcam o amadurecimento sexual e o início da fertilidade. Um evento que precede a puberdade é o aumento da secreção de androstenediona e desidroepiandrosterona (DHEA) pela suprarrenal (adrenal), que recebe o nome de *adrenarca* e ocorre, em meninos, por volta dos 6 a 8 anos. Esse aumento na produção de androgênios suprarrenais é em parte responsável pelo aparecimento dos primeiros pelos axilares e pubianos.

Durante o período da adrenarca, a concentração plasmática de testosterona ainda é baixa e sofre apenas ligeiro aumento, em grande parte pela conversão de androstenediona e DHEA de origem suprarrenal. No entanto, neste período, a testosterona circulante já é suficiente para exercer retroalimentação negativa sobre o LH, como sugere a observação de que a retirada dos testículos, nesta fase da vida, resulta em aumento do LH plasmático.

O início da puberdade é marcado pelo surgimento da secreção pulsátil de LH durante o sono, sinalizando uma reativação da pulsatilidade de GnRH, como havia ocorrido nos períodos de vida intrauterina e primeiros anos pós-natal. Os mecanismos responsáveis por este processo de despertar hipotalâmico da puberdade não estão ainda bem estabelecidos, embora a influência de alguns neurotransmissores, neuromoduladores e hormônios tenha sido postulada (como leptina, melatonina, endorfina, peptídio Y, óxido nítrico e kisspeptina). Com o passar do tempo, percebe-se um aumento do LH também no período diurno, seguido pelo aumento da testosterona. Esse aumento da secreção de LH deve-se tanto à liberação mais intensa de GnRH pelo hipotálamo, quanto à maior sensibilidade da hipófise ao estímulo hipotalâmico.

A etapa seguinte é o crescimento e amadurecimento testicular, com incremento significativo na produção de testosterona e início da espermatogênese. Como resultado do aumento da testosterona, segue-se o surgimento dos caracteres sexuais secundários.

▶ Maturidade e senescência

A maturidade sexual é obtida por volta dos 16 aos 18 anos, quando os níveis circulantes de testosterona encontram-se entre 3 e 10 ng/mℓ. Neste período, a produção de espermatozoides é ótima e a maior parte dos caracteres sexuais secundários já se completou.

A partir dos 40 anos, os níveis circulantes de testosterona diminuem gradualmente. Aos 50 anos, observa-se também uma redução na produção espermatogênica. O declínio nos níveis de testosterona é da ordem de 1 ng/mℓ por década; porém, suas repercussões clínicas não estão ainda bem estabelecidas. No entanto, em alguns indivíduos a queda da testosterona pode ser compatível com níveis observados no hipogonadismo. Um estudo longitudinal demonstrou que a frequência de indivíduos com valores de testosterona compatíveis com hipogonadismo pode ser de 20, 30 e 50% para homens com mais de 60, 70 e 80 anos, respectivamente.

MÉTODOS DE AVALIAÇÃO E RESTAURAÇÃO DA FUNÇÃO ENDÓCRINA E REPRODUTIVA MASCULINA

A história clínica e o exame físico permitem obter dados sobre o desenvolvimento sexual, sintomas atuais referentes à função gonádica e possíveis causas de doença. Entre os sintomas atuais, podem-se mencionar a infertilidade e a diminuição da libido e da função sexual. Exemplos de fatores associados à disfunção gonádica masculina incluem, entre outros, história de quimioterapia ou radioterapia, consumo abusivo de álcool, dor ou aumento de volume testicular ou uso de fármacos que interferem com a função testicular. O exame físico permite determinar se o desenvolvimento sexual é compatível com a idade do indivíduo e informa sobre a presença de sinais inflamatórios no testículo.

▶ Espermograma

A análise do sêmen permite determinar o número, a morfologia e a motilidade dos espermatozoides ejaculados. São considerados valores normais aqueles iguais ou superiores a 15 milhões de espermatozoides/mℓ de líquido ejaculado ou acima de 39 milhões por ejaculação, e mais que 32% dos espermatozoides devem ter motilidade progressiva. O percentual de células morfologicamente normais deve ser superior a 4%, utilizando-se critérios estritos de avaliação morfológica. Um espermograma alterado deve ser repetido mais de uma vez, em meses subsequentes, antes que esta alteração seja considerada de relevância clínica.

▶ Avaliação endócrina

A dosagem de testosterona é o teste mais importante de avaliação da função endócrina testicular, e valores baixos indicam, em geral, um quadro de hipogonadismo. Quando a dosagem de testosterona e/ou o espermograma estiverem alterados, a avaliação será complementada pela determinação de FSH e LH. Níveis aumentados de gonadotrofinas indicam disfunção primária testicular (*hipogonadismo primário*), enquanto concentrações normais ou subnormais sugerem *hipogonadismo secundário* de causa central. Finalmente, uma situação em que ao espermograma o número de espermatozoides está diminuído, a testosterona e o LH são normais e o FSH aumentado indica lesão nos túbulos seminíferos, com produção normal de testosterona pelas células de Leydig.

Na suspeita de hipogonadismo secundário, será importante completar a investigação por meio de exame de imagem do SNC.

▶ Biopsia testicular

A biopsia testicular é indicada quando o espermograma mostra ausência de espermatozoides (azoospermia). A biopsia permite definir se a azoospermia é puramente obstrutiva ou se decorre de alterações histológicas nos túbulos seminíferos. As alterações podem ser leves, como a hipoespermatogênese; moderadas, como a parada de maturação; ou graves, como o padrão *Sertoly only* e a fibrose testicular. O padrão histológico do epitélio seminífero pode definir se há possibilidade de recuperar espermatozoides viáveis para fertilização *in vitro* através de punção do testículo ou do epidídimo.

▶ Tratamento do hipogonadismo

O tratamento do hipogonadismo masculino baseia-se na prescrição de testosterona, em formulações injetáveis ou transdérmicas, em gel, adesivo ou solução. Essas formulações, em doses fisiológicas, mantêm concentrações relativamente estáveis de testosterona sérica. A terapia de reposição com testosterona suprime gonadotrofinas e o processo de espermatogênese, embora seus efeitos sobre indivíduos com hipogonadismo que têm alguma função de espermatogênese ainda não tenham sido bem estudados. Assim, outros tratamentos devem ser considerados para indivíduos hipogonádicos com desejo de fertilidade, como o uso de gonadotrofinas, bomba de infusão com GnRH e técnicas de reprodução assistida.

▶ Reprodução assistida na infertilidade masculina

A fertilização natural do óvulo humano requer milhões de espermatozoides móveis depositados no sistema genital feminino para que haja probabilidade de um único espermatozoide concluir o processo. Na fertilização artificial, realizada *in vitro*, basta um espermatozoide viável, ainda que imóvel, pois ele é injetado dentro do citoplasma do oócito. Essa técnica de reprodução assistida, conhecida como *intracytoplasmic sperm injection* (ICSI), contorna o problema mais comum na infertilidade masculina, que é o número insuficiente de espermatozoides móveis e progressivos no ejaculado, apesar de não tratar as causas do problema. Como a ICSI permite a geração de embriões a partir de espermatozoides potencialmente imperfeitos, que não passaram pela seleção natural da corrida pela fertilização, pode haver a transmissão de genes defeituosos que a seleção natural teria descartado. Contudo, estudos a longo prazo verificaram que crianças nascidas a partir de ICSI apresentam desenvolvimento normal.

▶ Criopreservação seminal

O espermatozoide é uma célula com citoplasma relativamente pequeno e, portanto, com baixo teor de água. Essa característica favorece a sua conservação em baixa temperatura com dano mínimo às estruturas celulares, pois com menor teor de água há menor probabilidade de formação de cristais de gelo no interior da célula durante o processo de congelamento. Mantidos em nitrogênio líquido à temperatura de –196°C, os espermatozoides permanecem vivos por tempo indeterminado e, uma vez descongelados, recobram a vitalidade e a motilidade. O congelamento permite a formação de bancos de esperma de doadores anônimos, bem como a preservação de sêmen para uso futuro do próprio indivíduo. É uma técnica de preservação da fertilidade de homens que precisam submeter-se a radioterapia ou a quimioterapia com fármacos que podem lesar o epitélio seminífero e comprometer a espermatogênese.

▶ Contracepção

Na atualidade, as opções para contracepção masculina restringem-se ao uso de *condom* (preservativos) e à vasectomia. No entanto, novos métodos reversíveis de contracepção masculina estão em fase de desenvolvimento e poderão estar disponíveis no futuro.

Sistema Genital Feminino

Celso Rodrigues Franci | Janete Aparecida Anselmo-Franci

O sistema genital feminino compreende as gônadas femininas (ovários) e o trato genital feminino (constituído por tubas uterinas, útero e vagina) (Figura 71.6). Esse sistema apresenta características estruturais e funcionais distintas em cada fase da vida: fetal, infantil, juvenil, adulta reprodutiva, climatério ou perimenopausa, menopausa e pós-menopausa. Na fase fetal, ocorrem a diferenciação e o desenvolvimento do sistema genital. Na primeira etapa da vida extrauterina, a fase infantil, ele é mantido quiescente, sem dimensão estrutural e funcionalidade adequadas para atividade reprodutiva. A fase juvenil (ou *puberdade*) é uma transição entre as fases infantil e adulta em que acontece uma série de alterações estruturais e funcionais para estabelecer a capacidade reprodutiva. A fase adulta reprodutiva (ou *menacme*) é caracterizada por um processo repetitivo de alterações estruturais e funcionais conhecido como *ciclo menstrual*, que ocorrem com periodicidade relativamente constante com duração mais comum de 28 dias, podendo variar entre 25 e 35 dias. Nos primeiros 2 anos após a *menarca* (ou primeira menstruação) e no climatério, geralmente, ocorrem ciclos menstruais mais longos e anovulatórios. A cada ciclo, o organismo é preparado para uma gestação; se não se der a implantação no útero do óvulo fecundado pelo espermatozoide, o ciclo é encerrado e outro é iniciado para repetir a preparação do organismo na expectativa de uma gestação. A exaustão desta capacidade reprodutiva é marcada pela interrupção desse processo repetitivo, a *menopausa*, a qual é diagnosticada 1 ano após a última menstruação. Essa interrupção é precedida por uma fase transitória (*climatério* ou *perimenopausa*), marcada por irregularidades do ciclo menstrual, diminuição de fertilidade, alterações de humor, ondas de calor, entre outros sintomas.

Todas as modificações estruturais e hormonais que ocorrem nas diferentes fases da vida reprodutiva estão sob controle de uma sequência de eventos que acontecem de modo sincronizado e envolvem diversos fatores centrais e periféricos. Em essência, o ovário é responsável pelo desenvolvimento dos folículos que contêm os gametas e pela ovulação, bem como pela produção de hormônios sexuais que agem no trato reprodutivo. A secreção destes hormônios está sob controle das gonadotrofinas adeno-hipofisárias, o hormônio luteinizante (LH) e o hormônio foliculestimulante (FSH), os quais obedecem à ação estimuladora do hormônio liberador de gonadotrofinas (GnRH) produzido em neurônios hipotalâmicos, que constituem a via final comum de uma rede neural complexa com participação de inúmeros neurotransmissores e neuropeptídios.

ESTRUTURA OVARIANA

Os ovários são constituídos por: *córtex*, onde se encontram os folículos em diferentes estágios de desenvolvimento ou em regressão, ou *atresia* (no período entre menarca e menopausa), circundados por tecido conjuntivo do estroma e células hilares, semelhantes às células de Leydig do testículo, que têm atividade secretora; *medula*, onde estão presentes células estromais, células hilares, fibras musculares lisas e elementos vasculares e nervosos; e *hilo*, onde predominam as células hilares e trafegam a inervação e os vasos sanguíneos e linfáticos (Figura 71.7). O ovário recebe inervação de origem predominantemente simpática, proveniente dos plexos renal e hipogástricos superior e inferior (ou pélvico) e dos nervos intermesentéricos. A irrigação ovariana é feita por ramos das artérias ovarianas e uterinas que atingem a medula e depois o córtex. O sangue capilar passa para veias que formam o plexo pampiniforme, que origina a veia ovariana.

▶ Ciclo ovariano | Foliculogênese, ovulação e formação e regressão do corpo lúteo

Na mulher em menacme, o ciclo ovariano normal regular corresponde ao período entre duas ovulações sucessivas. O período pré-ovulatório dura de 9 a 23 dias e é chamado de *fase folicular*. Nesta fase, ocorre o desenvolvimento final do folículo ovariano e predominam as ações dos estrogênios, no preparo do trato genital feminino para o transporte de gametas e a fertilização. A *fase ovulatória* dura de 1 a 3 dias; trata-se da fase em que ocorre o pico pré-ovulatório de gonadotrofinas e que culmina com a ovulação. O período pós-ovulatório é denominado *fase lútea*, que se inicia após a ovulação, dura em média 14 dias e termina com o início da menstruação; nesta fase, predominam as ações da progesterona na preparação do trato genital feminino para implantação e manutenção do embrião.

Desenvolvimento folicular (foliculogênese)

Embora muitos dos processos envolvidos na reprodução feminina sejam cíclicos, o crescimento e a atresia dos folículos ocorrem de maneira contínua desde a vida intrauterina até o final da vida reprodutiva. Estes eventos são descritos a seguir e ilustrados nas Figuras 71.8 a 71.10.

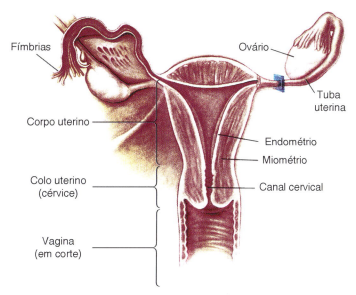

Figura 71.6 ▪ O sistema genital feminino.

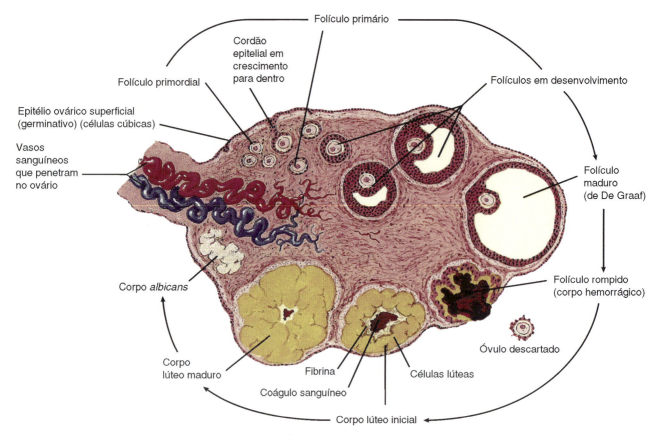

Figura 71.7 ▪ Ciclo ovariano. (Adaptada de Netter, 1997.)

Folículo primordial

Entre a 6ª e a 8ª semanas de gestação, inicia-se um processo acelerado de divisão mitótica das células germinativas primordiais do feto originando as oogônias, que atingem um número máximo de 6 a 7 milhões ao redor da 20ª semana. Paralelamente, a partir da 11ª à 12ª semana, começa a divisão meiótica das oogônias, interrompida em prófase, originando os oócitos cujo número máximo, em torno de 5 milhões, é atingido ao redor da 24ª semana. Estes oócitos ficam quiescentes em prófase I até o momento da ovulação. Eles vão sendo envolvidos por uma camada de células aplanadas e fusiformes do estroma (células foliculares ou pré-granulosas). O invólucro mais externo, que completa o conjunto, denominado folículo primordial, é a lâmina basal. Durante os diferentes estágios, desde a divisão mitótica das células germinativas até a constituição dos folículos primordiais, ocorre perda de material germinativo. Posteriormente, ainda na vida intrauterina, parte dos folículos primordiais que inicia o desenvolvimento não atinge a fase pré-antral e sofre atresia, de modo que ao nascimento o número destes folículos está reduzido a cerca de 2 milhões, dos quais apenas 400 mil estarão presentes no ovário ao iniciar-se a puberdade. Ou seja, durante a infância também se dá depleção contínua de folículos primordiais, pelo mesmo processo de início de desenvolvimento seguido de atresia. Durante a vida reprodutiva da mulher, em geral iniciada na primeira metade da segunda década de vida e finda na segunda metade da quinta década de vida, totalizando aproximadamente 35 anos, somente 400 a 500 folículos primordiais terão desenvolvimento completo até a ovulação. O processo de crescimento e de atresia folicular é contínuo desde a infância até a menopausa, não sendo interrompido por gestação, ovulação ou períodos anovulatórios. Assim, mesmo que a mulher tome contraceptivo oral por longos períodos ou tenha várias gestações, continua perdendo seus oócitos e atinge a menopausa na mesma época que mulheres nulíparas (que nunca pariram) ou que não fizeram uso de contraceptivos. Esse folículo não secreta hormônios e sua formação independe da ação das gonadotrofinas.

Folículo primário

A primeira etapa do desenvolvimento folicular é a transformação do folículo primordial em folículo primário, que se caracteriza pelo aumento do tamanho do oócito, formação da zona pelúcida e alteração das células pré-granulosas fusiformes do formato achatado para cuboide com núcleo arredondado, constituindo a primeira camada de células da granulosa. A zona pelúcida é uma camada de mucopolissacarídios produzidos pelas células da granulosa que adere ao oócito, envolvendo-o completamente. As células da granulosa estabelecem pontes (*gap junctions*) através da zona pelúcida para manter o contato com o oócito e, assim, preservar a comunicação com ele.

Folículo secundário

Na transformação de folículo primário para secundário, o oócito aumenta de tamanho, e ocorre proliferação das células da granulosa, constituindo-se múltiplas camadas e pontos de comunicações entre elas (*gap junctions*), além de acúmulo de líquido entre estas. Nesta fase inicia-se a organização de outra camada celular, mais externa à granulosa, que se dispõe ao redor de toda a lâmina basal, e sustenta a camada granulosa. Essa nova camada celular é composta de células mesenquimais

Gônadas 1179

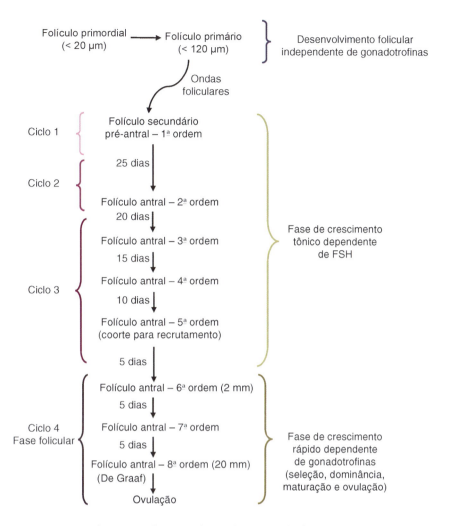

Figura 71.8 ▪ Representação esquemática da sequência de eventos de uma das várias ondas foliculares, na qual um dos folículos passou por todas as etapas de desenvolvimento e atingiu a ovulação. Na mulher em menacme, várias ondas foliculares iniciam-se continuamente a partir de um grupo de folículos secundários e ocorrem simultaneamente no ovário, de modo que são encontrados folículos em diferentes estágios de desenvolvimento. A duração da sequência de eventos desde o folículo secundário até a ovulação gira em torno de 85 dias.

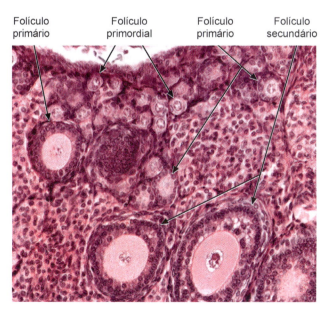

Figura 71.9 ▪ Fotomicrografia de um corte histológico do ovário contendo folículos em diferentes estágios do desenvolvimento.

estromais, de forma alongada, constituindo a camada tecal. As células da teca mais próximas da lâmina basal tornam-se epitelioides e adquirem características secretoras, formando a teca interna, que responde ao LH. As células mais distantes da lâmina basal compõem a teca externa, que recebe inervação do sistema nervoso simpático. Na teca, ocorre um processo de angiogênese para promover o suprimento sanguíneo do folículo. A camada de células da granulosa mantém-se avascular, sendo suprida por substâncias que se difundem da camada tecal. Os folículos secundários maduros constituem o conjunto de folículos chamados de pré-antrais de 1ª ordem. Esses folículos têm diâmetro de 120 a 200 μm. As células da granulosa, estimuladas pelo FSH, começam a secretar líquido folicular nos espaços entre elas, formando os folículos pré-antrais, um estágio mais avançado dos folículos secundários. O líquido folicular é composto não somente por produtos do metabolismo das células da granulosa, mas também de fatores plasmáticos transferidos através da barreira folicular. À medida que os folículos crescem, esses espaços com líquido folicular se unem, formando o antro folicular. Cada conjunto de folículos pré-antrais de 1ª ordem formado inicia uma onda de desenvolvimento folicular (ver Figura 71.8).

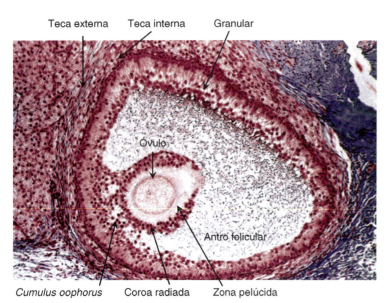

Figura 71.10 ▪ Fotomicrografia de um folículo antral.

Folículo antral

Na formação do antro folicular, as células da granulosa se reorganizam. Nesse processo, o oócito e parte das células da granulosa que o envolve deslocam-se gradualmente em direção à periferia do folículo. Algumas células se concentram na parede do folículo formando o *cumulus oophorus*, que serve de apoio para o oócito. Assim, o *cumulus oophorus* mantém o oócito flutuando no líquido folicular, que se acumula de maneira crescente durante o desenvolvimento folicular e promove o crescimento do antro associado ao aumento da parede folicular. As células do *cumulus oophorus* estão em continuidade à coroa radiada, que consiste em duas ou três camadas de células que envolvem o oócito. Este é denominado folículo maduro, folículo pré-ovulatório ou folículo de Graaf (ver Figura 71.10).

Onda folicular

Cada conjunto de folículos pré-antrais de 1ª ordem formado inicia uma onda de desenvolvimento folicular (ver Figura 71.8). Uma onda completa de desenvolvimento folicular, desde os folículos pré-antrais de 1ª ordem até a ovulação de um de seus folículos, dura cerca de 85 dias. Portanto, o folículo que atinge a ovulação em um determinado ciclo iniciou seu desenvolvimento cerca de três ciclos antes. Assim, o ovário em idade reprodutiva apresenta conjuntos de folículos em diferentes estágios de desenvolvimento (ver Figura 71.9). A onda de desenvolvimento folicular tem duas fases distintas. A primeira, a fase de desenvolvimento tônico ou lento, dura 65 a 70 dias e depende da ação de FSH. Nessa fase, o folículo secundário pré-antral (ou folículo de 1ª ordem) é transformado em folículo antral (ou folículo de 2ª ordem) e sucessivamente em folículo de 3ª, 4ª e 5ª ordens. O surgimento do antro ocorre durante a transformação do folículo de 1ª ordem em folículo de 2ª ordem, pela coalescência (ou junção) do líquido que se acumula e abre espaços entre as células granulares.

Recrutamento folicular

Das coortes (ou legiões) de folículos de 5ª ordem de mesmas características, com diâmetro de 2.000 μm (2 mm), uma delas será recrutada no final da fase lútea de um ciclo menstrual, para o processo de maturação folicular no ciclo menstrual subsequente, em que um dos folículos da coorte recrutada atingirá a ovulação. As coortes de folículos em desenvolvimento que não foram recrutadas sofrerão atresia. Esse recrutamento depende de FSH e marca a primeira etapa da segunda fase de uma onda de desenvolvimento folicular, a fase de desenvolvimento rápido ou exponencial. As outras três etapas desta segunda fase são, em sequência: seleção, dominância e maturação para ovulação. Nessas etapas, os folículos de 5ª ordem transformam-se sequencialmente em folículos de 6ª, 7ª e 8ª ordens, atingindo nesta última um diâmetro aproximado de 20 mm. A segunda fase dura em torno de 15 dias e depende extremamente de gonadotrofinas (FSH e LH).

Seleção e dominância folicular

Na coorte de folículos de 5ª ordem, que inicia a fase de desenvolvimento rápido, um dos folículos tem crescimento maior que os demais. Essa seleção vai desencadear um processo para estabelecer a dominância desse folículo sobre os outros folículos de ambos os ovários. Não é claro o mecanismo pelo qual acontece a seleção, mas esse folículo é diferenciado estrutural e funcionalmente. Ele apresenta maior capacidade de proliferação de células granulares e de produção de estrogênios e, em consequência, armazena mais estrogênio no líquido antral, tem maior sensibilidade ao FSH, expressa os receptores para LH nas células da granulosa e produz outros fatores, entre os quais a inibina e o VEGF (ou fator de crescimento endotelial vascular). Com a seleção e o início do processo de dominância folicular, ocorre diminuição da secreção de FSH, devido à retroalimentação negativa, exercida neste caso principalmente pelo estrogênio, e auxiliada pela inibina. O aumento do estrogênio, associado à queda na secreção de FSH, parece ser o mecanismo crítico para o processo de dominância folicular. Isso porque os folículos menos desenvolvidos ainda são dependentes de FSH e a redução deste hormônio provoca nos folículos menores o decréscimo da produção de estrogênios e da sensibilidade ao próprio FSH, além de acúmulo de androgênios. Como consequência dessa situação, acontece atresia. Por outro lado, o folículo que começa a estabelecer dominância produz mais estrogênios, o que parece ser determinado, entre outros fatores, por maior proliferação de vasos neste folículo que nos folículos antrais menores. O VEGF, produzido pelas células da granulosa estimuladas pelo FSH, induz aumento de vascularização ao redor do folículo em maturação. Dados experimentais indicam que a deficiência de VEGF interrompe o desenvolvimento folicular pré-ovulatório. O maior aporte sanguíneo permite que o folículo dominante tenha acesso a maiores quantidades de gonadotrofinas. Isso poderia explicar por que, na presença de concentrações idênticas de gonadotrofinas séricas, apenas um folículo matura enquanto os demais sofrem atresia. Além disso, há evidências de que o folículo dominante produz fatores inibidores de crescimento folicular que contribuem para o processo de atresia dos outros folículos. O processo de dominância culmina com a formação do folículo de 8ª ordem, que sofrerá ruptura geralmente em torno de 10 a 12 h após os picos pré-ovulatórios de LH e de FSH.

Ovulação

É o processo de ruptura folicular com a expulsão do oócito, juntamente com a zona pelúcida, o *cumulus oophorus* e parte do líquido folicular.

O LH promove a continuidade da meiose no oócito, que será completada depois da fertilização pelo espermatozoide. Além disso, o LH promove expansão do *cumulus oophorus*, estimula a síntese de progesterona e de prostaglandinas, além de iniciar o processo de luteinização das células da granulosa, importante para a futura formação do corpo lúteo. As prostaglandinas promovem angiogênese, hiperemia e contração de células musculares do ovário, que contribuem para expulsão do oócito e elementos agregados. A progesterona aumenta a distensão da parede do folículo, que passa a acumular maior volume de líquido. O FSH e o LH estimulam a produção de plasminogênio pelas células da granulosa e da teca para formar plasmina, que ativa a colagenase. Esta enzima dissolve o colágeno da parede folicular, principalmente da lâmina basal. O FSH também aumenta a expressão de receptores para LH nas células da granulosa, essencial para o corpo lúteo futuro, e estimula a formação de ácido hialurônico, que dispersa as células do *cumulus oophorus*, liberando-o da parede folicular e tornando-o flutuante no líquido folicular. A ação de enzimas proteolíticas provoca também a ruptura das pontes de comunicação (*gap junctions*) entre o oócito e as células granulares. As alterações no processo final de maturação do folículo causam na superfície do ovário uma protuberância de forma cônica, o chamado estigma folicular. O rompimento desse estigma permite a extrusão do oócito e dos elementos agregados (Figura 71.11).

Formação e regressão do corpo lúteo

Após a expulsão do oócito, a cavidade antral do folículo é invadida por uma rede de fibrina, por vasos sanguíneos e por células da granulosa e da teca interna, embora a maioria das células da teca se dispersem pelo estroma ovariano. As células da granulosa param de se dividir e sofrem hipertrofia, formando as células luteínicas grandes; estas são ricas em mitocôndrias, retículo endoplasmático liso, gotículas de lipídios e, em muitas espécies, de um pigmento carotenoide, a luteína, responsável pela coloração amarelada do corpo lúteo. As células da teca compõem as células luteínicas menores. A transformação destas células é chamada de luteinização, que se dá sob a ação do LH, daí seu nome de hormônio "luteinizante", que significa "tornar amarelo".

O *corpo lúteo* é uma glândula endócrina temporária cuja formação começa poucas horas após a expulsão do oócito; sua secreção hormonal máxima acontece ao redor de 7 a 8 dias após a ovulação. Se não ocorre fecundação do óvulo pelo espermatozoide e início do processo de implantação do concepto, inicia-se a regressão do corpo lúteo, que se completa no 12º dia depois da ovulação, ou seja, 2 dias antes da menstruação. A fase lútea tem duração constante, de modo que as variações na duração do ciclo em mulheres são devidas a variações na duração da fase de desenvolvimento folicular. Portanto, pode-se determinar com precisão o dia da ovulação subtraindo-se 14 dias do 1º dia da menstruação (Figura 71.12).

O processo de regressão do corpo lúteo é chamado de luteólise e consiste em isquemia e necrose progressiva das células endócrinas, acompanhada por infiltração de leucócitos, macrófagos e fibroblastos. Forma-se assim um tecido cicatricial avascular, o corpo *albicans*. O mecanismo que induz a luteólise não é bem entendido. Presume-se que ocorra uma redução da sensibilidade das células luteínicas às concentrações baixas de LH durante a fase lútea. Outra hipótese sugere que não é a falta de

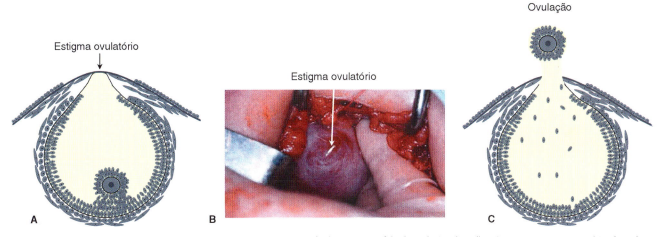

Figura 71.11 ▪ **A.** Representação esquemática do estigma ovulatório. **B.** Fotografia de estigma em folículo ovulatório de mulher. **C.** Representação esquemática da ovulação. (Fotografia gentilmente cedida pelo Departamento de Ginecologia e Obstetrícia da Faculdade de Medicina de Ribeirão Preto – USP.)

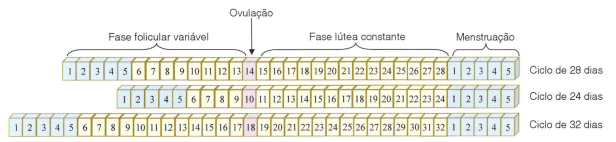

Figura 71.12 ▪ Representação esquemática de ciclos menstruais de duração mais frequente (28 dias), mais curta (24 dias) e mais longa (32 dias). Os dias de 1 a 5 são os da menstruação. Nota-se que o período pós-ovulatório, da ovulação (indicada pela *seta*) até a menstruação, corresponde à fase lútea, constante em todos os ciclos. Portanto, a variação na duração dos ciclos menstruais decorre da variação na duração da fase folicular.

suporte luteotrófico, mas a produção de um fator luteolítico, que induz a regressão do corpo lúteo. Em algumas espécies, tem sido descrita uma sinalização de natureza química do endométrio uterino para o ovário, motivada pela falta de fertilização e implantação, para desencadear a luteólise no ovário. A prostaglandina F2α (de origem endometrial), a inibina e a ocitocina (produzidas pelo corpo lúteo) têm sido identificadas como possíveis fatores luteolíticos. No entanto, estes mecanismos não foram confirmados em humanos.

O processo de crescimento folicular e a diferenciação posterior para corpo lúteo são complexos, e somente 0,1% dos folículos completam todos os estágios com sucesso. *Atresia folicular* é o mecanismo de eliminação de folículos que iniciaram o processo de desenvolvimento, mas não conseguiram completá-lo para atingir a ovulação. A grande maioria dos folículos sofre atresia em alguma etapa do desenvolvimento. A atresia folicular ocorre continuamente desde a vida fetal até a menopausa, e há várias evidências de que envolva apoptose, um mecanismo fisiológico de morte celular programada. A inversão da relação estrogênio/androgênio no folículo, provocando hiperandrogenismo folicular, pode ser o fator desencadeante da atresia.

A atresia folicular se caracteriza por picnose, degeneração do oócito e uma série de alterações das células da granulosa e da teca, que dependem do estágio de desenvolvimento atingido pelo folículo. Entre estas alterações, ocorrem: redução do número de receptores para gonadotrofinas e estrogênios nas células da granulosa, picnose dos núcleos das células granulares, luteinização das células da granular (mais frequente em ovários de gestantes), esfoliação de células granulares para o líquido antral, regressão de células tecais até tornarem-se indistinguíveis de células estromais do ovário, além de invasão do antro por fibroblastos e vascularização.

HORMÔNIOS OVARIANOS

Além da função gametogênica, representada por desenvolvimento folicular e liberação do óvulo, o ovário tem a função de secretar várias substâncias, entre as quais se destacam os hormônios esteroides sexuais: estrogênios, progestógenos e androgênios.

▶ Estrogênios

Três estrogênios são importantes na mulher: β-estradiol, estrona e estriol. O mais importante é o estradiol, secretado pelo ovário e em pequena quantidade pela suprarrenal. A estrona, embora secretada em pequenas quantidades pelo ovário, origina-se principalmente da conversão de androgênios em tecidos periféricos; tem 1/12 da potência do estradiol. No fígado, ambos – estradiol e estrona – podem ser convertidos em um estrogênio mais fraco, o estriol, que apresenta 1/80 da potência do estradiol. Por este motivo, várias vezes, para nos referirmos aos estrogênios, citaremos apenas o estradiol.

▶ Progestógenos

O mais importante deles, e que está em mais altas concentrações na circulação, é a progesterona, produzida no ovário e também na zona reticulada da glândula suprarrenal. Pequenas quantidades de 17α-hidroxiprogesterona são também secretadas juntamente com a progesterona. Pela sua importância, muitas vezes a progesterona será o único progestógeno citado neste capítulo.

▶ Biossíntese dos esteroides sexuais

Estes esteroides são produzidos a partir de colesterol, um precursor comum, que pode ser originado da dieta e captado do sangue circulante ou formado no fígado a partir de acetilcoenzima A. As células ovarianas também podem sintetizar colesterol *de novo*. A síntese desses hormônios pode se dar em diferentes tipos de células ovarianas em função da presença das enzimas necessárias e suas respectivas quantidades. Assim, o principal hormônio produzido varia de acordo com o tipo de célula onde acontece sua síntese.

O colesterol é transportado por uma proteína reguladora aguda da esteroidogênese (*proteína StAR*, sigla inglesa referente ao nome da proteína) para dentro da mitocôndria. O primeiro passo para a síntese de esteroides ovarianos é a conversão, na mitocôndria, do colesterol (com 27 átomos de carbono) em pregnenolona (com 21 carbonos) pela enzima P_{450}, conhecida como scc (*side-chain-cleavage*) ou *20,22-desmolase*, que cliva a cadeia lateral do colesterol, de 6 carbonos (Figura 71.13). Estas duas etapas são dependentes da ação do LH e ocorrem nas células da teca interna durante toda a fase folicular, nas células da granulosa durante a fase folicular tardia e também nas células luteínicas.

A partir da pregnenolona, as demais reações acontecem no citoplasma. Ela pode ser utilizada por duas vias distintas: pela *via delta-4* (δ4), em que será transformada em progesterona, 17-hidroxiprogesterona (ambas com 21 carbonos) e androstenediona (com 19 carbonos), ou pela *via delta-5* (δ5), na qual será modificada em 17α-hidroxipregnenolona (com 21 carbonos), desidroepiandrosterona (DHEA) e androstenediona (ambas com 19 carbonos). A predominância de uma ou outra via depende da atividade enzimática presente na célula. Nas células da teca interna predomina a via δ5 e nas luteínicas, a via δ4.

A androstenediona consiste no principal androgênio produzido pelo ovário. Em parte, é secretada para a circulação sistêmica, podendo ser convertida em testosterona e estrona nos tecidos periféricos. Outra parte da androstenediona se converte em testosterona no próprio ovário. Por ação da enzima aromatase, a androstenediona e a testosterona podem converter-se, respectivamente, em estrona e em estradiol (ambos com 18 carbonos). A estrona pode ser convertida em estradiol e vice-versa. Finalmente, no fígado o estradiol e a estrona se convertem em estriol.

▶ Transporte dos esteroides sexuais

Os esteroides ovarianos liberados no sangue têm afinidade variável por proteínas plasmáticas, principalmente globulinas e albuminas. Assim, eles circulam na forma livre, a que apresenta atividade biológica, e na forma ligada a proteínas plasmáticas denominadas proteínas transportadoras ou ligantes. Menos de 10% da concentração plasmática dos hormônios esteroides ovarianos circulam na forma livre. Para cada hormônio, há um equilíbrio dinâmico entre a fração livre e a ligada. Essa relação pode variar em condições fisiológicas e patológicas. A fração ligada funciona como uma reserva circulante de hormônio, que pode ser mobilizada rapidamente à medida que se rompa a ligação do hormônio com a proteína transportadora e o hormônio torne à forma livre. Os estrogênios têm grande afinidade por uma proteína chamada globulina ligante de esteroides sexuais (SHBG), cuja síntese ocorre

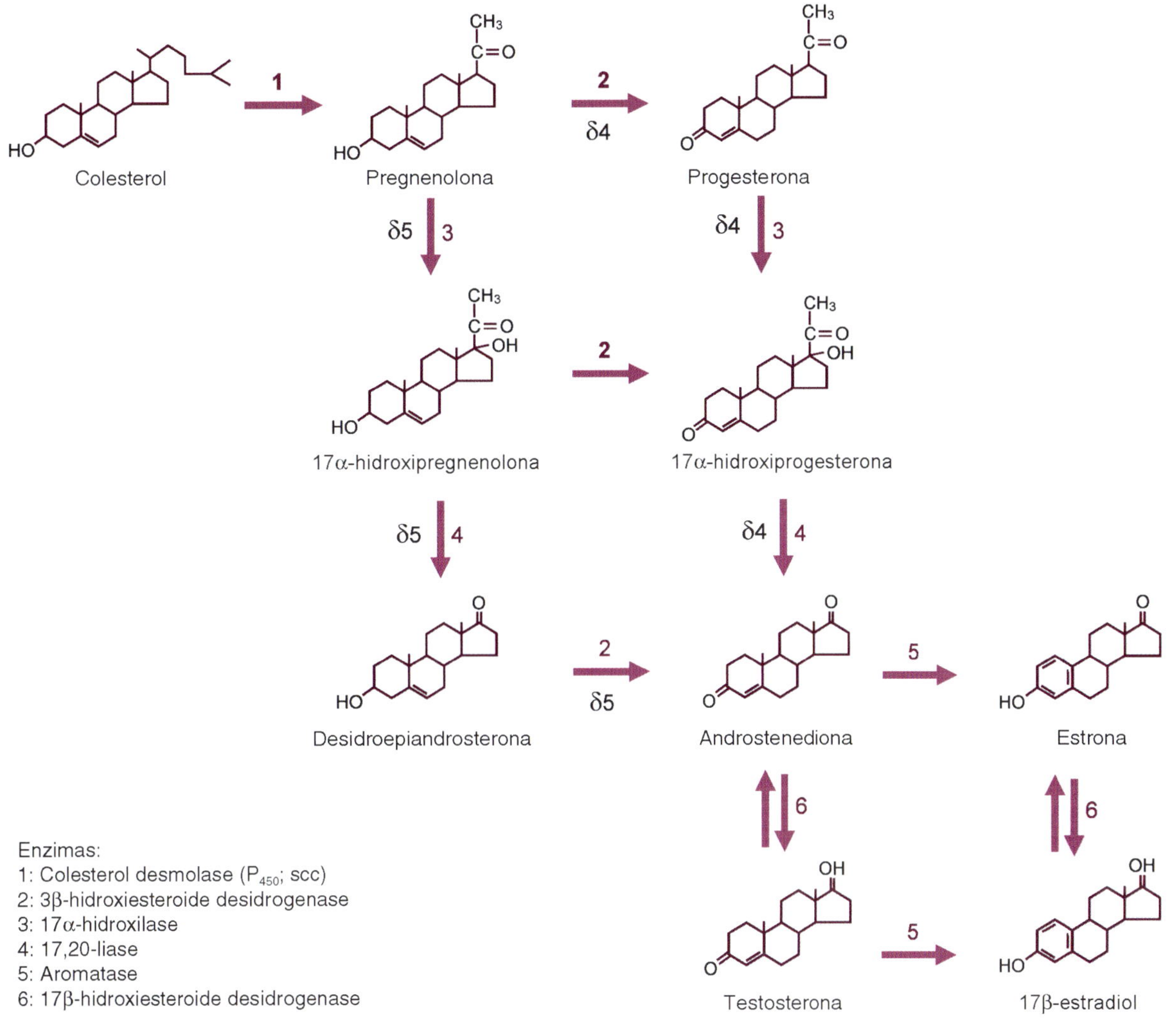
Colesterol
1
Pregnenolona
2
δ4
Progesterona
δ5
3
δ4
3
17α-hidroxipregnenolona
2
17α-hidroxiprogesterona
δ5
4
δ4
4
Desidroepiandrosterona
2
δ5
Androstenediona
5
Estrona
6
6
Testosterona
5
17β-estradiol
Enzimas:
1: Colesterol desmolase (P_{450}; scc)
2: 3β-hidroxiesteroide desidrogenase
3: 17α-hidroxilase
4: 17,20-liase
5: Aromatase
6: 17β-hidroxiesteroide desidrogenase

Figura 71.13 ▪ Biossíntese dos hormônios sexuais femininos, com identificação das vias δ4 e δ5. As enzimas envolvidas em cada etapa estão indicadas por números e identificadas na parte inferior esquerda da figura.

no fígado, estimulada pelos estrogênios e inibida pelos androgênios. A progesterona tem mais afinidade pela transcortina ou proteína ligante de cortisol (CBG).

A proporção entre a fração livre e a ligada dos estrogênios não tem variação significativa durante o ciclo menstrual, mas modifica-se no decurso da gestação devido à elevação da síntese de SHBG estimulada pelos estrogênios. A disponibilidade maior de SHBG aumenta a possibilidade de ligação de estrogênios na circulação e, por conseguinte, da fração ligada. A proporção também se altera após a menopausa ou em distúrbios ovarianos em que se verifica aumento da secreção de androgênios. A síntese de SHBG também pode crescer no hipertireoidismo ou diminuir por ação de insulina, GH, IGF-I e progesterona. Há uma relação inversa entre SHBG e peso corporal, e na obesidade pode ocorrer alteração significativa da fração livre de esteroides sexuais. A elevação de SHBG pode ser indicação de quadro de resistência à insulina (ou hiperinsulinemia), enquanto a diminuição, indicação de diabetes tipo 2.

▸ Síntese dos hormônios não esteroides

Além dos hormônios esteroides, o ovário produz outras substâncias que apresentam ações endócrinas, parácrinas e autócrinas já identificadas. Porém, os significados funcional e fisiopatológico de algumas destas substâncias não são bem conhecidos.

As *ativinas* (*A*, *B* e *AB*) e as *inibinas* (*A* e *B*) são glicoproteínas formadas pela combinação de duas subunidades ligadas por duas pontes dissulfídicas. Há três tipos de subunidades que se combinam: uma de tipo alfa e duas de tipo beta (beta A e beta B). A combinação de duas cadeias beta, homólogas ou heterólogas, constitui a ativina A (duas cadeias beta A), a ativina B (duas cadeias beta B) e a ativina AB (uma cadeia beta A e outra beta B). As combinações da cadeia alfa com cada uma das cadeias beta compõem a inibina A (uma cadeia alfa e uma beta A) e a inibina B (uma cadeia alfa e outra beta B). A secreção de um ou outro tipo de inibina varia durante o ciclo menstrual. A secreção de inibina pelas células da granulosa do ovário é estimulada pelo FSH. Por sua vez, a inibina faz retroalimentação negativa sobre a síntese e secreção de FSH. A ativina tem ação oposta à da inibina sobre a secreção de FSH. O estudo da inibina tem despertado interesse pela possibilidade de este hormônio ser um indicador de climatério (ou perimenopausa), desde que haja evidências de uma relação inversa entre concentrações plasmáticas de inibina (menores) e de FSH (maiores), na fase folicular de mulheres neste período.

A *folistatina*, outra substância de natureza peptídica produzida pelo ovário, tem ação inibitória sobre a secreção de FSH, provavelmente por impedir a ação da ativina.

A *relaxina* é um polipeptídio sintetizado principalmente pelas células da granulosa luteinizadas do corpo lúteo, com estrutura química semelhante à da insulina, mas sem mostrar atividade insulínica. Sua secreção é estimulada pela gonadotrofina coriônica e apresenta como ação mais conhecida o relaxamento dos ligamentos pélvicos e amolecimento do colo uterino na gestação. A deficiência de relaxina não tem sido relacionada com alterações na gestação; no entanto, sua hipersecreção tem se associado ao parto prematuro. A relaxina também é produzida no útero e na placenta, entre outros órgãos. Sua presença no sêmen parece facilitar a motilidade dos espermatozoides. Outras ações referidas desse hormônio são: aumento da síntese de glicogênio e da captação de água pelo miométrio, além de diminuição da contratilidade uterina. Um pico de relaxina ocorre imediatamente após o pico pré-ovulatório de LH e durante a menstruação, mas seu significado funcional não está esclarecido.

Outras substâncias provavelmente com ações parácrinas e autócrinas, ainda pouco esclarecidas, são produzidas pelo ovário, como: fatores de crescimento (EGF, TGF, FGF, PDGF, TNF-alfa, IL-1, IGF-I), pró-renina, derivados da pró-opiomelanocortina (ACTH, betalipotrofina, betaendorfina), CRH, endotelina, ocitocina.

▶ Controle da secreção de esteroides ovarianos pelas gonadotrofinas

Modelo duas células–dois hormônios

A síntese dos esteroides ovarianos ocorre de maneira coordenada e envolve obrigatoriamente os dois tipos de células foliculares, da granulosa e da teca (Figura 71.14). Na fase folicular do último ciclo (em que um grupo de folículos desenvolve-se para obter a dominância e atingir a ovulação), por volta do 5º ao 7º dia, acontece um aumento da síntese de estrogênios e de receptores para FSH nas células da granulosa e de receptores para o LH nas células da teca interna, o que torna estas células mais sensíveis às gonadotrofinas. Isso é essencial para o crescimento adicional do folículo, que é totalmente dependente de controle hormonal; além disso, o aumento de receptores para o FSH confere ao folículo a capacidade de manter a resposta a este hormônio à medida que suas concentrações plasmáticas diminuem a partir desse momento. Agora, sob a influência do LH as células da teca interna, que têm baixa atividade da enzima aromatase, irão produzir androgênios (testosterona e androstenediona). Uma vez que a camada granulosa é avascular, os androgênios produzidos na teca difundem-se para as células granulosas, nas quais o FSH não só estimula a proliferação celular como induz a síntese da enzima aromatase, que converte os androgênios provenientes da teca interna em

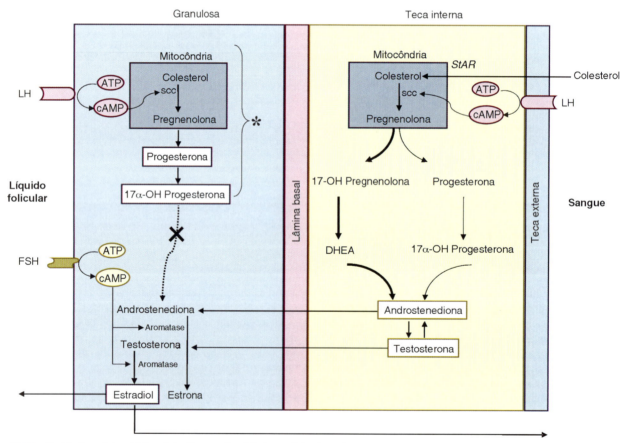

Figura 71.14 ▪ Modelo *duas células–dois hormônios*. Durante a fase folicular, as células da teca interna expressam receptores para o LH e as da granulosa, receptores para o FSH. Nas células da teca interna, o LH, via cAMP, induz síntese da enzima *side chain cleavage* (scc) e a conversão do colesterol em androgênios (androstenediona e testosterona), principalmente pela via δ5 (*setas mais espessas*). Uma vez que estas células não sintetizam aromatase e a camada da granulosa é avascular, os androgênios produzidos na teca interna difundem-se para as células da granulosa, onde são convertidos pela aromatase em estradiol e estrona. O FSH, agindo também via cAMP, além de estimular a síntese de aromatase, induz proliferação das células da granulosa e crescimento folicular. No final da fase folicular, as células da granulosa passam a expressar receptores para o LH que, via cAMP, estimula a síntese de scc, convertendo o colesterol em progesterona. Este hormônio não é metabolizado a androgênios (*linha pontilhada*), pois essas células não produzem 17α-hidroxilase e 17,20-liase. As etapas compreendidas na chave (*) tornam-se significativas somente no final da fase folicular e na fase lútea. StAR, proteína reguladora aguda da esteroidogênese; DHEA, desidroepiandrosterona.

estrogênios. Por sua vez, os estrogênios aumentam a expressão de receptores para o FSH, tornando as células da granulosa mais sensíveis a este hormônio, que se encontra em baixas concentrações nessa fase do ciclo. O FSH, por sua vez, induz proliferação das células da granulosa e ativa a aromatase, com consequente crescimento do folículo e aumento na produção de estrogênios.

Assim, é gerado um mecanismo intraovariano de retroalimentação positiva responsável pelo aumento lento e gradual da produção de estrogênios. Entretanto, as concentrações de progesterona e androgênios permanecem baixas, uma vez que a maior parte da progesterona é convertida em androgênios, os quais são convertidos em estrogênios.

Com o crescimento exponencial do folículo, a secreção de estrogênios, que aumenta lentamente na primeira metade da fase folicular, passa a se elevar de modo mais acelerado na segunda metade desta fase. Neste período, isto é, na fase folicular tardia, um dos folículos atinge a condição de dominância, cuja principal característica é a atividade aumentada da aromatase e, portanto, maior capacidade de produzir estrogênios quando comparado aos folículos antrais menores. Esta característica dos folículos dominantes parece ser determinada, entre outros fatores, por um aumento mais acentuado da vascularização que o verificado nos folículos antrais menores, permitindo ao folículo dominante ter acesso a maiores quantidades de gonadotrofinas.

No final da fase folicular, de 2 a 3 dias antes do pico pré-ovulatório de LH e durante o pico de estrogênios, as células da granulosa do folículo ovulatório passam a sintetizar receptores para LH por ação do FSH e dos estrogênios. O LH ativa a adenilciclase, promovendo a formação de cAMP a partir do ATP, e desencadeia uma série de reações que induzem a síntese da enzima scc, e portanto de esteroides a partir do colesterol. Devido a essas células apresentarem baixa atividade da enzima 17,20-liase (que converte a 17α-hidroxiprogesterona em androstenediona), passam a produzir quantidades aumentadas de progesterona e de 17α-hidroxiprogesterona, além de manterem a conversão dos androgênios provenientes da teca em estrogênios. A concentração plasmática destes progestógenos aumenta mais rapidamente nas 12 h que precedem o pico pré-ovulatório de gonadotrofinas (Figuras 71.15 e 71.16). No período pré-ovulatório, além da síntese de receptores para o LH nas células da granulosa, o fato de a camada de células da granulosa, que era avascular, passar a ser invadida por vasos provenientes da teca contribui também para o aumento da síntese de progestógenos. Esta neovascularização da camada da granulosa resulta em maior exposição às gonadotrofinas e em crescimento do aporte do substrato (colesterol) para a síntese de esteroides, o que constitui um fator decisivo para o aumento agudo da secreção de progestógenos na fase pré-ovulatória. Embora muitos autores proponham que o aumento da secreção de progesterona ocorra somente após o pico de gonadotrofinas e da ovulação, pelo corpo lúteo, uma elevação pré-ovulatória de progesterona foi claramente demonstrada em um estudo clássico realizado em mulheres. Nesse estudo, durante 5 dias no período periovulatório, foram medidas, a cada 2 h, as concentrações plasmáticas de gonadotrofinas, estradiol e progesterona (ver Figura 71.16). Este estudo mostra que a secreção de progesterona aumenta no final da fase folicular, cerca de 12 horas antes da deflagração do pico pré-ovulatório de LH, sugerindo que este está relacionado com o aumento da secreção de progesterona.

À medida que iniciam a produção de progesterona, as células da granulosa começam a perder seus receptores para FSH

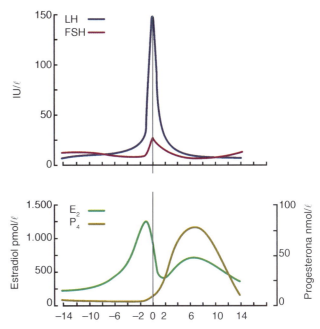

Figura 71.15 • Perfil da secreção de gonadotrofinas (LH e FSH), estradiol (E₂) e progesterona (P₄) em um ciclo menstrual de 28 dias. O dia zero indica o dia do pico pré-ovulatório de gonadotrofinas. Na fase folicular (–14 a 0), ocorre um aumento gradativo de estradiol. Cerca de 4 a 5 dias antes do pico de LH, o crescimento folicular é acelerado, elevando mais rapidamente a produção de estradiol, que atinge o máximo cerca de 1 dia antes do pico de LH. Na fase folicular tardia, 2 a 3 dias antes do pico de LH, inicia-se um aumento da secreção de progesterona. O aumento da secreção de estradiol e de progesterona induz os picos de LH e de FSH. Na fase lútea (0 a 14), o corpo lúteo secreta grande quantidade de progesterona e menor quantidade de estradiol. Depois de atingir a secreção máxima, ao redor do 7º dia, se não houve concepção, o corpo lúteo degenera, diminuindo a produção de esteroides, o que culmina com o início da menstruação, que acontece no dia 14. (Adaptada de Roseff *et al.*, 1989.)

e para os estrogênios, o que resulta em menor produção de estrogênios que de progesterona. Assim, a fase ovulatória é caracterizada por concentrações plasmáticas elevadas de estrogênios e pelo início do aumento da secreção de progesterona (e de 17α-hidroxiprogesterona), que coincide com o início da queda do pico de estrogênios (ver Figura 71.15). Nesse período, há também um crescimento, de menor magnitude, das concentrações plasmáticas de testosterona e de androstenediona.

A elevação da produção de estrogênios e progesterona no final da fase folicular induz os picos pré-ovulatórios de LH (de grande magnitude) e de FSH (de menor magnitude). O aumento agudo de LH induz uma grande elevação da produção do líquido antral no folículo dominante, acelerando seu crescimento e culminando com a ruptura da parede folicular e a expulsão do oócito. Assim, completa-se a primeira fase do ciclo ovariano, que é seguida pela fase lútea.

Na fase lútea, as células da granulosa luteinizadas produzem grande quantidade de progestógenos, principalmente progesterona, embora quantidades significantes de 17α-hidroxiprogesterona sejam secretadas. Essas células produzem também estrogênios, em menor quantidade, principalmente o 17β-estradiol. Portanto, esta fase é caracterizada por grande pico de progesterona e um pico menor de estrogênios. As células da teca interna luteinizadas produzem progesterona e androgênios (androstenediona e testosterona). Além dos esteroides sexuais, o corpo lúteo secreta também inibina e ocitocina. As concentrações plasmáticas de LH e FSH diminuem após os picos pré-ovulatórios e permanecem baixas até

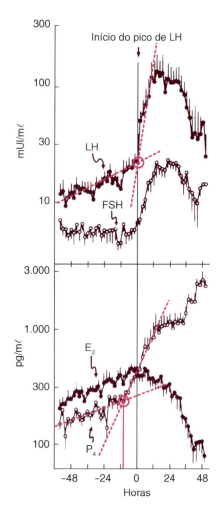

Figura 71.16 ▪ Dinâmica da secreção de gonadotrofinas (LH e FSH), estradiol (E₂) e progesterona (P₄) no período periovulatório, em mulheres. As amostras sanguíneas foram colhidas a cada 2 horas durante 5 dias. Os pontos de interseção (*círculos rosa*) das duas retas traçadas nos gráficos do LH e da progesterona (*tracejadas em rosa*) correspondem ao momento de mudança do ritmo (angulação da reta) de secreção e indicam o início dos picos desses hormônios. Observa-se que o pico de progesterona começa cerca de 12 horas antes do início do pico de LH (indicado no tempo zero), sugerindo que a progesterona seja responsável pela deflagração do pico pré-ovulatório de LH. (Adaptada de Hoff *et al.*, 1983.)

o final da fase lútea, quando ocorre outro aumento de FSH. A formação do corpo lúteo é inteiramente dependente do pico pré-ovulatório de LH; adicionalmente, embora os fatores que asseguram a sua manutenção ainda não estejam bem estabelecidos, sabe-se que concentrações basais de LH são importantes e suficientes para manter a função lútea.

Alterações na esteroidogênese na teca e síndrome do ovário policístico

A produção excessiva de androgênios pelas células da teca é uma das principais características da síndrome do ovário policístico (SOP), que pode atingir 18% da população feminina e é a principal causa de infertilidade feminina. A SOP é um distúrbio complexo com manifestações clínicas muito heterogêneas, tais como cistos foliculares, distúrbios menstruais, menor frequência de ovulação e menstruação, hiperandrogenismo com consequente hirsutismo, além de obesidade e resistência à insulina que predispõem a diabetes melito tipo 2, síndrome metabólica e doenças cardiovasculares. É estabelecido (Consenso de Rotterdam, 2003) que o seu diagnóstico depende da presença de pelo menos dois dos seguintes critérios: (1) ovários com cistos foliculares, (2) hiperandrogenismo clínico ou laboratorial e (3) anovulação ou oligo-ovulação, com a exclusão de outras causas. O presumível caráter hereditário é de modelo desconhecido. Os mecanismos fisiopatológicos reconhecidos na SOP são: (1) alteração intrínseca na esteroidogênese da teca ovariana que leva ao hiperandrogenismo; (2) aumento na frequência e amplitude dos pulsos de LH, com secreção normal ou reduzida de FSH; e (3) alteração da ação da insulina que leva à resistência insulínica com hiperinsulinemia compensatória. O hiperandrogenismo resultaria da hipertecose folicular (hiperplasia da teca) provocada pelo aumento da secreção de LH, e da menor metabolização de androgênios em estrogênios na camada da granulosa pela aromatase, cuja atividade é reduzida pela menor ação da insulina, quando na presença de resistência a esse hormônio. Estresse e aumento da atividade do sistema nervoso simpático podem ser relacionados ao desenvolvimento da SOP. Na camada tecal, os corpos celulares pré-ganglionares simpáticos recebem aferências de áreas cerebrais relacionadas ao estresse, e os terminais simpáticos liberam norepinefrina (NE), principal neurotransmissor envolvido na regulação da esteroidogênese e foliculogênese e capaz de aumentar a secreção de androgênios. Em mulheres com SOP, é observado aumento da densidade de fibras simpáticas no ovário, da atividade dos nervos simpáticos periféricos e da concentração de metabólitos urinários da NE, e o aumento da NE está diretamente relacionado com aumento plasmático de testosterona. Por outro lado, eletroacupuntura e exercícios, que diminuem a atividade simpática periférica, melhoram o quadro de SOP. Dados experimentais em ratas mostram que estresses crônicos ativam o sistema simpático central e periférico, aumentam o conteúdo de NE no ovário, alteram o ciclo estral, diminuem a taxa ovulatória e induzem formação de cistos foliculares com hipertecose, bem como hiperandrogenismo. Portanto, parece que a hiperatividade do sistema nervoso simpático pode predizer a vulnerabilidade da mulher para o desenvolvimento da SOP.

Controle da secreção de gonadotrofinas pelos esteroides ovarianos e pelo GnRH

Assim como as gonadotrofinas controlam a secreção de esteroides ovarianos, os estrogênios e a progesterona regulam a secreção de LH e FSH por retroalimentação ora positiva (no período pré-ovulatório), ora negativa (na maior parte do ciclo menstrual). Além dos esteroides ovarianos, a secreção de gonadotrofinas é controlada diretamente pelo neuro-hormônio hipotalâmico GnRH.

Origem do GnRH

As células que produzem GnRH têm origem na placa olfatória e migram durante a embriogênese para o hipotálamo médio basal, especialmente para o núcleo arqueado. A migração inadequada dos neurônios GnRH explica a deficiência de gonadotrofinas no quadro de infertilidade do hipogonadismo gonadotrófico associado à anosmia (perda ou enfraquecimento do olfato), que constitui a denominada *síndrome de Kallmann*. Em humanos, neurônios produtores de GnRH concentram-se no núcleo arqueado, embora também estejam presentes, por exemplo, na área pré-óptica medial. A maioria destes neurônios projeta-se para a eminência mediana, em que o GnRH é secretado no plexo primário do sistema porta hipofisário, de onde alcança os gonadotrofos via vasos porta longos. Nos gonadotrofos, o GnRH liga-se a seus receptores, e estimula a síntese e a secreção de gonadotrofinas.

Secreção pulsátil de GnRH e gonadotrofinas

A secreção de LH e FSH ocorre de maneira pulsátil após a puberdade, nas diferentes condições da vida reprodutiva. O padrão pulsátil da liberação de gonadotrofinas é mantido pela secreção também pulsátil do GnRH (Figura 71.17). Esta forma de secreção do GnRH mantém a sensibilidade dos gonadotrofos a este neuropeptídio e assim assegura a secreção de gonadotrofinas. Por outro lado, a exposição dos gonadotrofos a frequência muito alta de pulsos de GnRH, bem como a concentrações elevadas e constantes (não pulsáteis) de GnRH, inibe a expressão de receptores de GnRH nos gonadotrofos (pelo mecanismo de *down-regulation*), dessensibilizando o sistema e consequentemente diminuindo a secreção de gonadotrofinas (Figura 71.18). O conhecimento deste mecanismo deu origem aos tratamentos atualmente utilizados para controle de tumores de próstata, de liomiomas uterinos e de endometriose; essas terapias consistem na administração de GnRH (ou análogos) em doses altas para reduzir a resposta dos gonadotrofos a este hormônio (por dessensibilização). Assim, a secreção de gonadotrofinas é diminuída e consequentemente a produção de hormônios sexuais, que têm ação trófica sobre a próstata e o endométrio, resultando em atrofia dos tecidos em questão nas três patologias. Por outro lado, o desenvolvimento folicular e a ovulação podem acontecer em pacientes com síndrome de Kallmann, tratadas com análogos sintéticos de GnRH liberados de modo pulsátil (por bomba de infusão programada).

Embora os mecanismos envolvidos na geração destes pulsos não estejam ainda bem estabelecidos, tem sido proposta a existência de um "gerador de pulsos de GnRH" no hipotálamo. Neurônios deste gerador de pulsos disparam sincronicamente, resultando na secreção de pulsos de GnRH nos vasos porta-hipofisários; estes pulsos, por sua vez, impõem aos gonadotrofos um perfil pulsátil semelhante de secreção de gonadotrofinas, em especial do LH. Este mecanismo gerador de pulsos parece contar com grupos de neurônios que funcionam como marca-passo, cuja atividade elétrica rítmica é seguida, de maneira sincronizada, pelos demais neurônios GnRH. Há controvérsia se o pico de GnRH e de gonadotrofinas é consequência de um aumento de amplitude, de frequência, ou de ambos.

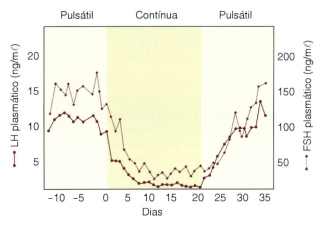

Figura 71.18 • Relação do tipo de secreção de GnRH (pulsátil ou contínua) com a secreção de LH e FSH. Em macacas *rhesus* ovariectomizadas e com lesão no hipotálamo, a infusão de GnRH de modo pulsátil induz secreção de LH e FSH, a qual é inibida pela infusão contínua de GnRH (após o dia zero). A secreção de gonadotrofinas é restabelecida (depois do dia 20) com a infusão de GnRH em pulsos. (Adaptada de Belchetz *et al.*, 1978.)

Controle da liberação de GnRH por neurotransmissores/neuromoduladores

A liberação pulsátil de GnRH, embora dotada de um ritmo intrínseco, é mediada por neurotransmissores e neuromoduladores por meio de contatos sinápticos de neurônios intra- e extra-hipotalâmicos (que produzem estas substâncias) com os corpos celulares e terminais dos neurônios GnRH. Os aminoácidos excitatórios (especialmente o glutamato), a norepinefrina, a serotonina, a kisspeptina e o neuropeptídio Y (NPY), entre outros, estimulam a secreção de GnRH, enquanto os peptídios opioides, a dopamina e o ácido γ-aminobutírico (GABA) a inibem. De fato, descreve-se uma sincronia entre o padrão de pulsos de GnRH e a liberação de norepinefrina, NPY e GABA, que também ocorre de modo pulsátil. A observação de que a lesão de neurônios noradrenérgicos induz completo desaparecimento dos pulsos de LH sugere que a atividade pulsátil dos neurônios GnRH, se não comandada por neurotransmissores, é, no mínimo, amplificada por eles. O reconhecimento de que muitos desses neurotransmissores agiam de forma indireta nos neurônios GnRH e de que a deleção de genes de vários neurotransmissores não produziram fenótipos reprodutivos com evidentes alterações despertou o sentimento na comunidade científica de que algo estava faltando (o "elo perdido"). Em 2003, um grande avanço na compreensão dos mecanismos centrais que controlam a secreção de GnRH surgiu da observação de que a perda de função do gene da kisspeptina ou de seu receptor (GPR54) estava associada a hipogonadismo hipogonadotrópico, condição rara associada à deficiência na secreção de gonadotrofinas que acarreta atrasos ou mesmo ausência da puberdade. Desde então, foi demonstrado que os neurônios produtores de kisspeptina se projetam diretamente para os corpos celulares e axônios dos neurônios GnRH, modulando sua atividade por meio de seus receptores, expressos nos neurônios GnRH. Por sua vez, síntese e secreção dos neurônios kisspeptinérgicos são reguladas direta ou indiretamente pelos esteroides ovarianos. A regulação indireta desses neurônios se dá por neurotransmissores centrais

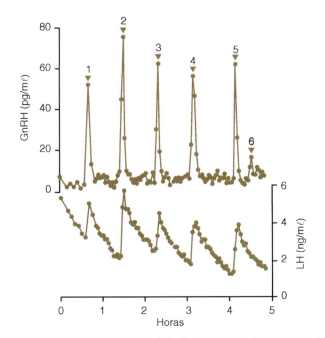

Figura 71.17 • Correlação dos pulsos de GnRH no sangue portal com os pulsos de LH plasmático, em uma ovelha ovariectomizada. As amostras foram colhidas a cada 2,5 minutos. (Adaptada de Clarke, 1992.)

que, por sua vez, têm sua síntese e liberação reguladas pelos esteroides ovarianos. Assim, esses neurônios parecem ser um importante centro de convergência de sinais centrais e periféricos que modulam os neurônios GnRH.

Controle da liberação de gonadotrofinas por retroalimentação dos esteroides

Os esteroides ovarianos regulam a secreção de gonadotrofinas por intermédio de dois mecanismos de efeitos opostos: o de retroalimentação (*feedback*) positiva e o de retroalimentação negativa. A retroalimentação negativa ocorre na maior parte de um ciclo reprodutivo e mantém baixas as concentrações de gonadotrofinas. Este mecanismo inibitório pode ser facilmente demonstrado pelo aumento da secreção de LH e FSH que se dá após a menopausa ou a ovariectomia, em consequência da queda acentuada da secreção de esteroides ovarianos. Este mecanismo inibitório pode também ser demonstrado pela queda de secreção destas gonadotrofinas observada após a administração de estrogênios e/ou progesterona na menopausa, ou após o uso de contraceptivos orais. Por outro lado, o mecanismo de retroalimentação positiva acontece tipicamente no período pré-ovulatório, quando os estrogênios, seguidos da progesterona, promovem aumento agudo da secreção de gonadotrofinas que induz a ovulação. A ocorrência destes dois tipos de regulação que se intercalam durante o ciclo, de maneira que o controle negativo é substituído em determinado momento pelo positivo e vice-versa, envolve mecanismos bastante complexos e ainda não totalmente elucidados. Estes mecanismos são descritos a seguir.

Retroalimentação positiva

Ao longo da fase folicular, a elevação gradual da secreção de estrogênios pelas células da granulosa, que acontece durante o crescimento dos folículos antrais, provoca alterações morfológicas e fisiológicas em vários níveis do eixo reprodutivo para preparar o pico pré-ovulatório de gonadotrofinas.

No hipotálamo, o estradiol aumenta a densidade de fibras e de espinhas dendríticas dos neurônios GnRH e aproxima os terminais GnRH ao espaço perivascular, onde esse hormônio será liberado, facilitando a absorção desse neuro-hormônio no plexo primário. Além disso, estimula a síntese de GnRH ao mesmo tempo que inibe a sua degradação e liberação, aumentando, assim, os estoques intracelulares. É importante considerar que os efeitos positivos do estradiol nos neurônios GnRH são exercidos de forma indireta, uma vez que receptores do tipo alfa, relacionados ao *feedback* positivo, não são expressos nesses neurônios. Nos neurônios kisspeptinérgicos, o estradiol aumenta a síntese de kisspeptina, embora iniba sua liberação, sugerindo a produção de estoques desse peptídio para a ocorrência do pico. A expressão de receptores para a progesterona é aumentada em áreas hipotalâmicas e extra-hipotalâmicas pelo estradiol, sensibilizando, dessa forma, o sistema a uma ação posterior desse esteroide.

Na hipófise, o estradiol estimula a proliferação de gonadotrofos e, nessas células, aumenta a síntese de LH e FSH, bem como a expressão de receptores para GnRH e para os próprios estrogênios. Esse aumento de síntese de gonadotrofinas não é acompanhado por aumento de liberação desses hormônios, permanecendo suas concentrações plasmáticas baixas até o final da fase folicular. Consequentemente, há elevação nos estoques intracelulares desses hormônios, o que permite que grandes quantidades sejam liberadas agudamente no momento do pico pré-ovulatório. O aumento de síntese de receptores para o GnRH nos gonadotrofos garante que essas células respondam com capacidade máxima ao GnRH, a fim de gerar um pico pré-ovulatório de gonadotrofinas de grande magnitude. Além disso, esse aumento de sensibilidade dos gonadotrofos ao GnRH causado pelos estrogênios é potenciado pelo GnRH, que eleva a síntese de receptores para o próprio GnRH, em um mecanismo denominado *self-priming*, amplificando assim a sensibilidade hipofisária ao GnRH. Ainda, o aumento de receptores para os estrogênios nos gonadotrofos é importante para aumentar a sensibilidade dessas células às ações positivas desse esteroide.

Em áreas hipotalâmicas e extra-hipotalâmicas, o estradiol inibe a liberação de neurotransmissores excitatórios e estimula a de neurotransmissores inibitórios, de forma a manter a secreção de GnRH inibida. O estradiol aumenta a síntese e inibe a degradação de neurotransmissores excitatórios como serotonina e norepinefrina, bem como a expressão de seus receptores promovendo uma sensibilização de áreas hipotalâmicas à ação posterior desses neurotransmissores. No sistema noradrenérgico, cujo aumento de atividade é importante para a deflagração do pico pré-ovulatório, embora o estradiol induza síntese de norepinefrina, ele inibe a atividade elétrica desses neurônios, inibindo assim a liberação desse neurotransmissor, de forma que uma maior quantidade fica disponível para o momento de deflagração do pico pré-ovulatório. Além disso, o estradiol aumenta a expressão de receptores para a progesterona, cuja ação é importante no momento do pico de gonadotrofinas.

Esses efeitos positivos dos estrogênios ocorrem via receptores estrogênicos do tipo alfa, portanto em neurônios não GnRH, e têm longa latência quando comparados com o mecanismo de retroalimentação negativa, que ocorre em minutos. Esse tempo longo é necessário para todo o preparo do sistema que permite a ocorrência de um evento de grande magnitude (o pico de gonadotrofinas), uma vez que envolve mecanismos genômicos de síntese de hormônios, receptores e neurotransmissores, bem como alterações morfológicas no eixo reprodutivo. Portanto, uma vez que sem toda essa preparação do eixo não seria possível a ocorrência de um pico de gonadotrofinas de grande magnitude, é essencial a compreensão de que todos esses mecanismos anteriormente descritos, que ainda não se traduzem em aumento das concentrações plasmáticas de LH e FSH (período considerado de *feedback* negativo), são partes integrantes do mecanismo de retroalimentação positiva.

A exposição prévia e por longo tempo dos componentes do eixo reprodutivo aos estrogênios é estritamente necessária para a ação da progesterona no final da fase folicular, visto que os estrogênios são os principais indutores da síntese de receptores para progesterona. Isso pode ser confirmado por estudos que demonstram que a progesterona *per se* não é capaz de induzir elevação de secreção de gonadotrofinas sem a exposição prévia aos estrogênios. No final da fase folicular (fase ovulatória), o aumento na secreção de estrogênios é acelerado, e suas concentrações plasmáticas são máximas. Nesse período, considerado como "período crítico", o folículo dominante passa a expressar receptores para LH nas células da granulosa e a sintetizar progesterona, que, como já descrito, parece ser responsável pela deflagração dos picos. Há um aumento adicional e rápido de síntese de GnRH e LH, e os picos pré-ovulatórios desses hormônios são deflagrados. Assim, parece que o folículo dominante, quando já em condições de ovular, sinaliza o momento de deflagração do pico de GnRH por meio da secreção aguda de progesterona folicular. Por outro lado, dados mais recentes sugerem fortemente que a secreção de progesterona no final da fase folicular não seja apenas de origem folicular, mas também de origem suprarrenal e glial. De fato, astrócitos produzem progesterona, pregnenolona e alopregnanolona em resposta ao estradiol, e o bloqueio da síntese desses neuroesteroides bloqueia o pico de LH, o que sugere que a progesterona de origem central seja essencial para o mecanismo de retroalimentação positiva.

Embora o mecanismo pelo qual a progesterona dispara o pico pré-ovulatório não seja ainda bem esclarecido, esta parece estimular neurônios que liberam neurotransmissores estimuladores da secreção de GnRH. De fato, em neurônios noradrenérgicos, a progesterona age nos seus receptores induzidos pela exposição prévia ao estradiol, aumentando a frequência de disparos desses neurônios e, desta forma, induzindo a liberação de norepinefrina nas áreas contendo neurônios GnRH/kisspeptina. Uma vez que o bloqueio da ação da norepinefrina bloqueia o pico pré-ovulatório de LH por meio da redução da síntese e liberação de kisspeptina nas áreas cerebrais onde estão localizados corpos celulares e terminais axonais dos neurônios GnRH, a ação da norepinefrina na liberação parece ser indireta, via sistema kisspeptinérgico. Desse modo, os estoques de norepinefrina, kisspeptina, GnRH, LH e FSH produzidos pelo estradiol são depletados para compor o pico de gonadotrofinas que induzirá a ovulação.

Retroalimentação negativa

Após o pico de gonadotrofinas e a expulsão do óvulo, o folículo dá origem ao corpo lúteo que produzirá grandes quantidades de estradiol e de progesterona, com predominância da ação da progesterona. Durante toda a fase lútea, esses hormônios inibem o eixo reprodutivo a nível central e hipofisário, mantendo as concentrações de gonadotrofinas baixas. Os esteroides em altas concentrações na fase lútea inibem o sistema de várias formas: (1) diminuindo a frequência e/ou a amplitude dos pulsos de GnRH por ação direta e rápida nos neurônios GnRH, via receptores do tipo beta; (2) inibindo essa secreção indiretamente, por estimular neurônios produtores de neurotransmissores inibitórios dos neurônios GnRH; e (3) modificando a interação anatômica dos neurônios GnRH com as células gliais que os envolvem, a fim de diminuir os contatos sinápticos desses neurônios com outros que modulam sua atividade. Essas formas de inibição perduram por toda a fase lútea até o final da fase folicular. No entanto, é importante lembrar que, a partir da segunda semana da fase folicular, a atividade do mecanismo de retroalimentação negativa ocorre paralelamente à preparação dos fatores essenciais para estabelecimento do mecanismo de retroalimentação positiva descrito anteriormente.

A Figura 71.19 sumariza o eixo reprodutivo e seu controle, ou seja, a produção de hormônios pelas células do folículo ovariano e seu controle pelas gonadotrofinas, bem como a retroalimentação dos hormônios ovarianos na hipófise, no hipotálamo e em estruturas extra-hipotalâmicas.

▶ Ciclo uterino e menstruação

A secreção cíclica sincronizada de hormônios ovarianos e de gonadotrofinas tem a função de: (1) induzir o crescimento do folículo e a ovulação, (2) aumentar a receptividade sexual no período ovulatório e (3) preparar o sistema genital feminino para a gestação. A fim de ocorrer a fertilização do óvulo pelo espermatozoide e ser estabelecido o processo gestacional, há necessidade de preparação do trato genital feminino.

O acesso do óvulo ao trato genital feminino se dá pela trompa, enquanto o dos espermatozoides pela vagina. Parte dos espermatozoides é destruída na vagina e parte atinge o colo do útero, onde passam pelo processo de capacitação para em seguida iniciarem a migração pela cavidade uterina até atingirem as trompas; nesse local é onde, idealmente, acontece a fertilização do óvulo, que foi captado pelas fímbrias e caminhou pelas trompas em direção aos espermatozoides. O zigoto resultante inicia um processo de várias etapas de transformação e simultânea migração para o útero, em cuja parede (geralmente, na região posterior superior) ocorrerá sua implantação. Portanto, o útero deve estar adequadamente preparado para facilitar a migração dos espermatozoides e manter a migração e a implantação do zigoto. Nessa preparação, o ciclo uterino acontece em sincronia com o ovariano. Se não há implantação do zigoto, ocorre interrupção sincronizada do ciclo ovariano (com a regressão do corpo lúteo) e do ciclo uterino (dependente de estrogênio e progesterona do corpo lúteo). A diminuição da ação desses hormônios no útero provoca alterações vasculares devidas ao aumento da síntese de prostaglandinas, que induzem isquemia (com vasospasmo das arteríolas espirais) e necrose do revestimento uterino. A descamação deste revestimento acompanhada de sangue constitui a menstruação, cujo fluxo dura de 2 a 5 dias. O primeiro dia dessa hemorragia marca o início de um novo ciclo.

A fase folicular ovariana acontece paralelamente à menstruação e à fase proliferativa no útero. Terminada a menstruação por volta do 4º dia do ciclo, o endométrio encontra-se afinado. Então, inicia-se a proliferação endometrial, por ação do estrogênio produzido pelos folículos ovarianos em desenvolvimento, acompanhada pelo processo de vascularização (denominado angiogênese) e pelo desenvolvimento das glândulas endometriais. Após a ovulação, paralelamente à fase lútea no ovário começa a fase secretora no útero, caracterizada por atividade secretora das glândulas endometriais (que se tornam tortuosas), pelo formato espiralado das arteríolas endometriais e pela condição edematosa do endométrio. As características endometriais na fase secretora são conservadas pela ação de estrogênio e progesterona, hormônios secretados pelo próprio corpo lúteo, o qual é mantido pela ação do LH.

Se ocorrer a implantação do óvulo fecundado, haverá aumento da secreção de progesterona e alteração do endométrio (conhecida como decidualização). Não acontecendo implantação, inicia-se a regressão do corpo lúteo ao redor do 10º dia depois da ovulação; consequentemente, há queda na secreção de estrogênio e progesterona, hormônios responsáveis pela manutenção do endométrio desenvolvido.

▶ Ações dos esteroides ovarianos em órgãos reprodutivos

Os estrogênios agem no trato genital feminino (útero, trompas e vagina), nas glândulas mamárias, e em outros órgãos e tecidos não integrantes do sistema genital (às vezes não diretamente relacionados com a função reprodutiva e com os caracteres sexuais secundários). Durante o ciclo menstrual, as variações na secreção dos esteroides ovarianos induzem alterações fisiológicas e cíclicas no sistema genital feminino, com intuito de adequá-lo a uma possível gestação. As principais alterações são descritas a seguir.

Útero

As alterações mais importantes que ocorrem neste órgão são induzidas pelos estrogênios no endométrio. Este é composto de 2 camadas: (1) a camada basal (em contato com o

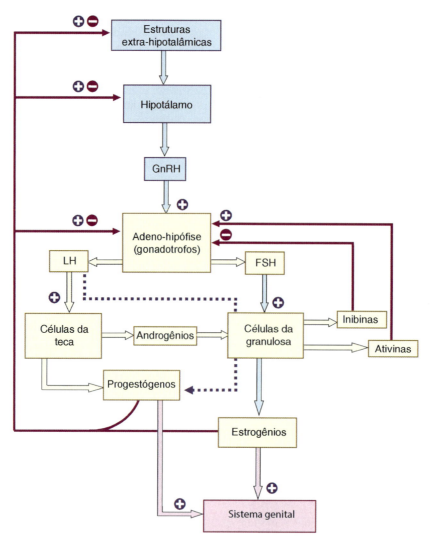

Figura 71.19 ▪ Eixo reprodutivo feminino. *Em azul*: sob influência de neurotransmissores hipotalâmicos e extra-hipotalâmicos, neurônios do núcleo arqueado do hipotálamo e da área pré-óptica secretam GnRH na eminência mediana, que alcança os gonadotrofos por meio dos vasos do sistema porta-hipofisário. *Em ocre*: o GnRH estimula os gonadotrofos a secretar LH e FSH. No decorrer da fase folicular do ciclo menstrual, o LH estimula as células da teca folicular a produzirem androgênios a partir do colesterol, que se difundem para as células da granulosa. Baixas quantidades de progesterona são produzidas, uma vez que a maior parte desse hormônio é convertida em androgênios. O FSH ativa as células da granulosa e elas passam a sintetizar a enzima aromatase, que converte os androgênios originados da teca interna em estrogênios. Além disso, o FSH estimula a síntese de ativinas e inibinas. No final da fase folicular, as células da granulosa passam a expressar receptores para LH. Esse hormônio estimula as células da granulosa a produzirem progesterona (*linha pontilhada*), a qual desencadeia os picos pré-ovulatórios de gonadotrofinas. *Em roxo*: as ativinas e as inibinas agem na hipófise estimulando e inibindo, respectivamente, a secreção de FSH. Os estrogênios e os progestógenos, além de atuarem em todo o sistema genital, exercem retroalimentação negativa (na maior parte do ciclo menstrual) ou positiva (no final da fase folicular e na fase ovulatória) sobre a secreção de LH e FSH em 3 níveis: (1) nos gonadotrofos, (2) em neurônios hipotalâmicos que controlam os neurônios GnRH e (3) em neurônios de outros locais do sistema nervoso central que modulam direta ou indiretamente a atividade secretora dos neurônios GnRH. (Adaptada de Boron e Boulpaep, 2005.)

miométrio), que sofre poucas alterações durante o ciclo e não descama no decorrer da menstruação, e (2) a camada funcional, que reveste internamente o útero. A camada basal é irrigada pela artéria reta (correspondente à porção proximal das artérias espirais), que não sofre influência dos hormônios sexuais. No entanto, as artérias espirais desenvolvem-se e degeneram-se ciclicamente, de acordo com as mudanças na secreção hormonal. Após a menstruação, resta apenas uma camada basal fina na qual se encontram brotamentos de glândulas e artérias. No início da fase folicular ovariana, as quantidades crescentes de estrogênios aumentam a síntese proteica, a musculatura uterina (ou miométrio) e também a proliferação das células do estroma e da camada epitelial; isso faz com que o endométrio se reepitelize rapidamente. Também sob ação dos estrogênios, a partir da parte remanescente da camada basal se desenvolvem glândulas endometriais e novos vasos sanguíneos. As glândulas endometriais são inicialmente estreitas e retas, mas, no decurso da fase proliferativa, tornam-se tortuosas e secretoras de muco fino e filamentoso. Há também aumento da retenção de água e eletrólitos, que tornam o órgão edemaciado. Assim, no decorrer da fase folicular o endométrio torna-se cada vez mais espesso (3 a 5 mm), ondulado, hiperemiado e edemaciado. Os estrogênios elevam a contratilidade e a excitabilidade do miométrio (pelo menos em parte, pelo aumento da expressão de receptores para ocitocina) e induzem a expressão de receptores para progesterona. No colo uterino, os estrogênios promovem relaxamento muscular causando sua abertura (Figura 71.20), tornam o epitélio secretor e aumentam o volume de muco imediatamente antes e depois da ovulação; todas essas ações facilitam a penetração dos espermatozoides. Na fase secretora, grandes quantidades de estrogênios e progesterona são secretadas após a

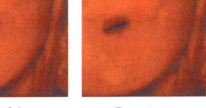

Figura 71.20 ■ Aspecto do colo uterino no final da fase folicular (*aberto*) e na fase lútea (*fechado*), indicando, respectivamente, a ação dos estrogênios e da progesterona. (Fotos gentilmente cedidas pelo Departamento de Ginecologia e Obstetrícia da Faculdade de Medicina de Ribeirão Preto – USP.)

ovulação. Os estrogênios promovem crescimento adicional do endométrio, de modo que na metade da fase secretora o endométrio atinge 5 a 6 mm de espessura. A progesterona estimula a atividade das glândulas endometriais, que passam a produzir uma secreção rica em proteínas, aminoácidos e açúcares; esta secreção, denominada "leite uterino", tem a função de nutrir o embrião. A progesterona também promove o desenvolvimento pleno das artérias espiraladas, tornando-as bastante tortuosas e provocando aumento da irrigação endometrial. Além disso, ela diminui a contratilidade e a excitabilidade do miométrio, pelo menos em parte, pela redução da expressão dos receptores para ocitocina, além de tornar o colo uterino mais firme, fechado (ver Figura 71.20) e com secreção reduzida, dificultando a penetração de espermatozoides. Todas essas alterações resultam em um endométrio altamente secretor e irrigado, adequado para a implantação do ovo, que ocorre cerca de 7 a 9 dias após a ovulação, bem como para a nutrição do embrião. Em caso de não haver fertilização, a secreção de estrogênios e progesterona do corpo lúteo decresce. Como consequência, a camada funcional do endométrio atrofia, as glândulas endometriais ficam com aspecto serrilhado e as artérias espirais sofrem espasmo, causando isquemia na camada funcional. Devido a essas modificações, a camada funcional do endométrio não se sustenta e descama, no processo conhecido por menstruação.

Tubas

As tubas uterinas (ou trompas) têm uma camada muscular fina revestida externamente por tecido seroso e peritônio. Internamente, elas se revestem de epitélio secretor colunar ciliado. As tubas têm função na captação e no transporte do óvulo, processos influenciados pelos esteroides ovarianos. Os estrogênios causam proliferação do tecido glandular e do revestimento epitelial, elevam o número de células e de cílios do revestimento epitelial, promovem o movimento ciliar que ocorre em direção ao útero e aumentam as atividades secretora e contrátil muscular da tuba. Assim, na fase periovulatória, quando as concentrações de estrogênios são altas, o transporte do óvulo (desde sua captação pelas fímbrias até o útero) é facilitado por batimentos dos cílios e pela contração espontânea das fibras musculares. Após a ovulação, a progesterona provoca diminuição na quantidade de células de revestimento, no número e na atuação dos cílios, assim como na atividade secretora, de maneira que o volume e as quantidades de açúcar e proteína do líquido são diminuídos. Mais ainda, a progesterona reduz a atividade contrátil muscular da tuba. Assim, variações nas concentrações desses esteroides podem acarretar distúrbios no transporte dos gametas e do concepto. Por exemplo, altas doses de estrogênios podem impedir a gestação por expulsar prematuramente da tuba um óvulo recém-fertilizado; ou então, a administração de elevadas doses de estradiol, imediatamente antes da concepção, pode impedir a passagem do concepto ao útero, devido ao aumento da contração muscular. Da mesma maneira, a progesterona em grandes dosagens, como se utiliza na "pílula do dia seguinte", pode impedir a gestação por diminuir os batimentos ciliares e a atividade contrátil, dificultando assim o encontro dos gametas.

Vagina

Quatro tipos de células compõem o epitélio vaginal: superficiais, intermediárias, parabasais e basais. Na infância, assim como depois da menopausa, há somente as camadas de células basais e parabasais. As células do epitélio vaginal respondem com muita sensibilidade aos esteroides sexuais. Por conseguinte, na puberdade e na fase folicular, os estrogênios aumentam a atividade mitótica do epitélio colunar, induzindo proliferação, o que resulta em elevação do número de camadas do epitélio vaginal e, portanto, do espessamento da mucosa vaginal. As células mais superficiais ficam com o núcleo picnótico, queratinizam-se, tornam-se acidófilas e descamam individualmente. Além disso, os estrogênios induzem aumento na produção de glicogênio pelas células epiteliais, o qual é fermentado em ácido láctico pela flora bacteriana vaginal, provocando um pH vaginal ácido. Todas estas ações estrogênicas conferem mais resistência a traumatismos e infecções, o que explica a maior incidência de infecções na infância e na puberdade. Sob ação da progesterona, as células do epitélio vaginal tornam-se basófilas, apresentam bordas dobradas (daí o nome de células naviculadas) e descamam em blocos. A análise ao microscópio do tipo de células esfoliadas é útil para a identificação do estado hormonal da mulher. Assim, na citologia esfoliativa: (1) a presença de células superficiais denota ação estrogênica, (2) as células intermediárias predominam sob concentrações estrogênicas elevadas (como na gestação ou na fase lútea média) e (3) a presença de células basais ou parabasais indica concentrações estrogênicas baixas (como as observadas na menopausa ou no período pré-puberal).

Muco cervical

O muco cervical é produzido pelas glândulas do colo uterino, sendo composto por 92 a 98% de água, sais, açúcares, polissacarídios, proteínas e glicoproteínas. Tem pH alcalino e funciona como uma barreira para impedir o acesso de microrganismos e regular o acesso de espermatozoides da vagina para o útero. As características desse muco são facilmente influenciadas pelos hormônios ovarianos, de modo que o exame dessas características pode em geral fornecer informações sobre o estado hormonal da mulher. Os estrogênios estimulam a produção de quantidade abundante de muco fluido, liso, transparente e com poucas células. Uma característica importante do muco estrogênico é a distensibilidade; na fase periovulatória, quando as concentrações plasmáticas de estrogênios são máximas, pode-se distender entre duas lâminas uma amostra do muco em mais de 10 cm, sem que o fio formado pelo muco se rompa (Figura 71.21). A grande quantidade (até 700 mg/dia) de muco cervical com as características anteriormente citadas é um bom indicativo do período ovulatório, de maneira que o dia da menstruação pode ser estimado para 14 ou 15 dias depois da observação desse muco. O muco fluido é importante para facilitar o coito e a penetração dos espermatozoides, propiciando seu acesso às tubas. Se for deixado sobre uma lâmina,

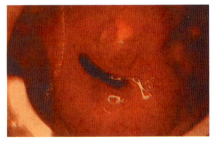

Figura 71.21 ● Aspecto do muco secretado pelas glândulas endocervicais durante a fase ovulatória. *À esquerda*, muco secretado pelo colo uterino. *Ao centro*, teste de distensibilidade. *À direita*, formação do padrão de folhas de samambaia do muco depois de secagem em lâmina. (Fotos gentilmente cedidas pelo Departamento de Ginecologia e Obstetrícia da Faculdade de Medicina de Ribeirão Preto – USP.)

ele secará, formando figuras semelhantes a folhas de samambaia, que resultam da cristalização dos sais inorgânicos. Pode-se observar este **padrão de folha de samambaia** na última parte da fase folicular, sendo máximo no período periovulatório. Na fase lútea ovariana (fase secretória uterina), quando predominam as ações da progesterona sobre as dos estrogênios, o muco cervical é secretado em menor quantidade (20 a 60 mg/dia), tornando-se espesso, turvo, granulado, viscoso e celular. Este tipo de muco dificulta, sobremaneira, a movimentação dos espermatozoides em direção às tubas uterinas; de fato, a penetração do espermatozoide é máxima no período ovulatório e mínima na fase lútea. A administração contínua de progesterona, ou o uso de cápsulas uterinas com liberação local de progesterona, impede a penetração dos espermatozoides mesmo durante o período ovulatório, quando as concentrações de estrogênios são altas. Isso justifica, em parte, o uso da "pílula do dia seguinte", ou seja, de altas doses de progesterona. Após a ovulação, à medida que a secreção de progesterona cresce, desaparece o padrão de samambaia apresentado pelo muco quando seco. Novamente, a observação deste muco pode fornecer informações importantes; por exemplo, a ausência do padrão de samambaia pode sugerir uma secreção diminuída de estrogênios ou aumentada de progesterona. Contrariamente, a persistência do padrão de samambaia no muco pode indicar ciclos anovulatórios.

Glândulas mamárias

Sob ação dos estrogênios, as mamas ficam maiores por aumento do estroma, crescimento dos ductos e deposição de gordura. Além disso, os estrogênios aumentam a pigmentação da aréola em torno do mamilo e induzem a expressão de receptores para progesterona. A progesterona aumenta a arborização e o comprimento dos ductos, acelera o desenvolvimento dos alvéolos e causa retenção de líquido edemaciando as mamas. Na fase lútea do ciclo menstrual, as glândulas atingem seu tamanho máximo, o que justifica a mastalgia referida pelas mulheres no período pré-menstrual.

▶ Ações pró-conceptivas e anticonceptivas

Os estrogênios e a progesterona produzidos pelo ovário durante o ciclo menstrual têm algumas ações antagônicas no que se refere à facilitação ou dificuldade para concepção. O Quadro 71.2 sumariza as principais ações fisiológicas dos estrogênios e da progesterona, no processo de concepção e anticoncepção, respectivamente. A chamada *pílula do dia seguinte*, usada como contraceptivo de emergência, contém doses elevadas de progesterona, cujas ações anticonceptivas se contrapõem às pró-conceptivas dos estrogênios endógenos. Assim, procura-se impedir o encontro do óvulo com o espermatozoide, e consequentemente a fertilização. É importante ressaltar que a progesterona não interrompe um processo gestacional iniciado, ou seja, a progesterona não é uma substância abortiva. Pelo contrário, a progesterona é um dos agentes utilizáveis em situações de ameaça de aborto espontâneo. O Capítulo 77, *Fisiologia da Reprodução*, analisa os diversos métodos contraceptivos.

▶ Outras ações dos esteroides ovarianos

Temperatura corporal

Logo após a ovulação, a progesterona eleva a temperatura corporal em torno de 0,5 a 0,6°C durante toda a fase lútea do ciclo menstrual (Figura 71.22). Embora o mecanismo dessa regulação não seja devidamente identificado, é provável estar relacionado com a alteração do ponto de ajuste (*set point*) dos circuitos hipotalâmicos termorreguladores. Esta subida de temperatura serve como um indicativo da ovulação; portanto, poderá ser utilizada como método coadjuvante de contracepção, se a temperatura corporal da mulher for verificada assim que ela acordar e antes de começar qualquer atividade física, pois a contração muscular produz calor. Alterações no controle da temperatura também ocorrem durante a menopausa. Nessa fase da vida, cerca de 75% das mulheres apresentam ondas de calor (ou fogachos, que correspondem a episódios

Quadro 71.2 ● Ações pró-conceptivas dos estrogênios e anticonceptivas da progesterona.

Local de ação dos hormônios	Ações pró-conceptivas dos estrogênios	Ações anticonceptivas da progesterona
Cílios da tuba uterina	Aumenta o movimento ciliar, auxiliando a movimentação do óvulo em direção ao útero	Diminui o movimento ciliar
Musculatura da tuba uterina	Contrai-se, empurrando o óvulo em direção ao útero	Relaxa as fibras musculares
Miométrio	Contrai-se, auxiliando a movimentação dos espermatozoides em direção à tuba uterina	Relaxa as fibras musculares
Muco cervical	Fluido, facilita a movimentação do espermatozoide em direção à tuba uterina	Espesso, dificulta a movimentação do espermatozoide em direção à tuba uterina

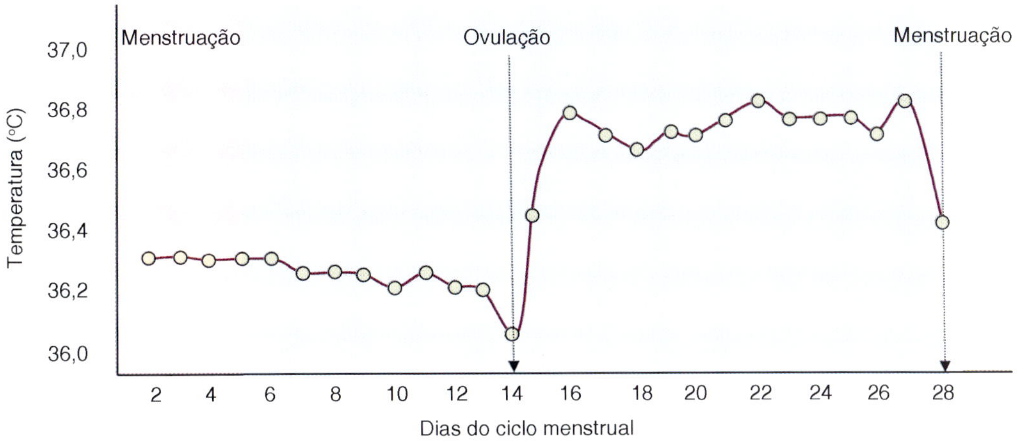

Figura 71.22 ▪ Variação da temperatura corporal basal durante o ciclo menstrual.

de elevação de temperatura central), seguidas de vasodilatação periférica reflexa e sudorese (que leva à perda de aproximadamente 0,2°C). Em mais de 90% dos casos, esses sintomas são revertidos com estrogenioterapia. Os episódios de fogacho são imediatamente seguidos por liberação de LH, que parece ocorrer secundariamente ao aumento da liberação de GnRH. Assim, ambos os esteroides sexuais parecem atuar em neurônios hipotalâmicos que regulam a temperatura corporal.

Tecido ósseo

Durante a puberdade, os estrogênios atuam nas cartilagens epifisárias dos ossos longos, inicialmente acelerando o crescimento linear e, em seguida, promovendo o fechamento dessas cartilagens. Neste período de crescimento, eles constituem o fator mais importante para estimular a maturação de condrócitos e de osteoblastos e a subsequente fusão das cartilagens epifisárias. Agem primariamente por inibição da ressorção óssea e não por aumento da formação de osso; antagonizam a ação do paratormônio no tecido ósseo, o qual estimula a ressorção óssea; inibem a síntese de interleucina 6, a qual eleva a atividade osteoclástica e portanto a ressorção de osso; podem indiretamente aumentar a formação óssea pela estimulação da síntese de fatores de crescimento (como o TGF-β, ou *transforming growth factor*), que são importantes para fazer crescer a atividade osteoblástica e a densidade óssea. Assim, os estrogênios protegem o organismo feminino no processo contínuo de remodelação óssea. A deficiência estrogênica, no climatério e depois da menopausa, altera essa modulação protetora do tecido ósseo, aumentando a perda óssea; no início, há perda de osso trabecular e, em seguida, de osso cortical, facilitando, pois, o estabelecimento de osteoporose.

Adicionalmente, no rim, os estrogênios parecem facilitar a ação do paratormônio, causando maior produção de vitamina D [1,25(OH)$_2$D3], a qual eleva a absorção intestinal de cálcio.

Sistema cardiovascular

Os vasos sanguíneos também são alvos da ação dos estrogênios, pois receptores para estradiol são expressos em células endoteliais. Estes hormônios induzem aumento de óxido nítrico e provocam vasodilatação. Além disso, causam alterações no metabolismo de lipídios que diminuem os riscos de alterações vasculares, o que será abordado adiante. Os estrogênios modificam a permeabilidade vascular, facilitando a transferência de líquido para o interstício (daí sua ação edemaciante), reduzindo o volume plasmático, o que induz retenção de água e de sódio. Essa ação edemaciante pode ser observada durante o ciclo menstrual, a gestação e o uso de pílulas anticoncepcionais. Além disso, os estrogênios aumentam o fluxo sanguíneo e reduzem a fragilidade capilar e a concentração de endotelina, um potente vasoconstritor. Após a menopausa ou a ooforectomia (extirpação do ovário), observa-se maior gravidade da aterosclerose. Por outro lado, estudo mais recente em mulheres menopausadas com doença cardiovascular já estabelecida, submetidas à reposição hormonal pela combinação de estrogênios e progesterona, mostrou crescimento do número de eventos tromboembólicos. Este estudo acrescentou uma controvérsia no emprego de terapia de reposição hormonal, que continua sob investigação.

Sistema nervoso central

Embora os estrogênios sejam mais conhecidos por seus efeitos na função reprodutiva, suas ações vão muito além. Sabe-se atualmente que estes hormônios não são produzidos apenas nos ovários e no tecido adiposo, mas também no cérebro, onde agem em receptores específicos também expressos aí. Eles são responsáveis pela diferenciação do cérebro, modulam funções motoras, sensibilidade à dor e diversas funções cognitivas, entre outras. Na mulher, os períodos de transição biológica (como puberdade, regressão pré-menstrual do corpo lúteo, gestação/pós-parto, climatério/menopausa) se caracterizam por significativas alterações da secreção e da atividade de hormônios esteroides sexuais, principalmente estrogênios. Isso gera situações de vulnerabilidade para alterações de atividade nervosa e expressões comportamentais, além de, até mesmo, distúrbios psíquicos. Os estrogênios afetam os sistemas colinérgicos, serotoninérgicos, noradrenérgicos e dopaminérgicos, os quais afetam o humor. A variação na secreção dos estrogênios parece ser responsável, pelo menos em parte, pelos distúrbios de humor que caracterizam a chamada tensão pré-menstrual (TPM), pois a supressão da atividade ovariana (como durante o uso de contraceptivos orais) reduz as alterações de humor. Os estrogênios têm ação antidepressiva *per se*, além de afetarem a resposta a drogas antidepressivas. Por outro lado, a progesterona apresenta efeitos ansiolítico e tranquilizante; a regressão do corpo lúteo reduz estes efeitos, promovendo ansiedade e excitabilidade durante o período de TPM. No entanto, os mecanismos envolvidos nessas alterações ainda não são bem conhecidos. A falta de estrogênios tem sido relacionada com o estabelecimento de quadros depressivos, manifestação de sintomas psicóticos, prevalência maior da doença de Alzheimer (depois da menopausa) e manifestação de esquizofrenia. Essas alterações e manifestações têm sido mencionadas com a ação do estrogênio na atividade de vários sistemas de neurotransmissão, no controle do fluxo sanguíneo cerebral e do metabolismo de glicose. A terapia de reposição hormonal em mulheres na menopausa tem demonstrado eficácia em diminuir entre 30 e 40% a incidência da doença de Alzheimer e de retardar sua instalação em mulheres com predisposição a desenvolvê-la. No entanto, o tratamento com estrogênios não é efetivo quando a doença já está estabelecida. Muitas das ações centrais dos estrogênios diferem qualitativa e quantitativamente entre os sexos, o que pode explicar as distinções observadas entre os sexos na incidência de psicopatologias, como, por exemplo, o fato de síndromes depressivas serem mais comuns em mulheres que em homens e, por outro lado, o abuso de drogas e comportamentos antissociais serem mais prevalentes em homens; ainda, podem explicar o fato de geralmente as mulheres apresentarem menor sensibilidade à dor que os homens.

A progesterona em altas doses tem efeitos anestésicos; ela também dispõe de ação anticonvulsivante, enquanto os estrogênios são pró-convulsivantes. Sabe-se que convulsões epilépticas variam em função do ciclo menstrual, e a maior frequência de episódios de convulsões ocorre nos períodos de menor razão progesterona/estrogênios. Estes dados contraindicam, fortemente, o uso de estrogênios em pacientes com histórico de crises convulsivas.

Os estrogênios melhoram funções cognitivas (como memória e aprendizado), motoras e sensoriais (p. ex., olfação, audição e visão, importantes no período de acasalamento, na maioria dos animais). Vários estudos e observações clínicas correlacionam diminuição da secreção de estrogênios com dificuldades de memória e pior *performance* no aprendizado. Em humanos, estudos que utilizam técnicas de neuroimagem verificaram correlações entre ação estrogênica e alterações de estruturas cerebrais. Em ratas, os estrogênios aumentam a arborização dendrítica e o número de espinhas dendríticas em neurônios piramidais hipocampais (Figura 71.23), especializados em receber aferências excitatórias importantes para o aprendizado e a memória. Portanto, a elevação significativa na quantidade de sinapses estabelecidas pelos neurônios em resposta aos estrogênios promove significativa melhoria nestas funções.

Os estrogênios também influenciam na organização de células gliais ao redor de corpos celulares e de terminais de neurônios GnRH; além disso, atuam nas características estruturais da eminência mediana, de modo a aproximar os terminais de neurônios GnRH ao sistema vascular do plexo primário, o que contribui para maior eficiência da descarga de GnRH.

Metabolismo de lipídios

Os estrogênios aumentam a deposição de gorduras, principalmente na região dos quadris e das mamas. Este padrão de distribuição de gordura induzido pelo estradiol é responsável pela mudança do formato corporal observado na puberdade. Esses hormônios promovem a elevação de lipoproteínas de densidade alta (HDL) e de triglicerídios, diminuição do colesterol e, ligeiramente, de lipoproteínas de densidade baixa (LDL). Estas ações metabólicas protegem o organismo contra a arteriosclerose.

Síntese de proteínas

Os estrogênios estimulam a síntese de várias proteínas, entre as quais as transportadoras de hormônios sintetizadas pelo fígado, como globulina ligante a hormônios sexuais (SHBG), globulina ligante a cortisol (CBG) e proteína ligante a hormônios tireoidianos (TBG). Os estrogênios são levemente anabólicos e reduzem o apetite, enquanto a progesterona é fracamente catabólica.

Rim

A progesterona compete pelos receptores para aldosterona nos túbulos renais, diminuindo a reabsorção de sódio que, em determinadas situações, como na gestação, pode induzir aumento da secreção de aldosterona e de angiotensinogênio.

Respiração

A progesterona aumenta a resposta ventilatória ao CO_2. Na gestação e na fase lútea do ciclo menstrual, há redução da pCO_2 arterial e alveolar.

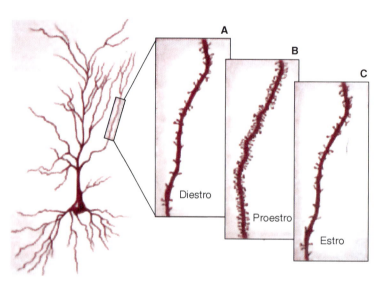

Figura 71.23 ▪ Ação dos estrogênios nas espinhas dendríticas de neurônios piramidais do hipocampo durante o ciclo estral. No diestro e no estro (ou fase pós-ovulatória), as concentrações de estrogênios são baixas, enquanto, no proestro (ou fase pré-ovulatória), são as mais altas de todo o ciclo estral. Observe o acentuado aumento das espinhas dendríticas na fase de proestro (**B**), quando comparada à de diestro (**A**), e a reversão do efeito dos estrogênios no estro (**C**). (Adaptada de Woolley, 1999.)

Coagulação sanguínea

Os estrogênios aumentam a disponibilidade de plasminogênio e de fatores de coagulação II, VII, IX e X; adicionalmente, provocam diminuição da antiprotrombina e da adesão plaquetária.

▶ Ações da prolactina na função reprodutiva

A ação da prolactina na glândula mamária está descrita no Capítulo 77. Enquanto em ratas foram descritos picos pré- e pós-ovulatórios de prolactina, na mulher o perfil de secreção de prolactina durante o ciclo menstrual ainda não é bem estabelecido; as concentrações plasmáticas de prolactina na mulher crescem na puberdade e geralmente diminuem na menopausa. Alguns autores também descrevem discreto aumento das concentrações plasmáticas desse hormônio no período pré-ovulatório.

Em ratas e em primatas não humanos, a prolactina pode ter ação luteotrófica, que não está comprovada em mulheres. As células foliculares humanas expressam receptores para prolactina, que pode ser de origem plasmática ou local; neste último caso, caracterizando um controle parácrino ou autócrino. As células da granulosa, em cultura, liberam estrogênio e progesterona sob estímulo da prolactina. Mulheres com insucesso em tentativas de fertilização *in vitro*, quando submetidas à hiperprolactinemia transitória, são mais bem-sucedidas em termos de qualidade de oócitos, taxa de fertilização e gestação. Isso indica uma possível ação da prolactina na maturação folicular e no desenvolvimento oocitário.

▶ Estresse e função reprodutiva

A alteração do ciclo menstrual por estímulos estressores e distúrbios psicológicos, latentes ou evidentes, é reconhecida há longo tempo. Observações experimentais e clínicas indicam que determinadas situações agudas de estresse podem facilitar a ovulação, enquanto situações crônicas podem impedi-la. Porém, os mecanismos envolvidos nessas situações ainda não são totalmente entendidos. Estímulos estressores crônicos de diversos tipos e distúrbios como ansiedade, anorexia nervosa e esquizofrenia, entre outros, estão associados à hiperatividade do eixo hipotálamo-hipófise-suprarrenal (HPS); nessas situações, ocorre aumento da secreção de cortisol, que tem ação catabólica, visando a mobilizar substrato energético para atender à maior demanda de energia requerida pelo organismo. Dados experimentais mostram que os hormônios do eixo HPS podem alterar a secreção de hormônios do eixo hipotálamo-hipófise-gonádico (HPG). Em mulheres, a hiperatividade do eixo HPS pode causar supressão do ciclo menstrual, conhecida como *amenorreia hipotálamica funcional* ou *anovulação crônica hipotálamica funcional*, caracterizada por quiescência ovariana, amenorreia e infertilidade. Há evidências de que essa hiperatividade do eixo HPS está associada à diminuição da atividade do pulso gerador de GnRH. Mulheres com anorexia nervosa, que pode estar associada à amenorreia hipotálamica funcional, apresentam concentrações elevadas de CRH no líquido cerebroespinal. Estudos experimentais mostraram que a administração de CRH provoca diminuição da pulsatilidade de GnRH e da liberação de LH; entretanto, essa relação nem sempre é direta, o que dificulta a caracterização dos limites de ativação do eixo HPS supressores da atividade do eixo HPG.

A situação crônica de estresse pode envolver alterações dos eixos HPS, HPG, hipotálamo-hipófise-tireoide e do hormônio somatotrófico (GH), resultando em um quadro de síndrome metabólica, no qual se observa obesidade visceral ou central, caracterizada pela deposição de gordura na cintura e diminuição da massa magra (redução da massa muscular). Essa obesidade visceral também ocorre em pacientes com síndrome de Cushing, depressão melancólica e ansiedade crônica, que têm como característica comum o hipercortisolismo. Mulheres com obesidade visceral apresentam modificações na secreção de vários esteroides gonadais associadas a deficiência ovulatória e oligomenorreia. Existem divergências de interpretação sobre a alteração da função reprodutiva provocada pela situação de estresse: se é decorrente da ação direta de hormônios do eixo HPS no eixo HPG ou resultante das alterações metabólicas provocadas pelos hormônios do eixo HPS. Há evidências de que a atividade de neurônios GnRH e a pulsatilidade de LH podem ser reguladas pela disponibilidade energética, ou, mais especificamente, de glicose. A liberação de determinadas citocinas durante processos inflamatórios e infecciosos, que constituem uma situação de estresse, também pode alterar a função reprodutora, pela redução da secreção de LH e pela inibição da atividade de enzimas da esteroidogênese gonadal.

Por outro lado, há evidências de que situações agudas de estresse podem estimular a liberação de LH, que seria resultante de um efeito sinérgico de estrogênio endógeno (na fase folicular média) ou exógeno (por terapia substitutiva) com progesterona de origem suprarrenal (cuja secreção seria induzida pela ativação do eixo HPS). Isso mimetizaria o sinergismo que acontece na indução do pico pré-ovulatório. Assim, estímulos estressores agudos, associados à pré-condição hormonal favorável à ovulação, poderiam antecipar a ovulação. Ainda carente de outras evidências confirmatórias, esta poderia ser a explicação do maior índice de gestação em mulheres que sofrem violência sexual, quando comparadas à população em geral.

PUBERDADE E MENARCA

A hipófise e o ovário infantis adquirem atividade plena desde que estimulados adequadamente, indicando que na infância falta estimulação e não competência funcional desses órgãos. A idade de instalação da puberdade pode variar em função de fatores endógenos e exógenos, tais como condições ambientais e nutricionais, além de fatores emocionais, genéticos, raciais etc.

A puberdade se caracteriza como uma fase de transição biológica em que acontece uma série de alterações estruturais e funcionais para estabelecer a capacidade reprodutiva e os caracteres sexuais secundários. Entre essas alterações estão: crescimento linear, brotamento e desenvolvimento das mamas, aumento dos pequenos e grandes lábios da genitália externa, produção de secreção vaginal transparente ou ligeiramente esbranquiçada antes da menarca, surgimento de pelos pubianos e axilares, além de crescimento do útero e do ovário.

A instalação da puberdade envolve alterações de atividade secretora da suprarrenal (adrenarca), pelo aumento da secreção de precursores androgênicos, e do ovário, principalmente pela secreção de estrogênios e progesterona. Os principais precursores androgênicos são desidroepiandrosterona (DHEA) e desidroepiandrosterona sulfato (DHEA-S). Embora a adrenarca geralmente anteceda em alguns anos a ativação da secreção ovariana, não existe indicação de sincronização entre os dois eventos, que parecem ter controles independentes. A ativação da função ovariana depende da secreção de gonadotrofinas hipofisárias (LH e FSH) e de GnRH pelo hipotálamo.

O período da infância até o início da puberdade é de quiescência do eixo hipotálamo-hipófise-ovário, de modo que as secreções de LH, FSH e esteroides ovarianos são muito baixas ou indetectáveis. Uma série de observações mostra que esta quiescência não representa formação estrutural incompleta ou incapacidade funcional do eixo. O que mantém este sistema inativo ("desligado") durante a infância? E o que faz este sistema ser ativado ("ligado") na puberdade? Estas questões não têm respostas conhecidas. O mecanismo que conduz ao início da puberdade continua desconhecido. Na tentativa de explicar esse mecanismo, há algumas hipóteses, geradas por observações experimentais e/ou clínicas, que não necessariamente se excluem. *Uma das hipóteses* admite que na infância o eixo hipotálamo-hipófise seria mais sensível à retroalimentação negativa pelos esteroides ovarianos; assim, as quantidades pequenas desses esteroides que inibiriam o eixo na infância tornar-se-iam insuficientes com a idade e então o eixo iria sendo mais ativado, aumentando a estimulação ovariana. *Uma segunda hipótese* advoga que durante a infância existiria um mecanismo neural de inibição do eixo hipotálamo-hipófise e que a supressão desse mecanismo estaria relacionada com o início da puberdade. *Outra hipótese* diz que o início da puberdade seria desencadeado pela ativação de vias estimuladoras de neurônios GnRH, ou pelo aumento de atividade de uma dessas vias ou de algumas delas. Segundo uma *quarta hipótese*, o processo de crescimento do organismo ou de alguma de suas partes emitiria uma sinalização, provavelmente um hormônio, para ativação dos neurônios GnRH.

Recentemente, um conjunto consistente de dados clínicos e experimentais tem implicado o peptídio kisspeptina, produzido em algumas regiões cerebrais, como elemento relevante no mecanismo de controle da puberdade. A deficiência de kisspeptina ou da atividade de seu receptor (GPr-54) está associada ao quadro patológico de hipogonadismo hipogonadotrófico caracterizado pela ausência de puberdade. Apesar dos avanços representados pela descoberta da kisspeptina, o entendimento do mecanismo de controle da puberdade ainda permanece incompleto.

CLIMATÉRIO (PERIMENOPAUSA) E MENOPAUSA

Vários termos têm sido empregados para definir o estágio do envelhecimento reprodutivo imediatamente anterior à menopausa, incluindo: climatério, perimenopausa e transição para menopausa. Considerando a definição proposta pela Organização Mundial da Saúde, as expressões "transição para a menopausa" e "perimenopausa" são as mais recomendadas. Assim, a perimenopausa pode ser definida como o período de tempo que se inicia na quarta década de vida, antes da menopausa, quando os sintomas clínicos começam a se manifestar, e se estende até 12 meses após a última menstruação. A duração média da perimenopausa é de 5 anos, mas pode se estender até por 10 anos. O perfil hormonal desse período difere daquele da menopausa. As concentrações de LH e FSH são normais na maior parte do período. No entanto, ao final dele, quando a menopausa se aproxima, há aumento nas concentrações de FSH associado a queda de inibina B, enquanto as de LH permanecem baixas, sugerindo controle independente dessas duas gonadotrofinas. Esse aumento mais tardio do FSH em relação ao LH é atribuído a: (1) diminuição na frequência de pulsos de GnRH que ocorre nesse período e favorece a secreção de FSH, mas não de LH; e (2) uma queda na secreção de inibina B, que resulta em aumento exclusivamente do FSH. Por essa razão, o aumento nas concentrações plasmáticas de FSH é o parâmetro mais utilizado para se diagnosticar a menopausa. As concentrações de progesterona e de hormônio antimulleriano (AMH) são baixas desde o início desse período e compõem a principal característica dessa fase. Por outro lado, as concentrações de estradiol encontram-se inalteradas ou mesmo elevadas durante a perimenopausa, contrariando a dogmática teoria do hipoestrogenismo. Além disso, as flutuações desses hormônios tornam-se maiores e imprevisíveis.

Essa razão aumentada de estrogênios/progesterona parece explicar o aumento de fluxo menstrual (hipermenorreia) observado em muitas mulheres na perimenopausa. Nesse período, há ciclos menstruais irregulares (mais curtos ou mais longos) decorrentes da alteração da duração da fase folicular, principal determinante da duração do ciclo menstrual. Como consequência, pode ocorrer alteração do padrão menstrual com redução (oligomenorreia) ou aumento da frequência de episódios (polimenorreia) ou mesmo hemorragia uterina não relacionada com a menstruação (metrorragia). Há também ciclos anovulatórios com consequente queda da fertilidade.

Outros sintomas típicos da perimenopausa são alterações vasculares, com aumentos de temperatura central e vasodilatação periférica, provocando ondas de calor principalmente na parte superior do tronco e na face, aparecimento de rubor e sudorese, comprometimento de funções cognitivas, distúrbios do sono, atrofia nos tecidos vaginais, afinamento e enrugamento da pele, redução de pelos axilares e pubianos, dores de cabeça, ganho de peso, aumento na predisposição ao câncer de mama e endometrial, osteoporose e risco de fraturas, perda do interesse e disposição sexual e exacerbação dos sintomas pré-menstruais.

Os transtornos afetivos (ansiedade, depressão, irritabilidade) também são prevalentes na perimenopausa, e o risco de depressão nesse período é o mais alto de toda a vida reprodutiva. Essa maior vulnerabilidade aos transtornos afetivos, exibida pelas mulheres na perimenopausa, pode ser reflexo das flutuações de estrogênios no cérebro e/ou da redução na sua responsividade, mediada pela redução na densidade de receptores aos estrogênios, mas não pelo declínio de suas concentrações plasmáticas. Por outro lado, a redução na secreção de progesterona pode também estar associada aos distúrbios afetivos, uma vez que essas reduções têm sido associadas a alterações de humor observadas na síndrome pré-menstrual e na depressão pós-parto. De fato, ambos os esteroides afetam o sistema serotoninérgico central de modo a aumentar a disponibilidade de serotonina em áreas importantes para o controle do humor. Assim, uma possível redução da ação dos estrogênios no sistema serotoninérgico e/ou a menor secreção de progesterona podem ser os fatores responsáveis pelos transtornos afetivos na perimenopausa. De fato, na impossibilidade do uso de terapia hormonal, os efeitos benéficos nos transtornos afetivos podem ser alcançados com o uso de antidepressivos inibidores de recaptação de serotonina.

O último episódio de menstruação (ou menopausa) ocorre, em média, aos 51 anos de vida, embora haja uma variabilidade grande na faixa etária entre 40 e 60 anos. O diagnóstico da menopausa é retrospectivo, ou seja, é feito 12 meses após a última menstruação. Depois da menopausa, a mulher perde os efeitos protetores do estrogênio. Ocorrem alterações no processo de remodelação óssea por perda de osso trabecular e redução do cálcio ósseo, facilitando a incidência de osteoporose, com consequente fragilidade mecânica dos ossos e suscetibilidade a suas fraturas. Além disso, há aumento da concentração de colesterol e de LDL, do risco de infarto do miocárdio, e maior vulnerabilidade para a doença de Alzheimer. A terapia hormonal pode evitar ou minimizar os efeitos negativos da perimenopausa e menopausa, mas somente deve ser feita após avaliação criteriosa dos benefícios e riscos, em função de fatores específicos de cada indivíduo relacionados com antecedentes individuais e familiares.

Os benefícios da terapia estrogênica incluem: diminuição da ressorção óssea, decréscimo da osteoartrite, da incidência de doenças das coronárias, de acidentes cerebrovasculares, do risco de doença de Alzheimer, alívio das ondas de calor, preservação da elasticidade da pele, manutenção da matriz colágena, redução de ressecamento, atrofia e infecções do epitélio vaginal, além de diminuição da incidência de cáries e de perda dentária. Contrariamente, a terapia de reposição estrogênica na menopausa pode constituir um fator de aumento da incidência de câncer de mama, carcinoma endometrial, adenomas hepáticos, trombose, tromboflebite e êmbolo pulmonar. Vários desses riscos causados pelos estrogênios podem decrescer com a associação de progesterona na terapia hormonal.

BIBLIOGRAFIA

Sistema genital masculino

ANDERSON RA, MITCHELL RT, KELSEY TW *et al*. Cancer treatment and gonadal function: experimental and established strategies for fertility preservation in children and young adults. *Lancet Diabetes Endocrinol*, 3:556-67, 2015.

BASARIA S. Male hypogonadism. *Lancet*, 383:1250-63, 2014.

BELVA F, BONDUELLE M, ROELANTS M *et al*. Semen quality of young adult ICSI offspring: the first results. *Hum Reprod*, 31:2811-20, 2016.

HARMAN SM, METTER EJ, TOBIN JD *et al*. Longitudinal effects of aging on serum total and free testosterone levels in healthy men. Baltimore longitudinal study of aging. *J Clin Endocrinol Metab*, 86:724-31, 2001.

HEEMERS HV, TINDALL DJ. Androgen receptor (AR) coregulators: a diversity of functions converging on and regulating the AR transcriptional complex. *Endocr Rev*, 28:778-808, 2007.

MATTHIESSON KL, MCLACHLAN RI, O'DONNELL L *et al*. The relative roles of follicle-stimulating hormone and luteinizing hormone in maintaining spermatogonial maturation and spermiation in normal men. *J Clin Endocrinol Metab*, 91.3962-9, 2006.

MEIJERINK AM, RAMOS L, JANSSEN AJ *et al*. Behavioral, cognitive, and motor performance and physical development of five-year-old children who were born after intracytoplasmic sperm injection with the use of testicular sperm. *Fertil Steril*, 106:1673-82, 2016.

PLANT TM, MARSHALL GR. The functional significance of FSH in spermatogenesis and the control of its secretion in male primates. *Endocr Rev*, 22(6):764-86, 2001.

RAHMAN F, CHRISTIAN HC. Non-classical actions of testosterone: an update. *Trends Endocrinol Metab*, 18:371-7, 2007.

SAKKAS D, RAMALINGAM M, GARRIDO N *et al*. Sperm selection in natural conception: what can we learn from Mother Nature to improve assisted reproduction outcomes? *Hum Reprod Update*, 21:711-26, 2015.

WALKER WH. Molecular mechanisms of testosterone action in spermatogenesis. *Steroids*, 74:602-7, 2009.

Sistema genital feminino

ADASHI EY. The ovarian follicular apparatus. In: ADASHI EY, ROCK JA (Ed.). *Reproductive Endocrinology, Surgery and Technology*. Lippincott-Raven, Philadelphia, 1996.

ANSELMO FRANCI JA, SZAWKA RE. Controle neuroendócrino da reprodução feminina. In: ANTUNES-RODRIGUES JA (Ed.). *Neuroendocrinologia Básica e Aplicada*. Guanabara Koogan, Rio de Janeiro, 2005.

BELCHETZ PE, PLANT TM, NAKAI Y *et al*. Hypophysial responses to continuous and intermittent delivery of hypopthalamic gonadotropin-releasing hormone. *Science*, 202(4368):631-3, 1978.

BORON WF, BOULPAEP EL. *Medical Physiology*. Elsevier Saunders, Philadelphia, 2005.

BULUM SE, ADASHI EY. The physiology and pathology of the female reproductive axis. In: LARSEN PR, KRONENBERG HM, MELMED S *et al*. *Williams Textbook of Endocrinology*. Saunders, Philadelphia, 2003.

CLARKE IJ. Exactitude in the relationship between GnRH and LH secretion. In: CROWLEY WF Jr, CONN PM (Eds.). *Modes of action of GnRH and its analogs*. Springer-Verlag, New York, 1992.

CUTTER WJ, CRAIG M, NORBURY R *et al*. In vivo effects of estrogen on human brain. *Ann N Y Acad Sci*, 1007:79-88, 2003.

FRANCI CR. Estresse: processos adaptativos e não adaptativos. In: ANTUNES-RODRIGUES JA (Ed.). *Neuroendocrinologia Básica e Aplicada*. Guanabara Koogan, Rio de Janeiro, 2005.

GREESPAN FS, STREWLER GJ. *Endocrinologia Básica & Clínica*. Guanabara Koogan, Rio de Janeiro, 2000.

HAMEED S, JAYASENA CN, DHILLOI W. Kisspeptin and fertility. *J Endocrinol*, 208:97-105, 2011.

HOFF JD, QUILEY ME, YEN SSC. Hormonal dynamics at midcycle: a reevaluation. *J Clin Endocrinol Metab*, 57:792-6, 1983.

JOHNSON MH, EVERITT BJ. *Essential Reproduction*. Blackwell Science, London, 2000.

NETTER FH. *Atlas de Anatomia Humana*. 2. ed. Elsevier, Rio de Janeiro, 1997.

PIMILLA L, AGUILAR E, DIEGUEZ C *et al*. Kisspeptin and reproduction: physiological roles and regulatory mechanisms. *Physiol Rev*, 95:1235-316, 2012.

PLANT T, ZELEZNIK A. *Knobil and Neill's Physiology of reproduction*. Academic Press, New York, 2014.

ROSEFF SJ, BANGAH ML, KETTEL LM *et al*. Dynamic changes in circulating inhibin levels during the luteal-follicular transition of the human menstrual cycle. *J Clin Endocrinol Metab*, 69:1033-9, 1989.

SPEROFF L, GLASS RH, KASE NG. *Clinical Gynecologic Endocrinology and Infertility*. Lippincott Williams & Wilkins, Baltimore, 1999.

WOOLLEY CS. Effect of estrogen in the CNS. *Curr Opin Neurobiol*, 12:349-54, 1999.

YEN J, ADASHI EY. The ovarian life cycle. In: YEN SSC, JAFFE RB, BARBIERI RL. *Reproductive Endocrinology. Phisiology, Pathophysiology, and ClinicalManagement*. W.B. Saunders, Philadelphia, 1999.

ZELEZNIK AJ. Follicle selection in primates: "many are called but few are chosen". *Biology of Reproduction*, 65:655-9, 2001.

Capítulo 72

Moléculas Ativas Produzidas por Órgãos Não Endócrinos

Fábio Bessa Lima | Renata Gorjão | Rui Curi

- Introdução, *1200*
- Citocinas, *1200*
- Interleucina-1, *1201*
- Interleucina-2, *1203*
- Interleucina-6, *1204*
- Interleucina-10, *1205*
- Interleucina-17, *1205*
- Interferona-γ, *1206*
- Citocinas produzidas pelo tecido adiposo, *1206*
- Considerações finais, *1217*
- Bibliografia, *1218*

INTRODUÇÃO

O conceito que apenas glândulas endócrinas produzem e secretam hormônios para a corrente sanguínea foi descartado nas últimas duas décadas. Atualmente, sabemos que vários tecidos não glandulares geram hormônios e moléculas ativas que apresentam valioso papel no controle da função de outras glândulas, sistemas, tecidos e mesmo do metabolismo intermediário. Dentre esses fatores bioativos, os mais estudados são as citocinas. Os leucócitos são produtores naturais de citocinas, mas atualmente se sabe que elas são também liberadas pelo tecido adiposo e músculo esquelético. As citocinas exercem efeitos sistêmicos importantes, atuando na modulação do controle das respostas imune e inflamatória, bem como na cicatrização e na hematopoese. Além disso, em vários tecidos, elas agem localmente, exercendo uma função autacoide. Atualmente sabe-se que existe um papel importante das citocinas na regulação dos diferentes tipos de leucócitos residentes nos tecidos.

CITOCINAS

Até agora foram identificadas mais de 100 citocinas. A maioria consiste em peptídios ou glicoproteínas, com pesos moleculares variando de 6.000 a 60.000 dáltons. São moléculas com efeito biológico potente, que atuam em concentrações de 10^{-9}-10^{-15} M e que se ligam a receptores de superfície específicos nas células-alvo. Elas não são produzidas por glândulas especializadas, mas sim por diferentes tecidos e células individuais. As produzidas por linfócitos são também conhecidas como *linfocinas*, enquanto aquelas criadas por monócitos e macrófagos são denominadas *monocinas*. Algumas citocinas, como o fator β transformador de crescimento (TGFβ), a eritropoetina (EPO), o fator de células-tronco (SCF) e o fator de estimulação de colônias de monócitos (MCSF), estão normalmente presentes em quantidades detectáveis no sangue e podem influenciar a função de células-alvo distantes. A maioria das outras citocinas, no entanto, atua localmente de maneira parácrina (*i. e.*, em células adjacentes) ou autócrina (*i. e.*, na própria célula que as produz).

As citocinas são secretadas por células particulares em resposta a vários estímulos, causando efeitos sobre crescimento, motilidade e diferenciação celulares. Uma determinada citocina pode ser secretada isolada ou juntamente com outras não relacionadas como parte de uma resposta coordenada. Muitas apresentam superposição de suas atividades. Além disso, uma citocina pode induzir a secreção de outras citocinas ou mediadores, provocando, assim, uma sequência de efeitos em cascata que amplificam a resposta final.

A nomenclatura das citocinas tem pouco em comum com as relações estruturais de suas moléculas. Algumas delas foram chamadas de interleucinas (IL) e receberam um número em sequência. Entretanto, muitas outras mantêm seus nomes históricos descritivos mesmo que sejam errôneos, pois estes não refletem seus efeitos principais, como o fator de necrose tumoral (TNF).

As citocinas geralmente não são armazenadas como moléculas pré-formadas. Sua síntese inicia-se por novas transcrições gênicas como consequência da ativação ou supressão de uma determinada resposta celular. Essa ativação transcricional é transitória, e os RNA mensageiros que codificam a maioria das citocinas são instáveis. Desta maneira, a síntese de citocinas também é transitória. A produção de algumas delas pode ser controlada também por processamento do RNA e por mecanismos pós-transcricionais. Um desses mecanismos é a formação de um produto ativo a partir de um precursor inativo, como ocorre para a IL-1β. Após serem sintetizadas, as citocinas são rapidamente secretadas, resultando em uma explosão de liberação quando necessária.

Os efeitos das citocinas são na sua maioria pleiotrópicos (atuam em diferentes tipos celulares) e intensos. Este fato limita o seu uso terapêutico, pois elas podem afetar a função de inúmeros tecidos ao mesmo tempo. Portanto, além dos efeitos desejados, ocorrem respostas colaterais indesejáveis. Adicionalmente, muitas citocinas apresentam o mesmo efeito funcional. Esta redundância de efeitos faz com que o uso de antagonistas, ou mesmo a mutação de determinada citocina, possa não ter consequências funcionais observáveis, pois outras citocinas podem compensar a sua falta.

Como já dito, a maioria das citocinas age perto do local onde são produzidas. Assim, podem atuar na mesma célula que as secretam (efeito autócrino) ou em uma célula vizinha (efeito parácrino). Por exemplo, os linfócitos T normalmente secretam citocinas no local de contato com as células apresentadoras de antígenos, o que é conhecido como *sinapse imunológica*. Por outro lado, quando as citocinas são produzidas em grande quantidade, elas podem entrar na circulação atuando em locais distantes do local de sua produção (efeito endócrino).

O efeito de determinada citocina inicia-se pela sua ligação a receptores de membrana específicos presentes nas células-alvo. Esta ligação deve ser de alta afinidade. Desta maneira, quantidades pequenas de uma determinada citocina são suficientes para ocupar os receptores e desencadear efeitos. A maioria das células expressa quantidades pequenas de receptores de citocinas, cerca de 100 a 1.000 receptores por célula. Este número de receptores é suficiente para induzir respostas biológicas. Sinais externos regulam a expressão dos receptores e, portanto, o potencial de resposta das células às citocinas. Por exemplo, a estimulação de linfócitos T e B por antígenos aumenta a expressão de receptores de citocinas. Durante uma resposta imune, os linfócitos antígeno-específicos são os que respondem melhor às citocinas secretadas. Esse efeito assegura a especificidade da resposta imune, apesar de as citocinas em si não serem antígeno-específicas. A síntese de receptores também é regulada por citocinas de modo geral, além de o ser pela própria citocina, à qual o receptor se liga. Este fato determina a amplificação de uma resposta positiva ou mesmo o estabelecimento de retroalimentação negativa.

A maioria das citocinas altera a função das células-alvo, como, por exemplo, a regulação da proliferação celular, por alteração na expressão de genes específicos. Elas se ligam a receptores de membrana e induzem a fosforilação de uma cascata de proteínas que resulta na ativação de fatores de transcrição específicos que atuam na regulação da expressão desses genes. Um mesmo fator de transcrição pode estar relacionado com a expressão de diferentes citocinas, como o fator nuclear *kappa* B (NF-κB). Os receptores de citocinas consistem em uma ou mais proteínas transmembrânicas, cujas porções citoplasmáticas são responsáveis por dar início às vias de sinalização intracelular. Essas vias são ativadas pela ligação da citocina ao receptor.

Os receptores de citocinas são classificados de acordo com as homologias estruturais no domínio de ligação às citocinas, sendo divididos em 5 famílias, descritas a seguir.

▶ Receptores de citocina do tipo I

São também chamados de receptores de hemopoietina. Contêm uma ou mais cópias de um domínio com dois pares conservados de resíduos de cisteína e uma sequência triptofano-serina-X-triptofano-serina próxima da membrana, em que X é um aminoácido qualquer. Esses receptores ligam-se a citocinas que se dobram em quatro filamentos alfa-hélices. O efeito celular desses receptores ocorre por ativação da via JAK/STAT.

▶ Receptores de citocina do tipo II

De modo semelhante aos receptores do tipo I, contêm domínios extracelulares com cisteínas conservadas, mas não apresentam a sequência triptofano-serina-X-triptofano-serina. Esses receptores apresentam uma única cadeia polipeptídica de ligação ao ligante e uma cadeia transdutora de sinal. O efeito dos receptores do tipo II também ocorre por ativação da via JAK/STAT.

▶ Receptores da superfamília das imunoglobulinas

São receptores de citocinas que apresentam domínio extracelular de imunoglobulinas.

▶ Receptores do TNF

São receptores com domínio extracelular rico em cisteína. Ativam proteínas intracelulares associadas que induzem apoptose ou estimulam a expressão de genes, ou ambos. Entre os membros da família do receptor de TNF, está a *proteína Fas*, que ativa o processo de morte celular por apoptose.

▶ Receptores transmembrânicos de 7 alfa-hélices

São também denominados receptores em serpentina, pois apresentam várias cadeias polipeptídicas que atravessam a membrana de um lado a outro. São acoplados à proteína G. Membros dessa classe de receptores mediam respostas rápidas e transitórias de uma família de citocinas chamadas de *quimiocinas*.

Neste capítulo, será apresentada uma breve descrição das citocinas e de seus efeitos mais evidentes e bem estabelecidos. As IL-1α e β, e a IL-2, a IL-17, a IL-10 e o INF-γ foram selecionadas para uma abordagem mais detalhada a fim de introduzir o assunto. Não temos a pretensão de aprofundar o tema, pois este assunto é extenso e mais estudado em Imunologia.

Algumas citocinas, as células que as produzem e os seus efeitos principais sobre as células-alvo estão relacionados no Quadro 72.1. Muitas citocinas estimulam a proliferação celular e, portanto, poderiam ser também classificadas como fatores de crescimento. Outras são importantes mediadores de comunicação entre tecidos e células circulantes. Além disso, várias delas atuam conjuntamente para estimular ou intensificar as funções efetoras de leucócitos.

INTERLEUCINA-1

A interleucina-1 (IL-1) compreende duas proteínas distintas, IL-1α e IL-1β, que são codificadas por genes diferentes. Ambas dispõem de aproximadamente 25% de homologia em sua sequência de aminoácidos e são estruturalmente semelhantes. Sintetizam-se a partir de precursores de 31 kDa, clivados por proteases específicas em formas maduras de 17 kDa, sendo a pró-IL-1β clivada por uma protease chamada de enzima conversora de interleucina 1β (ICE, *interleukin-1β-converting enzyme*), também conhecida como caspase-1, gerando a IL-1β madura. A expressão da pró-IL-1β é induzida pelo fator de transcrição NF-κB, o qual é ativado por sinais inflamatórios. Posteriormente, a clivagem dessa citocina é induzida pela ativação de inflamassomas. Os inflamassomas são complexos citoplasmáticos multiproteicos que estimulam a maturação de citocinas da família da IL-1 e induzem a morte celular, denominada piroptose. Os inflamassomas consistem em uma proteína com característica de sensor, como o receptor *Nodlike* (NOD), a protease caspase-1, e muitas vezes a proteína adaptadora ASC. A ativação do inflamassoma induz a clivagem de caspase-1, que se torna ativa e promove o processamento da pró-IL-1β, levando à secreção da citocina madura. Esses inflamassomas são ativados por uma grande variedade de moléculas estruturalmente não relacionadas, incluindo agentes patogênicos, toxinas bacterianas, produtos metabólicos, moléculas insolúveis (partículas, cristais e agregados de proteínas) e alarminas liberados pelo tecido danificado.

Os monócitos e os macrófagos ativados são as principais fontes de IL-1. Entretanto, outros tipos celulares também podem produzir IL-1, como osteoblastos (um tipo de célula óssea), queratinócitos (principal tipo de célula na pele), hepatócitos (células do fígado) e células nervosas e endoteliais.

As IL-1α e IL-1β ligam-se aos mesmos dois receptores de superfície celular. Ambos os receptores, denominados receptor da IL-1 tipo I (IL-1RI, *IL-1 receptor type I*) e receptor da IL-1 tipo II (IL-1RII, *IL-1 receptor type II*), exibem uma homologia de aminoácidos de cerca de 28% em seus domínios extracelulares e são membros da superfamília das Ig. O IL-1RI é encontrado em quase todas as células, porém ocorre em maior quantidade em: células epiteliais, hepatócitos, queratinócitos, linfócitos T e fibroblastos. Esse receptor liga-se à IL-1α com maior afinidade que à IL-1β e tem uma longa cauda citoplasmática que participa na ativação da via de sinalização intracelular. IL-1RII é visto principalmente nos linfócitos B, monócitos e neutrófilos. Esse receptor liga-se à IL-1β com maior afinidade que à IL-1α e dispõe de um domínio citoplasmático curto que não participa na transdução de sinais. Como consequência da ativação, IL-1RII é liberado das células. Acredita-se que essa forma solúvel de IL-1RII atue como modulador da função dessa citocina, pois, ligando-se à IL-1β (a principal forma liberada das células produtoras), impede a estimulação excessiva das células-alvo.

A IL-1 provoca vários efeitos em diferentes tipos de células e em diferentes órgãos. Trata-se, portanto, de uma citocina pleiotrópica. A ligação da IL-1 a seus receptores estimula vias intracelulares que induzem a ativação dos fatores de transcrição NF-κB e AP-1, que estão relacionados com a expressão de citocinas inflamatórias. A IL-1 estimula localmente: (a) os monócitos e os macrófagos para aumentar a produção de IL-1, bem como de outras citocinas, como o fator de necrose tumoral (TNF, *tumor-necrosis factor*) e IL-6; (b) a proliferação dos linfócitos B e a síntese de imunoglobulinas; e (c) os linfócitos T a gerarem citocinas, como IL-2 e o seu receptor.

A IL-1 é frequentemente produzida em altas concentrações e na circulação apresenta efeitos sobre os sistemas nervoso e endócrino, assim como sobre o fígado. Esses efeitos são descritos sucintamente a seguir:

- A febre é um quadro clínico caracterizado por temperaturas acima de 37°C que inibem o crescimento de alguns microrganismos. As substâncias que são criadas pelo

Quadro 72.1 ▪ Principais propriedades de algumas citocinas.

Citocinas	Principais células produtoras	Principais efeitos
IL-1α e β	Monócitos/macrófagos, osteoblastos, queratinócitos, hepatócitos, células nervosas, células endoteliais e apresentadoras de antígenos (APC)	Coestimulação das APC e linfócitos T Função de linfócitos B e produção de Ig Resposta de fase aguda do fígado Ativação dos fagócitos Inflamação e febre Hematopoese Atua sobre o sistema nervoso central e o sistema endócrino
IL-2	Linfócitos T_H2 ativados, linfócitos T_C, células NK	Proliferação e diferenciação de linfócitos T Função das células NK e linfócitos T_C Proliferação dos linfócitos B e expressão de IgG_2
IL-3	Linfócitos T, células epiteliais do timo, queratinócitos, células nervosas, mastócitos	Crescimento das células progenitoras hematopoéticas imaturas Produção e diferenciação de células mieloides
IL-4	Linfócitos T_H2, mastócitos, macrófagos, basófilos, linfócitos B e células do estroma da medula óssea	Proliferação dos linfócitos B, expressão de IgE e expressão do MHC de classe II Proliferação dos linfócitos T_H2 e T_C Função dos eosinófilos e mastócitos Expressão de moléculas de adesão celular em células endoteliais
IL-5	Linfócitos T_H2, mastócitos	Crescimento, diferenciação e função dos eosinófilos
IL-6	Linfócitos T_H2 ativados, APC, monócitos/macrófagos, fibroblastos, hepatócitos, células endoteliais e células nervosas	Efeitos sinérgicos com a IL-1 ou o TNF Induz febre Resposta de fase aguda do fígado Proliferação de linfócitos T e B, hepatócitos, queratinócitos e células nervosas, e produção de Ig Ativa células progenitoras hematopoéticas
IL-7	Células corticais do timo e do estroma medular e células hepáticas fetais	Linfopoese T e B no timo e na medula óssea, respectivamente Funções dos linfócitos T_C
IL-8	Macrófagos, linfócitos T, fibroblastos, células endoteliais, queratinócitos, hepatócitos, condrócitos, neutrófilos e células epiteliais	Efeito quimioatraente para neutrófilos, linfócitos T e basófilos Liberação de enzimas lisossomais por neutrófilos Adesão dos neutrófilos às células endoteliais Angiogênese
IL-9	Linfócitos T	Efeitos hematopoéticos e timopoéticos Efeito sinérgico com a eritropoetina na proliferação e diferenciação de células progenitoras de eritrócitos
IL-10	Linfócitos T_H2, T CD8 e B ativados, macrófagos e queratinócitos	Inibição da produção de citocinas por linfócitos T_H1, células NK e APC Promoção da proliferação das células B e respostas humorais Supressão da imunidade celular
IL-11	Fibroblastos do estroma e trofoblastos	Hematopoese e trombopoese Efeitos sinérgicos com a IL-3 na indução da proliferação e maturação dos megacariócitos
IL-12	Linfócitos B e macrófagos	Proliferação e função dos linfócitos T_C ativados e células NK Produção de INF-γ Indução dos linfócitos T_H1 e supressão dos T_H2
IL-13	Linfócitos T_H2	Proliferação/diferenciação dos linfócitos B Inibe a produção de citocinas pró-inflamatórias por monócitos/macrófagos
IL-14	Linfócitos T e B e células tumorais	Proliferação dos linfócitos B ativados
IL-15	Células epiteliais, monócitos e células não linfocíticas	Proliferação dos linfócitos T Intensifica a atividade citotóxica dos linfócitos T e células LAK
IL-16	Linfócitos CD8+ e CD4+, células epiteliais e eosinófilos	Efeito quimioatraente para células CD4+ (linfócitos T, eosinófilos e monócitos) Comitogênico para células T CD4+
INF-α e β	Monócitos/Macrófagos, fibroblastos, neutrófilos e linfócitos T e B	Efeitos antivirais Induz MHC da classe I em células somáticas Ativação de macrófagos, células NK e células T CD8+ Inibe a proliferação celular
INF-γ	Linfócitos T_H1 e NK ativadas	Indução do MHC da classe I em todas as células somáticas Indução do MHC da classe II nas APC e células somáticas Ativação de macrófagos, neutrófilos e células NK Promoção da imunidade celular (inibe as células T_H2) Efeitos antivirais Diferenciação de linfócitos T
TNF-α	Macrófagos ativados, neutrófilos, linfócitos B, mastócitos, basófilos, eosinófilos e células NK, algumas células tumorais, astrócitos, células endoteliais e células musculares lisas	Citólise de células tumorais Produção de citocinas e de PAF em diferentes tipos celulares Estimula a expressão de moléculas de adesão sobre as células endoteliais Atua de modo endócrino para estimular a produção de citocinas em monócitos e células endoteliais, assim como para produzir febre e proteínas da fase aguda nos hepatócitos
G-CSF	Linfócitos T, monócitos/macrófagos	Intensifica a proliferação, a diferenciação e a ativação da linhagem neutrofílica de células hematopoéticas
GM-CSF	Linfócitos T e B, macrófagos, mastócitos, células endoteliais, neutrófilos, eosinófilos e fibroblastos	Promove a proliferação, a maturação e a ativação de diferentes células hematopoéticas em vários estágios de desenvolvimento
Eritropoetina	Células renais e células hepáticas	Produção de eritrócitos ao estimular a diferenciação e a proliferação das células progenitoras destes

IL, interleucinas; *APC*, células apresentadoras de antígenos; *NK*, células natural killer; *Ig*, imunoglobulinas; *TNF*, fator de necrose tumoral; *INF*, interferona; *G-CSF*, fator estimulador de colônias de granulócitos; *GM-CSF*, fator estimulador de granulócitos e monócitos; *PAF*, fator ativador de plaquetas; *MHC*, complexo de histocompatibilidade.

organismo e podem causar febre são denominadas pirógenos endógenos. A IL-1 é um pirógeno endógeno
- A IL-1 aumenta a síntese de proteínas pelos hepatócitos e por outras células do fígado. Muitas dessas proteínas, como o componente do complemento e as proteínas da fase aguda, participam na defesa do hospedeiro contra microrganismos e outros antígenos
- A IL-1 eleva a produção de alguns hormônios, como o hormônio adrenocorticotrófico (ACTH) pela hipófise.

INTERLEUCINA-2

A interleucina-2 (IL-2) é um fator de crescimento autócrino e parácrino, secretado por linfócitos T ativados, essencial para a proliferação clonal de células T. A interleucina-2 foi descoberta em 1976, devido à sua capacidade de aumentar a mitogênese de linfócitos T humanos e sustentar o crescimento contínuo de células T em cultura. A descoberta da IL-2 (então denominada fator de crescimento das células T) permitiu, pela primeira vez, a propagação e o estudo de clones individuais de células T. Seu papel essencial na proliferação dessas células e seus efeitos sobre a produção de citocinas e sobre as propriedades funcionais dos linfócitos B, macrófagos e células NK indicam que a IL-2 é muito importante. Esta é a razão por a termos escolhido como exemplo para discutir o mecanismo de ação das citocinas neste capítulo.

A molécula de IL-2 é um polipeptídio com PM de 15.400 dáltons e apresenta 133 aminoácidos, sendo codificada por um único gene localizado no cromossomo 4 humano. Pode ser glicosilada em vários graus, produzindo espécies de peso molecular maior. Contudo, as cadeias laterais glicosiladas não são necessárias para a sua função. A sua sequência de aminoácidos não tem qualquer semelhança com aquela de outras citocinas conhecidas. Entretanto, a análise cristalográfica com raios X indica que ela dispõe de estrutura tridimensional que lembra a da IL-4 e do GM-CSF. A IL-2 é uma proteína globular composta de duas α-hélices que se dispõem de modo a formar faces planares hidrofóbicas ao redor de um cerne muito hidrofóbico. Esta configuração é mantida, em parte, pela única ponte dissulfeto intracadeia, essencial para a atividade biológica.

Os linfócitos T em repouso não sintetizam nem secretam IL-2, mas podem ser induzidos a fazê-lo por meio das combinações apropriadas de antígeno e fatores coestimuladores ou por exposição a mitógenos. A produção de IL-2 induzida por antígenos ocorre, principalmente, nas células T_HCD4. Porém, os linfócitos CD8 e algumas células NK também podem ser induzidos a secretar IL-2 em certas condições. Quando linfócitos humanos são expostos a um mitógeno de células T, a expressão do mRNA da IL-2 torna-se detectável depois de 4 h, atinge concentração máxima em 12 h e, em seguida, declina rapidamente. O desaparecimento abrupto do mRNA reflete não apenas a cessação da transcrição do gene da IL-2, como também a instabilidade do seu mRNA, cuja meia-vida é de menos de 30 min. A síntese e a liberação da IL-2 seguem um curso cronológico semelhante, resultando em um pico transitório de secreção que rapidamente desaparece. Como a IL-2 tem meia-vida muito curta na circulação, ela atua apenas sobre a célula que a secretou ou sobre células presentes na vizinhança imediata.

▶ Mecanismos de ativação de linfócitos T por IL-2

A IL-2 liga-se a receptores de superfície, nas células (IL-2R), ativando vias de sinalização intracelulares que resultam na ativação dos linfócitos T. A ligação da IL-2 ao seu receptor promove o início da proliferação da célula T, regulando a transição da fase G_1 para a S do ciclo celular. O IL-2R é composto pelas cadeias α (CD25), β (CD122) e γ (CD132), que se ligam a IL-2 com diferentes afinidades; a afinidade máxima ocorre quando as três cadeias estão presentes; a intermediária, quando apenas as cadeias β e γ estão presentes; e pouca afinidade, quando só a subunidade α está presente. O IL-2R é modificado pelo estado de ativação da célula T, visto que no estado de repouso apenas as cadeias β e γ são expressas. Quando estimulada por antígeno, a cadeia α é expressa combinando com as cadeias β e γ para formar o receptor de alta afinidade.

A principal via de sinalização ativada pela ligação da IL-2 ao seu receptor (IL-2R) é a JAK/STAT. A sinalização intracelular pelo IL-2R também envolve ativação de tirosinoquinase p56[lck], regulação da atividade da GTPase p21[ras], serina/treonina quinase Raf1, Map quinase ERK2 e fosfatidilinositol-3 quinase (PI3K).

Após a ligação da IL-2 ao receptor, acontece heterodimerização das subunidades β e γ, ativando a transfosforilação das proteínas associadas Janus quinase 1 e 3 (JAK1 e JAK3), respectivamente (Figura 72.1). As JAK ativadas fosforilam tirosinas do receptor, criando locais de ligação para os fatores ativadores de transcrição STAT5a/b que têm domínio SH_2. As JAK fosforilam as STAT nos resíduos de tirosina, promovendo a sua dissociação do receptor. A seguir, as STAT dimerizam-se e translocam-se para o núcleo, ligando-se a sequências específicas do DNA e estimulando a transcrição do gene. Esses fatores regulam a transcrição gênica, resultando no controle do crescimento e diferenciação celular. No interior do núcleo, há atividade de tirosina fosfatase bloqueando o processo de ativação da transcrição pela desfosforilação das STAT, as quais são exportadas novamente para o citoplasma. Embora a fosforilação de tirosina das STAT seja fundamental para a sua ativação, há evidências de que a fosforilação da serina também regula a sua atividade transcricional. A fosforilação dos resíduos de serina das STAT5a e 5b pode modular a sua atividade transcricional, alterando a expressão de genes ativados por este fator de transcrição. A STAT5a pode ser fosforilada em dois locais de serina Ser[725] e Ser[779]; a STAT5b, na Ser[730]. A fosforilação de serina das STAT5a e 5b foi observada em células e tecidos estimulados por ligantes como GH, prolactina e IL-2. O tratamento de linfócitos T com inibidor de serina quinase H7, que bloqueia a fosforilação de serina da STAT5, abole a atividade transcricional de STAT5 estimulada por IL-2.

A ativação de STAT pode ser inibida por fatores antagonistas, sugerindo que existem vias responsáveis pela inibição da sinalização JAK/STAT. Os mecanismos responsáveis pela inibição da atividade de STAT incluem desfosforilação, degradação proteolítica ou associação com moléculas inibitórias. Estímulos que promovem a inibição da sinalização de JAK/STAT foram descritos. Alguns deles ocorrem por meio da ativação da proteinoquinase A ou C, ativação de fluxos de cálcio e ação de citocinas antagonistas, como TGFβ. Os mecanismos de inibição da sinalização de JAK-STAT por estes agentes ainda não estão bem definidos.

As JAK ativadas fosforilam os resíduos de tirosina na subunidade β do IL-2R, que também servem de locais de ligação para a Shc. A Shc recruta dois importantes complexos

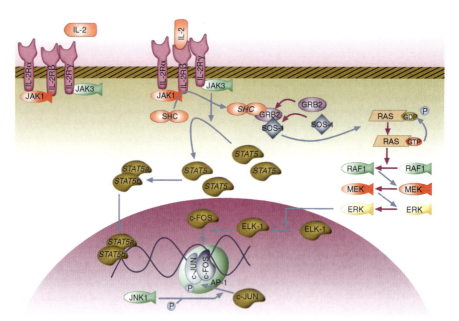

Figura 72.1 • Via de sinalização do receptor de interleucina-2 (IL-2R). Essa citocina liga-se ao seu receptor, levando à fosforilação das JAK1 e 3. A JAK3 ativa a STAT5, que regula a transcrição de genes específicos. A ativação do receptor de IL-2 também ativa a proteína SHC, que, em conjunto com GRB2, ativa o SOS-1. Este, por sua vez, ativa a RAS, que ativa a RAF1, e esta, o MEK, e então o ERK. A partir deste, é ativado o ELK-1, assim como os fatores de crescimento c-FOS e c-JUN, que juntos constituem o complexo AP-1. Descrição da figura no texto. (Figura idealizada pela Dra. Renata Gorjão.)

proteicos: o Grb2/Sos, que ativa a via da Ras/ERK, e o Grb2/Gab-2, que ativa a via da PI3K. A proteína Shc é recrutada pelo IL-2Rβ ativado, tornando-se tirosilfosforilada em três locais. Estes locais de fosforilação permitem a ligação dos domínios SH2 da proteína Grb2. Através do seu domínio SH3, o Grb2 liga-se à proteína Sos, que ativa as Ras e, consequentemente, promove a ativação da via das MAP quinases. A proteína Sos é responsável por catalisar a ligação de GTP às proteínas Ras, que são ativas quando estão ligadas ao GTP e inativas se ligadas ao GDP. A proteína Sos pertence aos fatores conhecidos como GEF (fatores de troca de GTP) que catalisam esta ligação de GTP às proteínas Ras.

A ativação de Grb2 também medeia a fosforilação em tirosina da Gab2, formando um complexo que promove a ativação de PI3K. A proteína Akt contém um domínio PH, que se liga ao PIP_3 na membrana quando a PI3K é ativada. Depois da ligação ao PIP_3, a conformação da Akt pode ser alterada e ativada por um processo que requer fosforilação, por uma proteinoquinase dependente de fosfatidilinositol, processo que ocorre na membrana celular. Quando ativada, a Akt retorna para o citoplasma e fosforila várias proteínas envolvidas com o processo de sobrevivência das células. Apesar das diferenças nos mecanismos de sinalização, tanto Shc quanto STAT5 são capazes de induzir a expressão de genes como bcl-2, bcl-xL e c-myc, que são proteínas antiapoptóticas, promovendo a proliferação das células T. As ERK (quinases reguladas por sinal extracelular) constituem uma família de MAP quinases que participam da fase final desta via de sinalização e que fosforilam outras quinases e proteínas regulatórias da transcrição. As ERK podem também participar na sinalização de JAK/STAT em vários sistemas. A fosforilação de serina de STAT1 é substrato para a ERK2 *in vitro*. Na sinalização de GH que também envolve a ativação de STAT5, a via da ERK é fundamental para a atividade transcricional da STAT. Nesses estudos, foi mostrado que a fosforilação de serina da STAT5 pode variar com o hormônio ou com a citocina ativadora. As ERK participam da fosforilação dos fatores de transcrição como Elk-1, Fos, AP-1, NF-AT e c-myc, aumentando a capacidade proliferativa das células.

A ativação da via da PI3K pode potencializar a sinalização proliferativa por STAT5, por intermédio de eventos paralelos à via convencional das ciclinas G1. Esta potencialização não é resultado de um aumento da quantidade de STAT5 ativada nem da elevação da atividade transcricional de STAT5. Isto é demonstrado pela indução máxima da expressão de c-myc, ciclina D2, ciclina D3, ciclina E e bcl-xL promovida pela via da PI3K. A via de sinalização da PI3K isoladamente não é capaz de induzir proliferação, mas atua potencializando os sinais mitogênicos de outras vias. Células com atividade da PI3K elevada podem ser mais sensíveis aos estímulos mitogênicos que aquelas cuja atividade da PI3K foi inibida.

INTERLEUCINA-6

A interleucina-6 (IL-6) é uma proteína de 20,5 kDa que contém 184 resíduos de aminoácidos. A IL-6 pertence a uma família de citocinas que se ligam a um receptor formado por uma subunidade α, que não participa da sinalização intracelular devido à sua porção citoplasmática curta, e de uma subunidade β (molécula gp130), que tem a função de transdutor de sinal intracelular. Após a ligação à subunidade α, forma-se um complexo hexamérico que consiste em dois ligantes, duas subunidades α e duas moléculas gp130. Subsequentemente, ocorre a fosforilação dos resíduos de tirosina em gp130 levando à fosforilação das proteínas JAK. Dessa forma, como descrito para a IL-2, também são ativadas as vias JAK/STAT, MAPK/ERK e PI3K/AKT.

A IL-6 é uma citocina produzida por monócitos, macrófagos, linfócitos, fibroblastos, tecido adiposo e muscular. Essa citocina estimula a proliferação de linfócitos T, a ativação da apoptose e a citotoxicidade. O aumento da IL-6 ativa o sistema imune, induz síntese hepática de proteínas de fase aguda e aumenta a atividade do eixo hipotálamo-hipófise-suprarrenal, e esse aumento altera respostas metabólicas. Assim como o TNF-α, a IL-6 tem correlação com a obesidade e com a resistência à insulina. A IL-6 suprime a expressão de adiponectina e receptores e sinalizadores de insulina.

A IL-6 está associada a doenças inflamatórias por diferentes vias de atuação, como sobrevivência celular, sinalizando contra a apoptose, equilíbrio entre células Th1 e Th2 por meio da diferenciação de células Th2, reforçando a produção de IL-4 e IL-13, e inibição da diferenciação de células Th1. Além disso, possui papel importante, bloqueando a diferenciação de células Treg e estimulando a diferenciação de Th17, produção de IL-21 e de anticorpos por células B.

A IL-6 é produzida em maior quantidade pelo tecido adiposo aumentado e pode inibir a diferenciação para linfócitos T reguladores (Treg), que são células que inibem a produção de citocinas que promovem respostas inflamatórias.

INTERLEUCINA-10

A citocina interleucina-10 (IL-10) é a molécula com maior característica imunossupressora. A IL-10 exerce um papel importante na prevenção de patologias inflamatórias e autoimunes, limitando a resposta aos patógenos. As citocinas da família IL-10 compreendem IL-10, IL-19, IL-20, IL-22, IL-24, IL-26, IL-28A, IL-28B e IL-29. Essas citocinas ligam-se a um receptor formado por um complexo heterodimérico. A IL-10 liga-se a um complexo tetramérico formado por duas subunidades IL10R1 e duas IL10R2.

A subunidade IL-10R1 leva à ativação de Jak1, e a IL-10R2, à Tyk2 (outro membro da família de proteínas JAK). A fosforilação dos resíduos de tirosina nas porções citoplasmáticas desses receptores cria sítios de ligação para STAT3 e, em menor extensão, para STAT1 e STAT5. A ativação dessas vias de sinalização também está relacionada com a inibição da translocação nuclear do fator de transcrição NF-κb, sendo esta inibição da sua atividade transcricional um dos principais mecanismos de atividade imunossupressora da IL-10.

A expressão dessa citocina está relacionada com diferentes mecanismos de controle que são específicos para cada tipo celular. Esses mecanismos incluem a regulação epigenética, a expressão e ativação de fatores de transcrição e a regulação pós-transcricional.

A produção da IL-10 foi originalmente evidenciada em linfócitos auxiliares (Th) do tipo 2. No entanto, hoje se sabe que diversas células são capazes de secretar essa citocina, como macrófagos, células dendríticas, neutrófilos, eosinófilos e outros tipos de linfócitos, além de células de origem não hematopoética, como as células epiteliais. Os linfócitos T reguladores (Treg) também produzem grandes quantidades dessa citocina. Essa células são fundamentais no controle de praticamente todas as respostas imunes, atuando sobre todos os subtipos celulares da imunidade inata e adaptativa. Os linfócitos Treg podem ser originados no timo ou sofrer um processo de diferenciação na periferia, dependendo dos estímulos aos quais são expostos, e tornam-se células capazes de produzir IL-10.

De característica anti-inflamatória, a IL-10 é uma citocina cujo principal efeito é inibir a produção de INF-γ pelas células Th1 (de características inflamatórias), contribuindo para o desenvolvimento de células Th2. Esses efeitos imunossupressores podem ser clinicamente úteis em doenças autoimunes mediadas por células T. Por ser uma das citocinas anti-inflamatórias mais potentes, tem sido extensivamente estudada em adultos no tratamento de várias desordens inflamatórias, tais como psoríase e doença inflamatória do intestino. Estudos mostram que a IL-10 inibe a proliferação de células T e liberação de citocinas com propriedades antibacterianas.

A IL-10 inibe a capacidade dos monócitos e macrófagos de apresentarem antígenos às células T por meio de supressão da expressão da molécula de histocompatibilidade de classe II (MHCII), assim como das moléculas coestimulatórias CD80 (B7.1) e CD86 (B7.2). Dessa forma, essa citocina também promove a redução da expressão de IL-1, IL-6, IL-8, IL-12 e do TNF-α.

INTERLEUCINA-17

A IL-17 é uma citocina cujo gene foi isolado de células de hibridoma em 1993. Em 1995, ela foi reconhecida como uma nova citocina, e atualmente seis moléculas homólogas são conhecidas (IL-17A até IL-17F). A IL-17A é a molécula mais estudada e de importantes efeitos imunológicos. Embora diversas células do sistema imunológico possam produzir IL-17A, as células Th17 merecem especial atenção, pois qualquer alteração de sua função promove efeitos importantes na fisiologia de diversos tecidos, como, por exemplo, o tecido adiposo.

As citocinas da família IL-17 são potentes indutoras da inflamação, promovendo infiltração celular e produção de outras citocinas inflamatórias. Estudos mostram que a IL-17 está aumentada nos sítios inflamatórios em doenças autoimunes e amplifica a inflamação em sinergismo com TNF-α. Diversas doenças autoimunes, como artrite reumatoide, psoríase, esclerose múltipla e lúpus, possuem como característica uma produção desregulada de IL-17. As células Th2 produzem citocinas antagonistas à diferenciação de Th17, mostrando-se, assim, protetoras ao desenvolvimento de doenças autoimunes por essas células. A principal função de IL-17 é induzir a produção de quimiocinas e outras citocinas (como o TNF-α), as quais recrutam neutrófilos e monócitos para o sítio da ativação de células T. A IL-17 também contribui para a granulopoese, aumentando a produção e secreção de GM-CSF, assim como de seus receptores. Além disso, a IL-17 estimula a produção de proteínas antimicrobianas, como LL-37 e proteases remodeladoras de matriz por neutrófilos e outras células. A IL-17A também induz a produção de metaloproteinases de matriz que podem causar danos aos tecidos por degeneração proteolítica de colágeno e proteoglicanas, um fenômeno de grande importância na destruição da cartilagem observada na artrite reumatoide, por exemplo. No entanto, a produção exacerbada de IL-17 pode promover danos em outros tecidos, dependendo do nível de ativação.

A diferenciação de linfócitos Th *naive* (que não tiveram contato com o antígeno) para células Th17, com capacidade de secretar IL-17A, é estimulada pela IL-6. Em condições de obesidade, o tecido adiposo contribui para uma significativa proporção de IL-6 circulante tanto em modelos experimentais como em humanos obesos, afetando, assim, a expressão de IL-17A. A diferenciação para linfócitos produtores de IL-17A pode ser modulada por outras adipocinas, como a leptina, que será abordada posteriormente.

INTERFERONA-γ

A interferona-γ (INF-γ) é uma proteína dimérica com subunidades de 146 aminoácidos. Essa citocina é essencial para a imunidade contra patógenos intracelulares e contra células tumorais. O receptor de INF-γ é composto por duas subunidades, IFNGR1 e IFNGR2. A ligação dessa citocina ao seu receptor induz a oligomerização e ativação do mesmo por meio da indução de fosforilação de JAK1 e JAK2. Assim como descrito anteriormente, ocorre a ativação da proteína da família STAT, que neste caso é STAT1. Esse fator de transcrição dimeriza-se e migra para o núcleo, regulando a expressão gênica por ligação à sequência ativadora gama (GAS), que se refere à sequência presente na região promotora dos genes regulados por INF-γ. A INF-γ também induz a fosforilação da proteína fosfolipase-C-gama-2 (PLC-γ-2) através de JAK1/2. O diacilglicerol (DAG) é o produto da atividade enzimática da PLC-γ-2, o qual pode ativar algumas isoformas da proteinoquinase C (PKC), incluindo a PKC-α. Esta, por sua vez, estimula a proteína tirosinoquinase SRC-1 (c-Src). A c-Src ativa a fosforilação do resíduo de tirosina 702, ativando-o. Essa via ativada por INF-γ, PLC-γ-2/PKC-α/c-Src/STAT1 leva à expressão da molécula de adesão intercelular ICAM-1. Essa molécula atua favorecendo a migração e a adesão monocitária para o foco inflamatório e também está relacionada com a dinâmica da lesão endotelial característica da aterosclerose, por exemplo. Existem vários outros alvos para STAT1, cuja ativação é mediada por INF-γ, como SMAD7, fator regulador de INF1 (IRF1) e proteínas envolvidas na regulação do ciclo celular (c-Myc e p21).

A INF-γ também ativa vias independentes de JAK-STAT, como a cascata MEKK1/MEK1/ERK1/2, que regula a atividade da proteína C/EBP-β e IRF9.

INF-γ é produzida por células que mediam tanto as respostas inatas como adaptativas. As células *natural killer* (NK) são parte da imunidade inata e produzem rapidamente grandes quantidades dessa citocina após a ativação. Por outro lado, essa citocina é liberada principalmente por linfócitos Th1 que recrutam leucócitos para o sítio da infecção, resultando em desenvolvimento da inflamação. De fato, os linfócitos T CD4 podem diferenciar-se em várias linhagens efetoras, das quais as células Th1 são responsáveis pela secreção de grandes quantidades dessa citocina. Já os linfócitos T CD8 não produzem grandes quantidades de INF-γ, mas, após o estímulo do receptor de células T (TCR), essas células diferenciam-se em linfócitos T citotóxicos (CTL) e células de memória, os quais são capazes de produzir elevados níveis dessa citocina em resposta à ativação pelo TCR ou outras citocinas inflamatórias, como IL-12 e IL-18. A INF-γ também estimula a função de macrófagos, como a fagocitose e a capacidade de apresentação de antígenos. A estimulação dos macrófagos pela INF-γ resulta na produção de TNF-α, o qual, juntamente com INF-γ, contribui com o aumento da função dessas células. No entanto, níveis elevados de ambas as citocinas podem levar à exacerbação da resposta inflamatória.

CITOCINAS PRODUZIDAS PELO TECIDO ADIPOSO

Além das células do sistema imune, outros tecidos (adiposo, muscular, hepático, renal etc.) são capazes de produzir substâncias biologicamente ativas. Falaremos especialmente do adiposo, uma vez que descobertas relativamente recentes, das décadas de 1980 e 1990, mostraram que esse tecido tem uma habilidade altamente desenvolvida de sintetizar e secretar substâncias de alto poder biológico, muitas delas profundamente eficazes na regulação de processos metabólicos diversos. O conhecimento do seu real papel fisiológico será de extrema valia no entendimento e na intervenção terapêutica em doenças de alta prevalência demográfica, como o diabetes melito, a obesidade, a hipertensão arterial e as síndromes correlacionadas. Estas substâncias são genericamente denominadas *adipocitocinas* ou, simplesmente, *adipocinas*.

Entre os hormônios que ganharam destaque por sua participação na regulação metabólica, serão objeto de maior atenção neste capítulo a leptina (LEP), a adiponectina (adipoQ, apM1 ou ACRP30), o fator α de necrose tumoral (TNF-α), o inibidor 1 do ativador de plasminogênio (PAI-1) e a resistina (FIZZ3). O Quadro 72.2 mostra uma série grande, ainda que parcial, de outros produtos identificados como expressos, sintetizados e liberados pelas células adiposas; além disso, estas células são capazes de metabolizar hormônios esteroides, transformando-os em outros esteroides com atividade biológica importante. Como exemplo desta última habilidade, citamos a capacidade do tecido adiposo em expressar a enzima citocromo P450 aromatase, que transforma andrógenos em estrógenos (especialmente, a testosterona em estradiol no homem e a androstenediona em estrona na mulher após a menopausa).

Quadro 72.2 ■ Proteínas secretadas pelo tecido adiposo na corrente sanguínea.

Molécula	Função/efeito
Leptina (LEP)	Sinaliza para o cérebro sobre os estoques corporais de gordura. Regulação do apetite e do gasto energético
Fator α de necrose tumoral (TNF-α)	Interfere na sinalização da insulina e é uma possível causa de resistência à insulina na obesidade
Interleucina-6 (IL-6)	Implicada na defesa do hospedeiro e no metabolismo de carboidratos e lipídios
Inibidor 1 do ativador de plasminogênio (PAI-1)	Potente inibidor do sistema fibrinolítico
Fator tecidual (FT)	Principal iniciador tecidual da cascata de coagulação
Angiotensinogênio (ATG)	Precursor da angiotensina II. Regulador da pressão sanguínea e da homeostase hidreletrolítica
Adiponectina (AdipoQ, apM1, ACRP30)	Papel como inibidor do processo de aterogênese e sensibilizador da insulina
Adipsina	Possível elo entre a ativação da via alternativa de complemento e o metabolismo do tecido adiposo
Proteína estimuladora de acilação (ASP)	Influencia a taxa de síntese de TAG no tecido adiposo
Adipofilina	Possível marcador para o acúmulo lipídico nas células
Prostaglandinas (PGI$_2$ e PGF$_{2α}$)	Papel regulador na inflamação, ovulação, menstruação, coagulação e secreção ácida
Fator β transformador do crescimento (TGF-β)	Regulador de grande variedade de respostas biológicas: proliferação, diferenciação, apoptose e desenvolvimento
Fator I de crescimento insulina-símile (IGF1)	Estimula a proliferação de grande variedade de células e medeia ações do GH
Fator inibidor de macrófagos (MIF)	Envolvido em processos pró-inflamatórios e de imunorregulação

Leptina

A leptina foi inicialmente descrita por Coleman em 1973 como "fator de saciedade" em camundongos portadores da mutação do gene *OB*. Em 1994, Zhang *et al.* identificaram o defeito da proteína de 16 kDa responsável pela síndrome da obesidade em camundongos ob/ob. A proteína codificada pelo gene *OB* recebeu mais tarde o nome de leptina, do grego *leptos*, que significa magro. A partir de sua descoberta, intensificou-se o interesse sobre a leptina, gerando grande aumento no número de publicações em curto espaço de tempo.

Estrutura

A leptina (Figura 72.2) produzida nos adipócitos é uma proteína pequena, com 167 resíduos de aminoácidos e 16 kDa. Camundongos com duas cópias defeituosas desse gene (homozigotos para este genótipo, ou *ob/ob*) têm comportamento alimentar compulsivo como se estivessem em estado permanente de jejum. Seus níveis séricos de corticosterona são elevados, mostram déficit de crescimento, são incapazes de manter a temperatura corporal dentro da faixa normal (em torno de 37°C), não se reproduzem (por desenvolver um hipogonadismo hipogonadotrófico) e apresentam apetite voraz. Em consequência, tornam-se patologicamente obesos, com perturbações metabólicas muito semelhantes àquelas características de animais com diabetes melito do tipo 2 (T2DM), resistentes à insulina.

Síntese e secreção

O gene *OB* humano está localizado como uma única cópia no cromossomo 7q31.3, expandindo-se por 650 kb, e consiste em três éxons e dois íntrons. A região codificada da proteína OB se estende pelos éxons 2 e 3. A região promotora tem elementos como TATA *box*, elementos responsivos (sequências específicas de bases do DNA às quais se ligam fatores de transcrição) a C/EBPα (CCAAT/*enhancer binding protein* α), GRE (elemento responsivo a glicocorticoides) e CRE (elemento responsivo ao cAMP). Vários tecidos além do adiposo expressam leptina (como placenta, mucosa do fundo gástrico, musculatura esquelética, adeno-hipófise e epitélio mamário),

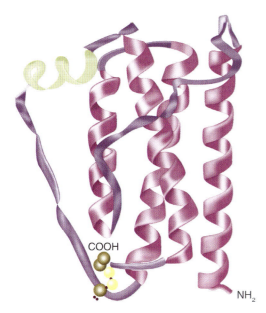

Figura 72.2 • Modelo tridimensional da estrutura molecular da leptina.

embora, em termos globais, sua maior ou menor produção esteja diretamente relacionada com a massa de tecido adiposo.

Os níveis de leptina circulantes parecem estar diretamente relacionados com a quantidade de mRNA para LEP no tecido adiposo. Adicionalmente, vários fatores metabólicos e endócrinos contribuem para regular a transcrição do gene da LEP em adipócitos. Por exemplo, na queda de insulina (ou hipoinsulinemia) ocorre diminuição de LEP, havendo uma correlação direta entre as concentrações desses dois hormônios. Glicocorticoides (como o cortisol), infecções agudas e citocinas inflamatórias elevam os níveis de LEP, enquanto baixas temperaturas, estimulação adrenérgica, hormônio do crescimento (GH), hormônios tireoidianos e tabagismo têm a propriedade de diminuir os níveis de LEP. Durante a noite, as concentrações plasmáticas de leptina aumentam; embora não seja conhecida a influência da melatonina neste fenômeno, ela parece sensibilizar o tecido adiposo à ação de outros hormônios, como, por exemplo, a insulina.

Várias citocinas (como TNF-α, LIF e IL-1), processos infecciosos e endotoxinas estimulam a síntese de LEP. Essa resposta contribui para a anorexia e a perda de peso que acompanham essas condições inflamatórias. Por outro lado, os níveis de LEP caem rapidamente com a restrição calórica e a perda de peso. Essa redução é interpretada como uma resposta fisiológica adaptativa à queda das reservas energéticas e se acompanha de aumento do apetite e diminuição da utilização de energia.

Existem diferenças sexualmente determinadas na expressão desse gene, pois, com a mesma quantidade de gordura corporal, mulheres secretam mais LEP que homens. A LEP humana tem uma meia-vida biológica de cerca de 25 min, independente de haver ou não obesidade. Essa curta meia-vida da LEP circulante é determinada pela sua depuração renal por filtração glomerular.

Mecanismo de ação

A leptina exerce seus efeitos biológicos mediante a sua interação com receptores de membrana específicos. Os receptores da LEP (OB-R) pertencem à família I de receptores de citocinas, que inclui os receptores para IL-2, 3, 4, 5, 6, 7, LIF, GM-CSF, GRH, prolactina e eritropoetina. Foram descritas seis isoformas do OB-R: OB-Ra, OB-Rb, OB-Rc, OB-Rd, OB-Re e OB-Rf. Essas isoformas têm a porção aminoterminal extracelular similar, diferindo quanto à porção intracelular. A isoforma OB-Rb, com 1.162 aminoácidos, é considerada o receptor completo; a ela são atribuídos os efeitos do hormônio, estando envolvida na via de sinalização da leptina, induzindo a ativação de proteínas JAK (*Janus kinase*) e STAT (*signal transducers and activators of transcription*). Foi descrita também a ativação de MAP quinases sem envolver a ativação de STAT. Na ausência de leptina, o receptor OB-Rb forma homodímeros, e não está claro se ocorre a formação de heterodímeros com as outras isoformas. A isoforma OB-Ra, em menor extensão, também é capaz de desencadear efeitos intracelulares, mediante ativação de JAK2, mas não ativa STAT, e não está clara a sua importância para a ação da LEP. A isoforma OB-Re (com 805 aminoácidos), por não conter nem o segmento transmembrânico nem o domínio intracelular, circula no plasma, sendo considerada um receptor solúvel do hormônio.

A transdução de sinal da LEP é feita através da via JAK/STAT. O receptor OB-Rb tem um segmento transmembrana e dimeriza quando a leptina se liga ao domínio extracelular. Ambos os monômeros do receptor são fosforilados, em resíduos de tirosina do domínio intracelular, por uma Janus quinase 2 (JAK2). Os resíduos fosforilados passam a ancorar três proteínas transdutoras de sinal e ativadoras da transcrição (STAT3, 5 e 6). As STAT ancoradas são, então, fosforiladas em resíduos de tirosina pela mesma JAK2. Após a fosforilação, as STAT dissociam-se do receptor e formam homo- ou heterodímeros que se movimentam para o núcleo, onde se ligam a sequências específicas de DNA e estimulam a expressão de genes alvos e específicos. Por esse mecanismo, são regulados os genes para NPY, CRH e POMC.

Além desta, outras vias de sinalização pela LEP são conhecidas, como as que incluem JNK (*NH2-terminal C-Jun kinase*), p38 (*p38 MAP kinase*) ERK, SHP-2 (domínio contendo proteína tirosina fosfatase), PLC (fosfolipase C), NO (óxido nítrico), DGK-ζ (*diacylglycerol kinase zeta*), PGE2/PGF2 (prostaglandinas E2/F2), PDE (fosfodiesterase), cAMP (AMP cíclico), SOCS-3 (sinalização supressora de citocina 3), JAK, STAT, PI3K (fosfatidilinositol-3 quinase), IRS (substrato do receptor de insulina), PKB (proteinoquinase B ou AKT), PKC (proteinoquinase C), p70S6K (*ribossomal p70 S6 kinase*) e ROS (espécies reativas de oxigênio).

Efeitos biológicos

A leptina transporta a mensagem de que as reservas de gordura são suficientes e promove a redução da ingestão de metabólitos, além do aumento do gasto de energia. Ela está envolvida na regulação direta do metabolismo do tecido adiposo, inibindo a lipogênese e estimulando a lipólise e a oxidação lipídica.

Além de agir sobre o metabolismo do tecido adiposo, a LEP também exerce vários outros efeitos sobre: reprodução, angiogênese, resposta imune, controle da pressão sanguínea e osteogênese.

A LEP é necessária para a maturação do eixo reprodutivo, como evidenciado na sua habilidade em restaurar a puberdade e a fertilidade em ratos *ob/ob*, acelerar a puberdade em ratos selvagens e facilitar o comportamento reprodutor em roedores. A deficiência ou a insensibilidade à LEP está associada ao hipogonadismo hipotalâmico, em humanos e em roedores. O ciclo menstrual não ocorre espontaneamente em pacientes com mutação do gene da LEP. Enquanto a LEP é essencial na puberdade e no ciclo reprodutivo, estudos em ratos *ob/ob* mostraram que ela não é requerida na gestação e lactação.

O receptor OB-R participa da sinalização para o crescimento, proliferação e diferenciação celular, e a LEP parece ser capaz de aumentar a produção de citocinas em macrófagos, estimular a adesão e mediar processos de fagocitose. Essa atividade requer *upregulation* (suprarregulação) dos seus receptores em macrófagos. A leptina tem efeito direto na proliferação dos linfócitos T. Uma adaptação, caracterizada por crescimento da competência imune do organismo contra a imunossupressão associada à falta de energia, foi obtida em resposta à LEP.

A LEP está incluída na lista de fatores angiogênicos secretados pelo tecido adiposo. A estimulação de células endoteliais por esse hormônio aumenta a sobrevivência e/ou proliferação celular, com elevação da angiogênese, marcada pela formação de tubos capilares. Também tem sido observado que a LEP acelera a cicatrização, um processo dependente do crescimento de vasos sanguíneos.

Com relação à homeostase pressórica, o efeito regulador da LEP se manifesta como uma resposta pressora atribuída à ativação do sistema simpático e uma depressora atribuída à síntese de NO. Portanto, a LEP está envolvida de modo dual nesta regulação, produzindo simultaneamente ação pressora neurogênica e resposta humoral contrária mediada pelo NO.

Entre outros efeitos da LEP, já foi demonstrada sua ação como potente inibidor da formação óssea e como estimulante da proliferação das células linfo-hematopoéticas e da atividade fagocitária de macrófagos.

Além disso, a leptina modifica o padrão funcional de sistemas hormonais clássicos. Por exemplo, na deficiência ou insensibilidade à LEP elevam-se as concentrações de glicocorticoides, enquanto sua administração reduz a corticosteroidemia, indicando que o eixo hipotálamo-hipófise-suprarrenal foi afetado, independente do seu papel sobre o metabolismo energético. Também, o eixo hipotálamo-hipófise-tireoide é atingido pela LEP. Sua deficiência diminui a eficiência do *feedback* negativo dos hormônios tireoidianos. A LEP modula a secreção do hormônio do crescimento (GH), agindo através da via da JAK/STAT, pois, em roedores, sua deficiência prejudica a síntese e secreção de GH.

A leptina como hormônio antiobesidade

Graças à sua habilidade em inibir a ingestão alimentar e em reduzir o peso corporal, a leptina é vista como um fator antiobesidade. Apoiam esta visão os estudos que relatam hiperfagia e obesidade mórbida em roedores e humanos com deficiência deste hormônio ou de seu receptor. No entanto, o insucesso na prevenção de obesidade em humanos e em outros mamíferos tratados com LEP diminuiu sua importância no combate à obesidade. A ocorrência de hiperleptinemia em tais pacientes é admitida como um sinal de resistência, um fenômeno que tem participação na patogenia da obesidade. Os mecanismos que podem influir nessa resistência incluem: dano no transporte de leptina para o tecido cerebral, anomalias nos seus receptores e defeitos na sinalização pós-receptor.

A queda na razão LEP liquórica/LEP plasmática pode indicar prejuízo no transporte intracerebral do hormônio. Camundongos *New Zealand* obesos, resistentes à LEP injetada perifericamente, respondem com redução de peso e diminuição da ingestão alimentar quando o hormônio é injetado por via intracerebroventricular. Em contrapartida, camundongos *Agouti*, que desenvolvem obesidade com hiperleptinemia, como resultado do antagonismo ao receptor MC4 de melanocortina (αMSH), não respondem nem à LEP periférica nem à centralmente injetada.

A resistência pode ser consequência de defeitos na sinalização ao hormônio. Por exemplo, a LEP que age via JAK2/STAT3 induz a formação de SOCS3, que inibe a fosforilação de tirosina de OB-R. Essa inibição é capaz de impedir múltiplos aspectos de sinalização pelo domínio intracelular de OB-Rb e outros receptores. Além disso, as mudanças na expressão de SOCS3 foram correlacionadas ao fenômeno da resistência à leptina. A hiperalimentação (*overfeeding*) ou a infusão subcutânea contínua de LEP, situações que induzem hiperleptinemia, causam inibição alimentar, perda de peso e aumento do gasto energético em roedores normais (não geneticamente modificados, ou selvagens). Este efeito, contudo, não ocorre em humanos que ingerem dietas ricas em gordura e desenvolvem obesidade. Admite-se que a obesidade dieta-induzida envolva a participação de outros fatores que acabam por interferir com a ação da LEP. Embora esta cause perda de peso, redução de apetite e de adiposidade em crianças deficientes do hormônio, tal efeito é discreto em adultos normais. O pouco resultado obtido com leptinoterapia em humanos adultos obesos, somado a problemas com a aplicação local do hormônio desestimularam o seu uso terapêutico como medicamento antiobesidade.

Controle da ingestão alimentar e a leptina

Outro modo de considerar o papel fisiológico da LEP é fundamentado em estudos que sugerem sua participação como importante sinalizador para o jejum. O traço mais marcante da resposta a um jejum prolongado é a mudança metabólica baseada no uso do lipídio como fonte energética em lugar do carboidrato. Esta resposta é mediada por redução na insulina e aumento nos hormônios contrarreguladores – glucagon, epinefrina e glicocorticoides. Outros aspectos incluem: supressão da atividade dos eixos tireoidiano e gonádico, elevação dos glicocorticoides, redução da temperatura e aumento do apetite. O gasto energético está em parte diminuído pela redução da termogênese tireoidiana. Os hormônios contrarreguladores estimulam a gliconeogênese e a lipólise, para suprir de glicose e ácidos graxos a musculatura esquelética. A hiperfagia que se observa pós-jejum depende, em parte, da ação permissiva dos glicocorticoides. Juntamente com as alterações no metabolismo de substratos energéticos e na função neuroendócrina, o jejum prolongado é também caracterizado por imunossupressão.

Há notáveis semelhanças entre as respostas metabólica, neuroendócrina e imune ao jejum e o perfil observado em roedores portadores de deficiência ou insensibilidade à LEP, uma vez que acontece acentuada queda da leptinemia com o jejum. Assim, a hipoleptinemia de camundongos *ob/ob* seria percebida como um permanente estado de jejum. O tratamento com LEP durante o jejum abranda a hiperativação do eixo hipotálamo-hipófise-suprarrenal e impede a supressão dos eixos tireoidiano, reprodutivo e do hormônio de crescimento. Além disso, a LEP impede a supressão do sistema imune, mantendo a resposta inflamatória e a função normal de linfócitos T, habitualmente suprimidos no jejum.

Ações da leptina no sistema nervoso central

As principais ações da LEP (antiobesidade, reguladora do comportamento alimentar, ativadora do sistema simpático e pró-gonadotrófica) são decorrentes de processos que ocorrem no SNC, mais notadamente no hipotálamo. Embora tenham sido descritas ações extraneurais (afetando fígado, musculatura esquelética e pâncreas endócrino), é no SNC que seus principais efeitos são descritos.

Para a sua completa ação, a leptina deve interagir com a isoforma completa do seu receptor, ObRb. No SNC, esses receptores já foram descritos em diversas estruturas, hipotalâmicas e extra-hipotalâmicas. No hipotálamo, neurônios que expressam receptores ObRb foram descritos nos núcleos ventro e dorsomediais, arqueado e pré-mamilar ventral, entre outros. No núcleo arqueado, foram encontradas duas populações de neurônios responsivos à LEP. Uma destas populações é formada pelos neurônios produtores do neuropeptídio Y (NPY) e do peptídio afim da proteína *Agouti* (AgRP, *agouti-related peptide*). Estes neurônios têm conexões com neurônios hipotalâmicos produtores de hormônio concentrador de melanina (MCH) e de orexinas, potentes estimulantes do apetite. A outra população é constituída dos neurônios produtores de pró-opiomelanocortina (POMC, pró-hormônio precursor do hormônio melanócito estimulante – αMSH) e de CART (*cocaine-amphetamine regulated transcript*), que, contrariamente aos outros dois mencionados, são potentes inibidores do apetite. A leptina é inibidora da primeira população de neurônios, mas ativadora da segunda. Assim, em síntese, a LEP desativa circuitos neurais orexigênicos e estimula circuitos anorexigênicos.

Ações da leptina na resposta imunológica

A leptina é capaz de modular o sistema imune tanto através de efeitos diretos na resposta inata como na adaptativa (Figura 72.3). De forma geral, a maior parte dos estudos mostra que a leptina é uma adipocina pró-inflamatória, fator que contribui para a chamada "inflamação de baixo grau" e para a maior ativação de células com perfil inflamatório em pessoas obesas e com excesso de peso.

A produção de leptina é afetada por estímulos inflamatórios que podem aumentar os níveis de mRNA de leptina no tecido adiposo e, consequentemente, os níveis de leptina na circulação. Em relação à resposta inata, a leptina aumenta a atividade das células *natural killer* (NK). A deficiência do receptor de leptina gerou um aumento da taxa de apoptose dessas células em camundongos. Por outro lado, em células NK humanas, a exposição à leptina aumentou a produção de INF-γ e a sua citotoxicidade. Também foi observado que a exposição a altas concentrações de leptina, semelhante ao que é observado em indivíduos obesos, gerou uma resistência à leptina nessas células, diminuindo sua função metabólica.

A leptina promove ativação e aumento de monócitos circulantes e induz a produção de citocinas pró-inflamatórias, como IL-1β, TNF-α e IL-6, ajudando na quimiotaxia de macrófagos e monócitos para os tecidos. O tratamento com leptina em macrófagos residentes no tecido adiposo induziu a expressão de marcadores específicos para uma resposta inflamatória.

Em células dendríticas a leptina atua como um ativador, quimioatraente, além de também aumentar sua sobrevivência. Além disso, há indícios de que a leptina possa atuar na migração e maturação dessas células, contribuindo para a resposta inflamatória.

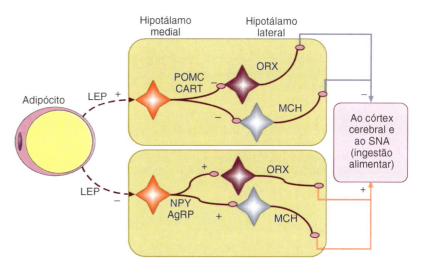

Figura 72.3 ▪ Mecanismo central de ação da leptina. A leptina (LEP) secretada pelos adipócitos, ao atingir o hipotálamo, estimula os neurônios que expressam a pró-opiomelanocortina (POMC) e a CART (*cocaine-amphetamine regulated transcript*), que por sua vez inibem neurônios produtores de substâncias orexígenas (a orexina – ORX e o hormônio concentrador de melanina – MCH). Desta maneira, interrompe-se o comportamento de ingestão alimentar. Opostamente, a LEP inibe os neurônios produtores do neuropeptídio Y (NPY) e do peptídio similar à proteína Agouti (AgRP), que são orexígenos. SNA, sistema nervoso autônomo.

A leptina também promove mudanças no controle das respostas imunes adaptativas. Camundongos obesos deficientes do receptor de leptina apresentavam atrofia do timo e linfopenia de células T. A leptina exerce um efeito negativo sobre a proliferação de linfócitos T reguladores (Treg), que são células importantes para o controle do processo de ativação da resposta imune, exercendo papel supressor. Esse efeito da leptina sobre as células Treg envolve a ativação de uma proteína conhecida como mTOR, que está envolvida com maior diferenciação para linfócitos Th1 (células produtoras das citocinas inflamatórias TNF-α e INF-γ) e menor polarização para Treg. Os linfócitos Th1 são caracterizados por uma grande produção de IL-2, que induz a ativação e proliferação de outros linfócitos, além de aumentar a capacidade citotóxica dos linfócitos T CD8+. Outra citocina secretada por essas células é o INF-γ, responsável pela ativação de macrófagos. Portanto, a leptina pode desempenhar um papel importante na regulação do equilíbrio de linfócitos relacionados com a ativação da resposta inflamatória e de linfócitos inibidores desse processo.

A leptina também estimula a resposta de células Th17. Células T CD4+ deficientes em OB-R apresentaram redução da capacidade de diferenciação para Th17 por meio da redução da ativação de STAT3. Os linfócitos Th17 produzem as citocinas IL-22, IL-26 e da família IL-17. As citocinas da família IL-17 são potentes indutoras da inflamação, promovendo infiltração celular e produção de outras citocinas inflamatórias.

▶ Fator α de necrose tumoral (TNF-α)

O tecido adiposo sintetiza várias citocinas e fatores de crescimento, incluindo o fator α de necrose tumoral, que é uma citocina imunomodulatória e pró-inflamatória. Inicialmente, foi descrito como um polipeptídio induzido no soro por uma endotoxina, caracterizada por induzir a caquexia em animais e promover a inibição da lipogênese em adipócitos. O TNF-α tem a capacidade de induzir a necrose em células tumorais, por isso o nome.

O TNF-α possui muitas atividades biológicas, entre elas: respostas imunológicas, indutor de morte celular e neovascularização. Atualmente, sabe-se que se trata de uma citocina reguladora multifuncional, implicada em inflamação, apoptose, citotoxicidade, produção de outras citocinas (como IL-1 e IL-6) e indução de resistência à insulina. Funciona como um modulador-chave do metabolismo dos adipócitos, com ação direta em diversos processos dependentes de insulina, incluindo a homeostase do metabolismo de carboidratos e de lipídios. Seu efeito mais intenso é a inibição da lipogênese e a estimulação da lipólise. Além disso, chama a atenção o seu efeito na regulação da massa adiposa, que pode estar associada a mudanças no número ou volume dos adipócitos.

Síntese e secreção

A forma solúvel do TNF-α compreende os dois terços da porção C-terminal de uma proteína precursora, que se encontra inicialmente ancorada à membrana e é secretada no espaço extracelular. Esta proteína é formada por clivagem proteolítica na ligação entre os resíduos Ala-76 → Val-77 da proteína precursora, executada por uma enzima chamada de enzima conversora de TNF-α (TACE, *TNF alpha converting enzyme*). Esta enzima é uma proteinase, recentemente identificada como uma Zn-endopeptidase, que tem uma porção extracelular, uma hélice transmembrânica e uma porção intracelular C-terminal (Figura 72.4). A sequência polipeptídica, principalmente a que forma o domínio catalítico da enzima, apresenta alguma similaridade com várias metaloproteínas de matriz (MMP), diferindo destas porque a sequência polipeptídica da TACE é mais longa e estável na ausência de cálcio, e insensível aos inibidores de metaloproteinase 1.

Mecanismo de ação e biossíntese

O TNF-α exerce sua ação ligando-se a receptores de membrana. Existem dois tipos de receptores, TNFR-1 e TNFR-2, que mediam a transdução de sinal desencadeada pela ligação ao TNF-α, por intermédio da formação de complexos com proteínas adaptadoras citoplasmáticas.

Os registros de que o tecido adiposo expressa esta proteína datam do início da década de 1990. Embora o tecido adiposo seja formado por uma variedade de tipos celulares (adipócitos, células estromais, células do sistema imune e células endoteliais) capazes de produzir citocinas, os adipócitos são os principais secretores de TNF-α e expressam ambos os tipos de receptores.

Efeito na resposta imune

O TNF-α é uma citocina que está diretamente envolvida com o aumento da expressão de todas as outras citocinas pró-inflamatórias, e nas reações de fase aguda nos processos de infecções sistêmicas. O TNF-α é uma importante citocina produzida por linfócitos Th1 que está relacionada com a imunidade natural diretamente envolvida com o aumento da expressão de todas as citocinas pró-inflamatórias e nas reações de fase aguda nos processos de infecções sistêmicas.

O TNF-α é secretado por monócitos e por macrófagos ativados, além de neutrófilos, linfócitos T e B e tecido adiposo. Entre outras, a principal função do TNF-α é estimular

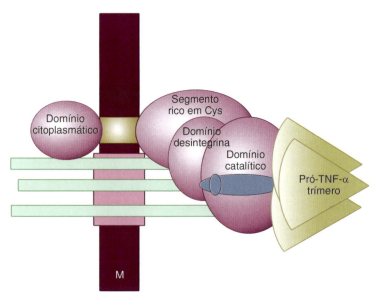

Figura 72.4 ▪ Modelo esquemático do complexo pró-TNF-α TACE. A enzima TACE é composta por um domínio catalítico, um domínio de desintegrina, um segmento rico em cisteína (Cys), uma porção transmembrana e um domínio citoplasmático. O pró-TNF-α consiste em segmentos intracelulares e transmembrânicos e um cone trimérico de TNF-α. A TACE e o pró-TNF-α são ancorados na membrana de modo que o cone de TNF-α é fixado no lado direito do domínio catalítico para que ocorra a proteólise na ligação Ala-76 → Val-77. *M*, membrana. (Adaptada de Maskos *et al.*, 1998.)

o recrutamento de leucócitos para o foco inflamatório e ativar essas células. Uma vez ativados, os macrófagos secretam mediadores, exacerbando a resposta inflamatória e a resistência insulínica. Outra informação pertinente diz respeito à correlação positiva de índice de massa corporal (IMC), porcentagem de gordura corporal e hiperinsulinemia com a concentração de TNF-α e que a redução de massa corporal diminui a concentração circulante dessa adipocina.

A estimulação de células estromais mesenquimais pela citocina pró-inflamatória TNF-α aumenta o potencial regenerador dessas células, reafirmando a função dessa citocina em recrutar leucócitos e ativar células. Esse processo pode ser importante para a progressão da cicatrização de tecidos.

Efeito na adipogênese

O TNF-α tem recebido particular atenção devido ao seu efeito na regulação da massa de tecido adiposo, atuando na função dos adipócitos tanto de modo parácrino quanto autócrino.

O TNF-α exerce um efeito inibitório sobre a adipogênese (Figura 72.5), que é desencadeado por meio da ligação ao TNFR-1, por um mecanismo envolvendo a ativação da via das quinases reguladas extracelularmente (ERK1/2, *extracellular regulated kinases*). Acredita-se que a ativação desta via iniba a adipogênese por intermédio da fosforilação e, então, por inibição funcional do PPARγ. Entretanto, outros estudos têm sugerido que a ativação da via ERK1/2 promova adipogênese em vez de inibi-la. Um outro conjunto de estudos sugere que o tempo de ativação da via ERK1/2 pode ser crítico para os efeitos finais desencadeados pelo TNF-α. Assim, a ativação da via ERK1/2 no início do processo de diferenciação é indutora de adipogênese, enquanto a ativação tardia inibe este processo. Outro mecanismo que pode estar envolvido na regulação da adipogênese é a ligação diferencial do TNF-α ao TNFR-1 ou ao TNFR-2, uma vez que estes dois receptores desencadeiam efeitos distintos na função dos adipócitos. O primeiro parece interferir primariamente com a sinalização do receptor de insulina e o transporte de glicose, enquanto o segundo parece estar envolvido com a patogênese da resistência à insulina induzida pelo seu ligante. Estudos desenvolvidos em humanos mostraram que a expressão de TNFR-1 está fortemente correlacionada com o índice de massa corporal, ao passo que a de TNFR-2, com as concentrações plasmáticas de triacilgliceróis. Aparentemente, a ativação seletiva de TNFR-1 inibe preferencialmente a diferenciação de adipócitos humanos enquanto a ativação de TNFR-2 promove aumento desta diferenciação.

Efeito na apoptose

Foi verificado que concentrações crescentes de TNF-α aumentam a ocorrência de apoptose de pré-adipócitos e adipócitos do tecido adiposo subcutâneo e omental (do epíploo). Os mecanismos envolvidos neste processo ainda não estão esclarecidos, mas estudos em ratos concluíram que as células envolvidas são os adipócitos e não os pré-adipócitos, e que a apoptose ocorre mediante mecanismo envolvendo a caspase 3. Entretanto, pesquisas com tecido adiposo subcutâneo humano mostraram que o TNF-α estimula a expressão de genes pró-apoptóticos, como bcl-2 e caspase 1, tanto em adipócitos como em pré-adipócitos.

Efeito no metabolismo lipídico

O metabolismo de lipídios compreende uma sequência complexa de eventos que determinam: (1) quando o depósito de triacilgliceróis dentro do adipócito se eleva, devido a um aumento da captação de ácidos graxos livres ou ocorrência da lipogênese, ou (2) quando diminui, em decorrência do processo de lipólise. O TNF-α atua em diversas destas etapas, estimulando a lipólise e inibindo a lipogênese. Por exemplo, o TNF-α inibe a atividade da lipase de lipoproteína (LPL) em tecido adiposo mamário de humanos. Esta enzima é secretada pelos adipócitos e atua na etapa inicial de captação de ácidos graxos, pois hidrolisa os triacilgliceróis contidos nas lipoproteínas (quilomícrons e VLDL), originando ácidos graxos livres, que entram na célula diretamente ou por proteínas transportadoras. No interior da célula, os ácidos graxos são novamente convertidos em triacilgliceróis. O aumento dos níveis de mRNA de TNF-α estão correlacionados com o decréscimo da atividade da LPL, em tecido adiposo subcutâneo de humanos. Em tecido adiposo de *hamster*, observou-se que o TNF-α também reduz a expressão de proteínas transportadoras de ácidos graxos. Adicionalmente, o TNF-α leva à diminuição de enzimas envolvidas na lipogênese, como a acetil-CoA carboxilase (ACC) e a ácido graxo sintase (FAS), enzimas-chaves do processo de síntese de ácidos graxos. Entretanto, ainda não está claro se estes últimos efeitos acontecem também em adipócitos maduros.

Embora não esteja muito bem compreendida a maneira como o TNF-α promove a lipólise, estudos realizados em tecido adiposo subcutâneo humano mostraram que, concomitantemente com o aumento da produção de TNF-α, ocorre ativação da via da MAP quinase e da

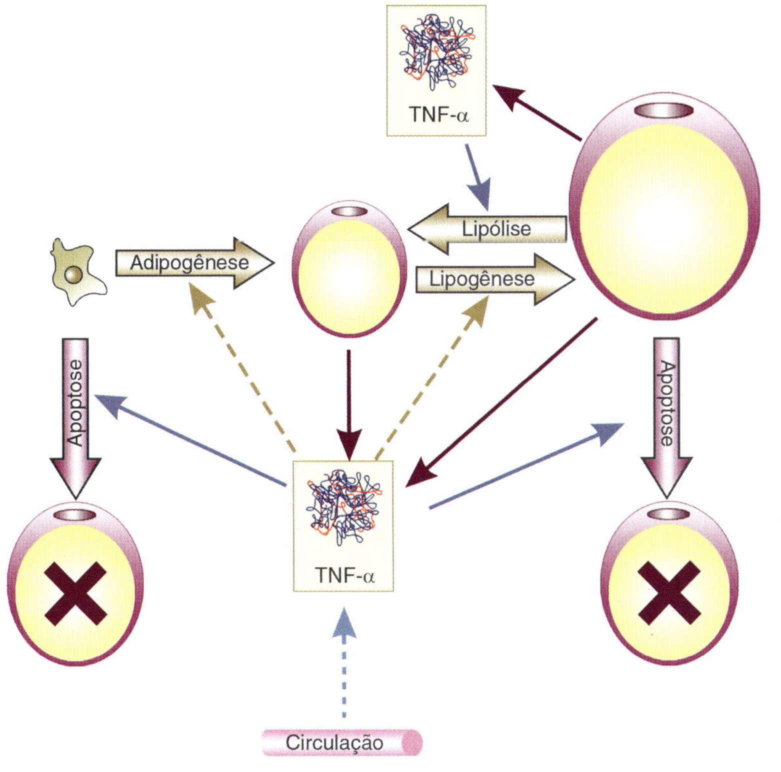

Figura 72.5 • Mecanismos de ação do TNF-α na diminuição do volume e número de adipócitos. O TNF-α promove a apoptose de pré-adipócitos e adipócitos maduros, inibe o processo da adipogênese e lipogênese, além de estimular a lipólise. *Setas contínuas*, estimulação; *setas tracejadas*, inibição.

ERK1/2. Estas duas vias não estão acopladas e, portanto, alterações em ambas não estão relacionadas diretamente com a ocorrência de lipólise. Por outro lado, o TNF-α altera a expressão de enzimas-chaves da via lipolítica. Este conjunto de eventos faz com que o TNF-α reduza o acúmulo de lipídios nos adipócitos, contribuindo para a diminuição da massa total do tecido adiposo.

Obesidade

Os níveis de mRNA de TNF-α em tecido adiposo subcutâneo são maiores em mulheres obesas que em magras, mas retornam ao normal após emagrecimento. Com a obesidade, também se observa aumento na expressão de TNFR-2 no tecido adiposo e nos níveis circulantes de TNF-α. Esta elevação pode modular as ações do TNF-α. Entretanto, não se nota uma correlação clara entre os níveis de mRNA de TNF-α e o índice de massa corporal (BMI) em homens e em mulheres analisados em conjunto.

Acredita-se que possa haver um dimorfismo sexual na expressão gênica e secreção de TNF-α na obesidade. Esta pode ser a razão da perda de qualquer forte associação entre os níveis de mRNA de TNF-α e o BMI em estudos que envolveram mistura de grupos sexuais. O BMI pode não ser um suficiente indicativo da gordura total. Um estudo mostrou que, embora não exista correlação entre os níveis de mRNA e BMI, há correlação positiva entre gordura corpórea total e mRNA. Tanto em humanos quanto em camundongos, parece que a expressão gênica de TNF-α está aumentada apenas nos casos extremos de obesidade.

Resistência à insulina

O TNF-α está classificado como um fator associado ao desenvolvimento de resistência à insulina na obesidade. Observou-se uma correlação positiva entre os seus níveis de mRNA no tecido adiposo subcutâneo e as concentrações plasmáticas de insulina, em mulheres. Foi demonstrado aumento da secreção de TNF-α em pacientes obesos com resistência à insulina. Entretanto, esses efeitos são mais evidentes em mulheres, e estudos realizados em homens não apresentaram correlação entre os níveis de mRNA e a sensibilidade à insulina. Vários mecanismos pelos quais o TNF-α induz a resistência à insulina têm sido sugeridos, entre eles: lipólise acelerada com elevação concomitante de ácidos graxos livres, redução da síntese de GLUT4, diminuição da expressão do receptor de insulina e do substrato do receptor de insulina 1 (IRS-1).

As ações do TNF-α na função de adipócitos são diversas e, em conjunto, podem promover a perda de peso. O TNF-α pode prevenir um aumento no número de adipócitos (pela inibição da adipogênese) e promover uma diminuição do volume dos adipócitos (pela redução da reserva de triacilgliceróis). Ele também pode apresentar uma correlação positiva com a obesidade. As suas ações na obesidade podem variar conforme o sexo e o tipo de depósito de tecido adiposo. Está claro, entretanto, que o TNF-α é um importante membro da lista de fatores que modulam as funções dos adipócitos.

▶ Adiponectina

A adiponectina (AdipoQ, apM1, ACRP30) é uma proteína de 30 kDa, relativamente abundante, produzida pelo tecido adiposo e encontrada no plasma, em concentrações que giram ao redor de 2 a 10 μg/mℓ; seu cDNA, localizado no cromossomo 3q27 que codifica a sequência do ACRP30, foi descrito em 1995 por Scherer et al. Neste capítulo, nos referiremos à adiponectina como ADP.

Vários efeitos têm sido atribuídos à ADP, tais como aumento da sensibilidade à insulina, efeitos moduladores do fator nuclear κB (NFκB) e inibição do TNF-α. Obesidade, resistência à insulina e doenças cardiovasculares têm correlação negativa com a ADP, ou seja, há uma associação inversa entre os níveis circulantes do hormônio e o risco do desenvolvimento dessas patologias.

Estrutura molecular

A ADP é uma proteína que contém 244 aminoácidos. Em sua estrutura molecular, foram descritos vários segmentos com as seguintes características (Figura 72.6): um domínio globular (gADP), um domínio colágeno (cADP), uma região variável e uma sequência sinalizadora (esta sequência é clivada por ocasião da síntese do hormônio).

A adiponectina apresenta similaridade com C1q, membro da família de proteínas do complemento e uma inesperada homologia estrutural com TNF-α, sugerindo um elo entre membros das duas famílias.

O hormônio não circula isoladamente; ao contrário, os monômeros se agrupam formando trímeros. Entretanto, vários experimentos têm comprovado que os trímeros se agrupam na circulação, compondo oligômeros constituídos de 4 a 6 trímeros (Figura 72.7). Os oligômeros são constituídos por interações das hélices triplas da fração colágeno, resultando em um agrupamento molecular de alta complexidade. Sem o domínio colágeno, o globular permanece trimerizado, mas não associado. Assim, os trímeros são formados por interações dos domínios globulares, enquanto os oligômeros se associam pelos domínios colágenos.

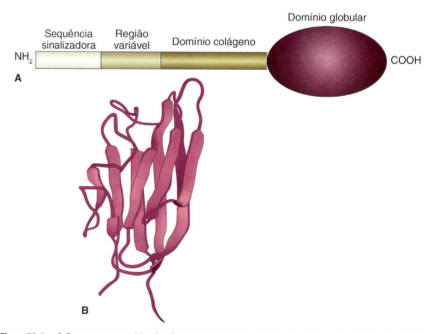

Figura 72.6 ▪ **A.** Estrutura monomérica da adiponectina. **B.** Estrutura molecular tridimensional da fração globular da adiponectina. (Adaptada de Chandran et al., 2003.)

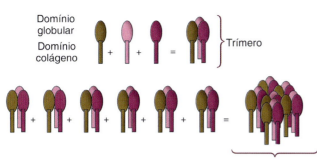

Figura 72.7 ▪ Modelo da estrutura da adiponectina. Três monômeros, unidos por seus domínios globulares, formam um trímero. Quatro a seis trímeros, unidos por seus domínios colágenos, constituem oligômeros que circulam no plasma.

Os mecanismos moleculares precisos que participam na manutenção da estabilidade dos trímeros não são bem conhecidos. Investigações sobre a bioatividade da adiponectina íntegra, ou de seu domínio globular isolado, demonstraram que os domínios globulares encerram praticamente toda a atividade biológica do hormônio.

Receptores

Foram identificados os receptores 1 e 2 de adiponectina. Os receptores contêm 7 domínios transmembrana, mas são estrutural e funcionalmente diferentes de receptores acoplados a proteínas G. O receptor 1 ou ADP-R_1 é expresso primariamente no músculo e funciona com alta afinidade para gADP e baixa para adiponectina completa, fADP (*full-length*). O 2 ou ADP-R_2 é expresso no fígado e age como receptor de afinidade intermediária, para as formas gADP e fADP. Os efeitos biológicos dependem não somente das concentrações sanguíneas, mas também da especificidade tecidual.

Síntese

A adiponectina é produzida em abundância e exclusivamente pelo tecido adiposo, fruto da expressão do gene apM1. A sua concentração é alta, tanto no tecido adiposo como no plasma. As concentrações plasmáticas correspondem a aproximadamente 0,01% de toda a proteína circulante, o que significa que a adiponectina tem uma concentração centenas de vezes maior que a dos demais hormônios; suas concentrações plasmáticas são mais elevadas em indivíduos magros e diminuem paulatinamente com o aumento de peso e o grau de obesidade. Assim, a redução da expressão do gene apM1 e dos níveis plasmáticos da proteína tem sido implicada na patogênese da obesidade e do T2DM (diabetes melito do tipo 2). A ADP não exibe grandes flutuações de concentração na circulação, sugerindo que sua liberação ocorre não de modo agudo, mas regulada por mudanças metabólicas de mais longo prazo. Mulheres apresentam níveis sanguíneos mais elevados que homens, caracterizando um dimorfismo sexual.

Efeitos biológicos

Adiponectina e ação da insulina

Vários estudos demonstram forte correlação negativa entre o grau de adiposidade e os níveis circulantes de ADP. Estudos adicionais indicam que há forte relação entre aumento dos níveis de insulina e diminuição dos de ADP. Além disso, foi descrita uma associação muito forte entre os níveis de ADP e o grau de captação de glicose estimulada pela insulina, sugerindo que a ADP é um forte sensibilizador da insulina *in vivo*. Níveis baixos de adiponectina ocorrem em paralelo com a progressão da resistência à insulina. Em estudos realizados com macacos *rhesus*, a diminuição da concentração plasmática de adiponectina precedeu a hiperglicemia e a resistência à insulina. Para explicar esse fato, foi aventada a hipótese de que o aumento dos níveis de insulina pode ter atuado como repressor da expressão e secreção de ADP. Em alguns casos, os animais apresentavam forte resistência à insulina, hiperglicemia, perda de peso e queda dos níveis de ADP. Isso indica que a maior sensibilidade à insulina está mais associada à hiperadiponectinemia que ao baixo peso corporal. Estudos em índios pimas (indígenas do Arizona, que apresentam peso corporal muito elevado) e em caucasianos (pessoas de pele branca, especialmente as de origem europeia) obesos reforçaram a ideia de uma forte correlação entre hipoadiponectinemia e resistência à insulina.

A utilização de tiazolidinedionas (TZD), fármacos conhecidos como sensibilizadores de insulina, produz melhora na sensibilidade à insulina acompanhada de aumento da secreção de ADP.

Adiponectina e efeitos vasculares

A ADP tem vários efeitos vasculares: (1) aumento da vasodilatação endotélio-dependente; (2) aumento da vasodilatação endotélio-independente; (3) efeito antiaterosclerótico; (4) supressão da expressão de receptores de moléculas de adesão vascular, conhecidos como *scavengers*; (5) redução da expressão de TNF-α e diminuição dos efeitos desta adipocina sobre a resposta inflamatória do endotélio; (6) abrandamento do efeito de fatores de crescimento sobre a musculatura lisa vascular; (7) inibição dos efeitos de LDL oxidadas (oxLDL) sobre o endotélio, isto é, supressão da proliferação celular, da geração de superóxidos e da ativação de MAP quinase; (8) crescimento da produção de NO; (9) estimulação da angiogênese; (10) redução do espessamento da íntima e da musculatura lisa que se segue à lesão da parede de artérias; (11) inibição de migração e proliferação de células endoteliais.

Existe uma associação da ADP e a vasodilatação dependente do endotélio. Nas células endoteliais, a adiponectina tem como função gerar óxido nítrico (NO). Foi proposto que esse efeito salutar está associado ao aumento da geração de eNOS (*óxido nítrico sintase endotelial*).

Estudos mais recentes demonstram que a ADP também tem significante efeito na angiogênese de pequenos vasos, exibe propriedades quimioatrativas e estimula não só a diferenciação de células endoteliais humanas extraídas de veias do cordão umbilical, como também o crescimento vascular *in vivo*.

Em células musculares lisas vasculares, a ADP atenua a proliferação induzida por fatores de crescimento, como o fator de crescimento epidermal (EGF) e o fator de crescimento derivado das plaquetas-BB (PDGF-BB). Possivelmente, a redução dos efeitos da sinalização do PDGF-BB é causada, ao menos em parte, pela ligação da adiponectina ao PDGF-BB, o que impede a associação de PGDF com seus receptores celulares. Como, dependendo da situação, a angiogênese pode ser reparadora ou patológica, em experimentos realizados em células em cultura é difícil prever quais efeitos da ADP podem correlacionar-se melhor com sua observada função na proteção contra a aterosclerose.

Adiponectina e aterosclerose

A proteína C reativa de alta sensibilidade (hs-CRP) é bem conhecida, por ser um marcador de risco para a doença aterosclerótica coronariana. Essa proteína é expressa pelo tecido adiposo. Em humanos com aterosclerose, foi descrita uma correlação negativa significante entre os níveis plasmáticos de ADP e CRP. A associação negativa entre a ADP e a CRP, nos níveis plasmáticos e na massa de tecido adiposo, dá suporte para a hipótese de que a ADP seja um hormônio que age contra o desenvolvimento de aterosclerose e inflamação vascular.

A adesão dos monócitos ao endotélio vascular e a consequente transformação em *foam cells* são consideradas cruciais para o desenvolvimento de doenças vasculares. A ADP tem efeitos na adesão dos monócitos ao endotélio, diferenciação mieloide, produção de citocinas nos macrófagos e fagocitose. A ADP inibe a produção e a ação de TNF-α. Provavelmente, a ADP atua como supressora da transformação dos macrófagos em *foam cells*, que pode ser o elo entre a inflamação vascular e a aterosclerose. Tem sido registrado que na presença de ADP há relação da capacidade de inibição de fatores de crescimento na musculatura lisa vascular e a migração de macrófagos. Portanto, a ADP tem efeitos celulares diretos antiateroscleróticos.

Sinalização intracelular pela adiponectina

Estudos da resposta metabólica de células do fígado, músculo esquelético e tecido adiposo indicam que a ativação de AMP quinase (AMPK) é essencial para os efeitos da ADP (Figura 72.8). A AMPK é ativada por uma variedade de condições, como o estresse celular associado ao acúmulo de AMP gerado a partir de ATP. Tem sido implicada na ação da metformina no fígado e da TZD na sensibilização à insulina, o que sugere uma ação mediadora desses dois medicamentos antidiabéticos reforçando os efeitos da ADP. Ela parece também mediar a sinalização em células endoteliais; sua ativação no endotélio aumenta a oxidação e a síntese de ATP. Como a AMPK ativa a eNOS, este sistema enzimático parece ser uma sinalização potencial entre a ADP e a geração de NO.

A apoptose também se relaciona com a AMPK nas células endoteliais, sugerindo que o aumento da produção de NO obtido em células endoteliais pela ADP requer a participação da Akt e de seu mediador fosfatidilinositol-3 quinase (PI3K). Os efeitos na angiogênese dependem também de Akt e AMPK. Na sinalização, a AMPK parece atuar a jusante (*upstream*) da Akt. Quando há inibição da ativação de AMPK, é inibida a fosforilação de Akt. Os receptores da adiponectina (tanto o ADP-R$_1$ como o ADP-R$_2$) estão expressos em células endoteliais, sendo possível que sua diferenciação se deva à ativação de várias cascatas relacionadas com as quinases endoteliais. Alguns sistemas de sinalização adicionais parecem estar implicados nos efeitos endoteliais da ADP. Seu efeito inibitório sobre a sinalização do TNF-α em células endoteliais se acompanha de acúmulo de cAMP e é bloqueado por inibidores da PKA. Isso sugere que a modulação da sinalização inflamatória se dê mediante um *crosstalk* (sinalização cruzada) entre a PKA e o fator nuclear κB (NFκB). Como a geração de superóxidos estimulada por LDL oxidada (oxLDL) culmina na ativação de NADPH oxidase, a supressão destas reações pela gADP pode envolver a regulação da atividade de isoformas de NADPH oxidases ou de suas subunidades proteicas. Finalmente, em células endoteliais, a ativação da apoptose pela ADP é mediada por caspases celulares específicas (3, 8 e 9) que podem estar acopladas a cascatas de sinalização especiais e específicas.

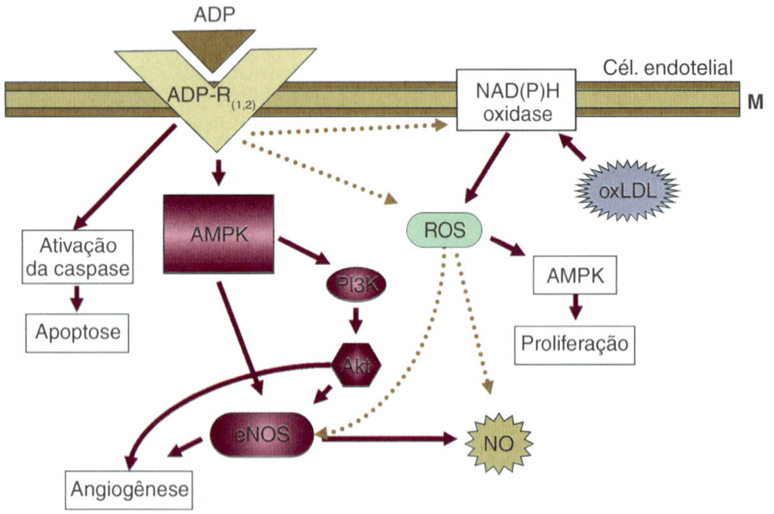

▶ Inibidor do ativador do plasminogênio (PAI-1)

Estrutura molecular

O PAI-1 é uma glicoproteína de cadeia única (Figura 72.9), com peso molecular entre 45 e 50 kDa e 379 aminoácidos. Por apresentar 30% de homologia com a α1-antitripsina e com a antitrombina III, considera-se que este inibidor do ativador de plasminogênio (PAI) faça parte de uma superfamília de inibidores de serina-proteases (serpina), a qual pertence a um subgrupo que tem um resíduo arginina característico no centro reativo (arg-serpin). Outros inibidores fazem parte desta superfamília: o PAI-2, a protease nexina 1 e o inativador da proteína C (PCI). Em geral, as serpinas são específicas (com características biológicas distintas), apresentam ação rápida e se encontram na maioria dos líquidos corpóreos, tecidos e linhagens de células.

As serpinas mostram-se dispostas em uma estrutura terciária, que consiste em três β-planos A, B e C, nove α-hélices e um sítio reativo (P4-P10') na porção C-terminal. Esta proteína se caracteriza por formar ligações peptídicas com proteases-alvo.

A inibição dos ativadores de plasminogênio pelos PAI ocorre de maneira rápida, resultando na formação de uma ligação covalente entre as duas moléculas. Na sua forma latente (inativa), os locais de ligação secundários dos ativadores de plasminogênio tornam-se pouco acessíveis à serina-protease, o que explica a sua estabilidade e a falta da sua atividade inibitória. Na forma ativa, o sítio reativo fica exposto e pronto para a complexação com a serina-protease.

Regulação da expressão gênica, transcrição e produção proteica

O gene do PAI-1 está localizado na região q21.3-q22 do cromossomo 7, próximo aos locais da eritropoetina, da paraoxonase e da fibrose cística. A região reguladora 5' contém vários elementos reguladores *cis* conhecidos, os quais se ligam a fatores de transcrição, como

Figura 72.8 ▪ Potenciais vias de sinalização para a adiponectina (ADP) em células endoteliais. Ambas as isoformas do receptor de adiponectina (ADP-R$_{1,2}$) são expressas em células endoteliais. ADP-R$_1$ é mais expressa e tem maior afinidade por gADP. Nessa célula, um dos principais efeitos da ADP é a ativação da AMPK, que ativa a eNOS por uma via que parece depender de PI3K/Akt. Akt e eNOS contribuem para a angiogênese. A ADP também inibe a ativação da NAD(P)H oxidase por oxLDL, reduzindo a geração de ROS e facilitando a síntese de NO. *oxLDL*, forma oxidada de LDL; *ROS*, espécies reativas de oxigênio; *NO*, óxido nítrico; *eNOS*, óxido nítrico sintase endotelial; *AMPK*, quinase proteica ativada por AMP; *PI3K*, fosfatidilinositol-3 quinase; *M*, membrana celular.

Moléculas Ativas Produzidas por Órgãos Não Endócrinos 1215

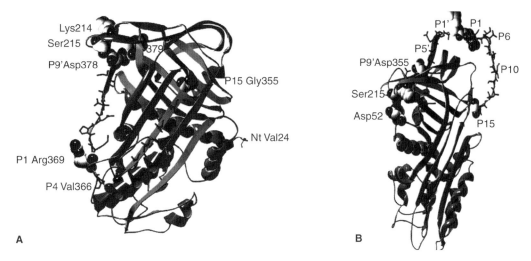

Figura 72.9 ■ Estrutura molecular do inibidor do ativador de plasminogênio (PAI-1). **A.** Forma latente. **B.** Forma ativa. *P1*, região de cisão; *P15-P4*, margem A4; *Lys214-Ser215*, local de clivagem da plasmina.

Sp1, proteína ativada-1 (AP-1), fator nuclear κB (NFκB), Smad3, Smad4 e TFE3.

A transcrição gênica é ativada por citocinas inflamatórias (IL-1 e TNF-α), fatores de crescimento (TGF-β, EGF, PDGF e bFGF), angiotensina II, hormônios (glicocorticoides e insulina), produtos metabólicos (triacilgliceróis, ácidos graxos livres e glicose) e ativadores não específicos da proteinoquinase C (PKC), como o forbol acetato e miristato (PMA). A insulina e a angiotensina II estimulam a expressão de PAI-1 através da via MAPK. Entretanto, outras vias parecem estar envolvidas na sua regulação. O mecanismo pelo qual estes fatores alteram a sua expressão ainda não foi completamente entendido, assim como pouco se sabe sobre os elementos *cis*- e *trans*-ativadores, necessários para promover a indução da sua expressão gênica pelos fatores de crescimento.

Devido à ausência de resíduos cisteína, esta proteína apresenta instabilidade biológica quando em solução, o que leva à sua forma secretada (ativa) ser rapidamente submetida a uma conformação inativa, incapaz de formar complexos com os PA (ativadores de plasminogênio). A conformação ativa é adquirida pela estabilização com cofatores fisiológicos, como vitronectina e heparina.

Vários tipos celulares produzem PAI-1, como células endoteliais, do músculo liso, hepatócitos, fibroblastos e células inflamatórias. Quanto à origem do PAI-1 plasmático, até agora não é conhecida qual seria a região com a maior concentração desta proteína.

Recentemente, vem ganhando destaque a possibilidade de o tecido adiposo *per se* contribuir diretamente para uma elevada expressão de PAI-1 na obesidade. Observações iniciais, utilizando tecido adiposo de camundongos, mostraram elevados níveis de mRNA de PAI-1. Posteriormente, estudos clínicos constataram que, em indivíduos obesos, a redução de peso diminuía significativamente os níveis plasmáticos dessa proteína. Experimentos com camundongos geneticamente obesos (*ob/ob*) apontaram uma atividade 5 vezes maior do PAI-1 em relação aos animais-controle, sugerindo que, na obesidade, apesar do aumento generalizado no mRNA do PAI-1 em outros tecidos, estes efeitos eram expressivamente maiores no tecido adiposo.

A expressão de PAI-1 está presente nas gorduras subcutânea e visceral. Nesta última, a maior concentração de células da fração vascular do estroma e de pré-adipócitos contribui para o aumento da produção desta proteína; isso explicaria o fato de a adiposidade visceral estar particularmente associada a níveis aumentados de PAI-1 e à síndrome metabólica.

Em camundongos submetidos a uma dieta rica em gordura, a superexpressão do mRNA do PAI-1 no tecido adiposo branco atenua a hipertrofia deste tecido. Ao mesmo tempo, a ablação do seu gene reduz a adiposidade em camundongos geneticamente obesos, porém não tem efeito significante na massa de tecido adiposo na obesidade induzida pela dieta; esse fato indica que os elevados níveis de PAI-1 na obesidade, apesar de prejudiciais para a regulação da fibrinólise, podem exercer efeito protetor contra um excessivo crescimento do tecido adiposo branco.

O tecido adiposo também secreta fatores que podem regular a expressão sistêmica de PAI-1. Um exemplo é a secreção de TNF-α, o qual estimula a expressão de PAI-1 em adipócitos, células da musculatura lisa vascular e outros tecidos. Merece ser notado que agentes que inibem a TNF-α também suprimem a expressão de PAI-1. Estes dados sugerem que as citocinas e outras proteínas produzidas pelos adipócitos podem atuar no local (de uma maneira autócrina) ou distante do local (como hormônio endócrino), para regular a produção de PAI no tecido adiposo.

Apesar de o PAI-1 estar presente em baixas concentrações no plasma, sua meia-vida relativamente curta (menor que 10 min) sugere elevada taxa de biossíntese. Além disso, sua concentração aumenta rapidamente em resposta a vários agentes ou mudanças no estado fisiológico, indicando uma possível regulação dinâmica da quantidade de PAI-1.

Concentrações fisiológicas de glicocorticoides estimulam a expressão e a liberação de PAI-1 no tecido adiposo *in vitro*. Assim, similaridades observadas no ritmo circadiano do cortisol plasmático e dos níveis de PAI-1, com picos pela manhã, parecem indicar um papel regulador do cortisol na expressão diurna de PAI-1, que poderia também estar associado a um aumento na incidência de infarto no miocárdio pela manhã.

A insulina pode estimular a liberação de PAI-1 no tecido adiposo e em outros tecidos. O consumo de uma refeição altamente calórica e rica em carboidratos, que estimula a secreção de insulina, está associado ao aumento nos níveis de PAI-1; enquanto o jejum, ou a administração de metformina ou sensibilizadores de insulina (glitazonas) estão associados a decréscimo nos níveis de insulina circulante e nos níveis de PAI-1. Apesar de a insulina estimular a expressão de mRNA de PAI-1 em hepatócitos em cultura e em células endoteliais, foi demonstrado que seu maior efeito ocorre em adipócitos, em que o aumento é expressivo; isso explicaria os resultados contraditórios que envolvem o efeito da insulina sobre a expressão de PAI-1 em cultura de vários tipos de células.

Uma forte correlação também foi vista entre o PAI-1 e as concentrações circulantes de leptina, independentemente do índice de massa corporal, indicando que a leptina *per se* poderia aumentar potencialmente os níveis de PAI-1 em indivíduos obesos.

Efeitos biológicos

Duas grandes cascatas de reações bioquímicas envolvendo proteases (as da coagulação e as da fibrinólise) estão presentes no plasma, atuando no processo que previne a perda de sangue do organismo. O equilíbrio entre esses dois processos abrange a participação do endotélio da parede dos vasos, células sanguíneas circulantes, plaquetas e leucócitos.

A coagulação se inicia a partir da expressão na superfície celular de um fator tecidual, que atua como base para os fatores de coagulação plasmática, levando à formação da trombina, que, então, converte fibrinogênio em fibrina.

Os principais componentes fibrinolíticos são o ativador de plasminogênio tecidual e o da uroquinase (t-PA e u-PA, respectivamente), além de fatores endógenos responsáveis pela degradação da fibrina. O PAI-1 é um potente inibidor do t-PA e do u-PA, ao passo que a α2-antiplasmina inibe diretamente a plasmina (Figura 72.10).

As células endoteliais vasculares sintetizam e secretam t-PA para a circulação sanguínea, na qual este promove a conversão do plasminogênio (forma inativa) em plasmina, o fator endógeno responsável pela degradação da fibrina. O PAI-1, produzido principalmente no endotélio vascular, rapidamente se liga a moléculas trombolíticas endógenas, formando complexos estáveis e inibindo o processo fibrinolítico.

No plasma, o equilíbrio essencial depende da atividade proteolítica dos ativadores de plasminogênio (t-PA e u-PA) e o seu inibidor, PAI-1. Geralmente, este último se encontra em uma concentração 4 a 5 vezes maior, favorecendo a estabilização da fibrina. A formação da fibrina é um mecanismo defensivo essencial, que protege o organismo da hemorragia.

Ao mesmo tempo que o papel do PAI-1 e dos agentes fibrinolíticos no processo de coagulação/fibrinólise é bem conhecido, várias evidências sugerem que o sistema fibrinolítico pode contribuir para o desenvolvimento e progressão da aterosclerose. Estudos clínicos associam elevados níveis de PAI-1 com presença de doenças coronarianas, assim como alguns estudos fisiológicos demonstram que alterações na atividade dos ativadores de plasminogênio e PAI-1 em vasos contribuem para o processo aterosclerótico.

Complicações cardiovasculares na obesidade estão envolvidas com concentrações elevadas de PAI-1. Uma íntima correlação positiva entre obesidade do tipo visceral e outros componentes da síndrome de resistência à insulina (como índice de massa corporal, gordura visceral, pressão sanguínea, níveis plasmáticos de insulina e proinsulina, LDL-colesterol e ácidos graxos livres) também foi demonstrada; isso permite afirmar que, além do seu papel no sistema fibrinolítico, o PAI-1 influencia a migração celular e a angiogênese, prejudicando a migração de pré-adipócitos, o que consequentemente afeta o crescimento do tecido adiposo.

Alguns estudos relacionam a expressão de PAI-1 com resistência à insulina. Como citado, o TNF-α estimula a biossíntese de PAI-1. O tecido adiposo sintetiza essa citocina, e sua expressão é cronicamente elevada em adipócitos de camundongos e indivíduos obesos. A expressão aumentada de TNF-α pode interferir com certos aspectos da sinalização de insulina (como a atividade tirosinoquinase do receptor de insulina) e, assim, contribuir para a resistência à insulina.

Outra citocina que provavelmente colabora para um aumento nos níveis de PAI-1 e no quadro de obesidade é a TGF-β. Vários estudos constataram seu efeito em promover a biossíntese de PAI-1, especificamente no tecido adiposo. Além disso, a TGF-β também exerce papel mitogênico em pré-adipócitos e inibe a diferenciação de pré-adipócitos para adipócitos *in vitro*, o que pode aumentar a proliferação do precursor celular e contribuir para excessivo depósito de gordura nas células. Assim, estas observações sugerem que a expressão aumentada de TGF-β no tecido adiposo pode cooperar para patologias associadas à obesidade.

Em resumo, além do papel regulador no sistema fibrinolítico, o PAI-1 está associado a doenças cardiovasculares e síndrome da resistência à insulina; o tecido adiposo desempenha um papel determinante nos níveis plasmáticos de PAI-1; a perda de peso e a atividade física apresentam-se como importantes abordagens para a redução dos seus níveis; a sua expressão gênica é regulada por citocinas inflamatórias, fatores de crescimento, hormônios, produtos metabólicos e angiotensina II, porém o mecanismo pelo qual estes fatores alteram sua expressão ainda é pouco conhecido; a maior produção de PAI-1 pela gordura visceral pode explicar o fato de a adiposidade visceral estar associada a elevados níveis de PAI-1 e síndrome metabólica; é provável que os elevados níveis de PAI-1 observados em indivíduos obesos tenham um efeito protetor contra um excessivo crescimento do tecido adiposo branco.

▶ Resistina

A resistina é uma proteína rica em cisteína, com 12,5 kDa, secretada pelo tecido adiposo e que se encontra presente na circulação. Sua descoberta e importância funcional foram descritas em trabalho publicado na revista *Nature*, em 2001, no qual foi indicada uma relação entre a resistina e a resistência à insulina induzida pela obesidade e o T2DM. Intensa pesquisa se seguiu, e muitos aspectos explorados confirmaram as primeiras impressões, embora outros estudos tenham mostrado inconsistências com as pesquisas iniciais.

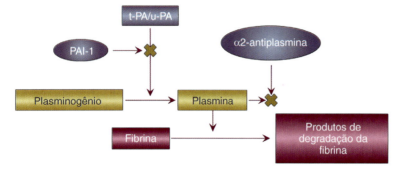

Figura 72.10 ▪ Sistema fibrinolítico. *t-PA*, ativador do plasminogênio tecidual; *u-PA*, ativador do plasminogênio da uroquinase; *PAI-1*, inibidor do ativador de plasminogênio.

A resistina pertence a uma família de proteínas, genericamente denominadas *resistin-like molecules* ou RELM, todas caracterizadas pela presença consistente de um segmento rico em cisteína (11 cisteínas) na extremidade C-terminal. O protótipo desta família é a RELMα (também conhecida como FIZZ1 ou *found-in-inflammatory-zone*), descoberta em exsudato inflamatório broncoalveolar desencadeado por processo alérgico. A RELMβ (FIZZ2) foi descoberta em intestino, onde se expressa de modo abundante, especialmente em tumores do cólon, sendo relacionada com o processo de tumorigênese. A resistina (FIZZ3) se mostra mais intensamente em tecido adiposo.

Devido ao seu segmento rico em cisteína, a resistina e a RELMβ se dimerizam, formando homodímeros. A RELMα, por não dispor da Cys-26, não circula formando homodímeros; entretanto, as três RELM podem formar heterodímeros entre si. Há estudos que confirmam a existência destes compostos na forma de oligo-heterodímeros circulantes.

Mecanismos celulares na formação e ação da resistina

A exposição de adipócitos 3T3-L1 diferenciados à insulina suprime a expressão gênica de resistina. Este efeito da insulina parece ser independente da ativação de vias que envolvem PI3K, ERK ou p38-MAPK, descritas na propagação do sinal intracelular da insulina. Porém, embora seja admitido que a insulina reduza a expressão de resistina, os estudos são inconsistentes, havendo alguns que relatam aumento da expressão desta proteína, e outros, com estimulação insulínica *in vivo*, chegam a resultados inconclusivos.

Os estímulos inflamatórios alteram a expressão de resistina. A dexametasona aumenta a expressão de resistina em tecido adiposo, e os lipopolissacarídios também provocam o mesmo efeito. Por outro lado, o TNF-α, um importante causador de resistência à insulina, inibe de modo consistente a expressão de resistina, enquanto a estimulação β-adrenérgica, atuando via proteína G estimulatória (G_s), reduz a expressão de resistina.

A regulação da expressão de resistina parece depender de alguns fatores de transcrição nucleares – CCAAT/*enhancer binding protein* α (C/EBPα) e PPARγ. O primeiro parece atuar estimulando a expressão de resistina e o segundo a inibindo, ambos atuando de maneira balanceada.

Efeitos biológicos da resistina

Este hormônio foi estudado tanto em experimentos *in vivo* como *in vitro*. Os primeiros estudos, realizados em camundongos obesos com resistina neutralizada mediante utilização de anticorpos, relataram melhora na tolerância à glicose e na sensibilidade à insulina. Em contrapartida, estudos feitos em camundongos normais evidenciaram que injeções intraperitoneais de resistina provocam intolerância à glicose e hiperinsulinemia. Trabalhos executados em adipócitos 3T3-L1 indicaram que o uso de soro antirresistina induz aumento de captação de glicose, enquanto a resistina produz efeitos anti-insulínicos. Assim, este conjunto de trabalhos iniciais apontam que a resistina tem um efeito indutor de resistência à insulina, cujo mecanismo não está claro, mas não afeta o receptor de insulina nem sua capacidade de se autofosforilar, nem etapas pós-receptor na via de sinalização (como fosforilação em tirosina do IRS1, sua associação com PI3K, a fosforilação em serina da Akt ou da p38-MAPK) e muito menos o conteúdo de GLUT1, assim como a capacidade de translocação de GLUT4 em miócitos L6. Outras vias alternativas da propagação intracelular do sinal insulínico foram propostas como estando afetadas, como é o caso da via CAP/Cbl associada a *lipid rafts* ou *cavéolas* (regiões da membrana plasmática, ricas em colesterol, onde se ancoram certas proteínas de membrana como a flotilina). Portanto, este tema ainda não está completamente esclarecido.

Para complicar a compreensão do papel da resistina, estudos com camundongos *ob/ob* (obesos) e *db/db* (diabéticos) revelaram que estes animais apresentam níveis elevados de resistina circulante e que o tratamento deles com TZD ou insulina provoca aumento dos níveis de resistina, muito embora o quadro de resistência tenha melhorado.

A expressão da resistina foi investigada em vários modelos de resistência à insulina. Assim, na lactação, exposição ao frio ou caquexia por câncer (situações que mostram resistência à insulina) não há aumento da expressão de resistina. Em oposição, tratamentos voltados a diminuir a resistina (como a remoção da gordura visceral em ratos obesos) atenuam ou impedem o desenvolvimento de resistência. A gordura visceral constitui o local de maior expressão da resistina, que é 15 vezes mais intensa que na gordura subcutânea. Tratamentos com prolactina ou testosterona conduzem a aumento de resistência à insulina e elevação da expressão de resistina. Adicionalmente, situações patológicas (como hipertireoidismo) ou fisiológicas (p. ex., gestação a meio termo, puberdade ou emprego de hormônios esteroides) evoluem com aumento da expressão de resistina.

Em seres humanos, os estudos são ainda mais controversos. O gene da resistina foi localizado no cromossomo 19 e a sua expressão, determinada em estudos populacionais. Na maioria dessas pesquisas, não se encontra uma correlação muito forte entre a expressão deste gene e a obesidade, exceto em um estudo realizado na China. Além disso, a biossíntese e a secreção de resistina no tecido adiposo humano têm sido objeto de muito debate. Algumas pesquisas concluíram que essa proteína se expressa mais em pré-adipócitos que em adipócitos maduros, nos quais é desprezível. Por outro lado, a sua expressão tem maior intensidade na gordura visceral que na subcutânea, o que corrobora a hipótese do seu papel na geração de resistência à insulina. Finalmente, a pesquisa nesta área tem mostrado que não existe uma clara relação entre obesidade e resistina, embora mesmo nesta questão haja intensa controvérsia. Portanto, muitos estudos devem ser desenvolvidos para esclarecer o papel da resistina na gênese da resistência à insulina.

CONSIDERAÇÕES FINAIS

Considerando o recente e intenso avanço da pesquisa no campo de moléculas bioativas produzidas por células classicamente não pertencentes ao sistema endócrino, notadamente as citocinas, este capítulo não teve a pretensão de ser abrangente. Entretanto, é preciso ficar claro que além das células do sistema imune e do tecido adiposo, vários outros órgãos apresentam esta habilidade. Entre eles, ressaltamos o tecido muscular, que expressa genes da interleucina-6, do TNF-α e de um peptídio denominado *musculina*. Este peptídio mostra semelhanças com o fator natriurético atrial, está expresso em maior intensidade em musculatura esquelética de camundongos geneticamente obesos, além de atuar diminuindo a sensibilidade muscular à insulina e reduzindo a capacidade muscular de sintetizar glicogênio. Embora a musculina e muitos outros peptídios biologicamente ativos venham sendo bastante pesquisados, o real entendimento de sua ação ainda requer mais pesquisas. É inegável, contudo, que este campo de estudo vem florescendo e novas concepções deverão ser geradas à medida que for sendo desvendado o papel fisiológico desse tipo de moléculas bioativas.

BIBLIOGRAFIA

ABELLA V, SCOTECE M, CONDE J et al. Leptin in the interplay of inflammation, metabolism and immune system disorders. *Nat Rev Rheumatol*, 13(2):100-9, 2017.

ACEDO SC, GAMBERO S, CUNHA FG et al. Participation of leptin in the determination of the macrophage phenotype: an additional role in adipocyte and macrophage crosstalk. *In Vitro Cell Dev Biol Anim*, 49:473-8, 2013.

AHIMA RS, FLIER JS. Adipose tissue as an endocrine organ. *Trends Endocrinol Metab*, 11(8):327-32, 2000.

ALBERTS B, JOHNSON A, LEWIS J et al. *Molecular Biology of The Cell*. 4. ed. Garland Science, New York, 2002.

BERG AH, COMBS TP, SCHERRER PE. ACRP 30/Adiponectin: an adipokine regulating glucose and lipid metabolism. *Trends Endocrinol Metab*, 13(2):84-9, 2002.

BOST F, CARON L, MARCHETTI I et al. Retinoic acid activation of the ERK pathway is required for embryonic stem cell commitment into the adipocyte lineage. *Biochem J*, 361(Pt 3):621-7, 2002.

CHANDRAN M, CIARALDI T, PHILIPS SA et al. Adiponectin: more than just another fat cell hormone? *Diabetes Care*, 26(8):2442-9, 2003.

CHOROSTOWSKA-WYNIMKO J, SKRZYPCZAK-JANKUN E, JANKUN J. Plasminogen activator inhibitor type-1: its structure, biological activity and role in tumorigenesis (Review). *Internatl J Mol Med*, 13:759-66, 2004.

COLEMAN D. Effects of parabiosis of obese with diabetes and normal mice. *Diabetologia*, 9:294-8, 1973.

DE ARAÚJO-SOUZA PS, HANSCHKE SC, VIOLA JP. Epigenetic control of interferon-gamma expression in CD8 T cells. *J Immunol Res*, 2015:849573, 2015.

DIEZ JJ, IGLESIAS P. The role of the novel adipocyte-derived hormone adiponectin in human disease. *Eur J Endocrinol*, 148:293-300, 2003.

FAIN NJ, CHEEMA PS, BAROUTH SW et al. Resistin release by human adipose tissue explants in primary culture. *Biochem Biophys Res Comm*, 300:674-8, 2003.

FRUHBECK G, GÓMEZ-AMBROSI J, MURUZÁBAL FJ et al. The adipocyte: a model for integration of endocrine and metabolic signaling in energy metabolism regulation. *Am J Phisiol Endocrinol Metab*, 280:E827-47, 2001.

GOLDESTEIN BJ, SCALIA R. Adiponectin: a novel adipokine linking adipocytes and vascular function. *J Clin Endocrinol Metab*, 89(6):2563-8, 2004.

GUERRE-MILLO M. Adipose tissue and adipokines: for better or worse. *Diabetes Metab*, 30:13-9, 2004.

HAUNER H, PETRUSCHKE T, RUSS M et al. Effects of tumour necrosis factor alpha (TNF alpha) on glucose transport and lipid metabolism of newly-differentiated human fat cells in cell culture. *Diabetologia*, 38(7):764-71, 1995.

HE Y, HARA H, NÚÑEZ G. Mechanism and regulation of NLRP3 inflammasome activation. *Trends Biochem Sci*, 41(12):1012-21, 2016.

HOTAMISLIGIL GS, ARNER P, ATKINSON RL et al. Differential regulation of the p80 tumor necrosis factor receptor in human obesity and insulin resistance. *Diabetes*, 46(3):451-5, 1997.

HU X, PAIK PK, CHEN J et al. INF-gamma suppresses IL-10 production and synergizes with TLR2 by regulating GSK3 and CREB/AP-1 proteins. *Immunity*, 24:563-74, 2006.

HUBE F, HAUNER H. The role of TNF-a in human adipose tissue: prevention of weight gain at the expense of insulin resistance? *Horm Metab Res*, 31:626-31, 1999.

IRIGOYEN JP, MUNOZ-CÁNOVES P, MONTERO L et al. The plasminogen activator system: biology and regulation. *Cell Mol Life Sci*, 56:104-32, 1999.

ISAILOVIC N, DAIGO K, MANTOVANI A et al. Interleukin-17 and innate immunity in infections and chronic inflammation. *J Autoimmun*, 60:1-11, 2015.

JENS, L, KNOECHEL B, CARETTO D et al. Balance of Th1 and Th17 effector and peripheral regulatory T cells. *Microbes Infect*, 11:589-93, 2009.

JUHAN-VAGUE I, ALESSI MC, MAVRI A et al. Plasminogen activator inhibitor-1, inflammation, obesity, insulin resistance and vascular risk. *J Thrombosis Hemostasis*, 1:1575-9, 2003.

KERN PA, RANGANATHAN S, LI C et al. Adipose tissue tumor necrosis factor and interleukin-6 expression in human obesity and insulina resistance. *Am J Physiol Endocrinol Metab*, 280(5):E745-51, 2001.

KERSHAWE, FLIER J. Adipose tissue as an endocrine organ. *J Clin Endocrinol Metab*, 89(6):2548-56, 2004.

KOISTINEN HA, BASTARD JP, DUSSERRE E et al. Subcutaneous adipose tissue expression of tumour necrosis factor-alpha is not associated with whole body insulina resistance in obese nondiabetic or in type-2 diabetic subjects. *Eur J Clin Invest*, 30(4):302-10, 2000.

KUWABARA T, ISHIKAWA F, KONDO M et al. The role of IL-17 and related cytokines in inflammatory autoimmune diseases. *Mediators Inflamm*, 2017:3908061, 2017.

LOBO-SILVA D, CARRICHE GM, CASTRO AG et al. Balancing the immune response in the brain: IL-10 and its regulation. *J Neuroinflammation*, 13(1):297, 2016.

LOSKUTOFF DJ, SAMAD F. The adipocyte and hemostatic balance in obesity. *Arterioscler Thromb Vasc Biol*, 18:1-6, 1998.

LYON CJ, HSUEH WA. Effect of plasminogen activator inhibitor-1 in diabetes melito and cardiovascular disease. *Am J Med*, 115(8A):62S-8S, 2003.

MASKOS K, FERNANDEZ-CATALAN C, HUBER R et al. Crystal structure of the catalytic domain of human tumor necrosis factor-α-converting enzyme. *PNAS*, 95(7):3408-12, 1998.

MINER JL. The adipose as an endocrine cell. *Am Soc Animal Sci*, 82:935-41, 2004.

MUTCH NJ, WILSON HM, BOOTH NA. Plasminogen activator inhibitor-1 and haemostasis in obesity. *Proc Nutr Soc*, 60:341-7, 2001.

NGUYEN PM, PUTOCZKI TL, ERNST M. STAT3-activating cytokines: a therapeutic opportunity for inflammatory bowel disease? *J Interferon Cytokine Res*, 35(5):340-50, 2015.

NISHIZAWA H, MATSUDA M, YAMADA Y et al. Musclin, a novel skeletal muscle-derived secretory factor. *J Biol Chem*, 279:19391-5, 2004.

REA R, DONNELLI R. Resistin: an adipocyte-derived hormone. Has it a role in diabetes and obesity? *Diab Obes Metab*, 6:163-70, 2004.

ROITT I, BROSTOFF J, MALE D. *Immunology*. 6. ed. Mosby, New York, 2001.

SHARON J. *Imunologia Básica*. Guanabara Koogan, Rio de Janeiro, 2000.

WAJCHENBERG BL. Subcutaneous and visceral adipose tissue: their relation to the metabolic syndrome. *Endocrine Rev*, 21:697-738, 2000.

WALI JA, THOMAS HE, SUTHERLAND AP. Linking obesity with type 2 diabetes: the role of T-bet. *Diabetes Metab Syndr Obes*, 7:331-40, 2014.

WARNE JP. Tumour necrosis factor alpha: a key regulator of adipose tissue mass. *J Endocrinol*, 177:351-5, 2003.

WOLF G. Insulin resistance and obesity: resistin, a hormone secreted by adipose tissue. *Nutr Rev*, 62:389-99, 2004.

ZHANG HH, HALBLEIB M, AHMAD F et al. Tumor necrosis factor-alpha stimulates lipolysis in differentiated human adipocytes through activation of extracellular signal-related kinase and elevation of intracellular cAMP. *Diabetes*, 51:2929-35, 2002.

ZHANG Y, PROENCA R, MAFFEI M et al. Positional cloning of the mouse obese gene and its human homologue. *Nature*, 372:425-32, 1994.

Capítulo 73

Crescimento e Desenvolvimento

Maria Tereza Nunes

- Introdução, *1220*
- Período embrionário, *1220*
- Período pós-natal, *1225*
- Bibliografia, *1227*

INTRODUÇÃO

Ao longo da vida, desde o momento da concepção, os processos de crescimento e desenvolvimento coexistem harmoniosamente, contribuindo para o estabelecimento de padrões de expressão de proteínas que conferem aumento de massa bem como especificidade aos diferentes tecidos e órgãos que, coordenadamente, garantem a manutenção da vida do organismo como um todo. Todavia, a contribuição de cada um desses processos varia em proporções diferentes nas diversas fases da vida, ora predominando o crescimento ora o desenvolvimento, com exceção ao período embrionário, quando ambos os processos cursam, praticamente, em proporções similares. O sistema endócrino participa ativamente de todos esses processos, coordenando-os e ajustando-os às necessidades de cada fase da vida, de modo a garantir sua continuidade e qualidade.

Crescimento, por definição, implica aumento de massa, o qual pode ocorrer por aumento do número de células (aumento do número de mitoses; hiperplasia) ou por aumento do conteúdo proteico por célula, o que é definido por hipertrofia. Um exemplo do primeiro caso é o que ocorre no período embrionário, no qual uma única célula, por meio de sucessivas divisões celulares, dá origem a um organismo, o feto; o segundo caso pode ser exemplificado pelo exercício físico continuado (treinamento físico), o qual, como se sabe, induz hipertrofia muscular. Estima-se que, da concepção ao nascimento, ocorra um aumento de massa da ordem de 440 milhões de vezes e um ganho do comprimento em torno de 3.850 vezes. Sem dúvida, é o período da vida em que ocorre a maior aquisição de massa, por aumento no número de células. O indivíduo após o nascimento, até tornar-se adulto, continua ganhando massa (em torno de 20 vezes) e comprimento (de 3 a 4 vezes), embora nesse período a obtenção de massa ocorra predominantemente por hipertrofia.

Desenvolvimento implica aquisição de funções, diferenciação dos tecidos e expressão de proteínas específicas que determinarão as características funcionais dos diferentes tecidos, processo que tem sua maior expressão também no período embrionário. Assim, o tecido ósseo apresenta células que expressam proteínas específicas que determinam sua característica ímpar de resistir às forças mecânicas que lhe são aplicadas a cada movimento e pela força gravitacional. O tecido muscular expressa proteínas que determinam suas características mecânicas de contração e relaxamento. Quando nos referimos ao tecido muscular esquelético, essas características são fundamentais para o estabelecimento da postura e da movimentação do corpo no espaço. Entretanto, quando nos referimos ao músculo cardíaco, essas características são primordiais para o estabelecimento da diferença de pressão que possibilita a circulação sanguínea e a nutrição tecidual.

Vários fatores contribuem para o crescimento e o desenvolvimento do organismo; eles diferem dependendo da fase da vida em que o organismo se encontra, razão pela qual se torna importante discorrer sobre os principais determinantes do crescimento e do desenvolvimento no período pré- e pós-natal.

PERÍODO EMBRIONÁRIO

Conforme salientado, é no período intrauterino que ocorre o maior ganho de massa e desenvolvimento fetal, e a placenta é o órgão diretamente responsável pelo fornecimento de um ambiente que garante a harmonia desses processos. A placenta transfere nutrientes da mãe para o feto e produtos finais do metabolismo do feto para a mãe; age como uma barreira contra patógenos e células do sistema imune da mãe, é um órgão endócrino ímpar, que sintetiza e secreta hormônios proteicos, esteroides, fatores de crescimento e outras moléculas bioativas, que interferem tanto no metabolismo materno quanto no fetal. Dessa maneira, um retardo do crescimento intrauterino se deve, em geral, principalmente a fatores maternos, fetais ou placentários, enquanto os fatores endócrinos representam a grande minoria das causas do baixo peso e estatura ao nascer. Todavia, fatores endócrinos, maternos, nutricionais e genéticos contribuem, em graus variáveis, para o crescimento e o desenvolvimento normais do feto (Figura 73.1).

▶ Fatores endócrinos

Hormônio do crescimento (GH)

O conhecimento da importância do GH para o crescimento linear no período pós-natal fez com que esse hormônio fosse um dos primeiros a serem propostos como possível mediador do crescimento fetal, até porque se evidenciou que a concentração plasmática de GH encontra-se elevada no feto, alcançando o seu pico, aproximadamente, na metade da gestação. No entanto, a posterior constatação de que fetos anencefálicos, os quais não sintetizam GHRH nem GH, apresentam crescimento normal descartou a possibilidade de que este hormônio tivesse participação importante na fase de crescimento intrauterino.

No entanto, apesar de o GH plasmático fetal se apresentar elevado, os níveis plasmáticos de IGF-I não acompanham esse aumento, apresentando-se, inclusive, reduzidos. Acredita-se que nesse período do desenvolvimento fetal a expressão de receptores funcionais de GH (GHR) esteja comprometida, já que há evidências da existência de locais alternativos de iniciação da

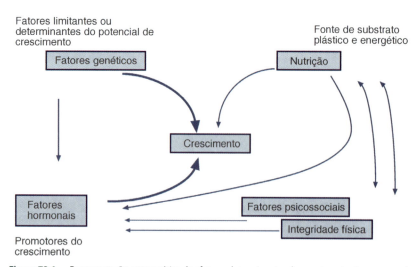

Figura 73.1 ▪ Representação esquemática dos fatores determinantes do crescimento. A espessura das setas indica o grau de contribuição de cada componente neste processo. (Adaptada de Martinelli e Aguiar-Oliveira, 2005.)

tradução do mRNA que codifica o GHR, sugerindo que sejam produzidos fragmentos peptídicos menores, em vez de receptores funcionais. Porém, a expressão de GHR na hipófise é marcante no período fetal, o que sugere um papel ainda desconhecido deste hormônio no desenvolvimento desta glândula.

Nos estágios mais tardios da gestação, os níveis de GH do feto diminuem, o que parece se dever ao efeito de retroalimentação negativa exercida pelo IGF-I, que, conforme veremos adiante, é de origem parácrina, graças ao estímulo de sua síntese por outros hormônios que não o GH. Conclui-se, portanto, que o crescimento intrauterino independe de GH fetal. Para mais esclarecimentos da relação entre GH e IGF-I, consulte o Capítulo 66, *Glândula Hipófise*.

Prolactina (Prl)

A detecção de receptores de Prl na maioria dos tecidos fetais, já no início da gravidez, sugere a sua participação no crescimento fetal (ver adiante o item hPL); no entanto, a secreção de Prl pelo feto é significativa apenas no último terço da gravidez. O fato de o desenvolvimento e o ganho de massa do tecido adiposo ocorrerem em paralelo à expressão de receptores de Prl nesse tecido levanta a possibilidade de que a Prl exerça papel importante nesses processos (Figura 73.2).

Hormônios placentários | Somatotrofina coriônica/lactogênio placentário

Durante a gravidez a placenta elabora vários hormônios; alguns atuam no organismo materno e promovem ações fisiológicas de fundamental importância para o crescimento e desenvolvimento do feto, enquanto outros atuam mais especificamente sobre o feto, promovendo o seu crescimento. Assim, temos a somatotrofina coriônica (hGH-V) e o lactogênio placentário (hPL) que apresentam parte da sequência de aminoácidos comum, o que lhes confere algumas ações fisiológicas semelhantes. Esses hormônios são provenientes de um gene ancestral comum, mas são codificados por genes distintos (ver boxe adiante). Dessa maneira, distúrbios na secreção destes hormônios durante a gravidez podem provocar repercussões adversas no crescimento fetal e na função metabólica do período pós-natal.

Somatotrofina coriônica (hGH-V)

A placenta produz uma gama de hormônios, dentre os quais uma variante do GH, o hGH-V, que é o principal hormônio somatotrófico da mãe, já que na gravidez a secreção hipofisária de GH encontra-se suprimida. O hGH-V apresenta semelhança estrutural com o GH e a Prl e atua no organismo materno promovendo aumento da síntese e secreção de IGF-I e modulando o metabolismo intermediário, uma vez que promove ativação da gliconeogênese e da lipólise, do que resulta um aumento da oferta de glicose, ácidos graxos e, também, de aminoácidos para o feto. O hGH-V não é liberado na circulação fetal e, portanto, não atua no feto, embora este dependa dos substratos energéticos liberados pela ação desse hormônio no organismo da mãe. A reduzida importância do hGH-V para o crescimento fetal é sustentada pelo fato de que a deleção do gene que codifica este hormônio não altera o crescimento fetal, já que nessa condição o recém-nascido apresenta peso e altura normais.

Lactogênio placentário (hPL)

O hPL pertence à família dos genes que codificam o GH e a Prl; no entanto, ao contrário do GH e da Prl, parece ter participação importante no crescimento fetal. Ele é secretado para a circulação materna e fetal, por meio da qual tem acesso aos tecidos, nos quais atua interagindo com receptores de Prl, e possivelmente com receptores específicos, promovendo efeitos tanto na mãe quanto no feto. Há evidências de que, no feto, o hPL seja importante para a síntese de IGF-I, cuja relevância para o crescimento foi demonstrada em experimentos com camundongos que apresentam deleção deste gene (camundongos *knockout* para IGF-I), conforme será explicitado adiante.

Na mãe, o hPL exerce efeitos anti-insulínicos, do que resulta o aumento da concentração de glicose, ácidos graxos livres e aminoácidos circulantes. Dessa maneira, ocorre maior aporte de substratos metabólicos para o feto, os quais são importantes estímulos para o seu crescimento.

No feto, o hPL estimula a síntese de IGF-I e de insulina, e o resultado dessa ação conjunta é a maior captação de aminoácidos e o estímulo da síntese proteica, o que é observado em células musculares e fibroblastos fetais. Nestes, a síntese de DNA também é incrementada graças aos efeitos mitogênicos do IGF-I. Ainda, o hPL é importante para a produção de hormônios adrenocorticais e de surfactante pulmonar (ver Figura 73.2). Adicionalmente, o hPL estimula a proliferação das células beta pancreáticas e estudos *in vitro* mostram que ele também inibe a apoptose em ilhotas pancreáticas humanas, o que indica o seu envolvimento na regulação da atividade das células beta pancreáticas. O atraso na ossificação da calvária em camundongos com deficiência de receptores de Prl indica que o hPL também participa da condrogênese fetal.

Acredita-se que o GHRH produzido pela placenta atue paracrinamente, controlando a secreção do hPL, uma vez que sua concentração plasmática se correlaciona positivamente com a concentração plasmática de hPL, no último trimestre da gravidez.

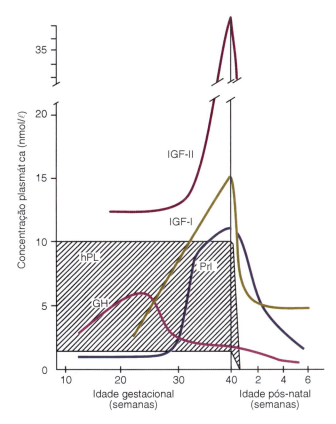

Figura 73.2 • Variações da concentração plasmática de IGF-II, IGF-I, lactogênio placentário (hPL), hormônio do crescimento (GH) e prolactina (Prl) no feto, durante a gestação e no período neonatal. As variações das concentrações fetais plasmáticas do hPL estão apresentadas na área hachurada. (Adaptada de Fisher, 2003.)

> Os genes que codificam o hPL pertencem à família dos genes do GH e da Prl. Os que codificam o hPL e o hGH estão presentes no cromossomo 17, em um *cluster* de 55 kb que apresenta cinco genes, cada um composto de 5 éxons e 4 íntrons. Esse *cluster* de genes consiste em dois genes do GH e três de hPL na seguinte ordem: hGH-N, hPL1, hPL4, hGH-V e hPL3. Dos três genes hPL, apenas o hPL3 e hPL4 são transcricionalmente ativos na placenta. A diferença dos peptídios codificados pelos genes hPL3 e hPL4 é de um único aminoácido presente no peptídio sinal. O hGH-N é expresso na hipófise anterior, enquanto o hGH-V e os três hPL são expressos na placenta pelos sinciciotrofoblastos. Dois transcritos podem ser gerados do gene do hGH-V, os quais originam um polipeptídio com peso molecular de 22.000 Da e outro que retém o íntron 4 e codifica um polipeptídio de 26.000 Da, que fica ancorado à membrana. As isoformas de hGH-N e V apresentam 22.000 Da de peso molecular e diferem entre si em 13 aminoácidos. O hGH-V apresenta ainda um local de glicosilação. Na 22ª semana de gestação essa é a isoforma mais abundante na circulação materna.

Grelina

A perda funcional do gene que codifica a grelina não afeta o peso ao nascer e nem as fases iniciais do crescimento pós-natal. Contudo, há evidências de que a grelina esteja envolvida com o processo de maturação de vias metabólicas relacionadas com o controle da homeostase energética.

O pâncreas é a principal fonte de grelina no período perinatal. Nesse órgão também se detecta a presença de seus receptores em células β pancreáticas, bem como na ilhota em geral, o que sugere que a grelina tenha alguma participação no desenvolvimento e na função da ilhota.

Insulina

A insulina passou a ser considerada um hormônio importante para o crescimento fetal, a partir da observação de que fetos de mães diabéticas são macrossômicos. Assim, a elevada glicemia da mãe diabética aumenta o aporte de glicose para o feto, que, em resposta, eleva a sua secreção de insulina. A hiperinsulinemia resultante leva ao aumento da captação de aminoácidos e da síntese proteica pelos tecidos fetais, tanto por interação direta da insulina com seus receptores, quanto por interação dela com os receptores de IGF-I, bem como por meio da estimulação da síntese de IGF-I, o que reforça os efeitos anabólicos sobre o metabolismo proteico e sobre o crescimento fetal.

Nessa fase de hiperinsulinemia, que ocorre nos dois primeiros trimestres de gestação, a sensibilidade à insulina encontra-se inalterada ou aumentada na mãe, sendo o resultado disso o aumento da lipogênese e da deposição de gordura. Nesta fase, os estrógenos parecem ter participação importante, pois aumentam a expressão do receptor de insulina (IR) em adipócitos, o que possivelmente aumenta a sensibilidade à insulina nesse tecido durante essa fase. Segue-se uma progressiva resistência insulínica, que leva, no último trimestre da gestação, ao aumento da lipólise, gliconeogênese hepática e cetogênese.

> O crescimento excessivo do feto está associado a aumento da incidência de complicações perinatais e desenvolvimento de obesidade, diabetes e doenças cardiovasculares na idade adulta. Estudos recentes, desenvolvidos em ratas grávidas com sobrepeso por ingestão de dieta rica em gordura, demonstraram que nessa condição dietética ocorre aumento da atividade da mTORC1 (*mTOR complex 1*) e diminuição da fosforilação do fator de iniciação da tradução, o eIF2α, alterações que elevam a síntese proteica, contribuindo com o excessivo crescimento da placenta e do feto. O contrário ocorre quando há redução da atividade da mTORC1, situação em que ocorre redução do crescimento fetal, o que foi avaliado em humanos.

Insulin-like growth factors (IGF)

Como dito anteriormente, o crescimento fetal é influenciado pelo hPL, que atua na mãe e no feto, e pela insulina fetal. Ambos exercem seus efeitos, pelo menos em parte, por meio do estímulo da síntese e secreção de IGF-I, o que demonstra a importância deste peptídio para o crescimento somático do feto (ver Figura 73.2).

A expressão do mRNA e da proteína IGF-I e II é detectada em praticamente todos os tecidos fetais, já nas fases iniciais da gestação, sendo o IGF-II a isoforma que predomina. Receptores de IGF encontram-se também largamente distribuídos nos tecidos fetais.

Os IGF pertencem a uma família de peptídios que dependem, em parte, da ação do GH, mas também de outros hormônios, tais como os citados anteriormente (hPL e insulina). Eles foram, inicialmente, chamados de somatomedinas, pois sua concentração plasmática reflete a secreção de GH, promovem a incorporação de sulfato na cartilagem e estimulam a síntese de DNA e a multiplicação celular, promovendo assim o crescimento. Após o isolamento das somatomedinas, verificou-se que elas apresentam grande homologia estrutural com a proinsulina, razão pela qual hoje são denominadas fatores de crescimento semelhantes à insulina (IGF). De fato, elas têm uma atividade semelhante à insulina em vários tecidos e se ligam a receptores de insulina; do mesmo modo, a insulina também se liga aos receptores de IGF do tipo I, sob determinadas condições (ver adiante).

Há duas isoformas reconhecidas de IGF, IGF-I e IGF-II, que apresentam, respectivamente, 70 e 67 aminoácidos. Existem, contudo, algumas isoformas de IGF-II que são maiores e de significado funcional pouco conhecido; sabe-se que estas são produzidas por tumores mesenquimais e provocam hipoglicemia. De fato, o mRNA que codifica o IGF-II apresenta-se constitutivamente expresso em uma série de tumores mesenquimais e embrionários.

Os genes que codificam o IGF-I e o II apresentam múltiplos locais de iniciação da transcrição, *splicing* alternativo de vários éxons e vários locais de poliadenilação. Essas peculiaridades indicam o alto grau de complexidade existente na regulação da expressão desses genes e possibilitam compreender sua expressão diferencial nos tecidos do embrião, feto, criança e indivíduo adulto.

Os IGF são sintetizados na grande maioria dos tecidos em que atuam, principalmente, por via parácrina. Eles também são produzidos no fígado em resposta ao GH, no período pós-natal, e a maioria do IGF-I hepático é secretada para a circulação. Assim, a maior fração de IGF-I circulante resulta da ação hepática do GH, embora parte do IGF-I plasmático seja proveniente de tecidos em que é produzido e em que atua, sobretudo, paracrinamente.

A expressão do mRNA e da proteína IGF-I e II é detectada em praticamente todos os tecidos fetais já nas fases iniciais da gestação, sendo predominante a isoforma IGF-II. Os receptores de IGF encontram-se também largamente distribuídos nos tecidos fetais.

A importância dos IGF para o crescimento somático foi determinada em experimentos que demonstraram que a mutação inativadora do gene que codifica o IGF-I afeta profundamente o crescimento fetal e pós-natal, enquanto a do IGF-II afeta apenas o crescimento fetal, o que indica que ambos os IGF são essenciais para o crescimento no período intrauterino. O mesmo ocorre por ocasião da mutação do gene que codifica o receptor de IGF-I (cujos ligantes são o IGF-I e II).

Quanto ao IGF-II, sua expressão cai logo após o nascimento, exceto no cérebro, em que a expressão do mRNA do IGF-II permanece elevada até a vida adulta.

Tais mutações não resultam apenas em baixo peso e altura ao nascimento, mas também em hipoplasia de vários órgãos e atraso no desenvolvimento ósseo, com alterações na progressão da mineralização óssea. Ainda, na deficiência de IGF-I ou de seus receptores, alguns camundongos morrem ao nascer, o que reforça o conceito de que o IGF-I exerça um papel crítico no desenvolvimento fetal, e que os animais que sobrevivem apresentam déficit no crescimento pós-natal.

> A mutação inativadora do gene que codifica o receptor de IGF-II (IGF-IIR) resulta em elevação do peso ao nascimento, mas também em morte, a qual ocorre no final da gestação ou ao nascimento. Na verdade, há evidências de que o receptor de IGF-II degrada o próprio IGF-II, regulando seus níveis plasmáticos. Sendo assim, na condição de mutação do IGF-IIR, os níveis de IGF-II apresentam-se elevados, o que resulta no aumento do peso ao nascimento, efeito decorrente da interação do IGF-II com o IGF-IR.

Os IGF circulam no plasma associados a proteínas, conhecidas como proteínas ligantes de IGF (*IGF-BP*). Seis isoformas de IGF-BP foram descritas, as quais são numeradas de I a VI. A IGF-BPI é a principal IGF-BP do soro fetal no início da gestação; sua concentração se eleva a um valor máximo no último trimestre da gravidez. Seus níveis circulantes, portanto, determinam a concentração de IGF livre no soro. Assim, elevações transitórias da sua concentração reduzem a disponibilidade de IGF-I livre para os tecidos. A IGF-BPII também é altamente expressa em tecidos fetais, principalmente no SNC, em que o seu papel não é ainda conhecido.

Hormônios tireoidianos (HT)

Os HT são importantes para o crescimento, o desenvolvimento e o metabolismo dos vertebrados. Sua participação no processo de *metamorfose* em anfíbios é fundamental, e essa talvez seja uma das ações mais explícitas deste hormônio sobre o *desenvolvimento*. A metamorfose ocorre em torno do 14º dia de vida do girino. Ela é retardada quando o girino é exposto a inibidores de síntese de HT (tais como propiltiouracila, metimazol e perclorato; ver Capítulo 68, *Glândula Tireoide*) e antecipada quando ocorre exposição ao T3 ou T4. Nesse estágio do desenvolvimento, o HT atua estimulando a expressão de genes específicos que induzem alterações drásticas, que incluem a reabsorção de órgãos e tecidos larvais, remodelamento dos órgãos larvais para a forma juvenil, e o desenvolvimento de novos órgãos e tecidos. Observa-se degeneração da cauda, em paralelo ao surgimento dos membros, processos que envolvem intensa proteólise e anabolismo proteico, respectivamente.

O SNC participa ativamente desse processo, uma vez que vias neuronais e prolongamentos neuríticos devem ser estabelecidos conjuntamente, para garantir a eficiência do processo.

HT e SNC

A observação de que crianças nascidas hipotireóideas não apresentam déficit de crescimento, mas sim um acentuado grau de retardo mental, demonstra que os HT são fundamentais para o desenvolvimento do SNC.

Os HT são essenciais para que ocorram adequadamente os processos de proliferação neuronal, sinaptogênese, desenvolvimento de dendritos, mielinização, migração celular e diferenciação de oligodendrócitos, dentre outros. Sabe-se que esses processos dependem de proteínas tais como: o fator de crescimento neuronal (*NGF*), o fator neurotrófico derivado do cérebro (*BNDF*), e neurotrofina-3 (*NT-3*), cuja expressão é induzida pelos hormônios tireoidianos. Sabe-se também que os HT induzem a expressão de *IGF-I*, mecanismo pelo qual exercem seus efeitos sobre a vascularização do tecido nervoso. É por essa razão que, no hipotireoidismo congênito, o indivíduo apresenta reduzido número de neurônios ao nascimento, associado a uma organização deficitária da árvore neural e da vascularização do SNC, em decorrência do comprometimento de todos esses processos, quadro que caracteriza o *cretinismo*.

A identificação precoce do hipotireoidismo congênito, por meio da detecção de níveis séricos elevados de TSH (um dos hormônios avaliados no *teste do pezinho*, detalhes no Capítulo 68), e o tratamento imediato do recém-nascido com hormônio tireoidiano levam, praticamente, à reversão do quadro, já que a sinaptogênese, mielinização e vascularização do SNC podem ser induzidas após o nascimento.

Os principais hormônios produzidos pela tireoide são a tiroxina (*T4*) e a tri-iodotironina (*T3*). O T4 corresponde a aproximadamente 70% da secreção tireoidiana, e o T3, a cerca de 30% (ver Capítulo 68). A maior parte do T4 é convertida em T3 por ação de desiodases e este dado, associado ao fato de que os receptores de HT (*THR*) têm 10 vezes mais afinidade para o T3 do que para o T4, fizeram com que o T4 fosse considerado um pró-hormônio, cujo papel principal seria o de gerar T3, o hormônio biologicamente ativo. Entretanto este conceito deve ser revisto, já que o T4 exerce ações não genômicas muito importantes, inclusive no período fetal, conforme será explicitado adiante.

Com relação ao T3, ainda não está claro se ele é o principal hormônio envolvido no desenvolvimento do SNC no período fetal, uma vez que nesta fase há elevada expressão tecidual da enzima desiodase tipo III (*D3*), que converte os HT considerados de maior atividade biológica em produtos menos ativos (T3 a T2 e T4 a rT3, ver Capítulo 68), bem como de THRα2, isoforma de receptor de HT (THR) que não apresenta domínio de ligação ao T3. Contudo, o THRβ, principal isoforma presente no SNC, já se encontra bastante expresso nesse período

> O desenvolvimento do SNC do feto se inicia por ação dos HT de origem materna. Embora o T3 seja considerado o principal HT a exercer um efeito nuclear, sabe-se que a fração de T4 transferida da mãe para o feto é até maior do que a de T3, o que coloca o T4 como o hormônio mais importante para esta ação fisiológica. O processo de desenvolvimento do SNC do feto prossegue à custa da sua própria produção hormonal. Porém, além de T3 e T4, o hormônio T3 reverso (rT3) também se apresenta em elevadas concentrações na circulação fetal, superando as de T3 e T4. Pouca consideração se deu à presença deste hormônio, uma vez que ele, até há pouco tempo, era considerado biologicamente inativo, em função da baixíssima afinidade dos THR a ele (ver Capítulo 68). No entanto, evidências atuais apontam que, em ratos, o rT3, assim como o T4, exercem ações não genômicas em células gliais e neurônios cerebrais, que promovem organização de microfilamentos que constituem o citoesqueleto, mecanismo pelo qual interferem com a migração neuronal e direcionamento de neuritos a diferentes locais (plasticidade neuronal), exercendo, dessa maneira, profundos efeitos no cérebro em desenvolvimento. Este dado é duplamente relevante, uma vez que revela uma ação importantíssima de um hormônio considerado inativo, o rT3, no desenvolvimento do SNC de ratos, e ainda, por um mecanismo não genômico, ou seja, independe da expressão de genes específicos. Reforça esse dado a observação de que camundongos *knockout* para os THR apresentam poucas anormalidades no desenvolvimento do SNC.

do desenvolvimento. Ainda, vale comentar que animais *knockout* para THRβ, bem como para THRα, não apresentam anormalidades morfológicas e funcionais significativas no desenvolvimento do cérebro nem alterações comportamentais ou na mielinização das fibras nervosas. Acrescenta-se a esses dados o fato de que é crescente na literatura o número de trabalhos que demonstram que os HT, principalmente T4 e rT3, exercem ações não genômicas, sendo uma delas a organização do citoesqueleto de actina, o que é fundamental para a formação de neuritos e, portanto, para a plasticidade neuronal.

HT e tecido muscular

O tecido muscular esquelético é um importante alvo do HT. O T3 age reprimindo ou induzindo a expressão de genes que codificam as diferentes isoformas da cadeia pesada de miosina (*MHC*), dentre outros, por meio da sua interação com THR específicos que são diferencialmente expressos nos tecidos (detalhes no Capítulo 68). Assim, o músculo extensor digital longo (*EDL*) apresenta fibras com elevada expressão da *MHC-II* (*fibras rápidas*) e poucas fibras que expressam *MHC-I* (*fibras lentas*), o que o caracteriza como um músculo de contração rápida. Demonstrou-se que camundongos que não expressam as isoformas THRα1 e THRβ, ou THRα1-/β-, apresentam diminuição da expressão da MHC-IIB e aumento da MHC-I no EDL, o que altera o seu fenótipo, uma vez que ele se torna lento. O músculo sóleo, que expressa mais fibras lentas (MHC-I) e poucas rápidas (MHC-II), quando estudado nesses camundongos, apresenta hiperexpressão da MHC-I e redução da expressão da MHC-II, o que o torna ainda mais lento.

Essas alterações são semelhantes às que ocorrem na transição das isoformas de miosina de camundongos hipotireóideos, que apresentam mutação autossômica recessiva com déficit de secreção de TSH, GH e Prl (anões). Nestes, o aparecimento das isoformas adultas de MHC no músculo esquelético é bastante retardado e as isoformas fetais de MHC não são totalmente eliminadas, e ocorre um aumento no número de fibras que expressam a MHC-I (lenta). No músculo cardíaco, onde as isoformas de MHC-α e β correspondem, respectivamente, às de MHC-II e I do músculo esquelético, o fenótipo adulto de expressão de MHC nunca é adquirido, de modo que a MHC-β permanece como a isoforma dominante. Contudo, a administração de uma única dose de T4 é capaz de provocar o aparecimento das isoformas adultas de MHC tanto no músculo esquelético (MHC-II), quanto no cardíaco (MHC-α), embora em tempos diferentes (no músculo esquelético o efeito do T4 aparece mais tardiamente), sugerindo que o mecanismo de ação do T4 é diferente nesses dois tecidos.

Outras ações

No período fetal, o HT, junto com a insulina e o cortisol, contribui para a síntese da substância surfactante, a qual desempenha importante papel no processo de expansão pulmonar, por ocasião do nascimento, por reduzir a tensão superficial da água nos alvéolos (ver Capítulo 42, *Mecânica Respiratória*).

Paratormônio (PTH) e calcitonina (CT)

A concentração de cálcio na circulação fetal é bastante elevada, graças ao seu transporte ativo através da placenta, por meio de uma Ca^{2+}-ATPase cuja atividade é estimulada por um peptídio relacionado com o PTH (*PTHrP*), secretado pela paratireoide fetal e pela placenta. Acredita-se que esse peptídio interaja com receptores de PTH do feto, e também module o fluxo de cálcio do esqueleto, a excreção renal de cálcio, a produção renal de $1,25(OH)_2$ Vit D e, provavelmente, a reabsorção de cálcio do líquido amniótico.

A elevada calcemia do feto parece ser o fator desencadeador da secreção de CT, hormônio produzido pelas células C da tireoide (detalhes no Capítulo 76, *Fisiologia do Metabolismo Osteomineral*) e também pela placenta e que apresenta importante papel no crescimento do esqueleto nesta fase do desenvolvimento, pois além de contribuir com a deposição de cálcio e fósforo no osso (mineralização), inibe o processo de reabsorção óssea. O papel importante desse hormônio no período embrionário contrasta com o papel limitado que apresenta no período pós-natal.

A ausência materna de CT ou do peptídio relacionado ao gene da calcitonina (*CGRP* α), em camundongo *knockout* para CT/CGRP α, leva à redução do número de fetos viáveis. A ausência fetal de CT e CGRP α reduz o conteúdo de magnésio no soro e no esqueleto, fatos que sugerem que esses peptídios participem da regulação do metabolismo de magnésio no feto.

Na atualidade, o crescente número de casos de deficiência de vitamina D na gestante tem se constituído em um problema significativo. Estima-se que entre 18 e 84% das gestantes no mundo apresentem deficiência de vitamina D. Esse hormônio, que está envolvido com a manutenção da massa óssea e o controle da calcemia (ver Capítulo 76), participa de processos importantíssimos como: proliferação e diferenciação celulares, função vascular e regulação do sistema imunológico, sendo elemento-chave para a decidualização, modulação da função imunológica materna e formação óssea do feto. Nesse sentido, a deficiência de vitamina D nesse período pode levar a complicações na gestação, como pré-eclâmpsia, prematuridade e diabetes melito gestacional. Essa deficiência também está associada a restrição do crescimento intrauterino e complicações para a saúde do recém-nascido, como asma, hipertensão e atraso no desenvolvimento do SNC. A deficiência de vitamina D na gestante também altera parâmetros relacionados com os glicocorticoides, aumentando a exposição placentária e fetal a eles, o que pode promover disfunção placentária e restrição do crescimento fetal. Assim, precaução deve ser tomada com os filtros solares UV, que vêm sendo cada vez mais usados pelas gestantes, em função do possível impacto dos mesmos sobre o desenvolvimento fetal e a saúde das crianças.

Outros fatores

Angiotensina II (ANG II)

Duas evidências sugerem a participação da ANG II no crescimento fetal: (1) detecção de receptores de ANG II do tipo AT_2 no músculo esquelético e no tecido conectivo de embriões de ratos, no final da gestação, e (2) a administração de ANG II em fetos de ratos promove incorporação de aminoácidos em proteínas na pele. Acredita-se que a ANG II seja produzida a partir da renina placentária.

Glicocorticoides

As suprarrenais do feto secretam cortisol, que é convertido em cortisona pela 11β-hidroxiesteroide desidrogenase *11β-HSD*, a qual é bastante expressa nos tecidos fetais. Essa conversão é fundamental neste período da vida, no qual o anabolismo deve predominar, considerando-se que a cortisona é um glicocorticoide relativamente inativo. Próximo ao nascimento, alguns tecidos fetais passam a expressar atividade 11-cetoesteroide redutase, que promove conversão local da cortisona em cortisol. A importância dos glicocorticoides no período embrionário pode ser depreendida pelo fato de que camundongos que não expressam receptores de glicocorticoides apresentam aumento do tamanho e desorganização do córtex das suprarrenais, atrofia da medula suprarrenal, hipoplasia do pulmão e gliconeogênese alterada; esses animais não sobrevivem sem tratamento adequado.

> Mais recentemente, tem aumentado o número de estudos que tentam explorar se as questões de identidade ou orientação sexual estão relacionadas com fatores pré-natais que poderiam moldar o desenvolvimento do sistema nervoso central e a expressão de comportamentos sexuais em animais e humanos. Estudos buscando avaliar se a exposição hormonal nesse período influenciaria a identidade de gênero e orientação sexual têm aumentado consideravelmente. De fato, há evidências de que a identidade de gênero e orientação sexual podem ser alteradas (masculinizadas) pela exposição pré-natal à testosterona ou feminizadas na ausência desse hormônio. Contudo, há exceções, e muitas questões ainda estão a ser resolvidas.

PERÍODO PÓS-NATAL

Do nascimento até os 2 anos de vida, o crescimento ocorre em uma velocidade em torno de 15 cm/ano, reduzindo-se a cerca de 6 cm/ano até a metade da infância. Por ocasião da puberdade, há aumento da velocidade de crescimento, que ocorre mais precocemente (2 a 3 anos) no sexo feminino, embora apresente magnitude maior no sexo masculino. O crescimento linear cessa após a fusão das epífises com as diáfises, ou seja, quando ocorre ossificação do disco epifisário.

No entanto, logo após o nascimento (*período neonatal*), nem todos os tecidos apresentam o grau de maturação que terão na vida adulta. Neste período, o padrão de expressão de vários genes ainda está sendo estabelecido, de modo que qualquer interferência, seja hormonal, ambiental ou nutricional, é capaz de alterar esse padrão de expressão gênica, o qual persistirá na vida adulta, levando a repercussões fisiológicas permanentes, a que denominamos *reprogramação gênica*.

No período neonatal ocorre a transição de várias isoformas de proteínas para as isoformas que predominarão na vida adulta. Assim, dentre outras alterações, o trocador Na^+/Ca^{2+}, principal mantenedor da concentração intracelular de cálcio no período fetal, sofre redução da sua expressão, enquanto aumenta a expressão da SERCA; as miosinas fetais são substituídas pelas isoformas adultas; as desiodases do tipo III (D3) apresentam redução da sua expressão, enquanto aumenta a expressão da D1 e D2, e os receptores de GH passam a ser funcionais.

Em ratos, a indução de hipertireoidismo transitório neste período leva a menor expressão gênica do GH, bem como à redução da massa magra e da densidade mineral óssea no animal adulto. Portanto, este período do desenvolvimento deve ser especialmente considerado, uma vez que representa uma janela passível de ser manipulada, com repercussões funcionais importantes na vida adulta. Assim, distúrbios nutricionais perinatais não apenas promovem consequências a curto prazo na velocidade de crescimento do feto, como também predispõem para o desenvolvimento de doenças metabólicas no adulto (detalhes no Capítulo 78, *Desreguladores Endócrinos*). Essas alterações podem ser transmitidas por várias gerações, sugerindo que essas consequências a longo prazo podem ser herdadas por mecanismos epigenéticos.

Diversos hormônios participam, em graus variáveis, do processo de crescimento e desenvolvimento pós-natal, como descrito a seguir.

▶ Hormônio do crescimento (GH)

Conforme discutido no Capítulo 66, grande parte dos efeitos do GH sobre o crescimento ocorre por intermédio de sua ação estimulante da síntese e secreção hepática do fator de crescimento semelhante à insulina, o IGF-I, o qual atua na placa epifisária, promovendo multiplicação dos condrócitos. O GH também estimula a síntese de IGF-I na própria placa epifisária, na qual este também atua autocrinamente, reforçando os efeitos endócrinos do IGF-I circulante. Na infância, a deficiência de GH provoca o nanismo e a sua hipersecreção causa o gigantismo. Após a puberdade, a hipersecreção de GH determina o quadro de acromegalia (mais detalhes no Capítulo 66).

O GH exerce efeitos diretos nos tecidos (tais como gliconeogênese, lipólise e estímulo da síntese proteica) e indiretos, via IGF-I. Como os receptores de IGF-I apresentam-se expressos em praticamente todos os tecidos, os efeitos do GH/IGF-I são amplos e redundam em estímulo da síntese proteica, o que é benéfico para a manutenção da massa muscular esquelética e cardíaca. Por outro lado, a hipersecreção de GH leva à hipertrofia muscular esquelética e cardíaca, além de efeitos que estão apresentados em mais detalhes no Capítulo 66.

Ao contrário da insulina, os IGF circulam associados a proteínas transportadoras de IGF (*IGFBP*), as quais conferem maior meia-vida ($t_{1/2}$) aos IGF, possibilitam que os IGF atinjam todas as suas células-alvo e modulem a interação dos IGF com os seus receptores, regulando, portanto, a sua atividade biológica.

Em geral, as IGFBP inibem a ação dos IGF por competir com o seu receptor por esses fatores de crescimento. No entanto, há evidências de que as IGFBP também exercem ações próprias, independentes de sua interação com os IGF. Sabe-se, por exemplo, que a IGFBP3, principal ligante de IGF-I, e que depende de GH, interage com receptores presentes em vários tipos celulares, como células de câncer de mama e condrócitos, inibindo o crescimento delas (Figura 73.3); portanto,

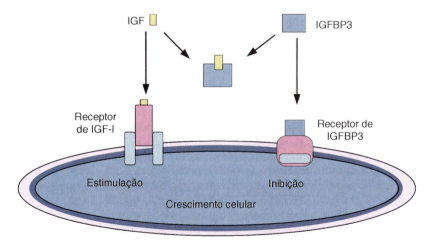

Figura 73.3 ▪ Esquema da participação do IGF e da IGFBP3 no crescimento celular. Observe que a IGFBP3 participa duplamente desse processo, já que, além de controlar a disponibilidade de IGF para as células, é capaz de interagir com locais específicos (prováveis receptores) na membrana plasmática, por meio do que parece se contrapor às ações de estímulo do crescimento celular promovido pelo IGF. (Adaptada de Reiter e Rosenfeld, 2003.)

o estudo da regulação transcricional da IGFBP3 poderá trazer importante contribuição para os estudos de câncer. Sendo assim, é possível que os efeitos antiproliferativos do *transforming growth factor beta 2* (*TGFβ-2*) e ácido retinoico sobre as células de câncer de mama sejam via ativação da transcrição do gene que codifica a IGFBP3.

A IGFBP1 tem sua expressão aumentada em estados catabólicos. Assim, o cortisol aumenta a sua expressão e a insulina a inibe, de modo que a elevação do cortisol reduz a disponibilidade de IGF-I para os tecidos, ocorrendo o contrário com a elevação da insulinemia.

▶ Tri-iodotironina (T3)

O T3 é um dos principais hormônios reguladores da expressão do gene do GH. Na infância, o hipotireoidismo leva a um déficit de crescimento, não só pela ausência das importantes ações do T3 sobre o anabolismo proteico, mas também pela reduzida expressão gênica do GH. O T3 também aumenta a expressão gênica de IGF-I em alguns tecidos, nos quais este fator de crescimento atua parácrina e autocrinamente.

T3 e desenvolvimento do sistema muscular esquelético

A aquisição de características específicas do tecido muscular, tais como velocidade de contração e tempo de relaxamento, também depende da ação dos HT. No tecido muscular esquelético, o T3 induz a expressão dos genes que codificam: (1) a isoforma II da cadeia pesada da miosina (MHC-II), a qual confere maior velocidade de contração a esse tecido, e (2) a isoforma I da bomba de cálcio do retículo sarcoplasmático (SERCA I), a qual apresenta elevada atividade ATPásica e cujo papel é remover o cálcio do citosol, direcionando-o ao retículo sarcoplasmático e desencadeando, assim, o processo de relaxamento muscular. Ao mesmo tempo, o T3 inibe a expressão dos genes que codificam a MHC-I e a SERCA II, expressas predominantemente nos músculos de contração lenta, e a de fosfolambam (proteína que inibe a atividade da SERCA). Ainda, o T3 induz a expressão das enzimas oxidativas succinato desidrogenase (SDH) e citrato sintase (CS) e de mioglobina no músculo esquelético.

Assim, a presença de concentrações fisiológicas de T3 determina a composição de proteínas que conferirão as características funcionais deste tecido. Quando o T3 é encontrado em excesso, todavia, predomina seu efeito catabólico proteico, com perda de massa magra, o que se traduz em fraqueza muscular. É interessante que, no hipotireoidismo, a redução da síntese proteica também determina fraqueza muscular.

T3 e desenvolvimento do sistema muscular cardíaco

Da mesma maneira que no músculo esquelético, no músculo cardíaco o T3 induz a expressão da isoforma MHC-α e reprime a da MHC-β, que correspondem, funcionalmente, a MHC-II e MHC-I do músculo esquelético, respectivamente. O T3 também determina a expressão: (1) de canais de sódio de vazamento no nodo sinusal, conhecidos por causarem correntes denominadas *funny*, bem como (2) dos HCN-2 e 4 (*hyperpolarization-activated cyclic nucleotide-gated channels*), proteínas que são essenciais para, respectivamente, conferir e controlar a atividade marca-passo do nodo sinusal do coração. Portanto, a elevação da expressão dos mesmos no hipertireoidismo é fator determinante do aumento da frequência cardíaca observada nesses estados. A SERCA II (única isoforma presente no músculo cardíaco) também tem sua expressão aumentada pelo T3. Assim, o T3 é um dos mais importantes determinantes do débito cardíaco. Ele ainda induz a expressão de receptores β-adrenérgicos no coração, determinando, portanto, a responsividade deste órgão às catecolaminas.

▶ Hormônios sexuais

O estirão de crescimento que ocorre na puberdade revela a importância dos esteroides gonadais no crescimento puberal. Parte de sua ação ocorre por estímulo da secreção de GH e parte por propiciar aumento da síntese de IGF-I, por ação direta. No entanto, eles aceleram a maturação do esqueleto, de modo que a hipersecreção destes hormônios faz com que a fusão das epífises com as diáfises ocorra mais precocemente, fazendo com que a altura prevista pelo programa genético não seja alcançada (Figura 73.4). Essa ação depende dos estrógenos, os quais, no sexo masculino, são produzidos a partir da ação de aromatases sobre os andrógenos. A importância dessa ação pode ser evidenciada em indivíduos do sexo masculino portadores de mutação dos receptores de estrógenos, ou de aromatases, os quais apresentam elevada estatura e deficiência da soldadura das epífises. Os estrógenos também são responsáveis pela deposição de cálcio no osso, o que propicia o aumento da massa óssea que ocorre por ocasião da puberdade. Assim, esses indivíduos apresentam reduzida massa óssea, alto *turnover* ósseo e epífises não soldadas. O atraso da menarca e da puberdade é considerado fator de risco para o desenvolvimento de osteopenia, na vida adulta. Todavia, a obtenção do pico de massa óssea depende não só dos esteroides gonadais, mas também do GH e do IGF-I.

▶ Cortisol

O cortisol reduz a taxa de crescimento, por sua potente ação indutora de catabolismo proteico, bem como por aumentar a expressão de IGFBP1, mecanismo pelo qual, conforme comentado, reduz a disponibilidade de IGF-I para os tecidos. Os glicocorticoides também estimulam a síntese de

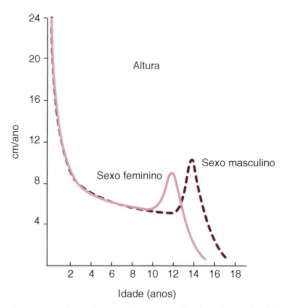

Figura 73.4 ▪ Taxa de crescimento (altura em cm/ano) em função da idade (em anos) e do sexo. Observa-se que a taxa de crescimento decai ao longo do tempo de modo semelhante em ambos os sexos e que se eleva no sexo feminino ao redor dos 12 anos de idade, precedendo o ganho de altura do sexo masculino, que é um pouco maior e ocorre ao redor dos 15 anos de idade.

somatostatina, e assim interferem negativamente no crescimento (mais detalhes no Capítulo 65, *Hipotálamo Endócrino*). Ainda, há evidências de que, *in vitro*, os glicocorticoides reduzam a secreção de IGF-I.

BIBLIOGRAFIA

ANTHONY RV, PRATT SL, LIANG R *et al.* Placental-fetal hormonal interactions: impact on fetal growth. *J Anim Sci*, 73:1861-71, 1995.

CARREL AL, ALLEN DB. Effects of growth hormone on body composition and bone metabolism. *Endocrine*, 12:163-72, 2000.

CLEMMONS DR. Insulin-like growth factor-I and its binding proteins. In: DeGROOT LJ, JAMESON JL (Eds.). *Endocrinology*. 4. ed. W.B. Saunders, Philadelphia, 2001.

FARWELL AP, DUBORD-TOMASETTI SA, PIETRZYKOWSKI AZ *et al.* Dynamic nongenomic actions of thyroid hormone in the developing rat brain. *Endocrinology*, 147(5):2567-74, 2006.

FISHER DA. Endocrinology of fetal development. In: LARSEN PR, KRONENBERG HM, MELMED S *et al.* (Eds.). *Williams Textbook of Endocrinology*. 10. ed. Saunders Company, Philadelphia, 2003.

FISHER DA. Fetal and neonatal endocrinology. In: DeGROOT LJ, JAMESON JL (Eds.). *Endocrinology*. 4. ed. W.B. Saunders, Philadelphia, 2001.

GACCIOLI F, WHITE V, CAPOBIANCO E *et al.* Maternal overweight induced by a diet with high content of saturated fat activates placental mTOR and eIF2alpha signaling and increases fetal growth in rats. *Biol Reprod*, 89(4):96, 2013.

GÖTHE S, WANG Z, NG L *et al.* Mice devoid of all known thyroid hormones receptors are viable but exhibit disorders of pituitary-thyroid axis, growth and bone maturation. *Genes Devel*, 13:1329-41, 1999.

HANDWERGER S, FREEMARK M. The role of placental growth hormone and placental lactogen in the regulation of human fetal growth and development. *J Pediatr Endocrinol Metab*, 13(4):343-56, 2000.

HILL DJ, MILNER RDG. Insulin as a growth factor. *Pediatr Res*, 19:879-86, 1985.

JUUL A, DALGAARD P, BLUM WF *et al.* Serum levels of insulin-like growth factor (IGF)-binding protein-3 (IGFBP-3) in healthy infants, children, and adolescents: The relation to IGF-I, IGF-II, IGFBP-1, IGFBP-2, age, sex, body mass index, and pubertal maturation. *J Clin Endocrinol Metab*, 80:2534-42, 1995.

KRAUSE M, FREDERIKSEN H, SUNDBERG K *et al.* Maternal exposure to UV filters and associations to maternal thyroid hormones and IGF-I/IGFBP3 and birth outcomes. *Endocr Connect*, 7(2):334-46, 2018.

MARTINELLI Jr, AGUIAR-OLIVEIRA MH. Crescimento normal: avaliação e regulação endócrina. In: ANTUNES-RODRIGUES J, MOREIRA AC, ELIAS LLK *et al.* (Eds.). *Neuroendocrinologia Básica e Aplicada*. Guanabara Koogan, Rio de Janeiro, 2005.

MEHLS O, TÖNSHOFF B, KOVÁCS G *et al.* Interaction between glucocorticoids and growth hormone. *Acta Paediatrica Scandinavica*, 388:77-82, 1993.

MIAO D, HE B, KARAPLIS AC *et al.* Parathyroid hormone is essential for normal fetal bone formation. *J Clin Invest*, 109(9):1173-82, 2002.

MORISHIMA A, GRUMBACH MM, SIMPSON ER *et al.* Aromatase deficiency in male and female siblings caused by a novel mutation and the physiological role of estrogens. *J Clin Endocrinol Metab*, 80:3689-98, 1995.

PETRAGLIA F, SANTUZ M, FLORIO P *et al.* Paracrine regulation of human placenta: control of hormonogenesis. *J Reprod Immunol*, 39:221-33, 1998.

PIERSON M, DESCHAMPS JP. In: JOB JC, PIERSON M (Eds.). *Pediatric Endocrinology*. Wiley, New York, 1981.

REITER EO, ROSENFELD RG. Normal and aberrant growth. In: LARSEN PR, KRONENBERG HM, MELMED S *et al.* (Eds.). *Williams Textbook of Endocrinology*. 10. ed. Saunders Company, Philadelphia, 2003.

ROSELI CE. Neurobiology of gender identity and sexual orientation. *J Neuroendocrinol*. 2017. doi: 10.1111/jne.12562. [Epub ahead of print]

SMITH EP, BOYD J, FRANK GR *et al.* Estrogen resistance caused by a mutation in the estrogen-receptor gene in a man. *N Eng J Med*, 331:1056-61, 1994.

SPAVENTI R, ANTICA M, PAVELIC K. Insulin and insulin-like growth factor I (IGF) in early mouse embryogenesis. *Development*, 108:491-5, 1990.

STYNE D. Growth. In: GREENSPAN FS, STREWLER GJ (Eds.). *Basic & Clinical Endocrinology*. 5. ed. Appletown and Lange, Stamford, 1997.

SUN LY, D'ERCOLE J. Insulin-like growth factor-I (IGF-I) stimulates histone H3 and H4 acetylation in the brain *in vivo*. *Endocrinology*, 147(11):5480-90, 2006.

THISSEN JP, PUCILOWSKA JB, UNDERWOOD LE. Differential regulation of insuline-like growth factor-I (IGF-I) and IGF-binding protein-1 messenger ribonucleic acid by amino acid availability and growth hormone in rat hepatocytes primary culture. *Endocrinology*, 134:1570-6, 1994.

WHITE P, BURTON KA, FOWDEN AL *et al.* Developmental expression analysis of thyroid hormone receptor isoforms reveals new insights into their essential functions in cardiac and skeletal muscles. *FASEB J*, 15(8):1367-76, 2001.

YATES N, CREW RC, WYRWOLL CS. Vitamin D deficiency and impaired placental function: potential regulation by glucocorticoids? *Reproduction*, 153:R163-71, 2017.

Capítulo 74

Controle Hormonal e Neural do Metabolismo Energético

Isis do Carmo Kettelhut | Luiz Carlos Carvalho Navegantes | Renato Hélios Migliorini (*in memoriam*)

- Introdução, 1230
- Metabolismo hepático, 1230
- Metabolismo do tecido adiposo, 1233
- Metabolismo do tecido muscular, 1235
- Ajuste neuroendócrino do metabolismo em situações de demanda energética, 1237
- Bibliografia, 1241

INTRODUÇÃO

Os três principais sistemas integradores do organismo, o sistema endócrino, o sistema nervoso e o sistema imune, interagem de diversas maneiras para assegurar a manutenção de níveis adequados de fornecimento, armazenamento e utilização de substratos energéticos em diferentes condições fisiológicas. Neste capítulo será revisto exclusivamente, de maneira sucinta, o controle neuroendócrino das vias metabólicas (de carboidratos, lipídios e proteínas) dos tecidos que têm importância fundamental na homeostase calórica. Não será abordado, por exemplo, o controle neuroendócrino da ingestão de alimentos ou o papel das citocinas produzidas pelo tecido adiposo, assuntos que têm despertado grande interesse pelas implicações no tratamento da obesidade (esses temas estão expostos no Capítulo 26, *Controle Neuroendócrino do Comportamento Alimentar*, e no Capítulo 72, *Moléculas Ativas Produzidas por Órgãos Não Endócrinos*).

Os principais substratos diretamente utilizados pelos tecidos para produção de energia são a glicose e os ácidos graxos livres (AGL, não esterificados) que circulam no plasma ligados à albumina. Apesar de sua baixa concentração, os AGL plasmáticos têm uma velocidade de renovação (*turnover*) muito alta, e a quantidade diária de calorias derivadas de sua oxidação é maior que a da glicose, mesmo em condições de repouso e no estado alimentado. Por outro lado, os AGL do plasma não são utilizados pelo cérebro, que têm um requerimento absoluto de glicose, embora possa, em certas condições, satisfazer parcialmente suas necessidades energéticas oxidando corpos cetônicos. O sistema nervoso central (SNC) é responsável por cerca de 50% da glicose consumida diariamente para fins energéticos. O suprimento adequado de substratos energéticos, para os diversos tecidos do organismo em condições basais e em situações de demanda alterada por fatores internos ou externos, depende principalmente do controle endócrino e neural do metabolismo de três tecidos: hepático, adiposo e muscular. O fígado é o principal responsável pela manutenção da glicemia e o tecido adiposo é o fornecedor dos AGL plasmáticos. O tecido muscular, pela sua massa (de 40% a 45% do peso corporal) é um grande consumidor de substratos energéticos, e suas proteínas constituem importante fonte de aminoácidos.

O SNC, por intermédio do sistema nervoso autônomo simpático ou parassimpático, pode alterar o fluxo em vias metabólicas do fígado ou dos tecidos adiposo e muscular. As ações dos nervos nesses tecidos podem ser amplificadas por meio da secreção indireta de hormônios tais como a epinefrina proveniente da medula da suprarrenal, a insulina e o glucagon (Figura 74.1). Por esse motivo, nos itens seguintes deste capítulo, nos quais será examinado separadamente o controle neuroendócrino do metabolismo de cada um daqueles três tecidos, a descrição das alterações que podem ser induzidas pela inervação autonômica e das áreas centrais envolvidas será precedida por um resumo das principais vias metabólicas do tecido abordado e sua regulação por hormônios. Embora as vias metabólicas básicas sejam comuns aos diversos tecidos, sua diferenciação e especialização funcional acarretam o predomínio de determinados processos. O tecido hepático é o tecido funcionalmente mais diversificado, mantendo ativas diversas vias metabólicas importantes para a homeostase calórica, e será o primeiro a ser examinado. Não faz parte do escopo deste capítulo a descrição detalhada dos mecanismos celulares da transdução dos sinais hormonais ou neurais pertinentes. Na parte final serão apresentadas situações (jejum, exercício e exposição ao frio) que ilustram como o SNC e o sistema endócrino agem de maneira coordenada para atender adequadamente às novas demandas energéticas, ativando ou inibindo o fluxo em vias metabólicas do fígado e dos tecidos adiposo e muscular.

METABOLISMO HEPÁTICO

▶ Regulação hormonal

Metabolismo de carboidratos

As principais vias do metabolismo de carboidratos no fígado e os pontos de sua regulação hormonal estão resumidos nas Figuras 74.1 e 74.2. Durante o período digestivo, grandes quantidades de glicose chegam ao fígado pelo sistema porta e são captadas pela célula hepática por um processo de difusão facilitada. O transportador de glicose predominante no hepatócito é o GLUT2, que não é sensível à insulina e tem um Km (constante de afinidade) para a glicose elevado, operando, portanto, abaixo do limiar de saturação, mesmo sob altas concentrações da hexose. Esta característica e o grande número de GLUT2 na membrana conferem ao hepatócito uma alta capacidade de captação de glicose. Dessa maneira, ao contrário dos tecidos adiposo e muscular, o transporte de glicose pela membrana do hepatócito não é um passo limitante (regulável) e as concentrações de glicose livre (não fosforilada) dentro e fora do hepatócito são praticamente iguais, mesmo em condições de hiperglicemia. No interior do hepatócito, a glicose é fosforilada a glicose-6-P pela glicoquinase, que se diferencia das outras hexoquinases por ter um alto Km para a glicose e por não ser inibida pelo seu produto, a glicose-6-P. Essas características da enzima tornam-na bem adequada, não apenas para operar nas concentrações relativamente altas de glicose existentes na célula hepática, como para direcionar o fluxo de carbonos da glicose para a via glicolítica e para a síntese de glicogênio. A fosforilação da glicose pela glicoquinase é o passo limitante da utilização da hexose pelo fígado. A insulina ativa a glicoquinase e acelera a fosforilação da glicose. Esta ação, acoplada à ativação da glicogênio-sintase, estimula a síntese e armazenamento de glicogênio, efeitos ainda reforçados por uma inibição simultânea da glicogênio fosforilase, reduzindo a glicogenólise. O fluxo na via glicolítica também é estimulado pela insulina, que, além de acelerar a fosforilação da glicose, ativa a fosfofrutoquinase e a piruvato quinase, enzimas-chave dessa via (ver Figura 74.2). Além disso, a insulina ativa a piruvato desidrogenase e com isso favorece a oxidação do piruvato (produto final da glicólise) na mitocôndria produzindo acetil-CoA. Paralelamente, a ativação da glicose-6-fosfato desidrogenase leva a um aumento do fluxo na via das pentoses, formando NADPH para a lipogênese (ver adiante).

O papel principal do fígado no controle da homeostase glicídica é devido, em grande parte, à sua capacidade de sintetizar glicose a partir de moléculas menores, principalmente aminoácidos, lactato e glicerol. Este processo, conhecido como neoglicogênese ou gliconeogênese, consiste em uma reversão da via glicolítica (ver Figuras 74.1 e 74.2). A piruvato carboxilase e a P-enolpiruvato carboxiquinase (PEPCK) são enzimas-chave da neoglicogênese, pois convertem, respectivamente, o piruvato a oxaloacetato, e este, a P-enolpiruvato. Dessa forma, a etapa da via glicolítica catalisada pela piruvato quinase é contornada pela ativação dessas enzimas. Em seguida, a etapa catalisada pela fosfofrutoquinase é revertida pela enzima

Controle Hormonal e Neural do Metabolismo Energético 1231

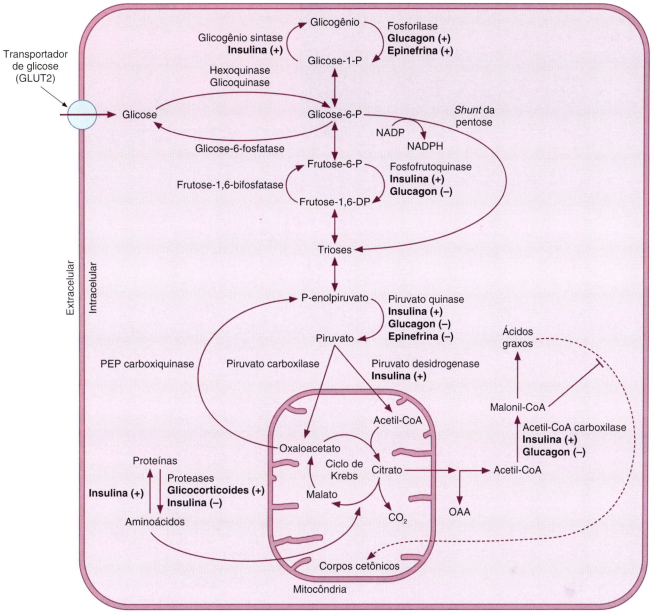

Figura 74.1 • Representação esquemática das principais vias metabólicas, com indicação dos pontos de ação hormonal. (+), estimulação; (–), inibição. (Descrição da figura no texto.)

neoglicogenética frutose-1,6-bifosfatase. A glicose-6-fosfato assim formada pode ser direcionada para a síntese de glicogênio ou pode produzir, pela ação da glicose-6-fosfatase, glicose livre que passa para a circulação. A insulina exerce um importante efeito inibitório no fluxo neoglicogênico. Além de inibir a piruvato carboxilase, a PEPCK e a glicose-6-fosfatase, o hormônio reduz o fornecimento de P-enolpiruvato para a neoglicogênese, pois aumenta a atividade da piruvato desidrogenase, que utiliza o piruvato para produção de acetil-CoA. As inibições da glicogenólise e da neoglicogênese são as principais responsáveis pela redução da produção hepática de glicose promovida pela insulina. A glicogenólise e a neoglicogênese são ativadas em situações de reduzida disponibilidade de glicose, aumentando a produção hepática da hexose. O glucagon tem um importante papel nessa adaptação. Este hormônio estimula a glicogenólise ativando a fosforilase e inibindo, simultaneamente, a glicogênio sintase; adicionalmente, aumenta o fluxo na via neoglicogênica de várias maneiras: (a) aumentando a capacidade da célula hepática captar aminoácidos, os principais substratos neoglicogênicos; (b) ativando a piruvato carboxilase, a PEPCK, a frutose-1,6-bifosfatase e a glicose-6-fosfatase; e (c) inibindo as enzimas da via glicolítica, fosfofrutoquinase e piruvato quinase. A inibição desta última impede a formação do piruvato a partir do P-enolpiruvato formado na etapa inicial da neoglicogênese.

Metabolismo lipídico

Além de sua participação fundamental no controle da homeostase glicídica, o fígado tem um importante papel no controle da síntese e da oxidação de ácidos graxos. Em situações de abundância de substratos energéticos, os ácidos graxos são sintetizados no citosol a partir de acetil-CoA, proveniente em sua maior parte da descarboxilação do piruvato (produzido na via glicolítica ou a partir de outros metabólitos, especialmente aminoácidos) pelo complexo intramitocondrial da piruvato desidrogenase. Além dessa síntese *de novo*, o fígado

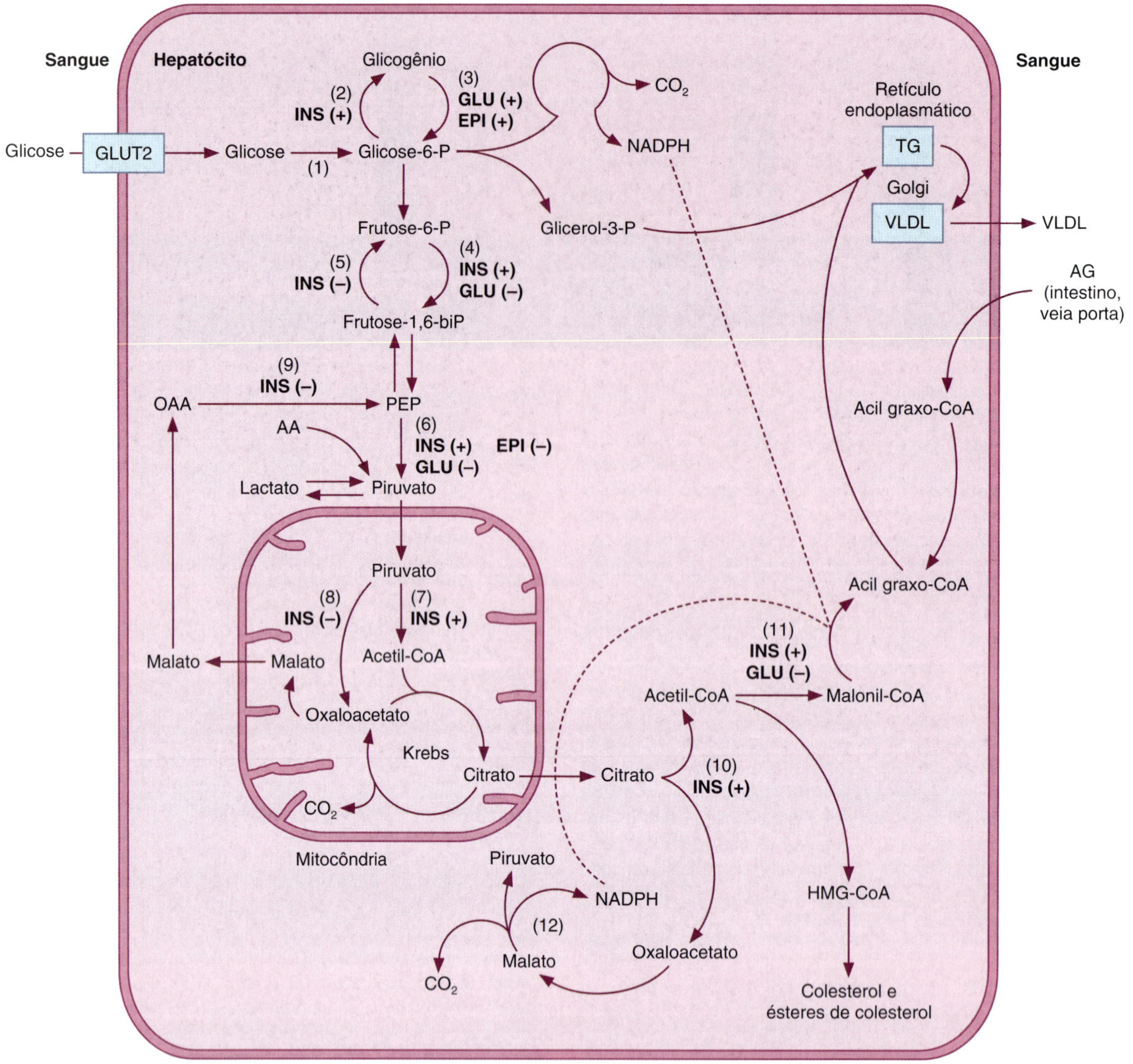

Figura 74.2 ▪ Representação esquemática do metabolismo de carboidratos e lipídios no fígado, com indicação dos pontos de ação hormonal. (+), estimulação; (−), inibição; *INS*, insulina; *GLU*, glucagon; *EPI*, epinefrina; *GLUT2*, transportador de glicose (tipo 2); *TG*, triacilgliceróis; *VLDL*, lipoproteínas de muito baixa densidade; *AG*, ácidos graxos. As *linhas tracejadas* representam a utilização do NADPH como fonte de energia redutora para a síntese dos ácidos graxos. Os números entre parênteses representam as enzimas reguladoras que atuam no passo metabólico indicado. (1), glicoquinase; (2), glicogênio sintase; (3), glicogênio fosforilase; (4), fosfofrutoquinase; (5), frutose-1,6-bifosfatase; (6), piruvato quinase; (7), piruvato desidrogenase; (8), piruvato carboxilase; (9), fosfoenolpiruvato carboxiquinase (PEPCK); (10), citrato liase; (11), acetil-CoA carboxilase; (12), enzima málica. Descrição da figura no texto.

capta da circulação ácidos graxos pré-formados: AGL, mobilizados do tecido adiposo, ou ácidos graxos incorporados em triacilgliceróis de lipoproteínas. Os ácidos graxos sintetizados ou captados são esterificados com glicerol-3-fosfato, formado a partir da di-hidroxiacetona na via glicolítica ou por fosforilação do glicerol pela gliceroquinase. Os triacilgliceróis podem ser armazenados no hepatócito ou incorporados em lipoproteínas de muito baixa densidade (VLDL) secretadas pelo fígado (ver Figura 74.2). Esta recirculação em VLDL dos ácidos graxos que chegam ao fígado contribui para o fornecimento de material energético em situações de demanda aumentada (p. ex., durante o jejum). Evidências indicam que, além da glicose, via di-hidroxiacetona na via glicolítica, e do glicerol via gliceroquinase, compostos de 3 carbonos (piruvato, lactato e aminoácidos glicogênicos) podem ser utilizados pelo fígado para produzir o glicerol-3-fosfato necessário para a formação de triacilgliceróis e posterior incorporação em VLDL. Esta via, denominada gliceroneogênese, é mais estudada no tecido adiposo (ver adiante). A célula hepática tem um ativo sistema enzimático mitocondrial de β-oxidação de ácidos graxos com produção de acetil-CoA. Se o afluxo de ácidos graxos para o fígado for excessivo, ocorre acúmulo de acetil-CoA e produção de corpos cetônicos (ácidos acetoacético e β-hidroxibutírico), que podem levar à acidose. Em condições normais, existe uma relação inversa entre a atividade lipogênica e a β-oxidação. Isto se deve ao fato de o malonil-CoA, formado pela acetil-CoA carboxilase na primeira etapa da síntese de ácidos graxos, ser um inibidor da carnitina-aciltransferase I, enzima responsável pela ligação dos ácidos graxos com a carnitina e seu transporte para o interior da mitocôndria. A insulina estimula a síntese de ácidos graxos (lipogênese) no fígado, que se deve em parte ao aumento do fluxo glicolítico por ela produzido, associado à ativação do sistema da piruvato desidrogenase mitocondrial, aumentando o fornecimento de acetil-CoA oriundo da glicose. Além disso, a insulina ativa a acetil-CoA carboxilase, que parece ser a enzima limitante desse processo, e também a ácido graxo sintase. Aumentando o fornecimento de glicerol-3-fosfato derivado da via glicolítica, o hormônio favorece ainda a esterificação e o armazenamento dos ácidos graxos sintetizados. Em virtude da ativação da acetil-CoA carboxilase e do aumento da concentração intracelular de malonil-CoA, inibidor da carnitina aciltransferase I, a insulina reduz a entrada e a β-oxidação de ácidos graxos dentro da mitocôndria, tendo, portanto, um efeito anticetogênico. O glucagon, por outro lado, inibe a acetil-CoA carboxilase e a síntese de ácidos graxos. A consequente redução do conteúdo intracelular de malonil-CoA ativa a carnitina aciltransferase I, estimulando a oxidação de ácidos graxos e a produção de corpos cetônicos.

▶ Regulação neural

Como referido anteriormente, o SNC não utiliza ácidos graxos de cadeia longa e tem um requerimento absoluto de glicose como fonte de energia. Em situações em que há tendência à redução da concentração plasmática de glicose, o SNC, por intermédio do sistema nervoso autônomo, intervém para impedir uma queda no seu suprimento de hexose, agindo especialmente no fígado, que é o principal controlador da produção desse substrato. O SNC pode alterar o fluxo nas vias metabólicas hepáticas diretamente, mediante a inervação simpática e parassimpática do hepatócito, ou indiretamente, ativando ou inibindo a secreção de hormônios que agem sobre as mesmas vias. A ativação de adrenorreceptores α pela inervação simpática do pâncreas estimula a secreção de glucagon pelas células α das ilhotas de Langerhans e inibe a secreção de insulina pelas células β. A ativação simpática também resulta em maior síntese e secreção de catecolaminas (principalmente epinefrina) pela medula suprarrenal. No fígado, a epinefrina, de modo semelhante ao glucagon, leva à ativação da glicogenólise e da neoglicogênese. Os mecanismos intracelulares envolvidos na resposta glicogenolítica à epinefrina são desencadeados, principalmente, pela ativação de adrenorreceptores β$_2$ e aumento das concentrações de cAMP, com consequente ativação da PKA (proteinoquinase dependente de cAMP). Isto leva à ativação da glicogênio fosforilase e inibição da glicogênio sintase, que resulta na degradação do glicogênio. A estimulação de adrenorreceptores α$_1$ também promove aumento da glicogenólise hepática e facilita a captação de aminoácidos pelo fígado, aumentando a disponibilidade de substratos para a neoglicogênese. Esses efeitos das catecolaminas, associados à maior secreção de glucagon e inibição da secreção de insulina pelo simpático, resultam em maior produção hepática de glicose e ajudam a evitar os danos irreversíveis dos neurônios resultantes de uma queda abrupta da glicose no sangue. Efeitos idênticos na glicogenólise e neoglicogênese, com ativação das enzimas correspondentes, podem ser obtidos pela estimulação direta dos terminais simpáticos do fígado. O aumento da atividade simpática para as glândulas ou para o hepatócito é devido à ativação de neurônios sensíveis à concentração de glicose, localizados no SNC. Neurônios sensíveis à glicose foram localizados em diversas regiões do SNC, tais como: os núcleos ventromedial, arqueado, supraquiasmático e paraventricular no hipotálamo; a substância nigra, a área postrema e o núcleo do trato solitário no tronco cerebral. Esses neurônios são também sensíveis a outros metabólitos e a diversos tipos de peptídios e citocinas, participando, portanto, do controle de outros aspectos do metabolismo energético. No entanto, sua capacidade de ativar as vias simpáticas eferentes para o fígado (e para o pâncreas, medula suprarrenal etc.) passa a ser a atividade predominante em situações de redução do suprimento de glicose. Sinapses colinérgicas centrais também parecem estar envolvidas no controle da produção de glicose; sua estimulação, que aumenta o fluxo simpático eferente, leva a uma acentuada hiperglicemia por ativação da neoglicogênese hepática. Ao contrário do simpático, o parassimpático estimula a secreção da insulina, via liberação de acetilcolina e ativação da PKC (proteinoquinase dependente de cálcio) nas células β do pâncreas, com a consequente redução da produção hepática de glicose, por inibição da glicogenólise e da neoglicogênese (ver anteriormente). Isto é o que acontece, por exemplo, durante a fase cefálica da digestão (ver Capítulo 61, *Secreções do Sistema Digestório*), quando estímulos sensoriais relacionados ao alimento (visão, olfação, audição etc.) aumentam a secreção de insulina mesmo antes de o alimento chegar ao estômago. O papel da inervação parassimpática direta dos hepatócitos no controle das vias metabólicas não está bem esclarecido, embora haja evidências de que a estimulação do vago aumente a atividade da enzima glicogênio sintase. O papel de fibras aferentes do vago na transmissão sensorial, para o SNC, de informações sobre a concentração hepática de metabólitos, inclusive da glicose, é mais bem conhecido.

METABOLISMO DO TECIDO ADIPOSO

▶ Regulação hormonal

Metabolismo de carboidratos

O metabolismo de carboidratos no tecido adiposo está diretamente ligado às duas funções básicas desse tecido: armazenar gordura (triacilgliceróis) e mobilizar ácidos graxos de acordo com a demanda calórica. Ao contrário da célula hepática, o transporte de glicose pela membrana do adipócito é um passo limitante da utilização da hexose. O transportador predominante é o GLUT4, que é sensível à insulina. Ao promover a síntese e a translocação para a membrana de moléculas de GLUT4 presentes no retículo endoplasmático, a insulina estimula o transporte de glicose para o interior da célula, onde é imediatamente fosforilada. A insulina estimula o fluxo na via glicolítica e na via das pentoses, gerando NADPH para a síntese de ácidos graxos. Pelo fato de o adipócito, ao contrário do hepatócito, apresentar quantidades relativamente pequenas de gliceroquinase, o tecido adiposo é muito dependente do fluxo na via glicolítica para fornecimento do glicerol-3-fosfato necessário para a esterificação de ácidos graxos (ver adiante).

Metabolismo lipídico

Tal como ocorre no hepatócito, no tecido adiposo os ácidos graxos são sintetizados *de novo* no citosol a partir de acetil-CoA, proveniente, em sua maior parte, da descarboxilação do piruvato (produzido na via glicolítica ou a partir de outros metabólitos) pelo complexo intramitocondrial da piruvato desidrogenase. Esse processo é estimulado pela insulina, que além de aumentar o fluxo na via glicolítica, ativa o sistema da piruvato desidrogenase e as enzimas acetil-CoA carboxilase e ácido graxo sintase (Figura 74.3). O tecido adiposo pode também captar ácidos graxos já formados que se encontram na circulação incorporados em triacilgliceróis de lipoproteínas (especialmente, no período pós-absortivo, em quilomícrons e VLDL). Essa captação é estimulada pela insulina, que ativa a lipase lipoproteica, enzima localizada na membrana basal do endotélio dos capilares próximos dos adipócitos, cuja ação resulta na hidrólise dos triacilgliceróis de lipoproteínas (ver Figura 74.3) gerando glicerol e ácidos graxos. A esterificação e o armazenamento dos ácidos graxos, sintetizados *de novo* ou captados da circulação, requerem fornecimento adequado de glicerol-3-fosfato. Em virtude da pequena quantidade de gliceroquinase, esse fornecimento depende de um fluxo glicolítico ativo (e, portanto, da insulina) para produção de glicerol-3-fosfato a partir da di-hidroxiacetona, pela ação da glicerofosfato desidrogenase. Evidências indicam que, em situações de pouca disponibilidade de glicose e baixas concentrações de insulina, o glicerol-3-fosfato pode também ser formado via gliceroneogênese; esta consiste em uma reversão parcial da glicólise, até di-hidroxiacetona, a partir de piruvato ou de outros produtores de piruvato, como lactato e aminoácidos glicogênicos (Figura 74.4). A gliceroneogênese é semelhante à neoglicogênese hepática, com formação intramitocondrial de oxaloacetato, que é transportado para o citosol, onde é descarboxilado pela PEPCK. O fosfoenolpiruvato assim formado segue as etapas inversas da glicólise até di-hidroxiacetona. Semelhante à neoglicogênese, a enzima-chave da gliceroneogênese é a PEPCK, a qual está presente no tecido adiposo e é inibida pela insulina. A atividade desta via aumenta, portanto, em situações em que a concentração plasmática desse hormônio encontra-se reduzida (como no jejum), com consequente aumento da geração de glicerol-3-fosfato. A formação de glicerol-3-fosfato seria importante para assegurar a síntese e o estoque de triacilgliceróis no tecido adiposo (ver Figura 74.4). Outro efeito importante da insulina é a inibição da mobilização de ácidos graxos do tecido adiposo, que é devida a um aumento da fração de ácidos graxos que são reesterificados com glicerol-3-P produzido pela via glicolítica e a uma redução da velocidade de lipólise, devida ao efeito inibitório do hormônio na atividade da lipase hormônio-sensível (LHS). O glucagon e as catecolaminas, especialmente a epinefrina, ativam a LHS e são potentes estimuladores da lipólise. Esse efeito do glucagon, que aumenta o fluxo de ácidos graxos para o fígado, potencia sua ação cetogênica hepática. Durante muitos anos, a LHS foi considerada a única enzima-chave reguladora da mobilização de ácidos graxos do tecido adiposo. Entretanto, outra enzima denominada lipase dos triglicerídios do adipócito (ATGL), ou desnutrina ou fosfolipase A2ú, foi encontrada principalmente no tecido adiposo branco. Esta enzima usa os triacilgliceróis como substrato e o produto desta hidrólise, o diacilglicerol, é o principal substrato fisiológico da LHS. A diferença na preferência dos substratos pelas ATGL e LHS sugere que a mobilização de ácidos graxos envolve uma ação coordenada dessas duas enzimas. A ATGL parece ser regulada pelos mesmos hormônios que a LHS e, embora também seja fosforilada, diferente da LHS, esta reação de fosforilação não ocorre pela PKA. No tecido adiposo há também outra proteína estrutural denominada perilipina, que se localiza na superfície da gota de gordura. Quando fosforilada pela PKA, a perilipina altera sua estrutura tridimensional e possibilita que a LHS, também ativada por fosforilação pela PKA, tenha acesso ao seu substrato, o triacilglicerol, e promova a sua hidrólise em ácidos graxos e glicerol.

▸ Regulação neural

Talvez pela falta de métodos mais sensíveis, não há, até o momento, evidências claras da existência de inervação parassimpática do tecido adiposo. Comparada a de outros tecidos, a inervação simpática do tecido adiposo é relativamente pequena, e sua importância fisiológica foi posta em dúvida por muitos anos. Em situações de aumento da demanda de substratos energéticos pelos tecidos periféricos, o tecido adiposo contribui para atender essa demanda ativando, por meio do simpático, o processo de lipólise e mobilização de ácidos graxos. O simpático pode ativar a lipólise agindo diretamente no adipócito ou indiretamente, inibindo a secreção de insulina e estimulando a secreção de glucagon, e especialmente de epinefrina. Como antes referido, estes dois últimos são hormônios lipolíticos, ao contrário da insulina. Fibras simpáticas inervam tanto o parênquima (adipócitos) do tecido como a vasculatura, inclusive os capilares, e sua estimulação, em condições de completa ausência de fatores hormonais, produz ativação da lipólise. Esta ativação, com

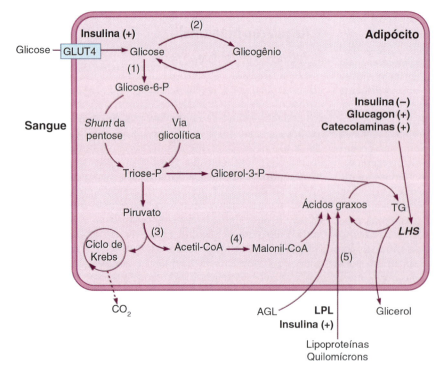

Figura 74.3 • Representação esquemática do metabolismo de carboidratos e lipídios no tecido adiposo branco, com indicação dos pontos de ação hormonal. (+), estimulação; (–) inibição. Os números entre parênteses representam as enzimas reguladoras que atuam no passo metabólico indicado. (*1*), hexoquinase; (*2*), glicogênio sintase; (*3*), piruvato desidrogenase; (*4*), acetil-CoA carboxilase; (*5*), lipase lipoproteica (LPL); *LHS*, lipase hormônio sensível; *GLUT4*, transportador de glicose (tipo 4) sensível à insulina; *AGL*, ácidos graxos livres. Descrição da figura no texto.

Controle Hormonal e Neural do Metabolismo Energético 1235

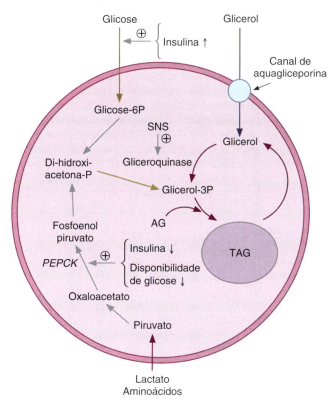

Figura 74.4 • Representação esquemática da formação do glicerol-3-fosfato na célula adiposa pela via glicolítica e pela gliceroneogênese e formação dos triacilgliceróis. *TAG*, triacilgliceróis; *AG*, ácidos graxos; *SNS*, sistema nervoso simpático; *PEPCK*, fosfoenolpiruvato carboxiquinase; (+), estimulação; (↑), aumento; (↓), diminuição. Descrição da figura no texto.

aumento da atividade da LHS, é devida à liberação de norepinefrina nos terminais simpáticos próximos aos adipócitos. Por outro lado, existem evidências de que o processo de mobilização para a circulação dos AGL resultantes da lipólise pode ser facilitado pela inervação simpática dos capilares. Estudos mostram que a estimulação simpática aumenta a permeabilidade (o coeficiente de filtração) de capilares do tecido adiposo, facilitando a penetração da albumina no espaço intercelular. A albumina é a transportadora dos AGL formados pela lipólise, e a facilitação de seu trânsito pelo espaço intercelular possibilitaria uma eficiente remoção dos ácidos graxos para a circulação, evitando seu acúmulo, que poderia ter um efeito inibitório sobre a lipólise. Diversas regiões do SNC fazem conexão com o sistema nervoso simpático e podem estar envolvidas no processo de ativação da lipólise pelo tecido adiposo: núcleos da rafe e núcleo do trato solitário no tronco cerebral, núcleos supraquiasmático, dorsomedial e paraventricular do hipotálamo, área hipotalâmica lateral e área pré-óptica medial. Independentemente de sua possível contribuição para a ativação da lipólise no tecido adiposo, essas regiões centrais participam do controle de outros aspectos do metabolismo energético. Por exemplo, há evidências de que, além de sua ação lipolítica, o simpático iniba no tecido adiposo os processos de diferenciação e proliferação de adipócitos. Esses processos ocorrem com diferente intensidade nos diversos depósitos de tecido adiposo e parecem ser controlados, em parte, pelas áreas centrais conectadas ao simpático. Vale ressaltar que existem diferenças de resposta a estímulos hormonais ou neurais entre os diferentes depósitos de tecido adiposo branco, dependendo de sua localização no organismo.

METABOLISMO DO TECIDO MUSCULAR

▶ Regulação hormonal

Metabolismo de carboidratos

A captação da glicose pela célula muscular ocorre principalmente por difusão facilitada pelos transportadores do tipo 4 (GLUT4), sensíveis à insulina, semelhante ao que ocorre na célula adiposa. Assim que a glicose atravessa a membrana, é rapidamente fosforilada pela hexoquinase a glicose-6-fosfato, de tal maneira que a quantidade de glicose livre dentro da célula é praticamente nula. Pelo fato de o tecido muscular representar quase a metade do peso corporal, ele é o principal responsável pelo *clearance* da glicose circulante após uma refeição. Uma vez dentro da célula muscular, a glicose pode seguir a via de síntese do glicogênio (glicogênese), a qual em condições normais encontra-se ativada, principalmente pela ação da insulina, que estimula a atividade da glicogênio sintase e inibe a glicogênio fosforilase, semelhante ao que ocorre no hepatócito (Figura 74.5). Enquanto no fígado a quantidade de glicose armazenada na forma de glicogênio é em torno de 5%, no músculo este valor é da ordem de 2%. Entretanto, o tecido muscular é o maior reservatório de glicogênio, devido à grande quantidade deste tecido existente no organismo dos mamíferos. A glicose pode também seguir a via glicolítica, fornecendo ATP e lactato, principalmente em músculos brancos, de contração rápida, ricos em fibras do tipo II, que são pobres em mitocôndrias e trabalham em condições de anaerobiose. Já em músculos vermelhos, ricos em fibras do tipo I, de contração lenta e ricos em mitocôndrias, a glicose pode ser totalmente oxidada a CO_2, ATP e H_2O, fornecendo energia pela fosforilação oxidativa na cadeia respiratória mitocondrial.

O músculo pode também utilizar, dependendo da situação fisiológica, outros substratos energéticos, principalmente os AGL, corpos cetônicos e o próprio lactato.

Tanto os AGL como os corpos cetônicos podem ser oxidados nas células musculares, fornecendo moléculas de acetil-CoA e citrato, que podem, respectivamente, inibir a piruvato desidrogenase e a fosfofrutoquinase, o que leva ao acúmulo de glicose-6-fosfato, que bloqueia a atividade da hexoquinase, levando à inibição da utilização da glicose pelo tecido muscular. Este mecanismo é conhecido como ciclo de Randle ou ciclo glicose-ácido graxo, podendo parcialmente explicar a resistência à utilização da glicose observada em situações de diabetes, quando os níveis de AGL e corpos cetônicos estão elevados. As células musculares também apresentam receptores para as catecolaminas, principalmente os adrenorreceptores β_2, que uma vez ativados podem estimular a glicogenólise (via PKA), pela fosforilação da glicogênio fosforilase, e inibir a glicogênio sintase. Como no músculo não existe a enzima glicose-6 fosfatase, a glicose-6-fosfato formada pela glicogenólise é oxidada pela via glicolítica (ver Figura 74.5), podendo ainda fornecer lactato. Já no músculo esquelético não são encontrados receptores para o glucagon, o qual não tem nenhuma importância fisiológica para o controle do metabolismo muscular.

Outra via metabólica que pode ocorrer em músculos esqueléticos, ainda não muito explorada, é a glicogeniogênese, que consiste na síntese de glicogênio a partir de outros substratos diferentes da glicose, principalmente do lactato. Quando produzido pelo músculo em grande quantidade, o lactato pode ser utilizado pelas próprias células musculares para sintetizar glicogênio, havendo, em parte, a participação da enzima

Capítulo 74

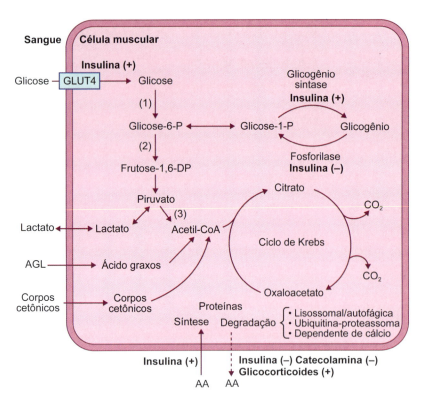

Figura 74.5 ▪ Representação esquemática do metabolismo de carboidratos, lipídios e proteínas no músculo, com indicação dos pontos de ação hormonal. (+), estimulação; (–), inibição. Os números entre parênteses representam as enzimas reguladoras que atuam em cada passo indicado. (*1*), hexoquinase; (*2*), fosfofrutoquinase-1; (*3*), piruvato desidrogenase; *AA*, aminoácidos; *AGL*, ácidos graxos livres. Descrição da figura no texto.

PEPCK, mas principalmente a reversão da reação catalisada pela enzima piruvato quinase. O lactato liberado pelas células musculares, principalmente as de tipo II, pode também ser utilizado tanto pelas células vizinhas do tipo I, dentro de um mesmo músculo de natureza mista; além disso, ao ser liberado na corrente sanguínea, pode ser utilizado por fibras musculares esqueléticas oxidativas e cardíacas, pela conversão do lactato em piruvato (pela presença da desidrogenase láctica intramitocondrial) e, posteriormente, em acetil-CoA, sendo oxidado pelo ciclo de Krebs para a produção de energia. Esses processos metabólicos ocorrem principalmente em situações de exercício, quando há formação de grande quantidade de lactato.

Metabolismo lipídico

Sabe-se que os processos metabólicos de síntese e degradação dos triacilgliceróis não são os mais importantes no músculo, embora haja considerável quantidade de gordura interfibras, dependendo do tipo de músculo considerado. O estudo do metabolismo lipídico em músculo deve ser analisado com cautela, uma vez que os achados experimentais podem ser decorrentes dos processos metabólicos que ocorrem no tecido adiposo que existe entre as fibras e não propriamente no interior das células musculares. Desse modo, principalmente por problemas metodológicos, pouco se sabe a respeito do papel de fatores hormonais no metabolismo de lipídios na célula muscular de indivíduos adultos. Entretanto, acredita-se que os principais substratos energéticos das células musculares são os ácidos graxos de cadeia longa. Uma vez dentro das células, estes são acilados com coenzima A pela ação das acil-CoA sintetases e, após ligação com a carnitina, pela ação da carnitina-acil-transferase I, são transportados para o interior da mitocôndria para serem oxidados. Já é bastante conhecido que a oxidação dos ácidos graxos inibe a oxidação da glicose, pelos mecanismos enzimáticos já explicados.

Tanto em células musculares esqueléticas como em cardíacas, são encontradas proteínas transportadoras de ácidos graxos (FAT/CD36 e FABPpm), que podem ser translocadas de um *pool* intracelular para a membrana plasmática, aumentando o transporte de ácidos graxos durante a contração muscular, por exemplo. Estudos em humanos indicam que músculos de indivíduos com obesidade abdominal ou diabetes tipo 2 apresentam baixa capacidade de oxidação de ácidos graxos. Os ácidos graxos captados e não adequadamente oxidados podem levar ao acúmulo de triacilglicerol e formação de outros tipos de lipídios no músculo, o que tem sido associado à resistência à insulina observada no músculo esquelético desses indivíduos.

Metabolismo de proteínas

O músculo é o tecido que contém a maior quantidade de proteínas do organismo e é certamente o tecido especializado na síntese e na degradação das proteínas. Embora nos mamíferos não existam proteínas de reserva, estas biomoléculas estão em constante renovação, tendo cada proteína uma meia-vida diferente, variando de minutos até dias. Os aminoácidos resultantes da degradação dessas moléculas, dependendo da situação fisiológica, podem ser: (1) reutilizados para síntese de novas proteínas; (2) precursores de glicose, pela neoglicogênese hepática (são os aminoácidos glicogênicos); (3) precursores de ácidos graxos/corpos cetônicos (são os aminoácidos cetogênicos) ou (4) oxidados a CO_2, ATP e H_2O. Embora nos últimos trinta anos tenha ocorrido grande avanço no conhecimento dos mecanismos envolvidos no controle da síntese e degradação de proteínas, pouco ainda se sabe sobre a regulação da proteólise intracelular. No tecido muscular, assim como na maioria das outras células, estão descritas, pelo menos, três vias proteolíticas: (1) a lisossomal (sendo as catepsinas as principais enzimas envolvidas); (2) a dependente de cálcio (com a participação das enzimas calpaínas I e II e o inibidor endógeno destas enzimas, a calpastatina); (3) a dependente de ATP, ubiquitina (Ub) e proteassoma (UPS), com o envolvimento do complexo enzimático do proteassoma. O acesso do substrato proteico ao lisossomo depende de um processo descrito como autofagia, descoberta que mereceu o Nobel em Medicina e Fisiologia, em 2016 (outorgado ao biólogo japonês Yoshinori Ohsumi, de 71 anos, professor do Instituto Tecnológico de Tóquio, Japão). Neste processo, ocorre a formação de uma vesícula com membrana dupla (autofagossomo ou vacúolo autofágico), que envolve parte do citosol juntamente com o substrato (proteína danificada, organela, vírus etc.), a qual se funde ao lisossomo formando o autolisossoma, onde os substratos serão degradados pelas catepsinas. A autofagia é um processo de "autolimpeza" ou renovação celular, e sua deficiência pode causar miopatias e problemas relacionados com a idade, como o Alzheimer e o Parkinson. É descrito que a insulina estimula a captação dos aminoácidos pelas células musculares, assim como estimula os processos de síntese proteica (como transcrição de genes, formação dos polissomas, a velocidade de tradução dos mRNA e síntese dos fatores de iniciação e elongação). Os mecanismos pelos quais a insulina inibe os processos de degradação das proteínas ainda são pouco conhecidos. Há evidências de que a insulina reduz a formação dos lisossomos e o fluxo autofágico, assim como inibe a atividade da via dependente de cálcio e a síntese dos componentes da via proteolítica UPS (tais como a síntese das subunidades α e β do proteassoma e da própria ubiquitina. Este é um polipeptídio de 76 aminoácidos, existente em todas as células e que marca as proteínas que serão degradadas pela proteassoma. No músculo esquelético, o glucagon não apresenta efeito biológico, pois neste tecido os receptores para este hormônio são praticamente inexistentes. Os glicocorticoides são potentes inibidores da síntese e estimuladores da degradação de proteínas, especialmente nos músculos brancos ricos em fibras glicolíticas, onde agem ativando principalmente o sistema UPS. Em situações de demanda energética, como durante o jejum, quando as concentrações plasmáticas de insulina caem e as dos glicocorticoides aumentam, o músculo constitui o tecido mais relevante para o fornecimento de aminoácidos para a formação de glicose pela neoglicogênese hepática. Os hormônios tireoidianos são muito importantes no controle do metabolismo de proteínas no músculo esquelético, estimulando tanto os processos de síntese como os de degradação dessas moléculas. Durante o jejum prolongado, por exemplo, a baixa secreção dos hormônios tireoidianos proporciona uma diminuição na síntese, mas, principalmente, uma redução na degradação das proteínas, fazendo com que as proteínas musculares sejam preservadas e o indivíduo possa sobreviver um maior período de tempo sem alimento. O papel das catecolaminas no metabolismo de proteínas musculares está discutido mais adiante.

▶ Regulação neural

O músculo esquelético é inervado pelo sistema nervoso somático que libera o neurotransmissor acetilcolina na região da placa motora e desencadeia a resposta contrátil do músculo. Recentemente, foi descoberto que as fibras musculares esqueléticas também são diretamente inervadas por terminações simpáticas noradrenérgicas, independentemente da inervação dos vasos sanguíneos desse tecido. Diferentemente dos seus efeitos catabólicos no metabolismo de carboidratos e de lipídios (que promove glicogenólise e lipólise, respectivamente), o sistema simpático exerce uma ação anabólica no metabolismo de proteínas do músculo esquelético, por meio da epinefrina secretada pela medula da suprarrenal e pela norepinefrina liberada pelo terminal simpático que inerva tanto o sarcolema como a região da placa motora. Estudos *in vivo* em ovinos, suínos e roedores mostram que simpatomiméticos (como os β_2-agonistas cimaterol ou clembuterol) promovem aumento da massa muscular esquelética e atenuam a atrofia muscular normalmente observada em diferentes situações catabólicas, como câncer, septicemia, desuso e distrofias. Além disso, estudos recentes indicam que o tratamento com simpatomiméticos mantém a estrutura da placa motora e melhora a atividade locomotora em pacientes com síndromes miastênicas congênitas.

A epinefrina, tanto em humanos como em ratos, promove redução das concentrações plasmáticas de aminoácidos e da proteólise muscular. Estudos *in vitro* realizados em músculos esqueléticos isolados demonstraram que tanto a epinefrina como o clembuterol reduzem as atividades das vias proteolíticas dependentes de cálcio e UPS, por um processo dependente da via de sinalização do cAMP/PKA.

Além da inibição da proteólise muscular, a inervação simpática pode atuar diretamente, via adrenorreceptores β_2, estimulando a velocidade de síntese de proteínas em músculos oxidativos. Os efeitos antiproteolíticos e pró-sintéticos das catecolaminas são observados durante o jejum e o diabetes, e são fisiologicamente importantes para contrabalançar o alto catabolismo proteico induzido pelos glicocorticoides e/ou pela perda da ação anabólica da insulina e IGF-1.

Portanto, as catecolaminas parecem fazer parte de um sistema regulador de ajuste fino do metabolismo de proteínas, proporcionando ao organismo submetido a uma situação de estresse a capacidade de sobrevivência, devido à preservação de sua massa muscular esquelética e, consequentemente, de sua postura e locomoção, componentes estes imprescindíveis para o comportamento de defesa e busca de alimentos.

AJUSTE NEUROENDÓCRINO DO METABOLISMO EM SITUAÇÕES DE DEMANDA ENERGÉTICA

▶ Situações de estresse

Quando o organismo é submetido a situações de estresse, entendido como estímulos nocivos ou potencialmente nocivos que tendem a provocar desequilíbrio de suas funções fisiológicas, pode ocorrer a mobilização de suas reservas de carboidratos e de lipídios. De uma maneira geral, essas respostas de aumento da glicemia e/ou dos AGL do plasma são mediadas pelo SNC. A hiperglicemia resulta da ativação da glicogenólise por catecolaminas provenientes da ativação simpática da medula da suprarrenal, ao passo que o aumento de AGL resulta, geralmente, da ativação direta de fibras simpáticas do tecido adiposo, com liberação local de norepinefrina e aceleração da lipólise.

Embora o SNC seja, de maneira geral, independente da insulina, estudos recentes mostram a existência de áreas restritas no hipotálamo, como por exemplo, o núcleo arqueado, que são sensíveis à insulina e à glicose. O mecanismo da excitação destes neurônios pela glicose parece ser bastante semelhante ao das células β pancreáticas e envolve o fechamento de canais de K^+ sensíveis ao ATP. Quando ocorrem alterações da glicose circulante, essas áreas contribuem para a manutenção da oferta adequada de substratos energéticos no plasma, tanto modulando a secreção de hormônios pancreáticos (insulina e glucagon) ou suprarrenais (catecolaminas e glicocorticoides), quanto atuando diretamente, por via neural, nos tecidos periféricos, como o hepático, o adiposo e o muscular.

▶ Jejum

A manutenção da homeostase glicêmica nos mamíferos é de fundamental importância para o SNC, que não utiliza ácidos graxos de cadeia longa. Quando o jejum se inicia, a tendência à queda da **concentração plasmática de glicose** estimula a glicogenólise hepática que representa o mecanismo inicial para a correção da **glicemia**. Como as reservas de glicogênio hepático (cerca de 75 g, em humanos) tendem a se esgotar rapidamente, ocorre aumento da atividade neoglicogenética. Os principais substratos para a neoglicogênese são aminoácidos provenientes da proteólise muscular, principalmente de músculos brancos ricos em fibras glicolíticas. Dessa maneira, a excreção de ureia pela urina aumenta. Os mecanismos hormonais de defesa contra a hipoglicemia estão organizados de uma forma hierárquica, sendo que o primeiro deles é a redução da secreção de insulina pela célula β pancreática. Essa alteração é seguida pelo aumento das concentrações plasmáticas de glucagon, epinefrina, cortisol e hormônio do crescimento. Os hormônios cujas concentrações aumentam em resposta à hipoglicemia são conhecidos como hormônios contrarregulatórios da insulina e podem agir de forma sinérgica nas respostas metabólicas adaptativas ao jejum. Sabe-se que o cortisol aumenta a expressão de receptores de outros hormônios em diferentes tecidos e, dessa forma, potencializa, por exemplo, a sua ação hiperglicêmica e da epinefrina. A queda da relação insulina/glucagon durante o jejum, além de promover as alterações metabólicas aqui descritas, ativa o processo de lipólise no tecido adiposo. Enquanto o glicerol resultante servirá como substrato para a neoglicogênese hepática, a elevação dos AGL do plasma provocará um aumento de sua utilização por tecidos periféricos, principalmente pela massa muscular esquelética e cardíaca. Nos músculos, que representam cerca de 40% do peso corporal total, a utilização aumentada dos AGL inibe a utilização de glicose, substituindo, dessa maneira, o consumo de glicose pelo dos ácidos graxos. Desse modo, o processo de neoglicogênese fica menos sobrecarregado pela redução da velocidade de degradação das proteínas musculares, com a preservação de proteínas neste tecido, que, caso fossem excessivamente degradadas, poderiam comprometer funções de músculos importantes, como o diafragma e os intercostais, responsáveis pela respiração. No caso de o jejum se prolongar por mais de alguns dias, ocorrem outras alterações neuro-hormonais, sendo que a principal delas é a redução da atividade tireoidiana com queda no metabolismo basal e maior conservação das reservas metabólicas. A redução da atividade simpática noradrenérgica em tecidos metabolicamente ativos, como o coração e os músculos esqueléticos, também contribui para a redução do metabolismo basal. Por outro lado, o SNC passa a utilizar como substrato energético os corpos cetônicos, produzidos em grande quantidade pelo aumento do afluxo de AGL para o fígado. Os corpos cetônicos, substituindo a glicose como sua principal fonte de energia, levam a uma redução da proteólise muscular e uma acentuada diminuição da neoglicogênese hepática, com grande economia de proteínas musculares. A diminuição da proteólise é acompanhada de acentuada queda da excreção de ureia na urina. No jejum mais prolongado, além da queda dos níveis de hormônios tireoidianos, as catecolaminas plasmáticas, mais precisamente a epinefrina, também parecem ter importância, promovendo redução da proteólise, principalmente em músculos esqueléticos glicolíticos, auxiliando, assim, a manutenção da massa muscular. Para garantir a utilização de glicose pelos tecidos totalmente dependentes da oxidação desta hexose (tais como hemácias, medula renal e cérebro), o rim passa a produzir glicose, pela neoglicogênese renal, utilizando glutamina como principal substrato desta via metabólica com significante aumento da atividade da PEPCK (Figura 74.6).

A sobrevivência ao jejum prolongado parece ser determinada pela reserva de tecido adiposo; quando esses estoques são depletados pela continuação da lipólise e redução da lipogênese, há uma repentina perda da massa proteica, com fraqueza dos músculos respiratórios, podendo advir pneumonia e morte.

O fato de o nosso organismo ser capaz de sobreviver por cerca de 2 a 3 meses sem a ingestão de alimentos, ilustra claramente a precisa e coordenada regulação do seu metabolismo, orquestrada pela participação sincronizada de hormônios, metabólitos e o sistema nervoso (ver Figura 74.6).

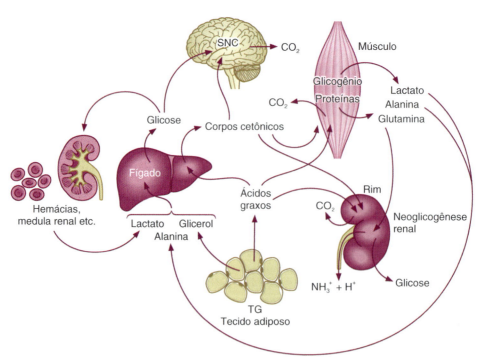

Figura 74.6 ▪ Principais fluxos de metabólitos no jejum. Os aminoácidos (principalmente oriundos da proteína muscular) e o glicerol são precursores de glicose em situações de jejum pela via da neoglicogênese. A completa oxidação da glicose é reduzida pela produção de corpos cetônicos, que são utilizados como combustível alternativo, por exemplo, pelo SNC. Tecidos que utilizam quase exclusivamente glicose (p. ex., hemácias e medula renal) produzem lactato, que é reciclado na neoglicogênese. A maior fonte de combustível para oxidação são os triacilgliceróis (TG), advindos do tecido adiposo, que disponibilizam combustível na forma de ácidos graxos não esterificados e corpos cetônicos (via hepática). Descrição da figura no texto.

▶ Exercício

Durante o exercício, há necessidade de suprir os músculos esqueléticos com substratos energéticos adicionais, mantendo ao mesmo tempo um fornecimento adequado de glicose para o SNC. A contribuição desses substratos para a produção de ATP muscular varia de acordo com a intensidade e a duração da atividade física. Em repouso, o tecido muscular utiliza relativamente pouca glicose. Iniciado um exercício muito intenso e de curta duração (no máximo de 30 segundos), os níveis de ATP são mantidos, principalmente, pela transferência de fosfatos de alta energia de moléculas de creatinafosfato para o ADP. Com a continuidade da atividade física, o aumento da atividade contrátil e da concentração de cálcio intracelular ativa tanto a hidrólise do glicogênio muscular como a captação da glicose, promovendo aumento na oferta de glicose intracelular que passa a ser metabolizada na via glicolítica gerando ATP e lactato. Este aumento da utilização de glicose pelo músculo promovida pelo exercício, que pode aumentar em até 30 vezes, é mediado pela proteinoquinase dependente de AMP (AMPK) e ocorre por um mecanismo independente da insulina. Esta é a fase anaeróbia da atividade física que se caracteriza por altas concentrações de lactato no sangue. Em situações de esforço físico mais prolongado, os AGL plasmáticos aumentam e passam a ser o substrato energético preferencial utilizado pelos músculos. Durante essa fase, caracterizada pela aerobiose, cerca de 2/3 da energia despendida provêm da oxidação de ácidos graxos e 1/3 da glicose. Quanto maior for a capacidade de oxidação de ácidos graxos pelo músculo, menor será o risco do desenvolvimento de resistência à insulina periférica. A insulina e o glucagon intervêm na regulação do fornecimento dos dois substratos. Durante o exercício, a insulinemia diminui, provocando um aumento da produção hepática de glicose, que pode elevar-se 4 a 5 vezes, dependendo da intensidade e da duração do exercício. Nos exercícios de curta duração, predomina o aumento da glicogenólise. À medida que este se prolonga e se esgotam as reservas de glicogênio hepático, aumenta a contribuição da neoglicogênese. A atividade da PEPCK, enzima-chave desta via, é também aumentada pela ação do sistema nervoso simpático. O aumento dos AGL, durante o exercício, resulta da elevação da lipólise causada pela queda da relação I/G e da ativação simpática. O lactato liberado do músculo durante a fase de anaerobiose do exercício: (1) em grande parte é reciclado para glicose, por meio da neoglicogênese no fígado (ciclo de Cori); (2) pode ser reutilizado no próprio músculo para a síntese de glicogênio, pela glicogeniogênese (quando a lactacidemia é muito elevada); ou (3) pode ser utilizado pelas fibras musculares esqueléticas oxidativas e cardíacas para geração de energia, por sua conversão a piruvato (pela desidrogenase láctica) e posterior oxidação pelo ciclo de Krebs.

Durante o exercício, o catabolismo de aminoácidos contribui pouco no fornecimento de ATP para o músculo. Com relação ao *turnover* de proteínas, admite-se, atualmente, que a síntese proteica muscular está reduzida, muito provavelmente por uma via de sinalização dependente de cálcio/calmodulina. Embora alguns trabalhos demonstrem que a proteólise muscular possa estar aumentada durante os primeiros minutos da atividade física, o efeito do exercício na degradação de proteínas musculares ainda permanece pouco conhecido. Essas alterações do *turnover* proteico, durante a realização do exercício, são importantes para a renovação das proteínas musculares.

Uma importante resposta fisiológica durante o exercício é o aumento do débito cardíaco (com aumento da frequência e da força de contração), da ventilação e do fluxo de sangue para o músculo esquelético; há dilatação específica de vasos sanguíneos por efeitos locais de produtos do metabolismo com propriedades vasodilatadoras como, por exemplo, os íons hidrogênio produzidos como ácido láctico, a adenosina e o CO_2. Além da ativação do sistema nervoso simpático, outros hormônios, como o cortisol e o hormônio de crescimento, assim como fatores parácrinos como o IGF-1 podem ser secretados em resposta ao exercício. A ação anabólica no metabolismo de proteínas do sistema nervoso simpático, hormônio de crescimento e IGF-1 certamente contribui para o ganho de massa muscular durante o exercício a longo prazo. Todos os eventos fisiológicos aqui resumidos são importantes para garantir a oferta e distribuição adequada de glicose ao organismo, principalmente ao SNC, que constitui o fator limitante do desempenho e da resistência do organismo ao esforço físico (Figura 74.7).

▶ Frio

O organismo possui uma extraordinária capacidade de realizar ajustes metabólicos necessários à sobrevivência em um clima hostil. Quando expostos a baixas temperaturas, os animais homeotermos utilizam diversos mecanismos fisiológicos com o objetivo de manter a temperatura corporal constante. Os dois principais mecanismos utilizados pelo homem são a redução da perda de calor, pelo aumento da vasoconstrição da pele, e o aumento da produção endógena de calor desencadeado pelo aumento da taxa metabólica basal de alguns tecidos, como: (1) da musculatura esquelética, na chamada termogênese dependente do tremor muscular, e (2) do tecido adiposo marrom (TAM), no processo denominado termogênese independente de tremor muscular (Figura 74.8). Por muito tempo, acreditou-se que a importância fisiológica da termogênese do TAM estava restrita a pequenos roedores e durante o período neonatal em humanos. No entanto, estudos recentes com tomografia de emissão de pósitrons demonstram que este tecido está localizado nas regiões supraclavicular e cervical e é extremamente ativo em indivíduos adultos. O TAM recebe uma densa inervação simpática e é constituído por células multiloculares caracterizadas pela presença de várias gotículas lipídicas contendo triacilglicerol e um grande número de mitocôndrias. Os dois tipos facultativos de termogênese (dependente e independente do tremor) são regulados pelo SNC e utilizam como fontes principais de energia, para a produção de calor, a glicose proveniente da glicogenólise e neoglicogênese hepática e a oxidação dos ácidos graxos oriundos: (1) da hidrólise dos triacilgliceróis armazenados no próprio tecido (músculo e TAM) e (2) principalmente da hidrólise dos triacilgliceróis estocados no tecido adiposo branco e captados da circulação. A ativação da neoglicogênese que ocorre durante a exposição a baixas temperaturas é favorecida pelo grande afluxo de aminoácidos para o tecido hepático provenientes da ativação da proteólise e redução da síntese proteica muscular (ver Figura 74.8). Este efeito no catabolismo proteico induzido pelo frio depende tanto da ação dos glicocorticoides como dos hormônios tireoidianos, assim como pela redução da secreção de insulina.

O aumento da lipólise e, consequentemente, da concentração plasmática de ácidos graxos durante o frio, parece ser mediado pela inervação simpática direta do tecido adiposo branco, com a participação da área pré-óptica medial e do

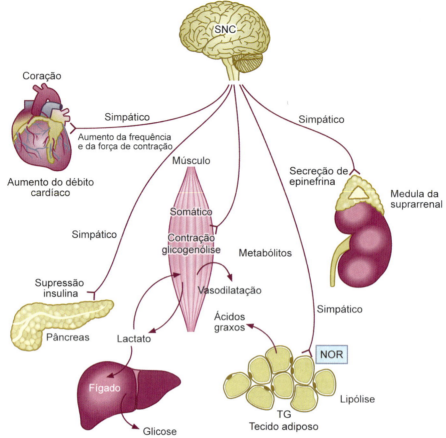

Figura 74.7 ▪ Controle do metabolismo pelo sistema nervoso central (SNC) durante o exercício físico. A epinefrina liberada pela medula da suprarrenal pode ser responsável ou pode intensificar os efeitos da inervação simpática, aumentando a lipólise e suprimindo a secreção de insulina. *TG*, triacilgliceróis; *NOR*, norepinefrina. Descrição da figura no texto.

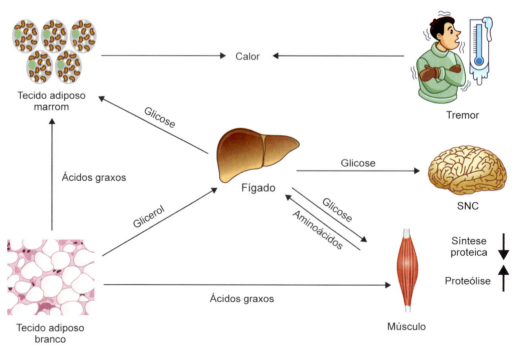

Figura 74.8 ▪ Principais ajustes metabólicos no frio. A glicose produzida pela ativação da neoglicogênese e glicogenólise hepática e os ácidos graxos provenientes da lipólise do tecido adiposo branco são os substratos energéticos preferenciais dos músculos (tremor) e tecido adiposo marrom para a produção de calor. Os aminoácidos plasmáticos derivados do intenso catabolismo proteico muscular e o glicerol da lipólise são precursores da glicose na via da neoglicogênese. Descrição da figura no texto.

hipotálamo lateral, uma vez que lesões eletrolíticas dessas áreas reduzem significativamente a mobilização dos ácidos graxos nesta situação. A região medular da suprarrenal não interfere nesta resposta ao frio. Na exposição ao frio, há também elevação da atividade dos nervos simpáticos do tecido adiposo marrom (com aumento da liberação local de norepinefrina e ativação dos adrenorreceptores β_3-adrenérgicos) e hidrólise dos triacilgliceróis armazenados, o que leva à liberação dos ácidos graxos para a oxidação pelos adipócitos marrons e à produção de calor. O fluxo simpático ao TAM é regulado, principalmente, por neurônios "promotores" da termogênese, localizados no hipotálamo dorsomedial. A produção de calor induzida pela ativação simpática do TAM é resultado da ineficiência relativa da cadeia respiratória em produzir ATP devido ao desacoplamento da fosforilação oxidativa mitocondrial induzido por uma enzima conhecida como UCP-1 ou termogenina. A isoforma do tipo 3 (UCP-3) também é expressa no tecido muscular esquelético e adiposo branco. A expressão destas proteínas é diretamente regulada pelos hormônios tireoidianos, cuja secreção é bastante elevada em situações de exposição aguda a baixas temperaturas. Além de promover a lipólise e aumentar a atividade da UCP-1, a estimulação do SNS durante o frio reduz a secreção de insulina e promove o aumento da captação de glicose pelo tecido muscular e adiposo (branco e marrom). Devido à intensa capacidade de ativação da termogênese do TAM e da captação muscular de glicose de uma forma independente da insulina, a exposição aguda ao frio tem sido testada, recentemente, como uma nova estratégia terapêutica em pacientes com diabetes melito tipo 2. Além disso, o fato de que a quantidade de TAM é inversamente proporcional ao índice de massa corporal em humanos sugere uma função potencial deste tecido no controle do metabolismo corporal e abre a possibilidade de um novo alvo terapêutico no tratamento da obesidade.

BIBLIOGRAFIA

BELL GI, KAYANO T, BUSE JB et al. Molecular biology of mammalian glucose transporters. *Diabetes Care, 13*:198-208, 1990.

BLAAK EE. Basic disturbances in skeletal muscle fatty acid metabolism in obesity and type 2 diabetes mellitus. *Proc Nutr Soc, 63*:323-30, 2004.

BONEN A, LUIKEN JJ, GLATZ JF. Regulation of fatty acid transport and membrane transporters in health and disease. *Mol Cell Biochem, 239*:181-92, 2002.

CYPESS AM, LEHMAN S, WILLIAMS G et al. Identification and importance of brown adipose tissue in adult humans. *N Engl J Med, 360*:1509-17, 2009.

FESTUCCIA WT, KAWASHITA NH, GARÓFALO MAR et al. Control of glyceroneogenic activity in rat brown adipose tissue. *Am J Physiol Regul Integr Comp Physiol, 285*:R177-82, 2003.

FRAYN KN. *Frontiers in Metabolism. Metabolic Regulation. A Human Perspective.* Portland Press, London, 1996.

GONCALVES DAP, LIRA EC, BAVIERA AM et al. Mechanisms involved in cAMP-mediated inhibition of the ubiquitin-proteasome system in skeletal muscle. *Endocrinology, 150*:5395-404, 2009.

GOODMAN HM. *Basic Medical Endocrinology*. 2. ed. Raven Press, New York, 1994.

GOODPASTER BH, KELLEY DE. Skeletal muscle triglyceride: marker or mediator of obesity-induced insulin resistance in type 2 diabetes mellitus? *Curr Diab Rep, 2*:216-22, 2002.

GRAÇA FA, GONÇALVES DA, SILVEIRA WA et al. Epinephrine depletion exacerbates the fasting-induced protein breakdown in fast-twitch skeletal muscles. *Am J Physiol Endocrinol Metab, 305*:E1483-94, 2013.

IBRAHIM N, BOSCH MA, SMART JL et al. Hypothalamic proopiomelanocortin neurons are glucose responsive and express K(ATP) channels. *Endocrinology, 144*:1331-40, 2003.

KAWASHITA NH, MOURA MAF, BRITO MN et al. Relative importance of sympathetic outflow and insulin in the reactivation of brown adipose tissue lipogenesis in rats adapted to a high protein diet. *Metabolism, 51(3)*:343-9, 2002.

KETTELHUT IC, WING SS, GOLDBERG AL. Endocrine regulation of protein breakdown in skeletal muscle. *Diabetes Metabolism Rev, 4*:751-72, 1988.

KHAN MM, LUSTRINO D, SILVEIRA WA et al. Sympathetic innervation controls homeostasis of neuromuscular junctions in health and disease. *Proc Natl Acad Sci, 113*:746-50, 2016.

McGARRY TD, FOSTER DW. Hormonal control of ketogenesis. *Arch Int Med, 137*:495-501, 1977.

MORRISON SF, NAKAMURA K, MADDEN CJ. Central control of thermogenesis in mammals. *Exp Physiol, 93*:773-97, 2008.

NAVEGANTES LCC, MIGLIORINI RH, KETTELHUT IC. Adrenergic control of protein metabolism in skeletal muscle. *Curr Opin Clin Nutr Metab Care, 5*:281-6, 2002.

NEDERGAARD J, BENGTSSON T, CANNON B. Unexpected evidence for active brown adipose tissue in adult humans. *Am J Physiol Endocrinol Metab, 293*:E444-52, 2007.

NELSON DL, COX MM. Hormonal regulation and integration of mammalian metabolism. In: *Principles of Biochemistry*. 4. ed. Lehninger, Freeman WH and Company, New York, 2005.

RANDLE PJ. Regulatory interactions between lipids and carbohydrates: the glucose fatty acid cycle after 35 years. *Diabetes Metab Rev, 14*:263-83, 1998.

ROSE AJ, RICHTER EA. Regulatory mechanisms of skeletal muscle protein turnover during exercise. *J Appl Physiol, 106*:1702-11, 2009.

TAKESHIGE K, BABA M, TSUBOI S et al. Autophagy in yeast demonstrated with proteinase-deficient mutants and conditions for its induction. *J Cell Biol, 119*:301-11, 1992.

XAVIER AR, ROSELINO JES, RESANO NMZ et al. Glyconeogenic pathway in isolated skeletal muscles of rats. *Can J Physiol And Pharmacol, 80*:162-7, 2002.

ZIMMERMANN R, STRAUSS JG, HAEMMERLE G et al. Fat mobilization in adipose tissue is promoted by adipose triglyceride lipase. *Science, 306*:1383-6, 2004.

Capítulo 75

Controle Neuroendócrino do Balanço Hidreletrolítico

José Antunes-Rodrigues | Lucila Leico Kagohara Elias | Margaret de Castro | Laurival Antonio De Luca Junior | Laura M. Vivas | José Vanderlei Menani

- Introdução, *1244*
- Sinais aferentes e integração central, *1244*
- Controle peptidérgico do balanço hidreletrolítico, *1247*
- Sede e controle da ingestão de água e sal, *1256*
- Sistema nervoso autônomo e controle do balanço hidreletrolítico, *1258*
- Reabsorção renal de sódio e água, controle do volume e da osmolalidade do LEC, *1260*
- Controle do balanço hidreletrolítico em idosos, *1260*
- Perspectivas, *1260*
- Bibliografia, *1261*

INTRODUÇÃO

Este capítulo trata do controle neuroendócrino do balanço hidreletrolítico sob a perspectiva da ação integrativa do sistema nervoso central (SNC) determinando respostas fisiológicas e comportamentais. Na Introdução forneceremos um panorama geral sobre esse controle, seguido por uma seção sobre aferências e integração no SNC. Depois abordaremos a função de vários peptídios, seus receptores, ações celulares e interações com neurotransmissores. O capítulo continua com papel da sede, sistema nervoso autônomo e dos rins sobre o controle do balanço hidreletrolítico, sendo então encerrado com um resumo sobre este controle no idoso.

O balanço entre ganho e perda de água determina a hidratação – composição hídrica ou volume adequado – dos dois principais compartimentos do corpo: meio interno ou líquido extracelular (LEC) e líquido intracelular (LIC). A hidratação está associada à composição eletrolítica desses compartimentos, sendo ambas basicamente mantidas pelo controle da ingestão e excreção renal de sal e água. A hidratação permite o transporte eficiente de nutrientes (para as células) e dejetos (para longe das células) necessário para que o animal desempenhe suas funções.

A desidratação ou redução do LEC e LIC resulta de perda de água e/ou aumento na concentração de soluto, principalmente sódio, em situações de privação hídrica, perdas insensíveis – através da excreção renal, transpiração e evaporação (principalmente através da pele) –, pelo ar expirado durante a ventilação pulmonar, ou pelo consumo de sódio na alimentação. A desidratação de cada um dos dois compartimentos ativa mecanismos com diferentes graus de sensibilidade. Por exemplo, o controle tanto da secreção de arginina vasopressina ou AVP (hormônio que aumenta a reabsorção renal de água) como da indução de sede resulta de alterações de 1 a 2% na tonicidade e de 10% no volume do LEC. Um aumento na tonicidade do LEC também ativa mecanismos neuroendócrinos complementares, tais como secreção de ocitocina (OT) e peptídio natriurético atrial (ANP), hormônios que aumentam a excreção renal de sódio e inibem a ingestão de sódio.

Os sinais eletroquímicos gerados a partir da ativação dos receptores sensoriais sensíveis a alterações no LEC e LIC convergem através de vias específicas para áreas do SNC responsáveis pela integração entre mecanismos neuroendócrinos e respostas comportamentais e fisiológicas (renais, cardiovasculares etc.).

Um importante exemplo de área integrativa do prosencéfalo é a lâmina terminal, que constitui a parede rostral do terceiro ventrículo. Dois órgãos circunventriculares (OCV) presentes na lâmina terminal, o vasculoso da lâmina terminal (OVLT), mais abaixo, e o subfornicial (OSF), mais acima, ambos tipicamente fora da barreira hematencefálica, fazem dela uma área de função sensorial que monitora a composição do sangue. O núcleo pré-óptico mediano (MnPO), interposto entre os dois órgãos, completa a lâmina, conectando-a a áreas-chave do prosencéfalo. O OVLT e o MnPO, juntamente com os núcleos pré-óptico-periventriculares imediatamente rostrais ao hipotálamo, constituem a região tecidual que margeia a parede anteroventral do terceiro ventrículo encefálico (AV3V). Essa região forma um importante nodo que conecta a lâmina terminal a outros núcleos importantes presentes no prosencéfalo, entre eles os núcleos paraventricular (NPV) e supraóptico (NSO) hipotalâmicos. No romboencéfalo encontramos outras áreas importantes, entre elas a área postrema (AP), outro OCV, além do *locus coeruleus* (LC), e os núcleos: dorsal da rafe (NDR), parabraquial lateral (NPBL) e do trato solitário (NTS). Tais áreas ou núcleos, quando ativadas ou inibidas adequadamente, podem determinar respostas que envolvem: (1) indução de sede, apetite ao sódio, ou ambos; (2) mudanças na atividade autonômica; (3) ativação do sistema renina-angiotensina-aldosterona; (4) secreção de AVP e OT e de peptídios natriuréticos (Figura 75.1). O recrutamento dessas diversas respostas acoplado à função dos sistemas cardiovascular e renal culmina com ajustes no balanço de água e/ou de sódio. No Quadro 75.1, estão indicadas as principais siglas usadas neste capítulo.

Osmolalidade e tonicidade

Definida pela quantidade total de soluto dissolvido em um quilograma de água, a osmolalidade dos líquidos corporais em geral varia entre 285 e 290 mOsm/kg de H_2O. O sódio é o principal soluto determinante da osmolalidade do LEC. A magnitude do efeito osmótico do sódio em relação a outros solutos fica evidente na fórmula que define de modo aproximado a osmolalidade plasmática: $POsm = 2 \times [Na^+] + [glicose]/18 + [nitrogênio ureico]/2,8$. O confinamento do sódio no LEC, resultante da ação da bomba sódio-potássio ATPase, explica o grau de influência do sódio tanto na osmolalidade como na tonicidade do LEC. Tonicidade é a capacidade que os solutos têm de gerar uma força osmótica que provoca o movimento de água de um compartimento para outro. Para que ocorra aumento da tonicidade do LEC (hipertonicidade), por exemplo, é necessário que solutos permaneçam confinados no espaço extracelular sem atravessar livremente as membranas celulares e sem migrar para os demais compartimentos. Tal confinamento provocará o movimento de água do compartimento intracelular para o extracelular (osmose) para estabelecer um equilíbrio osmótico entre LEC e LIC. O resultado é uma diminuição do volume das células (desidratação intracelular). A glicose é um osmol efetivo, mas, por ser normalmente metabolizada no interior das células, não contribui significativamente para a tonicidade. Entretanto, no diabetes melito descontrolado, a concentração elevada de glicose no plasma pode levar a aumento significativo da osmolalidade e da tonicidade, causando, assim, desidratação intracelular. A ureia também potencialmente contribui para a osmolalidade do LEC, mas, como atravessa livremente a membrana plasmática, sua influência sobre a tonicidade é também mínima. Os efeitos osmóticos normais de glicose e ureia mostram que nem sempre hiperosmolalidade é sinônimo de hipertonicidade. Entretanto, neste capítulo os dois termos serão usados com o mesmo significado porque estaremos levando em conta os efeitos de solutos, particularmente sódio, quando confinados no LEC. (Ver também Capítulo 8, *Difusão, Permeabilidade e Osmose*, e Capítulo 53, *Papel do Rim na Regulação do Volume e da Tonicidade do Líquido Extracelular*.)

SINAIS AFERENTES E INTEGRAÇÃO CENTRAL

Os mecanismos envolvidos no controle do balanço hidreletrolítico são complexos, sensíveis e precisos, envolvendo respostas emanadas do SNC que promovem ajustes cardiovasculares, endócrinos, renais e comportamentais. As vias aferentes que ativam esses ajustes são representadas por: (1) osmorreceptores e receptores de sódio na periferia e no SNC, e (2) mecanorreceptores (barorreceptores e receptores de volume) no sistema cardiovascular. As informações oriundas desses sistemas sensoriais são encaminhadas para áreas específicas do SNC, onde o sistema hipotálamo-neuro-hipofisário constitui uma via final comum.

Controle Neuroendócrino do Balanço Hidreletrolítico 1245

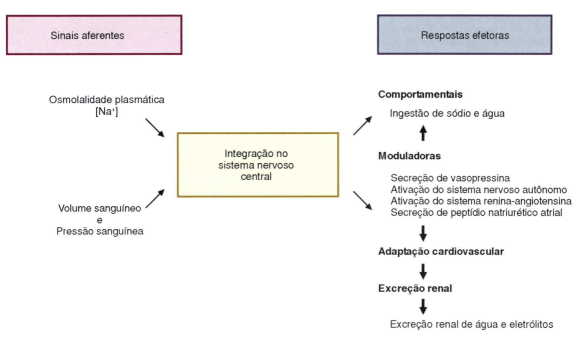

Figura 75.1 ▪ Representação esquemática dos estímulos aferentes, da integração pelo sistema nervoso central e das respostas efetoras envolvidos na regulação do volume e osmolalidade dos líquidos orgânicos.

Quadro 75.1 ▪ Principais siglas usadas neste capítulo.

ACTH	Hormônio adrenocorticotrófico	MnPO	Núcleo pré-óptico mediano
ADH	Hormônio antidiurético	NBST	Núcleo do leito da estria terminal
ANG I	Angiotensina I	NDR	Núcleo dorsal da rafe
ANG II	Angiotensina II	nNOS	Óxido nítrico-sintase neuronal
ANP	Peptídio natriurético atrial	NO	Óxido nítrico
AP	Área postrema	NPBL	Núcleo parabraquial lateral
APO	Área pré-óptica medial	NPO	Núcleo pré-óptico
ASM	Área septal medial	NPR	Receptor do peptídio natriurético
AVP	Arginina vasopressina (vasopressina ou hormônio antidiurético ou ADH)	NPV	Núcleo paraventricular
AV3V	Região pré-óptica-periventricular anteroventral ao terceiro ventrículo	NSO	Núcleo supraóptico
BD	Banda diagonal de Broca	NTS	Núcleo do trato solitário
BNP	Peptídio natriurético cerebral	OCV	Órgão circunventricular
CA	Comissura anterior	OSF	Órgão subfornicial
CNP	Peptídio natriurético tipo C	OT	Ocitocina
ECA	Enzima conversora da ANG I	OVLT	Órgão vasculoso da lâmina terminal
ET-1	Endotelina 1	QO	Quiasma óptico
HAL	Hipotálamo anterior lateral	RVLM	Região ventrolateral rostral do bulbo
HAM	Hipotálamo anterior medial	SNC	Sistema nervoso central
LC	*Locus coeruleus*	SRA	Sistema renina-angiotensina
LCR	Líquido cefalorraquidiano	SRAA	Sistema renina-angiotensina-aldosterona
LEC	Líquido extracelular		
LHA	Área hipotalâmica lateral		
LIC	Líquido intracelular		

▸ Osmorreceptores

Estudos clássicos concluídos na primeira metade do século XX introduziram o conceito de osmolalidade efetiva (ou aumento da osmolalidade do LEC resultante do acúmulo de solutos não permeantes, tais como o sódio), associado à existência de um mecanismo osmorreceptor. O conceito de osmolalidade efetiva, de mesmo significado prático que tonicidade, implica que o osmorreceptor seja sensível à desidratação intracelular. A desidratação celular seria, assim, o mecanismo a partir do qual o osmorreceptor sinalizaria as vias que se projetam do OSF e OVLT para o hipotálamo que libera AVP na neuro-hipófise. Mecanismo semelhante foi posteriormente proposto por outros autores para a ativação da sede. Além do osmorreceptor, estudos iniciais também sugeriam um sensor de sódio localizado nos OCV, que poderia estar envolvido no controle do apetite e da excreção de sódio em resposta às variações da concentração desse soluto no líquido cefalorraquidiano.

Estudos eletrofisiológicos sugerem que os osmorreceptores são células especializadas capazes de converter variações no gradiente osmótico entre LEC e LIC em variações de potenciais elétricos transmembrana. Essa conversão é efetuada por canais iônicos presentes na membrana plasmática e sensíveis

> **Hipotálamo, um integrador neuroendócrino**
>
> O sistema hipotálamo-neuro-hipofisário exerce importante função na manutenção da homeostase dos líquidos corporais pela secreção de AVP e OT em resposta a estímulos osmóticos e não osmóticos. Foi realizada em cabras a primeira demonstração de que a estimulação elétrica ou por microinjeções de salina hipertônica na porção anterior do hipotálamo (*drinking center*) induzia polidipsia, sendo, assim, uma estrutura fundamental do SNC para a regulação da composição dos líquidos corporais e renais.
>
> A importância dessa região anterior do hipotálamo na regulação do volume e osmolalidade do LEC pode ser evidenciada pelos efeitos observados após a sua lesão:
>
> - Adipsia e hipernatremia; bloqueio de ingestão de água e da secreção de AVP em resposta à salina hipertônica e à angiotensina II (ANG II)
> - Bloqueio da recuperação da pressão arterial em resposta à salina hipertônica, em ratos submetidos a choque hemorrágico
> - Atenuação da resposta secretora de ANP, induzida por aumento de volume e osmolalidade do LEC
> - Diminuição no número de neurônios imunorreativos associados à atividade c-Fos no MnPO, no NPV e no NSO, em resposta à infusão intravenosa de salina hipertônica
> - Interrupção de atividade neuronal de disparo de liberação de AVP no NSO.

ao estiramento da mesma. Esse dado é consistente com a proposta de que a desidratação intracelular causada por hipertonicidade, e não a concentração de soluto no LEC, é o estímulo para ativar o osmorreceptor. A transdução resultante da abertura de canais iônicos seria responsável por produzir os potenciais de ação que trafegam no sentido de ativar neurônios de áreas do SNC envolvidas no controle da secreção de AVP e sede. Neurônios com essa característica podem ser encontrados no OVLT ou OSF, mas também nos neurônios magnocelulares do NSO ou NPV dentro da barreira hematencefálica. Além disso, a hiperosmolalidade crônica aumenta o volume celular dos neurônios magnocelulares devido ao aumento na razão de transcrição e expressão de proteínas envolvendo metilação de resíduos de citosina-fosfato-guanina.

Os osmorreceptores não devem ser confundidos com canais sensíveis ao sódio, do tipo Na(x) ou ENaC, por exemplo, presentes em astrócitos ou neurônios tanto de OCV do NPV quanto do NTS, e que recentemente têm sido sugeridos como mediadores do controle da ingestão de água ou sódio.

Além do SNC, os osmorreceptores podem estar presentes em terminais neurais aferentes localizados nas regiões periféricas ao longo da parte superior do sistema digestório (orofaringe), região mesentérica e esplâncnica, veia porta, fígado e vasos sanguíneos renais e intestinais. Informações oriundas desses locais seguem pelo nervo vago ou nervos sensoriais espinais/cranianos para NTS, NPBL, substância cinzenta periaquedutal e tálamo. Os osmorreceptores periféricos podem ter o importante papel de ativar respostas antecipatórias a alterações que ocorrem no sistema digestório, o que explica o fenômeno da redução na secreção de AVP e sede antes mesmo de que a água ingerida seja absorvida para o sangue a partir do lúmen intestinal.

▶ Receptores de volume/pressão

Os receptores de volume ou de baixa pressão são mecanorreceptores localizados, principalmente, nas paredes das grandes veias e dos átrios. Sensíveis ao estiramento das paredes dos tecidos causado por aumento no volume plasmático, eles desencadeiam respostas para corrigir o excesso de volume sanguíneo. As veias são bastante distensíveis, tendo grande capacitância, de maneira que grandes modificações do diâmetro delas, causadas por elevação de volume, induzem pequenas modificações da pressão intravenosa. Talvez por essa razão os mecanismos que controlam o volume do LEC sejam menos sensíveis do que aqueles que o fazem em relação ao volume do LIC, conforme mencionado na Introdução deste capítulo.

A ativação dos mecanorreceptores de volume aumenta os impulsos neurais aferentes dos vasos, via nervo vago, ao NTS. Deste núcleo, partem sinais para o hipotálamo, que determina diminuição da atividade simpática e do sistema renina-angiotensina (SRA), e da secreção de AVP. Por outro lado, o hipotálamo comanda a secreção dos peptídios natriuréticos (ANP, e encefálico, BNP). Esses peptídios, uma vez na circulação, determinam vasodilatação, extravasamento de líquido para o espaço intersticial, e aumento da excreção renal de sódio (natriurese) e de água (diurese). Esses efeitos decorrem de uma ação direta de tais peptídios nas arteríolas e túbulos renais, ou de suas ações inibitórias indiretas sobre a atividade simpática e síntese de ANG II, aldosterona e AVP. O resultado é a correção do volume do LEC e da pressão intravascular.

Além dos receptores de volume, há também os receptores de alta pressão situados no arco aórtico, seio carotídeo e aparelho justaglomerular. A ativação desses receptores resulta em sinais aferentes ao NTS, de onde são conduzidos para o hipotálamo. Ambos controlam a resistência vascular periférica, modulando as ações que a atividade simpática exerce sobre as arteríolas do sistema circulatório sistêmico e renal. Além disso, também modificam a secreção de AVP.

Os receptores de pressão localizados na parede das arteríolas do aparelho justaglomerular são também importantes para regular o volume do LEC. Eles são ativados principalmente quando ocorre queda da pressão arterial ou ativação β-adrenérgica e consequente diminuição da pressão de perfusão renal. Nessas condições, acontece aumento na secreção de renina e produção de ANG II. O resultado inclui vasoconstrição sistêmica e renal, aumento na secreção de aldosterona, reabsorção tubular de sódio, excreção renal de potássio e produção renal de prostaglandinas.

Estruturas e circuitos neurais envolvidos

Nas últimas décadas, foi realizada uma série de estudos na tentativa de identificar as áreas encefálicas especificamente envolvidas com a regulação da osmolalidade plasmática e o controle da ingestão e excreção de água e eletrólitos. A estimulação hipotalâmica com agonistas colinérgicos e noradrenérgicos induz aumento na ingestão de água e alimento, respectivamente. Em animais normo-hidratados, a estimulação colinérgica e angiotensinérgica da AV3V e área septal determina rápida elevação na ingestão de água, seguida de natriurese. Esses efeitos, tanto na ingestão como na excreção de água e de eletrólitos, são bloqueados por tratamento prévio com antagonistas específicos (atropina e fentolamina). A administração de isoproterenol (agonista β-adrenérgico) resulta em redução da excreção renal de sódio e potássio. Um efeito inverso é obtido pela administração isolada de propranolol (betabloqueador), que também potencializa a resposta natriurética quando associado ao carbacol, um agonista colinérgico. O bloqueio colinérgico com atropina diminui a resposta à norepinefrina e suprime a resposta natriurética à salina hipertônica.

Experimentos com lesões focais de áreas encefálicas permitiram na década de 1960 o estabelecimento de um primeiro circuito neural hipotético que controla a ingestão e excreção de sódio. Nesse circuito, o hipotálamo funcionaria com um centro integrador análogo a uma balança equilibrada por forças estimuladoras ou inibidoras. A "balança" hipotalâmica estaria dividida em duas áreas: hipotálamo anterior medial (HAM), facilitadora da reposição de sal, e hipotálamo anterior lateral (HAL), redutora da quantidade de sódio no organismo. Estruturas externas ao hipotálamo, preponderantemente límbicas, controlariam essa balança por meio de projeções diretas e indiretas. Uma estrutura límbica, a amígdala, exerceria o controle por meio de projeções provenientes de dois núcleos principais: (complexo) basolateral, ativando o HAM e inibindo o HAL, e corticomedial, fazendo o inverso. Outras duas, área septal e bulbo olfatório, reforçariam as ações inibitórias, comandando o HAL e o núcleo corticomedial da amígdala.

As estruturas que compõem os OCV apresentam conexões diretas com NPV, NSO e, também, com NDR, LC e NTS (Figura 75.2). Essas conexões são importantes para transmitir informações envolvidas no controle da secreção de hormônios, tais como AVP, OT e ANP, na ativação do sistema nervoso simpático e do SRA e nas modificações comportamentais que visam restaurar o balanço dos líquidos corporais. Interessante acrescentar que parte de tais conexões forma um eixo do prosencéfalo à medula espinal que converge para eferências simpáticas aos rins, conforme deduzidas a partir de infecções virais retrógradas originadas em rins de rato. A inervação motora renal de origem simpática aumenta a secreção de renina e reduz a excreção de sódio na urina.

CONTROLE PEPTIDÉRGICO DO BALANÇO HIDRELETROLÍTICO

▶ Sistema hipotálamo-neuro-hipofisário

O sistema hipotálamo-neuro-hipofisário está localizado na parte medial do hipotálamo anterior, compreendendo dois núcleos bilaterais, NPV, próximo e dorsolateral ao terceiro ventrículo, e NSO, distal ventrolateralmente ao terceiro ventrículo. Ambos possuem neurônios magnocelulares cujos pericários são responsáveis pela síntese e liberação dos hormônios AVP e OT.

Dois tratos axonais partem desses dois núcleos transportando AVP e OT para a hipófise. Um mais denso, o trato hipotálamo-hipofisário, termina na neuro-hipófise. Os hormônios liberados na neuro-hipófise são, em parte, transportados pelos vasos portais curtos ao lobo anterior da hipófise e de lá, partindo de ambos os lobos hipofisários, conduzidos pelas veias hipofisárias para a circulação sistêmica. Os axônios dos neurônios parvocelulares do PVN terminam na zona externa da eminência mediana, onde a AVP e OT são secretadas para a circulação porta hipotálamo-hipofisária e transportadas pelos vasos portais longos ao lobo anterior da glândula hipofisária, onde ativam a liberação de ACTH. Além disso, a OT também poderá atuar estimulando a liberação de prolactina pelos lactotrofos.

Estrutura química da AVP e OT

Os peptídios OT e AVP são sintetizados sob a forma de pré-pró-hormônio pelos neurônios magnocelulares do NPV e NSO. A maioria dos neurônios magnocelulares coexpressam RNA mensageiros para ambos os peptídios, sendo essas expressões encontradas em praticamente todos os neurônios magnocelulares do NSO.

A AVP é o hormônio antidiurético da maioria dos mamíferos, embora a do porco seja a lisina-AVP. A AVP e a OT são constituídas por 9 aminoácidos com peso molecular de 1.084 e 1.007 kDa, respectivamente (Figura 75.3), diferindo apenas nos aminoácidos das posições 3 (fenilalanina para a AVP e isoleucina para a OT) e 8 (arginina para a AVP e leucina para a OT). A parte cíclica da molécula, com uma ligação dissulfeto (–S–S–), é fundamental para que elas exerçam seus efeitos biológicos, e o aminoácido da posição 8 determina a especificidade desses efeitos.

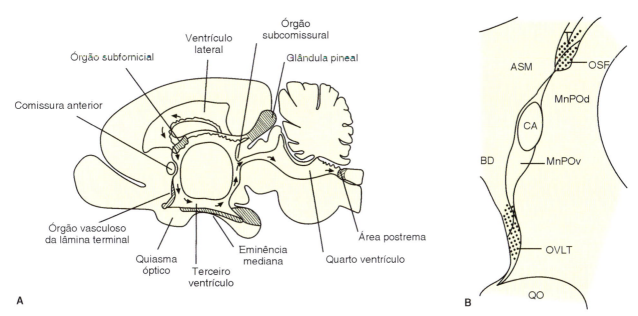

Figura 75.2 • Corte sagital do cérebro de rato mostrando localização dos órgãos circunventriculares (*área sombreada*) (**A**) e detalhe da parede anterior do terceiro ventrículo cerebral, indicando os órgãos circunventriculares pertencentes à lâmina terminal (área pontilhada) (**B**). *OVLT*, órgão vasculoso da lâmina terminal; *OSF*, órgão subfornicial; *MnPOv*, núcleo pré-óptico mediano ventral; *MnPOd*, núcleo pré-óptico mediano dorsal; *BD*, banda diagonal de Broca; *ASM*, área septal medial; *CA*, comissura anterior; *QO*, quiasma óptico. (Adaptada de McKinley *et al.*, 1999.)

```
       Tyr — Phe — Gln — Asn
              |           |
COOH — Cys — S ········ S — Cys — Pro — Arg — Gly — NH₂     Vasopressina


       Tyr — Ile — Gln — Asn
              |           |
COOH — Cys — S ········ S — Cys — Pro — Leu — Gly — NH₂     Ocitocina
```

Figura 75.3 • Representação esquemática da sequência de aminoácidos da vasopressina e ocitocina.

Receptores de AVP

As ações da AVP são mediadas por receptores de membrana acoplados a uma proteína G, que, por sua vez, estimula a adenilatociclase a produzir um segundo mensageiro, o AMP cíclico. Esses receptores são caracterizados pela presença de sete hélices transmembrana conectadas por três alças extracelulares e três alças intracelulares. Três diferentes subtipos de receptores de AVP foram clonados, V1, V2 e V3 (previamente denominado V1b). A expressão de receptor V1 tem sido observada em músculo liso, fígado e encéfalo, de V2 nos rins, e de V3 na hipófise anterior e encéfalo. Os receptores V1 estão envolvidos no controle da pressão sanguínea e outras funções conhecidas da AVP. A presença de receptores V1 foi detectada em estruturas do sistema límbico (área septal, amígdala, NBST e núcleo *accumbens*), nas regiões supraquiasmática e dorsal tuberal do hipotálamo, e no NTS. Mais recentemente, foi detectada a presença de receptores V1 também nos rins. Receptores V3 foram detectados não apenas em corticotrofos hipofisários, mas também no hipotálamo, na amígdala, no cerebelo e em áreas relacionadas com os OCV (habênula medial, OSF, AV3V, eminência mediana e núcleos ao redor do quarto ventrículo), assim como na zona externa da eminência mediana. Os dados sugerem que tanto os receptores V1 como V3 podem mediar diferentes funções da AVP no encéfalo.

A sinalização da AVP mediada pelo receptor V1 está associada à ativação do influxo celular de cálcio, e fosfolipases A_2, C e D. A expressão do receptor V1 na célula muscular lisa do vaso é alta e sua ativação causa vasoconstrição pelo aumento de cálcio citosólico, mediado pela cascata do bifosfato de fosfatidilinositol. Nas plaquetas, a ativação do receptor V1 induz, também, aumento do cálcio intracelular, facilitando o processo trombogênico. Os efeitos antidiuréticos da AVP são mediados pelo receptor V2 presente na membrana basolateral das células principais do ducto coletor, cuja ativação resulta na produção de cAMP via proteína G_s. A concentração aumentada de cAMP, por sua vez, promove a fusão das vesículas contendo aquaporina 2 na membrana apical das células principais do ducto coletor, elevando a reabsorção de água. A AVP estimula a síntese do RNA mensageiro da aquaporina 2 e o transporte desta proteína para a superfície da célula (esse assunto é apresentado também no Capítulo 53).

Receptores de OT

O receptor de OT apresenta conservação estrutural interespécies e diversidade de localização tecidual, estando presente em útero, glândula mamária, hipófise anterior, cérebro, rins, timo, ovários, testículos, coração e vasos sanguíneos. Sua densidade pode variar em algumas condições fisiológicas, por exemplo, aumentando no útero ao longo do período gestacional. No encéfalo, diferenças marcantes na distribuição anatômica dos receptores de OT em relação aos de AVP foram observadas no tubérculo olfatório, no núcleo hipotalâmico ventromedial, no núcleo amigdaloide central e no hipocampo ventral.

O receptor de OT é um membro da superfamília de receptores acoplados à proteína G. A ativação do receptor de OT, localizado na musculatura lisa do miométrio ou das células mioepiteliais da glândula mamária, induz a contração muscular desencadeada pelo aumento do cálcio intracelular, pela ativação da fosfolipase C mediada pela proteína $G_{\alpha q/11}$. A OT apresenta outra via de sinalização que resulta em vasodilatação, natriurese e liberação de ANP, mediada pelo receptor de OT presente nas células endoteliais dos vasos, nas células epiteliais renais e nos cardiomiócitos, respectivamente. Essa via envolve a ativação da óxido nítrico-sintase induzida pela proteinoquinase C e pelo aumento de cálcio intracelular. Na vasculatura, o óxido nítrico assim produzido induz vasodilatação pela ativação da guanililciclase. No rim, onde o receptor de OT está localizado nas células da mácula densa e do túbulo proximal, a ativação da guanililciclase leva a fechamento dos canais de sódio e possivelmente dos canais de potássio, mediado pelo cGMP. Nos cardiomiócitos, a liberação de ANP também parece ser mediada pelo cGMP.

Ativação da secreção de AVP e OT

No hipotálamo, aminas biogênicas e peptídios atuando como neurotransmissores exercem efeitos sobre a secreção de AVP e OT. As catecolaminas (dopamina e norepinefrina) e a acetilcolina estimulam preponderantemente a secreção de AVP. Os aminoácidos excitatórios (glutamato e aspartato) estão envolvidos na resposta induzida pela ativação osmótica, elevando a produção do RNA mensageiro e a secreção de AVP. Os peptídios opioides, por sua vez, determinam inibição da secreção desses neuropeptídios, sendo as interleucinas e a ANG II agentes estimuladores.

A visualização imuno-histoquímica da proteína c-Fos, um marcador de excitação neuronal, tem sido uma ferramenta amplamente usada para investigar a ativação hipotalâmica resultante da estimulação osmótica ou de alterações de volume circulante. Dessa maneira, foi verificado que a privação de água aumenta a expressão de proteína c-Fos no NPV e no NSO. A expressão da proteína c-Fos foi também detectada em neurônios magnocelulares desses núcleos após a injeção sistêmica ou intracerebroventricular de salina hipertônica, ANG II ou agonista colinérgico. A ativação dos núcleos hipotalâmicos pode ser mantida por estímulo osmótico crônico, induzido pela ingestão de salina hipertônica, ou por privação de água, sendo revertida pela ingestão de água. Essa ativação é seguida pela elevação da síntese e liberação de AVP e, possivelmente, de OT. Privação hídrica aumenta a imunorreatividade à proteína c-Fos também no MnPO, OVLT e OSF. Lesões que envolvem a AV3V suprimem a ingestão de água resultante da privação hídrica, assim como a expressão de c-Fos no NSO e, em menor intensidade, no NPV. Esses resultados indicam que as respostas dos neurônios do NSO a estímulos osmóticos podem depender de sinais provenientes da região AV3V, enquanto o NPV parece ser menos dependente dessa área.

Como esperado, a estimulação osmótica crônica (por hipernatremia) aumenta a expressão de mRNA para AVP, OT e neurofisinas no NSO e NPV, enquanto a hiposmolalidade prolongada reduz a expressão de mRNA da AVP no hipotálamo em cerca de 5 a 10% dos níveis-controle. Além disso, a estimulação hiperosmótica aguda ou crônica aumenta a expressão de proteína de ligação ao elemento responsivo a *cAMP 3 like 1* (CREB3 L1), fator de transcrição sensível a cAMP e glicocorticoides, capaz de regular a expressão do gene da AVP no hipotálamo

O tronco encefálico também está envolvido no controle do balanço hidreletrolítico. Projeções ascendentes originárias na região ventrolateral rostral do bulbo (RVLM) estão associadas a esse controle. Estimulação elétrica dessa região induz expressão de proteína c-Fos e mRNA para AVP no NSO. Além disso, a infusão intravenosa de salina hipertônica aumenta a atividade de c-Fos em neurônios da RVLM.

Participação de astrócitos, endocanabinoides e canais catiônicos de potencial receptor transiente na mediação das respostas integrativas do balanço hidromineral

Neurônios magnocelulares interagem com a glia presente no NPV e NSO. Astrócitos do NSO, por exemplo, liberam taurina tonicamente em resposta a hipotonicidade e/ou hiponatremia. A taurina liberada atua em receptores glicinérgicos presentes na membrana plasmática dos neurônios magnocelulares reduzindo a atividade neurossecretora dos mesmos.

Os astrócitos, por sua vez, expressam uma gama de receptores, incluindo receptores CB1 de endocanabinoides (ECB). Recentemente, foi proposto que os astrócitos restringem as ações retrógradas dos ECB sobre as sinapses de glutamato em células neuroendócrinas magnocelulares. Além disso, em decorrência da estimulação osmótica, há diminuição da cobertura glial sobre os neurônios magnocelulares, e, assim, os ECB passam a modular também as sinapses de GABA. Esses achados destacam as células gliais como elementos dinâmicos no controle da função endócrina, importantes para controlar a excitabilidade dos neurônios magnocelulares, por meio tanto de alterações morfológicas entre as sinapses dos neurônios do NPV e NSO quanto da produção e liberação de gliotransmissores, entre eles citocinas e glutamato, ou de outros mediadores, incluindo os ECB.

Os OCV estão estrategicamente localizados entre o líquido cefalorraquidiano e o parênquima encefálico, constituindo o primeiro local de ação no SNC a partir do sangue, sensível às alterações na osmolaridade bem como a concentração de sódio extracelular. Nos OCV encontramos CB1 e as enzimas envolvidas na síntese dos ECB. Os CB1 também são expressos no bulbo olfatório, zona cerebral importante que participa da via sensorial do controle do balanço de sódio e água. Assim, foram demonstradas, no SNC, várias ações específicas dos componentes do sistema dos ECB na integração de respostas comportamentais e neuroendócrinas que participam desse controle. No NPV e NSO, os CB1 parecem ser expressos predominantemente nos terminais axonais dos neurônios. Considerando a localização pré-sináptica desses receptores, vários estudos têm proposto que os ECB agem como moduladores retrógrados, sendo liberados da célula pós-sináptica para o espaço extracelular. Além de atuar diretamente na excitabilidade neuronal como mensageiros retrógrados, os ECB também mediam as ações de peptídeos liberados dendriticamente. Neste sentido, verificou-se que a liberação somatodendrítica de OT ativa autorreceptores em neurônios ocitocinérgicos e desencadeia a produção do ECB para modular a neurotransmissão GABAérgica e glutamatérgica.

Estudos recentes também mostram que os TRP, particularmente aqueles do tipo TRPV1 ("V" de *vaniloide*), são expressos em neurônios do OVLT e NSO, onde interagem com proteínas (F-actina e microtúbulos) do citoesqueleto. A importância dos TRPV1 para a resposta à hiperosmolalidade é reforçada por animais nocaute para o TRPV1 que não respondem ao aumento da osmolalidade do LEC. Neurônios vasopressinérgicos também expressam TRPV1, essenciais para osmorrecepção nestas células e para a interação das mesmas com os ECB. Por exemplo, animais alimentados com uma dieta rica em sódio durante 3 semanas exibem uma sensibilidade aos efeitos inibitórios dos ECB, efeitos estes bloqueados quando os receptores CB1, bem como os receptores TRPV1, são bloqueados farmacologicamente.

Participação dos neuromoduladores gasosos na mediação das respostas integrativas

O conceito de neurotransmissão foi recentemente revisado por evidências que sugerem que os neuromoduladores gasosos, tais como óxido nítrico (NO), monóxido de carbono (CO) e sulfeto de hidrogênio (H2S), modificam a excitabilidade neuronal. NO, CO e H2S são moléculas altamente difusíveis, permeáveis à membrana, com meia-vida curta, sendo produzidos sob demanda, presumivelmente por neurônios. Essas características fazem parte das ações autócrinas e parácrinas atribuídas a esses mediadores. Além de produzir efeitos vasodilatadores nas células do músculo liso, essas moléculas gasosas participam ativamente no processo de neurotransmissão no SNC. Ao nível hipotalâmico em particular, tem sido sugerido que esses compostos modulam a produção de AVP e OT ativada por estímulo osmótico.

O NO, por exemplo, é sintetizado a partir de L arginina por uma NO-sintase neuronal (nNOS). A nNOS está presente em neurônios vasopressinérgicos e ocitocinérgicos do NPV e do NSO, e seu conteúdo nessas células aumenta após estimulação osmótica ou desidratação. Essa hipótese é reforçada pelo fato de a nNOS ter sido detectada por imuno-histoquímica em outras estruturas neurais envolvidas na regulação da secreção de AVP, como o OSF, o OVLT e o MnPO. No entanto, a função do NO na liberação de OT e AVP não está totalmente definida. O NO pode atuar centralmente, estimulando a liberação de AVP, bem como pode servir como neuromodulador, controlando a liberação desse peptídeo. Embora a guanilatociclase (GC) seja o mediador da maioria das ações de NO, sua participação nas vias de sinalização que controlam o equilíbrio hidromineral não foi totalmente elucidada.

Ações da AVP e OT

A ação antidiurética da AVP é o principal efeito fisiológico desse hormônio, determinando aumento da permeabilidade das células principais do ducto coletor à água. Como já comentado, AVP circulante ativa receptores V2 localizados na membrana tubular basolateral, resultando em elevação da síntese de cAMP e fosforilação da região C-terminal da aquaporina 2 (canal de água) nas células tubulares principais do néfron distal (túbulo distal e coletor). O número e a distribuição de canais de aquaporina 2 na membrana apical dessas células são regulados por receptores V2: ratos desidratados e tratados com antagonista de receptor V2 apresentam diminuição da osmolalidade urinária e da expressão de aquaporina 2 no ducto coletor da região medular interna dos rins. A AVP estimula a síntese de mRNA para aquaporina 2, bem como a inserção dessa proteína na membrana apical de células dos túbulos coletores renais por intermédio de uma rápida exocitose da membrana plasmática. A presença dessa aquaporina na membrana apical aumenta sua permeabilidade à água, permitindo movimento de água livre de soluto a partir do lúmen do ducto coletor para dentro da célula tubular e, por conseguinte, para a membrana basolateral. O efluxo hídrico para o interstício é, então, facilitado pela expressão constitutiva de aquaporinas 3 e 4 (canais de água não sensíveis à AVP) na membrana basolateral. Vários fatores podem diminuir a ação antidiurética da AVP: ANP, cortisol, prostaglandina E, redução do potássio ou aumento do cálcio plasmático, lítio e certos antibióticos (p. ex., tetraciclinas).

Está bem estabelecido que a OT aumenta a excreção renal de sódio e potássio em várias espécies animais independentemente da AVP. A OT e a AVP são secretadas simultaneamente em resposta à hiperosmolalidade e à hipovolemia. A OT é um hormônio natriurético mais potente que a AVP. Esses efeitos podem ser explicados por uma ação direta de ambos os peptídios sobre receptores específicos comprovadamente presentes nas células tubulares renais. Essas diferentes potências podem ser atribuídas à relativa afinidade da OT ao seu receptor individualmente, ou à sua baixa afinidade para os receptores da AVP (tanto para V2 como para V1). A administração central de OT também diminui a ingestão de sódio. A destruição de neurônios centrais que têm receptores para OT, assim como injeções intracerebroventriculares de antagonista da OT, também aumentam a ingestão de sódio. O papel inibitório da OT no controle do apetite ao sódio foi confirmado por estudos em camundongos nocaute para OT (camundongos OT –/–), mostrando que eles apresentam um apetite elevado para sal em relação aos normais (camundongos OT +/+).

Deficiência na secreção de AVP ou de suas ações renais resulta em diabetes insípido

Esta condição, caracterizada pela produção excessiva de urina hiposmolar, contrasta com o quadro de diabetes melito. Nesta última, o fluxo urinário também é aumentado devido à diurese osmótica decorrente da filtração de quantidades de glicose que excedem a capacidade máxima de reabsorção tubular. As alterações centrais de síntese ou secreção de AVP que resultam na deficiência desse hormônio caracterizam o *diabetes insípido central*. Este quadro pode ser provocado por traumatismos, infecções ou tumores que atingem a região hipotalâmica, podendo também ser causado por alterações genéticas com mutações no gene da AVP-neurofisina II.

As alterações funcionais do receptor V2 ou da aquaporina 2 decorrem de uma insensibilidade renal à AVP, quadro clínico chamado de *diabetes insípido nefrogênico*. Essa doença pode ser provocada por mutações no gene do receptor V2 ou da aquaporina 2, constituindo a forma familiar de diabetes insípido nefrogênico. Ainda, esse diabetes pode ser secundário ao uso de substâncias, como lítio, e à hipopotassemia (redução de potássio sérico).

As manifestações clínicas, tanto do *diabetes insípido nefrogênico* como *central*, incluem a presença de polidipsia (sede aumentada) e poliúria (diurese elevada) com hiposmolalidade urinária. A diurese diária em um indivíduo adulto normal é de aproximadamente 1,5 ℓ e, nos pacientes com diabetes insípido, pode ultrapassar 10 ℓ. Nestes indivíduos, o aumento da sede é um mecanismo de compensação para a manutenção da osmolalidade plasmática. Quando o paciente não tem acesso livre à adequada ingestão de água, ocorre desidratação e hipernatremia.

No indivíduo com *diabetes insípido central*, as concentrações plasmáticas de AVP não aumentam adequadamente a estímulos osmóticos, durante teste de restrição hídrica ou de infusão de salina hipertônica (NaCl 5%). Porém, quando tratado com desmopressina (análogo específico da AVP que atua no receptor V2), esse paciente mostra pronta resposta com normalização da diurese. No indivíduo com *diabetes insípido nefrogênico*, ocorre resposta exagerada às concentrações plasmáticas de AVP durante o estímulo osmótico; porém, devido à perda de função do receptor V2 ou da aquaporina 2, a administração de desmopressina não corrige o quadro de poliúria. Este assunto é comentado também no Capítulo 53.

Conexões adrenérgicas do tronco encefálico ao NPV e ao NSO

A divisão magnocelular posterior do NPV e do NSO é densamente inervada por um grupo de neurônios noradrenérgicos do grupo A1 presente na RVLM. O NPV recebe densa inervação noradrenérgica a partir de: (1) corpos celulares A1 da RVLM, (2) corpos celulares A2 do NTS, e (3) corpos celulares A6 do LC. Os neurônios do grupo A1 enviam projeções neurais para a maioria dos neurônios parvocelulares do NPV, principalmente para suas regiões dorsal e medial, assim como para os neurônios magnocelulares do NPV e do NSO, produtores de AVP. Os neurônios do LC projetam-se principalmente para a porção medial da região parvocelular do NPV. Não foram descritas projeções dos neurônios das regiões A2 e A6 para os neurônios magnocelulares do NPV e do NSO.

Neurônios noradrenérgicos no LC participam da ativação barorreflexa da banda diagonal de Broca (BD), constituindo assim um componente da via barorreceptora inibitória da liberação de AVP e, possivelmente, estimuladora da liberação de OT.

Controle da liberação de AVP por estímulo osmótico

Neurônios osmorreceptores localizados no OVLT apresentam projeções diretas para neurônios neurossecretores magnocelulares e parvocelulares do NPV e do NSO, podendo, assim, funcionar como osmorreceptores. Adicionalmente, outras áreas encefálicas (como o OSF, a AP e o NTS) estão também envolvidas na mediação das respostas ao estímulo osmótico. Várias estruturas situadas próximo ou em contato direto com o terceiro ventrículo (MnPO, OSF, área septal medial, HAL, NSO, NPV, habênula medial e estria medular) formam um circuito neuronal relacionado com a regulação da ingestão e excreção de água e de sódio. Neurônios no NPV, MnPO, núcleo pré-óptico (NPO), núcleo hipotalâmico periventricular, eminência mediana e OVLT também contêm ANP, como determinado por reações imuno-histoquímicas; tais evidências sugerem que os neurônios ANPérgicos podem funcionar como um dos moduladores envolvidos no controle da ingestão de água e de sal. Foi também demonstrado que o OSF e o OVLT projetam fibras ANP imunorreativas para o NPV e para o NSO.

Embora a regulação osmótica mais importante para a liberação de AVP seja integrada no SNC envolvendo as regiões anteriormente listadas, foram descritos osmorreceptores localizados no fígado, na boca e no estômago, que podem detectar efeitos imediatos da ingestão de alimentos sólidos e líquidos. De fato, a infusão intragástrica de salina hipertônica que induz aumento da osmolalidade do sangue da veia porta (sem interferir na osmolalidade do plasma sistêmico) é capaz de elevar a imunorreatividade a c-Fos em AP, NTS, NPBL, NSO e NPV.

Outro importante fator indutor da liberação de AVP é oriundo dos receptores da parede gástrica. A distensão gástrica determina diminuição da atividade elétrica de neurônios do NSO e do NPV, que é completamente abolida pela secção bilateral dos nervos vagos. Aferências semelhantes ativam os neurônios secretores de OT. Esses dados indicam que os mecanorreceptores gástricos inibem, seletivamente, a atividade dos neurônios vasopressinérgicos do NSO e do NPV; esse fato sugere que essas informações aferentes de origem gástrica são importantes para a rápida inibição da liberação de AVP após a ingestão hídrica.

A secreção de AVP é também influenciada por uma série de outros fatores: dor, estresse emocional, temperatura elevada, náuseas, vômito e processo inflamatório. Nesse caso,

Controle Neuroendócrino do Balanço Hidreletrolítico

a liberação de IL-6 e várias citocinas ativam a liberação de AVP. Bebidas alcoólicas inibem a liberação de AVP e elevam a diurese. Além disso, pessoas mais idosas secretam mais AVP, provavelmente pela diminuição da sensibilidade dos túbulos renais à ação da AVP.

Controle da liberação de AVP por alterações do volume sanguíneo

O controle da secreção de AVP por alterações de volume é mediado por reflexos envolvendo os receptores de volume ou pressão do sistema cardiovascular. A ativação desses mecanorreceptores envia impulsos aferentes, por meio dos nervos vago e glossofaríngeo, ao NTS. Do NTS, um caminho polissináptico via LC, NPBL, NBST e BD, conecta-se com neurônios magnocelulares do NSO e do NPV, levando à inibição da liberação de AVP. Os neurônios do NSO e do NPV também recebem projeções do OVLT, NDR, arqueado, bulbo olfatório e núcleo septal lateral. Por outro lado, a estimulação do vago induz expressão de c-Fos em neurônios noradrenérgicos A1 da RVLM e excita células produtoras de AVP. Receptores de baixa pressão no átrio inibem tonicamente a liberação de AVP, por intermédio de uma via que envolve o NTS. A liberação de AVP induzida pela hipovolemia ocorre por uma redução na atividade dessa via inibitória. A queda da pressão arterial conduz à ativação dos neurônios da região A1 que se projetam para os neurônios vasopressinérgicos do NSO.

Dentro do NSO e do NPV, foi identificada uma série de neurotransmissores: acetilcolina, dopamina, GABA, norepinefrina, glutamato, somatostatina, substância P, serotonina, ANG II e ANP. Isso indica que o controle da secreção de AVP e OT é muito mais complexo do que se supunha inicialmente, envolvendo a interação moduladora de vários neurotransmissores junto aos neurônios do NSO e do NPV.

As alterações no volume sanguíneo e/ou na pressão conduzem a mudanças apropriadas na excreção renal de água e de eletrólitos, com respostas adaptativas endócrinas e neurais. A hipovolemia induz aumento da liberação de AVP dos neurônios magnocelulares, que eleva a reabsorção de água no néfron distal pela inserção de aquaporina 2 na membrana luminal das células tubulares principais. Em algumas espécies animais, o limiar para a estimulação da liberação de AVP na hipovolemia é cerca de 10% de redução do volume sanguíneo. Em humanos, a diminuição de 6% no volume sanguíneo (ou de 10% no plasmático), provocada por injeção do diurético furosemida, é suficiente para aumentar a concentração plasmática de AVP. Por outro lado, a expansão isotônica de volume sanguíneo resulta no decréscimo da concentração de AVP no plasma (Figura 75.4).

Embora os neurônios vasopressinérgicos e ocitocinérgicos sejam mais sensíveis às variações de osmolalidade plasmática, o estímulo hipotensor eleva muito mais a concentração plasmática de AVP do que o osmótico. Talvez, essa diferença de resposta se deva à maior sensibilidade dos túbulos coletores à ação da vasopressina e não ao sistema vascular. Outro dado importante é que existe uma interação do estímulo osmótico com o hipotensor. Assim, as variações do volume circulante modificam o limiar osmótico para a liberação do AVP: o aumento do volume circulante eleva o limiar osmótico para a liberação de AVP, enquanto a hipotensão o diminui (Figura 75.5).

> **Síndrome de secreção inapropriada de hormônio antidiurético (SIADH)**
>
> A SIADH é um quadro oposto ao de diabetes insípido, havendo secreção de AVP mesmo na presença de osmolalidade plasmática baixa. Os portadores dessa síndrome apresentam maior reabsorção renal de água, diminuição da osmolalidade e sódio sanguíneos, hiponatremia e inchaço celular. O resultado é cefaleia, náuseas, vômito, estupor, podendo evoluir para coma e morte. Essa síndrome é causada por tumores broncogênicos, linfoma, pneumonia, tuberculose, doenças do sistema nervoso central (como meningite e tumor cerebral) e uso de alguns fármacos (como carbamazepina, clorpropamida e fenotiazídicos).
>
> O tratamento da SIADH inclui restrição hídrica e uso de substâncias que bloqueiem a ação da AVP, como a demeclociclina e o antagonista específico do receptor V2.

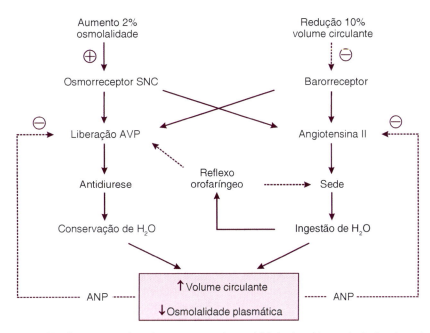

Figura 75.4 ▪ Representação esquemática das respostas adaptativas ao aumento da osmolalidade plasmática e redução do volume circulante. *SNC*, sistema nervoso central; *AVP*, arginina vasopressina; *ANP*, peptídio natriurético atrial; *seta contínua*, estimulação; *seta tracejada*, inibição.

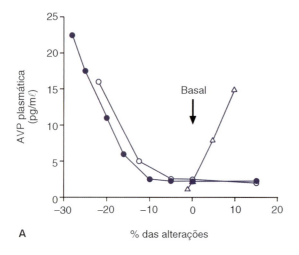

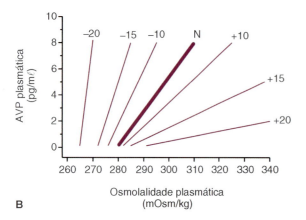

Figura 75.5 ▪ **A.** Efeito comparativo da diminuição da pressão arterial e do aumento da osmolalidade plasmática sobre a secreção de vasopressina. ●, pressão arterial; ○, volume sanguíneo; △, osmolalidade plasmática. **B.** Efeitos das alterações do volume sanguíneo ou da pressão arterial sobre a relação da osmolalidade e vasopressina plasmáticas. *N*, normal. (Adaptada de Robertson e Berl, 1986.)

▶ O sistema renina-angiotensina (SRA)

Sistema renina-angiotensina periférico

A molécula precursora do SRA é o angiotensinogênio, originado no fígado e secretado na circulação sistêmica. O angiotensinogênio é clivado pela renina, enzima proteolítica produzida pelas células da parede da arteríola aferente do glomérulo renal (células justaglomerulares), dando origem ao decapeptídio angiotensina I (ANG I), essencialmente inativo. As células da musculatura lisa das arteríolas aferentes são as que sintetizam, estocam e liberam renina. Essas células produtoras de renina são anatômica e fisiologicamente associadas às células da parede do túbulo contornado distal (mácula densa), sendo esse conjunto denominado aparelho justaglomerular (para mais informações, ver Capítulo 49, *Visão Morfofuncional do Rim*). A ANG I, na circulação sistêmica, é convertida no octapeptídio ANG II pela ação da enzima conversora (ECA), produzida principalmente nos pulmões, mas também nos rins e no sistema vascular sistêmico. É recomendável a leitura das descobertas feitas ultimamente, referentes ao sistema renina-angiotensina (conceito contemporâneo), que admite a existência do heptapeptídio angiotensina-(1-7), descrito no Capítulo 55, *Rim e Hormônios*.

Mecanismos de controle da secreção de renina

Os principais estímulos que ativam a secreção de renina pelo aparelho justaglomerular são: (1) redução da perfusão sanguínea renal, (2) estimulação da inervação renal β_1-adrenérgica simpática, (3) diminuição do conteúdo de sódio que alcança as células da mácula densa. A ANG II, o ANP e a AVP são inibidores da síntese e liberação de renina.

A atividade dos nervos renais (responsável pelo controle reflexo da secreção de renina) é inversamente associada às alterações de volume monitoradas pelos mecanorreceptores atriais. A diminuição da pressão de perfusão sanguínea renal pode ser decorrente de hemorragia, hipotensão ou decréscimo do volume do LEC, normalmente observado após depleção de sódio. Esses estímulos determinam a ativação do SRA e da secreção de aldosterona, promovendo aumento da reabsorção tubular de sódio, expansão do volume e recuperação da pressão arterial.

Mecanismos celulares envolvidos na síntese de renina

A secreção e síntese de renina pelas células do aparelho justaglomerular são ativadas pelo cAMP e diminuídas pela elevação do cálcio no citosol. A adenosina e o ATP são liberados pelas células da mácula densa em resposta à sobrecarga salina no túbulo distal e estiramento das células justaglomerulares, e aumento da perfusão renal e de cálcio citosólico. Por outro lado, a norepinefrina (liberada nas terminações simpáticas renais) e as prostaglandinas (produzidas pelas células da mácula densa em resposta à redução tubular do sódio) aumentam o cAMP, que estimula a produção do mRNA da renina, atuando nos níveis transcricional e pós-transcricional.

Fatores locais (como prostaglandinas, endotelinas e NO) produzidos nas imediações das células justaglomerulares exercem efeitos importantes sobre a secreção de renina e a expressão do seu gene. As prostaglandinas estimulam a produção de renina e sua expressão gênica, pelo aumento do cAMP formado nas células justaglomerulares. Já as endotelinas têm efeitos opostos.

Sistema renina-angiotensina encefálico

O SRA encefálico aumenta a pressão sanguínea, a sede, o apetite ao sódio e a secreção de AVP e de ACTH. A ANG II encefálica aumenta a pressão sanguínea independentemente do SRA sistêmico, por interferir na secreção de AVP e de ACTH ou por modulação do reflexo barorreceptor e de eferências simpáticas.

O acesso da ANG II circulante ao encéfalo é limitado aos OCV. Todos os componentes do SRA sistêmico, incluindo precursores e enzimas requeridas para produção e degradação de ANG II, assim como seus receptores (AT_1, AT_2, AT_3 e AT_4), estão identificados no encéfalo. Embora os SRA encefálico e periférico sejam compartimentalizados, ainda não está estabelecido o quanto um sistema é independente do outro do ponto de vista funcional.

Receptores de ANG II

Os receptores AT_1 e AT_2, mas principalmente os AT_1, são os que melhor caracterizam as ações celulares da ANG II associadas ao controle do balanço hidreletrolítico. Estes receptores têm sete domínios transmembrana acoplados à proteína G. Ações periféricas e centrais da ANG II são mediadas pelo seu receptor AT_1, levando à vasoconstrição e ao aumento na pressão arterial, formando o chamado eixo vasoconstritor do SRA. A própria ANG II, entretanto, participa também de um eixo vasodilatador e redutor da pressão arterial. O peptídio atua em seu receptor AT_2, produzindo bradicinina e NO. Além disso, a ECA2 converte ANG I e ANG II em ANG-(1-7), a qual produz vasodilatação, natriurese, diurese e modulação central do barorreflexo. A ANG-(1-7) atua em receptores Mas que, por sua vez, interagem com os receptores AT_1 e AT_2, modulando a ação celular da ANG II. Por meio dos receptores AT_1, a ANG II também facilita a transmissão sináptica e proliferação celular, enquanto através dos receptores AT_2 facilita a diferenciação celular e apoptose (Figura 75.6).

No SNC de humanos adultos, a distribuição de receptores AT_1, determinada pelo uso de autorradiografia quantitativa in vitro, foi encontrada nas seguintes regiões: OCV, diencéfalo, mesencéfalo, ponte, bulbo, medula espinal, pequenas e grandes artérias adjacentes às meninges e no plexo coroide. Esse padrão de distribuição dos receptores AT_1 sugere que a ANG II possa atuar como um neuromodulador ou um neurotransmissor no SNC de humanos, influenciando a liberação de hormônios hipofisários e o controle autônomo.

Efeitos fisiológicos da ANG II

A seguir são apresentados os principais efeitos fisiológicos da ANG II:

- Exerce potente ação vasoconstritora nas arteríolas, induzindo elevação da pressão arterial
- Por sua ação nas células da zona glomerulosa da suprarrenal, estimula a secreção de aldosterona que, por sua vez, aumenta a reabsorção de sódio e a secreção de potássio e hidrogênio no nível do néfron distal
- Tem um efeito direto estimulador da reabsorção de sódio no túbulo contornado proximal. Esses efeitos da ANG II se devem à sua ação sobre receptores específicos (AT_1), localizados nas células da musculatura vascular e nos túbulos renais
- Estimula centralmente a secreção do hormônio adrenocorticotrófico (ACTH) e a liberação de AVP e de catecolaminas
- Apresenta importantes efeitos pró-inflamatórios e indutores de crescimento celular
- Por sua ação no SNC (lâmina terminal), exerce potente ação estimuladora da ingestão de água e sódio.

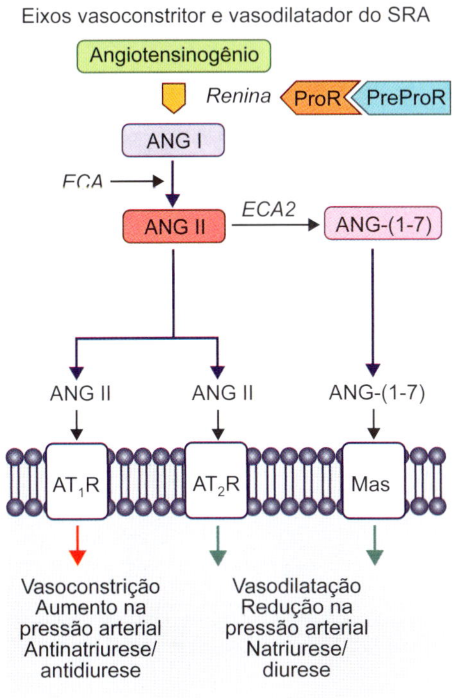

Interações da ANG II com outros hormônios

A ANG II ativa neurônios AVP, como demonstrado por estudos in vivo usando a expressão da proteína c-Fos e secreção do AVP. Adicionalmente, distúrbios do balanço hidromineral (como desidratação ou estímulo osmótico) aumentam a densidade de receptores de ANG II e a expressão de mRNA para AT_{1A} e de mRNA para AVP no SNC. A administração intracerebroventricular de ANG II induz aumento da secreção plasmática de AVP e OT, que parece ser dependente da ativação da ciclo-oxigenase e da produção de prostaglandinas. O peptídio apelina – cujo receptor tem 54% de homologia com o receptor AT_1 e também está presente em neurônios do NPV – tem ações antagônicas sobre os efeitos da ANG II na pressão arterial e na secreção de AVP. As ações encefálicas da ANG II sobre a ingestão e a excreção de água são também antagonizadas por ANP e OT, o que parece depender pelo menos em parte da ativação de receptores adrenérgicos α_2.

▶ Sistema de peptídios natriuréticos

Em meados do século IX, os romanos descreveram, em mergulhadores, um efeito diurético (denominado *caesarea urinatores*) induzido pela imersão do corpo em água. Esse efeito também se dá em banhos térmicos. A diurese induzida por imersão corporal pode ser explicada pela pressão hídrica exercida sobre extremidades, abdome e tórax, aumentando, assim, o retorno venoso ao coração e dilatando o átrio. O aumento da diurese devido à expansão do átrio direito por meio de um balão intra-atrial constitui a primeira evidência experimental para a existência de um hormônio natriurético, como aventado nos anos 1950. Experimentos adicionais mostraram que a natriurese pode acontecer em resposta à expansão de volume sanguíneo, mesmo que não ocorra elevação da taxa de filtração glomerular nem alterações na secreção de aldosterona. A presença de grânulos de secreção em cardiomiócitos atriais de cobaia, indicando uma função endócrina, foi descrita, por microscopia eletrônica, na década de 1950. Posteriormente, foi confirmada a presença de células com função endócrina em átrios provindos de indivíduos cardíacos, possivelmente envolvidos no controle da homeostase hidromineral.

A descoberta mais importante nesse tema foi feita pela demonstração de que extratos atriais têm efeito natriurético. Isso levou rapidamente à determinação da estrutura do peptídio natriurético atrial. A ação miorrelaxante dos extratos atriais sobre a parede vascular foi determinada posteriormente. Depois, foi postulado que o peptídio liberado de cardiomiócitos atriais circula até os rins, induzindo diurese e natriurese. Esses achados iniciais conduziram à identificação e caracterização de outros hormônios da família de peptídios natriuréticos que estão também envolvidos no controle da homeostase dos líquidos corporais.

Embora a AVP e a OT sejam também hormônios natriuréticos, elas tradicionalmente não fazem parte do que podemos chamar de *família dos peptídios natriuréticos*. Esta é constituída pelos seguintes peptídios: (1) peptídio natriurético atrial [ANP, de 28 aminoácidos (aa)], (2) peptídio natriurético tipo

Figura 75.6 • Esquema geral do sistema renina-angiotensina (SRA). *PreProR*, prépró-renina; *ProR*, pró-renina; *ANG I*, angiotensina I; *ANG II*, angiotensina II; *ECA*, enzima conversora de ANG I; *ECA2*, enzima conversora de ANG II; AT_1R e AT_2R, receptores 1 e 2 da ANG II.

B ou encefálico (BNP, de 32 aa), (3) peptídio natriurético tipo C (CNP, de 22 aa) e (4) urodilatina. A forma biologicamente ativa dos peptídios natriuréticos compartilha uma estrutura comum, que consiste em uma alça de 17 aminoácidos ligados por uma ponte de –S–S– entre os dois resíduos de cisteína. Essa alça e suas extensões N- e C-terminais são essenciais para a atividade biológica dos peptídios. A sequência de aminoácidos dos três tipos de peptídios natriuréticos da espécie humana está apresentada na Figura 75.7.

No tecido cardíaco, o α-ANP é sintetizado como um pró-hormônio, sendo clivado em dois fragmentos: o fragmento N-terminal de 98 aa (ANP 1 a 98) e o fragmento C-terminal de 28 aa (ANP 99 a 126), o qual é a forma ativa e circulante. O RNA mensageiro do ANP foi encontrado em diversos tecidos, entretanto é mais abundante nos cardiomiócitos.

O BNP foi originalmente isolado do encéfalo (*brain*) de porco, daí o seu nome. Posteriormente, verificou-se que ele é também sintetizado e secretado pelos cardiomiócitos, principalmente do ventrículo esquerdo. Foi observado que sua concentração plasmática se eleva em pacientes com doenças cardiovasculares e renais, servindo como um dos indicadores precoces de alterações cardíacas, como, por exemplo, infarto e insuficiência cardíaca.

O CNP é sintetizado pelas células endoteliais vasculares, sendo encontrado principalmente no encéfalo. Sua concentração plasmática é baixa e dispõe de moderada ação natriurética, quando comparada com a dos outros peptídios natriuréticos (ANP e BNP). Sua ação principal é como agente vasodilatador.

A urodilatina, peptídio natriurético sintetizado no túbulo distal, aumenta a natriurese e a diurese, agindo de maneira parácrina sobre as células tubulares renais. Contém em sua estrutura uma extensão de quatro aminoácidos correspondentes à porção N-terminal do ANP, característica esta que assegura sua grande resistência à degradação enzimática. Por este motivo, a urodilatina exógena alcança o túbulo distal e o coletor sem ser degradada. A urodilatina tem importante papel na função renal, especialmente no controle da excreção de sódio e água. Alguns estudos mostraram que a sobrecarga aguda de volume ou dilatação do átrio esquerdo é seguida por um aumento na excreção de sódio e de urodilatina. Ainda que em humanos a urodilatina não seja detectada na circulação sanguínea ou no pulmão, esse peptídio também produz significante relaxamento da árvore traqueobrônquica.

Receptores dos peptídios natriuréticos

Os peptídios natriuréticos atuam por meio de três tipos de receptores presentes na membrana celular: NPR-A, NPR-B e NPR-C. Os receptores NPR-A e NPR-B têm um domínio intracelular ligado à guanililciclase, que catalisa a conversão do GTP em cGMP, que ativa a proteinoquinase G. Esses dois receptores são compostos por um local de ligação extracelular, um domínio transmembrana e uma porção intracelular. O receptor NPR-A é mais abundante nos grandes vasos, o NPR-B predomina no encéfalo, e ambos estão presentes nas suprarrenais e no tecido renal. O NPR-C, por sua vez, atua como um receptor de depuração do ANP plasmático (sua inicial C significa *clearance*). Esse receptor não tem em sua estrutura a guanililciclase e desempenha importante papel em remover os peptídios natriuréticos circulantes, pois estes aumentam a vida média e a concentração plasmática do ANP endógeno, estimulando a natriurese *in vivo*. A afinidade dos receptores varia com os peptídios. Por exemplo, para o receptor NPR-A, a sequência de afinidade é ANP, BNP e CNP. Já para o NPR-B, é CNP, BNP, ANP. Por outro lado, o BNP tem muito menor afinidade que o ANP para o NPR-C, o que pode explicar a maior vida média do BNP em relação ao ANP. As endopeptidases

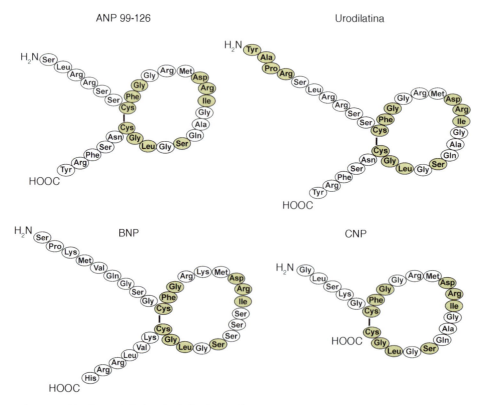

Figura 75.7 ▪ Representação esquemática da sequência de aminoácidos dos peptídios natriuréticos. *ANP*, peptídio natriurético atrial; *BNP*, peptídio natriurético tipo B ou cerebral; *CNP*, peptídio natriurético tipo C.

circulantes são responsáveis pela clivagem dos três tipos de peptídios natriuréticos, inativando-os; elas estão também presentes nas células tubulares renais e vasculares.

Efeitos fisiológicos dos peptídios natriuréticos

O principal estímulo para a liberação cardíaca dos peptídios natriuréticos é o estiramento das fibras de cardiomiócitos atriais, que ocorre quando existe hipervolemia, ou seja, aumento do volume do sangue circulante. Está demonstrado que o controle da liberação dos peptídios natriuréticos é também exercido pelo sistema nervoso central.

Esses peptídios desempenham um papel fundamental no controle do volume e da osmolalidade dos líquidos corporais e da pressão arterial, por meio das ações descritas a seguir:

- Vasodilatação, por efeito direto sobre as fibras musculares das arteríolas e inibição dos efeitos vasoconstritores induzidos por ANG II e catecolaminas
- Indução do aumento da permeabilidade capilar, aumentando a saída de líquidos do espaço intravascular para o intersticial
- Elevação da taxa de filtração glomerular, induzindo vasodilatação dos capilares glomerulares (por atuação nos mesângios), com consequente aumento da área de filtração glomerular e da carga filtrada de sódio
- Subida da pressão hidrostática glomerular, por sua ação vasodilatadora da arteríola aferente e vasoconstritora da arteríola eferente
- Aumento da natriurese e diurese por:
  - Efeito direto nos seus receptores do túbulo contornado proximal, induzindo o aumento da produção do cGMP que, por sua vez, fecha os canais de sódio dependentes de voltagem, produzindo aumento da excreção de sódio (natriurese)
  - Inibição da síntese da renina no aparelho justaglomerular, bem como dos receptores β-adrenérgicos
  - Inibição da ação da ANG II na estimulação da reabsorção de sódio nos túbulos contornados proximais
  - Inibição da ação da aldosterona nos túbulos contornados distais e coletores, bloqueando a reabsorção de sódio e o aumento da excreção de potássio e hidrogênio
  - Inibição da ação da AVP sobre as células do ducto coletor, diminuindo a formação e a inserção luminal da aquaporina 2, com consequente queda da reabsorção renal de água
  - Vasodilatação e aumento do fluxo sanguíneo dos vasos retos da medula renal, induzindo *lavagem papilar* e consequente diminuição do gradiente osmótico corticomedular (ver Capítulo 53)
- Ações endócrinas causadas por:
  - Inibição da liberação da AVP, bem como de sua ação no nível do ducto coletor
  - Inibição da síntese da renina, bem como de sua ação sobre o angiotensinogênio
  - Inibição da ECA responsável pela conversão da ANG I em ANG II
  - Inibição da síntese da aldosterona, bem como de sua ação estimuladora da reabsorção de sódio e da secreção de potássio e hidrogênio no néfron distal
- Ações inibitórias sobre ingestão de água e sódio.

As concentrações plasmáticas do ANP e do BNP aumentam em resposta à expansão do volume circulante e à sobrecarga pressórica cardíaca. Esses hormônios exercem ações antagônicas aos efeitos do SRA. Assim, atuam como antagonistas fisiológicos da ação da ANG II sobre o tônus vascular, secreção de aldosterona e de AVP, e reabsorção renal de água e sódio.

Em suma, essa família de peptídios exerce importante papel na regulação da osmolalidade e volume dos líquidos corporais, como também da pressão arterial. *In vivo*, o ANP determina diminuição da pressão arterial, reduzindo o débito cardíaco e a resistência periférica. Em animais transgênicos, o aumento do número de receptores de ANP resulta em hipotensão arterial, enquanto animais nocaute para ANP são hipertensos e apresentam hipertrofia cardíaca. O ANP e o BNP elevam a natriurese e a diurese diretamente, por suas ações tubulares, e indiretamente, por seus efeitos na hemodinâmica renal. Ambos os hormônios determinam vasodilatação das arteríolas aferentes e vasoconstrição das eferentes, aumentando a pressão hidrostática no capilar glomerular, com consequente crescimento da taxa de filtração glomerular e da oferta de sódio aos túbulos renais.

> **Peptídio natriurético atrial (ANP) e peptídio natriurético tipo B (BNP)**
>
> ANP e BNP são hormônios produzidos pelo átrio e ventrículo cardíacos, respectivamente, com grande potencial cardioprotetor. Ambos respondem à distensão das câmaras cardíacas com ações endócrinas, parácrinas e autócrinas. As ações incluem natriurese e diurese – atenuando, assim, a expansão do LEC, em oposição à aldosterona, e inibição da secreção ou ação de sistemas vasoativos (SRA e AVP); em altas doses, podem também promover vasodilatação. Essas ações contribuem para reduzir a carga hidrodinâmica sobre o coração e aumentar o fluxo sanguíneo coronariano com aumento na oxigenação tecidual local. Ainda, a síntese e secreção do ANP e BNP está aumentada na insuficiência cardíaca e ambos antagonizam a hipertrofia cardíaca dependente de ANG II. Os efeitos protetores podem estar associados à interação com outros hormônios. A OT, por exemplo, atua diretamente no coração, aumentando a secreção de ANP, e estudos recentes enfatizam o papel cardioprotetor da OT em modelos experimentais de lesão cardíaca isquêmica. Essa atuação da OT também tem potencial parácrino e autócrino na secreção dos peptídios natriuréticos, pois coração e vasos possuem toda a maquinaria para a síntese de OT e seus receptores. Apesar da secreção elevada de ANP e BNP na insuficiência cardíaca, a ativação de sistemas com ações opostas às suas, como o SRA, culmina com a evolução para a descompensação cardíaca. Embora o emprego efetivo dos efeitos fisiológicos dos peptídios natriuréticos na terapêutica da insuficiência cardíaca requeira mais pesquisa (usando, por exemplo, peptídio natriurético humano recombinante), o uso da concentração plasmática dos peptídios natriuréticos tem um potencial mais imediato como marcador prognóstico e de monitoramento: pacientes com maiores concentrações plasmáticas de BNP apresentam maior risco de descompensação cardíaca e morte.

Transdução de sinal nas células cardíacas

Os peptídios natriuréticos (ANP e BNP) atuam por meio de receptores específicos que contêm em suas estruturas domínios com atividade guanililciclase, que catalisa a transformação do GTP em cGMP. Para surgirem os seus efeitos biológicos, após a formação do segundo mensageiro, ocorre a ativação das proteinoquinases. No coração, essas proteinoquinases (PKA e PKC) estão envolvidas em regulação da contração cardíaca, transporte de íons, metabolismo tissular, expressão gênica e proliferação celular.

Controle da secreção do ANP

O maior estímulo para a secreção do ANP é o estiramento dos cardiomiócitos atriais (um fator mecânico). Entretanto, outros fatores interferem na sua liberação, como: frequência de contração cardíaca, hormônios e vários peptídios vasoativos. O estiramento dos cardiomiócitos *in vitro*, bem como o induzido pela expansão do volume sanguíneo *in vivo*, aumenta a liberação tanto do ANP como do BNP. Ainda não está esclarecido se essa liberação hormonal se deve ao estiramento das fibras musculares ou à liberação local de ET-1, óxido nítrico ou ANG II liberados pela distensão das fibras musculares ou células endoteliais. Um aumento da frequência ou da contratilidade cardíaca induz elevação da liberação do ANP, tanto *in vitro* como *in vivo*. Em humanos, a taquicardia ventricular eleva a liberação desse peptídio, fato que parece estar associado a alterações hemodinâmicas, como, por exemplo, subida da pressão arterial média.

A liberação do ANP também é estimulada pela hipoxia. Estiramento atrial, taquicardia, aumento da atividade simpática e alterações metabólicas podem ser fatores que participam na mediação dos efeitos da hipoxia sobre a liberação do ANP. Sendo assim, a liberação do ANP pode ser modulada por alterações do metabolismo da fibra cardíaca.

SEDE E CONTROLE DA INGESTÃO DE ÁGUA E SAL

Fica evidente desde o início do capítulo que os vertebrados conquistaram o ambiente terrestre graças a um sistema neural que coordena as respostas que previnem e corrigem a desidratação. A sede é uma sensação que motiva a procura, a obtenção e o consumo de água, sendo desencadeada pela desidratação celular e extracelular. Associadas a esse sistema, encontramos uma grande capacidade de concentração de urina pelo rim e a produção de comportamentos dirigidos à conservação ou aquisição de água e sal, atividades controladas por mecanismos que envolvem hormônios e circuitos neurais. A perda de água ou de volume corporal pode ocorrer do LIC (desidratação celular), LEC (desidratação extracelular) ou ambos (desidratação absoluta). A desidratação seletiva de um ou de outro compartimento ativa os mecanismos específicos já mencionados de osmorrecepção e desativação de receptores de volume, que acionam mecanismos que atenuam a desidratação e eventualmente a corrigem. Os mecanismos renais e comportamentais atuam conjuntamente para corrigir a desidratação absoluta. Entre os mecanismos comportamentais, encontram-se aqueles que levam à procura, obtenção e ingestão de água (sede) e de sódio (apetite ao sódio) (Figura 75.8).

▶ Desidratação intracelular e sede

A ativação dos osmorreceptores originada por redução do LIC, conforme comentado anteriormente, leva à ativação de vias neurais que se projetam para áreas límbicas responsáveis por comportamentos de sobrevivência como a sede. A desidratação intracelular e a ingestão de água aumentam a atividade elétrica de neurônios hipotalâmicos e corticolímbicos (em animais) e elevam o fluxo sanguíneo no giro do cíngulo (conforme mostrado por tomografia de emissão de pósitrons em humanos).

A água ofertada a um animal que se encontra com restrição hídrica é, em geral, ingerida em um período de 3 a 10 min, quando, gradativamente, sua sede será saciada sem, no entanto, ocorrer, nesse mesmo período, a total regularização da sua osmolalidade plasmática. Isso sugere antecipação da medida da quantidade exata de água necessária para a correção da osmolalidade, simplesmente pela mensuração do volume de água que passou pela boca até o estômago. De fato,

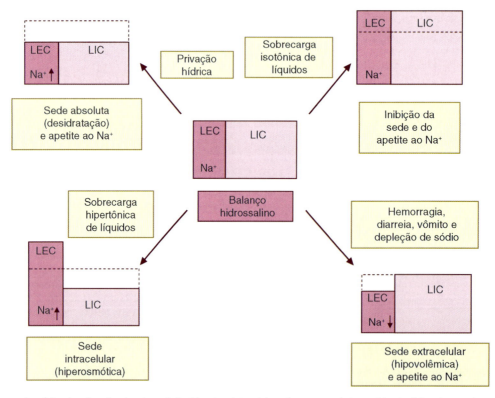

Figura 75.8 ▪ Esquema dos efeitos das alterações do volume de líquido extra e intracelular e da concentração intracelular de sódio sobre a sede e o apetite ao sódio. *LEC*, líquido extracelular; *LIC*, líquido intracelular; ↑, aumento; ↓, diminuição. As *linhas tracejadas* indicam os volumes normais do LEC e do LIC. (Adaptada de De Luca *et al.*, 2005.)

estímulos gerados na boca, na faringe e no estômago são convertidos em impulsos aferentes para estruturas do SNC envolvidas na resposta integrativa de inibição da sede.

Além de ativar a sede, a desidratação intracelular também inibe a fome, provavelmente a partir da ativação dos osmorreceptores. Essa inibição reduz o aporte de partículas osmoticamente ativas, contribuindo, assim, para atenuar a elevação da tonicidade.

▶ Desidratação extracelular e sede

A redução excessiva do LEC leva a um quadro progressivo de fraqueza, palidez, náuseas, hipotensão e choque. O compartimento intravascular tem continuidade com o intersticial, e os mecanismos ativados para a compensação da redução do LEC dependem de mecanorreceptores situados nas paredes dos vasos sanguíneos (sensíveis à redução da pressão intravascular) e de receptores de volume e de natremia (localizados no aparelho justaglomerular renal) que liberam renina, conduzindo consequentemente à produção de ANG II. Os mecanismos de compensação, mediados principalmente pelo SRA-aldosterona, ativados a partir do decréscimo de 5 a 10% da volemia, aumentam a reabsorção renal de água e sódio, assim como a pressão arterial, por um lado, e induzem a sede e o apetite ao sódio, por outro. A redução na descarga dos mecanorreceptores cardiopulmonares (de baixa pressão) e arteriais (alta pressão) removendo a inibição do tronco encefálico sobre os circuitos de sede, mais a ANG II, leva à ingestão de água e de sódio.

O efeito dipsogênico da ANG II é demonstrado em quase todas as classes de vertebrados, de peixes a mamíferos. Esse efeito é marcante quando a ANG II é injetada no ventrículo intraencefálico de rato, em doses de picomoles. O modelo atual da ação fisiológica da ANG II sobre a sede admite que, estando aumentada sua concentração na circulação sanguínea em resposta a uma hipovolemia, ela se difunda para o espaço extracelular parenquimal, ativando a descarga de neurônios do OSF. Esses neurônios então se projetam para a primeira estação sináptica em estruturas com barreira hematencefálica na região pré-óptica-hipotalâmica, de onde partem sinais em direção aos circuitos neurais límbicos que comandam a ingestão de água. A ANG II liga-se a receptores do tipo AT$_1$ acoplados à proteína G, ativando segundos mensageiros (fosfolipídios e proteinoquinases) que causam a abertura de canais de cálcio na membrana plasmática, permitindo um influxo de cálcio e consequente descarga neural.

A diminuição do volume circulante, que resulta de hemorragia ou desidratação, estimula a liberação de renina pelos rins, com consequente aumento da concentração de ANG II circulante. Como dito anteriormente, o acesso da ANG II circulante ao encéfalo é restrito às estruturas dos OCV, os quais podem interagir com outras áreas encefálicas. Efeito oposto ocorre em resposta ao aumento na atividade de barorreceptores cardiopulmonares e arteriais. Aumento da pressão arterial inibe ingestão de água estimulada pela ANG II, hiperosmolalidade ou hipovolemia (ver Figura 75.8).

O OSF não é o único local para a ação dipsogênica da ANG II no encéfalo. Outras estruturas envolvidas na sede e no apetite ao sódio estão localizadas em áreas protegidas pela barreira hematencefálica, não podendo ser estimuladas diretamente pela ANG II circulante, incluindo o MnPO na lâmina terminal, o NPV, a área pré-óptica e a substância cinzenta do tronco encefálico que recebe projeções da área pré-óptica. Essas estruturas podem ser ativadas indiretamente, via conexões aferentes com o OSF.

▶ Desidratação extracelular e apetite ao sódio

Sódio e água são fundamentais para a compensação adequada da hipovolemia. A reposição apenas hídrica não é suficiente para corrigir o volume extracelular, uma vez que a água pura dilui o LEC, reduzindo a secreção de AVP e, consequentemente, levando à diurese. Assim, parte da água ingerida é eliminada, de modo que o volume é apenas parcialmente corrigido. Uma eventual redução da osmolalidade do LEC pela ingestão de água pura também pode acarretar dano celular, relacionado com uma excessiva entrada de água na célula. Daí a importância da reabsorção renal de água e sódio induzida pela aldosterona, e também do apetite ao sódio.

A primeira demonstração de que o apetite ao sódio teria uma base hormonal ocorreu nos anos 1930, em ratos adrenalectomizados. Esses animais desenvolviam intenso apetite a esse íon, que posteriormente se compreendeu ser resultante da deficiência da reabsorção renal de sódio decorrente da falta de aldosterona. O apetite ao sódio envolve um comportamento, inato e específico, de ingestão de minerais contendo sódio. Esse comportamento é bem desenvolvido em animais que vivem em ambiente pobre em sódio, ou cuja dieta tem baixos teores desse íon. Tal apetite é também demonstrado em pombos e em diversas ordens de mamíferos, inclusive primatas. Em humanos, embora alguns estudos questionem a presença de apetite ao sódio (pelo fato de boa parte do sódio ingerido estar vinculada à alimentação), existem várias descrições de aumento de preferência ao sabor do sódio como consequência de desidratação, insuficiência suprarrenal e, no caso da mulher, em fases do ciclo reprodutivo relacionadas com a gestação. Ratas adultas apresentam apetite ao sódio mais intenso do que machos, em função da ação organizadora de hormônios sexuais na fase perinatal. Eventos que surgem nessa fase parecem também determinar o grau de preferência a esse íon. Entretanto, deve-se notar que o apetite ao sódio das ratas é reduzido durante o estro provavelmente em resposta ao pico de estradiol.

Ao que tudo indica, a evolução conduziu à utilização dos mesmos mecanismos para ativar a sede extracelular e o apetite ao sódio, como a redução na descarga de receptores de pressão vascular e a ANG II. Esse hormônio atua nos OCV, ativando os circuitos de apetite ao sódio, e pode agir em sinergismo com a aldosterona para reforçar esse comportamento. Esse sinergismo hormonal depende, provavelmente, de receptores de mineralocorticoides presentes no hipocampo, amígdala e NTS, constituindo o substrato de ação da aldosterona no encéfalo. A partir dos OCV, os circuitos de apetite ao sódio devem passar por estações integradoras de funções viscerais e motivacionais (como amígdala, hipotálamo e área septal), conforme descrito anteriormente e na Introdução deste capítulo. Além disso, estruturas do tronco encefálico (NTS, NDR e NPBL) participam retransmitindo e modulando as informações viscerais ascendentes para as estações.

A administração central do ANP determina inibição da ingestão de água, normalmente induzida pela desidratação ou pela ANG II. Além disso, o ANP também é capaz de reduzir a ingestão de sódio em ratos depletados de sal. O efeito antidipsogênico do ANP se deve provavelmente a uma ação direta no OSF, uma vez que esta estrutura circunventricular é uma região bastante sensível à ação dipsogênica da ANG II.

Sede e apetite ao sódio, estados motivados complementares

Enquanto a desidratação intracelular (produzida, por exemplo, pela sobrecarga de sódio na dieta ou pela infusão intravenosa de NaCl hipertônico) causa preferencialmente sede, ativando mecanismos para estimular a ingestão de água e inibir a de sódio, a desidratação absoluta (que ocorre no caso da privação hídrica) ou a desidratação extracelular (produzida, por exemplo, pela depleção de sódio ou hemorragia) ativam mecanismos capazes de estimular a ingestão de água e de sódio.

Qual é a proporção de sódio em relação à água que um animal com desidratação extracelular deve ingerir? A resposta imediata é uma concentração isotônica, fato bem conhecido por fabricantes e consumidores de bebidas esportivas. Na natureza, nem sempre o sódio se encontra diluído na água; ao contrário, muitas vezes ele está presente em formações rochosas, e a ingestão isotônica deve então se dar como uma mistura final do líquido e do sal. Além do mais, a desidratação pode piorar caso a correção de volume se inicie com ingestão de sal puro. Em animais de laboratório, mantidos com ração normossódica, foi demonstrado que, a partir do momento em que acontece a desidratação extracelular, o apetite ao sódio se manifesta com uma latência maior que a sede. Assim, em um primeiro instante, a ingestão de água permite uma reposição de volume, ainda que parcial, ao mesmo tempo evitando uma desidratação intracelular. Em seguida, a ingestão de sal pode ocorrer até mesmo no estado hipertônico, porque em parte o líquido extracelular foi diluído na primeira fase e em parte porque, mantido o acesso à água, o animal alterna entre os dois comportamentos, ingestões de água e de sal, garantindo um aporte isotônico de sódio para o sistema digestório e daí para o meio interno.

Hipótese da facilitação-inibição

Segundo o parágrafo anterior, em um animal com desidratação extracelular, a expressão da sede deve preceder a ingestão de sódio; essa sequência comportamental é explicada pela hipótese do mecanismo de facilitação-inibição. De acordo com essa hipótese, os fatores facilitadores da sede e do apetite ao sódio produzem, em um primeiro momento, ativação dos circuitos de sede, enquanto, ao mesmo tempo, ativam os circuitos que inibem o apetite ao sódio, freando assim a ingestão de sal. A diluição do LEC resultante da ingestão de água atuaria, então, como um fator desativador da inibição sobre o apetite ao sódio, liberando a ingestão de sal.

Tomemos como exemplo de fator facilitador a ANG II, que está aumentada tanto na desidratação absoluta como na desidratação extracelular. Considerando-se que esse peptídeo origina dois comportamentos distintos, surge a questão de como eles são produzidos a partir da ação do peptídeo sobre as mesmas estruturas encefálicas. Podemos assumir a existência de vias divergentes, cada uma dirigida para um comportamento a partir dos OCV responsivos a ANG II. De acordo com a hipótese da facilitação-inibição, a ANG II ativaria primeiro a sede, enquanto inibiria o apetite ao sódio, resultando apenas na ingestão de água. Depois, seria liberada a ingestão de sal. Duas evidências dão suporte a essa hipótese. Uma mostra que a ANG II em dose exclusivamente dipsogênica ativa neurônios do NPV que contém o peptídeo inibitório OT. Esses neurônios são desativados pela ingestão hídrica. Comprovando essa ideia, existem experimentos indicando que a ingestão de NaCl hipertônico ocorre quando os receptores de OT são inativados farmacologicamente antes da administração da dose dipsogênica de ANG II. A outra evidência provém da ativação de neurônios do NPBL em resposta à desidratação. A inativação farmacológica de neurônios desse núcleo pontino promove a ingestão de NaCl hipertônico em animais tratados com doses dipsogênicas de ANG II, ou antecipa a ingestão desse sal para a fase de sede em animais com desidratação extracelular. Além disso, existe uma correlação positiva entre a produção de c-Fos em áreas facilitadoras (OVLT, OSF) da ingestão de sódio e o apetite ao sódio. Essa produção diminui nessas áreas, aumentando em áreas inibidoras (NDR), conforme o animal sacia o apetite ingerindo sódio.

Plasticidade neural e ingestão hidromineral

Embora inatos e presentes precocemente na ontogênese, a sede e o apetite ao sódio envolvem comportamentos motivados e, portanto, passíveis de serem influenciados pelo aprendizado. Animais desidratados aprendem a mover alavancas, ou correr para locais predeterminados, a fim de poderem obter água ou soluções contendo sódio. Efeitos de longo prazo, provocados por desidratação extracelular ou privação hídrica, têm sido mostrados na ingestão de sódio de animais. A depleção de sódio na fase intrauterina leva ao consumo aumentado de sal no animal adulto. O mesmo incremento tem sido observado após episódios repetidos de depleção de sódio ocorridos apenas na fase adulta. Esse incremento parece decorrer de um efeito organizador da ANG II sobre o encéfalo, possivelmente modificando a expressão gênica neural. O incremento na ingestão de sódio em resposta ao mesmo estímulo da ANG II é semelhante ao que se conhece por sensibilização comportamental, considerada um tipo de aprendizado não associativo. Corroborando teorias de que os comportamentos motivados associados a um reforço positivo possuem uma base neural comum no SNC, histórico de depleção de sódio produz sensibilização cruzada nos efeitos de drogas de abuso ou, ao menos transitoriamente, na ingestão de açúcar, um reforçador natural.

SISTEMA NERVOSO AUTÔNOMO E CONTROLE DO BALANÇO HIDRELETROLÍTICO

Papel da inervação simpática renal sobre a excreção de sódio

O rim participa do controle cardiovascular e do equilíbrio hidrossalino por meio de 3 mecanismos principais: (1) excreção de sódio, (2) excreção de água e (3) secreção de renina. Essas funções renais são controladas principalmente por fatores humorais e pela porção simpática do sistema nervoso autônomo. Os nervos simpáticos renais inervam os túbulos, os vasos e as células do aparelho justaglomerular, exercendo importante controle sobre fluxo sanguíneo renal, taxa de filtração glomerular, transporte tubular de água e solutos, e produção e secreção hormonal. Esses efeitos se dão a partir de informações provenientes de várias estruturas do SNC e periféricas, via atividade eferente do nervo simpático renal.

Os nervos simpáticos renais são estimulados quando ocorre queda da pressão arterial renal (também denominada pressão de perfusão renal), sempre associada à diminuição do volume do LEC. A atividade simpática renal é tônica e modulada pelas variações do volume sanguíneo. Nas situações de aumento do volume do LEC, observa-se redução da atividade simpática renal e aumento da excreção de sódio e de água.

Os nervos renais simpáticos participam dos mecanismos de conservação de água, atuando:

- Na reabsorção tubular de cloreto de sódio
- Na vasoconstrição das arteríolas aferentes, determinando diminuição da taxa de filtração glomerular
- No aumento da liberação de renina pelas células granulares das arteríolas aferentes.

A estimulação dos nervos simpáticos renais, originários principalmente no plexo celíaco, ocorre por meio dos adrenorreceptores beta$_1$ das células granulares justaglomerulares produtoras de renina, presentes na arteríola aferente. A liberação de norepinefrina pelas fibras adrenérgicas induz vasoconstrição, antinatriurese e elevação da secreção de renina. A diminuição da excreção urinária de água e sódio se deve, principalmente, ao aumento da reabsorção tubular de sódio e água, à queda do fluxo sanguíneo renal e da taxa de filtração glomerular (causada por constrição da vasculatura renal) e ao aumento da atividade do SRA (após a liberação de renina a partir das células granulares justaglomerulares). A ANG II formada, atuando via receptores AT$_1$ localizados nos segmentos vasculares e tubulares, aumenta a reabsorção tubular de sódio, cloreto e água, bem como contrai a vasculatura renal. A estimulação do SRA também pode ser induzida mantendo o animal sob uma dieta pobre em sódio, e essa resposta é bloqueada pela ação do captopril, inibidor da enzima conversora para ANG II. Por outro lado, a diminuição da atividade do SRA pode ser obtida por uma dieta rica em sódio. Esses dados sugerem uma estreita interação do SRA com o sistema simpático renal.

Independentemente do SRA-aldosterona sistêmico, o túbulo proximal tem a capacidade de sintetizar e secretar elevadas quantidades de ANG II para o lúmen tubular, a qual modula a reabsorção tubular proximal de sódio e água. Vários estudos demonstram que os nervos renais modulam um componente do transporte tubular proximal mediado pela ANG II intraluminal. A norepinefrina produzida pelas fibras simpáticas estimula a reabsorção de sódio e água no túbulo proximal, no segmento espesso de alça de Henle, no túbulo distal e no ducto coletor.

Em cães, o ANP causa potente natriurese e suprime a secreção de renina induzida por estimulação do nervo renal e a vasoconstrição renal, sem afetar a liberação de norepinefrina. Esses achados são consistentes com a hipótese de que esse peptídio ativa seus receptores no aparelho justaglomerular e nos vasos renais para liberar cGMP, o qual se opõe à liberação de renina ativada por cAMP induzida pela norepinefrina.

A atividade do nervo renal pode ser registrada por meio de eletrodo especialmente adaptado em sua volta, permitindo avaliar sua atividade em várias condições experimentais no animal intacto e com livre mobilidade. Em resposta à expansão de volume sanguíneo, observa-se diminuição na atividade do nervo simpático renal, associada a aumento do fluxo plasmático renal e da liberação de ANP pelo coração, redução da atividade do SRA-aldosterona e inibição na secreção de AVP pela hipófise posterior. Por conseguinte, a natriurese e a diurese observadas após a expansão são consequências da liberação de ANP cardíaco e da redução da atividade do nervo simpático renal, que resultam em aumento do fluxo plasmático renal, da taxa de filtração glomerular e da carga filtrada, e diminuição da reabsorção tubular de sódio.

▶ Regulação da atividade simpática renal pelo SNC

Áreas diencefálicas específicas e do tronco encefálico participam da regulação da atividade simpática renal, por meio de projeções diretas para neurônios pré-ganglionares simpáticos, localizados na coluna intermediolateral da medula espinal. Além disso, essas áreas do SNC podem participar dos principais reflexos que modulam a atividade do nervo simpático renal, como aqueles provenientes das artérias periféricas, mecanorreceptores cardíacos, quimiorreceptores e receptores somáticos. A ANG II pode modular a atividade encefálica, atuando como um neurotransmissor ou como um hormônio. A ANG II circulante modula a atividade neural simpática periférica agindo na AP, uma vez que a ablação dessa área encefálica inibe a hipertensão induzida pela administração intravenosa crônica de ANG II. A AP estabelece conexões eferentes com o NTS e o NPBL, os quais proveem aferências aos neurônios pré-ganglionares simpáticos da coluna intermediolateral da medula espinal. Lesões do NPBL também impedem a hipertensão crônica induzida por ANG II. A ativação da AP pela ANG II circulante pode elevar a atividade neural simpática periférica por uma conexão excitatória direta com a RVLM. A ativação ou a inibição da RVLM aumenta ou diminui, respectivamente, a pressão arterial e a atividade do nervo simpático renal. Trabalhos recentes mostram que aferências renais para o encéfalo também exercem um papel importante na atividade do NPV e no controle da pressão arterial e na excreção de sódio.

Outros estímulos endógenos também contribuem para a atividade do nervo simpático renal. A estimulação de diferentes subtipos de receptores purinérgicos localizados no NTS provoca alterações na hemodinâmica regional e respostas simpáticas eferentes. A estimulação de receptores 2a da adenosina (A2a) diminui a atividade do nervo simpático renal e a atividade do nervo simpático suprarrenal pré-ganglionar.

▶ Papel de receptores α-adrenérgicos e colinérgicos centrais no controle da natriurese

Em experimentos que usam a técnica de micropunção de túbulo proximal renal, foi observado que a estimulação colinérgica (por carbacol) da área hipotalâmica lateral (LHA) induz diurese e natriurese, sem, contudo, alterar a taxa de filtração glomerular ou o fluxo plasmático renal. Por outro lado, foram também estudados os efeitos promovidos pela estimulação da LHA em ratos com rins intactos ou denervados. A denervação renal, por si só, já leva à chamada *natriurese e diurese da denervação*. A estimulação da LHA determina uma elevação ainda maior da natriurese e diurese em ratos com rins denervados. Esses efeitos sobre o volume urinário e a excreção renal de sódio foram observados sem alterações no ritmo de filtração glomerular ou no fluxo plasmático renal, em ratos com rins intactos ou denervados. Estudos por micropunção tubular em rins denervados mostraram que, após administração de carbacol na LHA, a reabsorção tubular de água diminui de forma significativa ao final do túbulo proximal sem alterações na filtração glomerular do mesmo néfron. Além disso, a natriurese induzida pela injeção intra-hipotalâmica de carbacol independe de alterações na atividade neural eferente renal, pois esse efeito não é abolido em animais com denervação renal prévia. Posteriormente, foi comprovado que a estimulação colinérgica da LHA conduz à liberação de hormônios neuro-hipofisários, AVP e OT, responsáveis por parte dos efeitos renais observados. A estimulação colinérgica central também leva ao aumento da liberação de ANP.

REABSORÇÃO RENAL DE SÓDIO E ÁGUA, CONTROLE DO VOLUME E DA OSMOLALIDADE DO LEC

Conforme detalhado no Capítulo 53, as variações de volume determinam modificações, no nível dos túbulos renais, da pressão hidrostática e osmótica (fatores físico-químicos), da atividade simpática (fator neural) e da secreção de vários hormônios (fatores endócrinos). As fibras do simpático renal inervam as arteríolas aferentes e eferentes do aparelho justaglomerular, bem como as células dos túbulos renais. Assim, em resposta à expansão isotônica de volume sanguíneo, ocorre, ao nível dos túbulos renais (túbulo proximal, ramo ascendente espesso da alça de Henle, túbulo distal e ducto coletor), uma redução da reabsorção de sódio. O oposto acontece na queda da volemia.

Um dos fatores importantes intrínsecos ao rim e que pode ser controlado pelo sistema nervoso é o balanço entre a pressão hidrostática e a osmótica (as chamadas *forças de Starling*) nos capilares glomerulares e peritubulares. Quando há queda do volume do LEC, os barorreceptores (de baixa e de alta pressão) induzem, como resposta integrada, aumento da atividade dos nervos simpáticos renais; com isso, acontece elevação da vasoconstrição das arteríolas aferentes e eferentes, além de diminuição da pressão hidrostática dentro do capilar glomerular, da taxa de filtração glomerular e da quantidade de sódio oferecida aos túbulos proximais. Com a redução da filtração glomerular, há queda da carga filtrada de sódio e, consequentemente, menos sódio tubular chega no setor das células da mácula densa. Como essas células são sensíveis às concentrações tubulares de sódio, por um sistema de retroalimentação glomerulotubular, aumenta a filtração glomerular e também a secreção de renina. Adicionalmente, com a queda da pressão de perfusão renal, é estimulada a secreção de renina pelas células musculares das arteríolas aferentes, desencadeando uma reação em cascata que determina o aumento da produção de ANG II e de aldosterona, ambas ativadoras da reabsorção tubular de sódio. Ao mesmo tempo que acontece diminuição da pressão de perfusão renal, ocorre redução da pressão hidrostática peritubular e elevação da pressão oncótica peritubular, favorecendo a reabsorção proximal de líquido. Essas ações combinadas determinam um decréscimo da excreção renal de sódio, que modula a restauração do volume do LEC.

O sistema nervoso simpático também participa da regulação do volume do LEC, em resposta à expansão aguda do volume sanguíneo. Uma expansão aguda do LEC induz diminuição da atividade simpática acompanhada de expansão aguda de volume sanguíneo que estimula a liberação de ANP (em resposta ao estiramento dos cardiomiócitos atriais) e de urodilatina (secretada pelas células tubulares renais e que, por uma ação parácrina, diminui a reabsorção tubular de sódio). Esses peptídeos reduzem a reabsorção tubular de sódio nos ductos coletores (provocando natriurese), por uma ação direta ou indireta, ao inibirem a síntese de renina e, consequentemente, de ANG II e de aldosterona e suas ações tubulares. O ANP inibe também a ação da AVP na reabsorção de água (aumentando a diurese).

Em resumo, em resposta a uma expansão aguda de volume sanguíneo, os sensores de volume geram sinais dirigidos para o SNC, onde são integrados e enviam informações neurais, hormonais e físicas aos rins. Tais informações são: diminuição da liberação de AVP e da atividade simpática; aumento da liberação de ANP e da urodilatina; subida da pressão de perfusão renal, queda da produção de renina, ANG II e aldosterona. As ações integradas dessas informações sobre a reabsorção renal de água e de sódio visam corrigir a modificação do volume dos líquidos corporais causada pela expansão. O oposto ocorre quando o organismo é submetido à redução do volume extracelular.

CONTROLE DO BALANÇO HIDRELETROLÍTICO EM IDOSOS

As alterações na regulação da homeostase da água em idosos resultam de múltiplas alterações que ocorrem com o envelhecimento. Entre elas destacam-se: alterações na composição corporal, função renal diminuída e alterações na regulação hipotálamo-pituitária, nos mecanismos indutores da sede e secreção de arginina AVP.

Como resultado destas múltiplas alterações sistêmicas, os idosos têm um aumento da frequência e gravidade da hipoosmolalidade e hiperosmolalidade, manifestada por hiponatremia e hipernatremia, bem como hipovolemia e hipervolemia.

Com o envelhecimento, podem ocorrer alterações hemodinâmicas renais: diminuição progressiva na taxa de filtração glomerular e no fluxo renal sanguíneo.

Essas alterações hemodinâmicas podem ocorrer associadas às mudanças estruturais: perda de massa renal; hialinização de arteríolas aferentes e, em alguns casos, desenvolvimento de arteríolas aglomerulares; aumento na porcentagem de glomérulos escleróticos; e fibroses tubulointersticiais.

As mudanças na atividade do SRA e NO parecem ser particularmente importantes.

Além disso, no idoso ocorre diminuição da atividade do SRA, o que leva à diminuição da produção de renina em resposta aos estímulos fisiopatológicos. Os níveis sistêmicos de renina e aldosterona diminuem com a idade.

Ocorre também diminuição da produção do NO com o envelhecimento, fato que determina aumento da vasoconstrição renal, retenção de sódio e hipertensão.

PERSPECTIVAS

O desenvolvimento associado da engenharia genética e bioinformática tem resultado nos últimos anos em uma expansão considerável de nosso conhecimento sobre dois aspectos-chave da neuroendocrinologia da osmorregulação de mamíferos. Estamos começando a entender, em detalhes moleculares, como é feita a transdução de pequenas alterações na osmolalidade dos líquidos corporais e como esse tipo de transdução altera a atividade neuronal encefálica para produzir neurossecreção. Além disso, graças à aplicação de tecnologias transcriptômicas, temos agora um catálogo abrangente da expressão gênica em núcleos encefálicos-chave para a osmorregulação. Sabemos como essa expressão muda após um desafio osmótico, mas ainda falta uma apreciação detalhada da sequência de eventos que ligam osmorrecepção aos circuitos neurais que controlam a modulação transcripcional dentro dos neurônios magnocelulares.

BIBLIOGRAFIA

ANTUNES-RODRIGUES J, CASTRO M, ELIAS LL et al. SM. Neuroendocrine control of body fluid metabolism. *Physiol Rev*, 84:169-208, 2004.

ANTUNES-RODRIGUES J, McCANN SM, ROGERS LC et al. Atrial natriuretic factor inhibits dehydration- and angiotensin II-induced water intake in the conscious, unrestrained rat. *Proc Natl Acad Sci USA*, 82:8720-3, 1985.

ANTUNES-RODRIGUES J, PICANÇO-DINIZ DLW, VALENÇA MM et al. Controle neuroendócrino da homeostase dos fluidos corporais. In: ANTUNES-RODRIGUES J, MOREIRA AC, ELIAS LLK et al. (Eds.). *Neuroendocrinologia Básica e Aplicada*. Guanabara Koogan, Rio de Janeiro, 2005.

BIANCARDI VC, SON SJ, SONNER PM et al. Contribution of central nervous system endothelial nitric oxide synthase to neurohumoral activation in heart failure rats. *Hypertension*, 58:454-63, 2011.

BOURQUE CW. Central mechanisms of osmosensation and systemic osmoregulation. *Nature Reviews/Neuroscience*, 9:519-31, 2008.

BURRELL LM, LAMBERT HJ, BAYLISS PH. Atrial natriuretic peptide inhibits fluid intake in hyperosmolar subjects. *Clin Sci (Lond)*, 83:35-9, 1992.

CASTRO CH, SANTOS RA, FERREIRA AJ et al. Evidence for a functional interaction of the angiotensin-(1-7) receptor Mas with AT1 and AT2 receptors in the mouse heart. *Hypertension*, 46(4):937-42, 2005.

De LUCA Jr LA, VENDRAMINI RC, PEREIRA DTB et al. Water deprivation and the double-depletion hypothesis: common neural mechanisms underlie thirst and salt appetite. *Braz J Med Biol Res*, 40:707-12, 2007.

De LUCA Jr LA, VIVAS LM, MENANI JV. Controle neuroendócrino da ingestão de água e sal. In: ANTUNES-RODRIGUES J, MOREIRA AC, ELIAS LLK et al. *Neuroendocrinologia Básica e Aplicada*. Guanabara Koogan, Rio de Janeiro, 2005.

DENTON D, SHADE R, ZAMARIPPA F et al. Correlation of regional cerebral blood flow and change of plasma sodium concentration during genesis and satiation of thirst. *Proc Natl Acad Sci U S A*, 96:2532-7, 1999.

DENTON DA. *The Hunger for Salt*. Springer-Verlag, Nova York, 1982.

EGAN G, SILK T, ZAMARRIPA F et al. Neural correlates of the emergence of consciousness of thirst. *Proc Natl Acad Sci U S A*, 100:15241-6, 2003.

FITZSIMONS JT. Angiotensin, thirst, and sodium appetite. *Physiol Rev*, 78:583-686, 1998.

GIRONACCI MM, CERNIELLO FM, LONGO CARBAJOSA NA et al. Protective axis of the renin-angiotensin system in the brain. *Clin Sci (Lond)*, 127(5):295-306, 2014.

GIRONACCI MM, LONGO CARBAJOSA NA, GOLDSTEIN J et al. Neuromodulatory role of angiotensin-(1-7) in the central nervous system. *Clin Sci (Lond)*, 125(2):57-65, 2013.

GODINO A, De LUCA LA Jr, ANTUNES-RODRIGUES J et al. Oxytocinergic and serotonergic systems involvement in sodium intake regulation: Satiety or hypertonicity markers? *Am J Physiol Regul Integr Comp Physiol*, 293:R1027-36, 2007.

GRAY DA. Role of endogenous atrial natriuretic peptide in volume expansion diuresis and natriuresis of the Pekin duck. *J Endocrinol*, 140:85-90, 1994.

GREENWOOD M, BORDIERI L, GREENWOOD MP et al. Transcription factor CREB3 L1 regulates vasopressin gene expression in the rat hypothalamus. *J Neurosci*, 34:3810-20, 2014.

GREENWOOD MP, GREENWOOD BT, GILLARD SY et al. Epigenetic Control of the vasopressin promoter explains physiological ability to regulate vasopressin transcription in dehydration and salt loading states in the rat. *J Neuroendocrinol*, 28(4).

HUSSY N, DELEUZE C, PANTALONI A et al. Agonist action of taurine on glycine receptors in rat supraoptic magnocellular neurones: possible role in osmoregulation. *J Physiol*, 502:609-21, 1997.

JOHNSON AK, THUNHORST RL. The neuroendocrinology of thirst and salt appetite: visceral sensory signals and mechanisms of central integration. *Front Neuroendocrinol*, 18:292-353, 1997.

KASCHINA E, UNGER T. Angiotensin AT1/AT2 receptors: regulation, signalling and function. *Blood Press*, 12(2):70-88, 2003.

KOSTENIS E, MILLIGAN G, CHRISTOPOULOS A et al. G-protein-coupled receptor Mas is a physiological antagonist of the angiotensin II type 1 receptor. *Circulation*, 111(14):1806-13, 2005.

MANCUSO C, KOSTOGLOU-ATHANASSIOU I, FORSILING ML et al. Activation of heme oxygenase and consequent carbon monoxide formation inhibits the release of arginine vasopressin from rat hypothalamic explants. Molecular linkage between heme catabolism and neuroendocrine function. *Mol Brain Res*, 50:267-76, 1997.

McKINLEY MJ, MATHAI ML, PENNINGTON GL et al. The effect of individual or combined ablation of the nuclear groups of the lamina terminalis on water drinking in sheep. *Am J Physiol Regul Integr Comp Physiol*, 276:R673-83, 1999.

MENANI JV, DE LUCA Jr LA, JOHNSON AK. Role of the lateral parabrachial nucleus in the control of sodium appetite. *Am J Physiol Regul Integr Comp Physiol*, 306:R201-10, 2014.

NEHME B, HENRY M, MOUGINOT D et al. The expression pattern of the Na(+) sensor, Na(X) in the hydromineral homeostatic network: a comparative study between the rat and mouse. *Front Neuroanat*, 6:26, 2012.

NODA M, SAKUTA H. Central regulation of body-fluid homeostasis. *Trends Neurosci*, 36:661-73, 2013.

OTAKE K, KONDO K, OISO Y. Possible involvement of endogenous opioid peptides in the inhibition of arginine vasopressin release by gammaaminobutyric acid in conscious rats. *Neuroendocrinol*, 54:170-4, 1991.

PHILLIPS PA, ROLLS BJ, LEDINGHAM JG et al. Reduced thirst after water deprivation in healthy elderly men. *N Engl J Med*, 311:753-9, 1984.

PRAGER-KHOUTORSKY M, BOURQUE CW. Mechanical basis of osmosensory transduction in magnocellular neurosecretory neurones of the rat supraoptic nucleus. *J Neuroendocrinol*, 27:507-15, 2015.

PRAGER-KHOUTORSKY M, KHOUTORSKY A, BOURQUE CW. Unique interweaved microtubule scaffold mediates osmosensory transduction via physical interaction with TRPV1. *Neuron*, 83:866-78, 2014.

RAMSAY DJ. The importance of thirst in maintenance of fluid balance. *Baillieres Clin Endocrinol Metab*, 3(2):371-91, 1989.

ROBERTSON GL, BERL T. Water metabolism. In: BRENNER BM, RECTOR FC Jr (Eds.). *The Kidney*. 3. ed. WB Saunders, Philadelphia, 1986.

SANTOS RA, CAMPAGNOLE-SANTOS MJ. Central and peripheral actions of angiotensin-(1-7). *Braz J Med Biol Res*, 27(4):1033-47, 1994.

SIMERLY RB, SWANSON LW. Projections of the medial preoptic nucleus: a Phaseolus vulgaris leucoagglutinin anterograde tract-tracing study in the rat. *J Comp Neurol*, 270:209-42, 1988.

SLY DJ, McKINLEY MJ, OLDFIELD BJ. Activation of kidney-directed neurons in the lamina terminalis by alterations in body fluid balance. *Am J Physiol Regul Integr Comp Physiol*, 281:R1637-46, 2001.

SOARES TJ, COIMBRA TM, MARTINS RA et al. Atrial natriuretic peptide and oxytocin induce natriuresis by release of GMPc. *Proc Natl Acad Sci U S A*, 96:278-83, 1999.

STELLWAGEN D, MALENKA RC. Synaptic scaling mediated by glial TNFalpha. *Nature*, 440:1054-9, 2006.

TAKEI Y. Comparative physiology of body fluid regulation in vertebrates with special reference to thirst regulation. *Jpn J Physiol*, 50:171-86, 2000.

THRASHER TN. Osmoreceptor mediation of thirst and vasopressin secretion in the dog. *Fed Proc*, 41:2528-32, 1982.

THRASHER TN, BROWN CJ, KEIL LC et al. Thirst and vasopressin release in the dog: an osmoreceptor or sodium receptor mechanism? *Am J Physiol Regul Integr Comp Physiol*, 238:R333-9, 1980.

VERBALIS JG. Disorders of body water homeostasis. *Best Pract Res Clin Endocrinol Metab*, 17(4):471-503, 2003.

VERBALIS JG, BLACKBURN RE, HOFFMAN GE et al. Establishing behavioral and physiological functions of central oxytocin:insights from studies of oxytocin and ingestive behaviors. *Adv Exp Med Biol*, 395:209-25, 1995.

WATANABE E, FUJIKAWA A, MATSUNAGA H et al. Nav2/NaG channel is involved in control of salt-intake behavior in the CNS. *J Neurosci*, 20(20):7743-51, 2000.

WATANABE E, HIYAMA TY, SHIMIZU H et al. Sodium-level-sensitive sodium channel Na(x) is expressed in glial laminate processes in the sensory circumventricular organs. *Am J Physiol Regul Integr Comp Physiol*, 290:R568-76, 2006.

WEINSTEIN JR, ANDERSON S. The aging kidney: physiological changes. *Adv Chronic Kidney Dis*, 17(4):302-7, 2010.

WINAVER J, HOFFMAN A, ABASSI Z et al. Does the heart's hormone, ANP, help in congestive heart failure? *News Physiol Sci*, 10:247-53, 1995.

Capítulo 76

Fisiologia do Metabolismo Osteomineral

Marise Lazaretti-Castro | Antonio Carlos Bianco | Priscilla Morethson

- Introdução, *1264*
- Metabolismo mineral, *1264*
- Absorção e excreção, *1264*
- Distribuição, *1267*
- Metabolismo ósseo, *1268*
- Crescimento, modelação e remodelação óssea, *1270*
- Paratireoides, *1274*
- *PTH-related peptide, 1277*
- Células parafoliculares | Calcitonina, *1277*
- Vitamina D, *1280*
- Regulação hormonal integrada da homeostase mineral, *1284*

- Os Dentes, *1285*
  Priscilla Morethson
  - Esmalte, *1285*
  - Complexo dentinopulpar, *1286*
  - Cemento, *1286*
  - Ligamento periodontal, *1286*
  - Osso alveolar, *1288*
  - Erupção dentária | Odontogênese, *1288*
  - Irrupção dentária, *1288*
  - Dentes e fisiologia osteomineral e nervosa | A odontologia na fronteira da ciência, *1290*
  - Bibliografia, *1290*

INTRODUÇÃO

Durante o desenvolvimento das primeiras formas de vida, o aparecimento de membranas lipídicas semipermeáveis – que envolvem todas as células vivas – permitiu a compartimentalização de reações bioquímicas em um ambiente intracelular de composição controlada. Para manter uma composição iônica citoplasmática compatível com os processos vitais, as células desenvolveram mecanismos capazes de reconhecer e reagir a alterações na concentração iônica intracelular por meio de mudanças na permeabilidade da membrana celular e ativação de transportadores dependentes de energia. O aparecimento de seres multicelulares fez com que mecanismos adicionais fossem desenvolvidos visando à manutenção da concentração iônica dos líquidos extracelulares. Hoje, sabe-se que esses mecanismos relacionam-se de maneira complexa e envolvem múltiplos órgãos e tecidos – paratireoides, células parafoliculares da tireoide, pele, rins e ossos – e diferentes classes de hormônios que, por modificarem o grau de diferenciação de seus tecidos-alvo, mantêm a homeostase mineral dentro de estreitos limites compatíveis com a vida.

METABOLISMO MINERAL

O cálcio é o íon mineral mais abundante no ser humano e o quinto elemento mais encontrado no organismo (Quadro 76.1). Participa de modo importante em múltiplos processos celulares e extracelulares, incluindo a proteólise de componentes do plasma (p. ex., coagulação sanguínea e geração de cininas vasoativas), sinalização intracelular, manutenção do potencial de membrana celular, contração muscular e exocitose, além de, juntamente com o fosfato, ser um elemento fundamental na composição dos cristais de hidroxiapatita que dão resistência ao tecido ósseo. Da mesma maneira, muitas reações celulares são dependentes da disponibilidade de fosfato, que serve ainda como um dos principais tampões citoplasmáticos, a base para a troca de energia e um componente essencial de membranas e ácidos nucleicos.

O cálcio e o magnésio estão presentes em quantidades abundantes nos tecidos mineralizados, com grande predomínio do primeiro sobre o segundo. No nível intracelular, entretanto,

Quadro 76.1 ▪ Composição dos elementos do corpo humano.

Elemento	% Nº total de átomos	% Peso
Hidrogênio	63,0	10,0
Oxigênio	25,5	64,5
Carbono	9,5	18,0
Nitrogênio	1,4	3,1
Cálcio	0,31	1,96
Fósforo	0,22	1,08
Cloro	0,08	0,45
Potássio	0,06	0,37
Enxofre	0,05	0,25
Sódio	0,03	0,11
Magnésio	0,01	0,04

Fonte: Lehninger, 1975.

o magnésio é o segundo cátion mais abundante, depois do potássio, com concentrações até 1.000 vezes superiores às do cálcio, enquanto somente 5% do magnésio do organismo é encontrado nos líquidos extracelulares. A concentração sérica normal de magnésio varia de 1,5 a 2,0 mEq/ℓ. Ele é essencial à vida e está envolvido em inúmeros processos metabólicos. Atua como cofator em várias reações enzimáticas, incluindo a adenilciclase, que catalisa a formação de cAMP, e a ATPase, que propicia a transferência de grupos fosfato de nucleotídios trifosfatados com alta energia. Já se encontra bem definido seu papel na transmissão dos impulsos nervosos, na contração muscular, na manutenção dos potenciais de membranas, assim como na função e estrutura dos DNA e RNA. Sua deficiência implica manifestações clínicas que envolvem os sistemas nervoso central e cardiovascular, além de estar relacionada com diabetes melito e hipertensão arterial.

ABSORÇÃO E EXCREÇÃO

▶ Cálcio

O fosfato de cálcio é um dos principais constituintes do esqueleto, que retém cerca de 99% do cálcio do organismo. A entrada do sal de cálcio no corpo envolve uma série de transformações de estado – de sólido para líquido (na digestão e absorção intestinal), novamente para mineral sólido (durante o depósito no osso) e de volta a líquido (na reabsorção óssea) – para manutenção dos níveis plasmáticos (Figura 76.1). Como outros cátions, o cálcio pode atravessar membranas celulares e se mover por diversos compartimentos com diferentes gradientes de concentração. As concentrações intracelulares de cálcio são por volta de 100 a 100.000 vezes inferiores às dos compartimentos extracelulares, e variações não superiores a 5% durante as 24 h do dia podem ser observadas nas concentrações plasmáticas de cálcio. Isso significa que todas estas reações se mantêm em um complexo equilíbrio, à custa de controles na sua absorção intestinal, evitando picos plasmáticos pós-prandiais excessivos do íon, na sua excreção renal, assim como na sua deposição e reabsorção no osso. Esta manutenção de níveis mais ou menos constantes é fundamental para o adequado funcionamento do organismo, uma vez que o cálcio atua como mediador de uma série de fenômenos biológicos vitais ao organismo (Quadro 76.2). Tanto seu excesso como sua falta podem ocasionar distúrbios em vários sistemas (neurológico, cardíaco, gastrintestinal etc.), podendo, quando em graus extremos, causar morte.

O cálcio ingerido com os alimentos comumente se encontra ligado ou na forma sólida, necessitando ser modificado (solubilizado) para que seja absorvido. Sua velocidade de absorção e redistribuição no organismo deve ser tal que não comprometa as concentrações plasmáticas de cálcio, que se mantêm por volta de 2,5 mmol/ℓ de cálcio total, e 1,25 mmol/ℓ da fração ionizada. Assim que o quimo entra no intestino, é sujeito à ação mecânica devido ao peristaltismo e à ação química das enzimas intestinais, principalmente das peptidases. Desta maneira, o cálcio é solubilizado e absorvido para a linfa ou sangue através do epitélio intestinal. Existem basicamente dois mecanismos envolvidos neste transporte. O primeiro é saturável (ativo), via transcelular, sujeito à regulação hormonal (pela vitamina D) e, portanto, também à retrorregulação. Ocorre principalmente na porção proximal do intestino delgado, isto é, duodeno e porção inicial do jejuno. O segundo

Fisiologia do Metabolismo Osteomineral

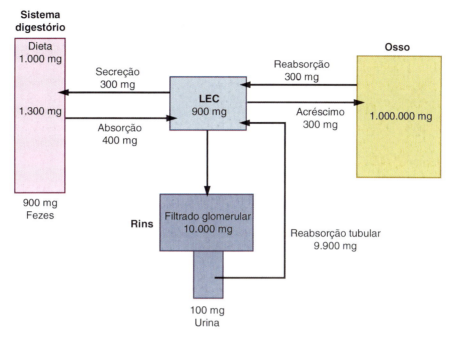

Figura 76.1 ▪ Modelo esquemático da homeostase diária de cálcio no homem adulto que ingere 1.000 mg de cálcio. Pelo intestino, são secretados 300 mg/dia. A média da absorção no nível intestinal é, em condições habituais, de cerca de 30%; portanto, dos 1.300 mg que estão no lúmen intestinal são absorvidos 400 mg. Levando-se em consideração que 300 mg são de origem endógena, apenas 100 mg do cálcio ingerido foram absorvidos. Todos os compartimentos permanecem em equilíbrio constante, e aproximadamente 10.000 mg de cálcio são filtrados pelos glomérulos renais/dia. A maior parte desse cálcio (99%) é reabsorvida nos túbulos, sendo excretados na urina apenas 100 mg/dia. *LEC*, líquido extracelular.

mecanismo é não saturável, dependente do gradiente de concentração entre o lúmen intestinal e líquidos corporais, provavelmente via paracelular. Este mecanismo não está sujeito a qualquer controle endócrino e pode ocorrer ao longo de todo o intestino, porém corresponde a uma proporção menor do cálcio total absorvido (para mais informações, ver Capítulo 63, *Absorção Intestinal de Água e Eletrólitos*).

O intestino secreta cerca de 300 mg do cálcio de origem endógena para o lúmen intestinal pela bile e outras secreções, que se soma ao cálcio da dieta. Desde que a máxima fração de absorção seja ao redor de 70%, em caso de dieta completamente sem cálcio a absorção apenas restauraria ao organismo 200 mg do cálcio endógeno secretado, induzindo a um balanço negativo de 100 mg/dia. Sendo assim, a dieta mínima para que se alcance balanço zero nestas condições seria de 200 mg/dia. Em dietas pobres em cálcio, a absorção ocorre predominantemente pelo processo ativo, mas, à medida que a oferta de cálcio aumenta, este processo torna-se saturado, e quantidades adicionais de cálcio são então absorvidas somente pelo mecanismo de difusão não saturável (Figura 76.2).

Diversos fatores, no entanto, podem influir na quantidade de cálcio disponível para ser absorvido ou no mecanismo de absorção propriamente dito. A formação de complexos insolúveis está associada a dietas ricas em fósforo, fitatos ou ácido oxálico. Em uma dieta habitual, encontra-se fósforo em quantidade abundante, mas aparentemente apenas quando a proporção fósforo:cálcio ultrapassa 3:1 é que se observa interferência na quantidade de cálcio absorvida. Provavelmente, devido ao fato de o leite humano ter menor proporção fósforo:cálcio que o leite de vaca, a quantidade de cálcio absorvida é maior no primeiro. A existência de pH excessivamente alcalino no lúmen intestinal também interfere na solubilização do cálcio ingerido, quer por um problema intrínseco do intestino (nas síndromes mal-absortivas), quer por uma deficiente acidificação do conteúdo gástrico (ou acloridria). Por outro lado, alguns açúcares, notavelmente a lactose, aumentam a absorção intestinal de cálcio, por um mecanismo ainda não esclarecido. Desde que a vitamina D é o maior regulador da absorção intestinal ativa de cálcio, distúrbios associados a menor oferta ou ação deste hormônio também induzem a menor absorção deste cátion; ao passo que, quando em quantidades excessivas, a absorção intestinal está aumentada, como no hiperparatireoidismo primário ou na intoxicação pela vitamina D.

Em condições habituais, apenas 2% da carga de cálcio filtrado pelos glomérulos é excretada, e 98% são reabsorvidos pelos túbulos renais. O mecanismo de controle da reabsorção tubular de cálcio é feito de maneira a proteger o indivíduo de potencial hipercalcemia no caso de ingestão excessiva. Há uma correlação linear positiva entre elevação de ingesta e aumento da excreção renal de cálcio, quando esta excreção supera 150 mg. Abaixo destes níveis de excreção, entretanto, esta correlação é perdida, apesar da atuação do

Quadro 76.2 ▪ Fenômenos biológicos relacionados com modificações das concentrações de cálcio ionizado intracelular.

- Excitação e contração muscular
- Liberação de neurotransmissores
- Movimentação das estruturas citoplasmáticas
- Movimento ciliar
- Secreção exócrina
- Liberação de hormônios pelas glândulas endócrinas
- Fertilização
- Divisão celular
- Comunicação entre as células
- Atividade enzimática
- Excitação de cones e bastonetes
- Movimento cromossômico
- Iniciação da síntese de DNA

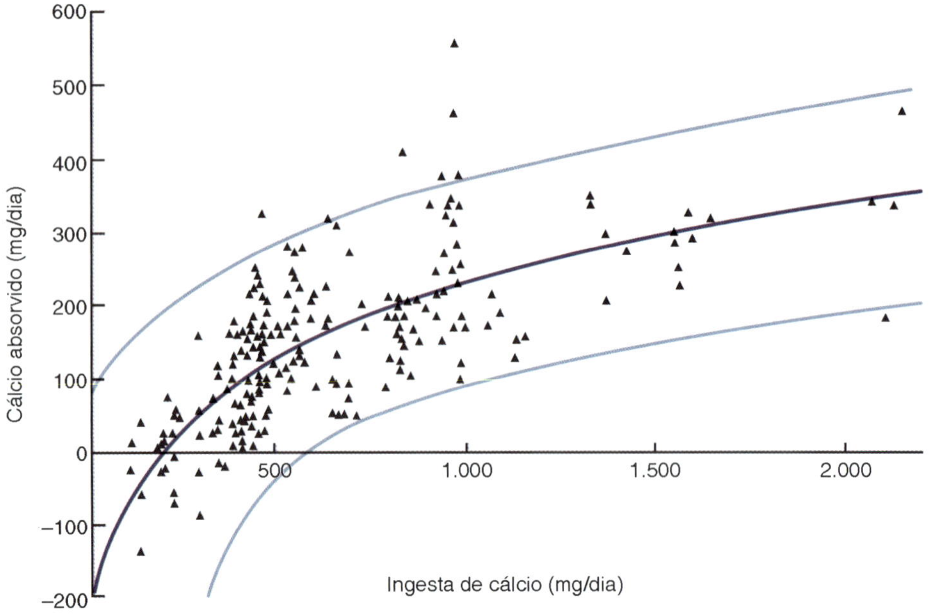

Figura 76.2 ▪ Relação entre ingesta de cálcio e porcentagem de absorção do cálcio ingerido. A avaliação foi feita em 212 balanços em 84 indivíduos normais. (Adaptada de Nordin, 1988.)

paratormônio aumentando a reabsorção tubular do cálcio filtrado. Portanto, em condições de dieta pobre em cálcio a excreção não se reduz proporcionalmente, levando o indivíduo a um balanço de cálcio negativo. Além disso, a excreção renal de cálcio está intimamente relacionada com a quantidade de sódio e de proteínas da dieta. Para cada mmol de sódio excretado, excreta-se juntamente 0,1 mmol de cálcio. Do mesmo modo, existe forte correlação entre a quantidade de proteínas ingeridas na dieta e a de cálcio excretada na urina, independentemente da quantidade de cálcio ingerida (Quadro 76.3).

As recomendações diárias de cálcio variam de acordo com a fase da vida. Para um adulto normal, o recomendado deve preservar o conteúdo de cálcio do organismo, mantendo-o em balanço zero. Esta condição depende não só da porcentagem de cálcio absorvida, mas também da quantidade de cálcio excretada pelos rins. Esta quantidade foi repetidamente calculada para indivíduos normais e varia, na maioria dos estudos, de 400 a 800 mg (ou 6 a 12,5 mg/kg) diários. Condições especiais como durante a fase do estirão puberal, a gestação e a lactação necessitam de doses mais elevadas, variando de 1.200 a 1.500 mg/dia, assim como no climatério, quando para a mulher se preconizam 800 a 1.000 mg/dia.

▸ Fósforo e magnésio

Grandes quantidades de fosfato (800 mg) e magnésio (350 mg) também devem ser ingeridas diariamente pelo organismo. Ao contrário do cálcio, a absorção intestinal de fosfato e magnésio se dá por meio de processo único não saturável (por transporte passivo), que varia linearmente com a carga alimentar destes elementos. O fósforo não é somente um dos principais componentes minerais do osso na composição da hidroxiapatita, mas também é um mediador de transferência de energia, além de participar de uma série de reações metabólicas intracelulares. Devido a este papel crítico, o organismo desenvolveu mecanismos eficientes para a obtenção e manutenção das quantidades necessárias de fósforo, que são exercidos basicamente pelo intestino e pelos rins. Existe uma relação direta entre o conteúdo alimentar de fósforo, a quantidade absorvida pelo sistema digestório e a excretada pelos rins. Afortunadamente, o fósforo é abundante em uma série de alimentos, onde se apresenta na forma de fosfatos, de tal maneira que sua deficiência nutricional é extremamente rara. O intestino delgado é o local mais importante para absorção de fosfatos, cujo transporte se faz predominantemente no jejuno e íleo, e em menor parcela no duodeno. Em uma dieta de 4 a 30 mg/kg/dia de fósforo inorgânico, a absorção fica por volta de 60 a 65% do ingerido. Esta absorção se faz por dois mecanismos: por transporte celular ativo e por fluxo difusional, a favor

Quadro 76.3 ▪ Média da excreção urinária de cálcio para diferentes quantidades de cálcio e proteínas ingeridas na dieta.

Ingesta de cálcio (mg/dia)	Ingesta de proteína (g/dia)	Cálcio urinário (mg/dia)
100	6	51
	78	99
	150	161
900	6	105
	24	131
	78	155
1.300	6	80
	78	163
	150	274
1.600	6	46
	78	92
	387	318
2.300	78	81
	300	176
	600	380

Fonte: Linkswiler et al., 1981; Margen et al., 1974.

do gradiente elétrico e de concentração, especialmente através de passagem paracelular pelas membranas basolaterais dos enterócitos. Apenas em casos de deficiência de fosfatos é que a via ativa de absorção intestinal passa a ter relevância, responsiva à 1,25-di-hidroxivitamina D. Apesar disso, nos casos de deficiência de vitamina D, a absorção intestinal de fosfato está reduzida em apenas 15%. Como as dietas, de maneira geral, são abundantes em fosfatos, a quantidade de fósforo absorvida frequentemente excede as necessidades diárias. Entretanto, a formação de sais insolúveis com cálcio, alumínio ou magnésio no lúmen pode reduzir em até 50% a absorção intestinal dos fosfatos.

Ambos, o fosfato e a vitamina D ativa, delineiam um típico sistema endócrino de retrorregulação, pois a redução dos níveis plasmáticos de fosfato é um dos mais potentes estimuladores da atividade da enzima renal 1-α-hidroxilase, que converte a 25-hidroxivitamina D no seu metabólito ativo, a 1,25-di-hidroxivitamina D. Esta, por sua vez, eleva os níveis de fosfatos circulantes por aumento na sua liberação a partir do osso e, principalmente, estimulando sua absorção intestinal, juntamente com o cálcio. O aumento das concentrações de fósforo diminui a atividade da 1-α-hidroxilase, reduzindo os níveis da 1,25-di-hidroxivitamina D circulantes, e hoje se sabe que essa inibição é intermediada pelo fator de crescimento fibroblástico 23 (FGF-23). A vitamina D, entretanto, parece não ser a única responsável pela elevação dos níveis de fosfato. Em condição de privação, o fosfato é poupado nos seus três compartimentos fundamentais (osso, intestino e rins), mesmo na ausência de vitamina D, sugerindo a presença de outros fatores reguladores. O rim reage imediatamente a modificações nos conteúdos de fósforo plasmático e dietético. O balanço entre a taxa de filtração glomerular e a reabsorção tubular determina uma adaptação renal. A concentração de fosfatos no filtrado glomerular é aproximadamente 90% do plasmático, uma vez que não é todo fosfato que é ultrafiltrável. Sendo assim, a regulação da reabsorção tubular de fosfato é fundamental para que as concentrações de fosfato se mantenham em valores adequados. O hormônio da paratireoide (PTH) reduz a reabsorção tubular de fósforo do filtrado, atuando no túbulo contornado proximal e túbulo distal por vias que ativam a adenilciclase com a produção de AMP cíclico, mas também por vias não dependentes de adenilciclase. No túbulo, a reabsorção de fósforo pode ocorrer por difusão passiva através da membrana basolateral, comandada provavelmente por gradiente elétrico, ou por meio de transportadores de fósforo intracelulares. Mais recentemente, três famílias de cotransportadores Na$^+$-P (Npt) foram identificadas: tipos I, II e III. Estas famílias não apresentam alta homologia em sua sequência primária de aminoácidos e variam substancialmente quanto à afinidade pelo substrato, dependência do pH e expressão tecidual. Trabalhos mais atuais mostram que o cotransportador Na-Pi tipo II (Npt2) tem um papel crucial no fluxo de fosfato através das bordas em escova das células tubulares renais (Npt2a e Npt2 c) e no intestino (Npt2b).

Outros hormônios e alterações metabólicas também modulam a reabsorção de fosfato pelo rim. Dentre estes, PTH, *PTH-related protein* (PTHRP), calcitonina, TGF-β, glicocorticoides e a carga de fosfato inibem a reabsorção tubular renal de fosfato, enquanto IGF-I, insulina, hormônios da tireoide, 1,25(OH)$_2$D, EGF e depleção de fosfatos aumentam sua reabsorção renal. O alvo comum para ação destes hormônios são as células do túbulo proximal.

Fosfatoninas

A ocorrência de doenças ósseas com raquitismo e osteomalacia associadas a hipofosfatemia por aumento da excreção renal de fosfatos reforça a ideia da existência de mecanismos específicos de controle dos níveis de fosfato. Dentre essas moléstias, há o raquitismo hipofosfatêmico ligado ao cromossomo X, o raquitismo hipofosfatêmico autossômico dominante, o raquitismo hipofosfatêmico com hipercalciúria e a osteomalacia oncogênica. Esta última é uma doença óssea grave que acomete em geral adultos previamente sadios, caracterizada por múltiplas fraturas, deformidades e dor óssea intensa que podem levar à dependência física, provocada por pequenos tumores mesenquimais que, quando localizados e retirados, promovem a cura completa da doença. Isso sugeria fortemente a existência de substâncias produzidas por esses tumores, capazes de promover fosfatúria. Pelo menos quatro peptídios fosfatúricos foram isolados desses tumores: fator de crescimento de fibroblastos 23 (FGF-23), proteína secretada *frizzle*-relacionada 4 (sFRP-4), fosfoglicoproteína de matriz extracelular (MEPE) e o fator de crescimento de fibroblastos 7 (FGF-7). Destes, FGF-23 e sFRP-4 também têm a capacidade de inibir a 1-α-hidroxilase, que normalmente deveria estar aumentada em situações de hipofosfatemia, agravando ainda mais o quadro de osteomalacia. Por esse motivo, esses dois peptídios vêm sendo denominados *fosfatoninas*. Eles atuam inibindo a reabsorção tubular proximal de fosfatos, provavelmente por regulação do Npt2, provocando a internalização destes cotransportadores para o meio intracelular.

FGF-23 vem sendo considerado atualmente como o principal regulador das concentrações de fosfato inorgânico plasmático. É membro da família do fator de crescimento de fibroblastos, produzido predominantemente pelos osteócitos e osteoblastos, regulado pelas concentrações plasmáticas de fósforo e pelo conteúdo de fosfatos na dieta. Sua ação nos túbulos renais depende da presença do correceptor Klotho, e seu efeito fosfatúrico é produzido pela redução da expressão dos cotransportadores Na-Pi 2a e 2c nas bordas em escova das células tubulares renais.

DISTRIBUIÇÃO

Uma vez no compartimento plasmático, uma parte substancial do cálcio (45%), magnésio (31%) e fosfato (13%) liga-se a proteínas circulantes, principalmente a albumina (70%), fazendo com que apenas a fração ionizada participe diretamente nos processos biológicos. Não obstante, esses minerais apresentam grande volume de distribuição, abandonando rapidamente a circulação para os compartimentos extra e intracelular. Mesmo assim, devido à importância fisiológica desses minerais, suas concentrações plasmáticas ionizadas (livres) são mantidas dentro de limites muito restritos por uma série de sistemas de *feedback* que envolvem múltiplas glândulas e tecidos. Isso é particularmente necessário para o cálcio porque, devido à sua participação na manutenção do potencial de membrana, variações da calcemia, em ambos os sentidos, podem levar a arritmias cardíacas graves, convulsão, coma e morte.

▶ Cálcio, magnésio e fosfato no citosol

A matriz mineralizada é bastante rica em cálcio e magnésio, os dois cátions mais abundantes, com grande predomínio do primeiro sobre o segundo. No meio intracelular, entretanto, as concentrações de magnésio chegam a ser 1.000 vezes maiores que as de cálcio. Como acontece com o cálcio, o magnésio intracelular está compartimentalizado em diferentes organelas celulares. A maioria se encontra no núcleo, nas mitocôndrias e nos microssomos. Os fosfolipídios da membrana carregados negativamente permitem a união do Mg^{2+} intracelular à membrana, apesar de a maior parte do magnésio intracelular estar ligado ao ATP e a outras substâncias celulares com cargas negativas (citratos, ADP, RNA, DNA, proteínas, lipídios etc.).

As concentrações citosólicas de fosfato são cerca de 10 vezes menores que no plasma. O fosfato apresenta-se incorporado covalentemente a muitas proteínas, lipídios e ácidos nucleicos. Como discutido no Capítulo 3, *Sinalização Celular*, essa incorporação é bem importante no controle do metabolismo celular, já que muitas enzimas sofrem alterações acentuadas de sua atividade após modificação por fosforilação ou desfosforilação.

A concentração citosólica de cálcio ionizado encontra-se na faixa de 10 a 100 nM, podendo apresentar elevações acentuadas e transitórias após despolarização da membrana plasmática ou mobilização dos depósitos intracelulares durante a contração muscular. É interessante que o resultado de pequenos influxos de cálcio, originários de porções restritas da membrana plasmática, faz com que o aumento da concentração desse íon possa ser delimitado a pequenos volumes de citosol. Isso se dá graças à pequena mobilidade do cálcio no citoplasma e à alta eficiência de vários sistemas sequestradores de cálcio, que restauram rapidamente a concentração de cálcio ionizado aos níveis normais, sem que o restante do citosol seja perturbado.

A manutenção de baixa concentração citosólica de cálcio ionizado é o resultado do controle rígido entre a entrada e a saída de cálcio do citosol. A primeira depende da magnitude e frequência dos influxos de cálcio a partir do meio extracelular e de compartimentos intracelulares, isto é, retículo endoplasmático e mitocôndrias; a segunda é diretamente relacionada com a eficiência dos transportadores de cálcio para fora do citosol. Existem transportadores de cálcio dependentes de energia (Ca^{2+}-ATPases) na membrana plasmática, no retículo endoplasmático e sarcoplasmático, assim como nas mitocôndrias.

Portanto, a concentração citosólica de cálcio aumenta transitoriamente em alguns processos bem caracterizados: (a) durante o processo de contração muscular, a despolarização do sarcolema leva à liberação maciça de cálcio armazenado no retículo sarcoplasmático; (b) alguns hormônios, após interagirem com seus receptores de membrana, levam à liberação intracelular de trifosfato de inositol (IP_3), que ocasiona aumento da permeabilidade do retículo endoplasmático ao cálcio; (c) a excitação de qualquer célula secretora aumenta a permeabilidade da membrana plasmática ao cálcio, fazendo com que quantidades substanciais desse íon movam-se, a favor de seu gradiente de concentração, para o interior da célula, desencadeando o processo de secreção/exocitose. Em qualquer uma dessas circunstâncias, entretanto, graças à imediata ativação dos transportadores de cálcio, o aumento do cálcio citosólico é apenas transitório, o que faz as alterações intracelulares desencadeadas por esse íon serem fugazes e reversíveis, isto é, relaxamento muscular, fim da ação hormonal e parada da exocitose.

METABOLISMO ÓSSEO

▶ Organização estrutural do osso

O esqueleto pode ser funcionalmente dividido em axial e apendicular. Por esqueleto axial, entendem-se os ossos do crânio, da coluna vertebral e da bacia. Do esqueleto apendicular, fazem parte os ossos dos membros inferiores e superiores. Esta divisão apresenta aspectos práticos importantes, uma vez que estes dois setores podem responder de maneiras diferentes a uma série de estímulos.

O tecido ósseo pode ainda ser dividido, sob o aspecto morfológico, em cortical e trabecular. Esta caracterização é feita já no nível macroscópico, sendo o cortical um osso compacto, enquanto o trabecular, como o próprio nome diz, é formado por inúmeras traves ósseas, levando a um aspecto esponjoso. O osso cortical é encontrado, predominantemente, nas diáfises dos ossos longos (apendiculares) e recobrindo como uma fina camada a superfície do esqueleto axial, como bacia e vértebras. O trabecular pode ser encontrado nas metáfises dos ossos longos, mas predomina entre as camadas corticais dos ossos chatos, como vértebras, bacia e escápula.

▶ Composição do osso

O tecido esquelético é constituído de uma matriz extracelular que contém componentes orgânicos (35%) e inorgânicos (65%). As células correspondem a uma pequena parte da massa óssea, mas são responsáveis:

- Pela função de regulação da distribuição e do conteúdo do componente inorgânico e, portanto, pela manutenção dos níveis circulantes de cálcio e fósforo (homeostase mineral)
- Pela contínua reabsorção e formação (modelação e remodelação) da matriz óssea, fazendo com que o sistema esquelético responda a forças mecânicas geradas pela sustentação de pesos e atividade física (homeostase esquelética).

A síntese de matriz proteica (osteoide), que posteriormente será mineralizada graças à deposição de cristais de hidroxiapatita, é feita por células que evoluem por diferentes estágios de maturação e diferenciação. Este processo se inicia nas células indiferenciadas provenientes da medula óssea (mesenquimais e fibroblastos), que se tornam fusiformes, proliferam e apresentam atividade de fosfatase alcalina (pré-osteoblastos), chegando a células maduras; então, param de se multiplicar e passam a produzir matriz óssea (osteoblastos), para finalmente serem aprisionadas em meio à matriz óssea mineralizada (osteócitos).

▶ Matriz extracelular | Componentes orgânicos

A matriz orgânica extracelular é quase exclusivamente (90%) composta por uma proteína, o colágeno, que tem importante participação no processo de mineralização óssea. Os outros 10% correspondem a glicoproteínas, mucopolissacarídios e lipídios cujo papel na fisiologia óssea permanece, em grande parte, obscuro (Quadro 76.4).

Quadro 76.4 • Composição da matriz orgânica do osso.

- Colágenos: predominantemente tipo I, traços dos tipos III, V, XI e XIII
- Proteoglicanos: biglican, decorina, hialurinan
- Glicoproteínas: osteonectina, sialoproteína óssea, osteopontina, trombospondina e fibronectina
- Proteínas com ácido gamacarboxiglutâmico (GLA): osteocalcina, gla-proteína da matriz
- Enzimas: fosfatase alcalina, colagenase, proteinases cisteínas, ativador do plasminogênio
- Fatores de crescimento: *fibroblast growth factors* (FGF), *insulin-like growth factors* (IGF), *transforming growth factors beta* (TGF-β), proteínas ósseas morfogenéticas (BMP)
- Proteolipídios

O colágeno é o principal componente orgânico da matriz extracelular. O gene dessa proteína contém mais de 50 éxons e inúmeros íntrons, sendo um dos mais complexos que se conhece. O processamento pós-transcricional da molécula de mRNA nascente dá origem a moléculas diferentes de mRNA que, após tradução, levarão à formação de cadeias peptídicas diferentes. No osso, a molécula do colágeno do tipo I, rica em glicina, hidroxiprolina e hidroxilisina, é composta por três cadeias peptídicas (duas alfa-1 e uma alfa-2) que se mantêm ligadas por interações eletrostáticas. O colágeno do tipo I também pode ser encontrado na pele, mas é diferente do colágeno da cartilagem (tipo II), tecido elástico (tipo III) e membrana basal (tipo IV). Após serem sintetizadas e secretadas pelos osteoblastos, múltiplas moléculas de colágeno do tipo I organizam-se em série (terminação com terminação) e em paralelo (lado a lado) para formar fibrilas com espessura de 5 a 7 moléculas que permanecem unidas por ligações covalentes. A sobreposição, em paralelo, da extremidade de uma molécula de colágeno sobre a outra e a existência, em série, de um pequeno *gap* (espaço) entre a terminação de uma molécula e o início da outra, dá origem a regiões periódicas tridimensionais conhecidas por *hole zones* ou buracos; essas regiões são os locais de início da mineralização óssea (Figura 76.3). Defeitos nos genes que determinam as moléculas do colágeno do tipo I acarretam doença óssea grave, com aumentado risco de fraturas e deformidades, denominada *osteogenesis imperfecta*.

A osteocalcina (*proteína GLA*) corresponde a 1 a 2% de toda a proteína no osso. Essa proteína (peso molecular de 6 kDa) contém três resíduos de ácido gamacarboxiglutâmico (gla), resultantes de modificações pós-traducionais catalisadas por uma enzima dependente da vitamina K. A osteocalcina liga-se fracamente ao cálcio, mas apresenta alta afinidade pela hidroxiapatita (1 mg de osteocalcina liga 17 mg de hidroxiapatita). A osteocalcina é sintetizada pelos osteoblastos e também está presente no plasma em concentrações de cerca de 5 ng/mℓ. A vitamina D estimula a secreção de osteocalcina *in vivo* e *in vitro*; os níveis plasmáticos de osteocalcina elevam-se após administração de vitamina D e estão drasticamente reduzidos em animais deficientes dessa vitamina. Até o momento, é difícil estabelecer de que modo a osteocalcina participa no processo de mineralização óssea.

A osteonectina é uma glicoproteína de peso molecular de 32 kDa, presente em tecido ósseo que está sendo mineralizado. Ela se liga fracamente ao colágeno e apresenta uma alta afinidade pela hidroxiapatita. *In vitro*, ela facilita a mineralização do colágeno do tipo I, podendo, dessa maneira, participar de modo importante na osteogênese.

As proteínas chamadas de osteoindutoras merecem destaque especial por terem grande significado na diferenciação e na formação do tecido ósseo. Dentre elas estão os *transforming growth factors* β (TGF-β), os *insulin-like growth factors* (IGF-I e II) e os *fibroblast growth factors* (FGF). Os TGF-β pertencem a uma superfamília de fatores multifuncionais que participam de crescimento, diferenciação e morfogênese. Esta família é constituída por cinco membros, TGF-β 1 a 5, que são expressos por vários tecidos, incluindo osso, cartilagem, placenta, plaquetas e rins. A descoberta de que os TGF-β induzem formação óssea quando injetados sobre o periósteo de fêmur de

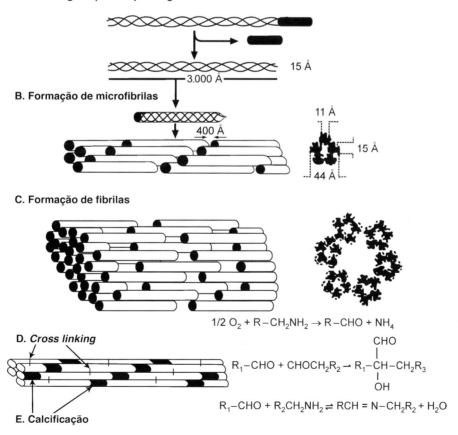

Figura 76.3 ▪ Eventos extracelulares da síntese, maturação e mineralização do colágeno ósseo.

ratos recém-natos, e que são sintetizados nas placas epifisárias de crescimento ósseo, fala a favor de sua importância no crescimento, na diferenciação e na formação óssea. Estudos *in vitro* também apontam para a importância dos IGF e FGF na indução do crescimento ósseo, talvez via controle dos TGF-β.

Uma outra família de proteínas osteoindutoras, cuja ação primordial é na indução da formação do tecido ósseo, foi denominada proteínas osteomorfogênicas (*bone morphogenetic proteins*, BMP). Estas proteínas induzem a formação de cartilagem e osso *in vivo*. Sua atividade está contida na matriz óssea desmineralizada, podendo somente ser extraída através de agentes dissociativos potentes. Parecem ser de fundamental importância na diferenciação embriológica do osso, no seu crescimento e na reparação de fraturas. Quando injetadas em locais não ósseos do organismo, elas iniciam a formação de cartilagem e osso, atuando na diferenciação das células mesenquimais progenitoras.

▶ Matriz extracelular | Componentes inorgânicos

O componente inorgânico da matriz óssea é constituído, fundamentalmente, de cálcio e fosfato. Inicialmente, ambos são depositados como sais amorfos para mais tarde serem rearranjados em uma estrutura cristalina semelhante à hidroxiapatita $[Ca_{10}(PO_4)_6(OH)_2]$. Devido à grande superfície de troca iônica da microestrutura cristalina da matriz mineral, muitos outros íons, como Na^+, K^+, Mg^{2+} e CO_3^-, também podem ser encontrados em diferentes proporções; dependendo da ingestão de flúor, quantidades variáveis de fluoroapatita também estão presentes.

▶ Matriz celular

O componente celular do tecido ósseo é constituído de três tipos distintos de células: osteoblastos, osteócitos e osteoclastos. Os osteoblastos estão localizados na superfície de formação óssea, sendo responsáveis pela elaboração dos componentes orgânicos da matriz extracelular. São originados a partir da proliferação de células mesenquimais osteoprogenitoras, sob a influência de fatores de crescimento locais, como fatores de crescimento dos fibroblastos (FGF), proteínas morfogenéticas ósseas (BMP) e proteínas Wnt, necessitando dos fatores de transcrição *Runx2* e *Osterix*. Caracterizam-se por apresentarem retículo endoplasmático e complexo de Golgi muito desenvolvidos, devido à biossíntese e secreção da matriz orgânica. A membrana plasmática destas células é particularmente rica em fosfatase alcalina (cujas concentrações plasmáticas são utilizadas como marcadores de formação óssea) e tem receptores para PTH, citocinas e prostaglandinas, mas não para calcitonina. Possuem ainda receptores intracelulares para hormônios esteroides, como estrogênios e vitamina D. Expressam citocinas em suas membranas, em particular o fator estimulador de colônia 1 (CSF-1) e o ligante do receptor NF *kappa* B (RANKL), que podem ser clivados para ativar a osteoclastogênese, por ação parácrina.

Cerca de 10 dias após ser secretada, a matriz orgânica assume sua estrutura tridimensional e forma o osteoide, dando início à mineralização. Durante esse intervalo de 10 dias, o colágeno é processado por peptidases, originando as ligações covalentes intermoleculares que vão assegurar a estrutura da fibrila de colágeno e facilitar a calcificação. Essa região situada entre o osso mineralizado e o osteoide em via de mineralização é conhecida por *frente de mineralização óssea*.

Os osteócitos são as células ósseas mais numerosas e resultantes de osteoblastos diferenciados, que, durante a produção e mineralização da matriz osteoide ao seu redor, acabam sepultados dentro das lacunas ósseas. Isso não significa, entretanto, que eles apresentem modificações acentuadas de suas propriedades funcionais ou estejam isolados dos osteoblastos. Os osteócitos jovens ainda guardam algumas das características ultraestruturais osteoblásticas, sofrem modificações em sua estrutura, de maneira a adquirirem prolongamentos citoplasmáticos que formam uma grande rede no interior do tecido ósseo. Isso os coloca em contato entre si e com os osteoblastos, através de uma vasta rede de extensões citoplasmáticas que caminham dentro de canalículos ósseos. Na realidade, possuem numerosas mitocôndrias e vacúolos, sugerindo alta atividade biológica. Os osteócitos participam ativamente na remodelação óssea; a elevação dos níveis de PTH resulta em aumento do espaço perilacunar que encarcera o osteócito (ver adiante). Admite-se que esse processo, conhecido como *osteólise osteocítica*, seja responsável pela transferência rápida de cálcio da matriz óssea para o espaço extracelular. Além disso, os osteócitos são considerados mecanossensores, capazes de detectar deformidades exercidas por forças mecânicas, orientando o processo de remodelamento de maneira a provocar a adaptação da estrutura óssea segundo as exigências definidas pelas linhas de força. Curiosamente, os osteócitos são os principais responsáveis pela produção do FGF-23, principal fosfatonina reguladora das concentrações plasmáticas de fósforo.

Os osteoclastos são células gigantes multinucleadas originadas de um precursor monocítico circulante, derivado, em última análise, de uma célula hematopoética precursora localizada na medula óssea (Figura 76.4). Os osteoclastos caracterizam-se pela alta mobilidade e, como os osteoblastos, também são encontrados na superfície óssea, em frentes de reabsorção óssea; esse tipo celular move-se ao longo da superfície óssea, reabsorvendo osso e deixando uma lacuna de reabsorção no seu rastro (ver adiante). Seu citoplasma contém abundantes mitocôndrias, vacúolos e vesículas envolvidas no processo de reabsorção.

CRESCIMENTO, MODELAÇÃO E REMODELAÇÃO ÓSSEA

O tecido ósseo é um tecido dinâmico, que está em constante modificação basicamente devido a três principais processos: crescimento, modelação e remodelação óssea.

Durante o desenvolvimento dos vertebrados, o osso pode ser formado por dois diferentes mecanismos – ossificação intramembranosa ou ossificação endocondral. A primeira é efetuada por osteoblastos originários diretamente da diferenciação de células mesenquimais primitivas. O tecido ósseo primordialmente desenvolvido é desorganizado (chama-se osso *woven*), sendo gradativamente substituído por um osso de conformação lamelar.

A ossificação endocondral ocorre a partir de um molde cartilaginoso feito por condrócitos e é o mecanismo mais comum, responsável pelo aparecimento de ossos longos, coluna vertebral, bacia e base do crânio. Este molde cartilaginoso sofre erosões em centros primários de ossificação, sendo substituído por tecido ósseo pela síntese e mineralização da matriz óssea pelos osteoblastos. Após a ossificação, surge a placa epifisária, uma camada cartilaginosa na região de epífise óssea responsável pelo crescimento longitudinal do osso. Esse

Fisiologia do Metabolismo Osteomineral

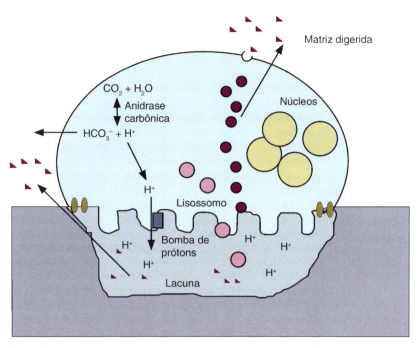

Figura 76.4 ▪ Representação esquemática de um osteoclasto em ação. Note que é uma célula multinucleada com borda em escova, por onde são secretados radicais ácidos pela bomba de prótons e proteases pelos lisossomos, que degradam a matriz óssea. A matriz digerida, provavelmente, é transportada via transcelular em vesículas, ou por vazamento por baixo da zona de aderência.

crescimento é um processo coordenado entre proliferação e maturação da cartilagem, reabsorção da cartilagem calcificada e substituição por tecido ósseo que posteriormente também será calcificado. Inúmeros fatores estão envolvidos na regulação do desenvolvimento e crescimento ósseos; dentre eles, os mais importantes parecem ser os *transforming growth factors-β* (TGF-β), *insulin-like growth factors* (IGF-I e IGF-II) e *fibroblast growth factors* (FGF), que serão descritos com mais detalhes adiante.

Embora o crescimento ósseo cesse a partir de uma determinada idade com o desaparecimento das placas epifisárias, os processos de modelação e remodelação persistem durante toda a vida. Estes processos são extremamente bem sincronizados e coordenados entre si, envolvendo vários tipos celulares e regidos por uma série de fatores, dos quais se conhece apenas uma pequena parte.

A modelação óssea é a responsável pela arquitetura óssea, que envolve forma, tamanho, quantidade e disposição estrutural de seu tecido, e obedece a estímulos mecânicos externos e não mecânicos locais ou sistêmicos. Embora alterações na forma e no tamanho do osso tendam a desaparecer com a parada de crescimento ósseo, as alterações em sua estrutura microscópica (como a orientação espacial das fibras de colágeno) persistem ao longo da vida, sempre com o objetivo de melhorar a resistência mecânica do osso. Neste aspecto, as forças mecânicas às quais o osso é submetido rotineiramente são de fundamental importância para a formação de um osso resistente. A tensão e a deformação a que é submetido um osso em resposta a uma carga mecânica são fatores fundamentais desencadeadores de uma resposta celular, induzindo a formação ou reabsorção de determinados pontos do esqueleto. Inúmeros dados apontam para a importância dos osteócitos no controle desta função, por meio da deformidade dos canalículos ósseos e de suas comunicações com outros tipos celulares. Sabe-se que, a uma determinada força exercida, existe uma reação do organismo com o objetivo de formar mais osso no local que sofre maior tensão, enquanto no local de menor tensão predomina a reabsorção óssea. Há várias teorias que tentam justificar tais achados, como mudança de cargas elétricas ou modificações da passagem dos líquidos dentro dos canalículos ósseos. A própria força da gravidade é fundamental para a manutenção do esqueleto, e um dos principais problemas enfrentados pelos astronautas que permanecem por longos períodos no espaço é a intensa perda óssea a que são submetidos, pela ausência de cargas sobre o próprio esqueleto.

A remodelação óssea é um processo contínuo, caracterizado pela sequência de ativação-reabsorção-formação nas chamadas unidades de remodelação óssea, cujo ciclo demora cerca de 3 a 5 meses para se completar. Tem como função a renovação do tecido ósseo sem necessariamente alterar sua arquitetura, além de participar da homeostase do cálcio e outros íons presentes no esqueleto, e será descrita com mais detalhes adiante. Por este processo, calcula-se que a cada 10 anos o esqueleto de um adulto seja completamente renovado.

Forças mecânicas e outros fatores físicos também influenciam a remodelação óssea (formação e reabsorção) por intermédio de mecanismos ainda não esclarecidos. Acredita-se que correntes de baixa energia, geradas pela resposta piezoelétrica do cristal de hidroxiapatita à tensão mecânica, possam estar envolvidas. Nesse sentido, atletas apresentam aumento da massa óssea que pode chegar a 20 a 30% do observado em indivíduos normais. Por outro lado, a imobilização de um membro leva, em curto espaço de tempo (dias ou semanas), ao aumento intenso da reabsorção óssea e à osteopenia regional. A interpretação para tais fatos seria a de que o esqueleto se adapta às suas necessidades, em termos de resistência para as cargas que carrega constantemente. Existe a tendência do organismo de procurar sempre a menor massa óssea necessária para suportar o corpo e suas atividades habituais.

▸ Remodelação óssea

A remodelação óssea acontece tanto no osso cortical como no trabecular, porém é mais intensa nesse último. Isso se deve à grande superfície existente neste tecido, graças à enorme quantidade de trabéculas ósseas. A remodelação se dá a uma taxa de 10% ao ano e continua por toda a vida em resposta a forças mecânicas e fatores do meio interno; deste modo, como já dito, acredita-se que, a cada 10 anos, todo o esqueleto tenha sido renovado. O equilíbrio entre formação e reabsorção óssea, isto é, a homeostase óssea, se mantém até próximo dos 40 anos de idade. A partir daí, entretanto, observa-se um discreto predomínio da reabsorção sobre a formação óssea, caracterizando um estado de osteopenia fisiológica. Devido à redução dos níveis estrogênicos que ocorre na pós-menopausa, essa condição é mais dramática em mulheres, que chegam a perder cerca de 40 a 50% da massa óssea até o final da vida.

O processo de remodelação óssea pode ser dividido em quatro fases: ativação, reabsorção, reversão e formação (Figura 76.5). Esta divisão é baseada na predominância de determinados tipos e atividades celulares observados em cada fase.

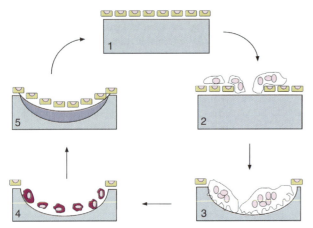

Figura 76.5 ▪ Representação esquemática das fases da remodelação óssea. (*1*) Fase quiescente. (*2*) Recrutamento de osteoclastos. (*3*) Reabsorção pelos osteoclastos formando a *lacuna de Howship*. (*4*) Fase de reversão, quando a lacuna é limpa e ocupada pelos osteoblastos. (*5*) Formação óssea com preenchimento da lacuna por tecido osteoide que, posteriormente, será mineralizado, retornando à fase inicial.

Ativação

A cada 10 segundos, um novo local de remodelação é ativado. Os fenômenos iniciais que levam à ativação ainda são pouco conhecidos. Tanto estímulos sistêmicos (pelo PTH) como locais (por tensão mecânica ou microfraturas) podem iniciar a ativação. Este papel tem sido atribuído aos osteócitos, que determinariam o local de remodelação. Células mononucleares são recrutadas do tecido hematopoético, sofrem diferenciação e fundem-se para finalmente transformarem-se em osteoclastos, caracteristicamente células multinucleadas. A remoção da matriz óssea não mineralizada é feita antes que os osteoclastos se fixem na superfície óssea, provavelmente pelas células que recobrem o osso.

Os osteoclastos são macrófagos policariótipos tecido-específicos, formados a partir das células precursoras localizadas na medula óssea, de origem hematopoética. A presença de células do estroma ou da medula óssea é fundamental para que ocorra esta diferenciação, o que sugeria que fatores produzidos por estas células estimulariam esse processo. Atualmente, sabe-se que dois fatores são necessários e suficientes para desencadear este processo: a citocina RANKL e o fator de crescimento CSF-1 (fator estimulador de colônia tipo 1). Juntos, CSF-1 e RANKL são capazes de induzir a expressão de genes que tipificam o osteoclasto, incluindo aqueles que codificam a fosfatase ácida tartarato-resistente, a catepsina K, o receptor de calcitonina e de β_3-integrina.

Reabsorção

Esta fase inclui o atracamento dos osteoclastos ativados ao local determinado para ser reabsorvido, além da digestão e degradação da matriz óssea mineralizada. Depois de atracados, os osteoclastos desenvolvem uma borda em escova na superfície em contato com o osso, e a cavidade formada pela reabsorção logo abaixo desta borda é chamada de *lacuna de Howship*. Inicialmente, a matriz inorgânica é solubilizada por acidificação do meio promovida pela liberação de prótons pelo osteoclasto.

Por esse motivo, o atracamento deve ser forte e produzir tal intimidade entre a membrana plasmática do osteoclasto e a superfície do tecido ósseo, de maneira a impedir o extravasamento dos prótons secretados para a digestão da matriz. A degradação da matriz orgânica é promovida por uma série de hidroxilases e colagenases lançadas para dentro da lacuna. O material degradado é removido, provavelmente, por transporte através da célula (transcitose) ou eliminado por baixo da camada de adesão (ver Figura 76.4).

Não se conhecem até o momento todos os mecanismos controladores que regulam a quantidade de tecido a ser reabsorvido. A regulação da reabsorção pode ser feita por fatores que controlam a atividade e o número dos osteoclastos. Foram descritas três substâncias relacionadas com a família do TNF (fator de necrose tumoral) e seus receptores envolvidas neste mecanismo de controle da diferenciação e ativação dos osteoclastos: RANK, seu ligante (RANKL) e a osteoprotegerina (OPG) (Figura 76.6). Os osteoblastos produzem RANKL, que é o ligante do receptor ativador do fator nuclear κB (RANK) existente nas membranas das células hematopoéticas. Sua ligação produz a diferenciação e mantém a função fagocitária dos osteoclastos. Os osteoblastos, por outro lado, produzem e secretam também a OPG, que funciona como uma armadilha que captura o RANKL. Trata-se de uma forma solúvel correspondente à fração extracelular do receptor da família dos TNF, que se liga ao RANKL, impedindo sua ligação com o RANK nas células precursoras e, consequentemente, a sua diferenciação para osteoclastos. Foi demonstrado que substâncias sabidamente indutoras da reabsorção óssea estimulam a expressão do RANKL, enquanto diminuem a síntese de OPG. Estudos em ratos transgênicos que hiperexpressam a OPG mostram que esses animais desenvolvem osteopetrose, ao passo que ratos *knockout* para OPG desenvolvem osteoporose grave com fraturas, além de calcificações vasculares.

Citocinas e fatores de crescimento estimulam diretamente a reabsorção pelos osteoclastos, como IL-1, IL-2, IL-6, TNF-α, TGF-α e PDGF. O PTH e a 1,25-di-hidroxivitamina

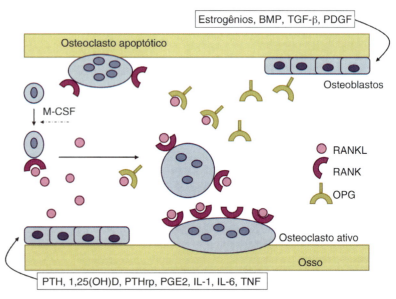

Figura 76.6 ▪ Esquema do controle da reabsorção óssea. Hormônios e substâncias – como PTH, PTHrp, 1,25(OH)D, entre outras – induzem aumento na produção de RANKL pelos osteoblastos, que se ligam ao receptor RANK nas membranas das células hematopoéticas precursoras, estimulando a diferenciação para osteoclastos ativos. Substâncias inibidoras da reabsorção (como estrogênios, BMP etc.) estimulam a produção de OPG, que funciona como uma armadilha, capturando o RANKL disponível e impedindo sua ligação ao receptor, o que diminui o número de osteoclastos ativos e induz a apoptose dos osteoclastos maduros.

D, assim como uma série de citoquinas (IL-1, IL-3, IL-6, TNF-α e β, TGF-α) e fatores de crescimento (PDGF), atuam primordialmente aumentando o número de osteoclastos, por induzirem sua diferenciação a partir de seus precursores. É muito provável que a ação destes mediadores se faça por meio do balanceamento entre a produção pelos osteoblastos dos fatores RANKL e OPG. Já está demonstrada a ação reabsortiva (induzida por estímulo da síntese de RANKL pelos osteoblastos) pela 1,25-di-hidroxivitamina D, PTH, PTHrp, PGE2, IL-1, IL-6 e TNF. Por outro lado, fatores antirreabsortivos, como estrogênios e algumas BMP, estimulam a produção de OPG, enquanto suprimem a expressão de RANKL pelos osteoblastos. A calcitonina atua diretamente sobre os osteoclastos por receptores específicos de membrana, impedindo a fusão celular prévia à formação dos osteoclastos e inibindo a reabsorção óssea por atuar provavelmente sobre o citoesqueleto destas células.

Reversão

Inclui o período de tempo entre o fim da reabsorção e o início da formação óssea, durando cerca de 1 a 2 semanas. Durante este período, a superfície da lacuna é recoberta por células mononucleares constituídas por uma população heterogênea, que promovem a limpeza do local e recobrem a superfície com uma camada de substância tipo cimento. Esta fase parece ser fundamental no acoplamento entre reabsorção e formação óssea; especula-se se este cimento produzido pelas células não teria como função guiar os osteoblastos para a superfície a ser formada.

Formação

Inicia-se com a diferenciação dos pré-osteoblastos em osteoblastos. Admite-se que existam proteínas liberadas durante a degradação da matriz orgânica, como o *transforming growth factor-β*, capazes de recrutar células osteoprogenitoras para os locais de formação óssea e induzir a diferenciação até osteoblastos e osteócitos. Mais recentemente, novos mediadores da diferenciação dos osteoblastos foram descritos, com destaque para a *via de sinalização do Wnt* existente na membrana dos seus precursores. Um complexo de três proteínas compõe um receptor de membrana que, quando ativado, desencadeia uma série de reações intracelulares responsáveis pelo acúmulo da β-catenina. Esta proteína se desloca para o núcleo, onde atuará como fator de transcrição de vários genes, induzindo a diferenciação e atividade dos osteoblastos. A proteína relacionada com o receptor de lipoproteínas de baixa densidade, o LRP-6, interage com o receptor Frizzled e com os ligantes do Wnt, formando a estrutura quaternária deste complexo receptor de membrana. Estudos em animais e *in vitro* indicam que a via de sinalização do Wnt é crítica para a diferenciação e função dos osteoblastos. O mecanismo preciso de ação da sinalização do Wnt sobre a função osteoblástica não está totalmente esclarecido, mas existem evidências de que a via canônica da β-catenina também está envolvida neste processo, e de que existe uma interação desta via com a proteína morfogenética 2 (BMP-2). Alguns inibidores da ativação destas vias da BMP-2 e Wnt, dentre elas a esclerostina, são um produto do gene SOST. Esta proteína é produzida aparentemente apenas pelos osteócitos e tem a capacidade de inibir a ativação da via das BMP e da via canônica de ativação do Wnt, inibindo a diferenciação dos osteoblastos. A perda da atividade da esclerostina em humanos está relacionada com doenças de alta massa óssea, como Van Buchen e esclerosteose.

Mutações ativadoras do LRP-5 foram associadas a um fenótipo de aumento de massa óssea, mas sem histórico de fraturas. Alterações que levam à perda de função do LRP-5, por outro lado, estão associadas ao fenótipo de osteoporose grave com múltiplas fraturas e alterações oculares. Estudos em camundongos sugerem que a elevação de massa óssea em animais com mutação ativadora do LRP-5 decorra de um aumento à resposta do osso à carga mecânica, mas o exato mecanismo biológico ainda não foi decifrado. Estudos recentes abrem uma nova perspectiva, associando a ação do LRP-5 à inibição da secreção de serotonina pelas células intestinais. A serotonina atuaria por via endócrina sobre os osteoblastos, inibindo sua diferenciação e atividade. Caso seja confirmada a relevância deste mecanismo endócrino sobre a fisiologia da remodelação óssea, muitos conceitos terão que ser revistos. Sendo assim, a partir de agora um novo horizonte para pesquisa se abriu, no sentido de se reconhecer a existência de um eixo osteointestinal e de todas as implicações que esta nova descoberta poderá trazer para o conhecimento das doenças ósseas.

Durante a formação óssea, os osteoblastos ativados recobrem, então, a lacuna de reabsorção e iniciam seu preenchimento com matriz orgânica, predominantemente constituída por colágeno do tipo I. Esta matriz é altamente organizada, e acredita-se que as ligações de uma série de proteínas não colágenas às fibrilas de colágeno sejam cruciais para a posterior organização dos cristais de mineralização.

A matriz osteoide inicialmente depositada pelos osteoblastos levará aproximadamente 3 semanas para ser mineralizada. Sobre este processo, pouco se conhece, mas sabe-se que a fosfatase alcalina e a osteocalcina são proteínas fundamentais relacionadas com esta fase da formação óssea.

O colágeno é vital para que a mineralização aconteça normalmente. Sua estrutura tridimensional única cria espaços ordenados intermoleculares (denominados *hole zones*) grandes o suficiente para acomodar os cristais de hidroxiapatita, sem rompimento da estrutura da fibrila de colágeno; o eixo longo do cristal corre paralelamente ao da fibrila, e o mineral apresenta a mesma periodicidade da fibrila de colágeno (64 a 70 nm).

O mecanismo de mineralização da matriz óssea não é totalmente conhecido. Admite-se que o início da mineralização do osteoide se dê com a exocitose de vesículas osteoblásticas ricas em cálcio e fosfato. Na matriz óssea, os íons cálcio e fosfato permanecem em equilíbrio, ou seja, suas concentrações excedem o produto de solubilidade (CaXP), e a formação dos cristais de hidroxiapatita é evitada pela presença de inibidores da calcificação, como o pirofosfato inorgânico. O osteoblasto contém grandes quantidades de fosfatase alcalina cuja atividade encontra-se aumentada nos estados de ativação da formação óssea. Dessa maneira, acredita-se que a fosfatase alcalina possa facilitar o processo de mineralização pela clivagem dos grupamentos fosfato, levando tanto à diminuição da efetividade dos inibidores locais da calcificação quanto a um aumento ainda maior da concentração de fosfato nos locais de mineralização.

Para que a lacuna seja completamente preenchida e mineralizada, são necessários 3 a 5 meses. A sua completa restauração é fundamental para a manutenção de uma massa óssea constante. Em determinadas situações, tanto fisiológicas (pós-menopausa, senilidade) como patológicas (corticoterapia, hiperparatireoidismo), o preenchimento final não restaura a quantidade de osso que foi retirada, quer por uma reabsorção exagerada, quer por uma formação insuficiente. Isso acarretará um balanço negativo do esqueleto, induzindo, ao longo do tempo, um aumento da fragilidade óssea, com maior chance de fraturas.

Muitos outros hormônios e fatores de crescimento sistêmicos podem regular, direta ou indiretamente, a formação óssea por intermédio da estimulação da proliferação dos precursores osteoblásticos (IGF, EGF, FGF, PDGF) e/ou da modulação da formação da matriz óssea (PTH, 1,25(OH)$_2$D, insulina, hormônio do crescimento, esteroides sexuais, calcitonina, hormônio tireoidiano, glicocorticoides). Muitos desses fatores atuam indiretamente, talvez pela ativação de mecanismos locais acopladores da reabsorção e formação óssea. Por exemplo, tanto o PTH quanto a 1,25(OH)$_2$D atuam diretamente nos osteoblastos, diminuindo a síntese de colágeno e reduzindo a formação óssea; entretanto, ambos os agentes aumentam a formação óssea *in vivo*, por meio de mecanismos ainda não estabelecidos. A calcitonina não age diretamente nos osteoblastos, mas aumenta a formação óssea indiretamente por intermédio de efeitos inibitórios sobre os osteoclastos. Os glicocorticoides reduzem a formação óssea, enquanto a insulina estimula a síntese de colágeno e a multiplicação dos osteoblastos. As prostaglandinas, especialmente as da série E, podem ser importantes reguladores da formação óssea; em altas concentrações, elas inibem a síntese de colágeno, mas, em concentrações mais baixas, estimulam a função osteoblástica.

PARATIREOIDES

▶ Relações anatomofuncionais

As glândulas paratireoides têm origem endodérmica a partir do terceiro (as duas inferiores) e quarto (as duas superiores) arcos branquiais. As superiores estão em geral situadas próximo à junção da artéria tireoidiana média e o nervo laríngeo recorrente, enquanto o par inferior apresenta localização variável, perto dos polos inferiores da glândula tireoide. As glândulas têm um formato elipsoide, chegando a pesar em média 30 a 40 mg cada uma. O suprimento sanguíneo é feito, na maioria dos casos, a partir da artéria tireoidiana inferior.

Ao microscópio, verifica-se que as células principais são as mais abundantes, sendo responsáveis pela síntese e secreção do paratormônio (PTH). Normalmente, essas células arranjam-se em cordões epiteliais, podendo também apresentar arranjos foliculares e acinares. As células principais podem ser divididas em dois grupos, de acordo com suas características ultra-estruturais. As células principais ativas caracterizam-se por um proeminente retículo endoplasmático e complexo de Golgi, onde o PTH está sendo sintetizado e processado. Normalmente, elas têm poucos grânulos secretórios, já que o PTH não é armazenado em grandes quantidades. A secreção do PTH ocorre quando os grânulos de secreção fundem-se com a membrana plasmática após serem transportados à periferia da célula com ajuda dos microtúbulos. As células principais inativas apresentam um retículo endoplasmático disperso e um complexo de Golgi menos proeminente, além de uma grande quantidade de vacúolos que contém glicogênio e lipídios. Normalmente, existe um ciclo contínuo das células do estado ativo para o inativo e vice-versa. Em glândulas normais, a relação inativa/ativa é cerca de 3:1, podendo chegar até 10:1 em glândulas suprimidas funcionalmente (na hipercalcemia). Um terceiro tipo celular presente nas paratireoides são as células oxifílicas. Elas surgem após a puberdade e caracterizam-se por apresentar um núcleo pequeno, citoplasma eosinófilo e mitocôndrias abundantes, além de ausência de características secretórias. Admite-se que essas células, cujo número aumenta com a idade, possam representar uma forma degenerada das células principais.

▶ Biossíntese do PTH

Por estudos que envolvem a análise do DNA complementar (cDNA) do PTH, verificou-se que esse hormônio é sintetizado inicialmente como um polipeptídio de 110 aminoácidos conhecido como *pré-pró-PTH*. Os 21 aminoácidos que constituem o peptídio sinalizador são clivados da molécula de PTH no interior do retículo endoplasmático, ainda durante o processo de tradução do mRNA, dando origem ao *pró-PTH*. Essa sequência sinalizadora é altamente hidrofóbica e está envolvida na transferência do peptídio nascente para o interior do retículo endoplasmático. Após ser sintetizado e processado parcialmente, o pró-PTH é transportado para o complexo de Golgi, onde é transformado em PTH antes de ser secretado. O pró-PTH contém seis aminoácidos adicionais na extremidade aminoterminal da molécula de PTH e apresenta atividade biológica desprezível (menor que 0,2% da do PTH), o que faz com que a conversão de pró-PTH em PTH seja um processo ativador do peptídio hormonal. Portanto, o hormônio intacto em sua forma final ativa tem 84 aminoácidos (Figura 76.7). No entanto, pode ocorrer ainda dentro do citoplasma celular uma clivagem do hormônio ativo em posições que variam entre os aminoácidos 33 a 40, produzindo fragmentos que também são secretados pelas células. Inicialmente, pensava-se que tanto fragmentos amino como carboxiterminais produzidos pela

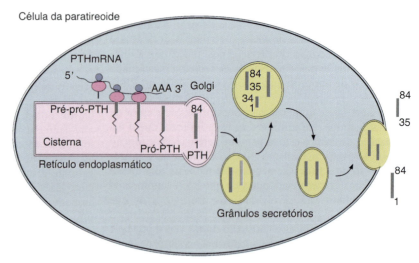

Figura 76.7 • Síntese e secreção do PTH pela célula da paratireoide. A forma inicial pré-pró-PTH é sintetizada no retículo endoplasmático a partir do mRNA e contém 110 aminoácidos (aa). A porção pré-pró é clivada no retículo e no Golgi, formando as vesículas secretoras com a constituição final de 84 aa. Ainda dentro das vesículas, o PTH pode ser degradado em fragmentos carboxi e aminoterminais, em geral entre os aa 33 e 40. Os fragmentos carboxiterminais também podem ser secretados juntamente com as formas intactas. Os aminoterminais, provavelmente, são degradados ainda no interior das células, não chegando à circulação.

clivagem poderiam ser secretados, mas estudos mais recentes falharam em demonstrar a presença de fragmentos aminoterminais circulantes. Portanto, parece que apenas os fragmentos carboxiterminais são secretados para a circulação. Demonstrou-se aumento na quantidade de fragmentos carboxiterminais secretada em situações de hipercalcemia, sugerindo que a metabolização intracelular também contribua para a diminuição dos níveis circulantes de PTH intacto diante de elevações da calcemia.

O hormônio intacto circulante é rapidamente metabolizado, predominantemente no rim e no fígado, sendo sua meia-vida de 4 a 8 min. O grande volume de hormônio circulante corresponde a fragmentos carboxiterminais da molécula, que têm meia-vida cerca de 20 vezes superior à da molécula intacta. Até o momento, considera-se desprezível a ação biológica deste fragmento.

A porção de ligação ao receptor localiza-se na extremidade aminoterminal da molécula, entre os aminoácidos 18 e 25. Para manter a atividade biológica do hormônio, é necessária a sequência mínima de 1 a 27 aminoácidos. A retirada dos dois primeiros aminoácidos destrói completamente sua atividade biológica sem impedir sua ligação ao receptor, e o fragmento 3 a 34 funciona como um inibidor competitivo *in vitro*.

▸ Controle da secreção de PTH

A concentração de cálcio circulante na forma ionizada (calcemia) é o principal fator que controla a secreção de PTH. As variações do cálcio plasmático são transmitidas para o citoplasma da célula, refletindo-se na secreção e na síntese de PTH.

As células da paratireoide são singulares no sentido de que a diminuição das concentrações intracelulares de cálcio estimula a secreção do PTH, funcionando de maneira oposta ao que ocorre na grande maioria das células secretoras. Um aumento da calcemia, por outro lado, leva a uma rápida inibição da síntese e secreção do PTH. O mecanismo preciso por intermédio do qual o cálcio exerce seus efeitos nas células principais ainda não está totalmente esclarecido. Mais recentemente, foi descrita, em paratireoide bovina, a existência de um receptor ou sensor de cálcio na membrana plasmática. Este receptor pertence à superfamília de receptores acoplados à proteína G, ativando a fosfolipase C e provavelmente inibindo a adenil ciclase nos tecidos-alvo. O receptor-sensor de cálcio contém sete domínios transmembrana, característica dos receptores acoplados à proteína G. Está ligado à fosfolipase C por meio de uma proteína G sensível à toxina *pertussis* (portanto, a uma proteína Gi). Quando entra em contato com íons Ca^{2+}, Mg^{2+}, Gd^{3+} ou neomicina, é desencadeado um aumento do cálcio intracelular proveniente de compartimentos citoplasmáticos, com inibição da secreção do PTH. Este receptor sensor de cálcio foi identificado em vários tecidos cálcio-sensíveis, como as células C da tireoide e as células do túbulo contornado distal. Diversas mutações ativadoras ou inibidoras do receptor já foram descritas e associadas ao hipoparatireoidismo e à hipercalcemia hipocalciúrica familiar, respectivamente.

A participação do cAMP no controle da secreção de PTH é sugerida a partir de experimentos que mostram ativação *in vivo* da secreção de PTH por substâncias que sabidamente elevam o cAMP intracelular (como dopamina, isoproterenol, prolactina, secretina e PGE_2), mesmo na ausência de cálcio extracelular. Por outro lado, substâncias que inibem a secreção de PTH (como cálcio, agonistas alfa-adrenérgicos e PGF_2-alfa) diminuem a concentração de cAMP nas células da paratireoide. Dessa maneira, acredita-se que a secreção de PTH esteja intimamente relacionada com o conteúdo de cAMP das células principais.

O magnésio parece exercer importante papel na regulação da secreção de PTH. Os estudos demonstram um comportamento bifásico do Mg^{2+} sobre a secreção de PTH. Tanto concentrações elevadas como extremamente reduzidas inibem a secreção de PTH, provavelmente por mecanismos diferentes. Enquanto altas concentrações de magnésio ou de cálcio se comportam do mesmo modo, inibindo, como seria esperado, a secreção de PTH, concentrações muito diminuídas provavelmente interferem nas reações enzimáticas intracelulares de geração de energia, prejudicando a função das células da paratireoide, também com redução da secreção de PTH como resultado final.

Além destes agentes secretores, sabe-se que a $1,25(OH)_2D_3$, o metabólito ativo da vitamina D, inibe diretamente a síntese de PTH. Receptores de vitamina D já haviam sido identificados nas paratireoides, sugerindo estas glândulas como órgãos-alvo desse esteroide. Posteriormente, demonstrou-se uma redução do conteúdo de pró-pré-PTH mRNA em paratireoides de ratos tratados com vitamina D, de maneira dose-dependente. De maneira inversa, os glicocorticoides parecem estimular a síntese de PTH, baseando-se nos achados obtidos *in vitro* em cultura de células de paratireoide.

▸ Efeitos biológicos do PTH

A principal função do PTH é controlar a concentração plasmática de cálcio, evitando a hipocalcemia. Como discutido anteriormente, a calcemia é uma função da: (1) taxa de transferência de cálcio do e para o tecido ósseo, (2) taxa de filtração glomerular, e (3) absorção intestinal de cálcio. O PTH estimula a reabsorção de cálcio do filtrado glomerular, aumenta a taxa de reabsorção de cálcio dos ossos e eleva indiretamente (por intermédio do aumento da produção renal da vitamina D_3) a taxa intestinal de absorção de cálcio (Figura 76.8).

Embora o resultado da ação do PTH nesses três tecidos (rins, osso e sistema digestório) seja o aumento da calcemia, essas ações não ocorrem simultaneamente. O efeito renal é o

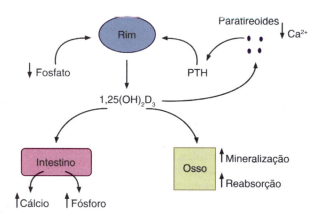

Figura 76.8 • Representação esquemática do controle da síntese da $1,25(OH)_2D_3$. Elevações do PTH em consequência da redução dos níveis de cálcio plasmático, assim como reduções nos níveis plasmáticos de fosfato, estimulam a enzima $25(OH)D1$-α-hidroxilase renal a produzir o metabólito ativo da vitamina D. Esta, por sua vez, estimula a reabsorção óssea, assim como a absorção intestinal de cálcio e fósforo, aumentando seus níveis plasmáticos, que retrorregularão o sistema, suprimindo a secreção de PTH e a própria atividade da enzima renal. A $1,25(OH)_2D_3$ também é fundamental para que ocorra mineralização normal do esqueleto, por mecanismos ainda não esclarecidos.

mais rápido, seguido da reabsorção de cálcio do tecido ósseo, composta de duas fases: (1) a fase precoce, que se manifesta dentro de 2 a 3 h e é independente de síntese proteica, e (2) a fase tardia, que envolve a biossíntese de novas proteínas, provavelmente enzimas lisossomais (colagenase e outras enzimas hidrolíticas), durante tanto quanto permanecer o estímulo do PTH. O aumento da absorção intestinal de cálcio demora para se manifestar (cerca de 24 h), pois depende da formação renal de vitamina D_3 que alcança a mucosa intestinal através da circulação; nessas células, a vitamina D_3 induz a biossíntese de novas unidades transportadoras de cálcio e fosfato que levam a um aumento da fração absorvida desses minerais. Ainda, em nível renal, o PTH causa maior eliminação de fosfato que resulta em hipofosfatemia.

▸ Mecanismo de ação do PTH

O PTH age nas células-alvo por meio da interação com receptores específicos localizados na membrana plasmática de alguns tipos celulares renais e ósseos. A porção aminoterminal da molécula liga-se ao receptor de membrana acoplado a uma proteína G, com estimulação da adenilciclase e fosfolipase C. O receptor de PTH, tal qual outros receptores ligados à proteína G, tem grande homologia em sua sequência de aminoácidos e estrutura espacial como os receptores de calcitonina, secretina, glucagon, hormônio liberador do hormônio de crescimento e outros. A interação com esses receptores resulta em ativação da adenilciclase e aumento do conteúdo intracelular de cAMP, levando à ativação de sistemas intracelulares dependentes do cAMP. Esses sistemas envolvem quinases proteicas que, quando ativadas, fosforilam proteínas envolvidas no metabolismo celular e transporte de íons, modificando suas funções. O PTH também induz a ativação da fosfolipase C, resultando em um influxo celular de cálcio e aumento do cálcio citosólico, com ativação de proteínas dependentes de cálcio e modificação da função celular.

▸ Ações renais do PTH

Reabsorção tubular de cálcio

A ação direta do PTH sobre os rins decorre do aumento da reabsorção tubular de cálcio, independente da sua carga filtrada. Algumas horas após a paratireoidectomia, observa-se aumento da eliminação renal de cálcio, que perdurará até que se desenvolva hipocalcemia, proveniente da falta de PTH. Não obstante, um excesso de PTH pode levar à hipercalciúria, secundária ao aumento da carga filtrada de cálcio provinda da hipercalcemia.

Sabe-se que a maior parte da reabsorção renal de cálcio ocorre no túbulo proximal e é independente do PTH. Acredita-se que nessa porção do néfron o transporte de cálcio esteja acoplado ao de sódio, uma vez que a substituição experimental de sódio por colina ou a inibição da Na^+/K^+-ATPase com ouabaína resultam no bloqueio da reabsorção de cálcio. As ações do PTH na reabsorção de cálcio ocorrem, predominantemente, no ramo ascendente da alça de Henle e na porção mais final do túbulo contornado distal. Nessas células, o PTH interage com receptores de membrana, ativando a adenilciclase e levando ao aumento dos níveis intracelulares de cAMP.

Efeito fosfatúrico

O efeito fosfatúrico do PTH está entre os primeiros descobertos, entretanto os mecanismos envolvidos ainda não são completamente conhecidos. Em cães, o PTH causa diminuição de 30 a 40% na reabsorção proximal de sódio e fosfato. Infusões de dibutiril-cAMP, um análogo do cAMP, conduzem a efeitos semelhantes, indicando que nessas células o PTH também age por meio do sistema adenilciclase/cAMP. Evidências sugerem que o PTH atue nos túbulos contornados diminuindo a expressão do cotransportador Na-P tipo 2a (Npt2a).

Outros efeitos na função renal

A ação do PTH nos rins resulta em alcalinização da urina com aumento da eliminação de bicarbonato. Isso é devido à inibição direta do PTH sobre a reabsorção de bicarbonato no túbulo proximal, levando a uma espécie de acidose tubular renal proximal. O PTH também conduz à inibição da reabsorção de líquidos isotônicos no túbulo proximal; nesse caso, o sódio não reabsorvido carrega água para o túbulo distal, aumentando o fluxo urinário e o *clearance* de água livre. Esse efeito é semelhante ao das catecolaminas que também atuam nos rins por meio de mecanismos que envolvem o sistema adenilciclase/cAMP.

Para outras informações a respeito desse assunto, ver Capítulo 52, *Excreção Renal de Solutos*.

▸ Ações ósseas do PTH

O PTH age de maneira importante nos ossos, o principal reservatório de cálcio do organismo, no sentido de estimular a reabsorção óssea, direcionando cálcio para o compartimento plasmático. Inicialmente, o PTH leva a um aumento da reabsorção da matriz óssea (osteólise), ação esta que, como mencionado anteriormente, pode ser dividida em duas fases, precoce e tardia. Em nível celular, esse efeito se caracteriza pela diminuição da atividade dos osteoblastos e pela ativação da função osteoclástica, seguida, tardiamente, da ativação reacional da formação óssea. Como o efeito principal do PTH é estimular a função osteoclástica, tanto a matriz inorgânica quanto a orgânica são igualmente reabsorvidas, conduzindo, em última análise, à redução da massa óssea como um todo, situação conhecida como osteopenia. A administração de PTH a animais de experimentação leva ao aumento da relação osteoclastos/osteoblastos. Originalmente, acreditava-se que o PTH promovesse a conversão dos osteoblastos em osteoclastos ou estimulasse a transformação das células osteoprogenitoras ósseas em osteoclastos. Entretanto, como discutido anteriormente, os osteoclastos não se originam de células ósseas; eles migram para o osso a partir de medula óssea, timo e outras fontes de tecido reticuloendotelial. Os osteócitos também são alvo do PTH. A administração de PTH provoca um aumento das lacunas ósseas imediatamente adjacentes aos osteócitos, ocasionando a osteólise osteocítica. Sob a ação do PTH, essas células apresentam um alongamento com extensão de processos celulares, adquirindo um aspecto estrelado.

O PTH estimula a síntese de mRNA nos osteoclastos, aumenta o número de núcleos por osteoclasto, assim como a quantidade de osteoclastos. Além do mais, ele induz um aumento no conteúdo e na secreção de enzimas lisossomais, ativação da anidrase carbônica e um crescimento na incorporação de uridina, todos mecanismos dependentes da transcrição gênica e da síntese proteica. A adição de PTH a fragmentos ósseos em cultura resulta em secreção imediata de betaglicuronidase e hialuronidase antes mesmo da liberação de cálcio. Esses efeitos são acompanhados por uma inibição da síntese de colágeno e um importante aumento da fosfatase alcalina. Acredita-se que os mecanismos envolvidos nesses efeitos do PTH englobem aumento do conteúdo celular de cAMP.

O espectro de ações do PTH no tecido ósseo (inibição vs. estimulação) sugere que o PTH possa agir em mais de um tipo celular desse tecido. Por intermédio de uma técnica capaz de isolar células ósseas, verificou-se que a maior parte das ações estimulatórias do PTH se dá nos osteoclastos e se caracteriza pela ativação das enzimas lisossomais. Por outro lado, as ações inibitórias (via citrato descarboxilase, fosfatase alcalina e síntese de colágeno) são restritas aos osteoblastos. Apesar de esses resultados indicarem que, no tecido ósseo, mais de um tipo celular pode apresentar receptores para o PTH, com base em estudos ultraestruturais admite-se que apenas os osteoblastos mostrem tais receptores. Nesse caso, as ações do PTH sobre os osteoclastos deveriam ser mediadas por fatores locais (prostaglandinas) liberados a partir dos osteoblastos, para assegurar a homeostase óssea.

PTH-RELATED PEPTIDE

Há alguns anos, foi identificada uma proteína isolada a partir de tumores malignos de linhagem epitelial, que se relaciona com a instalação de uma manifestação paraneoplásica muito frequente: a hipercalcemia humoral da malignidade. Já se sabia que tal quadro clínico era caracterizado por hipercalcemia associada a hipofosfatemia e a níveis elevados de cAMP nefrogênico, quadro laboratorial idêntico ao decorrente do excesso de PTH observado no hiperparatireoidismo primário. Ao se isolar e identificar a proteína, observou-se enorme semelhança em sua porção aminoterminal com a molécula de PTH. Dentre os primeiros 13 aminoácidos, 9 são idênticos e utilizam o mesmo receptor de membrana. Este peptídeo foi então denominado *PTH-related peptide* ou PTHrp. Posteriormente, uma série de descobertas foram feitas, como sua localização genética no cromossomo 12, enquanto o gene do PTH situa-se no cromossomo 11. Já se acreditava, por uma série de outros genes correlatos encontrados nestes dois cromossomos, que o cromossomo 11 tenha decorrido de uma duplicação no cromossomo 12 durante a evolução das espécies. A localização do gene do PTHrp no cromossomo 12 corrobora esta teoria.

Este peptídeo parece ser de fundamental importância na manutenção dos níveis calcêmicos do feto, ativando a Ca^{2+}-ATPase existente na placenta, sendo o responsável pelos elevados níveis de cálcio do feto em relação aos níveis maternos. Depois do nascimento, o PTH assume suas funções reguladoras, e os níveis circulantes de PTHrp se reduzem drasticamente. Seus efeitos sistêmicos sobre a calcemia somente retornam quando tumores malignos se desenvolvem, voltando a ser secretado em grandes quantidades e induzindo a hipercalcemia. Embora seus níveis plasmáticos sejam extremamente reduzidos após alguns dias do nascimento, esta fetoproteína está presente em inúmeros tecidos, porém seus efeitos ainda permanecem desconhecidos.

CÉLULAS PARAFOLICULARES | CALCITONINA

A calcitonina é produzida principalmente pelas células parafoliculares ou células C da tireoide, embora imunorreatividade para calcitonina também possa ser observada em outros tecidos, como pulmão, timo, suprarrenais e sistema nervoso central. Isso explica por que se podem encontrar níveis circulantes de calcitonina em indivíduos tireoidectomizados.

As células C originam-se embriologicamente da crista neural, mais precisamente do quarto arco branquial, e incorporam-se à glândula tireoide nos mamíferos ou concentram-se no corpo ultimobranquial em peixes, anfíbios, répteis e aves. Essas células situam-se na região central do terço médio de ambos os lobos da tireoide, correspondendo a cerca de 0,1% da massa de células epiteliais. As células parafoliculares estão localizadas entre os folículos tireoidianos, permanecendo separadas do lúmen folicular e coloide pelo epitélio de células foliculares. Elas fazem parte do grupo de *células APUD* (*amine precursor uptake and decarboxylation*), que implica células que têm a capacidade de captar os precursores de aminas, como dopa e 5-hidroxitriptofano, descarboxilá-los e convertê-los em dopamina e serotonina, respectivamente, empacotando-as em grânulos citoplasmáticos. Deste grupo, fazem parte também as células produtoras de insulina, glucagon e gastrina. A análise ultraestrutural das células parafoliculares mostra grânulos de secreção (contendo calcitonina e próximos à membrana celular), extensa rede de microtúbulos, complexo de Golgi desenvolvido e mitocôndrias abundantes.

▶ Biossíntese e secreção da calcitonina

A calcitonina é sintetizada inicialmente na forma de um pré-pró-hormônio (15 kDa) e em seguida sofre processamento enzimático, com a liberação de fragmentos carboxi e aminoterminais, até a forma madura de 32 aminoácidos (Figura 76.9); então, é empacotada em grânulos citoplasmáticos e secretada para a circulação. Apresenta aspectos peculiares em sua síntese, pois, a partir da transcrição de seu gene, podem originar-se dois peptídeos diferentes, com funções aparentemente muito diversas. Sua síntese é determinada a partir do gene localizado no cromossomo 11, que tem 6 éxons. A cada ativação deste gene, os 6 éxons são transcritos e a molécula de RNA formada sofre o que se chama processamento alternativo, quando, juntamente com os íntrons, alguns dos éxons são retirados (Figura 76.10). Conforme os éxons restantes, podem-se obter dois peptídeos diferentes: a calcitonina propriamente dita e o CGRP (*calcitonin-gene related peptide*), de maneira não equimolar. Esta síntese preferencial é tecido-específica, e a calcitonina é produzida principalmente pelas

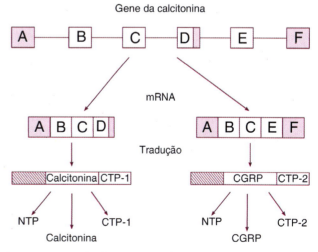

Figura 76.9 ▪ Gene da calcitonina. A partir de 6 éxons, por meio do processamento do mRNA, 2 diferentes peptídeos são formados, a calcitonina e o CGRP (*calcitonin-gene related peptide*). Ambos os pré-peptídeos liberam fragmentos amino (NTP) e carboxiterminais (CTP).

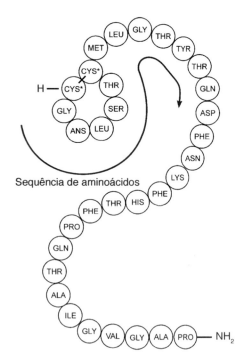

Figura 76.10 ▪ Sequência dos aminoácidos da molécula de calcitonina humana. O anel da extremidade aminoterminal é formado por uma ponte dissulfídica entre os dois resíduos cisteínicos. Para haver atividade biológica, é necessário o resíduo prolina ligado a um radical amida na porção carboxiterminal.

células C da tireoide, enquanto o CGRP, pelas células do SNC. Este último peptídio é descrito como potente vasodilatador, sem ações importantes no que diz respeito à homeostase do cálcio.

A estrutura molecular da calcitonina já foi determinada em várias espécies animais, apresentando-se relativamente conservada durante a evolução. É constituída por 32 aminoácidos (PM 3.500 Da). Dentre os 9 primeiros aminoácidos, 7 são idênticos em todas as espécies animais estudadas, além de uma molécula de glicina na posição 28 e de um resíduo de prolina amidada na extremidade carboxiterminal. Um anel na extremidade aminoterminal, determinado por uma ponte dissulfídica entre os resíduos de cisteína nas posições 1 e 7, também é observado em todas as formas de calcitonina estudadas (ver Figura 76.10).

▶ Controle da secreção e síntese da calcitonina

Quando os níveis de cálcio se elevam agudamente no sangue, ocorre elevação proporcional das concentrações de calcitonina circulante. Esta é a base do teste de estímulo utilizado na prática clínica para detecção de carcinoma das células C, chamado de carcinoma medular de tireoide. Por outro lado, os efeitos de uma hipercalcemia ou hipocalcemia crônicas sobre suas concentrações são bastante controversos na literatura. Em humanos portadores de hiperparatireoidismo com hipercalcemia, foram descritos níveis de calcitonina elevados, normais ou diminuídos. Em ratos paratireoidectomizados, a hipocalcemia está associada a aumento do conteúdo tireoidiano de calcitonina e de seus níveis circulantes, enquanto a hipercalcemia crônica leva a depleção dos grânulos de calcitonina e diminuição do conteúdo tireoidiano de calcitonina, porém seus níveis circulantes basais encontram-se nos limites da normalidade.

Os hormônios gastrintestinais, depois do cálcio, são os mais importantes secretagogos da calcitonina, dentre eles a gastrina, a colecistoquinina, o glucagon e a secretina, sendo a gastrina o mais potente deles. Outro teste de estímulo para detecção do carcinoma medular de tireoide baseia-se justamente na resposta da calcitonina a uma injeção intravenosa de pentagastrina, um derivado sintético da gastrina. Em homens, durante o período pós-prandial podem-se observar elevações nos níveis plasmáticos de calcitonina, e a instilação de cálcio no estômago de ratos normais quase não altera a calcemia, enquanto em ratos tireoidectomizados o mesmo procedimento leva à hipercalcemia. Estes achados indicam que hormônios gastrintestinais interferem nos níveis basais de calcitonina. Existe uma nítida diferença desses níveis em relação ao sexo. Na espécie humana, os homens têm níveis aproximadamente duas vezes mais elevados que os das mulheres. Devido a esta diferença sexual, especula-se se os hormônios sexuais teriam algum papel na determinação deste dimorfismo. Em ratos, pode-se demonstrar uma nítida correlação positiva entre níveis plasmáticos de estrógenos e de calcitonina, mostrando queda de seus níveis após castração, assim como elevação depois de reposição estrogênica. Em ratos, no entanto, os níveis mais elevados de calcitonina são encontrados nas fêmeas, prejudicando a transferência destes achados para a espécie humana. Em mulheres, alguns trabalhos mais antigos sugeriam também a existência de uma correlação direta entre estrógenos e calcitonina, mas a maioria dos trabalhos mais recentes, realizados tanto *in vitro* como *in vivo* e que utilizaram métodos mais sensíveis e específicos para dosar calcitonina, não demonstraram qualquer correlação entre ambos os hormônios. O que se constatou foi uma diminuição dos níveis basais de calcitonina com o envelhecimento, nos dois sexos. Outros períodos relacionados com elevação dos níveis basais de calcitonina são gestação e lactação, mas o mecanismo que rege esta elevação temporária permanece desconhecido. A 1,25-di-hidroxivitamina D inibe, enquanto os glicocorticoides estimulam, a síntese de calcitonina, já demonstrado não só *in vivo* (em ratos) como também *in vitro*. A importância fisiológica destes achados ainda permanece desconhecida. Um dado interessante é a constatação de que a dexametasona não apenas estimula a produção de CTmRNA como inibe a produção do CGRPmRNA, provavelmente por atuar no processamento do RNA pós-transcricional.

Os estudos *in vitro* demonstram a existência de pelo menos três vias de controle da secreção aguda da calcitonina (Figura 76.11). A primeira delas é a elevação aguda dos níveis de cálcio intracelular. As células C da tireoide se mostram sensíveis a pequenas variações de concentração de cálcio extracelular, mesmo que dentro de limites fisiológicos, que são transmitidas para o interior das células por meio de mecanismos não totalmente esclarecidos. Os canais de Ca^{2+} dependentes de voltagem parecem desempenhar importante papel neste controle, pois já se demonstrou que agonistas desses canais, assim como elevações das concentrações de K^+ extracelular, aumentam a secreção de calcitonina pelas células C. Mas este parece não ser o único mecanismo responsável por aumentos intracelulares de Ca^{2+} nestas células, principalmente por aumentos mantidos observados mesmo na vigência de *clamps* de voltagem. Elevações crônicas dos níveis de Ca^{2+}, ao contrário do esperado, não levam à subida dos níveis de calcitonina. Isso já foi observado *in vivo*, em pacientes portadores de hipercalcemia crônica devido a hiperparatireoidismo primário. Estudos *in vitro* não apenas confirmam estes dados, mas mostram ainda uma diminuição dos níveis secretados e

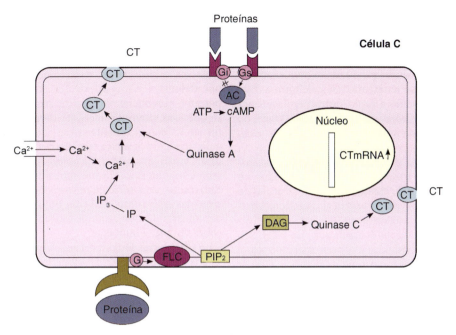

Figura 76.11 ▪ Prováveis vias intracelulares do controle da secreção de calcitonina e seus segundos-mensageiros. *CT*, calcitonina; *FLC*, fosfolipase C; *PIP₂*, 4,5-difosfato de fosfatidilinositol; *DAG*, diacilglicerol; *IP*, fosfato de inositol; *IP₃*, 1,4,5-trifosfato de inositol; *G*, proteína G; *i*, inibidora; *s*, estimuladora.

intracelulares de calcitonina, após incubação prolongada com níveis elevados de Ca²⁺. Parece ocorrer uma dessensibilização das células C com níveis aumentados mantidos de Ca²⁺ no meio de cultura. Já foi constatado também que o Ca²⁺ não é suficiente, por si só, para promover um incremento nos níveis de calcitonina mRNA, não estimulando, portanto, a sua síntese (ver Figura 76.11).

Uma outra via também envolvida na secreção de calcitonina é a do cAMP. Um aumento dos níveis de cAMP se acompanha de elevações paralelas dos níveis de calcitonina secretada *in vitro*. Alguns peptídios envolvidos na secreção de calcitonina sabidamente atuam promovendo elevação dos níveis intracelulares de cAMP (como glucagon, GHRH, histamina, isoproterenol e PGE2) ou diminuição (p. ex., somatostatina). Somente hormônios peptídicos ou neurotransmissores que se ligam a um receptor específico na membrana celular têm a capacidade de ativar a adenilciclase. Esta ativação se faz através da unidade G localizada na membrana celular. A geração de cAMP pela célula exerce seu efeito regulatório por intermédio da ativação de quinases proteicas intracelulares (ver Figura 76.11). Ao contrário dos aumentos intracelulares de cálcio, as elevações das concentrações citoplasmáticas de cAMP são seguidas de ativação da proteinoquinase A (PKA), com consequente ativação da transcrição gênica de calcitonina, constatada por uma subida dos níveis de mRNA específico.

A terceira via de controle da secreção e síntese de calcitonina se faz, provavelmente, por meio do metabolismo dos inositóis-lipídios contidos na membrana celular (ver Figura 76.11). O 4,5-difosfato de fosfatidilinositol localiza-se na membrana celular e, sob ação da fosfolipase C, é degradado em diacilglicerol (DAG) e IP₃. O DAG ativa a proteinoquinase C existente no citoplasma (PKC), desencadeando uma série de reações que culminam com aumento da secreção de peptídios e efeitos sobre a proliferação celular. O IP₃, por outro lado, promove aumento dos níveis de cálcio citoplasmático vindo de compartimentos intracelulares, levando à fosforilação de proteínas por quinases proteicas dependentes de cálcio. Há evidências sugerindo que a intermediação do receptor celular e fosfolipase C é realizada também por uma proteína G específica. A existência desta outra via de controle foi verificada por trabalhos *in vitro* que utilizam ésteres de forbol, produtos que ativam diretamente a proteinoquinase C, com consequente aumento na secreção e síntese de calcitonina. No entanto, ainda não foram identificados os peptídios que atuam fisiologicamente por esta via.

▶ Efeitos biológicos da calcitonina

O principal efeito da calcitonina é o de reduzir os níveis circulantes de cálcio e fósforo, principalmente por uma inibição da saída destes minerais do osso.

Receptores de calcitonina foram identificados em diferentes tecidos, como rim, osso, sistema nervoso central e hipófise. Sua presença no rim e no osso pode justificar seu papel no metabolismo mineral; no entanto, sua ação no sistema nervoso central e na hipófise ainda necessita ser esclarecida.

No osso, seus receptores já foram identificados nos osteoclastos e em células da medula óssea. Seu principal efeito é inibir a reabsorção óssea pelos osteoclastos, inclusive induzindo modificações morfológicas na célula, reduzindo sua característica borda em escova. Os efeitos inibitórios da calcitonina sobre a reabsorção óssea são amplos. Virtualmente, todas as alterações induzidas pelo PTH ou outros agentes (prostaglandinas, cAMP, vitamina D e vitamina A), tais como mudanças da atividade de enzimas lisossomais, liberação de minerais e degradação do colágeno, são abolidas na presença da calcitonina. Além do mais, quando estudada *in vitro*, a calcitonina causa inibição da reabsorção óssea induzida pelo PTH, caracterizada pela diminuição da liberação de ⁴⁵Ca²⁺ para o meio de incubação, associada à diminuição da fosfatase alcalina e pirofosfatase alcalina, e queda na produção de hidroxiprolina.

Sua ação se faz por meio da ligação a estes receptores específicos, sendo mediada, pelo menos em parte, pelo sistema adenilciclase/cAMP. No tecido ósseo, a calcitonina leva à ativação da adenilciclase, resultando em um aumento dos níveis intracelulares de cAMP que mostra paralelismo com seus efeitos biológicos. Após o tratamento com doses elevadas de calcitonina por certo período de tempo, pode ser observado o aparecimento de um fenômeno de *escape* ou resistência, tanto em estudos *in vitro* como no uso terapêutico da calcitonina. Este fenômeno vem sendo atribuído a uma contrarregulação por redução do número de receptores ou de sua sensibilidade, ou ainda ao desenvolvimento de linhagens de osteoclastos resistentes à sua ação.

Receptores específicos da calcitonina foram identificados em rins de humanos e de roedores, estando localizados no segmento ascendente da alça de Henle, na porção terminal do túbulo contornado distal e na porção cortical do tubo coletor. Sua ativação implica a elevação dos níveis de cAMP, por ativação da adenilciclase renal, independente da ação do PTH. Seu papel em nível renal, entretanto, ainda permanece obscuro, uma vez que tem apenas um fraco poder calciúrico e de se envolver, em algum grau, na excreção de outros eletrólitos e de água. Dispõe ainda da capacidade de estimular a 1α-hidroxilase renal, elevando a produção de 1,25-di-hidroxivitamina D. Este esteroide tem por função aumentar a absorção intestinal de cálcio, o que estimularia ainda mais a secreção rápida de calcitonina. Por outro lado, ocorre uma ação supressiva da 1,25-di-hidroxivitamina D sobre a síntese de calcitonina, atuando diretamente sobre as células C.

Alta densidade de locais de ligação de calcitonina foi identificada no SNC, principalmente na hipófise, no hipotálamo e nos núcleos da base. Além de interagir com hormônios hipofisários, como o hormônio de crescimento e a prolactina, a calcitonina parece estar relacionada com controle da percepção da dor, apetite, iniciação da lactação, e em nível de hipotálamo, deve ter um papel de neurotransmissor, embora a comprovação desta hipótese seja difícil de conseguir.

VITAMINA D

Desde a descoberta da vitamina D, no início do século passado, fracassam as tentativas de classificá-la em uma categoria química ou biológica. Foi inicialmente descrita como um *nutriente* lipossolúvel, que prevenia e curava o raquitismo. Depois, descobriu-se que essa vitamina poderia ser sintetizada na pele, sob a influência da luz ultravioleta, mas a importância da capacidade desta síntese foi subestimada, permanecendo-se na crença de que a fonte alimentar exógena seria a principal via de obtenção de vitamina D do organismo. A partir da constatação, já no fim da década de 1970, de que a síntese na pele é a responsável pela maior parte da vitamina D circulante, ela deixou de ser vista como um *nutriente*, e também, por definição, não poderia ser considerada uma vitamina, porém a nomenclatura persiste. Nos idos de 1960, descobriu-se que essa vitamina necessita de metabolização prévia para tornar-se biologicamente ativa, e que ela atua em tecidos-alvo a distância, de maneira semelhante aos hormônios esteroides; desde então, é considerada como tal, cuja função relaciona-se com a manutenção do metabolismo de cálcio do organismo. Entretanto, uma série de novas ações da vitamina D não relacionadas com o metabolismo de cálcio vêm sendo descritas, demonstrando que estamos longe de uma compreensão total sobre seu papel biológico.

As vitaminas D (calciferóis) formam uma família de secoesteroides lipossolúveis e biologicamente ativos. Os secoesteroides são semelhantes aos esteroides, mas apresentam uma clivagem entre os carbonos C9 e C10, em um dos anéis do núcleo básico dessas moléculas, o ciclopentano-peridrofenantreno (Figura 76.12). Entretanto, o metabolismo e o mecanismo de ação dessas moléculas são análogos aos dos esteroides.

Metabolismo da vitamina D

Dois compostos diferentes são chamados de "vitamina D": o *ergocalciferol* (vitamina D_2) e o *colecalciferol* (vitamina D_3). Eles diferem em dois aspectos: na origem (os compostos D_2 são de origem vegetal, enquanto os D_3, de origem animal) e na estrutura de suas cadeias laterais. Na realidade, os índices utilizados na nomenclatura da vitamina D refletem apenas a ordem com que os compostos foram decobertos; as vitaminas D_2 e D_3 são metabolizadas igualmente e têm potência biológica equivalente, podendo ser denominadas indistintamente vitamina D (Figura 76.13).

Os precursores da vitamina D são produzidos em vegetais (ergosterol) e animais (7-deidrocolesterol), por intermédio de uma série de condensações da acetilcoenzima-A. O lanoesterol é o precursor do ergosterol e do 7-deidrocolesterol; este último consiste em um produto alternativo de uma via envolvida na biossíntese do colesterol, principalmente na derme e epiderme humana. Radiações na faixa ultravioleta (230 a 313 nm) penetram a pele, levando à transformação de 7-deidrocolesterol em pré-vitamina D_3; a pré-vitamina D_3 e a vitamina D_3 são isômeros que permanecem em um equilíbrio físico-químico que favorece a vitamina D_3 (ver Figura 76.12). Quanto menor o comprimento de onda da luz UV e quanto maior a pigmentação da pele, menor a penetração e, consequentemente, menor a formação de vitamina D. Por outro lado, inexiste o risco de um indivíduo desenvolver intoxicação por essa vitamina em caso de exposição solar prolongada, pois um mecanismo de proteção passa a converter a pré-vitamina D_3 em um isômero inativo, o lumisterol.

Nas zonas tropicais, existe luz solar adequada para garantir a síntese epidérmica e a liberação de quantidades suficientes de colecalciferol, fazendo com que os indivíduos sejam independentes das fontes alimentares de ergo ou colecalciferol. Em zonas temperadas, entretanto, a concentração plasmática de vitamina

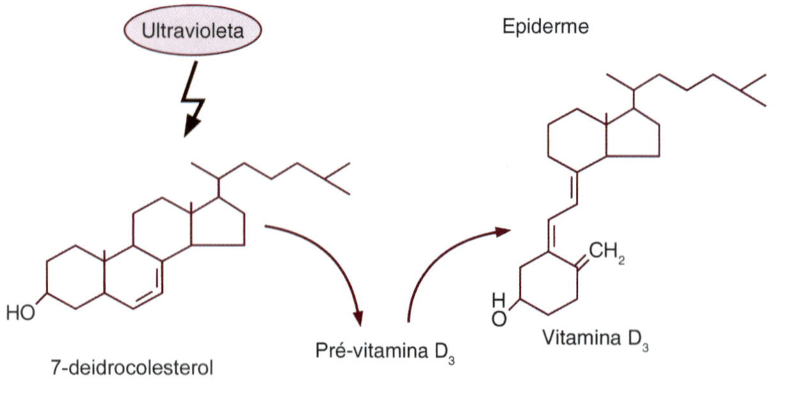

Figura 76.12 ▪ Síntese epidérmica da vitamina D_3. A irradiação ultravioleta penetra na pele e atua sobre o precursor 7-deidrocolesterol, provocando uma cisão entre os C9 e C10 do núcleo ciclopentano-peridrofenantreno da molécula, transformando-o na vitamina D_3.

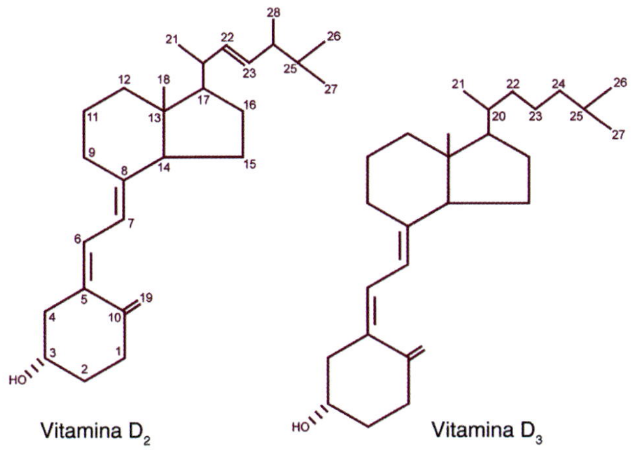

Fisiologia do Metabolismo Osteomineral 1281

Figura 76.13 ▪ Estrutura das moléculas de vitamina D₂ e D₃. Note que diferem apenas com respeito ao radical ligado ao carbono 17.

D apresenta variação sazonal, atingindo os níveis mais altos após os meses de verão e mais baixos depois do inverno. A produção dessa vitamina varia em função da latitude, das estações do ano, da pigmentação da pele e da superfície corporal exposta à luz UV. Devido a estes aspectos, alguns países (p. ex., EUA e Canadá) enriquecem seus alimentos, como o leite e seus derivados, com vitamina D. A necessidade diária varia de 400 a 800 UI/dia ou 10 a 20 μg/dia (1 UI = 0,025 μg vitamina D).

A vitamina D é encontrada apenas em pequenas quantidades na dieta habitual. Grandes quantidades são obtidas em óleos de fígado de peixes. Normalmente, 60 a 90% do calciferol presente na dieta é absorvido através do intestino delgado, por mecanismos semelhantes àqueles que permitem a absorção do colesterol. Logo após sua absorção, a vitamina D é transportada em quilomícrons pelo ducto torácico; em seguida, no sangue, é associada a uma proteína transportadora específica (transcalciferina). Quando administrada por via intravenosa em ratos com deficiência de vitamina D, cerca de 30% da vitamina D é captada pelo fígado para ser liberada horas mais tarde como 25(OH)D₃ (ver adiante). Durante excesso de ingestão de vitamina D, entretanto, mais da metade da vitamina D administrada deposita-se no tecido adiposo, sendo liberada lentamente para a circulação durante meses.

▶ **Hidroxilação da vitamina D**

A vitamina D é biologicamente inativa. Para ela se tornar ativa, é transformada em metabólitos mais polares por meio de hidroxilações que ocorrem no fígado e nos rins. Após sua administração a um animal deficiente em vitamina D, observa-se um intervalo de 6 a 12 h até que respostas biológicas sejam notadas. Esse período de tempo reflete a necessidade de ativação das moléculas de calciferol antes que possam agir em seus tecidos-alvo. As reações envolvidas nessa ativação foram caracterizadas pelo emprego de traçadores radioativos. Depois de administração de vitamina D, percebe-se o aparecimento de uma série de metabólitos mono- e di-hidroxilados, e, nos tecidos-alvo, observa-se o acúmulo da forma di-hidroxilada, a 1,25(OH)₂D (Figura 76.14).

25-hidroxilação

Uma análise sequencial das modificações sofridas pela molécula de vitamina D indica que a etapa inicial é a introdução de um grupamento hidroxila no carbono 25. Quando injetada em animais deficientes nessa vitamina, a 25(OH)D age mais rapidamente que seus precursores, mostrando certa atividade biológica intrínseca nos tecidos-alvo. O fígado é o principal local de 25-hidroxilação da vitamina D, embora essa reação também possa ocorrer, em menor escala, no intestino e nos rins. A enzima 25-hidroxilase está presente nas frações microssomais e mitocondriais dos hepatócitos, sendo pouco regulável; apenas a fração microssomal pode ser discretamente inibida pelo acúmulo do produto 25-hidroxilado. Em consequência, o maior determinante da quantidade circulante de 25(OH)D é a porção de vitamina D disponível no plasma, quer de origem endógena ou exógena. Portanto, a determinação dos níveis plasmáticos de 25(OH)D reflete precisamente a reserva de vitamina D do organismo. Seus níveis plasmáticos normais variam de 10 a 50 ng/mℓ. Sinais clínicos de hipovitaminose D surgem com níveis de 25(OH)D inferiores a 5 ng/mℓ. Como a 25(OH)D apresenta baixa hidrossolubilidade, cerca de 50% do estoque corporal permanece circulando ligado a uma alfa₂-globulina hepática, a transcalciferina, de 55 kDa; o restante é mantido no interior das células ligado a proteínas citoplasmáticas.

1α-hidroxilação

A 1,25(OH)₂D é o metabólito mais potente da vitamina D (ver Figura 76.14). No ser humano, a concentração plasmática da 1,25(OH)₂D varia entre 30 e 50 pg/mℓ, cerca de um milésimo da concentração de 25(OH)D. A conversão da 25(OH)D em 1,25(OH)₂D, o principal ponto de controle do metabolismo da vitamina D, ocorre nos rins sob a ação da enzima 25(OH)D 1α-hidroxilase, situada nas mitocôndrias dos túbulos contornados proximais; a placenta, o osso e, provavelmente, as células hematopoéticas também são capazes dessa conversão. Apesar de a maior parte dos estudos empregar a 25(OH)D₃ como substrato dessa enzima, acredita-se que 25(OH)D₂, 24,25(OH)₂D₃, 25,26(OH)₂D₃ e outros metabólitos 25-hidroxilados também sejam bons substratos para a 25(OH)D 1α-hidroxilase.

Esta enzima é uma mono-oxigenase que se localiza na membrana interna das mitocôndrias. Na verdade, trata-se de uma cadeia de transporte eletrônico formado por três

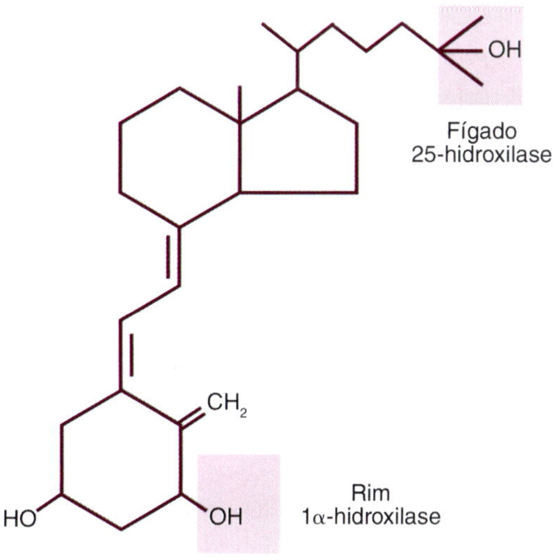

Figura 76.14 ▪ Estrutura da forma ativa da vitamina D, a 1α-25-di-hidroxivitamina D₃. Na passagem pelo fígado, a vitamina D sofre hidroxilação na posição 25. No rim, por intermédio da 1α-hidroxilase, transforma-se na vitamina D ativa pela adição de uma hidroxila na posição 1.

componentes proteicos: ferredoxina redutase, ferredoxina e citocromo P450. A ferredoxina redutase recebe elétrons do fosfato de nicotinamida-dinucleotídio (NADPH), que são transportados até a ferredoxina, uma ferrossulfoproteína. A ferredoxina é o componente regulador, que transporta os elétrons até o citocromo P450, o qual, na presença de oxigênio molecular, produzirá a hidroxilação do substrato 25(OH)D na posição 1α. Ao contrário da 25-hidroxilase, a atividade da 25(OH)D 1α-hidroxilase é finamente modulada, ou seja, pode aumentar ou diminuir de acordo com o momento homeostático do organismo. Nesse sentido, o déficit alimentar de vitamina D leva ao aumento de 5 a 20 vezes na atividade da 25(OH)D 1α-hidroxilase, retornando ao normal após alguns dias de reposição da vitamina D; da mesma maneira, a administração de excesso de vitamina D resulta em elevação marcante nos níveis plasmáticos de 25(OH)D, enquanto os níveis de 1,25(OH)$_2$D permanecem dentro da normalidade. Diversos fatores foram identificados como controladores da atividade da 1α-hidroxilase (ver Figura 76.14), porém os mais importantes são o PTH, o fosfato e os próprios níveis de 1,25(OH)$_2$D circulantes. Quando os níveis de cálcio ionizado caem, as paratireoides reagem imediatamente, liberando paratormônio. Este hormônio eleva a mobilização de cálcio do osso e aumenta a fração reabsorvida de cálcio, assim como a excretada de fósforo pelo rim, produzindo efeitos rápidos sobre a calcemia. Como o PTH é um potente estimulador da 1α-hidroxilase, aumenta a síntese de 1,25(OH)$_2$D, com consequente incremento da absorção intestinal de cálcio e fósforo, evitando, assim, a evolução para hipocalcemia. A 1,25(OH)$_2$D, por sua vez, atua sobre as paratireoides, suprimindo diretamente a síntese de PTH, caracterizando uma típica alça de retrorregulação endócrina.

A fosfatemia também modula a atividade da 25(OH)D 1α-hidroxilase por intermédio de mecanismos independentes do PTH. A depleção do fosfato leva ao aumento dos níveis circulantes de 1,25(OH)$_2$D$_3$ e à maior absorção intestinal de cálcio e de fosfato. Elevando-se os níveis de cálcio, também a secreção de PTH será suprimida, diminuindo consequentemente a excreção de fosfato pelo rim, o que contribui para a subida de seus níveis plasmáticos. O aumento dos níveis de fosfato, por outro lado, inibe a atividade da 1α-hidroxilase, reduzindo a síntese de 1,25(OH)$_2$D.

24-hidroxilação

Outro metabólito importante da vitamina D é a 24,25(OH)$_2$D. Em condições normais, os níveis plasmáticos de 24,25(OH)$_2$D são cerca de 10 vezes inferiores aos de 25(OH)D e 100 vezes superiores aos de 1,25(OH)$_2$D. O principal local da 24-hidroxilação da 25(OH)D é o tecido renal, embora indivíduos anéfricos ainda apresentem 24,25(OH)$_2$D circulante em menor quantidade. Como a 25(OH)D 1α-hidroxilase, a 25(OH)D 24-hidroxilase também está presente nas mitocôndrias e dispõe de estrutura semelhante; ambas sofrem influências de fatores em comum, porém respondem em sentidos opostos. A atividade da 25(OH)D 1α-hidroxilase e os níveis de 1,25(OH)$_2$D diminuem progressivamente com o aumento da concentração plasmática de fosfato; por outro lado, a atividade da 25(OH)D 24-hidroxilase e os níveis circulantes de 24,25(OH)$_2$D aumentam de modo direto com a fosfatemia. A administração de 1,25(OH)$_2$D para frangos deficientes em vitamina D inibe, em questão de horas, a transformação de 25(OH)D$_3$ para 1,25(OH)$_2$D; ao mesmo tempo, ativa a produção de 24,25(OH)$_2$D. Células renais em cultura mostram diminuição da 24-hidroxilação da 25(OH)D na presença de PTH; por outro lado, na presença de cálcio e 1,25(OH)$_2$D a 24-hidroxilação é aumentada.

Todos os metabólitos da vitamina D circulam ligados a transcalciferina, que tem maior afinidade pela 25(OH)$_2$D, seguida pela 1,25(OH)$_2$D, e menor afinidade pela vitamina D. A vitamina D distribui-se pelo organismo, acumulando-se principalmente nas células adiposas, e apresenta meia-vida biológica de cerca de 30 dias, com produção diária de 15 μg. A forma 25-hidroxilada dispõe de meia-vida de 15 dias e de taxa de produção diária de 7 μg, enquanto a 1,25(OH)$_2$D tem um volume circulante (*pool*) de 0,5 μg, meia-vida de 0,2 dia e produção de aproximadamente 1 μg/dia.

▶ Mecanismo de ação da vitamina D

O mecanismo clássico de ação da 1,25(OH)$_2$D, e o mais estudado, é o efeito genômico, descrito para todos os hormônios esteroides. A 1,25(OH)$_2$D interage especificamente com um receptor nuclear. Este complexo esteroide-receptor (VDR) associa-se à molécula de DNA no núcleo da célula, alterando o comportamento metabólico da célula, pela repressão ou estimulação de determinados genes responsivos à vitamina D (Quadro 76.5). Estes receptores já foram caracterizados bioquimicamente em várias espécies animais; são proteínas intracelulares, cujo tamanho varia de 50 a 60 kDa, que se ligam com alta afinidade à 1,25(OH)$_2$D (Kd = 1 a 50 × 10^{-11} M). Sua sequência primária de aminoácidos foi deduzida por amostras de DNA complementar e demonstrou alta homologia de sua porção ligadora ao DNA com a mesma região de outros receptores de hormônios esteroides e, principalmente, do receptor de hormônio tireoidiano, confirmando que estas moléculas pertencem à mesma família de genes. A presença de receptores de 1,25(OH)$_2$D foi demonstrada em todos os tecidos onde foi investigada, como glândulas endócrinas, rins, intestino, osso, pele, músculo, mamas, linfócitos e monócitos circulantes, útero, placenta, cólon, pâncreas, timo, e em diversos tecidos tumorais. A região do DNA que se liga ao complexo receptor-hormônio, denominado elemento responsivo à vitamina D (VDRE), foi identificada na posição *up-stream* em alguns genes como da osteocalcina, da osteopontina, da calbindina

Quadro 76.5 • Efeito da 1,25(OH)$_2$D$_3$ sobre os genes em que já foi estudada.

Gene	Tecido (animal)	Efeito na regulação
PTH	Paratireoides (rato)	Suprime
PTH-related proteine	Tireoide (humano)	Suprime
Calcitonina	Tireoide (rato, humano)	Suprime
Colágeno tipo I	Calvária (rato)	Suprime
Fibronectina	Fibroblastos (humano)	Estimula
Osteocalcina	Osteossarcoma (rato)	Estimula
Interleucina-2	Linfócitos (humano)	Suprime
Interferona-gama	Linfócitos (humano)	Suprime
Receptor de 1,25(OH)$_2$D	Fibroblastos (humano)	Estimula
Calbindina-D 28K	Intestino (galinha)	Estimula
Calbindina-D 9K	Intestino (rato)	Estimula
Prolactina	Hipófise (rato)	Estimula
c-myc	Leucemia mieloide (humano)	Suprime
c-fos	Leucemia mieloide (humano)	Estimula

D e da 24-hidroxilase. Há evidências de que o VDRE consiste em uma repetição direta de 6 pares de bases (AGGTCA), separadas por um espaço de 3 pares de bases, que se liga a heterodímeros formados por VDR e pelo complexo receptor-ácido retinoico (RAR).

Entretanto, efeitos extremamente rápidos da 1,25(OH)$_2$D têm sido relatados em diferentes tecidos, como na liberação de enzimas lisossomais em células epiteliais, na redistribuição de calmodulina nas células musculares e no transporte de cálcio nas células intestinais. Em perfusão de alça duodenal de galinhas, foi observado um efeito rápido da 1,25(OH)$_2$D, aumentando o transporte de cálcio do lúmen intestinal para o perfusato vascular após apenas alguns minutos de exposição, caracterizando um efeito não genômico. Este processo parece depender da ligação do esteroide a um receptor de membrana diferente do receptor nuclear já identificado, que produziria elevações das concentrações de cálcio intracelular por intermédio, provavelmente, da ativação dos canais de cálcio dependentes de voltagem, e iniciando a fosforilação das proteinoquinases A e C. Este efeito não genômico, chamado de *transcaltaquia*, necessita de maiores pesquisas para que possa ser inteiramente compreendido.

Ações no intestino

O intestino apresenta receptores para a 1,25(OH)$_2$D$_3$ e mostra respostas dramáticas à administração de vitamina D, com grande aumento da absorção de cálcio e discreta elevação na de fosfato e de magnésio. O transporte de cálcio nos intestinos delgado e grosso é regulado pela vitamina D. No rato, observa-se uma hierarquia determinada, duodeno > jejuno > íleo > cólon; já a absorção de fosfato mostra uma hierarquia diferente, jejuno > duodeno > íleo. As ações da vitamina D nas células intestinais são totalmente independentes do PTH. Essas células contêm uma proteína ligadora de cálcio denominada *calbindina D*, cuja concentração corresponde à capacidade transportadora de cálcio. A concentração dessa proteína aumenta cerca de 2 h após administração *in vivo* ou *in vitro* de 1,25(OH)$_2$D$_3$ a animais ou preparações deficientes de vitamina D; sua ação direta sobre o gene já foi identificada em ratos e em camundongos, inclusive com a determinação do elemento responsivo ao complexo vitamina D-receptor (VDRE). Um efeito rápido, não genômico, da 1,25(OH)$_2$D sobre o transporte de cálcio do lúmen intestinal para o espaço intravascular também foi identificado; esse efeito é designado *transcaltaquia*, parecendo estar relacionado com a ligação do hormônio a um receptor de membrana.

Ações no esqueleto

A vitamina D é fundamental para o crescimento e a mineralização óssea. Seu papel já está bem definido na regulação da mineralização de osso recém-formado, assim como seu potente efeito indutor da reabsorção óssea. O que, no entanto, permanece não esclarecido é o mecanismo de ação para chegar a estes efeitos. Seu papel sobre o crescimento ósseo e mineralização, provavelmente, não se faz diretamente sobre os osteoblastos, embora já se tenha demonstrado a presença de receptores de 1,25(OH)$_2$D nestas células. Sabe-se também que a 1,25(OH)$_2$D modula uma série de reações nestas células, como o aumento da produção de fosfatase alcalina, da síntese de osteocalcina e do número dos receptores do fator de crescimento epidérmico, além de inibir a síntese de colágeno do tipo I. Portanto, a 1,25(OH)$_2$D parece tomar parte da regulação da função osteoblástica; entretanto, a relevância fisiológica destes efeitos sobre o metabolismo ósseo ainda precisa ser mais bem definida. Indiretamente, a vitamina D provê o organismo dos elementos necessários para que a mineralização óssea ocorra, aumentando a absorção intestinal de cálcio e de fósforo.

Seus efeitos sobre a reabsorção óssea podem ser divididos em rápidos e lentos, e evidências experimentais sugerem que nenhum destes efeitos é exercido diretamente sobre os osteoclastos maduros. Ratos tratados com 1,25(OH)$_2$D passam a apresentar um número maior de osteoclastos que persiste por alguns dias. Este maior número poderia explicar o aumento na reabsorção óssea induzida pela 1,25(OH)$_2$D. Além disso, a 1,25(OH)$_2$D estimula a fusão e a diferenciação de células hematopoéticas precursoras de osteoclastos, existentes na medula óssea, em osteoclastos maduros. Esta diferenciação, no entanto, somente ocorre na presença do estroma mesenquimal precursor de osteoblastos, que parece estar relacionado com a produção de interleucina 11 e 6 por estas células. Ao contrário dos osteoblastos, em que o receptor de vitamina D já foi identificado, ainda não se demonstrou a presença destes receptores em osteoclastos. Apesar disso, em culturas primárias de tecido ósseo de fetos de camundongos tratadas com 1,25(OH)$_2$D demonstrou-se um incremento na secreção do ácido hialurônico e da fosfatase ácida, produtos característicos de células osteoclásticas. Todos estes dados levam a concluir que o efeito sobre os osteoclastos deva ser indireto, por meio de produtos de outras células existentes no mesmo ambiente, induzidos pela 1,25(OH)$_2$D. Um efeito rápido de aumento da reabsorção óssea também foi demonstrado em culturas de tecido ósseo, em que uma liberação de cálcio pôde ser observada algumas horas após a incubação com 1,25(OH)$_2$D, período, provavelmente, não suficiente para ser explicado pela indução de diferenciação celular. Este fato sugere a produção de fatores estimuladores da atividade osteoclástica por osteoblastos.

Ações no rim

O efeito mais importante exercido pela 1,25(OH)$_2$D no rim é a inibição da enzima 1α-hidroxilase, diminuindo com isso a sua própria produção e aumentando, em contrapartida, a atividade da 24R-hidroxilase. Alguns trabalhos sugerem um efeito direto sobre a excreção renal de cálcio e de fósforo, mas os resultados são ainda controversos.

Ações sobre a paratireoide

O PTH é um importante estimulador da síntese renal de 1,25(OH)$_2$D. Este esteroide, por sua vez, atua inibindo a secreção de PTH por meio de dois mecanismos. O primeiro, indireto, pelo aumento da calcemia induzida por maior absorção intestinal, e o segundo, suprimindo diretamente a síntese de PTH por inibição da transcrição do seu gene.

Outras ações da vitamina D

Alguns efeitos da 1,25(OH)$_2$D não relacionados com a manutenção da homeostase do cálcio vêm sendo descritos e intensivamente estudados, como seu efeito antiproliferativo e diferenciador celular (ver Quadro 76.5), assim como seu efeito modulador da resposta imune. Muito se tem investido no desenvolvimento de derivados sintéticos que tenham menor poder hipercalcemiante, uma vez que este é um efeito indesejável que limita seu uso clínico em diversas patologias em que seu efeito benéfico já é comprovadamente demonstrado, como na psoríase, na imunologia dos transplantes ou como fator antineoplásico (Figura 76.15).

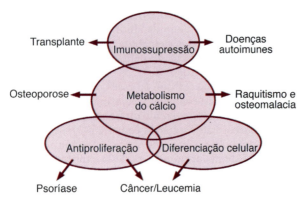

Figura 76.15 • Possíveis ações da vitamina D em diferentes sistemas e suas potenciais aplicações terapêuticas.

REGULAÇÃO HORMONAL INTEGRADA DA HOMEOSTASE MINERAL

No ser humano, as glândulas paratireoides são as principais responsáveis pela manutenção da homeostase dos minerais. Embora a secreção de calcitonina também seja regulada pela calcemia, a calcitonina não funciona como um importante regulador do conteúdo plasmático de minerais. Pode-se constatar isso em indivíduos tireoidectomizados, nos quais o controle da calcemia não é alterado pela ausência de calcitonina. Como discutido em detalhes nos parágrafos precedentes, o PTH regula a concentração plasmática de cálcio por meio de suas ações diretas nos ossos e nos rins, assim como por intermédio de efeitos intestinais indiretos mediados pela vitamina D.

▶ Respostas desencadeadas pela hipocalcemia

A deficiência de produção ou ação de PTH induz hipocalcemia acompanhada de hiperfosfatemia. Na ausência do PTH, a calcemia é mantida entre 5 e 6 mg/dℓ pela combinação de reabsorção tubular renal máxima mais influxo plasmático de cálcio a partir do osso e do intestino. Na ausência de PTH, a hipocalcemia e/ou a hipofosfatemia são individualmente

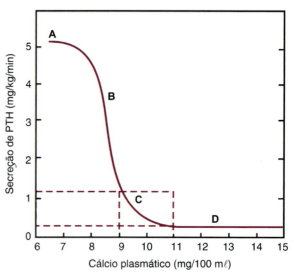

Figura 76.17 • Curva de resposta da secreção de PTH em função do cálcio plasmático, em vacas. Os dados foram obtidos pela infusão de cálcio ou EDTA intravenoso, com dosagens concomitantes de PTH colhido por cateterização de veias de drenagem da paratireoide. A área **C** da curva marcada é a variação dentro dos limites fisiológicos. A redução dos níveis de cálcio abaixo de 9 mg/dℓ produz marcante elevação das taxas de secreção de PTH (**B**). A área **A** representa a resposta aguda máxima de PTH após redução extrema da calcemia. Elevações dos níveis de cálcio acima de 11 mg/dℓ suprimem a secreção de PTH, embora não completamente (**D**). A secreção que persiste em condições de hipercalcemia é, no entanto, principalmente por fragmentos carboxiterminais da molécula. (Adaptada de Avioli e Krane, 1990.)

suficientes para ativar apenas modestamente a produção de 1,25(OH)$_2$D$_3$, se comparadas com a ativação da produção induzida pela elevação do PTH. Por outro lado, a concentração plasmática de PTH pode elevar-se cerca de 5 a 10 vezes como resultado da hipocalcemia aguda (Figuras 76.16 e 76.17).

Durante a hipocalcemia, o aumento dos níveis plasmáticos de PTH é responsável pela parada completa de eliminação renal de cálcio e por um aumento ainda maior do influxo de cálcio a partir dos ossos. A resposta óssea reflete a ativação de osteócitos quiescentes e osteoclastos, que não justificariam a resposta rápida obtida após infusão de PTH. Esta resposta é interpretada como a mobilização de cálcio de compartimentos ósseos intersticiais, por alguns chamados de *membrana óssea*, que responderiam prontamente ao PTH e a variações rápidas da calcemia. Se a hipocalcemia persistir por mais de 1 a 2 dias, a resposta óssea aumenta ainda mais devido à elevação do número e da atividade dos osteoclastos desencadeada pelo PTH, pelo 1,25(OH)$_2$D$_3$ ou por ambos. Ao nível renal, uma outra consequência do aumento do PTH plasmático é o crescimento do *clearance* de fosfato. Embora o PTH mobilize o fosfato dos ossos para o plasma, isso é compensado pelo efeito fosfatúrico do PTH, que resulta na manutenção dos níveis plasmáticos de cálcio e queda progressiva da fosfatemia. O PTH e a hipofosfatemia estimulam, individualmente, a 25(OH)D 1α-hidroxilase, levando ao aumento de 3 a 5 vezes na produção renal de 1,25(OH)$_2$D$_3$ após cerca de 24 a 78 h.

Além de agir no nível ósseo juntamente com o PTH, a 1,25(OH)$_2$D$_3$ desencadeia no intestino o crescimento substancial da fração de absorção de cálcio, partindo de um basal de 25% para chegar até um máximo de 75%.

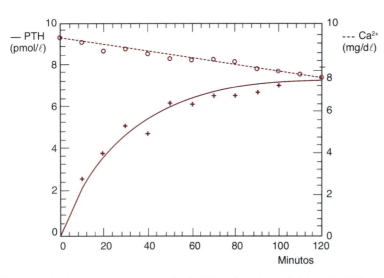

Figura 76.16 • Incremento nas concentrações de PTH (ensaio aminoterminal da molécula) durante hipocalcemia induzida pela infusão de EDTA (ácido etilenodiamino-tetra-acético; quelante de cálcio, formando complexo estável). Pesquisa realizada em 10 indivíduos normais. Note que, mesmo antes de haver uma queda detectável do cálcio total plasmático, o PTH já se eleva significativamente.

▶ Respostas desencadeadas pela hipercalcemia

As alterações que seguem a hipercalcemia constituem praticamente o contrário daquilo que é observado em resposta à hipocalcemia (ver Figura 76.17). Enquanto o tecido ósseo é o principal tampão acionado contra a hipocalcemia, a hipercalcemia é controlada basicamente com alterações do transporte mineral pelos túbulos renais. A secreção de PTH diminui segundos depois da instalação da hipercalcemia. Mesmo após administração de grandes doses de cálcio (aproximadamente 1 g VO), a calcemia eleva-se apenas cerca de 1 mg/dℓ, levando à supressão da secreção de PTH e ao aumento do *clearance* renal de cálcio. A queda do PTH circulante também conduz à diminuição do *clearance* renal de fosfato, resultando em elevação da fosfatemia. Baixos níveis de PTH e hiperfosfatemia provocam inibição da produção renal de $1,25(OH)_2D_3$ e diminuição da absorção intestinal de cálcio. A hipercalcemia aguda também causa o aumento da secreção de calcitonina; entretanto, a calcitonina não participa de maneira importante na resposta à hipercalcemia, exceto se esta estiver associada ao aumento da atividade osteoclástica.

▶ Regulação do fosfato plasmático

O controle da concentração plasmática de fosfato é menos rígido que o da calcemia. Os principais determinantes da fosfatemia são o limiar para excreção renal e a carga filtrada de fosfato. A retirada do fosfato da alimentação não desencadeia uma resposta imediata; uma hipofosfatemia que perdure por vários dias é seguida de aumento da produção de $1,25(OH)_2D_3$. Isso leva ao aumento da absorção intestinal de cálcio, que aumenta discretamente a calcemia e suprime a secreção de PTH. Essa supressão da secreção de PTH diminui o *clearance* renal de fosfato e eleva o do cálcio. O *clearance* renal de fosfato também diminui de modo independente do PTH, por mecanismos autorregulatórios renais. Dentro de 3 a 4 dias da retirada de fosfato da alimentação, a sua excreção renal pode cair de cerca de 1 g/dia para valores desprezíveis. Não se conhecem respostas metabólicas agudas à hiperfosfatemia. Uma a duas horas após uma carga oral de fosfato (1,5 g), a fosfatemia atinge o pico máximo; o excesso de fosfato é basicamente eliminado pelos rins, provavelmente pela ação das fosfatoninas, em especial do FGF-23.

Os Dentes

Priscilla Morethson

O órgão dentário é constituído por diferentes tecidos, mineralizados e não mineralizados. Os tecidos mineralizados do órgão dentário são esmalte, dentina e cemento, os quais diferem significativamente entre si tanto em sua porção orgânica quanto mineral. Os tecidos não mineralizados que compõem o órgão dentário são a polpa dentária ou estruturas do periodonto, como o ligamento periodontal, que mantém a ancoragem do dente no osso alveolar.

Os tecidos dentários e periodontais – esmalte, dentina, polpa, cemento, osso alveolar e ligamento periodontal – de um dente completamente formado estão representados na Figura 76.18 e serão brevemente apresentados a seguir.

ESMALTE

Trata-se do tecido de revestimento externo da coroa dentária e do tecido mais duro do organismo. O esmalte é um tecido acelular, que apresenta o maior conteúdo mineral dentre todos os tecidos mineralizados. O alto teor mineral do esmalte confere rigidez; no entanto, o esmalte é um tecido friável, cujo suporte é dado pela resiliência da dentina subjacente.

A porção orgânica do esmalte dentário corresponde a 4% do peso do dente e constitui-se principalmente de água e proteínas não colágenas sintetizadas e secretadas pelos ameloblastos, células de origem ectodérmica.

A matriz orgânica do esmalte é formada por amelogeninas e enamelinas. As amelogeninas constituem o principal grupo de proteínas do esmalte.

A matriz macromolecular aniônica secretada pelos ameloblastos é o substrato para o processo de biomineralização. As amelogeninas formam agregados de estruturas quaternárias de cerca de 20 nm, as nanosferas, que direcionam o crescimento de cristais de hidroxiapatita, definindo sua arquitetura. Há evidências de que, durante a formação e maturação do esmalte, ocorra a remoção de proteínas da matriz de forma ordenada. As enamelinas, glicoproteínas ácidas hidrofílicas, perfazem 5% das proteínas da matriz.

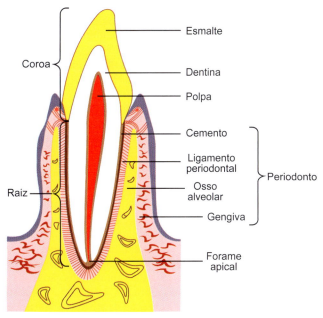

Figura 76.18 ▪ Tecidos dentários e periodontais de um dente completamente formado. (Adaptada de Favus, 2003.)

Sobre a matriz orgânica, os cristais de hidroxiapatita depositados darão origem às porções prismática e interprismática do esmalte. A porção prismática é composta por cristais dispostos paralelamente ao longo do eixo dos ameloblastos; o esmalte interprismático posiciona-se em ângulo de 65° em relação ao esmalte prismático. Interessantemente, entre as duas porções, há um acúmulo de proteínas residuais em delgada camada de matriz, sem cristais, o que torna o esmalte dessas regiões mais suscetível à desmineralização pelos ácidos bacterianos em lesões de cárie.

COMPLEXO DENTINOPULPAR

No interior do dente, encontra-se a polpa dentária, tecido conjuntivo frouxo vascularizado e ricamente inervado, com sofisticada função neurossensorial.

A polpa acomoda-se na câmara pulpar e no interior dos canais radiculares, compartimentos que se intercomunicam envoltos por dentina, tecido mineralizado. Dada a íntima relação entre a polpa e a dentina, os dois tecidos podem ser analisados como um complexo com respostas que se manifestam em ambos diante de agressões, como a cárie, por exemplo.

A polpa é, didaticamente, dividida nas regiões odontoblástica, subodontoblástica, camada rica em células e camada central.

Os odontoblastos, células derivadas da crista neural, destacam-se dentre os tipos celulares presentes na polpa. Estão localizados na periferia da polpa, em contiguidade com a dentina. Os odontoblastos possuem prolongamentos dentro de estruturas tubulares, os túbulos dentinários.

Na odontogênese, os odontoblastos são responsáveis pela produção de dentina, que envolve toda a cavidade da coroa dentária e os canais radiculares. A matriz inicialmente produzida pelos odontoblastos não é mineralizada e se denomina pré-dentina.

Após a erupção do dente, os odontoblastos continuam a secretar dentina, então denominada dentina secundária, em resposta a traumatismo ou lesão de cárie, por exemplo. Os odontoblastos são, ainda, capazes de sintetizar dentina em regiões focais da câmara pulpar ou de canais radiculares frente a agressões físicas, químicas e, mais comumente, biológicas, como as bactérias causadoras da cárie. Nesses casos, a dentina depositada focalmente é denominada dentina terciária, a qual não possui contiguidade com a dentina primária e secundária, o que protege os odontoblastos e outras células da polpa de agressores provenientes do meio bucal.

A dentina é constituída por cristais de hidroxiapatita, que perfazem 70% do seu peso, por colágeno tipo I e água. Devido ao seu elevado teor de cálcio, é mais dura que o osso.

Recentemente, demonstrou-se que a polpa dentária humana expressa osteoprotegerina (OPG) e RANKL, fatores que inibem ou estimulam as funções clásticas. Portanto, é possível que o sistema OPG/RANKL/RANK esteja ativamente envolvido na diferenciação de células clásticas durante processos patológicos de reabsorção radicular.

Outro fato relevante, e de interesse para o conhecimento da fisiologia dental, é a existência de mecanorreceptores intradentais na polpa dentária, os quais atuam na detecção de uma ampla gama de frequências de vibração. Essa aferência sensorial é fundamental para a coordenação da atividade das unidades neuromusculares no complexo craniomandibular durante a mastigação.

Diferentes tipos celulares estão implicados na inervação da polpa dentária, os quais exibem complexa relação com vasos sanguíneos e odontoblastos. Há evidências de que os próprios odontoblastos estejam implicados nas funções neurossensoriais da polpa. Atualmente, o papel sensorial dos odontoblastos e a interação dessas células com elementos neurais são um importante tópico que vem sendo investigado.

Estudos elegantemente conduzidos por Farahani et al. (2011, 2012) buscam examinar essa questão baseando-se em lógica evolucionária. Segundo esses autores, a polpa dentária é um órgão sensorial vestigial; sendo assim, os elementos essenciais dos órgãos neurossensoriais poderiam persistir na polpa dentária. Por meio de análises moleculares, os autores identificaram células análogas à glia radial, astrócitos e micróglia dos órgãos do sistema nervoso central na polpa dentária. De acordo com esses dados, há uma rede interconectada envolvendo axônios não mielinizados e terminações extensas ao redor dos capilares em uma zona rica em células da polpa dentária, com aspecto de uma estrutura neurossensorial madura, e microcirculação com características daquela do sistema da barreira hematencefálica (Figura 76.19).

Adicionalmente, a função odontoblástica evidencia-se por respostas imunológicas adaptativas, como a produção de citocinas pró-inflamatórias por ativação de receptores tipo Toll, a partir de interação odontoblástica com componentes bacterianos.

Portanto, os odontoblastos são capazes de detectar sinais ambientais e reagir de forma correta, o que torna o complexo dentinopulpar dinâmico, além de possivelmente comporem a interface neurossensorial proprioceptiva e nociceptiva. Atualmente, apesar de alguns avanços, a base neural para a atividade sensorial odontoblástica permanece pouco explorada e compreendida.

CEMENTO

Trata-se do tecido de revestimento externo da raiz dentária. O cemento é formado por cementoblastos, células de origem ectomesenquimal que se diferenciam em contato com a dentina recém-formada.

O cemento, o ligamento periodontal e o osso alveolar constituem um complexo funcional denominado periodonto de sustentação, envolvido na manutenção do dente no alvéolo ósseo.

O cemento apresenta semelhanças com o tecido ósseo, com conteúdo mineral de cerca de 45 a 50% de seu peso, consistindo em cristais de hidroxiapatita. O componente orgânico do cemento é representado por fibras colágenas tipo I.

LIGAMENTO PERIODONTAL

O ligamento periodontal promove uma ligação dos dentes entre si, e destes com a gengiva e o osso alveolar. Embora ricamente celularizado, o ligamento é constituído de muitas fibras colágenas tipos I e III, elásticas e reticulares, próprias dos tecidos conjuntivos, além de vasos e nervos. O ligamento periodontal tem espessura mínima e máxima de cerca de 0,2 a 0,4 mm, respectivamente, e permite a mobilidade fisiológica do dente no alvéolo ósseo.

Fisiologia do Metabolismo Osteomineral 1287

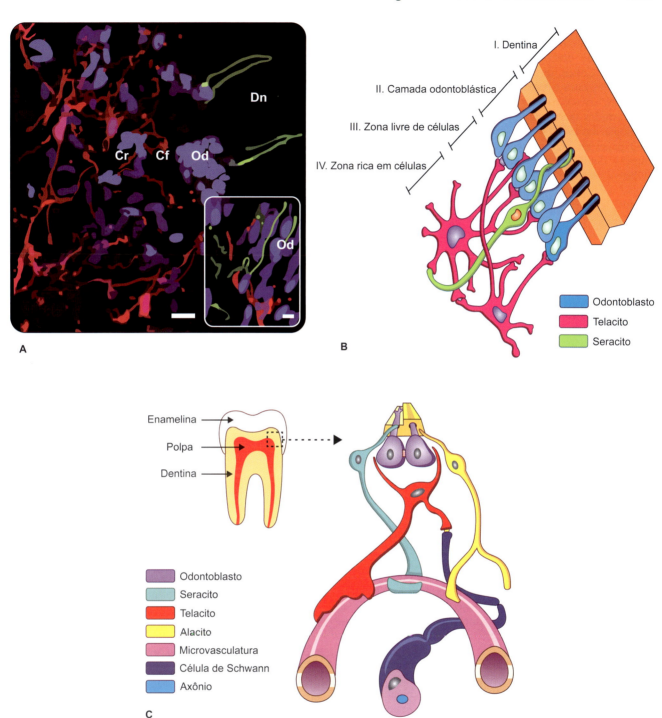

Figura 76.19 ▪ Diferentes tipos celulares envolvidos na inervação da polpa dentária. A polpa central compreende os principais feixes neurovasculares e tecido conjuntivo associado (não mostrado). **A.** Na polpa sensorial periférica, diferentes regiões anatômicas são caracterizadas: (I) dentina (*Dn*; GFAP, verde); (II) a camada odontoblástica, que inclui odontoblastos (*Od*), seracitos (células gliais multipotentes) e corpos celulares de alacitos (células tipo micróglia na interface dentária); (III) uma zona livre de células (*Cf*) que separa a camada odontoblástica e a zona rica em células; (IV) uma zona rica em células (*Cr*; S100, vermelho) contendo telacitos (células de glia tipo astrócito) e microvasculatura, os quais formam a barreira hematodentária. O detalhe mostra a comunicação entre os processos dessas células na zona rica em células. Barra de escala = 20 μm em **A**; 10 μm no detalhe de **A**. **B.** Representação esquemática de zonas anatômicas da região neurossensorial periférica da polpa dentária. **C.** Representação esquemática da estrutura neurossensorial da polpa dentária humana. (Adaptada de Farahani *et al.*, 2011.)

As células presentes no ligamento periodontal são os fibroblastos; no entanto, cordões e ilhotas epiteliais interconectados também estão presentes. Essa rede de epitélio interposta entre o osso e o dente no tecido ligamentar foi descrita por Malassez; é conhecida como *restos epiteliais de Malassez* e tem relevância clínica, dada sua relação com patogenia de doenças císticas do complexo maxilomandibular muito prevalentes.

Interessantemente, as células epiteliais no ligamento periodontal continuadamente liberam mediadores, especialmente o fator de crescimento epitelial (EGF). Em estudos com movimentação dentária por dispositivos ortodônticos, observou-se que áreas com EGF na superfície do tecido ósseo coincidem com estimulação da reabsorção, o que sugere um papel das células epiteliais do ligamento na indução da reabsorção óssea por osteoclastos e na fisiologia osteomineral do osso alveolar.

A primeira descrição do EGF foi feita pelo bioquímico americano Cohen, que o identificou nas glândulas submandibulares de ratos e o relacionou à aceleração da erupção dos dentes incisivos e na abertura dos olhos dos recém-nascidos. Esses estudos lhe renderam o Prêmio Nobel de Medicina e Fisiologia, em 1986.

O papel do EGF na regulação do desenvolvimento e da erupção dentária é conhecido desde 1962; desde então, o EGF tem revelado uma potente atividade na indução à reabsorção óssea. Em ratos deficientes de receptores para EGF, a ossificação endocondral mostra-se severamente alterada pela deficiência no recrutamento de osteoclastos e na osteoclastogênese.

OSSO ALVEOLAR

O sistema do fator de transcrição OPG/RANKL/RANK controla as funções clásticas no remodelamento ósseo por toda a vida do indivíduo. Esse sistema é responsável pela diferenciação de células clásticas a partir dos seus precursores e pela manutenção do equilíbrio entre os processos de formação e reabsorção óssea.

Notoriamente, a polpa dentária e o ligamento periodontal parecem modular a atividade osteoclástica, por meio da expressão de fatores que atuam tanto na formação como na função de osteoclastos. Dessa maneira, o órgão dentário em si pode modificar o tecido ósseo adjacente. Isso realmente ocorre. É fato reconhecido na clínica que a perda de dentes traz, como consequência, a perda óssea da maxila e da mandíbula.

A perda dentária ocasiona hipofunção mastigatória e perda da aferência proprioceptiva proveniente da polpa e do ligamento periodontal, com remodelamento neural em estruturas do sistema nervoso central, incluindo o córtex. Adicionalmente, é amplamente conhecido que a perda dentária ocasiona perda óssea. Em situação de hipofunção, a redução do fluxo sanguíneo e do metabolismo locais causa atrofia do tecido ósseo, com expressão de citocinas e outros fatores que estimulam a formação e a diferenciação de osteoclastos, como RANKL e EGF.

Além dos estímulos moleculares, a interrupção de fluxo de líquido extracelular *per se* constitui um estímulo à reabsorção óssea, uma vez que coincide exatamente com o início da secreção de ácido pelo osteoclasto, como demonstrado por Morethson (2015). Dessa maneira, pode-se concluir que, após perda dentária, a redução do fluxo sanguíneo local age como fator ativador direto da função de osteoclastos.

ERUPÇÃO DENTÁRIA | ODONTOGÊNESE

A erupção dentária é um processo que compreende a odontogênese, a irrupção dos dentes na cavidade bucal e seu correto posicionamento em oclusão com os dentes antagonistas.

A odontogênese, ou seja, a formação de dentes inicia-se na 6ª semana de vida intrauterina para os dentes decíduos (conhecidos também como da dentição infantil, primeira dentição ou dentes de leite), e ao redor da 32ª semana de vida intrauterina para os dentes permanentes.

Decíduos ou permanentes, os dentes são formados a partir do epitélio oral, de origem ectodérmica, e do mesênquima das proeminências maxilares e mandibulares originados no primeiro arco branquial embrionário.

Interações sequenciais na interface ectomesênquima (derivado de células migratórias da crista neural) e ectoderma desempenham papel fundamental no desenvolvimento dentário. De acordo com dados recentes, as células ectomesenquimais são alvo da sinalização parácrina, proveniente das células epiteliais de origem ectodérmica. Presume-se, portanto, que a odontogênese seja iniciada no epitélio e, posteriormente, transferida para o ectomesênquima.

Assim, inicialmente, o epitélio oral primitivo prolifera e invade o ectomesênquima subjacente, evento que coincide com a formação de uma estrutura epitelial em forma de ferradura: a banda epitelial primária. Posteriormente, a banda epitelial primária subdivide-se nas lâminas vestibular e dentária. Os germes dentários surgem a partir da lâmina dentária. Anomalias na formação da banda epitelial primária podem resultar na ausência de dentes ou no desenvolvimento de dentes supranumerários, não raros na clínica odontológica.

Os germes dentários sofrem modificação histomorfológica contínua, sendo possível identificar as fases da formação dentária: fase de botão, capuz, campânula, coronogênese e rizogênese. A Figura 76.20 apresenta a disposição dos tecidos ectodérmicos e mesenquimais durante as fases de capuz e campânula da odontogênese.

O germe dentário embrionário encontra-se parcialmente envolto por osso alveolar em desenvolvimento, que sofre remodelamento pela ação dos osteoclastos, para acomodar o dente em crescimento. O folículo, estrutura em forma de bolsa de tecido conjuntivo frouxo, separa o dente em desenvolvimento de sua cripta óssea, além de desempenhar papel essencial na erupção dentária.

Durante o desenvolvimento da raiz, o folículo dentário dá origem a ligamento periodontal, cemento e osso alveolar, os quais suportam o dente, mantendo-o ancorado ao tecido ósseo, além de proporcionar nutrição e mecanossensação, e permitir o movimento dental fisiológico dentro do alvéolo.

Durante o processo de formação dentária, a indução da diferenciação celular depende, em parte, de moléculas sinalizadoras, cuja expressão varia continuamente nos diferentes tipos celulares que dão origem aos tecidos dentários mineralizados e não mineralizados do órgão dentário.

As moléculas sinalizadoras mais importantes no processo de odontogênese são membros das famílias das proteínas Hedgehog, morfogenética óssea (BMP, do inglês *bone morphogenetic protein*), fator de crescimento de fibroblastos (FGF, do inglês *fibroblast growth factor*), Wnt e fator de necrose tumoral (TNF, do inglês *tumoral necrosis factor*).

A expressão temporal e espacial das moléculas sinalizadoras é controlada por: (1) genes reguladores da odontogênese, os quais determinam também o tipo de dente a ser formado: incisivos, caninos, pré-molares ou molares, e (2) por modificações epigenéticas em células-tronco precursoras. Os diferentes aspectos anatômicos dos dentes humanos estão representados na Figura 76.21.

IRRUPÇÃO DENTÁRIA

Os dentes são importantes no sistema mastigatório. A área onde os alimentos serão fragmentados depende da área oclusal de cada dente e do número de dentes com capacidade

Fisiologia do Metabolismo Osteomineral 1289

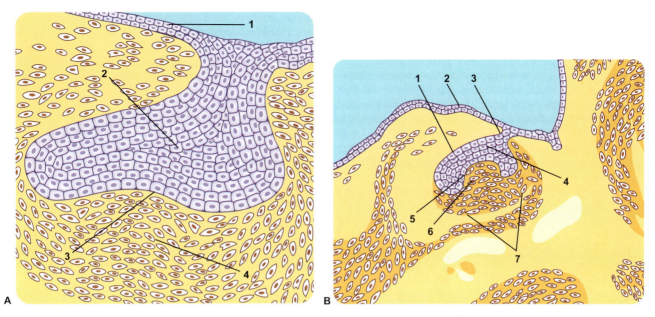

Figura 76.20 ▪ Esquema da interação do epitélio e ectomesênquima e das modificações desses dois tecidos entre as fases de botão e capuz da odontogênese. **A.** Fase de botão. *1*, epitélio oral; *2*, capuz inicial; *3*, depressão; *4*, ectomesênquima condensado. **B.** Fase de capuz. *1*, Epitélio externo; *2*, epitélio oral; *3*, lâmina dentária; *4*, retículo estrelado; *5*, epitélio interno; *6*, papila dentária; *7*, folículo dentário. (Adaptada de Farahani *et al.*, 2011.)

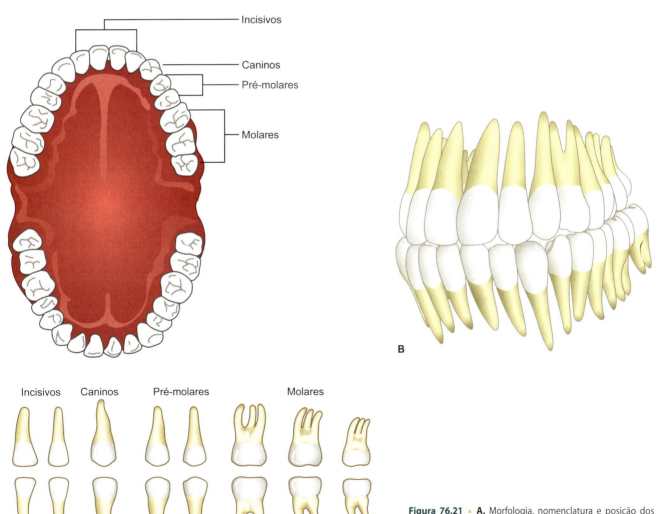

Figura 76.21 ▪ **A.** Morfologia, nomenclatura e posição dos dentes humanos permanentes nos arcos dentários. **B.** Relação oclusal dos dentes permanentes superiores e inferiores. (Adaptada de Farahani *et al.*, 2011.)

de oclusão. Dessa maneira, a mastigação somente é possível se a dentição estiver estabelecida. Pronunciada mudança no comportamento oromotor ocorre com a transição da sucção para mastigação, que em humanos acontece entre o quinto e o oitavo mês de vida, período da irrupção dos dentes incisivos decíduos.

Um dos aspectos fisiológicos de maior relevância na clínica médica e odontológica refere-se à sequência e à idade de irrupção dos dentes decíduos e permanentes.

A cronologia de irrupção dos dentes decíduos (Quadro 76.6), ou seja, a idade em que os dentes irrompem, é relativamente variável, sendo que um atraso ou antecipação de 6 meses em relação à média são considerados normais. A sequência de irrupção, no entanto, geralmente é preservada. A dentadura decídua completa-se entre os 24 e os 30 meses de idade.

A sequência de irrupção dos dentes permanentes é apresentada no Quadro 76.7.

À medida que o dente irrompe na cavidade bucal, o osso alveolar é reabsorvido para permitir sua passagem, e a raiz dentária se desenvolve. A formação completa da raiz dentária ocorre nos 18 meses posteriores à irrupção do dente decíduo e em até 3 anos após a irrupção do dente permanente.

Logo após a formação da raiz dos dentes decíduos, inicia-se a sua reabsorção. A reabsorção radicular ocorre de forma mais evidente nas regiões adjacentes à coroa do dente permanente em processo de formação.

Então, a coroa formada perfura a mucosa oral, evento que posteriormente contribui para a formação de um selo em forma de anel, ao redor da coroa dental, constituído por células epiteliais na região limítrofe entre esmalte e dentina. Acredita-se que esse selo epitelial possa modificar a reabsorção óssea e, assim, definir a altura da crista óssea alveolar, por meio da secreção de citocinas, como EGF, que estimulam a função de osteoclastos.

DENTES E FISIOLOGIA OSTEOMINERAL E NERVOSA | A ODONTOLOGIA NA FRONTEIRA DA CIÊNCIA

É fato reconhecido na clínica odontológica que a perda de dentes traz, como consequência, a perda óssea da maxila e mandíbula. Essa questão, além da estética e harmonia faciais, envolve a capacidade mastigatória e, portanto, tem repercussão direta no estado nutricional. Assim, em diversas áreas da odontologia, são empreendidos esforços com finalidade restauradora e protética para a manutenção dos dentes em função na cavidade oral e, portanto, para a saúde do periodonto de sustentação.

Ademais, a perda de dentes tem implicações e consequências que estão além da homeostase osteomineral ou da fisiologia do sistema estomatognático. Em odontologia, um novo e estimulante campo de investigação neurofisiológica vem associando as perdas dentárias a comprometimento de funções sensoriais, motoras, cognitivas e emocionais.

Avivi-Arber et al. (2017) usaram ressonância magnética para detectar diferenças volumétricas quantificáveis em 160 regiões cerebrais de camundongos, pós-extração dentária. Os autores relatam que a extração dentária associou-se a volumes significativamente reduzidos de regiões cerebrais corticais envolvidas no processamento de funções somatossensoriais, motoras, cognitivas e emocionais, além de volumes aumentados nas regiões subcortical sensorial e temporais do prosencéfalo límbico, incluindo a amígdala.

Enfim, esses achados sugerem que, após perda dentária ou lesão orofacial, a plasticidade neural pode ter outras implicações mais sérias que o estrito comprometimento estético, mastigatório e nutricional, até então reconhecidos. Pode-se dizer que, em um futuro próximo, novos conhecimentos acerca da neuroplasticidade por perda dentária colocarão a odontologia restauradora e preventiva em um novo patamar: a de uma especialidade com resultados de interesse médico.

Quadro 76.6 ▪ Cronologia da irrupção dos dentes decíduos (ver aspectos anatômicos dos dentes humanos na Figura 76.21).

Dente	Idade de irrupção (meses)
Incisivo central inferior	6
Incisivo central superior	7,5
Incisivo lateral superior	9
Incisivo lateral inferior	7
Primeiro molar superior	14
Primeiro molar inferior	12
Canino superior	18
Canino inferior	16
2º molar inferior	20
2º molar superior	24

Quadro 76.7 ▪ Sequência da irrupção dos dentes permanentes (ver aspectos anatômicos dos dentes humanos na Figura 76.21).

Sequência	Maxila	Mandíbula
1º	Primeiro molar	Primeiro molar
2º	Incisivo central	Incisivo central
3º	Incisivo lateral	Incisivo lateral
4º	Primeiro pré-molar	Canino
5º	Segundo pré-molar	Primeiro pré-molar
6º	Canino	Segundo pré-molar
7º	Segundo molar	Segundo molar

BIBLIOGRAFIA

AVIOLI LV, KRANE SM (Eds.). *Metabolic Bone Disease.* Saunders, Philadelphia, 1990.
BARON R, RAWADI G. Targeting the Wnt/beta-catenin pathway to regulate bone formation in the adult skeleton. *Endocrinology;* 148(6):2635-43, 2007.
BARON R, VIGNERY A, JOROWITZ M. Lymphocytes, macrophages and the regulation of bone remodeling. In: PECK WA (Ed.). *Bone and Mineral Research.* Annual 2. Elsevier, New York, 1984.
BOYLE WJ, SIMONET WS, LACEY DL. Osteoclast differentiation and activation. *Nature,* 423:337-42, 2003.
BURTIS WJ. Parathyroid hormone-related protein: structure, function and measurement. *Clin Chem,* 38(11):2171-83, 1992.
CANALIS E. Effect of growth factors on bone cell replication and differentiation. *Clin Orthop Rel Res,* 193:246-63, 1985.
CHATTOPADHYAY N, MITHAL A, BROWN EM. The calcium-sensing receptor: a window into the physiology and pathophysiology of mineral ion metabolism. *Endocr Rev,* 17(4):289-307, 1996.
COHN DV, ELTING JJ. Synthesis and secretion of parathyroid hormone and secretory protein-I by parathyroid gland. In: PECK WA (Ed.). *Bone and Mineral Research.* Annual 2. Elsevier, New York, 1984.

ELIMA K. Osteoinductive proteins. *Ann Med*, 25:395-402, 1993.

FINKELMAN RD, BUTLER WT. Vitamin D and skeletal tissues. *J Oral Pathol*, 14:191-215, 1985.

JONES S, BOYDE A. Development and structure of teeth and periodontal tissues. In: FAVUS M (Ed.). *Primer on the Metabolic Bone Diseases and Disorders of Mineral Metabolism*. 5. ed. American Society for Bone and Mineral Research, 2003.

LAZARETTI-CASTRO M, GRAUER A, MEKONNEN Y et al. Effects of 17β-estradiol on calcitonin secretion and content in a human medullary thyroid carcinoma cell line. *J Bone Min Res*, 6(11):1191-5, 1991.

LAZARETTI-CASTRO M, GRAUER A, RAUE F et al. 1,25-dihydroxyvitamin D3 suppresses dexamethasone effects on calcitonina secretion. *Mol Cel Endocrinol*, 71:R13-8, 1990.

LAZARETTI-CASTRO M, KASAMATSU TS, FURLANETTO RP et al. Dinâmica da secreção de paratormônio biologicamente ativo em indivíduos normais durante hipocalcemia induzida por EDTA. *Arq Bras Endocrinol Metabol*, 32(3):65-8, 1988.

LEHNINGER AL. *Biochemistry. The Molecular Basis of Cell Structure and Function*. 2. ed. Worth Publ. Inc., New York, 1975.

LINKSWILER HM, ZEMEL MB, HEGSTED M et al. Protein-induced hypercalciuria. *Fed Proc*, 40(9):2429-33, 1981.

MANOLAGAS SC, JILKA RL. Bone marrow, cytokines and bone remodeling. *N Engl J Med*, 332(5):305-11, 1995.

MARGEN S, CHU JY, KAUFMANN NA et al. Studies in calcium metabolism. I. The calciuretic effect of dietary protein. *Am J Clin Nutr*, 27(6):584-9, 1974.

NORDIN BEC (Ed.). *Calcium in Human Biology*. Springer-Verlag, Heidelberg, 1988.

PARSONS JA (Ed.). *Endocrinology in Calcium Metabolism*. Raven Press, New York, 1983.

PEDROSA MAC, LAZARETTI-CASTRO M. Papel da vitamina D na função neuromuscular. *Arq Bras Endocrinol Metab*, 49(4):495-502, 2005.

POCOTTE SL, EHRENSTEIN G, FITZPATRICK LA. Regulation of parathyroid hormone secretion. *Endocrine Rev*, 12(3):291-301, 1991.

RAISZ LG. Pathogenesis of osteoporosis: concepts, conflicts, and prospects. *J Clin Investig*, 115(12):3318-25, 2005.

REICHEL H, KOEFFLER HP, NORMAN AW. The role of the vitamin D endocrine system in health and disease. *N Eng J Med*, 320:980-91, 1989.

RISTELI L, RISTELI J. Biochemical markers of bone metabolism. *Ann Med*, 25:385-93, 1993.

SUDA T, TAKAHASHI N, MARTIN TJ. Modulation of osteoclast differentiation. *Endocrine Rev*, 13(1):66-80, 1992.

TALMAGE RV, COOPER CW, TOVERUD SU. The physiological significance of calcitonin. *Bone and Mineral Research*. Annual 1. Excerpta Medica, New York, 1982.

VÄÄNÄNEN HK. Mechanism of bone turnover. *Ann Med*, 25:353-9, 1993.

YADAV VK, OURY F, SUDA N et al. A serotonin-dependent mechanism explains the leptin regulation of bone mass, appetite, and energy expenditure. *Cell Sep* 4;138(5):976-89, 2009.

Os Dentes

AVIVI-ARBER L, SELTZER Z, FRIEDEL M et al. Alterações volumétricas generalizadas do cérebro após a perda de dentes em ratos fêmeas. *Neuroanat Front*, 10:121, 2017.

BOISSONADE FM, MATTHEWS B. Responses of trigeminal brain stem neurons and the digastric muscle to tooth-pulp stimulation in awake cats. *J Neurophysiol*, 69:174-86, 1993.

CHAI Y, JIANG X, ITO Y et al. Fate of the mammalian cranial neural crest during tooth and mandibular morphogenesis. *Development*, 127:1671-9, 2000.

COHEN S. Isolation of a mouse submaxillary gland protein accelerating incisor eruption and eyelid opening in the newborn animal. *J Biol Chem*, 237:1555-62, 1962.

CONSOLARO A, CONSOLARO MFMO. As funções dos Restos Epiteliais de Malassez, o EGF e o movimento ortodôntico ou Por que o movimento ortodôntico não promove a anquilose alveolodentária? *Dental Press J Orthod*, 15(2):24-32, 2010.

DENG P, CHEN QM, HONG C et al. Histone methyltransferases and demethylases: regulators in balancing osteogenic and adipogenic differentiation of mesenchymal stem cells. *Int J Oral Sci*, 7(4):197-204, 2015.

DONG WK, CHUDLER EH, MARTIN RF. Physiological properties of intradental mechanoreceptors. *Brain Res*, 334:389-95, 1985.

DUNCAN HF, SMITH AJ, FLEMING GJ et al. Epigenetic modulation of dental pulp stem cells: implications for regenerative endodontics. *Int Endod J*, 49(5):431-46, 2016.

DURAND SH, FLACHER V, ROMEAS A et al. Lipoteichoic acid increases TLR and functional chemokine expression while reducing dentin formation in in vitro differentiated human odontoblasts. *J Immunol*, 176:2880-7, 2006.

FAGNOCCHI L, MAZZOLENI S, ZIPPO A. Integration of signaling pathways with the epigenetic machinery in the maintenance of stem cells. *Stem Cells Int*, 2016:8652748, 2016.

FAN Y, ZHOU Y, ZHOU X et al. Epigenetic control of gene function in enamel development. *Curr Stem Cell Res Ther*, 10(5):405-11, 2015.

FARAHANI RM, SARRAFPOUR B, SIMONIAN M et al. Directed glia-assisted angiogenesis in a mature neurosensory structure: pericytes mediate an adaptive response in human dental pulp that maintains blood-barrier function. *J Comp Neurol*, 520:3803-26, 2012.

FARAHANI RM, SIMONIAN M, HUNTER N. Blueprint of an ancestral neurosensory organ revealed in glial networks in human dental pulp. *J Comp Neurol*, 519:3306-26, 2011.

FAVUS M (Ed.). *Primer on the Metabolic Bone Diseases and Disorders of Mineral Metabolism*. 5. ed. American Society for Bone and Mineral Research, 2003.

FINCHAM AG. Evidence for amelogenin "nanospheres" as functional components of secretory-stage enamel matrix. *J Struc Biol*, 115(1):50-9, 1995.

HILDEBRAND C, FRIED K, TUISKU F et al. Teeth and tooth nerves. *Prog Neurobiol*, 45:165-222, 1995.

HUI T, WANG C, CHEN D et al. Epigenetic regulation in dental pulp inflammation. *Oral Dis*, 23(1):22-8, 2017.

LARSSON L, CASTILHO RM, GIANNOBILE WV. Epigenetics and its role in periodontal diseases: a state-of-the-art review. *J Periodontol*, 86(4):556-68, 2015.

MAGLOIRE H, MAURIN JC, COUBLE ML et al. Topical review. Dental pain and odontoblasts: facts and hypotheses. *J Orofac Pain*, 24:335-49, 2010.

MARTINS MD, JIAO Y, LARSSON L et al. Epigenetic modifications of histones in periodontal disease. *J Dent Res*, 95(2):215-22, 2016.

MORETHSON P. Extracellular fluid flow and chloride content modulate H+ transport by osteoclasts. *BMC Cell Biology*,16:20, 2015.

OLGART L, GAZELIUS B, SUNDSTROM F. Intradental nerve activity and jaw-opening reflex in response to mechanical deformation of cat teeth. *Acta Physiol Scand*, 133:399-406, 1988.

PARTANEN AM, THESLEFF I. Growth factor and tooth development. *Int J Dev Biol*, 33:165-72, 1989.

PARTANEN AM, THESLEFF I. Localization and quantization of I125-epidermal growth factor binding in mouse embryonic tooth and other embryonic tissues at different developmental stages. *Dev Biol*, 120:186-97, 1987.

PEREZ-CAMPO FM, RIANCHO JA. Epigenetic mechanisms regulating mesenchymal stem cell differentiation. *Curr Genomics*, 16(6):368-83, 2015.

RAISZ LG, SIMMONS HA, SANDBERG AL et al. Direct stimulation of bone resorption by epidermal growth factor. *Endocrinology*, 107(1):270-3, 1980.

ROADMAP EPIGENOMICS CONSORTIUM, KUNDAJE A, MEULEMAN W et al. Integrative analysis of 111 reference human epigenomes. *Nature*, 518(7539):317-30, 2015.

ROBERTSON LT, LEVY JH, PETRISOR D et al. Vibration perception thresholds of human maxillary and mandibular central incisors. *Arch Oral Biol*, 48:309-16, 2003.

SCHULZ S, IMMEL UD, JUST L et al. epigenetic characteristics in inflammatory candidate genes in aggressive periodontitis. *Hum Immunol*, 77(1):71-5, 2016.

SEO JY, PARK YJ, YI YA et al. Epigenetics: general characteristics and implications for oral health. *Restor Dent Endod*, 40(1):14-22, 2015.

TASHJIAN AH Jr, LEVINE L. Epidermal growth factor stimulates prostaglandin production and bone resorption in cultured mouse calvaria. *Biochem Biophys Res Commun*, 85(3):966-75, 1978.

TERMINE JD. Properties of dissociatively extracted fetal tooth matrix proteins. Princiapal molecular species in developing bovine enamel. *J Biol Chem*, 20: 9760-8, 1980.

THESLEFF I, PARTANEN AM, RIHTNIEMI L. Localization of epidermal growth factor receptors in mouse incisors and human premolars during eruption. *Eur J Orthod*, 9(1):24-32, 1987.

TOPHAM RT, CHIEGO DJ Jr, SMITH AJ et al. Effects of epidermal growth factor on tooth differentiation and eruption. In: DAVIDOVITCH A (Ed.). *The Biological Mechanisms of Tooth Eruption and Root Resorption*. Ebsco, Birmingham, 1988.

UCHIYAMA M, NAKAMICHI Y, NAKAMURA M et al. Dental pulp and periodontal ligament cells support osteoclastic differentiation. *J Dent Res*, 88:609, 2009.

VICENTE R, NOEL D, PERS YM et al. Deregulation and therapeutic potential of microRNAs in arthritic diseases. *Nat Rev Rheumatol*, 12(4):211-20, 2016.

WANG J, SUN K, SHEN Y et al. DNA methylation is critical for tooth agenesis: implications for sporadic non-syndromic anodontia and hypodontia. *Sci Rep*, 6:19162, 2016.

YI T, LEE HL, CHA JH et al. Epidermal growth factor receptor regulates osteoclast differentiation and survival through cross-talking with RANK signaling. *J Cell Physiol*, 217(2):409-22, 2008.

Capítulo 77

Fisiologia da Reprodução

Janete Aparecida Anselmo-Franci | Poli Mara Spritzer | Celso Rodrigues Franci

- Introdução, *1294*
- Movimentação do óvulo e espermatozoides, fertilização e implantação, *1294*
- Gestação, *1295*
- Parto, *1297*
- Puerpério, *1298*
- Lactação, *1298*
- Bibliografia, *1303*

INTRODUÇÃO

A fisiologia da reprodução envolve um dos sistemas reguladores mais complexos. A partir de uma sucessão de eventos coordenados, ocorrem a maturação e a movimentação dos gametas pelo sistema genital feminino, culminando no processo de fertilização. A implantação do concepto no útero envolve interações profundas entre células embrionárias e células endometriais. O desenvolvimento do feto e da placenta provoca modificações na secreção dos hormônios da reprodução e outros não diretamente relacionados. Esta sequência de fenômenos fisiológicos completa-se com o parto, o período puerperal e o processo de lactação. (Para o estudo do assunto exposto no presente capítulo, é recomendável a leitura prévia do Capítulo 71, *Gônadas*, que aborda os sistemas genitais masculino e feminino.)

MOVIMENTAÇÃO DO ÓVULO E ESPERMATOZOIDES, FERTILIZAÇÃO E IMPLANTAÇÃO

▶ Maturação e movimentação do óvulo

O processo de maturação do óvulo é regulado principalmente pelos hormônios: FSH, LH e estradiol. Pouco antes da ovulação, o óvulo completa sua primeira divisão meiótica e forma o primeiro corpo polar. A segunda divisão meiótica inicia-se durante a ovulação, mas só se completa após a fertilização pelo espermatozoide. No momento da ovulação, o óvulo liberado e as células da granulosa aderidas, conhecidas como *cumulus oophorus*, são coletados pelas terminações ciliadas das fímbrias da tuba uterina. Na mulher, a movimentação do óvulo ao longo da tuba uterina se dá já nos minutos seguintes e desenvolve-se em diferentes etapas. O óvulo passa das terminações das fímbrias à região ampular, onde permanece por 1 a 2 dias, período em que poderá acontecer a fertilização. O óvulo fertilizado atravessa o istmo da tuba uterina e fica retido na junção istmo-útero, completando o período de 3 dias desde a ovulação. Durante este estágio, estrogênios e, principalmente, progesterona vão agir sobre o endométrio, na preparação à implantação. A etapa final da movimentação surge 3 a 4 dias após a ovulação, quando o óvulo fertilizado chega à cavidade uterina (Figura 77.1).

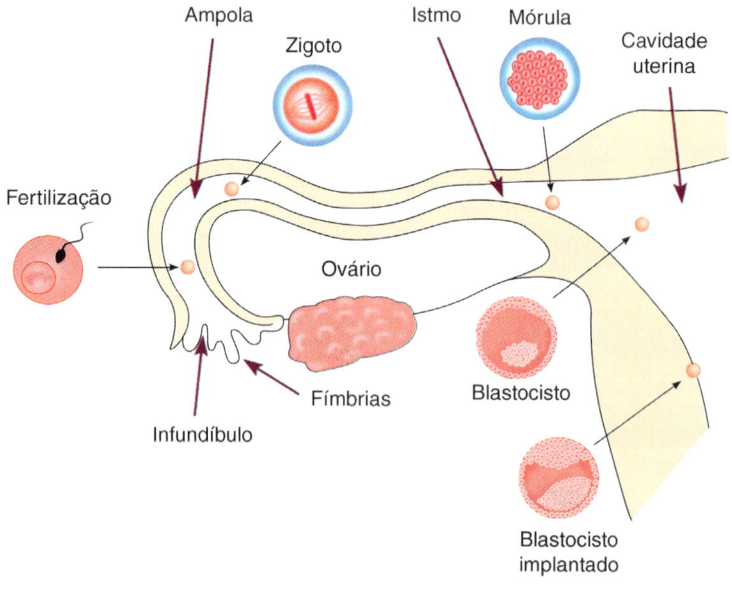

▶ Movimentação e capacitação dos espermatozoides

Após a ejaculação, os espermatozoides deixam a vagina em direção ao colo uterino. Eles atravessam a cavidade do útero, a junção istmo-útero, o istmo e finalmente a junção istmo-ampular. Na região ampular é onde ocorre a fertilização. A movimentação dos espermatozoides é muito mais rápida que a do óvulo, alcançando a região ampular da tuba uterina em 5 a 10 min depois da ejaculação. Dos milhões de espermatozoides depositados na vagina, apenas 50 a 100 conseguem migrar por todo o sistema genital feminino para alcançar o oócito, na junção istmo-ampular da tuba uterina.

A capacitação do espermatozoide o habilita a fertilizar um óvulo. O contato do espermatozoide com a zona pelúcida induz o início da reação acrossômica, requerida para a penetração do espermatozoide. Esta reação envolve a fusão do acromossoma com a membrana plasmática do espermatozoide e a exocitose do seu conteúdo enzimático (rico em proteases e glicosidases). Durante a capacitação, os espermatozoides apresentam aumento de motilidade.

▶ Fertilização

Os espermatozoides mantêm a capacidade de fertilização por cerca de 48 a 72 h depois de adentrarem o sistema genital feminino. O óvulo, por sua vez, mantém-se viável para fertilização por cerca de 24 a 48 h após a ovulação. Se não ocorre fertilização, tanto o óvulo quanto os espermatozoides degeneram no sistema genital feminino.

A fusão da cabeça do espermatozoide com o óvulo completa a segunda divisão meiótica deste e também dispara mecanismos que impedem a fertilização por múltiplos espermatozoides. Com a fertilização, reconstitui-se o número de 46 cromossomas, sendo esta célula diploide denominada zigoto. A partir daí, inicia-se o desenvolvimento de um embrião.

Durante a migração do zigoto pela tuba uterina em direção ao local de implantação na cavidade do útero, mitoses sucessivas formam a mórula cerca de 96 h após a fertilização (ver Figura 77.1). A mórula deixa a tuba uterina e alcança o útero em torno de 4 dias depois da fertilização; permanece suspensa na cavidade uterina enquanto se desenvolve em blastocisto e é nutrida por constituintes do líquido uterino neste período. As células externas do blastocisto, denominadas trofoblastos, participam do processo de implantação e formam os componentes da placenta.

▶ Implantação

O blastocisto implanta-se na parede uterina aproximadamente 7 a 8 dias após a fertilização. Este período caracteriza-se pela receptividade uterina para a implantação e é referido como *janela*

Figura 77.1 • Movimentação do óvulo antes e depois da fertilização.

Fisiologia da Reprodução **1295**

de implantação. A maior parte dos eventos fisiológicos fundamentais para o sucesso da implantação decorre de alterações cíclicas nas concentrações de hormônios ovarianos e de seus receptores, levando à maturação morfológica e funcional do endométrio. A implantação apresenta características similares às de um processo inflamatório, incluindo a indução de moléculas de adesão no endométrio, seguida de invasão e angiogênese.

Antes da implantação, o blastocisto separa-se da zona pelúcida; assim, as células trofoblásticas, agora desnudas, tornam-se carregadas negativamente e aderem ao endométrio, via glicoproteínas de superfície. Microvilos das células trofoblásticas interdigitam-se e formam complexos juncionais com as células endometriais. Na presença de progesterona proveniente do corpo lúteo, o endométrio sofre a decidualização, propiciando as condições para a implantação. Desse modo, 8 a 12 dias depois da ovulação o embrião penetra no epitélio uterino estando embebido no estroma endometrial.

A partir do 13º dia de desenvolvimento, o mesoderma somático extraembriônico surge na superfície dos trofoblastos e juntos formam o saco coriônico. Os trofoblastos do córion mantêm contato direto com as células decidualizadas do endométrio, formando duas populações celulares distintas: (1) o *citotrofoblasto*, que vai compor as células do vilo no início da gestação, e (2) o *sinciciotrofoblasto*, uma camada de células constituídas pela fusão da membrana de células do citotrofoblasto. Este sincício multinuclear é altamente diferenciado e inicia a secreção de gonadotrofina coriônica (hCG), que será fundamental para a manutenção do corpo lúteo (Figura 77.2).

No final da segunda semana de fertilização, os *vilos coriônicos* desenvolvem-se como cordões epiteliais dos citotrofoblastos. A vascularização desses cordões ocorre a partir do sistema vascular embrionário. Do lado materno, formam-se os sinusoides sanguíneos em torno destes cordões trofoblásticos, cujas células desenvolvem as vilosidades placentárias que são invadidas por capilares fetais. Nesta interface, acontecem as trocas gasosas entre o sangue materno e o fetal. O sangue fetal chega aos capilares das vilosidades placentárias pelas duas artérias umbilicais e, após as trocas com o sangue materno através da membrana placentária, retorna ao feto pela veia umbilical (mais informações sobre esse assunto são dadas no Capítulo 36, *Circulações Regionais*).

Desde a fertilização até a formação completa da placenta, depois das primeiras 7 a 9 semanas, o corpo lúteo mantém-se funcional, secretando esteroides ovarianos e garantindo assim a manutenção do embrião.

GESTAÇÃO

A gestação é mantida por hormônios peptídicos e esteroides provenientes dos ovários maternos e da placenta. O sistema endócrino materno desempenha ação fundamental, adaptando-se para permitir o crescimento e o desenvolvimento adequados do feto.

▶ Placenta

A gestação humana prolonga-se, em média, por 280 dias (40 semanas) a partir da data da última menstruação. Entretanto, considerando-se o dia da fertilização, a gestação dura cerca de 2 semanas menos. Na prática clínica, considera-se a data da última menstruação como ponto de referência, enquanto a abordagem embriológica prefere referenciar a data da fertilização.

A placenta é um órgão transitório e funciona como interface entre os organismos materno e fetal. Esta estrutura complexa é constituída por um componente materno (a *decídua*), formada por células endometriais, e um componente fetal constituído por células trofoblásticas. Ela desempenha várias funções indispensáveis ao desenvolvimento fetal: nutricional (transferência de nutrientes da mãe para o feto), respiratória (trocas gasosas de O_2 e CO_2), excretora (eliminação de metabólitos fetais) e endócrina (síntese de hormônios com ações na mãe e no feto). Através da membrana placentária, ocorre difusão de nutrientes e O_2 da mãe para o feto, e de metabólitos e CO_2 do feto para a mãe.

Assim, a endocrinologia da gestação envolve três etapas distintas: a primeira, em que é indispensável a atividade do

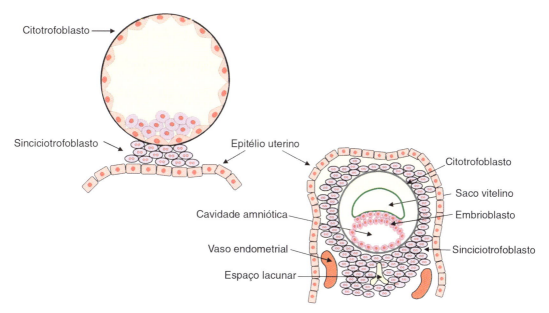

Figura 77.2 ▪ Etapas do processo de implantação do blastocisto no útero. Descrição no texto.

corpo lúteo; a segunda, na qual há a transição luteoplacentária; e a terceira, em que se estabelece o predomínio da placenta em estreita relação funcional com o feto, constituindo a chamada unidade fetoplacentária.

Função endócrina da placenta

A função endócrina da placenta é diversificada e complexa. Envolve a produção de substâncias com atividades biológica e imunológica similares aos hormônios hipotalâmicos (como o hormônio liberador de gonadotrofinas – GnRH, o hormônio liberador de corticotrofina – CRH e o hormônio liberador de hormônio de crescimento – GHRH) e aos hipofisários (como a tireotrofina – TSH, a prolactina – PRL, o hormônio de crescimento – GH e o pró-hormônio pró-opiomelanocortina – POMC). A placenta secreta também fatores de crescimento, citocinas e hormônios esteroides. A função, a regulação da produção e o significado funcional de várias substâncias da placenta ainda não estão totalmente esclarecidos. Dentre todos os hormônios produzidos pela placenta, os principais são a gonadotrofina coriônica – hCG, a somatotrofina coriônica – hPL, o estrogênio e a progesterona.

Gonadotrofina coriônica humana (hCG)

É o primeiro hormônio detectável resultante da atividade trofoblástica no processo de formação da placenta. Assim, o aparecimento de hCG no sangue e na urina 24 h após a implantação do embrião constitui o primeiro sinal detectável de gestação. Este hormônio é uma glicoproteína de peso molecular 38.000 dáltons, constituída por duas cadeias ligadas por uma ponte dissulfídica: (1) a cadeia alfa espécie-específica, idêntica à cadeia alfa dos hormônios glicoproteicos produzidos pela adeno-hipófise (TSH, LH e FSH); (2) uma cadeia beta que apresenta cerca de dois terços de homologia com a sequência de aminoácidos da cadeia beta do hormônio luteinizante produzido pela adeno-hipófise.

Ensaios imunobiológicos com anticorpo específico contra hCG (cadeia beta) não apresentam reações cruzadas com os hormônios glicoproteicos produzidos pela adeno-hipófise e permitem o diagnóstico precoce de gestação. Atualmente, testes comerciais simples baseados no princípio de imunoaglutinação são de fácil acesso e têm elevado índice de precisão diagnóstica.

A secreção de hCG aumenta gradativamente até atingir valores máximos de concentração plasmática durante o terceiro mês de gestação, quando começa a diminuir paulatinamente até estabilizar-se no último trimestre de gestação. Este hormônio tem vida média longa, cerca de 24 h, devido à presença de ácido siálico na molécula, e age por meio de receptores com afinidade elevada, que se expressam em células do corpo lúteo. A ação luteotrófica da hCG é fundamental para manutenção da gestação, especialmente no primeiro trimestre, já que neste período a placenta não está completamente desenvolvida. Tal ação promove aumento da secreção de estrogênios e progesterona, hormônios indispensáveis na manutenção de condições adequadas no endométrio para implantação e manutenção do futuro embrião. A concentração plasmática de hCG pode apresentar-se mais elevada em situações de gestação múltipla, diabetes, coriocarcinoma, entre outras.

Em fetos masculinos, a hCG estimula células intersticiais responsáveis pela secreção de testosterona, que em parte é convertida pela ação da enzima 5α-redutase em outro androgênio, a di-hidrotestosterona. Estes dois androgênios são responsáveis pela diferenciação das estruturas genitais masculinas internas e externas.

Somatotrofina coriônica (hPL)

Este hormônio, também chamado de *lactogênio placentário*, começa a ser produzido mais tardiamente que a hCG, por volta da sexta semana de gestação. Seu peso molecular é de 22.000 dáltons e sua estrutura química apresenta grande homologia com dois hormônios produzidos pela adeno-hipófise, prolactina e GH. Há evidências de que tenha ações metabólicas semelhantes a estes dois hormônios hipofisários, porém com potência reduzida. As ações da somatotrofina coriônica teriam o objetivo de disponibilizar quantidade maior de substrato energético ao feto. Neste sentido, poderiam ter influência em alterações metabólicas na gestante, como a diminuição de sensibilidade à glicose e de sua utilização, lipólise e inibição da neoglicogênese.

Estrogênios e progesterona

A placenta não dispõe da maquinaria enzimática completa para vias biossintéticas esteroides. Assim, a síntese de esteroides placentários depende de esteroides produzidos pela gestante e pelo feto (Figura 77.3). Apesar de a placenta produzir muita progesterona, ela é incapaz de convertê-la em estrogênio devido à deficiência da enzima 17α-hidroxilase. Os estrogênios placentários são sintetizados a partir da conversão dos androgênios desidroepiandrosterona (DHEA) e 16-hidroxidesidroepiandrosterona (16OH-DHEA), secretados pelas suprarrenais fetais e maternas. Entre as principais

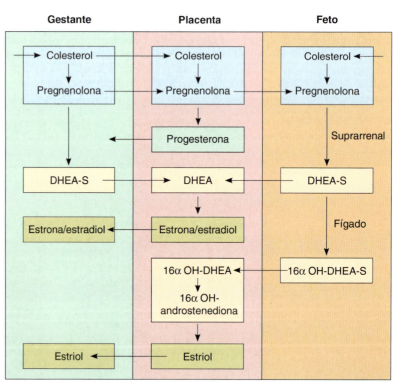

Figura 77.3 • Via biossintética dos esteroides placentários dependente da interação com a gestante e o feto. *DHEA*, desidroepiandrosterona; *DHEA-S*, desidroepiandrosterona-sulfatada; *16α OH-DHEA*, 16-alfa-hidroxidesidroepiandrosterona; *16α OH-DHEA-S*, 16-alfa-hidroxidesidroepiandrosterona-sulfatada; *16α OH-androstenediona*, 16-alfa-hidroxiandrostenediona.

ações estrogênicas, incluem-se: aumento do útero materno pelo aumento do miométrio (estímulo da síntese de proteínas), acúmulo de líquido (retenção de água e eletrólitos) e aumento da vascularização (indução de angiogênese). Outras ações significativas ocorrem nas glândulas mamárias, principalmente no crescimento e desenvolvimento do sistema de ductos, preparando-as para a lactação pós-parto.

A progesterona facilita a manutenção do embrião no útero, impedindo as contrações uterinas para evitar o aborto espontâneo. Também tem ação significativa nas glândulas mamárias, principalmente no crescimento e desenvolvimento dos alvéolos, onde ocorre a produção pós-parto do leite por ação estimuladora da prolactina.

▶ Outras alterações estruturais e funcionais na gestação

A gestante apresenta um significativo aumento de peso corporal, em média de 10 a 12 kg. O ganho de peso é representado por feto, placenta e anexos fetais, líquido amniótico e aumentos do útero e das mamas. Além disso, o crescimento de outros tecidos não relacionados especificamente à gestação e a retenção de líquidos são também fatores que contribuem para o aumento de peso corporal.

A hipófise aumenta cerca de duas vezes na gestação tardia, principalmente por causa do aumento dos lactotrofos em tamanho e número; esse efeito é atribuído à ação dos estrogênios, que estimulam a síntese e a liberação de prolactina de modo dose-dependente. Em mulheres em idade reprodutiva, a administração de estrogênios, que mimetize a concentração plasmática no período pré-ovulatório, provoca elevação de secreção noturna de prolactina. Em ratas, foi demonstrado que o efeito de estrogênios se deve à ativação de mRNA para prolactina, inibição do tônus dopaminérgico e facilitação da expressão de receptores para TRH.

As concentrações totais de hormônios tireoidianos e cortisol também se elevam, mas não as frações livres desses hormônios. Portanto, essas alterações normalmente não implicam estados de hipertireoidismo ou hipercortisolismo. As elevações das concentrações totais desses hormônios são devidas ao aumento da produção de proteínas transportadoras dos hormônios tireoidianos e cortisol, respectivamente, TBG e CBG; o crescimento da produção dessas proteínas é também induzido pela ação dos estrogênios.

Outros parâmetros funcionais estão aumentados, como ventilação, retenção de água e eletrólitos, taxa de filtração glomerular, ingestão de água, metabolismo basal (consumo maior de energia), volume sanguíneo, metabolismo de cálcio e fosfato, demanda de ferro, além de vitaminas D e K.

PARTO

O parto é o processo durante o qual ocorre a expulsão do feto, placenta e anexos fetais do interior da cavidade uterina. Embora os mecanismos desencadeantes do trabalho de parto em humanos não estejam completamente esclarecidos, sabe-se que eles envolvem fatores hormonais e mecânicos de origem materna e fetal.

A contratilidade uterina durante a gestação e o parto compreende três fases distintas. A *fase 0* é aquela em que o útero é mantido em quiescência durante a gestação, principalmente por efeito da progesterona. Outros fatores incluem: prostaciclina, relaxina e hormônio liberador de corticotrofina (CRH). O início do parto corresponde à transição da fase 0 para a fase 1. A *fase 1* relaciona-se com a ativação da função uterina ocasionada por: estiramento e tensão provocados pelo crescimento do feto, ativação do eixo hipotálamo-hipófise-suprarrenal fetal e aumento de prostaglandinas, entre outros fatores. A *fase 2* caracteriza-se por contrações uterinas mais intensas, estimulada por ocitocina, CRH e prostaglandinas, especialmente as produzidas intraútero. Estas são fundamentais no início e progressão do parto, que ocorrem na fase 2. Finalmente, a *fase 3* corresponde à involução uterina no pós-parto, que está associada principalmente à ação da ocitocina.

Além das contrações uterinas, os primeiros sinais do trabalho de parto incluem também alterações do colo uterino, que se torna amolecido e mais fino. A dilatação do colo uterino ajusta-se a outras alterações anatômicas, como afrouxamento de ligamentos de ossos da bacia, elasticidade vaginal e maior distensibilidade dos músculos da região vulvar-perineal para constituir o chamado *canal do parto*. As contrações provocam, ainda, ruptura da bolsa amniótica, com perda de líquido; isso facilita o acesso do feto ao canal de parto, contribuindo para distensão do colo uterino. Esta estimulação do colo uterino aciona uma via sensorial ascendente, através da medula espinal até os neurônios ocitocinérgicos do hipotálamo, cujos terminais na neuro-hipófise liberam ocitocina para a circulação sistêmica. Este hormônio aumenta a contratilidade do miométrio uterino, o que impulsiona o feto no sentido do colo uterino, gerando mais estímulos para secreção de ocitocina. Forma-se assim um mecanismo de retroalimentação positiva interrompido pela expulsão do feto.

A secreção de ocitocina não aumenta na mãe e no feto antes de iniciado o trabalho de parto, mas sim durante este. Assim, além da função indutora do trabalho de parto, a ocitocina parece ter funções mais significativas na regulação da fase de expulsão do feto e na contração uterina hemostática depois do parto. A contração uterina pós-parto, além de reduzir o sangramento, tem o efeito de cisalhamento e deslocamento da placenta da parede uterina, para que seja também expulsa. A administração de ocitocina exógena para facilitar o trabalho de parto é procedimento frequente nos serviços obstétricos. Entretanto, é contraindicada em mulheres previamente submetidas a cesárea ou miomectomia, com história de gestações múltiplas e em caso de desproporção cefalopélvica, entre outras situações. Por outro lado, a presença de ocitocina materna parece não ser indispensável para o trabalho de parto, visto que este pode ocorrer normalmente em mulheres com deficiência de ocitocina.

O estrogênio e a progesterona têm ações inversas sobre o miométrio. A progesterona causa hiperpolarização do miométrio e reduz a síntese de receptores para ocitocina, inibindo a contratilidade. O estrogênio promove contratilidade uterina associada ao aumento de receptores para ocitocina. Assim, a alteração da razão estrogênio:progesterona pode facilitar ou dificultar a expressão de receptores para ocitocina, influenciando portanto a ação da ocitocina na expulsão do feto.

Outras substâncias estão envolvidas no trabalho de parto, como prostaglandinas e catecolaminas. O ácido araquidônico, presente no âmnion e no córion em concentrações elevadas, é precursor das prostaglandinas. O aumento da produção de prostaglandinas está associado à facilitação do trabalho de parto. A administração de prostaglandinas a gestantes causa amaciamento e dilatação do colo uterino, além de induzir contrações uterinas. Por outro lado, a progesterona inibe a formação de prostaglandinas, e inibidores destas impedem o parto prematuro. As catecolaminas atuantes em receptores alfa$_2$ estimulam as contrações uterinas, enquanto em receptores beta$_2$ inibem o trabalho de parto. A progesterona aumenta a razão entre receptores beta e receptores alfa no miométrio, favorecendo a manutenção da gestação.

PUERPÉRIO

O puerpério é o período de 6 semanas pós-parto no qual o organismo retorna progressivamente à condição pré-gestacional. Diversas modificações funcionais e algumas estruturais que ocorreram durante a gestação são revertidas no puerpério, por exemplo, afrouxamento dos ligamentos pélvicos, aumento do volume sanguíneo e da metabolização hepática e renal de várias substâncias, assim como das concentrações plasmáticas totais de hormônios tireoidianos e corticoides, além do crescimento do útero.

Neste período de transição biológica, ocorre uma série de ajustes dos mecanismos homeostáticos, que em mulheres suscetíveis pode elevar a vulnerabilidade a estados depressivos transitórios ou persistentes e a doenças autoimunes. Evidências sugerem uma associação destes distúrbios, mais frequentes no puerpério, e desajustes no eixo hipotálamo-hipófise suprarrenal pela deficiência de secreção de CRH.

Durante o período de puerpério, há ausência de menstruação (amenorreia), que pode prolongar-se por mais ou menos tempo, na dependência de a mulher estar amamentando ou não. A maioria das mulheres que não amamentam retoma o ciclo menstrual normal, com ovulação em torno de 6 semanas pós-parto. A amamentação pode prolongar a amenorreia pós-parto, devido à ação antigonadotrófica indireta da prolactina, inibindo a secreção de GnRH pelo hipotálamo. Algumas evidências indicam ainda uma ação direta da prolactina sobre o ovário, inibindo o crescimento folicular. O tempo decorrido depois do parto e o número de amamentações influenciam a manutenção da anovulação e amenorreia. Entretanto, a amamentação não garante um estado de anovulação, mesmo que a mulher puérpera esteja em amenorreia, principalmente se não é fonte exclusiva de alimentação do lactente e portanto o número de mamadas é menor.

LACTAÇÃO

A lactação é a fase final do ciclo reprodutivo completo dos mamíferos. Tem a importante função de assegurar a sobrevivência dos recém-nascidos por oferecer os nutrientes essenciais para o seu crescimento, uma vez que, após o nascimento, a criança perde a sua fonte de alimento através da placenta. Juntamente com os cuidados que protegem o recém-nascido das adversidades ambientais, que no ser humano ocorrem por um período relativamente longo, a lactação permite que o neonato cresça e gradualmente adquira independência.

O processo de lactação pode ser dividido em três estágios: (1) a *mamogênese* ou o crescimento e desenvolvimento da glândula mamária, que ocorre durante todo o período gestacional e a torna capaz de produzir leite; (2) a *lactogênese*, que é a síntese de leite pelas células alveolares e a sua secreção no lúmen do alvéolo, iniciando-se com a queda dos esteroides placentários depois do parto, e a *lactopoese*, que é a manutenção da lactação já estabelecida e que depende da duração e da frequência do ato de amamentar; (3) a *ejeção* de leite, ou seja, a passagem do leite do lúmen alveolar para o sistema de ductos até ductos maiores e a ampola, culminando com a liberação do leite para o neonato.

Este assunto também é apresentado no Capítulo 78, *Desreguladores Endócrinos*.

▶ Mamogênese

A unidade fundamental secretória da mama é o alvéolo (Figura 77.4), formado por uma única camada de células epiteliais cuboidais que dispõem de toda a maquinaria intracelular para a produção de leite, que é aí produzido e secretado para o lúmen do alvéolo por ação da prolactina. Os alvéolos mamários são rodeados por células mioepiteliais, que têm função contrátil, e se reúnem em grupos que formam os lóbulos mamários. Cada alvéolo drena o seu conteúdo para um pequeno ducto; os ductos de vários alvéolos confluem em ductos maiores que se abrem nas ampolas, pequenos reservatórios de leite de onde saem os ductos lactíferos, pelos quais o leite é ejetado. Lóbulos, ductos, tecido fibroso e gordura são componentes básicos da mama. A ejeção do leite dos alvéolos para os ductos, e então para o exterior, acontece como consequência da contração de células mioepiteliais em resposta à ocitocina.

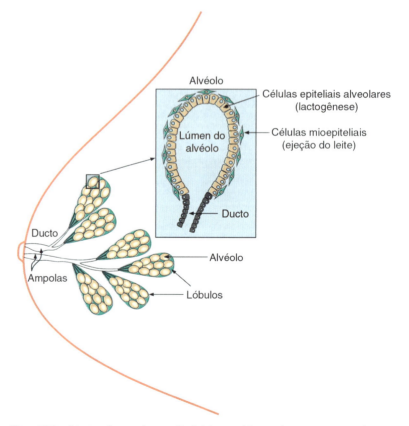

Figura 77.4 ▪ Estrutura da mama lactante. Os alvéolos mamários se reúnem em grupos que formam os lóbulos. Cada alvéolo secreta o leite do lúmen para pequenos ductos que se reúnem em ductos maiores até as ampolas, que desembocam no mamilo, de onde é expulso o leite durante a sucção. O destaque mostra a estrutura de um alvéolo; observe que este se compõe de uma camada única de células alveolares produtoras de leite e é envolto por uma rede de células mioepiteliais com capacidade contrátil, que o comprimem expulsando o leite para o ducto alveolar.

Ao nascimento, a mama consiste quase inteiramente em ductos com poucos ou nenhum alvéolo, e assim permanece até a puberdade, quando começa a desenvolver-se por ação de vários hormônios, mas especialmente os estrogênios e a progesterona. Durante a instalação da puberdade, a aréola aumenta e torna-se pigmentada, e o crescimento da mama se dá à custa do estroma. A elevação dos estrogênios causa desenvolvimento da mama, com deposição de gordura e crescimento dos sistemas de ductos e alvéolos. Quando se iniciam os ciclos menstruais, a exposição contínua da mama aos estrogênios e à progesterona promove aumento adicional da arborização e do comprimento dos ductos, além de acelerar o desenvolvimento dos alvéolos. Outros hormônios, tais como insulina, cortisol e GH, são também importantes para o crescimento do sistema de ductos. Durante os ciclos menstruais, o aumento das concentrações de estrogênio e progesterona, que ocorre na fase lútea, causa alterações evidentes na mama, como aumento do seu volume no período pré-menstrual e a consequente mastalgia pré-menstrual.

Durante a gestação, a glândula mamária passa por um processo de preparação para a lactação. A mama cresce sob influência de estrogênios, progesterona, glicocorticoides, prolactina, hPL, GH, IGF-1 e insulina. Há aumento do tecido adiposo, da vascularização e da rede de células mioepiteliais que envolvem os alvéolos. O sistema de ductos cresce e arboriza-se, o número de alvéolos aumenta e formam-se muitos lóbulos. Embora os estrogênios e a progesterona sejam os principais hormônios para o desenvolvimento das glândulas mamárias durante a gestação, a prolactina tem ação crucial no mesmo. Juntamente com os estrogênios, a prolactina causa, principalmente, desenvolvimento de ductos, mas também de alvéolos; na presença de progesterona, o efeito da prolactina no crescimento alveolar é muito aumentado. As células epiteliais dos alvéolos apresentam vacúolos que indicam atividade secretora. No entanto, a produção de leite não ocorre antes do parto, devido às concentrações elevadas de estrogênios e progesterona, que impedem a ação da prolactina nas células alveolares.

Durante a amamentação, há proliferação adicional dos alvéolos e do sistema de ductos que, associada ao acúmulo de leite nos alvéolos, promove o aumento das mamas. Após cessar a amamentação, a glândula regride rapidamente, mas os alvéolos persistem. Portanto, as mamas de mulheres que já amamentaram são diferentes das mamas de nulíparas.

▶ Lactogênese e lactopoese

Lactogênese

Após a eliminação da placenta, as concentrações dos estrogênios e da progesterona caem abruptamente (Figura 77.5), permitindo assim o início da lactação, que acontece 36 a 48 h depois do parto, estimulada principalmente pela prolactina. A composição do leite varia no período pós-parto. Nos primeiros dias, há uma secreção amarelada e mais espessa. Trata-se do *colostro*, que contém menos vitaminas hidrossolúveis (C e complexo B), gordura e açúcar que o leite, mas que tem maiores quantidades de proteínas e vitaminas lipossolúveis (A, D, E e K) e imunoglobulinas (IgG). No decorrer das seguintes 2 a 3 semanas, as concentrações das IgG e proteínas diminuem, enquanto as de lactose e gordura aumentam, tornando o leite com valor calórico maior que o do colostro. Após este período de transição, o leite é uma solução aquosa que contém água, açúcar (o principal é a lactose), gordura (principal fonte energética), aminoácidos (incluindo os essenciais), proteínas (a caseína é a principal proteína do leite), minerais (cálcio, ferro, magnésio, potássio, sódio, fósforo e enxofre) e vitaminas (A, B_1, B_2, B_{12}, C, D, E e K). Para a secreção destes componentes do leite, da célula epitelial para o lúmen do alvéolo, são utilizadas várias rotas, descritas a seguir.

Via secretória (exocitose)

As proteínas, os açúcares e as imunoglobulinas são secretados no lúmen do alvéolo por exocitose (Figura 77.6). As proteínas do leite são sintetizadas no retículo endoplasmático rugoso e vão para o aparelho de Golgi; aí são empacotadas em vesículas, as quais são secretadas no lúmen do alvéolo. Também no aparelho de Golgi, a lactose sintetase induz síntese de lactose, que é igualmente secretada para o lúmen em vesículas, por exocitose. Como o açúcar é osmoticamente ativo, a água entra nas vesículas por osmose. Assim, o volume do leite é diretamente relacionado com o conteúdo da lactose. Cálcio, fosfato e citrato também são secretados por esta via. A secreção das imunoglobulinas por exocitose é precedida por um

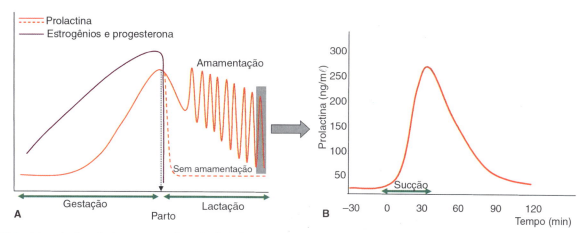

Figura 77.5 ▪ Liberação de prolactina em reposta à sucção. **A.** Após o parto, as concentrações plasmáticas de estrógenos e de progesterona caem abruptamente, permitindo o início da lactação. Quando há amamentação, a secreção de prolactina continua alta, exibindo um pico de secreção em resposta à sucção durante cada período de amamentação. Sem amamentação, as concentrações de prolactina diminuem rapidamente e voltam aos seus níveis basais. **B.** A sucção provoca um aumento da secreção de prolactina que se inicia cerca de 10 min depois do início da sucção e se mantém durante o período que a sucção durar, diminuindo aos níveis basais cerca de 60 min após terminado o estímulo.

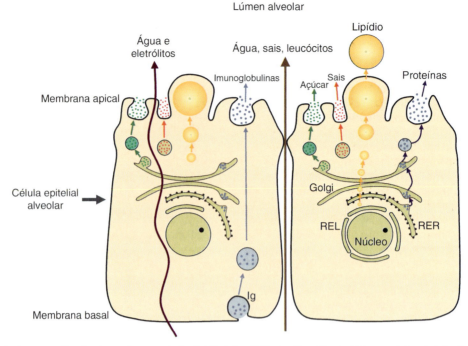

Figura 77.6 ▪ Representação esquemática das vias usadas na produção de leite pelas células alveolares. *Via secretória*: as proteínas do leite são sintetizadas no retículo endoplasmático rugoso (RER) e migram para o aparelho de Golgi, onde são empacotadas em vesículas secretórias, as quais são secretadas no lúmen do alvéolo por exocitose. A lactose também é secretada por exocitose após sua síntese no aparelho de Golgi. As imunoglobulinas (Ig) são captadas por endocitose na membrana basolateral e atravessam a célula alveolar até a membrana apical, onde são secretadas por exocitose no lúmen do alvéolo. Os eletrólitos também são excretados por exocitose. *Via dos lipídios*: os ácidos graxos de cadeia curta são sintetizados no retículo endoplasmático liso (REL), formando gotículas que aumentam de tamanho à medida que se movem em direção à membrana apical, a qual envolve as gotículas e as elimina para o lúmen do alvéolo. *Via transcelular*: a água se move através da célula por gradiente osmótico gerado pela lactose e pelos eletrólitos. Os íons monovalentes seguem a água por gradiente eletroquímico. *Via paracelular*: várias substâncias e tipos celulares passam para o leite por entre as células, atravessando as *tight junctions*, que se tornam mais frouxas durante a sucção. (Adaptada de Jones e DeCherney, 2005.)

processo de endocitose. A membrana basal das células alveolares capta imunoglobulinas (especialmente a IgA) da mãe, por um processo de endocitose mediado por receptor. O complexo IgA-receptor internaliza-se em vesículas, sendo estas transportadas pela célula até a membrana apical, onde são secretadas por exocitose. Estas imunoglobulinas são absorvidas pelo sistema digestório do recém-nascido e são importantes para conferir imunidade para o neonato até que o seu sistema imune esteja maduro.

Via dos lipídios

Os ácidos graxos de cadeia longa, os mais abundantes no leite, originam-se da dieta ou de depósitos de gordura. Já os ácidos graxos de cadeia curta são sintetizados no retículo endoplasmático liso das células epiteliais alveolares. Os ácidos graxos formam gotículas que se movem em direção à membrana apical ao mesmo tempo em que vão aumentando de tamanho. A gotícula empurra a membrana, que se distende e perde suas microvilosidades no local; em seguida, a gotícula é envolvida pela membrana. Por fim, a membrana pinça o citoplasma e se funde de modo a envolver totalmente a gotícula, que é então eliminada para o lúmen do alvéolo envolta em membrana. Estes ácidos graxos são quase completamente digestíveis, uma vez que estão emulsificados no leite na forma de pequenos glóbulos.

Transporte transcelular de água e sal

Vários processos de transporte na membrana apical e basolateral movimentam eletrólitos do líquido intersticial para o lúmen do alvéolo. A água se move através da célula por gradiente osmótico, gerado primariamente pela lactose e em menor extensão pelos eletrólitos. Os íons monovalentes seguem a água por gradiente eletroquímico.

Via paracelular

A rota paracelular é diferente das vias transcelulares. Por causa das *tight junctions*, as substâncias, normalmente, não passam entre as células dos alvéolos. Mas, durante a sucção, estas junções se tornam mais frouxas, permitindo a passagem de sais e água para o leite, bem como de células tipo leucócitos e imunoblastos que secretam IgA. Este processo é dependente de estradiol, progesterona e prolactina, que favorecem esta migração. Água e sais também podem se mover para o lúmen do alvéolo via *gap junctions*.

Estes mecanismos responsáveis pela formação do leite nas células alveolares são mediados primariamente pela prolactina, mas também são influenciados por estrogênios, progesterona, insulina, glicocorticoides, hormônios tireoidianos, prostaglandinas e fatores de crescimento. A prolactina é um hormônio polipeptídico com 198 aminoácidos, peso molecular 22.000 dáltons, produzido por lactotrofos da adeno-hipófise. Uma vez secretado, este hormônio alcança a circulação sistêmica e se liga a seus receptores de membrana, localizados nas células secretoras dos alvéolos, induzindo assim a síntese de componentes do leite e a sua secreção para o lúmen alveolar (lactogênese). A secreção de prolactina é tonicamente inibida pelo hipotálamo. Várias substâncias têm sido identificadas como inibidores da secreção de prolactina; no entanto, até o momento, a dopamina é a mais estudada e aceita como principal fator inibidor. A dopamina é liberada na eminência mediana por terminais neuronais próximos ao plexo primário de capilares do sistema porta-hipofisário, alcançando, via vasos porta longos, a adeno-hipófise, onde inibe a secreção de prolactina nos lactotrofos. Na mulher não grávida, as concentrações plasmáticas de prolactina são normalmente abaixo de 25 ng/ml. Ao longo da gestação, a liberação de dopamina diminui e a secreção de prolactina aumenta. Durante o terceiro trimestre da gestação, as concentrações plasmáticas de prolactina são cerca de 15 vezes mais altas, alcançando 200 a 450 ng/ml (ver Figura 77.5). Por ocasião do parto, este hormônio alcança suas concentrações máximas no plasma, mas a mama produz apenas pequenas quantidades de colostro. Não há lactogênese porque as células alveolares não respondem à prolactina até que as concentrações plasmáticas de estrogênios e principalmente de progesterona caiam no momento do parto. Estes esteroides parecem inibir a lactogênese por agir diretamente nas células alveolares. Outras informações a respeito da prolactina são fornecidas no Capítulo 66, *Glândula Hipófise*.

Lactopoese

Após o parto, grandes quantidades de prolactina são secretadas pelos lactotrofos em resposta à sucção do mamilo (ver Figura 77.5). Se não houver sucção, as concentrações deste hormônio caem lentamente, e apenas uma pequena quantidade de leite pode ainda ser secretada por 3 a 4 semanas depois do parto. No entanto, se houver o aleitamento, as concentrações de prolactina se manterão elevadas. Em 2 a 5 dias, a produção láctea estará plenamente estabelecida, e a manutenção da secreção copiosa de leite (lactopoese) dependerá estritamente do estímulo frequente da sucção. Neste caso, a sucção manterá as concentrações plasmáticas de prolactina altas durante as primeiras 8 a 12 semanas. No entanto, com o passar do tempo, a secreção basal de prolactina diminui, e a sucção já não provoca aumentos desta secreção na mesma magnitude; mesmo que a mulher continue amamentando, a produção de leite cai gradativamente, e a reposição de prolactina é inefetiva para restaurá-la. Apesar disso, este hormônio, ainda que em concentrações mais baixas, continua sendo importante à lactopoese.

▶ Ejeção do leite

A sucção, além de induzir a liberação de prolactina garantindo a lactogênese, constitui o estímulo mais importante para a liberação de ocitocina, responsável pela ejeção do leite. Este hormônio é produzido nos neurônios magnocelulares dos núcleos paraventricular (PVN) e supraóptico (SON) do hipotálamo. No PVN, a síntese de ocitocina se dá nos neurônios da região mais ventral, enquanto, no SON, ela ocorre, predominantemente, na região mais dorsal. Após sua síntese nos corpos celulares, a ocitocina é transportada em grânulos até os terminais desses neurônios, localizados na neuro-hipófise, onde é armazenada. O processo de liberação de ocitocina é desencadeado pela despolarização dos neurônios do PVN e do SON, e a sucção é um dos estímulos mais poderosos para que ela ocorra (Figura 77.7). Em consequência à despolarização desses neurônios, a ocitocina é liberada por exocitose junto aos capilares da neuro-hipófise, onde não há barreira hematencefálica. O hormônio então atravessa a parede destes capilares fenestrados e alcança a circulação sistêmica. Nas células mioepiteliais que envolvem os alvéolos mamários, a ocitocina se liga aos seus receptores de membrana, induzindo a contração destas células, o que força o leite a sair dos alvéolos para os ductos. Mais comentários sobre ocitocina são feitos no Capítulo 66.

▶ Reflexo neuroendócrino da lactação

Durante a sucção, os sinais sensoriais originados nos mecanorreceptores presentes no mamilo trafegam pelos nervos torácicos 4, 5 e 6 e entram no sistema nervoso central pela raiz dorsal da medula espinal; daí, em uma via polissináptica através da coluna anterolateral, ascendem para o tronco cerebral e então para o hipotálamo (ver Figura 77.7).

Prolactina

No hipotálamo, terminais de neurônios desta via estimulada pela sucção inibem os neurônios dopaminérgicos do núcleo arqueado, reduzindo assim a secreção de dopamina. A diminuição da liberação de dopamina remove a inibição que ela exerce sobre os lactotrofos da adeno-hipófise. Consequentemente, há aumento da secreção de prolactina.

Em relação a este controle neuroendócrino da secreção de prolactina, foi sugerido que somente a desinibição do tônus dopaminérgico parece não ser capaz de produzir aumentos agudos na secreção de prolactina. Portanto, a gênese de picos de secreção deste hormônio aparenta depender também da ação estimulatória de fatores liberadores de prolactina (PRF). Contudo, pouco se sabe a respeito da regulação da secreção de prolactina pelos PRF e tampouco acerca dos sistemas neuroquímicos que modulam a atividade dos PRF de modo a gerar picos de secreção de prolactina. Vários neuro-hormônios apresentam atividade PRF, cada qual podendo ser ativado em condições distintas, que resultam em aumentos marcantes na secreção de prolactina. Entre outros, peptídios como a ocitocina, o peptídio vasoativo intestinal (VIP) e o hormônio liberador de tireotrofina (TRH) podem atuar como PRF. Os mecanismos neurais que controlam a liberação destes PRF, influindo assim na liberação de prolactina, não são conhecidos. É possível que estes fatores possam agir diretamente nos lactotrofos, ou indiretamente, alterando a secreção de dopamina. Sabe-se, por exemplo, que o VIP atua nos lactotrofos e que esta ação é modulada pela dopamina, uma vez que a redução da sua secreção (que ocorre após a sucção) sensibiliza os lactotrofos à ação do VIP. Deste modo, parece que esses mecanismos podem agir sinergicamente para aumentar a produção de prolactina.

A sucção depleta os estoques hipofisários de prolactina em 1 a 2 min, porém o aumento das concentrações da prolactina no plasma só é observado 10 a 20 min após (ver Figura 77.5). Na circulação sistêmica, este hormônio alcança as células epiteliais dos alvéolos, onde, ao se ligar em seus receptores, induz a síntese de leite. Há que ficar claro que a lactogênese é um processo demorado e que, portanto, o leite produzido em resposta a um aumento da secreção de prolactina não é o mesmo ejetado durante este estímulo. A síntese láctea induzida pela sucção será, assim, importante para as próximas sessões de amamentação. A quantidade de prolactina liberada depende da força e da duração da sucção do mamilo. Quando os dois mamilos são estimulados, como, por exemplo, no caso de amamentação simultânea de gêmeos, o pico de secreção de prolactina induzido pela sucção é bem maior que quando apenas uma mama é estimulada.

Ocitocina

Os mesmos sinais sensoriais gerados pela sucção, que inibem a secreção de dopamina no hipotálamo, estimulam os neurônios do PVN e do SON a sintetizarem e liberarem a ocitocina (ver Figura 77.7). Ao ser liberada nos vasos neuro-hipofisários e então na circulação sistêmica, a ocitocina se liga

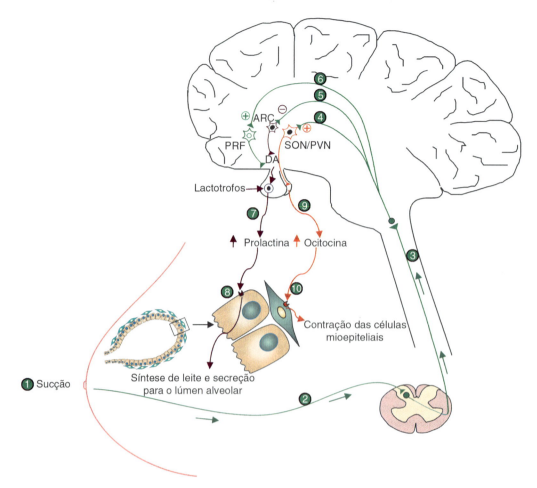

Figura 77.7 ▪ Reflexo neuroendócrino da lactação. (*1*) A sucção deforma os mecanorreceptores presentes no mamilo, ativando-os. (*2*) Os sinais sensoriais aí originados trafegam por nervos torácicos, entrando no sistema nervoso central pela raiz dorsal da medula espinal. (*3*) Esses sinais ascendem via coluna anterolateral para o tronco cerebral, onde estabelecem sinapses. Os neurônios que participam dessa via polissináptica se projetam: (*4*) para os núcleos paraventricular (PVN) e supraóptico (SON), estimulando-os a secretar ocitocina dos seus terminais na neuro-hipófise; (*5*) para os neurônios dopaminérgicos, em especial do núcleo arqueado (ARC), inibindo a liberação de dopamina (DA) na eminência mediana; e (*6*) para os neurônios que produzem fatores liberadores de prolactina (PRF), estimulando-os a secretarem seus produtos que irão, direta ou indiretamente, estimular a secreção de prolactina. (*7*) Sem o controle inibitório, os lactotrofos secretam prolactina, que alcança a circulação sistêmica. (*8*) Nas células alveolares, a prolactina liga-se aos seus receptores de membrana, induzindo a síntese de leite e sua secreção para o lúmen do alvéolo. (*9*) A ocitocina liberada pelos terminais neuronais na neuro-hipófise alcança a circulação sistêmica. (*10*) A ocitocina liga-se aos seus receptores nas membranas das células mioepiteliais do alvéolo mamário, induzindo sua contração e expulsão do leite do lúmen para os ductos alveolares.

aos seus receptores na membrana das células mioepiteliais, contraindo-as. Consequentemente, há um aumento da pressão intra-alveolar que provoca a expulsão do leite do lúmen dos alvéolos para os ductos. Já foi demonstrado que a pressão negativa que decorre da sucção do mamilo não é eficiente para a ejeção do leite, enquanto a ação da ocitocina (que comprime os alvéolos, gerando uma pressão positiva nestes e também nos ductos) é essencial para que ocorra a ejeção do leite.

Reflexos condicionados para a ejeção do leite

A sucção é o estímulo primário para ativar o reflexo de ejeção do leite, e o uso da bomba de sucção é eficaz em elevar a secreção de prolactina, como na sucção pelo neonato. No entanto, o reflexo neuroendócrino da ejeção láctea pode também ser condicionado. Estímulos visuais, auditivos ou psicológicos podem induzir a liberação de ocitocina e de prolactina. Como exemplo, constata-se que o som do choro do bebê induz aumento na secreção de prolactina e de ocitocina. Em vacas, sabe-se que o ruído do balde utilizado diariamente na ordenha é capaz de desencadear a ejeção de leite, induzida pela secreção de ocitocina. O simples fato de a lactante brincar com o bebê antes de amamentá-lo é capaz de induzir aumento na secreção de prolactina. Estes exemplos ilustram o envolvimento de centros neurais superiores no controle da secreção de ocitocina e de prolactina.

Inibição da lactação por estresse

Estresses físicos e psicológicos podem inibir a lactação. Dores e desconfortos no período pós-parto podem trazer inibição ao início da lactação. No entanto, os mecanismos pelos quais o estresse desestimula a lactação não são bem conhecidos. A ativação do sistema adrenérgico central e periférico parece, respectivamente, inibir a secreção de ocitocina e causar constrição dos vasos da mama, diminuindo assim a lactação. A angiotensina liberada em situações de estresse também parece mediar a inibição da secreção de prolactina durante a lactação por meio do aumento da secreção de dopamina do núcleo arqueado, e essa ação é facilitada pela progesterona.

Amenorreia durante a lactação

Como abordado anteriormente, em Puerpério, no início do período de lactação ocorre amenorreia. A duração da amenorreia pós-parto parece estar diretamente relacionada com a *duração*, a *frequência* e a *intensidade* da amamentação.

No que se refere à *duração*, estudos realizados com grupos de mulheres de culturas diferentes e sem uso de contraceptivos mostram, por exemplo, que, enquanto em uma tribo primitiva da África, na qual os filhos são amamentados por 3 a 4 anos, o intervalo entre os filhos é de 4 anos, em outro grupo cultural da América do Norte, no qual é dado suplemento alimentar ao bebê poucos meses depois do seu nascimento, o intervalo entre os filhos é de 2 anos. Finalmente, em mulheres que não amamentam a amenorreia dura apenas 2 a 3 meses. Além da duração do período de aleitamento, a *frequência* com que a mulher amamenta é importante para determinar a retomada dos ciclos menstruais. O número de vezes que ela amamenta pode variar, por exemplo, de 15 a 18 por dia (como em Bangladesh), 13 por dia (em uma tribo africana), mas raramente é maior que 6 vezes/dia na América do Norte e na Europa, onde é comum 3 ou 4 vezes/dia. Sugere-se que 6 vezes/dia seja o número mínimo de amamentações requerido para que ocorra hiperprolactinemia capaz de inibir a ovulação. Além disso, a dieta suplementar implementada poucos meses após o nascimento constitui outro fator que reduz ainda mais a frequência e também a *intensidade* da sucção, permitindo assim que os ciclos ovulatórios voltem a ocorrer mais precocemente. Portanto, o efeito inibitório da amamentação nos ciclos reprodutivos explica a cultura popular de que a amamentação funciona como um contraceptivo natural; entretanto, na vida moderna em muitos países isso não mais corresponde à realidade, uma vez que houve diminuição da intensidade, da frequência e da duração da amamentação.

▶ Métodos contraceptivos

O uso de métodos contraceptivos apresenta implicações clínicas e sociais óbvias e relevantes. A fertilidade pode ser controlada, seja bloqueando a ovulação ou a implantação, seja impedindo o contato do espermatozoide com o óvulo. Os métodos contraceptivos podem ser também classificados como reversíveis ou irreversíveis.

Os métodos que se baseiam em prevenir o acesso dos espermatozoides à vizinhança do óvulo incluem, basicamente, os de barreira: condom e diafragma. Quando associados a agentes espermicidas, estes métodos apresentam eficácia praticamente similar à dos anticoncepcionais orais. São incluídos também nesta categoria métodos menos eficazes, como o *coitus interruptus* e o método do ritmo (abstinência no período provável em que o óvulo esteja na tuba uterina).

Os anticoncepcionais hormonais contêm estrogênios sintéticos em combinação com diferentes classes de progestógenos. O mecanismo de ação é o bloqueio da ovulação pelos componentes hormonais do anticoncepcional, inibindo o pico pré-ovulatório do LH. Embora os anticoncepcionais orais sejam os mais populares e mais frequentemente usados, diferentes formulações utilizando outras vias de administração que não a oral estão disponíveis, como os adesivos, o anel vaginal ou os injetáveis. É possível a administração subcutânea, em que os hormônios são liberados de maneira constante, durante até 5 anos. Alguns anticoncepcionais podem conter apenas o progestógeno em doses mais baixas, sendo denominados minipílulas. Seu mecanismo de ação não é bloquear a ovulação, mas sim tornar mais espesso o muco cervical e diminuir a peristalse da tuba uterina, dificultando a movimentação dos espermatozoides ao longo do sistema genital. Esta classe de anticoncepcional é recomendada para mulheres com contraindicação para o uso de estrogênios, como aquelas que estão amamentando, entre outros exemplos.

Outros anticoncepcionais atuam interferindo no transporte do zigoto ou no processo de implantação. São exemplos as preparações com progestógenos de ação prolongada, estrogênios em doses altas e antagonistas do receptor de progesterona (mifepristona). Os dispositivos intrauterinos (DIU) também se enquadram na categoria dos métodos que impedem a implantação, promovendo inflamação do endométrio e produção de prostaglandinas. A eficácia deles também é elevada, especialmente nos que contêm cobre, zinco ou progestógeno.

Os anticoncepcionais ditos pós-coitais são formulações com doses elevadas de progestógenos; devem ser utilizados até 72 h após a atividade sexual não protegida, em duas doses no intervalo de 12 h. Como descrito no Capítulo 71, os progestógenos alteram as condições intrauterinas e tubárias, dificultando o movimento do óvulo e do espermatozoide e, com isso, a fecundação.

A vasectomia corresponde à secção dos dois ductos deferentes, impedindo a passagem dos espermatozoides para o ejaculado. A ligadura tubária é realizada pela ligação das tubas uterinas. Cirurgias para promover a restauração dos ductos deferentes ou das tubas uterinas podem ser realizadas, mas com sucesso limitado. Por isso, ambos os métodos são considerados irreversíveis.

BIBLIOGRAFIA

BUHIMSCHI CS. Endocrinology of lactation. *Obstet Gynecol Clin North Am*, 31(4):963-79, 2004.
CARR BR, KHURRAM SR. Fertilization, implantation, and endocrinology of pregnancy. In: GRIFFIN JE, OJEDA SR (Eds.). *Textbook of Endocrine Physiology*. 5. ed. Oxford University Press, New York, 2004.
GRATTAN DR. 60 years of neuroendocrinology: the hypothalamo-prolactin axis. *J Endocrinol*, 226(2):T101-22, 2015.
JAFFE RB. Neuroendocrine-metabolic regulation of pregnancy. In: YEN SSC, JAFFE RB, BARBIERI RL (Eds.). *Reproductive Endocrinology*. 4. ed. W.B. Saunders, Philadelphia, 1999.
JOHNSON MH, EVERITT BJ. *Essential Reproduction*. 5. ed. Blackwell Science, Oxford, 2000.
JONES EE, DeCHERNEY AH. Fertilization, pregnancy, and lactation. In: BORON WF, Boulpaep EL (Eds.). *Medical Physiology*. Elsevier Saunders, Philadelphia, 2005.
SPEROFF L, GLASS RH, KASE NG. *Clinical Gynecologic Endocrinology and Infertility*. 6. ed. Lippincott Williams & Wilkins, Baltimore, 1999.
STRAUSS JF, BARBIERI RL. *Yen and Jeffe's Reproductive Endocrinology*. 7. ed. Saunders, Philadelphia, 2013.
TAYLOR RN, MARTIN MC. A endocrinologia da gravidez. In: GREENSPAN FS, STREWLER GJ (Eds.). *Endocrinologia Básica e Clínica*. 5. ed. Guanabara Koogan, Rio de Janeiro, 2000.
WEISS G. Endocrinology of parturition. *J Clin Endocrinol Metab*, 85(12):4421-5, 2000.
WILSON Jr L, PARSONS M. Endocrinology of human gestation. In: ADASHI EY, ROCK JA, ROSENWAKS Z (Eds.). *Reproductive Endocrinology, Surgery, and Technology*. Lippincott-Raven, Philadelphia, 1996.

Capítulo 78

Desreguladores Endócrinos

Caroline Serrano do Nascimento | Maria Tereza Nunes

- Considerações gerais, *1306*
- Fontes e características principais, *1306*
- Desreguladores endócrinos clássicos, *1307*
- Desreguladores endócrinos não clássicos, *1309*
- Mecanismos de ação, *1309*
- Janelas de exposição, *1311*
- Efeitos no organismo, *1313*
- Considerações finais, *1325*
- Bibliografia, *1325*

CONSIDERAÇÕES GERAIS

Nas últimas décadas um crescente número de estudos demonstrou que a exposição humana a algumas substâncias químicas, naturais ou artificialmente produzidas, presentes em alimentos e no meio ambiente, provoca alterações no sistema endócrino, contribuindo de forma relevante para o desenvolvimento de doenças. Essas substâncias foram classificadas como *desreguladores endócrinos*.

Várias classes de desreguladores endócrinos encontram-se descritas na literatura, e as mais conhecidas serão discutidas adiante. Entretanto, estudos recentes descrevem que, em determinadas doses, iodo e folato, fundamentais para a manutenção de vários processos biológicos, bem como fitoestrógenos, hormônios sintéticos encontrados em pílulas anticoncepcionais, metais pesados e lítio, são potenciais desreguladores de diferentes eixos endócrinos.

Conforme será descrito neste capítulo, muitos estudos epidemiológicos e com modelos animais já foram realizados e descreveram os potenciais efeitos deletérios da exposição aos desreguladores endócrinos no organismo. Contudo, ainda existe um grande conflito de interesses entre a indústria química, farmacêutica, organizações não governamentais e os órgãos públicos responsáveis pelo controle da liberação de contaminantes no meio ambiente. Adicionalmente, os desreguladores endócrinos desencadeiam uma complexa rede de mecanismos de ação no organismo. Todos esses fatores aliados limitam consideravelmente o desenvolvimento e a implementação de estratégias eficientes de intervenção. Ainda assim, várias iniciativas em todo o mundo estão em andamento com o intuito de diminuir a contaminação ambiental e, consequentemente, a exposição humana e animal aos desreguladores endócrinos.

FONTES E CARACTERÍSTICAS PRINCIPAIS

Desreguladores endócrinos – também conhecidos como interferentes endócrinos, disruptores endócrinos ou toxinas endócrinas – são substâncias químicas (naturais ou sintéticas) que interferem na função endócrina, produzindo efeitos adversos sobre crescimento, desenvolvimento, reprodução e metabolismo, com repercussões sistêmicas em variados graus, dependendo do tempo de exposição e da fase do desenvolvimento na qual o indivíduo é exposto.

A interferência exercida pelos desreguladores endócrinos no sistema endócrino é ampla e inclui alterações na síntese, secreção, transporte, ligação, ação, metabolização e/ou eliminação dos hormônios no organismo. De maneira geral, quando o desregulador endócrino tem origem natural, o mesmo é classificado como um fito-hormônio; quando sua origem é sintética, diz-se que o desregulador é um xeno-hormônio.

A Agência de Proteção Ambiental norte-americana (United States Environmental Protection Agency – US EPA) descreveu cerca de 87.000 compostos químicos com potencial de desregulador endócrino. As principais fontes desses desreguladores são a indústria química e farmacêutica, por meio da produção de pesticidas e agrotóxicos, cosméticos, plásticos, embalagens e aditivos de alimentos, assim como suplementos nutricionais.

Os desreguladores endócrinos clássicos possuem algumas características básicas como:

- Adsorção em partículas suspensas e sedimentação em ambientes aquáticos
- Degradação lenta
- Alta persistência no ambiente
- Substancial potencial de bioacumulação e biomagnificação.

A bioacumulação consiste em absorção e armazenamento dos desreguladores endócrinos em tecidos (normalmente tecido adiposo) ou órgãos específicos, em concentrações maiores do que aquelas encontradas no meio ambiente. De fato, a bioacumulação decorre do contato direto com um ambiente contaminado (solo, água, ar) ou pela ingestão de alimentos que contenham os desreguladores endócrinos.

Já a biomagnificação envolve o acúmulo progressivo de desreguladores endócrinos de um nível trófico para outro ao longo da cadeia alimentar. Dessa maneira, os predadores do topo da cadeia alimentar possuem concentrações séricas maiores de desreguladores endócrinos do que aquelas presentes em suas presas.

A Figura 78.1 exemplifica um clássico exemplo de bioacumulação e biomagnificação. Nesta figura demonstra-se que a concentração de diclorodifeniltricloroetano (DDT; um agrotóxico que será descrito posteriormente) em um ambiente aquático é de 0,000.003 ppm. Essa é a mesma concentração encontrada em um conjunto de organismos aquáticos microscópicos, o fitoplâncton. Ao se alimentarem de fitoplâncton, a concentração de DDT encontrada em organismos do zooplâncton atinge 0,04 ppm. De maneira semelhante, por se alimentarem do zooplâncton, peixes pequenos apresentam concentrações séricas de DDT ainda maiores (0,5 ppm). Esse efeito de magnificação é progressivo ao longo da cadeia alimentar, atingindo níveis de 25 ppm em predadores do topo da cadeia alimentar – no caso da Figura 78.1, a águia.

Conforme destacado, esse é um clássico exemplo demonstrado na cadeia alimentar que inclui peixes e aves. Contudo, processos semelhantes de bioacumulação e biomagnificação são observados em cadeias alimentares que incluem os seres humanos. Como exemplo, os casos de contaminação por mercúrio (desregulador endócrino da tireoide, suprarrenal e sistema genital), cuja concentração sérica aumenta progressivamente nos níveis tróficos da cadeia alimentar, que incluem: fitoplâncton → zooplâncton → peixes → seres humanos.

Os primeiros indícios dos efeitos nocivos dos desreguladores endócrinos foram descritos no livro *Primavera Silenciosa* (*Silent Spring*, 1962) de Rachel Carson. Nesse livro, a autora criticou o uso indiscriminado de agrotóxicos e pesticidas, principalmente após a Segunda Guerra Mundial. A autora também alertou para os efeitos a longo prazo da contaminação ambiental com esses pesticidas. O nome do livro foi uma referência à morte de pássaros em regiões altamente contaminadas, e que estava intimamente relacionada com a diminuição da espessura das cascas dos ovos das aves pela interferência hormonal provocada pelo DDT. De fato, esse foi um dos primeiros livros que abriu a discussão sobre o uso descontrolado de agrotóxicos e culminou com a proibição do uso de DDT nos EUA, em 1970.

Em 1996, a Dra. Theo Colborn publicou o livro *O Futuro Roubado* (*Our Stolen Future*). Nesse livro, a pesquisadora descreveu os resultados de diferentes estudos científicos que demonstravam as interferências de diferentes desreguladores endócrinos sobre as ações hormonais no controle do crescimento e desenvolvimento. A autora ainda ressaltou o potencial efeito deletério da exposição de fetos e recém-nascidos aos desreguladores endócrinos. Finalmente, Colborn sugeriu que a exposição aos desreguladores endócrinos estaria envolvida no desenvolvimento de anomalias do sistema genital,

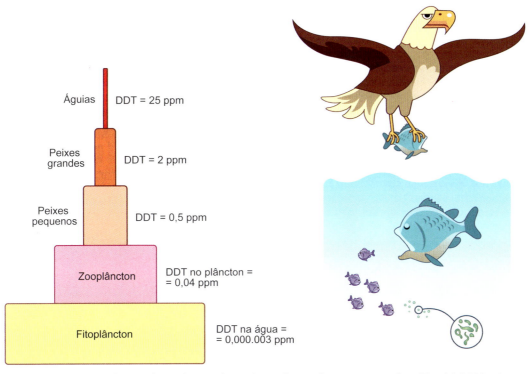

Figura 78.1 ▪ Desreguladores endócrinos, bioacumulação e biomagnificação. De acordo com a figura, a concentração ambiental de DDT é muito menor do que aquela encontrada em predadores do topo da cadeia alimentar. Esse fenômeno se deve à bioacumulação desse desregulador endócrino nos tecidos dos diferentes organismos que compõem a cadeia alimentar, e também à biomagnificação, que promove um aumento considerável da concentração do desregulador endócrino nos predadores do topo das cadeias alimentares à medida que eles se alimentam de presas contaminadas. (Adaptada de www.bethbiologia.com.br/p/causasda-poluicao-das-aguas-do-planeta.html.)

problemas comportamentais e diminuição da fertilidade da população mundial.

Desde a publicação do livro da escritora Rachel Carson, inúmeros trabalhos epidemiológicos (com humanos), *in vivo* (com animais) e *in vitro* (com células) foram publicados com a intenção de alertar para os efeitos deletérios de alguns agentes químicos liberados indiscriminadamente no meio ambiente. De fato, alguns desses estudos sugerem uma correlação direta entre a exposição aos desreguladores endócrinos e o aumento de incidência e prevalência de doenças crônicas não transmissíveis (como cânceres de mama, próstata e testículo, diabetes, obesidade). Dessa maneira, a relevância desses estudos se pauta no embasamento científico que garante, em última instância, o controle, por agências de proteção ambiental, da produção, do uso e da liberação no meio ambiente de inúmeros pesticidas e agentes químicos comprovadamente nocivos para animais e seres humanos.

DESREGULADORES ENDÓCRINOS CLÁSSICOS

Conforme ressaltado anteriormente, os desreguladores endócrinos caracterizam-se como compostos de degradação lenta, alta persistência no ambiente e substancial potencial de bioacumulação. Inúmeros desreguladores endócrinos já foram descritos na literatura; contudo, neste capítulo, discutiremos os efeitos de alguns deles, principalmente aqueles com grande quantidade de dados descritos na literatura – tanto em estudos com modelos animais, quanto em estudos epidemiológicos.

Todos os desreguladores endócrinos destacados aqui são classificados como *poluentes orgânicos persistentes*, ou simplesmente *POP*. As principais características dos POP incluem seu transporte por longas distâncias através do solo, água e ar, e seu acúmulo em tecidos gordurosos dos organismos vivos (bioacumulação). Por esse motivo, os POP são classificados como toxicologicamente preocupantes para a saúde humana e para o meio ambiente. Nesse sentido, ainda que o enfoque deste capítulo seja discorrer sobre os efeitos dos desreguladores endócrinos em humanos, é muito relevante destacar que inúmeros estudos demonstraram o comprometimento da ação hormonal em diferentes classes de animais como peixes, anfíbios, répteis, aves e outros mamíferos (além dos humanos).

▶ **Pesticidas.** Neste grupo temos os pesticidas organoclorados (POC), dentre os quais se destaca o DDT (Figura 78.2). Este pesticida foi sintetizado pela primeira vez em 1874, e graças a suas propriedades inseticidas foi largamente utilizado a partir da Segunda Guerra Mundial para o combate dos vetores de febre amarela, malária e tifo. Foi banido na década de 1970 em muitos países desenvolvidos, e apenas em 2009 no Brasil. Ainda assim, esses pesticidas continuam a ser usados em muitos países da África para combater doenças transmitidas por insetos.

O DDT e seus metabólitos, como o DDE, são estáveis, persistentes no meio ambiente e altamente lipofílicos, acumulando-se no tecido adiposo de seres humanos e de outros animais. De fato, estudos demonstram que praticamente todos os seres vivos do planeta possuem DDT incorporado em seus organismos.

A clorotriazina, por sua vez, é outro pesticida amplamente usado no mundo, em plantações de milho e cana-de-açúcar. Assim como o DDT, a clorotriazina apresenta alta persistência no meio ambiente e já foi previamente associada a disfunções do metabolismo intermediário e de alguns parâmetros reprodutivos.

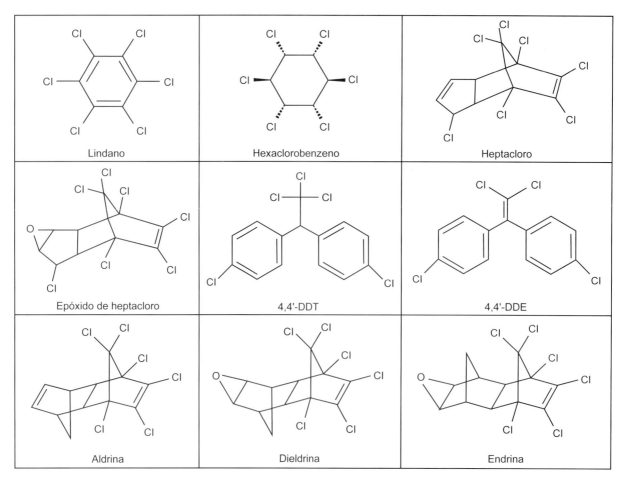

Figura 78.2 ▪ Estrutura química dos principais pesticidas organoclorados.

A exposição humana aos pesticidas se dá principalmente pelo consumo de alimentos e água contaminados. De maneira preocupante, estudos demonstram que os metabólitos de pesticidas organoclorados atravessam a placenta, atingindo o compartimento fetal, e também são transferidos para o leite materno, aumentando a exposição de recém-nascidos. Conforme será destacado posteriormente neste capítulo, a exposição aos pesticidas organoclorados já foi previamente associada a diferentes tipos de câncer, como o de mama, pâncreas e testículos.

▶ **Bisfenol A (BPA).** Foi descoberto em 1891 pelo russo Aleksander Dianin. O BPA é um composto químico industrial normalmente usado para endurecer resinas epóxi e plásticos policarbonatos, conferindo alta resistência a esses produtos. É altamente empregado em revestimentos internos de latas de alimentos e selantes dentais, aumentando a exposição humana a esse desregulador endócrino. A produção global anual de plásticos policarbonatos e de resinas epóxi é de 3 milhões e 1,5 milhão de toneladas, respectivamente, o que demonstra o potencial contaminante do BPA no meio ambiente. A transferência do BPA para água e alimentos se dá principalmente pelo aquecimento dos recipientes que o contêm, e a exposição humana a esse composto é considerada ubíqua. De fato, a meia-vida do BPA em seres humanos é curta (4 a 5 horas), e sua estrutura química é muito semelhante à de alguns hormônios esteroides e hormônios tireoidianos (Figura 78.3).

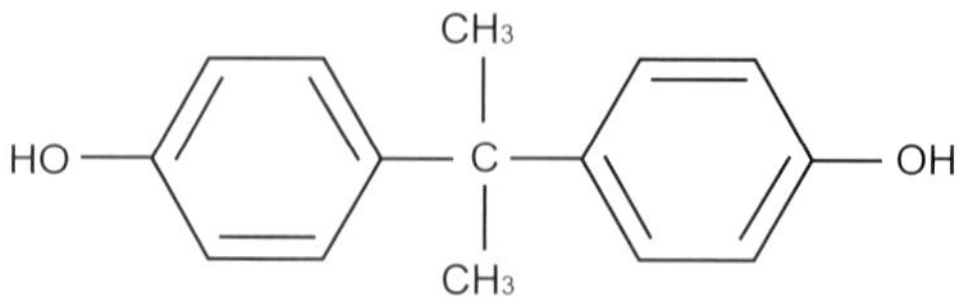

Apenas em 2011 ocorreu a proibição no Brasil do uso de BPA em mamadeiras plásticas, graças a uma campanha

Figura 78.3 ▪ Estrutura química do bisfenol A (BPA).

criada pela Sociedade Brasileira de Endocrinologia Metabologia (SBEM) em 2010. Dada a proibição da produção e do uso de BPA em muitos países, alguns substitutos desse composto foram elaborados pela indústria química, como bisfenol S (BPS), bisfenol F (BPF) e bisfenol E (BPE). Vale ressaltar que estudos recentes da literatura apontam que esses substitutos industriais apresentam efeitos adversos muito semelhantes ou ainda piores do que aqueles desencadeados pelo BPA.

▶ **Bifenilas policloradas (PCB) e bifenilas polibromadas (PBB).** Os PCB são compostos usados como fluidos para refrigeração e lubrificação de transformadores, capacitores e outros equipamentos eletrônicos empregados nas indústrias de forma geral. Além disso, são usados como plastificantes na produção de resinas e borrachas, adesivos e tintas. Já os PBB são usados em retardantes de chamas, muito empregados em equipamentos eletrônicos, na indústria têxtil, em móveis e plásticos de maneira geral. Conforme demonstrado na Figura 78.4, a estrutura química desses compostos é muito semelhante àquela apresentada pelos hormônios esteroides e hormônios tireoidianos.

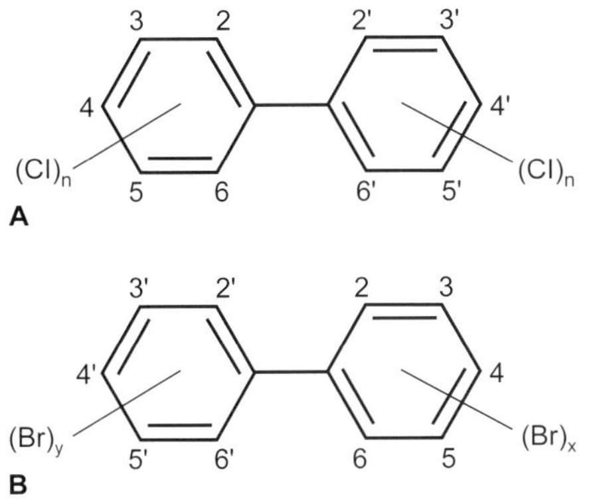

Figura 78.4 ■ Estrutura química geral dos PCB (**A**) e dos PBB (**B**).

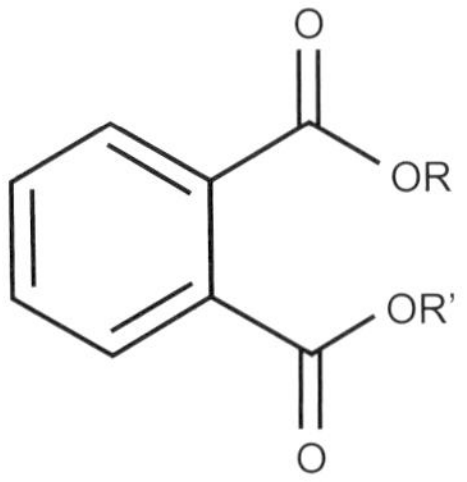

Figura 78.5 ■ Estrutura química geral dos ftalatos.

Tanto os PCB quanto os PBB são altamente persistentes, lipofílicos e bioacumuláveis. A contaminação humana se dá principalmente pelo consumo de água e alimentos contaminados, como peixes de origem marinha. Estudos demonstram que, por serem lipofílicos, esses compostos concentram-se no tecido adiposo, com meia-vida biológica (em humanos) de aproximadamente 7 anos.

▶ **Ftalatos.** São compostos químicos derivados do ácido ftálico e amplamente usados como aditivos para aumentar a maleabilidade, flexibilidade e transparência de plásticos. De maneira geral, são encontrados em recipientes plásticos, tubos PVC, brinquedos infantis, cosméticos e tubos/embalagens empregados em procedimentos médicos. Pela sua fraca ligação aos compostos usados na fabricação de plásticos e cosméticos, os ftalatos são facilmente transferidos para o meio ambiente, aumentando o seu potencial de contaminação. Esses compostos são normalmente produzidos como diésteres e são rapidamente metabolizados a monoésteres ao entrarem no organismo (Figura 78.5).

DESREGULADORES ENDÓCRINOS NÃO CLÁSSICOS

▶ **Iodo.** É um micronutriente fundamental para a síntese de hormônios tireoidianos, sendo principalmente encontrado em alimentos de origem marinha e no sal iodado. Como as glândulas mamárias expressam o transportador de iodeto, o leite possui concentrações relevantes de iodo, e por esse motivo os laticínios são também uma fonte natural desse micronutriente. O iodo é amplamente usado como estabilizante em alimentos processados e como componente de corantes vermelhos, sendo em geral encontrado em alimentos que contêm corantes artificiais. Vale ressaltar que o iodo apresenta propriedades microbicidas, de modo que alguns desinfetantes de pele e medicamentos (p. ex., lugol) também o apresentam em sua composição química. O efeito desregulador endócrino do iodo se dá principalmente pelo consumo excessivo desse micronutriente e está intimamente relacionado com o comprometimento da função tireoidiana.

▶ **Fitoestrógenos.** São substâncias de origem vegetal com atividade estrogênica. De fato, os fitoestrógenos são amplamente usados por várias mulheres como terapia alternativa à reposição hormonal estrogênica, em função das controvérsias que ainda existem quanto aos efeitos nocivos desencadeados por esta última. Contudo, estudos em fêmeas de camundongos ovariectomizadas demonstraram que a genisteína, um fitoestrógeno presente na soja com baixa potência estrogênica, estimula o crescimento do câncer mamário. Ainda, é importante destacar que alguns estudos descreveram que o período de exposição aos fitoestrógenos está intimamente relacionado com o tipo de efeito desencadeado por essas substâncias. Dessa maneira, os fitoestrógenos exercem efeitos deletérios ou benéficos, dependendo da fase na qual o indivíduo é exposto. Além do seu efeito estrogênico, os fitoestrógenos também são usados como cardioprotetores, ainda que possam promover efeitos pró-arrítmicos, e já foram descritos como potenciais agentes antitireoidianos.

▶ **Lítio.** É um metal empregado na produção de ligas metálicas condutoras de calor e em baterias elétricas, mas seus sais representam o principal tratamento profilático de distúrbios afetivos, como o transtorno bipolar. Porém, há várias evidências de que o lítio afete profundamente a função tireoidiana, por meio do comprometimento da secreção de hormônios tireoidianos. Dessa maneira, é comum observar o desenvolvimento de hipotireoidismo em pacientes logo nos primeiros anos de tratamento.

MECANISMOS DE AÇÃO

O mecanismo de ação dos desreguladores endócrinos mais conhecido envolve sua ligação em receptores de hormônios, como estrógenos, andrógenos, progesterona ou hormônios tireoidianos. Além disso, os desreguladores endócrinos em geral se ligam em outros receptores nucleares, receptores de membrana, receptores de neurotransmissores (como serotonina, dopamina, norepinefrina) e/ou receptores órfãos. Adicionalmente, descreve-se que os desreguladores endócrinos também atuam por meio da ativação ou inativação de vias enzimáticas envolvidas no metabolismo e/ou biossíntese de hormônios. A Figura 78.6 sumariza os principais mecanismos de ação decorrentes da ligação dos desreguladores endócrinos em receptores de membrana ou receptores nucleares.

De maneira geral, a partir da sua ligação nos receptores hormonais, os desreguladores endócrinos mimetizam ou bloqueiam a ação hormonal (Figura 78.7).

Novos estudos da literatura demonstram que os desreguladores endócrinos também interferem com vias de sinalização não genômicas, como aquelas desencadeadas por hormônios esteroides e tireoidianos. Além disso, alguns desreguladores endócrinos agem em receptores da família PPAR alfa e gama, que são expressos em várias células do organismo, especialmente em tecidos/órgãos do sistema genital.

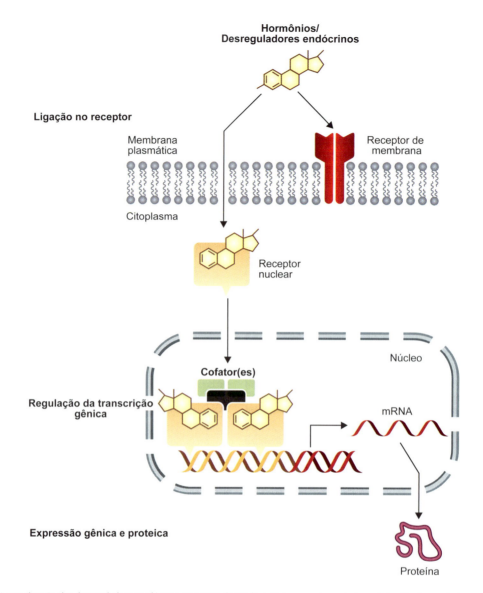

Figura 78.6 ▪ Mecanismos de ação dos desreguladores endócrinos por meio de sua ligação em receptores de hormônios. Os desreguladores endócrinos, dada sua similaridade estrutural, normalmente se ligam em receptores de membrana e/ou nucleares de hormônios produzidos endogenamente. A partir dessa ligação, estes compostos ativam ou inativam a transcrição gênica, regulando os níveis de expressão de mRNA e proteínas nas células-alvo. (Adaptada de Schug et al., 2013.)

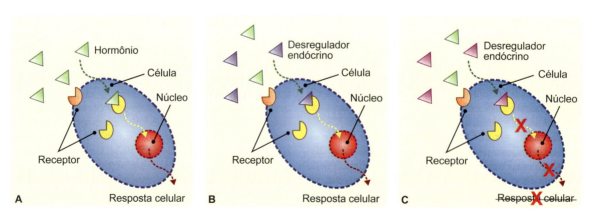

Figura 78.7 ▪ Possíveis efeitos desencadeados pela ligação dos desreguladores endócrinos em receptores de hormônios. Conforme demonstrado em **A**, um hormônio desencadeia seus efeitos biológicos e uma resposta celular, por meio da sua ligação em receptores (nucleares ou de membrana). No caso de um desregulador endócrino que mimetize os efeitos do hormônio (**B**), a resposta celular é mantida e pode ser mais potente ou menos potente em relação àquela originalmente desencadeada pela ligação do hormônio. No caso de um desregulador que bloqueie a ação hormonal (**C**), a ligação deste composto no receptor hormonal impede que o efeito biológico naturalmente desencadeado pelo hormônio endógeno seja observado. (Adaptada de www.niehs.nih.gov/health/topics/agents/endocrine.)

O mecanismo de ação dos desreguladores endócrinos é considerado complexo, uma vez que nem sempre há relação direta entre a dose de exposição e a intensidade da resposta (curva monotônica). Vale ressaltar que, em relação direta, quanto maior a dose/concentração do desregulador, maior será o efeito decorrente observado. Não obstante, é muito comum observar uma resposta significativa frente à exposição a doses muito baixas ou muito altas de determinado desregulador endócrino, e não observar qualquer efeito em doses intermediárias. Ou, ainda, não observar efeitos significativos em doses muito baixas ou muito altas, e sim em doses intermediárias de exposição (curvas não monotônicas) (Figura 78.8).

A complexidade do mecanismo de ação desses compostos químicos torna-se ainda mais relevante quando se leva em consideração a interferência de diferentes vias de sinalização hormonal por um mesmo desregulador endócrino. Isso se deve à estrutura química peculiar desses compostos, que em geral se assemelham estruturalmente a mais de um hormônio produzido no organismo. De fato, essa característica dificulta a determinação dos potenciais receptores-alvo dos desreguladores endócrinos no organismo. Nesse sentido, um mesmo desregulador endócrino pode mimetizar os efeitos desencadeados por um tipo de hormônio, ao mesmo tempo que antagoniza a ação de outros hormônios no organismo. Como exemplo temos as ações desencadeadas pelo DDT, que apresenta tanto uma atividade estrogênica como antiandrogênica (a partir de seus metabólitos). A mimetização de efeitos de diferentes hormônios, assim como o bloqueio de diferentes vias hormonais, também podem ser observados (Figura 78.9).

De maneira geral, por meio dos mecanismos de ação desencadeados pelos desreguladores endócrinos, esses compostos alteram:

- A síntese, a metabolização e a excreção de hormônios e/ou
- O nível de proteínas carreadoras de hormônios e, consequentemente, o transporte de hormônios na circulação e/ou
- A interação hormônio-receptor e a transcrição gênica decorrente dessa interação e/ou
- As vias de sinalização intracelular e/ou
- A expressão de receptores e sua responsividade aos hormônios em tecidos-alvo.

JANELAS DE EXPOSIÇÃO

Conforme destacado em itens anteriores, os seres humanos estão expostos a diversos desreguladores endócrinos presentes no meio ambiente (Figura 78.10). Ainda assim, a resposta ou efeito decorrente dessa exposição pode ser diferente dependendo da fase na qual o indivíduo é exposto.

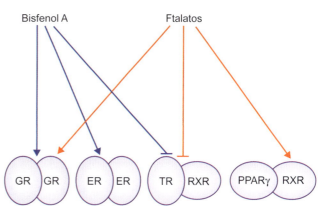

Figura 78.9 ▪ Ação de um mesmo desregulador endócrino sobre diferentes vias de sinalização hormonais. *GR*, receptor de glicocorticoides; *ER*, receptor de estrógeno; *TR*, receptor de hormônio tireoidiano; *RXR*, receptor do retinoide X; *PPARγ*, receptor ativado por proliferador de peroxissoma gama. (Adaptada de Casals-Casas e Desvergne, 2011.)

Inúmeros estudos científicos apontam que a exposição aos desreguladores endócrinos é ainda mais prejudicial quando ocorre durante fases específicas do desenvolvimento humano, denominadas *janelas de exposição*. Essas janelas incluem período intrauterino, período neonatal, infância e puberdade. Dessa maneira, o momento da exposição do organismo torna-se decisivo para determinar o impacto de determinado desregulador e o seu potencial efeito deletério futuro.

O período de exposição influencia também o tipo de efeito resultante da interação com o desregulador endócrino. Dessa maneira, estudos da literatura já demonstraram que determinado desregulador endócrino pode desencadear respostas/efeitos diferentes em embriões, fetos, indivíduos pré-púberes e adultos.

É interessante destacar também que, durante a gestação e a lactação, a exposição materna aos desreguladores endócrinos não necessariamente desencadeia efeitos nocivos na mãe, mas pode exercer efeitos nocivos significativos na sua progênie. A maior suscetibilidade aos efeitos deletérios induzidos por esses interferentes em fases iniciais do desenvolvimento se justifica pela falta da maturação de vias de metabolização dessas substâncias em fetos e recém-nascidos. Vale acrescentar que, além da exposição direta aos desreguladores endócrinos presentes no meio ambiente, esses indivíduos mais suscetíveis também são expostos indiretamente, pela transferência materna dessas substâncias através da placenta, durante a vida intrauterina, ou pelo leite materno, durante o período de amamentação. Sendo assim, a exposição de grávidas e lactantes aos desreguladores endócrinos deve ser intensamente monitorada e evitada.

Do mesmo modo, a exposição paterna aos desreguladores endócrinos não necessariamente se relaciona com efeitos negativos no pai, mas pode induzir efeitos nocivos em sua prole, por meio de modificações em suas células germinativas (Figura 78.11).

A exposição de indivíduos que se encontram nas fases pré-puberal e puberal são críticas, uma vez que os mesmos apresentam alterações hormonais significativas durante esses períodos, e que são claramente afetadas por agentes agonistas ou antagonistas da ação de hormônios esteroides.

Sendo assim, durante as chamadas janelas de exposição, os indivíduos

Figura 78.8 ▪ Os efeitos desencadeados pelos desreguladores endócrinos podem seguir curvas monotônicas ou não monotônicas de dose-resposta.

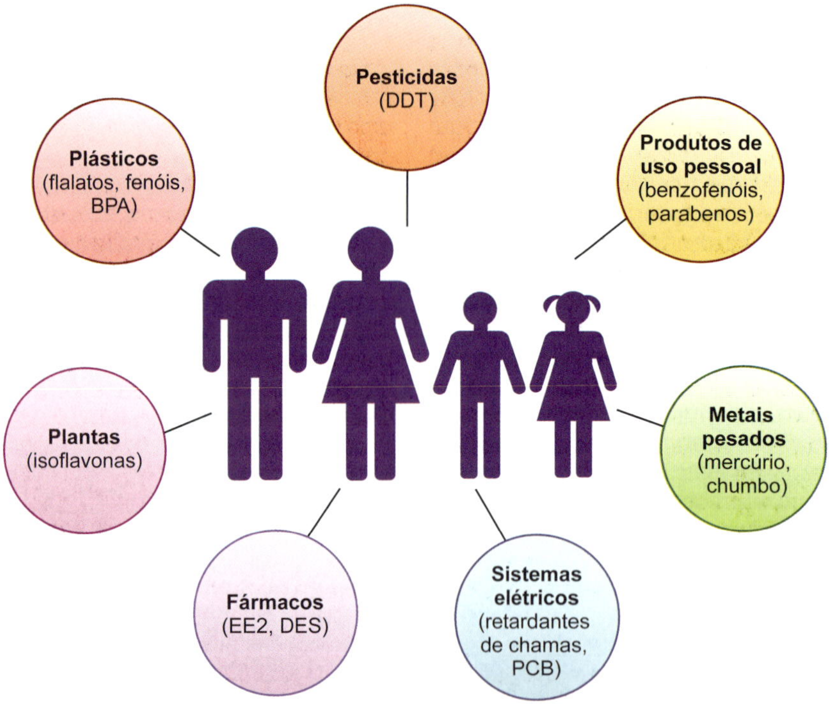

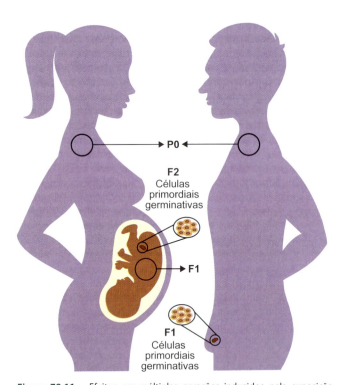

Figura 78.10 ▪ Exposição humana a diferentes desreguladores endócrinos presentes no meio ambiente.

Figura 78.11 ▪ Efeitos em múltiplas gerações induzidos pela exposição materna e paterna aos desreguladores endócrinos. A exposição materna aos desreguladores endócrinos, seja por via dermal, inalatória ou oral, pode ou não provocar alterações em sua homeostase. Contudo, estudos sugerem que essas substâncias são transferidas para o feto, através da placenta, e para o recém-nascido, pelo leite. Nesses indivíduos, os efeitos nocivos dos desreguladores endócrinos são potencializados pela imaturidade de seus sistemas de depuração dessas substâncias. É importante destacar que a exposição paterna aos desreguladores endócrinos também pode não ocasionar efeitos deletérios sintomáticos no seu organismo, mas induzir a programação de suas células germinativas e, dessa maneira, comprometer suas gerações futuras. (Adaptada de Shahidehnia, 2016.)

encontram-se mais vulneráveis aos insultos moleculares, hormonais, imunológicos e/ou neurológicos desencadeados pelos desreguladores endócrinos.

Conforme destacado anteriormente, a exposição aos desreguladores endócrinos está intimamente relacionada com perturbações da expressão gênica. Muitos estudos sugerem que essas alterações, em fases críticas do desenvolvimento, parecem contribuir de maneira significativa para a programação de doenças na vida adulta. De fato, inúmeros mecanismos epigenéticos estão envolvidos na programação da expressão gênica que é induzida pela exposição aos desreguladores endócrinos durante períodos críticos do desenvolvimento.

Os mecanismos epigenéticos são responsáveis por induzir mudanças na expressão gênica sem que ocorram alterações na sequência do DNA. Dentre os mecanismos epigenéticos mais conhecidos destacam-se: metilação/desmetilação de DNA, modificações pós-traducionais em histonas e expressão diferencial de RNA não codificantes, conforme demonstrado na Figura 78.12. Essas alterações moleculares podem ser mantidas por toda a vida do indivíduo e, inclusive, comprometer o desenvolvimento e a expressão gênica de gerações seguintes, nos chamados efeitos multigeracionais e transgeracionais, principalmente quando essas alterações moleculares ocorrem nas células germinativas dos indivíduos progenitores (ovócitos e espermatozoides).

É importante destacar que, embora estudos com animais e células apresentem dados relativamente reprodutíveis sobre os efeitos deletérios de desreguladores endócrinos específicos, muitos estudos epidemiológicos são conflitantes e refletem a complexidade da exposição humana a esses compostos. Deve-se também levar em consideração que os seres humanos estão expostos a diversos desreguladores endócrinos ao mesmo tempo, por diferentes períodos de tempo e em diferentes fases do desenvolvimento. Todos esses fatores refletem

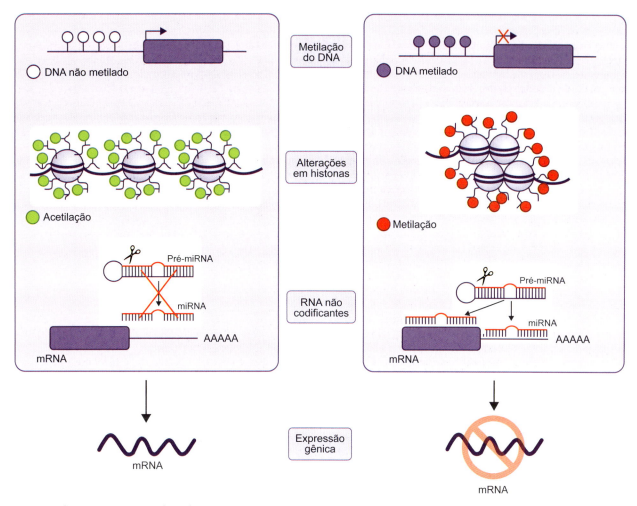

Figura 78.12 • Efeitos epigenéticos e regulação da expressão gênica. Os principais mecanismos epigenéticos responsáveis pela alteração da expressão gênica incluem: metilação/desmetilação do DNA, modificações pós-traducionais em histonas e expressão diferencial de RNA não codificantes, como os miRNA. (Adaptada de Shahidehnia, 2016.)

na dificuldade do estabelecimento dos reais efeitos nocivos associados à exposição aos desreguladores endócrinos. Dessa maneira, serão cada vez mais necessários novos estudos científicos que investiguem os efeitos decorrentes da exposição humana aos desreguladores endócrinos em diferentes fases/períodos do desenvolvimento. Os resultados desses estudos serão de suma importância para determinar com precisão quais desreguladores endócrinos devem ser evitados especificamente em cada fase do desenvolvimento humano.

EFEITOS NO ORGANISMO

A cada dia, novos estudos apontam para novos efeitos nocivos, sobre diversos sistemas e tecidos do organismo, que decorrem da exposição humana aos desreguladores endócrinos (Figura 78.13). Entretanto, neste capítulo serão descritos os efeitos de diferentes desreguladores endócrinos sobre a tireoide, o sistema reprodutor, o metabolismo energético, a função cardiovascular e a função neuroendócrina.

▶ Efeitos na tireoide

A glândula tireoide produz hormônios tireoidianos (HT), que têm um papel fundamental durante o desenvolvimento

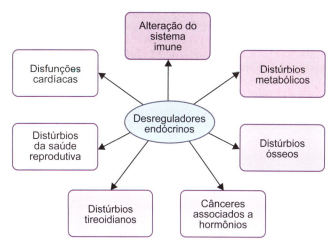

Figura 78.13 • Principais impactos biológicos sistêmicos observados a partir da exposição humana aos desreguladores endócrinos.

e maturação fetal, em especial do sistema nervoso central (SNC). Esses hormônios também desempenham importantes papéis sobre o crescimento e o metabolismo.

Em humanos, o principal hormônio produzido pela tireoide é a tiroxina, ou T_4. Apesar de a T_4 exercer efeitos diretos em inúmeros tecidos, ela também pode ser convertida a tri-iodotironina ou T₃, a partir da ação de desiodases, que são expressas em tecidos periféricos, conforme detalhado em capítulos anteriores. Além disso, os níveis circulantes de HT são finamente regulados por um eixo de retroalimentação negativa (eixo hipotálamo-hipófise-tireoide). Dessa maneira, o hipotálamo sintetiza e secreta o hormônio liberador de tireotrofina (TRH), que estimula a síntese e secreção da tireotrofina (TSH) pela adeno-hipófise. O TSH, por sua vez, é o principal hormônio estimulador da função tireoidiana, estimulando a síntese de HT e a expressão/atividade das proteínas envolvidas nesse processo. Os HT secretados agem sobre seus tecidos-alvo e também regulam de maneira negativa a expressão, síntese e secreção de TRH e TSH pelo hipotálamo e hipófise, respectivamente.

A interferência dos desreguladores endócrinos sobre o eixo hipotálamo-hipófise-tireoide pode ocorrer em qualquer um dos componentes do eixo. Nesse sentido, foram descritos na literatura compostos capazes de comprometer a ação do TRH na hipófise, e também do TSH na tireoide. Além disso, já foi descrito que diferentes desreguladores endócrinos alteram síntese, secreção, transporte, metabolismo periférico e/ou ação dos HT em seus tecidos-alvo. Neste último caso, a interferência se dá principalmente pela similaridade estrutural entre alguns desreguladores endócrinos e os HT. Ainda assim, estudos sugerem que alguns desses compostos regulam a expressão de receptores e/ou transportadores de HT nos tecidos-alvo, interferindo na ação periférica desses hormônios. Os principais efeitos desencadeados pelos desreguladores endócrinos no eixo hipotálamo-hipófise-tireoide são demonstrados na Figura 78.14.

As janelas de exposição também são importantes para determinar os efeitos deletérios dos desreguladores endócrinos sobre a função tireoidiana. Sabe-se, por exemplo, que, até a 16ª semana de gestação, o feto depende exclusivamente dos HT produzidos pela mãe. Sendo assim, qualquer variação dos níveis maternos de HT nesse período gera drásticas consequências no desenvolvimento fetal, principalmente do SNC. A passagem de HT maternos para o feto durante a gestação se faz através da placenta, graças à expressão de transportadores específicos de HT nas vilosidades coriônicas. É importante ressaltar que, além de seu papel direto sobre o desenvolvimento fetal, os HT também exercem importantes ações sobre o metabolismo, diferenciação e desenvolvimento da placenta. Sendo assim, o transporte de HT pela placenta é um passo crítico tanto para o desenvolvimento fetal quanto para o desenvolvimento do próprio tecido placentário. Dada a similaridade estrutural entre alguns desreguladores endócrinos e os HT, postula-se que esses compostos possam ser transportados através da placenta e interferir no desenvolvimento desse tecido e também nos estágios do desenvolvimento fetal que dependem da ação dos HT.

Além da produção materna de HT, os hormônios produzidos pela tireoide do feto também apresentam importante papel no seu desenvolvimento. Conforme descrito em capítulos anteriores, a tireoide fetal encontra-se plenamente desenvolvida e diferenciada a partir da 16ª semana de gestação em humanos, e do 16º dia gestacional em camundongos/ratos. Nesse período, a tireoide fetal é capaz de concentrar iodeto (I⁻), passo inicial para a biossíntese de HT, por meio da expressão e da atividade do cotransportador sódio-iodeto (NIS). Além disso, a glândula também expressa outras proteínas essenciais para a síntese e secreção dos HT. Sendo assim, a exposição do feto, durante a gestação, a desreguladores endócrinos que

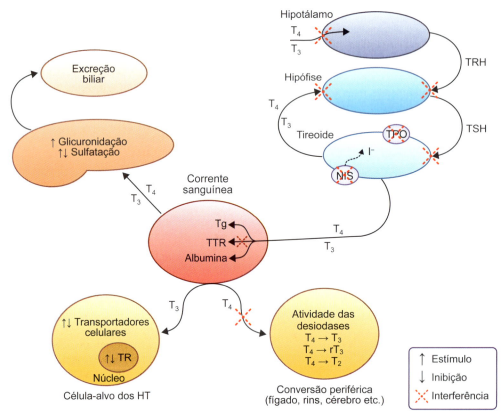

Figura 78.14 • Efeitos dos desreguladores endócrinos sobre o eixo hipotálamo-hipófise-tireoide e em diferentes estágios de produção, metabolização e ação dos HT. *TTR*, transtirretina; *Tg*, tireoglobulina; *TSH*, hormônio tireoestimulante ou tireotrofina; *TRH*, hormônio liberador de TSH; *TPO*, tireoperoxidase; *NIS*, cotransportador sódio-iodeto; *TR*, receptor de hormônio tireoidiano. (Adaptada de Patrick, 2009.)

Desreguladores Endócrinos

comprometam a diferenciação da glândula fetal, assim como a produção de HT por essa glândula, podem desencadear graves consequências no desenvolvimento do organismo.

Cerca de 100 diferentes desreguladores endócrinos, naturais e sintéticos, já foram descritos como potenciais interferentes da função tireoidiana. Conforme destacado anteriormente, uma vez que os HT são essenciais para o desenvolvimento normal *in utero* e durante a infância, alterações mediadas por desreguladores endócrinos são particularmente preocupantes em grávidas e crianças. Além disso, é importante destacar que um levantamento feito pela União Europeia demonstrou que os custos relacionados ao comprometimento do desenvolvimento neural e a perda de QI atribuídos a apenas duas classes de disruptores da função tireoidiana (retardantes de chamas e pesticidas) ultrapassariam 150 bilhões de euros por ano.

Sabe-se que o BPA, os PCB e a triclosana possuem semelhança estrutural com os HT, e, por esse motivo, sugere-se que esses compostos sejam capazes de se ligar e interagir com os receptores dos HT, interferindo no seu efeito biológico nos tecidos-alvo (Figura 78.15).

De fato, estudos indicam que o BPA, encontrado em amostras de urina, tecido e soro de humanos (em adultos e recém-nascidos), atua como um antagonista dos HT ao se ligar em seus receptores nucleares. Além disso, já foi demonstrado que a exposição de ratas prenhes ao BPA reduziu os níveis séricos de T_3 e T_4 e aumentou os níveis circulantes de TSH nos animais da prole, e ainda promoveu alterações morfológicas significativas nos folículos tireoidianos desses animais logo após o seu nascimento. Alguns estudos *in vitro*, por sua vez, demonstraram que o BPA interfere na função tireoidiana ao diminuir a expressão de genes/proteínas relacionados com a produção hormonal (como NIS, TPO, TSHR e Tg), além de aumentar a expressão de genes/proteínas relacionados com a morte celular e danos ao DNA.

A exposição de ratos aos PCB é constantemente associada a níveis séricos reduzidos de T_4 na literatura. Contudo, os dados obtidos em estudos com humanos são muito controversos. Dessa maneira, alguns estudos já demonstraram uma correlação negativa entre os níveis séricos de PCB e as concentrações séricas de T_3, T_4 e TSH em grávidas; e uma relação negativa entre a exposição pré-natal aos PCB e um déficit cognitivo em crianças. Enquanto isso, outros trabalhos não demonstraram qualquer alteração da função tireoidiana frente a esses interferentes endócrinos.

A triclosana, por sua vez, não altera a expressão gênica dos tireócitos, mas reduz a atividade da TPO e do NIS, interferindo, assim, na biossíntese dos HT. Além disso, estudos sugerem que a triclosana reduz os níveis séricos de T_4 por aumentar sua metabolização hepática, induzindo hipotiroxinemia em animais. É importante destacar que a hipotiroxinemia, que se caracteriza pela redução dos níveis séricos de T_4 sem alterações significativas nos níveis de T_3 ou TSH, já foi previamente associada, principalmente em grávidas, a comprometimento do desenvolvimento do sistema nervoso central fetal.

Os ftalatos também já foram previamente associados a alterações na função tireoidiana. De fato, parece haver uma correlação negativa entre o nível de ftalatos e os níveis séricos de T_3 e T_4 em humanos. Por meio de estudos com modelos animais, por sua vez, demonstrou-se que a exposição aos ftalatos interfere na função da tireoide em diferentes vertentes, por meio da redução dos níveis séricos de T_3 e T_4 (de maneira dose-dependente), da diminuição da expressão e atividade da NIS, da indução de alterações morfológicas na tireoide e da redução da expressão de receptores e transportadores para HT em tecidos-alvo.

Estudos epidemiológicos também relataram uma relação negativa entre os níveis séricos do pesticida organoclorado DDE e as concentrações séricas de HT. De maneira coerente, já

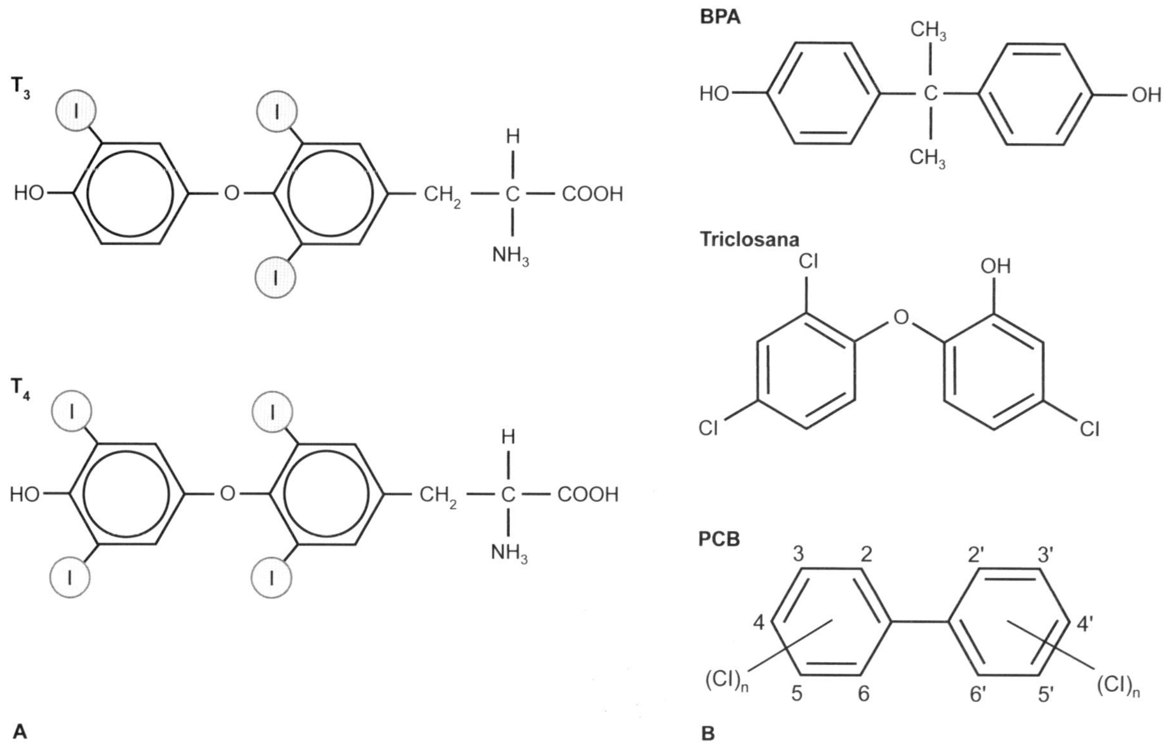

Figura 78.15 • Similaridade estrutural entre os hormônios tireoidianos (**A**) e os desreguladores endócrinos BPA, triclosana e PCB (**B**).

foi demonstrada uma correlação positiva entre os níveis desse metabólito do DDT e os níveis séricos de TSH em humanos expostos.

Finalmente, existem alguns desreguladores endócrinos que não são orgânicos, mas que são conhecidos interferentes da função tireoidiana, principalmente por inibirem a captação de iodeto mediada pela NIS. Enquadram-se nesses desreguladores endócrinos inorgânicos perclorato, nitrato, tiocianato, dentre outros compostos, que inibem de maneira significativa a função do NIS, e consequentemente a síntese de HT (Figura 78.16).

O perclorato é um íon inorgânico usado na fabricação de propelentes, fogos de artifício, foguetes, mísseis e fertilizantes, além de ser formado naturalmente na atmosfera, especialmente em regiões de clima árido. Essa combinação entre a produção humana e os processos naturais resulta em uma acentuada presença de perclorato no meio ambiente, principalmente em países com intensa atividade da indústria bélica. A presença de perclorato em água de irrigação, solo e fertilizantes resulta na acumulação desse ânion em frutos, vegetais e outros alimentos, aumentando ainda mais a exposição humana a esse composto químico. O perclorato é um conhecido inibidor da captação de iodeto pelo NIS em tireócitos, dada a similaridade de tamanho e carga entre esse ânion e o iodeto. Os efeitos nocivos do perclorato sobre a função tireoidiana em humanos são especialmente relatados em populações com aporte deficiente de iodo pela dieta.

É relevante destacar que o meio ambiente apresenta níveis de contaminação com nitrato muito maiores do que aqueles observados para o perclorato. Em concordância, nas últimas décadas, houve um aumento significativo dos níveis de nitrato na água para consumo humano e nos alimentos, pelo uso exacerbado de fertilizantes e pesticidas nitrogenados. Nesse sentido, alguns estudos associaram a exposição exacerbada ao nitrato com o aumento do risco de desenvolvimento de cânceres e problemas reprodutivos. Embora a inibição exercida pelo nitrato sobre a função do NIS seja menor do que aquela induzida pelo perclorato (ver Figura 78.16), os níveis de nitrato encontrado no soro de humanos são muito maiores. Adicionalmente, estudos demonstraram que esse composto age sinergicamente tanto com o perclorato como com o tiocianato, potencializando seus efeitos inibitórios sobre a atividade do NIS e, consequentemente, sobre a função tireoidiana.

A maior parte dos estudos sobre os efeitos nocivos dos desreguladores endócrinos concentra-se em suas ações sobre o sistema genital, dada a similaridade estrutural entre esses compostos e os hormônios esteroides e as ações estrogênicas, androgênicas, antiestrogênicas ou antiandrogênicas desencadeadas por muitos desses compostos. Não obstante, vale destacar que os receptores de HT encontram-se expressos em praticamente todos os tecidos do organismo. Dessa maneira, desreguladores endócrinos que alterem a produção de HT ou suas ações no organismo potencialmente interferirão na homeostase de vários sistemas do organismo. Nesse sentido, é importante pautar que as disfunções tireoidianas são em geral seguidas de distúrbios cardiovasculares, metabólicos, reprodutivos, neurológicos e comportamentais.

Por esse motivo, novos estudos serão fundamentais para determinar o real impacto dos diferentes desreguladores endócrinos sobre a função dessa glândula tão importante para a manutenção da homeostase do organismo.

▶ Efeitos no sistema genital

Sistema genital feminino

Os órgãos sexuais femininos incluem os ovários, tubas uterinas, útero e vagina (Figura 78.17). Conforme destacado em capítulos anteriores, os órgãos componentes do sistema genital feminino são responsáveis pela produção e transporte de gametas, produção e secreção de hormônios sexuais e manutenção adequada do feto durante o período de gestação.

A estrutura e a função de cada um dos órgãos que compõem o sistema genital feminino são reguladas por hormônios produzidos pelo hipotálamo (especialmente o GnRH) e pela hipófise (LH e FSH). Dessa maneira, o eixo hipotálamo-hipófise-ovário é o principal regulador hormonal do sistema genital feminino e o principal alvo da ação dos desreguladores endócrinos. De fato, muitos estudos da literatura demonstram

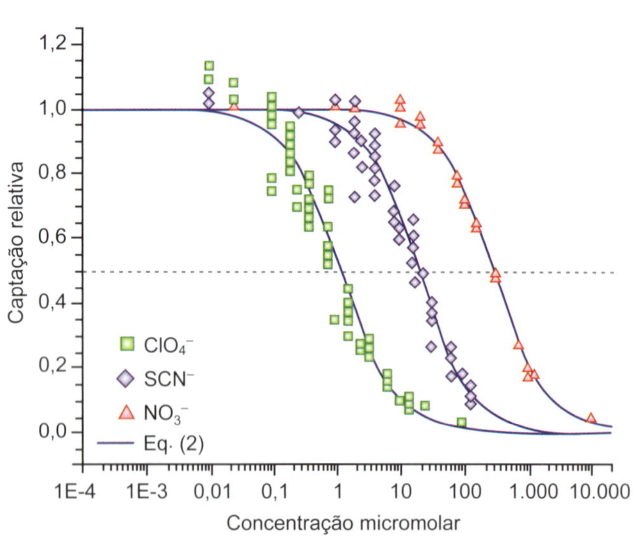

Figura 78.16 ▪ Inibição da captação de iodeto pelos tireócitos na presença de perclorato (ClO$_4^-$), nitrato (NO$_3^-$) ou tiocianato (SCN$^-$). (Adaptada de Tonacchera et al., 2004.)

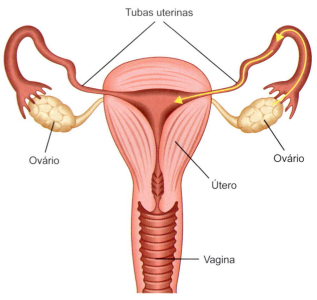

Figura 78.17 ▪ Órgãos que compõem o sistema genital feminino e que potencialmente sofrem as consequências da exposição aos desreguladores endócrinos.

que os desreguladores endócrinos interferem na ação dos hormônios hipotalâmicos, hipofisários e/ou ovarianos, causando efeitos adversos sobre o sistema genital feminino, como infertilidade, puberdade precoce, falência ovariana prematura, endometriose, síndrome do ovário policístico, menopausa precoce, aumento da incidência de cânceres etc.

Um dos exemplos mais emblemáticos da ação de desreguladores endócrinos sobre o sistema genital feminino foi o uso de dietilestilbestrol (DES) por gestantes nas décadas de 1940 a 1970. Nessa época, esse composto sintético, com ação estrogênica, era prescrito para gestantes com o objetivo de diminuir o enjoo matinal e evitar abortamentos (Figura 78.18). Contudo, estudos realizados nos anos 1980 demonstraram que as filhas das gestantes tratadas com DES apresentavam maior propensão ao desenvolvimento de cânceres de mama, útero e vagina do que as filhas de gestantes não expostas ao tratamento com esse composto.

Embora muitos estudos sugiram uma correlação entre a exposição aos desreguladores endócrinos e problemas reprodutivos, o mecanismo de ação desses compostos sobre o sistema genital feminino precisa ser melhor caracterizado. Outra dificuldade é estabelecer o papel de cada desregulador endócrino sobre esse sistema, uma vez que, conforme destacado anteriormente, os seres humanos estão expostos concomitantemente a diferentes desreguladores endócrinos. Nesse sentido, frente a essas ações conjuntas, devemos levar em consideração que mecanismos sinérgicos e/ou antagônicos serão desencadeados, promovendo efeitos distintos daqueles observados frente à exposição de um único desregulador endócrino.

Descreveremos aqui os principais achados da literatura sobre os efeitos dos desreguladores endócrinos sobre o sistema genital feminino.

Ovário

É a gônada feminina responsável pela produção dos gametas femininos e pela produção dos hormônios sexuais, estrógeno e progesterona. A maior parte dos estudos que avaliam os efeitos dos desreguladores endócrinos sobre os ovários envolve o uso de modelos animais (*in vivo*) ou cultura de células (*in vitro*). Sendo assim, a descrição dos efeitos em humanos ainda é escassa na literatura.

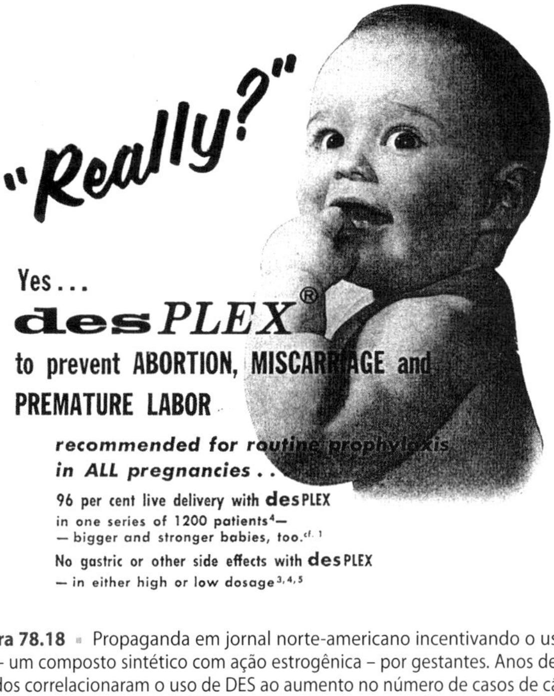

No ovário em desenvolvimento, demonstra-se que BPA, ftalatos e pesticidas, ao interferirem nas vias de ação hormonal, principalmente dos estrógenos, comprometem a viabilidade e a maturação das células germinativas em modelos animais e modelos *in vitro*. No ovário maduro, ainda que os mecanismos de ação não estejam completamente descritos, sugere-se que a exposição aos desreguladores endócrinos (BPA, ftalatos, PCB, pesticidas) altera a expressão gênica ovariana, diminui o número e o crescimento dos folículos ovarianos e/ou induz atresia folicular. Adicionalmente, a exposição ao BPA já foi relacionada com aumento de cistos ovarianos em ratas.

Dados de diferentes estudos com modelos animais e *in vitro* demonstraram que os desreguladores endócrinos aumentam a necrose e/ou apoptose de células da granulosa. Outros estudos sugerem que a esteroidogênese ovariana seja comprometida frente à exposição aos desreguladores endócrinos.

Conforme destacado em capítulos anteriores, a produção de esteroides sexuais é um processo complexo, que depende da expressão e atividade de diferentes enzimas. Dessa maneira, a interferência promovida pelos desreguladores endócrinos nas enzimas-chave do processo de esteroidogênese ovariana reflete-se diretamente na produção de estrógenos e progesterona, e indiretamente sobre os efeitos controlados por esses hormônios nos diferentes tecidos do organismo.

Estudos sugerem tanto uma interferência direta quanto indireta dos desreguladores endócrinos sobre a produção de hormônios esteroides pelos ovários.

As ações diretas incluem a interferência em células da teca e da granulosa, regulando a expressão e a atividade de enzimas esteroidogênicas (Figura 78.19).

As ações indiretas incluem os efeitos dos desreguladores endócrinos sobre a hipófise, por meio da alteração da síntese, secreção e/ou sinalização dos hormônios FSH e LH, e/ou sobre o hipotálamo, através da regulação da produção e/ou ação do GnRH. Alguns estudos sugerem, inclusive, que a interferência promovida pelos desreguladores endócrinos na hipófise e no hipotálamo esteja envolvida tanto no início precoce da puberdade como na diminuição da fertilidade em indivíduos adultos.

É importante destacar que, ao alterar a produção dos hormônios esteroides no organismo e/ou interferir nas suas vias de sinalização, os desreguladores endócrinos não comprometem apenas o adequado funcionamento do sistema genital feminino, como também outras funções controladas pelos hormônios esteroides femininos, como a atividade cardíaca, o metabolismo ósseo, a função cognitiva etc.

Sendo assim, ao interferir no desenvolvimento, maturação e/ou função dos ovários, os desreguladores endócrinos desencadeiam alterações sistêmicas relevantes, não apenas relacionadas com a reprodução.

Útero

Os estudos que descrevem os efeitos nocivos dos desreguladores endócrinos sobre a estrutura e função do útero se concentram principalmente em modelos animais e *in vitro*. Nesse sentido, os principais efeitos descritos incluem a interferência promovida pelos desreguladores endócrinos na ação dos esteroides hormonais sobre as células uterinas e/ou sobre a morfologia do útero. As consequências da interferência

Figura 78.18 ▪ Propaganda em jornal norte-americano incentivando o uso de DES – um composto sintético com ação estrogênica – por gestantes. Anos depois, estudos correlacionaram o uso de DES ao aumento no número de casos de câncer de mama, útero e vagina nas filhas das gestantes expostas. É importante destacar que o tratamento também provocou alterações na genitália masculina e hipospadia nos filhos das gestantes expostas.

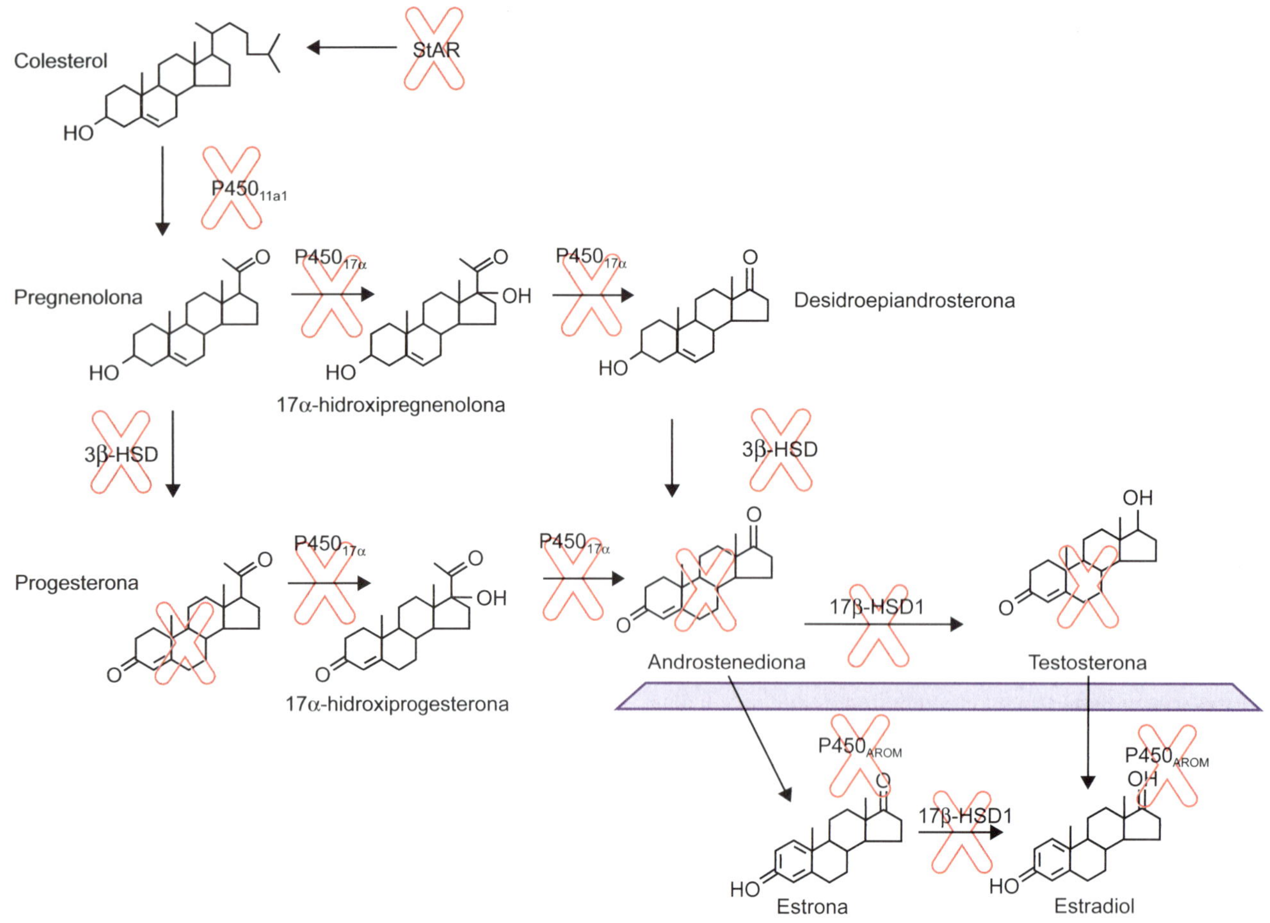

Figura 78.19 • Enzimas envolvidas na síntese dos esteroides ovarianos e o impacto da exposição aos desreguladores endócrinos sobre essa via de biossíntese hormonal. Conforme destacado na figura, a síntese dos hormônios ovarianos depende do aporte adequado de colesterol e da expressão e atividade de uma série de enzimas presentes tanto nas células da teca quanto nas células da granulosa. Os *X vermelhos* indicam os hormônios ou enzimas que já foram descritos na literatura como alvos da ação dos desreguladores endócrinos. (Adaptada de Gore *et al.*, 2015.)

hormonal induzida por esses compostos incluem: aumento do peso/volume uterino, alteração na expressão de genes envolvidos na regulação da função uterina, redução da receptividade endometrial ao embrião, diminuição dos sítios de implantação embrionária etc.

Embora sejam escassos, alguns estudos epidemiológicos já correlacionaram a exposição humana aos desreguladores endócrinos durante os períodos pré-natal, neonatal e pós-natal com o aumento na incidência de câncer de útero durante a vida adulta.

Puberdade, ciclo ovariano, ciclo menstrual, menopausa

É nestes parâmetros que se concentra a maior parte dos estudos epidemiológicos, ou seja, estudos gerados a partir de dados obtidos com diferentes populações humanas ou grupos de indivíduos. Por esse mesmo motivo, os dados sobre os efeitos dos desreguladores endócrinos na puberdade, alterações no ciclo menstrual/ovariano e início precoce da menopausa ainda são conflitantes tanto em humanos quanto em animais.

Os resultados contraditórios se justificam especialmente pelas diferenças na concentração dos desreguladores endócrinos aos quais os indivíduos foram expostos, no tempo de exposição, assim como na fase do desenvolvimento na qual o indivíduo foi exposto. Além disso, adicionam-se outras variáveis, como diferenças na coleta e no tipo das amostras humanas (sangue, urina, entre outras), a predisposição genética dos indivíduos de diferentes populações, a presença de múltiplos interferentes endócrinos no ambiente, as condições socioeconômicas de cada população etc.

Sendo assim, enquanto alguns estudos sugerem uma correlação direta entre o início precoce da puberdade e da menopausa, alterações nos ciclos ovariano/menstrual e a exposição a diferentes desreguladores endócrinos, outros estudos questionam essas relações de causa e efeito. Dessa maneira, estudos adicionais devem ser realizados para identificar o papel dos desreguladores endócrinos sobre esses parâmetros do sistema genital feminino, assim como os mecanismos de ação que estão relacionados com esses efeitos.

Fertilidade

A diminuição da fertilidade feminina induzida pela exposição aos desreguladores endócrinos é consideravelmente mais descrita em modelos animais do que em populações humanas. De fato, estudos com ratos e camundongos já sugeriram que a exposição humana a esses compostos promove a diminuição de fertilidade, infertilidade, diminuída taxa de implantação de embriões, e até um comprometimento da manutenção da gestação. Ainda assim, os mecanismos de ação pelos quais os desreguladores endócrinos induzem esses efeitos nos modelos experimentais não estão completamente esclarecidos.

Alguns poucos estudos em populações humanas demonstraram uma correlação positiva entre níveis aumentados de desreguladores endócrinos no soro e maior dificuldade para engravidar, aumento no número de abortos e/ou diminuição da eficiência de implantação de embriões em tratamentos de reprodução assistida. Contudo, outros estudos contrapõem esses resultados, por não demonstrarem nenhuma correlação específica entre a diminuição da fertilidade feminina e a exposição aos desreguladores endócrinos. Dessa maneira, futuros estudos serão essenciais para estabelecer os reais efeitos desses compostos sobre a fertilidade feminina.

Sistema genital masculino

Os órgãos sexuais que compõem o sistema genital masculino incluem testículos, epidídimo, canais deferentes, próstata, vesícula seminal e pênis (Figura 78.20). Conforme descrito detalhadamente em capítulos anteriores, esses órgãos são basicamente responsáveis pela produção, maturação e transporte dos gametas masculinos, assim como pela síntese e secreção de hormônios sexuais masculinos, que possuem os mais variados efeitos sistêmicos no organismo.

Muitos estudos demonstram que os desreguladores endócrinos, ao interferirem na produção e/ou ação dos andrógenos, comprometem a função do sistema genital masculino. Essa interferência endócrina seria responsável por alterações no desenvolvimento embrionário do sistema genital e na função sexual masculina.

É interessante destacar que a interferência endócrina promovida por agentes com atividade estrogênica também compromete o sistema genital masculino. De fato, os efeitos deletérios observados nos órgãos sexuais masculinos desencadeados pela exposição materna a um composto sintético estrogênico, como o DES, descrito anteriormente neste capítulo, comprovam que desreguladores endócrinos com atividade estrogênica também interferem de maneira relevante no desenvolvimento e na função sexual masculina.

Dentre as principais consequências negativas desencadeadas pela exposição aos desreguladores endócrinos no sistema genital masculino destacam-se: comprometimento da espermatogênese, criptorquidismo, hipospadia, infertilidade ou baixa fertilidade, diminuída qualidade do sêmen e cânceres em diferentes estruturas sexuais.

É importante destacar que muitos estudos com outras classes de animais, como peixes, répteis, anfíbios, aves e outros mamíferos, consistentemente demonstram o efeito deletério que os desreguladores endócrinos presentes no meio ambiente exercem sobre o sistema genital masculino. Contudo, mais estudos epidemiológicos serão necessários para estabelecer quais são as fases críticas, as doses e o tempo de exposição necessários para que os efeitos deletérios sejam observados no sistema genital humano.

Aqui serão descritos os principais achados da literatura sobre os efeitos dos desreguladores endócrinos no sistema genital masculino.

Testículos

Os testículos são funcional e anatomicamente divididos em duas partes: tecido intersticial, responsável pela biossíntese dos esteroides gonadais, e os túbulos seminíferos, responsáveis pela produção do espermatozoides.

O desenvolvimento embrionário dos testículos é de fundamental importância para uma série de outras cascatas de desenvolvimento, que dependem da produção e da ação da testosterona. De fato, a síndrome de disgenesia testicular, que envolve o comprometimento do desenvolvimento dos testículos por agentes químicos ou genéticos, foi associada a uma série de problemas relacionados com o sistema genital masculino, como criptorquidismo, hipospadia, oligospermia e câncer de testículo.

Alguns estudos sugerem que a síndrome de disgenesia testicular decorra de uma ação androgênica insuficiente, que resulta em disfunções nas células de Sertoli e de Leydig, comprometendo, assim, o adequado desenvolvimento da gônada e dos outros órgãos do sistema genital masculino. Nesse sentido, substâncias químicas, naturais ou sintéticas, capazes de interferir na produção/ação da testosterona durante o desenvolvimento embrionário, potencialmente desencadearão uma série de problemas reprodutivos. Ainda que a correlação entre a exposição aos desreguladores endócrinos e essas disfunções não esteja completamente comprovada, muitos trabalhos demonstram a indução de anomalias anatômicas e/ou funcionais nos testículos de humanos e outros animais expostos aos interferentes endócrinos em fases iniciais do desenvolvimento.

O *criptorquidismo*, por exemplo, é um problema relacionado ao desenvolvimento dos testículos e que em geral está associado na literatura à exposição aos desreguladores endócrinos. Sabe-se que, após desenvolvimento embrionário dos testículos, os mesmos são alocados na bolsa escrotal, fora da cavidade abdominal, e mantidos em temperatura inferior à corporal. O criptorquidismo se caracteriza pela manutenção dos testículos na cavidade abdominal, seja por uma falha no processo de descida dos testículos até a bolsa escrotal durante o período embrionário, seja pela ascensão de um ou dos dois testículos para a cavidade abdominal durante a infância (Figura 78.21).

As principais consequências da manutenção do testículo fora da bolsa escrotal são a degeneração das células germinativas e, consequentemente, a infertilidade. É relevante destacar

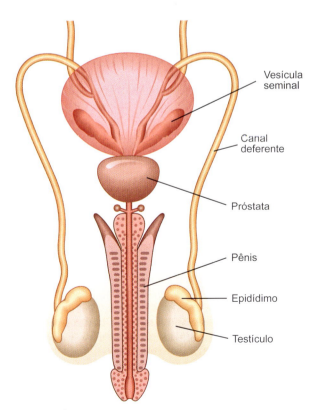

Figura 78.20 • Órgãos que compõem o sistema genital masculino e que potencialmente sofrem as consequências da exposição aos desreguladores endócrinos.

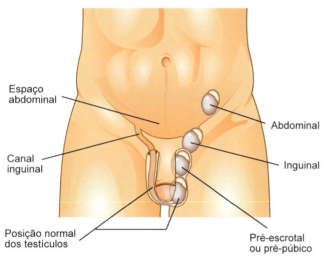

Figura 78.21 ▪ Ilustração esquemática do criptorquidismo, ou seja, a manutenção dos testículos nas cavidades abdominal, inguinal ou pré-escrotal.

que a incidência de criptorquidismo nas diferentes populações aumentou consideravelmente nos últimos anos. De maneira interessante, a maior parte dos estudos descritos na literatura sobre essa disfunção envolve dados epidemiológicos.

Nesse sentido, alguns estudos demonstraram uma correlação positiva entre o aumento dos casos de criptorquidismo em meninos com altos níveis de pesticidas no tecido adiposo. Outros trabalhos descreveram uma associação entre níveis aumentados de pesticidas organoclorados, PCB, ftalatos e/ou dioxinas na placenta, urina e leite maternos e o aumento da incidência de criptorquidismo em recém-nascidos.

Além disso, outros trabalhos demonstraram que o ftalato dietil-hexilftalato (DHEP) exerce uma ação antiandrogênica muito significativa e que seu metabólito, o monoetil-hexilftalato (MHEP), gerado por ação de enzimas intestinais, apresenta uma ação antiandrogênica 10 vezes mais potente que seu precursor. Em concordância, alguns estudos já sugeriram que essa potente ação antiandrogênica justificaria a alta incidência de criptorquidismo em indivíduos expostos, durante a gestação, a altas concentrações de ftalatos.

A *hipospadia* é outra anomalia do sistema genital na qual a abertura da uretra não fica na extremidade da glande do pênis, e sim situada em um ponto variável da face inferior do pênis, entre a glande e o períneo (Figura 78.22).

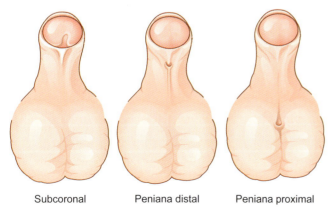

Figura 78.22 ▪ Ilustração sistemática sobre a hipospadia, na qual a abertura da uretra se situa em diferentes posições ao longo do pênis e da bolsa escrotal.

Dada a raridade dessa condição, poucos são os trabalhos epidemiológicos que relatam de maneira consistente a associação entre a hipospadia e a exposição aos desreguladores endócrinos. Ainda assim, alguns estudos sugeriram fortemente o aumento do risco de desenvolvimento de hipospadia em filhos de homens/mulheres expostos a pesticidas, metais pesados, PCB e/ou outros desreguladores endócrinos.

Contudo, conforme destacado anteriormente, existem algumas disparidades e incongruências nos resultados obtidos em diferentes estudos epidemiológicos que buscaram relacionar a ocorrência de hipospadia ou criptorquidismo e a exposição aos desreguladores endócrinos. Por esse motivo, estudos futuros serão fundamentais para delinear com precisão os mecanismos, os períodos críticos e as doses necessárias para a ocorrência dessas anomalias do sistema genital masculino frente à exposição aos desreguladores endócrinos

Qualidade do sêmen

O sêmen constitui-se basicamente do líquido seminal, produzido pelas secreções seminais e prostáticas, e dos espermatozoides, gerados e maturados no testículo e epidídimo. O sêmen é rico em frutose, enzimas, como a fosfatase ácida e alcalina. Os níveis de cada componente do sêmen constituem um excelente indicador bioquímico da função androgênica. Dessa maneira, alterações provocadas por desreguladores endócrinos na produção das secreções da próstata e/ou vesículas seminais, assim como na geração e proliferação das células germinativas ou na maturação dos espermatozoides, interferem diretamente na qualidade do sêmen.

Muitos trabalhos relatam que a exposição das células germinativas dos fetos aos desreguladores endócrinos (como pesticidas, ftalatos, PCB) esteja associada à diminuição do número e da mobilidade dos espermatozoides. Em concordância, outros estudos sugerem que a exposição embrionária ou mesmo de indivíduos adultos aos desreguladores endócrinos induz alterações morfológicas nos espermatozoides, compromete a integridade do DNA dos gametas e promove alterações significativas na condensação da cromatina dos espermatozoides presentes no sêmen. Ainda assim, os dados obtidos em estudos epidemiológicos continuam muito contraditórios e alguns estudos não descrevem esse tipo de correlação em algumas populações.

Próstata

A próstata é um órgão altamente dependente da ação hormonal. Nesse sentido, o desenvolvimento embrionário, a função e a morfologia da próstata estão intimamente relacionados com os níveis circulantes de hormônios esteroides, especialmente os andrógenos. O papel e a importância dos hormônios sobre a próstata se refletem na grande quantidade de receptores e enzimas associadas ao metabolismo de andrógenos e estrógenos nesse tecido.

Dada a ação androgênica de alguns desreguladores endócrinos, inúmeros estudos já demonstraram uma correlação positiva entre o crescimento prostático e a exposição a diferentes interferentes. Nesse sentido, cada vez mais trabalhos sugerem que a exposição humana aos desreguladores endócrinos, como pesticidas, herbicidas, PCB, BPA e/ou metais pesados, está diretamente relacionada com o aumento da incidência de câncer de próstata. Ainda assim, essa incidência também tem uma forte associação com predisposições genéticas dos indivíduos. Alguns estudos realizados em modelos experimentais e culturas de células fortalecem os dados epidemiológicos apresentados na literatura. Apesar disso, os períodos críticos de exposição e os mecanismos de ação desencadeados pelos desreguladores endócrinos sobre a próstata ainda precisam ser mais bem elucidados. Futuros trabalhos seguramente contribuirão de maneira significativa para a resolução dessas deficiências.

▶ Efeitos no metabolismo energético

A obesidade e o diabetes são os maiores problemas endócrinos de saúde pública no mundo, e o número de novos casos cresce consideravelmente a cada ano. Nesse sentido, a Organização Mundial da Saúde (OMS) sugere que atualmente presenciamos uma epidemia de obesidade e diabetes em escala global. Entender os mecanismos associados à etiologia tanto da obesidade como do diabetes contribuirá de maneira significativa para a prevenção e a redução desses problemas metabólicos na população mundial.

Aqui serão descritos os efeitos da exposição aos desreguladores endócrinos sobre alterações metabólicas desencadeadoras de quadros de obesidade e/ou diabetes.

Obesidade

A obesidade resulta de uma elevada ingestão alimentar em relação ao gasto energético. A etiologia da obesidade é complexa e envolve tanto fatores genéticos quanto fatores ambientais. Além disso, há um amplo conhecimento acerca dos mecanismos neurais e endócrinos que controlam a ingestão e o comportamento alimentar, que estão intimamente relacionados com a origem da obesidade. Sabe-se também da íntima relação entre a obesidade e o desenvolvimento do diabetes. Todos esses aspectos foram detalhadamente descritos em capítulos anteriores. Contudo, o crescimento global da incidência de obesidade, diabetes e suas comorbidades tem gerado muitas reflexões relacionadas à etiologia dessas doenças. Uma vertente dos estudos busca entender o impacto da exposição humana aos desreguladores endócrinos e a ocorrência de obesidade em indivíduos em diferentes faixas etárias. Interessantemente, os interferentes endócrinos associados ao desenvolvimento de obesidade são conhecidos como "obesogênicos".

Nesse sentido, a exposição aos desreguladores endócrinos no período intrauterino e perinatal tem sido considerada como um fator de risco importante para o desenvolvimento de obesidade e doenças metabólicas durante a vida adulta. Em concordância, há estudos que demonstram que a exposição a alguns desreguladores endócrinos diminui o crescimento fetal intrauterino e o peso ao nascer de recém-nascidos, e ambos os fatores apresentam uma correlação importante com o desenvolvimento de obesidade durante a vida adulta.

O aumento de peso na idade adulta induzido por desreguladores endócrinos também foi observado em camundongos tratados com baixas concentrações de DES durante o período neonatal. Sendo assim, além dos problemas reprodutivos que foram destacados anteriormente neste capítulo, a exposição ao DES também induz modificações metabólicas relevantes.

Um grande número de estudos epidemiológicos e com modelos animais destacam o papel obesogênico de alguns desreguladores endócrinos, graças aos efeitos desencadeados por esses compostos estimulando a adipogênese, ou seja, promovendo um aumento no número de adipócitos e no armazenamento de gordura em adipócitos preexistentes (Figura 78.23).

Além disso, alguns estudos relatam que os desreguladores endócrinos alteram a taxa metabólica basal, favorecendo o armazenamento de gordura ou alterando o controle hormonal do apetite e saciedade. Todas essas ações, em conjunto, poderiam justificar os estudos que associam a exposição aos desreguladores endócrinos e o desenvolvimento de obesidade tanto em humanos quanto em animais.

De fato, já foi sugerida uma correlação positiva entre a concentração urinária de ftalatos e o aumento do diâmetro da cintura e do índice de massa corporal (IMC) em crianças e adultos. Além disso, diferentes trabalhos sugeriram uma associação entre os níveis urinários de BPA e obesidade. Adicionalmente, DDT, DDE, DPEP e PBDE já foram positivamente correlacionados com o desenvolvimento de obesidade em homens e mulheres.

Ainda, há relatos na literatura de que a exposição a organotinas, que estão presentes em fungicidas e são ingeridas pelo consumo de frutos do mar contaminados, está associada ao desenvolvimento da obesidade. Demonstrou-se que duas delas, TBT e TPT, se ligam com alta afinidade aos receptores nucleares RXR e PPARγ, que são essenciais para o desenvolvimento dos adipócitos. Estudos *in vitro* demonstraram que, ao se ligarem a eseses receptores, as organotinas, e também outros desreguladores endócrinos, induzem a proliferação dos adipócitos. Em consonância, alguns trabalhos com modelos animais demonstraram que a exposição intrauterina ao TBT promove o aumento de gordura nos depósitos adiposos, no fígado e nos testículos de camundongos neonatos e o aumento dos depósitos adiposos nos animais adultos.

Trabalhos relataram que a exposição perinatal de camundongos a retardantes de chamas (PBB) provoca alterações na expressão de genes do fígado relacionados ao metabolismo, bem como elevação dos níveis de triglicerídios circulantes. Outros estudos demonstraram que ratos expostos ao BPA no período perinatal também apresentaram alterações hepáticas significativas na vida adulta, como esteatose hepática não alcoólica e aumento dos níveis plasmáticos de triglicerídios e colesterol. Por fim, alguns estudos sugeriram que a exposição materna ao DDT reduz a taxa metabólica basal de suas proles. Esse efeito justificaria o ganho de peso exacerbado dos animais expostos, que curiosamente apresentaram a mesma ingestão energética de animais do grupo-controle, ou seja, que não foram expostos a qualquer tipo de tratamento.

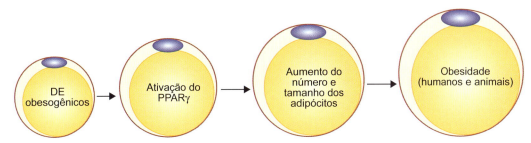

Figura 78.23 • Papel dos desreguladores endócrinos (DE) obesogênicos na diferenciação de adipócitos e desenvolvimento da obesidade. (Adaptada de Heindel *et al.*, 2015.)

Outros estudos da literatura relatam os efeitos diretos de desreguladores endócrinos em neurônios hipotalâmicos que expressam neuropeptídios relacionados com o controle da ingestão alimentar, como o neuropeptídio Y (NPY), a proteína relacionada ao Agouti (AgRP), o transcrito regulado por anfetamina e cocaína (CART) e o hormônio melanotrófico (MSH). Esses circuitos que regulam a ingestão alimentar são estabelecidos muito precocemente durante a vida intrauterina. Dessa maneira, a exposição precoce aos desreguladores endócrinos e suas ações sobre esses circuitos envolvidos no controle da ingestão e comportamento alimentar também têm sido apontadas como potenciais desencadeadores da obesidade nos modelos animais e em humanos.

Conclui-se, assim, que a exposição intrauterina ou perinatal aos desreguladores endócrinos é um fator de risco considerável para o desenvolvimento de obesidade e doenças metabólicas na vida adulta.

Diabetes

Além de todos os efeitos descritos anteriormente sobre a programação e indução da obesidade, que por si só está intimamente relacionada com a ocorrência de diabetes, muitos trabalhos sugerem um papel direto e relevante dos desreguladores endócrinos sobre o desenvolvimento do diabetes, principalmente o diabetes melito tipo 2 (DM2), e também de outras doenças relacionadas com a resistência insulínica. De fato, o diabetes resulta de uma alteração na produção e/ou na ação da insulina no organismo.

Assim como no caso da obesidade, o diabetes possui alguns fatores genéticos e ambientais predisponentes. Ainda assim, os desreguladores endócrinos que induzem a resistência à insulina são classificados como diabetogênicos e são considerados fatores de risco para o desenvolvimento da síndrome metabólica e do DM2. Conforme destacado anteriormente, desreguladores endócrinos obesogênicos potencialmente desencadeiam o desenvolvimento de DM2.

Nesse sentido, algumas evidências científicas sugerem que a exposição intrauterina e perinatal ao BPA, por exemplo, altere a expressão de genes envolvidos na regulação do crescimento e função das células beta pancreáticas de maneira dose-dependente. Assim, o BPA em doses baixas provoca proliferação dessas células e aumento da insulinemia, enquanto, em doses altas, reduz a massa de células beta pancreáticas e altera a glicemia de jejum. Em resumo, esses estudos sugerem que as alterações promovidas pela exposição precoce ao BPA contribuem para o desenvolvimento de quadros de intolerância à glicose na vida adulta.

Estudos epidemiológicos sugeriram que a exposição humana aos POP, incluindo pesticidas organoclorados, PCB e dioxinas, apresenta uma sólida correlação com o aumento da prevalência de DM2. Em adição, os níveis de BPA, arsênico e ftalatos em urina também já foram positivamente correlacionados com a incidência de DM2 em diferentes estudos epidemiológicos.

Conforme descrito anteriormente, grande parte dos desreguladores endócrinos são lipofílicos e permanecem armazenados nos adipócitos por longos períodos. Dessa forma, alguns estudos descrevem que a presença de desreguladores endócrinos nos adipócitos está diretamente relacionada com menor responsividade dessas células à ação da insulina. Interessantemente, outros trabalhos demonstraram que a presença de dioxinas, BPA e os PCB no tecido adiposo induz a inflamação dos adipócitos, um outro fator predisponente para o desenvolvimento de resistência insulínica e diabetes. Por todos os dados apresentados na literatura, muitos estudos relatam que os indivíduos que apresentam desreguladores endócrinos armazenados em seus depósitos adiposos são mais suscetíveis ao desenvolvimento de resistência insulínica, e consequentemente de DM2.

A Figura 78.24 sumariza os efeitos desencadeados pelos desreguladores endócrinos aqui descritos e seu papel na indução de doenças metabólicas.

▶ Efeitos no sistema cardiovascular

As doenças cardiovasculares são a principal causa de óbito no mundo e resultam de vários fatores combinados que incluem causas genéticas, estilo de vida e fatores ambientais. Dentre os principais fatores de risco para o desenvolvimento dessas doenças, incluem-se o fumo, a obesidade e o diabetes, conforme já destacado.

Contudo, cada vez mais trabalhos têm associado o aumento da incidência de doenças cardiovasculares à exposição humana aos desreguladores endócrinos. De fato, o sistema cardiovascular é considerado um alvo direto e indireto das ações promovidas pelos desreguladores endócrinos, uma vez que muitos desses compostos interferem na ação dos hormônios que agem sobre os vasos e o coração.

Demonstrou-se, por exemplo, que altas concentrações de BPA estão associadas a aumento da prevalência de doenças coronarianas e que esse efeito aparentemente independe das ações desse desregulador endócrino sobre o desenvolvimento das doenças metabólicas (obesidade e diabetes). Dessa maneira, alguns dados sugerem que o BPA apresenta um efeito direto sobre o coração. Em consonância, o BPA exerce efeitos pró-arrítmicos ao interagir com o receptor de estrógenos tipo 2 (ESR2). Ainda, a conhecida ação inibitória dos estrógenos sobre a motilidade da musculatura lisa dos vasos, que ocorre via interação com o ESR2, também é comprometida pela exposição ao BPA. Esses resultados foram obtidos em estudos que usaram ratas como modelo experimental e que sugeriram a maior suscetibilidade das fêmeas aos impactos promovidos por esse desregulador endócrino. Vale ressaltar que, além do BPA, os fitoestrógenos agonistas do ERS2 também provocam alterações na função do coração, como arritmias cardíacas. Sendo assim, os riscos associados ao uso desses compostos, principalmente em terapias de reposição hormonal, devem ser muito bem avaliados.

O BPA, conforme mencionado anteriormente, também interage com o receptor de hormônios tireoidianos, atuando como seu antagonista. Conforme descrito em capítulo específico, os HT controlam a expressão de vários genes cardíacos, que codificam proteínas essenciais para a função do coração, como a isoforma A da cadeia pesada da miosina, SERCA, receptores β-adrenérgicos, GLUT4 etc. Dessa maneira, sugere-se que a exposição ao BPA comprometa de forma relevante o metabolismo e a mecânica cardíaca, por mecanismos indiretos que envolvem a interferência na ação dos HT sobre o sistema cardiovascular.

Adicionalmente, ratos expostos ao BPA por 48 semanas após o desmame apresentaram hipertrofia cardíaca e comprometimento significativo da função do coração; alterações que foram precedidas pela diminuição da função mitocondrial e consequente redução da produção de ATP.

Por sua vez, a exposição ao ftalato DHEP, presente em tubos plásticos de equipamentos de hemodiálise, bolsas de sangue e em outros produtos médicos utilizados em UTI, já foi correlacionada com a diminuição da expressão de

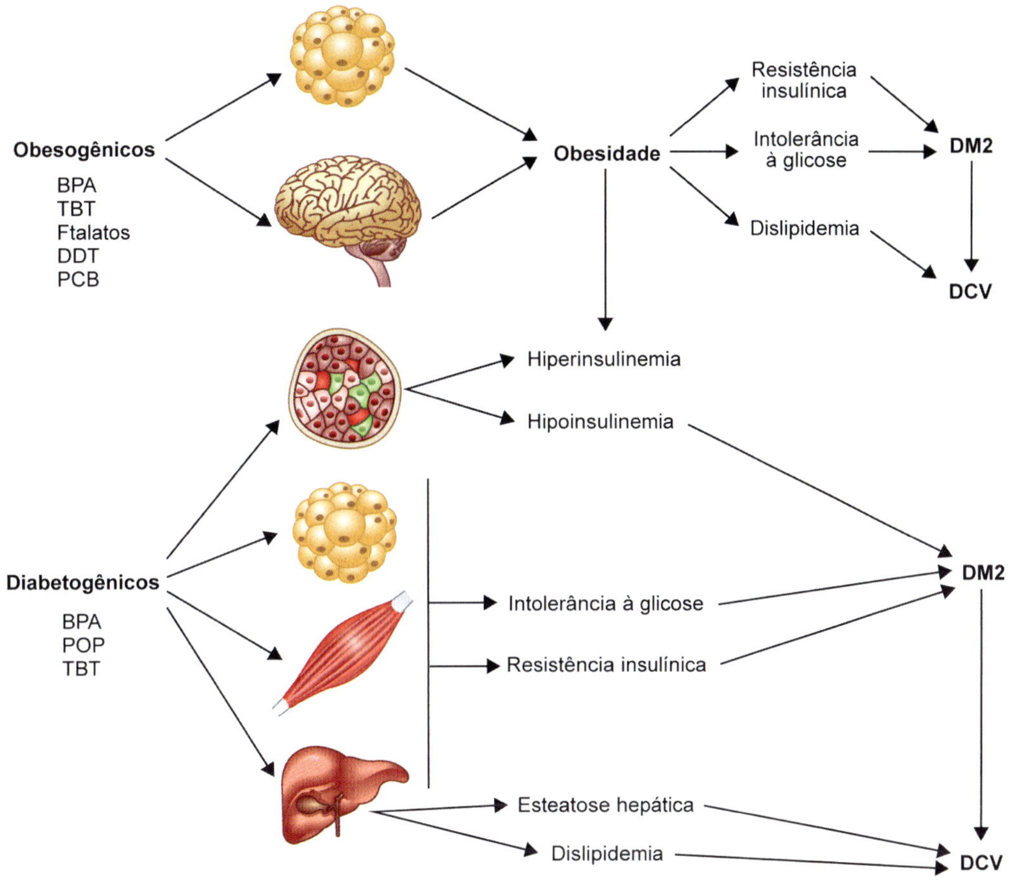

Figura 78.24 • Efeito de diferentes desreguladores endócrinos sobre o desenvolvimento da obesidade e do diabetes melito tipo 2 (DM2). Os efeitos obesogênicos estão diretamente relacionados com o estímulo de proliferação de células adiposas por alguns desreguladores. Adicionalmente, os agentes obesogênicos também interferem de maneira relevante nos efeitos comportamentais e de ingestão alimentar que são controlados principalmente no hipotálamo. Os compostos diabetogênicos, por sua vez, estão especialmente relacionados com alterações na secreção de insulina pelas células beta pancreáticas e com interferências na ação insulínica no organismo. Indiretamente, a partir da interferência na síntese e ação da insulina no organismo, os desreguladores endócrinos são responsáveis por outros efeitos deletérios sistêmicos, como doenças cardiovasculares (DCV), dislipidemias, esteatose hepática, entre outros. (Adaptada de Gore et al., 2015.)

receptores de angiotensina II (ATIIR-1b), expressos seletivamente na zona glomerulosa do córtex da suprarrenal, responsável pela produção de aldosterona. Dessa maneira, sugere-se um potencial comprometimento da regulação do equilíbrio hidreletrolítico e da pressão arterial em indivíduos expostos aos ftalatos. Esse risco aumentado se pauta no importante papel que a angiotensina II e a aldosterona desempenham sobre esses parâmetros. Em consonância, estudos descreveram que a exposição fetal ao DHEP reduz a síntese de aldosterona, afetando a pressão arterial sistêmica em indivíduos adultos.

Somando-se a esses dados, alguns pesticidas organoclorados já foram relacionados com o desenvolvimento de doenças arteriais periféricas, principalmente em indivíduos obesos. Em concordância, a exposição ao pesticida DDT já foi previamente correlacionada com o desenvolvimento de hipertensão. Além disso, a partir de sua ação agonista em receptores de estrógenos do tipo 1 (ESR1), os pesticidas organoclorados foram associados ao estímulo de angiogênese em tumores e suas metástases.

Uma correlação positiva entre os níveis plasmáticos de PCB e o aumento da pressão arterial também já foi estabelecida em alguns estudos epidemiológicos. Além disso, a exposição perinatal de ratos aos PBB, como o PBDE, foi previamente relacionada com o aumento da resposta de pressão arterial frente a um estímulo osmótico. Sugeriu-se nesse estudo que a exposição dos animais ao PBDE interferiu nos mecanismos responsáveis pelo controle do sistema arginina vasopressina, uma vez que se observou aumento significativo da concentração plasmática de arginina vasopressina (AVP) nos animais expostos.

Finalmente, estudos recentes apontaram que os desreguladores endócrinos também interferem na ação das prostaglandinas, que, por sua vez, apresentam importantes efeitos vasculares. Assim, sugere-se que essas ações interferentes adicionais dos desreguladores endócrinos contribuam de maneira significativa para desencadeamento de doenças cardiovasculares.

▶ Efeitos na função neuroendócrina

O controle da homeostase do organismo depende da integridade do sistema hipotálamo-hipófise-glândula/órgão-alvo, que, por meio da produção e ação de hormônios, participa ativamente do controle de processos como crescimento, desenvolvimento, reprodução, resposta ao estresse, metabolismo energético e equilíbrio hidreletrolítico.

De fato, sabe-se que os desreguladores endócrinos atuam por diferentes mecanismos e em diferentes componentes dos eixos do hipotálamo-hipófise-glândula, bem como interferem na ação de neurotransmissores centrais que atuam na regulação desses eixos (Figura 78.25).

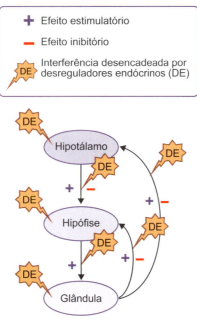

Figura 78.25 • Impacto da exposição aos desreguladores endócrinos (DE) sobre a função e atividade dos eixos hipotálamo-hipófise-glândula. Estudos mostram que a ação interferente dos desreguladores endócrinos atinge diferentes níveis de regulação dos eixos hipotálamo-hipófise-glândula, comprometendo o adequado funcionamento do sistema endócrino dos organismos expostos.

Dessa maneira, são evidentes as repercussões negativas desencadeadas pela exposição humana e animal aos diferentes desreguladores endócrinos, principalmente quando essa exposição ocorre em períodos críticos do desenvolvimento, conforme explicitado anteriormente.

Os hormônios hipotalâmicos são diretamente secretados no sistema porta-hipotalâmico-hipofisário, descrito em capítulos anteriores. Sendo assim, esses hormônios não são em geral detectados em amostras de soro ou urina. Por esse motivo, a maior parte dos estudos epidemiológicos sobre as interferências neuroendócrinas promovidas pelos desreguladores endócrinos se limita aos estudos comportamentais.

Nesse sentido, alguns estudos epidemiológicos e com modelos animais relataram que a ação hormonal envolvida na diferenciação sexual do SNC sofre potencial interferência induzida pela presença de desreguladores endócrinos, particularmente quando a exposição ocorre durante o período embrionário ou no período perinatal. De fato, sabe-se que esse processo depende, em grande parte, da ação dos hormônios maternos e fetais sobre os receptores de hormônios esteroides, bem como da metabolização desses hormônios por enzimas expressas no SNC – como a aromatase, que converte a testosterona a estradiol. Sendo assim, por ser um processo altamente dependente da ação hormonal, o potencial efeito deletério da ação de desreguladores endócrinos não pode ser ignorado. Muitos estudos recentes visam elucidar de maneira consistente quais são os mecanismos de ação desses interferentes endócrinos e quais são as fases mais críticas de exposição.

Como exemplo, já foi demonstrado que o pesticida organoclorado clordecona, um agonista estrogênico, quando administrado no 16º dia da gestação de ratas, provoca a alteração permanente do comportamento sexual de ratos e ratas de suas proles durante a vida adulta. As principais modificações observadas foram a masculinização das ratas e hipermasculinização dos ratos, caracterizadas pelo aumento significativo no número de montas. Além disso, estudos demonstraram que a exposição perinatal e pós-natal precoce ao BPA regula a expressão gênica e proteica de receptores estrogênicos no hipotálamo e em outras estruturas cerebrais, tanto em ratos quanto em camundongos.

Os efeitos nocivos dos desreguladores endócrinos sobre o sistema hipotálamo-hipófise-tireoide (HHT) também vêm sendo cada vez mais descritos na literatura. Os principais dados já foram extensivamente descritos neste capítulo.

Quanto ao eixo hipotálamo-hipófise-gônadas (HHG), inúmeros estudos da literatura descreveram o impacto negativo da exposição aos desreguladores endócrinos sobre a função de neurônios que produzem GnRH e kisspeptina. Contudo, muitos trabalhos apresentam dados contraditórios e ainda faltam dados epidemiológicos consistentes.

Por exemplo, alguns estudos demonstraram que o BPA reduz a expressão gênica do mRNA de GnRH. Enquanto isso, outros trabalhos demonstraram um efeito estimulatório desse desregulador endócrino tanto sobre o mRNA de GnRH quanto sobre a expressão de kisspeptina. Adicionalmente, efeitos contraditórios já foram descritos para as ações dos PCB e os ftalatos sobre a atividade do eixo HHG. Dessa maneira, já foi descrito que esses interferentes inibem, aumentam ou não alteram a expressão do GnRH e da kisspeptina em animais, dependendo do período e da dose de exposição. Esses resultados reforçam a importância das janelas de exposição na ocorrência de efeitos nocivos relacionados com a exposição aos desreguladores endócrinos.

Assim como descrito para os outros eixos endócrinos, o eixo hipotálamo-hipófise-adrenal (HHA) também é um importante alvo dos desreguladores endócrinos, ainda que muitos estudos sejam contraditórios.

Nesse sentido, alguns estudos demonstraram que a exposição de ratas ao BPA durante a gestação e lactação aumenta a concentração sérica de corticosterona, sem que alterações significativas na expressão do receptor de glicocorticoides sejam observadas. Enquanto isso, outro estudo reportou que a exposição de ratas ao BPA aumentou o peso de suas adrenais, mas reduziu a concentração sérica de corticosterona, tanto em condições basais quanto em reposta a um estímulo estressor. Reportou-se, ainda, na literatura que a exposição materna ao BPA antes e durante a gestação não induziu efeitos significativos sobre os níveis de corticosterona na sua prole durante a vida adulta.

Além do BPA, os PCB também já foram descritos como potenciais desreguladores do eixo HHA. Alguns estudos demonstraram que a exposição de ratos aos PCB durante a gestação reduz a secreção de corticosterona basal e induzida por CRH ou ACTH no início da vida pós-natal. Outro estudo demonstrou que a exposição materna aos PCB aumenta os níveis séricos de corticosterona nas fêmeas da prole durante a vida adulta. Não houve alteração significativa desse parâmetro nos machos da prole.

Efeitos interferentes do desregulador endócrino TBT sobre o eixo HHA já foram descritos na literatura. Sendo assim, a exposição ao TBT foi previamente correlacionada com alterações nos níveis séricos de corticosterona e ACTH, e na expressão de CRH e da óxido nítrico sintase induzível (iNOS) no hipotálamo.

De fato, os dados sobre o impacto da exposição aos desreguladores endócrinos no eixo HHA ainda são conflitantes. Contudo, grande parte dos estudos sugere que os desreguladores endócrinos promovam uma dissociação funcional do eixo HHA, interferindo nos seus papéis na regulação da homeostase do organismo.

Ao contrário das ações nocivas dos desreguladores endócrinos sobre o eixo hipotálamo-adeno-hipófise, as repercussões da exposição a esses compostos sobre o sistema hipotálamo-neuro-hipófise são menos conhecidas. Nesse sentido, existem registros na literatura de aumentos significativos na concentração sérica da arginina vasopressina (AVP) em ratos hiperosmóticos que foram expostos aos PCB, em relação a animais hiperosmóticos não expostos. Dados similares foram registrados por outros grupos, que demonstraram que a exposição materna aos PCB durante o período intrauterino aumenta a osmolaridade plasmática dos ratos da prole frente a um desafio osmótico em comparação aos ratos que não foram expostos. Esses resultados sugerem que ocorre uma programação intrauterina do eixo hipotálamo-neuro-hipófise nos animais expostos a desreguladores endócrinos, promovendo alterações significativas na responsividade desse eixo a diferentes estímulos. Mais ainda, esses efeitos parecem persistir durante a vida adulta dos animais.

Adicionalmente, sabe-se que o óxido nítrico (NO) tem um papel fundamental na liberação de AVP em reposta a estímulos osmóticos. Em concordância, os neurônios magnocelulares, responsáveis pela produção e secreção de AVP, apresentam elevada expressão da NOS. Essa expressão, por sua vez, é estimulada frente a alguns estímulos, como aumento da osmolaridade plasmática ou hipovolemia.

De fato, estudos recentes sugerem que tanto a expressão quanto a atividade de NOS são alvos da ação de alguns desreguladores endócrinos. Nesse sentido, sugere-se que vários outros processos biológicos dependentes da produção de NO, como a secreção de GnRH, de CRH, além de funções neuroendócrinas, cardiovasculares, de aprendizado e memória, podem potencialmente sofrer alterações frente à exposição aos desreguladores endócrinos.

No que se refere ao impacto comportamental dos desreguladores endócrinos, sabe-se que a ocitocina e a AVP exercem vários efeitos em processos mnemônicos e sociais. No hipocampo ventral, por exemplo, a AVP está envolvida no processamento e consolidação da memória social, que é muito importante para a reprodução, defesa territorial e estabelecimento de hierarquias. Esses circuitos também estão envolvidos com o comportamento de ansiedade. Levando-se em consideração os efeitos dos desreguladores endócrinos sobre a produção e ação da ocitocina e da AVP, conforme ressaltado anteriormente, pode-se sugerir que a exposição a esses compostos potencialmente induza alterações nas diferentes funções biológicas e comportamentais controladas por esses hormônios. Em concordância, alguns comportamentos mediados pelo sistema AVP central, como sociabilidade, comunicação e cuidados com a prole, também são comprometidos pela exposição aos desreguladores endócrinos. Por exemplo, a exposição de ratas ao PCB77 diminuiu a preferência desses animais por machos sexualmente ativos e aumentou sua preferência por fêmeas. Ainda, a exposição de ratas durante a gestação aos PCB, bem como ao BPA, reduziu significativamente o tempo de cuidados das genitoras com a suas proles, comparando-se com os comportamentos apresentados pelos grupos-controle.

CONSIDERAÇÕES FINAIS

Neste capítulo discutimos as principais características, as diferentes classes e os mecanismos de ação conhecidos dos desreguladores endócrinos. Fica claro que alguns pontos sobre o estudo dos efeitos desencadeados por essas substâncias precisam ser mais bem esclarecidos. Dessa forma, ainda que os sistemas endócrinos e os hormônios produzidos por eles sejam conservados em diferentes espécies de mamíferos, o uso de ratos e camundongos como modelo experimental ainda é uma limitação para determinar o real impacto da exposição humana aos desreguladores endócrinos. É importante ressaltar que esses modelos animais são de extrema importância na determinação dos mecanismos de ação e para a investigação dos efeitos de programação dos eixos endócrinos desencadeados por esses interferentes. Contudo, ainda faltam na literatura dados consistentes sobre os efeitos de alguns desreguladores endócrinos em seres humanos. Dessa maneira, mais estudos epidemiológicos serão necessários. Ainda assim, essa área de estudo é relativamente nova e seguramente dados mais embasados surgirão nos próximos anos.

Embora existam essas limitações, os dados descritos até o momento na literatura permitem inferir que os desreguladores endócrinos apresentam um potencial efeito nocivo nas gerações tanto direta quanto indiretamente expostas. Além disso, conforme descrito, os mecanismos epigenéticos de programação gênica adicionam uma variável importante, que deve ser levada em consideração. Ou seja, ainda que um indivíduo não seja diretamente exposto aos desreguladores endócrinos, a exposição materna e/ou paterna a esses compostos potencialmente induz modificações significativas na expressão de seus genes, tornando-o mais ou menos suscetível ao desenvolvimento de doenças durante a vida adulta.

A contaminação ambiental com desreguladores endócrinos é uma realidade. Infelizmente, não há como impedir a exposição humana a esses contaminantes. Dessa forma, estudos científicos serão necessários para elucidar o real impacto dessa exposição nos indivíduos e em futuras gerações. Identificar potenciais desreguladores endócrinos, compreender o complexo mecanismo de ação dessas substâncias, assim como elucidar os períodos mais críticos de exposição colaborarão efetivamente para o estabelecimento de políticas de saúde pública, com o intuito de reduzir a exposição humana e ambiental a essas substâncias. Além disso, o conhecimento científico aliado a medidas preventivas poderá contribuir de maneira significativa para a promoção da saúde e para a redução dos custos relacionados com o tratamento das disfunções endócrinas decorrentes dessa exposição.

BIBLIOGRAFIA

CASALS-CASAS C, DESVERGNE B. Endocrine disruptors: from endocrine to metabolic disruption. *Annu Rev Physiol*, 73:135-62, 2011.
DIAMANTI-KANDARAKIS E, BOURGUIGNON JP, GIUDICE LC et al. Endocrine-disrupting chemicals: an Endocrine Society scientific statement. *Endocr Rev*, 30(4):293-342, 2009.
GORE AC, CHAPPELL VA, FENTON SE et al. EDC-2: the Endocrine Society's second scientific statement on endocrine-disrupting chemicals. *Endocr Rev*, 36(6):E1-150, 2015.
HEINDEL JJ, NEWBOLD R, SCHUG TT. Endocrine disruptors and obesity. Nat *Rev Endocrinol*, 11(11):653-61, 2015.
PATRICK L. Thyroid disruption: mechanism and clinical implications in human health. *Altern Med Rev*, 14(4):326-46, 2009.
SCHUG TT, ABAGYAN R, BLUMBERG B et al. Designing endocrine disruption out of the next generation of chemicals. *Green Chem*, 15(1):181-98, 2013.
SHAHIDEHNIA M. Epigenetic effects of endocrine disrupting chemicals. *J Environ Anal Toxicol*, 6:381, 2016.
TONACCHERA M, PINCHERA A, DIMIDA A et al. Relative potencies and additivity of perchlorate, thiocyanate, nitrate, and iodide on the inhibition of radioactive iodide uptake by the human sodium iodide symporter. *Thyroid*, 14(12):1012-9, 2004.

Seção 10

Fisiologia do Desenvolvimento Humano

Coordenadora:
Margarida de Mello Aires

79 Fisiologia do Neonato, *1329*
80 Fisiologia do Envelhecimento Humano, *1349*

Capítulo 79

Fisiologia do Neonato

Frida Zaladek Gil

- Balanço hídrico, *1330*
- Considerações gerais sobre crescimento fetal, *1330*
- Perda de peso inicial no recém-nascido, *1331*
- Líquido amniótico, *1331*
- Função pulmonar, *1331*
- Eritropoese fetal, *1335*
- Fisiologia cardiovascular, *1335*
- Fisiologia renal, *1338*
- Fisiologia gastrintestinal, *1343*
- Considerações sobre o metabolismo energético, *1346*
- Bibliografia, *1347*

BALANÇO HÍDRICO

A regulação do volume e da concentração iônica do meio interno do feto deve-se primariamente à mãe e à placenta; ao nascimento, quando termina a função placentária, o rim deve assumir a responsabilidade da homeostase do organismo.

No feto, a água corporal é distribuída em compartimentos bem definidos e esta distribuição sofre modificações com o desenvolvimento fetal. À medida que a gestação progride, a água corporal total e a água do compartimento extracelular gradualmente diminuem, enquanto a água intracelular aumenta. No recém-nascido, há uma expansão natural do volume do meio extracelular, que vai sendo compensada até o final da primeira semana de vida. Durante o primeiro ano de vida, a tendência é uma gradual diminuição do conteúdo de água corporal, quando expresso por porcentagem de peso corpóreo. A porcentagem de água em cada compartimento varia de acordo com: ritmo de crescimento fetal, sexo, presença de patologias durante a gestação, tipo de parto, volume hídrico fornecido para a mãe durante o parto e função renal neonatal. Na fase precoce de gestação, a água constitui 85% do peso corpóreo, 2/3 dos quais no meio extracelular. Ao nascimento, 75% do peso corporal são constituídos de água, sendo que 50% estão no espaço extracelular. Aos 3 meses, 60% do peso são devidos à água, dos quais 2/3 estão no meio intracelular (Figura 79.1).

A redistribuição perinatal dos líquidos dos compartimentos corporais está associada a mudanças na composição iônica da água tecidual. Assim, no início do desenvolvimento fetal, o corpo tem alto teor de sódio e baixo de potássio, proporção que vai se alterando de acordo com o progresso da gestação.

Embora os fetos humanos possam exibir acentuadas variações de peso, um feto normal contém cerca de 3.000 mℓ de água, dos quais 350 mℓ estão no compartimento vascular. A placenta contém cerca de 500 mℓ de água. Tanto o volume hídrico fetal como o da placenta são proporcionais ao peso fetal, enquanto o volume do líquido amniótico não parece ter relação com o peso corpóreo do feto.

Neonatos com retardo de crescimento tem maior volume extracelular (VEC) em relação ao peso corpóreo do que os de mesma idade gestacional sem retardo. Recém-nascidos cujas mães receberam sobrecarga hídrica, ou os que nascem de parto cesariano, também têm expansão do VEC.

A interação dinâmica da circulação materna, circulação fetal e líquido amniótico assegura a homeostase fetal e fornece nutrientes, solutos e água necessários para o crescimento fetal. A placenta e as membranas fetais exercem papel fundamental na regulação do transporte dessas substâncias, uma vez que se comportam como epitélios de baixa permeabilidade e têm transportadores trancelulares específicos. Em geral, minerais tais como K^+, Mg^{2+}, Ca^{2+} e fosfato, que exibem baixa concentração plasmática e que são contidos intracelularmente ou em compartimentos como o osso, são transportados ativamente, enquanto o Na^+ e o Cl^- podem ser transportados ativa ou passivamente.

Entre a 18ª e a 40ª semana de idade gestacional, a concentração de Na^+ plasmático fetal é estável e similar à materna. É interessante mencionar que o sinciciotrofoblasto placentário é capaz de transferir de 10 a 100 vezes mais Na^+ do que o acréscimo diário de Na^+ do feto (necessário para seu crescimento), indicando que o Na^+ excedente retorna para a mãe por difusão paracelular, de tal modo que o fluxo de Na^+ transplacentário é bidirecional e praticamente simétrico.

CONSIDERAÇÕES GERAIS SOBRE CRESCIMENTO FETAL

O crescimento fetal depende de vários fatores, tais como: determinantes genéticos, condições gerais de saúde e alimentação maternas e presença de hormônios ou fatores de crescimento. É relativamente lento nas primeiras 8 semanas de gestação e então acelera. O ritmo de crescimento máximo é alcançado do quarto para o oitavo mês, quando o feto cresce de 5% a 9% por semana. A maior parte do peso fetal é adquirido da 20ª semana até o término da gestação, aumentando de cerca de 5 g/dia na 15ª semana para 15 a 20 g/dia na 20ª semana e chegando até 30 a 35 g/dia na 34ª semana de gestação.

A nutrição materna adequada possibilita o aporte de nutrientes para o feto, que farão com que o crescimento e desenvolvimento fetal ocorram adequadamente. Se o fornecimento de nutrientes para o feto for insuficiente, quer por condições que afetem a saúde materna (desnutrição, diabetes, hipertensão etc.) ou por insuficiência no aporte placentário de sangue, o crescimento e desenvolvimento fetal estará em risco.

O conceito de programação fetal vem sendo enfatizado nas duas últimas décadas; e, cada vez mais, condições patológicas que aparecem no adulto são correlacionadas com situações adversas sofridas durante sua gestação. Como exemplo, a desnutrição intrauterina ou a presença de diabetes melito na gestante têm sido descritas como condições que levam ao aparecimento de hipertensão, diabetes, doença coronariana e obesidade na prole. Estes estudos indicam que, além da carga genética, as condições impostas durante a gestação podem

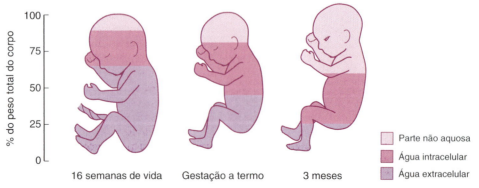

Figura 79.1 • Mudança na composição dos líquidos corporais durante o desenvolvimento normal do feto e do recém-nascido. Note que durante a vida fetal há considerável compartimento de água extracelular (uma extensão do espaço do líquido amniótico). (Adaptada de Costarino e Baumgart, 1986.)

determinar o aparecimento e/ou deflagar patologias que surgirão em diferentes fases do crescimento do indivíduo ou no adulto. Atualmente, os chamados fatores epigenéticos são objeto de intensa investigação.

PERDA DE PESO INICIAL NO RECÉM-NASCIDO

Logo após o nascimento, ocorre uma redistribuição dos líquidos dos compartimentos corporais; nos primeiros dias há perda de peso, que corresponde à retração isotônica do VEC e à eliminação de excesso de Na^+ e água pelos rins. Neste período de perda rápida de peso, o balanço nitrogenado permanece positivo, mostrando que o crescimento e desenvolvimento estão ocorrendo.

A perda rápida de líquido do espaço extracelular sempre foi tida como a responsável pela queda do peso corpóreo exibida pelos neonatos. Todavia, recentemente, alguns estudos evidenciam que o conteúdo de água intracelular diminui paralelamente à queda do peso corpóreo, enquanto o volume plasmático pode permanecer constante. Também é conhecido que, no recém-nascido, a maior parte da água corpórea e dos solutos está contida nos músculos e no tecido subcutâneo. Assim, haveria um componente do líquido intravascular, localizado na pele e nos músculos, que seria mais facilmente eliminado de acordo com as necessidades fisiológicas do recém-nascido. No entanto, o exato papel que a variação do componente intracelular exerce na perda fisiológica de peso do recém-nascido ainda é pouco conhecido.

Em prematuros de baixo peso, a perda de 15% do peso inicial está mais restrita ao compartimento extracelular. Estas crianças têm baixo conteúdo de queratina na pele e alto teor de água no espaço extracelular, em equilíbrio com o compartimento intravascular. Exibem também uma superfície corporal aumentada, que está exposta à evaporação. Comparada à de adultos, a superfície corporal nos prematuros de baixíssimo peso é cerca de seis vezes maior. Assim, quanto menor o peso da criança, a perda insensível de água aumenta de maneira exponencial. Consequentemente, a probabilidade de hipernatremia é elevada nestas crianças.

Nos primeiros dias de vida da criança prematura, suas suprarrenais não respondem adequadamente a estímulos; ou seja, há dissociação entre a atividade da renina plasmática e o estímulo à produção ou à sensibilidade a aldosterona. Isto, juntamente com o baixo ritmo de filtração glomerular, contribuem para que a perda renal de Na^+ e água seja mais acentuada e, por vezes, mais prolongada.

LÍQUIDO AMNIÓTICO

O volume e a composição do líquido amniótico variam ao longo da gestação. Seu volume aumenta de 20 mℓ na 10ª semana gestacional para 700 mℓ na 25ª, alcançando um máximo de 920 mℓ na 35ª semana. Posteriormente, sua quantidade diminui e, na época do parto, está em torno de 720 mℓ, podendo variar de 500 mℓ a 1.200 mℓ mesmo em gestações normais. Em fetos pós-maduros, acima de 41ª semana, pode ocorrer um declínio do volume de até 33% por semana, com incidência aumentada de oligoidrâmnio (baixa produção de líquido amniótico).

Durante o primeiro semestre de gestação, a osmolalidade e a composição iônica do líquido amniótico são similares às do plasma fetal. Quando o feto começa a urinar, ao redor da 11ª semana de gestação, a osmolalidade do líquido amniótico diminui progressivamente e, perto do término gestacional, chega a entre 85% e 90% da osmolalidade sérica materna. A concentração de Na^+ urinário fetal diminui e contribui para a geração de um líquido amniótico hipotônico.

Nos períodos finais da gestação, o volume e a composição do líquido amniótico são determinados pela urina fetal e a secreção de líquido pulmonar (como componentes primários) e pela deglutição fetal e a absorção intramembranosa (como rotas de depuração do líquido amniótico) (Figura 79.2).

Quando sobrecarga ou restrição hídrica é imposta à mãe, o feto consegue adaptar-se adequadamente. Estudos experimentais mostram que fetos de ovelhas, infundidas com salina, exibem aumento no volume do líquido amniótico e no fluxo urinário. Durante retenção hídrica e hiponatremia materna, o feto também apresenta lento declínio no Na^+ plasmático e aumento no fluxo urinário. Em ratas grávidas com hiponatremia grave, há aumento na transferência de Na^+ para o feto mesmo contra gradiente de Na^+ entre mãe e feto. Por outro lado, fetos de ovelhas infundidas cronicamente com NaCl hipertônico exibem aumento no Na^+ plasmático e grande excreção urinária de Na^+ e Cl.

FUNÇÃO PULMONAR

Os pulmões ocupam uma posição especial no desenvolvimento se comparados a outros órgãos. Para a vida intrauterina, eles são desnecessários. No entanto, eles devem estar de tal modo desenvolvidos que, ao nascimento, entrem logo em ação. O feto tem de vencer um desafio enorme ao nascimento; ou seja, ele deve rapidamente ter seus pulmões esvaziados do líquido pulmonar secretado durante todo o período intrauterino. Em adição, o epitélio pulmonar deve estar pronto para esta mudança radical, a fim de que as trocas gasosas ocorram adequadamente; isto é, os espaços alveolares devem estar disponíveis e o fluxo sanguíneo pulmonar deve se adequar para a relação ventilação–perfusão. Qualquer alteração destes processos pode resultar em situação de risco para o recém-nascido e, em crianças prematuras, a síndrome do desconforto respiratório não é rara.

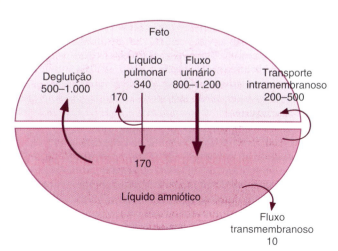

Figura 79.2 • Representação esquemática dos diversos fluxos de volume (em mℓ) do feto para o líquido amniótico ou vice-versa. (Adaptada de Gilbert e Brace, 1993.)

O desenvolvimento pulmonar inicia-se ao redor da 3ª semana de gestação (período embriônico) e continua ao longo de todo o período fetal. Cinco fases são descritas no desenvolvimento pulmonar – embrionária, pseudoglandular, canalicular, sacular e alveolar (Figura 79.3). Na fase embrionária, são formados os brônquios e as primeiras divisões de bronquíolos. Na fase pseudoglandular, são identificados os bronquíolos e suas divisões sucessivas; esta fase se estende até ao redor da 16ª semana de gestação. A fase canalicular – que vai da 16ª até a 26ª semana – caracteriza-se pela formação inicial do parênquima pulmonar. Os canalículos são formados, derivados de subdivisões (de terceira ordem) da árvore pulmonar, há diferenciação do epitélio e a formação da barreira ar-sangue. Os capilares começam a se arranjar ao redor dos espaços aéreos. Na fase sacular – da 24ª semana até o nascimento – as estruturas saculares vão produzir a última geração de vias respiratórias: alguns ductos alveolares e os alvéolos. Vários autores chamam esta fase de transitória, pois os sáculos se transformam em alvéolos até bem após o nascimento. Concomitantemente, inicia-se a formação do fator surfactante. Ao nascimento, 1/3 dos alvéolos estão formados. O número total de alvéolos (300 milhões) é alcançado ao final do primeiro ano de vida. A fase alveolar continua após o nascimento e, logicamente, há superposição entre uma fase e outra.

A maturação, funcional e anatômica, do sistema respiratório continua ao longo da infância e pode ser paralela à maturação da caixa óssea torácica. O desenvolvimento funcional é essencialmente secundário ao desenvolvimento anatômico. Ao nascimento, de 20 a 70 milhões de espaços aéreos funcionais estão formados; estes são constituídos de estruturas saculares, ainda existentes, e de alvéolos. A partir daí, os alvéolos vão se formando e, entre 1 e 2 anos, ocorrem grandes mudanças. Até o final dos primeiros 6 meses, de 85% a 90% dos alvéolos estão formados, e o restante formado até o final do segundo ano de vida. Desta idade em diante, o crescimento pulmonar é proporcional ao crescimento corporal. Entre 5 e 13 anos, o número final de 300 milhões de alvéolos está formado.

▶ Dinâmica de transporte do líquido pulmonar

Os primeiros movimentos respiratórios após o nascimento são difíceis, pois os pulmões ainda estão preenchidos com líquido e os alvéolos estão colapsados. A maneira pela qual os alvéolos se livram do líquido ainda está longe de ser totalmente compreendida. A maior parte de conhecimentos sobre a dinâmica pulmonar do neonato vem de estudos experimentais em ovelhas. Durante o parto normal e após as primeiras horas de vida extrauterina, o líquido intra-alveolar é retirado por diversas vias, incluindo: sistema linfático, vasos sanguíneos, vias respiratórias superiores, mediastino e espaço pleural.

As características de transporte de líquido e de íons ao longo da vida fetal vão sofrendo transformações, e três estágios podem ser identificados. No primeiro, o epitélio pulmonar permanece secretor, devido à secreção ativa de Cl^- e à relativamente baixa reabsorção de Na^+; o motivo da inatividade de canais de Na^+ nesta fase é pouco conhecido. O segundo estágio, transicional, envolve uma mudança na direção de transporte de volume e íons; múltiplos fatores podem estar envolvidos nesta mudança: exposição das células epiteliais ao ar, alta concentração de esteroides e nucleotídios cíclicos, além da presença de outros fatores hormonais. Esta fase não só inclui aumento na expressão de canais de Na^+ no epitélio pulmonar, mas também mudança da baixa seletividade de canais catiônicos para alta seletividade de canais de Na^+. O aumento da entrada de Na^+ para a célula pode resultar em mudança no potencial de membrana, com diminuição na secreção de Cl^- e até reversão de secreção para reabsorção de Cl. O terceiro estágio, final adulto, caracteriza-se por alta reabsorção de Na^+ e possível reabsorção de Cl^- via canais (Figura 79.4). O que regula estas fases? Vários fatores parecem

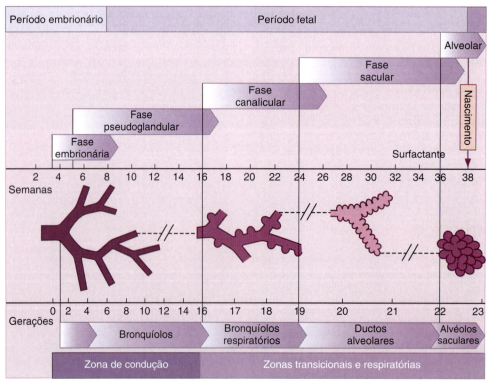

Figura 79.3 ▪ Estágios da formação do pulmão embrionário e fetal.

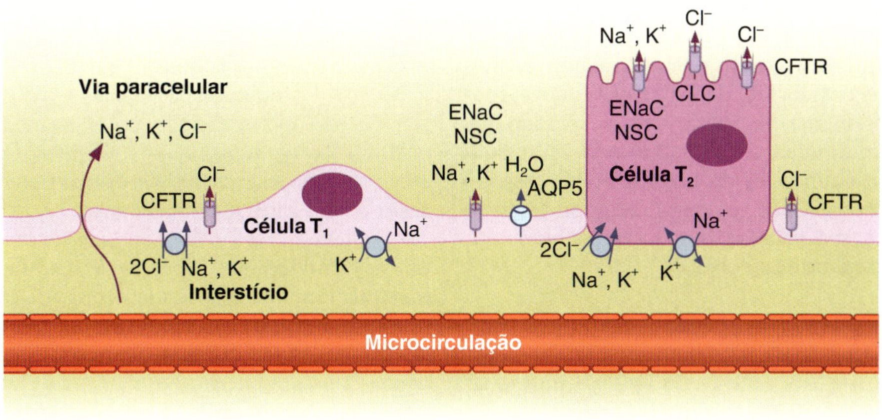

Fisiologia do Neonato 1333

Figura 79.4 ▪ Representação esquemática dos compartimentos fluidos do pulmão fetal, destacando o epitélio pulmonar, formado por células tipo 1, que ocupam a maior parte da superfície do lúmen pulmonar, e células tipo 2, que produzem e secretam o fator surfactante. Essas células também secretam Cl^- por um processo que envolve o cotransporte $Na^+:K^+:2Cl^-$ e a Na^+/K^+-ATPase. Esse processo dependente de energia, que pode ser bloqueado pelos diuréticos furosemida e bumetanida, aumenta a concentração de Cl^- dentro da célula, fazendo com que o Cl^- seja secretado para dentro do futuro espaço aéreo, pelos canais luminais CFTR e CLC, ânion-seletivos. A água (através das aquaporinas 5 – AQP5) e o Na^+ (via canais tipo ENaC) seguem o Cl^-.

estar envolvidos nestas mudanças de fases, e os reguladores fundamentais são: glicocorticoides, oxigênio, beta-adrenérgicos e surfactante. Interessante notar que a aldosterona – regulador importante do transporte de Na^+ no rim e intestino – parece exercer pouca influência no pulmão.

As mudanças nas forças físicas exercidas na árvore respiratória estão demonstradas na Figura 79.5. No feto, a secreção deixa o pulmão via traqueia e laringe, mas devido à resistência da laringe, o líquido permanece na via respiratória. No recém-nascido, o movimento em vez de secretório se torna absortivo, o que livra a árvore respiratória de líquido.

Com o início da aeração, e o aumento da tensão de alvéolos perfundidos, aumenta a remoção do líquido, que retorna para o sistema circulatório da criança. O aumento no fluxo sanguíneo pulmonar contribui para que essa retirada de líquido ocorra de maneira eficiente; como os capilares sanguíneos formam uma rede em torno dos alvéolos, o aumento do fluxo sanguíneo os torna menos enrodilhados e isto retifica os alvéolos, o que contribui para a sua expansão.

Durante o parto, a estrutura da caixa torácica da criança se amolda, dificultando fraturas ou compressão inadequada na sua estrutura óssea e no seu sistema respiratório. Com o passar do tempo, a ossificação se intensifica, o tônus muscular intercostal melhora e a pressão negativa do lado abdominal do diafragma se estabelece.

▶ Papel da secreção de cloreto

Como mencionado anteriormente, a secreção do líquido intrapulmonar ocorre ao longo da vida intrauterina; esta secreção acontece graças ao transporte de Cl^-, cuja força motriz é similar ao mecanismo descrito para o transporte de Cl^- por outros epitélios. Ou seja, o Cl^- entra para a célula através da membrana basolateral, via cotransportador $Na^+:2Cl^-:K^+$ (processo que pode ser inibido por diuréticos específicos). O Cl^- é assim mantido alto dentro da célula, sendo extruído passivamente para o lúmen, por canais de cloreto. A Na^+/K^+-ATPase, situada também na membrana basolateral, possibilita a entrada passiva de Na^+ para a célula pela membrana luminal. A concentração de Cl^- no líquido pulmonar é cerca de 50% maior do que a do plasma, enquanto a do Na^+ é similar. A água pode fluir entre as células epiteliais ou através de canais de água, aquaporinas, especialmente a aquaporina 5, que é abundantemente expressa nas células pulmonares do tipo I. Estudos experimentais indicam que neste epitélio também existe uma H^+-ATPase acidificando o líquido; com isto, a secreção de Cl^- e a formação de líquido parecem ser estimuladas. O líquido intraluminal impede que os espaços alveolares colabem e é também necessário para promover o crescimento do pulmão.

No feto, a pequena fração do débito cardíaco que chega aos pulmões é suficiente para suprir os substratos necessários para a formação do surfactante e para a secreção de líquido, que pode alcançar até 5 $m\ell/kg/h$ perto do final da gestação. O aumento do líquido intraluminal reflete uma vascularização

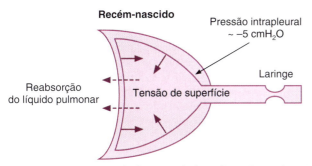

Figura 79.5 ▪ Representação das forças envolvidas na formação e reabsorção de líquido pulmonar no feto e no recém-nascido. Note que, no recém-nascido, as mudanças dessas forças fazem com que haja reabsorção do líquido pulmonar formado anteriormente, limpando a superfície aérea.

Capítulo 79

crescente do epitélio pulmonar e um aumento da própria superfície pulmonar.

Alguns estudos mostram que a produção e o volume de líquido pulmonar diminuem antes do nascimento, e, particularmente, durante o trabalho de parto. Contudo, se o parto ocorre prematuramente, ou é cesariano, é esperado que o volume de líquido pulmonar esteja maior, pois estas duas situações dificultam a eliminação de líquido. Além disso, o parto prematuro, ou por via não vaginal, dificultam também o transporte de gases e a ventilação e, consequentemente, podem prejudicar o equilíbrio acidobásico.

▶ Transporte de Na⁺

O transporte ativo de Na⁺ através do epitélio pulmonar direciona o líquido do pulmão para o interstício. Como mencionado anteriormente, no pulmão, o transporte de Na⁺ ocorre em duas etapas. Na primeira, o Na⁺ é movido passivamente do lúmen para a célula, através de canais iônicos. A segunda etapa envolve o transporte ativo de Na⁺, através da Na⁺/K⁺-ATPase da membrana basolateral, sendo o Na⁺ extruído da célula para o espaço seroso.

O epitélio pulmonar muda suas características de transporte rapidamente, passando de um epitélio predominantemente secretor de cloreto para um predominantemente reabsorvedor de Na⁺. Esta capacidade de reabsorver Na⁺ está relacionada com a maior presença de canais luminais de Na⁺, os chamados ENaC (*epithelial sodium channel*, descritos no Capítulo 10, *Canais para Íons nas Membranas Celulares*). Confirmando esses achados, outros trabalhos experimentais mostraram que a amilorida (diurético inibidor dos ENaC) inibe o transporte de Na⁺ e água. Muitas informações são oriundas de estudos em células do tipo ATII. Estas células cuboides são responsáveis pela secreção do surfactante, pelo transporte de Na⁺ do lúmen para o interstício e pelo processo de reparação após lesão. Durante o desenvolvimento pulmonar, elas são também progenitoras de células escamosas tipo I. O transporte de Na⁺ nestas células obedece à mesma dinâmica descrita anteriormente, ou seja, difusão pela membrana luminal e transporte ativo pela membrana basolateral, graças à Na⁺/K⁺-ATPase. Os canais ENaC, na superfície luminal, constituem o processo limitante do transporte de Na⁺. O ENaC é constituído de 3 subunidades, não idênticas, α, β e γ. No rato, tanto o pulmão fetal como o do adulto expressam estas isoformas. Animais geneticamente modificados e que não expressam a unidade α, por exemplo, tornam-se inviáveis.

A expressão do ENaC é regulada ao longo do desenvolvimento do feto, e crianças prematuras nascem com pulmões com baixa expressão de ENaC, o que dificulta a eliminação de líquido do alvéolo. Altas doses de corticosteroides aumentam a transcrição do ENaC em diversos epitélios, inclusive no pulmão. Por outro lado, os corticosteroides diminuem a degradação dos ENaC existentes e estimulam a resposta dos pulmões a agentes beta-adrenérgicos.

▶ Fator surfactante

As pesquisas acerca do fator surfactante (SUR) iniciaram-se na primeira metade do século XX. Em 1959, Avery e Mead aventaram a hipótese de que, em prematuros, a deficiência de algum fator que alterasse a tensão superficial intra-alveolar, levaria a quadros graves tais como a síndrome de desconforto respiratório (SDR).

Nas décadas seguintes, a composição do surfactante foi elucidada e, a partir daí, inúmeros trabalhos clínicos e experimentais têm sido elaborados com o intuito de não só tratar, mas também evitar a SDR.

O SUR é produzido nas células alveolares do tipo II e armazenado em dois principais compartimentos: um contendo o *pool* intracelular e outro, o extracelular. O intracelular consiste em corpúsculos lamelares nas células tipo II. Sua função é armazenar o SUR antes que seja liberado para o espaço alveolar.

A coleta do SUR é feita facilmente no lavado traqueobrônquico. Em diferentes espécies de mamíferos, sua composição mostra grande similaridade. Cerca de 90% é constituído de lipídios, dentre os quais os fosfolipídios predominam. A fosfatidilcolina é identificada como seu componente mais abundante; constitui entre 70% e 80% do SUR, sendo 50% a 70% saturada. Outros lipídios são: fosfatidiletanolamina, fosfatidilinositol, fosfatidilserina, colesterol, triacilglicerol e ácidos graxos livres. O colesterol corresponde a 2,4% em peso da composição total do SUR.

Embora a maior parte do SUR seja constituída de lipídios, há cerca de 10% de proteínas. Foram descritos quatro tipos de proteínas associadas ao SUR. Elas podem ser divididas em 2 grupos: as proteínas hidrofílicas SP-A e SP-D e as hidrofóbicas SP-B e SP-C. Elas ocorrem apenas no pulmão, e a SP-A e SP-D parecem exercer a primeira linha de defesa contra patógenos inalados. As proteínas associadas ao SUR são fundamentais para que o efeito do SUR seja exercido na sua totalidade.

Os corpúsculos lamelares das células tipo II contêm todos os componentes do SUR. Diversos fatores influenciam a síntese e a secreção do SUR: estresse mecânico, agonistas beta-adrenérgicos e receptores purinérgicos ou de vasopressina. A estimulação está associada ao Ca^{2+} citosólico, AMP cíclico e ativação de proteinoquinases. A composição de fosfolipídios do SUR pode ser influenciada por dieta, idade e esforço físico.

Após ser secretado, o SUR é transformado em estruturas chamadas de mielina tubular que são as responsáveis pela inserção dos fosfolipídios na interface ar-líquido.

As moléculas de fosfolipídios são posicionadas com sua parte hidrofóbica de ácidos graxos voltada para o lúmen alveolar, e sua face polar para a subfase. Os fosfolipídios do SUR formam uma camada estável, ou filme, com uma tensão de superfície baixa em resposta à compressão. Quando as proteínas hidrofóbicas estão presentes, a adsorção de fosfolipídios da subfase para o filme é altamente acelerada. A adsorção de fosfolipídios é requerida para assegurar a ocupação molecular da interface ar-água durante a inflação do pulmão. Durante a expiração, a tensão de superfície diminui na interface ar-água, e a monocamada fica rica em fosfatidilcolina na forma saturada.

▶ Controle respiratório no neonato

Os quimiorreceptores periféricos e centrais são cruciais para o controle respiratório. Os quimiorreceptores carotídeos, aórticos e centrais são funcionais mesmo na vida fetal; mas a transição para a necessidade de respiração contínua faz com que ajustes rápidos e precisos sejam deflagrados em resposta a estímulos hipóxicos (que causam queda da O_2 arterial) ou em situações de hipercapnia (que provocam elevação da pCO_2 arterial).

Ao nascimento, o aumento acentuado na pO_2 arterial provoca um ajuste na sensibilidade dos quimiorreceptores carotídeos e aórticos, que ocorre durante os primeiros dias de vida e pode durar por semanas. A flutuação no equilíbrio acidobásico em pré-termos é comum. Isto se deve à imaturidade no controle respiratório e, como consequência, prematuros podem estar expostos a episódios de hipercapnia e/ou hipoxia. Crianças pré-termo exibem resposta inadequada a estímulos hipercapneicos que pode perdurar nos primeiros dias de vida. Os efeitos combinados de pCO_2, pO_2 e pH arterial determinam o nível de ventilação. Uma interação não linear entre pCO_2 e pO_2, isto é, aumento da quimiossensibilidade ao CO_2 a valores aumentados de hipoxia, foram descritos em nervos carotídeos e aórticos. Em crianças a termo, padrões respiratórios diferentes podem ocorrer, em que períodos de apneia podem se seguir de movimentos respiratórios com maior amplitude e/ou frequência.

Por exibirem relativa imaturidade cerebral nos primeiros dias de vida, os ratos são utilizados como modelo experimental similar a humanos pretermos. Quando expostos a prévia hipercapnia, esses animais exibem sensibilidade aumentada na resposta ventilatória à hipoxia. Duas vias diferentes podem estar envolvidas nesta resposta: a hipercapnia estimula receptores centrais, enquanto a hipoxia altera a sensibilidade do corpo carotídeo. Assim, períodos de apneia (parada da respiração), frequentemente vistos em prematuros, podem ser resultantes da resposta inadequada do controle quimiorreceptor à hipoxia ou à hipercapnia. É provável que a interação do aumento na pCO_2 e diminuição da pO_2 contribua para os padrões respiratórios alterados em prematuros.

▶ Volumes pulmonares

A capacidade funcional residual (CFR) é estabelecida durante as primeiras respirações e, normalmente, compreende entre 30% e 40% da capacidade total pulmonar. Após o parto, a CFR é baixa, aumentando rapidamente depois dos primeiros movimentos. O papel da CFR é fundamental, uma vez que ela minimiza o trabalho respiratório e otimiza a complacência do sistema, mantendo uma reserva de gás durante a expiração.

A relação ventilação–perfusão deve ser adequada para possibilitar uma troca eficiente de gases. A má distribuição do fluxo sanguíneo pulmonar é a causa mais frequente de oxigenação reduzida na infância. Alvéolos ventilados, mas não perfundidos, têm perfil de pCO_2 e pO_2 similar ao do ar inspirado. Por outro lado, alvéolos perfundidos, mas não ventilados, têm pCO_2 e pO_2 similar às do sangue venoso.

Os principais volumes pulmonares na criança e no adulto estão indicados no Quadro 79.1.

ERITROPOESE FETAL

Durante o desenvolvimento embrionário, a eritropoese fetal ocorre, sequencialmente, em 3 diferentes locais: saco vitelínico, fígado e medula óssea. Entre a 2ª e a 10ª semana de gestação, a formação de hemácias ocorre no saco vitelínico e depois no fígado; por volta da 18ª semana, inicia-se na medula óssea, onde atinge o ápice na 30ª semana. No momento do nascimento, as hemácias são, em sua maioria, produzidas na medula óssea, embora a eritropoese hepática persista nos primeiros dias de vida. Na vida extrauterina, a eritropoese é controlada pela eritropoetina renal.

O teor de hemoglobina, hematócrito e hemácias aumenta ao longo da vida fetal. Hemácias grandes, com elevado conteúdo de hemoglobina (Hb), são produzidas logo no início da vida fetal. No decorrer da gestação, o tamanho e o conteúdo de Hb diminuem, mas a concentração corpuscular média de Hb é mantida.

Quando o recém-nascido respira pela primeira vez, mais oxigênio torna-se disponível para ligação com a Hb e a saturação de oxigênio da Hb aumenta entre 50% e 95%. Após o nascimento, o aumento do conteúdo de oxigênio no sangue e nos tecidos faz com que a síntese de eritropoetina e a eritropoese também diminuam. A concentração de Hb diminui até que a necessidade de oxigênio esteja maior do que a chegada de oxigênio tecidual, o que ocorre entre a 6ª e a 12ª semana de vida, quando a concentração de Hb está em torno de 9,5 a 11 g/dℓ. Quando a hipoxia é detectada pelo tecido renal e hepático, a produção de eritropoetina aumenta e a eritropoese é retomada. Interessante notar que o teor de ferro é suficiente para a adequada síntese de Hb, mesmo na ausência de sua ingestão até ao redor de 20ª semana de vida.

No caso de crianças prematuras, poderá ocorrer anemia. Uma das causas comuns dessa situação é a retirada de amostras de sangue em quantidade e frequência altas, o que leva à perda de considerável volume de sangue. Outra causa é a falta da resposta eritropoética adequada frente aos estímulos normais. Por exemplo, a eritropoetina, cuja maior fonte durante a vida fetal é o fígado, não é suficientemente sintetizada frente à hipoxia. Este déficit é maior quanto mais prematura é a criança. A deficiência em folato, vitamina B_{12} e vitamina E pode também ser causa de anemia em prematuros. A anemia é também agravada pelo menor tempo de vida das hemácias, em média de 40 a 60 dias, contra 120 dias no adulto.

FISIOLOGIA CARDIOVASCULAR

O sistema cardiovascular é o primeiro a entrar em funcionamento no concepto. A exigência de substratos, para embasar o rápido crescimento e desenvolvimento do embrião, requer um eficiente sistema que transporte nutrientes para as células e que retire delas os resultantes metabólitos. Inicialmente, o embrião é tão pequeno que processos difusionais são suficientes para suprir suas demandas. No entanto, ao redor da 3ª semana de gestação, já é possível detectar o sangue fluindo.

O conceito de que o coração é como uma bomba muscular dominou a ciência cardiovascular por quase um século. O coração, no entanto, é muito mais do que uma bomba, possuindo diferentes tipos de músculos, tecidos valvulares, células endoteliais e estruturas que têm a função de originar e manter o ritmo cardíaco (ou função marca-passo). Para a formação de um coração amplamente funcional, um conjunto de células precursoras deve originar estes diferentes tecidos que, posicionados em locais precisos, fazem com que a complexa máquina cardíaca exerça suas funções a contento. O estudo e a identificação de diferentes sinais e moléculas que fazem com que o tecido muscular cardíaco, os vasos coronarianos e o sistema

Quadro 79.1 • Principais volumes pulmonares.		
	Criança (mℓ/kg)	Adulto (mℓ/kg)
Capacidade pulmonar total	63	82
Capacidade inspiratória	33	52
Capacidade funcional residual	30	30
Capacidade vital	40	66
Volume total	6	7
Volume de reserva expiratório	7	14
Volume residual	23	16

de condução elétrica do coração funcionem adequadamente, não só têm esclarecido os passos da embriogênese cardiovascular, mas também têm contribuído para que as novas técnicas utilizadas na medicina moderna, tais como o uso de células-tronco, possam ser aplicadas ao coração, para restaurar sua função em caso de doença.

O coração e os vasos sanguíneos se desenvolvem de maneira harmônica, de tal modo que o produto final resulte em um sistema fechado que faz com que o sangue seja adequadamente provido a diferentes órgãos, com diferentes demandas metabólicas.

A troca da circulação fetal para a neonatal está diretamente ligada a mudanças da função pulmonar. O sangue que iria até a placenta não mais circula naquele leito e tem de ser redirecionado para o sistema arterial. Como mencionado anteriormente, quando a respiração começa, há expansão dos pulmões e a ventilação pulmonar aumenta a disponibilidade de oxigênio com elevação concomitante da pO_2. Como a resistência pulmonar cai dramaticamente, após o parto há aumento da circulação pulmonar e queda no *shunt* do ducto arterioso, e 90% do fluxo do ventrículo direito vai para as artérias pulmonares. Assim, o ducto arterioso começa a se fechar quase imediatamente após o nascimento, revertendo a direção do fluxo sanguíneo que era do ventrículo direito para o esquerdo. Seu fechamento funcional ocorre antes de seu fechamento anatômico, que só se completa entre o 2º e o 3º mês de idade. O fechamento funcional do ducto arterioso é influenciado por oxigênio e substâncias vasoativas, particularmente, prostaglandinas e endotelina-1. O ventrículo esquerdo deve, então, ser capaz de bombear cerca de 350 mℓ/kg de sangue. Os ventrículos começam a trabalhar em série, como no adulto. Poucos segundos após o nascimento, o fluxo sanguíneo umbilical reduz-se a menos de 20% dos valores fetais. Os vasos umbilicais se contraem rapidamente e o ducto venoso se oblitera até o final da 1ª e a 2ª semana de vida. Em crianças pré-termo, o ducto venoso mantém-se aberto por mais tempo. Provavelmente, seu fechamento deve-se ao aumento do teor de endotelina e tromboxano.

No recém-nascido, a capacidade funcional cardíaca trabalha perto do limite máximo, e adaptações a aumento de volume ou de pressão são menos eficientes. Comparado ao coração adulto, o miocárdio do neonato requer maior pressão de enchimento, que é alcançada com menores volumes. Ao nascimento, o débito do ventrículo direito aumenta em cerca de 1/3, enquanto o do ventrículo esquerdo triplica. As catecolaminas estimuladas levam a um aumento no débito cardíaco esquerdo, necessário para a vida pós-natal. Assim, o aumento no débito do ventrículo esquerdo pode ser explicado por: aumento no ritmo cardíaco e retorno venoso, aumento da resposta inotrópica a agentes tróficos e estimulação simpática e queda na carga sistólica e diastólica do ventrículo direito.

▸ Ritmo cardíaco

O ritmo cardíaco é maior no recém-nascido e cai paulatinamente nas primeiras 6 semanas de vida. Ele é determinado pelo ritmo de despolarização do nodo sinoatrial, que é tonicamente regulado pelo sistema parassimpático. Ao nascimento, a inervação simpática não está completamente ativa. Assim, os efeitos vagais predominam e as respostas a receptores beta-adrenérgicos induzidos por catecolaminas são limitadas. Com o passar do tempo, o ritmo cardíaco diminui, e encontra-se taquicardia (mais de 160 bpm) em eventos que levam à liberação de catecolaminas, estimulação do simpático ou inibição do parassimpático.

▸ Alterações estruturais nas fibras cardíacas

As alterações maturacionais na força de contração miocárdica começam a ser vistas no final da gestação e continuam após o nascimento e durante o desenvolvimento. Os miócitos cardíacos passam por três processos de maturação, determinados pelo desenvolvimento: proliferação, binucleação e hipertrofia. Durante a vida fetal, os miócitos proliferam rapidamente; mas, no período perinatal, a proliferação cessa e os miócitos sofrem episódios adicionais de síntese de DNA e mitose nuclear sem citocinese (mitose acinética) que, na maioria das espécies, deixa os miócitos binucleados. Até pouco tempo, pensava-se que os miócitos adultos fossem incapazes de repetir o ciclo celular quando expostos a estímulos, acreditando-se que seu aumento celular seria conseguido por processo hipertrófico. Desta maneira, a capacidade de regeneração dos miócitos parecia ser limitada. Atualmente, dados experimentais mostram que, sob certas condições, os miócitos podem repetir o ciclo celular e exibir regeneração.

No primeiro mês de vida, há aumento no número de miócitos e depois há hipertrofia dos já existentes. Como mencionado anteriormente, um aumento na força de contração faz parte do processo de maturação. Não há um aumento brusco na força de contração, mas um aumento gradual com o passar do tempo. A maior parte dos processos está relacionada com mudanças estruturais na anatomia miocárdica. A forma do miócito e o tamanho se alteram com o desenvolvimento. Ele passa de uma forma esférica no embrião para uma forma retangular no adulto. No recém-nascido, as dimensões do miócito são de 40 µm em comprimento e 5 µm em largura, enquanto no adulto o tamanho pode exceder 150 µm por 25 µm.

A organização interna do miócito imaturo é diferente da do adulto; ele é constituído de um core de mitocôndria, núcleo e material membranoso circundado por uma fina camada de miofibrilas; estas parecem não assumir uma direção determinada enquanto, no adulto, as miofibrilas estão organizadas em filas paralelas ao eixo longitudinal da célula. Durante a fase de transição, de imaturo para maduro, as miofibrilas se orientam, situando-se em uma fina camada da região subsarcolemal. Estas mudanças, juntamente com a diminuição do número de sarcômeros por grama de músculo e aumento no conteúdo aquoso, limitam a força cardíaca por unidade de área no feto e recém-nascido. Com o aumento de miofibrilas, há elevação do número de pontes de ligação (*cross bridge attachments*) e da força de contração.

Nas semanas que se seguem ao nascimento, aumenta a massa ventricular, com o ventrículo direito crescendo menos que o esquerdo. A mudança pós-natal do ventrículo esquerdo é, em grande parte, relacionada com o aumento do tamanho e número de miócitos. Após o nascimento, estes processos são dirigidos por uma série de fatores tróficos estimulados por catecolaminas e por estimulação simpaticomimética. Por exemplo, a estimulação de α-adrenorreceptores induz aumento no tamanho do miócito e no conteúdo de miofibrilas, mas não tem efeito aparente no miócito adulto. No período perinatal, o miócito expressa receptores alfa-adrenérgicos em grande número. Em adição, efeitos autócrinos e parácrinos dos fatores de crescimento de fibroblastos, fatores insulina-símile e outros estímulos tróficos contribuem para o crescimento do número e tamanho de miócitos.

A contratilidade miocárdica no neonato é alterada, devido à diminuição na complacência ventricular e à redução na massa contrátil. O miocárdio fetal tem pequena quantidade de tecido contrátil, restrito ao subsarcolema. No feto, cerca de 60% do tecido miocárdico é não contrátil, contrastando com o do adulto, no qual esta porcentagem é de 30%. O miócito adulto contrai mais rapidamente e com maior frequência do que o fetal. Nos períodos fetal e perinatal, eventuais mudanças hemodinâmicas desencadeiam respostas ligadas ao aumento do ritmo cardíaco. Todavia, esta resposta é limitada devido ao predomínio do sistema parassimpático e à imaturidade do simpático. A acidose, a hipercarboxemia e a hipoxia alteram a permeabilidade celular e a atividade da Na$^+$/K$^+$-ATPase, que induzem a menor capacidade de contratilidade miocárdica.

▸ Características das proteínas contráteis durante o desenvolvimento

Miosina

Em todos os estágios de desenvolvimento, a contração miocárdica resulta na alteração do cálcio citosólico, o qual regula a interação miosina-actina. A miosina de cadeia pesada dominante no músculo cardíaco é do tipo β e, na passagem da vida fetal para a adulta, não há grandes mudanças na sua expressão. O coração expressa dois genes para miosina de cadeia leve: MCL1 e MCL2. MCL1 atrial (MCL1a) é expresso no ventrículo fetal e no átrio fetal e de adulto. Com o desenvolvimento, ocorre uma mudança no ventrículo do adulto, com diminuição na expressão de MLC1a e aumento na de MCL1 ventricular (MCL1v). Já o gene MCL2 ventricular é expresso predominantemente no ventrículo, desde a vida fetal até a adulta; enquanto o gene MCL2 atrial é expresso no átrio. A função ventricular depende da fosforilação da MCL2 ventricular, que aumenta a sensibilidade dos miofilamentos ao Ca^{2+}.

Actina

Durante a vida embrionária, fetal e pós-natal, a expressão de actina no músculo cardíaco muda. No início da vida pós-natal, a expressão da actina cardíaca diminui no ventrículo, enquanto a expressão de actina de músculo esquelético aumenta. A partir dos 6 meses de vida até a idade adulta, o tipo de actina dominante no sarcômero do coração humano é a actina de músculo esquelético. As diferenças estruturais destas duas actinas são pequenas, sugerindo que, funcionalmente, elas possam ter ações fisiológicas similares. No primeiro ano de vida, parece que há correlação do aumento na contratilidade e mudança na expressão da actina cardíaca para a actina de músculo esquelético. A capacidade de adaptação a defeitos congênitos pode ser também devida a esta alteração na expressão do tipo de actina.

Tropomiosina

O músculo cardíaco expressa duas tropomiosinas, a α e a β. A tropomiosina α predomina no coração fetal, pós-natal e adulto.

Troponina C

Um único tipo de troponina, a cardíaca, é expressa no coração ao longo do desenvolvimento. Em miofilamentos que expressam diferentes isoformas de troponina cardíaca, é relatada uma mudança na ligação com o cálcio.

Troponina I

Duas isoformas de troponina I são expressas no miocárdio ventricular: a de músculo esquelético (do tipo lento) e a troponina I cardíaca. No coração humano adulto, a expressão da troponina I cardíaca é a predominante, e alguns anos de vida são necessários para que esta predominância seja alcançada. A alta expressão perinatal de troponina I de músculo esquelético parece proteger o coração durante episódios de acidose respiratória.

▸ Sensibilidade ao Ca^{2+}

A sensibilidade dos miofilamentos ao cálcio e a habilidade do miocárdio em modular o cálcio citosólico conferem uma importante característica fisiológica ao miocárdio: embora a contração seja um fenômeno tudo ou nada, a força de contração pode variar de um batimento ao outro. Esta propriedade fundamental de sensibilidade ao cálcio é vista ao longo do desenvolvimento, desde o período embrionário até a fase adulta.

Dois tipos de canais de cálcio são descritos: do tipo T e do tipo L. No coração fetal, existe a expressão de isoformas do canal do tipo T, que vai diminuindo com o desenvolvimento. Já no coração do adulto, os canais predominantes são do tipo L, dependentes de voltagem e sensíveis a di-hidropiridina. O retículo sarcoplasmático no miocárdio fetal é reduzido e menos organizado, alterando o transporte de cálcio e a contratilidade.

▸ Outras características do miocárdio no feto e no neonato

Estudos realizados há décadas sugeriram que o coração fetal poderia mostrar uma rigidez passiva aumentada, o que levaria à disfunção diastólica, um fator de risco para a mortalidade perinatal. Com a descrição de uma proteína gigante, a titina, que funciona como um elástico e que define as propriedades mecânicas passivas do miócito, as pesquisas se concentraram para elucidar se alteração na composição desta proteína poderia estar relacionada com mudança nas respostas hemodinâmicas vistas nos neonatos. Duas isoformas de titina podem ser coexpressas no mesmo sarcômero, possibilitando ajustes na resistência passiva: uma curta, menos complacente (N2B) e outra mais longa, mais complacente (N2BA). Um único gene é o responsável pela expressão dessas duas isoformas da titina, que podem ser expressas em maior ou menor proporção, dependendo das respostas necessárias. Assim, quanto maior a expressão da isoforma N2B, maior a rigidez do miócito. O miocárdio fetal e neonatal exibem uma forma particular da N2BA, incorporada no sarcômero, e que confere baixa rigidez ao miocárdio. Durante o desenvolvimento pós-natal, a titina fetal é substituída por isoformas mais rígidas, dando origem a um miocárdio com resposta passiva aumentada. Isto possibilitaria um ajuste ao volume diastólico, de certa maneira protegendo a fibra miocárdica.

▸ Perfil pressórico na infância

Assim como no adulto, a determinação de níveis pressóricos na infância é um procedimento que deve ser realizado sistematicamente, a fim de serem detectados possíveis casos de hipertensão ou quadros clínicos pré-hipertensivos. É recomendado que a partir de 3 anos de idade a criança tenha sua pressão arterial (PA) determinada, quando da visita a postos de saúde. A definição de hipertensão é baseada em dados obtidos em grandes estudos populacionais de crianças normais;

como a PA varia de acordo com idade, sexo e peso, foram construídos tabelas e gráficos, que estão disponíveis nos locais pertinentes. A PA varia também de acordo com a metodologia utilizada para a sua avaliação. O método auscultatório ainda é bastante utilizado; porém, atualmente, o método oscilométrico é o mais usado, e vários estudos mostram que este método é menos sujeito a erros.

Trabalho publicado em 2007, por Kent *et al.*, indica que entre o 6º e o 12º meses de vida não se verificam diferenças significativas na PA sistólica e diastólica; entretanto, aos 2 dias de vida, as médias para as pressões diastólicas e sistólicas são menores do que as vistas em crianças mais velhas (Figura 79.6). A PA tende a subir na adolescência, tanto em meninos quanto em meninas, e ao redor de 18 anos alcança os valores vistos em adultos. Estudos populacionais evidenciam, também, que há correlação positiva entre peso corpóreo e PA; ou seja, para a mesma idade e sexo, crianças com maiores pesos mostram tendência a exibir níveis pressóricos mais elevados.

FISIOLOGIA RENAL

▶ Desenvolvimento anatômico

Os rins de mamíferos desenvolvem-se de uma região localizada entre a região axial e a placa lateral do mesoderma. Três estágios sucessivos são identificados neste desenvolvimento, e os dois primeiros são transientes. No primeiro estágio, próximo da 3ª semana, há a formação de estruturas não funcionais, os pronefros ou ductos néfricos primários, derivados da região cervical. Cada pronefro consiste em 7 a 10 grupos celulares compactos, que degeneram no início da 4ª semana. Com o crescimento, um arranjo linear de túbulos epiteliais é formado, derivado de células mesenquimais adjacentes, constituindo os mesonefros. Estes aparecem ao término da 4ª semana, formando órgãos ovoides em forma de S, próximo das gônadas em formação. O ducto mesonéfrico, no sexo masculino, origina o ducto wolfiano. Os metanefros ou rins permanentes originam-se do botão uretérico na porção caudal do mesonefro. A formação do rim definitivo envolve dois processos separados e inter-relacionados. O botão uretérico cresce, invade o mesênquima e começa a sofrer subdivisões; em seguida, células mesenquimais se agregam ao redor destas, iniciando a conversão mesênquima-epitélio, enquanto outras células mesenquimais se transformam para formar o estroma intersticial. Os agregados celulares originam uma vesícula renal polarizada, tendo, em uma das partes, contato com o botão ureteral (Figura 79.7). Uma única fenda se forma na vesícula, provocando uma estrutura em S. A porção distal deste S, que ficou em contato com o botão ureteral, se funde para se tornar um túbulo único, epitelial. A parte proximal deste forma o tufo glomerular, quando células endoteliais invadem a fenda proximal. A interação da célula endotelial com as células glomerulares dá origem à membrana basal glomerular, uma estrutura altamente especializada, com função de exercer uma barreira à passagem de determinadas moléculas e proteínas.

A formação do néfron inicia-se ao redor da 5ª semana, na porção justamedular, e progride para o córtex. Na 20ª semana, a divisão dos ductos coletores está completa e cerca de 1/3 dos néfrons está formado. Os néfrons se desenvolvem até a 35ª ou 36ª semana (correspondendo, normalmente, a um peso fetal de 2.100 a 2.500 g e um comprimento de 46 a 49 cm), quando o número final de néfrons é alcançado. Nas crianças pré-termo, o desenvolvimento renal continua até a 34ª ou 35ª semana pós-concepcional. A maturação dos néfrons e sua hipertrofia continuam durante os primeiros anos de vida. A vascularização renal é paralela à nefrogênese.

Inicialmente, os rins situam-se na área pélvica; mas, com o crescimento e alongamento do feto, eles migram para áreas mais superiores. Durante este processo, os rins mostram um movimento de rotação de 90°, de tal modo que a pelve renal se posiciona na frente da linha mediana.

O peso renal aumenta nas últimas 20 semanas de gestação, linearmente com o aumento do peso e da superfície corporais. Antes do 5º mês de gestação, o crescimento renal ocorre primariamente na região medular, que contém a maior parte dos ductos coletores. A partir do 5º mês, ocorre maior crescimento na região cortical e na medula externa. Após o nascimento, o crescimento renal se dá, principalmente, nos túbulos e na alça de Henle. O ritmo de crescimento tubular se reflete nas mudanças da relação das superfícies glomerular:tubular; ou seja, 27:1 ao nascimento, 8:1 aos 6 meses e 3:1 em adultos.

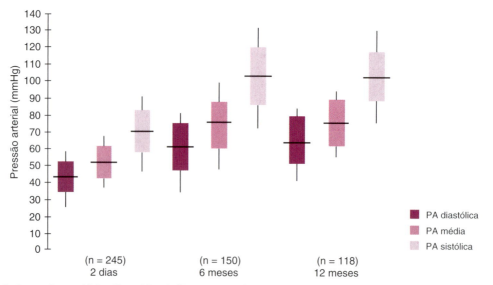

Figura 79.6 ▪ Evolução das pressões arterial diastólica, média e sistólica em crianças durante o primeiro ano de vida. *PA*, pressão arterial; *n*, número de crianças observadas. (Adaptada de Kent *et al.*, 2007.)

Fisiologia do Neonato 1339

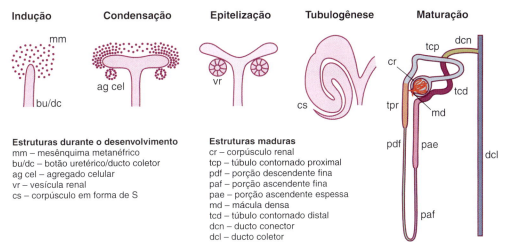

Figura 79.7 • Estágios na formação dos néfrons de mamíferos. Após interações do mesênquima e metanefro, são induzidas novas divisões no botão uretérico. Posteriormente, e em cada ponta da árvore ureteral, há condensação de tecido e aparecimento de vesículas renais que formarão os néfrons individuais. (Adaptada de Yu et al., 2004.)

▶ Desenvolvimento funcional

O feto é composto primordialmente de água, em sua maioria contida no compartimento extracelular; com a progressão da gestação, a água total do corpo e o volume do meio extracelular diminuem lentamente, e o volume do meio intracelular cresce (ver Figura 79.1).

A filtração glomerular e a produção de urina iniciam na 9ª ou 10ª semana de gestação. A alça de Henle começa a funcionar na 14ª semana e a reabsorção tubular, entre a 9ª e a 12ª semana. Ao longo da gestação, o fluxo plasmático renal (FPR) e o ritmo de filtração glomerular (RFG) são baixos, devido à alta resistência vascular e à baixa pressão arterial sistêmica; contudo, aumentam a partir da 20ª semana até o final da gestação. Este aumento é paralelo à elevação no número e tamanho dos néfrons. No adulto, cerca de 25% do débito cardíaco vão para os rins, enquanto no feto, 40% a 50% vão para a placenta e apenas 3% para os rins. Assim, o balanço hidreletrolítico do feto é devido, primariamente, à placenta.

Embora o FPR e o RFG sejam baixos no feto, o débito urinário contribui bastante para o volume do líquido amniótico. A bexiga fetal se esvazia a cada 20 a 30 min, e o débito urinário cresce com o desenvolvimento fetal. Embora o volume exato de produção de urina ao longo da gestação não esteja estabelecido, ele é calculado em torno de 25% do peso corpóreo, ou cerca de 100 mℓ/dia perto do final da gestação.

Como no adulto, o RFG do feto depende da pressão de ultrafiltração, que é a diferença entre os gradientes de pressão hidrostática e oncótica dos capilares glomerulares. A baixa pressão de perfusão e o baixo fluxo plasmático glomerular são, pelo menos em parte, responsáveis pelo baixo ritmo de filtração glomerular durante a gestação. O RFG depende também do coeficiente de ultrafiltração, ou Kf, que depende da área e da permeabilidade da membrana filtrante. Durante os últimos meses de gestação, o RFG aumenta em paralelo à idade gestacional até o término da nefrogênese, ao redor da 35ª semana de gestação. Este padrão de desenvolvimento reflete o número crescente de néfrons funcionantes. Próximo da 35ª semana, a velocidade de aumento do RFG diminui até o nascimento. As mudanças do RFG de acordo com a idade concepcional estão indicadas na Figura 79.8.

▶ Maturação pós-natal

A maturação pós-natal é caracterizada por aumento acentuado no FPR, que tem seu valor dobrado até o final do primeiro mês de vida. Os valores do FPR no adulto, de cerca de 600 mℓ/min, são alcançados próximo ao segundo ano de vida.

Estudos acerca da distribuição do fluxo sanguíneo no rim de recém-nascidos mostram que o fluxo sanguíneo é, predominantemente, levado para os néfrons mais profundos do córtex renal; mas, com a maturação renal, devido à diminuição nas resistências vasculares, o sangue é redistribuído para o córtex externo.

A capacidade de autorregulação do fluxo sanguíneo renal é menor em crianças do que em adultos.

O RFG tem seu valor duplicado nas primeiras 2 semanas de vida (ver Figura 79.8). Este acréscimo é devido ao aumento da superfície disponível para a filtração; além disso, elevações adicionais do RFG podem ser relacionadas com: (1) elevação do Kf, (2) aumento na pressão efetiva de ultrafiltração e (3) diminuição nas resistências das arteríolas aferentes e eferentes. No 1º ano de idade, o RFG é cerca de 90% do valor no adulto e, no 2º ano, alcança aproximadamente 98% desse valor. Em termos absolutos, do nascimento até a idade adulta, o RFG aumenta cerca de 25 vezes.

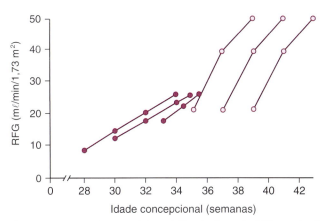

Figura 79.8 • Desenvolvimento do ritmo de filtração glomerular (RFG) como função da idade gestacional durante o último trimestre da gestação e no primeiro mês da vida pós-natal. Notar o aumento do RFG pós-natal observado nos pré-termo (●—●) e nos recém-nascidos a termo (○—○). (Adaptada de Guignard e John, 1986.)

O balanço glomerulotubular, definido como a relação dos valores absolutos de reabsorção tubular e a filtração por néfron, é adequado no recém-nascido, a fim de manter a reabsorção de solutos, água e íons em valores compatíveis com o seu crescimento. Em prematuros nascidos antes da 30ª semana gestacional, o balanço glomerulotubular pode não ser adequado, levando, por exemplo, à glicosúria (aumento de glicose na urina).

▶ Homeostase de Na⁺ em condições fisiológicas

O aporte de sódio é baixo em lactentes, se comparado ao de adultos. O leite é uma fonte pobre de Na⁺ e, para que o crescimento do neonato ocorra satisfatoriamente, é necessário um balanço positivo desse íon. Parte deste balanço positivo é devida ao baixo RFG observado neste período da vida. Adicionalmente, no neonato, o baixo nível de fatores natriuréticos (fatores que aumentam a excreção renal de sódio, tais como peptídio atrial natriurético, dopamina, óxido nítrico) também limitam a excreção de Na⁺. Apesar disso, na primeira semana de vida, a excreção fracional de Na⁺ é alta, e inversamente proporcional à maturidade fetal (Figura 79.9).

Por outro lado, no recém-nascido, a resposta à sobrecarga de Na⁺ é prejudicada quando comparada à do adulto, em parte devido ao baixo RFG. Estudos clínicos e experimentais mostram que, quando a maturidade progride, o túbulo distal é o local onde ocorre aumento da fração de reabsorção de Na⁺, provavelmente devido ao aumento na resposta à ação da aldosterona.

Em rins de prematuros, tanto os segmentos proximais como os distais são menos eficientes no manejo de Na⁺. Assim, uma porcentagem do Na⁺ filtrado escapa da reabsorção proximal, pois a relação entre o volume filtrado e a superfície proximal disponível para a reabsorção é maior do que em crianças nascidas a termo. Por outro lado, a pressão oncótica peritubular (que favorece a reabsorção de líquido isotônico no proximal) está diminuída. As porções distais exibem também alta permeabilidade e baixa capacidade de resposta à ação de mineralocorticoides e baixas atividades dos transportadores iônicos membranais e dos canais apicais de Na⁺. Esta perda renal de Na⁺, que leva a um balanço negativo do íon, pode ser fisiológica para as condições extrauterinas, pois o rim tem de eliminar o excesso de Na⁺ contido no meio extracelular. Estes fatos são reforçados em várias patologias, quando grandes volumes de água e íons são infundidos no prematuro, na tentativa de reposição de volume. Nestas condições, é frequente a ocorrência de ducto patente arterioso, insuficiência cardíaca, enterocolite necrosante, displasia broncopulmonar e hemorragia intracraniana.

Em resposta a esta perda de Na⁺, a atividade da renina plasmática é elevada em prematuros de maneira mais acentuada que em crianças nascidas a termo. Porém, há uma dissociação entre a renina plasmática e os níveis de aldosterona, o que mostra que as suprarrenais de prematuros não respondem adequadamente a estímulos na primeira semana de vida.

O desenvolvimento da resposta pós-natal à sobrecarga de Na⁺ está relacionado também com o tipo de dieta. Em crianças recebendo dietas com alto conteúdo de Na⁺, a resposta à sobrecarga de Na⁺ é mais eficaz.

O transporte intestinal de Na⁺ é eficiente, e a maturação no transporte colônico de Na⁺ precede a maturação renal. Este mecanismo serve como defesa contra a natriurese observada em recém-nascidos e crianças prematuras.

▶ Sistema renina-angiotensina-aldosterona

Em humanos, os genes relacionados com a angiotensina são ativados ao redor do 23º ou 24º dia de gestação. Os receptores AT_1 e AT_2 são expressos ao redor do 24º dia, indicando que a angiotensina II pode ser importante na organogênese. O receptor AT_2 é maximamente expresso na 8ª semana de gestação, tendo sua expressão diminuída posteriormente. Perto do 28º dia, o angiotensinogênio é expresso na parte proximal do túbulo primitivo e a renina no glomérulo e aparelho justaglomerular. Entre o 31º e 35º dias, todos os componentes do SRAA estão expressos no mesonefro embrionário, incluindo a enzima conversora de angiotensina.

O SRAA é mais ativado no período neonatal e na infância do que posteriormente. A aldosterona alcança o máximo de ativação duas horas após o nascimento.

▶ Características do túbulo proximal

A maior parte do transporte no túbulo proximal depende do gradiente luminal de sódio, provocado e mantido pela Na⁺/K⁺-ATPase basolateral. Solutos orgânicos e bicarbonato são reabsorvidos em preferência ao Cl⁻, o que deixa o líquido luminal com alto teor deste íon. Em relação ao espaço peritubular, estudos experimentais mostram que, no rato, cerca de 1/3 do transporte de NaCl é ativo e transcelular, sendo os 2/3 restantes passivos e paracelulares. O transporte ativo de NaCl é mediado pela operação paralela dos trocadores Na⁺/H⁺ e Cl⁻/HCO_3^-.

O maior volume de água é transportado no túbulo proximal pela via transcelular, graças à presença das aquaporinas do tipo 1. No feto, pouca aquaporina 1 é detectável; mas, ao nascimento, há aumento substancial no conteúdo de aquaporina 1, tanto na membrana apical como na basolateral.

No neonato, a atividade da Na⁺/K⁺-ATPase é menor, como também, provavelmente, a força movente para a entrada de Na⁺ na célula, resultando em baixo influxo celular de NaCl através da membrana apical. Há evidências de que a maturação da entrada de Na⁺ apical estimula (e precede) a atividade da Na⁺/K⁺-ATPase basolateral. O transportador NHE3, que predominantemente media a troca Na⁺/H⁺ na membrana

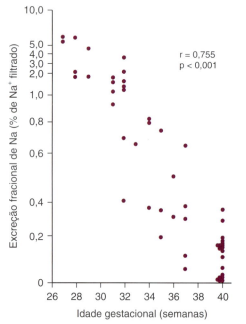

Figura 79.9 • Gráfico indicando a relação inversamente proporcional entre a excreção fracional de Na⁺ e a idade gestacional. (Adaptada de Siegel e Oh, 1976.)

luminal do túbulo proximal, sofre maturação com o transcorrer do tempo. Em vesículas extraídas da borda em escova de túbulos proximais de animais imaturos, foi demonstrado que a reabsorção de bicarbonato e as atividades da Na$^+$/K$^+$-ATPase e do NHE3 estão diminuídas.

A acidificação tubular proximal é efetuada, em sua maior parte, pela isoforma NH3 do trocador Na$^+$/H$^+$ luminal. Estudos recentes, em alguns mamíferos recém-nascidos, indicam que outras isoformas do trocador Na$^+$/H$^+$ também estão presentes. Por exemplo, a isoforma NHE8 foi encontrada em túbulos proximais de ratos recém-nascidos; mas, em humanos, o seu papel é desconhecido.

A maturação pós-natal e a reabsorção de bicarbonato podem ser estimuladas por hormônios da suprarrenal ou por estímulo direto da angiotensina II sobre a NHE3 e/ou a Na$^+$/K$^+$-ATPase. Adicionalmente, foram descritos outros fatores que influenciam positivamente a resposta tubular na conservação do Na$^+$, como a melhora nas respostas a hormônios tireoidianos e a catecolaminas e o aumento da atividade simpática.

Outro modo de transporte de Na$^+$ no proximal é através do cotransportador Na-fosfato (denominado Na-Pi). O transporte é eletrogênico e envolve o cotransporte de 3 Na$^+$ e 1 íon fosfato. Três isoformas deste transportador são descritas, mas, o Na-Pi2 é localizado exclusivamente na borda em escova. Alguns trabalhos mostram que este transporte é, proporcionalmente, maior em rins de neonatos quando comparados a rins de adultos. O hormônio da paratireoide inibe este transporte, enquanto o hormônio de crescimento e o fator insulina-símile o estimulam.

A reabsorção de Na$^+$ no túbulo proximal também ocorre pelo cotransporte com aminoácidos e glicose. Durante o período fetal e neonatal, estes transportadores exibem baixa atividade; devido a essa característica, nos primeiros dias de vida podem ser encontradas aminoacidúria e glicosúria (aminoácidos e glicose na urina, respectivamente).

▶ Algumas características do trocador Na$^+$/H$^+$

Como citado anteriormente, no túbulo proximal ocorre reabsorção de água, glicose, NaCl, bicarbonato, citrato e secreção de H$^+$ (o qual é excretado na forma do íon amônio e de acidez titulável). Solutos orgânicos, como aminoácidos, oligopeptídios e proteínas são também reabsorvidos por essa porção tubular.

O trocador Na$^+$/H$^+$ (NHE, *sodium-hydrogen exchanger*), direta ou indiretamente, contribui para cada um desses processos de transporte que ocorrem no túbulo proximal. O NHE faz parte de uma grande família de trocadores monovalentes cátion-próton. Atualmente, são conhecidas nove isoformas de NHE, de 1 a 9, com diferentes localizações teciduais e subcelulares. No Capítulo 11, *Transportadores de Membrana*, são dadas mais informações a respeito do NHE em humanos adultos.

O NHE3 é a isoforma predominante no túbulo de mamíferos adultos, enquanto o NHE8 predomina no rim fetal. Ao longo do desenvolvimento, há uma mudança na expressão destas 2 isoformas, já estabelecida em algumas espécies. A alteração na expressão destas isoformas pode ser intrínseca do órgão ou dependente de fatores circulantes. Por exemplo, o grande aumento do hormônio da tireoide e dos corticosteroides no período pós-natal eleva a expressão luminal do NHE3. É possível que no rim prematuro a função de acidificação seja exercida pela isoforma NHE8, enquanto a NHE3 não está ainda desenvolvida. Com o progredir do tempo, a NHE8 passa a ter uma localização primordialmente intracelular, utilizando o Na$^+$ vesicular para a troca com o H$^+$ celular, levando à acidificação intravesicular.

▶ Reabsorção de cloreto

Como previamente mencionado, a reabsorção ativa de Cl$^-$ no túbulo proximal é feita conjuntamente pelos trocadores Na$^+$/H$^+$ e Cl$^-$/HCO$_3^-$. Estudos experimentais indicam que ambos os trocadores têm menor atividade no neonato.

A reabsorção paracelular de Cl$^-$ depende da permeabilidade desta via a cloretos. Em coelhos adultos, a permeabilidade a Cl$^-$ em túbulos contorneados proximais é baixa. Em animais recém-nascidos, esta permeabilidade é menor ainda e esta porção do néfron mostra uma alta resistência elétrica quando comparada à do adulto. Tais propriedades biofísicas apontam para uma mudança maturacional na região da *tight-junction* (pontos especiais de junções entre as células, na parte apical próxima do lúmen tubular).

A *tight-junction* é composta de fibrilas cujas proteínas são as ocludinas e uma família de proteínas chamadas de claudinas. A ocludina tem distribuição ubíqua, enquanto as isoformas de claudina e sua abundância diferem entre os vários segmentos tubulares, conferindo características elétricas e permeabilidades diferentes para a via paracelular de cada segmento. Por exemplo, a claudina 16, presente no ramo grosso ascendente da alça de Henle, determina as características peculiares de permeabilidade desta região. Em coelhos, as claudinas 6, 9 e 13 são expressas apenas nos recém-nascidos, enquanto nos animais adultos, estão ausentes. As causas destas diferenças ainda são desconhecidas e, em rins humanos, estes dados ainda não foram obtidos.

▶ Características do néfron distal

Alguns trabalhos mostram que o ducto coletor cortical sofre mudanças importantes de acordo com a idade. Em ductos isolados perfundidos em três diferentes idades após o nascimento, duas mudanças relevantes foram descritas: (1) a alta permeabilidade vai diminuindo até alcançar os níveis vistos em adultos e (2) aumentam a atividade dos transportes ativos e a resposta a mineralocorticoides. A imaturidade no transporte de Na$^+$ pode ser devida a: (1) polarização incompleta das células principais, (2) diminuição na atividade da Na$^+$/K$^+$-ATPase, (3) diminuição no número e/ou atividade dos canais apicais de Na$^+$ e (4) diminuição nos canais de condutância existentes.

O canal apical de Na$^+$ (tipo ENaC, sensível à amilorida) é composto de 3 subunidades: α, β e γ. O perfil de expressão do mRNA da subunidade α é similar ao da subunidade α da Na$^+$/K$^+$-ATPase. Durante a gestação, existe um aumento gradual de ambos mRNA que alcança uma constante após o nascimento. Assim, parece que as regulações tanto do ENaC como da Na$^+$/K$^+$-ATPase possam ter passos comuns. Em um estudo realizado por Delgado *et al.*, foi verificado que crianças nascidas entre a 21ª e a 31ª semana de gestação só alcançam um estado de balanço positivo de Na$^+$ a partir da idade correspondente à 32ª semana de gestação. Coincidentemente, de maneira bastante interessante, nesse mesmo estudo os autores notaram que, entre a 21ª e a 36ª semana de gestação, ocorre um aumento de cerca de 25% na expressão da unidade α do mRNA do ENaC.

Foi estudada também a ontogenia da expressão de outros transportadores de Na$^+$, além do canal ENaC. Por meio de técnicas de imuno-histoquímica e hibridização *in situ*, foi verificado que esses transportadores aparecem cedo no período de desenvolvimento tubular, mas que aumentam em abundância com a maturação. Assim, os transportadores Na^+: K^+: $2Cl^-$ e Na^+: Cl^- e o contratransportador Na^+/Ca^{2+} são localizados precocemente nas porções mais distais. Acredita-se que, durante expansão volumétrica nos neonatos, pode ocorrer uma incapacidade na excreção da sobrecarga de Na^+ devido à atividade inadequada destes transportadores, que funcionariam mais adequadamente durante processos de retração de volume do meio extracelular.

▶ Manejo do potássio

Diferentemente do adulto, no qual o balanço de K^+ requer que o ganho absoluto de K^+ seja zero, no feto e recém-nascido o ganho de K^+ tem de ser positivo para que o crescimento e desenvolvimento ocorram satisfatoriamente.

A relação entre o potássio total do corpo e peso corpóreo é, pelo menos em parte, reflexo do aumento da massa muscular e do K^+ intracelular.

O K^+ é transportado ativamente da mãe para o filho, através da placenta. No feto humano, ao redor da 40ª semana de gestação, o K^+ plasmático é ligeiramente maior do que o da mãe, mostrando que o balanço de K^+ deve ser positivo ao longo do crescimento e desenvolvimento fetal.

Com o aumento da idade gestacional, a reabsorção tubular de K^+ aumenta em paralelo ao aumento da sua carga filtrada. Estudos experimentais mostram que, mesmo durante carência materna de K^+, o concepto não mostra alterações importantes no K^+ plasmático. Por outro lado, o feto parece se proteger menos nos processos de hiperpotassemia materna.

O túbulo proximal do neonato é capaz de reabsorver 50% do K^+ filtrado; porém, a alça de Henle mostra um decréscimo na capacidade de reabsorver K^+. Assim, uma carga aumentada de K^+ vai chegar às porções distais do néfron.

Trabalhos utilizando diferentes métodos de estudo, tais como depuração plasmática, micropunção *in vivo* e segmentos tubulares isolados perfundidos *in vitro*, indicam que o néfron distal exerce papel preponderante na regulação da excreção de K^+ em crianças, assim como em adultos. Mesmo crianças nascidas com baixo peso são capazes de excretar K^+ durante sobrecarga de K^+ ou HCO_3^-. No entanto, se calculada por unidade de peso corpóreo ou por peso renal, a capacidade de excretar K^+ é menor no prematuro; porém, esta capacidade se normaliza entre a 3ª e a 5ª semana de vida. Como mencionado, é provável que, nestes casos, uma insensibilidade à ação da aldosterona esteja presente, uma vez que níveis plasmáticos de aldosterona são maiores no pré-termo e em neonatos quando comparados aos de crianças mais velhas. Estudos em rim de coelhos em desenvolvimento mostram que o número de canais de K^+ do tipo ROMK (com baixa condutância e alta probabilidade de abertura) que secretam K^+ no ducto coletor cortical está diminuindo; assim como está diminuído o número dos maxicanais para K^+, cuja resposta depende do fluxo nas porções distais do néfron. Com a maturação renal, há aumento de ambos os tipos de canais de K^+.

Há poucos trabalhos científicos referentes à maturação do transporte intestinal de K^+. O intestino do neonato é, com certeza, capaz de reabsorver o K^+ da dieta; todavia, o seu papel na regulação da excreção de K^+ ainda não está esclarecido.

▶ Acidificação urinária

A placenta exerce papel fundamental na manutenção do equilíbrio acidobásico do feto. No final da gestação, a mãe mostra um pH sanguíneo ligeiramente básico, que pode ter efeito protetor caso o pH fetal sofra súbito declínio. Se no feto houver acidose metabólica, causada por distúrbios maternos (diabetes descompensado, sepse etc.) ou por problemas de perfusão uteroplacentária que levem à hipoxemia fetal, quantidade anormal de ácido orgânico pode ser originada, levando à queda do bicarbonato fetal. Inicialmente, por causa da difusão de CO_2 pela placenta, a porção ácida volátil é eliminada pelo pulmão materno. Entretanto, o lactato e outros ácidos fixos são menos difusíveis pela placenta.

Foi demonstrado que a excreção de ácidos cresce com a progressão da gestação, quer por aumento do RFG ou da excreção de amônia e de acidez titulável. Portanto, quanto menor o RFG do feto, mais difícil será a eliminação de sua sobrecarga ácida. Porém, poucos são os estudos realizados em fetos e prematuros humanos com relação à habilidade de excreção de ácidos.

No recém-nascido, a capacidade de eliminar cargas ácidas só é adequadamente adquirida após o primeiro mês de vida. O limiar de reabsorção de HCO_3^- no túbulo proximal é diminuído em relação ao do adulto, apesar de a anidrase carbônica estar presente e ativa na vida fetal. No pré-termo, o limiar é de 18 mEq/ℓ e na criança a termo é de cerca de 21 mEq/ℓ. O valor de 24 a 26 mEq/ℓ só é desenvolvido ao final do primeiro ano de vida. É provável que a redução do limiar de reabsorção de HCO_3^- no túbulo proximal, observada em pré-termos e neonatos, seja devida à imaturidade de seus transportadores iônicos.

Em adultos, 2/3 da secreção apical de prótons são mediados pelo trocador Na^+/H^+ e 1/3 pela H^+-ATPase. A força movente para a troca Na^+/H^+ é a baixa concentração intracelular de Na^+, provocada pela atividade da Na^+/K^+-ATPase da membrana basolateral. No adulto, o efluxo celular de HCO_3^- pela membrana basolateral ocorre por meio do cotransporte Na^+ HCO_3^-. Portanto, a queda da capacidade de acidificação tubular proximal poderá ser decorrente de alterações desses transportadores. Vários estudos experimentais evidenciam que tanto o trocador Na^+/H^+ como a H^+-ATPase sofrem maturação com o passar do tempo; portanto, provavelmente, a capacidade limitada de reabsorção proximal de bicarbonato dos neonatos seja devida à maturação mais tardia desses transportadores.

No túbulo distal de adultos, em condições fisiológicas, há reabsorção de 10% a 15% do bicarbonato que escapou da reabsorção proximal; e parte da secreção de íon H^+ no epitélio distal é dependente da ação da aldosterona. Já no túbulo distal de prematuros, pode ocorrer uma relativa insensibilidade à ação deste hormônio, o que dificulta a excreção renal de sua carga ácida.

Em adição à reabsorção de bicarbonato, o rim deve excretar uma quantidade de ácidos equivalente à quantidade de ácidos provocada pelo metabolismo. O indivíduo em crescimento necessita eliminar prótons liberados durante a formação do osso, que são, em parte, compensados pela reabsorção de radicais alcalinos no trato gastrintestinal (TGI). Devido ao alto ritmo metabólico presente durante o crescimento, calcula-se que o rim do ser em crescimento deve excretar de 50% a 100% a mais de ácidos, por quilograma de peso, do que o do adulto.

Para a adequada excreção renal de ácidos, tampões urinários devem estar presentes em quantidade suficiente para evitar que o pH urinário caia a valores incompatíveis com a integridade dos túbulos renais. A excreção renal de ácidos (resultante da soma da acidez titulável mais a excreção de amônio) é significantemente menor em rins de neonatos; mas, em crianças alimentadas com leite de vaca, a excreção de ácidos aos 7 dias de vida é similar à de adultos, se normalizada por quilo de peso corpóreo. Crianças alimentadas com leite materno exibem teores menores de acidez titulável, o que reflete uma menor quantidade de fosfato na dieta. Crianças submetidas à sobrecarga de ácidos mostram menor capacidade de excretar amônio; provavelmente, isso acontece por imaturidade na cadeia metabólica da glutamina (aminoácido responsável pela produção mitocondrial de amônio; mais detalhes no Capítulo 54, *Papel do Rim na Regulação do pH do Líquido Extracelular*). Esses fatores contribuem para que prematuros e neonatos lidem mal com sobrecargas ácidas, estando mais sujeitos a desenvolver quadros de acidose metabólica.

▶ Considerações sobre acidose tubular renal

Embora na prática clínica a maior parte das acidoses metabólicas seja decorrente de causas não renais, em algumas eventualidades o rim torna-se incapaz de excretar cargas ácidas. A acidose tubular renal (ATR) é caracterizada pela incapacidade de excretar cargas ácidas mesmo na presença de função glomerular normal ou perto da normalidade. Nestas condições, ocorre a acidose metabólica hiperclorêmica (com elevação de Cl^- no plasma). Estudos funcionais e clínicos possibilitaram a descrição de quatro tipos de ATR, conforme a localização do defeito tubular: clássica, distal ou tipo 1; proximal ou tipo 2; proximal e distal ou tipo 3 e acidose tubular renal hipercalcêmica (com elevação de K^+ no plasma) ou tipo 4.

Algumas ATR podem ser adquiridas (p. ex., em intoxicações medicamentosas ou por metais) e outras têm origem genética, as chamadas ATR inerentes. Estudos em modelos experimentais e em ATR de causas genéticas possibilitaram o esclarecimento não apenas das bases moleculares destas doenças, mas também dos processos fisiológicos que regem a acidificação urinária.

▶ Capacidade de concentração e diluição urinária

O rim do adulto é capaz de produzir urina concentrada de até cerca de 1.300 mOsm. No recém-nascido, esta osmolalidade fica entre 400 e 600 mOsm. Aos 6 meses, há um incremento na capacidade de concentração urinária que, próximo aos 18 meses, alcança os níveis vistos no adulto. Em crianças a termo, a capacidade de diluição urinária é próxima à do adulto, mas é limitada predominantemente pelo baixo RFG, que limita a formação de água livre.

Vários fatores limitam a capacidade de concentração urinária do recém-nascido. No adulto, esta capacidade é dependente do gradiente osmótico encontrado entre as diversas estruturas da medula renal, o qual é devido, primordialmente, à ureia e ao cloreto de sódio. No neonato, a concentração de ureia é relativamente baixa, em parte, devido à sua pouca ingestão de proteína. Além disso, no neonato, o transporte de NaCl no ramo ascendente espesso da alça de Henle é menor, e isso também limita sua capacidade de concentrar a urina.

O recém-nascido responde a mudanças do volume e da osmolalidade plasmática com adequada secreção de hormônio antidiurético (ADH). Por outro lado, a permeabilidade osmótica do ducto coletor, dependente da ação do ADH, parece ser menor em neonatos. É sabido que as prostaglandinas têm um papel depressor da resposta do ducto coletor ao ADH; ou seja, elas inibem a adenilciclase, impossibilitando que seja originado cAMP a partir do ATP, etapa fundamental para a ação antidiurética do ADH (para mais informações, consulte Capítulo 53, *Papel do Rim na Regulação do Volume e da Tonicidade do Líquido Extracelular*). Em ductos coletores de neonatos, expostos ao ADH, a geração do cAMP é menor do que a provocada em ductos de adultos. Assim, é provável que a deficiência na ação antidiurética do ADH encontrada em neonatos seja devida à presença de altos níveis da expressão para receptores de prostaglandinas verificada nesses indivíduos.

FISIOLOGIA GASTRINTESTINAL

▶ Ontogenia do sistema digestório do neonato

O sistema digestório no neonato e nos primeiros anos de vida caracteriza-se por peculiaridades anatômicas, fisiológicas e funcionais que o distinguem do sistema digestório do adulto. O suprimento de aporte nutricional para o neonato, principalmente para os prematuros, representa um desafio a ser enfrentado.

Na fase de gestação, o sistema digestório está envolvido, principalmente, com a remoção de líquido amniótico; enquanto a parte digestiva e absortiva é realizada pela placenta. Com o nascimento, o trato digestivo da criança, ainda que imaturo, tem de assumir a responsabilidade de suprir suas necessidades hidreletrolíticas e energéticas.

O sistema digestório desenvolve-se, anatomicamente, até o final da 20ª semana de gestação. No embrião, esse sistema é um dos primeiros a exibir polaridade, ou seja, o transporte de substâncias do feto ou para o feto ocorre de maneira a garantir seu crescimento e desenvolvimento. Os enterócitos se diferenciam, há a delimitação de membrana da borda em escova na porção luminal e formação da membrana basolateral. A seguir, formam-se as criptas intestinais e, no cólon do feto, aparecem algumas estruturas similares a vilos, com células capazes de transportar certas moléculas. Todos os 4 tipos de células presentes na mucosa intestinal – enterócitos, células de Paneth, células caliciformes e células neuroendócrinas – se originam de uma única linhagem celular, pluripotente.

O plexo nervoso entérico consiste em neurônios que se situam nas camadas do trato digestivo, modulando sua motilidade, microcirculação, secreção e respostas imunológicas. O plexo nervoso inicia sua implantação no sistema digestório ao redor da 13ª semana de gestação e a motilidade intestinal está desenvolvida no 3º trimestre da gestação. Algumas alterações neste processo podem acarretar doenças como a doença de Hirschsprung. Nesta condição, o intestino deixa de exibir motilidade normal, podendo aparecer quadros de obstipação (constipação intestinal renitente) intestinal, com gravidade variável. Em algumas crianças, a própria eliminação do mecônio (fezes do recém-nascido) pode estar comprometida. Em outros casos, graus de obstipação intestinal podem se manifestar mais tarde, durante ou após a lactação ou mesmo na adolescência.

O desenvolvimento funcional do sistema digestório inicia-se durante a vida fetal, com o aparecimento de enzimas digestivas e hepáticas e com o desenvolvimento da superfície absortiva do intestino. A maioria dos processos necessários para absorção e digestão está pronta ao redor da 33ª semana de gestação. O funcionamento adequado do TGI do feto é importante para a homeostase do líquido amniótico; este, por sua vez, contém nutrientes, hormônios e fatores de crescimento, que estimulam a secreção de peptídios regulatórios que controlam a maturação do TGI.

A maior parte dos polipeptídios – incluindo gastrina, motilina e somatostatina – está presente no final do 1º trimestre de gestação; esses polipeptídios agem como indutores do crescimento e desenvolvimento do TGI. O transporte intestinal de aminoácidos aparece ao redor da 14ª semana, o de glicose cerca da 18ª semana e o dos ácidos graxos próximo da 24ª semana.

Os vilos intestinais começam a se desenvolver ao redor da 9ª semana, estão presentes no intestino delgado na 14ª semana e têm criptas e vilos bem desenvolvidos na 19ª semana. Ao nascimento, os vilos e microvilos aumentaram a superfície absortiva intestinal de até 100.000 vezes em relação à exibida no 1º trimestre da gestação. A motilidade e a peristalse desenvolvem-se gradualmente, e amadurecem no 3º trimestre de gestação. O mecônio é encontrado ao redor da 11ª semana de gestação e se move para o cólon ao redor da 16ª semana.

A circulação intestinal dos recém-nascidos difere da dos adultos. No período imediatamente após o nascimento, a resistência vascular basal intestinal é baixa, possivelmente devido à produção de óxido nítrico. Esta queda da resistência pode proteger as alças intestinais em períodos de hipoxia ou hipotensão. Crianças nascidas pré-termo podem não exibir esta vasodilatação – a qual é a resposta necessária à hipoperfusão das alças intestinais – podendo apresentar, então, isquemia de alças intestinais até atingir necrose.

Os principais eventos do desenvolvimento do TGI estão mostrados no Quadro 79.2.

▶ Características gerais do intestino

A mucosa intestinal permanece relativamente imatura nos primeiros 4 a 6 meses, e exibe aumento na permeabilidade a macromoléculas. Durante este período, antígenos e outras macromoléculas podem ser transportados pelo epitélio intestinal, deixando a criança vulnerável a processos alérgicos ou infecciosos.

Com a maturação, o transporte de macromoléculas diminui. Ao nascimento, o intestino é estéril; mas é rapidamente colonizado, e a colonização depende do tipo de alimentação, se por leite materno ou leites industrializados. A colonização ocorre em 2 estágios. No primeiro estágio, do nascimento até o final da 1ª semana, a criança entra em contato com microrganismos durante e imediatamente após o parto. No segundo estágio, o tipo de dieta influencia a colonização. A flora normal do TGI provê um importante mecanismo de proteção contra infecções intestinais, por ocupar possíveis locais de colonização indesejável. Os oligossacarídios do leite humano se ligam a receptores na mucosa e, assim, impedem a colonização inadequada. Em geral, o intestino delgado é estéril e pouco colonizado, possivelmente graças aos seguintes fatores: pH gástrico, propriedades bactericidas da bile, imunoglobulinas secretadas e sua própria motilidade. A colonização por coliformes desta região pode ocorrer em crianças prematuras ou com alimentação enteral ou transpilórica. Em crianças prematuras, a queda da motilidade intestinal pode ser um dos fatores que facilitam esta colonização (Figura 79.10).

▶ Maturação anatômico-funcional do trato gastrintestinal

A maturação anatômico-funcional do TGI pode ser estudada tendo em vista quatro assuntos: o reflexo de sucção e deglutição, a motilidade do esôfago, o esvaziamento gástrico e a motilidade intestinal.

▶ Sucção e deglutição

Entre a 13ª e a 15ª semana, os fetos respondem à estimulação oral com movimentos da língua e reflexo de sucção. A deglutição inicia-se ao redor da 12ª semana do feto; na 16ª semana, é de 2 a 6 mℓ de líquido amniótico por dia e no feto a termo ela aumenta para 200 a 600 mℓ/dia. Ao redor da 34ª semana, o reflexo e a frequência de deglutição estão perto do normal. O reflexo de sucção está mais relacionado com a idade gestacional do que com a idade pós-natal. Próximo da 37ª semana, a sucção está já desenvolvida.

Estes dois processos, sucção e deglutição, podem não estar adequadamente coordenados em crianças prematuras; interessante notar que, em crianças que são amamentadas, esta coordenação parece ser mais precoce do que nas crianças alimentadas com mamadeiras. Após as primeiras 24 a 48 h de vida extrauterina, é estabelecido o padrão de frequência de

Quadro 79.2 ▪ Principais eventos do desenvolvimento do trato gastrintestinal.

Desenvolvimento anatômico	Semanas de gestação	Desenvolvimento funcional	Semanas de gestação
Esôfago		**Esôfago**	
Epitélio escamoso	28	Deglutição	10 a 14
		Reflexo sucção-deglutição	32 a 35
Estômago		**Estômago**	
Glândulas gástricas piloro e fundo gástrico	14	Motilidade e secreção	20
Pâncreas		**Pâncreas**	
Diferenciação de tecido exócrino e endócrino	14	Grânulos de zimogênio	20
Fígado		**Fígado**	
Identificação da lobulação hepática	11	Metabolismo biliar	11
		Secreção biliar	22
Intestino delgado		**Intestino delgado**	
Criptas e vilos	14	Transporte de aminoácidos	14
		Transporte de glicose	18
		Absorção de ácidos graxos	24

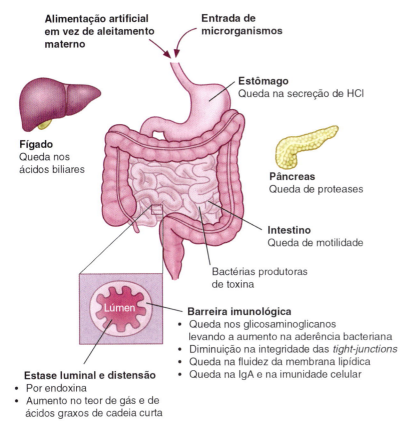

Figura 79.10 ▪ Possíveis fatores que predispõem crianças prematuras à enterocolite necrosante. (Adaptada de Neu e Weiss, 1999.)

sucção e deglutição, que é mantido ao longo dos primeiros meses de vida.

O reflexo de sucção e deglutição deve estar adequadamente coordenado com a respiração. A partir da 38ª semana de gestação, as crianças facilmente coordenam estes processos. A posição da laringe no recém-nascido, situada de maneira mais alta em relação à faringe, facilita o fechamento da epiglote e o acesso de líquidos para o esôfago.

Até os 3 meses de idade, os sólidos colocados na boca da criança serão forçados pela língua contra o palato e, então, deglutidos ou colocados para fora da boca. Após esta idade, as crianças conseguem posicionar pequenas porções sólidas para a parte posterior da cavidade oral e, assim, ocorre a deglutição normal.

▸ Motilidade esofágica, gástrica e intestinal

Nas primeiras 12 h após o nascimento, a motilidade esofágica está diminuída. O tamanho da parte inferior do esfíncter esofágico está reduzido e seu posicionamento, acima do diafragma, pode facilitar o refluxo. O refluxo também é facilitado em lactentes, devido ao ângulo entre esôfago e estômago ser menos agudo. Em algumas crianças, o tônus do esfíncter esofágico permanece diminuído até os 12 meses de vida, o que explica o fato de algumas crianças apresentarem episódios de regurgitação até esta idade.

A motilidade gástrica e o tempo de esvaziamento gástrico estão diminuídos no recém-nascido, principalmente nas primeiras 72 h. Esta ocorrência pode estar baseada em uma falta de resposta a hormônios e fatores locais. Nos recém-nascidos, a gastrina elevada dificulta o esvaziamento gástrico. Outros fatores também podem influenciar o esvaziamento gástrico, tais como: presença de muco, líquido amniótico, tônus do esfíncter pilórico e tipo de alimento. Os carboidratos aceleram o esvaziamento, enquanto as gorduras o atrasam. O leite humano é esvaziado duas vezes mais rápido do que as fórmulas lácteas comercialmente disponíveis. A capacidade gástrica de uma criança é cerca de 6 mℓ/kg de peso corpóreo; em pré-termos, grandes volumes residuais podem causar distensão gástrica e interferência na capacidade de ingestão alimentar.

Em adultos, a ingestão de leite desencadeia aumento da motilidade intestinal. Entretanto, em pré-termos, a ingestão de leite pode causar queda na motilidade ou pode não ter qualquer efeito sobre ela. Esta resposta inadequada parece ser devida à não maturidade à resposta vagal. Em pré-termos, a alteração na motilidade pode levar a diminuição da propulsão de alimento, maior tempo de esvaziamento gástrico e diminuição no trânsito intestinal, o que pode dificultar a capacidade de ingestão e absorção de alimento.

▸ Digestão e absorção de carboidratos

A glicose materna é a principal fonte energética para o feto. As dissacaridases estão presentes a partir da 9ª semana de gestação, aumentando bastante após a 20ª semana. As amilases, salivar e pancreática, são detectadas no líquido amniótico entre a 16ª e a 18ª semana de gestação. Ao nascimento, a amilase salivar é cerca de 1/3 da dos adultos; seu aumento – que acontece, principalmente, a partir do 4º mês de vida infantil – pode ser devido à presença de outros tipos de alimentos na dieta da criança. A amilase pancreática está diminuída nos recém-nascidos, e seus níveis adequados são alcançados entre o 4º e o 6º mês de vida.

Os recém-nascidos mostram níveis adequados das alfa-glucosidases sucrase, maltase e isomaltase. Algumas semanas antes do nascimento, a sucrase e a maltase já exibem níveis altos. A enzima glicoamilase – presente na borda em escova da célula intestinal – digere alguns compostos presentes em fórmulas artificiais; ela está distribuída ao longo do intestino delgado e facilita a digestão e absorção de carboidratos.

O mais importante carboidrato presente no leite humano e no de vaca é a lactose. Entre a 8ª e a 9ª semana de gestação, a lactase – enzima fundamental na clivagem da lactose em glicose e galactose – é detectada no início do intestino delgado; posteriormente, esta enzima é encontrada ao longo de todo o delgado. A atividade da lactase aumenta rapidamente no final da gestação e, no recém-nascido, sua atividade é de 2 a 4 vezes maior do que em crianças adultas. Em crianças pré-termo, a quantidade de lactase é diminuída, mas aumenta com a exposição à lactose. A lactose que não é absorvida pelo intestino delgado vai para o intestino grosso, onde ocorre fermentação. A fermentação bacteriana dos carboidratos produz lactato, acetato e propionato, que são fonte calórica e aumentam a absorção de líquido e de eletrólitos. O tratamento com antibióticos pode alterar a flora intestinal, impedindo a absorção de lactose. Após o desmame, a lactase diminui na infância e adolescência, principalmente, em regiões em que o consumo de leite é menor. Por vezes, esta queda na lactase ocasiona a síndrome de intolerância à lactose.

Outra dissacaridase que aparece ao redor da 9ª semana de gestação é a sucrase-isomaltase; a sucrase hidrolisa a sacarose em glicose e frutose. Próximo ao nascimento, esta enzima mostra um aumento significativo.

O transporte de glicose pelo transportador situado na borda em escova do intestino, o SGL1, aparece juntamente com a diferenciação das células colunares do epitélio intestinal. Um sistema alternativo de transportador de glicose e frutose em humanos, o GLUT2, tem menor afinidade e alta capacidade de transporte; ao nascimento, esse transportador é altamente expresso na membrana basolateral. O transportador GLUT1 também aparece precocemente na gestação, mas sua expressão diminui com a progressão da gestação.

A frutose é pouco reabsorvida no recém-nascido e na infância. Se houver sobrecarga desse carboidrato na dieta, alguma frutose escapa da reabsorção e aparece no intestino grosso, podendo causar diarreia osmótica.

▶ Digestão e absorção de proteínas

O pH gástrico do recém-nascido é neutro ou levemente alcalino. Os fatores que contribuem para o aumento do pH gástrico durante o desenvolvimento fetal são a diminuição da secreção ácida e do ritmo de esvaziamento gástrico e a presença de líquido amniótico. As mudanças do pH gástrico reduzem a atividade da pepsina e a hidrólise péptica. A secreção ácida aumenta nas primeiras 24 h após o nascimento e dobra em 2 meses. A produção de pepsinogênio é baixa nos primeiros meses de vida. Embora os níveis de gastrina sejam elevados, os receptores para este hormônio podem ser não sensíveis ou em número diminuído.

Nos recém-nascidos, os níveis de atividade da tripsina e de outros hormônios proteolíticos pancreáticos podem estar diminuídos; também a quimiotripsina, a carboxipeptidase B e a enteroquinase apresentam menor atividade. Como a enteroquinase ativa a tripsina, que, por sua vez, ativa outras enzimas proteolíticas, o nível de enteroquinase é o fator limitante para a digestão proteica. Em recém-nascidos a termo, estas deficiências enzimáticas parecem não ter grande repercussão sobre a absorção de proteínas; mas, em pré-termos, a ingestão de grandes quantidades de proteínas pode ser problemática, principalmente das presentes nas fórmulas comercialmente disponíveis.

No recém-nascido, são bem desenvolvidas as peptidases da borda intestinal e as citosólicas, das quais depende a absorção de aminoácidos. O transporte de aminoácidos aumenta consideravelmente após o nascimento. Todos os sistemas de transporte de aminoácidos – neutros, ácidos, básicos e imino – são funcionais entre a 17ª e a 20ª semana de gestação; mas, o transporte de lisina e fenilalanina aparece mais tarde do que o de alanina, leucina, taurina e valina.

▶ Digestão e absorção de gorduras

No recém-nascido, principalmente se prematuro, a digestão de gorduras é diminuída, pois depende da lipase pancreática e dos sais biliares.

Em humanos, a atividade da lipase pancreática é detectada ao redor da 32ª semana de gestação. Ao nascimento, ela permanece baixa e aumenta na 10ª semana após o parto. O baixo nível da lipase pancreática e dos ácidos biliares é compensado pela lipase presente no leite humano (lipase mamária ou lipase digestora de leite) e pelas lipases lingual e gástrica. Estas duas últimas são detectadas na 26ª semana de gestação; ao nascimento têm alta atividade, hidrolisando entre 50% e 60% da gordura da dieta.

Após o nascimento, a pinocitose dos lipídios pelas células intestinais é importante. Uma vez tomados pelos enterócitos, os lipídios são transformados em triglicerídios, fosfolipídios e ésteres de colesterol. As crianças têm maior capacidade de reabsorver triglicerídios de cadeias curta e média, que não dependem da formação de micelas que, por sua vez, necessitam da presença de ácidos biliares no lúmen intestinal.

Entre a 14ª e a 16ª semana de gestação, a bile pode ser identificada no fígado e vesícula biliar; mas, mesmo no fim da gestação, o *pool* de ácidos biliares permanece baixo. A conjugação hepática de ácidos biliares é dependente de taurina, em vez de glicina, como no adulto. A queda na reserva de ácidos biliares é devida a menor síntese, recirculação e conservação de sais biliares pelo *shunt* êntero-hepático, como resultado da imaturidade do fígado e dos transportes intestinais.

CONSIDERAÇÕES SOBRE O METABOLISMO ENERGÉTICO

▶ Metabolismo fetal

Antes do nascimento, o feto é inteiramente dependente da transferência contínua de nutrientes maternos pela placenta; e a produção de glicose pelo feto parece ser insignificante. A concentração de glicose fetal é muito próxima da materna; e o *pool* de glicose fetal encontra-se em equilíbrio com o *pool* de glicose materna. Embora as enzimas necessárias para a gliconeogênese estejam bem desenvolvidas ao redor da 8ª semana de gestação, ela não ocorre em uma gestação normal. Cerca de 60% da glicose utilizada pela placenta são convertidos em lactato; chega em proporção considerável para o feto, e é utilizada como fonte para o metabolismo energético e não energético (p. ex., síntese de glicogênio), sendo a principal fonte energética para o feto, sob condições fisiológicas. No terceiro trimestre de gestação, a glicose é armazenada como tecido adiposo, em preparação para o metabolismo após o nascimento.

As enzimas necessárias para a formação de glicogênio estão desenvolvidas ao final do 2º mês de vida intrauterina e a deposição de glicogênio começa cedo durante a gravidez.

Aminoácidos são ativamente transportados para o feto; a placenta humana também é permeável a triglicerídios, ácidos graxos, glicerol e cetoácidos.

▶ Mudanças metabólicas após o nascimento

Nas primeiras horas após o nascimento, a produção de glicose endógena é em torno de 4 a 5 mg/kg/min. Existe uma relação linear entre produção de glicose e peso do cérebro, uma vez que a massa cerebral corresponde entre 10% e 12% do peso total do corpo. A glicose entra no tecido cerebral por difusão facilitada, mediada pelos transportadores GLUT1 e GLUT3. No entanto, no neonato humano em jejum, a oxidação da glicose pode suprir apenas 70% da demanda energética do cérebro; as fontes suplementares são o lactato e os corpos cetônicos. É interessante notar que o cérebro, nestas circunstâncias, é capaz de utilizar corpos cetônicos em um ritmo 4 a 40 vezes maior do que aquele exibido por crianças mais velhas ou adultos. Imediatamente após o nascimento, o lactato também é uma importante fonte energética.

Estudos do perfil glicêmico em neonatos mostram que, após o parto, os níveis de glicose caem rapidamente, chegando ao mínimo entre 30 e 90 min após o nascimento. No entanto, por volta da 12ª à 24ª hora de vida, mesmo na ausência de alimentação, a glicose começa a subir e estabiliza entre 2,4 e 5 mmol/ℓ. Em crianças amamentadas adequadamente, os níveis de glicose permanecem estáveis, mesmo se um prazo maior se estabelecer entre as mamadas.

Estes níveis normais de glicose são em pequena parte devidos à glicogenólise, mas a gliconeogênese assume um importante papel. No neonato, a capacidade gliconeogênica é limitada devido à baixa atividade da fosfoenolpiruvato carboxiquinase, mas esta atividade aumenta, influenciada pela queda na relação insulina/glucagon. Logo após o nascimento, a gliconeogênese aumenta graças ao uso do lactato, alanina e glicerol como fontes de glicose.

Durante as primeiras 8 h de vida, os corpos cetônicos são baixos, apesar de haver níveis plasmáticos adequados de ácidos graxos livres, seus precursores. No entanto, após as primeiras 12 h de vida, crianças saudáveis já exibem níveis elevados de corpos cetônicos e, após 72 h, os níveis de corpos cetônicos são similares aos de crianças mais velhas. Esta fonte pode ser responsável por cerca de 25% das necessidades energéticas basais, em recém-nascidos, sendo que uma vigorosa cetogênese faz parte das adaptações metabólicas da vida extrauterina.

A insulina plasmática permanece baixa por alguns dias após o nascimento; porém, em comparação com a de crianças mais velhas, ela é relativamente alta se correlacionada com os níveis de glicemia. A baixa na glicemia não é capaz de ativar uma resposta supressora de insulina similar à encontrada em crianças mais velhas ou em adultos. Em neonatos de 1 a 3 dias de idade, os níveis de glucagon estão elevados, permanecendo assim durante a primeira semana de vida.

BIBLIOGRAFIA

Balanço hídrico
COSTARINO A, BAUMGART S. Modern fluid and electrolyte management of the critically ill premature infant. *Pediatr Clin North Am*, 33:153-78, 1986.

Função pulmonar
CREUWELS LAJM, VAN GOLDE LMG, HAAGSMAN HP. The pulmonary surfactant system: biochemical and clinical aspects. *Lungs*, 175:1-39, 1997.
GILBERT WM, BRACE RA. Amniotic fluid volume and normal flows to and from the amniotic cavity. *Semin Perinatol*, 17:150-7, 1993.
JAIN L, EATON DC. Physiology of fetal lung fluid clearance and the effect of labor. *Semin Perinatol*, 30:34-43, 2006.
STEGGERDA J, MAYER CA, MARTIN RJ et al. Effect of intermittent hypercapnia on respiratory control in rat pups. *Neonatology*, 97:117-23, 2010.
SOVIK S, LOSSIUS K. Development of ventilatory response to transient hypercapnia and hypercapnic hypoxia in term infants. *Pediatr Res*, 55:302-9, 2009.
WERT SE. Normal and abnormal structural development of the lung. In: POLIN RA, FOX WW, ABMAN SH (Eds.). *Fetal and neonatal physiology*. 3. ed. Saunders, Philadelphia, 2004.

Fisiologia cardiovascular
ANDERSON PAW. The heart and development. *Semin Perinatol*, 20:482-509, 1996.
DE SWIET M, FAYERS P, SHINEBOURNE EA. Blood pressure in first 10 years of life: the Brompton study. *BMJ*, 304:23-6, 1992.
JACKSON LV, THALANGE NKS, COLE TJ. Blood pressure centiles for Great Britain. *Arch Dis Child*, 92:298-303, 2007.
KENT AL, KECSKES Z, SHADBOLT B et al. Blood pressure in the first year of life in healthy infants born at term. *Pediatr Nephrol*, 22:1743-50, 2007.
LAHMERS S, WU Y, CALL DR et al. Development control of titin isoform expression and passive stiffness in fetal and neonatal myocardium. *Circ Res*, 94:505-13, 2004.
The Fourth Report on the Diagnosis, Evaluation, and Treatment of High Blood Pressure in Children and Adolescents. National High Blood Pressure Education Program. Working Group on High Blood Pressure in Children and Adolescents. *Pediatrics*, 114:555-76, 2004.
WIERNINCK RF, COJOC A, ZEIDENWEBER CM et al. Force frequency relationship of the human ventricle increases during early posnatal development. *Pediatr Res*, 65:414-9, 2009.

Fisiologia renal
BAUM M. Development changes in proximal tubule NaCl transport. *Pediatr Nephrol*, 23:185-94, 2008.
BAUM M, QUIGLEY R, SATLIN L. Postnatal Renal Development. In: ALPERN RJ, HERBERT SC, SELDIN DW et al. (Eds.). *Seldin and Giebisch's the Kidney: Physiology & Pathophysiology*. 4. ed. Elsevier Academic Press, Boston, 2008.
BECKER AM, ZHANG J, GOYAL S et al. Ontogeny of NHE8 in the rat proximal tubule. *Am J Physiol*, 293:F255-61, 2007.
BOBULESCU A, MOE OW. Luminal Na/H exchange in the proximal tubule. *Eur J Physiol*, 458:5-21, 2009.
DRESSLER GR. The cellular basis of kidney development. *Annu Rev Cell Dev Biol*, 22:509-29, 2006.
GUIGNARD JP, JOHN EG. Renal function in the tiny, premature infant. *Clin Perinatol*, 13:377-401, 1986.
OH W, GUIGNARD JP, BAUMGART S et al. *Nephrology and Fluid/Electrolyte Physiology: Neonatology Questions and Controversies*. Saunders/Elsevier, Philadelphia, 2008.
RHODIN MM, ANDERSON BJ, PETERS AM et al. Human renal function maturation: a quantitative description using weight and posmenstrual age. *Pediatr Nephrol*, 24:67-76, 2009.
SIEGEL SR, OH W. Renal function as a marker of human fetal maturation. *Acta Pediatr Scand*, 65:481-5, 1976.
YU J, McMAHON AP, VALERIUS MT. Recent genetic studies of mouse kidney development. *Curr Opin Genet Dev*, 14:550-7, 2004.

Fisiologia gastrintestinal
BERSETH C. Developmetal anatomy and physiology of the gastrintestinal tract. In: HW TAEUSCH, RA BALLARD, CA GLEASON (Eds.). *Avery's diseases of the newborn*. 8. ed. Saunders, Philadelphia, 2005.
DROZDOWSKI LA, CLANDININ T, THOMSON ABR. Ontogeny, growth and development of the small intestine: understanding pediatric gastroenterology. *World J Gastroent*, 21:787-99, 2010.
LEBENTHAL A, LEBENTHAL E. The ontology of the small intestinal epithelium. *J Parent Enteral Nutr*, 23:S5, 1999.
NEU J. Gastrointestinal maturation and feeding. *Seminars Perinatol*, 30:77-80, 2006.
NEU J, WEISS MD. Necrotizing enterocolitis: pathophysiology and prevention. *JPEN J Parenter Enteral Nutr*, 23:S13-7, 1999.
PLATT MW, DESHPANDE S. Metabolic adaptation at birth. *Semin Fetal Neonatal Med*, 10:341-50, 2005.

Capítulo 80

Fisiologia do Envelhecimento Humano

Clineu de Mello Almada Filho | Maysa Seabra Cendoroglo

- Introdução, *1350*
- Alterações na estrutura corporal, *1350*
- Alterações no sistema imunológico, *1351*
- Alterações no sistema endócrino, *1352*
- Alterações no sistema nervoso central, *1354*
- Alterações no sistema cardiovascular, *1355*
- Alterações no sistema respiratório, *1357*
- Alterações no sistema renal, *1357*
- Alterações no sistema digestório, *1359*
- Sistema hematopoético, *1359*
- Bibliografia, *1359*

INTRODUÇÃO

O envelhecimento humano é caracterizado por declínio lento e insidioso na estrutura e na função orgânica que se desenvolve após a maturação sexual e o fenótipo adulto jovem.

O processo fisiológico de envelhecimento, denominado senescência, pode ser entendido como declínio ou mesmo deterioração das propriedades funcionais em níveis celulares, teciduais e orgânicos. Essas alterações funcionais produzem diminuição na capacidade do organismo em manter a homeostase e a adaptação a situações de estresse, tanto interno como externo, aumentando assim a sua vulnerabilidade às doenças e à morte. No envelhecimento, há um desequilíbrio orgânico que dificulta a manutenção de estruturas moleculares específicas e de suas vias metabólicas, o que dificulta a manutenção das condições homeostáticas e homeodinâmicas. Em resumo, a senescência é caracterizada pela redução das reservas funcionais orgânicas e, em situações de sobrecarga sistêmica, os mecanismos fisiológicos de compensação podem não ser tão eficientes.

> **Senescência**
> Redução das reservas funcionais em conjunto com alterações do mecanismo de controle da atividade das células, tecidos e sistemas, que ocorrem com o envelhecimento normal.

Há uma variabilidade individual quanto ao início, ritmo, velocidade e extensão da progressão do processo de envelhecimento. Diferenças nessas manifestações dependem das divergências na capacidade funcional dos indivíduos. Essa capacidade funcional é uma medida direta da habilidade das células, dos tecidos e dos sistemas orgânicos em operar apropriada e otimamente, sendo influenciada por genes e pelo ambiente. As funções celulares, teciduais e orgânicas adequadas refletem em bom funcionamento dos mecanismos homeodinâmicos e de suas vias de manutenção. Esses mecanismos de manutenção incluem: a reparação de danos ao ácido desoxirribonucleico (DNA), a detecção e depuração de proteínas defeituosas e lipídios, a depuração de células e organelas defeituosas, bem como a defesa contra patógenos e aos danos por eles causados.

Muitas das teorias fisiológicas sobre o envelhecimento se baseiam, conceitualmente, nesses mecanismos de manutenção homeodinâmicos, pois estes interferem nas respostas celulares induzindo: a apoptose, a senescência, o reparo e a resposta sistêmica da ativação imune e da inflamação. Por exemplo, quando o dano ao DNA é muito grande para ser reparado, a célula entra em apoptose. Ou ainda, as células podem responder aos danos causados por radicais livres ao DNA induzindo à senescência ou, então, iniciando o processo de apoptose. O dano oxidativo e a apoptose celular correlacionam-se negativamente com o mecanismo autofágico de reparo e, quando há acúmulo de uma variedade de alterações bioquímicas não reparadas, a função de ácidos nucleicos, de proteínas e de membranas lipídicas torna-se prejudicada. Sabe-se também que as proteínas aberrantemente modificadas, devido à glicação não enzimática ou a radicais livres, podem induzir à inflamação; e esta, associada à resposta imune, desencadeia em grande parte o processo de apoptose celular. Muitas dessas proteínas podem exercer uma ação regulatória na atividade da enzima telomerase e, assim, influenciar a sobrevivência e a senescência celular, uma vez que a destruição do telômero é o principal determinante do envelhecimento sistêmico. As alterações epigenéticas, tais como a metilação do DNA e a acetilação de histonas, também participam dos mecanismos indutores da senescência. A extensão na qual as células diferenciadas são afetadas pelo envelhecimento determina a função fisiológica; enquanto a extensão na qual as células pluripotenciais (*stem cells*) são afetadas determina a capacidade de substituir as células danificadas e reparar os tecidos.

Um fenômeno bem documentado do envelhecimento é a amplamente distribuída deterioração da eficiência do sinal de transdução. Exemplos disso incluem: (1) a redução na resposta de vasodilatação do endotélio ao estrógeno, possivelmente relacionada com a progressiva metilação do gene receptor de estrógeno (uma alteração epigenética) e (2) a redução da responsividade das células de Leydig à estimulação gonadocoriônica, provavelmente devido a alteração bioquímica na membrana celular.

Assim, no envelhecimento biológico há uma progressiva e, de certo modo, previsível perda da coordenação celular e da função tecidual, de tal maneira que o organismo se torna gradualmente menos capaz de se reproduzir e de sobreviver. A velocidade desse processo é espécie-específica, e as alterações são manifestadas por meio de múltiplos órgãos e sistemas. A *deterioração* da função é *heterogênea* entre os sistemas e os indivíduos; inicialmente, é detectável como uma perda da capacidade e da habilidade de restaurar a homeostase sob condições de estresse e, posteriormente, é detectável pela alteração de função em repouso.

ALTERAÇÕES NA ESTRUTURA CORPORAL

No transcorrer do envelhecimento, ocorrem significativas alterações na composição corpórea do indivíduo, como, por exemplo, redução no volume de água do organismo, principalmente aquele instalado no compartimento intracelular. Essa redução de água é observada ao longo das diversas fases do desenvolvimento humano (Figura 80.1).

Essa alteração no volume hídrico deve ser considerada ao se avaliarem parâmetros clínicos de um idoso, tanto com finalidade diagnóstica como terapêutica, para evitar que procedimentos indevidos resultem em iatrogenia (ou efeitos deletérios provocados pelo tratamento) a essas pessoas.

Com o envelhecimento, ocorre também uma alteração na massa magra do indivíduo, com importante perda de musculatura estriada esquelética. Estima-se uma perda de 10% dessa massa muscular entre os 30 e os 50 anos e de cerca

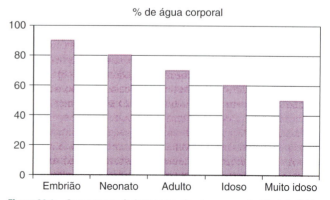

Figura 80.1 • Porcentagem de água corporal no transcorrer da vida do indivíduo.

Fisiologia do Envelhecimento Humano

de 1% ao ano a partir dessa idade, o que ocasiona uma redução da taxa metabólica basal de aproximadamente 4% ao ano, nessa fase da vida. Há redução no número e volume das fibras musculares do tipo II, envolvidas no processo de contração muscular rápida e, também, redução no número de neurônios alfa motores espinais, principal razão para a perda de fibras musculares. Essas alterações acarretam um prejuízo funcional aos idosos, principalmente pelas perdas da massa e da força muscular, essenciais para a realização de suas atividades no dia a dia. Vários medicamentos utilizados pelos idosos, para tratamento de suas possíveis doenças, também atuam no tecido muscular e devem ser administrados com cautela. A musculatura esquelética é o tecido corporal que contém mais de 50% das proteínas orgânicas. Adicionalmente, o tecido muscular está entre os principais alvos da ação de insulina, hormônio que promove ativamente o anabolismo proteico, o qual ocorre na presença de concentrações normais ou elevadas de aminoácidos sistêmicos.

A sarcopenia é definida como redução na massa magra e na força muscular, sendo considerada uma marca do processo de envelhecimento. Vários mecanismos podem ser implicados no seu aparecimento: perda dos neurônios alfa motores na medula, deficiência nas secreções de hormônio do crescimento (GH) e de fator de crescimento insulina-símile (IGF-I), deficiência na produção de andrógenos e de estrógenos, inadequada ingestão proteica, desregulação na produção de citocinas catabólicas e reduzida atividade física (Figura 80.2). Geralmente, é aceito que as alterações da composição corporal relacionadas com o envelhecimento dependem dos baixos níveis de hormônios anabólicos, de alterações neuromusculares e do declínio do *turnover* na proteína muscular. Essa alteração na quantidade e na qualidade de proteína contrátil contribui para a debilidade física e perda de independência funcional. Portanto, a redução na massa muscular e a prolongada inatividade física nos idosos pode diminuir a sensibilidade à insulina e, consequentemente, impedir a utilização adequada de glicose, seu armazenamento e seu uso em tecidos periféricos, principalmente no músculo.

Outro tecido que sofre alteração com a idade é o tecido gorduroso, que tende a aumentar percentualmente no organismo ao longo dos anos, principalmente após os 65 anos de idade; funcionando como um importante reservatório para a distribuição de drogas lipofílicas que nele ficam acumuladas, representa uma modificação de significância clínica para o idoso. O acúmulo desproporcional desse tecido tende a ocorrer nas regiões abdominal, visceral e intramuscular (Figura 80.3).

ALTERAÇÕES NO SISTEMA IMUNOLÓGICO

A maioria dos mecanismos imunológicos desenvolve adaptações durante o processo de envelhecimento, havendo redução em algumas funções do sistema imune adaptativo e, por outro lado, um aumento em funções do sistema imune inato.

O sistema imune inato é a primeira linha de defesa orgânica contra patógenos; consiste em mecanismos de defesa celulares e bioquímicos que respondem rapidamente a infecções, funcionando de maneira semelhante nas diferentes situações infecciosas. Seus principais componentes são: as barreiras físicas e químicas, as células fagocíticas (neutrófilos e macrófagos), as células *natural killer* (NK), as proteínas sanguíneas que incluem os componentes do sistema complemento, além de outros mediadores inflamatórios tais como as citocinas, que regulam e coordenam diversas atividades celulares da imunidade inata. Durante o envelhecimento, ocorre um desequilíbrio na produção e na liberação de citocinas. Com isto, há um estado pró-inflamatório que contribui para: desorganização das respostas imunológicas, maior predisposição a doenças infecciosas e aparecimento ou agravamento de doenças crônicas, tão prevalentes nos idosos.

A imunidade adaptativa, por sua vez, é estimulada pela exposição a agentes infecciosos, que aumenta sua magnitude e sua capacidade defensiva a cada exposição sucessiva a determinado patógeno. A característica que a define é sua especificidade para moléculas distintas e também sua capacidade em responder mais vigorosamente a repetidas exposições ao

---

Características da sarcopenia

↓ Massa muscular esquelética
↓ V_{O_2} máx, força e tolerância ao exercício
↓ Termorregulação
↓ Gasto energético
↑ Resistência insulínica
V_{O_2} máx = máxima concentração de oxigênio no sangue venoso

---

Mecanismos envolvidos na imunidade inata

↓ Quimiotaxia de polimorfonucleares
↓ Capacidade fagocitária de polimorfonucleares
↓ Lise celular: mediada pelo complemento e pelas células *natural killer*
↓ Citocinas: IL-2 e também sua responsividade, IL-10
↑ Citocinas pró-inflamatórias: IL-1b, IL-3, IL-6, IL-8, IL-15, TNF-α

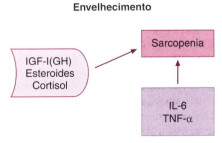

Figura 80.2 ▪ Fatores responsáveis pelo aparecimento da sarcopenia. Descrição no texto.

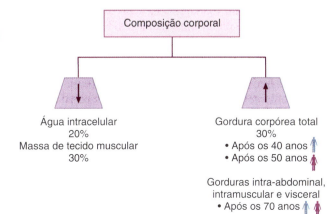

Figura 80.3 ▪ Variação da composição corporal de acordo com idade e sexo.

> **Mecanismos envolvidos na imunidade adaptativa**
> ↑ IgA e IgG, anticorpos monoclonais e ↓ IgM
> ↓ Respostas a antígenos específicos
> ↓ Afinidade do anticorpo específico e ↑ produção de anticorpo não específico
> Imunizações primárias: menor titulação anticórpica
> Respostas secundárias mais efetivas e curtas

mesmo patógeno. Seus principais componentes são os linfócitos que empregam diferentes estratégias de defesa, como a produção de imunoglobulinas ou anticorpos.

Um importante marcador da desorganização que se desenvolve no sistema imunológico durante o envelhecimento é a desregulação entre os tipos de resposta imune inata e adaptativa.

> **Exemplo de desorganização que se desenvolve no sistema imunológico durante o envelhecimento: desregulação entre os tipos de resposta imune inata e adaptativa**
> Imunossenescência
> Desregulação das respostas Th1 e Th2
> ↑ Th2: produção de anticorpos (inclusive autoanticorpos)
> ↓ Th1: ativação de células citotóxicas, NK, macrófagos
> ↑ Citocinas pró-inflamatórias: ↑ resposta Th2
> ↓ IL-2, interferona-γ: ↓ resposta Th1
> A imunidade primária está alterada no idoso

O principal marcador da imunossenescência é a alteração nas populações de células T, tipos celulares fundamentais para a resposta imune e cujo repertório se reduz progressivamente. Essa redução na diversidade das células T diminui as respostas imunes perante antígenos novos, com os quais o indivíduo ainda não entrou em contato.

A imunossenescência também é devida à atrofia do timo durante o envelhecimento pois, com sua involução, ocorre redução na diferenciação das células T e B, além de queda na eficiência e regulação das respostas imunes. Como resultado dessas alterações, são observados: redução na proliferação de células T, acúmulo de células T de memória (ou células T clones) e exaustão de células T *naive*. As células T de memória são geralmente menos competentes, respondem de maneira mais lenta e requerem um estímulo mais intenso para reagir com uma resposta inflamatória, tornando os mecanismos de defesa menos eficientes.

> **Alteração de alguns parâmetros imunológicos responsáveis pela imunossenescência**
> Sangue periférico: ↓ 10% a 15% de linfócitos circulantes
> ↓ Capacidade de proliferação de linfócitos T
> ↑ Linfócitos T imaturos: CD2+ e CD3-
> ↑ Linfócitos T CD45 RO: ↑ memória imunológica
> ↓ Células CD3+: ↑ células *natural killer*
> ↑ Linfócitos T citotóxicos (CD8+) e ↓ linfócitos simples (CD45 RA)

ALTERAÇÕES NO SISTEMA ENDÓCRINO

Considerando a função do eixo hipotálamo-hipófise-suprarrenal, durante a senescência ocorrem alterações, de tempo e magnitude, no ritmo circadiano do hormônio de crescimento (GH), da corticotropina (ACTH) e da tireotropina (TSH). Embora muitas dessas alterações sejam discretas, particularmente as que envolvem o GH e o ACTH podem apresentar relevância clínica.

▶ Hormônio do crescimento (GH)

A secreção e as concentrações séricas de GH diminuem com a idade, tanto no estado basal como em resposta aos estímulos; e, em paralelo, há redução das concentrações séricas do fator de crescimento induzido pelo GH, *insulin-like growth fator 1* (IGF-I), fenômeno conhecido como somatopausa. No envelhecimento, a diminuição na secreção de GH está associada à redução na secreção do hormônio de liberação do GH hipotalâmico (GHRH) e à diminuição na responsividade somatotrófica ao GHRH. Acredita-se que a redução da atividade física, da massa muscular, da função imune e da concentração de estrógenos e andrógenos, além do aumento da adiposidade, observados em idosos, contribuem para a diminuição da secreção de GH nesses indivíduos.

Normalmente, a secreção de GH ocorre, principalmente, durante o sono em suas fases de ondas lentas. Portanto, a presença de distúrbios do sono, tão comum em idosos, também pode afetar negativamente esse processo. Os idosos mantêm um ritmo diurno de secreção de GH com amplificação de picos noturnos, mas com mais baixas amplitudes se comparados a adultos jovens. A restauração farmacológica dos estágios III e IV do sono (ondas lentas) aumenta os episódios de pulso do GH.

▶ Hormônio antidiurético (ADH)

Nos idosos, a responsividade renal ao ADH encontra-se reduzida, tornando-os mais vulneráveis à privação de água. A secreção de ADH frente à elevação da osmolalidade plasmática (mediada por osmorreceptores) pode ou não estar aumentada em idosos, enquanto a resposta à depleção volumétrica (mediada por barorreceptores) está aumentada. Paralelamente, a diminuição da sensação de sede em resposta à estimulação osmótica, associada à menor responsividade renal ao ADH, possibilita que os indivíduos idosos possam se desidratar com mais facilidade, mesmo quando a secreção de ADH estiver aumentada.

A hiponatremia é uma condição clínica frequente em idosos, particularmente do sexo feminino, provavelmente, decorrente: (1) da hipersecreção de ADH que, consequentemente, acarreta retenção hídrica (levando à *síndrome de secreção inapropriada de hormônio antidiurético*) e (2) da disfunção tubular renal.

▶ Melatonina

A secreção de melatonina pela glândula pineal diminui durante o processo de envelhecimento, sendo menor nos indivíduos idosos quando comparados aos indivíduos adultos jovens; particularmente, quando se avalia a secreção que ocorre durante o sono noturno. Essa diminuição pode estar associada à pior qualidade de sono nos idosos, fato que é suportado pela melhora do sono observada naqueles idosos que ingerem pequena dose diária de melatonina (0,3 a 2 mg), algumas horas antes de dormir.

Função adrenocortical

A glândula suprarrenal envelhecida não apresenta significantes aspectos de atrofia, embora se observe aumento de tecido fibroso em seu parênquima. Entretanto, em idosos, podem ocorrer algumas alterações na secreção dos três principais hormônios adrenocorticais, descritas a seguir.

Cortisol e ACTH

As taxas de secreção de cortisol diminuem com a idade, mas não há alterações significativas em sua concentração sérica, mesmo em indivíduos muito velhos, devido à redução na taxa de sua depuração metabólica.

Os níveis séricos basais do hormônio adrenocorticotrófico (ACTH) também permanecem inalterados, assim como a frequência dos seus pulsos secretores. O ritmo circadiano da secreção de ACTH e de cortisol não se altera em idosos saudáveis, embora a amplitude do ritmo de secreção de cortisol esteja reduzida e o nadir noturno esteja aumentado, quando comparados a adultos jovens.

Na resposta do cortisol ao estresse, muitos estudos reportam alterações relacionadas com a idade. Após um estímulo estressor, tal como doença aguda ou cirurgia, os níveis de pico sérico de cortisol são maiores e permanecem elevados por mais tempo nos idosos, quando comparados aos adultos jovens. Após infusão de dexametasona, a supressão dos níveis séricos de cortisol e de ACTH é mais lenta e menos efetiva em idosos. Possivelmente, a sensibilidade ao mecanismo de *feedback* negativo do eixo hipotálamo-hipófise-suprarrenal esteja diminuída com a idade. Embora não estejam claras as implicações clínicas dessa alteração, tem sido proposto que a resultante exposição crônica ao aumento de glicocorticoide possa danificar os neurônios hipocampais reguladores de sua secreção, e tão importantes para a função cognitiva, o que induz a um posterior ciclo vicioso entre a hipersecreção glicocorticóidea e os danos aos mecanismos de *feedback* inibitórios do eixo hipotálamo-hipófise-suprarrenal.

Aldosterona

As taxas de secreção de aldosterona e também suas concentrações séricas se reduzem com a idade, em tal magnitude que, próximo aos 70 anos, essa queda pode se aproximar de 50%. Provavelmente, essas alterações são secundárias à diminuição da secreção de renina e, quando acentuadas, podem resultar em um quadro de hipoaldosteronismo, particularmente naqueles indivíduos com leve falência renal, com perda urinária de sódio, hiponatremia e hiperpotassemia. A elevada concentração sérica de hormônio atrial natriurético também pode contribuir para a perda urinária de sódio em idosos.

Com a idade, a diminuição nas concentrações de aldosterona sérica e urinária é intensa o suficiente para possibilitar confusão com o diagnóstico de hipoaldosteronismo primário.

Deidroepiandrosterona (DHEA)

Os esteroides suprarrenais – DHEA e sua forma sulfatada (DHEAS) – são os principais esteroides encontrados na circulação humana. Secretados pelo córtex suprarrenal, são precursores dos hormônios esteroides sexuais masculinos e femininos, que incluem a testosterona, o estradiol e a progesterona. Devido a sua menor secreção, seus níveis séricos, bem como os de todos os andrógenos, declinam com a idade em tal monta que, por volta dos 75 anos, alcançam uma redução de 20%. Entretanto, o significado clínico dessa diminuição ainda é controverso.

Função adrenomedular

Enquanto as concentrações séricas de epinefrina são semelhantes ou até levemente inferiores em idosos quando comparadas às de adultos jovens, as de norepinefrina são mais elevadas. Esses altos níveis de norepinefrina refletem um aumento da atividade do sistema nervoso simpático e não da medula suprarrenal e, provavelmente, são respostas compensatórias à diminuição na responsividade de alguns tecidos a esse hormônio.

Função hipotalâmico-hipofisário-tireoidiana

Durante o processo de envelhecimento há discreto aumento do volume da glândula tireoide, com maior predisposição à formação nodular, além de maior quantidade de tecido fibroso e infiltração linfocítica. Entretanto, não são detectadas quaisquer alterações com significância clínica relacionadas com as concentrações séricas de tiroxina (T4) total e livre, bem como de tri-iodotironina (T3). Embora ocorra um leve declínio na concentração sérica da globulina carreadora de tiroxina, não se observa qualquer alteração no carreamento de tiroxina. Contudo, tanto a produção quanto o *clearance* (ou depuração plasmática) de tiroxina diminuem modestamente com a idade. A redução do *clearance* de tiroxina pode interferir no tratamento de reposição hormonal, diminuindo a dose requerida para o controle do hipotireoidismo nos idosos.

Nos indivíduos saudáveis muito idosos (longevos), as concentrações séricas de T3 são discretamente inferiores àquelas encontradas em adultos jovens, entretanto, são superiores às encontradas nos demais idosos; tal achado sugere que os níveis séricos de T3 possam ser marcadores do envelhecimento fisiológico. Dessa maneira, em idosos as medidas de T3 sérico devem ser menos utilizadas para a identificação de hipotireoidismo.

Em idosos, está diminuída a resposta secretória de hormônio tireoestimulante (TSH) ao estímulo do hormônio liberador de tireotropina (TRH); provavelmente, esta queda pode representar um mecanismo adaptativo para a menor necessidade de hormônio tireoidiano nessa fase da vida.

A média dos valores das concentrações séricas de TSH em idosos que têm concentrações séricas normais de T4 livre é levemente maior do que as de adultos jovens, especialmente no sexo feminino (Figura 80.4).

Nas mulheres após a menopausa, há também um aumento na prevalência de elevados níveis séricos de TSH com a idade, que reflete uma incidência de hipotireoidismo subclínico. Mesmo quando discretos, os quadros de insuficiência tireoidiana no idoso têm sido associados a depressão, queda de memória e perda cognitiva. A amplitude dos pulsos noturnos de secreção de TSH também é menor nos idosos, sendo talvez secundária à diminuição na secreção de T4 que ocorre em resposta à diminuição no *clearance* de tiroxina.

Função hipotalâmico-hipofisário-gonádica

Na 6ª década de vida das mulheres, as secreções ovarianas de estrógenos, e em menor extensão a de andrógenios, diminuem abruptamente; entretanto, aumentam as secreções de hormônio foliculoestimulante (FSH) e luteinizante (LH). Após a menopausa, as mulheres apresentam elevadas concentrações séricas de FSH e LH até aproximadamente os 75 anos de idade, quando então esses níveis hormonais começam a declinar gradualmente.

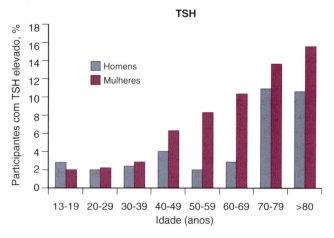

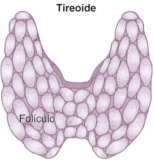

Figura 80.4 • Relação dos níveis das concentrações séricas de hormônio tireoestimulante (TSH) ao longo da vida, em homens e mulheres (estudo em 17.353 pessoas). Explicação da figura no texto. (Adaptada de Hollowell et al., 2002.)

Na maioria dos homens, a função testicular declina gradualmente durante o envelhecimento, havendo redução dos níveis séricos de testosterona total e livre. Estudos longitudinais sugerem que esse declínio seja constante a partir dos 25 anos, obedecendo a um ritmo de 1% ao ano para a testosterona total e de 2% ao ano para a forma livre. Como a concentração sérica da globulina carreadora de hormônio sexual (SHBG) aumenta com a idade, os homens idosos têm um maior declínio nas concentrações séricas de testosterona livre. Diferentemente da menopausa, situação em que há uma deficiência completa de estrógenos, o declínio androgênico nos homens varia de moderado a grave. Aproximadamente 70% dos homens com mais de 70 anos de idade apresentam concentrações séricas de testosterona livre compatíveis com hipogonadismo. A partir dessa idade, progressivamente, também começa a declinar a produção de esperma que, por volta dos 90 anos de idade, chega a 50%. Esse declínio está associado a: fibrose tubular, redução do volume testicular e modestas elevações séricas de FSH.

▶ **Regulação alimentar**

Na senescência, a regulação alimentar depende também de alterações endócrinas encontradas durante o envelhecimento, particularmente, associadas aos hormônios insulina, leptina e adiponectina.

Em idosos, por exemplo, a sensibilidade à ação da insulina está reduzida, podendo-se constatar, com frequência, estados de hiperinsulinemia e de diminuição na tolerância à glicose. Essa observada resistência insulínica encontra-se, pelo menos parcialmente, relacionada com a diminuição da proteína carreadora de glicose (GLUT 4) no tecido muscular.

Com o aumento da idade há diminuição das concentrações séricas de leptina, um hormônio que promove diminuição do apetite e é produzido pelo tecido adiposo de modo proporcional à massa de gordura corporal existente no organismo que, como comentado anteriormente, diminui na senescência.

É conhecido que a adiponectina é um hormônio proteico secretado pelos adipócitos, que produz redução na resistência insulínica, apresenta propriedades anti-inflamatórias e diminui o risco aterogênico. Contudo, seus índices de secreção são inversamente proporcionais à quantidade de gordura visceral abdominal, a qual, como já dito, aumenta com a idade. Portanto, em idosos há diminuição das concentrações séricas de adiponectina.

ALTERAÇÕES NO SISTEMA NERVOSO CENTRAL

Vários aspectos celulares e moleculares do envelhecimento cerebral são comuns aos encontrados em outros sistemas orgânicos, incluindo um maior dano oxidativo às proteínas, aos ácidos nucleicos e às membranas lipídicas. Também é observado prejuízo no metabolismo energético e acúmulo de agregados proteicos nos compartimentos intra e extracelulares. Entretanto, como resultado da complexidade molecular e estrutural dos neurônios, que expressam 50 a 100 vezes mais genes que as células dos outros tecidos, há alterações relacionadas com a idade que são únicas ao sistema nervoso central. Por exemplo, as vias de transdução de sinais ao complexo celular, que envolvem neurotransmissores, fatores tróficos e citocinas e participam na regulação da excitabilidade e da plasticidade neuronal.

Durante o envelhecimento, os principais tipos de células cerebrais sofrem alterações estruturais que resultam em: morte neuronal, retração e expansão dendrítica, perda e remodelação sináptica, além da reatividade da célula glial (astrócitos e micróglia). Essas alterações estruturais podem ter origem nas modificações que ocorrem nas proteínas citoesqueléticas e na deposição de proteínas insolúveis, tais como a proteína *tau* no interior das células e a substância amiloide no espaço extracelular. Assim, com o envelhecimento há perda de massa e de volume cerebral que pode chegar a 20% ao redor dos 80 anos. Nesse processo, a substância negra e a região temporal mesial no hipocampo são as áreas mais afetadas, sofrendo perda de cerca de 50% e 25% de massa cerebral, respectivamente.

As sinapses são estruturas dinâmicas nas quais a neurotransmissão e outras sinalizações intercelulares eventualmente ocorrem. No cérebro senescente, há considerável evidência de remodelação sináptica que, provavelmente, se relaciona às

---

Envelhecimento cerebral: síntese das modificações estruturais e funcionais

Cérebro
Redução:
- Volume
- Peso

Perda neuronal seletiva:
- Substância negra: 50%
- Temporal mesial: 25%

Diminuição da reserva funcional

Fisiologia do Envelhecimento Humano

alterações na árvore dendrítica e no número de neurônios. Por exemplo, em algumas regiões do cérebro pode haver diminuição no número de sinapses, mas elas podem ser supridas pelo aumento da área de sinapses remanescentes; além disso, em outras regiões cerebrais pode não ocorrer perda sináptica.

> **Envelhecimento cerebral: perdas neuronais e alterações nos mecanismos moleculares**
>
> **Cérebro**
> Perdas neuronais:
> - Diminuição das sinapses e do fluxo axoplasmático
> - Diminuição da plasticidade
>
> Alterações nos mecanismos moleculares:
> - Estresse oxidativo
> - Apoptose

No processo de envelhecimento, os sistemas neurotransmissores também sofrem várias alterações, como as citadas a seguir (Figura 80.5).

▶ **Sistemas colinérgicos.** A acetilcolina desempenha a função de neurotransmissor para uma seleta população de neurônios cerebrais, proeminentes dos neurônios basais do cérebro frontal que inervam amplas regiões do neocórtex e do hipocampo. Esses neurônios, denominados neurônios colinérgicos, desempenham funções nos processos de aprendizado e de memória. Durante o envelhecimento pode ocorrer deficiência em um ou mais aspectos dos sinais de transdução colinérgica, incluindo: transporte de colina, síntese e liberação de acetilcolina, além do acoplamento dos receptores muscarínicos a seus carreadores proteicos à base de trifosfato de guanosina (GTP).

▶ **Sistemas dopaminérgicos.** No decorrer do envelhecimento cerebral há relevantes reduções nos aspectos pré e pós-sinápticos da neurotransmissão dopaminérgica. Com o avançar da idade, ocorrem diminuições nos níveis de dopamina, de transportadores dopaminérgicos e de locais carreadores dos receptores D2 no *striatum*.

▶ **Sistemas monoaminérgicos.** Os principais neurotransmissores monoaminérgicos cerebrais são a norepinefrina e a serotonina. Os neurônios noradrenérgicos estão localizados, principalmente, no *locus ceruleus* e os neurônios serotoninérgicos na *raphe nucleus*. O envelhecimento é associado à diminuição dos níveis de liberação evocada de serotonina e dos locais de ligação serotoninérgicos, que podem contribuir para distúrbios como a depressão.

▶ **Sistemas de aminoácidos transmissores.** No cérebro humano, o glutamato é o principal neurotransmissor excitatório. Esse aminoácido estimula os receptores inotrópicos envolvidos no fluxo de cálcio e de sódio, e sua ativação excessiva pode auxiliar na degeneração neuronal. Entretanto, não está bem estabelecida a contribuição da disfunção na transmissão glutamatérgica para as deficiências da função cerebral relacionadas com a idade. No cérebro humano, o principal neurotransmissor inibitório é o ácido gama-aminobutírico (GABA); porém, pouco se sabe sobre o impacto causado pelo envelhecimento fisiológico em suas vias de transmissão.

ALTERAÇÕES NO SISTEMA CARDIOVASCULAR

Durante o envelhecimento desenvolvem-se várias modificações no sistema cardiovascular como, por exemplo, o enrijecimento das grandes artérias, decorrente de deposição aumentada de colágeno associada a alterações qualitativas nas fibras de elastina. Esse aumento na rigidez arterial conduz à elevação gradual da pressão arterial sistólica e também ao aumento da impedância para a ejeção ventricular esquerda; assim, aumenta a denominada pós-carga. Um marcador desse enrijecimento vascular é o aumento da velocidade da onda de pulso arterial observado nos idosos; lembre-se de que a reflexão precoce dessa onda de pulso na periferia resulta em maior impedância para a ejeção ventricular na sístole tardia.

> **Alterações arteriais que ocorrem no envelhecimento**
>
> ↑ Rigidez arterial
> ↑ Lúmen dos vasos
> ↑ Espessura da parede
> ↑ Pressão sistólica e pressão de pulso
> ↑ Velocidade de onda de pulso
> Disfunção endotelial
> Aumento da pós-carga

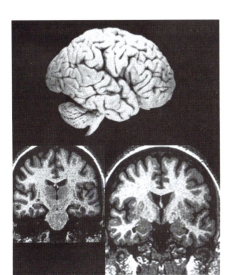
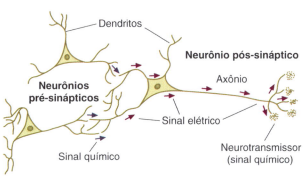

Atrofia do parênquima
Redução da síntese de catecolaminas:
- Acetilcolina
- Dopamina

Figura 80.5 • Envelhecimento cerebral: exemplo de alteração de alguns sistemas neurotransmissores.

O relaxamento miocárdico, um processo ativo que envolve gasto de energia, encontra-se atenuado no envelhecimento; possivelmente, isso acontece pela dificuldade na liberação de cálcio por parte das proteínas contráteis no fim da sístole e também pelo retardo na recaptação de cálcio pelo retículo sarcoplasmático.

No interstício do tecido miocárdico há aumento tanto de colágeno como de tecido adiposo; essas modificações resultam em maior rigidez tecidual, situação que é potencializada pela hipertrofia miocítica compensatória em resposta ao aumento da pós-carga e também à apoptose dos miócitos.

> **Alterações estruturais cardíacas que aparecem no envelhecimento**
> ↓ Número de miócitos (necrose e apoptose)
> ↑ Volume dos miócitos
> Alteração das propriedades do colágeno
> Relação miócito/colágeno inalterada
> ↑ Espessura e massa do ventrículo esquerdo
> ↑ Átrio esquerdo

A resultante da combinação de alteração do relaxamento ventricular e de redução da complacência miocárdica é a diminuição do enchimento sanguíneo do ventrículo esquerdo, durante os 2/3 iniciais da diástole. Essas alterações são acompanhadas de dilatação e de hipertrofia atrial esquerda, e também do aumento da força de contração atrial; isso preserva o volume diastólico final do ventrículo esquerdo, o principal determinante do volume ejetado a cada sístole, bem como o débito cardíaco. Essas alterações na função diastólica do ventrículo esquerdo e no átrio esquerdo predispõem as pessoas idosas ao desenvolvimento de insuficiência cardíaca do tipo diastólico; ou seja, predispõem os idosos àquela insuficiência cardíaca em que há a preservação da fração de ejeção ventricular esquerda, bem como a arritmias supraventriculares, tais como a fibrilação atrial.

> **Modificações da função diastólica do ventrículo esquerdo que acontecem no envelhecimento**
> ↑ Rigidez VE: fibrose, desarranjo e hipertrofia
> ↓ Relaxamento: assincronia, ↑ pressão, isquemia e fluxo Ca^{2+}
> ↑ Pressão diastólica final

Nos idosos também é observada menor resposta à estimulação β-adrenérgica; portanto, há diminuição da frequência cardíaca máxima (FC máx) alcançada em ritmo sinusal, quase de modo linear, como demonstrado na seguinte fórmula:

$$FC\ máx = 220 - idade\ (anos)$$

O débito cardíaco (DC) é avaliado pelo produto da frequência cardíaca (FC) e o volume de ejeção do ventrículo esquerdo (Vs); assim, pode-se estimar que o débito cardíaco máximo declina progressivamente com a idade, pois:

$$DC = FC \times Vs$$

Outras alterações que se associam à redução do débito cardíaco máximo durante o envelhecimento são o declínio do pico de contratilidade ventricular (mediado por receptores $β_1$-adrenérgicos) e da vasodilatação periférica (mediada pelos receptores $β_2$-adrenérgicos). Essas condições resultam em redução do fluxo sanguíneo aos músculos e à pele durante os exercícios, trazendo uma dificuldade adicional ao idoso para o controle de sua temperatura corpórea.

Ocorrem, ainda, alterações degenerativas na área tecidual onde se localiza o nodo sinusal; isso resulta em perda progressiva das células com função de marca-passo, que cria uma separação parcial ou completa entre o nodo sinusal e o restante do tecido atrial. Estima-se que, por volta dos 75 anos, mais de 90% dessas células com função de marca-passo perdem sua capacidade de iniciar um impulso elétrico. Essas alterações acarretam um declínio gradual e progressivo da função do nodo sinusal; frequentemente culminam no desenvolvimento de uma síndrome sintomática de disfunção desse seio que se constitui na principal indicação de colocação de marca-passo em idosos. A condução do estímulo elétrico por meio do nodo atrioventricular também se torna mais lenta e a calcificação da estrutura cardíaca resulta em um aumento da prevalência de anormalidades de condução infranodular, tais como o bloqueio fascicular anterior esquerdo e o bloqueio completo de ramo.

Há declínio no mecanismo de vasodilatação dependente do endotélio; primariamente, isso é devido à diminuição na atividade da enzima óxido nítrico sintase constitutiva e, portanto, na disponibilidade de óxido nítrico, que é o principal mediador da vasodilatação endotelial. Devido a esse mecanismo ser básico para o aumento do fluxo sanguíneo coronário em resposta ao aumento da demanda miocárdica, o fluxo sanguíneo máximo coronário é reduzido com a idade.

As pessoas idosas são propensas à isquemia miocárdica precipitada pelo aumento súbito da demanda miocárdica de oxigênio, devido à taquicardia ou à hipertensão grave, mesmo na ausência de doença arterial coronária. A disfunção endotelial contribui para a patogênese e para a progressão da aterosclerose. A vasodilatação independente do endotélio parece não ser afetada no processo, ainda que a resposta vascular aos nitratos exógenos, tal como a nitroglicerina, seja semelhante à de jovens.

Durante o envelhecimento ocorrem várias alterações nas respostas periféricas à estimulação neuro-humoral. Provavelmente, a mais importante é a diminuição dessa resposta aos barorreceptores carotídeos. Em resposta a alterações abruptas no fluxo sanguíneo cerebral, como as observadas durante as alterações posturais, os idosos têm menor capacidade para o ajuste rápido da frequência cardíaca, da pressão arterial e do débito cardíaco. Portanto, os idosos apresentam predisposição à hipotensão ortostática e, consequentemente, às quedas e à síncope.

Durante o repouso, as alterações no sistema cardiovascular decorrentes da senescência produzem modestos efeitos clínicos na hemodinâmica cardíaca e no rendimento cardíaco; ou seja, mesmo nos muito idosos, durante o repouso estão preservados a frequência cardíaca, a fração e o volume de ejeção do ventrículo esquerdo e o débito cardíaco. Entretanto, progressivamente, com o avançar da idade, declina a capacidade do sistema cardiovascular em responder ao aumento das demandas associadas ao exercício ou às doenças (cardíacas ou não).

> **Modificações da reserva miocárdica no envelhecimento**
> ↓ Relaxamento e distensibilidade do ventrículo esquerdo
> ↑ Espessura do ventrículo esquerdo
> ↓ Resposta ao estímulo β-adrenérgico
> ↓ Débito cardíaco no exercício
> Alterações do ritmo cardíaco
> Diminuição da reserva miocárdica

ALTERAÇÕES NO SISTEMA RESPIRATÓRIO

Durante a senescência, ocorrem alterações anatômicas e funcionais no sistema respiratório, que podem afetar a função pulmonar; particularmente, quando associadas a fatores agravantes tais como tabagismo, poluição ambiental, exposição profissional e doenças pregressas. A redução dos parâmetros respiratórios funcionais no idoso saudável é de aproximadamente 20%.

No indivíduo senil, devido a alterações no tecido conectivo, há redução no tamanho das vias respiratórias, e os sacos alveolares tornam-se mais superficiais. A complacência da parede torácica diminui como consequência de modificações esqueléticas, tais como: acentuação da cifose dorsal, calcificações das cartilagens condrocostais e degenerações costovertebrais.

A capacidade pulmonar total (CPT) depende do equilíbrio de forças entre a máxima ativação da musculatura inspiratória e a retração elástica do pulmão e da parede torácica. Com a idade, a retração elástica do tecido pulmonar diminui, o que facilita a expansão pulmonar durante a inspiração profunda e, assim, tenderia a aumentar a CPT. Entretanto, devido à rigidez da parede torácica durante o processo de envelhecimento, o esforço inspiratório máximo não é capaz de alcançar alto volume pulmonar; portanto, a CPT, geralmente, encontra-se estável.

Na velhice, a diminuição da retração elástica pulmonar também determina o aumento do volume residual (VR) e da relação VR/CPT, que ocasiona um estado de hiperinsuflação pulmonar e uma redução na capacidade vital (CV).

No envelhecimento, o volume de ar exalado durante o 1º segundo de expiração forçada (VEF1) tende a se reduzir mais intensamente que a capacidade vital forçada (CVF). Em indivíduos não fumantes, essas alterações resultam em um declínio do fluxo de volume corrente (VC) e de VEF1 da ordem de 25 a 30 mℓ/ano. A redução na relação VEF1/CVF é indicativa de obstrução das vias respiratórias.

Outros componentes relevantes para a adequada função respiratória são a força e a resistência da musculatura respiratória, sendo importante a observação de que a força da musculatura diafragmática é aproximadamente 25% menor em pessoas idosas saudáveis quando comparadas aos adultos jovens.

A desproporção da relação ventilação/perfusão (V/Q), decorrente do fechamento das pequenas vias respiratórias e da limitação de fluxo aéreo, contribui para o aumento do gradiente alveoloarterial de oxigênio (gradiente Aa O_2). Esse gradiente pode ser estimado em função da idade, pela equação:

$$\text{Gradiente Aa } O_2 = 2,5 + 0,21 \times \text{idade (anos)}$$

A redução da área de superfície alveolar dificulta a difusão pulmonar de monóxido de carbono (DPCO). A pressão parcial de oxigênio arterial (PaO_2) também diminui com a idade, podendo ser, aproximadamente, avaliada pelo seguinte cálculo:

$$\text{Pa}O_2 \text{ estimada} = 110 - (0,4 \times \text{idade})$$

Nos idosos, os mecanismos de clareamento pulmonar encontram-se menos eficientes, devido à atrofia do epitélio colunar ciliado e também das glândulas da mucosa brônquica, predispondo-os a um maior risco de contraírem infecções. A redução do reflexo da tosse, associada à queda de força da musculatura respiratória, corroboram para o comprometimento do clareamento de suas vias respiratórias inferiores.

Resumo das alterações respiratórias que aparecem com o envelhecimento

↓ Complacência torácica, ↑ complacência pulmonar
↓ Força dos músculos respiratórios
↓ Capacidade vital, ↑ volumes residuais
Manutenção da CPT
↓ VEF1/CVF
↓ Fluxo expiratório
↑ Gradiente AVO_2, ↓ paO_2
↓ Difusão pulmonar CO_2
↓ Sensibilidade respiratória: hipoxia/hipercapnia

CPT, capacidade pulmonar total; *VEF1*, volume de ar exalado durante o 1º segundo de expiração forçada; *CVF*, capacidade vital forçada; *AVO_2*, gradiente arteriovenoso de oxigênio; *paO_2*, pressão parcial de oxigênio arterial; *hipoxia*, baixa concentração de oxigênio no sangue; *hipercapnia*, alta concentração de dióxido de carbono no sangue.

ALTERAÇÕES NO SISTEMA RENAL

O envelhecimento renal também é caracterizado por alterações estruturais e fisiológicas que afetam a homeostase, isto é, a manutenção corporal de líquidos, de eletrólitos e do equilíbrio acidobásico. Em condições normais, os rins senescentes mantêm o equilíbrio homeostático; mas, sob condições de estresse, a resposta adaptativa dos rins já é menos eficiente.

Na 4ª década da vida humana, os rins alcançam peso máximo de cerca de 400 g (ou 12 cm de extensão); depois, sofrem um declínio de peso e de volume, aproximadamente, correspondente à perda de 10% da massa total de néfrons a cada 10 anos, com tendência de maior redução no sexo masculino. A perda ocorre principalmente no córtex renal, reduzindo a área para filtração glomerular. Nesse processo degenerativo, a região medular fica, relativamente, preservada.

Esses órgãos são extremamente vascularizados, recebendo cerca de 25% do débito cardíaco a cada minuto, particularmente, na região cortical. Importante lembrar que é nesse local que o sangue circulante sofre filtração através dos glomérulos para, então, os rins fazerem a depuração de substâncias oriundas do metabolismo, procurando assim contribuir na manutenção da homeostase orgânica. Entretanto, com o avançar da idade, os vasos intrarrenais, principalmente as artérias interlobulares e as arqueadas, desenvolvem progressiva esclerose e passam a apresentar redução em seu lúmen; essas alterações vasculares determinam modificações no fluxo laminar de sangue e facilitam a deposição de lipídios na parede vascular. Adicionalmente, há substituição de suas células musculares lisas por depósitos de colágeno, que ocasiona perda da elasticidade tecidual.

A redução do fluxo sanguíneo renal (FSR) é acompanhada de aumento da resistência nas arteríolas aferentes e eferentes, independentemente do débito cardíaco ou de reduções na massa renal. Essa alteração contribui para a menor eficiência dos rins envelhecidos na resposta à sobrecarga ou à perda de líquidos e de eletrólitos.

A redução linear no número de néfrons ao longo da vida é notória e, provavelmente, é o principal fator para o menor ritmo de filtração glomerular observado no decorrer da senescência renal. Os glomérulos que se mantêm preservados, frequentemente, desenvolvem aumento da sua área filtrante além de espessamento de sua membrana basal; possivelmente, essas anomalias são devidas a uma hipertrofia glomerular compensatória com hiperfiltração, na tentativa de responder ao aumento de pressão intraglomerular.

Com a perda glomerular, a área tubular do néfron também se degenera, sendo recomposta por tecido conectivo. Desenvolve-se o mesmo mecanismo compensatório, com hipertrofia e hiperplasia tubular nos néfrons remanescentes, principalmente, na região do túbulo contornado proximal. Devido ao adelgaçamento do córtex renal, ocorre diminuição da extensão tubular e é frequente o desenvolvimento de divertículos no túbulo contornado distal. Com a progressão da idade, a perda de néfrons possibilita o desenvolvimento de uma fibrose tubular intersticial generalizada, embora a estrutura do túbulo contornado distal não pareça se alterar significativamente.

O ritmo de filtração glomerular (RFG) pode ser determinado pela medida da depuração da creatinina endógena e é considerado normal quando seus valores se encontram entre 80 e 120 mℓ/min, para uma superfície corpórea padrão de 1,73 m². Estima-se que a partir da 4ª década de vida haja um decréscimo anual nessa medida, de 1 mℓ/min; ou seja, parece haver perda de cerca 1% da função glomerular a cada ano. Porém, a creatinina é um metabólito muscular e, como mencionado anteriormente, há redução da massa muscular durante o envelhecimento. Assim, os níveis plasmáticos de creatinina podem não refletir a real função glomerular do idoso, sendo necessária a determinação do *clearance renal de creatinina*, para avaliar o seu RFG. O *clearance renal de creatinina* pode ser estimado em idosos, utilizando-se o *nomograma de Cockroft e Gault*, descrito a seguir (Figura 80.6).

No sexo feminino, devido à menor massa muscular, é necessário multiplicar o resultado por 0,85.

A função tubular renal modifica o filtrado glomerular transformando-o em urina, essencialmente, pela reabsorção tubular de água e eletrólitos e, ainda, titula o pH sanguíneo, pela reabsorção de HCO_3^- e secreção de H^+. Com o envelhecimento, ela encontra-se relativamente preservada.

Os mecanismos envolvidos na concentração e diluição urinária dependem de alguns fatores integrados, como: (1) a atividade do centro hipotalâmico da sede, que regula a ingestão de água, (2) o ciclo efetivo de produção, liberação e ação tubular do hormônio antidiurético (ADH) e (3) a hipertonicidade da medula renal. Nos idosos, a sensibilidade à sede está diminuída, fato que os torna mais propensos à desidratação. Embora a produção de ADH encontre-se aumentada com a idade, há menor sensibilidade dos receptores renais de ADH (receptor V2), prejudicando a ação desse hormônio na reabsorção tubular de água. A participação da região medular nos mecanismos de concentração e diluição urinária depende de sua vascularização, que é responsável pela maior perfusão do interstício medular e consequente diminuição de sua hipertonicidade.

Na senilidade, há também prejuízo no mecanismo de acidificação urinária e tendência à acidose metabólica leve, do tipo tubular renal, com compensação respiratória.

Resumo das alterações renais que acontecem na velhice

↓ Peso e volume dos rins
↓ Área de filtração glomerular (córtex)
↓ Fluxo sanguíneo renal e filtração glomerular
↓ Capacidade de concentração e diluição da urina
↓ Renina e aldosterona
↑ Fator natriurético atrial
↓ Acidificação urinária
↓ *Clearance* renal

Clearance de creatinina (mℓ/min) = $\dfrac{140 - \text{idade (anos)} \times \text{peso (kg)}}{72 \times \text{creatinina sérica (mg/dℓ)}}$

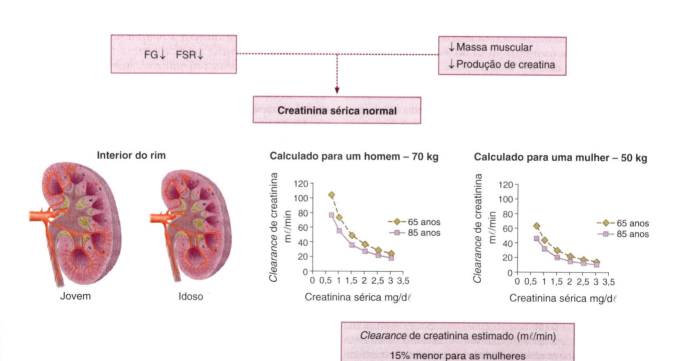

Figura 80.6 • Cálculo do ritmo de filtração glomerular no idoso, pelo nomograma de Cockroft e Gault (1976). *FG*, filtração glomerular; *FSR*, fluxo sanguíneo renal.

ALTERAÇÕES NO SISTEMA DIGESTÓRIO

Durante a senescência, diminui o número de botões gustativos na superfície lateral da língua, responsáveis pela detecção dos sabores doce e salgado, em que predominam os botões gustativos centrais que identificam apenas os sabores amargo e azedo. O olfato também tende a diminuir e a combinação das perdas gustativa e olfatória pode promover o desinteresse do idoso pela comida. Há redução do fluxo salivar e da força mastigatória, podendo haver limitação na quantidade e variedade de alimentos a serem ingeridos.

> **Modificações que promovem o desinteresse do idoso pela comida**
> - Diminuição de olfato, paladar e fluxo salivar
> - Diminuição do apetite
> - Diminuição da eficiência mastigatória
> - Alterações de saciedade
> - Alterações visuais que dificultam comer
> - Aumento do esforço respiratório para comer
> - Retardo no esvaziamento gástrico

Na mucosa gástrica senil passa a haver predominância das células não parietais, modificação que proporciona diminuição na acidez gástrica. Com isso, cerca de 25% dos idosos desenvolvem acloridria e têm prejuízo na absorção de nutrientes essenciais, tais como a vitamina B_{12}, o ácido fólico, o ácido ascórbico e o ferro. Geralmente, a capacidade de absorção intestinal não se encontra alterada, embora possa haver um declínio no metabolismo e na absorção de cálcio, ferro e carboidratos (especialmente lactose).

> **Alterações digestórias no envelhecimento**
> - Acloridria: presente em 25% dos idosos
> - Diminuição da acidez gástrica: diminuição da absorção de vitamina B_{12}, folato, vitamina C e Fe^{2+}
> - Diminuição da absorção intestinal de lactose, Ca^{2+} e Fe^{2+}
> - Digestão mais lenta
> - Redução na capacidade de regular o metabolismo

O processo digestório tende a se processar mais lentamente no idoso, observando-se redução na capacidade de regular o metabolismo, como, por exemplo, mais tempo requerido para a indução hormonal de enzimas, secundário à redução no número de receptores hormonais na superfície celular. Esses fatores podem ser significativamente importantes quando na presença de condições patológicas que, comumente, se associam ao processo de envelhecimento, tais como hérnia hiatal, refluxo gastresofágico e gastrite atrófica.

Observa-se também, durante o envelhecimento, redução no número de neurônios mioentéricos, além do desenvolvimento de divertículos colônicos; estes são secundários à redução da tensão produzida pela camada muscular da parede do cólon. Há, ainda, redução no fluxo sanguíneo esplâncnico, mais significativa após os 75 anos de idade.

> **Modificações do sistema digestório na senescência**
> **Sistema digestório**
> - ↓ Produção de saliva e função das papilas gustativas
> - Alteração no paladar e deglutição
> - ↓ Produção de HCl, enzimas digestivas
> - Modificação na ionização e solubilidade
> - ↓ Fluxo sanguíneo esplâncnico
> - Dificuldade na absorção e isquemia
> - ↓ Esvaziamento gástrico
> - Dificuldade na degradação e absorção
> - ↑ Divertículos colônicos
> - Queda da absorção
> - ↓ Número de neurônios mioentéricos
> - Alteração na motilidade intestinal

SISTEMA HEMATOPOÉTICO

O envelhecimento humano é associado a uma menor capacidade de reserva para hematopoese, por provável exaustão das células-tronco hematológicas pluripotenciais. Anormalidades funcionais, não evidenciadas no estado basal, tornam-se aparentes em situações de estímulo dirigido. Adicionalmente, além de ser menor, essa resposta é mais variável.

O envelhecimento parece não afetar a concentração de eritropoetina circulante (EPO) e nem de outros fatores de crescimento hematopoético. Entretanto, a produção de certos fatores de crescimento, particularmente a interleucina 6 (IL-6), o fator de necrose tumoral alfa (TNF-α) e interferona-γ (INF-γ), parece aumentar com o envelhecimento. Essas observações levam à noção de que a idade é acompanhada da desregulação da produção desses fatores do crescimento, causando produção excessiva de algumas citocinas e subprodução de outras e interferindo, também, na geração de glóbulos vermelhos.

Há consistência nas publicações científicas de que o avançar da idade não modifica o número absoluto das populações celulares e o número de leucócitos e de neutrófilos circulantes se mantém. Presume-se, maximamente, um descenso leve no número de neutrófilos.

Embora o número de plaquetas também não se altere com o envelhecimento, o fibrinogênio, os fatores de coagulação (V, VII, VIII e IX), o cininogênio de alto peso molecular e a pré-calicreína aumentam, assim como os fragmentos da degradação da fibrina (dímero D), produzindo um estado pró-coagulante de risco para eventos trombogênicos.

BIBLIOGRAFIA

BALES CW, LOCHER JL, SALTZMAN E. *Handbook of Clinical Nutrition and Aging*. 3. ed. Springer, New York, 2015.
CRUZ-JENTOFT AJ, MORLEY JE. *Sarcopenia*. Wiley-Blackwell, Hoboken, 2012.
FEDARKO NS. The biology of aging and frailty. *Clin Geriatr Med*, 27:27-37, 2011.
FREITAS EV, PY L (Eds.). *Tratado de Geriatria e Gerontologia*. 4. ed. Guanabara Koogan, Rio de Janeiro, 2016.
HALTER JB, OUSLANDER JG, TINETTI ME et al. *Hazzard's Geriatric Medicine and Gerontology*. 7. ed. McGraw-Hill Education Medical, New York, 2017.
HOLLOWELL, STAEHLING NW, FLANDERS WD JG et al. *J Clin Endocrinol Metab*, 2002.
NAGARATNAM N, NAGARATNAM K, CHEUK G. *Diseases in the Elderly*. Springer, New York, 2016.
SINCLAIR AJ, MORLEY JE, VELLAS B. *Pathy's Principles and Practice of Geriatric Medicine*. 5. ed. Wiley-Blackwell, Hoboken, 2012.

Índice Alfabético

A

ABC-ATPases, 253
Absorção
- de água e íons, 1033
- de bicarbonato, 1029
- de cálcio, 1030
- de cloreto, 1029
- de ferro, 1032
- de potássio, 1030
- de vitaminas, 1018
Academias científicas, 15
Acalasia, 939
Acetazolamida, 829
Acetilcolina, 293, 296, 925, 928, 942, 966
Acidente vascular encefálico, 597
Acidez titulável, 820
Acidificação urinária, 1342
Ácido(s), 262
- biliares conjugados, 992
- fixos, 271
- fosfatídico, 128
- graxos, 127, 1085
- - com glicerol, 128
- livres, 820
- palmítico, 127
- retinoico, 1018
Acidose(s), 271
- hiperpotassêmica, 274
- metabólica, 271, 707, 827
- - compensada, 707
- respiratória, 270, 271, 707, 827
- sanguínea, 782
- tubular renal, 1343
- - de origem hereditária, 897
- - distal, 898
Acilgliceróis, 128
Aclimatização, 719
Acomodação, 358
- do volume ejetado na aorta ascendente, 515
Acoplamento
- das iodotirosinas, 1120
- excitação-contração, 116, 483
- molecular, 242
- termodinâmico, 242
Acromatopsia, 376
Actina, 112, 477, 1337
Adaptabilidade das fibras musculares esqueléticas, 119
Adaptação
- à luz, 364
- ao claro, 358
- ao escuro, 358
- dos barorreceptores, 619
- lenta, 304
- rápida, 304
- sensorial, 304
Adenililciclase, 71, 860
Adeno-hipófise, 1076
Adenosina, 535, 580
Adiponectina, 1212
- e ação da insulina, 1213
- e aterosclerose, 1213
- e efeitos vasculares, 1213
- sinalização intracelular pela, 1214
Aferentes
- espinais, 626

- renais, 628
- vagais
- - mielinizados, 625
- - não mielinizados, 624
Afogamento, 721
Agentes vasoativos, 755
Agnosia visual, 402
Agonistas β-adrenérgicos, 782
Agregados tubulovesiculares, 94
Agrupamentos tubulares de vesículas, 96
Água, 52
- destilada, 55
- e íons, absorção, 1033
- propriedades estruturais, 52
- total do organismo, 54
Alargamento do complexo QRS, 461
Albumina, 1126
Alça
- bulbar ou primária do controle cardiovascular, 616
- de Henle, 734, 806, 820
- pressão-volume ventricular, 502
- suprabulbar ou de modulação do controle cardiovascular, 616
Alcalose(s), 273
- de contração, 828
- hipopotassêmica, 275
- metabólica, 273, 828
- - crônica, 891
- - hipopotassêmica, 896
- respiratória, 270, 273, 707
- sanguínea, 782
Aldosterona, 618, 782, 801, 829, 842, 1033, 1353
- ações, 1147
- - extrarrenais, 835
- e disfunção renal, 845
- mecanismo de ação, 843, 1149
- secreção, 1142
- síntese, 1139
α-amilase
- pancreática, 983, 1003
- salivar, 1003
α-linolênico, ácido, 127
Almeida, Álvaro Ozório de, 29
Almofada polar, 733
Alterações
- da área absortiva do delgado, 1017
- da digestão lipídica, 1017
- da secreção biliar, 1017
- de canais iônicos *versus* patologias cardíacas, 445
- do potencial de membrana em células excitáveis, 180
- estruturais do leito vascular, 632
- na permeabilidade capilar, 559
Amenorreia durante a lactação, 1302
Amígdala, 406
Amilopectina, 1003
Aminas biogênicas, 296
Aminoácidos, 792, 1085
Aminoacidúria, 1011
Amônia, 821
- pela célula tubular renal, 821
AMP cíclico, 860
Amplificadores operacionais, 173
Amplitude, 106, 334
Análise
- da composição do fluido tubular, 763

- da morfologia das ondas, 471
- de Fourier, 339
- de sistemas, 42
- do distúrbio do equilíbrio acidobásico, 707
Anastomoses arteriovenosas, 437, 549, 552
Anatomia, 19
Androgênios, 1173
Andrógenos, 1139
- suprarrenais, 1151
- - secreção, 1143
Anemia megaloblástica ou perniciosa, 1019, 1021
Angiogênese, 560, 876
Angiotensina
- (1-7), 833
- II, 538, 544, 585, 617, 800, 1224
Angiotensinogênio, 836
Anidrase carbônica, 264, 819
Ânions, diferença de, 274
Anion gap, 274
Anomalias motoras do estômago, 945
Anorexia nervosa, 411
Anquirinas, 479
Anticoncepcionais, 1303
Antiporte, 222, 228, 229
Antunes-Rodrigues, José, 1039
Aparelho
- de Golgi, 94
- justaglomerular, 730, 733
Apetite ao sódio, 1258
Apneia, 654
Apneuse, 654
Apoptose, 874
Aquaporina(s), 206, 860, 862, 864
- 2, 811
- renais, 812
Área
- hipotalâmica lateral, 420
- postrema, 413
- tegmental ventral, 388
Aristóteles, 4
Arrastamento, 106
Arrestinas, 89
Artéria(s), 436, 437
- coronárias, 434
- espirais do *sinus* renal, 738
- interlobares, 736
- interlobulares, 737
- renal, 736
Arteríolas, 436, 437
- aferentes, 737
- de Isaacs-Ludwig, 738
- de primeira ordem, 549
- eferentes dos néfrons justamedulares, 581
- retas verdadeiras, 738
- terminais, 549
Árvore traqueobrônquica, 668
Ascite, 559
Asma, 273
Ativação
- dos canais, 209
- ventricular, 460
Atividade
- muscular, regulação, 117
- tônica, 395
Ativinas, 1183
ATP-sintase, 246
ATPases, 246

- classificação, 225
- do tipo P, 224
- do tipo V, 227
- não transportadoras, 247
- transportadoras, 246, 247
- - de Ca^{2+} na via secretora associada ao Golgi (SPCA), 99

Átrio
- direito, 603
- esquerdo, 603

Atrofia muscular, 120
Atrogenes, 120
Atropina, 914
Audição, 308, 336
Auroras quinases, 75
Autócrinos, sinalizadores, 63
Automatismo
- cardíaco, 446
- - bases iônicas do, 446
- nas fibras de Purkinje, 449

Autorregulação, 579
- da tireoide, 1124
- do fluxo sanguíneo, 533
- fenômeno da, 583
- metabólica, 595
- renal, 752

Avaliação endócrina, 1176
Azedo, 346
Azia, 939

B

Bainha de mielina, 185, 188, 283
Balanço
- de água, 804
- de potássio, 782
- de sódio, 780
- externo de potássio, 782
- glomerulotubular, 771
- hídrico, 1330
- tubuloglomerular, 754

Banda
- A, 474
- H, 113
- I, 474

Barorreceptores
- aórticos, 614
- arteriais, 1097
- carotídeos, 614

Bases, 262
Bastonetes, 361
Batimento de escape, 446
Beraldo, Wilson Teixeira, 31
Bernard, Claude, 21
β-arrestinas, 88
β-catenina, sinalização por, 76
β-endorfinas, 1090
β-lipotrofina, 1090
Bexiga, 904
- autônoma, 910
- neurogênica
- - autônoma, 910
- - paralítico-motora, 909
- - reflexa, 910

Bicamadas planas, 129
Bicarbonato de sódio, 803
- absorção, 1029
- reabsorção, 818

- secreção, 1029

Bifenilas
- polibromadas, 1308
- policloradas, 1308

Bile, 988, 991
Bioeletricidade, 158
Biologia molecular, 763
Biopsia testicular, 1176
Bisfenol A, 1308
Blobs, 370, 371, 374
Bois-Reymond, Emil du, 23
Bomba(s), 136
- de cálcio, 227
- de prótons, 227
- de sódio-potássio, 224, 286
- - na gênese do potencial de membrana, 169

Bombesina, 925
Bônus de despolarização, 198
Borda em escova, 999
Botões sinápticos, 113
Bradicinina, 540, 852
- e óxido nítrico, 855
- e prostaglandinas, 855

Bradipneia, 654
Brometo
- de emeprônio, 914
- de neostigmina, 914
- de propantelina, 914

Bromocriptina, 1084
Bulimia nervosa, 411

C

Cabeça polar, 128
Cadeia(s)
- hidrocarbônicas, 127
- paravertebral, 396

Caderinas, 479
Cajal, Santiago Ramón y, 26
Calbindinas, 74
Calcemia, 867
Cálcio, 785, 1264
- absorção, 1030
- armazenado no retículo sarcoplasmático, 487
- ATPases
- - de retículo sarco/endoplasmático (SERCA), 99
- - de membrana plasmática (PMCA), 99
- citosólico na secreção, 100
- ligado à face interna da membrana celular, 487
- ligado aos sítios aniônicos do glicocálice, 485
- magnésio e fosfato no citosol, 1267
- na via secretora, 98
- regulação
- - da absorção, 1031
- - da excreção renal, 787

Calcitonina, 787, 1224, 1277-1279
Cálices renais, 728
Calicreína, 540, 956
Calmodulina, 74
Calnexinas, 74
Calpaínas, 89
Calreticulinas, 74
Calsequestrinas, 74
Camadas de hidratação, 208
Campo receptivo, 304, 366
Campos, Franklin Augusto de Moura, 32
Canal(is), 136, 206

- Cav, 211
- CNG, 213
- colinérgicos nicotínicos, 216
- de Cl^- receptores de GABA, 69
- de potencial transiente de receptor (TRP), 214
- de sinapses químicas ionotrópicas, 216
- de tipo
- - L, 211
- - N, 211
- - P/Q, 211
- - T, 211
- dependente, 182
- - de voltagem, 190
- em sinapses
- - inibitórias, 218
- - purinérgicas, 218
- glutamatérgicos, 217
- HCN, 213
- iônicos na geração de excessos de carga, 160
- multivesicular, 551
- para Ca^{2+}
- - dependentes de voltagem (Cav), 211
- - em organelas intracelulares, 215
- para Cl^-, 215
- - dependentes de Ca^{2+}, 216
- - e redução regulatória do volume celular, 216
- - em células de músculo esquelético, 215
- para íons formados por proteínas, 207
- para K^+
- - com retificação para dentro (K_{ir}), 212
- - de dois poros (K_{2p}), 213
- - dependentes de Ca^{2+} (K_{Ca}), 213
- - dependentes de voltagem (K_v), 211
- para Na^+, 284
- - dependentes de voltagem (Na_v), 209
- - - inativação, 197
- - epiteliais (ENaC)/Degenerinas, 214
- para potássio, 286
- receptores
- - abertos por ligante extracelular, 68
- - de acetilcolina, 69
- - de glutamato, 69
- semicirculares, 329, 330
- tipos, 209
- VGL, 209

Capacidade
- funcional residual, 1335
- inspiratória, 655
- pulmonar, 654
- - total, 655
- residual funcional, 655
- tamponante, 263
- vital, 655

Capacitância, 185
- da membrana, 184
- das veias, 565
- elétrica, 159

Capacitor elétrico, 158
Capilares, 437, 549, 593
- contínuos, 550
- descontínuos (sinusoides), 552
- fenestrados, 552
- glomerulares, 737

Cápsula de Bowman, 731
Captação de glicose mediada pela insulina, 1165
Caráter anfipático, 126

Carboidratos, 1002
- metabolismo, 1144
Cardiolipina, 128
Carga, 158
- elétrica, 139, 159
- total neutra ou negativa, 128
Carotenoides, 1018
Cascata de sinalização, 68
Catecolaminas
- ações, 1153
- adrenais, 543
- biossíntese, 1152
- circulantes, 592
- metabolismo, 1152
- suprarrenais, 617
Cavidade cardíaca fetal, lado direito, 603
Ceco, 1000
Cegueira psíquica, 407
Célula(s)
- amácrinas, 365
- - glicinérgicas, 367
- bipolares, 364
- complexas, 373
- conversando com células, 60
- da mácula densa, 733
- de Clara, 712, 714
- de Kupffer, 988
- de Rouget, 550
- de Schwann, 283
- ganglionares, 365
- granulares, 733
- horizontais, 365
- intercalares
- - tipo A, 776
- - tipo B, 776
- justaglomerulares, 733
- mesangiais, 731, 755
- - extraglomerulares, 733
- muscular
- - cardíaca, 474
- - esquelética, 112
- parafoliculares, 1277
- principais, 775
Células-alvo, 60, 62
Células-satélite Q, 120
Cemento, 1286
Central terminal de Wilson, 466
Centro(s)
- corticais, 422
- da fome, 405
- da saciedade, 405
- superiores
- - de controle respiratório, 702
- - de integração, 302, 306
Ceramida, 131
Cerebelo, 386
CFTR, 216
cGMP, 84
Chagas, Carlos Ribeiro Justiniano das, 30
Chagas Filho, Carlos, 30
Chaperonas, 208
Cianeto, 722
Cianose, 687
Ciclo, 106
- básico da expressão circadiana dos genes do relógio, 108
- cardíaco, 502

- da amônia, 822
- da ureia, 791
- de Cori, 272
- enzimático da Na⁺/K⁺-ATPase, 225
- jejum-alimentado por hormônios pancreáticos, 1167
- menstrual, 1177, 1318
- ovariano, 1177, 1318
- percepção-ação, 343
- uterino, 1189
Ciência
- moderna, 9
- nos estúdios, 8
Cinestesia, 326
Cinocílio, 329
Circuitos
- sensoriais, 302, 304
- vestíbulo-oculares, 331
- vestibulospinais, 332
Circulação
- cerebral, 593
- coronariana, 577
- cutânea, 597
- esplâncnica, 589
- fetal, 602
- para a musculatura esquelética, 586
- pulmonar, 438, 600
- renal, 581, 736
- - em anfíbios e aves, 738
- sistêmica, 438
Círculo de Einthoven, 466
Cirrose, 273, 559
Cisternas, 94
Cistinúria, 1011
Citocinas, 1200
- produzidas pelo tecido adiposo, 1206
Citocromo oxidase, 370
Citosol, 98
Citotrofoblasto, 1295
Clatrinas, 89
Clearance
- de substância(s)
- - endógenas, 760
- - exógenas, 760
- - que não é reabsorvida nem secretada pelos túbulos, 758
- - reabsorvida pelos túbulos, 759
- - secretada pelos túbulos, 759
- de ureia, 791
- em função da variação do fluxo urinário, 760
- medida, 760
- renal, 758
Climatério, 1177, 1196
Clonidina, 1084
Cloreto, 781
- absorção, 1029
- de betanecol, 914
- secreção, 1029
CNG (*cyclic nucleotide gated*), 76
Coagulação sanguínea, 1195
Cóclea, 336
Codificação da informação no epitélio olfatório, 351
Código neural, 280
Coeficiente
- de filtração capilar, 555
- de partição, 138, 139

- - em meios hidrofóbicos e hidrofílicos, 155
- de permeabilidade, 142, 150, 237
- de reflexão, 53, 155
- - de Staverman, 155
- de ultrafiltração, 749
- osmótico, 148
Colágenos, 1268, 1269
Colesterol, 64, 129
Cólon, 1000
Coluna(s)
- corticais, 315
- dorsal, 312
- intermediolateral, 396
Combustão, 17
Compartimentalização, 126
Compartimento(s)
- extracelular, 55
- intermediário, 577
- de distribuição da água no organismo, 53
- proximal, 577
- transcelulares, 55
Compensação(ões)
- das modificações do equilíbrio acidobásico, 273
- das vias respiratórias, 669
- respiratória
- - da acidose metabólica, 270
- - da alcalose metabólica, 270
Complacência vesical, 909
Complexo 26s, 89
- Bötzinger, 694
- dentinopulpar, 1286
- estriatal, 387
- nigral, 388
- palidal, 388
- parabraquial/Kölliker-Fuse, 695
- pós-inspiratório, 695
- QRS, 458
Comporta(s)
- de inativação, 194
- intracelulares de ativação, 194
Comportamento
- alimentar, 410
- de defesa, 406
- reprodutor, 406
Comprimento
- de onda, 334
- inicial do músculo, 117
Comunicação
- intercelular, 60
- por contato, 60
- por junções comunicantes, 60
Concentração, 56
- de sódio na célula tubular, 784
- extracelular de K, 534
- plasmática, 758
- - de potássio, 828
- urinária, 805
Condicionamento do ar, 712
Condução
- ativa de sinal, 190
- atrioventricular, 460
- eletrônica, 184
- passiva, 189
- ponto a ponto, 199
- saltatória, 199, 283
Condutância
- da membrana, 240
- iônica, 284

Conectina, 113
Cones, 361
Conexinas, 61, 290
Conexons, 61, 290
Conservação de energia, 23
Constante
- de afinidade, 221
- de Faraday, 206
- de Michaelis, 221
- de tempo, 168
Constituição da matéria, 11
Constituição iônica dos compartimentos do organismo, 56
Continência urinária, 911
Contração
- bioquímica, 479
- do músculo liso vascular, 530
- isométrica, 117, 497
- isotônica, 117, 498
- isovolumétrica, 502, 504
- mecanismo, 479
- muscular, 112
- tetânica, 119
- vesical reflexa à distensão vesical, 910
Contracepção, 1176
Contratilidade
- cardíaca, 507
- - influência do trocador Na^+/Ca^{2+} e da Na^+/K^+-ATPase, 490
- miocárdica, regulação, 491
- vascular, 530
Contratransportadores, 136, 241
Contratransporte(s), 222, 228, 229
- paralelos, Na^+/H^+ e Cl^-/HCO_3^-, 1026
Controle
- cerebral da micção, 906
- contínuo proporcional, 43
- da circulação renal, 581, 754
- da excreção de potássio, 784
- da ingestão
- - alimentar e a leptina, 1209
- - de água e sal, 1256
- - de alimentos, 410
- da liberação de renina, 800
- da massa muscular, 120
- de ritmo, 44
- do balanço hidreletrolítico em idosos, 1260
- do fluxo sanguíneo
- - cerebral, 594
- - e resistência vascular coronariana, 578
- - esplâncnico, 591
- - muscular pela bomba muscular durante o exercício físico, 589
- - para a musculatura esquelética, 587
- endócrino, 413
- endotelial, 583
- - do fluxo sanguíneo muscular durante o exercício físico, 589
- hemodinâmico da secreção de ADH, 810
- hormonal, 580
- - da Na^+/K^+-ATPase, 226
- integral, 44
- local, 587
- metabólico, 580
- - do fluxo sanguíneo muscular durante o exercício físico, 588
- miogênico do fluxo sanguíneo muscular durante o exercício físico, 588

- motor
- - espinal, 380
- - supraspinal, 381
- neural, 411, 580
- - sobre a circulação esplâncnica, 591
- neuro-humoral do tônus venomotor, 568
- neuroendócrino do ritmo de secreção hormonal, 1072
- neurovegetativo (autonômico) da atividade elétrica cardíaca, 452
- osmótico da secreção de ADH, 809
- parácrino e humoral, 592
- parassimpático, 611
- peptidérgico do balanço hidreletrolítico, 1247
- simultâneo de sistemas centrais e periféricos, 422
- sistema nervoso central e, 413
Convergência, 293, 304
Conversas cruzadas, 87
Coração
- estrutura, 433
- propagação da atividade elétrica no, 450
Coroide, 356
Corpo lúteo, 1177, 1181
Corpúsculo(s)
- de Meissner e de Merkel, 313
- renal, 731
Corrente(s)
- capacitiva, 166
- de curto-circuito, 173-175
- de efluxo, 441
- de influxo, 441
- de sódio dependente de voltagem, 194
- despolarizante, 456
- elétrica, 240
- iônicas envolvidas com o automatismo cardíaco, 449
- repolarizante, 456
- resistiva, 166
Córtex
- entorrinal, 352
- motor, 381
- piriforme, 352
- somatossensorial
- - primário, 313
- - secundário, 313
- visual, organização colunar, 377
Cortisol, 829, 1226, 1353
Costâmeros, 479
Cotransportador(es), 136, 241
- Na^+-aminoácidos, 228
- Na^+-glicose, 228
- $Na^+:K^+:2Cl^-$, 228
Cotransporte, 222, 228
- Na^+, 1026
- Na^+-ânions, 229
- - inorgânicos, 1028
- $Na^+:Cl^-$, 1026
Couty, Louis, 29
Covian, Miguel Rolando, 33
Creatinina, 745
Crescimento, 1220
- fetal, 1330
Crick, Francis, 27
Criopreservação seminal, 1176
Criptas de Lieberkühn, 999
Criptócrino, 1043

Criptorquidismo, 1319
Cronobiologia, 106
Cronofarmacologia, 109
Cronoterapêutica, 109
Cruz, Oswaldo Gonçalves, 31
Cultura de células, 763
Curva
- corrente *versus* voltagem, 174
- de dissociação do dióxido de carbono, 688
- de Frank-Starling, 507
- de função
- - renal, 634
- - ventricular, 507
- pressão-fluxo isovolumétricas, 669

D

Dantrolene, 914
Dariferacina, 914
Deambulação, 567
Débito
- cardíaco, 505, 569
- - determinantes do, 506
- - do feto, 602
- - durante exercício físico, 508
- - medida, 505
- - sistólico, 505, 506
Decomposição e codificação de um som complexo, 337
Defecação, 949
Deficiência de sacarase-isomaltase, 1005
Déficit
- de base, 269
- de memória, 402
Deformação do pulso ao longo da circulação arterial, 518
Deglutição, 936, 1344
Deidroepiandrosterona, 1353
Densidade, 669
Dentes, 1285, 1290
Dependência
- de substratos metabólicos, 244
- química, 90
Depleção de fosfato, 787
Derivação(ões)
- bipolares, 464, 465
- do plano
- - frontal, 465
- - horizontal, 467
- eletrocardiográfica, 464
- unipolares
- - dos membros, 466
- - precordiais, 467
Dermátomo, 310
Descartes, 12
Desenvolvimento, 1220
- embrionário, tireoide e, 1114
Desfosforilação de proteínas, 88
Desidratação
- extracelular, 1257
- - e apetite ao sódio, 1257
- - e sede, 1257
- intracelular e sede, 1256
Desmina, 113
Desmossomos, 479, 594
Desnutrição proteica, 863
Despolarização, 176, 196, 211, 281

- atrial, 459
- da membrana, 165
- diastólica lenta, 446
- maciça da membrana, 169
Desreguladores
- endócrinos, 1306
- - clássicos, 1307
- - não clássicos, 1309
Dessensibilização, 88
Desvio de cloretos, 688
Detecção, 305
Determinação
- do ritmo, 468
- do volume
- - dos compartimentos, 54
- - residual, 656
- dos eixos médios de ativação das câmaras cardíacas, 469
Dextrana
- catiônica, 747
- neutra, 747
- sulfato, 747
Dextrinase, 1005
Diabetes, 1322
- insípido
- - central, 814, 863, 1250
- - nefrogênico, 787, 813, 814, 863, 1250
- - neurogênico, 814
- melito, 411
- - tipo 2, 1168
Diafragma, 648
- fenestral, 552
Diagrama de Davenport, 265, 706
Diamox, 829
Diarreia(s), 232
- congênita com excreção de cloreto, 1034
- exsudativas, 1034
- osmóticas, 1033
- por aumento da motilidade, 1034
- secretoras, 1033
- - por ação da toxina do *Vibrio cholerae*, 1034
Diástole ventricular, 504
Diazepam, 914
Difosfatidilglicerol, 128
Difusão, 53, 140, 154, 235, 236, 553, 682
- de uma substância através da barreira lipídica, 143
- facilitada, 220, 236, 237, 245, 554
- - propriedades, 221
- simples, 136, 220, 236
Digestão e absorção
- de carboidratos, 1002, 1345
- de gorduras, 1346
- de lipídios, 1012
- de proteínas, 1006, 1346
Digitálicos, 956
Diluição
- de gases, 656
- do corante, 505
Dióxido de carbono, 136, 687
Disco
- óptico, 357
- Z, 474, 475
Disfagia, 939
Disfunção
- cardíaca, contribuintes e determinantes, 509
- vesicuretral de origem neurológica, 909

Dispneia, 654
Distância axial, 555
Distensão vesical, 908
Distribuição
- da água no organismo, 52
- da perfusão, 677
- da relação ventilação-perfusão, 678
- da ventilação, 677
- de Gibbs-Donnan, 745
- regional de fluxo, 544
Distrofia muscular de Duchenne, 121, 479
Distrofina, 113, 479
Distúrbios
- da deglutição, 939
- do equilíbrio acidobásico, 782, 784
Diuréticos, 787, 815, 829
- inibidores da anidrase carbônica, 829
- poupadores de K$^+$, 829
- que promovem a excreção
- - de urina ácida, 829
- - de urina alcalina, 829
- tiazídicos, 774, 788
Divergência, 293, 304
Divisão
- parassimpática, 424
- simpática, 424
Dobras
- de Kerckring, 999
- juncionais, 115
Doce, 346, 348
Doença(s)
- de Dent, 890
- de Hartnup, 1011
- de Hirschsprung, 952
- de Parkinson, 911
- de von Gierke, 273
- neurodegenerativas, 94
- neuromusculares, 120
- pulmonar obstrutiva crônica, 273
Domínios de saída, 98
Dopamina, 755, 1068, 1079
Dor
- referida, 321
- significado, 320
Doxazosina, 914
Drenagem venosa, 590, 593
Ducto(s)
- arterial, interrupção do fluxo pelo, 605
- biliar comum, 978
- coletores, 736
- - cortical, 784
- - medular, 784
- excretor principal, 978
- papilares de Bellini, 731
- venoso, 602
- - interrupção do fluxo pelo, 605
Dumping, 945
Duração das ondas e dos intervalos, 469
Dutrochet, Henri, 146

E

Ecocardiograma, 506
Edema, 558
- abdominal, 559
- causas, 558
- margem de segurança contra o, 559

- pulmonar, 558
- subcutâneo, 558
Efedrina, 914
Efeito(s)
- Bohr, 266
- cronotrópico positivo, 494
- da alteração da relação ventilação-perfusão em uma unidade alveolar, 679
- de Gibbs-Donnan, 557
- de *shunt*, 169
- do ciclo cardíaco, 578
- Donnan, 56, 266
- dromotrópico positivo, 494
- genômicos da aldosterona, 843
- Haldane, 688
- Hamburger, 688
- hemodinâmicos na excreção renal de Na$^+$, 803
- inotrópico positivo, 494
- Lattice, 495
- lusitrópico positivo, 494
- não genômicos da aldosterona, 843
- neurais na circulação renal, 585
Eferentes, 611
Eicosanoides, 64, 585
Eixo hipotálamo-hipófise-testículo, 1174
Ejeção
- do leite, 1301
- ventricular, 504
Elefantíase, 559
Eletrocardiografia, 457
Eletrocardiograma, 456
- leitura e interpretação, 468
Eletrograma do feixe de His, 463
Elevação na pressão intersticial, 559
Eliminação de ácidos livres ou sais ácidos, 820
Eminência mediana, 1056
Encefalinas, 925
Encéfalo, 595
Enchimento ventricular, 502, 504
Endereçamento de novas proteínas para a via secretora, 94
Endocanabinoides, 423
- controle da ingestão de alimentos e, 422
Endocitose, 88, 811
Endossomos, 89
Endotelina, 538, 755, 882
- 1 e função renal, 883
Endotélio vascular, 535, 580
Energia
- de Gibbs, 239
- de hidratação, 208
Enfraquecimento do esfíncter pilórico, 945
Enteramina, 592
Enterócitos, 865
Enteropatia, 559
Entropia, 140
Envelhecimento, 723, 1350
- cerebral, 1355
Enzima(s), 1268
- alostéricas, 45
- conversora de angiotensina, 837
- do pâncreas, 983
- lipolíticas, 983
- proteolíticas, 983
- regulação genética, 46
- reguladoras, 45
- regulatórias de modulação covalente, 45

Índice Alfabético 1367

Epinefrina, 543, 592, 755, 1033
Epistemologia, 12
Epitélios transportadores, 235
Equação
- de campo constante, 144
- de Goldman, 144
- de Goldman-Hodgkin-Katz, 144, 145
- de Henderson-Hasselbalch, 263, 264
- de Kedem e Katchalsky, 154
- de Michaelis-Menten, 221
- de Nernst, 140, 141, 161
- de Poiseuille, 521
- de Starling, 555
- de van't Hoff, 53, 147, 149
- dos gases ideais, 147
Equilíbrio, 136, 137, 235
- acidobásico, 787
- - fisiopatologia, 271
- de Gibbs-Donnan, 745
- osmótico entre o líquido do coletor e o interstício, 807
Era moderna, 8
Eritropoese, 875
- fetal, 1335
Eritropoetina, 868
- características e principais ações, 869
Erupção dentária, 1288
Escape
- ao efeito Wolff-Chaiko, 1124
- autorregulatório, 592
Esclera, 356
Escola de Alexandria, 5
Esfíncter
- de Oddi, 978
- esofágico
- - inferior, 936
- - superior, 936
- muscular liso, 907
- pilórico, 943
- pré-capilar, 549
- voluntário, 907
Esfingolipídios, 131
Esfingomielina, 131
Esfingosina, 131
Esmalte, 1285
Espaço
- de Bowman, 731
- morto, 674
- - anatômico, 674
- - fisiológico, 676
- pleural, propriedades, 666
Espasmo esofágico difuso, 939
Especialização funcional, 371
Espécies reativas derivadas do oxigênio, 539
Especificidade, 222
Espermatogênese, 1172
Espermatozoides, 1294
Espermograma, 1176
Espirógrafo, 654
Esqueleto hidrocarbônico, 127
Estado
- aberto, 194
- do equilíbrio acidobásico, 269
- estacionário, 235, 244
- fechado, 194
- inativo, 194

Esteatorreia, 1017
Estereocílios, 329, 336
Estereoespecificidade, 239
Esterno triangular, 649
Esteroides, 64
- gonadais, 415
- ovarianos, 1184, 1192
- - em órgãos reprodutivos, 1189
- sexuais, 1182
- suprarrenais, metabolismo, 1144
Esteroidogênese suprarrenal, 1139, 1140
Estimulação
- dos receptores adrenérgicos, 494
- simpática, 591
Estímulo(s)
- excitatórios, 180
- inibitório, 180
- localização de um, 314
- térmico, localização de um, 317
Estresse, 1098, 1237
- e função reprodutiva, 1195
Estrogênio, 1182, 1296, 1297
Estudo urodinâmico, 904
Eupneia, 654
Excesso de base, 269
Excitabilidade celular, 176
Excreção
- de fosfato, 789
- de sais de amônio, 821
- renal, 728
- - de água livre de soluto, 814
- - de eletrólitos, 780
- - de não eletrólitos, 789
Exercício, 718, 1239
Exocitose, 811
Expiração, 650

F

F-ATPases, 249
Fagulhas (*sparks*) e ondas (*waves*) de cálcio, 490
Família de genes
- Ca_v1, 211
- Ca_v2, 211
- Ca_v3, 211
Fármacos
- alfabloqueadores, 913
- anticolinérgicos, 913
Fase, 106
- de armazenamento, 905
- de ejeção, 502
- de esvaziamento, 905
Fator(es)
- angiogênicos, 560
- - estimuladores e inibidores, 561
- - mecanismo de ação, 561
- antiangiogênicos, 560
- CSF, 1049
- de ação parácrina, 539
- de expansão da circulação pulmonar, 601
- de necrose tumoral, 79
- - α, 1210
- determinantes da sensação térmica, 317
- EGF, 1049
- endoteliais, 580
- epidérmico, 80, 967
- eritropoetina, 1049

- FGF, 1049
- hiperpolarizante derivado do endotélio, 538
- hipotalâmicos inibidores da liberação de TSH, 1061
- IGF, 1049
- inibidores da secreção de prolactina, 1068
- interferons, 1049
- interleucinas, 1049
- intrínseco, 964
- liberados pelo tecido adiposo perivascular, 540
- MGF, 120
- miogênico, 532
- NGF, 1049
- PDGF, 1049
- que afetam a difusão dos gases, 683
- surfactante, 1334
- TGF-β, 1049
- TNF α e β, 1050
Fechamento do forame oval, 605
Feedback tubuloglomerular, mecanismo, 583
Fenda sináptica, 63
Fenilalanina, 985
Fenilefrina, 494
Fentolamina, 914
Feocromocitoma, 1153
Ferro, absorção, 1032
Fertilidade, 1318
Fertilização, 1294
Fibras
- brancas, 118
- cardíacas, 1336
- de saco nuclear
- - dinâmicas, 327
- - estáticas, 327
- eferentes
- - parassimpáticas pré-sinápticas, 924
- - simpáticas pré-sinápticas, 924
- intersticiais de Cajal, 935
- musculares, 112
- - tipos, 118
- parassimpáticas pós-sinápticas, 924
- pós-ganglionares, 395
- pós-sinápticas, 924
- pré-ganglionares, 395
- - colinérgicas, 611
Fibrilação atrial, 504
Fibrose
- cística, 231, 986
- intersticial pulmonar, 715
Fígado, 548, 602
Filamentos
- finos, 477
- grossos, 475
Filtração, 554
- glomerular, 793, 742
- - composição, 744
- - renal total, 746
Filtro de seletividade, 208
Finalização de sinal, 88
Fisiologia, 20
- experimental, 18, 20
- moderna, 21
- no Brasil, 28
- *versus* anatomia, 18
- vesicuretral, 904
Fitoestrógenos, 1309

Fixação de voltagem (*voltage-clamp*), 207
FKB P52, 83, 85
Flatulência, 1005
Fluxo(s), 235
- arterializado, 603
- autonômico, 424
- da linfa, aumento do, 559
- de informações nos núcleos da base, 390
- de íons pelos canais, 206
- de substâncias como consequência do gradiente de potencial químico, 141
- difusional de íons através de membranas biológicas, 144
- e volume sanguíneo esplâncnico, 590
- endergônicos, 239
- exergônicos, 239
- máximo, 221
- plasmático renal cortical, 743
- resultante, 136
- sanguíneo, 521
- - cutâneo, 597
- - muscular, 586
- - pulmonar, 600
- - renal, 742, 743, 751
- turbilhonar, 668
- urinário, 759, 784, 791
- venosos, 603
Folículo
- antral, 1180
- primário, 1178
- primordial, 1178
- secundário, 1178
Foliculogênese, 1177
Folistatina, 120, 1184
Fonação, 955
Força(s), 206
- capilares, 555
- de cisalhamento, 523
- de contração ventricular, 507
- de Starling, 53
- difusional, 139, 141
- elétrica, 139
- eletrodifusional, 139
- envolvidas no transporte de líquidos através da membrana celular, 145
- intersticiais, 556
Formação
- da imagem visual, 357
- da linfa, 557
- reticular pontina parabraquial, 389
Fórmula de Henderson-Hasselbalch, 707
Fosfatases, 87
Fosfatidilcolina, 128
Fosfatidiletanolamina, 128
Fosfatidilserina, 128
Fosfato, 788
- inorgânico, 494
- no citosol, 1267
- plasmático, regulação, 1285
Fosfatoninas, 1267
Fosfolipídios, 128, 992
Fosforilação
- da cadeia leve da miosina, 494
- da miosina do músculo liso, 531
- de proteínas, 88
Fósforo, 1266
Fotorreceptores, 359, 361, 364
- no escuro, 363

Fototransdução, 359, 362
Fóvea, 367
- central, 357
Fração de filtração, 752
Frequência
- cardíaca, 468, 505
- crítica de fusão, 358
- de oscilação, 334
- fundamental, 335
Frio, 1239
Frutose, 1004
Ftalatos, 1309
Função(ões)
- ativas do endotélio, 552
- auditiva, 342
- endócrina e reprodutiva masculina, 1176
- fisiológica do hormônio tireoidiano, 1133
- neuroendócrina, 1323
- tubular, 762
- vesicuretral, 907
- - com estudo urodinâmico, 909
Fusos neuromusculares, 326

G

Gabaérgicos, canais, 218
Galactose, 1004
Galeno, 6
Galvani, Luigi, 16
Gânglio(s)
- de Gasser, 321
- pré-vertebrais, 396
- semilunar, 321
- trigeminal, 321
Gap, 61
- *junctions*, 290
Gases
- propriedades físico-químicas, 682
- tóxicos, 722
Gastrina, 929, 942, 964, 966
Gating, 206
Gênese
- da diferença de potencial elétrico transepitelial, 170
- da(s) onda(s)
- - do eletrocardiograma, 457
- - P, 459
- de voltagem na membrana, 160
- do complexo QRS, 460
- do potencial de repouso, 441
- do ritmo e do padrão respiratório, 692
Gestação, 1295
Glândula(s)
- endócrinas, 1042
- hipófise, 1054
- mamária, 1099, 1192
- paratireoides, 1274
- pineal, 1104
- suprarrenais, 1138
- tireoide, 1114, 1313
Glicerol, 128
Glicina, 992
Glicinérgicos, canais, 218
Glicocálice, 551
Glicocorticoides, 829, 1033, 1098, 1139, 1224
- ações, 1144
- mecanismo de ação, 1146

- secreção, 1140
Glicoesfingolipídio, 131
Glicogênio mediada pela insulina, síntese de, 1165
Glicoproteínas, 1268
- *rhesus*, 825
Glicose, 245, 415, 789
- transporte através de membranas epiteliais, 244
Globo pálido, 388
Glucagon, 1162
Glutamato, 298
Golgi, Camillo, 26
Gonadotrofina coriônica, 1077, 1079, 1184
- humana, 1296
Gradiente
- de concentração, 237
- - na barreira, 142
- de pressão nos vasos renais, 750
- químico, 141, 155
Grandes altitudes, 719
Gravidez, 863
Grelina, 415, 1085, 1222
Grupamento respiratório
- parafacial, 694
- ventrolateral rostral e caudal, 695
Grupo de Berlim, 23
GTPases, 81
Guanililciclases, 84
Guanilinas, 879
Guertzenstein, Pedro Gaspar, 32
Gustação, 308, 955

H

H^+-ATPase do tipo vacuolar, regulação, 227
H^+/K^+-ATPase, 226
Harvey, William, 12
HCl, 963
Heat shock protein 90, 83
Helicobacter pylori, 974
Hemácias, 266
Hemorragia, 56
Hepatites, 273
Hepatócitos, 989
Hidratação de CO_2 intraluminal, 819
Hidrogênio, secreção, 818
Hidronefrose, 911
Hidroxilação da vitamina D, 1281
Hilo, 728
Hiperaldosteronismo primário, 1149
Hiperatividade detrusora, 909, 910
Hipercalcemia, 863, 1285
Hipercalciúria, 891
Hipercoluna, 377
Hiperemia
- funcional, 534
- pós-prandial, 592
- reativa, 534
Hiperfosfatúria, 891
Hipernatremia, 810
Hiperplasia
- muscular, 120
- suprarrenal congênita, 1151
Hiperpneia, 654
Hiperpolarização, 176, 214, 281
- pós-potencial, 196
Hiperpotassemia, 782, 828

Hipertensão arterial, mecanismo neurogênico na, 638
Hipertonicidade medular, 805, 807
Hipertrofia
- muscular, 119
- longitudinal, 120
- radial, 120
Hiperventilação, 654
Hipocalcemia, 1284
Hipófise
- anterior, 1076, 1088
- posterior, 1076
Hipoglicemia, 1085
Hipogonadismo, 1176
Hipopneia, 654
Hipopotassemia, 782, 828, 863
Hipospadia, 1320
Hipotálamo, 403, 1054, 1246
- endócrino com outras áreas do SNC, 1054
- na regulação do comportamento alimentar, 404
Hipótese da facilitação-inibição, 1258
Hipotonicidade, 55
Hipoventilação, 654
Hipovolemia, 626
Hipoxia, 495, 595, 685, 1098
Histamina, 296, 539, 930, 964, 966
Hodgkin, Alan, 197
Hodologia do sistema vestibular, 331
Homeostase, 60
- comportamental, 403
- conceito, 108
- de fosfato, 788
- de magnésio, 788
- do cálcio, 786
- hidrossalina, 881
- preditiva, 108
- reativa, 108
Homúnculo, 314
Hormônio(s)
- adeno-hipofisários, 1077
- adrenocorticotrófico, 1088, 1353
- antidiurético, 736, 755, 802, 808, 855, 1093, 1352
- da ilhota pancreática, 1163
- da paratireoide, 787
- definição clássica, 1042
- do córtex da suprarrenal, 1033
- do crescimento, 1081, 1085, 1220, 1225, 1352
- gastrintestinais, 929
- glicoproteicos, 1077
- hidrossolúveis, 1044, 1045
- hipotalâmicos, 1057, 1078, 1087
- inibidor da liberação de GH, 1066
- liberador
- - de corticotrofina, 1069
- - de gonadotrofinas, 1061
- - de prolactina, 1067
- - de tireotrofina, 1058
- - do hormônio de crescimento, 1064
- lipossolúveis, 1046
- melanotrófico, 1090
- não esteroides, 1183
- neuro-hipofisários, 1092
- ovarianos, 1182
- pancreáticos, mecanismo de ação, 1163
- parácrinos, 927
- - gastrintestinais, 930
- paratireoidiano, 864

- placentários, 1221
- produzidos por outros órgãos, 1049
- proteicos, 1081
- quanto à sua natureza química, 1044
- regulação da produção, 48
- relacionados com a imunidade humoral e celular, 1049
- sexuais, 1226
- tireoidianos, 1078, 1223
- tireotrófico, 43, 1077, 1121
Houssay, Bernardo, 33
Huxley, Andrew, 197
HVA (*high voltage-activated*), 211

I

Icterícia, 993
Íleo paralítico, 948
Ilhotas pancreáticas, 1158
Imipramina, 914
Implantação, 1294
Impulsos nervosos, 280, 281
Incontinência
- paradoxal, 910
- por urgência, 911
Indutores da angiogênese, 560
Inervação
- dos dentes, 322
- nitrérgica, 542
- recíproca, 329
- renal, 738
- simpática, 612, 799, 802
Inexons, 61
Influxo de Ca^{2+}, 486
Ingestão
- alimentar durante processos inflamatórios e infecciosos agudos, 424
- hídrica, 404
- hidromineral, 1258
Inibição, 222
- da excitação, 169
- da gliconeogênese mediada pela insulina, 1165
- da lactação por estresse, 1302
- lateral, 304
Inibidor(es)
- da H^+/K^+-ATPase, 226
- da Na^+/K^+-ATPase, 226
- da tripsina, 1008
- do ativador do plasminogênio, 1214
Inibinas, 1183
Inotropismo, 507
Inspiração, 648
Instituto
- Butantã, 30
- de Leipzig, 24
- Oswaldo Cruz, 30
Insuficiência
- diastólica, 504
- hepática, 559
- linfática, 559
- pancreática, 1020
- renal aguda pós-isquêmica, 863
Insulin growth factor-1, 1085
Insulin-like growth factors, 1222
Insulina, 415, 782, 1159, 1222
- regulação da secreção, 1161
- sinalização, 1166

- - tecidual, 1163
Integração
- bulbar, 612
- entre os transportadores de membrana, 242
- olfação-gustação, 353
Integrinas, 61, 62, 479
Intensidade
- de um estímulo térmico, 317
- de um som, 335
- de uma sensação, 314
Interação
- mucociliar, 713
- neuromuscular, 907
Interblobs, 370, 371, 374
Interface, 126
- cognição/emoção, 406
- motivação/ação, 407
Interferona-γ, 1206
Interleucina
- 1, 1201
- 2, 1203
- 6, 1204
- 10, 1205
- 17, 1205
Interocepção, 308
Intervalo
- PR, 458
- QT, 458, 462
Intestino, 1344
- delgado, 1024
Intolerância
- à lactose, 1004
- proteica lisinúrica, 1011
Intoxicação por monóxido de carbono, 721
Inulina, 745
Invariância de posição, 373
Inversão de polaridade, 177
Iodação da TG, 1120
Iodo, 1117, 1118, 1309
- organificação, 1120
Íons multivalentes, 785
Ira fictícia, 402
Irrupção dentária, 1288
Isoforma *housekeeping*, 268
Isoproterenol, 914, 1084
Isquemia, 495

J

Janelas de exposição, 1311
Jejum, 1059, 1167, 1237
Jejuno, 1024
Junção(ões)
- comunicantes, 61, 290, 450
- intercelulares, 550
- neuromuscular, 112, 113
- - fisiologia, 291

K

Katchalsky, Aharon-Katzir, 153, 154
Kedem, Ora, 153, 154
Krieger, Eduardo Moacyr, 429

L

Labirinto ósseo, 329
Lacerda, João Batista de, 28

Lactação, 1086, 1298
Lactato, 272
Lactogênese, 1299
Lactogênio placentário, 1221, 1296
Lactopoese, 1299, 1301
Lâmina basal, 551
Lei
- da conservação da energia, 140
- de Einthoven, 457, 465
- de Fick, 154, 553
- de Henry, 682
- de Ohm, 143, 154, 576
- de Raoult, 149
- de Van't Hoff, 556
- do coração, 506
- do intestino, 926, 948
- do tudo ou nada, 281
Leito
- capilar
- - glomerular, 581
- - peritubular, 581
- vascular encefálico, 595
Leptina, 415, 1207
- na resposta imunológica, 1209
- no sistema nervoso central, 1209
Leucotrienos, 755
Ligamento
- periodontal, 1286
- pubouretral, 911
Limiar(es), 314
- absoluto, 305, 306
- biofísico, 314
- comportamental, 305
- de excitabilidade, 281
- diferencial, 306
- perceptivo, 305
- psicofísico, 314
Linfa, 557
Linha-tampão, 265
Linha(s)
- M, 475
- Z, 112, 474
Linoleico, ácido, 127
Lipase
- gástrica, 963
- lingual, 956
- pancreática dependente da colipase, 1013
Lipídios, 127, 128, 1012
- mediados pela insulina, síntese e degradação, 1166
- metabolismo, 1194
- na membrana celular, 126, 131
Lipoproteínas HDL, 1126
Lipossolubilidade, 554
Lipossomos, 129
Líquido
- amniótico, 1331
- extracelular, 484, 798
Litíase biliar, 994
Lítio, 1309
Lobo intermediário da hipófise, 1088
Localização espacial de sons, 340
Locus coeruleus, 696
Ludwig, Carl, 24
Lula, 197
LVA (*low voltage-activated*), 211

M

Má absorção intestinal, 948
Mácula lútea, 357
Magnésio, 788, 1266
- e fosfato no citosol, 1267
Malnic, Gerhard, 259, 260
Mamogênese, 1298
Manejo renal de potássio, 782
Manobra(s)
- de Valsalva, 566
- expiratórias forçadas, 657
Marca-passo cardíaco, 446
Marques, Maria, 37
Martins, Thales César de Pádua, 30, 31
Mastigação, 936
Materialismo, 11
Matriz
- celular, 1270
- extracelular
- - componentes inorgânicos, 1270
- - componentes orgânicos, 1268
Matteucci, Carlo, 23
Maturação
- e função sexual, 1175
- pós-natal, 1339
Maturidade, 1175
Maxicanais, 213
Mecanicismo, 11
- de *ball-and-chain*, 195
- de *feedback* rim/líquidos corporais, 633
- de filtração e limpeza, 712
- de Frank-Starling, 495
- miogênico, 753
- neurais, 610
Mecanorreceptores
- arteriais, 613, 614
- renais, 628
Medicina
- árabe, 7
- grega, 3
Medula
- cefálica e sacral, 924
- suprarrenal, 1152
Megacólon congênito, 952
Meio hipertônico, 55
Melatonina, 1105, 1352
- mecanismos de ação, 1109
- na regulação de processos fisiológicos, 1109
- pela glândula pineal, síntese, 1105
- resistência, 184, 189
- secreção, 1108
Membrana(s), 126
- basal, 551, 731, 1000
- característica capacitiva, 184
- celular, 153
- filtrante, 746
- plasmática, 136
- semipermeável, 53
Menacme, 1177
Menarca, 1177, 1195
Menopausa, 1177, 1196, 1318
Mensageiros
- extracelulares, 62, 64, 80
- intercelulares, 60
Menstruação, 1189

Mensuração, 306
Mergulho, 720
Meromiosina
- leve, 476
- pesada, 476
Metabolismo
- energético, 1346
- fetal, 1346
- hepático, 1230
- lipídico, 1144
- mineral, 1264
- ósseo, 1268
Metisergida, 1084
Método(s)
- contraceptivos, 1303
- da diluição, 54
- de Fick, 505
- de Fowler, 675
- de Lineweaver-Burk, 221
- de Van Slyke, 269
- do Cosinor, 107
- esfigmomanométrico, 526
Miastenia *gravis*, 121, 293
Micção, fisiologia, 904
Micelas, 128
Microcirculação, 548, 576
Microperfusão, 762
Micropunção, 762
Microscopia, 14
Microvilosidades, 999
Midríase, 399
Mielinização, 283
Migliorini, Renato Hélios, 34
Milieu intérieur (meio interno), 54
Mimetismo, 1076
Mineralocorticoide, 62, 829, 1139
- no plasma, 785
Miocárdio
- atrial, 453
- de trabalho atrial, 454
- de trabalho ventricular, 454, 460
- no feto e no neonato, 1337
Miofibrilas, 112
Miose, 399
Miosina, 112, 1337
Miostatina, 120
Modelo
- biológico, 166
- de Hill, 497
- de Maxwell, 497
- de Voight, 497
- elétrico, 166
- hidráulico do sistema célula/membrana, 166
- Noble-DiFrancesco, 449
Modulação
- autonômica, 398
- da sensibilidade
- - dolorosa, 318
- - dos miofilamentos ao Ca^{2+}, 492
- de sinal, 87
- do canal, 206
Molalidade, 56
Molécula grama (mol), 56
Moléculas-alvo, 68
Mosaico
- de regiões hidrofílicas e hidrofóbicas, 131
- fluido, 126, 131

Índice Alfabético

Motilidade, 934
- do cólon, 949
- do intestino delgado, 946, 1345
- esofágica, 1345
- gástrica, 939, 1345
Movimento(s)
- oculares, 356
- paradoxal, 649
- transcapilar de líquido, 554
Muco, 964
- cervical, 1191
Mucosa duodenal, 999
Mudança(s)
- conformacional, 68
- metabólicas após o nascimento, 1346
- postural, 567
Müller, Johannes, 23, 24
Multicelularidade, 60
Musculatura lisa dos brônquios, 669
Músculo(s)
- abdominais, 650
- acessórios, 650
- das vias respiratórias superiores, 650
- escalenos, 649
- esternocleidomastóideo, 650
- estriado esquelético, 119
- intercostais interósseos, 649
- paraesternais, 649
- peitoral maior e transverso do tórax, 650
- respiratórios, 648

N

Natriurese/diurese pressórica, 633
Naturphilosophie alemã, 20
Náuseas, 1098
Nebulina, 113
Néfron, 730
- distal, 731, 1341
- vascularização, 737
Nervo trigêmeo, 321
Neuro-hipófise, 1076, 1091
Neurofisiologia, 906
Neurônio(s), 280
- ganglionar, 395
- pós-ganglionar, 395
- pré-ganglionar, 395
- pré-motores, 695
- respiratórios, 693
- sensorial primário, 304
Neuropeptídio Y, 925, 1059
Neuroquímica sináptica, 295
Neurotensina, 942
Neurotransmissores, 63, 296
- do sistema digestório, 927
- excitatórios, 69
- inibitórios, 69
Nível(is)
- da veia cava inferior, 603
- de regulação, 44
- plasmático de cálcio, 787
Nociceptores, 318
Nodo
- atrioventricular, 453
- sinusal, 453
Nomograma de Siggaard-Andersen, 269
Norepinefrina, 543, 592, 925, 942

Nós de Ranvier, 186
Núcleo(s)
- *accumbens*, 407
- arqueado, 416
- basal de Meynert, 388
- cortical da amígdala, 352
- da base, 387
- de Edinger-Westphal, 358, 397
- de Onuf, 912
- do trato solitário, 413, 695
- dorsal do vago, 413
- espinal, 321
- hipotalâmico
- - dorsomedial, 419
- - paraventricular, 421
- - ventromedial, 418
- mesencefálico do trigêmeo, 321
- motor do trigêmeo, 321
- olfatório anterior, 352
- parabraquial, 416
- retrotrapezoide, 694
- subtalâmico, 389
- supraquiasmáticos, 107
Nucleotídios de adenina, 535
Nucleus accumbens, 387
Número
- de Avogadro, 56
- de Reynolds, 523

O

Obesidade, 411, 1168, 1212, 1321
Obstrução urinária, 863
Ocitocina, 618, 1091, 1098, 1301
- no parto, 1099
Odontogênese, 1288
Oleico, ácido graxo, 127
Olfação, 308
Olho, 356, 399
- como sistema óptico, 357
Oligodendrócitos, 283
Onda(s), 334
- folicular, 1180
- P, 458, 471
- peristáltica
- - primária, 937
- - secundária, 937
- T, 458, 462, 471
- U, 458
Oponência cromática, 376
Ordem temporal interna, 106
Organização retinotópica, 369
Órgão(s)
- de Corti, 336
- tendíneos de Golgi, 326
Osmolalidade, 148, 149, 155, 1244
- local, 534
Osmolaridade, 148, 155
- e tonicidade, 151
- plasmática, 1095
Osmômetro, 146
Osmorreceptores, 1096, 1245
- periféricos, 1096
Osmose, 53, 145, 155
Osso
- alveolar, 1288
- composição, 1268

Osteocalcina, 1269
Osteócitos, 1270
Osteogenesis imperfecta, 1269
Osteomalacia, 1032
Osteonectina, 1269
Osteopenia, 1032
Osteoporose, 1032
Ouvido
- externo, 336
- interno, 336
- médio, 336
Ovariana, estrutura, 1177
Ovário, 1317
Ovulação, 1177, 1180
Óvulo, 1294
Oxibutinina, 914
Oxidação do iodeto, 1119
Óxido nítrico, 65, 84, 536, 755, 852, 925, 1168
- síntese, 67
Oxigênio, 136, 684
- com a hemoglobina, 685
- combinado com a hemoglobina, 684
- dissolvido, 684
- medida do consumo, 655
- toxicidade, 720
Ozônio, 722

P

P-ATPases, 250
Padrões de resposta do aparelho mucociliar
   às agressões, 714
Pâncreas, 976, 978, 1158
- secreção exócrina, 976
Pancreatite aguda, 986
Panexons, 61
Papila(s)
- de Vater, 978
- renais, 728
Para-amino-hipurato, 794
Parabiose, 1043
Parácrinos, sinalizadores, 63
Paratireoides, 1274
Paratormônio, 1224
Paravalbuminas, 74
Parede torácica
- propriedades elásticas, 666
- resistência, 671
Partículas eletroneutras, 142
Parto, 1297
Patch clamping, 207, 762
Pedunculopontino tegmental, núcleo, 389
Pepsinogênio, 963, 967
Peptídio(s), 793
- atrial natriurético, 544, 618, 755, 799,
   802, 846, 1255
- derivados da pró-opiomelanocortina, 1087
- inibidor gástrico, 928
- liberador de gastrina, 925
- natriurético(s), 846, 1253
- - cerebral, 847
- - tipo B, 1255
- - tipo C, 847
- neuroativos, 296
- semelhante ao glucagon, 415
- vasoativo intestinal, 925

Percepção visual, construção, 372
Perda
- da circulação placentária, 603
- de peso inicial no recém-nascido, 1331
Perfil pressórico na infância, 1337
Perfusão tecidual, 610
Pericitos, 550
Periferia auditiva, 336
Perimenopausa, 1177, 1196
Período, 106
- embrionário, 1220
- pós-natal, 1225
- pós-prandial, 1167
- refratário, 282
- - absoluto, 198
- - do potencial de ação cardíaco, 444
- - relativo, 197
Permeabilidade, 235
- da membrana, 553
- de uma barreira a uma substância, 141, 155
- seletiva, 136
Permuta entre K^+ e H^+, 274
Peso magro, 54
Pesticidas, 1307
Pfeffer, Wilhelm, 146
pH, 262
- do sangue arterial, 827
- intracelular, 267
- - mudança no, 494
- na via secretora, 100
Pigmentos visuais, 361, 362
Pirâmides de Malpighi, 728, 736
Placa motora, 113
Placenta, 602, 1295
Plano frontal do eletrocardiograma, 466
Plasma verdadeiro, 265
Plasmodium falciparum, 249
Plasticidade
- muscular, 119
- neural, 1258
Platão, 4
Pletismógrafo de corpo inteiro, 656
Plexos
- aganglionares secundários e terciário, 924
- ganglionares maiores, 924
- nervosos, 922
Pneumonia, 273
Pneumotórax, 666
Poder de resolução, 304, 306
Polaciúria, 907
Polarização elétrica da membrana, 176
Polígono de Willis, 593
Polipeptídio pancreático, 1163
Poliubiquitinação, 89
Poluição atmosférica, 722
Ponto
- cego, 357
- de congelamento, 150, 155
- de ebulição, 149, 155
- próximo, 358
Pool energético celular, regulação, 46
Porinas, 206
Poros, 206, 552
Pós-carga, 508
Posição ortostática, 567
Positivista, 20
Potássio, 782, 1342

- absorção, 1030
- na dieta, 785
- secreção, 1030
Potencial(is)
- da placa motora, 116
- de ação, 169, 176, 182, 190, 280
- - cardíacos, 442
- - - em situações especiais, 445
- - em células endócrinas pequenas, 202
- - lento, 444
- - mecanismos iônicos e metabólicos, 283
- - rápido, 443
- de equilíbrio do Na^+, 161
- de membrana, 158, 163
- - perturbações, 168
- de Nernst, 139, 140, 155
- de placa motora, 291
- de receptor, 182
- de repouso, 136, 163, 164, 176, 441
- - na excitação cardíaca, 442
- - perturbações, 164
- elétrico, 158, 240
- eletroquímico, 240, 241
- em miniatura de placa motora, 291
- excitatório pós-sináptico, 116, 182
- gerador, 303
- graduado, 182
- inibitório pós-sináptico, 182
- limiar, 192, 199
- local e graduado, 303
- químico, 137, 154
- - de um solvente, 152
- - de uma substância, 236
- - padrão, 138
- - total do solvente entre duas soluções, 152
Prazosin, 914
Pré-carga, 502, 506
Pré-potencial, 214
Preenchimento, 373
Preservação do meio interno, 403
Pressão(ões), 513
- arterial, 512
- - mecanismo neurogênico na, 638
- - regulação neuro-hormonal, 614
- - sistólica, 504
- capilar, 555
- - aumento da, 558
- centrais, 519
- coloidosmótica, 53, 554
- do líquido intersticial, 556
- do plasma, 556
- como unidade relativa de força, 512
- de ultrafiltração, 747
- - de equilíbrio, 749
- - efetiva, 748, 750
- de vapor, 149, 155
- esofágica, 667
- hidrostática, 53, 146
- intersticial, 557
- nas veias, 564
- no sistema circulatório, 512
- oncótica, 53, 554
- osmótica, 53, 145, 146, 149, 155
- - efetiva, 53
- - entre duas soluções, 148
- parcial, 682
- - de um gás, 236, 674

- - dos gases no organismo, 674
Pressão-diurese/natriurese, 636
Primeira(o)
- lei da termodinâmica, 140
- lei de Fick, 237
- mensageiro, 68
- respiração, 603
Princípio
- de Bernoulli, 516, 521
- de Fick, 505, 742
- de Starling, 554
- iso-hídrico, 263, 265
Processamento
- cortical, 315
- hierárquico, 371
- visual
- - de cores, 374
- - de forma, 372
- - de movimento, 376
Processos
- absortivos e secretores do intestino, 1032
- de transporte, 553
- digestivos dos macronutrientes, 998
- irreversíveis, 140
- reversíveis, 140
Progesterona, 1296, 1297
Progestógenos, 1182
Projeções
- ascendentes, 318, 340
- geniculocorticais, 370
Prolactina, 1086, 1221, 1301
- na função reprodutiva, 1195
Propranolol, 1084
Propriedade miogênica, 579
Propriocepção, 326, 329
Propulsão
- pela coxa, 568
- pela panturrilha, 568
Prosencéfalo, 416
Prosopagnosia, 374
Prostaciclina, 537
Prostaglandinas, 755, 803, 852, 853, 967
- na função renal, 854
Próstata, 1320
Proteases pancreáticas, 1008
Proteína(s), 56, 792, 1006
- adaptadoras AP-2, 89
- ancoradas, 132
- ancoradoras, 63
- - de PKA, 72
- citoplasmática *dishevelled*, 76
- com ácido gamacarboxiglutâmico, 1268
- contráteis, 113
- da banda 3, 113
- da família S100, 74
- G, 70
- - reguladoras, 90, 859
- Golf, 76
- integrais, 132
- KcsA, 212
- MARCKS, 75
- na membrana, 131
- periféricas, 132
- Ras, 81
- *rhesus* no rim de mamíferos, 825
- síntese, 1194
- Smad, 82

Índice Alfabético

- transportadoras, 136
Proteinoquinase(s), 87
- A, 860
- C, 130
- dependentes
- - de cAMP, 72
- - de cGMP, 86
- - de cGMP (PKG), 84
Proteoglicanos, 1268
Pseudo-obstrução idiopática, 948
Pseudossubstrato, 75
Psicofísica, 304
PTH-related peptide, 1277
Ptialina, 1003
Puberdade, 1175, 1177, 1195, 1318
Puerpério, 1298
Pulmões, 602
- na regulação do equilíbrio acidobásico, 270
- propriedades elásticas, 663
Pulso
- ácido de NH_4, 268
- arterial, 515
- - característica oscilatória, 517

Q

Quilomícrons, 557
Quimiorreceptores
- arteriais, 613, 620, 623
- centrais, 698-700
- periféricos, 696-698, 700
- renais, 628
Quinases intracelulares, 479

R

Radiação eletromagnética, 356
Raios medulares, 729
Ramo
- comunicante
- - branco, 396
- - cinzento, 396
- fino descendente, 783
- grosso ascendente, 784
- inspiratório, 665
Raquitismo, 1031
Reabsorção
- de bicarbonato, 819
- de cloreto, 1341
- de fluido no túbulo proximal, 769
- de glicose, 789
- de NaCl, 768
- paracelular, 769
- proximal primeira fase, 767
- renal
- - de água, 805
- - de sódio e água, 1260
- - transcelular, 768
- - tubular, 793
- - de cálcio, 1276
- - renal, 728
Reações de alerta, 399
Receptor(es), 62
- acoplados a proteína(s)
- - G, 69, 71, 348
- - Gq, fosfoinositídios, Ca^{2+} e PKC, 73
- - Gs e Gi, cAMP e PKA, 71

- - Gt e Go, 75
- adrenérgicos, 1153
- AMPA/cainato, 298
- anuloespiral, 327
- canais, 68
- cardiopulmonares, 613, 624
- com atividade enzimática intrínseca, 80
- da insulina, 1163
- da superfamília das imunoglobulinas, 1201
- de adaptação
- - lenta, 700
- - rápida, 701
- de aldosterona, 62, 839
- de angiotensina II, 838
- de citocina
- - do tipo I, 1201
- - do tipo II, 1201
- de distensão
- - muscular, 628
- - pulmonar, 700
- de esteroides, 83
- de *hedgehog*, 77
- de irritação, 701
- de membrana, 66
- de renina/pró-renina, 838
- de rianodina, 490
- de TNF, 79, 1201
- de volume/pressão, 1246
- dos peptídios natriuréticos, 1254
- e aferências, 613
- *frizzled*, 76
- guanililciclases, 82
- intracelulares, 83
- ionotrópicos, 182, 297
- Mas, 833
- metabotrópicos, 297, 299, 628
- molecular, 182
- musculares, 380
- nicotínico, 293
- *notch*, 77
- para endotelinas, 883
- purinérgicos, 298
- sensorial, 182, 280, 302
- serina/treoninoquinases, 82
- simpáticos e parassimpáticos, 912
- tirosinofosfatases, 82
- tirosinoquinases, 80
- transmembrânicos de 7 alfa-hélices, 1201
- V_1, 861
- V_2, 859
Recrutamento folicular, 1180
Rede *trans*-Golgi, 95
Redução
- da pressão coloidosmótica plasmática, 558
- regulatória de volume, 55
Reducionismo materialista, 20
Reflexão
- da onda de retorno, 518
- de ondas no leito arterial, 517
Reflexo(s)
- barorreceptor, 595
- condicionados para a ejeção do leite, 1302
- da defecação, 951
- de estiramento, 381
- gastroileal, 948
- induzidos pela dor, 320
- intestinal, 948

- - do delgado, 948
- longos e curtos (intramurais) no sistema digestório, 925
- longos vagovagais, 926
- medulares, 381
- miotático, 381
- neuroendócrino da lactação, 1301
- peristáltico, 948
- tendinoso, 381
- vagovagais, 985
- vestíbulo-oculares, 329
Regulação
- a distância em organismos pluricelulares, 47
- ao nível molecular, 44
- hormonal, 543
- - integrada da homeostase mineral, 1284
- humoral, 48
- negativa e positiva do receptor, 87
- nervosa, 47
- neural, 541
Relação de Frank-Starling, 502, 506
Relaxamento
- do músculo liso vascular, 532
- isovolumétrico, 502, 504
Relaxina, 1184
Remodelação óssea, 1270, 1271
Renal, estrutura, 728
Renascimento cultural, 7
Renina, 837, 1252
Repolarização, 177
- ventricular, 462
Reprodução assistida na infertilidade masculina, 1176
Reservatório constante, 236
Resistência
- à ejeção, 508
- à insulina, 1212
- elétrica, 165, 240
- - axial, 188
- pré e pós-capilar, 555
- pulmonar, 667
- tecidual, 671
- vascular, 522
- - pulmonar, regulação, 604
Resistina, 1216, 1217
Resolução, 306
- espacial, 359
- temporal, 358
Respiração, 1194
- perinatal, 723
Responsividade miofibrilar ao Ca^{2+}, 493
Resposta(s)
- ao estresse, 1071, 1089
- do fotorreceptor à luz, 363
- mecanossensíveis e autorregulação renal, 582
- miogênica, 532
- neurais, 615
- ventilatória ao exercício, 701
Retardo sináptico, 297
Retenção de água, 863
Retículo sarcoplasmático, 112
Retificação de Goldmann, 175
Retificador tardio, 212, 285, 286
Retina, 356
- fisiologia, 359
Retinol, 1018
Retorno venoso, 506

- e débito cardíaco, 569
- e mudança postural, 567
- e variação da pressão
- - abdominal, 566
- - intrapleural (respiração), 566
Retroalimentação
- negativa, 1189
- positiva, 1188
- - de despolarização, 192
Rigidez arterial, 518, 519
Rins, 602, 728, 1194
- na gênese da hipertensão arterial, 637
- na regulação do equilíbrio acidobásico, 271
Ritmicidade circadiana, 107, 1072
- características gerais, 106
- origem e evolução, 106
Ritmo(s)
- biológicos, 106
- cardíaco, 1336
- circadianos, 106
- - nos diversos sistemas fisiológicos, 108
- da função renal, 108
- das secreções hormonais, 108
- de filtração glomerular, 744, 746, 751
- de variação, 167
- dos elementos figurados do sangue, 109
- infradianos, 106
- no sistema
- - cardiovascular, 109
- - respiratório, 109
- ultradianos, 106
Rompimento da barreira mucosa, 974

S

Saccharomyces cerevisiae, 249
Sáculo, 329
Sais
- ácidos, 820
- biliares secreção, 990
Saliva, 954
Sangue do ducto venoso, 603
Santos, Robson Augusto dos, 832
Sarcolema, 112
Sarcômeros, 112, 474
Saturação, 221, 239, 244
Sawaya, Paulo, 33
Secreção
- biliar, 987
- gástrica, 963
- inapropriada (elevada) de ADH, 864
- padrão, 95
- salivar, 954
- tubular, 728
- - de H$^+$, 819
- - proximal, 772
Secretina, 929, 981, 982
Sede, 804, 1256, 1258
Segmento(s)
- diluidor, 774
- distais, 577
- fino
- - ascendente, 773
- - descendente, 773
- grosso ascendente, 773
- PR, 458
- sacrais, 397

- ST, 458, 462, 471
Segunda(o)(s)
- fase da reabsorção proximal, 768
- lei da termodinâmica, 140
- mensageiros intracelulares, 68
Seios aórticos, 434
Selectinas, 479
Seletividade, 207
- intercatiônica ou interaniônica, 160
- iônica, 160
Sêmen, qualidade, 1320
Senescência, 1175, 1350
Sensibilidade
- a inibidores, 244
- ao Ca^{2+}, 1337
- articular, 329
- dolorosa, 318
- gustativa, 346
- muscular, 326
- olfatória, 350
- proprioceptiva, 326
- somática, 310
- tátil, 313
- térmica, 316
- vestibular, 329
Sensibilizadores naturais e sintéticos, 495
Sensor(es)
- de voltagem, 173
- moduladores da atividade respiratória, 696
Sequência fisiológica de ativação cardíaca, 451
Sequestrina, 117
Serotonina, 296, 539, 912
Sherrington, Charles, 26
Silva, Alberto Carvalho da, 32
Silva, Maurício Oscar da Rocha e, 31
Simpatólise funcional, 588
Simporte, 222, 228
Sinal(is)
- aferentes e integração central, 1244
- elétricos no sistema nervoso, 280
- locais, 281
- propagados, 281
Sinalização
- celular
- - mecanismos, 49
- - no sistema nervoso, 280
- neural, 280
Sinalizadores dependentes de contato, 61
Sinapses, 280
- autonômicas, 395
- centrais, 293
- elétricas, 290
- químicas, 68, 290
Sinciciotrofoblasto, 1295
Sincronização, 106
Síndrome
- da hipomagnesemia hipercalciúrica, 894
- da hipoventilação congênita central, 702
- da morte súbita do recém-nascido, 702
- de Andersen, 446
- de Bartter, 892
- - clássica, 892
- - tipo V, 787
- de Brugada, 445
- de Cushing, 1146
- de Down, 87
- de Gitelman, 892, 895

- de Klüver-Bucy, 402, 407
- de Liddle e canal ENaC, 896
- de má absorção
- - da vitamina B$_{12}$, 1021
- - de glicose e galactose, 1006
- de secreção inapropriada de hormônio antidiurético, 1250
- de Sjögren primária, 962
- de Timothy, 445
- de Von Hippel-Lindau, 873
- do cólon irritável, 952
- do desconforto respiratório agudo, 665
- do núcleo ventromedial, 419
- do ovário policístico, 1186
- do QT longo
- - tipo 1 (LQT1), 446
- - tipo 2 (LQT2), 446
- - tipo 3 (LQT3), 445
- - tipo 5 (LQT5), 446
- nefrótica, 558, 863
Sistema(s), 42, 1043
- adenilatociclase/AMP cíclico, 49
- anterolateral, 312
- arterial, 436
- - coronariano, 577
- autócrino, 1043
- calicreína-cininas, 854
- canabinoide, 423
- cardiovascular, 1193
- - dos mamíferos, 433
- - ritmos no, 109
- circadiano de temporização, organização celular e multicelular, 107
- circulatório, 398
- classificação, 43
- controlados, 43
- craniossacral, 397
- de alça
- - aberta, 43
- - fechada, 43
- de bastonetes, 367
- de condução atrioventricular, 452
- de controle, 43
- de registro do eletrocardiograma, 464
- de retroalimentação, 1048
- digestório, 398, 602, 920
- - do neonato, 1343
- endócrino, 1043
- endotelinas, 882
- fagocitário, 714
- formador de imagem, 359, 362, 363
- genital
- - feminino, 1177, 1316
- - masculino, 1172, 1319
- hipotálamo-neuro-hipofisário, 1247
- hormonais, 1043
- - clássicos, 1043
- - não clássicos, 1043
- límbico, 402
- linfático, 557
- microvascular
- - atividade funcional, 552
- - características gerais, 548
- - organização morfofuncional, 549
- motor(es), 380, 394
- - somático, 112
- mucociliar, 712

- não formador de imagem, 361-363, 366
- nervoso
- - autônomo, 394, 395, 398, 924, 1033
- - - e controle do balanço hidreletrolítico, 1258
- - central, 1088, 1193
- - controle dos órgãos pelo, 398
- - entérico, 924, 926, 1033
- - mobilização, 398
- - parassimpático, 453, 542
- - simpático, 453, 754
- - - noradrenérgico, 541
- - sinais elétricos no, 280
- - sinalização celular no, 280
- neuroendócrino, 394
- neurovegetativos, 394
- parácrino, 1043
- parassimpático, 397
- parvicelular, 1054
- passivos, 43
- periférico de His-Purkinje, 460
- porta-hipotálamo-hipofisário, 1057, 1076
- renina-angiotensina, 538, 617, 832, 1097, 1252
- - aspectos
- - - bioquímicos, 836
- - - fisiológicos, 839
- - cardíaco, 839
- - cerebral, 841
- - encefálico, 1252
- - intracelular, 836
- - local, 834
- - periférico, 1252
- - renal, 841
- - tecidual, 834
- - vascular, 841
- renina-angiotensina-aldosterona, 755, 799, 800, 1340
- respiratório, 394, 398
- - organização morfofuncional, 644
- - principais funções, 644
- - propriedades
- - - elásticas, 662
- - - resistivas, 667
- - - viscoelásticas, 671
- - ritmos no, 109
- - sensorial, 302
- - classificação, 307
- - simpático, 395
- - toracolombar, 395
- - trigeminal, 321
- - tuberoinfundibular, 1054
- - urogenital, 399
- - vascular, 435
- - venoso, 437, 738
- - Wnt/receptor *frizzled*, 76
Sístole atrial, 503
Sódio, 780
Solifenacina, 914
Solubilidade da substância na membrana, 138
Solução(ões), 151, 155
- de NaCl, 55
- fisiológica, 55
- hipertônicas, 53, 152, 155
- hipotônicas, 53, 151, 155
- isotônicas, 151, 155
- propriedades coligativas, 149, 155
Soluções-tampão, 262
Solvente orgânico volátil, 126

Som, 334
Somação, 119
- de contrações musculares, 117
- espacial, 294
- temporal, 168, 294
Somatostatina, 930, 964, 967, 971, 1033, 1079, 1162
Somatotrofina coriônica, 1221, 1296
Somestesia, 308, 310
Sons de Korotkoff, 526
Staverman, Albert Jan, 154
Substância(s)
- P, 925
- do sistema imunológico do intestino, 1033
- vasodilatadoras com ação renal, 852
Substantia
- *innominata*, 387, 388
- *nigra*, 387
Sucção, 1344
Suco gástrico, 963
Supressão por superestimulação, 450
Suprimento sanguíneo do coração, 577

T

Tabagismo, 722
Tampão(ões), 262
- bicarbonato, 263
- intracelulares, 266
Tansulosina, 914
Taquicardia ventricular polimórfica catecolaminérgica, 490
Taquipneia, 654
Taurina, 992
Taxa de filtração glomerular por néfron, 746
Teca, 1186
Tecido
- adiposo
- - metabolismo, 1233
- - perivascular, 540
- muscular, metabolismo, 1235
- neural, 877
- ósseo, 1193
- renal, 878
Técnica(s)
- de observação dos canais, 207
- de *patch clamp*, 208, 285
- de *voltage-clamp*, 172
Teleologia, 5
Temperatura, 541
- corporal, 1192
Tempo
- de ativação, 498
- de relaxamento, 498
- de residência, 208
Tensão
- de O ou de CO, 534
- na parede dos vasos, 524
Teodósio, Naíde, 35
Teorema de Onsager, 154
Teoria
- celular, 22
- do dipolo, 457
- hidrodinâmica da dor dentária, 322
- miogênica, 532
- tricromática, 375
Terapia de reposição hormonal, 1050

Terazosin, 914
Termoceptores, 316
Termodiluição, 505
Termodinâmica, 140
- de processos irreversíveis, 141
Termogênese, 1132
Termorreceptores
- hipotalâmicos, 628
- periféricos, 628
Termorregulação, 109
Testículos, 1319
- organização estrutural e funcional, 1172
Tiamina, 794
Tight junctions, 550, 594
Timbre, 335
Timo-Iaria, Cesar, 33, 34
Tireoide, 1313
- regulação da função, 1121
Titina, 113
Tolterodina, 914
Tonicidade, 151, 155, 1244
Tonotopia, 339
Tônus, 395
Torsade de pointes, 446
Tosse no transporte mucociliar, 714
Trabalho
- de concentração, 239
- elástico, 671
- elétrico, 239, 240
- eletroquímico, 240
- resistivo, 671
- respiratório, 671
- sistólico, 507
Transdução de sinal, 68, 182, 302
- nas células cardíacas, 1255
Transição
- de fase dos lipídios, 130
- entre estados nos canais (*gating*), 208
Trânsito intestinal aumentado, 948
Transmissão sináptica na junção neuromuscular, 115
Transportador(es)
- ativo(s)
- - primário, 245
- - secundários, 245, 248
- de Ca^{2+}, 99
- do tipo ABC, 253
- GLUT, 245
- SGLT, 245
Transporte
- anterógrado entre o RE e o aparelho de Golgi, 94
- ativo, 223, 244
- - primário, 223, 224, 244, 247
- - secundário, 223, 227, 244
- - terciário, 223, 244
- através da membrana, tipos, 241
- de cloreto de sódio, 1094
- de gases no sangue, 684
- de proteínas na rede *trans*-Golgi, 97
- de substâncias através de membranas, 138
- de ureia, 861
- desacoplado de Na^+, mediado por canais, 1028
- do líquido pulmonar, 1332
- e localização de proteínas na via secretora, 94
- facilitado, 221
- mucociliar, 713

- na alça de Henle, 773
- no ducto coletor, 775
- no túbulo
- - distal, 774
- - proximal, 766
- passivo, 236
- - mediado, 220, 245
- - não mediado, 220
- renal de água pelo ducto coletor, 814
- retrógrado entre o RE e o aparelho de Golgi, 97
- transepitelial de sódio, 175
- tubular
- - de cálcio, 786
- - de cloreto, 781
- - de fosfato, 789
- - de magnésio, 788
- - de potássio, 783
- - de sódio, 781
- - de ureia, 792
- vesicular, 551
Trato espinomesencefálico, 312
Tri-iodotironina, 1226
Tríade, 112
Triângulo de Einthoven, 466
Trifosfato
- de adenosina, 246
- de inositol, 58
Triglicerídio, 128
Triptofano, 296
Troca vascular e tecidual de água e solutos, 553
Trocador, 222
- Cl⁻/HCO⁻, 231
- Na⁺/Ca²⁺, 229
- Na⁺/H⁺, 229
Tromboembolismo pulmonar, 273
Tromboxano A$_2$, 538
Tronco encefálico, 381, 397, 413
Tropomiosina, 112, 1337
Troponina, 74, 112, 113
- C, 74, 1337
- I, 1337
Trypanosoma
- *cruzi*, 249
- *rangeli*, 249
Tubas, 1191
Tubérculo olfatório, 352, 387
Túbulo(s)
- distal, 735, 820
- - convoluto, 730, 774
- - final, 774, 784
- isolado *in vitro*, 762
- proximal, 733, 783, 820, 1340
- transversos, 112
Tubulopatia
- do ramo grosso ascendente, 891
- do segmento
- - distal convoluto, 895
- - proximal, 890
- do túbulo coletor, 896
Tufo capilar, 549
Túnica
- adventícia, 436, 564
- íntima, 436, 564
- média, 436, 564
Turbilhonamento sanguíneo, 526

U

Ubiquitina, 89
Ubiquitinação, 89
Úlceras duodenais, 945
Ultrafiltração, 53
Umami, 346, 348
Unicelularidade, 60
Unidade
- motora, 113
- sensorial, 304
Uniportadores, 241
Uniporte, 222
Universidades, surgimento, 7
Ureia, 791, 807
Uretra, 904
Uroguanilina, 879, 881
Útero, 1099, 1189
Utrículo, 329

V

V-ATPases, 101, 253
Vagina, 1191
Valle, José Ribeiro do, 31
Válvulas venosas, 566
Variabilidade da ativação atrial, 459
Variação
- circadiana na ação de medicamentos, 109
- da pressão
- - abdominal, 566
- - intrapleural (respiração), 566
- do potencial de membrana, 176
Vasa vasorum, 564
Vasectomia, 1303
Vasoconstrição, 599
- das artérias umbilicais, 603
Vasomotricidade, 532
Vasopressina, 544, 618
Vasos
- anastomóticos, 552
- de capacitância, 552
- de resistência, 549
- de troca, 549, 550
- linfáticos, 738
- renais extraglomerulares, 738
- retos, 808
- sanguíneos, 435
- - cutâneos, 599
- sinusoides, 548
Veias
- constituição, 564
- medida da pressão nas, 564
- resistência e capacitância, 565
Velocidade
- de propagação de uma onda, 334
- máxima de transporte, 221
Ventilação
- alveolar, 674, 676
- global por minuto, 654
- líquida, 721
Vesícula(s), 129
- biliar, 994
- endoteliais, 551
- sinápticas, 296
Vetor representativo da repolarização, 462

Via(s)
- da ciclo-oxigenase (COX), 853
- de bastonetes, 367
- de crescimento estimuladas pela insulina, 1164
- de síntese
- - de eicosanoides, 67
- - de hormônios esteroides, 66
- gustativas, 348
- magnocelular, 371
- olfatórias, 352
- parvocelular, 371
- PI3q/AKT, 1163
- respiratórias
- - compressão dinâmica, 670
- - resistência, 667, 668
- ubiquitina-proteassomo, 89
- visuais, 369
Vilos coriônicos, 1295
Visão, 308
Viscosidade, 523, 669
Vitamina
- A, 1018
- absorção, 1018
- C, 1019
- D, 787, 1280, 1282
Volemia e pressão arterial, 1096
Volta, Alessandro, 16
Voltage-clamp automático, 173
Volume(s)
- aumento regulatório de, 55
- celular, 55
- circulatório efetivo, 787, 799, 828
- corrente, 654, 655
- de líquido
- - extracelular, 57
- - intracelular, 55
- de reserva
- - expiratório, 655
- - inspiratório, 655
- diastólico inicial, 502
- extracelular, 54
- minuto, 654
- pulmonares, 654, 669
- residual, 502, 655
- total de água reabsorvida pelos túbulos renais, 746
Vômito, 944
von Haller, Albrecht, 16
Voos aeroespaciais, 720

W

Watson, James, 27

X

Xerostomia, 954

Z

Zero absoluto, 136
Zona(s)
- de transporte, 644
- de transição e respiratória, 645